SOCIÉTÉ DES ÉDITIONS FRANCE LOISIRS
TOUR ... 10 PLACE DES VOSGES - CS 80037 - 92063 PARIS LA DÉFENSE CEDEX
ISBN 978-2-36893-700-6

SOCIÉTÉ DES ÉDITIONS FRANCIS LEFEBVRE
TOUR LEFEBVRE DALLOZ - 10 PLACE DES VOSGES - CS 80357 - 92072 PARIS LA DÉFENSE CEDEX
ISBN 978-2-36893-700-6 © Éditions Francis Lefebvre 2024

INCLUS : Profitez dès maintenant des versions numériques de votre Mémento

Sur tablette ou smartphone :
Téléchargez l'application «iMemento» sur l'Apple Store (iPhone & iPad) ou sur Google Play (Androïd)

Sur votre ordinateur :
RDV sur abonnes.efl.fr

Les avantages des versions numériques :

> Un contenu actualisé en permanence à chaque connexion.

> Des fonctionnalités pratiques : moteur de recherche, copier-coller, marque-page, notes, favoris...

?

COMMENT ÇA MARCHE

Vous disposez déjà de votre login et mot de passe ?

Votre login et votre mot de passe restent identiques.

Si vous avez perdu vos codes d'accès, vous pouvez contacter notre Service Relation Clients au **01 83 10 10 10** (du lundi au vendredi, de 9h à 18h).

Vous n'avez pas d'identifiant ?

Rendez-vous sur :
www.efl.fr/activation

Et utilisez le code personnel d'activation ci-dessous :

16874423S2G

MPA

MÉMENTO PRATIQUE

AGRICULTURE

25-26

À jour au 1er septembre 2024

EDITIONS
FRANCIS LEFEBVRE

Responsabilité éditoriale

Geneviève Schwengler

Rédacteurs

Valérie Balland
Caroline Barde
Aliya Ben Khalifa
Nathalie Besson-Sénéchaud
Juliette Courquin
Catherine Crevisier
Caroline Dancoisne
Cécilia Décaudin
Damien Delestre
Patrick Despierres
Fanny Doumayrou
Valérie Dubois
Astrid Etienne
Audrey Gauvin-Fournis
Clément Geiger
Muriel Gien
Grégory Henriot
Cécile Horréard
Julie Labasse
Fabrice Labatut
Violaine Magnier
Valérie Maindron
Laurence Méchin
Guilhem Possamaï
Corentine Préel
Julie Rouchon
Patrick Saget
Frédéric Satgé

Présentation et mode d'emploi

Le Mémento Agriculture **s'adresse principalement** aux **responsables de l'exploitation agricole**, mais aussi à tous ceux qui, directement ou par **leurs conseils**, apportent leur concours à l'exploitant (chambres d'agriculture, syndicats professionnels agricoles, coopératives agricoles et autres groupements, centres de gestion, experts-comptables, avocats, notaires, etc.).

Conçu dans un esprit essentiellement pratique, ce mémento pluridisciplinaire a pour ambition de leur offrir une documentation adaptée à leurs besoins dans deux secteurs juridiques fondamentaux que constituent, d'une part, la **fiscalité**, d'autre part, la **législation sociale**. Les besoins de gestion, comme, notamment, la reddition des comptes par les exploitations gérées sous des formes sociétaires, ont conduit à un développement de la **comptabilité** en agriculture et à l'élaboration de règles spécifiques aux opérations relatives à l'activité agricole. Cette technique fait donc l'objet également d'un exposé détaillé. Mais le présent ouvrage ne se borne pas strictement à ces domaines. Il aborde, fût-ce succinctement, un certain nombre de questions de **droit rural** dont la connaissance paraît indispensable à l'exploitant agricole. Enfin, une dernière partie traite de la **politique agricole commune.**

Comme tous les Mémentos Francis Lefebvre, cet ouvrage a été conçu pour **faciliter les recherches** :

– un sommaire est placé en tête de chaque chapitre et un plan général détaillé figure en début d'ouvrage ;

– chaque paragraphe comporte en marge un numéro auquel sont faits tous les renvois, y compris ceux de la table alphabétique et du plan général ;

– la lecture est facilitée par un système de mots repères en caractères gras et par une différenciation typographique, certains passages étant imprimés en petits caractères ;

– une table alphabétique figure à la fin de l'ouvrage ;

– des bandes de couleur apparaissent de façon alternée sur la tranche de l'ouvrage pour distinguer les parties.

À jour au 1er septembre 2024, il tient compte de tous les textes (lois, décrets, arrêtés, instructions et circulaires administratives, etc.) parus jusqu'à cette date.

Ainsi conçu, le « Mémento pratique Agriculture » pourra, nous l'espérons, rendre les meilleurs services à ses utilisateurs.

Principales nouveautés

depuis la précédente édition

22252 Compte d'investissement forestier et d'assurance : les conditions d'ouverture et de fonctionnement sont assouplies

22265 s. Transmission d'entreprises (exonération partielle de droits de mutation à titre gratuit « Dutreil – transmission ») : les activités éligibles sont précisées

22447 Les dettes de restitution du quasi-usufruit ne sont pas déductibles de l'actif successoral

22867 Donation de l'entreprise aux salariés : relèvement du montant de l'abattement d'assiette à 500 000 €

Sociétés et groupements agricoles

24050 Le Conseil d'État assouplit encore le strict formalisme exigé lors de l'option pour l'IS des sociétés de personnes

24115 Tolérance administrative portant sur l'option pour l'imposition au barème progressif des revenus entrant dans le champ d'application du PFU

24457 Abattement fixe applicable aux titres de PME cédés par des dirigeants prenant leur retraite : tolérance administrative compte tenu du relèvement de l'âge légal de départ en retraite

24500 s. Élargissement du champ d'application et prorogation de la réduction d'impôt pour souscription au capital des PME

24741 Régime de l'article 151 septies du CGI dans les sociétés civiles agricoles : précisions jurisprudentielles sur l'appréciation des conditions d'exonération

26850 Renforcement de l'exonération partielle de droits de succession ou de donation portant sur des parts de GFA

27650 s. Option de l'entrepreneur individuel pour son assimilation à une EARL : commentaires administratifs

LÉGISLATION SOCIALE

Protection sociale des salariés agricoles

38613 Nouvelle possibilité d'affiliation des intérimaires employés par une entreprise de travail temporaire établie à l'étranger et mis à disposition d'une entreprise agricole

38725 En matière de rescrit social, les décisions de la MSA portant sur la législation relative à la détermination de l'assiette des cotisations, au calcul du plafond de la sécurité sociale ou à la réduction dégressive de cotisations sociales sont désormais opposables aux organismes de retraite complémentaire

38897 Au plus tard le 1er janvier 2026, les salariés mis à la disposition, en tout ou partie, d'un ou de plusieurs de ses membres par un groupement d'employeurs ne seront plus pris en compte dans l'effectif de celui-ci, sauf pour la tarification des risques d'accidents du travail ou de maladies professionnelles

38920 Le Tesa simplifié est adapté à l'environnement DSN et pérennisé

39010 La charte du cotisant contrôlé est applicable au régime agricole depuis le 1er janvier 2024

39180 Les indemnités de rupture conventionnelle exonérées de cotisations sociales sont soumises, depuis le 1er septembre 2023, à la même contribution patronale que les indemnités de mise à la retraite

39820 s. Intégration de la réforme des retraites issue de la loi 2023-270 du 14 avril 2023 et de ses décrets d'application

40525 Suppression des coefficients temporaires minorant ou majorant le montant de la pension de retraite complémentaire Agirc-Arrco

40545 Les cotisations versées dans le cadre du cumul emploi retraite deviennent, sous certaines conditions, génératrices de points de retraite complémentaire Agirc-Arrco

Protection sociale des non-salariés agricoles

43060 Assouplissement des règles d'affiliation permettant d'inclure notamment les personnes développant des activités de production agricoles « innovantes » sur de très petites surfaces

43510 s. Réforme de l'assiette de calcul des cotisations et contributions sociales et adaptation en conséquence des taux des cotisations

46510 s. Modification des conditions d'attribution et de calcul des pensions du régime de retraite de base (réforme des retraites 2023)

Contentieux de la mutualité sociale agricole

50517 L'étendue de la saisine de la commission de recours amiable est fixée par le contenu de la lettre de réclamation

50540 La non-transmission par le secrétariat de la commission médicale de recours amiable du rapport médical et de l'avis au médecin mandaté par l'employeur n'est pas sanctionnée

50610 Décision implicite de rejet de la commission de recours amiable : pas de forclusion du recours contentieux sans accusé de réception du recours préalable mentionnant les délais et voies de recours

Conditions d'emploi et de travail des salariés

52640 s. Les entreprises de moins de 50 salariés situées dans une commune classée ZFRR ou ZRR bénéficient, en cas d'embauche, d'une exonération spécifique de cotisations patronales

56173 L'entreprise a un mois pour donner à son salarié en CDD ou à son intérimaire la liste des postes disponibles en contrat à durée indéterminée

56339 Le coût des accidents du travail est aggravé pour l'entreprise utilisatrice de salariés temporaires

58230 L'employeur doit informer le salarié sur les textes conventionnels applicables au plus tard un mois à compter de l'embauche

60520 s. Les absences maladie ouvrent droit à congés payés et les congés acquis non pris du fait de la maladie sont reportés

60523 L'employeur doit informer le salarié de ses droits à congés payés à l'issue d'un arrêt maladie

COMPTABILITÉ AGRICOLE

64005 Modifications du plan comptable général liées au règlement ANC 2022-06

68605 s. Nouvelles adaptations des comptes annuels des coopératives agricoles liées au règlement ANC 2023-06 modifiant le règlement ANC 2021-01

DOSSIERS JURIDIQUES

72152 s. Les installations de méthanisation, désormais reconnues comme nécessaires à l'exploitation agricole dans les PLU, cartes communales et RNU

72195 Protection renforcée des agriculteurs contre les réclamations excessives des résidents voisins qui se plaignent d'un trouble anormal de voisinage

72200 Possibilité d'implanter des installations photovoltaïques sur des terrains agricoles, naturels et forestiers

72200 Création d'un régime juridique propre à l'agrivoltaïsme

73490 Possibilité de rapporter la preuve du bail rural dans le délai de 5 ans à compter de la reconduction tacite d'un contrat préexistant

73515 Statut des baux ruraux : application aux parcelles divisées depuis moins de 9 ans avant la date de renouvellement du bail

73515 Petite parcelle : appréciation du caractère essentiel au regard de l'exploitation dans son ensemble

73712 Obligation d'information du preneur à bail étendue, à compter du 1er janvier 2025, aux zones concernées par un risque d'incendie

73760 Interdiction des pas-de-porte : recours du preneur entrant contre le conjoint du bailleur

75010 Indemnisation des améliorations : délai de demande préfix sauf dispositions contraires

75567 EIRL : lieu de déclaration de la reprise du patrimoine affecté depuis le 1er janvier 2023

76230 Trouble anormal de voisinage : exclusion des activités agricoles antérieures à l'installation des voisins

76303 s. Assurance climatique : mise en place du régime universel d'indemnisation

79420 Apport de biens communs : renonciation de l'époux à la qualité d'associé révocable avec l'accord unanime des associés

80500 s. Indemnités compensatoires de handicaps naturels spécifiques (ICHN) : modification des conditions d'attribution

81150 s. Mise en place du contrôle des sociétés possédant ou exploitant du foncier agricole

81415 s. Nouvelles règles de transfert des DPB

POLITIQUE AGRICOLE COMMUNE

90000 s. Mise en œuvre de la PAC 2023-2027

90312 Conditionnalité des aides : statut de l'agriculteur actif

90125 Suppression de la notion de surfaces non productives

90480 s. Assouplissement de la conditionnalité des aides en matière environnementale

Plan général

Les chiffres renvoient aux paragraphes

Principales abréviations

Adasea	Association départementale pour l'aménagement des structures des exploitations agricoles.
Amexa	Assurance maladie-maternité des exploitants agricoles.
AN	Assemblée nationale (Journal officiel).
ANC	Autorité des normes comptables.
Art.	Article.
ASA	Assurances sociales agricoles.
BA	Bénéfices agricoles.
BIC	Bénéfices industriels et commerciaux.
BNC	Bénéfices non commerciaux.
Bofip (BOI)	Bulletin officiel des finances publiques – Impôts.
BPAT	Bulletin du patrimoine, Francis Lefebvre.
BPIM	Bulletin pratique immobilier, Francis Lefebvre.
Bull. civ.	Bulletin des arrêts de la Cour de cassation.
CA	Arrêt d'une cour d'appel.
CAA	Arrêt d'une cour administrative d'appel.
Cass.	Arrêt de la Cour de cassation (civ. : chambre civile ; com. : chambre commerciale ou financière ; soc. : chambre sociale).
CCH	Code de la construction et de l'habitation.
CCP	Code de la commande publique.
C. civ.	Code civil.
CCMSA	Caisse centrale de mutualité sociale agricole.
CDD	Contrat de travail à durée déterminée.
CDOA	Commission départementale d'orientation agricole.
CE	Arrêt du Conseil d'État.
CET	Contribution économique territoriale.
CFE	Cotisation foncière des entreprises.
C. expr.	Code de l'expropriation.
C. for.	Code forestier.
CGI	Code général des impôts.
Circ.	Circulaire.
CNC	Conseil national de la comptabilité.
CNCC	Conseil national des commissaires aux comptes.
C. org. jud.	Code de l'organisation judiciaire.
C. pén.	Code pénal.
CRDS	Contribution au remboursement de la dette sociale.
C. rur.	Code rural et de la pêche maritime.
CSG	Contribution sociale généralisée.
CSP	Code de la santé publique.
CSS	Code de la sécurité sociale.
C. trav.	Code du travail.
Cuma	Coopérative d'utilisation du matériel agricole.
C. urb.	Code de l'urbanisme.
DEPSE	Direction des exploitations, de la politique sociale et de l'emploi du ministère de l'agriculture.
DGFiP	Direction générale des finances publiques.
Direccte	Direction (directeur) régionale des entreprises, de la concurrence, de la consommation, du travail et de l'emploi.
DJA	Dotation d'installation aux jeunes agriculteurs.
EARL	Exploitation agricole à responsabilité limitée.

EIRL	Entreprise individuelle à responsabilité limitée.
Fasasa	Fonds d'action sociale pour l'aménagement des structures agricoles.
Feder	Fonds européen de développement régional.
Feoga	Fonds européen d'orientation et de garantie agricole.
Gaec	Groupement agricole d'exploitation en commun.
GEIE	Groupement européen d'intérêt économique.
GFA	Groupement foncier agricole.
GFR	Groupement foncier rural.
GIE	Groupement d'intérêt économique.
Iger	Institut national de gestion et d'économie rurale.
IFI	Impôt sur la fortune immobilière.
IR	Impôt sur le revenu.
IS	Impôt sur les sociétés.
ISF	Impôt de solidarité sur la fortune.
JO	Journal officiel.
LPF	Livre des procédures fiscales.
MSA	Mutualité sociale agricole.
OCM	Organisation commune des marchés de l'UE (PAC).
Ogaf	Opérations groupées d'aménagement foncier.
PAC	Politique agricole commune.
PAM	Plans d'amélioration matérielle.
Para	Plans d'aide au revenu agricole.
PCCA	Plan comptable des coopératives agricoles.
PCG	Plan comptable général (entreprises industrielles et commerciales).
PCGA	Plan comptable général agricole.
PSN	Plan stratégique national.
Rép.	Réponse ministérielle.
RJDA	Revue de jurisprudence de droit des affaires, Francis Lefebvre.
RJF	Revue de jurisprudence fiscale, Francis Lefebvre.
RJS	Revue de jurisprudence sociale, Francis Lefebvre.
RSA	Régime d'imposition simplifié à la TVA agricole.
Safer	Société d'aménagement foncier et d'établissement rural.
SDDS	Schéma directeur départemental des structures.
Sén.	Sénat (Journal officiel).
Sica	Société d'intérêt collectif agricole.
Smia	Société mixte d'intérêt agricole.
Smic	Salaire minimum interprofessionnel de croissance.
SNH	Solution Notaires Hebdo.
Sol. Not.	Solution Notaires.
TA	Tribunal administratif.
Tass	Tribunal des affaires de sécurité sociale.
TGI	Tribunal de grande instance.
TJ	Tribunal judiciaire.
UR	Unité de référence.

En ce qui concerne les **abréviations** utilisées dans la **table alphabétique,** voir la liste qui figure avant celle-ci.

INTRODUCTION

SOMMAIRE

DÉFINITION GÉNÉRALE DES ACTIVITÉS AGRICOLES

Plusieurs types d'activités sont réputés agricoles (C. rur. art. L 311-1) : 10
– toutes les activités correspondant à la maîtrise et à l'exploitation d'un cycle biologique de caractère végétal ou animal et constituant une ou plusieurs étapes nécessaires au déroulement de ce cycle ;
– les activités exercées par un exploitant agricole qui sont dans le prolongement de l'acte de production ;
– les activités exercées par un exploitant agricole qui ont pour support l'exploitation ;
– les activités de préparation et d'entraînement des équidés domestiques en vue de leur exploitation, à l'exclusion des activités de spectacle ;
– l'activité de production de biogaz, d'électricité et de chaleur par la méthanisation, lorsque cette production est issue pour au moins 50 % de matières provenant d'exploitations agricoles (voir n° 95).

Les activités de cultures marines et l'exploitation de marais salants sont également réputées agricoles, nonobstant le statut social dont relèvent ceux qui les pratiquent.

Les activités, ainsi définies d'une manière très large, présentent un **caractère civil.** Elles relèvent, 20
en conséquence, de la compétence du tribunal judiciaire et non de celle des juridictions commerciales. Cependant, les sociétés d'exploitation agricole ayant emprunté la forme de **sociétés commerciales** relèvent obligatoirement des tribunaux de commerce.

ACTIVITÉS DE PRODUCTION

Sont réputées agricoles « toutes les activités correspondant à la **maîtrise** et à l'**exploitation d'un** 25
cycle biologique de caractère végétal ou animal et constituant une ou plusieurs étapes nécessaires au déroulement de ce cycle ».

Le caractère cumulatif de ces conditions a été confirmé par la jurisprudence (Cass. com. 21-11-1995 n° 93-14.548 : RJDA 2/96 n° 265).

La notion de participation à un cycle biologique est également retenue pour caractériser l'activité de production agricole en matière fiscale.

Le cycle biologique de caractère **végétal** ou **animal** recouvre un champ très vaste ; il vise à la fois l'ensemble des produits végétaux, l'ensemble des animaux d'élevage et l'ensemble des produits animaux.

Bien entendu, les actes d'exploitation exécutés doivent présenter un caractère professionnel, et l'exploitation doit être réalisée dans un but lucratif (Cass. 3e civ. 23-3-2005 n° 04-11.345 : Bull. civ. III n° 70), excluant les simples activités de loisir ou réalisées à titre très occasionnel (Cass. 3e civ. 20-5-2009 n° 08-14.536 ; 23-6-2015 n° 13-22.076).

Jugé que la maîtrise et l'exploitation d'un cycle biologique de caractère végétal n'est pas seulement soumise à la poursuite d'un objectif de production ou de vente ; l'expérimentation de techniques culturales essentiellement à des fins de recherche et non de production constitue une activité agricole (CE 8-7-2015 n° 369730 : RJF 11/15 n° 907). Il en va de même de l'activité de sociétés d'élevage de lapins à des fins d'expérimentation, comme à la production de sérum (CE 17-6-2015 n° 371625 : RJF 10/15 n° 801 ; CE 17-6-2015 n° 379276 : RJF 10/15 n° 799).

30 S'agissant des **produits végétaux,** si tous sont concernés (céréales, fruits, légumes, champignons, etc.), il nous semble que la **production forestière** entre dans le cadre de la maîtrise et de l'exploitation d'un cycle biologique et que ces activités, tout en étant soumises à une législation spéciale (le Code forestier) et exclues, pour une large part, de la législation spécifiquement agricole, sont incluses dans la « famille » des activités agricoles, dont elles forment une branche particulière. L'approche retenue en matière fiscale est en ce sens (n° 5105).

Aussi, les dispositions dont le champ d'application est expressément délimité par référence à l'article L 311-1 du Code rural et de la pêche maritime définissant les activités agricoles devraient s'appliquer aux exploitations forestières. Il en serait ainsi, par exemple, du régime agricole des procédures de règlement amiable, de sauvegarde et de redressement et liquidation judiciaires.

Toutefois, pour la Cour de cassation, le statut du fermage ne trouve pas à s'appliquer à une plantation forestière (Cass. 3e civ. 30-4-1997 n° 95-15.971). Tant l'objectif du statut que la durée des cycles de la production forestière semblent motiver cette exclusion. Il est possible, en revanche, qu'elle considère que la production de taillis à courte rotation relève du domaine agricole et, partant soit soumis au statut du fermage.

35 S'agissant des animaux d'**élevage proprement dits,** il ne fait aucun doute que la définition des activités agricoles les englobe tous sans exception. Outre les élevages traditionnels (bovins, ovins, porcins, équidés, aviculture), cette définition englobe par exemple les élevages apicoles, les élevages de chiens, de sangliers, la pisciculture, la conchyliculture, la lombriculture, l'élevage des animaux de laboratoires, etc.

40 Les **élevages dits « hors sol »** (volailles, porcs, veaux, etc.) sont agricoles, quelle que soit l'origine de la nourriture des animaux (Cass. com. 11-4-1995 n° 93-16.064 : RJDA 10/95 n° 1145).

Le Conseil d'État semble avoir également consacré cette solution dans le domaine du droit de la construction, lorsqu'il a décidé qu'un chenil dont la construction est envisagée, même s'il est destiné au gardiennage de chiens en pension, doit être regardé comme une installation classée liée à une activité agricole (CE 6-3-1991 n° 105487 : Lebon T. p. 695). Même solution pour un chenil servant de refuge pour animaux abandonnés (CE 6-5-1996 n° 135979 : Lebon T. p. 1210).

Dans la même logique et en cohérence, en matière de taxe d'apprentissage, le Conseil d'État a pris une position identique concernant les parcs zoologiques (CE 26-6-2017 n° 391388 : RJF 10/17 n° 935). Il relève que l'activité de la société concernée consiste essentiellement à élever ou acheter, entretenir et soigner les animaux sauvages pour les montrer au public dans un parc naturel aménagé. Pour juger qu'elle ne pouvait bénéficier de l'exonération de taxe d'apprentissage à raison des salariés affectés à l'exercice de son activité principale, la cour administrative d'appel de Marseille avait relevé que les animaux constituaient pour la société requérante un capital destiné, de manière prépondérante, à la production de services pour des tiers et que cette activité ne pouvait, eu égard à sa finalité commerciale, être regardée comme agricole au sens des dispositions de l'article L 311-1 du Code rural et de la pêche maritime. Le Conseil d'État estime cependant que, quelle que soit la finalité poursuivie, une activité impliquant la réalisation d'opérations qui s'insèrent dans le cycle biologique de développement des animaux présente, à ce titre, un caractère agricole, et a annulé l'arrêt de la cour administrative d'appel. La jurisprudence sociale de la Cour de cassation est également en ce sens (Cass. soc. 15-11-1990 n° 4271 P : RJS 1/91 n° 93 ; voir n° 38105).

45 Il semble que la référence à la maîtrise et à l'exploitation d'un cycle biologique ou végétatif ne permette pas de classer dans la catégorie des activités agricoles les activités limitées au **stockage de produits végétaux ou d'animaux** achetés, préalablement à leur vente ou à leur transformation (cas, par exemple, des produits de pépinières entreposés par l'acheteur en attendant leur revente, des négociants en bestiaux qui stockent sur leurs herbages les animaux dont ils font commerce, de certains bouchers ou charcutiers, etc.). L'interprétation littérale de l'article L 311-1 du Code rural et de la pêche maritime conforte cette solution : quand bien même, dans les exemples évoqués ci-dessus, on acceptait de considérer qu'il s'agit d'activités correspondant à la maîtrise et à l'exploitation d'un cycle biologique (ce qui est loin d'être certain), il serait beaucoup plus délicat d'admettre que ces activités correspondent à une étape nécessaire au déroulement de ce cycle. Dans la même logique, il a été jugé que des opérations de **dressage d'animaux** ou d'**affinage** de produits agricoles ne peuvent être considérées comme correspondant à la maîtrise et à l'exploitation d'un cycle biologique (Cass. 3e civ. 21-7-1992 n° 91-10.992 : JCP N 1993 p. 147). De plus, la maîtrise et l'exploitation d'un cycle biologique, outre qu'elles doivent être effectives, doivent être réalisées en vertu d'un titre juridique. Ainsi, par le passé, il a été jugé qu'une personne qui reçoit en pension des chevaux appartenant à autrui, sans que soit déterminé à l'avance si elle aura la charge de leur entraînement pour tout ou seulement partie de leur carrière, n'a pas la maîtrise du cycle biologique animal considéré et n'exerce pas une activité agricole (Cass. com. 21-11-1995 n° 93-14.548 : RJDA 2/96 n° 265). De même, l'activité qui consiste à éduquer des chevaux confiés par des tiers en fonction du potentiel génétique dont ils sont présumés porteurs ne constitue pas une activité agricole (Cass. com. 20-3-2001 n° 98-14.492).

C'est pour lever ces ambiguïtés et répondre à la jurisprudence contraire que la loi reconnaît un caractère agricole à la quasi-totalité des activités équestres. S'agissant en particulier du dressage d'animaux, compte tenu du caractère incertain de la qualification souligné ci-avant, le législateur a expressément qualifié d'agricoles les activités de dressage des équidés (n° 93). Mais à la lecture des décisions récentes du Conseil d'État (voir n° 40) et de la Cour de cassation (voir n° 38105), il apparaît que l'interprétation de l'article L 311-1 du Code rural et de la pêche maritime peut permettre de qualifier d'agricoles les activités des parcs zoologiques comme de dressage canin ou toute autre activité de préparation et d'entraînement d'animaux de toute espèce. Cette approche extensive reste toutefois à confirmer par les tribunaux.

ACTIVITÉS EXERCÉES PAR UN EXPLOITANT AGRICOLE DANS LE PROLONGEMENT DE L'ACTE DE PRODUCTION

Il s'agit d'**activités complémentaires** réalisées par des personnes ayant déjà la qualité d'agriculteur au sens défini ci-dessus. Pour que ces activités de « prolongement » soient réputées agricoles, il faut que celui qui les réalise exerce des activités répondant au critère du cycle biologique. Mais il n'est pas exigé qu'elles ne soient qu'accessoires. La notion de « prolongement » était déjà utilisée, y compris en matière fiscale, pour tracer la ligne de partage entre activité agricole civile et activité commerciale. **60**

Sont concernées en premier lieu les activités de **transformation** ou de **conditionnement** des produits agricoles, en vue de la vente. Tel est le cas de la transformation de raisin en vin, de fruits en jus de fruits, de betteraves en sucre ou en alcool, de lait en fromages, la mise en conserve de légumes, etc. **65**

La qualification d'activités agricoles à partir de la notion de prolongement de l'acte de production n'est pas limitée au seul secteur des produits alimentaires : par exemple, le teillage du lin ou du chanvre entre dans ce cadre.

Sont visées également les opérations de **vente des produits de l'exploitation,** qu'ils aient été ou non préalablement transformés ou conditionnés, et ce, à notre avis, même lorsque la vente est faite dans un établissement fixe et avec un personnel spécialisé. **70**

On ne distingue pas non plus les opérations de transformation selon l'importance des **moyens** utilisés, qu'ils soient industriels ou simplement artisanaux.

Mais qu'en est-il lorsqu'un exploitant agricole réalise des opérations de **transformation ou** de **vente,** non des productions de son exploitation, mais **des produits agricoles achetés à des tiers ?** Est-il possible de considérer que ces opérations, sans être intégrées après leur achat dans une étape nécessaire au déroulement du cycle biologique, sont assimilables à des activités se situant dans le prolongement de l'acte de production ? **75**

Une telle pratique révèle l'exercice d'une activité commerciale, de même pour l'agriculteur qui, afin de compléter la gamme des produits offerts à ses clients, procède à des achats extérieurs de fruits et légumes qu'il ne produit pas. Ainsi, le conditionnement et la transformation de produits agricoles achetés auprès de tiers, fussent-ils agriculteurs, n'entrent certainement pas dans ce cadre (Cass. soc. 11-7-2002 n° 00-16.177 : Bull. civ. V n° 252).

Toutefois, quand deux activités sont économiquement liées de telle sorte que l'une peut être regardée comme accessoire de l'autre, il est généralement admis que l'**activité accessoire** perd son caractère propre pour emprunter celui de l'activité principale (Cass. civ. 24-1-1865 : DP 1865, 1, 72).

Cette approche est fondée sur une analyse extensive de l'article L 110-1 du Code de commerce et illustrée par une abondante jurisprudence qui milite en faveur du caractère subjectif de la commercialité : les actes accomplis par un commerçant prennent une nature commerciale dès lors qu'ils sont réalisés pour les besoins de son activité. L'inverse a également été admis, dans un objectif d'unité de statut professionnel et sans texte particulier, par la jurisprudence, pour un professionnel civil qui peut disqualifier en actes civils les actes de commerce qu'il réalise pour les besoins de son activité civile. Mais pour les agriculteurs, l'article L 721-6 du Code de commerce, relatif à la compétence des tribunaux de commerce, permet d'asseoir un raisonnement similaire à celui retenu sur la base de l'article L 110-1 du même Code.

Dès lors, il ne résulte aucune conséquence au regard de la commercialité de la réalisation d'une activité commerciale accessoire par un agriculteur et cette activité commerciale accessoire présente, comme l'activité principale, un caractère agricole et civil (Cass. com. 23-2-1983 n° 81-16.572 : Bull. civ. IV n° 78). Pour être applicable, cette théorie dite de « l'accessoire » doit reposer sur la présence simultanée de trois critères cumulatifs : l'activité agricole doit être prépondérante par rapport à l'activité commerciale (par exemple production de l'exploitant supérieure aux approvisionnements extérieurs), les deux activités doivent être concomitantes et, enfin, l'activité accessoire doit être réalisée dans l'intérêt de l'activité principale. En tout état de cause, l'application de cette théorie s'avère souvent délicate comme l'illustre une abondante jurisprudence.

Sur le plan fiscal, la vente et la transformation de produits ne provenant pas de l'exploitation sont considérées comme des activités commerciales et sont donc imposables au titre des bénéfices industriels et commerciaux, sauf rattachement aux bénéfices agricoles dans les conditions exposées nos 9720 s.

ACTIVITÉS EXERCÉES PAR UN EXPLOITANT AGRICOLE QUI ONT POUR SUPPORT L'EXPLOITATION

90 Cette catégorie d'activité n'est réputée agricole que si elle est le fait de personnes reconnues exploitants agricoles par référence au critère tiré du cycle biologique (n° 25).

En 1988, lors du vote de l'article L 311-1 du Code rural et de la pêche maritime, semblaient visées dans leur ensemble par le législateur les **activités d'accueil touristique** à la ferme (camping, caravaning, gîtes ruraux, etc.), ainsi que les activités cynégétiques, les activités équestres et l'apprentissage du ski (voir Déb. AN 16-12-1988 p. 3765). Toutefois, à la lecture du texte voté, la jurisprudence est apparue plus restrictive. Ainsi, la Cour de cassation a considéré dans plusieurs arrêts rendus en matière de protection sociale sous le visa de l'article L 311-1 du Code rural et de la pêche maritime que la seule localisation des activités dans les locaux de la ferme ne suffisait pas à leur conférer le caractère agricole. Encore était-il nécessaire que les activités ainsi développées consomment ou utilisent majoritairement les produits issus de l'activité de production agricole (Cass. soc. 21-11-1996 n° 94-21.765 : Bull. civ. V n° 398). La Cour de cassation a ainsi, à notre sens, privilégié la notion d'exploitation comprise au sens d'activité de production au détriment de la notion d'exploitation entendue au sens de lieu géographique où s'exerce cette activité de culture ou d'élevage. Il en découle en pratique une interprétation et des conséquences très proches de celles de la notion de prolongement visée n° 60. Les activités de **restauration** (table d'hôtes, fermes-auberges, etc.) présentent donc un caractère agricole si elles sont exercées pour l'essentiel avec des produits de l'exploitation. Les **activités d'hébergement** ne sauraient, faute d'approvisionnement suffisant sur l'exploitation, présenter cette caractéristique et être qualifiées d'agricoles. Soulignons qu'en matière fiscale, ces activités de restauration et d'hébergement conservent un caractère commercial et sont imposables au titre des bénéfices industriels et commerciaux, sauf rattachement aux bénéfices agricoles dans les conditions exposées nos 9720 s.

De même, s'agissant de **services rendus à des tiers** avec le matériel de l'exploitation, au-delà des limites de l'entraide agricole (par exemple, travaux forestiers, ou bien travaux d'entretien de chemins pour le compte de la commune), la qualification agricole apparaît exclue.

On relèvera qu'au regard de la protection sociale la définition des **structures d'accueil** touristiques a été depuis modifiée par la loi 2002-73 du 17 janvier 2002 (C. rur. art. L 722-1, 1° ; voir n° 38230). Cette modification a été opérée pour introduire le critère du support d'exploitation et mettre ainsi en échec la jurisprudence restrictive visée ci-dessus qui conserve néanmoins sa pertinence en droit civil.

> **Précisions** La **production d'électricité d'origine photovoltaïque ou éolienne** ne présente pas un caractère agricole mais commercial, sauf, en matière fiscale, lorsqu'elle est réalisée à partir de produits ou sous-produits majoritairement issus de l'exploitation agricole (CGI art. 63) et nonobstant la possibilité d'en rattacher les recettes aux bénéfices agricoles en application de l'article 75 du CGI (voir n° 9723). Selon le Comité de coordination du RCS, la production d'énergie électrique photovoltaïque vendue à des tiers est, par principe, une activité commerciale qui confère à celui qui la produit de manière

habituelle la qualité de commerçant ; il doit donc s'immatriculer au RCS, sauf cas de dispense prévue par la loi.
Cependant, le caractère commercial et la qualité de commerçant sont exclus lorsque la production de cette énergie n'est que l'accessoire d'une activité civile (n° 75), à savoir que la production facilite la réalisation ou l'exercice de l'activité civile. Tel est le cas si l'électricité est injectée dans le réseau public et les besoins en électricité de l'activité civile sont satisfaits par prélèvements sur ce même réseau, modalités procédant, en principe, de contrats distincts de vente et achat, pourvu que l'électricité vendue n'excède pas notablement dans la durée celle achetée, du fait des surcapacités de production mises en place (Avis CCRCS n° 2012-014 du 13-4-2012).
Les exploitants agricoles qui ont installé et exploitent des panneaux situés sur leurs bâtiments doivent donc s'immatriculer au RCS, la capacité de production excédant, dans la quasi-totalité des cas, la consommation de leurs exploitations.

ACTIVITÉS DE PRÉPARATION ET D'ENTRAÎNEMENT D'ÉQUIDÉS

Sont réputées agricoles les activités de préparation et d'entraînement des équidés domestiques **93**
en vue de leur exploitation (C. rur. art. L 311-1, al. 1 ; Circ. DGFAR/SDPS/C 2007-5014 du 25-3-2007). Il s'agit donc d'activités agricoles par détermination de la loi pour lesquelles la maîtrise d'une ou de plusieurs étapes du cycle biologique à caractère végétal ou animal importe peu. Sont toutefois expressément exclues les **activités de spectacle** qui n'auraient pas pour support l'exploitation agricole.
Sous réserve de l'interprétation des tribunaux, les activités équestres reconnues agricoles au sens fiscal (n°s 16015 s.) qui concernent les équidés domestiques (chevaux, poneys, mules, mulets, bardots et ânes) nous paraissent pouvoir être qualifiées d'agricoles au sens civil, le texte des articles 63 du CGI et L 311-1 du Code rural et de la pêche maritime ayant une rédaction identique au regard des activités équestres qualifiées d'agricoles. L'administration fiscale nous paraît cependant faire une interprétation extensive de la loi en considérant la simple **prise en pension** (simple gardiennage) et la **mise en location** d'équidés comme pouvant générer des bénéfices agricoles alors même qu'il n'y aurait pas d'acte de préparation de ces animaux en vue de leur exploitation (n° 16035). La prise en pension et la mise en location d'équidés non préparés par l'entreprise en vue d'une exploitation économique relèvent du champ commercial (Cass. 3e civ. 13-5-2009 n° 08-16.421). Notons que les activités de **préparation des chevaux** sans leur exploitation restent en dehors du champ agricole : les soigneurs et palefreniers exercent par exemple une activité libérale tandis que les maréchaux-ferrants restent des artisans.

> **Précisions** La Cour de cassation estime que la préparation des équidés doit être entendue au sens large dès lors qu'elle est réalisée en vue de leur exploitation. Le fait de nourrir et d'entretenir les équidés dans le but de proposer des **balades touristiques** suffit à conférer à l'activité économique réalisée un caractère agricole (Cass. 3e civ. 14-1-2015 n° 13-26.380).

PRODUCTION D'ÉNERGIE PAR LA MÉTHANISATION

Si la **production de biomasse,** notamment à des fins d'utilisation énergétique, présente systéma- **95**
tiquement un caractère agricole, tel n'est pas le cas de la production d'énergie (chaleur, électricité, etc.) qui est une activité de nature commerciale. En effet, ce n'est pas la production agricole transformée qui est vendue, mais un produit différent, telles l'électricité ou la chaleur (les discussions techniques sont toutefois possibles sur la qualification juridique du biogaz), certes élaboré grâce aux productions de l'exploitation, mais dans lequel les produits agricoles ne sont pas incorporés. S'agissant de la production de biomasse, la théorie de l'accessoire (n° 75), avec le flou qui la caractérise, trouvera à s'appliquer si l'exploitant, par exemple, récupère des déchets verts, paille ou autres sous-produits agricoles à l'extérieur de son exploitation pour les incorporer à la biomasse qu'il vend.
C'est pour remédier à ces difficultés que le législateur qualifie désormais d'activité agricole la production et, le cas échéant, la commercialisation, par un ou plusieurs exploitants agricoles, de **biogaz,** d'**électricité** et de **chaleur** par la méthanisation, lorsque cette production est issue pour au moins 50 % de matières provenant d'exploitations agricoles. Les revenus tirés de la commercialisation sont considérés comme des revenus agricoles, au prorata de la participation de l'exploitant agricole dans la structure exploitant et commercialisant l'énergie produite (C. rur. art. L 311-1, al. 1).
Depuis la loi 2014-1170 du 13 octobre 2014, il suffit que l'**unité de méthanisation soit majoritairement approvisionnée par des matières provenant d'exploitations agricoles** (pas nécessairement membres de la structure collective) pour que ses activités de production de biogaz, d'électricité et de chaleur par la méthanisation soient qualifiées d'agricoles.
Pour que la production et, le cas échéant, la commercialisation de biogaz, d'électricité et de chaleur par la méthanisation soient regardées comme activité agricole en application de l'article

L 311-1 du Code rural et de la pêche maritime, l'unité de méthanisation doit être exploitée et l'énergie commercialisée par un exploitant agricole ou une **structure détenue majoritairement par des exploitants agricoles.** Ces exploitants agricoles sont soit des personnes physiques inscrites au Registre national des entreprises avec la qualité d'actif agricole (mentionnée à C. rur. art. L 311-2 ; n° 138) soit des personnes morales dont le ou les associés détenant conjointement au moins 50 % des parts de la société, sont des exploitants agricoles inscrits à ce registre avec la qualité d'actif agricole (C. rur. art. D 311-18).

Le respect de la condition de provenance des matières premières à partir desquelles l'énergie est produite est apprécié, par exercice, au niveau de la structure gestionnaire de l'unité de méthanisation, et en masse de matières brutes présentées sous leur forme habituelle, sans transformation ni hydratation supplémentaires. Un registre permanent d'admission de ces matières est tenu par cette structure, tel que prévu par les dispositions relatives aux installations classées pour la protection de l'environnement des articles L 511-1 et suivants du Code de l'environnement. Outre la désignation des matières, leur date de réception et leur tonnage, il indique le nom et l'adresse du producteur (même art.).

Cette **approche extensive** de l'activité agricole, même si elle est moins prégnante sur le plan fiscal (CGI art. 63 ; n° 5105), manifeste la volonté du législateur de faire de la méthanisation une voie majeure de traitements des matières issues de l'activité agricole, en cohérence avec l'orientation résolument agro-écologique de la loi de 2014. Ces unités de méthanisation bénéficient également d'exonérations de taxe foncière sur les propriétés bâties (n° 29446) et de contribution économique territoriale (n° 29920, 6).

L'objectif de cette qualification agricole est principalement de permettre aux sociétés gérant des unités de méthanisation de construire dans les zones agricoles des plans locaux d'urbanisme. Il résulte également de ces textes qu'une société de méthanisation remplissant les conditions ci-dessus présente un objet agricole et civil. Il peut donc s'agir d'une société civile d'exploitation agricole, d'un Gaec ou d'une EARL. En pratique, il se constitue plutôt des sociétés de forme commerciale (SAS ou SARL) regroupant plusieurs agriculteurs.

> **Précisions a.** C'est la première fois qu'est qualifiée d'agricole la vente d'un produit (l'électricité ou la chaleur) qui n'incorpore **aucune production issue de la maîtrise** et de l'**exploitation d'un cycle biologique.** Il est à noter que cette production d'énergie peut être réalisée par plusieurs agriculteurs au sein d'une structure juridiquement distincte de l'exploitation de production (culture ou élevage). À ce titre, considérer comme exerçant une activité agricole la société achetant les produits ou sous-produits nécessaires à la méthanisation aux agriculteurs membres et commercialisant l'électricité ainsi produite crée un précédent intéressant.
> **b.** Hormis l'attribution des **aides économiques** versées sous condition de réaliser une activité agricole à titre principal ou secondaire (aides à l'installation, indemnités compensatoires de handicap naturel, etc.), la qualification agricole du revenu produit par la vente d'électricité ou de chaleur ne devrait emporter que peu de conséquences juridiques. En tout état de cause, la fiscalité des bénéfices agricoles possède une définition voisine et les régimes sociaux des agriculteurs disposent de leurs propres règles (voir n°s 110 s.).
> **c.** Dès lors que l'activité de méthanisation remplissant les conditions ci-dessus est agricole, le fait pour un **Gaec** de participer à ces sociétés le rendait partiel au sens de l'article L 323-2 du Code rural et de la pêche maritime. Le législateur a revu la définition du Gaec partiel afin qu'il n'en soit plus ainsi : un Gaec est dit total quand il a pour objet la mise en commun par ses associés de l'ensemble de leurs activités de production agricole correspondant à la maîtrise et à l'exploitation d'un cycle biologique de caractère végétal ou animal et constituant une ou plusieurs étapes nécessaires au déroulement de ce cycle. Par ailleurs, un Gaec total peut, sans perdre cette qualité, participer, en tant que personne morale associée d'une autre société, à la production et, le cas échéant, à la commercialisation de produits issus de la méthanisation agricole (C. rur. art. L 323-2).
> **d.** L'**activité de compostage,** souvent annexée à une activité de méthanisation, présente selon nous un caractère agricole dès lors qu'elle se fonde sur la maîtrise du cycle biologique (voir, en matière sociale, CA Rouen ch. de l'urgence 21-10-2009 n° 08/02951).

CULTURES MARINES ET ACTIVITÉS SALICOLES

96 Le législateur a tenu à préciser, dès 1988, que les activités de cultures marines relevaient du domaine agricole. Le discriminant permettant de qualifier une activité d'agricole reposant sur la maîtrise d'au moins une étape du croît biologique, cette approche ne souffre aucune critique. Pour éviter toute discussion, il est indiqué que cette qualification n'est pas remise en cause par le fait que l'agriculteur soit assujetti à un régime de protection sociale non agricole, notamment

au régime social des marins géré par l'Enim (Établissement national des invalides de la marine, voir n° 38110) (C. rur. art. L 311-1, al. 1er).
L'exploitation de **marais salants** n'était pas, jusqu'en 2019, au nombre des activités agricoles visées à l'article L 311-1 du Code rural et de la pêche maritime. Dans un objectif d'unicité de traitement de cette activité, la loi 2019-469 du 20 mai 2019 a ajouté cette activité à la définition du Code rural, bien que cette activité ne corresponde pas à la maîtrise d'une ou de plusieurs étapes du cycle biologique à caractère animal ou végétal, mais minéral. En effet, en raison de son « lien à la nature, à l'environnement et à la biodiversité », l'exploitation de marais salants génère des bénéfices agricoles selon la doctrine fiscale (BOI-BA-CHAMP-10-10-10 n° 200) et a toujours été considérée comme relevant de la compétence de la Mutualité sociale agricole (Rép. Buchou : AN 17-1-2019 n° 507).

ACTIVITÉS COMMERCIALES BÉNÉFICIANT D'UN RÉGIME PARTICULIER

Sous réserve de l'application de la théorie de l'accessoire (n° 75), un agriculteur ne peut pas réaliser une activité commerciale sans prendre le statut de commerçant. Lorsque l'activité agricole est réalisée par une société civile (Gaec, EARL, etc.), celle-ci n'a juridiquement pas la capacité de réaliser des actes de commerce. Si elle les réalise néanmoins en son nom, la jurisprudence considère que les activités commerciales sont réalisées par une société créée de fait de nature commerciale constituée par les associés de la société civile agricole (voir n° 88025). Afin de permettre aux agriculteurs de réaliser certaines activités qui présentent un intérêt pour la collectivité sans s'immatriculer en tant que commerçant ou sans les obliger à créer une société commerciale, la loi autorise de manière expresse la réalisation d'activités commerciales déterminées et sous de strictes conditions aux agriculteurs et sociétés civiles agricoles. 97

Déneigement et salage Toute personne physique ou morale exerçant une activité agricole au sens de l'article L 311-1 du Code rural et de la pêche maritime peut apporter son concours aux communes, aux intercommunalités et aux départements en assurant (Loi 99-574 du 9-7-1999 art. 10) : 99
– le déneigement des routes au moyen d'une lame communale, intercommunale ou départementale montée sur son propre tracteur ou, le cas échéant, sur celui mis à disposition par la commune, l'intercommunalité ou le département ;
– le salage de la voirie communale, intercommunale ou départementale au moyen de son propre tracteur et de son matériel d'épandage ou, le cas échéant, de celui mis à disposition par la commune, l'intercommunalité ou le département.
Pour l'accomplissement de ces prestations, l'agriculteur n'a pas à soumettre son tracteur à une nouvelle réception par le service des mines.
Un décret en Conseil d'État devait préciser les conditions d'exécution de ces prestations aux collectivités territoriales. Toutefois, la mesure a été jugée applicable en l'état et a seulement fait l'objet d'une circulaire (Rép. Delatte : AN 7-6-2011 n° 104055 p. 6036 ; Circ. 99-83 du 3-11-1999).

Électricité d'origine photovoltaïque Toute personne morale peut, quelle que soit la mission pour laquelle elle a été constituée, exploiter une **installation de production** d'électricité utilisant l'énergie radiative du soleil dont les générateurs sont fixés ou intégrés aux bâtiments dont elle est propriétaire. Elle peut bénéficier de l'obligation d'achat de l'électricité ainsi produite. Sont notamment visées les sociétés civiles mentionnées au titre II du livre III du Code rural et de la pêche maritime, y compris lorsque l'exploitant agricole dispose des **bâtiments** dans le cadre d'un bail rural (Loi 2010-788 du 12-7-2010 art. 88, II). 102
Les Gaec, les EARL, les groupements fonciers agricoles et les groupements fonciers ruraux peuvent donc exploiter des installations de production d'électricité d'origine photovoltaïque. En principe, la société doit être propriétaire des bâtiments sur lesquels sont installés les panneaux photovoltaïques. Toutefois, il est admis qu'elle puisse en avoir seulement la disposition dans le cadre d'un bail soumis au statut du fermage et du métayage (bail de droit commun ou à long terme, bail cessible hors cadre familial, etc.), d'un bail à domaine congéable, d'un bail à complant, d'un bail emphytéotique et de conventions pluriannuelles d'exploitation agricole ou de pâturage. Les conventions autres que celles qui viennent d'être listées et qui échappent au statut des baux ruraux semblent également possibles, le terme « bail rural » ne se limitant pas, selon nous, aux conventions soumises au statut de fermage : tel est le cas des conventions de mise à disposition de biens en propriété par un associé au profit d'une société dont il est associé (C. rur. art. L 411-2) ou des conventions de mise à disposition d'une société dont il est associé intéressant les biens loués par un fermier (C. rur. art. L 323-14 et L 411-37).

INCIDENCES DE LA DÉFINITION DES ACTIVITÉS AGRICOLES EN MATIÈRE DE PROTECTION SOCIALE

110 Le champ d'application de la protection sociale répond à une **définition autonome,** distincte des définitions juridiques et fiscales et figurant aux articles L 722-1 à L 722-3 et L 722-20 du Code rural et de la pêche maritime.

Cette définition sociale de l'activité agricole est pour l'essentiel analogue, dans ses conséquences, à celle de l'article L 311-1 du Code rural et de la pêche maritime : en particulier, elle met en œuvre trois critères de l'activité agricole : activité correspondant à la maîtrise et à l'exploitation d'un cycle biologique, exercée dans le prolongement de l'acte de production ou ayant l'exploitation pour support.

Afin de lever toute ambiguïté, le législateur a précisé que la définition « civile » de l'activité agricole ne trouvait pas à s'appliquer en matière d'affiliation aux régimes de protection sociale. Pour la détermination des critères d'affiliation aux régimes de protection sociale des non-salariés et des salariés des professions agricoles, sont seules considérées comme agricoles les activités mentionnées respectivement aux articles L 722-1 et L 722-20 du Code rural et de la pêche maritime (C. rur. art. L 311-1, al. 3).

Pour une étude d'ensemble de la pluriactivité en matière sociale, voir n°s 88150 s.

> **Précisions** La définition sociale de l'activité agricole s'écarte sur plusieurs points de la définition civile : notamment les **salariés** de certaines entreprises ou organismes, par exemple des **organismes professionnels agricoles,** relèvent du champ d'application de la protection sociale agricole alors qu'ils ne participent pas à la production agricole proprement dite.
> Au niveau social, l'entraînement et le dressage des **équidés** relèvent de la MSA. Mais les **activités** de gardiennage, de prise en pension ou de mise en location d'équidés **n'entraînant pas d'élevage, de dressage ou d'entraînement** demeurent soumises au régime des non-salariés non agricoles, alors qu'elles sont agricoles au plan juridique et fiscal lorsqu'elles comportent une préparation des équidés en vue de leur exploitation.
> Si l'activité de compostage, voire de production de biogaz, semble relever du champ de la MSA, tel ne semble pas être le cas de la vente d'électricité ou de chaleur, même dans les conditions visées n° 95.

INCIDENCES DE LA DÉFINITION DES ACTIVITÉS AGRICOLES EN MATIÈRE FISCALE

120 En cette matière, la définition donnée par l'article L 311-1 du Code rural et de la pêche maritime n'a pas d'effet normatif, l'article 63 du CGI ayant sa propre définition des activités générant des bénéfices agricoles. Elle inspire cependant quelques observations.

Comme nous l'avons déjà fait remarquer, les critères mis en avant dans les deux premières catégories d'activités réputées agricoles par le Code rural et de la pêche maritime (n°s 25 s. et 60 s.) sont très proches, d'une manière générale, de ceux actuellement retenus en fiscalité agricole, tout particulièrement par la jurisprudence (n°s 5100 s.), laquelle a d'ailleurs guidé le législateur de 1988. De plus, s'agissant des activités récemment considérées comme agricoles, le législateur a retenu des définitions quasi identiques en fiscalité et en droit civil. Ainsi en est-il des activités équestres (préparation et entraînement des équidés domestiques, en vue de leur exploitation dans les activités autres que celles du spectacle, voir n°s 16015 s.). Il en va de même de la vente de biomasse et de la production d'énergie à partir de produits ou sous-produits majoritairement issus d'exploitations agricoles (C. rur. art. L 311-1) ou, selon la définition plus restrictive retenue par le droit fiscal, de l'exploitation agricole concernée (CGI art. 63 ; n° 5105).

Quant au critère tiré du support d'exploitation, il a été transposé dans la loi fiscale par une tolérance de rattachement aux bénéfices agricoles des **activités commerciales et non commerciales accessoires** pour les agriculteurs (exploitants individuels ou sociétés civiles) relevant d'un régime réel d'imposition. Ces derniers peuvent retenir pour la détermination de leurs bénéfices agricoles réels les recettes provenant d'activités accessoires commerciales ou non commerciales, lorsque la moyenne de celles-ci au titre des trois années civiles précédant la date d'ouverture de l'exercice n'excède ni 50 % de la moyenne des recettes agricoles appréciée sur la même période ni 100 000 € (CGI art. 75 ; n°s 9720 s.). Cette disposition concerne l'ensemble des recettes accessoires réalisées par les agriculteurs, y compris celles provenant de la **production d'électricité d'origine photovoltaïque ou éolienne** (voir n° 9723).

Sur la **pluriactivité** en matière fiscale, voir également n°s 88100 s.

> **Précisions** L'article 63, alinéa 8 du CGI (dans sa rédaction issue de la loi 2021-1900 du 30-12-2021) intègre dans la définition des bénéfices agricoles les actions réalisées par les agriculteurs sur le périmètre de leur exploitation et qui contribuent à **restaurer ou maintenir des écosystèmes** dont la société tire des avantages (voir n° 9718). Cette extension n'a qu'une portée fiscale. Cependant, hormis quelques actions sur lesquelles on pouvait s'interroger (création et entretien d'une mare en faveur de la biodiversité), ces obligations contractées à l'égard de tiers (associations, collectivités, etc.) nous semblaient déjà, eu égard à leur lien avec l'activité agricole, devoir être qualifiées comme telles (fauches tardives, non-épandage de produits phytosanitaires, implantation et entretien de haies, etc.).

INCIDENCES DE LA DÉFINITION DES ACTIVITÉS AGRICOLES EN DROIT EUROPÉEN

Au regard du droit communautaire, la définition donnée par l'article L 311-1 du Code rural et de la pêche maritime n'a d'**effet normatif** qu'à titre subsidiaire, c'est-à-dire lorsque la réglementation concernée ne prévoit pas de définition particulière. 125

Rappelons que l'article 38 du Traité sur le fonctionnement de l'Union européenne (TFUE) précise que le marché intérieur s'étend à l'agriculture, à la pêche et au commerce des produits agricoles. Par produits agricoles, on entend les **produits du sol, de l'élevage et de la pêcherie**, ainsi que les **produits de première transformation** qui sont en rapport direct avec ces produits. Les références à la politique agricole commune ou à l'agriculture et l'utilisation du terme « agricole » s'entendent comme visant aussi la pêche, eu égard aux caractéristiques particulières de ce secteur.

Précisant cet article, le règlement 1307/2013 du 17 décembre 2013 établissant les règles relatives aux paiements directs en faveur des agriculteurs au titre des régimes de soutien relevant de la PAC entre 2015 et 2022, à l'instar des programmations précédentes, donnait, dans son article 4, une définition de l'activité agricole : la production, l'élevage ou la culture de produits agricoles, y compris la récolte, la traite, l'élevage et la détention d'animaux à des fins agricoles, ou le maintien d'une surface agricole dans un état qui la rend adaptée au pâturage ou à la culture sans action préparatoire allant au-delà de pratiques agricoles courantes ou du recours à des machines agricoles courantes.

Rompant avec cette pratique consistant à imposer une définition, et dans le sens d'une plus grande subsidiarité, la dernière réforme de la PAC, afin de renforcer le rôle de l'agriculture dans la fourniture de biens publics, propose d'établir une **définition cadre appropriée** de l'activité agricole, laquelle doit couvrir à la fois la production de produits agricoles et le seul maintien de la surface agricole, laissant aux agriculteurs le choix entre ces deux types d'activités. Afin de s'adapter aux conditions locales, elle laisse les **États membres** établir la définition de l'activité agricole dans leurs plans stratégiques nationaux précisant l'application de la PAC (Règl. 2021/2115 du 2-12-2021 considérant n° 9).

Ainsi, l'activité agricole doit-elle être déterminée de telle sorte qu'elle permet de contribuer à la fourniture de biens privés et publics par l'une des méthodes ci-dessous ou les deux :

– la **production de produits agricoles,** qui englobe des activités telles que l'élevage ou les cultures, y compris la paludiculture, les produits agricoles étant les produits énumérés à l'annexe I du TFUE, à l'exception des produits de la pêche, ainsi que la production de coton et les taillis à courte rotation ;

– le **maintien de la surface agricole** dans un état qui la rend adaptée au pâturage ou à la culture, sans action préparatoire allant au-delà du recours à des pratiques agricoles courantes et à des machines agricoles courantes (que nous qualifions de maintien dans « de bonnes conditions agronomiques ») (Règl. 2021/2115 du 2-12-2021 art. 4. 2).

Cette définition-cadre se distingue de celle du Code rural et de la pêche maritime puisqu'elle inclut dans le champ de l'agriculture le **maintien des terres dans un état agronomique** leur permettant d'être pâturées ou mises en culture après une action sommaire qui ne correspond pas réellement à la maîtrise d'une ou plusieurs étapes du cycle biologique et ne concerne pas les activités situées dans le prolongement de l'exploitation, ou encore les activités équines ou la méthanisation agricole. Le caractère limité à la production agricole de cette définition s'explique évidemment par l'objet du règlement qui vise le seul soutien à l'agriculture qui dépasse la seule production.

Ce seul maintien des terres dans « de bonnes conditions agronomiques » pose difficulté dans la mesure où il ne s'agit pas d'une activité agricole visée à l'article L 311-1 du Code rural et de la pêche maritime. Par exemple, un agriculteur fermier se livrant à cette « activité » exerce-t-il toujours une activité agricole compatible avec le statut du fermage (objet du bail, destination des biens, etc.) ? Pour couper court à toute discussion, la loi de modernisation de l'économie 2008-776 du 4 août 2008 a considéré, afin de protéger le fermier, que les agriculteurs qui perçoivent les paiements issus des DPU (droits au paiement unique remplacés depuis 2015 par les droits à paiement de base ou DPB) en se bornant à un entretien minimal des terres voient leurs droits et obligations, dans le cadre du **statut du fermage,** appréciés « comme si ces terres restaient affectées aux dernières productions agricoles pratiquées ». De plus, l'agriculteur est réputé assurer l'exploitation de ces terres dans les conditions prévues par le statut du fermage : l'agriculteur fermier qui maintient dans de bonnes conditions agricoles et environnementales (BCAE) tout ou partie de son exploitation n'encourt pas le risque de résiliation de son bail (C. rur. art. L 332-1). On notera toutefois que, formellement, ce dispositif vise expressément un règlement européen abrogé depuis plusieurs années, remplacé par le règlement 2021/2115 du Parlement et du Conseil du 2 décembre 2021 actuellement en vigueur.

Au-delà de ces quelques considérations, l'incursion du droit communautaire dans le droit rural n'a pas fait l'objet d'une approche d'ensemble.

127 Le **Plan stratégique national français** (PSN) précise la définition de l'activité agricole retenue (PSN de la PAC 2023-2027 approuvé le 31-8-2022 par décision C (2022) 6012 de la Commission européenne p. 319). Ainsi, l'**activité de production** inclut, conformément au premier terme de la définition-cadre (Règl. 2021/2115 du 2-12-2021 art. 4. 2) :

– la production, l'élevage ou la culture de produits agricoles énumérés à l'annexe I du TFUE à l'exclusion des produits de la pêche. Ces activités comprennent la récolte, la traite, l'élevage et la détention d'animaux à des fins agricoles, et la culture de taillis à courte rotation ;

– mais aussi, ce qui est nouveau, les activités de **préparation et d'entraînement des équidés domestiques** en vue de leur exploitation, à l'exclusion des activités de spectacle.

S'agissant du second terme de la définition-cadre, pour maintenir une **surface agricole dans un état qui la rend adaptée au pâturage ou à la culture** (entretien de surfaces agricoles), les agriculteurs doivent y exercer une activité adaptée au type de surface (terres arables, cultures permanentes ou prairies permanentes). Une telle activité devra être effectuée de façon annuelle, sauf pour certaines cultures permanentes, où l'activité d'entretien pourra être réalisée seulement tous les deux ans (sur ces notions voir PSN p. 319). Ces définitions sont codifiées à l'article D 614-4 du Code rural et de la pêche maritime (Décret 2022-1755 du 30-12-2022).

Hormis l'extension en France de la définition aux activités de préparation et d'entraînement des équidés domestiques en vue de leur exploitation, peu de changements seront donc à intégrer dans la définition depuis 2023.

DÉFINITION DE L'AGRICULTEUR

130 La loi ne définit pas l'agriculteur (voir toutefois nos 138 s.). Cela étant, de la définition des activités agricoles donnée par l'article L 311-1 du Code rural et de la pêche maritime découle celle de l'exploitant agricole : est agriculteur la personne physique ou morale qui exerce des activités réputées agricoles au sens de cet article et en assume la responsabilité et les risques. Mais ce critère doit être complété pour distinguer le **chef d'exploitation** des autres personnes qui concourent au fonctionnement de l'exploitation agricole (conjoint collaborateur, aides familiaux, salariés) et qui exercent eux aussi une activité agricole. Il est alors nécessaire de déterminer si ces personnes actives sont placées en lien de subordination (conjoint collaborateur, aides familiaux, salariés) ou non (coexploitants par exemple).

L'agriculteur, celui qui a la qualité de chef d'exploitation (personne physique ou personne morale), doit également être détenteur d'un **titre juridique** lui donnant le pouvoir d'exercer l'activité agricole sur le bien foncier support de cette activité si cette activité en nécessite l'usage. Ce titre découle soit de la propriété ou de l'usufruit, soit d'un contrat (location, concession, prêt, etc.) permettant de réaliser l'activité agricole sur, ou à l'intérieur, de biens immobiliers. Il faut, à cet égard, souligner que plusieurs personnes peuvent avoir la qualité de chefs d'exploitation, de coexploitants, sur un même bien foncier : c'est le cas, par exemple, d'époux copreneurs. Tel est également le cas des époux coexploitants lorsqu'ils exploitent ensemble et pour leur propre compte une même exploitation agricole ; ils sont alors présumés s'être donné réciproquement mandat d'accomplir les actes d'administration concernant les besoins de l'exploitation (C. rur. art. L 321-1). Quelquefois, une pluralité de chefs d'exploitation exerçant sur la même entreprise peut révéler l'existence d'une société créée de fait.

L'agriculteur peut enfin être une **personne morale,** ce qui est de plus en plus fréquemment le cas en pratique. Dès lors, le Gaec, l'EARL ou la SARL possède la qualité d'agriculteur et les **personnes physiques associées agissent pour le compte** de cette personne morale, notamment lorsqu'ils en assurent la gérance. Toutefois, les diverses réglementations permettent d'assurer le traitement équitable des associés participant à l'exploitation (statut social de « chef d'exploitation », octroi des aides à l'installation, etc.).

Une exception notable doit cependant être soulignée, qui concerne les **Gaec.** Le principe dit « de transparence » qui les caractérise aboutit à traiter chaque associé apporteur en capital à l'égal de tout chef d'exploitation individuelle pour tout ce qui touche son statut professionnel, et notamment son statut fiscal, social ou économique (voir n°s 79600 s.).

Faut-il en outre exiger que la définition de l'agriculteur soit nécessairement liée à l'existence d'une exploitation agricole, c'est-à-dire d'une **unité économique** disposant d'une autonomie de fonctionnement (terres, bâtiments, cheptel et matériel) ? 135
Si l'application de certains textes est effectivement liée à la présence d'une exploitation agricole constituant une unité économique (attribution préférentielle successorale, dotation d'installation des jeunes agriculteurs, etc.) ou à un critère de superficie (minimale ou maximale), aucune règle de caractère général ne subordonne la qualité d'agriculteur à l'existence d'une exploitation agricole « complète » ou « conventionnelle ».
En revanche, il est clair que la qualité d'agriculteur ne peut être conférée à des personnes qui n'exercent que des activités de jardinage ou n'élèvent que quelques volailles ou lapins. Ainsi, le droit de l'urbanisme a pu illustrer ce point à de nombreuses reprises s'agissant de la construction de bâtiments dans les zones agricoles des plans locaux d'urbanisme (voir, par exemple, CE 4-3-1994 n° 115950, préfet du Var c/ Massé). Cela dit, le développement de très petites exploitations, notamment en zones urbaines, génère de nouvelles réflexions sur ce point dès lors qu'elles permettent la rémunération d'une ou de plusieurs personnes.

DÉFINITION EUROPÉENNE DE L'AGRICULTEUR

En agriculture, la définition de l'agriculteur ne peut se limiter à une vision nationale et doit se tourner vers le niveau **européen** eu égard à ses implications économiques importantes. En ce domaine, après plusieurs définitions sectorielles du « producteur » au sein de divers règlements communautaires (producteur laitier, par exemple), le droit européen a posé une définition générale et harmonisée de l'agriculteur dans le cadre des régimes de soutien issus du règlement 1782/2003 du 29 septembre 2003 portant réforme de la politique agricole commune (PAC). Cette définition a été reprise depuis lors par les règlements successifs et, en dernier lieu, par le règlement 2021/2115 du Parlement européen et du Conseil du 2 décembre 2021 établissant des règles régissant l'aide aux plans stratégiques devant être établis par les États membres dans le cadre de la PAC (plans stratégiques relevant de la PAC) et intéresse nombre d'activités agricoles bénéficiant notamment du régime de paiement direct mis en place. 136
Est défini(e) comme agriculteur, par l'article 3 du règlement 2021/2115, toute personne physique ou morale ou tout groupement de personnes physiques ou morales, quel que soit le statut juridique conféré par le droit national au groupement ainsi qu'à ses membres, dont l'**exploitation** se trouve sur le territoire de l'Union européenne et qui exerce une activité agricole (l'exploitation est l'ensemble des unités de production gérées par l'agriculteur ainsi défini et situées sur le territoire d'un même État membre).
Cette définition de l'agriculteur ne concerne évidemment que l'application des régimes de gestion de marché ou de soutien visés aux règlements européens et qui en sollicitent le bénéfice, c'est-à-dire la très grande majorité des agriculteurs. Cette définition se base sur des critères de fait afin d'éviter, par la multiplication des structures d'exploitation notamment sociétaires, le détournement des règles édictées.
Par ailleurs, dans l'objectif d'éviter que, dans certains cas, le soutien ne soit accordé à des personnes physiques ou morales dont l'objectif n'est pas, ou seulement de façon marginale, l'exercice d'une activité agricole, mais aussi de garantir un meilleur ciblage du soutien vers les agriculteurs (y compris les pluriactifs), les États membres ont eu l'obligation, depuis la campagne 2015, d'exclure des paiements directs certains agriculteurs, à moins qu'ils ne soient en mesure de démontrer que leur activité agricole ne revêt pas un caractère marginal. Cette exclusion, nouvelle sur le premier pilier de la PAC, et mise en place à partir de 2015, se base sur la notion d'**« agriculteur actif »** auquel les soutiens étaient réservés (Règl. 1307/2013 art. 9). Schématiquement, les agriculteurs exerçant une activité figurant sur une liste négative ne pouvaient bénéficier de certains soutiens (aides couplées et découplées, ICHN, etc.).
Le règlement 2017/2393, dit **règlement « Omnibus »,** publié le 29 décembre 2017 avait donné possibilité aux États membres de supprimer cette condition d'être agriculteur actif pour être éligible à certaines aides, ce que la France a appliqué. En effet, de nombreux agriculteurs, principalement de la filière équine exploitant un centre équestre, ont été exclus de la qualification d'agriculteurs actifs et donc de l'attribution des aides européennes au motif qu'ils exploitaient des « terrains de sport et de loisirs permanents » (activités visées par la liste négative de l'article 9 du règlement 1307/2013), alors même que cette population d'agriculteurs ne constituait pas l'enjeu des dispositions européennes.
Malgré les difficultés rencontrées, dans le même objectif qu'en 2015, la récente réforme de la PAC a réintroduit la notion d'agriculteur actif.

DÉFINITION EUROPÉENNE DE L'AGRICULTEUR ACTIF

137 Le règlement 2021/2115 du 2 décembre 2021 indique que l'aide au revenu doit cibler les agriculteurs actifs. Afin de **garantir une approche commune au niveau de l'Union européenne,** une définition-cadre de l'agriculteur actif énonçant les éléments essentiels à prendre en compte figure à l'article 4.5 du règlement. L'agriculteur actif est déterminé de façon à garantir que l'aide ne soit accordée qu'aux personnes physiques ou morales ou aux groupements de personnes physiques ou morales exerçant au moins un niveau minimal d'activité agricole, sans nécessairement exclure la possibilité d'accorder l'aide aux agriculteurs pluriactifs ou aux agriculteurs à temps partiel. Pour déterminer qui est un agriculteur actif, les États membres appliquent des **critères objectifs et non discriminatoires** tels que le revenu, la main-d'œuvre occupée sur l'exploitation agricole, l'objet social et l'inscription de ses activités agricoles dans les registres nationaux ou régionaux. Ces critères peuvent être introduits sous une ou plusieurs formes choisies par les États membres, y compris au moyen d'une liste négative empêchant un agriculteur d'être considéré comme un agriculteur actif (Règl. 2021/2115 du 2-12-2021 art. 4. 5).

C'est dans ce cadre que la France a proposé sa définition de l'agriculteur actif au sein de son PSN (PSN français de la PAC 2023-2027 approuvé le 31-8-2022 par décision C (2022) 6012 de la Commission européenne p. 324). Cette définition fait l'objet d'un décret codifié à l'article D 614-1 du Code rural et de la pêche maritime (Décret 2022-1755 du 30-12-2022 modifié en dernier lieu par décret 2024-460 du 22-5-2024).

Le contenu de cette définition est exposé dans le cadre des transferts de droits au paiement, nos 81418 s.

On terminera en soulignant qu'en application de la réglementation européenne, sont obligatoirement **soumises au respect de la qualité d'agriculteur actif les aides suivantes** :

– l'aide de base au revenu ;
– l'aide redistributive complémentaire au revenu ;
– l'aide complémentaire au revenu pour les jeunes agriculteurs ;
– l'écorégime ;
– les aides couplées à une production végétale ou animale ;
– l'indemnité compensatoire de handicaps naturels ;
– l'aide à l'assurance récolte.

D'autres aides peuvent être réservées aux agriculteurs actifs, comme par exemple des aides à l'agriculture biologique sur le second pilier ou certaines mesures agro-environnementales et climatiques (Maec) ; cette condition est alors mentionnée dans les dispositions réglementaires correspondantes.

Par ailleurs, et dans le but de ne pas multiplier les définitions, la définition de l'agriculteur actif fait l'objet d'une utilisation en droit national dans les conditions que doit respecter une installation de production d'électricité pour être qualifiée d'**installation agrivoltaïque.**

Selon l'article L 314-36 du Code de l'énergie, une installation agrivoltaïque est une installation de production d'électricité utilisant l'énergie radiative du soleil et dont les modules sont situés sur une parcelle agricole où ils contribuent durablement à l'installation, au maintien ou au développement d'une production agricole. Cette installation doit apporter directement à la parcelle agricole des services déterminés, en **garantissant à un agriculteur actif** une production agricole significative et un revenu durable en étant issu. Pour l'application de l'article L 314-36, est considérée comme agriculteur actif toute personne physique ou morale qui répond aux conditions de l'article D 614-1 du Code rural et de la pêche maritime, c'est-à-dire la définition retenue au titre de la PAC.

En pratique, une installation agrivoltaïque qui ne respecterait pas cette condition ne pourrait assurer, à terme, la poursuite de son exploitation. En cas de changement d'exploitant agricole, la durée pendant laquelle l'exploitation de l'installation agrivoltaïque se poursuit sans agriculteur actif ne peut excéder 18 mois (C. énergie art. R 314-109).

DÉFINITION DE L'ACTIF AGRICOLE

138 Dans le cadre juridique national, et à la demande des organisations professionnelles agricoles qui souhaitaient la mise en place d'un véritable statut d'agriculteur, mais également dans l'objectif annoncé de limiter l'octroi des aides découplées issues du premier pilier de la **PAC** aux seuls « **agriculteurs actifs** » (no 136), la création d'un **Registre des actifs agricoles** tenu par le réseau des chambres d'agriculture a été introduite dans le Code rural et de la pêche maritime par la loi 2014-1170 du 13 octobre 2014 (C. rur. art. L 311-2). Ce texte jette les bases d'une définition française de l'agriculteur, sans en tirer cependant toutes les conséquences : l'**inscription sur un registre** et d'éventuelles conséquences sur les aides publiques sont seules annoncées.

Ce registre, s'il a été **formellement supprimé** depuis 1er janvier 2023 tout comme le Répertoire des métiers par la mise en place du **Registre national des entreprises** créé par l'article 2 de la loi 2019-486 du 19 mai 2019 dite loi Pacte et mis en place par l'ordonnance 2021-1189 du 15 septembre 2021 et ses décrets d'application (n° 142), laisse cependant inchangée la définition de l'actif agricole.
Depuis le 1er janvier 2023, date d'entrée en vigueur du Registre national des entreprises (RNE), l'actif agricole est défini comme tout chef d'exploitation agricole immatriculé au RNE et répondant aux conditions visées n° 139.

Critères de qualification de l'actif agricole Par souci de simplification et pour ne pas créer de nouvelles obligations, la notion d'actif agricole se réfère aux **statuts sociaux** auxquels peuvent prétendre les chefs d'exploitation. Est inscrit sur le Registre national des entreprises, comme actif agricole tout chef d'exploitation agricole répondant aux critères suivants (C. rur. art. L 311-2) : 139
– il exerce des activités réputées agricoles au sens de l'article L 311-1 du Code rural et de la pêche maritime, à l'exception des cultures marines et des activités forestières ;
– il est redevable de la cotisation due au titre de l'assurance contre les accidents du travail et les maladies professionnelles (cotisations Atexa), mentionnée à l'article L 752-1 du Code rural et de la pêche maritime, ou bien il relève des 8° ou 9° de l'article L 722-20 du même Code et détient, directement ou indirectement, la majorité du capital social de la société.
Les activités agricoles au sens de l'article L 311-1 n'appellent pas de commentaire particulier (nos 25 s.). Cependant, la loi exclut de la qualité d'actif agricole les activités forestières qui, traditionnellement, ne sont pas comprises dans les activités agricoles traditionnelles, nonobstant le fait que le propriétaire forestier spécule sur le croît biologique des arbres. Il en est de même des cultures marines. On notera que l'exploitation de marais salants, activité agricole depuis la loi 2019-469 du 20 mai 2019, n'est toutefois pas exclue.
Les **cotisations Atexa** sont dues par tous les agriculteurs assujettis **en qualité de non-salariés ou redevables de la cotisation de solidarité** (n° 44500). Sont également concernés les agriculteurs pluriactifs. Loin d'être réductrice, cette définition de l'actif agricole est très large et rompt avec la situation antérieure qui assimilait, en pratique et faute de définition de l'agriculteur, les notions d'agriculteur et de « personne affiliée au régime des non-salariés agricoles ». Cette définition regroupe, au-delà des seuls chefs d'exploitation individuelle et autres non-salariés affiliés au sein des sociétés agricoles, les cotisants solidaires et les agriculteurs à titre secondaire, y compris ceux affiliés au régime général pour les indépendants lorsqu'ils sont non salariés non agricoles à titre principal (nos 88150 s.). Dès lors, cette définition devrait embrasser tous les « agriculteurs indépendants » exerçant une activité professionnelle, même relativement faible en importance. En effet, les nouveaux critères d'assujettissement des non-salariés agricoles retenant le revenu et le temps de travail rendent encore plus ouverte la définition de l'actif agricole (nos 43010 s.).
Les **agriculteurs** exerçant leur activité dans le cadre d'une société d'exploitation sous un **statut social de salarié agricole** peuvent également être considérés comme actifs agricoles (nos 43220 s.). Sont, dans un premier temps, visés par le texte, lorsque les sociétés dont ils sont les dirigeants relèvent du régime social agricole, les présidents du conseil d'administration, présidents-directeurs généraux, directeurs généraux et directeurs généraux délégués des sociétés anonymes, ainsi que les gérants de sociétés à responsabilité limitée, à condition que ces gérants ne possèdent pas, ensemble, plus de la moitié du capital social, étant entendu que les parts appartenant, en toute propriété ou en usufruit, au conjoint, au partenaire lié par un Pacs et aux enfants mineurs non émancipés d'un gérant sont considérées comme possédées par ce dernier. Sont également concernés les présidents et dirigeants des sociétés par actions simplifiées lorsque ces sociétés exercent une activité agricole au sens de la protection sociale.
Dans un second temps, afin de vérifier leur **absence de subordination,** ce qui leur ferait perdre leur qualité d'actif agricole, il est exigé de ces personnes qu'elles détiennent, directement ou indirectement, la majorité du capital social de leur société ; la détention indirecte vise notamment la détention du capital social via une « société holding ». Cette condition exclut les **gérants de SARL** qui, s'ils sont affiliés en qualité de salariés, ne peuvent être majoritaires sans perdre cette qualité ! Cependant, s'ils sont majoritaires, ils sont affiliés en qualité de non salariés et peuvent, à ce titre, prétendre à la qualité d'actif agricole (n° 43240).
En pratique, les **dirigeants salariés de sociétés anonymes et de sociétés par actions simplifiées** pourront prétendre au statut d'actif agricole dès lors qu'ils détiennent, seuls ou par l'intermédiaire d'une holding, la majorité du capital social de leur société. Malgré l'adoption d'un statut social de salarié, ces agriculteurs ne sont pas subordonnés et sont donc considérés comme de véritables indépendants (nos 43290 et 43310).

En définitive ne peuvent être inscrits sur le Registre national des entreprises, en tant qu'actifs agricoles, les retraités, les associations, les sociétés, les salariés agricoles, les entrepreneurs de travaux agricoles (sauf, pour ces deux dernières catégories, à ce qu'ils exercent une activité agricole dans les conditions ci-dessus)...

> **Précisions** Pour l'application dans les départements du **Haut-Rhin, du Bas-Rhin et de la Moselle** de la définition de l'actif agricole, l'article L 311-2-1 du Code rural et de la pêche maritime adapte les conditions aux spécificités du régime de l'assurance accident spécifique à ces 3 départements. La fraction de la surface minimale d'assujettissement est fixée à 2/5e et le nombre d'heures à 150 (C. rur. art. D 311-8 et D 311-9).
> De même, l'article L 374-4 du Code rural et de la pêche maritime adapte la définition pour son application à Saint-Pierre-et-Miquelon.

140 **Inscription des actifs agricoles au sein du Registre national des entreprises** Jusqu'au 31 décembre 2022, le Registre des actifs agricoles était tenu par le réseau des chambres d'agriculture. **Depuis le 1er janvier 2023,** les données relatives aux actifs agricoles sont intégrées au sein du **Registre national des entreprises** (RNE). Si le Registre des actifs agricoles disparaît, la définition de l'actif agricole demeure et cette qualité est expressément mentionnée au RNE. Les modalités de gestion des personnes possédant cette qualité au sein du RNE sont précisées par l'ordonnance 2021-1189 du 15 septembre 2021 et les décrets d'application 2022-1014 et 2022-1015 du 19 juillet 2022 (voir n° 142).

141 **Conséquences de la qualité d'actif agricole** Pour l'heure, outre la délivrance d'attestations justifiant de cette qualité, les conséquences de l'inscription sur le registre de la qualité d'actif agricole sont peu nombreuses. L'article L 311-2 du Code rural et de la pêche maritime prévoit cependant qu'un décret en Conseil d'État peut **limiter le bénéfice de certaines aides publiques** aux actifs agricoles ou aux personnes morales au sein desquelles de telles personnes exercent leur activité. Ce texte n'a pas encore reçu d'application et s'insère mal dans le service de aides aux agriculteurs qui, pour la plupart, répondent à des critères d'attribution fixés par l'Union européenne.
On notera que l'inscription de la qualité d'actif agricole est nécessaire pour qu'une activité de **méthanisation** agricole soit effectivement considérée comme telle (n° 95). Au-delà, l'utilisation de cette définition de l'actif agricole, qui devait conditionner nombre de dispositifs favorables aux agriculteurs, semble d'une application limitée. En dernier lieu, elle n'a pas été retenue pour définir une installation agrivoltaïque au profit de la définition européenne de l'actif agricole (n° 137).

> **Précisions** La définition de l'actif agricole, quand bien même son adoption a été motivée par la définition européenne de l'agriculteur actif (n°s 136 et 137), n'a aucune incidence sur l'attribution des **paiements du premier pilier de la PAC,** comme des aides du second pilier. En effet, la définition de l'agriculteur actif prévue par les règlements européens ne permet pas de retenir les critères posés par la définition de l'article L 311-2 du Code rural et de la pêche maritime. Force est de constater que la définition française est plus étroite et dépasse les possibilités laissées par la définition européenne (on soulignera par exemple que l'actif agricole ne peut être qu'une personne physique alors que l'agriculteur actif peut être aussi bien une personne physique qu'une personne morale). Cette définition est donc d'une application difficile dans le cadre des aides publiques dont la plupart sont versées dans le cadre de la PAC.

REGISTRE NATIONAL DES ENTREPRISES

142 La **loi Pacte** du 22 mai 2019 a autorisé le Gouvernement à prendre, par voie d'ordonnance, les dispositions permettant de créer un **registre général dématérialisé** des entreprises précisant la nature de leur activité, notamment artisanale ou agricole, et ayant pour **objet** le recueil, la conservation et la diffusion des informations concernant ces entreprises et de déterminer le régime juridique applicable à ce registre. Ce registre, créé dans un objectif d'amélioration de l'accès aux informations relatives à la vie des entreprises, **se substitue** aux répertoires et registres d'entreprises existants, à l'exception du Répertoire national des entreprises et de leurs établissements tenu par l'Insee et des registres tenus par les greffiers des tribunaux de commerce et les greffes des tribunaux judiciaires dans les départements du Bas-Rhin, du Haut-Rhin et de la Moselle. Les chambres consulaires, dont les chambres d'agriculture, disposent d'un accès permanent et gratuit aux informations contenues dans ce registre (Loi 2019-486 du 22-5-2019 art. 2).

Malgré la suppression du Registre des actifs agricoles qu'emporte la mise en place du Registre national des entreprises, ce dernier intègre les données du Registre des actifs agricoles en ce sens où il **mentionne l'actif agricole** en plus des caractéristiques de l'entreprise (C. rur. art L 311-2). **142 (suite)**
La qualité d'actif agricole fait l'objet d'une **validation par la caisse de MSA, préalable** à son inscription au sein du RNE, y compris pour les sociétés (C. rur. art. R 123-268). La définition de l'actif agricole reste identique (n° 139). Il en est de même des quelques conséquences qui en découlent (n° 141).

Ainsi, l'ordonnance 2021-1189 du 15 septembre 2021 instaure, depuis le 1er janvier 2023, un Registre national des entreprises (RNE), tenu sous format numérique, sur lequel toute entreprise exerçant une activité commerciale, civile, artisanale, agricole ou indépendante sur le territoire national a l'obligation de s'immatriculer et d'y renseigner, tout au long de son existence, l'ensemble des informations et pièces relatives à sa situation (C. com. art. L 123-36). Le registre est tenu par l'Institut national de la propriété industrielle (Inpi) (C. com. art. L 123-50).

Les personnes, sociétés et entités qui **doivent être immatriculées** au RNE depuis le 1er janvier 2023 sont notamment (C. com. art. L 123-1 et L 123-36) :
– les personnes réalisant une activité agricole au sens de l'article L 311-1 du Code rural et de la pêche maritime ;
– les sociétés ayant leur siège en France, quels que soient leur forme (civile ou commerciale) et leur objet (agricole, immobilier, commercial, etc.) ;
– les sociétés commerciales dont le siège est situé hors d'un département français et qui ont un établissement dans l'un de ces départements ;
– les groupements d'intérêt économique ayant leur siège dans un département français ;
– les autres personnes morales dont l'immatriculation est prévue par les dispositions législatives ou réglementaires (telles que les associations émettant des obligations).

S'agissant des **sociétés créées de fait, des sociétés en participation ou des indivisions,** le décret 2023-955 du 17 octobre 2023 en explicite les modalités d'inscription au RNE. Ainsi, lorsqu'elles exercent une activité de nature commerciale, artisanale, agricole ou indépendante sous la forme d'un groupement non doté de la personnalité juridique, les personnes physiques ou morales le composant peuvent solliciter son inscription au Registre national des entreprises, par l'intermédiaire de l'organisme unique mentionné à l'article R 123-1 du Code de commerce (C. com. art. R 123-242-2).

Les **informations générant une inscription au RNE ou un dépôt en annexe du RNE** (C. com. art. L 123-37, 1°, 3° et 4°) sont celles :
– concernant les sociétés, les GIE et les autres personnes morales immatriculées : l'ensemble des informations, actes et pièces figurant au RCS ainsi que les informations relatives aux bénéficiaires effectifs définies à l'article L 561-46 du Code monétaire et financier ;
– concernant les sociétés par actions, les SARL et les SNC dont tous les associés indéfiniment responsables sont des SARL ou des sociétés par actions : l'ensemble des documents relatifs aux comptes annuels et, le cas échéant, aux comptes consolidés qui sont déposés au RCS (tels que comptes annuels et consolidés, rapport de gestion, rapport sur la gestion du groupe, rapports des commissaires aux comptes, rapport du conseil de surveillance, déclaration de confidentialité, proposition d'affectation du résultat soumise à l'assemblée et résolution d'affectation votée).

Les informations et les pièces devant faire l'objet d'une inscription ou d'un dépôt sont précisées aux articles R 123-221 et suivants du Code de commerce. Pour les sociétés, les inscriptions d'informations et les dépôts de pièces au RNE doivent être validés par le greffier du tribunal de commerce (C. com. art L 123-4).

Les modalités de déclarations et dépôts concernant ces groupements non dotés de la personnalité juridique sont précisées à l'article R 123-266-1 du Code de commerce.

L'alimentation et la mise à jour du RNE sont exclusivement assurées par l'intermédiaire du **guichet unique électronique** de formalités des entreprises prévu à l'article L 123-33 du Code de commerce (C. com. art. L 123-50 ; voir nos 145 s.).

L'inscription d'informations ou le dépôt de pièces au RNE fait l'objet du **paiement de droits** auprès du guichet unique des entreprises concomitamment au dépôt de la formalité. Concernant les sociétés, pour les inscriptions complémentaires et modificatives, le dépôt des comptes annuels et le dépôt des actes modificatifs, le barème est déterminé par le décret 2022-1015 du 19 juillet 2022 (C. com. art. L 123-54).

L'intégralité des données du RNE, à l'exception des documents comptables couverts par une déclaration de confidentialité, fait l'objet d'une **mise à la disposition du public** gratuite et sous forme électronique, à des fins de consultation ou de réutilisation. Concernant l'identité et le domicile des personnes physiques mentionnées dans le registre, les informations publiques seront limitées aux nom, nom d'usage, pseudonyme, prénoms, mois, année de naissance et commune de résidence (C. com. art. L 123-52). Toutefois, certaines personnes (personnes immatriculées pour les données les concernant, autorités judiciaires, agents habilités de l'administration des finances publiques, etc.) bénéficient d'un accès sans restriction à l'intégralité des informations et pièces contenues dans le registre (C. com. art. L 123-53).

REGISTRE SPÉCIAL DES EIRL

144 Avec le nouveau statut de droit commun pour les entrepreneurs individuels incluant les agriculteurs et la mise en extinction du statut d'entrepreneur individuel à responsabilité limitée (voir n°s 75561 s.), les EIRL étaient, jusqu'au 31 décembre 2022, immatriculés au **Registre de l'agriculture** supprimé par le décret 2022-1014 du 19 juillet 2022. Depuis le 1er janvier 2023, les EIRL sont désormais immatriculés au **Registre spécial des EIRL** tenu par le greffe du tribunal de commerce (C. com. art. L 526-7, 4°).

FORMALITÉS DES ENTREPRISES

145 **Disparition des CFE** La loi Pacte a créé un **guichet électronique unique** qui s'est substitué aux centres de formalités des entreprises (CFE) depuis le 1er janvier 2023 (C. com. art. L 123-33 et C. rur. art. L 214-6-2). Ces textes sont complétés par un décret 2020-946 du 30 juillet 2020 et un arrêté ECOI2109666A du 30 mars 2021. Le guichet unique est tenu par l'Institut national de la propriété industrielle (Inpi) (Décret 2020-946 du 30-7-2020 art 1).
Pour les agriculteurs, le rôle du nouveau guichet unique est identique à celui des anciens CFE. Toutefois, totalement dématérialisé et exigeant une signature électronique, il supprime le dépôt de la formalité auprès d'un agent de la chambre d'agriculture. L'avantage de ce guichet unique réside dans le fait qu'il évite d'avoir à s'interroger sur le CFE compétent, ainsi que le formulaire à utiliser, selon la nature d'activité et la forme juridique de l'entreprise, puisqu'auparavant existaient six réseaux de CFE et une cinquantaine de formulaires Cerfa.

146 **Registre des fonds agricoles** Les chambres d'agriculture restent compétentes pour recevoir les déclarations relatives à la **création ou à la cession de fonds agricole** réalisées par les agriculteurs ; malgré la disparition des CFE et leur remplacement par un guichet unique électronique, la chambre continue à recevoir ces déclarations et les conserve sur un registre (n° 75510).

147 **Guichet unique électronique des formalités d'entreprises** Depuis le 1er janvier 2023, le guichet unique est le **seul interlocuteur** des entreprises et leur relais auprès de plusieurs administrations ou organismes (greffe du tribunal, service des impôts des entreprises, Urssaf, organismes d'assurance maladie et vieillesse, MSA, inspection du travail, Insee), pour leurs dossiers de constitution, de modifications de situation et de cessation d'activité. Ce guichet unique s'adresse à l'ensemble des entreprises ayant un siège social, un établissement principal, un établissement secondaire ou une adresse en France.
Le **guichet unique permet** à l'entreprise :
– d'établir un dossier unique de constitution, de modification de sa situation et de cessation d'activité signé électroniquement ;
– de déposer un acte isolé ou ses comptes annuels ;
– de transmettre par voie dématérialisée ce dossier, l'acte isolé ou ses comptes annuels aux organismes concernés cités précédemment, chacun d'entre eux recevant les données en fonction de leur compétence, dès lors que ce dossier est conforme et complet ;
– d'acquitter, le cas échéant, les frais afférents à ces formalités par carte bancaire ou via un compte d'avance de paiement : le guichet collecte les fonds et les reverse aux organismes concernés.
Un **accusé de réception électronique** appelé **synthèse de la formalité** est établi à la suite de chaque déclaration et comporte des mentions obligatoires :
– le nom et l'adresse de l'organisme ou service valideur ou simplement destinataire de la déclaration ;
– sa date de délivrance ;
– la mention « en attente d'immatriculation » en fonction de l'organisme destinataire ;
– les mentions indispensables permettant d'identifier l'entreprise : identité et domicile du déclarant (ou dénomination et adresse de la personne morale), forme juridique et siège de l'entreprise ;
– le numéro unique d'identification de l'entreprise ;
– la date de dépôt de la formalité.
Le déclarant qui dépose un **dossier incomplet** se voit notifier un délai de 15 jours pour produire les pièces nécessaires. Ce délai est renouvelable une fois si le déclarant doit accomplir des

démarches personnelles pour obtenir les documents. Le guichet adresse ensuite une nouvelle synthèse du dossier complété. **147** (suite)

L'interface entre le guichet unique et les administrations destinataires des formalités et documents est encadrée afin d'assurer une information complète de l'entreprise. Ainsi, l'entreprise ou le déclarant doit se voir notifier par le guichet unique :

– la réception de sa déclaration par les organismes concernés ;

– si le dossier est incomplet, les informations et pièces complémentaires nécessaires à l'instruction du dossier que le déclarant doit transmettre par son intermédiaire (en cas de dépassement du délai prévisible de traitement, les motifs invoqués par l'administration concernée doivent être indiqués) ;

– les décisions prises par les organismes concernés, telles que communiquées au guichet unique.

On rappelle que la déclaration interrompt les délais à l'égard des obligations déclaratives de l'entreprise. Les organismes et autorités destinataires des déclarations et des demandes d'autorisation sont seuls compétents pour en contrôler la régularité ou en apprécier la validité.

Enfin, deux **mécanismes de « secours »** sont prévus en cas d'interruption de service. Si la transmission d'un dossier via le guichet unique est impossible pendant plus de 5 jours, le déclarant est alors autorisé à déposer sa demande directement auprès des organismes concernés (C. com. art. R 123-12 et A 123-4). Par ailleurs, un arrêté pris en application de l'article R 123-15 du Code de commerce prévoit en cas de dysfonctionnement grave du guichet unique, la mise en place d'une solution de continuité de service (Arrêté PRMX2334865A du 26-12-2023). Toutefois, la procédure de secours ainsi proposée ne permet la transmission les données aux organismes destinataires qu'en « mode dégradé » : notamment le RNE n'est pas correctement alimenté. Ainsi, il est conseillé de déposer sa formalité sur le site du guichet unique autant que faire se peut.

> **Précisions a.** Au 1er janvier 2023, le passage par le guichet électronique s'imposant et la dématérialisation des échanges devenant obligatoire, la **section du Code de commerce** qui leur était jusqu'alors consacrée est réécrite (C. com. art. R 123-1 à R 123-30-13).

b. Lorsque l'entreprise doit transmettre des **actes authentiques ou des actes sous seing privé en original,** seule la copie numérisée est transmise via le guichet. Les originaux, accompagnés d'une édition de l'accusé de réception électronique, sont en revanche déposés auprès des organismes concernés.

c. La Commission nationale de l'informatique et des libertés (Cnil), dans son avis sur le projet de décret, a notamment insisté sur le respect du secret des informations fournies par le déclarant et l'importance de se prémunir des captations d'information par des réseaux externes (Délib. Cnil 2020-129 du 17-12-2020 : JO du 21-3-2021).

d. Sur le plan fiscal, le guichet unique électronique des formalités d'entreprises transmet certaines **déclarations d'ordre administratif** par voie dématérialisée, telles que la déclaration de création d'entreprise ou d'activité pour les nouveaux assujettis à la TVA, les déclarations de cession ou cessation d'activité et assimilées (dissolution, fusion, transformation de société, décès de l'exploitant) et, le cas échéant, pour celles qui en seraient redevables, le dépôt des comptes annuels des entreprises, notamment agricoles, relevant de l'impôt sur le revenu. En revanche, ne relèvent pas de sa compétence les **déclarations fiscales** concernant l'assiette ou le recouvrement des droits ou taxes (déclaration de résultats, de chiffre d'affaires, etc.), qui doivent être souscrites directement auprès des services fiscaux compétents.

e. Dans le cadre du renforcement du dispositif français de **lutte contre le blanchiment et le financement du terrorisme**, des obligations ont été mises à la charge des sociétés qui les obligent à déclarer leurs bénéficiaires effectifs, tels que définis par l'article L 561-2-2 du Code monétaire et financier (C. mon. fin. art. L 561-46 s. et R 561-1 s.). Cette déclaration doit être effectuée lors de la demande d'immatriculation de la société au RCS et au RNE par l'intermédiaire du guichet unique électronique des formalités d'entreprises (C. mon. fin. art. L 561-46) ou par inscription modificative lorsque les informations déclarées ont changé (C. mon. fin. art. R 561-55 ; voir n° 79410, Précisions).

f. L'ordonnance 2015-1243 du 7 octobre 2015, prise en application de l'article 55, 6° de la loi d'avenir pour l'agriculture habilitant le Gouvernement à prendre par ordonnance les mesures nécessaires au renforcement des règles applicables au commerce des **animaux de compagnie**, conduit ces éleveurs à respecter de nouvelles obligations. Ainsi, l'article L 214-6 du Code rural et de la pêche maritime introduit une nouvelle définition de l'élevage de chats et de chiens, laquelle fixe un seuil d'élevage dès le premier chat ou chien vendu, cette disposition ne s'appliquant pas en cas de cession gratuite. Sauf dérogation limitée, toute personne exerçant l'activité d'élevage de chiens ou de chats est tenue de s'immatriculer auprès du guichet unique électronique des formalités d'entreprises, notamment en vue de l'obtention d'un numéro Siren (C. rur. art. L 214-6-2).

PARTIE 1

Fiscalité agricole

Les principaux impôts susceptibles de frapper l'exploitant agricole peuvent se classer en trois groupes : impôts sur les recettes, impôts sur les bénéfices, impôts sur les mutations (ventes, locations, etc.) patrimoniales. 150
Cette distinction est valable, quelle que soit la forme de l'exploitation (individuelle ou en société). Mais la forme de l'exploitation peut influer sur les modalités d'imposition.

L'étude de la fiscalité agricole nous amènera ainsi à examiner, sous quatre titres distincts : 155
- l'imposition à la TVA (nos 160 s.) ;
- la taxation à l'impôt sur le revenu (nos 5000 s.) ;
- les mutations de biens ruraux (nos 17000 s.) ;
- le statut fiscal des sociétés et groupements agricoles (nos 24000 s.).

Un dernier titre sera consacré aux autres dispositifs fiscaux intéressant l'agriculture, impôt sur la fortune immobilière et impôts directs locaux, notamment (nos 29000 s.).

TITRE

I

TVA et agriculture

CADRE GÉNÉRAL DE L'ÉTUDE

La TVA est un impôt de consommation qui atteint, en principe, la généralité des biens et des services consommés ou utilisés en France. 160

Comme toutes les activités économiques, les opérations agricoles entrent dans le champ d'application de la TVA et les **exploitants agricoles** constituent des « assujettis » à la TVA. Mais seuls sont effectivement redevables de la TVA au titre de tout ou partie de leurs opérations agricoles :

– ceux qu'une disposition expresse soumet obligatoirement à la TVA d'après le régime simplifié agricole (en abrégé : RSA) (n°s 180 s.) ;

– et ceux qui se placent volontairement (option) sous le même régime simplifié agricole (n°s 800 s.).

Comme son nom l'indique, le régime dont relèvent, pour leurs opérations agricoles, les agriculteurs imposables (de plein droit ou sur option) présente un certain nombre de simplifications et quelques particularités par rapport au régime de droit commun (n°s 1400 s.).

Par contre, les activités non agricoles sont en principe soumises aux mêmes règles que les activités de même nature exercées par des non-agriculteurs (n°s 600 s.).

Quant aux exploitants non imposés à la TVA d'après le régime simplifié de l'agriculture, ils bénéficient de plein droit du remboursement forfaitaire (n°s 3600 s.) qui vise à compenser la charge de la TVA ayant grevé leurs achats.

Obligatoirement redevables de la TVA, les **négociants en bestiaux** bénéficient du régime particulier d'imposition prévu pour les exploitants agricoles (n°s 4400 s.).

L'étude du régime de TVA applicable aux **groupements agricoles** est faite n°s 26200 s. (voir notamment, en ce qui concerne les coopératives d'utilisation du matériel agricole et les coopératives d'insémination artificielle, n°s 26250 s.).

CHAPITRE 1

CHAMP D'APPLICATION DU RSA

SOMMAIRE

NOTION D'EXPLOITANT AGRICOLE

Tous les exploitants agricoles sont susceptibles d'être concernés par la TVA, qu'ils soient obligatoirement redevables de cette taxe pour tout ou partie de leurs activités ou qu'ils s'y soumettent volontairement par voie d'option. 165
Bien entendu, ils ne peuvent opter pour l'imposition à la TVA de leurs opérations qu'après s'être assurés que celles-ci n'y sont pas soumises obligatoirement. Les conséquences de la multiplicité des cas d'imposition des exploitants agricoles sur le régime applicable à leurs opérations font l'objet de règles et solutions particulières.
Quant à la situation au regard de la TVA des personnes (éleveurs, propriétaires, entraîneurs, enseignants, etc.) exerçant une activité équestre (ou liée au cheval), elle fait l'objet d'une étude distincte.

Possède la qualité d'exploitant agricole au regard de la TVA la personne qui obtient des produits au cours ou à la fin d'un **cycle de production végétal ou animal** (BOI-TVA-SECT-80 n°s 20 s.). 170
Cette approche étant très voisine de celle retenue par le Code rural, on peut se reporter à la **définition générale des activités agricoles**.
Insistons ici sur le fait que, pour l'application de la TVA, toute personne exerçant des activités de nature agricole a, pour ces activités, la qualité d'exploitant agricole. Autrement dit, le seul critère à retenir est celui de la nature des opérations réalisées.
Ainsi, peu importent :
– le **statut juridique des personnes** exerçant des activités agricoles. La qualité d'exploitant agricole peut être reconnue non seulement à des personnes physiques mais aussi à des personnes morales : EARL, groupements, associations, collectivités publiques (communes, notamment), établissements publics (ONF, Inra, lycées agricoles, etc.), sociétés à forme commerciale ;
– la situation de l'exploitant agricole au regard de la **mutualité sociale agricole**. Le fait qu'une personne exerce son activité dans des conditions qui ne lui permettent pas de relever du régime de l'Amexa ne lui fait pas perdre sa qualité d'exploitant agricole au regard de la TVA ;
– le **mode juridique d'exploitation** sous lequel s'exerce l'activité agricole (faire-valoir direct, fermage, métayage). Le bailleur à métayage est un exploitant agricole. Sur la situation différente du bailleur à ferme, voir n° 610.

> **Précisions** **a. Élevage** : exercent une activité agricole (BOI-TVA-SECT-80 n° 80) :
– l'éleveur propriétaire des animaux (quelle qu'en soit l'espèce) qu'il élève ;
– l'éleveur sans sol (propriétaire qui confie l'élevage de ses animaux à un éleveur à façon ou à un travailleur à domicile) ;
– l'éleveur à façon (mais si l'élevage est réalisé dans des conditions caractéristiques du travail à domicile, le travailleur à domicile n'a pas la qualité d'exploitant agricole ; ses gains sont considérés comme des salaires et sont exclus du champ d'application de la TVA).
Bénéficient du même régime que les saillies et ont donc un caractère agricole les prestations de services rendues par les agriculteurs dans le cadre de contrats de testage et certains services rendus par les coopératives d'insémination artificielle (opérations de collecte, de congélation ou de conservation de la semence, gardiennage de taureaux aux seules fins de sélection et de production de semence).
Les opérations qui, portant sur les animaux, ne se situent pas dans le cycle de croissance ne sont pas de nature agricole : simples achats en vue de la vente (de chiens, par exemple), transports pour le compte de tiers, prise en pension d'animaux ayant achevé leur croissance. Ces opérations relèvent par principe du régime de droit commun de la TVA (en ce qui concerne celles portant sur les équidés, voir toutefois n°s 1100 s.).
b. Le propriétaire foncier qui vend des **coupes de bois** (ventes d'arbres sur pied ou simplement abattus) exerce une activité agricole (BOI-TVA-SECT-80 n° 90).
c. Les **pêcheurs professionnels en eau douce**, adhérents d'une association agréée de pêcheurs professionnels et titulaires d'un droit de pêche, relèvent du régime de TVA applicable aux agriculteurs : ils sont donc soit imposables à la TVA selon le régime simplifié agricole (de plein droit ou sur option), soit bénéficiaires du remboursement forfaitaire agricole.
d. Les **GIE** qui commercialisent la production agricole de leurs membres n'ont pas eux-mêmes la qualité d'exploitants agricoles : ils sont imposables à la TVA selon le régime de droit commun de la TVA.
Pour les GIE commercialisant des animaux de boucherie et de charcuterie, voir n° 4400.
e. En ce qui concerne les **activités équestres** ou liées au cheval, voir n°s 1100 s.

SECTION 1 IMPOSITION OBLIGATOIRE

180 L'imposition obligatoire à la TVA des **activités agricoles** selon le RSA peut, en premier lieu, être fondée sur les recettes réalisées. Si ce critère n'est pas rempli, l'imposition obligatoire peut découler de la nature des opérations agricoles réalisées ou de leur exercice simultané avec certaines opérations commerciales.
Enfin, lorsque des exploitants agricoles réalisent des opérations **non agricoles**, ces opérations sont imposables à la TVA, en principe, dans les conditions de droit commun.

A. Imposition en raison des recettes annuelles réalisées

185 Au titre d'une année donnée, les exploitants agricoles qui ont encaissé un chiffre moyen de recettes supérieur à 46 000 € pendant les deux années consécutives précédentes sont obligatoirement imposables à la TVA selon le RSA (CGI art. 298 bis, II-5°).

1. PRIMAUTÉ DE CE CAS D'IMPOSITION

190 Les dispositions de l'article 298 bis, II-5° du CGI, prévoyant l'imposition obligatoire à raison du franchissement du seuil de 46 000 €, priment toutes les dispositions concernant les autres cas d'imposition obligatoire totale ou partielle et les cas d'imposition volontaire. Les options en cours deviennent caduques lorsque les conditions de l'article 298 bis, II-5° du CGI sont réunies (BOI-TVA-SECT-80-10-20-10 n° 40). Cette primauté de l'assujettissement en application de l'article 298 bis, II-5° rend sans effet la fin éventuelle d'un autre cas d'imposition obligatoire ou l'interruption normale d'une option. Ce n'est que si l'assujettissement à raison des recettes cesse que les autres cas d'imposition obligatoire retrouveront, le cas échéant, à s'appliquer (BOI précité n° 50).

2. PÉRIODE DE RÉFÉRENCE

En **règle générale**, la période de référence à retenir est, à la date du 1er janvier (début de l'imposition obligatoire), les deux années civiles consécutives précédentes dont on calcule la moyenne des recettes. 200

Lorsque l'**exploitation a commencé en cours d'année**, les recettes de la première année sont appréciées, selon l'administration, par rapport au chiffre de 46 000 € annuel ramené au temps d'activité écoulé sauf si le nouvel exploitant a levé toutes les récoltes de l'année (BOI-TVA-SECT-80-10-20-10 n° 20). Ainsi, pour un exploitant débutant le 1er juillet d'une année, les recettes réalisées pendant les six mois de cette première année sont appréciées par rapport à 23 000 € (46 000 : 2).

EXEMPLE

Un exploitant commence son activité le 1er juillet N et réalise 25 000 € de recettes en N et 51 000 € en N + 1. Sa moyenne est de 38 000 € (25 000 + 51 000 : 2). La moyenne de référence est de 23 000 € (pour N) + 46 000 € (pour N + 1) = 34 500 € (23 000 + 46 000 : 2). La moyenne réalisée (38 000) étant supérieure à la moyenne de référence (34 500), cet exploitant deviendra redevable obligatoirement de la TVA le 1er janvier N + 2.

3. RECETTES À RETENIR POUR L'APPRÉCIATION DU SEUIL DE 46 000 €

Les recettes à retenir pour l'appréciation du seuil de 46 000 € s'entendent de toutes les sommes, valeurs, biens ou services reçus par l'exploitant en contrepartie des opérations agricoles réalisées dans l'ensemble de ses exploitations non dotées d'une personnalité juridique distincte. 240

NOTION D'EXPLOITATION

Il convient de totaliser les recettes réalisées dans le cadre d'une ou plusieurs exploitations relevant d'une **même entité juridique**, sans qu'il y ait lieu de distinguer selon la situation géographique des exploitations ou la nature des cultures ou de l'élevage pratiqués (BOI-TVA-SECT-80-10-20-10 n° 170). 245

Exploitation familiale En cas d'exploitation familiale, il convient de considérer (sauf dans le cas exceptionnel où le conjoint de l'exploitant gère de manière autonome un domaine dont tous les éléments d'actif lui appartiennent en propre) qu'on se trouve en face d'une entreprise unique et ce, quel que soit le régime matrimonial (BOI-TVA-SECT-80-10-20-10 n° 170). 250

Exploitation individuelle et exploitation en société Lorsqu'un exploitant exerce des activités agricoles concurremment sous le couvert d'une société ou groupement agricole régulièrement constitués (sociétés civiles, sociétés en nom collectif, GIE, etc.) et en tant qu'exploitant individuel, il existe au regard de la TVA deux exploitations juridiquement distinctes. 255

À cet égard, les sociétés de fait sont assimilées à des groupements agricoles régulièrement constitués, à condition que les activités agricoles exercées respectivement à titre individuel et en société de fait relèvent d'exploitations distinctes et indépendantes, au plan économique et financier (BOI-TVA-SECT-80-10-20-10 n° 170).

Exploitation sous plusieurs modes juridiques Lorsqu'une personne exerce des activités agricoles relevant de plusieurs statuts juridiques (faire-valoir direct, fermage, métayage), elle doit totaliser les recettes réalisées sous chacun de ces statuts pour déterminer si le seuil d'assujettissement est franchi. 260

Ainsi, un exploitant agricole qui exerce ses activités concurremment en faire-valoir direct (ou en fermage) et en métayage doit ajouter la part (ou les parts) des recettes de la (ou des) exploitation(s) en métayage lui revenant avec celles de la ou des exploitations en faire-valoir direct ou en fermage (BOI-TVA-SECT-80-10-20-10 n° 240).

Sur la question de savoir si les exploitants exerçant tout ou partie de leur activité en **métayage** peuvent être redevables de la TVA à titre obligatoire selon le RSA du seul fait que les recettes de l'exploitation en métayage dépassent le seuil de 46 000 €, voir n° 270.

Exploitant au remboursement forfaitaire vendant ses stocks après sa cessation d'exploitation La vente des stocks par un exploitant agricole ayant cessé son exploitation est imposable à la TVA selon le RSA dès lors que le montant moyen de ses recettes calculé sur deux années dépasse le seuil d'assujettissement de 46 000 €, alors même que cet exploitant était placé sous le régime du remboursement forfaitaire jusqu'à son départ à la retraite (CAA Bordeaux 14-12-1995 n° 94-455 : RJF 1/97 n° 19). 265

270 **Exploitation en métayage** Pour l'appréciation du seuil de 46 000 €, les deux situations suivantes doivent être distinguées (BOI-TVA-SECT-80-10-20-10 nos 210 s.).

a. Premier cas : les exploitants exercent **toute leur activité en métayage**. Lorsqu'un propriétaire et un métayer exploitent conjointement **un fonds** sous le statut du métayage, ils sont soumis à titre obligatoire à la TVA, selon l'**administration**, lorsque les recettes tirées de leur exploitation commune dépassent 46 000 €.

Lorsque les deux participants d'une métairie exploitent conjointement **plusieurs fonds** sous le statut du métayage, il convient de considérer que ces fonds non dotés d'une personnalité juridique distincte constituent une seule entreprise agricole ; il faut donc totaliser les recettes de l'ensemble des exploitations communes pour apprécier si le seuil de 46 000 € est dépassé. Si tel est le cas, toutes les recettes retirées des métairies communes doivent être obligatoirement soumises à la TVA selon le RSA, même si la part totale des recettes de chacun des deux exploitants est inférieure à 46 000 €.

Remarque : Un arrêt du **Conseil d'État** a, en matière de régime d'imposition des bénéfices, relevé que la qualité d'exploitant agricole conférée à chacun ne suffit pas à établir l'existence d'une exploitation agricole commune ou d'un groupement de fait (CE 30-12-1996 n° 160396 : RJF 2/97 n° 133). Cette décision limite nécessairement la portée de la doctrine énoncée ci-dessus par l'administration. Même si cette dernière paraît vouloir l'ignorer en matière de TVA (alors qu'elle s'est ralliée à la position du Conseil d'État en matière de bénéfices agricoles : BOI-BA-REG-10-30 n° 100), il en résulte que la présomption de coexploitation n'est pas irréfragable.

b. Second cas : les exploitants sont placés dans une **situation mixte** (le métayer ou le propriétaire exercent par ailleurs d'autres activités agricoles, soit en métairie avec un autre coexploitant, soit sous un autre statut). Les exploitants sont, selon l'administration, imposables pour l'ensemble de leurs recettes agricoles dès lors que la moyenne des recettes de la métairie dépasse 46 000 € (voir ci-dessus, a.).

Par ailleurs, même si la moyenne des recettes de la métairie ne dépasse pas 46 000 €, le métayer, le bailleur ou les deux, peuvent être obligatoirement imposés selon le RSA (pour l'ensemble de leurs recettes) si la moyenne de l'ensemble des recettes agricoles leur revenant en propre, appréciée sur deux ans, dépasse le seuil d'imposition obligatoire.

275 **Exploitation en Gaec** Les groupements agricoles d'exploitation en commun à l'activité desquels **tous** les **associés** participent effectivement et régulièrement par leur **travail personnel** ne sont obligatoirement soumis à la TVA que si la moyenne des recettes totales d'exploitation de deux années consécutives est supérieure, selon le nombre d'associés, aux montants suivants : **2 associés** : 92 000 € ; **3, 4 et 5** associés : 138 000 € ; **6** associés **et plus** : 60 % de la limite prévue pour les exploitants individuels (60 % de 46 000 €, soit 27 600 €) multipliés par le nombre d'associés (exemple : 276 000 € pour 10 associés).

> **› Précisions a.** La **cessation de l'imposition** obligatoire intervient dans les mêmes conditions et par application du même critère.
> **b.** La solution, prise en matière de bénéfices agricoles et énoncée n° 6220, selon laquelle les **conjoints** associés au sein d'un même Gaec comptent pour deux associés nous paraît valoir également en matière de TVA.

NOTION DE RECETTES

290 **Recettes à retenir** Pour l'appréciation du seuil de 46 000 €, les recettes doivent être retenues pour leur montant hors TVA et hors remboursement forfaitaire. Ces recettes comprennent essentiellement celles provenant (BOI-TVA-SECT-80-10-20-10 n° 80) :

a. des **ventes** (y compris exportations et livraisons intracommunautaires) de **produits de l'exploitation** agricole, tous frais et taxes autres que la TVA compris. Les « apports » aux coopératives agricoles de production ou de commercialisation constituent également des ventes, sauf si les produits apportés sont remis dans le cadre d'un marché de travail à façon ;

b. des prestations de **façons** de nature agricole (élevage à façon, saillies, etc.) ;

c. des **subventions** et primes destinées à compenser un manque à gagner ou présentant le caractère d'un supplément de prix (exemple : versements effectués par les organismes d'intervention agricole) ;

d. des sommes versées à un exploitant par une **caisse de compensation** ou de péréquation ;

e. des **indemnités d'assurance** versées à la suite d'une calamité frappant les récoltes ou le bétail (sous réserve des précisions données n° 315, b en ce qui concerne les épizooties ou la perte d'animaux consécutive à un incendie) ;

f. de la valeur des **produits prélevés** dans l'exploitation et **alloués à des tiers ou au personnel** salarié en rémunération d'une livraison de biens, d'une prestation de services ou à titre d'avantages en nature (opération d'échange, paiement de fermages en nature, etc.) ;
g. des **cessions de stocks rémunérées par l'attribution de parts sociales** de la société bénéficiaire de l'apport. Toutefois, en raison de la nature particulière des **Gaec**, il est admis qu'il soit fait abstraction des apports de stocks à ces groupements. Mais, comme pour les autres sociétés ou groupements, les « apports » à des Gaec qui donnent lieu à un paiement effectif (espèces, chèque, virement, etc.) ou à une inscription au compte courant ouvert au nom de l'apporteur dans les écritures du groupement doivent s'analyser comme des ventes.
Par ailleurs, certaines recettes exceptionnelles peuvent n'être retenues, pour l'appréciation du seuil, que pour un tiers de leur montant : voir n° 315, b.

ATTENTION

La liste ci-dessus comprend des recettes qui, si le seuil de 46 000 € est atteint, pourront **échapper à l'imposition effective à la TVA** : tel est le cas, en particulier, des fermages en nature versés, des primes au retrait de production des terres arables, des sommes distribuées par les caisses de péréquation et des indemnités perçues à la suite de calamités agricoles.

Recettes dont il est fait abstraction Il est fait abstraction des recettes énumérées ci-après (BOI-TVA-SECT-80-10-20-10 n°s 90 s.). 295
a. Recettes accessoires ne relevant pas du RSA mais du **régime de droit commun de la TVA** ; pour des exemples, voir n° 605.
b. Valeur de l'**autoconsommation** : produits consommés par l'exploitant ou sa famille et son personnel (mais seulement, dans ce dernier cas, lorsqu'il est d'usage que les repas soient pris en commun par le personnel, l'exploitant et sa famille) et produits utilisés pour la nourriture des animaux de l'exploitation ou pour les besoins de celle-ci (exemple : céréales prélevées pour fabriquer à la ferme des aliments du bétail).
En revanche, il doit être tenu compte de la valeur d'apport ou de vente des produits agricoles livrés à des entreprises du secteur coopératif ou du secteur privé en vue de l'élaboration d'aliments destinés à la nourriture animale, lorsque ces opérations ne sont pas effectuées dans le cadre juridique d'un marché de façon.
c. Valeur de certains produits apportés à des coopératives ou des entreprises privées en vue de leurs **rétrocessions ou cessions pour** les besoins de la **consommation familiale** (CGI art. 267 bis).
d. Produit des opérations portant sur des éléments de l'**actif immobilisé**. Il est ainsi fait abstraction :
– des recettes provenant de la cession d'immobilisations (**immeubles, matériels**, véhicules, etc.).
Les recettes relatives aux ventes d'**animaux** doivent être prises en compte pour apprécier si la limite d'assujettissement est dépassée, sauf celles provenant de la vente d'équidés et bovidés utilisés comme **animaux de trait** ou affectés exclusivement à la **reproduction** (à l'exclusion par conséquent des vaches laitières) ou de chevaux de course mis à l'entraînement et âgés d'au moins deux ans, au sens de la réglementation des courses ;
– des indemnités reçues du propriétaire par le preneur en contrepartie des **améliorations apportées au fonds loué**.
e. Valeur des travaux agricoles effectués pour le compte d'autres agriculteurs dans le cadre de l'**entraide agricole**.
f. Subventions et primes d'équipement qui sont, au moment de leur versement, allouées pour le financement d'un investissement déterminé (exemples : subventions perçues pour la construction d'une étable, prime de restructuration des vignobles versée par l'Onivit).
g. Ristournes et réductions sur achats consenties aux exploitants et **intérêts statutaires versés** aux porteurs de parts de **coopératives**.
h. Prix obtenus à l'occasion de concours ou de foires-expositions (BOI-TVA-SECT-80-30-20-10 n° 60).
i. Aides versées aux victimes de la **sécheresse** et destinées à couvrir l'achat ou le transport de fourrages (Rép. Chassaigne : AN 27-7-2004 n° 28423, non reprise dans Bofip).

Communes forestières Elles doivent retenir non seulement les recettes provenant de la **vente** (par l'entremise ou non de l'ONF) des bois communaux, mais aussi la valeur vénale des **bois distribués en nature** dans le cadre de l'affouage ou remis en échange d'un service (charges en nature). Par contre, la taxe éventuellement réclamée aux bénéficiaires d'affouages n'a pas à être retenue (BOI-TVA-SECT-80-10-20-20 n°s 230 s.). 300
Certaines recettes exceptionnelles peuvent n'être retenues que pour un tiers de leur montant : voir n° 315, b.

NOTION D'ENCAISSEMENT

310 **Date de l'encaissement** Pour l'appréciation du seuil de 46 000 €, une recette est considérée comme encaissée à la date où le bénéficiaire en a la **libre disposition**. Il en est ainsi (BOI-TVA-SECT-80-10-20-10 n° 290) :

a. Lorsqu'elle donne lieu à un **paiement effectif** :

– en **espèces** : au moment de la remise des espèces ;

– par **chèque** : au moment de la remise du chèque. En pratique, le paiement n'est confirmé que lorsque le chèque est encaissé : si le chèque n'est pas provisionné, l'exigibilité doit être considérée comme n'étant pas effectivement intervenue, et le redevable peut opérer l'imputation de la taxe acquittée lors de la remise du chèque ;

– par **virement** : au moment de l'inscription au crédit du compte du bénéficiaire (en pratique, la date de l'opération mentionnée sur l'extrait de compte bancaire) ;

– par **effet de commerce** (traite, billet à ordre) : à la date de l'échéance même si l'effet est remis à l'escompte.

b. Lorsqu'elle résulte de l'**extinction d'une dette** de l'exploitant :

– lorsqu'un fermier paye ses **loyers en nature**, ou qu'un exploitant règle en nature des dépenses professionnelles ou personnelles ou des salaires à son personnel : au moment de la remise de denrées au bailleur, aux fournisseurs ou au personnel considérés ;

– pour les opérations d'**échange** qui ne donnent lieu qu'au règlement du solde de l'opération (exemple : échanges céréales, aliments du bétail) : à la date de la réception par l'exploitant du décompte décrivant le règlement financier de l'opération.

315 **Montant des encaissements à retenir** Pour l'appréciation du montant des encaissements à retenir, il est fait application des règles suivantes (BOI-TVA-SECT-80-10-20-10 n° 300).

a. Les recettes doivent être retenues pour leur montant **réel**.

b. Toutefois, les indemnités et subventions ainsi que le produit de la vente des animaux perçus par un éleveur victime d'**épizootie** peuvent n'être retenus qu'à concurrence d'un tiers s'il s'agit d'**animaux à cycle long** (vaches laitières, taureaux, ovins, caprins et porcins adultes, huîtres) dont l'abattage ou l'éradication a été imposé en vertu de la réglementation sanitaire.

Cette mesure s'applique, sous les mêmes conditions, aux indemnités d'assurances destinées à compenser une perte d'animaux à cycle long à la suite d'un **incendie**.

Peuvent également n'être retenues que pour un tiers de leur montant les recettes suivantes :

– produit de la vente des **vaches abattues** par les bénéficiaires d'une prime d'abandon de la production laitière (quelle qu'elle soit) ;

– produits des ventes par les sylviculteurs (exploitants privés ou communes forestières) de coupes de **bois sinistrés** (suite à incendie, maladie, « chablis », etc.).

4. MODALITÉS ET DURÉE DE L'IMPOSITION

360 Les exploitants agricoles dont le montant moyen des recettes de l'ensemble de leurs exploitations, calculé sur deux années civiles consécutives, dépasse 46 000 € sont soumis à la TVA, selon le RSA, à compter du 1er janvier de l'année suivante. Ils doivent donc observer les règles propres à ce régime d'imposition.

DÉBUT D'IMPOSITION

365 **Exigibilité** Les exploitants qui n'étaient **pas déjà redevables** de la TVA, selon le RSA, au titre de leurs opérations agricoles peuvent bénéficier des solutions particulières prévues pour les optants en ce qui concerne les encaissements perçus durant les trois mois suivant la date du début de l'imposition à la TVA et se rapportant à des livraisons effectuées antérieurement (solutions résumées n° 1610).

Les mêmes solutions sont applicables aux exploitants **déjà partiellement imposables** selon le RSA, pour celles des ventes qui se rapportent aux opérations agricoles qui n'étaient pas soumises obligatoirement à la taxe en vertu de l'article 298 bis, II-1° du CGI.

370 **Calcul des droits à déduction** En début d'imposition en raison des recettes réalisées les deux années précédentes, la situation des exploitants agricoles diffère selon qu'auparavant ils réalisaient déjà ou non des opérations imposables à la TVA.

Ceux qui étaient **déjà intégralement imposables** ne voient en rien modifiée leur situation au regard du droit à déduction.

Pour ceux qui étaient soit **pas encore imposables** selon le RSA, soit **seulement partiellement imposables** selon le RSA, il faut analyser si l'utilisation de leurs biens immobilisés a changé

(BOI-TVA-SECT-80-10-20-20 n° 100) : si certains de ces biens qui étaient utilisés pour des opérations n'ouvrant pas droit à déduction deviennent utilisés à des opérations ouvrant droit à déduction, les exploitants peuvent pratiquer une régularisation (sur les modalités de son calcul, voir n° 2073) qui entraîne une déduction complémentaire d'une partie de la TVA afférente à ces immobilisations. Pour les **immobilisations neuves** et les **biens en stock** qui viennent à être utilisés pour la réalisation d'opérations ouvrant droit à déduction, la taxe initiale qui avait grevé leur acquisition peut être déduite à proportion du coefficient de déduction résultant de ce changement d'utilisation (voir n°s 2073 et 2102).

Les exploitants nouveaux redevables de la TVA ont jusqu'au 31 décembre (au lieu du 25 avril) de l'année qui suit leur première année d'assujettissement pour calculer leur **coefficient de déduction** définitif et pratiquer les éventuelles régularisations requises si celui-ci diffère du coefficient provisoire qui avait été retenu.

DURÉE

a. L'imposition selon le RSA porte obligatoirement sur une **première période** de trois ans (ou de trois exercices pour les redevables ayant opté pour le dépôt d'une déclaration annuelle par exercice), quel que soit le montant des recettes agricoles réalisées au cours de cette période. **380**

b. L'imposition est ensuite obligatoirement **reconduite**, par période d'un an (ou d'un exercice), lorsque le montant moyen des recettes des trois dernières périodes d'imposition n'est pas inférieur à 46 000 €.

EXEMPLE

Un agriculteur (qui n'a pas opté pour la déclaration annuelle par exercice) réalise au titre des années 2022 et 2023 une moyenne de recettes supérieure à 46 000 €.

Il réalise ensuite au titre des années 2024, 2025 et 2026 un montant de recettes de 40 000 €, 50 000 € et 60 000 €.

L'assujettissement selon le RSA porte d'abord sur la période du 1er janvier 2024 au 31 décembre 2026. Il est reconduit obligatoirement pour l'année 2027, car la moyenne des recettes des trois années d'assujettissement selon le RSA ressort à 50 000 €.

En 2028, il conviendra de déterminer la moyenne des recettes afférentes à la période 2025-2026-2027 pour apprécier si l'assujettissement est obligatoirement reconduit pour l'année 2028.

c. Lorsque la **moyenne des recettes de trois périodes annuelles consécutives** d'imposition selon le RSA (année ou exercice) devient **inférieure à 46 000 €**, l'imposition sera cependant **reconduite** :

– obligatoirement, si l'exploitant a obtenu, au cours des trois dernières périodes d'imposition, un **remboursement de crédit** de taxe non imputable. Ainsi, un exploitant assujetti obligatoirement au titre de la période 2022-2023-2024 ne pourra pas, en tout état de cause, sortir du régime d'assujettissement selon le RSA : avant le 1er janvier (ou le 1er jour de l'exercice) 2026, s'il a obtenu un remboursement de crédit de taxe non imputable en 2022 ; avant le 1er janvier (ou le 1er jour de l'exercice) 2027, si ce remboursement a été obtenu en 2023 ; avant le 1er janvier (ou le 1er jour de l'exercice) 2028, en cas de remboursement en 2024 et ainsi de suite ;

– tacitement, pour une durée d'un an ou d'un exercice, si l'exploitant s'abstient de **signaler** au service des impôts qu'il ne remplit **plus les conditions** d'imposition selon le RSA (conditions de moyenne de recettes et de remboursement de crédit).

Ainsi, pour éviter la reconduction tacite du régime d'imposition, l'exploitant doit, par une lettre recommandée adressée avant le 1er février (ou avant le 1er jour du deuxième mois de l'exercice) au service réceptionnaire des déclarations de chiffre d'affaires, indiquer qu'il ne remplit plus les conditions d'imposition obligatoire selon le RSA et qu'il souhaite ne pas demeurer placé sous ce régime (BOI-TVA-SECT-80-10-20-20 n° 170).

CESSATION DE L'IMPOSITION

La cessation de l'imposition selon le RSA entraîne la **régularisation des déductions** dans les mêmes conditions que celles prévues en cas de renonciation à l'option (n° 2140). **390**

Quant aux **encaissements postérieurs** à la date de cessation de l'imposition selon le RSA, il y a lieu de leur appliquer les règles générales exposées n° 1615.

Enfin, en cas de cessation de l'imposition selon le RSA en raison des recettes réalisées, l'exploitant agricole doit s'assurer qu'il ne remplit pas, par ailleurs, les conditions prévues par une **autre disposition d'imposition obligatoire** au RSA (CGI art. 298 bis, II-1° et 3° ; n°s 500 s.), auquel cas l'imposition au RSA se poursuivrait selon les dispositions prévues par ces articles pour les activités en cause. En revanche, l'imposition ne saurait se poursuivre sur le fondement d'une option antérieure (voir n° 190).

B. Activités agricoles obligatoirement imposables

500 Les activités agricoles non imposables en raison du critère des recettes réalisées peuvent être rendues imposables à la TVA en application de plusieurs autres **critères** énumérés à l'article 298 bis, II du CGI. Ainsi, sont obligatoirement soumis à la TVA selon le RSA en raison des activités agricoles qu'ils exercent :

– les exploitants agricoles qui vendent leurs produits en employant des méthodes commerciales ;

– les exploitants agricoles qui vendent les produits qu'ils ont obtenus par des procédés industriels ;

– les agriculteurs qui effectuent certaines opérations commerciales portant sur des animaux vivants de boucherie et de charcuterie, tels que les agriculteurs également négociants en bestiaux.

La **portée pratique** de ces dispositions particulières est très limitée puisque seuls les exploitants en dessous du seuil de 46 000 € sont concernés.

VENTES SELON DES MÉTHODES COMMERCIALES

505 Trois catégories de ventes de **produits agricoles, en l'état ou après transformation**, faites par des agriculteurs sont considérées comme effectuées selon des méthodes commerciales et sont, pour cette raison, imposables obligatoirement selon le RSA (CGI art. 298 bis, II-1° et ann. II art. 260 A, a).

Ces trois catégories d'opérations sont passibles de la TVA même si elles peuvent être considérées comme constituant le **prolongement de l'activité agricole**.

> **Précisions a.** L'imposition selon le RSA est limitée aux **activités expressément visées**. Elle ne s'étend pas aux autres activités agricoles et cesse quand les conditions qui la rendent obligatoire ne sont plus remplies.
b. Dans le cadre de l'exploitation agricole, ces opérations obligatoirement imposables selon le RSA forment un **secteur distinct** (CGI ann. II art. 260 B).
Ce secteur distinct englobe toutes les opérations soumises obligatoirement à la TVA selon le RSA en vertu de l'article 260 A de l'annexe II au CGI même si elles relèvent d'activités différentes (ventes en l'état sur un marché et ventes de produits fabriqués ou mis en conserve, par exemple). Le **droit à déduction** de la TVA afférente aux **biens communs** au secteur constitué par les opérations obligatoirement imposables selon le RSA et au secteur constitué par les opérations agricoles non imposables s'exerce par application du **coefficient de taxation forfaitaire**.

510 **1e catégorie : ventes sur les marchés, à place fixe, avec l'aide d'un personnel exclusivement affecté à ces ventes** Pour qu'il y ait imposition obligatoire à la TVA, il faut que les **conditions** suivantes soient remplies cumulativement (BOI-TVA-SECT-80-10-20-30 n°s 40 s.) :

– vente sur un marché à place fixe ; les foires organisées annuellement ou à intervalle de plusieurs années ne sont pas visées ;

– avec l'aide d'un personnel exclusivement affecté à ces ventes (cette condition implique que le personnel affecté à la vente ne participe pas, en fait, aux travaux agricoles).

515 **2e catégorie : ventes dans un magasin ou une installation spécialement agencés pour la vente** Il n'est pas nécessaire que l'installation ait un caractère permanent (si l'installation a ce caractère, l'agriculteur est d'ailleurs imposable sur un autre fondement, celui des articles 256 et 256 A du CGI : n° 605) mais il faut que l'installation comprenne certains **moyens normaux d'organisation de la vente** : lieu clos et couvert, enseigne, exposition des produits à vendre, emballage, etc. Ne sont donc pas visées les installations précaires et démontables ou les ventes épisodiques à la ferme, dans des locaux aménagés sommairement et affectés à des usages multiples (BOI-TVA-SECT-80-10-20-30 n° 60).

Sont de plein droit imposables à la TVA les ventes de chiens nés et élevés sur l'exploitation, dès lors que ces ventes sont effectuées dans un hall d'exposition spécialement agencé à cet effet.

Est considérée comme une « installation spécialement aménagée en vue de la vente » la camionnette qu'un agriculteur utilise pour vendre au détail notamment, dans le cadre de tournées, les produits de son exploitation.

Ce critère ne s'applique pas en cas de vente sur les marchés : voir n° 510.

3e catégorie : ventes à l'aide de moyens publicitaires relevant des usages commerciaux de produits conditionnés et vendus sous une marque Pour qu'il y ait imposition obligatoire à la TVA, il faut qu'il y ait **cumulativement** (BOI-TVA-SECT-80-10-20-30 nos 70 s.) : 520
– conditionnement des produits analogue à celui sous lequel le produit est vendu dans le commerce ;
– présentation sous une marque permettant d'identifier le producteur ;
– moyens publicitaires relevant des usages commerciaux (ou **entremise de représentants ou placiers**). Les moyens publicitaires doivent être importants et de style commercial (un catalogue annuel n'est pas une publicité importante).
Il n'y a pas imposition obligatoire lorsque les ventes sont faites par l'intermédiaire de **commissionnaires** ou de mandataires, eux-mêmes passibles de la TVA.

VENTES DE PRODUITS OBTENUS AVEC DES PROCÉDÉS INDUSTRIELS

Sont obligatoirement soumises à la TVA selon le RSA les ventes de **produits** agricoles **transformés, préparés ou conservés**, lorsque les opérations de transformation, de préparation ou de mise en conserve nécessitent des **installations, agencements ou matériels importants, de la nature de ceux** qui sont **utilisés**, pour les mêmes opérations, **par** des **industriels** ou des **commerçants** (CGI art. 298 bis, II-1° et ann. II art. 260 A, b). 530

> **Précisions a.** L'imposition selon le RSA des ventes de produits obtenus par des procédés industriels est limitée aux **activités expressément visées** ; elle ne s'étend pas aux autres activités agricoles et cesse lorsque les conditions qui la rendaient obligatoire ne sont plus remplies.
b. Elle est réglée dans le cadre de l'exploitation comme un **secteur distinct** (sur ce point, se reporter aux explications données n° 505).

Critères d'imposition Pour déterminer les cas dans lesquels les opérations de transformation, de préparation ou de mise en conserve remplissent les conditions justifiant, même si elles constituent le prolongement de l'activité agricole, l'imposition obligatoire selon le RSA, deux critères sont retenus cumulativement : 535
– d'une part, l'**importance des moyens** utilisés, en tenant compte de la nature du matériel et non des quantités traitées ;
– d'autre part, la **similitude** de ces **moyens** avec ceux utilisés par les **industriels**.
Par exception, l'imposition obligatoire n'intervient que si l'agriculteur sort des **usages habituels et normaux de l'agriculture**.

> **Précisions a.** Même effectuées avec des matériels modernes, les **opérations de première transformation** réalisées par des agriculteurs qui figurent dans la liste ci-après (donnée à titre purement indicatif par l'administration) sont considérées comme entrant dans les usages habituels et normaux de l'agriculture (et ne sont donc pas imposables à titre obligatoire) : transformation de lait en beurre et en fromage ; conditionnement et triage des œufs ; conditionnement des fruits et légumes ; germination de pommes de terre ; vinification et mise en bouteille des vins, cidres et hydromels ; fabrication d'huile d'olive et de noix ; fabrication de choucroute ; mise en pots de miel nature ; confection, mise en conserve et vente de terrines de foies (dont les foies gras) ; déshydratation de luzerne ; préparation de bois de chauffage ; fabrication de piquets et échalas ; abattage d'arbres et tronçonnage de bois en grumes ; transformation de l'osier produit en vue de la vente d'articles de vannerie (BOI-TVA-SECT-80-10-20-30 n° 140).
b. L'exploitant qui transforme ou fait transformer les grumes en **avivés**, en utilisant à cet effet des moyens identiques à ceux utilisés par les industriels, devient obligatoirement imposable en vertu de l'article 260 A de l'annexe II au CGI.
c. Caractérise l'usage d'installations industrielles la vente annuelle de **84 000 litres de jus de pomme** sous une marque commerciale (CE 5-3-1997 n° 141057 : RJF 4/97 n° 321).

Cas particuliers 540

a. Toute **vente de viande** d'animaux de boucherie et de charcuterie, quelles qu'en soient les modalités, est obligatoirement passible de la TVA, dès lors que la viande provient d'un animal abattu dans un abattoir réglementé (l'abattage constituant une transformation de type industriel) et même si ledit animal est né et a été élevé sur l'exploitation. Si la vente est effectuée dans une installation commerciale permanente, l'imposition résulte des articles 256 et 256 A du CGI : voir n° 605.
b. Viticulteur utilisant des CRD : l'administration précise que cette seule utilisation ne rend pas le viticulteur obligatoirement imposable selon le RSA (BOI-TVA-SECT-80-10-20-30 n° 100).

ACTIVITÉS AGRICOLES EXERCÉES PAR DES NÉGOCIANTS EN BESTIAUX OU EN VIANDES

560 Les personnes qui effectuent des **opérations commerciales** d'achat, d'importation, d'acquisition intracommunautaire, de vente, de commission et de courtage portant sur des **animaux vivants** de boucherie et de charcuterie doivent, lorsqu'elles exercent également des activités agricoles, soumettre ces dernières à la TVA (CGI art. 298 bis, II-3°).

Ces dispositions concernent au premier chef les négociants en bestiaux. Selon l'administration, elles concernent également les **bouchers, charcutiers, chevillards, fabricants de salaisons** qui élèvent des animaux de boucherie et de charcuterie. L'administration considère donc que l'imposition n'est pas subordonnée à la réalisation d'opérations commerciales dans le cadre des activités d'élevage (BOI-TVA-SECT-80-10-20-40 n° 10).

Pour sa part, le Conseil d'État interprète moins sévèrement les dispositions de l'article 298 bis, II-3° du CGI. S'attachant au qualificatif « commercial » des opérations portant sur les animaux de boucherie et de charcuterie, il a jugé que les activités d'éleveur d'une personne exerçant concurremment une activité de boucher, qui écoule les animaux nés sur son exploitation ou gardés après leur achat pendant plus de six mois sur des prés d'embouche, n'étaient pas obligatoirement soumises à la TVA car elles conservaient leur caractère agricole (CE 17-3-1982 n° 28188 : RJF 5/82 n° 476).

> **Précisions a.** L'imposition obligatoire d'après le RSA à ce titre couvre toutes les **activités agricoles** des intéressés sans exception (même celles non complémentaires des opérations commerciales sur animaux : CE 12-4-1996 n° 138363 : RJF 6/96 n° 727, concluant à l'imposition des activités céréalières d'une personne effectuant par ailleurs de pareilles opérations commerciales).
>
> **b.** Pour les négociants autres que les négociants en bestiaux, elle est réglée dans le cadre de l'ensemble de leurs activités comme un **secteur distinct** (voir toutefois n° 1230).
>
> **c.** Sur les conséquences en matière d'**impôt sur le revenu** : voir n° 6400.
>
> **d.** Pour les **obligations particulières** mises à la charge de ces personnes, voir n° 3200.

C. Activités ou opérations non agricoles

PRINCIPES D'IMPOSITION

600 Les exploitants agricoles qui exercent des activités économiques relevant, en matière d'impôt sur le revenu, d'une catégorie autre que les bénéfices agricoles (ou les traitements et salaires) sont en principe redevables de plein droit de la TVA à ce titre.

En pratique, il en est ainsi essentiellement de ceux qui réalisent des opérations relevant de la catégorie des BIC ou de celle des BNC.

Ces opérations, même exercées dans le prolongement des activités agricoles et même réputées agricoles (c'est le cas de certaines d'entre elles) au sens du Code rural, sont imposables obligatoirement (sauf exonération expresse) en application des articles 256 et 256 A du CGI.

Normalement, elles relèvent du **régime** général, dit de **droit commun**, de la TVA et forment au sein de l'exploitation un secteur distinct d'activité. Il peut toutefois en être autrement si elles présentent un caractère accessoire par rapport aux opérations de nature agricole (nos 1210 s.).

Leur imposition n'entraîne pas, normalement, celle des activités agricoles (sous la réserve énoncée n° 560).

Mais il est souligné qu'en **pratique** les activités non agricoles des exploitants sont, sauf cas particuliers, couvertes par la franchise en base du régime général (voir n° 1205).

LISTE INDICATIVE DES OPÉRATIONS IMPOSABLES

605 Sont obligatoirement imposables à la TVA en application des articles 256 et 256 A du CGI les opérations suivantes (la liste ci-après n'a qu'une valeur indicative) (BOI-TVA-SECT-80-10-10 nos 1 s.) :

– les ventes au détail des produits de l'exploitation dans une installation commerciale permanente ;

– les transformations et mises en conserve de produits ne provenant pas de l'exploitation agricole ;

– les ventes en gros ou au détail, en l'état ou après transformation, de produits achetés ; ainsi l'achat de chiens en vue de leur revente est une opération commerciale et non agricole (en revanche, il n'y a pas opération commerciale si la transformation s'inscrit dans le cycle biologique de production des produits : n° 170, Précisions, a) ; l'achat d'emballages pour le conditionnement des produits de l'exploitation n'aboutit pas à une opération commerciale : il n'y a pas, en l'espèce, achat-revente d'emballages ;

– la location de matériels et outillages agricoles ;
– les prestations de services et les façons sur produits agricoles non assimilées à des opérations agricoles. Sont concernés notamment : moissonnage, battage, travaux forestiers, travaux de préparation des sols, semailles, abattage de volailles, désherbage, analyses œnologiques, etc. ;
– le transport de produits agricoles ;
– la prise en pension ou le gardiennage d'animaux autrement qu'à des fins d'élevage (mais pour les équidés, voir n°s 1100 s.) ;
– l'activité consistant à acheter des truites propres à la consommation et à les conserver dans des bassins en vue de les revendre soit au poids, soit, après les avoir relâchées dans un étang, contre une redevance à la journée payée par des pêcheurs ;
– les courtages en saillie ;
– la location de taureaux ou de vaches à des organisateurs de spectacles ;
– les opérations de plantation, de reboisement ou d'organisation de jardin ;
– les travaux exécutés dans le cadre de contrats relevant du Fonds de gestion de l'espace rural ;
– la perception, par un horticulteur, de droits d'entrée pour la visite d'un parc floral ;
– l'organisation de parties de chasse ou de pêche, pour le compte de tiers ;
– la cession ou la concession de brevets ou de certificats d'obtention de variétés végétales, que le titre soit ou non exploité par l'inventeur (en revanche, l'obtenteur qui met en œuvre lui-même ses découvertes en cédant les produits correspondant aux variétés végétales créées exerce une activité de nature agricole) ;
– les expertises foncières ;
– la production et la vente d'électricité.
Pour les activités équestres ou assimilées, voir n°s 1100 s.
Pour les prestations de tourisme à la ferme, voir n° 620.

CAS PARTICULIERS

Prestations de services portant sur des biens ruraux Entrent dans le champ d'application de la TVA tel que défini par les articles 256 et 256 A du CGI, mais en sont **exonérées**, les **locations** portant sur les **terres et bâtiments à usage agricole** (CGI art. 261 D, 1°). 610

L'exonération des baux à ferme (baux qui se traduisent – moyennant le versement de « fermages » par le preneur au bailleur – par la location de biens ruraux, et qui portent parfois non seulement sur les terres et bâtiments mais encore sur le matériel à usage agricole et sur le cheptel) s'applique à la totalité du bail, quelle qu'en soit par ailleurs la forme (bail écrit ou location verbale) et quel que soit le mode de versement des fermages (en espèces ou en nature).

Le bailleur à ferme n'est pas, à la différence du bailleur en métayage, un exploitant agricole même s'il commercialise les fermages en nature perçus : les livraisons à titre onéreux, par les bailleurs, des produits qui leur ont été remis en paiement des fermages sont soumises à la TVA dans les conditions de droit commun ; en revanche, la livraison des produits par le fermier locataire au bailleur n'est pas imposable : voir n° 1450.

Il est possible dans certains cas aux bailleurs de biens ruraux d'exercer une **option pour le paiement volontaire** de **la TVA** au titre de leurs fermages ; les bailleurs ayant exercé cette option relèvent à ce titre du RSA.

> **Précisions a.** La cession à titre temporaire (c'est-à-dire la **location** ou la **concession**) d'un **droit incorporel** portant sur des terres et bâtiments à usages agricoles est également exonérée de la TVA, dans la mesure où elle relève de la gestion d'un patrimoine foncier (CGI art. 261 D, 3°). Il en est ainsi de la location du **droit d'affichage** lorsque son produit entre dans la catégorie des revenus fonciers et ne constitue pas un élément de recettes d'une entreprise commerciale. De même, la concession pure et simple d'un **droit de chasse ou de pêche**, non assortie d'autres prestations (telles qu'hébergement et nourriture des chasseurs ou pêcheurs, fourniture de personnel spécialisé), bénéficie de l'exonération de la TVA, son produit entrant dans la catégorie des revenus fonciers.
>
> **b.** Les recettes tirées de la **location d'emplacements pour le stationnement des véhicules** (quels qu'ils soient) sont imposables à la TVA sauf, sous certaines conditions, si la location est liée à la location non soumise à la TVA d'un local destiné à un autre usage.
>
> **c.** Sont exonérées de TVA les prestations de services entrant dans le cadre de l'**entraide agricole** (CGI art. 261, 2-3°).

Cession de biens d'investissement Les exploitants imposables peuvent être amenés à céder des immobilisations jusqu'alors affectées à leur exploitation. Il convient alors de distinguer selon qu'il s'agit d'immeubles ou de biens mobiliers. 615

a. Le régime applicable aux cessions d'**immeubles** est en principe le suivant :
– les cessions d'**immeubles qui ne sont pas achevés depuis plus de cinq ans** sont soumises à la TVA (CGI art. 257, I-2-2°). Si l'acquisition de l'immeuble a donné lieu à une déduction totale ou partielle de TVA, celle-ci n'a pas à être régularisée et l'exploitant dispose, le cas échéant, d'un droit à déduction complémentaire, calculé dans les conditions exposées n° 2069, lorsque la TVA qui a grevé l'acquisition de l'immeuble n'a été que partiellement déduite ;
– les cessions d'**immeubles achevés depuis plus de cinq ans** sont en principe exonérées de TVA (CGI art. 261, 5-2°). Dans ce cas, l'exploitant doit reverser une fraction de la TVA antérieurement déduite si la cession intervient avant le commencement de la dix-neuvième année qui suit celle de leur achèvement ou de leur acquisition. Dans cette situation, un transfert du droit à déduction résiduel au profit de l'acquéreur est possible dans certaines conditions (CGI ann. II art. 207, III-3). L'exploitant peut toutefois opter pour soumettre la cession à la TVA (CGI art. 260, 5 bis), auquel cas le régime applicable est celui exposé ci-dessus pour les cessions d'immeubles qui ne sont pas achevés depuis plus de cinq ans.

b. Le régime applicable aux cessions de **biens mobiliers** d'investissement est, pour l'essentiel, le suivant :
– **taxation** à la TVA, sur le prix de vente total, des cessions de **biens qui ont ouvert droit à déduction** complète ou partielle de la TVA lors de leur acquisition, importation, acquisition intracommunautaire ou livraison à soi-même. La TVA est exigible lors de l'encaissement des acomptes ou du prix ;
– corrélativement, absence de régularisation de la taxe antérieurement déduite ;
– droit à **déduction complémentaire**, calculé dans les conditions exposées n° 2069, lorsque le bien n'a pas fait l'objet d'une déduction totale de la TVA l'ayant grevé lors de son acquisition.
Les ventes de **biens** d'investissement **n'ayant pas ouvert droit à déduction** chez le cédant ne sont pas soumises à la TVA ; mais si la cession est effectuée pendant le délai de régularisation (n° 2025), l'acquéreur (redevable de la TVA) peut bénéficier d'un droit à déduction (s'il en remplit les conditions), qu'il peut exercer au vu d'une facture complétée (n° 2065). La **cession** pendant le délai de régularisation d'un bien exclu du droit à déduction peut être volontairement soumise à la TVA lorsqu'elle est faite **à un négociant en biens d'occasion** : dans ce cas, le cédant bénéficie d'un droit à déduction partiel, calculé dans les conditions exposées n° 2069.
Ce régime s'applique en principe à toutes les cessions à titre onéreux, ainsi qu'aux apports à titre onéreux ou à titre pur et simple. Le cas de la **transmission d'une universalité totale ou partielle de biens mobiliers et immobiliers entre redevables** (même partiels) de la TVA fournit toutefois une exception notable : voir n°s 2130 s.

620 **Tourisme à la ferme** Il résulte de l'article 261 D, 4° du CGI que les **locations en meublé** sont, sauf exceptions, exonérées de TVA sans faculté d'option.
L'exonération ne s'applique pas aux prestations hôtelières ou parahôtelières fournies dans des établissements d'hébergement qui font l'objet d'une exploitation professionnelle. Il en est ainsi lorsque la prestation est proposée aux clients pour une durée n'excédant pas 30 nuitées et que l'exploitant fournit, en sus de l'hébergement, au moins trois des prestations suivantes : le petit déjeuner, le nettoyage régulier des locaux, la fourniture de linge de maison et la réception, même non personnalisée, de la clientèle (CGI art. 261 D, 4°-b modifié par loi 2023-1322 du 29-12-2023 art. 84). En pratique, les prestations des agriculteurs (gîtes ruraux ou chambres d'hôtes) ne répondent pas souvent à ces conditions d'imposition.
En tout état de cause, les **prestations de restauration** sont imposables à la TVA selon le régime général : sont concernés les fermes-auberges, ainsi que les agriculteurs qui vendent des plats cuisinés ou pratiquent la table d'hôte. Il en est de même de la partie du prix correspondant au petit déjeuner et à la pension des hôtes. Mais, bien entendu, les agriculteurs peuvent bénéficier au titre de ces prestations de la **franchise en base** accordée aux petits redevables (CGI art. 293 B à 293 F) dans les conditions de droit commun : n° 1205.
Signalons enfin que la mise à disposition dans le cadre du **camping à la ferme** de terrains ni aménagés ni gardés n'est pas taxable à la TVA.

SECTION 2
IMPOSITION PAR OPTION

Les exploitants agricoles qui, pour leurs activités agricoles, ne sont pas imposés de plein droit à la TVA d'après le régime simplifié agricole (RSA) sont normalement placés sous le régime du remboursement forfaitaire mais peuvent se soumettre effectivement à la TVA selon le RSA (CGI art. 298 bis, I et III). **800**
Il convient par ailleurs de rappeler l'option ouverte sur un autre fondement (CGI art. 260, 6°) aux propriétaires de biens ruraux n'exploitant pas eux-mêmes (option au titre des fermages perçus dont l'étude est faite nos 17900 s.).

RAISONS DE L'OPTION

Avant d'exercer l'option pour leur imposition selon le RSA, les exploitants agricoles peuvent **comparer** les **effets** que leur imposition entraînerait **avec ceux** qui découleraient de l'application du régime du **remboursement forfaitaire**. **805**
L'imposition à la TVA permet, d'une part, la récupération des montants de taxes supportés sur les acquisitions de biens et services pour un montant supérieur à celui que procurerait le remboursement forfaitaire, d'autre part, d'améliorer comptablement la gestion de l'exploitation.
En **pratique**, chaque exploitant agricole devrait, préalablement à toute option, faire la comparaison approximative suivante, facile et applicable à la plupart des opérations agricoles (c'est-à-dire à celles dont le prix peut être majoré de la TVA sans difficulté particulière) :
a. Total de la TVA figurant sur les factures de l'année de biens et services acquis pour les besoins de l'exploitation agricole (sans tenir compte de la TVA exclue du droit à déduction, telle celle ayant grevé les véhicules de tourisme, mais en tenant compte des achats de matériels correspondant à une moyenne annuelle d'achats).
b. Résultat de la multiplication du chiffre d'affaires annuel moyen par les taux du remboursement forfaitaire.
Si le montant du premier élément (a) est supérieur à celui du second (b) l'exploitant agricole a intérêt à opter pour son imposition à la TVA d'après le RSA.

EXEMPLE

En janvier 2024, M. X, agriculteur, calcule le montant de TVA figurant sur ses factures de l'année 2023 (année d'achats normaux), soit :
– 640 € au titre des achats d'engrais, de semences, d'aliments du bétail, de pièces détachées, du fioul, etc. ;
– 750 € au titre de ses achats de matériel.
Le **total de TVA à récupérer** est de **1 390 €**.
M. X vend dans une année normale pour 10 000 € de céréales et pour 12 000 € d'animaux de boucherie.
Ces ventes lui procureraient un **remboursement forfaitaire** de 559 € (10 000 × 5,59 %) pour les céréales et de 671 € (12 000 × 5,59 %) pour les animaux, soit au total **1 230 €**.
M. X a **intérêt à opter** pour l'imposition à la TVA selon le RSA qui lui « rapportera » (1 390 – 1 240) = **150 €** de plus.

CONSÉQUENCES DE L'OPTION

Les exploitants agricoles qui exercent l'option pour la TVA sont soumis pour leurs activités agricoles imposables au régime d'imposition simplifié présenté nos 1400 s. Pour les redevables imposables à la TVA à raison de plusieurs critères, voir les solutions particulières figurant nos 1200 s. **810**
L'option pour l'imposition à la TVA selon le RSA est sans incidence sur le régime applicable au regard des bénéfices agricoles. Elle est totalement indépendante de l'option pour le régime du bénéfice réel, normal ou simplifié.

PORTÉE DE L'OPTION

L'option pour l'imposition à la TVA selon le RSA s'applique à l'**ensemble** des **opérations réalisées par les exploitants agricoles** (CGI ann. II art. 260 E). Elle couvre toutes les opérations de nature agricole réalisées par un exploitant sous la même personnalité juridique. **820**

Métayage En cas d'exploitation en métairie, l'option peut être exercée soit **conjointement**, par le métayer et le bailleur, soit **séparément** par l'un des deux (CGI ann. II art. 260 D). Dans ce dernier cas, c'est-à-dire si le bailleur ou le métayer exerce seul l'option, son imposition porte sur la part des recettes lui revenant en propre dans la métairie ; le coexploitant demeure sous le régime du remboursement forfaitaire. **830**

Par ailleurs, l'option de l'un des exploitants de métairie entraîne l'imposition à la TVA de l'ensemble de ses activités agricoles sous quelque statut juridique qu'elles soient exercées (cas du métayer ou du bailleur à métairie également fermier ou propriétaire) (BOI-TVA-SECT-80-20-10 n° 50).

FORME DE L'OPTION

840 L'option est exercée par l'**accomplissement pour la première fois des obligations déclaratives et liquidatives qu'elle entraîne**.

L'option est réputée exercée du simple fait que l'exploitant acquitte et déclare pour la première fois la TVA. Ainsi, par **exemple**, un exploitant désirant exercer l'option pour le RSA à compter du 1er janvier 2025 manifestera son option par le versement de son premier acompte trimestriel le 5 mai 2025 au plus tard (BOI-TVA-SECT-80-20-10 n° 160).

L'option peut également être formulée par **lettre simple** adressée au service des impôts ou par le biais de l'imprimé délivré par la chambre d'agriculture lors de la constitution d'une nouvelle exploitation.

> **Précisions** En cas de reprise d'une exploitation faisant suite au **décès de l'exploitant** lorsque le **repreneur** est le **conjoint**, un **héritier** ou l'**indivision**, le RSA auquel était soumis l'ancien exploitant (à titre obligatoire ou sur option) continue de s'appliquer dans les mêmes conditions au repreneur (CGI art. 298 bis, II bis).

DATE D'EFFET DE L'OPTION

850 L'option prend effet au **1er janvier de la première année** de la période qu'elle couvre (CGI ann. II art. 260, I).

Lorsque le **début de l'exploitation** agricole est **postérieur au 1er janvier**, l'option prend effet à la date du début de l'exploitation et est réputée avoir été exercée au 1er janvier pour le décompte des périodes de trois et cinq ans qu'elle recouvre.

DURÉE DE L'OPTION

860 L'option entraîne l'imposition à la TVA selon le RSA pendant une **première période** de **trois ans** et est ensuite renouvelable par **tacite reconduction** pour des périodes de **cinq ans** (CGI ann. II art. 260 G).

865 Lorsque la **date d'échéance** de l'option pour le RSA **ne coïncide pas avec le dernier jour de la période annuelle d'imposition** choisie par le redevable, l'option est prorogée jusqu'à cette date. Cette précision concerne les exploitants qui ont exercé à la fois l'option pour le RSA et l'option pour le dépôt d'une déclaration annuelle en fonction de l'exercice. Pour ces exploitants, le terme de l'option pour le RSA sera le dernier jour de l'exercice couvert par cette option et non le 31 décembre de l'année civile.

EXEMPLE

Un exploitant dont l'exercice comptable débute le 1er juin et se termine le 31 mai exerce une option pour le RSA. Cette option prend effet au 1er janvier 2023. L'exploitant opte également pour le dépôt d'une déclaration annuelle en fonction de l'exercice comptable. Le terme de l'option pour le RSA devrait être le 31 décembre 2025. Mais cette option sera en fait prorogée jusqu'au 31 mai 2026, qui est le terme de la période annuelle d'imposition couverte par l'option.

RENONCIATION À L'OPTION

880 La renonciation est formulée par **lettre recommandée** adressée au service des impôts dont dépend l'exploitation au moins deux mois avant l'expiration de la période de trois ou cinq ans. La renonciation à l'option fait perdre la qualité de redevable et entraîne certaines **régularisations** des déductions déjà opérées (n° 2140).

EXEMPLE

Un exploitant ayant opté avec effet au 1er janvier 2023 et désirant y renoncer à compter de 2026 devra manifester sa renonciation avant le 31 octobre 2025. Dans l'exemple du paragraphe précédent, du fait de la prorogation de l'option pour le RSA jusqu'au 31 mai 2026, la renonciation à l'option devra être formulée avant le 31 mars 2026.

> **Précisions a.** Une simple **réduction de l'activité** d'un exploitant n'est pas de nature à mettre fin à l'imposition découlant d'une option.
>
> **b.** La **cessation de l'exploitation** ne rend caduque l'option en cours que si elle s'accompagne

de la cession préalable ou concomitante des stocks ou de la décision de l'exploitant de conserver le stock pour ses besoins personnels, c'est-à-dire si elle coïncide avec la cessation d'activité.
c. La renonciation à l'option d'un exploitant exerçant une partie de son activité en **métayage** entraîne en principe la cessation générale de l'assujettissement optionnel.

SECTION 3 ACTIVITÉS ÉQUESTRES OU LIÉES AU CHEVAL

PRINCIPES

Au nombre des professionnels qui relèvent naturellement du **RSA ou du remboursement forfaitaire** figurent, conformément aux indications générales données n° 170, les propriétaires qui confient leurs chevaux à des agriculteurs en vue de la réalisation d'opérations agricoles (élevage ou saillies), autrement dit les **éleveurs sans sol**, ainsi que les propriétaires, éleveurs ou façonniers qui effectuent des opérations matérielles d'élevage de chevaux, qualifiés d'éleveurs **avec sol** (BOI-TVA-SECT-80-10-30-10 n° 10). 1100

Sont rangées dans la catégorie des activités de nature agricole les **activités de préparation et d'entraînement des équidés domestiques** en vue de leur exploitation (à l'exclusion des activités de spectacles). 1102
Les activités suivantes sont ainsi soumises à la TVA selon les modalités du régime agricole – RSA de plein droit ou sur option – quels que soient le mode d'exploitation et la situation au regard de l'imposition des bénéfices :
– activités d'entraînement, de préparation (prédébourrage, dressage, etc.) et de prise en pension de chevaux de courses exercées, ensemble ou séparément, par les **éleveurs**, les **propriétaires** ou les **entraîneurs** ;
– activités d'enseignement de l'équitation (voir n° 1120 ci-après), de prise de pension de chevaux, de location d'équidés quelle que soit leur finalité (promenades, randonnées, travail, etc.), de dressage (débourrage notamment) et d'entraînement de chevaux exercées par les **centres équestres**, les éleveurs, les agriculteurs ou les cavaliers professionnels.
Ces activités, qui constituent des prestations de services, n'ouvrent pas droit au **remboursement forfaitaire**.
Sur les **taux** applicables aux activités équestres ou liées au cheval : voir n° 1740.

Compte tenu du caractère incertain de l'existence même d'une rétribution, les **gains de course hippique** (et de concours hippiques) soumis à aléa ne sont pas soumis à la TVA (BOI-TVA-SECT-80-10-30-20 n°s 30 s.). Ce non-assujettissement n'a pas d'incidence sur les droits à déduction des personnes qui les perçoivent lorsqu'elles sont, par ailleurs, assujetties à la TVA. 1104

SOLUTIONS DIVERSES

Les **frais accessoires à la pension** (soins vétérinaires, tonte de chevaux, maréchalerie, transport, etc.) suivent les règles applicables à celle-ci lorsqu'ils sont compris dans le prix global réclamé au titre de la pension. Lorsqu'ils ne sont pas compris dans le prix global, les remboursements perçus à ce titre ne sont pas à soumettre à la TVA si les conditions d'application du régime des débours (CGI art. 267, II-2°) sont remplies. Si tel n'est pas le cas, la refacturation de ces frais peut suivre le régime de TVA agricole s'ils s'inscrivent bien dans le cadre de l'activité d'entraînement, de préparation ou de prise en pension des équidés. 1110

Les **ventes de chevaux** réalisées par les éleveurs, les propriétaires ou les exploitants de centres équestres relèvent des modalités du régime de TVA agricole. Pour le cas où la vente est faite par un bénéficiaire du remboursement forfaitaire (éleveur, par exemple), voir n° 3760. 1112
Les chevaux de course détenus par des éleveurs ne constituent pas, en principe, des immobilisations mais des biens en stock dont la cession est passible de la TVA (BOI-TVA-SECT-80-10-30-10 n° 120). Toutefois, il est précisé que les ventes des chevaux que les éleveurs ont régulièrement choisi de considérer comme des **immobilisations** (n° 15920) et non comme des stocks sont passibles de TVA dans les conditions exposées n° 615. En contrepartie, lorsque la cession intervient dans le délai de la régularisation (voir n° 2025), une déduction complémentaire peut être pratiquée si la TVA qui a grevé l'achat du cheval (ou la livraison à soi-même dans le cas des chevaux nés sur l'exploitation) n'avait pas fait l'objet d'une déduction totale.

1115 Les **centres équestres** relèvent pour les activités suivantes du régime général de la TVA (avec application du taux propre à ces activités) : ventes de denrées alimentaires, ventes et locations d'objets divers, prestations de restauration et d'hébergement (BOI-TVA-SECT-80-10-30-30 n° 60). Lorsqu'elles présentent un caractère accessoire et qu'elles sont passibles de la TVA, ces activités peuvent toutefois être imposées selon le RSA dans les conditions indiquées n° 1210 (BOI précité n° 70).

1118 Les **locations de boxes sans entretien du cheval** ne constituent pas des opérations de prise en pension mais des opérations de mise à disposition de locaux spécialement aménagés de plein droit soumises à la TVA, selon le régime général, au taux normal, quelle que soit la qualité de celui qui loue les boxes.

1120 Les **leçons d'équitation** dispensées par les exploitants de centres équestres ou les exploitants agricoles dans le cadre de leur exploitation, c'est-à-dire au moyen des équidés et des infrastructures dont ils disposent pour cette exploitation, ne sont pas susceptibles de bénéficier de l'exonération prévue pour les cours ou leçons particulières (CGI art. 261, 4-4° b). En revanche, les leçons d'équitation dispensées par des personnes qui ne disposent pas de tels moyens sont susceptibles d'être exonérées.

1122 Les **syndicats d'étalons** sont soumis à la TVA, selon les modalités du régime agricole, au titre des saillies supplémentaires et saillies dites « gratuites » réalisées dans le cadre d'un échange de prestations (les saillies individuelles sont taxables chez les copropriétaires). Pour l'appréciation du seuil de 46 000 €, les recettes à retenir s'entendent de toutes les sommes encaissées par le syndicat d'étalons au cours de l'année civile en contrepartie de ses opérations agricoles, augmentées de la valeur des saillies dites gratuites (BOI-TVA-SECT-80-10-30-40 n° 40).
Les opérations doivent être déclarées par l'un des copropriétaires et être érigées, pour l'exercice des droits à déduction, en secteur d'activité distinct des activités propres des membres du syndicat ou de son gérant.

SECTION 4

EXPLOITANTS IMPOSABLES À RAISON DE DIVERS CRITÈRES

1200 Il résulte des diverses règles examinées ci-dessus que les exploitants agricoles peuvent être redevables de la TVA à raison de plusieurs dispositions, que ce soit pour des activités agricoles ou non. Or, le régime d'imposition applicable à ces opérations n'est pas toujours le même. Pour pallier certaines des difficultés qui résulteraient de la constitution de secteurs distincts, des mesures de simplification ont été prises.
On envisagera ci-après les **principales situations** qui peuvent, en pratique, se présenter et les solutions prises.

EXPLOITANT N'EXERÇANT QUE DES ACTIVITÉS AGRICOLES

1202 Est visée la situation de l'exploitant agricole qui est redevable de la TVA :
– à titre **obligatoire** en tant qu'exploitant agricole agissant comme un commerçant ou un industriel (CGI art. 298 bis, II-1°) ;
– en raison de son **option** à la TVA pour ses autres activités agricoles (CGI art. 298 bis, I et III).
Dans cette situation, toutes les activités de l'exploitant agricole relèvent du RSA.

EXPLOITANT EXERÇANT À LA FOIS DES ACTIVITÉS AGRICOLES ET NON AGRICOLES

1205 **Principe de sectorisation des activités** Est visée la situation de l'exploitant agricole qui est redevable de la TVA :
– d'une part, au titre d'activités para-agricoles (en tant que **commerçant** ou industriel, en particulier) ne bénéficiant pas de la franchise en base de l'article 293 B du CGI ou ayant renoncé à ce régime (CGI art. 256 et 256 A) ;

– d'autre part, en tant qu'**exploitant agricole**, qu'il soit redevable **obligatoirement** en raison du dépassement du seuil de recettes annuelles (CGI art. 298 bis, II-5°) ou des méthodes commerciales de ventes ou des procédés industriels pour l'obtention des produits (CGI art. 298 bis, II-1°) ou qu'il soit redevable par **option** (CGI art. 298 bis, I et III).
Dans cette situation, l'exploitant agricole doit, en principe, constituer deux secteurs distincts d'activité, l'un comprenant les opérations imposables en vertu des articles 256 et 256 A du CGI et relevant du régime général, et l'autre englobant celles visées à l'article 298 bis du même Code et relevant du RSA.
Pour simplifier la gestion de ses activités, des exceptions sont possibles dans les situations ci-après. Le bénéfice de l'une ou l'autre des solutions visées ci-après entraîne, pour les intéressés, renonciation à la franchise en base de l'article 293 B du CGI.

Exception en cas d'activités non agricoles accessoires Lorsque ses activités non agricoles présentent un caractère accessoire par rapport aux activités agricoles, l'exploitant peut confondre ses deux secteurs d'activités en un seul et taxer toutes ses activités selon les règles du **RSA**. 1210
La **portée pratique** de ce dispositif est toutefois assez réduite. La question du rattachement aux activités agricoles ne se pose en effet pas si le chiffre d'affaires correspondant aux activités non agricoles est inférieur aux limites de la franchise en base de l'article 293 B du CGI (sauf renoncement au bénéfice de la franchise), qui sont de 91 900 € pour les livraisons de biens, ventes à consommer sur place et prestations d'hébergement et 36 800 € pour les autres prestations (seuils valables pour 2023 et 2024 ; ces seuils seront fixés respectivement à 85 000 € et 37 500 € à compter du 1-1-2025).
Sont considérées comme présentant un caractère accessoire par rapport aux activités agricoles les recettes non agricoles dont la moyenne annuelle, taxes comprises, des trois années d'imposition précédentes n'excède pas 100 000 € et 50 % de la moyenne annuelle, taxes comprises, des recettes agricoles desdites années (CGI art. 298 bis, III bis).
L'exploitant agricole intéressé par ce dispositif en informe le service des impôts par **simple lettre** (cette formalité n'a pas à être renouvelée les années suivantes).
L'exigibilité de la TVA au titre des livraisons de biens réalisées dans le cadre des recettes accessoires soumises au RSA intervient lors de l'encaissement, comme pour les ventes de produits agricoles. Les factures délivrées aux clients doivent porter la mention « TVA exigible sur les encaissements ».

Les exploitants agricoles qui **débutent** leur **activité** peuvent soumettre leurs recettes accessoires de la première année au RSA s'ils estiment qu'elles n'excéderont pas les limites, celle de 100 000 € étant réduite au prorata temporis (sauf pour les activités saisonnières). 1215
Lorsque les recettes accessoires d'une année civile ou du dernier exercice clos **dépassent les limites** de 50 % ou 100 000 €, les recettes de l'année ou de l'exercice suivants sont déclarées suivant les règles de la TVA générale, et le redevable doit en informer le service des impôts.
Pour les **trois premières années d'activité**, le caractère accessoire des activités non agricoles commerciales et non commerciales s'apprécie en retenant les recettes réalisées l'année civile précédente.

> **Précisions** Pour l'**appréciation des limites** d'application du régime de l'article 298 bis, III bis du CGI, les recettes agricoles à prendre en compte sont celles, imposables ou non, perçues par l'exploitant au titre de l'ensemble des opérations effectuées. Les cessions d'immobilisations, les livraisons à soi-même et les acquisitions intracommunautaires ne sont pas prises en compte. Les recettes accessoires s'entendent de la totalité des recettes de livraisons de biens et prestations de services réalisées par le redevable au titre de l'ensemble de ses activités accessoires. Les recettes tirées de la location de biens ruraux ou d'une activité de négociant en bestiaux ne sont pas prises en compte pour l'appréciation de ces seuils.

Exception en cas d'activités économiquement liées Quelle que soit l'importance de l'activité para-agricole, si les opérations des deux secteurs sont économiquement liées (par exemple, viticulteurs négociants en vins, éleveurs exploitant un abattoir), l'administration peut, sur demande de l'exploitant agricole, autoriser la confusion des deux secteurs en un seul relevant du **régime de droit commun**. 1220

Situation des professionnels de la viande Cette situation concerne l'exploitant agricole **redevable obligatoirement de la TVA** : 1230
– en tant que professionnel de la viande (boucher, charcutier, chevillard, fabricant de salaisons, etc.) (CGI art. 256) ;

1230 (suite) – pour ses activités agricoles (en général d'élevage) (CGI art. 298 bis, II-3°).

Nous ne revenons pas ici sur les réserves qu'appelle en la matière la doctrine administrative (voir n° 560).

S'ils ne sont pas négociants en bestiaux, ces redevables devraient légalement constituer deux secteurs, l'un couvrant leurs opérations commerciales, l'autre leurs opérations agricoles. Ils peuvent toutefois demander au service des impôts dont ils relèvent territorialement l'autorisation de confondre toutes leurs activités en **un seul secteur soumis au régime général** de la TVA. En ce qui concerne les négociants en bestiaux, voir nos 4400 s.

› **Précisions** Cette faculté peut notamment être utilement exercée lorsque les **livraisons d'un secteur à un autre** ne sont **pas imposables** à la TVA (voir n° 1439). En effet, dans ce cas, la non-imposition des livraisons du secteur livreur empêche l'imputation de la taxe afférente aux biens ou services utilisés dans ce secteur. Cette taxe ne pourrait donner lieu à déduction que par remboursement. Tel serait le cas, par exemple, d'un éleveur de porcs imposable à la TVA qui se livrerait à lui-même les porcs de son élevage, comme matières premières d'une entreprise de salaisons. Si les deux secteurs (élevage et entreprise de salaisons) n'étaient pas confondus, les livraisons de porcs n'étant pas soumises à la TVA, la taxe ayant grevé les biens utilisés pour la nourriture des porcs ne pourrait jamais être imputée.

CHAPITRE 2

RÈGLES D'APPLICATION DE LA TVA AUX AGRICULTEURS

SOMMAIRE

CHAMP DE L'ÉTUDE

Pour leurs opérations de nature agricole imposables à la TVA, de plein droit ou sur option, les exploitants agricoles relèvent en principe du **régime simplifié agricole (RSA)**. Si, en outre, ils réalisent des opérations non agricoles imposables, ils sont pour celles-ci normalement passibles du **régime de droit commun** de la TVA. 1400

Ainsi, et sous la réserve des exceptions exposées n°s 1200 s., les exploitants agricoles qui effectuent à la fois des opérations agricoles et des opérations non agricoles et qui sont imposables à la TVA pour tout ou partie des unes et des autres sont soumis à deux régimes d'imposition distincts.

En pratique, la grande majorité des exploitants agricoles relève du RSA. 1405

Ce régime concerne en effet :
– les exploitants agricoles redevables obligatoires de la TVA en raison de leurs recettes annuelles ou au titre de tout ou partie de leurs activités agricoles (activités assimilées à celles des industriels ou des commerçants, notamment) ;
– les exploitants agricoles redevables volontaires de la TVA (« par option ») ;
– les exploitants agricoles, redevables, obligatoires ou volontaires, de la TVA en tant qu'exploitants agricoles et également redevables, à titre obligatoire, au titre d'activités non agricoles exercées à titre accessoire.
Le RSA concerne non seulement des exploitants agricoles, mais également :
– les négociants en bestiaux ;
– les Cuma et les coopératives d'insémination artificielle, pour les prestations rendues à leurs sociétaires et pour les opérations relevant du régime général qu'elles choisissent de soumettre au RSA (aux conditions exposées n°s 1205 s.) ;
– les bailleurs de biens ruraux qui ont exercé l'option pour l'imposition de leurs fermages.

1410 Le RSA est défini par les articles 298 bis, I et 1693 bis du CGI.
Il comporte certaines **particularités par rapport au régime de droit commun** :
– l'exigibilité de l'impôt est toujours constituée par l'encaissement du prix ;
– les formalités relatives aux déclarations sont réduites ;
– la liquidation et le paiement de l'impôt s'effectuent selon des règles particulières.
En dehors de ces règles particulières, que nous examinerons de manière plus détaillée ci-après, les règles générales de la TVA sont applicables.

SECTION 1 OPÉRATIONS IMPOSABLES

DÉFINITION

1415 Les opérations imposables selon le RSA sont les opérations de nature agricole : **ventes des produits de l'exploitation, échanges, façons** considérées comme de nature agricole (élevage à façon, contrat d'élevage ou d'engraissement, saillies, insémination de testage), **livraisons à soi-même**.
En ce qui concerne les opérations non agricoles, qui relèvent normalement du régime de droit commun, voir les développements figurant n°s 600 s.
De quelque nature qu'elles soient, seules sont effectivement taxables en France les opérations dont le lieu d'imposition se situe en France en vertu des **règles territoriales** fixées par les articles 258 et suivants du CGI (pour un exposé détaillé de celles-ci, voir notre Mémento fiscal n°s 48500 s.).

GÉNÉRALITÉS SUR LE TRAFIC INTERNATIONAL DES BIENS

1420 Dans le cadre de cette étude, il ne saurait être envisagé d'exposer le régime, très complexe, applicable aux opérations faites par les opérateurs économiques, et donc les exploitants agricoles, avec l'étranger. Nous nous bornerons aux brefs aperçus ci-après.

a. D'une manière générale, et très **schématiquement**, les livraisons de biens expédiés vers l'étranger sont exonérées de TVA, tandis que les biens en provenance de l'étranger supportent la TVA française.
Cependant, il est nécessaire de distinguer les échanges de biens à l'intérieur de l'Union européenne – livraisons et acquisitions intracommunautaires – des exportations et importations à destination ou en provenance de pays tiers à l'Union européenne. Ces opérations identiques au plan économique font en effet l'objet d'un traitement fiscal différent.

b. Les **échanges** de biens **entre la France et les autres États membres de l'Union** européenne (CGI art. 256 bis s.) s'analysent en deux opérations fiscales : la livraison intracommunautaire opérée par le vendeur, en principe exonérée ; l'acquisition intracommunautaire réalisée par l'acheteur, taxable dans le pays d'arrivée des biens.
Les **achats effectués par un particulier** dans un autre État membre supportent en principe la TVA de cet État. Mais des régimes particuliers visent à limiter les risques de distorsion de concurrence pour les ventes à distance et pour les moyens de transport neufs.

Enfin, les **personnes non assujetties** ou exonérées (exploitants agricoles au remboursement forfaitaire, notamment) sont, en fonction du montant de leurs achats dans un autre État membre, soumises au régime applicable aux particuliers ou aux assujettis (seuil de 10 000 € : voir n° 3620).

c. Les **livraisons de biens** expédiés ou transportés par le vendeur (ou pour son compte) **en dehors de l'UE** sont exonérées de TVA (CGI art. 262).

Symétriquement, l'introduction en France de biens en provenance d'un pays tiers à l'UE donne en principe lieu au paiement de la TVA au titre de l'importation, par le biais d'une auto liquidation (CGI art. 291).

d. Outre la France continentale et la Corse, la TVA est applicable dans les **départements d'outre-mer** suivants : Guadeloupe, Martinique et La Réunion (elle n'est provisoirement pas applicable en Guyane et à Mayotte).

Toutefois, pour l'application de la TVA, les départements d'outre-mer sont considérés comme des territoires d'exportation par rapport à la France métropolitaine et par rapport aux autres États membres de l'Union européenne : les dispositions relatives notamment aux échanges intracommunautaires ne sont donc pas applicables. Par ailleurs, chacun de ces départements est considéré comme un territoire d'exportation par rapport aux autres, à l'exception de la Guadeloupe et de la Martinique l'un par rapport à l'autre (ces deux départements constituant un marché unique).

e. On trouvera ci-après, dans les développements qu'elles concernent, diverses **solutions spécifiques** aux agriculteurs et intéressant les opérations internationales.

VENTES PUBLIQUES

Les ventes publiques de **cheptel** et de tous **autres produits** agricoles par un exploitant agricole redevable de la taxe sont imposables (BOI-TVA-SECT-80-30-10 n° 40). 1425

VENTES DE LAINE

Les ventes de laine **par** un **exploitant** agricole redevable de la TVA sont imposables dans les conditions habituelles. Le régime spécial de suspension de taxe prévu par décision ministérielle ne leur est pas applicable (BOI-TVA-CHAMP-40-30 n° 10). 1430

Les **négociants** ou les **coopératives** qui achètent des laines en acquittant la TVA à ces agriculteurs et les revendent en suspension de taxe peuvent soit obtenir le remboursement direct de la taxe qui leur a été facturée, soit soumettre leurs ventes de laine à la TVA à concurrence du montant nécessaire à l'utilisation de leurs droits à déduction.

LIVRAISONS À SOI-MÊME DE BIENS OU DE SERVICES

La livraison à soi-même est l'opération par laquelle une personne obtient, avec ou sans le concours de tiers, un bien ou une prestation de services à partir de biens, d'éléments ou de moyens lui appartenant. 1435

Dans certains cas (CGI art. 257, II), les livraisons à soi-même sont imposables, c'est-à-dire qu'elles sont **assimilées à des livraisons ou à des prestations de services à titre onéreux**. Ce régime est très complexe et son étude ne serait pas justifiée ici (pour un exposé d'ensemble, voir notre Mémento fiscal n°s 47370 s. ; pour une illustration de la technique, voir aussi ci-après n° 1830 : utilisation alternative d'un bien pour l'exploitation et pour des besoins privés). Aussi nous bornerons-nous ci-après à exposer les **solutions spécifiques au domaine agricole**.

En effet, si le régime général des livraisons à soi-même est applicable en principe aux exploitants agricoles imposables, divers tempéraments administratifs en atténuent en pratique la portée.

Livraisons à soi-même par l'exploitant pour les besoins de l'exploitation agricole Il n'y a pas lieu de distinguer selon que l'exploitant est redevable de la TVA pour l'ensemble de ses activités ou pour une partie seulement de celles-ci. L'imposition des livraisons à soi-même (qui vise à éviter les distorsions de concurrence) n'est exigée qu'en ce qui concerne les biens constituant des **immobilisations** (autres que celles acquises et utilisées en l'état). 1437

Dans le cas où l'exploitant n'est redevable de la TVA que pour une partie de ses activités agricoles, il est admis qu'en raison de la complexité et de la multiplicité des échanges de produits qui peuvent intervenir entre les divers secteurs de production d'une exploitation agricole, les livraisons qu'un exploitant opère d'un secteur soumis à la TVA à un secteur non imposable ne soient pas imposées (BOI-TVA-SECT-80-30-10 n° 260).

Livraisons à soi-même dans le cas d'activités agricoles et non agricoles faisant l'objet de secteurs distincts Lorsque les redevables de la TVA exercent, corrélativement à leurs activités normalement soumises à la TVA (comme étant de nature industrielle, commerciale, etc.), des activités de caractère agricole (cas, par exemple, des entreprises 1439 laitières fabriquant du beurre ou du fromage et exploitant une porcherie), ces deux activités constituent deux secteurs distincts au regard de la TVA : la première est soumise au régime général ; la seconde est soumise au régime simplifié d'imposition des exploitants agricoles, dans la mesure, bien entendu, où n'a pas été pratiquée la réunion en un seul secteur mentionnée n°s 1205 s.

Dans ce cas, le régime applicable aux livraisons d'un secteur à l'autre est le suivant (BOI-TVA-SECT-80-30-10 n° 280) :

– les livraisons d'un secteur, soumis ou non à la TVA (élevage d'animaux, par exemple), à un secteur entièrement soumis à la TVA (magasin de vente au détail, par exemple) ne sont pas imposables (solution qui peut être préjudiciable lorsque le premier secteur est taxable : voir n° 1230) ;

– les livraisons d'un secteur soumis à la TVA (fabrication d'aliments du bétail ou laiterie, par exemple) à un secteur exonéré n'ouvrant pas droit à déduction ou partiellement exonéré sont imposables dès lors que le bien a ouvert droit à déduction complète ou partielle de la TVA lors de son acquisition ou de sa précédente affectation (s'il s'agit d'un immeuble, il n'y a pas lieu de procéder à une livraison à soi-même mais à une régularisation de la déduction initiale dans les conditions décrites n° 2067).

1442 **Livraisons à soi-même pour les besoins autres que ceux de l'activité de l'exploitant** Par principe, le prélèvement par un exploitant d'un bien de son exploitation pour ses besoins privés ou ceux de son personnel ou qu'il transmet à titre gratuit ou, plus généralement, qu'il affecte à des fins étrangères à son entreprise est soumis à la TVA lorsque ce bien ou les éléments qui le composent ont ouvert droit à une déduction complète ou partielle de la TVA (CGI art. 257, II). Les solutions suivantes ont toutefois été prises à propos des **livraisons à soi-même par l'exploitant pour sa consommation personnelle, celle de sa famille et celle de ses employés** (BOI-TVA-SECT-80-30-10 n°s 290 s.).

1. Règles générales. Les prélèvements de biens effectués pour les besoins privés normaux du chef d'une entreprise individuelle constituent en principe des livraisons à soi-même imposables. Toutefois, il est admis que les livraisons qu'un exploitant agricole se fait à lui-même pour sa consommation personnelle et celle de sa famille ne soient pas imposables dès lors qu'elles correspondent à ses **besoins privés normaux** et à ceux de sa famille. Cette absence d'imposition des prélèvements bénéficiant de la dispense rend obligatoire la régularisation des déductions opérées lors de l'acquisition des biens prélevés ou de celle grevant les biens et services qui ont été nécessaires à leur fabrication (n°s 2106 et 2150).

En revanche, sont normalement imposables les mêmes livraisons de produits destinés à la nourriture des ouvriers et personnes diverses qui sont **employés** dans l'exploitation agricole. La valeur de ces livraisons est déterminée par référence à l'estimation forfaitaire qui en est faite dans les barèmes de salaire des ouvriers agricoles. Toutefois, dans un souci de simplicité, aucune distinction n'est à opérer entre la consommation personnelle et familiale, d'une part, et la consommation du personnel, d'autre part, lorsqu'il est d'usage que les **repas** soient pris **en commun** par le personnel, l'exploitant et sa famille. Dans ce cas, la totalité des livraisons de produits destinés à la nourriture est exemptée de l'imposition de la livraison à soi-même.

Par ailleurs, la remise au personnel de produits et boissons passibles d'un droit de consommation ou de circulation (autres que le vin dont le régime est exposé ci-après) est exemptée de la TVA quand elle est conforme aux **usages locaux**.

2. Cas particuliers. Il s'agit des livraisons de vins et de celles de viandes.

a. Les livraisons à soi-même de **vins** distribués par les viticulteurs soit à titre de cadeau, soit à titre de complément de salaires sont le fait des viticulteurs qui procèdent eux-mêmes à la vinification de leur récolte à l'aide de leur propre matériel.

S'il s'agit de viticulteurs **redevables de la TVA**, les livraisons de vins à titre gratuit sont imposables comme des livraisons à soi-même et doivent suivre le régime général de la TVA prévu en matière de **cadeaux** (n° 1940). Sont également imposables les livraisons à soi-même des vins provenant de la vinification de leur récolte et distribués à leur personnel à titre de **complément de salaires**. La base d'imposition de la livraison est déterminée par référence à l'estimation forfaitaire qui en est faite dans les barèmes de salaires des ouvriers agricoles.

Toutefois, sont considérées comme non imposables les livraisons à soi-même :

– de vins distribués pendant la période des vendanges au personnel permanent ou saisonnier, mais dans la limite du maximum prévu par les conventions collectives départementales ;

– de vins consommés à la table familiale par le personnel vivant et travaillant dans l'exploitation agricole et, de ce fait, assimilés aux vins faisant l'objet de la consommation personnelle de l'exploitant.

La taxe acquittée au titre des livraisons à soi-même imposables n'ouvre pas droit à déduction chez le viticulteur (CGI ann. II art. 206, IV-2-3°).

b. Les livraisons de **viandes** d'animaux de boucherie et de charcuterie que se fait à lui-même un exploitant agricole soumis à la TVA sont soumises normalement à la TVA en vertu de l'article 257, II du CGI.

Toutefois, il est admis que les livraisons à soi-même des viandes de l'espèce ne soient pas soumises à la TVA lorsqu'elles sont effectuées pour la **consommation personnelle de l'exploitant agricole et celle de sa famille** (voir ci-dessus 1.).

En revanche, sont imposables les mêmes livraisons de viandes destinées à la nourriture des **ouvriers** et personnes diverses employés dans l'exploitation agricole.

REMISE DE CHEPTEL EN PAIEMENT DE SALAIRE DIFFÉRÉ

Un **aide familial agricole**, qui n'est pas associé aux bénéfices et aux pertes et ne reçoit pas de rémunération en argent, dispose d'une créance de salaire différé sur la succession de l'exploitant agricole. Celui-ci peut le désintéresser de son vivant en lui remettant tout ou partie de son cheptel dans le cadre d'une donation-partage. L'exploitant redevable réalise alors une vente taxable à concurrence du montant de la créance détenue par l'aide familial ainsi désintéressé. 1443

Lorsque le cheptel constituait un bien en stock chez le vendeur et que l'ancien aide familial exerce à titre personnel une activité agricole, les conséquences de la remise du cheptel diffèrent selon le régime d'imposition de chacun. Quatre hypothèses doivent être distinguées (BOI-TVA-SECT-80-30-20-10 n°s 190 s.).

> **Précisions a.** L'exploitant et l'ancien aide familial sont **tous deux redevables de la TVA** sur la totalité de leurs opérations agricoles :
> – l'exploitant comprend dans sa base d'imposition à la TVA la valeur du cheptel dont la propriété a été transférée, à concurrence du montant de la créance de salaire différé ;
> – l'ancien aide familial déduit la taxe qui lui a été facturée.
> Si la vente du cheptel est effectuée dans le cadre de la transmission de la totalité de l'exploitation, la vente peut ne pas être soumise à la TVA (voir n° 2131).
> **b.** L'exploitant et l'ancien aide familial sont **tous deux** placés sous le **régime du remboursement forfaitaire** : l'aide familial ne peut pas, en principe, délivrer de bulletin d'achat, de bon de livraison ou d'attestation annuelle. Par conséquent, l'exploitant n'est pas autorisé à demander à bénéficier du remboursement forfaitaire sur le montant de la transaction. Toutefois, le vendeur pourra bénéficier du remboursement forfaitaire si l'aide familial vend des animaux à des redevables de la TVA ou à l'exportation.
> **c.** L'**exploitant** agricole est soumis à la **TVA** sur la totalité de ses opérations agricoles et l'**aide familial** relève du régime du **remboursement forfaitaire** agricole : l'exploitant comprend dans sa base d'imposition à la TVA la valeur des biens dont le transfert a servi à éteindre la créance de salaire différé. L'aide familial ne peut pas déduire la taxe qui lui a été facturée.
> **d.** L'**exploitant** agricole relève du régime du **remboursement forfaitaire** et l'**aide familial** est soumis à la **TVA** sur la totalité de ses opérations agricoles.
> L'exploitant, n'étant pas redevable de la TVA, ne peut pas la facturer. Il peut, en revanche, bénéficier du remboursement forfaitaire à concurrence du montant de sa dette de salaire différé si la réalisation de cette opération n'entraîne pas le dépassement des limites d'application de ce régime. L'aide familial ne peut pratiquer aucune déduction.

ENTRAIDE AGRICOLE

Les prestations réalisées dans le cadre de l'entraide sont exonérées de la TVA par l'article 261, 2-3° du CGI. Les encaissements perçus dans ce cadre par les exploitants soumis à la TVA ne sont donc pas taxables. 1445

PAIEMENT DE FERMAGES EN NATURE

Le paiement en nature, comme le paiement en espèces, constitue le règlement du **prix d'une location**. Le bailleur reçoit des marchandises en paiement de ce service et il est admis que le fermier locataire qui règle le prix de location en nature ne réalise pas une vente. La livraison qu'il réalise n'est donc pas imposable à la TVA (BOI-TVA-SECT-80-30-20-20 n°s 250 s.). 1450

Lorsque l'option pour le paiement de la TVA, à raison des locations de biens ruraux, est exercée, les loyers encaissés par les bailleurs sont imposables à la TVA au taux normal ; en cas de paiement du fermage en nature, la taxe est due sur la valeur réelle des produits au jour où ils sont mis à la disposition du bailleur (n° 18130).

En ce qui concerne la commercialisation, par les bailleurs, des produits remis en paiement des fermages, voir n° 610.

INDEMNITÉS ET SUBVENTIONS

1460 **Indemnités** Pour être imposées à la TVA, les indemnités doivent correspondre à des sommes qui constituent la **contrepartie d'une prestation de services individualisée rendue à celui qui la verse ou d'une livraison de biens**. À l'inverse, une indemnité qui a pour **objet exclusif de réparer un préjudice commercial**, fût-il courant, n'a pas à être soumise à la taxe, dès lors qu'elle ne constitue pas la contrepartie d'une prestation de services ou d'une livraison de biens.

Pour déterminer les règles de TVA applicables à une indemnité, il s'agit donc, dans chaque situation de fait, d'analyser les conditions de son versement. Si la somme représente, pour la personne qui la verse, la contrepartie d'un service qui lui est rendu, il convient de conclure au caractère taxable de cette somme indépendamment du fait qu'elle résulte de l'application du contrat ou de la loi ou qu'elle est fixée par le juge. Si l'indemnité constitue de véritables dommages-intérêts, elle n'est pas imposable.

Le fait que le versement de l'indemnité soit subordonné à la renonciation par le bénéficiaire à tout recours juridictionnel ne saurait être assimilé à un service rendu à la partie versante (BOI-TVA-BASE-10-10-50 n°s 240, 250 et 300).

En application de ces principes, ne doivent être soumises à la TVA ni les indemnités versées par les compagnies d'assurances à leurs assurés (sur les conséquences en matière de droit à déduction, voir n°s 1910 s.), ni celles versées par l'État en réparation de dommages consécutifs à des calamités agricoles (BOI-TVA-SECT-80-30-20-10 n° 80).

1465 **Aides et subventions : principes** Les aides et subventions versées aux exploitants agricoles passibles de la TVA suivent les règles générales prévues pour l'ensemble des entreprises. Après avoir résumé ci-après ces principes, on exposera les solutions spécifiques applicables au domaine agricole.

Lorsqu'un organisme ou une entreprise sont financés par des sommes qualifiées d'aides, de subventions, d'abandons de créances ou de dons, il convient de suivre la démarche suivante :

– rechercher tout d'abord si les **sommes versées** constituent la **contrepartie d'une opération** réalisée au profit de la partie versante. Dans l'affirmative, il s'agit du **prix payé** pour un service rendu ou pour une vente. Les sommes versées sont donc taxables (sauf exonération expresse de l'opération), quels que soient le statut de la partie versante (personne de droit public ou de droit privé) ou la dénomination donnée à ces sommes (subventions, crédits budgétaires, aides, abandons de créances, etc.) ;

– à défaut, rechercher si les sommes versées **complètent le prix** d'une opération imposable. Dans l'affirmative, elles doivent être comprises dans la base d'imposition à la TVA et doivent donc être taxées sauf exonération expresse ;

– en cas de réponse négative aux deux premiers points, la subvention, l'aide ou le don n'est jamais imposable à la TVA (BOI-TVA-BASE-10-10-50 n° 10). Pour son incidence sur le **coefficient de taxation forfaitaire** : voir n° 1925.

Ces principes posés, il convient d'apporter certaines précisions.

1. Subventions constituant la contrepartie d'une opération : lorsque les circonstances de droit ou de fait permettent d'établir l'existence d'un **engagement de fournir un bien ou un service** déterminé ou de constater la réalisation d'un tel engagement par le bénéficiaire de la subvention, les sommes versées constituent la contrepartie d'une prestation de services (ou de la fourniture d'un bien) entrant dans le champ d'application de la TVA. Ce principe s'applique quel que soit le statut de la partie versante (personne de droit public ou de droit privé) ou la dénomination donnée aux sommes versées (subventions, crédits budgétaires, aides, abandons de créances, dons).

En revanche, les subventions versées à des bénéficiaires qui n'ont souscrit **aucune obligation** en contrepartie de l'octroi de ces sommes ne constituent pas la rémunération d'un service rendu.

2. Subventions complément de prix : lorsque la contrepartie d'une prestation de services ou d'une livraison de biens imposée à la TVA est versée par un **tiers** qui n'est pas le client, il n'y a pas de service rendu au tiers, mais la subvention versée par celui-ci est imposable chez son bénéficiaire, sur le fondement d'une règle d'assiette (CGI art. 266, 1-a), dès lors qu'elle constitue pour lui une **contrepartie obtenue à raison de son activité imposable et directement liée au prix**.

S'inspirant des critères dégagés par la CJUE (CJUE 22-11-2001 aff. 184/00 : RJF 2/02 n° 250 ; CJUE 15-7-2004 aff. 144/02, 381/01, 463/02 et 495/01 : RJF 11/04 n° 1214), l'administration a défini les « subventions directement liées au prix » comme celles répondant aux **conditions cumulatives** suivantes :

– la subvention est versée par un tiers à celui qui réalise la livraison ou la prestation. Elle implique donc nécessairement la présence de trois parties : la personne qui accorde la subvention, la personne qui en bénéficie et l'acheteur ou le preneur ;

– la subvention constitue la contrepartie totale ou partielle d'une livraison de biens ou d'une prestation de services. Le principe du versement de la subvention doit exister en droit ou en fait avant l'intervention du fait générateur des opérations dont elle constitue la contrepartie. En outre, le prix du bien ou du service doit être déterminé, quant à son principe, au plus tard au moment du fait générateur. Il doit exister une relation entre la décision de la partie versante d'octroyer la subvention et la diminution des prix pratiqués par le bénéficiaire. Cette relation, qui résulte de l'intention des parties, doit apparaître de manière non équivoque au terme d'une analyse au cas par cas des circonstances qui sont à l'origine du versement de la subvention. Il est nécessaire que le prix payé par l'acheteur soit fixé de telle façon qu'il diminue à proportion de la subvention accordée au vendeur, laquelle constitue un élément de détermination du prix exigé. Une subvention ne saurait être qualifiée de complément de prix dès lors qu'elle n'est pas calculée de manière à couvrir spécialement l'insuffisance de recettes résultant de la tarification mais a pour objet de prendre en charge des coûts fixes et/ou variables ;
– la subvention doit permettre au client de payer un prix inférieur au marché ou, à défaut, au prix de revient.

Les subventions complément de prix sont soumises aux **règles d'imposition** (taux, exonération éventuelle, etc.) applicables aux opérations dont elles complètent le prix.

Il est précisé que ne constituent pas des compléments de prix et ne sont donc pas taxables les subventions dites « à l'achat », destinées à prendre en charge l'achat par le bénéficiaire de biens ou de services déterminés auprès d'un autre assujetti (subventions de l'État versées aux entreprises dans le cadre des **aides à l'emploi**, de l'implantation dans certaines zones défavorisées, « chèques conseils », etc.).

3. Les **subventions d'équipement** ne sont pas imposables (application dans le domaine agricole : voir n° 1472).

Aides et subventions : solutions propres au secteur agricole L'administration a apporté de nombreuses précisions en ce qui concerne les aides versées dans le secteur agricole. 1470

Les aides versées pour compenser une **perte de revenus** consécutive par exemple à un **changement ou** à l'**abandon d'une production** ou à une nouvelle politique agricole ne sont pas soumises à la TVA. Il s'agit notamment des subventions versées dans le cadre de la PAC (aides versées aux producteurs de cultures arables, aides à l'élevage), des primes de reconversion des vignobles, des primes au retrait de production des terres arables ou indemnités compensatrices de handicaps naturels (BOI-TVA-SECT-80-30-20-10 n° 130). 1471

Les aides versées pour **financer un équipement** déterminé (primes de restructuration des vignobles, aides aux investissements dans les serres, etc.) suivent le régime des subventions d'équipement ; elles ne sont pas imposables (incidence au regard des déductions, voir n° 1927). 1472

Les aides dites **« à l'achat »** ne sont pas taxables (BOI-TVA-SECT-80-30-20-10 n° 140) : aides versées par l'État dans le cadre des opérations de prophylaxie, aides en réparation des calamités agricoles, par exemple aides aux victimes de la sécheresse destinées à ouvrir des charges exceptionnelles d'achat sur le transport du fourrage, etc.

Les aides attribuées par un office agricole destinées à **financer** partiellement le coût de l'**aide technique** apportée **par une coopérative à ses adhérents** ne sont pas soumises à TVA (Rép. Vachet : AN 20-3-2000 n° 38560, non reprise dans Bofip).

L'administration précise également que les aides versées par les **offices agricoles** pour soutenir le fonctionnement des marchés ne sont pas imposables (BOI-TVA-BASE-10-10-50 n° 200).

SECTION 2 BASE D'IMPOSITION

Comme dans le régime de droit commun, la base imposable (ou « assiette ») à la TVA agricole est constituée, aussi bien pour les ventes que pour les services, par toutes les **sommes, valeurs**, tous les **biens ou services reçus ou à recevoir** par le fournisseur ou le prestataire **en contrepartie** de l'opération réalisée, cette base comprenant tous les **frais et taxes à l'exception de la** seule **TVA** (CGI art. 266 et 267). 1500

1505 Pour les **ventes**, la base d'imposition est constituée par le **prix** convenu entre les parties. Il convient aussi d'y inclure, le cas échéant, les primes, subventions ou aides constituant la contrepartie de tout ou partie des opérations imposables.

Doivent également être comprises dans la base d'imposition, entre autres, les sommes réclamées au client au titre des **frais** suivants :

– frais de transport (en principe) ;
– primes et bonifications pour avance de la date de la livraison ;
– frais d'assurance à la charge de l'exploitant ;
– frais d'emballage ;
– et tous les frais normalement inclus dans le coût d'une opération et qui sont payés directement par le client entre les mains d'un tiers (commission versée à un intermédiaire, par exemple).

Toute **réduction du prix** d'une opération taxable (escompte de caisse pour paiement comptant, remises et ristournes pour quantités, etc.) entraîne une diminution corrélative de la base imposable. La réduction de la base imposable est subordonnée à la rectification du prix et de la taxe portés sur la facture primitive lorsque le rabais est accordé après la délivrance de celle-ci.

> **Précisions a.** Lorsqu'un agriculteur vend des **céréales** passibles de taxes spécifiques mises légalement à sa charge, le prix des céréales à soumettre à l'impôt comprend ces taxes, même lorsque leur montant est retenu par le négociant agréé acheteur et reversé par lui pour le compte de l'agriculteur (BOI-TVA-SECT-80-30-20-10 n° 10).
>
> **b.** Lorsqu'un agriculteur vend des **betteraves industrielles**, ne font pas partie de son prix imposable les taxes et sommes suivantes :
> – taxes perçues sur les ventes de sucre ;
> – intérêts sur avances ou agios pour paiement anticipé ;
> – retenues pour betteraves comportant un pourcentage de tare-terre exagéré ;
> – retenues pour chargement effectué par les soins de l'industriel acheteur ;
> – retenues pour participation des planteurs aux frais de reconnaissance en cas de pesée géométrique si ces retenues sont égales au montant exact des frais d'arpentage payés (BOI-TVA-SECT-80-30-20-10 n° 30).
>
> **c.** Lors de la vente d'**alcools, de vins, de boissons**, etc., par un viticulteur redevable de la TVA, les **droits indirects** perçus sont compris dans la base imposable à cette taxe. Lorsque le paiement de ces droits est suspendu, ils sont laissés en dehors de cette base (BOI-TVA-SECT-80-30-20-10 n° 40).
>
> **d.** Pour les gains et primes perçus à l'occasion des **courses de chevaux**, voir n° 1104.
>
> **e.** Les prix obtenus à l'occasion de **concours** ou de foires-expositions ne sont pas imposables à la TVA (BOI-TVA-SECT-80-30-20-10 n° 60).
>
> **f.** Les exploitants agricoles redevables de la TVA n'ont pas à soumettre à cette taxe les indemnités reçues en réparation de **dommages** accidentels causés aux cultures par le **gibier** (BOI-TVA-SECT-80-30-20-10 n° 80).
>
> **g.** Les **communes forestières** qui procèdent à l'**affouage** d'une partie de leur production sylvicole n'acquittent la TVA ni sur le montant de la taxe d'affouage éventuellement réclamée ni sur la valeur estimée des bois remis (BOI-TVA-SECT-80-10-20-20 n° 300). En revanche, les ventes des bois de chauffage par les affouagistes sont soumises à la TVA, sous réserve de l'application de la franchise en base prévue à l'article 293 B du CGI.

ÉCHANGES

1510 Même dans le cadre de la coopération agricole, pour les échanges, opérations considérées comme des doubles ventes, le prix imposable est constitué par la **valeur du produit** reçu en paiement majorée éventuellement de la **soulte** perçue (BOI-TVA-SECT-80-30-20-20 n° 1).

Pour les communes forestières, les **charges en nature**, qui consistent à demander à certaines personnes des services en contrepartie de la remise de bois, s'analysent comme des échanges (BOI-TVA-SECT-80-10-20-20 n° 290).

1515 **Échanges céréales-aliments du bétail** Ce sont les opérations par lesquelles un agriculteur livre des céréales à des entreprises du secteur coopératif ou du secteur privé qui, en contrepartie, lui fournissent des aliments composés de céréales et destinés à la nourriture animale. Ces opérations s'analysent comme des échanges et non comme des fabrications à façon (BOI-TVA-SECT-80-30-20-20 n° 10).

1520 **Échanges de farine ou de blé contre du pain** L'échange de farine ou de blé contre du pain que les **boulangers** effectuent avec les exploitants agricoles est considéré comme une façon. Le boulanger peut choisir de ne pas soumettre sa rémunération à la TVA ou d'acquitter la TVA (au taux réduit) sur sa rémunération. La même solution s'applique aux **meuniers** (BOI-TVA-SECT-80-30-20-20 n° 60).

APPORTS OU LIVRAISONS À DES COOPÉRATIVES

Pour les livraisons à des coopératives, le prix imposable comprend l'ensemble des versements effectués par la coopérative et, notamment, les **acomptes**, les **primes** et les **ristournes** ou compléments de prix versés en fin de campagne. Par contre, les **intérêts statutaires** versés aux porteurs de parts échappent à l'imposition (BOI-TVA-SECT-80-30-20-20 n° 70). 1530

Il est souligné que les agriculteurs ne doivent pas déduire de leur base imposable les prélèvements opérés au profit des **caisses de péréquation ou de régularisation**. En contrepartie, les sommes distribuées par les caisses de péréquation ne sont pas imposables (BOI précité n° 100).

À défaut d'encaissement en espèces, le prix imposable est constitué par la valeur du produit reçu en paiement.

OPÉRATIONS PORTANT SUR DES ANIMAUX

a. Les **livraisons** d'animaux de **boucherie** et de charcuterie réalisées **par l'intermédiaire de commissionnaires** à la vente (ou de Sica ou de coopératives agissant comme tels) sont imposables sur le prix hors commission (BOI-TVA-SECT-80-30-20-20 n° 320). 1540

b. Les livraisons d'animaux de boucherie et de charcuterie à des **coopératives** ou à des **Sica** sont imposables sur le prix reçu.

Ce prix comprend les sommes retenues pour l'alimentation des caisses de régularisation des cours mais non les frais de fonctionnement qui constituent la marge de commercialisation des coopératives et des Sica (BOI-TVA-SECT-80-30-20-20 n° 80).

SECTION 3

FAIT GÉNÉRATEUR ET EXIGIBILITÉ

PRINCIPE

Pour l'ensemble des opérations relevant du RSA, l'**exigibilité** de la TVA est constituée par l'**encaissement** des acomptes ou du prix (CGI art. 298 bis, I-2°). Sauf option pour le paiement de la TVA d'après les débits, c'est donc la date des encaissements se rapportant aux opérations agricoles qui détermine : 1600

– d'une part, la période au titre de laquelle le montant de ces opérations doit obligatoirement faire l'objet d'une déclaration ;

– d'autre part, la date à laquelle prend naissance le droit à déduction ouvert aux acquéreurs (s'ils sont eux-mêmes redevables de la TVA).

> **Précisions a.** La **définition de l'encaissement** appelle les précisions suivantes.
>
> Lors d'un paiement par **chèque**, la taxe n'est exigible, en principe, que lors de l'encaissement de ce chèque soit directement, soit par inscription au compte. Cependant, en pratique, le redevable soumis au paiement de la TVA d'après les encaissements et qui reçoit un chèque en paiement acquitte généralement la taxe dès remise du chèque par son client, mais le paiement n'est confirmé que lorsque le chèque est encaissé.
>
> En cas de **virement**, l'encaissement est constitué par la date d'inscription au compte du fournisseur de la somme virée sur ordre du client.
>
> En cas de règlement par **effets de commerce**, l'exigibilité de la TVA intervient à la date d'échéance de l'effet (ou si celui-ci n'est pas honoré à cette date, au moment du règlement effectif par le client), même si l'effet est remis à l'escompte.
>
> Pour l'exploitant adhérent d'une société d'**affacturage**, il n'y a encaissement que lors du paiement effectif par le débiteur.
>
> **b.** Pour les **échanges intracommunautaires** réalisés par les exploitants agricoles soumis au RSA, l'exigibilité de la taxe dépend de la nature de l'opération. Les **acquisitions** intracommunautaires relèvent des règles de droit commun prévues aux articles 256 bis et 269, 2-d du CGI : l'exigibilité de la TVA intervient le 15 du mois suivant celui au cours duquel s'est produit le fait générateur (constitué par l'acquisition), sauf délivrance de la facture par le fournisseur avant cette date, auquel cas l'exigibilité intervient lors de la réception de la facture.
>
> Les **livraisons** intracommunautaires sont, en règle générale, exonérées (CGI art. 262 ter) : voir n° 1420. Dans les cas où la livraison est taxable en France, l'exigibilité intervient lors de l'encaissement des acomptes ou du prix.

OPTION POUR LES DÉBITS

1605 Comme tous les redevables acquittant la TVA d'après les encaissements, les agriculteurs peuvent sur option (formulée par lettre simple adressée au service des impôts) acquitter la TVA sur les débits.
En principe, le débit coïncide avec l'inscription de la somme correspondant au débit du compte « client ». Le paiement de l'impôt sur les débits ne peut avoir pour effet de permettre aux redevables de **s'acquitter** de la TVA **postérieurement à l'encaissement** des acomptes ou du prix.
Les redevables ayant opté pour les débits doivent, par une mention adéquate sur leurs **factures**, en informer leurs clients, afin de leur permettre de récupérer la TVA dès la réception desdites factures, sans attendre le paiement du prix.
S'il a opté pour les débits, l'exploitant doit la TVA facturée même en cas d'**impayés**. La récupération de la TVA ainsi acquittée s'effectue selon une procédure particulière (CGI art. 272, 1).

DÉBUT D'IMPOSITION

1610 Les **encaissements** perçus **avant** la date du début de l'imposition ne sont pas imposables même s'ils se rapportent à des livraisons postérieures à ce début.
Par ailleurs, pour faciliter les rapports entre l'exploitant agricole qui devient redevable de la TVA (notamment en optant) et ses clients, il est admis que l'exploitant soit dispensé de facturer la TVA – et n'en soit pas constitué redevable – pour certains des encaissements qu'il perçoit au cours des **trois premiers mois** suivant la date à laquelle il devient redevable de la taxe. Les encaissements en cause sont ceux qui :
– se rapportent à des **ventes** faites **à** des personnes qui ne sont **pas redevables** de la taxe au moment du règlement ;
– ces ventes ayant été conclues, et les **livraisons** correspondantes effectuées, **avant** la date à laquelle le vendeur est **devenu redevable** de la taxe (BOI-TVA-SECT-80-30-30 n° 40).

> **Précisions** Les dispositions ci-dessus bénéficient non seulement aux **optants** (y compris les métayers ou les bailleurs à métairie exerçant l'option séparée), mais aussi aux exploitants devenant **redevables à titre obligatoire** en raison des recettes réalisées (n° 365).

ENCAISSEMENTS PERÇUS APRÈS LA PERTE DE LA QUALITÉ DE REDEVABLE

1615 **a.** Les encaissements perçus postérieurement à la **cessation d'activité** sont passibles de la TVA s'ils correspondent à des ventes pour lesquelles la livraison est intervenue avant la cessation d'activité (le fait générateur étant constitué par la délivrance).
b. Pour la raison indiquée en a, les encaissements postérieurs à la **renonciation à l'option** sont passibles de la TVA s'ils correspondent à des livraisons effectuées avant la date de fin d'option.
c. À titre de **règle pratique**, les sommes restant à percevoir après la date de la cessation d'activité ou celle de la renonciation à l'option peuvent être comprises dans les bases d'imposition mentionnées sur la déclaration de régularisation afférente à la dernière période d'activité.
Les exploitants agricoles qui entendent se prévaloir de cette possibilité joignent à leur déclaration un état récapitulatif des encaissements soumis à la TVA par anticipation.
d. En ce qui concerne la cession des **stocks** par l'ancien exploitant, voir n° 2150.

SECTION 4 TAUX

1700 Les taux applicables sont ceux de droit commun. Il s'agit des trois **taux** légaux **principaux** : le taux normal de 20 % et les taux réduits de 5,5 % et 10 % (ce dernier taux étant appelé ci-après « taux intermédiaire »). Les taux de 5,5 % et de 10 % s'appliquent exclusivement à certaines opérations expressément et limitativement énumérées par la loi. Sauf application d'un taux spécifique, les autres opérations relèvent du taux de 20 %.

1701 Les taux légaux s'appliquent à des prix hors TVA. Les **coefficients de conversion** qui permettent d'obtenir le prix hors TVA à partir du prix TVA comprise, calculés à partir de la formule 100/100 + T, sont les suivants : 0,833 (taux normal de 20 %) ; 0,909 (taux intermédiaire de 10 %) ; 0,947 (taux réduit de 5,5 %).
Quand ils réalisent des opérations relevant de **taux différents**, les redevables doivent ventiler les recettes imposables par catégories d'opérations et par taux d'imposition.

À ces taux correspondent dans les **DOM** où la TVA est applicable (Guadeloupe, Martinique, La Réunion) deux taux particuliers moins élevés. Ceux-ci s'établissent à :
– 2,1 % pour le taux réduit (coefficient : 0,979), qui concerne tous les produits et services soumis aux taux réduits de 5,5 % et de 10 % en métropole ;
– 8,5 % pour le taux normal (coefficient : 0,921).
En **Corse**, le principal taux réduit est fixé à 2,1 % (coefficient : 0,979).
Il existe également un certain nombre de **taux légaux spécifiques**. L'un d'entre eux intéresse particulièrement les agriculteurs puisqu'il concerne les ventes d'animaux vivants de boucherie à des non-assujettis (n° 1710, Précisions).
Nous donnons ci-après diverses précisions concernant le taux applicable aux principaux produits ou services intéressant les exploitants agricoles (qu'ils soient redevables de la TVA au titre des opérations portant sur ces produits ou au titre de ces services ou « consommateurs » de ces biens ou services).

A. Champ d'application des taux intermédiaire et réduit de TVA

Les **opérations concernées** par les taux intermédiaire et réduit de TVA dans le secteur agricole 1705
sont les **livraisons**, les acquisitions intracommunautaires et les importations portant sur les produits visés ci-après. Les **prestations de façon** relèvent du taux prévu pour les livraisons portant sur le bien obtenu lorsqu'elles portent sur des biens d'origine agricole, de la pêche, de la pisciculture ou de l'aviculture destinés à être utilisés dans la production agricole, dans la préparation de denrées alimentaires ou à la consommation en l'état par l'homme (n° 1745).

PRODUITS DESTINÉS À LA CONSOMMATION HUMAINE

Les opérations visées n° 1705 portant sur les **denrées alimentaires** destinées à la consommation 1710
humaine, les produits normalement destinés à être utilisés dans la **préparation de ces denrées** et les produits normalement utilisés pour **compléter ou remplacer ces denrées** relèvent du taux réduit de 5,5 %, à l'exception des produits de confiserie, des chocolats et produits composés contenant du chocolat ou du cacao, des margarines et graisses végétales, du caviar et des boissons alcooliques (CGI art. 278-0 bis, A-1°).
Le taux réduit est notamment applicable aux **huiles** fluides alimentaires, aux graines, fruits oléagineux et huiles végétales utilisés pour la fabrication des huiles fluides alimentaires ainsi qu'aux huiles concrètes d'origine exclusivement végétale. Sur le taux applicable aux margarines et graisses végétales : n° 1750. Il vise également les **eaux** minérales, eaux de source ou toutes les autres eaux, gazéifiées ou non, lorsqu'elles sont additionnées de sucres d'édulcorants ou d'arômes, au même titre qu'aux **jus** de fruits ou de légumes non fermentés dont le titre alcoométrique n'excède pas 1,2 %, les **bières** dites « **sans alcool** » et toute autre boisson d'un titre alcoométrique volumique n'excédant pas 1,2 %.

› **Précisions a.** Par exception, sont soumises à la TVA au taux de 10 % la fourniture de produits alimentaires intervenant dans le cadre de **ventes à consommer sur place** (CGI art. 279, m) ainsi que les **ventes à emporter** ou à livrer de produits alimentaires préparés en vue d'une consommation immédiate (CGI art. 279, n).

b. Les **boissons alcooliques** s'entendent des bières dont le titre alcoométrique excède 0,5 % vol. et des autres boissons dont le titre alcoométrique excède 1,2 % vol. Les bières s'entendent des bières de malt ainsi que des mélanges de bières de malt et d'autres boissons non alcooliques, tels que les panachés (BOI-TVA-LIQ-30-10-10 n° 130).

c. Les **compléments alimentaires** sont considérés comme des denrées alimentaires dont le but est de compléter le régime alimentaire normal et qui constituent une source concentrée de nutriments ou d'autres substances ayant un effet nutritionnel ou physiologique seuls ou combinés, commercialisés sous forme de doses, à savoir les formes de présentation telles que les gélules, pastilles, comprimés, pilules et autres formes similaires, ainsi que les sachets de poudre, ampoules de liquide, flacons munis d'un compte-gouttes et autres formes analogues de préparations liquides ou en poudre destinées à être prises en unités mesurées de faible quantité. Ces produits sont éligibles au taux de 5,5 % dès lors qu'ils ont une fonction nutritionnelle, c'est-à-dire qu'ils participent au maintien, au fonctionnement ou au développement de tout ou partie de l'organisme (BOI-TVA-LIQ-30-10-10 n°s 270 et 280).

d. Les **vins**, alcools et les lies de vin non parvenues à dessiccation ainsi que les **cidres** utilisés dans la fabrication des vinaigres comestibles sont soumis au taux de 5,5 %. Ce taux s'applique aussi au **melfor** (produit à base de vinaigre aromatisé au miel et jus de plantes) ainsi qu'aux produits analogues consommés dans les départements de l'Est (BOI-TVA-LIQ-30-10-10 n° 140).

e. Les **huiles végétales brutes** livrées aux **savonniers** et les huiles végétales livrées à des fins non alimentaires, notamment pour la production de **biocarburants**, sont passibles du taux normal (BOI-TVA-LIQ-30-10-10 n° 230).

f. Les **ventes d'animaux vivants de boucherie et de charcuterie à des non-assujettis** (particuliers, collectivités locales) et à des exploitants agricoles soumis au remboursement forfaitaire bénéficient du taux de TVA de 2,1 % (CGI art. 281 sexies) en France continentale (le taux est de 0,9 % en Corse et de 1,75 % dans les DOM).

1712 **Définitions** Les notions de « **denrées alimentaires destinées à la consommation humaine** » et de « **produits normalement utilisés pour compléter ou remplacer** » ces denrées visent tous les produits contenant des nutriments constitutifs, énergétiques et régulateurs de l'organisme humain, nécessaires au maintien, au fonctionnement et au développement de cet organisme, consommés afin d'apporter ces nutriments à celui-ci (CJUE 1-10-2020 aff. 331/19 : RJF 12/20 n° 1060 ; BOI-TVA-LIQ-30-10-10 n°s 20 s.).

Les « produits normalement destinés à être utilisés dans la préparation des denrées » alimentaires (dits « **intrants** ») visent notamment les animaux vivants, les graines, les plantes ou d'autres ingrédients lorsqu'ils ne constituent pas des produits finis susceptibles d'être consommés directement par le consommateur final en tant que denrées alimentaires, ainsi que les produits n'ayant pas de fonction nutritionnelle en tant que telle mais qui sont incorporés aux denrées, comme certains additifs alimentaires (BOI précité n° 50). Il s'agit de produits normalement destinés à entrer dans la chaîne alimentaire humaine, le cas échéant après une ou plusieurs opérations de transformation ou de combinaison avec d'autres produits.

La **destination « normale »** d'un produit est appréciée de manière générale et à titre habituel, sans qu'il y ait lieu de rechercher la destination particulière ou effective du produit lors de chaque livraison. Elle est déterminée au regard des caractéristiques intrinsèques du produit, notamment sa composition, son état et son conditionnement, et de l'usage qui en est généralement fait dans la société, ces caractéristiques étant appréciées au moment du fait générateur. Au cours du cycle économique du produit, de ses transformations successives ou de l'évolution de son état, il peut acquérir une nouvelle destination « normale ». Il n'appartient pas aux vendeurs de vérifier l'usage effectif que les acheteurs font de leurs produits, même lorsque l'usage effectif du produit constitue une clause contractuelle de la vente. La survenance d'évènements postérieurs à la vente ne peut conduire à remettre en cause le taux initialement appliqué (BOI précité nos 60 s.).

› **Précisions a.** Les produits utilisés à titre habituel et général dans la chaîne alimentaire humaine mais qui peuvent être utilisés indifféremment dans plusieurs filières de production (**produits à usage mixte**) sont éligibles au taux réduit de 5,5 % quelles que soient les circonstances de la vente. Inversement, les produits qui n'ont pas cette destination à titre habituel et général ne sont soumis au taux réduit de 5,5 % qu'à compter de la première vente postérieure au moment où ils ont acquis les caractéristiques attestant de ce changement de destination et qui matérialise leur entrée dans le circuit de production des denrées pour l'alimentation humaine (BOI précité nos 60 à 90).

b. Les **additifs alimentaires** sont des produits divers, d'origine naturelle ou de synthèse, normalement destinés à être incorporés aux produits alimentaires, tels que : arômes, agents de sapidité, colorants, antioxydants, épaississants, produits dits « améliorants de boulangerie ». Ils sont soumis au taux réduit. La circonstance que la denrée alimentaire que vient compléter l'additif soit exclue du taux réduit est sans incidence : par exemple, un arôme naturel de pomme sur support alcool et sirop de sucre vendu pour la fabrication de spiritueux relève du taux réduit de 5,5 % (BOI précité nos 250 et 260).

1713 **EXEMPLES**

1. Les **bovidés** sont, de manière générale et habituelle, utilisés dans la production des denrées alimentaires. La vente d'un bovin relève donc du taux réduit de 5,5 % sauf lorsqu'il est établi qu'il est spécifiquement vendu pour un autre usage (comme la course ou le labour, par exemple). Inversement, les **équidés** ne sont pas, de manière générale et habituelle, utilisés dans la production de denrées alimentaires. La vente d'un cheval relève donc du taux normal de 20 % sauf lorsqu'il est vendu à un abattoir en tant qu'animal de boucherie ou à un agriculteur en tant qu'animal de trait. Sur le taux applicable aux ventes d'animaux vivants de boucherie et de charcuterie à des non-assujettis : n° 1710, Précisions, f.

2. Le **blé** ou la **mouture de blé** relèvent du taux de 5,5 % alors même que certains produits n'entreront pas dans la chaîne alimentaire humaine et seront exclus de ce taux. En revanche, tel n'est pas le cas si le produit est rendu impropre à la consommation humaine et aux autres destinations éligibles au taux réduit (chaîne alimentaire des animaux producteurs de denrées alimentaires ou production agricole).

PRODUITS DESTINÉS À LA CONSOMMATION ANIMALE

Les opérations visées n° 1705 et portant sur les **denrées alimentaires** destinées à la **consommation des animaux producteurs de denrées alimentaires** elles-mêmes destinées à la consommation humaine, les produits normalement destinés à être utilisés dans la **préparation de ces denrées** et les produits normalement utilisés pour **compléter ou remplacer ces denrées** relèvent en principe du taux réduit de TVA de 5,5 % (CGI art. 278-0 bis A 1°-00 bis). La définition des produits destinés à l'alimentation animale obéissant aux mêmes principes que celle des produits destinés à l'alimentation humaine, les commentaires du n° 1710 sont directement transposables. Ainsi sont concernés à la fois les denrées et produits assimilés qui ont une fonction nutritionnelle pour l'animal et les intrants de la production alimentaire animale, définis sur la base de leur destination « normale » qui est d'entrer dans la chaîne alimentaire animale (BOI-TVA-LIQ-30-10-20 n° 20). 1715

Les produits susceptibles de bénéficier du taux réduit sont les **matières premières** (y compris les produits d'origine agricole, de la pêche, de la pisciculture ou de l'aviculture définis n° 1720), les **aliments composés** et les **additifs et prémélanges** utilisés pour l'alimentation des animaux producteurs de denrées alimentaires destinées à la consommation humaine.

Les **« animaux producteurs »** de denrées alimentaires sont les animaux nourris, élevés ou détenus pour la production de denrées alimentaires destinées à la consommation humaine, et ce, quelle que soit leur utilisation effective. Il s'agit notamment du bétail (tous les animaux de boucherie et de charcuterie à savoir les équidés, bovidés, ovidés, suidés, caprins), des animaux de basse-cour (volailles, lapins producteurs de viande, pigeons domestiques), des poissons d'élevage destinés à la consommation humaine, des escargots, des abeilles, du gibier d'élevage et des cailles (BOI précité n° 40).

En revanche, relèvent du taux normal les denrées destinées à l'alimentation des animaux de compagnie (chiens, chats, lapins familiers, etc.) et des autres animaux non producteurs de denrées alimentaires (animaux d'agrément tels que les poissons d'aquarium, les poules naines, etc., les animaux d'expérimentation, les animaux à fourrure et les animaux de cirque, même lorsque la consommation de leur viande est possible) sauf lorsqu'elles relèvent des intrants agricoles éligibles au taux réduit (BOI précité n°s 1, 50 et 150), ainsi que les médicaments vétérinaires et les aliments médicamenteux, constitués de produits relevant du taux réduit (matières premières, aliments composés, etc.) et de médicaments relevant du taux normal (BOI précité n°s 150 et 170).

> **Précisions a.** Une liste non exhaustive des **matières premières** des aliments pour animaux est fournie à la partie C du règlement UE/68/2013. Sont notamment visés les grains de céréales, les graines ou fruits oléagineux, les graines de légumineuses, les tubercules et racines, les fourrages, autres plantes et algues, les produits laitiers, les produits d'animaux terrestres, les poissons et autres animaux aquatiques, les minéraux, ainsi que les produits dérivés de toutes ces matières ; les produits et sous-produits de fermentation de micro-organismes ; les anciennes denrées alimentaires (BOI précité n° 80).

b. Un **aliment composé** est un mélange d'au moins deux matières premières telles que visées Précision a, comprenant ou non des additifs pour l'alimentation animale, et qui est destiné à l'alimentation animale par voie orale, sous la forme d'un aliment complet ou d'un aliment complémentaire pour animaux (BOI précité n° 90).

c. Les **additifs** se définissent comme des substances, micro-organismes ou préparations, autres que les matières premières pour aliments des animaux et les prémélanges, délibérément ajoutés aux aliments pour animaux ou à l'eau pour remplir une ou plusieurs fonctions mentionnés à l'article 5, 3 du règlement CE/1831/2003 et répondant aux critères d'autorisation fixés par celui-ci. Les catégories d'additifs autorisés sont les suivantes (liste limitative) : additifs technologiques, sensoriels, nutritionnels, zootechniques, coccidiostatiques et histomonostatiques (BOI précité n°s 100 et 110). Les additifs qui ne répondent pas à cette définition sont soumis au taux normal. C'est le cas notamment lorsque leur présentation commerciale leur confère un caractère médicamenteux : préparation à l'avance présentée soit sous forme pharmaceutique utilisable sans transformation, soit sous conditionnement particulier et avec une dénomination spéciale (s'ils sont considérés comme des médicaments destinés à la médecine humaine, ils sont toutefois passibles du taux intermédiaire ou du taux particulier de 2,1 %) (BOI précité n° 180).

d. Les **prémélanges** (mélanges d'additifs pour l'alimentation animale ou mélanges d'un ou de plusieurs additifs pour l'alimentation animale avec des matières premières pour aliments des animaux ou de l'eau utilisées comme supports, qui ne sont pas destinés à l'alimentation directe des animaux) bénéficient du taux réduit (BOI précité n°s 120 et 150).

e. Lorsqu'un produit est, à titre général et habituel, utilisé indifféremment pour l'alimentation à la fois d'animaux producteurs de denrées alimentaires et d'animaux non producteurs, notamment parce que l'espèce en cause peut avoir les **deux usages** (les lapins, par exemple), le taux de 5,5 % est applicable (BOI précité n° 160).

PRODUITS D'ORIGINE AGRICOLE, DE LA PÊCHE, DE LA PISCICULTURE OU DE L'AVICULTURE DESTINÉS À ÊTRE UTILISÉS DANS LA PRODUCTION AGRICOLE

1720 Le taux réduit de 5,5 % est applicable aux opérations visées n° 1705, portant sur les produits d'origine agricole, de la pêche, de la pisciculture ou de l'aviculture lorsqu'ils sont d'un type **normalement destiné à être utilisé dans la production agricole** (CGI art. 278-0 bis, A-1°-0 bis).

La **production agricole** comprend les activités mentionnées à l'annexe VII de la directive TVA, parmi lesquelles figurent notamment, l'apiculture, la sylviculture, la sériciculture, la cuniculiculture, l'héliciculture.

Les produits concernés sont tous les **produits du règne animal et du règne végétal, vivants ou morts**, transformés ou non, issus de ces productions, y compris la chasse et la pêche, la conchyliculture (coquillages), l'astaciculture et la pénéiculture (crustacés), la coraliculture, l'algoculture ou l'entomoculture. Sont également compris les sous-produits du règne animal et végétal obtenus au stade de la production agricole tels que le lait, les morceaux d'animaux morts, etc.

Ne sont en revanche pas concernés les produits de la sylviculture ou de l'horticulture et de la floriculture d'ornement, ainsi que les engrais, matières fertilisantes ou produits phytopharmaceutiques, même lorsqu'ils ont l'une des origines mentionnées ci-dessus (BOI-TVA-LIQ-30-10-30 n° 20).

EXEMPLES

1. Les **sous-produits du règne animal** non destinés à l'alimentation humaine ou animale ou à la production agricole (dépouilles, cuir salé ou non, sang et graisses non alimentaires, suifs, os, plumes, duvets, laine) relèvent du taux de TVA de 20 %.

2. Les ventes de **macro-organismes** (insectes, acariens, nématodes, etc.) utilisés pour protéger les plantes des bio-agresseurs ont pour destination normale la production agricole et sont donc soumises au taux réduit de 5,5 %.

3. Les ventes de **poissons d'élevage vivants** par des pisciculteurs, destinés à être déversés dans des espaces où est pratiquée la pêche de loisir, relèvent du taux réduit de 5,5 %.

4. Les **fruits, légumes, céréales et tubercules** relèvent du taux réduit de 5,5 %, sauf ceux d'espèces particulières ou présentant des caractéristiques qui les destinent spécifiquement à des usages dans des filières autres que l'alimentation ou l'agriculture (textile, biocarburants, construction, etc.).

5. La **paille** et le **foin** relèvent du taux réduit de 5,5 %, quelle que soit leur destination effective, sauf s'ils sont spécifiquement transformés en tant qu'aliments pour animaux de compagnie ou pour être brûlés.

6. Les **betteraves sucrières** ont également comme destination courante la production de biocarburants. Tant que les espèces en cause, la manière dont elles sont cultivées et leur état sont les mêmes que celles destinées à l'alimentation, cette destination, potentielle ou réelle, ne remet pas en cause l'éligibilité au taux réduit (BOI-ANNX-000484).

> **Précisions a.** Les **produits d'origine agricole, de la pêche, de la pisciculture ou de l'aviculture** bénéficient également du taux réduit de 5,5 % lorsqu'ils sont destinés à l'**alimentation humaine** (sauf s'ils sont livrés en vue d'une consommation immédiate, auquel cas le taux de TVA de 10 % est applicable), ou à l'alimentation d'**animaux** eux-mêmes producteurs de denrées alimentaires pour l'alimentation humaine.

b. La destination prise en compte est la destination dite « normale », qui est appréciée au regard de l'utilisation à titre habituel et de manière générale du produit (n° 1710, Précisions, b). Lorsque cette analyse conduit à attribuer à un produit **plusieurs destinations « normales »** relevant de taux différents, il est retenu le taux le plus bas (BOI-TVA-LIQ-30-10-30 n° 40).

c. Le taux réduit de 5,5 % appliqué aux produits d'origine agricole, de la pêche, de la pisciculture ou de l'aviculture d'un type normalement destiné à être utilisé dans la production agricole s'étend aux **opérations de façon** portant sur ces produits (BOI-TVA-SECT-80-70 n°s 10 s.).

AUTRES PRODUITS À USAGE AGRICOLE

Les opérations visées n° 1705, portant, d'une part, sur les engrais, amendements calcaires, matières fertilisantes et supports de culture et, d'autre part, sur les produits phytopharmaceutiques, sont soumises au taux intermédiaire de 10 % (CGI art. 278 bis, 5°). 1722

Les **matières fertilisantes** comprennent les engrais, les amendements et, d'une manière générale, tous les produits dont l'emploi est destiné à assurer ou à améliorer la nutrition des végétaux ainsi que les propriétés physiques, chimiques et biologiques des sols. Les **engrais** s'entendent des produits qui apportent, de manière directe ou indirecte, des éléments utiles à la nutrition des végétaux au sens de l'article L 255-1 du Code rural et de la pêche maritime. Les **amendements organiques** sont composés principalement de combinaisons carbonées d'origine végétale ou animale ou végétale en mélange destinées à l'entretien ou à la reconstitution du stock de matière organique du sol et à l'amélioration de ses propriétés physiques et/ou chimiques et/ou biologiques. Les **supports de culture** sont des produits destinés à servir de milieu de culture à certains végétaux et dont la mise en œuvre aboutit à la formation de milieux possédant une porosité en air et en eau telle qu'ils sont capables à la fois d'ancrer les organes absorbants des plantes et de leur permettre d'être en contact avec les solutions nécessaires à leur croissance (BOI-TVA-LIQ-30-10-30 n° 70).

Les engrais, amendements calcaires, matières fertilisantes et supports de culture peuvent bénéficier du taux intermédiaire lorsqu'ils remplissent les **conditions** suivantes (BOI précité n°s 110 s.) :

– être **destinés à un usage agricole**. L'usage agricole peut concerner des zones agricoles et non agricoles ainsi que n'importe quel utilisateur (amateurs ou professionnels). Cette condition est réputée satisfaite pour les produits faisant l'objet d'une autorisation de mise sur le marché délivrée selon les conditions posées à l'article L 255-7 du Code rural et de la pêche maritime ;

– être **utilisables en agriculture biologique** et mentionnés à l'annexe I au règlement CE/889/2008 du 5 septembre 2008 ou être d'origine organique agricole.

Les **produits phytopharmaceutiques** éligibles au taux de 10 % sont ceux dont les substances actives sont mentionnées à l'annexe II au règlement CE/889/2008 du 5 septembre 2008 portant modalités d'application du règlement CE/834/2007 relatif à la production biologique et à l'étiquetage des produits biologiques en ce qui concerne la production biologique, l'étiquetage et les contrôles (CGI art. 278 bis, 5°-e).

> **Précisions a.** Les **produits mixtes**, qui s'entendent des mélanges de matières fertilisantes ou supports de culture (dont les amendements calcaires et/ou les engrais) et d'un ou plusieurs produits phytopharmaceutiques ou produits biocides commercialisés sous un même emballage pour un prix forfaitaire et global, bénéficient du taux de 10 % lorsqu'ils sont composés d'engrais ou d'amendements calcaires utilisables en agriculture biologique soumis eux-mêmes au taux intermédiaire et de produits phytopharmaceutiques destinés à l'agriculture biologique (BOI précité n°s 180 s.).

b. Les **engrais foliaires**, ainsi que les correcteurs de carences ou oligoéléments, apparentés aux engrais, relèvent du taux intermédiaire en application de l'article 278 bis, 5°-b du CGI (BOI précité n° 170).

c. L'**origine organique** agricole est appréciée par le caractère agricole de l'activité qui produit les matières fertilisantes et les supports de culture, au sens du Code rural et de la pêche maritime (BOI précité n° 130).

d. Les **supports de culture avec matières organiques végétales prépondérantes** (tourbes, écorces, fibres de bois, terre de bruyère ou assimilé, différents substrats de matières en mélange, terreaux, etc.) constituant des mélanges composés en majorité de matières organiques végétales mais pouvant intégrer des amendements organiques, des matières minérales ou des matières synthétiques sont éligibles au taux intermédiaire (BOI précité n° 130).

e. Les produits ayant obtenu une **autorisation de mise sur le marché** doivent porter l'indication du numéro de celle-ci. Par ailleurs, ces produits, les produits normalisés ainsi que les engrais portant la mention « Engrais CE », doivent porter sur leurs emballages, étiquettes ou documents d'accompagnement les mentions obligatoires listées à l'article 3 du décret 80-478 modifié du 16 juin 1980. Hormis ces **mentions obligatoires**, peuvent seules figurer les mentions facultatives listées à l'article 4 dudit décret (BOI précité n° 100).

f. La liste des **produits phytopharmaceutiques utilisables en agriculture biologique** est établie par le ministère chargé de l'agriculture et l'Institut national de l'origine et de la qualité dans le « guide des intrants (produits phytopharmaceutiques) utilisables en agriculture biologique en France ». La condition tenant à l'usage agricole est réputée satisfaite pour ces produits (BOI précité n°s 140 s.). Les autres produits phytopharmaceutiques et les produits biocides relèvent du taux de 20 % (BOI précité n° 190).

BOIS DE CHAUFFAGE

1725 Bénéficient du taux intermédiaire de 10 % toutes les formes de bois de chauffage, à usage domestique ou non (CGI art. 278 bis, 3° bis).

Il s'agit (BOI-TVA-LIQ-30-10-35 n°s 10 s.) :

– des **bois de chauffage proprement dits** (**rondins**, bûches, fagots, etc.) ;

– des **produits** de la sylviculture **agglomérés** destinés au chauffage (briquettes, bûchettes, granulats, etc.) ;

– des **déchets** de bois destinés au chauffage non transformés ou transformés (plaquettes, croûtes, etc.).

> **Précisions** Les produits de la sylviculture **destinés à un autre usage que celui du chauffage** ne sont pas éligibles à l'application du taux de 10 %. Il en est notamment ainsi des produits destinés à l'ignition et non au chauffage proprement dit (allumettes, allume-feu et produits analogues) ou au ramonage, des sciures de bois non agglomérées quelle que soit leur présentation (sciures de bois séchées, calibrées, blutées ou broyées), laine, farine de bois, etc., et des autres produits du bois, transformés et destinés à d'autres usages que le chauffage et notamment s'ils ont, par nature, vocation à être utilisés comme matière première pour la fabrication de pâte à papier, mobilier, placages de bois, emballages, matériaux isolants, litières animales, etc. (BOI précité n° 70). Ces produits sont en principe soumis au taux normal, sauf s'ils sont destinés à être utilisés dans la production agricole : dans ce dernier cas, ils sont considérés comme des **intrants agricoles** susceptibles de bénéficier du taux de TVA de 5,5 % (n° 1720).

PRODUITS DE L'HORTICULTURE ET DE LA FLORICULTURE D'ORNEMENT

1730 Bénéficient du taux intermédiaire de 10 % les produits de l'horticulture et de la floriculture d'ornement n'ayant subi **aucune transformation** (CGI art. 278 bis, 3° bis), c'est-à-dire les produits dans l'état où ils sont généralement obtenus au stade agricole (BOI-TVA-LIQ-30-10-35 n°s 80 s.) : les fleurs fraîches ou séchées, vendues avec ou sans feuillage, les plantes vivantes, les plants horticoles (arbres et arbustes) d'ornement.

> **Précisions a.** Le **gazon en plaque** est également soumis au taux intermédiaire de 10 % (BOI précité n° 80).
>
> **b.** Ces produits peuvent être vendus à l'unité ou assemblés sous forme de **bottes** ou de **bouquets** sur un support ou dans un contenant dès lors (BOI précité n° 90) :
>
> – qu'au cours de l'assemblage des fleurs, feuillages, plantes ou éléments végétaux naturels n'intervient aucune manipulation des autres éléments de décoration ;
>
> – et que le support ou contenant est exclusivement destiné à en assurer le transport, la protection ou la conservation.
>
> Est sans incidence sur l'application du taux intermédiaire le fait que ces produits soient renforcés d'un nœud ou d'un ruban, enveloppés de papier, de cellophane ou de feuilles plastiques. Dès lors que les **éléments d'assemblage** ou que les biens ajoutés au produit présentent un **caractère accessoire**, le taux réduit s'applique à l'ensemble du prix. En revanche, dès lors qu'ils ne présentent plus un caractère accessoire, le taux normal s'applique à l'ensemble.
>
> **c.** Le taux normal de TVA s'applique aux **produits qui ont fait l'objet d'une transformation** tels que (BOI précité n° 100) :
>
> – les **compositions florales**, c'est-à-dire les assemblages ne remplissant pas les conditions énoncées à la précision b, tels que les parures et colliers, guirlandes, décorations d'objets ou de lieux de cérémonie, jardins paysagers, ainsi que les produits réalisés sur un support dont la forme spécifique ne se justifie pas par les nécessités du conditionnement (cœur, croix, couronne, dessus de cercueil) ;
>
> – les fleurs ou plantes naturelles ayant fait l'objet d'un **traitement spécifique** (colorées, teintées, stabilisés, lyophilisées ou givrées).
>
> **d.** Ces produits peuvent, le cas échéant, être éligibles à l'application du taux de 5,5 % lorsqu'ils sont destinés à être utilisés dans la production agricole : par exemple, le miscanthus ou herbe à éléphant relève du taux de 10 % dans sa forme ornementale alors que, sous une forme permettant le paillage horticole ou les litières d'animaux de basse-cour, il se voit appliquer le taux de 5,5 % en tant qu'**intrant agricole** (BOI-ANNX-000484).

TRAVAUX FORESTIERS

1735 Le taux intermédiaire de 10 % est applicable, jusqu'au **31 décembre 2025**, aux prestations suivantes (CGI art. 279, b septies) :

– **travaux sylvicoles et d'exploitation forestière** réalisés au profit d'exploitants agricoles. Sont concernés l'ensemble des travaux forestiers (qu'il s'agisse ou non de travaux à façon) et notamment les opérations suivantes : déboisement et reboisement, plantations, taille des arbres et des

haies, élagage des arbres, abattage et tronçonnage des arbres, débardage des bois, stockage du bois dans le cadre de l'exploitation forestière, opérations de défrichage, dessouchage, débroussaillage, brûlage, andainage forestier, entretien des sentiers forestiers, dégagement des pistes forestières, entretien et curage des fossés dans des terrains forestiers (BOI-TVA-80-70 n° 70).
Le taux de 10 % s'applique aussi à l'épandage de produits phytosanitaires (Rép. Dutreil : AN 15-1-2001 n° 51351, non reprise dans Bofip).
Le bénéfice de ce taux intermédiaire est réservé aux travaux réalisés **au profit d'exploitants agricoles**, c'est-à-dire au profit de personnes relevant du régime de la TVA agricole, pour les besoins de leur activité agricole. Sont concernés les exploitants agricoles quels que soient l'activité exercée (sylviculture, arboriculture, agriculture générale, élevage, etc.), leur statut juridique (personne physique ou morale : société, établissement public, commune forestière, etc.), le mode juridique d'exploitation (propriétaire, fermier, métayer) et le régime de TVA agricole (remboursement forfaitaire ou régime simplifié agricole) ;
– travaux de **prévention des incendies de forêt** menés par des associations syndicales autorisées ayant pour objet la défense des forêts contre l'incendie.

› **Précisions a.** Ne constituent pas des travaux forestiers, et relèvent donc du taux qui leur est propre, les **travaux réalisés sur les arbres après les opérations de débardage ou de stockage**, et en particulier les prestations fournies aux industriels ou transformateurs qui utilisent les produits des exploitations forestières pour la réalisation d'opérations de nature industrielle et commerciale (BOI-TVA-80-70 n° 80).
b. Les travaux forestiers réalisés au profit d'exploitants agricoles qui n'ont pas été autorisés à confondre toutes leurs activités (agricoles et non agricoles) en un seul secteur relevant du régime général de la TVA (n° 1220) peuvent bénéficier du taux intermédiaire de 10 % dès lors qu'ils sont réalisés pour les besoins de leur activité agricole (BOI-TVA-80-70 n° 100).
c. Les travaux de **prévention des incendies de forêts** menés par des associations syndicales autorisées **(ASA)** bénéficient du taux intermédiaire de 10 % même si le client n'a pas la qualité d'exploitant agricole. Dans la mesure où ces associations sont dotées de la personnalité morale, les travaux de prévention des incendies qu'elles coordonnent par le biais d'un contrat et qui sont réalisés par des tiers relèvent également du taux réduit (BOI-TVA-80-70 n° 105).
d. Hormis le cas des travaux de prévention des incendies de forêts visé au c., les **travaux forestiers** réalisés pour les **besoins d'une activité non agricole** demeurent soumis au taux normal. Tel est le cas des travaux réalisés au profit de l'État ou des collectivités locales à raison des arbres plantés en bordure des voies, sur les places et dans les parcs et jardins ou des travaux réalisés au profit d'exploitants agricoles ou de particuliers à raison des arbres situés dans les parcs et jardins d'agrément (BOI-TVA-80-70 n° 110).

ACTIVITÉS ÉQUESTRES OU LIÉES AU CHEVAL

Certaines opérations relatives aux **équidés** sont susceptibles d'être soumises à des taux réduits de TVA : 1740
– le taux de 5,5 % s'applique aux **livraisons d'équidés destinés à être utilisés dans la production agricole** (CGI art. 278-0 bis, A-1°-0 bis). Ainsi, relève du taux réduit la livraison de **chevaux destinés à la reproduction** (s'entendant de celle effectuée sans acte vétérinaire). S'il incombe en principe au vendeur d'établir par tout moyen la destination à des fins de reproduction, est toutefois considéré comme équidé reproducteur éligible au taux réduit, tout étalon, défini comme un cheval mâle non castré admis à la reproduction par le livre généalogique de la race (« stud-book ») français ou étranger ou faisant l'objet d'une procédure d'approbation en ce sens. Sont également concernées par le taux réduit de la TVA de 5,5 % les livraisons portant sur des parts d'étalons en indivision, les livraisons de paillettes et d'embryons ainsi que les opérations de monte, de saillie et de poulinage sans acte vétérinaire.
Le taux réduit de 5,5 % est également applicable aux livraisons d'équidés relevant d'une race dont les caractéristiques morphologiques les prédestinent à un **usage agricole** (tels que par exemple les chevaux de labour, de trait, de garde, de tri du bétail ou de portage), ainsi que les activités de pré-débourrage et les prises en pension de ces équidés dans le cadre de la production agricole, sylvicole ou piscicole (BOI-TVA-SECT-80-10-30-50 n° 10) ;
– le taux de 5,5 % est applicable aux **ventes de chevaux** immédiatement destinés à la boucherie (CGI art. 278-0 bis, A 1°-00 bis). Les ventes de chevaux vivants immédiatement destinés à la boucherie réalisées au profit de non-assujettis à la TVA (particuliers, collectivités locales) et d'agriculteurs soumis au remboursement forfaitaire agricole relèvent quant à elles du taux de 2,1 % (CGI art. 281 sexies) ;
– s'agissant particulièrement des centres équestres, le taux de 5,5 % est applicable à **l'enseignement** et la **pratique de l'équitation**, aux animations et aux activités de démonstration aux fins

de **découverte de l'environnement équestre** et de familiarisation avec celui-ci ainsi qu'à **l'accès aux installations sportives** destinées à l'utilisation des équidés (CGI art. 278-0 bis, O issu de loi 2023-1322 du 29-12-2023 art. 88 ; BOI précité n° 20), ainsi qu'à la location d'équidés à des fins de promenades ou de randonnées, et aux pensions lorsqu'elles ne peuvent pas être contractuellement dissociée de l'accès aux installations sportives de l'établissement équestre et/ou de la pratique de l'équitation (BOI précité n°s 50 s.).
Les opérations autres que celles visées ci-dessus sont soumises au taux normal de TVA : il en est ainsi des ventes et des prestations de services telles que, par exemple l'entraînement, la préparation, le dressage ou la prise en pension et les opérations de courtiers en saillies.

> **Précisions a.** Le taux de la TVA applicable aux opérations concernant les jeunes équidés, tels que les **poulains**, est identique à celui applicable aux équidés adultes (BOI précité n° 1).
> **b.** Les **frais accessoires à la pension** (soins vétérinaires, tonte des chevaux, maréchalerie, transport, etc.) suivent les règles applicables à celle-ci lorsqu'ils sont compris dans le prix global réclamé au titre de la pension. Lorsqu'ils ne sont pas compris dans le prix global, les remboursements perçus à ce titre ne sont pas à soumettre à la TVA si les conditions d'application du régime des débours sont remplies. Si tel n'est pas le cas, la refacturation de ces frais peut suivre le régime de TVA agricole s'ils s'inscrivent bien dans le cadre de l'activité d'entraînement, de préparation ou de prise en pension des équidés (BOI précité n° 130).
> **c.** Les prestations de **location de boxes**, sans entretien du cheval, ne constituent pas une opération de prise en pension. Elles ne revêtent donc pas un caractère agricole. Ces mises à disposition de locaux spécialement aménagés à l'accueil des chevaux sont de plein droit soumises à la TVA au taux normal et ce quelle que soit la qualité de celui qui loue le box (BOI précité n° 130).
> **d.** La **vente de paille et de foin** est soumise au taux de 5,5 % (BOI-ANNX-000484) mais la vente de **fumier** relève du taux de 10 % (BOI-TVA-SECT-80-10-30-30-n° 50).

OPÉRATIONS DE FAÇON

1745 Si les opérations de façon sont en principe soumises au taux normal de TVA de 20 %, une exception est prévue concernant celles portant les **biens d'origine agricole**, de la pêche, de la pisciculture ou de l'aviculture qui sont normalement destinés à être utilisés dans la production agricole ou dans la préparation de denrées alimentaires, ou à être consommés en l'état par l'homme : ces opérations sont soumises au taux applicable au produit obtenu au moyen de l'opération de façon (CGI art. 278-0 B, II).
Afin d'être éligible au taux réduit, une prestation de services portant sur un bien d'origine agricole, de la pêche, de la pisciculture ou de l'aviculture doit répondre aux deux **conditions** cumulatives suivantes :
– elle doit avoir le caractère d'une opération de façon ;
– le bien issu de l'opération de façon doit être éligible au taux réduit, ce qui implique que l'opération de façon n'a pas conduit à lui conférer une destination autre que l'alimentation (humaine ou animale) ou la production agricole.
Lorsque le taux réduit s'applique à l'opération de façon, il s'applique à l'ensemble des **services accessoires** à cette opération réalisés par le même opérateur dans le cadre de la même opération.

> **Précisions a.** Un travail à façon est défini comme étant une **transformation d'un produit appartenant à un tiers**. Pour qu'il y ait contrat de façonnage, les façonniers doivent remplir cumulativement les quatre conditions suivantes :
> – ils ne doivent pas devenir propriétaires des produits mis en œuvre ;
> – la valeur des matières complémentaires qu'ils apportent doit être inférieure à celle des matières confiées par le donneur d'ouvrage augmentée du coût de l'intervention ;
> – il doit y avoir restitution à l'identique des matières fournies par le donneur d'ouvrage ou, sous certaines conditions et entre assujettis seulement, restitution à l'équivalent ;
> – à partir des matériaux mis en œuvre, un produit nouveau est réalisé (BOI-TVA-CHAMP-10-10-50-40 n°s 10 s.).
> On entend par opération de transformation, toute opération qui conduit à modifier l'état, la structure ou la composition du produit tel qu'il se présente en sortie du processus de production agricole. Tel est notamment le cas des opérations suivantes : étuvage, précuisson, cuisson, torréfaction, stérilisation, ébouillantage, mise en conserve par un procédé d'appertisation, conservation au sel ou au vinaigre, fumage, addition de produits étrangers notamment coloration, salaison, broyage, concassage, mouture, pulvérisation (transformation en poudre) ou agglomération, déshydratation, fabrication

de vin, de cidre, de poiré, d'hydromel, d'alcool, y compris le pressurage des fruits et les opérations de distillation, dénaturation.

b. Relèvent du taux réduit, lorsque le produit obtenu est destiné à l'alimentation humaine ou animale ou à la production agricole, notamment les **prestations liées à la récolte** (y compris les vendanges) ou aux opérations subséquentes (broyage, défanage, pressage, pressurage) qui suivent le taux du produit récolté. Les opérations d'**élevage**, d'engrossement ou de **saillies** des animaux sont réputées être toujours réalisées dans le cadre d'une production agricole et relèvent donc du taux de 5,5 %.

c. Ne constituent jamais des opérations de façon et relèvent donc du **taux normal**, quel que soit le produit :

– les opérations pour lesquelles **aucune modification** n'est apportée **au produit**, telles que la manutention, l'entreposage, le gardiennage (y compris la pension des animaux), le conditionnement, la réalisation d'analyse, le tri (y compris le sexage) ;

– les opérations pour lesquelles les **modifications** sont **minimes**, telles que la tonte des animaux vivants, ou les prestations consistant à trier des produits (y compris le sexage d'animaux), à les calibrer, nettoyer, brosser, émonder et à les recouvrir d'une pellicule de paraffine avant de les conditionner dans des emballages appartenant aux producteurs (CE 18-6-1997 n° 156974) ;

– les prestations de services ne portant **pas** spécifiquement sur un **produit d'origine agricole**, de la pêche, de la pisciculture ou de l'aviculture, telles que celles touchant au traitement des cultures autres que la récolte elle-même (semailles et plantations, pulvérisations, désinfection et dératisation, désherbage, taille, chargement et épandage de lisier, engrais, amendements calcaires, terrassements, arasements de talus, drainage et irrigation, curage des fossés, prestations de services comprenant l'exécution de travaux immobiliers, telles que la construction d'aires de stockage). Par dérogation, il est admis que relèvent du taux réduit du produit agricole obtenu les travaux de **préparation des sols** (labours, binage, hersage, disquage).

1748

EXEMPLES

1. La **moisson** du blé est soumise au taux réduit de 5,5 %, qu'il s'agisse d'un type destiné à l'alimentation humaine ou animale ; la moisson du chanvre est soumise au taux normal de la TVA (BOI-TVA-SECT-80-70 n° 50).

2. Le **broyage de la paille** relève du taux réduit de 5,5 % lorsqu'il porte sur de la paille livrée pour l'alimentation du bétail et des animaux de basse-cour ou lorsqu'il est effectué à la suite du moissonnage-battage et a pour effet de restituer, à l'identique, la paille à la terre sous forme d'humus assimilé à un engrais (BOI précité n° 50).

3. Le **conditionnement** et l'**emballage** ne sont pas constitutifs d'une opération de façon. En revanche, lorsqu'ils sont réalisés par l'opérateur de façon sur le produit façonné, ils relèvent du même taux que l'opération de façon (BOI précité n° 20).

4. Les **saillies** sont considérées comme des travaux à façon portant sur des produits agricoles. Elles bénéficient donc du taux réduit de 5,5 % (CGI art. 278-0 bis, A-1°-0 bis ; BOI-TVA-SECT-80-10-30-40 n° 170).

B. Champ d'application du taux normal

Sont **notamment** passibles du taux normal : 1750

a. les produits alimentaires solides suivants : **confiserie**, certains **chocolats** et produits composés contenant du chocolat ou du cacao, **margarine**, graisses végétales, caviar ;

b. les **boissons alcooliques** ;

c. les produits des exploitations forestières et **bois bruts de scierie** ;

d. les travaux agricoles constituant des **façons** et portant **sur** des **produits** qui, **achevés**, seront soumis **au taux normal**. Il en est ainsi de la distillation des vins, marcs, lies et fruits. De façon plus générale, les opérations de transformation destinées à la production d'alcool ou de boissons alcooliques, de produits non alimentaires ou non destinés à usage agricole relèvent du taux normal bien qu'elles puissent consister en des opérations de façon ;

e. les **prestations de services agricoles** (sous réserve de ce qui est dit n° 1735 pour les travaux forestiers). Relèvent notamment du taux normal les opérations visées ci-après : semailles ; traitement des cultures (pulvérisations, etc.) ; désinfection et dératisation des champs ; désherbage ; chargement et épandage de lisier, engrais, amendements calcaires ; terrassements ; drainage et irrigation ; curage des fossés ; sexage des animaux (BOI-TVA-SECT-80-70 n° 30).

SECTION 5

RÉGIME DES DÉDUCTIONS

1800 Toute la technique de la TVA repose sur le mécanisme des déductions. Ce mécanisme fondamental s'applique aux exploitants agricoles, en principe dans les mêmes conditions qu'aux autres redevables de la TVA. Seules **quelques règles particulières** sont prévues dans le régime simplifié agricole, qui sont exposées ci-après.

I. MODALITÉS D'APPLICATION DU DROIT À DÉDUCTION

1805 Le principe général du mécanisme des déductions est que la **taxe qui a grevé les éléments d'une opération imposable** (taxe « d'amont ») **est déductible de la taxe applicable à cette opération** (taxe « d'aval ») (CGI art. 271).

Le droit à déduction implique donc :

– qu'il y ait un bien ou un service grevé de TVA ;

– que ce bien ou ce service soit acheté par un assujetti agissant en tant que tel ;

– que ce bien ou ce service soit destiné à être utilisé pour la réalisation d'une opération ouvrant droit à déduction (opérations soumises à la TVA ou opérations assimilées telles les livraisons intracommunautaires et les exportations).

> **Précisions a.** Pour que le droit à déduction de la taxe puisse être exercé, il faut que le bien ait été acquis par un **assujetti agissant en tant que tel**. L'**utilisation** qui est faite des biens ou des services ne détermine que l'étendue de la déduction initiale à laquelle l'assujetti a droit et les éventuelles régularisations au cours des périodes suivantes. De ce fait, une acquisition faite à des fins privées puis affectée ultérieurement à des fins professionnelles n'ouvre en principe pas droit à déduction (CJUE 11-7-1991 aff. 97/90 : RJF 10/91 n° 1325). Toutefois, pour déterminer si une personne acquiert des biens en tant qu'assujetti lorsqu'il n'y a pas d'utilisation immédiate des biens à des activités économiques, la CJUE juge qu'il faut se référer à son **intention**, qui peut être mise en évidence par la nature des biens concernés, ou la période écoulée entre acquisition et utilisation professionnelle (CJUE 25-7-2018 aff. 140/17 : RJF 12/18 n° 1304). Sur les incidences sur le calcul du coefficient d'assujettissement et les éventuelles régularisations liées à un changement d'utilisation : n° 1910, Précisions, a.
>
> **b.** Les premières dépenses d'investissement effectuées pour les besoins et en vue d'une **entreprise future** doivent être considérées comme intervenant dans le cadre d'activités économiques. La TVA afférente à ces dépenses peut être déduite (selon les modalités exposées ci-après) sans attendre l'existence d'un revenu taxable.

OPÉRATIONS OUVRANT DROIT À DÉDUCTION

1810 Le droit à déduction de la TVA ayant grevé des biens ou des services implique, en principe, que ceux-ci soient utilisés pour la réalisation d'une opération soumise à la TVA. L'existence d'un **lien direct et immédiat** entre une **opération** particulière **en amont** et une ou plusieurs **opérations en aval ouvrant droit à déduction** est, en principe, nécessaire. Ce lien direct et immédiat présuppose que les dépenses effectuées pour acquérir les biens et les services fassent partie des éléments constitutifs du prix des opérations en aval ouvrant droit à déduction ; à défaut d'un tel lien, un droit à déduction peut néanmoins être reconnu si les dépenses font partie des **frais généraux** de l'entreprise.

Les opérations ouvrant droit à déduction comprennent, au premier chef, les opérations effectivement soumises à la TVA. Les opérations n'entrant pas dans le champ d'application de la TVA n'ouvrent pas droit à déduction. Il en est de même, en principe, des opérations entrant dans le champ d'application de la taxe mais qui en sont exonérées par une disposition expresse. Toutefois, certaines opérations exonérées (exportations et livraisons intracommunautaires, notamment) sont, en vertu de dispositions spéciales, expressément assimilées à des opérations soumises à la TVA pour l'exercice du droit à déduction. Il s'agit essentiellement d'opérations que l'on peut considérer comme relevant du commerce extérieur.

Exploitant ne réalisant que des opérations ouvrant droit à déduction 1815
Lorsqu'un assujetti réalise exclusivement des opérations ouvrant droit à déduction, il est autorisé à **déduire la totalité de la taxe « d'amont »** ayant grevé tant les biens constituant des immobilisations que les autres biens et services (sous réserve des exclusions ou restrictions du droit à déduction examinées ci-après, nos 1930 s.).

En pratique, cette possibilité de récupération intégrale concerne la très grande **majorité des agriculteurs redevables**.

Exploitants assujettis ou redevables « partiels » Lorsqu'un exploitant ne réalise pas exclusivement des opérations ouvrant droit à déduction, il ne peut déduire qu'une fraction de la taxe « d'amont ». Il convient, à cet égard, de distinguer deux situations. 1820

1. Lorsqu'une personne (que l'on désignera sous le nom d'« assujetti partiel ») réalise **à la fois des opérations situées hors du champ d'application et dans le champ** d'application de la TVA, elle ne peut pas déduire la taxe « d'amont » affectée à ses opérations hors champ.

2. Lorsqu'une personne (que l'on désignera sous le nom de « redevable partiel ») réalise des **opérations** toutes situées **dans le champ** d'application de la TVA, mais dont **certaines n'ouvrent pas droit à déduction**, la déduction de la taxe ayant grevé les biens ou les services acquis pour les besoins de l'exploitation est limitée par des règles particulières, exposées ci-après. Il faut souligner que ces règles particulières ne concernent que le calcul de la taxe déductible. Une fois ce calcul effectué, ces « redevables partiels » sont soumis aux mêmes règles que les « redevables totaux » (ainsi, notamment, pour ce qui concerne la justification de la taxe déductible, les régularisations, etc.).

Cas particulier des biens mis à disposition d'un Gaec Les biens qu'un agriculteur met à la disposition gratuite d'un Gaec, en dehors de toute opération d'apport, n'ouvrent pas au Gaec de droit à déduction (D. adm. 3 I-1341 n° 17, non reprise dans Bofip). 1825

CAS OÙ LE BIEN OU LE SERVICE N'EST AFFECTÉ QUE PARTIELLEMENT À L'EXPLOITATION

Le droit à déduction n'est pas subordonné dans son principe à une affectation exclusive aux besoins de l'exploitation. Mais, bien entendu, la taxe qui a grevé un **bien** (ou un service) **partiellement affecté à l'exploitation taxée** ne peut être déduite qu'à proportion de l'utilisation professionnelle, et son utilisation pour partie à des fins étrangères à l'exploitation implique un correctif (toute déduction est, par simplification, exclue lorsque le bien ou le service est utilisé à plus de 90 % à des fins étrangères à l'entreprise). 1830

Pour l'exercice du droit à déduction, plusieurs hypothèses doivent être distinguées : en cas d'**affectations distinctes**, il est fait application, le cas échéant, de critères physiques. Dans la même logique, en cas d'**utilisation (alternative ou successive)** d'un bien d'exploitation pour des besoins privés, le bien (ou plus rarement le service) ouvre droit à déduction au moment de son acquisition comme s'il était affecté exclusivement aux besoins de l'exploitation, mais en contrepartie de ce droit, l'utilisation du bien ou du service pour des besoins étrangers à l'exploitation donne lieu à taxation par le biais du mécanisme des livraisons à soi-même (exemple d'une camionnette affectée normalement aux besoins de l'exploitation et, par intermittence, reprise par l'exploitant pour son usage personnel : la déduction intégrale de la TVA grevant l'acquisition de la camionnette n'est pas remise en cause, mais l'exploitant doit acquitter la TVA sur le prix de revient du service qu'il se rend à lui-même ; la taxe ainsi acquittée une fois le service effectué, ou au fur et à mesure de son exécution, n'est pas déductible).

ABSENCE DE CONDITION DE NÉCESSITÉ AUX BESOINS DE L'EXPLOITATION

La déduction de la taxe grevant les biens et les services acquis par les redevables n'est pas subordonnée à la condition que ces biens et services soient nécessaires à l'exploitation. Les assujettis peuvent ainsi déduire la TVA qui grève leurs **dépenses**, pour autant que ces dépenses ne soient pas visées par une mesure d'exclusion particulière et qu'elles soient **utilisées pour les besoins de leurs opérations ouvrant droit à déduction** (BOI-TVA-DED-30-10 n° 10). 1835

ABSENCE DE CONDITION TENANT À LA PROPRIÉTÉ DU BIEN

Le fait qu'un redevable ne soit pas propriétaire des biens qu'il utilise ne s'oppose pas à la déduction de la taxe les ayant grevés. 1840

> **Précisions a.** Comme les propriétaires exploitants, les fermiers peuvent – s'ils en ont supporté la charge à la place du bailleur – déduire la TVA correspondant à leur quote-part dans le **financement des travaux d'assainissement** (creusement des fossés pour l'évacuation des eaux excédentaires) réalisés par un syndicat intercommunal (Rép. Dousset : AN 14-1-1985 n° 54003, non reprise dans Bofip).
> **b.** Le fermier peut déduire la TVA afférente à la **construction** d'un immeuble qu'il a fait édifier **sur** un **terrain pris en location** mais, en contrepartie, il est soumis aux mêmes obligations que les propriétaires d'immobilisations (imposition des livraisons à soi-même, régularisations éventuelles des déductions initiales).

OBLIGATION DE COMPTABILISATION DES OPÉRATIONS DANS DES COMPTES DISTINCTS

1850 Les opérations situées hors du champ de la TVA et les opérations situées dans le champ de la TVA doivent être comptabilisées dans des comptes distincts pour l'application du droit à déduction (CGI ann. II art. 209, I, al. 1).

De même, s'agissant des opérations situées dans le champ d'application de la TVA, les activités économiques qui ne sont pas soumises à des dispositions identiques au regard de la TVA doivent être érigées en secteurs distincts pour l'exercice des droits à déduction (CGI ann. II art. 209, I-al. 2).

À titre général, il n'y a pas lieu d'appliquer le régime des secteurs distincts lorsqu'un exploitant n'exerce que des activités de nature agricole. Il n'en est autrement que dans le cas des agriculteurs soumis de plein droit à la TVA pour une partie de leurs ventes, visés n°s 505 et 530, et dans celui des exploitants en métayage partiellement imposés (voir n°s 2120 s.).

Lorsqu'une entreprise exerce des activités de nature non agricole imposables en vertu des articles 256 et 256 A du CGI et des activités de nature agricole, ces deux catégories constituent deux secteurs distincts, sous la réserve importante des mesures de simplification exposées n°s 1200 s.

Le fractionnement en secteurs distincts entraîne pour les exploitants qui y procèdent les obligations suivantes :

a. comptabilisation distincte, pour chaque secteur, des acquisitions de biens ou de services, du montant des opérations taxables ou exonérées, des cessions d'immobilisations ou de leur transfert dans d'autres secteurs – il n'est pas exigé de tenir des comptabilités séparées mais la comptabilité doit être suffisamment précise pour permettre le suivi de l'utilisation des biens et services selon les opérations ou les secteurs (BOI-TVA-DED-20-20 n° 130) ;

b. la **détermination du montant déductible** de la taxe ayant grevé les biens et services afférents à un secteur distinct s'effectue dans les conditions exposées ci-après. Sur le coefficient de taxation à appliquer pour les biens et services communs à plusieurs secteurs, voir n° 1925 ;

c. régularisation des déductions en cas de **transfert d'immobilisations entre secteurs** (voir n° 2067). Les transferts de biens en stock d'un secteur à un autre secteur ne donnent pas lieu à imposition sauf s'ils s'analysent en une livraison à soi-même imposable à la TVA ;

d. dépôt de **déclarations** distinctes.

II. MONTANT DU DROIT À DÉDUCTION

PRINCIPE

1900 Le montant de TVA déductible est déterminé en fonction d'un **coefficient de déduction** propre à chaque bien ou service, qui est égal au **produit de trois coefficients distincts** : le coefficient d'assujettissement, le coefficient de taxation et le coefficient d'admission (CGI ann. II art. 205).

Qu'il s'agisse d'immobilisations ou d'autres biens ou services, la déduction est effectuée en fonction de l'utilisation réelle du bien ou du service, et cela quelle que soit la qualité de l'exploitant, redevable intégral, redevable partiel, ou assujetti partiel.

> **Précisions a.** Les trois coefficients doivent être **arrondis** à la 2e décimale par excès et le coefficient de déduction qui en résulte est lui-même arrondi à la 2e décimale par excès (CGI ann. II art. 206 V-2).
> **b.** Chaque **coefficient est provisoire** et doit être déterminé en fonction de l'utilisation du bien ou du service au moment de son achat ou de sa première utilisation. Il doit ensuite faire l'objet d'un calcul définitif avant le 25 avril de l'année suivante ou, pour ceux qui deviennent redevables en cours d'année, avant le 31 décembre de l'année suivante (CGI ann. II art. 206 V-2) par rapport à l'utilisation réelle du bien ou du service sur la durée d'utilisation réelle, ce qui doit entraîner une régularisation (déduction complémentaire ou reversement) si le moindre écart est constaté entre le coefficient provisoire et le coefficient définitif.

c. Lorsqu'un **bien** est **utilisé pendant une durée inférieure à l'année civile**, il n'y a pas lieu d'appliquer un prorata temporis (BOI-TVA-DED-60-20-40 n° 30).

d. Le coefficient de déduction permet de déterminer à la fois les montants de TVA déductible initialement et, au travers de ses variations, les régularisations de taxe auxquelles l'assujetti peut être tenu (voir ci-après). Il doit donc être déterminé, pour chaque bien et service grevé de TVA, même si l'exploitant est un **redevable intégral**.

e. Si les assujettis n'ont pas l'obligation de suivre les coefficients en **comptabilité**, ils doivent cependant être en mesure de justifier auprès de l'administration que le montant de taxe déduite ou régularisée correspond à l'application des règles prévues par les articles 205 à 210 de l'annexe II au CGI (BOI-TVA-DED-20-10 n° 30).

RÉGULARISATIONS

Les déductions de TVA régulièrement pratiquées présentent, en principe, un caractère définitif. **1905**
Elles peuvent cependant être remises en cause dans certains cas limitativement prévus par la loi (CGI ann. II art. 207). Les régularisations obéissent à des règles différentes selon qu'elles concernent les immobilisations ou les autres biens ou services. S'agissant des immobilisations, une régularisation doit être effectuée en cas d'évolution de l'utilisation du bien ou de survenance de certains événements. Selon les cas, les régularisations prennent la forme d'une déduction complémentaire ou d'un reversement de taxe. La situation des biens ou services au regard du droit à déduction est parfois également « corrigée » par recours à une autre technique, celle des **livraisons à soi-même** de biens ou services (voir nos 1435 s. et 1830).

A. Calcul du montant déductible

1. COEFFICIENT D'ASSUJETTISSEMENT

Le coefficient d'assujettissement détermine la **proportion d'utilisation** du bien ou du service **à** **1910**
des activités dites **« imposables »**, c'est-à-dire entrant dans le champ d'application de la TVA (qu'elles soient effectivement taxées ou exonérées). Il doit être calculé dès l'acquisition, l'importation ou la première utilisation d'un bien ou d'un service, en fonction de l'affectation à des opérations imposables.

Le coefficient **est égal** à 1 pour les exploitants qui réalisent exclusivement des opérations imposables, même s'ils sont, par ailleurs, des redevables partiels. Il en est de même pour les biens et services utilisés exclusivement pour les besoins d'opérations imposables par des assujettis partiels. En revanche, le coefficient est égal à 0 pour les biens ou services utilisés exclusivement pour la réalisation d'opérations situées hors du champ d'application de la TVA.

Si un bien ou un service est utilisé à la fois pour la réalisation d'opérations imposables et non imposables, l'exploitant doit déterminer sa proportion d'utilisation pour les opérations imposables en fonction d'une clef physique d'affectation, selon des critères tels que : temps d'utilisation des matériels, surfaces, salaires, nombre de salariés, recettes, etc. Le coefficient déterminé pour chaque bien ou service acquis en vue d'une utilisation mixte est alors compris entre 0 et 1.

L'exploitant peut, sous sa responsabilité et sans avoir à en avertir l'administration au préalable, déterminer, pour l'ensemble des **biens et services « mixtes »**, un coefficient unique par année civile (CGI ann. II art. 206, V-1-1°).

Par dérogation au principe de l'affectation, l'administration peut autoriser l'exploitant à appliquer pour l'ensemble de ses **dépenses** (**mixtes et non mixtes**) une clé de répartition calculée en fonction de la quote-part des recettes taxables par rapport aux recettes totales (autrement dit, toutes les dépenses sont réputées mixtes). Cette autorisation doit être demandée sur papier libre et s'applique pendant une année civile entière. Elle est renouvelée par tacite reconduction sauf dénonciation par le contribuable ou par l'administration avant le 31 décembre de l'année considérée (BOI-TVA-DED-20-10-10 nos 30 et 40).

> **Précisions a.** Selon la législation française, l'**affectation à des opérations imposables d'un bien initialement** exclusivement affecté à des opérations **hors champ** n'ouvre aucun droit à déduction, son coefficient d'assujettissement restant égal à 0. La CJUE a toutefois jugé que c'est l'acquisition des biens par un assujetti agissant en tant que tel qui détermine l'application du système de TVA et, partant, du mécanisme de déduction. L'utilisation qui est faite des marchandises ne détermine que l'étendue de la déduction initiale à laquelle l'assujetti a droit et l'étendue des éventuelles régularisations au cours des périodes suivantes. Lorsqu'il n'y a pas d'utilisation immédiate

des biens à des activités économiques, il faut donc se référer à l'intention du contribuable au moment de l'acquisition du bien (CJUE 25-7-2018 aff. 140/17 : RJF 12/18 nº 1304).
b. Sur les règles d'**arrondi** et le **caractère provisoire** du coefficient, voir nº 1900.

2. COEFFICIENT DE TAXATION

PRINCIPES

1920 Le coefficient de taxation détermine la **proportion d'utilisation** du bien ou du service **à des activités ouvrant droit à déduction**. Il doit être calculé dès l'acquisition, l'importation ou la première utilisation d'un bien ou d'un service, en fonction de l'affectation à des opérations ouvrant droit à déduction, sans aucune distinction entre les immobilisations et les autres biens ou services (CGI ann. II art. 206, III-1).

Le coefficient **est égal** à 1 pour les biens et services exclusivement utilisés pour des opérations ouvrant droit à déduction (par exemple, cas de semences utilisées pour une production végétale imposable) ; il est égal à 0 pour les biens et services utilisés exclusivement pour des opérations dans le champ d'application de la TVA mais n'ouvrant pas droit à déduction, comme c'est le cas, par exemple, des aliments du bétail uniquement consommés par un élevage dont toutes les recettes échappent à la TVA (CGI ann. II art. 206, III-2). Pour les biens ou services utilisés concurremment pour des opérations situées dans le champ d'application de la TVA mais dont certaines ouvrent droit à déduction et d'autres n'ouvrent pas droit à déduction (cas, notamment, des engrais utilisés pour l'ensemble des travaux de la ferme ou du fourrage donné en nourriture à des bovins dont les ventes ne sont pas taxables, mais fournissant du lait dont les ventes sont englobées dans le secteur taxable), le coefficient est compris entre 0 et 1 et est déterminé de manière forfaitaire selon les modalités exposées nºs 1925 s.

> **Précisions a.** Sur les règles d'**arrondi** et le **caractère provisoire** du coefficient, voir nº 1900.
> **b.** Les **ventes payées après** la **perte** de la **qualité** de **redevable**, mais livrées avant cette date (nº 1615), sont à retenir pour la détermination du coefficient de l'année au titre de laquelle le fait générateur de l'imposition est intervenu.
> **c.** Pour le cas de **métayage**, voir nºs 2120 s.
> **d.** Pour le cas des exploitants qui ont opté pour le dépôt d'une **déclaration annuelle en fonction de l'exercice**, voir nº 2850.

COEFFICIENT DE TAXATION FORFAITAIRE POUR LES BIENS ET SERVICES D'UTILISATION MIXTE

1925 Le coefficient de taxation forfaitaire **est égal** au rapport entre (CGI ann. II art. 206, III-3) :
1. au **numérateur**, le montant annuel du chiffre d'affaires afférent aux opérations ouvrant droit à déduction (opérations taxables et opérations assimilées), y compris les subventions directement liées à ces opérations ;
2. au **dénominateur**, le montant annuel du chiffre d'affaires afférent à l'ensemble des opérations situées dans le champ d'application de la TVA. On doit donc retenir ici la totalité des recettes qui proviennent :
– des opérations ouvrant droit à déduction (c'est-à-dire des sommes figurant déjà au numérateur) ;
– et des opérations n'ouvrant pas droit à déduction, ce qui est le cas, notamment, des opérations exonérées de TVA en régime intérieur, des recettes provenant de l'entraide agricole, pour certaines communes forestières, de la valeur de la production affouagère distribuée en nature, etc.

L'exploitant peut, sous sa responsabilité et sans avoir à en avertir l'administration au préalable, retenir par année civile, pour l'ensemble des biens et services, un **coefficient unique** de taxation déterminé de manière forfaitaire (CGI ann. II art. 206, V-1-2º). Le coefficient de taxation forfaitaire, qui est en principe utilisé pour les seuls biens d'utilisation mixte, s'applique alors à l'ensemble des biens et services acquis par l'exploitant (application de cette règle aux exploitants qui optent pour la déduction annuelle en fonction de l'exercice : voir nº 2850).

1926 **Sommes prises en compte dans le calcul du coefficient de taxation forfaitaire** Le **chiffre d'affaires à retenir** pour le calcul du coefficient (numérateur et dénominateur) est celui correspondant aux opérations pour lesquelles l'exigibilité (au sens défini nºs 1600 s.) est intervenue (les opérations exonérées doivent être prises en compte à la date à laquelle l'exigibilité serait intervenue en cas de soumission à la TVA). Il s'entend tous frais et taxes compris, à l'exclusion de la TVA elle-même.

Les montants de chiffre d'affaires à retenir au numérateur et au dénominateur ne peuvent pas être limités au chiffre d'affaires auquel la dépense concourt effectivement (BOI-TVA-DED-20-10-20 n° 80).

> **Précisions** **a.** Lorsque l'exploitant a constitué des **secteurs d'activités distincts**, le chiffre d'affaires à retenir pour le calcul du coefficient de taxation forfaitaire est celui du ou des secteurs pour lesquels le bien ou le service est utilisé (CGI ann. II art. 206, III-6-2°).
> **b.** Seules les **subventions** directement liées au prix des opérations imposables ou constituant la contrepartie de telles opérations sont prises en compte pour le calcul du coefficient de taxation forfaitaire.

Sommes non prises en compte dans le calcul du coefficient de taxation forfaitaire 1927
On ne doit pas retenir les sommes qui proviennent d'**opérations situées hors du champ d'application de la TVA**, notamment les indemnités d'assurances reçues de son assureur à la suite d'un sinistre, les pénalités de retard reçues d'un fournisseur et les dividendes.
Les sommes ci-après (liste non exhaustive) sont à exclure complètement pour le calcul du coefficient (c'est-à-dire qu'elles n'ont à figurer ni au numérateur ni au dénominateur) alors même qu'elles sont afférentes – certaines d'entre elles du moins – à des opérations situées **dans le champ d'application de la TVA** (BOI-TVA-DED-20-10-20 n°s 150 s.) :
- remboursements de débours perçus par un mandataire et non soumis à la TVA ;
- recettes non imposables encaissées pour le compte d'un tiers pour lui être reversées ;
- sommes versées par un tiers à un redevable qui a reçu mandat de les répartir au bénéfice d'autres personnes et d'en rendre un compte exact ;
- livraisons à soi-même de biens immobilisés soumis à la TVA ;
- cessions de biens d'investissement corporels ou incorporels, que ces cessions soient imposées ou exonérées de TVA. La CJUE considère toutefois que les cessions de biens d'investissement qui font partie intégrante des activités économiques habituelles de l'entreprise doivent être prises en compte (CJUE 6-3-2008 aff. 98/07 : RJF 5/08 n° 625) ;
- livraisons opérées à titre de paiements de fermages en nature ;
- encaissements exonérés perçus pendant les premiers mois suivant la date à laquelle l'exploitant est devenu redevable de la taxe (voir n° 1610) ;
- recettes provenant de la simple location (sans prestations annexes), en vue de l'exercice du droit de chasse, de terres et bois ; même solution pour le droit d'affichage ;
- subventions situées hors du champ d'application de la TVA : subventions d'équipement affectées à un investissement déterminé ; aides liées à l'abandon d'une production ou à une nouvelle politique agricole (n° 1471) ; aides à caractère exceptionnel (opérations de prophylaxie, indemnités versées en réparation de dommages consécutifs à des calamités agricoles, etc.) : n° 1472 ;
- prix obtenus à l'occasion de concours ou de foires-expositions ;
- indemnités perçues en réparation de dommages accidentels causés aux cultures par le gibier ;
- produits financiers (intérêts des prêts ou placements) exonérés de TVA (et n'ouvrant pas droit à déduction) mais dans le champ d'application de la TVA, lorsque ces recettes ont la nature d'opérations financières accessoires (CGI ann. II art. 206, III-3-3°). Cette condition est remplie lorsque le produit des opérations financières exonérées présentant un lien avec l'activité principale de l'exploitant agricole nécessite une utilisation limitée au maximum à 10 % des biens et des services grevés de TVA qu'il a acquis, hors frais généraux (proportion appliquée à la valeur de l'acquisition, par le redevable, de chacun de ces biens et services pour déterminer leur valeur d'utilisation). Il est cependant requis que les opérations financières ne soient pas dans le prolongement direct, permanent et nécessaire de l'activité taxable de l'exploitant (BOI-TVA-DED-20-10-20 n° 210).
À titre de règle pratique, l'administration admet que la condition liée à la très faible utilisation de biens et de services grevés de TVA prévue par l'article 206, III-3-3° de l'annexe II au CGI est réputée satisfaite lorsque le produit des opérations financières exonérées présentant un lien avec l'activité principale n'excède pas 5 % du montant du chiffre d'affaires total toutes taxes comprises de l'entité considérée (BOI-TVA-DED-20-10-20 n° 230) ;
- recettes immobilières exonérées de TVA (en pratique, c'est le cas essentiellement des locations de terres et bâtiments agricoles, des locations de terrains non aménagés et de locaux nus et des locations meublées à usage d'habitation) lorsqu'elles ont un caractère accessoire, apprécié sous les mêmes conditions que celles prévues pour les opérations financières (CGI ann. II art. 206, III-3-3° b).

3. COEFFICIENT D'ADMISSION

Le coefficient d'admission prend en compte les éventuelles **exclusions ou restrictions du droit à déduction**. 1930
Il **est égal** à 1 lorsque le bien ou le service ne fait l'objet d'aucune exclusion ou restriction du droit à déduction (CGI ann. II art. 206, IV-1).

Il est compris entre 0 et 1 lorsque le bien ou le service fait l'objet d'une restriction du droit à déduction : en pratique, cela concerne seulement certains produits pétroliers utilisés comme carburant dans des véhicules exclus du droit à déduction (CGI ann. II art. 206, IV-3).
Dans les cas listés ci-après (sauf indication contraire pour certains produits pétroliers), le coefficient d'admission est égal à 0 (CGI ann. II art. 206, IV-2). En pratique, cela aboutit à une exclusion du droit à déduction de la taxe grevant les dépenses correspondantes.
Sur les règles d'**arrondi** et le **caractère provisoire** du coefficient, voir n° 1900.

BIENS ET SERVICES UTILISÉS À PLUS DE 90 % À DES FINS ÉTRANGÈRES À L'ENTREPRISE

1932 Ce cas vise **deux situations** :
– les biens ou les services acquis par l'entreprise pour être mis à disposition ou utilisés principalement par le chef d'entreprise, le dirigeant, le personnel ou un tiers ou, plus généralement, à des fins étrangères à l'entreprise : le coefficient d'admission provisoire et le coefficient définitif sont nuls ;
– les biens et services normalement affectés aux besoins de l'entreprise lors de leur acquisition mais qui, dans les faits, à l'issue de l'année d'acquisition, ont fait l'objet d'une utilisation privée pour plus de 90 % : le coefficient d'admission provisoire est égal à 1 et le coefficient définitif est égal à 0. Dans cette situation, l'entreprise doit reverser intégralement la TVA déduite initialement.

> **› Précisions a.** Si le **bien**, après avoir ouvert droit à déduction, devient **exclu du droit à déduction au cours de la période de régularisation** par suite d'une utilisation à des fins étrangères à l'entreprise à plus de 90 %, la taxe à reverser est calculée par voie de régularisation (n°s 2050 et 2106).
> **b.** Si le **bien cesse d'être utilisé à plus de 90 % à des fins étrangères à l'entreprise**, des régularisations annuelles pourront être constatées pour autant que le produit des coefficients d'assujettissement et de taxation de l'année diffère du produit des coefficients d'assujettissement et de taxation de référence de plus d'un dixième.

VÉHICULES OU ENGINS DE TRANSPORT DES PERSONNES

1934 Sont exclus les véhicules de toute nature qui remplissent les deux **conditions suivantes** :
– être conçus pour transporter des personnes ou à usages mixtes ;
– constituer une immobilisation ou ne pas être destinés à être revendus à l'état neuf.
Les **éléments constitutifs, pièces détachées** et **accessoires** de ces véhicules et engins sont également exclus de ce droit.
Les véhicules routiers comportant, outre le siège du conducteur, plus de huit places assises et qui sont utilisés par les exploitants pour **amener** leur **personnel** sur les lieux de travail ne sont pas concernés par cette exclusion. Les **quads** conçus pour un usage agricole ou forestier (BOI-TVA-DED-30-30-20 n°s 340 s.), les **4 × 4 pick-up** pourvus d'une simple cabine (BOI précité n° 20) et les véhicules aménagés pour le **transport des équidés** (CGI art. 273 septies C modifié par loi 2023-1322 du 29-12-2023 art. 89 ; BOI précité n° 520) ouvrent droit à déduction.

TRANSPORTS DE PERSONNES

1936 Est concernée la taxe ayant grevé les transports de personnes, quels que soient la voie (route, fer, air, eau) et les moyens utilisés, ainsi que les opérations accessoires : tickets de quai, locations de place, etc. Cette disposition ne concerne pas les transports réalisés en vertu d'un contrat permanent de transport conclu par les exploitants pour amener leur personnel sur les lieux de travail.

DÉPENSES DE LOGEMENT DES DIRIGEANTS OU DU PERSONNEL

1938 Est **concernée** la taxe ayant grevé les dépenses relatives à la fourniture à titre gratuit du logement, y compris les frais d'hôtel, aux dirigeants et salariés. Les dépenses de cette nature supportées au bénéfice de tiers ne sont pas visées.
En revanche, ouvrent droit à **déduction** :
– les biens ou services utilisés pour le **logement gratuit du personnel** salarié chargé, sur les lieux de travail, du gardiennage, de la sécurité ou de la **surveillance**. La déduction est accordée même si, cette mission de surveillance n'étant pas exclusive, les intéressés sont affectés en outre à d'autres tâches ;
– les dépenses supportées par un redevable relatives à la **fourniture à titre onéreux** (imposable) par ce redevable de logements.

Mais l'entreprise (dont l'activité est normalement imposable) qui met à la disposition de son personnel un logement meublé à usage d'habitation moyennant une rémunération ne peut exercer aucune déduction au titre d'un tel logement dès lors que cette activité locative est obligatoirement exonérée (n° 620).

ILLUSTRATIONS

La TVA afférente au **logement de fonction** du directeur général et du maître de chais d'un domaine viticole n'est pas déductible (CAA Bordeaux 2-10-2003 n° 99-1971 : RJF 2/04 n° 141).

BIENS FOURNIS SANS RÉMUNÉRATION

Sont visés, quelle que soit la qualité du bénéficiaire ou la forme de la distribution, les biens attribués sans rémunération ou moyennant une **rémunération très inférieure à leur prix normal**. Il en est ainsi notamment des **distributions** faites à titre de commission, salaire, gratification, rabais, bonification ou cadeau. **1940**

Cependant, l'exclusion ne concerne pas les **objets de très faible valeur**, ceux dont la valeur unitaire taxe comprise n'excède pas 73 € (CGI ann. IV art. 28-00 A). Lorsque la distribution gratuite se renouvelle, la valeur des objets offerts ne doit pas excéder la limite de 73 € pour un même bénéficiaire au cours de l'année.

Lorsque la condition de faible valeur est remplie, il n'y a ni exclusion du droit à déduction ni livraison à soi-même taxable.

Sous certaines conditions, la remise gratuite de matériels et objets de nature publicitaire (présentoirs, etc.) ouvre droit à déduction.

Même gratuits, les **services** rendus dans l'intérêt de l'exploitation ouvrent droit à déduction (sauf, bien entendu, s'ils sont exclus de ce droit par une disposition particulière du type de celles décrites ci-dessus n°s 1936, 1938 et 1944).

PRODUITS PÉTROLIERS

Est concernée la TVA afférente aux achats, importations, acquisitions intracommunautaires, livraisons et services portant sur certains produits pétroliers. **1942**

a. N'ouvrent droit à déduction qu'à hauteur de 80 % (coefficient d'admission égal à 0,8) les carburants relevant des catégories fiscales des **gazoles** (gazole B7 ; gazoles classés en huiles lourdes contenant ou non du biodiesel) et des **essences** (essence SP95-E5 ; essences pour moteur classées en huiles légères et préparations et ne contenant pas de biodiesel), au sens de l'article L 321-22 du CIBS, utilisés dans des **véhicules ou engins exclus du droit à déduction** ou dans des véhicules et engins pris en location quand le preneur ne peut pas déduire la taxe relative à cette location. La déduction totale est en revanche possible lorsque ces produits sont utilisés comme carburants pour des **véhicules ou engins non exclus du droit à déduction**, y compris lorsqu'ils sont pris en location.

b. Les produits pétroliers sont exclus du droit à déduction (coefficient d'admission égal à 0) lorsqu'ils sont utilisés pour la **lubrification des véhicules et engins exclus du droit à déduction** ainsi que des véhicules et engins pris en location quand le preneur ne peut pas déduire la taxe relative à cette location.

Les lubrifiants ouvrent droit à déduction (coefficient d'admission égal à 1) lorsqu'ils sont utilisés pour des **véhicules** ou engins **ouvrant droit à déduction** (tels que camions, camionnettes, etc.), y compris lorsqu'ils sont pris en location.

c. Les **carburéacteurs** (au sens de l'article L 312-22 du CIBS) sont exclus du droit à déduction (coefficient d'admission égal à 0) lorsqu'ils sont utilisés pour les **aéronefs et engins exclus du droit à déduction** ainsi que pour les aéronefs et engins pris en location quand le preneur ne peut pas déduire la taxe relative à cette location.

d. N'ouvrent droit à déduction qu'à hauteur de 50 % (coefficient d'admission de 0,5) du montant de la taxe les ayant grevés les carburants relevant des catégories fiscales des **gaz naturels** et des **gaz de pétrole liquéfiés**, au sens de l'article L 312-22 du CIBS, utilisés pour des **véhicules** et engins **exclus du droit à déduction** ainsi que pour des véhicules et engins pris en location quand le preneur ne peut pas déduire la taxe relative à cette location.

La déduction totale est possible (coefficient d'admission égal à 1) lorsque ces produits sont utilisés pour des **véhicules** ou engins **non exclus du droit à déduction**.

Il faut cependant noter que l'administration considère dans sa doctrine que la taxe afférente aux gaz de pétrole liquéfiés (GPL) et au gaz naturel utilisés comme carburants est intégralement déductible, quelle que soit la situation au regard du droit à déduction des véhicules pour les besoins desquels ils sont utilisés (BOI-TVA-SECT-10-30 n° 230).

e. La taxe afférente aux produits pétroliers n'entrant pas dans ces exclusions ou limitations est déductible par l'exploitant agricole, sous réserve bien entendu de l'affectation du produit aux besoins de l'exploitation. Ainsi, aucune déduction ne peut être effectuée pour le **fioul domestique** utilisé pour les besoins personnels de l'exploitant (chauffage de locaux d'habitation, etc.). En cas d'usage mixte, les exploitants déterminent le montant de la taxe dont la déduction peut être opérée.

SERVICES AFFÉRENTS À DES BIENS EXCLUS DU DROIT À DÉDUCTION

1944 Sont visés les services de toute nature (notamment locations, réparations, transports, commissions, etc.) afférents à des biens exclus du droit à déduction (exemples : réparation, prise en location d'un véhicule de tourisme) (CGI ann. II art. 206, IV-2-10°).

B. Régularisations

DISTINCTION ENTRE LES IMMOBILISATIONS ET LES AUTRES BIENS OU SERVICES

2000 Le mécanisme des régularisations conduit à établir une distinction entre les immobilisations et les autres biens ou services. Comme pour les impôts directs, la notion d'**immobilisation** recouvre les biens et valeurs de toute nature (meubles ou immeubles, corporels ou incorporels) acquis ou créés par l'exploitant non pour être vendus ou transformés, mais pour être utilisés durablement (durée d'utilisation supérieure à 12 mois) sous la même forme comme instruments de travail ou moyens d'exploitation : terrains ; bâtiments à usage agricole (étables, hangars, silos, serres, etc.) ; clôtures, barrières ; mobiliers, agencements, installations, matériel et machines agricoles (tracteurs, motoculteurs, charrues, herses, épandeurs de fumier, semoirs, appareils de traite, pressoirs, machines à calibrer et à trier les fruits et légumes, etc.), matériel de transport (chariots, remorques, tombereaux, etc.).

Les **biens ne constituant pas des immobilisations** sont ceux qui, dans la comptabilité des exploitants agricoles, figurent parmi les valeurs d'exploitation : semences, engrais, aliments du bétail, produits antiparasitaires, eau, électricité, fourrages, petit outillage ne constituant pas des immobilisations (pelles, fourches, haches, scies, marteaux, etc.).

Quant aux **services**, ce sont ceux qu'un agriculteur est susceptible de supporter pour les besoins de son exploitation (locations et charges locatives, services d'entretien et de réparation, frais d'études, de recherches, de transport, de publicité, etc.).

> **Précisions a.** Par dérogation aux règles suivies en matière d'impôts directs, les **plantations d'arbres** et arbustes (ou plantes assimilées : vignes) ne sont pas considérées comme des immobilisations. L'agriculteur peut toutefois décider de ne pas user de cette dérogation s'il tient une comptabilité précise de ses plantations (D. adm. 3 I-1341 n° 8, non reprise dans Bofip).
> **b.** Sous les mêmes réserves, on considère que tout le **cheptel** d'un exploitant agricole ne constitue pas une immobilisation, quelle que soit son utilisation (animaux de trait ou de reproduction), notamment en cas de renouvellement (D. adm. 3 I-1341 n° 9, non reprise dans Bofip). À noter que si l'agriculteur se prévaut pour certains animaux – animaux de trait ou de reproduction, certains chevaux – de leur caractère d'immobilisation pour l'établissement de la TVA, ce choix lui permet d'opter pour la même solution en matière de bénéfice agricole.

1. RÉGULARISATIONS POUR LES IMMOBILISATIONS

2020 Pour les immobilisations, il convient de distinguer **deux types de régularisations** : les régularisations annuelles dues au fait que, l'année en cause, l'utilisation du bien a été différente de celle initialement envisagée, et les régularisations globales déclenchées par la survenance de certains événements et dues au fait que l'utilisation du bien sera, à l'avenir, différente de celle qui en a été faite jusqu'à présent.

PÉRIODE DE RÉGULARISATION

2025 Les régularisations, qu'elles soient annuelles ou globales, ne doivent être effectuées que pendant une certaine période dont la durée est de 20 ans pour les immeubles et 5 ans pour les autres biens (CGI ann. II art. 207, II). La période de régularisation court à compter de l'année au cours de laquelle le bien a été acquis, importé, achevé, utilisé pour la première fois ou transféré entre secteurs d'activités distincts, ladite année étant comptée pour une année entière.

EXEMPLE

Un tracteur acquis en février 2024 devra faire l'objet d'une régularisation si l'exploitant perd la qualité de redevable en 2024, 2025, 2026, 2027 ou 2028 ; il en sera dispensé si cet événement intervient en 2029 ou postérieurement.

> **Précisions a.** Lorsqu'une régularisation est pratiquée, il n'y a lieu d'ouvrir un **nouveau délai de régularisation** que pour les biens qui changent de patrimoine (sauf en cas de transmission totale ou partielle d'une universalité de biens) ou, par assimilation, qui sont transférés d'un secteur d'activité à un autre secteur d'activité. Pour les biens maintenus dans le même patrimoine, c'est le délai de régularisation d'origine qui se poursuit.
> **b.** La période de régularisation est indépendante de la **durée d'amortissement** du bien.

TAXE INITIALE SERVANT AU CALCUL DES RÉGULARISATIONS

La **base de calcul** des régularisations est constituée par la taxe initiale, c'est-à-dire la taxe acquittée lors de l'acquisition du bien (dont le montant peut être supérieur à celui de la taxe effectivement déduite initialement, si le coefficient de déduction du bien était inférieur à 1). La taxe initiale s'entend notamment, selon le cas (CGI ann. II art. 207, V-1) : **2030**
- de la taxe mentionnée sur les factures d'achat ;
- de la taxe acquittée par l'exploitant lui-même en vertu du mécanisme d'autoliquidation (acquisition intracommunautaire, importation, livraison à soi-même, etc.) ;
- de la taxe mentionnée sur les attestations lors d'un transfert du droit à déduction en cas de vente non soumise à la taxe ou de transfert entre secteurs (voir n°s 2065 s.).

COEFFICIENTS DE RÉFÉRENCE

Les régularisations afférentes aux immobilisations sont appréhendées à partir de la variation dans le temps de la valeur des éléments du coefficient de déduction des biens. À chaque bien immobilisé correspond un coefficient de déduction de référence, égal au produit du coefficient d'assujettissement de référence, du coefficient de taxation de référence et du coefficient d'admission de référence du bien. **2035**
Ces trois coefficients de référence sont **initialement égaux aux trois coefficients** retenus pour calculer la déduction de TVA opérée **lors de l'acquisition, de l'importation ou de la livraison à soi-même du bien** (CGI ann. II art. 207, V-2).
Ils sont **susceptibles de varier** au cours du temps en cas de survenance, pendant la période de régularisation du bien, d'un des événements listés ci-après :
- transfert d'un bien entre secteurs d'activités ;
- modification législative ou réglementaire des règles d'exclusion ;
- bien utilisé, en tout ou partie, pour des opérations imposables dont aucune n'ouvre droit à déduction, venant à être utilisé pour la réalisation d'opérations ouvrant droit à déduction ;
- bien utilisé pour la réalisation d'opérations ouvrant droit à déduction, venant à être utilisé pour des opérations imposables n'ouvrant pas droit à déduction ou pour des opérations non imposables.
Si une des régularisations globales visées ci-dessus a été effectuée, les coefficients de référence prennent une **nouvelle valeur** qui sera utilisée pour les éventuelles régularisations futures.

a. Régularisations annuelles

Chaque année, la régularisation de la taxe initialement déduite sur les immobilisations doit être effectuée lorsque la **différence entre**, d'une part, le produit des **coefficients** d'assujettissement et de taxation de l'année civile et, d'autre part, le produit des coefficients d'assujettissement et de taxation de référence est supérieure, en valeur absolue, à un dixième (CGI ann. II art. 207, II). **2050**
La régularisation annuelle ne vise qu'à tirer les conséquences d'une variation de l'utilisation du bien pendant la période de régularisation. C'est la raison pour laquelle il n'est pas tenu compte du **coefficient d'admission** pour déterminer s'il y a lieu à régularisation. En revanche, la valeur du coefficient d'admission de l'année est prise en compte pour le calcul du coefficient de déduction de l'année qui permet de déterminer le montant de la régularisation.
Le **montant de la régularisation** est égal :
- pour les **immeubles** immobilisés, au vingtième du produit de la taxe initiale par la différence entre le coefficient de déduction de ladite année et le coefficient de déduction de référence ;
- pour les **autres biens** immobilisés, au cinquième du produit de la taxe initiale par la différence entre le coefficient de déduction de ladite année et le coefficient de déduction de référence.
La régularisation **prend la forme** soit d'une déduction complémentaire si le coefficient de déduction de l'année est supérieur au coefficient de référence, soit d'un reversement de taxe s'il est inférieur. Elle doit être **effectuée avant** le 25 avril de l'année suivante.

> **Précisions a.** La valeur à retenir au titre d'une année pour le **coefficient d'admission** est celle constatée en début de période, quelles que soient les évolutions de réglementation intervenues au cours de l'année.
> **b.** Le produit des coefficients ne doit pas être **arrondi.**
> **c.** En cas de **modification de la valeur de l'un des trois coefficients de référence** en cours d'année en raison de la survenance de

l'un des événements affectant cette valeur (n° 2035), la valeur des coefficients de référence à retenir pour le calcul de la régularisation annuelle à opérer au titre de ladite année est la valeur des coefficients de référence avant l'intervention de cet événement.

d. En vertu de l'article 207, II-5-1° de l'annexe II au CGI, aucune régularisation ne doit être opérée pour les **biens immobilisés dont le coefficient d'assujettissement de référence est nul**. Il s'agit des biens qui sont dès l'origine (ou au cours de leur utilisation) exclusivement utilisés à la réalisation d'opérations placées hors du champ d'application de la taxe. On rappelle toutefois que ce texte, qui privilégie le critère de l'utilisation du bien et non celui de la qualité (assujetti agissant en tant que tel ou non) au titre de laquelle la personne a acquis le bien, n'est pas en phase avec la jurisprudence de la CJUE : n° 1805.

b. Régularisations globales

2060 La taxe initialement déduite sur les biens immobilisés doit faire l'objet d'une régularisation **si certains événements interviennent** avant l'expiration de la période de régularisation (CGI ann. II art. 207, III-1).

En pratique, les régularisations globales conduisent à régulariser, en une seule fois, toutes les régularisations annuelles qui devraient être effectuées jusqu'à l'expiration de la période de régularisation du bien si la situation de ce bien demeurait en l'état jusqu'à cette date. Les régularisations globales sont donc liées à l'utilisation du bien pour l'avenir et sont indépendantes de son utilisation dans le passé.

Les régularisations globales donnent lieu soit à un reversement de taxe, soit à une déduction complémentaire. La régularisation est **mentionnée** dans les mêmes délais que les autres versements de taxe :

– soit sur la déclaration annuelle de régularisation **CA12** (voir n° 2830) ou **CA12 E** (voir n° 2805) ;

– soit sur la déclaration **CA3** déposée au titre du mois ou du trimestre au cours duquel l'événement motivant cette régularisation est intervenu (pour les exploitants ayant opté pour le régime de l'effectif, nos 2880 s.).

> **Précisions** Les régularisations globales doivent être effectuées même si la **différence** entre le produit des coefficients d'assujettissement et de taxation pour les années restant à courir et le produit des coefficients d'assujettissement et de taxation de référence est **inférieure ou égale à un dixième**, en valeur absolue.

CAS DE RÉGULARISATIONS GLOBALES

2065 Cession ou apport non soumis à la TVA sur le prix total ou la valeur totale

Il y a lieu dans ce cas de procéder à la régularisation globale en considérant que le bien sera utilisé, pour chacune des années restantes de la période de régularisation, pour une activité exonérée n'ouvrant pas droit à déduction. En pratique, ce cas vise essentiellement les cessions d'immeubles immobilisés non soumises à la TVA.

La **régularisation est égale à** la somme des régularisations annuelles qui auraient été effectuées jusqu'au terme de la période de régularisation, le coefficient de taxation de l'immobilisation étant réputé égal à 0 pour chacune des années restantes. La régularisation **se traduit par** le reversement d'une fraction de la taxe initialement déduite.

Si le bien cédé ou apporté constitue également une immobilisation pour l'acheteur ou le bénéficiaire de l'apport, le cédant ou l'apporteur peut lui transférer une fraction de la TVA ayant initialement grevé le bien, même si ce n'est pas ce montant qui a été reversé lors de la régularisation globale, et l'acheteur ou le bénéficiaire de l'apport pourra ainsi bénéficier d'un droit à déduction à raison de ce bien. Le montant de la **TVA transférée** est égal à : TVA initiale × (nombre d'années restant à courir/nombre total d'années de la période de régularisation). Le cédant ou l'apporteur doit délivrer au cessionnaire ou au bénéficiaire de l'apport un document ou facture mentionnant le montant de cette TVA (facture complétée dite « attestée »).

> **Précisions** **a.** L'acquisition du bien ouvre une **nouvelle période de régularisation** pour le nouveau détenteur. La taxe initiale servant de base au calcul des éventuelles régularisations est égale au montant de la taxe transférée.
>
> **b.** Les **exploitants** agricoles **non soumis à la TVA** n'ont aucune régularisation à opérer, mais leurs acheteurs peuvent se faire délivrer une facture attestée dans les mêmes conditions. Il en est ainsi en cas d'acquisition d'immobilisation à un agriculteur au remboursement forfaitaire.

Transferts entre secteurs d'activités Le transfert entre secteurs d'activités distincts est **traité comme** une cession non soumise à la TVA suivie, si le bien est immobilisé dans ce secteur, d'un éventuel transfert du droit à déduction au profit du secteur d'activité « d'arrivée ». 2067
La régularisation est calculée de la même manière que dans le cas d'une cession ou d'un apport non soumis à la TVA sur le prix total ou la valeur totale (n° 2065). Le montant du reversement est nul lorsque le bien transféré n'a fait l'objet d'aucune déduction dans le secteur « de départ ».
Si l'exploitant bénéficie d'un droit à déduction dans le secteur « d'arrivée », il doit calculer un nouveau coefficient de déduction en fonction de la nouvelle utilisation du bien. Ce transfert ouvre une nouvelle période de régularisation (n° 2025). Sur la modification des coefficients de référence, voir n° 2035.

> **Précisions** **a.** Ce cas ne vise pas l'hypothèse dans laquelle une **immobilisation** utilisée exclusivement dans un secteur est ensuite **utilisée conjointement dans ce secteur et dans un ou plusieurs autres**. Dans une telle hypothèse, il y a lieu, le cas échéant, de procéder à une régularisation annuelle (n° 2050).
> **b.** Le **transfert d'un bien mobilier d'investissement vers un secteur exonéré** donne lieu, si le bien immobilisé a fait l'objet d'une déduction totale ou partielle dans le secteur « de départ », à une taxation au titre d'une livraison à soi-même et non à un reversement de la TVA déduite (CGI art. 257, II-1-3°).

Cession ou apport soumis à la TVA sur le prix total, la valeur totale ou la marge 2069
La régularisation, qui se traduit par une **déduction complémentaire**, vise l'hypothèse où l'**immobilisation** cédée ou apportée **n'a pas fait l'objet, initialement, d'une détaxation intégrale.**
La **régularisation est égale à** la somme des régularisations annuelles qui auraient été effectuées jusqu'au terme de la période de régularisation, le coefficient de taxation de l'immobilisation étant égal à 1 pour chacune des années restantes de cette période.
En pratique, ce cas vise notamment les cessions de biens mobiliers d'investissement (outillage, matériel, etc.) usagés et les immeubles dont la cession est soumise à la TVA.

> **Précisions** **Bénéficient également** d'un droit à déduction complémentaire les cessions d'immobilisations qui n'ont pas ouvert droit à déduction, lorsque les biens concernés font l'objet d'une livraison intracommunautaire ou d'une exportation (BOI-TVA-DED-60-20-20 n°s 80 et 90), ou lorsqu'ils sont cédés à un négociant en biens d'occasion si le cédant choisit de soumettre volontairement sa cession à la TVA (BOI-TVA-SECT-90-20-10 n° 130).

Modification législative ou réglementaire des règles d'exclusion Ce cas, peu fréquent, se traduit par un **changement** de la valeur du **coefficient d'admission** de l'immobilisation. 2071
La régularisation est égale à la somme des régularisations annuelles qui auraient été effectuées jusqu'au terme de la période de régularisation, le coefficient d'admission étant égal à sa nouvelle valeur qui peut être comprise entre 0 et 1. Selon le cas, la régularisation **conduit à** un reversement ou une déduction complémentaire.

ATTENTION

Ce cas ne concerne pas l'hypothèse où le bien devient exclu du droit à déduction du fait d'une **utilisation à des fins étrangères à l'entreprise supérieure à 90 %** : dans cette situation, en effet, il y a lieu de procéder à une régularisation annuelle, puisque cette utilisation affecte également le coefficient d'assujettissement du bien.

Biens devenant utilisés pour la réalisation d'opérations ouvrant droit à déduction Ce cas vise l'hypothèse d'une **immobilisation initialement utilisée**, en tout ou en partie, pour la réalisation d'**opérations dans le champ n'ouvrant pas droit à déduction** qui devient utilisée pour la réalisation d'opérations ouvrant droit à déduction. 2073
La régularisation est égale à la somme des régularisations annuelles qui auraient été effectuées jusqu'au terme de la période de régularisation en considérant que, pour chacune des années restantes, le coefficient de taxation est égal à sa nouvelle valeur. Elle **se traduit par** une déduction complémentaire.

> **Précisions** **a.** Sur les **biens initialement utilisés pour la réalisation d'opérations situées hors du champ** de la TVA (biens ayant un coefficient d'assujettissement nul), voir n° 1910.
> **b.** Lorsqu'un **bien immobilisé non encore utilisé** est affecté à la réalisation d'opérations ouvrant droit à déduction, la taxe initiale ayant grevé le bien peut être déduite en fonction du coefficient de déduction de l'année d'utilisation.
> **c.** Ce cas de régularisation concerne en particulier les **nouveaux redevables** pour l'ensemble de leurs immobilisations neuves ou en cours d'utilisation à la date à laquelle ils deviennent redevables, mais s'applique également à des **biens immobilisés pris isolément**.

2075 **Biens cessant d'être utilisés pour la réalisation d'opérations ouvrant droit à déduction** Ce cas peut viser **deux types d'hypothèses** :
– le bien reste utilisé pour la réalisation d'opérations situées dans le champ de la TVA mais ces opérations n'ouvrent pas droit à déduction ;
– le bien n'est plus utilisé pour la réalisation d'opérations situées dans le champ de la TVA.
Dans la première hypothèse, la régularisation, qui se traduit par un reversement, est égale à la somme des régularisations annuelles qui auraient été effectuées jusqu'au terme de la période de régularisation en considérant que le coefficient de taxation est égal à 0 pour chacune des années restantes.
Dans la seconde hypothèse, les coefficients d'assujettissement et de taxation deviennent nuls. La régularisation, qui se traduit par un reversement, est égale à la somme des régularisations annuelles qui auraient été effectuées jusqu'au terme de la période de régularisation en considérant que le coefficient d'assujettissement est égal à 0 pour chacune des années restantes.

> **Précisions** **a.** L'administration précise toutefois, s'agissant des **biens mobiliers d'investissement immobilisés**, que le prélèvement par un assujetti pour ses besoins privés, la cessation d'activité ou l'affectation à des opérations hors champ donnent lieu non pas à régularisation mais à la taxation d'une livraison à soi-même (BOI-TVA-DED-60-20-10 n°s 50 et 60).
> **b.** Selon l'administration, dans la seconde hypothèse, une fois la régularisation effectuée, le bien **sort définitivement du cycle des régularisations** et aucune déduction complémentaire ne pourra plus être effectuée à l'avenir si le bien est à nouveau utilisé à des opérations imposables ouvrant droit à déduction. Voir toutefois la jurisprudence de la CJUE analysée n° 1910, Précisions, a, qui nous paraît pouvoir également être invoquée dans ce cas de figure.

EXCEPTIONS À LA RÉGULARISATION

2080 Elles sont au nombre de **trois** (CGI ann. II art. 207, III-4) :
– transmission ou apport d'une universalité totale ou partielle de biens, non imposable en application de l'article 257 bis du CGI (voir n°s 2130 s.) ;
– destruction ou vol, dûment justifié, d'un bien immobilisé ;
– bien immobilisé dont le coefficient d'assujettissement de référence est nul (voir toutefois sur ce point la jurisprudence de la CJUE : n° 1910, Précisions, a).

c. Articulation entre régularisations annuelles et régularisations globales

2090 Lorsque la régularisation globale entraîne une **modification des valeurs des coefficients de référence**, cette modification doit être prise en compte :
– pour le calcul des régularisations annuelles à compter de l'année suivante ;
– et pour le calcul des régularisations globales ultérieures, incluant celles qui interviendraient lors de l'année en cours.
Mais elle ne doit pas être prise en compte pour le calcul de la régularisation annuelle due au titre de l'année au cours de laquelle est intervenue la régularisation globale, même si cette régularisation peut être opérée jusqu'au 25 avril de l'année suivante, c'est-à-dire postérieurement à la régularisation globale.

2. RÉGULARISATIONS POUR LES SERVICES ET LES BIENS AUTRES QUE LES IMMOBILISATIONS

2100 Ces régularisations s'appliquent dans les cas suivants (CGI ann. II art. 207, IV-2 et VI) :
– biens devenant utilisés à des opérations ouvrant droit à déduction ;
– disparition des marchandises ;
– utilisation des biens ou services pour une opération n'ouvrant pas droit à déduction.
Lorsque l'un de ces événements intervient, la régularisation doit être opérée **quelle que soit la date** où il se produit (contrairement à ce qui se passe pour les immobilisations, il n'existe pas ici de date limite au-delà de laquelle la régularisation ne serait plus obligatoire).
En ce qui concerne la **date** à laquelle cette régularisation est opérée, voir n° 2060.

BIENS DEVENANT UTILISÉS À DES OPÉRATIONS OUVRANT DROIT À DÉDUCTION

2102 Lorsqu'un **bien en stock** cesse d'être utilisé exclusivement pour la réalisation d'opérations exonérées et vient à être utilisé pour la réalisation d'opérations ouvrant droit à déduction (coefficient de taxation cessant d'être nul), la taxe initiale ayant grevé l'acquisition de ce bien peut être déduite à proportion du coefficient de déduction résultant de ce changement d'utilisation.

Ce cas de régularisation **se traduit par** une déduction complémentaire qui doit être mentionnée sur la déclaration déposée au titre de la période (mois, trimestre, année) au cours de laquelle le changement d'utilisation est intervenu.
Ce cas de régularisation concerne en particulier les **nouveaux redevables** pour leurs biens en stock à la date à laquelle ils deviennent redevables mais il peut aussi s'appliquer à un **bien en stock pris isolément**.

DISPARITION DES MARCHANDISES

Les redevables sont tenus de procéder à la régularisation des déductions antérieures lorsque les marchandises ont disparu avant d'avoir reçu l'utilisation en vue de laquelle elles avaient été acquises. **2104**
Par exception à cette règle, la régularisation n'est pas exigée :
– en cas de **destruction** des biens, à condition qu'il soit **justifié** de cette destruction, qui peut être accidentelle (incendie, inondation, destruction en cours de transport, etc.) ou volontaire (destruction de biens devenus inutilisables en l'état pour l'usage auquel ils étaient destinés) ;
– en cas de **vol** ou de détournement, à condition qu'il en soit **justifié**.
La régularisation se traduit par le reversement de l'intégralité de la taxe qui avait été déduite, qui doit être opéré en principe avant le 25 du mois qui suit l'événement qui la motive. Pour les exploitants qui déposent des déclarations annuelles, le reversement est opéré lors du dépôt de ces déclarations.

UTILISATION DES BIENS OU SERVICES POUR UNE OPÉRATION N'OUVRANT PAS DROIT À DÉDUCTION

La taxe doit être régularisée lorsque les biens ou les services sont utilisés pour une opération qui n'est pas effectivement soumise à la TVA : opérations exonérées (autres que celles qui, telles les exportations, ouvrent droit à déduction), prélèvements effectués pour les besoins privés normaux du « chef d'une entreprise individuelle » ou pour les besoins des membres de sa famille à sa charge, etc. **2106**
Compte tenu des règles prévues pour les livraisons à soi-même de biens (nos 1435 s.), la taxe ayant grevé des biens qui ne constituent pas des immobilisations ne doit être régularisée que lorsqu'ils ne sont pas effectivement utilisés pour une opération ouvrant droit à déduction sans que pour autant leur affectation initiale soit modifiée.
Les apports de marchandises en société peuvent échapper à la TVA sans pour autant donner lieu à reversement si le bénéficiaire de l'apport destine ces biens (matières premières) à la revente.
Les ventes à perte et les ventes demeurées impayées (totalement ou partiellement) ne donnent pas lieu à régularisation.

C. Situations particulières

NOUVEAUX REDEVABLES DE LA TVA

Les exploitants qui deviennent redevables de la TVA (soit obligatoirement, nos 180 s., soit sur option, nos 800 s.) peuvent bénéficier d'un droit à déduction : **2115**
– de la TVA ayant grevé les biens ne constituant pas des immobilisations et qu'ils détiennent en **stock** à la date à laquelle ils deviennent redevables ;
– de la TVA ayant grevé les biens constituant des **immobilisations neuves** n'ayant pas encore commencé à être utilisés à la même date ;
– d'une fraction de la TVA ayant grevé les biens constituant des **immobilisations en cours d'utilisation** à cette date.
Ce droit à déduction s'opère dans le cadre du régime des **régularisations** exposé nos 2073 et 2102.
S'agissant des **modalités de récupération** de la TVA déductible, voir n° 2435.

> **Précisions a.** Les exploitants devenant redevables de la TVA ont jusqu'au 31 décembre de l'année qui suit leur première année d'imposition pour calculer leur **coefficient de déduction définitif** (n° 1900).
> **b.** Ces dispositions ne s'appliquent pas aux biens (stocks ou immobilisations) qui, lors de leur acquisition, avaient été affectés exclusivement à des **besoins privés** (voir n° 1805, Précisions, a). Sur les biens affectés aux

besoins d'activités placées **hors du champ d'application de la TVA**, voir n° 1910, Précisions, a.

c. Ces dispositions sont notamment applicables en cas de **mutation d'une exploitation agricole entre un cédant non redevable et un cessionnaire redevable** ; le cessionnaire est considéré comme nouveau redevable et peut, en conséquence, opérer la déduction :

– de la TVA ayant grevé les biens constituant des immobilisations non encore utilisés lors de la cession ;

– d'une fraction de la TVA ayant grevé les biens constituant des immobilisations en cours d'utilisation ;

– de la TVA ayant grevé les biens ne constituant pas des immobilisations, en stock lors de la cession : semences, aliments du bétail, engrais non semés, animaux.

Les récoltes en terre, les arbres plantés, de même que les engrais semés, ne sont pas considérés comme des biens neufs (D. adm. 3 I-1342 n° 45, non reprise dans Bofip).

Pour que le cessionnaire puisse opérer les déductions ci-dessus, le cédant doit lui délivrer lors de la cession les documents (notamment factures) nécessaires. À défaut, il est possible de procéder à une évaluation forfaitaire d'après les coûts standard d'usage, au titre des avances aux cultures ou des animaux destinés à la revente.

d. En ce qui concerne les **animaux**, l'agriculteur qui devient redevable de la TVA peut déduire la taxe afférente :

– à l'achat de ces animaux acquis auprès de tiers redevables de la TVA ;

– aux dépenses exposées pour l'engraissement (alimentation, frais de vétérinaire) de ces animaux, étant précisé qu'à cet égard, un droit à déduction peut être exercé tant pour ceux ayant été achetés que pour ceux qui sont nés sur la ferme.

En principe, les éleveurs devraient produire à l'appui de leur demande les factures délivrées par leurs fournisseurs. Toutefois, il a été admis que les agriculteurs peuvent procéder à une évaluation forfaitaire des sommes déductibles en se référant au coût standard en usage dans la profession. En tout état de cause, ils doivent être en mesure de fournir au service des impôts les éléments retenus pour établir cette évaluation et justifier, notamment, de la provenance exacte des animaux (animaux nés sur la ferme, acquis auprès de tiers redevables de la TVA ou achetés à d'autres agriculteurs soumis au remboursement forfaitaire). À défaut, aucune déduction ne pourra être effectuée (D. adm. 3 I-1341 n° 21, non reprise dans Bofip).

MÉTAYAGE

2120 **Cas où les coexploitants sont redevables tous les deux** Lorsque des coexploitants en métayage ont exercé l'un et l'autre l'option pour l'imposition à la TVA, ou sont tous deux redevables obligatoirement au titre de l'ensemble de leurs exploitations agricoles, ils disposent du droit de déduire, dans les conditions de droit commun et sous réserve des limitations et restrictions générales du droit à déduction, la totalité de la taxe qui grève les **dépenses d'exploitation** dont ils ont respectivement la charge, quelles qu'en soient les modalités de **répartition** (BOI-TVA-SECT-80-30-40 n° 20).

2121 **Cas où un seul des coexploitants est redevable** Lorsqu'un seul des coexploitants est redevable de la TVA au titre de son activité en métayage, il doit déterminer un coefficient de taxation forfaitaire au dénominateur duquel il doit inscrire l'ensemble des recettes de métairie (BOI-TVA-SECT-80-30-40 n° 30).

Dans cette hypothèse, il est toutefois admis que l'activité en métayage puisse être sectorisée si elle diffère par nature de celle exploitée sous un autre statut (exemple : élevage et viticulture), avec les conséquences exposées n° 1850 (BOI-TVA-SECT-80-30-40 n°s 60 s.).

Lorsqu'il n'est pas en mesure de connaître le chiffre d'affaires du coexploitant non redevable (commercialisation séparée, par exemple), il est admis que le coexploitant redevable considère que le chiffre d'affaires de son partenaire est, dans la proportion du contrat, le même que le sien même si, éventuellement, il y a stockage par l'une et/ou l'autre partie (BOI-TVA-SECT-80-30-40 n° 50).

EXEMPLE

Un métayer redevable de la TVA qui a encaissé un montant de chiffre d'affaires imposable de 14 000 € dans le cadre d'un contrat prévoyant le partage 1/3 (bailleur) 2/3 (preneur) de la production (indépendamment de la répartition des dépenses, éventuellement différente de la répartition du chiffre d'affaires) peut considérer que le chiffre d'affaires du bailleur non redevable s'établit à 14 000 €/2 = 7 000 € pour la période concernée. Le chiffre d'affaires de la métairie à inscrire au dénominateur du rapport s'établirait alors à 21 000 €.

MUTATIONS D'EXPLOITATION ET OPÉRATIONS ASSIMILÉES

L'article 257 bis du CGI **dispense de TVA** les livraisons et les prestations de services lorsqu'elles sont réalisées entre redevables de la taxe à l'occasion de la transmission à titre onéreux ou à titre gratuit, ou sous forme d'apport à une société, d'une universalité totale ou partielle de biens. 2130
Les transferts ainsi opérés ne donnent pas lieu chez le cédant aux **régularisations** du droit à déduction.

Qu'entend-on par **« transmission d'une universalité de biens »** ? La notion de « transmission à titre onéreux ou à titre gratuit ou sous forme d'apport à une société d'une universalité totale ou partielle de biens » concerne le transfert d'un fonds de commerce ou d'une partie autonome d'une entreprise, comprenant des éléments corporels et, le cas échéant, incorporels qui, ensemble, constituent une entreprise ou une partie d'une entreprise susceptible de poursuivre une activité économique autonome (BOI-TVA-CHAMP-10-10-50-10 n°s 10 s.). 2131
Cette notion ne couvre pas les transferts de biens et de services réalisés au profit d'une personne qui n'entend pas exploiter l'universalité ainsi transmise, mais simplement liquider immédiatement l'activité concernée. Il en est ainsi de la simple cession de biens, telle que la vente d'un stock de produits ou de la vente isolée d'un bien immobilisé en dehors de toute opération de transmission d'entreprise ou de restructuration.
Le bénéficiaire de la transmission est réputé continuer la personne du cédant en poursuivant l'exploitation de l'universalité transmise sous une forme ou une autre. Il n'est toutefois pas exigé qu'il ait préalablement exercé la même activité que le cédant ou qu'il poursuive strictement la même activité que celle précédemment exercée par le cédant.
Conformément à ces principes, sont notamment regardés comme la transmission d'une universalité totale ou partielle de biens :
– les apports globaux, effectués dans le cadre d'une opération de fusion, d'absorption ou de scission et les apports partiels d'actifs constatés à l'occasion, par exemple, de la restructuration d'un groupe (apport d'une branche complète d'activité) ;
– la transmission d'une entreprise à la suite d'une procédure d'apurement collectif du passif ;
– la transmission universelle du patrimoine réalisée dans le cadre d'une opération de dissolution sans liquidation par confusion de patrimoine (C. civ. art. 1844-5) ;
– le transfert en fiducie et la sortie de fiducie de biens constituant une universalité totale ou partielle de biens ;
– les mutations à titre onéreux et apports de fonds de commerce ou d'exploitations commerciales ou professionnelles. Il en est ainsi notamment des apports de fonds de commerce donnés en location-gérance qui permettent la poursuite d'une activité économique autonome, la location-gérance ne constituant qu'un simple mode d'exploitation du fonds.
Dans le domaine agricole, sont notamment concernés :
– les mutations à titre onéreux et apports d'exploitations agricoles ;
– la transmission d'une exploitation agricole même en cas de conservation par l'exploitant agricole qui cède ou apporte son exploitation de la parcelle de subsistance prévue à l'article L 732-39 du Code rural et de la pêche maritime ou de stocks et les mutations partielles d'exploitation agricoles réalisées dans le cadre de plans de transmission si elles portent sur des branches complètes d'activité (notamment une branche complète d'activité constituée par l'ensemble des éléments investis dans une division de société qui constitue au point de vue technique une exploitation autonome, c'est-à-dire un ensemble capable de fonctionner par ses propres moyens dans des conditions pouvant être qualifiées de normales dans le secteur considéré) (BOI-TVA-CHAMP-10-10-50-10 n° 30) ;
– la transmission d'une exploitation agricole à la suite de la dissolution de la communauté conjugale par divorce ou par le décès d'un conjoint commun en biens, à l'un des membres de ladite communauté qui vient immédiatement continuer l'activité de celle-ci.
Sont également concernées :
– la transmission d'une exploitation agricole lorsque le cédant conserve la propriété des bâtiments d'exploitation qu'il donne à bail au repreneur redevable (BOI-TVA-CHAMP-10-10-50-10 n° 30). Dans ce cas, l'ancien exploitant n'a pas de régularisation à effectuer au titre des immeubles concernés s'il opte pour le paiement de la TVA au titre de sa location ;
– la cession des biens mobiliers et immobiliers et des stocks représentatifs d'une universalité totale ou partielle de biens réalisée par un exploitant redevable de la TVA au bénéfice d'un non-redevable lorsque ce dernier apporte simultanément ces biens à une entreprise redevable de la taxe et que cette dernière procède, le cas échéant, aux régularisations requises.

L'application de la dispense de taxation aux **transmissions** d'une universalité totale ou partielle de biens est subordonnée à ce qu'elles interviennent **entre deux redevables** de la TVA au titre 2132 de l'universalité transmise. La dispense de taxation ne s'applique pas lorsque la transmission est réalisée par un assujetti redevable de la taxe au bénéfice d'un assujetti non redevable (voir toutefois n° 2131 le cas des non-redevables interposés).

En revanche, la dispense est autorisée lorsque la transmission est réalisée entre deux personnes ayant toutes deux ou pour l'une seulement d'entre elles la qualité de **redevable partiel** au titre de l'universalité transmise. Dans ces hypothèses, le bénéficiaire de la transmission, qui est réputé continuer la personne du cédant, est, le cas échéant, tenu d'opérer, au titre des biens d'investissement transmis dans le délai de régularisation, les régularisations du droit à déduction exigibles (BOI-TVA-CHAMP-10-10-50-10 n°s 40 s.).

La dispense de taxation s'applique à l'**ensemble des biens et des services** qui appartiennent à l'universalité transmise, et ce, quelle que soit leur nature, à savoir :

– aux transferts de marchandises neuves et autres biens détenus en stocks ;
– aux transferts de biens mobiliers corporels d'investissement qui ont ouvert droit à déduction complète ou partielle de la TVA lors de leur achat, acquisition intracommunautaire, importation ou livraison à soi-même ;
– aux transferts de biens mobiliers incorporels d'investissement ;
– et aux transferts d'immeubles et de terrains à bâtir.

2133 Qu'en est-il des **régularisations** ? Les transferts de biens d'investissement réalisés dans le cadre de la transmission d'une universalité totale ou partielle de biens, dans le délai de régularisation (n° 2025), ne donnent pas lieu, **chez le cédant**, aux régularisations du droit à déduction.

Le **bénéficiaire** de la transmission est réputé continuer la personne du cédant. Il est donc tenu, s'il y a lieu, d'opérer les régularisations du droit à déduction et les taxations de cessions ou de livraisons à soi-même qui deviendraient exigibles postérieurement à la transmission d'universalité et qui auraient en principe incombé au cédant si ce dernier avait continué à exploiter lui-même l'universalité. La transmission n'entraîne pas une remise à zéro des délais de régularisation (BOI-TVA-DED-60-20-10 n° 280).

Le cédant et le bénéficiaire de la transmission d'universalité doivent mentionner le montant total hors taxe de la transmission sur la **déclaration de TVA** souscrite au titre de la période au cours de laquelle elle est réalisée. Ce montant sera mentionné sur la ligne « Autres opérations non imposables », ligne 03 de la déclaration CA12/CA12E.

RENONCIATION À L'OPTION

2140 Les exploitants agricoles ayant opté pour le RSA et qui renoncent à cette option dans les délais réglementaires doivent procéder, en matière de déductions, aux régularisations suivantes conformément aux règles du régime général de la TVA :

– régularisation des déductions opérées au titre des biens constituant des immobilisations (la cession ultérieure de ces biens n'est, bien sûr, pas taxable) ;
– régularisation des déductions opérées au titre des biens neufs ne constituant pas des immobilisations : engrais, semences, animaux. Pour ces derniers, s'ils sont nés sur l'exploitation, le reversement doit porter sur la taxe déduite au titre des biens utilisés pendant leur croissance (aliments du bétail, produits vétérinaires, etc.) ;
– régularisation des déductions opérées au titre de la préparation des récoltes en terre ; cette régularisation est limitée aux déductions opérées au titre des biens ne constituant pas des immobilisations (engrais, semences, etc.).

a. Biens en stock à la date de renonciation. Le remboursement forfaitaire auquel ces biens sont susceptibles d'ouvrir droit ultérieurement ne prend en compte que la TVA ayant grevé les acquisitions de biens et services nécessaires à leur production. Dès lors, il est admis que la livraison à soi-même des produits existant en stock à la date de cessation des opérations ouvrant droit à déduction ne soit pas imposée et qu'il soit seulement procédé à la régularisation des déductions initialement opérées au titre des immobilisations, des biens neufs autres qu'immobilisations, ainsi que de la préparation des récoltes en terre.

b. Ventes postérieures. Ces ventes ne sont pas passibles de la TVA lorsque la livraison intervient après la date d'effet de la renonciation, mais elles sont susceptibles d'ouvrir droit à remboursement forfaitaire dans les conditions de droit commun.

CESSATION D'ACTIVITÉ

2150 La cessation d'activité s'entend de l'abandon de l'ensemble de l'activité. Elle intervient à la **date de la liquidation finale des stocks** (BOI-TVA-SECT-80-20-10 n° 250). La date de cessation d'activité ne se confond donc pas nécessairement avec la date de cessation d'exploitation. Il n'y a coïncidence de ces deux dates que si l'arrêt de l'exploitation agricole s'accompagne de la cession

préalable ou concomitante des stocks ou de la décision de l'agriculteur de conserver le stock pour ses besoins personnels.
En revanche, dans le cas où l'exploitant agricole déclare avoir l'intention de vendre les produits en stock après la cessation de l'exploitation, la cessation de l'activité intervient à la date de la réalisation de la dernière opération ouvrant droit à déduction, c'est-à-dire à la date de la dernière vente d'un bien en stock.
Dans cette dernière hypothèse, la cessation de l'exploitation n'entraîne pas la caducité de l'option pour le paiement de la TVA. Néanmoins, l'option reste susceptible d'une renonciation dans le délai de droit commun.
Le fait, pour un agriculteur redevable de la TVA, de **conserver son stock** pour ses besoins personnels à l'occasion de sa cessation d'activité constitue une opération de livraison à soi-même imposable (BOI-TVA-CHAMP-10-20-20 n° 160). Tel est le cas, par exemple, lorsqu'un viticulteur décide de conserver sa récolte dans son patrimoine privé : il doit, en principe, acquitter la taxe au taux applicable aux boissons sur le prix de revient des boissons conservées.
Toutefois, il est admis que les livraisons correspondantes ne soient pas imposées lorsque l'opération peut s'inscrire dans le cadre de la dispense prévue à l'égard des prélèvements effectués pour les **besoins privés normaux** de l'exploitant ou de sa famille (n° 1442), mais cette dispense rend exigible la régularisation de la taxe déduite lors de l'acquisition des biens prélevés ou des biens et services qui ont été nécessaires à leur fabrication.
L'exploitant agricole assujetti demeure redevable de la taxe au titre de la **vente** de ses stocks, même si ces ventes interviennent **après la cessation de l'exploitation**. En revanche, dans l'hypothèse où il dénoncerait son option, les ventes postérieures à la date d'effet de cette dénonciation ne seraient pas imposables (n° 2140, b.).
La cessation de l'activité constitue un événement qui rend exigible pour les **immobilisations** la régularisation de la déduction antérieurement pratiquée sur les immeubles ; pour les biens meubles, le prélèvement donne lieu à taxation au titre de la livraison à soi-même.
La détermination de la quotité des reversements de taxe ainsi que la computation du délai de régularisation doivent être appréciées à cette date.
Si l'agriculteur renonce à son option à une date antérieure à la cessation, les régularisations sont exigibles dès cette date (voir n° 2140).

> **Précisions a.** Si, à l'issue de la liquidation totale de ses stocks, l'exploitant agricole a conservé des **investissements mobiliers usagés** dont la cession aurait été susceptible d'être soumise à la TVA en application des dispositions de l'article 261, 3-1°-a du CGI, il doit procéder à l'imposition de la **livraison à soi-même** (Lasm) de ces biens en application de l'article 257, II du même Code (BOI-TVA-CHAMP-10-20-20 n° 150).
b. La **dissolution de la communauté conjugale** mettant en valeur une exploitation agricole, **par divorce ou par le décès** d'un conjoint commun en biens, entraîne une cessation d'activité. Cette situation rend en principe exigible la taxation des Lasm des biens mobiliers d'investissement et des biens en stock et, le cas échéant, la régularisation de la taxe antérieurement déduite au titre des biens immobiliers.
Cela étant, si l'un des membres de ladite communauté vient **immédiatement continuer l'activité** de celle-ci, cette opération pourra s'analyser comme la transmission d'une universalité totale ou partielle de biens et, à ce titre, bénéficier d'une dispense de taxation à la TVA au titre des biens mobiliers d'investissement et stocks et, le cas échéant, de régularisation des droits à déduction antérieurement exercés au titre des immeubles si les conditions relatives à ce régime sont effectivement remplies (BOI-TVA-CHAMP-10-10-50-10 n° 30) ; voir nos 2130 s.

III. CONDITIONS D'EXISTENCE DU DROIT À DÉDUCTION

CONDITIONS FORMELLES

Il résulte de l'article 271, II du CGI que la déduction de la taxe qui a grevé les éléments d'une opération taxable ne peut être opérée, selon le cas, que dans la mesure où elle remplit l'une des conditions suivantes : **2300**
– figurer **sur une facture d'achat** ;
– avoir été **acquittée par l'entreprise elle-même** au titre, notamment, des acquisitions intracommunautaires, des importations ou d'une livraison à soi-même.

> **Précisions a.** Une entreprise n'est pas fondée à déduire la taxe figurant sur des **factures** qu'elle détient mais qui sont **établies à un autre nom** que le sien, si elle ne justifie pas qu'il s'agit d'erreurs matérielles ou d'habitudes invétérées des fournisseurs.

b. La taxe n'est déductible que dans la mesure où le **fournisseur** des biens ou des services était **légalement autorisé à la faire figurer** sur la facture. C'est ainsi qu'une facture correspondant à des **opérations fictives** n'ouvre droit à aucune déduction pour celui qui a reçu la facture (CGI art. 272, 2), bien que la taxe soit due par celui qui l'a facturée : voir n° 3125.

c. À propos des **erreurs de facturation** (taxe facturée pour une opération non imposable ou à un taux erroné), les positions administratives et jurisprudentielles ne sont pas totalement concordantes.

Pour l'**administration**, les erreurs commises entre personnes de bonne foi peuvent être régularisées par des **factures rectificatives** (voir n° 3125). Lorsque les factures ou autres documents justificatifs font l'objet d'une rectification, les rectifications correspondantes doivent être apportées dans les déductions (déduction complémentaire ou, à l'inverse, reversement).

Le **Conseil d'État**, pour sa part, a jugé qu'un client de bonne foi peut être autorisé à déduire la taxe facturée par un fournisseur qui se présente plausiblement comme assujetti (cette jurisprudence concerne essentiellement la taxe facturée au titre d'opérations exonérées, mais ouvrant droit à option sans qu'une mention relative à l'option ait à figurer sur les factures). En revanche, lorsque la taxe a été calculée à un taux erroné (par exemple au taux normal, alors que le produit ou le service relevait en réalité du taux réduit), la déduction est limitée à la fraction de la taxe correspondant au montant qui serait résulté d'une liquidation correcte (CE 29-12-1978 n° 9405 : RJF 2/79 n° 70). De même, la taxe facturée à tort au titre d'opérations qui sont exonérées, sans ouvrir droit au paiement par option et sans dérogation, n'est pas déductible du fait qu'elle n'est manifestement pas due.

Cependant, la position retenue par le Conseil d'État dans le cas d'opérations fictives (voir n° 3125) devrait, selon nous, remettre en question ces solutions et lui faire juger que la TVA facturée de manière erronée peut faire l'objet d'une **régularisation** (mais seulement par l'émetteur de la facture), sans que cette régularisation soit subordonnée à la bonne foi de ce dernier s'il a éliminé tout risque de pertes fiscales. Il faut également noter la position de la Cour de justice de l'Union européenne qui a jugé que, lorsque le risque de perte de recettes fiscales a été complètement écarté (cas, par exemple, où l'administration, par un avis devenu définitif, a refusé au destinataire de la facture le droit de déduire le montant de TVA mentionné à tort sur celle-ci), la récupération de cette taxe par le fournisseur ne peut pas être subordonné à la **rectification de la facture** erronée (CJUE 11-4-2013 aff. 138/12 : RJF 8-9/13 n° 894).

CONDITIONS DE TEMPS

2320 Le droit à déduction prend naissance **lorsque la taxe d'amont devient exigible** chez le redevable de cette taxe, c'est-à-dire, en général, chez le fournisseur des biens ou services (CGI art. 271, I-2 et 3). Aucune distinction ne doit être faite selon que la taxe a grevé des immobilisations ou d'autres biens et services.

> **Précisions** Pour les **fournisseurs (autres qu'exploitants** agricoles), la date d'exigibilité est :

– en principe la livraison pour les **achats et livraisons de biens** autres que des immeubles ; toutefois, dans le cas où un acompte est perçu par le fournisseur, la taxe devient exigible au moment de l'encaissement de l'acompte, à concurrence du montant encaissé ;

– en principe l'encaissement des acomptes du prix ou de la rémunération pour les **prestations de services** de toutes sortes, à moins que les prestataires n'aient choisi d'acquitter la taxe sur les débits (c'est-à-dire en pratique lors des facturations) ; dans ce cas, mention doit être faite par les prestataires sur les factures qu'ils émettent de cette option ;

– en principe également, l'encaissement des acomptes, du prix ou de la rémunération pour les **travaux immobiliers**. Toutefois, les entrepreneurs de travaux immobiliers peuvent opter soit pour le paiement de la taxe sur les livraisons, sous certaines conditions, soit pour le paiement de l'impôt sur les débits. Dans un cas comme dans l'autre, la mention de cette option doit figurer sur les factures délivrées.

2325 **Délai** Pour pouvoir opérer la déduction, ce droit à déduction doit être constaté. Cette **constatation** résulte de la **mention** de la taxe déductible, en principe sur la première **déclaration** à laquelle les exploitants sont tenus au titre de l'opération qui a fait naître le droit à déduction. Lorsque la mention d'une taxe déductible a été **omise** dans la déclaration sur laquelle elle aurait dû normalement figurer, la réparation de cette omission peut valablement être faite sur les déclarations postérieures déposées jusqu'au 31 décembre de la deuxième année qui suit celle de l'omission (CGI ann. II art. 208, I).

> Précisions a. En cas de **réparation de l'omission**, la déduction doit, selon l'administration, être mentionnée sur une ligne particulière de la déclaration (BOI-TVA-DED-40-20 n° 60).

b. Le délai de péremption ne concerne que la mention de la TVA déductible. Il ne concerne pas la **date de récupération effective**, qui n'est pas limitée dans le temps.

IV. MODALITÉS DE RÉCUPÉRATION DE LA TAXE DÉDUCTIBLE

La récupération de la taxe déductible s'effectue en principe par imputation sur la taxe due. **2400**
Cependant, les crédits de taxe déductible non imputables peuvent, sous certaines conditions, faire l'objet d'un remboursement direct.

IMPUTATION

La taxe déductible est, **en priorité**, récupérée par imputation sur la taxe dont l'exploitant est lui- **2405**
même redevable. Si la taxe déductible excède la taxe due, l'excédent (s'il n'est pas remboursé) est reporté jusqu'à épuisement sur la ou les déclarations ultérieures (CGI ann. II art. 208, II).

REMBOURSEMENT

La procédure générale de remboursement des excédents de TVA déductible prévue par les **2420**
articles 242-0 A à 242-0 L de l'annexe II au CGI s'applique aux agriculteurs comme aux autres redevables de la TVA.

Pour les **conséquences d'un remboursement** : en cas d'assujettissement en fonction des recettes, voir n° 380.

Procédure générale de remboursement Au regard de cette procédure, trois caté- **2425**
gories d'exploitations doivent être distinguées.

a. Exploitants acquittant l'impôt par **acomptes trimestriels**. Ces exploitants peuvent déposer des demandes de remboursement lors du dépôt de leur déclaration annuelle de régularisation (un cadre est prévu à cet effet sur cette déclaration). Ils peuvent demander le remboursement total du crédit relatif à une année dès lors que ce crédit est au moins égal à 150 €. Ils ne peuvent pas bénéficier de remboursements trimestriels.

b. Exploitants ayant **opté** pour le régime des **déclarations trimestrielles** CA3. Ces exploitants sont assimilés aux redevables du régime de droit commun (Mémento fiscal n°s 56620 s.) : remboursement annuel ou trimestriel, etc. Comme ils ne déposent qu'une déclaration trimestrielle CA3, il suffit que celle-ci fasse apparaître un crédit pour que soit ouvert le droit à remboursement dans les mêmes conditions que dans le régime de droit commun (minimum de 760 €, etc.).

c. Exploitants ayant **opté** pour le régime des **déclarations mensuelles** CA3. Ces exploitants sont assimilés aux redevables du régime de droit commun et peuvent obtenir des remboursements soit annuels, soit éventuellement mensuels si leur déclaration CA3 mensuelle fait apparaître un crédit minimum de 760 €.

Entreprises nouvelles Les entreprises obligatoirement redevables de la TVA peuvent **2435**
prétendre au remboursement de leurs crédits dans les conditions générales énoncées ci-dessus n° 2425, dès lors qu'elles ont manifesté, par une déclaration « d'assujettissement » et par des acquisitions ouvrant droit à déduction, l'intention de réaliser des opérations imposables sans avoir encore concrétisé cette intention. À cet égard, les exploitants agricoles redevables volontaires de la TVA sont assimilés aux entreprises obligatoirement redevables.

> Précisions Certains propriétaires de terrains à reboiser optent en tant que **sylviculteurs** pour leur assujettissement à la TVA selon le RSA.

Ils effectuent des plantations d'arbres dont les premières ventes de coupes de bois interviendront plusieurs années plus tard.

Ces nouveaux redevables sont fondés à présenter des demandes de remboursement de la TVA ayant grevé l'achat de plants, les travaux de plantation, sans pour autant déclarer d'opérations imposables. Bien entendu, les plantations concernées doivent être utilisées pour les besoins d'une activité agricole professionnelle. En cas de doute sur ce point, les intéressés doivent justifier du caractère professionnel de leur activité en produisant un certificat du directeur départemental de l'agriculture attestant que les plantations en cause sont destinées à l'exploitation (Inst. 3 I-1-02, non reprise dans Bofip).

2445 **Entreprises qui cessent leurs activités** Ces entreprises, ainsi que **celles qui perdent la qualité de redevable** (en renonçant, par exemple, à leur option), peuvent obtenir le remboursement du montant total de leur crédit (CGI ann. II art. 242-0 G). Les demandes de remboursement doivent, dans ce cas, être présentées dans le délai normal de réclamation, c'est-à-dire au plus tard le 31 décembre de la deuxième année suivant celle au cours de laquelle l'assujetti a perdu sa qualité de redevable (LPF art. R 196-1).

2450 **Cautionnement** Pour garantir les intérêts du Trésor et lui permettre d'obtenir le reversement des sommes dont le redevable obtiendrait indûment le remboursement, l'administration peut demander la présentation d'une caution. En pratique, le cautionnement n'est exigé qu'exceptionnellement, lorsque la restitution demandée est de nature à mettre en péril les intérêts du Trésor en raison, d'une part, de son importance et, d'autre part, de la situation financière et fiscale de l'entreprise en cause. Le cautionnement peut être exigé des entreprises nouvellement redevables.

SECTION 6 OBLIGATIONS PROPRES AU RSA

2700 Les exploitants agricoles redevables de la TVA selon le RSA sont soumis, comme les autres redevables, à un certain nombre d'obligations : dépôt de certaines **déclarations, paiement** de l'impôt, obligations d'ordre **comptable**.
Ceux qui sont imposables au titre de l'ensemble de leurs opérations portant sur des **animaux** vivants ou de boucherie sont, en outre, tenus d'observer certaines **obligations particulières**.
Les exploitants effectuant des **opérations intracommunautaires** déclarent la TVA y afférente dans les conditions de droit commun. Ceux d'entre eux réalisant des livraisons intracommunautaires exonérées sont en outre tenus de déposer un état récapitulatif des clients auxquels ils ont livré des biens dans les conditions prévues à l'article 262 ter, I du CGI (CGI art. 289 B, I et II).

A. Formalités administratives

DÉCLARATION D'EXISTENCE ET D'IDENTIFICATION

2705 Les exploitants agricoles doivent souscrire, dans les quinze jours du commencement de leurs opérations, une déclaration de création d'entreprise ou d'activité et fournir tous les **renseignements relatifs à leur activité professionnelle**. Une seule déclaration doit être formulée même lorsque l'exploitant, placé dans une situation mixte (activités exercées en tant que propriétaire, fermier et/ou métayer), exploite plusieurs propriétés distinctes.
La déclaration doit être effectuée auprès du guichet unique électronique, accessible sur le site formalites.entreprises.gouv.fr.
Les exploitants agricoles réalisant des **opérations de commerce intracommunautaire** ont un numéro individuel d'identification à la TVA, attribué sur demande par le service des impôts. Ce numéro figure sur les déclarations de TVA et doit être porté sur les factures.

> **Précisions** Une nouvelle déclaration doit être souscrite en cas de **modification importante** dans les conditions d'exercice ou d'imposition de l'activité agricole. Mais en cas de **décès** d'un exploitant soumis au RSA (de plein droit ou sur option), ce régime peut continuer de s'appliquer sans formalité au conjoint, à l'héritier ou à l'indivision reprenant l'exploitation.

DÉCLARATION DE CESSATION

2720 L'exploitant agricole redevable qui cesse d'exercer toute activité doit en faire la déclaration, dans les trente jours, auprès du guichet unique électronique (n° 2705).
Toutefois, si l'exploitant est soumis au système de **paiement de l'impôt par acomptes trimestriels**, la déclaration annuelle de régularisation CA12 afférente à la dernière année ou fraction d'année d'activité peut être déposée jusqu'au deuxième jour ouvré qui suit le 1er mai de l'année suivante. En cas d'option pour la **déclaration par exercice**, la déclaration afférente au dernier

exercice d'activité peut être produite jusqu'au cinquième jour du cinquième mois qui aurait suivi sa clôture s'il avait été mené jusqu'à son terme (BOI-TVA-TVA-SECT-80-30-40 n° 170).
En ce qui concerne les régularisations susceptibles d'être exigées lors de la cessation d'activité : voir n° 2150.
En ce qui concerne la renonciation à l'option, voir n° 880.

B. Déclaration et paiement de l'impôt

Pour tenir compte des pratiques qui régissent les transactions agricoles, le RSA dont bénéficient les exploitants agricoles redevables de la TVA prévoit la mise en service de **formulaires** distincts de ceux du régime de droit commun ainsi que des **modalités particulières de paiement** sauf pour ceux des redevables qui optent pour le régime des déclarations trimestrielles ou mensuelles (n°s 2880 s.). **2800**

Remarques
1. L'exploitant placé dans une **situation mixte** (activités exercées en tant que propriétaire, fermier et/ou **métayage**) ne souscrit en principe qu'une seule déclaration de chiffre d'affaires sur laquelle il mentionne le montant des opérations réalisées dans l'ensemble de ses exploitations et les droits à déduction correspondants. Toutefois, lorsque le bailleur et le métayer sont l'un et l'autre assujettis selon le RSA, les opérations de leurs métairies communes peuvent être retracées sur une déclaration commune unique, signée par les deux exploitants, distincte des déclarations de chiffre d'affaires qu'ils souscrivent pour leurs activités agricoles personnelles.
Cette modalité particulière de déclaration, qui présente un intérêt en cas de commercialisation intégralement assurée par le métayer, doit faire l'objet d'une **demande conjointe** des deux coexploitants (BOI-TVA-SECT-80-30-50-10 n° 50).
2. L'exploitant agricole qui exerce des activités imposables à la TVA selon le régime de droit commun et érigées en **secteur distinct** souscrit pour ces activités les déclarations prévues pour le régime de droit commun.

1. RÉGIME GÉNÉRAL

Ce régime, dont les modalités sont décrites aux articles 298 bis et 1693 bis du CGI, se caractérise par le versement durant l'année d'**acomptes trimestriels**, chaque versement étant accompagné de la souscription par voie électronique d'un bulletin d'échéance (modèle n° 3525 bis), et par une régularisation annuelle des acomptes. Celle-ci se fait soit au moment de la souscription de la **déclaration annuelle récapitulative** CA12, soit, sur option, au moment de la souscription de la déclaration annuelle correspondant à l'exercice CA12 E. Le régime déclaratif des assujettis relevant du RSA est dénommé « régime agricole de déclaration » par l'article D 161-26 du CIBS (qui entre en vigueur le 1-1-2025). **2805**

ACOMPTES TRIMESTRIELS

La TVA est acquittée par acomptes trimestriels compte tenu des taux auxquels sont soumises les opérations imposables et des déductions auxquelles les redevables ont droit. **2810**
Pour les **nouveaux redevables**, c'est-à-dire lors de la première année d'imposition, l'acompte trimestriel doit atteindre au moins 70 % de l'impôt dû pour le trimestre correspondant.
À partir de leur **deuxième année** d'imposition, les redevables doivent en principe verser des acomptes trimestriels au moins égaux au cinquième de l'impôt dû au titre de l'année précédente.
Le paiement de l'acompte trimestriel doit être accompagné de la souscription, par voie électronique, d'un **bulletin d'échéance** (n° **3525 bis**) sur lequel sont précisés : le montant global de l'acompte versé ainsi que le taux d'imposition correspondant à la majeure partie des opérations réalisées. En effet, l'acompte n'est pas ventilé par taux, mais imputé, à titre de simplification, sur le taux applicable à titre principal.
Pour remplir les obligations se rapportant aux taxes dues au titre du trimestre civil précédent, les bulletins d'échéance doivent être souscrits et les paiements correspondants effectués **au plus tard** le 5 des mois de mai, août, novembre et février. À noter que des **bulletins** trimestriels doivent être souscrits, même si l'exploitant n'a pas de paiement à effectuer (bulletins **« néant »**), sauf impôt dû au titre de l'année précédente inférieur à 1 000 € (BOI-TVA-SECT-80-30-60-20 n° 20).
En ce qui concerne les **Gaec**, c'est au gérant du groupement qu'il appartient de souscrire le bulletin d'échéance et de payer l'acompte trimestriel. Un seul bulletin d'échéance est établi pour l'ensemble des opérations réalisées par les adhérents (BOI-TVA-SECT-80-30-60-20 n° 20).

2815 Lorsqu'un exploitant agricole estime que le ou les acomptes déjà payés au titre de l'année atteignent le montant de l'impôt dont il sera finalement redevable, il peut **suspendre le versement des acomptes** suivants.

Susceptible d'intéresser en particulier les exploitants dont le **montant d'impôt vient à diminuer**, soit du fait d'une réduction d'activité, soit du fait, par exemple, d'un accroissement des opérations réalisées dans le cadre du **commerce extérieur**, ou encore de la réalisation d'**investissements** importants, l'interruption du versement des acomptes relève de la seule initiative des redevables. Un agriculteur peut donc se dispenser de verser le premier acompte s'il estime qu'il n'aura pas à payer de taxe au titre de l'année en cours, en raison, par exemple, de l'importance des investissements qu'il envisage de réaliser.

En revanche, ce dispositif de suspension des versements ne permet pas à l'exploitant de choisir la date à laquelle il effectuera ses versements. Si un agriculteur juge que l'impôt dû atteindra les trois cinquièmes de celui versé l'année précédente, il doit verser les trois premiers acomptes. Il ne peut s'abstenir de verser les deux premiers acomptes puis reprendre ensuite ses versements (BOI-TVA-SECT-80-30-60-20 n° 80).

Il est souligné que, conformément au principe énoncé n° 2810, les exploitants agricoles qui estiment pouvoir interrompre le versement de leurs derniers acomptes doivent continuer à souscrire les **bulletins d'échéance** trimestriels n° 3525 bis. Ils portent, sur ces derniers, le chiffre 0 aux lignes « Montant de l'acompte » et « Total à payer » (BOI-TVA-SECT-80-30-60-20 n° 90).

Les exploitants agricoles sont **dispensés du versement d'acomptes** (et de la souscription des bulletins d'échéance) lorsque la taxe due au titre de l'année civile précédente, avant déduction de la TVA relative aux biens constituant des immobilisations, est inférieure à 1 000 €. Ces redevables acquittent ainsi la taxe en une seule fois lors de la souscription de la déclaration annuelle.

EXEMPLE

La déclaration annuelle de régularisation relative à l'année 2023 de l'exploitant fait apparaître un montant net de 10 000 €. Le montant de chacun des acomptes à verser le 5 mai, le 5 août et le 5 novembre 2024 ainsi que le 5 février 2025 doit au moins être égal à 2 000 €.

L'agriculteur estime que les deux premiers acomptes versés (4 000 €) couvrent le montant de la taxe dont il sera redevable pour 2024. Il peut se dispenser de verser les acomptes suivants.

Le complément d'impôt éventuellement exigible sera joint à la déclaration annuelle de régularisation souscrite au plus tard le 3 mai 2025 ; il s'accompagnera, le cas échéant, du paiement d'un intérêt de retard (voir n° 2960).

DÉCLARATION DE RÉGULARISATION PAR ANNÉE CIVILE

2830 Les exploitants agricoles relevant du RSA sont dispensés de l'obligation de souscription d'une déclaration mensuelle prévue à l'article 287, 1 du CGI. Seule une déclaration annuelle indiquant le montant des opérations réalisées, le détail des opérations taxables et les éléments de liquidation de la TVA est exigée. L'article D 161-27 du CIBS, qui entre en vigueur le 1er janvier 2025, prévoit que, par principe, la période déclarative pour les redevables relevant du régime agricole de déclaration est l'année civile.

La déclaration doit être souscrite, par voie électronique sur un **formulaire** n° 3517 bis (CA12), **au plus tard** le deuxième jour ouvré suivant le 1er mai de l'année suivant celle à laquelle elle se rapporte.

Date de dépôt de la dernière déclaration de régularisation : voir n° 2720.

La déclaration annuelle est destinée à calculer le montant exact des taxes sur le chiffre d'affaires dues au titre de l'année civile précédente et à le comparer aux acomptes trimestriels effectués à titre provisionnel au titre de la même année, afin de procéder à la liquidation de l'impôt (paiement du solde éventuel).

OPTION POUR LA DÉCLARATION DE RÉGULARISATION PAR EXERCICE

2840 **Personnes concernées** Peut opter pour une déclaration selon l'exercice comptable – par hypothèse non calé sur l'année civile – tout redevable (exploitant agricole, coopérative d'utilisation du matériel agricole, coopérative d'insémination artificielle, etc.) soumis, **de plein droit ou sur option**, **au RSA** et n'ayant **pas opté pour** le dépôt de **déclarations trimestrielles ou mensuelles**. La déclaration annuelle de régularisation correspondant à l'exercice comptable doit être **souscrite** par voie électronique sur un formulaire n° 3517 bis (CA12E) **avant le** cinquième jour du cinquième mois qui suit la clôture de celui-ci.

Lorsqu'ils ont opté, les exploitants exerçant **simultanément** une activité de **bailleur** déclarent l'ensemble de leurs recettes selon l'exercice comptable (BOI-TVA-SECT-80-20-20 n° 10).

Forme de l'option L'option doit être formulée par lettre recommandée auprès du service des impôts dont dépend l'exploitation intéressée avant le début du premier exercice pour lequel elle est souscrite. L'option peut également être formulée via le guichet unique électronique lors de la constitution d'une nouvelle exploitation. Elle vaut naturellement option pour le régime simplifié agricole (BOI-TVA-SECT-80-20-20 n° 20). 2842
L'option peut être formulée par un mandataire. Le mandat peut être tacite (BOI-TVA-SECT-80-20-20 n° 30).

EXEMPLE

Un agriculteur, dont l'exercice comptable court du 1er avril au 31 mars, opte pour une déclaration selon l'exercice comptable le 15 mars 2024. Il pourra déclarer sa TVA selon l'exercice comptable dès l'exercice 2024-2025.

Versement des acomptes Sous réserve des dispenses prévues à l'article 1693 bis du CGI, les acomptes doivent être versés au plus tard le 5 des mois de février, mai, août et novembre, accompagnés de la souscription du bulletin d'échéance. Chacun des acomptes est calculé sur la base de la dernière imposition annuelle connue, y compris ceux durant les périodes intercalaires. 2843

Périodes intercalaires L'option pour une déclaration selon l'exercice comptable entraîne normalement l'existence de **périodes d'imposition** d'une durée **inférieure à un an**. Les impositions dues au titre de cette période doivent être acquittées au plus tard le cinquième jour du cinquième mois suivant cette dernière. 2845
Les **acomptes** doivent être **rattachés à la période intercalaire ou à l'exercice** suivant selon les modalités précisées dans le tableau ci-après (BOI-TVA-SECT-80-30-60-20 n° 40).

Mois d'ouverture de l'exercice	Acomptes de la période intercalaire	Acomptes de l'exercice
Janvier, février, mars	–	Mai, août, novembre, février
Avril, mai, juin	Mai	Août, novembre, février, mai
Juillet, août, septembre	Mai, août	Novembre, février, mai, août
Octobre, novembre, décembre	Mai, août, novembre	Février, mai, août, novembre

EXEMPLE

Un agriculteur, dont l'exercice comptable court du 1er mai au 30 avril, opte pour une déclaration selon l'exercice comptable le 15 mars N. Le 5 mai N au plus tard, il solde sa situation au titre de l'année N − 1 par la souscription d'une déclaration CA12 et verse un acompte. Avant le 5 septembre N, il solde sa situation au titre de la période 1er janvier N – 30 avril N par la souscription d'une déclaration CA12, sous déduction de l'acompte versé le 5 mai N. Il doit en outre verser des acomptes le 5 août N, le 5 novembre N, le 5 février N + 1 et le 5 mai N + 1 qui seront pris en compte lorsqu'il soldera sa situation avant le 5 septembre N + 1 par la souscription d'une déclaration CA12 E au titre de l'exercice allant du 1er mai N au 30 avril N + 1.

Déductions Certaines règles de déduction ont été adaptées pour tenir compte de la situation des exploitants qui ont exercé l'option pour le dépôt de la déclaration annuelle en fonction de l'exercice : le **coefficient de taxation forfaitaire** qui est appliqué, le cas échéant, par ces exploitants (voir nos 1925 s.) doit être calculé par période annuelle d'imposition (et non par année civile), étant précisé qu'il y a lieu pour ce calcul de se référer à la période annuelle d'imposition précédente lorsque la période d'imposition est inférieure à un an ; la faculté d'appliquer, pour l'ensemble des biens et services utilisés concurremment à des opérations imposables et à des opérations non imposables, un coefficient d'assujettissement unique et la possibilité d'appliquer, pour l'ensemble des biens et services, un coefficient de taxation unique s'exercent par période d'imposition ; les **régularisations** visées nos 1900 (calcul des coefficients définitifs) et 2050 (régularisations annuelles) doivent être effectuées avant le cinquième jour du cinquième mois suivant la clôture de l'exercice. 2850
Les **remboursements** de crédits de taxe peuvent être obtenus à la fin de la période intercalaire.

2855 **Modification de la date de clôture** Conformément à l'article 73 du CGI, l'exploitant agricole peut, dans certaines circonstances, modifier la date de clôture de son exercice. Si l'**exercice de transition** a une **durée supérieure à 12 mois**, il sera considéré, pour les besoins de la TVA, comme un exercice de 12 mois suivi d'un exercice d'une durée inférieure à 12 mois. Dans tous les cas, l'exercice ou la période résiduelle d'une **durée inférieure à 12 mois** sont traités comme une période intercalaire (BOI-TVA-SECT-80-20-20 n° 40) ; voir n° 2845.

2860 **Durée de l'option et renonciation** L'option pour une déclaration selon l'exercice comptable est valable **cinq ans** et **renouvelable tacitement**.
Toutefois, si l'**exploitant a opté pour le régime simplifié agricole**, la **durée** des deux options est **ajustée** : celle de l'option pour le régime simplifié agricole est prolongée jusqu'à la fin de l'exercice en cours ; inversement, l'échéance de l'option pour une déclaration selon l'exercice comptable est écourtée au terme de l'option pour le régime simplifié agricole lorsque l'échéance de celle-ci est plus précoce. Le fait pour un exploitant de ne pouvoir renoncer, dans certaines circonstances, à son option pour le régime simplifié est sans incidence sur sa faculté à renoncer à l'option pour une déclaration selon l'exercice (BOI-TVA-SECT-80-20-20 n°s 50 s.).

2862 La **renonciation à l'option** est faite par lettre recommandée deux mois au moins avant son expiration. La période d'imposition d'une durée inférieure à un an résultant de la renonciation est traitée comme une période intercalaire (voir n° 2845). L'exploitant qui souhaite opter pour la souscription de déclarations trimestrielles ou mensuelles CA3 doit, au préalable, renoncer à son option pour une imposition annuelle selon l'exercice comptable (BOI-TVA-SECT-80-30-60-20 n° 150).

EXEMPLES

1. Un agriculteur, dont l'exercice court du 1er mai au 30 avril, est soumis de plein droit au régime simplifié agricole. Le 15 avril N, il opte pour une déclaration selon l'exercice comptable. L'option est irrévocable jusqu'au 30 avril N + 5. Sauf dénonciation avant le 28 février N + 5, l'option est reconduite jusqu'au 30 avril N + 10.
2. Un agriculteur, dont l'exercice court du 1er mai au 30 avril, est soumis de plein droit au régime simplifié agricole. Le 15 avril N, il opte pour une déclaration selon l'exercice comptable. En N + 2, il change sa date de clôture et la fixe au 31 mai. Comme le 30 avril N + 5 ne correspond plus à la fin d'un exercice comptable, l'option est prolongée : elle est irrévocable jusqu'au 31 mai N + 5. Sauf dénonciation avant le 31 mars N + 5, elle est reconduite jusqu'au 31 mai N + 10.
3. Un agriculteur, dont l'exercice court du 1er mai au 30 avril, est soumis sur option au régime simplifié agricole à compter du 1er janvier N. Il opte pour une déclaration selon l'exercice comptable le 15 avril N + 1. Son option pour le régime simplifié agricole et son option pour une déclaration selon l'exercice comptable sont irrévocables jusqu'au 30 avril N + 3. Elles sont prorogeables jusqu'au 30 avril N + 8. Au 1er mai N + 9, il peut, s'il en remplit les conditions, revenir au régime forfaitaire agricole.

2865 **Cessation d'activité** Voir n° 2720.

2. RÉGIME OPTIONNEL : PAIEMENT AU VU DE DÉCLARATIONS TRIMESTRIELLES OU MENSUELLES

2880 Sur option, l'agriculteur peut souscrire des déclarations trimestrielles ou mensuelles identiques à celles prévues pour le régime de droit commun de la TVA, dit de l'effectif, et payer la taxe au vu de ces déclarations.
Ces déclarations, souscrites sur des formulaires **CA3** habituels, indiquent, pour le mois ou le trimestre, le montant total des opérations réalisées et le détail des opérations taxables (et notamment les acquisitions intracommunautaires) ainsi que le montant des droits à déduction.
La souscription de la déclaration CA3 **dispense** de la souscription du **bulletin** d'échéance n° **3525 bis** et de la souscription de la **déclaration** de régularisation.
La **souscription** des déclarations trimestrielles CA3 et le **paiement** des taxes correspondantes doivent être effectués par voie électronique **au plus tard le** 5 des mois de mai, août, novembre et février. Les déclarations CA3 mensuelles doivent être souscrites aux dates prévues par l'échéancier applicable pour le régime de TVA de droit commun (voir Mémento fiscal n° 54175).

2885 L'option peut être exercée par tous les exploitants agricoles dès la première année d'imposition. Mais la comptabilité tenue doit être suffisamment précise pour permettre à l'exploitant de déterminer exactement les éléments qui doivent figurer sur les déclarations CA3.
La **demande d'option** pour le paiement au vu de la déclaration trimestrielle ou mensuelle est formulée sur papier libre et adressée par lettre recommandée au service des impôts. Elle prend effet

au 1er janvier de l'année au cours de laquelle elle est exercée si elle est notifiée au plus tard le deuxième jour ouvré suivant le 1er mai (le 1er janvier de l'année suivante dans le cas contraire).
Dans cette hypothèse, l'exploitant doit souscrire le mois qui suit la notification de l'option une déclaration récapitulative comportant l'ensemble des opérations réalisées entre le 1er janvier et la fin du mois au cours duquel l'option a été notifiée.
L'option pour le paiement au vu des déclarations trimestrielles ou mensuelles est **recommandée** aux exploitants agricoles qui, se trouvant dans une situation créditrice et sans attendre la souscription de la déclaration de régularisation, veulent bénéficier de **remboursements** du crédit non imputable.

L'option pour le paiement au vu de déclarations trimestrielles ou mensuelles est faite pour une **durée minimale** de cinq ans. L'exploitant qui veut **renoncer à l'option** doit le faire par lettre recommandée : 2890
– s'il a opté pour les déclarations mensuelles, avant le 31 janvier de l'année du retour au régime de la déclaration annuelle ;
– s'il a opté pour les déclarations trimestrielles, au plus tard le 5 février de l'année du retour au régime de la déclaration annuelle.
À défaut de renonciation dans ces délais, l'option est tacitement reconduite pour cinq ans.

3. MODALITÉS DE PAIEMENT

Tous les exploitants ont l'**obligation** de payer la TVA par **télérèglement**. Le non-respect de cette obligation est sanctionné par une majoration de 0,2 % des sommes dont le versement a été effectué selon un autre moyen de paiement. 2920

4. SANCTIONS EN CAS D'INOBSERVATION DES FORMALITÉS

Les sanctions prévues dans le régime général sont applicables aux exploitants imposés à la TVA, selon le RSA. 2960
C'est ainsi que tout **paiement tardif** est en principe sanctionné de la façon indiquée n° 33865.
L'application de cette sanction est cependant exclue expressément par l'article 1785 du CGI pour les **nouveaux « assujettis »** (première année d'imposition) lorsqu'un ou plusieurs acomptes sont inférieurs de 30 % au moins au montant de l'impôt réellement dû pour le trimestre correspondant.
En revanche, les **autres redevables** acquittant l'impôt par acomptes trimestriels sont sanctionnés lorsque chaque acompte est inférieur au cinquième de l'impôt de l'année précédente et en cas de suspension de paiement des acomptes lorsque le montant de l'impôt est supérieur de plus de 30 % au montant des acomptes versés (CGI art. 1693 bis, I).
Les **insuffisances de déclaration** sont sanctionnées de façon différente selon qu'elles ont été commises de bonne ou de mauvaise foi (« manquement délibéré » ou non) ; voir nos 33845 s.
Enfin, le défaut de production ou la production tardive de **déclarations spéciales ne donnant pas lieu à paiement** d'impôt est sanctionné dans les conditions exposées n° 33885.
Pour plus de détails sur le contrôle et le contentieux, voir nos 33200 s.

C. Obligations comptables et facturation

1. TENUE D'UNE COMPTABILITÉ

Les redevables placés sous le RSA doivent, sous peine d'amendes, tenir une comptabilité leur permettant de fournir les renseignements qui doivent figurer sur leurs déclarations et de justifier les opérations qu'ils réalisent (BOI-TVA-SECT-80-30-50-10 nos 70 s.). 3100
Conformément, notamment, aux exigences de l'article 37 de l'annexe IV au CGI, cette comptabilité doit comporter la **tenue d'un livre des ventes et** celle d'un **livre des achats**.
Le livre des ventes doit, notamment, prévoir la ventilation des encaissements entre opérations exonérées, livraisons intracommunautaires, exportations et opérations imposables et la répartition par taux des taxes afférentes aux ventes taxables. Le livre des achats est un simple registre de dépouillement des pièces justificatives des achats, où le montant des acquisitions et des taxes y afférentes est ventilé entre les immobilisations et les autres achats.
Tous les achats doivent être inscrits, même ceux n'ouvrant pas droit à déduction.
Si les exploitants agricoles ne sont imposables que pour une partie de leurs activités agricoles, leur comptabilité englobe les ventes et les achats qui se rapportent aux activités imposables.

Les redevables qui effectuent des opérations ne donnant pas lieu à facturation et qui enregistrent ces opérations au moyen d'un logiciel ou d'un système de caisse ont l'obligation d'utiliser un **logiciel** ou un **système de caisse sécurisé** satisfaisant à des conditions d'inaltérabilité, de sécurisation, de conservation et d'archivage des données en vue du contrôle de l'administration, attestées par un certificat délivré par un organisme accrédité ou par une attestation individuelle délivrée par l'éditeur (CGI art. 286, I-3° bis).

> **Précisions a.** En cas d'application du régime des **secteurs distincts**, chaque secteur fait l'objet d'une comptabilité séparée.
b. Les exploitants agricoles sont autorisés à utiliser des documents comptables conçus en vue d'une **utilisation commune à l'impôt sur le revenu et à la TVA**. À cet effet, les recettes sont comptabilisées à la date de leur encaissement et les dépenses à celle de leur paiement. En ce qui concerne les recettes, ce mode de comptabilisation correspond aux règles d'exigibilité en vigueur en matière de TVA. En revanche, il a pour effet de retarder la prise en charge de la taxe déductible au titre des achats des biens livrés, mais dont le prix n'est pas encore totalement ou partiellement réglé. Pour permettre en temps utile l'inscription en comptabilité de la taxe déductible au titre de ces achats, il est admis que cette inscription soit effectuée en fin d'année et que le paiement donne lieu à une nouvelle écriture lors de son intervention (BOI-TVA-SECT-80-30-50-10 n° 90).
c. Pour les **logiciels multifonctions** (comptabilité/gestion/caisse), seules les fonctions caisse enregistreuse/encaissement, et non l'ensemble du logiciel, doivent être certifiées.
d. Les exploitants agricoles et les négociants en bestiaux qui effectuent des **exportations** sont soumis à l'ensemble des dispositions concernant celles-ci (mentions particulières dans les livres comptables).
e. Les **communes forestières** imposables en vertu de l'article 298 bis, II-5° du CGI (recettes dépassant 46 000 €) doivent tenir une comptabilité distincte pour leur activité agricole (BOI-TVA-SECT-80-10-20-20 n° 410).
f. La comptabilité, ou le livre spécial, ainsi que les pièces justificatives des opérations effectuées par les redevables (factures d'achats et factures de ventes notamment) doivent être **conservées pendant un délai de six ans** à compter de la date de la dernière opération mentionnée sur les livres ou de la date à laquelle les pièces ont été établies (LPF art. L 102 B).

2. FACTURATION

PRINCIPES

3120 Les agriculteurs imposables selon le RSA doivent en principe se conformer aux **règles générales** concernant la facturation, en particulier à l'obligation de délivrance de factures comportant la TVA, en cas d'opérations faites avec des redevables de la TVA (CGI art. 289). Par ailleurs, ils doivent se conformer à l'obligation économique de facturation incombant à tout professionnel.
Lorsqu'ils **établissent eux-mêmes** les **factures**, les mentions qu'ils doivent y porter sont celles fixées par les articles 289 du CGI et 242 nonies A de son annexe II.
Toute **omission ou inexactitude** constatée dans les factures ou documents en tenant lieu exigés en matière de TVA donne lieu à l'application d'une amende de 15 € par omission ou inexactitude. Toutefois, l'amende due au titre de chaque facture ou document ne peut excéder le quart du montant qui y est ou aurait dû être mentionné (CGI art. 1737).

3125 Toutes les personnes qui facturent la TVA sont constituées redevables de la taxe du seul fait de sa facturation (CGI art. 283, 3).
Cette disposition vise essentiellement les erreurs de liquidation de la taxe dues à l'application d'un **taux erroné**.
La taxe ainsi facturée qui est acquittée à tort par un non-redevable de la TVA ou par un redevable qui a appliqué le taux prescrit par les services de l'administration alors qu'il pouvait bénéficier d'un taux moins élevé ne peut, en principe, donner lieu à **restitution**. Les droits à déduction des clients des fournisseurs qui ont ainsi facturé irrégulièrement la TVA peuvent être remis en cause (voir n° 2300). Cependant, l'administration admet que lorsque les parties sont de **bonne foi**, les factures irrégulières peuvent être régularisées par des factures rectificatives (dans cette hypothèse le fournisseur peut opérer l'imputation ou obtenir la restitution de la taxe dans les conditions fixées par l'article 272 du CGI).
Par ailleurs, lorsque la facture ou le document en tenant lieu ne **correspond pas** à la **livraison** d'une marchandise ou à l'exécution d'une **prestation** de services, ou fait état d'un prix qui ne doit pas être acquitté effectivement par l'acheteur, la taxe est due par la personne qui l'a facturée mais ne peut faire l'objet d'aucune déduction par celui qui a reçu la facture (CGI art. 283, 4). Cette disposition (CGI art. 272, 2) vise spécialement les factures correspondant à des opérations **fictives**.

> **Précisions** La **jurisprudence** de la **CJUE** est moins restrictive que la doctrine administrative analysée ci-dessus. La CJUE a en effet jugé, à propos de facturations d'opérations fictives (mais la solution vaut aussi en cas de facturation erronée, quel que soit d'ailleurs le cas de facturation à tort), que lorsque l'émetteur de la facture a, en temps utile, éliminé complètement le risque de perte de recettes fiscales (en empêchant le destinataire de déduire la taxe ou en permettant à l'administration d'annuler la déduction), le principe de neutralité de la TVA exige qu'il puisse récupérer la taxe indûment facturée, sans condition de bonne foi et selon une procédure nationale ne conférant pas à l'administration un pouvoir discrétionnaire (CJUE 19-9-2000 aff. 454/98 : RJF 1/01 n° 125). La récupération de la taxe par le fournisseur ne peut pas alors être subordonnée à la rectification de la facture erronée (CJUE 11-4-2013 aff. 138/12 : RJF 8-9/13 n° 894). En revanche, lorsqu'un tel risque de perte de recettes fiscales n'a pas été complètement éliminé, la récupération peut être subordonnée à une condition de bonne foi (CJUE 13-12-1989 aff. 342/87 : RJF 2/90 n° 237).
> Le **Conseil d'État** a appliqué cette jurisprudence communautaire en jugeant que la TVA indûment facturée au titre d'une opération fictive est susceptible d'être régularisée par l'émetteur de la facture, sans condition de bonne foi si celui-ci a éliminé les risques de perte de recettes fiscales (CE 14-4-2008 n° 297059 : RJF 7/08 n° 801 ; 15-2-2016 n° 375667 : RJF 5/16 n° 450).

FORME DE LA FACTURE

Les factures sont transmises sous **forme papier** ou, sous réserve de l'acceptation du destinataire, sous **forme électronique**, quelle qu'elle soit. Toutefois, l'authenticité de l'origine, l'intégrité du contenu et la lisibilité de la facture doivent être assurées à compter de son émission et jusqu'à la fin de sa période de conservation. 3130

> **Précisions a.** **L'acceptation du destinataire** des factures électroniques est matérialisée soit dans le contrat liant les parties, soit par le traitement ou le paiement de la facture reçue ou, à défaut, par l'octroi d'un délai raisonnable au destinataire pour réclamer une facture papier, soit encore par la conclusion d'un contrat d'interchange entre entreprises qui ont recours à la dématérialisation des factures ou un contrat de services avec un prestataire de facturation par voie électronique (BOI-TVA-DECLA-30-20-30-10 n° 190).
> **b.** Selon l'administration, une facture créée sous forme électronique qui est envoyée et reçue sous format papier ne constitue pas une facture électronique. De même, une **facture initialement conçue sur support papier puis numérisée**, envoyée et reçue par courrier électronique ne constitue pas une facture électronique mais une facture papier (BOI précité n° 80).
> **c.** Une **obligation** de recourir à la **facturation électronique entre assujettis** (« e-invoicing ») ainsi qu'une obligation de transmettre à l'administration de manière dématérialisée des informations qui ne sont pas issues des factures électroniques (« e-reporting ») seront progressivement mises en place entre le 1er septembre 2026 et le 1er septembre 2027, selon un calendrier dépendant notamment de la taille de l'entreprise (Loi 2022-1157 du 16-8-2022 art. 26 modifié par loi 2023-1322 du 29-12-2023 art. 91). Pour s'acquitter de ces obligations, les entreprises devront recourir soit au portail public de facturation, soit à une plateforme de dématérialisation privée.

ÉMETTEUR DE LA FACTURE

Les exploitants agricoles peuvent ne **pas établir eux-mêmes** les **factures**. 3140

Comme les autres redevables de la TVA, ils ont en effet la possibilité de confier l'établissement matériel de leurs factures à un tiers ou à leur client.

Au surplus, les exploitants agricoles bénéficient des deux assouplissements résumés ci-après.

1. Les **clients** des exploitants agricoles peuvent établir des **décomptes de livraison** ou de règlement (ou toutes autres pièces analogues, émises notamment par des coopératives agricoles) valant factures, dès lors qu'ils sont **certifiés par** la signature des **exploitants** agricoles (BOI-TVA-SECT-80-30-50-10 n° 140).

2. Les **clients** (coopératives agricoles, par exemple) des exploitants agricoles peuvent **rédiger matériellement les factures** que ces derniers doivent établir (BOI-TVA-SECT-80-30-50-10 n° 150).

Cette seconde formule est subordonnée à la détention par les clients d'une attestation de l'exploitant agricole certifiant qu'il est redevable de la TVA. En outre, l'exploitant qui a opté doit fournir la copie de sa déclaration d'option. Cette dernière formalité peut être remplacée par la mention sur l'attestation de son numéro d'identification.

> **Précisions** Quand un **métayer, seul redevable** de la TVA, commercialise sa part de production et tout ou partie de celle du propriétaire et que le **partage** est fait en fonction des **recettes**, l'administration indique qu'il doit établir des factures mentionnant distinctement la part taxable et la part non taxable du prix (BOI-TVA-SECT-80-30-50-10 n° 210).

D. Obligations particulières

3200 Les exploitants agricoles redevables de la TVA au titre d'opérations portant sur les **animaux vivants de boucherie et de charcuterie**, ainsi que les **négociants** en bestiaux, doivent (CGI ann. II art. 267 quater) respecter les trois séries d'obligations fiscales suivantes tenant :
– au marquage ou à l'identification des animaux ;
– à la tenue d'une comptabilité matières ;
– à la facturation des opérations réalisées.

Ces obligations concernent les personnes redevables de la TVA qui effectuent des opérations d'achat, d'importation, d'acquisition intracommunautaire, de vente, de commission ou de courtage portant sur ces animaux. Les personnes qui effectuent des **achats commerciaux** portant sur ces animaux en vue d'en vendre la viande après abattage (n° 560) sont tenues seulement à la tenue d'une comptabilité matières (BOI-TVA-SECT-80-30-50-20 n° 1). Le **métayer** ayant opté doit remplir les obligations ci-dessus pour la **totalité du cheptel** de la métairie.

Outre ces obligations fiscales, les personnes concernées sont tenues d'utiliser, pour le transport des animaux de boucherie et de charcuterie, les **documents d'accompagnement** prévus par la réglementation sanitaire.

Les **infractions** à ces obligations particulières sont constatées, poursuivies et sanctionnées comme en matière de contributions indirectes (CGI art. 1754, III-1°) ; elles relèvent en principe de la compétence de la Direction générale des douanes et des droits indirects (DGDDI), mais les agents des impôts sont également compétents, conjointement avec les agents de la DGDDI.

CHAPITRE 3

REMBOURSEMENT FORFAITAIRE

SOMMAIRE

Les exploitants agricoles qui ne sont **pas redevables de la TVA selon le RSA** bénéficient du remboursement forfaitaire. Ce remboursement a pour objet de compenser forfaitairement la charge de la TVA qui a grevé les achats de ces exploitants ainsi que les services qui leur ont été rendus. Il est liquidé annuellement sur les ventes ou livraisons faites par ces agriculteurs à certaines catégories de personnes ou à l'exportation (au sens large). Il est versé directement par l'État. **3600**

A. Champ d'application

Le remboursement forfaitaire est accordé à l'exploitant pour les ventes et livraisons au titre desquelles il n'est pas imposable à la TVA, lorsque celles-ci portent sur des produits provenant de sa propre exploitation et sont faites, directement ou par l'intermédiaire de commissionnaires, soit à l'exportation, soit à certaines personnes de l'Union européenne, soit à des entreprises redevables de la TVA au titre de ces mêmes produits (CGI art. 298 quater et 298 quinquies). **3605**

BÉNÉFICIAIRES

Pour percevoir le remboursement forfaitaire, il suffit d'être agriculteur et de ne pas être redevable de la TVA. **3610**

Les opérations ouvrant droit au remboursement doivent être réalisées par des **agriculteurs**. Il en résulte notamment que : **3615**
– les **bailleurs de baux ruraux** percevant des fermages en nature n'ont pas droit au remboursement forfaitaire s'ils vendent ces produits (BOI-TVA-SECT-80-60-10-10 n°s 10 et 30) ;
– les **bailleurs de métairies** peuvent prétendre au remboursement forfaitaire pour les ventes de produits leur appartenant s'ils ne sont pas imposables à la TVA (BOI-TVA-SECT-80-20-10 n° 50), le métayer pouvant par ailleurs être redevable (conséquences pour ses déductions : voir n°s 2120 s.).
Les **Gaec** non soumis à la TVA peuvent bénéficier du régime du remboursement forfaitaire.

Les agriculteurs ne doivent **pas** être **redevables de la TVA au titre des opérations ouvrant droit au remboursement forfaitaire**. C'est ainsi que si un agriculteur n'est que partiellement imposable, les ventes et livraisons de produits liées au secteur non imposable peuvent ouvrir droit au remboursement forfaitaire. **3620**

> **Précisions** Pour les **acquisitions de biens en provenance d'autres États membres de l'UE**, les exploitants agricoles placés sous le régime du remboursement forfaitaire bénéficient d'un **régime dérogatoire** qui leur permet, sauf option contraire, de ne pas soumettre ces opérations à la TVA lorsque le montant de leurs acquisitions intracommunautaires n'a pas excédé au cours de l'année précédente, ou n'excède pas, pendant l'année civile en cours au moment de l'acquisition, le seuil de 10 000 € hors TVA (CGI art. 256 bis, I-2°) : ces opérations sont traitées par le fournisseur comme des ventes à distance soumises à la TVA dans l'État membre de départ des biens lorsque le fournisseur réalise annuellement un chiffre d'affaires relatif aux ventes à distance inférieur à 10 000 €, ou à la TVA dans l'État membre d'arrivée des biens dans le cas contraire. Ce régime dérogatoire

ne s'applique pas aux opérations portant sur des moyens de transport neufs et sur des produits soumis à accises (alcools, boissons alcooliques, huiles minérales, tabacs manufacturés) ; les véhicules visés par le Code de la route qui ne servent pas normalement sur route au transport de marchandises ou de personnes (tracteurs agricoles, machines agricoles automotrices, matériels forestiers et matériels de travaux publics spécialement conçus pour les travaux publics) ainsi que les véhicules et appareils remorqués de toute nature ne sont pas considérés comme des moyens de transport au sens des règles relatives à la TVA, et peuvent par conséquent bénéficier du régime dérogatoire.

Dès lors qu'un agriculteur placé sous le régime du remboursement forfaitaire a dépassé, l'année civile précédente, ou dépasse, l'année civile en cours, le seuil d'acquisitions intracommunautaires de 10 000 €, il réalise, dès l'acquisition ayant pour effet le **dépassement du seuil**, des acquisitions intracommunautaires qui doivent donner lieu à une autoliquidation de la TVA française (sur les modalités de déclaration des acquisitions intracommunautaires taxables : n° 4070).

Dans les deux cas, TVA française ou étrangère facturée par le fournisseur étranger dans le cadre d'une vente à distance ou TVA française autoliquidée dans le cadre d'une acquisition intracommunautaire, la taxe n'est pas récupérable par l'agriculteur placé sous le régime du remboursement forfaitaire.

OPÉRATIONS OUVRANT DROIT AU REMBOURSEMENT FORFAITAIRE

3630 Donnent droit au remboursement forfaitaire certaines **ventes ou livraisons** faites à des tiers par des agriculteurs non redevables de la TVA et portant sur des **produits** (produits agricoles, animaux vivants de boucherie ou de charcuterie, huîtres) provenant de leur **propre exploitation**. Les ventes ou livraisons peuvent être faites soit **directement**, soit par l'intermédiaire d'un **commissionnaire**.

3635 Seules les ventes ou livraisons de produits provenant de l'exploitation à des tiers donnent droit au remboursement. Il en résulte, a contrario, que n'ouvrent pas droit au remboursement forfaitaire (BOI-TVA-SECT-80-60-10-10 n° 30) :
– les **services**, par exemple les travaux agricoles, les locations ;
– les **façons**, par exemple l'**élevage** d'animaux pour le compte de tiers ;
– les **livraisons à soi-même** de produits, pour sa propre consommation ou pour les besoins de son exploitation ou d'une autre activité non agricole ;
– les **livraisons** de produits pour paiement de **fermages en nature**.

3640 **Produits agricoles** Les opérations portant sur des produits agricoles – **autres que** les **animaux de boucherie et de charcuterie** et les **huîtres** – qui ouvrent droit à remboursement forfaitaire en application de l'article 298 quater, I du CGI sont les suivantes.

1. Ventes ou livraisons de produits agricoles faites, **en France**, **à des entreprises redevables de la TVA** au titre de ces mêmes produits (commerçants, industriels, exploitants au RSA, etc.), ce qui exclut les ventes réalisées au profit de particuliers ou d'autres agriculteurs eux-mêmes soumis au remboursement forfaitaire agricole.

2. Ventes ou livraisons de produits agricoles **à destination d'États membres** de l'Union européenne faites :
– **à des assujettis redevables de la TVA** dans l'État membre d'arrivée des produits, ou bien à des personnes morales non assujetties ou des assujettis qui ne réalisent que des opérations n'ouvrant pas droit à déduction, mais qui effectuent des acquisitions intracommunautaires taxables, de plein droit ou sur option, dans l'État membre d'arrivée des produits (cette situation vise en pratique les livraisons intracommunautaires consenties à un acquéreur qui a fourni au vendeur un numéro TVA autre que FR, valide dans un autre État membre de l'UE) ;
– à un **autre exploitant agricole** qui bénéficie dans l'**État membre d'arrivée** du **régime forfaitaire** des producteurs agricoles.

Le remboursement forfaitaire est accordé pour l'ensemble de ces livraisons, à l'exception des ventes à distance soumises, de plein droit ou sur option, à la TVA dans l'État membre d'arrivée des biens (BOI-TVA-SECT-80-60-10-10 n° 60).

3. Exportations de produits agricoles à destination des pays et territoires tiers à l'Union européenne.

3645 **Animaux de boucherie ou de charcuterie** Sont concernés les animaux suivants (CGI ann. III art. 65 A) : équidés (chevaux et juments, mulets, mules et bardots, ânes et ânesses, baudets, étalons) ; bovidés (bœufs et taureaux, vaches, veaux, bouvillons, taurillons et génisses) ; ovidés (béliers et moutons, brebis et agneaux gris, agneaux de lait) ; suidés (porcs mâles et femelles, cochons de lait) ; caprins (boucs et chèvres ainsi que chevreaux dont le poids après abattage est supérieur à 7 kg de viande nets).

Ouvrent droit au remboursement forfaitaire les ventes (auxquelles est assimilée la remise à un aide familial d'un cheptel en paiement de salaire différé : BOI-TVA-SECT-80-30-20-10 n° 190) et livraisons d'animaux vivants de boucherie et de charcuterie suivantes (CGI art. 298 quinquies, I).

1. Livraisons en France : à un assujetti redevable de la taxe lors de la vente des mêmes animaux (éleveur ou négociant en bestiaux, notamment) ; en vue de l'abattage, à un chevillard ou à un boucher ; à un exploitant lui-même au remboursement forfaitaire.

Dans ce dernier cas, l'agriculteur vendeur est dit « naisseur », l'agriculteur acheteur est dit « éleveur ».

Pour que le naisseur ait droit au remboursement forfaitaire au titre de ses ventes à l'éleveur, il faut que ce dernier vende des animaux de boucherie ou de charcuterie à un redevable ou, comme il résulte des développements ci-après, à l'exportation ou à destination d'un État membre de l'Union européenne (livraisons intracommunautaires) et ait lui-même droit au remboursement forfaitaire au titre de ces ventes. Il n'est pas exigé que la vente porte sur les animaux achetés, ni même sur des animaux de la même espèce (BOI-TVA-SECT-80-60-20 n° 50).

Le droit du naisseur découlant et s'imputant sur le droit de l'éleveur ne peut dépasser celui-ci en quotité (n° 3760, b).

2. Livraisons dans un autre État membre de l'Union européenne : à un assujetti redevable ; à un exploitant agricole soumis au régime forfaitaire des producteurs agricoles ; à une personne morale non assujettie lorsque celle-ci réalise des acquisitions intracommunautaires imposables dans l'État membre de l'Union européenne où arrive le bien expédié ou transporté.

Il en va de même des livraisons à une personne assujettie dans un autre État membre de l'Union européenne qui ne réalise que des opérations n'ouvrant pas droit à déduction lorsqu'elle effectue des acquisitions intracommunautaires taxables.

3. Exportation à destination des pays et territoires tiers à l'Union européenne.

Certaines opérations n'ouvrent pas droit au remboursement forfaitaire (BOI-TVA-SECT-80-60-20 **3650**
n° 100). C'est le cas pour les ventes ou **livraisons d'animaux importés**, quel que soit l'âge auquel les animaux ont été importés et même si les animaux ont été élevés en France pendant une certaine période.

De même, n'ouvrent pas droit au remboursement forfaitaire les ventes et **livraisons à des particuliers, à des éleveurs non redevables** de la TVA qui destinent les animaux à une revente à un troisième éleveur non soumis à la taxe, à des **prestataires de services** tels que les exploitants de manège de chevaux de selle, etc.

Enfin, n'ouvrent pas droit au remboursement forfaitaire les ventes et des livraisons d'animaux vivants faites par des **personnes qui n'ont pas la qualité d'exploitant agricole**.

Les **commissionnaires** sont assimilés à des acheteurs-revendeurs de biens ou de services **3655**
(BOI-TVA-SECT-80-60-20 n° 90).

Huîtres Les ventes d'huîtres de naisseurs à éleveurs ouvrent droit au remboursement forfai- **3660**
taire dans les mêmes conditions que les ventes d'animaux vivants de boucherie et de charcuterie faites de naisseurs à éleveurs (n° 3645) (BOI-TVA-SECT-80-60-30 n°s 1 s.).

B. Assiette

Le remboursement forfaitaire est liquidé, en principe, sur le **montant net des encaissements** cor- **3700**
respondant aux ventes ou aux livraisons qui ouvrent droit à ce remboursement (CGI ann. II art. 263).

Par « montant net des encaissements », il faut entendre la somme perçue par l'agriculteur, déduction faite des **commissions** et **taxes à la charge du producteur** agricole se rapportant à la transaction ou aux produits vendus. La perception des taxes spécifiques est généralement assurée par l'intermédiaire de l'acheteur. Dans ce cas, le prix sur lequel est calculé le remboursement forfaitaire est évidemment le prix net payé par l'acheteur à l'agriculteur.

Les pourcentages forfaitaires ne s'appliquent que sur le **prix** des ventes ouvrant droit au remboursement. Ils ne s'appliquent donc pas aux autres sommes non constitutives d'un prix de vente, telles que les **subventions** (BOI-TVA-SECT-80-60-10-40 n° 20), les **indemnités** versées par les compagnies d'assurances ou par l'État en raison d'un sinistre (BOI précité n° 90) ou les sommes versées par l'État aux éleveurs de **bovins atteints de leucose** (BOI précité n° 120).

VENTES PAR COMMISSIONNAIRE, COOPÉRATIVES OU SICA

3705 En cas de vente par l'intermédiaire d'un commissionnaire, la **commission** versée à celui-ci par l'exploitant agricole doit être déduite du prix du produit vendu. Il en est de même de tous **frais assimilables à une commission** et facturés par les coopératives ou les Sica en cas de vente par leur intermédiaire (BOI-TVA-SECT-80-60-10-20 n° 20).

LIVRAISONS À DES COOPÉRATIVES OU ENTREPRISES PRIVÉES

3720 Lorsque les coopératives agricoles agissent **non** comme **commissionnaires**, mais en tant qu'entreprises de collecte, de production, de transformation, de conservation et de vente de produits agricoles, le remboursement forfaitaire est liquidé sur les **versements** des coopératives aux sociétaires (BOI précité n°s 30 s.).

Les **livraisons** de produits agricoles à des coopératives **en vue de l'élaboration de produits transformés** rétrocédés aux sociétaires ouvrent droit au remboursement forfaitaire lorsque les conditions juridiques exigées pour l'octroi du régime des façons ne sont pas remplies (condition notamment de restitution à l'identique des matières apportées). En effet, dans cette hypothèse, la livraison des produits agricoles à une entreprise ou une coopérative de fabrication en contrepartie de la fourniture d'un produit fabriqué s'analyse comme un **échange** emportant les conséquences d'une double vente. Tel est le cas, par exemple, des opérations d'échange céréales-aliments du bétail.

En revanche, si la coopérative se limite à effectuer un **travail à façon** pour le compte de l'agriculteur, l'administration indique que le remboursement forfaitaire ne peut être obtenu puisqu'il n'y a pas eu cession des produits agricoles au fabricant.

VENTES À L'EXPORTATION

3740 Pour les ventes à l'exportation, la base du remboursement forfaitaire est constituée, en principe, par le prix départ du produit, c'est-à-dire le prix du produit à la sortie de l'exploitation agricole, frais de transport compris (BOI précité n° 70).

> **Précisions** **a.** Les encaissements provenant des exportations ouvrant droit au remboursement forfaitaire sont **justifiés** par les doubles des déclarations d'exportation (n° 4035).
>
> **b.** En ce qui concerne les exportations d'**animaux de boucherie et charcuterie** dont le prix de vente **excède la valeur courante**, voir n° 3760, 1.
>
> **c.** En ce qui concerne les exportations réalisées par l'entremise d'**intermédiaires transparents**, voir n° 4060.

VENTES DE BOISSONS

3750 Pour les ventes de boissons ouvrant droit au remboursement forfaitaire, la base imposable est constituée par la **valeur de vente** de ces boissons, **à l'exclusion** du montant **des taxes**.

VENTES D'ANIMAUX

3760 **1.** Animaux dont le **prix de cession excède la valeur courante**. Lorsqu'il s'agit de ventes d'**animaux de boucherie et de charcuterie** qui ont une valeur supérieure à celle de la viande de boucherie correspondant à leur poids (animaux de race vendus comme reproducteurs, par exemple), le remboursement forfaitaire est calculé sur la base d'un prix déterminé par référence au poids de l'animal.

Ce prix est égal au produit d'un prix de vente au kilogramme de viande (poids vif) – fixé annuellement par arrêté ministériel – par le poids de l'animal (BOI-TVA-SECT-80-60-20 n° 160). En l'absence d'arrêté, ce qui est le cas depuis 1997, le remboursement est calculé sur le montant net des encaissements.

2. Animaux de boucherie et de charcuterie, vendus **par** un **« naisseur »** à un **« éleveur » bénéficiaires du remboursement forfaitaire**. Dans ce cas, le remboursement forfaitaire est liquidé comme suit :

– le **naisseur** perçoit le remboursement forfaitaire sur le montant des encaissements provenant de ses ventes à l'éleveur ;

– l'**éleveur** perçoit le remboursement forfaitaire sur la **différence** entre le montant des encaissements provenant de ses ventes faites à un redevable ou à l'exportation (au sens large) et le montant des paiements faits au naisseur.

> **Précisions** Pour la détermination de cette différence (BOI-TVA-SECT-80-60-20 n° 130) :
– le montant des **encaissements** reçus par l'éleveur comprend ceux de l'**année civile** pour laquelle il demande le bénéfice du remboursement forfaitaire au titre des ventes énumérées ci-dessus ;
– le montant des **paiements** comprend ceux qu'il a effectués **au cours de l'année** et pour lesquels il délivre les attestations correspondantes, ce montant étant majoré **éventuellement** des paiements qu'il a effectués l'**année précédente** pour lesquels il délivre les attestations correspondantes avec une année de retard.
En fait, alors que les attestations délivrées par un acheteur de produits agricoles ne peuvent, en règle générale, concerner que les paiements d'achats faits au cours de l'année au titre de laquelle le remboursement forfaitaire est accordé, l'article 298 quinquies du CGI prévoit expressément que, pour les transactions entre naisseur et éleveur, ce dernier peut délivrer les attestations, non seulement au titre de l'année pour laquelle le remboursement forfaitaire est accordé, mais également au titre de l'année précédente. Cette remise possible des attestations avec une année de retard implique que lesdites attestations n'aient pas déjà été délivrées dans le délai normal, un même paiement ne pouvant faire l'objet de deux attestations successives.
La différence qui sert de base au remboursement forfaitaire attribué à l'éleveur ne peut être négative, l'intéressé ne pouvant délivrer des attestations d'achat à des naisseurs que dans la limite du montant total des attestations qui lui ont été délivrées à lui-même pour les ventes qu'il a faites en France à des redevables de la TVA au titre de la revente des mêmes animaux ou de la revente des viandes, ou dans un autre État membre de l'Union européenne ou à l'exportation.

C. Fait générateur

Le fait générateur du remboursement forfaitaire est l'**encaissement**, par l'agriculteur, du prix afférent à la vente ou à la livraison effectuée. **3800**
Seuls les encaissements perçus pendant la **période** pour laquelle les agriculteurs sont placés sous le régime du remboursement forfaitaire ouvrent, en principe, droit au remboursement. Toutefois, et par exception, si un exploitant agricole renonce à l'option pour le RSA, il ne peut bénéficier du remboursement forfaitaire qu'à raison des encaissements qui se rapportent à des ventes ou à des livraisons opérées après la période couverte par l'option, puisque les encaissements se rapportant à des opérations réalisées pendant la période couverte par l'option doivent être soumis à la taxe si les biens et services qui ont concouru à leur réalisation ont ouvert droit à déduction (BOI-TVA-SECT-80-60-10-30 n°s 1 et 10).
Il y a lieu de tenir compte des opérations réalisées pendant la période d'activité, alors même que les encaissements interviendraient après la **cessation d'activité**.
En l'absence d'encaissement, ouvrent droit cependant au remboursement forfaitaire les ventes dont l'**irrécouvrabilité** est établie dans le cadre de la procédure de redressement ou de liquidation judiciaire. La taxe peut être récupérée :
– lors du jugement arrêtant le plan de redressement et décidant la poursuite de l'activité de l'entreprise défaillante, puisque dans ce cas la quotité des créances demeurées impayées est connue ;
– ou dès la date de jugement prononçant la liquidation judiciaire de l'entreprise défaillante, sans attendre un certificat du syndic attestant le montant de la créance définitivement impayé ni le jugement de clôture (BOI précité n° 30).

D. Taux

Les taux du remboursement forfaitaire diffèrent selon la **nature des produits** agricoles (CGI art. 298 quater I bis). Le mode de commercialisation des produits (ventes par l'intermédiaire de groupements de producteurs ou non) est indifférent. **3900**
Les taux applicables sont les suivants :
– 5,59 % pour le lait, les animaux de basse-cour (lapins compris), les œufs (sont concernés les œufs des animaux de basse-cour, c'est-à-dire des volailles, pigeons domestiques et, par assimilation, pigeons voyageurs), les animaux de boucherie et de charcuterie ainsi que les céréales, les oléagineux et les protéagineux ;
– 4,43 % pour les autres produits.

E. Formalités

4000 Pour que les exploitants agricoles puissent bénéficier du remboursement forfaitaire, un certain nombre de formalités doivent être accomplies, soit par eux-mêmes, soit par leurs clients.
On examinera successivement :
– les formalités mises à la charge, d'une part, des **clients** – imposables à la TVA – des exploitants agricoles (attestation annuelle, délivrance d'un bulletin d'achat ou d'un bon de livraison lors de tout paiement), d'autre part, des **exploitants** agricoles eux-mêmes (déclaration récapitulative annuelle de leurs ventes de l'année précédente) ;
– la procédure spéciale d'établissement de l'attestation annuelle prévue pour le **secteur** de la commercialisation des **fruits et légumes**.

OBLIGATIONS DES ACHETEURS

4005 Les clients des exploitants agricoles doivent **délivrer** à ces derniers (CGI art. 290 bis et ann. II art. 265 et 266) :
– un **bulletin d'achat** ou un bon de livraison lors de tout paiement d'un achat ;
– une **attestation annuelle**.
En ce qui concerne les livraisons intracommunautaires, voir n° 4080.

> **Précisions** Les acheteurs peuvent remplacer, sur les bulletins d'achat ou bons de livraison et sur les attestations annuelles, leur **signature** manuscrite par un cachet informatique comportant les nom et qualité du signataire (BOI-TVA-SECT-80-60-10-50 n° 60).

4010 **Bulletin d'achat ou bon de livraison** Les clients redevables de la TVA doivent délivrer à l'exploitant agricole, lors du versement du prix ou d'un acompte, un bulletin d'achat ou un bon de livraison conforme à un **modèle** administratif (BOI-LETTRE-000085), comportant la date, la nature, la valeur de l'achat correspondant et le mode de règlement. Ce bulletin est commun à l'ensemble des produits agricoles ou d'élevage (y compris les fruits et légumes : voir n°s 4100 s.).

4015 **Attestation annuelle** Les clients redevables de la TVA doivent délivrer à l'agriculteur, au début de chaque année, une attestation récapitulant tous les **paiements** qui lui ont été effectués au cours **de l'année précédente**, pour les achats de produits agricoles ouvrant droit au remboursement forfaitaire.
Un modèle est mis à disposition par l'administration (BOI-LETTRE-000086).
Ces attestations ne doivent viser que les **achats** de produits **pour lesquels** l'entreprise est **imposable** à la TVA au titre de la **revente**.
Si une partie seulement des sommes versées entre dans le champ d'application du remboursement, les attestations ne font apparaître que la partie des versements constituant l'**assiette du remboursement** forfaitaire au profit de l'agriculteur.

CAS PARTICULIERS

4035 **Ventes à l'exportation** En cas de ventes à l'exportation, l'acheteur établi à l'étranger n'est soumis à aucune obligation particulière. Mais il appartient à l'exportateur de justifier de la réalité de l'exportation : les attestations sont donc remplacées par l'exemplaire « exportateur » des **déclarations en douane** visées par le service des douanes (BOI-TVA-SECT-80-60-10-50 n° 70).
Pour ce qui concerne les ventes par l'entremise d'intermédiaires transparents, voir n° 4060.

4040 **Ventes d'animaux vivants de boucherie à un éleveur bénéficiaire du remboursement forfaitaire** Cet éleveur doit délivrer aux naisseurs des attestations annuelles récapitulant tous les achats qu'il a faits auprès de ces derniers ; mais ces attestations ne peuvent comporter un **montant total** supérieur à celui qui figure sur les attestations que l'éleveur a lui-même reçues pour ses ventes à un redevable de la TVA ou sur les déclarations en douane pour les livraisons à l'exportation ou encore sur les doubles des factures pour les livraisons intracommunautaires (BOI-TVA-SECT-80-60-20 n° 180).

> **Précisions** C'est en raison de cette limitation que le **report d'un an** analysé n° 3760, Précisions, a été **admis**. Ainsi, un éleveur qui n'a reçu, au titre de N, des attestations que pour un montant total de 6 000 € au titre de ses ventes à des redevables de la TVA alors que le montant de ses achats auprès des naisseurs au cours de la même année N s'est élevé à 9 000 € ne peut délivrer, au titre de N, des attestations qu'à concurrence de 6 000 €, mais il peut reporter la délivrance des attestations correspondant au complément de 3 000 € sur l'année N + 1.

Transactions entre « naisseurs » et « éleveurs » dans le cadre d'un groupement Les **attestations** annuelles que les naisseurs doivent joindre à leur déclaration annuelle peuvent être **délivrées par** le **groupement** de producteurs, au lieu et place des éleveurs, selon la **procédure** suivante : 4045

1. Les éleveurs adressent au groupement une attestation annuelle récapitulant tous leurs achats de l'année effectués par l'intermédiaire du groupement ;

2. En possession des attestations établies par les éleveurs, le groupement adresse aux naisseurs les attestations correspondant à leurs ventes faites dans l'année par son intermédiaire.

Cette procédure ne dispense pas du respect de toutes les conditions mises à l'octroi du remboursement forfaitaire. Notamment, les éleveurs ne peuvent délivrer d'attestations annuelles que s'ils ont qualité pour le faire. En outre, le groupement de producteurs doit tenir à la disposition du service des impôts toutes justifications utiles permettant le contrôle de la délivrance des attestations.

On notera que cette procédure est strictement limitée au règlement des rapports entre exploitants agricoles naisseurs et éleveurs. Elle ne saurait, en aucun cas, être utilisée par les groupements de producteurs qui interviennent entre des exploitants agricoles bénéficiaires du remboursement forfaitaire et des commerçants ou industriels redevables de la TVA (BOI-TVA-SECT-80-60-20 nos 190 s.).

Ventes d'huîtres Les formalités entre « naisseurs » et « éleveurs » d'huîtres sont les mêmes que celles entre « naisseurs » et « éleveurs » d'animaux de boucherie et de charcuterie. 4050

Ventes par commissionnaires Les commissionnaires sont considérés comme acheteurs-revendeurs de biens ou de services. Soumis aux obligations de l'article 290 bis, 1er et 2e alinéas du CGI, ils doivent à ce titre délivrer chaque année aux exploitants agricoles bénéficiant du remboursement forfaitaire pour lesquels ils s'entremettent des **attestations** indiquant le montant de leurs achats payés l'année précédente. Ils doivent également leur délivrer un **bulletin d'achat** ou un bon de livraison pour tout paiement correspondant à des achats. 4055

En ce qui concerne les commissionnaires en bestiaux, voir n° 4440.

Exportations par intermédiaire transparent Lorsque les exploitants agricoles exportent leurs produits agricoles par l'entremise d'un intermédiaire agissant en leur nom et pour leur compte, celui-ci est autorisé à leur délivrer des **attestations certifiant l'exportation** des marchandises les concernant (BOI-TVA-SECT-80-60-10-50 n° 80). 4060

Ces attestations peuvent être soit un double de la facture, soit une pièce analogue comportant les mentions suivantes apposées par l'intermédiaire :

– numéro et date de la déclaration en douane de sortie ou de la certification de sortie (en cas d'utilisation de la procédure de dédouanement dématérialisée ECS) ;

– bureau de douane où la déclaration a été enregistrée ;

– date du visa par l'intermédiaire appuyé de sa signature et de son adresse.

L'intermédiaire doit être en mesure de représenter les **titres justificatifs** au vu desquels il a lui-même délivré les attestations de sortie.

Les pièces ainsi délivrées aux exploitants agricoles exportateurs doivent être **jointes** à leur **déclaration n° 3520 SD** comme pièces justificatives des exportations réalisées.

OBLIGATIONS DES EXPLOITANTS

Opérations internationales Les exploitants agricoles qui réalisent des importations, des **livraisons** intracommunautaires ou des acquisitions intracommunautaires taxables en France, qui acquièrent ou rendent à des assujettis établis dans d'autres États membres des services relevant de l'article 259, 1 du CGI, doivent demander au service des impôts dont ils dépendent un **numéro d'identification** à la TVA. Dès lors qu'ils réalisent des livraisons intracommunautaires ou des prestations relevant de l'article 259, 1 du CGI au profit d'assujettis établis dans d'autres États membres, ils sont également tenus de produire un état récapitulatif des clients dans le premier cas, ou une déclaration européenne de service dans le second cas (CGI art. 289 B). 4070

L'exploitant qui acquiert des biens dans un autre État membre de l'Union européenne n'est pas, en règle générale, considéré comme réalisant des **acquisitions** intracommunautaires taxables (n° 3620) : toutefois, s'il se prévaut de son numéro d'identification à la TVA (qui lui aurait été attribué, par exemple, parce qu'il réalise par ailleurs des importations ou des livraisons intracommunautaires) lors d'un achat en exonération de taxe dans un autre État membre, il doit acquitter la TVA en France, même lorsque le montant de l'acquisition n'excède pas le seuil de 10 000 € (BOI-TVA-SECT-80-60-10-50 n° 140).

Les exploitants agricoles placés sous le régime du remboursement forfaitaire, dont les acquisitions intracommunautaires sont soumises à la TVA (achats supérieurs à 10 000 €, option, présentation du numéro d'identification), liquident et déclarent la taxe due sur leurs acquisitions intracommunautaires sur des formulaires CA3.

> **Précisions** Ceux qui procèdent **régulièrement** à des **acquisitions intracommunautaires** doivent souscrire leurs déclarations par voie électronique selon le calendrier prévu à l'article 39 de l'annexe IV au CGI.
> En cas d'acquisitions **occasionnelles**, la déclaration CA3 doit être souscrite au plus tard le 24 du mois suivant celui de l'exigibilité de la TVA due sur l'acquisition intracommunautaire (sur la date d'exigibilité, voir n° 1600).

4075 **Facturation** Tout assujetti à la TVA qui livre des biens ou rend des services à un autre assujetti ou à une personne morale non assujettie est tenu de délivrer une facture ou un document en tenant lieu (CGI art. 289, I).
Cette **obligation** fiscale de facturation s'impose à tous les assujettis, y compris aux exploitants agricoles soumis au régime du remboursement forfaitaire agricole, et s'applique aux ventes internes et aux ventes à destination d'un autre État.
Le fait que les opérations réalisées n'ouvrent pas droit au remboursement forfaitaire prévu aux articles 298 quater ou quinquies du CGI n'a pas pour effet de dispenser l'exploitant agricole de l'obligation de facturation à laquelle il est soumis.

> **Précisions** **a.** S'agissant d'**exploitants** agricoles **non redevables de la TVA**, le taux et le montant de la taxe ne doivent pas figurer sur la facture.
> **b.** Les **clients** des exploitants agricoles (coopératives agricoles ou autres entreprises) peuvent rédiger matériellement les factures que ces derniers doivent établir (n° 3140).
> **c.** Les exploitants agricoles placés sous le régime du remboursement forfaitaire ne sont pas soumis à l'obligation d'utiliser un **logiciel** ou un système **de caisse certifié**.

4080 **Déclaration annuelle et documents justificatifs** Chaque année, l'exploitant agricole adresse au service des impôts de sa circonscription une **déclaration récapitulative** de ses **ventes** ou livraisons de l'**année précédente** ouvrant droit au remboursement forfaitaire, sur un formulaire n° 3520-SD.
Cette déclaration doit mentionner (CGI ann. II art. 266, I) : les livraisons en France, les livraisons donnant lieu à expédition ou transport dans un autre État membre de l'Union européenne à destination d'assujettis ou de personnes morales non assujetties qui réalisent des acquisitions intracommunautaires imposables dans cet État, et les exportations.
Les exploitants agricoles ne sont pas tenus de joindre à la déclaration les **attestations annuelles d'achats** établies par leurs clients français (n° 4015) et les doubles des documents justifiant l'exportation (n° 4060) mais ils doivent les conserver pour pouvoir les présenter sur demande de l'administration.
En ce qui concerne leurs **livraisons intracommunautaires**, les exploitants agricoles n'ont pas à exiger d'attestations annuelles de leurs clients. Le montant des encaissements provenant de ces livraisons ouvrant droit au remboursement forfaitaire est justifié par les doubles des factures relatives à ces livraisons qui ont fait l'objet d'un paiement : l'administration les autorise à ne fournir qu'un **relevé des factures** correspondant aux livraisons intracommunautaires. Ce relevé doit comporter les numéros de factures, l'identification exacte des clients (nom ou raison sociale, adresse et numéro éventuel d'identification à la TVA) ainsi que le montant des livraisons ayant donné lieu à paiement (BOI-TVA-SECT-80-60-10-50 n° 100).
Les demandes de remboursement, faites sur des formulaires **n° 3520 SD**, peuvent être déposées **jusqu'au 31 décembre de l'année suivant celle** au cours de laquelle le **droit au remboursement** forfaitaire est né. Pour accélérer la procédure de liquidation du remboursement forfaitaire, l'administration fiscale préconise un dépôt de la demande avant le 1er mars.
Dans le **système** dit « de la **globalisation** », en matière d'**élevage**, les exploitants agricoles dits « naisseurs » ne peuvent parfois obtenir d'attestations qu'au titre de l'année suivant celle de leurs ventes (n° 4040). Dans cette hypothèse, le délai de forclusion visé ci-dessus est prorogé d'une année. Le **taux** du remboursement forfaitaire applicable est celui en vigueur à l'époque des ventes effectuées par les naisseurs.
Le **remboursement** forfaitaire est **liquidé** annuellement par le service des impôts à partir de la déclaration récapitulative de ses ventes faite par l'exploitant agricole.

4085 En cas de production de la **déclaration hors délai**, l'exploitant agricole peut bénéficier de la procédure de dégrèvement d'office.

En cas de déclarations ou de justifications **inexactes** de la part des exploitants agricoles ou des personnes qui bénéficient du régime du remboursement forfaitaire, l'intérêt de retard et, le cas échéant, les majorations prévues à l'article 1729 du CGI, décomptés sur la base des remboursements indus comparés aux sommes régulièrement remboursées, sont applicables.

DISPOSITIONS PARTICULIÈRES AU SECTEUR DES FRUITS ET LÉGUMES

Les exploitants agricoles **vendeurs** de fruits et légumes peuvent, s'ils sont expressément **mandatés** par leurs clients, **rédiger eux-mêmes** les **attestations** annuelles que devraient leur fournir leurs clients. **4100**

Mandat Le mandat, formulé par **écrit**, peut figurer : **4105**
– soit sur un « pouvoir » rédigé spécialement par l'acheteur et remis à l'exploitant ;
– soit sur chaque bulletin d'achat ou bon de livraison que l'acheteur doit délivrer à l'exploitant agricole.

La **portée** du mandat diffère selon qu'il figure sur un « pouvoir » ou sur chaque bulletin d'achat (BOI-TVA-SECT-80-60-10-50 n° 200) : **4110**
– lorsqu'il figure sur un **« pouvoir »**, document distinct des bulletins d'achat, le mandat est donné pour une année civile et concerne tous les achats de produits opérés au cours de ladite année ;
– lorsqu'il figure sur un **bulletin d'achat ou de livraison**, le mandat ne concerne que l'achat décrit sur ce bulletin. Il exclut, en conséquence, les autres bulletins d'achat qui, émanant du même acheteur, ne comporteraient pas la mention d'un tel mandat.

L'acheteur qui donne un **mandat général ou partiel** à son fournisseur perd, ipso facto, le droit de délivrer, pour l'année considérée, une attestation annuelle, même partielle, à son mandataire. Cette règle ne concerne évidemment que les achats de fruits et légumes.

L'**attestation annuelle** rédigée par l'**exploitant** agricole en vertu du mandat ci-dessus est **opposable** à son client mandant sauf si celui-ci apporte la preuve de l'inexactitude des énonciations de cette attestation.

Contenu de l'attestation Les attestations rédigées par les exploitants agricoles vendeurs de fruits et légumes autorisés à rédiger eux-mêmes ces attestations dans les conditions indiquées ci-dessus doivent reprendre les **bulletins d'achat ou bons de livraison** délivrés par les clients mandants, et ne reprendre que ceux-là (BOI-TVA-SECT-80-60-10-50 n° 220). **4115**

Les attestations doivent être rédigées dans la forme indiquée par un **modèle** publié par l'administration ; ce modèle est unique et concerne tous les produits agricoles, le signataire rayant ou laissant en blanc les rubriques qui ne le concernent pas.

Conservation des documents Les bulletins d'achat ou les bons de livraison ayant servi à la rédaction des attestations annuelles doivent être conservés par les exploitants agricoles pendant le délai de **six ans** prévu à l'article L 102 B du LPF. Ils doivent être présentés à toute demande des agents de l'administration des impôts. **4120**

CHAPITRE 4

NÉGOCIANTS EN BESTIAUX

SOMMAIRE

PRINCIPES D'IMPOSITION

4400 Les négociants en bestiaux sont obligatoirement redevables de la TVA pour leurs opérations de **livraisons,** d'**importations,** d'**acquisitions intracommunautaires** et de **services d'intermédiation** portant sur des **animaux vivants** de boucherie et de charcuterie (CGI art. 298 bis, II-4°).

Les négociants en bestiaux qui dirigent également une **exploitation agricole** sont obligatoirement imposables à la TVA au titre de l'ensemble de leurs opérations (CGI art. 298 bis, II-3°).

> **Précisions a.** Les **coopératives** agricoles, les sociétés d'intérêt collectif agricole **(Sica)** et les **GIE** qui commercialisent des animaux de boucherie et de charcuterie sont assimilés à des négociants en bestiaux. Il en est de même des **associations** ou des syndicats qui, reconnus **groupements de producteurs,** commercialisent soit en tant qu'acheteurs et vendeurs fermes, soit en tant que commissionnaires, des animaux de boucherie et de charcuterie (BOI-TVA-SECT-80-10-20-50 n° 10).

b. En cas de **cessation de l'activité de négoce,** l'imposition de l'activité agricole des négociants en bestiaux n'est plus obligatoire (à moins que cette dernière ne réponde aux conditions visées n°s 180 s.). Il leur appartient alors, s'ils le désirent pour éviter toute modification de leur régime, d'exercer une option en tant qu'exploitants agricoles dans le délai d'un mois à compter de la cessation du négoce (BOI-TVA-SECT-80-10-20-50 n° 30).

c. Certains négociants exercent des **activités** de négoce **dans le cadre d'une société** et des activités agricoles en tant qu'**exploitants individuels** ou vice versa. Dans ces hypothèses, on considère qu'il existe deux personnes distinctes au regard de la TVA, et seule celle exerçant des activités de négoce est obligatoirement imposable à la TVA en tant que négociant en bestiaux. Les activités agricoles peuvent aussi être soumises obligatoirement à la TVA mais en tant que telles, c'est-à-dire si les conditions motivant l'imposition obligatoire à la TVA des exploitants agricoles sont remplies (BOI-TVA-SECT-80-10-20-50 n° 90).

d. Lorsque la **femme d'un négociant** en bestiaux **exploite des terres en son nom,** constituant des biens propres ou louées en son seul nom, on ne peut pas considérer, d'après l'administration, que le négoce des bestiaux pratiqué par le mari constitue une entreprise distincte de l'exploitation agricole gérée par la femme. En conséquence, et quel que soit le régime matrimonial des époux, l'ensemble des activités commerciales et agricoles exercées par le mari et sa femme doit être soumis à la TVA (BOI-TVA-SECT-80-10-20-50 n° 50). Il en serait autrement, semble-t-il, si le conjoint du négociant gérait de manière autonome un domaine dont tous les éléments d'actif lui appartiendraient en propre (voir n° 250).

RÉGIME D'IMPOSITION

4420 Qu'ils exercent ou non une activité agricole, les négociants sont soumis au **RSA** et toutes les dispositions de ce régime, exposé n°s 1400 s., leur sont applicables.

Ils sont tenus notamment de respecter les **obligations** imposées aux exploitants imposables pour leurs activités agricoles, y compris celles portant sur les animaux vivants de boucherie (n° 3200). En particulier, ils sont astreints à la formalité du **document d'accompagnement** pour les transports d'animaux. Les négociants en bestiaux doivent ainsi produire, lors de chaque transport, le document d'accompagnement établi dans le cadre du système d'identification permanente généralisée des animaux des espèces bovine, caprine, ovine, porcine et des équidés prévu par la réglementation sanitaire (BOI-TVA-SECT-80-30-50-20 n°s 20 s.).

Les **négociants** également **exploitants** agricoles doivent suivre distinctement en comptabilité (comptabilité commerciale et comptabilité matières) les deux activités : négoce et agriculture. Toutefois, ces deux activités étant soumises au même régime, le RSA, elles peuvent être confondues dans une déclaration globale, totalisant l'ensemble des opérations imposables et l'ensemble des droits à déduction (BOI-TVA-SECT-80-10-20-50 n° 30). 4425
Les **négociants** en bestiaux également **bouchers** ou **chevillards** peuvent demander à regrouper l'ensemble de leurs activités en un seul secteur relevant de la TVA de droit commun (BOI-TVA-SECT-80-10-20-30 n° 330).

Certaines ventes d'animaux de boucherie et de charcuterie faites à des personnes non assujetties à la TVA peuvent bénéficier d'un **taux** de faveur. Voir n° 1710, Précisions, f. 4435

Commissionnaires en bestiaux Les commissionnaires en bestiaux (qu'il s'agisse de négociants proprement dits, de coopératives ou de Sica) interviennent dans le négoce de bestiaux en agissant en leur nom propre mais **pour le compte d'un exploitant agricole** (le commettant), qui peut être soit non redevable de la TVA, soit redevable de cette taxe. 4440
Les commissionnaires sont considérés comme ayant personnellement acquis et livré les animaux et sont imposables sur le montant total des opérations dans lesquelles ils s'entremettent (CGI art. 266, 1-b) : la **base d'imposition** à la TVA correspond au prix, commission comprise, acquitté par le tiers acheteur des bestiaux. Le commissionnaire peut soustraire de sa base d'imposition les débours (voir n° 4445). L'exploitant agricole, réputé livrer le bien au commissionnaire, est imposable sur le prix hors commission.
L'exploitant comme le commissionnaire sont tenus aux **obligations de facturation** de droit commun. Toutefois, les factures peuvent être matériellement émises par le commissionnaire au nom et pour le compte de l'exploitant (y compris, sous certaines conditions, sous la forme d'un compte rendu mensuel) si celui-ci lui a donné un mandat préalable à cet effet. En tout état de cause, l'exploitant conserve l'entière responsabilité de ses obligations en matière de facturation et de leurs conséquences au regard de la TVA.
La mention de la TVA (ainsi que sa déduction par l'intermédiaire) ne peut être portée sur la facture ou le compte rendu lorsque l'**exploitant** est placé sous le régime du **remboursement forfaitaire.**

Dans le cadre de leurs contrats de commission, certains commissionnaires en bestiaux réalisent ou font réaliser, au profit de leurs commettants, diverses **prestations de services relatives aux animaux** qu'ils sont chargés de vendre, notamment l'abreuvage, la nourriture, le nettoyage et le gardiennage. 4445
Lorsque ces prestations de services sont **réalisées par les commissionnaires** eux-mêmes, elles sont considérées comme accessoires au contrat de commission. En conséquence, la rémunération globale du commissionnaire, y compris la part afférente à ces prestations de services, est imposable à la TVA au **taux intermédiaire** (BOI-TVA-SECT-80-10-20-50 n° 70).
Lorsque ces prestations de services ne sont pas réalisées par les commissionnaires eux-mêmes, mais **par des tiers,** elles sont imposables au **taux normal** de la TVA.
Dans cette hypothèse, deux situations doivent être distinguées :
– les commissionnaires font réaliser ces prestations pour leur **compte propre** : ils ont alors la possibilité de déduire de la TVA due au Trésor la taxe qui leur est facturée par les prestataires de services ;
– les commissionnaires font réaliser ces prestations pour le **compte** de leurs **commettants** : ils ont alors la possibilité de se faire rembourser exactement leurs débours (sommes payées aux prestataires de services) lorsque les sommes payées ne se rattachent pas à l'opération d'entremise. Il ne doit pas s'agir de dépenses d'exploitation de l'intermédiaire chargé de la vente ; par ailleurs les frais doivent être détachables de la livraison du bien (par exemple, frais d'entreposage). Les autres conditions posées par l'article 267, II-2° du CGI doivent également être satisfaites : remboursement à l'euro près, comptabilisation dans des comptes de passage, reddition de comptes à l'exploitant, justification auprès de l'administration de la nature et du montant exact des dépenses.
La TVA afférente aux débours doit être mentionnée expressément sur le compte rendu du commissionnaire. La taxe est déductible par les exploitants imposables à la TVA.

TITRE

II

Bénéfices agricoles et impôt sur le revenu

Hormis le cas où ils sont réalisés par des personnes morales ou entités soumises à l'impôt sur les sociétés, les bénéfices tirés d'une exploitation agricole sont soumis à l'impôt sur le revenu dans la catégorie des bénéfices agricoles. **5000**

Les modalités d'imposition des bénéfices agricoles diffèrent selon le **régime d'imposition** de l'exploitant. C'est pourquoi, après avoir défini les champs d'application respectifs des différents régimes (nos 5600 s.), nous étudierons successivement les règles applicables aux exploitants relevant du régime micro-BA (nos 7000 s.), du régime réel normal (nos 9000 s.) et du régime simplifié (nos 12800 s.) d'imposition. Seront ensuite étudiées les conséquences fiscales des changements de régime d'imposition (nos 13200 s.).

Enfin, après un examen approfondi des **allégements fiscaux** dont peuvent bénéficier les exploitants agricoles (nos 14400 s.), seront traités les divers **régimes particuliers** : exploitants forestiers, obtenteurs de nouvelles variétés végétales, éleveurs et propriétaires de chevaux, associés d'exploitation (nos 15200 s.).

Les bénéfices agricoles sont destinés à être ajoutés aux autres revenus des contribuables afin d'être imposés, sous une cote unique, à l'impôt sur le revenu. Il nous a donc paru nécessaire d'évoquer brièvement un certain nombre de **notions générales** (nos 5010 s.) concernant la détermination du revenu global imposable et le calcul de l'impôt sur le revenu. À cet effet, nous insisterons plus particulièrement sur la place qu'occupent les bénéfices agricoles dans l'impôt sur le revenu, en définissant les personnes imposables et les activités relevant de cette catégorie. **5005**

CHAPITRE 1 NOTIONS GÉNÉRALES

SOMMAIRE

PRINCIPALES CARACTÉRISTIQUES DE L'IMPÔT SUR LE REVENU

L'impôt sur le revenu frappe le montant du revenu annuel de chaque contribuable. Il s'agit du **revenu global** obtenu en additionnant les divers revenus réalisés par le contribuable et, le cas échéant, par les autres membres du **foyer fiscal** : conjoint, partenaire de Pacs, enfants et autres personnes fiscalement considérés comme étant à charge. 5010
Le revenu imposable comprend non seulement les revenus réalisés directement par le contribuable (ou les membres de son foyer fiscal) mais aussi, lorsqu'il est membre d'une société non passible de l'impôt sur les sociétés (Gaec, par exemple), la part qui lui revient dans les bénéfices réalisés par cette société.

Le revenu global des contribuables peut comprendre des revenus relevant de tout ou partie des **catégories** ci-après, énumérées par le CGI : 5015
- bénéfices agricoles ;
- bénéfices industriels et commerciaux ;
- bénéfices non commerciaux ;
- traitements, salaires, pensions et rentes viagères ;
- rémunérations de certains dirigeants de sociétés ;
- revenus de capitaux mobiliers ;
- revenus fonciers ;
- plus-values.

Bien qu'ils doivent être imposés ensemble, les revenus de ces diverses catégories doivent être déterminés distinctement, selon des règles propres à chacune d'elles.

Lorsque l'**un des époux** exerce une **activité agricole**, les revenus provenant de cette activité doivent faire l'objet d'une imposition commune établie au nom des deux époux et figurer dans la déclaration d'ensemble n° 2042 conjointement déposée par eux, conformément à la règle de l'imposition par foyer. 5020
Mais c'est au titulaire de ces revenus qu'il incombe de souscrire la **déclaration de bénéfices professionnels**, c'est-à-dire la déclaration n° 2143-SD (réel normal) ou n° 2139-SD (réel simplifié) (l'exploitant relevant du micro-BA porte directement sur la déclaration complémentaire à sa déclaration n° 2042 – n° 2042 C Pro – le montant des recettes, plus-values et moins-values servant à la détermination du revenu imposable). De même, la procédure de rectification de la déclaration de bénéfices professionnels est suivie directement entre l'administration fiscale et l'exploitant (à qui doit être envoyée la proposition de rectification et qui y répond). Cette procédure produit directement effet pour la détermination du revenu global imposable au nom du ménage. Ces règles sont transposables aux **membres d'un Pacs**.
L'**année du mariage** ou de la **conclusion du Pacs**, les époux ou partenaires sont, en principe, soumis à une imposition commune pour l'année entière sur l'ensemble de leurs bénéfices agricoles ; ils peuvent toutefois opter pour l'imposition distincte de leurs revenus. L'année du **divorce**, de la **séparation** ou de la **rupture du Pacs**, chaque époux ou partenaire est imposé distinctement sur les bénéfices agricoles dont il a disposé pendant l'année ainsi que sur la quote-part justifiée des revenus communs lui revenant ou, à défaut de justification de cette quote-part, sur la moitié des revenus communs.

En cas de **décès** de l'un des époux ou partenaires de Pacs, une imposition commune est établie sur l'ensemble des revenus du foyer pour la période allant du 1er janvier jusqu'à la date du décès et une imposition personnelle est établie au nom du conjoint ou partenaire survivant à raison de ses revenus pour la période allant de la date du décès jusqu'au 31 décembre. Les bénéfices agricoles doivent, en principe, être rattachés en totalité à la période d'imposition comprenant la date de leur mise à disposition, c'est-à-dire la date de clôture de l'exercice (BA réel, parts de bénéfices dans les sociétés de personnes) ou le 31 décembre (micro-BA). Toutefois, l'administration admet, sur demande, que les revenus en question mis à la disposition de leur titulaire après la date du décès soient répartis prorata temporis en fonction de la date du décès (BOI-IR-CESS-10 n° 260). Cette répartition s'effectue par mois entier, le mois du décès étant rattaché à la période d'imposition commune. Le bénéfice de cette mesure est subordonné à la condition que le mode de répartition prorata temporis soit sollicité conjointement et par écrit par le conjoint survivant ou le partenaire survivant d'un Pacs et les ayants droit du défunt.

5025 Les revenus nets catégoriels ainsi déterminés sont additionnés. Ce total est diminué, le cas échéant, des déficits enregistrés dans certaines catégories pour obtenir le **revenu brut global**. Si l'imputation ne peut pas être intégralement opérée, l'excédent du déficit est reporté successivement sur le revenu global des années suivantes, jusqu'à la sixième inclusivement.

Ce système d'imputation des déficits comporte cependant des limitations, dont certaines spécifiques aux **déficits de nature agricole** (voir nos 11800 s. pour les exploitants au bénéfice réel). Pour les **déficits fonciers**, voir n° 17800.

5030 Le **revenu net global** est obtenu en retranchant du revenu brut global, s'il y a lieu, certaines charges limitativement énumérées par la loi. Citons, à ce titre (liste non limitative), certaines cotisations sociales non déjà prises en compte pour la détermination du bénéfice agricole et les pensions alimentaires.

Le **revenu net imposable** s'obtient enfin en retranchant du revenu net global les abattements spéciaux qui, dans certains cas expressément prévus par la loi, peuvent être pratiqués sur le montant du revenu global : abattement lié au rattachement d'enfants mariés, pacsés ou chargés de famille et abattement en faveur des personnes âgées ou invalides de situation modeste.

CALCUL DE L'IMPÔT SUR LE REVENU

5040 Le revenu net imposable ainsi déterminé constitue la base de calcul de l'impôt sur le revenu. Il est divisé par le nombre de parts correspondant au **quotient familial** dont bénéficie le contribuable. Au chiffre ainsi obtenu, c'est-à-dire au montant de chaque part de revenu, on applique le **barème de l'impôt** prévu pour une part de revenu. Ce barème comporte plusieurs tranches dont chacune est soumise à un taux différent, qui s'élève progressivement en fonction de l'importance des revenus. L'application du barème donne le montant de l'impôt correspondant à chaque part de revenu. Le chiffre obtenu est multiplié par le nombre de parts pour aboutir au montant total de l'**impôt brut**.

Le montant de l'impôt brut fait ensuite l'objet de diverses **corrections**, en plus ou en moins, qui permettent de déterminer l'impôt qui sera effectivement acquitté par le contribuable. Il s'agit notamment :

– du plafonnement des effets du **quotient familial** ;

– des **réductions et crédits d'impôt** ouverts à raison de l'engagement de certaines dépenses (liste non limitative) : crédit d'impôt au titre des dépenses de remplacement pour congés de l'exploitant agricole (n° 15110) ; crédit d'impôt en faveur de l'agriculture biologique (n° 15120) ; crédit d'impôt pour la formation du chef d'entreprise (n° 15115) ; crédit d'impôt pour les exploitations certifiées de haute valeur environnementale (n° 15122) ; crédit d'impôt en faveur des exploitations n'utilisant pas de glyphosate (n° 15125) ; crédit d'impôt pour investissements dans le secteur forestier (nos 15330 s.) ; réduction d'impôt pour souscription au capital de PME constituées sous forme de sociétés soumises à l'IS (nos 24500 s.) ; réduction d'impôt pour souscription au capital de sociétés foncières solidaires (nos 24550 s.) ;

– des **prélèvements** et retenues **non libératoires** ;

– du **plafonnement global de certains avantages fiscaux** (voir n° 15330, Précisions).

> **Précisions** S'agissant du **paiement de l'impôt sur le revenu**, les titulaires de revenus relevant de la catégorie des bénéfices agricoles (imposés selon le régime micro-BA ou selon un régime réel) supportent le **prélèvement à la source de l'impôt sur le revenu** sous forme d'acomptes mensuels ou trimestriels (BOI-IR-PAS-10-10-20 n° 40).

SECTION 1

PERSONNES IMPOSABLES DANS LA CATÉGORIE DES BÉNÉFICES AGRICOLES

Seul le contribuable qui **met en valeur des biens ruraux** est imposable dans la catégorie des bénéfices agricoles. 5050
Il existe trois **modes principaux d'exploitation** :
– le faire-valoir direct par le propriétaire (propriétaire exploitant) ;
– le fermage ;
– le métayage (ou bail à portion de fruits).
Si les **biens ruraux sont exploités** directement **par le propriétaire** ou par du personnel qu'il fait travailler pour son compte (faire-valoir direct), l'impôt frappant les bénéfices agricoles est dû par le propriétaire exploitant.
La vente d'herbe ou de récoltes sur pied constitue un mode d'exploitation directe d'une propriété agricole.
Si les biens ruraux sont donnés en location (**bail à ferme**), l'impôt frappant les bénéfices agricoles est dû par le fermier qui exploite pour son propre compte. Quant au propriétaire, il est imposable dans la catégorie des revenus fonciers à raison du revenu net provenant des fermages qu'il encaisse.
Si les biens ruraux sont donnés à bail à un métayer qui s'engage à les cultiver sous la condition d'en partager les produits avec le bailleur (**bail à métayage**), le propriétaire qui donne en location ses biens ruraux en vertu d'un tel contrat présente, au même titre que le métayer, la qualité d'exploitant agricole et les profits réalisés tant par le propriétaire que par le métayer entrent dans la catégorie des bénéfices agricoles (BOI-BA-CHAMP-20-10 n° 80).

EXPLOITATIONS EN SOCIÉTÉ OU EN GROUPEMENT

Le régime fiscal des sociétés et groupements agricoles est exposé n°s 24000 s. 5055
Cependant, il nous paraît utile d'indiquer dès à présent comment ce régime s'articule avec celui de l'imposition des bénéfices agricoles à l'impôt sur le revenu.

Les bénéfices agricoles réalisés par les **sociétés soumises à l'impôt sur les sociétés** (SA, SARL, notamment) sont déterminés selon les règles propres à cet impôt. Les indications données dans les présents développements à propos de la taxation des bénéfices agricoles à l'impôt sur le revenu ne concernent donc pas ces sociétés, pas plus qu'elles ne concernent leurs **associés** ou actionnaires. 5060
Ces derniers sont bien soumis à l'impôt sur le revenu à raison des sommes qui leur sont versées par la société. Mais cette imposition n'est pas établie au titre des bénéfices agricoles. Elle est exigible, en effet :
– soit au titre des revenus de capitaux mobiliers, s'il s'agit de dividendes ou produits similaires distribués par la société ;
– soit au titre des traitements et salaires ou de l'article 62 du CGI, s'il s'agit de rémunérations versées à l'intéressé à raison des fonctions exercées dans la société.

En matière agricole, relèvent, sauf option contraire, du **régime des sociétés de personnes** défini aux articles 8 et 60 du CGI : 5065
– les sociétés civiles ;
– les sociétés en nom collectif ;
– les sociétés de fait ou en participation ;
– les exploitations agricoles à responsabilité limitée (EARL) ;
– les entreprises individuelles ;
– les entreprises individuelles à responsabilité limitée (EIRL) ;
– les entreprises unipersonnelles à responsabilité limitée (EURL) dont l'associé unique est une personne physique ;
– les indivisions ;
– les groupements agricoles d'exploitation en commun (Gaec), les groupements fonciers agricoles, les groupements d'intérêt économique (GIE) regroupant des exploitants agricoles, les groupements forestiers, les groupements fonciers ruraux.
Les bénéfices agricoles réalisés par ces sociétés, entreprises ou groupements sont imposés non pas directement au nom de la société, entreprise ou groupement mais au nom personnel des

associés. Autrement dit, chaque associé est personnellement passible de l'impôt sur le revenu pour la part des bénéfices sociaux (y compris ceux mis en réserve) qui correspond à ses droits dans les résultats de l'exploitation sociale.
Pour l'établissement de cette imposition, le bénéfice doit normalement être déterminé suivant les règles propres aux bénéfices agricoles, c'est-à-dire en appliquant, selon le cas, soit le régime micro-BA (voir cependant n° 6180), soit le régime du bénéfice réel agricole, normal ou simplifié.

> **Précisions** Cas particulier où les **droits** dans une société de personnes relevant de l'impôt sur le revenu sont **inscrits à l'actif** d'une personne morale passible de l'IS ou d'une entreprise industrielle, commerciale, artisanale ou agricole imposable à l'impôt sur le revenu de plein droit selon un régime de bénéfice réel ou sont détenus par une autre société de personnes : voir nos 24725 s.

BÉNÉFICES IMPOSABLES EN FRANCE

5080 Pour l'ensemble des contribuables, on doit retenir les bénéfices des **exploitations agricoles situées en France**, qu'il s'agisse de la France métropolitaine ou des départements et régions d'outre-mer.
En ce qui concerne les exploitations agricoles situées **hors de France**, une distinction doit être faite :
– si l'exploitant a son domicile fiscal hors de France, il n'est pas imposable en France pour les bénéfices de ces exploitations ;
– lorsque le contribuable a son domicile fiscal en France, il est imposable même s'il s'agit d'exploitations situées hors de France, sous réserve cependant des dérogations pouvant résulter des conventions internationales.
L'imposition d'après le régime micro-BA ne peut pas s'appliquer aux exploitations situées hors de France, dont les profits doivent être déterminés dans tous les cas suivant les règles du bénéfice réel (CGI art. 158, 1).

> **Précisions** Un régime particulier est prévu pour la détermination du bénéfice imposable afférent aux exploitations agricoles situées dans les **départements d'outre-mer** : pendant les 10 premières années suivant celle de leur mise en exploitation, il est fait abstraction des bénéfices provenant de l'exploitation des terrains jusqu'alors non cultivés (terrains en friche depuis au moins 15 ans) dont la première affectation à des cultures agréées a été réalisée avant le 30 juin 2020 (Loi 2019-1479 du 28-12-2019 art. 29).

SECTION 2

ACTIVITÉS IMPOSABLES DANS LA CATÉGORIE DES BÉNÉFICES AGRICOLES

A. Bénéfices agricoles proprement dits

ACTIVITÉS AGRICOLES PAR NATURE

5100 Pour l'application de l'impôt sur le revenu, constituent des bénéfices agricoles les revenus que l'**exploitation des biens ruraux** procure soit aux fermiers ou métayers, soit aux propriétaires exploitant eux-mêmes (CGI art. 63, al. 1).
Cette définition, qui fait intervenir à titre principal le critère foncier, est plus restrictive que la définition juridique très extensive de l'activité agricole donnée par l'article L 311-1 du Code rural et de la pêche maritime (voir nos 10 s.). Sur la notion d'activité agricole, voir également les indications données en matière de TVA (n° 170) et de protection sociale (nos 38010 s.).

5105 D'une manière générale, les bénéfices de l'exploitation agricole comprennent les profits résultant pour l'exploitant de la vente (ou de la consommation) des produits de tous terrains propres à la **culture** et des produits de l'**élevage**. Toute personne qui obtient des produits au cours ou à la fin d'un **cycle de production** végétal ou animal exerce en principe une activité de nature agricole.

La loi qualifie expressément de bénéfices agricoles certains revenus (CGI art. 63). Il en est ainsi :
– des profits qui proviennent de la **production forestière**, même si les propriétaires se bornent à vendre les coupes de bois sur pied. Précisons que les exploitants forestiers font l'objet d'un régime spécial de taxation exposé nos 15205 s. ;
– des produits de l'exploitation des **champignonnières** en galeries souterraines ou en surface ;
– des produits de certains **élevages** : exploitations avicoles (volailles et oiseaux de toutes espèces), apicoles (abeilles), piscicoles (poissons de toutes familles), ostréicoles (huîtres) et mytilicoles (moules) ;
– des revenus qui proviennent des activités de préparation et d'entraînement des **équidés domestiques**, en vue de leur exploitation dans les activités autres que celles du spectacle (voir nos 16015 s.) ;
– des profits réalisés par les obtenteurs de **nouvelles variétés végétales** au sens des dispositions des articles L 623-1 et suivants du Code de la propriété intellectuelle (voir nos 15500 s.) ;
– des revenus provenant de la **vente de biomasse** sèche ou humide ou de la **production d'énergie** à partir de produits ou sous-produits majoritairement issus de l'exploitation agricole (le caractère majoritaire étant apprécié en masse au regard de chaque produit commercialisé par l'exploitant) ;
– des revenus provenant de la **location de droits à paiement de base** (y compris lorsque les terres sont maintenues dans le patrimoine privé de l'exploitant : BOI-BA-CHAMP-10-40 n° 100) (sur les droits à paiement de base, voir nos 81405 s.) ;
– des revenus que les **conducteurs diplômés de chiens** attelés tirent des activités de courses en attelage, d'enseignement de la conduite et du travail avec les chiens et des prestations de transport en traîneau ou de louage des traîneaux ;
– les revenus provenant des **actions** réalisées par les exploitants agricoles sur le périmètre de leur exploitation et qui contribuent à **restaurer** ou à **maintenir des écosystèmes** dont la société tire des avantages (par exemple, prestations de services environnementaux ayant pour résultat la captation de carbone ou le maintien ou développement de la biodiversité réalisées dans le cadre de projets certifiés bas-carbone, dont notamment le label « Bas-Carbone » créé par le décret 2018-1043 du 28-11-2018 : BOI-BA-CHAMP-10-40 n° 115).

> **Précisions a.** Les exploitants de **marais salants** sont imposables dans la catégorie des bénéfices agricoles (BOI-BA-CHAMP-10-10-10 n° 200).
b. Les **entreprises d'exploitations forestières** qui achètent à des propriétaires forestiers des bois sur pied ou abattus, en vue de les revendre après leur avoir fait ou non subir des transformations, relèvent des bénéfices industriels et commerciaux (CE 9-12-1985 n° 44266 : RJF 2/86 n° 149).
c. Les revenus issus de la **vente de tonnes de carbone capté** du fait d'action de boisement, reboisement ou balivages dans le cadre d'un projet forestier ayant reçu le label « Bas-Carbone » sont considérés comme des revenus de la production forestière (BOI-BA-CHAMP-10-10-10 n° 80).
d. Les **actions réalisées en faveur des écosystèmes** peuvent notamment consister en l'implantation et l'entretien de forêts, de haies, de mares, la mise en place de jachères mellifères ou faunistiques, la préservation de la qualité de l'eau ou la protection des sols (BOI-BA-CHAMP-10-40 n° 115).

Culture Une activité présente un caractère agricole si elle s'insère dans un **cycle biologique de production végétal**. Voici quelques exemples de décisions rendues pour l'exonération de taxe professionnelle (remplacée, depuis 2010, par la contribution économique territoriale) des exploitants agricoles mais transposables à l'impôt sur le revenu : 5110
– la **fabrication de compost** ensemencé livré à des producteurs de champignons s'insère dans le cycle biologique de production du champignon et comporte des actes de production agricole (CE 2-2-1996 n° 122348 : RJF 3/96 n° 308). Solution inverse pour la fabrication de compost inerte, non ensemencé, qui ne participe pas au cycle biologique de production des champignons et ne relève donc pas de l'activité agricole (CAA Nantes 29-6-1994 n° 92-703 et CE CAPC 1-12-1995 n° 161485 : RJF 5/96 n° 591) ;
– les opérations consistant à **sélectionner, contrôler et conserver des semences** potagères et florales achetées en vue de leur revente ont pour seul objet le tri et le stockage de ces semences dans de bonnes conditions. Elles ne s'insèrent pas dans le cycle biologique de production des semences et ne présentent donc pas le caractère d'une activité agricole (CE 27-10-1999 n° 163404 : RJF 12/99 n° 1557). En revanche, la **production de semences** de base, la vente de ces semences à des agriculteurs multiplicateurs, la surveillance du processus de fabrication et le rachat des semences produites constituent des opérations agricoles, dès lors que l'entreprise qui

les réalise reste propriétaire de la totalité des semences pendant l'ensemble du cycle et partage les risques végétatifs liés au niveau de la production et aux aléas climatiques (CAA Marseille 28-2-2002 n° 97-2161 : RJF 5/03 n° 542) ;

– l'opération par laquelle un **producteur-négociant de bulbes à fleurs** fait subir aux bulbes un traitement consistant à planifier leur évolution physiologique et morphologique, de manière à garantir à ses clients une floraison groupée des plantes qu'il commercialise, s'insère dans le cycle biologique de production de ces dernières et revêt ainsi un caractère agricole (CE 15-10-1997 n° 154519 : RJF 12/97 n° 1137).

5115 **Élevage** Nous avons vu n° 5105 que certains élevages sont expressément qualifiés d'activités agricoles par la loi (oiseaux, poissons, abeilles, etc.). Mais cette liste n'est pas limitative : les profits des éleveurs d'animaux de **toutes espèces** doivent être considérés comme des bénéfices agricoles, quelle que soit la provenance des animaux utilisés et même si ces animaux appartiennent à un tiers. Le critère essentiel est celui de la participation au **cycle biologique de croissance des animaux**.

Constituent par **exemple** des bénéfices agricoles les profits retirés des élevages de chevaux, de chiens, de lapins domestiques, de renards argentés, d'animaux de laboratoire, etc.

Relèvent ainsi de la catégorie des bénéfices agricoles les bénéfices réalisés par les laitiers-nourrisseurs, les emboucheurs ou herbagers, les exploitants propriétaires d'animaux reproducteurs qui les mettent à la disposition d'autres agriculteurs pour la saillie de leurs animaux. Même solution pour les opérations d'élevage et d'affinage de coquillages, même si elles portent sur des espèces pêchées en l'état et sont réalisées dans un laps de temps relativement court (CAA Nantes 3-2-1998 n° 95-753 : RJF 10/98 n° 1126, solution rendue en matière de taxe professionnelle mais transposable à l'impôt sur le revenu). De même, une entreprise qui, dans le cadre d'une ferme expérimentale, pratique l'élevage de vaches laitières et de porcs, dont elle commercialise les produits, tout en menant des actions de recherche en nutrition animale et de communication pour le compte d'une société commerciale, exerce une activité correspondant par nature à la maîtrise et à l'exploitation d'un cycle animal ; une telle activité est de nature agricole (CAA Nantes 25-5-2009 n° 08-1572 : RJF 2/10 n° 129, solution rendue en matière de taxe professionnelle mais transposable à l'impôt sur le revenu).

La revente de gibiers achetés adultes après un séjour dans les parcs ou volières le temps nécessaire à ce que l'amélioration de leur condition physique les rende aptes à constituer des gibiers de tir comporte la réalisation de la dernière phase biologique de production de ces gibiers et se rattache à une activité agricole (CE 20-3-1991 n° 73199 : RJF 5/91 n° 575, solution rendue en matière d'impôt sur les sociétés mais transposable à l'impôt sur le revenu).

L'activité qui consiste essentiellement à élever ou acheter, entretenir et soigner les animaux sauvages pour les montrer au public dans un parc naturel aménagé doit être regardée comme agricole (CE 26-6-2017 n° 391388 : RJF 10/17 n° 935, solution rendue en matière de taxe d'apprentissage mais transposable à l'impôt sur le revenu).

L'**activité de pollinisation** consiste en la mise à disposition de ruches pour une durée déterminée auprès d'agriculteurs afin de valoriser la production de leur plantation grâce au travail de pollinisation effectué par les abeilles. Sur le plan fiscal, cette activité de pollinisation peut être regardée comme exercée dans le cadre d'une exploitation apicole et les revenus tirés de cette activité sont imposés dans la catégorie des bénéfices agricoles, au même titre que les autres produits issus de l'élevage des abeilles (BOI-BA-CHAMP-10-10-10 n° 185).

En ce qui concerne l'élevage de coquillages, tous les produits de la **conchyliculture** doivent être en principe classés dans la catégorie des bénéfices agricoles (BOI-BA-CHAMP-10-10-10 n° 170).

Sur le régime des activités de préparation et d'entraînement des **équidés domestiques** en vue de leur exploitation à l'exclusion des activités de spectacle, voir n°s 16015 s.

› **Précisions a.** Les opérations suivantes relèvent des bénéfices industriels et commerciaux :

– la **location d'animaux** (CE 22-12-1982 n° 24871 : RJF 2/83 n° 168). Même solution pour la **prise en pension** ou le **gardiennage** d'animaux, y compris lorsque l'entretien des animaux est assuré avec les produits de l'exploitation (BOI-BA-CHAMP-10-10-20 n° 370). Voir toutefois n° 16035 s'agissant de la prise en pension de chevaux et n° 16030 pour la location de chevaux pour la promenade ;

– la **pêche**. Présente également un caractère commercial et non agricole, en l'absence de toute intervention dans le cycle biologique de production, l'activité consistant à acheter des truites et à les conserver dans des bassins pour la revente ou pour les lâcher dans un étang (CAA Nancy 21-5-1991 n° 1564 ; même solution en matière de TVA : voir n° 605).

b. Sont imposables dans la catégorie des bénéfices agricoles les **indemnités versées par un laboratoire pharmaceutique** de recherche à un éleveur en contrepartie du droit d'utiliser une partie de son cheptel à des fins d'expérimentation (CE 4-8-2006 n° 278687 : RJF 12/06 n° 1536).

Élevage à façon L'éleveur à façon (exemple : aviculteur engraissant des poulets pour le compte d'un volailler) exerce normalement une activité agricole. Toutefois, ses revenus constituent des salaires dans le cas exceptionnel où l'éleveur a la qualité de travailleur à domicile au sens de la législation du travail (BOI-BA-CHAMP-10-10-10 n° 120). Quant aux profits réalisés par les **intégrateurs**, ils relèvent des bénéfices agricoles si l'intégrateur participe au cycle biologique de croissance des animaux, des bénéfices industriels et commerciaux dans le cas contraire. Pour la jurisprudence, la participation de l'intégrateur au cycle biologique de production suppose la réunion de trois critères : conservation de la propriété du cheptel, participation à la direction et à la surveillance des opérations et participation, au moins pour partie, aux risques de l'exploitation. La qualité d'agriculteur est ainsi reconnue : 5120
– à un aviculteur-accouveur qui confie à un éleveur à façon des poules ou poussins produits dans son propre établissement et qui conserve la propriété du cheptel, acquitte une part des charges de l'élevage, en conserve la responsabilité et en assume pour partie les risques (CE 11-5-1979 n° 12862 : RJF 7/79 n° 443). Même solution pour l'exploitant qui achète des poulettes pondeuses et des poussins qu'il place chez des aviculteurs afin qu'ils les entretiennent ou les élèvent tout en restant propriétaire des volatiles, qui fournit les aliments nécessaires et assure le ramassage, le conditionnement et la livraison des œufs (CAA Lyon 7-2-1990 n° 89LY00598, décision rendue en matière de taxe professionnelle mais transposable aux bénéfices agricoles) ;
– à l'exploitant qui confie du bétail dont il reste propriétaire à des éleveurs à façon et participe aux soins, charges et risques de l'élevage (CAA Bordeaux 10-4-2001 n° 98-115 : RJF 8-9/01 n° 1068 et CE (na) 8-3-2002 n° 234615 : RJF 11/02 n° 1243).

› **Précisions a.** En matière de **TVA**, les intégrateurs sont toujours considérés comme exerçant une activité agricole (n° 170, Précisions, a).
b. **L'administration présume le caractère agricole** de l'activité pour la production d'œufs à féconder ou à consommer et pour la production de volatiles destinés à la ponte ou à la vente en tant que volailles de chair. Cette présomption bénéficie aux intégrateurs qui remplissent certaines conditions : notamment, le propriétaire des animaux doit exercer un droit de contrôle sur l'activité de l'éleveur, assurer le suivi vétérinaire et alimentaire des animaux et assumer une part des charges et risques de l'élevage (BOI-BA-CHAMP-10-10-10 n° 160).

AUTOCONSOMMATION

L'exploitant qui ne vend pas mais consomme sa production reste en principe redevable de l'impôt au titre des bénéfices agricoles, quelles que soient l'importance et la nature des propriétés rurales qu'il exploite (CE 25-11-1966 n° 64893 ; BOI-BA-CHAMP-10-10-10 n° 10). Par exemple, doit être regardée comme une exploitation agricole dont les produits relèvent des bénéfices agricoles une propriété qui comporte des terrains, des bâtiments et du matériel agricole servant à la récolte de foin destiné à nourrir les chevaux élevés sur le domaine, même si aucune production n'a été vendue ou échangée (CAA Paris 20-5-2009 n° 07-3287 : RJF 12/09 n° 1086). 5130
L'administration admet cependant que les jardins de moins de cinq ares, attenants à un immeuble bâti et appartenant au même propriétaire que le sol de cet immeuble dont ils constituent une dépendance immédiate et indispensable, sont exonérés de l'impôt sur le revenu frappant les bénéfices agricoles (BOI-BA-CHAMP-10-10-10 n° 20).
Les modalités de prise en compte de l'autoconsommation dans le bénéfice varient selon le régime d'imposition de l'exploitant et sont étudiées n°s 9715 (régime réel normal) et 12815, Précisions, b (réel simplifié).
Il est à noter que la valeur de l'autoconsommation n'est pas retenue pour l'appréciation des recettes limites des différents régimes d'imposition.

VENTE DES STOCKS APRÈS CESSATION DE L'EXPLOITATION

Les profits que procure à un ancien exploitant agricole la vente de stocks qu'il a conservés après cession ou cessation de son exploitation constituent des bénéfices agricoles. Par exemple, une société civile agricole qui cesse d'exploiter les vignobles dont elle est propriétaire pour les donner en location mais conserve des stocks de vin et assure leur commercialisation doit être regardée comme poursuivant son activité d'exploitant agricole (CE 29-9-1982 n°s 22589, 22590 et 22591 : RJF 11/82 n° 1047). 5140
Lorsque l'écoulement des stocks est opéré **après le décès de l'exploitant** par ses héritiers, les profits correspondants sont imposables dans la catégorie des bénéfices agricoles si les héritiers ont eux-mêmes la qualité d'exploitant. Il en est ainsi, par exemple, lorsque les héritiers d'un viticulteur font vendanger pour leur compte et à leurs frais la récolte sur pied de raisins dont ils ont hérité (CE 17-11-2000 n° 194968 : RJF 2/01 n° 171). Si les héritiers n'ont pas la qualité d'exploitant agricole, le gain de cession des stocks relève du régime des plus-values sur biens meubles des particuliers.

B. Limites fiscales de l'activité agricole

5200 Tous les produits procurés par l'exploitation de biens ruraux ne sont pas classés dans la catégorie des bénéfices agricoles. Nous étudierons successivement les activités que l'on peut qualifier d'extra-agricoles, tout au moins sur le plan fiscal, et les revenus tirés du droit de propriété.

1. ACTIVITÉS EXTRA-AGRICOLES

ACTIVITÉS AGRICOLES ACCESSOIRES À UNE ACTIVITÉ INDUSTRIELLE OU COMMERCIALE

5205 Lorsque des opérations agricoles sont accomplies à titre de simple extension d'une activité industrielle ou commerciale dont elles ne constituent que l'accessoire, les profits qui en résultent sont imposables au titre des bénéfices industriels et commerciaux et non au titre des bénéfices agricoles (CGI art. 155, I-1). **Exemples** : éleveur exerçant également une activité de négociant en viandes ou de marchand de bestiaux, lorsque l'activité de négoce est prépondérante ; entrepreneur de parcs et jardins se livrant accessoirement à une activité de pépiniériste ; producteur de légumes exerçant également, de façon prépondérante, une activité commerciale de conditionnement de légumes et de vente d'engrais.
La jurisprudence subordonne l'application de ce régime de taxation en BIC à deux conditions :
– l'existence d'un **lien étroit entre l'activité commerciale et l'activité agricole**. Le critère le plus utilisé pour caractériser l'existence de liens étroits entre les deux activités est celui de la vente des produits agricoles dans le cadre de l'activité commerciale. Ainsi, le lien est établi lorsqu'une proportion importante des produits de l'exploitation agricole est revendue par l'intermédiaire de l'activité commerciale (par exemple, CE 23-6-1993 n° 88238 : RJF 8-9/93 n° 1097) ;
– la **prépondérance de l'activité commerciale**. La comparaison du chiffre d'affaires (ou des recettes) réalisé permet le plus souvent d'apprécier l'importance respective des deux activités, mais d'autres critères (critères physiques comme le nombre d'animaux achetés et revendus par des négociants-éleveurs) sont parfois utilisés.

ACTIVITÉS AGRICOLES ACCESSOIRES À UNE ACTIVITÉ LIBÉRALE

5210 Lorsqu'un titulaire de bénéfices non commerciaux réalise des opérations agricoles à titre accessoire entrant normalement dans la catégorie des bénéfices agricoles, il est tenu compte de ces résultats pour la détermination de ses bénéfices non commerciaux si ces opérations agricoles sont une **simple extension** de son **activité libérale prépondérante** (CGI art. 155, I-2). Lorsque les deux activités sont réputées **distinctes**, chacune d'elles doit être imposée dans la catégorie qui lui est propre.
Le régime de l'article 155, I-2 du CGI est similaire à celui qui existe pour la taxation des revenus agricoles accessoires perçus par les **titulaires de BIC** (n° 5205).

OPÉRATIONS NON SITUÉES DANS LE PROLONGEMENT NORMAL DE L'AGRICULTURE

5220 Les exploitants agricoles ne se livrent pas à des activités agricoles mais réalisent des opérations commerciales :
– lorsqu'ils vendent des **produits ne provenant pas de leur exploitation** ;
– lorsqu'ils procèdent à la **transformation de produits agricoles**.

> **Précisions a.** Le recours à certains **procédés du commerce** (par exemple, ventes sur les marchés ou par l'intermédiaire d'un commissionnaire) ne suffit pas à entraîner la taxation au titre des bénéfices industriels et commerciaux (BOI-BA-CHAMP-10-10-20 n° 140). La seule circonstance que l'exploitant dispose d'une **installation commerciale** permanente pour la vente au détail de ses produits ne fait pas obstacle à l'imposition dans la catégorie des bénéfices agricoles (CAA Marseille 8-3-1999 n°s 96-2433, 96-2434 et 96-2435 : RJF 10/99 n° 1179).
> **b.** Les profits provenant des **droits d'entrée de visites touristiques** d'une exploitation agricole relèvent en principe des bénéfices agricoles sauf s'il s'avère que cette activité relève d'une démarche commerciale (aménagement des immeubles concernés, publicité, etc.), auquel cas ces profits constituent des bénéfices commerciaux (BOI-BA-CHAMP-10-10-20 n° 330).

5225 **Vente de produits ne provenant pas de l'exploitation** Lorsque des exploitants agricoles vendent, en même temps que les produits de leur propre exploitation, des produits achetés qui ne proviennent pas de leur exploitation, les profits retirés de ces opérations

relèvent en principe des bénéfices industriels et commerciaux (BOI-BA-CHAMP-10-10-20 n° 20). Voir, toutefois, n°s 9720 s. pour les exploitants soumis à un régime réel.
Même solution pour les bénéfices réalisés par les contribuables **ne participant pas eux-mêmes à la culture ou à l'élevage** des produits qu'ils vendent (exemple : contribuables qui remettent des graines ou des greffons à des cultivateurs, à qui ils achètent ensuite leurs produits) (BOI-BA-CHAMP-10-10-20 n° 80).

> **Précisions a.** Les **ventes de produits en dépôt** sont imposables dans la catégorie des bénéfices industriels et commerciaux lorsque l'exploitant agricole agit en son propre nom mais relèvent des bénéfices non commerciaux lorsque l'exploitant agit au nom d'autrui (BOI-BA-CHAMP-10-10-20 n° 120).
> **b.** En ce qui concerne l'**élevage à façon**, voir n° 5120.

Transformation de produits agricoles Les profits issus de la transformation de produits agricoles constituent en principe des bénéfices commerciaux. Cependant, les profits que les exploitants agricoles retirent de la transformation des produits de leur exploitation conservent un caractère agricole si cette transformation porte sur des produits ou sous-produits destinés à l'alimentation de l'homme ou des animaux ou pouvant être utilisés à titre de matières premières dans l'agriculture ou dans l'industrie (distillation des betteraves, des fleurs, des résines, fabrication du pain, de la fécule, du sucre, du beurre, etc.) (BOI-BA-CHAMP-10-10-20 n°s 190 s.). **5230**

RECETTES COMMERCIALES ET NON COMMERCIALES ACCESSOIRES

Les modalités de taxation des recettes commerciales et non commerciales accessoires des agriculteurs sont exposées avec l'étude des différents régimes. **5235**
Précisons d'ores et déjà que les recettes commerciales ou non commerciales accessoires des exploitants relevant du **micro-BA** sont imposées distinctement au titre des BIC ou des BNC (voir n°s 7700 s.).
Quant aux exploitants soumis à un **régime réel** d'imposition, ils sont autorisés, sous certaines conditions et limites, à rattacher à leurs bénéfices agricoles les recettes provenant d'activités commerciales ou non commerciales accessoires (n°s 9720 s.).

2. REVENUS TIRÉS DU DROIT DE PROPRIÉTÉ

RENTE DU SOL

Lorsque l'exploitant est propriétaire des terres et des bâtiments affectés à l'exploitation, le revenu correspondant, souvent appelé « rente du sol », reste compris dans le bénéfice agricole et est taxé comme tel (BOI-BA-CHAMP-10-30 n° 1). **5280**

REVENUS ACCESSOIRES AU DROIT DE PROPRIÉTÉ

Il peut arriver qu'en plus des produits de l'exploitation agricole proprement dits, le propriétaire exploitant perçoive certains revenus ayant leur origine dans le droit de propriété ou d'usufruit. **5290**
Les **recettes concernées** sont notamment celles provenant de la location du droit de chasse, de pêche, de cueillette ou d'affichage, de la concession du droit d'exploitation des carrières, des redevances tréfoncières, etc.
Ces revenus sont **imposables dans la catégorie** :
– des bénéfices agricoles lorsqu'ils proviennent d'immeubles ayant un lien direct avec l'exercice de l'activité professionnelle, inscrits à l'actif d'une exploitation soumise à un régime réel ;
– des revenus fonciers dans les autres cas.

CAS PARTICULIER DU DROIT DE CHASSE

Dans le cas où le **propriétaire des terres se réserve la jouissance du droit de chasse**, celui-ci est imposable sur ce revenu en nature uniquement si l'imposition est due au titre des bénéfices agricoles. À l'inverse, le propriétaire des terres est exonéré s'il relève de la catégorie des revenus fonciers (CGI art. 30). **5300**

Lorsque l'imposition est exigible au titre des bénéfices agricoles, le **revenu imposable** est constitué par la valeur locative correspondant au montant des loyers que les propriétés pourraient produire si elles étaient données en location. Ce loyer « fictif » est évalué par comparaison avec des propriétés similaires faisant l'objet d'une location normale ou, à défaut, par appréciation directe. Faute d'autres éléments d'appréciation conduisant à le fixer à un niveau différent, le loyer fictif est évalué au montant des frais et charges courants de la propriété, y compris les frais de gestion et d'amortissement. **5305**

5310 **Location du droit de chasse** Le produit de la location du droit de chasse est toujours imposable, que les terres servent exclusivement à la chasse ou qu'elles soient par ailleurs affectées à une exploitation agricole ou forestière soit en fermage, soit en faire-valoir direct.

Lorsque la **location** est **pure et simple**, le produit de la location est imposable soit dans la catégorie des revenus fonciers, soit dans celle des bénéfices agricoles, selon les règles exposées n° 5290.

Si la **location s'accompagne de prestations de services** (par exemple : location accompagnée du couvert et du gîte ; revente par le bailleur des animaux abattus), l'imposition est établie au titre des bénéfices industriels et commerciaux (BOI-RFPI-CHAMP-10-30 n° 130), sous réserve, pour les exploitants soumis à un régime de bénéfice réel agricole et ayant inscrit leurs terres à l'actif, de l'application de l'article 75 du CGI (voir n°s 9720 s.).

CHAPITRE 2

CHAMP D'APPLICATION DES RÉGIMES D'IMPOSITION

SOMMAIRE

PRÉSENTATION GÉNÉRALE DES RÉGIMES D'IMPOSITION

5600 Il existe trois modes d'imposition des bénéfices agricoles : le régime micro-BA, le régime du bénéfice réel simplifié et le régime du bénéfice réel normal. Leur champ d'application dépend du montant des recettes de l'exploitation mais les exploitants peuvent, dans certains cas, renoncer au régime d'imposition dont ils relèvent de plein droit et opter pour un autre régime.

Sauf cas particuliers des exploitations forestières (nos 15200 s.) et des exploitations agricoles situées hors de France (n° 5080), les règles applicables sont schématiquement les suivantes.

Le régime **micro-BA** s'applique de plein droit aux exploitants dont la moyenne des recettes hors taxe des trois années précédentes n'excède pas 120 000 €, lorsqu'ils ne sont pas expressément exclus de ce régime et n'optent pas pour le régime réel.

Sauf option pour le régime réel normal, le **régime réel simplifié** s'applique de plein droit :

– aux exploitants dont la moyenne des recettes hors taxe des trois années précédentes est supérieure à 120 000 € et n'excède pas 391 000 € ;

– aux exploitants exerçant une activité commerciale de négociant en bestiaux, de boucher ou une activité similaire, lorsque la moyenne des recettes provenant de l'activité agricole n'excède pas 391 000 € ;

– aux sociétés agricoles (autres que les Gaec, les groupements forestiers et certaines EARL) constituées depuis le 1er janvier 1997.

Il s'applique sur option aux exploitants relevant normalement du régime micro-BA.

Au-dessus de 391 000 € de recettes moyennes hors taxe, le **régime réel normal** est obligatoirement applicable à compter du premier exercice suivant la période triennale de référence (CGI art. 69, III).

5605 Pour déterminer le **régime d'imposition applicable en 2024**, il convient de comparer aux limites de 120 000 € et 391 000 € la moyenne des recettes hors taxe des années 2021, 2022 et 2023. Les **limites** de 120 000 € et 391 000 €, également applicables en **2025**, feront l'objet en **2026** d'une **actualisation** dans la même proportion que l'évolution triennale de la limite supérieure de la première tranche du barème de l'impôt sur le revenu (CGI art. 69, VI).

> **Précisions** Le régime **micro-BA** s'appliquait en 2023 aux exploitants agricoles dont la moyenne des recettes hors taxe des trois années précédentes n'excédait pas 91 900 €. Cette limite, actualisée pour 2023, aurait dû, en principe, s'appliquer en 2024 et 2025. À titre exceptionnel, la **limite a été portée** à 120 000 € pour l'application du régime micro-BA en 2024 et 2025 (Loi 2023-1322 du 29-12-2023 art. 94).

5610 Le **tableau** ci-après résume la situation en 2024 des exploitants agricoles au regard des différents régimes d'imposition.

Moyenne des recettes (hors taxe) mesurée sur trois années consécutives		Régime de droit commun	Possibilités d'option
Ne dépassant pas 120 000 €	Généralité des exploitants	Micro-BA	Réel simplifié ou normal
	Exploitants exclus du micro-BA [1]	Réel simplifié	Réel normal
Comprise entre 120 000 € et 391 000 €	Ensemble des exploitants	Réel simplifié	Réel normal
Supérieure à 391 000 €	Ensemble des exploitants	Réel normal	Néant

1. Exploitants effectuant des **opérations** commerciales portant sur des **animaux de boucherie** ou de charcuterie (n° 6400).
Sociétés agricoles (autres que les Gaec, les groupements forestiers et certaines EARL) créées depuis le 1er janvier 1997 (n° 6180).
Exploitants disposant de revenus provenant de la **vente de biomasse** ou de la **production d'énergie** à partir de produits ou sous-produits majoritairement issus de l'exploitation agricole (n° 12800).
Exploitants disposant de revenus issus de la **location de droits à paiement de base** (n° 12800).
Exploitants dont tout ou partie des **biens affectés à l'exploitation** sont compris dans un **patrimoine fiduciaire** en application d'une opération de fiducie (n° 12800).
Exploitants ayant opté pour le régime de la **moyenne triennale** (nos 12100 s.).

SECTION 1

IMPOSITION EN FONCTION DES RECETTES

A. Règles d'appréciation des limites des régimes d'imposition

5620 C'est en principe le montant de la **moyenne** des recettes hors taxe **des trois années précédentes** qui détermine le régime d'imposition applicable (CGI art. 64 bis, I et 69) :
– micro-BA tant que cette moyenne n'excède pas 120 000 € ;
– régime simplifié lorsque la moyenne des recettes est supérieure à 120 000 € et n'excède pas 391 000 € ;
– régime réel normal au-delà de 391 000 € de recettes moyennes.

FRANCHISSEMEN T DES SEUILS

5625 Lorsque, en cas d'**augmentation des recettes**, la moyenne des recettes d'un exploitant vient à dépasser la limite du micro-BA, le régime réel simplifié est applicable à compter de la première année qui suit la période triennale de référence. De même, lorsque la limite d'application du régime réel simplifié est dépassée, le régime réel normal est applicable à compter du premier exercice suivant cette période triennale. Par exemple, un exploitant individuel relevant du micro-BA au titre de l'année N a réalisé au cours des années N – 2, N – 1 et N des recettes s'élevant

respectivement à 125 000 €, 118 000 € et 123 000 €. La moyenne des trois années (122 000 €) dépassant la limite de 120 000 €, il sera imposable, à compter du 1er janvier N + 1, selon le régime réel simplifié, sauf s'il opte pour le régime réel normal.
En cas de **passage** du micro-BA (dont la période d'imposition coïncide avec l'année civile) **à un régime réel**, la date d'ouverture du premier exercice dont les résultats sont déterminés selon les règles du régime réel est nécessairement fixée au 1er janvier mais les exploitants peuvent librement définir la date de clôture de cet exercice. Le passage **d'un régime réel à l'autre** n'entraîne par lui-même aucune modification des dates d'ouverture ou de clôture lorsque l'exercice ne coïncide pas avec l'année civile puisque le changement de régime intervient à compter du premier exercice suivant la période triennale de référence.

> **Précisions** L'administration qui entend soumettre au régime réel un exploitant au forfait, en raison du montant de ses recettes, doit apporter la **preuve du dépassement** des limites d'application du forfait (CE 24-7-1987 n° 54280 : RJF 10/87 n° 993 ; solution transposable, selon nous, pour l'application des limites du micro-BA, régime qui a remplacé le forfait).

DIMINUTION DES RECETTES

5640 En cas de diminution de leurs recettes, les exploitants soumis au régime du réel normal peuvent à nouveau être soumis au **régime simplifié** d'imposition à partir du premier jour de l'exercice suivant la période triennale au cours de laquelle les recettes se sont abaissées en dessous de la limite de 391 000 €.
En cas d'abaissement des recettes d'un exploitant soumis au régime réel, le régime **micro-BA** peut s'appliquer en N si la moyenne des recettes des années N – 3 à N – 1 ne dépasse pas 120 000 €. Par exemple, un exploitant individuel relevant du régime réel au titre de l'année N – 1 a réalisé au cours des exercices N – 3, N – 2 et N – 1 des recettes s'élevant respectivement à 90 000 €, 81 000 € et 96 000 €. La moyenne des trois années (89 000 €) ne dépassant pas la limite de 120 000 €, il sera imposable selon le régime micro-BA à compter de l'imposition des revenus de N.

EXPLOITATIONS NOUVELLES

5680 Le **régime micro-BA** est applicable de plein droit au titre de l'année de création de l'exploitation mais l'option pour le régime réel peut être exercée (BOI-BA-REG-10-10 n° 20).

EXEMPLE

En N, année de création de l'exploitation, le régime micro-BA est applicable de plein droit car la moyenne des recettes des années N – 3, N – 2 et N – 1 (soit [0 + 0 + 0]/3) est égale à 0. En N + 1, le régime micro-BA est applicable si la moyenne des recettes N – 2, N – 1 et N (soit [0 + 0 + recettes de l'année N]/3) ne dépasse pas 120 000 €. En N + 2, le régime micro-BA est applicable si la moyenne des recettes N – 1, N et N + 1 (soit [0 + recettes de l'année N + recettes de l'année N + 1]/3) ne dépasse pas 120 000 €.

B. Définition des recettes pour l'appréciation des limites des régimes d'imposition

5800 Pour l'appréciation de la limite de 120 000 € hors taxe en deçà de laquelle le **micro-BA** est le régime de droit commun, il est tenu compte des recettes effectivement encaissées au cours de l'année civile, même si elles se rapportent à une année antérieure ou constituent des avances sur livraisons (CGI art. 64 bis).
En revanche, la limite de recettes de 391 000 € hors taxe au-delà de laquelle le **régime simplifié d'imposition** n'est plus applicable doit être appréciée selon la règle des créances acquises prévue par l'article 38, 2 bis du CGI (CGI art. 69, V) (sur cette règle, voir n° 9100).
Des règles particulières d'appréciation des limites s'appliquent :
– aux exploitants d'**élevages de type industriel** (nos 5905 s.) ;
– aux exploitants qui réalisent des **opérations** d'élevage ou de culture **à façon** (nos 5960 s.).

NOTION DE RECETTES ENCAISSÉES POUR L'APPRÉCIATION DE LA LIMITE DE 120 000 €

5805 Pour l'appréciation de la limite de 120 000 € hors taxe, il doit être tenu compte des recettes effectivement encaissées au cours de l'**année civile,** même si elles se rapportent à une année antérieure ou constituent des avances sur livraisons. Les solutions de jurisprudence citées ci-après sur la notion de recettes encaissées ont été rendues pour l'appréciation des limites déterminant les régimes d'imposition applicables pour l'imposition des revenus jusqu'en 2015 mais sont transposables, selon nous, pour l'appréciation de la limite du micro-BA.

Des sommes encaissées par un Gaec dont le contribuable est associé doivent être prises en compte l'année de leur encaissement même si elles ont été versées au titre de **livraisons effectuées l'année précédente** (CE 10-11-2000 n° 197903 : RJF 2/01 n° 169).

La **notion d'encaissement** est définie de la façon suivante : doivent être regardées comme encaissées au cours d'une année toutes les sommes dont le contribuable a eu la disposition avant le 1er janvier de l'année suivante, y compris celles qu'il s'est volontairement abstenu d'encaisser (dans ce dernier cas, l'administration doit apporter la preuve que la date des encaissements ne dépend que de la volonté du contribuable). L'administration est par exemple en droit de tenir compte des chèques qu'un organisme stockeur, après livraison des récoltes, a établis le 3 décembre d'une année mais qu'il n'a adressés à l'agriculteur, à la demande de ce dernier, qu'en janvier de l'année suivante (CE 28-7-1993 n° 77712 : RJF 10/93 n° 1303). De même, une recette professionnelle dont l'encaissement a été confié à un tiers par le contribuable est considérée comme mise à la disposition de ce dernier à la date où le mandataire chargé de la percevoir l'a encaissée (CAA Nancy 10-7-1990 n° 410 : RJF 11/90 n° 1348).

5810 **Date d'encaissement** Une somme est considérée comme encaissée lorsqu'elle donne lieu à un **paiement effectif** (BOI-BA-REG-10-20-10 n° 90) :

– en espèces ou par chèque : la remise des espèces ou du chèque vaut encaissement ;

– par virement bancaire : l'encaissement est constitué par l'inscription au crédit du compte bancaire de l'intéressé (date de l'opération ou date de valeur pratiquée par l'établissement) ;

– par effet de commerce (traite, billet à ordre) : la date d'encaissement correspond à celle de l'échéance.

Une somme est également considérée comme encaissée lorsqu'elle est inscrite au **crédit d'un compte courant**. Pour que les sommes portées au crédit du compte ouvert au nom de l'exploitant dans les écritures d'une société soient considérées comme mises à la disposition de l'intéressé, il faut que le compte présente, en raison de son fonctionnement, les caractéristiques d'un véritable compte courant (au contraire d'un simple relevé de créances réciproques). Sur ce point, le critère déterminant qui permet de distinguer un compte courant d'un compte se bornant à compenser les créances et les dettes est l'accord des parties selon lequel l'inscription d'une somme au compte vaut par elle-même juridiquement paiement (CE 20-11-1995 n° 126439 : RJF 1/96 n° 40 ; sur renvoi, CAA Lyon 9-10-1996 n° 96-29 : RJF 12/96 n° 1431).

5815 **Cas particuliers** La date d'encaissement d'une **recette correspondant à une livraison faite à une coopérative agricole** varie selon les modalités de règlement adoptées par cet organisme :

– d'une manière générale, les opérations de vente à une coopérative agricole donnent lieu à une inscription au crédit du compte courant ouvert au nom de l'exploitant agricole dans la comptabilité de ce groupement. La date d'encaissement de la recette à retenir pour l'appréciation de la limite se confond alors avec celle de cette inscription. Dans ce cas, il est fait abstraction, pour la détermination du régime fiscal des adhérents, des règlements effectifs opérés par la coopérative (remise d'un chèque ou virement bancaire) après compensation des recettes et des dépenses inscrites en compte courant ;

– lorsque les recettes correspondant aux livraisons faites à une coopérative donnent lieu à un paiement par virement bancaire sans inscription préalable à un compte courant dans la comptabilité de la coopérative, l'encaissement est constitué par l'inscription au crédit du compte bancaire de l'intéressé.

Quant au **montant des sommes à retenir**, il dépend des relations contractuelles entre la coopérative et ses membres, telles qu'elles sont définies par les statuts, le règlement intérieur ou tout autre document analogue :

– lorsque la coopérative agit comme mandataire, les coopérateurs doivent comprendre dans leurs recettes les sommes nettes qu'ils reçoivent en contrepartie de leurs apports, ainsi que le montant des prélèvements effectués par la coopérative pour couvrir ses frais de transformation et de fonctionnement. Par exemple, le prix de vente à des coopératives ayant pour objet le conditionnement, le stockage et la commercialisation des produits des sociétaires doit être retenu pour la totalité de son montant, sans en retrancher les frais de conditionnement (CE 15-2-1982 n° 24855 : RJF 4/82 n° 378 ; BOI-BA-REG-10-20-10 n° 100). De même, lorsqu'un producteur de maïs confie sa récolte en dépôt à une entreprise de stockage et de séchage, et lui vend ensuite sa récolte pour un prix diminué des frais correspondants, le montant des recettes à retenir s'entend du prix de vente majoré des frais de stockage et de séchage (CE 26-10-2001 n° 225160 : RJF 2/01 n° 33) ;

– si la coopérative achète aux exploitants des produits agricoles qu'elle revend pour son propre compte, les coopérateurs ne retiennent dans leurs recettes que les sommes reçues (acomptes, primes, ristournes, etc.) en contrepartie de leurs apports de produits non transformés.

La date d'encaissement des **ristournes accordées par les coopératives** est, en principe, celle de leur inscription au crédit du compte courant des coopérateurs. 5820
Toutefois, cette présomption de disponibilité doit être écartée lorsque des circonstances indépendantes de la volonté des bénéficiaires font obstacle au retrait des sommes portées à leur compte. Il en est ainsi, notamment, dans l'hypothèse où les **ristournes** sont **bloquées** par décision du conseil d'administration ou de l'assemblée générale de la coopérative. De même, dans l'hypothèse où des ristournes sont **inscrites le 31 décembre** au compte courant des coopérateurs, ceux-ci ne peuvent être réputés en avoir la disposition le même jour. En pareil cas, la date d'encaissement est celle à laquelle ils en ont eu la disposition effective. Au contraire, l'exploitant dont les ristournes ont été frappées de **saisie-arrêt** est considéré comme en ayant eu la disposition (BOI-BA-REG-10-20-10 n°s 140 et 150).

Lorsqu'un **fermier paye ses loyers en nature**, il y a lieu de tenir compte de la valeur des produits alloués au bailleur pour l'appréciation de la limite. La date de paiement correspond à celle de la livraison des denrées soit au bailleur lui-même, soit à une coopérative ou à un négociant pour le compte du propriétaire (BOI-BA-REG-10-20-10 n° 90). 5825

RECETTES À RETENIR POUR L'APPRÉCIATION DES LIMITES DES RÉGIMES D'IMPOSITION

Les recettes à retenir sont déterminées en tenant compte de l'ensemble des opérations réalisées par l'exploitant. Selon qu'il s'agit d'apprécier la limite du régime micro-BA ou du régime réel simplifié, les recettes s'entendent respectivement des recettes encaissées ou des créances acquises. 5830
Les recettes à retenir **comprennent** pour l'essentiel (CGI ann. III art. 38 sexdecies A ; BOI-BA-REG-10-20-10 nos 170 à 290) :
– les ventes de produits de l'exploitation ;
– les subventions, aides et primes destinées à compenser un manque à gagner ou présentant le caractère d'un supplément de prix (exemples : aides compensatoires versées dans le cadre de la politique agricole commune, primes à la production de blé dur, etc.) ;
– les indemnités d'assurance perçues à la suite d'une calamité frappant les récoltes ou le bétail ;
– les indemnités d'épandage (CE 28-9-1992 n° 83429 : RJF 11/92 n° 1502) ;
– la valeur des produits prélevés dans l'exploitation et alloués soit au personnel salarié (à l'exception de la valeur des repas pris sur l'exploitation ; voir n° 5850), soit au propriétaire du fonds en paiement des fermages ;
– les intérêts des comptes d'associés coopérateurs (pour les intérêts statutaires dus aux porteurs de parts, voir n° 5850). Il en est ainsi alors même que l'ouverture du compte est facultative. En effet, crédité des apports de récoltes et débité des fournitures et services obtenus auprès de la coopérative, le compte est conçu pour effectuer des opérations financières indissociables de l'activité agricole de l'adhérent et ne constitue pas un instrument de placement de fonds (CE 31-5-2000 n° 187165 : RJF 7-8/00 n° 923).

Ventes Les ventes de produits de l'exploitation sont retenues pour leur montant **hors TVA**. 5835
La prise en compte des **frais de transport** s'effectue de la façon suivante (BOI-BA-REG-10-20-10 nos 210 à 230).
En cas de **vente franco** (port payé), les frais de transport facturés au client sont à prendre en compte pour l'application des limites.
En cas de **vente départ** (prix correspondant à la livraison au départ, transfert de la propriété et délivrance de la marchandise préalables au transport), les frais de transport ne sont pas à comprendre dans les recettes pour la détermination des limites.
Lorsque l'acheteur demande au **vendeur** de faire effectuer le **transport pour son compte**, les frais de transport ne sont pas à retenir pour la détermination des limites dans les deux hypothèses suivantes :
– le transport est confié à un tiers par le vendeur et ce dernier a agi d'ordre et pour le compte de l'acheteur. Cette condition est satisfaite lorsque le prix du transport est facturé distinctement à l'acheteur et n'est pas différent de celui qui a été facturé par le transporteur ;
– le transport est assuré par le vendeur, au moyen de véhicules lui appartenant, et le prix réclamé par le vendeur pour le transport constitue la rémunération effective d'un service que le vendeur et son client ont entendu rémunérer de manière distincte, est facturé distinctement et est calculé, non pas forfaitairement, mais en tenant compte notamment du mode de transport, de la quantité livrée et du lieu de destination.

› **Précisions** Constituent également des recettes à retenir (BOI-BA-REG-10-20-10 n° 240) :
– les recettes ou créances provenant de la vente ou de l'apport en société par un exploitant de polyculture de la totalité de son **cheptel vif**, dans la mesure où les animaux ne constituent pas des éléments de l'actif immobilisé ;
– les sommes versées ou attribuées à un exploitant par une **caisse de péréquation** ;
– les **ristournes** versées ou attribuées par les **coopératives** en fin de campagne ;
– les **avances et acomptes** versés par les coopératives ou les négociants aux exploitants relevant du régime micro-BA.

5840 **Abattement applicable à certaines primes et indemnités versées aux éleveurs** Les indemnités, subventions ou primes versées aux éleveurs en vue de compenser un manque à gagner sont en principe retenues pour leur **montant total**.
Toutefois, l'administration autorise les éleveurs à ne retenir certaines sommes que pour **le tiers de leur montant**. Cette mesure est applicable, sur demande, aux sommes suivantes (BOI-BA-REG-10-20-20 n°s 300 à 330) :
– indemnités d'abattage des animaux à cycle long (vaches laitières, taureaux, ovins, caprins et porcins adultes exclusivement) ainsi que le produit de la vente de la viande lorsque l'**abattage** de tout ou partie du cheptel a été imposé à l'éleveur en application de la **réglementation sanitaire** ;
– indemnités perçues par les **ostréiculteurs** pour les huîtres à cycle long, victimes d'épizootie, en cas d'éradication imposée par la réglementation sanitaire (cette solution ne concerne que les ostréiculteurs à l'exclusion des autres conchyliculteurs, en raison de l'extrême variété des durées de production des différents coquillages) ;
– indemnités d'assurance destinées à compenser la perte d'animaux à cycle long à la suite d'un **incendie** ou d'une **épizootie** ;
– produit de la vente qui résulte de l'**abattage de vaches laitières**.
L'abattement applicable à certaines primes et indemnités ne vaut que pour l'appréciation des limites d'application des régimes d'imposition et n'a donc pas d'incidence sur les règles de **détermination du bénéfice** des exploitants.

RECETTES DONT IL EST FAIT ABSTRACTION POUR L'APPRÉCIATION DES LIMITES DES RÉGIMES D'IMPOSITION

5850 Sont exclus pour l'appréciation des limites (CGI ann. III art. 38 sexdecies A ; BOI-BA-REG-10-20-10 n°s 310 à 400) :
– le produit des opérations portant sur des éléments de l'**actif immobilisé** (dont certains animaux font partie, voir n° 9320) : recettes provenant de la cession d'immobilisations ; indemnités reçues du propriétaire par le preneur sortant en contrepartie des améliorations apportées au fonds loué ; primes d'arrachage d'arbres fruitiers ou de vignes qui ont pour contrepartie une diminution de l'actif immobilisé, etc. ;
– la valeur de l'**autoconsommation** : il s'agit des produits prélevés dans l'exploitation et qui sont soit consommés par l'exploitant, sa famille et son personnel (lorsque celui-ci est nourri sur place), soit utilisés pour la nourriture des animaux ou pour les besoins de l'exploitation (semences, par exemple) ;
– la valeur des travaux effectués dans le cadre de l'**entraide agricole** ;
– les **subventions et primes d'équipement** (exemple : subventions perçues pour la construction d'une étable). Les subventions et primes destinées à compenser un manque à gagner doivent en revanche être retenues ;
– les **redevances** ayant leur origine dans le droit de propriété (location du droit de chasse, de pêche, de cueillette, du droit d'affichage ; concession du droit d'exploitation de carrières ; location d'immeubles bâtis ou non bâtis ; indemnité d'occupation temporaire) ;
– les **recettes ou produits accessoires** provenant d'activités n'ayant pas un caractère agricole (par exemple, prise en pension d'animaux autres que des chevaux) ;
– les recettes correspondant aux **apports de stocks à un Gaec**, dans la mesure où il s'agit de véritables apports rémunérés par des parts sociales ;
– les **prix** obtenus à l'occasion de **concours** ou de foires-expositions.

› **Précisions** Ne sont pas non plus pris en compte les produits suivants :
– **ristournes** et réductions **sur achats** consenties aux exploitants ;
– **intérêts statutaires** versés aux porteurs de parts de coopératives ;
– remboursement des **excédents de crédits de TVA** ;
– **remboursements forfaitaires de TVA** ;
– **indemnités** versées aux **administrateurs de sociétés coopératives ou d'organismes agricoles** de crédit, de gestion ou d'assistance mutuelle ;
– **recettes forestières**.

C. Modalités particulières de calcul des limites des régimes d'imposition

Le principe suivant lequel la limite des régimes d'imposition est constituée par la moyenne des recettes hors taxe encaissées au cours des trois années précédentes comporte des modalités particulières d'application en ce qui concerne : **5900**
– les **élevages industriels**, qui bénéficient, sous certaines conditions, d'un abattement de 30 % sur le montant de leurs recettes ;
– les recettes provenant d'**opérations agricoles à façon**, qui sont multipliées par trois pour la détermination du régime d'imposition des exploitants.

Pour le cas particulier des indemnités compensatrices de la perte d'**animaux à cycle long**, voir n° 5840.

Les règles ci-après ne valent que pour l'appréciation des limites d'application des régimes d'imposition. Pour la **détermination du bénéfice** imposable, les recettes doivent être prises en compte dans leur intégralité.

1. ÉLEVAGES DE TYPE INDUSTRIEL

Certains éleveurs recourent à des méthodes intensives de production et réalisent de ce fait des recettes importantes alors que leurs marges bénéficiaires sont très inférieures à celles constatées dans les élevages classiques. Pour épargner à ces éleveurs des obligations disproportionnées par rapport à l'importance réelle de leurs exploitations, un **abattement** de 30 % est appliqué au montant des recettes provenant d'élevages pour lesquels le pourcentage moyen du bénéfice brut par rapport aux recettes est inférieur à 20 % (CGI ann. III art. 38 sexdecies A). La liste des élevages qui peuvent bénéficier de cette disposition est fixée par l'article 4 M de l'annexe IV au CGI. **5905**

> **Précisions** La **liste** des élevages donnant droit à l'abattement est **limitative**. Les **éleveurs n'entrant pas dans les prévisions** de l'article 4 M de l'annexe IV au CGI ne peuvent donc pas bénéficier de l'abattement de 30 % alors même qu'ils seraient en mesure de démontrer que leur marge bénéficiaire est inférieure à 20 %. Inversement, la déduction de 30 % s'applique automatiquement aux **élevages définis par le CGI**, sans que l'exploitant ait à prouver que son bénéfice brut est inférieur à 20 % (BOI-BA-REG-10-20-20 n° 10).

ÉLEVAGES DONT LES RECETTES DONNENT LIEU À UN ABATTEMENT DE 30 %

La liste limitative de ces élevages comprend **trois catégories** (CGI ann. IV art. 4 M) : les élevages de volailles, les élevages de porcs de charcuterie et les élevages de bovins. Chacune de ces catégories doit répondre à certaines caractéristiques particulières, tenant notamment à une production annuelle minimale. **5910**

Les trois types d'élevages présentent toutefois une caractéristique commune : ils sont effectués en série suivant des méthodes dites industrielles ce qui implique, d'une façon générale, que les animaux (BOI-BA-REG-10-20-20 n° 30) :
– soient achetés à des naisseurs (sauf pour les volailles) ;
– séjournent sur l'exploitation pendant une durée relativement courte ;
– soient élevés dans des bâtiments spécialisés ou des enclos de faibles dimensions ;
– soient nourris à l'aide d'aliments achetés.

a. Élevage de volailles

Sont visées les **volailles de basse-cour** (poules, poulets, pintades, canards, oies, dindons, etc.), à l'exclusion du gibier d'élevage (cailles, faisans, perdrix, etc.) (BOI-BA-REG-10-20-20 n° 50). **5912**

Pour bénéficier de l'abattement de 30 %, l'élevage doit comporter **au minimum** 1 000 sujets en état de pondre, en moyenne annuelle, ou disposer d'une production annuelle commercialisée d'au moins 5 000 volailles de chair. Si aucun de ces deux seuils n'est atteint, les recettes doivent être retenues intégralement pour apprécier si les limites des régimes d'imposition sont ou non dépassées.

> **Précisions a.** Un **élevage de canards gras selon la technique du gavage** peut bénéficier de l'abattement de 30 %, en dépit des méthodes de travail particulières de cette activité, dès lors qu'il est fait largement appel à des procédés automatisés pour l'alimentation, l'abattage et le conditionnement des canards (CAA Bordeaux 30-12-1992 n° 92334 : RJF 3/93 n° 344).
> **b.** Bien qu'elles ne soient pas expressément visées par l'article 4 M de l'annexe IV au CGI, l'administration admet que les recettes

provenant de la vente de **poulettes démarrées** (jeunes poules sélectionnées en vue de la ponte) bénéficient de l'abattement de 30 % lorsque la production annuelle commercialisée atteint au moins 2 500 sujets (BOI-BA-REG-10-20-20 n° 60).

b. Élevage de porcs de charcuterie

5914 À titre de règle pratique, l'administration admet que tous les porcs engraissés à partir de porcelets répondent à la définition d'élevage de porcs de charcuterie (BOI-BA-REG-10-20-20 n° 70).

L'abattement de 30 % s'applique lorsque les deux conditions suivantes sont remplies :

– l'élevage s'effectue principalement à partir d'**animaux achetés**. Peuvent ainsi prétendre à l'abattement les élevages dans lesquels le nombre d'animaux vendus dans l'année et provenant d'achats (quelle que soit la date d'achat) est supérieur à la moitié du total des ventes de la même année ;

– la **production annuelle** commercialisée de porcs est au moins de 300 sujets.

c. Élevage de bovins

5916 L'abattement de 30 % s'applique aussi bien aux jeunes animaux (veau, broutard) qu'aux bêtes plus âgées (bouvillon, taurillon, génisse, baby-beef, etc.). Dans tous les cas, les conditions suivantes doivent être simultanément remplies (BOI-BA-REG-10-20-20 n°s 80 à 150).

L'élevage doit s'effectuer à partir d'**animaux achetés**. Les recettes provenant de la vente de bovins nés dans l'exploitation ne peuvent donc faire l'objet d'aucun abattement.

La **production annuelle commercialisée** de bovins élevés à partir d'animaux achetés doit atteindre au moins 100 têtes pour les veaux de boucherie (jeunes bovins n'ayant reçu qu'une alimentation lactée) et 40 têtes pour les autres bovins. Cette condition n'est pas remplie par l'exploitant qui a commercialisé 34 taurillons l'année N, même si sa commercialisation moyenne sur l'année N et les années antérieures excède ce nombre (CE 28-9-1992 n° 83429 : RJF 11/92 n° 1502).

Les animaux doivent être élevés en **stabulation permanente**, c'est-à-dire à l'étable ou dans des enclos de faibles dimensions. Il en résulte notamment que les recettes tirées de la vente de bovins élevés au pré (animaux d'embouche par exemple) doivent toujours être retenues pour leur montant intégral pour l'appréciation des limites d'application des régimes d'imposition.

Les bovins doivent être **revendus** :

– soit au plus tard à l'**âge d'un an** ou moins de **neuf mois après leur achat**, lorsqu'ils sont nourris principalement avec des aliments achetés (plus de la moitié en valeur de leur alimentation doit être achetée à des tiers) ;

– soit au plus tard à l'**âge de 18 mois** si tous les animaux de l'élevage sont nourris exclusivement avec des aliments achetés. Cette condition est considérée comme remplie lorsque la nourriture achetée représente au moins 90 % en valeur des aliments consommés.

La **durée d'engraissement** doit s'apprécier animal par animal.

> **Précisions** Lorsque certains produits de l'exploitation font l'objet d'une **transformation par un tiers** (déshydratation de luzerne, par exemple) avant d'être consommés par le bétail, ces aliments doivent être inclus :
> – dans la valeur des produits achetés, à concurrence du coût de la transformation ;
> – dans la valeur des aliments consommés, pour leur coût global.

CALCUL DE L'ABATTEMENT

5920 Lorsqu'un élevage répond aux caractéristiques définies précédemment, il convient, pour apprécier si les limites d'application des régimes d'imposition sont ou non dépassées, d'appliquer un abattement de 30 % sur le montant des **recettes provenant de cet élevage**. Les **recettes d'une autre origine** (productions végétales, productions animales autres que celles visées par l'article 4 M de l'annexe IV au CGI ou qui ne répondent pas aux caractéristiques définies par ce texte, etc.) doivent être retenues pour leur montant intégral (BOI-BA-REG-10-20-20 n° 160).

EXEMPLE

a. Un éleveur de volailles imposé selon le régime micro-BA réalise une moyenne de 150 000 € de recettes (moyenne de trois années consécutives). Compte tenu de l'abattement de 30 %, les recettes à prendre en considération pour l'appréciation des limites s'établissent à 150 000 € × 70 % = 105 000 €. Ce chiffre étant inférieur à la limite de 120 000 €, cet éleveur pourra, s'il le désire, demeurer imposé selon le micro-BA.

b. Un exploitant réalise les recettes suivantes (moyenne de trois années consécutives) :
– polyculture : 100 000 € ;
– élevage de porcs de charcuterie : 24 600 €.
Les recettes à comparer à la limite de 120 000 € ressortent à : 100 000 € + (24 600 € × 70 %) = 117 220 €.
Ce chiffre étant inférieur à la limite, l'exploitant pourra demeurer imposé selon le micro-BA.
c. Si au contraire les recettes atteignent :
– polyculture : 150 000 €,
– élevage de porcs de charcuterie : 24 600 €,
elles dépassent la limite de 120 000 €, malgré l'abattement de 30 % appliqué aux recettes provenant de l'élevage de porcs (24 600 €).
L'exploitant est donc obligatoirement soumis au régime du bénéfice réel simplifié et ce bénéfice est déterminé en tenant compte de l'intégralité de ses recettes, soit :
150 000 € + 24 600 € = 174 600 €.

2. OPÉRATIONS AGRICOLES À FAÇON

Le montant des recettes perçues par les exploitants qui réalisent des **opérations pour le compte de tiers** est, à revenu égal, très inférieur à celui des exploitants qui vendent leur propre production. Afin d'assurer la neutralité fiscale entre les différents types d'exploitations, les recettes provenant d'opérations d'élevage ou de culture portant sur des animaux ou des produits appartenant à des tiers sont multipliées par trois pour l'appréciation des chiffres de recettes délimitant l'application des différents régimes d'imposition (CGI art. 69, VI). 5960

> **Précisions** La multiplication par trois des recettes provenant des opérations à façon **ne peut pas se combiner** avec l'abattement de 30 % prévu en faveur de certains **élevages industriels** (nos 5905 s.). Cet abattement ne concerne en effet que les éleveurs qui vendent leur propre production (BOI-BA-REG-10-20-20 n° 290).

RECETTES SOUMISES AU TRIPLEMENT

La pondération de recettes concerne essentiellement (BOI-BA-REG-10-20-20 nos 180 à 220) : 5965
– les rémunérations perçues en exécution d'un **contrat d'intégration** (convention par laquelle un exploitant s'engage à élever des animaux appartenant à une entreprise industrielle ou commerciale avec des aliments fournis par cette dernière et moyennant une rémunération proportionnelle au croît des animaux engraissés ; des conventions analogues existent également dans le domaine des productions végétales : fruits, légumes, cultures florales, etc.). Dès lors que le producteur n'est pas propriétaire des animaux engraissés ou des produits cultivés, le montant de sa rémunération doit être multiplié par trois pour l'appréciation des limites d'application des régimes d'imposition ;
– les rémunérations perçues dans le cadre d'un **contrat d'élevage ou de culture à façon** conclu entre deux agriculteurs ou entre un agriculteur et une coopérative. Il en est ainsi, par exemple, du contrat par lequel un exploitant s'engage à élever des poussins qui lui sont remis par un aviculteur-accouveur dès lors que celui-ci demeure propriétaire des animaux élevés. Des conventions analogues peuvent être conclues pour toutes les productions végétales ou animales.
Ainsi, par **exemple**, un exploitant individuel a réalisé les recettes suivantes en N – 3, N – 2 et N – 1 :
– ventes de produits de l'exploitation : 33 850 € en N – 3, 38 450 € en N – 2 et 39 500 € en N – 1 ;
– opérations à façon : 25 200 € en N – 3, 29 000 € en N – 2 et 31 000 € en N – 1.
La moyenne des recettes annuelles de l'intéressé s'élève, pour la période triennale, à :
[33 850 € + (25 200 € × 3) + 38 450 € + (29 000 € × 3) + 39 500 € + (31 000 € × 3)]/3 = 122 467 €.
À compter du 1er janvier N, cet exploitant relève en conséquence du régime simplifié d'imposition de plein droit, sous réserve de la possibilité d'opter pour le régime réel normal.

> **Précisions a.** Dans le cas particulier d'un **contrat d'intégration prévoyant que le producteur demeure propriétaire** des animaux ou des produits jusqu'à leur livraison à l'entreprise commerciale ou industrielle ou jusqu'à leur commercialisation, les recettes perçues par le producteur ne doivent pas être multipliées par trois puisqu'elles correspondent à des ventes et non à la rémunération d'un service. Mais, dans ce cas, le montant des recettes à prendre en compte pour la détermination du régime fiscal du producteur comprend non seulement le prix net reçu à la livraison mais également la valeur totale des

biens (fourniture d'aliments, engrais, emballages, amortissements des biens et matériels, etc.) et des services (assistance technique, prêts à taux réduit, cautionnement, etc.) qui lui ont été fournis par l'entreprise commerciale.

Si la valeur de ces prestations ne peut être déterminée avec précision, le montant des recettes de l'exploitant peut être déterminé de façon forfaitaire à partir du cours du jour des produits livrés, tel qu'il ressort des ventes similaires réalisées par des producteurs indépendants non intégrés (BOI-BA-REG-10-20-20 n° 210).

b. Il est admis de ne pas multiplier par trois les recettes provenant des opérations d'**élevage par un tiers d'équidés domestiques** (prise en pension de chevaux appartenant à des particuliers ou à des organismes, utilisés par leur propriétaire ou par un tiers) (BOI-BA-REG-10-20-20 n° 240).

RECETTES EXCLUES DU TRIPLEMENT

5980 La multiplication par trois des recettes ne s'étend pas à celles qui proviennent des opérations suivantes (BOI-BA-REG-10-20-20 n° 230) :

– **ventes de produits ou animaux à un client unique dans le cadre d'un contrat d'exclusivité**. Ce type de contrat ne peut être confondu avec un contrat d'intégration et, plus généralement, d'élevage ou de culture à façon, dès lors qu'il exclut l'existence de prestations réciproques et que l'exploitant demeure propriétaire des animaux ou des produits jusqu'à la livraison ;

– **prestations de services de nature commerciale**. Les recettes issues de ces opérations ne sont pas prises en compte dans le calcul des limites des régimes d'imposition et sont donc exclues du triplement. Il en est ainsi même dans le cas où les opérations accessoires sont rattachées aux bénéfices agricoles (sur les conditions de ce rattachement, voir n°s 9720 s.).

D. Situation respective des exploitants individuels et des sociétés ou groupements

1. EXPLOITANTS INDIVIDUELS

6100 Pour l'appréciation des limites d'application des régimes d'imposition, il convient de retenir la **totalité des recettes** réalisées par le contribuable dans l'ensemble de ses exploitations (CGI art. 69).

Il n'y a pas lieu de distinguer selon (BOI-BA-REG-10-30 n° 10) :

– la **situation géographique** des exploitations (on retient donc les recettes provenant d'exploitations situées dans les départements d'outre-mer) ;

– la **nature des cultures** pratiquées (voir toutefois n° 15210 en ce qui concerne les recettes forestières).

Le contribuable qui exploite un domaine agricole doit prendre en compte les recettes produites par l'exploitation qu'il a reçue en **héritage** en cours d'année, dès lors qu'il en a levé les récoltes (CE 30-12-1996 n° 161120 : RJF 2/97 n° 132).

EXPLOITATIONS FAMILIALES

6105 **Situation des époux** La question se pose fréquemment de savoir si l'activité des époux est exercée dans le cadre d'une exploitation unique ou, au contraire, de deux exploitations séparées. La réponse dépend du régime matrimonial des exploitants mais également des circonstances de fait.

Les exploitations de deux **conjoints mariés sous le régime de la communauté** ayant chacun la qualité d'exploitant agricole sont présumées former une exploitation unique, sauf preuve contraire. C'est ainsi que les exploitations agricoles respectives des conjoints, même si elles n'ont pas le même objet (engraissage de poulettes pour l'un, élevage de taurillons pour l'autre) et utilisent certains éléments d'actif propres à chacun, constituent une exploitation unique dès lors qu'elles ont un siège unique et ne disposent pas de moyens d'exploitation distincts. Les recettes des exploitations doivent donc être additionnées pour déterminer le régime d'imposition applicable (CE 20-12-2000 n° 212844 : RJF 3/01 n° 305 ; BOI-BA-REG-10-30 n° 30).

Des époux mariés sous le régime de la **séparation de biens** qui exploitent des domaines agricoles distincts dont chacun est propriétaire ou locataire ne constituent une exploitation unique pour l'appréciation du régime d'imposition applicable que si les conditions d'existence d'une société de fait sont réunies : réalisation d'apports en capital ou en industrie, participation de chacun des membres à la gestion effective et participation aux bénéfices et aux pertes (CE 23-11-1998 n° 162176 : RJF 1/99 n° 28 ; BOI-BA-REG-10-30 n° 30).

> **Précisions** Selon l'administration, celui qui procède à la **reprise de l'exploitation à la suite de la retraite de son conjoint** est considéré comme poursuivant l'exploitation. Il n'est pas considéré comme un nouvel exploitant en matière de bénéfice agricole : dès lors, son régime d'imposition est déterminé en prenant en compte les recettes de la période triennale de référence et les options en cours de validité conservent leur valeur (BOI-BA-REG-10-30 n° 50).

Situation des enfants majeurs Il convient de se référer aux **circonstances de fait** pour déterminer si les différentes activités exercées constituent une exploitation unique ou, au contraire, plusieurs exploitations distinctes. 6110

Les **recettes** doivent être **totalisées** si les éléments d'exploitation (terres, bâtiments, cheptel) appartiennent à une même personne ou à une indivision. Il en est de même lorsque le ou les baux ont été conclus au nom d'un preneur unique ou lorsqu'il existe une société de fait entre l'exploitant et ses enfants majeurs (exploitation en commun, participation à la gestion de l'affaire, aux bénéfices et aux pertes).

En revanche, l'activité de chaque membre de la famille peut être examinée **séparément** si l'on se trouve en présence d'exploitations réellement distinctes et indépendantes. Dans ce cas, d'ailleurs, les intéressés doivent également être inscrits à la Mutualité sociale agricole et auprès de la chambre d'agriculture du département (BOI-BA-REG-10-30 n° 40).

EXPLOITATIONS EN MÉTAYAGE

Le fait que la qualité d'exploitant agricole soit conférée à la fois au bailleur et au métayer ne suffit pas à établir l'existence d'une exploitation agricole commune ou d'un **groupement de fait** entre les intéressés (CE 30-12-1996 n° 160396 : RJF 2/97 n° 133). La prise en compte des recettes globales du propriétaire bailleur et du métayer ne doit donc être opérée que dans les cas où l'exploitation en métayage présente toutes les caractéristiques d'une société de fait : apports, partage des bénéfices et des pertes et affectio societatis. Si la preuve d'une société de fait est apportée, ce sont les règles indiquées n°s 6180 s. qui s'appliquent (BOI-BA-REG-10-30 n° 100). 6120

Lorsqu'un propriétaire possède **plusieurs métairies**, c'est le montant cumulé des recettes de celles-ci qui doit être pris en compte pour déterminer le régime d'imposition dont il relève pour l'ensemble de ses exploitations. Il en est de même dans la situation inverse où le métayer exploite plusieurs domaines.

2. GROUPEMENTS ET SOCIÉTÉS

Le régime fiscal des groupements et sociétés est exposé n°s 24000 s. 6160

Nous étudions ici les règles de détermination du régime d'imposition applicables aux sociétés et groupements **non soumis à l'impôt sur les sociétés** et à leurs membres.

En principe, le régime fiscal des sociétés ou groupements non passibles de l'impôt sur les sociétés est déterminé par le **montant global** de leurs **recettes**. Mais les modalités d'imposition des associés peuvent varier selon leur situation propre. C'est ainsi, par exemple, que lorsqu'un exploitant exerce son activité à la fois à titre individuel et en tant qu'associé d'une telle société ou d'un tel groupement, le régime d'imposition qui lui est applicable est déterminé en totalisant ses recettes personnelles et sa quote-part de recettes dans la société (CGI art. 70). En outre, certaines sociétés sont exclues du micro-BA (n° 6180).

SOCIÉTÉS OU GROUPEMENTS CONCERNÉS

Il s'agit des sociétés et des groupements agricoles qui sont dotés d'une personnalité distincte de celle de leurs membres et qui ne sont pas soumis à l'impôt sur les sociétés de plein droit ou à la suite d'une option. Sont concernés, par exemple, les sociétés civiles de droit commun, les groupements fonciers agricoles ou encore les EARL. À ces sociétés et groupements, il convient d'assimiler les sociétés de fait, les indivisions et les sociétés en participation qui sont en principe placées sur le plan fiscal dans la même situation que les sociétés de personnes. 6165

La situation particulière des Gaec est examinée n°s 6210 s.

> **Précisions a.** Les **sociétés coopératives** agricoles entrent dans le champ d'application de l'impôt sur les sociétés. Elles ne sont donc pas concernées par les développements qui suivent. Même solution pour les sociétés d'intérêt collectif agricole (**Sica**). Situation des adhérents d'une coopérative agricole : voir n° 5815.
>
> **b.** Les **groupements d'intérêt économique** (GIE) qui exercent une activité industrielle ou commerciale (commercialisation de la production de leurs adhérents) ne sont pas concernés par les développements qui suivent. Mais il est tenu compte des livraisons effectuées au GIE par chacun de ses adhérents pour déterminer les recettes encaissées par les intéressés. Les

mêmes règles s'appliquent aux groupements européens d'intérêt économique (**GEIE**).

c. Les **sociétés de services** régulièrement constituées exerçant une activité d'entrepreneur de travaux agricoles qui a un caractère commercial. Elles ne se trouvent donc pas concernées par les dispositions qui suivent.

d. Les dispositions qui suivent ne sont pas applicables aux entreprises individuelles à responsabilité limitée (**EIRL**) qui exercent une activité agricole.

e. Quant aux **banques de travail**, il convient de leur appliquer les règles prévues pour les diverses formes d'entraide : voir n°s 78040 s.

SITUATION DES SOCIÉTÉS OU GROUPEMENTS

6180 Pour déterminer le régime d'imposition des sociétés et groupements agricoles relevant de l'impôt sur le revenu, il est en principe tenu compte du montant total des recettes qu'ils réalisent.

Lorsque la **moyenne des recettes** hors taxe, mesurée sur trois années consécutives, excède les limites du micro-BA ou du régime réel simplifié, la société ou le groupement relève, selon le cas, du régime simplifié ou du régime réel normal et doit se conformer aux obligations comptables et fiscales correspondantes.

À l'inverse, lorsque la moyenne des recettes est inférieure à la limite du micro-BA, le groupement ou la société se trouve en principe de plein droit (et sauf option contraire) sous le régime micro-BA et n'est donc pas astreint aux obligations du régime réel.

Sont cependant **exclus du micro-BA** :

– les sociétés et groupements, autres que les Gaec et les groupements forestiers, créés depuis le 1er janvier 1997 (toutefois, les EARL dont l'associé unique est une personne physique dirigeant l'exploitation peuvent bénéficier du micro-BA) (CGI art. 69 D) ;

– conformément aux règles de droit commun, les sociétés et groupements qui réalisent des opérations visées en note de bas de tableau n° 5610.

SITUATION DES MEMBRES DE LA SOCIÉTÉ OU DU GROUPEMENT

6190 Chacun des membres de la société ou du groupement est personnellement imposé pour la part lui revenant dans les bénéfices de la société ou du groupement (CGI art. 8). Ces bénéfices sont, en principe, déterminés suivant les règles correspondant au **régime d'imposition de la société** ou du groupement. Ainsi, les bénéfices réalisés par une société relevant du régime réel normal sont déterminés et imposés au nom des associés suivant les règles régissant ce régime, même si la **quote-part revenant à chaque associé** dans les recettes totales est inférieure à 391 000 €.

Des règles spéciales sont toutefois applicables pour l'imposition de la quote-part des associés dans les situations suivantes :

– d'une part, dans certaines situations liées à la qualité de l'associé (par exemple, lorsque l'associé est une **société passible de l'impôt sur les sociétés** : voir n°s 24725 s.) ;

– d'autre part, lorsqu'un exploitant exerce sa **profession à la fois à titre individuel et en tant qu'associé** (règles exposées n°s 6195 s.).

6195 **Détermination de la quote-part des recettes sociales** Pour déterminer le régime auquel l'exploitant doit être soumis, il convient de faire la somme des recettes qu'il réalise à titre personnel et de la part qui lui revient dans celles de la société ou du groupement (CGI art. 70).

La quote-part des recettes sociales est appréciée à proportion des droits de chaque associé dans les **bénéfices comptables** de la société ou du groupement. La **clé de répartition** du bénéfice comptable à retenir est celle qui figure dans le pacte social à la clôture de chacun des exercices clos au cours de la période triennale de référence, sauf acte ou convention modifiant la répartition antérieure passé entre les associés avant la date de clôture de ces exercices. L'administration indique que de tels actes ou conventions doivent, pour lui être opposables, être régulièrement conclus et enregistrés avant la clôture de l'exercice. En cas de bilans successifs au cours d'une même année civile, il y a lieu de retenir, au titre de cette année, la moyenne arithmétique des clés de répartition qui figurent dans le pacte social à la clôture de chacun des exercices clos au cours de cette année (BOI-BA-REG-10-30 n°s 210 et 220).

6196 **Régime d'imposition de la quote-part de bénéfice social** Pour la détermination des **recettes à prendre en compte** pour fixer le régime d'imposition applicable à la quote-part de bénéfice social revenant à l'exploitant individuel membre d'une société ou d'un groupement agricole, l'administration applique les règles suivantes (BOI-BA-REG-10-30 n° 260) :

– **parts sociales non inscrites à l'actif de l'entreprise individuelle** : il y a lieu de retenir la nature de l'activité et le montant des recettes de la société ou du groupement (CGI art. 151 nonies et 238 bis K, II). Ainsi, un exploitant individuel relevant de plein droit d'un régime réel d'imposition qui est par ailleurs membre d'une société civile agricole créée avant le 1er janvier 1997 dont les recettes n'excèdent pas les limites du forfait peut être imposé selon ce régime à raison de la quote-part de bénéfice correspondant à ses droits dans la société dès lors que ses parts ne sont pas inscrites au bilan de son exploitation individuelle (CAA Bordeaux 31-7-2003 n° 99-1655 : RJF 1/04 n° 43 ; solution transposable, selon nous, dans l'hypothèse où les recettes de la société n'excèdent pas les limites du régime micro-BA, régime qui a remplacé le forfait) ;

– **parts sociales inscrites à l'actif de l'entreprise individuelle** : si l'**exploitant** est **soumis à un régime réel de plein droit** pour son activité individuelle, il est fait masse de ses recettes personnelles et des quotes-parts des recettes des sociétés et des groupements dont il est membre (CGI art. 238 bis K, I ; art. 70, 1e phrase). Dans l'hypothèse où les recettes de la société n'excèdent pas les limites du micro-BA, la quote-part qui revient à l'exploitant individuel est néanmoins imposée selon un régime réel s'il a inscrit ses parts au bilan de son exploitation individuelle et relève à titre personnel d'un régime réel de plein droit.

Pour éviter de procéder à une double liquidation du bénéfice de la société, il y a lieu, lorsque l'associé et la société relèvent tous deux d'un régime réel d'imposition (régime simplifié ou réel normal), d'appliquer à la quote-part de bénéfice revenant à l'associé les règles de détermination applicables à la société.

Si l'exploitant n'est **pas soumis** à un régime réel de plein droit pour son activité individuelle, le montant des recettes de la société ou du groupement est pris en considération (CGI art. 238 bis K, II).

Régime d'imposition de l'exploitation individuelle On rappelle que pour déterminer le régime auquel l'exploitant doit être soumis, il convient de faire masse des recettes qu'il réalise à titre personnel et de la part qui lui revient dans celles de la société ou du groupement dont il est membre (CGI art. 70, 1e phrase). 6197

Si la **moyenne cumulée** des recettes de l'exploitation personnelle et de la quote-part dans les recettes de la société est **inférieure à 120 000 €**, l'associé est imposé d'après le régime micro-BA pour son exploitation personnelle.

Si la moyenne cumulée des recettes de l'exploitation personnelle et de la quote-part dans les recettes de la société est **comprise entre 120 000 € et 391 000 €**, l'exploitant relève du régime simplifié d'imposition en ce qui concerne tant son exploitation personnelle que sa quote-part des bénéfices sociaux. Si la société relève du régime du micro-BA, l'administration peut demander à l'associé les renseignements comptables de nature à justifier le montant de sa part dès lors que celle-ci est imposable selon un régime réel.

Si la moyenne cumulée des recettes de l'exploitation personnelle et de la quote-part dans les recettes de la société **excède 391 000 €**, l'exploitant relève du régime réel normal d'imposition pour l'ensemble des activités exercées.

Cas particulier : apport en société par un exploitant agricole de son exploitation Lorsqu'un exploitant fait apport de son exploitation individuelle à une société ou un groupement agricole, **sans conserver d'activité agricole à titre personnel**, le régime d'imposition de la quote-part de résultat lui revenant est déterminé en tenant compte du seul montant des recettes de la société ou du groupement (sous réserve des dispositions de l'article 69 D du CGI, voir n° 6180) (BOI-BA-REG-10-30 n° 380). 6200

Lorsque l'**agriculteur conserve la qualité d'exploitant à titre personnel**, l'apport de tout ou partie de son activité à un groupement ou une société est sans incidence sur le régime d'imposition qui lui est applicable (BOI-BA-REG-10-30 nos 360 s.). Il en est ainsi :

– des personnes qui continuent d'exercer une activité agricole sur une partie de l'exploitation qu'elles n'ont pas apportée à un groupement ;

– des personnes qui continuent à écouler des stocks à titre personnel ou conservent des créances après la date effective d'arrêt de l'exploitation.

Le Conseil d'État a jugé que l'agriculteur qui fait **apport de la totalité de son exploitation à un Gaec** relevant du forfait compte tenu du montant de ses recettes est imposable selon le régime duforfait pour sa quote-part de résultat du groupement, même si la moyenne de ses recettes personnelles au cours des années précédant l'apport a franchi la limite du forfait (CE 26-11-1999 n° 180796 : RJF 1/00 n° 45 ; solution transposable, selon nous, dans l'hypothèse où un Gaec relève du régime micro-BA, régime qui a remplacé le forfait).

RÉGIME PARTICULIER DES GAEC

Des règles spéciales sont prévues pour les groupements agricoles d'exploitation en commun dont **tous les membres participent effectivement et régulièrement à l'activité** du groupement par leur travail personnel (les autres Gaec relevant du régime de droit commun des sociétés de personnes : nos 6160 s.). 6210

En premier lieu, ces Gaec ne sont pas concernés par l'exclusion du **régime micro-BA** qui frappe les sociétés agricoles créées depuis le 1er janvier 1997.

En second lieu, ils sont soumis à des modalités particulières d'appréciation des limites des régimes d'imposition. En effet, le régime d'imposition applicable est déterminé au niveau du Gaec à partir du montant total de ses recettes, mais une **limite spécifique** est prévue. La moyenne triennale des recettes au-delà de laquelle ces groupements sont soumis à un **régime réel d'imposition** (simplifié ou normal) est fixée de la manière suivante (CGI art. 71) :

– si la moyenne des recettes du groupement excède 367 000 €, la limite spécifique est égale à 60 % de la limite prévue pour les exploitants individuels multipliée par le nombre d'associés ;

– si la moyenne des recettes du groupement est inférieure ou égale à 367 000 €, la limite spécifique est égale à la limite prévue pour les exploitants individuels multipliée par le nombre d'associés.

Ce mode de calcul vaut pour l'appréciation du franchissement de la limite du micro-BA ou du régime réel simplifié.

Le seuil de moyenne des recettes (367 000 € en 2024) est **actualisé** tous les trois ans dans la même proportion que l'évolution triennale de la limite supérieure de la première tranche du barème de l'impôt sur le revenu (la prochaine révision triennale prendra effet à compter du 1er janvier 2026).

Pour le calcul du **nombre d'associés**, voir n° 6220.

S'agissant du régime applicable aux **agriculteurs ayant fait apport de leur exploitation à un Gaec**, voir n° 6200.

Une fois son régime d'imposition déterminé en fonction du montant global de ses recettes, le Gaec est soumis aux **obligations comptables et déclaratives** de droit commun des sociétés de personnes assujetties à l'impôt sur le revenu (n° 24747). Chaque **associé** est imposé à l'impôt sur le revenu à raison de sa **quote-part dans les résultats** du Gaec (pour le cas où l'associé exerce également une activité agricole à titre individuel, voir nos 6195 s.).

> **Précisions a.** Dès lors que le régime d'imposition applicable s'apprécie au niveau du Gaec et s'applique ensuite à la **quote-part de résultat de chacun des associés** indépendamment de leur taux de participation dans le groupement, un associé peut bénéficier du régime micro-BA alors même que la quote-part de recettes lui revenant excède la limite d'application de ce régime retenu pour une exploitation individuelle (BOI-BA-REG-10-40 n° 160).
>
> **b.** Les **apports de stocks** à un Gaec ne sont pas pris en compte pour apprécier son régime d'imposition lorsqu'ils sont rémunérés par des parts sociales (BOI-BA-REG-10-20-10 n° 370).

6215 **Participation des associés à l'activité du groupement** Le régime fiscal particulier des Gaec est réservé à ceux dans lesquels tous les associés participent effectivement et régulièrement à l'activité du groupement par leur travail personnel (CGI art. 71). L'administration en tire comme conclusion que chacun des associés doit accomplir les **actes caractérisant l'exercice de la profession d'agriculteur** (BOI-BA-REG-10-40 n° 50) :

– présence sur les lieux de travail ;

– participation aux travaux d'exécution menés en commun ;

– participation aux décisions engageant l'exploitation ;

– réception et démarchage de la clientèle, établissement des factures, relance des débiteurs ;

– rapports avec les fournisseurs, les banques, les organisations professionnelles, etc.

Il n'est pas nécessaire que chaque associé accomplisse l'ensemble des actes caractérisant cette profession mais la participation de chacun à l'activité du groupement doit être exercée de façon continue et régulière.

Cette règle conduit à écarter, notamment :

– les personnes à la **retraite** ou qui bénéficient d'une indemnité de départ à la retraite : indemnité viagère de départ (IVD) ou indemnité annuelle de départ (IAD). En ce qui concerne les associés dont l'âge excède celui auquel leur est ouvert le droit à une pension de retraite, voir n° 6220 ;

– les associés qui ne sont en réalité que de simples **apporteurs de capitaux**, même s'ils n'ont pas d'autre activité professionnelle.

En revanche, le régime fiscal spécial des Gaec n'est pas remis en cause en cas de **dispense de travail** régulièrement accordée à un ou plusieurs associés dans les conditions des articles R 323-32 à R 323-34 du Code rural et de la pêche maritime (par exemple, associé placé dans l'impossibilité de travailler en raison de son état de santé).

> **Précisions a.** La condition relative à l'activité des associés est similaire à celle nécessaire à l'obtention du **statut de Gaec** (n° 79610). Mais l'agrément ne lie pas le service des impôts, qui peut s'assurer que tous les membres participent bien à l'activité du Gaec.
b. La **perte du bénéfice du régime** particulier s'applique à la totalité de l'exercice au cours duquel survient l'un ou l'autre de ces événements. C'est alors le régime de droit commun des sociétés de personnes qui s'applique (nos 6160 s.).

Calcul du nombre d'associés Pour calculer les limites de recettes déterminant l'application des différents régimes d'imposition au titre d'un exercice donné, il convient de retenir le nombre d'associés existant au cours de la période concernée, seuls étant pris en compte les associés dont l'**âge** n'excède pas, au premier jour de l'exercice, celui auquel leur est ouvert le droit à une pension de retraite (CGI art. 71, 1°). C'est à cette limite que doit être comparé le chiffre d'affaires moyen du Gaec réalisé au cours des trois années civiles précédentes, même si le nombre d'associés dans le Gaec au cours de la période de référence était différent de celui de l'année d'imposition (BOI-BA-REG-10-40 n° 190). **6220**

Chaque **conjoint associé** est considéré comme un associé à part entière du Gaec dès lors qu'il participe au travail en commun (CE 22-2-1989 nos 70251 et 70252 : RJF 4/89 n° 444, solution rendue pour la détermination du régime d'imposition des associés de Gaec applicable avant 1985 mais transposable sous le régime actuel ; BOI-BA-REG-10-40 n° 230).

En cas d'**augmentation ou** de **diminution du nombre d'associés en cours d'année**, l'associé entrant ou sortant est entièrement pris en compte au titre de l'exercice considéré. Si un associé sortant n'est pas remplacé, l'appréciation du régime applicable l'année suivante est effectuée en défalquant des recettes de référence la part de l'associé sorti.

Des règles particulières s'appliquent cependant en cas de **retrait d'un associé ayant atteint l'âge auquel lui est ouvert le droit à une pension de retraite** (BOI-BA-REG-10-40 nos 290 à 320). Si cet associé quitte le groupement sans être remplacé, le régime d'imposition du groupement pour l'exercice considéré est déterminé en faisant abstraction de cet associé. Si cet associé n'est pas remplacé et accompagne son retrait de la reprise de ses apports en nature, la diminution du nombre des associés est prise en compte pour l'appréciation du régime d'imposition du Gaec l'année du départ de cet associé, la part de l'associé sortant dans le chiffre d'affaires du groupement étant exclue des recettes de référence.

EXEMPLE

Soit un Gaec composé de trois associés. L'un d'entre eux, possédant 30 % des droits, a atteint, au 1er janvier N, l'âge auquel lui est ouvert le droit à une pension de retraite et se retire du Gaec au cours de l'exercice clos en N (exercice coïncidant avec l'année civile), en reprenant les terres qu'il avait apportées. Les recettes du Gaec sont les suivantes : N − 3 : 140 000 € ; N − 2 : 150 000 € ; N − 1 : 170 000 € ; N : 185 000 € ; N + 1 : 140 000 €.
Le régime d'imposition du Gaec sera le suivant.

Années	Limite du micro-BA	Moyenne des trois années précédentes	Régime d'imposition
N	120 000 € × 2 = 240 000 € (au lieu de 120 000 € × 3 = 360 000 €)	[(140 000 € + 150 000 € + 170 000 €) × 70 %]/3 = 107 333 €	Micro-BA
N + 1	120 000 € × 2 = 240 000 €	[(150 000 € + 170 000 € + 185 000 €) × 70 %]/3 = 117 833 €	Micro-BA
N + 2	120 000 € × 2 = 240 000 €	[(170 000 € × 70 % + 185 000 € × 70 %) + 140 000 €)]/3 = 129 500 €	Micro-BA

SECTION 2

EXPLOITANTS AYANT UNE ACTIVITÉ COMMERCIALE DE NÉGOCIANT EN BESTIAUX OU DE BOUCHER OU UNE ACTIVITÉ SIMILAIRE

6400 Les personnes qui effectuent des **opérations commerciales** d'**importation**, de **vente**, de **commission** et de **courtage** portant sur des animaux vivants de boucherie et de charcuterie, ainsi que celles qui effectuent des opérations commerciales d'**achat** portant sur des animaux de boucherie ou de charcuterie sont obligatoirement imposées d'après leur bénéfice réel pour les profits qu'elles réalisent (à titre personnel ou comme membres d'une société de personnes ou assimilée) à l'occasion de l'exercice de leurs activités agricoles (élevage, par exemple), quel que soit le montant des recettes tirées des activités agricoles (et même si ce montant est inférieur à 120 000 €) (CGI art. 69 C).

Cette disposition, qui a pour objet d'éviter que l'absence de comptabilité agricole ne puisse être utilisée pour dissimuler des recettes provenant de la commercialisation d'animaux prélevés sur l'exploitation, donne lieu à **deux interprétations différentes** du Conseil d'État et de l'administration. Pour le **Conseil d'État**, l'assujettissement obligatoire à un régime réel ne concerne que les agriculteurs qui se livrent également à des opérations commerciales d'achat ou de vente d'animaux de boucherie, ce qui n'est pas le cas d'un éleveur qui écoule dans le commerce de boucherie exploité par son épouse, ou auprès d'autres bouchers, des animaux nés sur son élevage ou achetés par lui, mais conservés plus de six mois à l'embouche avant leur revente, de telles opérations conservant leur caractère agricole (CE 17-3-1982 n° 28188 : RJF 5/82 n° 476). Mais il est indifférent que les activités agricoles et les opérations commerciales susvisées soient complémentaires ou non les unes des autres. Un exploitant agricole qui se livre à la culture de céréales et à des opérations commerciales d'achat et de revente d'animaux est donc obligatoirement soumis à un régime de bénéfice réel pour son activité agricole (CE 12-4-1996 n° 138363 : RJF 6/96 n° 727). Selon la **doctrine administrative**, l'article 69 C précité signifie que les profits tirés de leurs activités agricoles par les personnes qui effectuent des opérations commerciales sur des animaux de boucherie et de charcuterie sont obligatoirement imposés d'après un régime réel. Le régime réel d'imposition est applicable aux importateurs, négociants, commissionnaires, courtiers, bouchers et autres professionnels de la viande. La circonstance que l'activité de négociant en bestiaux soit exercée par l'un des époux et l'activité agricole par son conjoint ne fait pas obstacle à l'application des dispositions de l'article 69 C, quel que soit le régime matrimonial adopté par les intéressés, compte tenu de l'étroite communauté d'intérêt qui les unit (BOI-BA-REG-15 n°s 10 et 20).

Les exploitants soumis de plein droit au régime simplifié d'imposition peuvent **opter** pour le régime réel normal (CGI art. 69, III).

En ce qui concerne la **TVA**, voir n° 560.

> **Précisions a.** Si l'**activité agricole** d'élevage n'est que l'**accessoire de l'activité commerciale**, les dispositions de l'article 69 C du CGI sont sans portée. Dans cette situation, en effet, les contribuables sont imposables au titre des bénéfices industriels et commerciaux sur l'ensemble de leurs activités (CGI art. 155 : voir n° 5205).

b. L'exploitant qui, **en cours d'année, entreprend une activité commerciale** visée à l'article 69 C du CGI devient imposable selon le régime du bénéfice réel agricole à compter du 1er janvier de cette année. **Lorsqu'il cesse** cette activité en cours d'année, les résultats agricoles afférents à cette année sont déterminés d'après les règles du bénéfice réel (BOI-BA-REG-15 n° 10).

SECTION 3

OPTIONS POUR LE BÉNÉFICE RÉEL NORMAL OU SIMPLIFIÉ

Les exploitants normalement soumis à un régime d'imposition ont la possibilité d'opter pour un régime comportant des obligations plus étendues (CGI art. 69, II et III) : **6500**
– les exploitants agricoles relevant du micro-BA peuvent se placer volontairement sous le régime réel simplifié ou normal ;
– les exploitants agricoles relevant du régime réel simplifié peuvent opter pour le régime réel normal d'imposition.

> **Précisions a.** En cas de **changement d'exploitant**, l'option formulée par l'ancien exploitant est sans effet sur la situation fiscale du nouvel exploitant qui doit lui-même formuler une option (CE 1-7-1991 n° 70025 : RJF 8-9/91 n° 1085) ; voir toutefois n° 6105 le cas particulier de la reprise de l'exploitation après la retraite de l'exploitant.
> **b.** L'option pour le régime du bénéfice réel agricole est indépendante de l'**option** pour l'imposition à la **TVA**. Rien n'empêche, bien entendu, un exploitant d'exercer les deux options ; mais il est libre d'opter pour la TVA sans opter pour le bénéfice réel, et inversement.

INTÉRÊT DE L'OPTION

Pour apprécier l'intérêt du régime réel, les **exploitants placés sous le régime micro-BA** doivent calculer, au moins approximativement, leurs bénéfices imposables suivant les deux méthodes afin de comparer les résultats de celles-ci. Le plus souvent, la comparaison tourne à l'avantage du régime micro-BA si l'on s'en tient au seul aspect de la charge fiscale. Mais il peut en aller différemment lorsque l'exploitant a des recettes faibles et des charges élevées, par exemple en début d'activité ou après un important investissement générateur de frais financiers et d'amortissements. Le mode de détermination des bénéfices imposables dans le régime micro-BA ne permet en effet ni de tenir compte de ces charges ni a fortiori de faire état d'un déficit d'exploitation, ce que permettent en revanche les régimes réels. Surtout, certains avantages fiscaux sont réservés aux exploitants placés sous un régime réel d'imposition. C'est le cas notamment de la déduction pour épargne de précaution (nos 14800 s.) ou de l'abattement sur le bénéfice des jeunes agriculteurs (nos 14600 s.). En tout état de cause, il est recommandé d'effectuer une projection sur trois années. **6505**
L'exploitant doit également tenir compte des obligations comptables et déclaratives qui lui incomberont s'il change de régime (le régime simplifié ayant toutefois pour objet d'alléger ces obligations par rapport au réel normal). Il faut observer au surplus que la tenue d'une comptabilité aura souvent des effets positifs sur la gestion de l'exploitation (et donc sur ses performances économiques et ses résultats). Il reste que ces obligations ne sont pas négligeables.
Pour les **exploitants relevant du régime simplifié**, les conséquences d'une option pour le réel normal sont beaucoup plus limitées que celles d'une option d'un exploitant relevant du régime micro-BA pour un régime réel. En effet, la principale différence entre les deux régimes concerne les obligations comptables et déclaratives qui sont allégées dans le cadre du régime simplifié.
Le choix du régime d'imposition doit également être apprécié en fonction de son incidence en matière de **cotisations sociales agricoles**, celles-ci étant assises, moyennant certains aménagements, sur le bénéfice fiscal (nos 43520 s.).

A. Option des exploitants au micro-BA pour un régime réel

DÉLAI ET FORME DE L'OPTION

Les exploitants relevant du régime micro-BA peuvent opter soit pour le régime simplifié d'imposition (CGI art. 69, II-a), soit pour le régime normal (CGI art. 69, III). **6520**
L'option pour un régime réel (normal ou simplifié) doit être formulée dans le **délai** de dépôt de la déclaration de résultats de l'année précédant celle au titre de laquelle elle s'applique (CGI art. 69, IV).

L'option concernant les **exploitations nouvelles** doit être exercée dans le délai de dépôt de la déclaration de résultats souscrite au titre de la première année d'activité. Lorsque l'exercice n'est pas aligné sur l'année civile, l'option est exercée dans le délai de transmission de la déclaration provisoire de résultats souscrite au titre de la période s'étalant jusqu'au 31 décembre de l'année de création (BOI-BA-REG-30 n° 110).

L'option doit être **expresse**. Aucune **forme** particulière n'est exigée. L'administration précise que l'option doit faire l'objet d'une déclaration par courrier simple, signée du contribuable, ou via la messagerie sécurisée à partir du compte fiscal de l'entreprise, indiquant distinctement le régime d'imposition choisi, et adressée au service des impôts du lieu de l'exploitation. Dans le cas particulier des exploitations nouvelles, il est admis que la simple souscription d'une déclaration de revenus faisant état des résultats réels de l'exploitation agricole, accompagnée d'un compte d'exploitation, puisse être regardée comme valant option, sous réserve que cette déclaration soit déposée dans le délai légal de dépôt de la déclaration du résultat du premier exercice (BOI-BA-REG-30 n° 120).

DURÉE DE VALIDITÉ DE L'OPTION

6530 L'option exercée par un exploitant relevant du régime micro-BA pour le **régime réel simplifié** est valable un an et reconduite tacitement chaque année pour un an. La renonciation au régime réel simplifié s'effectue dans le délai de dépôt de la déclaration de résultats de la période précédant celle au titre de laquelle la renonciation s'applique (CGI art. 64 bis, V).

L'option exercée par un exploitant relevant du régime micro-BA pour le **réel normal** est valable pour l'exercice au titre duquel elle est exercée et pour l'exercice suivant. Elle est reconduite tacitement par période de deux exercices, sauf renonciation adressée au service des impôts dans le délai de dépôt de la déclaration de résultats du dernier exercice de chaque période (CGI ann. III art. 38 sexdecies JE).

> **Précisions a.** Le régime micro-BA s'applique au titre d'une année civile (hormis dans le cas particulier des exploitations nouvelles). Il en résulte que l'**entrée dans le régime réel simplifié** s'effectue en date du 1er janvier et la sortie de ce régime pour revenir au régime micro-BA s'opère en date du 31 décembre. Un exploitant ayant opté pour le régime réel simplifié et **clôturant un exercice en cours d'année civile** ne peut pas effectuer une **sortie anticipée** de l'option en cours d'année civile. Dans ce cas, il convient d'effectuer un exercice de liaison jusqu'au 31 décembre de l'année de sortie du régime réel simplifié (BOI-BA-REG-30 n° 140).
> **b.** Dans le cas particulier d'un exploitant qui **opte pour le régime réel simplifié dès l'année de la création** de son exploitation et dont l'**exercice est décalé** par rapport à l'année civile, le fait que le régime micro-BA s'applique au titre d'une année civile ne permet pas de **sortir** du régime réel simplifié en cours d'année civile (BOI-BA-REG-30 n° 140).
> **c.** La **renonciation** à un régime réel peut être **effectuée** par un courriel via la messagerie du compte fiscal de l'exploitation (BOI-BA-REG-30 n° 310).

PORTÉE ET EFFETS DE L'OPTION

6550 L'option pour un régime de bénéfice réel présente un caractère **indivisible** et couvre l'ensemble des activités, à l'exception des bénéfices des exploitations forestières.

Lorsqu'elle émane d'un **exploitant individuel**, elle s'applique aux opérations agricoles qu'il réalise à titre personnel et comme membre d'un groupement ou d'une société non passible de l'impôt sur les sociétés. Dans ce dernier cas, l'option exercée par un associé ne produit ses effets qu'à l'égard de l'intéressé et n'influe pas sur la situation des autres membres ou de la personne morale.

Lorsqu'elle émane d'un **groupement ou** d'une **société**, l'option vaut pour l'ensemble des associés en ce qui concerne les bénéfices retirés de leur participation au groupement (BOI-BA-REG-30 n° 220).

Les exploitants qui exercent l'option pour le régime du bénéfice réel normal ou pour le régime simplifié sont assimilés, pendant toute la période qu'elle couvre, à ceux qui relèvent de plein droit du régime choisi : leur **bénéfice** est déterminé dans les mêmes conditions. Ils doivent se conformer à toutes les **obligations** propres au régime pour lequel ils ont opté, notamment en ce qui concerne la production des divers documents et déclarations.

B. Option des exploitants au régime réel simplifié pour le régime réel normal

DÉLAIS ET FORME

Les exploitants qui relèvent du régime simplifié peuvent opter pour le régime réel normal (CGI art. 69, III). 6600

L'option doit être formulée dans le **délai** de dépôt de la déclaration de résultats de l'exercice précédant celui au titre duquel l'option s'applique (CGI art. 69, IV).

L'option doit être **expresse** et peut être **exercée** directement sur la déclaration de résultats de l'exploitant, en cochant la case prévue à cet effet (BOI-BA-REG-30 n° 40).

EXEMPLE

L'exploitant soumis au régime simplifié et dont l'**exercice coïncide avec l'année civile** doit, pour être soumis au régime réel normal d'imposition en 2025, opter pour ce régime sur la déclaration de résultats de l'exercice clos au 31 décembre 2024, soit, en principe, au plus tard le deuxième jour ouvré suivant le 1er mai 2025 (sauf délai supplémentaire accordé par l'administration).

L'exploitant soumis à un régime simplifié et dont l'exercice **ne coïncide pas** avec l'année civile doit, pour être soumis au régime réel normal pour la détermination de l'exercice clos en 2025 (ouvert en 2024), opter pour ce régime sur la déclaration de résultats de l'exercice clos au cours de l'année 2024, soit au plus tard le deuxième jour ouvré suivant le 1er mai 2025 (sauf délai supplémentaire accordé par l'administration).

DURÉE DE VALIDITÉ DE L'OPTION

La **première option** pour le réel normal exercée par les exploitants relevant du régime réel simplifié est valable pour l'exercice au titre duquel elle est exercée et pour l'exercice suivant (CGI ann. III art. 38 sexdecies JE), soit pour deux exercices. 6610

L'option est **reconduite** tacitement par périodes de deux exercices, sauf renonciation adressée au service des impôts dans le délai de dépôt de la déclaration de résultats du dernier exercice de chaque période.

L'option est **irrévocable** pendant toute sa durée de validité (deux exercices).

PORTÉE ET EFFETS DE L'OPTION

Se reporter n° 6550, dont les indications sont également valables pour l'option ouverte aux exploitants relevant du régime simplifié. 6620

CHAPITRE 3

RÉGIME DU MICRO-BÉNÉFICE AGRICOLE

SOMMAIRE

PRÉSENTATION DU RÉGIME MICRO-BA

7000 Le régime des micro-exploitations agricoles, dit « **micro-BA** », s'applique de plein droit en 2024 et 2025 aux exploitants dont la moyenne des recettes hors taxe des trois années précédentes n'excède pas 120 000 € (Loi 2023-1322 du 29-12-2023 art. 94, I-C), lorsqu'ils ne sont pas exclus de ce régime et n'optent pas pour un régime réel (normal ou simplifié) (nos 5600 s.).

À l'instar des régimes micro-BIC et micro-BNC, le **bénéfice imposable** des exploitants placés sous le régime micro-BA s'obtient en appliquant un abattement représentatif des charges au montant des recettes de l'exploitation. Le régime micro-BA se distingue cependant des autres régimes micro (BIC et BNC) en ce sens que le bénéfice n'est pas déterminé à partir des seules recettes de l'année d'imposition, mais à partir de la **moyenne triennale** des recettes de l'année d'imposition et des deux années précédentes.

Les **plus-values** de cession d'éléments de l'actif immobilisé (immeubles, matériels, certains animaux, etc.) sont exclues de la base imposable selon le micro-BA. Elles sont déterminées et imposées selon le régime des plus-values professionnelles applicable aux exploitants soumis au régime réel (nos 10100 s.).

Les exploitants relevant du micro-BA doivent porter directement sur la déclaration complémentaire à leur déclaration de revenus (n° 2042 C Pro) le montant des recettes de l'année d'imposition et des deux années précédentes ainsi que celui des plus-values réalisées ou des moins-values subies au cours de l'année.

> **Précisions** **a.** Les **exploitations forestières** sont exclues du régime du micro-BA et relèvent d'un régime forfaitaire spécifique pour les bénéfices provenant de la coupe des bois (nos 15205 s.). Mais les bénéfices provenant de la vente de produits divers (tels que fruits, écorces ou résines) ou d'opérations de transformation des bois coupés, sans caractère industriel (sciage, façonnage, etc.) peuvent bénéficier du régime micro-BA (CGI art. 76, 1).
>
> **b.** La limite de 120 000 € fera l'objet en 2026 d'une **actualisation** dans la même proportion que l'évolution triennale de la limite supérieure de la première tranche du barème de l'impôt sur le revenu.

SECTION 1

IMPOSITION DES BÉNÉFICES D'EXPLOITATION

Le **bénéfice imposable** sous le régime micro-BA est égal à la moyenne des recettes hors taxe de l'année d'imposition et des deux années précédentes, diminuée d'un abattement représentatif des charges. **7010**
Des dispositions particulières sont en outre prévues en cas de **création** et de **suppression d'activité**.

A. Mode de calcul du bénéfice

RÈGLES GÉNÉRALES

Le bénéfice imposable des exploitants soumis au régime micro-BA, exception faite des plus-values, est égal à la **moyenne triennale des recettes hors taxe** de l'année d'imposition et des deux années précédentes, diminuée d'un abattement de 87 %, qui ne peut être inférieur à 305 € (CGI art. 64 bis, I). **7020**
Le revenu imposable au titre de l'année N est ainsi égal à la moyenne des recettes des années N – 2, N – 1 et N, diminuée d'un abattement de 87 % au moins égal à 305 €. Notons que la période de référence retenue pour le calcul du bénéfice imposable est différente de celle à retenir pour la détermination du régime d'imposition de l'année N (soit N – 3 à N – 1 : voir n°s 5600 s.).

EXEMPLE

Un exploitant individuel soumis au régime micro-BA au titre de 2024, ce qui suppose que la moyenne de ses recettes de la période 2021 à 2023 soit inférieure à 120 000 € (voir n°s 5600 s.), a perçu les recettes hors taxe suivantes au cours des années 2022 à 2024 :
– 2022 : 100 000 €
– 2023 : 120 000 €
– 2024 : 152 000 €.
La moyenne triennale des recettes servant au calcul du bénéfice imposable de 2024 est égale à 124 000 € [soit (100 000 + 120 000 + 152 000)/3].
L'abattement représentatif de frais s'élève à 107 880 € (124 000 € × 87 %).
Le bénéfice imposable au titre de 2024 (hors plus-values) est donc égal à 16 120 € (124 000 – 107 880).
La circonstance que la moyenne des recettes de la période 2022-2024 excède le seuil de 120 000 € ne fait pas obstacle à l'application du régime micro-BA au titre de 2024. En revanche, l'exploitant concerné sera obligatoirement soumis au régime simplifié (ou sur option au régime réel normal) pour l'imposition des bénéfices de l'année 2025.

L'abattement de 87 % bénéficie également aux éleveurs industriels dont les recettes font l'objet d'un abattement de 30 % pour la détermination du régime d'imposition applicable (n°s 5905 s.). **7030**
Par exemple, un éleveur industriel réalise les recettes suivantes :
– 2022 : 144 000 €
– 2023 : 150 000 €
– 2024 : 162 000 €
– 2025 : 168 000 €.
La moyenne triennale des recettes sous déduction de l'abattement de 30 % sur la période 2022-2024 étant de [(144 000 × 0,7) + (150 000 × 0,7) + (162 000 × 0,7)]/3 soit 106 400 €, le régime micro-BA s'applique aux revenus de l'année 2025.
Le revenu imposable de l'exploitant pour 2025 est de : [(150 000 + 162 000 + 168 000)/3] × (100 % – 87 %) = 160 000 × 13 % = 20 800 €.

> **Précisions a.** L'abattement représentatif de frais s'applique à la moyenne des recettes des trois années N – 2, N – 1 et N, y compris, comme dans l'exemple du n° 7020 ci-dessus, sur la **fraction excédant la limite de 120 000 €** (BOI-BA-BASE-15-10 n° 20). Cet abattement est réputé tenir compte de toutes les charges, y compris des **amortissements** pratiqués selon le mode linéaire.
b. L'**abattement minimum** de 305 € (identique à celui prévu sous les régimes micro-BIC et micro-BNC) ne concerne, en pratique, que les exploitants agricoles dont la moyenne triennale des recettes est inférieure à 350 €,

qui bénéficient ainsi d'une réduction de leur bénéfice imposable comprise entre 0 et 45 € ! Par exemple, un agriculteur dont le chiffre d'affaires moyen est de 200 € pourra « effacer » le bénéfice de 26 € [200 – (200 × 87 %)] qui aurait résulté de l'application de l'abattement proportionnel.

c. Les exploitants relevant du régime micro-BA ne peuvent pas retrancher de leur revenu global les **déficits** subis dans leur exploitation. Le régime micro est en effet censé représenter le bénéfice net effectivement réalisé après déduction des charges, ce qui exclut la constatation d'un déficit fiscal. Les agriculteurs dont l'exploitation apparaît durablement déficitaire auront donc souvent intérêt à opter pour un régime réel pour pouvoir imputer leurs pertes sur leur revenu global.

CAS PARTICULIERS

7040 **Création d'activité** En cas de création d'activité, le montant des recettes imposables est égal, pour l'année de la création, aux recettes hors taxe de la même année et, pour l'année suivante, à la moyenne des recettes hors taxe de l'année d'imposition et de l'année précédente (CGI art. 64 bis, I-al. 3). La loi ne prévoit pas d'ajuster le montant des recettes de l'année de la création d'activité à l'année entière pour le calcul de la moyenne des recettes de N et N + 1 imposable l'année N + 1.

L'année de la création est celle du démarrage de l'activité agricole, même en l'**absence de recettes** au cours de ladite année (BOI-BA-BASE-15-10 n° 30).

EXEMPLE

Un exploitant commence son activité le 1er octobre 2024 sans encaisser de recettes au cours de cette année. Il réalise 60 000 € de recettes HT en 2025.

Le montant des recettes à prendre en compte pour la fixation des bénéfices de 2024 et 2025 s'élève donc respectivement à 0 € et à 30 000 € [soit (0 + 60 000)/2].

Son bénéfice imposable sera fixé :
– pour l'année 2024 : à 0 € ;
– pour l'année 2025 : à 3 900 €, soit [30 000 – (30 000 × 87 %)].

7050 **Cessation d'activité** Un exploitant qui cesse son activité demeure tenu de déclarer un bénéfice agricole tant qu'il continue de percevoir des recettes, et ceci quelle que soit l'année de l'arrêt de son activité. En cas d'interposition d'une ou plusieurs **années sans recettes** avant une reprise des ventes, il lui appartient de déposer une déclaration rectificative au titre des années sans recettes (BOI-BA-BASE-15-10 n° 50).

EXEMPLE

Un exploitant soumis au régime micro-BA perçoit 100 000 € de recettes HT en 2021, 110 000 € en 2022 et 120 000 € en 2023 qu'il considère alors comme étant la dernière année de ventes de produits agricoles. Aucune vente n'est réalisée en 2024 mais de nouvelles ventes génèrent 60 000 € de recettes en 2025.

Le bénéfice de 2023 est égal à [(100 000 + 110 000 + 120 000)/3] × 13 %, soit 14 300 €. Aucun revenu n'est déclaré au titre de 2024. Du fait de la reprise des ventes en 2025, l'exploitant devra déclarer le revenu 2025 égal à [(120 000 + 0 + 60 000)/3] × 13 %, soit 7 800 €, et déposer une déclaration rectificative au titre de 2024 pour un montant de [(110 000 + 120 000 + 0)/3] × 13 %, soit 9 966 €.

En ce qui concerne les **obligations déclaratives** prévues en cas de cession ou de cessation d'activité ou de décès de l'exploitant, voir n° 7620.

B. Recettes imposables

7100 Les recettes à retenir pour le calcul du bénéfice micro-BA s'entendent, de manière générale, des recettes hors taxe de l'exploitation **encaissées** au cours de la période de référence (en règle générale l'année d'imposition et les deux années antérieures) augmentées de la valeur des produits prélevés dans l'exploitation et alloués soit au personnel salarié, soit au propriétaire du fonds en paiement du fermage.

En ce qui concerne les profits financiers et les recettes commerciales et non commerciales accessoires, voir nos 7140 et 7700 s.

RECETTES À RETENIR

7120 Les recettes à prendre en compte pour la détermination du bénéfice imposable s'entendent, aux termes de l'article 64 bis du CGI, des **sommes encaissées** au cours de l'année civile **dans le**

cadre de l'exploitation. Il s'ensuit que doivent être incluses dans les recettes imposables (BOI-BA-BASE-15-10 n°s 90 à 200) :
1) les **ventes** de produits de l'exploitation (récoltes, animaux, etc.), y compris les produits (fruits, écorce, résine, etc.) provenant de l'exploitation des bois soumis au régime spécial d'imposition des exploitations forestières (voir n° 15205) ;
2) les **subventions d'exploitation**, aides, **primes** et **indemnités** destinées à compenser un manque de recettes ou constituant un supplément de prix. Tel est le cas notamment pour :
– les versements faits par FranceAgriMer,
– les **aides** compensatoires **versées dans le cadre de la politique agricole commune** (PAC) : aides couplées à la production et aides directes au revenu versées au titre des droits au paiement de base et paiements annexes (DPB). Ces aides PAC doivent être prises en compte pour le calcul du bénéfice imposable selon le régime micro-BA au titre de l'année de leur encaissement,
– les primes à la production de blé dur,
– les indemnités et subventions qui, telles celles versées aux éleveurs dont le cheptel est victime d'épizootie, ont pour effet de compenser un manque à gagner ;
3) les **indemnités d'expropriation**, à concurrence de la fraction de l'indemnité destinée à compenser la perte des récoltes de l'année de l'expropriation ;
4) les **indemnités d'assurance** versées à la suite, par exemple, d'une calamité frappant les récoltes ou le bétail, etc. (en ce qui concerne les règles particulières applicables pour l'appréciation de la limite du régime micro, voir n° 5840) ;
5) le **remboursement forfaitaire de TVA** ;
6) les **intérêts** des comptes d'associés coopérateurs (voir n° 7140) ;
7) certaines sommes perçues dans le cadre de l'**entraide agricole** (n°s 78040 s.). L'entraide agricole se réalise en général sous forme d'un échange gratuit de services qui, ne se traduisant pas par un encaissement de recettes, n'est pas compris dans l'assiette du bénéfice du micro-BA. L'entraide agricole peut toutefois donner lieu à des versements :
– s'il s'agit du **remboursement des consommations** (carburants, lubrifiants, etc.) effectué par le bénéficiaire de l'entraide, les sommes ainsi perçues ne sont pas incluses dans les recettes imposables du bénéficiaire du remboursement (CGI art. 64 bis, I-al. 2 ; C. rur. art. L 325-1),
– dans les **autres cas**, les sommes perçues sont considérées comme encaissées dans le cadre de l'exploitation et sont à ce titre incluses dans les recettes imposables du bénéficiaire du remboursement ;
8) les **prix** obtenus à l'occasion de concours ou foires-expositions dès lors qu'ils sont attribués sous forme d'espèces ;
9) les indemnités versées dans le cadre du **plan de professionnalisation personnalisé** préalable à l'installation des jeunes agriculteurs et les allocations journalières d'accompagnement d'une personne en fin de vie lorsque ces indemnités et allocations remplacent les bénéfices agricoles ;
10) les **indemnités journalières** allouées aux personnes qui se trouvent dans l'incapacité physique temporaire de continuer ou de reprendre une activité professionnelle pour cause de maladie ou d'accident, sous réserve de l'exception mentionnée n° 7160.

S'ajoute aux sommes encaissées, en vertu de l'article 64 bis du CGI, la valeur des **produits prélevés par l'exploitant et alloués au propriétaire du fonds ou aux salariés**, qui représentent des recettes potentielles mais non encaissées du fait de la remise en nature de ces éléments. Dans le silence de la loi et des commentaires administratifs, on peut supposer que ces produits doivent être évalués au prix de revient, comme sous le régime du bénéfice réel (BOI-BA-BASE-20-20-10 n° 130). **7130**
Il n'y a pas lieu d'ajouter aux recettes imposables la valeur des produits prélevés dans l'exploitation afin d'être consommés par l'exploitant ou par sa famille (**autoconsommation**) (BOI-BA-BASE-15-10 n° 120). Les solutions sont donc inversées par rapport au régime réel (normal ou simplifié) puisque, sous ce régime, l'autoconsommation proprement dite est imposable alors que les prélèvements effectués pour la consommation ou l'usage des salariés ainsi que pour la nourriture des animaux ou pour le paiement des fermages peuvent ne pas être comptabilisés, à condition de ne pas faire état des charges correspondantes (BOI-BA-BASE-20-20-10 n°s 120 et 130).

Par exception au principe d'imposition des seules recettes encaissées, les **exploitants** placés sous le régime micro-BA **qui cèdent ou qui cessent leur activité**, en totalité ou en partie, font l'objet d'une **imposition immédiate** de leurs bénéfices, y compris ceux qui proviennent de **créances acquises et non encore recouvrées** à la date de la cession ou de la cessation (CGI art. 201, 1). Ces dispositions sont également applicables en cas de **décès** d'un exploitant imposé sous le régime micro-BA (CGI art. 201, 4). **7135**
Les **obligations déclaratives** liées à la mise en œuvre de cette mesure sont examinées n° 7620.

7140 Les **profits financiers** (dividendes, intérêts, etc.) perçus par les exploitants agricoles soumis au régime micro-BA doivent être déclarés et imposés en tant que revenus de capitaux mobiliers lorsqu'ils sont détachables de l'activité agricole. Tel est le cas, selon l'administration, des **intérêts statutaires** perçus par des agriculteurs et servis aux parts des sociétés coopératives ou des caisses de crédit agricole mutuel qui ne sont pas des bénéfices de l'exploitation agricole au sens de l'article 63 du CGI. De ce fait, ils ne sont pas inclus dans les recettes visées à l'article 64 bis du même Code ouvrant droit à l'abattement forfaitaire de 87 % et sont imposés en tant que revenus de capitaux mobiliers (BOI-BA-BASE-15-10 n° 280). Ils relèvent dès lors du prélèvement forfaitaire de 12,8 % (30 % en incluant les prélèvements sociaux) sauf option globale pour le barème progressif de l'impôt sur le revenu (CGI art. 200 A).
Cette doctrine devrait également s'appliquer, semble-t-il :
– aux intérêts sur compte de ristournes bloquées ou non, versées par les coopératives agricoles à leurs adhérents ;
– aux intérêts produits par les comptes bancaires à terme et les comptes sur livrets ;
– ainsi qu'aux intérêts perçus par l'adhérent d'une coopérative agricole de vente à raison des sommes qu'il a laissées à la disposition de celle-ci et qui représentaient le règlement de ces apports.

RECETTES NON PRISES EN COMPTE

7150 L'article 64 bis du CGI exclut expressément des recettes imposables sous le régime micro-BA :
1) les **subventions** et **primes d'équipement**, qui ne sont donc pas imposées (voir n°s 9910 s. la définition des primes concernées). Il en va de même pour la partie de la **dotation d'installation aux jeunes agriculteurs** qui est affectée à la création ou à l'acquisition d'immobilisations dans les conditions prévues à l'article 73 C du CGI (n° 9920). Cette affectation peut être justifiée par tous moyens (présentation de la comptabilité de gestion prévue à l'article D 343-5 du Code rural et de la pêche maritime ou de factures d'achats, par exemple) (BOI-BA-BASE-15-10 n° 250) ;
2) les **redevances** ayant leur origine dans le **droit de propriété** (location du droit de chasse, de pêche, de cueillette, du droit d'affichage, concession du droit d'exploitation de carrières, location d'immeubles bâtis ou non bâtis, octroi d'une autorisation d'occupation temporaire, etc.). Ces produits demeurent imposables en tant que revenus fonciers ;
3) les **remboursements de charges** perçus dans le cadre de l'**entraide agricole** (voir n° 7120, 7). En revanche les recettes perçues en contrepartie de travaux agricoles ou d'autres prestations réalisés à titre onéreux, y compris pour d'autres agriculteurs, constituent des recettes commerciales imposables dans les conditions indiquées n°s 7700 s. ;
4) les **indemnités compensatoires de handicap naturel** (n° 79606). Ces indemnités ont pour but de compenser les difficultés structurelles auxquelles sont confrontées les exploitations situées dans des zones géographiques défavorisées, notamment en montagne. Elles permettent d'atténuer les surcoûts de production inhérents à ces territoires par rapport aux zones de plaines ;
5) les produits de **cession d'éléments de l'actif immobilisé**. En contrepartie, les **plus-values** sont déterminées et imposées (ou le plus souvent exonérées) selon le régime des plus-values professionnelles applicable aux exploitants soumis à un régime réel (voir n°s 7300 s.).

7160 Les **indemnités journalières** allouées aux **personnes** qui se trouvent **dans l'incapacité physique temporaire de continuer** ou de reprendre **une activité professionnelle** pour cause de maladie ou d'accident doivent être comprises dans les résultats imposables des contribuables soumis au régime micro-BA qui en bénéficient (BOI-BA-BASE-15-10 n° 200 ; n° 7120, 10). On pourra s'étonner de cette solution alors que l'administration admet que les indemnités correspondantes allouées aux commerçants et artisans relevant du régime micro-BIC ne sont pas à retenir dans le bénéfice imposable des intéressés (BOI-BIC-PDSTK-10-30-20 n° 260).
Par exception, les indemnités journalières versées par les organismes de sécurité sociale aux personnes atteintes d'une **affection comportant un traitement prolongé et une thérapeutique particulièrement coûteuse** ne sont pas imposables (CGI art. 154 bis A, al. 2). Les indemnités exonérées sont celles versées aux assurés qui :
– soit sont reconnus atteints d'une des affections mentionnées à l'article D 160-4 du Code de la sécurité sociale (CSS) ;
– soit sont reconnus atteints par le service du contrôle médical d'une affection grave caractérisée ne figurant pas sur la liste mentionnée ci-dessus ou de plusieurs affections entraînant un état pathologique invalidant, si cette ou ces affections nécessitent un traitement prolongé et une thérapeutique particulièrement coûteuse (CSS art. L 160-14, 4° ; BOI-BA-BASE-20-20-40 n° 500).

Outre celles bénéficiant des **exemptions** légales mentionnées n°s 7150 et 7160, plusieurs catégories de recettes ne sont pas prises en compte pour la détermination du bénéfice sous le régime micro-BA (BOI-BA-BASE-15-10 n°s 230 et 270 à 320) : 7165
1) les recettes provenant d'une **activité commerciale ou non commerciale** exercée à titre **accessoire** (voir n° 7700) ;
2) les **produits financiers** détachables de l'activité agricole (n° 7140) ;
3) la valeur de l'**autoconsommation** telle que définie n° 7130 ;
4) la **prime** d'encouragement à l'**abandon de la production laitière**. Cette indemnité est exclue des recettes ouvrant droit à l'abattement forfaitaire de 87 % et est imposée selon le régime des plus-values professionnelles, qu'elle soit versée à raison de l'abandon partiel ou total de la production ;
5) les **primes d'arrachage de vigne** versées par l'Union européenne. Ces primes sont imposées selon le régime des plus-values professionnelles ;
6) la valeur des **récoltes remises au bailleur** par un métayer. Seules les recettes encaissées par le métayer sont comprises dans l'assiette du micro-BA, sans être majorées de la valeur des récoltes remises au bailleur. Corrélativement, le prix de vente de ces récoltes est pris en compte lors de son encaissement ou lors de la vente dans le résultat du bailleur, selon que celui-ci relève du micro-BA ou d'un régime réel d'imposition ;
7) la fraction des **indemnités d'expropriation** soumise au régime des plus-values professionnelles, exonérée d'impôt sur le revenu ou imposable dans une autre catégorie de revenus (plus-value privée ou revenu foncier). Le régime de ces indemnités fait l'objet d'une étude détaillée n° 10560.

Par analogie avec les solutions retenues pour l'application du régime micro-BIC, devraient également être exclus des recettes imposables : 7170
– les **prestations de maternité** en espèces – allocation forfaitaire de repos maternel, indemnités journalières forfaitaires et indemnités de remplacement (BOI-BIC-PDSTK-10-30-20 n° 250) ;
– les **dons perçus par une entreprise sinistrée** à la suite de catastrophes naturelles ou technologiques (CGI art. 237 quater ; BOI-BIC-BASE-30 n° 160).
En ce qui concerne les **profits financiers** et les **recettes commerciales et non commerciales accessoires**, voir n°s 7140 et 7700 s.

C. Notion d'encaissement

Le bénéfice imposable des exploitants soumis au régime micro-BA est déterminé à partir des **recettes encaissées au cours de l'année civile**, même si elles se rapportent à une année antérieure ou constituent des avances sur livraisons. Sauf en cas de création, d'apport, de cession ou de cessation d'activité, un exploitant ne peut donc pas faire état des recettes encaissées au cours d'un exercice qui ne coïncide pas avec l'année civile, ni des renseignements tirés d'une comptabilité tenue selon les principes commerciaux (comptabilisation des créances acquises). 7200
La **notion d'encaissement** est définie selon les règles exposées n°s 5805 s. pour l'appréciation des limites des régimes d'imposition des bénéfices agricoles (BOI-BA-REG-10-20-10 n° 80). On se bornera à rappeler ici que doivent être regardées comme encaissées au cours d'une année toutes les sommes dont le contribuable a eu la disposition avant le 1er janvier de l'année suivante, y compris celles qu'il s'est volontairement abstenu d'encaisser (dans ce dernier cas, l'administration doit apporter la preuve que la date des encaissements ne dépend que de la volonté du contribuable).

SECTION 2 IMPOSITION DES PLUS-VALUES

Les produits provenant de la cession des biens affectés à l'exploitation sont expressément exclus de la base imposable selon le micro-BA (CGI art. 64 bis). Les plus-values sont déterminées et imposées selon le régime des plus-values professionnelles (voir n°s 10100 s.) à moins, et ce sera le cas le plus fréquent, qu'elles ne bénéficient d'un des régimes d'exonération prévus en faveur des petites exploitations. 7300

BIENS CONCERNÉS

7320 Seule la cession de biens affectés à l'exploitation donne lieu à l'imposition des plus-values selon le régime des plus-values professionnelles (CGI art. 64 bis, I-al. 2 et 4). Les exploitants soumis au régime des micro-exploitations n'étant pas astreints à la tenue d'une comptabilité (hormis un livre des recettes), les **biens** affectés à l'exploitation sont ceux qui sont **utilisés** en tout ou partie **pour les besoins de l'exploitation** (BOI-BA-BASE-15-20 n° 10).

En pratique, l'imposition des plus-values professionnelles concerne essentiellement :

– les éléments constitutifs du **fonds agricole** défini à l'article L 311-3 du Code rural et de la pêche maritime. Ce fonds est composé des **éléments mobiliers corporels** (matériel et outillage, installations : salles de traite, installations de stockage, etc.) **et incorporels** (notamment baux cessibles hors du cadre familial et droits à paiement de base) qui peuvent faire l'objet d'une cession et qui sont nécessaires à l'exploitation agricole (n°s 75500 s.) ;

– les **terrains et bâtiments affectés à l'exploitation** [contrairement à ceux soumis à un régime réel d'imposition, les exploitants soumis au régime micro-BA n'ont pas la possibilité de soustraire les terres au régime des plus-values professionnelles en optant pour leur maintien dans le patrimoine privé (n°s 9220 s.)].

Quant aux **biens non utilisés pour les besoins de l'exploitation**, ils font obligatoirement partie du patrimoine privé de l'exploitant et relèvent à ce titre du régime des plus-values immobilières privées (n°s 20600 s.) ou des plus-values et moins-values sur valeurs mobilières et droits sociaux (n°s 24440 s.).

7330 **Calcul des plus-values et moins-values** La plus-value résultant de la cession d'un élément de l'actif immobilisé s'obtient en retranchant de la valeur de réalisation (prix de cession ou, le cas échéant, valeur réelle de l'élément retiré sans contrepartie de l'actif de l'entreprise) sa valeur nette fiscale (prix de revient diminué du montant des amortissements). À cet égard, l'abattement forfaitaire applicable aux recettes du régime micro est réputé tenir compte des amortissements calculés selon le mode linéaire (CGI art. 64 bis, I).

Le prix de cession est déterminé selon les modalités exposées n° 10142. Les éventuels **frais de cession** ne sont pas considérés comme inclus dans l'abattement forfaitaire de 87 % et peuvent donc être déduits du prix de cession (BOI-BA-BASE-15-20 n° 30).

Dans la mesure où les exploitants relevant du micro-BA ne sont astreints à la tenue ni d'une comptabilité ni d'un livre des achats, il leur appartient de conserver les factures et pièces justificatives permettant de justifier la valeur et la date d'acquisition de l'élément cédé.

EXEMPLE

Un exploitant, soumis en matière de TVA au régime simplifié de l'agriculture, acquiert le 1er juillet 2019 une machine pour un montant de 12 000 € HT. La durée d'usage fiscalement admise pour ce type de bien est de 10 ans, d'où un amortissement linéaire annuel de 10 %. Cette machine est cédée le 1er janvier 2025 pour un montant de 8 400 € HT.

Le montant des amortissements réputés inclus dans l'abattement forfaitaire de 87 % entre le 1er juillet 2019 et le 31 décembre 2024 est de :

12 000 × 10 % × (0,5 + 5) = 6 600 €.

La valeur nette fiscale de la machine cédée est donc de 12 000 − 6 600 = 5 400 €.

La plus-value taxable est de 8 400 − 5 400 = 3 000 €.

Il y a **moins-value** lorsque le prix de cession (ou la valeur réelle) est inférieur au prix de revient éventuellement diminué des amortissements susvisés.

MODALITÉS D'IMPOSITION

7340 Les plus et moins-values provenant de la cession de biens affectés à l'exploitation sont en principe déterminées et imposées dans les conditions prévues aux articles 39 duodecies à 39 quindecies du CGI (régime des plus-values professionnelles à court terme et à long terme : voir n°s 10100 s.).

Cela dit, ces plus-values échappent le plus souvent à l'impôt en raison de la **mesure générale d'exonération** des plus-values professionnelles réalisées par les exploitants dont les recettes n'excèdent pas 250 000 € (CGI art. 151 septies ; voir n°s 10300 s.). Mais elles sont taxables, sous réserve des régimes particuliers exposés n° 10400 s., lorsque les conditions de cette exonération ne sont pas remplies (par exemple activité exercée depuis moins de cinq ans ou cession portant sur un terrain à bâtir).

Les **plus-values nettes à long terme** doivent être portées sur la déclaration n° 2042 C Pro afin d'être imposées au taux réduit de 12,8 % (30 % compte tenu des prélèvements sociaux).

Les **plus-values nettes à court terme** sont soumises au barème progressif de l'impôt sur le revenu, sous réserve de la faculté d'étalement sur trois ans : voir n° 10162.

Les **moins-values nettes à court terme** s'imputent sur les bénéfices d'exploitation. Si ces bénéfices ne sont pas suffisants pour permettre l'imputation, la fraction non imputée de la moins-value nette génère un déficit normalement imputable sur le revenu global (n° 10166).

SECTION 3

OBLIGATIONS COMPTABLES ET DÉCLARATIVES

OBLIGATIONS COMPTABLES

Les exploitants placés sous le régime micro-BA bénéficient d'obligations comptables allégées. **7500**
Ils doivent tenir un document enregistrant le **détail journalier** de leurs recettes professionnelles, appuyé des **factures** et de toutes autres pièces justificatives (CGI art. 64 bis, IV).
Ces documents sont à présenter sur demande du service des impôts.

> **Précisions** Le **livre-journal des recettes** est servi chronologiquement. Les recettes correspondant à des ventes au détail ou à des services rendus à des particuliers peuvent être inscrites globalement en fin de journée lorsque leur montant unitaire n'excède pas 76 €. Le montant des opérations inscrites sur le livre des recettes est totalisé à la fin du trimestre et de l'année (BOI-BA-DECLA-15 n° 30).

OBLIGATIONS DÉCLARATIVES

Les contribuables relevant du régime micro sont dispensés de produire une déclaration de résultats. Ils portent directement sur la déclaration complémentaire à la déclaration annuelle des revenus (n° 2042 C Pro) le **montant des recettes** de l'année d'imposition ainsi que celui des deux années précédentes et des **plus-values** réalisées **ou moins-values** subies au cours de l'année (CGI art. 64 bis, III). La moyenne triennale et l'abattement forfaitaire de 87 % sont calculés automatiquement par l'administration. **7600**
Aucune mention relative aux biens affectés à l'exploitation n'est exigée.

La **déclaration d'existence** et d'identification doit être faite dans les quinze jours du début d'activité auprès du guichet unique électronique des formalités d'entreprises (voir n°s 145 s.). Le contribuable indique notamment à ce guichet ou au service des impôts dont il dépend s'il estime, compte tenu de ses recettes prévisionnelles, bénéficier du régime micro-BA ou s'il souhaite d'ores et déjà opter pour un régime réel d'imposition (BOI-BA-DECLA-15 n° 50). **7610**

Les **exploitants** soumis au micro-BA **qui cèdent ou qui cessent, en totalité ou en partie, leur exploitation** font l'objet d'une imposition immédiate de leurs bénéfices, y compris ceux qui proviennent de **créances acquises et non encore recouvrées** à la date de la cession ou de la cessation (CGI art. 201, 1). L'imposition correspondant à ces bénéfices est établie d'après le dernier taux de l'acompte calculé dans le cadre du **prélèvement à la source de l'impôt sur le revenu** (CGI art. 201, 1 et 204 A, 2-2° ; voir n° 5040). **7620**
En vue de permettre l'établissement des impositions dues en cas de cession ou cessation, les exploitants concernés sont soumis à une double obligation. Ils doivent :
– d'une part, **informer l'administration** de la cession ou de la cessation de leur activité dans le délai de 45 jours fixé par l'article 201, 1 du CGI (n° 12345). On relèvera toutefois que l'administration fait mention d'un délai de 60 jours au BOI-BA-CESS-10 n° 100 ;
– d'autre part, souscrire dans un délai de 60 jours la **déclaration de leurs recettes** visée à l'article 64 bis, III du CGI (voir n° 7600).
Les mêmes dispositions sont applicables en cas de **décès d'un exploitant relevant du régime micro-BA**. Dans ce cas, les ayants droit du défunt doivent produire les renseignements nécessaires pour l'établissement de l'impôt dans les six mois de la date du décès (CGI art. 201, 4).

SECTION 4

RECETTES COMMERCIALES OU NON COMMERCIALES ACCESSOIRES

7700 Les exploitants agricoles au régime micro-BA qui réalisent des opérations commerciales ou non commerciales accessoires sont **taxés séparément**, pour les profits retirés de ces activités, dans la **catégorie d'imposition** des BIC ou des BNC. En effet, les dispositions de l'article 75 du CGI permettant d'imposer ces produits accessoires, lorsqu'ils n'excèdent pas un certain seuil, selon les règles des bénéfices agricoles concernent les seuls exploitants soumis à un régime réel d'imposition (n°s 9720 s.).

Nous exposerons successivement le régime applicable aux exploitants individuels et aux sociétés civiles.

A. Exploitants individuels

IMPOSITION SELON LE RÉGIME MICRO-BIC OU LE RÉGIME MICRO-BNC

7750 Si le montant du chiffre d'affaires ou des recettes non agricoles n'excède pas un certain montant, les exploitants au micro-BA sont placés de plein droit, pour l'imposition du revenu tiré de ces activités accessoires, sous un régime spécial de déclaration et de taxation : régime micro-BIC ou régime micro-BNC. Il est toutefois possible de renoncer au régime micro-(BIC ou BNC) en optant pour le versement libératoire de l'impôt sur le revenu (n°s 7850 s.) ou pour un régime réel d'imposition.

7770 **Activités commerciales accessoires** Sauf option pour un régime réel d'imposition ou lorsque ce dernier s'applique de façon obligatoire, les bénéfices retirés d'activités commerciales accessoires sont soumis au régime micro-BIC prévu à l'article 50-0 du CGI. Ce régime s'applique aux exploitants agricoles individuels dont le **chiffre d'affaires annuel** hors taxe de l'année précédente ou de la pénultième année provenant des activités commerciales, ajusté s'il y a lieu au prorata du temps d'exploitation au cours de l'année de référence, **n'excède pas** une **limite** fixée, pour l'imposition des revenus de 2023 à 2025, à :

– 188 700 € pour les **activités de vente** de marchandises, objets, fournitures et denrées à emporter ou à consommer sur place et de fourniture de logement (à l'exception des locations meublées autres que les meublés de tourisme et les chambres d'hôtes) ;

– 15 000 € pour la location de **meublés de tourisme non classés** (Loi 2023-1322 du 29-12-2023 art. 45 : voir toutefois Précisions, b ci-après) ;

– 77 700 € pour les autres activités (CGI art. 50-0).

Les contribuables relevant du régime micro-BIC portent directement sur leur déclaration complémentaire à leur déclaration annuelle de revenus (n° 2042 C Pro) le montant brut de leur chiffre d'affaires commercial et des plus ou moins-values réalisées au cours de l'année d'imposition.

Le **bénéfice imposable** est calculé par l'administration après application à ce chiffre d'affaires d'un **abattement forfaitaire** réputé tenir compte de toutes les charges, y compris les cotisations sociales et les amortissements linéaires des biens affectés à l'exploitation. Sous réserve d'un **abattement minimal de 305 €** pour chacune des deux catégories d'activités, le **taux** de l'abattement est fixé à :

– 71 % pour le chiffre d'affaires correspondant aux activités de vente à emporter ou à consommer sur place et de fourniture de logement (à l'exception des locations meublées autres que les meublés de tourisme classés et les chambres d'hôtes) ;

– 30 % pour les meublés de tourisme non classés relevant du seuil de 15 000 € (Loi 2023-1322 du 29-12-2023 art. 45 : voir toutefois Précisions, b ci-après) ;

– 50 % pour les autres prestations de services.

Par ailleurs, l'article 45 de la loi 2023-1322 du 29 décembre 2023 a institué un **abattement supplémentaire de 21 %** pour les activités de location de **locaux meublés classés** lorsque ces derniers ne sont pas situés dans des zones géographiques se caractérisant par un déséquilibre important entre l'offre et la demande de logements et que le chiffre d'affaires hors taxe afférent à l'ensemble des activités de location de locaux meublés n'excède pas 15 000 € au cours de l'année civile précédente. Les contribuables concernés bénéficient donc, pour l'imposition de leurs revenus de 2023, d'un abattement forfaitaire égal à 92 % (soit 71 % + 21 %).

> **Précisions a.** Lorsque l'**activité commerciale appartient aux deux catégories** principales (ventes et prestations de services), le régime micro n'est applicable que si le chiffre d'affaires global hors taxe de l'année précédente (ou de la pénultième année) n'excède pas 188 700 € et si le chiffre d'affaires annuel afférent aux activités de prestations de services n'excède pas 77 700 €.
> Si le contribuable exerce en outre une activité de location de meublés de tourisme, le régime micro-BIC s'applique de plein droit au titre d'une année si, l'année précédente ou l'avant-dernière année, le chiffre d'affaires global n'excède pas 188 700 € et si :
> – le chiffre d'affaires afférent aux activités de location de meublés de tourisme non classés n'excède pas 15 000 € (voir toutefois Précisions, b ci-après) ;
> – et le chiffre d'affaires afférent aux autres activités de prestations de services n'excède pas 77 700 € (Loi précitée du 29-12-2023 art. 45).
> **b.** Le Gouvernement a indiqué que les **règles d'imposition des loueurs de meublés de tourisme**, issues de la loi 2023-1322 du 29 décembre 2023, ont été adoptées par « erreur ». En conséquence, pour l'imposition des revenus de 2023, l'administration a admis que les loueurs de meublés de tourisme non classés continuent à retenir le seuil de 77 700 € et à appliquer l'abattement forfaitaire de 50 % (BOI-BIC-CHAMP-40-20 n° 55). Toutefois, le Conseil d'État a annulé cette tolérance administrative (CE 8-7-2024 n°s 492382 et 492582) ; en pratique, cette annulation ne prive cependant pas les contribuables ayant appliqué cette solution pour l'imposition des revenus de 2023 de s'en prévaloir sur le fondement de l'article L 80 A du LPF.
> **c.** Pour l'application du régime micro-BIC, les recettes imposables au titre d'une année correspondent en principe aux **créances acquises** sur les opérations réalisées au cours de l'année concernée (CGI art. 38, 2 bis). Toutefois, à condition de procéder de la même manière tous les ans, l'administration admet que le bénéfice soit déterminé d'après les **encaissements** (BOI-BIC-DECLA-10-10-20 n° 10), solution qui pourrait être retenue, dans un souci de simplification, par les agriculteurs au micro-BA dont les recettes agricoles sont déjà imposées d'après les encaissements.
> **d.** Les **seuils** de chiffre d'affaires sont **actualisés** tous les trois ans dans la même proportion que l'évolution triennale de la limite supérieure de la première tranche du barème de l'impôt sur le revenu. La prochaine actualisation triennale prendra effet le 1er janvier 2026.

Activités non commerciales accessoires Sauf option pour le régime de la déclaration contrôlée ou lorsque ce dernier s'applique de façon obligatoire, les bénéfices retirés d'activités non commerciales accessoires sont soumis au **régime micro-BNC** prévu à l'article 102 ter du CGI. Ce régime s'applique aux exploitants agricoles individuels dont les **recettes non commerciales** hors taxe de l'année précédente ou de la pénultième année, ajustées s'il y a lieu au prorata du temps d'activité au cours de l'année de référence, n'excèdent pas une limite fixée à 77 700 € pour les années 2023 à 2025 (CGI art. 102 ter). Si ce seuil est dépassé, le régime de la déclaration contrôlée est applicable de plein droit. 7800

Les contribuables relevant du régime micro-BNC portent directement sur la déclaration complémentaire à leur déclaration annuelle de revenus (n° 2042 C Pro) le montant brut de leurs recettes non commerciales et des plus ou moins-values réalisées au cours de l'année d'imposition. Le **bénéfice imposable** est fixé après application d'un abattement forfaitaire réputé tenir compte de toutes les charges, y compris les cotisations sociales et les amortissements linéaires des biens affectés à l'exploitation. Le **taux** de cet abattement est fixé à 34 % pour les activités non commerciales, avec un **abattement minimal de 305 €**.

RÉGIME DE L'AUTO-ENTREPRENEUR

Les entrepreneurs individuels peuvent **opter** pour le **versement forfaitaire libératoire de l'impôt sur le revenu**, calculé sur le chiffre d'affaires ou les recettes de leur activité professionnelle (régime de l'auto-entrepreneur), lorsque les trois conditions suivantes sont satisfaites (CGI art. 151-0) : 7850

– ils sont soumis au versement forfaitaire libératoire des cotisations et contributions sociales (régime du micro-social : voir n° 43550) ;

– ils sont soumis au régime des micro-entreprises (micro-BIC ou micro-BNC). Selon l'administration, les contribuables placés sous un régime d'exonération totale ou partielle d'impôt sur les bénéfices, au titre par exemple de leur implantation dans certaines zones du territoire, ne peuvent opter pour le régime de l'auto-entrepreneur qu'à l'issue de la période d'exonération (BOI-BIC-DECLA-10-40-20 n°s 130 à 150) ;

– le montant des revenus nets du foyer fiscal de l'avant-dernière année (revenu fiscal de référence figurant sur l'avis d'imposition) est inférieur ou égal, pour une part de quotient familial, à la limite supérieure de la deuxième tranche du barème de l'impôt sur le revenu de l'année précédant celle au titre de laquelle l'option est exercée, soit 28 797 € pour les revenus de 2023. Cette limite est majorée de 50 % ou 25 % par demi-part ou par quart de part supplémentaire. Le nombre de parts à retenir correspond à la situation du foyer fiscal au titre de l'avant-dernière année civile (N – 2). Ainsi, il convient de retenir le revenu fiscal de référence de l'année N – 2 du foyer fiscal par rapport à sa composition la même année (BOI-BIC-DECLA-10-40-10 n° 50).

EXEMPLE

Si, pour une option exercée à compter de l'exercice ouvert le 1er janvier 2025, le quotient familial du contribuable (constaté au titre de 2023) s'élève à 2,5 parts, le montant de ses revenus de 2023 doit être inférieur à 28 797 € × 2,5 = 71 993 € (par référence au barème 2024 applicable aux revenus de 2023).

7860 Lorsque le régime de l'auto-entrepreneur est applicable, les **versements** sont calculés mensuellement ou trimestriellement en appliquant au montant du chiffre d'affaires ou des recettes hors taxe du mois ou du trimestre précédent les **taux** suivants :
– 1 % pour les entreprises dont l'activité consiste à vendre des marchandises, objets, fournitures et denrées à emporter ou à consommer sur place, ou de fournir le logement (à l'exception des locations meublées autres que les meublés de tourisme classés et les chambres d'hôtes) ;
– 1,7 % pour les entreprises qui réalisent des prestations de services, autres que celles mentionnées ci-dessus. Ce taux reste applicable aux loueurs de meublés de tourisme non classés ayant opté pour le régime de l'auto-entrepreneur au titre de 2023 (en ce sens, BOI-BIC-CHAMP-40-20 n° 55 ; voir toutefois n° 7770, Précisions, b).
– 2,2 % pour les contribuables titulaires des revenus non commerciaux.
Pour ce calcul, l'exploitant peut retenir les **encaissements** (et non les créances acquises) sous réserve de ne pas changer de méthode (BOI-BIC-DECLA-10-40-20 n° 90).
Ces versements sont libératoires de l'**impôt sur le revenu** dû à raison des bénéfices générés par l'activité soumise au régime micro. En revanche, les **plus ou moins-values** provenant de la cession des biens affectés à l'exploitation sont normalement imposables selon les règles prévues pour les plus-values professionnelles, mais elles peuvent bénéficier le cas échéant de l'exonération des petits exploitants (voir nos 10300 s.).
L'**option** doit être **exercée** auprès des organismes sociaux territorialement compétents **au plus tard** le 30 septembre de l'année précédant celle au titre de laquelle elle est exercée (CGI art. 151-0, V). Ainsi, pour les revenus perçus en 2024, l'option doit être exercée avant le 1er octobre 2025. Elle peut également être effectuée sur le site internet auto-entrepreneur.urssaf.fr.
Par exception, en cas de **création d'entreprise**, l'option peut être formulée auprès du guichet unique électronique. En tout état de cause, elle doit être exercée au plus tard le dernier jour du troisième mois qui suit celui de la création (BOI-BIC-DECLA-10-40-20 nos 30 et 40).
L'option produit normalement ses effets jusqu'à sa **dénonciation** par le contribuable. Cette dénonciation s'effectue auprès des organismes sociaux compétents au plus tard le 30 septembre de l'année précédant celle au titre de laquelle ce régime ne s'applique plus. En pratique, elle n'a pas à être effectuée lorsque le contribuable opte pour un autre régime ou ne remplit plus les conditions pour bénéficier du régime de l'auto-entrepreneur (n° 7850).
Le contribuable ayant opté doit indiquer dans les rubriques prévues à cet effet de la **déclaration de revenus** n° 2042 C Pro le montant de son chiffre d'affaires ou de ses recettes annuels ainsi que celui des plus ou moins-values réalisées au cours de cette même année.

› **Précisions** Les auto-entrepreneurs relevant du régime fiscal de la micro-entreprise (micro-BIC ou micro-BNC) sont **automatiquement soumis au régime du micro-social** (CSS art. L 133-6-8). Toutefois, il leur est possible de renoncer au régime micro-social en optant pour le régime social de droit commun (BOI-BIC-DECLA-10-40-30 nos 160 et 170).

IMPOSITION SELON UN RÉGIME RÉEL

7880 Les exploitants agricoles qui ne peuvent pas bénéficier du régime micro-BIC ou du micro-BNC (ou qui préfèrent y renoncer) sont imposés selon un régime réel d'imposition pour leurs revenus commerciaux ou non commerciaux accessoires.
Cette situation ne fait pas obstacle à l'application du régime micro-BA pour l'imposition des bénéfices provenant de l'activité agricole des exploitants concernés (Loi 2016-1917 du 29-12-2016 art. 14, 1°).

B. Sociétés civiles agricoles

Les sociétés civiles qui réalisent des opérations commerciales accessoires relèvent en principe de l'impôt sur les sociétés. 8000

Toutefois, il en va autrement des sociétés civiles agricoles relevant du micro-BA (voir n° 6180), lorsque le montant de leurs recettes commerciales accessoires n'excède pas les limites prévues par l'article 75 du CGI appréciées comme indiqué n°s 9720 s., c'est-à-dire **50 % du chiffre d'affaires agricole ou 100 000 €** (CGI art. 206, 2). Dans cette situation, les recettes accessoires commerciales et non commerciales sont imposées séparément d'après les règles prévues respectivement en matière de BIC et de BNC. L'imposition est établie selon le régime réel simplifié BIC ou le régime de la déclaration contrôlée en matière de BNC, les sociétés civiles étant exclues des régimes micro-BIC et micro-BNC.

Cette situation ne fait pas obstacle à l'application du régime micro-BA pour l'imposition des bénéfices provenant de l'activité agricole des sociétés concernées (Loi 2016-1917 du 29-12-2016 art. 14, 1°).

En ce qui concerne les règles particulières applicables aux recettes accessoires des **sociétés civiles agricoles soumises à un régime réel** d'imposition : voir n° 9730.

CHAPITRE 4

RÉGIME DU BÉNÉFICE RÉEL NORMAL

SOMMAIRE

Le régime du bénéfice réel normal s'applique **de plein droit** aux exploitants (exploitants individuels ou sociétés et groupements agricoles relevant de l'impôt sur le revenu) dont la **moyenne des recettes** excède 365 000 € sur trois années consécutives (soit 2021, 2022 et 2023 pour la détermination du régime applicable en 2024) (voir n° 5605). 9000

Le régime BA réel s'applique également, **sur option**, aux exploitants relevant normalement du régime du micro-BA ou du régime simplifié (voir n°s 5600 s.).

Dans le régime réel normal, le bénéfice imposable est déterminé suivant des règles très voisines de celles qui s'appliquent aux entreprises industrielles et commerciales. C'est un bénéfice net, égal à l'excédent du produit brut sur les dépenses nécessitées directement par l'exercice de la profession.

Notons que ces règles sont également applicables pour la détermination du bénéfice imposable d'après le **régime simplifié**, dans la mesure où il n'y est pas dérogé par des dispositions spéciales (que nous signalerons au fur et à mesure).

Une fois calculé, le bénéfice agricole n'est soumis à l'impôt, dans certains cas, qu'après application d'**abattements ou déductions** spécifiques (voir n°s 14400 s.).

Les agriculteurs placés sous le régime du bénéfice réel normal sont tenus par ailleurs à des **obligations déclaratives et comptables** proches de celles qui incombent aux commerçants ou industriels.

Les **entreprises agricoles** qui sont **soumises au plan comptable général** (PCG) tel que modifié par le règlement ANC 2020-03 relatif aux activités agricoles sont tenues d'appliquer les **règles comptables et fiscales** concernant la définition et l'évaluation du coût de revient des actifs et l'amortissement par composants des immobilisations. Les **autres entreprises**, qui sont en deçà des seuils d'application du PCG et qui n'ont pas choisi de s'y conformer volontairement, sont tenues, en application de l'article 72 du CGI, aux seules règles fiscales qui découlent de la réglementation comptable. Elles sont donc concernées par l'ensemble des mesures législatives et réglementaires adoptées en ce sens, sous réserve de certaines mesures d'assouplissement. Bien évidemment, la mise en œuvre de ces règles entraîne, comme nous le verrons tout au long de ce chapitre, des conséquences pour la détermination du résultat imposable des entreprises agricoles.

Sur les **obligations comptables** auxquelles sont astreintes les exploitations agricoles, voir n°s 64200 s.

SECTION 1

DÉTERMINATION DU BÉNÉFICE IMPOSABLE

DÉFINITION DU BÉNÉFICE RÉEL IMPOSABLE

Le bénéfice réel agricole est déterminé et imposé selon les principes généraux applicables aux **entreprises industrielles et commerciales** (BIC), sous réserve de certains **aménagements** – destinés à tenir compte des **contraintes et caractéristiques particulières** de la production agricole – qui sont fixés par décrets (CGI art. 72). Ces contraintes et caractéristiques sont notamment représentées par : 9005

– le faible niveau du chiffre d'affaires par rapport au capital investi, ce qui se traduit par une lente rotation des capitaux ;

– la proportion exceptionnellement importante des éléments non amortissables dans le bilan : fonds agricole, foncier non bâti, améliorations foncières permanentes ; parts de coopératives et de Sica, etc. ;

– l'irrégularité importante des revenus.

En vertu de l'article 38, 1 du CGI, le **bénéfice net** des entreprises industrielles et commerciales est déterminé d'après les résultats d'ensemble des opérations de toute nature effectuées par l'entreprise, y compris notamment les cessions d'éléments d'actif, soit en cours, soit en fin d'exploitation.

L'article 38 du CGI traduit de manière comptable cette définition en précisant que le bénéfice net est constitué par la différence entre les valeurs de l'actif net à la clôture et à l'ouverture de la période dont les résultats doivent servir de base à l'impôt, diminuée des suppléments d'apports et augmentée des prélèvements effectués au cours de cette période par l'exploitant ou par les

associés. Quant à l'**actif net**, il s'entend de l'excédent des valeurs d'actif sur le total formé au passif par les créances des tiers, les amortissements et les provisions justifiés.
Du rapprochement avec ces règles, il résulte que le **bénéfice réel agricole** est :
– constitué par l'excédent du produit brut sur les dépenses nécessitées directement par l'exercice de la profession et qui entraînent une diminution de l'actif net ou sont destinées à éviter une diminution probable de cet actif ;
– déterminé en tenant compte de l'ensemble des opérations effectuées par l'exploitant, y compris les cessions d'éléments d'actif soit en cours, soit en fin d'exploitation.
Il s'ensuit que doivent être pris en considération non seulement les produits et charges de l'exploitation agricole proprement dite, mais également tous les produits accessoires et financiers, selon les mêmes règles qu'en matière de bénéfices industriels et commerciaux (BOI-BA-BASE-20-10-10 n° 160).

9006 En pratique, le calcul du bénéfice agricole imposable s'opère en partant du résultat comptable de l'exploitation et en apportant à ce résultat des **corrections extra-comptables** pour tenir compte des règles fiscales spécifiques. Ces corrections, qui peuvent s'opérer en plus (réintégrations) ou en moins (déductions), apparaissent dans le tableau de « détermination du résultat fiscal » qui doit être joint à la déclaration annuelle des résultats.

> **Précisions** Jusqu'à l'imposition des revenus de l'année 2019, le bénéfice des exploitants non adhérents d'un **centre de gestion agréé** et ne recourant pas aux services d'un professionnel de l'expertise comptable autorisé par l'administration était majoré de 25 % pour le calcul de l'impôt sur le revenu. Après avoir été réduite progressivement entre 2020 et 2022, cette majoration est abrogée depuis l'imposition des revenus de l'année 2023 (Loi 2020-1721 du 29-12-2020 art. 34).

OPÉRATIONS SANS LIEN AVEC L'ACTIVITÉ

9007 **Exclusion du bénéfice imposable** Comme en matière de bénéfices industriels et commerciaux, les **produits et charges qui se rapportent à des biens inscrits au bilan mais non utilisés pour** l'exercice de l'**activité professionnelle** sont écartés pour la détermination du bénéfice imposable de l'exploitant individuel et des sociétés ou groupements assimilés relevant du régime des sociétés de personnes et soumis à un régime réel d'imposition (pour l'application de cette règle à ces sociétés ou groupements, voir n° 24735). Le **bénéfice net** est ainsi **diminué** du montant des produits qui ne proviennent pas de l'activité exercée à titre professionnel et **augmenté** du montant des charges déductibles (amortissements, charges financières, etc.) qui ne sont pas nécessitées par l'exercice de cette activité (CGI art. 155, II-1). Ainsi ne sont pas pris en compte pour la détermination de ce bénéfice les produits et les charges afférents aux éléments d'actif qui, soit ne sont pas nécessaires à l'exercice de l'activité professionnelle, soit ne sont pas utilisés pour l'exercice de cette activité.
Ce dispositif d'exclusion concerne notamment les **biens purement patrimoniaux** tels que des immeubles de rapport ou des valeurs mobilières sans lien avec l'exercice de l'activité professionnelle. Cependant, l'administration va plus loin et considère que ne sont pas pris en compte dans le résultat professionnel les **actifs non utilisés pour l'exercice de l'activité professionnelle** mais qui se situent dans son **prolongement**, tels les produits de placement de la trésorerie professionnelle (n° 9815) ou les parts détenues dans une société ayant une activité complémentaire à celle de l'exploitant (commercialisation de ses produits) mais à laquelle il ne participe pas. En revanche, les revenus perçus à l'occasion des **actes nécessaires à l'activité** exercée à titre professionnel restent inclus dans le résultat imposable, tels les intérêts de retard résultant d'une décision de justice ou d'une clause contractuelle en raison d'un retard de livraison par un fournisseur (BOI-BIC-BASE-90 n° 210).
Les opérations afférentes à des **éléments d'actif étrangers à l'activité professionnelle** donnent lieu à la détermination d'un **résultat distinct** dans la catégorie d'imposition correspondant à leur nature (revenus fonciers, revenus de capitaux mobiliers, bénéfices industriels et commerciaux non professionnels) comme s'ils ne figuraient pas au bilan de l'entreprise individuelle.
Dans le cas où un **élément** d'actif est à **usage mixte**, c'est-à-dire utilisé à la fois à des fins professionnelles et à des fins non professionnelles, les produits et charges y afférents doivent être ventilés de manière à ce que leur fraction correspondant à l'usage non professionnel soit extournée du résultat professionnel imposable. Il appartient à l'exploitant de réaliser, sous sa propre responsabilité et sous réserve du droit de contrôle de l'administration, la ventilation des produits et des charges correspondant à chacun des usages. À titre d'**exemple**, s'agissant d'un immeuble, les produits et les charges peuvent être ventilés en fonction de la surface affectée à l'un et l'autre usage (BOI-BIC-BASE-90 n° 220).

Exceptions Le principe d'imposition séparée ne s'applique pas dans les cas suivants (CGI art. 155, II-2 et 3) : 9008
– lorsque les revenus en cause sont issus d'**activités commerciales ou non commerciales accessoires** au sens de l'article 155, I du CGI (n° 5205) ;
– et, sur **option expresse** de l'exploitant, lorsque les **produits ne provenant pas de l'activité exercée à titre professionnel n'excèdent pas 5 %** de l'ensemble des produits de l'exercice (y compris ceux relatifs aux activités accessoires visées ci-dessus mais à l'exception des plus-values de cession). Ce montant est porté à **10 %** si la condition de 5 % était satisfaite au titre de l'exercice précédent. Mais, même si ces seuils sont respectés, les **charges** afférentes à un élément d'actif non professionnel ne sont **déductibles** du résultat professionnel qu'à concurrence du montant **des produits** générés par ce même bien. La fraction des charges qui excède le montant des produits est exclue du bénéfice professionnel imposable pour être retenue dans la catégorie de revenus correspondant à la nature du bien.

Le seuil de 5 % (ou 10 %) s'apprécie à la **date de clôture** de l'exercice. Les revenus et profits extournés du bénéfice professionnel imposable sont réputés avoir été perçus ou réalisés à cette même date.

S'agissant de l'**intérêt de l'option**, on relèvera que la tolérance de 5 % (ou 10 %) a pour objet principal de simplifier la gestion des entreprises. Celles qui ont très peu de revenus sans liens avec l'activité professionnelle sont ainsi dispensées de retraitements extra-comptables, l'ensemble de leurs revenus étant agrégé au résultat professionnel. Mais l'application de cette exception peut s'avérer complexe. En effet, selon que le seuil de 5 % est dépassé ou non, certaines sources de revenus peuvent être imposées selon un régime différent d'un exercice à l'autre, malgré la tolérance de 10 % destinée à atténuer cet effet de seuil. En outre, pour appliquer cette « tolérance », les entreprises doivent déterminer la proportion des revenus afférents aux biens non utilisés pour l'exercice de l'activité professionnelle.

Enfin, le maintien de **produits de placement** dans le résultat professionnel écarte l'application des modalités d'imposition généralement favorables qui régissent les revenus mobiliers (dividendes, produits de placement à revenu fixe, etc.) perçus par les particuliers (notamment : prélèvement forfaitaire unique (PFU) de 12,8 %, abattement de 40 % maintenu sur certains dividendes, imputation des crédits d'impôt pouvant être attachés à ces revenus, etc.). Les exploitants doivent donc arbitrer, selon leur situation, entre la simplification liée à l'absence de retraitements extra-comptables et l'application d'éventuels avantages fiscaux (voir également n°s 9800 s.). À noter, toutefois, que le nouveau statut juridique de l'entrepreneur individuel qui pose le principe de la **séparation des patrimoines professionnel et personnel** (voir n° 27660, Précisions b.) pourrait limiter les cas d'inscription à l'actif des biens non affectés à l'exercice de l'activité (ceux-ci étant réputés faire partie du patrimoine professionnel) et réduire, de fait, la portée de l'article 155, II du CGI.

> **Précisions a.** Les **modalités de l'option** n'ont pas été précisées par l'administration (la documentation administrative BOI-BIC-BASE-90, supposée être « à jour » au 4 juillet 2018, omet de faire état du caractère optionnel de la tolérance résultant de l'article 105 de la loi précitée du 29 décembre 2015, en se bornant à commenter la législation antérieure...). Afin d'éviter toute contestation, nous conseillons néanmoins de formuler l'option dans une note jointe à la déclaration de résultats afin de justifier le traitement appliqué aux revenus marginaux (selon nos informations, le simple fait de ne pas réaliser de retraitements extra-comptables destinés à extourner les produits concernés ne devrait pas être considéré comme une option expresse).
>
> **b.** La « tolérance de 5 % (ou 10 %) » s'appliquant à chaque exercice, l'option pour son application devrait être exercée également pour un exercice.
>
> **c.** Selon l'administration, les produits de l'activité non professionnelle d'une **entreprise nouvelle** ne sont considérés comme marginaux que s'ils ne dépassent pas le seuil de 5 % (et non pas 10 %) de l'ensemble des produits du premier exercice (BOI-BIC-BASE-90 n°s 250 à 270). À la lettre de l'article 155, II du CGI, on aurait pourtant pu considérer que les revenus de l'exercice précédent étant par hypothèse nuls, la condition tenant au respect du seuil de 5 % est nécessairement satisfaite pour cet exercice.

Cession de biens étrangers à l'activité Des règles particulières s'appliquent en cas de cession de biens inscrits à l'actif mais étrangers à l'activité (n°s 10745 s.) 9009

L'intégralité des charges afférentes aux **biens inscrits à l'actif et utiles à l'activité** est admise en déduction. Lors de la cession de ces biens, il est fait application du régime des plus-values professionnelles (voir n°s 10100 s.).

Pour les **biens non inscrits à l'actif mais utilisés pour l'exercice de l'activité**, la déduction des charges est limitée aux frais correspondant aux charges locatives et assimilées (réparation, entretien courant) à l'exclusion des charges de propriété (frais d'acquisition, impôt foncier, amortissement) ; par exemple, lorsque l'option pour le maintien des terres dans le patrimoine privé a été exercée, l'exploitant ne peut pas déduire les charges de propriété correspondantes (taxe foncière, frais financiers, etc.). La **cession des biens « privés »** donne ouverture, s'il y a lieu, au régime des plus-values des particuliers (voir n°s 20600 s.).
Pour les **loyers des immeubles professionnels** maintenus dans le patrimoine privé, voir n° 11125.

A. Période d'imposition

PRINCIPES

9010 Les exploitants peuvent librement choisir la **date de clôture** de leur **exercice**. Les bénéfices imposables au cours d'une année déterminée sont les bénéfices réalisés pendant l'exercice comptable qui a été clos au cours de ladite année, même si cet exercice ne coïncide pas avec l'année civile (CGI art. 36 et 37). Un exercice clos au cours d'une année d'imposition peut s'étendre sur une période inférieure ou supérieure à douze mois.
Si **aucun bilan** n'a été **dressé** au cours de l'année, une imposition doit néanmoins être établie (CGI art. 37). Elle porte sur les résultats réalisés depuis la clôture du dernier exercice (ou, s'il s'agit d'une entreprise nouvelle relevant de l'impôt sur le revenu, depuis le début de l'exploitation), jusqu'au 31 décembre de l'année en cause. Les bénéfices de la période se terminant à cette date doivent être évalués par le contribuable ; ils viendront ultérieurement en déduction des résultats du bilan dans lequel ils se trouvent compris.

EXEMPLE

Un exploitant débute son activité le 15 mars 2024 et opte pour le régime réel normal. Il fixe la date de clôture de son premier exercice soumis à ce régime au 31 juillet 2025. Aucun exercice n'étant clos en 2024, il devra produire une déclaration provisoire de résultats pour la période 15 mars 2024-31 décembre 2024.

9020 Les **entreprises nouvelles** passibles de l'impôt sur les sociétés **qui ne dressent pas de bilan au cours de leur première année civile d'activité** n'ont pas à produire de déclaration provisoire. Elles sont imposées, dans ce cas, sur les résultats de la période écoulée depuis leur début d'activité jusqu'à la date de clôture du premier exercice et, au plus tard, jusqu'au 31 décembre de l'année suivant celle de leur création (CGI art. 209, I-2e al.).
Sont également dispensées de déposer une déclaration provisoire au 31 décembre de l'année de leur création les **sociétés de personnes soumises à l'impôt sur le revenu** dont les associés personnes morales arrêtent leurs comptes en cours d'année à la même date qu'elles ou à une date postérieure. Il n'en va autrement qu'en cas de changement d'associés entre le 1er janvier de l'année suivant la création et la date de clôture du premier exercice (BOI-BA-BASE-20-10-10 n° 30).

EXEMPLE

Soit une société de personnes A relevant de l'impôt sur le revenu créée le 1er juin 2024 par deux sociétés dont les exercices sociaux sont clos en cours d'année.
La société A qui clôture son exercice social le 31 mai 2025 pourra ne pas déposer de déclaration provisoire au 31 décembre 2024 si ses deux associés clôturent leur exercice social au plus tôt le 31 mai 2025.
En revanche, si l'un ou les deux associés clôturent leur exercice social entre le 1er janvier et le 30 mai 2025 inclus, la société A sera tenue de déposer une déclaration provisoire au 31 décembre 2024.
En cas de **changement d'associés** entre le 1er janvier de l'année suivant la création de la société nouvelle (1-1-2025) et la date de clôture de son premier exercice (31-5-2025), une déclaration provisoire devra néanmoins être déposée par la société nouvellement créée, permettant à l'ancien associé d'imposer le résultat correspondant à la période comprise entre la date de création de la société et le 31 décembre de l'année de sa création.

CHANGEMENT DE DATE DE CLÔTURE

9030 Lorsqu'un exploitant décide de changer la date de clôture de son exercice comptable, cette décision peut s'accompagner de la clôture, au cours de la même année d'imposition, d'un seul, d'aucun ou de plusieurs exercices.
a. Un seul exercice est **arrêté** lorsque l'exploitant décide d'avancer ou de retarder la date de clôture de son exercice comptable durant l'année d'imposition au cours de laquelle aurait dû normalement intervenir la clôture de son exercice.

Il en est ainsi, par **exemple**, lorsqu'un exploitant qui clôturait son exercice le 30 juin de chaque année décide de clôturer celui-ci le 31 décembre. L'exercice comptable commencé le 1er juillet de l'année N sera régulièrement imposé sur la période de dix-huit mois comprise entre cette date et le 31 décembre de l'année N + 1.
De même, si un exploitant, dont les exercices coïncidaient avec l'année civile, décide de changer la date de clôture de ses exercices pour la fixer au 30 juin, l'imposition établie au titre de l'année au cours de laquelle intervient le changement sera liquidée sur les résultats de l'exercice de transition d'une durée de 6 mois (BOI-BA-BASE-20-10-10 nos 60 à 90).
b. Aucun exercice n'est **arrêté** lorsqu'un exploitant décide de clôturer un exercice d'une durée supérieure à douze mois au-delà du 31 décembre de l'année au cours de laquelle aurait dû normalement intervenir la clôture de son exercice (BOI-BA-BASE-20-10-10 n° 100).

EXEMPLE

Un exploitant dont l'exercice coïncide avec l'année civile clôt un bilan le 31 décembre N.
En N + 1, il décide d'arrêter à l'avenir ses exercices le 31 mars de chaque année et prolonge de ce fait, jusqu'au 31 mars N + 2, l'exercice ouvert le 1er janvier N + 1.
Aucun exercice n'est donc arrêté en N + 1.
Dans cette situation, l'exploitant est soumis aux dispositions de l'article 37 du CGI analysées n° 9010. Une **imposition provisoire** sera établie au titre de l'année N + 1 sur les bénéfices de la période écoulée entre le 1er janvier et le 31 décembre N + 1. Les bénéfices ainsi imposés viendront ensuite en déduction des résultats de l'exercice (1er janvier N + 1 – 31 mars N + 2) dans lequel ils sont compris.

c. Plusieurs exercices sont **arrêtés** lorsqu'un exploitant dont l'exercice diffère de l'année civile décide de clôturer un deuxième exercice d'une durée inférieure à douze mois au cours de l'année d'imposition.
Si les **exercices** arrêtés sont **bénéficiaires**, la base imposable est égale au total des bénéfices.
S'ils sont **déficitaires**, aucune imposition n'est établie et les déficits sont cumulés pour être imputés sur le revenu global, toutes les conditions légales étant supposées remplies. À défaut, ces déficits s'imputent sur les bénéfices agricoles des années suivantes jusqu'à la sixième inclusivement.
Enfin, si **certains** exercices sont **bénéficiaires** et **d'autres déficitaires**, il est procédé à la somme algébrique des différents résultats.
Si cette **somme** est **positive**, le bénéfice correspondant est imposable sous réserve de l'imputation éventuelle de déficits globaux des années antérieures.
Si elle est **négative**, le déficit obtenu est imputé sur le revenu global dans les conditions prévues par l'article 156, I-1° du CGI.
À défaut, ce déficit s'impute sur les bénéfices agricoles des années suivantes jusqu'à la sixième inclusivement (BOI-BA-BASE-20-10-10 nos 120 à 150).

B. Enregistrement des opérations

CRÉANCES ACQUISES ET DETTES CERTAINES

Le résultat de l'exploitation est déterminé à partir des créances acquises et des dépenses engagées. **9100**
Les opérations doivent être prises en compte dès le moment où elles donnent naissance à une créance ou à une dette certaine dans son principe et déterminée dans son montant, quelle que soit la date des encaissements ou décaissements correspondants (les exploitants soumis au régime simplifié peuvent toutefois déduire certains frais généraux lors de leur paiement : n° 12950).
Corrélativement, si une **créance** (ou une **dette**) demeure **incertaine** dans son principe **ou indéterminée** dans son montant à la clôture d'un exercice, elle ne doit pas être retenue pour déterminer les résultats de cet exercice. Elle ne pourra être prise en compte que dans les résultats de l'exercice au cours duquel le principe en aura été reconnu ou le montant fixé.
Une dette non certaine peut néanmoins donner lieu à déduction, sous forme de **provision**, si elle présente un degré suffisant de probabilité.
Les créances peuvent également faire l'objet d'une provision lorsque leur recouvrement est douteux ou litigieux (n° 11725).

> **Précisions** Les **ristournes allouées par les sociétés coopératives** agricoles (qui constituent en fait, suivant le cas, un complément de prix ou une réduction des charges) doivent être retenues dans les résultats de l'exercice au cours duquel elles sont attribuées à l'agriculteur, même si ce dernier s'est engagé à ne pas prélever les sommes virées à son compte (BOI-BA-BASE-20-10-10 n° 170).

9105 **Date de rattachement des ventes : règles générales** Pour les ventes, l'exercice de rattachement est celui au cours duquel intervient la **livraison des biens** (CGI art. 38, 2 bis). La notion de livraison doit s'entendre de la délivrance au sens des articles 1604 et 1606 du Code civil, c'est-à-dire du transport de la chose vendue en la puissance et possession de l'acheteur.

Lorsque la vente est assortie d'une **clause de réserve de propriété**, la livraison s'entend de la remise matérielle du bien. Les biens vendus cessent alors de faire partie des stocks et le bénéfice correspondant est imposable sans qu'il y ait lieu d'attendre le transfert de propriété que ce type de clause a pour objet de différer jusqu'au paiement intégral du prix par l'acquéreur. L'acquéreur est appelé à supporter l'éventuelle dépréciation des biens entre le moment de la livraison et celui du transfert de propriété, sans que le prix à payer puisse en être diminué. Cette dépréciation est constatée sous forme de provisions pour dépréciation pour les stocks.

Le **critère de la livraison** peut parfois soulever des difficultés. S'agissant des **choses de genre** (marchandises ou matières fongibles, telles que le vin ou les céréales), il ne peut y avoir livraison, au sens du Code civil, qu'au moment de leur individualisation (C. civ. art. 1585).

> **Précisions a.** La livraison de **vins** de Bordeaux classés, **vendus en « primeur »**, ne peut être réputée intervenue à la date de mise en bouteilles alors qu'à cette date, les vins en cause, qui n'avaient d'ailleurs fait l'objet d'aucune opération de capsulage, d'étiquetage et de conditionnement en lots, n'avaient pas été livrés matériellement à leurs acheteurs et que ceux-ci n'avaient pas été avisés de la possibilité d'en disposer et qu'enfin l'administration ne démontrait pas que les opérations ainsi décrites et la sortie des chais avaient été volontairement différées à la demande des acquéreurs (CE 4-3-1991 n° 97-595 : RJF 4/91 n° 431 ; voir toutefois TA Dijon 21-2-1995 n° 92-3372 : RJF 5/95 n° 573). Jugé plus récemment qu'une société viticole doit rattacher aux résultats de l'exercice clos le 31 juillet N le produit de la vente de bouteilles de vin primeur millésimé N – 2 même si les acheteurs n'ont pas été livrés à la clôture de l'exercice dès lors qu'ils ont été **avisés de la possibilité d'en disposer** après la mise en bouteilles intervenue en juillet N (CE 28-12-2012 n° 345841 : RJF 3/13 n° 267).

b. En matière de vente de vins également, l'article 1587 du Code civil prévoit qu'il n'y a point de vente tant que l'acheteur ne les a pas goûtés et agréés. En conséquence, si l'**agréage** intervient après la livraison, les ventes doivent être rattachées à l'exercice de l'agréage.

c. En ce qui concerne la date de comptabilisation des produits dans le cas où le **transfert de propriété** des vins en primeur est **antérieur à la livraison**, voir ci-après n° 9500, Précisions, a.

d. Livraisons de vins aux coopératives agricoles autres que celles faisant l'objet d'une convention d'entreposage. En l'absence de convention d'entreposage conclue dans les conditions indiquées ci-après (n° 9106), le mode de comptabilisation des récoltes livrées à une coopérative varie selon que les viticulteurs en restent juridiquement propriétaires ou non. S'ils en conservent la propriété, ils doivent comprendre ces récoltes dans leurs stocks en fin d'exercice. En revanche, lorsqu'il y a transfert de propriété lors de la livraison des récoltes, les viticulteurs deviennent titulaires d'une créance sur la coopérative. Cette créance, évaluée au prix probable de vente, doit être prise en compte pour la détermination des résultats de l'exercice au cours duquel est réalisé le transfert de propriété, même si le paiement n'intervient qu'ultérieurement (Rép. Michel : AN 14-10-1985 n° 70947, non reprise au Bofip).

Le Conseil d'État s'est prononcé sur le cas de producteurs d'**eaux-de-vie** dont les contrats avec les coopératives prévoient la rémunération de leurs apports :
– au moment de la livraison : un acompte égal à 75 % du prix de vente ;
– ultérieurement : le complément du prix ainsi qu'une « prime de vieillissement » et une « prime de fidélité » destinés à associer les membres de la coopérative aux résultats de la commercialisation de leurs récoltes.

Il a jugé que l'acompte et le complément de prix doivent être rattachés aux résultats de l'exercice au cours duquel intervient la livraison dès lors que leur montant est déterminé de manière précise dès la réalisation de la vente. En revanche, les primes de vieillissement et de fidélité dont le versement est aléatoire et le montant indéterminé à la date de la livraison doivent être retenues dans les résultats de l'exercice au cours duquel elles sont attribuées aux exploitants (CE 14-11-1984 n°s 30328 à 30331 : RJF 1/85 n° 61).

e. S'agissant des **viticulteurs associés de caves coopératives**, voir n° 9106, Précisions, b.

9106 **Livraisons faisant l'objet d'une convention d'entreposage** L'entreposage de **toutes** les **productions agricoles** (quelle que soit leur nature) par un exploitant soumis à un régime réel d'imposition (à l'impôt sur le revenu ou à l'impôt sur les sociétés) chez un tiers puis, le cas échéant, leur reprise n'entraînent pas la constatation d'un profit ou d'une perte, sous réserve que les produits agricoles restent inscrits dans les stocks au bilan de l'exploitant (CGI art. 38 quinquies).

Une convention d'entreposage (CGI ann. III art. 2 F) doit être conclue entre l'exploitant et le tiers entrepositaire (dont le statut juridique ou fiscal est indifférent). Aux termes de cette convention, la production fait l'objet d'un **dépôt non individualisé** dans les magasins de l'entreprise chargée de la stocker, de la transformer ou de réaliser d'autres prestations et peut être reprise à l'identique ou à l'équivalent par l'exploitant.

En cas de reprise à l'équivalent, totale ou partielle, l'imposition est reportée au moment de la sortie des stocks figurant au bilan de l'exploitant qui intervient à la date du transfert du contrôle et des avantages économiques futurs attachés à la production agricole, c'est-à-dire au titre de l'exercice de livraison ou de consommation de cette production par l'exploitant (CGI ann. III art. 2 F, IV).

Lorsque la production entreposée n'est pas reprise, elle demeure inscrite dans les stocks au bilan de l'exploitant jusqu'à la date de perception des sommes représentatives de la cession des produits considérés ou des acomptes perçus sur ces sommes (CGI art. 38 quinquies, al. 3). Les produits correspondant à la cession, par l'entreprise d'entreposage, de la production apportée sont imposés au fur et à mesure des encaissements par application au montant de l'acompte de la décote de 20 % ou 30 %, selon l'activité, mentionnée à l'article 38 sexdecies JC de l'annexe III au CGI (n°s 12825 s.) (BOI-BA-BASE-20-20-20-30 n° 450).

Mais, **à défaut de convention** d'entreposage répondant aux conditions indiquées ci-dessus, ce sont les règles de droit commun qui s'appliquent avec notamment la mise en œuvre du critère de propriété (voir n° 9105).

> **Précisions a.** Les **stocks** sont réputés **repris à l'équivalent** par l'exploitant lorsque les produits repris sont issus de la transformation des produits qu'il a apportés ou de produits identiques, à condition que les quantités de produits reprises par l'exploitant correspondent à celles qu'il a apportées et que la valeur des produits fournis par l'entreprise d'entreposage diminuée de la valeur de sa prestation de transformation et de conditionnement n'excède pas la valeur des matières apportées par l'exploitant (CGI ann. III art. 2 F).
>
> **b.** Les règles exposées ci-dessus sont applicables aux **apports de raisins, de moûts, de vins en vrac ou d'eaux-de-vie** réalisés **par** les **viticulteurs associés de caves coopératives** viticoles agréées en « collecte-vente », bien que de tels apports emportent statutairement transfert de propriété au bénéfice des coopératives et que les viticulteurs n'ont pas la possibilité de reprendre les productions qu'ils ont apportées (BOI-BA-BASE-20-20-20-30 n° 490).
>
> **c.** Sur l'**évaluation des produits entreposés**, voir n° 9565, Précisions, f.

Date de rattachement des prestations de services Pour les fournitures de services, les produits doivent normalement être rattachés à l'exercice au cours duquel intervient l'**achèvement** des prestations (CGI art. 38, 2 bis). La date d'achèvement est généralement une question de fait qui dépend de l'étendue exacte des obligations du prestataire, telles qu'elles sont fixées par le contrat ou, dans certains cas, telles qu'elles résultent des usages. 9110

Ce principe comporte toutefois deux dérogations qui concernent des prestations dont les résultats sont connus avec certitude avant l'achèvement complet. Il s'agit :

– d'une part, des **prestations continues**, rémunérées notamment par des loyers ou des intérêts, et des **prestations discontinues à échéances successives** qui comportent des phases d'exécution séparées dans le temps et échelonnées sur plusieurs exercices (exemples : contrats d'abonnement), pour lesquelles les produits doivent être pris en compte au fur et à mesure de l'exécution ;

– d'autre part, des **travaux d'entreprise** donnant lieu à réception complète ou partielle, pour lesquels l'exercice de rattachement est celui au cours duquel intervient la réception, même si elle est provisoire ou faite avec réserve, ou la mise à la disposition du maître de l'ouvrage, si elle est antérieure à la réception.

> **Précisions** Les règles spéciales concernant les fournitures de services n'intéressent, en principe, que les agriculteurs qui réalisent des **opérations** de culture ou d'élevage **pour le compte de tiers** (opérations agricoles à façon). Elles peuvent également s'appliquer aux **travaux agricoles** et aux **autres prestations** de nature commerciale (location d'animaux autres qu'équidés domestiques, gîtes ruraux, etc.), dans la mesure où les produits correspondants sont rattachés aux bénéfices agricoles.

9115 **Évaluation des créances et dettes** Les créances et dettes libellées **en euros** doivent, en principe, être retenues pour leur valeur nominale, cette valeur s'entendant, d'une manière générale, de la somme inscrite sur le titre matérialisant la créance ou la dette.
Si elles sont libellées en **monnaies étrangères**, les créances et les dettes doivent être évaluées à la clôture de chaque exercice en fonction du dernier cours de change. Les écarts de change et de conversion (perte ou profit) ressortant de ces évaluations par rapport aux montants initialement comptabilisés sont pris en compte pour la détermination du résultat imposable de l'exercice (CGI art. 38, 4).

C. Immobilisations à inscrire à l'actif du bilan

9200 Pour les exploitations soumises au régime du bénéfice réel, normal ou simplifié, les éléments composant l'actif sont en principe ceux qui sont inscrits au bilan.
Il y a lieu normalement de faire apparaître à l'actif du bilan les immobilisations qui représentent les **éléments permanents de l'exploitation**, c'est-à-dire les biens (immeubles, terrains, matériel, outillage, mobilier, etc.) autres que ceux qui constituent l'objet même de l'activité. L'actif comprend également des éléments incorporels comme le droit du fermier sur son bail rural ou les droits à paiement de base (DPB) (n° 9331).
Des règles spécifiques s'appliquent aux **immeubles** bâtis ou non bâtis appartenant à l'exploitant et affectés à l'exploitation (voir n°s 9205 s.), ainsi qu'aux **animaux** (voir n° 9320).
Les **biens autres** que les immeubles et animaux peuvent, au choix de l'exploitant, être inscrits ou non au bilan. Toutefois, cette liberté de principe est doublement limitée.
D'une part, les biens **affectés par nature** à l'exercice de la profession font nécessairement partie de l'actif professionnel, qu'ils soient ou non inscrits au bilan : tel est le cas, par exemple, du fonds agricole créé par l'exploitant (voir n° 9329). Voir également n°s 9325 s. quelques solutions intéressant particulièrement les exploitants agricoles.
D'autre part, les produits et les charges se rapportant à des biens inscrits au bilan mais **sans lien avec** l'exercice de l'**activité professionnelle** sont extournés, sauf exception, pour la détermination des résultats professionnels agricoles (voir n°s 9007 s.). La cession de ces mêmes biens obéit à des règles particulières (n°s 10745 s.).
Notons enfin que la loi fiscale ne donne pas de définition des immobilisations, renvoyant de ce fait aux **règles comptables** (CGI ann. III art. 38 quater). Ces règles sont examinées n°s 66000 s.

1. IMMEUBLES

PRINCIPE DE L'INSCRIPTION OBLIGATOIRE DES IMMEUBLES

9205 Les **immeubles**, bâtis ou non, **utilisés pour les besoins de l'exploitation** et **appartenant à l'exploitant** doivent obligatoirement être inscrits à l'actif du bilan (CGI ann. III art. 38 sexdecies D, I).
L'obligation d'inscrire les immeubles à l'actif concerne (BOI-BA-BASE-20-10-20 n° 20) :
– les **plantations** (vignes, arbres fruitiers) ;
– les **améliorations foncières temporaires**, c'est-à-dire les travaux qui n'apportent qu'une amélioration provisoire du fonds : travaux de drainage, création de voies de dessertes sommaires ;
– les **bâtiments d'exploitation**, c'est-à-dire ceux qui bénéficient de l'exemption permanente de taxe foncière des propriétés bâties visée à l'article 1382, 6°-a du CGI (granges, écuries, greniers, etc.) ;
– les **locaux d'habitation** où est logé le **personnel salarié** de l'entreprise.
En revanche, une importante dérogation est prévue à l'égard des **terres** et des **améliorations foncières permanentes** (travaux de défrichement, arasement de talus, comblement de mares, etc.) dont l'inscription à l'actif est facultative (n°s 9220 s.).
En ce qui concerne l'obligation comptable et fiscale de **décomposition** de certaines immobilisations corporelles, voir n°s 66035 s.

> **Précisions a.** Dans la mesure où l'obligation d'inscription à l'actif ne concerne que les immeubles affectés à l'exploitation, l'administration estime que l'inscription d'une **propriété rurale donnée en location** par l'exploitant reste facultative (BOI-BA précité n° 40). Toutefois, dans le cas d'une **maison d'habitation** donnée en location par l'exploitant agricole à l'un de ses salariés chargé d'assurer sur place la direction d'une partie de l'exploitation, le Conseil d'État a estimé qu'en raison de l'affectation conférée à l'immeuble, celui-ci devait être considéré comme utilisé pour les besoins de l'exploitation et, par suite, être inscrit à l'actif (CE 17-6-1996 n° 119554 : RJF 8-9/96 n° 998).
> **b.** La **non-inscription** à l'actif d'immeubles bâtis ou non bâtis dont l'inscription est obligatoire constitue une **erreur comptable**

rectifiable et non une décision de gestion opposable au contribuable (CE 15-12-1982 n° 25106 : RJF 2/83 n° 217). L'administration peut donc (comme l'exploitant) rectifier cette erreur en inscrivant les immeubles à l'actif du bilan de clôture du premier exercice non prescrit ; mais l'augmentation d'actif net qui en résulte est, selon la cour de Nancy, sans incidence sur les résultats imposables, dès lors qu'elle a pour contrepartie un **supplément d'apport** dont l'exploitant est fondé à demander la prise en compte (CAA Nancy 17-12-1998 n° 94-1577 : RJF 6/99 n° 713).

c. Un **gisement de matériaux alluvionnaires** et la terre végétale le recouvrant qui font partie d'une parcelle inscrite à l'actif du bilan d'une exploitation agricole relevant du régime du bénéfice réel sont des éléments de l'actif immobilisé de l'exploitation ; les profits retirés de la concession de l'exploitation de ces biens relèvent des plus-values professionnelles (CE 30-12-1996 n° 161513 : RJF 2/97 n° 106).

d. Les droits attachés à l'**usufruit des immeubles bâtis ou non bâtis** – à l'exception des terres – appartenant à l'exploitant et utilisés pour les besoins de l'exploitation constituent des éléments incorporels de l'actif immobilisé affectés par nature à l'exercice de la profession (CE 19-2-2003 n° 229373 : RJF 5/03 n° 573).

e. Jugé que des **immeubles** d'habitation situés à Paris **qui ne sont pas utilisés pour les besoins de l'exploitation** ne peuvent être inscrits à l'actif du bilan (CAA Bordeaux 27-3-2008 n° 06-473 : RJF 7/08 n° 814). Voir n°s 9007 s. la portée fiscale de l'inscription à l'actif d'un bien étranger à l'activité professionnelle.

RÉGIME OPTIONNEL DES TERRES

9220 Les agriculteurs peuvent, s'ils le désirent, conserver les terres dont ils sont propriétaires dans leur **patrimoine privé**, c'est-à-dire ne pas les inscrire à l'actif, à condition d'exercer une **option** expresse en ce sens (CGI ann. III art. 38 sexdecies D, I). Quelle que soit la décision prise, celle-ci constitue une **décision de gestion** dont il convient de tirer toutes les conséquences fiscales.

Il appartient aux exploitants d'effectuer leur choix entre l'inscription ou la non-inscription de leurs terres au bilan en fonction des avantages ou des moindres inconvénients qu'ils peuvent en tirer. Ce choix emporte d'**importantes conséquences** en matière de déduction des **charges** notamment (voir n°s 9007 s.). En outre, l'exercice de l'option est de nature à entraîner la constatation de **plus-values** imposables à raison du transfert dans le patrimoine privé des biens précédemment inscrits à l'actif. Notons toutefois que certains effets de l'option peuvent être atténués par la faculté de renonciation ouverte aux exploitants au titre de chaque exercice (voir n° 9240).

Sur les règles juridiques d'**inscription des terres au patrimoine d'affectation** dans le cadre de l'**EIRL**, voir n° 75563.

9225 **Bénéficiaires du droit d'option** L'option est ouverte aux **exploitants individuels** qui relèvent d'un régime réel (normal ou simplifié) d'imposition. Elle ne peut pas être exercée par une **personne morale**, dont le patrimoine n'est pas susceptible de division (BOI-BA-BASE-20-10-20 n° 90). C'est ainsi qu'une société qui s'abstient d'inscrire ses terres à l'actif de son bilan commet une erreur comptable rectifiable, et non une décision de gestion (TA Dijon 19-12-2000 n° 99-1063 : RJF 7/01 n° 941).

> **Précisions a.** La faculté d'option pour le maintien des terres dans le patrimoine privé peut être exercée par les propriétaires et les **nus-propriétaires**. En revanche, elle ne concerne pas les **usufruitiers** qui, faute d'avoir la qualité de propriétaires, n'ont pas la possibilité de faire figurer à leur bilan les terres sur lesquelles portent leurs droits (BOI-BA-BASE-20-10-20 n° 90).
>
> **b.** Dans les **exploitations familiales formant une exploitation unique**, l'option produit ses effets à l'égard de l'ensemble des terres utilisées pour l'activité agricole appartenant à l'exploitant, à son conjoint et à leurs enfants mineurs (BOI précité n° 100).

9230 **Forme et délai de l'option** L'exploitant qui désire conserver dans son patrimoine privé les terres dont il est propriétaire doit faire connaître son choix à l'administration de manière **expresse**. Le seul fait pour un exploitant de s'abstenir de faire figurer les terres à son bilan ne peut en aucune façon être assimilé à l'exercice de l'option (CE 17-5-1991 n° 68211 : RJF 7/91 n° 943).

L'option, qui a un **caractère annuel**, doit être effectuée sur papier libre et jointe à la **déclaration des résultats** de l'exercice auquel elle s'applique, dans le délai de dépôt de cette déclaration (CGI ann. III art. 38 sexdecies D, I-al. 2).

MODÈLE

Exercice de l'option de conservation des terres dans le patrimoine privé de l'exploitant

L'option peut faire l'objet d'une lettre rédigée comme suit : « En application de l'article 38 sexdecies D, I de l'annexe III au CGI, je demande à conserver dans mon patrimoine privé les parcelles qui m'appartiennent, tant qu'elles seront utilisées pour les besoins de mon (*mes*) exploitation(*s*). »
(*Date et signature*)

9235 **Portée de l'option** L'option pour le maintien des terres dans le patrimoine privé concerne obligatoirement et uniquement la **totalité des terres utilisées pour les besoins de l'exploitation** dont l'exploitant est propriétaire à la date de clôture de l'exercice au titre duquel elle s'applique. Ainsi, l'option porte sur les **terres acquises** à titre gratuit ou à titre onéreux **pendant** la durée de cet **exercice**, à compter de la date de cette acquisition. Elle ne concerne pas les terres cédées au cours de l'exercice, qui restent de ce fait soumises au régime des plus-values professionnelles (BOI-BA-BASE-20-10-20 n° 160).

L'option porte à la fois sur les terres proprement dites et sur les **améliorations foncières permanentes**. Sont exclus du bénéfice de l'option les bâtiments d'exploitation, les logements des ouvriers, les plantations (vignes, arbres fruitiers) et les améliorations foncières temporaires qui doivent en toute hypothèse être inscrits au bilan.

Lorsqu'un **exploitant individuel** est également **membre d'un groupement agricole**, son option n'a d'effet qu'à l'égard des terres affectées à sa propre exploitation et n'influe pas sur la situation de la personne morale ou des autres membres du groupement.

> **Précisions a.** Les **plantations** (vignes, arbres fruitiers) appartenant à l'exploitant doivent être obligatoirement inscrites à l'actif du bilan, même si les terres qui les supportent n'y figurent pas (CE plén. 25-7-1980 n° 15124 : RJF 10/80 n° 786). Il en va de même, selon l'administration, pour les améliorations foncières temporaires : drainages, voies de desserte sommaires, etc. (BOI-BA-BASE-20-10-20 n° 190).
> **b.** Selon la cour de Nancy, les **terrains d'assise des bâtiments agricoles** constituent des immeubles bâtis et ne sont donc pas susceptibles de maintien dans le patrimoine privé de l'exploitant (CAA Nancy 23-11-1993 n° 92-501 : RJF 2/94 n° 140).

9240 **Durée de l'option** L'option pour le maintien des terres dans le patrimoine privé prend effet au premier jour de l'exercice. Elle est valable pour l'exercice au titre duquel elle s'applique. Elle est **reconduite tacitement** pour une même période, sauf renonciation expresse de l'exploitant (CGI ann. III art. 38 sexdecies D, I).

La **renonciation** à l'option doit être formulée dans le délai de dépôt de la déclaration des résultats de l'exercice auquel la renonciation s'applique et selon les mêmes formes que l'option (n° 9230).

La renonciation n'est pas définitive, l'exploitant pouvant toujours exercer une **nouvelle option**, toutes les conditions étant par ailleurs respectées. La renonciation prend effet au premier jour de l'exercice et concerne obligatoirement et uniquement la totalité des terres dont l'exploitant est propriétaire à la date de clôture de l'exercice (BOI-BA-BASE-20-10-20 n°s 150 et 170).

9270 **Maison de l'exploitant** La maison d'habitation du propriétaire exploitant individuel ne peut être inscrite à l'actif du bilan que si les deux conditions suivantes sont remplies (CGI ann. III art. 38 sexdecies D, I) :

– la maison doit faire **partie de l'exploitation**, ce qui implique notamment qu'elle soit située dans l'enceinte même de la ferme ou attenante à celle-ci ;

– elle ne doit pas présenter le caractère d'une **maison de maître**. Conformément à la jurisprudence et à la doctrine applicables aux revenus fonciers, un immeuble doit être considéré comme une maison de maître lorsqu'il n'est pas directement utilisé pour les besoins de l'exploitation agricole et revêt par ses dimensions et sa disposition intérieure un caractère nettement résidentiel (BOI-BA-BASE-20-10-20 n° 180).

Lorsque ces deux conditions sont remplies, l'exploitant peut faire figurer sa maison d'habitation à l'actif ; mais cette **inscription** reste **facultative**. Elle emporte, à notre avis, les conséquences suivantes (CGI art. 155, II) :

– extourne du résultat fiscal de l'exploitation des produits et charges y afférents dans les conditions mentionnées n°s 9007 s. ;

– application, en cas de cession, du régime mentionné n° 10745.

Si, par hypothèse, la maison d'habitation de l'exploitant ne présente pas le caractère d'une maison de maître (ce qui empêcherait toute inscription à l'actif), elle n'a pas pour autant, selon nous, la nature d'un actif nécessaire à l'activité professionnelle.
Notons cependant que, selon l'administration, en cas d'inscription de la maison de l'exploitant à l'actif, l'exploitant doit comprendre dans ses bénéfices la valeur locative réelle correspondante. En contrepartie, les charges qui s'y rapportent sont admises en déduction (BOI-BA-BASE-20-30-30 n° 40). De façon contradictoire toutefois, l'administration rappelle dans le même paragraphe que les charges afférentes à un bien non utilisé pour les besoins de l'activité professionnelle ne sont pas prises en compte dans le résultat professionnel imposable – sauf application de la tolérance de 5 % ou 10 % mentionnée n° 9008.
En cas de **non-inscription**, et en application du principe général posé par l'article 15, II du CGI, aucun revenu afférent à l'habitation du propriétaire exploitant ne doit entrer dans la détermination du bénéfice de l'exploitation (BOI-BA-CHAMP-10-40 n° 120).
Lorsque la maison de l'exploitant n'est **pas inscrite** à l'actif du bilan **mais** que certaines **pièces** sont **utilisées pour les besoins de l'exploitation** (bureau, par exemple), seules les dépenses qui incombent normalement au locataire (exemples : chauffage, éclairage, réparations locatives telles que peintures intérieures, etc.) sont susceptibles d'être déduites. En revanche, les dépenses dont le paiement incombe au propriétaire (frais d'achat, intérêts d'emprunt, taxe foncière, réparation, amortissements, etc.) ne sont pas admises en déduction (BOI-BA-BASE-20-30-30 n° 40).
Lorsque la **maison, non inscrite** à l'actif, n'est **pas utilisée pour** les besoins de l'**exploitation**, elle n'ouvre droit à aucune charge déductible du résultat professionnel et la plus-value de cession relève des plus-values immobilières privées.

> **Précisions a.** Lorsque **la maison d'habitation appartient à une personne morale**, celle-ci doit obligatoirement l'inscrire à son actif si les deux conditions indiquées ci-dessus sont remplies (BOI-BA-BASE-20-10-20 n° 180). Si la maison peut être qualifiée de maison de maître, elle ne peut être inscrite à l'actif, ce qui conduit à distinguer dans l'actif social un patrimoine professionnel et un patrimoine privé (en ce sens, TA Rennes 13-12-2001 n° 97-2741 : RJF 5/02 n° 510).
b. Sur la déduction des charges relatives aux **résidences de plaisance ou d'agrément servant de siège social** à l'entreprise (château intégré à un domaine viticole notamment), voir n° 11287.
c. Lorsque la **maison** d'habitation **ne figure pas à l'actif mais sert de siège à l'exploitation**, l'exploitant peut déduire de son bénéfice agricole réel les frais d'entretien qui s'y rapportent au prorata de la surface affectée au siège de l'exploitation (en ce sens, CE 2-3-1980 n° 13896 : RJF 5/80 n° 407). Voir également nos 9007 s.

VALEUR D'INSCRIPTION À L'ACTIF

Conformément aux principes qui régissent les bénéfices industriels et commerciaux (CGI ann. III art. 38 quinquies), les biens acquis ou créés par l'exploitant doivent être inscrits au bilan pour leur valeur d'origine. Cette valeur, identique en matière fiscale et comptable, est étudiée nos 66350 s. **9290**
Lorsqu'un exploitant **transfère un immeuble de son patrimoine privé à l'actif** de l'entreprise, ce bien doit être porté au bilan pour la valeur réelle qu'il comporte au jour de cette inscription. L'administration se réserve toutefois la possibilité de remettre en cause l'évaluation retenue, en recourant à la procédure d'abus de droit fiscal s'il apparaît que l'opération n'a eu pour but que d'obtenir un allégement de la taxation de la plus-value attendue d'une cession de l'immeuble (BOI-BA-BASE-20-10-20 n° 50).
Dans le cas d'inscription à l'actif de **terres et bâtiments dont l'exploitant est nu-propriétaire**, la valeur qu'il convient de leur attribuer est la valeur réelle de leur nue-propriété à la date du démembrement. À titre de règle pratique, il peut être retenu la valeur forfaitaire résultant du barème légal de l'article 669 du CGI, lorsqu'il en a été fait application pour calculer les droits de mutation dus sur l'acte constatant le démembrement. La valeur d'inscription n'a pas à être modifiée au moment de la **réunion de l'usufruit à la nue-propriété** lorsque cette opération s'opère au profit du nu-propriétaire sans qu'il ait à fournir de contrepartie. Si l'exploitant constatait en comptabilité l'accroissement d'actif résultant de l'extinction de l'usufruit, il dégagerait un profit imposable, l'opération étant assimilable à une réévaluation (BOI-BA-BASE-20-10-20 n° 60).

Selon le Conseil d'État, l'extinction de l'usufruit se traduit également par une augmentation de l'actif, et donc par un profit imposable, lorsqu'elle résulte d'une **renonciation anticipée de l'usufruitier à son droit de jouissance**. À la différence de l'extinction de l'usufruit au terme prévu, son extinction anticipée procure en effet au nu-propriétaire un supplément d'actif égal à la valeur de l'usufruit à la date de la renonciation (CE 14-10-2019 n° 417095 : RJF 1/20 n° 4). À noter que la renonciation à usufruit peut également être constitutive d'une **donation** si l'intention libérale de l'usufruitier est établie (Cass. com. 10-4-2019 n° 17-19.733 F-D : RJF 6/20 n° 566). On peut toutefois **9295** s'interroger sur la constitutionnalité du cumul des deux taxations (impôt sur les bénéfices et droits de mutation à titre gratuit) dans la mesure où il pourrait se révéler totalement confiscatoire, notamment en l'absence de lien de parenté entre l'usufruitier et le nu-propriétaire (voir, en ce sens, Emmanuelle Féna-Lagueny, Pierre Carcelero et Grégory Dumont (avocats CMS Francis Lefebvre Avocats), « Une renonciation à un droit peut être une donation : ou les mésaventures de contribuables qui l'avaient oublié » : FR 52/19 inf. 4).

En cas de passage du micro-BA à un régime réel, l'exploitant qui, auparavant, a recueilli l'usufruit d'un bien dont il était nu-propriétaire doit inscrire ce bien à l'actif pour la valeur de la nue-propriété à la date du démembrement (BOI-BA-REG-40-10-10 n° 80).

> Précisions a. Le **passage du régime réel simplifié au réel normal**, et inversement, n'entraîne aucun changement des valeurs d'inscription à l'actif.

b. En cas d'**acquisition** d'un **domaine viticole** pour un prix global comportant des éléments d'actif non amortissables, tels que la valeur du terrain et la valeur de la marque viticole attachée au domaine, et des éléments amortissables, tels que la **valeur des plantations**, il appartient à l'acquéreur de déterminer cette dernière en ajoutant au coût de la plantation initiale des vignes les coûts directement engagés pour leur mise en état d'utilisation (CE 5-10-2016 n° 384475 : RJF 12/16 n° 1060 ; dans le même sens CE 6-6-2018 n° 409501 : RJF 8-9/18 n° 820). L'administration admet, en pratique, que soient retenus les frais afférents à l'entretien des parcelles pour les trois premières années d'élevage des plants. Lorsque le contribuable entend se prévaloir d'une durée d'entretien plus longue, il lui incombe de justifier, en fonction des caractéristiques propres au domaine, la période dépassant celle des trois années consécutives à la plantation au cours de laquelle l'exploitant du domaine a renoncé à vinifier les récoltes provenant des parcelles en litige, fût-ce sous la forme d'un second vin issu des seules parcelles nouvellement plantées ou d'un vin provenant d'un assemblage. En effet, dès lors que les parcelles deviennent productives, même avec un rendement quantitatif et qualitatif moindre que les meilleures parcelles du domaine, les coûts d'entretien supplémentaires exposés jusqu'au moment où les parcelles seront aptes à produire un grand cru classé participent des coûts d'exploitation de la marque et non plus des coûts de constitution de l'actif amortissable (CAA Bordeaux 29-6-2017 n° 16BX03329 : RJF 1/18 n° 7 ; décision confirmée par CE 3-7-2019 n° 412662 : RJF 10/19 n° 874 ; dans le même sens, CE 6-6-2018 n° 409501 : RJF 8-9/18 n° 820).

2. ANIMAUX

9320 L'exploitant relevant du régime du bénéfice réel peut considérer comme des immobilisations amortissables les **équidés** et les **bovidés** utilisés comme animaux de trait ou affectés exclusivement à la reproduction, ainsi que certains **chevaux de course** ou de **concours** (voir n° 15920).

L'inscription de ces animaux parmi les immobilisations, prévue par l'article 38 sexdecies D, II de l'annexe III au CGI, n'est pas subordonnée à la condition que le même choix soit fait en matière de TVA lorsque l'exploitant y est assujetti (voir n° 15920).

Bien entendu, l'agriculteur peut renoncer à la possibilité qui lui est ainsi offerte et inscrire la totalité de son cheptel au compte « stocks ».

Tous **les animaux** – y compris ceux nés dans l'exploitation – **autres** que ceux visés ci-dessus doivent être compris dans les stocks.

> Précisions a. En ce qui concerne les **animaux reproducteurs**, il est précisé que seuls les animaux affectés exclusivement à la reproduction (taureaux, étalons) peuvent être immobilisés, à l'exclusion notamment des vaches laitières qui doivent obligatoirement être comprises dans les stocks (BOI-BA-BASE-20-10-20 n° 210).

b. Lorsque certains animaux sont enregistrés à un compte d'immobilisation alors qu'ils ne peuvent être immobilisés au plan fiscal ou que l'exploitant décide de les conserver « fiscalement » en stocks, les amortissements correspondants ainsi que les provisions pour dépréciation exceptionnelle doivent être réintégrés pour la détermination du résultat fiscal.

Inversement, si les animaux sont immobilisés « fiscalement », la **non-comptabilisation** de la dotation aux amortissements relative à ces animaux est considérée comme irrégulièrement différée au sens de l'article 39 B du CGI (n° 11475). À cet égard, l'adaptation du PCG à la suite de l'abrogation du plan comptable agricole n'a pas modifié les règles fiscales (Rép. Blin : AN 3-8-2021 n° 38229).

3. ÉLÉMENTS D'ACTIF AUTRES QUE LES IMMEUBLES ET LES ANIMAUX

Les biens autres que les immeubles bâtis ou non bâtis et les animaux peuvent, au choix de l'exploitant, être inscrits ou non à l'actif. Cette **liberté d'inscription** est toutefois **doublement limitée** : en premier lieu, parce que ceux de ces biens qui sont affectés par nature à l'exercice de la profession font nécessairement partie de l'actif professionnel, qu'ils soient ou non inscrits au bilan ; en second lieu, parce que les produits et charges se rapportant à des biens inscrits au bilan mais sans lien avec l'exercice de l'activité professionnelle sont extournés pour la détermination des résultats professionnels agricoles (voir nos 9007 s.). Nous ne reviendrons pas ici sur cette question mais nous nous arrêterons sur quelques solutions intéressant l'exploitant agricole. **9325**

> **› Précisions a.** S'agissant des **frais de capture du naissain exposés par les ostréiculteurs**, voir n° 9505, Précisions, a.
> **b.** Les exploitants agricoles soumis à un régime réel d'imposition sont tenus d'appliquer la réglementation concernant la méthode d'**amortissement par composants** qui peut trouver à s'appliquer aux **matériels et machines agricoles** (nos 66035 s.).
> **c.** Le Conseil d'État considère que l'impossibilité résultant de contraintes juridiques de céder une **marque viticole** séparément de l'exploitation ne dispense pas l'entreprise de l'inscrire à l'actif immobilisé en tant qu'élément incorporel autonome (CE 28-12-2007 nos 284899 et 285506 : RJF 3/08 n° 269).

VALEURS MOBILIÈRES ET DROITS SOCIAUX

Parts de coopératives agricoles et de caisses de crédit agricole

L'exploitant est libre d'inscrire ou non à son bilan les parts de coopératives agricoles et de caisses de crédit agricole mutuel qu'il détient (BOI-BA-BASE-20-10-20 n° 30). En cas d'inscription, les parts de coopératives doivent figurer au bilan pour leur valeur d'origine, c'est-à-dire pour leur prix réel d'acquisition : prix d'achat ou valeur réelle de souscription (BOI-BA-BASE-20-30-10-10 n° 80). Sur la qualification de la prime d'émission, voir n° 10618, Précisions. **9326**

De même, les parts de caisses de crédit agricole que les exploitants sont tenus de souscrire s'ils souhaitent emprunter auprès de cet établissement doivent figurer au bilan pour leur valeur d'acquisition ; les sommes versées à ce titre ne peuvent être déduites des résultats (Rép. Micaux : AN 27-6-1983 n° 13350, solution non reprise au Bofip, mais qui nous semble toujours applicable).

Pour les **intérêts servis** aux parts des caisses de crédit agricole, voir n° 9800.

Parts de sociétés de personnes Lorsqu'un exploitant agricole exerce son activité dans une société de personnes **relevant des bénéfices agricoles réels**, ses parts dans cette société sont fiscalement considérées comme des éléments d'actif affectés à l'exercice de la profession (CGI art. 151 nonies, I). Ces droits peuvent, au choix de l'exploitant, être ou non inscrits à l'actif du bilan de l'exploitation individuelle. **9327**

DROIT AU BAIL RURAL

Le droit du fermier à son bail rural constitue un élément d'actif de l'exploitation agricole (CE 17-4-1985 n° 39919 : RJF 6/85 n° 862 ; BOI-BA-BASE-20-20-30-10 n° 1). **9328**

Dans le cas où l'exploitant a créé le **fonds agricole** (n° 9329), le droit au bail rural pourrait en faire partie dès lors qu'un tel bail est un contrat cessible servant à l'exploitation du fonds, même si la cession ne peut être effectuée qu'auprès de certaines personnes du cercle familial (n° 74110). Mais l'analyse juridique semble contraire (voir n° 75515).

Le **bail cessible hors cadre familial**, quant à lui, fait partie intégrante du fonds agricole.

FONDS AGRICOLE

Le fonds agricole, tel que défini à l'article L 311-3 du Code rural et de la pêche maritime, et dont la création est laissée à l'initiative de l'exploitant, est composé des éléments mobiliers corporels et incorporels (tels les droits à paiement unique de base) qui peuvent faire l'objet d'une cession et qui sont nécessaires à l'exploitation agricole. De par sa nature, le fonds agricole doit être regardé, au même titre que le fonds de commerce, comme une **immobilisation incorporelle** affectée par nature à l'exercice de l'activité agricole (BOI-BIC-PVMV-40-10-10-10 n° 290). Il est assimilé au fonds commercial et peut faire l'objet d'amortissements sur le plan comptable dans les mêmes conditions et sous les mêmes réserves que celles prévues pour les fonds commerciaux (BOI-BA-BASE-20-30-10-10 n° 105 ; voir n° 11405). **9329**

DROITS À PAIEMENT DE BASE (DPB)

9331 Le règlement (UE) 1307/2013 du Parlement européen et du Conseil du 17 décembre 2013 a introduit un régime de droits à paiement de base (DPB) qui s'est substitué au régime de paiement unique précédemment en vigueur. Ce régime, à l'instar de celui qu'il remplace, se traduit par l'attribution aux exploitants agricoles de droits à paiement de base et aux paiements connexes (paiement redistributif, paiement vert, paiement additionnel en faveur des jeunes agriculteurs) représentatifs d'**aides directes au revenu** (c'est-à-dire découplées de la production) calculées sur la base des surfaces admissibles de l'exploitation et versées annuellement (n°s 81400 s.).
Les DPB sont susceptibles d'être **vendus, transférés ou loués** avec la terre ou de manière isolée. Ils ne peuvent être transférés qu'entre agriculteurs actifs (à l'exception du cas des héritages). Ainsi, les **transferts de DPB** sont notamment réalisés en cas de location des terres dans le cadre d'un bail. Les DPB sont transférés du bailleur au preneur ou du preneur sortant vers le preneur entrant. .
Sur le **plan comptable**, le règlement 2015-12 du 10 décembre 2015 de l'Autorité des normes comptables, homologué par l'arrêté du 28 décembre 2015 (JO du 30), précise que les DPB constituent des **immobilisations incorporelles** (voir n°s 66207 s.). Les DPB attribués sont enregistrés pour une valeur nulle ; les DPB acquis sont enregistrés pour leur prix d'acquisition.
Sur le **plan fiscal**, les DPB constituent des éléments d'actif immobilisés professionnels et sont nécessairement inscrits à un bilan fiscal d'exploitation, dont ils constituent, le cas échéant, le seul élément (BOI-BA-BASE-20-10-20 n° 440). Le régime applicable aux terres agricoles (inscription au bilan ou option pour le maintien dans le patrimoine privé : n° 9220) est sans incidence à cet égard.
Les **revenus provenant de la mise à disposition de DPB** constituent des bénéfices agricoles (CGI art. 63, al. 6). Les exploitants concernés sont obligatoirement soumis à un régime réel d'imposition (CGI art. 69 E).

> **Précisions a.** Sur l'**imposition des aides versées au titre des DPB**, voir n° 9925.
b. Sur le régime d'imposition du produit des **locations de DPB**, voir n° 12800.
c. Sur l'application du régime de l'article 151 octies du CGI en cas d'**apport en société d'une exploitation sans les DPB**, voir n° 10695, Précisions, b.
d. Lorsque les **terres** auxquelles sont attachés des DPB sont **maintenues dans le patrimoine privé**, les revenus tirés de la location de ces terres sont imposables au titre des revenus fonciers, alors même que les revenus issus de la location des DPB constituent des bénéfices agricoles (BOI-BA-CHAMP-10-40 n° 100).
e. En cas de **mise à disposition de DPB à titre gratuit**, leur titulaire doit en principe inclure dans son bénéfice imposable la valeur locative réelle des DPB. Il est toutefois admis que le titulaire des droits ne déclare pas ces revenus à condition de ne pas faire état des charges correspondantes (BOI-BA-CHAMP-10-40 n° 102).

SECTION 2

STOCKS

A. Composition des stocks

9500 **Fiscalement**, les biens constituant les stocks doivent être la **propriété de l'exploitation** à la date de l'inventaire (CGI ann. III art. 38 ter). Conformément aux dispositions du Code civil, c'est l'échange des consentements entre vendeur et acheteur qui opère en principe le transfert de propriété. Toutefois, pour certaines catégories de ventes, le point de savoir si le transfert de propriété est intervenu à la date de l'inventaire peut soulever des difficultés. Ainsi, dès lors qu'une **Sica** agit comme mandataire de l'exploitant agricole pour la commercialisation de ses produits, les vins détenus dans les caves de cet exploitant à la clôture de l'exercice ne peuvent être considérés comme vendus à la Sica et doivent demeurer inclus dans les stocks (CE 19-10-1992 n° 84948 : RJF 12/92 n° 1652). S'agissant des récoltes livrées aux coopératives agricoles, voir n°s 9105 et 9106.
Sur l'**entreposage des productions** agricoles, voir n° 9106.
Sur la **définition comptable** des stocks, voir n° 65600.

> **Précisions** **a.** Constituent des éléments du stock de l'acquéreur à la clôture de l'exercice les **vins en primeur** qu'il a goûtés, pour lesquels il a confirmé sa commande en désignant le prix, la quantité et la qualité achetées de telle sorte qu'il en est devenu propriétaire, en application des principes posés par le Code civil, dès leur individualisation dans des récipients spécifiques, sans qu'y fasse obstacle la circonstance que leur livraison matérielle, et donc l'imposition des produits correspondants chez le vendeur, soit postérieure (CE 28-12-2001 n° 217770 : RJF 3/02 n° 268). Dès lors que le producteur-vendeur n'est plus propriétaire des vins en cause à la clôture de l'exercice, il doit constater leur sortie de ses stocks alors même que la différence entre leur prix de vente et leur prix de revient ne sera imposable qu'ultérieurement.

b. Au plan **fiscal**, la définition des stocks reste fondée sur le **critère juridique de propriété**, sans qu'il y ait lieu de faire référence à la notion de **contrôle** retenue par la réglementation comptable (n° 65600). Dans les cas, sans doute rares, où l'inventaire de l'exploitation inclurait des biens dont elle a le contrôle sans en être juridiquement propriétaire, il conviendrait de neutraliser l'impact fiscal de cette inscription anticipée des stocks à l'actif (au moyen, par exemple, de provisions) par une **rectification extra-comptable**. Il en va de même pour les cas où l'inventaire exclurait des biens dont l'entreprise est propriétaire, parce qu'elle ne disposerait pas de leur contrôle effectif (BOI-BIC-PDSTK-20-10 n° 90).

GÉNÉRALITÉ DES PRODUITS

9501 Les stocks comprennent (BOI-BA-BASE-20-20-20-10 n°s 10 à 50) :
– les **matières premières et consommables**, c'est-à-dire : d'une part, les **produits et matières acquis** par l'exploitant et qui concourent, d'une manière directe ou indirecte, à la production agricole (engrais, amendements, semences, plants, produits de défense des végétaux, aliments du bétail, produits vétérinaires, carburants et lubrifiants, etc.) et, d'autre part, les matières premières et consommables **produites sur l'exploitation** et destinées à être utilisées dans le cadre de cette dernière (« intra-consommations » : fourrage et paille pour les animaux, fumier, déchets et rebuts destinés à être enfouis, etc.) ;
– les **fournitures** (produits d'entretien, etc.) ;
– les **emballages** (emballages perdus, emballages récupérables d'une durée d'emploi limitée : bouteilles, par exemple) ;
– les **marchandises achetées à l'extérieur** et destinées à être revendues en l'état dans la mesure où les profits correspondants revêtent un caractère agricole (recettes commerciales et non commerciales n'excédant pas les limites prévues à l'article 75 du CGI : n°s 9720 s.) ;
– les **animaux** qui ne figurent pas dans les immobilisations amortissables (n° 9320).

Les **engrais, semences, amendements**, etc. constituent des matières premières lorsqu'ils sont en magasin et des avances aux cultures lorsqu'ils sont en terre (BOI précité n° 10).

PRODUITS FINIS

9502 Constitue des produits finis et doit à ce titre figurer dans les stocks l'ensemble des produits de l'exploitation **destinés à être vendus en l'état** et qui n'ont pas encore trouvé preneur à la clôture de l'exercice. Il importe peu que ces produits aient été effectivement récoltés (céréales, légumes, fruits, etc.) ou qu'ils soient encore attachés au fonds (plans chez les pépiniéristes) dès lors qu'ils peuvent faire l'objet de transactions. En effet, il convient d'entendre par « produits finis » ceux qui, selon les usages de la profession, sont en état d'être commercialisés, quelles que soient les pratiques effectivement suivies par l'exploitant. Ainsi, dans le cas des pépinières, des arbustes d'un an constituent des produits finis dès lors que ces plants se vendent en arboriculture, même si l'exploitant en cause ne les commercialise qu'à un stade ultérieur (BOI-BA-BASE-20-20-20-10 n° 60).

PRODUITS EN COURS DE FABRICATION

9503 Les produits en cours de fabrication doivent figurer dans les stocks. Il s'agit des produits de l'exploitation **non susceptibles d'être commercialisés en l'état** (par exemple, des fromages dont la maturation n'est pas achevée). En revanche, les produits récoltés qui passent par plusieurs stades en vue de l'obtention d'un produit plus élaboré ne peuvent être considérés comme des produits en cours de fabrication dès lors qu'ils peuvent être commercialisés, tels qu'ils sont, au stade considéré (par exemple, vin clair de champagne, etc.) (BOI-BA-BASE-20-20-20-10 n° 70).

Remarque : Pour les **productions végétales**, les produits en cours sont constitués des seules avances aux cultures (CGI art. 72 A, I).

AVANCES AUX CULTURES

9505 Les avances aux cultures représentent l'ensemble des frais et charges engagés au cours d'un exercice en vue d'obtenir la récolte qui sera levée après la clôture de cet exercice (CGI art. 72 A, II).
Il s'agit **exclusivement** :
– des **frais correspondant aux semences**, engrais, amendements et produits de traitement des végétaux ;
– des frais de **main-d'œuvre** relatifs aux façons culturales, de l'amendement des terres et des semis ;
– des frais de **matériel** relatifs aux mêmes travaux : carburants et lubrifiants, entretien, réparation et amortissement du matériel, travaux réalisés par des tiers.
N'étant pas inclus dans cette liste, les **frais de fermage** ne doivent pas être retenus pour la valorisation des avances aux cultures inscrites en stocks, sauf dans les sociétés agricoles relevant de l'IS (BOI-BA-BASE-20-20-20-30 n° 5).
Les **frais financiers** ne sont pas non plus un élément du prix de revient des avances aux cultures. Le poste d'avances aux cultures correspond donc uniquement à une quote-part du prix de revient de la production en cours (BOI précité n° 10).

> **Précisions a.** La notion d'avances aux cultures concerne uniquement les **productions végétales** (elle intéresse en particulier les horticulteurs, pépiniéristes, maraîchers). Elle ne s'applique pas aux **productions animales**. Par exemple, les ostréiculteurs qui pratiquent le captage de larves d'huîtres par immersion en eau profonde de coquilles de moules vides doivent inscrire les frais correspondants à un compte d'immobilisation. Ces frais peuvent faire l'objet d'un amortissement calculé sur la durée normale d'utilisation des coquilles (Rép. Kergueris : AN 6-4-1981 n° 40567, non reprise au Bofip).
> **b.** Les avances aux cultures comprises dans les stocks doivent être distinguées des **arriérés de fumure** (valeur résiduelle des fumures afférentes aux récoltes levées avant l'établissement du bilan et des résidus de ces récoltes enfouis) et des **améliorations** du fonds résultant des **pratiques culturales** (assolements, par exemple). La valeur des arriérés de fumures et des améliorations du fonds peut être inscrite à un compte d'immobilisation non amortissable en cas de passage du régime micro-BA à un régime réel (CGI ann. III art. 38 sexdecies-0 K) ainsi qu'en cas d'apport des valeurs en terres à une société d'exploitation agricole. Il devrait en être de même, à notre avis, en cas de cession de ces valeurs au nouvel exploitant par son prédécesseur.

9510 **Inscription en stocks** Les avances aux cultures doivent être inscrites, au titre des travaux en cours, dans les stocks d'entrée et de sortie des exploitants imposés au réel, qu'il s'agisse du régime réel normal ou du régime simplifié (CGI art. 72 A, I).
La **cession** d'avances aux cultures ou leur **apport** en société s'analyse comme une cession de stock prise en compte, dans les résultats de l'exploitation cédante, au titre de l'exercice de cession et imposable dans les conditions de droit commun.
Sur l'**évaluation** des avances aux cultures, voir n°s 9615 s.

B. Évaluation des stocks

9560 En **principe**, les stocks agricoles sont évalués selon les règles applicables aux entreprises industrielles et commerciales (CGI ann. III art. 38 sexdecies H). L'évaluation est donc normalement effectuée au coût de revient ou d'après le cours du jour à la clôture de l'exercice si celui-ci est inférieur au coût de revient. Toutefois, il est possible de retenir une évaluation forfaitaire du coût de revient pour les produits finis et les produits en cours de fabrication (n°s 9570 s.).
Des **règles spécifiques** sont en outre prévues :
– pour les avances aux cultures (n°s 9615 s.) ;
– en cas de changement de régime d'imposition (n°s 13320 s. et 13820) ;
– en cas d'apport en société d'une exploitation individuelle incluant les stocks, réalisé dans les conditions de l'article 151 octies du CGI (n° 10693) ;
– pour les exploitants soumis au régime simplifié d'imposition (n°s 12815 s.).

> **Précisions** Il appartient aux exploitants de procéder sous leur responsabilité à l'évaluation de leurs stocks. L'administration conserve le droit de rectifier, sous le **contrôle** du juge de l'impôt, les évaluations qui lui apparaissent erronées. Toutefois, les agents des finances publiques ont été invités à s'abstenir de remettre en cause les **évaluations** retenues par les exploitants lorsqu'elles semblent raisonnables ou de demander des justifications très précises concernant la disparition en cours d'année d'éléments figurant au stock d'entrée, lorsque

le pourcentage de ces pertes n'excède pas celui qui est généralement constaté dans la profession (cas, par exemple, des horticulteurs et pépiniéristes pour lesquels il n'est pas anormal qu'une faible proportion des productions subisse des dommages en cours d'année par suite d'intempéries ou de méventes) (BOI-BA-BASE-20-20-20-10 n° 130).

1. RÈGLES GÉNÉRALES D'ÉVALUATION

ÉVALUATION AU COÛT DE REVIENT OU AU COURS DU JOUR

En principe, les stocks doivent être évalués à leur coût de revient, c'est-à-dire à leur coût réel. Si le cours du jour à la date de l'inventaire est inférieur au coût de revient, l'exploitant doit constituer, à due concurrence, une **provision pour dépréciation** (CGI ann. III art. 38 decies). **9565**

> **Précisions a.** Sur l'incidence de la **TVA** sur l'évaluation des stocks : voir n° 11070.
b. Dans le cas où un stock se compose de **lots identifiables acquis** ou obtenus **à des dates différentes**, chacun d'entre eux doit être envisagé isolément en vue de déterminer si l'évaluation doit être faite au prix de revient ou au cours du jour (BOI-BA-BASE-20-20-20-10 n° 130).
c. Les **stocks existant au jour de la cession ou de la cessation** d'une exploitation agricole doivent en principe être évalués à leur prix de revient. Dans le cas particulier des stocks constitués sous le régime micro, c'est la valeur au bilan d'entrée au réel qui est maintenue (en ce sens, BOI-BA-REG-40-10-10 n° 197).
d. Si les biens demeurent en **stock pendant plusieurs années** (animaux, vins en cours de vieillissement), leur évaluation doit, sous réserve du cas particulier des apports en société dans les conditions définies à l'article 151 octies du CGI (n°s 10685 s.), être révisée à la clôture de chaque exercice, pour tenir compte de l'augmentation de leur prix de revient (BOI-BA-BASE-20-20-20-10 n° 120). Si la valeur de réalisation devient inférieure à ce prix de revient, la dépréciation fait l'objet d'une provision.
e. Les **déchets et rebuts** sont toujours évalués au cours du marché au jour de l'inventaire ou, à défaut de cours, à leur valeur probable de réalisation (BOI précité n° 150).
f. Les **productions agricoles entreposées chez un tiers** (voir n° 9106) doivent être inscrites distinctement dans les stocks pour leur valeur à la date de clôture de l'exercice au cours duquel l'entreposage est intervenu, majorée des seuls frais facturés par l'organisme entrepositaire (CGI ann. III art. 2 F, II).

Coût de revient Le coût de revient est constitué au plan comptable (n° 65610) et fiscal (CGI ann. III art. 38 nonies) : **9566**
– pour les **produits achetés**, par le prix d'achat minoré des remises, rabais commerciaux et escomptes de règlement obtenus et majoré des frais de transport (à l'exclusion de ceux provenant de l'acheminement d'un local à l'autre de la même exploitation), de manutention et autres coûts directement engagés pour l'acquisition des biens (BOI-BIC-PDSTK-20-20-10-10 n° 40) ;
– pour les **biens produits** par l'exploitation (produits finis, produits intermédiaires, productions en cours), par le coût de production, lequel comprend les coûts directement engagés pour la production (main-d'œuvre directe, coût des matières premières et fournitures consommées, etc.) ainsi que les frais indirects de production, variables ou fixes. Ces coûts sont fournis par la comptabilité analytique ou, à défaut, déterminés par des calculs ou évaluations statistiques (BOI précité n°s 110 et 120).

> **Précisions a.** Le **coût de production** comprend notamment : les frais de production fixes tels que les frais de gestion et d'administration de l'exploitation, et la quote-part d'amortissement des immobilisations incorporelles ; les charges indirectes de production telles que les amortissements pour dépréciation des bâtiments, des machines, etc.
b. Les coûts d'emprunts (charges financières et amortissements des primes d'émission ou de remboursement notamment) engagés jusqu'à la date d'acquisition ou de réception définitive pour l'acquisition ou la production d'un stock peuvent être soit déduits en charges, soit incorporés au coût de revient des stocks. L'option s'applique à tous les actifs qui exigent une longue période de préparation (en principe supérieure à 12 mois) avant de pouvoir être utilisés ou cédés. Elle est irrévocable (CGI ann. III art. 38 undecies).
c. Les **frais de vétérinaire** et notamment les frais de césarienne liés au vêlage d'une vache représentent un élément du prix de revient du veau. De même, constituent des charges de production les **pertes** inhérentes au processus de **fabrication du vin** qui ne présentent pas un caractère accidentel (CE 31-10-1990 n° 97720 : RJF 12/90 n° 1443).
d. Doivent être évaluées selon les règles applicables aux « produits finis », donc toutes charges directes ou indirectes de production incluses, des **terres agricoles en cours de remembrement** ou d'aménagement acquises par une **Safer**, à l'exception des terrains destinés à être revendus en l'état (CE 10-12-1990 n° 61347 : RJF 1/91 n° 27).

9567 **Cours du jour** Le cours du jour est le prix auquel l'entreprise peut normalement escompter, à la date de clôture de l'exercice, vendre les biens qu'elle possède en stock. Lorsqu'un ensemble de **produits** de même nature présente des **caractéristiques différentes**, le cours du jour s'apprécie distinctement pour chaque catégorie (CE 2-4-1990 n°s 88285 et 88763 : RJF 5/90 n°s 519 et 520).
Selon la cour administrative d'appel de Nancy, les **subventions** européennes auxquelles les entreprises peuvent prétendre doivent majorer l'évaluation résultant de l'application du cours du jour (CAA Nancy 30-4-1998 n° 94-246 : RJF 7/98 n° 776, solution qui mériterait d'être confirmée).

> **Précisions a.** Pour le calcul de la provision pour dépréciation de son **stock de vin** de Saint-Émilion, un viticulteur ne peut pas retenir le cours de négociation du Saint-Émilion générique lorsqu'il est constant que sa récolte pouvait être vendue, sous condition suspensive de l'agrément, sous l'**appellation** Saint-Émilion grand cru (CAA Bordeaux 22-7-1996 n° 93-549 : RJF 11/96 n° 1269, confirmé par CE CAPC 28-11-1997 n° 183543 : RJF 1/98 n° 11). De même, pour le calcul de la provision pour dépréciation, le cours du jour de vins stockés dans des fûts doit s'entendre du prix de vente des **vins en vrac** même si l'exploitant en commercialise la plus grande partie en bouteilles dès lors qu'à supposer que ces vins puissent être considérés comme des **produits intermédiaires**, ils sont susceptibles d'être vendus en l'état (CAA Lyon 16-6-2005 n° 99-1908 : RJF 1/06 n° 8, confirmé par CE 17-10-2007 n° 284054 : RJF 1/08 n° 11). Jugé qu'en l'absence de vente significative de vins en vrac dans le cadre de l'exploitation, un contribuable peut se fonder sur les prix fixés par l'arrêté préfectoral relatif **aux prix de fermage**, voisins de ceux retenus par les mercuriales (CAA Lyon 16-6-2005 n° 99-1908 précité).
> **b.** Jugé, s'agissant d'une entreprise ayant notamment pour activité l'engraissement de veaux de boucherie et qui avait constitué une **provision pour dépréciation des stocks de veaux en cours d'engraissement** après le déclenchement de la crise d'encéphalite spongiforme bovine, que pour les produits parvenus à un stade intermédiaire du cycle de production qui se déroule au sein de l'entreprise, le cours du jour doit être déterminé, lorsque ces produits ne peuvent être vendus en l'état, par référence au prix de vente des produits finis correspondants (c'est-à-dire les veaux engraissés) à la clôture de l'exercice ou aux environs de cette date (CE 21-5-2012 n° 332090 : RJF 8-9/12 n° 798).

9568 **Constatation de la dépréciation** Si le cours du jour à la date de l'inventaire est inférieur au coût de revient, l'exploitant doit constituer, à due concurrence, une **provision** pour dépréciation (CGI ann. III art. 38 decies). Toutefois, pour qu'une provision puisse être constatée, il est nécessaire que les événements survenus au cours de l'exercice rendent la perte probable (exemples : épizootie, cataclysme naturel, baisse des cours). Une perte seulement éventuelle ne peut pas être prise en considération (BOI-BA-BASE-20-30-20 n° 180). La provision peut, au besoin, être calculée selon une méthode forfaitaire : voir n° 11702, Précisions, a.
Sur le **plan fiscal** (mais non sur le plan comptable : n° 65650), il est possible de constater la dépréciation par voie de **décote directe** sur la valeur d'origine du stock (CE 9-11-1990 n° 88765 : RJF 12/90 n° 1447 ; BOI-BIC-PDSTK-20-20-10-20 n° 60).
Quelle que soit la méthode retenue sur le plan fiscal (provision pour dépréciation ou décote directe), l'exploitant doit **justifier** de la dépréciation alléguée. C'est ainsi, par exemple, qu'un viticulteur dont le montant de la récolte a été endommagé par la grêle ne peut pas pratiquer une décote sur son stock de vin évalué au prix de revient, faute de justifier que la fraction non sinistrée de la récolte levée aurait eu, à la clôture de l'exercice, une valeur, estimée au cours du jour, inférieure au montant de la totalité des frais engagés en vue de la récolte (CE 16-10-1996 n° 144154 : RJF 12/96 n° 1392).

> **Précisions a.** Sur le **cours du jour** à retenir pour le calcul de la dépréciation, voir n° 9567.
> **b.** Des stocks de **champagne** dont la **commercialisation** est **bloquée** par l'autorité de régulation du marché doivent être évalués à leur prix de revient compte tenu de l'absence de marché et corrélativement de cours du jour. Ils ne peuvent donc pas faire l'objet d'une provision pour dépréciation (CAA Nancy 20-1-2000 n° 97-2467 : RJF 11/00 n° 1219).
> **c.** Une provision constituée par une entreprise peut être justifiée par un calcul statistique faisant apparaître l'**obsolescence** rapide des stocks de semences agricoles non vendues dans l'année, due à des variétés nouvelles plus performantes (CE 21-12-2007 n° 288099 : RJF 3/08 n° 276).
> **d.** Une entreprise d'élevage de visons qui commercialise des peaux de qualités différentes peut calculer une provision pour dépréciation des stocks d'animaux vivants en retenant comme référence un **prix de vente moyen** correspondant à plusieurs transactions immédiatement antérieures à la clôture de l'exercice, suffisamment représentatives de la diversité des produits en stock (CE 21-11-2007 n° 274912 : RJF 2/08 n° 116).

ÉVALUATIONS FORFAITAIRES

Produits finis Les agriculteurs sont autorisés à calculer leur prix de revient en pratiquant sur le cours du jour à la clôture de l'exercice (c'est-à-dire sur la valeur probable de réalisation à la date de l'inventaire) une **décote forfaitaire** correspondant au bénéfice brut normalement susceptible d'être réalisé lors de la vente (CGI ann. III art. 38 sexdecies I, I). En d'autres termes, la décote représente le bénéfice augmenté de l'ensemble des frais qui seraient engagés en cas de vente. Cette décote est déterminée par l'exploitant en fonction de sa situation propre et sous le contrôle de l'administration (BOI-BA-BASE-20-20-20-10 n° 180). Dès lors, si des « coûts standards » sont établis par la profession, il ne peut les utiliser tels quels. L'exploitant doit rechercher, sous sa propre responsabilité, si ces coûts correspondent ou non aux dépenses qu'il a effectivement exposées (BOI précité n° 190). 9570

La décote doit être calculée à partir du **chiffre d'affaires hors taxe**, même si l'exploitant comptabilise ses achats et ses ventes taxes comprises. Seul le chiffre résultant de l'application de la décote peut, pour la détermination de la valeur finale du stock, être majoré de la TVA. Compte tenu du caractère forfaitaire de l'évaluation, la valeur du stock ne peut être réduite ni des **plus-values latentes** ni des **remises** consenties lors de la vente (CE 21-10-1987 n° 66529 : RJF 12/87 n° 1226).

> **Précisions a.** Lorsque les circonstances de fait permettent de présumer que la vente de produits en stock se traduira par un **déficit** d'exploitation (« vente à perte » par suite de surproduction, de phénomènes naturels, etc.), aucune décote ne doit être appliquée au cours du jour puisque celui-ci est par hypothèse inférieur au prix de revient effectif (BOI précité n° 200).
> **b.** L'évaluation forfaitaire du prix de revient, qui concerne aussi bien les **récoltes non encore vendues** à la clôture de l'exercice que les **animaux**, n'est pas obligatoire. L'exploitant peut toujours recourir à sa comptabilité, si elle est assez détaillée, pour évaluer le prix de revient réel des produits en stock ; mais, une fois choisi, ce mode d'évaluation forfaitaire ne peut plus être modifié pour les stocks qui ont été évalués selon cette méthode (BOI précité n°s 210 et 220).
> **c.** L'utilisation de la méthode forfaitaire constitue une **décision de gestion** opposable à l'administration qui ne peut donc lui substituer une reconstitution du coût de revient réel des stocks (CE 18-11-1988 n° 58811 : RJF 1/89 n° 37).
> **d.** Pour l'application de l'article 38 sexdecies I analysé ci-dessus, un viticulteur qui **stocke** son **vin en bouteilles** doit retenir le cours du jour du vin en bouteilles et non celui du vin en vrac (CE 10-7-2007 n° 288386 : RJF 11/07 n° 1248).

Produits en cours de fabrication Les agriculteurs peuvent évaluer forfaitairement le prix de revient des produits en cours de fabrication (CGI ann. III art. 38 sexdecies I, II). Pour ce faire, ils peuvent recourir à des coûts standard ou à tous autres éléments statistiques en leur possession, mais la valeur du **travail de l'exploitant** et des aides familiaux non salariés non associés d'exploitation au sens de l'article L 321-6 du Code rural et de la pêche maritime ne doit, en aucun cas, être retenue pour l'appréciation du prix de revient (BOI-BA-BASE-20-20-20-10 n° 230). 9575

2. ÉVALUATION DES AVANCES AUX CULTURES

Les avances aux cultures définies n° 9505 doivent être évaluées à leur prix de revient (CGI art. 72 A, I). 9615
À cette fin, quatre types de **méthodes**, à l'exclusion de tout autre, sont offerts aux exploitants par l'administration (BOI-BA-BASE-20-20-20-30 n° 30).

Deux d'entre elles, **de caractère transitoire**, sont réservées aux exploitants qui passent au régime réel simplifié (en pratique, ceux-ci ont toutefois le choix entre toutes les méthodes) :
– une **méthode transitoire T** applicable trois ans et non renouvelable ;
– une **méthode forfaitaire F** valable trois ans et renouvelable une fois pour trois ans au maximum (le renouvellement de l'option doit être formulé expressément dans une note jointe à la déclaration des résultats de l'exercice suivant celui au terme duquel la validité de l'option initiale a expiré).

Par la suite, les **exploitants au réel** (normal ou simplifié) ont le choix entre deux autres méthodes applicables à l'ensemble des exploitants :
– une **méthode** d'évaluation **mixte** avec deux variantes (M1 et M2), reposant sur l'évaluation forfaitaire de certains frais : l'option pour l'une ou l'autre de ces variantes est valable dix ans et renouvelable par tacite reconduction ; elle doit être expressément formulée au moyen d'une note jointe à la déclaration de résultats du premier exercice auquel elle s'applique ;
– une méthode d'évaluation du **coût de production réel** comportant aussi deux variantes (R1 et R2) : l'option pour cette méthode est irrévocable.

Les **conditions d'option** pour les différentes méthodes sont résumées dans le tableau n° 9640.

> **Précisions a.** Les deux **méthodes T et F** ne peuvent pas être utilisées successivement. Un exploitant qui, au cours de la durée d'application de ces méthodes, réalise des recettes le soumettant de droit à un régime réel normal ne peut plus les utiliser même si les délais de trois ans (T) ou de trois ans + trois ans (F) ne sont pas expirés.
> Les exploitants qui ont choisi les méthodes T ou F peuvent opter pour les méthodes M ou R au cours des périodes visées ci-dessus (BOI précité n° 40).
> **b. Combinaison des méthodes M et R** (BOI précité n°s 140 et 150) :
> – les exploitants qui utilisent l'une des deux variantes de la **méthode M** peuvent toujours opter, au cours de la période de dix ans, soit pour l'autre variante de cette méthode M, soit pour l'une des variantes R1 ou R2 de la méthode R ;
> – les exploitants ayant choisi l'une des variantes de la **méthode R** peuvent toujours opter pour l'autre variante. Mais, dès lors qu'ils ont utilisé cette méthode, ils ne peuvent en aucun cas opter pour la méthode M ;
> – la **renonciation** à l'une des méthodes initialement choisie doit être formulée de manière expresse à l'aide d'une note jointe à la déclaration de résultats du premier exercice au cours duquel s'applique l'autre méthode ;
> – les **modalités d'utilisation** par les exploitants des différentes méthodes d'évaluation des avances aux cultures ou de leurs variantes doivent demeurer inchangées pendant la durée d'utilisation de ces méthodes, sauf circonstances particulières à justifier ;
> – les **documents** annexes à la déclaration de résultat doivent mentionner la méthode d'évaluation retenue et l'année de première application.

MÉTHODE TRANSITOIRE T

9620 Il s'agit d'une évaluation forfaitaire à partir des achats de matières premières et de matières et fournitures consommables. Cette méthode consiste à évaluer le montant total des avances aux cultures en multipliant par deux le montant des achats de matières premières et de matières et fournitures consommables (engrais, amendements, semences, plants, produits de défense des végétaux) utilisées pour la récolte à venir. Les produits de l'exploitation ne sont pas valorisés (BOI-BA-REG-40-10-10 n° 240).

MÉTHODE FORFAITAIRE F (COÛTS STANDARD À L'HECTARE)

9625 Cette méthode consiste en l'évaluation forfaitaire de l'ensemble des avances aux cultures (approvisionnements et façons) par hectare selon la nature de la culture et en fonction de la date de clôture de l'exercice (BOI-BA-REG-40-10-10 n° 250).

MÉTHODE M (ÉVALUATION MIXTE)

9630 Dans cette méthode, certains frais sont retenus pour leur montant réel et d'autres sont évalués selon des coûts standard (BOI-BA-BASE-20-20-20-30 n°s 60 à 110).

9632 **Dispositions communes aux deux variantes (M1 et M2)** Les **achats** de matières premières, de matières et fournitures consommables (engrais, amendements, semences, plants, produits de défense des végétaux) et les **façons culturales réalisées par des tiers** sont retenus pour leur montant réel.
Les **matières premières et consommables produites sur l'exploitation** :
– sont évaluées à 80 % du cours du jour, selon la règle en vigueur pour l'évaluation des stocks sous le régime simplifié, lorsqu'il s'agit de biens ou produits faisant habituellement l'objet de transactions (semences, par exemple) ;
– ne font pas l'objet d'une évaluation dans le cas des déchets et rebuts destinés à être enfouis.

9634 **Variante M1** Les autres façons culturales (frais de mécanisation) et les frais de main-d'œuvre salariée sont évalués forfaitairement à l'hectare, par nature de culture et en fonction de la date de clôture de l'exercice.
Les frais de main-d'œuvre salariée s'entendent des salaires et charges sociales (le travail de l'exploitant et des aides familiaux n'est pas pris en considération).

9635 **Variante M2** Les frais de main-d'œuvre salariée y compris celle des associés d'exploitation correspondant aux productions en cours sont valorisés pour leur montant réel. Les autres façons culturales (frais de mécanisation) sont calculées de manière forfaitaire :
– soit en multipliant les durées d'utilisation des différents types de matériel par des coûts horaires standard ;
– soit en utilisant des coûts standard à l'hectare.
Les coûts standard horaires ou à l'hectare sont tirés des barèmes d'entraide.

MÉTHODE R (ÉVALUATION AU COÛT DE PRODUCTION RÉEL)

Variante R1 Les frais suivants sont valorisés pour leur montant réel : 9636
– les approvisionnements qu'ils soient achetés ou produits (engrais, amendements, semences, plants, produits de défense des végétaux) ;
– les façons culturales réalisées par des tiers.
L'évaluation des autres façons culturales est obtenue en appliquant aux frais de main-d'œuvre et de mécanisation comptabilisés un coefficient variable selon la date de clôture de l'exercice. Ce coefficient est égal au rapport entre le temps passé sur l'exploitation pour les cultures en terre à la clôture de l'exercice et le temps total à consacrer aux cultures de l'exploitation. Les temps de travaux par nature de culture peuvent être tirés d'études statistiques (BOI-BA-BASE-20-20-20-30 n° 120).

Variante R2 Les avances aux cultures sont évaluées d'après leur coût de production effectif. 9638
Les « autres façons culturales » peuvent être déterminées selon les mêmes règles que celles de la variante R1 mais en retenant les temps de travaux réellement pratiqués sur l'exploitation (BOI-BA-BASE-20-20-20-30 n° 130).

TABLEAU RÉCAPITULATIF DES MÉTHODES D'ÉVALUATION

Les méthodes d'évaluation des avances aux cultures sont récapitulées dans le tableau élaboré 9640
par l'administration reproduit ci-après (BOI-BA-BASE-20-20-20-30 n° 40).

Évaluation des avances aux cultures : tableau récapitulatif

Options	Régime d'imposition			
	Passage du régime micro-BA :		Passage du régime simplifié au réel normal	Observations
	au régime simplifié	au régime normal		
Méthode transitoire (T) ...	Oui 3 ans Non renouvelable	Non	Non	Option expresse possible pour une méthode M ou R au cours des 3 ans
Méthode forfaitaire (F)	Oui 3 ans Renouvelable une fois [1]	Non	Non	Option expresse possible pour une méthode M ou R au cours de chacune des périodes de 3 ans
Méthode d'évaluation mixte (M)	Oui 10 ans Renouvelable [2]	Oui 10 ans Renouvelable [2]	Oui 10 ans Renouvelable [2]	Variante M1 : option possible pour M2 ou R1 ou R2
				Variante M2 : option possible pour M1 ou R1 ou R2
Méthode des coûts réels (R)	Oui	Oui	Oui	Variante R1 : option possible pour R2
				Variante R2 : option possible pour R1

1. Le renouvellement de l'option pour la méthode F ou l'option pour une méthode M ou R doit être formulé expressément.
2. Le renouvellement s'opère par tacite reconduction par périodes de dix ans.

3. ÉVALUATION DES STOCKS À ROTATION LENTE

L'évaluation des produits qui demeurent en stock doit normalement être révisée à la clôture de 9650
chaque exercice selon les modalités décrites n°s 9565 s. Cette réévaluation génère une **variation de stock** susceptible d'entraîner la constatation d'un produit imposable au titre de l'exercice.

Afin d'atténuer cette conséquence, les exploitants agricoles soumis à un régime réel d'imposition peuvent opter pour le **blocage de la valeur de leurs stocks** de produits ou d'animaux à la valeur déterminée à la clôture de l'exercice précédant celui au titre duquel l'option est exercée jusqu'à la vente de ces biens (CGI art. 72 B bis).

Ce dispositif est subordonné au respect du règlement (UE) 1408/2013 de la Commission du 18 décembre 2013 relatif aux aides de minimis dans le secteur de l'agriculture (voir n° 14805).

EXPLOITANTS ET BIENS CONCERNÉS

9655 L'option pour le blocage de la valeur des stocks est ouverte à tous les **exploitants** exerçant **à titre individuel** ainsi qu'à ceux qui exercent leur activité professionnelle dans le cadre d'une société relevant du régime fiscal des **sociétés de personnes**.

L'option est **globale** et vaut pour l'ensemble des stocks détenus, qu'il s'agisse de produits ou d'animaux, mais elle n'a d'effet que pour les stocks dont le **cycle de rotation** est **supérieur à un an** (BOI-BA-BASE-20-20-20-40 n°s 30 et 40). En pratique, les stocks concernés sont essentiellement les pépinières, les vins et spiritueux et les bovins.

EFFETS DE L'OPTION

9660 L'option pour le blocage de la valeur des produits en stocks permet, à partir de l'exercice au titre duquel l'option pour ce dispositif est exercée, de ne pas prendre en compte les **coûts de production** dans la valorisation des stocks déjà présents à l'ouverture de l'exercice. Par exemple, les **frais de nourriture des animaux**, ou les **frais de mise en bouteille** du vin sont immédiatement déductibles du bénéfice et ne constituent plus un élément du prix de revient des stocks dont la valeur est bloquée (BOI-BA-BASE-20-20-20-40 n° 50).

La **valeur** des produits ou animaux inscrits en stock au cours d'une période d'option est **figée à la valeur d'inscription**, jusqu'à la vente de ces biens ou la sortie de l'option (BOI-BA-BASE-20-20-20-40 n° 60).

9662 L'exploitant agricole qui exerce l'option est tenu de **suivre** les **dates d'entrée et de sortie** de l'actif ainsi que le **prix** de chaque produit ou animal. Ce suivi ne pose pas de difficulté particulière pour les exploitants qui tiennent une comptabilité matière ou une comptabilité analytique.

Dans le cas des exploitants qui ne pratiquent pas cette comptabilisation, il est admis que la composition des stocks puisse être déterminée chaque année en appliquant la règle P.E.P.S. (**premier entré, premier sorti**). Cette règle permet de déterminer le nombre d'unités entrées à l'actif au titre de chaque exercice en imputant les ventes (ou les pertes) de l'année sur les exercices les plus anciens (BOI-BA-BASE-20-20-20-40 n° 70).

EXEMPLE

Un éleveur opte pour le régime de blocage de la valeur des stocks au titre de l'exercice clos le 31 décembre 2024. Son stock comprend les animaux inscrits en comptabilité de la façon suivante :
– 15 vaches entrées en stock en 2021 (prix de revient unitaire 1 500 €) ;
– 20 vaches entrées en stock en 2022 (prix de revient unitaire 1 300 €) ;
– 10 vaches entrées en stock en 2023 (prix de revient unitaire 1 200 €).

La valeur des stocks est bloquée, à compter de l'exercice clos le 31 décembre 2024, à la valeur déterminée à la clôture de l'exercice précédent, clos le 31 décembre 2023. Les coûts de production antérieurement incorporés au prix de revient des animaux ne sont donc pas retraités.

En 2025, il est admis que la vente de 40 vaches porte sur les animaux suivants :
– 15 vaches entrées en stock en 2021 ;
– 20 vaches entrées en stock en 2022 ;
– et 5 vaches entrées en stock en 2023.

Il reste donc en stock 5 vaches acquises en 2023 dont la valeur unitaire est bloquée à 1 200 € jusqu'à la date de leur cession effective ou de sortie de l'option.

MODALITÉS ET DURÉE DE L'OPTION

9665 L'option initiale pour le blocage de la valeur des stocks à rotation lente est formulée par une **note sous format libre**, au plus tard dans le **délai de déclaration** des résultats du premier exercice auquel elle s'applique. En pratique, elle peut être jointe à la déclaration de résultat de l'exercice au titre duquel elle est formulée.

L'option est **valable pour l'exercice** au titre duquel elle est exercée et pour les exercices clos au cours des **quatre années suivantes**. Elle est **reconduite tacitement** par période de cinq ans, sauf renonciation adressée au service des impôts dans le délai de souscription de la déclaration des résultats du dernier exercice de chaque période d'option (BOI-BA-BASE-20-20-20-40 n° 90).

Le régime de blocage des stocks à rotation lente **ne peut être cumulé** ni avec l'option pour l'étalement des revenus agricoles exceptionnels prévu à l'article 75-0 A du CGI (n° 12020), ni avec l'option pour le système de la moyenne triennale prévue à l'article 75-0 B du même Code (n° 12100), ni avec la déduction temporaire prévue en cas d'augmentation de la valeur du stock de vaches laitières ou allaitantes (n° 9680). 9667

En revanche, le régime de blocage des stocks à rotation lente **peut être combiné** avec la déduction pour épargne de précaution (DEP) prévue à l'article 73 du CGI (n° 14800) et avec l'évaluation forfaitaire des stocks pour les exploitants soumis au régime simplifié (CGI art. 74, b ; n° 12825 ; BOI-BA-BASE-20-20-20-40 n° 100).

SORTIE DU DISPOSITIF

Renonciation à l'option L'exploitant qui, au terme de la période quinquennale de blocage de la valeur des stocks, souhaite renoncer à cette option, doit en formuler la **demande par écrit** auprès du service des impôts, dans le délai de dépôt de la déclaration de résultats du dernier exercice de la période ouverte par l'option. 9670

La renonciation à l'option entraîne la sortie du dispositif dès le premier jour de l'exercice suivant et l'imposition, au titre de cet exercice, de l'écart constaté entre le prix de revient des stocks à la clôture de l'exercice, prenant en compte les coûts de production de l'exercice, et le prix de revient des stocks à l'ouverture de l'exercice correspondant à la valeur précédemment bloquée, selon les règles de droit commun.

Les stocks qui ont bénéficié du dispositif de blocage ne sont pas majorés des frais afférents à leur production encourus au cours de la période d'option. Ces coûts ne sont donc pas pris en compte pour déterminer la valeur d'évaluation des stocks (BOI-BA-BASE-20-20-20-40 n° 130).

EXEMPLE

Reprise des données de l'exemple présenté n° 9662, la valeur des vaches en stock est bloquée à 6 000 € (1 200 € × 5 vaches) jusqu'au 31 décembre 2028.

À compter du 1er janvier 2029, l'éleveur ayant renoncé à l'option, le déblocage de la valeur du stock se traduit de la manière suivante (en supposant que l'éleveur a conservé les 5 vaches) :
– prix de revient du stock de vaches au 1er janvier 2029 : 6 000 € ;
– prix de revient du stock de vaches au 31 décembre 2029 : 6 000 + 200 (coûts d'élevage au titre de 2029) = 6 200 €.

Le profit sur stock constaté au titre de l'exercice de sortie d'option est de 200 € et constitue un produit imposable au titre de l'exercice 2029.

En cas de cession ultérieure du stock le produit réalisé sera constitué par différence entre le prix effectif de cession et le prix de revient comptabilisé au titre du dernier exercice clos.

Ainsi, en cas de cession du stock de vaches en 2030 au prix de 10 000 €, le profit imposable sera de 10 000 − 6 200 = 3 800 €.

Cession ou cessation La cession ou cessation de l'exploitation agricole emporte les mêmes effets que la cession des stocks et entraîne ainsi la sortie du dispositif de blocage des stocks à rotation lente (BOI-BA-BASE-20-20-20-40 n° 150). 9672

Toutefois, en cas de **transmission** d'une exploitation individuelle **à titre gratuit**, les profits afférents aux stocks ne sont pas imposés si le ou les nouveaux exploitants bénéficiaires inscrivent ces stocks à la valeur bloquée pour laquelle ils figurent au bilan de l'ancienne entreprise (CGI art. 41 ; n° 10710).

Mise en société de l'exploitation L'apport d'une exploitation individuelle à une société ou à un groupement emporte en principe les effets de la cession des stocks et entraîne ainsi la sortie du dispositif de blocage des stocks à rotation lente. 9675

Toutefois, les profits afférents aux stocks ne sont pas imposés au nom de l'apporteur si la société bénéficiaire de l'apport inscrit ces stocks à l'actif de son bilan à la valeur bloquée pour laquelle ils figurent au dernier bilan de l'entreprise apporteuse (CGI art. 151 octies, I-b ; n° 10693).

Dans cette hypothèse, les stocks apportés seront bloqués à cette valeur si la société bénéficiaire de l'apport a elle-même opté pour le dispositif de blocage de la valeur des stocks à rotation lente au titre de l'exercice d'apport ou antérieurement et si l'option est encore valable au titre de cet exercice (BOI-BA-BASE-20-20-20-40 n° 190).

En ce qui concerne le sort des stocks à rotation lente en cas **d'assujettissement à l'IS**, voir n° 12160.

4. DÉDUCTION TEMPORAIRE POUR AUGMENTATION DE LA VALEUR DES VACHES LAITIÈRES OU ALLAITANTES

9680 Les exploitants agricoles soumis au régime réel d'imposition ont la possibilité, pour les exercices clos du 1er janvier 2023 au 31 décembre 2024, de pratiquer une déduction extra-comptable de 150 € par vache laitière ou allaitante inscrite en stock, à condition qu'à la clôture de l'exercice, la valeur de ces stocks excède de 10 % leur valeur constatée à l'ouverture de l'exercice précédent ou de l'exercice considéré. La déduction est rapportée, en règle générale, au résultat imposable de l'exercice de cession ou de sortie de l'actif de l'animal (Loi 2023-1322 du 29-12-2023 art. 70).

9682 **Conditions d'application de la déduction** La déduction peut être pratiquée par les exploitants agricoles soumis à un régime réel d'imposition (normal ou simplifié) pour les exercices clos à compter du 1er janvier 2023 et jusqu'au 31 décembre 2024.

Pour les **exercices clos en 2023**, les exploitants peuvent pratiquer une déduction de leur résultat imposable lorsqu'ils constatent, à la clôture de l'exercice, une **hausse de la valeur des stocks** de vaches laitières et allaitantes **supérieure à 10 %** par rapport à la valeur de ces mêmes stocks déterminée à l'ouverture de l'exercice précédent ou à l'ouverture de l'exercice considéré.

Pour les **exercices clos en 2024**, la hausse est seulement appréciée par comparaison avec la valeur de ces mêmes stocks déterminée à l'ouverture de l'exercice considéré.

La hausse de la valeur des stocks résultant de l'**augmentation du nombre d'animaux** composant ces stocks au cours de l'exercice considéré n'est pas prise en compte pour l'appréciation du seuil de 10 %.

9685 La déduction ne peut pas être pratiquée par les exploitants ayant exercé l'option permettant de bloquer la valeur des **stocks à rotation lente** comme le prévoit l'article 72 B bis du CGI (nos 9650 s.).

La loi exclut également du dispositif les **animaux considérés** par le contribuable **comme des immobilisations amortissables** en application de l'article 38 sexdecies D, II de l'annexe III au CGI, c'est-à-dire les bovidés utilisés comme animaux de trait ou affectés exclusivement à la reproduction. Cette précaution peut paraître inutile dans la mesure où les vaches laitières et allaitantes sont respectivement élevées pour leur lait et leur viande et ne peuvent, dès lors, être immobilisées (no 9320).

Enfin, comme pour le dispositif de blocage de la valeur des stocks à rotation lente, le bénéfice de la déduction est subordonné au respect de la réglementation des aides de minimis (UE/1408/2013) dans le secteur de l'agriculture (voir no 14805).

9687 **Montant de la déduction** Le montant de la déduction est égal à **150 € par vache** inscrite en stock à la clôture de l'exercice au titre duquel la déduction est pratiquée. Son montant total est **plafonné à 15 000 €** par exercice.

Pour les groupements agricoles d'exploitation en commun (**Gaec**) et les exploitations agricoles à responsabilité limitée (**EARL**) relevant de l'impôt sur le revenu, ce plafond est multiplié par le nombre d'associés exploitants, dans la limite de quatre.

9690 **Réintégration de la déduction** La déduction est rapportée au résultat imposable de l'exercice de cession ou de sortie de l'actif de l'animal, et au plus tard du sixième exercice suivant celui au titre duquel la déduction a été pratiquée.

Par **dérogation**, la déduction n'est pas rapportée au résultat de l'exercice de sortie des stocks de l'animal lorsque cette sortie est compensée par l'entrée d'un nouvel animal dans les stocks avant la clôture de ce même exercice ou, au plus tard, avant le dépôt de la déclaration de résultats souscrite au titre de cet exercice.

SECTION 3 PRODUITS

9700 Les produits de l'exploitation comprennent non seulement les recettes provenant de la vente des divers produits **de l'exploitation** (récoltes, animaux, etc.), mais également (liste non limitative) :

– les **redevances** provenant de la location du droit de chasse, d'affichage, de la concession d'exploitation de carrières, etc., lorsque les immeubles concernés sont inscrits à l'actif et utilisés pour l'exercice de l'activité professionnelle (no 9710) ;

– les **recettes commerciales et non commerciales accessoires** lorsqu'elles sont rattachées aux bénéfices agricoles (nos 9720 s.) ;
– les **produits financiers**, par exemple les intérêts statutaires servis aux parts de sociétés coopératives agricoles (nos 9800 s.) ;
– les **produits exceptionnels** tels primes, subventions d'équipement, aides européennes, etc. (nos 9900 s.).
Les produits relatifs à des **biens inscrits à l'actif** mais **qui ne concourent pas à l'exercice de l'activité professionnelle** doivent être imposés, sauf exception, dans la catégorie d'imposition correspondant à leur nature (nos 9007 s.).

A. Produits de l'exploitation

1. VENTES

Pour la détermination du bénéfice réel (normal ou simplifié), on tient compte non seulement des opérations de caractère agricole mais aussi, lorsqu'elles peuvent être rattachées aux bénéfices agricoles, des opérations accessoires de nature commerciale (par exemple, revente en l'état de biens ou de produits ne provenant pas de l'exploitation, travaux pour le compte de tiers, etc.) ou non commerciale (voir nos 9720 s.). **9705**
Les produits à retenir sont ceux qui se rapportent aux opérations ayant donné naissance à une **« créance acquise »** au cours de l'exercice (voir nos 9100 s.).
Pour la comptabilisation de la **TVA**, voir n° 11070.

> **Précisions** En cas de **vente** ultérieure **de stocks** existant au jour de la **cession ou** de la **cessation d'une exploitation agricole** par un ancien agriculteur et d'imposition de celui-ci au réel, le profit réalisé est déterminé en déduisant du prix de vente la valeur comptable du stock à la date de la cession ou de la cessation. Toutefois, si, lors de la cession ou de la cessation de l'exploitation, l'agriculteur a conservé tout ou partie de ses stocks pour son **usage personnel**, la plus-value acquise par ces éléments n'a pas à faire l'objet d'une imposition immédiate et échappe définitivement à l'impôt si les produits conservés sont effectivement utilisés pour les besoins personnels de l'exploitant (BOI-BA-BASE-20-20-10 n° 60).

2. PRODUITS ACCESSOIRES

REDEVANCES AYANT LEUR ORIGINE DANS LE DROIT DE PROPRIÉTÉ

Il peut arriver que l'exploitant agricole perçoive des redevances ayant leur origine dans le droit de propriété (location du droit de **chasse**, de **pêche**, concession du droit d'exploitation de carrières, location d'immeubles bâtis ou non bâtis, octroi d'une autorisation d'occupation temporaire, etc.). Les modalités d'imposition de ces revenus – qui tiennent compte tant de l'inscription à l'actif des immeubles qui en sont à l'origine que de l'utilisation de ces mêmes immeubles pour l'exercice de l'activité professionnelle – sont indiquées nos 5290 s. **9710**
Sur le cas particulier de la **maison d'habitation** de l'exploitant, lorsque celle-ci est inscrite à l'actif : voir n° 9270.

AUTOCONSOMMATION

Le bénéfice est déterminé en ajoutant aux recettes la valeur, au prix de revient, des produits prélevés dans l'exploitation et consommés par l'**exploitant et sa famille**. **9715**
Par mesure de simplification, les prélèvements effectués pour la consommation ou l'usage des **salariés** ainsi que pour la nourriture des **animaux** ou pour le paiement des **fermages** n'ont pas à être comptabilisés, ni en recettes ni en dépenses (BOI-BA-BASE-20-20-10 n° 130).

> **Précisions a.** Les **prélèvements** effectués par l'exploitant dans son intérêt personnel (il s'agissait en l'espèce de prélèvements de céréales opérés par un exploitant, qui se livrait habituellement à la chasse, en vue de la nourriture du gibier) doivent être rattachés aux résultats de l'exploitation (CE 29-12-1978 n° 5103 : RJF 2/79 n° 78).
> **b.** Sur l'évaluation des produits prélevés par un exploitant soumis au **régime réel simplifié**, voir n° 12815, Précisions, b.

VENTE DE BIOMASSE ET PRODUCTION D'ÉNERGIE À PARTIR DE PRODUITS MAJORITAIREMENT ISSUS DE L'EXPLOITATION

9717 Sont considérés comme des revenus agricoles en application de l'article 63, alinéa 5 du CGI les revenus qui proviennent de la **vente de biomasse** sèche ou humide majoritairement issue de produits ou sous-produits de l'exploitation ou qui proviennent de la **production d'énergie** à partir de produits ou sous-produits majoritairement issus de l'exploitation agricole. Cette mesure concerne uniquement les exploitants soumis à l'impôt sur le revenu.

En revanche, lorsque les **produits** ou sous-produits ne sont **pas** majoritairement **issus de l'exploitation agricole** du contribuable, ces revenus relèvent de la catégorie des bénéfices industriels et commerciaux. Ils sont toutefois susceptibles d'être rattachés à la catégorie des bénéfices agricoles sur le fondement de l'article 75 du CGI (voir n°s 9720 s.).

Tel est également le cas des profits retirés de la **vente de résidus de méthanisation**, qui revêtent un caractère agricole lorsque l'activité de production d'énergie à l'origine de ces résidus est une activité agricole en application de l'article 63, alinéa 5 du CGI (BOI-BA-CHAMP-10-40 n° 70).

En ce qui concerne la vente d'**électricité d'origine photovoltaïque ou éolienne**, voir n° 9723.

> **Précisions a.** La **biomasse** se définit comme la fraction biodégradable des produits, déchets et résidus provenant de l'agriculture, y compris les substances végétales et animales, de la sylviculture et des industries connexes ainsi que la fraction biodégradable des déchets industriels et ménagers. Elle peut être vendue soit en l'état, soit après transformation, par exemple en vue de produire des biocarburants ou des biocombustibles. La **production d'énergie** provient généralement de la mobilisation de la biomasse de l'exploitation mais peut provenir également d'autres éléments issus de l'exploitation agricole qui entrent dans le cycle de production agricole (BOI-BA-CHAMP-10-40 n° 20).
> **b.** Le **caractère majoritaire des produits** ou sous-produits de l'exploitation agricole permettant la vente de biomasse ou la production d'énergie s'apprécie sur l'exercice, en masse et par produit commercialisé par l'exploitant. Les produits ou sous-produits acquis par l'exploitant auprès d'une société ou d'un groupement (en serait-il un associé) ou ceux qui lui auraient été remis gratuitement ne constituent pas, pour le calcul du ratio, des produits ou sous-produits de l'exploitation agricole (BOI précité n° 40).

ACTIONS EN FAVEUR DES ÉCOSYSTÈMES

9718 Sont qualifiés de bénéfices agricoles les revenus qui proviennent des actions réalisées par les exploitants agricoles sur le périmètre de leur exploitation et qui contribuent à restaurer ou à maintenir des écosystèmes dont la société tire des avantages (CGI art. 63, al. 8).

Ces **actions de valorisation de l'environnement** doivent avoir pour effet de contribuer à rétablir en sa forme première (restaurer) ou conserver dans le même état (maintenir) des écosystèmes naturellement présents sur le périmètre de l'exploitation, ou bien contribuer à restaurer ou conserver des écosystèmes au-delà du périmètre de l'exploitation par l'effet vertueux des actions mises en œuvre, notamment la réduction des émissions de gaz à effet de serre ou encore la préservation des nappes phréatiques. Les **actions visées** peuvent, notamment, consister en l'implantation et l'entretien de forêts, de haies, de mares, la mise en place de jachères mellifères ou faunistiques et la préservation de la qualité de l'eau ou de la protection des sols. Ces actions doivent être réalisées par l'exploitant sur le **périmètre de son exploitation agricole**, lequel doit se comprendre comme l'ensemble des biens et terres sur lesquels il dispose du droit d'exercer des activités agricoles. En revanche, n'est pas considéré comme un bénéfice de l'exploitation agricole, au titre du huitième alinéa de l'article 63 du CGI, le revenu que l'exploitant retire de ces mêmes actions lorsqu'elles sont réalisées hors du périmètre de son exploitation (BOI-BA-CHAMP-10-40 n° 115).

Les revenus des actions qui ne répondent pas à l'ensemble des conditions posées par l'article 63, alinéa 8 du CGI (par exemple, l'entretien hors du périmètre de l'exploitation d'une haie appartenant à un particulier ou à une collectivité territoriale) relèvent de la catégorie des bénéfices industriels et commerciaux. Ils peuvent toutefois être rattachés à la catégorie des bénéfices agricoles sur le fondement de l'article 75 du CGI (voir n°s 9720 s.).

> **Précisions a.** Un **écosystème** peut se définir comme un ensemble vivant formé par un groupement de différentes espèces en interrelation (nutrition, reproduction, prédation, etc.) entre elles et avec leur environnement (minéraux, air, eau), sur une échelle spatiale donnée comme les forêts, les mares, les prairies, les haies (BOI précité n° 115).
> **b.** Les **prestations de services environnementaux** ayant pour résultat la captation de carbone ou le maintien ou le développement de la biodiversité, réalisées dans le cadre de projets certifiés bas-carbone, en application de la loi 2015-992 du 17 août 2015 et dans le cadre des dispositions des articles L 222-1 A à L 222-9 du Code de l'environnement, dont

notamment le label « Bas-Carbone » créé par le décret 2018-1043 du 28 novembre 2018 sont présumées constituer des actions de valorisation éligibles (BOI précité n° 115).

ACTIVITÉS COMMERCIALES ET NON COMMERCIALES ACCESSOIRES DES EXPLOITANTS INDIVIDUELS

Cas général Afin de diversifier leurs activités et leurs sources de revenus, de nombreux exploitants agricoles exercent à titre accessoire une activité commerciale, artisanale ou non commerciale. Dans cette situation, les produits retirés de l'exploitation agricole demeurent taxés au titre des bénéfices agricoles mais les recettes commerciales et non commerciales réalisées par des exploitants agricoles individuels relevant d'un régime de bénéfice réel sont en principe imposables distinctement, selon le cas, dans la catégorie des BIC ou des BNC, le cas échéant, selon le régime des micro-entreprises. **9720**

Ces recettes peuvent toutefois être **rattachées aux résultats agricoles** et taxées comme ces derniers **lorsque** la **moyenne** des recettes accessoires des **trois années civiles** précédant la date d'ouverture de l'exercice **n'excède ni 50 %** de la moyenne des recettes agricoles appréciée sur la même période **ni 100 000 €** (CGI art. 75). Ces montants s'apprécient remboursements de frais inclus et taxes comprises. Lorsque l'activité n'a pas été exercée pendant la totalité de l'année, il n'y a pas lieu de procéder à un ajustement prorata temporis des recettes (BOI-BA-CHAMP-10-40 nos 270 et 280).

EXEMPLE

1. Un exploitant soumis à un régime réel réalise les recettes suivantes au cours des années civiles 2022 à 2024.

	2022	2023	2024	Moyenne
Recettes agricoles	80 000 €	90 000 €	100 000 €	90 000 €
Recettes commerciales ou non commerciales accessoires	50 000 €	20 000 €	20 000 €	30 000 €
Total	130 000 €	110 000 €	120 000 €	120 000 €

La moyenne annuelle des recettes accessoires réalisées au titre des années civiles 2022, 2023 et 2024 (30 000 €) n'excède ni 50 % de la moyenne des recettes agricoles (90 000 € × 50 % = 45 000 €) ni 100 000 €.

Les revenus tirés des activités commerciales ou non commerciales accessoires réalisées au titre de l'exercice 2025 pourront donc être inclus dans le bénéfice agricole.

Les exploitants individuels également **membres de sociétés de personnes** doivent apprécier les seuils précités en tenant compte uniquement des recettes réalisées à titre personnel, à l'exclusion donc des recettes agricoles et non agricoles réalisées par la société ou le groupement (CGI art. 75).

Pour les **trois premières années d'activité**, le caractère accessoire des activités s'apprécie en retenant les recettes de l'année civile précédant la date d'ouverture de l'exercice (CGI art. 75, al. 2). L'administration précise que les nouveaux exploitants agricoles peuvent dans tous les cas, pour leur **premier exercice d'activité**, rattacher à leurs bénéfices agricoles les produits de leurs activités accessoires quel que soit leur montant (BOI précité n° 320).

EXEMPLE

2. On suppose que l'exploitant visé dans l'exemple 1 n'a commencé son activité que le 1er janvier 2022 et qu'il a opté dès 2022 pour un régime réel. Ses recettes réalisées au cours des années civiles 2022 à 2024 sont identiques à celles de l'exemple 1.

Le produit des activités accessoires exercées en 2022 peut être rattaché au bénéfice agricole de la même année (premier exercice d'activité).

En revanche, les recettes commerciales ou non commerciales réalisées en 2023 doivent faire l'objet d'une imposition distincte, selon leur nature, dans la catégorie des BIC ou des BNC. En effet, le montant de ces recettes excédait l'année précédente (2022) 50 % des recettes agricoles [50 000 € > (80 000/2)].

Le rattachement est à nouveau possible en 2024 [20 000 < (90 000/2)].

Les **déficits** issus de l'ensemble des activités accessoires non agricoles ne peuvent pas être imputés sur le revenu global (CGI art. 75). Il s'ensuit, selon l'administration, qu'ils ne peuvent pas davantage être imputés sur le bénéfice agricole dès lors que ce revenu catégoriel participe à la formation du revenu global (BOI précité n° 380). Dans cette hypothèse, l'exploitant agricole peut renoncer à l'option pour l'article 75 du CGI et souscrire aux obligations comptables et déclaratives supplémentaires en découlant (BOI précité n° 390).

Par ailleurs, les revenus provenant de ces activités accessoires ne peuvent donner lieu ni à l'**abattement** sur le bénéfice des jeunes agriculteurs (nos 14600 s.), ni à la **déduction** pour épargne de précaution (nos 14800 s.). Ces revenus doivent également être neutralisés pour la détermination du revenu exceptionnel bénéficiant du **régime d'étalement** prévu à l'article 75-0 A du CGI (nos 12020 s. ; CGI art. 75).

Sur l'imposition des recettes accessoires réalisées par les exploitants soumis au **régime micro-BA**, voir n° 7700.

Sur le régime applicable aux activités accessoires en matière de **TVA**, voir nos 1210 s.

9721 L'**option** pour le rattachement des recettes accessoires au résultat agricole ne peut pas se **cumuler** au titre d'un même exercice avec le régime dit des **micro-entreprises** prévu aux articles 50-0 (micro-BIC) et 102 ter (micro-BNC) du CGI. Les exploitants ne peuvent pas non plus choisir l'assimilation aux bénéfices agricoles pour certaines de leurs activités accessoires et un régime de micro-entreprise pour d'autres. En revanche, si l'exploitant le préfère, il peut **renoncer** aux dispositions de l'article 75 du CGI pour bénéficier des régimes micro-BIC ou BNC, s'il remplit les conditions propres à chacun de ces régimes, en particulier de seuil de recettes (BOI-BA-CHAMP-10-40 n° 360).

Les exploitants peuvent **modifier leur choix** chaque année lors du dépôt de leurs déclarations sans formalisme particulier. Leur **option** résulte de la façon dont ils remplissent leurs déclarations (BOI précité n° 340).

> **Précisions a.** Les **activités commerciales accessoires concernées** sont toutes celles qui relèvent normalement du régime des BIC – par exemple, travaux agricoles ou forestiers, tourisme à la ferme, prise en pension d'animaux autres que chevaux (voir n° 16035), vente de produits ne provenant pas de l'exploitation, opérations occasionnelles de fournitures de service comme l'enlèvement des boues et vidange ou le déneigement des voiries réalisées pour le compte des collectivités locales ou travaux agricoles effectués pour le compte de tiers, organisation de visites de l'exploitation lorsque celle-ci relève d'une démarche commerciale – aménagement des immeubles faisant l'objet de la visite, appel à du personnel spécialisé, publicité – ou des BNC (moniteur de ski par exemple). On rappelle à cet égard que les **revenus d'immeubles inscrits à l'actif** du bilan et utiles à l'activité professionnelle (nos 9007 s.) ne constituent pas des recettes commerciales accessoires mais des recettes agricoles.

b. La **notion** même **de produit accessoire** requiert l'exercice à titre principal d'une activité agricole à laquelle peuvent être rattachées les **opérations connexes ou complémentaires** réalisées par l'exploitant. Lorsque l'activité principalement exercée est de nature commerciale ou non commerciale, les revenus accessoires de nature agricole sont retenus dans la détermination, selon le cas, du bénéfice industriel et commercial ou du bénéfice non commercial en application de l'article 155, I-1 et 2 du CGI (BOI-BA-CHAMP-10-40 n° 240).

c. Pour apprécier les limites mentionnées n° 9720, la **notion de recettes** est susceptible de recouvrir indifféremment des créances acquises ou des recettes encaissées. Ainsi, l'entreprise agricole placée sous un régime réel d'imposition étant en principe soumise aux règles de la comptabilité d'engagement, les recettes à prendre en considération s'entendent des créances acquises.

Mais l'administration admet de se référer aux recettes effectivement encaissées, abstraction faite des sommes restant à payer ou à encaisser constatées en fin d'exercice, à l'égard des agriculteurs imposés d'après le régime du bénéfice réel simplifié (BOI précité n° 290).

d. La règle de pondération des recettes provenant d'**opérations d'élevage ou de culture à façon** (nos 5960 s.) prévue pour la fixation du régime d'imposition peut également s'appliquer, par mesure de simplification, pour déterminer si les recettes de nature commerciale peuvent être considérées comme des revenus accessoires aux bénéfices agricoles réalisés par un exploitant à façon (BOI-BA-BASE-20-20-10 n° 40).

e. En cas de **dépassement** de l'une des deux **limites** de 50 % ou de 100 000 €, le régime de l'article 75 du CGI n'est pas applicable. Les produits des opérations de nature commerciale ou non commerciale doivent être déterminés selon les règles prévues pour les BIC ou BNC et imposés distinctement, selon le montant des recettes. S'ils restent inférieurs aux seuils prévus pour l'application des régimes des micro-entreprises, les exploitants, qui relèvent alors de plein droit de ces régimes, peuvent opter pour le régime simplifié d'imposition (au titre des revenus commerciaux) ou pour le régime de la déclaration contrôlée (au titre des revenus non commerciaux).

9723 **Production d'électricité photovoltaïque ou éolienne** Les revenus provenant de la production d'énergie à partir des produits ou sous-produits majoritairement issus de l'exploitation agricole constituent des revenus de nature agricole en application de l'article 63 du CGI (n° 9717).

Il est par ailleurs admis que l'**avantage en nature** correspondant à la production d'électricité, quelle qu'en soit la source (déchets et résidus agricoles, énergie solaire, énergie mécanique du vent ou de l'eau), directement consommée dans l'exploitation agricole productrice ne soit pas considérée comme un revenu à prendre en compte dans le bénéfice de l'exploitation lorsque l'investissement productif est régulièrement inscrit à l'actif de l'exploitation. La production d'électricité doit être consommée exclusivement pour les besoins de l'activité agricole et concerner des éléments inscrits à l'actif de l'exploitation.

Sous cette réserve, l'ensemble des profits issus de la production d'électricité d'origine photovoltaïque ou éolienne constitue des recettes commerciales imposables. Sont concernés les **recettes provenant de la vente d'électricité** notamment auprès des distributeurs d'électricité ainsi que le montant de l'avantage correspondant à l'électricité directement consommée par un tiers (par exemple, pour l'alimentation électrique, la production d'eau chaude ou le fonctionnement d'un réseau de chauffage d'une ou plusieurs habitations avoisinantes) ou à titre personnel (par exemple, pour les besoins de l'habitation principale) (BOI-BA-CHAMP-10-40 n° 260).

L'activité de **production** d'électricité d'origine photovoltaïque ou éolienne susceptible de bénéficier du dispositif prévu à l'article 75 du CGI (rattachement des recettes au bénéfice agricole : n°s 9720 et 9721) doit être **réalisée sur l'exploitation agricole** de la personne qui exerce l'activité agricole. L'exploitant qui souhaite bénéficier du dispositif doit donc veiller à exercer l'activité de production d'électricité selon le même mode que son activité agricole, c'est-à-dire à titre individuel ou par l'intermédiaire d'une société de personnes.

En revanche, il n'est pas nécessaire que les **immeubles d'exploitation** de l'activité agricole (terres et terrains, bâtiments) sur lesquels est exercée cette activité de production d'électricité, figurent au bilan de l'exploitation, ni même que l'exploitant en soit propriétaire. Il faut et il suffit que le site de production d'électricité soit installé sur l'exploitation agricole du contribuable qui revendique le bénéfice de l'article 75 du CGI (BOI précité n° 260).

ACTIVITÉS COMMERCIALES ET NON COMMERCIALES DES SOCIÉTÉS CIVILES

Les sociétés civiles qui réalisent des opérations commerciales accessoires relèvent en principe obligatoirement de l'**impôt sur les sociétés** (IS). **9730**

Par exception, les sociétés civiles agricoles soumises à un **régime réel** d'imposition ne sont pas assujetties à l'IS lorsque les recettes tirées de l'ensemble de leurs activités commerciales et non commerciales accessoires n'excèdent pas les limites prévues par l'article 75 du CGI, c'est-à-dire 50 % du chiffre d'affaires agricole ou 100 000 €, appréciées comme indiqué n°s 9720 s. (CGI art. 206, 2-al. 2).

Sur l'appréciation de ces limites par les **Gaec**, voir n° 26705, Précisions, b.

Les **recettes** accessoires qui **respectent les limites** susvisées sont rattachées aux résultats agricoles et taxées comme tels.

En l'absence de recettes commerciales, le **dépassement** des seuils par les seules recettes non commerciales n'entraîne pas l'assujettissement à l'impôt sur les sociétés. Dans ce cas, deux déclarations doivent être souscrites, une selon les règles des bénéfices agricoles, l'autre selon les règles des bénéfices non commerciaux.

> **Précisions a.** Pour leur **premier exercice d'activité**, les sociétés civiles agricoles peuvent rattacher à leurs bénéfices agricoles les produits de leurs activités commerciales et non commerciales accessoires quel que soit leur montant (BOI-BA-CHAMP-10-40 n° 320).
> **b.** Les **sociétés**, à l'exception des sociétés à responsabilité limitée – telles les EARL – dont l'**associé unique** est une **personne physiquedirigeant** cette société, ne peuvent pas bénéficier des régimes micro-BIC et micro-BNC (BOI précité n° 230).
> **c.** Sur le régime applicable aux activités accessoires en matière de **TVA**, voir n°s 1210 s.
> **d.** Les **sociétés civiles agricoles familiales** peuvent avoir intérêt à se transformer en SARL avant de franchir l'une des limites légales : voir n° 26580.

B. Produits financiers

Les produits financiers, ou revenus mobiliers, perçus par l'exploitation doivent, en principe, être compris dans les bénéfices imposables. Mais les règles applicables diffèrent selon la nature des produits. **9800**

> **Précisions a.** L'administration a indiqué que les **intérêts statutaires** perçus par des agriculteurs et servis aux parts des **sociétés coopératives** ou des **caisses de crédit agricole** mutuel (nº 9326) doivent être regardés comme se rattachant à l'exploitation agricole et être compris de ce fait dans le bénéfice imposable, lorsque l'exploitant a choisi d'inscrire ces parts à l'actif de son bilan (BOI-BA-CHAMP-10-40 nº 130).
> **b.** Les **intérêts** versés par une coopérative à ses adhérents sur le **solde créditeur** de leurs **comptes d'exploitation** d'associés coopérateurs sont rattachables à l'activité agricole : en effet, ces comptes sont spécialement conçus et adaptés pour effectuer des opérations financières indissociables de leurs activités professionnelles (CE 20-1-1992 nº 62414 : RJF 3/92 nº 335).

REVENUS DU PORTEFEUILLE-TITRES

9805 **Dividendes** Les dividendes sont pris en compte dans les résultats imposables de l'exploitation à la **date de leur perception**, qui correspond d'une façon générale à la date de détachement du coupon.

Les dividendes inclus dans le résultat de l'exploitation sont ensuite déduits de ce résultat et déclarés dans la catégorie des **revenus de capitaux mobiliers** par l'exploitant ou, dans les sociétés de personnes, par les associés au prorata de leurs droits. Les dividendes sont alors soumis au **prélèvement forfaitaire unique** de 12,8 % (30 % en incluant les prélèvements sociaux) ou, sur option du bénéficiaire, au **barème progressif** de l'impôt sur le revenu après application d'un **abattement** de 40 % (CGI art. 158, 3-2° ; nºs 24310 s.).

Cette règle d'imposition concerne les produits des **titres inscrits à l'actif** de l'entreprise agricole, mais elle ne s'applique pas en cas de mise en œuvre de la tolérance de 5 % ou 10 % (dans ce cas les produits concernés sont rattachés au bénéfice agricole dans les conditions exposées nº 9008) (BOI-BIC-PDSTK-10-20-10 nº 1).

Si l'exploitant individuel **n'a pas inscrit les actions ou parts** lui appartenant **à l'actif** de son entreprise individuelle, les produits de ces titres ne sont pas compris dans les résultats de ladite entreprise et doivent tout naturellement être déclarés par l'intéressé dans la catégorie des revenus des valeurs et capitaux mobiliers et être imposés suivant les règles de droit commun.

Les **prélèvements sociaux** sur revenus de placement sont, en règle générale, prélevés à la source.

9810 **Produits de titres à revenu fixe** Ils doivent être rattachés aux résultats imposables de l'exercice au cours duquel ils ont **couru**. C'est notamment le cas des intérêts des titres suivants : obligations, titres participatifs, effets publics, bons de caisse, bons du Trésor sur formule (BOI-BIC-PDSTK-10-20-20 nºs 1 et 30). Mais comme les dividendes (nº 9805), les intérêts sont déduits du résultat des exploitations relevant de l'impôt sur le revenu pour être déclarés au titre des revenus mobiliers par l'exploitant ou les associés, sauf option expresse pour l'imposition dans la catégorie des BA lorsque leur montant est marginal (nº 9008), ce qui permet en pratique d'imputer les crédits d'impôt qui leur sont attachés.

> **Précisions** Les produits de placement à revenu fixe sont, en principe, soumis au **PFU** de 12,8 % (30 % avec les prélèvements sociaux) ou, sur option du bénéficiaire, au **barème progressif** de l'impôt sur le revenu.
> Quelles que soient les modalités d'imposition, les **prélèvements sociaux** sur revenus de placement sont, en règle générale, prélevés à la source.

PRODUITS DE CRÉANCES

9815 Les intérêts, arrérages et autres produits des créances, dépôts, cautionnements et comptes courants perçus par une exploitation doivent, en règle générale, demeurer **compris dans** ses **bénéfices imposables** sans aucune réfaction.

Toutefois, en application de l'article 155, II du CGI, les **produits qui ne proviennent pas de l'activité exercée à titre professionnel** ne sont pas pris en compte pour la détermination du résultat imposable des exploitants individuels et des sociétés de personnes ou groupements assimilés soumis à un régime réel d'imposition, sauf, sur option expresse de l'exploitant, s'ils n'excèdent pas 5 % (ou 10 %) de l'ensemble des produits de l'entreprise (voir nºs 9007 et 9008). Ces dispositions s'appliquent notamment, selon l'administration, aux produits de **placement des recettes professionnelles** (placement de la trésorerie ou compte courant, par exemple) d'une entreprise individuelle ou d'une société de personnes relevant de l'impôt sur le revenu (BOI-BIC-PDSTK-10-20-30 nº 25).

À l'inverse, les **intérêts provenant de l'activité professionnelle** (intérêts de retard versés par un débiteur, intérêts alloués en justice, etc.) doivent être compris dans le bénéfice imposable (BOI-BIC-PDSTK-10-20-30 n° 25).
Ces intérêts doivent être rattachés aux résultats de l'exercice au cours duquel ils ont **couru**, quelle que soit l'échéance (BOI précité n° 30).

C. Produits exceptionnels

Les gains divers ainsi que les profits exceptionnels réalisés par les agriculteurs sont imposés, en principe, comme des bénéfices ordinaires. **9900**
Des aménagements spécifiques sont en outre prévus pour les **plus-values d'actif** qui font l'objet d'une étude particulière nos 10100 s.

1. PRIMES, SUBVENTIONS ET INDEMNITÉS

D'une manière générale, les primes et subventions perçues par un agriculteur doivent être comprises dans les bénéfices imposables de l'exercice au cours duquel elles ont été acquises (même si elles ne sont pas toutes prises en compte pour l'appréciation des limites de recettes visées nos 5830 s.). **9905**
Cette règle comporte toutefois une importante dérogation au profit des primes et subventions d'équipement accordées par l'Union européenne, l'État et les collectivités publiques. Ce régime dérogatoire s'applique également à la **dotation des jeunes agriculteurs** et aux aides qui ont été accordées aux signataires de contrats d'agriculture durable.
Par ailleurs, certaines primes bénéficient d'un régime particulier ; certaines d'entre elles sont des subventions d'exploitation, d'autres sont destinées à compenser un retrait d'actif.

SUBVENTIONS D'ÉQUIPEMENT

Les subventions d'équipement accordées par les institutions de l'Union européenne ou les organismes créés par ces institutions, l'État, les collectivités publiques ou tout organisme public ainsi que celles versées par les groupements professionnels agréés de rationalisation et de conversion en vue de la **création ou** de l'**acquisition d'immobilisations** (par exemple : étable, stabulation libre) peuvent bénéficier d'une imposition échelonnée. Ce dispositif s'applique, sous les mêmes conditions, aux sommes perçues en raison d'opérations permettant la réalisation d'économies d'énergie ouvrant droit à l'attribution de **certificats d'économie d'énergie** prévus à l'article L 221-7 du Code de l'énergie (CGI art. 42 septies). **9910**
Le régime d'étalement est réservé aux subventions utilisées pour la création, l'acquisition ou le financement par crédit-bail « d'immobilisations déterminées », c'est-à-dire identifiées dans la décision d'octroi de l'aide. Se trouvent donc exclues de l'étalement, par exemple, les aides qui ont pour effet d'atténuer les charges salariales supplémentaires dues à la création d'emploi ; ces aides constituent des subventions de fonctionnement imposables dans les conditions de droit commun. En cas de **financement partiel de plusieurs immobilisations**, la répartition de la subvention entre celles-ci doit aussi être indiquée. À défaut, la subvention est répartie proportionnellement au prix de revient des immobilisations (BOI-BIC-PDSTK-10-30-10-20 n° 50).
Ce régime revêt un caractère **optionnel** et les entreprises peuvent, si elles y ont intérêt (situation déficitaire, par exemple), rattacher les subventions aux résultats de l'exercice en cours à la date de leur attribution. Le choix effectué constitue une décision de gestion opposable à l'exploitant (BOI-BIC-PDSTK-10-30-10-20 n° 20).

> **Précisions a. Origine des subventions.** Sont notamment susceptibles de bénéficier du régime d'étalement les subventions d'équipement octroyées par le Fonds européen de développement régional, les caisses régionales d'assurance maladie, l'Association nationale pour la gestion du fonds pour l'insertion professionnelle des handicapés, les agences de l'eau pour leurs subventions versées dans le cadre de la création d'installations antipollution, l'Agence nationale pour l'amélioration de l'habitat et les organismes de droit privé qui agissent, dans le cadre d'un mandat, pour le compte de l'État (BOI précité n° 30), l'Oniflhor (devenu Viniflhor) (Rép. Cuillandre : AN 3-4-2000 n° 39440 non reprise au Bofip ; TA Poitiers 19-11-2009 n° 08-966 : RJF 4/10 n° 321).
> C'est le cas également pour la prime d'aménagement du territoire, les aides versées par les agences de bassin pour le financement d'installations antipollution et le bonus perçu lors de l'achat d'un véhicule neuf peu polluant (Décision de rescrit 5-8-2008 n° 2008/18 ; BOI-BNC-BASE-20-20 n° 530).
> **b. Biens financés par crédit-bail.** Le crédit-preneur peut pratiquer l'étalement de

la subvention accordée sur la durée du contrat dans les deux cas suivants :
– la subvention est accordée directement au crédit-preneur ;
– la subvention est octroyée à l'organisme de crédit-bail mais la décision d'octroi fait obligation à ce dernier de rétrocéder immédiatement la totalité de son montant au crédit-preneur (CGI art. 42 septies, 1-4e al.).
Lorsque la rétrocession est indirecte, sous forme de diminution des loyers ou du prix de levée d'option, l'étalement est pratiqué par le crédit-bailleur (BOI-BIC-PDSTK-10-30-10-20 nos 70 et 80).
c. En ce qui concerne les subventions d'équipement perçues par les **Sica**, voir n° 26067.

9915 **Modalités d'échelonnement** Une fois adopté, l'échelonnement s'effectue obligatoirement, sans possibilité de réintégration anticipée des sommes perçues.

Si la subvention sert à financer une **immobilisation amortissable**, elle doit être rapportée aux bénéfices imposables au rythme de l'amortissement de cette immobilisation et donc étalée sur la durée d'amortissement retenue au plan fiscal. Il en résulte que la rectification par l'administration des amortissements excédentaires entraîne la réduction corrélative de la quote-part de la subvention d'équipement réintégrée aux résultats imposables (CAA Nantes 15-2-2006 n° 03-752 : RJF 7/06 n° 823). Ce rythme est déterminé, pour chaque exercice, par le rapport existant entre la dotation annuelle aux amortissements pratiquée (amortissements techniques et dérogatoires) et le prix de revient de l'immobilisation (voir exemple ci-après) (BOI-BIC-PDSTK-10-30-10-20 n° 100).

Lorsqu'une subvention est affectée au financement d'un bien qui fait l'objet d'une **décomposition** (nos 66035 s.), il est admis qu'elle soit rapportée au résultat sur la durée moyenne pondérée d'amortissement fiscal de ses composants et de la structure compte tenu de leurs valeurs respectives par rapport à la valeur totale du bien et du mode d'amortissement retenu. Aucune réintégration anticipée de la subvention n'a lieu d'être opérée en cas de remplacement d'un composant, tant que le bien considéré dans son ensemble n'est pas cédé (BOI précité n° 100).

Si le financement porte sur un **élément non amortissable**, la subvention est réintégrée par parts égales sur les années pendant lesquelles le bien est inaliénable ou, à défaut de clause d'inaliénabilité, sur une période de 10 ans suivant l'année de son attribution. Pour l'application de ces dispositions, le terme « années » s'entend des exercices ou périodes d'imposition retenus pour l'assiette de l'impôt (BOI précité n° 110).

Des règles analogues sont prévues en comptabilité (n° 66630).

EXEMPLES

1. Un exploitant perçoit en janvier 2024 une subvention d'équipement de 60 000 € qui lui a été attribuée en 2023 par une collectivité publique pour le financement d'une immobilisation amortissable acquise 240 000 € HT. L'immobilisation (non décomposée) est amortie selon le mode linéaire sur 5 ans depuis le 1er juillet 2023, date de sa mise en service.

Année ou exercice	Amortissements pratiqués	Fraction de la subvention à réintégrer
2023	240 000 × 20 % × 6/12 = 24 000 €	60 000 × 24 000/240 000 = 6 000 €
2024	240 000 × 20 % = 48 000 €	60 000 × 48 000/240 000 = 12 000 €
2025	240 000 × 20 % = 48 000 €	60 000 × 48 000/240 000 = 12 000 €
2026	240 000 × 20 % = 48 000 €	60 000 × 48 000/240 000 = 12 000 €
2027	240 000 × 20 % = 48 000 €	60 000 × 48 000/240 000 = 12 000 €
2028	240 000 × 20 % × 6/12 = 24 000 €	60 000 × 24 000/240 000 = 6 000 €

2. Reprise des données de l'exemple précédent en supposant que la subvention de 60 000 € a été octroyée pour financer une immobilisation non amortissable, sans clause d'inaliénabilité. La subvention doit être réintégrée par parts égales sur une durée de 10 ans à compter de l'exercice suivant celui au cours duquel elle a été attribuée, soit à partir de l'exercice 2024. Ainsi sera réintégré aux résultats imposables des exercices 2024 à 2033 un montant de 6 000 € (60 000 €/10).

En cas de **cession des immobilisations** subventionnées, la fraction de la subvention non encore rapportée aux résultats imposables est comprise dans le résultat de l'exercice de cession et imposée dans les conditions de droit commun (à supposer que l'immobilisation amortissable de l'exemple ci-avant soit cédée en 2027, l'exploitation devrait rapporter au résultat de l'exercice 2027 un montant de 18 000 €). Il en va de même en cas de cession ou de résiliation d'un contrat de crédit-bail portant sur une immobilisation financée par une subvention donnant lieu à étalement chez le crédit-preneur. Si la cession résulte d'un **apport en société** remplissant les conditions de l'article 151 octies du CGI ou d'une opération de **restructuration d'une société civile agricole** définie à l'article 151 octies A (n° 10741) ou encore d'une **fusion** ou d'une opération assimilée relevant de l'article 210 A du CGI (n°s 24260 s.), l'imposition de la fraction de la subvention non encore rapportée aux résultats peut, sur option exercée dans l'acte d'apport ou le traité de fusion, être mise à la charge de la société absorbante ou bénéficiaire des apports. Cette société réintègre alors la fraction non encore imposée, par parts égales, sur la durée d'amortissement des biens subventionnés ou, s'il s'agit d'immobilisations non amortissables, sur la période d'étalement restant à courir à la date de l'opération. Lorsque le bien apporté est un contrat de crédit-bail, le solde de la subvention non encore imposé est rapporté aux résultats, par parts égales, sur la durée restant à courir jusqu'à l'échéance du contrat (BOI-BIC-PDSTK-10-30-10-20 n° 170).

Dotations d'installation aux jeunes agriculteurs Les dotations d'installation aux jeunes agriculteurs sont assimilées à des subventions d'équipement et bénéficient du régime fiscal prévu à l'article 42 septies du CGI, lorsqu'elles sont affectées à l'acquisition ou à la création d'une **immobilisation** (CGI art. 73 C). **9920**

Si les sommes octroyées sont affectées au financement de **charges** d'exploitation, le régime des subventions n'est pas applicable et leur montant doit être compris immédiatement dans les bénéfices imposables de l'exploitation.

PRIMES ET SUBVENTIONS VERSÉES EN APPLICATION DE LA PAC

Imposition des aides attribuées au titre du régime des DPB Les créances correspondant aux aides attribuées au titre des droits à paiement de base (DPB ; n°s 81400 s.) sont en principe prises en compte tant du point de vue comptable que fiscal à la **date de dépôt de la demande** d'aides par l'exploitant, soit au plus tard le 15 mai de chaque année. **9925**

L'administration admet toutefois que l'imposition des créances correspondant aux DPB puisse, dans certaines situations, être retardée à la **date d'engagement des avances**. À titre de règle pratique, cette date est réputée correspondre au 16 octobre, date d'ouverture de la période de versement des avances prévue par le droit européen. L'exploitant souhaitant appliquer cette mesure de tolérance doit, dans un premier temps, déduire extra-comptablement, sur le tableau de détermination du résultat fiscal 2151-SD, le montant des aides liées aux DPB au titre de l'exercice de comptabilisation puis réintégrer ce même montant, sur le même tableau, pour la détermination du bénéfice imposable au titre de l'exercice au cours duquel les avances ont été engagées.

Cependant, lorsque le rattachement des aides directes a été effectué à la date de dépôt de la demande d'aide au titre d'un exercice, il n'est plus possible pour l'exploitant d'appliquer cette tolérance pour les exercices suivants. En outre, la tolérance ne s'applique pas aux exploitants établis depuis le 1er janvier 2007 (BOI-BA-BASE-20-10-10 n° 360).

> **Précisions** Ce régime d'imposition s'applique aux seules **aides** directes, **découplées de la production**, attribuées dans le cadre du régime de paiement prévu par le règlement (UE) 1307/2013 du Parlement européen et du Conseil du 17 décembre 2013 établissant les règles relatives aux paiements directs en faveur des agriculteurs au titre des régimes de soutien relevant de la politique agricole commune (BOI précité n°s 310 s. ; voir n° 81405).

Aides européennes non intégrées au régime des DPB Les **aides** européennes compensatoires mentionnées au chapitre 1 du titre IV du règlement (UE) 1307/2013 du Parlement européen et du Conseil, du 17 décembre 2013, qui demeurent **couplées à la production**, ne sont pas concernées par les solutions mentionnées n° 9925 en matière de droits à paiement de base. **9927**

Ces aides prennent la **forme d'un paiement annuel** fondé sur des surfaces et des rendements fixes ou sur un nombre fixe d'animaux. Elles peuvent être accordées en faveur des secteurs et productions suivants : céréales, oléagineux, cultures protéagineuses, légumineuses à grains, lin, chanvre, riz, fruits à coque, pommes de terre féculières, laits et produits laitiers, semences, viandes ovine et caprine, viande bovine, huile d'olive, vers à soie, fourrages séchés, houblon, betterave sucrière, canne et chicorée, fruits et légumes et taillis à courte rotation. Elles constituent un **revenu professionnel imposable** dans les conditions de droit commun. La créance correspondante est acquise dans son principe lors du dépôt de la demande d'aide et dans son montant lorsque les éléments qui permettent le calcul, même provisoire, de l'aide sont connus.

Toutefois, compte tenu des incertitudes liées notamment au risque de mesures de plafonnement ou de régulation budgétaire qui peuvent intervenir avant la liquidation des primes, il est admis que leur comptabilisation puisse être reportée jusqu'à la date où les crédits correspondant aux avances et aux **acomptes** de la prime (ou à sa totalité si elle est versée en une seule fois) sont engagés par l'administration, cette date étant connue par la voie des publications professionnelles. Cette mesure de tempérament revêt un caractère permanent (BOI-BA-BASE-20-10-10 n° 410).
Notons à ce propos que le Conseil d'État semble considérer qu'il appartient à l'exploitant d'établir l'absence d'engagement des crédits par l'administration pour pouvoir reporter à l'exercice suivant la comptabilisation de son aide (CE 6-4-2007 n° 269186 : RJF 7/07 n° 802).

PRIMES DIVERSES

9932 **a. Indemnités versées dans le cadre du plan de professionnalisation personnalisé préalable à l'installation des jeunes agriculteurs**. Les jeunes agriculteurs qui veulent s'installer bénéficient d'un plan de professionnalisation personnalisé (C. rur. art. D 343-20 à D 343-24). Lorsque ce plan prévoit un stage d'application en entreprise agricole, le maître-exploitant perçoit une indemnité dont les modalités de versement sont prévues par l'arrêté du 9 janvier 2009 modifié relatif aux financements des structures et des actions de formation. Cette indemnité constitue un produit imposable dans la catégorie des bénéfices agricoles (BOI-BA-BASE-20-20-40 n° 10).
b. Aides à la cessation avicole. De manière générale, selon l'administration, les aides versées dans le cadre du programme de cessation d'activité volontaire relèvent du régime des **plus-values professionnelles** (Rép. Goulard : AN 5-2-2001 n° 54110, non reprise au Bofip).
c. Aides à la restructuration et à la reconversion du vignoble. Le régime des aides européennes à la restructuration et à la reconversion des vignobles est encadré par le règlement (UE) 1308/2013 du Parlement européen et du Conseil du 17 décembre 2013 portant organisation commune des marchés des produits agricoles (n°s 90690 s.). La restructuration ou reconversion du vignoble peut consister en une reconversion variétale mais également en une réimplantation de tout ou partie du vignoble, ou en une amélioration des techniques de gestion des vignobles. L'aide, dont le montant varie selon l'action réalisée, peut donc prendre la forme d'une participation financière aux coûts de restructuration et de reconversion, mais également d'une indemnisation pour pertes de recettes.
Ces aides doivent être imposées comme des **bénéfices**, et non selon le régime des plus-values professionnelles, dès lors qu'elles ont pour objet de couvrir des frais déductibles du bénéfice, de compenser une baisse de revenus ou de reconstituer l'existant (indemnité de remploi) (BOI-BA-BASE-20-20-40 n° 375).

INDEMNITÉS

9935 **a.** L'indemnité versée par le **Fonds national de garantie contre les calamités agricoles** à un exploitant agricole à la suite de la destruction de son vignoble par le gel présente le caractère d'une subvention d'exploitation pour sa partie destinée à compenser la réparation des pertes de récoltes, et d'une subvention d'équipement entrant dans le champ d'application de l'article 42 septies du CGI pour sa partie destinée à compenser le coût de la reconstitution des vignobles (CAA Nancy 2-7-1998 n° 95-364 : RJF 12/99 n° 1539 ; CE (na) 11-6-1999 n° 200323 : RJF 12/99 n° 1538).
b. Indemnités d'expropriation, voir n° 10560.
c. Les indemnités versées à la suite de décisions d'**abattage total ou partiel de troupeaux** prises pour des **raisons sanitaires** par les pouvoirs publics bénéficient, sur option de l'exploitant, d'un régime spécifique d'étalement (exposé n° 12035) lorsque les animaux concernés n'ont pas été immobilisés (s'ils ont été immobilisés, l'indemnité relève du régime des plus-values professionnelles) (BOI-BA-LIQ-10 n°s 310 et 350).

2. RECETTES DIVERSES

INDEMNITÉS D'ASSURANCE

9940 Les indemnités d'assurance de **dommages** (sinistre, vol) sont imposables dans les conditions de droit commun si elles compensent la disparition de **stocks**. Si elles concernent des **éléments d'actif** utilisés pour l'activité professionnelle, le régime des plus-values d'actif est applicable, selon les modalités particulières examinées n° 10168.

ASSURANCE-VIE SUR LA TÊTE DE L'EXPLOITANT OU D'UN « HOMME CLÉ »

9942 Lorsqu'une exploitation a contracté auprès d'une compagnie d'assurance une **assurance-vie**, décès, invalidité ou incapacité, sur la tête de l'exploitant ou d'une personne jouant un rôle déterminant dans le fonctionnement de l'exploitation (« **homme clé** »), l'indemnisation du **préjudice économique** qu'elle subit du fait de la réalisation du risque fait naître un profit imposable. Dans cette hypothèse, le profit peut toutefois être réparti extra-comptablement par parts égales sur l'année de sa réalisation (exercice ou période d'imposition) et sur les quatre années suivantes (CGI art. 38 quater).

Bénéficient de l'étalement l'indemnisation résultant d'un contrat d'assurance-vie souscrit sur la tête d'un exploitant en **garantie d'un emprunt** contracté pour les besoins de l'exploitation ainsi que les sommes perçues en exécution d'un contrat d'assurance « homme-clé ». Dans ce dernier cas, il n'y a pas lieu de distinguer selon que l'indemnisation est fixée forfaitairement ou en fonction de la perte de recettes. Sur l'incidence de ce dispositif sur la déduction des primes d'assurance, voir n° 11151.

Le profit en sursis devient immédiatement imposable en cas de **cession** ou de **cessation** d'exploitation. Toutefois, l'étalement n'est pas remis en cause en cas de **transmission à titre gratuit** d'une entreprise individuelle placée sous le régime de l'article 41 du CGI (n°s 10710 s.), si les héritiers qui poursuivent l'exploitation s'engagent à procéder aux réintégrations. Il en est de même lorsqu'un agriculteur cesse son activité (décès, retraite, etc.) et que l'exploitation est poursuivie par son **conjoint** (BOI-BA-BASE-20-20-40 n° 140).

Le régime d'étalement de l'indemnité et des primes d'assurance prévu par l'article 38 quater du CGI est réservé aux exploitants soumis, de droit ou sur option, à un régime de bénéfice réel (normal ou simplifié). Toutefois, en cas de **retour au régime micro-BA**, ce régime d'étalement n'est pas remis en cause. En pratique, l'exploitant doit ajouter à son bénéfice déterminé selon les règles du régime micro la différence entre la fraction annuelle de l'indemnité et celle des primes d'assurance. Une **note** doit être **jointe** à la déclaration de revenus pour en donner le détail (BOI précité n° 150).

INDEMNITÉS D'ASSURANCE LIÉES À DES PERTES DE RÉCOLTES

L'indemnité d'assurance liée à une perte de **récoltes encore sur pied** causée par des **événements climatiques** (sécheresse, excès de température et coups de chaleur, températures basses, grêle, excès d'eau et pluies violentes, poids de la neige ou du givre, vent et manque de rayonnement solaire) est imposable au titre de l'exercice de constatation de cette perte (CGI art. 72 B). **9943**

En d'autres termes, l'indemnité acquise comptablement au titre d'un exercice, mais qui couvre une **perte effectivement subie au cours d'un exercice ultérieur**, qui est celui au cours duquel la récolte perdue ou affectée aurait dû constituer un produit, n'est imposable qu'au titre de cet exercice.

Cette mesure n'est pas soumise à des obligations déclaratives particulières. Elle se concrétise par la comptabilisation de l'indemnité perçue au titre de l'exercice au cours duquel elle est acquise et, corrélativement, par sa **déduction extra-comptable** sur la ligne WZ du tableau 2151-SD pour les exploitants relevant du régime réel normal d'imposition, et sur la ligne FR du tableau 2139-B-SD pour les exploitants relevant du régime réel simplifié d'imposition. L'indemnité est ensuite **réintégrée** de manière extra-comptable au titre de l'exercice au cours duquel la perte subie est réellement constatée, ligne WO du tableau 2151-SD (exploitants relevant du régime réel normal d'imposition) ou ligne FP du tableau 2139-B-SD (exploitants relevant du régime réel simplifié d'imposition) (BOI-BA-BASE-20-10-10 n°s 280 et 290).

EXEMPLE

Soit un exploitant viticole soumis à l'impôt sur le revenu dans la catégorie des bénéfices agricoles (régime réel normal d'imposition), dont l'exercice comptable coïncide avec l'année civile. En mars 2024, sa récolte est détruite par la grêle. L'exploitant perçoit à ce titre une indemnité de son assurance au cours du mois de septembre 2024. Cette production aurait dû être vendue au cours de l'année 2025, étant précisé qu'en 2024 l'exploitant enregistre le produit correspondant à la vente de sa récolte 2023.

En 2024, l'exploitant comptabilise l'indemnité d'assurance, mais la déduit de manière extra-comptable sur le tableau 2151-SD, ligne WZ.

En 2025, année de constatation réelle de la perte de la récolte N, l'exploitant doit réintégrer le montant de l'indemnité sur le tableau 2151-SD, ligne WO.

PRESTATIONS D'ASSURANCE VIEILLESSE

Les prestations d'assurance vieillesse versées sous forme de rente dans le cadre des **contrats d'assurance de groupe** définis n° 10992 sont imposables dans la catégorie des pensions (BOI-RSA-PENS-10-20-20 n° 260). **9944**

Le principe d'imposition de ces prestations est indépendant du point de savoir si les cotisations correspondantes ont effectivement donné lieu à déduction ou non.

ALLOCATION JOURNALIÈRE D'ACCOMPAGNEMENT D'UNE PERSONNE EN FIN DE VIE

9945 Les allocations versées par les employeurs ou les organismes sociaux à ceux qui suspendent ou réduisent leur activité professionnelle, notamment dans le cadre d'un congé de solidarité familiale, pour s'occuper à domicile d'une personne en fin de vie sont imposables selon les mêmes règles que le revenu qu'elles remplacent.
Ainsi, l'allocation servie à un travailleur indépendant imposable dans la catégorie des bénéfices agricoles est imposable à l'impôt sur le revenu dans la catégorie des bénéfices agricoles (BOI-BA-BASE-20-20-40 n° 490).

INDEMNITÉS JOURNALIÈRES VERSÉES AUX EXPLOITANTS ATTEINTS D'UNE AFFECTION DE LONGUE DURÉE

9950 Les indemnités journalières allouées aux personnes qui se trouvent dans l'incapacité physique temporaire de continuer ou de reprendre une activité professionnelle pour cause de maladie ou d'accident doivent être comprises dans les résultats imposables des contribuables qui en bénéficient.
Par exception, les indemnités journalières versées par les organismes de sécurité sociale aux personnes atteintes d'une affection comportant un traitement prolongé et une thérapeutique particulièrement coûteuse ne sont pas imposables (CGI art. 154 bis A, al. 2).
Les **indemnités** journalières **exonérées** sont celles qui sont versées aux assurés qui :
– soit sont reconnus atteints d'une des affections comportant un traitement prolongé et une thérapeutique particulièrement coûteuse mentionnées à l'article D 160-4 du Code de la sécurité sociale ;
– soit sont reconnus atteints par le service du contrôle médical d'une affection grave caractérisée ne figurant pas sur la liste mentionnée ci-dessus ou de plusieurs affections entraînant un état pathologique invalidant, si cette ou ces affections nécessitent un traitement prolongé et une thérapeutique particulièrement coûteuse (CSS art. L 160-14, 4° ; BOI-BA-BASE-20-20-40 n° 500).

INDEMNITÉS JOURNALIÈRES VERSÉES AU TITRE D'UN RÉGIME D'ASSURANCE OBLIGATOIRE CONTRE LES ACCIDENTS DU TRAVAIL ET LES MALADIES PROFESSIONNELLES

9952 Les indemnités journalières allouées par les régimes d'assurance visant à compenser la perte de rémunération pendant une période d'inactivité partielle ou totale, notamment en cas d'accident du travail ou de maladie professionnelle, doivent en principe être comprises dans les résultats imposables des contribuables qui en bénéficient.
Par exception, à compter de l'imposition des revenus perçus au titre de l'année 2023, les indemnités journalières versées au titre d'un régime d'assurance obligatoire contre les accidents du travail et les maladies professionnelles aux exploitants agricoles soumis à un régime réel d'imposition sont **exonérées** d'impôt **à hauteur de 50 % de leur montant** (CGI, art. 72 A bis issu de loi 2023-1322 du 29-12-2023 art. 5). Tel est notamment le cas des indemnités journalières versées au titre du régime d'assurance obligatoire contre les accidents du travail et les maladies professionnelles des ressortissants des caisses d'assurance accidents agricoles des départements du Haut-Rhin, du Bas-Rhin et de la Moselle.

PROPRIÉTÉ INDUSTRIELLE ET DROITS ASSIMILÉS

9955 Le régime d'imposition des **produits issus de certains droits** de la propriété intellectuelle (CGI art. 238) transpose en droit français l'approche « nexus » consacrée par l'OCDE et l'Union européenne, consistant à lier le bénéfice de l'avantage fiscal afférent à ces produits aux dépenses de recherche engagées par l'entreprise.
Les produits concernés peuvent, sur **option**, être taxés pour une fraction de leur montant au taux réduit de 10 %, auquel s'ajoutent, pour les entreprises relevant de l'IR, les prélèvements sociaux (CGI art. 219, I-a-al. 2, et 158, 4). En l'absence d'option, ces produits sont compris dans le bénéfice imposable au taux de droit commun.
Nous présentons les grandes lignes de ce régime qui concerne essentiellement, dans le secteur agricole, les produits tirés de la cession, concession ou sous-concession de **certificats d'obtention végétale** en cours de validité (voir n°s 15500 s.).

9957 **Entreprises et produits concernés** Le régime spécial est ouvert, sur option, aux entreprises relevant de l'impôt sur les sociétés ou de l'impôt sur le revenu et soumises de plein droit ou sur option à un **régime réel d'imposition**. Le taux réduit ne s'applique, dans les **sociétés de personnes** et assimilées relevant de l'impôt sur le revenu, qu'à la quote-part du résultat net correspondant aux droits des associés soumis à l'impôt sur les sociétés ou des associés personnes physiques qui participent de manière personnelle, continue et directe à l'activité au sens de l'article 156, I-1° bis du CGI (n° 11800, Précisions, d).

Le taux réduit de 10 % peut s'appliquer au résultat net de cession, concession de licence d'exploitation ou sous-concession portant sur certains **droits de la propriété intellectuelle** : brevets, certificats d'utilité, certificats complémentaires de protection rattachés à un brevet, **certificats d'obtention végétale**, titres équivalents délivrés par un office étranger de propriété industrielle, logiciels protégés par le droit d'auteur et procédés de fabrication industriels (BOI-BIC-BASE-110-10 n°s 20 et 90 s.). En revanche, les revenus des inventions dont la brevetabilité a été certifiée par l'Institut national de la propriété industrielle sont exclus du taux de taxation de 10 % (Loi 2022-1726 du 30-12-2022 art. 72, I-19°).

Les brevets et les autres éléments concernés doivent avoir le caractère d'éléments de l'**actif incorporel immobilisé**, mais leur comptabilisation effective à l'actif n'est pas requise (BOI-BIC-BASE-110-20 n° 1).

Modalités de l'option L'option pour l'application du régime spécial doit être formulée dans la **déclaration de résultat** de l'exercice au titre duquel elle est exercée. Elle est formulée pour chaque actif concerné ou, sous certaines conditions, par ensemble d'actifs concourant à la production d'un bien ou service ou d'une famille homogène de biens ou services. L'entreprise qui cesse d'appliquer ce régime au titre d'un exercice donné en perd définitivement le bénéfice pour chaque actif, bien ou service ou famille de biens ou services concernés (BOI-BIC-BASE-110-20 n° 110). 9960

Le **non-respect de l'obligation déclarative** constitue une cause de déchéance de l'option pour l'application du régime prévu à l'article 238 du CGI pour chaque actif, bien ou service ou famille de biens ou services concerné.

Calcul du résultat net soumis au taux réduit Le taux de 10 % s'applique au résultat net bénéficiaire de la concession, sous-concession ou cession des actifs incorporels éligibles ayant fait l'objet d'une option après application du rapport d'assujettissement au taux réduit d'imposition. 9962

a. Concession. Le résultat net qui peut être imposé au taux réduit est déterminé en deux temps. Dans un **premier temps**, le résultat net est calculé par différence entre le revenu (redevances), de l'actif éligible acquis au cours de l'exercice et les dépenses de recherche et développement (R&D) qui se rattachent directement à cet actif, réalisées directement ou indirectement par l'entreprise au cours du même exercice. Toutefois, au titre du premier exercice pour lequel le revenu net est calculé, il convient de déduire l'ensemble des dépenses en lien direct avec la création, l'acquisition et le développement de l'actif incorporel, y compris celles engagées antérieurement au cours des exercices ouverts à compter de l'exercice au titre duquel l'option pour cet actif ou ce groupe d'actifs a été exercée (BOI-BIC-BASE-110-30 n° 140).

Dans un **deuxième temps**, si le résultat net est positif, seule une fraction de ce résultat peut bénéficier du taux réduit. Elle est obtenue en lui appliquant le rapport (**ratio « nexus »**) existant entre :

– au **numérateur** : les dépenses de R&D en lien direct avec la création et le développement de l'actif incorporel réalisées directement par le contribuable ou par des entreprises sans lien de dépendance avec celui-ci au sens de l'article 39, 12 du CGI (voir Précisions, b ci-dessous). Les dépenses du numérateur sont majorées de 30 %, étant toutefois précisé que le rapport entre les dépenses ainsi majorées et les dépenses figurant au dénominateur est arrondi au nombre entier supérieur et ne peut pas excéder 100 % (CGI art. 238, III-2-al. 3) ;

– au **dénominateur** : les dépenses figurant au numérateur, les coûts d'acquisition ainsi que les dépenses externalisées à des entreprises liées.

Les coûts afférents aux emprunts, aux terrains et aux bâtiments ne sont en revanche pas retenus pour le calcul du ratio « nexus ».

Le **résultat net bénéficiaire** obtenu après application du ratio « nexus » est déduit extra-comptablement et soumis au taux de 10 %. Toutefois, ce résultat peut être imputé sur les déficits d'exploitation de l'exercice et même, selon l'administration, sur les déficits fiscaux reportables issus des exercices antérieurs.

Si le résultat net est **négatif**, il ne peut être imputé que sur les résultats nets bénéficiaires de concession du même actif, du même bien ou service ou de la même famille de biens ou services réalisés au cours des exercices suivants avant application du ratio « nexus » (BOI-BIC-BASE-110-30 n° 360).

b. Sous-concession. Le régime spécial d'imposition à taux réduit s'applique au résultat net de sous-concession d'un actif incorporel, dans les mêmes conditions et selon les mêmes modalités qu'en cas de concession.

Les **redevances dues à l'entreprise concédante** sont toutefois prises en compte pour déterminer le résultat net de sous-concession (au titre des dépenses de R&D venant en déduction des redevances de sous-concession acquises au titre de l'exercice) ainsi qu'au dénominateur du ratio « nexus », ces redevances étant assimilées à des dépenses d'acquisition (CGI art. 238, VI).

c. Cession de droits. Le régime spécial d'imposition à taux réduit s'applique également sur option au résultat net de cession d'un actif incorporel, dans les mêmes conditions et selon les mêmes modalités qu'en cas de concession, sous réserve des **conditions supplémentaires** suivantes (CGI art. 238, VII) :

– lorsque l'actif incorporel a été acquis à titre onéreux, l'acquisition doit remonter à deux ans au moins ;

– il ne doit pas exister de liens de dépendance au sens de l'article 39, 12 du CGI (voir Précisions, b ci-dessous) entre l'entreprise cédante et l'entreprise cessionnaire.

> **Précisions a.** Dans certaines circonstances exceptionnelles, et sous réserve de l'obtention d'un agrément, le ratio « nexus » peut être écarté au profit d'un **ratio de remplacement**, représentant la proportion de la valeur de l'actif éligible qui serait effectivement attribuable aux activités de R&D réalisées directement par le contribuable ou par des entreprises sans lien de dépendance au sens de l'article 39, 12 du CGI avec celui-ci. L'**agrément** permettant d'utiliser un ratio de remplacement doit être demandé au moins six mois avant la date limite de déclaration de résultats du premier exercice au titre duquel l'entreprise souhaite l'appliquer.
>
> **b.** Des **liens de dépendance** sont réputés exister lorsqu'une entreprise détient directement ou par personne interposée la majorité du capital social de l'autre, ou y exerce en fait le pouvoir de décision, ou encore si les deux entreprises sont placées, dans les conditions qui viennent d'être indiquées, sous le contrôle d'une même entreprise tierce (CGI art. 39, 12). Tel est le cas, par exemple, des liens existant entre des sociétés sœurs ou cousines (BOI-BIC-CHG-40-20-10 n° 40).
>
> **c.** Selon l'administration, constituent notamment des **dépenses de R&D** venant en diminution du revenu de l'exercice les dépenses suivantes : dépenses de personnel de recherche ; dépenses d'externalisation de la R&D ; coût des matières premières et fournitures consommées ; dépenses d'acquisition d'installations techniques, de matériels et outillages industriels affectés directement aux opérations de R&D ; dépenses de création ou d'acquisition d'actifs incorporels bénéficiant du régime spécial ; frais de prise et de maintenance des titres de propriété industrielle (BOI-BIC-BASE-110-30 n° 80). Ces dépenses restent déductibles pour la détermination du résultat imposable au taux de droit commun si elles répondent aux conditions générales de déduction des charges et peuvent être retenues dans l'assiette du crédit d'impôt recherche si elles sont éligibles à ce dispositif (BOI précité n°s 70 et 90).

SECTION 4 PLUS-VALUES ET MOINS-VALUES D'ACTIF

10100 Les plus-values et moins-values professionnelles désignent des profits ou pertes de caractère exceptionnel se rapportant aux éléments de l'actif immobilisé de l'exploitation (par exemple, résultat de la vente d'un matériel ou d'un immeuble d'exploitation).

Notons toutefois que des règles particulières s'appliquent aux cessions de **biens** qui, bien qu'inscrits à l'actif, ne sont pas **utilisés pour l'activité** professionnelle (voir n°s 10745 s.).

OPÉRATIONS IMPOSABLES

10105 Tant qu'elle est « **latente** », une plus-value n'a pas d'incidence fiscale. Il en est de même d'une moins-value, sous réserve de la possibilité offerte aux exploitants agricoles soumis à un régime réel d'imposition de constater la dépréciation d'éléments d'actif par voie de provision (n°s 11700 s.).

La plus-value (ou la moins-value) devient imposable (ou déductible) lorsqu'elle est « **réalisée** ». Les plus-values et moins-values « réalisées » résultent d'une opération ou d'un événement ayant pour effet de faire sortir un élément de l'actif de l'entreprise : vente, expropriation, apport en société, échange, partage, donation, retrait d'actif, cessation d'activité, etc., ou de lui retirer définitivement (totalement ou partiellement) sa valeur (destruction par sinistre, etc.).

ILLUSTRATIONS

Jugé que constitue un profit relevant du régime des plus-values professionnelles la **concession** à un tiers du droit d'extraire les matériaux d'un **gisement** alluvionnaire et de commercialiser la terre végétale le recouvrant, dès lors que gisement et terre font partie d'une parcelle inscrite à l'actif du bilan d'une exploitation agricole (CE 30-12-1996 n° 161513 : RJF 2/97 n° 106). Toutefois, cette solution est subordonnée à l'affectation de ladite parcelle à l'activité professionnelle (n°s 10745 s.).

A. Régime des plus-values et moins-values à court terme et à long terme

1. CHAMP D'APPLICATION DU RÉGIME DES PLUS-VALUES

Le régime des plus-values professionnelles s'applique aux plus-values (et moins-values) réalisées sur des **éléments de l'actif immobilisé**. La définition de celui-ci fait l'objet d'une étude d'ensemble à laquelle nous renvoyons (n°s 9200 s.). **10120**
Des règles particulières s'appliquent aux cessions de **biens** qui, bien qu'inscrits à l'actif, ne sont **pas utilisés pour l'activité** professionnelle (voir n°s 10745 s.)
Lorsqu'un exploitant exerce son activité professionnelle dans le cadre d'un groupement ou d'une société de personnes soumis à l'impôt sur le revenu dans la catégorie des bénéfices agricoles réels, ses **droits ou parts** dans cette entité sont considérés fiscalement comme des éléments d'actif professionnel. Les plus-values provenant de la cession de ces droits relèvent donc du régime des plus-values professionnelles (voir n°s 24915 s.).
Les **exploitants agricoles dont les recettes n'excèdent pas 350 000 €** échappent en principe à toute taxation au titre des plus-values professionnelles et ceux dont les recettes sont comprises entre cette somme et 450 000 € bénéficient d'une exonération partielle dégressive (n°s 10300 s.).
En ce qui concerne les entreprises exerçant à la fois une activité agricole et une activité commerciale, voir n°s 10325 et 10340.
Signalons enfin que par dérogation au régime des plus-values (professionnelles ou privées), le produit de la **première cession à titre onéreux d'un usufruit temporaire** est imposé au barème progressif dans la catégorie de revenus à laquelle se rattache le revenu procuré ou susceptible d'être procuré par le bien ou le droit sur lequel porte l'usufruit temporaire cédé.

> **Précisions** **a.** Sur les plus-values consécutives au **partage d'une communauté conjugale** dont dépend une exploitation, voir n° 24820, Précisions, b.
b. Le régime des plus-values professionnelles ne s'applique qu'aux éléments effectivement sortis de l'actif. Les plus-values de **réévaluation** qui sont simplement « constatées » dans les écritures relèvent du régime des profits d'exploitation (BOI-BIC-PVMV-10 n° 30).
c. Les **parts de sociétés de personnes inscrites au bilan** d'une exploitation constituent pour celle-ci des éléments d'actif. Leur cession relève en principe du régime des plus-values ou moins-values professionnelles (n° 24935).
d. S'agissant d'un **bien décomposé** (n°s 66035 s.), le remplacement d'un composant donne lieu à la constatation d'une moins-value égale à la valeur nette comptable de cet élément.
e. L'**apport à une EARL** par un exploitant agricole d'une de ses activités précédemment exercée à titre individuel constitue une cessation partielle d'activité même si celui-ci la poursuit en qualité d'associé de l'entreprise. Les **éléments d'actif** affectés à cette activité qui ne sont pas apportés à l'EARL doivent être **transférés dans** son **patrimoine privé** et donnent lieu à la constatation d'une plus-value professionnelle (CE 9-7-2010 n° 301579 : RJF 5/11 n° 578). Le Conseil d'État s'était prononcé dans le même sens, dans un arrêt du 3 mai 2004, à propos du **passage d'une activité de faire-valoir direct à une activité de location** de terres. En l'espèce, après avoir fait valoir ses droits à la retraite et cédé la plus grande part de son matériel d'exploitation, un exploitant de vignes les avait données en location à sa fille. Le Conseil d'État a jugé que ce contribuable devait être considéré comme ayant cessé son activité d'exploitant agricole, cette cessation entraînant le transfert des vignes dans son patrimoine privé et l'imposition immédiate de la plus-value constatée à cette occasion (CE 3-5-2004 n° 241370 : RJF 7/04 n° 716).

2. CALCUL DES PLUS-VALUES ET MOINS-VALUES

10140 La plus-value réalisée à l'occasion de la cession d'un élément d'actif s'obtient, normalement, en retranchant du prix de cession la valeur nette, comptable ou fiscale, de cet élément.

Si le prix de cession est inférieur à la valeur nette, la différence représente la moins-value subie à l'occasion de la cession.

Des règles particulières s'appliquent pour le calcul des plus et moins-values en cas de cession :
– de **biens** qui, bien qu'inscrits à l'actif, ne sont **pas utilisés pour l'activité professionnelle** (voir nos 10745 s.) ;
– d'éléments ayant figuré dans le **patrimoine privé** de l'exploitant : voir nos 10480 s. ;
– de contrats de **crédit-bail** et des biens acquis à l'issue de ces contrats, voir nos 10640 s.

PRIX DE CESSION

10142 Le prix de cession s'entend de la somme effectivement perçue par le vendeur. Il s'agit du prix net, obtenu après déduction des **frais et taxes** qui ont grevé l'opération. Seuls les frais strictement inhérents à la cession, comme les commissions d'intermédiaire ou encore les honoraires versés à des intermédiaires intervenant dans la conclusion de la vente (CE 7-2-2007 n° 279588 : RJF 4/07 n° 407), viennent en diminution du prix de cession (BOI-BIC-PVMV-10-20-10 n° 10). Les charges préparatoires à la cession, telles que des honoraires d'expertise et d'évaluation des éléments cédés, constituent des charges d'exploitation (CE 21-6-1995 n° 132531 : RJF 8-9/95 n° 963).

> **Précisions a.** En cas de **retrait d'actif**, le prix de cession est constitué par la valeur réelle du bien au jour du transfert dans le patrimoine privé de l'exploitant.
> **b.** En cas d'**apport en société**, le prix de cession est représenté par la valeur d'apport (valeur réelle des titres reçus en rémunération de l'apport). La plus-value est toutefois calculée en retenant la valeur réelle des biens apportés si elle est supérieure à celle des titres reçus en contrepartie de l'apport (CE 22-2-2012 n° 315156 : RJF 11/12 n° 984). Jugé que la plus-value constatée lors de l'apport d'une exploitation agricole à une SCEA est valablement déterminée dès lors que la valeur des **améliorations culturales** au jour de l'apport résulte d'une expertise fondée sur des données concrètes (CE 14-11-2005 n° 233489 : RJF 2/06 n° 140).
> **c.** En cas d'**échange**, le prix de cession à retenir correspond à la valeur actuelle du bien reçu en échange, majorée éventuellement du montant de la soulte perçue ou diminuée du montant de la soulte payée.

VALEUR NETTE

10144 Pour les **éléments non amortissables**, la valeur nette s'entend de la valeur d'origine du bien, définie n° 9290.

Pour les **éléments amortissables**, elle correspond à la valeur d'origine diminuée des amortissements pratiqués et admis en déduction pour l'assiette de l'impôt, et de certains amortissements non déductibles fiscalement, tels que les amortissements pratiqués sur les biens somptuaires (voir n° 10153, Précisions, b).

Compte tenu des **divergences** existant, en matière d'amortissement, entre les règles comptables et fiscales, la valeur nette fiscale à retenir pour le calcul de la plus-value ne coïncide pas toujours avec la valeur nette comptable du bien. Si, par exemple, le bien a fait l'objet d'**amortissements dérogatoires** déduits du résultat fiscal en plus de l'amortissement technique comptable, la valeur comptable à retenir pour le calcul de la plus-value doit être diminuée du montant de la provision pour amortissement dérogatoire non encore apurée à la date de la cession.

Dans le cas des **biens décomposés** (nos 66035 s.), on ne calcule qu'une seule plus ou moins-value de cession pour le bien considéré dans son ensemble. À cet effet, il convient de retrancher du prix de cession la somme des valeurs d'origine de tous les composants figurant à l'actif, elle-même minorée de la somme des amortissements déduits au titre de ces éléments.

Exemple : voir n° 10153, Précisions, c.

Pour les éléments ayant fait l'objet d'une **réévaluation libre**, les plus ou moins-values sont déterminées en retranchant du prix de vente desdits éléments leur valeur comptable nette réévaluée.

3. MODALITÉS D'IMPOSITION DES PLUS-VALUES ET MOINS-VALUES

DISTINCTION ENTRE COURT TERME ET LONG TERME

La distinction des plus-values et moins-values à court terme ou à long terme est fondée sur un **double critère** : 10150
– la **durée de détention** dans l'exploitation des éléments générateurs des plus-values ou moins-values ;
– la **nature** de ces **éléments** (caractère amortissable ou non).

Les **plus-values** à **court terme** sont : 10152
– d'une part, celles qui sont réalisées à l'occasion de la cession d'**immobilisation**s de toute nature acquises ou créées par l'entreprise depuis **moins de deux ans** ;
– d'autre part, celles qui proviennent de la cession d'éléments acquis ou créés depuis au moins deux ans, dans la mesure où elles correspondent à des **amortissements déduits** pour l'assiette de l'impôt, quelle que soit leur nature : amortissement technique et provision pour amortissement dérogatoire non encore apurée (voir n° 10153, Précisions, b).
Pour les éléments acquis sous le régime du **micro-BA**, il convient de retenir tant les amortissements effectivement pratiqués sous le régime du réel que ceux réputés pratiqués sous le régime micro. Il en est de même pour les éléments acquis sous l'ancien régime du forfait (CE 21-10-1996 n° 155782 : RJF 12/96 n° 1432).
Les plus-values à court terme sont majorées, le cas échéant, du montant des amortissements expressément exclus des charges déductibles par l'article 39, 4 du CGI (amortissements pratiqués sur les biens « somptuaires » : n° 11285) ainsi que de ceux qui ont été irrégulièrement différés (n° 11475).

Les **moins-values à court terme** sont celles qui sont subies à l'occasion de la cession : 10153
– de biens non amortissables détenus depuis moins de deux ans ;
– de biens amortissables, quelle que soit la durée de leur détention. Le cas échéant, ces moins-values sont diminuées des amortissements expressément exclus des charges déductibles (amortissements afférents aux biens « somptuaires » : n° 11285), ainsi que des amortissements irrégulièrement différés (n° 11475).
Constituent des **plus ou moins-values à long terme** les plus-values ou moins-values autres que celles définies n° 10152 et ci-dessus.

> **Précisions a.** Pour la détermination de la nature de la plus-value (à court ou long terme), la **durée de détention** de l'élément est en principe décomptée, jour par jour, à partir de la date à laquelle l'élément est entré définitivement dans l'actif, et non à partir de la date d'inscription de ce bien à l'actif (CE 23-12-2016 n° 375746 : RJF 3/17 n° 214). Toutefois, pour les **biens** immobilisés **acquis sous le régime micro-BA**, le délai court à compter de la date de leur acquisition ou de leur création si le bien a été porté à l'actif de l'exploitant dès le bilan d'ouverture du premier exercice dont les résultats ont été déterminés d'après le régime du bénéfice réel (BOI-BA-BASE-20-20-30-10 n° 40).
> **b.** Pour la détermination de la nature de la plus-value (à court ou long terme), les **amortissements déduits** pour l'assiette de l'impôt s'entendent de tous les amortissements qui ont affecté le calcul du bénéfice imposable (amortissement technique et provision pour amortissement dérogatoire non encore apurée : n° 10144).
> Sont assimilés à des amortissements déduits :
> – les **amortissements expressément exclus des charges** déductibles en vertu de l'article 39, 4 du CGI (n° 11285 et exemple n° 11292) ;
> – les **amortissements irrégulièrement différés** (n° 11475 et exemple n° 10158).
> **c.** Lorsqu'un bien amortissable a fait l'objet d'une **décomposition**, la nature de la plus ou moins-value (calculée comme indiqué n° 10144) dépend de la durée de détention du bien considéré dans son ensemble, sans qu'il y ait lieu par conséquent de tenir compte de la date à laquelle l'entreprise a procédé au remplacement de certains composants. Si le bien est détenu depuis au moins deux ans, la plus-value est à court terme à hauteur de la somme des amortissements déduits au titre de chaque composant figurant à l'actif (BOI-BIC-PVMV-20-40-30 n° 340).
> Prenons par **exemple** le cas d'une immobilisation d'un prix de revient global de 10 000 € (hors TVA récupérable), décomposée en trois éléments dont le prix de revient respectif est 5 000 €, 3 000 € et 2 000 €. On suppose que cette immobilisation est cédée au cours de la 3e année de détention pour un prix de 11 000 €.
> Amortissements déduits au titre de chacun des composants : 1 500 €, 1 125 € et 1 200 €.
> Plus-value déterminée globalement = 11 000 − [(5 000 + 3 000 + 2 000) − (1 500 + 1 125 + 1 200)] = 4 825 €.
> Cette plus-value est à court terme à hauteur de la somme des amortissements déduits à raison des composants figurant à l'actif (soit 3 825 €) et à long terme pour le surplus (soit 1 000 €).

Profits relevant obligatoirement du régime des plus-values à long terme

10155 Il s'agit notamment :
– des plus-values nettes constatées en cas de **décès** d'un exploitant (CGI art. 39 terdecies, 2) ; corrélativement, s'il y a en pareil cas moins-value nette, celle-ci obéit au régime des moins-values à long terme. Mais les ayants droit du défunt peuvent demander l'application du régime général des plus-values et moins-values s'il leur est plus favorable (BOI-BIC-PVMV-20-20-40 n° 10) ;
– des **provisions pour dépréciation du portefeuille-titres** devenues sans objet (n°s 10605 s.).
En revanche, le régime des plus-values à long terme n'est plus applicable aux **produits de la propriété intellectuelle** et droits assimilés. En ce qui concerne le régime d'imposition applicable à ces produits, voir n°s 9955 s.

10157 **Tableau récapitulatif de distinction court terme et long terme** Le tableau ci-après présente de façon schématique la distinction des plus-values et moins-values à court terme (CT) et à long terme (LT).

Nature des biens cédés	Plus-values		Moins-values	
	Durée de détention			
	Moins de 2 ans	2 ans et plus	Moins de 2 ans	2 ans et plus
Éléments **amortissables**	CT	CT dans la limite de l'amortissement déduit LT au-delà	CT	CT
Éléments **non amortissables**	CT	LT	CT	LT

10158

EXEMPLES

Abstraction faite des cas où les plus-values relèvent de plein droit du régime des plus-values à long terme (n° 10155), la **distinction entre** le **court terme et** le **long terme** peut être illustrée par les exemples suivants.
1. Prix de revient d'un **matériel** agricole acquis il y a plus de deux ans (hors TVA récupérable) : 8 000 €. Amortissements normalement pratiqués : 5 000 €. Prix de vente : 4 000 €.
La plus-value, soit 4 000 € – (8 000 – 5 000) = 1 000 €, inférieure aux amortissements pratiqués, est à court terme.
2. Prix de revient d'un **matériel** agricole acquis il y a plus de deux ans (hors TVA récupérable) : 16 000 €. Amortissements normalement pratiqués : 3 000 €. Prix de vente : 20 000 €.
Plus-value : 20 000 – (16 000 – 3 000) = 7 000 €.
Cette plus-value est à court terme à concurrence des amortissement pratiqués (3 000 €) et à long terme pour le surplus (4 000 €).
Cet exemple permet de vérifier que la plus-value à long terme est égale à l'excédent du prix de vente sur la valeur d'origine (20 000 – 16 000) = 4 000 €.
3. Cession d'un élément insuffisamment amorti (n° 11475) : élément amortissable en 10 ans. Prix de revient : 2 000 €. Annuité linéaire : 200 €. Cession au cours de la 5e année de détention. Amortissements pratiqués (par hypothèse) : 600 €. Amortissement minimal : 800 €. Amortissement irrégulièrement différé : 800 – 600 = 200 €. Prix de vente : 2 400 €.
Plus-values : 2 400 – [2 000 – (600 + 200)] = 1 200 €.
Plus-values à court terme : 600 € (amortissement déduit) + 200 € (amortissement irrégulièrement différé) = 800 €.
Plus-values à long terme : 1 200 – 800 = 400 €.
4. Voitures particulières soumises à la limitation de l'amortissement (CGI art. 39, 4) : voir l'exemple indiqué n° 11292.

RÉGIME DES PLUS-VALUES ET MOINS-VALUES À COURT TERME

10160 Les plus-values à court terme acquises au cours d'un exercice et les moins-values à court terme subies pendant le **même exercice** font l'objet d'une **compensation**. Deux situations peuvent se présenter selon que cette compensation fait apparaître une plus-value ou une moins-value nette.

10162 **Plus-value nette** Si la compensation fait apparaître une plus-value nette à court terme, cette plus-value est comprise dans les résultats imposables dans les conditions et au taux de droit commun.
L'exploitant peut toutefois demander l'**étalement** de cette plus-value nette, par parts égales, sur l'année de la réalisation et les deux années suivantes, l'année s'entendant ici au sens d'exercice

ou de période d'imposition (CGI art. 39 quaterdecies). Cet étalement est facultatif, mais en cas de renonciation l'exploitant ne peut pas se prévaloir du système du quotient prévu à l'article 163-0 A du CGI (nos 12005 s. ; CAA Douai 19-6-2002 n° 98-2363 : RJF 4/03 n° 408).

EXEMPLES

1. Soit une entreprise ayant réalisé une plus-value nette à court terme de 45 000 € au cours d'un exercice clos le 31 décembre N. Elle peut répartir cette plus-value par tiers, soit 15 000 €, sur l'exercice clos le 31 décembre N et sur les exercices clos le 31 décembre des années N + 1 et N + 2.

2. Soit une entreprise qui a réalisé une plus-value nette à court terme de 60 000 € au cours d'un exercice clos le 31 décembre N et qui arrête ses exercices suivants les 1er mars N + 1, 30 septembre N + 1 et 30 juin N + 2.

La plus-value nette à court terme réalisée en N peut être répartie par parts égales de 20 000 € :
– sur l'exercice allant du 1er janvier N au 31 décembre N ;
– sur la période d'imposition allant du 1er janvier N + 1 au 30 septembre N + 1 (on rappelle qu'en vertu de l'article 37 du CGI, lorsqu'il est dressé des bilans successifs au cours d'une même année, les résultats sont totalisés pour l'assiette de l'impôt dû au titre de la même année) ;
– sur l'exercice allant du 1er octobre N + 1 au 30 juin N + 2.

Aucun étalement n'est possible en **fin d'exploitation**. Dans ce cas, la plus-value nette de l'exer- **10164**
cice de cession ou de cessation totale d'exploitation est immédiatement imposable. De même, les plus-values nettes à court terme dont la taxation avait été précédemment différée deviennent immédiatement taxables. L'imposition de la plus-value peut bénéficier du **système du quotient** prévu à l'article 163-0 A du CGI, si les conditions d'application en sont réunies (voir nos 12005 s.). L'étalement est en revanche possible en cas de **cession ou** de **cessation partielle d'activité** (BOI-BIC-PVMV-20-30-10 n° 490).
Sur le sort de l'étalement en cas d'**apport en société** (n° 10694).

Moins-value nette Lorsque la compensation fait apparaître une moins-value nette à **10166**
court terme, celle-ci s'impute sur les bénéfices d'exploitation. Si ces bénéfices ne sont pas suffisants, la fraction non imputée de la moins-value nette – ou, en cas d'absence de bénéfices, la totalité de cette moins-value – prend le caractère d'un **déficit** d'exploitation reportable dans les conditions de droit commun.
Ce déficit peut également être compensé avec la plus-value nette à long terme de l'exercice au cours duquel il a été subi (BOI-BIC-PVMV-20-30-10 n° 510).

Cas particulier des indemnités d'assurance ou d'expropriation Les **plus-** **10168**
values nettes à court terme constatées sur des biens amortissables à la suite de la perception d'indemnités d'assurance ou de l'expropriation d'immeubles figurant à l'actif (ou d'une cession amiable antérieure) peuvent être réparties, en principe par parts égales, à partir de l'exercice suivant celui de leur réalisation, sur autant d'exercices que le nombre d'annuités d'amortissement pratiquées sur le bien détruit ou exproprié, sans que l'**étalement** puisse excéder quinze ans (CGI art. 39 quaterdecies, 1 ter).

EXEMPLE

La plus-value réalisée au cours de l'exercice 2024 sur un immeuble exproprié ayant déjà donné lieu à dix annuités d'amortissement peut être rattachée par dixièmes au résultat de l'exercice 2025 et des neuf exercices suivants. Si l'immeuble avait déjà donné lieu à vingt annuités d'amortissement, l'étalement aurait été limité à quinze exercices.

Si le bien sinistré ou exproprié a été reçu par voie d'**apport**, la durée d'étalement s'apprécie en retenant uniquement les annuités d'amortissement pratiquées par la société bénéficiaire de l'apport, quel que soit le régime fiscal sous lequel l'apport a été placé (CE 27-6-2001 n° 222554 : RJF 10/01 n° 1191). Lorsque **plusieurs biens** ou plusieurs **composants** d'un même élément sont détruits ou expropriés, la durée d'étalement (toujours plafonnée à quinze ans) dépend de la durée moyenne d'amortissement déjà pratiquée sur les éléments concernés, pondérée en fonction de leurs prix d'acquisition respectifs (BOI-BIC-PVMV-20-30-10 n° 430).
Le montant susceptible d'étalement ne peut **excéder** le montant global de la plus-value nette à court terme de l'exercice, après imputation des moins-values à court terme (BOI précité n° 310).

> **Précisions a.** Les exploitants sont autorisés à **moduler le rythme des réintégrations**, à condition que le montant cumulé de celles-ci soit toujours au moins égal à autant de fractions de plus-values que d'exercices ouverts depuis la clôture de l'exercice de réalisation

de la plus-value (BOI précité n° 390).

b. Le régime d'étalement de la plus-value à court terme est également applicable aux **exploitants locataires d'immeubles expropriés** (indemnités afférentes à la perte d'équipements et de matériels intransférables) (BOI précité n° 270).

c. Dans les **exploitations soumises à l'IS**, le montant total de la plus-value réalisée à la suite de l'indemnisation d'un sinistre ou d'une expropriation est traité comme une plus-value à court terme et peut par suite bénéficier du dispositif d'étalement, après imputation le cas échéant des moins-values ordinaires de l'exercice.

RÉGIME DES PLUS-VALUES ET MOINS-VALUES À LONG TERME

10170 Une **compensation** générale est opérée entre les plus-values à long terme et les moins-values à long terme de l'exercice, quelle que soit la nature des biens concernés. Si, parmi les plus-values à long terme, figure une plus-value enregistrée sur un **bien immobilier** détenu depuis plus de cinq ans, elle doit préalablement faire l'objet de l'abattement mentionné ci-après.

La plus-value ou moins-value nette globale qui subsiste après ces opérations, obéit aux règles du long terme.

10171 **Abattement sur les plus-values immobilières** Les plus-values immobilières à long terme réalisées par les exploitants agricoles (exploitant individuel ou société relevant de l'impôt sur le revenu) sont imposées après application d'un **abattement** de 10 % **par année de détention** au-delà de la cinquième (CGI art. 151 septies B). Elles sont donc totalement exonérées après quinze années de détention révolues.

L'abattement s'applique aux plus-values brutes portant sur des immeubles bâtis ou non bâtis affectés à l'**exploitation de l'entreprise** et sur des droits afférents à un **contrat de crédit-bail immobilier**. Il concerne aussi les plus-values de cession de droits ou parts de **sociétés à prépondérance immobilière** dont les actifs immobiliers sont affectés à l'exploitation de l'entreprise.

Par exemple, un immeuble est acquis et inscrit à l'actif le 5 mars 2015 et vendu le 5 mai 2024. La période de référence pour le calcul de l'abattement est celle écoulée entre le 5 mars 2020 et le 5 mai 2024 (soit 4 ans et 2 mois). Le pourcentage d'abattement s'élève à 4 × 10 % = 40 %.

> **Précisions a.** Les immeubles **affectés à l'exploitation** sont ceux qui sont utilisés dans le cadre de l'activité économique exercée par l'entreprise, à l'exception des immeubles de placement et des terrains à bâtir (et biens assimilés) visés à l'article 1594-0 G, A du CGI (n° 10385). La condition d'**affectation du bien** est appréciée à la date de la cession. Toutefois, l'administration admet que l'abattement s'applique si la condition d'affectation du bien à l'exploitation est satisfaite à l'ouverture de l'exercice de cession, quels que soient les événements intervenus depuis lors (BOI-BIC-PVMV-20-40-30 n° 250). Mais ne constituent pas des biens affectés à l'exploitation du vendeur les **biens** pour lesquels l'acte de vente indique qu'ils sont **destinés à être démolis** par l'acquéreur (CE 4-5-2016 n° 386773 : RJF 7/16 n° 599).
>
> **b.** La **durée de détention** est décomptée à partir de l'inscription du bien à l'actif (s'il est immédiatement affecté à l'exploitation), sans tenir compte le cas échéant de la détention préalable dans le patrimoine privé (BOI-BIC-PVMV-20-40-30 n° 390). Seules les années de détention échues au titre de l'exercice de réalisation de la plus-value sont prises en compte pour le calcul de l'abattement.
>
> **c.** La fraction de la plus-value à long terme qui demeure imposable après application de l'abattement est compensée le cas échéant avec les **moins-values** à long terme subies par l'exploitation. La plus-value nette peut ensuite bénéficier du régime d'**exonération** prévu par l'article 151 septies du CGI (nos 10300 s.) ou de celui prévu par l'article 151 septies A du même Code lors d'un départ en retraite (n° 10730) ou des **reports d'imposition** prévus en cas d'apport en société d'une activité professionnelle (nos 10685 s.) ou de transmission à titre gratuit d'une entreprise individuelle (nos 10710 s.).
>
> **d.** Pour ouvrir droit à l'exonération, l'actif des **sociétés immobilières** dont les droits ou parts sont détenus par l'entreprise doit être constitué principalement de biens immobiliers bâtis ou non bâtis affectés par l'entreprise à sa propre exploitation, ou de droits ou parts de sociétés dont l'actif est principalement constitué des mêmes biens, droits ou parts (BOI précité n° 150).
>
> **e.** L'abattement bénéficie aux **bailleurs à métayage** participant effectivement aux risques de l'exploitation (BOI précité n° 120).

10172 **Plus-value nette à long terme** Si la compensation entre plus-values et moins-values à long terme d'un même exercice fait apparaître une plus-value nette à long terme, celle-ci est en principe taxée au **taux** réduit de 12,8 % (majoré des prélèvements sociaux : voir nos 32600 s.) (CGI art. 39 quindecies).

Toutefois, la plus-value nette à long terme peut, le cas échéant, être utilisée à **compenser**, euro pour euro :
– soit les **moins-values à long terme** subies au cours des dix exercices antérieurs et qui n'ont pas encore été imputées (voir n° 10176) ;
– soit le **déficit** de l'exercice (qui peut inclure une moins-value à court terme) et, le cas échéant, les déficits antérieurs qui, faute de pouvoir être imputés sur le revenu global, ont généré un déficit global reportable. Les déficits ainsi annulés cessent d'être reportables (BOI-BIC-PVMV-20-40-10 n° 110).

Selon le Conseil d'État, un contribuable ne peut pas compenser la **plus-value** à long terme réalisée dans le cadre d'une **activité agricole** avec les **moins-values** à long terme subies dans le cadre d'une **activité commerciale** (CE 23-11-2007 n° 295601 : RJF 2/08 n° 113).

La **compensation avec les déficits** doit s'opérer euro pour euro, et non pas en comptant les plus-values pour une fraction de leur montant. Cette compensation, qui constitue une **décision de gestion**, procure un avantage de trésorerie immédiat et présente un **intérêt** tout particulier lorsque le contribuable risque de ne pouvoir imputer ses déficits sur son revenu global avant l'expiration du délai de report déficitaire, faute de revenus suffisants. Lorsque l'entreprise a pratiqué une telle compensation, l'administration peut imputer d'office sur le déficit le **rehaussement** de la plus-value (CE 25-2-2011 n° 338715 : RJF 5/11 n° 550). Lorsque l'administration remet en cause le déficit utilisé pour la compensation, la société ne peut demander ultérieurement le bénéfice du régime des plus-values à long terme (CE 28-12-2018 n° 406709 : RJF 3/19 n° 284). Jugé que l'exploitant qui s'est abstenu de déposer sa **déclaration de résultat** n'a pas pris la décision de gestion de renoncer à la faculté d'imputer la plus-value à long terme réalisée au cours d'un exercice sur le déficit de cet exercice ou sur les déficits antérieurs (CE 10-8-2007 n°s 277113 et 277238 : RJF 12/07 n° 1379).

L'impôt sur les plus-values est normalement recouvré par voie de rôle, comme l'impôt de droit **10173**
commun, dès l'année suivant celle de l'opération correspondante (vente, apport, transmission à titre gratuit, etc.).

Toutefois, pour les plus-values nettes à long terme réalisées à la suite de la perception d'**indemnités d'assurance** ou de l'**expropriation** d'immeubles portés à l'actif du bilan, la taxation au taux réduit (n° 10172) est différée de deux ans, sauf en cas de cessation d'activité (CGI art. 39 quindecies, I-1-al. 4). Cette mesure constitue un simple **report de paiement** de l'imposition : une exploitation ne peut échapper à la taxation en imputant sur la plus-value réalisée dans le cadre d'une expropriation subie l'année N une moins-value de l'exercice N + 2.

Ce report est également applicable aux **exploitations locataires** d'immeubles expropriés pour l'indemnisation de la perte de leur droit au bail.

En cas de **cession de l'ensemble des éléments de l'actif immobilisé** affectés à l'exercice de l'acti- **10174**
vité professionnelle ou d'une branche complète d'activité, le vendeur qui accepte un paiement différé ou échelonné du prix (crédit-vendeur) peut demander un **étalement du paiement de l'impôt** sur le revenu afférent à la plus-value à long terme réalisée à cette occasion, suivant le même calendrier, sans toutefois pouvoir dépasser le 31 décembre de la cinquième année suivant celle de la cession. Cette possibilité d'étalement s'applique aux gains nets retirés de la **cession** à titre onéreux de **droits sociaux** lorsque les parties sont convenues d'un paiement différé ou échelonné (CGI art. 1681 F).

Pour ouvrir droit au règlement échelonné, l'**entreprise individuelle** ou la **société** doit employer moins de 50 salariés et avoir un total de bilan ou avoir réalisé un chiffre d'affaires n'excédant pas 10 M€ au titre de l'exercice de la cession et répondre à la définition européenne de la petite entreprise (Règl. 651/2014 du 17-6-2014).

Le bénéfice de la mesure est subordonné au respect de la réglementation de minimis (n° 14805). La demande de règlement échelonné doit être formulée au plus tard à la date limite de paiement portée sur l'avis d'imposition. Les versements d'impôt opérés par le vendeur sont normalement soumis à la majoration de 10 % pour paiement tardif, mais cette pénalité est plafonnée au montant de l'intérêt légal applicable au jour de la demande de plan (soit 4,92 % pour le 2ème semestre 2024 : Arrêté ECOT 241649A du 26-6-2024 ; JO 28 texte n° 15).

Moins-value nette à long terme Lorsque, au titre d'un exercice, la compensation **10176**
entre plus-values et moins-values à long terme fait apparaître une moins-value nette à long terme, cette moins-value est **imputable** uniquement sur les **plus-values à long terme** réalisées au cours **des dix exercices suivants**. Aucune imputation sur le bénéfice ordinaire ou le revenu global n'est possible.

L'exercice de **cession ou** de **cessation de l'exploitation**, la moins-value nette à long terme constatée à cette occasion et celles restant encore reportables peuvent être déduites des bénéfices de l'exercice dans la limite du rapport existant entre le taux d'imposition des plus-values à long terme applicable lors de l'exercice de réalisation de la moins-value et le taux de l'impôt sur les sociétés en vigueur lors de l'exercice de cession ou cessation d'entreprise (CGI art. 39 quindecies, I-2). Ces moins-values ne peuvent pas générer un déficit susceptible de s'imputer sur le revenu global (BOI-BIC-PVMV-20-40-20 n° 74).

B. Exonération des plus-values en fonction des recettes

1. CONDITIONS DE L'EXONÉRATION

10300 Les plus-values de cession (à titre onéreux ou à titre gratuit) réalisées dans le cadre de leur activité professionnelle par les exploitants agricoles dont les recettes n'excèdent pas un certain montant sont exonérées **en tout ou partie**, selon le montant des recettes, à condition que l'**activité** ait été exercée pendant **au moins cinq ans** et que le bien cédé ne soit pas un terrain à bâtir (CGI art. 151 septies).

Ce régime d'exonération est réservé aux plus-values réalisées dans le cadre d'une **activité exercée à titre professionnel**, ce qui implique la participation personnelle, directe et continue du contribuable à l'accomplissement des actes nécessaires à l'exploitation. À cet égard, les **bailleurs à métayage** peuvent bénéficier du dispositif dans la mesure où ils participent effectivement aux risques de l'exploitation, conformément aux dispositions des articles L 417-1 et suivants du Code rural et de la pêche maritime (n°s 75100 s.).

Dans le cas d'une **société en participation** qui exerce une activité imposable dans la catégorie des BIC, des BA ou des BNC, chaque associé doit, en principe, être **présumé exercer une activité professionnelle**. Il en va, toutefois, différemment lorsqu'une ou plusieurs **personnes autres** que l'intéressé, qu'il s'agisse d'associés ou non, ont été **désignées pour gérer la société**. Dans ce cas, l'associé ne peut être regardé comme exerçant personnellement l'activité mise en société que si sa participation effective à cette activité est établie. À défaut, l'exonération ne peut être accordée (CAA Versailles 19-6-2023 n°s 21VE02536 et 21VE02537 ; CE 1-3-2024 n°s 485268 et 485336 : RJF 5/24 n° 352).

> **Précisions a.** Lorsque les conditions mentionnées ci-dessus sont réunies, les intéressés bénéficient de l'exonération quel que soit leur **régime d'imposition** : micro-BA, régime réel normal ou simplifié.
>
> **b.** Le régime d'exonération des plus-values des petits exploitants est applicable non seulement aux exploitants individuels mais également aux **groupements et sociétés** agricoles relevant de l'impôt sur le revenu (société civile, GFA, etc.). En revanche, les sociétés et groupements passibles de l'impôt sur les sociétés en sont exclus.
>
> **c.** L'exonération est susceptible de s'appliquer aux **primes de renonciation à la production sous quota** (Rép. Sermier : AN 8-9-2009 n° 43153).
>
> **d.** Le régime d'exonération des plus-values professionnelles en fonction des recettes (CGI art. 151 septies) n'est pas applicable aux plus-values provenant de la **cession de matériels roulants** acquis au cours d'un exercice au titre duquel la DEP a été rapportée et lorsque la cession intervient dans les deux ans suivant l'acquisition (CGI art. 73, II-4 : voir n° 14955).
>
> **e.** Lorsqu'un **exploitant** agricole individuel **opte pour l'assimilation de son entreprise à une EARL** dans les conditions prévues par l'article 1655 septies, 1 du CGI (voir n°s 27650 s.), le **transfert des biens** inscrits au patrimoine professionnel de l'exploitant à celui de l'entreprise assimilée à une EARL engendre la constatation de plus ou moins-values professionnelles imposables ou déductibles dans les conditions de droit commun. L'administration admet toutefois que ces plus-values puissent bénéficier, si les conditions sont remplies, des exonérations et des abattements prévus aux articles 151 septies (exonération en fonction des recettes) et 151 septies B du CGI lorsqu'il s'agit de plus-values immobilières (BOI-BIC-CHAMP-70-10 n° 440).

MONTANTS DE L'EXONÉRATION

10305 **Entreprises exerçant uniquement une activité agricole** Les plus-values nettes sont exonérées pour la **totalité** de leur montant lorsque les recettes tirées de l'activité agricole n'excèdent pas 350 000 € (Loi 2023-1322 du 29-12-2023 art. 94, I-B-1°-a, applicable aux cessions réalisées à compter du 1-1-2023).

Lorsque les recettes excèdent le seuil de 350 000 € sans dépasser 450 000 €, les plus-values nettes bénéficient d'une **exonération partielle dégressive**. La fraction exonérée est obtenue en divisant par 100 000 € la différence entre 450 000 € et le montant des recettes. Par exemple, la moyenne des recettes d'un exploitant agricole au titre des années 2022 et 2023 est de 410 000 € HT. L'exploitation réalise en 2024 une plus-value de 15 000 €. Le montant de la plus-value exonérée s'élève à 15 000 € × (450 000 – 410 000/100 000) = 6 000 €.

Les limites d'exonération de 350 000 € et 450 000 € s'appliquent également aux plus-values réalisées à l'occasion de la cession de matériels agricoles ou forestiers par des **entreprises de travaux agricoles ou forestiers**, lesquelles sont imposables dans la catégorie des bénéfices industriels et commerciaux (CGI art. 151 septies, III). Cette mesure est réservée aux entrepreneurs qui effectuent à titre principal (plus de 50 % des recettes annuelles) des travaux agricoles ou forestiers pour le compte de tiers exploitants agricoles ou forestiers, ou de collectivités locales (CGI ann. III art. 41-0 A).

Pour le cas particulier des **exploitants forestiers** relevant du régime forfaitaire spécial : voir n° 15230.

> **Précisions** Pour les **exercices clos au cours de l'année civile 2023**, compte tenu des dispositions de l'article 151 septies, VI du CGI, les plus-values nettes bénéficient des nouveaux seuils de 350 000 € et 450 000 € dès lors qu'au moins une cession est intervenue à compter du 1er janvier 2023 (BOI-BA-BASE-20-20-30-20 n° 30).

Entreprises exerçant des activités mixtes Les limites d'exonération de 350 000 € et 450 000 € visées n° 10305 concernent uniquement les entreprises agricoles et les entreprises de travaux agricoles ou forestiers. Ces limites sont fixées respectivement à : **10310**

– 250 000 € (exonération totale) et 350 000 € (exonération partielle) pour les entreprises industrielles ou commerciales de vente ou de fourniture de logements, à l'exception des locations meublées ;

– 126 000 € (exonération totale) et 90 000 € (exonération partielle) pour les prestataires de services.

Lorsqu'une entreprise agricole exerce également une activité commerciale ou de prestations de services, l'exonération totale n'est applicable que si le montant global des recettes n'excède pas le seuil de 350 000 € et si le montant des recettes afférentes à chacune des activités exercées n'excède pas le seuil propre à chacune d'elles.

Lorsque ces montants sont inférieurs aux seuils prévus pour l'exonération partielle, il convient de déterminer la fraction de la plus-value qui serait exonérée si l'entreprise avait réalisé la totalité de ses recettes au titre de l'activité agricole et celle qui serait exonérée (ou celles qui seraient exonérées) si l'entreprise exerçait exclusivement l'autre (ou chacune des autres) activité(s) exercée(s). La fraction la plus faible est retenue pour déterminer la part de plus-value effectivement exonérée (Loi 2023-1322 du 29-12-2023 art. 94, I-B-1°-c, applicable aux cessions réalisées à compter du 1-1-2023).

EXEMPLE

Une entreprise agricole réalise en 2024 une plus-value de 30 000 €. La moyenne de son chiffre d'affaires global réalisé au cours des exercices 2022 et 2023 est de 436 000 €, dont 340 000 € proviennent de l'activité agricole et 96 000 € de prestations de services (on suppose que l'exploitant n'a pas exercé l'option prévue à l'article 75 du CGI pour rattacher ces prestations au bénéfice agricole : n° 9720).

La prise en compte de l'intégralité des recettes fait ressortir une fraction de plus-value exonérée égale à :

(450 000 € – 436 000 €)/100 000 € = 14 %.

Si l'on s'en tient aux recettes provenant des prestations de services, la part exonérée est de :

(126 000 € – 96 000 €)/36 000 = 83 %.

Il convient de retenir le plus faible des deux pourcentages ainsi calculés, soit 14 %. Le montant de la plus-value exonérée est égal à 30 000 € × 14 % = 4 200 €.

APPRÉCIATION DES LIMITES D'EXONÉRATION

Les recettes sont prises en compte pour leur montant **hors taxe**. Il convient de retenir la moyenne des recettes réalisées au titre des exercices, ramenés le cas échéant à douze mois, clos au cours des deux **années civiles qui précèdent la date de clôture** de l'exercice de réalisation de la plus-value (CGI art. 151 septies, IV). **10315**

EXEMPLE

Un exploitant agricole clôture ses exercices le 30 septembre de chaque année. S'il cède une immobilisation le 1er février 2024, la moyenne des recettes réalisées sera calculée en retenant les recettes des exercices clos les 30 septembre 2022 et 2023. Cette règle concerne toutes les plus-values, qu'elles soient réalisées en cours d'activité ou en fin d'exploitation.

10317 Si une **plus-value** de cession est **réalisée par une société civile agricole** relevant de l'impôt sur le revenu, le respect des conditions de recettes et de durée d'activité prévues pour l'application du régime d'exonération s'apprécie au niveau de chacun des associés exerçant dans le cadre de cette société une activité professionnelle agricole. En revanche, pour les associés non exploitants, il est tenu compte du montant total des recettes de la société.

ATTENTION

Selon le Conseil d'État, en cas de cession réalisée l'année N par une EARL, l'associé qui n'a **commencé son activité professionnelle** dans la société qu'**au cours de l'année N – 1** ne peut être regardé comme ayant exercé une activité dont la moyenne des recettes des deux exercices précédents (telle que définie n° 10315) est inférieure au seuil prévu à l'article 151 septies du CGI. Il ne peut donc pas bénéficier du régime d'exonération prévu par cet article (CE 30-4-2024 n° 454502 : RJF 7/24 n° 529). Voir également n° 10365 les précisions apportées par le même arrêt en ce qui concerne l'application de la condition relative à la durée d'activité.

10320 Lorsque **l'exploitant exerce à titre individuel et au sein d'un groupement** ou d'une société soumis au régime fiscal des sociétés de personnes (y compris les Gaec), le respect des seuils d'exonération s'apprécie en tenant compte de ses recettes personnelles, augmentées de la quote-part des recettes de la société ou du groupement dont il est membre, correspondant à ses droits dans les bénéfices de ceux-ci (CGI art. 151 septies, IV-al. 4). Cette quote-part correspond à la proportion des droits de l'associé dans les bénéfices comptables de la société, telle qu'elle résulte du pacte social.

Lorsque les bénéfices comptables ont été calculés, conformément aux statuts, après déduction des **rémunérations versées à l'associé** à raison de son activité dans la société, il n'y a pas lieu de rajouter ces rémunérations à la part du bénéfice comptable devant revenir à cet associé. Ces rémunérations ne peuvent pas en effet être réintégrées au seul motif qu'elles ne constituent pas une charge déductible mais sont réputées comprises dans le bénéfice distribué aux associés (CE 14-11-2018 nos 407063 et 407065 : RJF 2/19 n° 150).

Lorsque les activités de l'exploitant et de son **conjoint** sont exercées dans le cadre d'une **exploitation unique**, il y a lieu de globaliser les chiffres d'affaires provenant de ces activités. En revanche, si chacun des époux exploite une **entreprise distincte**, la condition relative au montant des recettes s'apprécie de manière séparée au niveau de chaque entreprise, y compris lorsque les deux entreprises déploient des activités relevant de la même catégorie d'imposition.

Lorsque les époux sont mariés sous le régime de la **communauté de biens**, ils sont présumés exploiter une seule et même entreprise, sauf s'il ressort des conditions d'exploitation qu'ils exploitent une entreprise distincte. Si les époux sont mariés sous le régime de la **séparation de biens**, ils sont réputés exploiter chacun leur propre entreprise sauf exploitation dans le cadre d'une société de fait (BOI-BIC-PVMV-40-10-10-20 nos 90 et 100).

10325 Lorsque le **contribuable exploite personnellement plusieurs exploitations** ou entreprises, le montant des recettes à comparer aux seuils d'exonération est le montant total des recettes réalisées dans l'ensemble de ces entreprises. Toutefois, la globalisation de ces recettes s'effectue par catégorie de revenus (BA, BIC et BNC) (CGI art. 151 septies, IV). Pour le cas des exploitants agricoles qui étendent leur activité à des opérations commerciales ou non commerciales accessoires, voir ci-après n° 10340.

Sur le montant des recettes à comparer, s'agissant des **plus-values réalisées par les sociétés de personnes** et notamment les sociétés civiles agricoles, voir n° 24741.

Pour les plus-values réalisées lors de la **cession** de leurs **droits sociaux** par les associés des sociétés de personnes, voir nos 24921 (personnes physiques) et 24935 (entreprises).

RECETTES À PRENDRE EN COMPTE

10340 Sauf exceptions, les recettes à retenir pour l'appréciation des limites d'exonération sont déterminées en tenant compte de l'**ensemble des opérations** réalisées par l'exploitant. Elles comprennent pour l'essentiel celles qui proviennent de l'exercice de l'activité agricole, les subventions, primes ou indemnités (voir n° 10345), les redevances ayant leur origine dans le droit de propriété d'éléments figurant au bilan (location du droit de chasse, du droit d'affichage, etc.) et les recettes et produits accessoires ne présentant pas un caractère par nature agricole. Sont ainsi à prendre en compte les **recettes commerciales et non commerciales accessoires rattachées** aux bénéfices agricoles en application de l'article 75 CGI : n°s 9720 et 9721 (BOI-BIC-PVMV-40-10-10-20 n° 290).

La notion de recettes recouvre indifféremment les **recettes acquises** ou les recettes **encaissées**. Ainsi, lorsque l'entreprise agricole est soumise aux règles de la comptabilité d'engagement, les recettes à prendre en considération s'entendent des créances acquises (BOI précité n° 470).

Pour l'appréciation des limites d'exonération, **sont notamment à retenir** : les soultes d'entraide, les aides à l'implantation de couverts végétaux, les remboursements perçus au titre du coût de remplacement d'un salarié en congé de maladie, le remboursement de certains frais de prophylaxie qui constituent des charges déductibles, les recettes forestières (BOI précité n°s 260 et 270).

Pour les **productions agricoles faisant l'objet d'une convention d'entreposage**, les recettes à prendre en compte sont celles retenues pour la détermination du résultat imposable. Voir n° 9106.

En principe, les **subventions, primes ou indemnités** qui ont pour effet de compenser un manque à gagner tel que la perte de stocks, ou un surcroît de charges, ou encore présentant le caractère d'un supplément de prix sont à prendre en compte pour l'appréciation des limites d'exonération. Il en va ainsi des indemnités d'assurance versées à la suite d'une calamité frappant les récoltes ou les animaux, sauf lorsque ces derniers sont immobilisés (BOI-BIC-PVMV-40-10-10-20 n°s 340 et 360). **10345**

Les aides européennes directes liées à l'activation des **droits au paiement de base** et aux paiements connexes (n°s 81400 s.) et les **aides couplées à la production** doivent être prises en compte parmi les recettes de l'exploitant au titre de l'exercice de leur comptabilisation, soit en principe à la date de dépôt des demandes d'aides (BOI-BA-BASE-20-10-10 n°s 340 et 410).

Toutefois, compte tenu des **mesures de tempérament** relatives au rattachement fiscal des aides européennes (voir n°s 9925 et 9927), il convient pour apprécier les seuils des recettes mentionnés à l'article 151 septies du CGI de les prendre en compte parmi les recettes au titre de leur **exercice d'imposition** (BOI-BA-BASE-20-20-30-20 n° 65).

L'administration admet, par ailleurs, qu'un abattement soit appliqué à certaines indemnités (n° 10350) et qu'il soit fait abstraction de certaines subventions ou indemnités (n° 10355).

Certaines recettes agricoles font l'objet d'un retraitement spécifique entraînant une **correction à la hausse ou à la baisse des recettes** brutes réalisées. Bien que cette formalité ne soit plus expressément prévue par l'administration, l'exploitant souhaitant bénéficier de l'exonération a intérêt à joindre une note annexe à sa déclaration de résultat de l'exercice de réalisation de la plus-value, mentionnant la nature et le détail des corrections apportées. **10350**

Ainsi, il est notamment admis que :

– seule la fraction de l'**indemnité d'expropriation** destinée à compenser la perte des récoltes de l'année de l'expropriation soit prise en compte (BOI-BIC-PVMV-40-10-10-20 n° 370). Sur les indemnités d'expropriation, voir également n° 10355 ;

– l'abattement des deux tiers applicable aux **indemnités, primes et produits mentionnés** n° 5840 soit également retenu pour l'appréciation des limites d'exonération (BOI précité n°s 310 et 320) ;

– les **indemnités d'éviction** perçues par un exploitant à la suite de la **résiliation de son bail** par le bailleur ne soient pas prises en compte. En revanche, la fraction de l'indemnité destinée à couvrir les frais engagés par l'exploitant pour le transfert de son exploitation (frais de déménagement et de réinstallation, droits de mutation) ou à compenser la perte temporaire de recettes doit être retenue (BOI précité n° 380) ;

– un abattement de 30 % soit appliqué au montant des recettes provenant d'**élevages de type industriel**, tels que définis n°s 5905 s. (BOI précité n° 330).

Par ailleurs, les recettes provenant d'opérations d'élevage ou de culture portant sur des animaux ou des produits appartenant à des tiers (**opérations à façon**) doivent être prises en compte en les multipliant par trois dans les conditions mentionnées n°s 5960 s. (CGI art. 69, VI). Il est admis de ne pas appliquer cette règle dans le cas de l'élevage par un tiers de chevaux de course ou de concours (prise en pension de chevaux appartenant à des tiers) (BOI-BA-REG-10-20-20 n° 240).

RECETTES À ÉCARTER

Pour l'appréciation des limites d'exonération, il est fait abstraction des recettes suivantes : **10355**

– **recettes exceptionnelles**, notamment celles provenant de la **cession d'éléments de l'actif immobilisé** (BOI-BIC-PVMV-40-10-10-20 n° 390) ;

– **produits financiers** (BOI précité n° 390) ;
– recettes provenant de la **cession massive, globale ou partielle des stocks** en fin d'exploitation (CE 20-10-2000 n° 181229 : RJF 1/01 n° 6) ;
– **subventions et primes d'équipement** (BOI précité n° 350) ;
– recettes correspondant aux **apports de stocks à un Gaec** rémunérés par des parts sociales (BOI précité n° 410) ;
– **dons** de produits agricoles alimentaires **à des associations** à but non lucratif (BOI précité n° 410) ;
– **indemnités d'assurance** ayant pour objet de compenser la **perte d'un élément d'actif** immobilisé ainsi que celles destinées à couvrir des frais de réparation d'un tel élément et qui sont immobilisés (BOI précité n° 360) ;
– indemnités versées dans le cadre d'une **opération d'expropriation** qui relèvent du régime des plus-values professionnelles, qu'elles soient ou non imposables (n° 10560). Voir également n° 10350 ;
– **dotation aux jeunes agriculteurs** ou aides perçues dans le cadre d'un contrat territorial d'exploitation ou d'un contrat d'agriculture durable dès lors qu'elles sont affectées à la création ou l'acquisition d'immobilisations (BOI précité n° 350) ;
– valeur des **produits prélevés** dans l'exploitation et alloués au personnel salarié ou au propriétaire du fonds en paiement du fermage (BOI précité n° 410).

> **Précisions** Pour l'appréciation des limites d'exonération, il est également fait abstraction notamment des sommes suivantes (BOI précité n° 420) :
– **indemnités journalières** versées en cas d'incapacité de travailler pour cause de maladie ou d'accident intervenu ou non dans le cadre de l'activité professionnelle de l'exploitant ;
– **remboursements de crédit de TVA et remboursements forfaitaires** ;
– **rabais, remises** et **ristournes** d'ordre commercial (en revanche les ristournes accordées aux coopérateurs qui constituent des compléments de prix sont à retenir) ;
– **escomptes** ;
– les versements reçus dans le cadre d'un **emprunt** souscrit auprès d'un établissement bancaire ou de tiers ou dans le cadre des assurances invalidité.

DURÉE D'EXERCICE DE L'ACTIVITÉ

10365 L'exonération des plus-values est subordonnée à la condition que l'activité agricole ait été exercée à titre professionnel (à titre principal ou non) pendant **au moins cinq ans**. Cette condition n'est toutefois pas requise pour les plus-values constatées à la suite d'une expropriation ou de la perception d'indemnités d'assurance (n° 10370).
Ce **délai** de cinq ans est **décompté** à partir du début effectif d'activité jusqu'à la date de clôture de l'exercice ou à la fin de la période d'imposition au titre duquel ou de laquelle la plus-value nette est déterminée (BOI-BIC-PVMV-40-10-10-20 n° 10).
En cas de **cession par une société ou un groupement soumis à l'impôt sur le revenu**, le délai de cinq ans s'apprécie à compter du début effectif d'activité de la personne morale ou du groupement. Selon l'administration, ces modalités de décompte du délai de cinq ans s'appliquent également aux plus-values réalisées par les sociétés civiles agricoles non soumises à l'impôt sur les sociétés (BOI-BA-BASE-20-20-30-30 n° 50). Dans l'arrêt du 30 avril 2024 analysé n° 10317, le Conseil d'État rappelle qu'en application des dispositions combinées des articles 151 septies et 70 du CGI, le respect des conditions de recettes et de durée d'activité s'apprécie au niveau de chacun des associés exerçant une activité professionnelle agricole et non au niveau de la personne morale. L'associé d'une EARL ayant la qualité d'associé professionnel depuis le 7 décembre N ne pouvait donc pas être regardé comme satisfaisant à la condition de durée d'activité de cinq ans lors de la cession par l'EARL en N + 1 d'une partie de son actif. Si l'associé pouvait se prévaloir de la doctrine administrative plus favorable relative à la durée d'activité, il ne bénéficiait pas de la même protection en ce qui concerne l'appréciation du montant des recettes, ce qui a conduit le Conseil d'État à le priver du bénéfice de l'exonération de l'article 151 septies du CGI (CE 30-4-2024 n° 454502 : RJF 7/24 n° 529).

10367 Lorsque le contribuable a exercé successivement au sein d'une **société de personnes puis à titre individuel**, ou inversement, les durées d'exploitation peuvent se cumuler lorsque l'activité exercée est la même et qu'il l'a exercée à titre professionnel dans la société dans les conditions prévues à l'article 151 nonies, I du CGI (n° 24905). Seules peuvent être prises en compte les périodes pendant lesquelles le contribuable est l'**exploitant déclaré**. Ainsi, un contribuable ne peut être regardé comme ayant exercé à titre individuel avant la date de la création de la société dont il est l'exploitant car, lui-même étant encore mineur, l'activité était, à cette époque, exploitée à titre individuel par sa mère. Il importe peu qu'il ait, en réalité, créé et développé seul l'activité de cette entreprise (CE 24-7-2019 n° 414352 : RJF 11/19 n° 1008).

Il n'est pas possible de cumuler les durées d'exploitation lorsque le contribuable a exercé au sein d'une société soumise à l'impôt sur les sociétés, puis à titre individuel ou dans le cadre d'une société de personnes ou inversement (BOI précité n° 80).

> **Précisions a.** Dans le cas où les **époux** sont mariés sous **le régime de la communauté** de biens, le point de départ du délai de cinq ans est fixé au début d'exploitation effectif de l'entreprise par l'un des époux. Mais s'il ressort des conditions réelles d'exploitation que chacun d'eux exploite une entreprise distincte, le délai est apprécié de manière séparée (BOI précité n° 90).
> **b.** Lorsqu'un contribuable exerce la **même activité dans plusieurs exploitations**, de manière successive ou conjointe, l'exonération de la plus-value de cession est susceptible de s'appliquer si la durée cumulée d'activité excède cinq ans (BOI précité n° 60). Il n'est pas exigé que chacune de ces exploitations ait été elle-même détenue pendant au moins cinq ans à la date de sa cession (CE plén. 13-6-2018 n° 401942 : RJF 10/18 n° 933, solution rendue à propos de l'exonération des transmissions d'entreprises dont la valeur n'excède pas 500 000 € [n° 10675] mais qui nous paraît transposable).
> **c.** En présence d'**activités distinctes**, la condition d'exercice de l'activité pendant au moins cinq ans s'apprécie au regard de l'activité cédée. La **tolérance administrative** selon laquelle les activités distinctes par nature exercées au sein du même fonds ou établissement sont réputées constituer une seule et même activité pour le décompte de ce délai dès lors qu'elles relèvent de la même catégorie d'imposition (BOI précité n°s 60 et 70), n'inclut pas l'hypothèse où ces activités sont rattachées fiscalement et sur option du contribuable à une même catégorie d'imposition (CE 4-10-2023 n°s 462030 et 464969 : RJF 12/23 n° 887). Il s'ensuit que la cession d'une activité de production d'énergie photovoltaïque ne provenant pas majoritairement de produits de l'exploitation, activité commerciale par nature, exercée depuis moins de 5 ans par une EARL ou un Gaec est exclue de l'exonération, alors même que l'activité agricole est exercée depuis plus de cinq ans. La circonstance que les revenus de la production d'électricité aient été rattachés à la catégorie des bénéfices agricoles en application de l'article 75 du CGI (voir n° 9723) n'a pas pour effet de conférer une nature agricole à cette activité.
> **d.** Lorsque la **propriété** d'une exploitation a été **démembrée** à la suite du décès de l'exploitant, l'exonération ne peut s'appliquer que si le cédant a exploité le fonds pendant au moins cinq ans en qualité d'usufruitier ou comme détenteur en pleine propriété (Rép. Arthuis : AN 30-3-1989 n° 3046 non reprise au Bofip). Sauf société de fait constituée avec l'usufruitier, l'héritier nu-propriétaire indivis n'a pas la qualité d'exploitant (CE 28-4-2006 n° 278857 : RJF 7/06 n° 887).
> **e. Cession de parts de sociétés de personnes** par un contribuable ayant d'abord exercé son activité à titre individuel : voir n° 24921.

Expropriation et perception d'indemnités d'assurance La condition de cinq ans d'activité n'est pas requise pour les plus-values réalisées par les exploitants agricoles à la suite d'une expropriation ou de la perception d'indemnités d'assurance (BOI-BIC-PVMV-40-10-10-20 n° 160). 10370

Peu importe que le **transfert de propriété** ait été **fixé judiciairement ou** qu'il résulte d'un **accord amiable**. Peu importe également la nature du bien cédé : l'exonération s'applique donc aux plus-values réalisées lors de la cession d'éléments inscrits à l'actif immobilisé, sous réserve qu'il ne s'agisse pas d'un terrain à bâtir au sens indiqué n° 10385 (BOI précité n° 180).

La condition tenant au montant des recettes doit être satisfaite.

> **Précisions a.** Lorsque des indemnités d'expropriation ou des indemnités d'assurance aboutissent à la réalisation de plus-values **aux cours des premières années** qui suivent le début de l'activité, il y a lieu pour l'appréciation de la moyenne des recettes réalisées au cours de la période biennale de référence, de retenir un montant de recettes nul pour la ou les périodes d'imposition au titre de laquelle ou desquelles l'activité n'avait pas débuté (BOI précité n° 190).
> **b.** Pour les **terrains à bâtir** expropriés, voir n° 10385.

2. PORTÉE DE L'EXONÉRATION

RÉGIME APPLICABLE

Lorsque les conditions d'exonération totale sont réunies, les plus-values de cession d'éléments d'actif utilisés pour l'activité professionnelle sont exonérées de toute taxation, qu'elles soient réalisées en cours ou en fin d'exploitation. 10375

Les plus-values exonérées s'entendent des **plus-values nettes** (à court ou à long terme) déterminées après compensation avec les **moins-values** de même nature (CGI art. 151 septies, VI).

Lorsque les conditions d'exonération partielle sont réunies (n° 10305), les plus-values sont exonérées pour une fraction de leur montant et imposées selon le régime des plus-values professionnelles à court ou à long terme (nos 10120 s.) pour l'autre fraction.

En cas de **dépassement des limites de l'exonération partielle**, c'est le montant total de la plus-value qui est imposé selon le régime des plus-values professionnelles. Il en va de même, sauf exception (n° 10370), lorsque l'**activité** est **exercée depuis moins de cinq ans**, quel que soit le montant des recettes.

L'exonération des plus-values ne prive pas le contribuable du droit de déduire dans les conditions habituelles les **moins-values nettes** subies lors de la cession d'éléments d'actif pour leur montant total, même si ses recettes excèdent les seuils d'exonération :

– les moins-values nettes à court terme sont déductibles du résultat imposable ;

– les moins-values à long terme suivent les règles d'imputation exposées n° 10176.

> **Précisions a.** Le présent **dispositif** ne peut être **cumulé** avec l'exonération (prévue par l'article 238 quindecies du CGI) des plus-values de cession d'exploitation agricole en fonction de la valeur des éléments cédés (nos 10675 s.). Les régimes de **reports d'imposition** prévus en cas d'apport en société d'une activité agricole (nos 10685 s.), de transmission à titre gratuit d'exploitations individuelles (nos 10710 s.), d'apport en société de titres inscrits au bilan (nos 10627 s.) et ceux concernant les plus-values constatées sur les parts de sociétés de personnes constituant un élément d'actif (nos 24923 s.) ne peuvent pas s'appliquer à la fraction de la plus-value qui demeure imposable après application de l'article 151 septies du CGI. L'option pour l'un de ces régimes est donc exclusive de l'exonération en fonction des recettes.
> **b.** Les plus-values de cessions d'**éléments d'actif utilisés à des fins autres que l'exercice de l'activité professionnelle** sont soumises à un régime particulier (voir nos 10745 s.).

10380 **Terres à usage agricole ou forestier** Les plus-values de cession de terres à usage agricole ou forestier inscrites à l'actif d'une exploitation bénéficient du régime d'exonération des plus-values des petites entreprises dans les conditions de droit commun (nos 10300 s.).

En cas de **dépassement des limites des recettes**, elles relèvent du régime des plus-values professionnelles quelle que soit la durée effective de l'activité.

Sur les **cessions de terrains boisés par** des propriétaires **non exploitants**, voir n° 15230.

10385 **Terrains à bâtir et biens assimilés** Les plus-values afférentes aux biens qui entrent dans le champ d'application de l'article 1594-0 G, A du CGI, réalisées en cours ou en fin d'exploitation, sont exclues du bénéfice de l'exonération (CGI art. 151 septies, II) et soumises au régime de droit commun des plus-values professionnelles, quels que soient la durée d'exercice de l'activité et le montant des recettes. Sont concernées les **cessions d'immeubles assorties d'un engagement de construire** pris par l'acquéreur, assujetti à la TVA, qui sont exonérées de droits d'enregistrement (**terrains à bâtir, immeuble inachevé** ou destiné à être remis à neuf, etc.).

Les **terrains expropriés** qui ne sont pas indemnisés comme des terrains à bâtir mais en fonction de leur seule valeur d'usage ne sont pas considérés comme des terrains à bâtir pour l'application de l'article 151 septies du CGI et peuvent donc bénéficier de l'exonération prévue audit article sans condition de durée minimale d'activité (n° 10370 ; CGI art. 151 septies, V-al. 2). En cas de dépassement des limites de recettes, les plus-values relèvent du régime des plus-values professionnelles.

> **Précisions** Dans quatre situations, l'**imposition des plus-values à long terme** réalisées à l'occasion de la cession ou de l'apport d'un terrain à bâtir peut être **reportée** sans que ce report puisse excéder **cinq ans** à compter de la réalisation de la plus-value (CGI art. 238 terdecies). Ces reports concernent les opérations suivantes :
> – cession à une **collectivité publique** (CGI art. 238 nonies), qu'elle soit réalisée ou non dans le cadre d'une procédure d'expropriation. La plus-value peut être rapportée, sur demande expresse du contribuable, aux résultats de l'exercice au cours duquel l'indemnité a été effectivement perçue ;
> – apport à une **société de construction-vente** (CGI art. 238 decies, I) ;
> – **apport à une société immobilière** de copropriété « transparente » (CGI art. 238 decies, II) ;
> – cession de terrain rémunérée par la **remise d'immeubles à construire** sur ce terrain (CGI art. 238 undecies).
> Un autre report d'imposition est prévu en cas d'**échange d'un bien immobilier avec une collectivité ou un établissement public** (voir n° 10660).

C. Régimes particuliers

L'application du régime des plus-values et moins-values fait l'objet de modalités particulières pour les opérations concernant : 10400
- les biens ayant figuré **temporairement** dans le **patrimoine privé** de l'exploitant (n°s 10480 s.) ;
- les opérations de **remembrement** (n° 10520) ;
- les indemnités d'**expropriation** (n° 10560) ;
- les **titres du portefeuille** (n°s 10600 s.) ;
- les opérations de **crédit-bail** (n°s 10640 s.) ;
- les opérations d'**échange de biens immobiliers avec une collectivité publique** (n° 10660) ;
- les **transmissions d'exploitations** : transmission d'une exploitation agricole ou d'une branche complète d'activité (n°s 10675 s.), apport en société d'une activité agricole (n°s 10685 s.), transmission à titre gratuit d'une exploitation individuelle (n°s 10710 s.) et cession d'exploitation lors d'un départ en retraite (n°s 10730 s.) ;
- les **cessions d'éléments d'actifs non utilisés pour les besoins de l'activité** (n°s 10745 s.).

1. BIENS AYANT FIGURÉ DANS LE PATRIMOINE PRIVÉ

PRINCIPES

Un bien inscrit au bilan d'une exploitation agricole a pu, préalablement à cette inscription, faire partie du patrimoine privé de l'exploitant. Il en est ainsi par exemple lorsque des terres données à bail ont été ensuite exploitées directement par le propriétaire. En cas de cession de ce bien, **deux plus-values distinctes** sont calculées (CGI art. 151 sexies, I) : 10480
- une **plus-value professionnelle** correspondant à la plus-value acquise par le bien depuis la date d'inscription au bilan (ou au tableau des immobilisations) jusqu'à la date de cession ou de retrait. Cette plus-value est égale à la différence entre le prix de cession du bien (ou sa valeur réelle au jour du retrait de l'actif) et sa valeur d'inscription à l'actif. Elle est déterminée et imposée, ou exonérée suivant les règles exposées n°s 10100 s. ;
- une **plus-value privée** correspondant à la plus-value acquise par le bien au cours de la (ou des) période(s) pendant laquelle il a figuré dans le patrimoine privé de l'exploitant. Cette plus-value, taxée au moment de la cession, est établie selon les règles applicables aux plus-values des particuliers : plus-values immobilières (n°s 20600 s.) ou plus-values sur cessions de titres et droits sociaux (CGI art. 150-0 A à 150-0 E).

> **Précisions** **a.** Si la **période « privée »** est **antérieure** à la période professionnelle, la plus-value privée est calculée par différence entre la valeur réelle du bien lors de l'inscription à l'actif et le prix d'acquisition (ou la valeur vénale).
b. Si la période « privée » est **postérieure** à la période professionnelle, les règles sont différentes. La plus-value professionnelle a dû être imposée (sauf exonération) lors du retrait dans le patrimoine privé. Au moment de la cession du bien, la plus-value privée est donc seule taxable, le cas échéant. Elle est déterminée par différence entre le prix de vente et la valeur réelle du bien au jour du retrait. La valeur réelle du bien s'entend de sa valeur vénale à la date du retrait d'actif, et non de sa valeur comptable (CAA Paris 14-12-1993 n° 91-417 : RJF 4/94 n° 426).
c. Dans les cas visés aux a et b ci-dessus, c'est la **durée de détention** du bien dans le **patrimoine privé** qui est prise en considération pour le calcul de l'abattement prévu pour les immeubles (n°s 21100 s.). L'application de cet abattement aboutit en pratique à une exonération des plus-values privées au-delà d'une certaine durée de détention.
d. Pour les cessions de **titres ayant successivement figuré dans les patrimoines privé et professionnel de l'exploitant**, voir n° 24922.

CAS PARTICULIER DES TERRES AGRICOLES

Lorsqu'il s'agit de terrains agricoles ou forestiers, la plus-value correspondant à la période « privée » n'est pas imposable, à condition que les terrains ne soient pas des terrains à bâtir au sens de l'article 1594-0 G, A du CGI (n° 10385), qu'ils soient exploités par l'agriculteur qui les vend et que l'activité agricole de ce dernier ait été exercée à titre principal pendant au moins cinq ans (CGI art. 151 sexies, I). 10490

L'administration distingue à cet égard selon que les terres sont ou non inscrites à l'actif de l'exploitation.

10495 **Terres non inscrites à l'actif lors de la cession** Cette situation est celle des **exploitants** relevant d'un régime réel d'imposition (normal ou simplifié) qui ont **opté** pour le **maintien des terres dans** leur **patrimoine privé** (voir nos 9220 s.).
La plus-value réalisée à l'occasion de la vente de ces terres est alors imposable, le cas échéant, selon le régime applicable aux particuliers.
Cette plus-value est égale à la différence entre le prix de cession et la valeur réelle des terres au moment de leur retrait du patrimoine professionnel, c'est-à-dire :
– à la date d'effet de l'option de l'exploitant pour le maintien des terres dans son patrimoine privé ;
– ou à la date à laquelle l'exploitant a cessé d'être soumis au régime micro s'il n'a pas inscrit ses terres au bilan sous le régime réel.
En effet, sous le régime micro-BA, les cessions de terres, auxquelles sont assimilés les transferts dans le patrimoine privé, présentent toujours un caractère professionnel (BOI-BA-BASE-20-20-30-70 n° 15).

10500 **Terres inscrites à l'actif lors de la cession** Dans cette situation, il y a lieu, en principe, de distinguer une plus-value professionnelle et une plus-value privée si les terres ont figuré un certain temps dans le patrimoine privé de l'exploitant. Toutefois, la plus-value correspondant à la période de détention dans le patrimoine privé est exonérée lorsque les conditions prévues par l'article 151 sexies, I du CGI sont réunies (voir n° 10490).
La plus-value professionnelle imposable selon les règles des plus-values à court terme et à long terme est réputée égale à la différence entre leur prix de cession (ou la valeur réelle au moment du retrait de l'actif) et leur valeur vénale au 1er janvier de l'année de leur inscription au bilan (ou au tableau des immobilisations).
Il n'en est ainsi que dans la mesure où l'année d'inscription des terres à l'actif du bilan est postérieure à celle du passage à un régime réel d'imposition (BOI-BA-BASE-20-20-30-70 n° 30).
Pour permettre de procéder au calcul de la plus-value, les exploitants concernés doivent donc faire connaître à l'administration la valeur vénale de leurs terres agricoles au 1er janvier de l'année de leur inscription au bilan.
Ce renseignement doit être fourni dans le délai de déclaration des résultats de l'exercice au cours duquel cette inscription est intervenue (BOI précité n° 40).

2. OPÉRATIONS DE REMEMBREMENT

10520 Les plus-values professionnelles qui résultent de l'**échange de terres** agricoles à l'occasion d'opérations de remembrement ou assimilées et d'opérations d'échanges amiables sont provisoirement exonérées (CGI art. 72 E).
En cas de **cession ultérieure** des terres reçues en échange (transmission à titre onéreux ou gratuit, apport en société, retrait d'actif), la plus-value est déterminée en fonction de la date et de la valeur d'acquisition des terres d'origine (BOI-BA-BASE-20-20-30-50 n° 1).

> **Précisions** **a.** Les **opérations d'échange** de terres bénéficiant de l'exonération provisoire sont celles visées à l'article 150 U, II-5° du CGI : voir nos 20860 s.
L'administration considère que l'exonération provisoire n'est pas applicable lorsque l'échange donne lieu au **paiement d'une soulte** (BOI précité n° 30).
Les échanges doivent porter sur des **terres agricoles**, c'est-à-dire des terres inscrites à l'actif (auxquelles sont assimilées les améliorations foncières permanentes ou temporaires, les améliorations résultant de pratiques culturales et les immobilisations incorporelles directement liées aux terres) à l'exception, par conséquent, des bâtiments, des plantations et des avances aux cultures. Les terres restées dans le patrimoine privé de l'exploitant bénéficient pour leur part de l'exonération prévue pour les particuliers (nos 20860 s.).
b. Pour apprécier si la plus-value dégagée lors de la cession ultérieure des terres reçues en échange est à court ou à long terme, la **durée d'inscription** à l'actif est appréciée à partir de la date d'inscription de la terre d'origine (BOI précité nos 130 et 160).
c. La **plus-value** constatée lors de l'échange peut être **définitivement exonérée** (intégralement ou partiellement) si les conditions prévues à l'article 151 septies du CGI (nos 10300 s.) sont remplies au même moment (BOI précité n° 130).

3. INDEMNITÉS D'EXPROPRIATION

L'indemnité d'expropriation comprend : 10560

– une indemnité principale qui représente la **valeur des biens expropriés** (terres, bâtiments, etc.) ;

– des indemnités accessoires destinées à couvrir les autres **dommages** subis par l'exploitant du fait de l'expropriation et dont certaines ne sont allouées qu'au fermier ou au seul bailleur.

Le régime fiscal de ces indemnités varie selon qu'elles sont versées en contrepartie de la valeur d'un élément de l'actif immobilisé (plus-value) ou qu'elles sont destinées à compenser une charge ou un manque à gagner (résultat d'exploitation). Il est précisé dans le tableau ci-après établi par l'administration (BOI-ANNX-000104).

En cas de **cession des immobilisations**, la fraction de l'indemnité non encore rapportée aux bases de l'impôt est comprise dans le bénéfice imposable de l'exercice au cours duquel la cession est intervenue (BOI-BA-BASE-20-20-40 n° 40).

<table>
<tr><th rowspan="2"></th><th colspan="2">Propriétaire exploitant</th><th colspan="2">Exploitant fermier</th><th rowspan="2">Propriétaire bailleur détenant le bien dans son patrimoine privé</th></tr>
<tr><th>Micro-BA</th><th>Réel</th><th>Micro-BA</th><th>Réel</th></tr>
<tr><td>Indemnité principale destinée à compenser ou racheter un bien de même valeur ;
Supplément forfaitaire à l'indemnité principale destiné à tenir compte de l'urgence ou du caractère exceptionnel de l'opération.</td><td colspan="2">Régime des plus-values [1]</td><td colspan="2">/</td><td>Régime des plus-values des particuliers</td></tr>
<tr><td>Indemnité de remploi destinée à couvrir les frais exposés pour l'acquisition de biens de remploi (frais d'actes, droits de mutation, droits de timbre, etc.) ;
Indemnité de transfert versée en cas de délocalisation : frais de réinstallation, frais de déménagement et d'honoraires d'architecte ou de géomètre.</td><td rowspan="2">Revenu imposable selon les règles du micro-BA</td><td>Revenu à rattacher au bénéfice imposable au taux normal. Provisions admises [2]</td><td colspan="2" rowspan="2">/</td><td rowspan="2">Exonération</td></tr>
<tr><td>Indemnité de transfert versée en cas de délocalisation : reconstitution de l'existant ;
Indemnité pour reconstitution de clôtures.</td><td>Revenu à rattacher au bénéfice imposable au taux normal. Étalement admis [3]</td></tr>
<tr><td>Indemnité d'éviction, destinée à réparer le préjudice subi du fait de la résiliation anticipée du bail ;
Supplément forfaitaire de l'indemnité d'éviction destiné à tenir compte de la libération rapide des terres ;
Indemnité pour perte d'exploitation couvrant les frais nécessaires pour retrouver une situation économique équivalente à celle antérieure à l'éviction ;
Indemnités pour la valeur des plantations : compense la perte d'arbres fruitiers, vignes, etc. ;
Indemnité relative à la perte des droits à produire.</td><td colspan="4">Régime des plus-values professionnelles</td><td>/</td></tr>
</table>

10560 (suite)

	Propriétaire exploitant		Exploitant fermier		Propriétaire bailleur détenant le bien dans son patrimoine privé
	Micro-BA	Réel	Micro-BA	Réel	
Suppléments à l'indemnité d'éviction versés aux fermiers : – **supplément** pour existence de **bail à long terme** ; – **indemnité pour améliorations apportées au fonds loué** : indemnité de fumure et d'arrière-fumure si la valeur des arriérés de fumure est inscrite à un compte d'immobilisation non amortissable.	/		Régime des plus-values professionnelles [4]		/
Indemnités versées en vue de dédommager : – les pertes de bénéfices ; – les pertes sur cheptel vif ; – les surcharges éventuelles en matériel consécutives à l'expropriation ; – les troubles d'exploitation causés par le démembrement des unités de production ; – les dépenses de fumure engagées inutilement non inscrites au bilan ; – les récoltes non levées ; – la perte de recettes subie par les exploitants qui pratiquent la commercialisation directe de produits fermiers sous forme de vente directe aux consommateurs ou après conditionnement aux détaillants.	Revenu imposable selon les règles du micro-BA	Revenu à rattacher au bénéfice imposable au taux normal	Revenu imposable selon les règles du micro-BA	Revenu à rattacher au bénéfice imposable au taux normal	/
Indemnité de dépréciation du reste de la propriété destinée à couvrir la moins-value créée sur la propriété éventuellement restante : les indemnités pour défiguration de parcelles, rétrécissement de parcelles, allongement de parcours, rupture d'unité de propriété.	Revenu imposable selon les règles du micro-BA	Revenu à rattacher au bénéfice imposable au taux normal	/		Exonération [5]
Indemnités destinées à compenser la **perte de loyers** supportée par le propriétaire bailleur.	/		/		Revenu foncier

1. Lorsque l'agriculteur a opté pour le maintien de ses terres dans son patrimoine privé, les plus-values réalisées sur ces terres relèvent du régime d'imposition des plus-values des particuliers et bénéficient, le cas échéant, de l'exonération prévue dans le cadre de ce régime en cas d'expropriation : voir nos 21710 s.

Si les terres ont été inscrites à l'actif, les plus-values sont imposables selon le régime des plus-values professionnelles, l'exonération prévue à l'article 151 septies étant le cas échéant applicable : voir nos 10300 s.

Pour le différé d'imposition dont peuvent bénéficier les plus-values nettes à long terme, voir n° 10173.

Pour l'étalement des plus-values nettes à court terme, voir n° 10168.

2. Les propriétaires exploitants sont autorisés à constituer, en franchise d'impôt, une provision correspondant aux charges couvertes par l'indemnité de remploi sur laquelle ces frais s'imputeront. La fraction de la provision qui n'a pas été utilisée à l'expiration d'un délai de deux ans à compter de l'expropriation est réintégrée aux résultats de l'exercice en cours à cette date.

3. L'indemnité de transfert versée en cas de délocalisation destinée à la reconstitution de l'existant et l'indemnité de reconstitution de clôture peuvent bénéficier d'un étalement comparable à celui prévu à l'article 42 septies du CGI : voir n° 9915.

4. Le régime des plus-values professionnelles s'applique aux indemnités d'éviction et assimilées perçues tant par les fermiers que par les propriétaires exploitants, quel que soit le mode de calcul de leur montant.

5. Les plus-values sont exonérées sous condition de remploi (voir nos 21710 s.).

4. TITRES DU PORTEFEUILLE

Les entreprises qui détiennent des titres en portefeuille sont soumises à une réglementation particulière qui concerne : 10600
– d'une part, l'évaluation de leurs titres ;
– d'autre part, le régime des plus-values ou moins-values de cession de ces titres.

Par ailleurs, un régime de report d'imposition est prévu en faveur des exploitants réalisant un **apport de titres en société**.

Le portefeuille-titres s'entend des titres de participation et des titres de placement figurant à l'actif de l'exploitation. Mais seuls les titres inscrits à l'actif de l'exploitation agricole et nécessaires à l'exercice de l'activité professionnelle influencent le résultat agricole (prise en compte des produits, charges, provisions et plus-values). Les **titres de participation**, qui sont ceux dont la possession durable est estimée utile à l'activité de l'entreprise, notamment parce qu'elle lui permet d'exercer une influence sur la société émettrice ou d'en assurer le contrôle, sont nécessairement soumis à ce régime. Il en est ainsi par exemple pour les parts de coopératives.

En revanche, les **titres de placement**, qui sont ceux acquis en vue d'en retirer un revenu direct ou une plus-value, ont une nature purement patrimoniale, étrangère à l'activité professionnelle. Même inscrits à l'actif de l'exploitation, ils n'influencent pas son résultat. Les opérations afférentes à ces titres donnent lieu à la détermination d'un résultat distinct dans la catégorie des revenus de capitaux mobiliers ou des plus-values de cession de droits sociaux. Notons toutefois, et cela concerne sans doute de nombreuses exploitations, que ces titres continuent à être pris en compte pour la détermination du résultat professionnel, sur option expresse de l'exploitant, lorsque les produits afférents aux éléments d'actif étrangers à l'activité professionnelle sont inférieurs à 5 % de l'ensemble des produits de l'exercice (voire à 10 %, si la condition de 5 % était satisfaite au titre de l'exercice précédent). Sur ces questions, voir n°s 9007 et 9008.

ÉVALUATION DU PORTEFEUILLE-TITRES

Principes Les valeurs mobilières composant le portefeuille (n° 10600) sont inscrites au **bilan** pour leur **valeur** d'origine, qui s'entend du prix d'achat majoré des frais accessoires pour les titres acquis à titre onéreux (voir toutefois Précisions), de la valeur nette des biens apportés pour les titres reçus en contrepartie d'un apport et de la valeur vénale dans le cas où ils seraient reçus à titre gratuit. 10605

À la fin de chaque exercice, elles doivent faire l'objet d'une évaluation. Les **modalités d'évaluation** à retenir, ainsi que les modalités de **détermination des provisions** susceptibles d'être déduites lorsqu'une dépréciation est constatée, sont communes à toutes les exploitations, quel que soit leur régime fiscal (IR ou IS), voir n°s 24135 s. Lorsque les provisions concernent des titres de sociétés à prépondérance immobilière, le dispositif de plafonnement décrit n° 24138 est susceptible de s'appliquer, étant précisé qu'il n'y a pas lieu de distinguer entre les titres de sociétés cotées et ceux de sociétés non cotées dès lors qu'ils relèvent tous du même régime. En revanche, le **régime fiscal des provisions** constituées par une exploitation relevant de l'impôt sur le revenu (IR) diffère fondamentalement de celui applicable aux entreprises passibles de l'impôt sur les sociétés. Ainsi, les provisions constituées par les entreprises soumises à l'IR en cas de dépréciation des titres sont soumises au régime fiscal des **moins-values à long terme** même s'ils sont détenus depuis moins de deux ans. Les provisions ne sont donc pas déductibles des résultats d'exploitation, mais peuvent seulement s'imputer sur les plus-values à long terme réalisées au cours de l'exercice et des dix exercices suivants. Parallèlement, les provisions pour dépréciation devenant sans objet sont soumises au régime des plus-values à long terme (BOI-BIC-PVMV-20-20-40 n° 30).

> **Précisions** À la différence des sociétés soumises à l'impôt sur les sociétés, les **frais d'acquisition de titres** (y compris de titres de participation) sont au choix de l'exploitant relevant de l'impôt sur le revenu, soit incorporés au prix de revient des titres, soit compris dans les charges immédiatement déductibles (PCG art. 221-1 renvoyant à l'art. 213-8 ; CGI ann. III art. 38 quinquies).

Parts de coopératives D'une manière générale, ces parts sont cédées et reprises à leur **valeur nominale**. Néanmoins, dans le cas exceptionnel où des événements survenus au cours de l'exercice laissent supposer que la **valeur de reprise** des parts de coopératives détenues par un exploitant (et inscrites à son actif) sera inférieure à leur valeur nominale, l'intéressé a la possibilité de constituer une **provision** pour dépréciation du portefeuille. Cette provision est soumise au régime fiscal des moins-values à long terme (BOI-BA-BASE-20-30-10-10 n° 70). 10618

> **Précisions** Selon l'administration, lorsque ces parts sont inscrites au bilan, la **prime d'émission** qui est versée en sus de la valeur nominale constitue un élément du prix d'acquisition de ces parts et ne saurait être déduite du bénéfice imposable.
> Le fait que les coopératives soient amenées statutairement à rembourser le seul montant nominal des parts et que les **droits d'entrée** leur restent acquis n'est pas, à lui seul, de nature à justifier la déduction d'une provision pour dépréciation puisque le coopérateur peut escompter du cessionnaire de son exploitation le « remboursement » des droits acquittés (BOI précité n°s 80 et 90).

CESSIONS DE TITRES DU PORTEFEUILLE

10620 Les cessions de titres du portefeuille des exploitations soumises à l'impôt sur le revenu relèvent du régime des plus-values ou moins-values d'actif à court ou à long terme lorsque les titres cédés peuvent être considérés comme faisant partie de l'**actif immobilisé**, quel que soit leur classement comptable (voir n° 10600).

Selon l'administration font partie de l'actif immobilisé :
– d'une part, les **titres détenus depuis plus de deux ans** ;
– d'autre part, les titres détenus depuis **moins de deux ans** lorsque le portefeuille comprend des titres de même nature détenus depuis plus de deux ans (BOI-BIC-PVMV-30-30-10 n° 1).

Si tous les **titres** de la nature considérée détenus par l'exploitation ont été **acquis moins de deux ans avant la cession**, les profits (ou pertes) provenant de cette cession sont traités, non comme des plus-values (ou moins-values) d'actif immobilisé, mais comme de simples bénéfices (ou pertes) d'exploitation (BOI précité n° 30).

Lorsque les titres cédés qui font partie de l'actif immobilisé ont été **détenus depuis plus de deux ans**, le résultat de la cession est imposé selon le régime des plus-values à long terme.

Lorsque les **titres** immobilisés ne sont **pas utilisés pour les besoins de l'activité** (voir n° 10600), les plus-values constatées sont soumises à un régime particulier (voir n°s 10745 s.).

Les plus-values constatées à l'occasion de la cession de titres de sociétés établis dans un **État ou territoire non coopératif** au sens de l'article 238-0 A du CGI sont exclues du régime du long terme (CGI art. 39 duodecies, 2-c), sauf si l'entreprise établit que sa prise de participation dans une telle société correspond à des opérations réelles non constitutives de fraude fiscale (Cons. const. 20-1-2015 n° 2014-437 QPC : RJF 4/15 n° 346). Cette exclusion ne vise pas les moins-values.

10625 La **durée de détention** des **titres de participation** cédés est en principe déterminée en considérant que les cessions sont réputées porter par priorité sur les titres de même nature acquis ou souscrits à la date la plus ancienne (règle Peps : premier entré, premier sorti) (CGI art. 39 duodecies, 6).

En ce qui concerne les **titres de placement**, la règle Peps est impérative, sous réserve d'une atténuation : les entreprises peuvent retenir une valeur d'achat moyenne pondérée pour les titres de même nature dont l'acquisition échelonnée résulte d'un même ordre d'achat ou a été opérée au cours d'un même exercice.

> **Précisions a.** L'administration autorise, sous certaines conditions, les entreprises à calculer, à partir d'un **prix de revient moyen pondéré**, les plus-values ou moins-values de cession partielle des **titres de participation**. Corrélativement, la durée de détention est appréciée en effectuant une répartition proportionnelle des titres cédés, compte tenu de la date effective de chacune des acquisitions (BOI-BIC-PVMV-30-30-10 n°s 150 et 160).
> **b.** Lorsque les titres cédés ont fait l'objet d'une **provision pour dépréciation**, l'exploitation doit calculer la plus-value ou la moins-value abstraction faite de la provision (BOI-BIC-PVMV-30-30-100 n° 1).

EXPLOITANTS RÉALISANT UN APPORT DE TITRES EN SOCIÉTÉS

10627 Les contribuables exerçant une activité agricole à titre professionnel au sens de l'article 155, IV du CGI (n° 10300) qui procèdent à l'apport de titres inscrits à leur bilan peuvent se placer sous un régime optionnel permettant d'éviter l'imposition immédiate des plus-values résultant de l'apport (CGI art. 151 octies B). Ce **report d'imposition** s'applique aux apports rémunérés par des titres et éventuellement une soulte ne dépassant ni 10 % de la valeur nominale des droits sociaux attribués, ni le montant de la plus-value réalisée.

Un régime semblable est prévu en cas d'apport en société de **parts de sociétés de personnes** détenues par des associés exerçant leur activité professionnelle au sein de la société (voir n° 24925).

Conditions d'application du régime Le report d'imposition s'applique lorsque les conditions suivantes sont réunies : 10629

– l'apport porte sur l'**intégralité des titres** détenus par le contribuable, inscrits à l'actif de son bilan et nécessaires à l'exercice de son activité. Ne sont pas réputés **nécessaires à l'exercice de l'activité** les droits ou parts de sociétés à prépondérance immobilière ;

– la **société bénéficiaire** de l'apport relève d'un régime réel d'imposition à la date de l'apport ;

– la société bénéficiaire reçoit à l'occasion de l'apport, et le cas échéant d'autres apports concomitants, plus de 50 % des **droits de vote** ou du **capital** de la société concernée ;

– les **titres reçus** en rémunération de l'apport sont nécessaires à l'exercice de l'activité de l'apporteur.

> **Précisions a.** Seuls ouvrent droit au dispositif les **titres nécessaires à l'exercice de l'activité** et non pas simplement affectés à l'exploitation ou présentant une simple utilité pour l'exercice de la profession. Cette jurisprudence a été rappelée par le Conseil d'État à propos de l'apport à une société holding des parts d'une clinique détenues par un chirurgien (CE 13-7-2022 nos 459899 et 459900 : RJF 11/22 n° 952, solution rendue en matière de bénéfices non commerciaux mais transposable aux bénéfices agricoles).
> **b.** Les **titres de sociétés à prépondérance immobilière** exclus du régime s'entendent des titres de sociétés dont l'actif est principalement constitué de biens immobiliers bâtis ou non bâtis qui ne sont pas affectés par l'entreprise à sa propre exploitation, de droits afférents à un contrat de crédit-bail portant sur de tels biens et conclu dans les conditions prévues à l'article L 313-7, 2 du Code monétaire et financier, de droits ou parts de sociétés dont l'actif est principalement constitué des mêmes biens, droits ou parts (CGI art. 151 octies B, II-2°).

Portée du régime L'option pour le régime spécial permet à l'apporteur de bénéficier d'un report d'imposition pour les plus-values constatées à raison de l'échange des titres. 10631

Leur imposition est reportée jusqu'à la **cession**, le **rachat** ou l'**annulation des titres** reçus en rémunération de l'apport ou des titres apportés. Il est mis fin au report d'imposition lorsque l'apporteur cesse d'exercer son activité à titre professionnel ou lorsque les titres reçus en rémunération de l'apport cessent d'être nécessaires à l'exercice de son activité. Voir toutefois n° 10739 en cas de départ en retraite de l'associé.

Le report d'imposition est maintenu en cas d'échange des droits sociaux résultant d'une **fusion** ou d'une **scission** (entrant dans la définition de l'article 210-0-A du CGI) de la société dont les titres ont été apportés ou de la société bénéficiaire de l'apport jusqu'à la date de cession, de rachat ou d'annulation des titres reçus lors de l'échange.

Le report d'imposition est également maintenu en cas de **transmission à titre gratuit** des droits sociaux rémunérant l'apport (ou des droits reçus en échange d'une fusion ou d'une scission de la société bénéficiaire de l'apport) à la double condition que l'opération soit réalisée dans les conditions prévues à l'article 41 du CGI (nos 10710 s.) et que le bénéficiaire s'engage à acquitter l'impôt afférent à la plus-value lorsque l'un des événements visés ci-dessus intervient. De manière générale, le report d'imposition est maintenu en cas de réalisation d'une nouvelle opération ouvrant droit à un report ou sursis d'imposition (CGI art. 151-0 octies).

> **Précisions a.** En cas d'**échange avec soulte**, le report d'imposition ne s'applique pas au montant de la soulte, celle-ci étant immédiatement taxable (cette plus-value peut bénéficier, le cas échéant, du régime du long terme dans la limite de la plus-value réalisée sur les titres détenus depuis au moins deux ans).
> **b.** L'**option** pour ce régime est **exclusive des régimes d'exonération** applicables, le cas échéant, en fonction du montant des recettes (nos 10300 s.), de la valeur des éléments cédés (nos 10675 s.), ou en cas de départ à la retraite de l'exploitant (nos 10730 s.). Ce dispositif ne peut pas non plus se cumuler avec les reports d'imposition prévus en cas d'apport en société d'une entreprise individuelle (nos 10685 s.).

Obligations des entreprises L'**apporteur** doit joindre à sa déclaration de revenus de l'année de réalisation de l'opération et des années suivantes un état destiné à assurer le suivi des plus-values dont l'imposition est reportée (CGI ann. III art. 41-0 A bis). La production de cet état formalise l'option du contribuable pour le régime. 10633

La **société bénéficiaire** de l'apport est, quant à elle, soumise aux mêmes obligations déclaratives que la société bénéficiaire de l'apport d'une entreprise individuelle placé sous le régime de l'article 151 octies (voir n° 10700).

5. CRÉDIT-BAIL MOBILIER ET IMMOBILIER

10640 La situation fiscale du preneur d'un contrat de crédit-bail mobilier ou immobilier obéit à des règles particulières. Notamment, des dispositions spécifiques régissent les transferts, avant leur terme initial, de contrats de crédit-bail mobilier et immobilier souscrits par des entreprises ainsi que les cessions de biens acquis à l'issue de tels contrats.

Sur les autres particularités du régime du crédit-bail, on se reportera n°s 11133 (déduction des loyers en cours de contrat) et 11435 s. (situation du cessionnaire d'un contrat de crédit-bail en cours et régime des acquisitions de biens à l'échéance du contrat).

TRANSFERTS DE CONTRATS AVANT LE TERME

10645 Les **droits** attachés à un contrat de crédit-bail sont traités comme des éléments d'actif incorporels et relèvent, en cas de cession du contrat, du régime des plus-values professionnelles.

La plus-value réalisée par le **souscripteur initial** est en principe égale au prix de cession des droits. Toutefois, en cas de cession d'un contrat de crédit-bail immobilier conclu depuis le 1er janvier 1996, la fraction des loyers exclue des charges déductibles, dans les conditions indiquées n° 11133, vient en diminution de la plus-value imposable (BOI-BIC-PVMV-40-50-10 n° 130).

Les exploitants (entreprises individuelles, sociétés ou groupements) relevant de l'impôt sur le revenu doivent ventiler la plus-value réalisée entre une **plus-value à court terme** et une plus-value **à long terme** lorsque la cession est réalisée au moins deux ans après la conclusion du contrat. La plus-value à court terme correspond à l'amortissement théorique du contrat calculé sur la base du prix d'acquisition du bien par le bailleur diminué du prix prévu pour la levée de l'option d'achat, selon le mode linéaire et sur la durée du contrat.

Toutefois, pour les contrats de **crédit-bail immobilier** conclus depuis le **1er janvier 1996**, la plus-value à court terme correspond à la fraction déduite des loyers pris en compte pour la détermination du prix de vente diminuée des frais d'acquisition de l'immeuble par le bailleur (BOI précité n° 230). La plus-value à long terme peut, le cas échéant, bénéficier de l'abattement visé n° 10171 si le contrat est détenu depuis plus de cinq ans.

> **Précisions** **En cas d'apport en société d'une entreprise individuelle titulaire d'un contrat de crédit-bail immobilier** sous le régime de l'article 151 octies du CGI (n° 10685), la plus-value de cession doit au préalable être ventilée entre la fraction qui se rapporte aux droits sur le terrain et celle qui concerne les droits sur les constructions. Pour les contrats conclus avant le 1er janvier 1996, cette ventilation est opérée en fonction des valeurs vénales respectives du terrain et des constructions à la date de la cession. Pour les contrats conclus depuis le 1er janvier 1996, la valeur des droits afférents au terrain correspond à la différence entre la valeur réelle du terrain à la date de l'opération et son prix d'acquisition par le bailleur augmentée de l'amortissement financier du terrain effectivement supporté par le preneur par le biais des loyers versés. La valeur des droits afférents aux constructions correspond à la fraction du prix de cession qui excède ce montant.

CESSIONS DE BIENS ACQUIS AU TERME DU CONTRAT

10650 Le montant de la plus-value réalisée est déterminé dans les conditions de droit commun, par différence entre le prix de vente du bien et son prix de revient tel que défini n° 11437, diminué des amortissements pratiqués.

En ce qui concerne les exploitants relevant de l'impôt sur le revenu, il convient de ventiler la plus-value réalisée entre plus-value à court terme et plus-value à long terme. La **plus-value** réalisée est à **court terme** à hauteur des amortissements :

– effectivement pratiqués sur le prix de revient du bien ;

– augmentés de l'amortissement théorique calculé comme indiqué ci-dessus n° 10645, s'agissant des biens mobiliers ou, en ce qui concerne les immeubles, des amortissements techniques que le cédant aurait pu pratiquer s'il avait été propriétaire du bien pendant la période où il a été titulaire du contrat (et, le cas échéant, des amortissements pratiqués sur le prix d'acquisition des droits représentatifs des constructions si le contrat a été acquis à titre onéreux). Le surplus de la plus-value est à **long terme** si la cession se produit deux ans au moins après l'exercice de l'option.

La durée de détention du bien est décomptée à partir de la date de levée d'option d'achat.

Les plus-values à long terme sur les immeubles peuvent bénéficier de l'abattement visé n° 10171 si le contrat est détenu depuis plus de cinq ans.

6. ÉCHANGES DE BIENS IMMOBILIERS AVEC UNE COLLECTIVITÉ PUBLIQUE

Les plus-values réalisées par les entreprises lors de l'échange d'un bien immobilier, bâti ou non bâti, avec une **collectivité** ou un **établissement public** (État, collectivité territoriale, établissement public de coopération intercommunale compétent, établissements publics ou associations foncières urbaines) qui affecte le bien à la réalisation d'un **ouvrage d'intérêt collectif** peuvent faire l'objet d'un **report d'imposition** (CGI art. 238 octies C). La plus-value, déterminée par différence entre la valeur du ou des biens ou droits reçus de la collectivité ou de l'établissement public et la valeur nette comptable du bien remis à l'échange par l'entreprise, est affectée aux biens ou droits reçus en échange au prorata de leur valeur vénale à la date de l'opération. L'imposition de la fraction de la plus-value correspondant aux **biens non amortissables** reçus en échange est reportée jusqu'à la cession de ces biens. La fraction de la plus-value correspondant aux **biens amortissables** est réintégrée au résultat imposable de l'entreprise au fur et à mesure de leur amortissement. La fraction non encore réintégrée est immédiatement imposée en cas de cession du bien ou du droit. 10660

L'**option** pour ce régime est exercée en joignant à la déclaration de résultat de l'exercice d'échange un **état de suivi** des plus-values **n° 2039-SD**, disponible sur le site impots.gouv.fr, qui doit également être produit au titre des exercices ultérieurs tant que subsistent à l'actif du bilan des éléments auxquels est attaché un report d'imposition.

> **Précisions a.** En cas de versement d'une **soulte** par l'une des parties à l'échange, celle-ci ne doit dépasser ni 10 % de la valeur vénale des biens ou droits remis à l'échange, ni le montant de la plus-value réalisée lors de l'échange.
> **b.** Sont susceptibles d'être remis et reçus lors de l'échange tous les **biens immobiliers inscrits à l'actif** de l'entreprise, qu'ils soient ou non affectés à l'exploitation de celle-ci, **quelle que soit leur nature** : terres, terrains, constructions, plantations, aménagements immobiliers ou améliorations foncières, etc. Sont également concernés les droits réels immobiliers (usufruit, nue-propriété, servitudes, etc.) et les droits portant sur un immeuble (indemnité d'éviction relative à la perte du droit au bail) (BOI-BIC-PVMV-40-10-70 n°s 100 et 110).
> **c.** Le **défaut de production de l'état n° 2039-SD** au titre de l'année d'échange entraîne l'imposition immédiate de la plus-value réalisée lors de l'échange. Pour les années postérieures, le défaut de production de l'état, ou son caractère incomplet ou inexact, entraîne l'application d'une amende égale à 5 % des résultats omis (CGI art. 1763, I).

7. TRANSMISSIONS D'EXPLOITATIONS

Plusieurs régimes spécifiques d'exonération ou de report d'imposition sont prévus en faveur des plus-values constatées lors des opérations de transmission de petites ou moyennes exploitations. Il en est ainsi pour les plus-values constatées à l'occasion des opérations de transmission d'une exploitation agricole ou d'une branche complète d'activité, d'apport en société, de transmission à titre gratuit et de cession d'exploitation lors d'un départ en retraite. 10670

L'existence de ces régimes spécifiques n'interdit en outre nullement aux contribuables d'appliquer, le cas échéant, les mesures d'exonération ou d'allégement de portée générale prévues pour toutes les cessions d'actifs, en cours comme en fin d'exploitation. Ces mesures, étudiées par ailleurs, concernent :

– l'exonération des plus-values accordée en fonction des recettes : n°s 10300 s. ;
– le dispositif d'abattement sur les plus-values immobilières à long terme : n° 10171.

> **Précisions** D'**autres mesures** sont également prévues pour faciliter les transmissions d'exploitations : donation-partage au profit de tiers (n° 20070) ; exonération ou report d'imposition des plus-values dégagées sur les parts de sociétés de personnes (n°s 24921 s.) ; enregistrement gratuit des apports à titre onéreux, lors de l'apport en société d'une entreprise individuelle (n° 25265) ; paiement fractionné des droits d'enregistrement en cas de succession ou donation (n° 22675).

a. Transmission d'une exploitation agricole ou d'une branche complète d'activité

Les plus-values réalisées à l'occasion de la **transmission, à titre onéreux ou à titre gratuit** (donation ou succession), d'une exploitation agricole ou d'une branche complète d'activité sont totalement ou partiellement exonérées selon la valeur des éléments transmis, sous réserve que l'**activité** transmise ait été exercée depuis au moins **cinq ans** (CGI art. 238 quindecies). Toutefois, 10675

lorsque l'activité a été exercée successivement ou simultanément dans plusieurs exploitations, il n'est pas exigé, en outre, que chaque exploitation ait été elle-même détenue ou exploitée pendant au moins cinq ans à la date de sa cession (CE plén. 13-6-2018 n° 401942 : RJF 10/18 n° 933).
Ce régime s'applique aux entreprises individuelles relevant de l'impôt sur le revenu et aux exploitants qui exercent leur activité professionnelle dans le cadre d'une **société de personnes**.
L'application du dispositif est exclue lorsque le cédant peut être regardé comme exerçant un **contrôle sur l'entreprise cessionnaire**, en raison des liens de participation ou des fonctions exercées.

> **Précisions a.** L'existence d'un **contrôle** est établie lorsque le cédant, ou, s'il s'agit d'une société, l'un de ses associés détenant directement ou indirectement plus de 50 % des droits de vote ou des droits dans les bénéfices sociaux ou en assurant la direction effective :
> – soit exerce la direction effective de l'entreprise cessionnaire ;
> – soit détient directement ou indirectement plus de 50 % des droits de vote ou des droits dans les bénéfices sociaux de cette entreprise.
> En cas de transmission à titre onéreux de **parts de sociétés de personnes** assimilées à une branche complète d'activité, le cédant ne doit détenir directement ou indirectement aucun droit de vote ou droit aux bénéfices sociaux dans l'entreprise cessionnaire.
> Ces conditions doivent être satisfaites de façon continue au cours des trois années qui suivent la cession, sous peine de **remise en cause de l'exonération** des plus-values (BOI-BIC-PVMV-40-20-50 n°s 260 et 270).
> **b.** Pour l'application du régime d'exonération aux **sociétés passibles de l'impôt sur les sociétés**, voir n° 24128.
> **c.** Le **cumul** de ce dispositif avec les autres régimes d'exonération ou de report des plus-values susceptibles d'être appliqués en cas de transmission d'entreprise est interdit, exception faite de l'exonération applicable en cas de départ en retraite (n°s 10730 s.) et du régime prévu en faveur des plus-values immobilières à long terme (n° 10171 ; BOI-BIC-PVMV-40-20-50 n°s 420 et 430).
> **d.** Selon l'administration, l'**option** pour le régime de l'article 238 quindecies du CGI doit être exercée au moyen d'un document signé, établi sur papier libre, lors du dépôt de la déclaration de cessation ou de cession (BOI précité n° 450). Toutefois, en l'absence de délai d'option fixé par la loi, des tribunaux ont jugé que l'option peut s'exercer postérieurement au dépôt de la déclaration de cession ou de cessation, dans le délai de réclamation (TA Clermont-Ferrand 13-6-2017 n° 1500711 : RJF 6/18 n° 584) ou dans le cadre d'une procédure contradictoire, en réponse à une proposition de rectification de l'administration (TA Poitiers 11-7-2013 n° 1101310 : RJF 2/14 n° 122).

NATURE DES ÉLÉMENTS TRANSMIS

10677 L'exonération s'applique à la transmission d'une **entreprise individuelle** ou d'une **branche complète d'activité** (voir Précisions ci-après). L'administration admet également son application en cas d'**apport partiel d'actif** (BOI-BIC-PVMV-40-20-50 n° 70).
Sont assimilés à une branche complète d'activité pour l'application du dispositif l'intégralité des **droits ou parts** détenus par un contribuable qui exerce son activité professionnelle dans le cadre d'une **société de personnes** dans les conditions prévues à l'article 151 nonies, I du CGI (voir n°s 24905 et 24921 ; BOI précité n° 90).
Si l'activité fait l'objet d'un **contrat de location-gérance**, ou d'un contrat comparable, le dispositif est applicable à condition que, outre le respect des conditions générales d'application de l'article 238 quindecies du CGI, elle soit exercée depuis au moins cinq ans au moment de la mise en location et que la **transmission** soit **réalisée au profit du locataire ou**, dans le respect du contrat de location-gérance, **de toute autre personne**, sous réserve que cette transmission porte sur l'intégralité des éléments concourant à l'exploitation (BOI précité n° 90).
Sur la cession de **biens immobiliers** bâtis ou non bâtis et des droits de sociétés à prépondérance immobilière, voir n° 10679.

> **Précisions a.** Les droits afférents à un **contrat de crédit-bail** sont assimilés à des éléments de l'actif et entrent dans le champ d'application de l'exonération, sous réserve qu'ils ne portent pas sur des biens immobiliers.
> **b.** La directive européenne définit la **branche complète d'activité** comme l'ensemble des éléments d'actif et de passif d'une division d'une société qui constituent, du point de vue de l'organisation, une exploitation autonome, c'est-à-dire un ensemble capable de fonctionner par ses propres moyens (sur cette notion, voir Mémento fiscal n°s 39245 s.). La qualification d'une branche complète d'activité relève de l'appréciation des faits. Les critères d'appréciation du caractère complet de la branche d'activité s'apprécient chez la personne procédant à la vente ou à l'apport (BOI-BIC-PVMV-40-20-50 n° 100).

ESTIMATION DES BIENS TRANSMIS

Pour l'**appréciation des seuils** d'exonération mentionnés n° 10680, il est tenu compte : 10678
– soit du prix stipulé des éléments transmis ou leur valeur vénale, auxquels sont ajoutées les charges en capital et les indemnités stipulées au profit du cédant, à quelque titre et pour quelque cause que ce soit (CGI art. 238 quindecies) ;
– soit, en cas de transmission de l'intégralité des droits ou parts d'une société de personnes, de la valeur vénale des droits transmis susceptibles de bénéficier de l'exonération, mais aussi, le cas échéant, de la valeur des droits transmis au cours des cinq années précédentes.
En revanche, les biens immobiliers bâtis ou non bâtis et les droits ou parts de sociétés dont l'actif est principalement constitué de tels biens, droits ou parts, ne sont pas pris en considération (BOI-BIC-PVMV-40-20-50 n° 293).

> **Précisions a.** Les « **charges en capital** » désignent les montants supplémentaires au prix de vente mis à la charge de l'acquéreur, qui ont la nature de capital. Tel est le cas, par exemple, lorsque l'acquéreur accepte de rembourser pour le compte du cédant le capital d'un emprunt qui grève les actifs cédés (BOI précité n° 295).
> **b.** Les « **indemnités** » stipulées au profit du cédant couvrent, quant à elles, toutes les autres charges augmentatives de prix. Tel est le cas, par exemple, des primes d'assurances échues au jour de la vente et payées par l'acquéreur en lieu et place du cédant (BOI précité n° 295).
> **c.** Les éléments de l'actif circulant, tels les **stocks**, sont pris en compte pour l'appréciation des seuils dès lors qu'ils contribuent à la valorisation des éléments transmis (BOI précité n° 295).

PLUS-VALUES EXONÉRÉES

L'exonération concerne toutes les plus-values, **à court terme ou à long terme**, constatées sur les éléments d'actif immobilisé à l'occasion de la transmission, exception faite des **plus-values immobilières** qui restent imposables dans les conditions de droit commun (ce qui signifie que l'abattement pour durée de détention peut le cas échéant s'appliquer : n° 10171) et des plus-values de cessions d'**éléments d'actif utilisés à des fins autres que l'exercice de l'activité professionnelle** qui sont soumises à un régime particulier (voir nos 10745 s.). 10679
Les plus-values immobilières exclues du régime spécial s'entendent des plus-values réalisées à raison de biens immobiliers bâtis ou non bâtis et de droits ou parts de sociétés dont l'actif est principalement constitué par ces mêmes biens. Toutefois, les plus-values réalisées à l'occasion de la cession de l'intégralité des parts détenues dans une **société de personnes** peuvent être exonérées lorsque l'actif social est principalement constitué de biens immobiliers affectés par la société à sa propre exploitation ou de droits ou parts de sociétés dont l'actif est principalement constitué des mêmes biens, droits ou parts. Les **terrains à bâtir** et biens assimilés définis à l'article 1594-0 G, A-I du CGI (voir n° 10385) ne sont pas considérés comme affectés à l'exploitation de la société.

MONTANT EXONÉRÉ

L'**exonération** est **totale** lorsque la valeur des éléments transmis n'excède pas 500 000 €. Elle est **partielle et dégressive** lorsque la valeur de ces éléments est comprise entre 500 000 € et 1 M€. La fraction exonérée est obtenue en appliquant au montant de la plus-value réalisée un taux égal au rapport suivant : (1 M€ – valeur des éléments transmis)/500 000. 10680

EXEMPLE

Un exploitant vend à un repreneur la participation qu'il détient dans la société de personnes dans laquelle il exerce son activité professionnelle pour un prix fixé à 750 000 €. L'exploitant sortant dégage à cette occasion une plus-value à long terme de 120 000 €.
Montant de la plus-value exonérée : 120 000 € × [(1 000 000 – 750 000)/500 000] = 60 000 €.

b. Apport en société d'une activité agricole

Les exploitants agricoles qui font apport à une société de leur activité professionnelle peuvent opter pour l'application d'un régime spécial qui permet d'éviter l'imposition immédiate des plus-values d'apport et des profits sur stocks dégagés par la cessation de leur activité individuelle (CGI art. 151 octies). Les modalités du **report d'imposition** de ces profits et plus-values diffèrent selon la nature des éléments concernés. 10685

INTÉRÊT DE L'OPTION

Le régime spécial étant facultatif et non cumulable avec certains dispositifs d'exonération des plus-values ou, dans certains cas, avec le régime d'amortissement fiscal temporaire des fonds 10687 commerciaux ou agricoles (voir Précisions, a), les exploitants doivent en comparer les **avantages** et les **inconvénients** avant d'en demander l'application.

Le report d'imposition des plus-values est de nature à procurer un avantage de **trésorerie**, qui peut être durable pour les biens non amortissables. Mais l'intérêt du régime peut se trouver atténué par l'obligation faite à la société de réintégrer les plus-values sur éléments amortissables dans ses bénéfices imposables au taux plein (n° 10692). De même, le report de taxation n'est pas avantageux si l'apporteur peut imputer les plus-values sur des déficits.

Enfin, en dehors des plus-values et des profits sur stocks, l'apport entraîne les conséquences d'une cessation d'entreprise : imposition immédiate des autres résultats de la période d'imposition close par l'apport.

> **Précisions a.** L'**option** pour l'application du report d'imposition des plus-values est **exclusive** des régimes d'exonération des plus-values prévus aux articles 151 septies (exonération en fonction des recettes : n°s 10300 s.), 238 quindecies (exonération en fonction de la valeur des éléments cédés : n°s 10675 s.) ou 151 septies A du CGI (exonération en cas de départ à la retraite : n°s 10730 s.).
> Le report d'imposition de l'article 151 octies est également incompatible avec le régime d'**amortissement fiscal temporaire du fonds agricole** lorsque l'apporteur détient directement ou indirectement la majorité du capital de la société bénéficiaire (Loi 2022-1157 du 16-8-2022 art. 7). Les conséquences de cette disposition sont précisées n°s 11423 s.
> **b.** Lorsque l'**option** pour le report a été **irrégulièrement exercée**, l'administration peut opposer au contribuable la situation d'apparence ainsi créée pour exiger qu'il respecte les engagements induits par son option. La cession des titres reçus en rémunération de l'apport étant au nombre des événements qui mettent fin au report d'imposition, la plus-value qui en résulte est par conséquent taxable au titre de l'année de la cession et non au titre de l'année de l'apport (CE 30-7-2010 n° 317425 : RJF 11/10 n° 996).

PORTÉE DU RÉGIME

10690 L'option pour le régime spécial permet d'éviter que la réalisation de l'apport n'entraîne l'établissement d'une imposition immédiate tirant toutes les conséquences de la cessation d'activité de l'exploitant individuel. L'opération aura pour seul effet immédiat l'**imposition du résultat du dernier exercice** d'activité.

> **Précisions a.** Le placement de la plus-value d'apport en report d'imposition est constitutif d'un **abus de droit** si l'opération d'apport a pour seule finalité de permettre à l'apporteur de disposer des liquidités correspondant à la valeur des biens transmis en évitant l'imposition des plus-values (CE 8-10-2010 n° 321361 : RJF 12/10 n° 1206).
> **b.** Les plus-values d'apport constatées à raison de droits afférents à des **contrats de crédit-bail** sont soumises au régime des plus-values sur biens amortissables ou non amortissables selon la nature des biens cédés.

10691 **Plus-values sur éléments non amortissables** Les plus-values à court terme et à long terme sur éléments non amortissables sont provisoirement exonérées de toute **imposition**. Celle-ci est **reportée** jusqu'au moment où interviendra l'un des trois événements suivants : cession à titre onéreux (vente, apport en société, etc.) des droits sociaux reçus en rémunération de l'apport, rachat ou annulation de ces droits par la société, cession par la société du bien apporté. Dans ces trois hypothèses, les plus-values en report d'imposition deviennent imposables (partiellement en cas de rachat partiel des droits) au nom de l'apporteur au titre de l'année au cours de laquelle l'événement intervient et d'après les barèmes et taux en vigueur à cette date.

Le **report d'imposition** est **maintenu** en cas de **transmission à titre gratuit** de la pleine propriété ou de la nue-propriété **des droits sociaux** rémunérant l'apport, si le bénéficiaire s'engage à acquitter l'impôt afférent à la plus-value lorsque l'un des événements visés ci-dessus intervient. Le report est également maintenu, sous la même condition d'engagement, en cas de **donation-partage avec soulte** (BOI-BIC-PVMV-40-20-30-20 n° 110). Ce maintien s'applique également en cas de **transmissions successives** à titre gratuit de droits sociaux dès lors que chaque bénéficiaire souscrit ce même engagement (BOI précité n° 140).

Le report d'imposition est également maintenu en cas de **restructuration** (fusion, scission ou apport partiel d'actif) de société civile agricole, placée sous le régime de report d'imposition de l'article 151 octies A, I du CGI (n°s 10740 s. ; Loi 2021-1900 du 30-12-2021 art. 10) et en cas d'**échange des droits sociaux** résultant d'opérations de restructuration. Dans ces hypothèses, le

report d'imposition est maintenu jusqu'à la perte de la propriété des immobilisations non amortissables apportées ou des titres détenus à la suite des opérations en cause.
Plus généralement, le report d'imposition est **maintenu dans tous les cas où** les événements censés y mettre fin génèrent eux-mêmes des **plus-values placées en report ou sursis d'imposition** jusqu'à ce que ces dernières deviennent imposables (qu'elles soient imposées ou exonérées) ou que surviennent d'autres événements mettant fin au report à l'occasion desquels les plus-values constatées ne bénéficient pas d'un report ou d'un sursis d'imposition (CGI art. 151-0 octies). Par exemple, le report d'imposition de l'article 151 octies du CGI sera maintenu si les titres reçus en rémunération de l'apport en société font l'objet d'un nouvel apport en société placé sous le régime du report d'imposition de l'article 151 nonies, IV bis du même Code (n° 24925 ; BOI précité n° 105).

> **Précisions a.** L'administration admet que la plus-value à long terme d'apport sur biens non amortissables imposable lors de la **cession des titres** reçus soit apurée par imputation de la moins-value à long terme subie à cette occasion par un associé exerçant son activité professionnelle au sein de la société. Une telle possibilité est réservée aux associés de sociétés relevant de l'impôt sur le revenu, la cession des titres d'une société soumise à l'impôt sur les sociétés relevant du régime des plus-values des particuliers (BOI-BIC-PVMV-40-20-30-20 n° 90).
> **b.** En cas de cession des titres reçus en rémunération de l'apport lors du **départ en retraite du cédant**, les plus-values peuvent le cas échéant être exonérées dans les conditions exposées n° 10739.

Plus-values sur éléments amortissables Ces plus-values ne sont pas imposées au nom de l'apporteur. Elles sont **réintégrées dans les bénéfices** imposables au taux de droit commun **de la société** bénéficiaire de l'apport et de manière échelonnée. En contrepartie, la société est autorisée à calculer les **amortissements** (suivant le mode dégressif, le cas échéant), et les **plus-values ultérieures** d'après la valeur qui leur a été attribuée lors de l'apport, mais c'est la date d'entrée dans l'actif de l'exploitation individuelle qui détermine le régime d'imposition (court terme ou long terme) des plus-values. **10692**
L'apporteur est toutefois autorisé à opter pour l'**imposition immédiate** au taux réduit des plus-values à long terme (n° 10172) de la **plus-value nette à long terme globale** afférente à ses immobilisations amortissables ; cette plus-value peut, le cas échéant, être utilisée à compenser les **déficits** d'exploitation du dernier exercice d'activité ou les déficits antérieurs restant à reporter.

> **Précisions a.** La **réintégration des plus-values** est effectuée par parts égales sur une **période** de cinq ans. Cette période est portée à quinze ans pour les constructions (structure de l'immeuble et ensemble de ses composants) et les droits s'y rapportant, ainsi que pour les plantations et les agencements et aménagements de terrains amortissables sur une durée supérieure ou égale à quinze ans. Lorsque le total des plus-values nettes sur les constructions, les plantations et les agencements et aménagements de terrains excède 90 % de la plus-value nette globale sur éléments amortissables, sa réintégration s'effectue sur la durée moyenne pondérée d'amortissement de ces biens. L'administration autorise cependant la société bénéficiaire de l'apport à procéder à la réintégration anticipée de tout ou partie des plus-values.
> Par ailleurs, la **cession** d'un bien amortissable entraîne l'imposition immédiate de la fraction de la plus-value afférente à ce bien qui n'a pas encore été réintégrée (BOI-BIC-PVMV-40-20-30-20 n° 270).
> **b.** Lorsque les apports sont transcrits aux **valeurs réelles**, l'amortissement est pratiqué dans les conditions générales, compte tenu de la méthode comptable d'amortissement par composants (nos 66035 s.)

Profits sur stocks Ceux-ci ne sont pas imposés au nom de l'apporteur, à condition que la société bénéficiaire de l'apport les inscrive à l'actif de son bilan à la valeur comptable pour laquelle ils figuraient au dernier bilan de l'entreprise apporteuse. Le profit provenant de la cession des stocks en cause est calculé d'après cette valeur (BOI-BIC-PVMV-40-20-30-20 n° 440). **10693**
En cas d'apport de stocks par un exploitant relevant du régime micro-BA, voir nos 13320 s.

Bénéfices placés en sursis d'imposition antérieurement à l'apport Des règles particulières sont prévues pour certains d'entre eux : **10694**
– l'**étalement** des **plus-values à court terme** (n° 10162) dont bénéficiait l'entreprise individuelle est maintenu au niveau de la société (à condition qu'elle ne soit pas soumise à l'impôt sur les sociétés) si celle-ci s'engage, dans l'acte d'apport, à réintégrer dans ses résultats imposables les plus-values en cause sur la durée restant à courir (BOI-BIC-PVMV-40-20-30-20 nos 520 à 630) ;

– les **provisions** ne sont rapportées aux résultats que si elles deviennent sans objet (CGI art. 151 octies, I-b-al. 4) ;
– l'étalement d'imposition des **subventions d'équipement** (n° 9910) peut, sur option exercée dans l'acte d'apport, être maintenu au niveau de la société bénéficiaire de l'apport. Cette société réintègre alors la fraction non imposée des subventions, par parts égales, soit sur la durée d'amortissement des biens (immobilisations amortissables), soit sur la période d'étalement restant à courir à la date de l'apport (immobilisations non amortissables) (BOI-BIC-PDSTK-10-30-10-20 n°s 140 à 160).

CONDITIONS D'APPLICATION

10695 L'apport doit, en principe, porter sur une **exploitation individuelle** ou sur une **branche complète d'activité** (n° 10677, Précisions, b). Si certains biens sont communs à plusieurs branches d'activité, le régime spécial s'applique aux biens transférés dans l'acte d'apport.
Il est permis d'exclure de l'apport les **immeubles** affectés à l'exploitation, à condition que ces immeubles soient mis à la disposition de la société dans le cadre d'un bail d'une durée minimale de neuf ans. On notera que l'utilisation de cette faculté entraîne le transfert des immeubles dans le patrimoine privé de l'exploitant et la taxation des plus-values de retrait d'actif qui en résultent.
La **rupture du contrat** de mise à disposition des immeubles d'exploitation, ou son non-renouvellement, entraîne la réintégration, au titre de l'exercice au cours duquel elle est intervenue, de la fraction non encore imposée des provisions et plus-values sur biens amortissables au nom de la société bénéficiaire des apports, et de la fraction non encore imposée des plus-values sur biens non amortissables au nom de l'apporteur (CGI art. 151 octies, b-al. 7).

› **Précisions a.** L'administration admet l'application du régime examiné ci-dessus aux apports d'exploitations individuelles réalisés par les **conjoints** exploitants agricoles (BOI-BA-BASE-20-20-30-60 n° 30).
S'agissant des entreprises transmises à une **indivision successorale**, les dispositions de l'article 151 octies du CGI peuvent, selon l'administration, trouver à s'appliquer dans deux cas :
– lorsque, au décès de l'exploitant, l'entreprise est transmise à une indivision successorale, les plus-values constatées à cette occasion peuvent être placées sous le régime de l'article 151 octies, dans la mesure où les héritiers poursuivent l'exploitation en société de fait ; en l'absence de société de fait, c'est le régime de l'article 41 (n° 10710) du CGI qui est applicable ;
– lorsque l'indivision successorale fait ensuite apport de l'entreprise à une société de droit. Ce régime est applicable sur option formulée par chaque héritier apporteur. Elle vaut engagement de respecter les obligations prévues à l'article 151 octies du CGI. Le report d'imposition et l'étalement portent alors sur les plus-values dégagées sur les éléments au bilan de l'entreprise exploitée par l'indivision (BOI-BIC-PVMV-40-20-30-10 n° 50).
b. L'administration admet que les **droits à paiement de base** (DPB), ne soient pas compris dans l'apport lorsqu'ils sont liés à l'exploitation de terres non comprises dans l'apport en société mais mises à disposition du bénéficiaire dans le cadre d'un contrat d'au moins neuf ans, et si les droits en cause sont eux-mêmes mis à la disposition du bénéficiaire dans les mêmes conditions (BOI-BA-BASE-20-20-30-60 n° 70).
c. Les **dettes** peuvent ne pas être comprises dans l'apport, tout comme les éléments de l'**actif circulant** (à condition toutefois que le passif qui s'y rattache directement ne soit pas transmis). Il en est de même des stocks non indispensables à la poursuite de l'activité par le repreneur (BOI-BIC-PVMV-40-20-30-10 n° 240).

10697 **Bénéficiaires de l'apport** L'apport peut être effectué en faveur de **toute société** quels que soient sa forme (société de personnes, y compris les sociétés de fait ou en participation, EARL ou encore société de capitaux) et son régime fiscal (impôt sur le revenu ou impôt sur les sociétés), et qu'elle soit nouvelle ou préexistante. Toutefois, la société bénéficiaire de l'apport doit être soumise à un **régime réel d'imposition** à la date de l'apport.

10698 **Rémunération de l'apport** La rémunération de l'apport doit être exclusivement constituée d'actions ou parts sociales pour une valeur au moins égale à la valeur réelle de l'ensemble des éléments d'actif immobilisé apportés, diminuée du **passif** directement affectable à ces immobilisations (CE 16-4-2010 n° 309608 : RJF 7/10 n° 658). Le régime n'est pas applicable lorsque les actifs transférés sont rémunérés par le versement de **sommes d'argent**, la prise en charge d'un **passif personnel** à l'apporteur, ou l'ouverture d'un **compte courant** à son nom (CAA Bordeaux 31-12-2004 n° 01-349 : RJF 5/05 n° 424 ; voir également CE 21-3-2008 n° 294816 : RJF 6/08 n° 638). Le report d'imposition est également exclu lorsque la valeur réelle des apports est nulle.

Lorsque **l'apporteur cède l'actif circulant tout en transférant le passif correspondant**, le régime ne s'applique que si ce passif vient grever le prix de cession dudit actif et non la rémunération de l'apport des immobilisations.

Obligations des exploitants L'apporteur et la société doivent, conjointement, exercer l'**option** pour le régime spécial dans l'acte d'apport ou de constitution de la société. Un modèle d'option est fourni par l'administration (BOI-LETTRE-000058). À défaut d'option, la plus-value est immédiatement taxable (CE 18-5-2009 n° 298039 : RJF 8-9/09 n° 719). 10700

L'**apporteur** informe l'administration de la cession de son entreprise dans un délai de 45 jours décompté à partir de sa réalisation puis souscrit la déclaration de résultat de l'exercice clos par l'apport dans un délai de 60 jours à compter de la même date (CGI art. 201 et 202). Un **état de suivi des plus-values** en report d'imposition relatif aux éléments amortissables et non amortissables apportés et aux titres reçus en rémunération des apports doit être joint à cette déclaration. L'apporteur doit par ailleurs joindre à sa déclaration de revenus de l'année de réalisation de l'opération et des années ultérieures un état (conforme à un modèle fourni par l'administration : BOI-FORM-000018) destiné à assurer le suivi des plus-values sur éléments non amortissables dont l'imposition est reportée.

La **société bénéficiaire de l'apport** doit quant à elle, d'une part, joindre à ses déclarations de résultats un état de suivi des plus-values non imposées lors de l'apport, d'autre part, tenir un registre relatif aux plus-values sur éléments non amortissables.

Le non-respect des obligations relatives à l'état de suivi ou au registre des plus-values entraîne l'exigibilité d'une amende fixée à 5 % des sommes omises, sauf s'il s'agit d'une première infraction au titre de l'année civile en cours et des trois années précédentes et que les intéressés ont réparé leur omission soit spontanément, soit à la première demande de l'administration (CGI art. 1763).

c. Transmission à titre gratuit d'une exploitation individuelle

REPORT D'IMPOSITION

Conditions d'application Les bénéficiaires d'une transmission à titre gratuit (succession, donation) d'une exploitation individuelle peuvent, en cas de poursuite de l'activité, opter pour un régime de report d'imposition des plus-values d'actif constatées au jour de la transmission. Ce report s**e transforme en exonération définitive** des plus-values si l'activité est poursuivie pendant au moins cinq ans par l'un des bénéficiaires de la transmission (CGI art. 41). 10710

La **combinaison** de ce dispositif avec les **régimes** d'exonération des plus-values applicables en fonction des recettes (CGI art. 151 septies ; n°s 10300 s.) ou de la valeur des éléments cédés (CGI art. 238 quindecies ; n°s 10675 s.) est interdite.

On notera qu'un régime semblable est prévu en cas de transmission à titre gratuit de **parts de sociétés de personnes** détenues par des associés exerçant leur activité professionnelle au sein de la société (voir n° 24924).

La transmission doit en principe porter sur l'**ensemble des éléments de l'actif immobilisé** affectés à l'exercice de l'activité professionnelle (ou sur une **branche complète d'activité** : n° 10677, Précisions, b). Il est toutefois admis que les **immeubles** d'exploitation ne soient pas transmis, les plus-values correspondantes faisant alors l'objet d'une imposition immédiate. 10711

Le nouvel exploitant peut inscrire les biens transmis à son bilan pour leur **valeur** réelle à la date de la transmission et les amortir sur cette base réévaluée (il n'est nullement tenu de reprendre les valeurs figurant au bilan de l'ancien exploitant).

L'apport des **stocks** n'est pas une condition d'application du régime et n'est donc pas obligatoire. S'il est effectué, les profits correspondants ne sont pas imposés au nom du donateur ou du défunt à condition que le nouvel exploitant les inscrive à l'actif de son bilan à la valeur comptable pour laquelle ils figuraient au dernier bilan de l'ancien exploitant. Dans ce cas, le profit est imposé au nom du nouvel exploitant lorsqu'il cède les stocks en cause.

L'**exploitation** doit être **continuée** personnellement, dans les mêmes conditions, par les héritiers ou donataires. En cas de pluralité de bénéficiaires, il suffit qu'un seul d'entre eux poursuive l'exploitation.

› **Précisions a.** En cas de transmission d'une entreprise au profit d'une **indivision successorale**, le régime ne s'applique que si l'activité est poursuivie par un seul des héritiers. Si ces derniers poursuivent l'exploitation dans le cadre d'une **société de fait**, les plus-values peuvent être placées sous le régime du report d'imposition prévu à l'article 151 octies du CGI (n°s 10685 s. ; BOI-BIC-PVMV-40-20-30-10 n° 260).

b. Pour pouvoir prétendre au régime, les héritiers (ou donataires) doivent exercer une

option expresse au moment où ils acceptent la transmission.

c. Les bénéficiaires de la transmission doivent produire un **état récapitulatif** des plus-values dont l'imposition est reportée et joindre à leur déclaration d'ensemble des revenus un **état de suivi** de ces plus-values. Un état identique doit être joint par le **nouvel exploitant** à sa déclaration de résultat de chaque exercice couvert par le report d'imposition.

d. L'administration admet l'application de ce régime en cas de **donation-partage avec soulte** d'une entreprise individuelle (BOI-BIC-PVMV-40-20-10 n° 825).

10715 **Portée du dispositif** Toutes les **plus-values, à court terme ou à long terme**, constatées sur les éléments d'actif (immobilisés et utilisés pour l'exercice de l'activité professionnelle) transmis bénéficient d'un **report d'imposition**. Celui-ci prend fin si les biens et droits transmis sont cédés ou si l'activité est vendue ou cesse dans les cinq ans qui suivent sa transmission (délai décompté de date à date).

Lorsque le report prend **fin**, les plus-values en report sont imposables (pour partie en cas de cession isolée de certains biens, en totalité en cas de cession ou cessation d'entreprise) au nom du ou des bénéficiaires de la transmission, en plus des plus-values acquises depuis la transmission de l'entreprise. On notera que le délai de détention des éléments cédés est décompté à partir de leur date d'acquisition ou de création par l'ancien exploitant.

Il est également mis fin au report d'imposition en cas de **cession** à titre onéreux **de ses droits par un des bénéficiaires de la transmission**. Ce dernier est alors imposable, au titre de l'année de cession, sur le montant de la plus-value afférente à ses droits. Tel est le cas, selon l'administration, lorsqu'un héritier abandonne ses droits sur l'entreprise à l'occasion d'une cession de ses droits indivis au profit d'un cohéritier.

Le report se transforme en **exonération définitive** si l'un au moins des bénéficiaires poursuit l'activité pendant au moins cinq ans à compter de la date de transmission.

Le **report** d'imposition peut par ailleurs être **maintenu** (si, par hypothèse, il ne s'est pas transformé entre-temps en exonération définitive) :

– en cas de **partage avec soulte** ou de **nouvelle transmission à titre gratuit** dans le délai de cinq ans par l'un des héritiers ou donataires à condition que le bénéficiaire s'engage à acquitter l'impôt afférent à la plus-value lorsque l'un des événements visés ci-dessus intervient dans le délai de cinq ans, décompté à partir de la transmission initiale ;

– en cas d'**apport en société** de l'entreprise transmise dans les conditions prévues à l'article 151 octies du CGI (n°s 10685 s.) si le ou les apporteurs prennent l'engagement d'acquitter la plus-value en report à la date de cession ou de cessation de l'entreprise, ou à la date de cession d'un des éléments d'actif initialement transmis si elle est antérieure. Cet engagement doit être pris pour la durée de cinq ans restant à courir à la date de l'apport. En cas de cession de tout ou partie des titres reçus en rémunération de l'apport dans ce même délai, il est mis fin au report (partiellement en cas de cession partielle des droits sociaux) au nom du ou des apporteurs cédants.

> **Précisions a.** En cas d'**apport en société** placé sous le régime de report d'imposition de l'article 151 octies du CGI, la plus-value placée sous ce dispositif est celle constatée sur les éléments apportés depuis la date de la transmission à titre gratuit. La plus-value placée sous le report d'imposition de l'article 41 suit, pour sa part, le régime qui lui est propre (exonération totale au bout de cinq ans).
>
> **b.** L'**étalement des plus-values à court terme** dont bénéficiait l'ancien exploitant est maintenu si le nouvel exploitant s'engage à réintégrer dans ses résultats imposables les plus-values en cause sur la durée restant à courir.
>
> **c.** En ce qui concerne les **profits sur les stocks**, voir n° 10711.
>
> **d.** Les plus-values de cession d'**éléments d'actif utilisés à des fins autres que l'exercice de l'activité professionnelle** sont soumises à un régime particulier (voir n°s 10745 s.).

10720 **Transmissions intervenues avant le 2 janvier 2004** Les transmissions à titre gratuit d'entreprises individuelles intervenues avant le 2 janvier 2004 ont pu, sous certaines conditions, bénéficier d'un **sursis d'imposition** qui prend **fin** en cas de **cession** ou de **cessation** de l'entreprise ou lors de la cession d'un des éléments transmis si elle est antérieure. Dans ces hypothèses, les plus-values imposables au nom des nouveaux exploitants comprennent celles dont l'imposition avait été différée. Lorsque la cessation d'entreprise résulte d'un apport en société de l'exploitation, les plus-values peuvent toutefois bénéficier, le cas échéant, du dispositif prévu à l'article 151 octies du CGI (voir n°s 10685 s.).

Les plus-values en sursis d'imposition deviennent également imposables si les **conditions d'application** du régime (maintien des anciennes valeurs comptables des éléments d'actif par exemple) cessent d'être remplies.

d. Cession d'exploitation lors d'un départ en retraite

Les plus-values réalisées lors de la cession à titre onéreux d'une exploitation individuelle répondant à la définition des PME et relevant de l'impôt sur le revenu, pour cause de départ à la retraite de l'exploitant, sont exonérées à la condition que l'activité ait été exercée pendant au moins cinq ans (CGI art. 151 septies A). Les plus-values en report d'imposition taxables à cette occasion peuvent également être exonérées sous certaines conditions. L'**option** pour ce régime d'exonération est exercée lors du dépôt de la déclaration de cessation (BOI-BIC-PVMV-40-20-20-50 n° 30). **10730**

Le **cumul** de ce dispositif avec le **report d'imposition** accordé en cas d'apport en société d'une entreprise individuelle (n°s 10685 s.) ou de restructuration de sociétés civiles agricoles (n°s 10740 s.) est interdit. Il peut en revanche se combiner avec les **exonérations** applicables en fonction du montant des recettes (n°s 10300 s.) ou de la valeur des éléments cédés (n°s 10675 s.). Un exploitant qui ne bénéficie que d'une exonération partielle compte tenu du montant de ses recettes (ou de la valeur de l'entreprise transmise) peut ainsi demander à bénéficier du régime prévu en cas de départ en retraite pour la fraction des plus-values qui reste imposable (BOI précité n° 1).

CHAMP D'APPLICATION DE L'EXONÉRATION

Peuvent bénéficier de l'exonération les **cessions à titre onéreux** portant soit sur une **exploitation individuelle**, soit sur l'intégralité des droits ou parts d'une **société de personnes** relevant de l'impôt sur le revenu détenus par un associé exerçant son activité professionnelle au sein de la société (n° 24905). **10733**

L'exonération s'applique également sous certaines conditions, à la plus-value imposable au nom de l'associé d'une **société de personnes** qui **cède son activité**.

L'exonération est cependant réservée aux entreprises qui répondent à la définition européenne des **PME** (voir n° 24921).

> **Précisions a.** L'administration exige que l'**activité** déployée dans l'entreprise individuelle soit exercée **à titre professionnel** (BOI-BIC-PVMV-40-20-20-10 n°s 200 s.) mais cette condition ne résulte pas de l'article 151 septies A du CGI. À ce titre, elle exclut du dispositif les **bailleurs à ferme**, mais pas les **bailleurs à métayage** dans la mesure où ils participent effectivement aux risques de l'exploitation, conformément aux prescriptions des articles L 417-1 et suivants du Code rural et de la pêche maritime (BOI précité n°s 260 et 280).
> **b.** Le régime d'exonération est applicable en cas de **rachat** ou d'**annulation des droits ou parts** par la société qui les a émises ainsi que, sous certaines conditions, en cas de cession d'activité par une société soumise au régime des sociétés de personnes qui est immédiatement dissoute (BOI-BIC-PVMV-40-20-20-10 n° 320 ; BOI-BIC-PVMV-40-20-20-20 n°s 250 s.).
> **c.** Les **immeubles** nécessaires à l'exploitation peuvent être conservés par le cédant dès lors que le cessionnaire s'en voit garantir l'usage de manière pérenne. Le **passif** et la **trésorerie** peuvent ne pas être cédés avec l'exploitation (BOI-BIC-PVMV-40-20-20-20 n°s 130 et 150). Il en est de même selon nous pour les **stocks**.

Cession d'un fonds donné en location-gérance La cession d'une activité qui a fait l'objet d'un contrat de location-gérance (ou d'un contrat comparable) peut bénéficier de l'exonération à condition que l'activité ait été exercée pendant cinq ans au moment de la mise en location et que la **transmission** soit **réalisée au profit du locataire ou**, dans le respect du contrat, **de toute autre personne**, sous réserve que cette cession porte sur l'intégralité des éléments concourant à l'exploitation de l'activité qui a fait l'objet du contrat de location-gérance (CGI art. 151 septies A, IV). **10734**

N'est pas effectué dans le respect du contrat de location-gérance et ne peut pas, par suite, bénéficier du dispositif, la cession dans le cadre de laquelle le contribuable, alors qu'il est tenu contractuellement de proposer en priorité au locataire-gérant d'acquérir le fonds donné en location-gérance, s'affranchit de cette obligation contractuelle et cède directement le fonds à un tiers sans avoir proposé au préalable à son locataire-gérant de l'acquérir (BOI-BIC-PVMV-40-20-20-20 n° 290).

CONDITIONS D'APPLICATION

10735 **Règles générales** Pour que l'exonération s'applique, il faut :

– que l'**activité** ait été exercée pendant au moins **cinq ans** (condition appréciée selon les modalités exposées nos 10365 s., sauf Précisions, c ci-dessous : terme du délai fixé à la date de réalisation de la transmission) ;

– que le cédant ne **contrôle** pas l'entreprise **cessionnaire,** c'est-à-dire qu'il ne détienne pas directement ou indirectement plus de 50 % des droits de vote ou des droits dans les bénéfices sociaux de cette entreprise ;

– que le **cédant cesse toute fonction** dans l'entreprise cédée (entreprise individuelle ou société de personnes) ou dans la société dont les parts sont cédées et fasse valoir ses droits à la retraite dans les deux ans suivant ou précédant la cession. Le départ à la retraite et la cessation des fonctions peuvent intervenir indifféremment l'un avant la cession et l'autre après (ou inversement), pour autant qu'il ne s'écoule pas plus de 24 mois, appréciés de date à date, entre chacun de ces évènements et la cession. Par conséquent, il ne peut pas s'écouler plus de 48 mois entre la cessation des fonctions et le départ à la retraite (BOI-BIC-PVMV-40-20-20-30 nos 1 à 20).

Exemple : un contribuable qui cède son entreprise individuelle le 25 juillet N devra cesser toute fonction dans l'entreprise individuelle et faire valoir ses droits à la retraite entre le 25 juillet N – 2 et le 25 juillet N + 2.

Lorsqu'une **société de personnes** cède son activité, il doit être procédé à sa **dissolution** de manière concomitante à la cession.

> **Précisions** **a.** La **date** à laquelle le cédant **fait valoir ses droits à la retraite** s'entend de la date à laquelle il entre en jouissance de ses droits dans le régime obligatoire de base auprès duquel il est affilié à raison de l'activité cédée, c'est-à-dire le premier jour du mois suivant le dépôt de la demande de liquidation de la retraite (CE 5-3-2018 n° 409970 : RJF 6/18 n° 619). Il n'est pas exigé que l'exploitant liquide sa retraite à taux plein, ou qu'il entre en jouissance des droits qu'il a acquis auprès d'un régime complémentaire (Rép. Blanc : AN 9-1-2007 n° 96903, non reprise au Bofip).
>
> **b.** L'exonération est remise en cause lorsque la **condition d'absence de contrôle du cessionnaire** par le cédant **cesse d'être remplie** à un moment quelconque au cours des trois années qui suivent la cession.
>
> **c.** En cas de **cession d'activité par une société de personnes**, l'administration considère que la condition d'**exercice** de l'activité **pendant cinq ans** s'apprécie en fonction de la situation de l'associé et non par rapport à la société (BOI-BIC-PVMV-40-20-20-20 n° 260).
>
> **d.** S'agissant des exploitants qui ont **cédé** leur **exploitation avant le 14 avril 2023** et qui se trouvent dans l'impossibilité de respecter l'engagement de faire valoir leurs droits à la retraite dans le délai de deux ans à la suite de la **réforme des retraites**, l'administration admet ne pas remettre en cause le dispositif sous réserve qu'ils remplissent les deux conditions suivantes :
>
> – ils auraient atteint, dans le délai de deux ans suivant la cession, l'âge légal de départ en retraite applicable avant la réforme ;
>
> – ils partent effectivement en retraite à l'âge légal relevé par cette même réforme (Rép. Gatel : Sén. 28-9-2023 n° 6476 rendu à propos du dispositif de l'article 150-0 D ter du CGI mais transposable, selon nous, au dispositif de l'article 151 septies A du même Code).

10736 **Départs en retraite intervenus entre 2019 et 2021** Pour tenir compte des difficultés rencontrées par les entrepreneurs pour trouver un repreneur durant la pandémie de Covid-19, l'article 19 de la loi 2021-1900 du 30 décembre 2021 prévoit, sous certaines conditions, un allongement d'un an du délai maximum entre le départ à la retraite et la cession. En pratique, lorsque le cédant a fait valoir ses droits à la retraite entre le 1er janvier 2019 et le 31 décembre 2021, et que ce départ en retraite précédait la cession, le délai prévu par l'article 151 septies A du CGI est porté de deux à trois ans (Loi 2021-1900 du 30-12-2021 art. 19, III).

EXEMPLE

Un contribuable qui a fait valoir ses droits à la retraite le 15 mars 2021, préalablement à la cession, bénéficie d'un délai non plus de deux ans mais de trois ans pour céder son entreprise, à compter du premier des deux évènements survenus entre le départ à la retraite et la cessation des fonctions.

Si le départ à la retraite est le premier évènement à se réaliser, la cession peut intervenir dans un délai maximum de 36 mois, soit jusqu'au 15 mars 2024, le délai maximum pour la cessation des fonctions étant lui-même porté à 36 mois à compter de la cession, soit jusqu'au 15 mars 2027. Dans ce cas, le délai maximum entre le départ à la retraite et la cessation des fonctions est donc de 72 mois.

Une **société de personnes** peut, de la même façon, céder son activité dans les trois années suivant la date à laquelle l'associé a fait valoir ses droits à la retraite lorsque cette date est comprise entre le 1er janvier 2019 et le 31 décembre 2021. Il doit être procédé à sa **dissolution** de manière concomitante à la cession.

PORTÉE DE L'EXONÉRATION

Plus-values de cession L'exonération s'applique à la **totalité des plus-values**, à court terme ou à long terme, dégagées à l'occasion de la cession, à l'exception des **plus-values immobilières** qui restent imposables dans les conditions de droit commun (application le cas échéant de l'abattement pour durée de détention : nº 10171) (BOI-BIC-PVMV-40-20-20-40 nº 1). En ce qui concerne les plus-values de cessions d'**éléments d'actif utilisés à des fins autres que l'exercice de l'activité professionnelle**, voir toutefois nos 10745 s. 10737

Les plus-values immobilières s'entendent des plus-values réalisées à raison de biens immobiliers bâtis ou non bâtis et de droits ou parts de sociétés dont l'actif est principalement constitué par ces mêmes biens. Toutefois, les plus-values réalisées à l'occasion de la cession de l'intégralité des parts détenues dans une **société de personnes** peuvent être exonérées lorsque l'actif social est principalement constitué de biens immobiliers affectés par la société à sa propre exploitation (ou donnés en location à titre principal à des entreprises liées au sens de l'article 39, 12 du CGI [nº 9962, Précisions, b] lorsque celles-ci les affectent à leur propre exploitation) ou de droits ou parts de sociétés dont l'actif est principalement constitué des mêmes biens, droits ou parts.

Les **profits** dégagés sur les éléments de l'**actif circulant** cédés sont imposables dans les conditions de droit commun.

Bien qu'exonérées d'impôt sur le revenu, les **plus-values** restent soumises aux **prélèvements sociaux** en vigueur l'année de l'exonération, y compris lorsqu'elles ont été placées en report d'imposition avant l'institution de ces prélèvements (CE 12-10-2018 nº 401292 : RJF 1/19 nº 103).

Plus-values en report d'imposition Les plus-values en report d'imposition deviennent en principe immédiatement taxables en cas de cession d'entreprise. Toutefois, certaines de ces plus-values sont définitivement exonérées lorsque la plus-value dégagée à l'occasion du départ en retraite de l'exploitant bénéficie elle-même du régime d'exonération des plus-values professionnelles. Sont concernées les plus-values en report d'imposition réalisées dans le cadre des opérations suivantes : 10739

– apport en société par une personne physique d'une entreprise individuelle ou d'une branche d'activité, seules les plus-values d'apport sur biens non amortissables étant visées (CGI art. 151 octies, I-a ; nos 10685 s.) ;

– apport en société de titres inscrits au bilan d'une entreprise individuelle (CGI art. 151 octies B ; nos 10627 s.) ou de titres d'associé d'une société de personnes (CGI art. 151 nonies, IV bis ; nº 24925) ;

– restructuration de sociétés civiles agricoles (CGI art. 151 octies A ; nos 10740 s.).

Lorsque la plus-value réalisée par le cédant relève du régime des **plus-values des particuliers**, par exemple lorsque la société de personnes dans laquelle il exerce son activité professionnelle a opté pour l'impôt sur les sociétés, les plus-values professionnelles en report d'imposition sont exonérées dans les conditions indiquées nos 24923 s. La plus-value de cession relevant du régime des plus-values privées peut quant à elle bénéficier, le cas échéant, des abattements pour durée de détention visés nos 24454 s.

8. OPÉRATION DE RESTRUCTURATION DE SOCIÉTÉS CIVILES AGRICOLES

Le régime de report d'imposition des plus-values, prévu à l'article 151 octies A du CGI en faveur des sociétés civiles professionnelles, s'applique également aux plus-values constatées par une société civile agricole à l'occasion de l'apport de ses éléments d'actif à une autre société civile agricole. 10740

Les associés d'une société civile agricole peuvent donc bénéficier du report d'imposition prévu par l'article 151 octies du CGI (voir nos 10685 s.) pour les **plus-values nettes d'apport sur immobilisations non amortissables** qui restent imposables en leur nom à raison d'une opération de fusion, d'apport partiel d'actif ou de scission au profit d'une autre société civile agricole (CGI art. 151 octies A, al. 2).

La mise en œuvre de ce régime est subordonnée à l'exercice d'une **option** conjointe de la société apporteuse et de la société bénéficiaire (voir modèle BOI-LETTRE-000262) dans l'acte d'apport, de fusion ou de scission.

10741 Le régime de report d'imposition des plus-values prévu à l'article 151 octies A s'applique aux opérations de **fusion** ou d'**apport partiel d'actif** portant sur une branche complète d'activité. Sont également éligibles les **scissions** à l'occasion desquelles chacune des sociétés bénéficiaires des apports reçoit une ou plusieurs branches complètes d'activités. En outre, les titres rémunérant la scission doivent être répartis proportionnellement aux droits de chaque associé dans le capital de la société scindée.

L'option pour ce dispositif permet également le report de l'imposition de la **plus-value d'échange des titres** constatée par l'associé de la société civile agricole absorbée ou scindée jusqu'à la perte de propriété des titres reçus en rémunération de la fusion ou de la scission.

En cas d'**apport d'une exploitation agricole à un Gaec**, l'impôt sur le revenu dû en raison des bénéfices réalisés dans cette exploitation et qui n'ont pas encore été imposés est immédiatement établi en application des dispositions de l'article 73 E, II du même Code. Cependant, lorsque l'option pour le régime prévu à l'article 151 octies A, I du CGI est exercée, le dispositif de report d'imposition des plus-values d'apport peut s'appliquer.

> **Précisions a.** Sont considérées comme des **sociétés civiles agricoles**, les sociétés civiles dont les bénéfices relèvent exclusivement de la catégorie des bénéfices agricoles, y compris les produits des activités accessoires imposés dans cette catégorie en application de l'article 75 du CGI.
> Sont principalement concernés : les exploitations agricoles à responsabilité limitée (EARL), les groupements agricoles d'exploitation en commun (Gaec), les sociétés civiles d'exploitation agricole (SCEA), les groupements fonciers agricoles (GFA) et les groupements fonciers ruraux (GFR).
> **b.** L'option pour le report d'imposition dispense, sous certaines conditions, les sociétés agricoles concernées de certaines régularisations normalement prévues en cas de cessation d'activité, notamment :
> – la réintégration des sommes déduites et non encore utilisées au titre de la **dotation pour épargne de précaution** (CGI art. 73, III), de la **déduction pour investissement** (CGI art. 72 D dans sa rédaction en vigueur jusqu'au 31-12-2018) et de la **déduction pour aléas** (CGI art. 72 D bis dans sa rédaction en vigueur jusqu'au 31-12-2018) ;
> – l'imposition immédiate de la fraction des **résultats agricoles exceptionnels** non encore réintégrée au revenu imposable (CGI art. 75-0 A) ;
> – l'imposition au taux marginal de l'impôt sur le revenu de l'excédent du bénéfice agricole sur la **moyenne triennale** imposé au titre de l'article 75-0 B du CGI ;
> – l'imposition de la fraction non encore imposée des **subventions d'équipement** relevant de l'article 42 septies du CGI (n° 9915).
> **c.** Les contribuables qui bénéficient du report d'imposition doivent **joindre à leur déclaration de résultats** un état de suivi des plus-values d'apport ou d'échange de titres et tenir un registre de suivi des plus-values (BOI-BA-CESS-40-30 n° 40).

9. ÉLÉMENTS D'ACTIF NON UTILISÉS POUR LES BESOINS DE L'ACTIVITÉ

10745 Les plus et moins-values de cession de biens qui, au cours de leur période d'inscription à l'actif d'une exploitation individuelle, n'ont pas toujours été utilisés pour l'exercice de l'activité professionnelle ne relèvent du régime des plus-values professionnelles que pour une fraction de leur montant (CGI art. 155, II et III). La **plus ou moins-value** de cession de ces biens doit être **ventilée** en **deux parties** :

– une fraction afférente à la période pendant laquelle le bien a concouru à l'exercice de l'activité, soumise au régime des plus-values professionnelles (nos 10100 s.) ;

– une fraction relative à la période pendant laquelle le bien n'a pas été utilisé pour l'exercice de l'activité, qui relève des règles d'imposition des plus-values privées : plus-values immobilières (nos 20600 s.) ou plus-values sur valeurs mobilières et droits sociaux (CGI art. 150-0 A à 150-0 E), selon la nature du bien.

10747 La fraction de la **plus-value professionnelle** visée n° 10745 est déterminée par différence entre un prix de cession ajusté et la valeur comptable de l'élément d'actif cédé (majoré, le cas échéant, des amortissements réintégrés). Le prix de cession à prendre en compte s'entend de la somme (CGI art. 155, II-2) :

– du prix de cession réel multiplié par le rapport existant entre la durée d'utilisation professionnelle et la durée d'inscription du bien à l'actif ;

– et de la valeur d'origine du bien multipliée par le rapport existant entre la durée d'utilisation non professionnelle et la durée d'inscription du bien à l'actif.

La fraction de la **plus-value privée** est égale au prix de cession réel de l'actif diminué du prix de cession retenu pour la détermination de la plus-value professionnelle.

EXEMPLE

Un agriculteur soumis au régime réel acquiert au prix de 200 000 €, le 1er janvier 2016, une parcelle qu'il exploite directement jusqu'au 31 décembre 2021 puis qu'il donne à bail à compter du 1er janvier 2022. La parcelle – qui figure à l'actif de l'exploitation depuis son acquisition – est cédée à 240 000 € le 31 décembre 2025.

Prix de cession retenu pour le calcul de la plus-value professionnelle :

[(240 000 € × 6/10) + (200 000 × 4/10)] = 224 000 €

Plus-value professionnelle :

224 000 – 200 000 = 24 000 €

Plus-value privée :

240 000 – 224 000 = 16 000 €

La plus-value globale réalisée (40 000 €) se trouve ainsi ventilée au prorata des durées d'affectation de la parcelle aux activités professionnelle (40 000 × 6/10 = 24 000 €) et privée [(40 000 × 4/10) = 16 000 €].

Lorsque des **biens inscrits** à l'actif n'ont **jamais été utilisés pour l'exercice de l'activité**, leur cession génère néanmoins une plus-value professionnelle (par application de la méthode de calcul exposée ci-dessus n° 10747), à hauteur des amortissements déduits du résultat des exercices ouverts avant le 1er janvier 2012, ou de ceux admis en déduction après cette date en application de la tolérance de 5 % exposée n° 9008. **10750**

SECTION 5 CHARGES

Les charges déductibles pour la détermination du bénéfice imposable comprennent : **10900**
– les **achats** de matières et marchandises ou produits assimilés ;
– les dépenses que le CGI (art. 39, 1-1°) désigne sous l'appellation globale de **« frais généraux »** ;
– les **amortissements** ;
– les **provisions**.

Ces deux dernières catégories, en raison de leur importance, font l'objet d'une étude distincte (respectivement nos 11400 s. et 11700 s.).

La question de l'imputation ou du report des **déficits** est traitée nos 11800 s.

> **Précisions** Outre les déductions correspondant à des charges proprement dites, les agriculteurs peuvent bénéficier, à certaines conditions, de **déductions** et d'**abattements particuliers**. Voir notamment à ce propos nos 11750 s. les déductions exceptionnelles en faveur de l'investissement productif et nos 14400 s. les principaux allégements fiscaux (avantages liés à l'adhésion à un centre de gestion agréé, abattement sur le bénéfice des jeunes exploitants, déduction pour épargne de précaution, crédits et réductions d'impôt) prévus en faveur des agriculteurs soumis à un régime réel d'imposition.

CONDITIONS GÉNÉRALES DE DÉDUCTION

Pour être admis en déduction des bénéfices imposables, les frais généraux doivent, d'une manière générale, remplir les trois conditions ci-après : **10905**
– être exposés dans l'intérêt de l'exploitation, autrement dit se rattacher à une **gestion normale** (d'où exclusion des dépenses personnelles notamment) ;
– se traduire par une **diminution de l'actif net** de l'exploitation ;
– être régulièrement **comptabilisés** en tant que tels et appuyés de **pièces justificatives** suffisantes (voir toutefois, pour les exploitants relevant du régime réel simplifié, n° 12970).

De surcroît, lorsqu'ils se rapportent à des **éléments d'actif**, les frais généraux (charges financières par exemple) ne sont déductibles des bénéfices (sauf application de la tolérance de 5 % ou 10 %) que lorsque ces éléments ne sont **pas étrangers à l'activité** de l'exploitant (voir nos 9007 s.).

> **Précisions a.** Ne constituent pas des charges immédiatement déductibles les dépenses qui se traduisent par l'entrée d'un **nouvel élément d'actif**. Mais le prix de revient des éléments dont l'utilisation prévue par l'entreprise est limitée dans le temps en raison de critères physiques, techniques ou juridiques, tels que les immeubles, le matériel

et les brevets, peut faire l'objet d'un amortissement échelonné sur la durée d'utilisation de ces éléments.

b. En ce qui concerne les **mesures spéciales de contrôle** prévues à l'égard de certaines catégories de frais généraux, voir n°s 11280 s.

c. Bien qu'ils aient la nature de frais généraux immédiatement déductibles, l'administration admet que les **frais d'établissement** (frais de constitution, de premier établissement, frais d'augmentation de capital) soient amortis sur une période n'excédant pas cinq ans (les dotations annuelles doivent être au minimum d'un cinquième et au maximum de la moitié du montant des frais en cause). Selon l'administration toujours, le choix de l'entreprise doit être conforme au mode de comptabilisation retenu (BOI-BIC-CHG-20-30-20 n° 20) ; toutefois, la cour administrative d'appel de Bordeaux a qualifié de décision de gestion la déduction fiscale immédiate des frais d'établissement dont la déduction a été échelonnée sur le plan comptable [CAA Bordeaux 3-12-2002 n° 99-1656 : RJF 2/04 n° 20, décision devenue définitive, le pourvoi en cassation dirigé contre elle n'ayant pas été admis (CE (na) 16-2-2004 n° 253815 : RJF 8-9/04 n° 858)]. Les frais d'établissement payés avant que l'exploitation (ou le Gaec) ait été soumise à un régime réel d'imposition sont réputés avoir été pris en compte pour la détermination du bénéfice des micro-exploitations et ne peuvent être à nouveau admis en déduction des résultats ultérieurs (BOI-BA-BASE-20-30-50 n° 80).

A. Achats

10920 Les achats à prendre en considération sont ceux qui ont été **effectués au cours de l'exercice** envisagé, même si leur prix n'était pas encore payé à la clôture dudit exercice (voir n° 9100).

Le montant des achats comprend non seulement le prix d'achat proprement dit, mais aussi les **frais accessoires d'acquisition** (transport, manutention, assurances des marchandises, dédouanement, etc.). Il doit être diminué des **réductions** obtenues (ristournes, rabais, remises). Sur la comptabilisation de la TVA grevant les achats, voir n° 11070.

B. Charges de personnel

SALAIRES ET AUTRES RÉMUNÉRATIONS

10960 Toutes les sommes versées au personnel salarié à titre d'**appointements, salaires ou indemnités** sont déductibles, à condition qu'elles correspondent à un travail réel, qu'elles donnent lieu à un versement effectif et qu'elles ne soient pas exagérées. En outre, l'exploitant doit être en mesure de justifier du paiement des sommes dont il demande la déduction.

Sont également déductibles, en principe, les **avantages en nature**. Toutefois, lorsque ces avantages sont alloués sous forme de **produits provenant de l'exploitation**, l'agriculteur a le choix entre deux solutions (BOI-BA-BASE-20-30-40-10 n° 10) :

– soit comprendre la valeur de ces produits à la fois en recettes et en dépenses ;

– soit s'abstenir de les comptabiliser. Dans le cadre du régime simplifié d'imposition, en revanche, ces avantages ne doivent être comptabilisés ni en recettes ni en dépenses (BOI-BA-BASE-20-20-10 n° 90).

Les rémunérations en espèces ou en nature versées aux **étudiants** travaillant pendant leurs vacances sont déductibles.

Présente également un caractère déductible l'**indemnité de stage** versée à un jeune agriculteur pendant le stage préalable à l'obtention des aides de l'État à l'installation. Cette indemnité, déduite pour son montant réel, est imposable entre les mains du stagiaire dans la catégorie des traitements et salaires (BOI-BA-BASE-20-30-40-10 n°s 20 et 30).

> **Précisions** **a.** Sont déductibles les **charges connexes** qui comprennent notamment les congés payés, les indemnités de préavis et de licenciement, etc.
> **b.** Sur la déduction de l'**intéressement servi aux associés d'exploitation**, voir n°s 16405 s.
> **c.** Sont déductibles les indemnités de **congés payés** ainsi que les sommes versées et les charges supportées au titre des différents **régimes légaux de participation ou d'intéressement** des salariés.

10965 **Exercice de déduction des charges de personnel** Les rémunérations doivent être déduites des résultats de l'exercice au cours duquel elles présentent pour l'entreprise le caractère de dettes certaines dans leur principe et leur montant, même si elles ne sont pas effectivement versées au cours dudit exercice.

La déduction des **rémunérations restant à régler à la clôture d'un exercice** est opérée soit sous la forme de provision si tous les éléments nécessaires à leur calcul ne sont pas encore connus, soit sous la forme de charges à payer si leur montant est exactement déterminé.
Les **rappels de salaires** alloués à raison du travail accompli au cours d'années antérieures sont déductibles des résultats de l'exercice au cours duquel la décision de versement a été prise (CE 28-7-1999 n° 172200 : RJF 10/99 n° 1140).
En ce qui concerne l'exercice de déduction des indemnités de **congés payés**, voir n° 11732.

> **Précisions** Les exploitants assujettis au régime de la **participation des salariés aux résultats de l'entreprise** peuvent déduire les sommes portées à la réserve spéciale de participation, à concurrence du total des droits revenant effectivement à chaque salarié. La déduction s'opère sur les résultats de l'exercice au cours duquel la participation est portée à la réserve spéciale, c'est-à-dire de l'exercice suivant celui dont les résultats ont servi de base au calcul de la participation (CGI art. 237 bis A, I).

Imposition des salaires au nom des bénéficiaires Les salaires admis en déduction des résultats de l'exploitation agricole sont soumis à l'impôt sur le revenu au nom des salariés, dans la **catégorie** des traitements et salaires. 10967
Les salaires imposables sont déterminés sous déduction des **retenues** pour pensions et retraites, des **cotisations** salariales de sécurité sociale et des frais inhérents à l'emploi.
La prise en compte des **frais professionnels** s'opère sous la forme d'une déduction forfaitaire de 10 %. La déduction forfaitaire comporte un minimum et un plafond, qui s'appliquent distinctement à chaque membre du foyer fiscal. Ces limites sont, pour l'imposition des revenus de 2023, de 495 € pour le minimum et de 14 171 € pour le maximum. Elles sont automatiquement revalorisées comme le barème de l'impôt sur le revenu. Les contribuables peuvent, s'ils y ont intérêt, renoncer à cette déduction forfaitaire et demander la déduction de leurs frais réels s'ils sont en mesure d'en justifier.
Aux sommes en espèces s'ajoutent, le cas échéant, les **avantages en nature** (logement, nourriture, chauffage, etc.).

RÉMUNÉRATION DE L'EXPLOITANT ET DES MEMBRES DE SA FAMILLE

Les appointements que s'allouent les exploitants individuels en rémunération de leur travail personnel ne sont pas déductibles des bénéfices imposables de l'entreprise et sont soumis à l'impôt sur le revenu dans les mêmes conditions que ces derniers. 10970
Il en est de même des sommes perçues par les **associés de fait** ou les membres de **sociétés de personnes** ou de groupements qui n'ont pas opté pour l'impôt sur les sociétés.
En ce qui concerne la rémunération de l'**exploitant** individuel **soumis à l'IS** en raison de son option pour le régime fiscal de l'EARL, voir n° 26570.

> **Précisions a.** Les salaires versés aux **membres de la famille** de l'exploitant – y compris le conjoint (n° 10971) – sont déductibles dès lors qu'ils correspondent au travail réellement fourni et ne présentent pas un caractère excessif par rapport à l'importance du service rendu, sous réserve de l'existence d'une société de fait entre les intéressés et l'exploitant. Il en est de même des salaires versés aux membres de la famille des associés des sociétés de personnes non passibles de l'impôt sur les sociétés.
> **b.** Les exploitants qui emploient leurs **enfants mineurs** et ne leur versent aucun salaire en argent ne peuvent pas déduire de leurs bénéfices les frais nécessités par l'entretien et la nourriture de ces enfants (BOI-BA-BASE-20-30-40-10 n° 90).
> **c.** Le bénéfice imposable de l'entreprise est exonéré à hauteur du montant de l'**aide financière au titre des services à la personne** (y compris le **Cesu préfinancé**) que s'alloue l'exploitant, dans la limite du plafond annuel fixé par l'article D 7233-8 du Code du travail. Ce plafond, qui était fixé à 2 301 € pour l'imposition des revenus de 2023, est porté à 2 421 € à compter du 1er janvier 2024 (Arrêté TSSS2329962A du 29-12-2023).
> En pratique, le bénéfice imposable à reporter sur la déclaration complémentaire d'impôt sur le revenu (2042 C) par l'entrepreneur individuel sera minoré du montant de cette aide, étant précisé que cette minoration ne doit ni générer un déficit au titre de l'exercice d'attribution, ni augmenter le déficit de cet exercice (BOI-BA-BASE-20-30-40-10 n° 40).

Salaire du conjoint de l'exploitant ou d'un associé Le salaire versé au conjoint de l'exploitant individuel est déductible en totalité que l'exploitant soit adhérent ou non d'un centre de gestion agréé ou d'un organisme mixte de gestion agréé et quel que soit le régime matrimonial des époux (CGI art. 154). 10971

Cette déduction totale s'applique à condition que le conjoint participe effectivement à l'exploitation et que les cotisations sociales en vigueur soient acquittées.
Ces règles s'appliquent également aux salaires versés aux **conjoints d'associés** de groupements ou de sociétés de personnes, y compris les EARL (CGI art. 154).

> **Précisions a.** Les **charges sociales** afférentes à la rémunération du conjoint doivent être calculées suivant les règles propres à la sécurité sociale sur le montant total du salaire. Elles sont intégralement déductibles sur le plan fiscal.
> **b.** Le **salaire déductible** du conjoint est imposé dans la catégorie des traitements et salaires dans les conditions de droit commun.
> **c.** La déduction du salaire du conjoint de l'exploitant individuel peut être refusée s'il est établi qu'il existe une **société de fait** entre les intéressés.

10980 **Salaire différé de l'aide familial agricole** Le salaire différé représente, pour l'aide familial agricole, qui n'est pas associé aux bénéfices et aux pertes et ne perçoit aucun salaire en argent, une **créance sur la succession** de l'exploitant (n°s 76700 s.).
Le montant de cette créance ne constitue pas normalement, pour l'exploitant débiteur, une charge déductible. Toutefois, celui-ci peut, de son vivant, désintéresser le bénéficiaire du salaire différé de sa créance, notamment lors d'une **donation-partage**. Dans ce cas, si l'exploitant est soumis à un régime de bénéfice réel, la fraction du salaire différé correspondant aux droits acquis par l'aide familial, depuis le passage sous le régime réel, est admise en déduction du bénéfice imposable.
Le montant de cette déduction est égal à la **différence** entre le **salaire** différé effectivement versé et le montant de la **créance** acquise par l'aide familial à la date du passage sous le régime réel (Rép. Girod : Sén. 5-2-1982 n° 468 non reprise au Bofip mais qui nous semble toujours applicable).

> **Précisions** Les **sommes perçues** au titre du contrat de travail à salaire différé **par l'héritier ou le conjoint de l'héritier** de l'exploitant agricole qui a continué à participer directement et gratuitement à l'exploitation **après le 30 juin 2014** sont imposables selon les règles de droit commun des traitements et salaires (Loi 2013-1278 du 29-12-2013 art. 26, I-h et XI-1). Elles bénéficient, sur demande du contribuable, du système du quotient applicable aux revenus différés et prévu à l'article 163-0 A, II du CGI (n°s 12005 s.), le quotient applicable étant plafonné à onze dès lors que le nombre d'années maximum retenu au titre de la collaboration à l'exploitation agricole pour le calcul du salaire différé est fixé à dix. Ce salaire différé doit être imposé dans la catégorie des traitements et salaires, même si le bénéficiaire est retraité au moment de sa perception (BOI-RSA-CHAMP-10-30-20 n° 287). Pour les héritiers ayant participé directement et gratuitement à l'exploitation **jusqu'au 30 juin 2014**, le salaire différé perçu est exonéré d'impôt sur le revenu en application de l'article 81, 3° du CGI.

CHARGES SOCIALES DE PERSONNEL

10990 Les charges sociales liées aux rémunérations du personnel sont en principe déductibles. Tel est le cas, notamment, pour les **cotisations patronales** d'assurances sociales, d'allocations familiales, d'accidents du travail, du régime de retraite et de prévoyance des cadres et des autres régimes de non-cadres affiliés à l'Arrco, du régime d'assurance chômage.

CHARGES SOCIALES DE L'EXPLOITANT

10991 **Cotisations intégralement déductibles** Les cotisations dues en leur qualité de professionnels non salariés agricoles par les chefs d'exploitation ou d'entreprise agricole et les associés de sociétés de personnes, au titre des **régimes obligatoires, de base ou complémentaires**, d'allocations familiales, d'assurance vieillesse, invalidité, décès, maladie et maternité, sont déductibles sans limitation pour la détermination du bénéfice agricole imposable. Il en est de même des cotisations obligatoires dues pour la couverture des mêmes risques par les **conjoints collaborateurs** et les **aides familiaux** et de la cotisation de solidarité prévue par l'article L 731-23 du Code rural et de la pêche maritime (CGI art. 72 et 154 bis, I ; BOI-BA-BASE-20-30-40-10 n° 140).
Ce principe de déduction sans limitation du bénéfice agricole imposable est également applicable aux cotisations versées en application des facultés de **rachat de cotisations** au régime d'**assurance vieillesse** obligatoire prévues par le Code rural et de la pêche maritime en faveur des professionnels non salariés agricoles, sous réserve que les versements de ces cotisations soient effectués avant la date de cessation d'activité (BOI précité n° 160).
Les exploitants relevant d'un régime réel peuvent acquitter par anticipation une partie des cotisations sociales dues l'année suivante, dans la limite de 75 % des dernières cotisations appelées. Cet **« à-valoir »** est déductible du résultat de l'exercice de versement. Mais il est possible de

déduire du résultat d'un exercice en hausse par rapport à l'exercice précédent, dans la limite de 20 % de cette augmentation, l'à-valoir **versé dans les six mois de la clôture** de l'exercice et au plus tard à la date de dépôt de la déclaration de résultat (CGI art. 72 F, al. 2). Pour de plus amples informations, voir n° 43808.

> **Précisions a.** Les cotisations ou primes versées à un **régime complémentaire facultatif de prévoyance** ne sont pas considérées comme des charges nécessitées par l'exercice de la profession et ne peuvent, par conséquent, être déduites des bénéfices imposables des exploitants agricoles. Cependant, les primes afférentes à des assurances souscrites par des exploitants individuels et destinées à les couvrir uniquement des **risques** de maladie ou d'accidents **spécifiquement professionnels** sont déductibles des résultats d'exploitation. Corrélativement, les indemnités journalières versées en application de ces contrats doivent être prises en compte pour la détermination de ces résultats (Rép. Degauchy : AN 28-6-1999 n° 10550 non reprise au Bofip).

b. Les cotisations sociales versées par les **pluriactifs non salariés** à une **caisse unique** sont déductibles des revenus des activités auxquelles elles se rapportent au prorata du montant hors taxe du chiffre d'affaires de chacune des activités exercées ; toutefois, lorsque les résultats de l'activité agricole sont rattachés aux bénéfices industriels et commerciaux dans les conditions de l'article 155, I du CGI (n° 5205), les cotisations sont déductibles du résultat d'ensemble ainsi déterminé (BOI-BA-BASE-20-30-40-10 n°s 380 s.).

c. Sont visées au titre des cotisations versées en application des facultés de **rachat** au **régime d'assurance vieillesse obligatoire** :
– la faculté de rachat prévue à l'article L 732-35 du Code rural et de la pêche maritime en faveur des chefs d'exploitation ou d'entreprise agricole ainsi que de leurs conjoints qui ont participé à l'activité de cette dernière ;
– la faculté de rachat des périodes accomplies en qualité d'aide familial prévue à l'article L 732-35-1 dudit Code ;
– la faculté de rachat de certaines périodes d'études supérieures, dans la limite de douze trimestres d'assurance, prévue à l'article L 732-27-1 du même Code.

La déduction des cotisations versées au titre des deux dernières facultés de rachat précitées doit être rattachée, en cas d'**échelonnement du paiement**, au titre de l'exercice de paiement de chacune des échéances (BOI précité n° 210).

Les **remboursements de rachats** de cotisations effectués conformément à l'article 24 de la loi 2010-1330 du 9 novembre 2010 sont imposables dans la même catégorie que celle au titre de laquelle les cotisations ont été déduites et selon les mêmes règles (BOI précité n° 270).

d. Pour les **exploitants ayant cessé leur activité** au sens de l'article 201 du CGI, les versements faits au titre de rachats de cotisations à des **régimes complémentaires d'assurance vieillesse** légalement obligatoires sont déductibles du revenu global (CGI art. 156, II-4°).

Cotisations à déduction plafonnée Les cotisations **versées par le chef d'exploitation** 10992
au titre de certains **contrats facultatifs d'assurance de groupe** (prévus à l'article L 144-1, 2° du Code des assurances, y compris ceux gérés par une institution de retraite professionnelle établie dans un autre État membre de l'Union européenne ou partie à l'accord sur l'Espace européen), souscrits en vue de la constitution d'une **retraite complémentaire**, sont admises en déduction des résultats d'exploitation dans la limite du plus élevé des montants suivants : 10 % du plafond annuel moyen de sécurité sociale (46 368 € × 10 %, soit 4 637 € pour 2024), ou 10 % du bénéfice imposable pris dans la limite de huit fois ce plafond (soit 370 944 € pour 2024) auquel s'ajoutent 15 % de la fraction du bénéfice supérieure à 46 368 € prise dans la limite de sept fois ce plafond (soit 324 576 € pour 2024). La déduction maximale s'élève donc à 85 781 € pour 2024 (CGI art. 154 bis-0 A).

Cette limite est commune aux cotisations visées à l'alinéa précédent et aux versements sur les plans d'épargne retraite définis n° 10993.

Le chef d'exploitation doit justifier chaque année auprès du groupement souscripteur du contrat de la **régularité de sa situation** au regard de l'ensemble des **régimes** d'assurance vieillesse **au cours de l'année précédente** (C. ass. art. L 144-1). Il n'a pas à fournir cette justification annuellement à l'administration fiscale mais il a l'obligation de le faire sur demande de cette dernière (BOI-BA-BASE-20-30-40-20 n° 160).

Sont également déductibles, dans la limite globale indiquée n° 10992, les versements volontaires 10993
des titulaires de **plans d'épargne retraite individuels** (C. mon. fin. art. L 224-28) ou des plans d'épargne retraite **collectifs** (Pereco) (C. mon. fin. art. L 224-13 ; CGI art. 154 bis-0 A ; Décret 2019-807 du 30-7-2019 art. 5). Il en est de même des versements dans un sous-compte français de produit paneuropéen d'épargne retraite individuel (Loi 2023-171 du 9-3-2023 art. 3). Les versements correspondant à la garantie de la valeur de rachat du contrat à la date de la retraite ou en cas de décès de l'assuré sont toutefois exclus de cette déduction. Il est en outre possible de renoncer à

la déduction afin d'obtenir un traitement fiscal plus avantageux des rentes ou capitaux servis par le plan (C. mon. fin. art. L 224-20).

Les **organismes gestionnaires** des plans d'épargne retraite doivent **déclarer** à l'administration fiscale le montant des versements déductibles effectués par chacun de leurs souscripteurs. Ces renseignements doivent parvenir à l'administration fiscale avant le 16 février de chaque année pour les versements réalisés l'année précédente. Ils figurent sur la déclaration prévue à l'article 242 ter, 1 du CGI, c'est-à-dire sur la déclaration des revenus de capitaux mobiliers (IFU) (CGI ann. III art. 41 DN ter, al. 2 et 3).

> **Précisions a.** Les **résultats exonérés** en application de certains dispositifs spéciaux (CGI art. 44 sexies à 44 octies A et 44 terdecies à 44 septdecies), de même que l'abattement prévu en faveur des jeunes agriculteurs (CGI art. 73 B) et celui en faveur des exploitations situées outre-mer (CGI art. 44 quaterdecies), sont retenus dans le bénéfice servant de base au calcul du plafond de déduction. En revanche, il n'est pas tenu compte des plus et moins-values professionnelles à long terme. Lorsque l'exploitant est imposé selon la règle de la moyenne triennale, le bénéfice à retenir est celui de l'exercice clos au cours de l'année et non celui qui résulte de l'application de cette moyenne.
>
> **b.** Les primes versées au titre **des contrats d'assurance retraite** et admises en déduction du revenu professionnel dans les conditions ci-dessus viennent en diminution du plafond de **déduction du revenu global** des versements effectués l'année suivante sur un plan d'épargne retraite populaire (**Perp**) ou, à titre individuel et collectif, sur un plan d'épargne retraite d'entreprise ou à un régime de retraite supplémentaire obligatoire d'entreprise (CGI art. 163 quatervicies).
>
> **c.** Les **primes** versées dans le cadre d'un contrat d'**assurance de groupe** sont déductibles de l'**exercice** au cours duquel elles sont payées (BOI-BA-BASE-20-30-40-20 n° 360).
>
> **d.** Lorsque les **deux conjoints**, coexploitants ou non au sens fiscal, ont chacun la qualité de **chef d'exploitation** ou d'entreprise agricole et cotisent à ce titre personnellement au régime d'assurance vieillesse des professions non salariées agricoles, chacun d'eux peut souscrire un contrat d'assurance de groupe. Chaque conjoint bénéficie alors de la limite de déduction propre aux chefs d'exploitation (BOI-BA-BASE-20-30-40-20 n° 50).
>
> **e.** Pour les **exploitants membres d'une société de personnes**, voir n° 24910.

10994 **Majoration du plafond** Si le chef d'exploitation a souscrit un contrat d'assurance de groupe pour la retraite **pour** son **conjoint ou** les **membres de** sa **famille** participant à l'exploitation et affiliés au régime de base d'assurance vieillesse des travailleurs non salariés des professions agricoles, les cotisations versées au titre de ce contrat sont déductibles de son bénéfice imposable dans une limite fixée, pour chacune de ces personnes, à un tiers du plafond de déduction défini n° 10992 (CGI art. 154 bis-0 A, III).

DÉPENSES SOCIALES DIVERSES

10995 Les **dons et subventions** consentis dans l'intérêt du personnel sont déductibles des bénéfices à condition que les sommes versées cessent complètement d'être à la disposition de l'entreprise. Il en est ainsi, par exemple, des versements faits à des œuvres sociales réservées au personnel.

Les **pensions de retraite** servies aux anciens salariés en vertu d'un régime collectif de retraite institué au profit de l'ensemble du personnel ou de certaines catégories de celui-ci constituent une charge d'exploitation déductible. En revanche, la déduction de **provisions** destinées à faire face aux engagements de retraite est expressément prohibée (CGI art. 39, 1-5°).

C. Impôts et taxes

IMPÔTS DÉDUCTIBLES OU NON

11040 Les exploitants peuvent déduire tous les impôts, droits ou taxes à leur charge dont la déduction n'est pas expressément interdite par la loi (CGI art. 39, 1-4°).

Le régime applicable aux principaux impôts et taxes est le suivant :

a. principaux impôts **non déductibles** : l'impôt sur le revenu (CGI art. 153) ; la contribution sociale généralisée (pour partie, voir n° 32405) ; la contribution au remboursement de la dette sociale (CRDS) et le prélèvement de solidarité ; la taxe d'aménagement ;

b. principaux impôts **déductibles** : la contribution économique territoriale ; la taxe foncière et les taxes accessoires afférentes aux immeubles figurant à l'actif de l'entreprise et qui sont nécessaires à l'activité professionnelle (n° 10905) ; la contribution sociale généralisée ou CSG (pour partie, voir n° 32405) ; la contribution à la formation professionnelle, la participation-construction ;

les taxes sur le chiffre d'affaires (voir également ci-après n° 11070) ; les droits d'enregistrement et de timbre.

FRAIS D'ACQUISITION D'IMMOBILISATION

Tant au plan comptable que fiscal, les frais d'acquisition d'immobilisation qui comprennent les **droits de mutation et d'enregistrement** les, **honoraires** du notaire, les **commissions** versées à un intermédiaire, les **frais d'insertion et d'affiches** ainsi que les frais **d'adjudication** sont, au **choix** de l'exploitant, soit compris dans les charges immédiatement déductibles, soit rattachés au coût d'acquisition du bien et, le cas échéant, amortissables sur sa durée d'utilisation (PCG art. 321-10 ; CGI ann. III art. 38 quinquies). L'option est irrévocable et s'applique à toutes les immobilisations. Une option distincte peut toutefois être exercée pour les titres. Une règle fiscale particulière est prévue pour les titres de participation acquis par des sociétés soumises à l'IS (CGI art. 209, VII). 11042
Pour le cas, sans doute rare, où les frais d'acquisition sont afférents à des éléments d'actif qui ne sont pas nécessaires à l'activité professionnelle, voir n° 10905.

Transmission à titre gratuit d'une entreprise individuelle Conformément à la jurisprudence, les **droits de mutation** à titre gratuit acquittés par les héritiers, donataires ou légataires d'une exploitation agricole à raison des biens affectés par nature à l'exploitation (immeubles bâtis et non bâtis, à l'exception des terres) sont déductibles des résultats dès leur exigibilité. Il en va de même des intérêts versés au Trésor en cas de paiement différé ou fractionné des droits (CE 19-2-2003 n° 229373 : RJF 5/03 n° 573). 11043
La déduction des droits afférents à la transmission des autres éléments inscrits au bilan et affectés à l'exploitation devrait être acceptée.

> **Précisions** **a.** L'administration devrait continuer à admettre la déduction des droits dus à raison de la transmission **des terres** maintenues sur option dans le patrimoine privé de l'exploitation agricole transmise dès lors que les héritiers ou donataires de l'exploitation les inscrivent à l'actif de celle-ci.
> **b.** À notre avis, les **honoraires du notaire** et **la taxe de publicité foncière** acquittés à raison de la transmission à titre gratuit de biens affectés à l'exploitation devraient suivre le même régime que les droits de mutation proprement dits.
> **c.** En ce qui concerne les droits de mutation à titre gratuit acquittés lors de la **transmission de parts de sociétés de personnes**, voir n° 24910.

EXERCICE DE DÉDUCTION

Lorsqu'ils sont déductibles, les **impôts** doivent, en règle générale, être déduits des résultats de l'exercice au cours duquel ils ont été **mis en recouvrement** ou sont devenus **exigibles**. Pour les impôts ou taxes ne faisant pas l'objet d'un rôle ou d'un avis de mise en recouvrement, l'imputation a lieu sur les résultats de l'exercice au cours duquel l'impôt ou la taxe revêt pour l'entreprise le caractère d'une dette certaine dans son principe et déterminée dans son montant (CE 20-4-1984 n° 33194 : RJF 6/84 n° 711 ; BOI-BIC-CHG-40-30 n° 40). C'est ainsi que les droits d'enregistrement sont en principe déductibles lors du dépôt ou de l'enregistrement de l'acte concerné, même en cas de paiement fractionné. 11045
En cas de vérification de comptabilité, les droits simples résultant de la vérification peuvent être admis en déduction des rehaussements apportés aux bases d'autres impôts également vérifiés (**« déduction en cascade »**).
Pour les **provisions** pour impôts, voir n° 11727.
Si un impôt antérieurement déduit fait l'objet d'un **dégrèvement**, celui-ci constitue un produit imposable de l'exercice au cours duquel il constitue une créance acquise pour l'entreprise. Il en est de même des **intérêts moratoires** assis sur les impositions ainsi dégrevées (CE 28-1-2019 n° 406722 : RJF 4/19 n° 320).

PÉNALITÉS ET AMENDES

Sont exclues des charges déductibles les **sanctions pécuniaires et pénalités de toute nature** mises à la charge des contrevenants à des **obligations légales** (CGI art. 39, 2). Il en est de même du versement libératoire dû par les fournisseurs d'énergie en cas de non-respect des obligations légales d'économie d'énergie. 11060
Ce principe général de non-déductibilité vise non seulement les pénalités d'assiette et de recouvrement des impôts, les amendes pénales et les pénalités infligées en cas d'infraction au droit de la concurrence mais également les pénalités fiscales visées à l'article 1763 du CGI qui sanctionnent le défaut de production de certains documents (tableau des provisions, relevé des frais généraux, etc.), les majorations et pénalités de retard sur les déclarations et le recouvrement des

cotisations sociales, les sanctions infligées par les autorités administratives indépendantes [Autorité des marchés financiers (AMF), Commission de régulation de l'énergie (CRE), Autorité de contrôle des assurances et des mutuelles (Acam), Autorité de régulation des communications électroniques et des postes (Arcep), Commission nationale de l'informatique et des libertés (Cnil), Commission bancaire, Conseil de la concurrence en cas de pratiques anticoncurrentielles, etc.] et les sanctions ou pénalités infligées en cas de non-respect de la réglementation européenne. N'est pas non plus déductible l'**astreinte** versée par une entreprise **pour défaut d'exécution d'une décision de justice** dès lors que sa finalité est de faire respecter l'autorité de la chose jugée (CE 20-6-2012 n° 342714 : RJF 10/12 n° 901).
En revanche, les **pénalités contractuelles**, telles celles qui sont infligées dans le cadre de relations commerciales, sont déductibles.

TAXES SUR LE CHIFFRE D'AFFAIRES

11070 L'administration offre aux exploitants agricoles redevables de la **TVA** le **choix** entre la comptabilisation taxes comprises (TTC) ou hors taxe (HT) de leurs recettes et de leurs dépenses (BOI-BA-BASE-20-40 n°s 1 à 60).
Quelle que soit la méthode retenue (TTC ou HT), les immobilisations sont comptabilisées sur la base du prix de revient diminué de la TVA déductible, conformément aux règles applicables en matière de BIC. C'est en principe sur cette base qu'est ensuite calculé l'amortissement du bien.
Pour les agriculteurs placés sous le **régime du remboursement forfaitaire agricole** (n°s 3600 s.), le montant du remboursement forfaitaire perçu au cours de l'exercice doit être considéré comme une recette. Les achats et les stocks sont comptabilisés taxes comprises. Les amortissements sont calculés d'après le prix de revient des immobilisations taxes comprises.

> **Précisions a.** La **régularisation** annuelle **de TVA** prévue à l'article 207, II de l'annexe II au CGI (n° 2050) ne remet pas en cause les valeurs d'inscription des biens à l'actif immobilisé de l'entreprise ; corrélativement, l'assujetti doit procéder, selon les situations, à la comptabilisation d'une perte ou d'un produit exceptionnel. Il en est de même lorsque l'écart entre le coefficient de déduction provisoire déterminé au moment de l'acquisition du bien immobilisé et le coefficient de déduction définitif (n° 1900, Précisions, b) n'excède pas 5 % : l'écart de TVA déductible peut alors être porté en perte ou profit exceptionnel (BOI-BA-BASE-20-40 n° 30).
> **b.** Lorsqu'un assujetti réalise des **activités** qui ne sont **pas soumises à des dispositions identiques** au regard de la TVA (activité hors champ et dans le champ de la TVA), ces activités doivent être comptabilisées dans des comptes distincts pour l'application du droit à déduction (CGI ann. II art. 209).

D. Services extérieurs et frais divers

DÉPENSES RELATIVES AUX IMMEUBLES, AU MOBILIER ET AU MATÉRIEL

11120 **Règles générales** Les **loyers** des immeubles affectés à l'exploitation, du mobilier et du matériel sont normalement déductibles. La déduction s'opère en principe au titre de l'exercice au cours duquel les loyers sont échus ou **courus**, sans considération de la date du paiement. Les **loyers d'avance**, qui sont généralement exigés à titre de cautionnement par le bailleur, doivent être inscrits à l'actif du bilan et demeurer sans incidence sur les résultats comptable et fiscal de l'exercice de leur versement. Ce n'est qu'au moment où l'avance de loyer peut être utilement imputée sur la dette de loyer effectivement courue, c'est-à-dire dans la très grande généralité des cas lors de la dernière échéance de loyer, que sa déduction des bases de l'impôt est autorisée (BOI-BIC-CHG-40-20-10 n° 160).
S'agissant des **dépenses d'entretien et de réparation** des immeubles d'exploitation, du matériel et du mobilier, la mise en œuvre de la méthode d'**amortissement par composants** affecte les règles de comptabilisation de ces dépenses et par voie de conséquence leurs modalités de déduction fiscale. Nous renvoyons donc à l'étude d'ensemble de ces dépenses (n°s 66080 s.).
Il est toutefois rappelé ici que les charges afférentes à un immeuble non utilisé pour les besoins de l'activité professionnelle ne sont pas prises en compte dans le résultat professionnel, sauf application de la tolérance de 5 % ou 10 % (voir n°s 9007 s.). Il en va ainsi des frais de réparation d'immeubles non inscrits à l'actif et non affectés à l'exploitation.

> **Précisions a.** Les frais exposés par un arboriculteur pour le **remplacement des rangs de pommiers** pollinisateurs, qui sont destinés à retarder le processus de vieillissement des arbres maintenus en place et la décroissance des rendements, ne constituent pas des frais généraux déductibles mais des dépenses génératrices d'immobilisations, dès lors qu'ils ont

pour effet de prolonger de manière notable la durée d'exploitation des vergers (CAA Nantes 22-2-1996 n° 94-62 : RJF 6/96 n° 728).

b. Au cas particulier des **dépenses** relatives aux **travaux de drainage**, l'administration distingue (BOI-BA-BASE-20-30-10-10 n° 50 ; BOI-BA-BASE-20-30-50 n° 90) :

– les **frais d'entretien** et de **fonctionnement** d'un réseau de drainage, qui constituent des frais généraux immédiatement déductibles ;

– les dépenses occasionnées par les **travaux de drainage**, non admises en charges déductibles immédiatement, mais pouvant faire l'objet d'amortissements échelonnés sur la durée normale d'utilisation.

À noter toutefois que lorsque ces travaux ne sont pas effectués par l'exploitant, ils ne devraient pas figurer à l'actif tant que l'exploitant n'en est pas propriétaire.

c. Les **dépenses de mise aux normes** ne doivent être immobilisées que lorsqu'elles ont pour effet de prolonger la durée effective d'utilisation du bien concerné, appréciée indépendamment de l'évolution de la réglementation, ou d'en augmenter la valeur vénale (pour des aménagements mineurs : CE 7-5-2009 n° 312058 : RJF 12/09 n° 1056 ; pour des travaux nécessitant une réfection très importante de l'installation électrique existante : CAA Marseille 9-1-2007 n° 04-8 : RJF 10/07 n° 1016).

Au plan comptable, comme au plan fiscal, doivent être immobilisées les dépenses d'acquisition, de production ou de transformation d'**immobilisations corporelles** rendues obligatoires par des dispositions légales ou réglementaires dans le domaine de la **sécurité** ou de l'**environnement**, lorsque leur défaut de réalisation entraînerait l'arrêt immédiat ou différé de l'activité ou de l'installation de l'entreprise et non pas l'application de sanctions pécuniaires (PCG art. 321-10, 2 ; BOI-BIC-CHG-20-20-20 n° 220). La jurisprudence considère toutefois que les travaux de mise en conformité aux normes de sécurité constituent des charges déductibles dès lors qu'ils présentent un **caractère mineur** (CE 7-5-2009 n° 312058, précité).

Bâtiments d'exploitation et terres appartenant à l'exploitant Le Conseil d'État a confirmé qu'un exploitant agricole qui met à la disposition de son exploitation des **terres conservées dans son patrimoine privé** peut déduire de son revenu professionnel les sommes correspondant au **loyer** normal de ces terres (CE 26-9-2011 n° 340247 : RJF 12/11 n° 1291). La situation des exploitants relevant des bénéfices agricoles se trouve ainsi alignée sur celle des titulaires de bénéfices industriels et commerciaux s'agissant des immeubles affectés à l'exploitation (CE 8-7-1998 n° 164457 : RJF 8-9/98 n° 903). L'administration persiste néanmoins à refuser une telle déduction (BOI-RFPI-CHAMP-10-30 n° 170). Même si, dans l'affaire ayant donné lieu à la décision du Conseil d'État, aucun versement effectif des loyers n'était intervenu, il est préférable, selon nous, que cette charge donne lieu à un transfert effectif de fonds et soit assortie d'une pièce justificative. 11125

Corrélativement, les sommes correspondant au loyer doivent être imposées dans la catégorie des **revenus fonciers** (CE 26-9-2011 n° 340247 précité).

Les **charges** qui se rapportent aux **bâtiments d'exploitation** (qui doivent obligatoirement être inscrits à l'actif : n° 9205) sont admises en déduction dans les conditions de droit commun, sans qu'il y ait lieu d'opérer une distinction entre les charges locatives et celles qui incombent normalement au propriétaire. 11126

Les **charges foncières** ne sont déductibles des résultats d'exploitation que si les terres qu'elles concernent figurent à l'actif du bilan (on suppose, par hypothèse, que les terres sont nécessaires à l'activité : voir n° 10905). Par suite, lorsqu'un propriétaire exploitant a opté pour le maintien des terres dans son patrimoine privé, seules les charges de l'exploitation peuvent être déduites de ses résultats. Sont dès lors non déductibles les charges foncières qui incombent normalement au propriétaire et qui se rapportent à ces terres (taxe foncière sur les propriétés non bâties, intérêts d'emprunt, frais divers d'acquisition, etc.). Par exception, l'administration admet la déduction du cinquième de la part communale de la **taxe foncière** sur les propriétés non bâties, de la moitié de la taxe pour frais de chambre d'agriculture ainsi que de la totalité de la cotisation pour le financement du budget annexe des prestations sociales agricoles. À compter de l'exercice au titre duquel l'option est exercée et jusqu'à l'expiration de celle-ci (éventuellement après renouvellement), l'exploitant ne peut faire figurer au bilan ni les terres qu'il possédait au moment de l'option, ni celles qu'il acquiert ensuite. Si une telle inscription est constatée, il en est fait abstraction et la déduction des charges afférentes aux terres inscrites en infraction est refusée (BOI-BA-BASE-20-30-30 n° 30). 11127

S'agissant des **cultures interstitielles pratiquées sur des terrains ayant fait l'objet de reboisement**, seules sont déductibles les dépenses d'exploitation afférentes à ces cultures, à l'exclusion de toutes les charges foncières ou autres et plus généralement de toutes les dépenses qui se rapportent directement ou indirectement à l'exploitation forestière (BOI-BA-BASE-20-30-50 n° 30). 11128

11130 **Bâtiments d'exploitation et terres pris à bail** Les agriculteurs peuvent déduire, dans les conditions de droit commun, les loyers et fermages qu'ils versent aux propriétaires des biens utilisés pour les besoins de l'exploitation. Toutefois, si la **maison d'habitation** occupée par l'exploitant ne fait pas partie intégrante de l'exploitation ou présente les caractéristiques d'une maison de maître (sur cette notion, voir n° 9270), le loyer correspondant doit être considéré comme une dépense personnelle et distrait du montant des fermages déductibles (BOI-BA-BASE-20-30-30 n° 50).

11131 Lorsque **le preneur s'acquitte des fermages en nature**, il peut (BOI-BA-BASE-20-30-30 n° 60) :
– soit comprendre dans ses charges la valeur correspondant au prix de revient des produits cédés au bailleur. Mais cette même somme doit alors être ajoutée aux recettes de l'exercice ;
– soit s'abstenir de comptabiliser ces sommes tant en recettes qu'en dépenses, la charge correspondant au paiement des fermages en nature étant alors constatée par la diminution des stocks de sortie.

11132 Il peut arriver que des agriculteurs prenant à bail des terres précédemment exploitées par le propriétaire ou par un autre fermier acceptent de verser à leur prédécesseur une somme dépassant nettement la valeur des biens d'exploitation éventuellement acquis par eux (bâtiments, cheptel mort ou vif, récoltes en terre, fumures, etc.) et payent ainsi un **« droit d'entrée »**. Dans la mesure où les intéressés peuvent justifier de ces versements de manière précise et détaillée, ils sont admis à en faire état pour la détermination de leurs bénéfices imposables dans les conditions suivantes (BOI-BA-BASE-20-30-30 n° 80).

Les sommes qui ont pour **contrepartie** l'entrée dans l'actif **d'immobilisations ou** d'éléments du **stock** sont immobilisées dans le premier cas et déduites des bénéfices imposables dans le second cas, sous la réserve formelle que ces sommes correspondent à la valeur réelle des éléments ainsi acquis et que toutes les justifications nécessaires soient fournies à cet effet.

Le **surplus** des versements qui correspond au paiement d'un « droit d'entrée » est considéré :
– soit comme un supplément de loyer s'il est versé au propriétaire. Le débiteur peut donc le déduire de ses bénéfices imposables, cette déduction étant toutefois répartie sur toute la durée du bail ;
– soit comme un élément d'actif lorsqu'il est versé au fermier sortant. Le preneur entrant peut donc le faire figurer à l'actif de son bilan mais ne peut l'amortir.

> **Précisions** La situation du **bénéficiaire du « droit d'entrée »** doit être réglée comme suit (BOI-BA-BASE-20-30-30 n° 90) :
> – lorsque le « droit d'entrée » est perçu par le **propriétaire du fonds**, celui-ci doit le comprendre dans ses **revenus fonciers** de l'année au cours de laquelle il l'a encaissé. Toutefois, les sommes ainsi perçues sont assimilées à un revenu exceptionnel qui peut, le cas échéant, faire l'objet d'une imposition selon le système du quotient prévu à l'article 163-0 A du CGI (nos 12005 s.) ;
> – lorsque le droit est perçu par le **fermier sortant**, il est pris en compte pour la détermination de la plus-value ou de la moins-value réalisée par l'intéressé au titre de l'exercice de la cession.

11133 **Crédit-bail immobilier** Les loyers de crédit-bail immobilier constituent normalement une charge intégralement déductible. Toutefois, lorsque le **prix de levée de l'option** est **inférieur** au **coût d'acquisition du terrain** par le bailleur, la fraction des loyers égale à la différence constatée entre ces deux sommes est exclue des charges déductibles (CGI art. 39, 10). Pour la détermination de cette fraction des loyers, le prix de levée de l'option est réputé constituer un élément du financement du terrain, et le loyer dû est réputé affecté en premier lieu au financement des frais supportés par le crédit-bailleur lors de l'acquisition de l'immeuble, puis aux éléments amortissables et enfin aux éléments non amortissables. Dès lors, les réintégrations à effectuer n'interviennent qu'en fin de contrat (BOI-BIC-BASE-60-30-10 n° 60). En pratique, les montants non déductibles sont communiqués par le bailleur au crédit-preneur.

Sur les réintégrations à effectuer par le crédit-preneur lors de la levée d'option, voir n° 11437, b.

> **Précisions a.** Les **préloyers** versés par le crédit-preneur avant son entrée dans les lieux peuvent faire l'objet d'une déduction immédiate (CE 12-1-2004 n° 243273 : RJF 4/04 n° 351).
> **b.** Pour les **entreprises soumises à l'impôt sur les sociétés**, les loyers afférents aux opérations de crédit-bail sont pris en compte pour l'application du dispositif de limitation des charges financières (n° 24118, Précisions, a).

PETITS MATÉRIELS ET OUTILLAGES DE FAIBLE VALEUR

11135 Par mesure de simplification, l'administration autorise les entreprises à passer directement en charges déductibles, lorsque leur valeur unitaire n'excède pas un montant fixé à 500 € hors

taxe, le prix d'acquisition des biens suivants : matériels et outillages, matériels et mobiliers de bureau, logiciels. La valeur d'un bien composé de plusieurs éléments s'apprécie en prenant en considération le prix global de l'ensemble des éléments (BOI-BIC-CHG-20-30-10 n°s 20 s.).
Cette solution ne s'applique aux dépenses d'acquisition de meubles meublants de bureau ou de mobilier de magasins commerciaux que s'il s'agit d'achats destinés au renouvellement courant du mobilier installé, limités à un petit nombre d'unités (ou d'achats dont le montant total au cours de l'exercice n'excède pas la limite de 500 €). La déduction immédiate des dépenses est subordonnée à leur **inscription comptable** effective en frais.
Elle est écartée pour les biens de faible valeur dont l'utilisation constitue pour l'entreprise l'objet même de son activité.

FRAIS GÉNÉRAUX DIVERS

Parmi les autres frais généraux normalement déductibles, on citera (liste non limitative) : **11150**
a. les frais de **transport et de déplacement** (pour les frais de transport de marchandises et d'immobilisations, voir respectivement nos 10920 et 66360) ;
b. les frais de **bureau, de correspondance, de téléphone, de voyage, de représentation** ;
c. les frais de **publicité**, à l'exception des dépenses afférentes aux publicités prohibées par les articles L 3323-2, L 3323-4 et L 3323-5 du Code de la santé publique (CGI art. 237) ;
d. les dépenses de **parrainage** engagées dans le cadre de manifestations de caractère philanthropique, éducatif, scientifique, social, humanitaire, sportif, familial, culturel ou concourant à la mise en valeur du patrimoine artistique, à la défense de l'environnement naturel ou à la diffusion de la culture, de la langue et des connaissances scientifiques françaises (CGI art. 39, 1-7°).
Ces dépenses doivent être exposées dans l'intérêt direct de l'entreprise, ce qui implique, selon l'administration, que l'identification de l'entreprise qui entend promouvoir son image de marque de cette façon soit assurée et que les dépenses engagées soient en rapport avec l'avantage attendu (BOI-BIC-CHG-40-20-40 n° 220) ;
e. les **cotisations** versées, dans l'intérêt de l'entreprise, **aux groupements professionnels**. L'administration admet ainsi en déduction les cotisations versées aux organisations ou à des syndicats professionnels dans la limite des tarifs appliqués à l'ensemble des adhérents ;
f. les dépenses de fonctionnement exposées dans des **opérations de recherche scientifique et technique** (dépenses de recherche d'obtention végétale, par exemple). De telles dépenses peuvent, au choix de l'exploitant, être immédiatement déduites des résultats de l'exercice au cours duquel elles ont été exposées ou immobilisées (CGI art. 236, I). Dans ce dernier cas, ces frais doivent figurer sur le tableau des immobilisations et l'amortissement doit être pratiqué selon le mode linéaire sur une période maximale de cinq ans ou, à titre exceptionnel, sur une période plus longue qui n'excède pas la durée d'utilisation de ces actifs, conformément à un plan d'amortissement préétabli. Au plan fiscal, l'amortissement doit être pratiqué au début de l'utilisation du résultat des développements (BOI-BIC-CHG-20-30-30 n° 70). En tout état de cause, selon l'administration fiscale, c'est le mode de **comptabilisation** qui détermine le régime fiscal de ces dépenses (voir nos 66160 s.) ;
g. les **primes d'assurances** payées en vue de garantir les risques courus par les divers **éléments de l'actif** (incendie, inondations, etc.). Pour les primes afférentes aux éléments d'actif étrangers à l'activité professionnelle, voir nos 9007 s. ;
h. les **loyers** correspondant aux matériels ou mobiliers pris à bail (en ce qui concerne les immeubles, voir nos 11130 s.).
Les loyers versés dans le cadre de contrats de **crédit-bail mobilier** (leasing) sont en principe intégralement déductibles, sauf en cas de remise en cause de la nature du contrat (requalification en vente à tempérament) ou, selon l'administration, si le prix de levée d'option est anormalement bas compte tenu de la durée normale d'utilisation du bien concerné et de la période de location écoulée (BOI-BIC-BASE-60-20 n° 1). Par ailleurs, en cas d'opération de crédit-bail ou de location de **voitures particulières**, la déduction des loyers est plafonnée par l'article 39, 4 du CGI dans les conditions exposées n° 11293.
Pour les entreprises soumises à l'impôt sur les sociétés, voir n° 11133, Précisions, b.

CONTRATS D'ASSURANCE-VIE OU DÉCÈS

Les cotisations versées au titre des **contrats** d'assurance-vie ou décès **souscrits sur la tête du chef d'exploitation** sont prises en compte dans les conditions suivantes. **11151**
a. Lorsque le contrat d'assurance décès garantit le **remboursement d'un emprunt**, deux situations doivent être distinguées :
– si la **souscription** du contrat a été **imposée par le prêteur** en vertu d'une stipulation expresse du contrat de prêt (cas le plus fréquent), les primes sont déductibles du résultat au fur et à

mesure de leurs échéances ; la seule circonstance que les membres de la famille du dirigeant soient désignés comme bénéficiaires subsidiaires du capital décès ne fait pas obstacle à cette déduction (CE 10-7-1992 n° 110213 : RJF 8-9/92 n° 1249) ;
– si l'**assurance** est **souscrite librement** par l'entreprise, le montant total des primes ne peut être déduit, globalement, qu'au moment du décès de l'assuré, ou en cas de survie de ce dernier, lors de l'expiration du contrat. De plus, si l'entreprise décide, comme elle y est légalement autorisée (n° 9942), d'étaler sur cinq ans la taxation du profit résultant du remboursement de l'emprunt par la compagnie d'assurance, elle doit échelonner sur la même durée, et par fractions égales, la déduction du montant global des primes (CGI art. 38 quater).
b. Des contrats d'assurance, dits **« hommes-clés »**, peuvent également être souscrits pour prémunir l'entreprise contre le risque de pertes de recettes d'exploitation lié à la disparition ou à l'incapacité du chef d'entreprise ou de toute autre personne jouant un rôle déterminant dans l'exploitation. Le Conseil d'État a admis la déduction immédiate des primes versées à ce titre sans distinguer selon les modalités d'indemnisation fixées – capital forfaitaire ou indemnité calculée en fonction de la perte d'exploitation effective (CE 29-7-1998 n° 108244 : RJF 8-9/98 n° 908).
En présence d'un **contrat d'assurance mixte** (combinant assurance en cas de décès et assurance en cas de vie), seule la fraction de la prime afférente au risque de décès est déductible, pourvu que la société soit en mesure d'en justifier le montant (CE 31-3-2017 n° 387209 : RJF 6/17 n° 534).
Sur la faculté d'étalement des produits perçus, voir n° 9942.
c. Les contrats d'**assurance-vie** qui n'ont pas pour objet la couverture d'un risque et prévoient le versement d'un capital à une date certaine ont le caractère de **placements** financiers. Les primes correspondantes ne sont déductibles que globalement lors du versement du capital (décès ou expiration du contrat) par la compagnie d'assurance (BOI-BIC-CHG-40-20-20 n° 110). S'agissant des **contrats mixtes**, cette règle ne vaut pas pour la fraction de la prime afférente au risque décès (voir ci-dessus).

E. Charges financières

RÈGLES GÉNÉRALES

11200 **a. Intérêts des sommes dues à des tiers**. Ces intérêts sont déductibles, à la condition que la dette ait été contractée pour les besoins ou dans l'intérêt de l'exploitation et soit inscrite au bilan. La déduction est opérée sur les résultats de l'exercice au cours duquel ils ont **couru**.
Sont ainsi déductibles, par exemple, les intérêts des emprunts contractés par l'exploitant pour l'acquisition de l'exploitation. En revanche, les intérêts d'emprunt contractés dans l'intérêt personnel de l'exploitant ou des associés de sociétés de personnes ne sont pas admis en déduction. Tel est le cas lorsque le **compte personnel de l'exploitant ou d'un associé** présente un solde débiteur à la suite de prélèvements et que l'exploitant (ou la société) doit recourir à un emprunt en raison de sa situation de trésorerie.
Sur les intérêts d'emprunts contractés pour l'acquisition d'**éléments d'actifs non nécessités par l'activité** professionnelle, voir n° 10905.
b. Intérêts du capital. Ces intérêts ne sont pas déductibles, qu'ils soient servis à l'exploitant individuel ou aux associés.
c. Intérêts des comptes courants d'associés : voir n°s 24112 s.

> **Précisions a.** Si le solde du **compte de l'exploitant** individuel devient **débiteur** à la suite des prélèvements effectués par ce dernier, les frais et charges correspondant aux emprunts et découverts bancaires figurant au bilan sont considérés comme supportés à due concurrence dans l'intérêt de l'exploitant et non dans celui de l'entreprise. Ces charges financières ne sont donc pas admises en déduction du résultat imposable, sauf celles qui se rapportent à la fraction des sommes empruntées excédant le solde débiteur du compte de l'exploitant (CE 26-7-1978 n° 6420 : RJF 11/78 n° 454).
> La **quote-part non déductible** est déterminée par le rapport du solde débiteur moyen annuel du compte de l'exploitant (ou le montant moyen annuel des prélèvements nets de l'exploitant s'il est inférieur) au montant moyen des prêts et avances de l'exercice (BOI-BIC-CHG-50-40 n° 30).
> La réintégration des frais financiers est exigée quelles que soient la destination des emprunts, y compris donc s'ils financent des investissements durables, et la situation, créditrice ou débitrice, du compte de l'exploitant à la date où ils sont contractés (CE 13-11-1998 n°s 143728, 144602 et 147233 : RJF 1/99 n° 11).
> Les mêmes règles sont applicables dans les **sociétés de personnes**, en cas d'excédent des soldes débiteurs des comptes courants d'associés sur le capital initialement versé (CE 31-3-1978 n° 2233 : RJF 5/78 n° 225).

b. Pour les emprunts contractés pour l'**acquisition de parts de sociétés de personnes**, voir nos 24905 s.
c. Pour les emprunts contractés pour l'acquisition de **biens faisant ultérieurement l'objet d'un apport en jouissance à un Gaec**, voir nº 26716.
d. L'entreprise doit **déclarer** annuellement à l'administration fiscale l'identité des créanciers et le montant des intérêts versés (CGI art. 242 ter, 1).
e. Pour les emprunts faisant l'objet d'une **clause d'indexation**, voir nº 11220, d.

EMPRUNTS PARTICULIERS

On peut notamment citer les emprunts suivants. 11220

a. Emprunt contracté lors d'une donation-partage : les agriculteurs qui, lors d'une donation-partage, se voient attribuer des **biens** mobiliers ou immobiliers **destinés à un usage agricole** d'une valeur supérieure à la part leur revenant dans le patrimoine partagé peuvent déduire de leur bénéfice imposable les intérêts de l'emprunt contracté pour désintéresser les autres héritiers (versement d'une **soulte**). Cette déduction est toutefois subordonnée à la condition que les biens reçus en donation-partage soient **inscrits à l'actif** de l'exploitation (Rép. Caillavet : Sén. 21-11-1981 nº 732, solution non reprise au Bofip mais qui nous semble toujours applicable).

b. Emprunt contracté par le preneur à bail : les intérêts d'un emprunt contracté par le preneur à bail d'une exploitation agricole pour effectuer des dépenses de **transformation d'un bâtiment agricole**, qui n'ont pas pour objet de changer sa destination, sont déductibles pour la détermination du bénéfice imposable (Rép. Boisseau : AN 21-12-1987 nº 29321, solution non reprise au Bofip mais qui nous semble toujours pertinente).

c. Emprunt contracté pour la réalisation de travaux d'améliorations permanentes : les intérêts d'un emprunt contracté pour payer les travaux d'améliorations permanentes sont déductibles si les terres et améliorations permanentes sont inscrites à l'actif de l'exploitation (BOI-BA-BASE-20-30-50 nº 1).

d. Emprunts indexés. La charge résultant du jeu de la clause d'indexation peut être déduite des bénéfices imposables, soit à titre de provision, soit définitivement lorsque les sommes correspondantes ont été payées ou sont devenues exigibles. Pour le bénéficiaire (lorsqu'il ne s'agit pas d'une entreprise), ces sommes constituent un gain en capital non imposable. Pour les associés, la charge d'indexation est assimilée à des intérêts, soumis aux mêmes conditions et limites de déduction pour la société (nos 24112 s.) et d'imposition pour le bénéficiaire (nº 24115).

› **Précisions** Le régime de déductibilité de la charge résultant d'une **clause d'indexation** est applicable si quatre conditions sont simultanément remplies (CE 8-5-1981 nos 8294 et 8295 : RJF 7-8/81 nos 650 et 670 ; BOI-BIC-CHG-50-60 nos 10 s.) :
– la clause d'indexation doit être licite au regard de l'article 79 de l'ordonnance 58-1374 du 30 décembre 1958 (actuellement C. mon. fin. art. L 112-1 à L 112-4), qui interdit les clauses fondées sur le Smic, le niveau général des prix et salaires ou sur le prix de biens, produits ou services n'ayant pas de relation directe avec l'objet de la convention ou avec l'activité des parties ;
– l'indexation doit être stipulée dans un contrat de prêt à un an au moins, ou, s'il s'agit d'une avance en compte courant, celle-ci doit être bloquée pour une période et dans des conditions permettant de l'assimiler à un prêt de cette nature ;
– le produit de l'indexation ne doit être liquidé et éventuellement versé qu'au terme du contrat ou lors d'échéances de remboursement partiel ;
– en cas de cumul avec les intérêts, la rémunération totale du prêt, indexation comprise, ne doit pas être anormalement élevée.

F. Pertes

Les pertes sont déductibles lorsqu'elles ont été subies dans le cadre d'une **gestion normale** de l'exploitation ou lorsqu'elles résultent d'événements ayant affecté certains éléments de l'actif et ayant entraîné une diminution de l'actif net. 11240

Les pertes déductibles sont celles qui ont été subies **à titre définitif** au cours de l'exercice. Mais celles qui, sans être certaines, présentent un degré suffisant de probabilité peuvent donner lieu à la constitution d'une **provision** (voir nos 11700 s.).

Il ne peut y avoir lieu à déduction effective que dans la mesure où il n'est pas tenu compte de la perte sous une autre forme. C'est ainsi, par exemple, qu'une perte de marchandises à la suite d'un vol, d'inondations, etc. ne donne lieu à aucune déduction puisqu'il en est tenu automatiquement compte par le jeu des achats, des ventes et des stocks.

Sous les réserves ci-dessus, sont par **exemple** déductibles les pertes sur créances, les pertes résultant de détournements commis par des tiers ou par des salariés à l'insu de l'entreprise, les dommages-intérêts et frais de procès (lorsqu'ils n'ont pas pour contrepartie l'acquisition d'éléments d'actif), etc.

> **Précisions a.** Les pertes résultant d'un **cautionnement** accordé à une Sica (société d'intérêt collectif agricole) par ses administrateurs ou par ses sociétaires non administrateurs constituent une charge déductible de leurs bénéfices professionnels si l'engagement de caution entre dans le cadre d'une gestion normale de leur exploitation ou est effectué dans l'intérêt immédiat de celle-ci. Sous la même réserve, les sociétaires non administrateurs sont également autorisés à déduire de leurs bénéfices les versements bénévoles consentis à la société. Bien entendu, la perte doit être déterminée avec une approximation suffisante et apparaître comme probable compte tenu des événements en cours à la clôture de l'exercice (BOI-BA-BASE-20-30-20 n° 110 ; BOI-BA-BASE-20-30-50 n° 40). L'administration avait admis la même solution en cas de cautionnement accordé à une coopérative agricole par ses administrateurs (Rép. Travers : Sén. 5-5-1976 n° 19261). Bien que non reprise au Bofip, cette solution nous paraît toujours applicable.
> **b.** Un régime particulier s'applique aux pertes (moins-values) résultant de la cession d'**éléments de l'actif immobilisé** (voir n°s 10100 s.).
> **c.** En ce qui concerne les **déficits d'exploitation**, voir plus loin n°s 11800 s.
> **d.** Sont exclues des charges déductibles les **aides** de toute nature consenties **à une autre entreprise**, à l'exception des aides à caractère commercial et des aides consenties à des entreprises en difficulté financière soumises à une procédure collective ou de conciliation (CGI art. 39, 13).

G. Contrôle et limitation de la déduction des frais et charges

11280 Le contrôle de l'administration s'exerce sur les frais généraux portés en charges au même titre que sur l'ensemble des éléments qui concourent à la détermination du bénéfice imposable.
En outre, des **dispositions particulières**, destinées à renforcer ce contrôle, ont été prévues à l'égard de certaines catégories de frais : non-déduction des charges somptuaires et obligation de produire un relevé détaillé de frais généraux.

EXCLUSION DES CHARGES « SOMPTUAIRES »

11285 Les dépenses énumérées ci-après sont, sauf exceptions (n° 11287), exclues des charges déductibles, qu'elles aient été supportées directement par les entreprises ou sous forme d'allocations forfaitaires ou de remboursements de frais (CGI art. 39, 4) :
– dépenses et charges de toute nature (y compris d'amortissement) ayant trait à l'exercice de la **chasse** ainsi qu'à l'exercice non professionnel de la **pêche** ;
– charges (y compris d'amortissement) résultant de l'achat, de la location ou de toute autre opération faite en vue d'obtenir la disposition de **résidences de plaisance ou d'agrément**, ainsi que de l'entretien de ces résidences ;
– amortissement ou loyer des **voitures particulières** pour la fraction de leur prix d'acquisition qui excède un certain plafond (voir n°s 11290 et 11293). Les autres charges – entretien, essence, réparations, etc. – restent déductibles sans limitation, sous réserve qu'elles soient engagées dans l'intérêt direct de l'exploitation ;
– dépenses de toute nature afférentes aux yachts et bateaux de plaisance (indiquées ici pour mémoire).
L'exclusion ne concerne que la déduction des charges et ne fait pas obstacle à la constatation de **moins-values** lors de la cession des biens concernés (CE 8-7-1985 n° 31755 : RJF 10/85 n° 1258).

11287 **Exceptions** La loi autorise expressément la déduction :
– des charges d'achat, de location ou d'entretien des **demeures historiques** classées ou inscrites au titre des monuments historiques (lorsqu'elles sont exposées pour les besoins de l'exploitation : usage de bureaux, accueil de clients, séminaires, etc.). Ces charges sont également déductibles lorsqu'elles concernent des **résidences** servant d'adresse ou de **siège de l'exploitation**, ou des résidences faisant **partie intégrante** d'une **exploitation agricole** et servant à l'**accueil de la clientèle** (tel est le cas d'un château intégré à un domaine viticole même s'il est séparé par des vignes de l'établissement de production ; un tel château est réputé respecter la condition d'intégration à un établissement de production lorsqu'il donne son nom au vin commercialisé par l'exploitant dans le respect des règles applicables en matière d'appellation d'origine [BOI-BIC-CHG-30-20 n° 50]) ;

– des **dépenses** relatives aux résidences de plaisance ou d'agrément, à la navigation de plaisance et à la pêche (à l'exclusion des autres charges « somptuaires ») lorsqu'elles ont un **caractère social**, c'est-à-dire lorsqu'elles sont exposées dans le cadre de services sociaux et en faveur de l'ensemble du personnel de l'entreprise ;
– et, sur « **justifications** », de l'amortissement des voitures particulières et des dépenses relatives à la navigation de plaisance.

De son côté, l'administration permet la déduction de toutes les charges somptuaires pour lesquelles les entreprises sont en mesure de présenter des justifications. Mais elle considère que les justifications ne sont valablement apportées que s'il est établi que les dépenses sont nécessaires à l'activité de l'entreprise en raison même de son objet. C'est le cas, en pratique, lorsqu'il est démontré que l'entreprise a précisément pour objet – exclusif ou non – la vente, la location ou toute autre forme d'exploitation lucrative des biens ou droits à raison desquels ont été engagées les dépenses somptuaires (BOI-BIC-CHG-30-10 n°s 50 et 60).

AMORTISSEMENT DES VOITURES PARTICULIÈRES

À l'exception des véhicules nécessaires à l'activité même de l'entreprise (soit, pour l'essentiel, les **11290**
véhicules des exploitants de taxis, des ambulanciers, des auto-écoles et des entreprises de location de véhicules), la **déduction** de l'amortissement des véhicules de tourisme est **interdite** pour la fraction de leur prix d'acquisition, taxes comprises, supérieure à un certain montant, fonction de la date d'acquisition du véhicule et/ou de la quantité de dioxyde de carbone émise (CGI art. 39, 4).

Cette limitation de l'amortissement concerne les seuls véhicules mis pour la première fois en circulation après le 1er juin 2004 (BOI-BIC-AMT-20-40-50 n° 110). Elle est applicable aux voitures particulières au sens de l'article 1007, 5° du CGI (parmi lesquelles les « commerciales », « canadiennes » ou « breaks ») et les véhicules à usages multiples qui, malgré leur classement administratif dans la catégorie des véhicules utilitaires, sont destinés au transport des voyageurs.

Le **plafond de déduction** est fixé selon le **barème** suivant qui distingue selon que le véhicule **11291**
relève ou non du nouveau protocole d'immatriculation (WLTP). Ce dispositif concerne les véhicules immatriculés depuis le 1er mars 2020, à l'exception des véhicules pour lesquels les émissions de CO_2 n'ont pas pu être déterminées.

En euros (€)

Taux (T) d'émission de dioxyde de carbone (g/km)	Véhicule de tourisme acquis ou loué							
	Avant 2017	2017	2018	2019	2020		Depuis 2021	
					Véhicules relevant du WLTP[1]	Autres véhicules	Véhicules relevant du WLTP[1]	Autres véhicules
T > 200	9 900	9 900	9 900	9 900	9 900	9 900	9 900	9 900
165 < T ≤ 200	18 300	9 900	9 900	9 900	9 900	9 900	9 900	9 900
160 < T ≤ 165	18 300	9 900	9 900	9 900	18 300	9 900	9 900	9 900
155 < T ≤ 160	18 300	9 900	9 900	9 900	18 300	9 900	18 300	9 900
150 < T ≤ 155	18 300	18 300	9 900	9 900	18 300	9 900	18 300	9 900
140 < T ≤ 150	18 300	18 300	18 300	9 900	18 300	9 900	18 300	9 900
135 < T ≤ 140	18 300	18 300	18 300	18 300	18 300	9 900	18 300	9 900
130 < T ≤ 135	18 300	18 300	18 300	18 300	18 300	18 300	18 300	9 900
60 ≤ T ≤ 130	18 300	18 300	18 300	18 300	18 300	18 300	18 300	18 300
50 ≤ T < 60	18 300	20 300	20 300	20 300	18 300	20 300	18 300	20 300
20 ≤ T < 50	18 300	20 300	20 300	20 300	20 300	20 300	20 300	20 300
T < 20	18 300	30 000	30 000	30 000	30 000	30 000	30 000	30 000

1. Véhicules définis n° 11290. Les plafonds de déductibilité de l'amortissement (et des loyers) propres aux véhicules relevant du nouveau dispositif d'immatriculation s'appliquent aux exercices clos depuis le **1er mars 2020**.

La **fraction non déductible** de l'amortissement est déterminée en appliquant au montant de **11292**
l'annuité d'amortissement pratiquée le rapport existant entre la fraction du prix d'acquisition qui dépasse le plafond et ce prix d'acquisition. Elle est rapportée aux bénéfices imposables par voie extra-comptable et doit être retenue (même si elle n'a pas été comptabilisée) pour la **détermination des plus-values ou moins-values** résultant de la vente ultérieure de ces véhicules. La **plus-value** correspondante est réputée **à court terme**.

Prenons l'**exemple** suivant : Voiture particulière achetée à 28 000 € TTC le 1er janvier 2024, l'exercice coïncidant avec l'année civile. Amortissement fiscal sur cinq ans. Amortissement comptable sur la durée réelle d'utilisation du véhicule : 7 ans. Taux d'émission de dioxyde de carbone : 150 g/km. Annuité comptable d'amortissement (calculée sur une base TTC dès lors que la TVA n'est pas récupérable) : 28 000/7 = 4 000 €.
Annuité d'amortissement calculée sur la durée fiscale : 28 000 × 20 % = 5 600 €.
Différence à comptabiliser en amortissement dérogatoire : 5 600 – 4 000 = 1 600 €.
Somme à réintégrer chaque année en application de l'article 39, 4 du CGI : 5 600 × [(28 000 – 18 300)/28 000] = 1 940 €.
Amortissement net déductible : 5 600 – 1 940 = 3 660 €, correspondant à 20 % du plafond de déduction de 18 300 €.
Si le véhicule est vendu au début de l'année 2027 pour 16 000 €, la plus-value imposable est de 16 000 – [28 000 – (5 600 × 3)] = 4 800 €. N'excédant pas le total des amortissements admis en déduction (3 660 × 3 = 10 980) et des amortissements exclus des charges déductibles (1 940 × 3 = 5 820), cette plus-value est en totalité à court terme.

› Précisions a. Le **taux d'émission de dioxyde de carbone par kilomètre** est le taux conventionnel indiqué sur le certificat d'immatriculation ou, à défaut, sur la documentation technique fournie lors de l'achat (BOI-BIC-AMT-20-40-50 n° 100).
b. Selon l'administration, le **prix d'acquisition** à prendre en compte doit être augmenté du coût (taxes comprises) des équipements et accessoires, que ceux-ci soient fournis avec le véhicule ou qu'ils fassent l'objet d'une livraison distincte. En revanche, les **accessoires** qui fonctionnent de manière autonome (radiotéléphones, par exemple) ne sont pas à inclure dans le prix soumis à limitation (CAA Nancy 19-12-1991 n° 90NC00009 ; BOI-BIC-AMT-20-40-50 n° 130). Il en va de même du coût des **accumulateurs** nécessaires au fonctionnement des véhicules électriques ou des **équipements spécifiques** permettant l'utilisation du GPL ou du GNV et des accumulateurs ou des équipements spécifiques permettant l'utilisation de ces mêmes carburants nécessaires au fonctionnement des **véhicules hybrides** s'ils ont fait l'objet d'une facturation séparée ou d'une mention distincte qui permet de les identifier lors de l'acquisition de véhicules (BOI-BIC-AMT-20-30-10 nos 660 s.).

LOYERS DES VOITURES PARTICULIÈRES

11293 Les entreprises qui prennent en location des voitures, neuves ou d'occasion, ne peuvent déduire les loyers correspondants que dans la limite d'un plafond analogue à celui applicable à l'amortissement des véhicules dont les entreprises sont propriétaires.
Ce plafonnement concerne le loyer des véhicules (définis n° 11290) pris soit en **crédit-bail**, soit en location d'une durée supérieure à trois mois (ou d'une durée inférieure à trois mois renouvelable). Les véhicules pris en **location de courte durée** (n'excédant pas trois mois, non renouvelable) n'y sont pas assujettis (BOI-BIC-AMT-20-40-50 n° 10).
Le plafonnement fait obstacle à la déduction de la part du loyer correspondant à l'amortissement pratiqué par le bailleur pour la fraction du prix d'acquisition du véhicule excédant les limites mentionnées nos 11290 et 11291. Cette part, rapportée aux bénéfices imposables par voie extra-comptable, est calculée comme suit :
– l'amortissement du bailleur sur la fraction excédentaire est égal à l'amortissement pratiqué multiplié par le rapport : (prix d'acquisition TTC – plafond) sur prix d'acquisition TTC ;
– la part du loyer correspondant à cet amortissement s'obtient en ajoutant à celui-ci la TVA au taux prévu pour les voitures ;
– le chiffre obtenu est ajusté le cas échéant au prorata du temps pendant lequel le locataire a disposé du véhicule (chaque mois étant compté pour 30 jours).

EXEMPLE

Soit une voiture particulière, dont le taux d'émission de dioxyde de carbone est de 206 g/km, acquise le 1er janvier 2024 par une entreprise de location pour le prix de 35 000 € (29 167 € HT). Elle est amortissable en 4 ans. La TVA étant déductible, l'amortissement est opéré sur le prix hors taxe. La voiture est donnée en location de longue durée.
Fraction annuelle d'amortissement correspondant à la partie « excédentaire » du prix d'acquisition : (29 167/4) × (35 000 – 9 900)/35 000 = 5 229 €.
Part annuelle de loyer non déductible pour l'utilisateur : 5 229 + (5 229 × 20 %) = 6 275 €.
Si la période d'utilisation n'est pas égale à douze mois, l'ajustement se fait au prorata. En supposant que le locataire ait pris le véhicule en location le 16 septembre, la part de loyer à réintégrer dans les résultats imposables de l'exercice arrêté le 31 décembre de la même année est égale à : 6 275 × 105/360 = 1 830 €.

RELEVÉ DÉTAILLÉ DE FRAIS GÉNÉRAUX

À l'appui de leur déclaration de résultats, les **sociétés et groupements agricoles** doivent joindre à leur déclaration annuelle de résultats un relevé détaillé n° 2067-SD de cinq catégories de frais généraux lorsque ces frais excèdent les limites définies dans le tableau ci-après. **11300**

Les **exploitants individuels** sont dispensés de la production du relevé et doivent seulement mentionner les cadeaux et les frais de réception dans le cadre D de la déclaration de résultats n° 2143-SD (CGI art. 39, 5 et 54 quater).

Catégories de frais devant figurer sur le relevé	Seuils d'inscription sur le relevé [1]
a. Rémunérations directes et indirectes, y compris les remboursements de frais, des dirigeants et salariés les mieux rémunérés (ceux-ci s'entendent, suivant que l'effectif du personnel excède ou non 200 salariés[2], des dix ou des cinq personnes dont les rémunérations directes et indirectes ont été les plus importantes au cours de l'exercice)	300 000 € ou 150 000 € pour l'ensemble de ces personnes ou 50 000 € individuellement
b. Frais de voyage et de déplacements exposés par ces personnes	15 000 €
c. Dépenses et charges afférentes aux véhicules et autres biens dont ces personnes peuvent disposer en dehors des locaux professionnels, et dépenses et charges de toute nature afférentes aux **immeubles** qui ne sont **pas** affectés à l'**exploitation**	30 000 € au total
d. Cadeaux de toute nature, à l'exception des objets de faible valeur conçus spécialement pour la publicité et dont la valeur unitaire n'excède pas 73 € TTC par bénéficiaire (Arrêté ECOE2108012A du 9-6-2021)	3 000 €
e. Frais de réception, y compris les frais de restauration et de spectacles	6 100 €

1. Quelle que soit la **durée de l'exercice** comptable.
2. Pour le calcul de l'**effectif du personnel**, on retient les salariés employés habituellement à temps complet ou à temps partiel au cours de l'exercice considéré (pour ceux embauchés en cours d'exercice, on divise le total du nombre de mois de travail par le nombre de mois de l'exercice ; le quotient est arrondi à l'unité inférieure).

> **Précisions** Selon le Conseil d'État, seuls doivent être déclarés les frais pour lesquels les limites indiquées dans le tableau ci-dessus sont dépassées (CE 12-1-1983 n° 24530 : RJF 3/83 n° 372), alors que l'administration estime qu'un seul dépassement rend obligatoire la production des renseignements relatifs à toutes les catégories de frais (BOI-BIC-CHG-40-60-20 n° 60).

Sanctions Le défaut de production, ou le caractère inexact ou incomplet du relevé, est sanctionné par une **amende** égale à 5 % du montant des sommes non déclarées, amende réduite à 1 % lorsque les sommes omises sont déductibles (CGI art. 1763). Toutefois, l'amende n'est pas applicable, en cas de première infraction commise au cours de l'année civile en cours et des trois années précédentes, lorsque les intéressés ont réparé leur omission soit spontanément, soit à la première demande de l'administration avant la fin de l'année qui suit celle au cours de laquelle le document devait être présenté. **11305**

Les **dépenses** visées ci-dessus (n° 11300) peuvent également être **réintégrées** dans les bénéfices imposables dans la mesure où elles sont excessives et où la preuve n'a pas été apportée qu'elles ont été engagées dans l'intérêt direct de l'entreprise (CGI art. 39, 5).

Lorsqu'elles augmentent dans une proportion supérieure à celle des bénéfices imposables ou que leur montant excède celui de ces bénéfices, l'administration peut demander à l'entreprise de **justifier qu'elles sont nécessitées** par sa gestion (CGI art. 39, 5).

SECTION 6 AMORTISSEMENTS

NOTION D'AMORTISSEMENT

L'amortissement consiste à répartir le coût d'un élément d'actif sur sa durée d'utilisation prévue par l'exploitation, lorsque celle-ci est limitée dans le temps en raison d'un critère physique (usure), technique (obsolescence), juridique (période de protection légale ou contractuelle) ou économique (cycle de vie des produits générés). **11400**

Au **plan comptable**, le mode d'amortissement retenu doit refléter la dépréciation effective d'un actif, c'est-à-dire le rythme de consommation des avantages économiques attendus par l'entreprise. Le système linéaire est appliqué à défaut de mode mieux adapté (voir n° 66475).
Au plan fiscal, l'amortissement, dont la constatation est obligatoire, est en général de type « linéaire » (annuités constantes) ou « dégressif » (déduction fiscale d'annuités décroissantes). Mais des régimes dérogatoires d'amortissement s'appliquent dans certains cas (amortissements exceptionnels ou accélérés, etc.).
Sous réserve de particularités concernant les éléments amortissables, la déduction des amortissements obéit aux mêmes conditions qu'en matière de BIC : inscription en comptabilité et amortissement minimal obligatoire. Dès lors, en application de l'article 72 du CGI, les règles d'**amortissement par composants** s'appliquent aux titulaires de bénéfices agricoles imposés selon un régime réel d'imposition.
Sur les amortissements afférents aux **éléments d'actif non utilisés pour l'exercice de l'activité professionnelle**, voir n° 10905.

A. Conditions générales de déduction de l'amortissement

ÉLÉMENTS AMORTISSABLES

11405 Selon la **réglementation comptable**, les amortissements doivent être pratiqués sur des éléments inscrits à l'actif de l'exploitation et dont l'usage attendu par celle-ci est limité dans le temps (nos 66450 s.).
La plupart des **éléments corporels** ont un usage attendu limité dans le temps et sont donc amortissables : constructions, matériel, outillage, etc. à l'exception notamment des terrains. Notons que certaines constructions ou gros outillages doivent, le cas échéant, faire l'objet d'un amortissement par **composants** (nos 66035 s. et 66530 s.). Les éléments **incorporels** de l'actif immobilisé (brevets par exemple) peuvent également donner lieu à amortissement s'il est normalement prévisible, dès leur création ou leur acquisition, que l'avantage qu'en tire l'exploitation prendra fin à une date déterminée (notamment CE 3-2-1989 n° 58260 : RJF 3/89 n° 263 ; 18-3-2015 n° 366006 : RJF 6/15 n° 471).
En revanche, sur le **plan fiscal**, le principe de non-déductibilité de l'amortissement du fonds commercial (entendu comme l'ensemble des éléments incorporels qui ne font pas l'objet d'une évaluation et d'une inscription dans un compte distinct du bilan) est inscrit dans la loi. Par dérogation, les amortissements comptabilisés au titre des **fonds** commerciaux **acquis du 1er janvier 2022 au 31 décembre 2025** sont déductibles fiscalement (CGI art. 39, 1-2°). Cette mesure s'applique dans les mêmes conditions aux **fonds agricoles résiduels acquis** au cours de la même période (voir nos 11420 s.). Pour les **fonds acquis après le 31 décembre 2025**, le principe de non-déductibilité sera à nouveau applicable.
Pour le traitement des provisions constituées à raison d'un fonds commercial dont l'amortissement est admis en déduction : voir n° 11723.
Sur la possibilité offerte aux **petites entreprises** d'amortir **comptablement** leur fonds agricole résiduel sur 10 ans, voir n° 66204. Selon le Conseil d'État, cette option comptable est incompatible avec la loi fiscale et ne peut donc être prise en compte pour la détermination du résultat imposable (CE avis 8-9-2021 n° 453458 : RJF 11/21 n° 1000).
Les **terres** et les **plantations** appellent des observations particulières (nos 11410 et 11415).
L'exploitant ne peut pas déduire un amortissement pour les biens qui ne font pas partie de son **actif** (exemple : biens pris en location) ou qui ne constituent pas pour lui des immobilisations (exemple : stock). Les exploitations individuelles (ou les sociétés et groupements soumis à l'impôt sur le revenu) ne peuvent pas davantage déduire l'amortissement des **éléments d'actif non utilisés pour les besoins de l'activité professionnelle**, sauf mise en œuvre de la tolérance de 5 % ou 10 % (voir nos 9007 s.).

> **Précisions a.** Le **nu-propriétaire** d'un bien amortissable peut l'amortir sur la base de la valeur de la nue-propriété (CE 5-10-1977 n° 4718 : RJF 11/77 n° 586 ; BOI-BIC-AMT-10-20 n° 260) sous réserve des dispositions de l'article 155, II du CGI (nos 9007 s.). Un **usufruitier** peut de son côté amortir le droit incorporel dont il est titulaire, tel le **droit d'usufruit viager** d'un bien immobilier dès lors qu'il est possible de déterminer le terme de ses effets bénéfiques sur l'exploitation en se référant aux statistiques de l'Insee en matière d'espérance de vie (CE 24-4-2019 nos 419912 et 419913 : RJF 7/19 n° 622 ; dans le même

sens à propos de l'usufruit temporaire de plusieurs biens immobiliers, CAA Nantes 15-4-2021 n° 19NT02197 : RJF 8-9/21 n° 787). Avant ces décisions, différents tribunaux administratifs s'étaient déjà prononcés en faveur de l'amortissement d'un droit d'usufruit portant sur des immeubles et des titres (TA Paris 6-7-2009 n° 04-19716 : RJF 1/10 n° 5 ; Poitiers 21-11-1996 n° 95-1701 : RJF 1/97 n° 7), y compris dans le cadre d'un usufruit viager (TA Strasbourg 14-3-2017 n° 1602812 : RJF 8-9/17 n° 776).

b. Certains **animaux** peuvent être amortis (voir n° 9320).

c. Un agriculteur peut, en application de l'article 39 D du CGI, amortir des **serres** qu'il a fait construire **sur un terrain appartenant à un tiers** (CE 15-5-1992 n°s 70845 et 70846 : RJF 8-9/92 n° 1160). Les annuités correspondantes sont calculées, en principe, d'après la durée normale d'utilisation du bien et non en fonction de la durée du bail.

d. Les **parts de coopératives** acquises par des agriculteurs ne peuvent faire l'objet d'amortissement (BOI-BA-BASE-20-30-10-10 n° 70). Elles peuvent, le cas échéant, donner lieu à provisions pour dépréciation (voir n° 10618).

Terres Les terrains proprement dits n'étant pas, par nature, susceptibles de subir une diminution de valeur par l'effet du temps ne peuvent pas être amortis, même s'ils sont inscrits au bilan. **11410**

Constituent un élément du prix de revient des terres et suivent le même régime (BOI-BA-BASE-20-30-10-10 n° 20) :

– les **améliorations foncières permanentes** résultant de travaux tels que ceux entrepris pour raser des talus, créer des fossés, combler des mares ou marécages, supprimer des haies ou défricher ;

– les **frais occasionnés par un aménagement foncier agricole et forestier** qui ont pour effet d'accroître la valeur patrimoniale des terres concernées, notamment par les travaux d'infrastructures collectives et les travaux constituant des améliorations foncières permanentes.

Les **arriérés** de **fumures** et les améliorations résultant des **pratiques culturales** (assolements, par exemple) constituent également des immobilisations non amortissables lorsqu'ils sont inscrits au bilan (BOI-BA-BASE-20-10-20 n° 400 ; BOI-BA-BASE-20-30-10-10 n° 60).

En revanche, les travaux qui n'apportent qu'une **amélioration temporaire** au fonds peuvent être amortis, même si les terres demeurent dans le patrimoine privé de l'exploitant. Il s'agit notamment des dépenses occasionnées par des travaux de drainage (voir n° 11120, Précisions, b) ou de construction de voies de desserte sommaires (BOI-BA-BASE-20-30-10-10 n° 50).

> **Précisions** Lorsque des travaux correspondant à des **améliorations foncières permanentes** sont effectués par le **fermier**, ils présentent le caractère d'une immobilisation non amortissable et peuvent donc figurer à l'actif du bilan. Il en est tenu compte, en fin de bail, pour la détermination de la plus-value ou de la moins-value consécutive à la perception, par le preneur sortant, de l'indemnité visée aux articles L 411-69 et suivants du Code rural et de la pêche maritime (BOI-BA-BASE-20-30-10-10 n° 30).

Plantations Les plantations (vignes, arbres fruitiers) constituent des immobilisations dont le prix de revient est amortissable, même si les terres demeurent dans le patrimoine privé de l'exploitant (BOI-BA-BASE-20-30-10-10 n° 100). On rappelle en effet que les plantations (comme les améliorations foncières temporaires) doivent obligatoirement figurer à l'actif, même lorsque l'option pour le maintien des terres dans le patrimoine privé a été exercée (BOI précité n° 120). **11415**

Lorsque les dépenses de plantations sont **effectuées par un fermier**, elles sont amortissables si l'intéressé en a la propriété ; si ces dépenses lui sont imposées par le bail, elles constituent pour le bailleur un supplément de loyer (Rép. Falala : AN 12-7-1975 n° 18762 non reprise au Bofip, mais qui nous semble toujours pertinente). Le fait que les plantations aient été **dissociées du** patrimoine **foncier**, les terres ayant été apportées à un groupement foncier agricole et les plantations à la société d'exploitation, ne fait pas obstacle à l'amortissement des plantations (Rép. Falala précitée), y compris dans l'hypothèse où l'exploitant continue à exploiter personnellement les terres en qualité de fermier du groupement (Rép. Tailhades : Sén. 19-5-1979 n° 27401 non reprise au Bofip).

Pour la détermination de la base d'amortissement des plantations, voir n° 11440.

Lorsque la vente de plantations constitue l'objet même de l'activité exercée par l'exploitant (**horticulteur, pépiniériste**), les biens correspondants doivent être compris dans les stocks et ne font donc pas l'objet d'un amortissement.

Fonds agricoles résiduels acquis Le fonds agricole résiduel est composé des **éléments incorporels** du fonds agricole acquis qui ne font pas l'objet d'une évaluation et d'une inscription dans un compte distinct du bilan, et qui concourent au maintien et au développement du potentiel d'activité de l'entité (PCG art. 618-8 tel que résultant du règl. ANC 2020-03 du **11420**

3-7-2020 : voir n° 66200). Il est assimilé au fonds commercial et peut faire l'objet d'amortissements sur le **plan comptable** dans les mêmes conditions et sous les mêmes réserves que celles prévues pour les fonds commerciaux (BOI-BIC-AMT-10-20). L'amortissement comptable du fonds agricole peut ainsi être pratiqué sur sa durée d'utilisation lorsqu'elle est limitée ou sur une durée de dix ans si cette durée ne peut être déterminée de manière fiable ou lorsqu'il est acquis par une petite entreprise au sens de l'article L 123-16 du Code de commerce (n° 66204).

Sur le **plan fiscal**, la loi interdit la déduction des amortissements des fonds commerciaux. Toutefois, par dérogation à cette règle, les amortissements comptabilisés à raison des **fonds** commerciaux **acquis entre le 1er janvier 2022 et le 31 décembre 2025** sont déductibles du résultat imposable (CGI art. 39, 1-2°). Cette mesure s'applique dans les mêmes conditions aux **amortissements pratiqués**, en application des règles comptables en vigueur, **au titre de fonds agricoles résiduels acquis** au cours de la même période (BOI-BA-BASE-20-30-10-10 n° 105).

Sous réserve de cette mesure temporaire, la dépréciation des fonds agricoles ne peut, sur le plan fiscal, être constatée que par voie de **provisions** (BOI-BIC-PROV-40-10-10 n° 90). Les conséquences fiscales d'une provision pour dépréciation portant sur un fonds dont l'amortissement est fiscalement déductible sont exposées n° 11723.

11421 Le **régime temporaire d'amortissement fiscal** des fonds agricoles acquis visé n° 11420 s'applique en principe à tous les amortissements pratiqués en application des règles comptables en vigueur. Néanmoins, selon nos informations, l'administration considère que la déduction fiscale des amortissements comptabilisés présente un caractère optionnel.

Les **modalités d'acquisition** du fonds (cession à titre onéreux, apport, fusion ou opération assimilée) sont en principe indifférentes pour l'application du dispositif. Toutefois, pour prévenir d'éventuelles stratégies d'optimisation fiscale, le législateur a adopté une **mesure anti-abus** qui exclut l'application du dispositif d'amortissement temporaire en présence de **liens entre l'acquéreur et le cédant** (Loi 2022-1157 du 16-8-2022 art. 7 applicable aux acquisitions de fonds intervenues depuis le 18-7-2022).

La première situation visée est celle où l'acquisition du fonds commercial est réalisée auprès d'une **entreprise liée** au sens de l'article 39, 12 du CGI (voir n° 9962, Précisions, b).

EXEMPLE

La société A acquiert le 1er mars 2025 auprès de la société C un fonds agricole exploité dans le cadre d'une convention d'occupation précaire (n° 73550) dont la durée d'utilisation est limitée et qui sera donc amorti en comptabilité. On suppose que C détient 90 % du capital de la société B qui détient elle-même 60 % de la société A. Indirectement, la société C détient donc 90 × 60 = 54 % du capital de la société A.

Sur le plan fiscal, les amortissements du fonds ne sont pas déductibles, car les sociétés A et C sont des entreprises liées au sens de l'article 39, 12 du CGI.

11423 La mesure anti-abus s'applique également, en vertu d'une disposition expresse de l'article 39, 1-2° du CGI dans le cas où un **fonds** commercial ou agricole est **acquis auprès d'une entreprise**, y compris une entreprise individuelle, qui est **placée sous le contrôle** (au sens de l'article 39, 12-a précité) **de la même personne physique** que l'entreprise qui acquiert le fonds. Sont donc concernées les situations où un fonds fait l'objet :

– d'une transaction entre des sociétés dont le capital est majoritairement détenu par une même personne physique, de manière directe ou indirecte ;

– ou d'une cession, le cas échéant par voie d'apport, réalisée par un exploitant individuel au profit d'une société qu'il contrôle.

Sont visées à ce titre les opérations d'**apport en société d'une exploitation individuelle ou d'une branche complète d'activité**, placées sous le régime de droit commun ou sous le régime spécial prévu à l'article 151 octies du CGI (nos 10685 s.), dès lors que l'apporteur détient directement ou indirectement la majorité du capital de la société bénéficiaire, avant l'apport ou du fait de l'opération. Dans ce cas, le fonds est considéré comme une immobilisation non amortissable, même s'il fait l'objet d'un amortissement en comptabilité. La plus-value correspondante est donc placée en report d'imposition jusqu'à la cession à titre onéreux des titres reçus en contrepartie de l'apport ou jusqu'à la date de cession du fonds par la société si elle est antérieure. Elle est imposée au nom de l'apporteur au titre de l'année de survenance de l'un ou l'autre de ces événements. Les amortissements comptabilisés par la société bénéficiaire doivent être réintégrés au résultat imposable.

EXEMPLES

1. M. X détient 100 % du capital de la société A et 51 % du capital de la société B. L'acquisition par la société B du fonds agricole détenu par la société A est exclue du régime temporaire prévu à l'article 39, 1-2° du CGI. La plus-value de cession réalisée par A est imposable, mais les amortissements comptabilisés par B à raison du fonds doivent être rapportés à son résultat imposable.
2. M. X est exploitant individuel. Il apporte le 1er janvier 2025 son fonds agricole à la société A dont il détient la totalité du capital. L'apport est placé sous le régime spécial prévu à l'article 151 octies du CGI. La société bénéficiaire de l'apport ne peut pas pratiquer la déduction fiscale des amortissements comptabilisés à raison du fonds agricole, dès lors que ce fonds était précédemment exploité par son actionnaire unique.

L'article 7 précité de la loi 2022-1157 du 16 août 2022 définit par ailleurs les modalités d'application du régime temporaire d'amortissement fiscal lorsque le fonds est transféré à l'occasion d'une opération de **fusion ou d'apport partiel d'actif** soumise au régime de faveur prévu à l'article 210 A du CGI (n° 24260). **11425**
Sous réserve que l'opération ne soit pas réalisée entre sociétés liées, ce qui l'exclurait du dispositif (nos 11421 s.), la société absorbante ou bénéficiaire des apports a le **choix** de déduire de son résultat imposable **l'amortissement** comptabilisé à raison du fonds ou de renoncer à cette déduction. Si elle **décide de déduire** les amortissements comptabilisés au titre du fonds reçu, celui-ci relève du régime fiscal des immobilisations amortissables prévu à l'article 210 A, 3-d du CGI (n° 10692). Il s'ensuit que :
– la plus-value d'apport fait l'objet d'une réintégration échelonnée sur une période de cinq ans ;
– les amortissements constatés en comptabilité sur la base de la valeur d'apport du fonds commercial sont déductibles.
Remarque : Ces solutions devraient également s'appliquer, selon nous, en cas d'apport en société d'une entreprise individuelle agricole dans les cas, sans doute peu nombreux, où le fonds apporté ne se trouve pas exclu du régime d'amortissement temporaire par la clause anti-abus visée nos 11421 s.

BASE DE L'AMORTISSEMENT

Règles générales Les règles de détermination de la base de l'amortissement diffèrent, le cas échéant, en matière fiscale et comptable (voir n° 66500). **11430**
S'agissant des **biens décomposés**, voir n° 66510.

> **Précisions a.** La base d'amortissement des bâtiments **transférés** du patrimoine privé de l'exploitant à l'actif de l'entreprise est constituée par leur valeur réelle au jour de l'inscription (n° 9290).
> **b.** Pour les **voitures** particulières, la base de l'amortissement déductible est plafonnée (n° 11290).
> **c.** Lorsqu'un élément d'actif a été acquis moyennant **rente viagère**, son amortissement doit être calculé sur la valeur indiquée n° 66410.
> **d.** Si une **immobilisation** a été **réévaluée**, les amortissements sont calculés sur la base de la nouvelle valeur comptable (CE 8-2-1999 n° 161306 : RJF 4/99 n° 428 ; BOI-BIC-AMT-10-30-40 n° 210).

Crédit-bail Afin de conférer une certaine neutralité au crédit-bail **mobilier ou immobilier**, le législateur a prévu deux séries de dispositions concernant les transferts de contrats en cours entre entreprises locataires et le régime des biens acquis à l'issue d'un contrat. Pour l'imposition des plus-values de cession, voir nos 10640 s. **11435**

En cas de **transfert de contrat de crédit-bail en cours**, le cessionnaire peut amortir son **prix d'acquisition** selon le mode linéaire, compte tenu de la durée d'amortissement du bien concerné à la date d'acquisition du contrat. **11436**
Lorsque le contrat porte sur un **immeuble**, une ventilation du prix doit être opérée en deux fractions, l'une représentative des constructions et assimilable à une immobilisation amortissable, l'autre représentative du terrain, assimilable à un élément non amortissable de l'actif immobilisé.
La valeur des droits afférents au terrain correspond à la différence entre sa valeur réelle à la date d'acquisition du contrat et son prix d'acquisition par le bailleur augmentée de l'amortissement financier du terrain effectivement supporté par le preneur par le biais des loyers versés (n° 11133). La valeur des droits afférents aux constructions correspond à la fraction du prix de cession qui excède ce montant.

11437 Pour les **biens acquis à l'échéance d'un contrat de crédit-bail**, il convient de distinguer selon qu'il s'agit d'un crédit-bail mobilier ou immobilier.

a. Les biens acquis à l'échéance d'un contrat de **crédit-bail mobilier** sont inscrits à l'actif pour le prix convenu pour la levée de l'option d'achat, majoré, s'il y a lieu, du prix d'acquisition du contrat lorsque l'entreprise a acquis celui-ci en cours d'existence. Cette valeur, diminuée des amortissements pratiqués sur le prix de revient du contrat, est amortissable sur la durée d'utilisation du bien appréciée à la date de la levée de l'option.

b. S'agissant des biens acquis à l'échéance des contrats de **crédit-bail immobilier**, le preneur est tenu de procéder à la **réintégration** d'une fraction des loyers versés dans les résultats de l'exercice en cours lors de la levée de l'option, afin d'être placé dans une situation analogue à celle dans laquelle il se serait trouvé s'il avait été propriétaire de l'immeuble dès la conclusion du contrat (CGI art. 239 sexies à 239 sexies C).

Le **prix de revient** global de l'ensemble immobilier correspond au prix de levée de l'option augmenté des sommes ainsi réintégrées, de la quote-part de loyer non admise en déduction et, le cas échéant, du prix d'acquisition du contrat. Le prix de revient du terrain acquis coïncide avec son prix d'acquisition par le bailleur. Le surplus du prix de revient global de l'immeuble représente le prix de revient des constructions.

L'**amortissement des constructions** est effectué selon les règles de droit commun (amortissement par composant : n° 11400), sur la base de leur prix de revient diminué, le cas échéant, des amortissements déjà déduits à raison du contrat.

> **Précisions** Le **montant des réintégrations** à effectuer lors de la levée de l'option correspond, en principe, à la différence entre :
> – la valeur de l'immeuble lors de la signature du contrat diminuée du prix de levée de l'option ;
> – et le montant des amortissements que le locataire aurait pu pratiquer s'il avait été propriétaire du bien depuis cette date (compte tenu, le cas échéant, de la méthode par composants).
> La réintégration à effectuer est diminuée des quotes-parts de loyers non déduites pendant la période de location.

11440 **Plantations** Les plantations **arboricoles** (vignes, vergers) doivent figurer à l'actif pour leur prix de revient ou leur coût réel de production.

Cette valeur, qui constitue la base de calcul des amortissements, comprend le **prix d'achat des plants** et les **frais de plantation** proprement dits jusqu'à ce que la plantation soit arrivée à un stade de production normal.

Les frais d'**aménagement annexes** (fils de fer, drainage, tuyaux, abris coupe-vent, filets paragrêles, etc.) doivent être inscrits à des comptes distincts et amortis selon leur durée d'utilisation propre (BOI-BA-BASE-20-30-10-10 n° 120). Fils de fer et piquets peuvent être amortis sur une durée unique (BOI-BA-BASE-20-30-10-20 n° 160).

> **Précisions a.** Les **frais de plantation** s'entendent des frais d'appropriation des sols (défoncement, amendements, etc.) et des frais de mise en place des plants (ouverture et comblement des trous, engrais de fonds, etc.). Ces dépenses peuvent être amorties sur la durée de production moyenne déterminée par les experts de l'Institut national de la recherche agronomique [Inra] (n° 11455).
> Toutefois, par mesure de simplification, l'administration admet que les **amendements** et **engrais de fonds** soient dissociés des autres frais de plantation et rattachés aux façons culturales (BOI-BA-BASE-20-30-10-20 n° 170).
> **b.** Les **façons culturales** sont assimilées à des avances aux cultures et figurent donc, en principe, parmi les stocks. Il s'agit essentiellement des **frais de reprise** (taille, binage, désherbage, traitements phytosanitaires, lutte contre les rongeurs, etc.) auxquels sont assimilées les dépenses engagées pour remplacer les **plants morts** dans la mesure où il ne s'agit pas de plantations nouvelles. Ces dépenses peuvent être déduites immédiatement si l'exploitant arrête son exercice après la date normale de la récolte (BOI-BA-BASE-20-30-10-20 n° 180).
> **c.** Les frais exposés par un arboriculteur pour le renouvellement partiel d'un verger (remplacement de pommiers pollinisateurs), qui se rapportent en fait essentiellement à des **travaux de terrassement et de drainage**, ne répondent pas à la définition des façons culturales donnée par l'administration (CAA Nantes 22-2-1996 n° 94-62 : RJF 6/96 n° 728). Sur le caractère immobilisable de ces dépenses, voir n° 11120, Précisions, b.

DURÉE ET TAUX DE L'AMORTISSEMENT

Durée S'agissant des **biens non décomposés**, et contrairement à la règle comptable qui retient en principe la durée réelle d'utilisation (voir n° 66520), l'amortissement doit être fiscalement calculé d'après un taux tenant compte de la durée d'usage de l'élément à amortir. Celle-ci est appréciée d'après les **usages de la profession** (CGI art. 39, 1-2°) en vigueur jusqu'au 31 décembre 2004. L'administration a précisé que les exploitants peuvent se prévaloir des durées d'usage définies n° 11451 (BOI-BIC-AMT-10-40-10 n°s 20 et 130). Pour les exploitants appliquant le plan comptable général, la différence avec l'amortissement comptable est déduite par la constatation d'une provision pour amortissement dérogatoire (n° 66470). 11450

L'appréciation de la durée normale d'utilisation est une question de fait. Des **circonstances particulières** peuvent influer sur cette durée (les conditions d'utilisation du bien, par exemple : usage intensif d'un outillage). L'exploitant doit alors être en mesure de justifier les circonstances qui conduisent à retenir une durée d'amortissement différente des usages.

L'administration s'abstient de remettre en cause les durées d'amortissement retenues par les exploitations, en raison de circonstances particulières dont l'existence est établie, lorsque ces durées ne s'écartent pas de plus de 20 % des **usages professionnels**. Mais cette tolérance ne concerne pas les biens pour lesquels l'administration a déjà admis une durée d'amortissement plus courte que la durée normale d'utilisation, notamment (BOI-BA-BASE-20-30-10-20 n° 1) : les plantations de vergers et vignes, les poulaillers et porcheries, les chevaux de course et poulinières (n°s 11455, 11460 et 15970 s.).

S'agissant des **biens décomposés**, voir n°s 66530 s.

> **Précisions a.** L'administration maintient pour les biens non décomposés la **durée d'usage au plan fiscal** mais, selon nous, rien ne s'oppose à ce que les exploitations s'en tiennent à la déduction de l'amortissement pratiqué en comptabilité (n° 11475).
b. Les **usages**, permettant de déterminer la durée normale d'utilisation des biens, s'entendent des pratiques qui, en raison notamment de leur ancienneté, de leur fréquence ou de leur généralité, sont regardées comme normales, dans chaque nature d'exploitation, à la date d'acquisition du bien (CE 11-3-1988 n°s 46515, 50774 et 80803 : RJF 4/88 n°s 385 et 386).
c. Les biens acquis d'**occasion** sont amortis en fonction de la durée probable d'utilisation appréciée à la date de rachat du bien.
d. En cas de **cession** d'un élément en cours d'exercice, un amortissement peut être pratiqué, jusqu'au jour de la cession, au prorata du temps.
e. Pour les **brevets** acquis en **cours de validité**, l'entreprise a le choix entre l'amortissement sur cinq ans admis par l'administration et l'amortissement sur la période de validité restant à courir (BOI-BIC-AMT-10-20 n° 380).
f. Sur les durées d'amortissement des **plantations**, voir n° 11455.

Taux usuels d'amortissement Les taux d'amortissement les plus couramment admis en pratique (voir n° 11450) sont les suivants (ces taux sont donnés à titre **purement indicatif**) : 11451

• Taux admis pour les biens des entreprises industrielles et commerciales	
Bâtiments commerciaux	2 à 5 %
Bâtiments industriels	5 %
Immeubles à usage de bureaux	4 %
Maisons d'habitation	1 à 2,5 %
Matériel	10 à 15 %
Outillage	10 à 20 %
Petit matériel et outillage à main de faible valeur	Voir n° 11135
Automobiles et matériel roulant	20 à 25 %
Mobilier	10 %
Matériel de bureau	10 à 20 %
Micro-ordinateurs	33,33 %
Agencements et installations	5 à 10 %
Brevets, certificats d'obtention végétale	20 %
• Taux admis pour les biens agricoles	
Tracteurs, tailleuses de haies, tronçonneuses	20 %
Motoculteurs, matériel d'épandage, accessoires de ces matériels	10 %
Matériel de transport	10 %
Charrue, herse, rouleau-semoir	10 à 12,5 %
Moissonneuse-batteuse, arracheuse	12,5 à 20 %
Faucheuse	10 %

• Taux admis pour les biens des entreprises industrielles et commerciales

Wagons à céréales	10 %
Porcheries et poulaillers	Voir n° 11460
Constructions légères et serres (autres que serres lourdes)	6,66 à 8,33 %
Autres constructions et serres lourdes	Taux variable selon la qualité et la longévité des matériaux utilisés
Plantations	Voir n° 11455
Chevaux de course	Voir n°s 15970 s.

11452 **Constructions et aménagements sur sol d'autrui** Les constructions et aménagements édifiés sur sol d'autrui ou sur immeubles pris à bail constituent des immobilisations corporelles pour l'exploitant locataire qui les effectue (dans ce sens à propos de la construction de serres, CE 7-2-1979 n° 8475 : RJF 3/79 n° 118). Il doit les inscrire à son actif et les amortir sur leur durée d'utilisation définie ci-après (CGI art. 39 D).

En pratique, l'exploitant est tenu de respecter la méthode de comptabilisation par composants (voir n° 66035). En application de ces règles comptables, les **composants** inscrits à l'actif de l'entreprise locataire, à la suite de la réalisation de **nouveaux aménagements**, doivent être amortis sur leur **durée réelle d'utilisation**, correspondant, à notre avis, à la durée la plus courte entre la durée du bail (y compris le renouvellement probable du bail et des périodes de renouvellement raisonnablement assurées) et la durée de vie de l'ouvrage.

Au plan fiscal, l'administration considère que ces éléments doivent être amortis sur leur durée normale d'utilisation, y compris si la durée du bail est inférieure (BOI-BIC-AMT-20-40-30 n° 20). Cette solution devrait s'appliquer tant pour l'amortissement des composants que pour celui de la **structure** d'une nouvelle construction édifiée sur le sol de l'entreprise bailleresse. Il résulte de la position de l'administration que, dans l'hypothèse où la durée d'amortissement retenue au plan fiscal est plus longue que la durée du bail, la fraction de l'amortissement comptable qui excède l'amortissement fiscalement déductible est réintégrée extra-comptablement. La fraction non déduite devrait être admise en déduction lors de la cession du bien (BOI-BIC-AMT-10-40-10 n° 40). Lorsque la durée de l'amortissement fiscal est plus courte que la durée du bail, le complément d'amortissement est comptabilisé par voie de provision pour amortissement dérogatoire (n° 66470).

> **Précisions a.** L'**amortissement cesse** lorsque les constructions ou aménagements sortent de l'actif de l'entreprise. C'est le cas en fin de période de location ou lorsque, à l'occasion de la conclusion d'un nouveau bail portant sur la totalité de l'immeuble (constructions comprises), les éléments ajoutés par l'entreprise doivent être considérés comme ayant fait retour au bailleur (CE 26-7-1985 n° 42742 : RJF 11/85 n° 1408).
> **b.** Dans le cas particulier du **bail à construction**, par dérogation à la règle prévue en cas de construction sur sol d'autrui, l'entreprise locataire peut amortir les constructions édifiées sur la durée du bail lorsque, ce qui est le cas le plus fréquent, celles-ci doivent revenir gratuitement au bailleur en fin de bail.
> **c.** Le **retour gratuit au bailleur**, en fin de bail, des constructions sur sol d'autrui entraîne leur sortie du bilan du locataire. L'entreprise locataire peut alors déduire de ses produits d'exploitation la valeur résiduelle des installations transmises au propriétaire du sol, sauf s'il apparaît que l'exécution de la clause constitue de la part du locataire un acte de gestion anormale (BOI-BIC-AMT-20-40-30 n° 40). En cas de **retour contre indemnité**, l'opération s'analyse en une cession d'élément d'actif immobilisé. Il en est de même en cas de rachat de construction par le bailleur en cours de bail.
> **d.** Selon l'administration, les frais de remplacement de **clôtures** incombant à l'occupant, en vertu du bail, sont immédiatement déductibles lorsqu'ils ont pour seul objet l'entretien des clôtures. Dans le cas contraire, ils sont inscrits à l'actif et amortis selon le régime des constructions sur sol d'autrui (Rép. Sergheraert : AN 25-1-1982 n° 349 non reprise au Bofip).

11455 **Amortissement des plantations** Les dépenses qui constituent le prix de revient des plantations arboricoles (voir n° 11440) peuvent être amorties sur **la durée de production moyenne** déterminée par un groupe d'experts de l'Inra. Les exploitants conservent la possibilité de retenir des durées inférieures, mais ils doivent être en mesure de justifier cette décision.

Pour les **vergers**, les durées moyennes ont été définies en fonction de trois grands types de mode de conduite et publiées, à titre indicatif, sous la forme d'un **tableau** reproduit ci-après. Ces durées sont utilisées par les services des impôts pour apprécier le caractère normal des taux d'amortissements retenus par les producteurs. Le **point de départ** de l'amortissement est, en pratique, l'exercice comprenant la première « petite récolte ». La durée d'amortissement à retenir correspond à la période de production optimale (c'est-à-dire avant le début de la décroissance des rendements à l'hectare) à partir de la première petite récolte. La durée retenue doit correspondre au mode de conduite le plus proche de celui adopté par l'exploitant (BOI-BA-BASE-20-30-10-20 nos 120 s.). On notera que les durées moyennes indiquées ci-dessous peuvent ne pas correspondre aux durées propres à l'exploitation ; dans ce cas, les exploitations soumises au PCG devraient pouvoir constater un amortissement dérogatoire à hauteur de la différence. **11455** (suite)

S'agissant des **vignes**, les durées sont fixées à 25 ans pour l'ensemble des vignobles quelle que soit la qualité du vin. Les exploitants ont la possibilité de retenir des durées inférieures mais, en cas de contrôle, ils doivent apporter la preuve du bien-fondé de leur décision. Le point de départ du droit à amortissement est constitué par la première déclaration de récolte (BOI-BA-BASE-20-30-10-20 nos 150 s.).

En ce qui concerne les **investissements annexes**, voir n° 11440.

Les **plantations autres** que de **vergers** et de **vignes** sont amorties à partir de la première année de production normale, en fonction de leur longévité. La durée d'amortissement est déterminée en tenant compte de l'espèce plantée, de la variété choisie et des conditions propres à chaque exploitation. Quant aux **frais d'aménagement** de ces plantations, ils peuvent, dès qu'ils sont engagés, être amortis sur la durée probable d'utilisation de ces installations, la première annuité d'amortissement étant toutefois réduite « prorata temporis » (BOI-BA-BASE-20-30-10-20 n° 20).

	Vergers à mise à fruit très précoce	Vergers à moyenne densité	Vergers à long cycle « grandes formes »
Pommiers			
Nombre d'arbres à l'hectare	1 000 à 2 000	700 à 1 000	180 à 400
Première petite récolte à	2 à 3 ans	4 à 6 ans	5 à 7 ans
Début de la décroissance des Rt/ha	12 à 15 ans	14 à 20 ans	20 à 25 ans
Pêchers			
Nombre d'arbres à l'hectare	1 000 à 2 000	400 à 600	250 à 300
Première petite récolte à	2 à 3 ans	3 à 4 ans	4 à 5 ans
Début de la décroissance des Rt/ha	9 à 10 ans	12 à 14 ans	13 à 16 ans
Poiriers			
Nombre d'arbres à l'hectare		500 à 1 000	
Première petite récolte à	[1]	4 à 6 ans	
Début de la décroissance des Rt/ha		18 à 25 ans	
Pruniers domestiques			
Nombre d'arbres à l'hectare		350 à 400	200 à 250
Première petite récolte à	[1]	4 à 5 ans	5 à 7 ans
Début de la décroissance des Rt/ha		15 à 18 ans	18 à 25 ans
Cerisiers			
Nombre d'arbres à l'hectare	[1]	400 à 500	250 à 300
Première petite récolte à		4 à 6 ans	5 à 7 ans
Début de la décroissance des Rt/ha		12 à 18 ans	18 à 25 ans
Abricotiers			
Nombre d'arbres à l'hectare			300 à 350
Première petite récolte à	[1]		4 à 8 ans
Début de la décroissance des Rt/ha			12 à 20 ans
Amandiers			
Nombre d'arbres à l'hectare			200 à 300
Première petite récolte à	[1]		6 à 7 ans
Début de la décroissance des Rt/ha			20 à 25 ans
Noyers			
Nombre d'arbres à l'hectare		150 à 200	180 à 400
Première petite récolte à	[1]	6 à 8 ans	5 à 7 ans
Début de la décroissance des Rt/ha		20 à 25 ans	35 à 40 ans
Noisetiers			
Nombre d'arbres à l'hectare		650 à 800	
Première petite récolte à	[1]	4 à 5 ans	
Début de la décroissance des Rt/ha		14 à 18 ans	

	Vergers à mise à fruit très précoce	Vergers à moyenne densité	Vergers à long cycle « grandes formes »
Actinidia			
Nombre d'arbres à l'hectare		300 à 400	
Première petite récolte à	[1]	4 ans	
Début de la décroissance des Rt/ha		–	

1. Mode de conduite non encore observé pour ce type de production.

11460 **Amortissement des porcheries et poulaillers** Une distinction doit être opérée entre les constructions proprement dites et les aménagements intérieurs.

Les **constructions proprement dites**, bâtiments à usage de porcheries ou de poulaillers, sont amorties sur leur période normale d'utilisation, en tenant compte de l'évolution des techniques. À titre de règle pratique, il convient d'appliquer les règles suivantes (BOI-BA-BASE-20-30-10-20 n°s 50 s.) :

– **bâtiments légers** : ces bâtiments peuvent être amortis sur une durée de quinze ans. Cette mesure permet aux exploitants d'amortir les constructions concernées selon le mode dégressif. Ce régime est strictement réservé aux constructions réalisées en matériaux légers (bois, tôle, fibrociment, etc.) pour plus de 50 % de leur superficie développée (murs et toitures mais abstraction faite des sols) ;

– **bâtiments lourds** : les bâtiments ne répondant pas à la définition des bâtiments légers peuvent être amortis, selon le mode linéaire, sur une durée de vingt ans.

Les **aménagements intérieurs**, installations ou équipements spécialisés, sont amortis, de manière distincte, en tenant compte de leur durée propre d'utilisation.

Les durées mentionnées ci-dessus s'appliquent si les **constructions** ne sont pas **décomposées** ou pour l'amortissement fiscal de la structure, dans le cas contraire.

> **Précisions a.** S'agissant des **constructions** proprement dites, les exploitants conservent la possibilité de retenir dans les deux cas (bâtiments légers ou lourds) des **durées** d'amortissement **inférieures** à quinze ou vingt ans mais, en cas de contrôle, ils doivent apporter la preuve du bien-fondé de leur décision (BOI précité n° 70).
>
> **b.** Les durées d'amortissement indiquées ci-dessus ne s'appliquent qu'aux seuls porcheries et poulaillers ; les **autres bâtiments d'élevage** doivent être amortis sur leur période normale d'utilisation.

COMPTABILISATION EFFECTIVE DE L'AMORTISSEMENT

11470 Les amortissements doivent avoir été effectivement pratiqués en comptabilité pour pouvoir être admis en déduction.

La **comptabilisation** de l'amortissement d'un exercice peut être valablement effectuée **jusqu'à** l'expiration du délai de déclaration (notamment CE 19-12-1980 n° 16414 : RJF 3/81 n° 182).

Les **amortissements exagérés** qui ont été réintégrés dans les bénéfices imposables d'un exercice donné peuvent être admis en déduction des exercices suivants au cours desquels l'entreprise n'a pratiqué que des amortissements insuffisants ou même pour lesquels elle a cessé tout amortissement (CE 2-10-1985 n° 45818 : RJF 11/85 n° 1409).

Les amortissements pratiqués en comptabilité doivent figurer sur le **tableau des amortissements** annexé à la déclaration de résultats (imprimé n° 2148).

> **Précisions a.** Lorsque le prix d'acquisition d'un **élément d'actif passé à tort dans les frais généraux** a été réintégré aux bénéfices imposables de l'exploitation, la déduction des amortissements nécessite l'inscription préalable du bien concerné à l'actif du bilan. Un amortissement exceptionnel peut être constaté au titre de l'exercice d'acceptation du rehaussement. L'administration n'exclut la déduction des amortissements correspondant à la période antérieure à cette régularisation que dans les cas manifestement abusifs (BOI-BIC-AMT-10-50-30 n° 40).
>
> **b.** Le **défaut de production du tableau** des immobilisations et des amortissements prescrit par l'article 38, II et III de l'annexe III au CGI ou le fait que certains amortissements y auraient été omis n'est pas de nature à faire obstacle à la déduction des amortissements, mais l'exploitant est passible d'une amende fiscale de 15 € ou de 150 € prévue à l'article 1729 B du CGI.

Constatation d'un amortissement minimal obligatoire 11475

a. La somme des amortissements effectivement pratiqués depuis l'acquisition ou la création d'un élément donné ne peut être inférieure, à la clôture de chaque exercice, au montant cumulé des amortissements calculés suivant le **système linéaire** et répartis sur la durée normale d'utilisation (CGI art. 39 B).

Cette disposition s'applique élément par élément ou composant par composant en cas de **décomposition du bien**. Pour la structure des biens décomposés ou pour les biens non décomposés, cette règle est considérée comme respectée lorsque l'amortissement fiscal est échelonné sur la durée retenue dans les comptes, plus longue que celle issue des usages.

L'amortissement minimal n'oblige pas les exploitations à pratiquer à la clôture de chaque exercice un amortissement égal à l'annuité linéaire, mais seulement à faire en sorte que la masse globale des amortissements (techniques ou dérogatoires) comptabilisés à une date déterminée soit au moins égale à la somme théorique des annuités linéaires. Ainsi, lorsque des biens sont amortis selon le **système dégressif**, les exploitants ont la faculté de différer tout ou partie de la fraction de l'annuité dégressive qui excède l'annuité linéaire (voir n°s 11480 s.).

b. L'obligation d'amortissement minimal doit être respectée, que les résultats de l'exercice soient bénéficiaires ou déficitaires. Faute de s'y conformer, l'exploitation perd définitivement le droit de déduire la fraction d'**amortissement irrégulièrement différée**. Néanmoins, cette fraction d'amortissement est prise en compte pour le calcul des plus-values ou moins-values de cession (voir exemple indiqué n° 11292).

Lorsque l'amortissement pratiqué conformément aux dispositions de l'article 39 B du CGI se traduit par l'apparition d'un **déficit**, ou par l'aggravation de la situation déficitaire de l'exploitation, le déficit correspondant peut être reporté sur les bénéfices ultérieurs dans les conditions de droit commun.

AMORTISSEMENTS RÉGULIÈREMENT DIFFÉRÉS

Les amortissements régulièrement différés sont ceux que l'entreprise peut s'abstenir de comptabiliser sans enfreindre la règle de l'amortissement minimal (n° 11475). Cette hypothèse concerne en pratique les biens dont les annuités d'amortissement excèdent, à un moment donné, celles de l'amortissement linéaire. Sont essentiellement concernés les biens amortis selon le mode dégressif ou ceux amortis selon le mode linéaire, mais qui ont bénéficié d'un amortissement exceptionnel. En outre, lorsqu'elles sont autorisées fiscalement à déduire un amortissement calculé sur la durée d'usage (voir n° 11450), les entreprises devraient selon nous pouvoir différer au titre d'un exercice la comptabilisation de l'écart entre la dotation fiscalement déductible et celle calculée sur la durée réelle d'utilisation conformément à la réglementation comptable. 11480

Le **sort des amortissements** régulièrement différés dépend du caractère bénéficiaire ou déficitaire du **résultat comptable**, qui est déterminé après déduction des déficits reportables. 11482

Les **amortissements régulièrement différés au cours d'un exercice déficitaire** peuvent en principe être prélevés, sans limitation de durée, sur les résultats des premiers exercices suivants qui font apparaître un bénéfice comptable après déduction de l'annuité normale d'amortissement (et, pour les sociétés relevant de l'impôt sur les sociétés, des reports déficitaires). La déduction peut toutefois être opérée sur le résultat fiscal si ce dernier, déterminé après imputation des amortissements de l'exercice et des reports déficitaires, est supérieur au résultat comptable (BOI-BIC-AMT-10-50-40 n° 80).

Dans le système **dégressif**, lorsque les bénéfices d'un exercice ultérieur sont suffisants pour déduire les amortissements différés en plus de l'annuité normale d'amortissement, celle-ci est alors calculée en partant du chiffre obtenu en retranchant de la valeur résiduelle comptable le montant des amortissements précédemment différés (CGI ann. II art. 25, 1). Mais les entreprises peuvent choisir de répartir l'amortissement différé sur la durée d'utilisation restant à courir, en pratiquant chaque année l'amortissement par application du taux dégressif à la valeur résiduelle comptable.

Lorsque les **amortissements** sont **régulièrement différés en période bénéficiaire**, une distinction est à faire (CGI ann. II art. 25, 2) : 11483

– pour les éléments amortissables suivant le mode **linéaire**, la déduction des amortissements différés doit obligatoirement être pratiquée, au taux habituel, après la fin de la période normale d'amortissement (ou en totalité au moment de la mise hors service des éléments correspondants) ;

– pour les éléments amortissables suivant le système **dégressif**, le montant de l'amortissement dégressif différé peut être réparti, pour sa totalité, sur la durée d'utilisation restant à courir par application du taux dégressif à la valeur résiduelle comptable.

B. Amortissement linéaire

11520 Le système d'amortissement linéaire dégage une **annuité constante** tout au long de la période d'amortissement. Cette annuité est calculée en appliquant au prix de revient des éléments à amortir le **taux** approprié déterminé dans les conditions exposées ci-dessus n°s 11450 s.

Selon les règles comptables, l'amortissement d'un bien a pour **point de départ** la date de début de consommation des avantages économiques qui lui sont attachés. Il s'agit en principe de sa mise en service (PCG art. 214-12). La règle fiscale est identique. Toutefois, lorsqu'il est démontré qu'une immobilisation a subi une dépréciation avant même sa mise en service, le point de départ de l'amortissement peut être avancé à la date d'acquisition ou d'achèvement de l'immobilisation. Si le point de départ de l'amortissement se situe **en cours d'exercice**, la première annuité doit être réduite au prorata du temps. Cette réduction se calcule en jours et, par simplification, l'année peut être comptée pour 12 mois de 30 jours.

Sur le point de départ de l'amortissement des plantations de vignes et vergers, voir n° 11455.

Le système d'amortissement linéaire s'applique à titre **obligatoire** aux immobilisations qui n'entrent pas dans le champ d'application de l'amortissement dégressif.

Il est également utilisable par l'exploitant qui ne désire pas bénéficier de l'amortissement dégressif (sur le choix du mode d'amortissement, voir n° 11560, Précisions).

EXEMPLE

Un exploitant dont l'exercice coïncide avec l'année civile acquiert le 15 avril 2024, au prix de 10 000 €, un matériel dont la durée normale d'utilisation est de 5 ans, qu'il met en service le 1er juin 2024.

Le taux d'amortissement linéaire est de 20 %. L'annuité normale d'amortissement s'élève à 2 000 € (10 000/5).

Les annuités d'amortissement sont les suivantes :

– annuité 2024 réduite « prorata temporis » : 2 000 × 210/360 = 1 167 € ;

– annuités 2025 à 2028 : 2 000 € ;

– annuité 2029 : 2 000 × 150/360 = 833 €.

11525 En cas de **cession** d'un élément en **cours d'exercice**, l'amortissement doit en principe être pratiqué jusqu'au jour de la cession, au prorata du temps. L'administration accepte toutefois que cette dernière annuité d'amortissement ne soit pas comptabilisée, sauf dans le cas des biens somptuaires visés à l'article 39, 4, du CGI (BOI-BIC-AMT-20-10 n° 250 ; à propos des véhicules de tourisme, CE 23-8-2006 n° 264228 : RJF 12/06 n° 1506). Les exploitations ont intérêt à déduire une dernière annuité lorsque la plus-value à court terme bénéficie d'un régime d'étalement (voir n° 10168).

C. Amortissement dégressif

PRINCIPES

11560 Le système d'amortissement dégressif consiste à pratiquer des annuités d'amortissement d'importance décroissante. Il est **réservé** aux biens d'équipement visés n° 11565 et à certains bâtiments affectés à l'exploitation (n° 11570).

L'**avantage du système** dégressif par rapport au système linéaire consiste principalement en un sensible accroissement du montant des déductions fiscales pratiquées au cours des premières années.

Pour l'amortissement, selon le mode dégressif, des **biens décomposés**, voir n° 66570.

> **Précisions** Lorsqu'ils sont applicables, les systèmes d'amortissement dégressif et exceptionnel (n°s 11640 s.) revêtent un caractère facultatif. Les entreprises peuvent par exemple adopter le système linéaire pour certains biens et le système dégressif (ou exceptionnel) pour d'autres.
>
> Le **choix du mode d'amortissement** constitue une décision de gestion. Il n'est pas possible de substituer a posteriori une méthode à une autre, par exemple pour compenser un redressement relatif à une base ou à un taux d'amortissement erronés (CE 23-5-1990 n°s 47764 et 70180 : RJF 7/90 n° 790) ou encore rattraper des annuités dégressives prétendument différées alors que le mode linéaire a été choisi au départ (CE 2-3-1994 n° 118710 : RJF 5/94 n° 519).

CHAMP D'APPLICATION

Matériels et équipements Pour pouvoir être amortis selon le système dégressif, les matériels et équipements utilisés pour les besoins de l'exploitation doivent (CGI ann. III art. 38 sexdecies E et ann. II art. 22 ; BOI-BA-BASE-20-30-10-20 n° 370) : **11565**
– avoir été créés ou achetés **neufs** ;
– avoir une **durée normale d'utilisation** au moins égale à trois ans ;
– appartenir à l'une des **catégories suivantes** :
a. matériels et outillages utilisés pour des opérations agricoles de production, de transformation ou de transport,
b. matériels de manutention,
c. installations destinées à l'épuration des eaux et à l'assainissement de l'atmosphère,
d. installations productrices de vapeur, de chaleur ou d'énergie,
e. installations de sécurité et installations à caractère médico-social,
f. machines de bureau,
g. matériels et outillages utilisés à des opérations de recherche scientifique ou technique (en vue notamment de l'obtention de nouvelles variétés végétales, de races animales...),
h. installations de magasinage et de stockage (par exemple, chambres froides, silos-cellules démontables). S'agissant des installations de stockage et de magasinage faisant partie intégrante des locaux professionnels, voir ci-après n° 11566.

> **Précisions a.** Les matériels utilisés pour des **opérations de production**, de **transformation ou de transport** comprennent notamment (BOI-BA-BASE-20-30-10-20 n° 370) : le matériel de traction et de transport (à l'exception des véhicules de tourisme) ; le matériel de travail du sol ; le matériel d'arrosage, d'épandage, de semis et de traitement ; le matériel d'éclairage pour la production en circuit fermé (couveuses, serres) ; le matériel de récolte ; le matériel de conditionnement, d'emballage, de transformation ; le matériel intérieur de ferme ; le matériel de chais ; le matériel d'atelier ; le gros outillage (si la période normale d'utilisation est au moins égale à trois ans).
> **b.** Sous la rubrique **machines de bureau** figurent notamment les éléments suivants : équipement informatique ; interphone ; matériels de transmission à distance de textes (Télex, télécopieurs) ; machines à écrire à frappe électrique entièrement automatiques ; répondeurs enregistreurs téléphoniques ; autocommutateurs téléphoniques.
> **c.** Le **matériel servant à l'irrigation** par aspersion peut être amorti de façon dégressive (BOI-BIC-AMT-20-20-20-10 n° 120).
> **d.** Selon l'administration, le **matériel de palissage pour vignes** est exclu de l'amortissement dégressif (Rép. Antagnac : AN 13-3-1976 n° 24370 non reprise au Bofip).
> **e.** Les **entreprises de travaux agricoles** – qui sont imposables au titre des bénéfices industriels et commerciaux – peuvent amortir selon le mode dégressif, dans les mêmes conditions que les agriculteurs, les matériels de culture et de récolte qu'elles utilisent dans l'exercice de leur activité (BOI-BIC-AMT-20-20-20-10 n° 510).

Locaux servant à l'exercice de la profession Sous la réserve figurant n° 11570, les locaux servant à l'exercice de la profession sont exclus de l'amortissement dégressif (CGI art. 39 A). La jurisprudence considère que cette exclusion légale vise notamment les bâtiments qui abritent des **installations de stockage**, mais non les installations de stockage qui constituent en elles-mêmes un bâtiment (en ce sens, par exemple, CE 11-7-1991 n° 75791 : RJF 8-9/91 n° 1043, qui a admis au dégressif des silos-cellules non démontables destinés au stockage de céréales). Cette jurisprudence infirme la doctrine administrative qui exclut de l'amortissement dégressif les installations de stockage ou de magasinage qui font partie intégrante des locaux professionnels et, à ce titre : les **silos** en béton ou en tôles soudées destinés au stockage des céréales sauf, précise l'administration, si les dispositions mentionnées n° 11570 leur sont applicables (BOI-BIC-AMT-20-20-20-10 n° 300) ; les **cuves** en béton vitrifiées utilisées pour la conservation ou la vinification des vins, qui sont édifiées sur place et adjointes au gros œuvre des locaux (Rép. Maujoüan du Gasset : AN 14-2-1976 n° 25109, non reprise au Bofip). S'agissant des **cuves utilisées pour la conservation ou la vinification des vins**, le Conseil d'État a jugé que la circonstance qu'elles puissent être regardées comme incorporées aux locaux après leur mise en place n'est pas de nature à faire obstacle à l'application du régime dégressif (CE 16-10-1985 n° 50990 : RJF 12/85 n° 1501). **11566**

Bâtiments de construction légère affectés à l'exploitation Par dérogation à l'exclusion des immeubles, les locaux professionnels agricoles donnent droit à l'amortissement dégressif lorsque leur **durée normale d'utilisation** n'excède pas quinze ans (CGI art. 39 A, 2-2°). Pour l'appréciation de ce seuil, il devrait être fait référence à la durée fiscale d'amortissement et non à la **11570**

durée comptable si elle est différente. Sont ainsi visés, en fait, les bâtiments de construction plus légère que la normale, dans lesquels les matériaux de qualité inférieure (notamment le bois et la tôle) prennent une place prédominante ou, en ce qui concerne les bâtiments spécialement construits pour protéger ou renfermer des matériels, ceux dont la durée d'utilisation se confond pratiquement avec celle desdits matériels (BOI-BIC AMT-20-20-20-10 n° 350).

Ouvrent droit à l'amortissement dégressif les bâtiments agricoles qui répondent à la condition de durée susvisée et qui sont utilisés à l'un des **usages suivants** (BOI-BA-BASE-20-30-10-20 n° 380) :
– opérations de production ou de transformation agricole (à titre de règle pratique, on considère que la généralité des serres utilisées par des maraîchers, des horticulteurs ou des pépiniéristes entre dans cette catégorie) ;
– entrepôts de matières, produits ou approvisionnements ;
– protection de matériels ou d'animaux (voir n° 11460 en ce qui concerne les poulaillers et porcheries de construction légère) ;
– opérations d'étude et de recherche ou installations à caractère médico-social.

Mais en aucun cas les **locaux d'habitation**, même lorsqu'ils sont destinés au logement des ouvriers agricoles, ne peuvent bénéficier du régime de l'amortissement dégressif. Il en est de même des bâtiments d'exploitation achetés à un précédent exploitant.

ILLUSTRATIONS

Un **bâtiment agricole constitué d'une charpente métallique** bardée de tôles reposant sur des fondations en béton entourant elles-mêmes un sol cimenté n'est pas amortissable selon le mode dégressif (CE 26-4-1985 n°s 35263 et 35264 : RJF 6/85 n° 836 ; solution inverse pour un bâtiment à usage de serre constitué d'une charpente métallique fixée par de simples plots et dépourvue de bardage : TA Versailles 3-4-1997 n° 88-4502 : RJF 1/98 n° 6).

Un **hangar à usage agricole** constitué d'une structure métallique fixée au sol par des plots en béton de 1 m^3 et servant de **support à des panneaux photovoltaïques** n'ouvre pas droit au régime de l'amortissement dégressif ni, par suite, au crédit d'impôt au titre d'un investissement en Corse prévu à l'article 244 quater E du CGI dès lors qu'il n'est pas établi que cette structure métallique aurait une durée normale d'utilisation inférieure à quinze ans ou qu'elle serait destinée à augmenter la production d'électricité des panneaux photovoltaïques en les surélevant (CE 1-7-2021 n° 434313 : RJF 10/21 n° 912).

CALCUL DE L'AMORTISSEMENT DÉGRESSIF

11580 Le système de l'amortissement dégressif est caractérisé par l'application d'un « taux constant » d'abord à la valeur d'origine, puis, à partir du deuxième exercice, à la valeur résiduelle comptable de l'élément à amortir.

Le « taux constant » de l'amortissement dégressif s'obtient en multipliant le taux de l'amortissement linéaire (n°s 11450 s.) normalement applicable à l'élément considéré par un **coefficient** qui varie selon la durée fiscale d'amortissement de chaque élément (durée réelle d'utilisation pour les composants et durée d'usage pour la structure des biens décomposés ainsi que pour les biens non décomposés) (BOI-BIC-AMT-20-20-40 n°s 1 à 20).

Pour les **biens acquis ou fabriqués depuis le 1er janvier 2010 ou entre le 1er janvier 2001 et le 3 décembre 2008**, les coefficients sont fixés à :
– 1,25 si la durée fiscale d'amortissement est de trois ou quatre ans ;
– 1,75 si cette durée est de cinq ou six ans ;
– 2,25 si cette durée est supérieure à six ans.

Pour les **biens acquis entre le 4 décembre 2008 et le 31 décembre 2009**, ils sont respectivement fixés à 1,75, 2,25 et 2,75.

> **Précisions a.** Les matériels et outillages destinés à des opérations de **recherche scientifique et technique** visées à l'article 244 quater B, II-a du CGI relatif au crédit d'impôt recherche bénéficient d'un taux d'amortissement dégressif majoré (coefficients fixés respectivement à 1,5, 2 et 2,5) lorsqu'ils sont acquis ou fabriqués depuis le 1er janvier 2004 (CGI art. 39 AA quinquies). L'application de cette mesure est facultative (BOI-BIC-AMT-20-20-50 n° 390).
> **b.** Les matériels destinés à économiser l'énergie et les équipements de production d'**énergies renouvelables** bénéficient d'un taux d'amortissement dégressif majoré (coefficients fixés respectivement à 2, 2,5 et 3) lorsqu'ils ont été acquis ou fabriqués entre le 1er janvier 2001 et le 1er janvier 2003 (CGI art. 39 AA).
> **c.** Les **matériels** de **production**, de **sciage** et de **valorisation des produits forestiers** bénéficient d'un taux d'amortissement dégressif majoré de 30 % lorsqu'ils ont été acquis ou fabriqués entre le 13 novembre 2013 et le 31 décembre 2016 par des entreprises de première transformation du bois (CGI art. 39 AA quater).

Principaux taux d'amortissement dégressif 11581

Durée d'utilisation (années)	Taux linéaire %	Biens acquis entre le 4-12-2008 et le 31-12-2009		Biens acquis ou fabriqués depuis le 1-1-2010	
		Coefficient applicable	Taux d'amortissement dégressif (col. 2 × col. 3)	Coefficient applicable	Taux d'amortissement (col. 2 × col. 5)
3	33,33	1,75	58,33	1,25	41,67
4	25	1,75	43,75	1,25	31,25
5	20	2,25	45	1,75	35
6	16,67	2,25	37,51	1,75	29,17
6 2/3	15	2,75	41,25	2,25	33,75
8	12,5	2,75	34,38	2,25	28,13
10	10	2,75	27,50	2,25	22,5
12	8,33	2,75	22,91	2,25	18,75
15	6,67	2,75	18,34	2,25	15
20	5	2,75	13,75	2,25	11,25

Première annuité La première annuité d'amortissement dégressif afférente à un bien donné peut être pratiquée à la clôture de l'exercice en cours à la date de son acquisition ou de sa construction. Son montant est déterminé en appliquant le taux approprié (voir n° 11580) à la valeur d'origine de l'élément considéré (n° 11430). 11585

Le **point de départ** de l'amortissement dégressif est dans tous les cas fixé au premier jour du mois d'acquisition du bien (sans attendre la mise en service).

En cas d'**acquisition en cours d'exercice**, la première annuité doit obligatoirement être réduite « prorata temporis » par application du rapport existant entre, d'une part, la durée en mois de la période allant du premier jour du mois d'acquisition ou de construction à la date de clôture de l'exercice et, d'autre part, la durée totale de l'exercice. Lorsque l'exercice coïncide avec l'année civile, la première annuité se limite donc à 11/12 pour les biens acquis en février, à 10/12 pour ceux acquis en mars et ainsi de suite (voir exemple n° 11595). Lorsque l'exercice n'est pas égal à douze mois, la réduction « prorata temporis » s'applique à l'annuité ajustée comme indiqué n° 11590, Précisions, c.

Dès lors que la **réglementation comptable** retient comme point de départ de l'amortissement d'un bien la date de début de consommation des avantages économiques qui lui sont attachés, soit en pratique sa mise en service (PCG art. 214-12), l'annuité calculée selon la règle fiscale mentionnée ci-dessus peut être supérieure à la dotation comptable. La différence est alors déduite par la constatation d'une provision pour amortissement dérogatoire.

Annuités suivantes Le montant de la deuxième annuité et de chacune des annuités suivantes s'obtient en appliquant le taux déjà utilisé pour le calcul de la ou des précédentes annuités à la valeur résiduelle comptable de l'élément ; cette valeur résiduelle est elle-même égale à la différence entre, d'une part, la valeur d'origine et, d'autre part, le montant total des précédentes annuités. 11590

Pour le calcul de la **durée totale d'amortissement**, l'exercice d'acquisition est décompté pour une année entière, même lorsque l'acquisition se situe en cours d'exercice et que la première annuité est réduite en conséquence. La durée effective d'amortissement est donc réduite par rapport au système linéaire. Par exemple, pour un bien amortissable en cinq ans acquis en cours d'exercice, l'amortissement s'achève normalement à la clôture du quatrième exercice suivant.

Si, à la **clôture d'un exercice**, l'annuité dégressive d'amortissement devient inférieure à l'annuité correspondant au quotient de la valeur résiduelle par le nombre d'années d'utilisation restant à courir à compter de l'ouverture dudit exercice, l'entreprise a la faculté de faire état d'un amortissement égal à cette dernière annuité (CGI ann. II art. 23, 2°) (voir l'exemple de calcul n° 11595).

> **Précisions a.** En ce qui concerne les **éléments achetés**, la date d'acquisition est celle du transfert de propriété. Il s'agit de la date à laquelle l'accord a été réalisé avec le fournisseur sur la chose et le prix, même si la livraison et le règlement du prix interviennent à une époque différente et si la mise en service du matériel nécessite l'exécution de certains travaux d'installation. Pour les **matériels dont la fabrication s'échelonne sur**

une **période assez longue**, la date du transfert de propriété est celle de la réception provisoire (BOI-BIC-AMT-20-20-30 n° 70). En ce qui concerne les biens dont le transfert de propriété est différé en vertu d'une **clause de réserve de propriété**, voir n° 9105.

b. En cas de **cession d'un élément non totalement amorti**, l'exploitation est libre de pratiquer ou non un amortissement au titre de l'exercice de cession. Si elle choisit de le faire, l'amortissement doit être calculé « prorata temporis » jusqu'au début du mois de la cession (BOI-BIC-AMT-20-20-30 n° 270). Les exploitations ont intérêt à déduire une dernière annuité lorsque la plus-value à court terme bénéficie d'un régime d'étalement (voir n° 10168).

c. Lorsque la durée d'un **exercice** n'est **pas égale à douze mois**, le montant de l'annuité doit être ajusté en fonction de cette durée. Il est, par exemple, réduit de moitié pour un exercice de six mois (ce qui conduit à échelonner l'amortissement sur un exercice supplémentaire) ou, au contraire, majoré de moitié pour un exercice de dix-huit mois.

Pour les éléments acquis au cours de l'exercice, l'annuité ainsi ajustée est ensuite, s'il y a lieu, réduite « prorata temporis » comme indiqué n° 11585.

11595

EXEMPLE

Soit une entreprise agricole dont l'exercice coïncide avec l'année civile et qui acquiert le 15 avril 2025, au prix de 10 000 €, un matériel de traitement de produits agricoles dont la durée fiscale d'amortissement est de 5 ans. Le taux d'amortissement linéaire est donc de 20 % et le taux d'amortissement dégressif correspondant est de 20 % × 1,75 = 35 % (n° 11581).

Les cinq annuités d'amortissement de ce matériel se calculent comme suit :

– Annuité 2025 : 10 000 € × 35 % × 9/12 (n° 11585) = 2 625 €.

Valeur nette comptable résiduelle (VCR) : 10 000 € – 2 625 € = 7 375 €.

– Annuité 2026 : 7 375 € × 35 % = 2 581 € (VCR : 7 375 € – 2 581 € = 4 794 €).

– Annuité 2027 : 4 794 € × 35 % = 1 678 € (VCR : 4 794 € – 1 678 € = 3 116 €).

Pour 2028, l'annuité dégressive serait de : 3 116 € × 35 % = 1 091 €, alors que le quotient de la valeur résiduelle par le nombre d'années d'utilisation restant à courir [2 ans] (n° 11590) est de : 3 116 €/2 = 1 558 €.

L'amortissement de chacune des années 2028 et 2029 pourra donc être de 1 558 €.

À la fin de l'année 2029, le matériel est complètement amorti, le total des amortissements étant de 2 625 + 2 581 + 1 678 + 1 558 + 1 558 = 10 000 €.

Si le matériel est cédé le 20 septembre 2027, l'entreprise sera libre de pratiquer ou non une annuité 2027 réduite « prorata temporis » : 1 678 € × 8/12 = 1 119 €.

D. Amortissements exceptionnels

RÈGLES GÉNÉRALES

11640 Pour favoriser le développement de certains investissements, des dispositifs d'amortissement exceptionnel ont été mis en place. Ces dispositifs prennent en général la forme d'un amortissement massif, dès l'année de réalisation de l'investissement, qui n'a pas besoin d'être justifié par une dépréciation particulière.

Lorsqu'un bien est décomposé à l'actif du bilan conformément à la réglementation comptable (voir n° 66035), l'amortissement exceptionnel s'applique à chacun des **composants** et à la structure lors de sa mise en service. Le nouveau composant acquis en **remplacement** sera en revanche amorti sur sa durée réelle d'utilisation sauf s'il constitue par nature un bien admis au régime de l'amortissement exceptionnel (BOI-BIC-AMT-20-30 n° 40).

Nous n'examinons ci-après que le régime d'amortissement exceptionnel des **bâtiments d'élevage** acquis ou construits avant le 1er janvier 2018, qui concerne au premier chef les exploitants agricoles (CGI art. 39 quinquies).

La **déduction exceptionnelle** en faveur de l'investissement productif (suramortissement) fait l'objet d'une étude distincte nos 11750 s.

> **Précisions** **a.** Sur l'amortissement exceptionnel des **parts de sociétés d'épargne forestière**, voir n° 27120, Précisions, b.

b. Une procédure spéciale d'**accord préalable** permet aux entreprises de se prémunir contre le risque de remise en cause des amortissements exceptionnels qu'elles entendent pratiquer. Si l'administration ne répond pas dans les trois mois aux entreprises qui lui font connaître leur intention de faire application d'un des régimes d'amortissement exceptionnel visés par l'article L 80 B, 2°-b du LPF, en lui fournissant tous les éléments de fait utiles, son silence vaut accord tacite (LPF art. L 80 B, 2°).

c. Le différentiel entre l'amortissement comptable et l'amortissement fiscalement admis doit être comptabilisé par l'exploitation sous forme d'un **amortissement dérogatoire**.

BÂTIMENTS D'ÉLEVAGE

Les bâtiments affectés aux activités d'élevage ainsi que les matériels et installations destinés au stockage des effluents d'élevage, **construits, acquis ou fabriqués du 1er janvier 2016 jusqu'au 31 décembre 2017**, peuvent faire l'objet d'un amortissement exceptionnel égal à 40 % de leur prix de revient réparti linéairement sur cinq ans. Il en est de même des **travaux de rénovation** immobilisés des bâtiments affectés aux activités d'élevage, réalisés sur la même période (CGI art. 39 quinquies FB). **11665**

Ce dispositif s'applique aux exploitants agricoles soumis à un régime réel d'imposition des bénéfices agricoles ainsi qu'aux exploitations agricoles soumises à l'impôt sur les sociétés. Les **bâtiments** d'élevage acquis ou construits **depuis le 1er janvier 2018** ne bénéficient plus de cette mesure.

L'amortissement exceptionnel prévu à l'article 39 quinquies FB du CGI concerne trois catégories de dépenses : **11667**

a. les dépenses de construction, d'acquisition ou de fabrication de **bâtiments affectés aux activités d'élevage**, c'est-à-dire :

– les bâtiments d'élevage entendus comme les locaux d'élevage, les locaux de quarantaine, les couloirs de circulation des animaux, les aires d'exercice, de repos et d'attente des élevages bovins, les quais d'embarquement, les enclos des élevages de porcs en plein air ainsi que les vérandas, les enclos et les volières des élevages de volailles ;

– les annexes des bâtiments d'élevage entendues notamment comme les bâtiments de stockage de paille et de fourrage, les silos, les installations de stockage, de séchage et de fabrication des aliments destinés aux animaux, les aires d'ensilage et les salles de traite ;

b. les constructions, acquisitions ou fabrications de **matériels et installations destinés au stockage des effluents d'élevage**. Sont ainsi éligibles à l'amortissement exceptionnel les biens mobiliers et immobiliers destinés au stockage des effluents d'élevage et leurs annexes (équipements d'évacuation et de traitement). Les effluents d'élevage s'entendent des déjections liquides ou solides, des fumiers, des eaux de pluie qui ruissellent sur les aires découvertes accessibles aux animaux, des eaux usées et des jus issus de l'activité d'élevage ;

c. les **travaux de rénovation** des bâtiments d'élevage et de leurs annexes. Il s'agit des dépenses inscrites à l'actif immobilisé au bilan de l'éleveur. Sont par conséquent exclues du dispositif les dépenses courantes d'entretien et de réparation qui constituent des charges de l'exercice (BOI-BA-BASE-20-30-10-30 nos 20 à 40).

> **Précisions** Pour bénéficier de l'amortissement exceptionnel, les bâtiments affectés aux activités d'élevage et les matériels et installations destinés au stockage des effluents d'élevage doivent avoir été construits, acquis ou fabriqués entre le 1er janvier 2016 et le 31 décembre 2017 inclus et les travaux de rénovation des bâtiments d'élevage doivent avoir été réalisés au cours de la même période. La **date à retenir** s'entend :
> – pour les **biens acquis par l'entreprise**, de celle à laquelle elle en est devenue propriétaire, quand bien même la livraison du bien et le règlement du prix ont été effectués à une date différente ;
> – pour les **biens construits ou fabriqués** par l'entreprise ou pour son compte, de la date de l'achèvement du bien ;
> – pour les **travaux de rénovation** immobilisés des bâtiments d'élevage, de la date de l'achèvement des travaux, même si le règlement du prix a été effectué à une date différente (BOI-BA-BASE-20-30-10-30 n° 60).

La **base de l'amortissement exceptionnel** est constituée par le prix de revient des biens éligibles qui s'entend de la valeur d'origine pour lesquels ils sont inscrits au bilan de l'entreprise conformément aux dispositions de l'article 38 quinquies de l'annexe III au CGI (n° 9290). Cette base inclut les **coûts d'emprunts** engagés pour la construction, l'acquisition ou la fabrication des immobilisations lorsque l'entreprise a fait le choix de les comprendre dans la valeur d'origine de l'immobilisation en cause (n° 9566, Précisions, b). **11670**

L'article 39 quinquies FB du CGI autorise l'amortissement de **40 % du prix de revient** des immobilisations concernées, **réparti selon le mode linéaire sur cinq ans**.

La **première annuité** d'amortissement exceptionnel doit être pratiquée au plus tard au cours du troisième exercice suivant celui de la construction, de l'acquisition, de la fabrication du bien ou de la réalisation des travaux de rénovation. Lorsque l'amortissement exceptionnel est pratiqué au titre de l'un de ces trois exercices, le **point de départ** de l'annuité de l'amortissement exceptionnel est fixé à la date d'ouverture dudit exercice (BOI-BA-BASE-20-30-10-30 nos 80 à 100).

Sauf décalage de la déduction de la première annuité d'amortissement exceptionnel (voir ci-dessus), le point de départ de l'amortissement exceptionnel intervient à la date de mise en service des immeubles, des matériels et équipements en cause. Par conséquent, lorsque la **mise**

en service intervient **en cours d'exercice**, la première annuité d'amortissement est réduite prorata temporis pour tenir compte de la période écoulée entre le début de l'exercice et le point de départ de l'amortissement.

11672 L'amortissement exceptionnel de l'article 39 quinquies FB du CGI est **optionnel**. Si un exploitant agricole choisit de ne pas commencer à l'appliquer à la clôture du **troisième exercice suivant celui de la construction**, de l'acquisition, de la fabrication du bien ou de la réalisation des travaux de rénovation, il prend une décision de gestion définitive. Par conséquent, il ne peut pas corriger par la suite sa déclaration pour pratiquer l'amortissement exceptionnel auquel il a renoncé (BOI-BA-BASE-20-30-10-30 n° 100).

EXEMPLE

Soit un bâtiment d'élevage acquis (et mis en service) le 1er juillet 2017 pour un montant de 100 000 € HT par un exploitant agricole clôturant ses exercices à l'année civile. La durée normale d'utilisation du bâtiment est de 20 ans.

L'exploitant peut pratiquer l'amortissement exceptionnel au plus tard au titre de l'exercice clos le 31 décembre 2020.

S'il choisit de ne pas pratiquer immédiatement l'amortissement exceptionnel, les annuités d'amortissement à pratiquer avant l'application de ce dispositif devront être déterminées selon les règles de droit commun et devront en particulier respecter les règles de l'amortissement minimal fixées à l'article 39 B du CGI (n° 11475).

On suppose que l'exploitant choisit, dans un premier temps, de pratiquer un **amortissement linéaire** au taux de 5 % (on fait abstraction des règles d'amortissement par composants). Il déduit à ce titre :

– pour l'exercice 2017, une somme de 2 500 €, après réduction prorata temporis de la première annuité [(100 000 × 5 %) × (6/12)] ;

– pour les exercices 2018 et 2019, une annuité « normale » de 5 000 €.

S'il décide de pratiquer l'**amortissement exceptionnel** prévu à l'article 39 quinquies FB à compter de l'exercice 2020, il pourra déduire sur cinq ans de manière linéaire une somme égale à :

100 000 × 40 % = 40 000 €, soit une annuité d'amortissement exceptionnel de 8 000 € (au lieu de 5 000 €) pour chacune des années 2020 à 2024.

11675 Au terme de la période d'application de l'amortissement exceptionnel, la **valeur résiduelle** est amortie linéairement sur la durée normale d'utilisation résiduelle (BOI-BA-BASE-20-30-10-30 n° 110).

EXEMPLE

(Reprise de l'exemple figurant n° 11672).

La valeur résiduelle à l'issue de la période durant laquelle l'amortissement exceptionnel s'est appliqué, est de 47 500 € (100 000 – (2 500 + 5 000 + 5 000 + 40 000) et sera amortie linéairement sur la durée d'utilisation résiduelle (du 1er janvier 2025 au 30 juin 2037, soit 150 mois).

Les annuités d'amortissement seront les suivantes :

– 3800 € [(47 500/150) × 12] au titre de chacune des années 2025 à 2036 ;

– 1 900 € (annuité résiduelle) au titre de l'année 2037.

11677 L'application de l'amortissement exceptionnel est subordonnée au respect du règlement (UE) 1408/2013 de la Commission du 18 décembre 2013 relatif à l'application des articles 107 et 108 du traité sur le fonctionnement de l'Union européenne aux **aides de minimis** dans le secteur de l'agriculture. Ce règlement limite le montant total des aides de minimis octroyées par l'État membre à une entreprise à 20 000 € sur une période de trois exercices fiscaux (exercice en cours et les deux précédents). Ce plafond s'applique donc compte tenu des éventuelles autres aides reçues par ailleurs par l'exploitant et soumises au même plafond de minimis (voir, pour plus de détails, Mémento fiscal n° 92660, Précisions, b).

SECTION 7

PROVISIONS

A. Conditions de déduction

On appelle « provisions » les sommes déduites des résultats en prévision d'une perte (dépréciation d'un élément de l'actif, perte d'exploitation), ou d'une charge, qui n'est pas encore effective à la clôture de l'exercice, mais que des événements en cours rendent probable. Les exploitants agricoles sont en outre autorisés, en vertu de textes fiscaux, à constituer, sous certaines conditions, des provisions spéciales ou « provisions réglementées ». 11700

CONDITIONS DE FOND

Pour qu'une **perte** ou une **charge** puisse donner lieu à constitution d'une provision déductible au plan fiscal, il faut (CGI art. 39, 1-5°) : 11702
– qu'elle soit **déductible**. Cette condition s'oppose à la déduction des provisions constituées en prévision d'investissements qui se traduisent par un accroissement d'actif. Elle s'oppose aussi à la déduction des provisions destinées à couvrir des charges non déductibles sur le plan fiscal, soit que ces charges ne relèvent pas d'une gestion normale, soit que leur déduction est expressément interdite par la loi (cas par exemple de certains impôts). Voir n° 10905 la définition des charges déductibles ;
– qu'elle soit **probable**, ce qui exclut, d'une part, les provisions afférentes à des pertes ou charges déjà certaines dans leur principe et dans leur montant à la clôture de l'exercice, qui doivent être déduites en tant que telles et, d'autre part, les provisions fondées sur des risques simplement éventuels (notamment les provisions de propre assureur) ;
– que sa probabilité résulte d'**événements en cours**. Une provision n'est pas déductible si elle trouve son origine dans un événement ayant pris naissance après la clôture de l'exercice ;
– qu'elle soit **nettement précisée**. Ceci signifie, d'une part, qu'il doit y avoir une individualisation précise de l'élément d'actif déprécié ou de la **nature** de la charge ou de la perte escomptée et, d'autre part, que le **montant** de la perte ou de la charge doit pouvoir être évalué avec une approximation suffisante ;
– qu'elle soit **effectivement constatée dans les comptes** dans le respect des prescriptions comptables (CE 22-11-2022 n° 454766 : RJF 2/23 n° 86). Le défaut de constatation dans les comptes d'une provision n'est pas susceptible d'être corrigé par voie de réclamation ou par voie de compensation à l'occasion d'un rehaussement (CE 18-10-2022 n° 461039 : RJF 1/23 n° 56).

Après avoir calculé le **montant** de la provision qu'elle estime justifié, l'entreprise est libre de constituer une provision d'un montant moindre (CE 10-12-2004 n° 236706 : RJF 2/05 n° 118). Mais lorsqu'une **provision** a été **constituée dans les comptes d'un exercice et** qu'elle est **déductible fiscalement**, l'entreprise doit la déduire au titre de ce même exercice. Sa **reprise** lors d'un exercice ultérieur entraîne une augmentation de l'actif net du bilan de clôture de l'exercice concerné, même si l'exploitant a omis de déduire la dotation à l'origine. À condition qu'elle ne soit pas délibérée, cette erreur (non-inscription de la provision au bilan fiscal) doit être symétriquement corrigée dans les écritures de bilan des exercices antérieurs en remontant jusqu'au bilan de clôture de l'exercice de dotation (CE plén. 23-12-2013 n° 346018 : RJF 3/14 n° 218).

De manière symétrique, en l'absence de disposition fiscale dérogeant aux règles comptables, une provision inscrite en méconnaissance de la réglementation comptable ne peut être déduite fiscalement (CAA Versailles 12-2-2019 n° 16VE03657 : RJF 7/19 n° 628). Cette solution s'applique sans qu'une erreur comptable ne puisse valablement être invoquée (CAA Paris 23-1-2019 n° 17PA03871 : RJF 10/19 n° 880).

> **Précisions a.** La condition selon laquelle la perte ou la charge doit être nettement précisée n'interdit pas le recours à des **méthodes statistiques de calcul**. Le Conseil d'État autorise en effet l'utilisation de telles méthodes dès lors que celles-ci, tirées de l'expérience de l'entreprise et établies d'après un ensemble d'opérations homogènes, permettent de déterminer de manière aussi exacte que possible le montant de la charge ou de la perte probable. Il appartient à l'administration, si elle entend critiquer cette méthode, de démontrer que la marge d'incertitude demeure appréciable et qu'il n'y a pas, dès lors, approximation suffisante.

b. Une provision peut être constituée lorsqu'une perspective de **perte** peut être tenue pour **probable** par la comparaison, pour une opération ou un ensemble d'opérations suffisamment homogènes, entre les coûts restant à supporter et les recettes escomptées

(CE 13-3-1996 nº 129631 : RJF 5/96 nº 550). Cette comparaison doit faire ressortir un **solde négatif** et non un simple manque à gagner.

c. Outre les conditions générales analysées ci-dessus, le Conseil d'État subordonne la déduction des **provisions pour charges** constituées en fin d'exercice à la condition supplémentaire que « se trouvent comptabilisés, au titre du même exercice, les produits afférents à ces charges » (CE 28-6-1991 nº 77921 : RJF 8-9/91 nº 1052). Cette condition ne vise en pratique que les cas où une provision est constituée pour faire face à une charge ultérieure afférente à une opération qui se déroule sur plusieurs exercices et pour laquelle l'entreprise perçoit une rémunération anticipée. Tel est le cas notamment des provisions pour prestations à fournir. Mais le **montant** d'une provision pour charges n'a pas à être diminué des produits attendus auxquels ces charges se rapportent, tels qu'une indemnité d'assurance (CE 9-2-2012 nº 334154 : RJF 5/12 nº 449 ; BOI-BIC-PROV-20-10-20 nº 65).

d. À l'instar des règles fiscales, les règles comptables retiennent la date de clôture de l'exercice pour apprécier l'existence du **fait générateur de la provision**. Mais, en comptabilité, et non en fiscalité, la déduction des provisions pour risques et charges est conditionnée par l'existence d'une obligation de l'entreprise envers un tiers et l'absence de **contrepartie** au moins équivalente émanant de celui-ci (voir nºs 64510 s.). Ces conditions, qui posent des difficultés d'appréciation, peuvent limiter dans certains cas, faute de comptabilisation, la déduction des provisions (notamment provisions pour déménagement).

CONDITIONS DE FORME

11704 Pour être fiscalement déductibles, les provisions doivent être effectivement constatées dans les **écritures** de l'exercice au cours duquel elles sont constituées (CGI art. 39, 1-5º). Sur la définition comptable des provisions pour risques, voir nº 11702, Précisions, d.

Les provisions doivent par ailleurs figurer sur le **tableau nº 2149 des provisions** à joindre à la déclaration des résultats de l'exercice, qui fait apparaître leur objet précis. Les manquements à cette obligation sont sanctionnés par une amende égale à 5 % des sommes non déclarées (ramenée à 1 % si les provisions omises sont déductibles) qui est due au titre du seul exercice de mise en évidence de l'infraction. Toutefois, l'amende n'est pas applicable, en cas de première infraction commise au cours de l'année civile en cours et des trois années précédentes, lorsque les intéressés ont réparé leur omission soit spontanément, soit à la première demande de l'administration avant la fin de l'année qui suit celle au cours de laquelle le document devait être présenté (CGI art. 1763, I).

B. Sort des provisions

PROVISIONS RÉGULIÈREMENT CONSTITUÉES

11705 Trois situations peuvent se présenter, selon que la provision est utilisée conformément à son objet, qu'elle devient sans objet ou est détournée de son objet.

a. Lorsque la **perte** ou la **charge** en vue de laquelle une provision a été constituée **se réalise** effectivement, la déduction de cette perte ou de cette charge doit être compensée, à due concurrence, par la reprise de la provision, c'est-à-dire sa réintégration au résultat. Si la provision est plus élevée que la perte ou la charge, elle devient sans objet à hauteur de la différence et sa reprise majore d'autant le résultat.

b. Une provision est considérée comme **devenue sans objet** lorsque la perte ou la charge en vue de laquelle elle avait été constituée ne se réalise pas (par exemple, encaissement d'une créance qui avait fait l'objet d'une provision pour créance douteuse). L'objet d'une provision est à distinguer de ses causes ou justifications. Ainsi, une société qui a constitué une provision peut, si cette provision n'a pas perdu son objet, maintenir ou modifier son montant si des événements en cours la justifient toujours, même si ces événements sont différents de ceux ayant motivé la constitution initiale (CE 30-6-2016 nº 380916 : RJF 10/16 nº 805). La provision devenue sans objet au cours d'un exercice est rapportée aux bénéfices imposables dudit exercice, sauf s'il s'agit d'une provision non déductible fiscalement, antérieurement taxée.

c. Lorsqu'une provision est **détournée de son objet** (par exemple : distribuée aux associés), elle doit être rapportée aux résultats de l'exercice au cours duquel elle a reçu un emploi non conforme à son objet. Si cet exercice est atteint par la prescription, l'administration ne peut plus réintégrer la provision.

ATTENTION

Si le **rapport d'une provision devenue sans objet**, lorsqu'il doit être opéré, **n'a pas été effectué** par l'entreprise, l'administration peut y procéder sans qu'aucun délai ne lui soit opposable. La provision est alors réintégrée dans les bénéfices de l'exercice au cours duquel elle est devenue sans objet ou, si cet exercice est prescrit, dans les résultats du premier exercice non prescrit (BOI-BIC-PROV-50 n° 150).

PROVISIONS IRRÉGULIÈRES DÈS L'ORIGINE

Lorsqu'elles ne remplissent pas, lors de leur constitution, les diverses conditions de fond et de forme exigées par le CGI (nos 11700 s.), les provisions doivent être considérées comme présentant, dès l'origine, un caractère irrégulier. Ces provisions doivent normalement être rapportées aux résultats de l'exercice au cours duquel elles ont été portées à tort en comptabilité. Mais si, du fait de la **prescription**, ces provisions ne peuvent être rattachées aux résultats dudit exercice, l'administration est fondée à les réintégrer dans les bénéfices du premier exercice non prescrit (notamment CE 28-9-1984 n° 29346 : RJF 11/84 n° 1305) et non de l'exercice au cours duquel la provision a perdu son objet (CE 13-3-2020 n° 421024 : RJF 6/20 n° 548). **11709**

> **Précisions** Le tribunal de Cergy-Pontoise a jugé que, même si une provision déduite fiscalement était injustifiée lors de l'exercice de sa dotation, la **réunion ultérieure des conditions de déductibilité** au titre de l'exercice vérifié empêche toute rectification de la part de l'administration au titre de cet exercice. En l'espèce, une société A avait constitué à la clôture de l'exercice N une provision pour dépréciation de sa créance sur la société B sans établir l'insolvabilité de cette dernière mais elle justifiait d'un risque de non-recouvrement au titre de l'exercice N + 5 vérifié (TA Cergy-Pontoise 28-4-2023 n° 2006770 : RJF 12/23 n° 917).

C. Provisions diverses

Les exploitants agricoles soumis à un régime réel d'imposition (normal ou simplifié) peuvent constituer des provisions et en déduire le montant de leurs bénéfices imposables, dans la mesure où elles répondent aux conditions indiquées ci-dessus et où aucun texte ne vient en limiter ou prohiber expressément la déduction. **11720**

Nous examinons ci-dessous les provisions les plus courantes, ainsi que celles qui ont fait l'objet d'un texte particulier.

> **Précisions** **a.** Les exploitants agricoles ne peuvent pas pratiquer la provision pour **hausse des prix** prévue par l'article 39, 1-5° du CGI (CGI art. 72 C).
>
> **b.** Sur les provisions pour **dépréciation des stocks**, voir nos 9565 s.
>
> **c.** **Provisions pour frais de déménagement et de réinstallation** La déduction de ces provisions par les propriétaires exploitants n'est admise qu'en cas d'expropriation (voir n° 10560).
>
> En ce qui concerne la **participation** et l'**intéressement des salariés** aux résultats de l'entreprise, voir nos 58710 et 58712.

PROVISIONS POUR DÉPRÉCIATION DES IMMOBILISATIONS

Ces provisions ont pour objet de constater un amoindrissement de la valeur des immobilisations, lorsque celui-ci n'est pas irréversible. **11721**

En **comptabilité**, les entreprises doivent apprécier, à chaque clôture des comptes ou chaque situation intermédiaire, s'il existe un indice, interne ou externe, de perte de valeur d'un actif. En présence d'un tel indice, elles doivent effectuer un **test de dépréciation** consistant à comparer la valeur nette comptable de l'immobilisation concernée à sa valeur actuelle, définie comme la valeur la plus élevée de la valeur vénale ou de la valeur d'usage (voir nos 66490 s.). Lorsque la valeur actuelle est notablement inférieure à la valeur nette comptable, la dépréciation est constatée dans les comptes de l'entreprise.

La dépréciation ainsi comptabilisée peut ouvrir droit à une **déduction fiscale**, pour les biens amortissables comme pour les biens non amortissables, sous réserve que les éléments retenus pour son calcul soient suffisamment probants. Une telle déduction devrait être admise lorsqu'elle est fondée sur l'abaissement de la valeur vénale du bien, étant précisé que l'administration refuse l'imputation des coûts de sortie sur cette valeur (BOI-BIC-PROV-40-10-10 n° 50).

Immobilisations amortissables Une dépréciation peut être admise en déduction du résultat imposable à hauteur de la **différence entre la valeur nette comptable et la valeur vénale** d'un élément d'actif immobilisé, à condition que son mode de calcul soit propre à exprimer **11722**

avec une approximation suffisante le montant probable de cette dépréciation. Une telle déduction n'est pas subordonnée à l'existence d'une intention de céder le bien à la clôture de l'exercice (CE 10-12-2004 n° 236706 : RJF 2/05 n° 118 ; 12-1-2005 n° 253865 : RJF 3/05 n° 217 ; BOI-BIC-PROV-40-10-10 n° 40). Sur l'utilisation de la valeur d'usage pour le calcul du montant déductible de la dépréciation, voir nos 66490 s.

> **Précisions** **a.** Si la valeur nette comptable de l'élément déprécié diffère de sa **valeur nette fiscale** du fait de durées d'amortissement différentes en comptabilité et en fiscalité (voir n° 11450), la dépréciation n'est pas déductible lorsque la valeur nette fiscale du bien est inférieure à sa valeur actuelle.
> **b.** Si elle porte sur un **bien décomposé**, la dépréciation est imputée par priorité sur la structure (BOI-BIC-AMT-10-30-20 n° 80).

11723 **Immobilisations non amortissables** La dépréciation constatée à la suite de la réalisation d'un test de dépréciation sur des immobilisations qui ne se déprécient pas de manière irréversible (terrains, titres de participation...) est admise en déduction du résultat imposable dans les conditions prévues à l'article 39, 1-5° du CGI (CGI ann. III art. 38 sexies). Voir n° 11702.

Un fonds de commerce et, par assimilation, un **fonds agricole acquis** peuvent faire l'objet d'une provision déductible à condition notamment que la dépréciation affecte l'ensemble du fonds et non pas seulement certains de ses éléments. Lorsqu'une telle provision a été constituée, son montant peut, si cette provision n'a pas perdu son objet, être maintenu ou modifié en cas de modification de la consistance du fonds et de survenance d'événements justifiant toujours une dépréciation, sans qu'il soit nécessaire de procéder à une reprise de provision suivie d'une nouvelle dotation (CE 30-6-2016 n° 380916 : RJF 10/16 n° 805).

La dépréciation de certains éléments incorporels isolés du fonds est admise (droit au bail par exemple : CE 15-10-1982 n° 26585 : RJF 12/82 n° 1090), sous réserve que l'élément incorporel soit effectivement dissociable du fonds et individualisable à l'actif du bilan et que la dépréciation soit justifiée et établie par l'entreprise (BOI-BIC-PROV-40-10-10 n° 140).

Lorsqu'une **provision** pour dépréciation **concerne** un fonds commercial ou **un fonds agricole** acquis dont l'amortissement est admis en déduction en application de la mesure temporaire mentionnée (nos 11420 s.), elle est rapportée aux résultats imposables de chacun des exercices suivant celui au titre duquel elle a été déduite, pour un montant égal à la différence entre l'amortissement qui aurait été pratiqué si la provision n'avait pas été comptabilisée et l'amortissement effectivement comptabilisé à la clôture de l'exercice. En contrepartie, un **amortissement dérogatoire** est constaté afin de garantir la déductibilité fiscale des amortissements afférents aux fonds commerciaux dépréciés (BOI précité n° 155).

Par **exemple**, soit une entreprise agricole, dont l'exercice comptable coïncide avec l'année civile, qui acquiert un nouveau fonds agricole le 1er janvier 2025.

Le fonds agricole, qui est comptabilisé pour un montant de 450 000 €, présente une durée d'utilisation limitée à dix ans. En application des règles comptables en vigueur, l'entreprise peut constater en comptabilité cette dépréciation définitive du fonds, sous la forme d'amortissements répartis sur cette période de dix ans.

En 2030, à la clôture de son exercice, l'entreprise, qui a procédé à un test de dépréciation, constate une provision pour dépréciation d'un montant de 80 000 € au titre de ce même fonds.

Postérieurement à cet exercice, elle constate donc, au titre de chaque exercice et sur la durée résiduelle d'amortissement, une dotation aux amortissements de 25 000 €. Sur le plan fiscal, elle doit par ailleurs procéder à la reprise extra-comptable, pour un montant de 20 000 € par exercice, de la provision antérieurement déduite. Une dotation aux amortissements dérogatoires est également comptabilisée, pour un montant de 20 000 € par exercice, afin de garantir la déductibilité fiscale des amortissements afférents à ce fonds.

Le plan d'amortissement, ainsi que le traitement fiscal ultérieur de la provision pour dépréciation, sont les suivants :

	En comptabilité				En fiscalité			
Exercice	**Base amortissable**	**Dotations aux amortissements**	**VNC**	**Provision pour dépréciation**	**Dotations aux amortissements**	**Dotations aux amortissements dérogatoires**	**Provision pour dépréciation**	**Reprise de la provision**
2025	450 000 €	45 000 €	405 000 €		45 000 €			
2026	450 000 €	45 000 €	360 000 €		45 000 €			
2027	450 000 €	45 000 €	315 000 €		45 000 €			
2028	450 000 €	45 000 €	270 000 €		45 000 €			
2029	450 000 €	45 000 €	225 000 €		45 000 €			
2030	450 000 €	45 000 €	180 000 €	80 000 €	45 000 €		80 000 €	
2031	100 000 €	25 000 €	75 000 €		25 000 €	20 000 €		20 000 €
2032	100 000 €	25 000 €	50 000 €		25 000 €	20 000 €		20 000 €
2033	100 000 €	25 000 €	25 000 €		25 000 €	20 000 €		20 000 €
2034	100 000 €	25 000 €	- €		25 000 €	20 000 €		20 000 €
Total		370 000 €	- €	80 000 €	370 000 €	80 000 €		

> **Précisions** Les **participations** détenues **dans** des **sociétés de personnes relevant de l'impôt sur le revenu** ne peuvent donner lieu à la constatation d'une dépréciation lorsque celle-ci résulte des résultats d'exploitation déficitaires de la société déjà imputés sur les résultats de l'entreprise membre. En revanche, une telle déduction est justifiée si la dépréciation est la conséquence d'une surestimation de l'actif net comptable de la société par rapport au produit de sa liquidation éventuelle ou de la disparition de plus-values latentes qui avaient été prises en considération pour la détermination du prix d'acquisition des parts (CE 29-1-1992 n° 75083 : RJF 3/92 n° 303). Sur le régime fiscal : des provisions pour dépréciation du **portefeuille-titres**, voir n° 10605 ; **des parts de coopérative**, voir n° 10618.

PROVISIONS POUR CRÉANCES DOUTEUSES OU LITIGIEUSES

Lorsqu'une **créance** est **irrécouvrable** et doit être considérée comme perdue, son montant peut être 11725
retranché des bénéfices de l'exercice au cours duquel sa perte apparaît certaine et définitive.

Mais, sans être considérée comme définitivement perdue, une créance peut être **compromise** en raison de la mauvaise **situation du débiteur** (créance « douteuse ») ou de l'existence d'un **désaccord** non encore tranché portant sur le principe ou la quotité de la créance (créance « litigieuse »).

Dans ces deux hypothèses, des provisions peuvent être constituées. Celles-ci sont déductibles au point de vue fiscal à la condition :

– que la **créance** soit **inscrite à l'actif** et résulte d'une gestion commerciale normale ;

– que le **risque de non-recouvrement** soit nettement précisé, c'est-à-dire qu'il concerne telle ou telle créance déterminée (ou tel groupe de créances si l'exploitant est en mesure de déterminer avec une précision suffisante par voie statistique un risque de perte global affectant un groupe de créances). Mais la provision ne peut être déterminée par un mode de calcul global et forfaitaire (CE 26-3-2008 n° 296625 : RJF 6/08 n° 639) ;

– que les **événements en cours** à la date de la clôture rendent probable la perte estimée. Il s'ensuit, par exemple, que si le montant des provisions peut être évalué selon une méthode statistique, cette méthode ne peut pas permettre de justifier l'existence de créances douteuses ne se rattachant à aucun événement en cours à la date de clôture de l'exercice (CE 17-2-2016 n° 377415 : RJF 5/16 n° 411).

En principe, le risque de non-recouvrement doit être justifié créance par créance. Mais la jurisprudence admet le **calcul statistique** des provisions pour créances douteuses lorsque cette méthode est appropriée à la situation et aux données spécifiques à l'entreprise (CE 20-5-1985 nos 42581 et 42582 : RJF 7/85 n° 1011). Une telle méthode ne peut permettre de justifier l'existence de créances douteuses ne se rattachant à aucun événement en cours à la date de clôture de l'exercice (CE 17-2-2016 n° 377415 : RJF 5/16 n° 411).

> **Précisions a.** L'administration ne peut s'opposer à la déduction d'une créance douteuse détenue par une société sur sa filiale au motif que cette société aurait pu accorder un abandon de créance, lequel n'est pas déductible en application de l'article 39, 13 du CGI (TA Montreuil 30-10-2017 n° 1607367 : RJF 8-9/18 n° 830).

b. Lorsque le montant de la créance comprend la **TVA** facturée au client, la provision doit être limitée au montant hors taxe de la créance : en effet, le risque de perte n'affecte pas la TVA elle-même, qui est intégralement récupérable en cas d'impayé (CE 20-6-1997 n° 99429 : RJF 8-9/97 n° 763 ; BOI-BIC-PROV-40-20 n° 230).

PROVISIONS POUR IMPÔTS

11727 L'article 39, 1-4° du CGI interdit aux entreprises d'inclure dans les charges d'un exercice, à titre de frais payés ou à payer, des impôts autres que ceux mis en recouvrement ou devenus exigibles au cours de l'exercice. Mais rien ne s'oppose à la déduction sous forme de provisions des **impôts** et autres charges fiscales, déductibles au point de vue fiscal, **qui se rattachent aux opérations déjà effectuées** par l'entreprise et dont le fait générateur est intervenu avant la clôture de l'exercice de constitution de la provision (jurisprudence constante depuis CE 25-10-1972 n° 80122 et, s'agissant de la survenance du fait générateur de l'impôt, CE 18-5-1983 n° 29524 : RJF 7/83 n° 862). Le rattachement de la provision à des opérations déjà effectuées par l'entreprise est apprécié strictement. Le Conseil d'État a ainsi refusé la déduction de la provision constituée par une entreprise pour anticiper la **hausse des cotisations accidents du travail/maladies professionnelles** rendue probable par l'augmentation des accidents constatés au motif que l'obligation de verser les cotisations trouve sa source non dans la réalisation des risques passés, mais dans le versement des salaires assujettis à ces cotisations (CE 22-1-2020 n° 422501 : RJF 4/20 n° 306).

L'administration admet par ailleurs la constitution de provisions pour impôts lorsqu'il s'agit d'impôts déductibles qui présentent un caractère permanent et qui seront dus à raison de faits survenus au cours de l'exercice envisagé (par exemple, taxe sur les salaires payés en fin d'exercice) (BOI-BIC-PROV-30-20-20 n°s 1 et 110).

PROVISIONS POUR TRAVAUX

11729 Les réparations qui n'entraînent pas un accroissement des valeurs d'actif et ne sont pas identifiées comme un composant en comptabilité peuvent donner lieu à une provision déductible, dite pour **gros entretien** ou **grandes révisions**, si elles excèdent, par leur nature et leur importance, les travaux d'entretien ou de réparation courants (CE 8-7-1987 n° 49158 : RJF 10/87 n° 970). Il en est ainsi, par exemple, des travaux de remise en état de l'ensemble des bâtiments d'exploitation (BOI-BA-BASE-20-30-20 n° 90). Les réparations envisagées doivent en outre être nettement précisées à la clôture de l'exercice, ce qui suppose, selon l'administration, une programmation détaillée des travaux à entreprendre assortie d'une estimation précise de leur coût (BOI-BIC-PROV-30-20-40 n° 140).

Le Conseil d'État considère cependant que l'absence de programmation détaillée ne fait pas obstacle à la constatation de la provision dès lors que l'état de dégradation de l'immeuble à la clôture de l'exercice de constitution de la provision est tel qu'il rend nécessaire la réalisation des travaux (CE 27-7-2005 n°s 259009 et 259678 : RJF 11/05 n° 1157). L'administration s'est ralliée à cette jurisprudence (Rép. Grau : AN 22-12-2020 n° 28370).

En **comptabilité**, le coût de ces travaux peut être comptabilisé à l'actif en tant que composant (PCG art. 311-2). Mais cette possibilité étant refusée au plan fiscal (CGI ann. II art. 15 bis ; voir n° 66055), il convient de rapporter au résultat imposable la fraction de l'amortissement du composant ainsi identifié dans les comptes qui excède la dotation calculée d'après la durée fiscale d'amortissement du bien concerné (BOI-BIC-CHG-20-20-20 n° 280).

S'agissant des travaux qui consistent en des remplacements, voir n°s 66080 s.

> **Précisions a.** Les **réparations** en prévision desquelles des provisions ont été constituées doivent être effectuées dans un **délai** raisonnable, faute de quoi les provisions deviennent sans objet et doivent être rapportées aux bénéfices imposables (CE 1-2-1978 n° 3490 : RJF 3/78 n° 78).
>
> **b.** La **probabilité** des travaux nécessite que leur réalisation résulte d'une décision d'un organe exécutif de l'entreprise (CE 6-7-1990 n° 73078 : RJF 10/90 n° 1166) ou découle de l'exécution d'une obligation envers un tiers (CE 8-7-1987 n° 49158 : RJF 10/87 n° 970).

PROVISIONS POUR DÉPENSES DE PERSONNEL

11730 **Provisions pour rémunérations et gratifications** Les dépenses de personnel restant à régler à la clôture d'un exercice, telles les gratifications, primes et participations contractuelles aux bénéfices, peuvent être déduites du résultat dudit exercice à la condition que l'entreprise ait pris, à l'égard de ses salariés, des **engagements fermes** quant au principe et au mode de calcul des sommes dues et que l'obligation de payer ultérieurement celles-ci soit certaine. Si le montant des sommes dues est exactement déterminé, celles-ci peuvent être déduites au titre des frais à payer. Dans le cas contraire, une provision peut être constituée à raison de leur montant probable (CE 18-6-1971 n° 80167).

› Précisions a. L'engagement de l'entreprise de verser un complément de rémunération peut résulter d'une inscription au livre de paie ou d'un usage constant (a contrario CE 28-4-1982 n° 20330 : RJF 6/82 n° 529) ou de la convention collective (CAA Nancy 6-8-1998 n° 95-1524 : RJF 12/99 n° 1513).
b. La provision constituée par une entreprise pour anticiper la hausse des **cotisations accidents du travail et maladies professionnelles** n'est pas déductible dès lors qu'elle trouve sa source non dans la réalisation des risques passés, mais dans le versement des rémunérations des salariés sur lesquelles ces cotisations sont assises (CE 22-1-2020 n° 422501 : RJF 4/20 n° 306).

Provisions pour congés payés Les **droits à congé acquis** par les salariés à la clôture de l'exercice, ainsi que les charges sociales et fiscales correspondantes, constituent en principe une charge fiscalement déductible des résultats de cet exercice (CGI art. 39, 1-1° bis). Il n'en va autrement que pour les entreprises qui ont opté avant 1987, de manière irrévocable, pour le maintien du régime fiscal alors en vigueur, qui reposait sur la déduction des sommes versées. Les entreprises placées sous ce **régime optionnel** doivent par conséquent déduire les indemnités de congés payés et les charges qui s'y rattachent au titre de l'exercice au cours duquel elles sont effectivement payées. Une correction extra-comptable doit donc être opérée dans ce cas pour la détermination du résultat fiscal. 11732

› Précisions Dans le cadre du **régime optionnel**, les entreprises peuvent, en cas de **prorogation de la période légale de congés** (1er mai-31 octobre), déduire les indemnités de congés correspondant aux droits acquis au cours de périodes de référence précédant celle en cours à la clôture, et non encore utilisés à cette date. Exemple : déduction au 31 décembre 2024 des indemnités afférentes à un reliquat de congés 2024 (période de référence 1er juin 2023/31 mai 2024) qui ne sera pris qu'en 2025. Cette mesure n'est pas applicable lorsque l'exercice est clos au cours de la période légale de congés et en cas de fusion de sociétés ou opération assimilée (BOI-BIC-PROV-30-20-10-10 n° 120).

SECTION 8

DÉDUCTIONS EXCEPTIONNELLES EN FAVEUR DE L'INVESTISSEMENT

DÉDUCTION EXCEPTIONNELLE EN FAVEUR DE L'INVESTISSEMENT PRODUCTIF

Les entreprises agricoles relevant d'un régime réel d'imposition peuvent **déduire** de leur résultat imposable une somme égale à 40 % de la valeur d'origine de certains biens d'équipement (CGI art. 39 decies) : 11750
– qu'elles ont **acquis ou fabriqué** ou pris en crédit-bail ou en location avec option d'achat **du 15 avril 2015 au 14 avril 2017** ;
– ou qu'elles ont **commandé**, en versant des acomptes au moins égaux à 10 % du prix hors taxe du bien, **avant le 15 avril 2017**, et qu'elles acquièrent dans un délai de vingt-quatre mois à compter de la date de la commande. Il en est de même pour les biens que l'entreprise fait fabriquer par un tiers qui sont destinés à être incorporés à un ensemble (BOI-BIC-BASE-100 nos 62 à 68, dans sa version du 7-2-2018).
La déduction exceptionnelle se distingue de l'amortissement au sens comptable dès lors qu'elle n'est pas réellement pratiquée par l'entreprise en comptabilité. En conséquence, l'imputation de la déduction est opérée de manière extra-comptable en vue de la détermination du résultat fiscal.
Bien que l'acquisition de nouveaux biens d'équipement ne puisse plus ouvrir droit à une déduction exceptionnelle en application de l'article 39 decies du CGI, nous rappelons les grandes lignes de ce dispositif qui impose encore des obligations de suivi aux entreprises bénéficiant de cet avantage.

11752 **Investissements concernés** La **déduction** est **applicable** aux biens (et logiciels indissociables) qui peuvent être amortis selon le système dégressif et qui relèvent de l'une des catégories énumérées à l'article 39 decies du CGI (notamment : les matériels et outillages utilisés pour certaines opérations de fabrication ou de transformation ou pour des opérations de recherche scientifique ou technique ; les matériels de manutention ; les installations destinées à l'épuration des eaux et à l'assainissement de l'atmosphère ainsi que les installations productrices de vapeur, de chaleur ou d'énergie).

En principe, l'avantage fiscal **ne s'applique pas** aux biens de nature immobilière, aux matériels mobiles ou roulants affectés à des opérations de transport et aux matériels de stockage et de magasinage.

Toutefois, compte tenu de leur affectation prioritaire à des opérations de production, l'administration admet au bénéfice de la déduction exceptionnelle les **tracteurs, moissonneuses-batteuses, ensileuses, machines à vendanger**, chargeurs télescopiques, épandeurs à fumier, semoirs à céréales et mono-graines, pulvérisateurs, matériels pour travail du sol, **installations d'irrigation et de drainage** qui ne sont pas de nature immobilière, et les **cuves** de vinification qui concourent au processus de production. De même, peuvent bénéficier du dispositif les **cuves** et poches obligatoires **destinées au recueil des effluents d'élevage**, construites ou mises en place en application de l'arrêté du 23 octobre 2013. S'agissant des **salles de traite**, les installations immobilières ne sont pas éligibles au dispositif, alors que les autres équipements, sous réserve qu'il ne s'agisse pas de matériels affectés au stockage, peuvent bénéficier de la déduction (exemple : les robots de traite) (BOI-BA-BASE-20-10-10 n° 167).

Par ailleurs, sont également admis au bénéfice du dispositif les **engins forestiers** de coupe et de débardage du bois, les broyeurs, les cribles et les conteneurs utilisés pour le transport du bois. En revanche, en sont exclus les **camions porteurs de bois**, à l'exception des matériels de manutention et de levage installés sur ces véhicules (Rép. Lenoir : Sén. 10-3-2016 n° 17701).

11755 **Fonctionnement de la déduction** La **déduction est répartie** linéairement sur la **durée normale d'utilisation** des biens. En cas de **cession du bien** avant le terme de cette période, la déduction n'est acquise à l'entreprise qu'à hauteur des montants déjà déduits du résultat à la date de la cession, qui sont calculés prorata temporis. Elle n'a pas d'incidence sur le calcul de la plus ou moins-value de cession.

Prenons l'**exemple** suivant : une entreprise agricole, dont l'exercice coïncide avec l'année civile, commande en mars 2017, en versant un acompte de 25 000 €, un épandeur d'engrais dont le prix hors taxe est de 100 000 €, amortissable selon le régime dégressif et dont la durée d'utilisation est de dix ans. Cette machine lui est livrée le 1er juillet 2018. En plus de l'amortissement dégressif, l'entreprise peut pratiquer une déduction exceptionnelle supplémentaire calculée comme suit :

Année	Détail du calcul	Montant de la déduction exceptionnelle à l'investissement
2018	(100 000 € × 40 %) × 10 % × 6/12	2 000 €
2019	(100 000 € × 40 %) × 10 %	4 000 €
2020	(100 000 € × 40 %) × 10 %	4 000 €
2021	(100 000 € × 40 %) × 10 %	4 000 €
2022	(100 000 € × 40 %) × 10 %	4 000 €
2023	(100 000 € × 40 %) × 10 %	4 000 €
2024	(100 000 € × 40 %) × 10 %	4 000 €
2025	(100 000 € × 40 %) × 10 %	4 000 €
2026	(100 000 € × 40 %) × 10 %	4 000 €
2027	(100 000 € × 40 %) × 10 %	4 000 €
2028	(100 000 € × 40 %) × 10 % × 6/12	2 000 €
Total		**40 000 €**

Dans l'hypothèse où l'entreprise vend l'immobilisation le 1er avril 2025, la déduction exceptionnelle au titre de cet exercice sera alors de : 4 000 × 3/12 = 1 000 €. Dans cette hypothèse, la déduction exceptionnelle définitivement acquise par l'entreprise est égale à 27 000 € [(2 000 + (4 000 × 6) + 1 000)] ; elle ne pourra pas pratiquer de déduction en 2026, 2027 et 2028.

Cas particulier des coopératives agricoles et des Cuma Étant exonérées de l'impôt sur les sociétés, les **coopératives agricoles** et leurs unions mentionnées aux 2° et 3° de l'article 207, 1 du CGI ainsi que les coopératives d'utilisation de matériel agricole **(Cuma)** ne pouvaient pas bénéficier elles-mêmes de la déduction exceptionnelle en faveur de l'investissement prévue à l'article 39 decies du même Code. Pour éviter cette différence de traitement entre les exploitants qui investissent à titre individuel et les associés coopérateurs qui investissent par l'intermédiaire d'une coopérative, la **déduction exceptionnelle** à laquelle les coopératives et leurs unions auraient pu prétendre si elles n'avaient pas été exonérées **a été transférée aux associés coopérateurs**, à raison des **biens acquis, fabriqués ou pris en crédit-bail** ou en location avec option d'achat par ces coopératives **du 15 octobre 2015 au 14 avril 2017**, d'une part, au titre des biens affectés exclusivement à des opérations exonérées, d'autre part, au titre des biens affectés à la fois à des opérations exonérées et à des opérations taxables au prorata du chiffre d'affaires des opérations exonérées rapporté au chiffre d'affaires total. 11760
Les associés coopérateurs peuvent déduire une quote-part de la déduction ainsi déterminée à proportion de leur utilisation des biens éligibles dans le cas des Cuma et du nombre de parts qu'ils détiennent au capital des coopératives ou de leurs unions dans les autres cas (CGI art. 39 decies, II).
À la différence de celui applicable aux exploitations individuelles, ce régime n'a **pas** été **étendu aux biens commandés avant le 15 avril 2017**.

DÉDUCTION EXCEPTIONNELLE APPLICABLE À CERTAINS VÉHICULES PEU POLLUANTS

Les entreprises soumises à l'IS ou l'IR selon un régime réel d'imposition peuvent déduire de leur résultat imposable une somme égale à 40 % de la valeur d'origine des véhicules **acquis à l'état neuf** affectés à leur activité qui utilisent des sources d'énergie propres. Cette déduction est étendue à compter du 1er janvier 2024 aux véhicules dont la **motorisation** thermique a été **remplacée** par une motorisation électrique à batterie ou à pile à combustible à hydrogène (CGI art. 39 decies A). 11770

Véhicules acquis neufs La déduction exceptionnelle s'applique aux biens acquis à l'état neuf dont le poids total autorisé en charge est supérieur ou égal à 2,6 tonnes et qui utilisent exclusivement une ou plusieurs des énergies visées n° 11777. L'administration admet qu'elle concerne également les biens neufs pris en location en application d'un **contrat de crédit-bail** ou dans le cadre d'un contrat de **location avec option d'achat**. En dehors de ces deux catégories de contrats (crédit-bail et location avec option d'achat), la **location simple** d'un bien éligible ou sa **mise à disposition gratuite** d'un utilisateur n'empêche pas son propriétaire de pratiquer la déduction exceptionnelle (BOI-BIC-BASE-100-20 n° 10). 11772

Véhicules transformés La déduction peut aussi être pratiquée par les entreprises qui procèdent, à compter du 1er janvier 2024 et jusqu'au 31 décembre 2030, à la **première acquisition** d'un véhicule dont la **motorisation thermique** a été **transformée**, en vue de sa revente, en motorisation électrique à batterie ou à pile à combustible à hydrogène (opération de retrofit) ou qui font ainsi transformer leurs véhicules entre le 1er janvier 2024 et le 31 décembre 2030 (Loi 2023-1322 du 29-12-2023 art. 40). Cette déduction ne peut, au titre d'un même véhicule, être pratiquée qu'à une seule reprise. Elle est assise sur le coût, hors frais financiers, de la transformation. 11775
La déduction est opérée linéairement sur la durée normale d'utilisation du bien.

Tableau récapitulatif Le tableau ci-après récapitule le dispositif applicable en fonction de la date d'acquisition des véhicules, de leur poids total autorisé en charge (PTAC) et de leur carburant. 11777

Date d'acquisition	Énergie	Véhicules concernés (PTAC en tonnes)		
		≥ 2,6 et < 3,5	≥ 3,5 et ≤ 16	> 16
Du 1-1-2016 au 31-12-2018	– gaz naturel – biométhane carburant – carburant ED95	Pas de suramortissement	Suramortissement de 40 %	Suramortissement de 40 %

Date d'acquisition	Énergie	Véhicules concernés (PTAC en tonnes)		
		≥ 2,6 et < 3,5	≥ 3,5 et ≤ 16	> 16
Du 1-1-2019 au 31-12-2030	– gaz naturel – biométhane carburant – carburant ED95 – électricité – hydrogène	Suramortissement de 20 %	Suramortissement de 60 %	Suramortissement de 40 %
Du 1-1-2020 au 31-12-2030	– combinaison gaz naturel et gazole (« dual fuel type 1A ») – carburant B 100			
Du 1-1-2024 au 31-12-2030 (date d'acquisition ou de transformation)	– électricité (« retrofit »)			

La déduction ne concerne que les véhicules qui utilisent exclusivement une ou plusieurs des énergies citées ci-dessus.

SECTION 9

DÉFICITS

CAS GÉNÉRAL : ACTIVITÉ AGRICOLE PRINCIPALE

11800 Le système d'imputation des déficits sur le revenu global permet, en principe, une compensation d'ensemble des résultats bénéficiaires ou déficitaires obtenus par le contribuable dans les différentes catégories de revenus ainsi que, s'il y a lieu, l'imputation des déficits antérieurs non encore déduits dans la limite du délai de report (voir ci-après). En effet, en application des règles de droit commun, le **déficit** constaté pour une année dans une catégorie de revenus est **imputé**, à due concurrence, sur le revenu global de la même année. Si ce revenu global n'est pas suffisant pour que l'imputation puisse être intégralement opérée, l'excédent du déficit est **reporté** successivement sur le revenu global des années suivantes, jusqu'à la sixième année inclusivement (CGI art. 156, I).

Toutefois, la loi prévoit expressément que ces règles d'imputation ne s'appliquent aux déficits agricoles que si le total des **revenus nets non agricoles** dont dispose le contribuable n'excède pas une limite, fixée à **125 419 €** pour l'imposition des revenus de 2023, quelle que soit la situation de famille (CGI art. 156, I-1°). Si cette limite n'est pas dépassée, l'excédent du déficit agricole qui n'a pu être imputé sur le revenu global est reportable sur le revenu global des six années suivantes, même si les revenus nets non agricoles deviennent supérieurs à la limite légale.

EXEMPLE

Un agriculteur a enregistré un déficit de 25 000 € dans son exploitation au titre de l'exercice 2024 ; l'intéressé a disposé par ailleurs en 2024 de revenus nets d'autres catégories (revenus fonciers, revenus mobiliers, salaires, etc.) s'élevant au total à 60 000 €.

Compte tenu de l'imputation de son déficit, ce contribuable n'est imposable au titre de 2024 (imposition établie en 2025) que sur la base de : 60 000 – 25 000 = 35 000 €.

Supposons maintenant que, le déficit agricole étant toujours de 25 000 €, les autres revenus réalisés par le contribuable ne soient au total que de 5 000 €, au lieu de 60 000 €.

Après compensation, il reste donc pour 2024 un reliquat déficitaire de 25 000 – 5 000 = 20 000 €. Dans cette hypothèse, l'intéressé n'est pas imposable au titre de 2024. Quant à l'excédent du déficit, il sera reporté sur le revenu global de 2025 ; si celui-ci est lui-même insuffisant pour absorber le reliquat déficitaire de 20 000 €, l'excédent sera reporté sur le revenu global de 2026 et ainsi de suite jusqu'en 2030 inclusivement.

Dans le cas où la limite d'imputation des déficits agricoles sur le revenu global est dépassée, voir n° 11815.

Dans le cas où l'exploitant subit des déficits dans le cadre d'activités commerciales ou non commerciales rattachées à son activité agricole, voir n° 11835.

> **Précisions a.** La **limite d'imputation des déficits agricoles sur le revenu global** mentionnée ci-dessus est révisée chaque année selon les mêmes modalités que la limite supérieure de la première tranche du barème de l'impôt sur le revenu (CGI art. 156, I-1°).
b. Articulation du mécanisme d'imputation des **déficits agricoles** et du régime de la **moyenne triennale** : voir n° 12120.
c. Déficits de certaines activités non commerciales Les déficits provenant d'une activité non commerciale au sens de l'article 92 du CGI, autres que ceux qui proviennent de l'exercice d'une profession libérale ou des charges et offices, ne sont pas déductibles du revenu global du contribuable. Cette règle s'applique même si l'activité non commerciale est exercée à titre professionnel (CE 8-7-2009 n° 304815 : RJF 11/09 n° 906, à propos de déficits tirés de la sous-location d'immeubles nus). Ces déficits peuvent seulement être imputés sur les bénéfices tirés d'activités semblables durant la même année ou les six années suivantes (CGI art. 156, I-2°). Les déficits subis par les **inventeurs non professionnels** qui proviennent des frais de prise de brevet et des frais de maintenance peuvent bénéficier d'un régime particulier d'imputation (CGI art. 156, I bis).
d. Déficits d'activités commerciales à caractère non professionnel Les déficits provenant, directement ou indirectement, d'activités non professionnelles relevant du régime des BIC, créées ou reprises depuis le 1er janvier 1996, ne sont pas déductibles du revenu global du contribuable. Ils peuvent seulement être imputés sur les bénéfices tirés d'activités semblables durant la même année ou les six années suivantes (CGI art. 156, I-1° bis). Pour l'application de ce dispositif, les activités industrielles et commerciales non professionnelles s'entendent des activités qui ne comportent pas la participation personnelle, directe et continue de l'un des membres du foyer fiscal à l'accomplissement des actes qui leur sont nécessaires.
Par exception, les déficits subis par les **loueurs en meublé** non professionnels ne sont imputables que sur les revenus provenant d'une telle activité au cours de celles des dix années suivantes pendant lesquelles l'activité n'est pas exercée à titre professionnel (CGI art. 156, I-1° ter).

ACTIVITÉ AGRICOLE ACCESSOIRE

Lorsque l'exploitant dispose de **revenus nets non agricoles excédant la limite légale de 125 419 €** 11815
(voir n° 11800), les déficits provenant d'exploitations agricoles peuvent seulement être déduits des bénéfices agricoles des six années suivantes (CGI art. 156, I-1°), quelle que soit l'importance des revenus non agricoles réalisés au cours de ces années. Si les bénéfices agricoles réalisés dans le délai de report sont insuffisants pour imputer la totalité du déficit, la fraction de celui-ci qui ne peut être reportée est définitivement perdue.

EXEMPLE

Un agriculteur a enregistré un déficit de 25 000 € dans son exploitation au titre de l'exercice 2024 ; mais ses revenus nets d'autres catégories (revenus fonciers, revenus mobiliers, salaires, etc.) excèdent la limite de 125 419 € (avant actualisation : voir n° 11800, Précisions, a). Dans cette hypothèse, le déficit agricole n'est pas imputable sur le revenu global de 2024 ; il pourra seulement être déduit des bénéfices agricoles des années 2025 à 2030.

Modalités d'appréciation du plafond de revenus 11820

a. Pour apprécier si la limite légale est ou non dépassée, il convient de prendre en considération le montant des revenus nets non agricoles réalisés au titre de l'**année de constatation du déficit agricole**.

b. Compte tenu des règles de l'imposition par **foyer** (CGI art. 6), l'interdiction d'imputation du déficit agricole sur le revenu global (n° 11815) s'applique indifféremment à tout déficit agricole déclaré par le contribuable, qu'il soit afférent à des propriétés exploitées par lui-même ou par les personnes dont les revenus sont imposables globalement avec les siens (en ce sens, CE 11-2-1976 n° 89825 : RJF 4/76 n° 156, s'agissant d'une propriété agricole appartenant à l'épouse).

c. Le déficit agricole doit être déterminé en faisant masse des résultats des **diverses exploitations**, quel que soit leur régime d'imposition : régime du bénéfice réel ou micro-BA (en ce sens, Circ. 21-5-1950, 2261 n° 152 non reprise au Bofip).

d. La **limite légale** mentionnée n° 11815 doit être appréciée par rapport au total des revenus nets du foyer fiscal qui sont taxés sous une cote unique. L'administration admet toutefois que les plus-values sur immeubles et sur biens meubles imposées selon le régime des **plus-values privées** prévu aux articles 150 U et suivants du CGI ne soient pas retenues pour l'appréciation du franchissement de cette limite (BOI-BA-BASE-40 n° 10).

Sous cette réserve, le total des revenus nets à prendre en considération, pour apprécier si la limite précitée est ou non dépassée, est constitué par le revenu global à retenir pour l'établissement de l'impôt sur le revenu. Ce revenu est déterminé après compensation, s'il y a lieu, entre les revenus et les **déficits non agricoles** de l'année considérée mais avant imputation des **déficits reportables** ainsi que des charges visées à l'article 156, II du CGI (pensions alimentaires notamment).

11825 **Diminution des revenus non agricoles** Si, après avoir été supérieur à la limite légale, le total des revenus nets non agricoles devient, pour une année quelconque, inférieur à cette limite, le déficit agricole afférent à cette même année est imputé sur le revenu global de ladite année et, en cas d'insuffisance de ce dernier, il est reporté sur le revenu global des années suivantes dans la limite du délai de report.

En revanche, les **déficits antérieurs** qui restent encore reportables sur les bénéfices agricoles ne peuvent donner lieu à imputation sur le revenu global. En effet, pour les déficits agricoles constatés l'année au cours de laquelle les autres revenus non agricoles étaient supérieurs à la limite légale, le contribuable a définitivement perdu tout droit à l'imputation de droit commun sur le revenu global (BOI-BA-BASE-40 n° 30).

11830 **Activité agricole devenant accessoire** Lorsqu'un exploitant relevant des bénéfices agricoles devient imposable dans la catégorie des **bénéfices industriels et commerciaux** pour l'ensemble de ses activités, en raison de l'adjonction d'une activité commerciale à son activité initiale (CGI art. 155 ; voir n° 5205), l'incidence de cette modification sur les déficits agricoles antérieurs reportables est la suivante :

– **les revenus non agricoles n'excédaient pas la limite légale** l'année où les déficits sont apparus : dans ce cas, les déficits agricoles antérieurs continuent de s'imputer sur le revenu global du contribuable dans la limite du délai de report, y compris, le cas échéant, sur la fraction de ce revenu représentative de bénéfices commerciaux ;

– **les revenus non agricoles excédaient la limite légale** l'année de constatation des déficits : les déficits antérieurs peuvent continuer d'être imputés sur les résultats de l'activité agricole, bien que ceux-ci soient désormais rattachés aux bénéfices commerciaux, à la condition que la comptabilité de l'intéressé permette de ventiler exactement les résultats correspondant à chacune des deux activités (Rép. Sergheraert : AN 9-11-1981 n° 340 non reprise au Bofip mais qui nous semble toujours pertinente).

ACTIVITÉS ACCESSOIRES RATTACHÉES À L'ACTIVITÉ AGRICOLE

11835 Les produits des **activités accessoires relevant** de la catégorie **des bénéfices industriels et commerciaux** et de celle **des bénéfices non commerciaux** réalisés par un exploitant agricole soumis à un régime réel d'imposition peuvent être pris en compte pour la détermination du bénéfice agricole lorsque la moyenne des recettes accessoires des trois années civiles précédant la date d'ouverture de l'exercice n'excède ni 50 % de la moyenne des recettes agricoles appréciée sur la même période ni 100 000 € (CGI art. 75 ; voir n° 9720).

Les **déficits** provenant de ces activités accessoires non agricoles ne sont pas imputables sur le revenu global (CGI art. 75, al. 2). Il s'ensuit, selon l'administration, que ces déficits ne peuvent pas plus être imputés sur le bénéfice agricole dès lors que ce revenu catégoriel participe à la formation du revenu global. En d'autres termes, lorsque l'activité commerciale ou non commerciale génère un déficit, celui-ci ne peut pas minorer le résultat relevant de la catégorie des bénéfices agricoles. Dans cette hypothèse, l'exploitant agricole ne peut que renoncer à l'option pour l'article 75 du CGI et souscrire aux obligations comptables et déclaratives supplémentaires en découlant (BOI-BA-CHAMP-10-40 n°s 380 et 390).

EXEMPLE

Un agriculteur a enregistré un déficit de 25 000 € dans une activité commerciale accessoire rattachée à son activité agricole en application de l'article 75 du CGI. Le bénéfice de l'exploitation agricole, compte non tenu du déficit provenant de l'activité commerciale accessoire, s'élève à 60 000 €.

Ce contribuable sera imposable sur un revenu global de 60 000 €, sans pouvoir imputer sur ce montant le déficit provenant de l'activité commerciale.

Pour éviter cette conséquence, l'exploitant devra renoncer à faire application de l'article 75 du CGI au titre de l'année considérée et donc souscrire des déclarations distinctes pour chacune de ses activités.

SECTION 10

PARTICIPATION DANS DES SOCIÉTÉS OU GROUPEMENTS

Les exploitants individuels imposés d'après leur bénéfice réel doivent comprendre dans leurs **revenus imposables** au titre des bénéfices agricoles la part qui leur revient dans les résultats des sociétés ou groupements non passibles de l'impôt sur les sociétés dont ils sont membres. **11900**
Sous réserve que les titres ou parts de ces entités aient été inscrits au bilan de ces exploitants, cette part est obligatoirement déterminée suivant les règles prévues pour l'évaluation du **bénéfice réel** (voir n°s 24725 et 24726).
On rappelle en revanche que l'option pour l'**assimilation à une EARL** exercée par un exploitant agricole soumis à un régime réel ayant choisi le statut d'EIRL ou ayant le statut d'entrepreneur individuel vaut option pour l'IS. Cette option est irrévocable mais l'entrepreneur individuel peut renoncer à son assujettissement à l'IS jusqu'au cinquième exercice suivant celui au titre duquel elle a été exercée. Passé ce délai, l'assujettissement à l'IS devient définitif (voir n°s 27650 s.).

SECTION 11

REVENUS EXCEPTIONNELS

À défaut de disposition spéciale, les profits de caractère exceptionnel pourraient, en raison de la progressivité de l'impôt sur le revenu, avoir à supporter une imposition excessive. Pour pallier cet inconvénient, la loi prévoit deux régimes d'imposition atténuée : **12000**
– l'un, applicable à l'ensemble des contribuables et réservé aux revenus exceptionnels ou différés de caractère inhabituel (CGI art. 163-0 A ; n°s 12005 s.) ;
– l'autre, spécifique aux résultats agricoles exceptionnels (CGI art. 75-0 A ; n°s 12020 s.).
Les agriculteurs peuvent également se prémunir contre les effets fiscaux des variations importantes de leurs recettes d'une année sur l'autre en optant pour le mécanisme de la **moyenne triennale** (n°s 12100 s.).

REVENUS EXCEPTIONNELS OU DIFFÉRÉS : SYSTÈME DU QUOTIENT

Les revenus exceptionnels ainsi que ceux dont la perception a été différée bénéficient d'un système particulier d'imposition, dit système du quotient, applicable à l'ensemble des contribuables (CGI art. 163-0 A). **12005**
Le système du quotient concerne en premier lieu les **revenus exceptionnels**, c'est-à-dire les revenus qui, par leur nature, ne sont pas susceptibles d'être recueillis annuellement (distribution de réserves par une société, indemnité de « pas-de-porte » perçue par un propriétaire, etc.). Les revenus réalisés dans le cadre normal de la gestion de l'exploitation ne sont pas susceptibles d'être qualifiés d'exceptionnels au sens de l'article 163-0 A, I du CGI, même si l'activité procure des revenus dont le montant varie fortement d'une année sur l'autre. Ces revenus peuvent toutefois ouvrir droit au système du quotient spécifique aux résultats agricoles exceptionnels (n°s 12020 s.).
En principe, un revenu exceptionnel ne peut bénéficier du système du quotient que s'il dépasse la **moyenne des revenus nets** d'après lesquels le contribuable a été imposé au titre **des trois dernières années**. Par exception, certains revenus exceptionnels peuvent en bénéficier quel que soit leur montant. Il en est ainsi, notamment, de la fraction étalée des revenus agricoles exceptionnels susvisés et des **avances sur fermage** perçues par les bailleurs de biens ruraux en cas de bail conclu avec de jeunes agriculteurs bénéficiaires d'aides à l'installation (CGI art. 163-0 A, I-al. 2).
Le système du quotient est également applicable aux **revenus différés** (CGI art. 163-0 A, II), tels par exemple les **loyers arriérés** perçus en une seule fois. Il s'agit des revenus correspondant à une période de plusieurs années eu égard à la date normale de leur échéance, mais dont le contribuable, par suite de circonstances indépendantes de sa volonté, a eu la disposition au cours d'une même année. Les revenus différés peuvent bénéficier du système du quotient quel que soit leur montant.

Le système du quotient peut être combiné, pour chacun des exercices, avec le système d'étalement des revenus exceptionnels prévu par l'article 75-0 A du CGI (nos 12020 s.).

> **Précisions a.** Certains **revenus** sont **exclus** du système du quotient. Il s'agit, d'une part, des revenus qui sont déjà susceptibles de bénéficier de régimes d'imposition atténuée (voir toutefois nos 12020 s., s'agissant du régime spécifique d'étalement, et n° 12100, s'agissant de la moyenne triennale) et, d'autre part, des revenus taxés à un taux proportionnel, notamment :
> – plus-values professionnelles à long terme taxables à l'impôt sur le revenu ;
> – plus-values immobilières et plus-values sur biens meubles réalisées par les personnes physiques dans le cadre de la gestion du patrimoine privé ;
> – sauf option globale pour le barème dégressif, plus-values sur valeurs mobilières et droits sociaux, revenus de capitaux mobiliers (dividendes, produits de placement à revenu fixe, certains produits d'assurance-vie, etc.).
> **b.** Pour apprécier si un revenu présente un caractère exceptionnel, le montant de ce revenu doit être comparé à la moyenne des revenus nets d'après lesquels le contribuable a été soumis à l'impôt sur le revenu au titre des trois dernières années. Pour que la comparaison soit pertinente, le **revenu exceptionnel à comparer** à cette moyenne s'entend nécessairement du **revenu net** d'après lequel le contribuable devrait être soumis à l'impôt sur le revenu. Ainsi, dans le cas d'une plus-value sur cession de titres, le montant à comparer est celui de la plus-value imposable après application de l'abattement pour durée de détention prévu par l'article 150-0 D du CGI. Cependant, le contribuable est fondé à se prévaloir, sur le fondement de l'article L 80 A du LPF, de la **doctrine administrative** (BOI-IR-LIQ-20-30-20 n° 140) qui prévoit que, pour apprécier le caractère exceptionnel du revenu en cause, le montant à comparer à la moyenne des revenus nets des trois dernières années s'entend du **revenu dont a effectivement disposé le contribuable**, et non de la seule partie imposable de ce revenu (CAA Paris 20-10-2021 n° PA01873 : RJF 2/22 n° 116 ; dans le même sens, CAA Lyon 10-7-2023 nos 21LY03016 et 21LY03024 : RJF 12/23 n° 871).
> **c.** Le **revenu exceptionnel ou différé** net s'entend **après imputation**, le cas échéant, **du déficit** constaté dans la même catégorie de revenu, du déficit global ou du revenu net global négatif (déficit global augmenté des charges et abattements spéciaux déductibles du revenu global).

12010 **Fonctionnement du système du quotient** Il repose sur la distinction, dans le revenu net global imposable, entre les parts qui correspondent respectivement au revenu exceptionnel ou différé et au revenu « ordinaire » (c'est-à-dire au revenu courant).

Le **calcul de l'impôt** résultant de l'application du barème progressif s'effectue ensuite, pour l'année au cours de laquelle a été réalisé le revenu exceptionnel ou différé, en réalisant, dans l'ordre, les opérations suivantes.

1. On calcule d'abord l'impôt I1 résultant de l'application du barème progressif au seul **revenu « ordinaire »** net.

2. On calcule ensuite l'impôt I2 en effectuant le même calcul sur le revenu « ordinaire » net majoré du **quotient**.

Le quotient est obtenu en divisant le montant des revenus exceptionnels ou différés par un **coefficient**. Pour les revenus exceptionnels, ce coefficient est fixé à quatre. Pour les revenus différés, il est égal au nombre d'années civiles correspondant aux échéances normales de versement augmenté de un.

3. La **différence** entre I2 (impôt afférent au revenu « ordinaire » net majoré du quotient) et I1 (impôt afférent au seul revenu « ordinaire » net) est multipliée par le coefficient indiqué ci-dessus. Le résultat donne la **cotisation supplémentaire** I3 correspondant au seul revenu exceptionnel ou différé net.

4. On fait l'addition de I1 (impôt afférent au seul revenu « ordinaire » net) et I3 (impôt afférent au seul revenu exceptionnel ou différé net). On obtient ainsi le **montant total de l'impôt** (avant application, s'il y a lieu, des diverses corrections prévues par la loi : décote, réductions d'impôt, etc.).

Prenons l'**exemple** suivant : un exploitant marié, sans enfant à charge (quotient familial : 2), a réalisé un bénéfice agricole « ordinaire » de 54 000 € (montant net imposable) et a perçu 20 000 € d'avances sur fermages ouvrant droit au bénéfice du quotient quel que soit leur montant. On suppose qu'il n'a pas d'autres revenus que ses revenus agricoles et qu'aucune correction n'est susceptible d'être appliquée à son impôt brut.

Si l'intéressé demande l'application du quotient pour les avances sur fermages, les calculs seront les suivants (en utilisant le barème applicable aux revenus de 2023) :

Impôt calculé sur le seul bénéfice agricole ordinaire (54 000 €) : 3 455 €.

Impôt calculé sur le bénéfice ordinaire (54 000 €) majoré du quart des avances sur fermages (5 000 €) : 4 272 €.
Différence : 817 €.
Impôt afférent aux fermages perçus d'avance : 817 € × 4 = 3 268 €.
Montant total de l'impôt brut : 3 455 € + 3 268 € = 6 723 €.
Si l'intéressé ne demandait pas l'application du quotient, son impôt s'élèverait à 8 772 €, soit une surcharge de 2 049 € (8 772 € – 6 723 €).

> **Précisions a.** L'application du système du quotient est subordonnée à une **demande expresse** du contribuable qui doit être formulée dans la déclaration annuelle de revenus. Toutefois, si la demande n'a pas été formulée dans la déclaration, le contribuable conserve la possibilité de la présenter ultérieurement par voie de **réclamation** adressée, dans le délai légal, au service des impôts (nos 34045 s.).
> **b.** Lorsque le revenu exceptionnel ou différé, n'ayant pas été régulièrement déclaré, est **imposé à la suite d'une rectification** opérée par l'administration, le contribuable conserve la possibilité de demander l'application du quotient, soit dans sa réponse à la proposition de rectification, soit par voie de réclamation présentée dans le délai légal.

RÉSULTATS AGRICOLES EXCEPTIONNELS : ÉTALEMENT SUR 7 ANS

Les exploitants agricoles (individuels ou membres d'une société ou d'un groupement relevant **12020**
de l'impôt sur le revenu) soumis à un **régime réel** d'imposition (normal ou simplifié) peuvent bénéficier d'un régime d'**étalement sur sept ans** de leurs bénéfices exceptionnels (CGI art. 75-0 A).
L'étalement peut être combiné, pour chacun des exercices, avec le **système de quotient** prévu par l'article 163-0 A, I du CGI pour les revenus exceptionnels (n° 12005), quel que soit le montant de la fraction étalée (CGI art. 75-0 A, 1).

Revenus exceptionnels concernés Le revenu exceptionnel s'entend du **revenu** **12025**
« normal » tiré de l'**activité courante** de l'exploitation, susceptible d'être perçu annuellement et dont le caractère exceptionnel tient à son **irrégularité** d'une année sur l'autre : récolte exceptionnelle, commercialisation très avantageuse ou tout autre événement d'origine climatique ou non, indépendant d'une action de l'exploitant (BOI-BA-LIQ-10 n° 80).
Sont **exclus** du dispositif les revenus tirés d'opérations qui n'entrent pas dans le cadre de la gestion de l'exploitation, tels que les **indemnités d'assurance**, sauf pour la part destinée à compenser une perte de recettes et les **réintégrations de déductions** pour investissement, pour aléas ou pour épargne de précaution (BOI-BA-LIQ-10 nos 90 et 140 à 150). Il en est de même des profits autres que courants réalisés en cas de **cession ou cessation d'activité**. Sont également exclus les revenus provenant de l'ensemble des **activités commerciales ou non commerciales accessoires** compris dans le bénéfice des exploitants agricoles en application de l'article 75 du CGI (voir n° 9720).

> **Précisions** L'option pour l'imposition d'après la moyenne triennale (nos 12100 s.) ne peut se cumuler, au titre de la même année, avec l'option pour l'étalement sur sept ans des revenus exceptionnels définis ci-dessus, sauf si sa mise en œuvre concerne des indemnités perçues en cas d'abattage de troupeaux pour raisons sanitaires (voir n° 12035). En revanche, l'exploitant qui a opté pour le dispositif d'étalement au titre d'une année peut opter pour le système de la moyenne triennale au titre d'années postérieures. Sur l'articulation de ces deux dispositifs, voir n° 12100.

Conditions La mesure d'étalement s'applique lorsque le **bénéfice de l'exercice** considéré **12030**
dépasse à la fois **25 000 €** et **une fois et demie la moyenne** des résultats des trois exercices précédents, sous réserve que les **conditions d'exploitation** soient restées **comparables** au cours des quatre exercices en cause. Ainsi, les exploitants qui modifient ou ont modifié leurs conditions d'exploitation pendant l'exercice de réalisation du bénéfice exceptionnel ou au cours des trois exercices précédents sont exclus du dispositif d'étalement. Il en est ainsi en cas :
– de **reconversion d'activité** par suite d'un changement très important de production ;
– de **modification substantielle de la répartition des droits des associés** dans les bénéfices comptables d'une société ou d'un groupement (BOI-BA-LIQ-10 nos 170 à 190).
Pour le calcul des bénéfices de l'exercice et des trois exercices précédents, les **déficits** sont retenus pour un montant nul et il n'est pas tenu compte des reports déficitaires ni des **bénéfices soumis à un taux proportionnel**, plus-values à long terme, par exemple (CGI art. 75-0 A, 2-a).

L'**option** pour le régime est formalisée par le dépôt d'une **note jointe** à la déclaration de résultats. La demande peut aussi être présentée par voie de **réclamation** contentieuse dans les délais légaux (BOI précité n° 480). Lorsque l'activité agricole est exercée sous forme de société ou de groupement relevant de l'impôt sur le revenu et soumis à un régime réel d'imposition, l'option doit être exercée par chacun des associés (BOI précité n° 490).

> **Précisions a.** La circonstance que l'**exercice** de réalisation du bénéfice exceptionnel et ceux de la période de référence aient une durée différente de **douze mois** ou que l'exploitant était soumis pendant la période de référence au **régime micro-BA** est sans incidence sur l'application du dispositif (BOI précité n° 230).
> **b.** Pour les exploitants gérant **plusieurs exploitations ou détenant des parts** de sociétés ou groupements agricoles relevant de l'impôt sur le revenu, il faut tenir compte du revenu total imposable à leur nom, y compris la quote-part du bénéfice social leur revenant (BOI précité n° 270).
> **c.** L'exigence de **conditions d'exploitation comparables** ne signifie pas que toute modification fait obstacle à l'application de la mesure d'étalement, mais vise les seules modifications qui sont à l'origine du bénéfice exceptionnel (en ce sens, CE 3-12-1999 n° 171899 : RJF 1/00 n° 47, solution rendue dans le cadre de l'ancien dispositif du quotient mais qui semble transposable au régime d'étalement). Ainsi, selon la cour de Bordeaux, le régime peut s'appliquer même en cas de transformation de la structure juridique, dès lors que le revenu exceptionnel trouve sa cause dans des circonstances qui y sont étrangères et relèvent des aléas inhérents à l'activité agricole (CAA Bordeaux 20-4-2017 n° 15BX02193 : RJF 7/17 n° 683).

12033 Modalités de l'étalement

a. La **fraction du bénéfice** qui dépasse 25 000 €, ou la limite définie n° 12030 si elle est supérieure, est **rattachée**, sur option, par **fractions égales**, aux résultats de l'exercice de sa réalisation et des six exercices suivants.

Au titre de l'exercice de réalisation du revenu exceptionnel, **l'exploitant déduit extra-comptablement** de son résultat comptable les six septièmes du montant de ce revenu.

Corrélativement, il **ajoute extra-comptablement** au résultat comptable de chacun des six exercices suivants un septième du revenu exceptionnel, qui vient ainsi majorer le bénéfice imposable ou diminuer le montant du déficit de l'exercice. Lorsque le revenu exceptionnel est réalisé par une société ou un groupement relevant de l'impôt sur le revenu, chaque associé qui souhaite bénéficier du dispositif d'étalement déduit extra-comptablement de sa quote-part de résultat comptable les six septièmes du montant du revenu lui revenant.

b. L'exploitant peut, en outre, bénéficier du **régime du quotient** par quatre (n° 12010) au titre de chacun des exercices d'étalement quel que soit le montant de la fraction étalée. Ce **dispositif** s'applique **sur demande expresse** de l'exploitant (formulée en remplissant les rubriques ad hoc de la déclaration annuelle n° 2042). L'exploitant peut donc bénéficier du dispositif d'étalement sans demander le bénéfice du quotient.

En principe, le revenu exceptionnel net auquel s'applique le système du quotient est égal au septième du revenu exceptionnel étalé en application de l'article 75-0 A du CGI. Cela étant, en présence d'un déficit constaté dans la même catégorie de revenu, d'un déficit global ou d'un revenu net global négatif, il convient d'imputer ces derniers sur le septième du revenu exceptionnel étalé (n° 12005, Précisions, c). Le reliquat résultant de cette imputation constitue alors le revenu exceptionnel net éligible au système du quotient (BOI-BA-LIQ-10 n° 460).

12034 Remise en cause de l'étalement

La **cessation d'activité**, l'apport en société ou le décès du contribuable entraîne en principe l'imposition immédiate des fractions du revenu exceptionnel non encore réintégrées au résultat imposable.

Toutefois, en cas d'**apport en société** à une société **non passible de l'impôt sur les sociétés** ou à un **Gaec**, dans les conditions mentionnées à l'article 151 octies du CGI (n° 10685), ou de **transmission à titre gratuit** de l'exploitation, dans les conditions prévues à l'article 41 du même Code (n° 10710), les fractions non encore imposées sont réintégrées aux résultats imposables des exercices ultérieurs du nouvel exploitant ou de la société bénéficiaire de l'apport, s'ils s'engagent à poursuivre, dans les mêmes conditions et selon les mêmes modalités, l'application des dispositifs d'étalement. Il en est de même en cas d'opération de fusion, d'apport partiel d'actif ou de scission réalisée par une société civile agricole, dans les conditions prévues à l'article 151 octies A, I du CGI, au profit d'une autre société civile agricole (CGI art. 75-0 A, 3 ; n°s 10740 s.).

En cas de **passage** d'un régime de bénéfice réel **au régime micro-BA**, l'administration admet que la mesure d'étalement continue à s'appliquer sous le régime micro ; en pratique, l'exploitant ajoute chaque année à son bénéfice micro, pendant la période restant à courir, un septième du montant du revenu exceptionnel (BOI-BA-LIQ-10 n° 540).

Cas particuliers : indemnités perçues en cas d'abattage total ou partiel de troupeaux pour des raisons sanitaires Le dispositif d'étalement mentionné n°s 12020 s. s'applique aux indemnités prévues par l'article L 221-2 du Code rural et de la pêche maritime, c'est-à-dire notamment à celles qui sont versées en cas d'abattage total ou partiel de troupeaux réalisé dans le cadre de la lutte contre l'encéphalopathie spongiforme bovine (**ESB**), la **fièvre aphteuse**, la **brucellose** ou la **tuberculose** (CGI art. 75-0 A, 2-b). 12035
Il s'applique également aux indemnités versées en cas d'abattage total ou partiel de troupeaux ordonné en application de la **réglementation sanitaire** (troupeaux contaminés à la suite d'**aléas environnementaux** : dioxine, pesticides, métaux lourds, etc.) (BOI-BA-LIQ-10 n° 310). Il ne s'étend pas en revanche aux indemnités attribuées en compensation de la destruction des éléments de l'exploitation contaminés autres que les animaux abattus tels que foin, végétaux ou éléments de l'exploitation (Rép. Roman : AN 7-4-2003 n° 9981, non reprise au Bofip).
Le dispositif est réservé aux indemnités versées pour des **animaux** qui ne sont pas inscrits à un **compte** d'immobilisations.
Sur **option de l'exploitant**, le dispositif d'étalement s'applique (dans les conditions et selon les modalités indiquées ci-dessus n°s 12025 s.) à la somme correspondant à la différence entre le montant de l'indemnité perçue et la valeur en stock ou en compte d'achats des animaux abattus.
Ce dispositif peut se cumuler avec le mécanisme de la **moyenne triennale** (n° 12100) : chaque fraction du revenu exceptionnel défini en fonction de l'indemnité perçue est comprise dans le bénéfice de l'année de son rattachement pour la détermination du bénéfice moyen (BOI précité n°s 420 et 500).

> **Précisions a.** Lorsque l'**indemnité** est **attribuée au cours de l'exercice suivant celui de l'abattage** du troupeau, la totalité du montant de l'indemnité bénéficie de l'étalement (BOI précité n° 320).
> **b.** Sur les **modalités d'option** pour les dispositifs d'étalement et du quotient, voir n°s 12030 et 12033.

SECTION 12 MOYENNE TRIENNALE

Les exploitants soumis à un régime réel depuis au moins deux ans peuvent demander à être imposés sur un bénéfice moyen égal à la moyenne des bénéfices de l'année d'imposition et des deux années précédentes (CGI art. 75-0 B). 12100
Ce **système**, dit de « la moyenne triennale », permet d'atténuer les effets de la progressivité de l'impôt. Il est d'autant plus **avantageux** que le revenu est irrégulier et que des bénéfices importants sont réalisés une année donnée. En revanche, l'option ne doit pas être exercée si le contribuable a réalisé des bénéfices plus importants au cours des deux années précédentes car ces bénéfices déjà taxés entrent à nouveau dans la base d'imposition.
Ce mode d'imposition est **exclusif** du régime d'étalement sur sept ans du revenu exceptionnel agricole prévu à l'article 75-0 A du CGI (n° 12020), sauf si sa mise en œuvre concerne des indemnités perçues en cas d'**abattage de troupeaux** pour des raisons sanitaires (voir n° 12035). Cela signifie que, pour les bénéfices des années au titre desquelles l'option pour la moyenne triennale est exercée, le contribuable ne peut pas opter, pour les revenus compris dans ces mêmes bénéfices, pour le régime d'étalement prévu à l'article 75-0 A du même Code.
En revanche, rien n'interdit à un contribuable qui aurait opté pour le régime d'étalement de son revenu exceptionnel au titre d'une année donnée d'opter pour le régime de la moyenne triennale pour la détermination de ses bénéfices réalisés au titre des années ultérieures, sous réserve que la fraction correspondant au revenu exceptionnel ne soit pas intégrée au calcul de la moyenne triennale, toutes autres conditions étant par ailleurs satisfaites.
Ainsi, dans le cas d'un contribuable ayant opté pour l'étalement sur sept ans de son revenu exceptionnel perçu au titre de l'année N, l'option pour la détermination du bénéfice de l'année N + 2 selon la moyenne triennale conduit à calculer le bénéfice de l'année N + 2 en faisant la

moyenne des bénéfices courants des années N + 2, N + 1 et N, sans y intégrer la fraction du revenu exceptionnel déclarée au titre de l'année N ni les fractions réintégrées au titre des années N + 1 et N + 2.

À ce bénéfice de l'année N + 2 ainsi déterminé selon la moyenne triennale est ensuite ajoutée la fraction du revenu exceptionnel de N qui doit être réintégrée au titre de l'année N + 2 conformément à l'option pour le système de l'étalement (BOI-RES-BA-000012).

12102 L'administration admet également, de façon limitée, l'application combinée de la moyenne triennale avec le **système général du quotient** prévu à l'article 163-0 A du CGI pour les revenus exceptionnels ou différés (nos 12005 s.). En effet, les règles retenues par l'administration pour la combinaison des dispositifs reposent sur la détermination d'un revenu exceptionnel lissé, aboutissant en pratique à limiter l'application de la règle du quotient au tiers du revenu exceptionnel constaté. Les deux autres tiers sont imposés au titre des années suivantes par la prise en compte de ce revenu pour le calcul de la moyenne triennale (BOI-BA-LIQ-20-20 nos 120 s.).

EXEMPLE

Un contribuable exploitant agricole, marié et père de deux enfants, soumis au régime de la moyenne triennale, est décédé en N. L'activité n'est pas poursuivie par les héritiers.

Le résultat de l'exercice de cessation s'élève à 250 000 € dont 200 000 € correspondant à l'annulation d'un emprunt en exécution d'un contrat d'assurance sur la vie souscrit sur la tête de l'exploitant en vue de garantir le remboursement de cet emprunt.

La cessation d'activité de l'exploitant a par ailleurs entraîné la constatation d'une plus-value à long terme de 180 000 €.

Le foyer fiscal n'a perçu en N aucun autre revenu.

Les ayants droit du défunt demandent l'application du régime de l'article 163-0 A du CGI pour l'imposition du revenu exceptionnel. Les résultats réalisés sont les suivants :

– N − 5 : 31 000 € ;
– N − 4 : 12 000 € ;
– N − 3 : 15 000 € ;
– N − 2 : 25 000 € ;
– N − 1 : 43 000 € ;
– N : 250 000 €.

Les bénéfices agricoles imposables sont les suivants pour les exercices antérieurs à celui de la cessation :

– N − 3 : (31 000 + 12 000 + 15 000)/3 = 19 333 € ;
– N − 2 : (12 000 + 15 000 + 25 000)/3 = 17 333 € ;
– N − 1 : (15 000 + 25 000 + 43 000)/3 = 27 666 €.

Détermination du bénéfice imposable au titre de N.

Comparaison du revenu exceptionnel avant et après lissage avec la moyenne des revenus imposables des trois années antérieures :

– moyenne triennale N incluant le revenu exceptionnel :
(25 000 + 43 000 + 250 000)/3 = 106 000 € ;
– moyenne triennale N excluant le revenu exceptionnel :
(25 000 + 43 000 + 50 000)/3 = 39 333 € ;
– moyenne des revenus imposables des années N − 3 à N − 1 (dans l'hypothèse où le foyer n'a ni autres revenus ni charges déductibles) :
(19 333 + 17 333 + 27 666)/3 = 21 444 €.

La différence entre 106 000 € et 39 333 €, soit 66 667 €, qui constitue le revenu exceptionnel lissé, excède 21 444 €. Les dispositions de l'article 163-0 A du CGI sont, dès lors, applicables à ce revenu exceptionnel.

Bénéfice imposable au taux marginal (no 12125) : 250 000 € − 106 000 € = 144 000 €.

Calcul de l'impôt (3 parts) hors contributions et prélèvements sociaux.

Imposition au barème de l'impôt sur le revenu (année 2023) :

– impôt I1 sur le montant de la moyenne triennale excluant le revenu exceptionnel (soit 39 333 €) : 0 € (après décote) ;
– impôt I2 sur le montant de la moyenne triennale incluant le revenu exceptionnel (soit 39 333 € + [66 667 €/4] = 56 000 €) : 2 090 € (taux marginal de cette imposition : 11 %) ;
– impôt I3 sur le seul revenu exceptionnel lissé : 4 × (I2 − I1) = 8 360 € ;
– impôt total résultant de l'application du barème : (I1 + I3) = 8 360 €.

Imposition au taux marginal : 144 000 € × 11 % = 15 840 €.

Imposition au taux des plus-values à long terme (hors prélèvements sociaux) : 180 000 € × 12,8 % = 23 040 €.

Montant total de l'impôt exigible : 8 360 € + 15 840 € + 23 040 € = 47 240 €.

Le Conseil d'État admet par ailleurs l'application combinée du régime de la moyenne triennale et du mécanisme d'imputation des déficits agricoles mais exclut que sa mise en œuvre se traduise par une double déduction du déficit agricole effectivement constaté au titre d'une année (Avis CE 26-2-2014 n° 373583 : RJF 5/14 n° 453).

EXERCICE DE L'OPTION

L'option pour le régime de la moyenne triennale, qui doit être **expresse**, est réservée aux **exploitants** agricoles soumis de plein droit ou sur option depuis plus de deux ans à un régime de bénéfice réel normal ou simplifié. Elle est en principe **formulée** (sur papier libre) lors du dépôt de la déclaration du bénéfice de la première année à laquelle elle s'applique. Elle mentionne le détail de calcul de la moyenne triennale. **12105**

Si plusieurs membres d'un même **foyer fiscal** sont titulaires de bénéfices agricoles, il convient de distinguer, selon l'administration, suivant que les exploitations constituent ou non une **exploitation unique** (n° 6105). Dans l'affirmative, il y a lieu de faire masse de l'ensemble des bénéfices agricoles de la famille. L'option peut alors être formulée par l'un des époux titulaires des bénéfices ; elle s'impose à l'autre époux. Lorsque des conjoints gèrent des **exploitations distinctes**, chacun d'eux doit expressément exercer l'option s'il souhaite bénéficier du régime (BOI-BA-LIQ-20-10 n°s 180 s.).

L'option **s'applique à l'ensemble des revenus agricoles** (y compris ceux provenant de l'exercice d'une **activité nouvelle** soumise dès le début à un régime réel d'imposition), réalisés à titre personnel et comme membre d'un groupement ou d'une société dont les résultats sont imposés à l'impôt sur le revenu dans la catégorie des bénéfices agricoles (BOI-BA-LIQ-20-10 n° 300).

L'option peut également être exercée à la suite d'une procédure de rectification dans les 30 jours de la **proposition de rectification**, ou par voie de **réclamation** contentieuse, dans les délais légaux (BOI précité n° 290).

Durée de l'option L'option est exercée pour une **période** de **trois ans** (année au titre de laquelle elle est exercée et les deux années suivantes) ; elle est ensuite **reconduite** tacitement par périodes de trois ans, **sauf renonciation** adressée au service des impôts dans le délai de dépôt de la déclaration des résultats du dernier exercice de chaque période triennale (il est par exemple possible de dénoncer en 2025 les options exercées pour la première fois au titre de l'année 2022). **12110**

En cas de renonciation, une **nouvelle option** ne peut pas être exercée avant l'expiration d'une période de trois ans (CGI art. 75-0 B, al. 2).

La dernière année d'application du régime donne lieu à une imposition selon des modalités spécifiques : voir n° 12125.

> **Précisions** **a.** Lorsque l'**exploitation individuelle** est **reprise par le conjoint**, à la suite par exemple du changement d'activité professionnelle ou du départ en retraite de l'exploitant, **ou** par l'**ex-conjoint** après un divorce ou un décès, l'option continue à produire ses effets pour la période restant à courir (BOI-BA-LIQ-20-20 n° 10).
> **b.** La **cessation partielle d'activité** ne met pas un terme aux effets de l'option pour la moyenne triennale (BOI précité n° 40).

CALCUL DE LA MOYENNE TRIENNALE

Le bénéfice soumis à l'impôt progressif sur le revenu est calculé chaque année à partir de la moyenne des bénéfices de l'année d'imposition et des deux années précédentes. **12120**

Les **bénéfices à retenir** pour le calcul de la moyenne triennale comprennent notamment les résultats courants, les revenus accessoires imposés dans la catégorie des bénéfices agricoles (voir n°s 9720 s.), les fractions de plus-values à court terme qui font l'objet d'un étalement sur trois ans (CGI art. 39 quaterdecies) ainsi que les réintégrations des déductions pour épargne de précaution, pour investissements ou pour aléas non utilisées. Sont en revanche exclus du dispositif les profits soumis à un taux proportionnel (plus-values à long terme essentiellement).

Les bénéfices sont retenus, le cas échéant, après l'**abattement** sur les bénéfices des jeunes agriculteurs et la **déduction** pour épargne de précaution (BOI-BA-LIQ-20-10 n° 50).

Pour le **calcul du bénéfice moyen**, il n'est pas tenu compte des **reports déficitaires** (CGI art. 75-0 B). Selon l'administration, le déficit n'est pris en compte qu'une fois, l'année où il est dégagé (BOI précité n° 60). Mais cette position a été infirmée par le Conseil d'État qui, dans un avis du 26 février 2014, admet l'application combinée du régime de la moyenne triennale et du mécanisme d'imputation des déficits catégoriels prévu à l'article 156 du CGI. Cette application combinée ne doit toutefois pas aboutir à une double déduction du déficit agricole effectivement constaté au titre d'une année (Avis CE 26-2-2014 n° 373583 : RJF 5/14 n° 453 ; pour une application, voir CAA Bordeaux 16-6-2014 n° 11BX02639 : RJF 10/14 n° 913). Ainsi, seule la fraction qui n'a pas été prise en compte dans le calcul de la moyenne triennale peut venir en déduction du bénéfice agricole d'une année ultérieure. Cette solution est favorable car, lorsque le déficit constaté au titre d'une année n'est pris en compte pour le calcul de la moyenne triennale qu'au titre d'une seule ou de deux années ultérieures, les deux tiers ou le tiers, respectivement, de ce déficit peuvent venir en déduction des bénéfices agricoles ultérieurs (voir l'exemple ci-dessous).

Lorsque la **moyenne** triennale aboutit à la **constatation d'un déficit**, celui-ci est imputé sur le revenu global ou les bénéfices ultérieurs dans les conditions de droit commun (n°s 11800 s.). Il en est de même lorsque le **déficit** est **afférent à une période antérieure** à celle couverte par la moyenne triennale.

Par exemple, un exploitant réalise les résultats suivants (hors plus-values) :
2020 : 90 000 €, 2021 : – 30 000 €, 2022 : 60 000 €, 2023 : 120 000 €, 2024 : 150 000 €.
Il opte pour la moyenne triennale au titre de 2022.
Le bénéfice imposable est le suivant :
2022 : 1/3 (90 000 – 30 000 + 60 000) = 40 000 €,
2023 : 1/3 (– 30 000 + 60 000 + 120 000) = 50 000 €,
2024 : 1/3 (60 000 + 120 000 + 150 000) = 110 000 €.
Il peut imputer sur le bénéfice de l'année 2024 la fraction du déficit de 2021 qui n'a pas été prise en compte dans le calcul de la moyenne triennale, soit 10 000 € (30 000 × 1/3).

> **Précisions** Les **bénéfices à retenir** pour le calcul de la moyenne triennale s'entendent des résultats imposables au titre des exercices clos au cours de l'année civile d'imposition et des deux années civiles précédentes. Ces résultats sont aussi bien ceux des exercices clos au cours de l'année civile, quelle que soit la **durée** de ces **exercices**, que des résultats arrêtés provisoirement au 31 décembre de cette même année (BOI-BA-LIQ-20-10 n° 10).

CESSION OU CESSATION D'ACTIVITÉ

12125 L'année de la cession de l'exploitation ou de la cessation d'activité, ou, en cas de renonciation au dispositif (n° 12110), la dernière année de son application, l'excédent du bénéfice agricole sur la moyenne triennale est imposé au **taux marginal d'imposition** applicable au revenu global du contribuable déterminé compte tenu de cette moyenne (CGI art. 75-0 B, al. 6). Le taux marginal est le taux d'imposition du revenu du contribuable compris dans la tranche la plus élevée du barème de l'impôt sur le revenu appliqué à ce contribuable.

Ces dispositions s'appliquent notamment en cas de **décès de l'exploitant**, de **transmission à titre gratuit ou onéreux** ou d'**apport en société** de la totalité de l'exploitation. Selon l'administration, elles s'appliquent également en cas de **cessation partielle d'activité** (ou d'apport partiel en société) mais dans le seul cas où l'exploitant réalise la quasi-totalité de ses stocks et en conserve une partie qu'il continue à vendre (BOI-BA-LIQ-20-10 n° 80). En revanche, il est admis de ne pas appliquer le mécanisme de taxation au taux marginal d'imposition lorsqu'un exploitant cesse toute activité agricole pour se livrer uniquement à une activité de **mise à disposition de droits au paiement de base** (bail ou tout autre contrat de location des DPB) (BOI-BA-LIQ-20-20 n° 50).

En cas d'apport en société d'une exploitation individuelle dans les conditions de l'article 151 octies, I du CGI ou d'opération de restructuration de sociétés civiles agricoles dans les conditions de l'article 151 octies A, I du même Code, voir n° 12135.

12130 Prenons l'**exemple** suivant :

1. Cessation totale d'activité ou apport total de l'exploitation (BOI-BA-LIQ-20-10 n° 100). Un contribuable marié et père de deux enfants soumis au réel normal depuis l'année N opte au titre de N + 4 pour l'imposition suivant la moyenne triennale. Il cesse totalement son activité en N + 6. Il a réalisé les résultats suivants :
– N + 4 : 5 000 € ;
– N + 5 : – 18 000 € ;
– N + 6 : 40 000 €.
En N + 6, les revenus nets imposables de ce foyer fiscal se décomposent ainsi qu'il suit :
– traitements et salaires : 10 000 € ;
– bénéfices agricoles : 40 000 € ;
– charges déductibles : 300 € ;
– base imposable au barème progressif : 10 000 € + 9 000 € (moyenne triennale [5 000 – 18 000 + 40 000]/3) – 300 € = 18 700 € ;
– impôt correspondant (3 parts) = I 1 ;

– taux marginal : X % ;
– base imposée au taux marginal du barème progressif : 40 000 € – 9 000 € = 31 000 € ;
– impôt correspondant à l'application du taux marginal : 31 000 € × X % = I 2 ;
– imposition totale : I 1 + I 2 = I 3.

2. Cessation partielle d'activité ou apport partiel de l'exploitation (BOI précité n° 100). Il est supposé qu'en N + 6 le contribuable précédent a simplement apporté une partie de son activité à une société civile agricole, sans pour autant se placer sous le régime du deuxième alinéa du I de l'article 151 octies A du CGI (n° 12135). En N + 6, les données de l'exemple 1 sont appliquées.
En N + 7, en l'absence de renonciation au régime de la moyenne triennale, les revenus nets sont les suivants :
– traitements et salaires : 11 500 € ;
– bénéfices agricoles :
• activité individuelle : 13 000 €,
• quote-part société : 14 000 €,
• total = 27 000 € ;
– charges déductibles : 450 € ;
– base imposable au barème progressif en N + 7 : 11 500 € + 6 000 € – 450 € = 17 050 €.
Pour le calcul de la moyenne triennale, le bénéfice de N + 6 est retenu pour 9 000 € (40 000 € – 31 000 €) afin d'éviter une double imposition du bénéfice de 31 000 € qui, au titre de N + 6, a été imposé au taux marginal en raison de l'apport partiel d'exploitation. Dans ces conditions, la moyenne soumise à l'impôt par application du barème progressif au titre de N + 7 est égale à : (– 18 000 € + 9 000 € + 27 000 €)/3 = 6 000 €.

> **Précisions** En cas de **pluralité de titulaires** de revenus agricoles distincts **dans un même foyer fiscal**, l'imposition au taux marginal de l'excédent du bénéfice sur la moyenne triennale ne s'applique qu'aux revenus agricoles de la personne physique qui cède ou cesse son activité (BOI-BA-LIQ-20-10 n° 90).

APPORT EN SOCIÉTÉ D'UNE EXPLOITATION INDIVIDUELLE ET OPÉRATIONS DE RESTRUCTURATION DE SOCIÉTÉS CIVILES AGRICOLES

L'apport en société d'une exploitation individuelle constitue, en principe, une cessation d'activité **12135**
entraînant l'application du taux marginal (CE 4-2-2015 n° 366478 : RJF 4/15 n° 314). Toutefois, par exception à cette règle, l'apport par un exploitant de son exploitation **dans les conditions de l'article 151 octies, I du CGI** (nos 10695 s.) à une société ou un groupement (Gaec, par exemple) dont les bénéfices sont imposables entre les mains de l'apporteur dans la catégorie des bénéfices agricoles **ne constitue pas**, pour l'application du régime de la moyenne triennale, une **cession** ou une **cessation d'activité** (CGI art. 75-0 B, al. 7). Dès lors, cet apport n'entraîne pas l'imposition de la part du bénéfice excédant la moyenne triennale au taux marginal l'année au cours de laquelle celui-ci est réalisé. Corrélativement, l'apport ne remet pas en cause l'option pour la moyenne triennale formulée précédemment en tant qu'exploitant individuel. L'apporteur peut néanmoins renoncer au régime de la moyenne triennale au titre de l'année au cours de laquelle l'apport est réalisé (CGI art. 75-0 B, al. 7). Dans ce cas, l'excédent du bénéfice agricole sur la moyenne triennale est imposé au taux marginal d'imposition au titre de l'année au cours de laquelle l'apport est effectué. Corrélativement, cette renonciation implique qu'une nouvelle option ne pourra plus être exercée pour ce régime avant l'expiration d'une période de trois ans (n° 12110).
Les mêmes règles sont applicables aux **opérations de fusion, scission et d'apport partiel d'actif** qui, lorsqu'elles sont réalisées dans les conditions mentionnées au deuxième alinéa de l'article 151 octies A, I du CGI (voir nos 10740 s.), ne constituent pas une cession ou une cessation de l'exploitation (CGI art. 75-0 B, al. 8). Le contribuable peut toutefois, à l'occasion de la réalisation de l'une de ces opérations, renoncer à l'application de la moyenne triennale (BOI-BA-LIQ-20-20 n° 65).

ATTENTION

Le Conseil d'État fait une lecture stricte du régime de faveur prévu en cas d'apport en société d'une exploitation individuelle ou d'opération de restructuration de sociétés civiles agricoles. Il a ainsi jugé que deux époux **associés d'une EARL** qui ont cédé leur exploitation à un Gaec créé pour cette occasion ne pouvaient bénéficier de ce régime dès lors qu'ils n'avaient pas apporté une exploitation individuelle agricole mais une exploitation détenue par l'EARL, personne morale distincte dont ils étaient les associés (CE 4-10-2023 nos 462030 et 464969 : RJF 11/23 n° 887).

12140 **EXEMPLE**

Un exploitant individuel, imposé à l'impôt sur le revenu dans la catégorie des bénéfices agricoles, opte pour le régime de la moyenne triennale en N + 2. Il apporte son entreprise individuelle à une société soumise au régime des sociétés de personnes en N + 3. Dans une première hypothèse, il ne renonce pas à l'application de la moyenne triennale l'année de l'apport et révoque celle-ci en N + 7 (terme de la deuxième période triennale couverte par l'option). Dans une seconde hypothèse, il renonce à la moyenne triennale l'année de réalisation de l'apport et opte à nouveau pour le régime de la moyenne triennale au terme d'une période de trois ans, soit en N + 7. Le bénéfice agricole est calculé comme suit :

Années	Bénéfices agricoles réalisés	Hypothèse 1 – maintien de la moyenne triennale lors de l'apport et renonciation au terme d'une période d'option		Hypothèse 2 – renonciation à l'application de la moyenne triennale et application du taux marginal lors de l'apport puis option moyenne triennale après 3 ans	
		Moyenne triennale	Taux marginal	Moyenne triennale	Taux marginal
N	30 000	30 000		30 000	
N + 1	45 000	45 000		45 000	
N + 2 Option moyenne triennale	60 000	45 000 (30 000 + 45 000 + 60 000)/3		45 000 (30 000 + 45 000 + 60 000)/3	
N + 3 Apport (CGI art. 151 octies ; n° 12135)	90 000	65 000 (45 000 + 60 000 + 90 000)/3	0	65 000 (45 000 + 60 000 + 90 000)/3	25 000 (90 000 – 65 000)
N + 4	60 000	70 000 (60 000 + 90 000 + 60 000)/3		60 000	
N + 5	45 000	65 000 (90 000 + 60 000 + 45 000)/3		45 000	
N + 6	45 000	50 000 (60 000 + 45 000 + 45 000)/3		45 000	
N + 7	60 000	50 000 (45 000 + 45 000 + 60 000)/3	10 000 (60 000 – 50 000) (en cas de renonciation à l'option)	50 000 (45 000 + 45 000 + 60 000)/3	
N + 8	45 000	45 000		50 000 (45 000 + 60 000 + 45 000)/3	
N + 9	75 000	75 000		60 000 (60 000 + 45 000 + 75 000)/3	15 000 (75 000 – 60 000) (en cas de renonciation à l'option)
Total	**555 000**	**550 000**		**535 000**	

SECTION 13

ÉTALEMENT DU PAIEMENT DE L'IMPÔT EN CAS DE PASSAGE À L'IS

L'option pour l'assujettissement à l'impôt sur les sociétés (IS) formulée par un exploitant agricole, qui exerce son activité dans le cadre d'une exploitation agricole à responsabilité limitée (EARL) ou par une société ou un groupement placé sous le régime des sociétés de personnes, entraîne en principe les **conséquences fiscales de la cessation d'activité**, telle l'imposition immédiate des bénéfices non encore taxés à la date de l'option : bénéfices d'exploitation, bénéfices en sursis d'imposition, plus-values d'actif (CGI art. 201). **12160**

Afin d'atténuer les conséquences de cette imposition, les agriculteurs qui apportent leur exploitation à une société assujettie à l'IS ou, lorsqu'ils exercent leur activité dans le cadre d'une EARL, qui optent pour l'IS peuvent demander l'**étalement par cinquièmes**, **sur l'année de la cessation et les quatre années suivantes**, du paiement de l'impôt sur le revenu (IR) afférent à certains de leurs revenus agricoles (CGI art. 75-0 C). Les **revenus concernés sont** :

– les sommes déduites au titre de la DEP (n° 14800), DPI (n° 15000) ou DPA (n° 15050) non encore utilisées, qui sont rapportées au bénéfice de l'exercice de cessation ;

– la fraction des revenus exceptionnels à rapporter au bénéfice imposable de l'exercice de cessation (n° 12033) ;

– l'excédent de bénéfice agricole sur la moyenne triennale, imposé au taux marginal l'année de la cessation (n° 12125) ;

– et les profits non encore imposés sur les avances aux cultures (n°s 9615 s.) et sur les stocks à rotation lente dont la valeur est bloquée (n°s 9650 s.), ces profits étant respectivement retenus dans la limite du montant des frais engagés qui constitue un élément du prix de revient des stocks en application des règles générales posées par l'article 38, 3 du CGI (n°s 9565 s.) et qui n'a majoré ni la valeur de ces avances aux cultures ni celle de ces stocks. Sont ainsi concernés les frais de fermage pour les avances aux cultures et les frais qui n'ont pas été incorporés au prix de revient des stocks à rotation lente du fait de l'option pour le blocage de leur valeur.

Le fractionnement de l'IR est également susceptible d'être appliqué, pour les mêmes revenus, par les associés d'une société ou d'un groupement relevant du régime des **sociétés de personnes** et exerçant une activité agricole qui opte pour l'assujettissement à l'IS ou change de forme juridique au profit d'une forme sociale relevant du champ de l'IS. Ce dispositif s'applique également en cas d'option de l'**entrepreneur individuel** pour son assimilation à une EARL (Loi 2021-1900 du 30-12-2021 art. 13 ; Décret 2022-725 du 28-4-2022 art. 5) : voir n°s 27650 s.

Ce dispositif est subordonné au respect du **règlement de minimis** applicable dans le secteur agricole (voir n° 14805).

> **Précisions** L'impôt sur le revenu dû à raison du **décès de l'exploitant** ou de toute opération emportant cessation partielle de l'entreprise agricole ou son changement réel d'activité ne peut donner lieu à l'option pour le paiement fractionné (BOI-BA-CESS-30 n° 40).
> Par ailleurs, l'exploitant agricole qui cesse son activité et qui choisit d'opter pour l'imposition des **DEP non encore rapportées** selon le système du quotient prévu à l'article 163-0 A, I du CGI ne peut pratiquer le présent dispositif d'étalement d'imposition (CGI art. 73, IV).
> Enfin, l'option pour le système du quotient pour l'impôt correspondant aux DEP rapportées est exclusive de celle pour le paiement fractionné offerte par l'article 75-0 C du CGI. Ainsi, l'exploitant qui soumet au système du quotient les DEP rapportées aux bénéfices de cessation ne peut pas demander l'étalement de l'imposition afférent aux autres revenus agricoles éligibles au paiement fractionné de l'impôt sur les revenus.

OPTION POUR LE PAIEMENT FRACTIONNÉ

Dès lors que le dispositif est facultatif, le contribuable doit expressément demander à bénéficier du fractionnement de l'impôt. Lorsque l'**activité** agricole est **exercée dans le cadre d'une société** de personnes, la demande doit être souscrite par chacun des associés. L'option exercée par l'un des associés reste sans effet sur la situation de ses co-associés. **12170**

L'option pour l'étalement de l'impôt sur le revenu concerne **tous les revenus agricoles** visés n° 12160. Elle est **irrévocable** (BOI-BA-CESS-30 n°s 70 et 80).

La **renonciation** d'une société de personnes à son option pour l'IS ou d'une EIRL ou d'un entrepreneur individuel (n° 27655) pour son assimilation à une EARL ne remet pas en cause l'étalement de l'impôt sur le revenu.

12175 L'option est formulée par **courrier ou courriel** lors du dépôt de la déclaration de revenus définitive 2042-C-PRO (CERFA n° 10330) relative aux revenus de l'année de la cessation. Toutefois, le contribuable peut présenter la demande dès le dépôt de la déclaration de revenus provisoire s'il souhaite bénéficier de l'étalement dès l'imposition provisoire.

La demande énumère les **revenus** ouvrant droit au paiement fractionné de l'imposition. Elle comporte en outre, la **désignation** de l'entreprise (raison sociale et adresse) redevable de l'impôt sur les sociétés dont le contribuable sera associé.

CALCUL DE L'IMPÔT SOUMIS À ÉTALEMENT

12180 L'impôt sur le revenu soumis à étalement est égal au solde de l'impôt dû au titre des revenus de l'année de cessation multiplié par le rapport entre les revenus agricoles visés n° 12160, retenus dans la limite du bénéfice établi lors de la cessation diminué des déficits en report déductibles du revenu global, et le revenu net imposable du foyer fiscal.

Le solde de l'impôt sur le revenu retenu dans la formule de calcul s'entend après imputation des réductions d'impôt, des crédits d'impôt, des prélèvements, des retenues à la source et des acomptes (BOI-BA-CESS-30 n° 120).

12185 L'**impôt** sur le revenu **et** les **revenus pris en compte** au numérateur et au dénominateur sont ceux de l'année de la cessation de l'activité.

Les impositions établies en application de l'article 201 du CGI ont un caractère provisoire et viennent, le cas échéant, en déduction du montant de l'impôt sur le revenu ultérieurement établi en raison de l'ensemble des bénéfices et revenus perçus ou réalisés par les membres du foyer fiscal au cours de l'année de la cessation.

Il s'ensuit que le montant de l'**imposition dont le paiement est étalé**, calculé à partir de la déclaration provisoire, est régularisé au moment où l'imposition définitive est établie compte tenu des autres revenus du foyer ou de changements intervenus dans la situation ou les charges de famille du contribuable ou dans la législation.

L'**imposition provisoire** est déterminée en appliquant au bénéfice de cessation le dernier taux connu pour le calcul de l'acompte de prélèvement à la source (PAS).

12190 **EXEMPLE**

Soit un foyer fiscal composé de deux personnes dont l'un des membres est titulaire de salaires et le second exerce à titre individuel une activité agricole. Au 30 septembre N, l'exploitant agricole apporte son activité à une société anonyme nouvellement créée. Le tableau suivant récapitule les éléments déclarés par ce foyer fiscal entre N – 4 et N, ainsi que le montant de l'impôt sur le revenu dû par le foyer et le taux du prélèvement à la source (PAS) du foyer.

Années	N – 4	N – 3	N – 2	N – 1	N
Bénéfices	40 000	70 000	95 000	110 000	93 750
Revenu exceptionnel (CGI art. 75-0 A)				41 667[1]	
Revenu exceptionnel (CGI art. 75-0 A) compris dans le résultat				5 952[2]	35 715[3]
Déduction pour épargne de précaution	30 900[4]	37 900[5]	40 900[6]	38 757[7]	148 457[8]
Bénéfices fiscaux	9 100	32 100	54 100	35 528	277 922
Plus-values à long terme					27 000
Traitements et salaires avant abattement forfaitaire	22 000	22 500	23 000	23 500	23 900
Impôt sur le revenu (hypothèse)	269	4 583	11 027	5 590	98 834
Taux PAS foyer	0,9 %	8,4 %	14,3 %	9,5 %	31,6 %

1. 110 000 – (95 000 + 70 000 + 40 000)/3 = 41 667.
2. 41 667/7 = 5 952.
3. 41 667 – 5 952 = 35 715.
4. 27 000 + (40 000 – 27 000) × 30 %.
5. 33 900 + (70 000 – 50 000) × 20 %.
6. 38 900 + (95 000 – 75 000) × 10 %.
7. 33 900 + ((110 000 – 5 952) – 50 000) × 20 %.
8. 30 900 + 37 900 + 40 900 + 38 757.

Imposition provisoire
Compte tenu des éléments déclarés par l'exploitant agricole qui cesse son activité au 30 septembre N, l'imposition provisoire à l'impôt sur le revenu est de 29 859 € (277 922 × 9,5 % + 27 000 × 12,8 %). L'exploitant a acquitté au titre de l'acompte sur les bénéfices agricoles la somme de 5 439 € (54 100 × 14,3 % × 8/12 + 35 528 × 9,5 % × 1/12). Le montant de l'imposition provisoire à verser est de 24 420 € (29 859 − 5 439).
L'exploitant demande le bénéfice du fractionnement de l'impôt (CGI art. 75-0 C).
Le montant de l'impôt sur le revenu afférent à la reprise de la DEP et de la fraction des revenus exceptionnels payable en cinq fois est de 14 750 €, soit 24 420 × (148 457 + 35 715)/(277 922 + 27 000). Le montant de l'imposition acquittée dans les 60 jours de la cessation est de 12 620 € (24 420 − 14 750 + 14 750/5).
Imposition définitive
Traitements et salaires : 23 900 € (nets des frais professionnels : 21 510 €).
Bénéfices agricoles : 277 922 € (dont 148 457 € de reprises de DEP et 35 715 € de revenus exceptionnels).
Plus-values : 27 000 €.
Impôt sur les revenus imposés au barème : 95 378 €.
Impôt sur les plus-values : 3 456 €.
L'imposition définitive du foyer à l'impôt sur le revenu est de 98 834 €.
Compte tenu des retenues à la source opérées sur les salaires, soit 3 035 € (23 900 × 14,3 % × 8/12 + 23 900 × 9,5 % × 4/12) et de l'acompte payé au titre des bénéfices agricoles, soit 5 439 €, le solde de l'impôt sur le revenu est de 90 360 € (98 834 − 3 035 − 5 439).
Le solde de l'impôt sur le revenu afférent aux DEP et aux revenus exceptionnels rapportés au résultat de cessation est égal à 50 981 € [90 360 × (148 457 + 35 715)/(277 922 + 27 000 + 21 510)].
L'exploitant ayant demandé le bénéfice des dispositions de l'article 75-0 C du CGI, la fraction de l'imposition définitive afférente aux reprises de DEP et aux revenus exceptionnels fait l'objet d'un paiement par cinquième, soit 10 196 € (50 981/5) par an pendant cinq ans.
Compte tenu du versement effectué au titre de l'imposition provisoire, le solde de l'impôt sur le revenu payé en N + 1 est de 36 955 € (90 360 − 50 981 + 10 196 − 12 620).
Le contribuable acquittera les quatre années suivantes une somme de 10 196 € (BOI-BA-CESS-30 n° 170).

SECTION 14

OBLIGATIONS DES EXPLOITANTS

Sous réserve de certaines règles particulières, les agriculteurs imposés d'après leur bénéfice réel normal sont soumis aux obligations prévues par les articles 53 A à 60 du CGI à l'égard des industriels et des commerçants placés sous ce régime d'imposition. 12200
Ils doivent ainsi :
– **tenir une comptabilité** (nos 12205 s.) ;
– **souscrire une déclaration spéciale** (nos 12300 s.).
Pour les obligations s'imposant aux **sociétés et groupements** relevant de l'impôt sur le revenu et imposables d'après leur bénéfice réel, voir n° 24747.

A. Documents comptables obligatoires

Les agriculteurs placés sous un régime réel d'imposition doivent tenir, conserver et présenter aux agents de l'administration les documents comptables et pièces annexes de nature à justifier l'exactitude des résultats qu'ils déclarent. Les documents comptables sont en général tenus conformément aux règles du plan comptable général (adapté aux activités agricoles), bien que le plan ne présente un caractère obligatoire ni pour les exploitants individuels ni pour la plupart des sociétés civiles agricoles (nos 64200 s.). 12205
Ces documents comprennent (CGI ann. III art. 38 sexdecies P, I) :
– un **livre-journal** servi au jour le jour et enregistrant le détail des opérations effectuées par l'exploitant ;
– un **livre d'inventaire** sur lequel figurent les bilans et les comptes de résultats ;
– les **factures et autres pièces justificatives** relatives aux recettes, aux dépenses (achats, frais, charges) et aux stocks.

En outre, et quelle que soit leur situation au regard de la TVA, les **éleveurs d'animaux de boucherie et de charcuterie** doivent se conformer à des obligations spécifiques : marquage des animaux, comptabilité matières, etc. (CGI ann. II art. 267 quater, I).
En ce qui concerne le cas particulier des exploitants ayant une activité commerciale de **négociant en bestiaux** ou de **boucher**, voir n° 6400.

> **Précisions a.** L'administration admet l'**enregistrement quotidien sur le livre-journal** des encaissements et des paiements, les créances et les dettes étant recensées en fin d'exercice. Elle autorise aussi l'inscription globale en fin de journée des ventes au détail et des services rendus aux particuliers lorsque leur montant unitaire est inférieur à 76 € (BOI-BA-DECLA-20 n° 30).
> **b.** Les clients d'**exploitants** agricoles **redevables de la TVA** peuvent se substituer à ces derniers pour l'établissement des **factures**. Le double de ces documents doit être considéré comme une pièce justificative à la condition que les agriculteurs les aient certifiés par apposition de leur signature (voir n° 3140).

TENUE, CONSERVATION ET COMMUNICATION DES DOCUMENTS

12210 Les documents comptables doivent être tenus chronologiquement, sans blanc ni altération.
Le **livre-journal** dont les pages sont numérotées enregistre chaque opération. Il n'est pas nécessaire qu'il soit paraphé par le maire ou le juge d'instance.
Les documents comptables et autres pièces justificatives doivent être **conservés pendant six ans** (CGI ann. III art. 38 sexdecies P, III ; LPF art. L 102 B).
Les agriculteurs imposés d'après leur bénéfice réel doivent présenter, à toute **demande des agents de l'administration**, leur livre-journal et toutes les pièces justificatives qu'ils détiennent.

> **Précisions a.** En cas de **comptabilité tenue au moyen de systèmes informatisés**, voir n° 12400.
> **b.** En cas de **comptabilité irrégulière ou non sincère**, de nouvelles bases d'imposition peuvent être fixées selon la procédure de rectification contradictoire (voir nos 33580 s.).

B. Déclarations à souscrire et pièces à joindre

12300 Comme la généralité des redevables passibles de l'impôt sur le revenu, les agriculteurs doivent souscrire chaque année, auprès du service des finances publiques dont dépend leur résidence, une **déclaration d'ensemble** détaillée de leurs revenus.
Indépendamment de cette obligation de caractère général, les agriculteurs imposés d'après leur bénéfice réel sont tenus de souscrire une **déclaration spéciale**, mentionnant les résultats agricoles de l'année précédente ou de l'exercice clos au cours de cette année (CGI ann. III art. 38 sexdecies Q).
Lorsque les époux (ou d'autres membres du **foyer fiscal**) exploitent chacun un domaine réellement distinct et géré d'une manière autonome, une déclaration spéciale séparée doit être établie pour chaque exploitation : voir sur ce point nos 6105 s.

DÉCLARATION D'ENSEMBLE DES REVENUS

12310 La déclaration de revenus est souscrite **obligatoirement** par voie électronique (**télédéclaration**).
Toutefois, cette obligation ne s'applique pas aux contribuables :
– dont la résidence principale n'est pas équipée d'un accès à Internet ;
– ou qui ne sont pas en mesure de souscrire la déclaration en ligne ;
– ou jusqu'au 31 décembre 2024, qui résident dans des zones où aucun service mobile n'est disponible, dites zones blanches.
Ces contribuables conservent, à titre dérogatoire, la possibilité de souscrire leur déclaration sur support papier (CGI art. 1649 quater B quinquies).
La télédéclaration s'effectue directement sur **Internet** depuis le site impots.gouv.fr ou, par l'intermédiaire d'un partenaire professionnel, via la filière EDI-IR. La déclaration effectuée en ligne est signée électroniquement.
Le non-respect de l'obligation de souscrire la déclaration en ligne entraîne l'application d'une **amende** forfaitaire de **15 €** par déclaration et annexe à compter de la deuxième année au cours de laquelle un manquement est constaté (CGI art. 1738, 4).

> **Précisions** Si le contribuable ne souscrit pas cette déclaration dans le délai prévu et si, après une mise en demeure, il ne régularise pas sa situation dans le délai de 30 jours, il peut faire l'objet d'une **taxation d'office** (voir nos 33610 s.). L'omission entraîne d'autre part l'application d'un intérêt de retard et d'une **majoration de droits** (nos 33835 s.).

DÉCLARATION SPÉCIALE DES BÉNÉFICES AGRICOLES

Production de la déclaration Les exploitants agricoles soumis à un régime réel d'imposition ont l'**obligation de transmettre** leur déclaration de résultats n° 2143-SD et ses annexes **par voie électronique** (CGI art. 1649 quater B bis). 12320

En pratique, la transmission électronique des documents est assurée par un **partenaire EDI**, habilité à cet effet en vertu d'une convention passée avec l'administration, qui peut être l'entreprise déclarante elle-même ou un tiers : intermédiaire (cabinet d'expertise comptable, organisme de gestion agréé, etc.) ou prestataire de services d'intermédiation (BOI-BIC-DECLA-30-60-30-30 n°s 1 s.). Mais l'administration a étendu la possibilité pour les entreprises de déclarer leur résultat selon le **mode EFI**, qui permet de souscrire certaines déclarations directement en ligne, à partir d'un compte professionnel ouvert sur le site impots.gouv.fr.

Les **centres de gestion agréés** et les organismes mixtes de gestion (ou comptables conventionnés) ont l'obligation, lorsqu'ils ont été mandatés par leurs adhérents, de transmettre par voie électronique leurs déclarations fiscales (CGI art. 1649 quater E, 1649 quater F et 1649 quater K ter). Ils peuvent également fournir à des professionnels **non adhérents** des services de dématérialisation et de télétransmission de leurs déclarations fiscales à l'occasion de leur première déclaration par cette voie (CGI ann. II art. 371 A et 371 M).

> **Précisions** **a.** Toute télétransmission de données déclaratives ou de paiement effectuée pour le compte d'une entreprise par un partenaire EDI habilité est opposable à cette dernière par l'administration, sans qu'il soit nécessaire que l'entreprise ait formellement adhéré aux téléprocédures et identifié le partenaire comme ayant été mandaté par elle (CGI art. 1649 quater B bis).

b. L'**absence de télédéclaration** est sanctionnée par une majoration de 0,2 % calculée sur le montant des droits correspondant aux déclarations souscrites selon un autre procédé. Le montant de la majoration ne peut être inférieur à 60 €. En l'absence de droits, une amende de 15 € par document s'applique sans que le total des amendes puisse être inférieur à 60 € ni supérieur à 150 € (CGI art. 1738, 1).

Contenu de la déclaration La déclaration de résultat est établie sur un formulaire spécial n° 2143-SD. Elle est accompagnée d'une série de **tableaux annexes** : 12330

– neuf tableaux **comptables** (n°s 2144-SD à 2150-SD) prenant en compte les adaptations du PCG aux activités agricoles ;

– sept tableaux **fiscaux** (n°s 2151-SD à 2154-SD) destinés à déterminer un résultat en fonction des règles fiscales ou qui comportent des renseignements à caractère fiscal ou statistique.

> **Précisions** **a. Liste des tableaux à joindre** à la déclaration n° 2143-SD :

– Bilan actif n° 2144-SD ;
– Bilan passif n° 2145-SD ;
– Compte de résultat n°s 2146-SD et 2146 bis-SD ;
– Immobilisations n° 2147-SD ;
– Écarts de réévaluation sur immobilisations amortissables n° 2147 bis-SD ;
– Amortissements n° 2148-SD ;
– Provisions n° 2149-SD ;
– Créances et dettes n° 2150-SD ;
– Détermination du résultat fiscal n° 2151-SD ;
– Déficits et provisions non déductibles n° 2151 bis-SD ;
– Renseignements divers n° 2151 ter-SD ;
– Plus et moins-values n° 2152-SD ;
– Affectation des plus-values et moins-values n° 2152 bis-SD.

Pour les **sociétés**, il y a lieu de joindre en outre les deux tableaux fiscaux suivants :
– Composition du capital social n° 2153-SD ;
– Filiales et participations n° 2154-SD.

b. Les **tableaux comptables** annexes à la déclaration sont conçus d'après les normes comptables agricoles. Des **adaptations** ou corrections extra-comptables sont parfois nécessaires afin de tenir compte des règles fiscales. Celles-ci apparaissent sur les tableaux fiscaux n°s 2151-SD à 2152 bis-SD et sont détaillées, en tant que de besoin, sur des feuillets séparés. Certaines distorsions comptabilité-fiscalité concernant des postes de bilan (classement de certains animaux par exemple) peuvent susciter des difficultés. On rappelle à cet égard que, pour la majorité des exploitants agricoles, le PCG n'a pas un caractère obligatoire (n° 12205) ; il constitue seulement une référence officielle. Dès lors, le fait d'utiliser des règles fiscales pour servir certains postes des tableaux annexes, lorsque les corrections s'avèrent trop compliquées, ne devrait pas être sanctionné. Notons cependant que **certaines règles** fiscales qui découlent de la réglementation comptable **s'imposent à tous** les agriculteurs (sur ces questions, voir n°s 64200 s.).

Pour éviter toute contestation, il est recommandé d'indiquer la pratique suivie dans une **note jointe** à la déclaration.

c. Des obligations spécifiques incombent aux agriculteurs en cas de **changement de régime d'imposition**.

d. Pour les exploitants individuels, le cadre D de la déclaration n° 2143-SD tient lieu de

relevé simplifié **de frais généraux**. Les sociétés (et groupements agricoles) doivent, quant à elles, joindre à leur déclaration un relevé détaillé n° 2067-SD. Voir n° 11300.

e. Des **documents spécifiques** (état ou registre des plus-values en sursis d'imposition, option pour le maintien des terres dans le patrimoine privé ou pour la moyenne triennale, etc.) doivent être joints par les exploitants agricoles concernés. Ces obligations sont examinées avec les régimes dont ils conditionnent le plus souvent l'application.

12340 **Délais de souscription de la déclaration** Quelle que soit la date de clôture de l'exercice, la déclaration annuelle des résultats et les documents annexes doivent être souscrits au plus tard le deuxième jour ouvré suivant le 1er mai (CGI art. 175 et ann. III art. 344 I-0 bis). Toutefois, un délai supplémentaire de 15 jours est accordé à toutes les entreprises qui procèdent à la télétransmission de leur déclaration de résultats (BOI-BA-DECLA-20 n° 150).

12345 En cas de **cession de l'exploitation** ou de **cessation** totale ou partielle d'**activité**, l'exploitant dispose d'un **délai de 45 jours** pour en aviser l'administration (en précisant la date de cessation ou de cession et, dans ce dernier cas, l'identité du cessionnaire) (CGI art. 201, 1). Ce délai commence à courir :
– lorsqu'il s'agit d'une mutation de propriété, du jour où l'acquéreur a pris effectivement la direction de l'exploitation ;
– lorsqu'il s'agit d'une cessation (par suite d'une expropriation, par exemple), du jour de l'arrêt définitif de l'activité.
Les exploitants disposent alors d'un **délai de 60 jours** (déterminé comme indiqué ci-dessus) pour produire la déclaration des résultats (CGI art. 201, 3).
Les mesures qui précèdent sont également applicables en cas de **décès** de l'exploitant. Les ayants droit du défunt disposent cependant d'un **délai de six mois** à compter de la date du décès pour produire la déclaration de résultats (CGI art. 201, 4).

> **Précisions** **a.** Comme en matière de BIC, la **cession ou cessation d'activité**, totale ou partielle, ainsi que le **décès de l'exploitant** entraînent l'imposition immédiate des éléments suivants :
– **bénéfices d'exploitation** réalisés depuis la fin du dernier exercice taxé, déterminés dans les conditions de droit commun ;
– bénéfices **en sursis d'imposition** et, en particulier, provisions précédemment constituées qui deviennent sans objet du fait de la cession ou cessation ;
– **plus-values** (ou moins-values) d'actif immobilisé, réalisées ou constatées à l'occasion de la cession ou cessation ; ces plus-values (ou moins-values) sont soumises au régime spécial exposé n°s 10100 s.
Sur les plus-values nettes à court terme de l'année de cession ou de cessation, voir n° 10164. Notons que, sous réserve des dispositions de l'article 41 du CGI (n°s 10710 s.), les plus-values nettes constatées en cas de décès de l'exploitant sont soumises de plein droit au régime fiscal des plus-values à long terme (n° 10155).
Les exploitants agricoles sont par ailleurs soumis à des **règles spécifiques** qui sont présentées dans le cadre du dispositif concerné (déduction pour épargne de précaution, moyenne triennale, etc.).
b. Un agriculteur qui **cède ses stocks** après la cession ou la cessation de son exploitation poursuit une activité agricole (CE 23-3-2005 n° 237810 : RJF 6/05 n° 554 ; BOI-BA-CHAMP-10-10-10 n° 30).
c. Sur la cessation d'activité résultant de l'**apport à une EARL** par un exploitant **d'une de ses activités** précédemment exercée à titre individuel **ou** du **passage d'une activité de faire-valoir direct à une activité de location de terres**, voir n° 10120, Précisions, e.

12360 **Sanctions** Le défaut de production ou la production tardive de la déclaration des résultats est susceptible d'entraîner l'**évaluation d'office** du bénéfice imposable si le contribuable ne régularise pas sa situation après mise en demeure de l'administration (LPF art. L 73, 1°).
En outre, l'absence ou le retard de déclaration expose l'exploitant à l'application de l'**intérêt de retard** et d'une **majoration** proportionnelle des droits (n°s 33835 s.).

> **Précisions** **a.** Pour les sanctions applicables en cas d'**insuffisance de déclaration**, voir n°s 33845 s. Pour celle applicable en cas de non-production ou production tardive des **documents à joindre à la déclaration**, voir n° 33885.
b. L'absence de réponse ou une réponse partielle à une mise en demeure de produire la **liste des associés** qui détiennent au moins 10 % du capital ou des actifs de la société déclarante (tableaux n°s 2153-SD [réel normal]et 2139 C-SD [réel simplifié]) ou celle **des filiales et participations** dont l'entreprise déclarante détient au moins 10 % du capital (tableaux n°s 2154-SD [réel normal]

et 2139 D-SD [réel simplifié]) entraîne, pour chaque manquement constaté par personne ou groupement de personnes au titre d'un exercice, l'application d'une amende de 1 500 € ou 10 % des droits rappelés si ce dernier montant est plus élevé (CGI art. 1763, IV).

VÉRIFICATION ET RECTIFICATION DES DÉCLARATIONS

Les déclarations sont vérifiées soit au vu des documents souscrits annuellement, soit après un examen sur place de la comptabilité. 12400

Lorsque la **comptabilité** est **tenue au moyen de systèmes informatisés**, l'exploitant doit **présenter** ses documents comptables en remettant à l'administration une copie des fichiers des écritures comptables sous forme dématérialisée, au début des opérations de contrôle (LPF art. L 13, IV et L 47 A). Dès la réception de l'avis de vérification, le contribuable est informé que la présentation de sa comptabilité dématérialisée doit être réalisée sous cette forme (BOI-CF-IOR-60-40-10 n° 170).

Le contrôle peut porter sur l'ensemble des informations, données et traitements qui concourent directement ou indirectement à la formation des résultats comptables ou fiscaux et à l'élaboration des déclarations rendues obligatoires par le CGI, ainsi que sur la documentation informatique.

Exception faite des situations d'évaluation d'office du bénéfice, l'administration doit, si elle se propose de procéder à des **rectifications**, engager une procédure de caractère contradictoire.

CHAPITRE 5

RÉGIME SIMPLIFIÉ D'IMPOSITION

SOMMAIRE

CHAMP D'APPLICATION DU RÉGIME SIMPLIFIÉ D'IMPOSITION

12800 Le régime simplifié s'applique :
– sur **option** aux exploitants relevant normalement du régime micro-BA ;
– en 2024 et 2025 **de plein droit**, sauf option pour le régime réel normal, aux exploitants dont la moyenne des recettes hors taxe des trois années précédentes est supérieure à 120 000 € et n'excède pas 391 000 € (voir n°s 5600 s.).

> **Précisions** Les revenus provenant des activités de **vente de biomasse** sèche ou humide ou de **production d'énergie** à partir de produits ou sous-produits majoritairement issus de l'exploitation agricole, de **location de droits à paiement de base** (n°s 81400 s.) ainsi que les revenus des exploitants dont tout ou partie des biens affectés à l'exploitation sont compris dans un **patrimoine fiduciaire** en application d'une opération de fiducie sont soumis obligatoirement à un régime réel d'imposition (CGI art. 69 E). Dans ces différentes hypothèses, les exploitants relèvent du régime simplifié, sauf option pour le réel normal (bien entendu, si les recettes agricoles viennent à franchir la limite de 391 000 €, le régime réel normal s'applique obligatoirement).

A. Détermination du bénéfice imposable

12805 Le bénéfice réel agricole des exploitants imposables de plein droit ou sur option d'après le régime simplifié est déterminé, en principe, selon les mêmes règles que celles du **réel normal** examinées n°s 9000 s., sous réserve de la possibilité qui leur est offerte d'évaluer les **stocks** selon des règles spécifiques (CGI art. 74, b).
Les **règles comptables** relatives à la définition, l'évaluation et l'amortissement par composants des actifs (voir n°s 11400 s. et 66000 s.) s'appliquent également aux exploitants agricoles soumis au régime simplifié dès lors que leurs résultats sont déterminés en application des règles prévues en matière de BIC conformément aux dispositions de l'article 72, I du CGI.

12810 Le bénéfice réel simplifié est déterminé en tenant compte notamment de la différence de la valeur des stocks à l'ouverture et à la clôture de l'exercice.
En ce qui concerne la **composition des stocks**, les règles sont les mêmes qu'en matière de bénéfice réel normal (voir n°s 9500 s.). En particulier, les exploitants soumis au régime réel simplifié peuvent assimiler certains **équidés, bovidés, chevaux** de course ou de concours à des immobilisations amortissables dans les mêmes conditions que les exploitants soumis au réel normal (n° 9320). Tous les autres animaux, y compris ceux nés dans l'exploitation, doivent être compris dans les stocks (CGI ann. III art. 38 sexdecies D, II).

12815 Les exploitants soumis au régime simplifié d'imposition doivent **évaluer leurs stocks** selon les règles suivantes :
– en principe, au **prix de revient** ou au **cours du jour** à la clôture de l'exercice si ce cours est inférieur au prix de revient (CGI art. 74, b). Ce régime – qui concerne l'ensemble du stock – étant identique à celui des exploitants soumis au régime réel normal, il est renvoyé n°s 9565 s. ;
– sur **option**, selon la **méthode forfaitaire** du cours du jour diminué d'une décote. Il est à noter que l'application de ce régime optionnel est expressément exclue par l'article 74, b du CGI en

ce qui concerne l'évaluation des **matières premières**, fournitures et marchandises achetées (n° 9501), qui sont évaluées à leur coût de revient, et les **avances aux cultures** visées à l'article 72 A du CGI (nos 9505 s.).

> **Précisions a.** Lorsque les stocks sont évalués au prix de revient, leur dépréciation peut être constatée par voie de **provision** ou de **décote directe** dans les conditions indiquées n° 9568.
> **b.** Lorsque l'option pour l'évaluation des stocks selon un mode forfaitaire est exercée, les **produits prélevés par l'exploitant** à des fins personnelles, dont la valeur est ajoutée aux recettes pour la détermination du résultat de l'exploitation (n° 9715), sont évalués selon cette méthode (CGI ann. III art. 38 sexdecies JD).

MÉTHODE FORFAITAIRE D'ÉVALUATION

Principe Les stocks d'animaux (qu'ils soient achetés ou nés sur l'exploitation), de produits finis et de produits en cours de fabrication sont évalués selon une méthode simplifiée consistant à appliquer une **décote forfaitaire au cours du jour** à la clôture de l'exercice, c'est-à-dire en pratique à la date de l'inventaire. **12825**

Le **taux** de cette **décote** est fixé (CGI ann. III art. 38 sexdecies JC, al. 1) :
- à 30 % pour les bovins et les produits de la viticulture (vins, eaux-de-vie) ;
- et à 20 % pour les autres produits ou animaux.

Un **mécanisme correcteur** est prévu pour éviter une trop forte fluctuation des résultats due à de brusques variations conjoncturelles des cours (voir n° 12840).

À défaut de cours du jour à la clôture de l'exercice, il convient de rechercher la **valeur probable de réalisation**. Celle-ci peut être déterminée soit en partant du dernier cours connu et en l'actualisant pour tenir compte de la tendance du marché depuis cette date, soit par comparaison avec un produit de qualité semblable (BOI-BA-BASE-20-20-20-20 n° 20). **12830**

Lorsque, pour un produit donné (porc de 60 kg, par exemple), il n'existe **pas de cours**, la valeur à retenir peut être calculée à partir des cours des produits commercialisés aux stades immédiatement antérieur et ultérieur (au cas particulier, on retiendra le porcelet de 25 kg et le porc charcutier de 80 kg) (BOI-BA-BASE-20-20-20-20 n° 30).

EXEMPLE

Un éleveur possède, le 31 décembre de l'année N, une bande de porcs en cours d'engraissement, d'un poids moyen unitaire de 60 kg. Comme il n'existe pas de cours pour de tels animaux, l'intéressé peut déterminer leur valeur en partant, d'une part, du cours du porcelet de 25 kg au 31 décembre de l'année N (soit, par exemple, 45,85 € par unité) et, d'autre part, du prix du porc charcutier de 80 kg à cette même date (soit, par exemple, 91,70 € par unité).
La valeur du porc de 60 kg sera arbitrée à :
45,85 € + [(91,70 € – 45,85 €)/(80 – 25) × (60 – 25)] = 75 €.

Produits en cours de fabrication Dès lors que, pour les produits en cours de fabrication, il n'existe généralement pas de cours du jour, il convient de retenir, par mesure de simplification, uniquement la valeur du produit avant les opérations de transformation. C'est ainsi, par exemple, qu'en ce qui concerne le fromage en cours d'affinage, on retiendra la valeur du lait qui a été nécessaire à la fabrication du fromage à l'exclusion de tous autres ingrédients (BOI-BA-BASE-20-20-20-20 n° 40). **12835**

Écrêtement des variations de prix Lorsque les prix à retenir aux dates d'ouverture et de clôture d'un même exercice ont varié, à la **hausse ou** à la **baisse**, **de plus de 20 %**, cette variation peut être limitée à 20 % (CGI ann. III art. 38 sexdecies JC, al. 2). En d'autres termes, si les prix à retenir à la clôture de l'exercice s'écartent de plus de 20 % de ceux retenus à l'ouverture du même exercice pour des produits ou animaux de même catégorie, la valeur des stocks est limitée, selon le cas, à 80 % ou à 120 % de la valeur retenue à l'ouverture de l'exercice. **12840**

La **comparaison** ne doit pas être effectuée produit par produit ou animal par animal, mais par catégorie de produits comparables figurant dans les stocks à l'ouverture et à la clôture de l'exercice (ex. : fruits de qualité et de calibre donnés, animaux de même espèce et dont le cours unitaire au kilo ou à la tête est comparable, etc.). Par ailleurs, l'écrêtement consiste à comparer les valeurs d'inscription (c'est-à-dire après application de la décote forfaitaire) des produits et non directement les cours du jour (BOI-BA-BASE-20-20-20-20 n° 140).

L'écrêtement des variations de prix s'applique en principe **de plein droit**. Toutefois, l'exploitant peut y **renoncer**. L'option pour cette renonciation s'effectue dans les mêmes conditions et pour la même durée que l'option pour la méthode forfaitaire d'évaluation (voir n° 12845) (BOI-BA-BASE-20-20-20-20 n° 130).

EXEMPLE

Soit un polyculteur dont le stock au 31 décembre de l'année N comporte, notamment, des porcs charcutiers.

1er **cas.** L'élevage porcin n'a été annexé à l'exploitation de polyculture qu'au cours de l'année N. Le mécanisme correcteur ne peut pas s'appliquer puisque aucun porc charcutier ne figurait en stock au 1er janvier de l'année considérée.

2e **cas.** Le stock de porcs charcutiers se présente comme suit :

– 1er janvier (année N) : 40 porcs d'un poids unitaire moyen de 100 kg ;
– 31 décembre (année N) : 50 porcs d'un poids unitaire moyen de 70 kg ;
– 31 décembre (année N + 1) : 60 porcs d'un poids unitaire moyen de 80 kg.

Les cours TTC ont varié de la manière suivante :

– 1er janvier (année N) : 1,25 € le kilogramme de viande nette ;
– 31 décembre (année N) : 2 € le kilogramme ;
– 31 décembre (année N + 1) : 1,55 € le kilogramme.

L'intéressé n'a pas renoncé à l'application du mécanisme correcteur. De ce fait, les prix à retenir seront déterminés ainsi qu'il ressort du tableau ci-dessous :

Date	Valeur normale d'inscription (cours × 80 %)	Valeurs « encadrantes » résultant de l'écrêtement		Valeur à retenir
		Minimum : prix précédent × 80 %	Maximum : prix précédent × 120 %	
1er janvier N	1,25 € × 80 % = 1 €	–	–	1 €
31 décembre N	2 € × 80 % = 1,6 €	1 € × 80 % = 0,80 €	1 € × 120 % = 1,20 €	1,20 €
31 décembre N + 1	1,55 € × 80 % = 1,24 €	1,20 € × 80 % = 0,96 €	1,20 € × 120 % = 1,44 €	1,24 € [1]

1. On observe que l'écrêtement ne joue pas, dès lors que la différence entre 1,24 € et 1,44 € est inférieure à 20 %. Il importe peu que la variation du cours du jour entre le 1er janvier N + 1 (2 €) et le 1er janvier N + 2 (1,55 €) excède ce pourcentage.

La valeur des stocks s'établira ainsi :

– stock au 1er janvier de l'année N : 1 € × 40 × 100 = 4 000 € ;
– stock au 31 décembre de l'année N : 1,20 € × 50 × 70 = 4 200 € ;
– stock au 31 décembre de l'année N + 1 : 1,24 € × 60 × 80 = 5 952 €.

12845 **Modalités d'option pour la méthode forfaitaire** L'option pour la méthode forfaitaire d'évaluation des stocks doit être exercée dans le **délai de déclaration** des résultats du premier exercice auquel elle s'applique. Elle doit être formulée au moyen d'une note rédigée sur papier libre, annexée à cette déclaration (CGI ann. III art. 38 sexdecies JC, al. 3 ; BOI-BA-BASE-20-20-20-20 n° 60).

L'option est valable pour **cinq exercices**, tant que l'exploitant est soumis au régime simplifié d'imposition. Elle produit ses effets pour la détermination des résultats de l'exercice au titre duquel elle est exercée et des quatre exercices suivants.

Elle concerne l'**ensemble des stocks** d'animaux, de produits finis et de produits en cours de fabrication détenus par l'exploitant à la date de clôture du premier exercice auquel elle s'applique, quelle que soit l'année au titre de laquelle ces stocks ont été acquis ou obtenus (BOI-BA-BASE-20-20-20-20 n° 70).

L'option se reconduit tacitement par périodes de cinq exercices, sauf décision contraire notifiée au service des impôts dans le délai de dépôt de la déclaration des résultats du dernier exercice de chaque période d'option.

Lorsque, au terme de la période d'option pour la méthode forfaitaire, l'exploitant soumis au régime simplifié d'imposition ne **reconduit pas cette option**, l'administration admet que les stocks détenus à la date du changement de méthode d'évaluation soient repris pour la même valeur s'ils figurent dans les inventaires suivants. Cette valeur demeure alors inchangée jusqu'à la vente (BOI-BA-BASE-20-20-20-20 n° 110).

> **Précisions a.** Les exploitants qui ont précédemment opté pour le dispositif particulier de **blocage de la valeur des stocks de vins et spiritueux** prévu à l'article 38 sexdecies JC, 2°-al. 3 (dans sa rédaction en vigueur jusqu'au 17-6-2001) peuvent maintenir inchangée jusqu'à la vente la valeur des produits telle qu'elle a été déterminée à la clôture de l'exercice suivant celui de la récolte.

b. Si les biens demeurent en **stock** pendant **plusieurs années**, leur évaluation doit être révisée à la clôture de chaque exercice (BOI-BA-BASE-20-20-20-20 n° 100).

c. Le recours à la méthode forfaitaire est exclusif de la constatation de **provisions** pour dépréciation dès lors que les baisses de cours éventuellement constatées à la clôture d'un exercice sont déjà prises en compte au travers du mode de valorisation forfaitaire.

B. Obligations des exploitants

Les exploitants agricoles placés sous le régime simplifié sont soumis à des **obligations déclaratives et comptables** sensiblement allégées par rapport à celles qui incombent aux exploitants relevant du régime du bénéfice réel normal. 12900

1. DOCUMENTS COMPTABLES OBLIGATOIRES

Les documents obligatoires comprennent : 12905

– un **livre-journal** servi au jour le jour et enregistrant le détail des recettes et des dépenses ;

– un **livre d'inventaire** : sur ce document sont reportés le tableau des immobilisations et des amortissements et le compte simplifié de résultat fiscal ;

– les **factures et autres pièces justificatives** relatives aux recettes, aux dépenses (achats, frais, charges) et aux stocks.

En ce qui concerne la tenue, la conservation et la communication des documents comptables, les règles sont en principe les mêmes que dans le réel normal : voir n° 12210.

2. COMPTABILITÉ SUPER-SIMPLIFIÉE

ENREGISTREMENT DES OPÉRATIONS JOURNALIÈRES

Les opérations, affectant ou non le résultat d'exploitation, ne sont comptabilisées qu'au moment où elles se matérialisent par un **mouvement de trésorerie**. Elles doivent être retracées sur un ou plusieurs documents dont la contexture est laissée à l'initiative de l'exploitant (BOI-BA-DECLA-30 n° 60). 12920

Pour permettre un recensement précis des créances et des dettes en fin d'exercice, les **factures** émises ou reçues doivent être classées et annotées de la nature, de la date et du montant des règlements effectués (BOI-BA-DECLA-30 n° 100).

Les **recettes et les dépenses d'exploitation** doivent être enregistrées, en principe, au jour le jour, en distinguant le mode de règlement (caisse, banque, etc.) et la nature de l'opération réalisée. Ce type d'enregistrement s'impose déjà aux redevables de la TVA (voir n° 3100). 12925

En dehors des recettes et des charges d'exploitation, la comptabilité doit retracer les autres mouvements de trésorerie, et notamment (BOI-BA-DECLA-30 n° 90) :

– les **apports et prélèvements de l'exploitant** : ces opérations peuvent toutefois faire l'objet d'une écriture récapitulative unique en fin de mois ;

– les **virements de fonds** (exemple : dépôt ou retrait d'espèces à la banque) ;

– les **acquisitions ou cessions d'immobilisation** : l'acquisition ou la cession d'une immobilisation doit être enregistrée sur le journal des paiements ou des encaissements puis transcrite sur le registre des immobilisations afin de déterminer le montant de la TVA récupérable et de faciliter les opérations de fin d'exercice (recensement des actifs, calcul des amortissements, plus-values, moins-values, etc.) ;

– les **prêts accordés et les emprunts contractés** à titre professionnel.

RECENSEMENT DES CRÉANCES ET DES DETTES EN FIN D'EXERCICE

La constatation des **sommes restant à payer et à encaisser** en fin d'exercice et leur rapprochement avec les valeurs correspondantes au début de l'exercice permettent de passer de la comptabilité « de trésorerie » à la comptabilité « d'engagement » et au résultat comptable. 12940

Pour éviter une double imputation, les **créances et dettes constatées d'avance** à la clôture de l'exercice sont annulées à l'ouverture de l'exercice suivant.

Les **créances qui ne peuvent être chiffrées avec précision** (livraisons aux coopératives, productions contingentées, etc.) doivent être évaluées avec prudence en respectant le principe de la permanence des méthodes. L'évaluation des créances à percevoir sur les livraisons effectuées aux coopératives peut être facilitée par des relevés, établis par ces organismes, qui mentionnent le détail des quantités livrées (BOI-BA-DECLA-30 n° 110).

FRAIS GÉNÉRAUX À CARACTÈRE RÉPÉTITIF

12950 Les exploitants agricoles soumis au régime réel simplifié d'imposition (exploitants individuels ou sociétés, sous réserve de l'exception concernant les frais de carburant : voir n° 12960) peuvent déduire, au moment de leur paiement, les dépenses qui remplissent les conditions suivantes (CGI art. 74, a) (BOI-BA-DECLA-30 n°s 130 à 190) :

– les dépenses doivent être relatives aux **frais généraux** (à l'exclusion par exemple des achats de matières et marchandises) ;

– elles doivent être **payées à échéances régulières**. Sont concernées les dépenses à caractère répétitif dont la périodicité est régulière et identique [exemples : loyers, primes d'assurance, abonnements (EDF, eau, revues, etc.), contrats d'entretien, frais financiers, mais non, selon l'administration, les charges sociales personnelles de l'exploitant] ;

– leur **périodicité** n'excède pas un an. Pour l'appréciation du délai d'un an, l'administration retient la date à laquelle la dépense est échue et non celle à laquelle a lieu le paiement.

Les dépenses qui répondent à ces conditions **peuvent être déduites** des résultats de l'**exercice** de leur paiement, même si une fraction de ces charges concerne l'exercice suivant ou l'exercice antérieur.

12955 Le dispositif d'enregistrement des frais généraux à caractère répétitif n'est applicable que sur **option**, laquelle est formulée au moyen d'une **note** rédigée **sur papier libre**, annexée à la déclaration des résultats du premier exercice auquel elle s'applique. Elle est valable tant que l'exploitant n'y a pas renoncé expressément.

À défaut d'option, l'exploitant doit constater en fin d'exercice les dettes relatives à l'ensemble de leurs dépenses d'exploitation conformément au principe exposé n° 12940.

EXEMPLE

Dépense de 100 € engagée en N au titre d'un contrat d'abonnement et payée en N + 1. Clôture de l'exercice au 31 décembre N.

1e hypothèse : l'option est exercée au titre de N

Les dépenses relatives aux frais généraux répétitifs engagées en N ne sont pas régularisées au 31 décembre N. Elles ne sont donc pas déduites au titre de cette année. Elles viendront nécessairement en déduction au titre de N + 1, année de leur paiement.

2e hypothèse : l'option n'est pas exercée au titre de N

Les dépenses relatives aux frais généraux répétitifs engagées en N sont régularisées au 31 décembre N.

Ces dépenses sont donc déduites au titre de cette même année.

3e hypothèse : l'option est exercée au titre de N – comptabilité d'engagement en N – 1

Exercices	N – 1	N	N + 1
Dépenses relatives aux frais généraux engagées ou payées	100 € engagés[1]	100 € payés[1] 100 € engagés[2]	100 € payés[2]
Incidence sur le résultat imposable	– 100 €	0 €	– 100 €

1. Dans le cas où l'exploitant a comptabilisé, en N – 1, les dépenses se rapportant à des frais généraux répétitifs selon une comptabilité d'engagement, les dépenses engagées en N – 1 et payés en N ont été déduites en N – 1. Il n'y a pas lieu de les déduire à nouveau en N.
2. Les dépenses relatives aux frais généraux répétitifs engagées en N ne sont pas régularisées au 31 décembre N. Elles ne sont donc pas déduites au titre de cette année. Elles viendront nécessairement en déduction au titre de N + 1, année de leur paiement.

4e hypothèse : Renonciation à l'option au titre de N – comptabilité d'encaissement en N – 1

Exercices	N – 1	N	N + 1
Dépenses relatives aux frais généraux engagées ou payées	100 € engagés[1]	100 € payés[1] 100 € engagés[2]	100 € payés[2]
Incidence sur le résultat imposable	0 €	– 200 €	0 €

1. Dans le cas où l'exploitant a comptabilisé, en N – 1, les dépenses se rapportant à des frais généraux répétitifs selon une comptabilité de caisse, les dépenses engagées en N – 1 et payés en N restent déductibles en N.
2. Les dépenses relatives aux frais généraux répétitifs engagées en N sont régularisées au 31 décembre N. Ces dépenses sont donc déduites au titre de cette même année.

FRAIS DE CARBURANT

Les frais relatifs aux carburants consommés lors des **déplacements professionnels** de l'exploitant (véhicules automobiles ou deux-roues) peuvent être enregistrés forfaitairement d'après un barème publié chaque année par l'administration (CGI art. 74, c). **12960**

Selon l'administration, les **exploitants concernés** sont uniquement les exploitants individuels, à l'exclusion des sociétés et des groupements, y compris les Gaec (BOI-BA-DECLA-30 n° 210).

L'**option** pour la forfaitisation des frais de carburant doit faire l'objet d'une demande expresse jointe à la déclaration de résultats. À titre indicatif, nous donnons ci-après le barème applicable aux frais exposés en 2023.

Puissance fiscale des véhicules de tourisme	Frais de carburant au kilomètre		
	Gazole	Super sans plomb	GPL
3 et 4 CV	0,099 €	0,123 €	0,073 €
5 à 7 CV	0,122 €	0,152 €	0,090 €
8 et 9 CV	0,145 €	0,181 €	0,107 €
10 et 11 CV	0,164 €	0,203 €	0,121 €
12 CV et +	0,182 €	0,226 €	0,135 €

Puissance fiscale des deux-roues	Frais de carburant au kilomètre
< 50 cc	0,040 €
de 50 cc à 125 cc	0,081 €
3 à 5 CV	0,102 €
Au-delà de 5 CV	0,142 €

> **Précisions a.** Les **frais couverts par le barème** sont les dépenses d'essence, de gazole et de GPL utilisés comme carburant, à l'exclusion des frais relatifs à l'entretien, la réparation, l'assurance ou l'amortissement du véhicule.
b. Selon l'administration, le dispositif de forfaitisation vise essentiellement les frais de carburant afférents aux **véhicules affectés à un usage mixte** professionnel et personnel (pour lesquels il n'existe pas toujours de justificatif), ce qui exclut les frais des véhicules **uniquement utilisés à un usage professionnel** : camions, tracteurs et autres engins agricoles, véhicules utilitaires, etc. (BOI-BA-DECLA-30 n° 220).
c. L'administration a fourni un **modèle de lettre** à joindre à la déclaration (BOI-LETTRE-000048) :
« Je soussigné... opte pour l'évaluation forfaitaire des frais de carburant supportés au cours de déplacements professionnels au titre de l'exercice ouvert le... et clos le...
À..., le...
Signature du déclarant. »
La lettre doit par ailleurs mentionner :
– le type et l'immatriculation du ou des véhicules concernés, en précisant pour chaque véhicule s'il est ou non inscrit à l'actif ;
– le nombre total de kilomètres parcourus, en distinguant ceux effectués pour les besoins de l'exploitation ;
– le montant forfaitaire des frais de carburant ;
– le montant des frais de carburant comptabilisés en cours d'exercice ;
– le montant et le mode de comptabilisation des frais de carburant complémentaires à la clôture de l'exercice au débit du compte de frais de carburant par le crédit du compte de l'exploitant.

FRAIS GÉNÉRAUX ACCESSOIRES PAYÉS EN ESPÈCES

Aucune **justification** n'est exigée pour les frais généraux accessoires payés en espèces (pourboires, frais de parking, frais de documentation, menus frais de réception, etc.), dans la **limite** de 1 pour mille du chiffre d'affaires hors taxe réalisé et avec un minimum de 152 € (CGI art. 74, d). Cette mesure concerne aussi bien les exploitations individuelles que les sociétés et groupements. **12970**

Dans cette limite, les frais généraux accessoires payés en espèces et enregistrés en comptabilité super-simplifiée sont fiscalement déductibles.

EXEMPLE

Une exploitation dont le chiffre d'affaires est de 130 000 € hors taxe peut se dispenser de produire les justificatifs de ses frais généraux accessoires payés en espèces à hauteur de 152 €. Pour une exploitation dont le chiffre d'affaires est de 160 000 €, la limite de 1 pour mille s'applique et la déduction est plafonnée à 160 €.

ÉTABLISSEMENT DU BILAN

12980 Les exploitants agricoles soumis au régime réel simplifié doivent produire à l'administration fiscale un **bilan simplifié**, c'est-à-dire un document où les soldes des comptes d'actif et de passif sont présentés de manière abrégée.

3. DÉCLARATIONS À SOUSCRIRE

13000 Comme la généralité des redevables passibles de l'impôt sur le revenu, les exploitants agricoles imposés d'après le régime simplifié doivent souscrire chaque année, auprès du service dont dépend leur résidence, une **déclaration d'ensemble n° 2042** détaillée de leurs revenus.
Indépendamment de cette obligation, ils sont tenus de souscrire une **déclaration spéciale annuelle** mentionnant les résultats de l'année précédente.

DÉCLARATION SPÉCIALE DES BÉNÉFICES AGRICOLES

13005 Les exploitants relevant du régime simplifié doivent souscrire une **déclaration n° 2139-SD**. Adaptée aux règles comptables agricoles, cette déclaration comporte un tableau des immobilisations et des amortissements et, en annexe, un compte simplifié de résultat fiscal et un bilan simplifié, un relevé des provisions et un état des provisions non déductibles (CGI ann. III art. 38 sexdecies RB).
Le **lieu**, la **forme** et le **délai** de production de la déclaration n° 2139-SD, comme les modalités de contrôle et les **sanctions** encourues, sont les mêmes qu'en matière de bénéfice réel normal. Sur ces différentes questions, on se reportera donc nos 12320 et 12340 s.

> **Précisions a.** D'autres documents ou renseignements doivent parfois être fournis. Par exemple, les exploitants doivent joindre le cas échéant à leur déclaration de résultats, une note d'option pour le régime d'évaluation forfaitaire des stocks (n° 12845), pour la renonciation à l'application du système de l'écrêtement (n° 12840) ou enfin pour le dispositif relatif aux frais généraux à caractère répétitif (nos 12950 s.).
> **b.** Les obligations incombant aux exploitants agricoles en cas de **changement de régime d'imposition** sont examinées plus loin, nos 13200 s.

4. SOCIÉTÉS OU GROUPEMENTS AGRICOLES NON SOUMIS À L'IS

13040 Comme indiqué n° 24747, les obligations des sociétés ou groupements non soumis à l'impôt sur les sociétés dépendent de leur régime d'imposition.
Les **sociétés ou groupements imposables d'après le régime simplifié** sont soumis aux mêmes obligations comptables et déclaratives que les exploitants individuels relevant de ce régime d'imposition. Ils doivent en outre remplir le cadre de la déclaration n° 2139-SD faisant apparaître la répartition du bénéfice social entre les associés et souscrire le relevé n° 2067-SD de certains frais généraux, le tableau n° 2139-C-SD destiné à faire apparaître la composition du capital et, le cas échéant, le tableau n° 2139-D-SD relatif aux filiales ou participations détenues par les sociétés.
Les **sociétés ou groupements non imposables d'après le régime simplifié** ne sont pas astreints aux obligations de ce régime. Mais leurs membres peuvent dans certains cas être soumis à ce régime pour l'ensemble de leurs profits, y compris la part leur revenant dans les bénéfices du groupement ou de la société (nos 6190 s.).

CHAPITRE 6

CHANGEMENT DE RÉGIME D'IMPOSITION

SOMMAIRE

Les règles de détermination du bénéfice imposable diffèrent selon le régime d'imposition applicable (régime micro-BA, bénéfice réel simplifié ou normal). Il est donc nécessaire de procéder à certaines adaptations en cas de passage d'un régime à l'autre, quel que soit le **motif du changement** de régime (franchissement de la limite légale, option, etc.). 13200
La **date des changements** de régime en cas d'augmentation ou de diminution des recettes de l'exploitant a déjà été définie nos 5625 s.

SECTION 1

PASSAGE DU MICRO-BA À UN RÉGIME RÉEL

A. Bilan d'ouverture

Le régime micro-BA étant annuel, la **date d'ouverture** du premier exercice dont les résultats sont calculés d'après les règles du bénéfice réel (normal ou simplifié) est nécessairement le 1er janvier de l'année d'imposition. En revanche, les exploitants peuvent librement définir la **date de clôture** de l'exercice (voir no 9010). Mais si aucun bilan n'est dressé au cours de la première année d'application du régime réel d'imposition, l'exploitant est tenu d'arrêter un résultat provisoire au 31 décembre (CGI art. 37, al. 2). 13205

1. ÉVALUATION DES IMMOBILISATIONS AU BILAN D'OUVERTURE

Pour l'inscription de leurs immobilisations au bilan d'ouverture, les exploitants précédemment soumis au régime du micro-BA doivent se conformer aux règles générales définies nos 9200 s. 13215
Mais des dispositions particulières sont prévues pour l'évaluation des immobilisations et le calcul des amortissements résiduels afférents aux immobilisations amortissables.

IMMOBILISATIONS NON AMORTISSABLES

13220 **Règles générales** Les immobilisations non amortissables préexistantes doivent être inscrites au bilan d'ouverture pour leur **valeur d'origine** (CGI ann. III art. 38 sexdecies K).
Cette règle concerne essentiellement les **terres**, quelle que soit leur date d'acquisition, lorsque l'exploitant choisit de les inscrire à l'actif (n°s 9220 s.).
En revanche, selon l'administration, les exploitants ne sont pas admis à faire figurer à leur bilan les **« droits d'entrée »** (n° 73760) qu'ils auraient pu verser sous le régime du micro-BA en raison notamment du caractère occulte des versements effectués. Corrélativement, il n'y a pas lieu de faire figurer au passif de ce même bilan les annuités restant à courir des emprunts contractés pour financer cette dépense (BOI-BA-REG-40-10-10 n° 70). Cette doctrine nous paraît contestable en ce qui concerne les fermiers accédant à un régime réel d'imposition. En effet, dès lors que les versements effectués peuvent être justifiés de manière précise et détaillée, les droits d'entrée acquittés auprès du fermier sortant devraient pouvoir figurer à l'actif mais sans donner lieu à amortissement. Quant aux droits d'entrée versés au propriétaire, ils devraient pouvoir être considérés comme des suppléments de loyer dont la déduction est échelonnée sur la durée du bail (n° 11132).

13222 L'**exploitant qui**, antérieurement à son passage sous un régime réel d'imposition, **a recueilli l'usufruit d'un bien dont il était nu-propriétaire**, doit faire figurer ce bien dans son premier bilan d'ouverture pour la valeur de la nue-propriété à la date de constitution de l'usufruit (BOI-BA-REG-40-10-10 n° 80). En pratique, l'exploitant devrait pouvoir se prévaloir de la doctrine administrative qui autorise le nu-propriétaire à inscrire au bilan les terres qu'il exploite, non pour leur valeur réelle à la date du démembrement, mais pour la valeur forfaitaire retenue pour le calcul des droits de mutation en application de l'article 669 du CGI, cette valeur d'inscription n'ayant pas à être modifiée lors de la réunion de l'usufruit à la nue-propriété (n° 9290).

13225 **Améliorations du fonds résultant des pratiques culturales** Les améliorations apportées au fonds par les pratiques culturales suivies constituent un élément de la valeur de ce fonds dont il est fréquemment tenu compte dans l'indemnité versée à l'exploitant en cas de cession ou cessation d'exploitation. Ces améliorations s'entendent, par exemple, des **assolements** ou des **arriérés de fumures**, c'est-à-dire de la valeur résiduelle des fumures afférentes aux récoltes levées avant l'établissement du bilan et des résidus de ces récoltes enfouis (chaumes des céréales, résidus de maïs et de colza, feuilles et collets de betteraves, engrais verts, prairies temporaires retournées, etc.) (BOI-BA-BASE-20-10-20 n° 400).
Afin de prendre en considération ces éléments dans le régime d'imposition d'après le bénéfice réel, les exploitants agricoles passant sous ce régime peuvent inscrire au **bilan d'ouverture** du premier exercice réel une somme correspondant à la valeur, à la date du changement de régime, des améliorations ainsi apportées au fonds, lorsque les transactions en usage dans leur région en font état (CGI ann. III art. 38 sexdecies-0 K). Cette **inscription** est **facultative**.
La somme ainsi inscrite est appréciée d'après les usages locaux et notamment ceux qui sont suivis en matière d'expropriation. Elle ne peut pas donner lieu à **amortissement** et elle doit figurer aux bilans ultérieurs pour le même montant.
En cas de **cession** ou de **cessation d'exploitation**, elle vient en déduction du prix pour le calcul de la plus-value éventuellement réalisée par l'exploitant sur les éléments cédés.
Ces dispositions n'ont pas d'incidence sur les règles applicables aux améliorations ne résultant pas des pratiques culturales. C'est ainsi que les **améliorations temporaires**, telles que le drainage ou la réalisation de voies de desserte, peuvent être amorties (n° 11410).

ATTENTION

Selon l'administration, il convient de distinguer les améliorations du fonds résultant de pratiques culturales du **droit au bail**, dont la cession est interdite par l'article L 411-35 du Code rural et de la pêche maritime. Par conséquent, la valeur susceptible d'être inscrite au bilan au titre de ces améliorations ne peut pas inclure celle d'un éventuel droit au bail (BOI-BA-BASE-20-10-20 n° 430). On notera cependant que le droit au bail est susceptible d'être cédé à certains membres de la famille (voir n°s 74110 s.), et qu'il a été jugé qu'il constitue un élément d'actif immobilisé (voir n° 9328) ; la solution nous paraît donc incertaine. En tout état de cause, la doctrine administrative ne paraît pas applicable aux baux cessibles hors du cadre familial (n°s 75050 s.).

Les règles prévues pour l'évaluation des améliorations résultant des pratiques culturales, qui sont purement fiscales, n'ont aucune incidence sur la détermination du montant de l'**indemnité** qui peut, en fin de bail, être versée par le bailleur au preneur en représentation des améliorations culturales réalisées par ce dernier. Cette détermination s'effectue selon les seules dispositions du Code rural et de la pêche maritime (BOI précité n° 430).

> **Précisions a.** Si l'inscription est faite au **bilan d'ouverture d'un autre exercice que le premier** soumis au réel, il s'agit d'une erreur comptable que l'administration peut rectifier. Toutefois, cette rectification n'entraîne aucune conséquence sur le résultat imposable, dès lors qu'elle a pour corollaire la rectification du bilan de clôture du même exercice (CAA Nancy 17-11-1994 n° 92-971).
> **b.** Lorsqu'une **exploitation individuelle se transforme**, à la date de son passage du régime micro-BA à un régime réel d'imposition, **en société civile d'exploitation agricole** et lui apporte des valeurs en terre, la société bénéficiaire de l'apport peut inscrire une somme correspondant à la valeur des améliorations du fonds, y compris les arriérés de fumures, au bilan d'ouverture du premier exercice soumis au réel. Une telle somme ne peut en aucun cas être passée directement en charges. L'administration fiscale estime qu'elle pourrait appliquer la procédure de rectification prévue en cas d'abus de droit si la création d'une société d'exploitation tendait essentiellement à éluder l'impôt normalement exigible (BOI-BA-BASE-20-10-20 n° 410).
> **c.** Lorsque l'exploitant a décidé d'inscrire à l'actif la valeur des améliorations apportées aux terres avant le passage au régime réel, cet élément d'actif doit être maintenu aux bilans ultérieurs jusqu'à la cession des améliorations (CGI ann. III art. 38 sexdecies-0 K), c'est-à-dire, dans le cas de terres prises à bail, jusqu'à l'expiration du bail. Il ne saurait donc valablement retirer ces améliorations du bilan et constater une perte d'égal montant lors de la **mise à disposition des terres** prises à bail au profit d'une société civile agricole (CE 26-3-2001 n° 219729 : RJF 6/01 n° 786).
> **d.** Règles applicables en matière d'**enregistrement** en cas de cession des améliorations du fonds : voir n° 20430.

IMMOBILISATIONS AMORTISSABLES

Les immobilisations amortissables doivent être inscrites à l'actif pour leur **valeur nette comptable** (CGI ann. III art. 38 sexdecies K). La valeur ainsi déterminée ne peut excéder la **valeur vénale** du bien. 13240

Pour le calcul de la **plus-value** en cas de cession de biens amortissables acquis sous l'ancien régime du forfait ou sous le régime micro-BA, voir n° 10152 l'arrêt du Conseil d'État du 21 octobre 1996.

> **Précisions** L'administration peut rectifier l'**écriture irrégulière** passée par le contribuable qui, à l'actif du bilan d'ouverture du premier exercice pour lequel il est imposé d'après le régime réel, a inscrit ses bâtiments d'exploitation pour leur valeur réelle et non pour leur valeur nette comptable. Mais, dans ce cas, elle doit corrélativement rectifier de la même façon la reconduction de cette écriture à l'actif du bilan de clôture du même exercice (CE 16-11-1992 n° 84848 : RJF 1/93 n° 49). Aucune plus-value de réévaluation ne peut donc être constatée au cours de cet exercice.

Détermination de la valeur nette comptable La valeur nette comptable est obtenue en appliquant à la **valeur d'origine** des immobilisations, déterminée suivant les principes exposés n°s 11430 s., le rapport existant entre : 13245

– d'une part, leur durée probable d'utilisation restant à courir à la date d'ouverture du premier exercice dont les résultats sont déterminés selon un régime réel d'imposition ;

– d'autre part, leur durée totale d'utilisation appréciée à cette même date (CGI ann. III art. 38 sexdecies L, I).

Pour les **immobilisations créées par l'exploitant**, ainsi que pour certains matériels anciens dont les factures n'ont pas été conservées, les exploitants peuvent recourir à tous les moyens de preuve dont ils disposent (catalogues de fournisseurs, dossiers constitués pour obtenir une subvention ou une ristourne, expertise). S'il s'agit d'immobilisations très anciennes, l'administration s'abstient d'exiger des justifications détaillées lorsque l'évaluation retenue se situe dans des limites raisonnables (BOI-BA-REG-40-10-10 n° 110). L'exploitant qui s'estime dans l'impossibilité de reconstituer les valeurs d'origine de certaines de ses immobilisations peut se borner à faire figurer ces dernières au bilan pour mémoire. Mais il se prive alors des nouvelles possibilités d'amortissement exposées n°s 13270 s.

Il appartient, en principe, à l'exploitant de déterminer sous sa propre responsabilité la **durée probable d'utilisation restant à courir** des éléments de son actif. Mais l'administration conserve le droit d'exercer un contrôle sur ce point et de refuser les appréciations qui seraient manifestement abusives. Par exemple, l'exploitant ne doit pas prolonger l'amortissement de biens qui sont conservés dans l'exploitation mais qui ne peuvent plus être effectivement utilisés (bâtiments en ruine, matériel mis au rebut ou désaffecté, etc.).

La **durée totale d'utilisation** est obtenue en ajoutant au nombre d'années écoulées, entre la date d'acquisition du bien et la date de passage de l'exploitant sous un régime de bénéfice réel, la durée probable d'utilisation restant à courir appréciée à cette même date.

EXEMPLE

Soit un matériel agricole payé 14 000 € en 2019 et conçu pour être utilisé normalement 10 ans.
Au 1er janvier 2025, date à laquelle l'exploitant est imposé pour la première fois d'après le régime réel, le matériel apparaît encore utilisable pendant 8 ans.
La durée d'utilisation appréciée à cette même date est de 14 ans (6 ans + 8 ans) et non de 10 ans comme prévu initialement.
Sa valeur nette comptable s'établit à : 14 000 € × 8/14 = 8 000 €.

13250 **Immobilisations amortissables acquises avant le 1er janvier 1959** La valeur nette comptable de ces immobilisations doit être déterminée suivant les principes exposés n° 13245. Toutefois, les exploitants agricoles concernés peuvent réévaluer la valeur d'origine de ces biens à l'aide des coefficients de réévaluation prévus à l'article 21 de l'annexe III au CGI. La valeur nette comptable restant à amortir doit être dégagée à partir du prix de revient réévalué (BOI-BA-REG-40-10-10 n° 140).

EXEMPLE

Bâtiment d'élevage mis en service le 1er juillet 1958 :
– prix de revient : 30 000 € ;
– coefficient de réévaluation : 1,05 ;
– prix de revient réévalué : 30 000 € × 1,05 = 31 500 € ;
– durée totale d'utilisation restant à courir appréciée au 1er janvier 2025 : 3,5 ans ;
– durée totale d'utilisation du bien : 70 ans (66,5 ans + 3,5 ans) ;
– valeur nette comptable au 1er janvier 2025 :
31 500 € × 3,5/70 = 1 575 €.

13255 **Limitation de la valeur comptable** La valeur nette comptable dégagée suivant les règles ci-dessus ne doit, en aucun cas, dépasser la **valeur de réalisation** du bien à la date du passage de l'exploitant sous un régime réel d'imposition (CGI ann. III art. 38 sexdecies L, III).
Si la valeur nette comptable est supérieure à la valeur vénale réelle, c'est donc cette dernière valeur qui doit être comptabilisée.
La **comparaison** entre valeur comptable et valeur vénale réelle doit s'effectuer élément par élément. Elle est faite par l'exploitant sous sa propre responsabilité mais l'administration conserve le droit d'exercer un contrôle sur ce point (BOI-BA-REG-40-10-10 n° 150).

13260 **Cas particulier des chevaux nés sur l'exploitation** La valeur nette comptable des chevaux immobilisés, nés sur l'exploitation, est égale à leur **prix de revient** déterminé selon les modalités définies n° 15965. Toutefois, les éleveurs imposés selon le régime micro-BA n'étant astreints à aucune obligation comptable, il leur est parfois difficile de reconstituer, lors du passage à un régime réel d'imposition, le prix de revient de leurs chevaux. L'administration prescrit en conséquence à ses agents de s'abstenir d'exiger des **justifications détaillées** ou de remettre en cause les évaluations retenues par les éleveurs lorsqu'elles paraissent raisonnables (BOI-BA-REG-40-10-10 n° 160).

CALCUL DES AMORTISSEMENTS

13270 **Durée de l'amortissement** Les amortissements résiduels sont calculés sur la **base** de la valeur nette comptable du bien, déterminée conformément aux indications qui précèdent (CGI ann. III art. 38 sexdecies M).
Ils sont répartis sur la durée probable d'utilisation restant à courir, telle qu'elle a été retenue par l'exploitant pour la détermination de cette valeur.
Si l'on reprend l'**exemple** du n° 13245, la valeur nette comptable de 8 000 € sera amortie sur huit ans. Dans l'exemple du n° 13250, l'amortissement de la nouvelle valeur comptable (1 575 €) s'effectuera sur trois ans et demi.
Ces solutions ne concernent toutefois que les **biens acquis sous le régime micro-BA** (ou sous le régime du forfait en vigueur avant le 1-1-2016). Les durées d'utilisation qui auront été retenues pour ces biens ne doivent donc pas être opposées systématiquement aux agriculteurs pour le calcul des amortissements afférents à des biens de même nature acquis **sous un régime réel d'imposition** (BOI-BA-REG-40-10-10 n° 170).

C'est ainsi que l'exploitant visé dans l'exemple du n° 13250 pourra choisir, pour le bâtiment d'élevage qu'il fera construire en remplacement de celui qu'il avait acquis en 1958, une durée d'amortissement de vingt ans si cette durée correspond aux usages de la profession.

Mode de calcul de l'amortissement Les amortissements afférents aux immobilisations acquises sous le régime micro-BA peuvent – si l'exploitant le souhaite – être calculés selon le **système dégressif** lorsque les conditions prévues pour l'application de ce système sont satisfaites (voir n°s 11560 s.). 13275

Le **taux** de l'amortissement à retenir dans ce cas doit être choisi en fonction de la durée d'utilisation du bien restant à courir, appréciée à la date de passage de l'exploitant sous un régime de bénéfice réel.

EXEMPLE

Un exploitant a acheté un tracteur le 1er janvier 2023. Au 1er janvier 2025, date à laquelle il devient imposable d'après le régime du bénéfice réel, l'exploitant estime que ce tracteur peut encore être utilisé 6 ans. Le taux d'amortissement dégressif à retenir pour calculer les annuités résiduelles est donc égal au taux d'amortissement linéaire 100/6 = 16,67 % multiplié par le coefficient 1,75 (et non 2 comme indiqué par l'administration dans l'exemple figurant au BOI-BA-REG-40-10-10 n° 180) correspondant à la durée d'utilisation de 6 ans, soit 29,17 % (CGI art. 39 A).

2. ÉVALUATION DU STOCK INITIAL

RÈGLES GÉNÉRALES

En cas de passage du régime micro-BA à un régime réel d'imposition, les éléments figurant dans le stock initial du premier exercice sont normalement évalués à leur **prix de revient**. Toutefois, pour tenir compte de la difficulté que peut présenter, pour un exploitant qui était soumis au régime micro-BA, la reconstitution du prix de revient des stocks, l'article 38 sexdecies O de l'annexe III au CGI autorise les exploitants concernés à évaluer leur stock au **cours du jour** à la date du changement de régime. 13320

Cette méthode particulière de reconstitution du prix de revient des stocks à partir du cours du jour, si elle est retenue par l'exploitant, s'applique à l'ensemble de ses stocks, sous réserve du cas particulier des avances aux cultures qui font l'objet de précisions spécifiques n° 13324.

Par ailleurs, les stocks doivent être évalués au cours du jour lorsque celui-ci est inférieur à l'évaluation du stock selon le prix de revient.

Enfin, quelle que soit la méthode d'évaluation retenue, **aucune modification** ne peut être apportée ultérieurement par l'exploitant **à la valeur** des éléments **du stock initial** tant qu'ils figurent à l'actif du bilan. Cependant, si une perte de valeur sur des éléments de ce stock est constatée ultérieurement, une provision pour dépréciation peut être comptabilisée.

Ainsi, les stocks au bilan de clôture du premier exercice soumis à un régime réel d'imposition doivent être évalués selon les règles de droit commun pour les stocks qui proviennent d'achats effectués à compter de cet exercice et selon les règles fixées par l'article 38 sexdecies O susvisé (règles applicables en cas de passage à un régime réel) pour les composants du stock d'ouverture de cet exercice.

CONSEIL

Les exploitants devenant imposables selon un régime réel ont normalement intérêt à évaluer leur stock initial au **cours du jour** pour éviter d'être taxés sur la totalité de la marge dégagée lors de la vente des produits et animaux correspondants. Justifiée par les difficultés qu'éprouvent les exploitants non astreints à la tenue d'une comptabilité pour reconstituer le prix de revient de leurs stocks, l'option offerte par l'article 38 sexdecies O de l'annexe III au CGI constitue, outre une simplification bienvenue, une mesure de nature à faciliter le passage sous un régime réel.

Avances aux cultures Les exploitants qui passent du régime micro-BA à un régime réel d'imposition doivent inscrire au bilan d'ouverture de leur premier exercice soumis à un régime réel d'imposition le montant des avances aux cultures à la date du changement de régime. Ces avances aux cultures sont évaluées à leur **prix de revient** (CGI art. 72 A), selon les méthodes décrites n°s 9615 s. 13324

Les exploitants qui passent du régime micro-BA au régime réel normal sont autorisés à inscrire au bilan de leur premier exercice le montant des avances aux cultures évaluées selon les **méthodes** M ou R exposées n°s 9630 s. et 9636 ; ceux qui passent du régime micro au réel simplifié peuvent les évaluer selon les méthodes M, R, T ou F (BOI-BA-REG-40-10-10 n°s 220 et 230).

Les avances aux cultures doivent ensuite faire l'objet d'une nouvelle évaluation, toujours au prix de revient, lors de chacun des inventaires suivants établis sous le régime réel normal ou simplifié.

3. CRÉANCES ET DETTES

13330 Les créances et les dettes non encore recouvrées ou réglées à la date du changement de régime d'imposition sont inscrites au bilan d'ouverture du premier exercice soumis à un régime réel d'imposition (BOI-BA-REG-40-10-10 n° 455).

S'agissant des créances, elles doivent figurer dans le bilan initial du premier exercice pour leur **valeur au jour du changement de régime** (CGI ann. III art. 38 sexdecies OB). Dans la plupart des situations, cette valeur est équivalente au nominal de la créance. Toutefois, lorsque la valeur de remboursement probable est inférieure à la valeur d'origine de la créance, c'est la valeur de remboursement probable qui doit être retenue.

Les **créances qui figurent au bilan d'ouverture du premier exercice** soumis à un régime réel sont nées sous le régime micro mais elles n'ont pas été encaissées ni, par conséquent, imposées sous ce régime. Leur montant hors taxe est donc ajouté au bénéfice imposable de cet exercice sous déduction d'un abattement de 87 %, afin d'assurer la neutralité fiscale du changement de régime d'imposition (CGI art. 72 E bis).

EXEMPLE

Soit un exploitant agricole soumis au régime micro-BA au titre de l'année 2024. Il est soumis au régime simplifié au titre de 2025. Le bénéfice imposable de 2025 devra être majoré du montant hors taxe des créances figurant au bilan d'ouverture de l'année 2025, sous déduction d'un abattement de 87 %.

L'estimation de la valeur du jour des créances doit être faite par l'exploitant en tenant compte de toutes les informations dont il dispose quant au risque de non-paiement total ou partiel (BOI-BA-REG-40-10-10 n° 455).

Si, par la suite, les recettes effectivement perçues ou les dépenses acquittées excèdent le montant de ces créances ou dettes, elles constituent respectivement, à concurrence de l'excédent, des bénéfices ou charges de l'exercice de perception ou de paiement.

Ainsi, des **compléments de prix** perçus après le changement de régime, à raison de ventes antérieures au passage sous le régime réel et présentant un caractère certain dans leur principe comme dans leur montant dès la conclusion du contrat, constituent des créances acquises susceptibles d'être inscrites dans le bilan d'ouverture du premier exercice au réel (CE 14-11-1984 nos 30328, 30329, 30330 et 30331 : RJF 1/85 n° 61).

Dans le cas où l'exploitation est exercée sous forme de société ou de groupement, voir Précisions ci-dessous.

> **Précisions a.** En cas de **passage** du régime micro-BA **à un régime réel** d'imposition **d'une société** ou d'un groupement non passible de l'impôt sur les sociétés, les créances figurant au bilan d'ouverture de son premier exercice soumis à un régime réel d'imposition sont ajoutées pour leur montant hors taxe à la quote-part de bénéfice qui revient à ses membres, sous déduction d'un abattement de 87 %, à proportion de leurs droits respectifs dans les bénéfices comptables de la société ou du groupement (BOI-BA-REG-40-10-10 n° 457).
>
> **b.** En cas de **passage à un régime réel** d'imposition **d'un associé d'une société** ou d'un groupement non passible de l'impôt sur les sociétés ayant inscrit les parts sociales de cette société ou de ce groupement au bilan de son exploitation (cette société ou ce groupement demeurant lui-même soumis au régime micro-BA), les créances figurant au bilan d'ouverture du premier exercice soumis à un régime réel d'imposition sont ajoutées, au titre de ce même exercice, à la part de bénéfice imposable au nom de cet associé pour leur montant hors taxe, à proportion de ses droits dans les bénéfices comptables de la société ou du groupement, et sous déduction d'un abattement de 87 % (BOI-BA-REG-40-10-10 n° 457).

4. SUBVENTIONS D'ÉQUIPEMENT

13340 Les subventions d'équipement attribuées sous le régime du régime micro-BA ne sont pas retenues pour la détermination du bénéfice selon un régime réel d'imposition (BOI-BA-REG-40-10-10 n° 460).

5. PASSAGES SUCCESSIFS À UN RÉGIME DE BÉNÉFICE RÉEL DES MEMBRES D'UNE SOCIÉTÉ OU D'UN GROUPEMENT

En cas de passages successifs au régime du bénéfice réel (normal ou simplifié) des différents membres d'une société ou d'un groupement non passible de l'IS, l'administration prescrit l'application des règles exposées nos 13355 à 13365. **13350**
On rappelle à cet égard que l'article 69 D du CGI exclut du régime micro-BA les sociétés agricoles, autres que les groupements agricoles d'exploitation en commun (Gaec) mentionnés à l'article 71 du CGI, créées depuis le 1er janvier 1997 et relevant de l'impôt sur le revenu. Toutefois, les EARL dont l'associé unique est une personne physique dirigeant l'exploitation peuvent bénéficier du micro-BA (no 6180).

ÉVALUATION AU BILAN D'OUVERTURE DES IMMOBILISATIONS AMORTISSABLES

Les évaluations des immobilisations amortissables figurant dans le bilan d'ouverture dressé pour le premier associé imposé d'après un régime réel d'imposition et servant de base au calcul des amortissements doivent être reprises par les autres associés, au moment où ils deviennent passibles d'un tel régime. En effet, ces éléments ont été inscrits dans le bilan d'ouverture du premier associé soumis à un régime réel d'imposition pour leur valeur nette comptable, laquelle est déterminée à partir de la valeur d'origine des biens et de leur durée probable d'utilisation restant à courir. Or, si cette durée a été correctement appréciée, il n'y a pas lieu de la réviser ultérieurement. Dans ces conditions, la **valeur nette comptable** et l'**annuité d'amortissement** sont **identiques** pour tous les associés quelle que soit la date de leur passage sous un régime réel d'imposition (BOI-BA-REG-40-10-20 no 5). **13355**

ÉVALUATION HORS BILAN DES IMMOBILISATIONS NON AMORTISSABLES

Pour le calcul de la plus-value de cession, les immobilisations non amortissables doivent faire l'objet, hors bilan, d'une évaluation distincte lors du passage de chaque associé sous un régime réel d'imposition (BOI-BA-REG-40-10-20 no 10). **13360**

ÉVALUATION DES STOCKS AU BILAN D'OUVERTURE

Lorsque les membres d'une société imposés selon le régime micro-BA deviennent successivement imposables selon un régime réel d'imposition et s'ils ont inscrit les titres de cette société au bilan de leur exploitation, la valeur des stocks de la société à retenir pour calculer leur quote-part de bénéfice est égale au prix de revient des stocks ou au cours du jour à la date de l'ouverture du bilan tant que la société ne relève pas du régime réel. **13365**
Si la **valorisation retenue** pour le premier associé soumis au régime réel **est le prix de revient**, la même méthode est appliquée pour les associés entrant par la suite dans le champ du régime réel d'imposition.
Si la **valorisation retenue est le cours du jour** à la date d'ouverture du bilan au titre duquel un associé est imposé au régime réel pour la première fois, alors les stocks doivent à nouveau être intégralement valorisés selon la même méthode lors de l'entrée dans le champ du régime réel de chaque associé.
Puis, lorsque la **société entre dans le régime réel**, la détermination de la valeur des stocks est effectuée à son niveau conformément aux dispositions de l'article 38 sexdecies O de l'annexe III au CGI (no 13320). Il convient d'appliquer les règles suivantes (BOI-BA-REG-40-10-20 no 30) :
– **jusqu'au passage de la société sous un régime réel** d'imposition, la valeur du stock est constituée par le prix de revient. À partir du changement de régime, les stocks doivent figurer au bilan de la société pour leur valeur définie à l'article 38 sexdecies O de l'annexe III au CGI (BOI-BA-REG-40-10-10) ;
– lorsqu'un **associé devient imposable selon un régime réel** d'imposition avant que la société ne soit soumise à un tel régime, il convient de déterminer la valeur des stocks selon les dispositions de l'article 38 sexdecies O de l'annexe III au CGI à chaque passage successif des associés sous un régime réel tant que la société ne relève pas d'un tel régime.

RÉINTÉGRATION DES CRÉANCES AU RÉSULTAT

En cas de **passage à un régime réel** d'imposition **d'un membre d'une société** ou d'un groupement non passible de l'impôt sur les sociétés ayant inscrit les parts sociales de cette société ou de ce groupement au bilan de son exploitation (cette société ou ce groupement demeurant lui-même soumis au régime micro-BA), les créances figurant au bilan d'ouverture du premier exercice soumis à un régime réel d'imposition sont ajoutées, au titre de ce même exercice, à la part de bénéfice imposable au nom de ce membre pour leur montant hors taxe, à proportion de ses **13370**

droits dans les bénéfices comptables de la société ou du groupement, et sous déduction d'un abattement de 87 % (CGI art. 72 E bis).
En cas de passage à un régime réel d'imposition de la société ou du groupement, voir n° 13330, Précisions.

B. Obligations déclaratives

13500 Qu'il s'agisse du passage au réel normal ou au réel simplifié, les obligations déclaratives sont identiques.
Les exploitants doivent joindre à leur première **déclaration de bénéfice réel**, outre les **documents annexes** prévus pour la généralité des exploitants agricoles, les renseignements énumérés ci-dessous (CGI ann. III art. 38 sexdecies R) :
1. Une copie du bilan d'ouverture.
2. Des tableaux présentant :
a. Pour chaque élément de l'actif immobilisé, l'année ou, à défaut, la période d'acquisition ainsi que le prix d'achat ou de revient ;
b. Pour chaque élément amortissable :
– le prix de revient réévalué (s'il s'agit de biens acquis ou créés avant le 1er janvier 1959),
– la valeur nette comptable restant à amortir,
– la durée d'utilisation restant à courir.
3. Une note indiquant de manière détaillée la composition et le mode d'évaluation du stock initial (notamment pour les avances aux cultures).

SECTION 2

PASSAGE D'UN RÉGIME RÉEL AU RÉGIME MICRO-BA

13800 Les règles spéciales prévues en cas de passage d'un régime réel au régime micro-BA concernent essentiellement la période d'imposition, le sort des subventions d'équipement en cours de réintégration, l'évaluation du stock final du dernier exercice arrêté sous le régime réel et l'imposition des revenus exceptionnels bénéficiant d'un régime d'étalement.
En ce qui concerne le sort des **déductions pour épargne de précaution, pour investissements** et **pour aléas** en cas de passage du réel au micro-BA, voir nos 14945, 15020, Précisions et 15075.

PÉRIODE D'IMPOSITION

13805 Les exploitants soumis à un régime de bénéfice réel peuvent clôturer leurs exercices à une date différente du 31 décembre. Lorsque tel est le cas, le **bénéfice** imposable de la **dernière année** pour laquelle l'exploitant relève d'un régime réel est calculé en tenant compte :
– d'une part, du résultat de l'exercice clos au cours de cette année ;
– d'autre part, du résultat constaté entre la date de clôture de cet exercice et le 31 décembre.
Ce résultat, déterminé selon les règles du bénéfice réel, est inclus dans le revenu imposable de l'année au cours de laquelle est intervenue la clôture du dernier exercice soumis à un régime réel d'imposition dans les conditions de droit commun. Cette imposition est établie d'après une **déclaration complémentaire** qui doit être produite dans le délai de droit commun prévu pour les exploitants agricoles soumis à un régime réel d'imposition (CGI art. 175 et ann. III art. 38 sexdecies Q ; BOI-BA-REG-40-20 n° 10).

PROVISIONS

13807 Les provisions constituées sous le régime réel d'imposition sont **rapportées** aux résultats du dernier exercice soumis à ce régime.

SUBVENTIONS D'ÉQUIPEMENT

13810 En cas de passage d'un régime réel au régime micro-BA, la **fraction** des subventions d'équipement soumises au régime d'imposition échelonnée de l'article 42 septies du CGI (n° 9910) et **non encore rapportée** aux bases des exercices précédents est comprise dans les résultats du dernier exercice imposé selon le mode réel (CGI ann. III art. 38 sexdecies OD).

ÉVALUATION DU STOCK FINAL

En cas de retour au régime micro, le stock final du bilan du dernier exercice soumis à un régime réel d'imposition est déterminé selon les règles de droit commun applicables selon le cas sous le régime réel normal (nos 9560 s.) ou sous le régime réel simplifié d'imposition (nos 12815 s.) (BOI-BA-REG-40-20 n° 20). **13820**

REVENUS EXCEPTIONNELS

Aux termes de l'article 75-0 A du CGI, le revenu exceptionnel d'un exploitant agricole soumis à un régime réel d'imposition peut, sur option, être rattaché, par fractions égales, aux résultats de l'exercice de sa réalisation et des six exercices suivants (**mécanisme d'étalement**) (nos 12020 s.). Le **système du quotient** prévu à l'article 163-0 A du CGI est applicable au titre de chacun de ces exercices quel que soit le montant de la fraction (**mécanisme de lissage**) (nos 12005 s.). **13825**

En ce qui concerne les revenus exceptionnels imposés selon le régime de l'article 75-0 A du CGI (nos 12020 s.), les fractions de ces revenus non encore imposées devraient être comprises dans les résultats du dernier exercice imposé selon le mode réel. Toutefois, l'administration admet que la mesure d'étalement continue à s'appliquer sous le régime micro-BA. En pratique, l'exploitant doit ajouter chaque année au bénéfice déterminé selon les règles du régime micro-BA, pendant la période restant à courir, un septième du montant du revenu exceptionnel. Ces fractions de revenus exceptionnels sont ajoutées au bénéfice déterminé après application de l'abattement de 87 % et non aux recettes brutes avant abattement (BOI-BA-REG-40-20 n° 110).

INDEMNITÉS ET PRIMES D'ASSURANCE-VIE

Le retour au régime micro-BA ne remet pas en cause le **régime d'étalement** de l'indemnité et des primes d'assurance-vie résultant de l'**annulation de la dette** d'une entreprise emprunteuse du fait de l'indemnisation du prêteur par la compagnie d'assurances (BOI-BA-REG-40-20 n° 100). **13830**

Ce dispositif s'applique dans les mêmes conditions aux indemnités perçues et primes versées en exécution d'un **contrat d'assurance-vie ou décès** souscrit sur la tête de l'exploitant ou d'un « homme-clé » (BOI-BA-BASE-20-20-40 n° 150).

En pratique, l'exploitant doit ajouter au bénéfice déterminé selon les règles du régime micro-BA la différence entre la fraction annuelle de l'indemnité et celle des primes d'assurances. Ce montant doit être ajouté aux bénéfices déterminés après abattement de 87 % et non aux recettes brutes avant abattement.

À cet effet, le **montant** à imposer doit être **déclaré** sur les lignes « revenus imposables » de la rubrique « régime réel » utilisées les années précédentes pour déclarer les revenus exceptionnels étalés (cadre « revenus agricoles » de la déclaration complémentaire n° 2042 C PRO). Si l'exploitant demande l'imposition selon le système du quotient prévu par l'article 163-0 A du CGI, cette fraction de revenu exceptionnel doit être déclarée sur la ligne du cadre « revenus exceptionnels ou différés » de la déclaration de revenus complémentaire n° 2042 C.

DÉTERMINATION DU BÉNÉFICE IMPOSABLE DES DEUX PREMIÈRES ANNÉES IMPOSÉES SELON LE RÉGIME MICRO-BA

En cas de passage d'un régime réel au régime micro-BA, le bénéfice imposable de la première année soumise au régime micro (année N) est déterminé dans les conditions de droit commun prévues pour ce régime (CGI art. 64 bis, al. 2). Il est égal à la **moyenne triennale des recettes** des années N – 2, N – 1 et N diminuée d'un abattement de 87 %. **13835**

Dans la mesure où l'exploitant était soumis à un régime réel pour les revenus perçus en N – 2 et N – 1, et à ce titre astreint à des **obligations comptables**, les **recettes** de ces deux années, appréciées selon la date de leur encaissement, sont en principe connues bien qu'elles n'ont pas servi de base pour la détermination de l'assiette de l'impôt et n'ont pas été déclarées en tant que telles. Elles peuvent être **reconstituées par tout moyen**, notamment à partir des comptes de trésorerie ou à partir du chiffre d'affaires corrigé des variations des créances sur les clients (BOI-BA-BASE-15-10 n° 40).

En ce qui concerne les **créances** figurant au bilan du dernier exercice imposé selon un régime réel, voir n° 13840.

CRÉANCES FIGURANT AU BILAN DU DERNIER EXERCICE IMPOSÉ SELON UN RÉGIME RÉEL

Pour déterminer le bénéfice imposable selon le régime micro-BA au titre de l'année qui suit la sortie d'un régime réel d'imposition, les recettes hors taxe sont diminuées, avant application de l'abattement de 87 %, du montant hors taxe des créances figurant au bilan du dernier exercice imposé selon un régime réel d'imposition (ces sommes ayant précédemment été retenues pour la détermination du bénéfice imposable selon un régime réel d'imposition) (CGI art. 64 bis, I-al. 4). **13840**

EXEMPLE

Soit un exploitant agricole relevant du régime réel simplifié au titre de l'année 2024. Il est soumis au régime micro-BA en 2025. Pour le calcul du bénéfice imposable de 2025, les recettes imposées au titre de la même année devront être diminuées, avant application de l'abattement de 87 %, du montant hors taxe des créances figurant au bilan de l'exercice 2024.

Cette correction des recettes, d'après les créances figurant au bilan du dernier exercice imposé selon un régime réel d'imposition, est sans incidence sur l'appréciation des limites d'application des différents régimes d'imposition (BOI-BA-REG-40-20 n° 120).

> **Précisions** En cas de **passage à un régime micro-BA d'un membre d'une société** ou d'un groupement non passible de l'impôt sur les sociétés ayant ou non inscrit les parts sociales de cette société ou de ce groupement au bilan de son exploitation (cette société ou ce groupement demeurant soumis à un régime réel d'imposition), la quote-part de bénéfice correspondant à ses droits dans la société ou le groupement reste déterminée selon le régime réel auquel est soumis la société ou le groupement (BOI-BA-REG-10-30 ; BOI-BA-REG-40-20 n° 120).

DÉDUCTION POUR INVESTISSEMENTS, POUR ALÉAS ET POUR ÉPARGNE DE PRÉCAUTION

13850 Lorsque l'exploitant se retrouve placé sous le régime du micro-BA, les **déductions** pour investissements pratiquées en application de l'article 72 D du CGI **qui n'ont pas été utilisées conformément à leur objet** sont réintégrées aux résultats du dernier exercice soumis à un régime réel d'imposition (n° 15020).

La solution est identique à propos de la déduction pour **aléas** prévue à l'article 72 D bis du CGI (n° 15075).

En ce qui concerne la déduction pour **épargne de précaution** prévue à l'article 73 du même Code, voir les précisions données n° 14945.

SECTION 3

PASSAGE D'UN RÉGIME DE BÉNÉFICE RÉEL À L'AUTRE

PRINCIPE

13900 Aucune modification n'est apportée à l'évaluation des **immobilisations** et des **stocks** lors du passage d'un régime réel à l'autre (CGI ann. III art. 38 sexdecies OE).

1. PASSAGE DU RÉGIME SIMPLIFIÉ AU RÉGIME RÉEL NORMAL

ÉVALUATION DES IMMOBILISATIONS

13905 Les valeurs des **immobilisations** à retenir sont celles figurant au dernier bilan arrêté dans le cadre du régime simplifié d'imposition (BOI-BA-REG-40-30 n° 60).

ÉVALUATION DES STOCKS

13910 La **valeur du stock** au bilan d'ouverture sous le régime du bénéfice réel normal est identique à celle du stock final du dernier exercice clos sous le régime simplifié.

Les stocks détenus par l'exploitant à la date de clôture du premier exercice soumis au régime normal d'imposition sont nécessairement évalués au prix de revient (réel ou forfaitisé) ou au cours du jour s'il est inférieur à ce prix de revient. Ils doivent faire l'objet d'une nouvelle évaluation lors de chacun des inventaires successifs établis sous le régime réel normal.

L'option pour la **méthode forfaitaire** d'évaluation des stocks ouverte aux seuls exploitants soumis au régime simplifié d'imposition (n°s 12815 s.) prend fin à la date du changement de régime d'imposition (CGI ann. III art. 38 sexdecies JC). L'administration admet toutefois que les stocks qui étaient évalués selon cette méthode avant le changement de régime soient repris pour la même valeur s'ils figurent dans les inventaires suivants (BOI-BA-REG-40-30 n° 90).

Le **tableau** ci-dessous récapitule les modalités d'évaluation des stocks en cas de passage du régime simplifié au régime normal d'imposition (BOI-BA-REG-40-30 n° 100). 13915

Modalités d'évaluation des stocks en cas de passage du régime simplifié au régime normal d'imposition			
	Dernier exercice soumis au régime réel simplifié	Premier exercice soumis au régime réel normal	
	Stock final	Stock initial	Stock final
Stocks détenus à la date du changement de régime d'imposition (CGI ann. III art. 38 sexdecies OE)	Prix de revient (réel ou forfaitisé) ou cours du jour (sauf avances aux cultures : prix de revient)	Prix de revient (réel ou forfaitisé) ou cours du jour (sauf avances aux cultures : prix de revient)	Prix de revient (réel ou forfaitisé) ou cours du jour (sauf avances aux cultures : prix de revient) : pas de blocage de la valeur
	Évaluation forfaitaire d'après le cours du jour (sauf matières premières et avances aux cultures)	Évaluation forfaitaire d'après le cours du jour (sauf matières premières et avances aux cultures)	Prix de revient (réel ou forfaitisé) ou cours du jour (sauf avances aux cultures : prix de revient) Mesure de tolérance : évaluation forfaitaire d'après le cours du jour – valeur bloquée (sauf matières premières et avances aux cultures) (voir n° 13910)
Stocks acquis ou obtenus après la date du changement de régime d'imposition			Prix de revient (réel ou forfaitisé) ou cours du jour (sauf avances aux cultures : prix de revient)

OBLIGATIONS DÉCLARATIVES

Le passage du régime simplifié d'imposition au régime normal d'imposition s'effectue sans **obligation déclarative** particulière (BOI-BA-REG-40-30 n° 110). 13920

2. PASSAGE DU RÉGIME RÉEL NORMAL AU RÉGIME SIMPLIFIÉ

ÉVALUATION DES IMMOBILISATIONS

Les valeurs des **immobilisations** à retenir sont celles figurant au dernier bilan arrêté dans le cadre du régime réel normal (BOI-BA-REG-40-30 n° 10). 13960

Dès lors que les exploitants agricoles soumis au régime simplifié d'imposition peuvent assimiler à des immobilisations amortissables certains équidés et bovidés (voir n° 12810), les **animaux** inscrits à un compte d'immobilisation sous le régime normal peuvent être maintenus dans le même compte sous le régime simplifié.

ÉVALUATION DES STOCKS

La valeur du **stock** au bilan d'ouverture sous le régime réel simplifié est identique à celle du stock final du dernier exercice clos sous le régime normal. 13965

Les stocks doivent faire l'objet d'une nouvelle évaluation lors de chacun des inventaires successifs établis sous le régime réel simplifié.

À l'occasion du passage au régime simplifié, les exploitants peuvent opter pour la **méthode d'évaluation forfaitaire** prévue à l'article 38 sexdecies JC de l'annexe III au CGI (BOI-BASE-20-20-20-20). Dans ce cas, l'option s'applique à l'ensemble des stocks détenus par l'exploitant à la date de clôture du premier exercice soumis au régime simplifié d'imposition, quelle que soit l'année au titre de laquelle ils ont été acquis ou obtenus (BOI-BA-REG-40-30 n° 30).

Le **tableau** ci-dessous récapitule les modalités d'évaluation des stocks en cas de passage du régime normal au régime simplifié d'imposition (BOI-BA-REG-40-30 n° 40). 13967

<table>
<tr><th colspan="4">Modalités d'évaluation des stocks en cas de passage
du régime normal au régime simplifié d'imposition</th></tr>
<tr><th rowspan="2"></th><th>Dernier exercice soumis au régime réel normal</th><th colspan="2">Premier exercice soumis au régime réel simplifié</th></tr>
<tr><th>Stock final</th><th>Stock initial</th><th>Stock final</th></tr>
<tr><td>Stocks détenus à la date du changement de régime d'imposition (CGI ann. III art. 38 sexdecies OE)</td><td>Prix de revient (réel ou forfaitisé) ou cours du jour (sauf avances aux cultures : prix de revient)</td><td>Prix de revient (réel ou forfaitisé) ou cours du jour (sauf avances aux cultures : prix de revient)</td><td rowspan="2">Prix de revient (réel ou forfaitisé) ou cours du jour (sauf avances aux cultures : prix de revient) : pas de blocage de la valeur
Option possible pour l'évaluation forfaitaire prévue par l'article 38 sexdecies JC de l'annexe III au CGI (n° 12825) : s'applique quelle que soit l'année au titre de laquelle ils ont été acquis ou obtenus (sauf matières premières et avances aux cultures)</td></tr>
<tr><td>Stocks acquis ou obtenus après la date du changement de régime d'imposition</td><td></td><td></td></tr>
</table>

PROVISIONS

13970 Les **provisions** constituées sous le régime normal et figurant au dernier bilan demeurent valables dans les conditions de droit commun en cas de passage au régime simplifié d'imposition (BOI-BA-REG-40-30 n° 50).

OBLIGATIONS DÉCLARATIVES

13975 Le passage du régime réel normal au régime simplifié d'imposition s'effectue sans **obligation déclarative** particulière.

CHAPITRE 7

ALLÉGEMENTS FISCAUX

SOMMAIRE

Les exploitants agricoles soumis à un régime réel d'imposition peuvent bénéficier, sous certaines conditions, d'allégements fiscaux de caractère permanent ou temporaire. Nous examinons ci-après les plus importants de ces allégements. **14400**

> **Précisions a.** Parallèlement aux allégements ou déductions qui leurs sont propres (abattement sur les bénéfices des jeunes agriculteurs, par exemple), les exploitants agricoles **adhérents d'un centre de gestion agréé** peuvent bénéficier de certains avantages fiscaux (voir n°s 14420 s.). Par ailleurs, ceux qui réalisent des investissements en **Corse** peuvent profiter, sous certaines conditions, d'un crédit d'impôt (CGI art. 244 quater E). De même, les exploitants agricoles qui effectuent certains investissements en **outre-mer** peuvent bénéficier d'une réduction d'impôt (CGI art. 199 undecies B) ou d'un crédit d'impôt (CGI art. 244 quater W).
> **b.** Les exploitants agricoles soumis à un régime de bénéfice réel peuvent également bénéficier, sous certaines conditions, de mesures de **suramortissement** ou de **déductions exceptionnelles** destinées à soutenir l'investissement. Ces dispositifs sont examinés respectivement nos 11640 s. et 11750 s.

A. Centres de gestion agréés

Les centres de gestion agréés ont pour **objet** de fournir aux entreprises, notamment agricoles, une aide technique en matière de gestion, de formation et de fiscalité (CGI art. 1649 quater C à 1649 quater E bis). **14420**

Un ou plusieurs agents de l'administration apportent leur assistance aux centres de gestion et un corps de contrôleurs de qualité en assure la surveillance. À cet égard, une charte de bonnes pratiques des organismes agréés a été élaborée après concertation avec l'administration.

L'adhésion aux centres de gestion agréés ouvre droit, sous certaines conditions, à des **avantages fiscaux**.

CONDITIONS D'ADHÉSION À UN CENTRE DE GESTION AGRÉÉ

Toute exploitation agricole peut adhérer à un centre de gestion agréé, quels que soient sa forme juridique (exploitation individuelle ou personne morale), son régime d'imposition (réel ou micro-BA) et l'impôt dont elle relève (impôt sur le revenu ou impôt sur les sociétés). Toutefois, seuls les exploitants individuels et les sociétés et groupements **non soumis à l'impôt sur les sociétés**, et imposables en principe selon un **régime de bénéfice réel**, peuvent bénéficier des avantages fiscaux liés à l'adhésion. **14430**

Les centres peuvent **limiter leur accès** à une profession ou à une catégorie professionnelle particulière (exploitant agricole, par exemple) ou aux personnes exerçant dans un département ou une région déterminée. De même, les statuts peuvent soumettre l'adhésion d'un nouveau membre à l'**agrément** du conseil d'administration ou, en cas d'appartenance antérieure à un centre de gestion agréé, à la présentation des dossiers de gestion établis par l'ancien centre.

Sous ces réserves, les entreprises ont toute liberté pour adhérer au centre de leur **choix**, quel que soit le lieu où le centre a son siège.
Dans les **sociétés de personnes**, c'est la société (ou le groupement assimilé) qui a la qualité d'adhérent. L'adhésion peut émaner de l'un quelconque des associés et n'a pas besoin d'être contresignée par les autres dès lors qu'elle est formulée au nom de la société. Elle ne produit ses effets que sur les résultats sociaux et ne couvre pas les activités individuelles que peuvent exercer par ailleurs les associés. À l'inverse, l'adhésion personnelle d'un exploitant individuel également membre d'une société de personnes ne vaut que pour son activité individuelle.

> **Précisions** **a.** L'adhésion couvre l'ensemble des **activités de même nature** exercées à titre individuel par un contribuable, même au sein d'**entreprises distinctes**, ainsi que les activités **connexes** fiscalement rattachées à l'activité principale. En revanche, pour les activités **non connexes** (activités imposables distinctement), une adhésion par catégorie de revenus est requise (BOI-DJC-OA-20-30-10-10 n°s 465 et 467).
> **b.** Peuvent également adhérer les contribuables qui exercent à titre **non professionnel** une activité relevant des bénéfices industriels et commerciaux imposée selon un régime réel (CGI ann. II art. 371 B). Tel est le cas, en particulier, des **loueurs en meublé non professionnels**.
> **c.** Les contribuables relevant des bénéfices industriels et commerciaux, des bénéfices agricoles et des bénéfices non commerciaux peuvent être regroupés au sein d'un même organisme, dénommé **organisme mixte de gestion** qui doit obtenir un agrément spécifique auprès de l'autorité administrative désignée par décret (CGI art. 1649 quater K ter).
> **d.** Les titulaires de **revenus professionnels de source étrangère** provenant d'un État de l'Union européenne, de la Norvège, de l'Islande ou du Liechtenstein imposables à l'impôt sur le revenu en France, ou exonérés mais pris en compte pour le calcul du taux effectif, peuvent adhérer à un organisme agréé (BOI-DJC-OA-20-30-10-10 n° 460).

1. FONCTIONNEMENT DES CENTRES DE GESTION AGRÉÉS

ORGANISATION DES CENTRES DE GESTION AGRÉÉS

14450 Les centres sont des **associations** créées à l'initiative soit d'experts-comptables ou de sociétés membres de l'ordre, soit de chambres de commerce et d'industrie territoriales, de chambres de métiers et de l'artisanat de région ou de chambres d'agriculture, soit d'organisations professionnelles légalement constituées d'industriels, de commerçants, d'artisans ou d'agriculteurs (CGI ann. II art. 371 A).
Ils sont **agréés** par le directeur régional des finances publiques (CGI ann. II art. 371 G) et doivent justifier d'un **effectif minimum** fixé :
– à 500 adhérents lors de l'agrément initial ;
– et à 1 000 adhérents lors du renouvellement de l'agrément dans un délai de trois ans à compter de la date d'agrément.
Aucune condition d'effectif n'est exigée pour les centres établis en Corse et dans les DOM (CGI ann. II art. 371 B).

RÔLE DES CENTRES DE GESTION AGRÉÉS

14460 Les centres ont pour mission d'apporter une assistance à leurs adhérents en matière de **gestion** et dans le **domaine fiscal**. Ils n'agissent pas en tant que **mandataires** de leurs membres, sauf pour la transmission électronique des déclarations fiscales et de leurs annexes. En outre, ils fournissent une analyse des informations en matière de prévention des difficultés des entreprises.

14465 Assistance des adhérents

a. Les centres fournissent tous les ans à chaque adhérent imposé d'après le bénéfice réel, dans un délai de deux mois suivant la date de réception de la déclaration de résultats et au plus tard de neuf mois suivant la clôture de l'exercice lorsque celui-ci ne coïncide pas avec l'année civile, un **dossier de gestion** comprenant : ratios caractérisant la situation économique et financière de l'exploitation assortis de commentaires ; tableau de financement ; analyse comparative des bilans et des comptes de résultat, analyse des informations économiques, comptables et financières (CGI ann. II art. 371 E, 1°).
b. Ils établissent les **déclarations fiscales** des adhérents placés sous un régime de bénéfice réel qui en font la demande (CGI ann. II art. 371 E, 2°) et les transmettent par voie électronique lorsqu'ils ont été mandatés par leurs adhérents (CGI art. 1649 quater E).
c. Les centres doivent fournir à leurs adhérents des services en matière de **formation** et d'information ayant trait au droit, à la fiscalité, à la comptabilité ou à la gestion (CGI ann. II art. 371 A).

À l'issue de ces opérations, le centre établit un **compte rendu** de mission dont une copie est adressée à l'administration (BOI-DJC-OA-20-10-30 n° 60).

Surveillance des engagements pris par les adhérents Les centres doivent veiller au respect des engagements pris par leurs adhérents et, notamment, s'assurer de la **sincérité des résultats** qu'ils déclarent afin de déceler et prévenir les anomalies d'ordre fiscal. 14470
Ils doivent demander aux adhérents tous renseignements et documents utiles afin de procéder chaque année à un **examen** en la forme **des déclarations** de résultats, de taxes sur le chiffre d'affaires, de cotisation sur la valeur ajoutée des entreprises et, le cas échéant, des revenus encaissés à l'étranger. Ils contrôlent ensuite leur cohérence, leur vraisemblance et leur concordance. Les centres doivent également procéder à un **examen périodique de sincérité** des pièces justificatives (CGI art. 1649 quater E).
À l'issue de ces opérations, un **compte rendu de mission** est établi, dont une copie est adressée à l'administration. Si l'organisme n'est pas en possession d'une des déclarations utiles au contrôle, il établit un compte rendu de mission négatif (BOI-DJC-OA-20-10-30 n° 60).

Prévention des difficultés des entreprises Les centres fournissent à leurs adhérents une **analyse des informations économiques, comptables et financières** en matière de prévention des difficultés des entreprises en leur indiquant, le cas échéant, les démarches à accomplir (CGI art. 1649 quater C et ann. II art. 371 A). Ils ne peuvent toutefois réaliser aucun traitement de ces éventuelles difficultés. 14475

Prestations facultatives Les centres peuvent fournir à toute **entreprise**, qu'elle soit **adhérente ou non**, notamment les prestations de services suivantes : dématérialisation et télétransmission des déclarations fiscales ; formation et information ayant trait au droit, à la fiscalité, à la comptabilité ou à la gestion ; restitution de statistiques ; examen de conformité fiscale ; audit technique lié à l'activité ; s'agissant des micro-entreprises, aide à la création et accompagnement en matière commerciale ainsi que dans les domaines de la communication et de la transition numérique (CGI ann. II art. 371 A bis). 14477

OBLIGATIONS DES ADHÉRENTS DES CENTRES DE GESTION AGRÉÉS

Les adhérents doivent s'engager (CGI ann. II art. 371 E, 3°) : 14485
– à fournir à la personne ou à l'organisme chargé de tenir et de présenter leurs documents comptables tous les éléments nécessaires à l'établissement d'une **comptabilité sincère** ;
– à **communiquer au centre** le bilan, le compte de résultat de leur exploitation, tous documents annexes ainsi que tout document sollicité par le centre dans le cadre des contrôles qu'il doit réaliser.
Ils ont également l'obligation d'accepter les **règlements par chèques** ou **par carte bancaire**. Ils doivent faire libeller les chèques à leur ordre et ne pas les endosser sauf pour remise directe à l'encaissement. La clientèle doit être informée de cette obligation par une **mention** dans la correspondance et sur les documents professionnels précisant le nom de l'organisme de gestion agréé ainsi que par l'apposition d'une affichette dans les locaux professionnels. En application des articles 371 LB et 371 LC de l'annexe II au CGI, cette mention doit être rédigée comme suit :

> ACCEPTANT LE RÈGLEMENT DES SOMMES DUES PAR CHÈQUES LIBELLÉS À SON NOM OU PAR CARTE BANCAIRE EN SA QUALITÉ DE MEMBRE D'UN CENTRE DE GESTION AGRÉÉ PAR L'ADMINISTRATION FISCALE
>
> (Décret 2016-1356 du 11-10-2016)

Les **manquements graves ou répétés** des adhérents à leurs engagements ou obligations, notamment à l'engagement de sincérité, entraînent leur exclusion du centre. La décision d'**exclusion** est prise par le centre qui doit, au préalable, permettre à l'adhérent de présenter sa défense (CGI ann. II art. 371 E, 3°). Ce dernier doit donc être informé des faits qui lui sont reprochés et de la possibilité de consulter, dans un délai déterminé, les pièces de son dossier.

> **Précisions a.** L'obligation d'accepter les règlements par chèques ou par carte bancaire présente un **caractère alternatif**, de sorte que les adhérents disposent des trois choix suivants : soit accepter les seuls règlements par chèques, soit accepter les seuls règlements par carte bancaire, soit accepter les règlements par chèques et par carte bancaire.

Par ailleurs, le **refus** des paiements par **chèques** ou par **carte bancaire** est admis dans trois cas : lorsqu'il s'agit de ventes de faible importance qu'il est d'usage de régler en espèces ; lorsque la réglementation professionnelle impose les paiements en espèces ; lorsque les frais d'encaissement sont disproportionnés par rapport au montant de la transaction (chèques de faible valeur tirés sur un établissement bancaire étranger) (BOI-DJC-OA-20-30-20 n°s 50 et 90).

b. L'administration fiscale doit communiquer aux présidents des centres de gestion agréés les renseignements nécessaires pour prononcer l'**exclusion des adhérents** ne respectant pas les obligations leur incombant. Ces renseignements peuvent porter sur la nature et le montant des rectifications dont l'adhérent a fait l'objet (LPF art. L 166).

2. RÔLE DE L'ADMINISTRATION

14500 Un ou plusieurs agents de l'administration apportent une **assistance technique** aux centres de gestion agréés (CGI art. 1649 quater E). Ils ont pour mission de répondre aux **questions fiscales** relatives aux impositions dues par les adhérents placés sous un régime réel d'imposition. Les réponses écrites, signées par ces agents, engagent l'administration à l'égard des adhérents dont la situation a été évoquée (application de l'article L 80 A du LPF qui garantit les contribuables contre les changements de la doctrine administrative).

Les agents peuvent également prêter leur concours au centre lorsqu'il organise pour ses adhérents des **réunions d'information** et de formation sur la réglementation fiscale.

Les modalités d'assistance et de contrôle des centres de gestion agréés par l'administration fiscale sont précisées dans une **convention** conforme à un modèle fixé par l'arrêté ECFE1622351A du 22 novembre 2016.

Les organismes agréés doivent se soumettre à un **contrôle spécifique** de l'administration fiscale qui ne constitue ni à leur égard ni à l'égard de leurs adhérents le début d'un contrôle fiscal (CGI art. 1649 quater K quater).

3. AVANTAGES FISCAUX ACCORDÉS AUX ADHÉRENTS DES CENTRES DE GESTION AGRÉÉS

14520 Les adhérents des centres de gestion peuvent bénéficier, sous certaines conditions, des avantages fiscaux suivants :
– **réduction d'impôt** pour frais de tenue de comptabilité et d'adhésion au centre pour certains adhérents (n° 14550) ;
– **dispense de pénalités** fiscales en faveur des nouveaux adhérents (n° 14565).

RÉDUCTION D'IMPÔT POUR FRAIS DE COMPTABILITÉ ET D'ADHÉSION

14550 Les adhérents des centres de gestion agréés peuvent bénéficier d'une réduction d'**impôt sur le revenu** à raison des frais occasionnés par la tenue de leur comptabilité et leur adhésion au centre, à condition (CGI art. 199 quater B) :
– de réaliser un **chiffre d'affaires** inférieur aux limites du régime micro-BA, du régime micro-BIC ou du régime micro-BNC ;
– et d'être **imposés sur option** selon un régime réel (BA ou BIC) ou à la déclaration contrôlée (BNC).

Il en est de même des adhérents des **organismes mixtes de gestion** agréés (BOI-IR-RICI-10 n°s 1 et 10).

Ces conditions s'apprécient au titre de l'**année** d'application de la réduction d'impôt.

Par exception, la réduction d'impôt est maintenue pour la **première année d'application de plein droit** du **régime réel** normal ou simplifié d'imposition des bénéfices agricoles (CGI art. 199 quater B, dernier al.). La durée d'application de la réduction d'impôt se trouve donc prolongée d'un an pour les exploitants agricoles nouvellement assujettis de plein droit à un régime réel et qui bénéficiaient de ce régime du fait de leur option antérieure pour un régime réel. Par ailleurs, les exploitants agricoles précédemment imposés selon le régime micro-BA et soumis de plein droit à un régime réel peuvent prétendre au bénéfice de la réduction d'impôt au titre de la première année d'application de ce régime réel (BOI-IR-RICI-10 n°s 130 et 145).

Selon l'administration, sont **exclus** du bénéfice de la réduction d'impôt, quel que soit le montant de leur chiffre d'affaires, les contribuables qui relèvent **à titre obligatoire** d'un régime de bénéfice réel, en raison de la nature de leur activité ou de leur forme juridique (BOI-IR-RICI-10 n° 80).

> **Précisions** **a.** Dans le cas des exploitations exercées sous une forme sociale, seuls les **membres de Gaec** sont susceptibles de bénéficier de la réduction d'impôt. En effet, les sociétés civiles agricoles sont soumises de plein droit à un régime réel d'imposition et ne peuvent donc pas opter pour un tel régime. En revanche, à condition de respecter la limite spécifique de chiffre d'affaires mentionnée n° 6210, les Gaec peuvent faire application du régime micro-BA.
> **b.** Pour bénéficier de la réduction d'impôt, l'exploitant ne doit pas obligatoirement réaliser un bénéfice mais il est nécessaire qu'il soit **redevable** (même au titre d'autres revenus) **d'une cotisation d'impôt sur le revenu** par application du barème progressif de l'impôt sur le revenu (BOI-IR-RICI-10 n° 30)

Le **montant de la réduction d'impôt** est égal aux **deux tiers des dépenses** exposées pour la tenue de la comptabilité et pour l'adhésion au centre de gestion agréé, dans la double **limite** de 915 € par an et du montant de l'impôt sur le revenu dû pour une année donnée. La réduction d'impôt s'applique après la décote mais avant imputation des crédits d'impôt et des prélèvements ou retenues non libératoires (CGI art. 197, I-5). L'excédent éventuel n'est pas restituable. Les dépenses prises en compte au titre de la réduction d'impôt ne sont pas admises dans les **charges** déductibles (CGI art. 39, 7). **14555**

La réduction d'impôt est **remise en cause** lorsqu'une rectification fait apparaître un dépassement du chiffre d'affaires limite.

> **Précisions** **a.** En cas de **pluralité d'activités** relevant de catégories d'imposition distinctes, la réduction d'impôt est appliquée et plafonnée au niveau de chaque catégorie de revenus. En revanche, un contribuable exerçant plusieurs activités relevant de la même catégorie d'imposition dans plusieurs établissements est regardé comme exploitant une seule entreprise (BOI-IR-RICI-10 n°s 250 à 280).
> **b.** Dans les **Gaec**, la réduction d'impôt est plafonnée au niveau du groupement puis répartie entre les associés. Si l'associé exerce également une activité à titre individuel, la réduction est calculée au niveau de l'associé et plafonnée à 915 € (BOI-IR-RICI-10 n°s 300 et 310).
> **c.** La réduction d'impôt pour frais de comptabilité et d'adhésion est exclue du **plafonnement global des avantages fiscaux** mentionné n° 15330, Précisions.

DISPENSE DE PÉNALITÉS POUR LES NOUVEAUX ADHÉRENTS

Les personnes qui adhèrent à un centre de gestion agréé ou à un organisme mixte de gestion sont dispensées de toutes majorations fiscales, de quelque nature qu'elles soient, si elles **révèlent spontanément**, par lettre recommandée, les **insuffisances, inexactitudes ou omissions** que comportent leurs déclarations professionnelles (impôt sur le revenu, contribution économique territoriale, TVA, etc.) (CGI art. 1755). **14565**

La dispense de pénalités est subordonnée aux **conditions** suivantes :

– les infractions doivent être signalées à l'administration dans les trois mois qui suivent l'adhésion à l'organisme de gestion agréé ;

– les infractions ne doivent pas procéder de manœuvres frauduleuses, ni avoir donné lieu à une proposition de rectification ou à une procédure administrative ou judiciaire ;

– le supplément d'impôt correspondant doit être acquitté dans les délais impartis.

B. Abattement sur les bénéfices des jeunes agriculteurs

Les jeunes exploitants agricoles peuvent bénéficier, sous certaines conditions, d'un abattement sur les bénéfices imposables de leurs 60 premiers mois d'activité (CGI art. 73 B). **14600**

EXPLOITANTS BÉNÉFICIAIRES DE L'ABATTEMENT

Pour bénéficier de l'abattement, les exploitants agricoles doivent être imposés d'après un régime réel et percevoir des aides à l'installation. **14610**

Imposition d'après un régime réel Les exploitants doivent être imposés selon un régime de bénéfice réel (normal ou simplifié). Les exploitants qui souhaitent bénéficier de l'abattement dès leur première année d'activité doivent donc opter pour un régime réel. Toutefois, si un jeune agriculteur, d'abord soumis au régime micro-BA, devient imposable (de plein droit ou sur option) selon un régime réel, il peut bénéficier de l'abattement pour la période qui reste à **14615**

courir à compter du passage au réel et jusqu'au terme des 60 premiers mois d'activité (voir n° 14660, exemple 2) (BOI-BA-BASE-30-10-10 n° 40).

14620 **Perception d'aides à l'installation** Les exploitants doivent percevoir les aides à l'installation des jeunes agriculteurs prévues à l'article D 343-3 du Code rural et de la pêche maritime : **dotation jeunes agriculteurs en capital** (DJA) et **prêts bonifiés à moyen terme spéciaux**.

Pour bénéficier des aides à l'installation, les exploitants doivent notamment être **âgés** de moins de 40 ans à la date du dépôt de la demande et s'installer sur une exploitation répondant à la définition de **micro ou petite entreprise** au sens de la réglementation européenne (voir n° 80420) (C. rur. art. D 343-4).

14625 Les jeunes **agriculteurs qui s'installent en société** peuvent bénéficier des aides à l'installation, et donc de l'abattement sur la part leur revenant dans le bénéfice social, si la société est de forme civile (cette condition exclut les sociétés de fait et en participation). Ils doivent avoir la qualité d'associé exploitant, détenir au moins 10 % des parts sociales et exercer un contrôle effectif et durable sur la société, seul ou conjointement avec d'autres agriculteurs (BOI-BA-BASE-30-10-10 n° 120).

Dans le cas des **couples d'agriculteurs**, selon l'administration, plusieurs situations doivent être distinguées (BOI-BA-BASE-30-10-10 n° 130) :

– les époux s'installent au sein d'une **même société en qualité chacun d'associé exploitant** et ils remplissent individuellement les conditions d'octroi des aides : ils peuvent demander à bénéficier chacun des aides à l'installation. L'abattement porte sur la quote-part revenant à chacun des deux conjoints remplissant les conditions requises ;

– chaque époux gère de manière autonome une **exploitation distincte** : l'abattement s'applique uniquement sur le bénéfice déclaré par le conjoint bénéficiaire des aides à l'installation. Il s'applique aux bénéfices de chacun des conjoints si tous deux sont bénéficiaires d'une aide ;

– les **époux exercent conjointement** une activité agricole : une seule aide est accordée au ménage. L'abattement s'applique sur le bénéfice total de l'exploitation familiale.

> **Précisions a.** Le bénéfice de l'abattement ne dépend pas de la **structure juridique de l'exploitation** dans laquelle l'activité agricole est exercée mais est subordonné à l'exercice de cette activité sur une exploitation économiquement viable notamment au regard de la surface, des moyens de production et du projet de développement économique. Le changement de la forme juridique de l'exploitation (exercée en l'espèce sous forme de Gaec puis de EARL) ne peut donc justifier en tant que tel le refus de l'abattement (CE 19-12-2018 n°s 412474 et 412475 : RJF 3/19 n° 264).
> **b.** Il n'y a pas lieu, pour les raisons évoquées au a., d'exclure du bénéfice de l'abattement les agriculteurs dont l'établissement procède, comme c'est en général le cas, de la **reprise d'un fonds rural** précédemment exploité par un autre exploitant (CE avis 10-3-1997 n° 183617 : RJF 4/97 n° 332).

MONTANT DE L'ABATTEMENT EN FAVEUR DES JEUNES AGRICULTEURS

14635 **DJA accordées depuis le 1er janvier 2019** Les jeunes agriculteurs bénéficiaires de dotations jeunes agriculteurs octroyées depuis le 1er janvier 2019 peuvent pratiquer un abattement de 75 % lorsque le **bénéfice** de l'exercice **n'excède pas 45 100 €**.

Dans les **autres cas**, l'abattement est de 50 % pour la fraction du bénéfice n'excédant pas 45 100 € et de 30 % pour la fraction du bénéfice supérieure à 45 100 € sans dépasser 60 100 €.

Aucun abattement ne s'applique sur la **fraction** du bénéfice **supérieure à 60 100 €**.

Au titre de l'exercice d'**inscription de la DJA en comptabilité**, l'abattement est porté à 100 % pour la fraction du bénéfice n'excédant pas 45 100 € et à 60 % pour la fraction du bénéfice supérieure à 45 100 € et inférieure ou égale à 60 100 €. Leur montant total ne peut être inférieur, au titre de cet exercice, au montant de la DJA.

Les **seuils** mentionnés ci-dessus sont actualisés tous les trois ans dans la même proportion que l'évolution triennale de la première tranche du barème de l'impôt sur le revenu (CGI art. 73 B, II).

La **prochaine actualisation** des seuils concernera l'imposition des bénéfices de 2025.

Le bénéfice de l'abattement est subordonné au respect du **règlement européen** déclarant certaines catégories d'aides, dans les secteurs agricole et forestier et dans les zones rurales, compatibles avec le marché intérieur (Règl. UE 2022/2472 du 14-12-2022).

EXEMPLE

Un exploitant agricole s'installe le 1er mai 2024 et opte immédiatement pour un régime réel. Il clôture ses exercices le 30 septembre de chaque année. Il bénéficie de la DJA le 15 août 2024 et l'inscrit dans ses comptes. Le bénéfice imposable de l'exercice clos en 2024 s'élève à 40 000 €. L'abattement est de 16 667 € [(40 000 € × 100 %) × 5/12]. En supposant que le bénéfice imposable de l'exercice clos en 2025 soit de 43 000 €, l'abattement, calculé au taux de 75 %, est de 32 250 €. Au titre de son dernier exercice d'application, l'abattement sera calculé sur 7/12e du bénéfice (n° 14660).

Le **tableau** ci-dessous récapitule les taux de l'abattement applicables en fonction du montant du bénéfice imposable.

Taux de l'abattement

Montant du bénéfice imposable	Exercice d'inscription de la DJA en comptabilité	Autres exercices
Inférieur ou égal à 45 100 €	100 %	75 %
Supérieur à 45 100 € : – fraction du bénéfice inférieure ou égale à 45 100 € ; – fraction du bénéfice supérieure à 45 100 € et inférieure ou égale à 60 100 € ; – fraction du bénéfice supérieure à 60 100 €.	 100 % 60 % 0 %	 50 % 30 % 0 %
Dans tous les cas, le montant total des abattements pratiqués ne peut être inférieur au montant de la DJA au titre de l'exercice en cours à sa date d'inscription en comptabilité.		

DJA accordées avant le 1er janvier 2019 Pour les exploitants qui bénéficient de dotations d'installation octroyées avant 2019, l'abattement est égal à 50 % des bénéfices réalisés au cours de leurs 60 premiers mois d'activité. Cet abattement est porté à 100 % au titre de l'exercice en cours à la date d'inscription en comptabilité de la dotation. 14640

PÉRIODE D'APPLICATION DE L'ABATTEMENT EN FAVEUR DES JEUNES AGRICULTEURS

L'abattement en faveur des jeunes agriculteurs s'applique aux bénéfices réalisés au cours des **60 premiers mois** d'activité, à compter de la **date d'octroi de la première aide** à l'installation. Toutefois, les exploitants peuvent demander l'application de cet abattement sur les bénéfices de leurs exercices non prescrits clos entre la date d'installation et celle d'attribution des aides. 14650

Point de départ Le **point de départ** de la période de 60 mois est la date d'octroi de la première aide à l'installation (CE 19-12-2018 nos 412474 et 412475 : RJF 3/19 n° 264). La date à prendre en compte s'entend de celle de la décision d'octroi de l'aide notifiée à l'exploitant par le préfet, le mois au cours duquel l'aide est attribuée comptant pour le premier mois. Toutefois, si la décision intervient après le démarrage effectif de l'activité, l'exploitant peut demander l'**application rétroactive** de l'abattement sur les bénéfices des exercices non prescrits clos avant l'attribution de l'aide. Pour l'exercice en cours à la date d'octroi de la première aide ou pour l'exercice clos avant cette date mais dont la déclaration de résultats n'a pas encore été déposée, la demande résulte, de manière implicite, de la rédaction même de la déclaration de résultats. Pour les exercices dont les déclarations ont déjà été déposées à la date d'octroi de la première aide, l'application rétroactive de l'abattement est accordée sur réclamation contentieuse. Celle-ci peut être déposée dès la date d'octroi de la première aide (BOI-BA-BASE-30-10-20 n° 40). 14655

Terme L'abattement s'applique jusqu'au **terme** du 59e mois qui suit celui au cours duquel l'exploitant s'est installé. 14660

Selon l'administration, lorsque le point de départ ou le terme de la période de 60 mois ne coïncident pas avec le début ou la fin d'un exercice de 12 mois, les bénéfices des exercices qui incluent ces dates sont répartis **prorata temporis** (BOI-BA-BASE-30-10-20 n° 30).

14660 (suite)

EXEMPLE 1

Un exploitant s'est installé le 15 juin 2022 et a opté immédiatement pour le régime réel. Il clôture ses exercices le 31 janvier de chaque année. Il bénéficie d'une aide à l'installation des jeunes agriculteurs le 16 novembre 2024.

Date de clôture	Dépôt de déclaration	Imposition initiale	Abattement accordé sur réclamation	Nombre de mois bénéficiant de l'avantage
31-1-2023	2e jour ouvré suivant le 1-5-2024	Pas d'abattement	Abattement sur la totalité du bénéfice (de juin 2022 à janvier 2023). Dépôt de la réclamation possible à compter du 16-11-2024	8
31-1-2024	2e jour ouvré suivant le 1-5-2025	Abattement sur la totalité du bénéfice		12
31-1-2025	2e jour ouvré suivant le 1-5-2026	Abattement sur la totalité du bénéfice		12
31-1-2026	2e jour ouvré suivant le 1-5-2027	Abattement sur la totalité du bénéfice		12
31-1-2027	2e jour ouvré suivant le 1-5-2028	Abattement sur la totalité du bénéfice		12
31-1-2028	2e jour ouvré suivant le 1-5-2029	Abattement sur les 4/12e du bénéfice (de février 2027 à mai 2027)		4
Total				60

EXEMPLE 2

Un exploitant s'est installé le 4 mars 2023. Il a opté pour le régime réel à compter du 1er janvier 2025. Il clôture ses exercices au réel le 30 avril. Une dotation d'installation aux jeunes agriculteurs lui est attribuée le 22 mai 2025.

Date de clôture	Dépôt de déclaration	Imposition initiale	Abattement accordé sur réclamation	Nombre de mois bénéficiant de l'avantage
31-12-2023		Micro-BA	Pas de rétroactivité possible (pas de régime réel)	0
31-12-2024		Micro-BA		0
30-4-2025	2e jour ouvré suivant le 1-5-2026	Abattement sur la totalité du bénéfice		4
30-4-2026	2e jour ouvré suivant le 1-5-2027	Abattement sur la totalité du bénéfice		12
30-4-2027	2e jour ouvré suivant le 1-5-2028	Abattement sur la totalité du bénéfice		12
30-4-2028	2e jour ouvré suivant le 1-5-2029	Abattement sur les 10/12e du bénéfice (de mai 2027 à février 2028)		10
Total				38

MAJORATION DE L'ABATTEMENT EN FAVEUR DES JEUNES AGRICULTEURS

L'abattement est majoré dans les conditions exposées n°s 14635 et 14640 au titre de l'exercice en cours à la date d'inscription en comptabilité de la **dotation d'installation** aux jeunes agriculteurs (**DJA**) (CGI art. 73 B, I), c'est-à-dire l'exercice au cours duquel la décision d'octroi de l'aide a été notifiée par le préfet à l'exploitant. La date de versement effectif de l'aide est sans incidence pour l'application de l'abattement. 14670

L'abattement majoré concerne l'**intégralité du bénéfice** imposable au titre de l'exercice de comptabilisation de cette dotation. Si l'aide est comptabilisée au cours d'un premier **exercice d'une durée supérieure à 12 mois**, il n'y a pas lieu de pratiquer un abattement prorata temporis à hauteur de la période excédant le délai de 12 mois habituel sans toutefois que l'abattement majoré ne puisse s'appliquer au-delà du 31 décembre de l'année suivant celle au cours de laquelle ce premier exercice a été ouvert (BOI-BA-BASE-30-10-30 n° 180).

L'administration a précisé que les modalités d'application des abattements sur les bénéfices imposables au titre des 60 premiers mois d'activité ne sont pas affectées par la **mise en œuvre de l'abattement majoré**. Ainsi, s'agissant des aides à l'installation octroyées depuis le 1er janvier 2019, le déclenchement de l'abattement majoré peut précéder, voire suivre, celui de l'abattement non majoré (BOI-BA-BASE-30-10-30 n°s 220 et 240).

EXEMPLE

Soit un agriculteur qui, installé le 5 septembre 2023, opte immédiatement pour le régime réel. Il clôture ses exercices le 31 juillet de chaque année. La DJA lui est notifiée le 15 septembre 2024 et est inscrite dans ses comptes. Son bénéfice imposable est de 30 000 € au titre du premier exercice clos en 2024, 40 000 € au titre de 2025, 50 000 € au titre de 2026 et de 30 000 € au titre de chacun des exercices suivants.

Il bénéficie de l'abattement dans les conditions suivantes :

Date de clôture	Abattement autorisé	Nombre de mois bénéficiant de l'avantage
31/07/2024	75 % par voie de réclamation contentieuse	11
31/07/2025	100 %	12
31/07/2026	50 % (× 45 100 €) + 30 % (× 4 900 €)	12
31/07/2027	75 %	12
31/07/2028	75 %	12
31/07/2029	75 %	1

MODALITÉS D'APPLICATION DE L'ABATTEMENT EN FAVEUR DES JEUNES AGRICULTEURS

L'abattement ne concerne que les **bénéfices ordinaires**, à l'exclusion des produits soumis à un taux réduit d'imposition (**plus-values à long terme** essentiellement). Il ne s'applique pas non plus aux revenus provenant de **recettes commerciales ou non commerciales accessoires**, y compris lorsque les recettes tirées de ces activités sont rattachées au bénéfice agricole réel pour leur imposition en application de l'article 75 du CGI (voir n°s 9720 et 9721). Lorsque l'exploitant remplit les conditions pour bénéficier de l'abattement en faveur des jeunes agriculteurs et opte pour l'application de l'article 75 du CGI au titre du même exercice, le montant du bénéfice agricole retenu pour le calcul de l'abattement doit être diminué ou augmenté du montant du revenu mentionné à l'article 75 du CGI selon qu'il s'agit d'un bénéfice ou d'un déficit (BOI-BA-BASE-30-10-30 n° 30). 14680

L'abattement s'applique avant **imputation**, le cas échéant, des déficits reportables (déficits non imputables sur le revenu global) et de la déduction pour épargne de précaution (n°s 14800 s.). En cas de déficit dégagé avant application de l'abattement prévu à l'article 73 B du CGI, celui-ci est imputable sur le revenu global ou sur les bénéfices agricoles des six années suivantes (CGI art. 156).

L'administration a précisé que lorsqu'un associé de **société civile agricole** bénéficiant des aides à l'installation souscrit un emprunt personnel pour acquérir ses parts dans la société ou les biens apportés, l'abattement est opéré après imputation des intérêts de l'emprunt sur la quote-part de résultat lui revenant, mais avant la déduction des déficits reportables et la déduction pour épargne de précaution, laquelle reste calculée au niveau de la société (BOI-BA-BASE-30-10-30 n° 50).

EXEMPLE

Un exploitant associé à 30 % d'une société civile d'exploitation agricole (SCEA) paye 4 500 € d'intérêts pour un emprunt contracté personnellement pour acquérir ses parts dans la société. La société a pratiqué la déduction pour épargne de précaution (DEP) dans les limites autorisées.

Le résultat de la SCEA avant application de la DEP s'élève à 125 000 € et le montant de la DEP s'établit à 50 000 € (n° 14890), soit un résultat à répartir de 125 000 − 50 000 = 75 000 €.

Quote-part de résultat revenant à l'associé : 75 000 × 30 % = 22 500 €.

Il convient d'abord de déterminer l'assiette de l'abattement :

Réintégration de la quote-part de DEP : 50 000 × 30 % = 15 000 €.

Déduction des intérêts d'emprunt : – 4 500 €.

Montant soumis à l'abattement de 75 % : 22 500 + 15 000 − 4 500 = 33 000 €.

Abattement de 75 % : 33 000 × 75 % = 24 750 €.

Il convient ensuite d'appliquer l'abattement en faveur des jeunes agriculteurs sur la quote-part de résultat de la société revenant à l'associé, soit 22 500 €, après déduction de ses charges et déficits :

Déduction des intérêts d'emprunt : − 4 500 €.

Le résultat est alors de : 22 500 − 4 500 = 18 000 €.

Dès lors que l'abattement ne peut donner lieu à la constatation d'un déficit, son montant est plafonné à hauteur du bénéfice réalisé, soit 18 000 €. L'excédent d'abattement (24 750 − 18 000 = 6 750 €) est définitivement perdu.

L'abattement est **cumulable** avec la déduction pour épargne de précaution mais ne peut pas se cumuler avec d'autres abattements opérés sur le bénéfice.

Il peut y avoir **remise en cause de l'abattement** par l'administration, durant son délai de reprise, si les agriculteurs sont tenus de rembourser la dotation d'installation. Toutefois, si l'exploitant fournit les justifications nécessaires, les rehaussements correspondants peuvent être calculés en tenant compte des déductions auxquelles il a renoncé au profit de l'abattement en faveur des jeunes agriculteurs (BOI-BA-BASE-30-10-30 n° 270).

OBLIGATIONS À RESPECTER POUR BÉNÉFICIER DE L'ABATTEMENT

14690 Pour bénéficier de l'abattement, les jeunes agriculteurs qui remplissent les conditions requises ne sont pas tenus de souscrire une demande expresse. Il leur suffit de servir les lignes appropriées de la **déclaration de résultats** n° 2143-SD (régime réel normal) ou de la déclaration n° 2139-SD (régime simplifié). Ce montant est par ailleurs porté sur la **déclaration de revenus** n° 2042-C-PRO (cadre Revenus agricoles/Régime du bénéfice réel), sur la ligne « Abattement jeunes agriculteurs ».

Ils doivent en outre joindre à la première déclaration de résultats sur laquelle est opéré l'abattement une copie de la **décision d'octroi** de l'aide à l'installation qui leur a été notifiée par le préfet (BOI-BA-BASE-30-10-40 n° 20).

C. Déduction pour épargne de précaution

14800 Pour les exercices clos du 1er janvier 2019 au 31 décembre 2025, les exploitants agricoles soumis à un **régime réel** d'imposition peuvent pratiquer une déduction pour épargne de précaution (DEP) à condition d'**inscrire** une somme comprise entre 50 % et 100 % de son montant à un **compte courant** ouvert auprès d'un établissement de crédit (épargne monétaire) et à l'**actif** du bilan (CGI art. 73).

Cette inscription doit **intervenir** dans les six mois de la clôture de l'exercice au titre duquel la déduction est pratiquée et au plus tard à la date limite de dépôt de la déclaration de résultats de cet exercice. Cette **épargne professionnelle** doit être à tout moment au moins égale à 50 % des déductions non encore rapportées sans jamais excéder le montant de ces déductions.

La constitution d'une épargne monétaire n'est pas exigée à hauteur des coûts engagés pour l'acquisition ou la production de **stocks de fourrage** ou de stocks de **produits ou d'animaux** dont le cycle de rotation est supérieur à un an (stocks à rotation lente). L'épargne constituée de ces coûts peut représenter la totalité de l'épargne professionnelle.

14805 Le bénéfice de la DEP est subordonné au respect de la **réglementation européenne des aides de minimis** :

– « règlement de minimis agricole » applicable au secteur de l'agriculture (Règl. 1408/2013 du 18-12-2013 modifié par règl. 2019/316 du 21-2-2019, 2022/2046 du 24-10-2022 et 2023/2391 du

4-10-2023) : montant total des aides octroyées à une entreprise unique plafonné à 20 000 €, ce plafond étant apprécié sur une période glissante de trois exercices fiscaux (quels que soient la forme et l'objectif des aides) ;
– « règlement de minimis pêche et aquacole » applicable au secteur de la pêche et de l'aquaculture (Règl. 717/2014 du 27-6-2014 modifié par règl. 2020/2008 du 8-12-2020, 2022/2514 du 14-12-2022 et 2023/2391 du 4-10-2023) : plafond d'aides fixé à 30 000 € apprécié sur une période glissante de trois exercices fiscaux ;
– ou « règlement de minimis général » (Règl. 2023/2831 du 13-12-2023) pour les aides accordées depuis le 1er janvier 2024 : plafond d'aides fixé à 300 000 € apprécié sur une période glissante de trois ans (quels que soient la forme et l'objectif des aides).
L'aide relève du règlement de minimis **agricole** lorsqu'elle est attribuée à une entreprise unique qui exerce ses activités dans le secteur de la production primaire de produits agricoles (production de produits du sol et de l'élevage). L'aide relève du règlement de minimis **pêche et aquacole** lorsqu'elle est attribuée à une entreprise unique qui exerce ses activités dans le secteur de la production primaire de produits de la pêche et de l'aquaculture. Les entreprises exerçant une activité de transformation et de commercialisation des produits agricoles ou des produits de la pêche et de l'aquaculture relèvent, sauf exceptions, du règlement de minimis **général**.
Lorsque l'entreprise qui pratique la DEP exerce des **activités relevant de deux ou des trois règlements** de minimis, le bénéfice de l'aide est subordonné à la condition que l'entreprise garantisse par des moyens appropriés, tels que la tenue d'une comptabilité séparée qui permet de distinguer les activités, que l'aide en trésorerie accordée par la DEP au titre de chacune des activités est placée sous le règlement dont cette activité relève. À défaut, l'aide est soumise au plafond de minimis le plus faible (BOI-BA-BASE-30-45-20 n° 420).

EXPLOITANTS BÉNÉFICIAIRES DE LA DÉDUCTION POUR ÉPARGNE DE PRÉCAUTION

La déduction pour épargne de précaution peut être pratiquée par les **exploitants individuels** et les **sociétés** ou groupements agricoles qui relèvent de l'impôt sur le revenu dans la catégorie des bénéfices agricoles, sous réserve d'être imposés d'après un **régime réel** (normal ou simplifié), applicable de plein droit ou sur option. Cette condition s'apprécie à la clôture de chacun des exercices au titre desquels la déduction est pratiquée (BOI-BA-BASE-30-45-10 nos 1 et 20). Les exploitants qui souhaitent bénéficier de l'abattement dès leur première année d'activité doivent donc **opter** pour un régime réel d'imposition. 14820
Sont en revanche **exclues** du bénéfice de la DEP les entreprises imposées selon le régime micro-BA ou le régime forfaitaire applicable aux exploitations forestières.

> **Précisions a.** Dans le cas des **sociétés ou groupements agricoles** non soumis à l'impôt sur les sociétés, la DEP doit être pratiquée à leur niveau. En conséquence, un associé ne peut pas pratiquer de DEP sur la quote-part de résultat lui revenant (BOI-BA-BASE-30-45-10 n° 1).
> **b.** L'administration admet que la déduction puisse être pratiquée par chacun des **conjoints** qui gère une **exploitation de manière autonome** (BOI-BA-BASE-30-45-10 n° 30). Pour l'application de cette règle, les conjoints mariés sous le régime de la communauté de biens sont présumés, sauf preuve contraire, exploiter une seule et même entreprise ; en revanche, lorsqu'ils sont mariés sous un **régime de séparation de biens**, chacun d'eux est réputé exploiter sa propre entreprise, sauf s'il existe une société de fait entre eux.

CONDITIONS RELATIVES À LA CONSTITUTION D'UNE ÉPARGNE PROFESSIONNELLE

La DEP est subordonnée à la constitution d'une épargne professionnelle comprise **entre 50 % et 100 % du montant de la déduction** pratiquée. Cette épargne peut être constituée : 14830
– de sommes épargnées sur un **compte courant** ouvert auprès d'un établissement de crédit ;
– des coûts engagés pour l'acquisition ou la production de **stocks de fourrage** destiné à être consommé par les animaux de l'exploitation ou de stocks de **produits ou d'animaux** dont le cycle de rotation est supérieur à un an ;
– de **certaines créances** détenues par les exploitants agricoles sur les coopératives agricoles dont ils sont associés et sur les organisations de producteurs agricoles ou d'associations d'organisations de producteurs agricoles reconnues par une autorité administrative auxquelles ils adhèrent.

Principe : constitution d'une épargne monétaire La constitution d'une épargne monétaire ouvre droit à la DEP à la condition que, dans les six mois suivant la clôture de l'exercice 14835 et au plus tard à la date limite de dépôt de la déclaration de résultats se rapportant à l'exercice au titre duquel la déduction est pratiquée, l'exploitant ait inscrit sur un **compte courant ouvert auprès d'un établissement de crédit** une somme comprise entre 50 % et 100 % du montant de la déduction (CGI art. 73, II-1).

Le compte courant bancaire doit retracer exclusivement les opérations afférentes aux sommes épargnées dans le cadre de la DEP (CGI art. 73, II-1- al. 4). Il est possible d'ouvrir plusieurs comptes courants, dans un ou plusieurs établissements de crédit, destinés à recevoir l'épargne professionnelle constituée dans le cadre de la DEP (BOI-BA-BASE-30-45-10 n° 60).

L'épargne ainsi constituée doit être **inscrite à l'actif** du bilan de l'exploitation.

14840 L'épargne professionnelle comprise entre 50 % et 100 % de la DEP pratiquée ne peut pas faire l'objet d'un placement en dehors du (des) compte(s) courant(s) bancaire(s) spécifique(s).

Symétriquement, l'**épargne libre**, c'est-à-dire la fraction de la trésorerie qui excède le montant de l'épargne professionnelle constituée, et en tout état de cause la fraction de l'épargne qui excède la déduction pratiquée, ne peut pas être placée sur ce(s) compte(s) courant(s) bancaire(s) spécifique(s). Il est en revanche possible, dans les six mois suivant la clôture et au plus tard à la date limite de dépôt de la déclaration, d'opérer un **virement**, pour un montant compris entre 50 % et 100 % du montant de la DEP pratiquée au titre de cet exercice, **d'un compte bancaire** alimenté par de l'épargne libre **vers le compte courant** répondant aux conditions fixées par l'article 73 du CGI (BOI-BA-BASE-30-45-10 n° 70).

Mais dès lors que le compte courant bancaire ne peut accueillir aucune épargne libre, l'exploitant ne peut pas redéposer les sommes prélevées sur le compte, que ce soit au cours de l'exercice de leur prélèvement ou d'un exercice ultérieur, à moins de pratiquer une nouvelle DEP au titre de l'un de ces exercices (BOI-BA-BASE-30-45-10 n° 80).

> **Précisions** **a.** L'épargne professionnelle constituée dans le cadre du régime de la DEP ne peut pas être déposée sur le compte bancaire qui a été ouvert pour recevoir les sommes épargnées dans le cadre de l'**ancienne déduction pour aléas** (voir n°s 15050 s.) (BOI-BA-BASE-30-45-10 n° 90).
> **b.** Bien qu'ils soient en principe imposables dans la catégorie des revenus agricoles, les intérêts versés le cas échéant en **rémunération de l'épargne professionnelle** peuvent être extournés du bénéfice agricole et déclarés dans la catégorie des revenus de capitaux mobiliers (BOI-BA-BASE-30-45-10 n°s 100 et 110).

14845 **Assimilation à de l'épargne monétaire des coûts afférents à certains stocks** La loi assimile à de l'épargne monétaire les coûts engagés pour l'acquisition ou la production de stocks de fourrage destiné à être consommé par les animaux de l'exploitation ou de stocks de produits ou d'animaux dont le cycle de rotation est supérieur à un an (CGI art. 73, II-1). Ces coûts peuvent donc se substituer totalement ou partiellement à l'épargne monétaire.

Les **stocks de fourrage** destiné à être consommé par les animaux de l'exploitation s'entendent notamment des céréales, de la paille (de céréales, de féveroles, de lin, de pois), de la luzerne, des feuilles de bettes et betteraves, des herbes, de maïs ensilé ou encore des farines (de trèfle, de plantes fourragères, de chanvre) (BOI-BA-BASE-30-45-10 n° 130).

Les stocks de **produits** ou d'**animaux dont le cycle de rotation est supérieur à un an** sont ceux qui portent sur des biens dont la fréquence de renouvellement provenant de l'exploitation des éléments comptables de l'entreprise est supérieure à un an. Sont par exemple susceptibles de relever de cette catégorie les bovidés et les produits de la viticulture.

Toutefois, les coûts afférents aux **équidés** et **bovidés considérés comme des immobilisations** amortissables en application de l'article 38 sexdecies D de l'annexe III au CGI (voir n° 9320) ne sont pas assimilables à de l'épargne monétaire (BOI-BA-BASE-30-45-10 n° 140).

14850 Les coûts d'acquisition ou de production à prendre en compte au titre de l'épargne professionnelle s'entendent :

– lorsque les **stocks** sont **évalués au prix de revient effectif** : des charges comptabilisées au cours de l'exercice qui entrent dans le coût de revient des stocks de produits ou d'animaux dont le cycle de rotation est supérieur à un an et des stocks de fourrage ;

– lorsque les stocks sont, sur option de l'exploitant agricole, **évalués forfaitairement** (CGI art. 74, b) :

• de la seule augmentation du prix de revient forfaitaire résultant de la progression du cours du jour à la clôture de l'exercice, pour les stocks concernés qui étaient déjà comptabilisés à la clôture de l'exercice précédent,

• de l'évaluation forfaitaire des éléments stockés, pour les stocks qui ont été acquis ou fabriqués au cours de l'exercice au titre duquel la DEP est pratiquée.

Lorsqu'à la clôture de l'exercice, le **cours** du jour des stocks concernés est **inférieur à leur prix de revient**, le montant épargné au titre des stocks n'est pas réduit du montant de la provision pour dépréciation comptabilisée (BOI-BA-BASE-30-45-10 nos 160 à 190).
Les coûts d'acquisition ou de production des stocks dont la **valeur est bloquée** (nos 9650 s.) et engagés après le blocage ne sont pas retenus pour apprécier le respect de la condition d'épargne (BOI-BA-BASE-30-45-10 no 200).

EXEMPLE

On suppose qu'au 31 décembre de l'année N, les stocks dont le cycle de rotation est supérieur à un an, possédés par un exploitant qui a exercé l'option pour l'évaluation forfaitaire de ses stocks (CGI art. 74, b), comportent :
– 150 hectolitres d'un vin provenant de la récolte N – 1 (cours du jour : 100 € par hectolitre – par hypothèse, le cours du jour au 31 décembre N – 1 était de 85 € par hectolitre) ;
– 200 hectolitres d'un vin provenant de la récolte N (cours du jour : 90 € par hectolitre).
Ces vins sont inscrits dans les stocks au 31 décembre de l'année N pour la valeur suivante (décote de 30 % appliquée sur le cours du jour à la clôture de l'exercice) :
– vin de millésime N – 1 : 150 × 100 × (100 % – 30 %) = 10 500 € ;
– vin de millésime N : 200 × 90 × (100 % – 30 %) = 12 600 €.
Pour apprécier le respect de la condition de constitution d'une épargne professionnelle pour la DEP pratiquée au titre de l'exercice N, les stocks dont le cycle de rotation est supérieur à un an sont retenus pour 14 175 €, valeur décomposée comme suit :
– vin de millésime N – 1 : 150 × [(100 – 85) × (100 % – 30 %)] = 1 575 € ;
– vin de millésime N : 200 × [90 × (100 % – 30 %)] = 12 600 €.

En cas de **vente** des stocks de fourrage ou des stocks de produits ou d'animaux dont le cycle de rotation est supérieur à un an, une quote-part du produit de la vente est inscrite au compte bancaire spécifique (no 14835) à hauteur d'un montant au moins égal à la différence entre, d'une part, 50 % du montant des déductions non encore rapportées et, d'autre part, l'épargne professionnelle totale diminuée de la part des coûts d'acquisition ou de production des stocks concernés objet de la vente réputés affectés au compte bancaire (CGI art. 73, II-1-al. 3). **14855**
Par conséquent, si à la suite de la vente d'une partie ou de la totalité des stocks de fourrage ou des stocks de produits ou d'animaux dont le cycle de rotation est supérieur à un an, l'épargne professionnelle constituée est toujours au moins égale à 50 % du montant des déductions antérieurement pratiquées et non encore rapportées, l'exploitant n'a pas à inscrire au compte courant une quote-part du produit de cette vente.
La consommation par les animaux de l'exploitant agricole du stock de fourrage qu'il a épargné n'emporte pas l'obligation pour ce dernier d'inscrire sur le compte courant une somme équivalant au coût de revient du stock ainsi consommé. En revanche, si l'épargne professionnelle devient inférieure à 50 % du montant de la DEP non encore rapportée, l'exploitant doit reprendre le montant de la DEP qui excède le double de l'épargne professionnelle. À défaut, l'exploitant agricole s'expose aux conséquences du non-respect de l'obligation relative à l'encadrement de l'épargne professionnelle (voir no 14875).

La quote-part du produit de la vente doit être inscrite sur le compte bancaire dans les six mois suivant la clôture de l'exercice et au plus tard à la date limite de dépôt de déclaration de résultats de l'exercice au cours duquel ladite vente est intervenue. Il en est ainsi même si le produit de la vente n'a pas été encaissé dans ces délais. **14860**
À défaut, la fraction de la déduction non encore rapportée qui excède le double de l'épargne professionnelle est rapportée au résultat de l'exercice concerné. Si l'exploitant ne rapporte pas cette fraction de déduction au résultat de l'exercice au titre duquel la vente est intervenue, la fraction de la DEP qui excède le double de l'épargne professionnelle doit être rapportée au résultat du premier exercice qui suit celui au titre duquel cette vente a été réalisée, majorée d'un montant égal au produit de cette somme par le taux de l'intérêt de retard prévu à l'article 1727 du CGI (BOI-BA-BASE-30-45-10 nos 210 à 230).

EXEMPLE

À la clôture de l'exercice N, un exploitant pratique une DEP pour un montant de 30 000 €.
Pour répondre à la condition d'épargne professionnelle de 15 000 €, il inscrit 10 000 € sur un compte bancaire dédié et assimile à de l'épargne monétaire une somme de 5 000 € correspondant aux coûts des stocks acquis ou produits en N.
À la clôture de l'exercice N + 1 :
– il pratique une nouvelle DEP pour un montant de 10 000 € et inscrit 5 000 € sur son compte bancaire dédié ;

14860 (suite) – le montant de ses DEP est de 40 000 € et son épargne professionnelle s'élève à 20 000 €, composée d'une épargne monétaire de 15 000 € et d'une épargne en stock de 5 000 €, soit 50 % du montant des DEP pratiquées.

Cas 1 : Vente de la totalité du stock assimilé à de l'épargne monétaire.

En N + 3, l'exploitant cède ses stocks constitués au titre de la DEP au prix de 7 000 €.

À la clôture de cet exercice, il a alors l'obligation de reconstituer son épargne professionnelle pour une somme égale à 5 000 €, prélevée sur le produit de la vente et versée sur le compte bancaire dédié. Le solde du produit de la vente, soit 2 000 €, peut être utilisé librement. À défaut du versement de la somme de 5 000 € sur le compte bancaire, la DEP est rapportée au bénéfice imposable déclaré au titre de l'année N + 3 pour un montant de 10 000 €, soit 40 000 – (15 000 × 2).

Si le prix de vente est inférieur à 5 000 €, l'intégralité du produit de la vente est inscrite au compte d'affectation. Dans ce cas, afin de respecter la condition d'épargne professionnelle de 50 % du montant des DEP non encore rapportées, l'exploitant peut affecter sur son compte bancaire dédié un montant égal à la différence entre 5 000 € et le prix de vente. À défaut, il doit rapporter au bénéfice imposable déclaré au titre de l'année un montant égal au double de cette différence. Si l'exploitant ne reconstitue pas l'épargne monétaire dans les six mois suivant la clôture de l'exercice N + 3 et au plus tard à la date limite de dépôt de déclaration de résultats de l'exercice N + 3 et ne rapporte pas la fraction de la DEP qui excède le double de l'épargne professionnelle au résultat de l'exercice N + 3, il doit alors rapporter au bénéfice imposable déclaré au titre de N + 4 le double de cette différence majoré du produit de cette somme par le taux de l'intérêt de retard prévu à l'article 1727 du CGI (n° 14875).

Cas 2 : Vente partielle du stock assimilé à de l'épargne monétaire.

En N + 3, l'exploitant cède la moitié de ses stocks constitués au titre de la DEP au prix de 3 000 €.

À la clôture de cet exercice, il a alors l'obligation de reconstituer son épargne professionnelle pour une somme égale à 2 500 € (50 % × 5 000), prélevée sur le produit de la vente et versée sur le compte bancaire dédié. L'autre moitié du stock est toujours considérée comme de l'épargne professionnelle. À défaut du versement de la somme de 2 500 € sur le compte bancaire, la DEP est rapportée au bénéfice imposable déclaré au titre de l'année N + 3 pour un montant de 5 000 €, soit 40 000 – (17 500 × 2). Si l'exploitant ne reconstitue pas l'épargne monétaire (2 500 €) dans les six mois suivant la clôture de l'exercice N + 3 et au plus tard à la date limite de dépôt de déclaration des résultats de l'exercice N + 3 et ne rapporte pas la fraction de la DEP qui excède le double de l'épargne professionnelle au résultat de l'exercice N + 3 (5 000 €), il doit alors rapporter au bénéfice imposable déclaré au titre de N + 4 la somme de 5 000 € majorée du produit de cette somme par le taux de l'intérêt de retard prévu à l'article 1727 du CGI (n° 14875).

Cas 3 : Vente du stock assimilé à de l'épargne monétaire et se rapportant à une DEP partiellement rapportée au résultat.

En N + 3, l'exploitant rapporte sa DEP pour un montant de 5 000 € pour faire face à des dépenses nécessitées par l'exercice de sa profession et il prélève une somme de 2 500 € sur le compte bancaire dédié.

À la clôture de cet exercice, le montant des DEP restantes (c'est-à-dire non encore rapportées) est de 35 000 € (30 000 € + 10 000 € – 5 000 €) et l'épargne professionnelle disponible est de 17 500 € (15 000 € + 5 000 € – 2 500 €), dont 12 500 € d'épargne monétaire et 5 000 € d'épargne en stock. Cette épargne professionnelle représente 50 % du montant des DEP non encore rapportées à la clôture de l'exercice.

En N + 4, l'exploitant vend l'intégralité de son stock de fourrages au prix de 8 500 €.

À la clôture de cet exercice, il a donc l'obligation de reconstituer son épargne professionnelle pour une somme égale à 5 000 € [((30 000 € + 10 000 € – 5 000 €) × 50 %) – (10 000 € + 5 000 € – 2 500 €)], prélevée sur le produit de la vente et versée sur le compte bancaire dédié.

> Précisions a. **L'obligation d'inscrire une quote-part du produit de la vente** des stocks à rotation lente sur le compte bancaire spécifique visé n° 14835, ne s'applique que si la vente porte sur le stock qui a permis à l'exploitant de ne pas constituer d'épargne monétaire (BOI-BA-BASE-30-45-10 n° 220).

b. L'assimilation des stocks de fourrage ou ceux dont le cycle de rotation est supérieur à un an à de l'épargne monétaire implique d'organiser un **suivi des entrées en stock et des sorties** du stock. Si l'exploitant ne tient pas une comptabilité matière ou une comptabilité analytique, la composition des stocks peut être déterminée chaque année en appliquant la règle Peps (premier entré – premier sorti). Ainsi, les ventes sont réputées porter en priorité sur les stocks de même nature acquis ou fabriqués à la date la plus ancienne. Cette règle permet de déterminer le nombre d'unités entrées à l'actif au titre de chaque exercice en imputant les sorties (ventes ou prélèvements) de l'année sur les exercices les plus anciens (BOI-BA-BASE-30-45-10 nos 250 et 260).

Assimilation de certaines créances à de l'épargne monétaire Sont assimilées à de l'épargne monétaire, les créances représentatives des **fonds qu'un exploitant agricole associé coopérateur** d'une société coopérative agricole (C. rur. art. L 521-1) **peut laisser à la disposition de la coopérative** lorsque le prix de cession de ses produits excède un prix de référence fixé par un contrat (CGI art. 73, II-1). 14865

Ces créances sont inscrites dans un compte ou un sous-compte de la nomenclature comptable de l'exploitation qui retrace exclusivement ces opérations. Le contrat conclu entre l'agriculteur et la coopérative dont il est associé doit préciser les modalités d'application de ce mécanisme.

Les **créances représentatives des délais de paiement** accordés par l'exploitant agricole à sa coopérative ne sont pas assimilées à de l'épargne monétaire (BOI-BA-BASE-30-45-10 n°s 270 à 300).

ENCADREMENT PLURIANNUEL DE L'ÉPARGNE PROFESSIONNELLE

Lorsque les **sommes épargnées** dans le cadre de la DEP **dépassent le plafond de 100 %** du montant cumulé des DEP non encore rapportées, la fraction excédentaire de l'épargne constitue alors une épargne libre qui doit être retirée du compte courant bancaire dédié ou du stock ou du montant des créances assimilé à de l'épargne monétaire. 14875

En revanche, si l'épargne professionnelle passe **sous le seuil de 50 %** du montant cumulé des DEP non encore rapportées, la fraction des déductions non encore rapportées qui excède le double de l'épargne professionnelle est rapportée au résultat de cet exercice, majorée d'un montant égal au produit de cette somme par le taux de l'intérêt de retard prévu à l'article 1727 du CGI (CGI art. 73, II-3-al. 2).

Les exploitants agricoles ne sont pas tenus de rapporter prioritairement les DEP les plus anciennes. Par conséquent, lorsque les DEP non encore rapportées excèdent le double de l'épargne professionnelle, les exploitants concernés peuvent librement choisir de rapporter les DEP les plus anciennes ou les DEP les plus récentes. Ce choix, qui constitue une décision de gestion opposable, fixe le point de départ de l'intérêt de retard (BOI-BA-BASE-30-45-10 n° 330).

CALCUL DU PLAFOND DE DÉDUCTION

La déduction pour épargne de précaution peut être pratiquée dans la limite d'un double plafond annuel (n° 14890) et pluriannuel (n° 14895). 14885

Le **montant maximum** de la déduction au titre d'un exercice donné est égal au plus faible de ces deux plafonds.

Plafond annuel La déduction pour épargne de précaution est plafonnée **en fonction du bénéfice imposable**. Pour l'impôt sur le revenu dû au titre de **2024**, ce plafond s'élève, en principe, pour un exercice de 12 mois (CGI art. 73, I) : 14890

– au montant du bénéfice s'il est inférieur à 32 608 € ;
– à 32 608 € majorés de 30 % du bénéfice dépassant cette limite, lorsqu'il est égal ou supérieur à 32 608 € et inférieur à 60 385 € ;
– à 40 942 € majorés de 20 % du bénéfice excédant 60 385 €, lorsqu'il est égal ou supérieur à 60 385 € et inférieur à 90 579 € ;
– à 46 979 € majorés de 10 % du bénéfice excédant 90 579 €, lorsqu'il est égal ou supérieur à 90 579 € et inférieur à 120 771 € ;
– à 50 000 €, lorsque le bénéfice imposable est égal ou supérieur à 120 771 € (Loi 2023-1322 du 29-12-2023 art. 94, I-A).

Ce montant est ajusté **prorata temporis** lorsque la durée de l'exercice est inférieure ou supérieure à 12 mois (début d'activité ou changement de date de clôture).

EXEMPLE

Pour un exercice de 9 mois, le plafond de la DEP pour un exploitant agricole ayant un bénéfice imposable de 65 000 € sera réduit à : (40 942 + [(65 000 € – 60 385 €) × 20 %] × 9/12 = 31 399 €.

Pour les **Gaec** et les **EARL** relevant de l'impôt sur le revenu, ces plafonds sont multipliés par le nombre d'associés exploitants, dans la limite de quatre. Le **nombre d'associés** à prendre en compte est le nombre d'associés exploitants le plus élevé existant à un moment quelconque au cours de l'exercice concerné (BOI-BA-BASE-30-45-20 n°s 140 et 160).

> **Précisions** Pour l'impôt sur le revenu dû au titre de l'année 2023 et des années suivantes, les **seuils** prévus pour le plafond annuel de la DEP devaient en principe être **réévalués chaque année**, selon le dispositif d'actualisation prévu à l'article 73, I-4 du CGI, en fonction de la variation de l'indice des prix à la consommation hors tabac constatée au titre de l'année précédente. Toutefois, pour l'**impôt sur le revenu dû au titre de 2024**, le

dispositif normal d'actualisation n'est pas applicable (Loi 2023-1322 du 29-12-2023 art. 94, IV) et le plafond de la déduction a été revalorisé de façon exceptionnelle. L'administration a d'ailleurs procédé à l'**actualisation** des seuils pour 2024 dans une mise à jour de sa base Bofip en date du 12 juin 2024 (BOI-BA-BASE-30-45-20 nº 10). Pour l'impôt sur le revenu dû au titre de **2025 et des années suivantes**, le dispositif d'actualisation prévu à l'article 73, I-4 du CGI sera à nouveau applicable aux montants ainsi revalorisés.

14895 **Plafond pluriannuel** La déduction est aussi plafonnée **en fonction du montant des déductions**. Pour les **exploitants individuels**, le plafond pluriannuel est égal à la différence positive entre 150 000 € et le montant des déductions antérieurement pratiquées et non encore rapportées au résultat imposable.

Pour les **Gaec** et les **EARL**, la somme de 150 000 € est multipliée par le nombre d'associés exploitants, dans la limite de quatre.

14900 **EXEMPLE 1**

Au titre de l'exercice 2024, un exploitant individuel réalise un bénéfice imposable de 72 000 €. Au titre des exercices antérieurs, il a pratiqué des déductions non encore rapportées à son résultat pour un montant de 120 000 €. Les plafonds suivants sont à retenir au titre de l'exercice 2024 :

– plafond annuel (en fonction du bénéfice réalisé) : 40 942 € + [(72 000 € – 60 385 €) × 20 %] = 43 265 € ;

– plafond pluriannuel (en fonction des déductions antérieures non encore rapportées) : 150 000 € – 120 000 € = 30 000 €.

La déduction maximale au titre de l'exercice 2024 s'élève à 30 000 €.

EXEMPLE 2

Au titre de l'exercice 2024, un Gaec comprenant cinq associés réalise un bénéfice imposable de 200 000 €. Au titre des exercices antérieurs, il a pratiqué des déductions non encore rapportées à son résultat pour un montant de 180 000 €. Les plafonds suivants sont à retenir au titre de l'exercice 2024 :

– plafond en fonction du bénéfice réalisé : 50 000 € × 4 = 200 000 € ;

– plafond en fonction des déductions antérieures non encore rapportées : (150 000 € × 4) – 180 000 € = 420 000 €.

La déduction maximale au titre de l'exercice 2024 s'élève à 200 000 €.

14905 **Assiette de la déduction** Le plafond de la DEP est calculé d'après le **bénéfice** soumis à l'impôt sur le revenu (au barème progressif ou à un taux réduit) **réalisé par l'exploitation** individuelle, la société ou le groupement qui pratique les déductions, sans qu'il soit tenu compte du nombre d'associés. Ce bénéfice s'entend :

– avant imputation des déficits antérieurs et de l'éventuel reliquat d'amortissements réputés différés en période déficitaire ;

– avant application du dispositif de la moyenne triennale prévu à l'article 75-0 B du CGI (nos 12100 s.) ;

– avant les réintégrations de DEP, de déduction pour investissement et de déduction pour aléas non utilisées ou ayant fait l'objet d'une utilisation non conforme à leur objet ;

– après application de l'abattement sur les bénéfices de certaines entreprises implantées dans certaines zones du territoire (bassins d'emploi à redynamiser, zones de restructuration de la défense, zones franches d'activités outre-mer) (BOI-BA-BASE-30-45-20 nº 230).

Pour les seuls **exploitants individuels**, le bénéfice s'entend également après application :

– de l'abattement en faveur des jeunes agriculteurs prévu à l'article 73 B du CGI (nos 14600 s.) ;

– du dispositif d'étalement des revenus exceptionnels prévu à l'article 75-0 A du CGI (nos 12020 s.). Dans ce cas, le bénéfice à retenir comprend par ailleurs la seule fraction du revenu exceptionnel rattachée au titre de l'exercice considéré (BOI-BA-BASE-30-45-20 nº 240).

Dans le cas des **sociétés et groupements** relevant de l'impôt sur le revenu, il est fait abstraction de ces deux derniers dispositifs (CGI art. 73 B et 75-0 A), dès lors que ces retraitements sont opérés au niveau de la quote-part de résultat revenant aux associés (BOI-BA-BASE-30-45-20 nº 350).

Lorsque les **résultats exceptionnels** correspondent aux indemnités perçues en cas d'abattage des troupeaux pour des raisons sanitaires, ceux-ci doivent être affectés à chaque exploitation à laquelle ils se rapportent (exploitation individuelle ou société ou groupement) (BOI-BA-BASE-30-45-20 nº 245).

Sont en revanche **exclus de l'assiette** de la DEP : 14910
– les revenus d'**activités accessoires** de nature commerciale ou non commerciale visées à l'article 75 du CGI (n° 9720). Il appartient donc aux exploitants agricoles de faire abstraction du résultat de ces activités, bénéficiaire ou déficitaire, pour l'appréciation du bénéfice de l'exercice qui ouvre droit, dans certaines limites, à la déduction ;
– des revenus provenant de la mise à disposition de **droits au paiement de base** (DPB) (n° 9331) ;
– des revenus provenant de la **vente de biomasse** ou de la **production d'énergie** à partir de produits ou de sous-produits majoritairement issus de l'exploitation agricole (n° 5105).

Obligations déclaratives La DEP est pratiquée de manière extra-comptable à la clôture de l'exercice sur le tableau de détermination du résultat fiscal n° 2151-SD de la liasse 2143-BA-RN pour les exploitants soumis au régime réel normal d'imposition ou n° 2139-B-SD de la liasse 2139-BA-RSI pour les exploitants agricoles soumis au régime du réel simplifié d'imposition. 14915

La DEP ne peut être accordée par voie de réclamation ni par voie de compensation à la suite d'une rectification des déclarations sur l'initiative de l'exploitant ou à la suite d'une opération de contrôle fiscal.

UTILISATION DE LA DÉDUCTION POUR ÉPARGNE DE PRÉCAUTION

Emplois autorisés Les sommes déduites au titre de la DEP peuvent être utilisées, au cours des 10 exercices suivant celui au cours duquel la déduction a été pratiquée, pour faire face à des **dépenses nécessitées par l'activité professionnelle** (CGI art. 73, II-2). Ces dépenses s'entendent de celles qui proviennent de l'activité agricole exercée à titre professionnel. 14925

Les dépenses supportées dans le cadre des **activités commerciales ou non commerciales accessoires** exercées par l'exploitant ne constituent pas un emploi conforme des sommes déduites, même lorsque les revenus de ces activités demeurent inclus dans les bénéfices agricoles. L'administration admet toutefois de ne pas remettre en cause l'utilisation de la DEP faite pour financer des **dépenses mixtes** se rapportant à des biens ou services utilisés dans le cadre de l'activité professionnelle et de l'activité non professionnelle (BOI-BA-BASE-30-45-30 n° 10).

Lorsqu'elles sont utilisées pour acquérir ou créer des **immobilisations amortissables**, la base amortissable des immobilisations considérées n'est pas réduite du montant de la déduction ainsi utilisée.

Les **dépenses afférentes à l'activité non professionnelle** ne constituent pas un emploi conforme de la DEP même si elles sont maintenues dans le résultat imposable du fait de l'application de la tolérance légale prévue à l'article 155, II-3 du CGI (n° 9008) (BOI-BA-BASE-30-45-30 n° 20).

Réintégration des sommes déduites Les DEP utilisées sont réintégrées au résultat de l'exercice au cours duquel leur utilisation est intervenue ou au résultat de l'exercice suivant. Leur **durée d'utilisation maximale** est de 10 exercices, décomptés à partir de l'exercice suivant celui au cours duquel la déduction a été pratiquée. 14930

Cette **réintégration** est opérée de manière **extra-comptable** : le montant de la réintégration est porté sur la ligne des réintégrations diverses du **tableau** de détermination **du résultat fiscal** n° 2151-SD de la liasse 2143-BA-RN pour les entreprises relevant du régime réel normal d'imposition ou n° 2139-B-SD de la liasse 2139-BA-RSI pour les entreprises relevant du régime réel simplifié d'imposition. Ce montant est par ailleurs détaillé sur un **feuillet séparé** joint à la déclaration de résultats. Sur demande du service des impôts, l'exploitant devra être en mesure d'indiquer le motif de l'utilisation de la déduction et de présenter tout document permettant d'attester son utilisation.

À défaut d'**ordre d'imputation** fixé par l'article 73 du CGI, l'exploitant peut librement déterminer l'ordre de reprise des déductions (BOI-BA-BASE-30-45-30 n° 30).

DÉDUCTION NON UTILISÉE

Déduction non utilisée en cours d'exploitation Les **sommes déduites non utilisées** au cours des 10 exercices qui suivent celui au cours duquel la déduction a été pratiquée sont **rapportées aux résultats du dixième exercice** suivant celui au titre duquel la déduction a été pratiquée (CGI art. 73, II-3). La réintégration intervient à la clôture de l'exercice d'expiration de ce délai ou au 31 décembre de l'année civile d'expiration de ce même délai en cas d'arrêté provisoire des comptes en application de l'article 37 du CGI. 14940

L'**épargne qui excède le montant des déductions** non encore rapportées constitue une épargne libre qui n'est pas autorisée et qui entraîne la réintégration des DEP antérieurement pratiquées (n° 14875).

14945 **Déduction non utilisée en cas de cessation d'activité** En cas de cessation d'activité, les sommes initialement déduites et non encore utilisées sont rapportées aux résultats de l'exercice clos à l'occasion de cet événement. De même, en cas de passage à un régime d'imposition non fondé sur le bénéfice réel (forfait forestier ou régime des micro-exploitations), les DEP non encore reprises sont rapportées au dernier résultat déterminé selon les règles du bénéfice réel.

Des dispenses de réintégration sont toutefois prévues (CGI art. 73, III et IV) :

– en cas de **transmission à titre gratuit** (succession, donation) d'une exploitation individuelle dans les conditions prévues à l'article 41 du CGI (nos 10710 s.) si le ou les bénéficiaires de cette transmission remplissent les conditions ouvrant droit à la déduction et utilisent les sommes déduites par le cédant conformément à l'objet de la DEP dans les 10 exercices qui suivent celui au titre duquel elle a été pratiquée par ce dernier ;

– en cas d'**apport d'une exploitation individuelle** à une société civile agricole, réalisé dans les conditions mentionnées à l'article 151, I octies du CGI (nos 10685 s.) si la société bénéficiaire de l'apport s'engage à utiliser les sommes déposées sur le compte conformément à leur objet dans les 10 exercices qui suivent celui au cours duquel ces déductions ont été pratiquées par l'apporteur. Pour ouvrir droit à ce dispositif, l'épargne professionnelle inscrite à l'actif de l'exploitation individuelle, qui a donné lieu ou non à une DEP, doit avoir été effectivement apportée à la société et être reprise dans sa comptabilité. Ainsi, l'épargne monétaire transmise doit être inscrite sur un compte spécifique. Par ailleurs, lorsque l'apport intervient avant que l'exploitant individuel n'ait satisfait à son obligation d'inscription de l'épargne sur le compte bancaire dans les six mois de la clôture de l'exercice de déduction, il appartient au bénéficiaire de l'apport de respecter cette obligation d'inscription. À défaut, la DEP apportée est considérée comme irrégulièrement constituée à l'issue du délai de six mois et le bénéficiaire de l'apport doit alors reprendre la DEP apportée ;

– en cas d'**opération de fusion**, d'apport partiel d'actifs ou de scission **réalisée par une société civile agricole**, dans les conditions prévues à l'article 151 octies A, I du CGI (nos 10740 s.), au profit d'une autre société civile agricole, si la société absorbante ou bénéficiaire remplit les conditions ouvrant droit à la déduction et utilise les sommes déduites par la société dans les 10 exercices qui suivent celui au titre duquel elle a été pratiquée.

Enfin, l'exploitant qui cesse son activité peut **opter pour le système du quotient** prévu à l'article 163-0 A du CGI à raison des DEP rapportées au bénéfice de l'exercice de la cessation de l'entreprise en application des dispositions de l'article 201 du CGI (n° 12005). Cette option est exclusive de l'option prévue à l'article 75-0 C du CGI qui permet, en cas de passage à l'impôt sur les sociétés, d'étaler sur cinq ans le montant de l'impôt sur le revenu résultant de la réintégration de ces déductions (nos 12160 s.).

PLUS-VALUES DE CESSION DE MATÉRIELS ROULANTS ACQUIS DEPUIS MOINS DE DEUX ANS

14955 L'application du **régime d'exonération des plus-values professionnelles** en fonction des recettes prévu à l'article 151 septies du CGI (nos 10300 s.) est exclue pour les plus-values provenant de la cession de matériels roulants acquis au cours d'un exercice au titre duquel la DEP a été rapportée et lorsque la cession intervient dans les deux ans suivant l'acquisition (CGI art. 73, II-4).

Cette mesure concerne tout véhicule ou matériel agricole à moteur, tout véhicule ou matériel agricole remorqué et toute autre remorque ou semi-remorque (tracteurs, moissonneuses-batteuses, ensileuses, machines à vendanger, chargeurs télescopiques, épandeurs à fumier, etc.).

L'exonération ne peut s'appliquer même si le montant de la DEP rapporté au résultat de l'exercice au titre duquel le bien a été acquis est inférieur au prix d'achat hors taxe du matériel roulant qui sera cédé dans un délai de deux ans à compter de son acquisition.

14960 Par exception, le **régime d'exonération** de l'article 151 septies du CGI **reste applicable** lorsque les plus-values sont réalisées à l'occasion de la cessation d'entreprise consécutive aux événements suivants :

– départ à la retraite de l'exploitant ;

– transmission à titre gratuit de l'exploitation non placée sous le régime de l'article 41 du CGI ;

– apport de l'exploitation individuelle ou d'une branche complète d'activité à une société non placé sous les régimes des articles 151 octies du CGI et 238 quindecies du CGI ;

– dissolution de la société ;

– ou décès de l'exploitant (BOI-BA-BASE-30-45-30 n° 320).

Toutefois, ces exceptions ne jouent pas lorsqu'un **lien de dépendance** au sens de l'article 39, 12 du CGI est établi entre le cessionnaire et le cédant ou entre la société bénéficiaire des apports et l'apporteur. On rappelle qu'un tel lien est réputé exister entre deux entreprises :
– lorsque l'une détient directement ou par personne interposée la majorité du capital social de l'autre ou y exerce en fait le pouvoir de décision ;
– lorsqu'elles sont placées l'une et l'autre, dans les conditions définies à l'alinéa précédent, sous le contrôle d'une même tierce entreprise (BOI-BA-BASE-30-45-30 n° 340).

D. Déduction pour investissement

Les exploitants agricoles relevant d'un **régime de bénéfice réel** ont pu pratiquer chaque année, jusqu'en 2018, une déduction pour investissement (DPI) égale à une fraction de leur bénéfice en vue de financer, dans les cinq années suivantes, l'acquisition de stocks ou de parts de sociétés coopératives agricoles (CGI art. 72 D dans sa rédaction en vigueur avant le 1-1-2019). **15000**
Compte tenu de l'instauration de la déduction pour épargne de précaution pour les exercices clos depuis le 1er janvier 2019 (n°s 14800 s.), la déduction pour investissement est abrogée. Mais les **déductions antérieurement pratiquées** et non encore rapportées au résultat du dernier exercice clos avant le 1er janvier 2019 sont utilisées et rapportées conformément aux dispositions précédemment en vigueur (Loi 2018-1317 du 28-12-2018 art. 51).

UTILISATION DE LA DÉDUCTION POUR INVESTISSEMENT

La déduction doit être utilisée au cours des **cinq exercices** qui suivent celui de sa réalisation : **15010**
– pour l'acquisition et la production de stocks de produits ou animaux dont le cycle de rotation est supérieur à un an (**stocks à rotation lente**) ;
– ou pour l'acquisition de **parts de sociétés coopératives agricoles** visées à l'article L 521-1 du Code rural et de la pêche maritime. Elle est alors réintégrée au bénéfice imposable, de façon étalée sur 10 ans, si les parts sont conservées durant toute cette période.

RÉINTÉGRATION DES SOMMES NON UTILISÉES

Les sommes non utilisées conformément à leur objet sont en principe **rapportées au résultat de la cinquième année** qui suit celle de leur déduction. Elles sont majorées de l'intérêt de retard prévu à l'article 1727 du CGI (n° 33825). **15020**
Elles ont pu toutefois faire l'objet d'une **réintégration anticipée**, totale ou partielle, si le résultat d'un exercice antérieur à N + 5 était inférieur d'au moins 40 % à la moyenne des résultats des trois exercices précédents.

> **Précisions a.** En cas de **cessation d'activité** ou de **retour au régime micro-BA**, les déductions antérieurement pratiquées et non encore affectées doivent être rapportées aux résultats de l'exercice clos à l'occasion de ces événements. Il en est de même lorsque l'adhérent d'une **coopérative agricole** se retire ou vend ses parts sociales. Toutefois, en cas d'**apport** d'une exploitation individuelle à une société civile agricole relevant de l'impôt sur le revenu réalisé dans les conditions prévues à l'article 151 octies du CGI (n°s 10685 s.), de **transmission à titre gratuit** réalisée dans les conditions prévues à l'article 41 du CGI (n°s 10710 s.) ou **d'apport d'une exploitation à un Gaec** dans les conditions de l'article 151 octies précité du CGI, aucune réintégration n'est exigée si les bénéficiaires de l'apport ou de la transmission remplissent les conditions ouvrant droit à la déduction et s'engagent à utiliser celle-ci au cours de la période de cinq exercices (CGI art. 72 D, II et III). Il en est de même en cas d'**opération de fusion**, d'apport partiel d'actifs ou de scission réalisée par une société civile agricole, dans les conditions prévues à l'article 151 octies A, I du CGI (n°s 10740 s.), au profit d'une autre société civile agricole (Loi 2021-1900 du 30-12-2021 art. 10).
> **b.** Lorsque la **cessation** est consécutive à des opérations qui entraînent un **assujettissement à l'IS**, le paiement de l'impôt sur le revenu afférent à certains revenus agricoles peut, sur demande de l'exploitant, être étalé par cinquièmes sur l'année de la cessation et les quatre années suivantes (CGI art. 75-0 C ; n°s 12160 s.). La **renonciation** d'une société de personnes à son **option pour l'IS** ou d'une EIRL pour son assimilation à une EARL ne remet pas en cause l'étalement de l'impôt sur le revenu. Ce dispositif est subordonné au respect du **règlement de minimis** applicable dans le secteur agricole (n° 14805).

E. Déduction pour aléas

15050 Afin d'inciter à la constitution d'une épargne volontaire, les exploitants agricoles soumis à un **régime réel** d'imposition ont pu pratiquer chaque année, jusqu'en 2018, une déduction pour aléas (DPA) sur leur bénéfice imposable à condition d'inscrire une somme comprise entre 50 % et 100 % du montant de cette déduction à un **compte d'affectation** auprès d'un établissement de crédit et à l'actif du bilan. Cette inscription devait être effectuée dans les six mois de la clôture de l'exercice et au plus tard à la date de dépôt de la déclaration de résultats de cet exercice (CGI art. 72 D bis dans sa rédaction en vigueur avant le 1-1-2019).

Compte tenu de l'instauration de la déduction pour épargne de précaution pour les exercices clos depuis le 1er janvier 2019 (nos 14800 s.), la déduction pour aléas est **abrogée**. Mais les déductions antérieurement pratiquées et non encore rapportées au résultat du dernier exercice clos avant le 1er janvier 2019 sont utilisées et rapportées conformément aux dispositions précédemment en vigueur (Loi 2018-1317 du 28-12-2018 art. 51).

UTILISATION DE LA DÉDUCTION POUR ALÉAS

15060 Les sommes déduites au titre de la déduction pour aléas (DPA) ainsi que leurs intérêts capitalisés non soumis à l'impôt peuvent être utilisés, au cours des sept exercices qui suivent celui au cours duquel la déduction a été pratiquée :

– au titre de chaque exercice, pour l'acquisition de **fourrages** destinés à être consommés par les animaux de l'exploitation dans les six mois qui précèdent ou qui suivent la reconnaissance d'une calamité agricole sur le canton de l'exploitation ou un canton limitrophe ;

– pour le règlement, au cours de l'exercice, des **primes** et cotisations **d'assurance** de dommage aux biens ou pour perte d'exploitation souscrite par l'exploitant. Sont notamment visés les contrats couvrant les dommages aux cultures ou la mortalité du bétail et les contrats d'assurance homme-clé (BOI-BA-BASE-30-30-20 n° 20 dans sa version en vigueur avant le 1-1-2019) ;

– au titre de l'exercice de survenance d'un **incendie** ou d'un **dommage** aux cultures ou de perte du bétail assuré, dans la limite des franchises, pour le règlement des dépenses en résultant ;

– au titre de l'exercice de survenance d'un **aléa non assuré** d'origine climatique, naturelle ou sanitaire, reconnu par une autorité administrative compétente pour le règlement des dépenses en résultant ;

– au titre de l'exercice de survenance d'un **aléa économique** qui s'entend soit d'une baisse de la valeur ajoutée de l'exercice par rapport à la moyenne des valeurs ajoutées des trois exercices précédents supérieure à 10 %, soit d'une baisse de la valeur ajoutée de l'exercice par rapport à la moyenne des valeurs ajoutées des trois derniers exercices clos avant l'exercice précédent supérieure à 15 %.

La **déduction** et les **intérêts capitalisés** utilisés pour l'un des usages visés ci-dessus sont rapportés au résultat de l'exercice au cours duquel leur utilisation est intervenue ou au résultat de l'exercice suivant. En cas de survenance d'un **aléa économique**, les sommes correspondant à la déduction pratiquée peuvent être utilisées dans la limite de la variation de valeur ajoutée ou, si elle est plus élevée, d'une somme égale à 50 % du montant cumulé des déductions non encore utilisées à la date de la clôture de l'exercice précédent la survenance de l'aléa.

RÉINTÉGRATION DES SOMMES NON UTILISÉES

15070 Les sommes déduites et leurs intérêts capitalisés **non utilisés** sont en principe rapportés au résultat du septième exercice suivant celui au cours duquel la déduction a été pratiquée, majorés de l'intérêt légal en vigueur à la date de clôture de l'exercice au cours duquel les sommes et intérêts sont rapportés au résultat.

La déduction et les intérêts capitalisés utilisés pour un **usage non conforme** à leur objet doivent être immédiatement réintégrés et majorés de l'intérêt de retard (n° 33825). En cas de **non-respect** de l'obligation de **maintien de l'épargne professionnelle** à au moins 50 % du montant des déductions non encore rapportées, la fraction de ces déductions excédant le double de l'épargne est rapportée au résultat majorée de l'intérêt de retard. Les exploitants peuvent choisir de rapporter les déductions les plus anciennes ou les plus récentes et cette décision de gestion opposable fixe le point de départ de l'intérêt de retard (BOI-BA-BASE-30-30-10 n° 220 dans sa version en vigueur avant le 1-1-2019).

15075 Les sommes inscrites au compte d'affectation sont également réintégrées en cas de **cessation d'activité** ou de **retour au régime micro-BA**. Toutefois, en cas d'**apport à une société civile agricole ou à un Gaec** réalisé dans les conditions de l'article 151 octies du CGI (nos 10685 s.) ou de **transmission à titre gratuit** réalisée dans les conditions de l'article 41 du CGI (nos 10710 s.), aucune réintégration n'est exigée si les bénéficiaires de ces opérations remplissent les conditions

ouvrant droit à la déduction et s'engagent à utiliser celle-ci au cours des sept exercices suivant celui au titre duquel la déduction a été pratiquée (CGI art. 72 D bis, II). Il en est de même en cas d'**opération de fusion**, d'apport partiel d'actifs ou de scission réalisée par une société civile agricole, dans les conditions prévues à l'article 151 octies A, I du CGI (n°s 10740 s.), au profit d'une autre société civile agricole (Loi 2021-1900 du 30-12-2021 art. 10).
En ce qui concerne les opérations entraînant **assujettissement à l'IS** : voir n°s 12160 s.

F. Crédits et réductions d'impôt

Compte tenu de l'objet des présents développements, ne sont examinés ci-après que les crédits et réductions d'impôt intéressant plus spécifiquement les exploitants agricoles. Mais ces exploitants peuvent bien entendu prétendre, notamment, au crédit d'impôt recherche (CGI art. 244 quater B), à la réduction d'impôt en faveur des versements effectués par les entreprises au profit d'œuvres ou d'organismes d'intérêt général (CGI art. 238 bis) et au crédit d'impôt famille (CGI art. 244 quater F) lorsqu'ils engagent des dépenses ouvrant droit à ces dispositifs. **15100**
Sur les avantages fiscaux pour **investissements forestiers** et pour cotisations versées aux associations syndicales autorisées réalisant des travaux pour la **prévention des incendies de forêt**, voir n°s 15330 s.

CRÉDIT D'IMPÔT EN FAVEUR DES DÉPENSES DE REMPLACEMENT POUR CONGÉS

Les **exploitants** agricoles dont l'activité exercée requiert leur **présence quotidienne** sur l'exploitation et qui, entre le 1er janvier 2006 et le 31 décembre 2024, emploient directement ou par l'intermédiaire d'un tiers du personnel en vue d'assurer leur remplacement pendant leurs congés bénéficient d'un crédit d'impôt, sous réserve que le remplacement ne fasse l'objet d'aucune prise en charge au titre d'une autre législation (CGI art. 200 undecies modifié par loi 2023-1322 du 29-12-2023 art. 50). Aucune condition tenant au **régime d'imposition** de l'exploitant n'est exigée ; les exploitants relevant du régime micro-BA ou d'un régime réel d'imposition peuvent donc bénéficier du crédit d'impôt (BOI-BA-RICI-20-50 n° 40). **15110**
Pour les dépenses engagées **à compter du 1er janvier 2024**, le crédit d'impôt est égal à 60 % (50 % auparavant) des **dépenses de personnel** ainsi engagées, dans la **limite annuelle de 17 jours** (14 jours auparavant) de remplacement. Ce taux est porté à 80 % des dépenses engagées pour assurer un remplacement pour congé en raison d'une **maladie**, d'un **accident du travail** (60 % auparavant pour ces deux cas) ou d'une **formation professionnelle**. Le **coût d'une journée** de remplacement est plafonné à 42 fois le taux horaire du minimum garanti en vigueur au 31 décembre de l'année (CGI ann. III art. 46 AZA ter). Pour 2023, le crédit d'impôt était ainsi limité à 1 205 € (application du taux de 50 %) ou à 1 446 € (application du taux de 60 %).
Le crédit d'impôt est accordé, sous les mêmes conditions et à hauteur de leur quote-part, aux **associés personnes physiques** non salariés d'une société (ou d'un groupement) au sein de laquelle ils exercent une activité agricole qui requiert leur présence quotidienne sur l'exploitation, sous réserve que le remplacement ne soit pas assuré par un autre associé (BOI-BA-RICI-20-50 n° 30). Le décompte de la limite annuelle de jours est effectué au niveau de la société (Rép. Christ : AN 7-11-2006 n° 104462 non reprise au Bofip).
Lorsque l'activité dont les revenus sont imposés dans la catégorie des bénéfices agricoles est exercée dans le cadre d'un **Gaec**, le plafond du crédit d'impôt est multiplié par le nombre d'associés que compte le groupement, dans la limite de quatre. Le **plafond du crédit d'impôt** dont bénéficie un associé de Gaec ne peut toutefois pas excéder le plafond du crédit d'impôt bénéficiant à un exploitant individuel.

EXEMPLE

Soit un Gaec avec deux associés A et B dont les activités sont éligibles au crédit d'impôt. A a pris 18 jours de congés au cours de l'année N et B 15 jours. Le plafond de crédit d'impôt est égal à 34 jours (17 × 2 associés) mais A ne pourra bénéficier du crédit d'impôt au titre de N que sur la base d'un plafond de 17 jours.

Accordé au titre de l'année au cours de laquelle les dépenses ont été engagées, le crédit d'impôt est **imputable** sur l'impôt sur le revenu après imputation des autres crédits ou réductions d'impôt dont bénéficie, le cas échéant, l'exploitant. L'**excédent** est restitué.
Pour bénéficier du crédit d'impôt, les contribuables doivent souscrire une **déclaration spéciale n° 2079-RTA-SD** disponible sur le site impots.gouv.fr (CGI ann. III art. 46 AZA quater). Ils doivent également être en mesure de présenter, à la demande de l'administration, la **copie de la facture** de la prestation de service de remplacement ou une copie du **contrat de travail** mentionnant le

coût du salaire du remplaçant et le nombre de jours de remplacement de l'exploitant, ainsi que, le cas échéant, **tout document** justifiant que le congé est lié à une formation professionnelle, un accident du travail ou une maladie pour l'application du taux de 80 %.
Le crédit d'impôt est exclu du champ d'application du **plafonnement global des avantages fiscaux** (n° 15330, Précisions).

> **Précisions a.** La condition d'exercice d'une **activité requérant la présence quotidienne** de l'exploitant est réputée satisfaite lorsque celui-ci exerce une activité d'élevage qui nécessite des travaux, des soins ou de la surveillance quotidiennement (CGI ann. III art. 46 AZA). Si l'exploitant exerce une autre activité, il doit fournir un calendrier des travaux de ses productions montrant que celles-ci nécessitent sa présence tous les jours de l'année (CGI ann. III art. 46 AZA bis).
> **b.** Lorsque le **nombre de jours de remplacement** pour congé **excède la limite** annuelle de 17 jours, l'exploitant détermine librement les jours qu'il souhaite retenir pour le calcul du crédit d'impôt, dans la limite de 17 jours. Il peut ainsi **prioriser** les jours de remplacement pour congé en raison d'une maladie, d'un accident du travail ou d'une formation professionnelle, qui ouvrent droit à un taux majoré de crédit d'impôt (BOI-BA-RICI-20-50 n° 97).
> **c.** Les **dépenses de remplacement** comprennent les rémunérations et leurs accessoires ainsi que les charges sociales, dans la mesure où celles-ci correspondent à des cotisations sociales obligatoires (CGI ann. III art. 46 AZA ter).
> **d.** Le bénéfice du crédit d'impôt est subordonné au respect du **règlement de minimis** applicable dans le secteur de l'agriculture (n° 14805).
> **e.** L'**application du taux de 80 %** peut notamment être **justifiée** par la fourniture du volet 3 de l'arrêt de travail, du certificat médical ou de l'attestation de présence produite par l'organisme de formation (BOI-BA-RICI-20-50 n° 180).

CRÉDIT D'IMPÔT POUR LA FORMATION DU CHEF D'ENTREPRISE

15115 Les entreprises agricoles imposées selon un **régime réel** peuvent bénéficier d'un crédit d'impôt au titre des dépenses exposées pour la formation de leur chef d'entreprise **jusqu'au 31 décembre 2024**. Le crédit d'impôt est égal au produit du nombre d'heures passées par le chef d'entreprise en formation (plafonné à 40 heures de formation par année civile) par le taux horaire du Smic en vigueur au 31 décembre de l'année au titre de laquelle le crédit d'impôt est calculé (CGI art. 244 quater M modifié par loi 2022-1726 du 30-12-2022 art. 46). Pour les micro-entreprises au sens européen, le montant du crédit d'impôt est doublé, sous réserve du respect de la réglementation européenne de minimis (sur les trois règlements applicables, voir n° 14805), et reste plafonné à 40 heures par année civile (BOI-BIC-RICI-10-50 n° 40).
Les **chefs d'entreprise** s'entendent des exploitants individuels, des gérants, des présidents, des administrateurs, des directeurs généraux et des membres du directoire (CGI ann. III art. 49 septies ZC).
Les **micro-entreprises** concernées par le doublement du montant du crédit d'impôt sont les entreprises employant moins de 10 salariés et dont le chiffre d'affaires annuel ou le total du bilan annuel n'excède pas 2 M€.
Le crédit d'impôt est **imputé** sur l'impôt dû au titre de l'année au cours de laquelle les heures de formation ont été suivies et l'**excédent** éventuel est restitué à l'entreprise (CGI art. 199 ter L).
Le plafond du crédit d'impôt accordé aux **Gaec** est déterminé en multipliant la limite de 40 heures de formation par le nombre d'associés chefs d'exploitation.
Les **formations** ouvrant droit au crédit d'impôt sont celles visées par l'obligation légale de participation à la formation continue, sous réserve que les dépenses correspondantes soient admises en déduction du bénéfice imposable (CGI ann. III art. 49 septies ZD).
Les **entreprises soumises à l'impôt sur le revenu** doivent déclarer le montant de leur crédit d'impôt formation des dirigeants sur la déclaration des réductions et crédits d'impôt n° 2069-RCI-SD dans les mêmes délais que la déclaration annuelle de résultats. L'entrepreneur individuel doit reporter le montant du crédit d'impôt sur sa déclaration de revenus n° 2042-C-PRO, dans la case prévue à cet effet.
Les **sociétés de personnes** qui ont engagé des dépenses ouvrant droit au crédit d'impôt ne peuvent utiliser directement ce crédit d'impôt lorsqu'elles n'ont pas opté pour leur assujettissement à l'impôt sur les sociétés (BOI-BIC-RICI-10-50 n°s 130 et 140).

CRÉDIT D'IMPÔT EN FAVEUR DE L'AGRICULTURE BIOLOGIQUE

15120 Les entreprises agricoles bénéficient d'un crédit d'impôt au titre de chacune des années **2011 à 2025** au cours desquelles au moins **40 % de leurs recettes** proviennent d'activités agricoles visées à l'article 63 du CGI (n°s 5100 s.) relevant du **mode de production biologique** conformément aux règles fixées par le règlement (UE) 2018/848 du 30 mai 2018 (CGI art. 244 quater L).

Cet avantage peut être octroyé à toutes les entreprises agricoles imposées à l'impôt sur le revenu ou à l'impôt sur les sociétés quels que soient leur mode d'exploitation (entreprise individuelle ou société) et leur régime d'imposition (régime micro-BA ou régime du bénéfice réel simplifié ou normal). Le crédit d'impôt dont sont titulaires les **sociétés de personnes** est transféré, après application du plafonnement, aux associés au prorata de leurs droits, lorsqu'ils exercent leur activité professionnelle au sein de la société.
Le crédit d'impôt **s'élève** à 4 500 €. Pour les entreprises percevant une aide à la production biologique en application du règlement (UE) 2021-2115 du 2 décembre 2021 (Loi 2023-1322 du 29-12-2023 art. 65), le total annuel des aides perçues et du crédit d'impôt ne peut excéder 5 000 €.
Lorsque l'activité est exercée dans le cadre d'un **Gaec**, le montant du crédit d'impôt est multiplié par le nombre d'associés sans pouvoir excéder quatre fois les limites mentionnées ci-dessus (CGI art. 244 quater L, II-3).
Le crédit d'impôt est **imputé** sur l'impôt sur le revenu ou sur l'impôt sur les sociétés dû au titre de l'exercice au cours duquel l'entreprise a respecté les conditions légales d'octroi du crédit d'impôt. L'**excédent** est restitué.
Pour bénéficier du crédit d'impôt, les contribuables doivent souscrire une **déclaration spéciale** (imprimé n° 2079-BIO-SD) ; les modalités de dépôt de cette déclaration varient en fonction de la qualité de leur bénéficiaire (CGI ann. III art. 49 septies ZB bis).
Le crédit d'impôt est exclu du champ d'application du **plafonnement global des avantages fiscaux** (n° 15330, Précisions).

> **Précisions** **a.** Le **seuil minimum de 40 %** est **apprécié** en fonction du rapport existant entre le montant des recettes agricoles ayant fait l'objet d'une certification en agriculture biologique et le montant de l'ensemble des recettes qui proviennent des activités agricoles visées à l'article 63 du CGI (CGI ann. III art. 49 septies Z). Il est admis que les recettes qui proviennent des activités qui ont fait l'objet d'une certification « produits en conversion vers l'agriculture biologique » soient prises en compte au numérateur de ce ratio. Les recettes accessoires qui ne trouvent pas leur origine directement dans la mise en valeur de l'exploitation ne sont pas à prendre en compte pour le calcul du ratio, quelle que soit la catégorie d'imposition dont elles relèvent (BOI-BA-RICI-20-40 n° 30).
b. Le bénéfice du crédit d'impôt est subordonné au respect de la réglementation des **aides de minimis** applicable au secteur de l'agriculture et au secteur de la pêche et de l'aquaculture (n° 14805).
c. S'agissant des **entreprises soumises à l'impôt sur les sociétés** (IS) qui ne clôturent pas leur **exercice** en même temps que l'année civile, le crédit d'impôt est imputé sur l'IS dû au titre de l'exercice clos au cours de l'année suivant celle au cours de laquelle l'entreprise est en droit de bénéficier du crédit d'impôt (CGI art. 220 M).

CRÉDIT D'IMPÔT POUR LES EXPLOITATIONS CERTIFIÉES DE HAUTE VALEUR ENVIRONNEMENTALE

Les exploitations agricoles détenant une **certification** d'exploitation à haute valeur environnementale (HVE) au sens de l'article L 611-6 du Code rural et de la pêche maritime, **délivrée** au cours des années **2022, 2023 ou 2024** (Loi 2023-1322 du 29-12-2023 art. 68), bénéficient d'un crédit d'impôt de 2 500 € (Loi 2020-1721 du 29-12-2020 art. 151). **15122**
Le crédit d'impôt est **imputable** sur l'impôt sur le revenu ou sur l'impôt sur les sociétés dû au titre de l'année d'obtention de la certification, après les prélèvements non libératoires et les autres crédits d'impôt. L'**excédent** est restitué.
Le crédit d'impôt est **cumulable** avec le crédit d'impôt prévu en faveur de l'agriculture biologique (n° 15120) ainsi qu'avec les autres aides reçues au titre de la certification HVE, dans la limite de 5 000 €.
Dans les **Gaec**, les montants de 2 500 € et 5 000 € sont multipliés par le nombre d'associés, dans la limite de quatre.

> **Précisions** **a.** Le crédit d'impôt doit être mentionné sur la **déclaration des réductions et crédits d'impôt** n° 2069-RCI-SD dans les mêmes délais que la déclaration annuelle de résultats.
b. Le bénéfice du crédit d'impôt est subordonné au respect de la réglementation des **aides de minimis** applicable au secteur de l'agriculture et au secteur de la pêche et de l'aquaculture (n° 14805).
c. Le crédit d'impôt dont sont titulaires les **sociétés de personnes** est transféré, après application du plafonnement, aux associés au prorata de leurs droits, lorsqu'ils exercent leur activité professionnelle au sein de la société.

CRÉDIT D'IMPÔT EN FAVEUR DES EXPLOITATIONS N'UTILISANT PAS DE GLYPHOSATE

15125 Les entreprises agricoles qui exercent leur activité principale dans le secteur des **cultures permanentes** ou sur des **terres arables**, au sens de l'article 4 du règlement (UE) 1307/2013 du 17 décembre 2013, et qui n'utilisent pas de produits phytopharmaceutiques contenant du glyphosate au cours des **années 2021 à 2023** bénéficient d'un crédit d'impôt (Loi 2020-1721 du 29-12-2020 art. 140 modifié par loi 2022-1726 du 30-12-2022 art. 52). Celui-ci est également accordé aux **éleveurs** exerçant une part significative de leur activité dans ces mêmes cultures (polyculteurs-éleveurs).

Le **montant** du crédit d'impôt s'élève à 2 500 €. Dans les **Gaec**, le montant du crédit d'impôt est multiplié par le nombre d'associés, dans la limite de quatre.

Le crédit d'impôt n'est **pas cumulable** avec les crédits d'impôt en faveur de l'agriculture biologique (n° 15120) ou des exploitations agricoles certifiées HVE (n° 15122). Le crédit d'impôt est **imputable** sur l'impôt sur le revenu ou sur l'impôt sur les sociétés dû au titre de l'année de non-utilisation du glyphosate, après les prélèvements non libératoires et les autres crédits d'impôt. L'**excédent** est restitué.

> **Précisions a.** Les cultures permanentes s'entendent **hors pépinières** et taillis à courte rotation et les terres arables **hors surfaces en jachère ou sous serres**.
> **b.** Le crédit d'impôt doit être mentionné sur la **déclaration des réductions et crédits d'impôt** n° 2069-RCI-SD dans les mêmes délais que la déclaration annuelle de résultats.
> **c.** Le crédit d'impôt dont sont titulaires les **sociétés de personnes** est transféré, après application du plafonnement, aux associés au prorata de leurs droits, lorsqu'ils exercent leur activité professionnelle au sein de la société.
> **d.** Pour les **exercices ne coïncidant pas avec l'année civile**, le crédit d'impôt correspondant est imputé sur l'impôt sur le revenu ou l'impôt sur les sociétés dû au titre de l'année au cours de laquelle l'exercice est clos.

CHAPITRE 8

RÉGIMES PARTICULIERS

SOMMAIRE

SECTION 1

EXPLOITATIONS FORESTIÈRES

Les revenus de la production forestière s'entendent de tous les revenus provenant de propriétés boisées, qu'il s'agisse de **bois** proprement dits, d'**aulnaies**, d'**oseraies**, de **saussaies** ou de **bois industriels**, c'est-à-dire de ceux dont l'exploitation a pour objet principal ou accessoire la récolte de produits tels que fruits, résine ou écorces (BOI-BA-CHAMP-10-10-10 n° 80). Tous ces revenus entrent dans la **catégorie des bénéfices agricoles**, même si les propriétaires se bornent à vendre les coupes de bois sur pied (CGI art. 63, al. 2). 15200

Par exception, l'imposition dans la catégorie des bénéfices agricoles est écartée dans deux hypothèses :

– lorsque la **propriété** boisée figure **à l'actif** d'une **entreprise industrielle ou commerciale** soit à titre d'immobilisation, soit en tant que stock (exemple : marchand de biens) ;

– lorsque l'exploitation de la propriété n'est que l'**accessoire d'une activité industrielle ou commerciale** (CGI art. 155 ; voir n° 5205).

> **Précisions a.** Les **entreprises d'exploitation forestière** qui achètent à des propriétaires forestiers des bois sur pied ou abattus, en vue de les revendre après leur avoir fait ou non subir des transformations, doivent être considérées du point de vue fiscal comme exerçant une activité industrielle ou commerciale imposable selon les règles des bénéfices industriels et commerciaux (CE 9-12-1985 n° 44266 : RJF 2/86 n° 149).

b. Les revenus issus de la **vente de tonnes de carbone capté** du fait d'action de boisement, reboisement ou balivages dans le cadre d'un projet forestier ayant reçu le label « Bas-Carbone » en application du décret 2018-1043 du 28 novembre 2018 sont considérés comme des revenus de la production forestière (BOI-BA-CHAMP-10-10-10 n° 80).

c. Cas particulier des activités de **transformation du bois** : voir n° 15250.

A. Imposition des revenus de la production forestière

15205 Le bénéfice agricole imposable provenant des **coupes de bois** des propriétaires de bois, oseraies, aulnaies et saussaies situés en France est déterminé selon un régime forfaitaire spécifique (CGI art. 76, 1). Pour l'impôt sur le revenu dû au titre des années 2023 et suivantes, ce régime s'applique également au bénéfice agricole provenant de la captation de carbone additionnelle réalisée dans le cadre de **projets forestiers admis au label « Bas-Carbone »**, mentionné à l'article L 121-2 du Code forestier, mis en œuvre pour assurer le boisement ou la reconstitution de peuplements forestiers dégradés (Loi 2023-1322 du 29-12-2023 art. 6).

Les bénéfices qui résultent de la **récolte de produits divers** en vue de leur vente (tels que les fruits, écorces ou résines) ou des **opérations de transformation des bois** coupés par le propriétaire lui-même ne présentant pas de caractère industriel (opérations définies n° 15250) relèvent du régime micro-BA ou du régime réel d'imposition.

CHAMP D'APPLICATION DU RÉGIME FORFAITAIRE SPÉCIFIQUE

15210 Le régime forfaitaire spécifique aux bénéfices entrant dans le champ d'application défini par l'article 76, 1 du CGI s'applique **quelle que soit l'importance des propriétés** exploitées, que les propriétaires de bois et forêts soient ou non exploitants agricoles (BOI-BA-SECT-10 n° 10).

Les **régimes réels** d'imposition (normal ou simplifié) ne sont pas applicables aux exploitants forestiers au titre des bénéfices provenant des coupes de bois, même si les intéressés possèdent, en plus de leur exploitation forestière, une **exploitation agricole proprement dite**. Il en va de même pour la détermination du bénéfice provenant de la captation de carbone additionnelle réalisée dans le cadre de projets forestiers admis au label « Bas-Carbone » mis en œuvre pour assurer le boisement ou la reconstitution de peuplements forestiers dégradés. Il n'y a dès lors pas lieu de tenir compte de ces recettes pour déterminer le régime d'imposition de l'exploitation agricole. Si les exploitants forestiers sont assujettis à un régime réel d'imposition à raison de leur exploitation agricole proprement dite, le bénéfice est déterminé en faisant abstraction des recettes et des charges de l'exploitation forestière générées par l'activité de coupe de bois et de captation de carbone additionnelle réalisée dans le cadre de projets forestiers admis au label « Bas-Carbone », mais il doit être majoré du revenu cadastral des parcelles boisées (BOI-BA-SECT-10 n° 280).

MODALITÉS D'IMPOSITION

15220 Pour les bois, oseraies, aulnaies et saussaies situés en France, le bénéfice agricole imposable provenant des coupes de bois est fixé **forfaitairement** à une somme égale au revenu ayant servi de base à la taxe foncière établie sur ces propriétés au titre de l'année de l'imposition (CGI art. 76, 1).

La **base d'imposition** de ces propriétés est donc constituée par leur revenu cadastral (y compris les majorations forfaitaires annuelles).

Ce régime s'applique également au bénéfice agricole provenant de la captation de carbone additionnelle réalisée dans le cadre de projets forestiers admis au label « Bas-Carbone ».

› Précisions a. À l'inverse des autres exploitants agricoles propriétaires des terrains qu'ils exploitent, il n'y a pas lieu d'ajouter la **rente du sol** au forfait fixé par l'article 76 du CGI.

b. Lorsque les **bois** sont **utilisés pour la chasse**, le revenu cadastral à prendre en compte est celui des parcelles ordinaires (hors droit de chasse), dès lors que la valeur locative du droit de chasse est taxée par ailleurs en tant que revenu foncier lorsque le propriétaire ne s'en réserve pas la jouissance (n°s 5300 s.).

c. Si le bénéfice de l'année 2009 n'a pas été suffisant pour permettre la déduction de l'intégralité des charges exceptionnelles résultant de la **tempête des 24 et 25 janvier 2009** (dont le montant a été fixé forfaitairement à 10 € par m^3 de bois abattu par le vent effectivement exploité en 2009 ou que le contribuable s'est engagé à exploiter en 2010 et 2011), l'excédent est déduit, le cas échéant, des bénéfices forestiers des 15 années suivantes pour les résineux et peupleraies et des 20 années suivantes pour les feuillus et autres bois (BOI-BA-SECT-10 nos 150 à 250).

d. La notion de **projets forestiers admis au label « Bas-Carbone »** s'entend des projets labellisés en application des méthodes approuvées par le ministre chargé de l'environnement dans le domaine de la forêt. À ce jour, trois méthodes ont été approuvées dans ce domaine : « boisement », « reconstitution de peuplements forestiers dégradés » et « balivage ». Seul le bénéfice agricole provenant de la captation de carbone additionnelle réalisée dans le cadre de projets labellisés en application des méthodes « boisement » et « reconstitution de peuplements forestiers dégradés » est déterminé dans les conditions exposées au premier alinéa de l'article 76 du CGI. Le bénéfice agricole provenant de projets labellisés en application de la méthode « balivage » est, quant à lui, déterminé dans les conditions de droit commun (BOI-BA-SECT-10 n° 10).

Revenus couverts par le forfait Le forfait représente uniquement le bénéfice provenant de l'exploitation des bois en vue de la **vente des coupes**. Il ne couvre pas les bénéfices résultant, dans les exploitations forestières, de la vente des **produits divers** tels que fruits, écorces ou résines. 15225

Par ailleurs, les **revenus accessoires** provenant d'**activités non agricoles** (location du droit de chasse, pêche, etc.) perçus par les exploitants forestiers ne sont pas compris dans leur bénéfice forfaitaire. Ces revenus font l'objet d'une imposition dans la catégorie fiscale correspondant à leur nature (revenus fonciers, BIC ou BNC). Pour les modalités d'imposition des revenus commerciaux et non commerciaux accessoires, voir nos 7700 s.

Plus-values de cession Si l'**activité** d'exploitation forestière est **exercée à titre professionnel** au sens de l'article 155, IV du CGI (n° 10300), les plus-values de cession de parcelles boisées relèvent du régime des plus-values professionnelles. Elles peuvent bénéficier du régime d'exonération des petites entreprises prévu par l'article 151 septies du CGI (nos 10300 s.) lorsque les recettes annuelles de l'exploitation forestière respectent les limites légales, que l'activité professionnelle est exercée depuis au moins cinq ans et que le bien cédé n'entre pas dans le champ de l'article 1594-0 G, A du CGI (voir n° 10385). 15230

Lorsque l'**activité** forestière n'est **pas exercée à titre professionnel** (voir ci-dessous, Précisions), les **plus-values** relèvent du régime des plus-values immobilières des particuliers (CGI art. 76 A).

Il en résulte notamment qu'elles peuvent bénéficier, toutes conditions étant par ailleurs remplies, de l'abattement pour durée de détention (nos 21100 s.) et de l'abattement de 10 € par année de détention et par hectare cédé (n° 21435).

> **Précisions** L'activité forestière n'est pas exercée à titre professionnel notamment lorsque le propriétaire délègue la gestion de ses terres ou confie en droit ou en fait la gestion de l'activité forestière à un tiers par l'effet d'un **mandat** ou toute **autre convention** (BOI-BA-SECT-20 n° 20).

CAS PARTICULIERS

Bois grevés d'un droit d'usage Le fait qu'une forêt soit grevée d'un droit d'usage au profit des habitants de la commune ne fait pas obstacle à l'imposition du propriétaire selon les modalités prévues à l'article 76 du CGI, mais seulement dans la mesure où ce propriétaire a **effectivement disposé des fruits** de l'exploitation. 15240

Dans le cas où le **produit des coupes est partagé** par moitié entre le propriétaire et les usagers (lesquels, en contrepartie, participent aux dépenses d'entretien de la forêt), le propriétaire est imposable à raison du bénéfice forfaitaire provenant des coupes, c'est-à-dire sur la moitié du revenu cadastral (CE 10-1-1968 n° 70523 ; BOI-BA-SECT-10 n° 120).

Bois sinistrés Dans le cas où il a été accordé un **dégrèvement** total ou partiel de la **taxe foncière** afférente à des bois sinistrés en application de l'article 1398 du CGI (voir nos 29640 s.), l'administration admet que le revenu cadastral correspondant à celui qui a servi de base au dégrèvement soit soustrait des bases d'évaluation du bénéfice agricole imposable (BOI-BA-SECT-10 n° 140). 15245

Sur les charges exceptionnelles liées à la **tempête** des **24 et 25 janvier 2009**, voir n° 15220, Précisions, c.

Propriétaire faisant subir des transformations aux bois provenant de ses forêts Lorsqu'un propriétaire ne se borne pas à abattre et à vendre les bois provenant de ses forêts mais leur fait subir des opérations de transformation (**sciage, façonnage**, fabrication de charbon de bois, etc.), la question se pose de savoir s'il demeure taxable au titre des bénéfices agricoles ou s'il doit, au contraire, être regardé comme réalisant des bénéfices industriels et commerciaux. 15250

L'article 76, 1-alinéa 3 du CGI précise que, lorsque les bois coupés par le propriétaire donnent lieu à des transformations ne présentant pas un caractère industriel, le bénéfice résultant de ces transformations sont imposés selon les **régimes micro-BA ou réel**.

Le Conseil d'État estime que ces transformations ne font pas perdre à l'activité son caractère agricole lorsqu'elles peuvent être considérées comme l'**accessoire ou** le **prolongement normal** de l'exploitation forestière (notamment CE 11-7-1930 nos 89353 et 96846 : RO 5468).

De son côté, l'administration admet que les propriétaires forestiers qui font subir des transformations aux bois provenant de leurs forêts ne doivent pas être taxés au titre des bénéfices industriels et commerciaux si les produits correspondants peuvent être utilisés comme **matières premières** dans l'agriculture ou l'industrie et ne sont pas vendus dans un **magasin de vente au détail** distinct de l'établissement principal (BOI-BA-SECT-10 n° 40).

15255 **Plantations nouvelles exonérées de taxe foncière** Les terrains ensemencés, plantés ou replantés en bois, les terrains boisés en nature de futaies ou de taillis sous futaie, autres que des peupleraies, qui ont fait l'objet d'une régénération naturelle et les terrains boisés présentant un état de futaie irrégulière en équilibre de régénération peuvent bénéficier d'une exonération de taxe foncière dans les conditions indiquées nos 29620 s.

Ces terrains bénéficient également d'un avantage en matière d'impôt sur les bénéfices.

En effet, le **bénéfice agricole** afférent aux semis, plantations ou replantations en bois ainsi qu'aux terrains boisés en nature de futaies ou de taillis sous futaie qui ont fait l'objet d'une régénération naturelle bénéficiant de l'exonération de taxe foncière susvisée est constitué par la **plus faible des deux sommes ci-après** (CGI art. 76, 3) :

– revenu servant de base à la taxe foncière établie d'après la nature de culture et le classement antérieurs aux travaux ;

– moitié du revenu servant de base à la taxe foncière qui devrait être retenu à la suite de l'exécution des travaux.

Ce régime est applicable pendant les **périodes suivantes** :

– 10 ans pour les **peupleraies** ;

– 30 ans pour les **bois résineux** ;

– 50 ans pour les **bois feuillus** et les autres espèces.

Le **point de départ** du délai de 10 ans, 30 ans ou 50 ans correspond à l'exécution des travaux de plantation, de replantation ou de semis ou à la déclaration du propriétaire auprès de l'administration fiscale de la réussite de l'opération de régénération naturelle (CGI art. 76, 3-b bis).

> **Précisions** **a. En pratique**, lorsqu'un terrain fait l'objet d'un semis, d'une plantation, d'une replantation en bois ou d'une régénération naturelle, il y a lieu :
>
> – d'abord de rechercher si les travaux en cause ouvrent droit à l'exonération de taxe foncière des propriétés non bâties ;
>
> – puis de comparer le revenu cadastral afférent à l'ancienne nature de culture à la moitié de celui qui, à défaut d'exemption, serait retenu à la suite de l'exécution des travaux.
>
> D'une manière générale :
>
> – lorsque des semis ou plantations sont effectués sur des terrains de faible valeur (landes, terres vaines et vagues), c'est le revenu cadastral de ces terrains qu'il convient de retenir dans les bases de l'impôt sur le revenu ;
>
> – en cas de replantation, la base d'imposition est, le plus souvent, constituée par la moitié du revenu cadastral nouveau.
>
> **b.** Les **délais** de 10 ans, 30 ans et 50 ans s'appliquent aux semis, plantations, replantations et opérations de régénération effectués depuis le 1er janvier 2002. Les dispositions antérieures et spécialement les délais d'application du dispositif anciennement fixés respectivement à 10 ans, 20 ans et 30 ans continuent à s'appliquer aux semis, plantations ou replantations antérieurs à 2002.

15260 **Futaies irrégulières en équilibre de régénération** Les **bénéfices** agricoles afférents aux terrains boisés présentant un état de futaie irrégulière en équilibre de régénération (nos 29620 s.) sont **diminués d'un quart pendant** les 15 années suivant la déclaration par le propriétaire de cet état (CGI art. 76, 4). Cette réduction est renouvelable.

L'application de ce régime est subordonnée à la production d'une déclaration (voir no 29624, Précisions, b).

B. Autres dispositions propres aux bois

15300 Nous étudions ci-dessous le crédit d'impôt pour investissements forestiers dont l'objectif est d'assurer la sauvegarde du patrimoine forestier national et la réduction d'impôt pour prévention des incendies de forêt.

Voir d'autre part :

– nos 29610 s. pour l'exonération de taxe foncière sur les propriétés non bâties ;

– no 29910 pour l'exonération de cotisation foncière des entreprises et, corrélativement, de cotisation sur la valeur ajoutée des entreprises ;

– nos 22240 s. pour les avantages fiscaux en matière de droits de succession et de donation sur les bois et forêts ;

– no 22252 pour les avantages fiscaux propres au compte d'investissement forestier et d'assurance (Cifa) ;

– nos 27000 s. pour le régime fiscal des groupements forestiers ;

– nos 27120 s. pour le régime fiscal des sociétés d'épargne forestière.

CRÉDIT D'IMPÔT POUR INVESTISSEMENTS FORESTIERS

Les personnes physiques fiscalement domiciliées en France qui, dans le cadre de la **gestion de leur patrimoine privé**, réalisent jusqu'au 31 décembre 2027 certaines opérations forestières peuvent bénéficier d'un crédit d'impôt (CGI art. 200 quindecies modifié par loi 2023-580 du 10-7-2023 art. 34 ; Loi 2023-1322 du 29-12-2023 art. 128). **15330**

Le crédit d'impôt **s'impute** sur le montant de l'impôt sur le revenu. Il peut donner lieu à **restitution** s'il est supérieur (d'au moins 8 €) à l'impôt dû. Le crédit d'impôt est à prendre en compte dans le calcul du **plafonnement global de certains avantages fiscaux**.

Les versements reçus par les entreprises bénéficiaires au titre des opérations forestières sont soumis à la réglementation européenne sur les **aides d'État de minimis** (n° 14805).

> **Précisions** Le **montant cumulé de certains avantages fiscaux** (déductions, réductions ou crédits d'impôt) dont bénéficie le foyer fiscal à raison de dépenses payées, d'investissements réalisés ou d'aides accordées ne peut pas procurer une réduction du montant de l'impôt sur le revenu supérieure à 10 000 € (majorés de 8 000 € pour les réductions d'impôt liées aux investissements outre-mer et aux souscriptions au capital de Sofica) (CGI art. 200-0 A). Pour une étude d'ensemble du dispositif, voir n°s 4840 s. du Mémento Fiscal.

Acquisitions Le crédit d'impôt s'applique aux acquisitions de **terrains** en nature de bois et forêts ou de terrains nus à boiser (dans un délai de trois ans) lorsque la superficie de l'unité de gestion après acquisition est d'au moins 4 hectares. **15335**

L'acquéreur doit **s'engager à conserver** les terrains pendant 15 ans et à leur appliquer, pendant la même durée, un **plan simple de gestion agréé** par le centre régional de la propriété forestière (ou, selon la surface totale des terrains possédés par l'intéressé, un autre document de gestion durable prévu par le Code forestier).

Le crédit d'impôt concerne également les souscriptions ou acquisitions en numéraire de **parts de groupements forestiers ou de sociétés d'épargne forestière** qui ont pris l'engagement de gérer pendant 15 ans les bois et forêts dont ils sont propriétaires conformément à un plan simple de gestion agréé ou à un règlement type de gestion approuvé. Ces parts doivent être conservées jusqu'au 31 décembre de la huitième année suivant la date de leur souscription ou acquisition.

Le crédit d'impôt est **accordé au titre de l'année** de réalisation de l'investissement. Il est **égal à 25 %** du prix d'acquisition des terrains ou du prix d'acquisition ou de souscription des parts (60 % seulement de ce prix pour les parts de société d'épargne forestière).

Le montant des dépenses est retenu dans la limite d'un **plafond annuel** de 6 250 € pour une personne célibataire, veuve ou divorcée et de 12 500 € pour des personnes mariées ou pacsées, soumises à une imposition commune.

Une **reprise** du crédit d'impôt est opérée lorsque le contribuable, le groupement ou la société ne respecte pas ses engagements (de conservation ou de gestion). Il en est de même en cas de dissolution du groupement forestier ou de la société d'épargne forestière ou lorsque cette dernière n'exerce pas une activité conforme à son objet. Cette reprise est effectuée au titre de l'année au cours de laquelle le manquement est intervenu.

> **Précisions a.** Pour les **acquisitions de terrains** réalisées **entre le 1er janvier et le 11 juillet 2023**, l'unité de gestion, après acquisition, devait être comprise entre 4 et 25 hectares.
>
> **b.** Les **souscriptions de parts** prises en compte s'entendent aussi bien de celles réalisées lors de la constitution du **capital initial** du groupement ou de la société que celles intervenues lors d'une **augmentation de son capital**.
>
> **c.** Le **prix d'acquisition du terrain** englobe les frais accessoires tels que honoraires de notaire, commissions aux intermédiaires, droits de mutation, etc. S'agissant de l'acquisition de terrains situés dans un massif de montagne, la base du crédit d'impôt est constituée par le prix d'acquisition de ces terrains et celui des acquisitions de terrains en nature de bois et forêts ou de terrains nus à boiser réalisées dans les trois années précédentes pour constituer l'unité de gestion concernée (BOI-IR-RICI-60-20-20 n° 1).
>
> **d.** Les **aides publiques** reçues à raison des investissements forestiers réalisés sont déduites des bases de calcul du crédit d'impôt. Elles s'entendent des soutiens financiers, remboursables ou non, accordés par une entité publique (institutions européennes, État, collectivités territoriales, établissements publics) pour le financement des opérations forestières (BOI-IR-RICI-60-20-20 n° 85). La déduction s'opère avant le plafonnement des dépenses.
>
> **e.** Les **obligations** incombant tant aux investisseurs qu'aux groupements et sociétés sont définies par les articles 46 AGH à 46 AGK de l'annexe III au CGI.

En cas d'**acquisition de terrains** boisés et forestiers ou de terrains à boiser, le contribuable doit être en mesure de présenter à la demande de l'administration une note comportant notamment l'engagement relatif à la conservation des terrains et à leur gestion.

En cas de **souscription ou** d'**acquisition de parts** :

– le groupement ou la société doit isoler dans des comptes spéciaux les parts détenues par les associés qui entendent bénéficier du crédit d'impôt et délivrer à ceux-ci une attestation relative à l'engagement de gestion. Il doit, en outre, joindre à sa déclaration de résultats un document attestant notamment de l'engagement de gestion ;

– le contribuable doit tenir à la disposition de l'administration l'engagement de conservation des parts et l'attestation délivrée par le groupement ou la société et relative à l'engagement de gestion.

Des **modèles** de justificatifs à fournir aux services fiscaux ont été établis par l'administration.

f. Aucune **reprise** n'est pratiquée (BOI-IR-RICI-60-20-20 n° 250) :

– en cas de **décès** ou d'**invalidité** relevant de la 2e ou de la 3e des catégories prévues par l'article L 341-4 du Code de la sécurité sociale ou de **licenciement** du contribuable (ou de l'un des époux ou partenaires d'un Pacs, soumis à une imposition commune) ;

– lorsque le contribuable, après une durée minimale de détention de deux ans, **apporte les terrains** à un groupement forestier ou à une société d'épargne forestière, à la condition qu'il s'engage à conserver les parts sociales reçues en contrepartie, pour la durée de détention restant à courir à la date de l'apport ;

– en cas de **donation des terrains ou des parts**, sous réserve que les bénéficiaires de la donation reprennent les engagements souscrits par le donateur pour la durée de détention restant à courir à la date de la donation.

Il en va de même lorsque le terrain acquis fait l'objet d'une **expropriation** pour cause d'utilité publique, d'un **aménagement foncier** ou d'une interdiction de reboisement postérieure à l'acquisition, ainsi qu'en cas de **mariage, divorce, conclusion d'un Pacs** ou **séparation** du contribuable (BOI-IR-RICI-60-20-20 n° 310).

15338 **Travaux forestiers** Le crédit d'impôt s'applique aux travaux forestiers **payés par le contribuable** à condition qu'il s'engage à conserver la parcelle concernée jusqu'au 31 décembre de la huitième année suivant celle des travaux et à lui appliquer, pendant la même durée, l'une des garanties de gestion durable prévues par les articles L 124-1 et L 124-3 du Code forestier ou, pour les travaux réalisés depuis le 12 juillet 2023, s'il a fait approuver un programme de coupes et de travaux par le Centre national de la propriété forestière, d'adhérer au code des bonnes pratiques sylvicoles visé à l'article L 124-2 du Code forestier.

Le crédit d'impôt s'applique également aux travaux forestiers payés par un **groupement forestier** ou une **société d'épargne forestière** dont le contribuable est membre ou par un groupement d'intérêt économique et environnemental forestier (**GIEEF**) dont le contribuable est membre, directement ou indirectement par l'intermédiaire d'un groupement forestier ou d'une société d'épargne forestière, sous les conditions suivantes :

– le contribuable prend l'engagement de conserver les parts du groupement ou de la société jusqu'au 31 décembre de la quatrième année suivant celle des travaux et, le cas échéant, le contribuable, le groupement forestier ou la société d'épargne forestière s'engage à rester membre du GIEEF pendant la même période ;

– le contribuable, le groupement ou la société prend l'engagement de conserver la parcelle concernée jusqu'au 31 décembre de la huitième année suivant celle des travaux et de lui appliquer, pendant la même durée, une des garanties de gestion durable prévues par les articles L 124-1 et L 124-3 du Code forestier.

Le crédit d'impôt est **accordé au titre de l'année** du paiement des travaux. Il est **égal à 25 %** du montant de ces travaux (ou de la fraction de ce montant correspondant aux droits du contribuable dans le groupement ou la société qui a réalisé les travaux).

Le montant des travaux est retenu dans la limite d'un **plafond annuel** de 6 250 € pour une personne célibataire, veuve ou divorcée et de 12 500 € pour des personnes mariées ou liées par un Pacs, soumises à une imposition commune.

La **fraction excédentaire** des dépenses peut être reportée sur les quatre années (ou huit années en cas de sinistre forestier) suivant celle du paiement des travaux et dans la même limite.

> **Précisions a.** Les **travaux forestiers** concernés s'entendent des travaux de plantation, de reconstitution, de renouvellement, de sauvegarde et d'amélioration des peuplements et des travaux de création et d'amélioration des dessertes (CGI ann. III art. 46 AGK). Il peut s'agir également de travaux de régénération naturelle (BOI-IR-RICI-60-10 n° 300). Les **plantations** doivent être effectuées avec des graines et des plants forestiers conformes aux prescriptions des arrêtés régionaux relatifs aux aides de l'État à l'investissement forestier. Enfin, les **dépenses**

ne doivent pas être **payées** par prélèvement sur un compte épargne assurance pour la forêt (Céaf) ou un compte d'investissement forestier et d'assurance (Cifa).
b. Les **obligations déclaratives** incombant tant aux investisseurs qu'aux groupements et sociétés sont identiques à celles exposées n° 15335, Précisions, e.
c. Sur la prise en compte des **aides publiques**, voir n° 15335, Précisions, d.
d. Les cas de **reprise** du crédit d'impôt sont similaires à ceux énumérés n° 15335.

Cotisations d'assurance Le crédit d'impôt s'applique aux cotisations versées par le contribuable, par un groupement forestier ou par une société d'épargne forestière dont le contribuable est membre dans le cadre d'un contrat d'assurance couvrant des bois et forêts, notamment contre le **risque de tempête ou d'incendie**. Les cotisations d'assurance payées par prélèvement sur un compte épargne d'assurance forestière (Céaf) ou sur un compte d'investissement forestier et d'assurance (Cifa) sont **exclues** du dispositif. 15343
Le crédit d'impôt est **égal à 76 %** des sommes versées par le contribuable ou de la fraction de la cotisation payée par le groupement forestier ou la société d'épargne forestière correspondant aux droits que le contribuable détient dans ces derniers.
Les dépenses en cause sont retenues dans la **double limite** de 15 € par hectare assuré et d'un **plafond annuel** de 6 250 € pour une personne célibataire, veuve ou divorcée et de 12 500 € pour des personnes mariées ou liées par un Pacs, soumises à une imposition commune.

> **Précisions a.** Les contribuables doivent être en mesure de présenter, à la demande de l'administration fiscale, une **attestation d'assurance** certifiant que leurs propriétés de bois et forêts sont couvertes contre le risque de tempête (CGI ann. III art. 46 AGH, II-a).
b. Sur la prise en compte des aides publiques, voir n° 15335, Précisions, d.

RÉDUCTION D'IMPÔT POUR PRÉVENTION DES INCENDIES DE FORÊT

Une réduction d'impôt est accordée au titre des **cotisations versées aux associations syndicales autorisées** ayant pour objet la réalisation de travaux de prévention en vue de la défense des forêts contre l'incendie sur des terrains inclus dans les **bois classés** en application de l'article L 132-1 du Code forestier ou dans les **massifs forestiers** visés aux articles L 133-1 et L 133-2 du même Code (CGI art. 200 decies A). 15345
La réduction d'impôt est **égale à 50 %** du montant des cotisations versées, retenu dans la **limite annuelle** de 1 000 € par foyer fiscal (soit une réduction d'impôt maximale annuelle de 500 €).
Lorsque la cotisation est versée par un groupement ou une société relevant de l'impôt sur le revenu, les **associés personnes physiques** bénéficient de la réduction d'impôt sur 50 % du montant de la cotisation retenue à proportion de leurs droits dans les bénéfices comptables de ce groupement ou cette société (BOI-IR-RICI-270 n° 130).
Le contribuable doit être en mesure de présenter, à la demande de l'administration, la **quittance de versement** de la cotisation visée par le comptable public de la commune ou du groupement de communes concerné (BOI-IR-RICI-270 n° 140).
La réduction d'impôt est exclue du champ d'application du **plafonnement global des avantages fiscaux** (n° 15330, Précisions).

SECTION 2 OBTENTEURS DE NOUVELLES VARIÉTÉS VÉGÉTALES

L'« obtention végétale » est la variété végétale nouvelle qui est créée ou découverte. Elle peut faire l'objet d'un titre appelé **« certificat d'obtention végétale »** qui s'apparente à un brevet industriel et qui confère à son titulaire un droit exclusif de produire, reproduire, conditionner aux fins de la reproduction ou de la multiplication, offrir à la vente, vendre ou commercialiser sous toute autre forme, exporter, importer ou détenir à l'une de ces fins du matériel de reproduction ou de multiplication de la variété protégée et des variétés qui en sont issues (CPI art. L 623-4). 15500
La **durée de validité** du certificat est de 25 ans à partir de sa délivrance ; elle est fixée à 30 ans pour les arbres forestiers, fruitiers ou d'ornement, pour la vigne ainsi que pour les graminées et

légumineuses fourragères pérennes, les pommes de terre et les lignées endogames utilisées pour la production de variétés hybrides (CPI art. L 623-13).
En ce qui concerne les **droits d'enregistrement** applicables en cas de cession ou de concession d'un certificat d'obtention végétale, voir n° 20450.

A. Profits réalisés par l'obtenteur de nouvelles variétés végétales

NATURE FISCALE DES PROFITS

15505 Les produits retirés par un obtenteur peuvent provenir de la vente des plantes protégées, des redevances perçues en rémunération de la concession de la licence d'exploitation du certificat d'obtention et de la cession du certificat d'obtention (BOI-BA-SECT-40 n° 10). L'article 63 du CGI confirme le **caractère agricole** par nature des produits procurés par la vente des plantes protégées et confère ce caractère aux deux autres catégories.

> **Précisions** Les produits de l'obtention, quelle que soit la qualité de leur bénéficiaire, constituent des **bénéfices industriels et commerciaux** s'ils proviennent de l'extension d'une activité industrielle ou commerciale (n° 5205). Il en serait ainsi, par exemple, des redevances perçues par un industriel à raison de la concession d'un certificat d'obtention qu'il utilise lui-même en vue d'améliorer les produits d'origine végétale qu'il incorpore dans ses fabrications (BOI-BA-SECT-40 n° 20). Dans ce cas, les recettes trouvant leur origine dans le certificat d'obtention sont prises en compte pour la détermination des bénéfices industriels et commerciaux des entreprises concernées.

MODALITÉS D'IMPOSITION DES PROFITS RÉALISÉS PAR L'OBTENTEUR DE NOUVELLES VARIÉTÉS VÉGÉTALES

15520 Aucune disposition particulière n'est prévue pour l'imposition des obtenteurs relevant du **régime micro-BA**.
Dans le cas d'une imposition d'après le régime du **bénéfice réel**, les profits retirés de l'**exploitation des certificats** sont imposés dans les conditions de droit commun des bénéfices agricoles. Toutefois, les dépenses de fonctionnement exposées dans les opérations de recherche peuvent, au choix de l'exploitant, être immobilisées ou déduites des résultats de l'année ou de l'exercice au cours duquel ces dépenses ont été exposées (CGI art. 236).
Les profits provenant de la **cession ou** de la **concession de certificats** d'obtention végétale sont imposés dans les mêmes conditions que les bénéfices réalisés par les entreprises industrielles et commerciales à l'occasion de la cession ou de la concession de brevets. Par suite, ces profits sont imposés selon les modalités de droit commun, sauf option pour l'application du régime prévu à l'article 238 du CGI. Dans cette hypothèse, les obtenteurs soumis de plein droit ou sur option à un régime réel d'imposition peuvent, sous certaines conditions, soumettre à une imposition séparée au taux réduit de 10 % le résultat net de la cession ou de la concession de certificats d'obtention végétale.

> **Précisions** Les redevances versées par une société d'intérêt collectif agricole dénommée **Sicasov** (société d'intérêt collectif agricole des sélectionneurs obtenteurs de variétés végétales) à ses membres obtenteurs pour la concession de certificats d'obtention végétale peuvent, lorsque ces obtenteurs sont soumis à un régime réel d'imposition, bénéficier des dispositions de l'article 238 du CGI (BOI-BA-SECT-40 n° 60).

B. Profits réalisés par l'acquéreur d'un certificat d'obtention végétale

NATURE FISCALE DES PROFITS

15600 Lorsque l'**acquéreur exploite lui-même** le certificat, les profits retirés de cette exploitation présentent, dans tous les cas, un caractère agricole par nature.
Lorsque l'**acquéreur cède ou concède le certificat**, il convient de distinguer selon que l'acquisition a été effectuée à titre gratuit ou à titre onéreux.

15601 **Acquisition à titre gratuit du certificat** Par analogie avec la solution retenue en matière de brevets, les produits retirés par les héritiers d'un obtenteur de la cession ou de la concession d'un certificat d'obtention végétale sont soumis à l'impôt dans la catégorie des **bénéfices agricoles** dans les mêmes conditions que ceux qui auraient été réalisés par l'obtenteur (BOI-BA-SECT-40 n° 180).

Acquisition à titre onéreux du certificat Les produits retirés de la cession ou de la concession d'un certificat d'obtention végétale acquis à titre onéreux doivent, comme pour les brevets d'invention, être considérés comme des **bénéfices industriels et commerciaux** (BOI-BA-SECT-40 n° 190). 15602

Toutefois, selon l'administration, ils doivent être rangés dans la catégorie des **bénéfices agricoles** lorsqu'ils sont réalisés par un exploitant agricole dans l'une ou l'autre des conditions suivantes :
– le certificat est cédé ou concédé après avoir été exploité par l'intéressé ;
– le certificat n'a pas été exploité par l'intéressé mais la recette provenant de la cession ou de la concession, augmentée éventuellement des autres recettes accessoires à caractère industriel, commercial ou non commercial réalisées par l'exploitant, n'excède pas les limites mentionnées à l'article 75 du CGI (voir n° 9720).

MODALITÉS D'IMPOSITION DES PROFITS RÉALISÉS PAR L'ACQUÉREUR D'UN CERTIFICAT D'OBTENTION VÉGÉTALE

Si l'acquéreur **ne relève pas d'un régime réel d'imposition**, les règles applicables sont celles du régime micro-BIC ou du régime micro-BA, selon la nature fiscale du profit (nos 15600 s.). 15610

Si l'acquéreur relève d'un **régime réel d'imposition**, les profits retirés de l'**exploitation du certificat** sont imposés selon les mêmes règles que pour l'obtenteur (n° 15520). Toutefois, il n'y a évidemment pas lieu de déduire, comme pour l'obtenteur, des frais de recherche. Mais les certificats peuvent faire l'objet d'un amortissement échelonné sur la durée de la période de protection juridique dont ils bénéficient ou sur leur durée d'utilisation si elle est inférieure.

Les profits retirés de la **cession ou** de la **concession du certificat**, qu'il s'agisse de profits industriels et commerciaux ou agricoles, sont imposés suivant les modalités indiquées n° 15520.

SECTION 3 CHEVAUX

Relèvent de plein droit de la catégorie des bénéfices agricoles les revenus qui proviennent de l'**activité d'élevage (avec sol) de chevaux** (CGI art. 63, al. 1). Par ailleurs, sont rangées dans la catégorie des bénéfices agricoles les activités de **préparation et** d'**entraînement des équidés domestiques** en vue de leur exploitation dans les activités autres que celles du spectacle (CGI art. 63, al. 4). 15900

En revanche, revêtent un caractère non agricole les profits retirés de leur activité par les **éleveurs sans sol**, les **propriétaires** de chevaux de course **non éleveurs et non entraîneurs** et les propriétaires non éleveurs et non entraîneurs **louant la carrière de leurs chevaux de course**.

L'imposition des gains perçus par les **copropriétaires de chevaux de course ou d'étalons** obéit à des règles particulières.

A. Éleveurs de chevaux

1. PRINCIPES

ACTIVITÉS CONCERNÉES

Les revenus tirés d'une activité d'**élevage avec sol** de chevaux sont imposables par nature dans la catégorie des bénéfices agricoles en application du premier alinéa de l'article 63 du CGI, l'éleveur participant au **cycle biologique de développement du cheval** – lequel, juge le Conseil d'État (CE 30-12-2009 n° 312227 ; voir ci-dessous Précisions, a), ne se limite pas à la phase de croissance du cheval (n° 5115). 15905

Il s'agit notamment des revenus retirés de la **vente de chevaux** issus de l'élevage, des activités liées à la **reproduction** de ces chevaux (vente des saillies notamment) et des redevances de mise en **location de carrière** de ces chevaux.

Il s'agit également des primes encaissées, dans la généralité des courses, par les éleveurs de chevaux gagnants ou placés, même s'ils ne leur appartiennent plus, ainsi que des **gains de course** des chevaux exploités. En effet, les éleveurs de chevaux de course exercent une profession

agricole, même lorsqu'ils engagent leurs chevaux dans des épreuves hippiques, soit directement, soit en ayant recours à un entraîneur public ou particulier.
Il s'agit enfin des revenus retirés des activités d'**enseignement** exercées avec les chevaux exploités ou de la location de ces chevaux pour la **promenade** ou le **tourisme** (avec ou sans accompagnement) (BOI-BA-CHAMP-10-20 n° 10).

> **Précisions a.** Le **cycle biologique de développement du cheval** ne se limite pas à la phase de croissance de l'animal mais peut se prolonger à l'âge adulte par des opérations visant à améliorer sa condition physique et à renforcer ses aptitudes naturelles pour le rendre conforme à sa destination, c'est-à-dire apte au dressage qui sera choisi (CE 30-12-2009 n° 312227 : RJF 4/10 n° 349).
> **b.** Les **revenus qu'un avocat tire de la vente de ses chevaux** qu'il élève sur les terres appartenant à deux sociétés civiles immobilières et dont il a la jouissance en tant qu'associé sont imposables dans la catégorie des bénéfices agricoles alors même qu'il ne consacrerait que peu de temps à la conduite de l'exploitation agricole. Il en va de même pour les revenus que lui procure l'engagement dans des courses des mêmes chevaux qu'il n'entraîne pas (CE 6-6-2007 n° 270955 : RJF 10/07 n° 1042).
> **c.** Selon l'administration, les revenus que procurent aux éleveurs le simple **gardiennage** et la **prise en pension de chevaux se situant hors du cycle de l'élevage et de la compétition** sont imposables dans la catégorie des bénéfices agricoles (BOI-BA-CHAMP-10-20 n° 40).

MODALITÉS D'IMPOSITION DES ÉLEVEURS DE CHEVAUX

15910 Les éleveurs de chevaux sont imposables, en fonction du montant de leurs recettes, selon le **régime** micro-BA ou selon un régime de bénéfice réel, dans les conditions prévues pour la généralité des exploitants agricoles. Les éleveurs peuvent également opter pour un autre régime que celui dont ils relèvent de plein droit.
Voir n°s 7000 s. (régime micro-BA), n°s 9000 s. (réel normal) et n°s 12800 s. (régime simplifié).
Nous examinons ci-après les **règles spécifiques** aux éleveurs soumis à un régime réel d'imposition et celles applicables en cas de changement de régime d'imposition.

2. QUALIFICATION COMPTABLE DES CHEVAUX

CHEVAUX ASSIMILÉS À DES IMMOBILISATIONS AMORTISSABLES

15920 Les éleveurs soumis à un régime réel (normal ou simplifié) d'imposition peuvent considérer comme des immobilisations amortissables (CGI ann. III art. 38 sexdecies D, II) :
– les chevaux utilisés comme **animaux de trait ou** affectés exclusivement à la **reproduction** (cette affectation est établie par la production de certificats de saillie) ;
– les **chevaux de course** mis à l'entraînement et âgés de deux ans au moins au sens de la réglementation des courses ainsi que, dans les mêmes conditions, les **chevaux de concours** soumis à un entraînement en vue de la compétition.
L'inscription de ces animaux parmi les immobilisations n'est pas subordonnée à la condition que le même choix soit exercé pour l'établissement de la **TVA** lorsque l'exploitant y est assujetti.
L'inscription à un compte d'immobilisation est une simple **faculté** qui s'exerce animal par animal (BOI-BA-BASE-20-10-20 n° 250).

> **Précisions a.** Les **chevaux destinés à la course** (trot ou galop) **ou à la selle**, c'est-à-dire prédisposés à pratiquer ces disciplines au regard d'une parenté et d'un pedigree établis par le livre généalogique de la race (« stud-book ») et non frappés d'inaptitude, peuvent être **inscrits** en immobilisations **dès la date de leur naissance** (BOI-BA-BASE-20-10-20 n° 230). Un **cheval devenu inapte** peut être maintenu en immobilisation s'il est conservé par son propriétaire pour être affecté exclusivement à la reproduction (BOI-BA-BASE-20-10-20 n° 390).
> **b.** Le **plan comptable** donne une définition plus large des animaux susceptibles d'être immobilisés. Lorsque des animaux sont portés à un compte d'immobilisation alors qu'ils ne peuvent être immobilisés au plan fiscal, les amortissements correspondants doivent être réintégrés pour la détermination du résultat fiscal. À noter : le plan comptable **agricole** a été abrogé pour les exercices ouverts depuis le 1er janvier 2021 et les entités à activité agricole doivent établir leurs comptes annuels conformément aux dispositions du plan comptable **général** sous réserve des adaptations relatives aux exploitations agricoles. Les critères fondés sur la destination des animaux permettant, au plan comptable, la distinction entre immobilisation et stock n'ont pas été modifiés à l'occasion de l'entrée en vigueur des nouvelles dispositions agricoles dans le plan comptable général. L'abrogation du plan comptable agricole n'a aucune incidence sur les règles fiscales en matière d'immobilisation des chevaux (Rép. Leguille-Balloy : AN 27-7-2021 n° 38503).

CHEVAUX COMPRIS DANS LES STOCKS

Les chevaux qui ne remplissent pas les conditions requises pour figurer dans les immobilisations sont obligatoirement compris dans les stocks. De plus, l'éleveur peut **renoncer à la possibilité** de considérer certains éléments de son écurie comme des immobilisations amortissables et comptabiliser tous ses chevaux en stock. 15925

3. APPRÉCIATION DES LIMITES DES RÉGIMES D'IMPOSITION

Pour l'essentiel, les **recettes à retenir** s'entendent des recettes suivantes : 15930
– ventes de chevaux inclus dans les stocks (ou de chevaux immobilisés dont le caractère d'immobilisation est remis en cause) ;
– gains de course, c'est-à-dire prix décernés à chaque épreuve aux propriétaires des chevaux qui ont remporté les premières places lorsqu'ils relèvent des bénéfices agricoles ;
– profits résultant des contrats de location de la carrière d'un cheval de course, lorsqu'ils sont imposables dans la catégorie des bénéfices agricoles ;
– primes encaissées par les éleveurs. Ces primes sont attribuées dans la généralité des courses aux éleveurs de chevaux gagnants ou placés même s'ils ne leur appartiennent plus ;
– ventes de saillies ;
– recettes de prise en pension de chevaux appartenant à des tiers ;
– recettes provenant de l'enseignement de l'équitation avec les chevaux exploités ou de la location de ces chevaux au public.

À ces recettes s'ajoutent, le cas échéant, celles provenant d'autres activités agricoles exercées dans l'exploitation (élevage, polyculture).

Les **recettes dont il est fait abstraction** sont les suivantes : 15935
– recettes procurées par la cession de chevaux qui figurent à un compte d'immobilisation (chevaux inscrits à un compte d'immobilisation en cours depuis le jour de leur naissance jusqu'à la clôture de l'exercice de leur naissance ou chevaux inscrits au compte d'immobilisation dans lequel ils ont été transférés à l'ouverture de l'exercice qui a suivi celui de leur naissance) (BOI-BA-BASE-20-10-20 n° 370) ;
– recettes accessoires qui ne présentent pas un caractère agricole.

4. DÉTERMINATION DU BÉNÉFICE

Les bénéfices des éleveurs de chevaux de course soumis à un **régime réel d'imposition** sont déterminés d'après les règles générales prévues à l'égard des exploitants agricoles. 15950

Pour l'évaluation de ces bénéfices, il y a lieu de prendre en considération toutes les recettes se rattachant à l'exploitation agricole et notamment les **gains de course**, les **primes** encaissées par les éleveurs ainsi que les **ventes de saillies**.

Quant aux profits retirés de la **vente des animaux**, ils constituent soit un bénéfice d'exploitation, soit des plus-values, suivant que ces animaux font partie des stocks ou sont assimilés à des immobilisations amortissables.

> **Précisions a.** En cas d'option pour leur immobilisation (voir n° 15920, Précisions, a), les **animaux prédisposés nés dans l'exploitation** sont inscrits à un compte d'immobilisation en cours à la date de leur naissance, puis transférés dans un compte d'immobilisation au 1er jour de l'exercice suivant (BOI-BA-BASE-20-10-20 n° 300). Ils demeurent à ce compte tant qu'ils appartiennent à l'écurie de courses ou sont utilisés comme reproducteurs. Lorsqu'ils cessent d'avoir l'une ou l'autre de ces affectations, ils doivent être inscrits au compte stock.
>
> Les mêmes principes s'appliquent aux **animaux achetés** à d'autres propriétaires.
>
> **b.** Les cessions de chevaux prévoyant un **complément de prix exigible à la première course gagnée** devraient, à notre avis, s'analyser dans tous les cas comme assorties d'une majoration de prix sous condition suspensive, qualification qui permet de différer l'imposition du complément de prix jusqu'à la réalisation de la condition. Interrogée sur ce point, l'administration a renvoyé à l'analyse de chaque cas d'espèce (Rép. Lambert : Sén. 31-8-1995 n° 10328). Il faut cependant signaler qu'une décision a estimé que la créance du complément de prix était certaine dans son principe dès la vente, et donc immédiatement imposable (TA Caen 11-10-1994 n° 92-2213).

CHEVAUX INSCRITS AU COMPTE STOCK

15955 Les chevaux inscrits au compte stock sont évalués à leur **prix de revient** à la date de l'inventaire (sauf option des exploitants soumis au régime simplifié d'imposition pour une méthode d'évaluation forfaitaire : voir n°s 12825 s.).

> **Précisions** Le prix de revient est déterminé comme suit.
>
> **Chevaux achetés** : le prix de revient est égal au prix d'achat majoré des frais accessoires d'achat (BOI-BA-BASE-20-20-20-30 n° 180) (voir n° 9566).
>
> **Chevaux nés dans l'exploitation** : pour les éleveurs qui relèvent du régime réel normal, ou du régime réel simplifié mais qui n'ont pas opté pour la méthode d'évaluation indiquée n°s 12825 s., le prix de revient peut, à notre avis, être évalué suivant la méthode forfaitaire exposée n° 9570. À défaut, le prix de revient des chevaux compris dans les stocks se décompose selon l'administration comme suit (BOI-BA-BASE-20-20-20-30 n°s 190 à 220).
>
> **L'année précédant celle de la naissance**, les frais de saillie sont virés en fin d'exercice à un compte « produits en cours ». Ils sont calculés comme suit :
>
> – lorsque l'étalon n'appartient pas à l'éleveur : les frais correspondent au prix d'achat de la saillie augmenté des frais de pension de la jument ;
>
> – lorsque l'étalon appartient à l'éleveur : les frais de saillie sont réputés égaux à une fraction de l'annuité d'amortissement de l'étalon obtenue en divisant le montant total de l'annuité par le nombre de poulinières saillies ou fécondées par l'étalon au cours de la même année ;
>
> – lorsque l'étalon est la propriété d'une indivision conventionnelle ou d'une société en participation à laquelle l'éleveur appartient : le montant des frais de saillies individuelles est égal à la quote-part de l'annuité d'amortissement de l'étalon correspondant aux droits de l'éleveur dans l'indivision ou dans la société en participation, ou pour les sociétés en participation relevant de l'article 8 quinquies du CGI, à l'amortissement du prix de revient des parts de copropriété détenues par l'éleveur. Les saillies gratuites ou supplémentaires dont bénéficie l'éleveur sont prises en compte respectivement pour leur valeur de marché et leur prix de cession.
>
> **L'année de naissance du poulain**, le prix de revient à la clôture de l'exercice s'obtient en virant au compte stock : le compte « produits en cours » ouvert à la clôture de l'exercice précédent, une annuité d'amortissement de la mère et les frais d'entretien de la mère et du poulain pendant l'année.
>
> **L'année suivante**, le prix de revient tel qu'il avait été calculé à la clôture de l'exercice précédent est ajusté pour tenir compte des frais d'entretien du poulain au cours de l'exercice (alimentation, maréchalerie, soins vétérinaires, etc.).
>
> Si, pendant cette période, le yearling est mis à l'entraînement, ces dépenses comprennent les frais d'entretien au haras plus les frais d'entraînement exposés jusqu'à ce que le poulain soit inscrit à un compte d'immobilisation (n° 15920).
>
> Si, à la clôture de l'exercice, la valeur de réalisation d'un cheval devient inférieure à son prix de revient, la **dépréciation** peut faire l'objet d'une provision ou d'une décote directe (n° 9568). Cette circonstance peut se présenter, en particulier, lorsque, au cours de l'exercice, s'est révélée une malformation rendant le poulain inapte à la compétition (BOI-BA-BASE-20-20-20-30 n° 240).
>
> L'administration conserve le droit de rectifier, sous le contrôle du juge de l'impôt, les évaluations qui lui paraissent erronées.

CHEVAUX INSCRITS À UN COMPTE D'IMMOBILISATION

15960 L'inscription à un compte d'immobilisation n'est jamais obligatoire.
Sauf remise en cause du caractère d'immobilisation, cette option a les **conséquences suivantes**.

15965 **Valeur d'inscription en immobilisation** Le **cheval né sur l'exploitation** est inscrit à un compte d'immobilisation pour sa valeur d'origine, c'est-à-dire pour son coût de production, lequel comprend l'ensemble des charges directes et indirectes qui peuvent être raisonnablement rattachées à sa production (CGI ann. III art. 38 quinquies ; n°s 66400 s.).

En pratique, et selon l'administration, le coût de production du cheval né sur l'exploitation comprend (BOI-BA-BASE-20-10-20 n° 320) :

– les **frais de saillie** engagés l'année précédant celle de sa naissance et virés en fin d'exercice à un compte de « produits en cours ». À la date de naissance du poulain, ces frais sont virés du compte « produits en cours » au compte d'« immobilisation en cours » ;

– une **annuité d'amortissement de la mère** ;

– les **frais d'entretien de la mère et du poulain**, engagés depuis respectivement la date d'ouverture de l'exercice de naissance et la date de naissance jusqu'à la date de clôture de cet exercice,

ces frais venant majorer, conformément au plan comptable général, le compte d'immobilisation en cours au fur et à mesure de leur engagement.
Au premier jour de l'exercice qui suit celui de sa naissance, le cheval est transféré du compte d'immobilisation en cours à un compte d'immobilisation pour une valeur d'inscription inchangée. Ainsi, lors de ce **transfert de compte à compte**, le prix initial d'inscription ne peut être majoré des frais engagés postérieurement à l'exercice de la naissance du poulain et à son inscription en immobilisation, tels les frais d'entretien, lesquels doivent être directement passés en charges, sous réserve du respect des conditions générales de déduction (BOI-BA-BASE-20-10-20 n° 330).

Amortissements La **base de calcul** des amortissements est constituée (BOI-BA-BASE-20-30-10-10 n° 150) : **15970**
– pour les **chevaux provenant d'autres élevages**, par le coût d'acquisition correspondant au prix d'achat minoré des remises, rabais commerciaux et escomptes de règlement obtenus et majoré des coûts directement engagés pour « la mise en état d'utilisation » du cheval, c'est-à-dire pour permettre au cheval d'être employé selon l'utilisation prévue par l'entreprise ;
– pour les **animaux nés dans l'exploitation**, par la valeur d'inscription du cheval au compte d'immobilisation au premier jour de l'exercice qui suit celui de sa naissance, telle que définie n° 15965.
Dans les deux cas, le prix de revient ainsi déterminé demeure inchangé pendant toute la durée de l'inscription du cheval au compte d'immobilisation.
L'annuité d'amortissement est obligatoirement calculée selon le **mode** linéaire (BOI-BA-BASE-20-30-10-20 n° 350).

L'administration a précisé que l'exploitant qui a choisi d'inscrire en immobilisation dès la date de leur naissance les chevaux prédisposés à la course ou à la selle et non frappés d'inaptitude (n° 15920, Précisions, a) peut appliquer une **durée d'amortissement de trois années**, peu important que ces chevaux soient nés sur l'exploitation ou acquis, ou affectés à la reproduction (BOI-BA-BASE-20-30-10-20 n°s 230 à 250). Chaque nouvel acquéreur peut donc amortir un même cheval sur cette durée de trois ans. Cette durée d'amortissement n'est admise sur le plan fiscal qu'à la condition d'être également retenue sur le plan comptable (BOI-BA-BASE-20-30-10-20 n° 260). En outre, lorsque le cheval, après une carrière de course, retourne au haras pour y être affecté à la reproduction, il n'y a pas lieu de modifier le rythme d'amortissement (BOI-BA-BASE-20-30-10-20 n° 290). Enfin, le **point de départ** de l'amortissement est fixé au premier jour de l'exercice qui suit celui de leur naissance (BOI-BA-BASE-20-30-10-20 n° 210). **15975**
À défaut d'application de cette durée de trois ans, il convient de retenir les durées fixées par l'administration qui sont directement fonction de l'utilisation du cheval (BOI-BA-BASE-20-30-10-20 n° 330) :
– la durée d'amortissement des **animaux mis à l'entraînement** est de quatre ans pour les chevaux de galop et cinq ans pour les chevaux de trot ;
– pour les chevaux cessant de participer à des épreuves sportives et retournant au haras pour y être **affectés à la reproduction**, le rythme d'amortissement doit être modifié. L'amortissement de la valeur comptable résiduelle à cette date est réparti sur cinq ans pour les étalons et sept ans pour les poulinières. Les mêmes durées d'amortissement s'appliquent aux reproducteurs achetés par un éleveur.

Plus-values Les gains réalisés par des éleveurs à l'occasion de la vente de chevaux inscrits à un compte d'immobilisation sont taxés selon les règles applicables aux plus-values de cession d'éléments d'actif (n°s 10100 s.). **15980**
Pour calculer le **délai de deux ans** qui permet de distinguer les plus-values à court terme des plus-values à long terme, il faut tenir compte de la date à laquelle le cheval a été inscrit à un compte d'immobilisation dans la comptabilité du cédant (BOI-BA-BASE-20-20-30-10 n° 50).
Ainsi, lorsque le **cheval** vendu est **né dans l'exploitation**, ce délai est décompté à partir de la date d'inscription à un compte d'immobilisation en cours, soit à compter du jour de la naissance du cheval.
Lorsque le cheval vendu est né dans l'exploitation ou a été acheté alors que l'éleveur était encore imposé sous le **régime micro-BA**, le délai de deux ans doit être apprécié à compter du jour où le cheval remplissait les conditions pour être assimilé à une immobilisation (n° 15920) ou de la date d'achat si elle est postérieure.

5. CHANGEMENT DE RÉGIME D'IMPOSITION

PASSAGE DU MICRO-BA AU BÉNÉFICE RÉEL NORMAL OU SIMPLIFIÉ

16002 C'est essentiellement l'**évaluation des chevaux** qui pose problème en cas de passage du régime micro-BA à celui du bénéfice réel. En effet, les éleveurs imposés selon le régime micro-BA n'étant astreints qu'à des obligations comptables allégées (n° 7500), il leur est parfois difficile de reconstituer le prix de revient de leurs chevaux. Pour cette raison, l'administration fiscale doit s'abstenir d'exiger des justifications détaillées ou de remettre en cause les évaluations retenues par les éleveurs lorsqu'elles paraissent raisonnables (BOI-BA-REG-40-10-10 n° 160).

16003 **Évaluation des chevaux compris dans le stock au bilan d'entrée** Ces chevaux doivent figurer dans le stock initial pour leur **prix de revient**, déterminé comme indiqué n° 15955.

Pour les éleveurs qui choisissent la **méthode forfaitaire** (n° 9570), le cours du jour auquel s'applique la décote peut notamment être apprécié en fonction soit du capital assuré, soit des cours pratiqués dans les ventes publiques. Mais la décote doit correspondre au bénéfice brut normalement susceptible d'être réalisé lors de la vente.

En cas de passage au **régime simplifié** d'imposition, l'option pour la méthode d'évaluation forfaitaire des stocks peut être exercée (voir n°s 12825 s.).

16004 **Évaluation des chevaux inscrits à un compte d'immobilisation au bilan d'entrée** Comme toutes les autres immobilisations amortissables, les chevaux susceptibles d'être immobilisés doivent être inscrits au bilan d'entrée du premier exercice dont les résultats sont déterminés d'après un régime de bénéfice réel :

– pour leur **valeur nette comptable**, à la date d'établissement de ce bilan (n°s 13240 s.) ;

– ou pour leur **valeur de réalisation** si celle-ci est inférieure à la valeur nette comptable.

C'est sur cette base que sont calculés ensuite les amortissements.

PASSAGE D'UN RÉGIME RÉEL À L'AUTRE

16005 Conformément aux règles générales exposées n°s 13900 s., c'est la **valeur** pour laquelle les chevaux figuraient dans le **bilan** de sortie **du dernier exercice clos** respectivement sous le régime simplifié ou sous le régime réel normal qui doit être retenue au bilan d'ouverture, tant pour l'évaluation des chevaux compris dans les stocks que pour l'évaluation des chevaux compris dans un compte d'immobilisation. Dans ce dernier cas, l'amortissement sera calculé d'après cette valeur et en tenant compte de la durée probable d'utilisation restant à courir (n° 15975).

Sur l'incidence de l'option pour la **méthode forfaitaire** d'évaluation des stocks exercée sous le régime simplifié ou à l'occasion du passage au régime simplifié, voir respectivement n°s 13910 et 13965.

B. Activités équestres agricoles

1. ACTIVITÉS ÉQUESTRES CONCERNÉES

16015 Relève de plein droit des bénéfices agricoles l'ensemble des revenus qui proviennent des **activités de préparation et d'entraînement des équidés domestiques**, en vue de leur exploitation dans les activités **autres que** celles du **spectacle** (CGI art. 63, al. 4).

> **Précisions** **a.** Sont seuls visés par les dispositions précitées de l'article 63 du CGI les **équidés domestiques**, c'est-à-dire les chevaux (dont les chevaux de course), poneys, mules, mulets, bardots et ânes à l'exclusion des zèbres (BOI-BA-CHAMP-10-20 n° 1).
> **b.** Les exploitants qui exercent une activité équestre et relèvent de l'**impôt sur les sociétés** ne sont pas concernés par les dispositions précitées de l'article 63 du CGI. Il en est ainsi notamment de certains centres équestres exploités sous la forme d'une société de capitaux ou d'une association (BOI-BA-CHAMP-10-20 n° 1).
> **c.** Selon l'administration, le législateur a expressément exclu les **activités liées au spectacle** de la catégorie des bénéfices agricoles quand bien même elles conduiraient à préparer ou entraîner des équidés domestiques. La circonstance que ces activités soient exercées par un éleveur de chevaux ou par un entraîneur n'a pas pour effet de les soumettre à la catégorie des bénéfices agricoles. Il s'agit notamment des activités de cirque ou des activités de dressage en vue de la réalisation de films (BOI-BA-CHAMP-10-20 n° 110).

DRESSEURS

Les revenus tirés d'une activité de dressage relèvent de la catégorie des bénéfices agricoles (à l'exclusion de ceux tirés du dressage pour le spectacle) (BOI-BA-CHAMP-10-20 n° 20). 16020

Le dressage comprend notamment :

– le **débourrage**, qui comporte le travail à la longe, le sanglage, l'habitude de la selle, un début de travail monté aux trois allures (pas, trot, galop) ;

– le **dressage proprement dit**, aux trois allures, départs et arrêts, allongements et ralentissements d'allure, voltes et travail en cercle et sur piste.

Les **gains de course** de chevaux ainsi dressés et les **prises en pension** de chevaux connexes au dressage sont également imposés dans la catégorie des bénéfices agricoles.

ENTRAÎNEURS

Les revenus tirés d'une activité d'entraînement de chevaux, par un contribuable **éleveur ou non éleveur**, relèvent de la catégorie des bénéfices agricoles. 16025

Il s'agit notamment des revenus retirés de la vente de chevaux entraînés, des activités liées à la reproduction de ces chevaux, des gains de course de ces chevaux et des redevances de mise en location de carrière de chevaux. Il s'agit également des revenus retirés des activités d'enseignement exercées avec les chevaux entraînés ou de la location de ces chevaux pour la promenade ou le tourisme (avec ou sans accompagnement).

L'imposition des revenus retirés par un entraîneur dans la catégorie des bénéfices agricoles n'est subordonnée à aucune condition particulière. Ainsi, les **entraîneurs publics**, les **éleveurs entraîneurs** et les **cavaliers professionnels** préparant et entraînant des chevaux de sport à la compétition équestre relèvent de la catégorie des bénéfices agricoles (BOI-BA-CHAMP-10-20 n° 30).

> **Précisions** **a.** Les **entraîneurs particuliers** qui sont liés au propriétaire qui les emploie par un contrat de travail ou qui, en l'absence d'un tel contrat, se trouvent dans une situation de subordination juridique vis-à-vis de leur employeur relèvent de la catégorie des traitements et salaires.

b. L'activité d'entraînement des chevaux relève de plein droit de la catégorie des **bénéfices agricoles** (CGI art. 63, al. 4). Pour le bénéfice de ce régime, cette activité n'est pas subordonnée à la détention d'une licence ou d'une autorisation d'entraîner. Cette activité peut donc être **exercée directement par le titulaire des bénéfices agricoles** ou par un **salarié de l'exploitation** (BOI-BA-CHAMP-10-20 n° 30).

c. Les profits retirés de la **prise en pension** de chevaux sont imposables dans la catégorie des bénéfices agricoles (n° 16035).

d. Les profits tirés de la **location de la carrière d'un cheval de course par un exploitant agricole** (au sens de l'article 63, 4e alinéa du CGI) soumis à un régime réel d'imposition sont considérés comme des gains de course soumis à l'impôt sur le revenu dans la catégorie des bénéfices agricoles (BOI-BA-CHAMP-10-20 n° 90).

CENTRES ÉQUESTRES

Les dispositions de l'article 63, 4e alinéa du CGI conduisent à reconnaître le caractère agricole aux revenus qu'un centre équestre retire des activités de **préparation** en vue de la participation du cheval à une compétition, de la mise à disposition du cheval à l'usage d'un cavalier ou d'un apprenti cavalier pour l'**enseignement** ainsi que des **activités sportives et de loisirs**. Il en est de même des recettes provenant des prestations de **dressage**, des **ventes** de chevaux, des commissions sur ventes de chevaux, des ventes de fumier ou des revenus de la location de chevaux pour la **promenade** ou le **tourisme** (BOI-BA-CHAMP-10-20 n° 50). 16030

> **Précisions** **a.** Les **prestations de nature commerciale** telles que la vente d'objets spécifiques à la pratique du sport équestre, la vente de denrées alimentaires, les prestations de transport, l'hébergement et la restauration des cavaliers sont imposables dans la catégorie des bénéfices industriels et commerciaux (BOI-BA-CHAMP-10-20 n° 50). Toutefois, lorsqu'elles sont exercées à titre accessoire d'une activité agricole, elles peuvent être prises en compte au titre de celle-ci dans les conditions indiquées nos 9720 s.

b. L'**enseignement** de l'équitation (monitorat, instructorat et professorat) exercé **à titre indépendant** hors exploitation d'un centre équestre relève des bénéfices non commerciaux (activité d'enseignement de l'équitation sans fourniture de cavalerie), sauf lorsqu'il existe un lien de subordination, auquel cas le professeur est imposable dans la catégorie des traitements et salaires (BOI-BA-CHAMP-10-20 n° 100).

c. Les profits retirés de la **prise en pension** de chevaux sont également imposables dans la catégorie des bénéfices agricoles (n° 16035).

PRISE EN PENSION ET GARDIENNAGE

16035 L'ensemble de l'activité de prise en pension de chevaux relève de la catégorie des bénéfices agricoles (prise en pension de chevaux au pré, en box ou en stabulation).

Il s'agit notamment de la prise en pension de chevaux exercée dans le cadre d'un **centre équestre** et de la prise en pension inhérente à l'activité de **préparation et d'entraînement des chevaux**.

Dans l'hypothèse où la prise en pension de chevaux ne s'inscrit pas dans le prolongement de l'exploitation d'un centre équestre ou d'une activité d'entraîneur (**simple gardiennage**, prise en pension se situant hors du cycle de l'élevage et de la compétition), les revenus provenant de l'activité sont également imposables dans la catégorie des bénéfices agricoles (BOI-BA-CHAMP-10-20 n° 40).

2. MODALITÉS D'IMPOSITION

16040 Les exploitants exerçant des activités de préparation et d'entraînement des équidés domestiques en vue de leur exploitation dans les activités autres que celles du spectacle sont imposables, en fonction du montant de leurs recettes, selon le régime micro-BA ou selon un régime de bénéfice réel, dans les conditions prévues pour la **généralité des exploitants agricoles**. Ils peuvent également opter pour un autre régime que celui dont ils relèvent de plein droit.

Voir nos 7000 s. (régime micro-BA), nos 9000 s. (réel normal) et nos 12800 s. (régime simplifié).

C. Activités équestres non agricoles

16045 Les activités équestres qui ne consistent pas en la préparation et l'entraînement des équidés domestiques en vue de leur exploitation (nos 16015 s.) sont exclues de la catégorie des bénéfices agricoles. Sont notamment concernés par cette exclusion les **éleveurs sans sol**, les **propriétaires** de chevaux de course **non éleveurs et non entraîneurs**, les **propriétaires louant la carrière** de leurs chevaux de course. En outre, l'article 63, 4e alinéa du CGI exclut expressément du régime des bénéfices agricoles les **activités du spectacle** (n° 16015, Précisions, c). Cette exclusion s'applique même si ces activités conduisent à préparer ou entraîner des équidés domestiques.

Les revenus provenant des activités équestres non agricoles sont alors imposés soit dans la catégorie des **bénéfices non commerciaux**, soit dans celle des **bénéfices industriels et commerciaux**.

Sur les prestations de nature commerciale des centres équestres et les activités d'enseignement de l'équitation, voir n° 16030, Précisions ; sur les entraîneurs particuliers, voir n° 16025, Précisions, a.

ÉLEVEURS SANS SOL

16050 Les éleveurs sans sol s'entendent des propriétaires qui font l'**acquisition d'une ou de plusieurs poulinières** qu'ils mettent en **pension dans un haras**. Les poulains qui viennent à naître ultérieurement sont alors soit conservés par le propriétaire pour être mis à l'entraînement, soit vendus (BOI-BA-CHAMP-10-20 n° 70). Les gains provenant de la **vente des produits de l'élevage** sont taxables dans la catégorie des bénéfices non commerciaux sur le fondement de l'article 92 du CGI.

Toutefois, lorsque les éleveurs sans sol n'exercent **aucune diligence en vue de s'aménager une source de revenus**, c'est-à-dire lorsqu'ils se bornent à confier leurs chevaux à un entraîneur, les gains de course qu'ils réalisent sont exonérés (BOI-BNC-SECT-60-10 n° 60).

Sur le régime spécifique des gains réalisés dans le cadre d'un contrat de **location de carrière d'un cheval**, voir n° 16060.

PROPRIÉTAIRES NON ÉLEVEURS NON ENTRAÎNEURS

16055 Lorsqu'un propriétaire, dans le cadre de la gestion de son patrimoine privé, laisse à un tiers, en plaçant par exemple ses chevaux en pension, le soin de les entraîner, la **vente** de ces chevaux et les **prix gagnés** par les chevaux qu'il détient relèvent des bénéfices non commerciaux. Comme dans le cas des éleveurs sans sol (n° 16050), lorsque le propriétaire d'un cheval de course non éleveur se borne à confier son cheval à un entraîneur sans exercer aucune diligence en vue de s'aménager une source de revenus, **les gains de course** qu'il réalise n'entrent pas dans le champ d'application de l'impôt sur le revenu. Seuls sont imposables dans ce cas les profits ou **plus-values** retirés de la vente des chevaux, qui sont soumis au régime des plus-values des particuliers sur biens meubles (CGI art. 150 UA) (BOI-BA-CHAMP-10-20 n° 80).

Lorsque le propriétaire dispose d'installations matérielles et de personnel lui permettant de participer à la préparation et à l'entraînement, prend à cette fin des initiatives et se livre à des contrôles, il donne à cette activité le caractère d'une **occupation lucrative** imposable dans la catégorie des bénéfices non commerciaux (CE 7-5-1980 n° 18035 : RJF 7-8/80 n° 591). C'est dans cette même catégorie que sont imposées les plus-values réalisées lors de la vente des chevaux.

> **Précisions a.** Selon l'administration, il n'y a pas lieu de limiter l'imposition des gains de course aux seuls cas où le propriétaire dispose d'installations matérielles et de personnel ; l'imposition doit être établie dans tous les cas où le **propriétaire** a une part d'**initiative** ou de **contrôle sur l'entraînement** du cheval notamment en procédant au choix, en accord avec l'entraîneur, des épreuves dans lesquelles les chevaux doivent être engagés, aux décisions d'achat ou de vente des chevaux... De manière générale, le caractère professionnel de l'**activité** s'apprécie au regard de deux critères qui doivent être réunis simultanément : l'activité doit être exercée **à titre habituel et constant** et dans un **but lucratif**. L'administration a fourni un modèle de **contrat type** par lequel le propriétaire d'un cheval de course peut confier la gestion de sa carrière à un tiers sans intervenir personnellement. Sa conclusion fournira un indice d'absence d'activité lucrative (BOI-BNC-SECT-60-10 n° 30).
b. Sur le régime spécifique des gains réalisés dans le cadre d'un contrat de **location de carrière d'un cheval**, voir n° 16060.

PROPRIÉTAIRES LOUANT LA CARRIÈRE D'UN CHEVAL DE COURSE

Le propriétaire d'un cheval de course peut, par un contrat de « location de carrière », confier à un entraîneur le soin de faire courir ce cheval. L'entraîneur prend à sa charge l'entraînement et les frais de pension et perçoit, en contrepartie, les **gains de course** (allocations, prix, primes, etc.). Il en reverse au propriétaire une fraction fixée par le contrat. **16060**
Ce contrat constitue une **location de bien meuble** dont les profits constituent en principe, pour le propriétaire, des bénéfices industriels et commerciaux. Toutefois, selon l'administration, lorsqu'ils sont réalisés par un propriétaire non éleveur non entraîneur ou par un éleveur sans sol, ces profits doivent être soumis à l'impôt sur le revenu dans la catégorie des bénéfices non commerciaux (BOI-BNC-SECT-60-10 n° 90).

D. Copropriétés de cheval de course ou d'étalon

Les simples **particuliers** qui tirent des revenus de l'exploitation de chevaux de course ou d'étalons détenus en copropriété sont imposables à ce titre dans la catégorie des **bénéfices non commerciaux** non professionnels. Si l'exploitation est déficitaire, c'est le régime des **déficits** provenant d'activités non commerciales non professionnelles qui s'applique (n° 11800, Précisions, c). **16200**
Lorsque les parts de copropriété sont inscrites à l'actif d'une **entreprise** soumise à l'impôt sur les sociétés ou d'une entreprise commerciale ou agricole dont les résultats sont imposés de plein droit selon le régime réel, les revenus des copropriétaires suivent les règles qui régissent la nature de l'activité du copropriétaire (CGI art. 238 bis K, 1-al. 1). L'imposition est ainsi établie dans la catégorie des bénéfices agricoles si les parts sont inscrites à l'actif d'une exploitation agricole soumise de plein droit à un régime réel.

COPROPRIÉTÉS DE CHEVAL DE COURSE

Le plus souvent, ces copropriétés présentent le caractère d'une **indivision conventionnelle**. Du seul fait de leur qualité de coïndivisaires, les copropriétaires sont considérés comme coexploitants. **16205**
Le résultat de l'activité de l'indivision est déterminé dans les conditions de droit commun. Ainsi, l'activité d'une indivision conventionnelle exploitant un cheval de course relève en principe de la catégorie des **bénéfices non commerciaux non professionnels**.
La détermination du résultat au niveau de l'indivision devrait avoir pour conséquence d'interdire tout **amortissement** des parts de copropriété au niveau des coïndivisaires, l'amortissement du cheval étant pratiqué dans le cadre de l'exploitation indivise. On notera toutefois que, dans le cas d'une indivision conventionnelle exploitant un étalon, l'administration a admis que le résultat de l'indivision soit déterminé avant amortissement du cheval, les parts de copropriété étant amorties au niveau de chaque copropriétaire. L'amortissement du cheval est pratiqué selon les modalités mentionnées n°s 15970 s.
L'**imposition** est établie selon les modalités exposées n° 16200.

> **Précisions a.** On rappelle que les **gains de course réalisés par les particuliers** ne sont pas taxables à l'impôt sur le revenu lorsque les contribuables ne participent pas à l'exploitation de la carrière du cheval, dont l'entretien, la préparation et l'entraînement sont intégralement assurés par un entraîneur (n° 16055). Corrélativement, les déficits éventuels ne sont pas déductibles (TA Versailles 23-1-1996 n° 88-1430 : RJF 6/96 n° 725).

b. L'administration admet qu'une **association de gestion de carrière de cheval de course** bénéficie de la transparence fiscale dès lors qu'elle ne dispose d'aucun moyen en matériel ou personnel (BOI-BNC-SECT-60-20 n° 120). L'exonération des gains de course s'applique à tous les associés qui ne font preuve d'aucune diligence dans la gestion de la carrière du cheval, alors même qu'elle comprend parmi ses membres des personnes exerçant une activité professionnelle liée aux chevaux de course (BOI-BNC-SECT-60-20 n° 210).

COPROPRIÉTÉS D'ÉTALON

16220 Les copropriétés d'étalon peuvent prendre la forme d'indivisions conventionnelles ou de sociétés en participation. Selon l'administration, elles conservent leur caractère d'**indivisions** quel que soit le **nombre de saillies** gratuites ou supplémentaires exploitées en commun par rapport au nombre de saillies individuelles (BOI-BIC-PDSTK-10-20-110-10 n° 140). Dans ce cas, la constitution du syndicat d'étalon n'entraîne la constatation de plus-values d'apport pour l'ancien propriétaire du cheval qu'à hauteur des parts cédées aux nouveaux copropriétaires. Chaque membre est imposé à hauteur de la part qui lui revient dans les résultats de l'indivision, étant précisé que l'administration admet l'amortissement des parts d'étalon au niveau de chaque coïndivisaire (voir n° 16205).

SECTION 4 ASSOCIÉS D'EXPLOITATION

16400 L'associé d'exploitation s'entend de toute personne non salariée, membre de la famille de l'exploitant et qui, âgée de 18 ans révolus et de moins de 35 ans, a pour activité principale de participer à la mise en valeur de l'exploitation (voir n° 75910).

La **rémunération** des associés d'exploitation consiste en un **intéressement** aux résultats de l'exploitation. Cet intéressement est soumis aux règles de détermination du revenu applicables aux traitements et salaires (CGI art. 77 A).

Il en résulte les conséquences suivantes.

DÉTERMINATION DU REVENU IMPOSABLE DE L'EXPLOITANT

16405 Il convient de distinguer selon le régime d'imposition de l'exploitant.

Si l'exploitant est placé sous le **régime micro-BA**, les rémunérations versées aux associés d'exploitation ne peuvent pas être déduites. En effet, l'abattement forfaitaire pratiqué est représentatif des charges (voir n° 7030, Précisions, a).

Si l'exploitant est placé sous un **régime réel**, les rémunérations allouées aux associés d'exploitation sont déductibles du bénéfice imposable dans la limite de ce résultat (CAA Douai 3-2-2000 n° 96-1337 : RJF 11/00 n° 1269).

SITUATION DE L'ASSOCIÉ D'EXPLOITATION

16420 Les sommes perçues par l'associé d'exploitation au titre de l'intéressement sont obligatoirement imposées suivant les **règles** prévues en matière de **traitements et salaires**.

Le revenu net est donc constitué par la différence entre le montant brut de l'intéressement effectivement perçu au cours de l'année d'imposition et les frais professionnels. Ces derniers peuvent être pris en compte soit de manière forfaitaire, soit pour leur montant réel (voir n° 10967).

TITRE III

Mutations de biens ruraux

GÉNÉRALITÉS

Le terme « mutation » est une notion juridique qui désigne la **transmission d'un droit** d'une personne à une autre. 17000
Lorsque cette transmission s'opère moyennant la fourniture d'une contrepartie par le nouveau titulaire du droit à l'ancien, il s'agit d'une mutation à titre onéreux ; dans le cas contraire, il y a mutation à titre gratuit.

Les **mutations à titre onéreux,** qui sont généralement constatées par un acte écrit lorsqu'elles portent sur des immeubles, peuvent avoir pour objet la transmission soit du droit de propriété (**ventes,** échanges, etc.) ou d'une partie de ce droit (nue-propriété ou usufruit), soit du droit de jouissance (**bail**). 17005
À l'inverse du droit de propriété qui est un droit réel, le droit conféré au locataire par le contrat de bail est, en principe, un droit personnel, ce qui explique qu'au regard des droits d'enregistrement les mutations de jouissance soient, en général, moins lourdement taxées que les mutations de propriété.

Les **mutations à titre gratuit,** qui procèdent d'une intention de libéralité, peuvent avoir lieu entre personnes vivantes – c'est le cas des **donations** et donations-partages – ou résulter du décès d'une personne – il s'agit des transmissions d'héritages (**successions**). 17010

CHAPITRE 1

FISCALITÉ DES BAUX RURAUX

SOMMAIRE

SECTION 1

DROITS D'ENREGISTREMENT

Certains baux écrits ou locations verbales de propriétés rurales sont soumis à publicité foncière ou à la formalité de l'enregistrement. Par ailleurs, les baux ruraux à long terme et les baux ruraux cessibles hors du cadre familial ouvrent droit à un régime de faveur en matière de droits d'enregistrement. **17015**

A. Formalités

Nous précisons ci-après les locations soumises à une obligation de **publicité** et d'enregistrement. **17020**
L'enregistrement volontaire de baux donne lieu à perception d'un droit.
L'**enregistrement** présente un **intérêt** au plan civil, notamment en conférant date certaine au bail enregistré.

BAUX ET LOCATIONS VERBALES À DURÉE LIMITÉE D'IMMEUBLES

Publicité foncière Les baux d'immeubles de **plus de 12 ans** à durée limitée sont soumis à publicité au service chargé de la publicité foncière et donnent ouverture à la **taxe de publicité foncière** au taux global de 0,71498 % (impositions additionnelles incluses), liquidée sur le prix exprimé, augmenté des charges, pour toute la durée du bail (CGI art. 742), limitée toutefois à vingt années (BOI-ENR-JOMI-10 n° 80). **17025**
Lorsque le bail est soumis à la TVA, il est fait abstraction de cette taxe pour le calcul de la taxe de publicité foncière.

Sont notamment **exonérés** de la taxe de publicité foncière :
– les baux ruraux à long terme et les baux ruraux cessibles hors du cadre familial (CGI art. 743, 2° et 4°) ainsi que les cessions de ces baux (voir n° 17105) ;
– les baux à construction (CGI art. 743, 1°) ainsi que les baux emphytéotiques concourant à la production d'immeubles et les baux réels immobiliers visés aux articles L 254-1 et suivants du CCH consentis à un preneur avec obligation de construire (BOI-ENR-JOMI-10 n° 150) ;
– les baux réels solidaires conclus en application des dispositions de l'article L 255-3 du CCH (CGI art. 743, 5°). Il s'agit des baux réels solidaires conclus par l'organisme de foncier solidaire (OFS) en vue de la réalisation de logements destinés à des ménages de condition modeste ;
– les baux de plus de douze ans à durée limitée publiés en vue de l'application de la législation sur les habitations à loyer modéré (CGI art. 743, 6° issu de loi 2023-1322 du 29-12-2023, applicable aux baux conclus depuis le 1-1-2024) ;
– sur délibération du conseil départemental, les baux à réhabilitation (CGI art. 1594 J).

17030 **Enregistrement des baux et locations verbales** Les baux écrits à durée limitée d'immeubles sont **dispensés de la formalité** de l'enregistrement. Les locations verbales de ces mêmes biens n'ont pas à être déclarées au titre des droits d'enregistrement.
La **présentation volontaire** à la formalité d'un acte constatant un bail à durée limitée d'immeuble donne ouverture à un droit fixe de 25 € (CGI art. 739).
Si les baux sont rédigés par un notaire en la **forme authentique,** ils sont en principe obligatoirement soumis à la formalité de l'enregistrement, éventuellement dans le cadre de la formalité fusionnée.
Les **cessions, subrogations, rétrocessions et résiliations de baux à durée limitée** de biens de toute nature, présentées à la formalité, sont passibles d'un droit fixe de 125 € (CGI art. 738, 1°).
La cession d'un bail ne doit pas être confondue avec celle du **droit au bail,** qui supporte en principe un droit progressif (CGI art. 725).

BAUX À DURÉE ILLIMITÉE OU À VIE D'IMMEUBLES

17040 Les baux à vie ou à durée illimitée sont **assimilés aux ventes** des biens qui en font l'objet. Ils sont soumis aux mêmes impositions que les ventes des mêmes biens (CGI art. 744, I). Les baux écrits à durée illimitée ou à vie d'immeubles doivent obligatoirement être enregistrés dans le mois de leur date (CGI art. 635, 1-4°).
Les **locations verbales** de ces mêmes biens doivent être déclarées dans le mois de l'entrée en jouissance (CGI art. 640).
Pour les baux à durée illimitée, la **valeur servant de base** à l'impôt est de vingt fois la rente ou le prix annuel augmenté des charges. Pour les baux à vie, elle est de dix fois la même somme. Si le prix en est stipulé payable en nature ou sur la base du cours de certains produits, le droit est liquidé d'après la valeur des produits au jour du contrat déterminée par une déclaration estimative des parties. La perception effectuée sur cette base est définitive (BOI-ENR-JOMI-10 n° 230).
Les **cessions, résiliations et rétrocessions** de baux à vie ou à durée illimitée d'immeubles donnent ouverture au droit d'enregistrement dans les mêmes conditions que les baux eux-mêmes (BOI précité n° 260).

BAUX DE PÊCHE ET DE CHASSE

17045 Quelle que soit leur **durée,** les locations de droits de chasse ou de droits de pêche sont dispensées de la formalité de l'enregistrement. La **présentation volontaire** à la formalité de ces actes donne ouverture à un droit fixe de 125 € (CGI art. 680). Il en est de même de la présentation à la formalité des **cessions, subrogations, rétrocessions et résiliations** de baux à durée illimitée de droits de chasse ou de pêche (BOI-ENR-JOMI-30 n° 550). Les cessions, subrogations, rétrocessions et résiliations des baux à durée limitée de droits de chasse ou de pêche, présentées volontairement à la formalité, sont soumises à un droit fixe de 125 € (CGI art. 738, 1°).

BAUX EMPHYTÉOTIQUES

17050 L'**acte constitutif** d'un bail emphytéotique est soumis à la taxe de publicité foncière au taux global de 0,71498 % (impositions additionnelles incluses), lors de sa publication au fichier immobilier (CGI art. 689), sauf lorsqu'il concourt à la production d'immeubles (dans ce cas, il est assujetti, sur option, à la TVA selon les règles applicables aux baux à construction et, par suite, exonéré de la taxe de publicité foncière).

Les **cessions des droits** du bailleur et du preneur d'un bail emphytéotique sont soumises au régime fiscal des mutations d'immeubles (CGI art. 1378 bis).
Les **résiliations et résolutions** volontaires de baux emphytéotiques ne donnent ouverture qu'au droit fixe de 125 € (BOI-ENR-JOMI-30 n° 100).

B. Baux à long terme et baux cessibles hors cadre familial

17100 Les biens loués par bail rural à long terme ou par bail rural cessible hors du cadre familial ouvrent droit aux **avantages fiscaux** suivants :
– une exonération de taxe de publicité foncière ;
– une exonération partielle de droits de succession ou de donation lors de leur transmission à titre gratuit ;
– une exonération partielle ou totale d'impôt sur la fortune immobilière (nos 30615 s.).
Par ailleurs, l'acquisition d'un immeuble rural dont l'acquéreur s'engage à le donner à bail à long terme ou à bail cessible hors du cadre familial ouvre droit à un taux réduit du droit de vente d'immeuble sous certaines conditions (voir nos 18850 s.).
D'une manière générale, l'octroi de ces avantages fiscaux est lié au respect du régime juridique de ces baux.

1. TAXE DE PUBLICITÉ FONCIÈRE

17105 Les baux ruraux à long terme et les baux ruraux cessibles hors du cadre familial étant conclus obligatoirement pour une durée supérieure à 12 ans, ils sont soumis de plein droit à publicité foncière (voir n° 17025). Toutefois, ils sont expressément **exonérés** de la taxe de publicité foncière (CGI art. 743, 2° et 4°).
Cette exonération de taxe s'applique à toutes les opérations juridiques portant sur ces baux et notamment à leur cession.
L'accomplissement de la formalité de publicité foncière donne lieu à la seule perception de la **contribution de sécurité immobilière.** Cette contribution est liquidée, en principe, au taux unique de 0,10 % avec un minimum de perception de 15 € par acte publié (CGI art. 881 K et 881 M, b).
Selon l'administration, l'**absence de publication** du bail au service de la publicité foncière n'est pas de nature à priver le donataire ou l'héritier de l'exonération partielle de droits de succession ou de donation (BOI-ENR-DMTG-10-20-30-20 n° 350).

2. DROITS DE SUCCESSION OU DE DONATION

17200 La transmission à titre gratuit d'un bien donné à bail à long terme ou à bail cessible hors du cadre familial ouvre droit à une **exonération partielle** de droits de succession ou de donation à la **condition** que le bénéficiaire reste propriétaire des biens pendant au moins cinq ou dix ans.
Pour les donations intervenues au profit du preneur ou d'un de ses proches parents, l'exonération ne s'applique que si le bail a été consenti depuis deux ans au moins à la date de la donation (CGI art. 793, 2-3° et 1-4° et 793 bis).

a. Conditions d'application de l'exonération

17205 L'exonération partielle de droits de mutation à titre gratuit est subordonnée aux conditions suivantes : le bien transmis doit constituer un bien rural ; il doit faire l'objet d'un bail à long terme ou d'un bail cessible hors du cadre familial au jour de la transmission ; en cas de donation au preneur, l'ancienneté du bail doit être au minimum de deux ans ; enfin, les biens transmis doivent rester la propriété des héritiers ou donataires pendant au moins cinq ou dix ans.

BIEN RURAL

17210 Le bail à long terme et le bail cessible hors du cadre familial ne sont susceptibles de s'appliquer qu'aux biens ruraux et seuls ces biens peuvent bénéficier de l'exonération partielle de droits de mutation à titre gratuit.
Constitue un bien rural l'immeuble principalement affecté à la **production de récoltes** agricoles ou de fruits naturels ou artificiels : prairies, terres labourables ou vignobles. Présentent également le caractère de biens ruraux les **bâtiments d'exploitation** et ceux destinés à l'habitation de

l'exploitant ou du personnel qui constituent un même ensemble, une unité économique. Par ailleurs, ces biens peuvent comprendre des immeubles par nature et des immeubles par destination (BOI-ENR-DMTG-10-20-30-20 n° 40).

> **Précisions** **a.** Les **terres** mises **en jachère** conservent leur qualification de biens ruraux. Dès lors, l'exonération partielle de droits de mutation à titre gratuit leur est applicable si elles sont incluses ou maintenues dans le bail (Rép. Valleix : AN 16-11-1992 n° 61577 non reprise au Bofip mais qui reste pertinente).
> **b.** Lorsque le bien loué a fait l'objet d'une **expropriation** avant l'ouverture de la succession, le régime fiscal de faveur ne peut être reporté sur l'indemnité d'expropriation (Rép. Micaux : AN 7-6-1982 n° 13302 non reprise au Bofip mais qui reste pertinente).
> **c.** L'exonération prévue à l'article 793, 2-3° du CGI ne peut s'appliquer qu'aux transmissions à titre gratuit portant directement sur des biens ruraux à l'exclusion, notamment, de celles ayant pour objet des **parts de sociétés** représentatives de tels biens (Rép. Blary : AN 16-11-1973 n° 4958 non reprise au Bofip mais qui reste pertinente).

CARACTÉRISTIQUES DU BAIL

17220 **Nature du bail** Seuls les biens donnés à **bail à long terme** dans les conditions prévues aux articles L 416-1 à L 416-9 du Code rural et de la pêche maritime ou à **bail cessible hors du cadre familial** dans les conditions prévues aux articles L 418-1 à L 418-5 du même Code sont susceptibles de bénéficier du régime de faveur.

L'administration fiscale exige donc qu'il s'agisse d'un bail présentant les caractéristiques définies n°s 75050 s. (pour les baux cessibles hors cadre familial) et n°s 75200 s. (pour les baux ruraux à long terme). Il n'y a pas lieu de distinguer selon qu'il s'agit d'un bail à ferme, à métayage, à domaine congéable (sauf en ce qui concerne les édifices et superficies, dès lors qu'ils appartiennent au domanier) ou encore d'un bail de carrière.

> **Précisions** **a.** L'application de l'exonération n'est pas subordonnée à la condition que, lors de la conclusion du bail, le preneur n'ait pas dépassé l'**âge de la retraite** (Cass. com. 10-6-1997 n° 1503 P : RJF 11/97 n° 1068).
> **b.** Le régime de faveur peut bénéficier non seulement aux **transmissions** faites par le bailleur lui-même, mais également à celles réalisées **par le nu-propriétaire** du bien donné à bail alors même qu'il n'a pas la qualité de bailleur (Cass. com. 13-5-1997 n° 1217 P : RJF 8-9/97 n° 860).
> **c.** La **cession du bail** par le preneur à son conjoint ou à ses descendants (n°s 74110 s.) ne prive pas les héritiers ou les donataires du bénéfice du régime de faveur.
> **d.** Les dispositions combinées des articles L 411-1 et L 411-2 du Code rural et de la pêche maritime (voir n°s 73540 s.) n'interdisent pas de consentir un bail rural à long terme soumis au statut du fermage dans le cas de **biens mis à la disposition d'une société par une personne qui participe effectivement à leur exploitation** au sein de cette société, les parties pouvant soumettre librement leur convention au statut du fermage. Dès lors, un tel bail permet de bénéficier du régime fiscal de faveur (Cass. 3e civ. 8-10-1997 n° 1481 PB : RJF 3/98 n° 331).
> **e.** En cas de **conversion d'un bail rural en bail à long terme** dans les conditions prévues à l'article L 416-2 du Code rural (n° 75260), n'est considéré comme bail à long terme que le bail dont la durée est d'au moins 18 ans, à compter de la conversion, sauf application des règles prévues pour les preneurs proches de l'âge de la retraite (Rép. Tinant : Sén. 17-2-1983 n° 9027 non reprise au Bofip mais qui reste pertinente).
> **f.** Le bail à long terme doit en principe être suivi d'un **état des lieux** (C. rur. art. L 416-6). Toute clause tendant à déroger à ces dispositions est réputée non écrite. Toutefois, l'administration ne peut pas exciper l'absence de l'état des lieux, avant la transmission, pour refuser le bénéfice de l'exonération (BOI-ENR-DMTG-10-20-30-20 n° 90)

17225 **Bail en cours** Le bail doit être en cours **au moment de la mutation** (date du décès ou de la donation), mais peu importe que celle-ci intervienne pendant la durée prévue au contrat initial ou au cours des renouvellements successifs du contrat (BOI-ENR-DMTG-10-20-30-20 n° 80).

> **Précisions** **a.** Le bénéfice de l'exonération ne peut pas être accordé lorsque **le bailleur décède** entre la date de conclusion du bail et celle prévue pour l'entrée en jouissance du preneur, puisque la durée de la location n'a pas commencé à courir. Mais bien entendu, la mutation à titre gratuit postérieure à la date d'entrée en jouissance pourra bénéficier de l'exonération.
> **b.** Une réponse ministérielle ancienne (Rép. Morice : Sén. 14-11-1973 n° 13250) avait admis que la **date d'entrée en jouissance** prévue dans un bail à long terme pouvait, sous certaines conditions, être antérieure à la date de l'acte. Cet assouplissement n'a toutefois pas été repris au Bofip.

DONATION AU FERMIER

17240 En cas de transmission par donation au fermier lui-même ou à ses proches parents, l'exonération partielle est soumise à une condition d'**ancienneté du bail**.

En effet, l'exonération partielle de droits de donation ne s'applique pas lorsque le bail a été consenti depuis moins de deux ans au donataire, à son conjoint, à l'un de leurs descendants ou à une société contrôlée par une ou plusieurs de ces personnes (CGI art. 793 bis, dernier al.). Ce délai de deux ans est calculé à partir de la date à laquelle le bail a acquis date certaine.

Cette condition ne vise que les donations. Dès lors, les **transmissions par décès** (successions) au profit du fermier ou de ses proches parents bénéficient de l'exonération partielle même si le bail remonte à moins de deux ans avant le décès.

À noter que le régime de faveur n'est pas applicable en cas de **conversion d'un bail ordinaire en bail rural à long terme** moins de deux ans avant la transmission des biens loués (BOI-ENR-DMTG-10-20-30-20 n°s 120 et 130).

DÉLAI DE CONSERVATION DE L'IMMEUBLE

17250 L'exonération partielle de droits de mutation à titre gratuit est subordonnée à la condition que les biens reçus restent la propriété du donataire, héritier ou légataire pendant au moins cinq ans (dix ans pour l'application de la limite majorée : n° 17285) à compter de la date de la donation ou de la succession (CGI art. 793 bis, al. 1 et 3).

Le respect de cette condition s'apprécie distinctement pour chaque mutation ayant bénéficié du régime de faveur. Ainsi, en **cas de pluralité de biens** de même nature **ayant bénéficié de l'exonération** partielle, la déchéance encourue sur l'un des biens (bien rural ou parts d'un même GFA) est sans incidence à l'égard des autres biens (BOI-ENR-DMTG-10-20-30-20 n° 310).

17251 **Déchéance du régime de faveur** Si le bénéficiaire vend ou fait donation des biens ruraux **dans les cinq ans** de la transmission, il doit acquitter le complément de droit dont il a été dispensé et l'intérêt de retard de 0,20 % par mois. Il en est ainsi même si la mutation ne porte que sur l'usufruit ou la nue-propriété. En cas d'application de la limite majorée (n° 17285), le non-respect du délai de conservation du bien pendant **dix ans** entraîne, sous réserve que le bien ait été conservé pendant au moins cinq ans, la remise en cause partielle du régime de faveur à hauteur de la fraction de la valeur du bien supérieure à 300 000 € qui a bénéficié de l'exonération partielle au taux de 75 % au lieu de 50 % (BOI-ENR-DMTG-10-20-30-20 n° 355).

Lorsque la mutation porte sur une fraction du bien, la remise en cause ne s'applique que sur les seules parcelles cédées (Cass. com. 10-7-2018 n° 16-26.083 F-PB ; BOI-ENR-DMTG-10-20-30-20 n° 310).

Par ailleurs, il n'y a **pas de remise en cause en cas** (BOI-ENR-DMTG-10-20-30-20 n° 320) :
- de transmission résultant du décès du bénéficiaire ;
- d'expropriation pour cause d'utilité publique ;
- de force majeure ;
- d'échange, à condition que le respect du délai de conservation soit reporté sur les biens ruraux reçus en contre-échange et que la valeur de ces biens soit au moins égale à celle des biens cédés ;
- d'apport en jouissance à une société civile agricole, quelle que soit sa forme, ou d'apport pur et simple à un Gaec ;
- d'attribution à un indivisaire résultant d'un partage avec soulte ou d'une licitation.

> **Précisions a.** Selon l'administration, l'**apport** du bien **à un GFA** dans le délai de cinq ans entraîne remise en cause de l'exonération, même si l'héritier ou le donataire en conserve les parts pendant cinq ou dix ans. En cas d'application de la limite majorée d'exonération, sous réserve que le bien ait été conservé pendant cinq ans, l'apport à un GFA avant le délai de dix ans entraîne la remise en cause de l'exonération partielle à hauteur de la fraction de la valeur du bien supérieure à 300 000 € qui a bénéficié du taux de 75 % au lieu de 50 % (BOI précité n° 300). Voir toutefois la solution contraire retenue par la cour d'appel de Caen, qui admet le maintien de l'exonération partielle en cas d'apport à un GFA familial (CA Caen 16-11-2021 n° 19/02794 : RJF 3/22 n° 312). En tout état de cause, l'administration admet que la **location**, la **mise à disposition** et l'**apport en jouissance** à un GFA n'entraînent pas la remise en cause de l'exonération partielle dont a bénéficié la mutation à titre gratuit (BOI précité n° 330).
> **b.** L'exonération dont a bénéficié un donataire, héritier ou légataire n'est pas remise en cause lorsque, à la suite du **décès** de ce dernier, ses **héritiers cèdent** le bien avant l'expiration du délai de cinq ans ; toutefois, dans cette situation, la cession dans le délai de cinq ans des biens par les nouveaux héritiers s'oppose à l'application de l'exonération au titre de la transmission en cause à leur profit (Rép. Dubourg : AN 17-7-1995 n° 24058 non reprise au Bofip mais qui reste pertinente).

c. La **rupture anticipée du bail** reste sans incidence sur l'exonération dont le bailleur a bénéficié, dès lors que ce dernier a pour seule obligation de conserver les biens en cause pendant cinq ou dix ans. Aucun rappel ne sera poursuivi, si la condition de détention du bien est satisfaite, quelle que soit la date du fait générateur de l'impôt.

d. En cas de **donation-partage avec soulte**, chaque donataire – et non pas seulement l'attributaire effectif – est réputé, pour le calcul des droits, recevoir une quote-part des biens transmis et bénéficie donc de l'exonération partielle à raison de cette quote-part. Dans ce cas, la condition tenant à la conservation pendant cinq (ou dix) ans des biens ruraux transmis est réputée remplie à l'égard de tous les codonataires si l'attributaire effectif de ces biens la respecte (Rép. Dubourg : AN 4-7-1994 n° 10280 non reprise au Bofip mais qui reste pertinente).

e. Il est admis que les **héritiers désirant vendre une parcelle** de l'exploitation demandent expressément, lors du dépôt de la déclaration de succession, que l'exonération soit limitée au surplus de la propriété et que la transmission de la parcelle destinée à la vente soit assujettie aux droits de succession dans les conditions de droit commun. Cette solution implique nécessairement une évaluation distincte de la fraction des biens bénéficiant du régime de faveur et de celle soumise à la taxation de droit commun (Comité fiscal MOA du 25-9-1997, solution non reprise au Bofip mais qui reste pertinente).

CAS PARTICULIERS

17255 **1.** Lorsqu'il est effectué dans les conditions prévues par l'article L 124-1 du Code rural et de la pêche maritime, l'**échange de parcelles louées** par bail à long terme ne fait pas obstacle à l'application du régime de faveur aux nouvelles parcelles reçues par le bailleur.

2. Lorsque le preneur d'un bail rural à long terme exerce des **activités commerciales annexes**, l'administration admet de ne pas remettre en cause les avantages fiscaux liés au bail rural à long terme dans la mesure où ces activités commerciales sont compatibles avec l'application du statut du fermage (BOI-ENR-DMTG-10-20-30-20 n° 340). Il en est ainsi notamment en cas de **sous-location** temporaire de certains bâtiments pour un **usage de vacances ou** de **loisirs** (voir n° 26857, Précisions, b).

3. Dans le cas où une **propriété** agricole appartient **en indivision** à des frères et sœurs, l'exonération s'applique lors de la transmission à titre gratuit de la part de chaque indivisaire.

Ces solutions rendues pour les baux ruraux à long terme devraient être transposables aux **baux ruraux cessibles hors du cadre familial.**

b. Portée de l'exonération

17280 Lorsque les conditions exposées ci-dessus sont réunies, les biens ruraux donnés à bail à long terme ou à bail cessible hors du cadre familial sont exonérés de droits de mutation, mais pour une fraction seulement de leur valeur.

L'exonération s'applique aussi bien aux transmissions entre vifs (donations) qu'à celles résultant du décès de leur propriétaire (successions). Elle bénéficie à **tous** les **héritiers, donataires ou légataires**, quel que soit leur degré de parenté avec le donateur ou le défunt et même s'il n'existe aucun lien de parenté entre eux.

L'exonération partielle est susceptible de bénéficier à l'ensemble des **transmissions successives** d'un même bien loué (BOI-ENR-DMTG-10-20-30-20 n° 160).

MONTANT DE L'EXONÉRATION

17285 L'exonération n'est que partielle. Le pourcentage d'exonération varie selon que la part revenant à chaque héritier ou donataire excède ou non 300 000 €. Cette limite est portée à 500 000 €, pour les successions ouvertes et les donations réalisées depuis le 1er janvier 2023 (Loi 2022-1726 du 30-12-2022 art. 26), à condition que le donataire, héritier et légataire conserve le bien pendant une durée supplémentaire de cinq ans par rapport à la durée de conservation de cinq ans à compter de la transmission à titre gratuit.

Lorsque la **valeur** totale des biens loués transmis par le donateur ou le défunt à chaque donataire, héritier ou légataire **n'excède pas les limites ci-dessus,** ces biens sont exonérés à concurrence de 75 % de leur valeur. Dans le cas contraire, le pourcentage d'exonération est ramené de 75 % à 50 % mais seulement **au-delà des limites** (CGI art. 793 bis).

Les biens transmis doivent donc être évalués selon le droit commun (n° 17305), mais seul le quart ou la moitié (selon la distinction ci dessus) de leur valeur est retenu pour l'**assiette des droits**.

EXEMPLE

Transmission par décès à deux enfants le 15 juin 2024 d'une exploitation agricole louée par bail à long terme d'une valeur totale de 800 000 €. On suppose qu'il n'existe pas de donation antérieure.
La part taxable de chaque enfant se calcule comme suit : 800 000/2 = 400 000 €.
Le premier enfant souhaite **conserver** les biens reçus pendant au moins **dix ans.**

Fraction exonérée : (400 000 × 75 %) =	300 000 €
Fraction taxable : 400 000 – 300 000 =	100 000 €
Abattement personnel (voir n° 22522)	– 100 000 €
Part nette taxable :	0 €

Le second enfant souhaite conserver les biens reçus pendant plus de **cinq ans** (mais moins de dix ans).

Fraction exonérée : (300 000 × 75 %) + (100 000 × 50 %) = ...	275 000 €
Fraction taxable : 400 000 – 275 000 = ...	125 000 €
Abattement personnel (voir n° 22522)...	– 100 000 €
Part nette taxable : ...	25 000 €

> **Précisions a.** Les **limites** ne sont pas globales ; elle **s'apprécient** au niveau de chaque part héréditaire ou de chaque légataire, s'il s'agit de succession, ou de chaque donateur et donataire, s'il s'agit de mutation à titre gratuit entre vifs et pour les transmissions intervenues entre les mêmes personnes (BOI-ENR-DMTG-10-20-30-20 n° 190).
b. Lorsque les biens transmis comprennent à la fois des **parts de GFA et des immeubles ruraux loués** par bail à long terme ou par bail cessible hors du cadre familial, les limites trouvent à s'appliquer distinctement à chaque catégorie de biens (BOI précité n° 190).
c. En cas de **donation-partage avec soulte**, les limites s'apprécient au niveau de chacun des codonataires.
d. Les limites sont appréciées en tenant compte de l'ensemble des **donations antérieurement consenties** par la même personne en faisant abstraction toutefois des donations remontant à plus de quinze ans (CGI art. 793 bis). Bien entendu, seuls sont pris en compte les biens qui ont effectivement bénéficié du régime de faveur dans le cadre de ces donations antérieures.

INCIDENCE DE L'EXONÉRATION SUR LE CALCUL DES DROITS DE MUTATION

Imputation du passif successoral Les dettes contractées pour l'achat de biens exonérés sont imputées en priorité sur la valeur des biens exonérés (CGI art. 769). Lorsqu'il s'agit d'un **bien partiellement exonéré** (tel que des biens ruraux loués à bail à long terme ou à bail cessible hors du cadre familial), le passif y afférent est déductible dans la même proportion que la fraction non exonérée. 17300

EXEMPLE

Succession de M. X. décédé le 1er février 2024. Le défunt, qui était veuf, laisse pour lui succéder un fils unique. Pas de donation antérieure.
À l'actif successoral figure un bien rural loué à un tiers par bail à long terme d'une valeur de 660 000 €.
Au passif figure le solde justifié de l'emprunt souscrit pour l'acquisition du bien considéré d'un montant de 20 000 €.
L'héritier a fait le choix dans la déclaration de succession de conserver le bien pendant dix ans en application de l'article 793 bis, alinéa 3 du CGI.
La détermination de la fraction du passif déductible s'effectue de la façon suivante :
a. Actif imposable :

	Exonéré	Imposable
Partie inférieure ou égale à 500 000 € (taux d'exonération de 75 %)	375 000 € (3/4)	125 000 € (1/4)
Partie supérieure à 500 000 € (taux d'exonération de 50 %)	80 000 € (1/2)	80 000 € (1/2)
Total		205 000 €

b. Passif déductible : le passif de 20 000 € à la charge de l'héritier est déductible de sa part taxable dans les conditions de droit commun, à concurrence de : 20 000 € × [205 000 €/660 000 €] = 6 212 €.

17305 **Évaluation du bien loué** Pour la perception des droits de mutation à titre gratuit, les immeubles sont estimés d'après leur **valeur vénale réelle** au jour de la transmission, c'est-à-dire au prix qu'un acquéreur consentirait à payer pour devenir propriétaire de l'immeuble. Or, il ne fait pas de doute que l'existence d'un bail – surtout s'il est de longue durée tel le bail rural à long terme – est une cause de minoration de la valeur de l'immeuble en raison de l'indisponibilité prolongée qu'il entraîne. L'importance de « l'**abattement** » qu'il convient de pratiquer **sur la valeur « libre »** du bien ainsi loué est fonction des circonstances particulières à chaque cas et notamment de la durée du bail restant à courir à la date du décès du bailleur ou de la donation.
L'application d'un « abattement » sur la valeur vénale d'un immeuble loué est justifiée même dans le cas où le bail prend fin du fait de l'**acquisition** (à titre onéreux ou gratuit) de l'immeuble **par le locataire**. Ainsi jugé à propos de la donation d'une propriété rurale préalablement louée au donataire (Cass. com. 23-10-1984 n° 83-11.051 : Bull. IV n° 274).
À la valeur ainsi déterminée est appliquée la réduction des 3/4 ou de moitié pour tenir compte de l'exonération susvisée.

EXEMPLE

Si un terrain agricole loué par bail à long terme est évalué « libre » de toute location à 2 700 € l'hectare, et en supposant que l'existence de ce bail (et de sa durée restant à courir) justifie l'application d'un « abattement » du tiers, les droits de mutation seront calculés seulement (à l'hectare) sur un quart de 1 800 € (soit 450 €) ou sur la moitié (900 €) selon le pourcentage d'exonération applicable.

17310 **Forfait mobilier de 5 %** Dès lors que la transmission à titre gratuit de biens ruraux loués par bail à long terme ou par bail cessible hors du cadre familial est exonérée partiellement de droits, seule la fraction taxable de ces biens doit être prise en compte pour le calcul du forfait mobilier (BOI-ENR-DMTG-10-20-30-20 n° 270).

OBLIGATIONS DÉCLARATIVES

17320 Le bénéficiaire doit formaliser, dans l'acte de donation ou la déclaration de succession, qu'il souhaite bénéficier du régime prévu au troisième alinéa de l'article 793 bis du CGI (limite d'exonération à 75 % majorée à 500 000 € moyennant la conservation du bien reçu pendant au moins dix ans).
Outre les indications prévues par l'article 784 du CGI (voir n°s 22505 s.), il doit être mentionné dans les actes de donation et les déclarations de succession comprenant des biens ruraux loués par bail à long terme ou par bail cessible hors du cadre familial ou des parts de GFA s'il existe des **donations antérieures** portant sur des **biens de même nature** consenties par le même donateur au même donataire (en indiquant la durée de conservation choisie : BOI-ENR-DMTG-10-20-30-20 n° 230) et, dans l'affirmative, leur montant, l'identité des bénéficiaires, le nom et la résidence des officiers ministériels ayant reçu les actes de donation et leur date d'enregistrement (CGI ann. III art. 281 A à 281 C).

SECTION 2

CONTRIBUTION SUR LES REVENUS LOCATIFS

17600 Les revenus retirés de la location de locaux situés dans des immeubles bâtis achevés depuis quinze ans au moins au 1er janvier de l'année d'imposition appartenant à certaines personnes morales sont soumis à une contribution annuelle dénommée « contribution sur les revenus locatifs », soit en abrégé « CRL » (CGI art. 234 nonies à 234 quindecies). La CRL est due uniquement par les **personnes morales** passibles de l'impôt sur les sociétés, les personnes morales non imposables et sociétés de personnes (et assimilées) dont un associé au moins est soumis à l'impôt sur les sociétés dans les conditions de droit commun et les organismes sans but lucratif. Les personnes physiques et les sociétés de personnes (et assimilées) dont aucun associé n'est soumis à la clôture de l'exercice à l'impôt sur les sociétés dans les conditions de droit commun échappent à cette contribution.

L'article 234 nonies, III-7° du CGI exonère en outre de cette contribution les locaux d'habitation qui font partie d'une exploitation agricole ou sont annexés à celle-ci. L'administration étend le bénéfice de cette exonération légale à l'ensemble des bâtiments ruraux (BOI-RFPI-CTRL-20-10 n° 210). Par conséquent, l'ensemble des revenus provenant de la location d'**immeubles ruraux** échappent à la CRL soit parce qu'ils n'entrent pas dans son champ d'application (terrains agricoles), soit parce qu'ils en sont exonérés (bâtiments ruraux).

Cela étant, certaines personnes morales ayant une activité agricole peuvent, le cas échéant, être redevables de la CRL au titre d'**autres immeubles**. Il peut en être ainsi, notamment, lorsqu'elles ont développé une activité accessoire de gîtes ruraux ou de chambres d'hôtes (sauf si ceux-ci sont situés dans l'exploitation agricole, auquel cas ils sont exonérés). Dans ce cas, la CRL s'applique dans les conditions de droit commun.

On mentionnera simplement ici que la CRL est calculée au taux de 2,50 % sur le montant des recettes perçues au titre de la location au cours de la période d'imposition (l'année civile ou l'exercice).

Les modalités d'imposition (déclaration et paiement) sont celles de l'impôt sur les sociétés pour l'ensemble des personnes morales (même celles non soumises à cet impôt).

Échappent notamment à la CRL :

– les loyers dont le montant annuel, par local, n'excède pas 1 830 € au cours de la période d'imposition à laquelle ils sont rattachés ;

– les revenus qui donnent lieu au paiement de la TVA, soit de plein droit, soit sur option ;

– les sous-locations (BOI-RFPI-CTRL-20-10 n° 180 ; dans le même sens, CAA Paris 23-3-2017 n° 16PA00198 : RJF 7/17 n° 693).

> **Précisions a.** La **limite de 1 830 €** s'apprécie par local. Elle doit être ajustée prorata temporis lorsque la période d'imposition à la CRL est d'une durée supérieure ou inférieure à douze mois, mais pas lorsque la location est d'une durée inférieure à la période d'imposition (BOI-RFPI-CTRL-20-20 n° 60).
> **b.** Selon l'administration, les revenus provenant de la fourniture de **services de nature hôtelière**, accessoire à la location (comme le petit déjeuner dans les chambres d'hôtes) doivent être compris dans l'assiette imposable à la CRL (BOI-RFPI-CTRL-20-10 n° 190). Toutefois, s'ils sont soumis à la TVA en application des dispositions de l'article 261 D, 4° du CGI, ces revenus échappent en pratique à la CRL.

SECTION 3

IMPOSITION DES REVENUS FONCIERS DU BAILLEUR

GÉNÉRALITÉS

Lorsque les propriétés agricoles sont données en location (**fermage**), les revenus retirés par le propriétaire de cette location sont imposables en principe dans la catégorie des revenus fonciers étudiée ci-après. **17700**

Ces revenus peuvent être réalisés directement par le contribuable (personne physique) ou par l'intermédiaire d'une société immobilière ou d'un groupement non passible de l'impôt sur les sociétés.

Une fois déterminés suivant les règles exposées ci-après, les revenus fonciers sont totalisés avec les autres revenus du contribuable pour former le revenu global qui sera soumis à l'**impôt sur le revenu**. En plus de l'impôt sur le revenu, les revenus fonciers supportent (sur leur montant net) les **prélèvements sociaux**.

Nous exposons ci-après les règles intéressant uniquement les propriétés rurales. Ainsi, certains **régimes spéciaux** applicables uniquement aux **propriétés urbaines** (Pinel, etc.) ne sont pas examinés.

> **Précisions a.** Lorsque la **propriété** agricole est **exploitée par le propriétaire** lui-même (faire-valoir direct ou métayage), l'ensemble des profits qu'il réalise – y compris la « rente du sol » correspondant au revenu foncier des propriétés – est imposable dans la catégorie des bénéfices agricoles.
> **b.** Les revenus des **immeubles figurant à l'actif d'une exploitation** agricole ou d'une entreprise industrielle, commerciale ou artisanale sont normalement imposables au titre de l'activité professionnelle à laquelle ils se trouvent rattachés et d'après les règles applicables à cette activité.

Toutefois, pour les exploitants individuels et les sociétés de personnes, les revenus des **éléments d'actif étrangers à l'activité professionnelle** donnent lieu à la détermination d'un **résultat distinct** dans la catégorie d'imposition correspondant à leur nature (revenus fonciers dans le cas des immeubles donnés en location) lorsqu'ils excèdent 5 % de l'ensemble des produits de l'exercice (10 % si le seuil de 5 % était respecté au titre de l'exercice précédent) ; voir nos 9008 s.

Lorsque la propriété des immeubles appartient à une **société passible de l'impôt sur les sociétés**, les revenus y afférents sont soumis audit impôt suivant les règles qui lui sont propres.

c. Les produits de la location en **meublé** sont imposés en tant que bénéfices industriels et commerciaux.

d. En cas d'**indivision**, chaque copropriétaire est personnellement imposable pour la part de revenu foncier correspondant à ses droits dans l'indivision.

e. En ce qui concerne les **propriétés dont la propriété est démembrée**, voir n° 17810.

A. Détermination du revenu imposable

RÉGIMES D'IMPOSITION

17705 La détermination des revenus imposables diffère selon le montant des recettes.

Les propriétaires dont les revenus fonciers bruts ne dépassent pas 15 000 € relèvent en principe d'un régime simplifié d'imposition (**micro-foncier**) qui consiste à appliquer aux recettes un abattement forfaitaire représentatif de l'ensemble des charges (voir nos 17780 s.).

Quand le seuil de 15 000 € est dépassé, ou lorsque le propriétaire renonce à l'application du micro-foncier comme il en a la possibilité, les revenus imposables sont déterminés par différence entre les recettes encaissées et les frais et charges supportés. On parle alors de « **régime réel** » dans la mesure où l'on déduit les charges pour leur montant réel.

1. RÉGIME RÉEL D'IMPOSITION

17707 Dans le cadre du régime réel, le revenu foncier imposable du propriétaire qui donne en location des biens ruraux est égal, chaque année, à la différence entre le montant des recettes encaissées et le total des charges de la propriété (CGI art. 28).

a. Recettes

17710 Le revenu brut foncier est constitué par le montant des recettes brutes encaissées par le propriétaire à quelque titre que ce soit (CGI art. 29) : loyers ou **fermages** en principal, recettes exceptionnelles telles que **droits d'entrée** (voir toutefois n° 73760) et indemnités de résiliation versées par les locataires.

Le montant des recettes brutes est, le cas échéant, augmenté du montant des **dépenses incombant normalement au propriétaire** et mises par convention à la charge du locataire. Si ces dépenses ont le caractère de charges déductibles, ces sommes seront ultérieurement retranchées du revenu brut pour la détermination du revenu net. L'administration admet que dans ce cas le propriétaire peut, s'il le désire, faire abstraction de ces sommes, tant en recettes qu'en dépenses (BOI-RFPI-BASE-10-20 n° 60).

Les recettes brutes imposables comprennent également le montant des **revenus accessoires**, c'est-à-dire les revenus provenant de la location du droit d'affichage ou du droit de chasse, de la concession du droit d'exploitation des carrières, des redevances tréfoncières ou autres recettes analogues ayant leur origine dans le droit de propriété ou d'usufruit.

> **Précisions a.** Les **recettes** à retenir pour déterminer le revenu foncier sont celles qui ont été **effectivement encaissées** au cours de l'année de l'imposition, quelle que soit la période à laquelle elles se rapportent. On doit donc faire état non seulement des loyers perçus à leur échéance normale, mais aussi des encaissements se rapportant à des loyers arriérés ou perçus d'avance (voir toutefois n° 17718 en ce qui concerne les avances sur fermages) (BOI-RFPI-CHAMP-40 n° 1).
>
> En revanche, les **loyers** venus à échéance en cours d'année et **demeurés impayés** par suite de la carence des locataires n'ont pas à être déclarés.
>
> **b.** S'agissant des **loyers arriérés**, le propriétaire peut, si les conditions requises sont remplies, demander l'application du système du quotient prévu pour les revenus différés.

LOYER EN PRINCIPAL

17711 Lorsque le **prix du fermage** est stipulé payable, en tout ou en partie, **en nature**, le revenu correspondant est égal à la valeur réelle des produits livrés au bailleur.

Si les produits remis en paiement sont revendus à titre habituel par le bailleur, les revenus procurés par cette opération ne constituent plus des revenus fonciers, mais doivent être taxés selon les règles prévues pour les bénéfices industriels et commerciaux (en ce sens, notamment CAA Bordeaux 4-11-2003 n° 99-2798 : RJF 2/04 n° 120 pour des ventes répétées d'importantes quantités d'eaux-de-vie).

Le loyer en principal comprend également la redevance prévue à l'article L 411-12 du Code rural et de la pêche maritime lorsque le bailleur a effectué, en accord avec le preneur, des investissements dépassant le cadre de ses obligations légales (voir n° 73960, Précisions, c).

FRAIS DE REMEMBREMENT

Lorsque les frais occasionnés par un remembrement sont supportés par le fermier en application notamment de l'article L 121-15 du Code rural et de la pêche maritime, le propriétaire bailleur doit, au terme normal du bail, déclarer ces sommes dans la catégorie des revenus fonciers. Toutefois, lorsque les terres louées figurent à l'actif d'une exploitation agricole, ces revenus sont normalement imposés dans la catégorie des bénéfices agricoles, ou à l'impôt sur les sociétés, selon le cas (n° 17700, Précisions, b). **17713**

Si les dépenses de remembrement sont payées par le fermier à un tiers en l'acquit du propriétaire, en exécution d'une clause du bail, elles sont considérées comme un supplément de loyer soumis à l'impôt sur le revenu au nom du bailleur au fur et à mesure de leur paiement par le fermier (BOI-RFPI-BASE-10-10 n° 290).

REVENUS EXCEPTIONNELS

a. L'article L 411-69 du Code rural et de la pêche maritime prévoit le versement d'une **indemnité** par le bailleur au preneur sortant qui a, par son travail ou ses investissements, apporté des **améliorations au fonds loué**. Le bailleur peut demander au preneur entrant le remboursement des sommes ainsi versées (C. rur. art. L 411-76). Ces sommes, qui correspondent à des dépenses d'amélioration non déductibles, ne sont pas imposables. **17714**

En revanche, s'il concerne une indemnité admise en déduction, le remboursement prévu par l'article L 411-76 du Code rural et de la pêche maritime est soumis à l'impôt sur le revenu (BOI-RFPI-BASE-10-10 n° 270).

b. Les **primes à l'amélioration de l'habitat rural** doivent être comprises dans les recettes brutes imposables de l'année de leur encaissement lorsqu'elles sont destinées à financer des charges déductibles ; corrélativement, les travaux que ces subventions permettent de financer sont déductibles en totalité l'année de leur paiement. Jugé, toutefois, que le versement de ce type d'aides n'est définitivement acquis au propriétaire, et ne devient donc imposable en application de l'article 29 du CGI, que lorsque celui-ci conclut le **premier bail** remplissant tous les engagements souscrits en vue d'obtenir la subvention (en ce sens, à propos de subventions de l'Anah ayant donné lieu au versement d'un acompte avant la conclusion du bail, TA Lyon 8-11-2016 n° 1401925 : RJF 3/17 n° 240).

Les mêmes règles sont applicables aux **indemnités d'assurances** versées en réparation des dommages subis par l'immeuble loué et destinées à couvrir les dépenses déductibles ; ces indemnités sont imposables même si les travaux qu'elles sont destinées à couvrir ne sont pas réalisés. Il n'y a pas lieu, en revanche, d'imposer l'indemnité d'assurance versée pour reconstruire un bâtiment agricole détruit par le feu, la dépense correspondante n'étant pas admise en déduction sous réserve du cas particulier visé n° 17745, 3e tiret (CE 6-12-2013 n° 345518 : RJF 3/14 n° 249).

Constituent également des revenus exceptionnels les aides perçues par le propriétaire, en application de dispositions nationales ou de mesures communautaires d'incitation, pour la **mise en conformité** aux normes de **protection de l'environnement** des bâtiments d'exploitation rurale qu'il donne en location (voir n° 17745).

LOYERS ASSUJETTIS À LA TVA

Pour la détermination du revenu foncier imposable des personnes assujetties à la TVA sur les loyers qu'elles perçoivent, les **recettes brutes** ainsi que les **dépenses déductibles** relatives à ces locaux sont retenues pour leur montant hors TVA (CGI art. 33 quater). **17716**

Conséquences pour le propriétaire :

– les recettes brutes à déclarer par lui ne comprennent pas la TVA facturée aux locataires ni, le cas échéant, les remboursements de crédits de taxe reçus du Trésor ;

– contrairement à ce qui se passe pour les autres propriétaires, les dépenses déductibles (et, en particulier, les travaux d'entretien et de réparation) doivent être déclarées pour leur montant hors TVA. En outre, la TVA versée au Trésor n'est pas déductible.

ATTENTION

Lorsque l'**option** pour l'assujettissement des loyers à la TVA est **exercée en cours d'année**, cette option prend effet au premier jour du mois au cours duquel elle a été formulée. Seules les dépenses payées avant la date d'effet de cette option sont déductibles des revenus fonciers pour leur montant TVA comprise (BOI-RFPI-BASE-10-10 n° 200).

BÂTIMENTS D'EXPLOITATION

17717 La fraction des **fermages** correspondant aux bâtiments d'exploitation des propriétés rurales est imposable dans les conditions de droit commun. Elle doit donc être comprise dans le revenu brut foncier. Corrélativement, les charges se rapportant aux bâtiments peuvent être comprises dans les charges déductibles du revenu foncier imposable.

AVANCES SUR FERMAGES

17718 Les sommes perçues par les bailleurs de biens ruraux, à titre d'avances sur les fermages en cas de bail conclu à l'occasion de l'**installation d'un jeune agriculteur** bénéficiaire, soit de la dotation d'installation aux jeunes agriculteurs, soit d'un prêt à moyen terme spécial peuvent, sur demande, être imposées selon le système du quotient prévu en faveur des revenus exceptionnels et ce, quel que soit leur montant (CGI art. 163-0 A, I, al. 2) ; voir n°s 12005 s.

b. Frais et charges

GÉNÉRALITÉS

17730 L'article 31 du CGI donne une **liste des dépenses déductibles** des revenus fonciers, étant précisé que les dépenses de construction ou d'agrandissement sont expressément exclues. Cette liste comprend notamment les dépenses d'entretien et de réparation, les dépenses d'amélioration, les frais de gestion et de garde, les primes d'assurance, certaines impositions et les intérêts de dettes. Cette liste n'est **pas limitative** même si, en pratique, elle couvre la plupart des dépenses qu'un bailleur supporte pour l'entretien et la gestion d'un bien immobilier. En effet, conformément au principe général posé par l'article 13 du CGI, est admis en déduction l'ensemble des dépenses effectuées en vue de l'acquisition ou de la conservation du revenu. Ainsi, par exemple, il est possible, en vertu de ce principe, de déduire les indemnités d'éviction.

En plus des déductions communes à l'ensemble des propriétés (urbaines ou rurales), les **propriétés rurales** ouvrent droit à la déduction de certaines **dépenses de travaux spécifiques** (voir n° 17745).

> **Précisions a.** Aucune **déduction forfaitaire** de charges n'est possible : par exemple, il n'est pas possible de déduire une somme forfaitaire représentative du temps passé pour la gestion, l'entretien ou la réparation de l'immeuble.

Il n'est pas possible non plus de pratiquer une déduction au titre de l'**amortissement** de l'immeuble.

b. Lorsque les **dépenses** ont été **grevées de la TVA** (cas notamment des travaux d'entretien, de réparation ou d'amélioration), la déduction porte en principe sur le montant TVA comprise. On rappelle cependant qu'une exception est prévue à l'égard des propriétaires dont les loyers sont assujettis à la TVA (voir n° 17716).

DATE DE PRISE EN COMPTE

17732 Les **charges** à déduire du revenu foncier s'entendent en principe de celles qui ont été **effectivement acquittées** au cours de l'année de l'imposition, quelle que soit la date à laquelle la dette correspondante a pris naissance ou est venue à échéance, ou la date à laquelle ont été exécutés les travaux auxquels elles se rapportent.

> **Précisions a.** Dans la mesure où elles répondent aux conditions posées par la loi, les **dépenses payées au cours de l'année** de l'imposition doivent être déduites du revenu brut de ladite année, même si elles se rapportent à des années antérieures (exemple : règlement de travaux effectués au cours des années précédentes), ou, au contraire, aux années suivantes (exemple : intérêts payés d'avance, acomptes sur travaux).

b. Lorsque des dépenses sont financées à l'aide d'un **emprunt**, elles doivent être retranchées au fur et à mesure de leur règlement des revenus de l'année de leur paiement aux entrepreneurs, même si ce paiement est effectué directement par l'organisme de crédit.

DÉPENSES D'ENTRETIEN OU DE RÉPARATION

Définition Sont déductibles du revenu brut foncier les dépenses d'entretien et de réparation, y compris les grosses réparations. 17735

Par « dépenses d'entretien et de réparation », il faut entendre, d'une manière générale, tous les travaux ayant pour objet de maintenir ou de remettre l'immeuble, pris dans son ensemble et muni de son équipement, en bon état, sans en modifier la consistance, l'agencement ou l'équipement initial. Par exemple : remise en état du gros œuvre (toitures, façades, etc.), du mur de clôture, des canalisations, de l'installation électrique, du chauffage central (remplacement de la chaudière, de canalisations, d'éléments de radiateur, etc.) ; reconstruction d'un pont donnant accès à la propriété.

> **Précisions a.** Peuvent également être déduites au titre des dépenses d'entretien les **taxes** versées à des associations syndicales ayant pour objet l'entretien d'ouvrages collectifs établis en vue de l'**assainissement** et de la **protection des sols**. Mais si ces cotisations ont été mises par le bail à la charge du fermier, le propriétaire doit comprendre les sommes correspondantes dans ses recettes brutes.
>
> **b.** Les travaux de réparation (réfection, par exemple, des installations électrique, sanitaire et de chauffage) réalisés **à l'occasion** de travaux **de reconstruction ou d'agrandissement** ne peuvent pas donner lieu à déduction lorsqu'ils sont **indissociables** de ces derniers (BOI-RFPI-BASE-20-30-20 n° 20).
>
> **c.** Lorsque, au lieu d'être supportées par le locataire auquel elles incombent normalement, les **dépenses de réparations locatives** (frais de réfection des **peintures intérieures** notamment) sont **prises en charge par le propriétaire**, elles ne peuvent, selon l'administration, être admises en déduction des revenus fonciers que dans les trois cas suivants (BOI précité n°s 50 s.) :
>
> **1.** Elles sont rendues nécessaires par la vétusté ou la force majeure ou un vice de construction ou une malfaçon : frais consécutifs à des travaux affectant le gros œuvre et dont la charge incombe au propriétaire (exemple : travaux de peinture effectués à la suite de la remise en état des conduits de fumée ; travaux de réparation faisant suite à un cataclysme naturel : inondation, gelée, etc.) ;
>
> **2.** Les dépenses sont engagées, avant l'installation d'un locataire, en vue de faciliter la location. Dans ce cas, la déduction est toutefois subordonnée à la condition que la location puisse être considérée comme normale, compte tenu notamment des rapports personnels, familiaux ou d'intérêts existant entre les parties ;
>
> **3.** Les dépenses supportées pour le compte du locataire par la société propriétaire ne lui ont pas été remboursées au 31 décembre de l'année du départ du locataire.
>
> **d.** Les dépenses supportées au titre de la **réalisation d'études** ou de **diagnostics** préalables afférents aux logements constituent des dépenses d'entretien (BOI-RFPI-BASE-20-30-10 n° 40). Tel est le cas des dépenses de recherche et d'analyse de la nocivité de l'**amiante** (les travaux d'enlèvement ou destinés à assurer son innocuité étant des dépenses d'amélioration, voir n° 17740, Précisions, b).

DÉPENSES D'AMÉLIORATION

Dépenses communes aux immeubles urbains et ruraux Les propriétaires d'immeubles ruraux peuvent déduire de leurs revenus fonciers, comme les propriétaires d'immeubles urbains, les dépenses d'amélioration se rapportant aux **locaux d'habitation** (CGI art. 31, I-1°-b) et celles afférentes aux **locaux professionnels** (ou commerciaux) et destinées à **protéger** ces locaux des effets de **l'amiante** ou à faciliter l'**accueil des personnes handicapées** (CGI art. 31, I-1°-b bis). 17740

Les **travaux d'amélioration** s'entendent, d'une manière générale, des travaux qui ont pour objet soit de modifier l'aménagement, soit de compléter l'équipement des immeubles d'une propriété rurale en vue d'en assurer une meilleure utilisation et une meilleure adaptation aux conditions modernes de vie ou d'exploitation (transformations intérieures, déplacement des cloisons, installations sanitaires, travaux d'électrification, installations de bassins, fosses, pompes à eau, clôtures, forage d'un puits, installation de l'eau courante, etc.), sans modifier cependant les structures des immeubles (BOI-RFPI-SPEC-10 n° 90).

Par « travaux d'amélioration », il convient, en principe, d'entendre seulement ceux qui sont exécutés sur des biens déjà existants, à l'exclusion, par conséquent, des travaux de construction de bâtiments nouveaux, de reconstruction ou d'agrandissement. Ainsi, constituent des travaux d'agrandissement non déductibles les travaux de surélévation d'un immeuble. Lorsqu'un immeuble est, par sa conception, son aménagement et ses équipements, **destiné originellement à l'habitation**, son occupation temporaire à un autre usage n'est pas de nature à elle seule à lui ôter cette destination en l'absence de travaux modifiant sa conception, son aménagement

ou ses équipements (CE 20-6-1997 n° 137749 : RJF 8-9/97 n° 794). L'administration s'est ralliée à cette jurisprudence (BOI-RFPI-BASE-20-30-10 n° 90).
Les travaux d'amélioration ainsi définis sont déductibles, même s'ils sont de nature à entraîner une augmentation des fermages.

> **Précisions** Les dépenses de recherche et d'analyse de la nocivité de l'**amiante** sont déductibles au titre des dépenses d'entretien. Les dépenses de « désamiantage » sont déductibles au titre de dépenses d'amélioration, y compris lorsqu'elles sont relatives à un local professionnel (inclus dans une propriété rurale ou urbaine) ou commercial. Sont concernés l'ensemble des travaux d'enlèvement de l'amiante ou des matériaux contenant de l'amiante (flocage, calorifugeage ou faux plafonds) ou destinés à assurer son innocuité (confinements des matériaux contenant de l'amiante par fixation ou encoffrement) (BOI précité n° 100).

17745 **Dépenses spécifiques aux immeubles ruraux** En plus des déductions communes à l'ensemble des immeubles (urbains et ruraux), les propriétaires d'immeubles ruraux peuvent déduire les dépenses suivantes (CGI art. 31, I-2°) :
– les **dépenses d'amélioration** afférentes aux propriétés bâties autres que les locaux d'habitation (**bâtiments d'exploitation**) effectivement supportées par le propriétaire à condition qu'il s'agisse de dépenses d'amélioration **non rentables**, c'est-à-dire non susceptibles d'entraîner une augmentation du fermage ;
– les dépenses d'amélioration afférentes aux propriétés non bâties (**terrains**) effectivement supportées par le propriétaire. Il peut s'agir notamment des travaux d'amélioration foncière (arrachages de haies, comblement de fossés, création de mares et de trous d'eau pour le bétail), des travaux de défrichement, des dépenses de drainage, des frais d'arrachage et de replantation de vignes ;
– les dépenses engagées pour la **construction d'un nouveau bâtiment d'exploitation** à condition que le nouveau bâtiment soit **destiné à remplacer un bâtiment de même nature**, vétuste ou inadapté aux techniques modernes de l'agriculture et que sa construction n'entraîne pas une augmentation effective du fermage ;
– les dépenses d'amélioration et de construction, qui s'incorporent aux **bâtiments d'exploitation** rurale et qui sont destinées à satisfaire aux obligations de **mise aux normes** prévues en matière de protection de l'environnement. Sont notamment visées les dépenses correspondant à l'édification de constructions annexes destinées à assurer la mise aux normes des ouvrages de stockage des déjections et des effluents ainsi que celles ayant pour objet l'aménagement des bâtiments existants en vue du traitement des nuisances provenant de l'activité exercée par l'exploitant (BOI-RFPI-SPEC-10 n° 140) ;
– les **travaux de restauration et de gros entretien** effectués sur certains **espaces naturels** (espaces « Natura 2000 », parcs nationaux, réserves naturelles, sites classés, espaces naturels remarquables du littoral et espaces concernés par un arrêté de biotope) en vue de leur maintien en un bon état écologique et paysager à condition d'avoir reçu l'accord préalable de l'autorité administrative compétente.

DÉPENSES ACQUITTÉES POUR LE COMPTE DU FERMIER ET NON RÉCUPÉRÉES

17747 Sont déductibles du revenu foncier les dépenses supportées pour le compte du fermier (fournitures ou services destinés à l'usage des fermiers et impôts locatifs) par le propriétaire dont celui-ci n'a pu obtenir le remboursement au 31 décembre de l'année du départ du fermier (BOI-RFPI-BASE-20-40 n° 30). Ainsi, si le locataire est tenu de rembourser au propriétaire une somme de 400 € au titre des charges récupérables à la date de son départ et qu'il rembourse à celui-ci une somme de 300 € avant le 31 décembre de l'année de son départ, le solde, soit 100 €, sera admis en déduction.

FRAIS DE GESTION

17750 Sont déductibles du revenu foncier pour leur montant effectif :
– les **frais de procédure**, notamment les dépenses supportées à l'occasion d'un procès entre le bailleur et son locataire ou un tiers ;
– les frais de rémunération (salaires en espèces, avantages en nature, charges sociales et fiscales) des concierges ou des **gardes** ;
– les frais de rémunération, honoraires et commissions versés à un tiers pour la gestion des immeubles. Sont déductibles à ce titre les **frais de gérance** supportés par les propriétaires ayant recours aux services de gérants d'immeubles ou d'administrateurs de biens, les commissions versées à une agence de location, les honoraires versés à un tiers pour la rédaction de déclarations fiscales ou encore les sommes versées à un tiers pour la tenue de la comptabilité de ses immeubles (BOI-RFPI-BASE-20-10 n° 60).

Les **autres frais** de gestion (frais de correspondance et de téléphone) sont réputés couverts par un forfait fixé à 20 € par local (BOI précité n° 220).

> **Précisions** Sont déductibles les rémunérations des gardes particuliers chargés de veiller à l'intégrité du domaine et de réprimer les atteintes aux propriétés ainsi que les rémunérations payées à des **gardes-chasse** particuliers lorsque leur paiement incombe au propriétaire du fonds et que les produits du droit de chasse sont compris dans les revenus accessoires. Il en est de même des rémunérations payées à des gardes commissionnés par divers organismes (gardes du Saint-Hubert Club, par exemple).
> En revanche, les exploitations forestières étant imposables forfaitairement au titre des bénéfices agricoles, les rémunérations des **gardes forestiers** ne sont pas déductibles, sauf si le même garde est à la fois garde forestier et garde-chasse (BOI précité n°s 30 et 40).

PRIMES D'ASSURANCE

Le contribuable peut retrancher du revenu brut de ses propriétés rurales les primes d'assurances afférentes aux **bâtiments**, quel que soit le risque couvert, à l'exclusion des primes concernant le mobilier, les récoltes, le cheptel ou le matériel qui incombent au locataire. **17755**

Sont notamment susceptibles d'ouvrir droit à la déduction des revenus fonciers les primes d'assurance qui couvrent les **risques** suivants : risque d'incendie et risques annexes ; dégâts des eaux ; dégâts causés par la tempête, la grêle ou la neige ; dommages causés par le vol ou le vandalisme ; dommages causés par une catastrophe naturelle ; responsabilité civile du propriétaire bailleur, notamment les dommages que pourrait causer le bien aux locataires ou aux tiers (primes d'assurance « propriétaire non occupant ») ; garantie d'un emprunt, loyers impayés (BOI-RFPI-BASE-20-60 n° 40).

INTÉRÊTS DES DETTES

Le propriétaire peut déduire du revenu foncier le montant des intérêts des emprunts contractés : **17760**

– soit pour l'**acquisition**, la **construction**, la **réparation** ou l'**amélioration** des propriétés ;

– soit encore pour la **conservation** de ces propriétés (par exemple, pour payer les droits de succession ; en particulier, peuvent être déduits les intérêts versés au Trésor en cas de paiement fractionné des droits de mutation à titre gratuit) (BOI-RFPI-BASE-20-80 n° 40).

La déduction est limitée aux sommes effectivement payées au cours de l'année d'imposition (aucune limitation n'est en revanche prévue quant au montant et à la durée).

> **Précisions a.** La déduction peut porter, non seulement sur les intérêts proprement dits, mais encore sur les **frais d'emprunt** : frais de constitution de dossier et frais d'inscriptions hypothécaires ; frais ajoutés par les organismes de crédit au montant des intérêts ; commission d'engagement, agios et taxes ; primes du contrat d'assurance-vie souscrit pour garantir le remboursement de l'emprunt.
> **b.** Lorsque des prêts à la construction sont assortis de **bonifications d'intérêts**, seul le montant net des intérêts effectivement payé (c'est-à-dire après imputation de la bonification) est admis en déduction (BOI précité n° 250).
> **c.** Dans le cas où des **intérêts sont versés avant l'achèvement d'un immeuble** destiné à la location, ils sont considérés comme une charge déductible du revenu des autres propriétés du contribuable ou, à défaut, comme un déficit foncier (BOI précité n° 280).
> **d.** Le contribuable conserve le bénéfice de la déduction lorsqu'il conclut un emprunt destiné à rembourser ou à se substituer à son emprunt initial **(emprunt substitutif)** si le nouvel emprunt est immédiatement et intégralement utilisé pour le remboursement du premier emprunt (CE 1-2-2012 n° 336469 : RJF 4/12 n° 365). Cette mesure s'applique même si le capital souscrit dans le nouveau contrat est supérieur au capital restant dû. Mais seuls les intérêts d'emprunts relatifs au capital restant dû ouvrent droit à déduction dans la limite, appréciée globalement, des intérêts figurant sur l'échéancier initial (BOI précité n° 110). Outre les intérêts, sont également déductibles les indemnités de résiliation anticipée et de renégociation du prêt ainsi que les frais d'ouverture de dossier du nouvel emprunt (CE 5-10-2007 n° 281658 : RJF 12/07 n° 1439 ; CE 5-7-2010 n° 301044 : RJF 11/10 n° 1027). L'administration subordonne cependant la déduction à la condition que la résiliation et la souscription de l'emprunt substitutif permettent de réduire la charge d'intérêts restant dus (BOI précité n° 220).
> **e.** Un exploitant forestier qui donne son **droit de chasse** en location ne peut se voir refuser la déduction de ses revenus fonciers des intérêts de l'emprunt souscrit pour l'achat d'un massif forestier au motif que le droit de chasse serait distinct du droit de propriété (CE 26-12-2012 n° 329884 : RJF 3/13 n° 298).

IMPÔTS

17765 Ne peuvent être déduites du revenu brut foncier des propriétés rurales que les **impositions** perçues au profit des collectivités **locales** et d'organismes divers sur les propriétés en cause et dont le paiement incombe normalement au propriétaire : taxe foncière (pour la fraction qui lui incombe : 4/5, sauf convention contraire), taxe pour frais de chambres d'agriculture (pour la part dont le paiement n'incombe pas au fermier, soit la moitié de son montant), taxe régionale et taxe spéciale d'équipement (pour la part afférente à la taxe foncière).

Lorsque ces impôts ont fait l'objet d'une pénalité pour défaut ou retard de paiement, cette pénalité est également déductible (BOI-RFPI-BASE-20-50 n° 70).

INDEMNITÉS D'ÉVICTION

17770 L'indemnité d'éviction est déductible des recettes si, compte tenu des circonstances de fait, elle peut être regardée comme une **dépense faite en vue de l'acquisition ou de la conservation du revenu**. Tel est le cas lorsque le propriétaire reprend la disposition de son immeuble en vue de le relouer dans de meilleures conditions.

Les mêmes principes s'appliquent aux **frais de relogement** engagés par le propriétaire pour loger temporairement son locataire pendant la durée des travaux qu'il réalise sur l'immeuble loué (BOI-RFPI-BASE-20-20 n° 30).

> **Précisions a.** Selon le Conseil d'État, le caractère déductible d'une indemnité d'éviction doit être apprécié en fonction du **but** dans lequel elle a été versée (à savoir relouer l'immeuble à des conditions plus avantageuses), la concomitance entre l'acquisition de l'immeuble et le versement de l'indemnité, de même que le caractère non déductible des travaux, étant sans incidence sur le principe de la déductibilité de l'indemnité (CE 8-7-2005 n° 253291 : RJF 11/05 n° 1194). Lorsque l'indemnité est déductible, les **intérêts de l'emprunt** contracté pour la financer le sont également, quelle que soit l'importance des charges de cet emprunt (CE 3-7-2009 n° 293154 : RJF 11/09 n° 946).
> **b.** L'indemnité d'éviction versée à un locataire en cas de résiliation ou de non-renouvellement du bail n'est pas déductible des recettes lorsqu'elle présente le caractère d'une **dépense personnelle** ou d'une **dépense engagée en vue de la réalisation d'un gain en capital**. Tel est le cas lorsque le propriétaire reprend les biens donnés en location pour son usage personnel, pour les vendre libres de toute location ou les démolir, ou encore pour dégager, après démolition, un terrain à bâtir sur lequel il consentira un bail à construction.

2. MICRO-FONCIER

17780 Les personnes physiques dont le **revenu brut** foncier annuel est inférieur ou égal à **15 000 €** relèvent de plein droit du régime du micro-foncier, qui aboutit à ne les imposer que sur 70 % de leurs recettes (CGI art. 32). La limite de 15 000 € est appréciée annuellement, y compris lorsque la location ne couvre pas la totalité de l'année civile, en tenant compte des revenus de l'ensemble du foyer fiscal. Elle s'apprécie, le cas échéant, en tenant compte du montant des revenus fonciers correspondant aux **droits** du contribuable dans les bénéfices comptables des **sociétés de personnes** ou de fonds de placement immobilier (**FPI**) dont il est membre (BOI-RFPI-DECLA-10 n° 120).

Sont **exclus** du micro-foncier les **propriétaires** des immeubles suivants :

– monuments historiques donnés en location ;

– logements neufs au titre desquels est pratiquée la déduction au titre des amortissements Robien, Besson ou Périssol ;

– logements au titre desquels le contribuable bénéficie des déductions spécifiques prévues dans le cadre des dispositifs Borloo neuf ou Scellier intermédiaire, Robien ZRR ou Scellier ZRR, Cosse ou Borloo ancien ;

– parts de sociétés de personnes non transparentes (SCI, SCPI notamment) qui donnent en location des immeubles nus lorsque leur détenteur n'est pas propriétaire d'un immeuble donné en location nue ou lorsque l'immeuble donné en location par la société est un immeuble visé ci-dessus ;

– parts de fonds de placement immobilier lorsque leur détenteur n'est pas propriétaire d'un immeuble donné en location ;

– parts de SCPI qui font l'objet de la déduction au titre de l'amortissement Robien

Cette **liste** est **limitative**. Il en résulte que le micro-foncier est applicable notamment aux contribuables bénéficiant des réductions d'impôt Duflot-Pinel, Scellier (sauf Scellier intermédiaire ou ZRR) ou Malraux (BOI-RFPI-DECLA-10 n° 60).

MODALITÉS D'IMPOSITION

Le **revenu brut** à déclarer comprend les recettes de toute nature perçues par le propriétaire (telles que définies nos 17710 s.). 17790

Le **revenu net imposable** est déterminé par l'administration en appliquant au revenu ainsi déclaré un abattement de 30 % représentatif de l'ensemble des charges de la propriété (aucune autre déduction ne peut être opérée sur le revenu brut).

Les contribuables placés de plein droit sous le régime du micro-foncier peuvent **opter pour le régime réel d'imposition** (afin de pouvoir déduire d'éventuels déficits sur le revenu global). L'option résulte de la souscription de la déclaration n° 2044 des revenus fonciers (BOI-RFPI-DECLA-10 n° 220). Elle peut être exercée dans le délai de réclamation (CAA Marseille 4-2-2021 n° 19MA01186 : RJF 5/21 n° 494). 17795

Une fois exercée, l'**option** est **globale** et s'applique obligatoirement à l'ensemble des revenus fonciers réalisés par le foyer fiscal pour une **période de trois ans** durant laquelle elle est irrévocable. À l'issue de cette période, le contribuable peut à tout moment y renoncer en se plaçant sous le régime micro-foncier (sous réserve que ses conditions d'application soient toujours réunies).

Le **régime micro-foncier cesse** de s'appliquer au titre de l'année au cours de laquelle le revenu brut foncier excède 15 000 €. Il en est de même l'année au cours de laquelle survient une des causes d'exclusion visées n° 17780 ci-avant. En cas de retour à un montant de recettes inférieur à 15 000 €, le régime du micro-foncier s'applique à nouveau de plein droit pour l'imposition des revenus de l'année considérée, toutes conditions remplies par ailleurs et sauf option contraire de la part du contribuable.

> **Précisions a.** Les **déficits fonciers constatés antérieurement** à l'application du régime micro-foncier et encore reportables au 1er janvier de la première année d'application peuvent continuer à s'imputer dans les conditions de droit commun (n° 17800 ; BOI précité n° 170).
> **b.** Pour le calcul de la **plus-value de cession** d'un immeuble ayant fait l'objet de travaux de rénovation ou d'amélioration au cours d'années couvertes par le régime du micro-foncier, les dépenses correspondantes sont réputées incluses dans l'abattement de 30 % et ne viennent pas majorer le prix d'acquisition. En revanche, les dépenses de construction, de reconstruction et d'agrandissement peuvent, le cas échéant, être ajoutées au prix d'acquisition (BOI-RFPI-PVI-20-10-20-20 n° 320).

B. Imputation des déficits fonciers

Les déficits fonciers qui résultent de dépenses déductibles des revenus fonciers, autres que les intérêts d'emprunt (et les frais accessoires aux emprunts), sont imputables **sur le revenu global** des contribuables dans la **limite annuelle** de 10 700 €. 17800

La partie du déficit qui excède cette limite ou qui résulte d'intérêts d'emprunt est imputable **sur les revenus fonciers** des dix années suivantes, quelle que soit la nature de l'immeuble (urbain ou rural). En cas de **déficits successifs** (non encore atteints par le délai de dix ans), l'imputation sur les revenus fonciers se fait en commençant par les déficits les plus anciens.

Lorsque le **revenu global** du contribuable est **insuffisant** pour absorber le déficit foncier imputable (limité à 10 700 €), l'excédent du déficit est imputable dans les conditions de droit commun sur les revenus globaux des six années suivantes.

EXEMPLE

Soit un propriétaire qui loue en 2024 un immeuble rural et dont le revenu foncier est déterminé de la façon suivante :

Revenu brut		2 000 €
	Charges	– 30 000 €
	Intérêts d'emprunt	– 4 000 €
	Déficit	– 32 000 €

Le revenu brut est réputé compenser d'abord les intérêts d'emprunt. Le déficit provient donc à hauteur de 2 000 € des intérêts d'emprunt et à hauteur de 30 000 € des autres charges.

– Si le revenu global est supérieur ou égal à 10 700 €, le déficit provenant de dépenses autres que les intérêts d'emprunt (soit 30 000 €) est imputable sur le revenu global à hauteur de 10 700 € ; l'excédent, soit 19 300 €, s'ajoute aux 2 000 € (fraction relative aux intérêts d'emprunt) imputables sur les revenus fonciers des dix années suivantes (soit jusqu'en 2032).

– Si le revenu global est inférieur à 10 700 € (par exemple, 8 000 €), le déficit qui n'a pu être imputé est alors imputable à hauteur de 2 700 € sur le revenu global des six années suivantes (soit jusqu'en 2030), le reliquat de 21 300 € demeurant imputable sur les revenus fonciers des dix années suivantes.

> **Précisions** **a.** En cas de **pluralité d'immeubles** donnant lieu à des résultats bénéficiaires pour les uns, déficitaires pour les autres, les déficits sont imputés sur les bénéfices, étant observé que le total des intérêts d'emprunt est déduit en priorité (BOI-RFPI-BASE-30-20 n° 220).
b. L'imputation des déficits fonciers sur le revenu global est autorisée sans limitation de montant pour les déficits provenant d'immeubles classés **monuments historiques** productifs de revenus (CGI art. 156, I-3°, al. 1).
c. La **limite de 10 700 €** est **portée à 15 300 €** lorsqu'un déficit foncier est constaté sur un immeuble relevant du régime Périssol ou du dispositif Cosse.

17801

Rénovation d'une « passoire thermique »

La limite annuelle d'imputation du déficit foncier sur le revenu global est rehaussée, sans pouvoir excéder **21 400 €** par an, à concurrence du montant des dépenses déductibles de travaux de rénovation énergétique permettant à un bien de passer d'une classe énergétique E, F ou G à une classe énergétique A, B, C ou D (CGI art. 156, I-3°-al. 4). Sont concernées les dépenses afférentes aux **travaux d'amélioration de la performance énergétique** globale des logements susceptibles d'être financés par l'éco-PTZ, y compris les dépenses éligibles à la prime de transition énergétique, à l'exclusion cependant des travaux de réhabilitation de systèmes d'assainissement non collectif et des travaux de pose d'une chaudière à très haute performance énergétique (CGI ann. III art. 41 DO). Les travaux éligibles doivent avoir fait l'objet de l'acceptation d'un devis à compter du 5 novembre 2022 et être **payés entre le 1er janvier 2023 et le 31 décembre 2025**. Si le contribuable ne justifie pas du nouveau classement de performance énergétique du bien au plus tard le 31 décembre 2025, le revenu foncier et le revenu global des années de déduction des dépenses de travaux sont, sans préjudice de la remise en cause visée n° 17802, reconstitués selon les modalités applicables en l'absence de rehaussement de la limite d'imputation. En pratique, le contribuable doit fournir, à la demande de l'administration, les devis, factures et diagnostics de performance énergétique avant/après travaux.

17802 **Remise en cause de l'imputation des déficits fonciers** L'**imputation** du déficit foncier **sur le revenu global** du bailleur est subordonnée à la location de l'immeuble (et, le cas échéant, à la conservation des titres de la société immobilière) jusqu'au 31 décembre de la troisième année qui suit l'imputation. Si cette condition n'est pas respectée, l'imputation sur le revenu global est, sauf exceptions, remise en cause ; le revenu global et les revenus fonciers des trois années (même prescrites) précédant l'année de cessation de la location (ou de cession des titres de la société par l'associé) sont reconstitués selon les modalités applicables en cas de non-imputation sur le revenu global (BOI-RFPI-BASE-30-20 n° 260). Les **déficits fonciers indûment imputés** sur le revenu global des trois années précédentes peuvent ainsi être imputés sur l'ensemble des revenus fonciers de l'année au cours de laquelle ils ont été réalisés et viennent augmenter le déficit reportable de cette année (CE 26-4-2017 n° 400441 : RJF 7/17 n° 659). Quant aux **déficits** fonciers **qui restaient à imputer** après la cessation de la location, ils peuvent s'imputer pendant dix ans sur les revenus fonciers provenant d'autres immeubles locatifs. À défaut de tels biens productifs de revenus, ces déficits sont perdus (BOI précité n° 260).
Aucune remise en cause n'est effectuée dans les cas suivants : décès, invalidité ou perte d'emploi du contribuable ou de son conjoint, expropriation pour cause d'utilité publique de l'immeuble productif du déficit.

C. Déclaration des revenus fonciers

17805 Les contribuables relevant du **régime réel** d'imposition des revenus fonciers doivent faire figurer le détail du calcul de leur revenu net foncier sur une déclaration spécifique (nos 2044 ou 2044 spéciale) annexée à la déclaration d'ensemble des revenus n° 2042. Ils reportent ensuite ce résultat net sur la déclaration d'ensemble.
Dans le cadre du régime du « **micro-foncier** », le montant du revenu brut foncier est directement porté sur la déclaration d'ensemble n° 2042.

> **Précisions** Les propriétaires qui perçoivent des revenus provenant de la **location d'emplacements d'affichage** (sur un immeuble bâti ou non bâti) doivent normalement déclarer dans la déclaration n° 2044 (ou n° 2044 spéciale) les sommes correspondantes, puisque ces revenus accessoires sont imposables au titre des revenus fonciers (voir n° 17710).
Afin de permettre un meilleur contrôle de ces recettes, les **locataires** d'emplacements d'affichage sont tenus de produire de leur côté une déclaration spéciale indiquant les noms et adresses des bénéficiaires des redevances ainsi que le montant des sommes versées lorsqu'elles dépassent 76 € par an pour un même bénéficiaire. Cette **déclaration** doit être établie sur une **formule n° 2061** fournie par l'administration (ou sur des bulletins individuels établis au nom de chaque bénéficiaire) et remise à la direction des services fiscaux du domicile ou du principal établissement du déclarant, avant le 1er mars de l'année suivant celle du paiement des redevances.
Toutefois, n'ont pas à être déclarées sur l'imprimé n° 2061 les sommes déjà portées par certaines sociétés immobilières sur les déclarations n° 2071 ou n° 2072 et celles versées à des **intermédiaires en publicité** et qui figurent dans les déclarations de salaires (CGI art. 87) ou d'honoraires (CGI art. 240).

D. Cas particuliers

IMMEUBLES DONT LA PROPRIÉTÉ EST DÉMEMBRÉE

Régime de droit commun **Juridiquement**, en cas de démembrement de la propriété d'un immeuble, l'**usufruitier** perçoit en principe les revenus et est tenu aux réparations d'entretien. Quant aux grosses réparations (gros murs, voûtes, poutres, couvertures entières, etc.), elles incombent au **nu-propriétaire**, l'usufruitier étant toutefois tenu de les effectuer si elles sont dues à un défaut d'entretien depuis l'ouverture de l'usufruit (C. civ. art. 605). 17810

Fiscalement, lorsque l'**immeuble est donné en location**, les loyers sont imposables entre les mains de l'usufruitier. Les charges sont quant à elles déductibles des revenus de celui qui en a supporté la charge. Ainsi, bien que n'ayant pas de revenus à déclarer à raison de l'immeuble dont la propriété est démembrée, le nu-propriétaire est néanmoins autorisé à déduire des revenus fonciers provenant de ses autres propriétés les charges qu'il a effectivement supportées. À défaut de tels revenus ou si ceux-ci sont insuffisants, un déficit foncier est constaté.

Lorsque l'immeuble n'est **pas donné en location** (immeuble occupé par l'usufruitier ou par le nu-propriétaire), l'usufruitier n'est pas imposable au titre des revenus fonciers. Corrélativement, aucune déduction ne peut être pratiquée à ce titre, ni par l'usufruitier ni par le nu-propriétaire.

Ancien régime dérogatoire Les nus-propriétaires d'immeubles donnés en location ou non ont pu bénéficier, sous certaines conditions, d'un régime de déduction dérogatoire des dépenses de grosses réparations. Ce régime, **abrogé depuis 2017**, s'est appliqué : 17812

– **jusqu'en 2016,** pour la généralité des travaux de grosses réparations supportés par le nu-propriétaire ;

– **jusqu'en 2017**, pour les dépenses de grosses réparations supportées en 2017, lorsque le nu-propriétaire justifie de l'**acceptation d'un devis et** du **versement d'un acompte** au plus tard le 31 décembre 2016 (Loi 2016-1917 du 29-12-2016 art. 32, I-4° et II-B).

À condition d'opter de manière irrévocable pour ce dispositif, les nus-propriétaires concernés ont pu déduire de leur revenu global, dans la limite de 25 000 € par an, et pour la dernière fois en ce qui concerne les dépenses payées en 2016 (cas général) ou en 2017 (en présence d'un devis et d'un versement d'acompte antérieurs à 2017), le montant des dépenses de grosses réparations qu'ils avaient supportées. Lorsque le montant de ces dépenses dépasse 25 000 €, la fraction qui excède cette limite est imputable dans les mêmes conditions au titre des dix années suivantes.

EXEMPLE

Un nu-propriétaire ayant opté pour le régime dérogatoire a supporté 200 000 € de dépenses de grosses réparations en 2017 conformément à un devis accepté en 2016 et ayant donné lieu au versement d'un acompte la même année. Il peut les déduire sur huit années (2017 à 2024) à raison de 25 000 € par an.

L'imputation des dépenses de grosses réparations bénéficiant du régime dérogatoire précédemment en vigueur (n° 17812) ne peut pas donner lieu en principe à la constatation d'un déficit global. L'administration admet cependant que lorsque le **revenu global** est **inférieur à 25 000 €**, l'ensemble de la fraction des dépenses qui n'a pu être imputée faute de revenu global suffisant peut être reporté sur les dix années suivantes, dans la limite annuelle de 25 000 € (BOI-IR-BASE-20-60-20 n° 150). 17815

EXEMPLE

Un nu-propriétaire ayant opté pour le régime dérogatoire a supporté 35 000 € de dépenses de grosses réparations encore éligibles à ce dispositif au titre de 2017. Son revenu global de 2017 s'élevait à 20 000 €. Il a pu déduire 20 000 € au titre de 2017 et il pourra reporter l'excédent de 15 000 € sur les dix années suivantes.

SOCIÉTÉS CIVILES IMMOBILIÈRES

17820 Compte tenu de leur objet purement civil, les sociétés civiles immobilières (autres que les sociétés transparentes) qui se bornent à louer (ou à donner en jouissance à leurs associés) les immeubles qui leur appartiennent (locaux d'habitation non meublés, exploitations agricoles, etc.) relèvent du régime de l'impôt sur le revenu. Tel est notamment le cas des groupements fonciers agricoles et des groupements fonciers ruraux.

Chaque associé est donc personnellement imposable pour la part de bénéfices sociaux correspondant à ses droits dans la société.

À cet effet, la **société** est tenue de produire au service des impôts du lieu de son principal établissement la **déclaration** de ses résultats à l'aide d'un formulaire spécial (n° 2072). En principe, la déclaration doit être souscrite **par voie électronique**, au plus tard le deuxième jour ouvré suivant le premier mai de chaque année (CGI ann. III art. 46 C). Un délai supplémentaire de 15 jours est toutefois accordé par l'administration (BOI-RFPI-CHAMP-30-20 n° 230). Cette déclaration doit faire apparaître notamment le bénéfice imposable.

La **quote-part de bénéfices revenant aux associés** est déterminée soit selon les règles applicables au détenteur des droits ou parts (cas de certaines entreprises), soit selon la nature de l'activité et le montant des recettes de la société civile immobilière ou du GFA louant ses exploitations agricoles (CGI art. 238 bis K ; voir n°s 24720 s.).

> **Précisions** **a.** Les **associés** des sociétés civiles immobilières visées ci-avant ou des GFA doivent comprendre la part leur revenant dans le bénéfice social dans leur propre déclaration de revenus (déclarations n°s 2042 et 2044 ou de résultats lorsque les parts sociales sont inscrites à l'actif d'une entreprise industrielle, commerciale ou agricole). Ils peuvent déduire les **intérêts des emprunts** qu'ils ont contractés personnellement en vue de l'acquisition de leurs droits sociaux (BOI-RFPI-CHAMP-30-20 n° 250).
> **b.** Les **associés** ne disposant **pas d'autres revenus fonciers** peuvent porter directement sur leur déclaration d'ensemble des revenus la part leur revenant dans les résultats sociaux sans souscrire la déclaration n° 2044 (BOI-RFPI-CHAMP-30-20 n° 260).
> **c.** Les **déficits** constatés dans les résultats de la société civile sont imputables sur le revenu global de l'associé dans les conditions et limites exposées n° 17800. Toutefois, la limite annuelle d'imputation s'apprécie au niveau de chaque associé, et non au niveau de la déclaration établie par la société civile.

SECTION 4

OPTION POUR LA TVA DU BAILLEUR

17900 Exonérées de TVA en vertu de l'article 261 D, 1° du CGI, les locations de terres et bâtiments d'exploitation à usage agricole peuvent y être soumises par option du bailleur.

1. CONDITIONS DE L'OPTION

17905 L'option pour la TVA, prévue à l'article 260, 6° du CGI, est ouverte aux personnes qui donnent en location des terres et bâtiments d'exploitation à usage agricole lorsque le preneur (fermier) est lui-même redevable de la TVA de plein droit ou sur option.

QUALITÉ DE BAILLEUR

17910 L'option est indépendante du **statut juridique** du bailleur. Le droit d'exercer l'option est donc accordé aux personnes physiques, aux indivisions et aux sociétés créées de fait, aux usufruitiers, aux personnes morales (Gaec, groupements fonciers agricoles, associations foncières pastorales, sociétés civiles, sociétés commerciales, établissements publics, collectivités locales, etc.).

L'option est ouverte au **bailleur à métayage**. Ce dernier peut également exercer l'option prévue pour les exploitants agricoles (n° 830).

TERRES ET BÂTIMENTS D'EXPLOITATION À USAGE AGRICOLE

L'option ne porte que sur les terres et les bâtiments d'exploitation à usage agricole. **17930**
Il s'agit de tous les immeubles bâtis et non bâtis qui sont utilisés pour les besoins d'une activité agricole quels que soient leur situation et les équipements et aménagements dont ils sont dotés.
En règle générale, la location des terres et bâtiments d'exploitation à usage agricole est soumise au statut du fermage. Lorsqu'il en est ainsi, l'option s'étend :
– aux **matériels** et agencements ainsi qu'au **cheptel** compris dans le bail ;
– aux **bâtiments d'exploitation** ou **terrains** qui sont affectés à un usage agricole au moment où le bail est conclu et auxquels le fermier donne ensuite une destination commerciale – terrains de camping, terrains utilisés pour le gardiennage de caravanes, locaux utilisés pour la restauration à la ferme ou aménagés en gîtes ruraux, notamment (BOI-TVA-SECT-80-50-10 n° 50).
Sont exclus de l'option les immeubles à usage d'**habitation** et leurs **dépendances** bâties (garages) ou non bâties (jardins) dont la jouissance est concédée au fermier pour ses besoins ou ceux de son personnel.
De même, le bailleur ne peut pas comprendre dans sa base d'imposition à la TVA les **loyers qui se rapportent aux locaux d'habitation** compris dans le bail à ferme (ni corrélativement exercer de droits à déduction pour les dépenses afférentes à ces locaux). Le montant de ces loyers est égal :
– au prix exprimé dans le contrat de bail, augmenté éventuellement des charges imposées au preneur ;
– ou à la valeur locative réelle des biens loués si cette valeur est supérieure au prix augmenté des charges (BOI-TVA-SECT-80-50-10 n° 90).
Lorsque le montant des loyers se rapportant aux locaux d'habitation n'est pas mentionné dans le bail, le propriétaire doit déterminer ce montant sous sa propre responsabilité (BOI précité n° 90).

ATTENTION

Ne sont **pas considérés comme** des **locaux d'habitation** (BOI précité n° 70) :
– ceux qui sont affectés à l'hébergement des membres du personnel chargés de fonctions permanentes de surveillance et de sécurité ;
– les locaux d'habitation collectifs (dortoirs) mis à la disposition du personnel dans l'exploitation ;
– les bâtiments agricoles qui, après transformation, sont affectés par le preneur à la location meublée (gîtes ruraux, etc.).

OBJET AGRICOLE DU BAIL

Les baux doivent porter sur des **immeubles à usage agricole.** Ainsi sont concernés (BOI-TVA-SECT-80-50-10 n° 110) : **17940**
– les baux ruraux (baux à ferme, baux à domaine congéable) soumis au statut du fermage, y compris les mises à disposition à titre onéreux d'immeubles à usage agricole en vue de les exploiter ;
– les baux placés en dehors du statut du fermage, notamment dans le cas des conventions pluriannuelles de pâturage conclues dans les zones de montagne ;
– les baux portant sur des petites parcelles, c'est-à-dire ceux qui portent sur des terres ayant une superficie inférieure au minimum fixé par arrêté préfectoral et par nature de cultures, sous réserve de leur constatation par un acte ;
– les baux ne relevant pas du statut des baux ruraux mais portant sur des immeubles utilisés par un agriculteur pour les besoins de son exploitation (hangars, serres, bâtiments d'élevage intensif, bureaux, etc.).
En revanche, l'option ne peut pas être valablement exercée pour les **baux à vie ou à durée illimitée** qui sont assimilés à des ventes (n° 17040).

QUALITÉ DU PRENEUR

Le preneur doit être **redevable de la TVA** de plein droit ou par option (option globale ou restreinte). **17960**
L'option ne peut donc pas porter sur des terrains et bâtiments d'exploitation agricole loués à un agriculteur qui est placé sous le régime du **remboursement forfaitaire** (BOI-TVA-SECT-80-50-10 n° 150).

Le bailleur doit apporter la **preuve** que le preneur est redevable de la TVA, par exemple en joignant à la déclaration d'option une copie (BOI précité n° 160) :
– soit de la déclaration d'existence et d'identification du preneur souscrite auprès du centre de formalités des entreprises (CFE) ou du guichet unique électronique ;
– soit de sa dernière déclaration de TVA mentionnant le numéro du dossier (déclaration n° 3517 AGR – CA12 A ou bulletin d'échéance n° 3525 bis ou déclaration n° 3310 CA3, ces imprimés sont disponibles en ligne sur impots.gouv.fr à la rubrique « Recherche de formulaires »).

2. PORTÉE DE L'OPTION

18000 L'article 260, 6° du CGI prévoit que l'option, lorsqu'elle est exercée, s'applique à tous les baux conclus par un même bailleur avec des agriculteurs redevables de la TVA. L'administration considère donc l'option comme **globale et indivisible**, et l'étend aux baux conclus avec un preneur devenant redevable de la TVA en cours de période d'option. À l'inverse, lorsque, pendant la même période, un fermier cesse d'être redevable de la TVA, l'option exercée par le bailleur continue à produire ses effets (BOI-TVA-SECT-80-50-20 n° 1). Le Conseil d'État juge qu'elle couvre la totalité du bail (CE 29-7-1998 n° 193473 : RJF 10/98 n° 1104). La question de la compatibilité du caractère global de cette option avec la directive TVA nous paraît toutefois se poser suite à la décision du Conseil d'État qui a jugé, s'agissant de l'option relative aux locaux nus à usage professionnel, que le bailleur ne peut se voir imposer d'exercer l'option pour l'intégralité de ses locaux éligibles et peut choisir les locaux pour lesquels il entend soumettre les loyers à la TVA, ce choix s'appréciant par opération de location, c'est-à-dire pour un même contrat de bail (CE 9-9-2020 n° 439143 : RJF 12/20 n° 989).

3. DURÉE DE L'OPTION

18040 L'option prend **effet** le premier jour du mois au cours duquel elle est formulée auprès du service des impôts (CGI ann. II art. 202).

Elle peut être dénoncée à partir du 1er janvier de la cinquième année civile qui suit celle au cours de laquelle elle a été exercée. La **dénonciation** prend effet le premier jour du mois au cours duquel elle est formulée auprès du service des impôts. L'option couvre donc obligatoirement une **période minimale** de quatre années et un mois. À défaut de dénonciation, l'option continue de produire ses effets tant qu'il n'y est pas mis fin.

EXEMPLES

1. Une option formulée le 25 janvier 2024 prend effet le 1er janvier 2024 et pourra être dénoncée à compter du 1er janvier 2029. Si l'option est dénoncée en octobre 2029, la dénonciation prendra effet à compter du 1er octobre 2029 (application de l'exonération à compter de cette date).

2. Une option exercée le 5 décembre 2024 prend effet le 1er décembre 2024 et pourra être dénoncée à compter du 1er janvier 2029. Si l'option est dénoncée en mars 2029, la dénonciation prendra effet à compter du 1er mars 2029 (application de l'exonération à compter de cette date).

Si l'option exercée en 2024 est dénoncée auprès du service des impôts le 20 mars 2031, cette dénonciation prendra effet le 1er mars 2031 (application de l'exonération à compter de cette date).

4. EXERCICE DE L'OPTION

18080 L'option revêt la **forme** d'une lettre signée par le bailleur à laquelle sont annexés :
– un bulletin d'existence et d'identification pour son activité de bailleur ;
– et une copie du bulletin d'existence et d'identification de chacun des preneurs ou de leurs dernières déclarations de TVA.

Lorsque les immeubles donnés à bail appartiennent à une **indivision** ou à une **personne morale**, l'option peut être exercée au nom de l'indivision ou de la personne morale par l'un des indivisaires ou par le gérant de la société, à condition qu'il soit dûment mandaté à cet effet (BOI-TVA-SECT-80-50-30 n° 20).

La déclaration d'option pour l'assujettissement à la TVA des bailleurs de biens ruraux ainsi que les déclarations de chiffre d'affaires doivent être **adressées** au service des impôts :
– du lieu de situation de l'immeuble si le bailleur est une personne physique (CGI ann. IV art. 33) ;
– du lieu d'encaissement des loyers si les immeubles appartiennent à une indivision ;
– du lieu où est déposée la déclaration de résultats si le bailleur est une personne morale.

5. CONSÉQUENCES DE L'OPTION

Les bailleurs qui exercent l'option pour la TVA sont imposables à la TVA selon le **régime simplifié agricole** (CGI art. 298 bis, II-6°). 18120

Ils doivent donc accomplir les obligations qui incombent aux redevables placés sous ce régime d'imposition (nos 1400 s.). La taxe est établie, liquidée, recouvrée, contrôlée suivant les règles retenues à l'égard de cette catégorie de redevables, compte tenu des précisions exposées ci-après.

BASE D'IMPOSITION

La base d'imposition des bailleurs de biens ruraux ayant opté pour l'assujettissement à la TVA comprend toutes les sommes reçues en contrepartie de la location des terres et bâtiments d'exploitation à usage agricole (CGI art. 266, 1-a). 18125

Ainsi, doivent être soumis à la taxe :
– les **loyers** ou fermages en principal ;
– les recettes qui présentent le caractère d'un **complément de ces loyers** (charges forfaitaires, etc.), de droits d'entrée, d'indemnité de résiliation versée par le locataire, de dépenses incombant au propriétaire et mises par convention à la charge du locataire.

> **Précisions** Il n'y a pas lieu de comprendre dans la base d'imposition (BOI-TVA-SECT-80-50-40 n° 30) :
> – les remboursements de charges locatives ;
> – les loyers se rapportant à l'habitation ;
> – les recettes accessoires perçues auprès de personnes autres que le fermier et correspondant par exemple à la location du droit d'affichage ou du droit de chasse ou de pêche.

Fermages payés en nature Le prix du fermage est parfois payable en tout ou partie en nature. 18130

Dans ce cas, la taxe est due par le bailleur sur la **valeur réelle des produits** au jour où ils sont mis à sa disposition.

Cette valeur réelle s'entend de la valeur marchande des produits, c'est-à-dire du prix de vente à la production (BOI-TVA-SECT-80-50-40 n° 40).

EXEMPLE

Le preneur remet au bailleur 1 000 litres de vin tous les ans.
Le prix de vente à la production du vin est de 2 € hors taxe le litre.
Le bailleur facture au preneur :

2 € × 1 000	2 000 €
TVA 20 %	400 €
TTC	2 400 €

Le fermier est dispensé de son côté de soumettre à la TVA le prix des marchandises remises au bailleur en contrepartie du paiement du fermage.
On notera que le bailleur qui vend les produits reçus en paiement des fermages est imposable : voir n° 610.

Début d'option Le bailleur doit soumettre à la TVA toutes les sommes perçues à compter de la date d'effet de l'option même si elles se rapportent à la période antérieure à l'option. 18135

La taxe due au titre de ces encaissements est dûment facturée au preneur. Elle peut être déduite par celui-ci dès lors qu'il est par hypothèse redevable de la TVA à raison de son activité (BOI-TVA-SECT-80-50-40 n° 50).

TAUX

Les loyers perçus par les bailleurs de biens ruraux ayant exercé l'option sont imposables au **taux normal** de la taxe même s'il s'agit d'un fermage payable en nature – en aucun cas, il n'y a lieu de retenir le taux applicable au produit livré (BOI-TVA-SECT-80-50-40 n° 60). 18150

DROITS À DÉDUCTION

Pour l'exercice des droits à déduction, l'**ensemble des baux** soumis à la TVA peut être regroupé au sein d'**un seul secteur** distinct d'activité. Dans le cadre de ce secteur : 18160
– la TVA se rapportant aux dépenses qui portent sur des terres et bâtiments d'exploitation à usage agricole est déductible en totalité ;
– les **dépenses mixtes** (afférentes aux biens ruraux et aux locaux d'habitation) sont déductibles dans les conditions exposées nos 1925 s.

> **Précisions** **a.** Les baux pour lesquels l'**option** n'est **pas exercée** constituent un secteur distinct d'activité. La TVA n'est pas exigible sur les loyers correspondants mais corrélativement les dépenses se rapportant à ce secteur n'ouvrent pas droit à déduction. Sur la portée de l'option : n° 18000.
b. Lorsque les propriétaires sont à la fois **exploitants et bailleurs**, l'activité agricole doit faire l'objet d'un secteur d'activité distinct du ou des secteurs locatifs.
c. En ce qui concerne les **droits à déduction accordés aux bailleurs lors de leur option à la TVA,** voir n° 2115.

OBLIGATIONS

18180 Les bailleurs de biens ruraux qui optent pour le paiement de la TVA doivent respecter les mêmes obligations déclaratives que les agriculteurs relevant du **régime simplifié agricole** (n°s 2800 s.).
Ils versent des **acomptes** trimestriels et souscrivent une **déclaration annuelle** de régularisation (modèle CA 12 A disponible sur le site impots.gouv.fr). Cette déclaration regroupe l'ensemble des loyers et de la TVA déductible qui se rapportent à des baux couverts par l'option ; les propriétaires qui sont à la fois exploitants et bailleurs doivent regrouper l'ensemble de leurs opérations sur la même déclaration de TVA. Les bailleurs dispensés du versement d'acomptes (n° 2815) acquittent la taxe en une seule fois lors du dépôt de la déclaration annuelle CA 12 A. Les bailleurs peuvent cependant demander à déposer des **déclarations trimestrielles ou mensuelles** (imprimés CA 3 habituels) (BOI-TVA-SECT-80-50-40 n° 70).
La **comptabilité** tenue par les bailleurs de biens ruraux ayant opté en vertu de l'article 260, 6° du CGI doit permettre de fournir les renseignements nécessaires à la rédaction et au contrôle de la déclaration annuelle, trimestrielle ou mensuelle.
Les bailleurs de biens ruraux qui optent pour le paiement de la TVA doivent délivrer aux preneurs des **factures** mentionnant la TVA due au titre des loyers couverts par l'option (n° 3120).
Cette taxe est déductible par les preneurs dans les conditions habituelles (BOI-TVA-SECT-80-50-40 n°s 80 et 90).

6. CAS PARTICULIERS

CESSION DE L'EXPLOITATION DONNÉE EN LOCATION

18200 Le bailleur qui a opté pour le paiement de la TVA et qui cède l'exploitation donnée en location doit, en principe, procéder aux régularisations du droit à déduction (n°s 2000 s.).
Toutefois, conformément aux dispositions de l'article 257 bis du CGI, la cession à titre onéreux ou à titre gratuit ou l'apport d'une exploitation (ou d'une branche complète d'activité) constituant une **universalité totale ou partielle de biens** est dispensée de TVA lorsque la transmission intervient entre deux redevables de la TVA (voir n°s 2131 s.). Le bénéficiaire est alors réputé continuer la personne du cédant, notamment à raison des régularisations de la taxe déduite par ce dernier (BOI-TVA-SECT-80-50-40 n° 100).

EXPLOITANT DEVENANT BAILLEUR

18210 Dans cette situation, les biens ruraux sont donnés à bail après avoir fait l'objet d'une exploitation directe. S'il opte pour le paiement de la TVA en vertu de l'article 260, 6° du CGI, le bailleur ne doit procéder ni aux régularisations des déductions se rapportant aux biens donnés en location ni à l'imposition de ces biens (BOI-TVA-SECT-80-50-40 n° 110).
La dispense de régularisation jouera en particulier en cas de conversion d'un bail à métayage en bail à fermage (Rép. du Luart : Sén. 9-5-1988 n° 9802 non reprise au Bofip).

ENTRÉE DU FERMIER DANS UN GAEC OU UNE SOCIÉTÉ

18220 Le fermier qui devient associé d'un Gaec peut mettre ses terres à la disposition du groupement. Le fermier reste titulaire du bail mais le prix du **fermage** est **acquitté par le Gaec**.
Le fermier peut alors transmettre au Gaec le droit à déduction de la TVA facturée par le bailleur, à raison des fermages. À cet effet, il délivre au Gaec une **attestation** qui comporte les mentions suivantes :
– identité du fermier ;
– identification des biens loués et identité du propriétaire ;
– montant hors taxe des loyers, taux de la TVA et montant de l'impôt correspondant (BOI-TVA-SECT-80-50-40 n° 120).
Cette solution s'applique dans les mêmes conditions lorsque le fermier devient associé de sociétés d'exploitations agricoles autres qu'un Gaec, telles que les **SCEA** ou les **EARL** (Lettre SLF au président du Conseil supérieur du notariat du 9-1-1989).

EXPLOITATION EN FAIRE-VALOIR DIRECT MISE À DISPOSITION D'UN GROUPEMENT (GAEC, ETC.) OU D'UNE SOCIÉTÉ (SCEA, EARL, ETC.)

Les agriculteurs membres du groupement ou de la société peuvent : **18230**
– apporter leur exploitation à la société ;
– ou en conserver la propriété et la mettre à la disposition de la société.

Cette mise à disposition donne lieu en règle générale à la perception d'un loyer parfois désigné sous le vocable d'« **indemnité de mise à disposition** fixe ».

Elle constitue alors une location agricole qui ouvre droit à option pour le paiement de la TVA en vertu de l'article 260, 6° du CGI, à condition que le Gaec (ou la société) soit redevable de la TVA (BOI-TVA-SECT-80-50-40 n° 130).

CONCLUSION D'UN BAIL AVEC UN PRENEUR MEMBRE D'UN GROUPEMENT OU D'UNE SOCIÉTÉ

Est envisagé le cas où un agriculteur est, à la date de conclusion d'un contrat, membre d'un **18240**
groupement (Gaec, etc.) ou d'une société d'exploitation agricole (SCEA, EARL, etc.), au profit desquels les **biens pris à bail** sont **mis à disposition** dans les conditions fixées par l'article L 411-37 du Code rural et de la pêche maritime.

Bien que l'agriculteur n'utilise pas les biens pour les besoins d'une activité au titre de laquelle il est personnellement redevable de la TVA, l'administration admet que l'option puisse être exercée et que le droit à déduction soit transféré :

Pour que l'**option** soit recevable, le bailleur doit être en mesure d'établir que le bien donné à bail a été mis à la disposition d'un organisme redevable de la TVA.

Cette preuve est apportée en joignant à la déclaration d'option :
– une attestation signée conjointement par le preneur et l'organisme au profit duquel le bien a été mis à disposition déclarant que celui-ci utilisera effectivement le bien à des fins d'exploitation et qu'il est imposé à la TVA ;
– ainsi qu'une copie de la déclaration d'existence et d'identification de l'organisme ou de la dernière déclaration de TVA qu'il a déposée (BOI-TVA-SECT-80-50-40 n° 150).

Le fermier associé peut transmettre au groupement ou à la société le **droit à déduction** de la TVA facturée par le bailleur si les deux conditions suivantes sont satisfaites :
– le fermage est acquitté par le groupement ou la société ;
– le fermier adresse au groupement ou à la société une attestation comprenant les mentions relatives à l'identité du fermier, l'identification des biens loués, l'identité du propriétaire et le montant hors taxe des loyers, le taux de TVA et le montant de l'impôt correspondant.

L'option ne pouvant pas être dénoncée en cours de validité, le bailleur reste donc assujetti à la TVA même si, notamment, le fermier quitte le groupement ou s'il cesse de mettre les biens pris à bail à sa disposition (BOI précité n° 160).

CHAPITRE 2

VENTES DE BIENS RURAUX ET OPÉRATIONS ASSIMILÉES

SOMMAIRE

SECTION 1

DROITS D'ENREGISTREMENT

PRÉSENTATION DE LA FORMALITÉ DE L'ENREGISTREMENT

Avant d'examiner le régime fiscal applicable à chaque type de convention (vente, échange, partage, donation, etc.), nous précisons quelques **règles générales**, communes à tous les droits d'enregistrement. 18400

Quant au régime du **contrôle**, des **pénalités** et du **contentieux** des droits d'enregistrement, il ne diffère pas – sous réserve de quelques particularités – de celui qui est commun à l'ensemble des impôts et taxes, recouvré par les services de la Direction générale des finances publiques (voir nos 33200 s.).

La plupart des actes constatant des **conventions immobilières** ne donnent lieu qu'à une seule formalité (**formalité fusionnée** d'enregistrement et de publicité foncière) accomplie au service de la publicité foncière ; toutefois, certains actes sont soumis à une double formalité (au service des impôts, puis au service de la publicité foncière). Tous les actes relevant de la formalité fusionnée susvisée ainsi que la quasi-totalité des actes se rapportant à des opérations immobilières (et qui restent soumis à la double formalité) supportent une **imposition unique**. 18410

> **Précisions a.** Ce droit fusionné est dénommé **« taxe de publicité foncière »** lorsqu'il est payé au service de la publicité foncière et **« droit d'enregistrement »** lorsqu'il est versé au service des impôts. Cette distinction n'ayant pas d'incidence pour les redevables, nous utilisons dans la suite de l'étude la terminologie traditionnelle de **« droits d'enregistrement »** (ou même de « droits de mutation ») pour désigner indifféremment l'une ou l'autre de ces perceptions.
> **b.** Les **services de la publicité foncière** ont pour rôle de faire ressortir la situation juridique de chaque immeuble au fur et à mesure des mutations de propriété et des inscriptions hypothécaires dont ce bien fait l'objet. À cet effet, ces services administratifs (qui dépendent de la Direction générale des finances publiques) tiennent, pour chaque commune de leur circonscription, un « fichier immobilier », document qui assure la publicité juridique des immeubles.
> Le fichier immobilier ne doit pas être confondu avec le **cadastre** tenu dans chaque mairie, ensemble documentaire présentant un plan parcellaire du territoire de la commune et dont le rôle essentiel est de servir de base à l'établissement de la taxe foncière ; aucune modification ne peut être apportée au cadastre sans que l'acte la constatant ait été préalablement publié au fichier immobilier.

FORMALITÉ DE L'ENREGISTREMENT

La formalité de l'enregistrement se réduit le plus souvent à la **perception des droits** liquidés par les rédacteurs des actes (notaires en particulier). 18415

Le but de l'enregistrement est avant tout **fiscal** : l'analyse de l'acte à laquelle procède l'administration des impôts a pour objet de calculer le montant des droits à recouvrer.

Mais la formalité de l'enregistrement produit accessoirement des effets sur le plan purement **juridique**. Elle permet d'assurer la surveillance de la forme et du contenu des actes. Elle donne **date certaine** à l'égard des tiers aux actes sous signature privée et peut constituer entre les parties un commencement de preuve par écrit ou, tout au moins, une présomption d'existence d'un titre. Cela signifie que si, par exemple, un acte sous signature privée du 15 février 2024 est enregistré le 20 juin 2024, nul ne pourra contester que la date de l'acte est antérieure au 21 juin 2024.

Exceptionnellement, l'enregistrement peut être une condition de validité des actes juridiques. C'est notamment le cas des promesses unilatérales de vente d'immeubles ou biens assimilés sous signature privée (C. civ. art. 1589-2).

Cas où l'enregistrement est obligatoire Certains actes doivent obligatoirement (sous peine de sanctions fiscales) être enregistrés du seul fait de leur rédaction. Tel est le cas, essentiellement, des **actes notariés**. 18440

Toutefois, certains de ces actes sont dispensés de la formalité de l'enregistrement et les droits auxquels ils donnent ouverture sont payés sur états (CGI ann. III art. 245).

Par ailleurs, certains actes sont soumis obligatoirement à l'enregistrement même s'ils ne sont pas passés devant notaire (CGI art. 635). Il en est ainsi notamment :
– des actes portant **cession de droit à un bail** ;
– des actes de cession de **parts ou d'actions** de sociétés ;
– des **actes** constatant la transformation d'une **société**, et ceux constatant l'augmentation de son capital, à l'exception des augmentations de capital en numéraire et par incorporation de bénéfices, de réserves ou de provisions et des augmentations nettes de capital de société à capital variable constatées à la clôture d'un exercice ;
– des actes de **partage**.

18445 Dans certains cas, l'administration est en droit d'exiger l'impôt **même si aucun acte** n'a été rédigé (ou si l'acte rédigé a été tenu secret par les parties). Il en est ainsi pour les **mutations** suivantes :
– les ventes, les donations et les échanges d'immeubles, de fonds de commerce ou de clientèle (CGI art. 638) ;
– les cessions de parts ou d'actions des sociétés immobilières en copropriété divise, compte tenu de la « transparence fiscale » (au regard des droits d'enregistrement comme des impôts directs) ;
– les cessions du droit au bail d'un immeuble ou du bénéfice d'une promesse de bail (CGI art. 638) ;
– les cessions de parts sociales (parts de SARL, de sociétés civiles et de sociétés de personnes) (CGI art. 639) ;
– les conventions ayant pour objet la formation ou la transformation d'une société ou d'un groupement d'intérêt économique, l'augmentation de leur capital, à l'exception des augmentations de capital en numéraire et par incorporation de bénéfices, de réserves ou de provisions et des augmentations nettes de capital de société à capital variable constatées à la clôture d'un exercice (CGI art. 638 A).

18460 **Cas où l'enregistrement est facultatif** Il est toujours possible de **présenter volontairement à la formalité** (par exemple pour lui conférer date certaine) un acte dont l'enregistrement n'est pas obligatoire. Le droit perçu à cette occasion est le droit fixe des actes innomés de 125 € prévu par l'article 680 du CGI (ou, le cas échéant, le droit fixe de 25 € prévu à l'article 739 du même Code).
Parmi les nombreux actes dont l'enregistrement n'est que facultatif, on peut citer : les pouvoirs (également appelés « procurations » ou « mandats »), les reconnaissances de dettes, les ventes amiables de meubles corporels, les actes constatant la prorogation ou la dissolution d'une société, etc.

18470 **Service compétent** Pour les **actes notariés**, le service des impôts compétent est celui de la résidence du notaire (CGI art. 650). Si l'acte est soumis à la formalité fusionnée, le service de la publicité foncière compétent est celui de la situation des biens (CGI art. 657).
Pour les **actes sous signature privée, obligatoirement** soumis à l'enregistrement, c'est le service :
– du lieu de situation des biens pour toutes les transmissions de propriété (vente) ou de jouissance (bail) de fonds de commerce, de droit à un bail ou de droits sociaux dans des sociétés immobilières de copropriété (sociétés transparentes) ;
– du domicile de l'une des parties pour les autres actes soumis obligatoirement à la formalité de l'enregistrement (CGI art. 652).
Les **actes** dont l'**enregistrement** est **facultatif** et ceux **passés à l'étranger** peuvent être présentés à n'importe quel service (CGI art. 654).

18480 **Délai d'enregistrement** Les **actes obligatoirement soumis à l'enregistrement** au service des impôts doivent, en principe, être présentés à la formalité dans le mois de leur date (CGI art. 635).
Les **promesses unilatérales de vente** constatées par actes sous signature privée doivent être enregistrées dans un délai de dix jours à compter de leur acceptation par le bénéficiaire (C. civ. art. 1589-2).
En ce qui concerne les actes soumis obligatoirement à la **formalité fusionnée** au service de la publicité foncière, le délai imparti est également d'un mois à compter de leur date, sauf en cas d'adjudication (deux mois) (CGI art. 647, III).
Quant aux mutations dont, à **défaut d'acte**, la déclaration est obligatoire, elles doivent être déclarées dans le mois de l'entrée en possession du bien.
Bien entendu, aucun délai spécial n'est imposé pour les **actes** ou écrits **enregistrés volontairement** (à titre facultatif).

PAIEMENT DES DROITS

En principe, les droits sont payés comptant **préalablement** à l'accomplissement de la formalité (soit au service des impôts, soit au service de la publicité foncière). 18490

Toutefois, dans certains cas, le paiement peut être **fractionné** et/ou **différé**. Ainsi en est-il, notamment, des droits de succession ou de donation (donation d'entreprise).

Les parties sont solidaires pour le paiement des droits, mais ceux-ci ne doivent, en définitive, et sauf conventions contraires, être **supportés** que **par** l'acquéreur ou le bénéficiaire de la convention.

I. VENTES D'IMMEUBLES

PRINCIPES GÉNÉRAUX RÉGISSANT LES VENTES D'IMMEUBLES

Formalités Les actes portant ventes d'immeubles sont soumis en principe à la **formalité** 18500
fusionnée (enregistrement et publicité foncière) au service de la publicité foncière. Il en est ainsi quels que soient leur régime fiscal (actes soumis aux droits d'enregistrement ou/et à la TVA) ou leur forme (actes notariés, administratifs ou extrajudiciaires).

Toutefois, certains actes demeurent soumis à la **double formalité** de l'enregistrement et de la publicité foncière (CGI ann. III art. 249). Ce sont :

– les actes relatifs à des immeubles situés dans les départements de la Moselle, du Bas-Rhin et du Haut-Rhin, sauf si le rédacteur réside en dehors de ces trois départements ;

– les actes ayant fait l'objet d'un refus de publier.

À défaut d'actes, les ventes d'immeubles doivent être déclarées dans le mois de l'entrée en possession (CGI art. 638).

> **Précisions** Selon l'article 1582 du Code civil, la vente peut être faite par acte authentique ou sous signature privée. Toutefois, pour que le **transfert de propriété** soit **opposable aux tiers**, il faut qu'à la convention entre les parties s'ajoute la publicité foncière. Or, seuls sont adressés à la publicité foncière les actes dressés en la forme authentique (Décret 55-22 du 4-1-1955). Cela conduit dans la pratique à passer toutes les ventes immobilières par acte notarié, y compris les parcelles de terre de petite surface (Rép. Pélissard : AN 9-9-1996 n° 35188 non reprise au Bofip mais qui conserve à notre avis sa pertinence).

Articulation entre droits d'enregistrement et TVA Les ventes d'immeubles 18502
qui entrent dans le champ d'application de la TVA, de plein droit ou sur option (voir n°s 19200 s.) peuvent également être soumises aux droits d'enregistrement (CGI art. 683).

Des **mesures spéciales** (droit de vente au taux réduit de 0,71498 % ou droit fixe de 125 €) sont toutefois prévues lorsque la mutation est obligatoirement soumise à la TVA sur le prix total (CGI art. 1594 F quinquies, A) ou lorsque l'immeuble est acquis par un assujetti qui prend l'engagement de revendre ou de construire (CGI art. 1115 et 1594-0 G).

Conventions imposables Le droit de vente s'applique aux mutations à titre onéreux 18505
telles que les **ventes** proprement dites, **adjudications**, **transactions**, **rétrocessions**, **annulations** et résolutions amiables, **soultes d'échanges**, soultes de **partages** (autres que de successions ou de communautés conjugales) (CGI art. 683, I).

Il s'applique également aux retraits exercés après l'expiration des délais convenus par les contrats de **vente sous faculté de rachat** (CGI art. 688).

En revanche, le **versement de dividendes** par la remise de biens immobiliers ne constitue pas une transmission de propriété de bien immobilier à titre onéreux et n'est donc pas taxable aux droits de mutation à titre onéreux. Mais qu'elle soit effectuée en espèces ou par remise de biens mobiliers ou immobiliers en nature, la distribution de dividendes demeure imposable dans la catégorie des revenus de capitaux mobiliers (Rép. Grau : AN 15-5-2018 n° 3508).

> **ATTENTION**
> Les droits de vente acquittés initialement ne sont restituables qu'en cas d'**annulation** (résolution ou rescision) **de la vente** prononcée par une décision judiciaire passée en force de chose jugée (CGI art. 1961, al. 2). Les annulations amiables ne peuvent pas donner lieu à restitution des droits acquittés (en ce sens, Cass. com. 4-4-2024 n° 22-13.047 F-D).

Biens imposables Sont imposables les mutations ayant pour objet des immeubles tels 18510
qu'ils sont définis par le Code civil. Sont ainsi visés les **immeubles** par nature (terrains, constructions, etc.), par destination (matériel affecté à l'exploitation d'un fonds agricole, cheptel d'un

fonds agricole s'il sert à l'exploitation, etc.), par l'objet auquel ils s'appliquent (usufruit d'immeubles, droit d'usage et d'habitation, etc.) ou encore par détermination de la loi (cas de certaines indemnités attachées à des immeubles).

Le droit de vente est également susceptible de s'appliquer à certaines cessions de **droits sociaux** (sociétés immobilières dotées de la transparence fiscale).

En ce qui concerne les **ventes simultanées de meubles et d'immeubles**, voir n° 18535.

18515 **Conditions d'exigibilité du droit de vente d'immeubles** Pour que le droit proportionnel soit exigible, il faut que la vente soit parfaite et produise des effets certains et actuels.

La vente est parfaite lorsqu'il y a **accord des parties** sur la chose et sur le prix. À défaut d'accord réciproque des parties (**promesse unilatérale** de vente), seul le droit fixe de 125 € prévu par l'article 680 du CGI est dû (BOI-ENR-DMTOI-10-10-10 n° 80), mais la promesse synallagmatique (appelée souvent **« compromis »**) constitue une véritable vente. Le prix doit être déterminé ou déterminable (prix à fixer selon un mode déterminé par le contrat).

Lorsque la vente est affectée d'une **condition suspensive**, seul le droit fixe de 125 € est dû (BOI-ENR-DG-20-20-70 n° 70). Le droit proportionnel devient exigible lors de la réalisation de la condition. Cette condition ne comportant pas d'effet rétroactif en droit fiscal, le droit fixe précédemment versé n'est pas imputé sur l'impôt proportionnel (BOI-ENR-DMTOI-10-10-30-10 n° 60).

À l'inverse, en cas de vente sous **condition résolutoire** (condition qui ne s'oppose pas au transfert de la propriété), le droit de vente d'immeubles est immédiatement exigible. En cas de réalisation de la condition, le contrat de vente est anéanti, mais, sauf résolution légale ou fondée sur un cas de force majeure, l'impôt ne peut pas être restitué (CGI art. 1961, al. 1).

18520 **Assiette et liquidation de l'impôt** Le droit de vente est liquidé :

– sur le **prix exprimé** dans l'acte en y ajoutant toutes les charges en capital ainsi que toutes les indemnités stipulées au profit du cédant à quelque titre et pour quelque cause que ce soit (CGI art. 683, I-al. 2). Le prix exprimé s'entend du prix hors TVA lorsque le montant de la TVA due par le cédant est mentionné distinctement dans l'acte translatif de propriété, que la mutation soit soumise à la TVA sur le prix total ou sur la marge. Si la TVA n'a pas été mentionnée distinctement, la liquidation des droits doit être effectuée sur le prix payé par l'acquéreur incluant la TVA, autrement dit sur le prix TTC (BOI-ENR-DMTOI-10-10-20-20 n° 210) ;

– ou sur la **valeur vénale** de l'immeuble lorsqu'elle est supérieure au prix exprimé (LPF art. L 17). En effet, l'administration est en droit d'établir que le prix stipulé dans le contrat est inférieur à la valeur vénale ou que l'évaluation fournie n'est pas suffisante (**insuffisance de prix** ou d'évaluation).

Elle peut également soutenir, si elle est en mesure de le prouver, que le prix stipulé dans un acte est inférieur à celui réellement convenu (**dissimulation de prix** ou dessous-de-table).

Les **charges** augmentatives du prix s'entendent des prestations supplémentaires incombant au vendeur et imposées à l'acquéreur. Tel peut être le cas : des frais de vente ; de certains **impôts** (par exemple, taxe foncière pour la période antérieure à l'entrée en jouissance des locaux) ; des travaux de remise en état de l'immeuble.

La **commission de l'agent immobilier** mise contractuellement à la charge de l'acquéreur ne constitue pas une charge augmentative du prix (Cass. com. 12-12-1995 n° 94-10.791 D : RJF 3/96 n° 383). Mais il en va autrement si la commission mise contractuellement à la charge du vendeur est versée en ses lieu et place par l'acquéreur (BOI-ENR-DMTOI-10-10-20-20 n°s 30 et 40).

18525 Le **prix** est généralement constitué par une somme d'argent. Il peut également consister en biens de toute nature, sauf en immeubles, auquel cas l'opération s'analyserait en un échange d'immeubles. Lorsque le prix consiste en des biens, l'impôt est liquidé sur la valeur de ces biens.

> **Précisions a. Prix payable par annuités** Le droit est dû sur le total des annuités, sans déduction des intérêts à échoir sauf si, dans l'intention des parties, la ventilation du prix et des intérêts est sérieuse et correspond à la fixation d'un prix en capital avec stipulation d'intérêts (BOI-ENR-DMTOI-10-10-20-10 n° 70).
b. Prix payable à terme L'impôt ne s'applique pas aux intérêts afférents à la période postérieure à l'entrée en jouissance de l'acquéreur (BOI précité n° 20).
c. Prix consistant en une rente viagère L'impôt s'applique au capital de la rente exprimé dans l'acte ou déterminé par une déclaration estimative des parties (BOI précité n° 60).
d. Prix payable à terme et indexé Il convient d'opérer la distinction suivante (BOI précité n°s 100 et 110) :
– le prix est définitif : l'impôt est liquidé définitivement sur le prix stipulé dans l'acte ou sur l'estimation faite par les parties (cas où l'indexation a seulement pour effet de faire varier l'expression monétaire du prix à chaque échéance) ;

– la détermination du montant du prix dépend d'événements ultérieurs : l'impôt est liquidé provisoirement sur l'évaluation faite par les parties.

e. Prix dont le paiement est soumis pour partie à une condition suspensive Les droits à percevoir immédiatement ne portent que sur la partie du prix exigible. Le supplément de droits afférent à l'autre partie ne peut être exigé qu'en cas de réalisation de la condition et au moment de cette réalisation (BOI précité n° 140).

Paiement du droit de vente Les droits exigibles sur les ventes d'immeubles doivent, en principe, être acquittés dans leur intégralité **avant** l'accomplissement de **la formalité** (CGI art. 1701). Sauf convention contraire, ils sont supportés par l'acheteur. 18530

Les acquisitions d'immeubles réalisées par les **migrants agricoles** peuvent bénéficier d'un paiement fractionné sur cinq ans du droit de mutation, ainsi que des taxes locales sur la partie de la valeur imposable correspondant au montant du prêt consenti à l'acquéreur. Ce crédit ne donne pas lieu au versement d'intérêts (CGI ann. III art. 396, 5° et 404 F).

Ventes simultanées de meubles et d'immeubles Lorsqu'un acte comprend des meubles et des immeubles, le droit d'enregistrement est perçu sur la totalité du prix au taux prévu pour les immeubles, à moins qu'il ne soit stipulé un prix particulier pour les meubles et qu'ils ne soient désignés et estimés article par article (CGI art. 735). 18535

Toutefois, l'administration estime que, dans le cas où le tarif du droit de vente d'immeuble est inférieur à celui prévu pour les meubles cédés simultanément, il y a lieu de taxer chaque bien au tarif qui lui est propre, selon une ventilation du prix global (BOI-ENR-DMTOI-10-120 n° 110).

A. Régime de droit commun du droit de vente d'immeubles

Le **taux global** de taxation s'élève en pratique à 5,80665 % dans la plupart des départements. Ce taux concerne toutes les ventes d'immeubles imposables qui ne peuvent bénéficier d'un régime plus favorable. Il se compose : 18550

– d'un **droit départemental** normalement égal à 3,80 % mais que les conseils départementaux peuvent modifier tous les ans dans une fourchette comprise entre 1,20 % et 4,50 % (CGI art. 1594 D, al. 2 et 1594 E). Pour la période du 1er juin 2024 au 31 mai 2025, le taux du droit départemental est de 4,50 % sauf dans l'Indre, le Morbihan et à Mayotte où il est fixé à 3,80 % ;

– d'une **taxe additionnelle** perçue au profit de la commune ou d'un fonds de péréquation départemental de 1,20 % (CGI art. 1584 et 1595 bis) ;

– d'un **prélèvement pour frais d'assiette et de recouvrement** du droit départemental calculé sur le montant de ce droit (et non sur la base imposable) de 2,37 % (CGI art. 1647, V-a).

Ce taux s'applique sans condition particulière à **toutes les ventes d'immeubles** (ventes d'immeubles d'habitation et de garages, ventes d'immeubles professionnels, ventes de terrains, etc.) ne relevant pas de la TVA ou d'un régime plus favorable. Sont ainsi concernées, notamment, les acquisitions de terres agricoles, de bois et forêts, de landes, de prairies, de futaies et de taillis qui ne bénéficient pas des régimes de faveur.

> **Précisions a.** La **date d'effet** de l'éventuelle **modification du droit départemental** est, en principe, fixée au 1er juin de l'année.

b. Les ventes d'immeubles donnent également ouverture à la **contribution de sécurité immobilière**, fixée à 0,10 % du prix de vente (CGI art. 881 K).

c. En plus des droits d'enregistrement, les actes rédigés ou reçus par les **notaires** donnent lieu au paiement d'**honoraires**.

d. Une **taxe additionnelle** au droit de vente est perçue au profit de la **région Île-de-France** sur les mutations à titre onéreux, autres que celles relatives aux immeubles neufs soumises de plein droit à la TVA sur le prix total, de **locaux à usage de bureaux, de locaux commerciaux ou de locaux de stockage**. Le taux de cette taxe est fixé à 0,6 % (CGI art. 1599 sexies).

B. Ventes d'immeubles ruraux bénéficiant d'un régime de faveur

18600 Certaines ventes bénéficient, sous certaines conditions, d'un régime spécial se traduisant :
– soit par l'application du droit de vente à un **taux réduit** ;
– soit par l'application d'un **abattement** sur l'assiette des droits.
Le tableau ci-après récapitule les ventes – intéressant spécialement le monde agricole – susceptibles de bénéficier du **taux réduit**.

Acquisitions d'**immeubles ruraux par les fermiers**	n°s 18605 s.
Acquisitions d'**immeubles destinés à être exploités par les jeunes agriculteurs dans les ZRR et les ZFRR**	n°s 18800 s.
Opérations immobilières par les sociétés **coopératives agricoles** de céréales ou d'insémination artificielle et d'utilisation du matériel agricole (CGI art. 1030 et 1031)	n°s 26430 s.

1. ACQUISITIONS D'IMMEUBLES RURAUX PAR LES FERMIERS

18605 Le **taux** du droit de mutation est réduit à **0,71498 %** (0,70 % de droit départemental plus 2,14 % de prélèvement pour frais d'assiette et de recouvrement calculé sur le montant du droit départemental) pour les acquisitions d'immeubles ruraux à la double condition que (CGI art. 1594 F quinquies, D-I) :
– au jour de l'acquisition les immeubles soient exploités depuis au moins deux ans soit en vertu d'un **bail** consenti à l'acquéreur (personne physique ou morale), soit en vertu d'une **mise à disposition** par le preneur au profit de la personne morale acquéreur ;
– l'acquéreur prenne l'**engagement**, pour lui et ses héritiers, légataires ou donataires, de mettre personnellement en valeur lesdits biens pendant au moins cinq ans à compter de la date du transfert de la propriété.
Le même régime est applicable aux acquisitions d'immeubles ruraux faites sous les mêmes conditions en vue de l'**installation d'un enfant** majeur (ou mineur émancipé) de l'exploitant en place titulaire du bail. En pareil cas, l'engagement d'exploiter est pris par le descendant seulement (CGI art. 1594 F quinquies, D-II).
La **contribution de sécurité immobilière** est exigible dans les conditions de droit commun.

a. Champ d'application du régime de faveur

18610 Ce régime de faveur s'applique aux acquisitions d'immeubles ruraux, sans aucune limitation ou exclusion liée à la superficie des biens. En effet, les dispositions fiscales ne contiennent aucune référence à des dispositions de droit rural, ni aux conditions d'exercice du droit de préemption du fermier.
En principe, l'acquisition d'une exploitation horticole par le locataire peut bénéficier de ce régime.

NOTION D'IMMEUBLE RURAL

18615 Sont considérés comme **immeubles** ruraux les immeubles, quelle que soit leur situation, qui sont **principalement affectés à la production** des récoltes agricoles, des fruits naturels ou artificiels, prairies, terres labourables, vignobles ou parcelles boisées. Il en est de même des friches, lorsqu'elles sont destinées à faire partie d'une exploitation agricole. Il n'y a pas à distinguer entre les immeubles bâtis ou non bâtis. C'est ainsi que des bâtiments servant à l'habitation de l'exploitant et de son personnel sont des immeubles ruraux dans la mesure où ils constituent véritablement l'accessoire de l'exploitation agricole.
À l'inverse, les **immeubles principalement affectés à l'habitation** (dans des conditions autres que celles susvisées) **ou à un usage industriel ou commercial** doivent être regardés comme urbains.
Le régime de faveur profite aussi bien au **matériel** et aux **animaux** présentant le caractère d'immeuble par destination qu'aux immeubles par nature (BOI-ENR-DMTOI-10-70-30 n° 20).

> **Précisions a.** C'est la **nature même** de l'immeuble, et non sa situation, qui est à considérer pour savoir s'il est rural ou urbain. Ainsi, les bâtiments d'une ferme sont ruraux, même s'ils sont situés dans une agglomération urbaine. Un immeuble est considéré comme rural s'il est principalement affecté à un usage agricole au jour de

la vente. La profession de l'acquéreur n'a pas à être prise en considération.
Un **verger** n'est immeuble rural que s'il dépend d'une exploitation agricole (Rép. Mathey : Sén. 18-5-1966 n° 5607, solution non reprise dans Bofip mais qui conserve à notre avis sa pertinence). Le caractère d'immeuble rural doit être reconnu, en principe, à un **jardin potager** dépendant d'une ferme comprenant des bâtiments d'exploitation auxquels ce caractère est reconnu.
Constituent également des immeubles ruraux les **étangs** destinés à la **production d'alevins** et les immeubles bâtis destinés à la pisciculture (D. adm. 7 C-1451 n° 9, 1-10-2001, solution non reprise dans Bofip mais qui conserve à notre avis sa pertinence).
En revanche, les **terrains de golf** ne sont pas considérés comme des immeubles ruraux (Rép. Julia : AN 1-8-1994 n° 10073, solution non reprise dans Bofip mais qui conserve à notre avis sa pertinence).
b. Constituent des biens meubles (et non des immeubles par destination) les **animaux destinés à la reproduction** et à l'embouche placés sur un fonds rural (Cass. com. 12-11-1996 n° 95-11.080 P : RJF 2/97 n° 177 ; BOI-ENR-DMTOI-10-10-10 n° 250). En ce qui concerne le cas particulier de la **cession par un fermier** à son successeur des éléments mobiliers composant une exploitation agricole, voir n°s 20420 à 20440.

NATURE JURIDIQUE DE LA MUTATION

Le tarif réduit est susceptible de s'appliquer à toute mutation à titre onéreux de propriété, d'usufruit ou de nue-propriété d'immeubles ruraux, notamment aux **ventes** et aux **soultes** d'échanges. **18630**
Il n'est pas applicable, en principe, aux **échanges** purs et simples, sauf dans le cadre du régime spécial établi pour les échanges d'immeubles dont la vente serait susceptible de bénéficier d'une taxation réduite (voir n° 19440).
Les **soultes de partages** de biens provenant de successions ou de communautés conjugales et assimilés (ainsi que les licitations et les cessions de droits successifs portant sur les mêmes biens) et intervenant entre certaines personnes ne sont imposées qu'au tarif de 2,50 % (voir n° 19920 pour le taux du droit de partage en cas de divorce, rupture de Pacs ou de séparation de corps et n°s 19950 s.). Mais ce tarif étant moins favorable que celui de l'article 1594 F quinquies, D du CGI, il est admis que, lorsque les conditions prévues par ce texte sont réunies, les parties peuvent opter pour son application (BOI-ENR-DMTOI-10-70-30 n° 50), à la condition que l'attributaire, l'adjudicataire ou le cessionnaire de droits successifs prenne l'engagement d'exploiter pendant le délai minimum de cinq ans à compter de la date du transfert de propriété.
Bien entendu, les soultes des partages autres que ceux susvisés (et qui sont taxées comme des ventes) sont susceptibles, a fortiori, de profiter du taux réduit. Il en est ainsi des soultes des partages de biens acquis conjointement par des époux (ou ex-époux) mariés sous un régime de séparation de biens (BOI précité n° 60).

> **Précisions a.** L'acte qui constate une vente susceptible de bénéficier du régime de faveur et soumise à une **condition suspensive** est assujetti au droit fixe de 125 € prévu par l'article 680 du CGI (BOI précité n° 80).
b. En cas d'**acquisition démembrée d'un immeuble** rural, à savoir la nue-propriété par une personne physique et l'usufruit par une personne morale dont la personne physique est associée, seule l'acquisition de l'usufruit de l'immeuble rural par la personne morale peut bénéficier du tarif réduit si elle prend l'engagement de mettre personnellement en valeur le bien pendant cinq ans.
L'acquisition de la nue-propriété de l'immeuble rural par la personne physique sera soumise aux droits d'enregistrement au taux de droit commun (BOI précité n° 40).

b. Conditions d'application du régime de faveur

EXPLOITATION EN VERTU D'UN BAIL OU D'UNE MISE À DISPOSITION CONSENTI DEPUIS DEUX ANS AU MOINS

Pour ouvrir droit au régime de faveur, les immeubles doivent être exploités depuis au moins deux ans, au jour de l'acquisition : **18650**
– soit en vertu d'un **bail** consenti à l'acquéreur (**personne physique**) lui-même ou à son conjoint (quel que soit le régime matrimonial), à ses ascendants ou aux ascendants de son conjoint (acquisition par le gendre du fermier) : les allégements fiscaux peuvent donc bénéficier aux acquisitions d'immeubles ruraux réalisées par les descendants du preneur (enfants même adoptés simples, petits-enfants). En revanche, l'achat réalisé par le père du preneur ne remplit pas les conditions requises pour bénéficier du taux réduit, ni celui réalisé par le partenaire de Pacs (Rép. Molac : AN 16-3-2021 n° 30602) ;
– soit en vertu d'un bail consenti à la **personne morale** acquéreur (Gaec, EARL, etc.) ;

– soit en vertu d'une **mise à disposition** par le preneur au profit de la personne morale acquéreur.

> **Précisions a.** Lorsque l'acquéreur n'est **locataire que d'une partie de l'exploitation**, le régime de faveur n'est susceptible de s'appliquer qu'à la fraction correspondante du prix (BOI-ENR-DMTOI-10-70-30 n° 140). C'est ainsi que lorsque l'acquéreur n'est fermier que de la moitié (divise ou indivise) de l'exploitation, le taux réduit s'applique à la fraction du prix afférente à la moitié de l'exploitation.
> **b.** En cas de location consentie à une **société civile**, le régime de faveur est refusé aux acquisitions effectuées par les associés, quelle que soit la part prise par l'acquéreur dans l'exploitation effective des biens. Mais le régime s'applique si l'acquisition est réalisée par la société elle-même (BOI précité n°s 150 et 160).
> **c.** L'acquisition par un **Gaec** d'un immeuble rural pris à bail par un de ses associés ne peut pas bénéficier du régime de faveur. Il en est de même en cas d'acquisition par un membre du Gaec d'immeubles ruraux loués à un autre membre du groupement ou directement au Gaec lui-même. En revanche, l'associé d'un Gaec peut bénéficier du tarif réduit toutes autres conditions étant remplies – en cas d'acquisition de biens dont il était locataire avant d'en apporter la jouissance au groupement s'il s'engage à en poursuivre l'exploitation par l'intermédiaire du groupement (BOI précité n°s 150 et 440).
> **d.** Le régime de faveur est applicable lorsque l'acquéreur exploite les biens en vertu d'une **convention pluriannuelle d'exploitation agricole** établie selon les dispositions de l'article L 481-1 du Code rural et de la pêche maritime (exploitation de terres à vocation pastorale) (Rép. Coussain : AN 16-11-1992 n° 62268 non reprise au Bofip mais qui conserve à notre avis sa pertinence).
> **e.** L'**usufruitier** (ou un descendant majeur de celui-ci) ou le bénéficiaire d'un droit d'usage qui se rend **acquéreur de la nue-propriété** de l'immeuble rural qu'il exploite peut bénéficier du régime de faveur.
> Il en est de même, sauf abus de droit, en cas d'**acquisition par le fermier de la nue-propriété** des terres, objet du bail, si l'exploitation de ces biens est poursuivie à titre personnel par le fermier nu-propriétaire et non par le cédant en sa qualité d'usufruitier (BOI précité n° 210).

18660 **Preuve de la location et de sa continuité** L'application du régime de faveur est subordonnée à la condition qu'au jour de l'acquisition les immeubles soient exploités par l'acquéreur (personne physique) en vertu d'un bail depuis au moins deux ans (CGI art. 1594 F quinquies, D-I-1°).

Cette preuve peut être apportée par tous les moyens compatibles avec les règles de la procédure écrite.

En particulier, la production du bail enregistré (volontairement) établit l'antériorité de la conclusion du bail.

En cas de **location verbale**, le bailleur ou le preneur peuvent souscrire sur papier libre à la recette des impôts une déclaration qui identifie l'immeuble loué et les parties en cause. La date d'enregistrement de cette déclaration est admise comme constituant le point de départ du délai de deux ans.

Lorsque la **location** dont le preneur se prévaut **ne présente pas une antériorité de deux ans** au moins au jour de l'acquisition, l'administration admet qu'il peut être tenu compte de la location immédiatement antérieure consentie audit preneur ou à son ascendant, à son conjoint ou à un ascendant de son conjoint (BOI-ENR-DMTOI-10-70-30 n° 225).

> **Précisions a.** Les « **moyens de preuve** compatibles avec la procédure écrite » s'entendent des preuves tirées d'actes ou écrits ou encore de présomptions précises et concordantes. Sont notamment considérés comme probants par l'administration les certificats délivrés par les caisses de la mutualité sociale agricole.
> Pour les bâtiments servant à l'habitation de l'exploitant, la preuve de la continuité de la location peut résulter du paiement de l'assurance incendie.
> **b.** Pour l'application du régime de faveur, les autorisations de mise en culture de **terres incultes** récupérables sont assimilées à des baux. Les titulaires de ces autorisations peuvent, en conséquence, bénéficier pour les acquisitions de ces immeubles des allégements fiscaux (BOI-ENR-DMTOI-10-70-30 n° 200).

ENGAGEMENT D'EXPLOITATION PERSONNELLE PAR L'ACQUÉREUR OU PAR L'ENFANT À INSTALLER

18670 **Portée de l'engagement** Le bénéfice des allégements fiscaux est subordonné en outre à la condition que l'acquéreur ou, le cas échéant, l'enfant installé prenne l'engagement pour lui

et ses héritiers, légataires ou donataires d'exploiter personnellement les immeubles, objets de la mutation, pendant un **délai** minimal de cinq ans à compter de la date du transfert de propriété (CGI art. 1594 F quinquies, D-I-2°).
L'acquéreur s'engage non seulement pour lui et ses héritiers, mais aussi pour tous ses ayants cause à titre gratuit, c'est-à-dire les légataires et donataires entre vifs ou à cause de mort qu'il a institués. Il s'ensuit notamment que la **donation des immeubles** intervenant moins de cinq ans après leur acquisition n'est pas susceptible d'entraîner la déchéance du régime de faveur si le gratifié continue à mettre en valeur personnellement les biens considérés (BOI précité n° 250).
Lorsque l'**acquisition** est faite **par une société** locataire, elle se borne à prendre l'engagement de mettre personnellement en valeur les biens acquis pendant un délai minimal de cinq ans, dès lors qu'elle ne peut prendre cet engagement pour ses ayants cause à titre gratuit (BOI précité n° 260).

> **Précisions** Lorsque l'acquisition est faite en vue de l'**installation d'un descendant majeur**, celui-ci doit remplir les conditions générales requises pour s'installer, soit en qualité de chef d'exploitation individuel, soit dans le cadre des formes sociétaires d'installation. L'appréciation de ces conditions n'est pas liée aux seules modalités d'octroi des aides à l'installation des jeunes agriculteurs (Rép. Dubourg : AN 21-11-1994 n° 16922 non reprise au Bofip mais qui conserve à notre avis sa pertinence).

Souscription de l'engagement dans l'acte d'acquisition Bien que le texte légal ne l'exige pas, l'administration impose que l'engagement d'exploitation personnelle soit pris dans l'acte d'acquisition (BOI-ENR-DMTOI-10-70-30 n° 230). Elle refuse notamment que cet engagement soit pris par lettre recommandée avec avis de réception adressée à l'administration ou dans un mémoire d'instance postérieurs à l'acquisition (Cass. com. 2-7-1996 n° 94-16.995 D : RJF 12/96 n° 1482). 18675
Toutefois, en **cas d'omission**, l'engagement peut être pris dans un acte authentique complémentaire, soumis au droit fixe de 125 € (en ce sens, Rép. Spraner : AN 22-4-1972 n° 22590 non reprise au Bofip mais qui conserve à notre avis sa pertinence).

c. Déchéance du régime de faveur

PRINCIPE

Deux causes de déchéance sont prévues : 18710
– la **cessation** par l'acquéreur ou ses ayants cause à titre gratuit (ou par le descendant installé) **de l'exploitation personnelle** du fonds, dans le délai de cinq ans à compter de la date de son acquisition ;
– l'**aliénation à titre onéreux** (vente, location, apport en société, etc.), dans le même délai, de la totalité ou d'une partie du fonds (en pleine propriété ou en nue-propriété). Sur l'**apport** du bien acquis à un GFA, un Gaec, une EARL ou une SCEA voir n° 18745.

> **Précisions a.** Le **départ en retraite**, y compris avant l'âge légal, constitue une cause de déchéance du régime de faveur si cet événement se produit avant l'expiration du délai de cinq ans.
> Toutefois, il n'y a pas remise en cause du régime de faveur lorsque les immeubles en cause sont compris dans les superficies dont un agriculteur est autorisé à poursuivre l'exploitation dans les conditions prévues par l'article L 732-39 du Code rural et de la pêche maritime (BOI-ENR-DMTOI-10-70-30 n° 390).
> **b.** La cession des biens, dans les cinq ans de l'acquisition, à une société de crédit-bail suivie d'un **crédit-bail** au profit du cédant (opération de lease-back) entraîne la déchéance du régime de faveur même si, en pratique, cette opération a pour effet de satisfaire à la condition d'exploitation personnelle des biens par l'acquéreur initial (Rép. Le Nay : AN 29-2-1996 n° 31206 non reprise au Bofip mais qui conserve à notre avis sa pertinence).

EXCEPTIONS AU PRINCIPE DE LA DÉCHÉANCE

Dans un certain nombre de cas, il est dérogé au principe selon lequel la déchéance des allégements fiscaux est encourue lorsque l'engagement d'exploitation personnelle n'est pas respecté. Ces différentes situations, qui résultent de la loi (CGI art. 1594 F quinquies, D-I-2°) ou de la doctrine administrative, sont examinées ci-après. 18730

Force majeure Le régime de faveur n'est pas remis en cause en cas de force majeure, c'est-à-dire, d'après la jurisprudence de la Cour de cassation, de survenance d'un événement imprévisible, insurmontable et totalement étranger au fermier acquéreur à la condition qu'il ait un lien de causalité directe avec le non-respect de l'engagement. 18735

La question de savoir si l'on se trouve ou non en présence d'un cas de force majeure est une question de fait qui ne peut être résolue qu'après examen de l'ensemble des circonstances propres à chaque affaire (BOI-ENR-DMTOI-10-70-30 n° 320).
C'est ainsi qu'il n'y a pas déchéance du régime de faveur en cas de **décès** de l'acquéreur dans le délai de cinq ans, si aucun des ayants cause à titre gratuit de l'acquéreur décédé (héritier, donataire ou légataire) n'est en mesure de poursuivre l'exploitation. Il peut en être de même lorsque l'acquéreur est atteint, après l'acquisition, d'une **invalidité** le rendant inapte au travail agricole.
Il est admis également que la revente du fonds n'entraîne pas déchéance, si elle résulte d'une **expropriation** pour cause d'utilité publique.

18740 **Aliénation ou location à un descendant ou au conjoint d'un descendant de l'acquéreur** L'aliénation à titre onéreux ou la location du fonds n'entraîne pas la déchéance du régime de faveur lorsqu'elle est consentie :
– à un descendant ou au conjoint d'un descendant de l'acquéreur **qui s'engage lui-même à continuer** l'exploitation personnelle du fonds, jusqu'à l'expiration du délai de cinq ans à compter de la date de l'acquisition initiale ;
– **au descendant pour l'installation** duquel l'acquisition a été réalisée (BOI-ENR-DMTOI-10-70-30 n° 330).

18745 **Apport à un groupement ou à une société agricole** Le régime de faveur est maintenu, en cas d'apport consenti à un Gaec, un GFA, une EARL ou une SCEA à condition que l'apporteur prenne l'**engagement** pour lui, son conjoint ou ses ayants cause à titre gratuit de conserver les parts remises en contrepartie de l'apport jusqu'à l'expiration du délai de cinq ans à compter du transfert de propriété initial des biens. L'engagement doit être inclus dans l'acte d'apport (CGI art. 1594 F quinquies, D-I-2°-al. 3).
Selon l'administration, le régime de faveur n'est admis que pour les **apports purs et simples**. En revanche, le bénéfice du tarif réduit est remis en cause en cas d'**apport à titre onéreux**. Si l'apport n'est à titre onéreux que pour partie, seule la partie du prix d'acquisition afférente aux immeubles ainsi apportés supporte les droits complémentaires et les pénalités. Il est admis, toutefois, que la prise en charge, par le groupement ou la société, du passif contracté par l'apporteur pour l'acquisition, l'entretien, l'amélioration ou l'exploitation des biens apportés ne motive pas la remise en cause du régime de faveur (BOI-ENR-DMTOI-10-70-30 n° 360).
La **vente ou l'échange des parts** reçues dans le délai restant à courir entre la date de l'apport et l'expiration du délai de cinq ans suivant la date du transfert de propriété initial entraîne déchéance du régime de faveur. La **mutation à titre gratuit** des parts résultant du décès ou d'une donation n'entraîne pas déchéance si les héritiers, légataires ou donataires conservent les parts jusqu'à l'expiration du délai de cinq ans.
Lorsque l'**engagement** de conservation des parts n'est **pas respecté**, l'apporteur, son conjoint ou ses ayants cause à titre gratuit sont tenus d'acquitter les droits complémentaires et les pénalités (BOI précité n°s 290, 370 et 470).

18750 **Échange** L'échange des biens acquis avec le régime de faveur n'entraîne pas la perte de ce dernier à la double condition que (CGI art. 1594 F quinquies, D-I-2°-al. 2) :
– les biens reçus en contre-échange soient d'une **valeur au moins égale** à celle des immeubles cédés ;
– l'**engagement** d'exploitation personnelle souscrit pour les biens cédés soit reporté sur les immeubles reçus.
Si les biens reçus en contre-échange ont une valeur inférieure à ceux acquis initialement, la déchéance n'est encourue que pour la différence de valeur.
Aucune remise en cause du régime initial ne peut être effectuée lorsque la vente des biens acquis par échange procède d'un cas de force majeure.
Le **report de l'engagement** de l'acquéreur initial sur les biens ruraux acquis en contre-échange n'est conditionné par aucun formalisme particulier (Cass. com. 17-1-2012 n° 11-12.198 F-PB : RJF 4/12 n° 424).
Ces règles sont applicables lors des **remembrements** et des échanges multilatéraux volontaires ou rendus obligatoires par une décision administrative.
Elles ne le sont pas, en revanche, selon l'administration, aux **échanges de jouissance** opérés conformément à l'article L 411-39 du Code rural et de la pêche maritime (BOI-ENR-DMTOI-10-70-30 n° 310).

18755 **Partage** Le partage de biens ruraux **consécutif à l'acquisition de droits indivis** réalisée sous le bénéfice du régime de faveur n'est pas susceptible d'entraîner la déchéance de ce régime si la valeur des biens attribués au copartageant qui a bénéficié de la taxation réduite est au moins égale à celle des droits indivis qu'il avait acquis (BOI-ENR-DMTOI-10-70-30 n° 380).

Biens exploités par le conjoint de l'acquéreur L'administration a admis que la déchéance du bénéfice du tarif réduit n'est pas encourue lorsque les biens acquis sont exploités par le conjoint de l'acquéreur. Il en est ainsi quel que soit le régime matrimonial des époux. En cas de rupture de la communauté conjugale, si l'époux acquéreur est séparé de corps et n'exploite pas personnellement l'immeuble rural qu'il a acquis, la déchéance devrait être prononcée. 18765

La même solution trouve à s'appliquer dans le cas où l'acquisition a été faite en vue de l'**installation d'un descendant** majeur de l'acquéreur et que les biens acquis sont exploités par le conjoint du descendant (BOI-ENR-DMTOI-10-70-30 n° 400).

Aménagement de locaux d'habitation en gîte rural Un tel aménagement n'entraîne pas la remise en cause du régime de faveur lorsque les locations saisonnières conservent un caractère nettement accessoire, condition réputée satisfaite si les loyers perçus n'excèdent pas 10 % du total des recettes tirées de la propriété (BOI-ENR-DMTOI-10-70-30 n° 410). 18770

Dissolution d'une société civile agricole Une société civile agricole, ayant acquis des biens ruraux avec le bénéfice du régime de faveur, vient à être dissoute avant l'expiration du délai de cinq ans. Le régime de faveur n'est pas remis en cause si le bien acquis est attribué, aux termes d'un **partage pur et simple**, à l'un des associés qui en assurera l'exploitation jusqu'à l'expiration du délai de cinq ans (Rép. Lagorce : AN 2-4-1978 n° 43552 non reprise au Bofip mais qui conserve à notre avis sa pertinence). 18775

Transformation d'un Gaec en EARL La transformation en EARL d'un Gaec ayant acquis des terres sous le régime de faveur ne remet pas en cause ce dernier s'il n'y a pas création d'une personne morale nouvelle (Rép. Dubourg : AN 4-4-1994 n° 10276 non reprise au Bofip mais qui conserve à notre avis sa pertinence). 18780

EFFETS DE LA DÉCHÉANCE

Lorsque la déchéance est encourue, l'acquéreur ou ses ayants cause à titre gratuit sont tenus d'acquitter, dans le mois qui suit la rupture de l'engagement, le **complément de taxe** dont l'acquisition avait été dispensée et un intérêt de retard de 0,20 % par mois (CGI art. 1840 G ter). 18790

Lorsque, les immeubles ayant été vendus au profit d'un descendant ou du conjoint d'un descendant de l'acquéreur, la **déchéance est encourue** postérieurement **du fait du sous-acquéreur**, celui-ci est tenu solidairement avec l'acquéreur initial au paiement du complément de droit (BOI-ENR-DMTOI-10-70-30 n° 460).

Rupture partielle de l'engagement d'exploitation personnelle La rupture partielle de l'engagement d'exploitation personnelle ou la vente d'une fraction du fonds n'entraîne pas la perte totale des allégements fiscaux. 18795

En pareil cas, la déchéance n'atteint que la fraction du prix d'acquisition afférente aux immeubles vendus ou loués par l'acquéreur ou que ce dernier a cessé d'exploiter (BOI-ENR-DMTOI-10-70-30 n° 480).

Ainsi, en cas de **location des bâtiments d'habitation** acquis sous le régime de faveur, ce dernier n'est remis en cause qu'à hauteur de la fraction du prix relative auxdits bâtiments.

2. ACQUISITIONS D'IMMEUBLES RURAUX DANS LES ZONES FRANCE RURALITÉS REVITALISATION (ZFRR)

TAUX RÉDUIT DU DROIT DE VENTE D'IMMEUBLES

Les acquisitions d'immeubles ruraux situés dans les zones France ruralités revitalisation bénéficient, sous certaines conditions, du droit de vente au **taux réduit** de 0,71498 % sur la **fraction du prix** (ou de la valeur) **n'excédant pas 99 000 €** ; le surplus étant imposé selon le régime de droit commun (CGI art. 1594 F quinquies, E modifié par loi 2023-1322 du 29-12-2023 art. 73 applicable aux acquisitions réalisées depuis le 1-7-2024). 18800

Ce régime concerne exclusivement les acquisitions d'immeubles ruraux (au sens défini n° 18615) destinés à être exploités par les jeunes agriculteurs (exploitants individuels ou associés de société civile à objet agricole) bénéficiaires des **aides à l'installation** prévues aux articles D 343-9 et D 343-13 du Code rural et de la pêche maritime telles que la dotation d'installation (nos 80406 s.). Les immeubles ruraux acquis doivent être situés dans les zones France ruralités revitalisation.

Ses conditions et modalités d'application diffèrent selon que l'immeuble rural est acquis par le jeune agriculteur ou par une personne physique ou morale qui prend l'engagement de le lui donner à bail à long terme.

> **Précisions** Les **anciens dispositifs** de zones de revitalisation rurale (ZRR) et de zones de revitalisation des commerces en milieu rural (ZoRCoMiR), arrivés à échéance le 31 décembre 2023, sont remplacés par un zonage unique simplifié dénommé « France ruralités revitalisation » (ZFRR) depuis le 1er juillet 2024 (Loi 2023-1322 du 29-12-2023 art. 73). Les **zones France ruralités revitalisation** sont mentionnées aux II et III de l'article 44 quindecies A du CGI. Leur classement obéit à des **critères** liés à la densité et au revenu de la population. La **liste des zones** répondant à ces critères est fixée par l'arrêté TREB2414964A du 19 juin 2024 (JO 20 texte n° 51).
> La liste des ZFRR doit être révisée tous les six ans (sauf pour la Guyane, la Guadeloupe et La Réunion, dont le classement est indépendant).
> La **liste des communes** répondant aux critères en vigueur est publiée sur Internet (observatoire-des-territoires.gouv.fr/france-ruralites-revitalisation-fr).
> Un zonage complémentaire « **ZFRR +** » doit en principe être mis en place à compter du 1er janvier 2025 pour les territoires les plus vulnérables.

a. Acquisitions par les jeunes agriculteurs

CONDITIONS D'APPLICATION DU TAUX RÉDUIT DU DROIT DE VENTE

18805 Pour bénéficier du taux réduit, les conditions suivantes doivent être réunies (BOI-ENR-DMTOI-10-70-10 nos 10 s., relatifs au régime antérieur au 1-7-2024 concernant les acquisitions d'immeubles ruraux dans les zones de revitalisation rurale mais qui conservent leur intérêt pour le régime actuel) :

– l'acquisition d'immeubles ruraux doit intervenir (en une ou plusieurs fois) dans le **délai** de quatre ans suivant l'octroi des aides à l'installation (le plafond de 99 000 € est apprécié sur l'ensemble des acquisitions effectuées dans ce délai) ;

– en cas de **pluralité d'acquisitions**, l'acte doit préciser la valeur des terres acquises depuis l'octroi des aides sous le bénéfice du tarif réduit ;

– à l'acte doit être joint, selon le cas, un **certificat** délivré sans frais par le directeur départemental de l'agriculture et de la forêt précisant la date de l'octroi de la dotation ou une **attestation** délivrée par l'établissement bancaire concerné précisant que l'acquéreur a bénéficié d'un prêt à moyen terme spécial d'installation. Selon l'administration, l'agriculteur doit être titulaire de l'une au moins de ces aides à l'installation au moment de l'acquisition, qu'elle soit effectuée à l'amiable ou par adjudication judiciaire. En revanche, le certificat ou l'attestation peuvent être eux-mêmes délivrés postérieurement à l'adjudication, pour autant qu'ils soient produits lors de sa présentation à la formalité de l'enregistrement (Rép. Domeizel : Sén. 6-4-2000 n° 21472, non reprise au Bofip mais qui conserve à notre avis sa pertinence).

CHAMP D'APPLICATION DU TAUX RÉDUIT DU DROIT DE VENTE

18810 Le taux réduit profite non seulement aux **ventes** (quelle que soit leur forme : gré à gré, adjudication), mais également aux **soultes** d'échanges ou de partages (soulte due par le jeune agriculteur), **licitations** ou **cessions de droits successifs** dans la mesure bien entendu où ces actes ne bénéficient pas d'un tarif plus avantageux (régime d'exonération) (BOI-ENR-DMTOI-10-70-10 n° 40).

Le régime de faveur profite aux exploitants individuels, mais aussi aux **associés** de **sociétés civiles à objet agricole** (Gaec, GFA, EARL, SCEA et GFR) pour autant qu'ils bénéficient des aides à l'installation visées n° 18800 et respectent les conditions d'application dudit régime (BOI-ENR-DMTOI-10-70-10 n° 90). En revanche, ces dispositions ne sont pas applicables aux **acquisitions** d'immeubles ruraux réalisées **par des sociétés** à objet agricole dont un ou plusieurs associés sont bénéficiaires des aides à l'installation mais qui ne sont pas destinées à la location à un jeune agriculteur bénéficiaire des aides. En effet, ces sociétés ne sont pas susceptibles de bénéficier des aides en faveur des jeunes agriculteurs accordées aux seules personnes physiques.

18815 Le taux réduit est applicable à la totalité du prix d'acquisition (dans la limite légale de 99 000 € prévue par l'article 1594 F quinquies, E du CGI) lorsque l'**acquisition** est signée **par le seul acquéreur bénéficiaire des aides** à l'installation, alors même qu'il est marié sous un régime de communauté et que son conjoint n'est pas bénéficiaire desdites aides (BOI-ENR-DMTOI-10-70-10 n° 60).

PORTÉE DU TAUX RÉDUIT DU DROIT DE VENTE

Le tarif du droit départemental de mutation est fixé à 0,70 %. À ce droit s'ajoute le prélèvement pour frais d'assiette de 2,14 %, calculé sur le montant du droit de 0,70 %, d'où un **taux global** de 0,71498 %. 18820

Ce taux n'est applicable qu'à la fraction du prix (ou de la valeur) n'excédant pas 99 000 €, ce **plafond** étant apprécié sur l'ensemble des acquisitions effectuées dans les quatre ans suivant l'octroi des aides. Ainsi, lorsque le prix de vente n'atteint pas le plafond légal, la fraction non utilisée peut bénéficier du tarif réduit au titre d'acquisitions postérieures effectuées par la même personne à condition qu'elles interviennent au cours des quatre années suivant l'octroi des aides (BOI-ENR-DMTOI-10-70-10 n° 110).

Le **surplus** du prix est imposé dans les conditions de droit commun (voir n° 18550).

DÉCHÉANCE DU BÉNÉFICE DU TAUX RÉDUIT

Le **remboursement des aides** prévues aux articles D 343-9 et D 343-13 du Code rural et de la pêche maritime, par suite de l'abandon de la profession d'agriculteur par exemple, entraîne la déchéance du régime de faveur (BOI-ENR-DMTOI-10-70-10 n° 140). 18830

Cette déchéance **entraîne l'exigibilité** du complément de droits et taxes dont l'acquéreur avait été dispensé et de l'intérêt de retard de 0,20 % par mois.

b. Acquisitions d'immeubles pour les donner à bail à de jeunes agriculteurs

CONDITIONS D'APPLICATION DU TAUX RÉDUIT DU DROIT DE VENTE

Le bénéfice du taux réduit du droit départemental d'enregistrement est subordonné à l'engagement par l'acquéreur de justifier, au plus tard au terme d'un délai d'un an à compter de la date du transfert de propriété, que le bien acquis a été donné à bail à long terme ou à bail cessible hors du cadre familial à un jeune agriculteur bénéficiaire des aides à l'installation (CGI art. 1594 F quinquies, E-II). 18850

L'**engagement** de donner à bail à long terme ou à bail cessible hors du cadre familial doit être pris dans l'acte d'acquisition. Il concerne l'acquéreur lui-même et ses ayants cause à titre gratuit (héritiers, légataires, donataires). L'**acquéreur** peut être une personne physique ou une personne morale (voir cependant n° 18810). 18855

Il doit être justifié, au plus tard au terme d'un **délai** d'un an à compter de la date du transfert de propriété, de la **conclusion d'un bail rural** à long terme ou d'un bail cessible hors du cadre familial avec un jeune agriculteur bénéficiaire des aides à l'installation. Cette justification résulte, en pratique, de la production d'une copie du bail enregistré accompagnée du certificat du directeur départemental des territoires attestant l'octroi des aides à l'installation du preneur (BOI-ENR-DMTOI-10-70-20 n°s 20 à 40) ; sur la preuve de l'octroi des aides, voir n° 18805.

Le **bail** conclu doit être un bail à long terme ou un bail cessible hors du cadre familial. Le **preneur** peut être exploitant individuel ou associé d'une société civile à objet agricole (voir n° 18810). 18860

PORTÉE DU TAUX RÉDUIT DU DROIT DE VENTE

Les acquisitions répondant à l'ensemble des conditions légales sont soumises au droit de vente à un **taux global** de 0,71498 %. Ce taux s'applique aux acquisitions effectuées par l'acquéreur à hauteur d'une **valeur** globale **n'excédant pas** 99 000 € (voir n° 18820). 18870

DÉCHÉANCE DU TAUX RÉDUIT DU DROIT DE VENTE

L'acquéreur est déchu du bénéfice du taux réduit lorsqu'il ne respecte pas son **engagement** de donner à bail à long terme ou à bail cessible hors du cadre familial les biens acquis, dans le délai d'un an, à un jeune agriculteur aidé (BOI-ENR-DMTOI-10-70-20 n° 80). Il n'y a pas lieu de distinguer selon la cause d'interruption de la location ; dès lors, la **cessation du bail par confusion d'identité de preneur et d'acquéreur** portant sur un bien dont l'acquisition a bénéficié de la taxation réduite rend exigibles le complément des droits dont l'acquisition a été dispensée, à proportion de la valeur d'achat du bien revendu, et l'intérêt de retard mentionnés n° 18830 (Rép. Dejoie : Sén. 10-2-2000 n° 18657). 18880

C. Opérations réalisées par les Safer

Les opérations réalisées par les sociétés d'aménagement foncier et d'établissement rural (Safer) sont en règle générale exonérées de **droits d'enregistrement**. 19000

ACQUISITIONS RÉALISÉES PAR LES SAFER

19005 **Toutes les acquisitions** réalisées par les Safer bénéficient d'une exonération totale de droits (CGI art. 1028 bis). Compte tenu de l'objet de ces organismes, cette exonération porte **notamment** sur les acquisitions de biens ruraux, de terres, d'**exploitations agricoles ou forestières**.

Dans le but d'améliorer les structures foncières, l'exonération a vocation également à s'appliquer aux acquisitions réalisées par les Safer de **parts** de **sociétés civiles** détenant en propriété ou en jouissance des biens immobiliers à usage ou à vocation agricole ou détenant des droits sur de telles sociétés, notamment, la totalité ou une partie des parts de groupements fonciers agricoles ou de groupements fonciers ruraux (C. rur. art. L 141-1, II-3°).

> **Précisions** L'exonération est applicable aux **échanges** d'immeubles ruraux effectués par les Safer. Le régime de l'article 708 du CGI (voir n°s 19495 s.) n'est pas applicable dans ce cas. Sont ainsi exonérés les soultes ou plus-values d'échanges ainsi que les échanges purs et simples.

CESSIONS RÉALISÉES PAR LES SAFER

19020 Toutes les cessions effectuées par les Safer au titre de l'article L 141-1 du Code rural et de la pêche maritime (voir n°s 80200 s.), dont la **destination** répond aux dispositions dudit article et qui sont assorties d'un **engagement** de l'acquéreur pris pour lui et ses ayants cause de conserver cette destination pendant un délai de dix ans à compter du transfert de propriété, sont exonérées de tout droit (CGI art. 1028 ter, I).

L'article 1028 ter, I du CGI vise les cessions. Il ne s'applique donc pas aux **apports**, ni aux baux sauf s'il s'agit de **baux emphytéotiques** (BOI-ENR-DMTOI-10-70-40 n° 100).

19025 **Déchéance du régime de faveur** La déchéance est encourue lorsque la destination du bien cesse d'être respectée dans le délai de dix ans à compter de son acquisition auprès d'une Safer (BOI-ENR-DMTOI-10-70-40 n° 220). Il en est ainsi si l'ensemble immobilier acquis a été utilisé pendant trois ans pour l'habitation et l'agrément sans maintien de l'**exploitation agricole** (Cass. com. 6-5-2008 n° 07-12.927 F-D : RJF 8-9/08 n° 1019).

La **transmission du bien** (à titre onéreux ou à titre gratuit) n'entraîne pas déchéance, dès lors que son affectation à usage agricole ou forestier est maintenue (BOI précité n° 210). Il en est de même des modifications survenues dans la nature de l'occupation du bien. Ainsi, la conclusion de **baux ruraux** n'est pas susceptible d'entraîner déchéance du régime de faveur.

S'il y a déchéance du régime de faveur, l'acquéreur ou ses ayants cause sont tenus d'acquitter le droit de vente prévu à l'article 1594 D du CGI (voir n° 18550) et l'intérêt de retard de 0,20 % par mois, calculé à compter du premier jour du mois suivant celui au cours duquel les droits auraient dû être acquittés en l'absence de régime de faveur.

> **Précisions a.** L'échange de l'immeuble dans les conditions de l'article L 124-1 du Code rural et de la pêche maritime ne constitue pas en tant que tel, à l'instar des autres mutations à titre onéreux, une cause de déchéance du régime de faveur, dès l'instant où l'affectation de l'immeuble à destination agricole est maintenue jusqu'à l'expiration du délai de dix ans à compter de la date d'acquisition initiale auprès de la Safer (BOI-ENR-DMTOI-10-70-40 n° 170).
> **b.** La **rupture partielle de l'engagement** n'entraîne qu'une déchéance partielle (BOI précité n° 240).
> **c.** Les **compléments de droits et pénalités** sont **supportés** par l'acquéreur ou ses ayants cause. En cas de mutation du bien pendant le délai de dix ans, les ayants cause de l'acquéreur qui a pris l'engagement sont personnellement redevables des compléments de droits et pénalités en cas de déchéance (BOI précité n° 250).

ACQUISITIONS RÉALISÉES PAR L'INTERMÉDIAIRE D'UNE SAFER

19040 L'exonération de droits d'enregistrement prévue en faveur des acquisitions réalisées directement par les Safer est également applicable aux acquisitions réalisées par l'intermédiaire de Safer dans les conditions suivantes (CGI art. 1028 ter, II) :

– une **promesse de vente** doit avoir été conclue au profit d'une Safer. Pour avoir date certaine, elle doit avoir été enregistrée ;

– un **nouveau bénéficiaire** doit avoir été substitué au bénéficiaire initial de la promesse de vente (à savoir à la Safer) ;

– l'**acquisition** par le nouveau bénéficiaire doit intervenir dans les six mois de la conclusion de la promesse.

Ce régime de faveur est également conditionné par l'**engagement** de l'acquéreur pour lui et ses ayants cause de conserver la destination de l'immeuble pendant un délai de dix ans (voir n°s 19020 s.).

D. Autres régimes spéciaux

MUTATIONS SOUMISES À LA TVA

19200 Pour savoir si une opération immobilière entre dans le **champ d'application** de la TVA, il convient de distinguer les opérations réalisées par un assujetti agissant en tant que tel dans le cadre de son activité économique, qui obéissent aux règles générales de TVA, sous réserve de certaines particularités, et les opérations réalisées en dehors d'une activité économique qui ne sont que très marginalement soumises à la TVA.

S'agissant des **modalités d'imposition** à la TVA des ventes d'immeubles, les règles sont les suivantes :

– le **redevable** de la taxe est dans tous les cas le vendeur (CGI art. 283, 1) ;

– la **base d'imposition** à la TVA est constituée par le prix de vente ou, à titre exceptionnel, la valeur vénale réelle (CGI art. 266, 2). L'imposition sur la marge (CGI art. 268) s'applique en cas de livraison d'un terrain à bâtir ou de livraison d'immeuble achevé depuis plus de cinq ans imposée sur option à la TVA, si l'acquisition par le cédant n'a pas ouvert droit à déduction de la TVA ;

– la TVA est due en principe au **taux** normal (20 %), sauf application de taux réduits pour certains secteurs.

> **Précisions** Dans le CGI, s'agissant des opérations immobilières réalisées en matière de TVA, le mot « **livraison** » est utilisé pour désigner le transfert du pouvoir de disposer d'un bien comme un propriétaire. Il englobe l'ensemble des cessions : ventes, apports, échange, etc.

19205 **Opérations réalisées par les assujettis dans le cadre de leur activité économique** Entrent dans le champ d'application de la TVA les livraisons de biens immeubles effectuées à titre onéreux par un **assujetti agissant en tant que tel** (CGI art. 256, I).

N'agissent pas en tant que telles les personnes assujetties qui cèdent un élément de leur patrimoine en dehors d'un objectif d'entreprise ou d'un but commercial (CE 29-12-1995 n° 118754 : RJF 2/96 n° 186 ; BOI-TVA-IMM-10-10-10-10 n° 80). Selon l'administration, il y a lieu de distinguer les opérations de l'assujetti réalisées dans le cadre de son activité économique (opérations dans le champ de la TVA) et celles réalisées dans un cadre patrimonial (opérations hors du champ de la TVA).

Ainsi, si la cession d'un **actif inscrit au bilan** est présumée être une opération économique réalisée en tant que telle, il en va différemment de la cession d'un immeuble (ou d'une fraction d'immeuble) réalisée par une entreprise qui, à cette occasion, vise seulement à mieux tirer parti d'un bien devenu étranger à son activité économique (BOI-TVA-IMM-10-10-10-10 n° 80).

De même, un agriculteur qui vend des **terrains non inscrits au bilan** n'agit pas, en principe, en tant qu'assujetti. Il en va différemment, notamment, s'il réalise sur ces terrains des travaux significatifs, par exemple de viabilisation, et met en œuvre des moyens de commercialisation avérés (publicité, démarchage) (BOI-TVA-IMM-10-10-10-10 n° 90).

> **Précisions** La doctrine administrative est en phase avec la **jurisprudence** de la CJUE et du Conseil d'État selon laquelle le fait pour une personne de recourir à des démarches actives de commercialisation foncière en mobilisant des moyens similaires à ceux d'un assujetti conduit à son assujettissement à la TVA (CJUE 15-9-2011 aff. 180/10 et 181/10 : RJF 12/11 n° 1406 ; CE 9-6-2020 n° 432596 : RJF 8-9/20 n° 686 ; CE 9-12-2022 n° 459206 : RJF 3/23 n° 188). À cet égard, le Conseil d'État a jugé que l'importance des travaux préalables de viabilisation d'un terrain à bâtir peut, à elle seule, suffire à caractériser des démarches actives de commercialisation et donc une activité économique soumise à la TVA (CE 9-6-2020 précité). Caractérisent également de telles démarches celles entreprises dans le cadre d'une opération d'aménagement d'un terrain à bâtir, d'une ampleur telle qu'elles ne sauraient relever de la simple gestion du patrimoine privé (CE 9-12-2022 précité).

19210 Sont **obligatoirement imposables à la TVA** les livraisons (y compris aux particuliers) de **terrains à bâtir**, définis comme les terrains sur lesquels des constructions peuvent être autorisées en application d'un plan local d'urbanisme, d'un autre document d'urbanisme en tenant lieu, d'une carte communale ou de l'article L 111-3 du Code de l'urbanisme (CGI art. 257, I-2-1°). Sont essentiellement visés les terrains classés, au moment de la livraison, dans les zones urbaines, les zones à urbaniser et les périmètres constructibles des zones naturelles et forestières d'un plan local d'urbanisme. N'est pas un terrain à bâtir le terrain situé en **zone agricole** (zone « A »), à moins que l'acte de cession n'indique qu'il bénéficie d'une autorisation de construire (BOI-TVA-IMM-10-10-10-20 n° 100).

Sont également soumises à la TVA les livraisons d'**immeubles neufs**, définis comme les immeubles qui ne sont pas achevés depuis plus de cinq ans, qu'ils résultent d'une construction nouvelle ou de travaux de surélévation ou de remise à neuf (CGI art. 257, I-2-2°).

19215 Sont **exonérées de TVA** les livraisons de **terrains autres qu'à bâtir** et les livraisons d'**immeubles achevés depuis plus de cinq ans** (CGI art. 261, 5), ainsi que les baux conférant un droit réel (CGI art. 261 D, 1° bis). Les assujettis peuvent toutefois **opter** pour l'application de la TVA à ces opérations (CGI art. 260, 5° et 5° bis).

19220 **Opérations réalisées hors d'une activité économique** Les **opérations immobilières** réalisées par les particuliers sont hors du champ de la TVA, à commencer par les cessions de terrain à bâtir à un assujetti prenant l'engagement de construire. Aucune option pour la TVA n'est offerte au non-assujetti.

VENTES D'IMMEUBLES D'HABITATION ET DE GARAGES

19240 Les conseils départementaux peuvent instituer dans leur département un **abattement** compris entre 7 600 € et 46 000 €, fixé par tranche de 7 600 €, sur l'assiette du droit départemental et peuvent en limiter le bénéfice aux seules opérations portant sur des immeubles situés dans les **zones France ruralités revitalisation** (CGI art. 1594 F ter modifié par loi 2023-1322 du 29-12-2023 art. 73 dont les dispositions s'appliquent depuis le 1-7-2024). Ces décisions prennent effet le 1er juin (CGI art. 1594 E).

L'application de cet abattement est subordonnée à **l'engagement** de l'acquéreur :
– s'agissant des **immeubles** (ou fractions d'immeubles), de ne pas les affecter à un usage autre que l'habitation pendant une durée minimale de trois ans à compter de la date de l'acte ;
– s'agissant des terrains ou locaux à usage de **garage**, de ne pas les affecter à une exploitation à caractère commercial ou professionnel pendant la même durée.

L'engagement de l'acheteur est généralement pris dans l'acte d'acquisition, qui doit alors comporter une déclaration expresse à cet effet. Si l'engagement n'est pas mentionné dans l'acte, il peut être pris ultérieurement par acte complémentaire (soumis au droit fixe de 125 €), au vu duquel les droits perçus en trop sont restitués sur réclamation du contribuable. Le point de départ du délai de trois ans reste fixé au jour de l'acquisition de l'immeuble (BOI-ENR-DMTOI-10-30 n° 100).

ATTENTION

En cas de **non-respect** de l'engagement, l'acquéreur est tenu d'acquitter le complément de droit dont il avait été dispensé ainsi que l'intérêt de retard de 0,20 % par mois (CGI art. 1840 G ter).

PREMIÈRE CESSION À TITRE ONÉREUX DE LOGEMENTS ACQUIS NEUFS ENTRE LE 1er JUIN 1993 ET LE 31 DÉCEMBRE 1994

19245 La première cession à titre onéreux d'immeubles acquis neufs ou – sous réserve d'avoir été achevés avant le 1er juillet 1994 – en l'état futur d'achèvement par acte authentique signé entre le 1er juin 1993 et le 31 décembre 1994 bénéficie, sous certaines conditions, d'un **abattement** de 91 000 € sur l'assiette du droit de vente d'immeubles (CGI art. 1055 bis).

Le bénéfice de cet abattement est réservé aux immeubles qui ont été affectés à l'**habitation principale pendant au moins cinq ans** et pour lesquels le vendeur n'a pas bénéficié des réductions d'impôt pour investissement locatif neuf (ancienne réduction Quilès-Méhaignerie) ou pour investissement immobilier neuf en outre-mer.

L'acquéreur doit prendre l'**engagement** de ne pas affecter l'immeuble à un autre usage que l'habitation (principale ou secondaire) pendant une durée minimale de trois ans. Le non-respect de cet engagement entraîne l'exigibilité du complément de droit dont l'acquéreur a été dispensé, plus l'intérêt de retard de 0,20 % par mois (CGI art. 1840 G ter).

> **Précisions** La première **mutation à titre gratuit** de ces mêmes immeubles est également susceptible de bénéficier d'un avantage fiscal (voir n° 22290). Mais il n'est pas possible de **cumuler** pour un même logement ces deux avantages. L'abattement de 91 000 € est en revanche cumulable avec celui, visé n° 19240, que les conseils départementaux ont la faculté d'instituer sur l'assiette du droit départemental (BOI-ENR-DMTOI-10-30 n° 280).

II. ÉCHANGES

TYPOLOGIE DES ÉCHANGES

Au point de vue fiscal, il convient de distinguer, d'une part, les échanges d'immeubles qui sont soumis à un tarif spécial et, d'autre part, les échanges d'immeubles contre des meubles ou les échanges de meubles contre d'autres meubles qui sont taxés comme des ventes. **19400**

A. Échanges d'immeubles

1. RÉGIME DE DROIT COMMUN

L'échange d'un immeuble contre un autre immeuble est, en principe, soumis à la formalité fusionnée d'enregistrement au service de la publicité foncière, comme la plupart des conventions portant sur des immeubles. **19405**

Mais la nature des droits exigibles diffère selon qu'il s'agit d'un échange pur et simple ou d'un échange avec soulte.

On dit qu'il y a **échange pur et simple** lorsque les immeubles échangés sont d'égale valeur.

En revanche, lorsque l'un des deux lots échangés a une valeur supérieure à l'autre, on est en présence d'un **échange avec soulte** (ou plus-value).

ÉCHANGES PURS ET SIMPLES

Lorsqu'il ne comporte pas de soulte ou de plus-value, l'échange d'un immeuble contre un autre immeuble ne supporte que le **droit d'échange** de 5 % (CGI art. 684) à l'exclusion de la taxe communale et du prélèvement pour frais d'assiette et de recouvrement. **19410**

Le droit de 5 % est **calculé** sur la valeur d'un seul lot (et non sur le montant cumulé de la valeur des deux lots échangés).

Les **immeubles** sont **évalués** d'après leur valeur vénale réelle à la date de l'échange d'après la déclaration estimative des parties (CGI art. 684).

ATTENTION

Si, dans les deux années qui ont précédé ou suivi l'acte d'échange, les immeubles transmis ont fait l'objet d'une **adjudication**, soit par autorité de justice, soit volontaire avec admission des étrangers, les impositions exigibles ne peuvent être calculées sur une somme inférieure au prix de l'adjudication, en y ajoutant toutes les charges en capital, à moins qu'il ne soit justifié que la consistance des immeubles a subi, dans l'intervalle, des transformations susceptibles d'en modifier la valeur (CGI art. 684, al. 4).

ÉCHANGES COMPORTANT UNE SOULTE OU UNE PLUS-VALUE

Lorsque les **immeubles** échangés sont d'**inégale valeur**, l'excédent de valeur du lot le plus important (ou plus-value) motive (afin de rétablir l'égalité des lots) le versement d'une somme d'argent (ou soulte) à la charge de l'échangiste qui reçoit l'immeuble ayant la plus grande valeur. Le **droit départemental de vente** d'immeuble (augmenté des impositions additionnelles : voir n° 18550) est alors exigible sur le montant de la **soulte**, au taux prévu pour la vente de l'immeuble le plus important, comme s'il y avait, à due concurrence, vente de ce lot (CGI art. 684, al. 2). **19420**

En l'absence de soulte stipulée dans l'acte d'échange, le droit de vente d'immeuble est également exigible sur la **plus-value**, s'il en existe (différence de valeur entre les deux lots). Si la soulte (représentant le prix) et la plus-value (représentant la valeur vénale) sont inégales, le droit est perçu sur la valeur la plus élevée. Ce principe peut trouver à s'appliquer à la suite d'un redressement (BOI-ENR-DMTOI-20-10 n° 80).

Quand il comporte une soulte ou une plus-value, l'acte d'échange n'en reste pas moins assujetti au **droit d'échange** de 5 % sur la **valeur du lot le plus faible**, dès lors qu'à due concurrence il y a échange pur et simple (BOI précité n° 60).

> **Précisions** Constitue une soulte devant être incluse dans l'assiette des droits le **coût de travaux** que l'un des échangistes s'est engagé à effectuer sur la parcelle qui lui est cédée. Pour retenir cette qualification, le juge n'a pas à rechercher si l'obligation acceptée pour obtenir l'échange ne lui faisait pas assumer un coût excédant la valeur vénale du terrain en cause (Cass. com. 12-12-1995 n° 94-14.706 D : RJF 3/96 n° 381).

2. ÉCHANGES D'IMMEUBLES DONT LA VENTE SERAIT SUSCEPTIBLE DE BÉNÉFICIER D'UN RÉGIME DE FAVEUR (TAXATION RÉDUITE)

19440 Le **régime des ventes** est applicable, à la demande des parties, dans tous les **cas où** il est **plus favorable** (BOI-ENR-DMTOI-20-30 n° 210).

Pour déterminer le régime fiscal le plus favorable, une **double liquidation** est nécessaire le plus souvent (BOI précité n° 220) :

a. liquidation du droit d'échange et du droit de soulte dans les conditions ordinaires ;

b. liquidation de l'imposition exigible sur la vente du lot passible de la taxation la plus élevée. En cas d'échange de lots d'inégale valeur dont le plus faible serait passible de l'imposition la plus élevée, la vente est réputée porter sur le lot le plus faible à concurrence de sa valeur, d'une part, et sur le lot le plus fort à concurrence de la soulte ou plus-value, d'autre part.

Les parties doivent demander expressément l'application du régime des ventes d'immeubles et s'engager solidairement à acquitter le complément de taxe en cas d'inexécution des conditions auxquelles est subordonné l'octroi définitif du taux réduit de la taxe de publicité foncière (BOI précité n° 230).

En pratique, la portée de cette mesure est limitée aux échanges d'immeubles dont la vente bénéficie du taux de 0,70 % ou d'une exonération.

3. ÉCHANGES D'IMMEUBLES RURAUX

AMÉNAGEMENTS FONCIERS COLLECTIFS

19480 Tous les actes exclusivement relatifs à l'application des chapitres I, III, IV, VII et VIII du titre II et des chapitres III et IV du titre III du livre Ier du Code rural et de la pêche maritime ayant pour objet de faciliter l'aménagement foncier de la propriété rurale sont **exonérés** des droits d'enregistrement et de la taxe de publicité foncière (CGI art. 1023). La **formalité** demeure obligatoire.

Pour bénéficier de ces exonérations, les actes ou réquisitions de formalités doivent porter la **mention expresse** qu'ils sont faits par application de ces dispositions. L'exonération est, par ailleurs, subordonnée à l'accomplissement des formalités prévues par le Code rural et de la pêche maritime et, notamment, à l'intervention de la commission d'aménagement foncier (BOI-ENR-DMTOI-20-30 n° 30).

ÉCHANGES INDIVIDUELS OU MULTILATÉRAUX D'IMMEUBLES RURAUX

19490 Les échanges ruraux effectués conformément aux articles L 124-3 et L 124-4 du Code rural et de la pêche maritime sont exonérés du droit d'échange de 5 % ou, le cas échéant, du droit d'enregistrement. S'il y a soulte ou plus-value, la taxe est due au taux prévu pour les ventes, susceptible toutefois d'être réduit dans certaines conditions.

19495 **Exemption du droit d'échange** Les échanges d'immeubles ruraux visés n° 19490 sont exonérés de la taxe de publicité foncière ou, le cas échéant, du droit d'enregistrement sous les **conditions** suivantes (CGI art. 708, al. 1) :

a. Les biens échangés de part et d'autre sont des **immeubles ruraux** (voir n° 18615). Cette définition englobe aussi bien les terres que les bâtiments d'exploitation et les bâtiments accessoires (tels que le logement de l'exploitant).

L'échange d'un immeuble rural contre un **immeuble urbain** supporte la taxe au tarif ordinaire.

b. Tous les **immeubles échangés** doivent être **situés** :

– soit dans le même canton ;

– soit dans un canton et une commune limitrophe de ce canton (il est admis que les immeubles soient situés dans plusieurs communes limitrophes de ce canton).

Lorsque l'une ou l'autre de ces règles de localisation n'est pas satisfaite, le régime de faveur peut néanmoins être appliqué si l'une des parcelles échangées est contiguë aux propriétés rurales de celui des coéchangistes qui la reçoit (BOI-ENR-DMTOI-20-30 n° 90).

c. Le **projet** d'échange **doit contenir** les indications prescrites par l'article D 124-4 du Code rural et de la pêche maritime et notamment :

– la désignation des parties à l'acte ;

– la désignation de la commune, section, numéro, lieu-dit, contenance, nature de culture de chacun des immeubles échangés ainsi que l'origine de propriété, le mode d'exploitation, la désignation des bâtiments assurés contre l'incendie avec la date et le numéro de la police ;

– l'estimation, par les parties, de la valeur des immeubles échangés et, le cas échéant, le montant et les modalités de recouvrement des soultes ;

– la mention que l'échange est fait par application soit de l'article L 124-3, soit de l'article L 124-4 du Code rural et de la pêche maritime.
Pour chacun des immeubles à échanger, l'**extrait cadastral** est remis au service de la publicité foncière au moment du dépôt du document à publier (BOI précité n° 110). Cet extrait cadastral est disponible sur le site cadastre.gouv.fr.

› Précisions a. Les coéchangistes peuvent obtenir une **participation financière du département** aux divers frais de l'échange (notamment frais d'acte) lorsque l'utilité de l'échange a été reconnue par la commission départementale d'aménagement foncier.
b. Lorsque le **bien contigu** à celui que reçoit l'un des échangistes n'appartient à ce dernier qu'en usufruit, l'exonération est applicable dès lors que la nue-propriété appartient aux enfants de l'intéressé à qui elle a été attribuée par voie de donation-partage (Rép. Lagorce : AN 8-2-1982 n° 2391 non reprise au Bofip mais qui semble conserver sa pertinence).
Il y a lieu de considérer comme contigus des immeubles qui, sans être naturellement voisins les uns des autres, sont cependant regardés comme les parties d'une même propriété. Ainsi, deux terrains séparés par un chemin rural, par un ruisseau ou par toute autre voie n'empêchant pas la communauté d'exploitation des parcelles sont réputés contigus. Mais ce n'est pas le cas de deux terrains séparés par un fleuve ou une voie de chemin de fer.
La condition de contiguïté est considérée comme satisfaite lorsque la parcelle qui entre dans la communauté constituée entre deux époux est contiguë à un immeuble propre à la femme ou au mari ou lorsque la parcelle acquise en propre par l'un des époux est contiguë à un immeuble de communauté. En revanche, la condition n'est pas satisfaite lorsque le bien acquis par l'un des époux à titre de propre est contigu à un immeuble propre de son conjoint (BOI-ENR-DMTOI-20-30 n° 90).

Droit de soulte Les soultes ou plus-values d'échanges d'immeubles ruraux sont normalement assujetties au **droit départemental de mutation** prévu pour les ventes d'immeubles (CGI art. 708, al. 2). Il s'agit le plus souvent du tarif **de droit commun** (voir n° 18550) ; mais le débiteur de la soulte peut bénéficier des taux réduits prévus par les régimes spéciaux en faveur de l'agriculture si les conditions d'application de ces derniers sont réunies (voir n°s 18600 s.). 19500
C'est ainsi que la taxe départementale est applicable au taux réduit si le coéchangiste **débiteur de la soulte est fermier** des biens qu'il reçoit et satisfait aux conditions de l'article 1594 F quinquies, D du CGI (BOI-ENR-DMTOI-20-30 n° 150).

Échanges multilatéraux Les échanges multilatéraux d'immeubles ruraux (autres que ceux réalisés dans le cadre d'un remembrement collectif ; voir n° 19480) bénéficient des mêmes avantages fiscaux que les échanges de même nature entre deux coéchangistes, dès lors que les conditions susvisées sont remplies. 19505
Notamment, tous les immeubles échangés doivent être situés soit dans un même canton, soit dans un canton et des communes limitrophes de ce canton. Il en est ainsi quel que soit le nombre des coéchangistes (BOI-ENR-DMTOI-20-30 n° 60).

B. Échanges d'un immeuble contre un meuble ou d'un meuble contre un autre meuble

Ces catégories d'échanges sont considérées, au point de vue fiscal, comme de **véritables ventes** ; en effet, l'obligation de transférer la propriété de chacun des deux biens échangés a pour cause et pour contrepartie (faisant fonction de prix) l'obligation de transférer la propriété de l'autre bien de sorte que ces **deux transmissions** sont **dépendantes**. Dès lors, en vertu de l'article 670 du CGI, il n'est dû qu'un seul droit de vente (BOI-ENR-DMTOI-20-20 n° 30). 19700

ÉCHANGE D'UN IMMEUBLE CONTRE UN MEUBLE

Si les biens échangés sont tous des biens qui seraient soumis, en cas de vente, à des droits proportionnels d'enregistrement, il n'y a lieu de percevoir que le droit dont le tarif est le plus élevé. 19705
S'il s'agit de biens dont la vente serait passible pour l'un d'un droit proportionnel et pour l'autre d'un droit fixe ou d'un droit progressif, on ne taxe que la transmission considérée comme principale.
Ainsi, dans le cas d'échange d'un immeuble contre un meuble corporel (ou une créance) (droit fixe), on ne perçoit que le droit de vente d'immeuble (BOI-ENR-DMTOI-20-20 n° 40).

ÉCHANGE D'UN MEUBLE CONTRE UN AUTRE MEUBLE

19710 Si tous les biens échangés sont des meubles dont la mutation ne donne pas ouverture à un droit proportionnel, l'échange n'est pas soumis obligatoirement à la formalité et, s'il est notarié ou présenté volontairement à la formalité, seul le droit fixe de 125 € prévu par l'article 680 du CGI est perçu.

Si les biens échangés sont des parts de sociétés (biens dont la cession supporte un droit proportionnel), l'échange donne lieu à la perception du droit afférent à la mutation du bien qui est soumis au tarif le plus élevé.

III. PARTAGES ET OPÉRATIONS ASSIMILÉES

19900 Le partage est le contrat qui met fin à une indivision par la répartition des biens indivis entre les coïndivisaires (notamment cohéritiers ou copropriétaires).

Sur les **partages de sociétés** : voir n°s 25500 s.

Les partages peuvent être purs et simples ou faits avec soulte ou plus-value.

A. Règles générales

PARTAGES PURS ET SIMPLES

19920 Un partage est dit « pur et simple » lorsque chacun des copartageants reçoit des biens en nature (meubles ou immeubles) pour une valeur totale qui correspond exactement à ses droits dans la masse à partager.

Les actes portant partage pur et simple entre copropriétaires, cohéritiers et coassociés sont soumis au **droit de partage** (CGI art. 746).

Le droit de partage est **liquidé** sur le montant de l'actif net partagé, c'est-à-dire déduction faite du passif qui grève la masse indivise (CGI art. 747).

C'est la valeur des biens au jour du partage qui sert de base à la perception du droit de partage (ou tout au moins à la date aussi rapprochée que possible de celle du partage, en cas de jouissance divise antérieure) (BOI-ENR-PTG-10-10 n° 180).

Le **taux** du droit de partage est fixé à 2,50 %. Pour les partages des intérêts patrimoniaux consécutifs à une séparation de corps, à un divorce ou à une rupture d'un Pacs, le droit de partage est fixé à 1,10 % (CGI art. 746 ; BOI-ENR-PTG-10-10 n° 70).

PARTAGES AVEC SOULTE OU PLUS-VALUE

19940 Il y a partage avec **soulte** lorsque l'un (ou plusieurs) des copartageants reçoit dans son lot des biens pour une valeur supérieure à ses droits ; pour rétablir l'égalité, il verse alors aux copartageants dont les attributions en nature sont inférieures à leurs droits une somme d'argent ou soulte, ou bien il prend à sa charge, le cas échéant, une part du passif supérieure à celle lui incombant normalement.

Même si un copartageant ne verse aucune somme d'argent, son lot peut néanmoins présenter une **plus-value** par rapport à ses droits.

Pour déterminer le régime fiscal de ces partages, il convient de distinguer entre les partages de successions ou de communautés conjugales et assimilés et les autres partages (notamment partages de sociétés).

19950 **Partage de successions ou de communautés conjugales et assimilés** Les partages qui portent sur des biens meubles ou immeubles dépendant d'une succession ou d'une communauté conjugale donnent ouverture au seul **droit de partage** sur la valeur nette de l'actif partagé, y compris les soultes ou plus-values (CGI art. 748), qui dans ce cas, échappent aux droits de mutation à titre onéreux. Il en est de même des partages de biens indivis issus d'une donation-partage et des partages portant sur des biens indivis entre époux ou partenaires d'un Pacs, qu'ils aient été acquis avant ou pendant le mariage ou le pacte.

Le partage doit intervenir uniquement entre les **membres originaires de l'indivision**, leur conjoint, des ascendants, des descendants ou des ayants droit à titre universel de l'un ou de plusieurs d'entre eux (ces ayants droit étant les héritiers ab intestat et les légataires universels ou à titre universel). La **participation d'un tiers** au partage, par exemple un cessionnaire de droits successifs ne figurant pas au nombre des personnes énumérées ci-dessus, met obstacle à l'application du régime de faveur et le partage est taxé selon les règles de droit commun (BOI-ENR-PTG-10-20 n° 310).

Sur le **taux du droit de partage**, voir n° 19920.

> **Précisions a.** Les partages de **biens acquis en remploi** de biens dépendant d'une succession, d'une communauté conjugale (ou assimilée) ou d'une donation-partage bénéficient du régime de faveur sous réserve qu'il soit justifié du remploi (BOI-ENR-PTG-10-20 n° 350).
> **b.** Si le partage porte à la fois sur des **biens provenant d'une succession ou d'une communauté conjugale** (ou assimilés) et d'une **autre origine**, il convient alors de combiner les règles du régime spécial et celles du régime de droit commun. Si le lot grevé de soulte ou présentant une plus-value ne comprend que des biens de la première catégorie, la soulte (ou la plus-value) n'est pas taxée comme une vente et n'est pas déduite pour la liquidation de la taxe de publicité foncière ou du droit de partage. Au contraire, lorsque ce lot ne comprend que des biens de la seconde catégorie, la soulte (ou la plus-value) est taxée comme une vente et son montant est déduit pour le calcul de l'impôt de partage.
> Lorsque le lot comprend des biens des deux catégories, il convient de répartir la soulte (ou la plus-value) proportionnellement à la valeur de chacune de ces deux catégories et chaque fraction est soumise au régime de la catégorie de biens à laquelle elle est rattachée (BOI précité n° 390).
> **c. Attribution de biens ruraux à un copartageant ayant la qualité de fermier** : possibilité d'opter pour l'application du régime plus favorable de l'article 1594 F quinquies, D du CGI (taxation au taux de 0,71498 %) (voir n° 18630).

Autres partages Il s'agit essentiellement des partages d'indivisions provenant de l'**acquisition de biens en commun**. 20000

Entrent également dans cette catégorie les partages de successions et de communautés conjugales qui ne rempliraient pas toutes les conditions requises pour bénéficier du régime de faveur.

Ces partages donnent ouverture (CGI art. 747) :

– sur la soulte ou plus-value, répartie proportionnellement à la valeur respective des biens compris dans le lot grevé de la soulte ou comportant une plus-value : au **droit de vente** selon la nature des biens (ou à la TVA s'il y a lieu) ;

– sur l'actif net partagé, déduction faite du passif et des soultes ou plus-values : au **droit de partage**.

Sur les règles applicables aux **partages de sociétés**, voir n°s 25505 s.

ATTENTION

Lorsque la soulte provient d'une **répartition** inégale **du passif**, on ne peut pas déduire, pour déterminer la base de calcul du droit de partage, à la fois la soulte et l'intégralité du passif ; dans ce cas, on ne déduit que le passif (BOI-ENR-PTG-10-20 n° 270).

B. Partages de nature particulière

PARTAGES JUDICIAIRES

20050 Les partages judiciaires donnent lieu à l'établissement de procès-verbaux de liquidation et de partage soumis à l'**homologation** des tribunaux ; c'est l'homologation qui rend ces partages définitifs. Selon son contenu, l'acte conditionnel de partage est soumis à la formalité fusionnée ou à la formalité de l'enregistrement et donne lieu à la perception du droit fixe de 125 € des actes innomés (CGI art. 680). Le droit de partage et, s'il y a lieu, le droit exigible sur les soultes ou plus-values sont perçus lors de l'enregistrement au service des impôts du jugement d'homologation. La publication au service de la publicité foncière, si le partage porte sur des immeubles, est faite en franchise de taxe (BOI-ENR-PTG-10-30 n° 100).

PARTAGES TESTAMENTAIRES

20055 Les partages testamentaires, étant, en droit civil et en droit fiscal, de véritables partages, donnent lieu au droit de partage prévu par l'article 746 du CGI et non au droit fixe (BOI-ENR-PTG-10-30 n° 10). Ces partages obéissant au régime spécial des partages de succession, les soultes ne sont ni soumises au droit de mutation à titre onéreux, ni déductibles pour la perception du droit de partage.

PARTAGES DE GROUPEMENTS FONCIERS AGRICOLES

20060 Voir n° 26830.

PARTAGES DE COPROPRIÉTÉ

20065 Les opérations de partage de copropriétés et la redistribution des parties communes qui en résulte sont exonérées du droit de partage de 2,50 % (CGI art. 749 A), mais le droit de vente demeure exigible sur la soulte (BOI-ENR-PTG-10-10 n° 35).

DONATIONS-PARTAGES

20070 La donation-partage (appelée aussi **« partage d'ascendants »**) est l'acte par lequel les père et mère et autres ascendants font donation de leurs biens à leurs enfants et descendants en opérant la distribution et le partage de ces biens (C. civ. art. 1075).

Les donations-partages obéissent au même **régime fiscal** que les donations simples : voir n°s 22800 s.

Les droits de donation sont liquidés en fonction des attributions réelles des biens lorsque le **partage** est fait **sans soulte**.

Le droit de partage n'est pas dû ; il en est de même du droit de soulte.

Lorsqu'elles portent sur des **immeubles**, les donations-partages sont soumises (en plus des droits de donation) à la taxe de publicité foncière et à la contribution de sécurité immobilière au moment de leur publication au service de la publicité foncière.

20080 **Partages ayant pour objet à la fois des biens donnés (donation-partage) et d'autres biens appartenant déjà en indivision aux donataires** Il arrive parfois qu'un acte constate, en même temps qu'un partage d'ascendant, le partage d'autres biens déjà indivis entre les donataires. Il en est ainsi, par exemple, du partage de la succession du conjoint prédécédé dans le **même acte** que la donation-partage consentie par l'époux survivant à ses enfants.

On se trouve alors en présence de **deux contrats** distincts : une donation-partage et un partage ordinaire. Il convient dès lors de percevoir les droits prévus pour chacun de ces contrats :

– les biens faisant l'objet de la **donation-partage** sont soumis au droit de donation (à l'exclusion du droit de partage et éventuellement du droit de soulte) et, de plus, pour les immeubles, à la taxe de 0,70 % (0,71498 % avec les impositions additionnelles) ;

– les **biens provenant d'une autre origine et simplement partagés** supportent le droit de partage (et éventuellement le droit de soulte si le partage ne réunissait pas les conditions énumérées n° 19950) (BOI-ENR-DMTG-20-20-10 n° 170).

Si le lot grevé d'une soulte comprend **des biens donnés et des biens partagés**, l'imputation de la soulte, dans le cas où elle devrait être taxée au droit de vente, se ferait sur ces biens, au prorata de leur valeur respective.

CONTRAT DE TRAVAIL À SALAIRE DIFFÉRÉ

20120 L'article L 321-13 du Code rural et de la pêche maritime édicte, au profit de certains **descendants d'exploitants agricoles**, qui sont restés à la terre et ont travaillé sur le domaine familial sans être associés aux bénéfices ni aux pertes et qui ne perçoivent pas de salaire en argent, une présomption d'existence de contrat de travail à salaire différé, qui leur permet de réclamer le montant de leurs salaires lors de l'ouverture de la succession de leur auteur.

Le **régime juridique** de ce type de contrat (bénéficiaires, calcul du salaire différé) est exposé n°s 76700 s. Le **régime fiscal** est présenté ci-dessous.

20125 **Droits d'enregistrement** Le **paiement** du salaire différé ou l'**attribution de biens en nature** faite au créancier pour le remplir de ses droits de créance ne donne lieu à la perception d'aucun droit d'enregistrement (CGI art. 1037 ; C. rur. art. L 321-17).

Cette exonération est applicable aussi bien dans le cas où le paiement de la créance ou l'attribution faite au créancier pour le remplir de ses droits de créance intervient **du vivant de l'exploitant**, que lorsque ce règlement a lieu lors du partage de la **succession** de l'exploitant ; dans ce dernier cas, la base de calcul du droit de partage doit donc être diminuée du montant de la créance de salaire différé.

Cette mesure d'exonération bénéficie à tout créancier de salaire différé, quel qu'il soit, et notamment au conjoint du descendant.

Lorsque dans l'acte de partage l'**héritier créancier reçoit des valeurs héréditaires en paiement** de sa créance, cette attribution est dispensée du droit de dation en paiement.

En revanche, l'exonération ne s'étend pas à la **taxe de publicité foncière** : l'acte qui constate l'attribution de biens immobiliers en règlement de la créance de salaire différé donne ouverture à la taxe de 0,70 % (0,71498 % avec les impositions additionnelles) (BOI-ENR-PTG-10-30 n° 50).

Signalons enfin qu'en vertu de l'article 774 du CGI, la créance de salaire différé constitue, sous réserve de justification, une **dette successorale** déductible pour le calcul des droits de succession (voir n° 22450).

Impôt sur le revenu Les sommes attribuées à l'héritier ou au conjoint d'héritier d'un exploitant agricole au titre du contrat de travail à salaire différé en agriculture sont imposables à l'**impôt sur le revenu** selon les règles des traitements et salaires. 20130

Ces sommes bénéficient, sur demande du contribuable, du système du **quotient** applicable aux revenus différés (nos 12005 s.). Le quotient applicable est plafonné à onze dès lors que le nombre d'années maximum retenu au titre de la collaboration à l'exploitation agricole pour le calcul du salaire différé est fixé à dix (BOI-RSA-CHAMP-10-30-20 n° 287).

Pour les héritiers ayant participé directement et gratuitement à l'exploitation **jusqu'au 30 juin 2014**, le salaire différé perçu est **exonéré** d'impôt sur le revenu en application de l'ancien article 81, 3° du CGI. Cette exonération n'est toutefois applicable, selon l'administration, que si le bénéficiaire du salaire différé a effectivement cessé de participer gratuitement à la mise en valeur du fonds familial au plus tard le 30 juin 2014 et si le montant total de la créance est définitivement arrêté (BOI-RSA-CHAMP-20-50-50 n° 20).

> **Précisions** S'agissant d'un salaire différé, celui-ci doit être imposé dans la catégorie des traitements et salaires quand bien même l'héritier ou le conjoint de l'héritier de l'exploitant agricole est **retraité** au moment de sa perception.

C. Licitations, cessions de droits successifs

La licitation est la vente aux enchères de biens indivis suivie du partage du prix entre les copropriétaires (C. civ. art. 1686). 20200

Lorsqu'il s'agit de **biens** provenant **de successions ou de communautés conjugales** (n° 19950), seul le droit de partage est dû (à l'exclusion de tout droit de mutation à titre onéreux) sur les parts acquises, c'est-à-dire sur le prix stipulé augmenté des charges, déduction faite de la part de l'adjudicataire dans l'immeuble adjugé à son profit.

Il en est de même des licitations de biens indivis issus d'une **donation-partage** et des licitations de biens indivis entre **époux** ou partenaires d'un **Pacs**, qu'ils aient été acquis avant ou pendant le mariage ou le pacte.

Toutefois, si ces licitations ou cessions de droits successifs mettent fin à l'indivision, l'imposition est liquidée sur la valeur des biens, sans soustraction de la part de l'acquéreur (CGI art. 750, II).

Les **autres licitations ou cessions** de droits successifs donnent ouverture au droit ou à la taxe au taux prévu pour les ventes. Le droit ou la taxe est liquidé sur la valeur des parts acquises pour les licitations prononcées au profit d'un colicitant.

> **Précisions a.** Licitation d'immeubles ruraux au profit d'un **colicitant fermier** qui remplit les conditions pour bénéficier du régime de faveur prévu à l'article 1594 F quinquies, D du CGI : possibilité d'appliquer le tarif plus favorable de 0,71498 % (voir nos 18605 s.).
>
> **b.** Les dispositions de l'article 750, II du CGI s'appliquent aux licitations de biens indivis acquis par des époux, quel que soit leur régime matrimonial, **pendant la durée du mariage**.
>
> **c.** Dans le cas d'une licitation entre indivisaires d'origine de biens issus d'une succession dont l'un d'eux est **copropriétaire en vertu d'une communauté universelle**, seule la part cédée par l'époux héritier sera taxée à 2,50 % et celle cédée par son conjoint, qui n'a pas une origine successorale, donnera ouverture au droit de mutation à titre onéreux selon la nature du bien transmis (Cass. com. 21-11-2000 n° 97-22.572 FS-P : RJF 3/01 n° 394).

IV. VENTES DE MEUBLES

PRINCIPE

S'agissant des **ventes amiables**, seules les ventes présentées volontairement à l'enregistrement ou celles constatées par actes notariés sont imposables. Elles donnent lieu au droit fixe des actes innomés de 125 € (CGI art. 680). 20400

Les procès-verbaux constatant une **vente aux enchères publiques** donnent ouverture à un droit de 1,20 % lorsque cette vente porte sur des **meubles incorporels** non soumis à un tarif différent (CGI art. 733). 20405

Les ventes aux enchères portant sur des **meubles corporels** ne sont soumises à aucun droit spécifique.

CESSION DE FONDS AGRICOLES

20420 Les actes constatant la cession à titre onéreux d'un fonds agricole, composé de tout ou partie des éléments énumérés au dernier alinéa de l'article L 311-3 du Code rural et de la pêche maritime sont enregistrés gratuitement (CGI art. 732). L'enregistrement gratuit s'applique y compris dans le cas où la **cession** est **concomitante à la cession à titre onéreux des terres agricoles** dépendant de l'exploitation (BOI-ENR-DMTOM-50-20 n° 80).
En conséquence, ces opérations sont soumises au régime fiscal suivant, quelle que soit la qualité des parties et que la cession ait lieu au profit d'un tiers ou entre fermiers entrant et sortant :
– lorsqu'elles sont constatées par un **acte sous signature privée** (c'est-à-dire non dressé par un notaire ou un autre officier ministériel) **ou** lorsqu'elles sont consenties **verbalement**, ces cessions sont dispensées de la formalité de l'enregistrement et de tous droits ;
– en cas de **présentation volontaire à la formalité** d'un acte sous signature privée constatant une cession de ces biens **ou** lorsque celle-ci fait l'objet d'un **acte notarié**, l'enregistrement est réalisé gratuitement.

EXPLOITATIONS DE CULTURES MARINES

20425 En application de l'article L 311-1 du Code rural et de la pêche maritime, les activités de cultures marines sont réputées agricoles. Les cessions de gré à gré des installations, matériels et produits dépendant d'une exploitation de cultures marines **en contrepartie de l'indemnité de substitution** telle que fixée par la commission des cultures marines sont enregistrées gratuitement en application de l'article 732 du CGI (BOI-ENR-DMTOM-50-20 n° 80).

AMÉLIORATIONS DU FONDS RÉSULTANT DE PRATIQUES CULTURALES

20430 Il s'agit des améliorations définies n° 13225.
Les contrats constatant le versement d'**indemnités représentatives d'améliorations culturales** constituent de simples cessions de droits mobiliers enregistrées gratuitement en application de l'article 732 du CGI (BOI-ENR-DMTOM-50-20 n° 80). Il en est ainsi dans tous les cas, sans distinguer selon que la cession intervient entre fermiers sortant et entrant ou entre propriétaire cessant d'exploiter et fermier entrant.

RACHAT D'UN FONDS AGRICOLE PAR LES SALARIÉS OU PAR LA FAMILLE

20437 La cession en pleine propriété de fonds agricoles ou de clientèles d'une entreprise individuelle ou de titres représentatifs de ce fonds ou de la clientèle ouvre droit à un **abattement** de 500 000 € sur la valeur du fonds pour le calcul des droits d'enregistrement. Cet abattement ne peut s'appliquer qu'une seule fois entre un même cédant et un même acquéreur (CGI art. 732 ter modifié par loi 2023-1322 du 29-12-2023 art. 22 applicable aux rachats effectués depuis le 1-1-2024 ; les rachats réalisés jusqu'au 31-12-2023 bénéficiaient d'un abattement de 300 000 €).
L'application de cet abattement est subordonnée aux **conditions** suivantes :
a. L'entreprise ou la société exerce notamment une activité agricole (à l'exception de la gestion de son propre patrimoine mobilier ou immobilier).
b. La vente est consentie :
– soit au titulaire d'un contrat de travail à durée indéterminée depuis au moins deux ans qui exerce ses fonctions à temps plein ou d'un contrat d'apprentissage en cours au jour de la cession, conclu avec l'entreprise dont le fonds (ou la clientèle) est cédé ou avec la société dont les parts ou actions sont cédées ;
– soit au conjoint du cédant, à son partenaire de Pacs, à ses ascendants ou descendants en ligne directe ou à ses frères et sœurs.
c. Lorsque la vente porte sur des fonds ou clientèles ou parts ou actions acquis à titre onéreux, le vendeur doit les détenir depuis plus de deux ans.
d. Les acquéreurs poursuivent à titre d'activité professionnelle unique et de manière effective et continue, pendant cinq ans à compter de la vente, l'exploitation du fonds ou l'activité de la société. L'un d'eux assure, pendant la même période, la direction effective de l'entreprise.
Le régime de l'article 732 ter du CGI étant plus restrictif que le dispositif prévu à l'article 732 du même Code (voir n° 20420), il devrait donc **en pratique** rarement trouver à s'appliquer.

> **Précisions a.** La **liquidation judiciaire** de l'entreprise au cours des cinq années suivant la vente n'entraîne pas la remise en cause du régime de faveur (CGI art. 732 ter).
> **b.** Le **fonds agricole comprend** notamment les éléments énumérés au dernier alinéa de l'article L 311-3 du Code rural et de la pêche maritime, à savoir le cheptel mort et vif, les stocks et, s'ils sont cessibles, les contrats et les droits incorporels servant à l'exploitation du

fonds, ainsi que l'enseigne, les dénominations, la clientèle, les brevets et autres droits de propriété industrielle qui y sont attachés (BOI-ENR-DMTOM-10-20-20 n° 130).

CONVENTIONS DE SUCCESSEUR

Toute convention à titre onéreux ayant pour effet de permettre à une personne d'exercer une profession, une fonction ou un emploi occupé par un précédent titulaire est soumise en principe au régime des cessions de fonds de commerce, même si elle ne s'accompagne pas d'une cession de clientèle (CGI art. 720). Toutefois, l'application de ce régime est subordonnée notamment à la condition que l'opération n'entre pas dans les prévisions d'une autre disposition fiscale. Or, les **conventions** portant sur les éléments d'une **exploitation dont l'objet est exclusivement agricole** relèvent de l'article 732 du CGI (voir n° 20420). Par conséquent, ces mutations ne relèvent pas des règles applicables aux conventions de successeur (BOI-ENR-DMTOM-10-10-30 n° 380). 20440

> **Précisions a.** La cession d'une **clientèle** résultant du développement d'une **activité commerciale** ou assimilable, distincte de l'activité agricole est taxable selon les règles applicables aux cessions de fonds de commerce.
> **b.** L'article 720 du CGI n'est pas applicable à un **groupement agricole qui achète des matériels et des bâtiments à une coopérative agricole**, dont il se retire lorsque celle-ci cesse son activité, en vue de substituer une exploitation directe à une exploitation coopérative, le groupement n'étant pas dans ce cas le successeur de la coopérative au sens du texte (Cass. com. 5-3-1991 n° 89-19.836 P : RJF 5/91 n° 698 ; BOI précité).

SOLUTIONS DIVERSES

La cession de **droits de replantation de vignes** à titre onéreux ne peut donner ouverture, en principe, qu'au droit fixe de 125 €, sauf si ces droits sont attachés à un fonds agricole cédé concomitamment et bénéficiant de l'enregistrement gratuit prévu à l'article 732 du CGI. 20445

Les cessions de **certificats d'obtention végétale** ainsi que les concessions de droits d'exploitation sont régies par les règles de droit commun de ventes de meubles, sauf si ces cessions sont réalisées dans le cadre de la cession d'un fonds agricole régie par l'article 732 du CGI. 20450

SECTION 2

PLUS-VALUES IMMOBILIÈRES PRIVÉES

TYPOLOGIE DES PLUS-VALUES IMMOBILIÈRES

Lorsqu'un exploitant agricole cède des immeubles bâtis ou non bâtis, le profit en résultant peut être soumis à l'impôt sur le revenu à des titres divers. 20600

a. S'il s'agit d'un **immeuble faisant partie de l'exploitation**, le profit relève du régime des plus-values professionnelles.

b. S'il s'agit d'un bien que l'exploitant a conservé dans son **patrimoine privé** ou de la cession d'immeubles par un **propriétaire foncier non exploitant**, le profit réalisé relève du régime des plus-values des particuliers.

C'est ce second régime que nous étudions ici.

La plus-value est taxée immédiatement lors de la mutation au **taux global** de 36,2 % (19 % au titre de l'impôt sur le revenu et 17,2 % au titre des prélèvements sociaux). En principe, le notaire est chargé de l'établissement de la **déclaration** de la plus-value et du **paiement** de l'impôt pour le compte du vendeur lors de la publicité foncière. Ainsi, il acquitte, lors d'une même formalité, les droits d'enregistrement dus par l'acquéreur et l'impôt sur le revenu afférent à la plus-value immobilière dû par le vendeur. L'impôt est ainsi précompté sur le prix versé par l'acquéreur. 20605

En plus de la taxation des plus-values, des **taxes spéciales** peuvent s'appliquer aux plus-values d'un montant supérieur à 50 000 € (n° 21430) et aux ventes de terrains nus devenus constructibles (n°s 21750 s.).

> **Précisions a.** Lorsqu'ils présentent un caractère occasionnel, les profits résultant de la **vente d'un immeuble que le cédant a construit ou fait construire** relèvent du régime des

plus-values des particuliers (nº 21210). S'il s'agit d'opérations de construction habituelles et spéculatives, les profits en résultant sont imposés au titre des BIC.

b. Les profits retirés de la **vente d'un terrain divisé en lots** n'ayant pas été acquis à cet effet relèvent également du régime des particuliers. Dans le cas contraire, le profit relève de la catégorie des BIC.

A. Champ d'application des plus-values immobilières privées

PERSONNES IMPOSABLES

20680 Sont imposables les plus-values réalisées par les **personnes physiques** ou par les **sociétés de personnes** relevant de l'impôt sur le revenu (CGI art. 150 U).

En sont donc **exclues** les personnes morales et **sociétés passibles de l'impôt sur les sociétés** en vertu de l'article 206 du CGI. Il en est de même des **entreprises** et sociétés de personnes exerçant une activité professionnelle (notamment agricole) et dont les plus-values relèvent en principe du régime des plus-values professionnelles.

> **Précisions** En pratique, les sociétés de personnes concernées par le régime des plus-values privées sont essentiellement les **sociétés civiles** non passibles de l'IS qui sont amenées occasionnellement à vendre les immeubles qu'elles louent ou dont elles réservent la jouissance à leurs associés. La plus-value globale est déterminée au niveau de la société (c'est-à-dire en fonction de la date et du prix d'acquisition ou d'apport et de vente du bien par la société), mais elle est imposable au nom de chaque associé pour la quote-part correspondant à ses droits sociaux.
>
> Cette situation ne doit pas être confondue avec celle d'un **associé qui cède lui-même les parts** d'une société à prépondérance immobilière (nº 20710).

OPÉRATIONS IMPOSABLES

20690 Seules sont imposables, sous réserve des exonérations en vigueur, les plus-values réalisées à l'occasion d'une cession à titre onéreux. Il s'agit donc :

– des **ventes** quels qu'en soient la forme, le caractère et les modalités de paiement du prix (qui peut consister notamment en une rente viagère) ;

– des **échanges** même sans soulte (à l'exception de certains remembrements) ;

– des **partages** ou licitations de biens indivis, autres que ceux mentionnés nº 20695, dans la limite des soultes ;

– des **apports** en sociétés ;

– des **expropriations**.

> **Précisions a. L'inscription d'un bien à l'actif d'une entreprise** individuelle ne constitue pas une mutation imposable, mais en cas de vente ultérieure, la valeur d'inscription est retenue pour le calcul de la plus-value « privée » (nºs 10480 s.).
>
> **b.** Les **mutations à titre gratuit** (donations ou successions) ne génèrent pas de plus-value imposable.
>
> **c.** L'administration considère que l'**attribution d'un bien propre en paiement d'une prestation compensatoire** en capital constitue, pour l'ex-époux débiteur, une cession à titre onéreux imposable (BOI-RFPI-PVI-10-30 nº 20). Corrélativement, en cas de cession ultérieure du bien, la plus-value réalisée par l'attributaire est déterminée à partir de la date et de la valeur vénale du bien au jour de l'attribution.

20695 **Partages non imposables** Ne constituent pas des mutations à titre onéreux dans la limite des soultes les partages de biens reçus par **succession**, de biens acquis par des **époux** (quel que soit leur régime matrimonial) avant ou pendant le mariage ou acquis par des partenaires d'un **Pacs** avant ou pendant le pacte. Ces partages ne sont pas imposables dès lors qu'ils interviennent entre les membres originaires de l'indivision, leur conjoint, des ascendants, des descendants ou des ayants droit à titre universel de l'un ou plusieurs d'entre eux. Il en est de même des partages de biens indivis issus d'une **donation-partage** (CGI art. 150 U, IV) et des partages provenant d'une indivision entre **concubins** (BOI-RFPI-PVI-10-40-100 nº 40).

BIENS IMPOSABLES

20700 Ce sont les biens ou droits de toute nature susceptibles de transmission à titre onéreux, sans distinguer selon qu'ils ont été achetés ou reçus en héritage (ou par donation).

Il s'agit de l'ensemble des **immeubles bâtis ou non bâtis**, quelles que soient leur affectation ou leur destination (constructions ou terrains), des **droits immobiliers** (usufruit, nue-propriété, servitudes, bail emphytéotique) ainsi que des **titres de** certaines **sociétés**.

> **Précisions** Conformément aux dispositions de l'article 13, 5 du CGI, les produits de la **première cession à titre onéreux d'un usufruit temporaire** par un cédant assujetti à l'impôt sur le revenu (personne physique, société relevant du régime des sociétés de personnes) ne sont pas soumises au régime d'imposition des plus-values privées mais relèvent de la catégorie de revenus à laquelle se rattache, au jour de la cession, le bénéfice ou revenu procuré ou susceptible d'être procuré par le bien ou le droit sur lequel porte l'usufruit temporaire cédé. S'agissant des **immeubles**, les revenus relèvent donc des revenus fonciers. Ces règles s'appliquent non seulement en cas de cession isolée de l'usufruit temporaire d'un bien dont le cédant conserve la nue-propriété mais aussi, selon l'administration, en cas de cession concomitante de l'usufruit et de la nue-propriété à deux personnes différentes (BOI-IR-BASE-10-10-30 n° 90). Cette position est confirmée par les juges (CAA Marseille 18-2-2021 n° 19MA03657 : RJF 7/21 n° 685).

Titres de sociétés immobilières

Sociétés transparentes. Compte tenu du principe général énoncé par l'article 1655 ter du CGI, les cessions d'actions ou de parts de sociétés immobilières transparentes sont assimilées à la vente des locaux représentés par ces titres et suivent donc en tous points le régime d'imposition des plus-values d'immeubles (et non pas celui des valeurs mobilières) ; ainsi, en cas de cession de titres représentatifs de **locaux bénéficiant d'une exonération** (résidence principale notamment), la plus-value correspondante échappe à l'imposition dans les mêmes conditions que si les locaux eux-mêmes étaient vendus. 20705

Lorsque la plus-value est **imposable**, elle est calculée en fonction de la date et du prix d'acquisition des titres cédés.

Sociétés dites « à prépondérance immobilière ». Les plus-values de cession de titres des **sociétés non soumises à l'impôt sur les sociétés** dont l'actif est principalement constitué d'immeubles relèvent exclusivement du régime d'imposition prévu pour les immeubles (CGI art. 150 UB). Sont ainsi concernées les cessions de parts de sociétés de personnes ou de sociétés civiles à la condition qu'elles ne soient pas soumises à l'impôt sur les sociétés. 20710

Les seules **exonérations** applicables aux cessions de titres de sociétés à prépondérance immobilière sont :

– l'exonération des titres détenus par des associés occupant l'immeuble social à titre de résidence principale. Seule la fraction de la plus-value déterminée en fonction de la valeur du logement occupé par l'associé par rapport à la valeur globale de l'actif social est exonérée ;

– l'exonération tenant à la durée de détention des titres, par le jeu de l'abattement pour durée de détention visé n° 21102.

Les autres exonérations prévues à l'égard des cessions d'immeubles ne sont pas applicables aux cessions de titres.

> **Précisions a.** Sont considérées comme étant à **prépondérance immobilière** les sociétés dont l'actif est, à la clôture de chacun des trois exercices qui précèdent la cession, constitué pour plus de 50 % de sa valeur réelle d'immeubles bâtis ou non bâtis (ou de droits portant sur ces biens). Si la société dont les titres sont cédés n'a pas encore clos son troisième exercice, la composition de l'actif est appréciée à la clôture du ou des seuls exercices clos ou, à défaut, à la date de la cession.
>
> Les **immeubles affectés par la société à sa propre exploitation** ne doivent pas être pris en compte pour l'appréciation du pourcentage de 50 %.
>
> Ce régime ne concerne donc les **sociétés agricoles** que dans l'hypothèse où elles n'exploitent pas elles-mêmes des terres figurant à leur actif ; tel est le cas en général des **GFA**.
>
> **b.** Lorsque la cession porte sur des titres de sociétés ou groupements qui détiennent des **peuplements forestiers**, l'impôt est diminué d'un abattement (voir n° 21435).
>
> **c.** L'impôt afférent à la plus-value (impôt sur le revenu et prélèvements sociaux) est **déclaré** sur l'imprimé n° 2048 M et **payé** au service des impôts des entreprises compétent dans le mois de la cession. Aucune déclaration n'est à souscrire en l'absence de plus-value imposable.
>
> **d.** En cas de **cession en bloc**, à un ou plusieurs acquéreurs, de tout ou partie **des parts d'une même société à prépondérance immobilière**, les moins-values constatées sur certaines parts, réduites de l'abattement pour durée de détention au-delà de la cinquième année, s'imputent sur les plus-values réalisées sur les autres parts (BOI-RFPI-SPI-20 n° 90).

B. Exonérations

20800 Le champ d'application de l'imposition des plus-values immobilières se trouve réduit par un certain nombre d'exonérations qui tantôt sont liées à la nature des biens cédés ou des opérations réalisées et tantôt se réfèrent à la qualité du cédant.
En ce qui concerne l'exonération applicable aux plus-values réalisées lors des **expropriations** effectuées à la suite d'une déclaration d'utilité publique, voir n° 21730.

EXONÉRATION DES BIENS IMMOBILIERS POUR DURÉE DE DÉTENTION

20840 La plus-value résultant de la vente d'un bien échappe à l'impôt sur le revenu et aux prélèvements sociaux s'il est détenu depuis plus de 30 ans (**exonération totale**). Entre 23 et 30 ans de détention, la plus-value échappe à l'impôt sur le revenu mais pas aux prélèvements sociaux (**exonération partielle**). L'exonération totale est donc acquise à partir de la trente et unième année de détention. L'exonération partielle (soumission aux prélèvements sociaux) est acquise à partir de la vingt-troisième année. Cette exonération résulte de l'application de l'**abattement** pour durée de détention examiné n° 21102.

OPÉRATIONS D'AMÉNAGEMENTS FONCIERS ET OPÉRATIONS ASSIMILÉES

20860 Ne constituent pas des opérations imposables les opérations d'aménagements fonciers et les opérations assimilées **(échanges amiables, individuels ou collectifs)** effectuées conformément à la réglementation (CGI art. 150 U, II-5°).
Les plus-values réalisées dans le cadre d'opérations d'aménagements fonciers non conformes à la réglementation sont calculées compte tenu de la date de l'opération (ou de l'échange) et la valeur du bien reçu à cette occasion.
L'exonération de la plus-value n'est pas définitive puisque, en cas de **revente du bien** remembré ou échangé, la plus-value réalisée à cette occasion est calculée en considérant fictivement que l'immeuble cédé a été acquis au même prix (ou pour la même valeur vénale), à la même date et selon le même mode que l'immeuble qui avait été apporté en échange au remembrement.

EXEMPLE

Un immeuble A acquis le 1er mars de l'année N pour un prix de 30 000 € est échangé dans le cadre d'un remembrement réalisé le 3 septembre de l'année N + 5 contre un immeuble B évalué à 33 000 €. Lors de la cession de l'immeuble B réalisée le 15 octobre de l'année N + 10, la plus-value sera calculée à partir d'un prix d'acquisition de 30 000 €. Mais compte tenu de l'abattement pour durée de détention, la plus-value sera diminuée de 30 % pour le calcul de l'impôt sur le revenu et de 8,25 % pour celui des prélèvements sociaux.

20865 **Opérations d'aménagements fonciers** Ces opérations qui, sur le plan juridique, s'analysent en des échanges de parcelles effectués directement entre propriétaires doivent être réalisées conformément aux dispositions de l'article L 123-1 du Code rural et de la pêche maritime (voir nos 81750 s.).
Pratiquement, il s'agit d'opérations d'aménagement rendues exécutoires par un arrêté préfectoral, pris sur proposition des commissions communales ou intercommunales d'aménagement foncier.
Les plus-values éventuellement réalisées par chacun des coéchangistes participant à l'opération ne sont donc pas soumises à l'impôt sur le revenu à cette occasion.
La plus-value est considérée comme réalisée à la **date du transfert de propriété** qui est celle du dépôt en mairie du plan définitif de l'opération (C. rur. art. L 123-12).

20870 Conformément à l'article L 123-4 du Code rural et de la pêche maritime, une **soulte en espèces** peut, dans le cadre d'une opération de remembrement, être versée lorsqu'il y a lieu d'indemniser les propriétaires de terrains cédés des « plus-values » transitoires ou permanentes qui s'y trouvent incorporées et qui sont définies par la commission d'aménagement foncier. Généralement, ces « plus-values » s'entendent de la **valeur des arbres fruitiers** (plus-value permanente) ou des **clôtures** (plus-value transitoire) transférés à l'attributaire des terrains.
Le versement de ces soultes ne constitue pas une opération imposable.

ATTENTION

Cette disposition est strictement limitée aux soultes pour lesquelles elle a été prévue. Ainsi, elle ne saurait être étendue aux soultes en espèces versées par les collectivités à un propriétaire participant au remembrement lorsque, en raison de la **création des aires nécessaires aux ouvrages collectifs communaux**, des terrains ne peuvent lui être réattribués. Si d'ailleurs l'exonération était appliquée en pareil cas, ce serait une exonération définitive, contraire au texte de la loi, puisqu'il n'y a pas de terrains à revendre (BOI-RFPI-PVI-10-40-60 n° 320).

Échanges Bénéficient également de l'exonération les échanges d'**immeubles ruraux** amiables individuels ou multilatéraux qui sont réalisés conformément aux articles L 124-1 et suivants du Code rural et de la pêche maritime (voir n° 19495). 20875

Remembrement spécial en cas d'expropriation Lorsque les expropriations en vue de la **réalisation de grands ouvrages publics** sont susceptibles de compromettre la structure des exploitations dans une zone déterminée, obligation est faite au maître de l'ouvrage, dans l'acte déclaratif d'utilité publique, de remédier aux dommages causés en participant financièrement à l'exécution d'opérations de remembrement et aux travaux connexes (C. rur. art. L 123-24). 20885
La même obligation peut être imposée au maître de l'ouvrage en cas de **création de zones** industrielles ou à urbaniser, d'**autoroutes ou de réserves foncières**.
Les plus-values réalisées à l'occasion des opérations de remembrement intervenant sur les biens compris dans le périmètre de remembrement sont exonérées.

ATTENTION

Les plus-values consécutives à la cession ou à l'expropriation de l'emprise des ouvrages ou des terrains nécessaires à la **création de zones industrielles ou à urbaniser** ou de réserves de remembrement – qui sont exclus du périmètre de remembrement – ne peuvent pas bénéficier de cette exonération (BOI-RFPI-PVI-10-40-60 n° 330).

Remembrements urbains Sont également exonérés les remembrements de parcelles en milieu urbain lorsqu'ils sont réalisés par l'intermédiaire soit d'**associations foncières urbaines** régies par les articles L 322-1 à L 322-10 du Code de l'urbanisme, soit d'**associations syndicales urbaines** constituées conformément aux dispositions de l'ordonnance 58-1445 du 31 décembre 1958. Il en est de même des opérations de remembrement ayant fait l'objet d'une autorisation préfectorale donnée dans les formes prévues par la réglementation applicable en matière de **lotissement** (C. urb. art. R 442-1 s.). 20890
Les opérations de remembrement urbain qui sont effectuées en dehors de ces schémas juridiques, notamment sous le couvert d'associations autres que celles définies ci-dessus, ne peuvent bénéficier de ces dispositions (BOI-RFPI-PVI-10-40-60 n° 260).

RÉSIDENCES PRINCIPALES

Quel que soit le type de logement (maison individuelle, appartement), la plus-value réalisée lors de la cession d'une résidence principale est exonérée. Pour l'application de cette exonération sont considérés comme résidences principales les immeubles (ou parties d'immeubles) constituant la **résidence habituelle et effective** du propriétaire au jour de la cession (CGI art. 150 U, II-1°). 20900

ATTENTION

L'immeuble doit constituer la résidence habituelle du propriétaire lui-même. N'ouvrent donc pas droit à l'exonération les **immeubles donnés en location** et les immeubles **occupés gratuitement** par des membres de la famille du propriétaire ou des tiers (BOI-RFPI-PVI-10-40-10 n° 180).

Pour les immeubles à **usage mixte** d'habitation et professionnel, l'exonération est limitée à la fraction de la plus-value se rapportant à la partie d'habitation.
L'exonération s'applique quels que soient les motifs de la cession, le montant de la plus-value et l'affectation future du bien cédé, y compris si l'**immeuble** est **destiné à être démoli** en vue de l'édification de nouvelles constructions.
Lorsque la cession porte sur un immeuble dont la **nue-propriété** et l'**usufruit** appartiennent à des personnes différentes et que le logement constitue la résidence principale du seul usufruitier, seule la quote-part de plus-value correspondant aux droits de l'usufruitier peut bénéficier de l'exonération (BOI-RFPI-PVI-10-40-10 n° 100).

> **Précisions a.** Un **immeuble vacant au moment de la vente**, mais qui a été occupé comme résidence principale jusqu'à sa mise en vente, ouvre droit à l'exonération si la cession intervient dans un **délai normal de vente**. Celui-ci s'apprécie en fonction des diligences accomplies par le cédant pour vendre au plus vite compte tenu des motifs de la cession, des caractéristiques de l'immeuble et du contexte économique et réglementaire local (CE 7-5-2014 n° 356328 : RJF 8-9/14 n° 805). Dans un contexte économique normal, un délai d'un an constitue en principe le délai maximal (BOI-RFPI-PVI-10-40-10 n° 190).
b. Un logement rendu inhabitable à la suite d'un **sinistre** conserve sa qualité de résidence principale éligible à l'exonération lorsque le cédant a accompli les diligences nécessaires en vue, d'une part, de faire reconstruire l'immeuble dans les meilleurs délais et, d'autre part, de mener à bien sa cession dès l'achèvement des travaux (BOI précité n° 195).

c. En cas de cession par des **conjoints**, des partenaires d'un **Pacs ou** des **concubins** divorcés ou séparés du logement qui constituait leur résidence principale au moment de la séparation, chacun des ex-conjoints, partenaires ou concubins bénéficie de l'exonération sur sa part de plus-value dès lors que l'un d'eux a occupé l'immeuble jusqu'à sa mise en vente (BOI précité n°s 250 s.).

d. L'exonération s'applique aux **immeubles en construction** cédés par des époux en instance de divorce, des partenaires qui rompent un Pacs ou des concubins qui se séparent dès lors que l'immeuble était destiné à leur résidence principale et qu'ils n'étaient pas propriétaires du logement occupé pendant la construction (BOI précité n°s 230 s.). Elle s'applique sous les mêmes conditions aux immeubles en construction cédés à la suite d'une mutation professionnelle, du décès du conjoint, partenaire ou concubin ou pour cause d'invalidité du cédant ou de son conjoint, partenaire ou concubin (BOI précité n°s 300 s.).

e. La plus-value réalisée lors de la vente d'un terrain sur lequel est implanté un **mobile home** constituant la résidence principale du vendeur n'ouvre pas droit au bénéfice de l'exonération prévue à l'article 150 U, II-1° du CGI, un tel logement ne constituant pas en principe un immeuble (CAA Paris 31-3-2016 n° 14PA02634 : RJF 8-9/16 n° 714). Mais une habitation mobile attachée à perpétuelle demeure au terrain cédé ne devrait pas être exclue de l'exonération.

20905 **Dépendances** Les dépendances immédiates et nécessaires de la résidence principale bénéficient de l'exonération lorsqu'elles sont vendues en même temps qu'elle (CGI art. 150 U, II-3°). L'exonération est également applicable lorsque la maison et les dépendances, mises en vente simultanément, sont vendues à des acquéreurs distincts sous réserve que les cessions interviennent dans un délai normal (sur cette dernière notion, voir n° 20900, Précisions, a) (BOI-RFPI-PVI-10-40-10 n° 390).

Quelle est la **définition** des dépendances exonérées ? Ce sont les bâtiments annexes tels que les garages (situés, en principe, à moins d'un kilomètre), les aires de stationnement, les passages, les cours, les chambres de service (situées dans le même immeuble), mais aussi le terrain entourant la construction quelle que soit sa superficie (sauf quand il est vendu comme terrain à bâtir).

La plus-value réalisée lors de la vente d'un **terrain à bâtir** même réalisée en même temps que celle de la résidence principale est imposable (BOI-RFPI-PVI-10-40-10 n° 350).

ATTENTION

La partie du terrain acquise en vue d'y édifier des constructions susceptibles d'entrer dans le champ d'application de la **TVA** est imposable même si la vente du terrain n'a pas été assujettie à la TVA (CE 8-4-2022 n° 447694 : RJF 6/22 n° 550).

LOGEMENTS AUTRES QUE LES RÉSIDENCES PRINCIPALES

20910 La plus-value réalisée lors de la **première vente** d'un logement autre que la résidence principale est exonérée à condition (CGI art. 150 U, II-1° bis) :

– que le vendeur n'ait **pas été propriétaire de sa résidence principale**, directement ou par personne interposée, au cours des quatre années précédant la vente ;

– qu'il **réinvestisse le prix de vente** dans l'achat ou la construction d'un logement destiné à constituer son habitation principale. L'affectation du logement à la résidence principale doit être réalisée dans les deux ans de la vente ; il est toutefois admis qu'elle intervienne dans l'année qui suit l'acquisition du logement lorsque des travaux sont réalisés. Si une partie seulement du prix de cession est réinvestie, l'exonération est limitée à cette fraction du prix ; le surplus est imposé dans les conditions de droit commun (BOI-RFPI-PVI-10-40-30 n° 340). Le prix de cession peut également servir au remboursement de l'emprunt contracté pour l'achat du logement cédé, l'achat de la résidence étant financé par un nouvel emprunt (Rép. Fromantin : AN 11-6-2013 n° 20830).

L'exonération bénéficie aux **dépendances**.

L'exonération n'est pas automatique : le vendeur doit la **demander**. La demande résulte d'une mention dans l'acte de vente. Celui-ci doit indiquer l'identité du bénéficiaire de l'exonération, ses droits sur le prix de cession, la fraction destinée au remploi, le montant de la plus-value exonérée (CGI ann. III art. 41 duovicies-0 H). Les **juges du fond** ont une **lecture contradictoire** de ces dispositions : certains refusent la restitution de l'impôt dès lors que les mentions dans l'acte font défaut (CAA Douai 23-4-2019 n° 17DA01449 : RJF 8-9/19 n° 795 ; CAA Paris 22-9-2021 n° 19PA04162 : BPIM 6/21 inf. 415) tandis que d'autres décisions ont reconnu au contribuable ayant remployé le prix de cession dans l'acquisition de sa résidence principale dans les 24 mois la possibilité de demander, par voie de réclamation, la restitution de l'impôt (CAA Marseille 3-2-2023 n° 20MA01299 : RJF 5/23 n° 375).

Lorsqu'un couple marié vend un **bien commun**, l'exonération est appréciée distinctement pour chacun des époux. Si l'un d'eux a, antérieurement, déjà bénéficié de l'exonération (par exemple, pour une vente réalisée avant le mariage), seul l'autre époux peut la demander, à hauteur de la moitié de la plus-value résultant de la vente du bien commun (BOI-RFPI-PVI-10-40-30 n° 40). Le fait que l'un des époux détienne ou ait détenu comme **bien propre**, au cours des quatre années précédant la cession, la résidence principale du couple n'est pas de nature à priver l'autre époux du bénéfice de l'exonération (BOI précité).

> **Précisions a.** L'exonération s'applique uniquement à la **première cession**, soit une seule fois pour un même contribuable. Seules les **ventes réalisées depuis le 1er février 2012** sont prises en compte. Ceci étant, le vendeur peut en bénéficier même si depuis cette date il a déjà vendu un ou plusieurs logements qui n'ont pas ouvert droit à l'exonération (faute d'en remplir les conditions ou d'en avoir fait la demande).
> **b.** L'**acquisition** de la résidence principale **avant la vente du logement** (au moyen d'un prêt-relais, par exemple) ne fait pas obstacle au bénéfice de l'exonération dès lors que le logement a été mis en vente antérieurement et que la vente effective intervient dans un délai normal (BOI précité n° 70).

VENTE RÉALISÉE PAR UN RETRAITÉ OU UN INVALIDE DE CONDITION MODESTE

Exonération générale Les titulaires d'une pension de retraite ou de réversion ou d'une carte d'invalidité (ou d'une carte mobilité-inclusion (CMI) mention « invalidité ») bénéficient d'une **exonération générale** des plus-values qu'ils réalisent si leur revenu fiscal de référence ne dépasse pas un certain seuil et s'ils ne sont pas passibles de l'impôt sur la fortune immobilière au titre de l'avant-dernière année. Pour les ventes réalisées en 2024, le seuil de revenus est fixé à 11 885 € pour la première part de quotient familial, montant majoré de 3 174 € pour chaque demi-part supplémentaire (pour les cessions réalisées en 2025, ces seuils sont respectivement de 12 455 € et 3 326 €). 20935

> **Précisions a.** L'exonération s'applique même si c'est le **conjoint** du vendeur qui est titulaire de la pension de retraite ou de la carte d'invalidité (ou CMI-invalidité) (BOI-RFPI-PVI-10-40-90 n° 40).
> Le conjoint survivant qui perçoit une **pension de réversion** peut également bénéficier de l'exonération (BOI précité n° 50).
> **b.** Lorsque le **cédant** est un **handicapé rattaché au foyer fiscal de ses parents**, l'administration admet que seuls ses revenus soient pris en compte pour apprécier la condition relative au niveau du revenu fiscal de référence (BOI précité n° 140).

Exonération de l'ancienne résidence principale La plus-value réalisée par les **personnes âgées hébergées en maison de retraite** (Ehpa, Ehpad, logement foyer, petite unité de vie ou unité pour personnes désorientées) ou les personnes adultes **handicapées** placées en foyer d'accueil (foyer de vie, foyer d'accueil médicalisé ou maison d'accueil spécialisée) lors de la cession de leur ancienne résidence principale est exonérée à condition que (CGI art. 150 U, II-1° ter) : 20937

– au titre de l'avant-dernière année précédant celle de la cession, le cédant ne soit pas passible de l'IFI et que son revenu fiscal de référence ne dépasse pas un seuil fixé, pour les cessions réalisées en 2024, à 27 947 € pour la première part de quotient familial majoré de 6 530 € pour la première demi-part et de 5 140 € pour chaque demi-part supplémentaire (pour les cessions réalisées en 2025, ces seuils sont respectivement de 29 288 €, 6 843 € et 5 387 €) ;
– le logement soit resté inoccupé depuis l'entrée de son propriétaire dans l'établissement ;
– la vente intervienne moins de deux ans après l'entrée dans l'établissement.

Les personnes adultes handicapées placées en foyer d'accueil bénéficient de l'exonération sous les mêmes conditions (BOI-RFPI-PVI-10-40-20 n° 130).

En pratique, ce dispositif spécifique n'a d'intérêt que si l'exonération générale de la résidence principale ne peut pas jouer.

> **Précisions** Le point de départ du délai de deux ans correspond à la date à laquelle le vendeur est entré dans un établissement spécialisé, même si le logement vendu n'était plus occupé par lui à titre de résidence principale à cette date, par exemple s'il a été **hébergé chez des proches** dans l'intervalle (BOI précité n° 220).

VENTES N'EXCÉDANT PAS 15 000 €

20940 Les plus-values résultant de cessions dont le montant est inférieur ou égal à 15 000 € sont exonérées (CGI art. 150 U, II-6°). Le seuil de 15 000 € s'apprécie opération par opération et non annuellement.

En cas de cession isolée de l'**usufruit** ou de la **nue-propriété**, ce seuil s'apprécie par rapport à la valeur en pleine propriété de l'immeuble.

En cas de cession d'un bien détenu en **indivision**, le seuil de 15 000 € s'apprécie au regard de chaque quote-part indivise. Il en est de même en cas de cession d'un bien acquis en **tontine** (BOI-RFPI-PVI-10-40-70 n° 90).

En cas de cession d'un **droit démembré détenu en indivision**, le seuil s'apprécie au regard de chaque quote-part indivise en pleine propriété.

> **Précisions a.** En cas de cession par des **époux** même communs en biens, le seuil s'apprécie au regard de la quote-part de chaque époux (BOI précité n° 100).
> **b.** En cas de **cession de plusieurs parcelles** ou lots à un **même acquéreur**, le seuil s'apprécie en tenant compte du prix de chaque transaction réalisée, indépendamment du nombre de biens ou lots vendus à l'occasion de cette transaction, sans qu'il y ait lieu de diviser le prix global de cession par le nombre de lots vendus (CE 15-11-2019 n° 421337 : RJF 2/20 n° 137). Toutefois, en cas de cession de plusieurs **parcelles non adjacentes**, le seuil s'apprécie parcelle par parcelle (BOI précité n° 80).

CESSION D'UN DROIT DE SURÉLÉVATION

20945 La plus-value réalisée au titre de la cession **jusqu'au 31 décembre 2024** d'un droit de surélévation est exonérée à condition que l'acquéreur s'engage à créer et à achever exclusivement des locaux destinés à l'habitation dans un délai de quatre ans calculé de date à date à compter de l'acquisition (CGI art. 150 U, II-9° modifié par loi 2022-1726 du 30-12-2022 art. 7).

La mention du bénéfice de l'exonération dans l'acte authentique constatant le transfert de propriété vaut engagement de l'acheteur (BOI-RFPI-PVI-10-40-40 n° 110).

La réalisation d'un local d'habitation s'entend de la création d'un logement neuf au sens des dispositions du Code de la construction et de l'habitation. Il peut s'agir d'une unité d'habitation distincte des locaux existants ou de l'agrandissement par adjonction de pièces supplémentaires à un logement existant. L'exonération ne s'applique pas lorsque les locaux réalisés sont des locaux à usage mixte (BOI précité n° 90).

ATTENTION

En cas de **manquement à son engagement**, l'exonération n'est pas remise en cause mais l'acquéreur est redevable d'une amende d'un montant égal à 25 % de la valeur de cession du droit de surélévation sauf notamment en cas de licenciement, d'invalidité, de décès du contribuable ou de l'un des époux soumis à imposition commune, ou de circonstances exceptionnelles indépendantes de sa volonté (force majeure, etc.).

IMMEUBLE DESTINÉ AU LOGEMENT SOCIAL OU INTERMÉDIAIRE

20950 Sont exonérées les plus-values réalisées **jusqu'au 31 décembre 2025** (CGI art. 150 U, II-7° modifié par loi 2023-1322 du 29-12-2023 art. 9, I-A-1°, applicable aux cessions réalisées depuis le 1-1-2024) lors de la **cession** d'immeubles **à un organisme chargé du logement social** (organisme HLM, société d'économie mixte gérant des logements sociaux, Association foncière logement, SCI dont cette association détient la majorité des parts pour les logements visés à l'article L 831-1, 4° du CCH, organisme bénéficiant de l'agrément relatif à la maîtrise d'ouvrage prévu à l'article L 365-2 du CCH et organisme de foncier solidaire) ou **à tout autre cessionnaire qui s'engage** personnellement, dans un délai respectivement de dix ans et de quatre ans à compter de la date d'acquisition, par une mention portée dans l'acte d'acquisition :

– **à la construction**, le cas échéant à la démolition des constructions existantes suivie d'une reconstruction, ou à la réhabilitation des constructions existantes et à l'achèvement d'un ou plusieurs bâtiments d'habitation collectifs dont le gabarit est au moins égal à 75 % du gabarit maximal autorisé en application du plan local d'urbanisme ou d'un document en tenant lieu ;

– et à l'**affectation**, dès leur achèvement, d'un prorata de la surface habitable des logements ainsi réalisés ou réhabilités **à du logement social** visé à l'article L 831-1, 3°, 5° et 6° du CCH, du logement faisant l'objet d'un **bail réel solidaire** ou, si les logements sont situés pour tout ou partie de leur surface en **zones A, A bis ou B1**, à du **logement intermédiaire**. Lorsque les immeubles sont situés dans une commune où le quota de logements sociaux prévu à l'article L 302-5 du CCH n'est pas respecté, le cessionnaire doit également s'engager à ce que la surface de logements sociaux représente au minimum 25 % de la surface totale des constructions du programme immobilier.

L'exonération s'applique au **prorata** de la surface habitable destinée à être affectée à des logements sociaux ou intermédiaires construits ou réhabilités par rapport à la surface totale des constructions du programme immobilier. Lorsque le cessionnaire est un organisme en charge du logement social, l'exonération est totale si ce prorata dépasse 80 %.
En cas de **manquement à son engagement** de réalisation et d'achèvement des logements sociaux, dans la proportion déterminée par rapport à la surface des constructions réalisées, le cessionnaire est redevable d'une amende égale à 10 % du prix d'acquisition mais l'exonération partielle de la plus-value reste acquise au cédant (BOI-RFPI-PVI-10-40-110 n° 290, précision donnée pour l'application du régime antérieur).
L'exonération s'applique également lorsque l'**immeuble** est **vendu à une collectivité territoriale**, à un établissement public de coopération intercommunale (EPCI) ou à un établissement public foncier de l'État (EPF) en vue de sa rétrocession selon les modalités précitées à un organisme chargé du logement social dans le délai d'un an (trois ans en cas de rétrocession par un EPF) à compter de son acquisition (CGI art. 150 U, II-8°, modifié par loi 2023-1322 du 29-12-2023 art. 9, I-A-2°, applicable aux cessions réalisées depuis le 1-1-2024). L'organisme doit prendre l'engagement de construire dans l'acte de rétrocession.
En cas de **non-respect de l'engagement de revente** au prorata de la surface de logements sociaux qu'il s'est engagé à faire construire dans le délai d'un an ou, le cas échéant, de trois ans du bien immobilier concerné à un organisme en charge du logement social qui s'engage à construire des logements sociaux, le cessionnaire est redevable de l'impôt sur la plus-value initialement exonérée (BOI-RFPI-PVI-10-40-110 n° 520, précision donnée pour l'application du régime antérieur).

ATTENTION

Ces exonérations ne s'appliquent pas à la création de logements sociaux dans les **quartiers faisant l'objet d'un projet de renouvellement urbain** au titre du NPNRU. Le site d'information géographique de la politique de la ville (sig.ville.gouv.fr) permet de consulter les périmètres des quartiers concernés et de déterminer l'appartenance d'une adresse à l'un de ces quartiers.

En cas de **fusion de sociétés**, l'engagement souscrit par la société absorbée n'est pas rompu lorsque la société absorbante le reprend dans l'acte de fusion. En cas d'**acquisitions successives**, les engagements souscrits par le cessionnaire ne sont pas rompus lorsque le nouvel acquéreur s'engage, dans l'acte d'acquisition, à se substituer au cédant pour le respect des engagements pris par celui-ci dans le délai restant à courir. Lorsque le premier cessionnaire est un organisme en charge du logement social, la reprise des engagements n'est possible que si le nouvel acquéreur est lui-même un organisme chargé du logement social.

C. Détermination de la plus-value

La plus-value, calculée par différence entre le prix de cession et le prix d'acquisition est, pour les cessions portant sur des immeubles détenus depuis plus de cinq ans, réduite d'un abattement pour durée de détention. Certaines plus-values bénéficient, par ailleurs, de manière temporaire, d'un abattement exceptionnel quelle que soit la durée de détention du bien. **21000**
La détermination de la plus-value réalisée à l'occasion de certaines opérations appelle des précisions particulières regroupées n°s 21160 s.
Un exemple chiffré illustrant notamment les modalités de détermination de la plus-value figure n° 21600.

1. ÉLÉMENTS DE CALCUL DE LA PLUS-VALUE

La plus-value imposable est égale à la différence entre le prix de cession et le prix d'acquisition de l'immeuble (CGI art. 150 V). **21005**

PRIX DE CESSION

Le prix de cession s'entend du prix stipulé à l'acte, augmenté des charges en capital et indemnités stipulées au profit du cédant et diminué de certains frais supportés par ce dernier (CGI art. 150 VA). **21010**
Le prix stipulé à l'acte fait foi, même en cas d'**insuffisance d'évaluation**. C'est seulement si une **dissimulation** de prix est établie que le prix porté dans l'acte peut être écarté par l'administration.

21015 **Sommes à ajouter au prix de cession** Le prix de cession est majoré de toutes les charges et indemnités visées à l'article 683, I-al. 2 du CGI, c'est-à-dire toutes les charges en capital, ainsi que toutes les indemnités stipulées au profit du cédant à quelque titre que ce soit (montant des remboursements mis à la charge des acquéreurs, clause d'indexation du prix de cession consentie en contrepartie de la faculté accordée à l'acquéreur de différer le règlement d'une partie du prix, etc.). Ces charges s'entendent de celles que le contrat impose à l'acquéreur à la décharge du vendeur (BOI-RFPI-PVI-20-10-10 n° 40).

> **Précisions a.** Les **indemnités d'assurance** consécutives à un sinistre partiel ou total d'un immeuble ne sont pas prises en compte lors de la revente de l'immeuble sinistré (BOI-RFPI-PVI-20-10-10 n° 50).
> **b.** La **valeur du mobilier** n'est pas prise en compte pour la détermination de la plus-value immobilière imposable à condition que l'existence et la valeur vénale de ces biens soient justifiées (production de factures, inventaire des commissaires-priseurs ou commissaires de justice, etc.) (BOI-RFPI-PVI-20-10-10 n° 10).

21020 **Sommes à déduire du prix de cession** Le prix de cession est réduit sur justificatifs du montant de la **TVA** acquittée et des **frais** suivants supportés par le vendeur à l'occasion de la cession (liste strictement limitative de l'article 41 duovicies H de l'annexe III au CGI) :
– commissions versées à un intermédiaire ou à un mandataire ;
– frais liés aux certifications et diagnostics rendus obligatoires par la législation (amiante, plomb, termites, etc.) ;
– indemnités d'éviction versées au preneur par le propriétaire qui vend le bien loué libre d'occupation ;
– honoraires versés à un architecte à raison des travaux permettant d'obtenir un accord préalable à un permis de construire ;
– frais de mainlevée d'hypothèque.

PRIX D'ACQUISITION

21025 Le prix d'acquisition s'entend du prix effectivement versé par le cédant tel qu'il a été stipulé dans l'acte ou en cas d'acquisition à titre gratuit (succession ou donation) de la valeur retenue pour la liquidation des droits de succession ou de donation (CGI art. 150 VB).
Ce prix est **majoré** des frais d'acquisition et des dépenses limitativement énumérés ci-après (nos 21030 s.). Sauf lorsqu'elles font l'objet d'une prise en compte forfaitaire, ces dépenses doivent être justifiées.

> **Précisions a. Biens acquis à titre gratuit**. Lorsque la succession n'a donné lieu à aucune imposition ou n'était pas imposable en France, la valeur qui figure dans l'attestation immobilière peut être retenue à la condition que celle-ci corresponde à la valeur du bien au jour de la succession.
> Dans le cas d'un immeuble qui constituait la **résidence principale du défunt** et de sa famille et qui a bénéficié de l'abattement de 20 % prévu à l'article 764 bis du CGI (n° 22405), il s'agit de la valeur du bien libre de toute occupation, diminuée de cet abattement. La circonstance que le cédant ait bénéficié d'une exonération ou d'abattements est sans incidence sur la valeur à retenir.
> **b. Biens acquis à titre onéreux**. Les précisions données en ce qui concerne les insuffisances d'évaluation et les dissimulations du prix de cession (n° 21010) sont également valables pour le prix d'acquisition.
> **c.** Aucune **autre dépense** (tels les intérêts d'emprunt notamment) ne peut être prise en compte pour la détermination de la plus-value.
> **d. À défaut de prix stipulé dans l'acte**, le prix d'acquisition s'entend de la valeur vénale réelle à la date d'entrée dans le patrimoine du cédant d'après une déclaration détaillée et estimative des parties.

21030 **Frais d'acquisition** En cas de revente d'un **immeuble acquis à titre onéreux**, le prix d'acquisition est majoré forfaitairement de 7,5 % pour tenir compte des frais, avec possibilité toutefois d'y substituer le montant réel des frais dûment justifiés (droits d'enregistrement, TVA, honoraires du notaire, commissions versées aux intermédiaires, honoraires d'une consultation fiscale, etc.).
Dans l'hypothèse où l'acquisition a supporté la **TVA**, le forfait de 7,5 % est calculé sur le prix TVA incluse lorsque le redevable légal de la TVA était le vendeur ou que la TVA a été mise à la charge de l'acquéreur, et sur le prix hors taxe lorsque le redevable légal de la TVA était l'acquéreur ou que la TVA a été mise à la charge du vendeur (BOI-RFPI-PVI-20-10-20-20 n° 70).

Si la cession porte sur un **immeuble acquis à titre gratuit**, la valeur vénale ne peut être majorée que des droits de succession ou de donation payés et des frais d'acte ou de déclaration (tels que les honoraires de notaire ou les frais de timbre et de publicité foncière y compris ceux relatifs à un partage) afférents à l'immeuble. Les droits de succession ou de donation sont pris en compte à proportion de la fraction de leur valeur représentative des immeubles cédés (CGI ann. III art. 41 duovicies I).

Charges et indemnités Les charges ou indemnités mentionnées n° 21015 viennent majorer le prix d'acquisition. **21035**

Travaux Les dépenses de **construction, reconstruction, agrandissement et amélioration** peuvent être ajoutées au prix d'acquisition pour leur montant réel, **à l'exclusion** : **21040**
– de celles qui présentent le caractère de dépenses locatives : peintures, papiers peints, moquettes, etc. (à moins que ces dépenses ne soient indissociables des travaux de construction, reconstruction, agrandissement ou amélioration : BOI-RFPI-PVI-20-10-20-20 n° 210) ;
– et de celles qui ont déjà été prises en compte pour le calcul de l'impôt sur le revenu (revenu global ou revenus catégoriels) ou qui ont été incluses dans la base d'une réduction ou d'un crédit d'impôt.

Seuls peuvent en principe être retenus les **travaux effectués par une entreprise** depuis l'achèvement de l'immeuble ou son acquisition si elle est postérieure, à l'exclusion des travaux réalisés par le vendeur lui-même. Le contribuable doit en outre être en mesure de justifier de leur montant au moyen des **factures** des entrepreneurs si l'administration lui en fait la demande. Les dépenses d'achat de matériaux réalisées par le contribuable sont exclues même si les travaux d'installation sont confiés à une entreprise (BOI-RFPI-PVI-20-10-20-20 n° 220 ; CE 12-10-2018 n°s 419294 et 421677 : RJF 1/19 n° 41).

Les travaux effectués sur un **immeuble bâti acquis depuis plus de cinq ans** peuvent toutefois être pris en compte, sans justificatif, pour un montant fixé forfaitairement à 15 % du prix d'acquisition. Le **forfait de 15 %** s'applique sans que le cédant ait à établir la réalité des travaux. Le fait que certaines dépenses aient déjà été prises en compte pour l'assiette de l'impôt sur le revenu est également sans incidence (BOI-RFPI-PVI-20-10-20-20 n° 390). En pratique, le vendeur a donc intérêt à demander l'application du forfait dans tous les cas où il ne peut justifier de dépenses réelles supérieures à 15 % du prix d'acquisition.

Attention toutefois, si le cédant ne justifie pas avoir réalisé des travaux dans l'immeuble, le forfait de 15 % est écarté (CE (na) 25-3-2019 n° 422943 : RJF 10/19 n° 919).

› Précisions a. En cas de cession d'un **immeuble donné en location**, les dépenses d'amélioration ayant engendré un **déficit** foncier qui n'a pu être intégralement imputé peuvent être prises en compte, à due concurrence, pour le calcul de la plus-value (BOI précité n° 270). En revanche, les dépenses de travaux exposées au cours d'une année couverte par le **« micro-foncier »**, réputées prises en compte pour l'impôt sur le revenu, sont sans effet sur le prix d'acquisition. Lorsque le logement a été placé sous les régimes d'**amortissement Borloo, Robien, Besson ou Périssol**, le montant des dépenses de reconstruction, d'agrandissement ou d'amélioration effectuées avant la première mise en location du logement et déduites au titre de l'amortissement peut venir en augmentation du prix d'acquisition (BOI précité n° 260). Il en va de même pour les dépenses prises en compte pour le calcul des réductions d'impôt **Scellier** et **Censi-Bouvard** ou la réduction **Demessine** pratiquée au titre de l'acquisition de logements touristiques à réhabiliter (BOI précité n° 265).

b. Les **travaux effectués sur les terrains nus** (drainage notamment) viennent en majoration du prix d'acquisition pour leur montant réel, toutes conditions étant par ailleurs remplies (BOI précité n° 370).

c. Les **frais de démolition** d'un bâtiment vétuste supportés pour vendre l'immeuble comme terrain à bâtir s'ajoutent au prix d'acquisition (BOI précité n° 180). Il en va de même des frais de démolition-reconstruction même si le projet est inachevé lors de la cession (CE 30-6-2016 n° 375547 : RJF 11/16 n° 966).

d. Les **frais de géomètre et de création d'une haie conservée par le vendeur** ne s'ajoutent pas au prix d'acquisition pour le calcul de la plus-value (CAA Douai 2-10-2012 n° 11DA01143 : RJF 2/13 inf. 168).

e. Les dépenses de **recherche et de traitement des cavités souterraines** et des marnières ne majorent pas le prix d'acquisition pour le calcul de la plus-value (Rép. Guégot : AN 21-4-2015 n° 61309).

Frais de voirie, réseaux et distribution Ces frais viennent en augmentation du prix d'acquisition pour le calcul des plus-values sur **terrains à bâtir**. Peut, en particulier, être **21045**

retenu l'ensemble des frais d'aménagement et de viabilisation engagés dans le cadre d'une opération de lotissement qu'ils soient ou non imposés par les collectivités territoriales ou leurs groupements (BOI-RFPI-PVI-20-10-20-20 n° 410).

2. ABATTEMENTS

21100 La plus-value est ensuite réduite, pour les ventes portant sur des immeubles détenus depuis plus de cinq ans, d'un abattement pour durée de détention.
À titre temporaire, des abattements « exceptionnels » s'appliquent sous conditions sur certaines plus-values en fonction de la localisation de l'immeuble cédé.

ABATTEMENT POUR DURÉE DE DÉTENTION

21102 Les plus-values qui se rapportent à des biens détenus depuis plus de cinq ans donnent lieu à un correctif tenant à leur durée de détention (CGI art. 150 VC). Cet abattement pour durée de détention a pour effet de réduire le montant de la plus-value imposable de manière d'autant plus importante que la durée de détention du bien cédé est longue.
Cet abattement s'applique à la plus-value elle-même et non pas au prix d'acquisition du bien.
Le calcul s'effectue par période de 12 mois, en faisant abstraction des fractions d'année, depuis la date d'acquisition (soit en principe la date de l'acte notarié pour les achats et les donations et la date du décès pour les immeubles reçus en héritage) jusqu'à la date de la vente.
Le **taux** et la cadence de l'abattement pour durée de détention diffèrent pour la détermination du montant imposable des plus-values à l'impôt sur le revenu et aux prélèvements sociaux (CGI art. 150 VC, I ; CSS art. L 136-7, VI).
Pour la détermination du **montant imposable à l'impôt sur le revenu**, l'abattement est de :
– 6 % pour chaque année de détention au-delà de la cinquième et jusqu'à la vingt et unième ;
– 4 % au terme de la vingt-deuxième année de détention.
L'exonération d'impôt sur le revenu est ainsi acquise après vingt-deux ans de détention.
Pour la détermination du **montant imposable aux prélèvements sociaux**, l'abattement est de :
– 1,65 % pour chaque année de détention au-delà de la cinquième et jusqu'à la vingt et unième ;
– 1,60 % pour la vingt-deuxième année de détention ;
– 9 % pour chaque année au-delà de la vingt-deuxième.
L'exonération des prélèvements sociaux est ainsi acquise après trente ans de détention et, entre vingt-trois et trente ans de détention, les plus-values ne sont soumises qu'aux prélèvements sociaux.

21103 Le tableau ci-après donne les **taux d'abattements applicables**, compte tenu de la durée de détention du bien, pour la détermination du montant imposable de la plus-value à l'impôt sur le revenu et aux prélèvements sociaux.

Durée de détention de l'immeuble	Impôt sur le revenu 19 %	Prélèvements sociaux 17,2 %	Durée de détention de l'immeuble	Impôt sur le revenu 19 %	Prélèvements sociaux 17,2 %
Moins de 6 ans	Pas d'abattement	Pas d'abattement	Entre 18 et 19 ans	78 %	21,45 %
Entre 6 et 7 ans	6 %	1,65 %	19 et 20 ans	84 %	23,10 %
7 et 8 ans	12 %	3,30 %	20 et 21 ans	90 %	24,75 %
8 et 9 ans	18 %	4,95 %	21 et 22 ans	96 %	26,40 %
9 et 10 ans	24 %	6,60 %	22 et 23 ans	Exonération	28 %
10 et 11 ans	30 %	8,25 %	23 et 24 ans	Exonération	37 %
11 et 12 ans	36 %	9,90 %	24 et 25 ans	Exonération	46 %
12 et 13 ans	42 %	11,55 %	25 et 26 ans	Exonération	55 %
13 et 14 ans	48 %	13,20 %	26 et 27 ans	Exonération	64 %
14 et 15 ans	54 %	14,85 %	27 et 28 ans	Exonération	73 %
15 et 16 ans	60 %	16,50 %	28 et 29 ans	Exonération	82 %
16 et 17 ans	66 %	18,15 %	29 et 30 ans	Exonération	91 %
17 et 18 ans	72 %	19,80 %	Plus de 30 ans	Exonération	Exonération

ABATTEMENTS TEMPORAIRES EXCEPTIONNELS

Cessions réalisées dans le périmètre d'opérations d'aménagement complexes ou en zone tendue Un abattement exceptionnel est susceptible de s'appliquer aux plus-values réalisées lors de la cession (CGI art. 150 VE modifié par loi 2023-1322 du 29-12-2023 art. 9, applicable aux cessions réalisées depuis le 1-1-2024) : 21104

– d'**immeubles bâtis** ou de droits relatifs à ces biens, situés pour tout ou partie de leur surface dans le périmètre d'une **opération de revitalisation du territoire**, d'une **grande opération d'urbanisme** ou d'une **opération d'intérêt national** ;

– de **terrains à bâtir**, de **biens immobiliers bâtis** ou de droits relatifs à ces biens, situés pour tout ou partie de leur surface dans des communes classées en **zones A, A bis ou B1**.

L'abattement s'applique sous les **conditions** suivantes :

– la cession doit être précédée d'une promesse unilatérale ou synallagmatique de vente, signée et ayant acquis date certaine entre le 1er janvier 2024 et le 31 décembre 2025 ;

– la cession doit être réalisée au plus tard le 31 décembre de la deuxième année suivant celle au cours de laquelle la promesse a acquis date certaine (soit au plus tard le 31-12-2027) ;

– l'acquéreur doit s'engager par une mention portée dans l'acte authentique d'acquisition à la construction, le cas échéant à la démolition des constructions existantes suivie d'une reconstruction, ou à la réhabilitation complète des constructions existantes, et à l'achèvement, dans un délai de quatre ans à compter de la date d'acquisition, d'un ou de plusieurs bâtiments d'habitation collectifs dont le gabarit est au moins égal à 75 % du gabarit maximal autorisé tel qu'il résulte de l'application des règles du plan local d'urbanisme ou d'un document en tenant lieu.

Cet abattement est appliqué après prise en compte, le cas échéant, de l'abattement pour durée de détention.

L'abattement ne s'applique pas aux **cessions entre personnes liées** (vente entre conjoints, concubins pacsés ou non, vente à un ascendant ou un descendant, vente à une SCI dont le cédant est un associé, etc.).

Le **taux** de l'abattement exceptionnel est en principe fixé à **75 %** pour les cessions d'immeubles bâtis dans le périmètre des opérations d'aménagement complexes ou d'envergure nationale et à **60 %** pour les cessions de terrains à bâtir et d'immeubles bâtis situés dans des communes classées en zones A, A bis ou B1. 21107

Ces taux sont portés à **85 %** lorsque le cessionnaire s'engage à ce que la surface habitable des logements réalisés soit affectée, dès leur achèvement, pour au moins 50 % de la surface totale des constructions du programme immobilier à du logement social ou intermédiaire ou faisant l'objet d'un bail réel solidaire. Lorsque les immeubles sont situés dans une commune qui n'atteint pas le quota de logements sociaux prévu à l'article L 302-5 du CCH, la réalisation de logements intermédiaires n'ouvre droit au taux majoré que si l'acquéreur s'engage à affecter un minimum de 25 % de la surface habitable des logements construits à des logements sociaux.

Si le cessionnaire ne respecte pas ses engagements de démolir et de construire dans les quatre ans de l'acquisition, ou de réaliser au moins 50 % de logements sociaux ou intermédiaires, il est redevable d'une amende égale à 10 % du prix d'acquisition.

Le **tableau** ci-après donne le **taux global d'abattement** (cumulé avec l'abattement pour durée de détention) applicable, en fonction de la durée de détention du bien, pour le calcul des plus-values ouvrant droit à un abattement de 60 %, 75 % ou 85 %.

Durée de détention	Impôt sur le revenu			Prélèvements sociaux		
	Taux global d'abattement			Taux global d'abattement		
	Abattement 60 %	Abattement 75 %	Abattement 85 %	Abattement 60 %	Abattement 75 %	Abattement 85 %
Moins de 6 ans	60 %	75 %	85 %	60 %	75 %	85 %
Entre						
6 et 7 ans	62,4 %	76,5 %	85,9 %	60,66 %	75,413 %	85,2475 %
7 et 8 ans	64,8 %	78 %	86,8 %	61,32 %	75,825 %	85,495 %
8 et 9 ans	67,2 %	79,5 %	87,7 %	61,98 %	76,238 %	85,7425 %
9 et 10 ans	69,6 %	81 %	88,6 %	62,64 %	76,65 %	85,99 %
10 et 11 ans	72 %	82,5 %	89,5 %	63,3 %	77,063 %	86,2375 %
11 et 12 ans	74,4 %	84 %	90,4 %	63,96 %	77,475 %	86,485 %
12 et 13 ans	76,8 %	85,5 %	91,3 %	64,62 %	77,888 %	86,7325 %
13 et 14 ans	79,2 %	87 %	92,2 %	65,28 %	78,3 %	86,98 %
14 et 15 ans	81,6 %	88,5 %	93,1 %	65,94 %	78,713 %	87,2275 %
15 et 16 ans	84 %	90 %	94 %	66,6 %	79,125 %	87,475 %

Durée de détention	Impôt sur le revenu			Prélèvements sociaux		
	Taux global d'abattement			Taux global d'abattement		
	Abattement 60 %	Abattement 75 %	Abattement 85 %	Abattement 60 %	Abattement 75 %	Abattement 85 %
16 et 17 ans	86,4 %	91,5 %	94,9 %	67,26 %	79,538 %	87,7225 %
17 et 18 ans	88,8 %	93 %	95,8 %	67,92 %	79,95 %	87,97 %
18 et 19 ans	91,2 %	94,5 %	96,7 %	68,58 %	80,363 %	88,2175 %
19 et 20 ans	93,6 %	96 %	97,6 %	69,24 %	80,775 %	88,465 %
20 et 21 ans	96 %	97,5 %	98,5 %	69,9 %	81,188 %	88,7125 %
21 et 22 ans	98,4 %	99 %	99,4 %	70,56 %	81,60 %	88,96 %
22 et 23 ans	Exonération	Exonération	Exonération	71,2 %	82 %	89,2 %
23 et 24 ans	Exonération	Exonération	Exonération	74,8 %	84,25 %	90,55 %
24 et 25 ans	Exonération	Exonération	Exonération	78,4 %	86,5 %	91,9 %
25 et 26 ans	Exonération	Exonération	Exonération	82 %	88,75 %	93,25 %
26 et 27 ans	Exonération	Exonération	Exonération	85,6 %	91 %	94,6 %
27 et 28 ans	Exonération	Exonération	Exonération	89,2 %	93,25 %	95,95 %
28 et 29 ans	Exonération	Exonération	Exonération	92,8 %	95,5 %	97,3 %
29 et 30 ans	Exonération	Exonération	Exonération	96,4 %	97,75 %	98,65 %
Plus de 30 ans	Exonération	Exonération	Exonération	Exonération	Exonération	Exonération

21110 **Opérations de démolition-reconstruction dans le cadre d'une opération d'aménagement loi Elan** Les plus-values de cession de **biens immobiliers bâtis** ou de droits relatifs à ces biens, situés pour tout ou partie de leur surface dans le périmètre d'une **opération de revitalisation du territoire** ou d'une **grande opération d'urbanisme**, bénéficient d'un abattement exceptionnel (CGI art. 150 VE dans sa version antérieure au 1-1-2024). Les cessions de terrains à bâtir ne bénéficient pas de cet abattement.

Les **conditions suivantes** doivent être remplies :

– la cession doit être précédée d'une promesse unilatérale ou synallagmatique de vente, signée et ayant acquis date certaine entre le 1er janvier 2021 et le 31 décembre 2023 ;

– la cession doit être réalisée au plus tard le 31 décembre de la deuxième année suivant celle au cours de laquelle la promesse a acquis date certaine, soit jusqu'au 31 décembre 2025 pour les promesses signées en 2023 ;

– l'acheteur doit s'engager, par une mention dans l'acte authentique d'acquisition, à démolir la ou les constructions existantes et à construire, dans un délai de quatre ans à compter de la date d'acquisition, un ou plusieurs bâtiments d'habitation collectifs dont le gabarit est au moins égal à 75 % du gabarit maximal autorisé tel qu'il résulte de l'application des règles du plan local d'urbanisme ou d'un document d'urbanisme en tenant lieu.

L'abattement ne s'applique pas aux cessions **entre personnes liées** (vente entre conjoints, concubins pacsés ou non, vente à un ascendant ou à un descendant, vente à une SCI dont le cédant est un associé, etc.).

21115 Le **taux de l'abattement** exceptionnel est en principe de **70 %**. Il est toutefois **majoré à 85 %** si l'acquéreur s'engage à ce que, dans le programme immobilier à construire, les **logements sociaux et intermédiaires** représentent **au moins 50 % de la surface totale** des constructions.

S'il ne respecte pas les engagements de démolir et de construire dans les quatre ans, ou de réaliser au moins 50 % de logements sociaux ou intermédiaires, le cessionnaire est, sauf cas de force majeure ou de catastrophe naturelle, redevable d'une amende égale à 10 % du prix d'acquisition.

Le **tableau** ci-après donne le **taux global d'abattement** (cumulé avec l'abattement pour durée de détention) applicable, en fonction de la durée de détention du bien, pour le calcul des plus-values ouvrant droit à un abattement de 70 % ou de 85 %.

Durée de détention du bien	Impôt sur le revenu (19 %)		Prélèvements sociaux (17,2 %)	
	Taux global d'abattement		Taux global d'abattement	
	Abattement 70 %	Abattement 85 %	Abattement 70 %	Abattement 85 %
Moins de 6 ans	70 %	85 %	70 %	85 %
Entre 6 et 7 ans	71,8 %	85,9 %	70,495 %	85,2475 %
Entre 7 et 8 ans	73,6 %	86,8 %	70,99 %	85,495 %

Durée de détention du bien	Impôt sur le revenu (19 %)		Prélèvements sociaux (17,2 %)	
	Taux global d'abattement		Taux global d'abattement	
	Abattement 70 %	Abattement 85 %	Abattement 70 %	Abattement 85 %
Entre 8 et 9 ans	75,4 %	87,7 %	71,485 %	85,7425 %
Entre 9 et 10 ans	77,2 %	88,6 %	71,98 %	85,99 %
Entre 10 et 11 ans	79 %	89,5 %	72,475 %	86,2375 %
Entre 11 et 12 ans	80,8 %	90,4 %	72,97 %	86,485 %
Entre 12 et 13 ans	82,6 %	91,3 %	73,465 %	86,7325 %
Entre 13 et 14 ans	84,4 %	92,2 %	73,96 %	86,98 %
Entre 14 et 15 ans	86,2 %	93,1 %	74,455 %	87,2275 %
Entre 15 et 16 ans	88 %	94 %	74,95 %	87,475 %
Entre 16 et 17 ans	89,8 %	94,9 %	75,445 %	87,7225 %
Entre 17 et 18 ans	91,6 %	95,8 %	75,94 %	87,97 %
Entre 18 et 19 ans	93,4 %	96,7 %	76,435 %	88,2175 %
Entre 19 et 20 ans	95,2 %	97,6 %	76,93 %	88,465 %
Entre 20 et 21 ans	97 %	98,5 %	77,425 %	88,7125 %
Entre 21 et 22 ans	98,8 %	99,4 %	77,92 %	88,96 %
Entre 22 et 23 ans	Exonération	Exonération	78,4 %	89,2 %
Entre 23 et 24 ans	Exonération	Exonération	81,1 %	90,55 %
Entre 24 et 25 ans	Exonération	Exonération	83,8 %	91,9 %
Entre 25 et 26 ans	Exonération	Exonération	86,5 %	93,25 %
Entre 26 et 27 ans	Exonération	Exonération	89,2 %	94,6 %
Entre 27 et 28 ans	Exonération	Exonération	91,9 %	95,95 %
Entre 28 et 29 ans	Exonération	Exonération	94,6 %	97,3 %
Entre 29 et 30 ans	Exonération	Exonération	97,3 %	98,65 %
Plus de 30 ans	Exonération	Exonération	Exonération	Exonération

3. CAS PARTICULIERS

Nous précisons ci-après les règles de détermination de la plus-value réalisée dans le cadre de certaines opérations particulières. **21160**

VENTE D'UN IMMEUBLE APRÈS RÉUNION DE PROPRIÉTÉ

Lors de la revente en pleine propriété d'un immeuble dont le contribuable a acquis ou reçu la nue-propriété par succession ou donation, puis l'usufruit au décès de l'usufruitier **(extinction naturelle de l'usufruit)**, le **prix d'acquisition** servant au calcul de la plus-value est égal à la somme des valeurs vénales de chacun des droits (donc la valeur de la pleine propriété) à la date d'entrée de la nue-propriété dans le patrimoine du vendeur, bien que la valeur d'acquisition de l'usufruit soit nulle (BOI-RFPI-PVI-20-10-20-10 n°s 220 et 350). **21165**

Le **délai de détention** est décompté à partir de l'acquisition de la nue-propriété (BOI-RFPI-PVI-20-20 n° 40).

EXEMPLE

Décès le 15 janvier 2021 d'un contribuable marié qui possède en propre un immeuble bâti évalué à 122 000 €. Son épouse, âgée de 75 ans, choisit d'en recueillir l'usufruit, soit 36 600 € (30 % de 122 000 €). Leurs trois enfants recueillent en indivision la nue-propriété de l'immeuble (85 400 €).
En 2022, les enfants procèdent au partage des biens en indivision et l'un d'eux acquiert les droits des deux autres sur l'immeuble évalué à cette date à 130 000 €. Il verse donc 60 666 € pour le rachat des 2/3 de la nue-propriété en indivision.
En 2023, au décès de la mère, il acquiert l'usufruit par extinction.
En septembre 2024, il revend l'immeuble pour le prix de 140 000 €. La plus-value est calculée par différence entre ce prix de vente et la valeur vénale de l'immeuble déclarée lors de la succession du père, soit 122 000 € (le partage intervenu en 2022 n'est pas pris en compte : voir n° 21190). La plus-value de 18 000 € ne bénéficie d'aucun abattement pour durée de détention (durée de détention de la nue-propriété inférieure à cinq ans).

En cas de cession de la pleine propriété d'un immeuble lorsque la **nue-propriété et** l'**usufruit** ont été **acquis à titre onéreux**, le prix d'acquisition est égal à la somme des prix d'acquisition de chacun des droits démembrés stipulés dans chacun des actes d'acquisition (BOI-RFPI-PVI-20-10-20-10 n° 220). **21170**

Lorsque l'immeuble est cédé après réunion de la **nue-propriété reçue par donation ou succession et de l'usufruit acquis à titre onéreux**, le prix d'acquisition est la somme de la valeur vénale de la nue-propriété retenue lors de la donation ou de la succession et du prix d'acquisition de l'usufruit (BOI précité n°s 220 et 350).

Lorsque le cédant de l'immeuble en pleine propriété a **acquis la nue-propriété et l'usufruit par donation ou succession** (hors extinction de l'usufruit : n° 21165), le prix d'acquisition est égal à la somme des valeurs vénales retenues lors de chacune des transmissions (BOI précité n° 350).

Dans tous les cas, la **durée de détention** doit être décomptée à partir de la première des deux acquisitions, qu'elles soient à titre onéreux ou à titre gratuit (BOI-RFPI-PVI-20-20 n° 40).

IMMEUBLE CÉDÉ (OU ACQUIS) MOYENNANT RENTE VIAGÈRE

21180 Lorsqu'un immeuble est **cédé** moyennant une rente viagère, le prix de cession à retenir est la valeur en capital de la rente à l'exclusion des intérêts (cette valeur étant augmentée, le cas échéant, de la fraction du prix payée comptant) (CGI art. 150 VA). La plus-value est donc calculée à partir du prix fixé dans l'acte de vente (et converti en rente).

En cas de **revente** d'un bien **acquis** moyennant rente viagère, le prix de cession à retenir s'entend du prix stipulé dans l'acte (y compris s'il y a lieu, de la fraction du prix représentant le montant des arrérages restant à courir). Le prix d'acquisition est, en principe, la valeur en capital de la rente (majorée, le cas échéant, de la fraction du prix d'acquisition payée comptant) ; le vendeur peut, toutefois, lui substituer le total suivant :

– annuités versées + capital représentatif de la rente à la date de la revente + fraction du prix payée comptant (le cas échéant), lorsque la revente intervient **avant le décès du crédirentier** ;

– annuités versées + fraction du prix payée comptant (le cas échéant), si la revente intervient **après le décès** du crédirentier (BOI-RFPI-PVI-20-10-20-10 n° 80).

IMMEUBLE ATTRIBUÉ LORS D'UN PARTAGE OU D'UNE LICITATION

21190 **a.** En cas de cession d'un immeuble attribué, dans les conditions visées n° 20695, lors d'un **partage de succession, d'une communauté conjugale, d'une indivision entre époux** (née avant ou pendant le mariage), **entre partenaires d'un Pacs** (avant ou pendant le pacte) **ou entre concubins** ou issue d'une **donation-partage**, la durée de détention court de la date d'ouverture de la succession, de la donation ou de l'acquisition du bien en commun, et la plus-value doit être calculée à partir de la valeur du bien à cette date telle qu'elle a été retenue pour la liquidation des droits d'enregistrement, sans tenir compte de la soulte éventuellement versée lors du partage. Lorsque l'attributaire de l'immeuble a hérité d'un membre originaire de l'indivision, la date d'acquisition de la fraction d'immeuble reçue à l'occasion du partage correspond à la date d'entrée de l'immeuble dans l'indivision (CE 9-9-2020 n° 436712 : RJF 12/20 n° 1006).

b. En cas de revente d'un immeuble attribué, à charge de soulte, lors d'un **partage autre** que ceux visés ci-dessus au a., la plus-value est déterminée en tenant compte de **deux fractions distinctes** (BOI-RFPI-PVI-20-10-20-10 n° 280) :

– la fraction relative aux **droits originaires** du cédant est déterminée à partir de la valeur de la quote-part détenue par le cédant lors de l'entrée dans l'indivision et la durée de détention court à compter de la date d'entrée du bien en indivision ;

– la fraction relative à la **part acquise lors du partage** est déterminée à partir du montant de la soulte versée et la durée de détention court à compter de la date de l'acte de partage.

Sur la **compensation** éventuelle entre les plus-values et les moins-values ainsi dégagées, voir n° 21220.

PROFITS DE CONSTRUCTION OCCASIONNELS

21210 Les profits résultant de la vente d'un immeuble que le cédant a construit ou fait construire sur un terrain dont il était antérieurement propriétaire relèvent du régime des plus-values des particuliers lorsqu'ils présentent un caractère occasionnel.

La plus-value imposable est, selon l'administration, déterminée en distinguant la fraction de plus-value afférente au terrain et celle afférente à la construction. Le **prix de cession** doit ainsi être **ventilé** entre la part relative au terrain et celle relative à la construction.

Le **prix d'acquisition du terrain** est égal au prix d'acquisition stipulé dans l'acte d'acquisition ou de la valeur retenue pour la liquidation des droits de succession ou de donation. Le délai de détention se calcule à partir de cette acquisition (BOI-RFPI-PVI-20-10-20-10 n° 110). Lorsque l'acquisition du terrain remonte à plus de cinq ans, la plus-value est réduite de l'abattement pour durée de détention.

Le prix d'acquisition de la **construction** est égal au coût des travaux de construction, qui comprend notamment les frais d'architecte et les factures des entrepreneurs (BOI précité).

La durée de détention est calculée à partir de la date du début d'exécution de ces travaux (BOI-RFPI-PVI-20-20 n° 40). Lorsque le début des travaux remonte à plus de cinq ans, l'abattement pour durée de détention est applicable.

> **Précisions** **a.** Lorsque les **travaux** ne sont pas **réalisés par une entreprise**, leur coût s'entend du prix d'achat des matériaux utilisés et, le cas échéant, du coût de la main-d'œuvre employée, à l'exclusion du travail personnel du cédant (BOI-RFPI-PVI-20-10-20-10 n° 110).
> **b.** Les travaux de construction sont pris en compte même s'ils ont ouvert droit aux **dispositifs Périssol, Besson, Robien, Borloo, Scellier ou Duflot-Pinel**.
> **c.** Les **travaux** réalisés **après l'achèvement** de l'immeuble viennent en augmentation du coût initial dans les conditions exposées n° 21040. Le point de départ du délai de cinq ans pour l'application de la **majoration** forfaitaire **pour travaux** de 15 % correspond à la date d'achèvement de l'immeuble (BOI-RFPI-PVI-20-10-20-20 n° 230).

VENTE EN BLOC D'UN IMMEUBLE ACQUIS PAR FRACTIONS SUCCESSIVES

En cas de cession en bloc d'un immeuble acquis par fractions successives constatée par le même acte soumis à publication ou à enregistrement et entre les mêmes parties, il convient de déterminer de manière distincte la plus-value ou la moins-value afférente à chacune des fractions. Une **compensation entre les plus-values et moins-values** ainsi dégagées est possible. La ou les moins-values brutes, réduites de l'abattement pour durée de détention au-delà de la cinquième année, s'imputent sur la ou les plus-values également corrigées, le cas échéant, de l'abattement pour durée de détention. En cas de résultat négatif, la moins-value n'est pas imputable. 21220

Cette règle s'applique notamment en cas de vente en bloc :

– d'un immeuble acquis par parts indivises successives ;

– d'un immeuble dont le propriétaire a acquis successivement les droits démembrés (usufruit et nue-propriété) ou des parts indivises de ces droits ;

– d'un appartement provenant de la fusion de deux appartements acquis à des dates différentes.

> ATTENTION
>
> **Ne bénéficie pas de la compensation** la cession de deux habitations acquises en propre par chacun des futurs partenaires d'un Pacs ou futurs conjoints (Rép. Maurey : Sén. 6-12-2018 n° 1484, à propos des futurs pacsés).

4. MOINS-VALUES

Aucune imputation des moins-values n'est possible en ce qui concerne les cessions d'immeubles, ni sur des plus-values de même nature, ni sur le revenu global (CGI art. 150 VD). 21280

En ce qui concerne toutefois le calcul de la plus-value en cas de **vente en bloc d'un immeuble acquis par fractions successives**, voir n° 21220.

D. Modalités d'imposition

ANNÉE D'IMPOSITION

Le fait générateur de l'imposition est constitué par la **cession** à titre onéreux de l'immeuble. La plus-value est donc, en principe, taxée à l'impôt sur le revenu à la date de l'acte notarié constatant la vente (ou la promesse synallagmatique de vente), quelles que soient les modalités de paiement du prix (comptant, à terme, par annuités). 21400

Lorsque la vente ou la promesse de vente est assortie d'une **condition suspensive** qui affecte l'existence même du contrat (obtention d'un prêt bancaire, par exemple), le fait générateur est constitué par la date de réalisation de la condition.

> **Précisions** Lorsque la **vente** est **annulée, résolue ou rescindée**, le vendeur peut obtenir une restitution partielle ou totale de l'impôt payé à raison de la plus-value, en présentant une réclamation avant le 31 décembre de la deuxième année suivant la date de l'annulation, de la résolution ou de la rescision (BOI-RFPI-PVI-10-30 n° 30). En cas de versement d'un complément de prix par l'acquéreur dans le cadre d'une action en rescision, la plus-value en résultant est imposable au titre de l'année de la cession (CE 9-11-2015 n° 371571 : RJF 2/16 n° 145).

CALCUL DE L'IMPÔT

21430 La plus-value est taxée au **taux** proportionnel de 19 % (CGI art. 200 B). Compte tenu des **prélèvements sociaux** (17,2 %), le taux d'imposition global s'élève à 36,2 %, étant précisé que la CSG n'est pas déductible du revenu imposable.

Les **plus-values d'un montant supérieur à 50 000 €**, autres que celles résultant de la vente de terrains à bâtir, sont soumises à une **taxe supplémentaire** selon le barème suivant (CGI art. 1609 nonies G) :

Montant de la plus-value imposable	Montant de la taxe
De 50 001 € à 60 000 €	2 % PV – [(60 000 € – PV) × 1/20]
De 60 001 € à 100 000 €	2 % PV
De 100 001 € à 110 000 €	3 % PV – [(110 000 € – PV) × 1/10]
De 110 001 € à 150 000 €	3 % PV
De 150 001 € à 160 000 €	4 % PV – [(160 000 € – PV) × 15/100]
De 160 001 € à 200 000 €	4 %
De 200 001 € à 210 000 €	5 % PV – [(210 000 € – PV) × 20/100]
De 210 001 € à 250 000 €	5 %
De 250 001 € à 260 000 €	6 % PV – [(260 000 € – PV) × 25/100]
Supérieur à 260 000 €	6 %

PV = montant de la plus-value imposable.
La **base de calcul** de la taxe est la même que celle retenue pour le calcul de l'imposition forfaitaire.
Par **exemple**, pour la vente d'un logement dégageant une plus-value imposable de 208 000 €, la taxe s'élève à 10 000 € calculée comme suit : 208 000 × 5 % – [(210 000 – 208 000) × 20/100] = 10 000 €.

> **Précisions** La taxe peut être majorée sur décision du Gouvernement dans les zones soumises à la **surspéculation immobilière en Corse**, déterminées par le président de l'office foncier de la Corse et adoptées par l'Assemblée de Corse après consultation des communes concernées et du préfet (Loi 2022-1726 du 30-12-2022 art. 28).

21435 Lorsque la cession porte sur un **peuplement forestier**, l'impôt afférent à la plus-value est diminué d'un abattement de 10 € par année de détention et par hectare cédé représentatif du forfait forestier (voir n° 15230 ; CGI art. 150 VF, III). En l'absence de disposition spécifique les peuplements forestiers auraient été imposés deux fois : une fois par le biais du forfait forestier, une autre fois lors de la revente soumise au régime de taxation des plus-values immobilières. L'abattement ne s'applique pas au montant des prélèvements sociaux dus par le vendeur.

Les peuplements forestiers constituent juridiquement des immeubles par destination (arbres plantés). Leur cession suit le même régime fiscal que les terrains sur lesquels ils sont situés.

Cette mesure s'applique à tous les peuplements forestiers, quelle que soit leur essence.

L'abattement n'est applicable que pour les cessions réalisées par les **personnes physiques**. Il ne s'applique pas aux cessions réalisées par une société ou un groupement.

En revanche, il peut bénéficier aux **associés** de sociétés ou de groupements détenant des peuplements forestiers en cas de cessions de leurs parts. Dans ce cas, il s'applique en fonction de la quote-part de l'associé dans les bénéfices sociaux et seulement à concurrence de la valeur des peuplements forestiers détenus par la société ou le groupement et le délai de détention se décompte depuis la date d'acquisition des titres.

> **Précisions a.** Le **délai de détention** doit être calculé par période de douze mois depuis la date d'acquisition jusqu'à la date de cession du terrain à usage forestier sur lequel sont situés les peuplements forestiers. La circonstance que le terrain à usage forestier sur lequel sont situés les peuplements forestiers n'ait pas été planté durant toute cette période n'a aucune incidence sur cette règle (BOI-RFPI-PVI-30-30-10 n° 50).
> **b.** Bien que la loi réserve l'abattement à la plus-value réalisée sur le peuplement forestier (c'est-à-dire les **arbres plantés**), il est admis d'en faire application à l'ensemble de la plus-value de cession du terrain à usage de bois et forêt (terrain + arbres) (BOI précité n° 60).
> **c.** Lorsque les biens cédés ont été **acquis par fractions successives**, la quote-part acquise depuis plus de trente ans et ne donnant lieu à aucune plus-value imposable n'ouvre pas droit à l'abattement spécial (CE 26-1-2021 n° 429576 : RJF 4/21 n° 376).

E. Obligations déclaratives et paiement de l'impôt

L'établissement de la déclaration et le paiement de l'imposition sont en règle générale effectués par le **notaire** pour le compte du vendeur lors de l'enregistrement de l'acte. 21500

RÈGLES GÉNÉRALES

Déclaration et paiement La plus-value réalisée lors de la cession d'un immeuble constatée par **acte notarié** est, dans la très grande majorité des cas, déclarée et payée dans le mois de l'acte au service de la publicité foncière par l'intermédiaire du notaire préalablement à la formalité de publicité foncière. 21505

La déclaration est souscrite, en simple exemplaire, au moyen de l'**imprimé n° 2048-IMM** (immeuble autre qu'un terrain à bâtir) ou n° 2048-TAB (terrain à bâtir) disponibles uniquement sur le site impots.gouv.fr.

L'absence de déclaration ou le défaut de paiement entraîne le refus du dépôt ou de la formalité de l'enregistrement (CGI art. 150 VG).

Les **pièces justificatives** afférentes aux frais et charges qui viennent en diminution du prix de cession ou en majoration du prix d'acquisition ne sont pas à joindre à la déclaration. Mais le contribuable doit les communiquer à l'administration si celle-ci lui en fait la demande (CGI ann. II art. 74 SI).

Aucune déclaration n'est déposée lorsque la **plus-value** est **exonérée** (par exemple, cession d'une résidence principale ou d'un bien détenu depuis plus de 30 ans) ou lorsque l'opération se solde par une **moins-value**.

Le montant net imposable des plus-values immobilières ainsi que le montant de la plus-value exonérée réalisée à l'occasion de la cession d'un logement autre que la résidence principale doivent être reportés par le cédant sur sa **déclaration de revenus n° 2042-C** (CGI art. 170, 1).

> **Précisions** **a.** Pour les cessions de biens situés en **Alsace-Moselle**, la déclaration est remise lors de la présentation à l'enregistrement (BOI-RFPI-PVI-30-40 n° 160).
> **b.** La **déclaration** et le paiement de l'impôt sont adressés au **service des impôts** dont relève le domicile du vendeur, dans le mois de l'acte, dans les cas suivants :
> – lorsque l'impôt n'a pu être acquitté par le notaire en raison de la présence de **créanciers** détenteurs de garanties **primant le** privilège du **Trésor** ; c'est le vendeur qui doit alors régler l'impôt dû ;
> – lorsque la **cession** est constatée au profit d'une **collectivité publique**, l'impôt étant versé dans ce cas par le notaire dès la mise à disposition des fonds par la collectivité publique.
> Le service des impôts est également destinataire de la déclaration lorsque le transfert de propriété est constaté par une **ordonnance judiciaire** ou par un **acte** passé en la **forme administrative** (cas de certaines expropriations).
> **c.** En cas de cession d'un **immeuble acquis par fractions successives**, plusieurs déclarations sont utilisées (une par fraction de plus-value) avec report du total sur une déclaration récapitulative.
> **d.** L'administration peut adresser au contribuable une **demande de justifications** sur les éléments servant de base au calcul de la plus-value (LPF art. L 16, al. 2). À défaut de réponse ou en cas de réponse insuffisante après notification d'une mise en demeure, la plus-value peut être évaluée d'office (LPF art. L 73, 5°).

F. Exemple de calcul de plus-value

Le 21 septembre 2024, un particulier vend au prix de 350 000 € sa résidence secondaire acquise le 1er décembre 2013 pour un montant de 200 000 €. Étant propriétaire de sa résidence principale, aucune exonération ne lui est applicable. En 2014, il a confié à une entreprise la rénovation d'une partie de la plomberie (travaux facturés 3 000 €). L'année suivante, il a chargé un artisan de remplacer la chaudière pour un coût de 6 000 €. 21600

Il demande l'application du forfait de 7,5 % au titre des frais d'acquisition (faute de pouvoir faire état de frais réels supérieurs).

S'agissant des dépenses de travaux, l'application du forfait de 15 % (200 000 € × 15 % = 30 000 €) s'avère plus avantageuse que la prise en compte des frais réels (9 000 €).

Calcul de la plus-value		
Prix de vente :		350 000 €
Prix d'achat :		200 000 €
Frais d'acquisition (forfait de 7,5 %) :		15 000 €
Dépenses de travaux (forfait de 15 %) :		30 000 €
Prix d'achat corrigé :		245 000 €
Plus-value « brute » :		105 000 €
Abattement pour durée de détention (bien détenu depuis plus de 10 ans) : 30 % pour le calcul de l'impôt sur le revenu et 8,25 % pour le calcul des prélèvements sociaux.		
Plus-value imposable à l'impôt sur le revenu :	105 000 – 31 500 =	73 500 €
Plus-value imposable aux prélèvements sociaux :	105 000 – 8 662 =	96 338 €
Calcul de l'impôt		
Impôt sur le revenu afférent à la plus-value :	73 500 € × 19 % =	13 965 €
Prélèvements sociaux (CSG, CRDS, prélèvement social et ses contributions additionnelles) :	96 338 € × 17,2 % =	16 570 €
Taxe supplémentaire :	73 500 € × 2 % =	1 470 €
Imposition globale :		32 005 €

G. Expropriations et cessions résultant de l'exercice du droit de délaissement

21710 L'expropriation pour cause d'utilité publique étant assimilée à une **cession à titre onéreux**, la plus-value réalisée à cette occasion est imposable suivant les règles générales exposées ci-dessus.

Toutefois, en raison du caractère forcé de la cession, des modalités d'imposition spécifiques sont prévues. La plus-value peut même être totalement exonérée en cas de remploi de l'indemnité d'expropriation dans l'achat d'un bien immobilier.

L'exonération exposée ci-après s'applique en principe uniquement (CGI art. 150 U, II-4°) :

– aux plus-values réalisées à la suite d'une **déclaration d'utilité publique** prononcée en vue d'une expropriation dans les conditions prévues soit par l'article 1er de l'ordonnance 58-997 du 23 octobre 1958, soit par l'article L 511-2 du Code de l'expropriation pour cause d'utilité publique, sans distinguer selon que le transfert de propriété s'opère en cours de procédure par voie d'accord amiable ou en vertu d'une ordonnance du juge de l'expropriation ;

– et aux plus-values consécutives à l'exercice par le cédant du **droit de délaissement** prévu aux articles L 152-2, L 311-2 et L 424-1 du Code de l'urbanisme ou L 515-16-3, I du Code de l'environnement.

L'administration accorde toutefois également le bénéfice de l'exonération sous condition de remploi (n° 21730) aux plus-values de cessions de **biens immobiliers exposés à un risque naturel majeur** effectuées dans le cadre de la procédure d'acquisition amiable mentionnée à l'article L 561-3, I du Code de l'environnement (BOI-RFPI-PVI-10-40-60 n° 200).

> **Précisions** Le **droit au délaissement** permet au propriétaire de mettre en demeure, en vue de l'acquisition de son bien, la collectivité publique ou le service public compétent. Le cédant qui exerce ce droit peut bénéficier de l'exonération sous condition de remploi dans les situations suivantes :
> – lorsque le terrain, bâti ou non bâti, est réservé par un plan local d'urbanisme pour la mise en place de servitudes en vue de la réalisation d'un ouvrage public ;
> – pour la création d'une zone d'aménagement concerté (ZAC) ;
> – en cas de décision de sursis à statuer sur un permis de construire ;
> – lorsque le bien se situe dans le périmètre d'un plan de prévention des risques technologiques (PPRT).

PRIX DE CESSION

21715 Le prix de cession à retenir pour la détermination de la plus-value est constitué par l'**indemnité** principale d'**expropriation, à l'exclusion** (CGI ann. II art. 74 SC ; BOI-RFPI-PVI-20-10-10 nos 200 s.) :

– d'une part, des indemnités qui présentent le caractère d'un revenu imposable pour l'intéressé : par exemple, indemnités pour perte de loyers (revenus fonciers) ou indemnités pour récoltes non levées (passibles de l'impôt au titre des bénéfices agricoles) ;

– d'autre part, des indemnités allouées en représentation de frais à exposer par l'exproprié pour se rétablir (tel est le cas de l'indemnité de remploi et également – sans que cette énumération soit limitative – de l'indemnité pour rétablissement de clôture, de l'indemnité de déménagement et de l'indemnité pour trouble permanent de jouissance).

> **Précisions** Lorsque, en cas d'**expropriation partielle**, l'**indemnité** n'a pas été versée (en totalité ou en partie) mais **compensée** avec la plus-value procurée au reste de la propriété du fait des travaux à exécuter par les collectivités publiques, le prix de cession est constitué par l'indemnité brute, c'est-à-dire avant la compensation ; mais, bien entendu, lors de l'aliénation ultérieure de la fraction non expropriée, le montant de la somme compensée est assimilé à une dépense d'amélioration pour la détermination de la plus-value.
> Inversement, l'**indemnité** allouée pour **dépréciation** du surplus du bien ne s'ajoute pas à l'indemnité principale d'expropriation. Mais, en cas d'aliénation ultérieure de cette parcelle, l'indemnité ainsi allouée vient en déduction du prix de revient de celle-ci (BOI-RFPI-PVI-20-10-10 n°s 240 et 250).

Paiement de l'impôt En cas d'expropriation constatée par une **ordonnance judiciaire**, la déclaration n° 2048-IMM est déposée et l'impôt est acquitté par le contribuable au service des impôts de son domicile dans le délai d'un mois à compter de la date de versement du prix de cession. 21725
En cas d'expropriation constatée par un **acte passé en la forme administrative**, l'impôt est directement prélevé par le comptable public lors du versement du prix au contribuable.

EXONÉRATION SOUS CONDITION DE REMPLOI

La plus-value peut être totalement exonérée à condition que le cédant procède au remploi intégral de l'indemnité principale dans l'acquisition, la construction, la reconstruction ou l'agrandissement d'un ou plusieurs immeubles. Cette condition est réputée satisfaite si 90 % de l'indemnité est effectivement utilisée à cet effet (BOI-RFPI-PVI-10-40-60 n° 80). 21730
Le remploi doit être effectué dans un **délai** de douze mois à compter de la date de perception de l'indemnité (ou de son solde en cas de paiement fractionné).
L'affectation du **bien acheté en remploi** peut être différente de celle du bien exproprié ; l'exonération est ainsi accordée en cas d'achat d'un immeuble bâti en remplacement d'un terrain nu (et inversement), ou en cas d'achat d'un immeuble à usage professionnel en remplacement d'un immeuble d'habitation. L'indemnité peut aussi être remployée dans l'achat de droits relatifs à des immeubles (nue-propriété, usufruit, droits indivis), mais pas dans l'achat de parts ou actions de sociétés ou groupements même si l'actif est exclusivement composé d'immeubles (GFA, SCPI, SII, etc.) (BOI précité n°s 140 et 150).

> **Précisions a.** L'indemnité peut être utilisée pour le paiement des **frais afférents à l'acquisition** (TVA, droits de mutation, frais d'actes) (BOI précité n° 110).
> **b.** En cas de remploi dans la **construction**, la **reconstruction** ou l'**agrandissement** d'un immeuble, le contribuable doit être en mesure de justifier, dans les douze mois du paiement de l'indemnité, de la propriété du terrain destiné à servir d'assise à l'opération, de la conclusion d'un contrat d'architecte et d'engagements pris à l'égard des entrepreneurs. L'exonération est refusée si l'indemnité est affectée à de simples dépenses d'amélioration (BOI précité n°s 150 et 180).
> **c.** En cas d'expropriation d'un bien appartenant à une **SCI**, le remploi de l'indemnité peut être effectué soit par la société elle-même, soit par chacun des associés (BOI précité n° 90).
> **d.** Le bien acquis en remploi peut être **situé en France ou** dans un autre État de l'**Espace économique européen** (BOI précité n° 110).

SECTION 3

TAXES SUR LES CESSIONS DE TERRAINS DEVENUS CONSTRUCTIBLES

PRÉSENTATION DES TAXES

21750 Les ventes de terrains devenus constructibles peuvent être soumises à une **taxe communale** si le conseil municipal (ou l'organe compétent) sur le territoire de laquelle le terrain est situé a pris une délibération en ce sens. Cette taxe est destinée à apporter aux communes qui connaissent une extension de leurs zones urbanisées un financement supplémentaire pour les dépenses publiques d'aménagement.
Par ailleurs, les ventes de terrains devenus constructibles réalisées par les particuliers et qui dégagent une plus-value importante sont soumises à une taxe qui s'applique sur l'ensemble du territoire (**taxe « nationale »**).
Ces taxes sont dues par le vendeur. La cession d'un **même terrain** peut donner lieu aux **deux taxes**. Elles s'ajoutent à l'imposition de la **plus-value** réalisée sur le terrain.

A. Taxe communale

PRÉSENTATION

21800 Les communes peuvent, sur **délibération du conseil municipal**, instituer une taxe forfaitaire sur la **première cession** à titre onéreux de terrains nus rendus constructibles du fait de leur classement par un plan local d'urbanisme (ou par un document d'urbanisme en tenant lieu) dans une zone urbaine ou dans une zone à urbaniser ouverte à l'urbanisation ou par une carte communale dans une zone constructible.
Les établissements publics de coopération intercommunale compétents en matière de documents locaux d'urbanisme peuvent également, avec l'accord des communes qu'ils regroupent, l'instituer et la percevoir en lieu et place de ces dernières (CGI art. 1529).
Une **liste indicative des communes** ayant institué la taxe est disponible sur impots.gouv.fr (espace partenaire/notaires, géomètres experts).

CHAMP D'APPLICATION

21810 Cette taxe s'applique aux cessions réalisées par les **personnes physiques** ou les **sociétés et groupements** relevant du régime d'imposition des plus-values des particuliers et par les contribuables domiciliés hors de France qui, assujettis à l'impôt sur le revenu, sont soumis au prélèvement prévu à l'article 244 bis A du CGI.
Seules sont soumises à la taxe les **cessions de terrains** réalisées **à titre onéreux**.
Sont **exonérées** :
– les cessions suivantes exonérées en matière de plus-values immobilières des particuliers : remembrement urbain ou aménagement foncier, vente n'excédant pas 15 000 €, certaines expropriations, cession jusqu'au 31 décembre 2025 au profit d'un organisme en charge du logement social, etc. ;
– les cessions de terrains classés en zone constructible depuis plus de 18 ans ;
– les cessions de terrains dont le prix de cession, défini n° 21010, est inférieur au triple du prix d'acquisition.

> **Précisions** N'entrent pas dans le champ d'application de la taxe les cessions de droits relatifs à un terrain (**nue-propriété**, **usufruit**), de **droits sociaux** ou de parts sociales (BOI-RFPI-TDC-10-10 n° 200). Bien qu'en dehors du champ d'application de la taxe, les mutations à titre gratuit et les cessions de droits démembrés peuvent être taxées en cas d'abus de droit (Rép. Poniatowski : Sén. 15-10-2015 n° 15558).

CALCUL

La **taxe** est **égale** à 10 % de la différence entre le prix de cession du terrain (tel que défini n° 21005 s.) et son prix d'acquisition (actualisé en fonction du dernier indice des prix à la consommation hors tabac publié par l'Insee) ou, en l'absence d'éléments de référence, des deux tiers du prix de cession du terrain (soit 6,2/3 %). **21820**

DÉCLARATION ET PAIEMENT

La taxe est **due par** le cédant. Elle est **versée** lors du dépôt de la déclaration n° 2048-TAB dans les conditions prévues pour l'imposition des plus-values sur terrains à bâtir. **21830**
La déclaration doit être signée par le cédant ou par son mandataire (CGI ann. II art. 317 A).
Lorsque la cession est **exonérée** (exception faite de l'exonération des cessions dont le prix est inférieur au triple du prix d'acquisition), aucune déclaration ne doit être déposée. L'acte doit alors comporter certaines mentions obligatoires (CGI ann. II art. 317 B) permettant de justifier de l'exonération ou de l'absence de taxation de l'opération.

B. Taxe nationale

CHAMP D'APPLICATION

Cette taxe s'applique aux cessions réalisées par les personnes physiques et les sociétés ou groupements quel que soit leur régime fiscal, qu'ils soient ou non domiciliés en France. Elle est exigible sur la **première cession** à titre onéreux de terrains nus (ou droits relatifs à ces biens) classés en zone constructible postérieurement au 13 janvier 2010, dès lors que le rapport entre le prix de cession et le prix d'acquisition (ou, à défaut, la valeur vénale) est supérieur à 10 (CGI art. 1605 nonies). **21850**
La taxe **ne s'applique pas** :
– aux cessions de terrains pour lesquels une déclaration d'utilité publique a été prononcée en vue d'une expropriation ;
– aux terrains dont le prix de cession est inférieur à 15 000 € ;
– lorsque le terrain a été classé en zone constructible depuis plus de 18 ans.

ATTENTION

La taxe s'applique quelle que soit la **qualité du cédant**. Aucune exclusion n'est prévue pour les personnes morales, qu'elles soient de droit public ou de droit privé. Par suite, les cessions réalisées notamment par les collectivités territoriales et leurs groupements (communautés de communes, etc.) entrent, toutes conditions étant par ailleurs remplies, dans le champ d'application de la taxe (Rép. Morel-À-L'Huissier : AN 10-2-2015 n° 24169).

CALCUL

L'**assiette** de la taxe est constituée par la différence entre le prix de cession (tel que défini pour le calcul de la plus-value) et le prix d'acquisition stipulé dans l'acte (ou, à défaut, la valeur vénale) actualisé en fonction du dernier indice des prix à la consommation publié par l'Insee. **21855**
Elle fait l'objet d'un **abattement** d'un dixième par année écoulée à compter de la 8e année suivant la date à laquelle le terrain est devenu constructible.
Le **taux d'imposition** est de :
– 5 % lorsque le rapport entre le prix de cession et le prix d'acquisition est supérieur à 10 et inférieur à 30 ;
– 10 % au-delà de cette limite (rapport supérieur à 30), sur la part de plus-value restant à taxer après application du taux de 5 %.

> **Précisions a.** Les **frais de viabilisation** du terrain ne sont pas pris en compte pour déterminer l'assiette de la taxe (Rép. Genevard : AN 28-7-2015 n° 79510 ; CE QPC 10-2-2023 n° 469715 : RJF 5/23 n° 393).
b. L'administration publie chaque année les **coefficients d'érosion monétaire** permettant l'actualisation du prix d'acquisition : voir BOI-ANNX-000097.

DÉCLARATION ET PAIEMENT

La taxe est **due par** le cédant. Elle est **versée** lors du dépôt de la déclaration n° 2048-TAB dans les conditions prévues pour l'imposition des plus-values sur terrains à bâtir (voir nos 21505 s.). **21860**
La déclaration doit être **signée** par le cédant ou par son mandataire (CGI ann. III art. 331 K bis).
Lorsque la cession est **exonérée**, aucune déclaration n'est déposée. L'acte doit alors comporter certaines mentions obligatoires (CGI ann. III art. 331 K ter) permettant de justifier de l'exonération ou de l'absence de taxation de l'opération.

CHAPITRE 3

SUCCESSIONS ET DONATIONS

SOMMAIRE

CONTEXTE

22000 Les **mutations à titre gratuit** par suite de décès (successions) ou entre personnes vivantes (donations) sont soumises à un régime fiscal unique (tout au moins dans ses règles essentielles) qui frappe l'ensemble des biens transmis par une personne à ses donataires, héritiers ou légataires.

SECTION 1

DROITS DE SUCCESSION

22002 Les droits de succession sont dus sur toutes les transmissions de biens procédant d'un décès, qu'elles résultent des règles de la **dévolution légale** ou de **dispositions testamentaires** (legs universel, à titre universel ou particulier).

A. Déclaration de succession

PERSONNES TENUES DE SOUSCRIRE LA DÉCLARATION DE SUCCESSION

22005 La souscription de la déclaration de succession est en **principe** obligatoire (CGI art. 800). Elle doit être souscrite par les héritiers ou légataires même si aucun droit n'est dû (par exemple en raison d'exonérations ou d'abattements).

Par **exception**, le dépôt de la déclaration n'est pas exigé :
– pour les transmissions en ligne directe et entre époux ou entre partenaires de Pacs, lorsque l'actif brut successoral est inférieur à 50 000 € (dispense subordonnée à l'absence de donation ou de dons manuels antérieurs non enregistrés ou non déclarés) ;
– pour les autres transmissions, lorsque l'actif brut successoral est inférieur à 3 000 €.

> **Précisions** La déclaration peut être souscrite par un seul **héritier** pour le compte de tous. Chaque **légataire** doit en revanche déposer une déclaration individuelle, sauf accord sur le principe d'une déclaration unique avec les autres légataires et/ou héritiers (BOI-ENR-DMTG-10-60-20 n° 1). Les successeurs peuvent aussi, ensemble ou séparément, donner procuration à un tiers, le plus souvent un notaire, pour souscrire la déclaration à leur place (BOI précité n° 80).

FORME DE LA DÉCLARATION DE SUCCESSION

La déclaration est souscrite sur les **imprimés** n°s 2705-SD, 2705-S-SD et, le cas échéant, 2705-A-SD (pour les contrats d'assurance-vie). Les notaires sont autorisés à souscrire la déclaration sur support informatique (BOI-ENR-DMTG-10-60-30 n° 1). 22010

ATTENTION

La déclaration de succession sera prochainement obligatoirement souscrite par **voie électronique** via un téléservice mis à disposition par l'administration fiscale (CGI art. 800 ; Décret 2019-1565 du 30-12-2019 : JO 31 texte n° 160). Les modalités et la date d'entrée en vigueur de cette obligation seront précisées par arrêté et au plus tard le 1er juillet 2025 (Décret 2020-772 du 24-6-2020 : JO 25 texte n° 32). En attendant la mise en place de ce téléservice, la déclaration de succession continue à être souscrite en double exemplaire sur les imprimés papiers (CGI ann. III art. 281 O issu du décret 2023-1325 du 29-12-2023 dont les dispositions s'appliquent depuis le 1-1-2024).

DÉLAI ET LIEU DE DÉPÔT DE LA DÉCLARATION DE SUCCESSION « PAPIER »

La déclaration doit être déposée dans un délai de six mois à compter du jour du décès lorsque celui-ci s'est produit en France, et d'une année dans le cas contraire (CGI art. 641). 22020

Elle est déposée au service des impôts des entreprises (pôle enregistrement) du domicile du défunt. Si le défunt n'était pas domicilié en France, la déclaration est déposée auprès du service des impôts des non-résidents, 10, rue du Centre, TSA 50014, 93465 Noisy-le-Grand Cedex (CGI ann. III art. 281 O) ou, s'il résidait habituellement dans la principauté de Monaco, au service départemental de l'enregistrement de Nice, Centre des finances publiques, 22 rue Joseph Cadeï, 06172 Nice Cedex (CGI ann. IV art. 121 Z quinquies).

> **Précisions** **a.** Le délai de déclaration est sous certaines conditions porté à deux ans pour les successions comportant des **immeubles** ou droits immobiliers pour lesquels le **droit de propriété n'a pas été régulièrement constaté** avant le décès (CGI art. 641 bis). Cette mesure concerne l'ensemble des immeubles situés sur le territoire national dont le titre de propriété est incertain ; en pratique, elle s'applique essentiellement aux immeubles situés en Corse.
b. En cas de défaut de souscription de la déclaration ou de retard, les **sanctions** prévues n°s 33835 s. sont encourues.

CONTENU DE LA DÉCLARATION DE SUCCESSION

La déclaration doit contenir tous les **renseignements** relatifs à l'identité du défunt, de ses héritiers et légataires. Elle doit indiquer les dispositions testamentaires du défunt ainsi que, s'il y a lieu, son contrat de mariage et les donations qu'il a pu consentir à ses successibles, y compris les donations antérieures de plus de quinze ans. Toutefois, les donations antérieures de plus de quinze ans ne sont pas rapportées à la succession pour le calcul des droits (CGI art. 784 ; règle du rappel fiscal, voir n°s 22505 s.). 22030

La déclaration doit contenir également la **désignation** et l'**estimation** de chacun **des biens** dépendant de la succession (y compris les biens exonérés), ainsi qu'une **affirmation de sincérité** lorsqu'elle est directement souscrite par les héritiers ou légataires (CGI art. 802).

La souscription d'une **déclaration incomplète** peut être sanctionnée, en l'absence de régularisation, par une taxation d'office (BOI-CF-IOR-50-10-20-10 n° 280 ; Cass. com. 14-2-2012 n° 11-10.765 FS-PB : RJF 5/12 n° 536).

> **Précisions** Si le défunt était marié sous un **régime de communauté**, la déclaration de succession doit faire ressortir la part de communauté qui revient au défunt (celle revenant au conjoint survivant n'est pas taxable). Pour cela, il faut déterminer l'actif de la communauté en tenant compte, le cas échéant, des sommes dont celle-ci peut être créancière ou débitrice vis-à-vis du patrimoine propre des époux. La part de communauté revenant au défunt est ensuite ajoutée à ses biens propres pour le calcul des droits de succession (sachant que la part que recueille le conjoint survivant dans la succession est exonérée de droits).

B. Actif successoral taxable

PREUVE DU DROIT DE PROPRIÉTÉ DU DÉFUNT

Sauf exonération spéciale, tous les **biens appartenant au défunt** sont imposables. 22100

En règle générale, le patrimoine du défunt est déterminé selon les **règles du droit civil** telles que :

– la règle de la propriété apparente (est propriétaire celui qui est désigné comme tel dans un acte) ;

– la présomption de l'article 2276 du Code civil (est réputé propriétaire d'un meuble corporel celui qui en a la possession) ;
– la théorie de l'accession (la propriété d'une chose donne droit à ce qui s'y unit accessoirement).
Cependant, plusieurs dispositions **fiscales** édictent des **présomptions de propriété** spécifiques dont certaines présentent une grande importance pratique (nos 22120 s.).

TERRITORIALITÉ

22105 Dans le cas général où le **défunt** (ou donateur) était (est) **domicilié en France**, tous les biens meubles et immeubles sont imposables en France, qu'ils soient situés en France ou hors de France.
Dans le cas où le **défunt** (ou donateur) était (est) **domicilié hors de France**, il convient d'opérer la distinction suivante (CGI art. 750 ter) :
– le bénéficiaire (héritier, donataire ou légataire) est domicilié en France au jour de la transmission et l'a été pendant au moins six ans au cours des dix dernières années : tous les biens meubles ou immeubles (reçus par ce bénéficiaire) situés en France ou hors de France sont imposables en France ;
– le bénéficiaire est domicilié hors de France : seuls les biens français qu'il reçoit (meubles corporels et immeubles situés en France) sont imposables en France.
Ces principes sont applicables sous réserve des **conventions internationales** signées par la France.
À défaut de convention internationale, la double imposition est évitée par l'imputation des droits acquittés à l'étranger sur l'impôt exigible en France à raison des meubles et immeubles situés hors de France (CGI art. 784 A).

> **Précisions** Un **règlement européen**, applicable aux décès intervenus depuis le 17 août 2015, harmonise les règles de territorialité en matière de successions internationales, notamment dans le cas où le défunt et ses héritiers ne résidaient pas dans le même pays de l'Union européenne (Règl. 650/2012 du 4-7-2012). La loi qui s'applique est, par défaut, celle du pays de la dernière résidence habituelle du défunt mais le testateur peut choisir le droit de son pays d'origine. Un certificat successoral européen permet d'aider les héritiers à faire valoir leurs droits.

PRÉSOMPTIONS FISCALES DE PROPRIÉTÉ

22120 Fiscalement, dans les situations examinées ci-après, le défunt est réputé propriétaire des biens. Dans tous ces cas, la **preuve contraire** peut être apportée.

22121 **Biens appartenant en usufruit au défunt** Lorsque le défunt était usufruitier d'un bien, le nu-propriétaire de ce bien en réunit la pleine propriété sur sa tête du seul fait du décès. En principe, la réunion de l'usufruit à la nue-propriété ne donne ouverture à aucun droit de succession (CGI art. 1133).
Toutefois, les biens appartenant en usufruit au défunt et en **nue-propriété à ses héritiers** ou à leurs **descendants**, même renonçants ou exclus par testament, à ses donataires ou légataires ou encore à des personnes interposées (conjoint, descendants et père et mère du nu-propriétaire), sont réputés appartenir en pleine propriété au défunt (CGI art. 751).
La **présomption** de propriété ne concerne que l'usufruit au sens strict. Elle **ne s'applique pas** au décès de celui qui était titulaire d'un droit d'usage et d'habitation sur un bien immobilier. La présomption ne joue pas non plus lorsque le démembrement résulte (BOI-ENR-DMTG-10-10-40-10 n° 70) :
– d'une donation (donation simple ou donation-partage) de la nue-propriété régulièrement effectuée plus de trois mois avant le décès. En d'autres termes, la présomption ne joue que si le donateur est décédé dans les trois mois de la donation ;
– d'une donation par contrat de mariage sans condition de délai ;
– d'un héritage ou d'un legs par lequel l'usufruit a été attribué au défunt de son vivant et la nue-propriété à ses héritiers présomptifs.
Lorsqu'elle est applicable, il est possible de **faire échec à la présomption** en prouvant que le démembrement de propriété était réel et sincère. S'agissant d'une **vente**, l'héritier doit prouver qu'il a réellement acheté et payé le droit démembré avec ses fonds personnels ou avec des fonds qui lui ont été donnés, à condition que la donation ait été passée par acte notarié ou ait été enregistrée plus de trois mois avant le décès et que l'acte d'acquisition du bien mentionne cette origine. S'agissant d'une **donation** avec réserve d'usufruit (par hypothèse réalisée moins de trois mois avant le décès du donateur), il faut établir que le décès « prématuré » du donateur était imprévisible au moment de la donation (décès accidentel, par exemple). Cette preuve peut

par exemple être apportée par des **attestations de médecins** et des bilans médicaux établissant que l'état de santé de la donatrice « n'avait rien d'anormal » et par un **courrier** qu'elle avait adressé à son notaire d'où il résultait que la donation n'avait pas eu lieu de manière précipitée (CA Paris 6-6-2017 n° 14/25473 : RJF 10/17 n° 996).

> **Précisions** L'héritier peut faire valoir que la donation de la nue-propriété qui lui a été consentie est fiscalement inexistante en application de l'article 751 du CGI, afin d'obtenir la décharge totale des droits rappelés sur cette mutation (Cass. com. 1-3-2017 n° 15-14.170 F-D : RJF 6/17 n° 633). La **réclamation** en restitution des droits de donation payés lors d'une donation réputée fictive est ouverte jusqu'au 31 décembre de la deuxième année suivant la décision jugeant définitivement que les droits étaient indus (Cass. com. 14-10-2020 n° 18-17.880 F-D : BPAT 1/21 inf. 9). Si les droits de donation pris en charge par le donateur ne sont pas restitués, il y a une double imposition car seule la transmission par décès peut être taxée (CA Poitiers 12-10-2021 n° 21/00171 sur renvoi à la suite de l'arrêt de la chambre commerciale précité : BPAT 6/21 inf. 265).

Valeurs ayant appartenu au défunt Sont présumées appartenir au défunt les valeurs mobilières, parts sociales et créances dont il a eu la propriété, a perçu les revenus ou à raison desquelles il a effectué une **opération** quelconque **moins d'un an avant le décès** (CGI art. 752). Constituent notamment la preuve contraire les **retraits opérés sur le compte bancaire** du défunt. Ces retraits (même opérés moins d'un an avant le décès) n'ont donc pas à figurer dans l'actif successoral (sauf si l'administration établit que les fonds ont été conservés par le défunt jusqu'au jour du décès). 22122

ILLUSTRATIONS

L'administration fiscale rapporte la preuve de l'existence dans le patrimoine de la défunte, au jour de son décès, des sommes retirées d'un compte bancaire, au vu des circonstances suivantes (Cass. com. 12-10-2010 n° 09-68.401 F-D : RJF 2/11 n° 244) :
– le retrait litigieux a été effectué à une date proche du décès et son montant excédait notablement le train de vie habituel de la défunte, âgée de 91 ans, qui était propriétaire de sa maison et avait des revenus mensuels lui permettant d'assurer les dépenses de sa vie courante ;
– l'examen des comptes de l'intéressée ne révèle aucun remploi de la somme retirée au cours des quatre mois ayant précédé le décès ;
– les éléments présentés par l'héritière au soutien de l'affectation alléguée de ce retrait ne sont pas probants.

Comptes joints et coffres-forts Les titres, sommes ou valeurs faisant l'objet de **comptes indivis ou collectifs** avec solidarité sont présumés appartenir, sauf preuve contraire, conjointement aux déposants par parts égales (CGI art. 753). Il en est de même des sommes, titres ou objets trouvés dans un **coffre-fort** loué conjointement à plusieurs personnes (CGI art. 754). 22123

Immeuble et fonds de commerce Est réputé propriétaire : 22124
– d'un immeuble celui au nom duquel l'immeuble est inscrit au rôle de la taxe foncière et qui a effectué des paiements d'après ce rôle (CGI art. 1881) ;
– d'un fonds de commerce celui qui apparaît comme tel dans les actes ou écrits ou au nom duquel le fonds est inscrit au rôle des impôts locaux (contribution économique territoriale et taxes annexes) et qui a effectué des paiements en vertu de ce rôle, sauf preuve contraire (CGI art. 1882).

BIENS RECUEILLIS EN VERTU D'UNE CLAUSE DE TONTINE

En cas d'**acquisition en commun** d'un bien, les parties peuvent stipuler qu'au décès du ou des premiers décédés la part de ceux-ci reviendra aux survivants de sorte que le dernier survivant sera réputé propriétaire de la totalité du bien (clause dite d'accroissement ou pacte tontinier). 22130
Ce transfert de propriété est soumis aux **droits de succession** d'après le lien existant entre le défunt et le ou les bénéficiaires de l'accroissement, sur la valeur de la part transmise à chacun d'eux.
Par **exception**, ce régime d'imposition ne s'applique pas lorsque le bien acquis constitue l'**habitation principale commune** à deux acquéreurs et que la valeur globale de l'immeuble au moment du premier décès est inférieure à 76 000 € (CGI art. 754 A). Dans cette situation, la part transmise au survivant est passible des droits de vente d'immeubles, le bénéficiaire ayant toutefois la possibilité d'opter pour l'application des droits de succession si ce régime s'avère plus avantageux.

> **Précisions a.** Ces règles s'appliquent aux **contrats conclus depuis le 6 septembre 1979**. Pour les contrats conclus avant cette date, le droit de vente est applicable.
> **b.** Les **clauses** de tontine non insérées dans un contrat d'acquisition en commun, mais dans les **statuts d'une société**, ne donnent pas ouverture aux droits de succession mais au droit de vente (BOI-ENR-DMTG-10-10-10-10 n° 280).

C. Biens et personnes exonérés de droits de succession

22150 La loi prévoit un certain nombre d'exonérations liées soit à la qualité du défunt ou du successeur, soit à la nature des biens transmis. Certaines sont communes aux successions et aux donations. Seront examinées successivement :
– les exonérations de portée générale liées à la qualité du défunt ou du successeur (nos 22152 s.) ;
– les exonérations intéressant spécialement l'agriculture (nos 22230 s.) ;
– les exonérations destinées à favoriser la transmission des entreprises (nos 22260 s.) ;
– les autres exonérations liées à la nature des biens (nos 22290 s.).

1. EXONÉRATIONS LIÉES À LA QUALITÉ DU DÉFUNT OU DU SUCCESSEUR

SUCCESSIONS ENTRE ÉPOUX OU ENTRE PARTENAIRES D'UN PACS

22152 La part recueillie par le conjoint survivant ou par le partenaire de Pacs est totalement exonérée de droits de succession (CGI art. 796-0 bis).
Tout lien étant rompu entre **conjoints divorcés**, les libéralités accordées à un époux divorcé par son ex-conjoint supportent le tarif entre personnes non parentes. L'ex-conjoint divorcé bénéficie néanmoins de l'exonération à raison des donations à cause de mort consenties par contrat de mariage et des donations éventuelles consenties pendant le mariage, dès lors qu'elles ont été expressément maintenues au moment du divorce ou qu'elles sont réputées irrévocables (BOI-ENR-DMTG-10-20-10 n° 15).

SUCCESSIONS ENTRE FRÈRES ET SŒURS VIVANT ENSEMBLE

22153 Est totalement exonérée la part recueillie par chaque frère ou sœur du défunt à la triple condition (CGI art. 796-0 ter) :
– que le frère ou la sœur soit, au moment de l'ouverture de la succession, **célibataire, veuf, divorcé ou séparé de corps** ;
– qu'il soit, toujours au moment de l'ouverture de la succession, âgé de **plus de 50 ans ou atteint d'une infirmité** le mettant dans l'impossibilité de subvenir par son travail aux nécessités de l'existence ;
– qu'il ait été constamment **domicilié avec le défunt** pendant les cinq années ayant précédé le décès.

ILLUSTRATIONS

a. L'exonération peut être accordée lorsque le **logement** commun a été **quitté pour raison de santé** (hospitalisation, placement en maison médicalisée, etc.). La condition de cohabitation effective pendant cinq ans est alors appréciée en se plaçant à la date de ce départ (BOI-ENR-DMTG-10-20-10 n° 50).
b. Plusieurs cours d'appel ont validé l'exonération dans des cas où la cohabitation était prouvée mais le **bénéficiaire fiscalement domicilié à une adresse différente** (CA Aix-en-Provence 23-6-2015 n° 14/11066 : RJF 10/15 n° 856 ; CA Angers 24-5-2016 n° 13/02628 : RJF 10/16 n° 899).

AUTRES EXONÉRATIONS LIÉES À LA QUALITÉ DU DÉFUNT OU DU SUCCESSEUR

22160 Sont **notamment** exonérés :
– les rentes et indemnités versées au défunt en réparation de **dommages corporels** liés à un accident ou une maladie : la valeur nominale des rentes ou indemnités est déduite de l'actif successoral (CGI art. 775 bis) ;
– les **dons et legs consentis à l'État**, aux collectivités territoriales, aux établissements publics scientifiques, d'enseignement, d'assistance et de bienfaisance ainsi qu'aux établissements publics fonciers de l'État (CGI art. 1040, I) ;
– les **dons et legs consentis aux organismes, reconnus d'utilité publique**, dont les ressources sont affectées à des œuvres d'assistance et de bienfaisance, à la défense de l'environnement naturel ou à la protection des animaux, ainsi que ceux consentis aux **associations simplement déclarées** qui poursuivent un but exclusif d'assistance et de bienfaisance (CGI art. 795, 4°).

CAS PARTICULIERS

22170 **Assurance décès** Les **sommes** stipulées **payables lors du décès** de l'assuré à un bénéficiaire déterminé ou à ses héritiers ne font pas partie de la succession de l'assuré, quel que soit le degré de parenté existant entre ce dernier et le bénéficiaire (C. ass. art. L 132-12). Ces sommes sont donc en principe exonérées.

La portée de cette exonération est toutefois doublement limitée par des textes fiscaux.

a. D'une part, l'article 757 B du CGI soumet aux **droits de succession**, après application d'un abattement de 30 500 €, les **primes versées après le 70e anniversaire de l'assuré**, ainsi que les sommes dues à raison du décès, après l'âge de 70 ans, du titulaire d'un plan d'épargne retraite ayant donné lieu à l'adhésion à un contrat d'assurance de groupe.

En cas de **pluralité de contrats** conclus sur la tête d'un même assuré, il est tenu compte de l'ensemble des primes versées après les 70 ans de l'assuré pour l'appréciation de la limite de 30 500 €. En cas de **pluralité de bénéficiaires**, l'abattement de 30 500 € est réparti entre les bénéficiaires non exonérés de droits de succession en fonction de leur part dans les primes taxables.

Ce dispositif s'applique aux seuls contrats souscrits (ou ayant subi des modifications substantielles comme le changement d'assuré) depuis le 20 novembre 1991. Les contrats souscrits avant le 20 novembre 1991 ne donnent ouverture à aucun droit de mutation par décès.

b. D'autre part, les sommes dues par les sociétés d'assurance et assimilées au titre de primes versées depuis le 13 octobre 1998 sont soumises à un **prélèvement progressif**. Ce prélèvement est calculé sur la fraction de la valeur de rachat du contrat revenant à chaque bénéficiaire, déduction faite d'un **abattement** de 152 500 €. Le **taux** du prélèvement est de 20 % sur la fraction de part taxable de chaque bénéficiaire n'excédant pas 700 000 € et 31,25 % sur la fraction de part excédant cette limite (CGI art. 990 I).

Prenons l'**exemple** d'un capital décès de 2 000 000 € versé aux deux fils d'un assuré décédé en juillet 2024 (l'assuré avait moins de 70 ans lors du versement de la prime unique acquittée à la souscription du contrat en 2019).

Part revenant à chaque bénéficiaire : 1 000 000 €.

Part taxable : 1 000 000 € – 152 500 € = 847 500 €.

Montant du prélèvement : (700 000 € × 20 %) + (147 500 € × 31,25 %) = 186 094 €.

Sont **exclus** du champ d'application du prélèvement :

– les sommes versées à des bénéficiaires exonérés de droits de succession (conjoint survivant notamment) ;

– les contrats qui ne sont pas souscrits à titre gratuit (contrat souscrit pour garantir un emprunt, par exemple) ;

– les contrats de rente-survie ;

– les contrats d'assurance de groupe souscrits dans le cadre d'une activité professionnelle ;

– les sommes qui relèvent des droits de succession, c'est-à-dire celles correspondant aux primes versées au-delà de 70 ans dans le cadre de contrats souscrits depuis le 20 novembre 1991, ainsi que les sommes versées à raison du décès, après l'âge de soixante-dix ans, du titulaire d'un plan d'épargne retraite ayant donné lieu à l'adhésion à un contrat d'assurance de groupe.

> **Précisions a.** Le **prélèvement progressif** de 20 % puis de 31,25 % constitue une **taxation spécifique** et non pas des droits de succession. Il est précompté par les assureurs ou leur représentant (pour les organismes établis hors de France) et **versé au comptable des finances publiques** dans les quinze jours qui suivent la fin du mois au cours duquel les sommes ont été versées aux bénéficiaires.
> Pour l'application de l'abattement de 152 500 €, le bénéficiaire doit produire àl'assureur une **attestation** indiquant le montant de l'abattement déjà appliqué à des sommes reçues d'autres assureurs à raison du décès du même assuré.
> **b.** Les **bénéficiaires** des contrats d'assurance en cas de vie ou de décès doivent **déclarer** au décès de l'assuré dans le délai de la déclaration de succession tous les contrats d'assurance en vertu desquels des primes ont été versées après le soixante-dixième anniversaire de l'assuré (quel que soit le montant des primes versées, donc y compris si elles n'excèdent pas 30 500 €) (CGI ann. II art. 292 A).
> Les **assureurs** sont tenus de déclarer à l'administration, préalablement à tout versement, le dénouement des contrats (CGI art. 806, IV). Ils doivent également déclarer à l'administration, dans les 60 jours de la prise de connaissance du décès, les caractéristiques des contrats, le montant des primes versées après le soixante-dixième anniversaire de l'assuré ainsi que la répartition des sommes entre chacun des bénéficiaires pour chaque contrat (CGI ann. II art. 292 B).

Réversion d'usufruit Les réversions d'usufruit relèvent du régime des droits de succession (CGI art. 796-0 quater). 22175

Lorsque le bénéficiaire est le **conjoint survivant**, le partenaire d'un **Pacs** ou certains **frères et sœurs**, la réversion est exonérée puisque les successions concernées sont exonérées.

Pour les **autres bénéficiaires**, les droits de succession sont calculés en se plaçant à la date du décès de l'usufruitier précédent, en fonction du lien de parenté entre le stipulant et le bénéficiaire.

2. EXONÉRATIONS INTÉRESSANT L'AGRICULTURE

22230 Nous énumérons ci-après les exonérations qui intéressent spécialement le monde agricole, étant précisé que les conditions d'application de certaines de ces exonérations, sont examinées dans d'autres chapitres.

Sont ainsi exonérés de droits de succession (ou de donation), en principe à concurrence des trois quarts de leur valeur, sous certaines conditions et dans certaines limites :

– les **bois et forêts** (nos 22240 s.) ;
– les sommes déposées sur un **compte d'investissement forestier et d'assurance** (Cifa) (no 22252) ;
– les parts des **groupements forestiers** (nos 27040 s.) ;
– les biens loués par **bail rural à long terme** ou par **bail rural cessible hors du cadre familial** (nos 17200 s.) ;
– les parts de **groupements fonciers agricoles** (nos 26850 s.).

Est également exonérée la transmission par décès du bénéfice du **contrat de travail à salaire différé** (CGI art. 793, 1-6°). Pour le calcul des droits relatifs à la succession de l'exploitant, la créance de salaire différé constitue un passif successoral déductible (no 22450).

EXONÉRATION DES BOIS ET FORÊTS

22240 **Conditions** Les successions et donations intéressant les propriétés en nature de bois et forêts sont exonérées de droits de mutation à titre gratuit, à concurrence des trois quarts de leur valeur, à **condition** (CGI art. 793, 2-2°) :

– que les parties produisent avec la déclaration de succession (ou l'acte de donation) un **certificat** du directeur départemental des territoires (ou, dans les départements du littoral, du directeur départemental des territoires et de la mer) attestant que les bois et forêts sont susceptibles de présenter une des garanties de gestion durable prévues aux articles L 124-1 à L 124-4 et L 313-2 du Code forestier ;
– qu'elles prennent, pour elles et leurs ayants cause, l'**engagement** d'appliquer pendant trente ans à ces bois et forêts l'une des garanties de gestion durable précitées. Si, au moment de la mutation, aucune garantie de gestion durable n'est appliquée aux bois et forêts en cause, les parties s'engagent à présenter une telle garantie dans le délai de trois ans à compter de la mutation et de l'appliquer jusqu'à l'expiration du délai de trente ans. Dans cette situation, le bénéficiaire s'engage en outre à appliquer le régime d'exploitation normale prévu par le décret du 28-6-1930 aux bois et forêts pendant le délai nécessaire à la présentation de l'une des garanties de gestion durable.

En cas de **mutation par décès**, cet engagement doit être pris dans la déclaration de succession ou dans un document qui lui est indivisiblement annexé (BOI-ENR-DMTG-10-20-30-10 no 20).

Le bénéficiaire de l'exonération doit également communiquer tous les dix ans à compter du dépôt de la déclaration de succession (ou de la signature de l'acte de donation) à la direction départementale chargée de la forêt du lieu de situation de la propriété forestière, un **bilan de la mise en œuvre du document de gestion durable** mentionné à l'article L 122-3 du Code forestier (CGI ann. III art. 281 H bis). Ce bilan doit être conforme au modèle Cerfa 14350*03. Il consiste principalement en une liste des coupes et travaux prévus et réalisés au cours des dix dernières années.

> **Précisions a.** Chaque mutation à titre gratuit de bois et forêts bénéficiant de l'exonération partielle fait courir un **nouveau délai de trente ans** sans pour autant mettre fin à l'engagement pris par le précédent propriétaire et qui ne serait pas arrivé à son terme (BOI-ENR-DMTG-10-20-30-10 no 10).
>
> **b.** Lorsque des bois et forêts sont légués pour l'usufruit et pour la nue-propriété à **deux légataires différents**, le bénéfice de l'exonération est subordonné notamment à la condition que chacun des légataires prenne pour lui et ses ayants cause un des engagements visés ci-dessus (BOI-ENR-DMTG-10-20-30-10 no 80).
>
> **c.** L'exonération partielle n'est pas applicable en cas de **cession des bois et forêts** par les héritiers **avant le dépôt de la déclaration de succession** dès lors que le Trésor se trouve dans l'impossibilité de prendre l'hypothèque légale sur ces biens (voir no 22250) (Cass. com. 4-1-1994 no 91-20.091 : RJF 4/94 no 494) et que les héritiers ne peuvent pas prendre l'engagement de gestion durable à l'appui de la déclaration de succession (CA Reims 8-6-2021 no 19/02446 : BPAT 4/21 inf. 177). Le régime de faveur est toutefois applicable si les héritiers n'ont procédé qu'à une cession partielle, la valeur des biens restés en leur possession étant suffisante pour garantir la créance du Trésor (Cass. com. 5-10-1982 no 80-16.672 : RJF 3/83 no 478).
>
> **d.** Doivent en principe être gérés conformément à un **plan simple de gestion** agréé les bois et forêts constitués soit d'une parcelle

forestière d'un seul tenant d'une surface égale ou supérieure à **20 hectares**, soit d'un ensemble de parcelles forestières d'une surface totale égale ou supérieure à 20 hectares appartenant à un même propriétaire, situées dans une même zone géographique définie par décret (C. for. art. L 312-1 dans sa version modifiée par loi 2023-580 du 10-7-2023 art. 30). En deçà de 20 hectares, le plan simple de gestion est facultatif et le bénéficiaire peut adhérer à un règlement type de gestion ou à un code des bonnes pratiques sylvicoles.

Déchéance du régime de faveur La **rupture de l'engagement d'exploitation** des bois et forêts entraîne en principe la perception du **complément des droits** de succession ou de donation non perçus à l'origine et d'un droit supplémentaire égal respectivement à 30 %, 20 % et 10 % du complément selon que le manquement est constaté avant l'expiration de la dixième, de la vingtième ou de la trentième année suivant la transmission (CGI art. 1840 G, II). 22245

Lorsque le manquement porte sur une **partie des biens**, le rappel du complément et du supplément de droit d'enregistrement est effectué seulement à concurrence du rapport entre la superficie sur laquelle le manquement a été constaté et la superficie totale des biens sur lesquels l'engagement a été souscrit, l'engagement se poursuivant sur les autres biens (CGI art. 1840 G, III).

Le complément de droits est assorti de l'**intérêt de retard** au taux de 0,20 % par mois pour les cinq premières annuités ; ce taux est réduit respectivement d'un cinquième, d'un quart ou d'un tiers (soit un intérêt de retard de 0,16 %, 0,15 % ou 0,133 % par mois) selon que le manquement est constaté avant l'expiration de la dixième, de la vingtième ou de la trentième année suivant la transmission (CGI art. 1727, IV-7).

> **Précisions a.** Si les bois et forêts sont **vendus ou donnés à l'État**, aux collectivités territoriales ou organismes mentionnés à l'article 1042 du CGI (établissements publics fonciers, notamment) ou à des établissements ou des sociétés en vue de la réalisation d'équipements d'intérêt public, l'engagement est réputé définitivement satisfait à concurrence d'une fraction de la valeur des biens exonérée déterminée par le rapport entre la superficie des biens objet de la transmission et la superficie totale des biens pour lesquels l'engagement a été souscrit (BOI-ENR-DMTG-10-20-30-10 n° 30).
b. La **vente** des bois et forêts **après l'obtention du régime de faveur** et avant l'expiration du délai d'exploitation de trente ans n'est pas en soi une cause de déchéance de l'exonération partielle ; mais, il y a déchéance du régime en cas d'infraction à l'engagement d'exploitation commise par l'acquéreur (sauf par l'État ou les organismes visés ci-dessus), les droits complémentaire et supplémentaire sont alors réclamés aux héritiers ou donataires qui avaient pris l'engagement d'exploitation normale pour bénéficier de l'avantage fiscal (Cass. com. 11-6-2013 n° 12-19.890 : RJF 10/13 n° 982, décision rendue en matière d'ISF mais transposable aux droits de mutation à titre gratuit ; BOI-ENR-DMTG-10-20-30-10 n° 95). Il est donc conseillé en pratique d'exiger de l'acquéreur, au moment de la vente, qu'il poursuive cet engagement, sous peine d'engager sa responsabilité vis-à-vis du vendeur.

Hypothèque légale du Trésor Pour garantir le paiement des droits complémentaire et supplémentaire exigibles en cas de rupture de l'engagement d'exploitation, le Trésor possède une hypothèque légale sur les bois et forêts transmis. Il ne peut être donné **mainlevée** de l'hypothèque légale avant l'expiration du délai de trente ans, à moins que l'acquéreur n'acquitte les droits complémentaire et supplémentaire. 22250

En cas de **cession à l'État** ou aux collectivités territoriales ou organismes mentionnés à l'article 1042, I du CGI, ou à des établissements ou des sociétés en vue de la réalisation d'équipements d'intérêt public, l'hypothèque légale s'éteint de plein droit (LPF art. L 269, III).

Les inscriptions d'hypothèques requises par l'État sont dispensées de **taxe de publicité foncière** (CGI art. 845, 1°) ; toutefois, celle-ci devient exigible en cas de déchéance du régime de faveur.

EXONÉRATION DU COMPTE D'INVESTISSEMENT FORESTIER ET D'ASSURANCE

Les successions et les donations de sommes déposées sur un compte d'investissement forestier et d'assurance (Cifa) mentionné aux articles L 352-1 à L 352-5 du Code forestier sont exonérées de droits, à concurrence des trois quarts de leur montant, à la **double condition** (CGI art. 793, 3) : 22252

– qu'il soit produit un certificat du directeur départemental des territoires (ou du directeur départemental des territoires et de la mer dans les départements du littoral) attestant que les bois et forêts appartenant au titulaire du compte sont susceptibles de présenter une des garanties de gestion durable prévues à l'article L 124-1 du Code forestier ;

– que les héritiers ou légataires (ou donataires) prennent pour eux et leurs ayants cause l'engagement d'employer pendant 30 ans les sommes déposées sur le Cifa pour financer des travaux de reconstitution forestière à la suite de la survenance d'un sinistre naturel d'origine sanitaire, climatologique, météorologique ou lié à l'incendie, ou des travaux de prévention de tels sinistres. Les

sommes peuvent également être utilisées au titre d'une année, dans la limite de 30 % des sommes déposées sur le compte, pour procéder à des travaux forestiers de nature différente ou pour le financement d'un document de gestion durable prévu à l'article L 122-3, 2° du Code forestier.
En cas de mutation par décès, l'engagement doit être pris dans la déclaration de succession ou dans un document qui lui est indivisiblement annexé (BOI-ENR-DMTG-10-20-30-10 n° 164).
Afin de **justifier** du respect des conditions d'ouverture et de fonctionnement du Cifa, le titulaire du compte tient à la disposition de l'administration fiscale et des agents des services déconcentrés de l'État chargés de la forêt certains documents (notamment, copie du titre de propriété des forêts, engagement d'appliquer une garantie de gestion durable, contrat d'assurance couvrant la surface forestière détenue, notamment contre le risque de tempête, etc.). Ces pièces doivent être conservées par le titulaire du compte pendant un délai de six ans à compter de la date de réalisation des dépôts et retraits (C. for. art. D 352-2 modifié par décret 2024-548 du 15-6-2024 art. 2).
La **rupture de l'engagement** est sanctionnée (partiellement en cas de rupture partielle) par le paiement du complément de droits de succession ou de donation non perçus et d'un droit supplémentaire égal respectivement à 30 %, 20 % et 10 % du complément selon que le manquement est constaté avant l'expiration de la dixième, de la vingtième ou de la trentième année suivant la transmission (CGI art. 1840 G, II bis). L'intérêt de retard s'ajoute au droit supplémentaire. Pour la garantie de ces droits, l'État dispose de l'hypothèque légale prévue à l'article L 269 du LPF (n° 22250).

> **Précisions a.** L'**ouverture du Cifa** est réservée aux propriétaires de bois et forêts (personne physique, groupement forestier ou société d'épargne forestière) s'engageant à y appliquer l'une des garanties de gestion durable et ayant souscrit pour tout ou partie de la surface forestière détenue une assurance couvrant notamment les risques de tempête ou d'incendie (C. for. art. L 352-1 dans sa rédaction issue de la loi 2023-580 du 10-7-2023 visant à renforcer la prévention et la lutte contre l'intensification et l'extension du risque incendie dont les dispositions s'appliquent depuis le 12-7-2023 ; en pratique, les propriétaires de bois et forêts assurés notamment contre le risque incendie peuvent ouvrir un Cifa depuis le 12-7-2023). Il ne peut être ouvert qu'un seul Cifa par propriétaire forestier (BOI-ENR-DMTG-10-20-30-10 n° 161).
> **b.** Le **montant des dépôts** autorisés est **limité** à 2 500 € par hectare de forêt assuré (C. for. art. L 352-2, al. 1er). À compter de la cinquième année d'ouverture du Cifa, le montant des dépôts autorisés est porté à 5 000 € par hectare de forêt assuré (C. for. art. L 352-2, al. 2 dans sa rédaction issue de la loi 2023-580 du 10-7-2023 précitée ; en pratique, cette disposition permet aux détenteurs d'un Cifa ouvert depuis au moins cinq ans à la date du 12-7-2023 de déposer jusqu'à 5 000 € par hectare assuré sur leur compte).
> **c.** À l'exception du premier dépôt plafonné à 2 000 €, le **compte** est **exclusivement alimenté par** des produits de coupe issus de l'exploitation des parcelles en nature de bois et forêts appartenant au titulaire du compte.

EXONÉRATION DES ESPACES NATURELS PROTÉGÉS

22255 Les successions et les donations entre vifs intéressant les **propriétés non bâties autres qu'en nature de bois et forêts** incluses dans certains espaces naturels protégés (sites Natura 2000, parcs nationaux, réserves naturelles, sites classés et espaces naturels remarquables du littoral) sont exonérées de droits de mutation à titre gratuit, à concurrence des trois quarts de leur montant, à la double condition (CGI art. 793, 2-7°) :
– qu'il soit produit un certificat du directeur départemental des territoires (ou, dans les départements du littoral, du directeur départemental des territoires et de la mer) attestant que les propriétés concernées font l'objet d'un **engagement de gestion** conforme aux objectifs de conservation de ces espaces ;
– que les héritiers ou légataires (ou donataires) prennent pour eux et leurs ayants cause l'engagement d'appliquer **pendant 18 ans** aux espaces naturels concernés des garanties de gestion conformes aux objectifs de conservation de ces espaces.

> **Précisions a.** La **rupture de l'engagement** entraîne (partiellement en cas de rupture partielle) l'exigibilité du complément de droit et d'un droit supplémentaire égal respectivement à 30 % du complément lorsque le manquement est constaté avant l'expiration de la dixième année et à 20 % au-delà de cette période (CGI art. 1840 G, II et III). Le complément de droit est assorti de l'intérêt de retard au taux de 0,20 % pour les cinq premières annuités, puis réduit pour les annuités suivantes d'un cinquième ou d'un quart selon que le manquement est constaté à l'expiration de la dixième année suivant la transmission ou au-delà (CGI art. 1727, IV-7°).
> **b.** En cas de **transmission** (à titre gratuit ou à titre onéreux) des **biens à l'État**, aux collectivités territoriales ou organismes mentionnés à l'article 1042 du CGI ou à des établissements ou des sociétés en vue de la réalisation d'équipements d'intérêt public, l'exonération est définitivement acquise.
> **c.** Cette exonération ne peut pas se **cumuler** avec une **autre exonération** en matière de droits de mutation à titre gratuit.

3. EXONÉRATION DES TRANSMISSIONS D'ENTREPRISES

Les transmissions par décès et les donations de titres de sociétés ou d'entreprises individuelles peuvent sous certaines conditions être **exonérées** des droits de succession ou de donation, à concurrence des **trois quarts de leur valeur**. 22260
Ce dispositif a une portée générale puisqu'il profite à toutes les entreprises quelle que soit leur activité, y compris donc les sociétés et exploitations agricoles, étant rappelé qu'il est prévu des régimes spéciaux, en général plus favorables, pour les transmissions de parts de certains groupements agricoles.
En cas de donation, les droits calculés sur la fraction taxable de l'entreprise ou des titres transmis bénéficient d'une **réduction** si le donateur a moins de 70 ans (n° 22874).

PARTS OU ACTIONS DE SOCIÉTÉS

Transmissions exonérées Les transmissions par décès et les donations (y compris les donations d'usufruit ou avec réserve d'usufruit) de parts ou actions de sociétés ayant fait l'objet d'un engagement collectif de conservation (**pacte Dutreil**) sont exonérées de droits de mutation à titre gratuit à concurrence des **trois quarts** de leur valeur, sans limitation de montant (CGI art. 787 B). 22265
Cette exonération partielle s'applique aux transmissions de parts ou actions de sociétés (quel que soit leur régime fiscal) dont l'**activité principale** est industrielle, commerciale, au sens des articles 34 et 35 du CGI, artisanale, **agricole** ou libérale, qui ont fait l'objet d'un engagement collectif ou unilatéral de conservation. Sont exclues les sociétés ayant une activité de gestion de son propre patrimoine mobilier ou immobilier à l'exception des sociétés **holdings animatrices** de leur groupe c'est-à-dire des sociétés qui, outre la gestion d'un portefeuille de participations, ont pour activité principale la participation active à la conduite de la politique de leur groupe constitué de sociétés contrôlées directement ou indirectement, exerçant une activité opérationnelle auxquelles elles rendent, le cas échéant et à titre purement interne, des services spécifiques, administratifs, juridiques, comptables, financiers et immobiliers (CGI art. 787 B dans sa version issue de la loi 2023-1322 du 29-12-2023 art. 23 applicable aux transmissions intervenues depuis le 17-10-2023).
Cette exonération partielle s'applique également aux transmissions de parts ou actions de **sociétés interposées**. Il s'agit des parts ou actions de sociétés détenant soit directement (simple degré d'interposition), soit indirectement par l'intermédiaire d'une autre société (double degré d'interposition), une participation dans la société dont les titres font l'objet de l'engagement (collectif ou unilatéral) de conservation. Dans ce dernier cas, l'exonération partielle porte sur la valeur des droits sociaux de la société détenus directement par le redevable dans la limite de la fraction de la valeur de l'actif brut de celle-ci représentative de la participation directe ou indirecte ayant fait l'objet de l'engagement de conservation.

> **Précisions a.** Le **caractère prépondérant de l'activité** industrielle, commerciale, artisanale, **agricole** ou libérale s'apprécie en considération d'un faisceau d'indices déterminés d'après la nature de l'activité et les conditions de son exercice (CE 23-1-2020 n° 435562 : RJF 4/20 n° 405 ; Cass. com. 14-10-2020 n° 18-17.955 FS-PB : RJF 1/21 n° 92). À titre de règle pratique, l'administration admet qu'une société exerce une activité industrielle, commerciale, artisanale, agricole ou libérale de façon prépondérante lorsque le chiffre d'affaires procuré par cette activité représente au moins 50 % du montant de son chiffre d'affaires total et que la valeur vénale de l'actif brut immobilisé et circulant affecté à cette activité représente au moins 50 % de la valeur vénale de son actif brut total. Si une société exerce plusieurs activités de nature industrielle, commerciale, artisanale, agricole ou libérale, il est tenu compte de l'ensemble de ces activités pour l'appréciation de leur caractère prépondérant (BOI-ENR-DMTG-10-20-40-10 n° 20).
>
> **b.** Au sens de la définition des **sociétés holding animatrices**, le contrôle de la holding sur ses filiales s'apprécie au regard, d'une part, du pourcentage de capital détenu et des droits de vote et, d'autre part, de la structure de l'actionnariat, et non des dispositions de l'article L 233-3 du Code de commerce (BOI-ENR-DMTG-10-20-40-10 n° 55).
>
> Quant au **caractère principal** de l'**activité d'animation** de groupe, il doit être retenu notamment lorsque la valeur vénale des actifs affectés à cette activité, parmi lesquels les titres des filiales animées exerçant une activité industrielle, commerciale, artisanale, agricole ou libérale, les biens mis à leur disposition ou affectés aux prestations de service délivrées au sein du groupe et la trésorerie affectée à l'activité du groupe, représente plus de la moitié de l'actif total de la société holding (Cass. com. 11-10-2023 n°s 21-24.760 F-D, 21-24.761 F-D, 21-24.762 F-D et 21-24.763 F-D : RJF 2/24 n° 178).

22267 **Conditions** L'exonération est subordonnée aux conditions suivantes.

a. La société dont les titres sont transmis doit **exercer une activité** industrielle, commerciale, artisanale, **agricole** ou libérale pendant toute la durée des engagements collectif ou unilatéral et individuel de conservation (CGI art. 787 B, c bis issu de loi 2022-1157 du 16-8-2022 art. 8 dont les dispositions s'appliquent aux transmissions intervenues depuis le 18-7-2022 ainsi qu'à celles intervenues avant cette date lorsque l'un des engagements de conservation est en cours et que la société n'a pas cessé d'exercer une activité opérationnelle).

b. Les titres transmis doivent avoir fait l'objet d'un **engagement collectif ou unilatéral de conservation** d'une durée minimale de deux ans à compter de l'enregistrement de l'acte le constatant (à compter de la date de l'acte s'il s'agit d'un acte authentique). Cet engagement doit en principe être en cours à la date de la transmission. Il est pris par le défunt ou le donateur pour lui et ses ayants cause à titre gratuit, seul ou avec un ou plusieurs autres associés, personnes physiques ou morales.

Dans le cas d'**interposition de sociétés**, l'engagement est souscrit par la société qui détient directement la participation dans la société dont les titres font l'objet de l'engagement collectif de conservation. Le bénéfice de l'exonération est alors subordonné à la condition que les participations soient conservées inchangées à chaque niveau d'interposition pendant toute la durée de l'engagement collectif, le régime de faveur n'étant toutefois pas remis en cause en cas d'augmentation de la participation détenue par les sociétés interposées (sous réserve que les associés conservent un nombre de titres au moins égal à celui qu'ils possédaient au moment de la signature et que les seuils minimums de droits financiers et de droits de vote exposés ci-après continuent d'être respectés). Les participations doivent également être conservées inchangées durant la période d'engagement individuel (CGI art. 787 B, c).

L'engagement de conservation des titres doit **porter sur** au moins 17 % des droits financiers et 34 % des droits de vote attachés aux titres émis par la société (10 % et 20 % de ces mêmes droits dans les sociétés cotées).

Ces pourcentages doivent être respectés tout au long de la durée de l'engagement de conservation des titres.

L'engagement collectif ou unilatéral de conservation est **réputé acquis** lorsque le défunt (ou le donateur), seul ou avec son conjoint, partenaire de Pacs ou concubin notoire, détient, directement ou indirectement (dans la limite de deux niveaux d'interposition : BOI-ENR-DMTG-10-20-40-10 n° 230), depuis deux ans au moins le quota de titres requis pour la conclusion de cet engagement et que l'un d'eux exerce dans la société depuis plus de deux ans son activité principale ou, lorsque la société est soumise à l'IS, l'une des fonctions de direction énumérées n° 31340.

En l'absence d'engagement pris avant la transmission par décès, l'engagement peut encore être conclu dans les six mois du décès par un ou des héritiers ou légataires entre eux ou avec d'autres associés (y compris avec une société interposée : BOI-ENR-DMTG-10-20-40-10 n° 220) (**engagement post mortem**).

c. Au moment de la transmission, chacun des héritiers, donataires ou légataires doit prendre l'**engagement individuel**, pour lui et ses ayants cause à titre gratuit, de conserver les titres reçus pendant une période de quatre ans à compter de l'expiration de l'engagement collectif ou unilatéral de conservation des titres, sauf s'il est réputé acquis. L'engagement doit être pris dans la déclaration de succession ou l'acte de donation (ou dans un acte faisant l'objet d'un enregistrement séparé) ; il ne peut pas l'être dans un acte ultérieur (Cass. com. 16-4-2013 n° 12-17.432 : RJF 8-9/13 n° 880). Lorsque l'engagement collectif est réputé acquis, en cas de donation, l'engagement individuel débute à la date de l'enregistrement de l'acte qui le constate (à la date de l'acte s'il est établi par acte authentique) ; en cas de transmission par décès, l'engagement individuel commence au jour du décès (BOI-ENR-DMTG-10-20-40-10 n° 370).

Prenons l'exemple de trois associés d'une société qui par acte enregistré le 12 mars 2024 ont pris l'engagement de conserver au moins pendant deux ans (soit jusqu'au 12 mars 2026) 35 % du capital de cette société.

En cas de décès de l'un des associés le 15 avril 2025, ses héritiers peuvent bénéficier de l'exonération partielle s'ils poursuivent l'engagement pris par le défunt jusqu'au 12 mars 2026 et prennent l'engagement de conserver les titres qui leur sont transmis jusqu'au 12 mars 2030.

d. L'un des héritiers ou légataires (ou donataires) ayant pris l'engagement individuel de conservation, ou l'un des associés signataires de l'engagement collectif ou unilatéral de conservation des titres même s'il a transmis la totalité de ses titres, **doit exercer dans la société** pendant la durée de l'engagement collectif et pendant les trois années qui suivent la transmission :

– s'il s'agit d'une société de personnes, son activité principale,

– s'il s'agit d'une société soumise à l'IS, l'une des fonctions de direction énumérées n° 31340.

En cas de **transmission par décès**, l'exercice des fonctions de direction doit débuter statutairement et effectivement dans les six mois suivant le décès ; le point de départ du délai pendant lequel les fonctions de direction doivent être exercées est reporté à la date de prise des fonctions. En présence d'héritiers ou de légataires qui ne sont pas en mesure de poursuivre effectivement l'exploitation, il est admis qu'un mandataire puisse être désigné (BOI-ENR-DMTG-10-20-40-20 n° 70). Il n'est pas nécessaire que les fonctions de direction soient exercées par la même personne (BOI-ENR-DMTG-10-20-40-10 n° 275).

En cas de conclusion d'un **engagement « post mortem »**, l'obligation d'exercice d'une fonction de direction débute à compter de la signature de l'engagement collectif ou unilatéral (pour un acte authentique) ou de son enregistrement (pour un acte sous signature privée).

En présence d'un **engagement collectif réputé acquis**, la fonction de direction doit, postérieurement à la transmission, être exercée par l'un des héritiers, donataires ou légataires mais cela n'exclut pas que le donateur exerce également une autre fonction de direction (BOI-ENR-DMTG-10-20-40-10 n° 395).

> **Précisions a.** Avant la transmission, les **associés de l'engagement collectif** de conservation sont expressément autorisés à effectuer **entre eux** des **cessions ou donations** des titres soumis à l'engagement. Cette faculté leur est ouverte même après le décès d'un associé signataire et au profit des héritiers de celui-ci, qu'ils aient ou non bénéficié du régime de faveur.
b. Les associés de l'engagement collectif de conservation peuvent admettre un **nouvel associé** dans l'engagement collectif à condition que cet engagement soit reconduit pour une durée minimale de deux ans.
c. L'**engagement individuel** des héritiers ou des donataires peut ne porter que sur une partie des titres transmis, l'exonération partielle ne s'appliquant qu'à ces titres (BOI-ENR-DMTG-10-20-40-10 n° 360).
d. Les transmissions de parts ou actions réalisées en pleine propriété à **un fonds de pérennité** peuvent également bénéficier de l'exonération partielle (CGI art. 787 B, al. 1).
e. Pour les **donations avec réserve d'usufruit**, les droits de vote de l'usufruitier doivent statutairement être limités aux décisions concernant l'affectation des bénéfices.

Obligations déclaratives La **déclaration de succession** ou de don manuel (ou l'acte de **donation**) doit être accompagnée de l'**attestation** de la société dont les titres font l'objet de l'engagement collectif de conservation certifiant que cet engagement est en cours lors de la transmission et qu'il a porté jusqu'à cette date sur le quota de titres ouvrant droit à l'exonération. Une **copie de l'engagement** collectif de conservation doit également être jointe à la déclaration de succession (ou à l'acte de donation). **22268**

À compter de la transmission, sur demande de l'administration, l'héritier ou le légataire (ou le donataire) doit produire dans les trois mois de cette demande une attestation établie par la société certifiant que l'ensemble des conditions d'application du dispositif ont été respectées de manière continue depuis la date de la transmission. Dans un délai de trois mois à compter du terme de l'engagement individuel, chacun des héritiers ou légataires (ou donataires) est, par ailleurs, tenu d'adresser à l'administration une attestation, que la société lui transmet, certifiant que l'ensemble des conditions d'application du dispositif ont été respectées jusqu'à leur terme.

En cas de **détention indirecte** des titres, chacune des sociétés composant la chaîne de participations doit s'il y a lieu (demande expresse de l'administration ou terme de l'engagement individuel) transmettre aux personnes soumises aux engagements de conservation, une attestation certifiant du respect, à son niveau, des obligations de conservation.

Remise en cause de l'exonération partielle En cas de **non-respect de l'engagement collectif ou unilatéral** de conservation des titres, tous les héritiers ou légataires (ou donataires) doivent, en principe, acquitter le complément de droits de mutation à titre gratuit majoré de l'intérêt de retard de 0,20 % par mois (CGI art. 1840 G ter). Toutefois, en cas de cession des parts ou actions, les ayants cause à titre gratuit des autres signataires échappent à la remise en cause s'ils conservent leurs titres jusqu'au terme initialement prévu et que les seuils de détention restent atteints ou si le cessionnaire s'associe à l'engagement à raison des titres cédés afin que les seuils demeurent respectés, sous réserve, dans ce dernier cas, que l'engagement soit reconduit pour une durée minimale de deux ans. Par ailleurs, en cas de cession ou de donation d'une partie seulement des parts ou actions transmises, l'exonération partielle n'est remise en cause à l'égard du cédant ou du donateur qu'à hauteur des seules parts ou actions cédées ou données si le cessionnaire ou le donataire est un autre associé du pacte (signataire de l'engagement ou l'un de ses ayants cause à titre gratuit sur les titres reçus de ce dernier : BOI-ENR-DMTG-10-20-40-20 n° 50). **22270**

ATTENTION

La **cession après transmission** à titre gratuit par le donataire durant l'engagement collectif de conservation des titres qu'il a reçus, fût-ce au profit d'un associé lié par cet engagement, rend impossible le respect de l'engagement individuel de conservation. L'exonération partielle dont le cédant a bénéficié est, par suite, remise en cause (Cass. com. 29-11-2023 n° 21-25.329 FB : RJF 3/24 n° 265).

En cas de **non-respect de la condition liée à l'exercice d'une activité** principale ou d'une fonction de direction, tous les héritiers ou légataires (ou donataires) sont tenus d'acquitter le complément de droits de mutation à titre gratuit majoré de l'intérêt de retard.
En cas de **non-respect** par un héritier, légataire ou donataire (ou, le cas échéant, par ses ayants cause à titre gratuit) **de son engagement individuel** de conservation des titres, celui-ci (ou ses ayants cause à titre gratuit) est tenu d'acquitter le complément de droits de mutation à titre gratuit majoré de l'intérêt de retard (CGI art. 1840 G ter).

› **Précisions** Le régime de faveur n'est pas remis en cause notamment :
– en cas d'annulation de titres pour cause de pertes ou de **liquidation judiciaire** de la société transmise ;
– sous certaines conditions, en cas d'**apport** des titres de la société exploitante à une **société holding** constituée à cet effet et détenue à hauteur de 75 % au moins du capital par les héritiers ou légataires (ou donataires) ayant souscrit l'engagement individuel de conservation (CGI art. 787 B, f) ;
– en cas de **donation** des titres avant leur transmission sous le bénéfice de l'exonération partielle. Le donataire est alors réputé signataire de l'engagement et tenu de respecter l'obligation de conservation qui en découle jusqu'à son terme (BOI-ENR-DMTG-10-20-40-20 n° 11).

ENTREPRISE INDIVIDUELLE

22275 Les transmissions par décès et les donations (y compris les donations d'usufruit ou avec réserve d'usufruit) de biens meubles et immeubles corporels ou incorporels affectés à l'exploitation d'une entreprise individuelle (notamment agricole) sont exonérées de droits de mutation à titre gratuit à concurrence des **trois quarts** de leur valeur lorsque les conditions suivantes sont remplies (CGI art. 787 C) :
– l'entreprise doit avoir été détenue pendant deux ans par le défunt (ou le donateur) si celui-ci l'avait acquise à titre onéreux. Aucune **durée de détention** n'est en revanche exigée en cas d'acquisition à titre gratuit ou en cas de création par le défunt ou donateur. L'exploitation de l'entreprise par le défunt au jour de son décès n'est pas nécessaire (Cass. com. 10-9-2013 n° 12-21.140 : RJF 12/13 n° 1180 ; BOI-ENR-DMTG-10-20-40-40 n° 30) ;
– chacun des héritiers ou donataires doit prendre, dans la déclaration de succession ou l'acte de donation, pour lui et ses ayants cause à titre gratuit, l'**engagement de conserver pendant quatre ans** à compter de la transmission l'ensemble des biens affectés à l'exploitation de l'entreprise ;
– l'un des héritiers, légataires ou donataires ayant pris l'engagement de conservation doit effectivement **poursuivre pendant trois ans l'exploitation** de l'entreprise, sous la forme individuelle ou sociétaire. L'administration n'exige plus, depuis la mise à jour du BOI-DMTG-10-20-40-40 du 30 mai 2024, qu'il y exerce effectivement à titre habituel et principal son activité.
L'activité principale de l'entreprise individuelle doit être industrielle, commerciale, au sens des articles 34 et 35 du CGI, artisanale, agricole ou libérale, à l'exclusion de toute **activité de gestion de son propre patrimoine** mobilier ou immobilier (BOI-DMTG-10-20-40-40 n° 15).

ATTENTION

Si l'**inscription au bilan** des biens meubles et immeubles, corporels ou incorporels en font présumer le caractère affecté à l'exploitation de l'entreprise, l'administration peut rapporter la preuve qu'ils ne sont pas nécessairement et effectivement affectés à celle-ci (BOI-DMTG-10-20-40-40 n° 10). Ainsi, jugé que des **liquidités et des valeurs mobilières inscrites à l'actif** d'une exploitation agricole qui ne sont pas nécessaires à l'exercice de l'activité ne peuvent pas bénéficier de l'exonération lors de leur transmission (Cass. com. 9-2-2022 n° 20-10.753 F-D : RJF 5/22 n° 504).

22277 Chacun des héritiers, donataires ou légataires doit joindre à sa **déclaration de succession** ou de don manuel ou à l'acte de donation l'engagement de conservation des biens ainsi qu'une attestation certifiant que la condition tenant à la durée de détention de l'entreprise est remplie. Par ailleurs, **sur demande de l'administration** ainsi qu'au terme de l'engagement, l'héritier, le donataire ou le légataire doit adresser au service des impôts une attestation certifiant que l'engagement de conservation des biens et l'obligation de poursuite de l'exploitation ont été respectés depuis la date de transmission et jusqu'à la date de la demande ou jusqu'au terme de ces obligations. Cette attestation doit être produite dans les trois mois de la demande ou du terme de l'engagement (CGI ann. II art. 294 quater).

En cas de **non-respect de l'engagement de conservation des biens** par un héritier, légataire ou donataire (ou le cas échéant par ses ayants cause à titre gratuit), celui-ci (ou ses ayants cause à titre gratuit) est tenu d'acquitter le complément de droits de mutation à titre gratuit majoré de l'intérêt de retard de 0,20 % par mois (CGI art. 1840 G ter). 22280

En cas de **non-respect de la condition liée à la poursuite de l'exploitation**, tous les héritiers ou légataires ou donataires sont tenus d'acquitter le complément de droits et l'intérêt de retard.

> **Précisions** Le régime de faveur n'est pas remis en cause lorsque l'engagement de conservation des biens n'est pas respecté par suite d'une **donation** à condition que le ou les donataires soient le ou les descendants du donateur et qu'il(s) poursuive(nt) l'engagement de conservation jusqu'à son terme (CGI art. 787 C, d).

4. AUTRES EXONÉRATIONS LIÉES À LA NATURE DES BIENS

EXONÉRATIONS PARTIELLES TEMPORAIRES POUR LA PREMIÈRE MUTATION D'IMMEUBLES

Immeubles acquis neufs entre le 1-6-1993 et le 31-12-1994 ou entre le 1-8-1995 et le 31-12-1995 La **première transmission** à titre gratuit de logements acquis neufs entre le 1er juin 1993 et le 31 décembre 1994 ou entre le 1er août 1995 et le 31 décembre 1995 bénéficie d'une exonération partielle de droits de mutation à titre gratuit (abattement de 46 000 € par part) sous certaines **conditions** (CGI art. 793, 2-4° et 5° et art. 793 ter). 22290

Cet avantage est réservé aux immeubles qui ont été affectés de façon exclusive et continue à l'**habitation principale** pendant :
– au moins cinq ans depuis l'acquisition, pour les immeubles acquis neufs entre le 1er juin 1993 et le 31 décembre 1994 ;
– au moins deux ans depuis l'acquisition, pour les immeubles acquis neufs entre le 1er août 1995 et le 31 décembre 1995. Dans ce cas, le **bénéficiaire** de la transmission à titre gratuit doit prendre l'**engagement** de ne pas affecter les immeubles à un autre usage que l'habitation (principale ou secondaire) pendant au moins trois ans à compter de la transmission.

Immeubles locatifs acquis entre le 1-8-1995 et le 31-12-1996 Les immeubles d'habitation et les garages acquis sous le régime des droits d'enregistrement (immeubles achevés depuis plus de cinq ans notamment) entre le 1er août 1995 et le 31 décembre 1996 bénéficient, lors de leur **première mutation** à titre gratuit, d'une exonération partielle de droits (à concurrence des 3/4 de la valeur de l'immeuble, plafonnée à 46 000 € par part) (CGI art. 793, 2-6°, 793 ter et 793 quater). 22300

Pour bénéficier de l'exonération, les immeubles doivent, dans les six mois de leur acquisition, avoir été donnés en location pendant au moins neuf ans à une personne autre qu'un membre du foyer fiscal, un ascendant ou un descendant du propriétaire qui les a affectés de manière exclusive et continue à son **habitation principale**, la location devant avoir été consentie dans le secteur intermédiaire (plafonds de loyers et de ressources du locataire).

Immeubles dont les titres de propriété ont été reconstitués entre le 1-10-2014 et le 31-12-2027 Les immeubles et droits immobiliers dont le titre de propriété a été reconstitué par un acte régulièrement transcrit ou publié entre le 1er octobre 2014 et le 31 décembre 2027 bénéficient lors de leur **première mutation** à titre gratuit d'une exonération partielle de droits (à concurrence de 50 % de la valeur des biens) (CGI art. 793, 2-8°). 22305

Cette exonération ne peut pas **se cumuler avec** l'application, pour un même immeuble, au titre de la même mutation ou d'une mutation antérieure, de toute autre exonération de droits de mutation à titre gratuit.

AUTRES EXONÉRATIONS DE BIENS

Il convient de citer (liste non exhaustive) : 22310
– les contrats d'**assurance décès** souscrits par le défunt au profit de bénéficiaires déterminés : voir n° 22170 ;
– les **réversions de rentes viagères** entre parents en ligne directe (CGI art. 793, 1-5°) ;
– les **monuments historiques** ouverts au public – ainsi que les meubles en constituant le complément – à la condition que les héritiers, donataires ou légataires aient souscrit une **convention** à durée indéterminée avec l'autorité administrative compétente, après avis conforme du ministre chargé du budget (CGI art. 795 A et ann. III art. 281 bis). S'ils sont détenus par l'intermédiaire de sociétés civiles immobilières, les parts de la société ouvrent droit à l'exonération, sous conditions (CGI art. 795 A, al. 3 à 5 et ann. III art. 281 ter) ;
– les **immeubles situés en Corse** (pour les successions ouvertes jusqu'au 31-12-2027), à concurrence de la moitié de leur valeur, sous conditions (CGI art. 1135 bis) ;

– les **immeubles non bâtis indivis** dans la limite d'une parcelle par succession d'une valeur inférieure à 5 000 € (ou de deux parcelles contiguës d'une valeur inférieure à 10 000 €) lorsque le **droit de propriété** du défunt n'a **pas** été **régulièrement constaté** par un acte avant son décès, à condition que les attestations notariées relatives à ces biens soient publiées dans un délai de 24 mois à compter du décès (CGI art. 797) ;
– les biens pour lesquels les héritiers ou légataires sont **dispensés de déposer une déclaration de succession** : voir n° 22005.

D. Évaluation des biens

PRINCIPES D'ÉVALUATION

22400 Les droits de succession sont assis sur une déclaration estimative des redevables. En principe, les biens sont évalués à leur **valeur vénale** réelle au jour du décès, c'est-à-dire au prix normal du marché, abstraction faite de toute valeur de convenance.
Toutefois, la loi prévoit pour certains biens des **bases légales d'évaluation**, auxquelles les déclarants doivent se conformer.

ÉVALUATION DES IMMEUBLES

22405 Conformément à la règle générale, les immeubles sont imposables sur leur **valeur vénale** à la date du décès. Cette valeur correspond au prix que le jeu normal de l'offre et de la demande permettrait au propriétaire de retirer de la vente d'un bien déterminé, à un moment donné, compte tenu des données du marché, des particularités physiques, juridiques et économiques de ce bien, abstraction faite de toute valeur de convenance.
Pour les **immeubles occupés par leur propriétaire**, cette valeur est réputée correspondre à leur valeur libre de toute occupation (CGI art. 761, al. 2).
Par dérogation à ce principe, il est effectué un abattement de 20 % sur la valeur vénale réelle de l'immeuble constituant au jour du décès la **résidence principale du défunt**, lorsque, à la même date, cet immeuble est également occupé à titre de résidence principale par le conjoint survivant, par le partenaire de Pacs ou par un ou plusieurs enfants du défunt ou de son conjoint ou partenaire (enfants mineurs, majeurs protégés ou incapables de travailler dans des conditions normales de rentabilité en raison d'une infirmité physique ou mentale, congénitale ou acquise) (CGI art. 764 bis). À défaut, et notamment si le défunt vivait seul, l'abattement au titre de la résidence principale n'est pas applicable. L'administration fiscale admet toutefois l'application de l'abattement si l'immeuble n'est pas occupé au jour du décès pour des raisons involontaires : hospitalisation ou séjour temporaire dans une maison de repos (BOI-ENR-DMTG-10-40-10-30 n° 70).

ATTENTION

Lorsque, dans les deux années qui ont précédé ou suivi le décès, les **immeubles ont fait l'objet d'une adjudication publique**, les droits de succession ne peuvent être calculés sur une somme inférieure au prix d'adjudication augmenté des charges, à moins qu'il ne soit justifié que l'immeuble a subi dans l'intervalle des transformations susceptibles d'en modifier la valeur (CGI art. 761, al. 3).

ÉVALUATION DES BIENS REÇUS EN USUFRUIT OU EN NUE-PROPRIÉTÉ

22410 La valeur imposable au regard des droits de succession ou de donation de l'usufruit viager et de la nue-propriété correspondante est fixée **forfaitairement** à une fraction de la valeur de la propriété entière, **d'après l'âge de l'usufruitier**, conformément au barème suivant (CGI art. 669, I) :

Âge de l'usufruitier	Valeur de l'usufruit	Valeur de la nue-propriété
Jusqu'à 20 ans	90 %	10 %
De 21 à 30 ans	80 %	20 %
De 31 à 40 ans	70 %	30 %
De 41 à 50 ans	60 %	40 %
De 51 à 60 ans	50 %	50 %
De 61 à 70 ans	40 %	60 %
De 71 à 80 ans	30 %	70 %
De 81 à 90 ans	20 %	80 %
À partir de 91 ans	10 %	90 %

En cas **d'usufruit à durée fixe**, celui-ci est, pour la liquidation des droits d'enregistrement, évalué à 23 % de la valeur de la pleine propriété par période de dix ans, sans fraction et sans égard à l'âge de l'usufruitier (CGI art. 669, II). Toutefois, la valeur ainsi déterminée ne peut excéder celle de l'usufruit viager, qui constitue une évaluation maximale.
Les usufruits constitués au profit d'une personne morale ne peuvent avoir une durée supérieure à trente ans (C. civ. art. 619). Ces usufruits ont donc une valeur maximale de 69 % (BOI-ENR-DMTG-10-40-10-50 n° 80).

ÉVALUATION DES MEUBLES

La valeur des meubles corporels est déterminée, sauf **preuve contraire**, par les bases légales définies dans le tableau ci-après (CGI art. 764) : 22415

Meubles meublants	Bijoux, pierreries, objets d'art et de collection	Autres meubles corporels
1. En cas de vente publique dans les deux ans du décès : prix net de la vente (frais déduits) 2. À défaut de vente publique : estimation contenue dans les inventaires notariés dressés dans les formes prévues à l'article 789 du Code civil dans les cinq ans suivant le décès	1. En cas de vente publique dans les deux ans du décès : prix net de la vente (frais déduits) 2. À défaut de vente publique, la plus élevée des valeurs figurant : – soit dans un acte estimatif dressé dans les cinq ans du décès (inventaire quelconque, même non conforme aux dispositions de l'article 789 du Code civil, partage, délivrance de legs, etc.) (BOI-ENR-DMTG-10-40-10-20 n° 160) ; – soit dans un contrat d'assurance contre le vol ou l'incendie en cours au jour du décès, datant de moins de dix ans et conclu par le défunt, son conjoint ou ses auteurs (s'il existe plusieurs contrats, il convient de retenir la moyenne des évaluations), sauf preuve établie par les héritiers que la valeur réelle de ces biens est inférieure	1. En cas de vente publique dans les deux ans du décès : prix net de la vente (frais déduits) 2. À défaut de vente publique : valeur figurant dans un acte estimatif dressé dans les cinq ans du décès (inventaire quelconque, même non conforme aux dispositions de l'article 789 du Code civil, partage, délivrance de legs, etc.)
3. À défaut de vente publique et d'inventaire : déclaration détaillée et estimative des héritiers sans que la valeur puisse être inférieure à 5 % de la valeur brute des autres biens du défunt	3. À défaut de vente publique et d'acte et de contrat d'assurance : déclaration détaillée et estimative des redevables (sans aucun minimum forfaitaire)	3. À défaut de vente publique et d'acte estimatif : déclaration détaillée et estimative des redevables (sans aucun minimum forfaitaire)

> **Précisions a.** Les **meubles meublants** s'entendent des meubles destinés à l'usage et à l'ornement des immeubles d'habitation : tapisseries, tableaux, lits, sièges, glaces, pendules, tables, argenterie, porcelaines et autres objets de même nature. Les **autres meubles** corporels s'entendent quant à eux notamment de la vaisselle, des vêtements, des voitures.
b. Lorsqu'il est applicable, le **forfait** de 5 % se calcule sur l'ensemble des biens, autres que les meubles meublants, composant l'actif successoral avant déduction du passif.
c. Les **pièces et lingots d'or** sont imposés d'après les cours publiés à titre indicatif par CPoR Devises ou par la Banque de France, en retenant le cours le plus proche de la date du décès.

ÉVALUATION DES TITRES DE SOCIÉTÉS

a. Les **valeurs mobilières cotées** sont évaluées d'après le cours moyen de la bourse au jour du décès (moyenne du cours le plus haut et du cours le plus bas ou cours unique s'il n'y a eu qu'un cours) ou, au choix des héritiers ou légataires, d'après la moyenne des trente derniers cours qui précèdent le décès (CGI art. 759). 22420
b. Les **valeurs mobilières non cotées** relèvent du principe d'évaluation à la valeur vénale et doivent faire l'objet d'une déclaration détaillée et estimative. La méthode d'**évaluation par comparaison** prime sur toutes les autres si des titres de la même société ont fait l'objet de transactions récentes répondant aux critères d'objectivité et de pertinence exigés par la jurisprudence (en ce sens, Cass. com. 7-7-2009 n° 08-14.855 : RJF 12/09 n° 1173).

À défaut, l'évaluation des titres non cotés fait une large place à la **valeur mathématique** ou valeur intrinsèque du titre (valeur de l'actif actualisée au jour de la mutation, diminuée du passif et divisée par le nombre de titres).
Pour les **petites sociétés**, cette valeur s'identifie souvent avec la valeur vénale du titre (avec un abattement pouvant aller de 10 à 20 % lorsque la transaction porte sur un paquet minoritaire).
Pour les **sociétés plus importantes**, la valeur mathématique se combine fréquemment avec la valeur de rendement du titre ou la valeur de productivité de l'entreprise, d'autres éléments pouvant également être pris en considération (perspectives d'avenir, marché du titre, etc.). D'autres méthodes peuvent aussi être utilisées telles que la valeur tirée de la marge brute d'autofinancement ou « cash-flow », survaleur ou « goodwill », etc.
Si le **défunt dirigeait une société** (gérant de SARL ou associé en nom d'une société de personnes, par exemple), son décès est un élément à prendre en compte pour évaluer les titres qu'il détenait (CGI art. 764 A). Les héritiers peuvent justifier la perte de la valeur de l'exploitation par tous moyens de preuve existant du vivant du dirigeant ou survenus entre la date du décès et l'expiration du délai pour déposer la déclaration de succession. La dépréciation résulte concrètement de la perte d'activité entraînant une baisse du chiffre d'affaires et du bénéfice. Le simple fait de devoir recruter un remplaçant ne peut être un facteur de moins-value (BOI-ENR-DMTG-10-40-10-40 n° 220).
Jugé que les risques liés à la forte **dépendance d'une société à l'égard d'un de ses cadres** qui occupe en son sein une position d'homme-clé justifient également une décote de la valeur vénale de ses titres (CAA Bordeaux 22-11-2016 n° 14BX03020 : RJF 3/17 n° 215 ; CE (na) 16-5-2018 n° 407093 : RJF 8-9/18 n° 826).

ÉVALUATION DES CRÉANCES À TERME

22425 Les créances à terme dont le défunt était titulaire sont imposables pour leur **montant nominal** augmenté de tous les **intérêts** échus et non encore payés au décès ainsi que ceux courus à la même date (CGI art. 760, al. 1). Cette règle s'applique notamment aux prêts non encore parvenus à échéance, aux bons et contrats de capitalisation, ainsi qu'aux liquidités : LDDS, livret de caisse d'épargne, comptes rémunérés, etc.

> **Précisions a.** Les **créances dont le montant n'est pas déterminé** doivent faire l'objet d'une déclaration estimative. Il y a lieu, le cas échéant, à révision de la perception lorsque son montant exact est connu.
b. Les créances sur un **débiteur** en état de procédure de **sauvegarde, redressement ou liquidation judiciaires** sont imposées sur une déclaration estimative des redevables (CGI art. 760, al. 2). Elles peuvent être déclarées pour leur valeur vénale réelle, c'est-à-dire pour leur valeur probable de recouvrement.
c. Une **créance venue à échéance** avant le décès doit être évaluée par la déclaration détaillée et estimative des parties (CGI art. 758), c'est-à-dire en fonction de sa valeur probable de recouvrement. Tel est le cas notamment des comptes courants d'associés non bloqués dont l'évaluation doit tenir compte de la situation économique et financière de la société, et donc de la valeur de ses actifs immobiliers (Cass. com. 9-7-2013 n° 12-21.836 : RJF 11/13 n° 1090).

E. Déduction du passif

DETTES DÉDUCTIBLES

22430 Peuvent être déduites de l'actif successoral, sur justifications fournies par les héritiers, les dettes **à la charge du défunt**, lorsque leur existence au jour du décès est **justifiée** par tous modes de preuve compatibles avec la procédure écrite (CGI art. 768).

22435 **Dette existant au jour du décès** Cette condition s'oppose à la déduction des **dettes nées après le décès** (frais de clôture des comptes bancaires du défunt, par exemple). Par exception, sont déductibles :
– les frais funéraires, pour un montant forfaitaire de 1 500 € (sans justificatifs) (CGI art. 775) ;
– les indemnités de préavis et de licenciement dues aux salariés licenciés du fait du décès de l'employeur, sous réserve qu'elles n'aient pas été comptabilisées en charge dans le cadre d'une activité professionnelle (BOI-ENR-DMTG-10-40-20-10 n° 20) ;
– les frais d'ouverture du testament du défunt (BOI précité n° 250) ;
– les frais de reconstitution des titres de propriété des immeubles ou droits immobiliers pour lesquels le droit de propriété du défunt n'a pas été constaté antérieurement à son décès par un acte régulièrement transcrit ou publié, mis à la charge des héritiers par le notaire, à la condition

que les attestations notariées relatives à ces biens soient publiées dans les 24 mois du décès. La déduction est limitée à la valeur déclarée de ces biens (CGI art. 775 sexies). Peuvent par exemple être déduits les frais de reconstitution cadastrale, les dépenses de recherches généalogiques mais pas les frais de notoriété (BOI-DMTGBOI précité n° 147).

Il n'est pas nécessaire que la dette soit liquide, il suffit qu'elle soit **certaine** dans son principe. Si son montant n'est pas encore connu à la date du dépôt de la déclaration de succession, la dette ne peut, en principe, être déduite que postérieurement par voie de réclamation.

Les **dettes dont l'existence est incertaine** à la date du décès ne sont pas déductibles. Tel est le cas des dettes soumises à une condition suspensive ou des dettes litigieuses ; en cas de réalisation de la condition ou de reconnaissance judiciaire postérieure, l'impôt perçu en trop est restituable (BOI précité n°s 50 s. ; pour une illustration, Cass. com. 13-1-2021 n° 18-26.244 F-D : RJF 4/21 n° 433).

> **Précisions a.** Une **dette fiscale** établie par une rectification est incertaine lorsqu'elle est **contestée** par le redevable, de sorte qu'elle ne peut être déduite de l'actif successoral aussi longtemps qu'elle reste litigieuse (Cass. com. 16-11-1999 n° 97-16.072 : RJF 2/00 n° 300 ; BOI précité n° 60). Sur la distinction entre dettes incertaines et dettes éventuelles : Cass. com. 4-4-2024 n° 22-19.335 F-B : RJF 7/24 n° 566.
> **b. Autres exemples de dettes déductibles** :
> – frais de dernière maladie (autres que ceux incombant à la sécurité sociale) ;
> – impôts dus par le défunt, même mis en recouvrement postérieurement au décès (les droits de succession qui ne prennent naissance qu'après le décès ne sont pas déductibles) ;
> – emprunts pour un montant égal au capital restant dû augmenté des intérêts échus et non payés et des intérêts courus. Il n'y a pas lieu de déduire les sommes restant dues par l'emprunteur à son décès lorsqu'elles sont remboursées au prêteur en exécution d'un contrat d'assurance-vie.
> **c.** Le **droit temporaire au logement du conjoint ou** du **partenaire de Pacs** survivant est déductible lorsqu'il est exécuté en espèces (déduction du montant des loyers ou de l'indemnité d'occupation remboursé par la succession au conjoint ou au partenaire) (CGI art. 775 quater).

Preuve de la dette L'existence de la dette doit être prouvée par les **modes de preuve** compatibles avec la procédure écrite, c'est-à-dire par des actes ou écrits ou encore par des présomptions suffisamment graves, précises et concordantes. Les **dettes commerciales** sont justifiées conformément aux règles du droit commercial (livres de commerce, correspondance commerciale, notamment). 22440

Les dettes dont la déduction est demandée doivent être détaillées dans un **inventaire** à joindre à la déclaration de succession (CGI art. 770).

> **Précisions** Pour les **dettes résultant d'actes authentiques**, les héritiers doivent indiquer soit la date de l'acte, le nom et la résidence de l'officier public qui l'a reçu, soit la date de la décision judiciaire et la juridiction dont elle émane. Pour les **autres dettes**, ils doivent présenter les titres, actes ou écrits que le créancier ne peut, sous peine de dommages-intérêts, se refuser à communiquer sous récépissé.
> Dans tous les cas, l'administration peut exiger des héritiers une **attestation du créancier** certifiant l'existence de la dette (LPF art. L 20).

DETTES NON DÉDUCTIBLES

Outre les dettes qui ne sont pas à la charge personnelle du défunt au jour du décès, ne sont pas déductibles les dettes énumérées ci-après (CGI art. 773) : 22445

– sauf exception concernant le salaire différé en agriculture (n° 22450), les dettes **échues depuis plus de trois mois** lors de l'ouverture de la succession : elles sont présumées remboursées, mais la preuve contraire peut être rapportée au moyen de l'attestation du créancier ;

– les dettes contractuelles consenties au profit d'**héritiers** ou de **personnes** réputées **interposées** (conjoint, descendants et père et mère des héritiers ou légataires universels) : pour ces dettes présumées fictives, la preuve contraire ne peut être apportée que par acte authentique ou par acte sous signature privée ayant acquis date certaine avant le décès ;

– les dettes reconnues par **testament** ;

– les dettes **hypothécaires** garanties par une **inscription périmée** depuis plus de trois mois à la date du décès. Si elles sont **échues**, ces dettes sont présumées remboursées et les débiteurs ne sont pas admis à apporter la preuve contraire. Si elles ne sont pas échues, elles sont déductibles sur production de l'attestation du créancier ;

– les dettes **prescrites** au sens de la loi civile (capital et intérêts) : elles ne sont pas déductibles, sauf si les héritiers établissent que la prescription ayant été interrompue, elle n'est pas acquise.

22447 **Dettes de restitution du quasi-usufruitier** Les dettes de restitution portant sur une **somme d'argent dont le défunt s'était réservé l'usufruit** ne sont pas déductibles de l'actif successoral (CGI art. 774 bis issu de loi 2023-1322 du 29-12-2023 art. 26 dont les dispositions s'appliquent aux successions ouvertes depuis le 29-12-2023). Sont toutefois déductibles les dettes de restitution contractées sur le prix de cession d'un bien dont le défunt s'était réservé l'usufruit, sous réserve qu'il soit justifié qu'elles ne l'ont pas été dans un objectif principalement fiscal, ainsi que celles résultant de l'usufruit successoral du conjoint survivant visé aux articles 757 ou 1094-1 du Code civil.

Par dérogation au principe selon lequel la réunion de l'usufruit à la nue-propriété par le décès de l'usufruitier ne donne ouverture en principe à aucun droit, le nu-propriétaire, devenu plein propriétaire du fait du décès, est redevable des **droits de succession** sur la valeur de la dette de restitution non déductible calculés d'après le degré de parenté entre ce dernier et l'usufruitier, au moment de la succession ou de la constitution de l'usufruit, si les droits dus sont inférieurs. Les droits acquittés lors de la constitution de l'usufruit sont imputables sur les droits de succession dus par le nu-propriétaire sans pouvoir donner lieu à restitution. Pour la liquidation de ces droits, il n'est pas fait application du **rappel fiscal des donations antérieures**.

SALAIRE DIFFÉRÉ EN AGRICULTURE

22450 La dette du défunt résultant du contrat de salaire différé en agriculture est déductible (CGI art. 774). La **preuve** de l'existence de cette dette peut résulter de tous actes et écrits, même postérieurs au décès, susceptibles de faire preuve en justice entre les héritiers ou représentants de l'exploitant. L'héritier créancier doit fournir une **attestation** datée et signée de lui mentionnant le montant de sa créance contre la succession (BOI-ENR-DMTG-10-40-20-20 n° 150). Des attestations qui ne décrivent pas de manière circonstanciée la nature de l'activité et des travaux accomplis par l'héritier sur l'exploitation familiale, ni leur fréquence, leur durée ou leur intensité ne sont pas admises (CA Dijon 23-6-2022 n° 21/00458 : BPAT 5/22 inf. 239).

Le régime juridique du contrat de salaire différé est exposé n°s 76700 s.

> **› Précisions** La **preuve** de l'existence de la dette **peut résulter** soit d'un inventaire, soit d'un acte de partage, soit d'une reconnaissance de dette souscrite par les cohéritiers (ou de tout autre écrit portant reconnaissance par les cohéritiers de leur dette envers le bénéficiaire des salaires différés).

DETTES SOUMISES À IMPUTATION SPÉCIALE

22455 Les dettes contractées par le défunt pour l'achat ou dans l'intérêt de biens exonérés sont imputées par priorité sur la valeur de ces biens (CGI art. 769).

S'il s'agit d'un **bien partiellement exonéré** (bois et forêts, par exemple), le passif y afférent est déductible dans la même proportion que la fraction soumise à l'impôt (voir n° 17300, un exemple concernant des biens ruraux loués par bail à long terme).

F. Calcul des droits de succession

22500 Les droits de succession sont calculés sur la **part nette revenant à chaque héritier ou légataire** non exonéré après déduction du passif. Cette part est déterminée en faisant application des règles de la dévolution successorale et en tenant compte, s'il en existe, des dispositions testamentaires du défunt ainsi que des donations déjà reçues par les héritiers ou légataires à l'exception de celles qui sont dispensées de rappel fiscal (n°s 22505 s.).

ATTENTION

En présence de **droits démembrés**, une cour d'appel a jugé qu'il y a lieu, pour déterminer la part nette revenant à chaque ayant droit afin d'asseoir les droits de succession dus par chacun, de déduire le passif successoral de la seule part du nu-propriétaire (CA Dijon 5-9-2023 n° 21/00745 : RJF 4/24 inf. 338). Les juges du fond donnent ainsi raison à l'héritier nu-propriétaire qui a déduit le passif successoral sur sa part taxable. Cette solution est favorable dans la mesure où elle permet de déduire l'intégralité du passif sur la part du seul héritier imposable, le conjoint survivant étant exonéré de droits de succession. On notera qu'imputer l'intégralité du passif successoral sur la part du nu-propriétaire est contraire à la pratique notariale dominante qui applique la solution proposée par l'administration (BOI-ENR-DMTG-10-50-10 n° 220). On attendra donc avec intérêt la position de la Cour de cassation.

La part nette ainsi déterminée est ensuite diminuée d'un ou plusieurs **abattements** (nos 22520 s.). On obtient alors la base de calcul de l'impôt, sur laquelle sont appliqués les **tarifs** des droits de succession dont le taux varie en fonction du lien de parenté entre le défunt et ses successibles (nos 22560 s.). Le cas échéant, le montant de l'impôt obtenu est diminué d'une **réduction de droits** (n° 22590).

> **Précisions** En cas de **partage pur et simple avant le dépôt de la déclaration de succession**, les droits sont liquidés en tenant compte des biens mis effectivement dans le lot de chaque copartageant. Il peut arriver ainsi que la transmission d'un bien exonéré profite exclusivement à un seul héritier.

INCIDENCE DES DONATIONS ANTÉRIEURES

La liquidation de la succession prend en compte les donations qui ont pu être consenties par le défunt à ses futurs héritiers et légataires. Cette prise en compte s'opère de deux façons différentes et qu'il ne faut pas confondre : le rapport civil et le rappel fiscal. **22505**

Le mécanisme du **rapport civil** consiste à rapporter à la succession les donations en avancement de part successorale consenties par le défunt afin de déterminer la part de chaque héritier. Ce dispositif n'a pas d'incidence fiscale directe.

Les biens rapportés sont évalués pour leur valeur à l'époque du partage, d'après leur état à l'époque de la donation (C. civ. art. 860), sauf stipulation contraire du contrat de donation. Mais ils ne sont pas imposés une seconde fois dès lors que, quel que soit le mode d'évaluation adopté, les donations sont déduites (de la part taxable au nom de l'héritier qui effectue le rapport) pour le montant pour lequel elles ont été rapportées. Si le montant du rapport excède la part du donataire dans la succession, l'excédent est déduit proportionnellement de la part des autres héritiers (BOI-ENR-DMTG-10-50-10 n° 70).

Le mécanisme du **rappel fiscal** a, en revanche, une incidence directe sur le calcul de l'impôt. En application de ce dispositif, en cas de **donations antérieures** consenties par le défunt au même bénéficiaire, la perception des droits est effectuée en ajoutant à la valeur des biens compris dans la déclaration de succession la valeur des biens qui ont fait l'objet de donations antérieures **à l'exception de celles passées depuis plus de 15 ans** (CGI art. 784).

Le rappel fiscal n'est pas applicable dans certaines hypothèses de **quasi-usufruit** (n° 22447).

Pour les **donations de moins de 15 ans** (seules concernées par ce dispositif), le rappel fiscal entraîne les conséquences suivantes sur le **calcul des droits** (sauf pour les donations de sommes d'argent visées n° 22820, qui sont dispensées de rappel fiscal) : **22507**

– les **abattements** sont appliqués déduction faite de ceux dont les intéressés ont bénéficié sur les donations qui leur ont été consenties par le défunt depuis moins de 15 ans ;

– lorsqu'il y a lieu à application d'un **tarif progressif**, ceux des biens dont la transmission n'a pas encore été assujettie au droit de mutation à titre gratuit sont considérés comme inclus dans les tranches les plus élevées de l'actif imposable (les tranches les plus basses qui ont totalement servi pour l'imposition des donations de moins de 15 ans ne sont pas utilisées, celles ayant servi en partie n'étant reprises que pour leur solde).

Le rappel fiscal des donations antérieures a également un effet sur le **délai de reprise** de l'administration fiscale, c'est-à-dire sur le délai dont dispose le fisc pour effectuer un redressement : la valeur des biens ayant fait l'objet de la donation antérieure peut être rectifiée lors de son rappel fiscal, soit au-delà du délai de trois ans normalement applicable aux insuffisances d'évaluation mais pour les seuls besoins du rappel fiscal.

Les **donations de plus de 15 ans** sont dispensées de rappel fiscal. L'héritier ou le légataire peut à nouveau bénéficier à plein des abattements, des tranches les plus basses du barème progressif et des réductions de droits. **22508**

La dispense de rappel des donations de plus de 15 ans s'applique à toutes les donations (donations notariées, dons manuels, etc.) sous réserve qu'elles aient été enregistrées et qu'elles aient donné lieu à la perception des droits de donation. Cependant, il va de soi que cette dispense reste applicable lorsque la donation n'a pas donné lieu à la perception effective de droits, notamment en raison de l'application des abattements.

22510

EXEMPLE

Soit la succession de A, veuf, laissant comme héritiers ses deux fils B et C. On suppose que les donations antérieures sont rapportées civilement pour leur valeur au jour de la donation.

1. Donation en avancement de part successorale consentie le 20 juillet 2005 :

par A à son fils B de	40 000 €
Abattement alors applicable	– 50 000 €
Somme taxable	néant
Dû :	0

2. Donation en avancement de part successorale consentie le 18 août 2013 :

par A à son fils C (qui a, à cette époque, trois enfants) de	160 000 €
Abattement alors applicable	– 100 000 €
Somme taxable	60 000 €
à 5 % sur 8 072 €	404 €
à 10 % sur 4 037 €	404 €
à 15 % sur 3 823 €	573 €
à 20 % sur 44 068 €	8 814 €
Réduction de droits pour charges de famille, applicable à l'époque	– 610 €
Dû :	9 584 €

3. Décès de A le 15 juin 2024

Après **rapport**, la part nette de chaque enfant est, par hypothèse, de 250 000 €.

Droits dus par B :

Part reçue	250 000 €
Son rapport	– 40 000 €
Taxable	210 000 €
Abattement personnel (intégralement disponible, la donation remontant à plus de 15 ans)	– 100 000 €
Somme taxable :	110 000 €
Droits dus : (110 000 € × 0,2) – 1 806 € =	**20 194 €**
(pas de réduction de droits pour charges de famille, la réduction ayant été supprimée)	

Droits dus par C :

Part reçue	250 000 €
Son rapport	– 160 000 €
Taxable	90 000 €

Lors de la donation en 2013, l'abattement de 100 000 € a été intégralement utilisé. Somme imposable : 90 000 €. Par ailleurs, les tranches de 5 %, 10 % et 15 % ont déjà été intégralement utilisées et une partie de la tranche à 20 % a été absorbée. Par suite, les droits sont calculés comme suit :

Droits dus : 90 000 € × 20 % = **18 000 €**

ABATTEMENTS PERSONNELS

22520 La part nette revenant à chaque héritier ou légataire est diminuée d'un abattement dont le montant varie selon la qualité du bénéficiaire.

22522 **Abattements en ligne directe** Pour la perception des droits afférents aux mutations en ligne directe (CGI art. 779, I), il est pratiqué un abattement dont le montant est fixé à 100 000 € pour les successions ouvertes (et donations consenties) sur la part de chacun des **ascendants** et de chaque **enfant vivant ou représenté** par suite du prédécès ou de la renonciation de l'enfant.

L'abattement est personnel : si la part d'un héritier est insuffisante pour lui permettre d'en bénéficier intégralement, l'excédent n'est pas reporté sur la part des autres ayants droit.

Entre les **représentants des enfants prédécédés** ou renonçants, cet abattement se divise d'après les règles de la dévolution légale. En cas de **renonciation**, de **prédécès** ou d'**indignité d'un enfant unique**, l'administration fait bénéficier les petits-enfants de l'abattement entre parents et enfants, bien qu'ils viennent à la succession de leur grand-père ou grand-mère de leur propre chef et non par représentation (BOI ENR DMTG 10 50 80 n°s 280 et 330).

Prenons l'exemple d'une personne décédée le 3 mai 2024 qui laisse pour lui succéder – par suite du prédécès de son fils unique – quatre petits-enfants. Chacun des petits-enfants bénéficie d'un abattement de 25 000 € (soit 100 000 €/4).

> **Précisions** Bénéficient du régime fiscal des transmissions en ligne directe :
> – les transmissions entre adoptants et adoptés ayant fait l'objet d'une **adoption plénière** ;
> – les transmissions aux **pupilles de l'État, de la Nation ou de la République** (qui n'ont pas fait l'objet d'une adoption simple) ainsi qu'aux enfants en garde lorsque le défunt ou le donateur a pourvu à leur entretien pendant cinq ans au moins au cours de leur minorité (CGI art. 787 A).
> En revanche, il n'est, en principe, pas tenu compte du lien de parenté résultant de l'**adoption simple**. Toutefois, il est prévu un certain nombre d'exceptions à ce principe (CGI art. 786) notamment à l'égard des transmissions faites en faveur :
> – des **enfants** (et leurs descendants) issus d'un premier mariage **du conjoint de l'adoptant** (même en cas de divorce postérieur à l'adoption) auxquels sont assimilés les enfants adoptés précédemment (adoption plénière) par le conjoint de l'adoptant simple et ceux nés d'une autre union (hors mariage) du conjoint de l'adoptant ;
> – des **pupilles de l'État**, de la Nation ou de la République (CGI art. 786, 2°) ;
> – d'**adoptés mineurs** au décès de l'adoptant (CGI art. 786, 3°) ou d'adoptés mineurs au moment de la donation consentie par l'adoptant qui, pendant cinq ans au moins, ont reçu de celui-ci des secours et des soins ininterrompus au titre d'une prise en charge continue et principale ;
> – d'**adoptés majeurs** au moment de la transmission qui, soit dans leur minorité et pendant cinq ans au moins, soit dans leur minorité et leur majorité et pendant dix ans au moins, ont reçu de l'adoptant des secours et des soins ininterrompus au titre d'une prise en charge continue et principale (CGI art. 786, 3° bis). Cette condition n'implique pas une prise en charge exclusive de l'adopté par l'adoptant.
> Dans les cas susvisés, l'adopté bénéficie du régime fiscal des transmissions en ligne directe.

Abattement entre frères et sœurs Lorsqu'ils ne sont pas exonérés, les frères et sœurs bénéficient d'un abattement de 15 932 €. Cet abattement s'applique sur la part nette de chaque frère ou sœur vivant ou représenté (CGI art. 779, IV). 22525

En cas de **représentation**, l'abattement en faveur des frères ou sœurs se divise selon les règles de la dévolution légale (par exemple, pour trois neveux : 15 932 €/3 = 5 311 € par neveu).

Si le défunt avait un **frère** (ou une **sœur**) **unique prédécédé ou renonçant**, ses neveux ou nièces héritent de leur propre chef (BOI-ENR-DMTG-10-50-80 n° 330). Ils bénéficient chacun de l'abattement de 7 967 € prévu en faveur des neveux et nièces (et sont taxés sur la part qui leur revient au taux de 55 %).

Abattement en faveur des neveux ou nièces Il est pratiqué un abattement fixé à 7 967 € sur la part de chaque neveu ou nièce (CGI art. 779, V). 22527

Sur la définition des neveux ou nièces concernés, voir n° 22820, Précisions.

Lorsque les neveux et nièces héritent par représentation, voir n° 22525.

Abattement en faveur des handicapés Les handicapés physiques ou mentaux ont droit à un abattement spécifique qui s'ajoute, le cas échéant, à celui dont ils peuvent bénéficier en tant qu'ascendant ou descendant, frère ou sœur, neveu ou nièce ou à celui concernant les dons faits par les héritiers à certains organismes (CGI art. 779, II). Le montant de cet abattement est fixé à 159 325 €. 22530

Cet abattement s'applique quel que soit le degré de parenté existant entre la personne handicapée et le défunt.

Il profite à chaque héritier ou légataire, atteint, à la date de la transmission, d'une **infirmité** physique ou mentale, congénitale ou acquise, l'empêchant de se livrer, dans des conditions normales de rentabilité, à toute activité professionnelle ou, s'il a moins de 18 ans, d'acquérir une instruction ou une formation professionnelle d'un niveau normal.

> **Précisions a.** La personne qui entend bénéficier de l'abattement doit **justifier** que son infirmité l'empêche de se livrer dans des conditions normales de rentabilité à toute activité professionnelle ou, si elle a moins de 18 ans, d'acquérir une instruction ou une formation professionnelle d'un niveau normal (CGI ann. II art. 294). Tous les éléments de preuve sont recevables, par exemple la décision de classement dans la catégorie des handicapés graves par la commission des droits et de l'autonomie des personnes handicapées ou même la production d'un certificat médical circonstancié (BOI-ENR-DMTG-10-50-20 n° 170).
> **b.** Un **lien de causalité** doit exister entre la situation de handicap de l'héritier et le fait que son activité professionnelle a été limitée et son avancement retardé ou bloqué. Ne bénéficie pas de cet abattement l'héritier qui a eu une carrière stable de 26 ans au sein d'une même société, qui a bénéficié d'un plan de départ en retraite à 55 ans sans impact négatif sur ses revenus et qui ne démontre pas que la carrière qu'il n'a pas pu embrasser à cause de son handicap aurait été plus rentable (Cass. com. 23-6-2021 n° 19-16.680 F-B : RJF 11/21 n° 1072).

22535 **Abattement applicable à défaut d'autre abattement** Un abattement dont le **montant** est fixé à 1 594 € est applicable sur chaque part successorale à défaut d'autre abattement, à l'exception de celui prévu en faveur des dons consentis par des héritiers à certains organismes avec lequel il est cumulable (CGI art. 788, IV).

Cet abattement est susceptible de bénéficier à la part de tout héritier ou légataire qui ne peut bénéficier d'aucun des autres abattements visés n°s 22522 à 22530, quel que soit son lien de parenté avec le défunt, et même en l'absence de lien de parenté. En cas de représentation, l'abattement s'applique à la part reçue par chaque représentant (qui ne peut pas bénéficier de l'abattement de son auteur).

ATTENTION

Cet abattement ne peut pas profiter à un **héritier qui a épuisé l'abattement** auquel il pouvait prétendre à la suite de donations que le défunt lui avait antérieurement consenties.

ABATTEMENT POUR LES DONS FAITS PAR LES HÉRITIERS À CERTAINS ORGANISMES

22540 Le montant des dons consentis à certains organismes par les bénéficiaires d'une succession ou d'un legs peut, sous certaines conditions, être soustrait de l'assiette des droits de succession incombant à l'héritier ou au légataire (CGI art. 788, III).

Peuvent être déduits les dons effectués **à titre définitif** et **en pleine propriété** dans les **douze mois du décès** au profit :

– des fondations ou associations reconnues d'utilité publique répondant aux conditions fixées à l'article 200, 1-b du CGI ;

– de l'État, de ses établissements publics et des organismes mentionnés à l'article 794 du CGI (notamment collectivités territoriales et leurs établissements publics).

Les **dons** peuvent être consentis **en numéraire** ou **en nature** (l'abattement étant alors égal à la valeur vénale réelle des biens donnés au jour du décès).

> **Précisions a.** Cet abattement est **cumulable** avec les autres abattements, y compris l'abattement applicable à défaut d'autre abattement. En revanche, pour un même don, l'héritier ou le légataire doit choisir entre l'abattement et la réduction d'impôt sur le revenu accordée pour les dons, les deux avantages n'étant pas cumulables. La déduction ne se cumule pas davantage avec la **réduction d'IFI** à laquelle les dons peuvent sous certaines conditions ouvrir droit.

b. Une **attestation** du montant et de la date du don ainsi que de l'identité des bénéficiaires doit être jointe à la déclaration de succession. Toutefois, compte tenu du décalage entre le délai imparti pour déposer la déclaration de succession (6 mois dans le cas général) et le délai imparti pour réaliser le don (12 mois), il est admis à titre de règle pratique que, dans le cas où la **déclaration de succession** serait déposée **avant la réalisation du don**, les droits soient assis et liquidés sans tenir compte de la valeur du bien dont la donation est envisagée, sous réserve que la déclaration de succession désigne le bien en cause, mentionne sa valeur et contienne l'indication formelle que les héritiers entendent le donner en se conformant aux prescriptions de l'article 788 du CGI (BOI-ENR-DMTG-10-50-20 n° 370).

TARIFS

22560 **Transmissions en ligne directe** Elles sont soumises au tarif suivant (CGI art. 777).

Fraction de part nette taxable		Tarif applicable	Formule de calcul des droits P = Part nette taxable
N'excédant pas	8 072 €	5 %	P × 0,05
Comprise entre :	8 073 € et 12 109 €	10 %	(P × 0,1) – 404 €
	12 110 € et 15 932 €	15 %	(P × 0,15) – 1 009 €
	15 933 € et 552 324 €	20 %	(P × 0,2) – 1 806 €
	552 325 € et 902 838 €	30 %	(P × 0,3) – 57 038 €
	902 839 € et 1 805 677 €	40 %	(P × 0,4) – 147 322 €
Au-delà de	1 805 677 €	45 %	(P × 0,45) – 237 606 €

Ce tarif est applicable à toutes les transmissions en ligne directe quel que soit le **degré de parenté** en ligne directe (ascendante et descendante). Il s'applique ainsi de la même manière aux successions entre parents et enfants, grands-parents et petits-enfants ou encore entre arrière-grands-parents et arrière-petits-enfants.

En ce qui concerne les **enfants adoptifs**, voir n° 22522, Précisions.

Autres transmissions Entre **frères et sœurs**, le tarif est le suivant (CGI art. 777) : 22570

Fraction de part nette taxable	Tarif applicable
N'excédant pas 24 430 €	35 %
Supérieure à 24 430 €	45 %

Le tarif entre frères et sœurs s'applique également, lorsqu'ils ne sont pas exonérés, aux **établissements publics**, aux **associations reconnues d'utilité publique** et aux **fondations** reconnues d'utilité publique.

Les **autres successions** sont soumises au tarif ci-après (CGI art. 777) : 22575

Fraction de part nette taxable	Tarif applicable
Entre **parents jusqu'au 4e degré** inclusivement	55 %
Entre parents **au-delà du 4e degré** et entre **personnes non parentes**	60 %

RÉDUCTION DE DROITS EN FAVEUR DES MUTILÉS DE GUERRE

Les droits de succession dus par les mutilés de guerre frappés d'une invalidité de 50 % au minimum sont réduits de moitié sans que la réduction puisse excéder 305 € (CGI art. 782). 22590

CAS PARTICULIERS

Renonciation à succession Les règles diffèrent selon que la renonciation est pure et simple ou translative. 22600

En cas de **renonciation pure et simple**, l'héritier renonçant n'a aucun droit de succession à payer puisqu'il est censé n'avoir jamais été héritier. Les héritiers acceptants sont taxés sur l'ensemble des biens qu'ils reçoivent selon les règles de droit commun.

En cas de **renonciation translative**, c'est-à-dire au profit d'une personne déterminée qui l'accepte, l'opération s'analyse en double mutation. Le renonçant doit acquitter les droits de mutation sur la part successorale lui revenant, le bénéficiaire de la renonciation devant quant à lui acquitter les droits sur la donation qui lui est consentie par le renonçant.

Toutefois, lorsqu'elle ne modifie pas en fait les règles de la dévolution légale, la renonciation au profit d'une personne déterminée est assimilée à une renonciation pure et simple (BOI-ENR-DMTG-10-50-80 n° 300).

ATTENTION

La **renonciation** à un legs **incluse dans une transaction** mettant fin au litige entre les héritiers constitue une renonciation à titre onéreux. Dès lors, le légataire doit payer les droits de succession sur le legs auquel il a renoncé (Cass. com. 26-6-2012 n° 11-21.160 : RJF 10/12 n° 959).

Cantonnement de l'émolument Le **conjoint survivant** bénéficiaire d'une donation au dernier vivant ou d'un legs peut cantonner son émolument sur une partie des biens dont il a été disposé en sa faveur (C. civ. art. 1094-1). En d'autres termes, le conjoint peut, s'il le souhaite, limiter la libéralité qui lui est faite. 22605

Le **légataire** dispose de la même faculté (C. civ. art. 1002-1).

L'exercice de la faculté de cantonnement ne constitue pas une libéralité faite par le conjoint ou le légataire aux autres successibles et n'est, par conséquent, pas taxable aux droits de mutation à titre gratuit. Le **légataire** qui cantonne son émolument n'est imposable que sur la part qu'il prend effectivement dans le legs qui lui est consenti. Les biens recueillis par le **bénéficiaire indirect** du cantonnement (héritiers, par exemple) sont réputés lui être directement transmis à titre gratuit par le défunt (CGI art. 788 bis) et sont donc imposables aux droits de succession au tarif fixé en fonction de son lien de parenté avec ce dernier.

Libéralités graduelles et résiduelles Une libéralité **graduelle** impose au gratifié la double charge de conserver sa vie durant les biens qui lui ont été donnés ou légués et de les transmettre, à son décès, à une autre personne désignée par le disposant lui-même (C. civ. art. 1048 s.). Une libéralité **résiduelle** impose à son bénéficiaire la charge de transmettre le bien, mais non de le conserver (C. civ. art. 1057s.). 22610

Sur le plan fiscal, **au décès du testateur ou lors de la donation**, le légataire ou le donataire institué en premier est redevable des droits de mutation à titre gratuit (droits de succession ou de donation) dans les conditions de droit commun. Le légataire ou le donataire institué en second n'est redevable d'aucun droit.

Au décès du premier gratifié (légataire ou donataire), le second bénéficiaire est imposable aux droits de succession ou de donation d'après son degré de parenté avec le testateur (ou le donateur) dont il tient directement ses droits. Les taux applicables et la valeur imposable des biens transmis sont déterminés en se plaçant à la date du décès du premier gratifié. Mais les droits qui ont été acquittés par le premier gratifié sont imputés sur ceux dus sur les mêmes biens par le second bénéficiaire (CGI art. 784 C).

Les biens concernés ne tombent pas sous le coup de la **présomption de propriété** de l'article 752 du CGI (n° 22122).

G. Paiement des droits de succession

DÉBITEUR DES DROITS DE SUCCESSION

22645 Les droits de succession sont payés par les **héritiers** ou **légataires**. Les cohéritiers, à l'exception de ceux exonérés de droits de succession, sont **solidaires** pour le paiement des droits (CGI art. 1709). En revanche, la solidarité n'existe pas entre les héritiers et les légataires, même universels, ni entre les légataires (BOI-ENR-DG-50-10-20 n° 170).

MODES DE PAIEMENT DES DROITS DE SUCCESSION

22650 Les droits de succession et de donation sont normalement payables selon les modes de paiement usuels, par virement, par chèque, par carte bancaire ou par télérèglement soit en **numéraire** dans la limite de 300 € (CGI art. 1680).

Par ailleurs, à condition que le montant des droits atteigne 10 000 €, tout héritier, donataire ou légataire peut, sous réserve d'obtenir un agrément préalable, acquitter les droits par la **remise** de **bois et forêts**, ou d'espaces naturels pouvant être incorporés au domaine forestier de l'État, d'œuvres d'art, de livres, d'objets de collection ou de documents de haute valeur artistique ou historique, d'**immeubles** situés dans les zones d'intervention du Conservatoire de l'espace littoral et des rivages lacustres (CGI art. 1716 bis).

ATTENTION

Les déclarations de succession devront être souscrites par **voie électronique** et les droits correspondants devront être payés en ligne selon des modalités qui seront fixées par arrêté et au plus tard à compter du 1er juillet 2025 (Loi 2019-1477 du 29-12-2019 art. 150, I ; Décret 2020-772 du 24-6-2020).

PAIEMENT FRACTIONNÉ OU DIFFÉRÉ

22655 En principe, les droits de succession doivent être payés **au comptant** au moment du dépôt de la déclaration. Toutefois, sous certaines conditions ils peuvent faire l'objet d'un paiement différé ou fractionné (CGI art. 1717).

Qu'il soit fractionné ou différé, le **crédit de paiement** est subordonné à une demande, laquelle doit comporter une offre de **garanties**.

Lorsque la demande de crédit est acceptée, les droits donnent lieu au paiement d'**intérêts** dont le taux demeure inchangé pendant toute la durée du crédit. Ce taux est égal au taux effectif moyen pratiqué par les établissements de crédit au cours du quatrième trimestre de l'année précédant celle de la demande pour les prêts immobiliers à taux fixe consentis aux particuliers, réduit d'un tiers et arrondi à la première décimale (CGI ann. III art. 401). Le taux applicable aux demandes de paiement fractionné ou différé effectuées en 2024 est égal à 2,2 %.

Il y a **déchéance** du crédit à défaut de constitution des garanties dans les délais ou en cas de retard dans le paiement des droits ou intérêts échus entraînant l'exigibilité immédiate des sommes en suspens, majorées des pénalités de retard.

22660 **Paiement fractionné** Le paiement des droits de succession peut être acquitté en plusieurs **versements** égaux et à intervalle de six mois au plus, sur une **période maximale** d'un an (leur nombre est limité à trois) (CGI ann. III art. 396, 1° et 404 A).

Ce délai est porté à trois ans (avec un nombre de versements limité à sept) à la condition que l'actif héréditaire comprenne, à concurrence de 50 % au moins, des biens non liquides énumérés à l'article 404 A de l'annexe III au CGI (notamment : matériel agricole, bestiaux, récoltes ; immeubles ; valeurs mobilières non cotées ; objets d'antiquité, d'art ou de collection).

22670 **Paiement différé** Le paiement des droits peut être différé lorsque la succession comporte dévolution de biens en nue-propriété ou lorsqu'elle donne lieu à l'attribution préférentielle d'une exploitation agricole ou en cas de réduction de certaines libéralités (CGI ann. III art. 397 et 404 B).

a. Attribution préférentielle d'une exploitation agricole (ou réduction de certaines libéralités) (CGI art. 1722 bis). Sont seules concernées :
– l'attribution préférentielle d'une exploitation agricole (voir n°s 76440 s.) qui ne dépasse pas certaines limites de superficie fixées par décret et lorsque l'attributaire dispose de délais pour le règlement des soultes aux cohéritiers ;
– les réductions de libéralités visées à l'article 924-3 du Code civil, c'est-à-dire les libéralités portant sur des biens susceptibles de donner lieu à une attribution préférentielle, pour laquelle le bénéficiaire dispose de délais pour le paiement de l'indemnité mise à sa charge.
Dans ces deux cas, le paiement des droits peut être différé jusqu'à l'expiration d'un **délai** de six mois à compter du terme du délai imparti à l'attributaire, au légataire ou au donataire pour le paiement des sommes dont il est débiteur envers ses cohéritiers.
Le paiement différé est **limité** aux soultes ou indemnités payables à terme.
b. Biens en nue-propriété. Le paiement des droits peut être différé jusqu'à l'expiration d'un **délai** de six mois à compter de la date de la réunion de l'usufruit à la nue-propriété ou de la cession totale ou partielle de cette dernière. Toutefois, lorsque le montant de la cession est inférieur à celui des droits exigibles, le bénéfice du paiement différé peut être conservé pour le solde des droits à condition que le prix de cession soit versé à titre d'acompte sur les droits en suspens (BOI-ENR-DG-50-20-30 n° 240).
Le paiement différé est **limité** aux droits afférents à la nue-propriété.
Le bénéficiaire du paiement différé pour les biens transmis en nue-propriété peut être dispensé du **paiement des intérêts** à condition que les droits de succession soient calculés sur la valeur imposable (à la date du décès) de la pleine propriété des biens recueillis en nue-propriété.

Transmissions d'entreprises Le paiement des droits dus sur les transmissions à titre gratuit d'entreprises (individuelles ou titres de sociétés non cotées) ayant une activité notamment agricole peut être **différé** pendant cinq ans (versement annuel des seuls intérêts du crédit) et, à l'expiration de ce délai, être **fractionné** sur dix ans à raison de 1/20e tous les six mois assorti d'un intérêt exigible semestriellement (CGI ann. III art. 397 A). 22675

a. Conditions d'application. S'il s'agit d'une **entreprise individuelle**, la transmission doit porter sur l'ensemble des biens qui en dépendent (sur la moitié de ces biens si l'entreprise constitue un bien commun ou indivis entre époux). L'entreprise devait être exploitée par le défunt ou le donateur.
En cas de transmission de **droits sociaux**, les titres ne doivent pas être cotés et le bénéficiaire doit recevoir 5 % au moins du capital social.
b. Intérêt du crédit. Le taux de base (voir n° 22655) est **réduit** des deux tiers – soit un taux égal à 0,7 % pour les demandes formulées en 2024 – lorsque la valeur de l'entreprise ou la valeur nominale des titres comprise dans la part taxable de chaque héritier ou légataire excède 10 % de la valeur de l'entreprise ou du capital social ou lorsque, globalement, plus du tiers du capital social est transmis (CGI ann. III art. 404 GC).
c. Déchéance du terme. La **cession** – autrement que par décès – **de plus du tiers des biens reçus** par chaque bénéficiaire entraîne l'exigibilité immédiate des droits en suspens.
Toutefois, l'**apport pur et simple en société** des biens reçus ne remet pas en cause le bénéfice du régime de faveur à la condition que le bénéficiaire prenne l'engagement de conserver les titres reçus en contrepartie de son apport jusqu'à l'échéance du dernier terme du paiement fractionné (CGI ann. III art. 404 GD). N'entraînent pas non plus, sous la même condition, la déchéance du régime de faveur les opérations de **fusion** ou de **scission** concernant des sociétés dont les titres bénéficient du paiement différé et fractionné (BOI-ENR-DG-50-20-50 n°s 470 et 490).

> **Précisions** **a.** Le paiement fractionné et différé est accordé aux transmissions de la **nue-propriété de droits sociaux** qui portent sur au moins 5 % du capital d'une société non cotée même si le nu-propriétaire reçoit moins de 5 % de ce capital en valeur (BOI-ENR-DG-50-20-50 n° 220).
> **b.** Seul le **principal** des droits peut être différé ou fractionné à l'exclusion des **pénalités**.
> **c.** Lorsqu'une transmission porte sur une entreprise individuelle ou des titres de sociétés non cotées et d'**autres biens**, seule la fraction des droits afférents aux premiers biens, déterminée par une **double liquidation**, peut être différée et fractionnée.

SECTION 2

DROITS DE DONATION

22800 Les donations sont soumises, en principe, au même régime fiscal que les **successions**. Il existe cependant des **différences**. Par ailleurs, certaines donations appellent des précisions particulières.

> **Précisions** Les **donations d'immeubles** ou de droits immobiliers donnent lieu au paiement de la taxe de publicité foncière au taux de 0,60 % (CGI art. 791) à laquelle s'ajoute le prélèvement pour frais d'assiette et de recouvrement de 2,37 % (CGI art. 1647, V-a) et de la contribution de sécurité immobilière au taux de 0,10 %.
L'ensemble est payé simultanément par l'intermédiaire du notaire. Celui-ci procède à la formalité fusionnée de l'enregistrement et de la publicité foncière auprès du service chargé de la publicité foncière du lieu de l'immeuble (CGI art. 647).

A. Champ d'application des droits de donation

22805 Sous réserve des règles de territorialité et des exonérations prévues par la loi, sont soumises aux droits de donation toutes les donations, qu'il s'agisse de **donations simples** ou de **donations-partages**.
S'agissant des donations-partages, les droits de mutation à titre gratuit sont en principe seuls exigibles à l'exclusion du droit de partage qui n'est dû qu'en cas d'acte séparé. Toutefois, les donations-partages qui constatent uniquement la reprise de donations antérieures ne sont pas soumises aux droits de donation (CGI art. 776 A) mais au seul droit de partage.
Quant aux **soultes de partage**, elles ne donnent ouverture à aucun droit (même si la soulte est à la charge d'un tiers attributaire d'une entreprise).

> **Précisions** Les **donations-partages transgénérationnelles** incorporant des donations antérieures avec réattribution du bien initialement donné à un descendant du donataire sont soumises aux droits de mutation à titre gratuit (au tarif prévu entre grands-parents et petits-enfants) lorsque la donation initiale remonte à moins de 15 ans. Dans ce cas, les droits acquittés lors de la première donation à raison du bien réincorporé sont imputés sur les droits dus à raison du même bien lors de la donation-partage. Dans le cas contraire, c'est le droit de partage qui est dû.

TERRITORIALITÉ DES DROITS DE DONATION

22810 Les règles de territorialité des droits de succession exposées nos 22105 s. sont également applicables aux droits de donation. À noter toutefois qu'en la matière :
– il n'y a pas lieu de distinguer selon que l'acte de donation est ou non passé en France ;
– les conventions fiscales internationales destinées à éviter les doubles impositions sont très peu nombreuses en matière de droits de donation.

EXONÉRATIONS COMMUNES AUX DONATIONS ET AUX SUCCESSIONS

22815 La plupart des **exonérations prévues en matière de droits de succession** sont applicables sous les mêmes conditions aux droits de donation, étant précisé que les conditions tenant au défunt doivent être remplies par le donateur, celles tenant aux héritiers et légataires par les donataires, les actes de donation devant quant à eux comporter les mêmes mentions et être accompagnés des mêmes documents que les déclarations de succession. Sous ces réserves, sont ainsi applicables aux donations les exonérations prévues en faveur des transmissions :
– d'entreprises (nos 22260 s.) ;
– de bois et forêts (nos 22240 s.), de sommes déposées sur un compte d'investissement forestier et d'assurance (Cifa) (no 22252) et de parts de groupements forestiers (nos 27040 s.) ;
– de biens ruraux loués par bail à long terme ou par bail cessible hors du cadre familial (nos 17200 s.) et de parts de GFA (nos 26850 s.), sous réserve de conditions particulières lorsque la donation est réalisée au profit du preneur ou d'un de ses proches ;
– de parts de GFR (no 27125) ;
– de propriétés non bâties incluses dans des espaces naturels protégés (no 22255) ;
– de monuments historiques (no 22310) ;
– de certains biens à des organismes déterminés ou à certaines personnes (no 22160).

Sont également applicables les exonérations prévues en faveur de la première transmission à titre gratuit de logements acquis neufs entre le 1er juin 1993 et le 31 décembre 1994 ou entre le 1er août 1995 et le 31 décembre 1995, ou encore de logements locatifs acquis entre le 1er août 1995 et le 31 décembre 1996 (nos 22290 s.) ou encore d'immeubles dont le titre de propriété est reconstitué entre le 1er octobre 2014 et le 31 décembre 2027 (n° 22305).
Ne s'appliquent pas, en revanche, aux droits de donations les exonérations de droits de succession prévues en faveur du conjoint ou partenaire survivant, ainsi que sous certaines conditions aux frères et sœurs du défunt.

EXONÉRATION DES DONS FAMILIAUX DE SOMMES D'ARGENT

Les dons de sommes d'argent consentis en pleine propriété au profit de **descendants** (enfants, petits-enfants, arrière-petits-enfants) ou, à défaut de descendants, de **neveux ou nièces** (ou de petits-neveux ou petites-nièces en cas de prédécès de leur père ou mère) sont exonérés de droits de donation dans la **limite** de 31 865 € à la double **condition** (CGI art. 790 G) : 22820
– que le donateur ait moins de 80 ans à la date de la donation ;
– et que le bénéficiaire de la donation soit majeur ou mineur émancipé.
Le plafond de 31 865 € s'applique aux donations (quel que soit leur nombre) consenties par un **même donateur** à un **même donataire**. L'exonération se cumule avec les abattements dont bénéficient par ailleurs les intéressés.
Les dons doivent être **déclarés ou enregistrés** par le donataire au service des impôts des entreprises du lieu de son domicile dans le mois qui suit la date du don. À cette condition, les dons sont dispensés de **rappel fiscal**, ce qui assure leur exonération définitive.
L'exonération est renouvelable tous les 15 ans (CGI art. 790 G, I-al. 1 in fine).

> **Précisions a.** Par **neveu ou nièce**, il convient d'entendre les enfants des frères et sœurs du donateur, à l'exclusion de ceux du conjoint de ce dernier. S'il est prélevé sur la communauté des époux, le don est considéré comme consenti pour sa totalité par l'oncle ou la tante pour son compte personnel, sous réserve que son conjoint n'intervienne pas comme codonateur à la donation ou à la déclaration du don (BOI-ENR-DMTG-20-20-20 nos 160 et 180).
> **b.** Les **petits-neveux et petites-nièces** bénéficient de l'exonération (dont le plafond se divise entre eux) en cas de prédécès de leur père (ou mère), neveu (ou nièce) du donateur, à condition que ce neveu (ou cette nièce) n'ait pas été enfant unique (BOI-ENR-DMTG-20-30-20-10 n° 40). Si le don est fait à plusieurs petits-neveux ou petites-nièces issus d'un même neveu ou nièce décédé, le plafond d'exonération de 31 865 € est divisé entre les bénéficiaires (BOI-ENR- DMTG-20-20-20 n° 210).

DONS MANUELS

Les dons manuels ne sont pas par eux-mêmes taxables. Cependant, ils le deviennent dans quatre situations limitativement énumérées par la loi (CGI art. 757 et 784) : 22830
– lorsqu'ils sont déclarés par le donataire (ou ses représentants) dans un **acte** soumis à l'enregistrement, quelle que soit sa nature ;
– lorsqu'ils font l'objet d'une **reconnaissance judiciaire** (situation rare) ;
– lorsqu'ils sont **révélés** par le donataire **à l'administration** fiscale soit spontanément, soit, lorsque leur montant excède 15 000 €, en réponse à une demande de l'administration ou au cours d'une procédure de contrôle fiscal (CGI art. 635 A et 757, al. 2 ; Cass. com. 4-3-2020 n° 18-11.120 F-PB : RJF 6/20 n° 563). Les dons manuels ainsi révélés doivent être déclarés ou enregistrés (et les droits payés) dans le délai d'un mois à compter de la révélation. En cas de révélation spontanée et à condition que le don soit d'un montant supérieur à 15 000 €, la déclaration peut être souscrite, sur option du donataire lors de la révélation, dans le mois suivant le décès du donateur (CGI art. 635 A) ;
– à l'occasion d'une **donation postérieure** constatée par un acte et intervenue entre les mêmes personnes ou lors du **décès du donateur** si le donataire figure parmi ses successibles (application de la règle du rappel fiscal des donations antérieures ; voir nos 22505 s.). Ne sont toutefois pas concernés les dons manuels qui ont déjà été imposés antérieurement lors de leur déclaration, reconnaissance judiciaire ou révélation ou qui, sans avoir été imposés (du fait notamment que le montant des biens donnés était inférieur à celui des abattements personnels), ont été enregistrés ou déclarés ; mais si la déclaration, reconnaissance judiciaire ou révélation remonte à moins de 15 ans, ils doivent être rapportés pour le calcul des droits sur la nouvelle mutation (voir nos 22505 s.).
Lorsqu'ils sont exigibles, les **droits de donation** sont **calculés sur** la valeur du don manuel à la date de sa déclaration ou de son enregistrement ou, si elle est supérieure, sur sa valeur à la date

de la donation. En d'autres termes, c'est la plus élevée des deux valeurs (jour de la taxation ou jour de la donation) qui sert d'assiette pour le calcul des droits. Cette règle ne s'applique pas aux dons taxés par voie de rappel fiscal, qui sont imposables sur leur valeur au jour de la nouvelle mutation (BOI-ENR-DMTG-20-10-20-10 nos 190 s.).

> **Précisions** La **déclaration** des dons manuels révélés peut être souscrite en double exemplaire sur un formulaire n° 2735-SD (n° 2734-SD en cas d'option pour la déclaration et le paiement des droits après le décès du donateur). Elle comporte les éléments utiles à l'identification du don et des parties concernées, au rappel des donations antérieures et à la liquidation des droits (CGI ann. III art. 281 E). Un service d'**enregistrement en ligne** des dons manuels de somme d'argent, d'actions, de titres de société, de biens meubles ou d'objets d'art est accessible sur le site impots.gouv.fr. Le **paiement** est alors également réalisé en ligne.

B. Assiette des droits de donation

ÉVALUATION DES BIENS

22835 **Règles d'évaluation** Les règles d'évaluation des biens exposées nos 22400 s., à propos des successions, sont applicables aux donations sous les réserves suivantes :
– ni l'abattement de 20 % pour l'évaluation de la **résidence principale**, ni le forfait mobilier de 5 % pour l'évaluation des **meubles meublants** ne sont applicables aux droits de donation ;
– l'évaluation des **bijoux**, pierreries, objets d'art ou de collection ne peut pas être inférieure à 60 % de la valeur déclarée dans les contrats d'assurance (CGI art. 776, II), au lieu de 100 % pour les successions ;
– en cas de donation de **valeurs mobilières cotées**, il n'est pas possible d'opter pour l'évaluation d'après la moyenne des trente derniers cours de bourse qui précèdent la transmission. Les titres sont en principe évalués d'après le cours moyen de la bourse au jour de la donation. L'administration admet toutefois que la liquidation des droits de donation soit faite sur la base du cours de clôture de la veille du jour du fait générateur de l'impôt (CGI art. 759 ; BOI-ENR-DMTG-20-30-10 n° 60) ;
– la déduction du **passif** obéit à des règles spécifiques (n° 22840).

22839 **Procédure de rescrit valeur** Les **dirigeants d'entreprises** individuelles ou de sociétés autres que de gestion patrimoniale qui envisagent de donner tout ou partie de leur entreprise ou de leurs titres peuvent recourir à une procédure de rescrit valeur (LPF art. L 18 et R 18-1). Cette procédure leur permet de consulter par écrit l'administration sur la valeur vénale des biens qu'ils entendent donner. À réception de la demande accompagnée du projet d'acte de donation et d'une proposition détaillée d'évaluation, l'administration a six mois pour se prononcer (le défaut de réponse ne valant pas accord). En cas d'accord exprès sur la valeur vénale proposée, et à condition que la donation intervienne dans les trois mois de la réponse de l'administration, l'évaluation retenue ne pourra plus être remise en cause.

PASSIF DÉDUCTIBLE

22840 En principe, les droits de donation sont assis sur la valeur brute des biens donnés, sans déduction des charges qui les grèvent. Par exception, dans certains cas strictement définis, il est possible de déduire le passif grevant les biens transmis.
Les dettes doivent avoir été contractées par le donateur **pour l'acquisition ou dans l'intérêt des biens** donnés et être mises **à la charge du donataire** dans l'acte de donation (CGI art. 776 bis).
En ce qui concerne l'identité du **créancier**, une distinction est à effectuer selon les biens transmis :
– lorsque la donation porte sur la totalité ou une quote-part indivise des biens meubles et immeubles corporels et incorporels affectés à l'exploitation d'une **entreprise individuelle** ayant une activité agricole notamment, la dette ne doit pas avoir été contractée auprès soit du donataire ou du conjoint de ce dernier, soit de son conjoint ou de ses ascendants, soit de ses frères, sœurs ou descendants, soit de ses ascendants ou de leurs frères et sœurs ;
– lorsque la donation porte sur des **biens autres**, la dette n'est déductible que si elle a été contractée auprès d'un établissement de crédit.

> **Précisions a.** En cas de **donation portant sur une quote-part indivise d'un bien** ou sur des **droits démembrés** avec présence d'un passif affecté à l'ensemble du bien, seule peut être déduite la fraction du passif correspondant à la fraction transmise du bien. De même, en cas de donation d'une branche d'activité d'une entreprise en présence d'un

passif non affectable précisément, il convient de procéder à la répartition de ce passif au prorata de la valeur des biens transmis (BOI-ENR-DMTG-20-30-10 n° 200).

b. Les **frais de reconstitution des titres de propriété** d'immeubles engagés dans les vingt-quatre mois précédant une donation afin de permettre de constater le droit de propriété du donateur sont déductibles de la valeur des biens transmis à condition que les attestations notariées relatives à ces biens aient été publiées dans les six mois précédant la donation (CGI art. 776 quater).

c. L'administration peut exiger du donataire la **preuve du paiement effectif** des dettes mises à sa charge jusqu'à la fin de la troisième année qui suit celle de l'échéance de la dette (soit, le cas échéant, bien au-delà du délai de prescription). Elle peut également demander des justifications au sujet des dettes mises à la charge du donataire dans l'acte de donation. En l'absence de réponse ou en cas de réponse insuffisante, l'administration peut rectifier l'acte de donation selon la procédure de rectification contradictoire (BOI-ENR-DMTG-20-30-10 n° 260).

d. La déduction des dettes mises à la charge du donataire ne s'applique que pour le calcul des droits de donation. En cas de donation d'un immeuble, la **taxe de publicité foncière** reste assise sur la valeur brute de l'immeuble, sans déduction du passif (BOI-ENR-DMTG-20-30-10 n° 270).

C. Calcul et paiement des droits de donation

Les droits de donation sont calculés sur la **part de chaque donataire** dans l'actif donné, après réintégration des donations soumises à la règle du rappel fiscal des donations antérieures (nos 22805 s.). **22850**

Comme les droits de succession, le calcul des droits de donation comporte l'application d'**abattements**, d'un **tarif** et, le cas échéant, de **réductions de droits**.

> **Précisions a.** Lorsqu'une **donation-partage** est consentie **par deux époux** mariés sous un régime de communauté, chacun des parents transmet aux enfants communs la moitié des biens de communauté auxquels s'ajoutent, le cas échéant, ses biens propres. Les droits sont calculés (abattements, tarifs, éventuellement réductions) distinctement sur la part reçue par chaque donataire de chacun des donateurs.
>
> **b.** En cas de **donations-partages** associant des **descendants de degrés différents** (C. civ. art. 1075-1), les droits sont liquidés en fonction du lien de parenté entre l'ascendant donateur et les descendants allotis (CGI art. 784 B). Les donations de moins de 15 ans aux petits-enfants au lieu et place et avec le consentement des enfants (C. civ. art. 1078-4) ne sont pas fiscalement rapportables à la succession de ces derniers (CGI art. 776 ter).

ABATTEMENTS APPLICABLES AUX DONATIONS

Les donations bénéficient au même titre que les **successions** des abattements prévus : **22855**
– en ligne directe, entre frères et sœurs et en faveur des neveux et nièces ;
– ainsi qu'en faveur des handicapés.

Les autres abattements prévus en matière de droits de succession ne s'appliquent pas aux droits de donation.

Des **abattements spécifiques aux donations**, examinés ci-après, sont prévus pour les donations consenties entre époux ou partenaires de Pacs, aux petits-enfants et aux arrière-petits-enfants. Un abattement particulier est également susceptible de s'appliquer en cas de **donation d'entreprise** aux salariés.

> **Précisions a.** En cas de **donation conjointe** de biens communs ou indivis par **deux époux** à un enfant commun, l'abattement en ligne directe s'applique deux fois mais il ne s'applique qu'une fois en cas de donation de biens communs par un époux avec le consentement de l'autre (BOI-ENR-DMTG-20-20-10 nos 120 à 150).
>
> **b.** En cas de **donations successives à une même personne**, l'administration refuse au redevable des droits la possibilité de renoncer, lors de la première donation, au bénéfice des abattements applicables sur l'actif transmis, pour les reporter sur une donation ultérieure (BOI-ENR-DMTG-20-30-20-20 n° 10).

Donations entre époux ou entre partenaires de Pacs Les donations entre **époux** ouvrent droit à un abattement fixé à 80 724 € (CGI art. 790 E). **22860**

Le même abattement s'applique aux donations entre partenaires de **Pacs**, avec une particularité : l'abattement est remis en cause si le pacte est rompu dès l'année de sa conclusion ou au cours de l'année suivante pour un motif autre que le mariage entre les partenaires ou le décès de l'un d'entre eux (CGI art. 790 F).

Cet abattement se **cumule** éventuellement avec l'abattement prévu en faveur des handicapés. La règle du **rappel fiscal des donations antérieures** (nos 22805 s.) est applicable, l'abattement ne pouvant jouer qu'une fois tous les 15 ans.

22865 **Donation aux petits-enfants** Les donations consenties par des grands-parents à leurs petits-enfants (quel que soit l'âge des uns et des autres) ouvrent droit à un abattement spécifique fixé à 31 865 € par part (CGI art. 790 B).

Cet abattement **se cumule**, le cas échéant, avec l'exonération des dons de sommes d'argent, avec l'abattement dont peuvent bénéficier les petits-enfants qui viennent en représentation de leur auteur ainsi que celui prévu en faveur des handicapés.

L'abattement est applicable aux donations consenties à des **arrière-petits-enfants** venant en représentation de leur mère ou père prédécédé.

La règle du **rappel fiscal des donations antérieures** (nos 22805 s.) est applicable, l'abattement ne pouvant jouer qu'une fois tous les 15 ans.

22866 **Donation aux arrière-petits-enfants** Les donations consenties par des arrière-grands-parents à leurs arrière-petits-enfants (quel que soit l'âge des uns et des autres) donnent droit à un abattement spécifique fixé à 5 310 € par part (CGI art. 790 D).

Cet abattement **se cumule**, le cas échéant, avec l'exonération des dons de sommes d'argent, avec l'abattement relatif aux donations aux arrière-petits-enfants dont le père ou la mère est prédécédé et avec l'abattement prévu en faveur des handicapés.

La règle du rappel des **donations antérieures** (nos 22805 s.) est applicable, l'abattement ne pouvant jouer qu'une fois tous les 15 ans.

22867 **Donations d'entreprises aux salariés** Les donations **en pleine propriété** de fonds agricoles, de clientèles d'une entreprise individuelle ou de parts ou actions d'une société (à concurrence de la fraction de la valeur des titres représentative du fonds ou de la clientèle) ouvrent droit à un abattement de 500 000 € sur la valeur du fonds ou de la clientèle (ou sur la fraction de la valeur des titres représentative du fonds ou de la clientèle). Cet abattement ne peut s'appliquer qu'**une seule fois** entre le même donateur et un même donataire (CGI art. 790 A dans sa version issue de la loi 2023-1322 du 29-12-2023 art. 22 ayant relevé le montant de l'abattement de 300 000 € à 500 000 € depuis le 1-1-2024).

L'application de cet abattement, qui est **optionnel**, est subordonnée aux **conditions** suivantes :
– l'entreprise ou la société exerce une activité industrielle, commerciale, artisanale, agricole ou libérale ;
– les donataires sont titulaires d'un contrat de travail à durée indéterminée depuis deux ans au moins et exercent leurs fonctions à temps plein (ou sont titulaires d'un contrat d'apprentissage). Le contrat doit avoir été conclu avec l'entreprise dont le fonds (ou la clientèle) est transmis ou avec la société dont les parts ou actions sont transmises ;
– les donataires poursuivent à titre d'activité professionnelle unique et de manière effective et continue, pendant cinq ans à compter de la transmission, l'exploitation du fonds ou l'activité de la société. L'un d'eux assure, pendant la même période, la direction effective de l'entreprise ;
– le fonds (ou la clientèle) doit être détenu depuis plus de deux ans par le donateur ou la société lorsqu'il a été acquis à titre onéreux ;
– lorsque la transmission porte sur des parts ou actions acquises à titre onéreux, le donateur doit les détenir depuis plus de deux ans et la société doit elle-même détenir le fonds ou la clientèle depuis plus de deux ans.

› **Précisions a.** L'abattement de 500 000 € se **cumule** éventuellement avec :
– les abattements de droit commun ;
– l'exonération partielle prévue en faveur des transmissions à titre gratuit d'entreprises sur la fraction de la valeur de l'entreprise ou des parts ou actions transmises représentative de la valeur du fonds ou de la clientèle. Pour le calcul des droits, l'abattement fixe de 500 000 € est imputé après celui de 75 % (BOI-ENR-DMTG-20-30-20-20 n° 320) ;
– la réduction de droits de 50 % liée à l'âge du donateur, qui s'applique sur le reliquat.

b. La **liquidation judiciaire** de l'entreprise au cours des cinq années suivant la transmission n'entraîne pas la déchéance du régime de faveur.

TARIFS DES DROITS DE DONATION

22870 Les donations en **ligne directe**, en **ligne collatérale** (entre frères et sœurs, entre oncles et tantes et neveux et nièces, entre cousins et cousines) et entre **non-parents** (concubins non pacsés, par exemple) sont assujetties au même tarif que les successions (nos 22560 s.).

Si la donation est faite à **plusieurs bénéficiaires**, le tarif s'applique distinctement à chacun d'eux. De même, s'il y a **plusieurs donateurs**, le père et la mère par exemple, les droits sont calculés distinctement sur les biens donnés par chacun d'eux.

Donations entre époux et entre partenaires d'un Pacs Le tarif des droits de donation applicable entre époux et partenaires d'un Pacs est le suivant (CGI art. 777) : 22871

Fraction de part nette taxable		Tarif applicable	Formule de calcul des droits P = Part nette taxable
N'excédant pas	8 072 €	5 %	P × 0,05
Comprise entre :	8 073 € et 15 932 €	10 %	(P × 0,1) – 404 €
	15 933 € et 31 865 €	15 %	(P × 0,15) – 1 200 €
	31 866 € et 552 324 €	20 %	(P × 0,2) – 2 793 €
	552 325 € et 902 838 €	30 %	(P × 0,3) – 58 026 €
	902 839 € et 1 805 677 €	40 %	(P × 0,4) – 148 310 €
Au-delà de	1 805 677 €	45 %	(P × 0,45) – 238 594 €

RÉDUCTIONS DE DROITS

Comme les successions, les donations bénéficient de la réduction prévue en faveur des **mutilés de guerre** (n° 22590). 22873

Les **donations en pleine propriété d'entreprises** individuelles ou de parts ou actions de sociétés qui réunissent les conditions de l'exonération partielle visée nos 22260 s. en faveur des transmissions d'entreprise bénéficient d'une réduction de droits de 50 % si le donateur a **moins de 70 ans** (CGI art. 790). Lorsqu'elle porte sur une entreprise individuelle, la donation doit porter sur la totalité ou sur une quote-part indivise de l'ensemble des biens meubles et immeubles, corporels ou incorporels, affectés à l'exploitation. 22874

ATTENTION

La donation simultanée par un donateur de la **nue-propriété** des titres d'une société **à un premier donataire** et de l'**usufruit** de ces mêmes titres **à un second donataire** ne constitue pas une donation en pleine propriété de sorte que la réduction de droits de 50 % est exclue (BOI-ENR-DMTG-20-30-20-50 n° 35).

PAIEMENT DES DROITS DE DONATION

Les droits de donation sont en principe supportés par le **donataire**. Ceci étant, le donateur a la faculté de se substituer à celui-ci pour le paiement des droits. La **prise en charge par le donateur** des frais et droits de donation ne constitue pas une libéralité supplémentaire et, de ce fait, n'entraîne aucune perception complémentaire et distincte. Le montant de ces frais et droits n'est pas ajouté à la valeur des biens donnés pour calculer l'impôt exigible, même dans le cas où la prise en charge des droits par le donateur n'a été prévue que par un acte postérieur à la donation (Cass. com. 28-2-2006 n° 03-12.310 FS-P : RJF 5/06 n° 611). Toutes les parties à l'acte de donation sont solidaires pour le paiement des droits (CGI art. 1705). L'administration peut donc réclamer la totalité des droits à l'une quelconque des parties à l'acte. 22880

Les droits doivent en principe être acquittés au **comptant**. Les régimes de paiement fractionné ou différé des droits prévus en matière de successions ne sont pas applicables aux donations, sauf en cas de **transmissions d'entreprises** (n° 22655).

Les **moyens de paiement** sont les mêmes que pour les droits de succession : voir n° 22650. Pour le paiement des droits en cas de don manuel, voir n° 22830.

D. Cas particuliers

CONVERSION D'USUFRUIT

Dans les actes de donation de la nue-propriété d'un bien, il arrive que le donateur se réserve, en même temps que l'usufruit, la faculté de convertir ce dernier **en rente viagère**. En pareil cas, l'administration considère que l'acte de conversion s'analyse en un complément de donation avec charge soumis aux droits de donation (BOI-ENR-DMTG-20-10-10 n° 170). 22890

Lorsque la **faculté de conversion n'a pas été prévue** dans la donation, l'administration applique à l'acte de conversion les droits de donation si elle parvient à démontrer l'intention libérale et, dans le cas contraire, les droits de mutation à titre onéreux sur la valeur en capital de la rente et au taux prévu pour les biens grevés d'usufruit (BOI-ENR-DMTG-20-10-10 n° 180).

La conversion en rente ou en capital de l'**usufruit du conjoint survivant** dans les conditions prévues par le Code civil est soumise au droit fixe des actes innomés de 125 € (BOI-ENR-DMTG-10-50-10 n° 140). Il en est de même de la conversion de ses droits viagers d'habitation et d'usage.

DONATIONS APRÈS RETOUR DANS LE PATRIMOINE DU DONATEUR

22895 Lorsque le droit de retour s'exerce en application des articles 738-2 (droit de **retour légal des père et/ou mère**), ou 951 et 952 (**retour conventionnel**) du Code civil, le donateur redevient propriétaire sans avoir à acquitter les droits de succession.

Sur réclamation à formuler au plus tard le 31 décembre de la deuxième année qui suit le décès de l'enfant donataire, les **droits** de donation initialement acquittés sont **restituables** (CGI art. 791 ter, al. 2).

En cas de nouvelle donation des biens antérieurement transmis à un autre descendant, les droits acquittés lors de la première donation et non remboursés sont **imputés** sur les droits dus lors de la seconde donation (CGI art. 791 ter, al. 1). La nouvelle donation doit intervenir dans les cinq ans du retour des biens dans le patrimoine du donateur. Lorsque les droits dus sur la seconde donation sont inférieurs à ceux acquittés sur la première, l'excédent non imputable est restituable sur réclamation à condition que la nouvelle donation intervienne avant le 31 décembre de la deuxième année qui suit le décès du donataire (BOI-ENR-DMTG-20-30-20-60 n° 50).

> **Précisions** L'administration accepte que l'intégralité des droits acquittés lors de la première donation soit imputée lors de la **seconde donation**, même si celle-ci ne porte que sur une **partie seulement des biens** ayant fait retour dans le patrimoine du donateur (BOI-ENR-DMTG-20-30-20-60 n° 30).

TITRE

IV

Statut fiscal des sociétés et groupements agricoles

On sait que **« l'agriculture de groupe »** tend à prendre de plus en plus d'importance dans certains milieux agricoles. En particulier, les jeunes exploitants n'hésitent plus à constituer des sociétés ou des groupements tels que des coopératives, des Gaec, des EARL ou des GFA. **24000**

Les **caractéristiques juridiques** essentielles de ces diverses formes de sociétés ou de groupements sont exposées dans la quatrième partie de cet ouvrage, intitulée « Les dossiers juridiques de l'exploitation agricole » (voir n°s 78000 s.).

Dans le présent titre, nous examinerons le régime fiscal de ces organismes, en exposant, dans un premier chapitre, d'une part, les **règles générales d'imposition** des bénéfices réalisés par les différents types de sociétés et, d'autre part, les principaux droits d'enregistrement dus à l'occasion de la vie sociale, avant d'aborder dans un second chapitre les **règles spécifiques** aux sociétés et groupements agricoles.

CHAPITRE 1

SOCIÉTÉS ET GROUPEMENTS AGRICOLES : GÉNÉRALITÉS

SOMMAIRE

RÈGLES GÉNÉRALES

Lorsqu'il n'a pas été prévu à leur égard un régime privilégié ou des mesures particulières, les sociétés et groupements agricoles relèvent des règles générales du système fiscal, qu'il s'agisse de l'**imposition des bénéfices** ou de l'exigibilité des **droits d'enregistrement** sur certains actes ou conventions. 24005
Rappelons que le **régime de la TVA** en matière agricole fait l'objet du titre I (n°s 160 s.). Les **particularités concernant tel ou tel groupement** agricole sont signalées ci-après, dans le chapitre 2 (n°s 26000 s.).

CONTRIBUTION SOCIALE DE SOLIDARITÉ DES SOCIÉTÉS

Sont **passibles de la contribution** sociale de solidarité des sociétés (dite « C3S »), recouvrée par l'Urssaf Provence-Alpes Côte d'Azur, les sociétés ou organismes visés à l'article L 137-30 du Code de la sécurité sociale. Il s'agit principalement : 24007
– des sociétés anonymes et sociétés par actions simplifiées ;
– des sociétés à responsabilité limitée (même en cas d'option pour le régime fiscal des sociétés de personnes) et entreprises unipersonnelles à responsabilité limitée (EURL) ;
– des sociétés en commandite ;
– des sociétés en nom collectif (SNC) ;
– des groupements d'intérêt économique (GIE) ;
– des groupements européens d'intérêt économique (GEIE) à raison des affaires réalisées sur le territoire de la France métropolitaine ou des DOM ;

– des sociétés ou organismes régis par la loi 47-1775 du 10 septembre 1947 portant statut de la coopération, à l'exclusion notamment des sociétés coopératives agricoles et de leurs unions visées à l'article L 521-1 du Code rural et de la pêche maritime.

La **contribution** due au titre d'une année est **assise** sur le chiffre d'affaires hors taxe global déclaré à l'administration fiscale au cours de l'année civile précédente, après application d'un **abattement** égal à 19 000 000 €. En pratique, cet abattement conduit à exonérer de la contribution au titre de l'année 2024 les entreprises dont le chiffre d'affaires n'a pas excédé 19 000 000 € en 2023.

Le **taux** de la contribution est fixé à 0,16 %. La contribution fait l'objet d'une **déclaration** qui doit être effectuée via Internet (télédéclaration) sur le site net-entreprises.fr et d'un **versement** unique le 15 mai au plus tard (par télérèglement). Les entreprises dont le chiffre d'affaires est inférieur ou égal à 19 000 000 € sont dispensées de souscrire une déclaration.

> **Précisions** **a.** Pour les **SNC**, les **GIE** et les **GEIE**, la part du chiffre d'affaires correspondant à des refacturations de prestations de services à leurs membres ou associés (fournies à l'aide de moyens acquis auprès de ces derniers) n'est pas soumise à la contribution. Ce correctif ne s'applique pas aux prestations rendues aux membres ou associés par la société ou le groupement à l'aide de ses propres moyens ou de moyens acquis auprès de tiers (Cass. soc. 27-2-2003 n° 01-21.324 FS-P ; Cass. soc. 6-3-2003 n° 01-21.077 F-D : RJF 6/03 n° 706).
> Les SNC, GIE et GEIE n'ont pas à soumettre non plus à la contribution les ventes de biens réalisées avec ceux de leurs membres ou associés acquittant la contribution et détenant au moins (directement ou indirectement) 20 % des droits à leurs résultats, à condition que ces biens soient vendus à l'issue d'opérations de production effectuées par ces sociétés ou groupements.
> Les autres catégories de redevables déterminent leur contribution sans tenir compte de la part du chiffre d'affaires correspondant à des ventes de biens réalisées avec des SNC, des GIE ou des GEIE acquittant la contribution, dans lesquels ils détiennent une participation (directe ou indirecte) au moins égale à 20 %, à condition que ces biens soient utilisés pour les besoins d'opérations de production effectuées par ces sociétés ou groupements.
> **b.** Le montant de la contribution sociale de solidarité est plafonné pour certaines entreprises à 3,08 % de leur marge brute lorsque cette dernière ne dépasse pas elle-même 4 % du chiffre d'affaires hors taxe. Sont notamment concernées les **sociétés ayant pour activité le négoce en gros et en l'état des produits du sol et de l'élevage, engrais et produits connexes** lorsqu'elles réalisent plus de la moitié de leurs achats ou ventes hors taxe avec les producteurs et coopératives agricoles (CSS art. D 137-31).
> **c. L'adresse postale** du Centre national de la C3S est modifiée depuis le 15 janvier 2024 : pour toute question liée à la C3S, les courriers devront désormais être envoyés à l'adresse suivante : Urssaf C3S – TSA 62101 – 69833 Saint-Priest cedex 9 (Communiqué Urssaf du 15-1-2024).

SECTION 1

IMPÔTS DIRECTS

24010 Le système d'imposition des bénéfices se caractérise par l'existence de deux régimes fondamentalement différents :

– celui de l'**impôt sur le revenu**, qui concerne essentiellement les particuliers, les entreprises individuelles et les sociétés de personnes dites translucides fiscalement ;

– et celui de l'**impôt sur les sociétés** (en abrégé : IS), qui concerne essentiellement les sociétés de capitaux, les sociétés à responsabilité limitée et certaines sociétés civiles.

Pour déterminer les règles d'imposition des bénéfices réalisés par telle ou telle société (ou organisme), il est donc indispensable de savoir, au préalable, de quel régime elle relève.

Il convient, en outre, d'observer que les sociétés, comme les entreprises individuelles, supportent certains **impôts directs locaux** (taxes foncières et contribution économique territoriale notamment) destinés à alimenter les budgets des collectivités locales (régions, départements, communes). Une étude particulière sur les impôts locaux figure dans le titre V (n°s 29005 s.). Toutefois, dans les développements ci-après (n°s 26000 s.) consacrés au régime fiscal des principaux types de groupements agricoles, nous préciserons si nécessaire leur situation au regard de la contribution économique territoriale et de la taxe foncière sur les propriétés bâties.

A. Sociétés et entreprises passibles de l'impôt sur les sociétés

SOCIÉTÉS DE CAPITAUX

La première catégorie de sociétés redevables de l'impôt sur les sociétés comprend les sociétés de capitaux et assimilées, c'est-à-dire les **sociétés anonymes** (SA), auxquelles sont assimilées les **sociétés par actions simplifiées** (SAS), les **sociétés en commandite par actions** et les **sociétés à responsabilité limitée** (SARL). Ces sociétés sont, du seul fait de leur forme juridique, passibles de l'impôt sur les sociétés quelle que soit la nature de leur activité (CGI art. 206, 1). 24015

> **Précisions** Les **EURL** (entreprises unipersonnelles à responsabilité limitée) sont des sociétés à responsabilité limitée soumises à l'impôt sur le revenu ou à l'impôt sur les sociétés selon la qualité de leur associé unique (voir n° 24700). Les premières peuvent opter pour l'IS dans les conditions décrites n° 24050.

Option pour le régime des sociétés de personnes Les **SARL de famille** (formées uniquement entre parents en ligne directe, frères et sœurs, conjoints et partenaires liés par un Pacs) exerçant une activité agricole peuvent opter pour le régime des sociétés de personnes exposé n°s 24705 s. (CGI art. 239 bis AA). L'option doit être signée par tous les associés et adressée au service des impôts du lieu d'imposition de la société avant la date d'ouverture de l'exercice auquel elle s'applique pour la première fois. Pour les sociétés nouvelles et les sociétés de personnes qui se transforment, l'option prend effet immédiatement à condition d'être formulée dans les statuts ou dans l'acte constatant la transformation. L'option s'applique sans limitation de durée, sauf si la société ne remplit plus les conditions requises ou décide de la révoquer. La révocation de l'option doit être notifiée au service des impôts dans les mêmes conditions que l'option. Dans ce cas, la société est replacée dans le champ d'application de l'IS et perd pour l'avenir la possibilité d'exercer une nouvelle option pour le régime des sociétés de personnes. 24016

Sur l'intérêt de la transformation d'une EARL à caractère familial en SARL optant pour le régime des sociétés de personnes : voir n° 26580.

Les **SA, SAS et SARL non cotées créées depuis moins de cinq ans** exerçant une activité agricole peuvent opter pour le régime des sociétés de personnes exposé n°s 24705 s., à condition qu'elles emploient moins de 50 salariés, que leur chiffre d'affaires annuel ou leur total de bilan soit inférieur à 10 M€ et que leur capital et leurs droits de vote soient détenus à hauteur de 50 % au moins par des personnes physiques, une participation d'au moins 34 % devant être détenue par des dirigeants de la société et les membres de leur foyer fiscal (CGI art. 239 bis AB). L'option doit être signée par tous les associés et adressée au service des impôts du lieu d'imposition de la société dans les trois premiers mois du premier exercice concerné. Elle est valable pour cinq exercices, sauf renonciation exercée dans les mêmes conditions que l'option ou non-respect d'une des conditions tenant à la détention du capital, à l'activité ou à la taille de la société. L'option ne peut pas être renouvelée. 24018

En cas de sortie anticipée du régime fiscal des sociétés de personnes, la société ne peut plus à nouveau opter pour ce dispositif.

> **Précisions** Pour les exercices clos depuis le 1er janvier 2020, l'IS devient applicable lorsque le **seuil de 50 salariés** a été atteint ou dépassé pendant cinq années civiles consécutives (CSS art. L 130-1, II). Compte tenu de la durée de l'option indiquée ci-dessus, le dépassement du seuil d'effectif au cours d'un exercice couvert par l'option ne devrait donc plus entraîner, en pratique, la sortie du régime fiscal des sociétés de personnes.

SOCIÉTÉS CIVILES

Les sociétés civiles sont, en règle générale, soumises au régime fiscal des sociétés de personnes dans les conditions exposées n°s 24705 s. Les exploitations agricoles à responsabilité limitée (EARL), qui sont des sociétés civiles à objet agricole, relèvent, en principe, de ce régime. 24030

Par exception, les sociétés civiles sont soumises au régime fiscal des sociétés de capitaux et donc passibles de l'impôt sur les sociétés lorsque :

– elles ont **opté** pour leur assujettissement à cet impôt (CGI art. 206, 3) ;

– ou elles se livrent à une **exploitation commerciale** ou industrielle, **ou** à des **opérations assimilées** du point de vue fiscal à des opérations commerciales : opérations de « marchand de biens », par exemple (CGI art. 206, 2).

Les sociétés civiles agricoles qui se livrent **accessoirement** à des opérations commerciales ne sont toutefois pas soumises à l'impôt sur les sociétés lorsque les recettes tirées de l'ensemble de leurs activités commerciales et non commerciales accessoires n'excèdent pas les limites prévues par l'article 75 du CGI, c'est-à-dire ni 50 % du chiffre d'affaires agricole, ni 100 000 €.

> **Précisions** L'administration admet que la **vente, par une société civile agricole, de stocks reçus en apport** lors de sa constitution n'entraîne pas son assujettissement à l'IS, dans la mesure où les profits correspondants peuvent être considérés comme des bénéfices agricoles. Cette solution concerne tant les apports de stocks rémunérés par des parts sociales que ceux réalisés à titre onéreux à la constitution de la société (BOI-BA-CHAMP-20-20 n° 100). En revanche, l'administration estime que cette solution ne s'applique pas aux reventes de stocks apportés lors d'une augmentation de capital ou acquis par une société civile déjà constituée lors du rachat d'une exploitation agricole. Ces reventes entraîneraient ainsi assujettissement à l'IS dans la mesure où elles viendraient à excéder 50 % du chiffre d'affaires tiré de l'activité agricole ou 100 000 € (BOI précité n° 110). L'assimilation des opérations de revente de stocks acquis par voie d'apport à des opérations commerciales d'achat-revente prête cependant à discussion, compte tenu de la nature particulière des opérations d'apport.

AUTRES SOCIÉTÉS OU ORGANISMES ASSUJETTIS

24040 Sont également redevables de l'impôt sur les sociétés (CGI art. 206) :
– les **sociétés coopératives** et leurs unions, sous réserve toutefois des **règles spéciales** concernant certains types de coopératives (voir notamment, n°s 26010 s., le cas des coopératives agricoles) ;
– les **sociétés en nom collectif**, les **sociétés en commandite simple** et les **sociétés en participation** ayant opté pour leur assujettissement à l'impôt sur les sociétés ;
– les **établissements** et organismes publics, et toutes autres personnes morales se livrant à une exploitation ou à des **opérations de caractère lucratif** ;
– les établissements publics et **associations sans activité lucrative** en ce qui concerne seulement les revenus de leurs immeubles ou de leurs propriétés agricoles ou forestières et certains de leurs revenus mobiliers, imposables à l'impôt sur les sociétés selon des modalités allégées (voir n° 24225) ;
– les **caisses de crédit agricole** sous réserve des règles spéciales applicables à celles qui n'exercent pas d'activité bancaire ou d'activité d'intermédiaire financier (voir n° 26110).

> **Précisions a.** Les sociétés en commandite simple et les sociétés en participation constituent des cas particuliers : en effet, même en l'absence d'option pour l'IS, ces sociétés peuvent être partiellement assujetties à cet impôt. Il en est ainsi pour la fraction des bénéfices des **sociétés en commandite simple** qui correspond aux droits des commanditaires (la fraction qui correspond aux droits des commandités étant imposable au nom de ceux-ci à l'impôt sur le revenu comme s'ils étaient membres d'une société en nom collectif n'ayant pas opté pour l'impôt sur les sociétés). Il en est de même, pour les **sociétés en participation**, en ce qui concerne les droits de leurs associés qui ne sont pas indéfiniment responsables ou dont les noms et adresses n'ont pas été révélés à l'administration.
> **b.** Les exploitants agricoles ayant le statut **d'entrepreneur individuel** visé à l'article L 526-22 du Code de commerce, ou ceux qui, avant le 16 février 2022, ont décidé d'exercer leur activité dans le cadre d'une **entreprise individuelle à responsabilité limitée (EIRL)** et relèvent également d'un régime réel d'imposition, peuvent opter pour l'assimilation de leur entreprise à une EARL, ce qui entraîne leur assujettissement à l'impôt sur les sociétés (CGI art. 1655 sexies). Sur ce régime, voir n°s 27650 s.

OPTION POUR L'IMPÔT SUR LES SOCIÉTÉS

24050 **Modalités de l'option** Les **sociétés et groupements** suivants peuvent, s'ils le souhaitent, opter pour leur assujettissement à l'impôt sur les sociétés : les sociétés en nom collectif, les sociétés en commandite simple, les sociétés civiles, les sociétés en participation, les EURL, les EARL, les groupements d'intérêt public, les groupements de coopération sanitaire et les sociétés de fait (CGI art. 206, 3). Les groupements d'intérêt économique et les groupements forestiers sont exclus de l'option.

L'option doit être **signée** dans les conditions prévues par les statuts ou, à défaut, par tous les associés, membres ou participants. Elle doit être **notifiée** au plus tard avant la fin du troisième mois de l'exercice au titre duquel l'entreprise souhaite être soumise pour la première fois à l'impôt sur les sociétés. L'entreprise notifie son option soit en l'adressant au service des impôts du lieu de son principal établissement (CGI art. 239 et ann. III art. 350 F), soit en cochant expressément la case prévue à cet effet sur le formulaire de création ou de modification transmis au guichet unique électronique – qui remplace le centre de formalités des entreprises depuis le 1er janvier 2023 (CE 30-12-2011 n° 342566 : RJF 3/12 n° 227).

Lorsqu'elle est exercée en cours de vie sociale, l'option pour l'impôt sur les sociétés qui entraîne **cessation d'entreprise** avec toutefois des conséquences atténuées (voir nos 24860 s.).

> **Précisions a.** Les **sociétés de personnes issues de la transformation de sociétés de capitaux** sont autorisées à opter pour l'IS :
– soit lors de leur transformation, à condition que l'option soit exercée dans les trois mois de l'opération ;
– soit ultérieurement, à condition que la transformation remonte à au moins quinze ans.
Par exception, une société issue de la transformation d'une **SARL de famille** placée sous le régime fiscal des sociétés de personnes peut opter pour l'IS à tout moment, dans les conditions de droit commun (BOI-IS-CHAMP-40 n° 30).
b. En cas de **réunion de toutes les parts d'une SARL entre les mains d'une personne physique**, l'option pour l'assujettissement de l'EURL à l'IS peut prendre effet à la date de cet événement à condition d'être notifiée avant la fin du troisième mois suivant. Le Conseil d'État juge qu'une EURL, née de la réunion en une seule main des parts d'une SARL soumise à l'impôt sur les sociétés, qui a opté pour cet impôt dans ses statuts et a souscrit une déclaration de résultats sous ce régime, est regardée comme ayant valablement exercé l'option pour l'IS (CE 20-3-2020 nos 426850 et 426857 : RJF 6/20 n° 519 ; CE 12-6-2020 n° 426067 : RJF 8-9/20 n° 678).
c. L'option pour l'IS d'une société civile dont les deux associés sont des **époux mariés sous le régime de la communauté légale** n'est pas valable si elle n'a été signée que par l'un des époux (CE 28-12-2007 n° 277370 : RJF 3/08 n° 282).
d. Est considérée comme ayant régulièrement opté pour son assujettissement à l'IS une SARL, dont l'associé unique est une personne physique, qui déclare dans ses **statuts constitutifs** relever du régime de l'IS et qui, dès son premier exercice social, dépose ses **déclarations de résultats** sous le régime de cet impôt (CE 5-2-2024 n° 470324 : RJF 4/24 n° 284).

Renonciation à l'option Les sociétés de personnes ayant opté pour leur assujettissement à l'impôt sur les sociétés peuvent renoncer à cette option jusqu'au cinquième exercice suivant celui au titre duquel ladite option a été exercée (CGI art. 239, 1). 24055

La renonciation à l'option doit être **notifiée** au service des impôts auprès duquel est souscrite la déclaration de résultats avant la fin du mois précédant la date limite de versement du premier acompte d'impôt sur les sociétés (n° 24176) de l'exercice au titre duquel s'applique la renonciation. Les entreprises ayant ainsi renoncé à l'option ne peuvent plus, par la suite, opter à nouveau pour le régime des sociétés de capitaux.

La renonciation à l'option entraîne les conséquences fiscales de la **cessation d'entreprise** exposées nos 24860 s.

En l'absence de renonciation dans le délai prévu, l'option pour l'impôt sur les sociétés devient **irrévocable**.

> **Précisions a.** Par exception, les sociétés de personnes constituées **entre membres d'une même famille** et exerçant une activité industrielle, commerciale ou artisanale peuvent renoncer aux options qui ont été formulées **avant 1981** sans limitation de délai.
b. Les **modifications statutaires** et le **changement d'activité** d'une société de personnes ne mettent pas fin à son existence et ne rendent donc pas caduque l'option pour l'IS, même s'ils emportent cessation d'entreprise (CE 11-6-2014 n° 347355 : RJF 10/14 n° 877).

1. IMPOSITION DES BÉNÉFICES RÉALISÉS

a. Détermination du bénéfice imposable

Le bénéfice assujetti à l'impôt sur les sociétés est déterminé, en principe, selon les **règles** prévues pour l'imposition des **bénéfices industriels et commerciaux** (BIC) à l'impôt sur le revenu (régime du bénéfice réel), sous réserve de certaines **modalités spéciales** dont nous indiquons ci-après, brièvement, les plus importantes. Nous n'exposerons pas ici en détail le régime d'imposition des BIC, car cet exposé déborderait le cadre du présent ouvrage principalement consacré à l'étude de la fiscalité agricole. De plus, ce régime s'apparente étroitement à celui qui s'applique aux exploitations agricoles imposées d'après le régime du bénéfice réel normal. 24100

Nos lecteurs peuvent donc, d'une manière générale, se reporter aux explications données nos 9000 s., en faisant abstraction toutefois des règles particulières à l'imposition des **bénéfices**

agricoles à l'impôt sur le revenu, règles qui ne peuvent, en aucun cas, s'appliquer aux sociétés passibles de l'impôt sur les sociétés, même lorsqu'elles exercent une activité agricole. Parmi ces particularités, on citera les plus importantes :
– les règles spéciales d'évaluation des stocks (nos 9570 s.) ;
– l'imposition échelonnée des bénéfices exceptionnels (nos 12000 s.) ;
– l'étalement sur trois ans des plus-values à court terme (nos 10162 s.).
Autre point qu'il convient de souligner : la règle selon laquelle doivent être exclus pour la détermination des bénéfices agricoles (et des BIC) les produits et charges afférents à des biens inscrits au bilan mais qui sont étrangers à l'exercice de l'activité professionnelle (n° 9007) n'est pas applicable aux entreprises soumises à l'IS.
Le régime fiscal des **rémunérations versées aux dirigeants** fait l'objet de développements particuliers nos 24400 s.

CLAUSE GÉNÉRALE ANTI-ABUS

24105 Il n'est pas tenu compte en matière d'impôt sur les sociétés des **montages** (pouvant comprendre plusieurs étapes ou parties) ou des séries de montages qui, mis en place avec pour objectif principal ou un des objectifs principaux d'obtenir un **avantage fiscal** allant à l'encontre de l'objet ou de la finalité du droit fiscal applicable, ne sont pas authentiques compte tenu de l'ensemble des faits et circonstances pertinents. Sont considérés comme non authentiques les montages ou séries de montages qui ne sont pas mis en place pour des motifs commerciaux valables qui reflètent la réalité économique (CGI art. 205 A).

> **Précisions** **a.** La mise en œuvre de la clause anti-abus n'est pas assortie de pénalités automatiques. Sur les **sanctions** applicables, voir n° 33855.
> **b.** Une entreprise peut solliciter de l'administration un **rescrit**, préalablement à la réalisation d'une opération, pour s'assurer que la clause anti-abus ne lui est pas applicable, l'absence de réponse dans un délai de six mois valant accord tacite (LPF art. L 80 B, 9° bis ; sur la garantie d'opposabilité, voir n° 33725).

REVENUS DE VALEURS MOBILIÈRES ENCAISSÉS PAR LA SOCIÉTÉ

24110 Ces revenus constituent, comme les autres bénéfices, un produit taxable et doivent donc à ce titre demeurer compris dans le bénéfice imposable à l'IS. Mais la société peut **imputer** sur le montant de l'impôt sur les sociétés dont elle est redevable **le crédit d'impôt** auquel ouvrent droit certains de ces revenus – revenus de valeurs mobilières de source étrangère et certains revenus mobiliers de source française, essentiellement des produits de bons de caisse (CGI art. 220).
Lorsqu'une société remplit les conditions requises pour avoir la qualité de **société mère**, les dividendes qu'elle reçoit de sa filiale sont exonérés chez elle de l'IS sous réserve de la taxation d'une quote-part de frais et charges : voir n° 24345.

INTÉRÊTS SERVIS AUX ASSOCIÉS ET AUX ENTREPRISES LIÉES

24112 Les intérêts servis aux associés d'une société exerçant une activité agricole ou à des entreprises liées au sens de l'article 39, 12 du CGI, à raison des sommes qu'ils laissent ou mettent à la disposition de la société, en sus de leur part de capital, sont en principe déductibles des bénéfices sociaux. La déduction est toutefois soumise à des limitations dont la portée varie selon la qualité des bénéficiaires des intérêts (CGI art. 39, 1-3° et 212).

> **Précisions** En application de l'article 39, 12 du CGI, des **liens de dépendance** sont réputés exister lorsqu'une entreprise détient directement ou par personne interposée la majorité du capital social de l'autre, ou y exerce en fait le pouvoir de décision, ou encore si les deux entreprises sont placées, dans les conditions qui viennent d'être indiquées, sous le contrôle d'une même entreprise tierce. Le Conseil d'État admet que l'exercice en fait du pouvoir de décision **conjointement** avec une autre société puisse caractériser de tels liens (CE 20-9-2022 n° 455655 : RJF 12/22 n° 1024). En revanche, deux entreprises contrôlées par une **même personne physique** ne sont pas considérées comme liées lorsque la détention de ces parts ne constitue pas une activité professionnelle pour cette dernière (CAA Marseille 16-12-2022 n° 20MA03210 et 20MA03300 ; CE (na) 18-10-2023 n° 471426 : RJF 1/24 n° 36).

24113 **Conditions générales de déduction** Les intérêts afférents aux sommes que les **associés** laissent ou mettent à la disposition de la société ne sont pas admis dans les charges déductibles si le **capital** n'a pas été **entièrement libéré**. Cette condition vaut pour toutes les sociétés, qu'elles soient passibles de l'impôt sur les sociétés ou de l'impôt sur le revenu. Cette restriction ne s'applique toutefois pas aux sociétés coopératives régies par la loi 47-1775 du 10 septembre 1947. Elle s'applique en cas de constitution de société comme en cas d'augmentation de capital. Dans ce dernier cas, l'administration renonce toutefois à en faire application lorsque l'acte constatant l'augmentation de capital prévoit expressément la libération intégrale du capital souscrit dans un délai maximum de trois ans et à la condition que ce délai soit effectivement respecté (BOI-BIC-CHG-50-50-20 n° 30).

Le **taux maximum** des intérêts déductibles servis aux **associés** est égal à la moyenne annuelle des taux effectifs moyens pratiqués par les établissements de crédit pour des prêts à taux variable aux entreprises, d'une durée initiale supérieure à deux ans. Cette moyenne annuelle est elle-même déterminée à partir de moyennes trimestrielles publiées au Journal officiel. Le plafond de déduction ainsi calculé s'applique à l'ensemble des intérêts courus au cours de l'exercice, même si le montant des avances a varié pendant l'exercice. À titre indicatif, pour les sociétés dont l'exercice 2023 coïncidait avec l'année civile, le taux maximum d'intérêt déductible était de 5,57 %. **24114**

La déductibilité des intérêts servis par des sociétés passibles de l'impôt sur les sociétés à des **entreprises liées**, directement ou indirectement, au sens défini n° 24112, est limitée au taux défini ci-dessus ou **au taux du marché** s'il est supérieur. Ce taux s'entend du taux que les organismes financiers indépendants auraient été susceptibles de consentir à l'entreprise emprunteuse pour un prêt présentant les mêmes caractéristiques dans des conditions de pleine concurrence, compte tenu de ses caractéristiques propres, notamment de son profil de risque (CE avis 10-7-2019 n° 429426 : RJF 10/19 n° 877). Selon l'administration, cette limitation concerne également les sociétés de personnes dont les droits sont détenus par des membres passibles de l'impôt sur les sociétés (BOI-IS-BASE-35-40-10-20 n° 100).

Imposition des associés Les intérêts versés aux **associés personnes physiques** à raison des sommes laissées ou mises à disposition de la société sont imposables entre leurs mains en tant que revenus de créances, dans la catégorie des revenus de capitaux mobiliers. **24115**

L'année de leur versement, les revenus de ces placements font l'objet d'un **prélèvement à la source obligatoire** non libératoire au taux de 12,8 %. Ce prélèvement constitue un acompte d'impôt sur le revenu imputable sur l'impôt à payer l'année suivante et, en cas d'excédent, restituable. Les personnes appartenant à un foyer fiscal dont le revenu fiscal de référence de l'avant-dernière année est inférieur à un certain seuil (25 000 € pour les contribuables célibataires, divorcés ou veufs et 50 000 € pour ceux soumis à imposition commune) peuvent toutefois demander à être dispensées du prélèvement. La demande de dispense doit être formulée, sous la responsabilité du contribuable, au plus tard le 30 novembre de l'année précédant celle du versement. Elle prend la forme d'une attestation sur l'honneur par laquelle le contribuable indique à l'établissement payeur que son revenu fiscal de référence figurant sur l'avis d'imposition établi au titre des revenus de l'avant-dernière année précédant le paiement est inférieur au seuil.

Les prélèvements sociaux sont également précomptés par l'établissement payeur au taux de 17,2 %.

L'année suivante, l'impôt sur le revenu est liquidé à partir des éléments portés sur la déclaration de revenus du contribuable. Les intérêts sont en principe soumis de plein droit au **prélèvement forfaitaire unique** (PFU) au taux global de 30 % (prélèvements sociaux au taux de 17,2 % inclus). Le contribuable peut toutefois opter dans sa déclaration pour l'application du barème progressif par tranches de l'impôt sur le revenu (auquel s'ajoutent les prélèvements sociaux), ce qui peut entraîner la restitution d'un excédent éventuel. Cette option est globale et porte sur l'ensemble des revenus et gains entrant dans le champ d'application du PFU. L'administration admet qu'un contribuable qui n'a pas exercé l'option pour l'imposition au barème progressif avant la date limite de dépôt de sa déclaration de revenus puisse le faire **au cours d'un contrôle** conduisant à une rectification de ses revenus ; dans cette situation, l'option porte sur le montant des revenus et gains rectifiés, ainsi que sur ceux initialement déclarés (Rép. Klinkert : AN 24-10-2023 n° 3778).

Lorsqu'ils sont **perçus par une entreprise**, les intérêts des comptes courants d'associés sont en principe compris dans les bénéfices professionnels et imposés, en tant que tels, soit à l'impôt sur le revenu, soit à l'impôt sur les sociétés. Les intérêts inclus dans le résultat d'une entreprise relevant de l'impôt sur le revenu dans la catégorie des bénéfices agricoles ou des BIC sont toutefois déduits de ce résultat et déclarés dans la catégorie des revenus mobiliers par l'exploitant ou, dans les sociétés de personnes, par les associés au prorata de leurs droits, sauf à bénéficier de la tolérance de 5 % visée n° 9008. **24116**

LIMITATION DE LA DÉDUCTIBILITÉ DES CHARGES FINANCIÈRES NETTES

24118 Les entreprises soumises à l'IS, de plein droit ou sur option, et non membres d'un groupe fiscal ne peuvent déduire leurs charges financières nettes que **dans une certaine limite** déterminée en fonction de leur résultat avant impôts, intérêts, dépréciations et amortissements (Ebitda fiscal) et de leur situation de **sous-capitalisation** (CGI art. 212 bis).

Les **charges financières nettes** s'entendent de l'excédent de charges financières déductibles après application de la limite mentionnée n° 24114, par rapport aux produits financiers imposables et aux autres revenus équivalents perçus par l'entreprise. Ces charges et produits correspondent aux intérêts sur toutes les formes de dette, c'est-à-dire ceux afférents aux sommes laissées ou mises à disposition de l'entreprise ou par l'entreprise. Ils s'entendent des **charges engagées** et des **produits acquis** au cours de l'exercice.

> **Précisions a.** Sont notamment **à prendre en compte** :
> – les paiements effectués dans le cadre de prêts participatifs ou d'emprunts obligataires ;
> – les montants déboursés au titre de financements alternatifs (financements opérés via des plateformes en ligne : BOI-IS-BASE-35-40-10-10 n° 100) ;
> – l'amortissement des intérêts capitalisés inclus dans le coût d'origine d'un actif et, le cas échéant, la part des intérêts inclus dans la valeur nette comptable des actifs sortis du bilan ;
> – les gains et pertes de change relatifs à des prêts, des emprunts et des instruments liés à des financements (dont les gains et pertes de change latents : BOI précité n° 170) ;
> – les frais de garantie relatifs à des opérations de financement ;
> – les frais de dossier liés à la dette qui sont pris en compte pour le calcul du taux effectif global, à l'exception des frais payés ou dus à des intermédiaires (BOI précité n° 190) ;
> – en cas d'opération de crédit-bail, de location avec option d'achat ou de location de biens mobiliers conclue entre entreprises liées, le montant des loyers, déduction faite de l'amortissement, de l'amortissement financier pratiqué par le bailleur en application de l'article 39 C, I du CGI et des frais et prestations accessoires facturés au preneur, étant précisé que la composante financière des loyers peut être déterminée au moyen d'une méthode dérogatoire élaborée par l'administration (BOI précité n°s 200 à 270) ;
> – tous les autres coûts ou produits équivalant à des intérêts susceptibles d'être comptabilisés en charges ou produits financiers tels que les charges et produits afférents à des escomptes bancaires ou opérations équivalentes ou les versements réalisés dans le cadre d'avances en comptes courants d'associés (BOI précité n°s 280 et 290).
> **b.** Sont **exclus du périmètre des charges financières nettes** les pertes sur créances liées à des participations, les charges ou gains nets sur cession de valeurs mobilières de placement et les dividendes et revenus distribués. Il en est de même, par tolérance, des charges et produits issus des escomptes commerciaux, des pénalités et intérêts de retard pour paiement tardif ainsi que des intérêts moratoires, des pénalités pour remboursement anticipé, y compris la composante financière des indemnités de résiliation anticipée d'un contrat de crédit-bail (BOI précité n° 300).

24119 **Plafond de droit commun** Les **entreprises non sous-capitalisées** (voir n° 24121) peuvent déduire leurs charges financières nettes dans la limite de 30 % de leur résultat avant impôts, intérêts, dépréciations et amortissements (Ebitda fiscal) ou de 3 M€ par exercice (le cas échéant ramené à 12 mois) lorsque ce montant est supérieur.

L'**Ebitda fiscal** est déterminé à partir du résultat fiscal soumis à l'IS au taux de droit commun ou au taux réduit en faveur des PME, avant imputation des déficits et avant application du plafonnement des charges financières nettes. Mais il est déterminé après application, le cas échéant, d'abattements et déductions retenus pour l'assiette de l'impôt (déductions de type « suramortissement » ou allégements en faveur d'entreprises implantées dans certaines zones). Le résultat fiscal ainsi défini est, d'une part, **majoré** des charges financières entrant dans le périmètre des charges financières nettes, des dotations aux provisions pour dépréciation déductibles, des dotations aux amortissements déductibles, des revenus de la propriété industrielle taxés au taux de 10 % et des plus-values soumises aux taux de 15 % et 19 %. Il est, d'autre part, **minoré** des produits financiers (entrant dans le périmètre des charges financières nettes), des reprises de provisions pour dépréciation imposables, des reprises d'amortissement imposables et de la fraction d'amortissement comprise dans les plus ou moins-values d'actif, et des moins-values soumises aux taux de 15 % et 19 %.

Aucun retraitement ne doit être appliqué aux quotes-parts de résultat issues de la participation de l'entreprise dans des **sociétés de personnes** (BOI-IS-BASE-35-40-10-20 n° 100).

> **Précisions a.** Les dispositifs de « suramortissement » (**déduction exceptionnelle en faveur de l'investissement productif** : nos 11750 s.) prévus à l'article 39 decies du CGI ne donnent lieu à aucun retraitement. Il en est de même des subventions d'équipement visées à l'article 42 septies du même Code (BOI-IS-BASE-35-40-10-20 n° 70).
> **b.** Les **mises au rebut d'immobilisations amortissables** font l'objet d'un traitement spécifique par l'administration, qui diffère selon que les immobilisations sont partiellement ou totalement amorties (BOI précité n° 70).

Déduction supplémentaire en faveur des entreprises autonomes Les entreprises dites **autonomes**, c'est-à-dire qui ne font pas partie d'un groupe consolidé, qui ne disposent d'aucun établissement hors de France, ni d'entreprise associée au sens de l'article 2, 4 de la directive 2016-1164 du 12 juillet 2016, peuvent pratiquer une déduction supplémentaire à hauteur de 75 % des charges financières nettes non déduites après application du plafond de 30 % de l'Ebitda fiscal ou de 3 M€ visé ci-dessus (CGI art. 212 bis, VI bis). Selon l'administration, l'application de la déduction supplémentaire pour les entreprises qui répondent aux conditions pour en bénéficier est **de plein droit**, sans possibilité pour elles d'y renoncer (BOI-IS-BASE-35-40-40 n° 1). 24120
Les **mécanismes de report** des charges non admises en déduction et de **capacité de déduction inemployée** (voir nos 24122 s.) ne sont pas applicables à une entreprise autonome pour l'exercice au titre duquel elle a bénéficié de la déduction supplémentaire.

> **Précisions** Sont qualifiées **d'entreprises associées** au sens de la directive précitée (BOI-IS-BASE-35-40-40 n° 30) :
> – l'entité dans laquelle l'entreprise concernée détient, directement ou indirectement, une participation de 25 % ou plus des droits de vote ou de capital ou dont elle est en droit de recevoir au moins 25 % des bénéfices ;
> – l'entité qui détient, directement ou indirectement, 25 % ou plus des droits de vote ou de capital de l'entreprise concernée, ou qui est en droit de recevoir au moins 25 % des bénéfices de cette dernière.
> En outre, si une personne physique ou une entité détient directement ou indirectement une participation d'au moins 25 % des droits de vote ou de capital d'une ou de plusieurs entités, toutes les entités sont également considérées comme des entreprises associées.

Plafond réduit en cas de sous-capitalisation Une entreprise est sous-capitalisée lorsque le **montant moyen de ses dettes** vis-à-vis d'entreprises liées au sens de l'article 39, 12 du CGI (voir n° 24112) excède une fois et demie le montant de ses fonds propres, apprécié au choix de l'entreprise, à l'ouverture ou à la clôture de l'exercice. 24121
Si l'entreprise est sous-capitalisée, elle doit déterminer la **part respective** des dettes non liées à la sous-capitalisation et des dettes liées à la sous-capitalisation. Pour les calculs de ces ratios, il est considéré que la dette envers des sociétés liées qui n'excède pas une fois et demie les fonds propres n'est pas liée à la sous-capitalisation.

$$\text{Ratio de dettes non liées à la sous-capitalisation (ratio NSC)} = \frac{(DNL + 1{,}5\ FP)}{(DNL + DL)}$$

$$\text{Ratio de dettes liées à la sous-capitalisation (ratio SC)} = \frac{(DL - 1{,}5\ FP)}{(DNL + DL)}$$

DNL représente les dettes auprès d'entreprises non liées ; DL les dettes auprès d'entreprises liées ; et FP les fonds propres.
Deux assiettes de charges financières nettes sont ensuite déterminées :
– la **première assiette** correspond aux intérêts relatifs à la dette non liée à la sous-capitalisation. Elle est calculée en appliquant au montant total des charges financières nettes le ratio de dettes non liées à la sous-capitalisation déterminé ci-dessus. Il lui est appliqué un premier plafond égal à 30 % de l'Ebitda fiscal proratisé (c'est-à-dire auquel le ratio des dettes non liées à la sous-capitalisation est appliqué), ou 3 M€ proratisé de la même façon si ce montant est plus élevé ;
– la **seconde assiette** correspond aux intérêts relatifs à la dette liée à la sous-capitalisation. Elle est déterminée en appliquant au montant total des charges financières nettes le ratio de dettes liées à la sous-capitalisation déterminé ci-dessus. Il lui est appliqué un plafond égal à 10 % de l'Ebitda fiscal proratisé (c'est-à-dire auquel le ratio des dettes liées à la sous-capitalisation est appliqué), ou 1 M€ proratisé de la même façon si ce montant est plus élevé.

Le montant des charges qui excède chacun de ces deux plafonds ne peut pas bénéficier de la déduction supplémentaire de 75 % mais est reportable sur les exercices ultérieurs dans les conditions indiquées n° 24122.

> **Précisions a.** Sont considérées comme des **sommes laissées ou mises à disposition par des entreprises non liées** :
> – les sommes afférentes à des opérations de financement réalisées, dans le cadre d'une convention de gestion centralisée de la trésorerie d'entreprises liées, par l'une de ces entreprises chargée de cette gestion centralisée au profit de laquelle les sommes sont mises à disposition ;
> – les sommes afférentes à l'acquisition de biens donnés en location dans le cadre d'un contrat de crédit-bail ;
> – les sommes laissées ou mises à disposition des établissements de crédit ou des sociétés de financement.
> **b.** Le **montant moyen des dettes à retenir** est égal à la somme des dettes quotidiennes divisée par le nombre de jours de l'exercice (BOI-IS-BASE-35-40-20 n° 200).

24122 **Report des charges non admises en déduction** Le montant des charges financières nettes non admises en déduction après application du plafond de droit commun et, le cas échéant, de la déduction supplémentaire de 75 %, peut être reporté **sans limitation dans le temps** et faire l'objet d'une déduction au titre des exercices suivants. Lorsque l'entreprise est **sous-capitalisée**, les sommes excédant le premier plafond proratisé sont reportables dans les mêmes conditions. En revanche, celles qui excèdent le second plafond proratisé ne sont reportables qu'à hauteur du tiers de leur montant.

En l'**absence de sous-capitalisation** au titre de l'exercice de déduction des **charges financières reportées d'exercices antérieurs**, ces dernières peuvent être déduites à hauteur d'un montant égal à la différence positive entre la limite de droit commun (30 % de l'Ebitda fiscal ou 3 M€) et les charges financières de l'exercice. En cas de **sous-capitalisation**, le stock de charges financières antérieures ne peut être déduit que dans la limite de la différence positive entre, d'une part, 30 % de l'Ebitda fiscal ou 3 M€ proratisés et, d'autre part, les charges financières nettes de l'exercice minorées de celles soumises au second plafond (10 % de l'Ebitda fiscal ou 1 M€ proratisés). Ainsi, aucune charge financière en report ne peut être déduite sur le second plafond.

Ce mécanisme de report de charges ne peut pas bénéficier aux **entreprises qualifiées d'autonomes** qui ont dû pratiquer une déduction supplémentaire dans les conditions exposées n° 24120.

24123 La **capacité de déduction inemployée** correspond à la différence positive entre la limite de droit commun appliquée au titre de l'exercice (3 M€ ou 30 % de l'Ebitda fiscal) et les charges financières nettes admises en déduction au titre de cet exercice, après application du plafond de droit commun, de la déduction supplémentaire de 75 % et de la déduction des charges reportées d'exercices antérieurs. Elle peut être utilisée **au titre des cinq exercices suivants** pour déduire du résultat de ces exercices le montant de charges financières nettes non admises en déduction après application du plafond de droit commun et de la déduction supplémentaire de 75 %. La capacité de déduction inemployée reportée d'un exercice antérieur ne peut être utilisée pour déduire des charges financières en report.

Les **entreprises qualifiées d'autonomes** qui ont dû pratiquer une déduction supplémentaire dans les conditions exposées n° 24120 ne peuvent pas utiliser leur capacité de déduction inemployée.

PLUS ET MOINS-VALUES D'ACTIF

24124 La plupart des plus-values réalisées par les sociétés soumises à l'IS relèvent du régime de droit commun de taxation des bénéfices. Seules certaines plus-values (essentiellement sur titres) sont susceptibles de relever du régime du long terme. Parmi les titres éligibles au régime du long terme, certains bénéficient d'un régime spécifique. Ces règles concernent aussi les sociétés relevant du régime des sociétés de personnes, pour la fraction des résultats revenant à leurs membres soumis à l'IS.

24126 **Champ d'application du régime court terme-long terme** Relève principalement du régime du long terme la cession de **titres de participation** et de titres qui leur sont fiscalement assimilés détenus depuis au moins deux ans. Les titres de participation concernés comprennent, d'une part, les parts ou actions revêtant ce caractère sur le plan comptable et, d'autre part, les titres considérés comme tels par la loi fiscale (CGI art. 219, I-a quinquies). Sur le plan comptable, les titres de participation sont ceux dont la possession durable est estimée utile à l'activité de l'entreprise, notamment parce qu'elle permet d'exercer une influence sur la

société émettrice ou d'en assurer le contrôle. Sont assimilés par la loi fiscale à des titres de participation les titres acquis en exécution d'une offre publique d'achat (OPA) ou d'échange (OPE) par l'entreprise qui en est l'initiatrice ainsi que les titres ouvrant droit au régime des sociétés mères à condition de détenir au moins 5 % des droits de vote de la société émettrice (nº 24345).
Ces titres doivent, pour pouvoir bénéficier du régime du long terme, être inscrits au compte des titres de participation ou à un sous-compte spécial du compte de bilan correspondant à leur qualification comptable (intitulé « titres relevant du régime des plus-values à long terme » : TRPVLT).
Relèvent également du régime du long terme les plus-values de cession de **titres de sociétés à prépondérance immobilière cotées** qui ont le caractère de titres de participation détenus depuis au moins deux ans (sont considérées comme des sociétés à prépondérance immobilière les sociétés dont l'actif est constitué pour plus de 50 % de sa valeur réelle, à la date de cession des titres ou à la clôture de l'exercice précédent, par des immeubles, des droits portant sur des immeubles, des droits afférents à des contrats de crédit-bail immobilier ou par des titres d'autres sociétés à prépondérance immobilière ; les immeubles ou droits affectés par la société à sa propre exploitation ne sont pas pris en compte pour l'appréciation du pourcentage de 50 %).
Enfin, bénéficient du régime du long terme les plus-values de cession de certains **titres de capital-risque** (parts de fonds communs de placement à risques ou de fonds professionnels de capital-investissement et actions de sociétés de capital-risque) lorsque ces titres sont détenus depuis au moins cinq ans.
Les plus-values de cession se rapportant à des **éléments autres** que ceux visés ci-dessus sont exclues du régime du long terme, quelle que soit la durée de détention de ces éléments (en particulier, les **titres de placement** et les titres de **sociétés à prépondérance immobilière non cotées** sont exclus du régime du long terme). Ces plus-values sont prises en compte dans le résultat imposable dans les conditions de droit commun. Elles conservent la nature de plus-value et relèvent donc du régime fiscal des plus-values à court terme.

> **Précisions** Bien qu'elles n'aient pas la nature de plus-values, peuvent également bénéficier du régime du long terme certaines sommes réparties par les fonds communs de placement à risques et les fonds professionnels de capital-investissement et certains **dividendes** reçus des **sociétés de capital-risque** ainsi que les plus-values réalisées par les entreprises lors de la cession de ces parts ou actions, lorsqu'elles sont détenues depuis au moins cinq ans. Ces plus-values et distributions combinent exonération et imposition au taux réduit de 15 %.

Régime des plus-values et moins-values à court terme Les **plus-values** autres que celles bénéficiant du régime du long terme sont comprises dans le résultat ordinaire de l'exercice en cours lors de leur réalisation, qui est taxé au taux de droit commun de l'impôt sur les sociétés (nº 24165) ou, dans les PME, au taux réduit d'imposition de 15 % dans une limite de bénéfice de 42 500 € (limite applicable pour les exercices clos depuis le 31 décembre 2022) (nº 24168). 24128
Les **moins-values** nettes s'imputent sur le bénéfice d'exploitation ou contribuent à la formation d'un déficit reportable dans les conditions de droit commun.

> **Précisions a.** Les **plus-values** réalisées à l'occasion de la **cession d'une branche complète d'activité** bénéficient de l'exonération prévue à l'article 238 quindecies du CGI (nºs 10675 s.) lorsque la société emploie moins de 250 salariés et soit réalise un chiffre d'affaires annuel inférieur à 50 M€, soit a un total de bilan inférieur à 43 M€, son capital ou ses droits de vote ne devant en outre pas être détenus à hauteur de 25 % ou plus par une ou plusieurs entreprises ne remplissant pas ces conditions. L'exonération est subordonnée au respect de la réglementation européenne relative aux **aides de minimis** (voir nº 14805).
> **b.** Un régime de report de déduction s'applique aux **moins-values de cession de titres de participation** détenus depuis moins de deux ans (autres que ceux détenus au sein de sociétés à prépondérance immobilière non cotées) lorsqu'il existe des **liens de dépendance** entre la société cédante et la cessionnaire (CGI art. 219, I-a septies).
> **c.** Lorsqu'une entreprise cède moins de deux ans après leur émission des **titres reçus en rémunération d'un apport** effectué depuis le 19 juillet 2012 **à une filiale en difficulté** et que ces titres ont été inscrits en comptabilité pour une valeur supérieure à leur valeur réelle à la date de l'apport, la moins-value égale à la différence entre ces deux valeurs n'est pas déductible (CGI art. 39 quaterdecies, 2 bis).

Régime des plus-values à long terme Les plus-values réalisées à l'occasion de la cession de **titres de participation** ou de titres assimilés (définis ci-avant nº 24126) détenus depuis au moins deux ans sont exonérées, sous réserve de la taxation au taux normal de l'IS d'une 24130 quote-part de frais et charges. Cette quote-part de frais et charges est fixée forfaitairement à 12 % du montant brut des plus-values de cession. Son calcul ne tient pas compte des moins-values résultant des cessions de titres réalisées au cours de l'exercice, ni des dotations ou des reprises de provisions constatées à raison de la dépréciation de titres de participation. La quote-part de frais et charges n'est toutefois imposable que si l'entreprise réalise une plus-value nette à long terme au cours de l'exercice de cession (CE 14-6-2017 n° 400855 : RJF 10/17 n° 906 ; BOI-IS-BASE-20-20-10-20 n° 125). L'administration indique que la réalisation d'une **plus-value nette à long terme** afférente à des titres de participation au cours de l'exercice considéré constitue le fait générateur de la réintégration d'une quote-part de frais et charges imposable au taux normal de l'impôt sur les sociétés (BOI-IS-BASE-20-20-10-20 n° 65).

Les plus-values nettes réalisées à l'occasion de la cession de titres de participation dans des **sociétés à prépondérance immobilière cotées** détenus depuis au moins deux ans sont imposables au taux réduit de 19 %. Les plus-values de cession de certains titres de **capital-risque** combinent exonération et imposition au taux réduit de 15 %.

> **Précisions a.** Pour chaque secteur d'imposition défini ci-dessus, la **plus-value nette** résulte de la compensation des plus-values à long terme et des moins-values de même nature de l'exercice.
Pour la détermination de la plus-value nette à long terme, l'administration entend retenir les plus ou moins-values à long terme afférentes aux **cessions des titres de participation éligibles**, y compris les plus ou moins-values à long terme antérieurement en report ou en sursis qui deviennent imposables au titre de l'exercice considéré ou celles provenant de l'annulation d'une cession, **d'un complément ou d'une réduction de prix** et les plus ou moins-values à long terme constatées à l'occasion des **reprises et dotations de provisions** pour dépréciation afférentes aux mêmes titres (BOI-IS-BASE-20-20-10-20 n° 95).
La plus-value nette à long terme imposable à l'un des taux réduits en vigueur peut le cas échéant être **compensée** avec la moins-value nette à long terme de l'exercice qui relève d'un autre taux. La plus-value nette qui en résulte peut être utilisée pour compenser :
– soit les moins-values à long terme relevant de l'un des taux réduits subies au cours des dix exercices antérieurs qui n'ont pas encore été imputées (à l'exclusion toutefois des moins-values afférentes aux titres de participation) ;
– soit le déficit de l'exercice (qui peut inclure une moins-value à court terme) et les déficits antérieurs reportables : les déficits ainsi annulés cessent d'être reportables. Cette compensation, qui s'opère euro pour euro, procure un avantage de trésorerie immédiat et présente un avantage particulier dans le cas où l'entreprise, structurellement déficitaire, ne dégagera pas à moyen terme de bénéfices d'exploitation suffisants pour pouvoir imputer ses déficits.
La **plus-value nette subsistant** éventuellement après ces compensations est taxée au taux réduit dont elle relève. À cette imposition s'ajoute, le cas échéant, la contribution sociale de 3,3 % visée n°s 24180 s.
b. Lorsque la convention fiscale le prévoit, **l'impôt acquitté à l'étranger** peut, le cas échéant, être **imputé** sur la fraction d'impôt français calculé sur la quote-part de frais et charges réintégrée dans le résultat taxable. L'imputation **ne peut excéder** cette fraction et le reliquat éventuel tombe en non-valeur, sans aucune possibilité de report sur les fractions d'impôt sur les sociétés calculées au titre des exercices suivants (BOI-IS-BASE-20-20-10-20 n° 180).

24132 **Régime des moins-values à long terme** Selon la règle générale, les **moins-values** à long terme subies au titre **d'un exercice** s'imputent sur les plus-values à long terme réalisées au cours des dix exercices suivants (et en aucun cas, s'agissant d'une PME, sur les bénéfices d'exploitation taxés au taux de 15 %), sans distinguer leur taux d'imposition.

Les moins-values nettes à long terme afférentes aux cessions de titres de participation ne sont pas déductibles du résultat imposable et ne peuvent pas davantage être prises en compte pour compenser les plus-values relatives à d'autres catégories de titres.

S'agissant de l'imputation sur la plus-value nette à long terme de l'exercice des **moins-values antérieures restant à reporter** : voir ci-avant n° 24130, Précisions, a.

ÉVALUATION DES TITRES EN PORTEFEUILLE ET RÉGIME FISCAL DES PROVISIONS

24135 **Modalités d'évaluation et détermination des provisions** À la clôture de chaque exercice, les entreprises doivent procéder à une évaluation de leurs titres en portefeuille et comparer leur valeur à cette date, qualifiée de valeur d'inventaire, à leur valeur d'origine. Si la valeur d'inventaire des titres est inférieure à la valeur d'origine, l'écart négatif donne lieu à la constatation d'une provision. Les plus-values latentes résultant de l'estimation du portefeuille ne sont pas comptabilisées.

Les **titres de placement cotés** sont estimés à la clôture de chaque exercice d'après le cours moyen du dernier mois de l'exercice. Lorsqu'une baisse anormale est constatée sur des titres de placement cotés, l'entreprise peut, si cette baisse apparaît comme momentanée, prendre la responsabilité de ne pas comprendre dans la provision tout ou partie de la moins-value constatée sur ces titres, dans la mesure où il peut être établi une compensation avec les plus-values latentes normales constatées sur d'autres titres (CGI ann. III art. 38 septies). 24136

Les **titres de placement non cotés** doivent être évalués d'après leur valeur probable de négociation qui doit être appréciée en fonction de tous les éléments permettant d'obtenir un chiffre aussi voisin que possible de celui qu'aurait entraîné le jeu normal de l'offre et de la demande.

Les **titres de participation, cotés ou non**, doivent être évalués à la clôture de chaque exercice à leur valeur réelle. Celle-ci s'entend, selon les règles comptables, de la valeur d'utilité qui représente ce que l'entreprise accepterait de décaisser si elle devait acquérir ces titres. Une simple décote boursière ne peut à elle seule justifier la dépréciation de ces titres.

En pratique, **plusieurs méthodes** d'évaluation peuvent être retenues pour les titres de placement non cotés et pour les titres de participation cotés ou non cotés :

– la méthode par comparaison, qui tient compte des valeurs retenues lors de transactions récentes portant sur les titres de la même société ou d'entreprises comparables. Cette méthode doit être utilisée par priorité et ne peut pas être combinée avec d'autres méthodes alternatives décrites ci-après (CE 21-10-2016 n° 390421 : RJF 1/17 n° 8) ;

– la méthode « patrimoniale » ou mathématique, qui retient la valeur de l'actif net de la société, corrigée le cas échéant pour tenir compte des plus-values latentes que recèlent les éléments d'actif ; le recours exclusif à cette méthode peut être justifié par des circonstances particulières (par exemple, cessation progressive d'activité et actif net composé à plus de 99 % par de la trésorerie : CE 7-4-2023 n° 466247 : RJF 6/23 n° 438) ;

– des méthodes prenant en compte le rendement et la productivité de l'entreprise, fondées par exemple sur la capitalisation des bénéfices.

Une restriction du droit à déduction des provisions s'applique aux **titres de sociétés à prépondérance immobilière** ; elle est mise en œuvre distinctement pour les titres de sociétés **cotées** et les titres de sociétés **non cotées** (CGI art. 39, 1-5°-al. 19 et 209, VI). Pour chacune de ces deux catégories de titres, la déduction des provisions ne peut être pratiquée qu'à hauteur de l'**excédent des moins-values latentes** sur l'ensemble des plus-values latentes afférentes aux titres de même nature détenus par l'entreprise. Les plus-values latentes s'entendent de la différence entre la valeur réelle des titres à la clôture de l'exercice et leur prix de revient fiscal (c'est-à-dire corrigé des plus ou moins-values en sursis d'imposition). Pour déterminer la valeur réelle des titres de sociétés à prépondérance immobilière cotées, l'entreprise peut retenir le cours de bourse moyen du dernier mois de l'exercice. Le montant des plus-values latentes doit par ailleurs être minoré de la fraction non déduite et non encore reprise des provisions antérieures. 24138

Régime fiscal des provisions Le régime fiscal des provisions pour dépréciation de titres constatées par les entreprises soumises à l'impôt sur les sociétés varie en fonction de la catégorie fiscale à laquelle appartiennent les titres dépréciés. 24140

Les **provisions afférentes aux titres de participation** et assimilés relevant du secteur exonéré ne peuvent donner lieu à aucune déduction. Corrélativement, les reprises de provisions constituées au titre d'exercices antérieurs à raison de ces mêmes titres ne font l'objet d'aucune taxation, quels que soient l'exercice de leur constitution et le régime qui leur a été appliqué.

Après application du dispositif de plafonnement décrit n° 24138, les provisions pour dépréciation de **titres de sociétés à prépondérance immobilière cotées** sont soit déductibles du résultat ordinaire lorsque ces titres ont le caractère de titres de placement (la reprise des provisions étant corrélativement taxable au taux plein), soit, s'il s'agit de titres de participation, soumises au régime fiscal des moins-values à long terme au taux de 19 %. La reprise des provisions constitue une plus-value à long terme taxable à 19 %.

Les provisions pour dépréciation des **titres de capital-risque** sont soumises au régime fiscal des moins-values à long terme au taux de 15 %, quelle que soit la durée de détention des titres. La reprise de ces provisions majore la plus-value nette à long terme de l'exercice taxable à 15 % ou minore la moins-value nette à long terme.

Les provisions qui se rapportent aux **autres titres** placés sous le régime de droit commun de l'IS sont normalement déductibles du résultat taxable au taux plein et leur reprise corrélativement comprise dans ce résultat. Les provisions pour dépréciation de titres de sociétés à prépondérance financière ne sont pas déductibles à hauteur des distributions effectuées par ces sociétés qui ont bénéficié de l'exonération prévue par le régime mère-fille au cours de l'exercice de comptabilisation de la provision et des cinq exercices précédents (CGI art. 219, I-a ter). Par symétrie, l'administration admet que les reprises de provisions afférentes à de tels titres ne soient pas imposables à hauteur du montant (représentatif des distributions exonérées au titre du régime mère-fille) qui n'a pas pu être déduit lors de la comptabilisation de la provision (BOI-IS-BASE-50 n° 75).

b. Établissement et paiement de l'impôt

TAUX DE L'IMPÔT SUR LES SOCIÉTÉS

24165 **Taux normal** Le taux normal de l'impôt sur les sociétés concerne tous les bénéfices et plus-values imposables (distribués ou non) qui ne peuvent prétendre à l'application de l'un des dispositifs d'imposition atténuée mentionnés n°s 24166 s.

Il est fixé à 25 % pour toutes les entreprises, quel que soit le montant de leur chiffre d'affaires (CGI art. 219, I).

24166 **Taux réduit** Bénéficient d'un taux réduit d'IS :
– certaines **plus-values** (plus-values à long terme : voir n°s 24124 s. ; plus-values sur certains actifs immobiliers) ;
– les **bénéfices des PME** soumis au taux réduit de 15 % (voir ci-après n° 24168) ;
– les revenus du patrimoine des **collectivités sans but lucratif** imposés aux taux réduits de 10 %, 15 % ou 24 % (voir n° 24225) ;
– sur option, le résultat net des opérations de **cession, concession ou sous-concession de licences d'exploitation** portant sur certains droits de propriété industrielle et notamment, dans le secteur agricole, sur les certificats d'obtention végétale (voir n°s 9955 s.)

24168 **Bénéfices des PME** Les petites et moyennes entreprises bénéficient, de plein droit, d'un taux réduit de 15 % sur une fraction de leur bénéfice **plafonnée à 42 500 €** par période de douze mois, abstraction faite des plus-values taxées à 15 % et des bénéfices exonérés ou situés hors du champ d'application de l'IS (CGI art. 219, I-b).

Peuvent bénéficier de ce régime non seulement les **sociétés** soumises à l'impôt sur les sociétés, de plein droit ou sur option, mais aussi les organismes autres que les sociétés qui sont soumis à cet impôt (associations ayant un secteur lucratif imposable notamment). La mesure s'adresse aux petites et moyennes entreprises (PME) qui réalisent au cours de l'exercice ou de la période d'imposition un **chiffre d'affaires** hors taxe (ramené à douze mois le cas échéant) inférieur ou égal à 10 M€. S'il s'agit de **sociétés**, le **capital** doit en outre être entièrement libéré et détenu, de manière continue, pour 75 % au moins par des personnes physiques ou par des sociétés qui satisfont elles-mêmes à l'ensemble des conditions requises. Selon l'administration, le seuil de 75 % doit être respecté tant en ce qui concerne les droits de vote que les droits aux bénéfices (BOI-IS-LIQ-20-10 n° 200).

> **Précisions a.** La limite de **42 500 €** s'applique pour l'imposition des résultats des exercices clos depuis le 31 décembre 2022 (Loi 2022-1726 du 30-12-2022 art. 37). Pour ceux réalisés au titre d'exercices clos avant cette date, elle était de 38 120 €.
> **b.** Le **chiffre d'affaires** à retenir s'entend de l'ensemble des recettes provenant de l'activité professionnelle normale et courante de l'entreprise, à l'exclusion des produits financiers, des produits exceptionnels et des refacturations de frais qui présentent le caractère de débours au sens de l'article 267, II-2° du CGI (BOI-IS-LIQ-20-10 n° 40).
> **c.** La condition tenant à la **libération intégrale du capital** s'apprécie à la clôture de l'exercice (ou de la période d'imposition) concerné (BOI-IS-LIQ-20-10 n° 150).

DÉCLARATION DES RÉSULTATS

24170 Les sociétés et organismes passibles de l'IS doivent souscrire une déclaration détaillée de leurs résultats sur un **imprimé spécial** n° 2065-SD complété par une annexe 2065 bis-SD.

Quel que soit leur chiffre d'affaires, les entreprises soumises à l'IS ont l'obligation de transmettre leur déclaration de résultats par **voie électronique** (CGI art. 1649 quater B quater). Le non-respect de l'obligation de transmettre la déclaration par voie électronique entraîne l'application d'une majoration de 0,2 % du montant des droits (CGI art. 1738).

La déclaration de résultats doit en principe être souscrite dans les trois mois de la clôture de chaque exercice. Pour les exercices arrêtés le 31 décembre, la déclaration peut être souscrite **au plus tard** le deuxième jour ouvré suivant le 1er mai (CGI art. 223, 1). Un délai supplémentaire de 15 jours calendaires est cependant accordé par l'administration (BOI-BIC-DECLA-30-10-10-20 n° 60).

› **Précisions a.** À la déclaration n° 2065 doivent être joints certains documents tels que les **tableaux** comptables et fiscaux ainsi, notamment, qu'un **relevé des frais** généraux.
b. Pour les **sociétés nouvelles** passibles de l'IS qui n'arrêtent pas de bilan au cours de l'année de création, la première déclaration porte sur la période écoulée depuis le début d'activité jusqu'à la clôture du premier exercice.

PAIEMENT DE L'IMPÔT SUR LES SOCIÉTÉS

L'impôt sur les sociétés doit être calculé par la société elle-même et versé **spontanément** au comptable public du lieu du dépôt de la déclaration de résultats, sans attendre la réception d'un avis quelconque, selon un système d'acomptes trimestriels avec régularisation annuelle une fois que les résultats de l'exercice sont définitivement connus. **24175**
L'impôt sur les sociétés (acomptes et solde) doit être acquitté par **téléréglement** (CGI art. 1681 septies, 1). Le non-respect de cette obligation est sanctionné par l'application d'une majoration de 0,2 %.

Acomptes provisionnels Quatre acomptes doivent être payés **au plus tard** les 15 mars, 15 juin, 15 septembre et 15 décembre. **24176**
Sous réserve des mesures spéciales prévues pour le premier acompte ainsi que pour le dernier acompte des grandes entreprises (voir Précisions ci-après), la base de **calcul des acomptes** est déterminée d'après les résultats du dernier exercice clos à la date de leur échéance (exercice de référence).
Le montant total des acomptes est égal à un montant d'impôt sur les sociétés calculé :
– sur le résultat taxé au taux normal de l'IS (n° 24165) ;
– sur le bénéfice imposé au taux réduit des PME de 15 % (n° 24168) ;
– et sur le résultat net de cession, concession ou sous-concession de licences d'exploitation de certains droits de propriété industrielle imposé sur option au taux de 10 % (n°s 9955 s.).
La plus-value nette à long terme provenant de la cession d'éléments d'actif est exclue du calcul des acomptes.
Chacun des acomptes est égal au quart de l'impôt ainsi calculé.
Le paiement des acomptes est effectué au vu d'un relevé d'acompte (**formulaire** n° 2571-SD).

› **Précisions a.** Les acomptes ne sont pas exigibles lorsque le montant de l'**impôt de référence n'excède pas 3 000 €**. Il en est de même, bien entendu, lorsque l'**exercice de référence** est fiscalement **déficitaire**.
b. Les **sociétés nouvelles** ainsi que les sociétés préexistantes nouvellement soumises à l'IS sont dispensées du versement de tout acompte au cours de leur premier exercice d'activité ou de leur première période d'imposition à l'IS.
c. Le **premier acompte** est provisoirement calculé sur la base du bénéfice de référence de l'avant-dernier exercice et fait l'objet d'une régularisation lors du versement du deuxième acompte sur la base des résultats du dernier exercice. Les sociétés peuvent toutefois, pour le calcul du premier acompte, faire état du bénéfice du dernier exercice (non encore déclaré à la date du paiement de l'acompte) lorsqu'elles estiment qu'il sera inférieur au bénéfice de l'exercice précédent ou se soldera par un déficit et ainsi réduire le montant de l'acompte ou s'en dispenser. Les entreprises doivent calculer leurs acomptes dus au titre d'un exercice ouvert en année N en appliquant le taux normal d'IS applicable au titre de ce même exercice (BOI-IS-DECLA-20-10 n° 110). Les créances nées du report en arrière des déficits et les réductions et crédits d'impôt reportables peuvent s'imputer sur le montant des acomptes ainsi déterminés (BOI précité n° 110). L'excédent de versement du précédent exercice peut par ailleurs être imputé sur le premier acompte. Le montant obtenu est arrondi à l'euro le plus proche.
d. En cours d'année, les sociétés peuvent se **dispenser de verser de nouveaux acomptes** (ou en réduire le montant) si le montant total des acomptes déjà versés au titre de l'exercice est égal ou supérieur à la cotisation totale d'impôt sur les sociétés dont elles s'estiment redevables pour cet exercice (CGI art. 1668, 4 bis), après imputation des crédits d'impôt attachés aux valeurs mobilières (imputation non prévue par la loi mais admise par l'administration : BOI-IS-DECLA-20-10 n° 440). Mais, en cas d'erreur, sont applicables un intérêt de retard de 0,20 % par mois et une majoration de 5 % du montant des sommes non versées aux échéances prévues.
e. Le **dernier acompte** (quatrième) **des grandes entreprises** (dont le chiffre d'affaires du dernier exercice est au moins égal à 250 M€) doit être calculé par référence au bénéfice estimé de l'exercice (et non d'après les résultats du dernier exercice clos) lorsque celui-ci a augmenté de manière significative par rapport à l'exercice précédent (CGI art. 1668, 1 et 1731 A). Le montant de cet acompte est modulé en fonction du chiffre d'affaires réalisé au titre de l'exercice précédent.

24177 **Liquidation de l'IS** Après établissement de sa déclaration de résultats, la société doit procéder spontanément à la liquidation de l'IS correspondant. Le **montant de l'impôt** calculé au taux normal sur le bénéfice de l'exercice (ou au taux réduit sur les bénéfices des PME) doit, s'il y a lieu :

– être **augmenté** de l'impôt dû, aux taux réduits, sur certaines plus-values et sur le résultat net de cession, concession ou sous-concession de licences d'exploitation de certains droits de propriété industrielle (nos 9955 s.) ;

– être **diminué** du montant des imputations autorisées par la loi au titre des revenus mobiliers ou à d'autres titres.

Le montant de l'impôt ainsi liquidé est alors **comparé** au montant des acomptes déjà versés au titre de l'exercice. Cette comparaison fait apparaître soit un complément d'impôt à acquitter, soit un excédent de versement.

Lorsque la liquidation de l'IS fait apparaître un **excédent de versement** (impôt définitif inférieur au montant des acomptes déjà versés), cet excédent est, après déduction des autres impôts directs éventuellement dus, remboursé d'office à la société dans les trente jours de la date du dépôt de la déclaration de résultats. La société peut également demander l'imputation de l'excédent de versement sur le premier acompte de l'exercice suivant ou sur sa prochaine échéance fiscale.

Lorsque l'**impôt finalement dû** est **supérieur au montant des acomptes** déjà versés, la différence représente le solde de liquidation. Le paiement du solde est effectué lors du dépôt du relevé de solde (formulaire n° 2572-SD) au plus tard le 15 du quatrième mois qui suit la clôture de l'exercice, ou le 15 mai pour les entreprises dont l'exercice coïncide avec l'année civile.

CONTRIBUTION SOCIALE

24180 Les personnes morales les plus importantes redevables d'un montant d'IS supérieur à 763 000 € sont assujetties à une contribution sociale de 3,3 % (CGI art. 235 ter ZC).

Cette contribution est juridiquement distincte de l'IS, elle n'est **pas déductible** des résultats imposables.

Échappent à cette contribution notamment les PME dont le chiffre d'affaires hors taxe réalisé au cours de l'exercice concerné (ramené à douze mois le cas échéant) est inférieur à 7 630 000 € et dont le capital est détenu dans les conditions mentionnées n° 24168.

24181 La contribution sociale due au titre d'un exercice est **assise** sur l'IS calculé sur les résultats réalisés au titre de cet exercice, imposables au taux normal et, le cas échéant sur les résultats imposés aux taux réduits de 15 % et 19 %, et au taux de 10 % (applicable sur option au résultat net de cession, concession ou sous-concession de licences d'exploitation de certains droits de propriété industrielle) avant imputation des éventuels crédits d'impôt.

Elle est **égale à** 3,3 % de l'IS de référence diminué d'un abattement de 763 000 € par période de douze mois (ajusté, le cas échéant, lorsque l'exercice est d'une durée différente).

La contribution doit être calculée par la personne morale et **payée** spontanément par télérèglement au comptable chargé du recouvrement de l'IS. Elle donne lieu à quatre versements d'acomptes (chacun de ces acomptes étant égal à 0,825 % de l'impôt de référence), aux dates prévues pour le paiement des acomptes d'IS de l'exercice. Le solde de liquidation doit être acquitté en même temps que le solde d'IS, c'est-à-dire le 15 mai au plus tard lorsque l'exercice coïncide avec l'année civile. Lorsque la liquidation de la contribution fait apparaître un excédent de versement, cet excédent est remboursé d'office à l'entreprise dans les mêmes conditions que l'IS sous déduction des autres impôts directs éventuellement dus.

> **Précisions a.** Les sociétés redevables d'une **contribution n'excédant pas 3 000 €** sont dispensées du versement d'acomptes (CGI ann. III art. 366 L).
> **b.** Pour les **entreprises nouvelles redevables de l'IS**, la première contribution porte sur la période écoulée depuis le début d'activité jusqu'à la clôture de l'exercice, ou au plus tard, jusqu'au 31 décembre de l'année suivant celle de la création : les sociétés qui ne clôturent pas d'exercice au cours de leur première année civile d'activité se trouvent ainsi dispensées d'acquitter une contribution au titre de cette année. Elles sont en outre dispensées du versement d'un acompte pour cette même période, en l'absence d'impôt de référence (BOI-IS-AUT-10-30 n° 70).

c. Report déficitaire

Lorsqu'elles réalisent des déficits, les entreprises soumises à l'impôt sur les sociétés ont le **choix entre deux régimes** de report : 24200
– un régime de droit commun, dit de report « en avant », qui permet d'imputer les déficits sur les bénéfices des exercices suivant l'exercice déficitaire ;
– et un système optionnel de report « en arrière » des déficits (« carry-back ») sur les bénéfices de l'exercice précédent.

Le **principal intérêt** du report en avant tient à l'existence de la contribution sociale due par certaines sociétés (nos 24180 s.) : l'imputation en avant des déficits réduit ou annule le montant de l'impôt sur les sociétés dû au titre des exercices suivants et diminue d'autant le montant de cette contribution.

Le report en arrière des déficits présente notamment les avantages suivants :
– il confère à l'entreprise la certitude de réaliser effectivement une économie d'impôt, car il fait naître une créance sur le Trésor public remboursable au bout de cinq ans si elle n'est pas utilisée dans ce délai pour le paiement de l'IS ;
– il améliore les résultats comptables et le bilan de l'entreprise du fait de l'inscription de la créance à l'actif ainsi que sa trésorerie lors du remboursement.

REPORT EN AVANT

Le régime de report en avant permet d'imputer les déficits sur les bénéfices ultérieurs, de façon **illimitée dans le temps** (CGI art. 209, I-al. 3). 24202

Le déficit subi au titre d'un exercice est considéré comme une charge de l'exercice suivant et déduit du bénéfice réalisé pendant ledit exercice, dans la **limite d'un montant** d'un million d'euros, majoré de 50 % de la fraction du bénéfice excédant ce seuil. Lorsque le déficit constaté au titre d'un exercice excède un million d'euros alors que le bénéfice de l'exercice suivant dépasse également ce seuil, l'entreprise doit donc acquitter un montant d'IS calculé sur 50 % de la fraction de ce bénéfice excédant un million d'euros. La part de déficit qui ne peut pas être déduite en application de ce dispositif est reportable sur les exercices suivants, sans limitation de durée, dans la même limite.

> **Précisions a.** La limite d'un million d'euros est majorée des **abandons de créances** consentis à une société en application d'un accord homologué dans les conditions prévues à l'article L 611-8 du Code de commerce ou dans le cadre d'une procédure de sauvegarde, de redressement judiciaire ou de liquidation judiciaire ouverte à son nom. Cette majoration concerne les sociétés bénéficiaires des abandons (et non celles qui les consentent). L'administration estime, de façon contestable, que la majoration de base d'imputation à laquelle ouvrent droit ces abandons de créances s'applique à la part fixe du plafonnement (1 000 000 €) mais doit également être déduite pour le calcul de la part variable de ce plafond (BOI-IS-DEF-10-30 n° 225).
> **b.** Les déficits de l'exercice peuvent être imputés sans limitation sur des **plus-values à long terme** imposables à 15 % ou 19 % et cessent alors d'être reportables (n° 24130, Précisions, a).
> **c.** En vertu de la règle dite de l'« identité d'entreprise », les déficits ne sont susceptibles d'être reportés, en principe, qu'au sein de l'entreprise qui les a subis. C'est ainsi que le changement de régime fiscal, le changement d'objet ou d'activité réelle de la société ou la disparition des moyens de production, qui emportent cessation d'entreprise, entraînent la **perte du droit au report** des déficits.

REPORT EN ARRIÈRE (« CARRY-BACK »)

Ce système permet d'imputer le déficit constaté à la clôture d'un exercice sur le bénéfice antérieur, ce qui fait naître une créance sur le Trésor correspondant à l'excédent d'impôt antérieurement versé (CGI art. 220 quinquies). 24205

L'**option** pour le report en arrière, qui constitue une décision de gestion opposable, ne peut être exercée qu'**au titre de l'exercice** au cours duquel le déficit est constaté. Ainsi, une entreprise dont l'exercice coïncide avec l'année civile peut, à la clôture de l'exercice 2024, opter pour le report en arrière du déficit subi au titre de cet exercice, mais ne peut pas reporter en arrière le déficit constaté au titre de l'exercice 2023 (celui-ci reste reportable en avant dans les conditions précisées n° 24202). L'option pour le report en arrière est exercée dans le délai de dépôt de la déclaration de résultats de l'exercice de constatation du déficit (voir toutefois Précisions ci-après en cas de contrôle fiscal ou de déclaration rectificative).

Le déficit constaté au titre d'un exercice est **imputé sur** le seul bénéfice de l'exercice précédent, dans la **limite** du montant le plus faible entre ce bénéfice déclaré et un montant d'un million d'euros.

La base d'imputation est constituée par le montant, avant impôt, des bénéfices soumis au taux normal de l'IS ou au taux réduit prévu en faveur des PME (nº 24168), diminué :

– des distributions prélevées sur ces mêmes bénéfices ;

– et des bénéfices ayant donné lieu à un impôt payé au moyen de crédits d'impôt, ou au moyen d'un excédent de crédit d'impôt recherche (CE 10-3-2022 nº 443690 : RJF 6/22 nº 533) ;

– ou celle qui a donné lieu à un impôt payé au moyen d'une réduction d'impôt pour les reports en arrière de déficits constatés au titre d'un exercice clos depuis le 31 décembre 2021 (Loi 2021-1900 du 30-12-2021 art. 5).

La **créance sur le Trésor** est égale au produit du déficit imputé par le taux de l'impôt sur les sociétés applicable à l'exercice de réalisation du bénéfice (taux normal ou taux réduit dont bénéficient les PME). La créance peut être utilisée pour le paiement de l'IS dû, au taux normal ou à un taux réduit, au titre des exercices clos au cours des cinq années suivant celle au cours de laquelle l'exercice déficitaire a été clos. En revanche, la créance ne peut pas servir au paiement de la contribution sociale. Au terme du délai de cinq ans, l'entreprise peut demander le remboursement de la créance qui n'a pas été imputée (elle peut aussi choisir de l'utiliser pour acquitter les autres dettes fiscales – TVA, taxes sur les salaires, taxes d'apprentissage, etc. – dont elle est redevable auprès du comptable public).

> Précisions a. L'option ne peut pas être exercée au titre d'un exercice au cours duquel intervient une **cession ou cessation totale d'entreprise**, une mise en **liquidation** amiable ou un jugement prononçant la liquidation judiciaire de la société (CGI art. 220 quinquies, II ; CE 20-11-2017 nº 397027 : RJF 2/18 nº 149).

b. L'option peut être exercée par une société soumise à l'IS, à raison de la **quote-part de déficit** correspondant à ses droits dans une ou plusieurs **sociétés de personnes** (CAA Paris 30-12-1997 nº 94-686 : RJF 3/98 nº 246).

c. Lorsqu'un **contrôle fiscal**, ou le dépôt d'une **déclaration rectificative** dans le délai de réclamation prévu à l'article R 196-1 du LPF, fait apparaître ou accroît le déficit, la société peut opter pour son report en arrière sur le bénéfice de l'exercice précédent, dans la double limite du déficit rectifié et d'un million d'euros.

Lorsqu'un contrôle fiscal, ou le dépôt d'une déclaration rectificative dans le délai de réclamation, a pour effet de faire apparaître ou de rehausser un bénéfice d'imputation, la société peut opter pour le report en arrière du déficit sur ce bénéfice rectifié, dans la double limite de ce bénéfice rectifié et d'un million d'euros.

d. Au cours de la période qui précède son remboursement, la **créance** peut être **mobilisée** auprès d'un établissement de crédit en application de la loi Dailly. L'établissement peut obtenir lui-même le remboursement de la créance dont la propriété lui a été transférée à titre de garantie, au terme du délai de cinq ans. Si, dans l'intervalle, l'entreprise recouvre la propriété de sa créance, celle-ci redevient imputable sur l'IS puis, s'il y a lieu, remboursable à l'issue des cinq ans.

e. Les entreprises qui font l'objet d'une **procédure de sauvegarde, de redressement ou de liquidation** judiciaires peuvent demander le remboursement anticipé de leur créance dès la date du jugement qui a ouvert ces procédures. Le remboursement immédiat concerne les créances nées antérieurement à l'ouverture des procédures ainsi que celles nées pendant la période couverte par ces procédures (BOI-IS-DEF-20-20 nº 140). Le remboursement est effectué sous déduction d'un intérêt appliqué à la créance restant à imputer, calculé au taux de l'intérêt légal. Cette possibilité de remboursement anticipé s'applique, de la même manière, aux **entreprises agricoles** qui font l'objet d'une **procédure de règlement à l'amiable** prévue aux articles L 351-1 et suivants du Code rural et de la pêche maritime (BOI précité nº 80).

d. Opérations particulières

OPÉRATIONS DES COLLECTIVITÉS AUTRES QUE LES SOCIÉTÉS

24225 Les **collectivités privées** autres que les sociétés (associations de la loi de 1901, syndicats professionnels, etc.) sont susceptibles d'être soumises à l'IS selon deux régimes différents :

– celles qui se livrent à une exploitation ou à des **opérations de caractère lucratif** sont passibles de l'IS selon les règles et au taux de droit commun, sauf application éventuelle d'une franchise (fixée à 78 596 € pour 2024) pour les opérations lucratives accessoires (CGI art. 206, 1 et 1 bis) ;

– les collectivités qui, sans se livrer à une activité de caractère lucratif, perçoivent des **revenus provenant de leur patrimoine** (revenus fonciers, bénéfices agricoles ou forestiers, revenus mobiliers) sont imposées, à raison de ces revenus, selon des modalités allégées comportant notamment l'application d'un taux réduit de 24 %, 15 % ou 10 % (CGI art. 206, 5 et 219 bis).
Les **établissements publics** sans but lucratif sont en principe soumis au même régime (taxation au taux réduit des revenus provenant de la gestion de leur patrimoine). Entrent notamment dans cette catégorie les chambres d'agriculture.

CHANGEMENT DE RÉGIME FISCAL, D'OBJET SOCIAL OU D'ACTIVITÉ RÉELLE, TRANSFORMATION

Ces événements peuvent emporter les conséquences fiscales d'une cessation d'entreprise. **24235**
Cependant, selon la nature des modifications, ces conséquences peuvent être atténuées, sous réserve du respect d'un certain nombre de conditions.

Opérations concernées La **transformation** d'une société est l'opération par laquelle **24236**
celle-ci adopte une forme juridique différente de celle qu'elle avait auparavant.
Cette opération entraîne cessation si elle s'accompagne (cas exceptionnel) de la **création d'une personne morale nouvelle** (sur cette notion, voir n° 25411).
Mais la transformation peut **s'accompagner d'un changement** d'objet social ou d'activité réelle ou entraîner un changement de régime fiscal. Ainsi, dans l'hypothèse d'une société de capitaux exerçant une activité agricole qui se transforme en société civile, la transformation a pour effet de faire cesser l'assujettissement de la société à l'impôt sur les sociétés (sauf option pour cet impôt exercée lors de la transformation) et rend applicables les conséquences d'une cessation. Sous certaines conditions, les conséquences fiscales de la cessation peuvent cependant être atténuées.
Les conséquences de la transformation en matière de droits d'enregistrement sont décrites n°s 25410 s.

Le **changement d'objet social ou d'activité réelle** d'une société emporte en principe cessation **24237**
d'entreprise. En fait, le changement d'objet social n'est une cause de cessation que s'il s'accompagne d'un changement effectif d'activité (BOI-BIC-CESS-10-20-30 n° 80). En tout état de cause, les conséquences de la cessation d'entreprise bénéficient d'atténuations conditionnelles.
Pour les sociétés soumises à l'impôt sur les sociétés, le changement d'activité réelle peut notamment résulter (CGI art. 221, 5) :
– de l'**adjonction d'une activité** entraînant, au titre de l'exercice de sa survenance ou de l'exercice suivant, une augmentation de plus de 50 % par rapport à l'exercice précédant celui de l'adjonction soit du chiffre d'affaires de la société, soit de l'effectif moyen du personnel et du montant brut des éléments de l'actif immobilisé de la société ;
– de l'**abandon** ou du **transfert**, même partiel, d'**une ou plusieurs activités** entraînant, au titre de l'exercice de sa survenance ou de l'exercice suivant, une diminution de plus de 50 % par rapport à l'exercice précédant celui de l'abandon ou du transfert soit du chiffre d'affaires de la société, soit de l'effectif moyen du personnel et du montant brut des éléments de l'actif immobilisé de la société.
Lorsque les opérations d'adjonction, d'abandon ou de transfert d'activité sont indispensables à la poursuite de l'activité à l'origine de déficits et à la pérennité des emplois, la cessation d'entreprise peut être évitée moyennant un agrément ministériel préalable.
Constitue également une cause de cessation la **disparition des moyens de production** nécessaires à la poursuite de l'exploitation pendant une durée de plus de douze mois, sauf en cas de force majeure (événement climatique, par exemple) ou lorsque l'interruption et la reprise d'activité sont justifiées par des motivations principales autres que fiscales, sous réserve, dans ce dernier cas, de l'obtention d'un agrément ministériel préalable. La disparition des moyens de production emporte aussi cessation d'activité lorsqu'elle est suivie de la cession de la majorité des droits sociaux, sans aucune possibilité de dérogation.

Le **changement de régime fiscal** qui se traduit par la perte d'assujettissement à l'IS emporte ces- **24238**
sation d'entreprise (CGI art. 221, 2).
Ce changement se rencontrera essentiellement dans les situations suivantes :
– transformation d'une société de capitaux en société civile ou en société de personnes, à supposer que celle-ci ne soit pas soumise à l'IS à raison de son activité ;
– changement d'activité d'une société civile qui cesse d'effectuer des opérations commerciales et n'entre plus de ce fait dans le champ d'application de l'IS ;
– réunion entre les mains d'un seul associé personne physique des parts d'une SARL non familiale, lorsque l'EURL n'opte pas pour son assujettissement à l'IS.

24240 **Conséquences de la cessation d'entreprise** En principe, la cessation d'entreprise entraîne les mêmes conséquences fiscales qu'une **dissolution** : taxation à l'IS des bénéfices non encore imposés, y compris ceux « en sursis d'imposition » (provisions notamment) ; taxation à l'IS des plus-values latentes de l'actif social ; perte du droit au report des déficits subis avant l'opération ; imposition de l'intégralité du boni de liquidation au nom des bénéficiaires (voir nos 24250 s.).

24241 **Atténuations conditionnelles des conséquences** En l'absence de création d'une personne morale nouvelle, la taxation des bénéfices en sursis d'imposition et des plus-values latentes, y compris sur les stocks, n'est pas exigée lorsque les deux conditions suivantes sont satisfaites (CGI art. 221 bis) :

- l'**imposition** de ces bénéfices et plus-values **demeure possible** sous le nouveau régime fiscal dont relève l'entreprise ;
- **aucune modification** n'est apportée aux **valeurs comptables** des éléments d'actif à l'occasion de l'opération.

Il en est ainsi en principe dans le cas des **transformations de sociétés** par actions ou à responsabilité limitée **à objet agricole en sociétés civiles** ayant le même objet et imposables d'après le bénéfice réel agricole. Bien entendu, les plus-values qui seront ultérieurement réalisées par la société civile sur les éléments de l'actif existant au moment de la transformation seront calculées d'après la valeur comptable que ces éléments avaient au bilan de la société avant sa transformation, diminuée des amortissements pratiqués depuis cette opération.

En revanche, la condition concernant la faculté d'imposer ultérieurement les plus-values latentes n'est pas satisfaite en cas de transformation d'une SARL en société civile exerçant une activité de location de terrains agricoles, dès lors que les plus-values ultérieurement réalisées qui seraient imposables au nom des associés personnes physiques relèvent du régime des plus-values privées, ce qui ne permet pas de garantir l'imposition de l'intégralité du montant des plus-values constatées à la date de l'opération (CE 28-7-2000 n° 138342 : RJF 11/00 n° 1240).

24242 Chaque fois que les conditions visées ci-dessus sont remplies – ce qui est le cas le plus fréquent –, la transformation, le changement d'objet social ou d'activité réelle ou la perte d'assujettissement à l'IS n'entraînent ainsi, en pratique, l'**application de l'impôt sur les sociétés qu'aux bénéfices de l'exercice en cours** lors de l'opération.

> **Précisions** **a.** La dispense de taxation ne s'applique pas aux **provisions réglementées** en cas de changement d'objet social ou d'activité réelle d'une société soumise à l'IS (CGI art. 221, 5).
> **b.** En cas de changement de régime fiscal, les associés sont en principe imposés à raison de l'intégralité du « **boni de liquidation** ». Mais l'administration admet que les bénéfices en sursis d'imposition et les plus-values latentes soient exclus de cette imposition lorsque les conditions requises pour l'atténuation des conséquences de la cessation sont remplies (BOI-BIC-CHAMP-70-20-40-20 n° 140).
> **c.** La cessation d'activité entraîne la perte du droit au **report des déficits** subis avant l'opération. Ces déficits peuvent toutefois être imputés sur les bénéfices et plus-values imposables au titre de l'exercice de cessation dans la limite précisée n° 24202.
> **d.** Lors de la **cession d'éléments d'actif immobilisé postérieurement** au changement de régime fiscal, les plus-values acquises à la date du changement sont imposées et ne peuvent bénéficier de l'exonération prévue par l'article 151 septies du CGI en faveur des petites entreprises.

24245 **Cas particuliers** En vertu de l'article 221, 6 du CGI, la renonciation par une Sica à son statut coopératif (voir n° 83610) n'entraîne pas les conséquences fiscales d'une cessation d'entreprise à condition que cette perte de statut ne s'accompagne pas d'un changement de régime fiscal ni, selon l'administration, d'un changement de l'objet social ou de l'activité réelle (BOI-IS-CESS-20-20 n° 390). Tel sera le cas, notamment, de la **transformation d'une Sica** en SA ou SARL passible de l'IS dans les conditions de droit commun. À l'inverse, la transformation d'une Sica en société soumise au régime fiscal des sociétés de personnes entraîne les conséquences d'une cessation d'entreprise, sous réserve des atténuations conditionnelles prévues par l'article 221 bis du CGI (n° 24241).

DISSOLUTION DE SOCIÉTÉ

24250 La dissolution d'une société est constitutive d'une **cessation d'entreprise**. En pratique, la personnalité morale de la société subsiste toutefois jusqu'à la clôture des opérations de **liquidation** et c'est seulement à cette date qu'intervient effectivement la cessation. La date de cessation coïncide plus précisément avec la date d'approbation des comptes définitifs de liquidation, qui marque le point de départ des délais impartis pour effectuer les **déclarations** prévues en cas de cessation : délai de 45 jours pour informer l'administration de la cessation d'activité et délai de 60 jours pour déposer la déclaration de résultat. Si une liquidation judiciaire se prolonge pendant plusieurs années, les liquidateurs doivent établir des déclarations annuelles, de caractère provisoire, dans les délais habituels ; les impositions établies au vu de ces déclarations viennent ensuite en déduction de l'imposition définitive (BOI-IS-DECLA-10-10-10 n° 110).

La dissolution de la société entraîne l'**imposition à l'IS** des éléments suivants : **24251**
– **bénéfices d'exploitation** réalisés depuis la fin du dernier exercice taxé, déterminés dans les conditions de droit commun ;
– **bénéfices en sursis d'imposition** et, en particulier, provisions précédemment constituées qui deviennent sans objet du fait de la cessation ;
– **plus-values d'actif immobilisé**, réalisées ou constatées à l'occasion de la cessation. Ces plus-values sont soumises au régime de droit commun exposé n°s 24124 s. En cas de constatation d'une moins-value nette à long terme, celle-ci est déductible, pour une fraction de son montant, du bénéfice d'exploitation (voir n° 10176).

La **répartition entre les associés du produit de la liquidation** s'effectue en franchise d'impôt dans **24252**
la mesure où elle n'excède pas le montant des apports réels ou assimilés (sont assimilées aux apports les réserves incorporées au capital avant le 1er janvier 1949).
Lorsque, au terme des opérations de liquidation, il subsiste un boni de liquidation (toutes les sommes revenant aux associés excédant le montant de leurs apports), celui-ci est imposable au nom des associés en tant que revenu distribué.
La taxation du boni de liquidation entre les mains de chaque bénéficiaire (pour la part correspondant à ses droits sociaux) varie selon que l'intéressé est une personne physique ou une société elle-même passible de l'impôt sur les sociétés :
– l'**associé personne physique** est soumis à l'impôt sur le revenu, dans la catégorie des revenus mobiliers, sur sa part du boni de liquidation. Toutefois, si l'intéressé a acquis les droits sociaux annulés à un prix supérieur au montant des « apports », l'excédent vient en diminution du revenu imposable. Le boni de liquidation est imposable dans les conditions exposées n° 24310 ;
– la fraction du boni de liquidation revenant à une **société passible de l'impôt sur les sociétés** est soumise à l'impôt sur les sociétés, dans la mesure où elle excède la valeur comptable des titres annulés. Elle ouvre droit le cas échéant au régime des sociétés mères et filiales (n° 24345).

FUSIONS DE SOCIÉTÉS ET OPÉRATIONS ASSIMILÉES

Les fusions de sociétés (soit par voie d'absorption, soit par création d'une société nouvelle) **24260**
entraînent normalement les mêmes conséquences fiscales qu'une dissolution de société suivie de la constitution d'une autre société ou de l'augmentation de capital d'une société existante.
Cependant, afin d'encourager les regroupements d'entreprises, le législateur a supprimé ou réduit la plupart des taxations (tant en matière d'impôts directs que de droits d'enregistrement) qui seraient ainsi exigibles dans le cas de fusions de sociétés ou d'opérations assimilées (scissions et apports partiels d'actif). Ce **régime de faveur**, réservé en principe aux sociétés passibles de l'IS, fait l'objet d'un exposé d'ensemble dans notre Mémento fiscal auquel les lecteurs intéressés pourront se reporter (Mémento fiscal n°s 39000 s.).

2. IMPOSITION DES BÉNÉFICES DISTRIBUÉS

La notion de distribution de bénéfices revêt une grande importance dans le régime fiscal appli- **24300**
cable aux sociétés de capitaux – et, d'une manière plus générale, aux sociétés ou personnes morales passibles de l'impôt sur les sociétés – tandis qu'elle n'intervient pas en ce qui concerne les entreprises relevant de l'impôt sur le revenu. En effet, les bénéfices des entreprises individuelles et des sociétés de personnes sont soumis à l'impôt sur le revenu du seul fait de leur réalisation et quand bien même ils seraient mis en réserve. En revanche, les associés ou actionnaires des sociétés soumises à l'impôt sur les sociétés ne sont pas personnellement imposés à raison des bénéfices réalisés par lesdites sociétés, tant que ces **bénéfices** demeurent **en réserve** (ou en report à nouveau). Mais, lorsque les **bénéfices** (déjà amputés de l'impôt sur les sociétés) sont **mis en distribution** par la société, chaque associé ou actionnaire est, à raison des sommes lui revenant, assujetti à l'impôt sur le revenu au titre des revenus des capitaux mobiliers (ou à l'IS si l'associé est une société passible dudit impôt).

Dans les développements qui suivent, nous examinons brièvement le régime d'imposition des **24305**
« **distributions juridiques régulières** » effectuées par les sociétés (par opposition aux « distributions fiscales » pour les cas où la loi fiscale décide qu'il y a distribution imposable, même en l'absence de distribution officielle : rémunérations et avantages occultes, rectifications de bénéfices désinvestis, avances aux associés qui ne constituent pas de véritables prêts, etc.).

Les distributions juridiques régulières résultent d'une délibération ou d'une décision officielle des organes compétents de la société. Elles comprennent, au premier chef, les dividendes, les acomptes sur dividendes et les répartitions exceptionnelles, quelles que soient leurs modalités de paiement (dividendes payés en actions, par exemple) et la nature de l'assemblée générale, ordinaire ou extraordinaire, qui prend la décision de distribution.

IMPOSITION DES BÉNÉFICES DISTRIBUÉS À DES PERSONNES PHYSIQUES

24310 Les dividendes et distributions assimilées perçus par les personnes physiques font l'objet d'une imposition en deux temps.

24312 L'**année de leur versement**, les dividendes et revenus assimilés font l'objet, au titre de l'impôt sur le revenu, d'un **prélèvement à la source obligatoire non libératoire** (PFNL) au taux de 12,8 %, calculé sur leur montant brut (CGI art. 117 quater). Les contribuables appartenant à un foyer fiscal dont le revenu fiscal de référence de l'avant-dernière année est inférieur à 50 000 € (contribuables célibataires, divorcés ou veufs) ou 75 000 € (contribuables soumis à imposition commune) peuvent toutefois demander à être dispensés du prélèvement. La demande de dispense doit être formulée auprès de la société distributrice au plus tard le 30 novembre de l'année précédant celle du versement (CGI art. 242 quater).

ATTENTION

Le PFNL est **télédéclaré** et **télépayé** au moyen d'un formulaire n° 2777 au plus tard le 15 du mois suivant le paiement des revenus auprès du service des impôts des entreprises dont dépend l'établissement principal. Le non-respect des obligations de télédéclaration et de télépaiement est sanctionné par une majoration de 0,2 %. (CGI art. 1649 quater B quater, VIII et IX et 1681 septies, 7).

24314 L'**année suivante**, l'impôt sur le revenu est liquidé à partir des éléments portés sur la déclaration de revenus du contribuable. Les dividendes sont en principe soumis de plein droit au **prélèvement forfaitaire unique (PFU)**, au taux forfaitaire de 12,8 % (hors prélèvements sociaux), calculé sur la base du montant brut des dividendes reçus.

Le contribuable peut toutefois opter dans sa déclaration pour l'**application du barème progressif**. Cette option est globale et irrévocable. Elle porte sur l'ensemble des revenus et plus-values mobilières entrant dans le champ d'application du PFU. Lorsque l'option est exercée, les dividendes (comme l'ensemble des revenus distribués par les sociétés soumises à l'impôt sur les sociétés en vertu d'une décision régulière des organes compétents) bénéficient d'une réfaction de 40 %, non plafonnée (CGI art. 158, 3-2°). En pratique, dans ce cas, les dividendes ne sont donc retenus, pour le calcul de l'impôt sur le revenu dû par les associés, que pour 60 % de leur montant. Sur la possibilité d'opter en cours de contrôle, voir n° 24115.

Les **prélèvements sociaux** sont retenus à la source au taux global de 17,2 %, calculé sur le montant brut des revenus distribués, étant précisé qu'une fraction de la CSG prélevée, égale à 6,8 % du dividende brut, est déductible du revenu imposable de l'année de son paiement en cas d'option pour l'application du barème progressif de l'impôt sur le revenu.

IMPOSITION DES BÉNÉFICES DISTRIBUÉS À DES SOCIÉTÉS SOUMISES À L'IS

24345 Bien que provenant de bénéfices ayant déjà supporté l'impôt sur les sociétés (au niveau de la société distributrice), les dividendes perçus par les sociétés passibles de cet impôt doivent normalement être inclus dans leurs propres bénéfices imposables.

Cependant, un régime spécial dit « **régime des sociétés mères et filiales** » permet aux sociétés ou organismes soumis totalement ou partiellement à l'impôt sur les sociétés au taux normal, et détenant des titres représentant au moins 5 % du capital de la société émettrice, d'éviter cette double imposition des dividendes, à condition de conserver les titres pendant au moins deux ans (CGI art. 145).

Ce régime spécial permet la déduction, des bénéfices imposables de la société mère, des dividendes reçus de sa filiale, défalcation faite d'une quote-part de frais et charges fixée forfaitairement à 5 % du produit total des participations, crédits d'impôt compris (CGI art. 216).

› **Précisions a.** Pour l'appréciation du pourcentage de détention donnant droit à la qualification de société mère, sont retenus tous les titres représentatifs du capital de la filiale, qu'ils soient ou non assortis de **droits de vote** : l'article 145 du CGI n'exige pas, pour l'appréciation du seuil de détention, que des droits de vote soient attachés à chacun des titres de participation ni que les droits de vote éventuellement attachés à ces titres soient strictement proportionnels à la quotité du capital qu'ils représentent. Ainsi, le régime s'applique dès lors que la société mère détient 5 % du capital de sa filiale, même si le pourcentage de droits de vote est inférieur à 5 % (CE 5-11-2014 n° 370650 : RJF 1/15 n° 9), notamment en raison de droits de vote double octroyés à d'autres actionnaires (CE 3-12-2014 n° 363819 : RJF 3/15 n° 191).

b. Aucun pourcentage minimal n'est exigé pour les participations détenues par les entités locales de certains **groupes bancaires mutualistes** (Crédit agricole notamment), lorsque leur prix de revient est au moins égal à 22,8 M€.

c. Le pourcentage minimal de participation dans la société émettrice est abaissé à 2,5 % du capital et 5 % des droits de vote lorsque la société mère est contrôlée par un ou plusieurs **organismes à but non lucratif** mentionnés à l'article 206, 1 bis du CGI (associations, fondations, syndicats professionnels, etc.). Dans ce cas, le délai minimal de conservation est porté à cinq ans.

3. RÉMUNÉRATIONS DES DIRIGEANTS DE SOCIÉTÉS

DÉDUCTION DES BÉNÉFICES IMPOSABLES DE LA SOCIÉTÉ

En règle générale, sont déductibles du bénéfice imposable d'une société passible de l'impôt sur **24400** les sociétés les rémunérations allouées par celle-ci à ses dirigeants (associés ou non), sous quelque forme que ce soit (salaires fixes, avantages en nature, primes, intéressement aux bénéfices ou au chiffre d'affaires, etc.).

Toutefois, il n'en est ainsi que dans la mesure où la rémunération correspond à un travail effectif et n'excède pas la **rétribution normale** des fonctions exercées par l'intéressé. En cas d'**exagération**, l'excédent peut, en effet, être réintégré dans les bénéfices imposables de la société et, dans ce cas, se trouver imposé entre les mains du bénéficiaire, qu'il soit associé ou non, comme revenu distribué (sans abattement, la base d'imposition de ces rémunérations excessives étant en outre majorée de 25 %).

Dans les **sociétés anonymes à direction « classique »** (conseil d'administration), sont déductibles **24405** les diverses rémunérations versées aux dirigeants en contrepartie des fonctions de direction qu'ils exercent (président du conseil d'administration, directeur général, directeurs généraux délégués), d'un emploi salarié (directeur technique, par exemple) ou de missions ou mandats particuliers qui leur sont confiés.

Dans les **sociétés anonymes avec directoire et conseil de surveillance**, la rémunération des membres du directoire est également déductible, sauf exagération de son montant. Il en est de même des rémunérations versées aux membres du conseil de surveillance en contrepartie de fonctions salariées exercées dans la société ou de missions ou mandats particuliers.

La **société par actions simplifiée** (SAS) est assimilée au plan fiscal à la société anonyme (CGI art. 1655 quinquies). Les rémunérations versées au président et aux autres dirigeants d'une SAS sont donc déductibles dans les mêmes conditions.

Au regard de l'impôt sur les sociétés, les rémunérations de toute nature des **gérants majoritaires** **24410** **ou minoritaires** de **sociétés à responsabilité limitée** (n'ayant pas opté pour le régime des sociétés de personnes) sont déductibles des bénéfices imposables dans la mesure, bien entendu, où elles correspondent à un travail effectif et où leur montant global n'excède pas la rétribution normale des fonctions exercées. Il en est de même des rémunérations versées aux gérants des **sociétés en commandite par actions**.

Les rémunérations allouées aux dirigeants des **sociétés de personnes** et assimilées **qui ont opté pour leur assujettissement à l'impôt sur les sociétés** sont déductibles dans les mêmes conditions.

IMPOSITION AU NOM DES BÉNÉFICIAIRES

Catégorie d'imposition Les **rémunérations admises en déduction** du bénéfice impo- **24420** sable de la société sont soumises à l'impôt sur le revenu au titre de l'une ou l'autre des catégories suivantes :

1. Certaines rémunérations sont imposables dans la catégorie des **« traitements et salaires »**. Tel est le cas des rémunérations (y compris les allocations forfaitaires pour frais) des dirigeants de sociétés anonymes, de sociétés par actions simplifiées et des gérants minoritaires (ou égalitaires) des SARL.

2. D'autres sont imposables dans la catégorie des **bénéfices non commerciaux** : cas, notamment, des rémunérations allouées aux membres des conseils d'administration ou de surveillance des sociétés anonymes à raison des missions ou mandats spéciaux qui leur sont confiés, ainsi qu'aux membres des conseils de surveillance des sociétés en commandite par actions.

3. D'autres enfin sont visées distinctement par l'**article 62** du CGI et constituent ainsi une **catégorie particulière de revenus**. Il s'agit des rémunérations versées :

– aux gérants majoritaires des SARL n'ayant pas opté pour le régime fiscal des sociétés de personnes ;

– aux gérants associés commandités des sociétés en commandite par actions ;
– aux associés en nom des sociétés de personnes (SNC, sociétés en commandite simple) ayant opté pour leur assujettissement à l'impôt sur les sociétés ;
– aux membres des sociétés en participation, des sociétés de fait, des EURL et des EARL lorsque ces entreprises ont opté pour l'impôt sur les sociétés ;
– aux associés (gérants ou non) des sociétés civiles ayant opté pour l'impôt sur les sociétés.

› **Précisions a.** Est considéré comme **gérant majoritaire** de SARL l'associé gérant qui détient personnellement (directement ou par l'intermédiaire de son conjoint et de ses enfants) plus de la moitié des parts sociales ou lorsque, en cas de gérance collégiale, les gérants possèdent ensemble cette majorité. On qualifie de « **gérants minoritaires** » ceux qui appartiennent à une gérance non majoritaire. La distinction entre gérance majoritaire et gérance minoritaire (ou égalitaire) a toutefois perdu l'essentiel de sa portée d'un point de vue fiscal puisque le montant imposable des **rémunérations visées à l'article 62 du CGI** est déterminé selon les règles prévues en matière de traitements et salaires. Les dépenses professionnelles peuvent donc être prises en compte, soit de manière forfaitaire par application de la déduction de 10 %, soit pour leur montant réel. La déduction forfaitaire de 10 % est pratiquée sur le montant des traitements, remboursements forfaitaires de frais et toutes autres rémunérations imposables diminué, notamment, des cotisations et primes mentionnées à l'article 154 bis du CGI (cotisations aux régimes de sécurité sociale et primes versées au titre des contrats « Madelin » d'assurance de groupe, déductibles dans les conditions exposées n°s 10991 s.).
b. Les gérants **d'EARL** assujetties à l'impôt sur les sociétés, qui relèvent de la mutualité sociale agricole, déduisent leurs cotisations de sécurité sociale et de retraite complémentaire dans les conditions prévues pour les agriculteurs (voir n° 10991).

Intérêts déductibles des rémunérations selon le régime des frais réels

24430 Les **dirigeants salariés** et ceux dont les rémunérations relèvent de l'**article 62 du CGI** peuvent déduire des rémunérations qu'ils perçoivent, lorsqu'ils sont imposés selon le régime des frais réels, les intérêts d'emprunt et autres frais (frais de dossiers, cotisations d'assurance, etc.) supportés pour **acquérir ou souscrire les titres** de la société dans laquelle ils exercent leur activité professionnelle principale, dès lors que ces dépenses sont utiles à l'acquisition ou la conservation du revenu et que leur montant est proportionné à leur rémunération annuelle (CGI art. 83, 3°-dernier al.). En pratique, sont admis en déduction les intérêts dus à raison de la fraction de l'emprunt qui n'excède pas le triple de la rémunération allouée ou escomptée à la date de souscription.
La **société** dont les titres sont acquis doit exercer une activité agricole, industrielle, commerciale, artisanale ou libérale. Il peut également s'agir d'une holding animatrice de groupe (BOI-RSA-BASE-30-50-30-30 n°s 140 et 150).
Selon l'administration, le seul fait d'exercer son activité professionnelle dans une société ne suffit pas pour établir l'utilité à l'acquisition ou la conservation du revenu. Celle-ci doit résulter de circonstances de fait : détention de titres imposée par le statut de la profession, prise de contrôle d'une entreprise nouvelle ou existante pour y exercer son activité principale, par exemple (BOI-RSA-BASE-30-50-30-30 n°s 190 à 260).

› **Précisions** La fraction des versements effectués au titre des souscriptions ou acquisitions de titres donnant lieu à la **réduction d'impôt sur le revenu pour souscription au capital de PME** (n°s 24500 s.) ne peut donner lieu à aucune déduction des intérêts d'emprunt.

4. RÉGIME FISCAL DES DROITS SOCIAUX

24440 Les **personnes physiques** qui détiennent des droits dans des sociétés soumises à l'IS relèvent, lors de la **cession** de ces droits, du régime des plus-values et moins-values sur valeurs mobilières et droits sociaux prévu aux articles 150-0 A et suivants du CGI (n°s 24450 s.).
Par ailleurs, les associés personnes physiques peuvent bénéficier de plusieurs réductions d'impôt au titre de la **souscription** au capital de la société (n°s 24500 s.).

a. Plus-values et moins-values de cession de titres

24450 Les **plus-values** réalisées par les particuliers à l'occasion de la cession de valeurs mobilières ou de droits sociaux sont, en principe, soumises de plein droit au **prélèvement forfaitaire unique** (PFU) au taux global de 30 % (PFU de 12,8 % et prélèvements sociaux au taux de 17,2 %). Le contribuable peut toutefois opter dans sa déclaration de revenus pour l'application du **barème progressif** de l'impôt sur le revenu (auquel s'ajoutent les prélèvements sociaux de 17,2 %). Sur la

possibilité d'opter en cours de contrôle, voir n° 24115. En cas d'option pour l'application du barème progressif, les plus-values peuvent bénéficier, le cas échéant, d'un abattement pour durée de détention lorsque les titres ont été détenus pendant un certain délai avant d'être cédés. L'abattement est calculé dans les conditions exposées n°s 24454 s.
Les **moins-values** subies au cours d'une année sont imputables exclusivement sur les plus-values de même nature imposables au titre de la même année avant application, le cas échéant, des abattements pour durée de détention.
En cas de solde positif (plus-value annuelle globale) et en présence de moins-values reportées imputables, le solde est réduit, dans la limite de son montant, de ces moins-values, les plus anciennes s'imputant prioritairement (BOI-RPPM-PVBMI-20-10-40 n° 470). Le contribuable ne peut pas décider de l'année d'imputation des moins-values mais il dispose en revanche de la faculté d'imputer les moins-values sur les plus-values de son choix (BOI-RPPM-PVBMI-20-10-40 n° 480).
En cas de solde négatif (moins-value annuelle globale), l'excédent de moins-values est imputable sur les plus-values des dix années suivantes (pas d'imputation directe sur le revenu global). Lorsque l'imputation des moins-values (moins-values de l'année et moins-values reportées) laisse subsister des plus-values imposables, ces plus-values sont réduites, le cas échéant, de l'un des abattements pour durée de détention (n°s 24454 s.).

> **Précisions a.** Le régime des plus-values privées s'applique aux plus-values réalisées par les **entreprises** relevant de l'impôt sur le revenu lorsqu'elles cèdent des **titres inscrits à l'actif** qui ne sont pas affectés à l'activité (voir n°s 10745 s.). On notera que certaines plus-values peuvent être imposées pour partie selon le régime d'imposition des plus-values privées et pour partie selon celui des plus-values professionnelles : c'est ce qui se passe par exemple lorsque les titres cédés ont été inscrits à l'actif et affectés à l'activité professionnelle après avoir figuré dans le patrimoine privé (ou l'inverse).
> **b.** Le régime des plus-values privées s'applique également aux titres détenus par des **personnes physiques** dans des **sociétés non soumises à l'IS**, lorsque les conditions d'application de l'article 151 nonies du CGI (n° 24905) ne sont pas remplies. Notons toutefois que certains des dispositifs exposés ci-après ne sont pas applicables à la cession de tels titres, étant réservés aux titres des sociétés soumises à l'IS. Il en est ainsi du dispositif prévu en faveur des dirigeants prenant leur retraite (n° 24457). Par ailleurs, pour le calcul de la plus-value réalisée lors de la cession de titres de sociétés relevant du régime des sociétés de personnes, le prix d'acquisition doit faire l'objet d'ajustements afin d'éviter une double imposition (ou une double déduction) des bénéfices (ou déficits) déjà pris en compte chez le cédant (CE 9-3-2005 n° 248825 : RJF 6/05 n° 564). Ces ajustements sont identiques à ceux exposés n° 24920 pour le calcul des plus-values professionnelles.

CALCUL DE LA PLUS OU MOINS-VALUE

La plus ou moins-value est calculée par différence entre le prix de cession et le prix d'acquisition. 24452
Le **prix d'acquisition** s'entend du prix pour lequel les titres ont été acquis à titre onéreux par le cédant ou, en cas d'acquisition à titre gratuit (par succession ou donation), de la valeur retenue pour la détermination des droits de mutation. Il doit dans tous les cas être majoré des frais d'acquisition. Les frais à prendre en compte sont :
– pour les acquisitions à titre onéreux : les frais de courtage, les commissions et honoraires, les droits d'enregistrement et frais d'acte ;
– pour les acquisitions à titre gratuit : les frais d'acte et de déclaration, les honoraires du notaire et les droits de mutation proprement dits.
En cas de cession de titres appartenant à une série de titres de même nature acquis pour des prix différents, le prix d'acquisition à retenir est la moyenne pondérée d'acquisition de ces titres.
Le **prix de cession** s'entend du prix réel stipulé entre les parties. Il comprend toutes les charges et indemnités stipulées au profit du cédant ou d'un tiers, à quelque titre que ce soit, en rémunération de l'opération (par exemple, prise en charge par l'acheteur d'une dette du cédant). Il est diminué du montant des frais et taxes directement liés à la cession acquittés par le cédant.
L'imposition est établie au titre de l'année au cours de laquelle la cession est réalisée, quelles que soient les modalités retenues pour en acquitter le prix et même si celui-ci est payable par fractions échelonnées au cours des années suivantes.

> **Précisions a.** Le **complément de prix reçu par le cédant** en exécution de la clause du contrat de cession par laquelle l'acquéreur s'est engagé à lui verser un complément de prix déterminé en fonction d'une indexation en relation directe avec l'activité de la société dont les titres sont cédés est imposable au titre de l'année au cours de laquelle il est reçu. Si la plus-value réalisée lors de la cession des titres remplissait les conditions pour

bénéficier d'un abattement pour durée de détention (nos 24454 s.), cet abattement s'applique également au montant du complément de prix.

b. Lorsque le cédant est amené à effectuer un **versement** au titre de la mise en œuvre d'une **clause de garantie de passif** ou d'actif net de la société dont les titres ont été cédés, il peut demander, par voie de réclamation contentieuse, la décharge ou la réduction de l'imposition initialement établie. En pratique, cette révision de l'imposition initiale conduit à une nouvelle liquidation de la plus-value initiale sur la base du prix de cession exprimé dans l'acte diminué du montant du versement effectué par le cédant en exécution de la clause de garantie de passif ou d'actif net, sans que cette nouvelle liquidation puisse, selon l'administration, avoir pour effet de dégager une perte (BOI-RPPM-PVBMI-20-10-10-30 n° 80).

c. Lorsque les titres cédés ont donné lieu à la **réduction d'impôt pour souscription au capital de PME** (nos 24500 s.), le prix d'acquisition est diminué des réductions d'impôt effectivement obtenues. En cas de cession totale ou partielle des titres avant la fin du délai de conservation de cinq ans entraînant remise en cause de la réduction d'impôt, il n'y a pas lieu de diminuer le prix de souscription du montant de la réduction qui a été reprise (BOI-RPPM-PVBMI-20-10-20-10 n° 30).

d. En cas de cession de titres libellés en **devises étrangères**, les prix d'acquisition et de cession à retenir doivent être convertis en euros selon les taux de change applicables respectivement à la date d'acquisition et à la date de cession des titres (CE 13-9-2021 n° 443914 : RJF 12/21 n° 1111).

ABATTEMENTS PROPORTIONNELS EN CAS D'OPTION POUR LE BARÈME PROGRESSIF

24454 **Dispositif de droit commun pour durée de détention** Lorsque la cession porte sur des titres acquis ou souscrits avant le 1er janvier 2018, et sous réserve que le contribuable opte pour l'application du barème progressif de l'impôt sur le revenu, la plus-value réalisée peut être réduite d'un abattement de droit commun **égal à** 50 % lorsque les titres sont détenus depuis au moins deux ans et moins de huit ans et 65 % après huit ans de détention (CGI art. 150-0 D, 1 ter). La durée de détention est **décomptée** à partir de la date de souscription ou d'acquisition des titres et prend fin à la date du transfert de propriété.

L'abattement s'applique sur le montant du gain net, calculé après imputation par le contribuable sur les plus-values réalisées des **moins-values** de même nature subies au cours de la même année ou reportées dans les conditions décrites n° 24450.

ATTENTION

Les **titres reçus dans le cadre d'une opération d'échange intervenue depuis le 1er janvier 2018** en contrepartie de titres acquis ou souscrits avant cette date sont éligibles à l'abattement si l'échange a été réalisé, dans les conditions prévues à l'article 150-0 B (n° 24468). Ils ne le sont pas, en revanche, si l'échange a été effectué dans le cadre d'un apport à une société contrôlée par l'apporteur dans les conditions prévues à l'article 150-0 B ter du CGI (n° 24469) (BOI-RPPM-PVBMI-20-20-10 n° 40).

24455 **Titres de PME souscrits ou acquis dans les dix ans de la création** Par dérogation au régime de droit commun exposé n° 24454, certaines plus-values de cession de titres acquis ou souscrits avant le 1er janvier 2018 peuvent être, sous certaines conditions, réduites d'un **abattement proportionnel majoré** (CGI art. 150-0 D, 1 quater). Cet abattement majoré, pratiqué sur le montant du gain net (après imputation par le contribuable des moins-values dans les conditions décrites n° 24450), est égal à :

– 50 % lorsque les titres sont détenus depuis au moins un an et moins de quatre ans à la date de la cession ;

– 65 % lorsque les titres sont détenus depuis au moins quatre ans et moins de huit ans ;

– 85 % lorsque les titres sont détenus depuis au moins huit ans.

La durée de détention est décomptée selon les mêmes modalités que l'abattement de droit commun (n° 24454).

24456 Lorsque le contribuable a exercé l'option globale pour l'imposition au barème progressif, les plus-values bénéficient de l'abattement majoré visé n° 24455 lorsque la société émettrice des titres cédés remplit les **conditions** suivantes :

– exercer une activité agricole, commerciale, industrielle, artisanale ou libérale, à l'exception de la gestion de son propre patrimoine mobilier ou immobilier ;

– employer moins de 250 salariés et avoir un chiffre d'affaires annuel n'excédant pas 50 M€ ou un total de bilan n'excédant pas 43 M€ ;

– avoir son siège dans un État de l'Espace économique européen ;

– être créée depuis moins de dix ans et ne pas être issue d'une concentration, d'une restructuration, d'une extension ou d'une reprise d'activités préexistantes, cette condition s'appréciant à la date de souscription ou d'acquisition des titres cédés. Le délai de dix ans est décompté de date à date (BOI-RPPM-PVBMI-20-30-10 n° 80) ;
– être passible de l'impôt sur ses bénéfices (impôt sur les sociétés ou sur le revenu) ;
– n'accorder aux souscripteurs que les seuls droits résultant de leur qualité d'associé ou d'actionnaire, à l'exclusion de tout autre avantage ou de garantie en capital.

ABATTEMENT FIXE APPLICABLE AUX TITRES DE PME CÉDÉS PAR DES DIRIGEANTS PRENANT LEUR RETRAITE

Les plus-values réalisées par les dirigeants qui cèdent leur société, **entre le 1er janvier 2018 et le 31 décembre 2024**, à l'occasion de leur départ en retraite sont, sous certaines conditions, réduites d'un abattement fixe de 500 000 € quelles que soient leurs modalités d'imposition (PFU ou option pour le barème progressif). **24457**
La **société cédée** doit être une PME remplissant les conditions suivantes :
– employer moins de 250 salariés et avoir un chiffre d'affaires annuel n'excédant pas 50 M€ ou un total de bilan n'excédant pas 43 M€ ;
– avoir exercé, de manière continue au cours des cinq années précédant la cession, une activité agricole, commerciale, industrielle, artisanale, libérale ou financière, à l'exception de la gestion de son propre patrimoine mobilier ou immobilier (ou avoir pour objet exclusif de détenir des participations dans des sociétés exerçant l'une de ces activités) ;
– avoir son siège dans un État de l'Espace économique européen ;
– être soumise à l'impôt sur les sociétés dans les conditions de droit commun.
Pendant les **cinq années précédant la cession**, le **cédant** doit, sans interruption :
– avoir exercé les fonctions de gérant d'une SARL ou d'une société en commandite par actions, d'associé en nom d'une société de personnes, de président, directeur général, président du conseil de surveillance ou membre du directoire d'une société par actions ;
– avoir détenu au moins 25 % des droits de vote ou des droits financiers de la société cédée soit directement, soit par personne interposée, soit par l'intermédiaire de son groupe familial (c'est-à-dire son conjoint ou partenaire de Pacs, leurs ascendants, descendants ou frères et sœurs).
Le cédant doit en principe cesser toute fonction, de direction ou salariée, dans la société et faire valoir ses droits à la retraite dans les deux années suivant ou précédant la cession. Par dérogation, ce délai est de trois ans lorsque le cédant a fait valoir ses droits à la retraite entre le 1er janvier 2019 et le 31 décembre 2021 et que ce départ en retraite précède la cession (BOI-RPPM-PVBMI-20-40-10-40).
En cas de cession des titres à une société, le cédant ne doit pas, à la date de la cession et pendant les **trois années suivantes**, détenir directement ou indirectement de droits de vote ou de droits dans les bénéfices sociaux de cette société.
Les **titres cédés** doivent avoir été détenus depuis au moins un an à la date de la cession suivant les modalités de décompte visées n° 24454. La cession doit porter sur l'intégralité des titres ou droits détenus par le cédant dans la société ou, lorsque le cédant détient plus de 50 % des droits de vote, sur plus de 50 % de ces droits ou, en cas de la seule détention de l'usufruit, sur plus de 50 % des droits dans les bénéfices sociaux.

> **Précisions** **a.** Compte tenu du **relèvement de l'âge légal de départ en retraite** opéré par la loi 2023-270 du 14 avril 2023, le bénéfice de l'abattement n'est pas remis en cause à l'égard des dirigeants ayant déjà cédé leurs titres à cette date qui, dans le délai de deux ans suivant cette cession, auraient atteint l'âge légal de départ en retraite applicable antérieurement à cette réforme et qui seront effectivement partis en retraite à l'âge légal relevé par cette même réforme (Rép. Gatel : Sén. 28-9-2023 n° 6476).
> **b.** L'abattement fixe n'est **pas cumulable** avec l'abattement proportionnel de droit commun ou renforcé applicable en cas d'option globale pour le barème progressif. Pour les plus-values de cession de titres acquis avant le 1er janvier 2018, un choix doit donc être opéré lorsque le cédant remplit les conditions d'application de l'abattement fixe et d'un abattement proportionnel.
> **c.** L'abattement fixe s'applique pour l'ensemble des gains afférents à une même société et non par cession. Ainsi, en cas de **cessions échelonnées**, même au cours d'années différentes, le cédant ne bénéficie que d'un seul abattement de 500 000 € pour l'ensemble des cessions réalisées.

DIFFÉRÉS D'IMPOSITION

24468 **Sursis d'imposition en cas d'échange de titres** Un dispositif de sursis d'imposition s'applique aux plus-values d'échange de titres réalisées à l'occasion (CGI art. 150-0 B) :
– d'un **apport** de titres **à une société soumise à l'IS** (c'est-à-dire, selon l'administration, à une société qui entre, de plein droit ou sur option, dans le champ d'application de cet impôt sans en être exonérée de façon permanente par une disposition particulière), à condition que la société ne soit pas contrôlée par l'apporteur (dans le cas contraire, la plus-value fait l'objet d'un report d'imposition : voir ci-après n° 24469) ;
– d'une opération d'**offre publique**, de **fusion**, de **scission** ;
– d'opérations de **conversion**, de **division** ou de **regroupement**.
Dans le cadre du sursis, la plus-value n'est ni constatée ni imposée l'année de l'échange mais, en cas de **cession ultérieure des titres** reçus en échange (ou encore de rachat, de remboursement ou d'annulation), la plus-value est calculée par rapport à la valeur d'origine des titres remis à l'échange. Elle peut, le cas échéant, bénéficier de l'abattement pour durée de détention dans les conditions décrites n°s 24454 s.
La plus-value en sursis d'imposition est définitivement exonérée en cas de **transmission à titre gratuit** des titres reçus en échange (sauf s'il s'agit de dons ouvrant droit à la réduction IFI-dons : n° 31028).

› **Précisions a.** En cas d'**échange avec soulte**, le sursis d'imposition est subordonné à la condition que la soulte n'excède pas 10 % de la valeur nominale des titres reçus. La plus-value est toutefois imposée à hauteur de cette soulte, l'année de l'échange. Lorsque la plus-value d'échange est inférieure à la soulte reçue, la totalité de la plus-value réalisée fait l'objet d'une imposition immédiate. Dans ce cas, le sursis ne trouve donc pas, en pratique, à s'appliquer (BOI-RPPM-PVBMI-30-10-20-20 n° 40).
En cas de cession ultérieure des titres, le gain net est calculé à partir du prix d'acquisition des titres remis à l'échange, diminué du montant de la soulte reçue qui n'a pas fait l'objet d'une imposition au titre de l'année de l'échange, ou majoré de la soulte versée lors de cet échange.
b. Lorsqu'un contribuable a procédé à un apport de titres à une société passible de l'IS, l'administration considère que le **changement de régime fiscal de la société bénéficiaire de l'apport** (passage au régime fiscal des sociétés de personnes) met fin au sursis d'imposition (BOI-RPPM-PVBMI-30-10-20-20 n° 230).

24469 **Report d'imposition en cas d'apport à une société contrôlée par l'apporteur** Les plus-values d'apport de titres à une **société soumise à l'impôt sur les sociétés** contrôlée par l'apporteur réalisées depuis le 14 novembre 2012 sont exclues du sursis d'imposition visé ci-avant n° 24468, mais relèvent d'un régime de report d'imposition automatique (CGI art. 150-0 B ter).
La **condition de contrôle** est appréciée à la date de l'apport, en tenant compte des droits détenus à l'issue de celui-ci.
L'apporteur est considéré comme contrôlant la société bénéficiaire de l'apport :
– lorsqu'il détient directement, indirectement ou par l'intermédiaire de son groupe familial (constitué de son conjoint, de leurs ascendants ou descendants, ou de leurs frères et sœurs), la majorité des droits de vote ou des droits dans les bénéfices sociaux de cette société ;
– lorsqu'il dispose seul de la majorité des droits de vote ou des droits dans les bénéfices sociaux en vertu d'un pacte d'actionnaires ou d'associés ;
– lorsqu'il exerce en fait le pouvoir de décision.
Il est présumé exercer ce contrôle lorsqu'il dispose directement ou indirectement d'au moins un tiers des droits de vote ou des droits dans les bénéfices sociaux, et qu'aucun associé ou actionnaire ne détient directement ou indirectement une participation supérieure à la sienne.
Par ailleurs, l'apporteur et une ou plusieurs personnes agissant de concert sont considérés comme contrôlant conjointement la société lorsqu'ils déterminent en fait les décisions prises en assemblée générale.
En cas d'**apport avec soulte**, le report d'imposition est subordonné à la condition que la soulte n'excède pas 10 % de la valeur nominale des titres reçus. Toutefois la plus-value est, à concurrence du montant de cette soulte, imposée immédiatement au titre de l'année de l'apport. Voir à cet égard les précisions données à propos du sursis d'imposition n° 24468, Précisions, a.

24470 Lorsque les conditions d'application du report d'imposition sont réunies, la plus-value d'apport est calculée et déclarée lors de sa réalisation mais son **imposition** est **reportée au moment** où s'opérera l'un des événements suivants :
– la **cession** à titre onéreux, le rachat, le remboursement ou l'annulation **des titres reçus en rémunération de l'apport** ;

– la **cession** à titre onéreux, le rachat, le remboursement ou l'annulation **des titres apportés à la société bénéficiaire** dans un délai de trois ans à compter de l'apport, sauf si cette société réinvestit dans un délai de deux ans à compter de la cession au moins 60 % du produit de la cession dans une activité économique ;
– le **transfert du domicile fiscal** de l'apporteur hors de France.
Lorsque les **titres reçus en rémunération de l'apport** font l'objet d'une **donation** (ou d'un don manuel) et que le donataire contrôle la société bénéficiaire de l'apport, la plus-value en report est imposée au nom du donataire en cas de cession, d'apport, de remboursement ou d'annulation des titres dans un délai de cinq ans à compter de la donation (délai porté à dix ans lorsque les titres apportés ont été cédés par la société bénéficiaire et font l'objet d'un réinvestissement indirect), sauf en cas de licenciement, d'invalidité ou de décès du donataire ou de son conjoint ou partenaire de Pacs soumis à une imposition commune. La plus-value en report est également imposée au nom de ce même donataire lorsque la société bénéficiaire de l'apport cède les titres apportés dans les trois ans à compter de l'apport sans procéder à un réinvestissement économique du produit de la cession.

> **Précisions** Pour les transmissions réalisées **avant le 1er janvier 2020**, le délai de conservation des titres par le donataire est fixé à dix-huit mois. Passé ce délai, la plus-value en report d'imposition est définitivement exonérée en cas de cession des titres reçus par le donataire ou en cas de cession des titres apportés par la société bénéficiaire (BOI-RPPM-PVBMI-30-10-60-30 n° 150).

PERTES SUR TITRES ANNULÉS

Les pertes consécutives à l'annulation de titres dans le cadre d'une procédure collective sont imputables sur les plus-values, sous certaines conditions et dans certaines limites (CGI art. 150-0 D, 12 et 13). **24480**
Pour ouvrir droit à l'imputation, les conditions suivantes doivent être remplies :
– les titres doivent être annulés dans le cadre d'une **procédure de redressement ou de liquidation judiciaire** ou dans le cadre de la procédure prévue aux articles L 223-42 ou L 225-48 du Code de commerce lorsque les pertes sont égales ou supérieures aux capitaux propres contraignant la société à réduire son capital à zéro ;
– le titulaire des titres annulés ne doit **pas** avoir fait l'**objet d'une condamnation** en raison de son activité de gestion au sein de la société.
La perte d'annulation (dans la limite du prix d'acquisition des titres diminué du montant des sommes remboursées le cas échéant) est constatée et déduite au titre de l'année au cours de laquelle intervient l'annulation des titres en exécution du jugement du tribunal de commerce. Elle est imputable sur les plus-values de même nature réalisées au cours de la même année ou des dix années suivantes.
Par dérogation, la perte peut, sur option globale du contribuable portant sur l'intégralité des titres détenus dans la société faisant l'objet de la procédure collective, être imputée à compter de l'année au cours de laquelle intervient le jugement ordonnant la cession de l'entreprise ou prononçant la liquidation judiciaire, sans attendre l'annulation des titres.

b. Réduction d'impôt pour souscription au capital des PME

PRÉSENTATION DU DISPOSITIF

Une réduction d'impôt est accordée aux personnes physiques qui effectuent des versements au titre de la souscription en numéraire au capital initial ou aux augmentations de capital de sociétés non cotées soumises à l'impôt sur les sociétés (CGI art. 199 terdecies-0 A). **24500**
Les conditions d'application de l'avantage fiscal diffèrent selon que les souscriptions sont effectuées **directement ou indirectement** par l'intermédiaire d'une société holding.
Le bénéfice de la réduction d'impôt en cas de souscription à une **augmentation de capital** est réservé aux contribuables qui ne sont ni associés, ni actionnaires de la société, sauf **investissement de suivi** (sous réserve que le contribuable ait bénéficié d'une réduction d'impôt au titre de son premier investissement au capital de la société bénéficiaire, que de possibles investissements de suivi aient été prévus dans le plan d'entreprise de la société bénéficiaire et que cette société ne soit pas devenue liée à une autre au sens de la réglementation européenne).
On notera que les sociétés bénéficiaires des souscriptions doivent veiller au respect des **règles européennes d'encadrement des investissements**.

SOUSCRIPTIONS ÉLIGIBLES

24505 **Souscriptions directes** La société bénéficiaire des versements doit remplir les conditions suivantes :

– exercer exclusivement une **activité** agricole, industrielle, commerciale, artisanale ou libérale. Sont exclues les activités de gestion de patrimoine mobilier, les activités financières, les activités procurant des revenus garantis en raison d'un tarif réglementé de rachat de la production ou bénéficiant d'un contrat offrant un complément de rémunération, les activités immobilières ainsi que les activités de construction d'immeubles en vue de leur vente ou de leur location ;

– répondre à la définition européenne des **PME** (c'est-à-dire employer moins de 250 salariés et avoir un chiffre d'affaires annuel n'excédant pas 50 M€ ou un total de bilan n'excédant pas 43 M€), avoir son siège de direction effective dans un État membre de l'Union européenne, en Norvège, en Islande ou au Liechtenstein et ne pas être cotée sur un marché réglementé ou sur un système multilatéral de négociation français ou étranger (sauf s'il s'agit d'un système multilatéral où la majorité des instruments négociés sont émis par des PME) ;

– être soumise à l'**impôt sur les bénéfices** dans les conditions de droit commun (ou y être soumise dans les mêmes conditions que si l'activité était exercée en France) ;

– compter au moins **deux salariés** à la clôture de l'exercice qui suit la souscription ou un salarié si la société est soumise à l'obligation de s'inscrire à la chambre des métiers et de l'artisanat ;

– ne **pas** être qualifiable d'**entreprise en difficulté** au sens de la réglementation européenne ;

– ses **actifs** ne doivent pas être constitués de façon prépondérante de métaux précieux, d'œuvres d'art, d'objets de collection, d'antiquités, de chevaux de course ou de concours, ou, sauf si l'objet même de l'activité consiste en leur consommation ou leur vente au détail, de vins ou d'alcools.

La société doit, **lors de l'investissement initial**, n'**exercer son activité** sur aucun marché, ou exercer son activité sur un marché **depuis moins de sept ans** après sa première vente commerciale ou encore avoir besoin d'un investissement en faveur du financement des risques qui, sur la base d'un plan d'entreprise établi en vue d'intégrer un nouveau marché géographique ou de produits, est supérieur à 50 % de son chiffre annuel moyen des cinq années précédentes. À compter du **1er janvier 2024**, la société doit, lors de l'investissement initial, n'exercer son activité sur aucun marché, ou exercer son activité sur un marché **depuis moins de dix ans** après son enregistrement **ou moins de sept ans** après sa première vente commerciale, ou encore avoir besoin d'un investissement initial qui, sur la base d'un plan d'entreprise établi en vue d'une nouvelle activité économique, est supérieur à 50 % de son chiffre annuel moyen des cinq années précédentes (Loi 2023-1322 du 29-12-2023 art. 48, I).

Enfin, le **montant total des versements** reçus au titre des souscriptions (directes et indirectes) et des aides au titre du financement des risques ne doit pas excéder 15 M€ (montant apprécié sur la durée de vie de la société).

> Précisions a. Les souscriptions effectuées au capital de **sociétés holdings animatrices** de leur groupe ouvrent droit à la réduction d'impôt si l'ensemble des conditions exposées ci-dessus sont remplies et si la société est constituée et contrôle au moins une filiale depuis au moins douze mois. Pour l'application de cette règle, une société holding animatrice s'entend d'une société qui, outre la gestion d'un portefeuille de participations, participe activement à la conduite de la politique de son groupe et au contrôle de ses filiales et rend, le cas échéant et à titre purement interne, des services spécifiques, administratifs, juridiques, comptables, financiers et immobiliers.

b. La réduction d'impôt est applicable aux souscriptions au capital des **entreprises solidaires d'utilité sociale (Esus)** visées à l'article L 3332-17-1 du Code du travail qui remplissent les conditions exposées ci-dessus, sous les réserves suivantes (CGI art. 199 terdecies-0 AA) :

– les activités financières, immobilières ou de construction d'immeubles ne sont pas exclues du dispositif. Toutefois, les activités immobilières ou de construction d'immeubles ne peuvent être exercées que par certaines entreprises solidaires (Loi 2024-537 du 13-6-2024 art. 8) :

– la condition tenant au stade de développement de l'activité est applicable à l'ensemble des Esus, et l'entreprise doit exercer son activité sur un marché depuis moins de dix ans à compter de la date d'ouverture de l'exercice suivant celui au titre duquel le chiffre d'affaires hors taxe excède pour la première fois le seuil de 250 000 € (CGI ann. III art. 46 AI quinquies A) ;

c. La réduction d'impôt est également applicable aux souscriptions, réalisées entre le 1er janvier 2024 et le 31 décembre 2028, au capital des entreprises qui, à la date de la souscription :

– sont qualifiées de **jeunes entreprises innovantes** en application de l'article 44 sexies-0 A du CGI (CGI art. 199 terdecies-0 A bis issu de loi 2023-1322 du 29-12-2023) ;

– ou remplissent les conditions mentionnées à l'article 44 sexies-0 A précité et ont réalisé

des **dépenses de recherche** représentant au moins 30 % de leurs charges fiscalement déductibles (CGI art. 199 terdecies-0 A ter issu de loi 2023-1322 du 29-12-2023).
Si l'entreprise bénéficiaire des versements répond aux conditions posées par chacun des deux dispositifs, le contribuable doit opérer un choix, les deux dispositifs n'étant pas cumulables au titre d'une même fraction de versements.
d. Les sociétés doivent délivrer des **états individuels** aux souscripteurs (CGI ann. III art. 46 AI bis), que ces derniers doivent être en mesure de produire à la demande de l'administration.
e. Les souscriptions doivent conférer aux souscripteurs les seuls **droits résultant de la qualité d'actionnaire ou d'associé**, à l'exclusion de toute autre contrepartie notamment sous la forme de garantie en capital, de tarifs préférentiels ou d'accès prioritaire aux biens produits ou aux services rendus par la société.
f. Les souscriptions réalisées par un redevable dans les douze mois suivant le **remboursement** (total ou partiel) de ses **apports** précédents par la société n'ouvrent pas droit à la réduction d'impôt.

Souscriptions par l'intermédiaire d'une société holding La souscription peut être effectuée au capital d'une société holding agissant en tant que société interposée (holding pure ou passive) qui a pour **objet** exclusif de détenir des participations dans des sociétés exerçant une des activités éligibles visée n° 24505. 24510
La société holding doit satisfaire à l'ensemble des **conditions** mentionnées n° 24505, à l'exception de celles tenant à la nature de son activité, au stade de développement de son activité sur un marché, au nombre de salariés et au montant total des versements.
La société holding doit, en outre, n'avoir pour mandataires sociaux que des personnes physiques et ne pas être associée ou actionnaire des sociétés dans lesquelles elle réinvestit (excepté en cas d'investissement de suivi remplissant les conditions visées n° 24500).

› **Précisions** La société holding doit communiquer à chaque investisseur, avant la souscription des titres, un **document d'information** précisant notamment la période de conservation des titres, les modalités prévues pour assurer la liquidité de l'investissement au terme de cette période, les risques de l'investissement, les modalités de calcul et la décomposition des frais et commissions, ainsi que le nom des prestataires de services d'investissement plaçant les titres. Elle doit en outre informer annuellement l'investisseur du montant détaillé des frais et commissions qu'il supporte.
Par ailleurs, la société holding doit adresser chaque année à l'administration fiscale un **état récapitulatif** des sociétés financées, des titres détenus et des montants investis.
Le non-respect de ces obligations est sanctionné par des **amendes** (CGI art. 1763 C).

MONTANT DE LA RÉDUCTION D'IMPÔT

La réduction d'impôt est égale à **18 %** du montant des versements effectués au titre de l'ensemble des souscriptions éligibles. Toutefois, le taux de la réduction d'impôt a été porté à **25 %** pour les versements effectués entre le 10 août et le 31 décembre 2020, entre le 9 mai et le 31 décembre 2021, entre le 18 mars et le 31 décembre 2022, entre le 12 mars et le 31 décembre 2023 ainsi que pour ceux effectués entre le 28 juin 2024 et le 31 décembre 2025 (pour la dernière reconduction : Loi 2023-1322 du 29-12-2023 art. 49, I et III ; Décret 2024-598 du 25-6-2024). 24511
Ces versements sont retenus dans la **limite** annuelle de 50 000 € pour les contribuables célibataires, veufs ou divorcés et de 100 000 € pour les contribuables mariés ou liés par un Pacs soumis à une imposition commune. La fraction des investissements excédant la limite annuelle ouvre droit à la réduction d'impôt dans les mêmes conditions au titre des quatre années suivantes.
En cas de souscription au capital d'une **société holding**, le montant des versements du contribuable pris en compte pour l'assiette de la réduction d'impôt est proportionnel aux versements effectués par la société holding, avant la date de clôture de l'exercice au cours duquel le contribuable a versé sa souscription, au titre des souscriptions au capital de PME remplissant l'ensemble des conditions prévues pour le bénéfice de l'avantage fiscal. Les souscriptions à retenir sont celles effectuées avec les capitaux reçus par la société holding lors de la constitution de son capital initial ou de l'augmentation de capital à laquelle le contribuable a souscrit. La réduction d'impôt est en principe accordée au titre de l'année de la clôture de l'exercice de la société holding au cours duquel le contribuable a procédé au versement de sa souscription ; toutefois, lorsque cet exercice ne coïncide pas avec l'année civile, le contribuable peut en bénéficier au titre de l'année de son versement si les deux conditions suivantes sont remplies :
– la société holding investit au capital de sociétés éligibles, avant la fin de ladite année, la totalité des capitaux reçus au titre de l'opération à laquelle le contribuable a participé ;

– les versements du contribuable et de la société holding interviennent au cours du même exercice (BOI-IR-RICI-90-20-10 n° 90).

> **Précisions** **a.** Les souscriptions au capital des **jeunes entreprises innovantes** (n° 24505, Précisions, b) ouvrent droit à une réduction d'impôt égale à 30 % des versements, retenus dans la limite annuelle de 75 000 € (personne seule) et de 150 000 € (couple). Celles en faveur des jeunes entreprises innovantes ayant réalisé des dépenses de recherche représentant au moins 30 % de leurs charges ouvrent droit à une réduction d'impôt égale à 50 % des versements, retenus dans la limite annuelle de 50 000 € (personne seule) et de 100 000 € (couple). Les versements excédant ces plafonds n'ouvrent pas droit à réduction d'impôt au titre des années suivantes. En outre, la réduction d'impôt maximale pouvant être obtenue sur la période du 1er janvier 2024 au 31 décembre 2028 au titre de l'un ou l'autre ou des deux dispositifs est limitée à 50 000 € (Loi 2023-1322 du 29-12-2023 art. 48, I-2°).
> **b.** La réduction d'impôt est prise en compte dans le calcul du **plafonnement global des avantages fiscaux** prévu à l'article 200-0 A du CGI (voir n° 15330, Précisions). La fraction de la réduction d'impôt qui excède le plafond global des avantages fiscaux peut être reportée sur l'impôt sur le revenu dû au titre des cinq années suivantes (CGI art. 199 terdecies-0 A, II-al. 3). En ce qui concerne les modalités d'application particulières concernant la réduction d'impôt pour souscription au capital d'Esus pour l'imposition des revenus de 2021, voir n° 24565.

REPRISE DE LA RÉDUCTION D'IMPÔT

24512 L'octroi définitif de la réduction d'impôt est subordonné à la détention des titres pendant une certaine durée. En effet, lorsque **tout ou partie des actions ou parts** ayant donné lieu à la réduction est **cédé avant** le 31 décembre de la **cinquième année** suivant celle de la souscription, il est procédé à une reprise des réductions d'impôt obtenues. Il en va de même, en cas d'investissement par l'intermédiaire d'une société holding, lorsque celle-ci cède, pendant ce délai, les parts ou actions reçues en contrepartie de sa souscription au capital de sociétés prises en compte pour le bénéfice de la réduction d'impôt. En cas de **cession partielle** par le contribuable ou la société holding des titres ayant donné lieu à la réduction d'impôt, celle-ci n'est reprise que partiellement, à hauteur des titres cédés.

Le **remboursement** d'apports aux souscripteurs, en numéraire ou en nature, avant le 31 décembre de la **septième année** suivant celle de la souscription entraîne également la reprise des réductions d'impôt obtenues.

La reprise est effectuée au titre de l'année au cours de laquelle intervient la cession ou le remboursement.

On notera enfin que certaines **conditions relatives aux sociétés bénéficiaires** (absence de contrepartie pour les souscripteurs, nature de l'activité, composition des actifs et localisation du siège social) doivent être satisfaites, de manière continue, de la date de souscription jusqu'au 31 décembre de la cinquième année suivant cette souscription. À défaut, la réduction d'impôt fait l'objet d'une reprise au titre de l'année au cours de laquelle la société cesse de respecter l'une des conditions exigées.

> **Précisions** Du fait du **Brexit**, les réductions obtenues à raison de souscriptions au capital de sociétés ayant leur siège au Royaume-Uni effectuées depuis 2016 auraient dû en principe être remises en cause au titre des revenus de l'année 2021. L'administration a cependant admis qu'en cas de conservation, pendant le délai de cinq ans, des titres de sociétés ayant leur siège au Royaume-Uni souscrits directement par le contribuable avant le 1er janvier 2021, la réduction d'impôt reste acquise (BOI-INT-DG-15-10 n° 300).

24515 **Exceptions** La réduction d'impôt n'est pas remise en cause dans les cas suivants :

– cession ou remboursement par suite d'**invalidité**, **décès** ou **licenciement** du souscripteur ou de son conjoint ou partenaire d'un Pacs soumis à une imposition commune ;

– **donation** des titres à une personne physique si le donataire reprend l'obligation de conservation des titres transmis et ne bénéficie pas du remboursement des apports avant le terme du délai légal. À défaut, la reprise de la réduction d'impôt est effectuée au nom du donateur ;

– **fusion** ou **scission** si les titres reçus en contrepartie sont conservés jusqu'au terme du délai de conservation des titres d'origine ;

– annulation des titres pour cause de pertes ou de liquidation judiciaire, cession de titres réalisée dans le cadre d'une procédure de **redressement ou de liquidation judiciaire**, remboursement des apports à la suite d'une liquidation judiciaire ;

– **cession** des titres d'un associé minoritaire rendue **obligatoire** par un pacte d'actionnaires ou d'associés ou procédure de retrait obligatoire à l'issue d'une offre publique, si le cédant remploie,

dans les douze mois, le prix de vente (diminué des impôts et taxes générés par cette cession) en souscrivant au capital de PME remplissant les conditions visées n° 24505, étant précisé que cette nouvelle souscription n'ouvre pas droit à réduction d'impôt. Les titres ainsi souscrits doivent être conservés jusqu'au terme du délai de conservation applicable aux titres cédés ;
– **offre publique d'échange** (OPE) lorsque les titres reçus lors de l'échange sont des titres de PME remplissant les conditions visées n° 24505. En cas de soulte d'échange, celle-ci (diminuée des impôts et taxes générés par son versement) doit être intégralement réinvestie dans les douze mois en souscription de titres de PME également éligibles, étant précisé que cette nouvelle souscription n'ouvre pas droit à réduction d'impôt. Les titres reçus lors de l'échange ou souscrits en remploi doivent être conservés jusqu'au terme du délai de conservation applicable aux titres échangés. En revanche, l'apport des titres à une offre publique d'achat (OPA) avant l'expiration du délai de conservation entraîne la remise en cause de la réduction d'impôt (BOI-IR-RICI-90-30 n° 90) ;
– **cession** des titres **plus de trois ans après la souscription**, quelle que soit la cause de cette cession, si le prix de vente (diminué des impôts et taxes générés par la cession) est intégralement réinvesti dans les douze mois dans des titres de PME remplissant les conditions visées n° 24505, étant précisé que cette nouvelle souscription n'ouvre pas droit à réduction d'impôt. Les titres souscrits en remploi doivent être conservés jusqu'au terme du délai de conservation des titres cédés.

c. Réduction d'impôt pour souscription au capital de sociétés foncières solidaires

PRÉSENTATION DU DISPOSITIF

Une réduction d'impôt est accordée aux personnes physiques fiscalement domiciliées en France qui effectuent des versements au titre de la **souscription en numéraire** au **capital initial** ou aux **augmentations de capital** de certaines sociétés immobilières, dites « sociétés foncières solidaires », exerçant leur activité dans le domaine du logement social ou à vocation agricole, en faveur d'un public fragile (CGI art. 199 terdecies-0-AB). 24550
Les versements reçus par les entreprises bénéficiaires présentent le caractère d'aides d'État au sens de la réglementation européenne.

> **Précisions a.** Les souscriptions doivent conférer aux souscripteurs les seuls **droits résultant de la qualité d'actionnaire ou d'associé**, à l'exclusion de toute autre contrepartie notamment sous la forme de garantie en capital, de tarifs préférentiels ou d'accès prioritaire aux biens produits ou aux services rendus par la société.
> **b.** La réduction d'impôt ne peut **pas se cumuler**, au titre de la même fraction de versements, avec, notamment, la réduction d'impôt prévue en cas, de souscription au capital de PME (nos 24500 s.).

CONDITIONS REQUISES DES SOCIÉTÉS BÉNÉFICIAIRES DES SOUSCRIPTIONS

La société foncière bénéficiaire de la souscription doit être agréée « entreprise solidaire d'utilité sociale » (Esus), conformément à l'article L 3332-17-1 du Code du travail. 24555
Elle doit exercer à titre principal notamment :
– soit **l'activité** de maîtrise d'ouvrage d'opérations d'acquisition, de construction ou de réhabilitation de logements, ou de structures d'hébergement en tant que propriétaire ou preneur de bail à construction, emphytéotique ou de bail à réhabilitation, ou l'activité d'intermédiation locative et de gestion locative sociale (activités mentionnées au 1° ou au 3° de l'article L 365-1 du CCH) ;
– soit une activité d'**acquisition** et de **gestion par bail rural** de biens ruraux bâtis et non bâtis dans le respect de certaines conditions tenant à l'activité elle-même (absence d'activité d'exploitation, poursuite d'objectifs de protection du milieu naturel ou forestier et de l'agriculture, etc.), aux baux conclus (preneurs en situation de fragilité, clauses environnementales) et à l'engagement de la société de ne pas céder à titre onéreux les biens acquis pendant une durée minimale de vingt ans, sauf circonstances exceptionnelles.
Elle doit rendre aux **personnes en situation de fragilité** du fait de leur situation économique ou sociale un service d'intérêt économique général en mettant à leur disposition les biens et services fonciers visés ci-dessus pour un tarif inférieur à celui du marché de référence dans lequel elle intervient et en favorisant l'accès de ses bénéficiaires en situation de fragilité économique ou sociale à ces biens et services fonciers, par un accompagnement spécifique.

> **Précisions** Les sociétés foncières solidaires concernées interviennent dans trois secteurs d'activité :

– le secteur des services sociaux et d'insertion relatifs au logement social, visant à l'insertion dans des logements dits « très sociaux » de personnes précarisées (**foncières de logement et d'insertion**) ;

– le secteur des services sociaux relatifs à l'hébergement social de personnes âgées, dépendantes ou en perte d'autonomie (**foncières pour personnes dépendantes**) ;

– le secteur des services visant à installer ou maintenir des agriculteurs respectant les exigences des systèmes de production agroécologiques (**foncières solidaires agricoles**). Les **critères de définition** des personnes en situation de fragilité économique ou sociale, en fonction de leur niveau de ressources, le marché de référence à considérer et les modalités de calcul de l'écart requis entre, d'une part, les tarifs pratiqués par la société foncière solidaire et, d'autre part, les tarifs moyens observés sur le marché de référence sont précisés par le décret 2020-1186 du 29 septembre 2020.

CONDITIONS RELATIVES AUX SOUSCRIPTIONS OUVRANT DROIT À LA RÉDUCTION D'IMPÔT

24560 Les **titres financiers** ou **parts sociales** ayant fait l'objet des souscriptions ouvrant droit à la réduction d'impôt sont soumis aux règles suivantes :
– l'entreprise ne doit pas procéder à la distribution de dividendes ;
– les titres ou parts souscrits ne peuvent pas être cédés à un prix excédant leur valeur d'acquisition, majorée d'un taux de rendement annuel : ce taux est plafonné à la somme du taux du livret A en vigueur au premier jour du mois de la date de la cession et, le cas échéant, d'une majoration fixée à 0,75 % (Arrêté ECOT2015765A du 29-9-2020) ;
– les statuts de l'entreprise peuvent prévoir des modalités de revalorisation des titres ou parts.

Le **montant total des versements** ouvrant droit au bénéfice de la réduction d'impôt au titre de l'exercice de souscription est **plafonné**, selon le cas, à 40 M€ (entreprises de maîtrise d'ouvrage ou d'intermédiation locative et de gestion locative sociale) ou à 15 M€ (entreprises exerçant leur activité en matière de biens ruraux) ou, s'il est inférieur à ces sommes, à un montant spécifique à la société foncière solidaire prenant en compte notamment le service rendu, le surcoût lié à l'accompagnement spécifique des personnes en situation de fragilité et le montant des aides publiques.

MONTANT DE LA RÉDUCTION D'IMPÔT

24565 La réduction d'impôt est en principe égale à 18 % du montant des versements effectués au titre de l'ensemble des souscriptions éligibles. Toutefois, le taux de la réduction d'impôt est porté à 25 % pour les versements effectués jusqu'au 31 décembre 2025 (Loi 2023-1322 du 29-12-2023 art. 49, II).

Les versements sont retenus dans la limite annuelle d'un montant de 50 000 € pour les contribuables célibataires, veufs ou divorcés, ou de 100 000 € pour les contribuables mariés ou pacsés, soumis à une imposition commune, diminué du montant des versements ouvrant droit à la réduction d'impôt « Madelin ».

La fraction des investissements excédant la limite annuelle ouvre droit à la réduction d'impôt dans les mêmes conditions au titre des quatre années suivantes.

La réduction d'impôt est accordée au titre de l'année de la clôture de l'exercice de l'entreprise bénéficiaire des versements.

> **Précisions** La réduction d'impôt est prise en compte dans le calcul du **plafonnement global des avantages fiscaux** prévu à l'article 200-0 A du CGI (voir n° 15330, Précisions). La fraction de la réduction d'impôt qui excède le plafond global des avantages fiscaux peut être reportée sur l'impôt sur le revenu dû au titre des cinq années suivantes. Cet excédent s'apprécie en tenant compte des versements effectués au cours de l'année en cause, des reports des versements excédant le plafond de la réduction d'impôt, ainsi que des reports de réductions d'impôt des années antérieures.

Toutefois, pour l'**imposition des revenus de 2021**, une règle particulière s'est appliquée prenant en compte, pour le calcul du plafonnement global, le montant cumulé de la réduction d'impôt pour souscription au capital d'Esus (n° 24505, Précisions, b) et de la réduction d'impôt pour souscription au capital de sociétés foncières solidaires. Le montant de ces réductions d'impôt reportable sur l'impôt sur le revenu dû au titre des années 2022 à 2026 en est corrélativement affecté.

Pour plus de précisions sur cette règle particulière, voir Mémento Agriculture 2022 n° 24565.

REMISE EN CAUSE DE LA RÉDUCTION D'IMPÔT

Le bénéfice de la réduction d'impôt est subordonné à la **conservation des titres** par le redevable jusqu'au 31 décembre de la cinquième année suivant celle de la souscription. 24570
Le **remboursement d'apports** au souscripteur avant le 31 décembre de la septième année suivant celle de la souscription entraîne également la remise en cause de l'avantage fiscal, sauf si le remboursement fait suite à la liquidation judiciaire de l'entreprise.
La **reprise** est effectuée au titre de l'année au cours de laquelle le manquement est constaté.

> **Précisions** Aucune remise en cause n'est effectuée dans le cas où la rupture de l'engagement de conservation des titres résulte d'un **décès**, d'une **invalidité** ou d'un **licenciement**. Il en est de même en cas de **donation** des parts dont la souscription a ouvert droit à la réduction d'impôt, l'obligation de conservation étant transférée au donataire. Lorsque le non-respect de la condition de conservation résulte d'une **fusion** ou d'une **scission**, l'avantage fiscal n'est pas remis en cause si les titres reçus en contrepartie sont conservés jusqu'au même terme.
> Enfin, la réduction d'impôt n'est pas remise en cause lorsque la condition de conservation n'est pas respectée par suite d'une annulation des titres pour cause de pertes ou de liquidation judiciaire ou d'une cession réalisée dans le cadre d'une procédure de **redressement** ou de **liquidation judiciaire**.

B. Sociétés et entreprises relevant de l'impôt sur le revenu

Les sociétés relevant de l'impôt sur le revenu sont essentiellement les **sociétés de personnes**, à condition, bien entendu, qu'elles n'aient pas opté pour l'impôt sur les sociétés (CGI art. 8). 24700
Il s'agit :
– des sociétés commerciales de personnes : **société en nom collectif et** société **en commandite simple** pour la part des bénéfices revenant aux associés commandités ;
– des **sociétés civiles** n'exerçant pas une activité réputée commerciale ou industrielle du point de vue fiscal, ce qui est le cas des sociétés civiles d'exploitation agricole et des sociétés civiles à objet agricole ainsi que des **groupements agricoles** constitués sous la forme de sociétés civiles particulières (Gaec, GFA et groupements fonciers ruraux, groupements forestiers, etc. : voir nos 26700 s.) ;
– des **exploitations agricoles à responsabilité limitée** (EARL) : voir nos 26555 s.
Relèvent également de ce régime :
– sous certaines conditions, les **sociétés en participation** (n° 24780) et, par assimilation, les sociétés **de fait** (n° 24800) ;
– les **groupements d'intérêt économique** qui, bien que dotés de la personnalité morale, ne constituent pas de véritables sociétés au sens de l'article 1832 du Code civil (voir nos 27500 s.) ;
– sur option, les **SARL de caractère familial** et les **SA, SAS et SARL créées depuis moins de cinq ans** (voir nos 24016 s.) ;
– les **entreprises unipersonnelles** à responsabilité limitée (EURL) dont l'associé est une personne physique (lorsque l'associé unique est une personne morale, l'EURL est soumise obligatoirement à l'impôt sur les sociétés) ;
– les **entreprises individuelles à responsabilité limitée** (EIRL) créées avant le 16 février 2022 : voir nos 27705 s.

1. IMPOSITION DES BÉNÉFICES SOCIAUX

a. Règles générales

Les bénéfices réalisés par les sociétés de personnes sont déterminés et déclarés **au niveau de la société elle-même**. Ces sociétés ont donc à cet égard une réelle existence fiscale mais elles ne sont pas personnellement redevables de l'impôt. Les résultats qu'elles réalisent sont imposés au **nom personnel des associés**. 24705
Chacun d'eux est imposé à raison de la **part des bénéfices sociaux correspondant à ses droits** dans la société, soit à l'impôt sur le revenu (particulier ou entreprise relevant de cet impôt), soit à l'impôt sur les sociétés s'il est passible de cet impôt (CGI art. 8 et 218 bis).
Corrélativement, si les **résultats** de la société sont **déficitaires**, chaque associé peut en principe imputer sur ses propres revenus ou bénéfices la quote-part du déficit correspondant à ses droits dans la société, dans les mêmes conditions que s'il avait exercé lui-même l'activité à l'origine du déficit.

RÉPARTITION DU RÉSULTAT SOCIAL

24710 **Règle de répartition** La répartition du résultat social s'effectue conformément aux **droits des associés** résultant soit du pacte social, soit d'un acte ou d'une convention antérieurs à la clôture de l'exercice et ayant pour objet de conférer à l'un ou à l'autre des associés des droits différents. Le montant de la part respective de chacun doit tenir compte non seulement des bénéfices résultant du pacte social, mais aussi, le cas échéant, des rémunérations qui lui sont versées (non déductibles par nature du résultat social : n° 24745), des intérêts servis non déductibles du résultat social et des **avantages particuliers** qui lui sont accordés en raison, par exemple, de la prise en charge de dépenses à caractère personnel. Des décisions prises en assemblée générale dérogeant de manière ponctuelle au pacte social ne revêtent pas un caractère léonin de nature à les réputer non écrites, même si elles ont pour effet d'exonérer certains associés de toute participation aux pertes pendant trois exercices consécutifs (CE 18-10-2022 n° 462497 : RJF 1/23 n° 37).

Les bénéfices sont considérés comme acquis par les associés à la **date de leur réalisation**, qui coïncide avec la clôture de l'exercice. Les associés sont en conséquence imposés sur la part des bénéfices à laquelle ils ont droit, même s'ils n'en ont pas effectivement disposé (cas par exemple où les bénéfices sont mis en réserve).

24715 **Démembrement** En cas de démembrement de la propriété des parts sociales, il est tenu compte des **droits respectifs de l'usufruitier et du nu-propriétaire** : chacun d'eux est imposable sur la quote-part du résultat correspondant à ses droits propres (CGI art. 8). L'usufruitier est en principe imposable à hauteur du **bénéfice courant** de l'exercice et le nu-propriétaire à raison des **résultats exceptionnels** correspondant notamment aux plus-values de cession d'actif immobilisé. Le Conseil d'État a jugé, s'agissant d'une société civile immobilière, que lorsque le résultat de cette société est déficitaire, l'usufruitier des parts peut déduire de ses revenus la part du déficit correspondant à ses droits (CE 8-11-2017 n° 399764 : RJF 2/18 n° 184). Cette solution, qui infirme la doctrine administrative selon laquelle la prise en compte des déficits fiscaux revient de droit au nu-propriétaire qui, en tant qu'associé, doit répondre des dettes sociales (BOI-BIC-CHAMP-70-20-10-20 n° 150) nous paraît transposable à toutes les sociétés de personnes dont les titres sont démembrés. Pour les sociétés exerçant une activité professionnelle, elle devrait selon nous, en l'absence de répartition différente convenue entre les parties, autoriser l'usufruitier à déduire la part lui revenant des déficits courants, les moins-values de cession d'éléments de l'actif immobilisé demeurant déductibles chez le nu-propriétaire.

Une **répartition différente** de la charge fiscale entre le nu-propriétaire et l'usufruitier, respectant les prérogatives juridiques de ce dernier, peut toutefois être opérée dans les statuts ou, solution présentant plus de souplesse, dans une convention de répartition des résultats, bénéfices ou pertes, conclue et enregistrée avant la clôture de l'exercice.

En cas de conclusion d'une convention de **quasi-usufruit**, l'usufruitier est redevable de l'impôt dû à raison des bénéfices courants et exceptionnels (CE 18-12-2002 n° 230605 : RJF 3/03 n° 328).

> **Précisions** Les **rémunérations versées par la société au nu-propriétaire** de parts peuvent être déduites des bénéfices sociaux à la double condition que le nu-propriétaire ne soit pas associé en fait à l'exploitation et que les rémunérations versées correspondent à un travail effectif et ne présentent pas un caractère exagéré. Ces rémunérations sont imposées comme des salaires (BOI-RSA-CHAMP-10-10-30 n° 160).

24716 **Retrait ou décès d'un associé** En **principe**, les bénéfices étant considérés comme acquis par les associés à la date de leur réalisation, qui coïncide avec la clôture de l'exercice, seuls les **associés présents à la clôture de l'exercice** sont imposables. En cas de départ d'un associé en cours d'année (par suite de cession ou de rachat de ses parts), une répartition des résultats prorata temporis entre les associés et anciens associés n'est pas opposable à l'administration pour l'assiette de l'impôt, et l'intégralité des résultats est donc imposable au nom des seuls associés présents à la clôture de l'exercice, même si une fraction des bénéfices est attribuée par convention à l'associé sortant (CE 28-3-2012 n° 320570 : RJF 6/12 n° 616). La rémunération versée le cas échéant à **l'associé sortant** à raison de l'activité exercée avant son départ constitue un élément du prix de cession de ses parts, prélevé par le cessionnaire sur la quote-part des bénéfices qui lui revient à la clôture de l'exercice (CE 30-6-2023 n° 460432 : RJF 10/23 n° 737). De façon analogue, en cas de décès d'un associé en cours d'exercice, le Conseil d'État considère que les bénéfices de la société poursuivant l'exploitation ne sont imposables qu'entre les mains des associés présents à la clôture de l'exercice, et notamment au nom personnel des héritiers du membre décédé sans qu'une part quelconque de ces bénéfices puisse être rattachée aux revenus dont celui-ci disposait à la date de son décès (CE 10-6-1983 n° 28922 : RJF 8-9/83 n° 989). L'administration n'admet de dérogation à ce principe d'imposition des héritiers que dans le cas où les statuts de la société prévoient que les héritiers n'acquièrent pas la qualité d'associé (BOI-BNC-CESS-10-10 n° 80).

Un **dispositif optionnel** permet aux sociétés de personnes exerçant une activité agricole et soumises à un régime réel d'imposition d'arrêter un **résultat fiscal intermédiaire** en cas de transmission à titre onéreux ou gratuit, ou de rachat, en cours d'année, des parts d'un associé personne physique, en vue de déterminer un résultat immédiatement imposable au nom de l'associé sortant (CGI art. 73 D). **24717**

Ce dispositif s'applique sur demande conjointe de l'**associé dont les titres sont transmis** ou rachetés ou de ses ayants cause et du bénéficiaire de la transmission ou, en cas de rachat par la société de ses propres titres, des associés présents dans la société à la date du rachat. Lorsque l'option est exercée, l'associé dont les titres sont transmis ou rachetés est redevable de l'impôt afférent à la part du résultat correspondant à ces titres, déterminée à la date de cet événement. Le **bénéficiaire de la transmission** (acquéreur, héritier, donataire ou légataire) est quant à lui imposé à raison de la part correspondant à ses droits dans les bénéfices de l'exercice de réalisation de l'opération, diminués de la quote-part du résultat intermédiaire déjà imposée au nom du cédant. De la même façon, en cas de rachat des parts par la société, les associés présents à la clôture de l'exercice au cours duquel le rachat est intervenu sont imposables à raison du résultat réalisé par la société au cours de l'exercice, sous déduction de la part du résultat imposée au nom de l'associé dont les titres ont été rachetés.

> Précisions a. Peuvent opter pour ce dispositif les associés personnes physiques de sociétés de personnes exerçant une activité agricole et soumises, soit de plein droit, soit sur option (BOI-BA-CESS-20 n° 50), à un régime réel d'imposition : sont notamment concernés, outre les Gaec (n° 26705), les GFA exploitants (n° 26810), les EARL (n° 26555), les GFR pour la partie agricole de leur activité (n° 27405), les sociétés civiles d'exploitation agricole imposables dans la catégorie des bénéfices agricoles (n° 27455), les sociétés en participation et les sociétés créées de fait (n°s 24780 s.).

b. Le **résultat intermédiaire** est **déterminé** selon les règles applicables en matière de bénéfice réel agricole (régime réel normal ou simplifié selon le cas). Il est établi en fonction des produits et des charges afférents à la période ayant pour point de départ la fin de la dernière période d'imposition et pour terme la date de la transmission ou du rachat des droits. Ce résultat prend en compte les variations de l'actif net de la société constatées et, le cas échéant, les plus-values professionnelles réalisées par la société au cours de cette période. En revanche, les plus-values latentes acquises par les éléments de l'actif social ne sont pas prises en compte (BOI-BA-CESS-20 n° 80).

c. L'**option** pour le dispositif, établie sur papier libre, doit être **adressée par la société** au service des impôts auprès duquel elle souscrit ses déclarations de résultats, dans un délai de 60 jours à compter du jour de la transmission ou du rachat des titres. L'**associé dont les titres sont transmis ou rachetés** doit joindre une copie de la demande d'option à la **déclaration de revenus** (formulaire n° 2042-SD) établie pour l'imposition immédiate, qu'il doit souscrire dans le même délai de 60 jours. Lorsque la transmission résulte du décès d'un associé, cette copie est jointe par les ayants cause du défunt à la déclaration de revenus établie au nom de ce dernier qu'ils doivent souscrire en application de l'article 204, 2 du CGI. La **société** doit en outre, dans les mêmes délais, produire une **déclaration de résultats** n°s 2143-SD (réel normal) ou 2139-SD (réel simplifié), comportant la répartition du résultat fiscal entre les associés. L'**associé bénéficiaire de la transmission** ou, en cas de rachat de titres, les associés présents à la clôture de l'exercice doivent joindre à leur **déclaration de revenus** une note mentionnant le détail de la quote-part du résultat de la société imposable à leur nom.

d. L'imposition de l'associé dont les titres sont transmis ou rachetés vient en déduction de l'**impôt sur le revenu établi ultérieurement** à raison de l'ensemble de ses bénéfices ou revenus réalisés au cours de l'année de transmission ou de rachat.

DÉTERMINATION DU RÉSULTAT SOCIAL

Règle générale La détermination du résultat imposable à répartir entre les associés est en principe opérée dans les conditions prévues pour les exploitants individuels (CGI art. 60), c'est-à-dire globalement au **niveau de la société** suivant les règles propres à la **catégorie de bénéfices** ou de revenus **dont relève l'activité** de la société (selon le cas : bénéfices agricoles, bénéfices **24720**

industriels et commerciaux, revenus fonciers, etc.), et en fonction du montant de ses recettes en ce qui concerne le **régime d'imposition** (bénéfice réel normal, régime simplifié, régime micro, etc.), étant précisé, s'agissant plus particulièrement des sociétés agricoles, que les sociétés créées depuis le 1er janvier 1997 autres que les Gaec et les groupements forestiers sont obligatoirement soumises à un régime réel d'imposition (voir n° 6180).

> **Précisions** Signalons que lorsqu'un **agriculteur** exerce sa profession **à la fois** à titre **individuel et** en tant qu'**associé**, le régime d'imposition est déterminé en faisant masse de ses recettes personnelles et de sa quote-part de recettes dans la société (voir nos 6160 s.).

Règles particulières applicables à la part qui revient à certains associés

24725 Des règles particulières s'appliquent lorsque l'associé est une société passible de l'IS, une entreprise relevant de plein droit d'un régime de bénéfice réel BA ou BIC, une autre société de personnes (ou groupement) agricole relevant du régime micro-BA ou du réel simplifié sur option ou une société de gestion patrimoniale (CGI art. 238 bis K).

Soulignons que lorsque l'associé est une entreprise individuelle, ces règles particulières ne s'appliquent qu'à condition que les **titres de la société** aient été **inscrits au bilan** de l'entreprise (ou, en ce qui concerne les contribuables relevant d'un régime simplifié d'imposition, sur le tableau des immobilisations et amortissements figurant sur le formulaire 2033 C ou ligne AU de la déclaration 2139 A pour les agriculteurs). Si les **titres** ont été **maintenus dans le patrimoine privé** de l'exploitant, ce sont les règles générales qui s'appliquent (l'associé étant alors considéré comme un particulier).

24726 Lorsque l'**associé** est une **société passible de l'impôt sur les sociétés** ou une **entreprise agricole**, industrielle, commerciale ou artisanale placée **de plein droit sous un régime de bénéfice réel** (normal ou simplifié), la part de bénéfice de cet associé est déterminée d'après les règles qui lui sont propres (BA réels ou, le cas échéant, BIC/IS) et non d'après les règles applicables à la société de personnes (CGI art. 238 bis K, I-al. 1). Cette part de bénéfice est imposée, au nom de l'associé concerné, soit à l'impôt sur le revenu, soit à l'impôt sur les sociétés, selon qu'il relève de l'un ou l'autre de ces impôts.

C'est ainsi que les résultats d'une société de personnes exerçant une activité agricole dont les parts sont inscrites à l'actif d'une autre société de personnes exerçant une activité commerciale perdent leur caractère agricole pour relever des règles des BIC et, en cas de déficit, du régime des déficits commerciaux (CE 7-8-2008 nos 290465 et 290555 : RJF 11/08 n° 1209). Il n'en est toutefois ainsi que sous réserve des dispositions de l'article 155, II du CGI : voir n° 24735.

24727 Lorsque l'**associé** est une **société** exerçant une activité **agricole** relevant du régime **micro-BA** ou du régime **simplifié d'imposition sur option** (société créée avant le 1-1-1997 ou Gaec), ou une **société de personnes** (ou un groupement) ayant pour activité la **gestion de son propre patrimoine** mobilier ou immobilier, les modalités d'imposition des parts de résultats lui revenant suivent les règles applicables en matière d'impôt sur les sociétés (CGI art. 238 bis K, I-al. 2).

Par exception, si le contribuable apporte la preuve qu'une fraction des droits dans la société participante est détenue, directement ou indirectement, par une personne physique ou par une entreprise dont la quote-part de résultat est déterminée selon les règles de la société de personnes (voir ci-après n° 24728), ces dernières règles sont applicables à la quote-part correspondante. Un état comportant les renseignements permettant d'apporter cette preuve doit être joint à la déclaration des résultats (CGI ann. III art. 46 terdecies E).

24728 Lorsque l'**associé** est soit une **entreprise agricole individuelle** placée sous le régime **micro-BA** ou sous le **régime simplifié par option**, soit une entreprise individuelle exerçant une activité BIC placée sous le régime micro-BIC ou, sur option, sous un régime réel d'imposition, soit un contribuable exerçant une profession non commerciale, la part de bénéfice de cet associé doit (comme lorsqu'il s'agit d'un particulier) être déterminée selon les règles propres à l'activité de la société de personnes (CGI art. 238 bis K, II).

24729 Lorsque la société comprend des **membres relevant de situations fiscales différentes** au regard des règles exposées ci-dessus, il convient normalement de procéder à une **double détermination** des résultats sociaux en se conformant :

– pour la quote-part revenant aux sociétés ou entreprises membres, aux règles qui leur sont propres ;

– pour la quote part revenant aux autres associés, aux règles applicables à la société de personnes elle-même.

L'administration admet cependant que les sociétés qui exercent une activité relevant des BIC ou des BA et comprennent parmi leurs membres des exploitants soumis à un régime réel dans l'autre catégorie d'imposition soient **dispensées** de procéder à une double détermination de leurs résultats (BOI-BIC-BASE-10-20-10 n° 180). Ainsi, dans le cas d'une société civile agricole relevant du régime simplifié dont les membres sont des exploitants individuels agricoles relevant du même régime et une entreprise individuelle commerciale soumise au bénéfice réel, l'ensemble des bénéfices répartis aux associés est déterminé suivant le régime simplifié agricole.

Dès lors, **en pratique**, les dispositions de l'article 238 bis K du CGI n'obligent une société de personnes (ou un groupement assimilé) exerçant une activité agricole dont une fraction des parts est inscrite à l'actif d'une entreprise imposable à l'impôt sur le revenu d'après un régime de bénéfice réel à procéder à une nouvelle détermination de ses résultats que si elle se trouve dans l'une ou l'autre des situations suivantes (BOI-BIC-BASE-10-20-10 n° 180) :
– elle est soumise au régime du micro-BA ;
– elle comprend parmi ses membres une entreprise passible de l'impôt sur les sociétés.

Règle d'exclusion des produits et des charges sans lien avec l'activité professionnelle 24735 On rappelle que, pour la détermination des bénéfices agricoles ou des bénéfices industriels et commerciaux soumis à un régime réel d'imposition, l'article 155 du CGI écarte les produits et charges afférents à des biens qui, bien qu'inscrits au bilan de l'entreprise, ne sont pas utilisés pour l'exercice de l'activité professionnelle, sous réserve de l'application d'une tolérance de 5 % ; ces produits et charges donnent lieu à la détermination d'un résultat distinct dans la cédule d'imposition correspondant à leur nature, comme si l'actif non professionnel ne figurait pas au bilan (voir nos 9007 s.).

L'application des règles de l'article 155 du CGI aux sociétés de personnes et groupements assimilés dépend de la qualité et du régime fiscal de leurs associés. Ces dispositions doivent en effet être combinées avec celles de l'article 238 bis K du CGI qui régissent la détermination du résultat de la société de personnes. L'administration distingue les situations suivantes (BOI-BIC-BASE-90 n° 40) :
– lorsque l'**associé** de la société de personnes est **passible de l'impôt sur les sociétés** dans les conditions de droit commun, la quote-part de résultat de la société lui revenant est déterminée selon les règles d'imposition à l'IS (CGI art. 238 bis K, I-al. 1). Dans cette hypothèse, les règles prévues à l'article 155 du CGI ne s'appliquent pas ;
– lorsque l'associé est une **entreprise agricole, industrielle, commerciale ou artisanale** imposable à l'impôt sur le revenu **de plein droit** selon le régime du bénéfice **réel** et que ses parts dans la société de personnes sont inscrites à son actif, sa quote-part du bénéfice de la société de personnes est déterminée selon les règles, BA ou BIC selon le cas, applicables pour déterminer le résultat de cet associé (CGI art. 238 bis K, I-al. 1). Par conséquent, l'article 155 du CGI est applicable et la société de personnes doit distinguer le résultat de son activité professionnelle de celui résultant de son activité non professionnelle ;
– pour les **autres associés** (par exemple, une personne physique ou une entreprise agricole, industrielle, commerciale ou artisanale imposable à l'impôt sur le revenu selon un régime micro), la quote-part de bénéfices de la société de personnes est établie d'après les règles propres à la catégorie de bénéfices ou de revenus dont relève l'activité de la société (CGI art. 238 bis K, II). À ce titre, si la société de personnes exerce une activité imposable au titre des BA ou des BIC selon un régime réel, les règles de l'article 155 du CGI s'appliquent.

PLUS-VALUES RÉALISÉES PAR LA SOCIÉTÉ

Le régime d'imposition des plus-values réalisées par une société de personnes dépend des règles applicables à la détermination du résultat imposable de cette société (voir ci-avant nos 24720 s.). 24740

Dans le cas où son résultat doit être déterminé selon les **règles propres** à la catégorie de revenus dont relève l'activité de cette **société**, les plus-values qu'elle réalise relèvent soit du régime des plus-values professionnelles si elle exerce une activité agricole, artisanale, commerciale ou industrielle, soit du régime des plus-values privées si son activité a un caractère non professionnel (régime des plus-values immobilières ou régime des plus-values de cession de valeurs mobilières).

Dans le cas où le résultat imposable de la société doit être déterminé selon les **règles** qui régissent les opérations réalisées par les **membres**, les cessions d'immobilisations soumises au régime des plus et moins-values professionnelles qu'elle réalise obéissent à des règles différentes, notamment au regard de la distinction court terme/long terme selon que le membre relève de l'IR (nos 10100 s.) ou de l'IS (nos 24124 s.). Lorsque la société comprend à la fois des associés soumis à l'IS et des associés soumis à l'IR, elle doit procéder à une double détermination de ses plus et moins-values à court terme et à long terme en faisant application des règles propres à chacune de ces catégories de membres. La compensation entre les plus et moins-values doit corrélativement être effectuée de manière distincte pour chacune des catégories d'associés.

> **Précisions** L'article 155 du CGI prévoit que les plus-values de cession de **biens inscrits à l'actif** d'une exploitation agricole ou industrielle et commerciale qui ne sont **pas** (ou qui n'ont pas toujours été) **utilisés pour l'exercice de l'activité professionnelle** ne relèvent du régime des plus-values professionnelles que pour une fraction de leur montant, l'autre fraction étant soumise au régime des plus-values privées (voir n°s 10745 s.). Sur l'application de ces dispositions aux sociétés de personnes et groupements assimilés, voir n° 24735.

24741 **Exonération en fonction des recettes** Les plus-values professionnelles réalisées par une société de personnes peuvent bénéficier de l'exonération totale ou partielle accordée en fonction des recettes par l'article 151 septies du CGI si les conditions d'application de ce dispositif, appréciées en **principe** au niveau de la société, sont remplies (voir nos 10300 s.). La quote-part de plus-value revenant aux associés soumis à l'IR est donc exonérée, en totalité ou en partie, dès lors que la société exerce son activité professionnelle depuis au moins cinq ans et que le montant de ses recettes n'excède pas les limites visées n° 10305. Lorsque l'exercice de l'activité au sein de la société a été précédé d'un exercice à titre individuel, le délai de cinq ans est toutefois apprécié en cumulant les durées d'exploitation (CE 13-1-2010 n° 301985 : RJF 4/10 n° 350).
Dans les **sociétés civiles agricoles** (notamment les Gaec), les conditions d'exonération tenant au montant des recettes et à la durée de l'activité s'apprécient au niveau des associés lorsque ceux-ci **exercent leur activité professionnelle au sein de la société** (CGI art. 70, al. 2 ; CE 30-4-2024 n° 454502 : RJF 7/24 n° 529). Les **associés** apprécient les limites d'exonération en retenant leur quote-part dans les recettes sociales, éventuellement majorée de leurs recettes individuelles et, s'ils sont membres d'autres sociétés civiles agricoles, de leur quote-part dans les recettes de celles-ci (BOI-BA-BASE-20-20-30-30 n° 90). Lors d'une cession d'actif réalisée par une EARL, la condition de montant de recettes n'est pas respectée par l'associé qui n'a pas exercé l'activité agricole pendant les deux années précédant celle de la cession (CE 30-4-2024 n° 454502 précité).
La durée d'activité est en principe appréciée au niveau de chacun des associés exploitants (CE 30-4-2024 n° 454502 précité) mais selon l'administration elle peut s'apprécier à compter du début effectif d'activité de la société (BOI-BA-BASE-20-20-30-30 n° 50). Lorsque la société ne satisfait pas elle-même cette condition, la condition relative à la durée d'exercice de l'activité peut être appréciée en fonction de la situation propre de chaque associé (compte tenu de sa période d'activité à titre individuel et dans la société de personnes). L'administration retient la durée totale de l'activité exercée à titre professionnel indépendamment de ses modalités d'exercice : par exemple, à titre individuel, puis au sein d'un premier Gaec et enfin au sein du Gaec qui l'a absorbé (BOI-BA-BASE-20-20-30-30 nos 60 et 70).
Les **associés qui n'exercent pas** leur activité professionnelle au sein de la société civile doivent apprécier la limite d'exonération de leur quote-part de plus-value en tenant compte du montant total des recettes de la société.

24743 **Exonération en fonction de la valeur des éléments cédés** Les sociétés de personnes peuvent bénéficier de l'exonération totale ou (partielle) prévue en faveur des transmissions de branches complètes d'activité par l'article 238 quindecies du CGI, lorsque la valeur des éléments cédés n'excède pas 500 000 € (ou se situe dans une fourchette comprise entre 500 000 € et 1 000 000 € pour l'exonération partielle) (voir nos 10675 s.). Cette exonération s'applique à la quote-part de la plus-value revenant à des associés soumis à l'IR.

RÉMUNÉRATIONS VERSÉES PAR LA SOCIÉTÉ

24745 Contrairement à la règle générale de déductibilité des rémunérations versées aux dirigeants de sociétés passibles de l'impôt sur les sociétés (n° 24400), les rémunérations allouées aux **associés** des sociétés de personnes relevant de l'impôt sur le revenu doivent être rapportées aux résultats sociaux de l'exercice au cours duquel elles ont été payées, bien que ces appointements ou rétributions de toutes sortes soient généralement considérés du point de vue comptable comme des charges de l'entreprise. Par voie de conséquence, ces sommes sont imposables au nom de leurs bénéficiaires à l'impôt sur le revenu – non pas en tant que salaires – mais dans les mêmes conditions que la quote-part de bénéfices sociaux leur revenant.
Les salaires versés aux **membres de la famille** des associés (y compris les conjoints) et aux **tiers non associés** sont normalement déductibles dans la mesure où ils correspondent à des fonctions salariées effectivement exercées par les intéressés dans la société et ne sont pas anormalement élevés.

OBLIGATIONS COMPTABLES ET DÉCLARATIVES

24747 Comme les exploitants individuels, les **sociétés** de personnes et groupements **imposables d'après leur bénéfice réel** doivent satisfaire à certaines obligations (obligations comptables

notamment) et, tout spécialement, souscrire chaque année au service des impôts la déclaration de leurs résultats sociaux, étant bien précisé qu'une seule déclaration doit être souscrite pour l'ensemble des bénéfices de la société et que c'est à cette dernière (et non à ses membres) qu'incombe légalement cette obligation. Afin de permettre à l'administration de contrôler la répartition des résultats entre les bénéficiaires, un état comportant des renseignements relatifs à l'identité des membres ou associés et à leurs droits sociaux doit être joint à la déclaration.
Les membres de la société sont tenus, comme les autres contribuables, de produire, en temps voulu, la déclaration d'ensemble de leurs revenus (2042-SD) comprenant notamment leur quote-part des bénéfices sociaux.
Les **Gaec et sociétés relevant du régime du micro-BA** sont soumis à des obligations comptables allégées (voir n° 7500). Ils doivent chaque année fournir à leurs membres ou associés les renseignements permettant à ces derniers de servir leur déclaration de revenu 2042 C Pro (voir n° 7600).

b. Particularités

SOCIÉTÉ EN COMMANDITE SIMPLE EXPLOITANT UN DOMAINE AGRICOLE

Sous réserve que la société n'ait pas opté pour l'impôt sur les sociétés, chacun des **commandités** 24750
est personnellement imposé à l'impôt sur le revenu, au titre des bénéfices agricoles, pour la part de bénéfices qui lui est attribuée.
Quant à la fraction des bénéfices correspondant aux droits des **commanditaires**, elle est, dans tous les cas, soumise à l'impôt sur les sociétés, au nom de la société et d'après les règles prévues à l'égard dudit impôt.

SOCIÉTÉ EN PARTICIPATION

Bien que dépourvue de personnalité morale, la société en participation, qui n'est pas imma- 24780
triculée au registre du commerce et des sociétés, présente les caractéristiques essentielles d'une véritable société.
Son régime fiscal est, en principe, celui des sociétés de personnes. Ainsi, dans les sociétés en participation exploitant un domaine agricole, chaque **coparticipant** est personnellement soumis à l'impôt sur le revenu au titre des bénéfices agricoles, à raison de la quote-part du bénéfice imposable correspondant à ses droits dans les résultats de l'exploitation.
Deux **particularités** doivent être signalées :
– le régime des sociétés de personnes ne s'applique qu'aux **associés** qui sont **indéfiniment responsables** et dont les **noms et adresses** ont été **indiqués à l'administration**. Cette condition ne peut être regardée comme satisfaite du seul fait que les membres de la société ont compris la quote-part des bénéfices sociaux qui leur revient dans leurs propres résultats (CE 21-4-2000 n° 179092 : RJF 6/00 n° 759). Lorsque la société comprend des membres non indéfiniment responsables ou dont l'identité n'est pas révélée, la quote-part de bénéfices correspondant aux droits de ces associés est passible de l'impôt sur les sociétés (CGI art. 8 et 206, 4). Dans ce cas, l'impôt est établi au nom du gérant connu des tiers ;
– les sociétés en participation doivent inscrire à leur **actif** les biens dont les associés sont convenus de mettre la propriété en commun, c'est-à-dire les biens apportés à une indivision constituée entre eux (CGI art. 238 bis M). Les biens inscrits au bilan fiscal sont soumis aux mêmes règles que celles applicables aux éléments de l'actif des exploitations agricoles : déduction du bénéfice social des **charges** afférentes à ces biens (amortissements notamment : voir n°s 11400 s.) ; d'une manière générale, imposition des **plus-values** de cession éventuelles selon le régime des plus-values professionnelles (voir n°s 10100 s.).
Dans tous les cas, les provisions pour risques doivent être inscrites dans les comptes de la société et non dans les comptes de ses membres (CE 5-9-2008 n° 286393 : RJF 12/08 n° 1344).

> **Précisions a.** L'inscription au bilan fiscal de la société en participation n'est pas obligatoire pour les **biens appartenant en propre à l'un des associés** que celui-ci affecte à l'exploitation sociale. En l'absence d'inscription, l'associé n'est pas soumis, lors de la mise à disposition, à l'imposition des plus-values pour les biens qu'il apporte à l'exploitation commune mais qui demeurent néanmoins sa propriété exclusive.
> **b.** Une convention de société en participation peut produire ses effets au plan fiscal, même si les modalités de **répartition des pertes** ne sont pas expressément prévues (CE 23-11-2001 n° 205132 : RJF 2/02 n° 196).
> **c.** La **réunion en une seule main** des parts d'une société en participation entraîne la disparition immédiate de cette société et produit donc les conséquences fiscales d'une cession d'entreprise.
> **d.** La **liquidation d'une société en participation** suivie de la création d'une société de droit entraîne les mêmes conséquences que

la liquidation d'une société de fait suivie de la création d'une société de droit : voir n° 24805.
e. En application de l'article 44 de la loi 2001-420 du 15 mai 2001, les **sociétés civiles créées avant le 1er juillet 1978** étaient tenues de s'immatriculer au registre du commerce et des sociétés avant le 1er novembre 2002. La non-immatriculation a entraîné un transfert de patrimoine de cette société, devenue société en participation, au profit des associés. L'administration a admis, dans l'hypothèse où la société civile relève de l'impôt sur le revenu, que ce transfert ne donne lieu à aucune taxation immédiate, à condition que les biens concernés soient repris au bilan fiscal de la société en participation pour la valeur pour laquelle ils figuraient à l'actif de la société civile. L'immatriculation tardive des sociétés civiles n'emporte pas de conséquences en matière d'impôts directs si les éléments portés au bilan fiscal produit par la société en participation sont repris pour la même valeur à l'actif de la société civile et que cette opération ne s'accompagne pas de modifications importantes du pacte social (BOI-IS-CESS-20-20 n° 285).
Ces atténuations sont notamment applicables aux **groupements fonciers agricoles et aux groupements forestiers**.

SOCIÉTÉ DE FAIT

24800 L'**existence** d'une société créée de fait suppose que soient établies les trois caractéristiques du contrat de société : apports, partage des bénéfices et des pertes et participation à la gestion de l'entreprise, c'est-à-dire à la direction et au contrôle de l'entreprise.
Fiscalement, l'article 238 bis L du CGI dispose que les bénéfices des sociétés de fait sont imposables selon les mêmes règles que ceux des sociétés en participation. L'obligation d'inscrire à l'actif les biens dont les associés ont mis la propriété en commun (n° 24780) s'impose donc également aux sociétés de fait. Le Conseil d'État a précisé que le renvoi aux règles prévues pour les sociétés en participation porte uniquement sur les règles relatives à la détermination du résultat et à l'imposition des bénéfices ainsi arrêtés entre les mains des associés à proportion de leurs droits respectifs dans le cadre du régime des sociétés de personnes, mais ne concerne pas la règle d'assujettissement à l'impôt sur les sociétés de la part de bénéfices correspondant aux droits des associés non indéfiniment responsables ou dont les noms et adresses n'ont pas été indiqués à l'administration prévue par l'article 206, 4 du CGI (CE 17-2-2016 n° 365943 : RJF 5/16 n° 452).
La **réunion en une seule main des parts** de la société produit immédiatement les conséquences d'une cession d'entreprise.

ILLUSTRATIONS

La question de savoir si les conditions d'existence d'une société créée de fait se trouvent effectivement réunies dépend des circonstances de fait, ce qui explique l'abondante jurisprudence fiscale en cette matière. Nous ne citerons ci-après que quelques-unes de ces décisions qui se rapportent plus particulièrement à l'exploitation agricole.
Ainsi, **ont été considérés comme associés de fait** :
– une veuve et son gendre dès lors qu'ils participaient tous deux aux bénéfices et aux pertes du domaine exploité, que le gendre participait activement à la gestion et était, au surplus, propriétaire d'une partie du cheptel. En conséquence, et à défaut d'indications contraires, la partie du bénéfice imposable au nom de chacun a été fixée à la moitié (CE 2-7-1962 n° 46569) ;
– des contribuables qui, ayant mis en commun des terres, des bâtiments et du cheptel, intervenaient effectivement dans la gestion et l'administration du domaine ainsi constitué et participaient aux bénéfices et aux pertes de l'exploitation en proportion de leurs apports (CE 18-5-1954 n° 13441 ; dans le même sens concernant l'exploitation en commun d'un domaine viticole : CE 26-2-1988 n° 54189 : RJF 5/88 n° 592) ;
– deux fils qui, ayant fait apport à l'entreprise agricole de leur père d'une propriété viticole et d'un matériel de culture, exploitaient ce domaine avec leur père, lequel en raison de son âge et de sa santé ne prenait plus qu'une part restreinte aux travaux ; les deux fils ne percevaient aucun salaire de leur père et les bénéfices de l'exploitation étaient partagés entre leur père et eux. Jugé que tous les éléments d'une société de fait se trouvaient ainsi réunis et que, faute d'indications contraires, les bénéfices devaient être regardés comme ayant été partagés également entre les trois associés qui vivaient en commun (CE 12-5-1971 n° 80339) ;
– deux contribuables qui, aux termes d'un accord d'« exploitation agricole en commun », ont décidé d'utiliser en commun leurs moyens de production, de répartir entre eux les charges et recettes d'exploitation « au prorata des surfaces à ensemencer chez chacun des participants » et de confier à l'un d'eux le soin de coordonner les travaux de mise en valeur des terres des domaines, ce qui l'a conduit à assurer la gestion de trois exploitations en sus de la sienne, en mettant en œuvre ses propres matériels et en utilisant son propre personnel (CE 3-6-1992 n° 78400 : RJF 8-9/92 n° 1150).
En revanche, il a été jugé qu'il n'y avait **pas société de fait** :
– entre un contribuable et son fils, dès lors que le requérant n'établit pas que le bénéfice de l'exploitation ait été réellement partagé entre son fils et lui-même (CE 28-10-1964 n° 55669) ;

– entre un contribuable ayant fait donation de terres à son fils et ce dernier, du seul fait que les intéressés se prêtent un concours mutuel, chacun ayant distinctement la qualité d'exploitant agricole (CE 22-1-1958 n° 38756). Au cas particulier, le fils était, en outre, locataire de diverses autres terres et affilié personnellement à la caisse d'allocations familiales. D'autre part, il avait un domicile séparé de celui de son père ;
– entre deux ostréiculteurs, père et fils, exploitant en commun diverses concessions ostréicoles dont ils étaient chacun personnellement titulaires et ayant consenti l'un et l'autre des apports personnels pour l'exploitation commune, dès lors que le fils ne prenait pas part à la direction de l'entreprise et que, percevant des rémunérations régulières, il ne participait ni aux pertes ni aux bénéfices (CE 27-10-1982 n° 27301 ; 3-11-1982 n° 27302) ;
– entre trois agriculteurs qui, tout en exploitant chacun ses terres, utilisent en commun des installations et des matériels complémentaires appartenant à l'un ou à l'autre et supportent ensemble un certain nombre de charges d'exploitation, mais qui par ailleurs continuent à déterminer indépendamment les modes de culture et ne confondent ni les recettes ni les résultats (CE 17-2-1988 n° 64777 : RJF 4/88 n° 464) ;
– entre deux frères ayant acquis une propriété agricole en indivision dès lors que, s'ils se sont entendus pour l'usage à tour de rôle de certaines parcelles, chacun pratique des spécialités agricoles différentes sans qu'il soit même allégué qu'ils tiennent une comptabilité commune ou qu'ils partagent les résultats de l'exploitation (CE 7-12-1988 n° 57800 : RJF 2/89 n° 197) ;
– entre un propriétaire et un métayer liés par un contrat de « vigneronnage », en l'absence de partage des résultats (CE 30-12-1996 n° 160396 : RJF 2/97 n° 133) ;
– entre deux époux séparés de biens qui ont acquis par voie successorale les domaines agricoles qu'ils exploitent respectivement nonobstant la circonstance qu'ils pratiquent des cultures identiques sur des domaines regroupés, par restructurations successives, autour du siège d'exploitation de l'un d'eux et qu'ils utilisent des installations et des matériels d'exploitation complémentaires appartenant à l'un ou à l'autre, dès lors que : leurs comptes bancaires sont distincts et leurs comptabilités sont tenues séparément, chacun d'eux gère et commercialise ses productions sous son propre nom et les échanges de prestations qu'ils pratiquent n'excèdent pas les usages admis au titre de l'entraide entre agriculteurs (CE 23-11-1998 n° 162176 : RJF 1/99 n° 28).

Transformation en société de droit Dès lors que les sociétés de fait sont dépourvues de personnalité morale, leur liquidation suivie de la création d'une société de droit entraîne nécessairement la création d'une personne morale nouvelle. Les conséquences fiscales devraient donc, en principe, être celles qui s'attachent à une cessation d'entreprise suivie de la constitution d'une société nouvelle. Mais l'administration a apporté à ce principe des assouplissements : 24805
– en matière de **droits d'enregistrement**, sous réserve que la transformation ne s'accompagne pas de modifications statutaires importantes (telles qu'un changement d'activité de la société), les règles prévues en cas de transformation d'une société de droit sans création d'une personne morale nouvelle sont applicables (nos 25410 s.), étant précisé que des règles particulières s'appliquent aux immeubles selon qu'ils entrent ou non dans le patrimoine de la société à l'occasion de la transformation (BOI-ENR-AVS-40-40 nos 190 s.) ;
– en matière d'**impôts directs**, la liquidation d'une société de fait suivie de la création d'une société de droit, soumise au régime des sociétés de personnes ou des sociétés de capitaux, n'entraîne ni l'imposition immédiate des bénéfices réalisés avant la liquidation et non encore imposés ni celle des plus-values acquises par les éléments inscrits à l'actif du bilan fiscal de la société liquidée, si ces éléments sont repris pour la même valeur à l'actif de la société de droit et si la transformation ne s'accompagne pas de modifications importantes du pacte social (BOI-IS-CESS-20-20 nos 250 s.).

INDIVISION

L'indivision est la situation juridique de plusieurs personnes titulaires en commun d'un droit sur un même bien ou ensemble de biens sans qu'il y ait division matérielle de leurs parts. 24820
Il résulte de la jurisprudence qu'un **coïndivisaire** ne peut être **imposé** – malgré sa qualité de coexploitant – qu'à raison des sommes effectivement mises à sa disposition. C'est ainsi que, dans le cas d'un domaine agricole appartenant à une indivision, chaque coïndivisaire, ayant la qualité de coexploitant, est en principe imposable dans la catégorie des bénéfices agricoles pour la part correspondant à ses droits dans les résultats de l'exploitation. Toutefois, en pratique, les coïndivisaires ne peuvent être imposés que sur les bénéfices effectivement mis à leur disposition ; il n'en est autrement que s'il existe une **société de fait** entre les indivisaires, auquel cas chacun des associés est imposable sur la quote-part des bénéfices correspondant à ses droits (CE 6-3-1991 n° 61863 : RJF 5/91 n° 544).

Les copropriétaires, lorsqu'ils sont également **usufruitiers**, sont présumés exploiter les biens indivis en société de fait. Cette présomption peut être écartée en produisant une convention écrite ou en établissant que les intéressés étaient convenus de séparer leurs exploitations avant de mettre fin à l'indivision. En outre, la société de fait peut ne comprendre comme associés qu'une partie des coïndivisaires (en ce sens : CE 29-11-1989 n° 67288 : RJF 1/90 n° 46).
Lorsque certains coïndivisaires sont seulement **nus-propriétaires**, ils perdent la qualité de coexploitant, sauf existence d'une société de fait constituée avec le ou les usufruitiers (CE 28-4-2006 n° 278857 : RJF 7/06 n° 887).

> **Précisions a.** Les droits indivis qu'un **ex-conjoint** ou un **héritier** détient sur la valeur d'un actif affecté à l'exercice de la profession d'un autre coïndivisaire ont toujours, fiscalement, le caractère d'un élément du **patrimoine professionnel**, même dans le cas où il ne peut pas lui-même participer à l'activité professionnelle faute de détenir les titres ou diplômes exigés (CE 3-9-1997 n° 133408 : RJF 10/97 n° 919 ; CE 11-2-1998 n° 160165 : RJF 4/98 n° 371) ou dans celui où il est seulement nu-propriétaire des parts (CE 27-10-1999 n° 188500 : RJF 12/99 n° 1505). En cas de cession de ces droits indivis, les plus-values relèvent donc du régime des plus-values professionnelles (CE 11-2-1998 précité).
> **b.** En cas de **divorce d'époux communs en biens**, c'est le partage de l'indivision post-communautaire qui entraîne la taxation des plus-values sur le fonds au nom de l'ex-conjoint qui, cédant à l'autre ses droits indivis sur l'actif professionnel, ne poursuit pas l'activité, ou au nom des deux ex-époux en cas de cession à un tiers de l'entreprise indivise (CE 3-9-1997 n° 133408 : RJF 10/97 n° 919). En cas de poursuite de l'activité professionnelle par l'un des conjoints, celui qui se retire ne peut être imposé que sur les plus-values afférentes aux éléments qui ont quitté l'actif de l'entreprise pour entrer dans son patrimoine privé et non pas sur les **biens maintenus au bilan** (CE 28-7-1999 n° 162756 : RJF 10/99 n° 1216). Les dispositions de l'article 151 septies du CGI s'appliquent à ces plus-values professionnelles dans les conditions de droit commun, la condition tenant au chiffre d'affaires réalisé par l'entreprise devant s'apprécier par référence au chiffre d'affaires réalisé par la communauté et non au niveau de chaque conjoint (voir n° 10320).
> **c.** Lorsqu'il est procédé au **partage d'une indivision successorale** exploitant une entreprise et que l'un des coïndivisaires poursuit l'activité, les conséquences attachées aux cessions d'entreprises ne sont opposables qu'aux seuls coïndivisaires qui se retirent de l'exploitation. Le coïndivisaire qui reçoit, à l'occasion du partage, des biens précédemment inscrits à l'actif dans l'entreprise indivise est imposable à raison de la plus-value constatée du fait du retrait d'actif selon le régime des plus-values professionnelles (CE 23-6-1978 n° 4834). La cession par un coïndivisaire de ses droits sur un fonds de commerce et un immeuble qui ne s'accompagne d'aucun retrait de l'actif de l'entreprise ni d'aucun transfert de biens dans son patrimoine privé ne peut en revanche donner lieu à une plus-value professionnelle imposable à son nom (CAA Marseille 3-4-2008 n° 05-688 : RJF 12/08 n° 1346).

CHANGEMENT DE RÉGIME FISCAL, D'OBJET SOCIAL OU D'ACTIVITÉ RÉELLE, TRANSFORMATION

24850 Le changement de régime fiscal, d'objet social ou d'activité et la transformation de sociétés soumises au régime fiscal des sociétés de personnes emportent les conséquences fiscales d'une cessation d'entreprise (CGI art. 202 ter, I et 221, 2). Toutefois, comme pour les sociétés soumises à l'IS, les conséquences de la cessation peuvent être atténuées.

Événements entraînant les conséquences d'une cessation d'entreprise

24855 La **transformation**, qui est l'opération par laquelle une société change de forme juridique, emporte cessation si elle s'accompagne de la création d'une **personne morale nouvelle**, ce qui suppose soit une transformation irrégulière (C. civ. art. 1844-3), soit la transformation en société de droit d'une société qui était dépourvue de personnalité morale (société de fait ou en participation). Dans ce second cas, une mesure de tempérament vient toutefois atténuer les conséquences fiscales attachées à la cessation (voir n° 24805).
Lorsque la transformation n'entraîne **pas création** d'une personne morale nouvelle (ce qui est le cas général), elle peut néanmoins avoir pour effet d'entraîner l'assujettissement de la société transformée à l'impôt sur les sociétés (par exemple, transformation d'un Gaec en société de capitaux à objet agricole), de même qu'elle peut s'accompagner d'un changement d'objet social ou d'activité réelle. C'est alors au titre du changement de régime fiscal ou du changement d'activité que l'imposition immédiate sera établie. Dans ces hypothèses, les conséquences fiscales de la cessation peuvent être atténuées dans les conditions exposées n° 24862.
Sur les conséquences de la transformation en matière de **droits d'enregistrement**, voir n°s 25410 s.
Pour le cas où la transformation intéresse un **GIE**, voir n°s 27555 s.

Le **changement d'objet social** d'une société relevant du régime des sociétés de personnes et exerçant une activité professionnelle n'emporte cessation que dans la mesure où il s'accompagne d'un changement effectif de l'activité exercée. 24856
Pour les sociétés soumises à l'impôt sur le revenu, la loi ne définit pas le **changement d'activité**. L'administration a précisé qu'il doit être profond pour emporter cessation. Un accroissement, ou une baisse, même important du volume des opérations réalisées ne constitue pas un tel changement (BOI-BIC-CESS-10-20-30 n° 90).

L'**assujettissement à l'impôt sur les sociétés** d'une société exerçant une activité professionnelle (BA, BIC ou BNC) précédemment soumise au régime fiscal des sociétés de personnes entraîne en principe cessation d'entreprise. 24857
S'agissant de sociétés de personnes exerçant une activité agricole, l'assujettissement à l'impôt sur les sociétés peut se rencontrer dans trois types de situations :
– la société exerce une **option** pour l'impôt sur les sociétés, lorsque cette option est possible (voir n° 24050) ;
– une société civile à objet agricole a réalisé des **opérations de nature commerciale** au-delà du seuil admis (n° 24030) ;
– l'organisme soumis au régime des sociétés de personnes **ne fonctionne pas conformément aux dispositions** qui le régissent. Sont ainsi visés notamment les groupements forestiers qui ne remplissent plus les conditions prévues par les articles L 331-1 et suivants du Code forestier (CGI art. 238 ter ; n° 27001) ou les syndicats mixtes de gestion forestière (ou les groupements syndicaux forestiers) qui ne respectent plus les règles qui leur sont applicables (CGI art. 239 quinquies ; n° 27110).

Option pour l'étalement de l'impôt sur le revenu sur certains revenus agricoles En cas de cessation consécutive à des opérations qui entraînent un assujettissement à l'IS, le paiement de l'impôt sur le revenu afférent à certains revenus agricoles peut, sur demande de l'exploitant, être **étalé** par cinquièmes sur l'année de la cessation et les quatre années suivantes (CGI art. 75-0 C). 24858
Les revenus agricoles concernés sont : les **déductions pour épargne de précaution**, pour **investissement** et pour **aléas** non encore utilisées (nos 14800 s.) ; la fraction du **revenu exceptionnel** restant à rapporter en application du régime d'étalement (nos 12020 s.) ; l'excédent de bénéfice agricole sur la **moyenne triennale imposé** au taux marginal d'imposition (nos 12100 s.) ; et les profits non encore imposés sur les **avances aux cultures** et sur les **stocks** à rotation lente dont la **valeur** est **bloquée** (nos 9500 s.).
L'impôt sur le revenu soumis à étalement est égal au **solde de l'impôt** dû au titre des revenus de l'année de cessation multiplié par le **rapport** entre les **revenus agricoles** visés ci-dessus, retenus dans la limite du bénéfice établi lors de la cessation diminué des déficits en report déductibles du revenu global, et le **revenu net imposable du foyer fiscal**.
La renonciation d'une société de personnes (ou d'un entrepreneur individuel ou d'une EIRL ayant opté pour son assimilation à une EARL : nos 27655 et 27710) à son option pour l'IS ne remet pas en cause l'étalement de l'impôt sur le revenu.
Ce dispositif est subordonné au respect du **règlement de minimis** applicable dans le secteur agricole.

> **Précisions a.** L'**option** pour l'étalement de l'impôt sur le revenu concerne tous les revenus agricoles visés ci-dessus. Elle est **irrévocable** (BOI-BA-CESS-30 nos 60 et 80).
b. La demande est **formulée** par courrier ou courriel lors du dépôt de la déclaration de revenus définitive mais peut l'être également lors du dépôt de la déclaration de revenus provisoire (BOI précité n° 90).
c. S'agissant des profits non encore imposés sur les **avances aux cultures et sur les stocks à rotation lente**, ces derniers sont respectivement retenus dans la limite du montant des frais engagés qui constitue un élément du prix de revient des stocks en application des règles générales posées par l'article 38, 3 du CGI et qui n'a majoré ni la valeur de ces avances aux cultures ni celle de ces stocks. Sont ainsi concernés les frais de fermage pour les avances aux cultures et les frais qui n'ont pas été incorporés au prix de revient des stocks à rotation lente du fait de l'option pour le blocage de leur valeur.
d. Le **solde** de l'impôt sur le revenu est celui défini à l'article 1663 B, 1 du CGI, c'est-à-dire après imputation des crédits et réductions d'impôt, prélèvements, retenues à la source et acomptes.

Conséquences de la cessation : principe d'imposition immédiate La cessation d'entreprise se traduit normalement par l'imposition immédiate : 24860
– des bénéfices réalisés depuis la fin du dernier exercice taxé ;

– des bénéfices en sursis d'imposition (provisions et plus-values dont l'imposition a été différée) ;
– des plus-values réalisées ou constatées à l'occasion de l'événement emportant cessation, y compris donc les plus-values latentes incluses dans l'actif social.

Les plus-values latentes correspondent à la différence entre la valeur réelle, au jour qui motive l'application des conséquences fiscales de la cessation, des éléments compris dans l'actif social et leur valeur comptable.

24862 **Atténuation des conséquences de la cessation** Sous certaines conditions, les conséquences fiscales de la cessation peuvent être limitées à la seule imposition immédiate des bénéfices de l'exercice non encore taxés. Pour bénéficier de ce régime qui permet en pratique d'éviter l'imposition des bénéfices en sursis d'imposition et, surtout, des plus-values latentes incluses dans l'actif social et des profits latents sur stocks, les **conditions** suivantes doivent être remplies (CGI art. 202 ter, I-al. 2) :
– le changement ne doit pas s'accompagner de la création d'une **personne morale nouvelle**. S'agissant du régime applicable aux transformations de sociétés de fait ou en participation en sociétés de droit, voir n° 24805 ;
– aucune modification ne doit être apportée aux **écritures comptables**. En particulier, aucune augmentation ne doit être apportée à la valeur comptable des divers éléments de l'actif de la société et les postes correspondant à des provisions ou à des bénéfices en sursis d'imposition doivent être repris sans changement ;
– à la date de l'événement qui motive la cessation, l'**imposition** des bénéfices et plus-values doit demeurer **possible** sous le nouveau régime applicable (condition par hypothèse remplie en cas de passage à l'impôt sur les sociétés).

24865 **Autres conséquences liées au changement de régime fiscal** Dès la réalisation de l'événement emportant changement de régime fiscal, les **associés** cessent d'être redevables de l'impôt sur le revenu à raison de la quote-part des bénéfices sociaux résultant de leurs droits dans la société.

Les **bénéfices réalisés** à compter de cette date sont imposables à l'impôt sur les sociétés au nom de la société et, en cas de distribution, taxés au nom des associés dans la catégorie des revenus mobiliers.

Lorsqu'un **déficit** a été subi avant le changement de régime fiscal, il est imputable sur le revenu imposable de chaque associé selon les règles de droit commun et ne peut pas être reporté sur les bénéfices postérieurs de la société.

> **Précisions a. Les bénéfices ou réserves constitués antérieurement** et non encore appréhendés par les associés soit directement, soit par virement à leurs comptes personnels, présentent à compter de la date du changement de régime fiscal le caractère d'**apports** au sens de l'article 112, 1° du CGI. Il s'ensuit qu'ils peuvent être répartis entre les associés en franchise d'impôt à la condition – si la distribution intervient en cours de société – que tous les bénéfices ou réserves, autres que la réserve légale, constitués depuis le changement aient été préalablement répartis. Toutefois, la distribution par la société assujettie à l'IS de bénéfices (provisions, plus-values, etc.), dont l'imposition avait été différée à l'époque où ils ont été réalisés par la société de personnes et qui n'ont pas été taxés au moment du changement de régime fiscal, ne peut pas être assimilée à un remboursement d'apport et bénéficier à ce titre de la franchise prévue par l'article 112, 1° du CGI.
> **b.** En ce qui concerne les **plus-values** constatées sur les **parts sociales** détenues par les associés personnes physiques exerçant leur activité dans le cadre de la société, voir n° 24923.
> **c.** En ce qui concerne le versement des **acomptes d'impôt sur les sociétés**, voir n° 24176.

24867 **Obligations déclaratives** Quel que soit l'événement motivant la cessation, la société doit, dans un délai de 45 jours suivant cet événement, **aviser l'administration de la cessation** et de sa date d'effet (déclaration adressée au centre de formalités des entreprises).

Dans un délai de 60 jours, elle doit adresser au centre des impôts dont elle relève la **déclaration de résultats** et autres documents qu'elle est tenue de souscrire au titre d'une année d'imposition.

Dans le même délai de 60 jours, le **bilan d'ouverture** du premier exercice d'assujettissement à l'IS doit être fourni à l'administration, ce qui permet à celle-ci, en cas de report d'imposition des plus-values latentes, de vérifier que la société a satisfait à l'obligation de maintien des écritures comptables. En cas d'option pour l'IS, le délai court à compter de la date de notification de l'option ou, si elle est exercée avant le premier exercice soumis à l'IS, à la date d'ouverture de cet exercice (BOI-BIC-CESS-40 n° 240).

2. RÉGIME FISCAL DES DROITS SOCIAUX

a. Droits sociaux détenus par les personnes physiques

Le régime des droits sociaux détenus dans une société de personnes par un associé personne physique diffère selon que l'associé exerce son activité professionnelle au sein de la société ou est un simple apporteur de capitaux. 24900

ASSOCIÉ EXERÇANT AU SEIN DE LA SOCIÉTÉ

L'article 151 nonies du CGI définit le régime des droits ou parts des sociétés de personnes (et sociétés ou groupements assimilés) de l'article 8 du même Code qui exercent une activité relevant des **bénéfices agricoles réels** (réel normal ou simplifié) ainsi que des bénéfices industriels et commerciaux ou des bénéfices non commerciaux. 24905

Lorsqu'un contribuable, personne physique, exerce son activité professionnelle dans le cadre d'une telle société, ses droits ou parts sont considérés fiscalement comme des éléments d'actif affectés à l'exercice de la profession. Autrement dit, les droits sociaux détenus par l'associé sont censés constituer un **actif professionnel personnel** distinct de l'actif social. Deux conséquences en découlent :

– la possibilité d'imputer les **charges** grevant cet actif sur la quote-part des bénéfices revenant à l'associé ;

– l'imposition des **plus-values de cession** des droits sociaux selon le régime des plus-values professionnelles.

> **Précisions a.** Sont exclues de ce régime les sociétés civiles agricoles dont les résultats sont déterminés selon le **régime du micro-BA**. Il en est de même lorsque les parts de la société dont les bénéfices sont imposables dans la catégorie des BA réels sont détenues par un **associé qui n'y exerce aucune activité professionnelle** : voir ci-après n° 24930.
> **b.** **L'exercice de l'activité professionnelle** au sein de la société suppose l'accomplissement d'actes précis et de diligences réelles qui la caractérisent, par exemple : présence sur les lieux de travail, réception et démarchage de clientèle, établissement de factures, participation aux décisions engageant l'exploitation, etc.
> **c.** En l'**absence de gérant statutaire**, tous les associés d'une société en nom collectif ou d'une société en participation sont présumés exercer une activité professionnelle au sein de la société (CE 9-7-2003 n° 230116 : RJF 11/03 n° 1255 ; CAA Nantes 15-10-2003 n° 00-339 : RJF 2/04 n° 154). Tel n'est pas le cas lorsque la gérance de la société a été confiée à une SARL (CE 11-4-2008 n° 289798 : RJF 7/08 n° 836) et que le contribuable ne justifie pas d'un apport en industrie (CE 27-2-2019 n° 408456 : RJF 5/19 n° 444).
> **d.** Un mandat de gestion donné, par contrat, à un tiers, ne peut suffire à remettre en cause le caractère professionnel de l'activité déployée par l'**associé-gérant** d'une EURL dans sa société (CE 28-12-2012 n° 340135 : RJF 3/13 n° 319).
> **e.** Exerce une activité professionnelle au sein de la société un **associé non gérant** qui accomplit régulièrement pour la société des tâches consistant notamment en l'accueil téléphonique de la clientèle, l'accueil des clients, la réception des commandes, la préparation des livraisons et le suivi des règlements ; la circonstance que ces tâches soient accomplies en exécution d'un **contrat de travail** est sans incidence (CE 8-6-2016 n° 387826 : RJF 10/16 n° 801).

Charges imputables sur la quote-part de bénéfices de l'associé

L'article 151 nonies du CGI permet aux associés de déduire de leur quote-part de bénéfices : 24910

– les frais (intérêts d'emprunt, frais d'actes et d'enregistrement, frais de notaire, commissions et honoraires) exposés pour l'**acquisition des droits sociaux**, ainsi que les droits de **mutation à titre gratuit** acquittés lors de la transmission des parts ;

– les **frais professionnels** dont ils supportent personnellement la charge (par exemple : frais de transport du domicile au lieu de travail, cotisations sociales) à la triple condition : que ces frais leur incombent personnellement, qu'ils aient le caractère de dépenses déductibles dans le cadre d'une entreprise individuelle, qu'ils n'aient pas déjà été pris en compte lors de la détermination du bénéfice social.

> **Précisions a.** La déduction des **intérêts d'emprunts** est possible qu'il s'agisse d'emprunts contractés directement en vue de l'achat des parts sociales ou d'emprunts consacrés à l'acquisition de biens ayant fait ensuite l'objet d'un apport à la société rémunéré par l'attribution de telles parts. Cette déductibilité s'applique lorsque l'emprunt a été contracté à une période où la société était encore soumise à l'IS (CE 13-7-2007 n° 287364 : RJF 11/07 n° 1275).

b. Les **cotisations sociales personnelles** obligatoires et facultatives des associés constituent une charge déductible de leur quote-part de bénéfices dans les conditions exposées nos 10991 s., même si la société les a **prises en charge**. Dans ce dernier cas, le montant des cotisations prises en charge doit être, au préalable, ajouté à la quote-part du résultat qui revient à l'associé.

Seules les cotisations **versées avant la date de clôture** de l'exercice sont admises en déduction de la quote-part de bénéfices revenant à l'associé au titre de ce même exercice.

24915 **Plus-values sur les parts** Lorsqu'une personne physique exerce son activité professionnelle dans le cadre d'une société de personnes dont les bénéfices sont soumis à son nom à l'impôt sur le revenu dans la catégorie des bénéfices agricoles réels, des BIC ou des BNC, la plus-value ou moins-value de **cession des parts** obéit au régime d'imposition des plus-values professionnelles (CGI art. 151 nonies, I).

24920 Selon la jurisprudence du Conseil d'État à laquelle l'administration s'est ralliée, il convient, pour déterminer le **montant de la plus-value** réalisée et tenir compte du régime d'imposition spécifique des bénéfices des sociétés de personnes, d'**ajuster le prix de revient des parts** afin d'éviter que la cession ne se traduise par une double imposition ou une double déduction des résultats précédemment pris en compte par le cédant. Concrètement, pour le calcul de la plus ou moins-value, le prix de revient des parts à retenir s'entend du prix d'acquisition :

– **majoré**, d'une part, de la quote-part des bénéfices (y compris des plus-values) ayant été précédemment imposée entre les mains de l'associé et, d'autre part, des pertes antérieures ayant donné lieu de sa part à un versement en vue de les combler. Le prix d'acquisition des parts doit également être majoré de la quote-part des bénéfices de la société ou du groupement revenant à l'associé, qui n'ont pas fait l'objet d'une imposition effective en application d'une disposition par laquelle le législateur a entendu accorder un avantage fiscal définitif (CE 8-11-2017 n° 389990 : RJF 2/18 n° 173). Lorsque la société a réalisé une plus-value exonérée en application des articles 151 septies (nos 10300 s.) ou 238 quindecies du CGI (nos 10675 s.), cette plus-value exonérée vient majorer le prix d'acquisition des parts (BOI-BIC-PVMV-40-10-10-30 n° 40 ; BOI-BIC-PVMV-40-20-50 n° 410) ;

– puis **minoré**, d'une part, des déficits (y compris des moins-values) que l'associé a effectivement déduits (CE 15-12-2010 n° 297513 : RJF 3/11 n° 324), à l'exclusion de ceux qui trouvent leur origine dans une disposition par laquelle le législateur a entendu conférer aux contribuables un avantage fiscal définitif, et, d'autre part, des bénéfices ayant donné lieu à répartition à son profit (CE 16-2-2000 n° 133296 : RJF 3/00 n° 334).

Pour corriger le prix de revient des parts, il convient de retenir les résultats réalisés par la société depuis la date d'acquisition des parts du cédant jusqu'à leur cession (CAA Versailles 11-12-2012 n° 11VE00629).

24921 La plus-value réalisée par l'associé lors de la cession de ses parts est susceptible de bénéficier de plusieurs dispositifs d'**exonérations**.

Elle ouvre droit à l'exonération totale ou partielle prévue à l'article 151 septies du CGI **en faveur des petits exploitants** (voir nos 10300 s.), à condition que les parts soient détenues en tant qu'actif professionnel depuis au moins cinq ans par l'associé cédant et que la quote-part des recettes lui revenant (calculée à proportion de ses droits dans le bénéfice comptable : CE 14-11-2018 nos 407063 et 407065 : RJF 2/19 n° 150), majorée le cas échéant de ses recettes individuelles, respecte les limites d'exonération. La condition de détention des droits pendant au moins cinq ans est satisfaite si ce délai est atteint à la date de clôture de l'exercice au cours duquel les parts sont cédées. Selon le Conseil d'État, le respect des conditions de durée d'activité et de recettes prévues pour l'application du régime d'exonération s'apprécie au niveau de chacun des associés exerçant dans le cadre de cette société **une activité professionnelle agricole**. Il juge que l'associé qui débute une telle activité **l'année précédant** celle de la cession ne remplit pas ces conditions (CE 30-4-2024 n° 454502 : RJF 7/24 n° 529). Dans le cas où les droits sociaux font l'objet d'une cession totale en une ou plusieurs fois au cours du même exercice, il convient de retenir la date de la dernière cession. Il en est de même en cas de cession partielle des titres si l'associé cesse d'exercer une activité professionnelle au sein de la société. Selon le Conseil d'État, lorsque l'exercice de l'activité au sein de la société a été précédé d'un exercice à titre individuel, le délai de cinq ans doit être apprécié en cumulant les durées d'exploitation (CE 13-1-2010 n° 301985 : RJF 4/10 n° 350). L'administration n'accepte un tel cumul que si l'activité a été apportée à la société dans les conditions prévues à l'article 151 octies du CGI mentionnées nos 10685 s. (BOI-BIC-PVMV-40-10-10-20 nos 130 et 140).

Les plus-values qui résultent de la **transmission** (à titre onéreux ou gratuit) **de l'intégralité des parts** détenues depuis au moins cinq ans par l'associé cédant ouvrent droit au régime d'exonération en fonction de la valeur des éléments transmis prévu par l'article 238 quindecies du CGI (voir nos 10675 s.).
Lorsque l'associé cède l'intégralité de ses droits sociaux à l'occasion de son **départ en retraite**, la plus-value peut bénéficier du régime d'exonération prévu par l'article 151 septies A du CGI (voir nos 10730 s.) s'il a exercé son activité pendant au moins cinq ans dans la société de personnes et si cette société répond à la définition européenne des PME : elle doit employer moins de 250 salariés et soit réaliser un chiffre d'affaires annuel inférieur à 50 M€, soit avoir un total de bilan inférieur à 43 M€ ; son capital ou ses droits de vote ne doivent pas être détenus à hauteur de 25 % ou plus par une ou plusieurs entreprises ne remplissant pas les conditions d'effectif ou de chiffre d'affaires (ou de total de bilan) précitées. Les rachats ou annulations de parts par la société de personnes bénéficient du dispositif.
Lorsque les conditions d'exonération ne sont pas remplies, les plus-values sont soumises au régime des **plus-values professionnelles à court ou à long terme** : voir nos 10120 s.

Lorsque des **titres** ont figuré **dans le patrimoine privé** du contribuable **avant d'être transférés dans son patrimoine professionnel** (situation de l'associé qui détenait une participation avant de débuter son activité professionnelle au sein de la société), il convient de déterminer deux plus-values (CGI art. 151 sexies) : **24922**
– une **plus-value « privée »** qui correspond à la plus-value acquise par les titres au cours de la période durant laquelle ils ont figuré dans le patrimoine privé. Cette plus-value, qui n'est imposable que lors de la cession des titres, est calculée par différence entre leur valeur réelle à la date d'entrée dans le patrimoine professionnel et leur prix d'acquisition et est imposée suivant les règles applicables aux plus-values de cession de valeurs mobilières et droits sociaux des particuliers fixées aux articles 150-0 A et suivants du CGI (nos 24450 s.) ;
– une **plus-value professionnelle** qui correspond à la plus-value acquise par les titres depuis la date d'entrée dans le patrimoine professionnel jusqu'au jour de la cession.

Relèvent également du régime des plus-values professionnelles les plus-values constatées sur les parts lors du **changement de régime fiscal de la société** de personnes (société devenant assujettie à l'IS ou se transformant en société passible de l'IS) ainsi que lors de la **cessation d'activité au sein de la société d'un associé** qui conserve tout ou partie de ses parts : dans ces deux cas, il y a, en effet, transfert dans le patrimoine privé de l'associé des parts sociales jusqu'alors considérées comme des éléments d'actif affectés à la profession (retrait d'actif). **24923**
Toutefois, la plus-value bénéficie dans ces situations d'un **report d'imposition**. L'imposition de la plus-value est en effet automatiquement reportée à la date de cession, de rachat ou d'annulation des titres de l'associé. Le report est maintenu en cas de transmission ultérieure à titre gratuit des titres de l'associé à une personne physique, à condition que celle-ci prenne l'engagement de déclarer en son nom cette plus-value lors de la cession, du rachat ou de l'annulation de ces titres.
Le report d'imposition peut en outre se transformer en **exonération définitive** à condition que, pendant les cinq ans suivant la transmission, le bénéficiaire de la transmission exerce dans la société soit une fonction de direction au sens de l'impôt sur la fortune immobilière (société soumise à l'IS) soit son activité professionnelle (société relevant de l'IR) et que la société poursuive son activité professionnelle (CGI art. 151 nonies, III).
Une exonération définitive est également accordée lorsque, à la suite du changement de régime fiscal de la société, l'associé cède ses parts à l'occasion de son départ en retraite dans les conditions prévues par l'article 151 septies A, IV bis du CGI (voir n° 10739).

En cas de **transmission à titre gratuit** (par donation ou succession) de parts constitutives d'un actif professionnel personnel, le retrait d'actif entraîne en principe imposition de la plus-value constatée sur les parts à la date de la transmission. Sur option exercée par le ou les bénéficiaires de la transmission lors de l'acceptation de celle-ci, l'**imposition** de cette plus-value est toutefois **reportée** à la date de cession, de rachat ou d'annulation des titres (CGI art. 151 nonies, II). **24924**
Le **report est maintenu** en cas de nouvelle transmission à titre gratuit des titres à une personne physique si celle-ci prend l'engagement d'acquitter l'impôt sur la plus-value lorsque l'un des événements mettant fin au report se réalise. Le report d'imposition est également maintenu en cas de partage ultérieur, avec ou sans soulte, des droits sociaux entre les coïndivisaires bénéficiaires de la transmission, à condition que le ou les attributaires des parts reprennent l'engagement d'acquitter l'impôt sur la plus-value en report.
En outre, la plus-value en report d'imposition est définitivement **exonérée** de toute imposition si l'un au moins des héritiers ou donataires poursuit l'activité au sein de la société pendant au moins cinq ans.

Le report d'imposition ne peut pas être cumulé avec les régimes d'exonération prévus aux articles 151 septies et 238 quindecies du CGI.

24925 L'imposition de la plus-value réalisée par un associé à l'occasion de l'**apport de la totalité des parts** qu'il détient dans la société de personnes au sein de laquelle il exerce son activité est reportée jusqu'à la date de cession, de rachat ou d'annulation des droits reçus en rémunération, à condition que l'actif de la société dont les titres sont apportés ne soit pas principalement constitué de biens ou droits immobiliers non affectés à l'exploitation et que la société bénéficiaire de l'apport, qui peut être soumise à l'IR ou à l'IS, reçoive plus de 50 % des droits de vote de la société apportée. Le **report** est maintenu en cas de transmission à titre gratuit des droits reçus en contrepartie de l'apport si le bénéficiaire prend l'engagement de déclarer cette plus-value lorsqu'un des événements mettant fin au report se réalise (CGI art. 151 nonies, IV bis).
Notons aussi que la plus-value en report peut être exonérée si l'associé cède par la suite les titres reçus en échange à l'occasion de son départ en retraite dans les conditions prévues par l'article 151 septies A du CGI (n° 24921).

24926 Dans **tous les cas**, les **reports d'imposition** sont **maintenus** (outre les hypothèses déjà mentionnées pour chacun d'eux) :
– en cas d'échange des droits sociaux résultant d'une fusion ou d'une scission (à condition qu'elle n'ait pas un objectif de fraude fiscale), jusqu'à la date de cession, de rachat ou d'annulation des droits reçus lors de l'échange (CGI art. 151 nonies, IV bis-b et V) ;
– en cas de transfert en fiducie, jusqu'à la date de cession des droits transférés ou jusqu'à la date de fin de l'opération de fiducie (CGI art. 238 quater D) ;
– et, plus généralement, dans tous les cas où les événements censés y mettre fin génèrent eux-mêmes des plus-values placées en report ou sursis d'imposition, jusqu'à ce que ces dernières deviennent imposables (qu'elles soient imposées ou exonérées) ou que surviennent d'autres événements mettant fin au report à l'occasion desquels les plus-values constatées ne bénéficient pas d'un report ou d'un sursis d'imposition (CGI art. 151-0 octies).
Lorsqu'un **report d'imposition prend fin**, la plus-value professionnelle est imposée dans tous les cas au titre de l'année en cours en appliquant le barème progressif de l'impôt si elle est à court terme ou le taux réduit si elle est à long terme, qui sont en vigueur à la date d'expiration du report. Il convient alors de soumettre à l'impôt, d'une part, la plus-value en report d'imposition, d'autre part, la plus-value constatée sur les titres à compter de l'événement ayant donné lieu au report d'imposition. Cette dernière plus-value est taxable selon le régime des particuliers (CGI art. 150-0 A s. ; n°s 24450 s.) en cas de changement de régime fiscal, de cessation d'activité ou de transmission à titre gratuit s'il s'agit d'un bénéficiaire autre que celui qui poursuit l'activité au sein de la société.
Les bénéficiaires de reports d'imposition doivent joindre à leur déclaration de résultat de l'année du report et des années suivantes un **état de suivi des plus-values en report**, jusqu'à l'expiration du report (CGI ann. III art. 41-0 A ter).

ATTENTION

À **défaut de souscription de l'état de suivi des plus-values en report**, une amende égale à 5 % des sommes omises est encourue. Cette dernière n'est pas applicable en cas de première infraction commise l'année civile en cours et les trois années précédentes, lorsque les intéressés ont réparé leur omission soit spontanément, soit à la première demande de l'administration avant la fin de l'année suivant celle au cours de laquelle le document devait être présenté (CGI art 1763).

24927 **Opérations de restructuration de sociétés civiles agricoles** Les personnes physiques associées d'une société civile agricole peuvent opter pour le dispositif de l'article 151 octies A du CGI (n°s 10740 s.) qui leur permet de bénéficier du report d'imposition prévu par l'article 151 octies du même Code (n°s 10685 s.) pour les plus-values nettes d'apport sur immobilisations non amortissables qui restent imposables en leur nom à raison d'une opération de fusion, d'apport partiel d'actif portant sur une branche complète d'activité ou de scission au profit d'une autre société civile agricole. Cette option permet également le report de la plus-value d'échange de titres constatée par les associés de la société civile absorbée ou scindée jusqu'à la perte de la propriété des titres reçus en rémunération de la fusion ou de la scission.

ASSOCIÉ SIMPLE APPORTEUR DE CAPITAUX

24930 Les associés qui ne répondent pas aux conditions d'application de l'article 151 nonies du CGI sont considérés comme de simples apporteurs de capitaux réalisant un investissement dans le cadre de leur patrimoine privé.

Il en résulte :
– que les **charges** exposées pour l'acquisition des droits sociaux (intérêts d'emprunt notamment) ne sont pas déductibles de la quote-part de bénéfices imposable en leur nom, non plus que les cotisations sociales qu'ils acquittent personnellement ;
– que les **plus-values ou moins-values de cession des parts** relèvent du régime des plus-values ou moins-values mobilières privées (CGI art. 150-0 A s. ; voir nos 24450 s.).

b. Droits sociaux détenus par une entreprise

Lorsque les droits ou parts d'une société de personnes (ou d'un groupement assimilé) sont inscrits à l'actif d'une **entreprise** industrielle, commerciale, artisanale ou agricole, imposable **de plein droit** à l'impôt sur le revenu selon un régime de **bénéfice réel** (normal ou simplifié), les plus-values de cession des droits sont imposables selon le régime des plus-values professionnelles exposé nos 10100 s. (CGI art. 238 bis K, I). Soulignons que l'imposition selon le régime des plus-values professionnelles ne concerne que les droits sociaux utilisés pour l'exercice de l'activité de l'entreprise (CGI art. 155 ; voir nos 10745 s.). **24935**

Lorsque les droits ou parts de la société de personnes sont inscrits à l'actif d'une **société passible de l'IS**, les plus-values de cession sont imposables selon le régime des plus-values professionnelles exposé nos 24124 s. Les plus-values de cession de parts qui répondent à la définition des titres de participation sont exonérées, sous réserve de l'imposition d'une quote-part de frais et charges (no 24130).

Le régime des plus-values professionnelles s'applique également lorsque les droits ou parts sont détenus par une **société interposée** dont la quote-part de résultat relève de l'IS (no 24727).

Les plus-values de cession des droits ou parts détenus par une **autre entreprise** (entreprise relevant du micro BIC ou BA ou d'un régime réel sur option, contribuable exerçant une profession non commerciale) sont déterminées et imposées en tenant compte de la nature de l'activité de la société de personnes (CGI art. 238 bis K, II).

> **Précisions a.** Les plus-values réalisées par les entreprises relevant de l'impôt sur le revenu soumises au régime des plus-values professionnelles peuvent bénéficier, notamment, du régime d'**exonération des plus-values des petites entreprises** dans les conditions exposées nos 10300 s. La condition relative au montant des recettes s'apprécie en tenant compte de la quote-part des recettes de la société de personnes revenant à l'entreprise, majorée de ses propres recettes (CGI art. 151 septies, IV).
> **b.** Dans tous les cas, les modalités de détermination de la plus-value exposées no 24920 sont applicables (**ajustement du prix de revient des parts** pour tenir compte du régime d'imposition spécifique de la société de personnes).

SECTION 2 DROITS D'ENREGISTREMENT

Comme nous l'avons déjà indiqué, à défaut de dispositions particulières plus favorables, les différents **actes** (ou opérations) concernant les sociétés agricoles (constitution, augmentation de capital, partage, cession de titres, etc.) sont soumis aux mêmes droits que ceux des autres sociétés, effectuant les mêmes opérations. **25200**

C'est pourquoi il nous a paru utile d'exposer ci-après les **règles de droit commun** applicables à la généralité des sociétés.

Les **mesures particulières** sont exposées plus loin dans le chapitre 2 (nos 26000 s.), sous la rubrique correspondant à chaque type de groupement.

> **Précisions** **À défaut d'acte**, la formation ou la transformation d'une société (ou d'un GIE), ainsi que l'augmentation **de son capital** (autre que par apports en numéraire ou par incorporation de bénéfices, réserves ou provisions) doivent donner lieu au dépôt d'une déclaration dans le mois qui suit la réalisation de l'opération ; elle est passible des mêmes droits et taxes que les actes correspondants (CGI art. 638 A). En revanche, en l'absence d'acte, les augmentations de capital en numéraire et par incorporations de

bénéfices, réserves ou provisions ainsi que les amortissements ou les réductions de capital sont dispensés de l'obligation de déclaration.
La **déclaration**, accompagnée du **paiement** des droits, doit être déposée (CGI ann. III art. 250 A) :
– en cas de formation de société, à l'un des services des impôts dans le ressort desquels les biens apportés sont situés ou, si ces biens n'ont pas une assiette matérielle fixe, au service des impôts du siège social ou du domicile de l'un des apporteurs et, à défaut de siège social ou de domicile en France, au service des impôts des entreprises étrangères ;
– pour les autres opérations concernant la vie des sociétés, au service des impôts dans le ressort duquel sont situés soit le siège statutaire, soit la direction effective, soit le principal établissement de la société.

SOCIÉTÉS DE FAIT ET SOCIÉTÉS EN PARTICIPATION

25210 **1.** Dès lors que les conditions de fond du contrat de société sont remplies, les règles générales de **constitution** des sociétés de droit leur sont applicables (n°s 25215 s.). Les principes qui régissent les formations de sociétés non constatées par un acte s'appliquent en effet aux sociétés de fait et aux sociétés en participation. C'est pourquoi, dans le cas exceptionnel où un droit est exigible, celui-ci est payé au vu d'une déclaration à déposer par les associés au service des impôts dans le mois qui suit la formation de la société.
2. En cas d'**entrée d'un nouvel associé** dans une société de fait (ou une société en participation) deux hypothèses peuvent se présenter :
– si les sommes ou les biens dont le nouvel associé s'est dessaisi pour entrer dans la société viennent accroître l'actif de la société et si l'apporteur ne reçoit en contrepartie que des droits sociaux, il s'agit d'un **apport pur et simple** (voir n° 25305) ;
– si les sommes ou les biens sont reçus dans leur patrimoine personnel par les associés exerçant déjà leur activité dans le cadre de la société, l'opération s'analyse en une **cession de parts** (voir n° 25610).
3. En ce qui concerne les droits dus par les sociétés de fait et les sociétés en participation en cas de :
– **transformation** en société de droit, voir n° 24805 ;
– **dissolution et partage**, voir n°s 25500 s.

A. Constitution de société

FORMALITÉ DE L'ENREGISTREMENT

25215 **Principes** Lorsqu'il est passé par **acte sous signature privée**, l'acte qui constate la formation de la société est dispensé de la formalité d'enregistrement (CGI art. 635, 1-5° *a contrario*). Il peut cependant être présenté volontairement à la formalité afin de lui conférer date certaine. Toutefois, si l'acte de formation de la société contient une mutation d'immeuble ou de fonds de commerce en propriété ou en jouissance, ou une cession de droit au bail ou du bénéfice d'une promesse de bail, ou un partage de biens, il demeure soumis à enregistrement obligatoire à raison de ces stipulations expressément visées à l'article 635, 1 du CGI. À cet égard, précisons que l'opération consistant pour des coïndivisaires à apporter un bien indivis en se faisant rémunérer par des droits sociaux divis s'analyse en un partage, même si, pour le calcul des droits dus, celui-ci apparaît alors comme une disposition dépendante de l'acte principal d'apport.
Lorsqu'il est reçu par **acte notarié**, l'acte de formation de la société est obligatoirement soumis à l'enregistrement en raison de sa forme (CGI art. 635, 1-1°).

› **Précisions a.** En l'**absence d'acte**, les opérations de constitution de société doivent être déclarées au service de l'enregistrement (n° 25200).
b. L'acte constatant la **formation d'un groupement d'intérêt économique** (GIE) n'est pas soumis à l'obligation d'enregistrement.

25216 **Acte constatant uniquement des apports mobiliers** Lorsque l'acte constitutif de la société constate uniquement des apports mobiliers, il peut être rédigé au choix sous signature privée ou sous forme notariée.
Si l'acte est **sous signature privée**, il est dispensé d'enregistrement. Mais il peut y être soumis de façon volontaire. Il n'y a pas de limite de délai pour l'enregistrement facultatif. Le service des impôts compétent est celui du domicile de l'un des associés ou celui du siège social (BOI-ENR-DG-40-10-30 n° 130).
Si l'acte est **notarié**, il doit être enregistré dans le mois de sa date au service des impôts du lieu de résidence du notaire (CGI art. 635 et 650).

Acte constatant des apports immobiliers Lorsque l'acte constitutif de la société constate uniquement des apports d'immeubles ou à la fois des apports mobiliers et des apports immobiliers (acte mixte), il est soumis à la formalité dite fusionnée qui s'applique à tous les actes assujettis à la fois à l'enregistrement et à la publicité foncière (CGI art. 647, I). Il doit alors être rédigé ab initio sous **forme notariée** pour être publiable (C. civ. art. 710-1). 25217
La formalité fusionnée doit être effectuée, dans le délai d'un mois à compter de la date de l'acte, au service de la publicité foncière du lieu de situation de l'immeuble (CGI art. 647, III et 657).

1. DROITS EXIGIBLES

La nature des droits exigibles varie selon que les apports consentis à la société sont qualifiés d'apports purs et simples ou d'apports à titre onéreux. 25218
Les **apports** sont dits **purs et simples** lorsqu'ils confèrent à l'apporteur, en échange de sa mise, des droits sociaux (actions ou parts sociales selon la forme de la société) exposés à tous les risques de l'entreprise et notamment à la perte éventuelle de cette mise.
Les **apports** sont dits **à titre onéreux** lorsqu'ils sont rémunérés par un équivalent soustrait aux risques sociaux, définitivement acquis à l'apporteur (remise d'espèces, obligations, prise en charge par la société d'un passif incombant à l'apporteur, etc.). Dans ce cas, l'associé ne fait pas une véritable mise sociale ; son apport prend le caractère d'une vente à la société.
Un bien peut être apporté à la société pour partie à titre pur et simple (à concurrence de la valeur représentée par la remise de titres sociaux) et, pour une autre partie, à titre onéreux (à concurrence de la valeur acquise définitivement à l'apporteur). Il s'agit alors d'un **apport mixte**.

APPORTS PURS ET SIMPLES ENREGISTRÉS GRATUITEMENT (CAS GÉNÉRAL)

Lorsqu'ils figurent dans un acte (présenté obligatoirement ou volontairement à l'enregistrement) ou une déclaration (voir n° 25200), les apports purs et simples autres que ceux qui sont expressément soumis au droit de mutation visés n°s 25230 s. sont enregistrés gratuitement. 25220
Exemples : apports en espèces, apports à des sociétés non passibles de l'impôt sur les sociétés (y compris les SARL de caractère familial et les SA, SAS et SARL non cotées qui optent, lors de leur constitution, pour le régime des sociétés de personnes : n° 24016), apports entre sociétés passibles de l'impôt sur les sociétés (sauf cas visé n° 25230, Précisions, b).

> **Précisions a.** Les apports passibles de la **TVA** sont également enregistrés gratuitement, qu'ils soient purs et simples ou à titre onéreux (CGI art. 810, IV).
> **b.** La **taxe de publicité foncière** n'est pas due sur les apports d'immeubles exonérés.

APPORTS PURS ET SIMPLES SOUMIS AU DROIT DE MUTATION

Les apports purs et simples faits à une personne morale passible de l'IS **par une personne** (physique ou morale) **non soumise à cet impôt** sont assujettis à un droit de mutation lorsqu'ils portent sur un **immeuble** (ou des droits immobiliers), un **fonds de commerce**, une clientèle, un **droit à un bail** ou à une promesse de bail. 25230
En vertu des dispositions combinées des articles 809, I-3° et 810, III du CGI, ces apports donnent lieu, en principe, à la perception d'un droit proportionnel de mutation (n° 25235). Toutefois, ces apports sont **enregistrés gratuitement** si l'apporteur s'engage à conserver pendant trois ans les titres remis en contrepartie de l'apport. Pour les immeubles et droits immobiliers, l'enregistrement gratuit est en outre subordonné à la condition qu'ils soient compris dans l'apport de l'ensemble des éléments d'actif immobilisé affectés à l'exercice d'une activité professionnelle (condition appréciée comme pour l'application de l'article 151 octies du CGI : voir n°s 10685 s.).
En cas de **non-respect** de l'engagement de conservation des titres, le droit de mutation est immédiatement exigible, sans possibilité de fractionnement (voir n° 25235). Toutefois, la reprise n'est pas effectuée en cas de **décès** ou de **donation**, si le donataire prend dans l'acte et respecte l'engagement de conserver les titres jusqu'au terme de la troisième année suivant l'apport.

> **Précisions a.** Lorsque les apports réalisés à l'occasion de la constitution d'une société sont enregistrés gratuitement conformément à l'article 810 du CGI, les dispositions figurant dans les actes et déclarations, ainsi que leurs **annexes**, établis à l'occasion de la constitution de sociétés sont également enregistrés gratuitement.
> **b.** Les biens ayant bénéficié de cette gratuité (ou d'une exonération des droits avant 2019, ou du droit fixe jusqu'en 1999), sont soumis (CGI art. 810, III-dernier al.) :
> – en cas d'**apport ultérieur à une autre société passible de l'IS**, au droit spécial de mutation visé n° 25235. Ce nouvel apport peut toutefois être enregistré gratuitement, si l'apporteur prend l'engagement de conserver les titres pendant trois ans ;

– lors du **partage de la société**, aux droits de mutation à titre onéreux (et non pas au droit de partage) s'ils sont attribués à un associé autre que l'apporteur initial (aucun droit n'étant dû en cas de reprise des biens par ce dernier si ce n'est, en cas de reprise d'un immeuble, la taxe de publicité foncière de 0,70 % à laquelle s'ajoute le prélèvement pour frais d'assiette et de recouvrement de 2,14 % calculé sur le montant de ce droit, soit un taux global d'environ 0,715 %).

c. Les apports visés à l'article 809, I-3° du CGI ne sont soumis au droit proportionnel de mutation qu'à la condition que les **biens** apportés soient situés sur le **territoire national** (Cass. com. 15-12-2021 n° 18-20.216 F-B : RJF 5/22 n° 501).

d. Apports passibles de la **TVA** : voir n° 25220, Précisions, a.

25235 **Montant et paiement des droits** Lorsque la gratuité n'est pas applicable, les apports purs et simples visés ci-dessus donnent ouverture à un **droit spécial de mutation**. Celui-ci est perçu au taux global (incluant les taxes additionnelles départementale et communale prévues aux articles 1584, 1595 et 1595 bis du CGI) de 5 % pour les **immeubles** ou droits immobiliers (CGI art. 810, III) et de 3 % ou 5 % pour les **fonds de commerce**, clientèle, **droit au bail** ou à une promesse de bail : le taux de 3 % s'applique à la fraction de valeur comprise entre 23 000 € et 200 000 € et celui de 5 % pour la partie excédant 200 000 € (CGI art. 719).

Le **droit** est **calculé** sur la valeur vénale des biens concernés (les éventuelles insuffisances d'évaluation pouvant être redressées par l'administration). Lorsque la propriété des biens est démembrée, la valeur de la nue-propriété et de l'usufruit est déterminée par application du barème de l'article 669 du CGI (BOI-ENR-DMTOI-10-10-10 n° 125). Sur demande de la société assortie d'une offre de garantie, le **paiement du droit** dû peut être fractionné en cinq annuités égales (voir n° 25282).

S'il est moins élevé que le droit de mutation, le **droit de vente** est applicable (BOI-ENR-AVS-10-10-20 n° 320).

> **Précisions** Ce dispositif de taxation s'applique dans les mêmes conditions en cas de **changement de régime fiscal** d'une société non soumise à l'IS qui le devient à la suite notamment d'une transformation ou de son option pour l'assujettissement à l'IS (CGI art. 809, II). Les apports concernés par la taxation sont les apports purs et simples de biens en nature visés ci-dessus qui ont été faits à la société depuis le 1er août 1965 par une personne physique ou morale non soumise à l'IS. Les droits sont perçus sur la valeur vénale des biens à la date du changement de régime fiscal, au vu d'une déclaration spéciale à souscrire par la société sur des imprimés fournis par l'administration (CGI ann. II art. 295 à 297 et 299). Toutefois, si les associés **s'engagent** à conserver **pendant trois ans** les titres détenus à la date du changement de régime fiscal, ces apports peuvent être enregistrés gratuitement. En cas de non-respect de l'engagement voir n° 25230.

APPORTS À TITRE ONÉREUX

25260 Les apports à titre onéreux, tels qu'ils sont définis ci-avant n° 25218, s'analysent en de véritables **ventes**. Toutefois, les apports à titre onéreux d'immeubles ou de droits immobiliers sont soumis à une taxation spécifique.

> **Précisions a.** Apports passibles de la **TVA** : voir n° 25220, Précisions, a.
>
> **b.** Lorsque l'apport à titre onéreux résulte de la **prise en charge du passif** grevant les **biens apportés par une entreprise individuelle** à une société, voir n° 25265.
>
> **c.** Apports à titre onéreux résultant de la **prise en charge du passif grevant les immeubles apportés à certains groupements** : voir nos 26620 (EARL), 26740 (Gaec), 26820 (GFA), 27005 (groupements forestiers) et 27435 (GFR).

25261 **Apports d'immeubles** Les apports à titre onéreux portant sur des immeubles ou des droits immobiliers – quelles que soient leur nature (immeuble bâti ou non bâti) ou leur affectation – sont soumis à une taxation spécifique de 5 % (ou 5,60 % s'il s'agit de locaux situés en Île-de-France : voir Précisions).

> **Précisions** La taxation spécifique de 5 % perçue sur les apports d'immeubles se décompose comme suit : droit budgétaire de 2,20 % (CGI art. 683 bis), taxe départementale de 1,60 % (CGI art. 1595), taxe communale de 1,20 % (CGI art. 1584 ou 1595 bis). Lorsque les apports concernent des **bureaux**, locaux commerciaux ou de stockage **situés en Île-de-France, une taxe additionnelle** de 0,6 % perçue au profit de cette région vient s'ajouter.

Apports d'autres biens Les apports à titre onéreux portant sur des biens autres que des immeubles ou droits immobiliers sont soumis, quel que soit le régime fiscal de la société qui les reçoit, aux droits de vente correspondant à la nature des biens ainsi apportés (fonds de commerce, droits sociaux, etc.). 25262

> **Précisions** **a.** Les ventes de **fonds de commerce**, clientèle et droit au bail sont assujetties à des droits proportionnels suivant le barème progressif par tranches figurant à l'article 719 du CGI, auxquels s'ajoutent les taxes locales additionnelles départementale et communale (voir n° 25235).
>
> **b.** Les apports de **marchandises neuves** entrent, en principe, dans le champ d'application de la TVA et sont exonérés de droit d'enregistrement. Les apports de **biens meubles** ou de **créances** ne donnent lieu, le cas échéant, qu'à la perception du seul droit fixe de 125 € prévu par l'article 680 du CGI pour les actes innomés.

APPORTS MIXTES

Les apports mixtes sont soumis : 25263

– au régime des apports **purs et simples**, pour la **partie** rémunérée par des actions ou parts de la société bénéficiaire des apports ;

– au régime des apports à titre **onéreux**, pour la **partie** rémunérée par une contrepartie soustraite aux risques sociaux (par exemple : prise en charge par la société d'un passif incombant à l'apporteur).

Les redevables sont libres de **déclarer**, dans l'acte, quels sont, parmi les **biens** apportés, ceux qui constituent un apport pur et simple et ceux qui doivent être considérés comme vendus (apport à titre onéreux). Ils ont dès lors tout intérêt à imputer l'apport à titre onéreux sur des biens dont la vente est exonérée de tous droits ou supporte les tarifs les moins élevés. À défaut, l'administration procéderait à une imputation proportionnelle (ce qui serait plus coûteux) sur les biens de chaque nature apportés par l'intéressé.

> **Précisions** Le principe de la libre imputation du passif pour le calcul des droits d'enregistrement dus en cas d'apport en société est applicable même lorsque le passif grevant l'apport consiste en un **emprunt contracté pour l'acquisition d'un bien** compris dans l'apport (BOI-ENR-AVS-10-30 n° 20).

Apport en société d'une entreprise individuelle En cas d'apport à une société (quels que soient sa forme et son régime fiscal), par une personne physique, d'une exploitation individuelle ou d'une branche complète d'activité dans les conditions fixées à l'article 151 octies du CGI (voir n°s 10685 s.), l'apport **à titre onéreux** résultant de la **prise en charge par la société du passif incombant à l'apporteur** est soumis à un droit : 25265

– de 5 % (ou 5,60 % si les biens immeubles sont situés en Île-de-France : voir n° 25261, Précisions) lorsque le passif est imputé sur des immeubles ou droits immobiliers (quelle que soit leur valeur) ;

– de 3 % ou 5 % lorsque le passif est imputé sur des fonds de commerce, clientèle, droit à un bail ou à une promesse de bail (le taux de 3 % s'appliquant à la fraction de valeur comprise entre 23 000 € et 200 000 € et celui de 5 % pour la partie excédant 200 000 €).

Cet **apport** est toutefois **enregistré gratuitement** si l'apporteur prend l'engagement de conserver les titres reçus en contrepartie de l'apport pendant trois ans (CGI art. 809, I bis). Les **titres** faisant l'objet de l'**engagement de conservation** pour l'application de la gratuité s'entendent de ceux qui sont remis en contrepartie de l'apport de l'actif net, lequel doit être à titre pur et simple. En cas de **non-respect** de l'engagement, l'imposition globale susvisée devient immédiatement exigible, sauf en cas de décès ou de donation des titres si le donataire prend à son tour dans l'acte de donation et respecte l'engagement de conserver les titres jusqu'au terme de la troisième année suivant l'apport.

2. PAIEMENT DES DROITS

En principe, les droits doivent être intégralement versés au moment de la formalité (enregistrement de l'acte ou déclaration spéciale). 25280

Ce principe comporte cependant les deux exceptions indiquées ci-après.

CONSTITUTION DE SOCIÉTÉS COMMERCIALES

25281 Conformément à l'article 1717 bis du CGI, les actes constitutifs de sociétés commerciales sont provisoirement enregistrés gratuitement. Les droits et taxes normalement dus sont exigibles, au plus tard, à l'expiration d'un **délai de trois mois** à compter de la date de l'acte de constitution (sous réserve éventuellement de l'application du fractionnement visé n° 25282).
Cette mesure de faveur est strictement limitée aux sociétés commerciales (sociétés par actions, SARL, sociétés en nom collectif ou en commandite simple, EURL, sociétés en participation à caractère commercial) et ne profite donc pas aux constitutions de **sociétés civiles ou groupements agricoles** ni à celles des EARL ou des coopératives agricoles.

PAIEMENT FRACTIONNÉ

25282 Dans les cas exceptionnels où les **apports purs et simples** en société sont assujettis au droit de mutation (voir ci-avant nos 25230 s.), le paiement de ce droit peut, sur demande de la société assortie d'une offre de garantie constituée dans les quatre mois de la demande, être fractionné en cinq annuités égales. Les annuités donnent lieu au versement d'intérêts (CGI ann. III art. 396, 2°, 399, 400, 401 et 404 C).
Le fractionnement est également possible dans le cadre d'un **changement de régime fiscal** de la société.

B. Augmentation de capital

FORMALITÉ DE L'ENREGISTREMENT

25300 Les **actes** constatant l'augmentation du capital de la société (**autre que** par apports en **numéraire** ou par **incorporation de bénéfices**, **réserves** ou **provisions**) doivent, en principe, être enregistrés, comme indiqué nos 25215 s. En pratique sont visées essentiellement les augmentations de capital en nature. Toutefois, lorsqu'ils concernent – exclusivement ou non – des **immeubles**, ces actes relèvent de la formalité fusionnée et doivent alors être présentés dans le mois de leur date au service de la publicité foncière du lieu de situation de l'immeuble.

> **Précisions a.** Les actes constatant les augmentations de capital en **numéraire** ou par **incorporation de bénéfices, réserves ou provisions** sont dispensés de l'enregistrement. Ils peuvent cependant être présentés volontairement à la formalité afin de leur conférer date certaine. Nous rappelons cependant que les actes dispensés de l'enregistrement peuvent toutefois être obligatoirement soumis à la formalité en raison de la qualité de leur rédacteur (notaire notamment) ou des dispositions qu'ils renferment (transmission de propriété d'immeubles ou de fonds de commerce).
> **b.** En l'**absence d'acte**, seules les opérations d'augmentation de capital autres qu'en numéraire ou par incorporation de bénéfices de réserves ou de provisions doivent être déclarées au service de l'enregistrement (n° 25200).

AUGMENTATION DE CAPITAL AU MOYEN D'APPORTS NOUVEAUX

25305 Les apports faits en cours de société à l'occasion d'une augmentation de capital sont soumis au même régime fiscal que les apports faits lors de la formation de la société (nos 25218 s.).
En cas de présentation à la formalité (n° 25300), les **apports purs et simples** sont enregistrés gratuitement sauf en cas d'apport de certains biens à une société passible de l'impôt sur les sociétés par une personne non soumise à cet impôt. Dans ce cas, les apports purs et simples donnent ouverture, pour les immeubles, au droit de 5 % ou 5,60 % (lorsque les biens immeubles sont situés en Île-de-France : voir n° 25261, Précisions) et, pour les fonds de commerce, clientèles ou droits à un bail, au droit de 3 % sur la fraction comprise entre 23 000 € et 200 000 € et de 5 % sur celle excédant 200 000 € (pas de taxation sur la fraction inférieure à 23 000 €). Toutefois, ces apports sont enregistrés gratuitement si l'apporteur prend l'engagement de conserver les titres remis en contrepartie de son apport pendant trois ans (nos 25220 s.).
Les **apports à titre onéreux** donnent ouverture soit (pour les immeubles) au droit de 5 % ou 5,60 % (voir ci-dessus), soit (pour les autres biens) aux droits de mutation ordinaires (nos 25260 s.). L'apport à titre onéreux résultant de la prise en charge par la société d'un passif incombant à l'apporteur est soumis au droit de mutation (pour les immeubles : 5 % ou 5, 60 % ; pour les fonds de commerce, clientèles ou droits à un bail : 0 % sur la fraction inférieure à 23 000 €, 3 % sur la fraction comprise entre 23 000 € et 200 000 € et 5 % sur celle excédant 200 000 €). Cet apport peut être enregistré gratuitement si l'apporteur prend l'engagement de conserver les titres pendant trois ans, voir n° 25265.

> **Précisions a.** Les **primes d'apport** éventuellement versées par les souscripteurs suivent le sort des augmentations de capital correspondantes.
b. Les apports passibles de la **TVA** sont enregistrés gratuitement (CGI art. 810, IV).
c. Apports à titre onéreux résultant de la **prise en charge du passif grevant les immeubles apportés à certains groupements** : voir nos 26630 (EARL), 26740 (Gaec), 26820 (GFA), 27005 (groupements forestiers) et 27435 (GFR).

AUGMENTATION DE CAPITAL PAR INCORPORATION DE BÉNÉFICES, DE RÉSERVES OU DE PROVISIONS

Lorsqu'une société augmente son capital au moyen de l'incorporation de réserves, de bénéfices ou de provisions, l'acte est enregistré gratuitement (CGI art. 812) s'il est présenté à la formalité de l'enregistrement (n° 25300). 25310

C. Autres actes modificatifs

FORMALITÉ DE L'ENREGISTREMENT

Les **actes** constatant la **transformation** d'une société doivent, en principe, être enregistrés, comme indiqué nos 25215 s. Toutefois, lorsqu'ils concernent – exclusivement ou non – des **immeubles**, ces actes relèvent de la formalité fusionnée et doivent alors être présentés dans le mois de leur date au service de la publicité foncière du lieu de situation de l'immeuble. 25400
Les actes constatant la **réduction du capital** de la société ou sa **prorogation** sont dispensés de l'enregistrement. Ils peuvent cependant être présentés volontairement à la formalité afin de leur conférer date certaine. Nous rappelons cependant que les actes dispensés de l'enregistrement peuvent être obligatoirement soumis à la formalité en raison de la qualité de leur rédacteur (notaire notamment) ou des dispositions qu'ils renferment.
En l'**absence d'acte**, seules les opérations de transformation de sociétés doivent être déclarées au service de l'enregistrement (n° 25200).

RÉDUCTION DE CAPITAL

Annulation ou réduction du nominal ou du nombre de titres Lorsque l'acte la constatant est présenté à l'enregistrement (n° 25400), la réduction de capital contre annulation ou réduction du nominal ou du nombre de titres **avec remboursement corrélatif aux associés** est enregistrée gratuitement (CGI art. 814 C). 25401
En application des dispositions du dernier alinéa du III de l'article 810 du CGI lorsque des biens ayant été apportés gratuitement lors de la constitution de la société sont attribués à un associé autre que l'apporteur, ce sont les droits de mutation à titre onéreux qui sont dus (voir n° 25506).

L'acte constatant une réduction de capital ne s'accompagnant d'**aucun remboursement** aux associés (par exemple, réduction motivée par des pertes subies par la société) est enregistré au droit fixe de 125 € prévu par l'article 680 du CGI (BOI-ENR-AVS-20-20 n° 100), sous réserve que l'acte soit présenté à l'enregistrement (n° 25400). 25402

Rachat par une société de ses propres titres Dès lors que les actes sont présentés à l'enregistrement (n° 25400), les règles sont les suivantes, lorsque le rachat est suivi d'une réduction du capital (CGI art. 814 C) : 25405
– quand **un seul acte** est établi pour constater à la fois le rachat et la réduction de capital et que la contrepartie du rachat consiste en l'attribution de biens sociaux, y compris du numéraire, l'opération est enregistrée gratuitement (sous réserve des dispositions du dernier alinéa du III de l'article 810 du CGI : voir n° 25506) ;
– lorsque **deux actes distincts** sont établis, l'un pour le rachat des titres, l'autre pour la réduction du capital ; le premier relève du régime de cession de droits sociaux (nos 25600 s.), le second est enregistré gratuitement (sous réserve des dispositions du dernier alinéa du III de l'article 810 du CGI : voir n° 25506).

TRANSFORMATION DE SOCIÉTÉ

Le régime applicable aux transformations de sociétés en matière de droits d'enregistrement diffère selon que la transformation entraîne ou non la création d'une personne morale nouvelle. 25410

Notion de création d'une personne morale nouvelle L'article 1844-3 du Code civil, applicable à l'ensemble des sociétés de droit, qu'elles soient civiles ou commerciales, dispose que « la **transformation régulière** d'une société en une société d'une autre forme 25411

n'entraîne pas la création d'une personne morale nouvelle ». Ainsi, dès lors qu'elle est « régulière » (ce qui implique que soient observées les règles prescrites par la loi et les statuts pour la modification de ceux-ci), la transformation ne se traduit pas par la création d'une personne morale nouvelle.
Tirant les conséquences de cette disposition en matière de droits d'enregistrement, la Cour de cassation a jugé, dans une série d'arrêts, que la transformation régulière d'une société, **même accompagnée de modifications statutaires** importantes telles qu'un changement d'objet ou d'activité, n'entraîne pas création d'une personne morale nouvelle (Cass. com. 7-3-1984 : RJF 6/84 n°s 804 et 805 ; Cass. com. 26-4-1984 : Bull. cass. n° 137 p. 115 ; Cass. com. 16-10-1984 n° 82-16.558 P : RJF 2/85 n° 342 ; Cass. com. 4-3-1986 : RJF 6/86 n° 665). L'administration a une position différente et considère que la transformation accompagnée de modifications importantes apportées au pacte social ou apportées de fait à l'activité ou au fonctionnement de la société peuvent, dans certains cas, entraîner la création d'une personne morale nouvelle (BOI-ENR-AVS-20-30-10 n° 50).

25412 **Droits exigibles** Lorsque la transformation donne naissance à une **personne morale nouvelle** (cas exceptionnel), sont exigibles, le cas échéant lorsqu'ils sont prévus, les droits et taxes applicables en cas de dissolution de société (n° 25500) et de constitution d'une société nouvelle (nos 25218 s.).
Si la transformation n'entraîne **pas** la création d'une **personne morale nouvelle**, seul le droit fixe de 125 € prévu à l'article 680 du CGI est normalement exigible.
Cependant, même en l'absence de personne morale nouvelle, **si la transformation a pour effet de rendre passible de l'impôt sur les sociétés** une personne morale qui n'y était pas soumise jusqu'alors, l'opération rend exigible en principe le droit spécial de mutation sur certains apports en nature (immeubles, droits immobiliers, fonds de commerce, clientèle ou droit à un bail) faits à la personne morale depuis le 1er août 1965. Cependant, si les associés s'engagent à conserver pendant trois ans les titres détenus à la date du changement de régime fiscal, ces apports peuvent être enregistrés gratuitement (voir nos 25230 s.).

PROROGATION DE SOCIÉTÉ

25420 Dès lors que les actes sont présentés à l'enregistrement (n° 25400), les conventions ayant pour effet de **proroger purement et simplement** la durée d'une société sont enregistrées gratuitement (CGI art. 811, 1°).
Lorsque la prorogation intervient **après l'expiration** de la durée de la société, elle entraîne, en principe, création d'une société nouvelle et donne ouverture, le cas échéant, aux droits prévus pour les constitutions de sociétés (nos 25218 s.). Toutefois, l'administration admet que la société soit regardée comme ayant conservé sa personnalité juridique lorsqu'elle a poursuivi, sans modification significative, son activité antérieure et qu'aucune modification révélatrice d'une dissolution n'a été apportée aux comptes du bilan (BOI-ENR-AVS-20-50 n° 80).
Lorsque la prorogation de société s'accompagne d'une **augmentation de capital**, cette dernière opération est taxable selon ses règles propres (nos 25305 s.).

D. Dissolution et partage de société

DISSOLUTION DE SOCIÉTÉ

25500 Lorsqu'ils sont présentés à l'enregistrement (voir Précisions), les actes portant dissolution de société (sans transmission de biens meubles ou immeubles entre les associés ou toutes autres personnes) sont enregistrés gratuitement (CGI art. 811, 2°).

> **Précisions** Les actes constatant la dissolution de la société sont dispensés de l'**enregistrement**. Ils peuvent cependant être présentés volontairement à la formalité afin de leur conférer date certaine. Les actes dispensés de l'enregistrement peuvent toutefois être obligatoirement soumis à la formalité en raison de la qualité de leur rédacteur (notaire notamment) ou des dispositions qu'ils renferment (transmission de propriété d'immeubles ou de fonds de commerce). À défaut d'acte, aucune déclaration n'est à souscrire.

PARTAGE DE SOCIÉTÉ

25505 **Société non passible de l'impôt sur les sociétés** Le partage des **acquêts sociaux** est assujetti au droit de partage de 2,50 % prévu par l'article 746 du CGI. Ce droit est liquidé sur l'actif net partagé, c'est-à-dire sur le montant brut des valeurs indivises diminué du passif et des soultes, quelle que soit la composition de l'actif.

Sont considérés comme des acquêts sociaux non seulement les **biens acquis ou créés par la société** durant son existence, mais encore les **choses fongibles ou** le **numéraire** apportés à la société, ainsi que les biens de toute nature ayant fait l'objet d'un **apport à titre onéreux**.
Lorsque certains attributaires reçoivent une portion de biens supérieure à leurs droits sociaux et versent une somme d'argent aux copartageants moins favorisés, il y a **soulte**. Dans ce cas, il y a vente dans la limite de la soulte et le droit de mutation est exigible au taux prévu pour les biens qui composent le lot grevé de la soulte.

Lorsque des **biens constitutifs de corps certains** (c'est-à-dire des biens identifiables, tels qu'immeubles, fonds de commerce, etc.) ayant fait l'objet d'un **apport pur et simple** à la société lors de sa formation ou d'une augmentation de capital sont **attribués à l'apporteur** (ou à ses héritiers ou donataires), cette attribution ne donne ouverture ni au droit de mutation ni même au droit de partage. Seule la taxe de publicité foncière au taux de 0,70 %, à laquelle s'ajoute le prélèvement de 2,14 % calculé sur le montant de ce droit, soit un taux global d'environ 0,715 %, est exigible sur les immeubles et droits immobiliers lors de la publication de l'acte au service de la publicité foncière. **25506**
Si ces biens sont **attribués à un associé autre que l'apporteur**, le droit de mutation à titre onéreux (droit de vente) est exigible sur la valeur des biens attribués à la date du partage, au tarif (correspondant à la nature des biens transmis) en vigueur à cette date (BOI-ENR-AVS-30-20-20 n°s 140 s.).

> **Précisions a.** Les règles énoncées ci-dessus résultent de l'application de la **théorie de la mutation conditionnelle des apports**, selon laquelle le droit de mutation non perçu lors de l'enregistrement de l'acte de constitution de la société (ou d'augmentation de capital) sur les apports purs et simples de corps certains (immeubles, fonds de commerce, etc.) devient rétroactivement exigible lorsque ces biens sont attribués, lors du partage de la société, à un associé autre que l'apporteur. Aucun droit n'est perçu si les biens dont il s'agit sont attribués à l'apporteur, puisque celui-ci est réputé n'avoir jamais cessé d'en être propriétaire.
Par « apporteur », il convient d'entendre uniquement la personne qui a personnellement apporté à la société les biens qui lui sont attribués lors du partage (ainsi que celle qui a recueilli en qualité d'héritier ou de donataire les parts représentatives des biens qui lui sont attribués).
Ainsi, le droit de vente est exigible sur la valeur des biens (immeubles, fonds de commerce, etc.) attribués à un associé qui a acquis à titre onéreux (en cours de société) les parts correspondantes, sauf dans le cas où cette acquisition (réalisée dans les trois ans de l'apport) a déjà supporté les droits de mutation à titre onéreux en vertu de l'article 727 du CGI (voir n° 25605).
b. Cas des **sociétés de fait ou en participation soumises au régime fiscal des sociétés de personnes** : la théorie de la mutation conditionnelle des apports est applicable aux immeubles, fonds de commerce, clientèle et droit au bail figurant à l'actif de la société lorsque ces biens ont été apportés pour une durée indéterminée. Pour ce qui concerne les immeubles, l'attribution ne donne lieu à aucune taxation (y compris au titre de la taxe de publicité foncière) si l'immeuble est attribué à l'apporteur d'origine. Dans le cas contraire, les droits de vente s'appliquent.
Le partage et l'attribution des autres biens et des acquêts sociaux donnent lieu à la perception du droit de partage de 2,50 % (sous réserve, en cas de soulte, de l'application des droits de mutation dans la limite de cette soulte).
c. Le partage d'un **GFA** (ou la licitation de ses biens) donne ouverture au droit de partage de 2,50 % (y compris sur les soultes de partage) en ce qui concerne les biens qui se trouvaient dans l'indivision lors de leur apport et qui sont attribués dans le cadre familial (CGI art. 748 bis et 750 bis).

Société passible de l'impôt sur les sociétés

Le régime des partages de sociétés passibles de l'IS diffère selon le régime fiscal appliqué, lors de l'apport, aux biens composant l'actif social. **25520**

Lorsque les **biens** n'ont pas été soumis, lors de leur apport, au droit de mutation (n° 25230), leur **attribution**, lors du partage de la société, **à un associé autre que l'apporteur** donne ouverture aux droits de mutation à titre onéreux et non au droit de partage (application de la théorie de la mutation conditionnelle des apports : voir n° 25506, Précisions, a). **25521**
S'ils sont attribués **à l'apporteur**, aucun droit de mutation ou de partage n'est dû. Toutefois, la reprise par l'apporteur initial d'un immeuble entraîne la perception de la taxe de publicité foncière au taux de 0,70 %, à laquelle s'ajoute le prélèvement de 2,14 % calculé sur le montant de ce droit, soit un taux global d'environ 0,715 %.

25522 Le partage de **biens autres** que ceux visés ci-avant n° 25521 donne lieu en principe au paiement du **droit de partage** de 2,50 % prévu à l'article 746 du CGI. Ce droit est exigible sur l'intégralité de l'actif net partagé, sans qu'il y ait lieu de tenir compte de la personne de l'attributaire (apporteur ou autre associé).
Les droits de mutation à titre onéreux sont dus sur le montant des **soultes**, lorsqu'il en existe.

> **Précisions** Dans le cas des **sociétés de fait ou en participation passibles de l'IS**, les règles exposées ci-dessus sont applicables sauf pour les immeubles, lesquels sont exclus de la masse partageable et obéissent aux règles suivantes :
> – attribution de l'immeuble à l'apporteur d'origine : aucune taxation (y compris au titre de la taxe de publicité foncière) ;
> – attribution de l'immeuble à un autre que l'apporteur : les droits de vente s'appliquent (BOI-ENR-AVS-40-40 n°s 420 s.).

E. Cession de droits sociaux

25600 Lorsqu'un associé cède à un tiers ou à un autre associé tout ou partie de ses droits sociaux (**actions ou parts sociales**), cette cession entraîne, au regard des droits d'enregistrement, les conséquences exposées ci-après.
Nota : il s'agit ici des cessions faites **à titre onéreux**. En cas de transmission **à titre gratuit** par suite de décès (succession) ou entre vifs (donation), ce sont les droits de succession ou de donation qui s'appliquent.

RÉGIME NORMAL

25601 **Tarif** Les cessions de droits sociaux sont soumises à un droit d'enregistrement au taux de (CGI art. 726) :
– 0,1 % pour les **cessions d'actions**, de parts de fondateurs ou de parts bénéficiaires. Dans les sociétés par actions cotées, le droit n'est exigible que si les cessions sont constatées par un acte alors que, dans les sociétés non cotées, il est exigible même en l'absence d'acte ;
– 3 % pour les cessions de **parts sociales** (constatées ou non par un acte) dans les sociétés dont le capital n'est pas divisé en actions ;
– 5 % pour les cessions de **participations dans des sociétés à prépondérance immobilière**, qu'il s'agisse d'actions ou de parts sociales. Est considérée comme à prépondérance immobilière la personne morale dont les droits sociaux ne sont pas cotés et dont l'actif est, ou a été au cours de l'année précédant les cessions en cause, principalement constitué d'immeubles ou de droits immobiliers situés en France ou de participations dans des personnes morales, quelle que soit leur nationalité, dont les droits sociaux ne sont pas cotés et elles-mêmes à prépondérance immobilière. Contrairement à ce qui est prévu pour le régime des plus-values, les immeubles affectés par la société à sa propre exploitation sont pris en compte pour l'appréciation de la prépondérance immobilière. En revanche, il n'y a pas lieu de prendre en compte les immeubles par destination pour apprécier la prépondérance immobilière (Cass. com. 2-12-2020 n° 18-25.559 FS-PR : RJF 3/21 n° 320).
Les cessions de gré à gré de **parts de Gaec et d'EARL non soumises à l'IS** sont enregistrées au droit fixe de 125 € (et non au droit de 3 %), quel que soit le type d'apport qu'elles représentent. Le droit fixe est également applicable aux cessions de gré à gré de parts de **sociétés civiles à objet principalement agricole**, même non exploitantes, constituées depuis au moins 3 ans avant la cession (CGI art. 730 bis). Parmi les sociétés civiles à objet principalement agricole figurent notamment les sociétés civiles d'exploitation agricole (SCEA), les GFA même non exploitants, les groupements agricoles fonciers, les groupements forestiers et les groupements fonciers ruraux.

> **Précisions a.** Dans les sociétés autres que les sociétés par actions cotées, les cessions de droits sociaux sont taxables même si elles ne sont **pas constatées par un acte**. Dans ce dernier cas, elles doivent faire l'objet, dans le mois de leur date, d'une déclaration spéciale (CGI art. 639). Cette déclaration est établie sur un formulaire n° 2759-SD à déposer au service des impôts chargé de l'enregistrement dans le ressort duquel est situé le domicile de l'une des parties (ou à la recette des non-résidents de la DINR lorsque les deux parties résident à l'étranger) (CGI ann. III art. 281 P issu de décret 2023-1325 du 29-12-2023 applicable depuis le 1-1-2024).
> Elle peut également, sauf exceptions, être effectuée **en ligne** (sur le site impots.gouv.fr dans l'espace personnel ou professionnel sécurisé du cédant ou du cessionnaire), cette télédéclaration et le paiement en ligne devenant **obligatoires** à compter d'une date fixée par arrêté, ou au plus tard le 1er juillet 2025

(Décret 2020-772 du 24-6-2020). Parmi les **opérations exonérées**, seules les opérations visées nº 25603, c et d. peuvent faire l'objet de la déclaration en ligne. Sont toutefois **exclues** du service d'enregistrement en ligne, notamment : les cessions de parts de sociétés civiles et groupements agricoles, fonciers, ruraux ou forestiers qui bénéficient du régime dérogatoire prévu par l'article 730 bis du CGI ; les cessions de droits sociaux représentatifs d'un apport en nature depuis moins de trois ans (sociétés non passibles de l'IS) (nos 25605 s.) ; les cessions de droits sociaux des sociétés de fait et des sociétés en participation (nº 25610).

Lorsque la cession est **constatée par un acte**, celui-ci doit être enregistré dans le même délai d'un mois au service des impôts indiqué ci-dessus ou à celui de la résidence du notaire s'il s'agit d'un acte notarié.

b. Les actes et déclarations ayant pour objet une cession de participations dans une **personne morale à prépondérance immobilière** doivent **indiquer expressément** si cette personne morale est une société mentionnée à l'article 1655 ter du CGI, si les participations cédées confèrent au cessionnaire direct ou indirect le droit à la jouissance d'immeubles ou de fractions d'immeubles au sens de l'article 728 du CGI, si le cessionnaire a acquitté ou s'engage à acquitter, directement ou indirectement, des dettes contractées auprès du cédant par cette personne morale, en précisant, le cas échéant, leur montant (CGI art. 726, III-B issu de loi 2023-1322 du 29-12-2023, applicable depuis le 1-1-2024). Dans la FAQ dédiée à la déclaration de cession de droits sociaux en ligne (sur le site impots.gouv.fr), l'administration alerte sur le fait que, pour respecter ces obligations déclaratives, les déclarations de cessions de participations dans une personne morale à prépondérance immobilière doivent faire l'objet d'un dépôt papier du formulaire nº 2759-SD directement auprès du service en charge de l'enregistrement compétent et **ne doivent pas être effectuées en ligne**. L'administration indique que, sans préjudice de son pouvoir de contrôle, l'absence de mention spécifique dans les actes ou déclarations équivaut à constater ou déclarer que la cession ne relève pas, pour le cessionnaire, de l'une des situations visées ci-dessus (BOI-ENR-DMTOM-40-10-20 nº 300). En l'absence de mention, il existe donc une présomption que la cession est hors du champ d'application des nouvelles obligations. Mais ni l'administration ni la loi ne se prononce sur les sanctions applicables lorsque c'est à tort que la mention spécifique a été omise.

c. Un **acte passé à l'étranger** peut donner lieu à imposition :

– la cession de droits sociaux d'une **société française cotée ou non cotée** (autres que d'une société à prépondérance immobilière) est soumise au droit de vente indiqué ci-avant. Pour les cessions d'actions, un crédit d'impôt égal au montant des droits d'enregistrement effectivement acquittés à l'étranger est susceptible d'être imputé sur l'impôt français, dans la limite du montant de ce dernier (CGI art. 726, I-1°) ;

– la cession d'une participation dans une **personne morale, française ou étrangère, à prépondérance immobilière** est soumise au droit de 5 % après imputation, le cas échéant, d'un crédit d'impôt étranger. La cession doit, dans ce cas, être constatée dans le délai d'un mois par acte reçu en la forme authentique par un notaire exerçant en France (CGI art. 726, I-2° et III-A dans sa rédaction issue de la loi 2023-1322 du 29-12-2023).

d. Les cessions de parts ou de titres en capital réalisées par les clients des **établissements de crédit mutualistes ou coopératifs** sont soumises au taux de 0,1 % prévu pour les cessions d'actions.

e. Pour déterminer si une société civile **a un objet principalement agricole**, il convient de prendre en compte son objet au moment de la cession, tel qu'il est repris dans l'acte de cession ; ne peut ainsi bénéficier du droit fixe une société civile qui, au moment de la cession, avait un objet de nature strictement immobilière, nonobstant la nature agricole des terrains dont elle était propriétaire (CA Bordeaux 2-6-2021 nº 18/05225 : RJF 10/21 nº 982).

f. Les cessions de droits sociaux soumises à la **TVA** donnent lieu à la perception d'un droit fixe de 125 € (CGI art. 730).

Assiette et liquidation Le droit sur les cessions d'**actions**, de parts de fondateur ou de parts bénéficiaires est liquidé sur le prix exprimé et le capital des charges qui peuvent s'ajouter au prix, ou sur une estimation des parties si la valeur réelle est supérieure au prix augmenté des charges. Les éventuelles insuffisances de prix ou d'évaluation peuvent être redressées par l'administration. **25602**

Il en va de même du droit sur les cessions de **parts sociales**, étant toutefois précisé que, pour les cessions de parts **autres que celles de sociétés à prépondérance immobilière**, l'assiette du droit est réduite d'un abattement égal, pour chaque part sociale, au rapport entre 23 000 € et le nombre total de parts de la société. Par exemple, si le capital de la société est divisé en 500 parts et qu'un associé en cède 200 pour un prix de 60 000 €, le droit de 3 % sera calculé sur une base égale à : 60 000 € – (23 000 € × 200 parts cédées/500 parts dans la société) = 50 800 € ; montant des droits = 50 800 × 3 % = 1 524 €.

> **Précisions a.** L'abattement de 23 000 € s'applique aux cessions de **parts sociales démembrées**. La valeur de la nue-propriété ou de l'usufruit des parts cédées est déterminée selon le barème prévu à l'article 669 du CGI. Il n'y a pas lieu, en revanche, d'appliquer ce barème au montant de l'abattement (BOI-ENR-DMTOM-40-10-20 n° 140).
>
> **b.** Peut bénéficier d'un **abattement spécifique** la cession de parts ou actions d'une société à concurrence de la fraction de la valeur des titres représentative du **fonds agricole**, du fonds de commerce ou de la clientèle si la cession est consentie au **profit de salariés de la société ou à un proche du cédant** : sur ce régime et les conditions à remplir, voir n° 20437.

EXONÉRATIONS

25603 Sont exonérées du droit de cession les cessions de droits sociaux résultant d'**opérations de pension** régies par les articles L 211-27 à L 211-34 du Code monétaire et financier (CGI art. 726, II).

Sont également exonérées, sauf si elles portent sur des titres de sociétés à prépondérance immobilière :

a. les acquisitions de droits sociaux entre **sociétés membres du même groupe** ;

b. les acquisitions intervenant dans les conditions prévues aux articles 210 A (**fusions**) ou 210 B du CGI (**apports partiels d'actif, scissions de société**) ;

c. les acquisitions de droits sociaux réalisées dans le cadre du **rachat** par une société de ses propres titres destinés à être cédés aux adhérents d'un plan d'épargne d'entreprise ou d'une **augmentation de capital**, à l'exclusion des rachats de leurs actions effectuées par des sociétés non cotées dans les conditions prévues à l'article L 225-209-2 du Code de commerce ;

d. les acquisitions de droits sociaux de sociétés placées sous **procédure de sauvegarde ou en redressement judiciaire** ;

e. les opérations soumises à la **taxe sur les transactions financières** prévue à l'article 235 ter ZD du CGI.

CESSION DE PARTS REPRÉSENTATIVES D'UN APPORT EN NATURE DANS LES TROIS ANS DE L'APPORT

25605 Lorsqu'elles interviennent dans les trois ans de la réalisation définitive de l'apport fait à la société, les cessions de parts sociales sont considérées, du point de vue fiscal, comme ayant pour objet les biens en nature représentés par les titres cédés et sont soumises en conséquence au droit de vente correspondant à la nature des biens apportés (CGI art. 727). Cette **présomption légale** (qui est irréfragable) n'est toutefois pas applicable aux cessions d'actions ou de parts émises par les personnes morales passibles de l'impôt sur les sociétés. La présomption ne joue pas, en tout état de cause, lorsque les parts cédées sont représentatives d'un bien (terrain à bâtir, par exemple) dont l'apport a été soumis à la TVA.

25606 **Droits applicables** En application de l'article 727 du CGI, les cessions de parts représentatives de biens **immeubles** sont taxées dans les mêmes conditions que les ventes ayant pour objet des biens de même nature (voir n°s 18550 s. les tarifs des droits applicables aux ventes immobilières). Les cessions de parts représentatives de **fonds de commerce**, de **clientèle** ou de **droit au bail** donnent lieu à la perception des droits prévus par l'article 719 du même Code.

Selon l'administration, la présomption de l'article 727 du CGI ne joue pas à l'égard des cessions de droits sociaux correspondant à des apports en **numéraire** ; de telles cessions, même dans les trois ans de l'apport, supporteraient donc le droit sur les cessions de parts (BOI-ENR-DMTOM-40-20 n° 140).

Pour la perception de l'impôt, chaque **élément d'apport** est **évalué** distinctement avec indication des numéros des parts attribuées en rémunération à chacun d'eux. À défaut de ces évaluations et indications, les droits sont perçus au tarif immobilier (CGI art. 727, 2°).

SOCIÉTÉS DE FAIT ET SOCIÉTÉS EN PARTICIPATION

25610 À condition que le droit d'apport ait été acquitté sur les **biens inscrits à « l'actif fiscal »** de la société de fait ou de la société en participation, il est admis que les associés puissent céder leurs « droits sociaux » au tarif de droit commun de 3 %, sauf application de l'article 727 du CGI en cas de cession dans les trois ans de l'apport (BOI-ENR-DMTOM-40-50-20 n° 170). Toutefois, ce tarif ne bénéficie pas aux cessions de droits portant sur des immeubles sociaux, lesquelles demeurent taxées au droit de vente d'immeubles (BOI-ENR-DMTOM-40-50-20 n° 200).

CESSION MASSIVE DE DROITS SOCIAUX

Les cessions massives de droits sociaux sont soumises, **en principe**, aux mêmes règles que les autres cessions de droits sociaux. Il en est ainsi même lorsqu'elles affectent la totalité ou la quasi-totalité des titres de la société concernée, et même si elles font suite à la transformation de la société ou sont suivies à brève échéance de modifications statutaires importantes. 25615

Il ne pourrait en être autrement que dans le cas, exceptionnel en pratique, où les modifications envisagées entraîneraient juridiquement la **création d'une personne morale nouvelle**. Dans cette situation en effet, l'administration se réserve le droit de requalifier l'opération en une cession d'actif suivie de la constitution d'une nouvelle société (BOI-ENR-AVS-30-10 n° 30).

> **Précisions** Les cessions massives de droits sociaux ne peuvent à elles seules emporter cession ou cessation d'entreprise en matière d'**impôt sur les sociétés**. Une cessation ne peut être constatée que si elle s'accompagne d'un autre événement tel qu'un changement de régime fiscal ou un changement d'objet ou d'activité.

RÉUNION DE TOUS LES DROITS SOCIAUX EN UNE SEULE MAIN

Lorsque toutes les actions ou parts sociales (par exemple à la suite d'une cession ou d'une transmission successorale) se trouvent réunies entre les mains d'une seule personne, la société n'est pas dissoute ; mais, sauf pour les SARL (qui deviennent alors des EURL) et les EARL, tout intéressé peut demander la dissolution si la situation n'a pas été régularisée dans le délai d'un an (C. civ. art. 1844-5). 25620

Les **actes portant cession** de droits sociaux, qui aboutissent ainsi à la concentration de l'ensemble de ces droits entre les mains d'une même personne, ne donnent ouverture, en principe, qu'aux droits visés n° 25601 (sauf application, le cas échéant, de la présomption établie par l'article 727 du CGI ; n° 25605).

En cas de **dissolution**, l'appropriation de l'actif par l'associé unique ne donne pas lieu au droit de partage. La reprise de certains biens par celui-ci est cependant susceptible de donner ouverture à un droit de mutation en application de la théorie de la mutation conditionnelle des apports (n° 25506) ou, s'agissant des immeubles n'entrant pas dans le champ d'application de cette théorie, à la taxe de publicité foncière de 0,70 % à laquelle s'ajoute le prélèvement de 2,14 % calculé sur le montant de ce droit, soit un taux global d'imposition d'environ 0,715 %.

CHAPITRE 2

RÈGLES SPÉCIFIQUES AUX SOCIÉTÉS ET GROUPEMENTS AGRICOLES

SOMMAIRE

CHAMP DE L'ÉTUDE

En principe, le régime fiscal des sociétés ou groupements ayant pour objet l'exercice d'une activité agricole obéit aux règles générales prévues pour l'imposition du type de société auquel appartiennent ces organismes, c'est-à-dire, d'une part, régime de l'impôt sur le revenu pour ceux constitués entre personnes physiques sous la forme de sociétés de personnes, particulièrement de sociétés civiles, et, d'autre part, régime de l'impôt sur les sociétés pour ceux revêtant la forme de sociétés de capitaux (sociétés anonymes, sociétés à responsabilité limitée). 26000

En réalité, on s'apercevra en examinant la situation fiscale de chacun de ces groupements (dont la plupart sont constitués sous la forme de sociétés civiles particulières) qu'il a été prévu en leur faveur de nombreuses **dispositions particulières qui dérogent aux règles de droit commun**, spécialement dans le domaine des impôts directs et dans celui de la TVA ou éventuellement des autres taxes. Ce sont ces règles particulières que nous exposons ci-après pour chacun des organismes ou groupements agricoles concernés.

Bien entendu, chaque fois que, pour tel ou tel groupement ou organisme, nous ne signalons pas de régime spécial ou de solution particulière, il y a lieu de faire application de la **réglementation générale** et de se reporter, à cet effet, aux explications données dans le présent ouvrage, soit dans le titre I en ce qui concerne la TVA agricole, soit dans les titres II et III et au chapitre précédent en ce qui concerne l'imposition des bénéfices et les droits d'enregistrement, soit enfin dans le titre V pour ce qui est des impôts locaux et des taxes ou droits divers.

Signalons enfin que, dans les développements qui suivent, nous ne traitons pas directement du statut juridique (constitution, fonctionnement, etc.) de ces sociétés ou groupements, mais nos lecteurs trouveront sur ce point un certain nombre d'indications dans la quatrième partie de cet ouvrage, intitulée « **Dossiers juridiques** de l'exploitation agricole », sous le titre II spécialement consacré aux groupements et sociétés en agriculture.

SECTION 1

ORGANISMES COOPÉRATIFS ET PROFESSIONNELS

ORGANISMES CONCERNÉS

Nous examinons brièvement ci-après le régime fiscal des **coopératives agricoles**, ainsi que les mesures particulières prévues en faveur des autres organismes coopératifs ou professionnels tels que les coopératives d'utilisation du matériel agricole (**Cuma**), les coopératives d'insémination artificielle, les sociétés d'intérêt collectif agricole (**Sica**) et les sociétés mixtes d'intérêt agricole (**SMIA**). 26005

> **Précisions a.** Les caractéristiques essentielles du **régime juridique** sont indiquées n°s 83015 s.
> **b.** Sur la **comptabilité** des coopératives agricoles et de leurs unions, voir n°s 68605 s.
> **c.** En ce qui concerne la situation des coopératives agricoles au regard de la **taxe d'apprentissage**, voir n°s 54720 s.
> **d.** Sur la **contribution sociale de solidarité des sociétés**, voir n° 24007.

A. Impôt sur les sociétés

1. COOPÉRATIVES AGRICOLES ET LEURS UNIONS

a. Principes

Conformément à l'article L 521-1 du Code rural et de la pêche maritime, les sociétés coopératives agricoles et leurs unions forment une **catégorie spéciale de sociétés**, distincte des sociétés civiles et des sociétés commerciales. Elles ont la personnalité morale et la pleine capacité. 26010

Les sociétés coopératives agricoles ont pour **objet** l'utilisation en commun par des agriculteurs de tous moyens propres à faciliter ou à développer leur activité économique, à améliorer ou à accroître les résultats de cette activité. Il peut s'agir de (C. rur. art. R 521-1) :
– coopératives de collecte et vente (ou production-vente) ;
– coopératives d'approvisionnement ;
– coopératives de services.
Les coopératives agricoles et leurs unions sont autorisées, si leurs statuts le prévoient, à réaliser des **opérations avec des tiers** non coopérateurs dans la limite de 20 % du chiffre d'affaires annuel (C. rur. art. L 522-5).

26020 Les coopératives agricoles et leurs unions sont soumises au régime fiscal prévu à l'article 207, 1-2° et 3° du CGI. Demeurant dans le champ d'application de l'impôt sur les sociétés, elles sont néanmoins **exonérées** de cet impôt à la **condition** qu'elles fonctionnent conformément aux dispositions légales et réglementaires qui les régissent. L'exonération d'impôt sur les sociétés couvre les **opérations réalisées** dans le cadre de leur objet agricole par les coopératives, dès l'instant qu'elles sont traitées **avec leurs sociétaires** ou à leur profit.
L'exonération d'IS n'est pas applicable aux coopératives agricoles (et à leurs unions) dont plus de 50 % du capital est détenu par des **associés non coopérateurs** et des titulaires de certificats coopératifs d'investissement lorsque les parts peuvent donner lieu à rémunération (CGI art. 207, 1 quater).
Les sociétés coopératives agricoles qui ne fonctionnent plus conformément aux dispositions qui les régissent perdent le bénéfice de l'exonération d'IS attachée au **respect de leurs statuts**, et deviennent taxables, dans les conditions de droit commun, sur la totalité des résultats dégagés, y compris ceux provenant des affaires réalisées avec les adhérents.
Lorsqu'elles **sortent du statut coopératif** en se transformant en sociétés de droit commun (cas exceptionnel, voir n° 83070), elles sont soumises à l'IS à compter de l'imposition des résultats réalisés au titre de l'exercice de sortie du statut, sans exonération prorata temporis.

OPÉRATIONS EXONÉRÉES D'IMPÔT SUR LES SOCIÉTÉS

26021 Les sociétés **coopératives agricoles d'approvisionnement et d'achat** et leurs unions sont exonérées de l'impôt sur les sociétés pour les opérations effectuées avec les sociétaires, à condition qu'elles fonctionnent conformément aux dispositions qui les régissent (CGI art. 207, 1-2°).
À condition qu'elles fonctionnent conformément aux dispositions qui les régissent, les sociétés **coopératives de production**, transformation, conservation **et vente** de produits agricoles et leurs unions sont exonérées de l'impôt sur les sociétés pour les opérations effectuées avec les sociétaires, sauf pour les opérations désignées ci-après (CGI art. 207, 1-3°) :
– ventes effectuées dans un magasin de détail, distinct de leur établissement principal ;
– opérations de transformation portant sur les produits ou sous-produits autres que ceux destinés à l'alimentation de l'homme et des animaux ou pouvant être utilisés à titre de matières premières dans l'agriculture ou l'industrie.
L'administration admet que les coopératives agricoles de **prestations de services** bénéficient par assimilation du même régime fiscal que les sociétés coopératives de production ou de transformation de produits agricoles (BOI-IS-CHAMP-30-10-10-20 n° 130).

> **Précisions** L'exonération d'IS ne s'applique qu'aux **opérations réalisées par les coopératives elles-mêmes**. Une coopérative agricole **membre d'un GIE** est imposable à l'impôt sur les sociétés sur sa quote-part de résultats dans le groupement, dès lors que les exonérations de l'article 207, 1-2° et 1-3° du CGI ne s'appliquent pas à des opérations réalisées par l'intermédiaire d'un GIE (CE 27-4-1994 n°s 79604 et 156860 : RJF 6/94 n° 723 ; BOI-IS-CHAMP-10-50-20-20 n° 210 ; dans le même sens, CE 6-12-1996 n° 146474 : RJF 1/97 n° 10).

OPÉRATIONS ASSUJETTIES À L'IMPÔT SUR LES SOCIÉTÉS

26022 Certaines opérations sont formellement exclues de l'exonération d'impôt sur les sociétés prévue à l'article 207, 1-2° ou 3° du CGI, même si les **coopératives respectent leurs statuts**. Les coopératives sont alors soumises à l'impôt sur les sociétés à raison de ces seules opérations, mais demeurent exonérées pour le reste.
Ainsi, les coopératives agricoles d'approvisionnement et d'achat sont assujetties à l'impôt sur les sociétés à raison des excédents d'exploitation provenant des **opérations traitées avec des non-sociétaires** dans le cadre des dispositions réglementaires qui les régissent.

De même, les coopératives de production, transformation, conservation et vente de produits agricoles ainsi que les coopératives de prestations de services qui y sont assimilées sont assujetties à l'impôt sur les sociétés à raison des excédents de recettes provenant :
– des **ventes effectuées dans un magasin de détail** distinct de leur établissement principal ;
– des **opérations de transformation** portant sur des produits ou sous-produits autres que ceux destinés à l'alimentation de l'homme et des animaux ou pouvant être utilisés à titre de matières premières dans l'agriculture ou l'industrie ;
– des opérations effectuées avec des non-sociétaires.
Par ailleurs, les coopératives agricoles et leurs unions qui émettent des **certificats coopératifs d'investissement** sont assujetties à l'impôt sur les sociétés dans la proportion du capital détenu sous la forme de ces certificats (CGI art. 207, 1 bis).

Lorsqu'elles **ne respectent pas les dispositions qui les régissent**, les coopératives agricoles perdent le bénéfice de l'exonération d'impôt sur les sociétés et sont assujetties à cet impôt à raison de l'ensemble de leurs opérations. 26023
Ainsi, une coopérative agricole détenue à **plus de 50 % par des associés non coopérateurs** perd le bénéfice de l'exonération d'impôt sur les sociétés en application des dispositions de l'article 207, 1-2° ou 3° du CGI, parce qu'elle ne respecte pas son statut.
De même, une société coopérative agricole qui **achète ou construit des immeubles en vue de la vente** effectue des opérations étrangères à son objet réglementaire et doit être considérée comme ne fonctionnant pas conformément aux dispositions qui la régissent. Elle se trouve déchue, de ce fait, du bénéfice de l'exonération d'impôt sur les sociétés pour l'ensemble de ses activités. Il en est ainsi, par exemple, d'une société coopérative agricole qui construit, sur un terrain lui appartenant, un bâtiment destiné en partie à être utilisé pour ses bureaux ou le logement de son personnel et en partie à la vente. Toutefois, si la coopérative se borne à la construction des locaux qui lui sont nécessaires et vend le droit de surélévation à des tiers, l'administration admet que cette cession bénéficie de l'exonération d'impôt sur les sociétés (BOI-IS-CHAMP-30-10-10-20 n° 200).

b. Examen par types d'opérations

OPÉRATIONS RÉALISÉES AVEC LES TIERS

Les sociétés coopératives agricoles peuvent réaliser avec les tiers **deux catégories** d'opérations : 26025
– des opérations relevant de leur objet statutaire principal (opérations identiques à celles réalisées avec les associés coopérateurs) ;
– des opérations qui ne relèvent pas de leur objet statutaire principal.
Les **profits** réalisés sur ces deux catégories d'opérations sont en principe **assujettis à l'impôt sur les sociétés**.

ILLUSTRATIONS

Les opérations qu'une société coopérative agricole effectue avec des non-adhérents et qui n'ont pour objet ni d'écouler la production des adhérents ni de leur fournir des approvisionnements constituent des **opérations faites avec des non-sociétaires**, au sens de l'article 207, 1-2° et 3° du CGI. Les profits qu'elles dégagent sont donc passibles de l'impôt sur les sociétés.
Ainsi jugé pour les opérations suivantes :
– **vente de semences** produites par une coopérative (ayant le statut à la fois de coopérative d'approvisionnement et de production-vente) à des agriculteurs non sociétaires ; **cession à EDF d'une partie du courant** produit par la coopérative ; vente à des tiers de **coupes de bois** effectuées sur des terrains dont la coopérative est propriétaire ; **location** à d'autres coopératives des **droits de mouture** dont la coopérative est titulaire ; location à des tiers de **locaux d'habitation** (CE 15-6-1988 n° 40126 : RJF 8-9/88 n° 963) ;
– opérations de **chargement** et de **transport** de betteraves, du bord des champs des agriculteurs jusqu'aux usines, effectuées par une coopérative agricole de transformation qui avait conclu avec des industriels du sucre un contrat dont l'objet a été considéré comme non pas d'écouler la production agricole des adhérents mais d'assurer l'approvisionnement des industriels, dès lors que les opérations de chargement et de transport étaient effectuées sans mandat des adhérents et que les frais de transport étaient en principe supportés par les industriels (CE 29-12-1995 n° 127895 : RJF 2/96 n° 180).

Opérations relevant de l'objet statutaire principal Tant que le volume des opérations réalisées avec les tiers et associés non coopérateurs **n'excède pas 20 % du chiffre d'affaires** annuel de la coopérative, celle-ci bénéficie du régime spécial, c'est-à-dire que seules les opérations réalisées avec les tiers et associés non coopérateurs sont assujetties à l'IS, à l'exclusion des opérations réalisées avec les associés coopérateurs. 26026

Les profits provenant des opérations réalisées avec les tiers dans la limite de 20 % sont passibles de l'impôt sur les sociétés dans les conditions de droit commun. Ils doivent être portés, sous déduction de l'impôt, dans un compte de réserve indisponible. Ils ne peuvent être ni distribués, ni incorporés au capital, ni répartis entre les associés en cas de dissolution (BOI-IS-CHAMP-30-10-10-20 n° 270).

Lorsque la **limite de 20 %** est **franchie**, le régime spécial est remis en cause et toutes les opérations réalisées par la coopérative deviennent assujetties à l'impôt sur les sociétés, qu'elles soient réalisées avec des tiers ou des associés coopérateurs.

> **Précisions** L'administration a apporté les précisions suivantes sur l'appréciation de la limite de 20 % du chiffre d'affaires (BOI-IS-CHAMP-30-10-10-20 n°s 250 et 260). Le **chiffre d'affaires** dont il s'agit est retenu **hors taxe**. Dans le cas d'une **coopérative polyvalente**, le montant des opérations faites avec les tiers est apprécié dans le cadre de chacune des trois branches principales définies par les statuts types. Ainsi :
> – les approvisionnements vendus à des tiers ne doivent pas dépasser 20 % du chiffre d'affaires de la branche approvisionnement ;
> – les produits agricoles achetés à des tiers ne doivent pas dépasser 20 % du chiffre d'affaires de la branche collecte-vente ;
> – les services rendus à des tiers ne doivent pas dépasser 20 % du chiffre d'affaires de la branche services.

26027 **Opérations ne relevant pas de l'objet statutaire principal** Ces opérations, qui ne sont pas identiques à celles réalisées avec les associés coopérateurs, ne sont pas soumises à la limitation de 20 %.

Tant qu'elles restent **conformes aux dispositions qui régissent le statut** des coopératives, ces opérations ne remettent pas en cause le bénéfice du régime spécial. En revanche, la réalisation d'**opérations non conformes** aux dispositions du Code rural et de la pêche maritime relatives aux coopératives agricoles entraîne la perte du bénéfice de l'exonération pour toutes les opérations réalisées, qu'elles soient effectuées avec des tiers ou pour le compte d'associés coopérateurs.

OPÉRATIONS RÉALISÉES ENTRE DES COOPÉRATIVES ADHÉRANT À UNE MÊME UNION

26028 Les sociétés coopératives agricoles adhérant à une même union peuvent être autorisées par cette union à se procurer mutuellement, par son entremise et sous son contrôle, les produits qui leur sont indispensables pour parer à l'insuffisance quantitative et, éventuellement, qualitative soit des récoltes, soit des produits à livrer à leurs associés coopérateurs. Elles peuvent être autorisées, dans les mêmes conditions, à échanger entre elles les services qui leur sont indispensables.

Ces opérations **sont considérées comme étant réalisées avec des tiers non associés**. Elles sont donc taxables à l'impôt sur les sociétés dans les conditions de droit commun sans remettre en cause l'exonération d'impôt sur les sociétés dont bénéficie à titre principal la coopérative qui les effectue. Elles ne sont, cependant, **pas prises en compte pour l'appréciation de la limite de 20 %** du chiffre d'affaires réalisé avec les tiers (BOI-IS-CHAMP-30-10-10-20 n° 320).

OPÉRATIONS RÉALISÉES AVEC DES OFFICES D'INTERVENTION AGRICOLE

26029 L'administration admet que les opérations réalisées avec des offices d'intervention agricole, **même contrevenant** directement **aux statuts** types régissant les coopératives (par exemple des opérations de stockage réalisées par une coopérative de collecte-vente et portant sur des produits ne provenant pas des exploitations de ses adhérents), ne remettent pas en cause le régime d'exonération d'IS dès lors qu'elles sont comptabilisées distinctement. Ces opérations sont taxables à l'IS, mais elles n'entrent pas dans le calcul de la limite de 20 % du chiffre d'affaires réalisé avec les tiers (BOI-IS-CHAMP-30-10-10-30 n°s 20 et 30).

OPÉRATIONS RÉALISÉES POUR LE COMPTE DE SOCIÉTÉS FILIALES

26030 Il convient de distinguer selon que les opérations réalisées avec ces sociétés relèvent ou non de l'objet statutaire principal de la coopérative (BOI-IS-CHAMP-30-10-10-40 n°s 1 s.) :

1e hypothèse : Les opérations relèvent de l'objet statutaire principal de la coopérative.

Dans ce cas, il convient de distinguer selon que la société dans laquelle la participation est détenue a ou non, au regard de la coopérative, le statut d'associé coopérateur.

Si la société **filiale** est **également associé coopérateur**, les activités réalisées par la coopérative conformément à son objet statutaire bénéficient de l'exonération d'impôt sur les sociétés dès lors que les conditions auxquelles cette exonération est soumise sont par ailleurs remplies.

Si la société **filiale** n'est **pas un associé coopérateur**, les activités réalisées avec cette société sont soumises à l'impôt sur les sociétés et doivent être prises en compte pour l'appréciation de la limite de 20 % des activités réalisées avec les tiers, et ce indépendamment de l'importance de la participation détenue par la coopérative dans la société.

2e hypothèse : Les opérations ne sont pas prévues expressément dans l'objet statutaire.

L'administration admet que la réalisation de telles opérations ne remet pas en cause le régime fiscal de la coopérative en matière d'impôt sur les sociétés lorsque les conditions suivantes sont réunies :

– la société **filiale** qui bénéficie des opérations est **contrôlée** au sens de l'article L 233-3 du Code de commerce par la société coopérative ;

– les **opérations** de cette nature sont réalisées **à titre accessoire** par la société coopérative ;

– les opérations sont **conformes à l'intérêt de la coopérative**.

Ces opérations sont alors soumises à l'impôt sur les sociétés, sans être prises en compte pour l'appréciation de la limite de 20 % de chiffre d'affaires réalisé avec des tiers ou des associés non coopérateurs.

> **Précisions** En application de l'article L 233-3 du Code de commerce, une société est considérée comme détenant le **contrôle** d'une autre :
>
> – lorsqu'elle détient directement ou indirectement une fraction du capital lui conférant la majorité des droits de vote dans les assemblées générales ;
>
> – lorsqu'elle dispose seule de la majorité des droits de vote en vertu d'un accord conclu avec d'autres associés ou actionnaires et qui n'est pas contraire à l'intérêt de la société ;
>
> – lorsqu'elle détermine en fait, par les droits de vote dont elle dispose, les décisions dans les assemblées générales ;
>
> – lorsqu'elle est associée ou actionnaire de cette société et dispose du pouvoir de nommer ou de révoquer la majorité des membres des organes d'administration, de direction ou de surveillance de cette société.
>
> Par ailleurs, une coopérative agricole est présumée contrôler une société lorsqu'elle dispose, directement ou indirectement, d'une fraction des droits de vote supérieure à 40 % et qu'aucun autre associé ou actionnaire ne détient directement ou indirectement une fraction supérieure à la sienne.

VENTES EFFECTUÉES DANS UN MAGASIN DE DÉTAIL

Aux termes de l'article 207, 1-3°-a du CGI, les ventes effectuées par les sociétés coopératives de **26032** production, transformation, conservation et vente de produits agricoles dans un magasin de détail distinct de leur établissement principal sont assujetties à l'impôt sur les sociétés.

Les ventes au détail s'entendent des ventes faites au consommateur. Ces ventes doivent faire l'objet d'une comptabilité séparée.

Selon l'administration, doivent être considérées comme des ventes effectuées dans un magasin de détail distinct de leur établissement principal, et en conséquence soumises à l'impôt sur les sociétés, les ventes au détail effectuées par les sociétés coopératives agricoles dans des **structures dédiées à cette activité** et aménagées en conséquence. Est ainsi considérée comme dédiée à l'activité de vente au détail une structure disposant d'un local où sont exposées les marchandises destinées à la vente, de matériels ou équipements spécifiques tels qu'une caisse enregistreuse, ou un lieu de dégustation des produits vendus, et le cas échéant de dépliants ou brochures présentant les produits vendus (BOI-IS-CHAMP-30-10-10-20 n° 340).

> **EXEMPLE**
>
> Soit une coopérative agricole qui produit du foie gras. Elle possède un magasin de vente au détail qui jouxte son lieu de production et de stockage. Ce magasin dispose de locaux en propre, d'une caisse enregistreuse, d'un présentoir pour disposer ses bocaux et conserves de foie gras et d'un lieu aménagé pour permettre la dégustation de ces produits.
>
> Les ventes effectuées dans ce magasin devront, en application de l'article 207, 1-3°-a du CGI, être soumises à l'impôt sur les sociétés.

OPÉRATIONS DE TRANSFORMATION PORTANT SUR CERTAINS PRODUITS

L'article 207, 1-3°-b du CGI exclut du bénéfice de l'exonération d'IS les opérations de transfor- **26033** mation portant sur les produits ou sous-produits autres que ceux destinés à l'alimentation de l'homme et des animaux ou pouvant être utilisés à titre de matières premières dans l'agriculture ou l'industrie.

Seraient imposables sur les résultats dégagés par ces opérations les coopératives agricoles qui se livreraient à des opérations relevant des industries de la **filature**, du **tissage**, de la **chapellerie**, de l'**ameublement**, etc.

En revanche, le caractère de produit pouvant être utilisé à titre de matière première dans l'agriculture ou l'industrie a été reconnu au furfurol, obtenu à partir des rafles de maïs. Le furfurol est, en effet, utilisé comme **solvant** dans l'industrie et le sous-produit résultant de sa fabrication est employé comme **terreau** artificiel (BOI-IS-CHAMP-30-10-10-20 n° 380).

ÉMISSION DE CERTIFICATS COOPÉRATIFS D'INVESTISSEMENT

26034 L'article L 523-10 du Code rural et de la pêche maritime autorise les coopératives agricoles et leurs unions à émettre des certificats coopératifs d'investissement (CCI) dans les conditions prévues par le titre II quater de la loi 47-1775 du 10 septembre 1947 portant statut de la coopération. En contrepartie, l'article 207, 1 bis du CGI assujettit à l'impôt sur les sociétés les coopératives agricoles qui utilisent cette possibilité à hauteur de la **fraction des résultats correspondant à la part** du montant nominal des CCI dans le capital social. Cette fraction des résultats est assujettie à l'impôt sur les sociétés de droit commun et déterminée avant déduction des ristournes. D'autre part, l'article 207, 1 quater du CGI prévoit l'**assujettissement total** à l'impôt sur les sociétés de certaines coopératives normalement exonérées par l'article 207, 1 du même Code lorsque les titulaires de CCI et les associés non coopérateurs détiennent plus de 50 % du capital de ces coopératives et que leurs parts sociales peuvent donner lieu à rémunération (BOI-IS-CHAMP-30-10-10-20 n°s 390 et 410).

AUTRES OPÉRATIONS

26035 **Perception de produits financiers** L'administration a précisé comme suit le régime des produits financiers perçus par les coopératives et leurs unions (BOI-IS-CHAMP-30-10-10-30 n° 150) :
– l'**intérêt aux parts** perçu par les sociétés coopératives ou unions est exonéré, qu'il soit versé dans le cadre de l'engagement coopératif ou qu'il rémunère les parts qui excèdent l'engagement minimal ;
– les **dividendes** perçus par les coopératives sont toujours imposables, quel que soit le pourcentage de participation détenu par la coopérative dans la personne morale qui les verse, sous réserve de l'application du régime des sociétés mères et filiales (voir n° 24345) ;
– les produits résultant du **placement de la trésorerie** sont exonérés, y compris ceux correspondant à l'activité assujettie à l'impôt sur les sociétés, sous réserve des règles d'imposition des cessions de valeurs mobilières (voir n° 26045).

ATTENTION

Il convient de rappeler que le non-respect des **règles juridiques relatives aux prises de participation** peut entraîner l'application, à la société coopérative ou union concernée, du régime fiscal de droit commun en matière d'impôt sur les sociétés.

26036 **Ristournes et produits perçus par une coopérative agricole (ou union) membre d'une Sica** Les **ristournes** perçues par les coopératives qui proviennent d'une société d'intérêt collectif agricole (Sica) dont elles sont membres sont exonérées d'IS lorsqu'elles correspondent à des **ventes de produits en provenance ou à destination des exploitations des sociétaires**. Il en est de même des ristournes se rapportant à des **matières d'appoint** à incorporer aux produits apportés par les sociétaires ou à des **services rendus par des tiers** à la coopérative qui sont nécessaires à l'exercice de son activité (BOI-IS-CHAMP-30-10-10-40 n°s 330 et 340).
Les **autres ristournes** sont imposables.
Les **produits** perçus par une coopérative agricole qui met des **biens ou** des **services à la disposition d'une Sica** dont elle est membre sont imposables à l'IS, dès lors qu'ils constituent des opérations effectuées avec les tiers non sociétaires. Mais ils n'ont pas pour conséquence de faire perdre aux coopératives le bénéfice de l'exonération d'IS (BOI-IS-CHAMP-30-10-10-40 n°s 360 et 370).

26037 **Subventions d'équipement** Lorsqu'une société coopérative agricole est assujettie à l'impôt sur les sociétés dans les conditions de droit commun à raison des excédents provenant des opérations qu'elle réalise avec des tiers dans la limite des 20 %, les subventions d'équipement qu'elle reçoit doivent, dans la mesure où elles sont **affectées** à l'acquisition ou à la création d'immobilisations utilisées soit en totalité, soit pour partie à la réalisation d'**opérations avec les tiers**, être rapportées aux bénéfices imposables suivant les modalités définies à l'article 42 septies du CGI (n° 9910).
Pour les subventions affectées à des immobilisations à **usage mixte**, la réintégration est opérée proportionnellement aux opérations réalisées avec des non-sociétaires (CE 10-1-1992 n° 83769 : RJF 3/92 n° 312). L'administration a indiqué que les coopératives doivent déterminer, sous leur propre responsabilité, les **prorata de répartition** entre secteur exonéré et secteur taxable applicables aux charges communes et notamment aux immobilisations à usage mixte (BOI-IS-CHAMP-30-10-10-30 n° 10).

Locations La **location d'immeubles** n'entre pas dans l'objet social des coopératives agricoles. Dès lors, la réalisation d'opérations de cette nature entraîne **en principe** la déchéance du régime d'exonération dont bénéficient les coopératives agricoles et leurs unions sur le fondement de l'article 207, 1-2° et 3° du CGI. Toutefois, l'administration admet qu'une coopérative peut donner en location, **à titre occasionnel ou accessoire**, des immeubles dont elle n'a pas l'emploi. Ces locations ne peuvent concerner que des immeubles nus et sont passibles de l'impôt sur les sociétés. Cependant, elles n'entrent pas en ligne de compte pour l'appréciation de la limite de 20 % du chiffre d'affaires réalisé avec les tiers (BOI-IS-CHAMP-30-10-10-20 n° 300). 26038
L'administration a admis dans les mêmes conditions la **location d'emplacements de relais téléphoniques** sur des silos (BOI-IS-CHAMP-30-10-10-20 n° 310).

Cession d'éléments d'actif Le régime d'imposition des plus-values de cession d'éléments d'actif réalisées par une coopérative agricole dépend de sa situation au regard de l'impôt sur les sociétés : 26045
– la coopérative ne réalise **aucune opération taxable à l'IS** : dans ce cas, les plus-values sont également exonérées ;
– la coopérative est **partiellement imposable** : dans cette hypothèse, les plus-values réalisées suivent le régime fiscal de l'activité à laquelle les biens cédés étaient affectés.
Dans le cas d'**immobilisations** (autres que des valeurs mobilières) **utilisées indifféremment à l'ensemble des opérations**, les plus-values sont taxées dans la proportion résultant du rapport des bénéfices imposables hors plus-values sur les bénéfices de la coopérative hors plus-value de l'exercice de cession. Les résultats à prendre en considération sont déterminés dans les conditions de droit commun, avant déduction des ristournes (BOI-IS-CHAMP-30-10-10-30 n° 260).
S'agissant des plus-values et moins-values constatées sur les **valeurs mobilières**, deux situations sont à envisager (BOI-IS-CHAMP-30-10-10-30 n° 270) :
– les plus-values sont exonérées si la coopérative ne réalise pas d'opérations avec les tiers et n'est pas imposable par ailleurs ;
– dans les autres cas, les plus-values sont comprises dans les bénéfices imposés dans les conditions de droit commun, avant déduction des ristournes.

Fusions, scissions et apports partiels d'actif Dans le cas où la **coopérative** agricole **apporteuse** est totalement **exonérée** d'IS, les plus-values sont exonérées, quelle que soit la situation du bénéficiaire du transfert au regard de cet impôt. 26046
Lorsque la coopérative apporteuse est **partiellement imposable**, deux situations doivent être distinguées (BOI-IS-CHAMP-30-10-10-30 n°s 290 s.) :
– si le **bénéficiaire** de l'apport est une **coopérative** agricole **exonérée d'IS**, le régime de faveur prévu aux articles 210 A et 210 B du CGI n'est pas applicable et les plus-values sont taxables chez l'apporteuse dans les conditions exposées n° 26045 ;
– si le bénéficiaire est **passible en tout ou partie de l'IS**, les plus-values sont également imposables en principe. Toutefois, le régime spécial des fusions, scissions et opérations assimilées est applicable dans les conditions de droit commun, lorsque le bénéficiaire est totalement passible de l'IS ; lorsque le bénéficiaire est une coopérative partiellement imposable à l'IS, le régime de faveur peut s'appliquer si la coopérative bénéficiaire prend l'engagement de taxer les plus-values d'apport dans les conditions prévues aux articles 210 A et 210 B du CGI, dans la proportion des résultats taxables visée n° 26045, égale au minimum à celle qui aurait été appliquée par la coopérative apporteuse si elle n'avait pas bénéficié du régime de faveur.

Réévaluation des bilans L'article L 523-6 du Code rural et de la pêche maritime autorise les coopératives agricoles à procéder à la réévaluation de tout ou partie de leur bilan. L'administration admet de ne pas tirer de conséquences immédiates sur le plan fiscal de la réalisation d'une telle opération. Mais les **dotations aux amortissements déductibles** et les **plus-values de cession ou d'apport de biens immobilisés** doivent être, dans tous les cas, calculées en fonction de la valeur d'origine de ces biens (BOI-IS-CHAMP-30-10-10-30 n° 360). 26047

2. SOCIÉTÉS D'INTÉRÊT COLLECTIF AGRICOLE (SICA)

Constituées sous la forme soit de sociétés par actions ou à responsabilité limitée, soit de sociétés civiles, les sociétés d'intérêt collectif agricole (Sica) sont dotées, depuis le 1er juillet 1985, du statut de société coopérative et sont donc régies par la loi 47-1775 du 10 septembre 1947 (n°s 83600 s.). 26060
Comme les coopératives ordinaires, elles sont imposables à l'**impôt sur les sociétés**, quel que soit leur objet, en application de l'article 206, 1 du CGI. Elles ne peuvent pas bénéficier des exonérations prévues en faveur des coopératives agricoles.

Toutefois, lorsque leur sociétariat répond à certaines conditions, les Sica peuvent **déduire** de leurs résultats imposables les **ristournes** provenant des opérations faites avec les associés coopérateurs et distribuées à ces derniers au prorata de leurs activités, dans les conditions et limites prévues par l'article 214, 1-5° et 1 bis du CGI.

> **Précisions a.** L'impossibilité pour les Sica de bénéficier de l'**exonération d'IS** dont peuvent se prévaloir les coopératives agricoles vient du fait que, si la loi 85-703 du 12 juillet 1985 a conféré aux Sica la qualité de sociétés coopératives en les rattachant à la loi-cadre du 10 septembre 1947 portant statut de la coopération, ce texte n'a pas eu pour conséquence de rattacher les Sica au statut de la coopération agricole.
> **b.** Des dispositions particulières sont prévues pour faciliter le changement de statut (lorsque celui-ci est inadapté) par voie de **transformation en société de capitaux** : voir n° 24245.

DÉDUCTION DES RISTOURNES

26065 **Champ d'application du régime** Sont **admises** au régime de déduction des ristournes :
– d'une part, les Sica dont les associés visés à l'article L 522-1 du Code rural et de la pêche maritime, les établissements de crédit et les sociétés de financement détiennent directement ou par l'intermédiaire de leurs filiales moins de 80 % du capital (et des voix) ;
– et, d'autre part, les Sica dont 50 % au moins du capital et des voix est détenu par des agriculteurs et assimilés au sens de l'article L 522-1, 1°, 2° et 3° du Code rural et de la pêche maritime (forestiers, personnes possédant des intérêts agricoles dans la circonscription de la Sica ou Gaec).
Sont **exclues** du régime de déduction des ristournes les Sica répondant aux deux conditions suivantes lorsqu'elles sont simultanément remplies :
– avoir 80 % (ou plus) du capital (ou des voix) détenu directement (ou par l'intermédiaire de filiales) par des associés visés à l'article L 522-1 du Code rural et de la pêche maritime ou par des établissements de crédit ou sociétés de financement ;
– et avoir moins de 50 % du capital (ou des voix) détenu par des personnes désignées aux 1°, 2° et 3° de l'article L 522-1 précité, c'est-à-dire par des agriculteurs et assimilés.

26066 **Modalités de déduction des ristournes** En principe, les ristournes ne sont déductibles que des résultats de l'**exercice** au cours duquel elles sont effectivement **mises à la disposition des sociétaires**.
Toutefois, si certaines conditions sont respectées, elles peuvent être déduites, sous forme de **provisions**, des résultats de l'exercice qui leur a donné naissance (BOI-IS-BASE-30-40-10 n°s 130 s.).
Les Sica ne peuvent utiliser la faculté de déduire les ristournes qu'elles versent à leurs adhérents sous forme de provisions que si deux **conditions** sont remplies avant la date de clôture de l'exercice au cours duquel les dotations aux provisions sont déduites :
– d'une part, les ristournes doivent correspondre à un engagement ferme et définitif, pris par la Sica avant la date de clôture de l'exercice ;
– d'autre part, cet engagement doit porter non seulement sur le principe du versement de ristournes mais également sur les modalités, clairement définies, selon lesquelles elles seront calculées (pourcentage déterminé du chiffre d'affaires, de l'excédent brut d'exploitation, du bénéfice net, etc.). Le simple engagement par les organes dirigeants d'une coopérative que des ristournes seront allouées aux adhérents ne saurait autoriser la déduction à l'avance, par voie de provision, des bonis.
La **déduction** des ristournes est opérée de façon **extra-comptable** sur le tableau de détermination du résultat fiscal n° 2058 AN (joint à la déclaration de résultats) auquel doit être annexé un relevé précisant les modalités de calcul et le montant des dotations aux provisions pour ristournes.
Si le montant des **ristournes versées** est **inférieur à celui de la provision**, la déduction de cette dernière devient définitive à concurrence des ristournes versées et le surplus doit être réintégré dans les résultats de l'exercice au cours duquel les ristournes sont versées. Si l'importance ou la fréquence des excédents de provisions sur le montant des ristournes révèlent une précision insuffisante des modalités de calcul de la provision, l'administration se réserve la possibilité de remettre en cause la déduction de cette provision.

> **Précisions** La **fraction** des ristournes déduites **qui dépasse 50 % des excédents répartissables** au titre d'un exercice est réintégrée au résultat imposable dudit exercice à concurrence des sommes apportées ou remises à la disposition de la Sica par les bénéficiaires au cours des deux exercices suivants (CGI art. 214, 1-6°).

DISPOSITIONS DIVERSES INTÉRESSANT LES SICA

Subventions d'équipement Lorsqu'elles perçoivent une subvention d'équipement allouée par l'État ou d'autres collectivités publiques, les Sica sont autorisées à l'inscrire directement pour son **montant net** d'impôt sur les sociétés à la réserve spéciale prévue par l'article R 533-1 du Code rural et de la pêche maritime ; l'excédent est inscrit au compte « Subventions reçues ». 26067
Mais le **montant global** de la subvention doit ensuite être rattaché aux bénéfices imposables dans les conditions prévues par l'article 42 septies du CGI (CE 14-6-1982 n° 22512 : RJF 8-9/82 n° 772) (voir n° 9910).

Redistribution de dividendes reçus de filiales Les Sica peuvent distribuer à leurs associés, en sus du versement des ristournes et des intérêts statutaires, tout ou partie des dividendes qu'elles ont reçus au titre de leurs participations (n° 83670). Sur le plan fiscal, ces redistributions de dividendes sont soumises aux mêmes règles que celles applicables aux distributions de dividendes visées n°s 24300 s. (BOI-RPPM-RCM-30-50-10 n° 80). 26068

Régime d'intégration fiscale Les Sica peuvent se placer sous le régime fiscal des groupes de sociétés à condition de renoncer, dans ce cas, à la déduction des ristournes pendant cinq ans à compter de la date d'ouverture du premier exercice au titre duquel elles ont exercé l'option pour ce régime ; si elles sont versées, ces ristournes ne sont pas considérées comme des revenus distribués mais conservent leur caractère de recettes professionnelles pour les bénéficiaires (CGI art. 214, 1 bis ; BOI-IS-GPE-10-30-40 n°s 120 et 130). 26069

3. SOCIÉTÉS MIXTES D'INTÉRÊT AGRICOLE (SMIA)

Les sociétés mixtes d'intérêt agricole (Smia) visées aux articles L 541-1 et suivants du Code rural et de la pêche maritime sont des **sociétés commerciales** dans lesquelles des parts ou actions, représentant au moins 30 % du **capital** social, sont détenues directement ou indirectement soit par une ou plusieurs sociétés coopératives ou unions de sociétés coopératives agricoles, soit par des institutions ou groupements professionnels agricoles mentionnés aux titres Ier, II, III et IV du livre V du Code précité ainsi qu'au livre du Code rural relatif au crédit agricole (voir n° 83700). 26080
Ces sociétés ont pour **objet** la transformation ou la commercialisation des produits agricoles.

Lorsqu'elles ont adopté la forme de sociétés de capitaux, les Smia sont **passibles de l'IS**, quel que soit leur objet. Cependant, l'article L 541-3 du Code rural et de la pêche maritime institue pour ces sociétés un mode particulier de **répartition des excédents de recettes** dérogatoire aux règles du droit commun. Il prévoit, en effet, qu'après prélèvement pour la réserve légale et affectation au capital d'un dividende qui ne pourra être supérieur à 6 %, le bénéfice réalisé par une Smia au cours d'un exercice, à l'exclusion de toute plus-value sur l'actif immobilisé, est, après avoir été diminué de l'impôt sur les sociétés correspondant, divisé en **deux parts** égales : 26081
– la première de ces parts est attribuée aux détenteurs du capital à titre de rémunération complémentaire ;
– la seconde est affectée aux fournisseurs ou clients de l'entreprise qui ont la qualité d'agriculteur (ou d'organisme agricole visé à l'article L 541-1 précité) au prorata des opérations effectuées par chacun d'eux.
Quand ces derniers sont associés ou membres d'un des organismes visés à l'article L 541-1 précité, lui-même associé, les sommes qui leur reviennent au titre de cette seconde part sont réparties en **franchise d'impôt** sur les sociétés, dans la mesure où elles proviennent d'opérations faites avec eux (CGI art. 217 quater).

4. AUTRES ORGANISMES COOPÉRATIFS AGRICOLES

SYNDICATS AGRICOLES

Les syndicats, organismes à but non lucratif, exercent, en principe, des **activités non lucratives** de représentation et de défense de leurs membres ou des personnes qu'ils représentent, et ne sont pas soumis à l'impôt sur les sociétés à raison de ces activités. Dans ce cas, le syndicat est assujetti à l'impôt sur les sociétés aux taux réduits prévus à l'article 206, 5 du CGI pour ses seuls revenus patrimoniaux (voir n° 24225). 26090

Ce n'est que lorsqu'ils exercent une **activité lucrative** ou que leur gestion n'est pas désintéressée que les syndicats sont susceptibles d'être soumis aux impôts commerciaux, et notamment à l'impôt sur les sociétés dans les conditions de droit commun. 26091
Lorsque les activités des syndicats sont considérées comme lucratives, ils peuvent cependant, sous certaines conditions, bénéficier de l'exonération prévue par l'article 207, 1-1° bis du CGI,

qui dispose que les organisations syndicales et leurs unions sont, lorsqu'elles fonctionnent conformément aux dispositions qui les régissent, **exonérées** d'impôt sur les sociétés pour leurs activités d'étude et de défense des droits et intérêts collectifs matériels ou moraux de leurs membres ou des personnes qu'elles représentent.

EXEMPLES

Peuvent notamment bénéficier de l'exonération les activités de (BOI-IS-CHAMP-30-70 nos 350 s.) :
– représentation et défense des intérêts d'une profession devant l'administration, une commission, une organisation agricole, etc. ;
– participation à une négociation collective pour un accord de branche ;
– conseil juridique fourni dans le cadre de la cotisation globale de l'adhérent ;
– promotion et organisation de congrès ou de réunions ;
– publication d'ouvrages et de revues de nature syndicale ;
– exploitation d'un site Internet lié à l'activité syndicale ;
– promotion collective et générale d'un produit (le lait, le poisson, etc.) ;
– réalisation de programmes de recherche et d'expérimentation dans l'intérêt collectif des membres.

26092 Sont en revanche **exclues du bénéfice de l'exonération** et imposées à l'impôt sur les sociétés les **prestations de services** nettement **individualisées** qui peuvent être fournies dans les mêmes conditions par des organismes du secteur lucratif.

Pour apprécier le caractère nettement individualisé d'une prestation de services, l'administration a précisé qu'il convient d'examiner, au regard d'un faisceau d'indices, dans quelles conditions celle-ci est réalisée (BOI-IS-CHAMP-30-70 nos 400 s.). La personnalisation d'une prestation ou l'existence d'un lien direct entre la prestation réalisée et le versement d'une cotisation (constatation d'une proportionnalité entre le montant de la cotisation versée par un professionnel et les services qui lui sont rendus par le syndicat) sont des indices du caractère nettement individualisé d'une prestation de services fournie par un organisme syndical.

Il en est de même des **activités lucratives** nettement **dissociables de l'activité syndicale** et qui ne constituent qu'une source de financement de celle-ci.

EXEMPLES

L'administration exclut du bénéfice de l'exonération :
– une étude ou une recherche précise réalisée à la demande d'un professionnel et dont les résultats font l'objet d'une appropriation exclusive par ce dernier ;
– une publicité pour un produit identifiant son producteur ;
– le conseil juridique dans le cadre d'une vérification de comptabilité chez un professionnel ;
– la formation individuelle à l'informatique ou à la fiscalité faisant l'objet d'une facturation spécifique ;
– les prestations comptables et fiscales moyennant une cotisation supplémentaire ;
– le conseil juridique par téléphone, le montant de la cotisation variant en fonction du nombre d'appels effectués dans l'année ;
– la promotion de produits d'un territoire bien localisé ;
– la vente de produits tels que des boissons ou des denrées alimentaires lors de manifestations ;
– le sponsoring, le parrainage, la publicité au profit d'un tiers individualisé ou d'un membre ;
– la sous-location de locaux ou la mise à disposition de personnel à des structures du secteur lucratif.

26093 Par ailleurs, les syndicats professionnels bénéficient du régime de la **franchise des impôts commerciaux** (IS, TVA et contribution économique territoriale) pour leurs **activités lucratives accessoires** dès lors que celles-ci n'excèdent pas le montant (78 596 € pour 2024) fixé à l'article 206, 1 bis du CGI.

Dès lors que leurs activités non imposées (c'est-à-dire hors du champ d'application de l'impôt sur les sociétés ou exonérées) sont significativement prépondérantes, l'imposition pourra également être limitée à un secteur distinct regroupant les seules activités imposées (BOI-IS-CHAMP-30-70 nos 460 et 470).

CUMA ET COOPÉRATIVES D'INSÉMINATION ARTIFICIELLE

26095 Bien qu'aucune disposition du CGI ne les vise explicitement, l'administration considère que les sociétés coopératives d'utilisation en commun de matériel agricole (Cuma) et les coopératives d'insémination artificielle (CIA) sont **assimilées**, dès lors que leur objet est exclusivement agricole, **aux sociétés coopératives** de production ou de transformation de produits agricoles

(BOI-IS-CHAMP-30-10-10-20 n° 130). Elles sont, par suite, soumises au même régime fiscal que ces dernières (nos 26020 s.).

Particularités concernant les Cuma Lorsque leurs statuts le prévoient, les Cuma peuvent réaliser, en application de l'article L 522-5 du Code rural et de la pêche maritime, des opérations conformes à leur objet, avec des tiers non coopérateurs dans la limite de 20 % de leur chiffre d'affaires sans perte du bénéfice de l'exonération d'IS mais avec imposition des excédents en découlant (nos 26025 s. ; BOI-IS-CHAMP-30-10-10-30 n° 50). Sont notamment considérées comme des tiers non coopérateurs les communes n'ayant pas la qualité d'agriculteur et ne possédant pas d'intérêts entrant dans l'objet social de la coopérative (CE 27-10-1986 n° 49543 : RJF 12/86 n° 1067 ; BOI-IS-CHAMP-30-10-10-30 n° 60). 26100

Par dérogation aux dispositions de l'article L 522-5 précité, une Cuma peut réaliser **pour le compte de communes** de moins de 3 500 habitants (ou de groupements de communes comprenant au moins trois quarts de communes de moins de 3 500 habitants, ou de leurs établissements publics), des **travaux agricoles ou d'aménagement rural** conformes à son objet, à condition que l'un des adhérents de la coopérative ait le siège de son exploitation agricole dans le ressort territorial de la collectivité concernée et que le montant de ces travaux n'excède pas 25 % du chiffre d'affaires annuel de la coopérative, dans une limite de 10 000 € portée à 15 000 € en zones France ruralités revitalisation depuis le 1er juillet 2024 (anciennes zones de revitalisation rurale jusqu'au 30 juin 2024) (C. rur. art. L 522-6 modifié par loi 2023-1322 du 29-12-2023).

L'administration prescrit de distinguer selon les **trois situations** suivantes (BOI-IS-CHAMP-30-10-10-30 nos 110 à 120) :

– **la commune est un associé coopérateur**. Dans cette hypothèse, la Cuma peut réaliser pour le compte de la commune, dans le cadre des intérêts agricoles de cette dernière, des travaux conformes à son objet. Les opérations réalisées avec la commune bénéficient, dans les mêmes conditions que les opérations réalisées avec les autres associés coopérateurs, de l'exonération d'IS ;

– **la commune n'est pas un associé coopérateur mais elle remplit les conditions** posées par l'article L 522-6 du Code rural et de la pêche maritime. La Cuma peut, dans ces conditions, réaliser pour cette commune des travaux agricoles ou d'aménagement rural. Le chiffre d'affaires des opérations réalisées avec les collectivités (ou leurs établissements publics) remplissant ces conditions ne peut excéder 25 % du chiffre d'affaires de la coopérative sans dépasser toutefois 10 000 € ou 15 000 € dans les zones France ruralités revitalisation depuis le 1er juillet 2024 (anciennes zones de revitalisation rurale jusqu'au 30 juin 2024). Les excédents dégagés par ces opérations sont soumis à l'IS. Par ailleurs, la coopérative peut réaliser des opérations avec d'autres tiers non coopérateurs dans la limite de 20 % de son chiffre d'affaires ;

– **la commune n'est pas un associé coopérateur et ne remplit pas les conditions** posées par l'article L 522-6 précité. Si ses statuts l'y autorisent, la Cuma peut néanmoins réaliser pour le compte de la commune des opérations conformes à son objet. Ces opérations ainsi que celles réalisées avec les autres tiers non coopérateurs ne doivent pas excéder 20 % du chiffre d'affaires de la coopérative. Ces opérations sont également soumises à l'IS.

Bien entendu, le dépassement d'un seuil (qu'il s'agisse du seuil de 20 % ou 25 %) ou du plafond de 10 000 € ou 15 000 € entraîne la remise en cause de l'exonération dont bénéficie la Cuma et son assujettissement à l'IS dans les conditions de droit commun.

Particularités concernant les CIA Les opérations que les CIA ou leurs unions sont **tenues de réaliser avec des usagers non adhérents** peuvent être effectuées sans qu'il soit nécessaire de lever l'option « opérations avec des tiers non associés ». Ces opérations ne sont pas prises en compte pour l'appréciation du volume d'affaires traitées avec des non-sociétaires et limitées à 20 % du chiffre d'affaires annuel par l'article L 522-5 du Code rural et de la pêche maritime. Elles doivent, néanmoins, être retracées dans une **comptabilité distincte** et les **excédents** qu'elles permettent de dégager sont **soumis à l'impôt sur les sociétés**. 26101

En dehors du cadre défini pour les opérations précitées, les unions de coopératives d'insémination artificielle, qui constituent des organismes coopératifs de services, restent soumises aux dispositions de l'article L 522-5 précité pour les opérations qu'elles réalisent avec des tiers. Ce principe s'applique notamment **aux ventes de semences effectuées à l'étranger** (BOI-IS-CHAMP-30-10-10-20 n° 330).

COOPÉRATIVES AGRICOLES DE CAUTION MUTUELLE

26105 L'article 18 de la loi 72-516 du 27 juin 1972 permet la constitution de sociétés coopératives agricoles de caution mutuelle qui ont pour objet de faciliter le recours de leurs adhérents au crédit bancaire, en cautionnant les emprunts contractés par les agriculteurs (C. rur. art. L 527-2).
Ces sociétés sont soumises aux régimes juridique et fiscal de la coopération agricole (C. rur. art. L 527-3).

CAISSES DU CRÉDIT AGRICOLE

26110 Le **Crédit agricole SA**, les **caisses régionales** de crédit agricole mutuel mentionnées à l'article L 512-21 du Code monétaire et financier et les **caisses locales** affiliées à ces dernières sont assujettis à l'IS dans les conditions de droit commun (CGI art. 206, 6-1°).
Cependant, lorsqu'elles n'exercent aucune activité bancaire pour leur propre compte ou aucune activité rémunérée d'intermédiaire financier, les **caisses locales** bénéficient du même régime que les organismes sans but lucratif (CGI art. 206, 6-2°) (voir n° 24225). Dans ce cas, les **intérêts** servis aux parts sociales qu'elles détiennent dans le capital des caisses régionales auxquelles elles sont affiliées ne sont pas retenus pour l'assiette de l'IS au taux réduit (CGI art. 208 ter A).
Les caisses de crédit mutuel agricole et rural du **secteur « libre »** (non placées sous le contrôle et la tutelle du Crédit agricole SA) sont assujetties à l'IS dans les conditions de droit commun (CGI art. 206, 9).

B. Taxe sur la valeur ajoutée

1. COOPÉRATIVES AGRICOLES ET LEURS UNIONS

26200 Les coopératives agricoles et leurs unions sont imposables à la TVA sur le fondement des dispositions de **droit commun**.
Des **règles particulières** sont cependant prévues en ce qui concerne les livraisons par les coopératives à leurs unions (n° 26202) et les rétrocessions de produits et opérations assimilées (n°s 26205 s.).
Les coopératives agricoles qui exercent une activité de **négociants en bestiaux** sont soumises de plein droit à la TVA selon le régime simplifié agricole (CGI art. 298 bis, II-4° ; voir n°s 4400 s.).

LIVRAISONS PAR LES COOPÉRATIVES AGRICOLES À LEURS UNIONS

26202 Les coopératives agricoles qui livrent des produits à leurs unions reçoivent généralement un acompte sur le prix, mais le règlement définitif, établi en fonction du prix de vente par l'union, n'intervient qu'après cette vente. Ainsi, les coopératives, qui doivent acquitter la TVA dès la livraison, ne sont pas toujours en mesure de déclarer la valeur exacte de leurs apports.
Pour pallier cette difficulté, l'administration admet que la **taxe** soit **calculée provisoirement sur la base d'un prix minimum**. Celui-ci ne saurait être inférieur à celui qui est retenu pour la fixation des acomptes ou pour le warrantage des marchandises.
Le **complément d'impôt** doit être acquitté dès que la valeur de l'apport est connue (BOI-TVA-BASE-10-20-10 n° 440). Il en est ainsi notamment lorsque les unions versent des ristournes aux coopératives adhérentes : ces versements constituent des compléments de prix et doivent être soumis à ce titre à la TVA.

RÉTROCESSIONS ET OPÉRATIONS ASSIMILÉES

26205 Les agriculteurs qui livrent les produits agricoles à des entreprises de transformation, coopératives agricoles ou entreprises privées, peuvent recevoir en contrepartie des produits élaborés.
On distingue, pour l'application de la TVA, les rétrocessions pour les besoins de la consommation familiale (n°s 26207 s.), les rétrocessions pour les besoins de l'exploitation (n° 26210) et les rétrocessions de vins destinés à être fournis à titre de complément de salaires (n° 26215).

26207 **Rétrocessions pour les besoins de la consommation familiale** Par « besoins de la consommation familiale », il convient d'entendre les besoins de consommation de toutes les **personnes vivant et travaillant dans l'exploitation** agricole, c'est-à-dire l'exploitant, les membres de sa famille ainsi que les salariés avec lesquels ils prennent leurs repas en commun. Sont exclus, en revanche, les membres de la famille qui travaillent à l'extérieur de l'exploitation (BOI-TVA-SECT-80-30-20-20 n° 130).

26208 Les **rétrocessions faites par les coopératives** à leurs sociétaires (redevables ou non de la TVA), pour leur consommation familiale, de même que les **ventes faites par des entreprises de transformation privées** à des exploitants agricoles (redevables ou non de la TVA), pour leur consommation familiale, de produits fabriqués à partir de produits agricoles fournis par ces agriculteurs

sont **imposées sur une base réduite**. En application de l'article 267 bis du CGI, cette base est constituée par la différence entre la valeur des produits fabriqués et celle des produits correspondants fournis par les agriculteurs concernés. Ces valeurs s'entendent tous frais et taxes compris à l'exclusion de la TVA et des prélèvements de toute nature assis en addition à cette taxe et suivant les mêmes règles que celle-ci. Le taux applicable est celui du produit obtenu (BOI-TVA-SECT-80-30-20-20 n° 140).
Les **livraisons de produits** effectuées par les exploitants agricoles dans le cadre de ces rétrocessions ne sont **pas imposables**, même si ces exploitants sont redevables de la TVA. En conséquence, aucun agriculteur n'est en droit de faire figurer la TVA sur les factures correspondant à ces fournitures et, corrélativement, l'entreprise de transformation à laquelle une telle taxe aurait été irrégulièrement facturée ne peut la déduire (CE plén. 26-4-1985 n° 40746 : RJF 6/85 n° 852).

> **Précisions a.** Pour ces transactions, les exploitants agricoles ne versent en général aux entreprises de transformation que le « prix de façon » et ne perçoivent aucun prix pour leurs propres livraisons. Lorsque tel n'est pas le cas, il appartient **en pratique** aux entreprises de transformation d'indiquer aux agriculteurs la valeur, non taxable, des produits qu'ils ont livrés en vue de leur rachat après transformation ; les agriculteurs déduisent ensuite les valeurs ainsi indiquées de leurs encaissements à soumettre à la TVA ou qui donnent lieu au remboursement forfaitaire (BOI-TVA-SECT-80-30-20-20 n° 150).
b. Pour l'administration, la réduction de la base taxable n'est pas admise si les **produits transformés** (rétrocédés ou vendus) n'ont **pas** été **fabriqués par la coopérative** qui les a collectés **ou par l'entreprise** qui les a achetés. Il en est ainsi même lorsque la fabrication a été opérée par une entreprise du même groupe, par une coopérative ou même par une union de coopératives qui a cédé les produits à l'entreprise qui les rétrocède ou les revend (BOI-TVA-SECT-80-30-20-20 n° 150). Le Conseil d'État retient une position plus souple, considérant que la réduction de la base d'imposition peut s'appliquer même en cas de transformation seulement partielle par l'entreprise des produits livrés par les agriculteurs (CE 28-6-1991 n° 64783 : RJF 8-9/91 n° 1076).

Rétrocessions pour les besoins de l'exploitation Les rétrocessions de **produits non destinés à la consommation familiale** consenties par les coopératives à leurs sociétaires, de même que les ventes, par des entreprises de transformation, de produits fabriqués à partir de produits fournis par les agriculteurs auxquels la vente est consentie, ne bénéficient d'aucun régime fiscal de faveur et sont donc normalement imposables à la **TVA sur leur prix total**. 26210
En conséquence, les livraisons par les agriculteurs redevables de la TVA de produits qui leur sont ensuite rétrocédés par des coopératives ou revendus par des entreprises commerciales, après transformation, sont imposables dans les conditions de droit commun.
Ce régime d'imposition ne fait pas obstacle, le cas échéant, à l'application du régime fiscal du **travail à façon**, qui peut être appliqué tant par les coopératives que par les entreprises commerciales, dès lors que les conditions exigées pour l'octroi de ce régime sont remplies (BOI-TVA-SECT-80-30-20-20 n° 160).

Rétrocessions de vins destinés à être fournis à titre de complément de salaires Les viticulteurs qui apportent leurs vendanges à des coopératives de vinification et à qui ces dernières cèdent une certaine quantité de vin obtenue à partir des apports effectués par leurs adhérents sont soumis au régime suivant (BOI-TVA-SECT-80-30-20-20 n°s 180 s.). 26215
S'agissant des rétrocessions de vins consenties aux **viticulteurs redevables de la TVA** et que ceux-ci distribuent ensuite à leur personnel à titre de complément de salaires, les coopératives de vinification doivent en **principe** les soumettre à la taxe pour leur montant total.
Ce principe comporte toutefois deux **exceptions** :
– la première concerne les **vins distribués pendant** la période des **vendanges** : les coopératives de vinification sont dispensées de soumettre à l'imposition la cession des vins destinés au personnel permanent ou saisonnier, dans la limite du maximum prévu par les conventions collectives départementales ;
– la seconde exception se rapporte aux **vins consommés à la table familiale par le personnel** vivant et travaillant dans l'exploitation agricole : ces vins sont considérés comme acquis pour les besoins de la consommation familiale. La cession par la coopérative doit être soumise à la TVA mais sur une base égale à la différence entre la valeur hors taxe du vin cédé et celle hors taxe des vendanges apportées (régime général des rétrocessions pour la consommation familiale exposé ci-avant n°s 26207 s.). L'apport de ces vendanges de la part du viticulteur bénéficiaire de la rétrocession est lui-même exempté de la TVA.

> **Précisions a.** La taxe facturée par les coopératives au titre des rétrocessions imposables sur leur montant total est exclue du **droit à déduction** chez le viticulteur (CGI ann. II art. 206,

IV-2-3°). En revanche, peut être déduite la taxe facturée au titre des rétrocessions imposées sur la différence entre la valeur du vin cédé et celle des vendanges apportées (BOI-TVA-SECT-80-30-20-20 n° 220).

b. Sont exonérées les rétrocessions de vins destinés à être fournis à titre de complément de salaire aux employés du viticulteur **non redevable de la TVA** (BOI-TVA-SECT-80-30-20-20 n° 230).

2. SOCIÉTÉS D'INTÉRÊT COLLECTIF AGRICOLE (SICA)

26235 En principe, cette catégorie de coopératives est imposée à la **TVA** dans les conditions de **droit commun**. Sont notamment sans incidence sur les modalités d'imposition à la TVA de ces coopératives :

– le fait que leurs membres ou certains de leurs membres sont des exploitants agricoles (BOI-TVA-SECT-80-40-10 n° 80) ;

– le fait que certains de leurs adhérents ne sont pas eux-mêmes assujettis à la TVA et ne peuvent récupérer celle-ci (CE 23-10-1989 n° 47896 : RJF 12/89 n° 1338).

On se reportera, toutefois, aux précisions données sous les nos 1540, a et b, 4400 et 4440 concernant les opérations de **commercialisation d'animaux**.

3. CUMA ET COOPÉRATIVES D'INSÉMINATION ARTIFICIELLE

26250 En vertu de l'article 298 bis, II-7° du CGI, les coopératives d'utilisation de matériel agricole (Cuma) et les coopératives d'insémination artificielle (CIA) sont soumises de plein droit au **régime simplifié** de l'agriculture pour les prestations de services rendues à leurs sociétaires.

Elles relèvent du **régime général** de la TVA pour leurs autres opérations passibles de la TVA en application de l'article 256 du CGI.

OPÉRATIONS RELEVANT DU RÉGIME SIMPLIFIÉ AGRICOLE

26255 **a.** Les **Cuma** sont imposables de plein droit selon le régime simplifié agricole (RSA) pour les opérations qu'elles réalisent conformément à leur objet au bénéfice de leurs sociétaires et dans les limites de leur circonscription territoriale (BOI-TVA-SECT-80-40-10 n° 40). En pratique, sont imposables au RSA les **travaux agricoles**, c'est-à-dire les prestations qui répondent à la définition donnée par l'article L 722-2 du Code rural et de la pêche maritime : travaux entrant dans le cycle de la production animale ou végétale, travaux d'amélioration foncière agricole, travaux accessoires nécessaires à l'exécution des travaux précédents, ainsi que les travaux de réparation de matériel agricole appartenant aux adhérents.

b. Relèvent de plein droit du RSA les **CIA** pour toutes les **opérations se rapportant à l'insémination** artificielle (contrôle de fécondité, insémination proprement dite, contrôle de fécondation, etc.) qui sont facturées par la coopérative, pour son propre compte, à l'éleveur.

> **Précisions** **a.** Lorsqu'elles portent sur des animaux appartenant aux éleveurs, c'est le **taux** intermédiaire de 10 % (taux applicable aux façons agricoles sur produits non transformés ou opérations assimilées) qui s'applique aux opérations d'**insémination** artificielle et aux **transplantations** embryonnaires. Est sans incidence à cet égard le fait que ces prestations soient réalisées par des CIA ou des vétérinaires (Rép. Leguille-Balloy : AN 27-7-2021 n° 38388).
>
> **b.** Les **ventes de semences** effectuées à l'étranger par les unions de coopératives relèvent également du RSA (BOI-TVA-SECT-80-40-10 n° 50).
>
> **c.** Les **prestations de services** rendues par les CIA à des tiers bénéficient du RSA lorsqu'elles sont réalisées conformément à l'article 5 de la loi du 22 décembre 1966 sur l'élevage (D. adm. 3 I-141 n° 11 non reprise au Bofip mais dont la solution nous semble conserver sa valeur). Il semble que les mêmes règles s'appliquent lorsque de telles prestations sont réalisées dans le cadre du **service universel** de mise en place et de distribution de la semence des ruminants en monte publique, assuré par des opérateurs agréés (institué sur le fondement de l'article L 653-15 du Code rural et de la pêche maritime et qui est désormais assuré, depuis le 1er janvier 2023, sur la base de l'article L 653-14 du même Code).

OPÉRATIONS RELEVANT DU RÉGIME GÉNÉRAL DE LA TVA

26260 Les opérations réalisées par les Cuma et les CIA **au profit de tiers** ou **en dehors** de leur **objet statutaire** ou des limites de leur **circonscription territoriale** relèvent du régime général de la TVA. Pour les Cuma, il en est ainsi, par **exemple**, des opérations d'extraction et de broyage de craie, des opérations de construction de bâtiments agricoles, même effectuées au profit des adhérents, et plus généralement des prestations de services qui ne constituent pas des travaux agricoles ou des locations de matériel agricole. Il en est de même des prestations de gardiennage d'animaux et des ventes de réactifs ou de médicaments qui ne sont pas directement liées à des opérations d'insémination artificielle réalisées par les CIA (sur les ventes de semence effectuées à l'étranger par les unions de coopératives : voir ci-avant n° 26255, Précisions, b ; sur certaines prestations de services rendues par les CIA à des tiers : voir ci-avant n° 26255, Précisions, c) (BOI-TVA-SECT-80-40-10 n° 50).

RÈGLES D'IMPOSITION

En application de l'article 209, I-2e alinéa de l'annexe II au CGI, les Cuma et les CIA sont tenues de constituer deux **secteurs d'activité distincts** : l'un comprenant les activités relevant du régime général de la TVA, le second regroupant les activités relevant du RSA. **26265**
Toutefois, elles peuvent soumettre l'**ensemble** de leurs activités **au RSA** si les opérations ne bénéficiant pas de ce régime n'excèdent pas les limites de 100 000 € et 50 % dans les conditions exposées nos 1210 s. Dans le cas contraire, ou si elles ne désirent pas user de cette faculté, elles peuvent soumettre toutes leurs activités, sous réserve qu'elles soient économiquement liées, **au régime de droit commun** (régime simplifié ordinaire ou régime du réel normal). Les coopératives qui souhaitent bénéficier de l'une ou l'autre de ces mesures doivent en informer l'administration (BOI-TVA-SECT-80-40-10 n° 60).

CAS PARTICULIERS

a. Les **coopératives** ayant en partie pour objet l'utilisation de matériel agricole ou l'insémination artificielle sont des coopératives dites **polyvalentes** qui, outre l'utilisation de matériel agricole ou l'insémination artificielle, exercent des activités déjà soumises obligatoirement au régime général de la TVA. Pour l'imposition à la TVA de leur secteur « utilisation de matériel agricole » ou « insémination artificielle », les activités en cause sont confondues au regard de la TVA avec les autres activités imposables et l'ensemble est soumis au régime général de la TVA. **26270**
b. Certaines **Cuma mettent à la disposition** de leurs sociétaires, **contre rémunération, du matériel** agricole avec ou sans personnel de conduite.
Ces opérations doivent être considérées comme des locations de matériel ou des locations de matériel et de main-d'œuvre, passibles dans les deux cas de la **TVA** au **taux** normal, dès lors que la coopérative, propriétaire du matériel, n'assume pas directement ou par l'intermédiaire de ses préposés la conduite et la **responsabilité** des travaux exécutés. Dans le cas contraire et si les conditions juridiques du travail à façon sont réunies, le taux applicable est celui du produit (BOI-TVA-SECT-80-40-10 n° 70).
Les coopératives d'utilisation de matériel agricole qui pratiquent de telles locations demeurent soumises au RSA.

C. Impôts locaux

CONTRIBUTION ÉCONOMIQUE TERRITORIALE

Principe Lorsqu'elles ne sont pas exonérées (de plein droit ou de manière facultative) ou imposées dans les conditions de droit commun, les **coopératives agricoles et les Sica** ne sont soumises à la **cotisation foncière des entreprises** (CFE) que sur une **base** réduite de moitié (CGI art. 1468, I-1°). **26300**
Mais la CFE s'applique sans aucune réduction de base aux coopératives agricoles et aux Sica qui ne fonctionnent pas conformément à leurs statuts. Tel est le cas, sauf dérogation, lorsqu'elles réalisent plus de 20 % (coopératives) ou de 50 % (Sica) de leur chiffre d'affaires avec des tiers.
Pour tout ce qui concerne la base d'imposition, le calcul et le mode de recouvrement de la contribution économique territoriale, nos lecteurs peuvent se reporter à l'exposé figurant nos 29900 s.

> **Précisions** Pour **apprécier** si une Sica qui achète et vend des produits à ses associés réalise plus de **50 % de son chiffre d'affaires** avec eux, le rapport du total des achats et des ventes à ses adhérents au total des achats et des ventes que la Sica réalise doit être d'au moins 50 % (CE 7-3-2019 nos 421037, 421038 et 421040 : RJF 6/19 n° 550).

Exonérations de plein droit Indépendamment du cas où elles exercent elles-mêmes une activité agricole (n° 29910), les **sociétés coopératives agricoles** et leurs unions ainsi que les **Sica** sont exonérées de la CFE lorsque leur activité est le prolongement normal des opérations agricoles de leurs membres auprès desquels elles se fournissent exclusivement. Ainsi jugé à propos d'une Sica qui embouteille le vin fourni exclusivement par ses associés viticulteurs (CE **26301**

10-7-2017 n° 392752 : RJF 11/17 n° 1056). Jugé toutefois qu'une Sica peut bénéficier de l'exonération de CFE des exploitants agricoles même si son activité est exercée en partie pour les tiers, dès lors que cette activité compense une réduction temporaire des besoins de ses adhérents ou permet une gestion optimale des installations (CAA Bordeaux 25-5-2018 n° 16BX00211 : RJF 11/18 n° 1115 rendu définitif par CE (na) 3-7-2019 n° 422534 : RJF 10/19 n° 923).

Par ailleurs, elles sont exonérées de la CFE lorsque (CGI art. 1451, I-1°) :

– elles emploient au plus trois salariés (condition appréciée au cours de la période de référence définie par l'article 1467 A du CGI, c'est-à-dire l'avant-dernière année précédant celle de l'imposition) ;

– ou, quel que soit leur effectif, elles se consacrent à l'électrification, à l'habitat ou à l'aménagement rural, à l'utilisation de matériel agricole, à l'insémination artificielle, à la lutte contre les maladies des animaux et des végétaux, au conditionnement des fruits et légumes, à l'organisation de ventes aux enchères et à la vinification.

On notera que les **coopératives vinicoles** sont imposables pour leurs activités de commercialisation, quelles que soient les modalités de vente, lorsqu'elles emploient à cet effet plus de trois salariés. Lorsque l'effectif salarié correspondant n'excède pas trois personnes, ces coopératives sont exonérées de la CFE pour ces activités (CGI art. 1451, I-2°).

> **Précisions a.** L'activité de **vinification** d'une coopérative agricole ou vinicole est exonérée même si la coopérative emploie plus de trois salariés et exerce d'autres activités (CAA Bordeaux 27-2-2001 n° 97-2156 : RJF 6/01 n° 800).

b. Le bénéfice de l'exonération prévue par l'article 1451 du CGI ne peut être refusé à une **société coopérative agricole** au motif que les travaux de labour, débroussaillage, curage des fossés et défrichement avant plantation qu'elle a réalisés l'ont été au profit de **non-agriculteurs**, sans rechercher si, en réalisant ces travaux, la coopérative s'est consacrée « à l'habitat ou à l'aménagement rural » et à « l'utilisation de matériel agricole » (CE 17-5-1995 n° 128518 : RJF 7/95 n° 844). Dans ses conclusions sous l'arrêt précité, le commissaire du gouvernement a relevé que les activités citées par l'article 1451 dépassent manifestement l'activité agricole pour s'étendre à **l'intérêt rural**.

c. Sont exonérés de CFE les **organismes agricoles** énumérés à l'article 1451, I-3° et 4° du CGI : associations syndicales agricoles ; syndicats professionnels agricoles ; sociétés d'élevage ; associations agricoles reconnues ; chambres d'agriculture ; caisses locales d'assurances mutuelles agricoles ayant au plus deux salariés ou mandataires rémunérés – ces dernières bénéficiant du maintien de l'exonération en cas de dépassement d'effectif dans les conditions exposées Précisions, e ci-après (CGI art. 1451, I in fine).

Jugé qu'une société coopérative agricole, reconnue comme groupement de producteurs, bénéficie de l'exonération prévue par l'article 1451, I-3° du CGI pour l'ensemble de son activité dès lors que son **activité principale de commercialisation** des vins de ses adhérents, même si elle s'effectue sous forme d'achat-revente, entre dans ses **missions statutaires**. La circonstance que le groupement entretienne des relations commerciales avec une société anonyme est sans incidence dans la mesure où ces relations présentent un caractère très limité (CAA Bordeaux 27-6-2000 n° 98-1699 : RJF 11/00 n° 1280).

d. Les **sociétés de courses de chevaux** sont exonérées pour l'organisation de compétitions ayant pour but l'amélioration de la race chevaline (BOI-IF-CFE-10-30-10-30 n° 420) ; elles ne sont pas non plus imposables pour l'organisation du pari mutuel urbain ou du pari mutuel sur les hippodromes lorsqu'elles respectent les critères de non-lucrativité, et notamment la condition de gestion désintéressée (CE 30-5-2018 n° 397192 : RJF 8-9/18 n° 862 ; BOI-IF-CFE-10-30-10-30 n° 430).

e. L'**effectif salarié** est déterminé, en application des articles L 130-1, I du CSS et 1451, I du CGI combinés, en prenant en compte la moyenne du nombre de personnes employées au cours de chacun des mois de l'avant-dernière année précédant celle de l'imposition. Par ailleurs, le **dépassement du plafond** d'effectif est déterminé selon les modalités prévues à l'article L 130-1, II du CSS. Les Sica bénéficiant déjà de l'exonération ne perdront le bénéfice de celle-ci en cas de dépassement du plafond que si celui-ci est constaté pendant cinq années civiles consécutives (CSS art. L 130-1, I sur renvoi de CGI art. 1451, I in fine).

26303 **Exonération facultative** Les collectivités bénéficiaires peuvent exonérer de la CFE :

– les sociétés coopératives agricoles et leurs unions ainsi que les Sica (sociétés d'intérêt collectif agricole) qui emploient entre plus de trois et moins de onze salariés ;

– les coopératives agricoles et vinicoles, pour leurs activités autres que la vinification (embouteillage, conditionnement et commercialisation de la production de leurs adhérents) et quel que soit le mode de commercialisation employé, lorsque l'effectif salarié correspondant est compris entre plus de trois et moins de onze personnes (CGI art. 1464 E).
Cette exonération n'est pas applicable dans les cas visés n° 26305.

> **Précisions a.** Les modalités de **détermination de l'effectif** salarié ainsi que les conséquences d'un **dépassement du plafond d'effectif** sont les mêmes que celles prévues pour l'exonération de plein droit des coopératives agricoles employant au plus trois salariés (n° 26301).
> **b.** L'entreprise doit formuler une **demande** d'exonération pour chaque établissement concerné dans la déclaration n° 1447 C, s'il s'agit d'une création ou d'une reprise d'établissement, ou dans la déclaration annuelle n° 1447 M dans les autres cas (n° 29995).
> **c.** L'exonération est soumise au respect du règlement européen général concernant les **aides de minimis** (n° 14805).

Coopératives agricoles et Sica imposables dans les conditions de droit commun La CFE est due dans les conditions de droit commun (sans réduction de 50 % de la base d'imposition) : 26305
– par les sociétés coopératives agricoles (et leurs unions) et les Sica dont les **parts** sont **admises aux négociations sur un marché réglementé** (ou offertes au public sur un système multilatéral de négociation) **ou** dont le capital est détenu à concurrence de **20 %** au moins par des **associés non coopérateurs et/ou des titulaires de certificats coopératifs d'investissement** lorsque les statuts prévoient qu'ils peuvent être rémunérés ;
– par les Sica dont plus de **50 %** du capital ou des voix sont détenus (directement ou par l'intermédiaire de filiales) par des **associés autres que des agriculteurs et assimilés** (Gaec et personnes visées aux 1°, 2° et 3° de l'article L 522-1 du Code rural et de la pêche maritime, ayant la qualité de forestier ou possédant dans la circonscription de la Sica des intérêts agricoles correspondant à son objet social) (CGI art. 1468, I-1°) ;
– par les coopératives et Sica qui **ne fonctionnent pas conformément aux règles** qui les régissent ;
– par les **sociétés mixtes d'intérêt agricole**.

> **Précisions** Ne peut être qualifié de **personne ayant des intérêts agricoles correspondant à l'objet social de la Sica**, au sens du 2° de l'article L 522-1 du Code rural et de la pêche maritime, l'associé détenant 43 % d'une Sica qui exerce une activité de **conditionnement et transformation de produits agricoles achetés auprès de tiers**. La Sica ne peut donc être regardée comme détenue majoritairement par des producteurs agricoles et ne remplit pas les conditions pour bénéficier de la réduction de moitié de la base de la CFE (CE 24-1-2018 n° 396971 : RJF 4/18 n° 390).

TAXE FONCIÈRE SUR LES PROPRIÉTÉS BÂTIES

Signalons que l'exemption permanente de taxe foncière prévue en faveur des bâtiments ruraux profite également aux bâtiments à usage agricole des coopératives agricoles et de leurs unions ainsi qu'à ceux des Sica (voir n° 29440). 26320
Par ailleurs, les **sociétés coopératives agricoles** (et elles seules) peuvent, sans perdre le bénéfice de cette exonération, **mettre à la disposition de tiers** des locaux et moyens techniques en vue de la transformation exclusive des produits des adhérents de la coopérative, dans le respect de certains labels agricoles (CGI art. 1382, 6°-al. 7). La mise à disposition peut être réalisée à titre gratuit ou à titre onéreux. Les modes de valorisation autorisant le maintien de l'exonération sont l'appellation d'origine contrôlée, l'appellation d'origine protégée, l'indication géographique et enfin, la spécialité traditionnelle garantie mentionnée à l'article L 641-12 du Code rural et de la pêche maritime (BOI-IF-TFB-10-50-20-20 n° 100).

D. Droits d'enregistrement

26400 Sous réserve des régimes particuliers exposés ci-après, les opérations réalisées par les sociétés coopératives agricoles et leurs unions sont soumises aux droits d'enregistrement selon les **règles de droit commun**.

COOPÉRATIVES DE BLÉ OU DE CÉRÉALES

26430 Les **actes**, pièces et écrits de **toute nature** concernant les sociétés coopératives de blé ou de céréales sont exonérés de tous droits d'enregistrement, sous réserve de l'application de la taxe de publicité foncière au taux réduit aux opérations immobilières devant être publiées au service de la publicité foncière en application des dispositions de l'article 1020 du CGI (CGI art. 1030).

Les **acquisitions immobilières** réalisées par ces organismes, **de même que** les **ventes** qu'ils consentent, ne supportent donc qu'une imposition de 0,70 %, à laquelle s'ajoute le prélèvement de 2,14 % calculé sur le montant de ce droit (soit un taux global d'environ 0,715 %), même si les droits sont à la charge du tiers contractant. Les ventes réalisées par les coopératives dont l'activité n'est pas uniquement céréalière ne bénéficient pas du régime de faveur (Cass. com. 20-5-2003 n° 01-10.114 F-P : RJF 10/03 n° 1179). L'administration admet cependant l'application du régime à la seule acquisition (et non à la vente) des biens uniquement destinés aux opérations sur les céréales. Si ces biens sont affectés indistinctement à toutes les opérations de la coopérative, le régime de faveur est applicable dans la proportion du chiffre d'affaires résultant des opérations sur les céréales (BOI-ENR-DMTOI-10-70-60 n°s 30 et 40).

On notera que les **apports d'immeubles** à titre pur et simple aux coopératives de blé et de céréales suivent le régime de droit commun (d'où enregistrement gratuit en règle générale : voir n°s 25220 s.) et ne donnent pas lieu à perception de la taxe de publicité foncière.

> **Précisions** Les **moulins** coopératifs, les coopératives agricoles de meunerie et de meunerie- boulangerie sont considérés comme coopératives de blé (CGI art. 1030, al. 2).
> En revanche, les **Sica** ne peuvent pas, selon l'administration, bénéficier de l'exonération prévue à l'article 1030 du CGI étant donné qu'elles ont le statut de coopératives de droit commun et non de coopératives agricoles (BOI-ENR-DMTOI-10-70-60 n° 50).

COOPÉRATIVES D'INSÉMINATION ARTIFICIELLE OU D'UTILISATION DU MATÉRIEL AGRICOLE

26435 Les **actes**, pièces et écrits de **toute nature** concernant les sociétés coopératives d'insémination artificielle et d'utilisation du matériel agricole, ainsi que leurs unions, sont exonérés de tous droits d'enregistrement, sous réserve de l'application de la taxe de publicité foncière aux opérations immobilières devant être publiées en application des dispositions de l'article 1020 du CGI (CGI art. 1031).

La taxe départementale au taux réduit de 0,70 %, à laquelle s'ajoute le prélèvement de 2,14 % calculé sur le montant de ce droit (soit un taux global d'environ 0,715 %), est due sur les **acquisitions ou ventes immobilières** des coopératives d'insémination artificielle.

Ce taux réduit s'applique également à la totalité (ou à une partie seulement) des acquisitions ou ventes immobilières par les Cuma suivant que l'immeuble est ou non affecté en totalité aux opérations relatives à l'utilisation du matériel agricole (BOI-ENR-DMTOI-10-70-60 n° 70).

Comme pour les coopératives de blé ou de céréales visées ci-dessus (n° 26430), les **apports en société d'immeubles** ne supportent pas la taxe de publicité foncière et obéissent au régime de droit commun des constitutions de sociétés et augmentations de capital (n°s 25220 s.).

> **Précisions** Lorsque **plusieurs Cuma se regroupent au sein d'une union**, le régime de faveur s'applique à l'ensemble des biens immobiliers concernés, y compris ceux destinés à abriter les services administratifs, sous réserve que les immeubles ainsi transférés soient nécessaires à l'exercice de l'activité de l'union et affectés en totalité aux opérations relatives à l'utilisation du matériel agricole (BOI précité n° 70).

SECTION 2

EXPLOITATIONS AGRICOLES À RESPONSABILITÉ LIMITÉE (EARL)

Les EARL définies aux articles L 324-1 et suivants du Code rural et de la pêche maritime sont des **sociétés civiles à responsabilité limitée**, constituées d'un ou plusieurs associés, dont l'objet est l'activité agricole exercée dans des conditions comparables à celles existant dans les exploitations agricoles de caractère familial. 26550

Le **statut juridique** de ces sociétés est étudié plus en détail n°s 79700 s.

Le **régime fiscal** des EARL comporte des dispositions spécifiques que nous examinons ci-après en matière d'imposition des bénéfices et de droits d'enregistrement. En revanche, il n'existe pas de règles particulières pour la TVA de sorte que c'est le régime de la TVA agricole qui s'applique aux EARL dans les conditions ordinaires. Les EARL sont exonérées de contribution économique territoriale, tant pour leur activité agricole qu'au titre de leur participation à un groupement d'employeurs (n° 29910).

Sur l'option de certains exploitants agricoles ayant le statut d'**entrepreneur individuel** ou exerçant leur activité dans le cadre d'une **entreprise individuelle à responsabilité limitée (EIRL)** avant le 16 février 2022, pour leur assimilation à une EARL : voir n°s 27650 s.

A. Imposition des bénéfices

PRINCIPE

Les EARL sont soumises de plein droit au **régime des sociétés de personnes** (CGI art. 8, 5°). 26555

Chaque associé est donc en principe personnellement soumis à l'impôt sur le revenu pour sa part dans les bénéfices sociaux (y compris les rémunérations qui lui sont versées) déterminés selon les règles des bénéfices agricoles. On rappelle que les EARL créées depuis le 1er janvier 1997 sont expressément exclues du régime du micro-BA ; toutefois, les EARL dont l'associé unique est une personne physique dirigeant cette exploitation peuvent bénéficier de ce régime (CGI art. 69 D ; voir n° 6180).

Pour plus de précisions sur le régime d'imposition des bénéfices des sociétés de personnes, voir n°s 24705 s.

En ce qui concerne l'option des associés personnes physiques d'une EARL pour le dispositif de l'article 151 octies A du CGI en cas d'**opérations de restructuration** au profit d'une autre société civile agricole, voir n°s 10740 s.

Sur la possibilité d'arrêter un résultat intermédiaire en cas notamment de **départ d'un associé en cours d'année**, voir n° 24717.

Les EARL soumises de plein droit au régime des sociétés de personnes peuvent **opter pour l'impôt sur les sociétés** dans les conditions de droit commun (CGI art. 206, 3). L'option doit être notifiée au plus tard avant la fin du troisième mois de l'exercice au titre duquel l'entreprise souhaite être soumise pour la première fois à l'impôt sur les sociétés (voir n° 24050). 26570

Lorsqu'elles sont soumises à l'impôt sur les sociétés, les EARL sont placées dans la même situation que les sociétés de capitaux et leurs **bénéfices** sont déterminés et imposés dans les conditions générales exposées n°s 24100 s. Les **rémunérations** versées aux associés, notamment celles de l'associé gérant, sont déductibles des bénéfices sociaux dans les conditions de droit commun (n°s 24400 s.). Quant aux bénéficiaires, ils sont imposés au titre de leurs rémunérations dans le cadre de l'article 62 du CGI (n° 24420).

Les EARL ayant opté pour leur assujettissement à l'impôt sur les sociétés peuvent **renoncer à cette option** jusqu'au cinquième exercice suivant celui au titre duquel ladite option a été exercée (CGI art. 239). Les EARL qui ont renoncé à l'option ne peuvent plus ultérieurement opter à nouveau pour l'impôt sur les sociétés. En l'absence de renonciation dans le délai prévu, l'option pour l'impôt sur les sociétés devient irrévocable.

Pour plus de précisions sur les modalités ainsi que les conséquences fiscales de la renonciation à l'option, voir n° 24055.

ACTIVITÉS COMMERCIALES ACCESSOIRES ET RÉGIME DES SOCIÉTÉS DE PERSONNES

26580 Les sociétés civiles agricoles – dont les EARL – dont l'**activité commerciale ne dépasse ni 50 % du chiffre d'affaires** tiré de l'activité agricole **ni 100 000 €** peuvent continuer à bénéficier du régime des sociétés de personnes pour l'ensemble de leurs activités (voir n° 24030). En cas de **dépassement de ces limites**, ces sociétés deviennent passibles de l'IS et ce changement de régime fiscal emporte cessation d'entreprise, dont les conséquences fiscales peuvent cependant être atténuées (n°s 24850 s.).

Afin d'éviter ces conséquences, les **EARL à caractère familial** (formées uniquement entre personnes parentes en ligne directe ou entre frères et sœurs, ainsi que les conjoints ou partenaires liés par un Pacs) susceptibles d'être soumises à l'impôt sur les sociétés lorsque leurs recettes commerciales excèdent les seuils visés ci-dessus peuvent se **transformer en SARL** et opter pour le régime des SARL de famille soumises à l'article 8 du CGI (CGI art. 239 bis AA) dans l'acte constatant la transformation, assurant ainsi la continuité fiscale de l'entreprise sous le régime des sociétés de personnes. Dès lors, la SARL de famille aura deux activités distinctes dont les bénéfices seront calculés et imposés selon les règles applicables à chacune de ces activités (BA et BIC) ; chaque associé devant, quant à lui, déclarer à l'impôt sur le revenu sa quote-part de BA et de BIC en proportion de ses droits sociaux.

B. Droits d'enregistrement

26600 Sous réserve de quelques **dispositions particulières** concernant essentiellement les cessions de parts d'EARL, le régime fiscal des EARL, au regard des droits d'enregistrement, obéit aux **règles générales** applicables à l'ensemble des sociétés (n°s 25200 s.).

CONSTITUTION D'UNE EARL

26610 **Apports purs et simples** Cas général où l'**EARL** est **soumise au régime fiscal des sociétés de personnes** : conformément au régime de droit commun applicable à la généralité des sociétés de personnes, tous les apports purs et simples de biens meubles et immeubles sont enregistrés gratuitement (n° 25220).

26615 Cas où l'**EARL est soumise à l'impôt sur les sociétés** : les droits exigibles sont ceux des apports purs et simples faits à des sociétés de capitaux, soit la perception en principe du droit spécial de mutation dans le régime de droit commun et l'enregistrement gratuit si les conditions d'application du régime de faveur sont remplies (n°s 25230 s.).

Ces règles s'appliquent également en cas de **changement de régime fiscal** lorsque l'EARL devient passible de l'IS à la suite d'une option exercée en ce sens. Toutefois, en cas d'engagement de conservation des titres, l'enregistrement est gratuit.

26620 **Apports à titre onéreux** Considérés comme des ventes, ces apports supportent, en **règle générale**, un droit de mutation qui diffère selon que les biens apportés à titre onéreux sont des immeubles ou d'autres biens (voir n°s 25260 s.).

Toutefois, un régime de faveur est accordé aux **apports** à titre onéreux **résultant de la prise en charge** par l'EARL non soumise à l'IS **du passif grevant les immeubles apportés** : dans ce cas, l'administration fait application du régime prévu pour les apports purs et simples (BOI-ENR-AVS-40-30 n° 270). Les apports réalisés à la constitution de l'EARL sont donc enregistrés gratuitement (n° 25220).

AUGMENTATION DE CAPITAL

26630 Les augmentations de capital d'une EARL obéissent en principe au régime de droit commun prévu pour la généralité des sociétés, qu'elles soient réalisées au moyen d'apports nouveaux ou par incorporation de bénéfices ou de réserves (n°s 25300 s.).

Les **apports à titre onéreux résultant de la prise en charge** par l'EARL non soumise à l'IS **du passif grevant les immeubles apportés** bénéficient du régime de faveur exposé ci-dessus n° 26620 (BOI-ENR-AVS-40-30 n° 270). Ces apports, réalisés en cours de vie sociale, sont donc enregistrés gratuitement.

CESSION DE PARTS

26640 Les cessions de gré à gré de parts d'**EARL non passibles de l'impôt sur les sociétés** sont enregistrées au droit fixe de 125 €, quel que soit le type d'apport qu'elles représentent (CGI art. 730 bis ; BOI-ENR-DMTOM-40-50-20 n° 1). Ce régime trouve à s'appliquer que les cessions soient ou non constatées par un acte.

Si l'EARL **est passible de l'impôt sur les sociétés**, les cessions de parts sont soumises au régime de droit commun des cessions de parts sociales (voir nos 25600 s.). Il en est ainsi même si la cession porte sur la totalité des parts à une ou plusieurs personnes (nos 25600 s.).

> **Précisions** Dans l'hypothèse où l'application du régime de droit commun des cessions de parts prévu à l'article 726 du CGI est de nature à donner ouverture à des **droits inférieurs au droit fixe** de 125 € visé à l'article 730 bis, ce sont les droits de mutation à titre onéreux déterminés selon le régime de droit commun qui doivent être perçus (BOI-ENR-DMTOM-40-50-20 n° 10).

DISSOLUTION ET PARTAGE

EARL pluripersonnelle Si l'EARL est pluripersonnelle, il est fait application des règles générales prévues pour la dissolution et le partage de l'ensemble des sociétés en distinguant selon que l'EARL est ou non passible de l'IS (voir nos 25500 s.). 26650

EARL unipersonnelle Si l'EARL est unipersonnelle, il convient, à notre avis, de faire application des règles suivantes. 26655

Si l'**EARL** n'est **pas passible de l'IS**, la théorie de la mutation conditionnelle des apports devrait, semble-t-il, s'appliquer. S'il en est ainsi, les biens corporels apportés par l'associé unique sont repris par lui sans rendre exigible aucun droit (à l'exception de la taxe de publicité foncière s'il s'agit d'immeubles ou de droits immobiliers).

En outre, du fait qu'il ne peut y avoir de partage, l'appropriation des acquêts sociaux par l'associé unique n'entraîne pas la perception du droit de partage de 2,50 %.

Si l'**EARL** unipersonnelle est **passible de l'IS** (à la suite d'une option), tous les biens sociaux étant en **principe** réputés des acquêts, l'appropriation de l'actif social par l'associé unique ne donne ouverture à aucun droit de mutation. Il ne peut y avoir lieu non plus à la perception du droit de partage. Seul le droit fixe de 125 € des actes innomés peut être exigé si un acte est établi et présenté à la formalité de l'enregistrement (CGI art. 680). Si l'actif social est composé d'immeubles, la publication de l'acte au service chargé de la publicité foncière donne ouverture à la taxe de publicité foncière au taux réduit de 0,70 %, à laquelle s'ajoute le prélèvement de 2,14 % calculé sur le montant de ce droit, soit un taux global d'environ 0,715 % (CGI art. 678).

Toutefois, lorsque les **biens** n'ont pas été soumis **lors de leur apport** au droit de mutation, leur attribution à un associé autre que l'apporteur donne ouverture aux droits de mutation à titre onéreux : voir n° 25521.

SECTION 3

GROUPEMENTS AGRICOLES D'EXPLOITATION EN COMMUN (GAEC)

En vue de faciliter le regroupement cultural des exploitations familiales, la loi du 8 août 1962 permet aux agriculteurs de constituer entre eux des groupements agricoles d'exploitation en commun (Gaec). Définis aux articles L 323-1 et suivants du Code rural et de la pêche maritime et constitués sous la forme de **sociétés civiles de personnes**, ces groupements ont pour objet de permettre la réalisation d'un travail en commun dans des conditions comparables à celles existant dans les exploitations de caractère familial ; il peut consister également dans la vente en commun, à frais communs, du fruit du travail des associés. 26700

En ce qui concerne le statut juridique de ces groupements, on se reportera aux indications données nos 79500 s.

A. Imposition des bénéfices

PRINCIPE

Dès lors qu'ils revêtent la forme de sociétés civiles de personnes et que leur objet ne présente pas a priori un caractère industriel ou commercial (au sens des articles 34 et 35 du CGI), les groupements agricoles d'exploitation en commun ne sont pas assujettis à l'impôt sur les sociétés et relèvent du régime de l'impôt sur le revenu (à condition, évidemment, qu'ils fonctionnent 26705 conformément aux dispositions qui les régissent). Dès lors, **chaque associé** est personnellement passible, pour la part des bénéfices sociaux correspondant à ses droits, de l'impôt sur le revenu déterminé selon les règles des **bénéfices agricoles**.

> **Précisions a.** Les Gaec peuvent **opter** pour leur assujettissement à l'**impôt sur les sociétés** dans les conditions de droit commun (voir n° 24050).
> **b.** Les Gaec qui exercent des **activités commerciales accessoires** ne sont pas assujettis à l'impôt sur les sociétés lorsque les recettes tirées de ces activités respectent les seuils de 50 % et 100 000 € visés n° 24030. Ces seuils sont **appréciés** pour les Gaec au seul niveau du groupement, la somme de 100 000 € étant toutefois multipliée par le nombre d'associés exploitants, dans la limite de quatre (CGI art. 71, 1° bis). Pour les associés également exploitants individuels, les seuils de recettes agricoles et non agricoles sont appréciés, au titre de ces exercices, en tenant compte de leurs seules recettes propres (CGI art. 75).
> **c.** Sur la possibilité d'arrêter un résultat intermédiaire en cas notamment de **départ d'un associé en cours d'année**, voir n° 24717.

MODALITÉS SPÉCIFIQUES D'IMPOSITION

26710 Des modalités particulières d'imposition sont prévues en faveur des Gaec dont tous les membres participent effectivement et régulièrement à l'activité (CGI art. 71). Elles concernent :
– la détermination **du régime d'imposition** : voir n°s 6210 s. ;
– le montant de la **déduction pour épargne de précaution** : voir n°s 14885 s. ;
– le montant du **crédit d'impôt** en faveur des **dépenses de remplacement pour congés** : voir n° 15110 ;
– le montant du **crédit d'impôt** prévu en faveur de l'**agriculture biologique** : voir n° 15120 ;
– le montant du **crédit d'impôt pour la formation du chef d'entreprise** : voir n° 15115.

SITUATIONS PARTICULIÈRES

26715 Bien que, pour l'application du livre VII du Code rural et de la pêche maritime, les membres des Gaec qui ne sont que **titulaires de parts en industrie** soient considérés comme des salariés, ils relèvent au point de vue fiscal du régime des bénéfices agricoles car ils participent à la gestion du groupement. Aussi, lorsque les impositions de ces membres sont établies selon le régime du bénéfice réel (normal ou simplifié), la **base imposable de chaque associé** est obtenue en ajoutant les **rémunérations perçues** par lui à sa part dans les bénéfices sociaux, ceux-ci étant déterminés après déduction des rémunérations attribuées aux associés et des charges sociales obligatoires correspondantes (BOI-BA-CHAMP-20-20 n°s 150 et 160).

26716 Les **apports en jouissance** à un groupement agricole d'exploitation en commun donnent lieu à l'attribution de parts d'intérêt (C. rur. art. L 323-8) et, par suite, influent sur la répartition du bénéfice social entre les associés. Les **rémunérations** de ces apports ont donc le caractère de bénéfices agricoles. L'associé qui apporte un bien en jouissance est d'ailleurs admis à déduire de sa part dans les bénéfices sociaux les **dépenses** qui restent à sa charge et qui auraient été déductibles s'il avait continué à exploiter personnellement le bien considéré, et notamment les frais d'acte, les frais financiers et autres charges incombant au propriétaire, relatifs au bien apporté en jouissance (BOI-BA-BASE-20-30-50 n° 20).
En revanche, la **mise à disposition d'immeubles** au profit du groupement n'a aucune incidence sur la répartition du bénéfice. La rémunération correspondante a le caractère de revenus fonciers si les immeubles appartiennent à l'un des associés. Elle s'analyse en un simple remboursement de charges lorsque le groupement se substitue au fermier membre de ce dernier pour payer le loyer des terres et bâtiments qui ont été mis à sa disposition avec l'accord du propriétaire (Inst. 4-10-1972, 5 E-12-72 non reprise au Bofip, mais qui nous paraît conserver sa valeur).

26718 L'**apport** par un exploitant agricole **d'un élément d'actif** à un Gaec constitue une cession qui donne lieu à la constatation d'une plus-value professionnelle (CGI art. 73 E, I).
L'apport d'une **exploitation individuelle** à un Gaec entraîne la taxation immédiate des résultats d'exploitation de l'exercice en cours, des bénéfices en sursis d'imposition (notamment subventions d'équipement, revenus exceptionnels et plus-values à court terme relevant de certains régimes spéciaux d'étalement) et des plus-values d'apport (CGI art. 73 E, II ; BOI-BA-CESS-10 n° 80).
Il entraîne par ailleurs des conséquences analogues à celles qui résultent de la cessation d'activité au regard des dispositifs de la moyenne triennale et des déductions pour épargne de précaution, pour investissements ou pour aléas.
Toutefois, si l'opération est réalisée dans les conditions de l'article 151 octies du CGI (n°s 10685 s.), seul le résultat du dernier exercice de l'activité individuelle est immédiatement imposable. De même, le dispositif de report d'imposition des plus-values d'apport prévu à

l'article 151 octies A, I du même Code en cas d'opérations de restructuration au profit d'une autre société civile agricole s'applique en cas d'option pour ce régime (nos 10740 s.).
Sur l'incidence de l'apport sur le **régime d'imposition applicable**, voir n° 6200.

B. Droits d'enregistrement

Sous réserve des **dispositions particulières** exposées ci-après, le régime fiscal des Gaec, au regard des droits d'enregistrement, obéit aux **règles générales** applicables à l'ensemble des sociétés (nos 25200 s.). 26730

CONSTITUTION ET AUGMENTATION DE CAPITAL

Les actes constatant la constitution ou l'augmentation de capital d'un Gaec – ou, à défaut d'acte, la déclaration obéissent en principe au régime de droit commun applicable à toutes les sociétés (d'où, en règle générale, enregistrement gratuit à la fois lors de la constitution et en cas d'augmentation de capital) : voir nos 25220 s. et 25300 s. 26740
Les **apports à titre onéreux** sont normalement imposés selon les règles de droit commun (nos 25260 s. et 25300 s.). Toutefois, lorsqu'ils résultent de la **prise en charge** par le Gaec **du passif grevant les immeubles** apportés, l'administration admet de leur appliquer le même régime que les apports purs et simples lorsqu'ils sont effectués lors de la constitution du Gaec : ces apports sont donc enregistrés gratuitement. Cette solution est également applicable aux apports de **cheptel, matériel** et **autres objets mobiliers dépendant de l'exploitation agricole** qui auraient le caractère d'immeubles par destination du fait que leur apport serait corrélatif à celui des terres constituant le fonds rural (BOI-ENR-AVS-40-30 n° 60).

CESSIONS DE PARTS SOCIALES DE GAEC

Les cessions de gré à gré de parts de Gaec sont enregistrées au **droit fixe de 125 €** quel que soit le type d'apport qu'elles représentent (CGI art. 730 bis ; BOI-ENR-DMTOM-40-50-20 n° 1). 26760
Ce régime trouve à s'appliquer que les cessions soient ou non constatées par un acte.
Dans l'hypothèse où l'application du régime de droit commun des cessions de parts prévu à l'article 726 du CGI (nos 25600 s.) est de nature à donner ouverture à des **droits inférieurs** au droit fixe de 125 € visé à l'article 730 bis précité, ce sont les droits de mutation à titre onéreux déterminés selon le régime de droit commun qui doivent être perçus (BOI-ENR-DMTOM-40-50-20 n° 10).

C. TVA

En matière de TVA, il n'existe **pas de régime spécial** pour les Gaec. Comme la généralité des agriculteurs, ils peuvent donc, s'ils ne sont pas obligatoirement redevables de la TVA (en fonction de leurs recettes notamment), opter pour leur imposition à la TVA. À défaut d'imposition obligatoire ou d'option, les Gaec bénéficient du régime du remboursement forfaitaire. 26770
Qu'il s'agisse de la TVA ou du régime du remboursement forfaitaire, on se reportera donc au titre I (nos 160 s.) spécialement consacré à l'exposé de la réglementation de la TVA en agriculture.
On y trouvera notamment des **précisions concernant** :
– les conditions d'imposition obligatoire des Gaec en fonction des recettes réalisées : seuil spécifique (n° 275) ;
– la non-déduction par le Gaec de la TVA ayant grevé les biens mis à sa disposition par un de ses membres (n° 1825).
En ce qui concerne le droit à déduction de la TVA éventuellement facturée par un bailleur à un fermier entrant dans un Gaec, voir n° 18220.

D. Impôts locaux

À défaut de dispositions particulières, il y a lieu de faire application des règles générales exposées nos 29005 s. 26780
C'est ainsi que les Gaec profitent, comme les exploitants individuels, des mesures d'**exemption** de **taxe foncière** sur les propriétés bâties et de l'exonération de **contribution économique territoriale** pour leur activité, ainsi qu'au titre de leur participation à un groupement d'employeurs.
Les membres des Gaec peuvent bénéficier, sous certaines conditions, du dégrèvement de **taxe foncière sur les propriétés non bâties** accordé aux jeunes agriculteurs.

SECTION 4

GROUPEMENTS FONCIERS AGRICOLES (GFA)

26800 Les groupements fonciers agricoles sont (comme les Gaec) constitués sous la forme de **sociétés civiles de personnes**, groupant en principe des personnes physiques (C. rur. art. L 322-1 s.). Toutefois, peuvent être membres d'un GFA certaines personnes morales telles que les Safer, les coopératives agricoles et les sociétés d'intérêt collectif agricole, les sociétés d'assurance et de capitalisation et les SCPI.

L'**objet** des GFA peut consister soit dans la location des exploitations agricoles leur appartenant, soit dans l'exploitation directe de ces propriétés (sous certaines conditions), soit dans l'une et l'autre de ces opérations.

D'une manière générale, le GFA peut constituer un **cadre juridique approprié** à la **transmission d'une exploitation agricole** avec un moindre coût fiscal. En effet, la transmission par succession ou donation des parts de GFA bénéficie, sous certaines conditions, d'une large exonération (nos 26850 s.).

Les **règles** de **constitution** et de **fonctionnement** des GFA sont exposées nos 78800 s. Les développements qui suivent ne concernent que leur régime fiscal.

> **Précisions a. Groupements agricoles fonciers (GAF)** : les **dispositions** relatives à ces groupements ont été **abrogées** par la loi 70-1298 du 31 décembre 1970. Il n'est donc plus possible de constituer de nouveaux GAF depuis le 1er janvier 1971, mais des **apports** peuvent toujours être faits aux groupements existants qui ne se sont pas transformés en GFA. Les droits exigibles sur ces apports sont les mêmes que ceux qui sont dus pour les apports à des GFA (no 26820). Les **transformations** de GAF **en GFA** obéissent au régime général des transformations de société en matière de droits d'enregistrement (nos 25410 s.).
> Les GAF qui répondent aux caractéristiques des groupements fonciers agricoles bénéficient, notamment, de l'**exonération** partielle des **droits de mutation à titre gratuit**, sous les conditions prévues à l'article 793, 1-4° du CGI (nos 26850 s.).
> **b. Exonération d'IFI** des parts de GFA : voir nos 30630 s.
> **c.** Sur l'option des associés personnes physiques d'un GFA pour le dispositif de l'article 151 octies A du CGI en cas d'**opérations de restructuration** au profit d'une autre société civile agricole, voir nos 10740 s.

A. Imposition des bénéfices

26810 À défaut d'option pour le régime fiscal des sociétés de capitaux, les groupements fonciers agricoles (GFA) relèvent du régime de l'impôt sur le revenu selon les règles prévues par l'article 8 du CGI à l'égard des **sociétés de personnes**. Chaque membre est donc personnellement taxé à l'impôt sur le revenu pour la part de bénéfices sociaux correspondant à ses droits dans la société.

Les résultats du GFA sont déterminés selon les règles applicables, selon le cas :

– aux **revenus fonciers** lorsqu'il donne en location les exploitations lui appartenant (dans ce cas, le GFA est tenu de déposer une déclaration annuelle sur imprimé n° 2072 : voir no 17820) ;

– aux **bénéfices agricoles** lorsqu'il exploite directement ses propriétés (on parle alors de **GFA exploitant**). Les GFA créés depuis le 1er janvier 1997 sont exclus du régime du micro-BA. Les GFA créés antérieurement relèvent de ce régime quand les bénéfices agricoles tirés de l'exploitation directe de leurs propriétés n'excèdent pas certaines limites (voir no 6180). Dans ce cas, les GFA sont autorisés à opter pour le régime du bénéfice réel et cette option vaut pour l'ensemble des associés en ce qui concerne les bénéfices retirés de leur participation au groupement.

> **Précisions a.** Les **rémunérations versées aux associés-gérants** sont soumises à leur nom à l'impôt sur le revenu dans la catégorie correspondant à la nature de l'activité du groupement :
> – bénéfices agricoles en cas d'exploitation directe ;
> – revenus fonciers en cas de location des exploitations.
> **b.** Sur la possibilité d'arrêter un résultat intermédiaire en cas de **départ d'un associé en cours d'année**, voir no 24717.
> **c.** Les groupements fonciers agricoles peuvent **opter pour l'impôt sur les sociétés** dans les conditions exposées no 24050.

B. Droits d'enregistrement

CONSTITUTION ET AUGMENTATION DE CAPITAL

Conformément au droit commun, les actes (ou à défaut les déclarations) constatant des **apports mobiliers et immobiliers à titre pur et simple** à un groupement foncier agricole non soumis à l'impôt sur les sociétés sont enregistrés gratuitement à la fois lors de la constitution et en cas d'augmentation de capital (voir n°s 25220 s. et 25300 s.). 26820

En règle générale, les **apports à titre onéreux** sont imposés dans les conditions de droit commun indiquées n°s 25260 s. et 25300 s.

Toutefois, les apports à titre onéreux résultant de la **prise en charge du passif grevant les immeubles** apportés aux GFA lors de la constitution du GFA sont soumis au même régime que les apports purs et simples (BOI-ENR-AVS-40-30 n° 110).

PARTAGE ET LICITATION

Le partage d'un GFA (ou la licitation de ses biens) donne ouverture au droit de partage de 2,50 % (y compris sur les soultes de partage) en ce qui concerne les **biens** qui se trouvaient **dans l'indivision** lors de leur apport, et qui sont **attribués à des apporteurs**, à leurs conjoints survivants ou à leurs ayants droit à titre gratuit, dès lors que ces apporteurs étaient parents ou alliés jusqu'au 4e degré inclus (CGI art. 748 bis et 750 bis). 26830

Lorsque les conditions ci-dessus sont remplies, il est fait abstraction, pour les biens en cause, des règles qui gouvernent les partages de sociétés et notamment de la théorie de la mutation conditionnelle des apports (n° 25506).

Le droit de 2,50 % est liquidé sur la valeur nette de l'actif partagé, c'est-à-dire sur le montant brut des biens indivis partagés déduction faite des frais et des charges correspondants (BOI-ENR-PTG-10-30 n° 80).

> **Précisions a.** Pour l'application du régime de faveur, il n'y a pas à tenir compte de l'**origine de l'indivision**. Il n'est pas nécessaire non plus qu'il y ait identité entre les membres originaires de l'indivision et les apporteurs. Les **actes** doivent contenir toutes les précisions nécessaires en ce qui concerne le lien de parenté qui unissait les apporteurs ainsi que, le cas échéant, la justification de la qualité d'ayant droit à titre gratuit des attributaires (BOI-ENR-PTG-10-30 n° 70).
>
> **b.** Lorsque le capital social à partager se compose de **biens dont certains seulement** sont susceptibles de bénéficier du **régime de faveur**, il y a lieu de faire application concurremment de ces règles pour les biens répondant aux conditions exigées pour l'application de ce régime et des principes de droit commun qui régissent les partages de sociétés pour les autres biens sociaux. Ces dernières règles s'appliquent exclusivement dans l'hypothèse où le régime préférentiel ne peut être appliqué à **aucun des éléments** du patrimoine social (BOI-ENR-PTG-10-30 n° 90).
>
> Les droits dus sur les licitations de biens dépendant d'un GFA sont liquidés dans les mêmes conditions.

CESSION DES PARTS

Les cessions de gré à gré de parts de sociétés civiles à objet principalement agricole sont enregistrées au **droit fixe de 125 €** quel que soit le type d'apport qu'elles représentent. Ces sociétés doivent en outre être constituées depuis au moins trois ans avant la cession (CGI art. 730 bis ; BOI-ENR-DMTOM-40-50-20 n° 1). Parmi les sociétés civiles à objet principalement agricole figurent les GFA, même non exploitants. 26835

Ce régime s'applique que les cessions soient ou non constatées par un acte.

Dans l'hypothèse où l'application du régime de droit commun des cessions de parts prévu à l'article 726 du CGI (n°s 25600 s.) est de nature à donner ouverture à des **droits inférieurs** au droit fixe de 125 € visé à l'article 730 bis précité, ce sont les droits de mutation à titre onéreux déterminés selon le régime de droit commun qui doivent être perçus (BOI-ENR-DMTOM-40-50-20 n° 10).

EXONÉRATION PARTIELLE DE DROITS DE SUCCESSION OU DE DONATION

La transmission à titre gratuit des parts de GFA (ainsi que des parts de GAF) est exonérée de droits de succession et de donation à concurrence d'une fraction de leur valeur lorsque certaines conditions sont réunies (CGI art. 793, 1-4° et 793 bis). 26850

26854 **Conditions imposées au GFA** Seules peuvent bénéficier de l'exonération partielle les parts de GFA (ou de groupements agricoles fonciers répondant aux mêmes caractéristiques que les GFA) qui réunissent les conditions suivantes.

26855 Le GFA doit répondre aux caractéristiques des articles L 322-1 à L 322-21 et L 322-23 du Code rural et de la pêche maritime. En particulier, les **associés** de ces groupements doivent **répondre indéfiniment des dettes sociales** à proportion de leur part dans le capital. À défaut, l'exonération n'est pas applicable (BOI-ENR-DMTG-10-20-30-30 n° 30).

26856 Les **statuts** du GFA doivent lui **interdire l'exploitation en faire-valoir direct** : cette interdiction doit exister au moment de la transmission à titre gratuit et elle doit être effective. L'exonération ne s'appliquerait pas si le GFA exploitait lui-même des terres qu'il a prises à bail ou si, les biens du GFA étant donnés à bail par métayage, le GFA participait à la direction de l'exploitation (BOI-ENR-DMTG-10-20-30-30 n° 40).

26857 Les **immeubles à destination agricole** composant le patrimoine du GFA doivent avoir été donnés à **bail à long terme** dans les conditions prévues par les textes qui régissent cette forme de bail (voir n°s 75200 s.) ou à **bail cessible hors du cadre familial** dans les conditions prévues aux articles L 418-1 à L 418-5 du Code rural et de la pêche maritime (CGI art. 793, 1-4°-b).

Lorsque le patrimoine du GFA n'est pas composé exclusivement d'immeubles à destination agricole, l'exonération ne s'applique qu'à la fraction de la valeur nette des parts correspondant aux biens loués par bail à long terme ou par bail cessible hors du cadre familial et à concurrence d'un certain pourcentage (voir n° 26861).

Le **bail** doit être **en cours** au moment de la transmission, mais celle-ci peut intervenir au cours du bail initial ou d'un renouvellement (BOI-ENR-DMTG-10-20-30-30 n° 60).

En cas de **transmission par donation au fermier** lui-même ou à ses proches parents, l'exonération partielle est soumise à une condition supplémentaire d'**ancienneté du bail** : le bail doit avoir été consenti depuis au moins deux ans au jour de la donation au donataire, à son conjoint, à un de leurs descendants ou à une société contrôlée par une ou plusieurs de ces personnes (CGI art. 793 bis, al. 4). Le délai de deux ans est calculé à compter de la date à laquelle le bail a acquis date certaine (BOI-ENR-DMTG-10-20-30-30 n° 150).

En revanche, les **transmissions par décès** (successions) au profit du fermier ou de ses proches parents énumérés ci-dessus bénéficient de l'exonération partielle, même si le bail remonte à moins de deux ans avant le décès (BOI-ENR-DMTG-10-20-30-30 n° 140).

> **Précisions a.** L'exonération n'est applicable que si les **immeubles à destination agricole** constituant le patrimoine du GFA sont **en totalité donnés à bail à long terme** (ou à bail cessible hors du cadre familial). L'administration a précisé que la présence, dans le patrimoine du GFA, d'une **parcelle** agricole **louée par bail emphytéotique** est de nature à remettre en cause l'exonération partielle (BOI-ENR-DMTG-10-20-30-30 n° 60).

b. L'administration a admis que n'entraîne pas la remise en cause du régime de faveur la **sous-location** par le preneur d'un bail rural à long terme de certains bâtiments pour un **usage de vacances ou de loisirs** pour une durée n'excédant pas trois mois consécutifs, dès lors qu'il a été autorisé par le bailleur à consentir cette sous-location et que ces activités présentent un caractère accessoire (Rép. Descamps : AN 20-12-1993 n° 5755 ; non expressément reprise au Bofip, cette solution illustre la mesure de tempérament exposée au BOI-ENR-DMTG-10-20-30-20 n° 340, selon laquelle il n'y a pas remise en cause des avantages fiscaux liés au bail rural à long terme lorsque le preneur exerce des activités commerciales annexes compatibles avec l'application du statut du fermage).

c. En cas de transmission par **donation au fermier lui-même** ou à ses proches parents, l'exonération partielle n'est pas applicable aux **parcelles acquises par le groupement moins de deux ans avant** la donation même lorsque celles-ci sont intégrées, par avenant, dans un bail conclu depuis plus de deux ans avec le donataire sur d'autres parcelles (Rép. Valleix : AN 31-7-1995 n° 24610 ; solution non reprise au Bofip mais qui paraît conserver son intérêt).

26859 **Conditions imposées aux porteurs de parts** L'exonération partielle est subordonnée à la condition que les **parts** du GFA aient été **détenues depuis deux ans** au moins **par le donateur ou le défunt**, sauf pour les membres fondateurs qui ont effectué exclusivement des apports d'immeubles ou de droits immobiliers à destination agricole (CGI art. 793, 1-4°-c).

Par ailleurs, le maintien de l'exonération partielle est subordonné à la condition que les **parts reçues** restent la **propriété du donataire, héritier ou légataire pendant** au moins **cinq ans** (**dix ans** pour l'application de la limite majorée : n° 26861) à compter de la transmission à titre gratuit (CGI art. 793 bis, al. 1 et 3).

> **Précisions a.** Le **délai de détention** de deux ans est exigé en cas d'**apport mixte effectué par un membre fondateur**, même si l'apport en espèces est très faible (Cass. com. 19-3-1985 n° 83-15.012 : RJF 8-9/85 n° 1246 ; BOI-ENR-DMTG-10-20-30-30 n° 70).
> **b.** Les **parts détenues par** une **SCPI** ou par une **entreprise d'assurance** ou **de capitalisation** sont exclues du bénéfice de l'exonération (CGI art. 793, 1-4°-c).

Portée de l'exonération La **valeur** totale des parts de GFA (pour la fraction correspondant aux biens loués par bail à long terme ou par bail cessible hors du cadre familial) transmises par le donateur ou le défunt à chaque donataire, héritier ou légataire est exonérée à concurrence de (CGI art. 793, 1-4° et 793 bis) : 26861
– 75 % de leur valeur nette **jusqu'à 300 000 €** à condition de conserver les biens pendant cinq ans, **ou** jusqu'à **500 000 €** en cas de conservation des biens pendant dix ans ;
– 50 % de leur valeur nette **au-delà de ces limites**.
Cette exonération partielle s'applique aussi bien aux **donations** qu'aux **successions** et quel que soit le **lien de parenté** existant entre le donateur ou le défunt et le bénéficiaire de la transmission, et même si aucun lien de parenté n'existe entre eux (BOI-ENR-DMTG-10-20-30-30 n° 160).
Seule la fraction de la **valeur nette** des parts **correspondant aux biens loués à long terme** ou par bail cessible hors du cadre familial peut bénéficier de l'exonération partielle (CGI art. 793, 1-4°). La fraction correspondant à d'autres biens est soumise aux droits de succession ou de donation dans les conditions de droit commun ; c'est le cas notamment, selon l'administration, des immeubles qui ne sont pas utilisés pour les besoins de l'exploitation agricole, des valeurs mobilières, des stocks ne pouvant être considérés comme des immeubles agricoles par destination, des créances diverses y compris sur les clients et du numéraire (BOI-ENR-DMTG-10-20-30-30 n° 310). À défaut d'affectation dans le contrat de prêt, les **dettes** font l'objet d'une imputation proportionnelle entre la masse des biens exonérés et celle des autres biens (BOI-ENR-DMTG-10-20-30-30 n° 320).
L'exonération partielle s'applique à toutes les **transmissions successives** des parts d'un même GFA (BOI-ENR-DMTG-10-20-30-30 n° 180).

Les **limites** de l'exonération partielle **s'apprécient** au niveau de chaque part héréditaire ou de chaque légataire s'il s'agit d'une succession, ou de chaque donateur et donataire s'il s'agit d'une mutation à titre gratuit entre vifs. 26865
Lorsque les biens transmis comprennent **à la fois des parts de GFA et des immeubles ruraux loués par bail à long terme ou par bail cessible hors du cadre familial**, les limites trouvent à s'appliquer au titre de chaque catégorie de biens. Dès lors, un seuil différent est susceptible de s'appliquer à chaque catégorie de biens (BOI-ENR-DMTG-10-20-30-30 n° 230).
Les limites sont appréciées en tenant compte de l'ensemble des **donations antérieurement consenties** par la même personne à un titre, à une date et sous une forme quelconques, à l'exception toutefois des donations passées depuis plus de quinze ans (CGI art. 793 bis, al. 3).

EXEMPLE

M. X, qui est veuf et père de deux enfants, Pierre et Jean, **décède** sans testament le **3 janvier 2024**, laissant un actif successoral de 600 000 € dont **500 000 € de parts de GFA**. Les deux héritiers entendent conserver chacun les parts de GFA pendant au moins cinq ans (mais moins de dix ans).
M. X avait consenti à ses deux enfants les **donations** antérieures suivantes :
– à Pierre, le 1er mars 1995, 100 000 € dont 72 900 € de parts de GFA ;
– à Jean, le 1er février 2015, 120 000 € dont 94 500 € de parts de GFA.
Les donations ont bénéficié de l'exonération des 3/4 respectivement à hauteur de 72 900 € et de 94 500 €.
La donation faite à Pierre étant antérieure de plus de 15 ans à la date du décès de son père, il n'y a pas lieu d'en tenir compte pour l'appréciation de la limite de 300 000 €. La **part successorale de Pierre** pourra donc bénéficier intégralement de l'exonération des 3/4 à hauteur de 250 000 € (en supposant que les autres conditions d'exonération des parts de GFA sont satisfaites).
En revanche, s'agissant de la **part héréditaire dévolue à Jean**, il convient de tenir compte de la donation du 1er février 2015, dès lors qu'elle remonte à moins de 15 ans. Pour lui, l'exonération de droits de succession des 3/4 est limitée à 300 000 € – 94 500 € = 205 500 € ; l'excédent, soit 250 000 € – 205 500 € = 44 500 €, ne sera exonéré que de moitié.
D'où, fraction taxable de la valeur des parts de GFA reçues par Jean :

205 500 € × 1/4 = ...	51 375 €
44 500 € × 1/2 = ...	22 250 €
Total = ...	73 625 €

26870 **Obligations déclaratives** Les **actes de donation** et les **déclarations de succession** comprenant des parts de GFA doivent indiquer certains renseignements destinés à permettre l'application du régime spécial d'exonération partielle de droits de mutation à titre gratuit que nous venons d'exposer.

Ces obligations sont identiques à celles prévues pour l'exonération partielle des transmissions directes à titre gratuit des biens ruraux loués par bail à long terme. On se reportera donc aux explications données n° 17320.

26880 **Déchéance de l'exonération partielle** Si le **bénéficiaire vend ou fait donation** de tout ou partie des parts de GFA reçues pendant la période de conservation, il doit acquitter le complément de droits de succession ou de donation dont il a été dispensé et l'intérêt de retard de 0,20 % par mois prévu par l'article 1727 du CGI (CGI art. 793 bis). Il en est ainsi que la mutation porte sur la pleine propriété des parts ou sur l'usufruit ou la nue-propriété de celles-ci (BOI-ENR-DMTG-10-20-30-30 n° 420).

En cas d'application de la limite majorée (n° 26861), le non-respect du délai de conservation des parts pendant dix ans, sous réserve que les parts aient été conservées pendant cinq ans, entraîne la remise en cause de l'exonération partielle à hauteur de la fraction de la valeur des parts supérieure à 300 000 € qui a bénéficié de 75 % au lieu de 50 % (BOI-ENR-DMTG-10-20-30-30 n° 410).

En revanche, le **décès du bénéficiaire** dans les cinq ans (ou dix ans) de la donation n'entraîne pas la remise en cause de l'exonération partielle (BOI-ENR-DMTG-10-20-30-30 n° 450 ; BOI-ENR-DMTG-10-20-30-20 n° 320).

Par ailleurs, toute **infraction** aux dispositions des articles L 322-1 à L 322-23 du Code rural et de la pêche maritime (dispositions portant **statut du GFA**) donne lieu au remboursement des avantages fiscaux qu'ils prévoient (C. rur. art. L 322-18). L'intérêt de retard de 0,20 % par mois est calculé à compter de la date de l'infraction. Toutefois, ce remboursement n'est pas dû lorsque la condition de parenté prévue à l'article L 322-11 du Code rural cesse d'être respectée à la suite de transmissions à titre gratuit (CGI art. 793, 1-4°-al. 7).

> **Précisions a.** Selon l'administration, lorsque l'obligation de conservation n'a pas été respectée pour une **fraction** seulement **des parts**, la remise en cause de l'exonération partielle s'applique néanmoins à l'ensemble des parts reçues par le ou les bénéficiaires (BOI-ENR-DMTG-10-20-30-30 n° 430).
Cette doctrine nous paraît cependant fragilisée par l'arrêt de la Cour de cassation du 10 juillet 2018 (repris au Bofip sous BOI-ENR-DMTG-10-20-30-20 n° 310) qui, à propos de l'exonération partielle des biens ruraux loués à long terme, a jugé que la remise en cause de l'exonération est limitée aux seules parcelles cédées (voir n° 17251 ; Cass. com. 10-7-2018 n° 16-26.083 PB : RJF 12/18 n° 1287). Cependant, lorsque les parts ont elles-mêmes été **partagées**, la remise en cause de l'exonération partielle ne porte que sur la fraction des parts attribuée au copartageant qui n'a pas respecté le délai de conservation de cinq ans à compter du décès, en donnant ou cédant tout ou partie de la fraction des parts reçues (BOI-ENR-DMTG-10-20-30-30 n° 430).

b. Le respect de la condition de conservation des parts s'apprécie distinctement pour chaque mutation ayant bénéficié du régime de faveur. Ainsi, en cas de **pluralité de transmissions de parts d'un même GFA** ayant bénéficié de l'exonération partielle, la déchéance encourue sur certaines de ces parts est sans incidence à l'égard des autres parts (BOI-ENR-DMTG-10-20-30-30 n° 440).

c. La condition de conservation des parts à laquelle est subordonnée l'exonération partielle n'est pas satisfaite dès lors qu'une **réduction du capital social** du GFA a été décidée en N à l'occasion d'un partage **par annulation** de 113 parts, dont 94 appartiennent aux quatre héritiers et proviennent de la succession de leur mère décédée en N – 1, et **par retrait d'immeubles** de l'actif du GFA attribués à chaque coïndivisaire au prorata de ses droits dans le groupement (Cass. com. 3-11-2004 n° 02-14.421 F-PB : RJF 2/05 n° 194 ; BOI-ENR-DMTG-10-20-30-30 n° 130).

d. La **vente par un GFA d'une partie des biens loués** par bail à long terme ne remet pas en cause l'exonération dont a bénéficié la transmission des parts sous réserve que cette vente n'entraîne pas la dénaturation de l'objet social du GFA qui doit demeurer la conservation d'une ou de plusieurs exploitations agricoles (BOI-ENR-DMTG-10-20-30-30 n° 390).

e. La **dissolution d'un GFA** et le **partage** qui s'ensuit ne constituent pas une infraction à l'une des dispositions du Code rural et de la pêche maritime portant statut du GFA, et n'est ainsi pas susceptible de remettre en cause le bénéfice de l'exonération accordée à la donation de ses parts consenties plus de cinq ans (ou dix ans) auparavant dès lors que la **vente de ses actifs fonciers** donnés à bail à long terme depuis plus de dix-huit ans intervient **postérieurement à la décision de dissolution.**

En revanche, la **vente de la totalité des actifs**

fonciers préalablement à la décision de dissolution poserait des difficultés pour l'application de l'article 793, 1-4°-al. 7 du CGI dans la mesure où cette opération entraînerait la dénaturation de l'objet social du GFA, qui doit être la conservation d'une ou plusieurs exploitations agricoles, et serait donc susceptible de conduire à une remise en cause du bénéfice de l'exonération accordée (BOI-ENR-DMTG-10-20-30-30 n° 400).

GFA et abus de droit Le fait qu'un montage juridique (respectant les formes légales) soit inspiré par des **préoccupations fiscales** de la part des parties ne permet à l'administration d'invoquer l'abus de droit (au sens de l'article L 64 du LPF) que si ces préoccupations fiscales constituent la **justification exclusive de l'opération**. 26882

Tel n'est pas le cas de la constitution d'un GFA entre le contribuable, son épouse et ses enfants dès lors que cette opération – en plus de l'intérêt fiscal qu'elle présente – répond à une **finalité économique** particulière et qu'elle évite le morcellement de l'exploitation (en ce sens, Cass. com. 9-10-1990 n° 89-14.193 D : RJF 12/90 n° 1564). En l'espèce, après avoir constitué un GFA avec son épouse et son fils unique, un père avait donné à ce dernier la **nue-propriété** de la quasi-totalité **des parts** avec le bénéfice de l'exonération partielle de droits de donation ; l'usufruit avait été transmis dans les mêmes conditions trois ans plus tard. Dans le même sens, voir Cass. com. 21-6-1994 n° 92-19.992 P : RJF 10/94 n° 1151 ; en sens contraire, Cass. com. 7-10-1997 n° 95-13.650 D : RJF 3/98 n° 340.

L'administration fiscale se réserve par ailleurs la possibilité d'invoquer la **fictivité du GFA ou celle du bail** pour caractériser un abus de droit, plus particulièrement lorsque ces conventions interviennent entre personnes unies par un lien de parenté ou d'alliance (BOI-ENR-DMTG-10-20-30-30 n° 370). 26883

ILLUSTRATIONS

Jugé qu'un bail à long terme consenti par un GFA à une société civile d'exploitation agricole (SCEA) ne peut pas être déclaré fictif au seul motif que les **associés et dirigeants** du GFA et de la SCEA sont les **mêmes personnes physiques** (Cass. com. 8-10-1991 n° 89-16.053 P : RJF 12/91 n° 1610 ; dans le même sens, Cass. com. 21-6-1994 n° 93-10.759 D : RJF 11/94 n° 1288).

Est en revanche fictif un bail à long terme consenti à une société civile d'exploitation agricole par un GFA, dès lors qu'il résulte des constatations du juge que le **GFA** n'agissait en aucune façon comme le propriétaire du domaine agricole loué à la SCEA et n'avait **aucune existence réelle**. En l'espèce, le GFA n'avait pas de compte bancaire pour encaisser les loyers et payer les charges, qui étaient encaissés et payées sur le compte des héritiers (Cass. com. 11-1-2000 n° 97-16.070 D : RJF 4/00 n° 577).

C. Impôts locaux

Les GFA sont soumis aux règles générales exposées n°s 29005 s., c'est-à-dire **exemption** de **taxe foncière** pour les **bâtiments** à usage **agricole et exonération de contribution économique territoriale** tant pour leur activité qu'au titre de leur participation à un groupement d'employeurs. 26890

Les membres des GFA peuvent bénéficier, sous certaines conditions, du dégrèvement de **taxe foncière sur les propriétés non bâties** accordé aux jeunes agriculteurs.

SECTION 5 GROUPEMENTS ET AUTRES ORGANISMES FORESTIERS

A. Groupements forestiers

Les groupements forestiers sont des sociétés civiles particulières dont le **régime juridique** est fixé par les articles L 331-1 et suivants du Code forestier (voir n°s 78710 s.). 27000

Les développements qui suivent s'attachent aux **particularités de leur régime fiscal**.

> **Précisions a.** Les personnes physiques qui acquièrent ou souscrivent des parts de groupements forestiers jusqu'au 31 décembre 2027 peuvent, sous certaines conditions, bénéficier d'un **crédit d'impôt** : voir n°s 15330 s.
>
> **b.** Sur l'exonération des parts de groupements forestiers au regard de l'**IFI**, voir n°s 30605 s.

1. IMPOSITION DES BÉNÉFICES

27001 Les groupements forestiers constitués dans les conditions prévues par les articles L 331-1 et suivants du Code forestier ne sont **pas assujettis à l'impôt sur les sociétés** (CGI art. 238 ter) et ne sont pas autorisés à opter pour cet impôt (CGI art. 239, 1-c).

Ils relèvent donc du régime des sociétés de personnes. Chacun des membres du groupement forestier est personnellement passible, pour la part des bénéfices sociaux correspondant à ses droits :

– soit de l'impôt sur le revenu, en principe dans la catégorie des **bénéfices agricoles** (selon les modalités d'évaluation forfaitaire du revenu des exploitations forestières pour les bénéfices provenant des coupes de bois : voir n°s 15205 s.) ou, pour certains revenus, dans la catégorie des **revenus fonciers** (voir Précisions, a ci-après) ;

– soit, exceptionnellement, de l'**impôt sur les sociétés** s'il s'agit de personnes morales passibles dudit impôt.

Les groupements qui ne remplissent plus les conditions prévues par les articles précités sont, en vertu de l'article 202 ter du CGI, soumis à l'impôt sur les sociétés dans les conditions de droit commun. Ce **changement de régime fiscal** entraîne, au plan fiscal, une cessation d'entreprise dont les conséquences peuvent être atténuées (voir n°s 24850 s.).

> **Précisions a.** Les groupements forestiers perçoivent principalement **deux types de revenus** :
> – d'une part, des revenus tirés de la **production forestière** (vente de coupes de bois) qui entrent dans la catégorie des revenus agricoles définis à l'article 63 du CGI ;
> – d'autre part, des redevances provenant de la mise à disposition par le groupement au profit de tiers de certains droits attachés aux propriétés comme le **droit de chasse**, redevances imposables dans la catégorie des revenus fonciers.
>
> S'agissant des **rémunérations, honoraires et commissions** versés par un groupement forestier à des tiers au titre de sa gestion ou de la gestion de ses forêts, ces charges peuvent concourir à acquérir et conserver les différents revenus perçus par le groupement et, partant, relever de différentes catégories de revenus imposables à l'impôt sur le revenu. Il est alors nécessaire de procéder à une **ventilation** des dépenses afin de les répartir entre les activités du groupement imposées dans des catégories différentes. L'administration admet que cette ventilation soit réalisée au prorata des revenus concernés ; chaque fraction de dépense ainsi affectée à chaque activité est déductible ou non en fonction du régime d'imposition des revenus dont elle assure l'acquisition et la conservation. À cet égard, il est rappelé que le bénéfice du groupement forestier provenant de la coupe de bois est imposable, dans la catégorie des bénéfices agricoles, selon un régime forfaitaire d'imposition prévu à l'article 76 du CGI, sans condition de recettes ; ce bénéfice est fixé chaque année à une somme forfaitaire, réputée tenir compte de l'ensemble des charges d'exploitation, y compris la fraction des rémunérations, honoraires et commissions afférente à l'activité de coupe de bois (BOI-RFPI-DECLA-20 n° 150).
>
> **b.** Les groupements forestiers sont exclus du dispositif de l'article 73 D du CGI permettant de déterminer un résultat fiscal intermédiaire en cas de **transmission** ou **rachat des parts** en cours d'année (n° 24717).

2. DROITS D'ENREGISTREMENT

APPORTS

27005 **Régime de droit commun** Les actes (ou à défaut les déclarations) constatant des **apports purs et simples** de toute nature à un groupement forestier (ou l'augmentation du capital) sont soumis au régime de droit commun applicable à la généralité des sociétés (voir n°s 25220 s. et 25300 s.).

L'apport à titre onéreux résultant de la **prise en charge du passif grevant des apports immobiliers** est soumis au régime des apports purs et simples lorsqu'ils sont réalisés à la constitution du groupement (BOI-ENR-AVS-10-20 n° 410).

Les **autres apports à titre onéreux** suivent le régime de droit commun (voir n°s 25260 s. et 25300 s.).

CESSIONS DE PARTS

27025 Les cessions de gré à gré de parts de groupements forestiers sont enregistrées au **droit fixe de 125 €** quel que soit le type d'apport qu'elles représentent. Ces sociétés doivent en outre être constituées depuis au moins trois ans avant la cession (CGI art. 730 bis ; BOI-ENR-DMTOM-40-50-20 n° 1).

Ce régime trouve à s'appliquer que les cessions soient ou non constatées par un acte.

Dans l'hypothèse où l'application du régime de droit commun des cessions de parts prévu à l'article 726 du CGI (nos 25600 s.) est de nature à donner ouverture à des **droits inférieurs** au droit fixe de 125 €, ce sont les droits de mutation à titre onéreux déterminés selon le régime de droit commun qui doivent être perçus (BOI-ENR-DMTOM-40-50-20 n° 10).

EXONÉRATION PARTIELLE DE DROITS DE SUCCESSION OU DE DONATION

En application de l'article 793, 1-3° du CGI, les parts d'intérêt détenues dans un groupement forestier sont, sous certaines conditions, exonérées des droits de mutation à titre gratuit **à concurrence des trois quarts de leur valeur vénale** dans la mesure où celle-ci correspond à des bois et forêts ou terrains assimilés (voir n° 27045) ainsi qu'à des sommes déposées sur un compte d'investissement forestier et d'assurance (Cifa). 27040

Ce régime d'exonération est pratiquement analogue à celui prévu en faveur des transmissions à titre gratuit de bois et forêts étudié nos 22240 s. auxquels nous renvoyons. C'est pourquoi nous ne traiterons ci-après que des règles propres aux groupements forestiers. Sur les Cifa, voir n° 22252.

> **Précisions a.** Le régime spécial d'exonération partielle des parts de groupements forestiers peut **se cumuler** avec le régime général d'exonération partielle des parts ayant fait l'objet d'un engagement collectif de conservation prévu par l'article 787 B du CGI (nos 22265 s.), dès lors que l'ensemble des conditions prévues par ces deux régimes est rempli. Pour prétendre au cumul, l'un des bénéficiaires de la transmission doit exercer son activité principale au sein du groupement ; dès lors, il est nécessaire qu'il y ait une véritable entreprise transmise, au-delà de la simple transmission des bois et forêts (BOI-ENR-DMTG-10-20-30-10 n° 180). L'exonération des trois quarts prévue par l'un des régimes s'applique alors sur la fraction de valeur restant taxable en vertu de l'autre.
>
> **b.** Sauf exception (n° 27135), les **parts de sociétés d'épargne forestière** sont fiscalement assimilées aux parts de groupements forestiers (C. mon. fin. art. L 214-121). Les transmissions à titre gratuit de ces parts peuvent donc bénéficier du régime d'exonération partielle.
>
> **c.** L'exonération partielle est réservée aux parts de groupements forestiers et aux parts de sociétés d'épargne forestière, à l'exclusion des actions ou parts émises par d'autres collectivités, notamment des **parts de sociétés civiles**, même si leur objet est analogue à celui des groupements forestiers (BOI-ENR-DMTG-10-20-30-10 n° 190). En ce qui concerne toutefois les **parts de groupements fonciers ruraux**, voir n° 27425.

Obligations déclaratives L'acte de donation ou la déclaration de succession doit être appuyé d'un **certificat délivré** sans frais **par le directeur départemental des territoires** ou le directeur départemental des territoires et de la mer attestant que : 27045

– les **bois et forêts** du groupement sont susceptibles de présenter une des garanties de gestion durable prévues aux articles L 124-1, L 124-3 et L 313-2 du Code forestier ;

– les **friches et landes** appartenant au groupement sont susceptibles de reboisement et présentent une vocation forestière ;

– les **terrains pastoraux** appartenant au groupement sont susceptibles d'un régime d'exploitation normale.

Le bénéficiaire de l'exonération partielle doit produire **tous les dix ans**, à compter du jour de la signature de l'acte de donation ou de dépôt de la déclaration de succession, un **bilan** répondant au modèle (correspondant au formulaire Cerfa 14350*02) fixé par arrêté du ministre chargé de la forêt et comportant les éléments suivants (CGI ann. III art. 281 H bis) :

1° l'**identité** et l'**adresse** du bénéficiaire de l'exonération ou du groupement forestier dont les membres bénéficient des exonérations ;

2° la liste des **parcelles cadastrales concernées** par l'exonération, l'indication de leurs contenances, des numéros des sections et lieux-dits ;

3° la liste des **coupes et travaux prévus** sur les dix dernières années dans le ou les documents de gestion durable applicables sur cette même période ;

4° la liste des **coupes et travaux réalisés** sur la période mentionnée ci-dessus.

Les bénéficiaires disposent de six mois à compter de la date d'échéance du délai de dix ans pour adresser ce bilan à la direction départementale chargée de la forêt.

Engagements du groupement Le groupement forestier doit prendre, **par l'intermédiaire de son représentant** (en principe le gérant), l'un des engagements prévus au b du 2° de l'article 793, 2 du CGI. Il s'agit de l'engagement d'appliquer, pendant trente ans, à ces **bois et** 27046

forêts, l'une des garanties de gestion durable précitées ou de présenter une telle garantie dans le délai indiqué nº 22240.

Le groupement doit s'engager, en outre :

– à reboiser ses **friches et landes** dans un délai de cinq ans à compter de la délivrance du certificat et à les soumettre ensuite au régime d'exploitation prévu ci-dessus ;

– à soumettre pendant trente ans ses **terrains pastoraux** à un régime d'exploitation normale ou, à défaut, à les reboiser.

Cet engagement, accompagné des pièces pouvant en justifier la validité, est produit **à l'appui de l'acte de donation ou de la déclaration de succession**, soit dans la déclaration, soit dans un document annexé à celle-ci (Cass. com. 27-6-2000 nº 97-22.351 FS-D : RJF 11/00 nº 1364).

Lorsque l'exonération partielle porte sur la fraction de parts représentative de sommes déposées sur un **Cifa**, le groupement forestier doit prendre l'engagement d'emploi des sommes prévu à l'article 793, 3-b du CGI (voir nº 22252).

27047 **Durée de possession des parts** Lorsque les **parts** ont été **acquises à titre onéreux**, l'exonération n'est applicable que si ces parts étaient en possession du donateur ou du défunt depuis plus de deux ans.

Cette condition relative à la durée de détention ne s'applique pas aux **parts acquises à titre gratuit** ou **reçues en rémunération d'un apport pur et simple** à un groupement (BOI-ENR-DMTG-10-20-30-10 nº 240).

> **Précisions** Les **parts d'un groupement forestier issu de la transformation d'une société civile immobilière** dans laquelle le donateur ou le défunt était associé depuis plus de deux ans bénéficient de l'exonération partielle des droits de mutation à titre gratuit dès lors que les autres conditions prévues par l'article 793, 1-3° du CGI sont remplies et que, les parts transmises étant représentatives de bois et forêts, l'identité de consistance des parts détenues avant et après l'opération de transformation est justifiée par la présentation de preuves compatibles avec la procédure écrite (BOI-ENR-DMTG-10-20-30-10 nº 250).

27048 **Limitation de l'exonération** L'exonération partielle est limitée à la fraction de la valeur nette des parts correspondant à des **biens visés** au a de l'article 793, 1-3° du CGI (bois et forêts susceptibles d'aménagement, friches et landes et terrains pastoraux susceptibles de reboisement ou d'un régime d'exploitation normale, que ces biens aient été apportés par les associés ou acquis à un autre titre par le groupement), ainsi qu'aux sommes déposées sur un Cifa (voir ci-dessus nº 27040) (BOI-ENR-DMTG-10-20-30-10 nº 260).

La fraction de la valeur des parts qui correspond à d'**autres biens** que ceux énumérés ci-dessus est soumise aux droits de mutation à titre gratuit dans les conditions de droit commun. Sont notamment concernés : les immeubles qui ne sont pas utilisés pour les besoins de l'exploitation forestière ; les valeurs mobilières (actions, obligations, titres de placement divers, etc.) ; les créances diverses, telles celles détenues sur les clients ; les encaisses en numéraire (BOI-ENR-DMTG-10-20-30-10 nº 290).

À défaut d'affectation dans le contrat de prêt, les **dettes** font l'objet d'une **imputation** proportionnelle entre la masse des biens exonérés et celle des autres biens (BOI-ENR-DMTG-10-20-30-10 nº 300).

27049 **Déchéance du régime de faveur** La **rupture par le groupement de l'un de ses engagements** entraîne les conséquences visées nºs 22245 (rupture de l'engagement d'exploitation des bois et forêts et terrains assimilés) et 22252 (rupture de l'engagement d'emploi des sommes afférentes à un Cifa).

Le groupement forestier est tenu d'acquitter les **droits et intérêts de retard** à la première réquisition, **solidairement** avec les donataires, héritiers, légataires ou leurs ayants cause à titre universel (BOI-ENR-DMTG-10-20-30-10 nº 330). En cas de rupture partielle de l'un des engagements globaux pris par le groupement forestier, les droits complémentaire et supplémentaire ainsi que l'intérêt de retard deviennent exigibles **sur toutes les mutations à titre gratuit** de parts du groupement ayant bénéficié du régime de faveur (BOI-ENR-DMTG-10-20-30-10 nº 340).

Par mesure de tempérament, il est admis de ne pas prononcer la déchéance du régime de faveur en cas de **transmission de bois et forêts** par un groupement forestier **à l'État ou aux collectivités** et organismes mentionnés à l'article 1042 du CGI (BOI-ENR-DMTG-10-20-30-10 nº 350).

B. Autres organismes de mise en valeur et de gestion des forêts

1. ORGANISMES PUBLICS

La loi 71-384 du 22 mai 1971 relative à l'amélioration des structures forestières a prévu la création de trois catégories d'organismes dont l'objet, d'une manière générale, consiste en la mise en valeur, la gestion et l'amélioration de la rentabilité des bois et forêts. Il s'agit : **27100**
– des **syndicats intercommunaux de gestion forestière** ;
– des **syndicats mixtes de gestion forestière** ;
– des **groupements syndicaux forestiers**.
Ces divers organismes regroupent des collectivités locales (départements, communes ou sections de communes), des établissements publics, des établissements d'utilité publique, propriétaires de forêts ou de terrains à boiser.

IMPÔTS DIRECTS

Par dérogation aux dispositions de l'article 206, I du CGI, les **syndicats mixtes de gestion forestière** et les **groupements syndicaux forestiers** fonctionnant conformément aux dispositions qui les régissent ne sont pas passibles de l'impôt sur les sociétés (CGI art. 239 quinquies, I). **27110**
Les personnes morales membres qui sont passibles de cet impôt y sont personnellement soumises à raison de la part correspondant à leurs droits dans les bénéfices du syndicat ou du groupement, déterminés selon les règles prévues aux articles 38 et 39 du CGI, c'est-à-dire d'après les dispositions applicables aux entreprises industrielles et commerciales (CGI art. 239 quinquies, II).
Les syndicats mixtes de gestion forestière ou les groupements syndicaux qui **ne fonctionnent pas conformément aux dispositions** qui les régissent sont, en vertu de l'article 202 ter du CGI, soumis à l'IS dans les conditions de droit commun. Ce changement de régime fiscal entraîne, au plan fiscal, cessation d'entreprise (n°s 24850 s.).
Quant aux **syndicats intercommunaux de gestion forestière**, ils sont exonérés d'impôt sur les sociétés en vertu des dispositions générales de l'article 207, 1-6° du CGI.

DROITS D'ENREGISTREMENT

Les actes concernant les groupements syndicaux forestiers sont soumis au régime fiscal de droit commun en matière de droits d'enregistrement. En particulier, les **transferts de propriété** aux groupements syndicaux forestiers des bois et forêts appartenant aux collectivités publiques ou à divers organismes (établissements mutualistes, caisses d'épargne, établissements publics ou d'utilité publique), ainsi que les **partages** de ces groupements donnent lieu (à défaut de disposition contraire) à la perception des droits de mutation ou de partage selon les règles de droit commun (BOI-ENR-AVS-40-30 n°s 200 s.). **27111**

2. SOCIÉTÉS D'ÉPARGNE FORESTIÈRE

En vue de favoriser l'investissement forestier, la loi 2001-602 du 9 juillet 2001 a créé un nouveau type de sociétés de placements collectifs : les sociétés d'épargne forestière, dont l'**objet** principal est l'acquisition et la gestion d'un patrimoine forestier. Les dispositions les concernant sont codifiées sous les articles L 214-86 et suivants du Code monétaire et financier. **27120**
L'**actif** des sociétés d'épargne forestière est constitué, d'une part, pour 60 % au moins de bois ou forêts, de parts d'intérêt de groupements forestiers ou de sociétés dont l'objet exclusif est la détention de bois et forêts et, d'autre part, de liquidités ou valeurs assimilées (C. mon. fin. art. L 214-121, al. 1).
Les bois et forêts détenus par ces sociétés doivent être gérés conformément à un **plan simple de gestion agréé** (C. mon. fin. art. L 214-121, al. 2).
Les **personnes physiques qui acquièrent** ou souscrivent des parts de sociétés d'épargne forestière jusqu'au 31 décembre 2027 peuvent, sous certaines conditions, bénéficier d'un crédit d'impôt (voir n°s 15330 s.).

> **Précisions a.** La part de l'actif constituée de bois et forêts est fixée à 51 % lorsque les sociétés d'épargne forestière consacrent une fraction de leur actif à la **bonification** ou à la **garantie de prêts** accordés par des établissements de crédit agréés par l'autorité administrative pour financer des opérations d'investissement, de valorisation ou d'exploitation des bois et forêts (C. mon. fin. art. L 214-122).

b. Les personnes morales **soumises à l'impôt sur les sociétés** pouvaient bénéficier, à raison de la souscription de parts de sociétés d'épargne forestière, d'un **amortissement exceptionnel** égal à 50 % du montant des sommes effectivement versées à cet effet dans la double limite de 15 % du bénéfice imposable de l'exercice en cours à la date du versement et de 100 000 €. Ce dispositif est supprimé pour les **exercices ouverts depuis le 1er janvier 2020** (CGI art. 217 terdecies abrogé par loi 2018-1317 du 28-12-2018). La suppression de ce régime ne remet pas en cause les déductions afférentes aux investissements réalisés au cours d'**exercices ouverts avant le 1er janvier** 2020. En revanche, cette déduction pourra toujours être **remise en cause** en cas de cession de tout ou partie des parts souscrites dans les huit ans de leur souscription, en cas de dissolution des sociétés d'épargne concernées ou lorsque ces dernières ne respectent pas les conditions de composition de leur actif.

IMPOSITION DES RÉSULTATS DE LA SOCIÉTÉ

27130 Les parts des sociétés d'épargne forestière sont assimilées, pour l'application de la loi fiscale, aux parts d'intérêt des groupements forestiers (C. mon. fin. art. L 214-121, al. 3). En application de l'article 238 ter du CGI, ces sociétés relèvent donc du **régime des sociétés de personnes** pour l'imposition de leurs bénéfices. Chacun des membres est passible de l'impôt sur le revenu, en principe, dans la catégorie des **bénéfices agricoles** (avec, le cas échéant, régime des exploitations forestières) ou de l'**impôt sur les sociétés** si l'associé est une personne morale passible de cet impôt.

Toutefois, les sociétés d'épargne forestière peuvent **opter pour** leur assujettissement à l'**IS** dans les conditions prévues à l'article 239 du CGI (BOI-IS-BASE-40-20 n° 120).

DROITS D'ENREGISTREMENT ET IFI

27135 Les parts des sociétés d'épargne forestière sont assimilées aux parts de groupements forestiers pour l'application de la loi fiscale, à l'exception de l'article 976 du CGI (C. mon. fin. art. L 214-121, al. 3).

Il en résulte que :

– les **cessions à titre onéreux** de parts de ces sociétés, constituées depuis au moins trois ans avant la cession, sont enregistrées au droit fixe de 125 € dans les conditions prévues par l'article 730 bis du CGI (n° 27025) ;

– les **transmissions à titre gratuit** (donations, successions) des mêmes parts bénéficient de l'exonération partielle prévue par l'article 793, I-3° du CGI (nos 27040 s.).

En revanche, l'exonération partielle prévue en matière d'**IFI** au profit des parts de groupements forestiers (CGI art. 976) est expressément exclue.

SECTION 6

GROUPEMENTS PASTORAUX

27300 Les groupements pastoraux ont pour **objet** l'exploitation de pâturages situés dans les régions d'économie montagnarde.

On se reportera n° 79950 pour un aperçu général sur le **statut juridique** de ces groupements pour lesquels aucun type de société n'a été imposé par la loi et qui, de ce fait, peuvent être constitués sous la forme soit de sociétés civiles particulières, soit de sociétés de capitaux (SA ou SARL).

IMPÔT SUR LES BÉNÉFICES

27310 Le régime d'imposition des bénéfices réalisés par un groupement pastoral dépend du type de société qui a été choisi.

Si le groupement est constitué sous la forme d'une **société civile** particulière (formule qui paraît la mieux adaptée), il est soumis au régime des sociétés de personnes : chacun de ses membres est ainsi personnellement passible, pour la part de bénéfices correspondant à ses droits sociaux, de l'impôt sur le revenu selon les règles prévues pour l'imposition des bénéfices agricoles ou de l'impôt sur les sociétés pour ceux d'entre eux soumis à cet impôt.

Si le groupement pastoral revêt la forme d'une **société de capitaux** (société anonyme, en commandite par actions, ou à responsabilité limitée), son régime fiscal est obligatoirement celui de l'**impôt sur les sociétés**.

DROITS D'ENREGISTREMENT

Les groupements pastoraux sont soumis au régime de droit commun applicable à la généralité des sociétés (nos 25200 s.). 27315

SECTION 7 GROUPEMENTS FONCIERS RURAUX

Les groupements fonciers ruraux (GFR) sont des **sociétés civiles** dont l'**objet** est de rassembler et de gérer des ensembles de biens immobiliers dont la destination est à la fois agricole et forestière. 27400
Leur **régime juridique** est étudié nos 79100 s.
Les développements qui suivent s'attachent aux particularités de leur **régime fiscal**.
Sur le régime des parts de GFR au regard de l'**IFI**, voir n° 30650.
Sur l'option des associés personnes physiques d'un GFR pour le dispositif de l'article 151 octies A du CGI en cas d'**opérations de restructuration** au profit d'une autre société civile agricole, voir nos 10740 s.

IMPÔTS DIRECTS

Les GFR sont soumis au régime fiscal des groupements fonciers agricoles pour leur **partie agricole** et à celui des groupements forestiers pour la **partie forestière** (C. rur. art. L 322-22, al. 2). 27405
Cette disposition conduit les groupements fonciers ruraux à distinguer sur le plan fiscal les opérations relevant de chacun de leurs **deux secteurs d'activité**. Les résultats provenant des opérations agricoles sont soumis aux règles qui régissent les groupements fonciers agricoles (n° 26810) alors que les résultats provenant de l'exercice de l'activité forestière relèvent du régime applicable aux groupements forestiers (n° 27001).
Seul le secteur des biens agricoles pourrait faire l'objet d'une option pour l'impôt sur les sociétés.
Les GFR constitués depuis le 1er janvier 1997 sont exclus, pour la partie agricole de leur activité, du régime du micro-BA (n° 6180), la partie forestière – pour les revenus provenant des coupes de bois – restant soumise au forfait forestier défini à l'article 76 du CGI (nos 15205 s.).
Les GFR peuvent déterminer un résultat fiscal intermédiaire – pour la partie agricole de leur activité – en cas de **transmission** ou de **rachat de** leurs **parts en cours d'année** : voir n° 24717.

DROITS D'ENREGISTREMENT

Droits sur les mutations de parts L'article 848 bis du CGI prévoit que les parts de GFR sont soumises en matière de droits de mutation à titre onéreux ou gratuit aux dispositions applicables aux parts de groupements forestiers (fraction des parts de GFR représentative de biens de nature forestière) et aux parts de GFA (fraction représentative de biens de nature agricole). 27420

L'application aux **transmissions à titre gratuit** (succession ou donation) de parts de GFR des dispositions régissant en cette matière les parts de groupements forestiers et les parts de GFA conduit à les faire bénéficier des **exonérations partielles** prévues par l'article 793, 1-3° et 4° du CGI. Ces exonérations sont également applicables en matière d'IFI. 27425
La mutation à titre gratuit des parts de GFR bénéficie ainsi, à raison de leur **fraction représentative de biens forestiers**, de l'exonération prévue par l'article 793, 1-3° du CGI, dans les conditions exposées nos 27040 s.
L'exonération partielle prévue à l'article 793, 1-4° du CGI est, quant à elle, susceptible de s'appliquer à la **fraction** des parts du groupement **représentative** de **biens de nature agricole**, dans les conditions examinées nos 26850 s.

Les **cessions de gré à gré** de parts de toutes sociétés civiles à objet principalement agricole, sont enregistrées au droit fixe de 125 €, quel que soit le type d'apport qu'elles représentent. Ces sociétés doivent en outre être constituées depuis au moins trois ans avant la cession (CGI art. 730 bis). Parmi les sociétés civiles à objet principalement agricole figurent notamment les groupements fonciers ruraux. Il n'est pas nécessaire que les cessions soient constatées dans un acte pour bénéficier du droit fixe (BOI-ENR-DMTOM-40-50-20 n° 1). 27430

27435 **Droits sur les apports** À défaut de disposition spécifique, les apports à un groupement foncier rural sont soumis au régime de droit commun des apports (nos 25215 s.).
Les apports à titre onéreux résultant de la **prise en charge du passif grevant les immeubles** apportés au groupement suivent le même régime que les apports à titre pur et simple lorsqu'ils sont effectués lors de la constitution du groupement.

SECTION 8 SOCIÉTÉS CIVILES D'EXPLOITATION AGRICOLE (SCEA)

27450 La SCEA est utilisée soit pour l'**exploitation** d'un domaine agricole, soit pour la **gestion** de terres bâties ou non, ou de forêts, soit à la fois pour l'exploitation et la gestion. Souvent, ces sociétés civiles ont un caractère familial.
Les SCEA ne constituent pas une forme de société civile particulière. Il s'agit de l'utilisation de la société civile de droit commun, à laquelle un objet agricole est donné.
Ces sociétés sont donc soumises aux règles générales régissant les sociétés civiles. Leur **régime juridique** est étudié nos 79400 s.
Les développements qui suivent s'attachent aux particularités de leur **régime fiscal**.
Sur l'option des associés personnes physiques d'une SCEA pour le dispositif de l'article 151 octies A du CGI en cas d'**opérations de restructuration** au profit d'une autre société civile agricole, voir nos 10740 s.

IMPOSITION DES BÉNÉFICES

27455 Ces sociétés civiles sont soumises au régime fiscal des **sociétés de personnes** applicable aux autres sociétés civiles (nos 24030 s.).
En particulier, l'imposition des bénéfices de ces sociétés relève, en règle générale, de la catégorie des bénéfices agricoles (et, le cas échéant, des revenus fonciers lorsqu'elles se bornent à donner leurs terres à bail).
Sur la possibilité d'arrêter un résultat intermédiaire en cas notamment de **départ d'un associé en cours d'année**, voir n° 24717.

DROITS D'ENREGISTREMENT

27460 À défaut de disposition spécifique, les **apports** aux SCEA sont soumis au régime de droit commun des apports (nos 25215 s.).

27465 Les **cessions de gré à gré** de parts de toutes sociétés civiles à objet principalement agricole, sont enregistrées au droit fixe de 125 €, quel que soit le type d'apport qu'elles représentent. Ces sociétés doivent en outre être constituées depuis au moins trois ans avant la cession (CGI art. 730 bis). Parmi les sociétés civiles à objet principalement agricole figurent notamment les SCEA. Il n'est pas nécessaire que les cessions soient constatées dans un acte pour bénéficier du droit fixe (BOI-ENR-DMTOM-40-50-20 n° 1).

SECTION 9 GROUPEMENTS D'INTÉRÊT ÉCONOMIQUE (GIE, GEIE)

27500 Cette forme juridique a été créée par l'ordonnance du 23 septembre 1967 (C. com. art. L 251-1 s.) pour permettre aux entreprises (personnes physiques ou morales) qui désirent unir leurs efforts, là où elles ont des intérêts communs, tout en conservant leur entière indépendance, de se grouper au sein d'un « groupement d'intérêt économique » qui se distingue des sociétés par le fait que, contrairement à celles-ci, il n'a pas nécessairement pour objet la réalisation de bénéfices.

Pour un bref aperçu du **statut juridique** des GIE, voir n°s 78400 s.
Pour ce qui est de la **taxe d'apprentissage**, voir n°s 54720 s.
À noter que les GIE sont passibles de la **contribution sociale de solidarité des sociétés** (n° 24007).

IMPÔT SUR LES BÉNÉFICES

Le groupement d'intérêt économique, constitué et fonctionnant dans les conditions fixées par les articles L 251-1 et suivants du Code de commerce, échappe à l'impôt sur les sociétés et son **régime fiscal** est comparable à celui **des sociétés de personnes** visées à l'article 8 du CGI. **27515**

Par suite, d'une manière générale, si le groupement réalise des bénéfices (ce qui ne lui est pas interdit), **chaque membre** participant est personnellement passible, pour la **part des bénéfices** correspondant à ses droits dans le groupement, soit de l'impôt sur le revenu, soit de l'impôt sur les sociétés s'il s'agit de personnes morales relevant de cet impôt (CGI art. 239 quater, I). Corrélativement, si le groupement subit des **pertes**, leur montant est déductible du bénéfice imposable de chacun de ses membres.

De même, les **rémunérations** des membres du groupement sont imposables dans la catégorie correspondant à la nature de l'activité du groupement (et non au titre des traitements et salaires).

Plus particulièrement, si le groupement d'intérêt économique a pour objet l'**exploitation d'un domaine agricole**, sa situation fiscale n'est pas différente de celle des autres groupements agricoles et les **règles** à suivre pour la détermination du bénéfice imposable sont en principe celles prévues pour les **bénéfices agricoles** en faisant application soit du régime micro pour les groupements constitués avant le 1er janvier 1997, soit du régime du bénéfice réel (n°s 6160 s.). Toutefois, ce sont les règles **BIC/IS** qui sont applicables pour la détermination de la quote-part du bénéfice d'un GIE revenant à une entreprise industrielle ou commerciale placée de plein droit sous un régime de bénéfice réel ou une société passible de l'impôt sur les sociétés (même si cette dernière a également une activité agricole) (voir n°s 24725 s.).

Dans le cas où le GIE exercerait une **activité commerciale** ou réputée telle du point de vue fiscal (par exemple transformation ou commercialisation de la production agricole des adhérents), il y aurait lieu de faire application des règles prévues pour l'imposition des **bénéfices industriels et commerciaux** et non des bénéfices agricoles.

Les **GIE qui ne fonctionnent pas conformément aux dispositions qui les régissent** cessent d'être soumis au régime fiscal des sociétés de personnes et sont assujettis à l'impôt sur les sociétés dans les conditions de droit commun. Ainsi jugé que les GIE dont l'activité n'est pas dans le prolongement de celle de leurs membres et auxiliaire à celle-ci enfreignent la législation commerciale et sont passibles de l'IS (CE 29-8-2008 n°s 299557 et 299558 : RJF 12/08 n° 1353 ; CE 18-5-2009 n° 298038 : RJF 8-9/09 n° 759).

> **Précisions a.** Pour l'application des **dispositions d'exonération** qui se réfèrent à des activités exercées par des personnes déterminées (coopératives ou syndicats agricoles, par exemple), une activité réalisée par l'intermédiaire d'un GIE ne peut être assimilée à une activité exercée directement par les membres de ce groupement (voir n° 26021).
> **b. GIE ayant pour objet la réalisation d'opérations de location ou de mise à disposition.** Les possibilités de retirer un intérêt fiscal d'opérations de financement d'investissements reposant sur la création de GIE qui acquièrent un bien pour le donner en location ou crédit-bail à l'utilisateur sont strictement encadrées par les dispositions de l'article 39 C du CGI : sauf exceptions, le montant des **amortissements déductibles** est **limité**.
> Relevons toutefois que dans le cas d'un groupement dont les **membres** sont **assujettis à l'impôt sur les sociétés**, il est fait exception à la limitation du montant de l'amortissement déductible pour la détermination de la quote-part du résultat social qui revient à ceux de ses membres qui sont les **utilisateurs des biens**. Ainsi, un GIE constitué par des sociétés toutes utilisatrices des biens acquis par le groupement n'est pas soumis à la limitation.

DROITS D'ENREGISTREMENT

Il n'existe aucun régime fiscal particulier aux groupements d'intérêt économique constitués dans le secteur agricole. Les règles que nous exposons ci-après sont donc valables pour la généralité des GIE (quel que soit leur objet). **27530**

27535 **Constitution et augmentation de capital**

a. Les actes de formation des GIE **constitués sans capital** (sous réserve de leur présentation à l'enregistrement : n° 25215, Précisions, b) ou, à défaut d'acte, la déclaration à souscrire (n° 25200) ne donnent ouverture qu'au droit fixe de 125 € des actes innomés prévu par l'article 680 du CGI.

Lorsqu'ils constatent des **apports purs et simples**, les actes (sous réserve de leur présentation à l'enregistrement : nos 25200 et 25215, Précisions, b) sont enregistrés gratuitement selon le régime général applicable à tous les apports mobiliers ou immobiliers consentis aux sociétés de personnes (voir n° 25220).

Les **apports à titre onéreux** sont assujettis au régime de droit commun (nos 25260 s.).

b. Sous réserve de leur présentation à l'enregistrement, les **augmentations de capital** des GIE soit au moyen d'apports nouveaux purs et simples (en nature ou en numéraire), soit par incorporation de bénéfices ou de réserves, sont enregistrées gratuitement, conformément à la règle générale (nos 25300 s.).

Les augmentations de capital réalisées au moyen d'apports à titre onéreux sont soumises au régime indiqué n° 25305.

27545 **Dissolution et partage** L'**acte constatant la dissolution** est soumis au droit fixe de 125 € prévu à l'égard des actes ou opérations non spécialement tarifés (CGI art. 680).

Sur les biens acquis par le GIE (**acquêts sociaux**), il est perçu un droit de 2,50 % (CGI art. 746) si le partage est pur et simple ; en cas de soulte, le droit de vente afférent aux biens objets de la soulte devient exigible.

Sur les **biens repris par l'apporteur**, il n'est dû, en principe, aucun droit sauf la taxe de publicité foncière de 0,70 % sur les biens ou droits immobiliers, à laquelle s'ajoute le prélèvement de 2,14 % calculé sur le montant de ce droit, soit un taux global d'imposition d'environ 0,715 % (CGI art. 678).

Sur les **corps certains** (biens en nature) attribués **à un autre que l'apporteur**, il est perçu le droit de vente d'après la nature des biens en cause (CGI art. 676).

Les mêmes règles sont applicables en cas de **retrait d'un membre du GIE**, celui-ci s'analysant comme un partage partiel du groupement (BOI-ENR-AVS-40-60-10 n° 190).

27550 **Cessions des titres du GIE** À défaut d'une disposition particulière, et dès lors qu'il ne s'agit pas de cessions portant sur des parts d'une véritable société, il ne peut être perçu, dans tous les cas, que le **droit fixe** de 125 € des actes innomés, lorsque l'acte est présenté volontairement à la formalité de l'enregistrement (CGI art. 680).

TRANSFORMATIONS INTÉRESSANT LES GIE

27555 **Transformation en GIE** Toute société ou association dont l'objet correspond à la définition du GIE peut être transformée en un tel groupement **sans** donner lieu à dissolution ni à **création d'une personne morale nouvelle** (C. com. art. L 251-18). Il en est de même de la transformation de toute société, association ou GIE en groupement européen d'intérêt économique (GEIE).

Néanmoins, en matière d'**impôts directs**, l'article 221, 2 ter du CGI précise que la **transformation d'une société de capitaux** ou d'une association de la loi de 1901 en GIE est considérée comme une cessation d'entreprise ; elle entraîne donc, en principe, les conséquences fiscales d'une telle cessation. Cependant, par analogie avec la règle générale exposée n° 24241, l'administration admet de ne pas soumettre à l'impôt, lors de la transformation, les bénéfices en sursis d'imposition et les plus-values latentes de l'actif, à condition que les écritures comptables ne soient pas modifiées et que l'imposition demeure possible sous le régime fiscal applicable au groupement (BOI-IS-CESS-20-20 nos 20 et 30).

Les mêmes règles sont applicables en cas de transformation de toute société, association ou GIE en GEIE.

En matière de **droits d'enregistrement**, dès lors qu'elle n'entraîne pas création d'une personne morale nouvelle, la transformation en GIE ou GEIE d'une société ou d'une association de la loi de 1901 ne donne ouverture qu'au droit fixe de 125 € prévu à l'article 680 du CGI.

27557 **Transformation d'un GIE** L'article L 251-18 du Code de commerce autorise la transformation d'un GIE **en société en nom collectif** (SNC) sans que cette transformation entraîne la dissolution du groupement ni la création d'une personne morale nouvelle. En conséquence, l'acte de transformation du groupement en SNC non soumise à l'impôt sur les sociétés est passible du seul droit fixe de 125 € prévu par l'article 680 du CGI (BOI-ENR-AVS-40-60-10 n° 210).

En revanche, la poursuite de l'activité d'un GIE (qui ne donne pas lieu par lui-même à réalisation et partage de bénéfices) sous la forme d'une **société de capitaux ou** d'une **société civile** traduit une modification substantielle de la situation de droit ou de fait qui ne peut qu'entraîner la création d'une personne morale nouvelle. Les droits prévus pour la dissolution du groupement (n° 27545) et la constitution de la société nouvelle (n°s 25215 s.) sont alors exigibles dans les conditions de droit commun (BOI-ENR-AVS-40-60-10 n° 220).

IMPÔTS LOCAUX

Contribution économique territoriale En application de l'article 1450 du CGI, les groupements d'intérêt économique **constitués entre exploitations agricoles** sont exonérés de la cotisation foncière des entreprises (et corrélativement de la cotisation sur la valeur ajoutée des entreprises), quelle que soit la nature de leur activité (agricole ou non agricole). 27570

Les membres du GIE, qu'ils soient des personnes physiques ou morales, doivent, chacun, exercer une **activité** agricole au sens de l'article 63 du CGI. Cette condition est appréciée au 1er janvier de chaque année : en cas de changement de situation en cours d'année, le GIE doit en informer le service des impôts des entreprises dont il dépend. Cependant, l'exonération est accordée au GIE si les membres exercent, parallèlement à l'activité agricole, une **activité de** caractère industriel, commercial ou non commercial, quelle que soit la situation de cette dernière au regard des dispositions des articles 75 et 155 du CGI (hors champ, imposable, exonérée) (BOI-IF-CFE-10-30-10-20 n°s 280 s.).

Taxe foncière sur les propriétés bâties En application de l'article 1382, 6°-b du CGI, sont exonérés de taxe foncière sur les propriétés bâties, de façon permanente et de plein droit, les bâtiments qui sont affectés à un usage agricole par les GIE **constitués entre exploitations agricoles** (voir n° 29440). 27575

TVA

Les GIE qui ont pour objet la **transformation**, le **conditionnement** ou la **vente** de la production agricole de leurs membres réalisent des opérations imposables selon le régime de droit commun (BOI-TVA-SECT-80-40-20 n° 1). 27580

Les GIE qui commercialisent des animaux de boucherie et de charcuterie sont assimilés à des **négociants en bestiaux** (BOI-TVA-SECT-80-40-20 n° 10) dont le régime est étudié n°s 4400 s.

Remboursement de frais par les membres d'un GIE Depuis le 1er janvier 2023, l'article 261 B du CGI prévoit que sont exonérés de la TVA les **services** rendus **à leurs adhérents** par les groupements constitués par des personnes physiques ou morales exerçant une activité d'intérêt général exonérée de TVA sur le fondement de l'article 261, 4 (sauf le 10°) et 7 du CGI ou pour laquelle elles n'ont pas la qualité d'assujetti à la condition qu'ils concourent directement et exclusivement à la réalisation de ces opérations exonérées ou exclues du champ d'application de la TVA et que les sommes réclamées aux adhérents correspondent exactement à la part leur incombant dans les dépenses communes. 27581

Cette disposition apporte une exception au principe selon lequel la TVA est applicable aux remboursements de frais même effectués à « prix coûtant ».

a. Groupements concernés. Les GIE sont au nombre des groupements susceptibles de bénéficier de l'exonération. Les **membres** du GIE (qui peuvent être des personnes physiques ou morales) doivent exercer une **activité exonérée d'intérêt général ou** pour laquelle ils n'ont **pas** la **qualité d'assujetti**. 27582

Pour bénéficier de l'exonération à compter de cette date, les **activités d'intérêt général** devant être exercées par les personnes membres d'un GIE sont les suivantes : prestations de soins, d'hospitalisation et de traitement ; opérations portant sur les organes, le sang et le lait humains ; transport de malades ou de blessés ; activités d'enseignement ; opérations réalisées dans le cadre de la garde d'enfants ; prestations réalisées par les mandataires judiciaires à la protection des majeurs ; activités syndicales ; opérations réalisées dans le cadre du service universel postal ; services de caractère social, éducatif, culturel ou sportif rendus à leurs membres par les organismes légalement constitués agissant sans but lucratif et dont la gestion est désintéressée ; activités des organismes et œuvres sans but lucratif présentant un caractère social ou philanthropique ; opérations réalisées par les associations intermédiaires et les associations agréées de services à la personne ; prestations réalisées dans les lieux de vie et d'accueil ; ventes portant sur les articles fabriqués par des groupements d'aveugles ou de travailleurs handicapés. Cette liste nous semble éloignée des activités du monde agricole. Dès lors pour bénéficier de l'exonération, les membres du GIE devraient exercer une activité pour laquelle ils n'ont pas la qualité d'assujetti.

Les membres du GIE qui ne peuvent bénéficier de cette exonération faute de satisfaire à ces conditions pourraient opter pour la constitution avec leur GIE d'un assujetti unique s'ils en remplissent les conditions (CGI art. 256 C). Pour plus de précisions sur ce régime, voir Mémento fiscal nos 46545 s.

> **Précisions a.** Selon la CJUE :
> – l'exonération prévue par l'article 132, 1-f de la directive TVA (que transpose l'article 261 B du CGI) ne se limite pas aux groupements dont les membres exercent exclusivement une activité exonérée ou pour laquelle ils n'ont pas la qualité d'assujetti. Ainsi, les services rendus par un groupement dont les **membres exercent également des activités imposables** peuvent en bénéficier, mais seulement dans la mesure où ces services sont directement nécessaires pour les activités exonérées desdits membres ou pour lesquelles ils n'ont pas la qualité d'assujetti. À cet égard, la Cour semble admettre, s'agissant des services mixtes, une facturation des services hors TVA en fonction de la part qu'occupent dans l'ensemble des activités de ses membres les activités exonérées ou non imposables ;
> – les membres du groupement ne peuvent pas déduire la TVA grevant les biens et services fournis au groupement pour les besoins de ses activités ;
> – les services fournis par un membre au groupement doivent être considérés comme des opérations entre deux assujettis entrant dans le champ d'application de la TVA (CJUE 4-5-2017 aff. 274/15 : RJF 7/17 n° 761).
>
> **b.** Il peut arriver que certaines des **personnes** physiques ou morales en cause soient **redevables de la TVA pour certaines de leurs opérations**, à titre obligatoire ou sur option. Cette circonstance n'exclut pas a priori le groupement du bénéfice de l'exonération au titre des services qu'il leur rend dès lors que, **pour chacune** d'entre elles, le pourcentage des recettes donnant lieu au paiement de la taxe par rapport aux recettes totales traduit le **caractère** nettement **prépondérant des opérations qui échappent à l'imposition**. Cette condition est présumée remplie si ce pourcentage est inférieur à 20 %. Au-delà, l'exonération ne s'applique en principe que si l'activité imposée présente tous les caractères d'autonomie liés à l'obligation de sectorisation (BOI-TVA-CHAMP-30-10-40 n° 50 et 60). Toutefois, pour les groupements qui comportent des membres soumis à la TVA pour plus de 20 % de leur chiffre d'affaires, il est admis que l'exonération s'applique aux **prestations qui concourent directement et exclusivement** à la réalisation des **activités non imposables ou exonérées des membres**, à l'exclusion des autres prestations, ce qui suppose un suivi précis de l'utilisation des services acquis par le membre (BOI-RES-TVA-000082).

27585 **b. Opérations susceptibles d'être exonérées.** Ne sont exonérées de la TVA que les **prestations de services** à l'exclusion, par conséquent, des livraisons de biens.

Parmi les prestations de services les plus couramment susceptibles de donner lieu à la perception de **simples remboursements de frais**, on peut citer **notamment** : la mise à disposition de personnels ou de matériels, le recrutement, la gestion et la paie du personnel, la gestion et l'entretien de locaux ou d'installations, les travaux d'informatique.

Pour pouvoir bénéficier de l'exonération les services doivent remplir trois **conditions** tenant respectivement à la qualité du client, à l'utilisation qui est faite du service et au mode de rémunération (BOI-TVA-CHAMP-30-10-40 nos 110 s.) :

– les **services** doivent, à titre principal, être **rendus aux adhérents** du groupement. Les groupements de moyens peuvent rendre des services non seulement à leurs adhérents mais aussi à des personnes qui leur sont étrangères, ces services étant alors soumis à la TVA dans les conditions de droit commun (voir cependant Précisions, a ci-dessous) ;

– les services rendus par le groupement doivent **concourir directement et exclusivement à** la réalisation d'**opérations d'intérêt général exonérées ou exclues du champ d'application de la TVA**. L'administration estime cependant que la condition d'utilisation exclusive des services pour les opérations exonérées ou exclues doit être appréciée avec largeur de vue et qu'il convient d'accorder l'exonération au titre des services qui sont essentiellement destinés à la réalisation d'opérations échappant à l'imposition ;

– les sommes réclamées aux adhérents doivent correspondre exactement à la part leur incombant dans les charges de fonctionnement communes.

La périodicité des répartitions des frais entre les membres du groupement peut être variable, mais cette répartition doit, en tout état de cause, être opérée au moins une fois par an.

> **Précisions a.** Selon l'administration, si au titre d'une **prestation déterminée** les recettes provenant des non-adhérents atteignent ou **dépassent la moitié** de celles perçues au total, le groupement doit soumettre à la TVA l'ensemble des sommes afférentes à cette prestation, y compris donc celles facturées à ses adhérents (doctrine applicable par année civile) (BOI précité n° 130). La CJUE et le Conseil d'État admettent également la possibilité pour les groupements de rendre des services à des tiers, mais, contrairement à l'administration, ils ne fixent pas de seuil au-delà duquel les services rendus au tiers feraient perdre le bénéfice de l'exonération pour les services rendus aux adhérents (CE 8-7-2002 n° 212867 : RJF 10/02 n° 1086 ; CJUE 20-11-2019 aff. 400/18 : RJF 2/20 n° 191).
b. Les GIE bénéficiant de l'exonération de TVA doivent accompagner leur **déclaration** de résultats d'une déclaration complémentaire indiquant, pour la période en cause, les éléments nécessaires à l'identification des associés et à leurs droits dans le capital, ainsi que le montant, par nature, des charges réparties entre eux (CGI ann. III art. 96 A).

GROUPEMENT EUROPÉEN D'INTÉRÊT ÉCONOMIQUE (GEIE)

Le régime fiscal du GEIE est comparable à celui du GIE exposé ci-avant au regard tant des droits d'enregistrement que des impôts directs. En particulier, les GEIE constitués et fonctionnant dans les conditions prévues par le règlement CEE 2137/85 du 25 juillet 1985 sont exclus du champ d'application de l'IS (CGI art. 239 quater C). **27590**
En outre, comme la transformation en GIE, la **transformation** d'une société, d'un GIE ou d'une association **en GEIE** n'entraîne pas dissolution de la société ni création d'une personne morale nouvelle, ni, sous certaines conditions, l'imposition des bénéfices en sursis d'imposition et des plus-values latentes (n° 27555).
Par ailleurs, lorsqu'un **GEIE devient passible de l'IS** (modification de la nature et du fonctionnement du groupement, par exemple), les dispositions prévues à l'article 202 ter du CGI sont applicables (n°s 24850 s.).
Comme les GIE, les GEIE sont passibles de la **contribution sociale de solidarité des sociétés** (n° 24007), mais seulement à raison des affaires réalisées en France métropolitaine ou dans les DOM.
À noter que les GEIE constitués depuis le 1er janvier 1997 sont exclus du régime du micro-BA.

SECTION 10

OPTION POUR L'ASSIMILATION À UNE EARL DES EXPLOITANTS INDIVIDUELS OU PLACEMENT SOUS LE STATUT DE L'EIRL

A. Option pour l'assimilation à une EARL des exploitants individuels

La loi 2022-172 du 14 février 2022 en faveur de l'activité professionnelle indépendante a créé un **statut unique protecteur** pour l'entrepreneur individuel (C. com. art. L 526-22 s.) qui est **entré en vigueur** le 15 mai 2022. Ces dispositions définissent l'entreprise individuelle, fixent le statut unique de l'exploitant et posent le principe de la séparation des patrimoines professionnel et personnel. **27650**
L'entrepreneur individuel soumis au statut spécial est défini comme une personne physique qui exerce en son nom propre une ou plusieurs activités professionnelles indépendantes. Cette **définition**, qui est indépendante de la nature et du régime d'imposition des revenus, vise en particulier les exploitants agricoles.
Les **aspects juridiques** du statut de l'entrepreneur individuel sont développés n°s 75540 s.

Les exploitants agricoles individuels, qui sont en principe soumis à l'impôt sur le revenu, ont en outre la faculté d'exercer une **option pour leur assimilation à une EARL** qui emporte l'option pour leur assujettissement à l'impôt sur les sociétés (n°s 27655 s.). Seules les modalités et conséquences de cette option ainsi que le régime des opérations réalisées par l'exploitant soumis à l'IS seront envisagées ci-après.

1. MODALITÉS D'EXERCICE ET CONSÉQUENCES DE L'OPTION

MODALITÉS D'EXERCICE DE L'OPTION

27655 L'exploitant individuel a la possibilité d'exercer l'option pour son assimilation à une EARL dont il tient lieu d'associé unique. Cette option vaut option pour l'assujettissement à l'IS (CGI art. 1655 sexies, 1 et 3).

L'option prend la forme d'une **notification** mentionnant la dénomination et l'adresse de l'entreprise individuelle ainsi que les nom, prénom, adresse et signature de l'entrepreneur. Elle est **adressée** au service des impôts du lieu du principal établissement avant la fin du troisième mois de l'exercice au titre duquel l'entrepreneur souhaite bénéficier de cette assimilation (CGI ann. III art. 350 bis).

L'option pour l'assimilation de l'entreprise individuelle à une EARL n'est pas subordonnée à l'exercice préalable d'une option pour un régime réel d'imposition (BOI-BIC-CHAMP-70-10 n° 320).

Une fois exercée, l'option est irrévocable. Mais l'entrepreneur individuel peut **renoncer** à son assujettissement à l'IS jusqu'au cinquième exercice suivant celui au titre duquel l'option pour l'assimilation a été exercée. Passé ce délai, l'assujettissement à l'IS devient définitif.

> **Précisions** La **renonciation** à l'assujettissement à l'IS est notifiée au service des impôts auprès duquel l'entrepreneur individuel souscrit sa déclaration de résultats avant la fin du mois précédent la date limite de versement du premier acompte d'IS de l'exercice au titre duquel elle s'applique (CGI ann. III art. 350 bis, II). Cette renonciation constitue un changement de régime fiscal et entraîne les conséquences de la cessation d'entreprise exposées n°s 24240 s. L'entreprise est ensuite assimilée à une EARL soumise au régime des sociétés de personnes relevant de l'IR (BOI-BIC-CHAMP-70-10 n° 400). Le régime d'étalement du paiement de l'impôt sur le revenu en cas de passage à l'IS que l'exploitant a pu demander n'est cependant pas remis en cause du fait de la renonciation à l'IS (CGI art. 75-0 C).

CONSÉQUENCES DE L'OPTION

27660 L'option de l'entrepreneur individuel pour l'assimilation de son entreprise à une EARL entraîne la création d'une **personnalité fiscale distincte** (BOI-BIC-CHAMP-70-10 n° 360) soumise à l'IS et produit ses conséquences à l'égard de l'ensemble des dispositions du CGI et de ses annexes. En particulier, l'exploitant est obligatoirement soumis à un régime réel d'imposition. Lorsque l'option est exercée après une période d'activité de l'exploitant, elle entraîne :

– la cessation fiscale de l'entreprise individuelle, puisque ses activités sont désormais exercées par l'entreprise assimilée à une EARL ;

– et le transfert des biens du patrimoine de l'entreprise individuelle à celui de l'entreprise assimilée à une EARL.

La cessation de l'entreprise individuelle emporte les conséquences exposées n°s 24860 s.

Le transfert de biens inscrits au patrimoine professionnel de l'entreprise à celui de l'entreprise assimilée à une EARL s'apparente fiscalement à l'apport d'une entreprise individuelle à une société (EARL). L'entrepreneur individuel a le choix entre :

– l'application du régime de droit commun qui se caractérise notamment par l'imposition immédiate des plus-values dégagées au titre de l'apport avec possibilité de bénéficier, si les conditions sont remplies, des exonérations et abattements mentionnés aux articles 151 septies (n°s 10300 s.) et 151 septies B du CGI (n° 10171) ;

– et l'option pour le régime prévu à l'article 151 octies du CGI (n°s 10685 s.) permettant de placer les plus-values d'apport en report d'imposition (BOI précité n° 440).

> **Précisions a.** Le transfert des biens utiles à l'activité depuis le patrimoine personnel vers le patrimoine professionnel bénéficie du **régime des biens migrants** : n°s 10480 s.
> **b.** Les exploitants ayant exercé **l'option pour leur assimilation à une EARL soumise à l'impôt sur les sociétés** sont soumis aux dispositions de l'article L 526-22 du Code de commerce relatives à la séparation du patrimoine professionnel et du patrimoine personnel. En revanche, les règles spécifiques aux bénéfices agricoles qui encadrent la définition de l'actif professionnel pour la détermination de ces revenus des exploitants soumis à l'impôt sur le revenu ne sont pas applicables. L'exploitant dispose d'une liberté

pour la constitution de l'actif social de l'EARL à laquelle l'entreprise est assimilée.

c. L'exercice de l'**option en cours d'activité de l'exploitant** nécessite en pratique l'établissement d'un bilan de clôture de l'entreprise soumise à l'impôt sur le revenu et d'un bilan d'ouverture de l'exploitation assimilée à une EARL soumise à l'IS.

d. Les **immobilisations** sont inscrites au bilan de l'entreprise individuelle assimilée à une EARL pour leur valeur réelle à la date de l'option (BOI-BIC-CHAMP-70-10 n° 470).

e. Par exception à l'application des dispositions du CGI relatives aux sociétés, les entreprises individuelles ayant exercé l'option pour l'assimilation à une EARL ne sont pas soumises aux formalités d'enregistrement prévues en cas de formation ou de transformation de société ou d'augmentation de capital (nos 25200 s.).

2. RÉGIME DES OPÉRATIONS RÉALISÉES PAR L'EXPLOITANT SOUMIS À L'IS

RÉMUNÉRATION DE L'EXPLOITANT

Dès lors que l'entreprise individuelle est assimilée à une EARL, la rémunération de l'exploitant suit le régime des rémunérations allouées aux **gérants majoritaires de sociétés à responsabilité limitée**. Elle est donc **déductible du résultat imposable** de l'entreprise, sous réserve qu'elle corresponde à un travail effectif et que son montant global n'excède pas la rétribution normale des fonctions exercées (CGI art. 211). 27665

Cette rémunération est imposable à l'**impôt sur le revenu** dans la catégorie des revenus de gérants majoritaires de SARL, ce qui permet notamment l'application de la déduction forfaitaire de 10 % pour frais professionnels (CGI art. 62).

DÉTERMINATION DU RÉSULTAT IMPOSABLE DE L'ENTREPRISE

En raison de l'option de l'exploitant individuel pour son assujettissement à l'IS, le résultat de l'entreprise est déterminé en faisant application de l'ensemble des **règles d'assiette de l'IS**. 27670

Les **déficits** subis dans le cadre de l'entreprise assimilée à une EARL sont reportables en avant sans limitation de durée sur ses bénéfices ultérieurs. L'exploitant peut opter pour leur report en arrière sur les bénéfices de l'exercice précédent (n° 24205).

Dans l'hypothèse où des **titres de participation** sont inscrits au bilan, l'exploitant peut bénéficier du régime des sociétés mères et filiales prévoyant l'exonération des dividendes, sous réserve de l'imposition d'une quote-part de frais et charges (n° 24345).

ATTENTION

L'**amortissement** des immobilisations est calculé en fonction de leur durée probable d'utilisation appréciée à la date d'exercice de l'option pour l'assimilation à une EARL (BOI-BIC-CHAMP-70-10 n° 470). Lorsque cette option est exercée postérieurement au début d'activité, l'exploitant peut donc être conduit à reconsidérer les plans d'amortissement établis lors de l'inscription des biens à l'actif du bilan de l'entreprise soumise à l'impôt sur le revenu.

Seules les **cessions de titres de participation** peuvent bénéficier du régime du long terme, lorsqu'ils sont détenus par l'exploitant depuis au moins deux ans. Les plus-values réalisées bénéficient alors de la taxation réduite à une quote-part de frais et charges (n° 24130). 27675

Les **cessions de biens autres que les titres** de participation sont exclues du régime des plus et moins-values à long terme et l'exploitant soumis à l'IS ne peut pas se prévaloir du régime d'exonération des plus-values en fonction des recettes (CGI art. 151 septies ; nos 10300 s.), ni de l'abattement sur les plus-values immobilières à long terme (CGI art. 151 septies B ; n° 10171).

Le **retrait dans le patrimoine privé** de biens figurant au bilan de l'exploitation individuelle soumise à l'IS constitue le fait générateur d'une plus-value imposable.

En cas de cession ou de retrait d'un **bien qui a précédemment appartenu au patrimoine privé** de l'exploitant, le régime des biens migrants s'applique (CGI art. 1655 sexies). Il convient alors de déterminer d'une part une plus-value privée, d'autre part une plus-value professionnelle en fonction de la période de détention du bien au sein du patrimoine privé et au sein du patrimoine professionnel (CGI art. 151 sexies ; nos 10480 s.).

> **Précisions** La cession ou le retrait d'un bien qui avait préalablement figuré au bilan de l'exploitant individuel soumis à l'impôt sur le revenu met fin au **report d'imposition**, prévu à l'article 151 octies du CGI qui a pu être appliqué à la plus-value constatée à raison de ce bien lors de l'option pour l'assimilation à une EARL (n° 27660).

IMPOSITION À L'IS DES RÉSULTATS DE L'EXPLOITANT

27680 L'exploitant soumis à l'impôt sur les sociétés peut bénéficier du **taux réduit d'IS** de 15 % applicable aux **PME** jusqu'à un seuil de bénéfices de 42 500 €, dès lors que son chiffre d'affaires n'excède pas 10 M€. La fraction des bénéfices qui dépasse ce seuil est soumise au taux normal de l'IS de 25 % (n°s 24165 s.).
Pour l'établissement de l'impôt sur les sociétés, il souscrit une **déclaration** de résultat n° 2065-SD accompagnée d'une annexe n° 2065 bis-SD et des tableaux comptables et fiscaux composant la liasse fiscale, qui diffèrent suivant qu'il relève du **régime réel normal** ou du **régime réel simplifié**.

COTISATION ÉCONOMIQUE TERRITORIALE DUE PAR L'ENTREPRISE

27685 L'entreprise individuelle assimilée à une EARL est assujettie à la CFE et à la CVAE dans les mêmes conditions qu'une EARL (BOI-IF-CFE-10-10-20 n° 50 ; BOI-CVAE-CHAMP-10-10 n° 20). En pratique, elle devrait donc bénéficier de l'exonération au titre de son activité agricole.

RÉGIME DES PRÉLÈVEMENTS DE L'EXPLOITANT

27690 L'exploitant individuel tient lieu d'**associé unique** de l'EARL à laquelle son entreprise est assimilée du fait de l'option exercée (CGI art. 1655 sexies). Il en résulte que les sommes qu'il prélève sur les bénéfices de son entreprise sont soumises au régime des revenus distribués et sont donc imposées dans la catégorie des **revenus de capitaux mobiliers**. La mise en paiement de ces revenus entraîne l'exigibilité du **prélèvement forfaitaire à la source non libératoire** (CGI art. 117 quater ; n°s 24310 s.), majoré des prélèvements sociaux.

> **Précisions** **a.** Dès lors que l'entreprise assimilée à une EURL ou à une EARL n'a pas de personnalité juridique distincte de l'exploitant, la mise en paiement des distributions ne repose sur aucun acte juridique. Les **écritures comptables** permettent d'assurer la justification et le suivi de ces **« distributions »** de bénéfices.
> **b.** Aucune imposition n'est établie au nom de l'exploitant au titre des revenus distribués si le prélèvement effectué présente le caractère d'un **remboursement d'apport** au sens de l'article 112 du CGI, ce qui suppose que l'intégralité des bénéfices ait déjà été prélevée (n° 24865).
> **c.** Le **retrait dans le patrimoine privé** de l'exploitant d'un bien inscrit au bilan de l'entreprise assujettie à l'IS entraîne la constatation d'un revenu distribué à concurrence de sa valeur réelle, sauf s'il peut être qualifié comme un remboursement d'apport (BOI-BIC-CHAMP-70-10 n° 500). En outre, l'opération met fin, le cas échéant, au report d'imposition de la plus-value d'apport constatée lors de l'exercice de l'option en application de l'article 151 octies du CGI (BOI-BIC-CHAMP-70-10 n° 510).
> **d.** Les immobilisations sont inscrites au bilan de l'entreprise individuelle assimilée à une EARL pour leur valeur réelle à la date de l'option. (BOI-BIC-CHAMP-70-10 n° 470).
> **e.** Le montant des « distributions » qui excède 10 % du bénéfice net imposable de l'exercice précédant leur mise en paiement est soumis aux **cotisations sociales** (CSS art. L 136-3, II modifié par loi 2023-1250 du 26-12-2023).

LIQUIDATION DE L'EXPLOITATION INDIVIDUELLE SOUMISE À L'IS

27695 La liquidation de l'entreprise individuelle soumise à l'IS peut notamment résulter de la **cessation** d'activité de l'exploitant ou d'un **changement** d'activité au sens de l'article 221,5 du CGI. L'administration a indiqué qu'en cas de **décès** de l'exploitant, les conséquences de la cessation fiscale de l'entreprise ne sont tirées qu'en l'absence d'héritier poursuivant l'activité (BOI-BIC-CHAMP-70-10 n° 530).
Les conséquences de la cessation de l'entreprise individuelle soumise à l'IS consistent :
– d'une part en l'**imposition immédiate des résultats** et plus-values non encore imposés ;
– et d'autre part en l'imposition personnelle de l'exploitant dans la catégorie des revenus de capitaux mobiliers au titre du « **boni de liquidation** », défini comme la différence entre l'actif net réel de l'entreprise individuelle et les sommes correspondant, par assimilation, à des apports (BOI-BIC-CHAMP-70-10 n° 530). Les sommes ayant la nature de **remboursement d'apport** au sens de l'article 112 du CGI n'ont pas le caractère de revenu distribué (n° 24865).

> **Précisions** La cessation fiscale de l'exploitation met fin au **report d'imposition**, prévu à l'article 151 octies du CGI qui a pu être appliqué à la plus-value constatée à la date d'exercice de l'option pour l'assimilation à une EURL ou une EARL soumise à l'IS (n° 27660).

CESSION DE L'EXPLOITATION INDIVIDUELLE SOUMISE À L'IS

En matière de **droits d'enregistrement**, la cession de l'entreprise individuelle assimilée à une EARL est soumise au régime des cessions de droits sociaux (CGI art. 726, I bis). Cette disposition tire les conséquences de la personnalité fiscale de l'entreprise, distincte de celle de l'exploitant du fait de l'exercice de l'option pour l'assimilation à une EARL, et du statut d'associé unique conféré à l'entrepreneur. **27700**

En matière **d'impôts directs**, cette situation de l'exploitant devrait à notre avis conduire à l'application du régime des plus-values privées prévu à l'article 150-0 A du CGI et non au régime des plus-values professionnelles. En indiquant que la transmission de l'entreprise est réputée porter sur des parts d'une EARL imposable à l'IS, l'administration paraît se rallier à cette position (BOI-BIC-CHAMP-70-10 n° 600).

B. Exploitants placés sous le statut de l'EIRL

Le statut d'entreprise individuelle à responsabilité limitée (EIRL) concerne les exploitants qui ont décidé d'exercer leur activité dans ce cadre avant le 16 février 2022. Depuis cette date, il n'est plus possible de créer de nouvelles EIRL ni d'opter pour ce statut. Le **régime juridique** de l'EIRL est exposé nos 75561 s. **27705**

FONCTIONNEMENT DE L'EIRL

Les résultats de l'EIRL sont, sauf option contraire, soumis à **l'impôt sur le revenu** selon les règles de droit commun applicables en fonction de la nature de son activité (commerciale, non commerciale, agricole). Les entrepreneurs relevant du régime des micro-entreprises sont obligatoirement imposés à l'IR. **27710**

En cas d'exercice de différentes activités au sein de la même EIRL, il est fait application des règles prévues pour les revenus accessoires (nos 9720 s.).

L'EIRL soumise à un régime réel d'imposition peut exercer une **option pour son assimilation à une EARL**, qui emporte de plein droit l'option pour l'assujettissement à l'impôt sur les sociétés (CGI art. 1655 sexies). Cette option doit être notifiée avant la fin du troisième mois de l'exercice au titre duquel l'entrepreneur souhaite l'assimilation (CGI ann. III art. 350 bis, I dernier al. ; BOI-BIC-CHAMP-70-30 n° 170).

Les EIRL assimilées à des EARL peuvent **renoncer** à l'option pour l'**assujettissement à l'IS** jusqu'au cinquième exercice suivant celui au titre duquel ladite option a été exercée (CGI art. 1655 sexies, II renvoyant à CGI art. 239, I). Les EIRL qui ont renoncé à l'option ne peuvent plus ultérieurement opter à nouveau pour l'impôt sur les sociétés. En l'absence de renonciation dans le délai prévu, l'option pour l'impôt sur les sociétés devient irrévocable.

> **Précisions a.** Contrairement à l'option pour l'assujettissement de l'EIRL à l'IS, **l'option pour l'assimilation de l'EIRL à une EARL** n'est pas révocable. Dans le cas d'une EIRL qui a opté pour l'assimilation à une EARL et renonce par la suite à l'option à l'IS, l'EIRL est assimilée à une EARL soumise au régime des sociétés de personnes (BOI-BIC-CHAMP-70-30 n° 175).
> **b.** Le régime d'**étalement du paiement de l'impôt sur le revenu** en cas de passage à l'IS que l'exploitant a pu demander n'est cependant pas remis en cause du fait de la renonciation à l'IS (CGI art. 75-0 C).
> **c.** L'**exploitant** d'une EIRL soumise à l'IS est soumis au statut de **gérant majoritaire de SARL**. Sa rémunération est déductible du résultat et imposée dans les conditions prévues à l'article 62 du CGI (n° 24420).

Le statut de l'EIRL repose sur la **constitution d'un patrimoine d'affectation**, matérialisée par une **déclaration**, qui comprend obligatoirement l'ensemble des biens, droits, obligations ou sûretés dont l'entrepreneur est titulaire, qui sont **nécessaires à l'exercice de l'activité professionnelle**. L'exploitant peut également y inclure les biens, droits, obligations ou sûretés utilisés pour les besoins de l'activité. Depuis le 16 février 2022, l'entrepreneur ne peut plus constituer de patrimoine affecté mais il demeure possible d'affecter ou de retirer des éléments à un patrimoine affecté déjà constitué. **27715**

Le **transfert de biens** du patrimoine privé de l'exploitant au patrimoine de l'EIRL assimilée à une EARL, qui sont inscrits au patrimoine d'affectation pour leur valeur vénale ou leur valeur d'utilité à la date du transfert, n'entraîne aucune imposition. Mais les biens concernés sont soumis au régime des **biens migrants** (nos 10480 s.).

Le **retrait dans le patrimoine privé** de biens figurant au patrimoine d'affectation nécessite de déterminer une plus ou une moins-value imposable selon le régime des plus-values professionnelles si ces biens étaient utilisés dans le cadre de l'activité.

27720 Les EIRL doivent tenir une comptabilité commerciale, quelle que soit la nature de leur activité (C. com. art. L 526-13).

Les contribuables qui relèvent du régime micro sont soumis à des obligations comptables simplifiées : ils doivent simplement tenir un livre des recettes et, le cas échéant, un registre des achats, ainsi que, le 31 décembre de chaque année, un relevé actualisant en valeur et en nature le patrimoine affecté (C. com. art. R 526-10-1).

LIQUIDATION DE L'EIRL

27725 La liquidation de l'EIRL peut découler de la cessation de l'activité de l'exploitant, d'un changement d'activité au sens de l'article 221, 5 du CGI ou d'une renonciation à l'affectation de son patrimoine ou du décès de l'entrepreneur individuel.

À **défaut d'option pour l'assimilation à une EARL**, elle emporte les mêmes conséquences que la cessation fiscale d'une entreprise individuelle.

Si la liquidation concerne une **EIRL assimilée à une EARL**, elle emporte les mêmes conséquences fiscales que la cessation d'entreprise et l'annulation des droits sociaux d'une EARL : imposition des résultats non encore imposés à la date de cette cessation, y compris les éventuelles plus-values latentes, à l'IS ou à l'IR (selon le régime fiscal de l'EIRL) et, lorsque l'EIRL n'a pas renoncé à son option pour l'assujettissement à l'IS, l'imposition entre les mains de l'entrepreneur individuel, dans la catégorie des revenus mobiliers, du boni de liquidation déterminé par différence entre l'actif net réel à la date de la liquidation et les sommes correspondant à des apports (BOI-BIC-CHAMP-70-30 n° 350).

CESSION DE L'EIRL

27730 La **cession à titre** onéreux ou à titre gratuit de la **totalité du patrimoine affecté** entraîne également, en principe, la liquidation de l'EIRL et les conséquences de la cessation fiscale.

La **cession à titre onéreux de l'entreprise ayant opté pour son assimilation à une EARL** devrait à notre avis pouvoir être assimilée à une cession de parts sociales pour l'imposition des plus-values, comme c'est le cas pour l'assiette et la liquidation des droits d'enregistrement en application de l'article 726, I bis du CGI. La plus-value dégagée devrait donc être imposée au nom de l'exploitant selon les règles des plus-values de cession de parts sociales prévues aux articles 150-0 A et suivants du même Code.

TITRE V

Autres questions fiscales intéressant l'agriculture

Nous avons exposé sous les titres précédents l'essentiel des dispositions fiscales qui concernent le secteur agricole. Pour donner un aperçu complet de ces dispositions, il convient maintenant d'aborder un certain nombre d'autres questions qui, si elles peuvent paraître moins importantes, n'en présentent pas moins un réel intérêt pour l'exploitant. 29000

On examinera ainsi successivement :

– les **impôts directs locaux** (taxes foncières, taxe d'habitation sur les résidences secondaires et autres locaux meublés non affectés à l'habitation principale, contribution économique territoriale) (n°s 29005 s.) ;

– l'**impôt sur la fortune** immobilière (IFI) (n°s 30400 s.) ;

– les **taxes et participations sur les salaires**, qui ne concernent bien évidemment que les exploitants employant du personnel (n°s 32000 s.) ;

– la **contribution sociale généralisée** (CSG) et autres **prélèvements sociaux** (n°s 32000 s.) ;

– la **retenue** à la source sur les **salaires versés à des personnes domiciliées hors de France** (n°s 32800 s.) ;

– la **taxe spéciale sur le chiffre d'affaires** et les taxes sur les **viandes** (n°s 32900 s.) ;

– les droits sur les **boissons** et les formalités de circulation (n°s 33000 s.) ;

– ce que l'exploitant doit savoir en matière de **contrôle et de contentieux de l'impôt** (vérifications, pénalités, réclamations, etc.) (n°s 33200 s.).

Pour la plupart, ces questions ne sont pas spécifiques à l'agriculture. Aussi bien, pour nous conformer à la ligne de conduite générale que nous avons retenue, nous ne leur consacrerons qu'une étude assez sommaire, ne nous attachant à en dégager que les **seuls aspects** qui revêtent une **utilité pratique pour l'exploitant agricole**.

CHAPITRE 1

IMPÔTS DIRECTS LOCAUX

SOMMAIRE

PAIEMENT DES IMPOSITIONS

À l'exception de la cotisation sur la valeur ajoutée des entreprises, qui doit être acquittée spontanément par les redevables, les impôts locaux et les taxes assimilées sont établis et perçus par voie de rôle. 29005

Dans chaque commune où il est imposable, le redevable est informé, par un **avis d'imposition** (éventuellement dématérialisé), du montant et des conditions d'exigibilité de chaque impôt.

Les rôles généraux (ou primitifs) des impôts locaux, établis au titre d'une année déterminée, doivent normalement être **mis en recouvrement** avant la fin de l'année à laquelle ils se rapportent. Mais l'administration peut procéder à la mise en recouvrement jusqu'au 31 décembre de l'année suivante s'agissant des taxes foncières et de la taxe d'habitation sur les résidences secondaires et autres locaux meublés non affectés à l'habitation principale et jusqu'au 31 décembre de la troisième année suivante s'agissant de la cotisation foncière des entreprises et de la cotisation sur la valeur ajoutée des entreprises (CGI art. 1659 A). Par exception, ce délai expire à la fin de la dixième année suivant celle au titre de laquelle l'imposition est due en cas d'exercice d'une **activité occulte** par le contribuable ou par une personne morale dont il perçoit des dividendes ou lorsque l'administration a dressé un procès-verbal de **flagrance fiscale** au titre d'une année postérieure (nº 33240).

Une fois mis en recouvrement, les impôts locaux et taxes assimilées font l'objet d'un **paiement** dans les délais et selon les modalités applicables pour le paiement des impôts directs, sous réserve de certaines particularités.

Lorsque leur **montant excède 300 €**, les taxes foncières et la taxe d'habitation sur les résidences secondaires et autres locaux meublés non affectés à l'habitation principale doivent obligatoirement être acquittées par **prélèvement** (mensuel ou à l'échéance) ou par **télérèglement** (paiement direct en ligne), sous peine d'une majoration de 0,2 % (CGI art. 1681 sexies, 2 et 1681 septies, 6). Les contribuables qui n'y sont pas soumis à titre obligatoire peuvent également opter pour ces modes de règlement.

En ce qui concerne les règles de paiement propres à la cotisation foncière des entreprises et à la cotisation sur la valeur ajoutée des entreprises : voir respectivement nºs 30010 et 30045.

> **Précisions a.** Le système du **prélèvement mensuel** comporte dix prélèvements automatiques, égaux au dixième de l'impôt établi l'année précédente, opérés en principe le 15 de chaque mois de janvier à octobre et suivis d'une régularisation lors de la mise en recouvrement du rôle (CGI art. 1681 ter). L'option pour ce système prend effet dans des conditions différentes selon la date à laquelle elle est exercée (CGI ann. III art. 382-0 C bis) et est tacitement reconduite les années suivantes.
> **b.** Les **propriétaires** – ou les principaux locataires – peuvent être tenus d'acquitter la taxe d'habitation sur les résidences secondaires et autres locaux meublés non affectés à l'habitation principale et la cotisation foncière des entreprises dues par les locataires qui ont quitté les lieux (pour la cotisation foncière des entreprises : fraction afférente à l'exercice de la profession au cours du mois précédent et du mois courant). Ces personnes – sauf, pour la taxe d'habitation sur les résidences secondaires et autres locaux meublés non affectés à l'habitation principale, les logeurs en garni – dégagent toutefois leur responsabilité en informant le percepteur dans les 3 mois du déménagement de leurs locataires (CGI art. 1686 et 1687).

SECTION 1 ÉVALUATIONS FONCIÈRES

A. Valeur locative de base

29040 Les évaluations foncières déterminent la **valeur locative cadastrale** qui sert en tout ou en partie de base commune aux quatre principales taxes directes locales et qui représente, au moins en théorie, le loyer annuel que produirait le bien en cause s'il était loué.
La valeur locative cadastrale des **propriétés bâties et non bâties, autres que les locaux professionnels**, doit, en théorie, être déterminée lors de révisions périodiques générales des évaluations foncières, complétées par des actualisations triennales (CGI art. 1516). En fait, la dernière révision générale a été réalisée de 1970 à 1973 et ses résultats ont été mis en application à compter du 1er janvier 1974, avec pour date de référence le 1er janvier 1970. Les actualisations qui auraient dû intervenir ultérieurement ont été remplacées par des majorations forfaitaires annuelles (voir nos 29120 s.). Une révision des valeurs locatives des locaux d'habitation est programmée pour 2028 (voir no 29050).
La valeur locative des **locaux professionnels** a, quant à elle, fait l'objet d'une révision à la date du 1er janvier 2013, dont les résultats sont pris en compte depuis 2017. Le dispositif est assorti d'un mécanisme spécifique d'actualisation (voir no 29130).
Pour les **propriétés non bâties**, la révision entrée en vigueur le 1er janvier 1974 a été effectuée suivant une procédure allégée qui a consisté à actualiser, au moyen de coefficients d'adaptation tenant compte du cours des baux ruraux au 1er janvier 1970, les revenus cadastraux établis lors de la précédente révision à la date du 1er janvier 1961 (CGI art. 1515). Les coefficients d'adaptation ont été déterminés par région agricole ou forestière départementale et, à l'intérieur de chaque région, par groupe ou sous-groupe de nature de culture ou de propriété. Les valeurs locatives des propriétés non bâties sont actualisées chaque année dans les conditions exposées no 29125.

1. PROPRIÉTÉS BÂTIES

29045 La valeur locative cadastrale des propriétés bâties est déterminée selon des règles différentes selon la nature et l'affectation des biens imposables : locaux d'habitation, locaux professionnels, établissements industriels.
Tous les ans, les valeurs locatives de base sont mises à jour pour tenir compte, d'une part, des **changements** affectant les propriétés, d'autre part, de la revalorisation des évaluations. Les **constructions nouvelles** doivent être déclarées afin que l'administration leur attribue une valeur locative cadastrale qu'elle détermine à partir des valeurs de base revalorisées (sous réserve du cas particulier des établissements industriels relevant de la méthode comptable).

LOCAUX D'HABITATION

Pour les locaux d'habitation et les locaux servant à l'exercice d'une activité salariée à domicile (loués ou non), la valeur locative est normalement déterminée par comparaison avec celle des **locaux de référence** choisis pour chacune des différentes catégories de locaux représentées dans la commune. La valeur locative de ces locaux de référence a été elle-même calculée d'après un tarif communal fixé pour la catégorie correspondante en fonction du cours des loyers libres normaux et appliqué à leur surface pondérée. 29050

Par exception, la valeur locative des **locaux** d'habitation **présentant un caractère exceptionnel** (certains châteaux ou monastères, par exemple) est évaluée d'après les baux en cours au 1er janvier 1970, par comparaison ou par appréciation directe (application d'un taux d'intérêt à la valeur vénale estimée au 1er janvier 1970).

À compter de **2028**, la valeur locative des locaux d'habitation sera déterminée selon une nouvelle méthode, basée sur l'état du marché locatif (méthode tarifaire) ou par voie d'appréciation directe, à la date de référence du 1er janvier 2025 (Loi 2019-1479 du 28-12-2019 art. 146 modifié par loi 2022-1726 du 30-12-2022 art 106, I). Les locaux d'habitation qui présentent un caractère exceptionnel seront évalués par voie d'appréciation directe, c'est-à-dire par application d'un taux de 8 % à leur valeur vénale.

Afin de permettre la réalisation de ces opérations, les propriétaires bailleurs de ces locaux (hormis ceux à caractère exceptionnel) devront souscrire une déclaration avant le 1er juillet 2025 puis chaque année avant le 1er juillet (CGI art. 1496 ter modifié par loi 2022-1726 du 30-12-2022 art. 106, I). Les propriétaires de locaux à caractère exceptionnel (donnés ou non en location) devront souscrire avant le 1er juillet 2025 une déclaration indiquant notamment les éléments constitutifs de la valeur vénale des biens concernés (Loi 2021-1900 du 30-12-2021 art. 114 modifiée par loi 2022-1726 du 30-12-2022 art. 106, II).

> **Précisions** Pour les **locaux** loués sous le régime de la **loi du 1er septembre 1948**, la valeur locative à retenir pour la taxe foncière est au maximum égale au montant du loyer réel au 1er janvier 1970 majoré d'un coefficient d'actualisation. Ces coefficients sont fixés comme suit depuis 1979 en ce qui concerne les diverses catégories visées par la loi du 1er septembre 1948 : II A : 2,83 ; II B : 2,49 ; II C : 2,14 ; III A : 1,93 ; III B : 1,75 ; IV : 1,00 ; loyer forfaitaire : 1,93 (CGI art. 1496, III et ann. II art. 310 I).

LOCAUX PROFESSIONNELS

Cette catégorie regroupe les locaux à usage commercial, artisanal ou agricole, les locaux à usage professionnel spécialement aménagés pour l'exercice d'une activité particulière (gymnases, par exemple), les locaux servant à l'exercice d'une activité professionnelle non commerciale (professions libérales, par exemple), les établissements industriels ne relevant pas de la méthode comptable (voir n° 29055), les locaux occupés par les administrations publiques, les associations, les établissements d'enseignement privé, etc. 29052

Ces locaux se sont vu attribuer une **nouvelle valeur locative** à compter de 2017 en application de la révision des évaluations foncières des locaux professionnels décidée par l'article 34 de la loi 2010-1658 du 29 décembre 2010. La valeur locative révisée est déterminée selon une **grille tarifaire** par mètre carré, fixée à partir des loyers moyens constatés dans chaque secteur d'évaluation par catégorie de propriétés à la **date de référence** du 1er janvier 2013. Si les loyers sont en nombre insuffisant ou ne peuvent pas être retenus (en raison, notamment, d'erreurs déclaratives ou de conditions particulières de location), les tarifs sont déterminés par comparaison avec les tarifs fixés pour des locaux similaires.

Les tarifs peuvent être majorés ou minorés par application d'un **coefficient de localisation** destiné à tenir compte de la situation de la parcelle d'assise de la propriété au sein du secteur d'évaluation.

La méthode tarifaire n'est pas applicable aux **propriétés** présentant des **caractéristiques exceptionnelles**. La valeur locative de ces propriétés est déterminée en appliquant un taux de 8 % à la valeur vénale estimée au 1er janvier 2013 ou, pour celles créées après le 1er janvier 2017, au 1er janvier de l'année de leur création.

Les entreprises soumises à un régime réel d'imposition doivent **déclarer** chaque année le montant du loyer des locaux dont elles sont locataires, dans le même délai que la déclaration de résultat (CGI art. 1498 bis). Elles suivent à cet effet la procédure spécifique Decloyer.

> **Précisions** Les mesures suivantes sont mises en œuvre afin d'étaler ou d'atténuer les effets de la révision des valeurs locatives des locaux professionnels :
– un **coefficient**, dit **de neutralisation**, a pour but d'éviter la surimposition des locaux professionnels qui aurait pu résulter de l'actualisation des valeurs locatives de ces seuls locaux. Ce coefficient, déterminé au 1er janvier 2017 pour chaque taxe et chaque collectivité territoriale, s'applique à la valeur locative brute révisée de chaque local, jusqu'à l'intégration de la révision des valeurs locatives des locaux d'habitation prévue en 2028 (CGI art. 1518 A quinquies, I et II) ;
– les **variations des valeurs locatives**, appréciées après application du coefficient de neutralisation, à la hausse comme à la baisse, sont réduites de moitié de 2017 à 2025 (dispositif dit « du **planchonnement** » : CGI art. 1518 A quinquies, III) ;
– les **variations de cotisations**, à la hausse ou à la baisse, constatées en 2017 pour chaque local font l'objet d'un lissage par dixièmes de 2017 à 2025 (CGI art. 1518 E).

ÉTABLISSEMENTS INDUSTRIELS

29055 **Établissements concernés** Les établissements industriels s'entendent des établissements dont l'activité nécessite d'importants moyens techniques, non seulement lorsque cette activité consiste dans la fabrication ou la transformation de biens corporels mobiliers, mais aussi lorsque le rôle des installations techniques, matériels et outillages mis en œuvre, fût-ce pour les besoins d'une autre activité (activité de stockage, par exemple), est prépondérant (CE 27-7-2005 nos 261899 et 273663 : RJF 11/05 n° 1201 ; BOI-IF-TFB-20-10-50-10 n° 1).

Ces établissements sont évalués selon une **« méthode comptable »** (n° 29057) lorsque les bâtiments et terrains industriels figurent à l'actif du bilan de leur propriétaire ou de leur exploitant et que celui-ci est soumis à l'impôt sur les bénéfices selon un régime réel ou lorsque les bâtiments et terrains industriels figurent à l'actif du bilan d'une entreprise qui a pour activité principale la location de ces biens. Si ces conditions ne sont pas satisfaites, ils sont évalués selon les règles prévues pour les locaux professionnels (n° 29052).

Les biens des **entreprises artisanales** (entreprises tenues de s'immatriculer au répertoire des métiers) sont également exclus de la méthode comptable et sont donc évalués comme les locaux professionnels. Il en est de même des propriétés comprenant des équipements souterrains indissociables des **installations de stockage de déchets non dangereux**, à compter de l'année suivant la fin de leur phase d'exploitation (CGI art. 1499-00 A).

Par ailleurs, lorsque la **valeur d'origine des installations** techniques, matériels et outillages présents sur place et détenus par l'exploitant ou le propriétaire pendant au moins six mois au cours de l'année précédant celle de l'imposition **n'excède pas 500 000 €**, les bâtiments et terrains affectés à une activité entrant dans le champ de la cotisation foncière des entreprises ne peuvent être qualifiés d'industriels et sont également évalués comme des locaux professionnels.

> **Précisions** Compte tenu de l'exonération de taxe foncière sur les propriétés bâties et de contribution économique territoriale dont ils bénéficient (voir nos 29435 et 29910), les **bâtiments affectés à une activité agricole** ne sont pas concernés en pratique par les règles d'évaluation des établissements industriels. La méthode comptable peut s'appliquer en revanche à des établissements affectés à des activités de fabrication ou de transformation utilisant des produits d'origine agricole. Ainsi jugé, par exemple, pour :
– un établissement abritant des opérations de **transformation de canards** fournis par des tiers en foie gras, magrets, confits et autres conserves réalisées par une société coopérative agricole, eu égard à leur nature ainsi qu'à l'importance et aux caractéristiques des moyens techniques mis en œuvre (CAA Bordeaux 9-10-2001 n° 99-2611 : RJF 2/02 n° 168 ; CE (na) 27-5-2002 n° 240275 : RJF 11/02 n° 1255) ;
– des **silos à grains** dont l'exploitation nécessite, pour la réception, le stockage, la manutention, le séchage et le chargement de céréales sur des navires, d'importants moyens techniques (CE 14-12-2005 n° 267227 : RJF 3/06 n° 271) ;
– des **chais de vieillissement de cognac** comportant essentiellement des barriques d'élevage entreposées sur des racks, eu égard à l'importance de ces moyens techniques évalués respectivement à 31 et 4 M€ environ, et compte tenu de leur rôle prépondérant dans le processus de fabrication du cognac (CAA Bordeaux 30-11-2017 n° 15BX03996 : RJF 4/18 n° 393).

29057 **Méthode comptable** La valeur locative des établissements industriels relevant de la méthode comptable s'obtient en appliquant au prix de revient de leurs différents éléments, éventuellement revalorisé, les **taux d'intérêt** mentionnés dans le tableau ci-dessous.

	Prix de revient	Taux d'intérêt applicables [1]
Sols et terrains		
acquis avant 1959	valeur d'origine multipliée par coefficient de réévaluation des bilans (CGI ann. III art. 21) × majoration spéciale [2]	4 %
acquis de 1959 à 1969	valeur d'origine × majoration spéciale [2]	4 %
acquis depuis 1970	valeur d'origine	4 %
Autres immobilisations foncières		
acquises avant 1959	valeur d'origine multipliée par coefficient de réévaluation des bilans (CGI ann. III art. 21)	4,5 %
acquises de 1959 à 1975	valeur d'origine	4,5 %
acquises depuis 1976	valeur d'origine	4 %

1. Taux applicables aux impositions établies depuis 2021 (Loi 2020-1721 du 29-12-2020 art. 29).
2. Majoration de 3 % pour chaque année écoulée depuis l'entrée dans le patrimoine du propriétaire jusqu'au 1er janvier 1970.

2. PROPRIÉTÉS NON BÂTIES

La valeur locative de chaque parcelle résulte d'un **tarif** à l'hectare établi dans chaque commune par nature de culture ou de propriété et, le cas échéant, par classe. Ce tarif a été arrêté lors de la révision générale des évaluations, opérée en 1961, en principe à partir de baux considérés comme normaux, puis actualisé en 1974 et 1980. Depuis 1981, le tarif est majoré chaque année à l'aide de coefficients forfaitaires fixés au niveau national. 29060

Les propriétés non bâties sont classées en **treize groupes** : 1. Terres, 2. Prés, 3. Vergers, 4. Vignes, 5. Bois, 6. Landes, 7. Carrières, 8. Lacs et étangs, 9. Jardins, 10. Terrains à bâtir, 11. Terrains d'agrément, 12. Chemins de fer et canaux, 13. Sols de propriétés bâties. Chaque parcelle est rattachée à un de ces groupes et à une classe au sein du groupe.

En ce qui concerne les **bois**, **landes**, étangs et **terres** utilisés principalement pour la **chasse**, les tarifs d'évaluation doivent inclure, outre la rente foncière de droit commun, la valeur moyenne des redevances de chasse encaissées par les propriétaires, à moins que le droit de chasse n'ait été apporté à une association communale ou intercommunale de chasse agréée ou que la propriété n'ait été classée en réserve naturelle ou en réserve de chasse agréée (BOI-IF-TFNB-20-10-20-20 n° 310).

> **Précisions a.** Les **terres incultes récupérables** et les terres manifestement **sous-exploitées**, figurant à l'état prévu à l'article L 125-5 du Code rural et de la pêche maritime (n° 81780), sont classées dans la catégorie des meilleures terres labourables de la commune jusqu'à leur mise en exploitation (CGI art. 1509, IV).

b. Les **terrains** qui ne sont pas classés comme terrains à bâtir, mais dont la **cession est soumise à la TVA**, sont imposés rétroactivement comme terrains à bâtir au titre de l'année de la cession et des deux années précédentes. La valeur locative à retenir est déterminée en appliquant à la moitié du prix de vente le taux d'intérêt retenu pour l'évaluation des terrains à bâtir. L'imposition est établie, par voie de rôle supplémentaire, sous déduction de la taxe foncière acquittée au titre de ces mêmes années ; elle est due par le cédant (CGI art. 1509, V).

c. La valeur locative cadastrale des **terrains constructibles situés dans les zones urbaines ou à urbaniser** peut, sur délibération du conseil municipal, être majorée d'une valeur forfaitaire comprise entre 0 et 3 € par mètre carré (après réduction de 200 mètres carrés, sauf délibération contraire de la commune) et éventuellement plafonnée (CGI art. 1396, II).

Cette majoration ne s'applique pas aux parcelles supportant une construction passible de la taxe foncière sur les propriétés bâties dont la valeur locative est déterminée selon les règles applicables aux locaux d'habitation (n° 29050), aux terrains classés depuis moins d'un an dans une zone urbaine ou à urbaniser et aux **terrains utilisés pour les besoins d'une exploitation agricole** par un agriculteur ou un groupement d'agriculteurs. L'administration exige que cette exploitation soit active, c'est-à-dire génératrice de produits agricoles. Elle admet toutefois que la **mise en jachère** d'une parcelle agricole n'est pas de nature à remettre en cause l'exclusion de la majoration, dès lors que l'exploitation agricole à laquelle elle se rattache est active (BOI-IF-TFNB-20-10-40-10 n° 280).

Enfin, les contribuables peuvent obtenir, sur réclamation, le **dégrèvement** correspondant à la majoration au titre de l'année au cours de laquelle ils ont obtenu un permis de construire, d'aménager ou de lotir ou bien cédé le terrain en cause.

B. Mise à jour des bases d'imposition

CONSTATATION ANNUELLE DES CHANGEMENTS

29100 Les évaluations sont mises à jour chaque année des changements qui affectent les propriétés bâties et non bâties. Ces changements sont rangés en différentes catégories (CGI art. 1517) :
– **constructions nouvelles** ;
– **changements de consistance** : modification du volume ou de la superficie d'une propriété bâtie (agrandissement, surélévation, démolition totale ou partielle, etc.), modification de la surface d'une propriété non bâtie par suite de travaux ou de phénomènes naturels (envahissement par les eaux, alluvions, etc.) ;
– **changements d'affectation** ayant pour effet soit de rendre imposable une propriété précédemment exonérée (conversion d'un bâtiment rural en maison d'habitation, par exemple), soit de la faire passer dans un groupe différent de celui qui avait été retenu lors de sa précédente évaluation (par exemple, changement de nature de culture) ;
– **changement d'utilisation** des locaux professionnels ;
– **changement** de nature à modifier la **méthode d'évaluation** des locaux industriels (passage de la méthode d'évaluation des locaux professionnels à la méthode comptable et inversement) ;
– **changements de caractéristiques physiques** : sont visés les changements affectant la structure même de la construction ou du terrain sans en modifier la superficie : adjonction d'équipements nouveaux (chauffage central, salle de bains, etc.), transformations intérieures, travaux de rénovation et de gros entretien, drainage, érosion des sols, etc. ;
– **changements d'environnement** : rénovation urbaine, création d'espaces verts, création ou suppression d'installations voisines génératrices de nuisances, modification des conditions de desserte, etc.

29105 **Déclaration des changements** Les **constructions nouvelles**, les **changements de consistance** ou **d'affectation** ainsi que les **changements d'utilisation** des locaux professionnels et les changements de méthode d'évaluation des locaux industriels doivent être **déclarés par le propriétaire** (CGI art. 1406) et donnent lieu dans tous les cas à une nouvelle évaluation.

Les déclarations doivent être souscrites dans un **délai** de 90 jours à compter de la réalisation définitive du changement (achèvement de la construction, des travaux, etc.). S'agissant plus particulièrement de **plantations** (bois, arbres fruitiers), on retient la date d'achèvement des travaux de plantation proprement dits, le remplacement ultérieur d'un certain nombre de plants n'étant pas de nature à constituer un nouveau changement, ni à rouvrir un nouveau délai de déclaration (BOI-IF-TFNB-40 n° 40).

Les déclarations sont souscrites auprès du service des impôts fonciers du lieu de situation des biens sur des **imprimés** fournis par l'administration (CGI ann. III art. 321 E) : modèle H1 pour les maisons individuelles, H2 pour les appartements situés dans un immeuble collectif, 6660-REV pour les locaux à usage professionnel, U pour les locaux industriels, ME pour les maisons exceptionnelles, R pour les déclarations récapitulatives et IL pour les changements de consistance ou d'affectation. Toutefois, dans plusieurs mises à jour des fiches consacrées à la fiscalité immobilière publiées le 9 février 2024, l'administration précise que les déclarations foncières relatives aux constructions nouvelles et autres changements s'effectuent :
– en ligne, via le téléservice « Gérer mes biens immobiliers » ;
– ou, pour les personnes n'ayant pas de connexion Internet chez elles ou rencontrant des difficultés pour réaliser leur déclaration foncière en ligne, par un formulaire papier (modèles n° 6650-H1 pour les maisons individuelles et n° 6652-H2 pour les appartements).

Le bénéfice des **exonérations** temporaires de taxe foncière sur les propriétés bâties et non bâties est subordonné à l'accomplissement de cette formalité. Jugé, à cet égard, que déclarer une construction nouvelle par courrier prive de l'exonération temporaire, une simple lettre ne pouvant être regardée comme un imprimé de l'administration (CE (na) 23-3-2020 n° 434885 : RJF 7/20 n° 611). Si la déclaration est souscrite hors délai, l'exonération s'applique pour la période restant éventuellement à courir après le 31 décembre de l'année suivante.

Par ailleurs, afin de procéder à la **mise à jour permanente de la valeur locative** des propriétés bâties, l'administration peut demander au contribuable de souscrire une déclaration (à déposer auprès du service des impôts fonciers du lieu de situation des biens dans les trente jours suivant la réception de la demande).

> **Précisions a.** Les **acquéreurs de constructions nouvelles** (appartements et maisons individuelles) devenus propriétaires après l'achèvement de la construction bénéficient d'un délai spécial de 90 jours à compter de l'acquisition pour souscrire la déclaration,

lorsque celle-ci n'a pas été faite par le constructeur dans les 90 jours de l'achèvement des travaux. Mais la période d'exonération reste calculée à partir de la date d'achèvement des travaux (BOI-IF-TFB-10-60-20 n° 1).
b. Le **défaut de production** de la déclaration entraîne l'application d'une amende de 150 €. Les **omissions ou inexactitudes** relevées dans la déclaration sont sanctionnées par une amende de 15 € par omission ou inexactitude, sans que le total des amendes applicables par déclaration puisse être inférieur à 60 € ni supérieur à 150 € (CGI art. 1729 C). L'amende est recouvrée comme la taxe foncière (CGI art. 1754, III bis).
c. Les **omissions ou insuffisances d'évaluation** résultant du défaut ou de l'inexactitude de la déclaration peuvent être réparées à tout moment par l'administration par voie de **rôles particuliers**. Calculées d'après le taux en vigueur pour l'année en cours, les cotisations afférentes aux rehaussements sont multipliées par le nombre d'années écoulées depuis le 1er janvier de l'année suivant celle du changement, sans toutefois pouvoir être plus que quadruplées (CGI art. 1508 et LPF art. L 175). Cette procédure s'applique en matière de taxe foncière sur les propriétés bâties et de taxe d'habitation sur les résidences secondaires et autres locaux meublés non affectés à l'habitation principale. En ce qui concerne la taxe foncière sur les propriétés non bâties, la cotisation foncière des entreprises et la cotisation sur la valeur ajoutée des entreprises, les insuffisances d'évaluation ne peuvent être réparées que par voie de **rôles supplémentaires**, dans le délai de reprise (n° 33230).

Changements constatés par l'administration Les changements de **caractéristiques physiques** et les changements d'**environnement** n'ont pas à être déclarés. Ils sont constatés d'office par l'administration à partir d'informations de sources diverses (constatation sur place, déclaration de revenus du propriétaire faisant apparaître d'importantes dépenses d'amélioration, par exemple). 29107

Évaluation des changements En ce qui concerne les **propriétés bâties**, la nouvelle valeur locative cadastrale résultant de la prise en compte des changements est déterminée en fonction de la nature et de l'affectation des biens imposables, suivant les règles exposées nos 29045 s. Sauf pour les établissements industriels évalués à partir de leur prix de revient effectif (n° 29057), elle est appréciée à la date de référence de la dernière révision, soit au 1er janvier 1970 pour les locaux d'habitation et assimilés et au 1er janvier 2013 pour les locaux professionnels. 29110

Pour les **propriétés non bâties**, l'évaluation est faite en se plaçant à la date du 1er janvier 1961 et en appliquant les tarifs arrêtés pour des propriétés de même nature ou, à défaut, des tarifs spécialement établis.

Les valeurs locatives ainsi déterminées sont ensuite **actualisées** dans les conditions indiquées n° 29120.

> **Précisions** **a.** Les collectivités territoriales et leurs groupements dotés d'une fiscalité propre peuvent **étaler sur trois ans** l'augmentation de la valeur locative des **locaux d'habitation** résultant exclusivement de la constatation de changements de caractéristiques physiques ou d'environnement lorsque cette augmentation est supérieure à 30 % de la valeur locative de l'année précédant celle de la prise en compte de ces changements. Dans ce cas, l'augmentation est retenue à hauteur d'un tiers la première année, des deux tiers la deuxième année et en totalité à compter de la troisième année suivant celle de la constatation des changements (CGI art. 1517, I-1).
b. Un **mécanisme de lissage** s'applique en cas de variation de plus de 30 % de la valeur locative consécutive au changement de méthode d'évaluation d'un **bâtiment ou terrain industriel** (n° 29055) ou à un changement d'affectation d'un local industriel nouvellement affecté à une activité professionnelle ou inversement d'un local professionnel nouvellement affecté à un usage industriel (CGI art. 1518 A sexies).
La variation de valeur locative est prise en compte à hauteur de 15 % la première année où le changement est pris en compte, 30 % la deuxième année, 45 % la troisième année, 60 % la quatrième année, 75 % la cinquième année, 90 % la sixième année et 100 % la septième année.
Ce mécanisme de lissage cesse de s'appliquer en cas de changement d'exploitant ou d'intervention de l'un des changements visés n° 29100, à compter de l'année suivant celle du changement.
c. Pour les **locaux professionnels** présentant des **caractéristiques exceptionnelles** créés après le 1er janvier 2017, la date de référence à retenir pour l'évaluation des changements est le 1er janvier de l'année de la création (CGI art. 1498, III-B).

ACTUALISATION DES ÉVALUATIONS

Locaux d'habitation, établissements industriels et propriétés non bâties 29120

Entre deux révisions générales, les valeurs locatives des propriétés bâties (autres que les locaux professionnels) et des propriétés non bâties sont, en **principe**, actualisées tous les trois ans (CGI art. 1518).

En **pratique**, la seule **actualisation « triennale »** réalisée depuis la révision générale de 1974 est intervenue en 1980, avec le 1er janvier 1978 pour date de référence. Les actualisations qui auraient dû intervenir ultérieurement ont été remplacées par des revalorisations forfaitaires annuelles.

29125 Dans l'intervalle de deux actualisations, les **valeurs locatives** sont **majorées chaque année** par application d'un **coefficient forfaitaire** établi au niveau national. Ce coefficient est fixé chaque année par la loi de finances (CGI art. 1518 bis).

Ces coefficients, qui se cumulent, y compris ceux qui ont remplacé les coefficients d'actualisation, sont les suivants.

Année d'imposition	Propriétés bâties		Propriétés non bâties
	Locaux d'habitation et assimilés	Établissements industriels évalués selon la méthode comptable	
1981	1,10	1,10	1,09
1982	1,11	1,11	1,09
1983	1,13	1,08	1,10
1984	1,12	1,10	1,08
1985	1,08	1,06	1,08
1986	1,08	1,06	1,08
1987	1,05	1,03	1,01
1988	1,03	1,01	1,00
1989	1,04	1,02	1,01
1990	1,01	1,00	1,00
1991	1,03	1,01	1,00
1992	1,01	1,00	1,00
1993	1,03	1,01	1,00
1994	1,03	1,01	1,00
1995	1,02	1,00	1,00
1996	1,01	1,00	1,00
1997	1,01	1,00	1,00
1998	1,011	1,00	1,00
1999	1,01	1,01	1,01
2000	1,01	1,01	1,01
2001	1,01	1,01	1,01
2002	1,01	1,01	1,01
2003	1,015	1,015	1,015
2004	1,015	1,015	1,015
2005	1,018	1,018	1,018
2006	1,018	1,018	1,018
2007	1,018	1,018	1,018
2008	1,016	1,016	1,016
2009	1,025	1,025	1,015
2010	1,012	1,012	1,012
2011	1,02	1,02	1,02
2012	1,018	1,018	1,018
2013	1,018	1,018	1,018
2014	1,009	1,009	1,009
2015	1,009	1,009	1,009
2016	1,01	1,01	1,01
2017	1,004	1,004	1,004
2018	1,012	1,012	1,012
2019	1,022	1,022	1,022
2020	1,012	1,012	1,012
2021	1,002	1,002	1,002
2022	1,034	1,034	1,034
2023	1,071	1,071	1,071
2024	1,039	1,039	1,039

Par exemple, le **coefficient cumulé** applicable en 2024 à la valeur locative des propriétés non bâties actualisée en 1980 s'établit à 2,610.

Locaux professionnels Les évaluations foncières des locaux professionnels sont actualisées chaque année suivant un **dispositif spécifique** (CGI art. 1518 ter). 29130

a. Dans l'intervalle entre deux actualisations visées au d ci-dessous, les **tarifs de chaque catégorie** dans chaque secteur d'évaluation sont mis à jour par les services fiscaux à partir de l'évolution des loyers constatés chaque année dans les déclarations des locataires (n° 29052). Lorsque ces loyers sont en nombre insuffisant ou que leur montant n'est pas significatif, l'actualisation est effectuée dans les mêmes conditions que pour les propriétés présentant des caractéristiques exceptionnelles (voir b ci-dessous).

b. La **valeur locative** des locaux professionnels est **mise à jour chaque année** par application du nouveau tarif par mètre carré à la surface pondérée du local.

Pour les **propriétés présentant des caractéristiques exceptionnelles**, la mise à jour s'effectue par application d'un coefficient égal à celui de l'évolution, au niveau départemental, des loyers constatés pour les locaux professionnels relevant des catégories qui regroupent le plus grand nombre de locaux.

c. Au cours des troisième et cinquième années qui suivent celle du renouvellement général des conseils municipaux, la commission départementale des valeurs locatives des locaux professionnels peut, après avis des commissions communales ou intercommunales des impôts directs, modifier le **coefficient de localisation** (n° 29052) dont elle a affecté chaque parcelle d'assise des propriétés.

d. L'année qui suit le renouvellement général des conseils municipaux (soit tous les **six ans**), la délimitation des **secteurs d'évaluation**, les **tarifs** par mètre carré, ainsi que la définition des parcelles auxquelles s'applique un **coefficient de localisation** doivent être actualisés en vue de l'établissement des bases d'imposition de l'année suivante (CGI art. 1518 ter, III). De nouvelles catégories de locaux professionnels peuvent être créées à cette occasion.

Cette opération est réalisée successivement :

– une fois, à partir des données de loyer portées à la connaissance de l'administration par les déclarations annuelles Decloyer (n° 29052) ;

– la fois suivante, soit six ans après l'actualisation visée à l'alinéa précédent, à partir des données issues d'une campagne déclarative. Cette actualisation peut porter sur les **catégories** de locaux professionnels.

Par exception, les résultats de la première actualisation réalisée en 2022 seront pris en compte pour l'établissement des bases d'imposition de l'année 2026 et non de l'année 2023. Les bases d'imposition de l'année 2023 ont été mises à jour dans les conditions de droit commun décrites n° 29125 (Loi 2022-1726 du 30-12-2022 art. 103 modifiée par loi 2023-1322 du 29-12-2023 art. 152).

C. Rectification des évaluations

RÉCLAMATION CONTRE LES ÉVALUATIONS

Le contribuable peut demander la réduction de la valeur locative chaque année, dans le **délai de réclamation** prévu en matière d'impôts locaux (n° 34100). 29200

Pour les **locaux d'habitation et assimilés**, les réclamations peuvent porter, par exemple, sur le classement de l'immeuble ou la détermination de sa surface. En revanche, le tarif communal d'évaluation a un caractère définitif et ne peut plus être contesté.

S'agissant des **locaux professionnels**, les réclamations peuvent concerner, par exemple, le choix de la catégorie ou la répartition des surfaces. En revanche, les paramètres généraux d'évaluation, tels la délimitation des secteurs d'évaluation ou le tarif fixé pour la catégorie dont relève le local ne peuvent pas être contestés dans le cadre d'une réclamation contre une évaluation individuelle.

> **Précisions a.** Les contribuables intéressés peuvent consulter les **documents cadastraux** à la mairie du lieu où sont situés les bâtiments ou terrains, au centre des impôts fonciers ou sur Internet (cadastre.gouv.fr). Ils peuvent également obtenir copie de la **fiche de calcul** de la valeur locative de la propriété établie par l'administration.
> **b.** Les rectifications apportées à la valeur locative cadastrale à la suite d'une réclamation portant sur la **taxe foncière** s'appliquent également à la **taxe d'habitation** sur les résidences secondaires et autres locaux meublés non affectés à l'habitation principale et à la **cotisation foncière des entreprises**, et inversement, même si les impositions sont établies au nom de contribuables différents (propriétaire et occupant) (BOI-IF-TFB-50-10 n° 340).

RÉPARATION DES OMISSIONS OU INSUFFISANCES D'ÉVALUATION

29210 Les omissions ou insuffisances **imputables à l'administration** peuvent être réparées par voie de rôle supplémentaire dans le délai de reprise, soit jusqu'au 31 décembre de l'année suivante (n° 33230).

Quant aux omissions ou insuffisances d'évaluation consécutives à l'**absence ou à l'insuffisance de la déclaration** que doit fournir le propriétaire en cas de construction nouvelle ou de changements, elles peuvent être réparées par l'administration dans les conditions indiquées n° 29105, Précisions, c.

SECTION 2 TAXES FONCIÈRES

29400 Tout propriétaire d'un immeuble bâti ou non bâti est en principe soumis à la taxe foncière, dans la commune du **lieu de situation de l'immeuble**. Suivant le cas, il s'agit de la taxe foncière sur les propriétés bâties ou de la taxe foncière sur les propriétés non bâties.

La taxe foncière est un impôt annuel établi pour l'année entière d'après les faits existant au **1er janvier de l'année** d'imposition. L'impôt est donc dû, en principe, par celui qui est propriétaire au 1er janvier de l'année. C'est également à cette date que doit être déterminée la base de l'imposition. Par exception, il est tenu compte des changements intervenant au cours de l'année d'imposition en cas de **vacance** d'une maison (n° 29470) ou de **disparition** d'un immeuble non bâti (n° 29660).

Depuis 2021, la taxe foncière est perçue uniquement au profit des communes (la part départementale de la taxe leur ayant été transférée) et des établissements publics de coopération intercommunale (Loi 2019-1479 du 28-12-2019 art. 16). Ces collectivités et groupements sont désormais seuls compétents pour délibérer en matière d'exonérations facultatives.

En ce qui concerne le **paiement de la taxe** foncière, voir n° 29005.

> **Précisions** **a.** En cas de **vente de l'immeuble en cours d'année**, la taxe est due par le vendeur pour l'année de la cession et par l'acquéreur à partir de l'année suivante. Si l'imposition demeure à tort établie au nom du vendeur, celui-ci peut en demander le dégrèvement par voie de réclamation adressée au service des impôts. Sous réserve de la publication préalable au fichier immobilier de l'acte ou de la décision judiciaire constatant la modification de la situation juridique de l'immeuble, le dégrèvement lui est automatiquement accordé. Parallèlement, une imposition est établie au nom de l'acquéreur, redevable légal de la taxe (CGI art. 1404), même si le délai de reprise est expiré (CE 30-11-2007 nos 289441 et 304825 : RJF 2/08 n° 159). Le changement de débiteur peut également être effectué soit d'office par l'administration, soit sur réclamation de l'acquéreur.
> **b.** En cas de **résolution avec effet rétroactif** d'une vente par décision de justice passée en force de chose jugée, le cessionnaire demeure redevable de la taxe foncière en l'absence de publication de cette décision, préalable à la mutation cadastrale (CE 28-5-2014 n° 367471 : RJF 8-9/14 n° 810).

DÉBITEUR DE L'IMPÔT

29405 Qu'il s'agisse de propriétés bâties ou non bâties, la taxe est due chaque année par le **propriétaire** de l'immeuble au 1er janvier de ladite année.

Lorsque l'immeuble est grevé d'un **usufruit**, c'est l'usufruitier qui est redevable de la taxe foncière.

En cas de **bail rural**, le propriétaire reste seul redevable des taxes foncières. Si le preneur, fermier ou métayer, doit lui payer une fraction des taxes pesant sur les biens loués (un cinquième, faute d'accord amiable), cela n'autorise pas pour autant l'administration à recouvrer directement auprès du preneur la part de taxe mise à sa charge.

> **Précisions** **a.** En ce qui concerne les **terres incultes** (terres « vaines et vagues », landes, bruyères, terrains habituellement inondés ou dévastés par les eaux), les propriétaires ont la possibilité de s'affranchir de la taxe foncière en faisant abandon de ces biens à la commune par déclaration écrite faite à la mairie (CGI art. 1401). Ce dispositif a été reconnu conforme à la Constitution (Cons. const. 25-5-2022 n° 2022-995 QPC, Commune de Nice : RJF 10/22 n° 877).
> **b.** La taxe foncière afférente à des **biens construits par le locataire** sur le terrain loué est due par le locataire jusqu'à l'expiration du bail, sauf clause de transfert immédiat de la propriété de ces biens au propriétaire du terrain (CE 24-2-2017 n° 387972 : RJF 5/17 n° 439).

A. Taxe foncière sur les propriétés bâties

BIENS IMPOSABLES

Sont par principe imposables les propriétés bâties (et biens assimilés) situées **en France**. 29420
Sont **notamment** concernés les biens suivants (CGI art. 1380 et 1381) :
– les constructions fixées au sol à perpétuelle demeure et présentant le caractère de véritables bâtiments (y compris les aménagements faisant corps avec eux) ;
– les installations destinées à abriter des personnes ou des biens (exemples : ateliers, hangars) ou à stocker des produits (réservoirs, cuves, silos, etc.), à l'exclusion des matériels de stockage pouvant être déplacés sans faire appel à des moyens de levage exceptionnels ;
– les bateaux utilisés en un point fixe et aménagés pour l'habitation, le commerce ou l'industrie ;
– les sols des bâtiments de toute nature et les terrains formant une dépendance indispensable et immédiate de ces bâtiments (cours, passages, emplacements de parking) ;
– les terrains non cultivés employés à un usage commercial ou industriel, tels que chantiers, terrains occupés par des carrières, mines et tourbières faisant l'objet d'une exploitation industrielle (CE 15-12-2010 n° 309678 : RJF 3/11 n° 319). Jugé que le terrain d'assise d'une ferme solaire sur laquelle l'exploitant fait paître des ovins est assujetti à la taxe foncière sur les propriétés bâties dès lors que le pâturage n'est qu'une activité accessoire à l'activité industrielle (CE 19-7-2024 n° 474526 : RJF 11/24 n° 775) ;
– les terrains, cultivés ou non, utilisés pour la publicité commerciale ou industrielle.
En ce qui concerne l'assujettissement des terrains de golf à la taxe foncière sur les propriétés non bâties, voir n° 29600.

EXONÉRATIONS PERMANENTES

Certaines exonérations permanentes de taxe foncière sur les propriétés bâties sont prévues, notamment pour les bâtiments publics et les édifices du culte (CGI art. 1382). 29430
Mais le principal cas d'exonération permanente est celui des **bâtiments ruraux**, c'est-à-dire des bâtiments à usage agricole autres que les locaux d'habitation de l'exploitant et de son personnel et leurs dépendances. L'exonération vise les bâtiments servant aux exploitations rurales et les bâtiments affectés à un usage agricole par certaines collectivités agricoles (CGI art. 1382, 6°).

Bâtiments servant aux exploitations rurales L'exonération de taxe foncière porte expressément sur les bâtiments suivants : granges, écuries, greniers, caves, celliers, pressoirs et autres, destinés soit à loger les bestiaux des fermes et métairies ainsi que le gardien de ces bestiaux, soit à serrer les récoltes (CGI art. 1382, 6°-a). Mais cette énumération n'est pas limitative, l'exonération s'appliquant à toute **construction affectée** d'une manière **permanente** à une activité agricole au sens de l'impôt sur le revenu, c'est-à-dire à la réalisation d'opérations qui s'insèrent dans le cycle biologique de la production animale ou végétale ou qui constituent le prolongement de telles opérations (n°s 5100 s.). 29435

Il faut, en principe, que l'**affectation** à un usage agricole soit **permanente** et **exclusive** (BOI-IF-TFB-10-50-20-10 n° 10). Toutefois, l'exonération est maintenue lorsque les bâtiments ruraux ne sont plus utilisés pour un usage agricole mais ne sont pas affectés à un autre usage (en pratique, cette exception concerne les bâtiments qui ne trouvent pas preneur à la suite du départ en retraite de l'exploitant et restent ainsi inutilisés).
Par ailleurs, l'exercice d'une **activité accessoire** dans un bâtiment servant à l'exploitation rurale ne fait pas obstacle à l'exonération lorsque la moyenne des recettes tirées de cette activité au cours des trois années précédant celle de l'imposition n'excède pas 10 % de la moyenne des recettes totales réalisées dans le bâtiment au cours des mêmes années. Le bâtiment devient imposable dès la première année au titre de laquelle ce pourcentage de 10 % est dépassé. L'exonération ne pourra être rétablie que si le pourcentage de recettes accessoires au titre des trois années précédentes redevient inférieur à 10 % (BOI-IF-TFB-10-50-20-10 n°s 710 à 730).

EXEMPLE

Un bâtiment agricole a généré :
Au titre de N – 3 : 900 € de recettes agricoles et 100 € de recettes accessoires ;
Au titre de N – 2 : 1 000 € de recettes agricoles et 150 € de recettes accessoires ;
Au titre de N – 3 : 1 100 € de recettes agricoles et 50 € de recettes accessoires.
Le pourcentage de recettes accessoires correspond donc à :
(100 + 150 + 50)/([900 + 100] + [1 000 + 150] + [1 100 + 50]) = 300/3 300 = 9,09 %.
Le pourcentage de recettes accessoires étant inférieur à 10 %, l'exonération de taxe foncière peut être maintenue.

Enfin, l'exonération n'est pas remise en cause lorsque les bâtiments servent de support à l'exercice d'une activité de **production d'électricité d'origine photovoltaïque**, que cette activité soit productive de revenus ou non (CGI art. 1382, dernier al.). Il s'ensuit que les recettes tirées de cette activité ne doivent être prises en compte ni au numérateur ni au dénominateur pour l'appréciation du pourcentage de 10 % (BOI-IF-TFB-10-50-20-10 n° 640).

29437 **ILLUSTRATIONS**

Bénéficient, par exemple, de l'exonération :

– un bâtiment affecté à la **production de compost** ensemencé avec du mycélium, dès lors que cette activité s'insère dans le cycle biologique de production du champignon et présente par conséquent un caractère agricole (CE 24-11-1997 n° 161145 : RJF 1/98 n° 109) ;

– les bâtiments affectés à l'**obtention de nouvelles variétés végétales**, ainsi qu'à la production de semences obtenues par contrats de multiplication conclus avec des agriculteurs, dès lors que ces activités présentent un caractère agricole (TA Lille 29-6-2000 n°s 99-2875 et 99-5219 : RJF 1/01 n° 49) ;

– les bâtiments utilisés par une société pour l'exercice de son activité d'**élevage de lapins** pour leur sang, lequel est vendu à des laboratoires pharmaceutiques **pour la production de sérum** anti-thymocitaire. Les traitements subis par les animaux élevés, consistant en des injections de cellules thymiques humaines pour déclencher une réaction immunitaire ou les opérations accessoires de centrifugation du sang obtenu avant sa vente aux laboratoires pharmaceutiques ne modifient pas la nature agricole de cette activité (CE 17-6-2015 n° 379276 : RJF 10/15 n° 801).

En revanche, un bâtiment servant à la **vinification du raisin** entièrement acheté auprès de tiers n'est pas exonéré (CE 20-11-2013 n° 360562 : RJF 2/14 n° 153). Il en va de même lorsqu'un viticulteur transforme, outre son propre raisin, du raisin acheté à des tiers viticulteurs dans une proportion importante (CE 14-10-2015 n° 378329 : RJF 1/16 n° 39) ou lorsqu'une société coopérative agricole acquiert auprès de producteurs non adhérents plus de 30 % des vins destinés à son activité d'assemblage, d'embouteillage, de conditionnement et de commercialisation (CE 4-12-2023 n° 461395 : RJF 3/24 n° 226) ;

– un bâtiment affecté, par un pisciculteur à la préparation des truites qu'il élève, afin d'en permettre la conservation et la commercialisation (CE 30-5-2018 n° 402919 : RJF 8-9/18 n° 869). Il résulte de cette jurisprudence que la **transformation, par un agriculteur, des produits de son exploitation** s'inscrit dans le prolongement de l'activité agricole dès lors qu'elle n'implique pas l'**adjonction** dans des proportions substantielles, **de produits** non issus de cette même activité ;

– le bâtiment d'une société de **production et** de **négoce de semences**. N'étant pas propriétaire des semences, cette société confie des graines, préalablement obtenues auprès d'obtenteurs de variétés végétales, à des agriculteurs chargés d'en assurer la multiplication ; elle assure la direction et la surveillance du processus de multiplication et elle partage avec l'agriculteur-multiplicateur les risques de l'opération. Cette activité s'insérant dans le cycle biologique de la production végétale, le bâtiment dans lequel la société procède aux opérations de séchage, de triage, de calibrage, d'égrenage et de conditionnement des semences vendues à ses clients est exonéré (CE 4-4-2023 n°s 451364, 463840 : RJF 7/23 n° 549).

L'exonération des bâtiments affectés à un usage agricole s'applique quelle que soit l'activité du propriétaire. Ainsi, un **groupement d'intérêt économique** qui a pour objet la mise à disposition de ses membres de locaux et de matériel tant administratifs qu'industriels et dont l'activité ne revêt pas un caractère agricole peut être exonéré de taxe au titre des **serres qu'il loue à deux sociétés** exerçant l'activité d'obtenteur de variétés végétales, si ces bâtiments sont affectés à un usage agricole par leurs occupants (CE 23-10-2013 n° 355891 : RJF 1/14 n° 46).

On signalera, à propos des serres, que les **terrains occupés par des serres** affectées à un usage agricole sont soumis à la taxe foncière sur les propriétés non bâties, la **construction** bénéficiant de l'exonération permanente de taxe foncière sur les propriétés bâties (BOI-IF-TFB-10-50-20-10 n° 20 ; BOI-IF-TFNB-10-30 n° 320).

29440 **Bâtiments ruraux des collectivités agricoles** Les **collectivités concernées** par l'exonération permanente de taxe foncière sont les suivantes :

– les sociétés coopératives agricoles ;

– les unions de sociétés coopératives agricoles et les unions de coopératives agricoles et de coopératives de consommation ;

– les associations syndicales ayant un objet exclusivement agricole, leurs unions et les associations foncières ;

– les Sica ;

– les syndicats professionnels agricoles, les sociétés d'élevage, les associations agricoles reconnues par la loi et dépendant du ministère de l'agriculture ayant pour objet de favoriser la production agricole, ainsi que leurs unions et fédérations ;

– les groupements d'intérêt économique constitués entre exploitations agricoles ;

– les sociétés, quelle que soit leur forme, exclusivement constituées entre associés exploitants agricoles pour les bâtiments utilisés exclusivement au titre des exploitations agricoles de ces mêmes associés (Loi 2022-1499 du 1-12-2022 art. 16, applicable à compter des impositions établies au titre de 2023).

Les **conditions de l'exonération** sont les suivantes (CGI art. 1382, 6°-b) : d'une part, la collectivité doit fonctionner conformément aux dispositions qui la régissent ; d'autre part, les bâtiments doivent être affectés de manière permanente et exclusive à un usage agricole, cette condition étant la même que pour les bâtiments servant aux exploitations rurales (n° 29435) (mais les tolérances prévues en faveur des bâtiments désaffectés ou en cas d'exercice d'une activité accessoire ne sont pas applicables aux collectivités). Par exception, les **locaux d'une coopérative agricole** peuvent conserver le bénéfice de l'exonération lorsqu'ils sont **mis à la disposition de tiers** (voir n° 26320).

Enfin, comme pour les bâtiments des exploitations rurales, l'exonération n'est pas remise en cause lorsque les bâtiments servent de support à l'exercice d'une activité de **production d'électricité d'origine photovoltaïque**, que cette activité soit productive de revenus ou non (CGI art. 1382, dernier al.).

> **Précisions a. Ventes ou achats à des non-adhérents** Pour bénéficier de l'exonération de taxe foncière, une société coopérative agricole (SCA) doit réaliser des **opérations habituellement effectuées par les agriculteurs eux-mêmes** et ne présentant pas un caractère industriel (CE 20-3-2013 n° 352914 : RJF 6/13 n° 623). Une SCA ne remplit pas la première condition compte tenu de la proportion importante des achats auprès de non-adhérents (CE 4-12-2023 n° 461395 ; voir n° 29437).

La deuxième condition est en revanche remplie lorsque les opérations sont réalisées avec des **moyens techniques** qui **n'excèdent pas les besoins collectifs des adhérents**, quelle que soit l'importance de ces moyens (CE 31-12-2008 n° 292723 : RJF 4/09 n° 360). Selon le Conseil d'État, un éventuel surdimensionnement des moyens techniques doit être apprécié sur une période suffisamment longue pour appréhender les variations conjoncturelles. Dans ces conditions, l'importance relative des ventes à des tiers à un moment donné ne suffit pas à caractériser un surdimensionnement structurel des moyens techniques (CE 14-6-2017 n° 388063 : RJF 10/17 n° 949).

Par ailleurs, lorsqu'une union de coopératives a pour objet, non de commercialiser des produits finis sur un marché mais de fournir aux adhérents de ses membres des produits intermédiaires pour les besoins de leur propre production, en l'occurrence des aliments pour bétail, l'acquisition de matières premières auprès de personnes autres que les exploitations adhérentes de ses coopératives membres ne peut être prise en compte pour apprécier si les moyens techniques n'excèdent pas les besoins collectifs des adhérents (CE 8-2-2017 n° 392271 : RJF 5/17 n° 441).

b. Activité régulière avec des tiers Une activité exercée pour le compte de tiers non coopérateurs, dans un cadre commercial, ne peut être regardée comme une **opération habituellement réalisée par les agriculteurs eux-mêmes**, sauf si l'activité conduite pour le compte de tiers a pour seul objet de compenser, à activité globale inchangée et dans des conditions normales de fonctionnement des équipements, une réduction temporaire des besoins des coopérateurs (CE 14-6-2017 n° 400010 : RJF 10/17 n° 950).

c. Transformation de lait en produits dérivés Une SCA qui, en plus de l'activité, traditionnelle chez les agriculteurs, de transformation du lait en beurre, fromage, crème, yaourts, se livre, pour plus de 50 % de son chiffre d'affaires, à la transformation du lait en lait concentré, poudre de lait et aliments pour animaux n'effectue pas des **opérations réalisées habituellement par les agriculteurs eux-mêmes**, de sorte qu'elle ne peut prétendre à l'exonération de taxe foncière prévue à l'article 1382, 6° du CGI (CE (na) 28-2-2019 n° 420056 : RJF 7/19 n° 675).

Bâtiments affectés à la déshydratation de fourrages Lorsqu'ils ne bénéficient pas de l'exonération des bâtiments ruraux (en raison notamment de leur caractère industriel), les bâtiments affectés à l'activité de déshydratation de fourrages, à l'exclusion de ceux abritant les presses et les séchoirs, peuvent être exonérés sur décision des communes et des établissements publics de coopération intercommunale à fiscalité propre (CGI art. 1382 B). **29445**

Immobilisations destinées à la production d'énergie Les installations et bâtiments de toute nature affectés à la production, par un ou plusieurs exploitants agricoles, de biogaz, d'électricité et de chaleur par la **méthanisation** issue pour au moins 50 % de matières provenant d'exploitations agricoles bénéficient d'une exonération permanente de plein droit de taxe foncière sur les propriétés bâties (CGI art. 1382, 14°). Il en est de même des **mâts des éoliennes**, à compter des impositions établies au titre de 2024 (CGI art. 1382, 15° issu de loi 2023-1322 du 29-12-2023 art. 142). **29446**

En ce qui concerne l'exonération de cotisation foncière des entreprises (et éventuellement de cotisation sur la valeur ajoutée des entreprises) également applicable aux installations de méthanisation agricole, voir n° 29920, 6.

29447 **Exonérations applicables dans certaines zones de revitalisation** Les communes et les établissements publics de coopération intercommunale à fiscalité propre peuvent, chacun pour la part qui lui revient :
– exonérer totalement de la taxe foncière les **hôtels** (pour les locaux affectés exclusivement à une activité d'hébergement), les locaux classés « **meublés de tourisme** » au sens de l'article L 324-1 du Code du tourisme et les **chambres d'hôtes** au sens de l'article L 324-3 du même Code situés dans les **zones de revitalisation rurale** ou, pour les impositions établies à compter de 2025, dans les **zones France ruralités revalorisation** (CGI art. 1383 E bis modifié par loi 2023-1322 du 29-12-2023 art. 73 : n° 18800, Précisions) ;
– exonérer partiellement ou totalement de taxe foncière, les immeubles situés dans les **zones de revitalisation des commerces en milieu rural** jusqu'en 2024 (CGI art. 1382 I abrogé par loi 2023-1322 du 29-12-2023 art. 73), dans les zones de revitalisation **des centres-villes** jusqu'en 2026 (CGI art. 1382 H modifié par loi 2023-1322 du 29-12-2023 art. 73) ou, pour les impositions établies à compter de 2025, dans les **zones France ruralités revitalisation** (CGI art. 1383 K issu de loi 2023-1322 du 29-12-2023 art. 73, étant précisé qu'il s'agit d'un dispositif d'exonération temporaire de cinq ans suivie d'un abattement dégressif pendant trois ans) et qui sont rattachés à un établissement remplissant les conditions requises pour bénéficier des exonérations de cotisation foncière des entreprises applicables dans ces zones.

EXONÉRATIONS TEMPORAIRES

29450 **Constructions nouvelles** Les **constructions nouvelles, reconstructions et additions de construction** sont exonérées de la taxe foncière sur les propriétés bâties durant les deux années qui suivent celle de leur achèvement (CGI art. 1383) :
– pour les **immeubles d'habitation**, l'exonération est en principe totale. Cependant, la commune peut décider, pour la part de taxe qui lui revient, de limiter l'exonération à 40 %, 50 %, 60 %, 70 %, 80 % ou 90 % de la base imposable. L'établissement public de coopération intercommunale peut supprimer l'exonération à hauteur de la part de taxe qui lui revient. Dans les deux cas, la délibération (de limitation ou de suppression de l'exonération) peut viser soit l'ensemble des logements, soit seulement les logements autres que ceux financés au moyen de prêts conventionnés ou de prêts aidés par l'État) ;
– pour les **immeubles non affectés à l'habitation** (immeubles à usage industriel, commercial, artisanal ou professionnel), l'exonération s'applique à hauteur de 40 % de la base imposable, à l'exclusion de la part de la taxe perçue au profit des établissements publics de coopération intercommunale.

› Précisions a. L'exonération court à compter du 1er janvier de l'année suivant celle de l'achèvement de la construction. Un immeuble est **considéré comme achevé** lorsque l'état d'avancement des travaux en permet l'utilisation effective, c'est-à-dire, d'une manière générale, quand le gros œuvre, la maçonnerie et la couverture étant entièrement terminés, les escaliers, parquets, portes extérieures et fenêtres posés, l'alimentation en eau et en électricité assurée et le branchement sur les réseaux extérieurs des eaux usées effectué, il ne reste plus à faire que des travaux d'aménagement (installation de chauffage et d'électricité, serrurerie, seconde couche de peinture, pose de papiers peints, etc.).
Pour les immeubles collectifs, la date d'achèvement doit être appréciée distinctement pour chaque logement.
La preuve de l'achèvement peut résulter de la production du certificat de conformité ou du récépissé de la déclaration d'achèvement ou, à défaut, de toute autre justification (BOI-IF-TFB-10-60-20 n° 10).
b. L'exonération temporaire est subordonnée à la souscription pour toute construction nouvelle d'une **déclaration** dans les 90 jours de son achèvement (n° 29105).
c. L'exonération s'applique en cas de **conversion d'un bâtiment rural** en logement, en usine ou en cas d'affectation de terrains à des usages commerciaux ou industriels, tels que chantiers, lieux de dépôt de marchandises et autres emplacements de même nature (CGI art. 1383, III).

29455 **Logements économes en énergie**
a. Les collectivités bénéficiaires peuvent exonérer de la taxe foncière, à compter des impositions de 2025 (et sous réserve d'une délibération prise au plus tard le 28 février 2025), à concurrence d'un taux compris entre 50 % et 100 %, les **logements achevés depuis plus de dix ans** au 1er janvier de la première année au titre de laquelle l'exonération est applicable qui ont fait l'objet, par le propriétaire, de dépenses de prestations de rénovation énergétique et d'équipements associés entrant dans le champ du taux réduit de la TVA, autres que les prestations d'entretien, lorsque

le montant total des dépenses payées au cours de l'année qui précède la première année d'application de l'exonération est supérieur à 10 000 € par logement ou lorsque le montant total des dépenses payées au cours des trois années qui précèdent la première année d'application de l'exonération est supérieur à 15 000 € par logement. L'exonération s'applique pour une durée de trois ans à compter de l'année qui suit celle du paiement du montant total des dépenses. Elle ne peut pas être renouvelée au cours des dix années suivant l'expiration d'une période d'exonération (CGI art. 1383-0 B modifié par loi 2023-1322 du 29-12-2023 art. 143).
b. Les collectivités bénéficiaires peuvent également exonérer de la taxe foncière, à concurrence d'un taux compris entre 50 % et 100 %, les **logements neufs** satisfaisant aux critères de performance énergétique globale et environnementale définis aux articles 310-0 H et 310-0 H bis de l'annexe II au CGI. L'exonération s'applique pour une durée de cinq ans à compter de l'année qui suit celle de l'achèvement de la construction (ou à compter de la troisième année suivant celle de l'achèvement lorsque le logement bénéficie de l'exonération visée n° 29450) (CGI art. 1383-0 B bis modifié par loi 2023-1322 du 29-12-2023 art. 143, applicable à compter des impositions de 2024 sous réserve d'une délibération prise par les collectivités bénéficiaires au plus tard le 29-2-2024).

BASE ET CALCUL DE L'IMPOSITION

Le revenu cadastral servant de base d'imposition aux propriétés bâties est égal à la valeur locative cadastrale de ces propriétés déterminée suivant les règles exposées nos 29040 s., diminuée d'un **abattement** forfaitaire **de 50 %** pour tenir compte des frais de gestion, d'assurance, d'amortissement, d'entretien et de réparation (CGI art. 1388). **29460**
La base d'imposition ainsi définie est réduite pour les **logements affectés exclusivement à l'hébergement de salariés agricoles saisonniers** et aux apprentis : elle est calculée au prorata de la durée d'utilisation (en nombre de jours) de ces locaux l'année précédant celle au titre de laquelle l'imposition est établie. Cette réduction de la base d'imposition est subordonnée à la souscription par le propriétaire d'une déclaration accompagnée de certaines pièces justificatives avant le 1er janvier de chaque année (CGI art. 1388 quater).
Le **montant de la taxe** foncière sur les propriétés bâties s'obtient en multipliant le revenu cadastral par les taux fixés par les collectivités territoriales.
À la taxe elle-même s'ajoutent les frais de gestion de la fiscalité locale.

VACANCE DE MAISON OU INEXPLOITATION D'IMMEUBLE

Les contribuables peuvent obtenir le dégrèvement de la taxe foncière en cas de vacance d'une maison normalement destinée à la location ou d'inexploitation d'un immeuble utilisé par le propriétaire lui-même à usage commercial ou industriel, à partir du premier jour du mois suivant celui du début de la vacance ou de l'inexploitation et jusqu'au dernier jour du mois au cours duquel la vacance ou l'inexploitation a pris fin (CGI art. 1389). **29470**
Le dégrèvement est subordonné à la **triple condition** que la vacance ou l'inexploitation soit indépendante de la volonté du propriétaire, qu'elle ait une durée de trois mois au moins et qu'elle affecte soit la totalité de l'immeuble, soit une partie susceptible de location ou d'exploitation séparée. En revanche, il n'est pas possible de se fonder sur la seule circonstance qu'une **maison** n'a **jamais** été **louée** pour juger qu'elle ne peut pas être regardée comme étant normalement destinée à la location et qu'elle ne peut dès lors ouvrir droit pour son propriétaire au dégrèvement de taxe foncière pour vacance (CE 16-3-2016 n° 385771 : RJF 6/16 n° 534).
Les **réclamations** visant à obtenir le dégrèvement sont présentées dans les formes et délais indiqués nos 34045 s.

PERSONNES ÂGÉES OU INVALIDES À FAIBLES REVENUS

Sont exonérés de la taxe foncière sur les propriétés bâties afférente à leur habitation principale (CGI art. 1390 à 1391 B bis et 1417) : **29480**
– les **titulaires de l'allocation de solidarité aux personnes âgées** ou de l'**allocation supplémentaire d'invalidité** : nos 49305 s. ;
– les redevables **âgés de plus de 75 ans** au 1er janvier de l'année de l'imposition dont les revenus de l'année précédente n'excèdent pas la limite mentionnée n° 29485. Cette exonération s'étend à la taxe foncière afférente à la résidence secondaire (CE 20-10-2000 n° 205635 : RJF 1/01 n° 51) ;
– les **titulaires** de l'**allocation aux adultes handicapés** dont les revenus de l'année précédente n'excèdent pas la limite mentionnée n° 29485 (BOI-IF-TFB-10-55-10 n° 10).
Lorsqu'ils ne sont pas exonérés, les **redevables âgés de plus de 65 ans** au 1er janvier de l'année d'imposition et dont les revenus de l'année précédente n'excèdent pas la limite mentionnée n° 29485 bénéficient d'un dégrèvement de 100 € de la taxe afférente à leur habitation principale (CGI art. 1391 B).

À compter des impositions établies au titre de 2023, l'exonération ou le dégrèvement s'applique aux personnes remplissant les conditions susmentionnées qu'elles habitent seules ou avec toute autre personne (Loi 2022-1726 du 30-12-2022 art. 102).
Les bénéficiaires de ces exonérations ou abattements qui résident durablement en **maison de retraite** ou dans un **établissement de soins de longue durée** peuvent conserver ces allégements pour leur ancienne habitation principale, à condition de s'en réserver la jouissance (Loi 2022-1726 du 30-12-2022 art. 102). Le logement quitté par le contribuable ne doit donc pas constituer la résidence principale d'une autre personne, même à titre gratuit. Toutefois, l'administration admet de maintenir l'avantage fiscal lorsque les membres du foyer fiscal de la personne entrée dans un établissement spécialisé (conjoint, partenaire lié par un pacte civil de solidarité ou personnes à charge) ou son concubin, qui résidaient dans le logement au jour de son départ, continuent à l'occuper (BOI-IF-TFB-10-55-50 n° 10).
Les **contribuables qui cessent de remplir les conditions** de l'une des exonérations susvisées conservent pendant deux ans le bénéfice de l'exonération totale de taxe foncière puis bénéficient d'un abattement sur la valeur locative imposable de deux tiers la troisième année et d'un tiers la quatrième année (CGI art. 1390, II et 1391, II).

> **Précisions a.** La personne qui donne en **location** une **partie de l'immeuble** où elle a son habitation principale peut, si les locaux loués ont fait l'objet d'une évaluation distincte, bénéficier d'un dégrèvement partiel correspondant au logement qu'elle occupe (BOI-IF-TFB-10-55-10 n° 150).
b. L'exonération de taxe foncière ne peut être obtenue que si le logement est un bien de communauté ou un bien propre du **conjoint** (ou partenaire lié par un Pacs) handicapé ou âgé (BOI précité n° 50).
c. En cas d'**indivision** entre une personne remplissant les conditions requises et d'autres coïndivisaires, le dégrèvement ne peut être accordé qu'à concurrence des droits de cette personne dans l'indivision. Toutefois, lorsque l'indivision concerne le **conjoint** (ou partenaire lié par un Pacs) **survivant** et les **héritiers du défunt**, l'exonération totale de taxe foncière est accordée au conjoint survivant qui remplit les conditions légales, quels que soient ses droits sur le logement (BOI précité n° 140).

29485 **Appréciation de la condition de ressources** Le **revenu à prendre en considération** (revenu fiscal de référence) est le revenu net imposable (plus-values comprises) augmenté, s'il y a lieu, de certaines charges déductibles (cotisations versées sur un plan d'épargne retraite ou un régime assimilé), du montant de l'abattement de 40 % applicable sur les revenus distribués, du montant des abattements pour durée de détention appliqués sur les plus-values de cession de valeurs mobilières et droits sociaux, du montant des plus-values de cession de droits sociaux en report d'imposition, du montant des plus-values de cession d'OPC monétaires en report d'imposition sous condition de remploi dans un PEA-PME, du montant de certains revenus exonérés (notamment rémunération des salariés détachés à l'étranger et des salariés exerçant temporairement une activité en France) et du montant des sommes ou revenus suivants : revenus soumis à des prélèvements libératoires, revenus réalisés par les contribuables relevant du régime des micro-entreprises soumis au versement libératoire, sommes correspondant aux droits constitués par les salariés sur leur compte épargne-temps et utilisés en vue de l'épargne retraite, etc.
Les **revenus exceptionnels ou différés** soumis au système du quotient exposé n°s 12005 s. sont retenus pour leur montant imposable après division par le quotient.
Le **montant limite des revenus** est fonction du nombre de parts de quotient familial. Il est revalorisé chaque année.
Pour la taxe établie au titre de 2024 (revenus 2023), ce montant est fixé à 12 455 € pour la première part de quotient familial et à 3 326 € pour chaque demi-part supplémentaire. Par **exemple**, un contribuable marié titulaire de l'AAH sans personne à charge est exonéré de taxe en 2024 si les revenus du couple n'ont pas excédé 19 107 € au titre de 2023 (quotient familial de 2 parts).
Ce seuil d'exonération est porté à 15 780 € pour la première part de quotient familial (mais demeure fixé à 3 326 € pour chaque demi-part supplémentaire) pour l'application de l'exonération de taxe foncière en faveur des personnes âgées de plus de 75 ans si les intéressés ont bénéficié en 2014 du maintien exceptionnel d'une exonération de taxe d'habitation. Ainsi, par **exemple**, un contribuable marié âgé de plus de 75 ans sans personne à charge (quotient familial : 2 parts) est exonéré de la taxe en 2024 si les revenus du ménage n'excèdent pas 22 432 € au titre de 2023.
Lorsque le revenu à raison duquel l'exonération a été appliquée fait l'objet d'une rectification, le **droit de reprise** de l'administration s'exerce dans le même délai que celui prévu en matière d'impôt sur le revenu (n° 33215).

Plafonnement de la taxe foncière en fonction du revenu Les contribuables qui ne bénéficient pas des mesures d'exonération totale (n° 29480) et dont le **revenu fiscal de référence de l'année précédente** n'excède pas la limite mentionnée ci-après bénéficient, sur réclamation, du dégrèvement de la taxe foncière afférente à leur **habitation principale** pour sa **fraction excédant 50 %** de ce **revenu**. 29490

Le **dégrèvement** partiel est calculé sur la base du revenu fiscal de référence (n° 29485), affecté de certains correctifs destinés à tenir compte de la réelle capacité contributive du foyer fiscal (voir Précisions ci-dessous). Lorsque la **taxe** foncière est **établie au nom de plusieurs personnes** appartenant à des foyers fiscaux distincts, le revenu pris en compte s'entend de la somme des revenus de chacun de ces foyers fiscaux. Le cas échéant, il est également tenu compte du revenu des foyers fiscaux de chacun des **cohabitants** qui n'appartiennent pas au foyer fiscal redevable de la taxe.

Pour les **impositions établies au titre de 2024**, le dégrèvement est accordé aux contribuables dont le revenu fiscal de référence de 2023 n'excède pas la somme de 29 288 € pour la première part de quotient familial, majorée de 6 843 € pour la première demi-part supplémentaire et 5 387 € à compter de la deuxième demi-part (majorations divisées par deux pour les quarts de part).

Le montant du dégrèvement est **réduit** d'un montant égal au produit de la base nette imposable au profit des communes ou de leurs établissements publics de coopération intercommunale à fiscalité propre par la différence entre le taux global de taxe foncière constaté dans ces collectivités au titre de l'année d'imposition et ce même taux global constaté en 2011.

Le dégrèvement est accordé au titre de la cotisation de taxe foncière et de ses taxes additionnelles (à l'exclusion de la taxe d'enlèvement des ordures ménagères) établies au nom du foyer fiscal compte tenu, le cas échéant, des diverses mesures d'exonération et de dégrèvement partiels.

Les **réclamations** visant à obtenir le dégrèvement sont présentées dans les formes et délais indiqués n°s 34045 s.

> **Précisions a.** Le plafonnement de la taxe foncière ne bénéficie pas aux personnes passibles de l'impôt sur la fortune immobilière (**IFI**) au titre de l'année précédente.
> **b.** Le **revenu pris en considération** pour l'octroi et le calcul du dégrèvement correspond au revenu fiscal de référence tel que défini n° 29485, affecté de certains correctifs (notamment, prise en compte des produits des livrets d'épargne [livret A, livret jeune, CEL, PEL, PEP, etc.], des sommes versées par l'entreprise au titre des plans d'épargne salariale ou de celles disponibles au titre de la participation et de l'intéressement, réintégration des déficits catégoriels et des abattements [liés au rattachement d'enfants mariés ou assimilés ou prévus en faveur des personnes âgées ou invalides] imputés sur le revenu global). Ce revenu est revalorisé chaque année.

B. Taxe foncière sur les propriétés non bâties

BIENS IMPOSABLES

Ce sont, d'une manière générale, tous les terrains non bâtis situés en France, à l'exception de ceux qui sont expressément exonérés par une disposition particulière (CGI art. 1393). 29600

La taxe est notamment due pour les terrains occupés par les carrières, mines et tourbières inexploitées (celles faisant l'objet d'une exploitation industrielle relèvent de la taxe foncière sur les propriétés bâties), les étangs, les salines et marais salants ainsi que pour ceux occupés par les serres affectées à une exploitation agricole.

La taxe foncière sur les propriétés non bâties est également due pour les parties des **terrains de golf**, y compris ceux **exploités commercialement**, dont l'aménagement ne nécessite pas de véritables constructions en maçonnerie (CGI art. 1393, al. 3).

EXONÉRATIONS PERMANENTES

Exonérations totales Parmi les propriétés qui bénéficient d'une exonération totale de la taxe foncière sur les propriétés non bâties, on citera (CGI art. 1394) : 29610

- les propriétés publiques (de l'État, des régions, des collectivités territoriales et de certains établissements et organismes publics) ;
- les sols et terrains passibles de la taxe foncière sur les propriétés bâties (n° 29420) ;
- les chemins des associations foncières d'aménagement foncier agricole et forestier ;
- les fleuves et rivières navigables ou flottables ;
- les propriétés agricoles situées en Corse (CGI art. 1394 B).

Les terrains soumis par contrat à des obligations réelles environnementales peuvent également être exonérés de façon permanente de la totalité de la taxe, sur décision des communes ou de leurs établissements publics de coopération intercommunale à fiscalité propre. Cette exonération est subordonnée à une déclaration spéciale du propriétaire (CGI art. 1394 D).

29613 **Exonérations partielles** Sont exonérées de la taxe foncière sur les propriétés non bâties à concurrence de **20 %** les propriétés agricoles suivantes (CGI art. 1394 B bis) :
– les terres ;
– les prés et prairies naturels, herbages et pâturages ;
– les vergers et cultures fruitières d'arbres et arbustes, etc. ;
– les vignes ;
– les bois, aulnaies, saussaies, oseraies, etc. ;
– les landes, pâtis, bruyères, marais, terres vaines et vagues, etc. ;
– les lacs, étangs, mares, abreuvoirs, fontaines, etc., canaux non navigables et dépendances ; salins, salines et marais salants ;
– les jardins autres que les jardins d'agrément, les terrains affectés à la culture maraîchère, florale et d'ornementation, les pépinières, etc.

Cette exonération s'applique avant les exonérations partielles temporaires et l'exonération totale temporaire prévue en faveur des parcelles exploitées selon le mode de production biologique visées n° 29620. Les propriétaires de certaines parcelles peuvent bénéficier en plus d'un dégrèvement de la taxe (n°s 29665 et 29670).

› **Précisions a.** Les terrains plantés en **oliviers**, classés dans la catégorie des vergers, qu'ils fassent ou non l'objet d'une exploitation agricole, peuvent être exonérés de façon permanente de la totalité de la taxe, sur décision des communes ou de leurs établissements publics de coopération intercommunale à fiscalité propre. Pour bénéficier de cette exonération, le propriétaire doit faire, avant le 1er janvier de la première année au titre de laquelle l'exonération est applicable, une déclaration au service des impôts assortie des justifications nécessaires en indiquant notamment la liste des parcelles concernées (CGI art. 1394 C).

b. Pour que l'exonération de la taxe à concurrence de 20 % prévue à l'article 1394 B bis du CGI bénéficie à l'exploitant agricole, il est prévu que, pour les **terrains pris à bail**, le bailleur rétrocède au preneur le montant de l'exonération sous la forme d'une réduction de la fraction de la taxe mise à la charge du preneur par le propriétaire ou d'une réduction du fermage (C. rur. art. L 415-3).

EXONÉRATIONS TEMPORAIRES

29620 Sont exonérés **de plein droit** :
– les terrains ensemencés, plantés ou replantés en bois : exonération pendant 10, 30 ou 50 ans : voir n° 29622 ;
– les terrains boisés en nature de futaies ou de taillis sous futaies, autres que des peupleraies, qui ont fait l'objet d'une régénération naturelle : exonération pendant 30 ou 50 ans : voir n° 29624 ;
– les terrains boisés présentant un état de futaie irrégulière en équilibre de régénération : exonération de plein droit de 25 % pendant 15 ans renouvelable : voir n° 29624 ;
– les terrains nouvellement plantés en arbres truffiers : exonération de plein droit pendant les cinquante premières années du semis, de la plantation ou de la replantation (CGI art. 1395 B, II) ;
– les terrains situés en zones humides : exonération de plein droit pendant cinq ans, renouvelable, égale à 50 % ou 100 % (zones naturelles) du montant de la taxe (CGI art. 1395 B bis) ;
– les terrains situés dans un site Natura 2000 et inscrits comme tels sur une liste dressée par le préfet ou, pour les sites Natura 2000 exclusivement terrestres, le président du conseil régional. L'exonération s'applique pendant cinq ans à compter de l'année qui suit celle de la signature par le propriétaire d'un contrat Natura 2000 ou de son adhésion à une charte Natura 2000 et est renouvelable par période de cinq ans (CGI art. 1395 E).

Peuvent être exonérés **sur décision des collectivités bénéficiaires** (communes et établissements publics de coopération intercommunale) :
– les vergers, cultures fruitières d'arbres et d'arbustes, vignes : exonération d'une durée maximale de huit ans (CGI art. 1395 A bis) ;
– les terrains agricoles nouvellement exploités selon le mode de production biologique : exonération de cinq ans (CGI art. 1395 G) ;
– les terrains nouvellement plantés en noyers : exonération pour une durée maximale de huit ans (CGI art. 1395 A).

> Précisions Les exonérations temporaires sont subordonnées à la **déclaration du changement** qui les motive (n° 29105).

S'agissant des terrains situés dans un site Natura, des terrains exploités selon le mode de production biologique, des régénérations naturelles ainsi que des futaies en équilibre de régénération, une **déclaration spéciale accompagnée de justificatifs** doit être souscrite par les propriétaires ou, le cas échéant, l'Office national des forêts afin de permettre à l'administration d'identifier les parcelles concernées.

Terrains ensemencés, plantés ou replantés en bois Les terrains ensemencés, 29622
plantés ou replantés en bois sont exonérés de la taxe foncière sur les propriétés non bâties pendant les trente premières années du semis, de la plantation ou de la replantation. Depuis le 1er janvier 2002, la durée d'exonération est de dix ans pour les peupleraies, trente ans pour les bois et résineux et cinquante ans pour les feuillus et bois autres que les bois résineux (CGI art. 1395, 1°).

> Précisions a. **L'exonération trentenaire** en vigueur avant le 1er janvier 2002 reste applicable aux semis, plantations ou replantations réalisés avant le 11 juillet 2001. Pour les travaux achevés entre cette date et le 31 décembre 2001, l'exonération s'applique depuis le 1er janvier 2002 suivant les nouvelles modalités (BOI-IF-TFNB-10-50-10-10 n° 90).

b. Pour **pouvoir être considérées comme bois**, les plantations doivent respecter le seuil de densité fixé par un arrêté du ministre de l'agriculture du 27 juin 1967 (JO du 6-9-1967) pour les peuplements créés avec l'aide de prêts du Fonds forestier national.

	Densité initiale	Densité minimale (à l'hectare)
Résineux (à l'exclusion du pin maritime introduit par semis)	2 500	1 200
	1 320	800
	1 100	700
Semis de pins maritimes	–	1 200
Peupliers	200/205	150
	180	140
	156	120
Noyers	80	65
Eucalyptus	1 000	700

Le service des impôts peut se référer utilement à ces seuils minimaux pour prononcer la déchéance de l'exonération temporaire (BOI-IF-TFNB-10-50-10-10 n° 20).

Les travaux de plantation ne sont pas susceptibles d'ouvrir droit à l'exemption lorsqu'ils sont exécutés en violation des dispositions de l'article L 126-1 du Code rural et de la pêche maritime, c'est-à-dire dans les **zones** où les semis et plantations d'essences forestières sont interdits ou réglementés (BOI précité n° 130).

L'exemption ne peut pas être maintenue lorsque les travaux n'ont pas réussi (même si le propriétaire n'est pas responsable de l'**échec**), à moins qu'il ne subsiste un nombre suffisant de plants pour conserver au terrain le caractère de bois (BOI précité n° 10).

L'exonération est subordonnée à la **déclaration** du changement qui la motive (n° 29105).

Peuvent également bénéficier de l'exonération les boisements linéaires, haies et plantations d'**alignement** dont la protection a été prononcée par le préfet (BOI précité n° 100).

Régénérations naturelles et futaies irrégulières en équilibre de 29624
régénération Les terrains boisés en nature de futaies ou de taillis sous futaies, autres que les peupleraies, qui ont fait l'objet d'une régénération naturelle sont exonérés de taxe foncière sur les propriétés non bâties pendant trente ans pour les bois et résineux et cinquante ans pour les bois feuillus et autres bois à compter du 1er janvier de l'année suivant celle de la déclaration de réussite de la régénération souscrite par le propriétaire ou, le cas échéant, par l'Office national des forêts. Cette déclaration ne peut intervenir ni avant le début de la troisième année ni après la fin de la dixième année suivant celle de l'achèvement de la coupe définitive (CGI art. 1395, 1° bis).

Les terrains boisés présentant un état de futaie irrégulière en équilibre de régénération bénéficient d'une exonération partielle de taxe foncière sur les propriétés non bâties égale à 25 % du montant de la taxe. Elle s'applique pendant quinze ans à compter du 1er janvier de l'année suivant celle de la déclaration de l'état d'équilibre souscrite par le propriétaire ou, le cas échéant, par l'Office national des forêts. Elle est renouvelable (CGI art. 1395, 1° ter).

> **Précisions a.** La **régénération naturelle** se distingue de la régénération artificielle en ce qu'elle consiste à laisser se développer de jeunes semis issus des graines tombées des arbres adultes. La **futaie irrégulière** en équilibre de régénération se caractérise par un mélange, sur une même parcelle, d'arbres de tous âges, avec un équilibre entre petits, moyens et gros bois. Dans ce cas, le renouvellement s'effectue au moyen de petites trouées réparties sur toute la parcelle. Un décret définit précisément ces notions au regard des critères d'exonération (Décret 2006-353 du 23-3-2006).
> **b.** Pour bénéficier de ces exonérations, le propriétaire (ou l'Office national des forêts) doit, avant le 1er janvier de la première année au titre de laquelle l'application (ou le renouvellement) de l'exonération est demandée, adresser une **déclaration** n° 6707 au service des impôts du lieu de situation des bois donnant la liste des parcelles concernées, accompagnée d'un certificat attestant de la réussite de l'opération de régénération naturelle (BOI-IF-TFNB-10-50-10-10 n° 370).

BASE ET CALCUL DE L'IMPOSITION

29630 Le **revenu cadastral** servant de base d'imposition est égal à la valeur locative cadastrale des propriétés, déterminée suivant les règles exposées nos 29040 s. et diminuée d'un abattement de 20 % (CGI art. 1396).

Le **montant de l'impôt** s'obtient en multipliant le revenu cadastral des propriétés du contribuable par les taux fixés par les collectivités bénéficiaires (communes, établissements publics de coopération intercommunale à fiscalité propre).

À la taxe elle-même s'ajoutent les **frais de gestion** de la fiscalité locale.

DÉGRÈVEMENTS SPÉCIAUX

29640 **Pertes de récoltes par suite d'événements extraordinaires** En cas de pertes de récoltes sur pied par suite de grêle, gelée, inondation, incendie ou autres événements extraordinaires (sécheresse, maladie, etc.), il est accordé au contribuable, sur réclamation, un dégrèvement de taxe foncière proportionnel à l'importance des pertes subies par les parcelles atteintes (CGI art. 1398, al. 1 à 3).

L'octroi de ce dégrèvement est subordonné à **trois conditions** tenant :

– à la **cause des dommages** : la perte de récoltes doit résulter de grêle, de gelée, d'inondation, d'incendie ou d'autres événements extraordinaires (sécheresse, maladies, etc.). Sont considérés comme tels les événements qui présentent un caractère naturel (ce qui exclut, par exemple, les pertes liées à une mauvaise conjoncture économique), sont indépendants de la volonté du contribuable et provoquent des dommages dépassant ceux auxquels les exploitants sont habituellement exposés (BOI-IF-TFNB-50-10-20 nos 80 à 110) ;

– à l'**objet des dommages** : il faut qu'il y ait eu perte de récoltes sur pied. Peu importe le degré d'avancement ou de maturité des récoltes lors du sinistre (le dégrèvement peut, par exemple, être motivé par la gelée d'arbres fruitiers au moment de la floraison). Mais le dégrèvement est refusé si les récoltes étaient déjà levées lors du sinistre. Sont toutefois assimilées à des récoltes sur pied celles qui, venant d'être coupées, se trouvent encore sur le champ même où elles ont été coupées (BOI précité n° 120) ;

– à la **réalité des dommages**, qui doivent se traduire par la perte effective de tout ou partie des récoltes. Il n'y a donc pas lieu à réduction d'impôt foncier lorsque les dégâts provoqués par le sinistre se trouvent réparés au moment de l'enlèvement des récoltes (exemple : pas de dégrèvement lorsque, à la suite de gel des blés d'hiver, les terres ont été réensemencées en blé de printemps et ont produit une récolte normale) (BOI précité n° 130).

29645 Les **demandes de dégrèvement** doivent être présentées, dans les formes habituelles des réclamations (n° 34115) soit par le propriétaire inscrit au rôle, soit par le preneur (fermier ou métayer) des parcelles sinistrées. Lorsque les pertes subies affectent une partie notable de la commune, le maire peut présenter une réclamation unique dans l'intérêt collectif de ses administrés (BOI-IF-TFNB-50-10-20 nos 160 et 170).

Qu'elles soient individuelles ou collectives, les réclamations pour perte de récoltes doivent être présentées dans le délai spécial indiqué n° 34100.

En l'absence de réclamations individuelles ou collectives, l'administration peut prononcer des dégrèvements d'office ; mais il s'agit pour elle d'une simple faculté.

Le **bénéficiaire du dégrèvement** est le débiteur légal de l'impôt, c'est-à-dire le propriétaire. En cas de fermage ou de métayage, le propriétaire doit faire bénéficier le preneur du dégrèvement dans les conditions prévues par les articles L 411-24 et L 417-8 du Code rural et de la pêche maritime.

Le **montant du dégrèvement** de taxe foncière susceptible d'être accordé en cas de perte de récoltes doit être proportionnel à l'importance de la perte constatée sur la récolte d'une année. Dans la généralité des cas, la quotité des pertes est exprimée par le rapport existant entre les quantités perdues et les quantités qui auraient dû normalement être récoltées si le sinistre ne s'était pas produit.
Lorsque les effets d'un sinistre s'étendent sur plusieurs années, le dégrèvement doit être limité, chaque année, à la proportion de la perte résultant du sinistre pour l'année en cause (BOI précité nos 190 et 200).

Pertes de bétail En cas de pertes de bétail par suite d'épizootie, l'exploitant peut demander un dégrèvement de la taxe foncière correspondant au montant des pertes subies sur son cheptel (CGI art. 1398, al. 4 et 5). L'octroi de ce dégrèvement est subordonné à deux conditions : **29650**
– il faut que les pertes de bétail résultent d'une **épizootie** ayant atteint un nombre important d'animaux de la catégorie considérée. L'expression « pertes de bétail » implique la mort des bêtes atteintes de maladie ;
– le contribuable doit produire comme **justificatifs** à l'appui de sa demande une attestation du maire de sa commune accompagnée d'un certificat établi par le vétérinaire traitant.
En cas d'infraction aux dispositions relatives à la vaccination antiaphteuse obligatoire du bétail, les contrevenants peuvent être frappés de sanctions pénales et le tribunal peut prononcer à leur encontre la **déchéance** des mesures prises en faveur des victimes de calamités. Cette déchéance est susceptible de s'appliquer au dégrèvement pour pertes de bétail (BOI-IF-TFNB-50-20 n° 90).

Les **demandes de dégrèvement** doivent être présentées, dans les formes habituelles des réclamations (n° 34115), soit par le propriétaire inscrit au rôle, soit par le preneur (fermier ou métayer) du bien rural auquel est attaché le cheptel ayant subi des pertes. **29655**
Ces demandes, qui relèvent de la juridiction gracieuse, ne sont soumises à aucun délai de présentation. Elles peuvent donc être présentées à tout moment, après la mise en recouvrement du rôle qu'elles concernent.
En l'absence de réclamation, l'administration peut prononcer des dégrèvements d'office, mais il s'agit pour elle d'une simple faculté.
En ce qui concerne le **bénéficiaire du dégrèvement**, voir n° 29645.
Le **montant du dégrèvement** de taxe foncière doit correspondre au montant des pertes subies sur le cheptel de l'exploitation, c'est-à-dire se trouver en rapport avec la valeur du bétail perdu.
Le dégrèvement est déterminé en fonction (BOI-IF-TFNB-50-20 n° 110) :
– de la part qui, dans l'ensemble des produits de l'exploitation, peut être considérée comme revenant au cheptel vif ;
– de l'importance des pertes subies comparées à la valeur globale de ce cheptel.

EXEMPLE

Soit une exploitation de polyculture dans laquelle la part revenant au cheptel vif dans l'ensemble des produits de l'exploitation est estimée à 4/10.
On suppose que le rapport existant entre la valeur des bêtes perdues (diminuée, le cas échéant, de l'indemnité d'assurance perçue) et la valeur globale du bétail de toutes catégories avant l'apparition de l'épizootie est de 2/3.
La quote-part de la taxe foncière à dégrever sera de : $4/10 \times 2/3 = 8/30$.

Disparition d'un immeuble non bâti En cas de disparition d'un immeuble non bâti par suite d'un **événement extraordinaire** (inondation, avalanche, rupture d'un barrage, etc.), le dégrèvement de la taxe foncière est accordé au contribuable à partir du premier jour du mois suivant la disparition, sur **réclamation** présentée par l'intéressé dans les formes et délais ordinaires (CGI art. 1397 ; nos 34095 s. et 34115). En l'absence de réclamation, l'administration a la faculté de prononcer le **dégrèvement d'office**. **29660**
En ce qui concerne le bénéficiaire du dégrèvement, voir n° 29645.

Terres gérées par une association foncière pastorale Il est accordé, jusqu'aux impositions établies au titre de 2026 (Loi 2023-1322 du 29-12-2023 art. 145), un dégrèvement total de la taxe foncière afférente aux parcelles classées en **prés** et prairies naturels, herbages et pâturages, **landes**, pâtis, bruyères, marais, terres vaines et vagues lorsque ces parcelles sont comprises dans le périmètre d'une association foncière pastorale à laquelle a adhéré leur propriétaire (CGI art. 1398 A). Ce dégrèvement est accordé à la condition que les **recettes de l'association** provenant d'activités autres qu'agricoles ou forestières n'excèdent ni 50 % du chiffre d'affaires tiré de l'activité agricole et forestière, ni 100 000 € (remboursements de frais inclus et taxes comprises). Les seuils de 50 % et de 100 000 € s'apprécient par rapport au chiffre d'affaires du dernier exercice clos au titre de l'année précédant celle de l'imposition (BOI-IF-TFNB-50-10-20 n° 470). **29665**

Pour bénéficier du dégrèvement, les associations pastorales doivent souscrire, pour le compte des propriétaires, avant le 31 janvier de chaque année une **déclaration** indiquant par commune et par propriétaire la liste des parcelles concernées au 1er janvier. Cette déclaration doit être accompagnée des justificatifs nécessaires.

> **Précisions** Le dégrèvement des terres gérées par une association foncière pastorale est accordé **avant tout autre dégrèvement** (BOI précité n° 540) :
> – dégrèvement prévu en faveur des parcelles exploitées par les jeunes agriculteurs ;
> – dégrèvement accordé en cas de disparition d'immeuble non bâti ;
> – dégrèvement accordé en cas de perte de récolte ou de bétail.

29670 **Dégrèvement accordé aux jeunes agriculteurs** Les jeunes agriculteurs qui bénéficient de la **dotation d'installation** (nos 80406 s.) ou des **prêts à moyen terme spéciaux** (n° 80450) bénéficient de plein droit d'un dégrèvement de 50 % de la taxe foncière sur les propriétés non bâties pendant les cinq années qui suivent celle de leur installation (CGI art. 1647-00 bis, II). Ils peuvent en outre, sur décision des collectivités bénéficiaires (communes ou établissements publics de coopération intercommunale à fiscalité propre), être dégrevés des 50 % restant dus pendant tout ou partie de la même période.
Si, au cours de la période de cinq ans suivant leur installation, les jeunes agriculteurs sont associés ou deviennent associés d'une société civile (Gaec, EARL, GFA, société civile d'exploitation) au sein de laquelle ils exercent personnellement leur activité, le dégrèvement s'applique aux parcelles qu'ils apportent à la société ou qu'ils mettent à sa disposition (BOI-IF-TFNB-50-10-20 nos 270 à 290).
Pour bénéficier du dégrèvement, l'exploitant doit souscrire, avant le 31 janvier de l'année qui suit celle de son installation, une **déclaration** modèle **n° 6711-SD** par commune et par propriétaire des parcelles exploitées au 31 janvier de l'année. En cas de modifications apportées à la consistance parcellaire de l'exploitation au cours des quatre années suivantes, l'exploitant souscrit, avant le 31 janvier de chaque année, une déclaration mentionnant ces modifications (CGI art. 1647-00 bis, I).
Lorsque la **déclaration** est **souscrite hors délai**, le dégrèvement est accordé pour la durée restant à courir après le 31 décembre de l'année de souscription.

EXEMPLE

Un jeune agriculteur bénéficiaire de la dotation d'installation aux jeunes agriculteurs s'installe le 6 mars N dans une commune non membre d'un établissement public de coopération intercommunale et n'ayant pas institué le dégrèvement. Ce jeune agriculteur souscrit une déclaration n° 6711-SD le 15 février N + 1 pour la parcelle A qu'il exploite depuis son installation. Le 31 mars N + 3, il souscrit une déclaration n° 6711-R-SD pour signaler l'exploitation au 1er janvier N + 3 d'une nouvelle parcelle B.
Le dégrèvement de 50 % de la taxe foncière sur les propriétés bâties afférente à la parcelle A est accordé pour les impositions établies au titre des années N + 2 à N + 5. Celui afférent à la parcelle B est accordé pour les impositions établies au titre des années N + 4 à N + 5 (BOI-IF-TFNB-50-10-20 n° 395).

Le dégrèvement peut être remis en cause lorsque les aides financières accordées lors de l'installation sont elles-mêmes remises en cause.
En ce qui concerne le bénéficiaire du dégrèvement, voir n° 29645.

SECTION 3

TAXE D'HABITATION SUR LES RÉSIDENCES SECONDAIRES ET AUTRES LOCAUX MEUBLÉS NON AFFECTÉS À L'HABITATION PRINCIPALE

29780 La taxe d'habitation afférente aux habitations principales a été totalement supprimée en 2023 (Loi 2019-1479 du 28-12-2019 art. 16). Cette réforme s'est accompagnée d'un **changement de dénomination** de la taxe destinée à traduire l'important rétrécissement de son champ d'application. Elle s'appelle désormais « taxe d'habitation sur les résidences secondaires et autres locaux meublés non affectés à l'habitation principale » (**THRS**). Tous les contribuables, quel que soit leur titre (propriétaire, usufruitier, locataire, occupant à titre gratuit), qui disposent uniquement de locaux destinés à leur habitation principale échappent à cette nouvelle taxe.

PERSONNES ET LOCAUX IMPOSABLES

La THRS est due essentiellement (CGI art. 1407, I et 1407 bis) : 29800
– pour tous les locaux meublés affectés à l'**habitation** autres que ceux affectés à l'habitation principale : locaux d'habitation proprement dits et leurs dépendances, y compris les garages et aires de stationnement situés à proximité de l'habitation (cette condition d'éloignement s'apprécie en fonction des circonstances de fait mais les dépendances situées à une distance supérieure à un kilomètre des logements échappent, en pratique, à la taxe) (BOI-IF-TH-10-10-10 n° 180) ;
– pour les locaux meublés occupés par les **sociétés**, associations et organismes privés et non soumis à la cotisation foncière des entreprises ;
– pour les locaux meublés sans caractère industriel ou commercial occupés par les **organismes de l'État** et des **collectivités territoriales**, ainsi que par les **établissements publics** autres que les établissements publics scientifiques, d'enseignement et d'assistance.

La taxe est **établie au nom** des personnes physiques ou morales qui ont la disposition ou la jouissance des locaux imposables, que ce soit en qualité de propriétaire, de locataire ou fermier ou à tout autre titre, par exemple en cas d'occupation gratuite (CGI art. 1408). L'impôt est dû si le contribuable a la possibilité d'occuper à tout moment le local meublé, même si, en fait, il ne séjourne pas (ou ne fait que de brefs séjours) dans l'habitation dont il a la disposition, dès lors que celle-ci est meublée et habitable.

L'**occupation** doit être **privative**. S'agissant des locaux d'habitation, le contribuable doit donc disposer d'un logement distinct réservé à son usage personnel. De même, pour les locaux occupés par les personnes morales, la taxe n'est pas due pour les locaux ouverts au public.

> **Précisions a.** Les locaux doivent être pourvus d'un **ameublement** suffisant (même s'il est sommaire) pour en permettre l'occupation effective (CE 28-12-2012 n° 347252 : RJF 3/13 n° 306). Il peut s'agir d'habitations légères comme les cabanes dans les arbres fixées au sol qui sont des habitations légères de loisirs (Rép. Habib : AN 7-7-2015 n° 65742). Ils doivent être considérés dans leur ensemble, c'est-à-dire qu'il n'y a pas lieu de faire abstraction des pièces non meublées dès lors qu'elles font partie intégrante de l'habitation et restent à la disposition exclusive du redevable (BOI-IF-TH-10-10-10 n° 70). Il importe peu que le mobilier soit la propriété ou non de l'occupant (CE 26-11-1982 n° 30956 : RJF 1/83 n° 86).

b. Même s'ils sont passibles de la cotisation foncière des entreprises, les **locaux professionnels** qui font **partie de l'habitation personnelle** du redevable sont soumis à la THRS, sauf s'ils comportent des aménagements spéciaux les rendant impropres à l'habitation (BOI-IF-TH-10-10-10 n° 110).

c. Un **second logement occupé pour raison professionnelle** est imposable à la THRS, même pour le titulaire d'un logement de fonction (Rép. Midy : AN 18-7-2023 n° 4715 ; Rép. Paul : Sén. 20-7-2023 n° 7716). En revanche, les **logements des étudiants** ne sont pas soumis à la taxe, dès lors qu'ils sont occupés à titre de résidence principale, indépendamment du rattachement de ces étudiants au foyer fiscal de leurs parents et des aides sur critères sociaux qu'ils peuvent percevoir (Rép. Grangier : AN 9-1-2024 n° 7826).

d. Les collectivités bénéficiaires peuvent, sur délibération, assujettir à la THRS les **logements** non meublés **vacants** depuis plus de deux ans dans les communes où la taxe sur les logements vacants n'est pas applicable, à l'exception de certains logements sociaux destinés à être attribués sous conditions de ressources. L'imposition est établie au nom du propriétaire, de l'usufruitier, du preneur à bail à construction ou à réhabilitation ou de l'emphytéose qui dispose du local depuis le début de la vacance (CGI art. 1407 bis).

e. Les propriétaires ou principaux locataires qui louent ou sous-louent des **locaux en meublé** sont imposables à la THRS sur ces locaux lorsqu'ils en conservent la disposition ou la jouissance et que ces locaux ne constituent pas leur habitation principale. Toutefois, les communes et les établissements publics de coopération intercommunale à fiscalité propre ont la faculté d'exonérer de la taxe, pour la totalité de la part leur revenant, les locaux classés « **meublés de tourisme** » au sens de l'article L 324-1 du Code du tourisme et les **chambres d'hôtes** au sens de l'article L 324-3 du même Code situés dans les zones de revitalisation rurale (ZRR) ou, pour les impositions établies à compter de 2025, dans les zones France ruralités revitalisation (CGI art. 1407, III modifié par loi 2023-1322 du 29-12-2023 art. 73 ; n° 18800, Précisions).

EXONÉRATIONS ET DÉGRÈVEMENTS

29810 **Exonérations liées aux locaux** Sont exonérés de plein droit de la THRS (CGI art. 1407, II) :
– les **locaux passibles de la cotisation foncière des entreprises** lorsqu'ils ne font pas partie intégrante de l'habitation personnelle du redevable ;
– les **bâtiments servant aux exploitations rurales**. Ces bâtiments sont également exonérés de la taxe foncière (nº 29435) ;
– les locaux destinés au **logement des élèves dans les écoles** et pensionnats ;
– les locaux affectés au **logement des étudiants** dans les résidences universitaires lorsque la gestion de ces locaux est assurée par un Crous ou par un organisme en subordonnant la disposition à des conditions financières et d'occupation analogues ;
– les **bureaux des fonctionnaires** publics.

Les locaux classés **meublés de tourisme** et les **chambres d'hôtes** situés dans les zones de revitalisation rurale (ou dans les zones France ruralités revitalisation pour les impositions établies à compter de 2025) peuvent également être exonérés, sur délibération (nº 29800, Précisions, e).

29815 **Exonérations liées aux personnes** Sont notamment exonérés de plein droit de la THRS (CGI art. 1408, II) :
– les **établissements publics** scientifiques, d'enseignement et d'assistance ;
– les établissements d'hébergement pour **personnes âgées dépendantes** et les petites unités de vie gérés sans but lucratif ;
– les habitants reconnus **indigents** par la commission communale des impôts directs, en accord avec l'administration fiscale.

29820 Les personnes qui conservent la jouissance de leur ancienne résidence principale alors qu'elles résident durablement en **maison de retraite** ou dans un **établissement de soins de longue durée** sont exonérées de la taxe afférente à cette ancienne résidence (CGI art. 1414 B).

29825 Les communes et les établissements publics de coopération intercommunale à fiscalité propre peuvent exonérer certaines fondations ou associations de la part de THRS qui leur revient sous réserve de la souscription d'une déclaration annuelle (CGI art. 1414 B bis issu de loi 2023-1322 du 29-12-2023 art. 146, applicable aux impositions établies à compter de 2025). Sont visés les **œuvres ou organismes d'intérêt général**, les **fondations** et **associations reconnues d'utilité publique** et les fondations universitaires ou partenariales, à condition que ces différents organismes présentent un caractère philanthropique, éducatif, scientifique, social, humanitaire, sportif, familial, culturel ou concourant à l'égalité entre les femmes et les hommes, à la mise en valeur du patrimoine artistique, à la défense de l'environnement naturel ou à la diffusion de la culture, de la langue et des connaissances scientifiques françaises. Les fondations d'entreprise sont en revanche exclues.

29830 **Dégrèvements divers** Sont dégrevés d'office de la THRS, sous réserve de la souscription d'une déclaration annuelle (formulaire nº 1200-GD-SD) :
– les **gestionnaires de foyers d'hébergement** (foyers de jeunes travailleurs ou de travailleurs migrants, résidences sociales), à raison des logements situés dans ces foyers ;
– les **organismes sans but lucratif conventionnés**, à raison des logements qu'ils prennent en location en vue de leur sous-location ou de leur mise à disposition temporaire à des personnes défavorisées.

Les personnes domiciliées hors de France qui reviennent en France à la suite d'un **appel à quitter leur zone de résidence** ou d'une **opération de retour collectif** figurant sur une liste fixée chaque année par arrêté peuvent être également dégrevées sur réclamation contentieuse à présenter dans les formes et délais précisés nºs 34045 s. Ce dégrèvement s'applique au titre de l'année du retour en France sur la taxe afférente au logement qui constituait leur résidence principale à la date de leur expatriation (CGI art. 1414 A).

BASE ET CALCUL DE L'IMPOSITION

29840 La base d'imposition à la THRS est constituée par la **valeur locative cadastrale** des locaux et de leurs dépendances déterminée suivant les règles exposées nºs 29040 s. La valeur locative imposable est, en principe, la même que celle retenue pour l'établissement de la taxe foncière sur les propriétés bâties mais la limitation prévue pour les locaux à loyers réglementés (nº 29050, Précisions) et l'abattement de 50 % visé nº 29460 ne sont pas applicables en matière de THRS.

S'agissant des **locaux affectés exclusivement à l'hébergement des salariés agricoles saisonniers**, la base d'imposition est calculée au prorata de leur durée d'utilisation dans les mêmes conditions et sous les mêmes obligations que pour la taxe foncière sur les propriétés bâties (nº 29460) (CGI art. 1411 bis).

Le montant de la THRS s'obtient en multipliant la base d'imposition par les **taux** fixés par les conseils municipaux et les organes délibérants des établissements publics de coopération intercommunale à fiscalité propre.
À la taxe ainsi calculée s'ajoutent les **frais de gestion** de la fiscalité locale et, dans certains cas, une majoration pour les résidences secondaires (n° 29850).

MAJORATION FACULTATIVE POUR LES RÉSIDENCES SECONDAIRES

Les communes dans lesquelles s'applique la taxe annuelle sur les logements vacants (CGI art. 232) peuvent voter une **majoration de 5 à 60 %** de la part de THRS leur revenant au titre des **logements meublés non affectés à l'habitation principale** (CGI art. 1407 ter). **29850**
Toutefois, peuvent bénéficier d'un dégrèvement de la majoration :
– les personnes contraintes de résider dans un lieu distinct de leur habitation principale pour **raisons professionnelles** ;
– les personnes hébergées durablement dans une **maison de retraite** ou un **établissement de soins** de longue durée et qui bénéficient, en application de l'article 1414 B du CGI, de l'exonération visée n° 29820 pour leur ancienne résidence principale ;
– plus généralement, les personnes qui, pour une **cause étrangère à leur volonté**, ne peuvent affecter le logement à un usage d'habitation principale (cas, notamment, des logements destinés à faire l'objet de travaux de réhabilitation ou de démolition dans un délai d'un an et des logements mis en location ou en vente au prix du marché et ne trouvant pas preneur ou acquéreur : BOI-IF-TH-70 n° 250).
Le dégrèvement est accordé sur **réclamation contentieuse** à présenter dans les formes et délais précisés n°s 34045 s.

DÉCLARATION DES LOCAUX D'HABITATION

Les **propriétaires** de locaux affectés à l'habitation sont tenus de déclarer : **29860**
– la nature de l'occupation de ces locaux (résidence principale ou secondaire, logement vacant), s'ils s'en réservent la jouissance ;
– l'identité du ou des occupants, si les locaux sont occupés par des tiers.
La déclaration doit en principe être effectuée **avant le 1er juillet** de chaque année. Les propriétaires en sont toutefois dispensés si aucun changement dans les informations transmises n'est intervenu depuis la dernière déclaration.
La déclaration doit être souscrite par **voie électronique**, via le service « Gérer mes biens immobiliers » du site impots.gouv.fr, accessible dans l'espace personnel du propriétaire (CGI ann. III art. 322 A). Elle peut toutefois être établie sur un **formulaire n° 1208-OD** (disponible sur le site impots.gouv.fr) lorsque le propriétaire n'a pas accès à internet ou n'est pas en mesure de souscrire sa déclaration en ligne.

ÉTABLISSEMENT DE LA TAXE

La THRS est due dans la commune où le contribuable dispose de locaux imposables. Elle est établie, pour l'année entière, d'après la **situation au 1er janvier** de l'année de l'imposition (CGI art. 1415). Par exemple, les impositions dues au titre de 2025 sont établies d'après la situation au 1er janvier 2025, même si le contribuable a déménagé ou si le local a été modifié au cours de l'année d'imposition. **29870**
Lorsque la taxe est établie, au titre d'une année, au nom d'une **personne qui a quitté le logement avant le 1er janvier** de cette année, la cotisation fait l'objet d'un dégrèvement, d'office ou sur réclamation de l'intéressé. Parallèlement, une imposition est établie au nom du nouvel occupant, en fonction de sa situation propre.
Le **paiement** de la THRS s'effectue dans les conditions indiquées n° 29005. Les propriétaires peuvent être mis en cause pour le paiement de la taxe due par leurs locataires (n° 29005, Précisions, b).

CONTRÔLE ET RÉCLAMATIONS

Les omissions ou insuffisances d'évaluation, consécutives à l'**absence ou** à l'**insuffisance de la déclaration** que doit fournir le propriétaire en cas de construction nouvelle ou de changements peuvent être réparées par l'administration dans les conditions indiquées n° 29105, Précisions, c. **29880**
L'administration peut réparer les **omissions ou insuffisances d'imposition** qui lui sont imputables, par voie de rôle supplémentaire, en principe jusqu'au 31 décembre de l'année suivante.
De leur côté, les contribuables peuvent réclamer s'ils s'estiment imposés à tort ou surtaxés, dans le délai de **réclamation** prévu en matière d'impôts locaux (n° 34100).

SECTION 4

CONTRIBUTION ÉCONOMIQUE TERRITORIALE

29900 La contribution économique territoriale (CET) est composée de **deux éléments distincts** : la cotisation foncière des entreprises (CFE : nos 29930 s.) et la cotisation sur la valeur ajoutée des entreprises (CVAE : nos 30030 s.) qui sera supprimée à compter de 2027 (Loi 2023-1322 du 29-12-2023 art. 79). Le champ d'application des deux cotisations est très largement commun (nos 29905 s.) et leur montant total est susceptible d'être plafonné en fonction de la valeur ajoutée de l'entreprise (nos 30060 s.).

A. Champ d'application

PERSONNES IMPOSABLES

29905 En principe la **cotisation foncière des entreprises** (CFE) est due chaque année par les personnes physiques ou morales qui exercent en France à titre habituel une activité professionnelle non salariée (CGI art. 1447). Le champ d'application de la **cotisation sur la valeur ajoutée** (CVAE) est le même que celui de la CFE : elle est donc due par les mêmes personnes et pour les mêmes activités sous réserve de réaliser un chiffre d'affaires hors taxe supérieur à 152 000 € (500 000 € en tenant compte du dégrèvement visé n° 30040) (CGI art. 1586 ter, I).
Les **exonérations de plein droit** (temporaires ou permanentes) applicables à la CFE s'appliquent également à la CVAE.
Les **exploitants agricoles** étant exonérés de plein droit de CFE sont corrélativement exonérés de CVAE, raison pour laquelle nous ne consacrerons qu'un bref exposé à cet impôt.

> **Précisions** Depuis le 1er janvier 2024, les communes, les EPCI et les départements n'ont plus la possibilité de prendre des délibérations relatives à l'application à la CVAE des **exonérations facultatives** prévues en matière de CFE (Loi 2023-1322 du 29-12-2023 art. 79, abrogeant les I à III de l'article 1586 nonies du CGI). Les entreprises ne peuvent plus demander à bénéficier pour la première fois d'une exonération facultative de CVAE. Celles ayant acquis et bénéficié d'une exonération de la CVAE due au titre de 2023, ou précédemment, continuent à être exonérées, le cas échéant, pour la durée restant à courir (BOI-CVAE-CHAMP-20-20 n° 23).

EXONÉRATION DES EXPLOITANTS AGRICOLES

29910 Toutes les personnes physiques ou morales qui exercent une **activité agricole** sont exonérées de plein droit de CFE et corrélativement de CVAE (CGI art. 1450 et 1451). Sont visés les agriculteurs proprement dits, mais aussi notamment les éleveurs, les sylviculteurs, les obtenteurs de nouvelles variétés végétales. La notion d'activité agricole est celle retenue en matière d'impôt sur le revenu : voir nos 5100 s. L'exonération ne s'étend pas aux **activités à caractère commercial** que peuvent exercer les agriculteurs, même lorsque le résultat de ces activités est imposé dans la catégorie des bénéfices agricoles par application de l'article 75 du CGI (nos 9720 s. ; BOI-IF-CFE-10-30-10-20 n° 110). Sont notamment taxables les activités suivantes :
– activités d'hébergement et de restauration des personnes et de transport des chevaux des centres équestres qui relèvent de la catégorie des bénéfices industriels et commerciaux (n° 16030 ; en ce sens, BOI-IF-IF-CFE-10-30-10-20 n° 143) ;
– travaux agricoles pour le compte de tiers, sauf pour les échanges de services dans le cadre de l'entraide agricole (CE 19-4-1989 n° 78399 : RJF 6/89 n° 695 ; BOI-IF-CFE-10-30-10-20 nos 160 et 170) ;
– vente ou transformation de produits ne provenant pas de l'exploitation (BOI-IF-CFE-10-30-10-20 n° 135). Par exemple, est imposable la coopérative agricole qui achète des canards et les transforme pour les vendre en foie gras, magrets, confits et autres conserves (CAA Bordeaux 9-10-2001 n° 99-2611 : RJF 2/02 n° 168) ;
– transformation de produits de l'exploitation lorsque les produits obtenus ne sont destinés ni à l'alimentation de l'homme ou des animaux, ni à être utilisés à titre de matières premières dans l'agriculture ou l'industrie (fabrication de meubles, d'objets de décoration, de vêtements, etc.) (BOI-IF-CFE-10-30-10-20 n° 140) ;
– fourniture de logement ou de nourriture à des hôtes payants (BOI-IF-CFE-10-30-10-20 n° 147) ;

– activités de tourisme à la ferme, telles que l'exploitation d'un terrain de camping classé avec la mention « aire naturelle » (BOI-IF-CFE-10-30-10-20 n° 150) ;
– exploitation de parcs zoologiques pour leurs seules activités de nature commerciale (vente de produits dérivés, restauration et hôtellerie, par exemple) dès lors qu'elles ne constituent pas le prolongement indispensable de l'activité agricole qui elle est exonérée (cette dernière recouvre les soins donnés aux animaux ainsi que les spectacles et les animations pédagogiques dispensés au cours de la journée qui contribuent à la diffusion d'informations se rapportant à la biologie et à la conservation des espèces) (BOI-IF-CFE-10-30-10-20 n° 105).
L'exonération ne s'étend pas non plus aux **locations ou sous-locations d'immeubles nus**, autres que les locations ou sous-locations d'immeubles nus à usage d'habitation ; toutefois, la cotisation de CFE (et corrélativement de CVAE) n'est pas due lorsque l'activité est exercée par des personnes qui, au cours de la période de référence visée n° 29930, en retirent des recettes brutes hors taxe inférieures à 100 000 € (CGI art. 1447). En pratique, les immeubles sont imposables à la CFE au nom du redevable qui dispose du bien et donc, dans la plupart des cas, au nom du locataire. Pour l'incidence en matière de CVAE, voir n° 30035.

> **Précisions a.** Les **groupements d'employeurs** fonctionnant dans les conditions prévues par le Code du travail (n° 56400) sont exonérés de CFE (et corrélativement de CVAE) lorsqu'ils sont constitués exclusivement d'exploitants individuels agricoles ou de sociétés civiles agricoles bénéficiant de l'exonération (CGI art. 1450, al. 2).
b. Les **groupements d'intérêt économique** constitués entre exploitations agricoles sont exonérés de CFE (et corrélativement de CVAE) (CGI art. 1450, al. 2).
c. L'activité de **production de graines, semences et plants** effectuée par l'intermédiaire de tiers (contrats de production ou de multiplication) est imposable à la CFE (et corrélativement à la CVAE) si l'exploitant réalise un chiffre d'affaires supérieur à 4 573 000 € hors taxe au cours de la période de référence (CGI art. 1450, al. 3).
d. Des règles spécifiques s'appliquent aux **coopératives agricoles** et aux **Sica** qui ne remplissent pas les conditions de l'exonération : voir n°s 26300 s.
e. Lorsque les bâtiments et terres agricoles sont donnés en **location nue** dans le cadre d'un **bail à métayage**, le bailleur est considéré comme un exploitant agricole et échappe, à ce titre, à la CFE et corrélativement à la CVAE.

AUTRES EXONÉRATIONS

Sont exonérés de CFE et, en principe, corrélativement de CVAE (liste non exhaustive) : **29920**
1. sous certaines conditions, les **artisans** et **façonniers** qui travaillent seuls ou avec des concours limités.
2. les personnes **louant** accidentellement **en meublé** (et sans aucun caractère périodique) une **partie de leur habitation** personnelle.
3. les personnes louant ou sous-louant en meublé une **partie** de leur **habitation principale** (même à titre habituel), à condition que le prix de location demeure fixé dans des limites raisonnables et que les pièces louées constituent pour le locataire sa résidence principale.
4. les personnes qui louent des locaux faisant partie de leur habitation personnelle et classés **« meublés de tourisme »** dans les conditions prévues par l'article L 324-1 du Code du tourisme.
5. les personnes autres que celles visées ci-dessus qui louent ou sous-louent en meublé tout ou partie de leur **habitation personnelle**, par exemple, les propriétaires qui donnent en location leur résidence secondaire quelques semaines par an ou ceux qui louent des chambres d'hôtes dépendant de leur résidence personnelle (Rép. Prat : AN 16-4-2013 n° 8234).
6. les activités de **production** par un ou plusieurs exploitants agricoles **de biogaz, d'électricité et de chaleur par la méthanisation** issue pour **au moins 50 %** de matières provenant d'**exploitations agricoles** (CGI art. 1451). Voir également n° 29446 le régime d'exonération analogue applicable en matière de **taxe foncière sur les propriétés bâties**.

> **Précisions a.** Dans les cas visés aux 1, 2, 3 et 6, l'exonération s'applique de **plein droit** à la CFE comme à la CVAE. Dans les cas visés aux 4 et 5, l'exonération de CFE s'applique **sauf délibération contraire** des collectivités bénéficiaires de la cotisation. L'exonération est susceptible de s'appliquer également à la CVAE, sur demande du redevable, sauf délibération contraire des collectivités concernées prise avant le 1er janvier 2024 (n° 29905, Précisions).
b. Les établissements exerçant une activité commerciale dans une zone de **revitalisation des commerces en milieu rural** peuvent bénéficier d'une exonération partielle ou totale de CFE et/ou de taxe foncière sur les propriétés bâties au titre des années 2020 à 2024 sur délibération des communes ou de leurs établissements publics de coopération intercommunale à fiscalité propre (CGI art. 1464 G). Des exonérations analogues sont prévues, pour les impositions établies au titre des années 2020 à 2026,

en faveur des établissements exerçant une activité commerciale ou artisanale dans une **zone de revitalisation des centres-villes** (CGI art. 1464 F), et pour les impositions établies à compter de 2025, en faveur des établissements exerçant une activité industrielle, commerciale ou artisanale ou professionnelle non commerciale dans une **zone France ruralités revitalisation** (CGI art. 1466 G issu de loi 2023-1322 du 29-12-2023 art. 73 ; n° 18800, Précisions).

B. Cotisation foncière des entreprises

BASE D'IMPOSITION

29930 La base d'imposition à la CFE est constituée par la **valeur locative** des biens passibles d'une taxe foncière dont le redevable a disposé pour les besoins de son activité professionnelle (CGI art. 1467). La base d'imposition ainsi déterminée peut faire l'objet de **réductions et d'abattements**. Par ailleurs une **valeur locative « plancher »** s'applique dans certaines hypothèses de restructurations d'entreprises ou de cessions de biens ou d'établissements (CGI art. 1518 B). Elle est dans certains cas remplacée par une base minimum utilisée pour le calcul de la **cotisation minimum** visée n° 29965.

Pour déterminer la base d'imposition, la **période de référence** retenue est constituée par l'avant-dernière année précédant celle de l'imposition ou par le dernier exercice de douze mois clos au cours de cette même année s'il ne coïncide pas avec l'année civile (CGI art. 1467 A).

29935 **Biens imposables** Les biens entrant dans la base de la CFE sont les biens passibles d'une taxe foncière (terrains, constructions, installations, etc.) dont l'entreprise a eu la **disposition** pour les besoins de son activité professionnelle, à l'expiration de la période de référence définie ci-avant, à quelque titre que ce soit (propriétaire, locataire, mise à disposition gratuite).

Sont imposables à ce titre les biens passibles de la **taxe foncière sur les propriétés bâties** ou sur les **propriétés non bâties**, même s'ils bénéficient d'une exonération temporaire (exemple : constructions nouvelles) ou permanente (exemple : bâtiments utilisés par une coopérative agricole).

Par exception, sont **expressément exonérés** de CFE (CGI art. 1467, 1) :

– les outillages et autres installations et moyens matériels d'exploitation des établissements industriels ainsi que les mâts des éoliennes (Loi 2023-1322 du 29-12-2023 art. 142) et les immobilisations destinées à la production d'électricité d'origine photovoltaïque, qui sont exonérés de taxe foncière ;

– les biens détruits ou cédés au cours de la période de référence ;

– les biens destinés à la fourniture et à la distribution de l'eau lorsqu'ils sont utilisés pour l'irrigation pour les 9/10e au moins de leur capacité ;

– les parties communes des immeubles dont dispose l'entreprise qui exerce une activité de location ou de sous-location d'immeubles.

Enfin, les installations antipollution achevées avant 2011 peuvent être exonérées sur délibération des collectivités bénéficiaires de la CFE (n° 29950, c.).

> **Précisions** **a.** Les biens utilisés pour l'**irrigation artificielle** de terrains pour les 9/10es au moins de leur capacité sont exonérés, même s'ils ne sont **pas destinés** à l'arrosage de **terres agricoles** (CE 22-9-2014 n° 352632 : RJF 12/14 n° 1113).
>
> **b.** Les exploitants qui exercent à la fois une **activité agricole exonérée** et une **activité commerciale taxable** ne sont soumis à la CFE que pour les moyens nécessaires à cette dernière activité. Si les deux activités sont exercées dans des locaux communs, la valeur locative des biens est prise en compte au prorata de leur temps d'utilisation pour l'activité imposable (CE 3-10-2003 n° 220280 : RJF 12/03 n° 1383).

29940 **Calcul de la valeur locative imposable** La valeur locative à retenir dans les bases de la CFE est calculée suivant les règles fixées pour l'établissement de la taxe foncière sur les propriétés bâties et, le cas échéant, de la taxe foncière sur les propriétés non bâties (voir nos 29040 s.). Toutefois, il n'est pas tenu compte de l'actualisation intervenue en 1980. Par ailleurs, la valeur locative retenue est une valeur brute, dont il n'y a pas lieu de retrancher les abattements de 50 % et 20 % applicables en matière de taxes foncières.

29950 **Réductions de la base d'imposition** La base d'imposition fait l'objet de diverses réductions susceptibles de s'appliquer soit à la totalité des redevables, soit à certaines catégories d'entre eux. Nous exposons ci-après les principales de ces réductions.

a. Les **artisans** qui ne sont pas exonérés et qui, au cours de la période de référence, ont employé **au plus trois salariés** (abstraction faite des apprentis sous contrat et des handicapés physiques, mais y compris le conjoint travaillant dans l'entreprise) bénéficient d'une réduction de leur base d'imposition (CGI art. 1468, I-2°).
Cette réduction est fixée :
– aux trois quarts de la base lorsqu'ils emploient un salarié (ou moins de deux) ;
– à la moitié lorsqu'ils emploient deux salariés (ou moins de trois) ;
– à un quart lorsqu'ils emploient trois salariés.

La réduction n'est accordée que sous certaines conditions, tenant notamment au caractère véritablement artisanal de l'activité. Cette condition est satisfaite lorsque le montant de la rémunération du travail (bénéfice + salaires + cotisations sociales y afférentes) représente plus de 50 % du chiffre d'affaires global, tous droits et taxes compris. En revanche, la réduction ne s'applique pas en général aux redevables dont l'activité présente un caractère commercial prépondérant : bouchers, charcutiers, boulangers, pâtissiers, traiteurs et confiseurs, etc. (BOI-IF-CFE-20-30-10 n°s 50 et 60).

b. Sur la réduction de moitié dont bénéficient certaines **sociétés coopératives agricoles et Sica**, voir n° 26300 s.

c. Une réduction de moitié s'applique à la valeur locative des **installations antipollution achevées avant 2011** ayant fait l'objet d'un amortissement exceptionnel au titre des articles 39 quinquies E et F du CGI. Une exonération totale est possible sur délibération des collectivités locales (CGI art. 1518 A).

d. Les communes et leurs établissements publics de coopération intercommunale à fiscalité propre peuvent instituer un abattement de 50 % sur la valeur locative des **bâtiments** qui font l'objet d'une première imposition à compter du 1er janvier 2016, **affectés** directement **à des opérations de recherche** scientifique ou technique (CGI art. 1518 A quater).

MONTANT DE LA CFE

Le montant de la CFE due dans chaque commune d'implantation s'obtient en multipliant la **base d'imposition** (arrondie à l'euro le plus proche) par les **taux** d'imposition fixés par les collectivités bénéficiaires. Ce montant est toutefois susceptible d'être fortement affecté par l'application de **mesures spéciales** examinées ci-après. 29960
À la taxe s'ajoutent les **frais de gestion** de la fiscalité locale.

Cotisation minimum Tous les redevables de la CFE sont en principe assujettis à une cotisation minimum annuelle établie au lieu de leur **principal établissement** (CGI art. 1647 D ; BOI-IF-CFE-20-20-40-10). La cotisation minimum est calculée à partir d'une **base** dont le montant est fixé par le conseil municipal (ou par l'établissement public de coopération intercommunale en cas de substitution aux communes membres) selon un barème qui est revalorisé chaque année en fonction de l'indice prévisionnel des prix. Pour la CFE due au titre de 2024, le barème est le suivant (Décret 2023-422 du 31-5-2023 : JO 2 texte n° 10) : 29965

Montant du chiffre d'affaires ou des recettes	Montant de la base minimum pour 2024
Inférieur ou égal à 10 000 €	Compris entre 237 € et 565 €
Supérieur à 10 000 € et inférieur ou égal à 32 600 €	Compris entre 237 € et 1 130 €
Supérieur à 32 600 € et inférieur ou égal à 100 000 €	Compris entre 237 € et 2 374 €
Supérieur à 100 000 € et inférieur ou égal à 250 000 €	Compris entre 237 € et 3 957 €
Supérieur à 250 000 € et inférieur ou égal à 500 000 €	Compris entre 237 € et 5 652 €
Supérieur à 500 000 €	Compris entre 237 € et 7 349 €

Le **montant de la base minimum** de CFE est comparé aux bases nettes de l'établissement principal déterminées dans les conditions de droit commun et se substitue à ces bases, si elles sont inférieures.
Le **montant de la cotisation** minimum est alors déterminé par application du taux de CFE de l'année d'imposition à la base minimum.

Par exception, la **cotisation** minimum **n'est pas due** par les contribuables qui bénéficient d'une exonération de CFE, par les redevables de la taxe pour frais de chambres de métiers et de l'artisanat assujettis au seul droit fixe de cette taxe, par les contribuables qui bénéficient de la réduction de 100 % des installations antipollution visée n° 29950, Précisions, c ainsi que par les redevables réalisant un montant de chiffre d'affaires ou de recettes inférieur ou égal à 5 000 €.

> **Précisions a.** Le **barème** ci-dessus de la cotisation minimum s'applique depuis le 1er janvier 2014. À défaut de délibération pour l'application de ce barème, les montants de base minimum antérieurement fixés continuent de s'appliquer (après leur revalorisation annuelle). Toutefois, pour les contribuables dont le montant du chiffre d'affaires ou des recettes au cours de la période de référence est inférieur ou égal à 100 000 €, ces montants ne peuvent excéder les plafonds résultant du nouveau barème.
b. Les **délibérations** ayant institué **avant 2014** une réduction de la base minimum pour les redevables exerçant leur activité à temps partiel ou pendant moins de neuf mois dans l'année, ou pour ceux réalisant moins de 10 000 € de chiffre d'affaires ou de recettes au cours de la période de référence, continuent de s'appliquer (sauf délibération contraire), sans que les montants réduits puissent excéder les plafonds résultant du nouveau barème.

29970 **Dégrèvement pour diminution des bases d'imposition** Les redevables dont les bases d'imposition à la CFE diminuent entre l'année de référence (avant-dernière année) et l'année précédant celle de l'imposition bénéficient, sur leur demande, d'un dégrèvement correspondant à la **différence entre les bases** afférentes à ces deux années (CGI art. 1647 bis). Ainsi, pour les impositions de l'année N, il s'agit de la différence entre les bases de l'année N – 2 imposées en N et les bases de l'année N – 1 qui seront imposées en N + 1. Le montant du dégrèvement est obtenu par différence entre les cotisations exigibles et les cotisations ainsi réduites (BOI-IF-CFE-40-30-20-20 n° 40).
La demande de dégrèvement, formulée sur papier libre, doit être présentée dans le délai normal de réclamation en matière d'impôts locaux (n° 34090), au service des impôts dont dépend le principal établissement de l'entreprise (celui auprès duquel est souscrite la déclaration annuelle de résultats).

ÉTABLISSEMENT DE LA CFE

29990 La CFE est établie **dans chaque commune** où le redevable dispose de locaux ou de terrains. Lorsqu'une entreprise dispose de locaux ou de terrains dans plusieurs communes, elle est donc imposable sur la valeur locative des biens passibles d'une taxe foncière dans chaque commune où ces biens sont situés.

29992 **Annualité** En principe, la CFE est due pour l'année entière par le redevable qui exerce l'activité au **1er janvier** (CGI art. 1478). Cette règle appelle des précisions dans les cas suivants.
a. Lorsqu'un **changement d'exploitant** prend effet le 1er janvier, le nouvel exploitant est imposé sur les bases de son prédécesseur.
Si le changement intervient en cours d'année, le cédant reste redevable de la cotisation pour l'année entière.
b. En cas de **création d'activité** en cours d'année, le redevable est exonéré pour cette première année. Pour les deux années suivantes, la base d'imposition est calculée d'après les immobilisations dont le redevable a disposé au 31 décembre de l'année de la création. Cependant, la base d'imposition de l'année qui suit celle de la création est réduite de moitié.
Les communes et établissements publics de coopération intercommunale à fiscalité propre peuvent décider que la **CFE** n'est **pas due pendant une durée de trois ans** à compter de l'année qui suit celle de la création, sous réserve d'une délibération prise avant le 1er octobre d'une année pour être applicable l'année suivante (CGI art. 1478 bis).
Un régime d'exonération facultatif analogue est applicable en cas d'**extension d'établissement**. Dans ce cas, la CFE correspondant au supplément de valeur locative résultant de l'extension n'est pas due pendant une durée de trois ans à compter de la deuxième année qui suit celle au cours de laquelle l'extension a eu lieu, sous réserve d'une délibération prise avant le 1er octobre d'une année pour être applicable l'année suivante.
Pour bénéficier des exonérations facultatives prévues en cas de création ou d'extension d'établissement, l'entreprise doit en faire la **demande** respectivement dans la déclaration n° 1447 C à souscrire avant le 1er janvier de l'année suivant celle de la création ou dans la déclaration n° 1447 M à souscrire avant le 1er mai de l'année suivant celle de l'extension.
c. Le redevable qui **cesse toute activité** dans un établissement n'est pas redevable de la CFE pour les mois restant à courir, sauf en cas de **cession de l'activité** exercée dans l'établissement ou en

cas de **transfert d'activité**. Il peut donc obtenir un dégrèvement prorata temporis (calculé par mois entiers), sur demande présentée dans le délai normal de réclamation en matière d'impôts locaux.

Déclarations Les redevables de la CFE sont, légalement, tenus de souscrire chaque année et pour chaque commune une **déclaration annuelle** des bases d'imposition au plus tard le deuxième jour ouvré suivant le 1er mai de l'année précédant celle de l'imposition (CGI art. 1477, I). **29995**

Exemple : déclaration au plus tard le 3 mai 2025 des éléments de 2024 qui seront utilisés pour la cotisation de 2026.

Cependant, l'administration n'exige la souscription d'une déclaration n° 1447 M (dite **déclaration modificative**) que dans les cas où, au cours de la période de référence, soit la consistance des locaux a varié, soit un quelconque des éléments de la déclaration précédemment déposée a été modifié, c'est-à-dire essentiellement si la surface des locaux imposés a changé, si le redevable demande le bénéfice d'une exonération facultative ou si le prorata de la base imposable, en cas d'exercice conjoint d'une activité imposable et d'une activité non imposable, est modifié (BOI-IF-CFE-30-10 n° 10).

En cas de **création d'établissement ou** de **changement d'exploitant**, une déclaration provisoire (n° 1447 C), dite aussi déclaration initiale, doit être souscrite par le nouvel exploitant avant le 1er janvier de l'année qui suit celle de la création ou du changement (CGI art. 1447, II-a). En cas de **cession** totale ou partielle **d'établissement**, l'ancien exploitant doit également déclarer le changement auprès du service des impôts de l'établissement cédé. Cette déclaration, sur papier libre, doit être souscrite avant le 1er janvier de l'année suivant celle du changement si le changement intervient en cours d'année, ou avant le 1er janvier de l'année du changement lorsque celui-ci prend effet au 1er janvier (CGI art. 1447, II-b). S'il s'agit d'une **cession partielle**, l'ancien exploitant doit en outre souscrire, dans les mêmes délais, une déclaration rectificative de ses bases de CFE.

PAIEMENT DE LA CFE

La CFE est perçue par voie de rôle, le contribuable étant informé, pour chaque commune, du montant et des conditions d'exigibilité de sa dette, par un **avis d'imposition dématérialisé** disponible uniquement dans son compte fiscal en ligne sur le site impots.gouv.fr (LPF art. L 253, al. 3). **30010**

Le régime de droit commun consiste dans le paiement d'une **cotisation annuelle**, après mise en recouvrement du rôle. Mais les redevables sont tenus de verser un **acompte** lorsque leur cotisation de CFE et de taxes annexes de l'année précédente, mise en recouvrement avant le 1er avril de l'année courante, a été au moins de 3 000 €. L'acompte est égal à 50 % du montant de la cotisation de l'année précédente. Il vient à échéance le 31 mai et doit être réglé au plus tard le 15 juin, sous peine de majoration de 5 % (CGI art. 1731 B).

Le **solde** est exigible à partir du 1er décembre, en fonction de la date de mise en recouvrement du rôle.

Les redevables qui bénéficient du **plafonnement** de la CET en fonction **de la valeur ajoutée** (n° 30065) peuvent, sous leur responsabilité, déduire du montant du solde de la CFE le montant du dégrèvement auquel ils estiment avoir droit.

Les redevables de la CFE doivent s'acquitter de leurs cotisations par **téléréglement** (paiement direct en ligne) ou par **prélèvement à l'échéance**, quel que soit le montant du chiffre d'affaires et le régime d'imposition de l'entreprise. Le paiement par virement est, en principe, proscrit (CGI art. 1681 sexies, 3 et 4 et 1681 septies, 6). **30015**

Quel que soit le montant de leur cotisation, les redevables ont cependant la faculté d'opter pour le paiement de la CFE et des taxes additionnelles par **prélèvements mensuels**. Dans ce cas, dix prélèvements automatiques sont opérés sur leur compte bancaire, représentant chacun le dixième des taxes mises en recouvrement au titre de l'année précédente. La situation du redevable fait l'objet d'une **régularisation** lors de la mise en recouvrement du rôle.

> **Précisions a.** Le non-respect de l'obligation de paiement par téléréglement ou par prélèvement entraîne l'application d'une majoration de 0,2 % des sommes payées selon un autre mode de règlement. Le montant de cette majoration ne peut être inférieur à 60 € (CGI art. 1738, 1).

b. Les **erreurs ou omissions** constatées dans les rôles de la CFE peuvent être réparées par l'administration dans le délai indiqué n° 33230.

C. Cotisation sur la valeur ajoutée des entreprises

30030 La cotisation sur la valeur ajoutée des entreprises (CVAE) est due par les entreprises qui exercent une activité imposable à la CFE et dont le **chiffre d'affaires** hors taxe est supérieur à 152 500 € (CGI art. 1586 ter). Mais les entreprises dont le chiffre d'affaires hors taxe est inférieur à 500 000 € en sont intégralement dégrevées.

La CVAE sera supprimée à compter de 2027 (Loi 2023-1322 du 29-12-2023 art. 79). L'année 2026 sera donc la dernière année au titre de laquelle elle sera perçue.

En ce qui concerne l'application, en matière de CVAE, des exonérations de plein droit ou facultatives de CFE, voir n° 29905.

BASE D'IMPOSITION

30035 La CVAE est égale à une **fraction de la valeur ajoutée** produite par l'entreprise au cours d'une **période de référence** qui correspond en général à l'exercice clos pendant l'année d'imposition, même si sa durée est de plus ou de moins de 12 mois.

En l'**absence de clôture d'un exercice** en cours d'année, la CVAE est établie à partir du chiffre d'affaires réalisé et de la valeur ajoutée produite entre le premier jour suivant la fin de la période retenue pour le calcul de la CVAE de l'année précédente et le 31 décembre de l'année d'imposition.

Lorsque **plusieurs exercices sont clôturés** au cours de l'année d'imposition, on retient le chiffre d'affaires réalisé et la valeur ajoutée produite au cours de ces exercices, quelles que soient leurs durées respectives.

La légalité de ces dispositions qui peuvent conduire, dans certains cas, à imposer une valeur ajoutée produite sur une période excédant douze mois, a été admise par le Conseil d'État (CE 23-7-2014 n° 378359 : RJF 11/14 n° 1013).

La **valeur ajoutée** qui constitue l'assiette de la CVAE est déterminée à partir du **chiffre d'affaires** (ventes, prestations de services, redevances, plus-values de cession d'éléments d'actifs, etc.), majoré d'autres produits (subventions d'exploitation et variation positive des stocks notamment) et diminué de certaines charges (achats, services extérieurs, taxes, amortissements, moins-values, etc.). L'ensemble de ces éléments est défini par la loi de manière différenciée selon la nature de l'activité exercée (CGI art. 1586 sexies). Cette valeur ajoutée est, pour la généralité des entreprises, **plafonnée** à 80 % du chiffre d'affaires lorsque celui-ci est inférieur ou égal à 7 600 000 € et à 85 % du chiffre d'affaires lorsque celui-ci est supérieur à 7 600 000 €.

MONTANT DE LA CVAE

30040 La CVAE est en principe égale à la valeur ajoutée (n° 30035) multipliée par un **taux d'imposition** qui varie selon le montant du chiffre d'affaires hors taxe réalisé par l'entreprise. Pour les impositions dues au titre de 2024, 2025 et 2026, ce taux est déterminé comme suit (Loi 2023-1322 du 29-12-2023 art. 79) :

Montant du CA hors taxe	Taux d'imposition		
	2024	2025	2026
< 500 000 €	0 %	0 %	0 %
500 000 € ≤ CA ≤ 3 000 000 €	0,094 % × (CA – 500 000 €)/2 500 000 €	0,063 % × (CA – 500 000 €)/2 500 000 €	0,031 % × (CA – 500 000 €)/2 500 000 €
3 000 000 € < CA ≤ 10 000 000 €	0,169 % × (CA – 3 000 000 €)/ 7 000 000 € + 0, 094 %	0,113 % × (CA – 3 000 000 €)/ 7 000 000 € + 0, 063 %	0,056 % × (CA – 3 000 000 €)/ 7 000 000 € + 0, 031 %
10 000 000 € < CA ≤ 50 000 000 €	0,019 % × (CA – 10 000 000 €)/ 40 000 000 € + 0, 263 %	0,013 % × (CA – 10 000 000 €)/ 40 000 000 € + 0, 175 %	0,006 % × (CA– 10 000 000 €)/ 40 000 000 € + 0, 087 %
> 50 000 000 €	0,28 %	0,19 %	0,09 %

EXEMPLE

Chiffre d'affaires (CA) hors taxe de 2024 = 2 700 000 €.
Taux effectif d'imposition = [0,094 % × (2 700 000 – 500 000)]/2 500 000 = 0,0827 arrondi à 0,08 %.

Les entreprises dont le **chiffre d'affaires** hors taxe est **inférieur à 2 000 000 €** bénéficient d'un dégrèvement dont le montant est fixé à :
– 188 € pour les impositions dues au titre de 2024 ;
– 125 € pour celles dues au titre de 2025 ;
– 63 € pour celles dues au titre de 2026.
La **CVAE n'est pas due** lorsque son montant annuel n'excède pas 63 € (Loi 2023-1322 du 29-12-2023 art. 79, applicable à la cotisation due au titre de 2024 à 2026).

ÉTABLISSEMENT ET PAIEMENT DE LA CVAE

La CVAE est due par le redevable qui exerce l'activité au **1er janvier** de l'année d'imposition. Les entreprises dont le chiffre d'affaires hors taxe est supérieur à 152 500 € doivent déclarer par voie électronique le montant de la valeur ajoutée sur un formulaire n° 1330-CVAE. Une déclaration papier est toutefois admise pour les entreprises assujetties relevant du régime micro-BIC (BOI-CVAE-BASE-20-20 n° 340). 30045
Légalement, cette **déclaration** doit être souscrite au plus tard le deuxième jour ouvré suivant le 1er mai de l'année suivant celle au titre de laquelle la CVAE est due. Mais l'administration accorde aux entreprises souscrivant leur déclaration par voie électronique un délai supplémentaire de quinze jours calendaires pour accomplir leur obligation déclarative (notamment BOI-CVAE-DECLA-10 n° 1).
Les entreprises dont la CVAE de l'année précédant celle de l'imposition est supérieure à 1 500 € doivent verser deux **acomptes** de 50 % chacun, au plus tard le 15 juin et le 15 septembre de l'année d'imposition. Le cas échéant, elles peuvent, sous leur responsabilité, réduire le montant de ces acomptes en considération du montant de la cotisation qu'elles estiment devoir au titre de l'année d'imposition (CGI art. 1679 septies). Pour déterminer cette réduction, elles tiennent compte notamment de la réduction de la valeur ajoutée imposable du fait des exonérations (de plein droit ou facultatives) visées nos 29910 s. et du dégrèvement en faveur des petites entreprises (n° 30040).
Les acomptes doivent être payés par **télérèglement** sous peine d'une majoration de 0,2 % du montant des sommes acquittées selon un autre moyen (CGI art. 1681 septies, 3 et CGI art. 1738, 1).
L'**année suivant celle de l'imposition**, les entreprises soumises à la CVAE doivent souscrire une **déclaration** spécifique (déclaration de liquidation et de régularisation n° 1329-DEF) au plus tard le deuxième jour ouvré suivant le 1er mai en principe. Cette déclaration doit être accompagnée, le cas échéant, du **versement du solde** correspondant. En cas d'**excédent**, une restitution est opérée, sous déduction des autres impôts directs éventuellement dus, dans les soixante jours de la date limite de dépôt de la déclaration (ou dans les soixante jours de la date de dépôt de la déclaration lorsque celle-ci est déposée après la date limite) (BOI-CVAE-DECLA-20 nos 40 et 130).

D. Plafonnement en fonction de la valeur ajoutée

Outre les dégrèvements propres à la CFE ou à la CVAE, la loi prévoit que lorsque la cotisation économique territoriale, prise dans son ensemble, excède un pourcentage de la valeur ajoutée définie n° 30035, l'excédent peut faire l'objet d'un **dégrèvement** (CGI art. 1647 B sexies). 30060
Le **taux** du plafonnement est fixé à :
– 1,531 % pour les impositions dues au titre de **2024** ;
– 1,438 % pour celles dues au titre de **2025** ;
– 1,344 % pour celles dues au titre de **2026**.
À compter des impositions dues au titre de **2027**, le plafonnement ne concernera plus, du fait de la suppression de la CVAE (n° 30030), que la CFE et son taux sera ramené à 1,25 % (Loi 2023-1322 du 29-12-2023 art. 79).

La **valeur ajoutée à prendre en compte** pour le plafonnement en fonction de la valeur ajoutée est celle produite au cours de la période de référence retenue en matière de CVAE (n° 30035). 30062
Sauf en cas de cession ou de cessation d'entreprise, le montant de la valeur ajoutée est corrigé pour correspondre à une année pleine lorsque, au cours de l'année d'imposition, l'exercice clos est d'une durée de plus ou moins de 12 mois, ou bien aucun exercice n'est clôturé, ou bien encore plusieurs exercices sont clôturés.
Par exception, pour les contribuables soumis au régime des **micro-entreprises**, la valeur ajoutée est égale à 80 % de la différence entre le montant des recettes et, le cas échéant, celui des achats réalisés au cours de l'année d'imposition.

30065 Le dégrèvement lié au plafonnement en fonction de la valeur ajoutée est accordé sur **demande** du redevable, présentée dans le délai de réclamation prévu pour la CFE (délai légal de réclamation prévu en matière d'impôts locaux : n°s 34090 s.). Il s'impute sur la CFE ou, le cas échéant par anticipation sur le solde de la cotisation de l'année (n° 30010). Il est ordonnancé dans les six mois suivant celui du dépôt de la demande (CGI art. 1647 B sexies).

Le dégrèvement ne peut avoir pour effet de ramener la CET à un montant inférieur à celui de la **cotisation minimum** de CFE visée n° 29965.

La **demande de dégrèvement** doit être formulée sur un imprimé spécial n°s 1327-CET (cas général) ou 1327-S-CET (redevables soumis au régime des micro-entreprises). Elle doit être adressée au service des impôts dont dépend le principal établissement de l'entreprise (auprès duquel est souscrite la déclaration annuelle de résultats).

SECTION 5 TAXES ANNEXES

30100 En plus des principaux impôts directs locaux (taxe foncière sur les propriétés bâties, taxe foncière sur les propriétés non bâties, taxe d'habitation sur les résidences secondaires et autres locaux meublés non affectés à l'habitation principale, cotisation foncière des entreprises), il peut être perçu, au profit de certaines collectivités ou de certains organismes, diverses taxes annexes.

Ces taxes annexes peuvent être rangées en trois catégories.

Le premier groupe comprend des **taxes additionnelles aux principaux impôts locaux**, dues par l'ensemble des redevables soumis à ces impôts et calculées sur les mêmes bases. Il s'agit :

– d'une part, des **taxes spéciales d'équipement** exigibles au profit notamment des établissements publics fonciers locaux, des établissements publics fonciers d'État, de l'établissement public Société des grands projets et de l'établissement public local Société Grand Projet du Sud-Ouest. Les terres agricoles exonérées partiellement de la taxe foncière sur les propriétés non bâties (n° 29613) échappent à l'ensemble de ces taxes (CGI art. 1607 A) ;

– d'autre part, de la **taxe pour la gestion des milieux aquatiques** et la prévention des inondations (CGI art. 1530 bis ; n° 30125).

On trouve ensuite des **taxes** qui sont **additionnelles à un seul impôt local**. Tel est le cas, notamment :

– de la taxe pour frais de chambres d'agriculture, qui est additionnelle à la taxe foncière sur les propriétés non bâties (n° 30105) ;

– de la taxe d'enlèvement des ordures ménagères, dont l'assiette est liée à celle de la taxe foncière sur les propriétés bâties (n° 30120) ;

– de la taxe pour frais de chambres de commerce et d'industrie, qui est perçue en addition à la fois à la cotisation foncière et à la cotisation sur la valeur ajoutée des entreprises.

Il existe enfin des **taxes ayant une base spécifique** distincte de celle des impôts locaux. Tel est le cas, par exemple, de la taxe sur les cessions de terrains devenus constructibles (n°s 21750 s.).

> **Précisions** On signalera également, pour mémoire, la **taxe sur certaines propriétés non bâties** (carrières, ardoisières, terrains à bâtir, terrains d'agrément, chemins de fer, canaux, sols des propriétés bâties, etc.) prévue à l'article 1519 I du CGI et la **taxe spéciale au profit de la région Île-de-France** perçue en addition à la taxe foncière sur les propriétés bâties et à la cotisation foncière des entreprises (CGI art. 1599 quater D).

TAXE POUR FRAIS DE CHAMBRES D'AGRICULTURE

30105 Les chambres d'agriculture peuvent percevoir une **taxe additionnelle** à la taxe foncière sur les propriétés non bâties, qui est établie dans la circonscription territoriale de chaque chambre d'agriculture (CGI art. 1604). Les **taux** de cette imposition varient suivant les besoins budgétaires des diverses chambres d'agriculture.

La taxe est due à raison de tous les immeubles imposés à la taxe foncière sur les propriétés non bâties, qu'ils soient ou non affectés à un usage agricole. Elle est établie au nom du redevable de la taxe foncière. Toutefois, les bailleurs de biens ruraux peuvent se faire rembourser par leurs **fermiers** ou métayers la moitié de la taxe, y compris les frais de confection des rôles et de dégrèvement, par le preneur.

TAXE D'ENLÈVEMENT DES ORDURES MÉNAGÈRES

Les communes et les établissements publics de coopération intercommunale dans lesquels fonctionne un service de collecte des déchets ménagers ont la faculté d'instituer une taxe qui porte sur toutes les **propriétés assujetties** à la taxe foncière sur les propriétés bâties ou temporairement exonérées de cette taxe (CGI art. 1520 à 1526). Les **bâtiments ruraux**, qui bénéficient d'une exonération permanente de taxe foncière sur les propriétés bâties (nos 29435 et 29440), sont également exonérés de la taxe d'enlèvement des ordures ménagères. 30120

La taxe porte sur le **revenu net** servant de base à la taxe foncière sur les propriétés bâties diminué du seul abattement forfaitaire pour frais de 50 % (n° 29460). Elle est établie au nom des propriétaires ou usufruitiers.

Les **taux** de la taxe d'enlèvement des ordures ménagères doivent être en rapport avec le coût du service. Un contribuable est donc fondé à contester son imposition lorsque les taux de la taxe sont manifestement disproportionnés par rapport aux dépenses engagées par la commune pour l'enlèvement et le traitement des déchets (CE 31-3-2014 n° 368111 : RJF 6/14 n° 639).

> **Précisions** **a.** Les communes ont la possibilité d'instituer une redevance sur les **terrains de camping ou de caravaning** (CGCT art. L 2333-77) ; pour les exploitants de ces terrains, cette redevance se substitue à la taxe d'enlèvement des ordures ménagères.
b. Les communes ou leurs groupements qui assurent au moins la collecte des déchets des ménages ont la faculté d'instituer une **redevance** calculée en fonction de l'importance du service rendu (CGCT art. L 2333-76). L'établissement de cette redevance entraîne la suppression de la taxe d'enlèvement des ordures ménagères et de la redevance sur les terrains de camping visée au a. ci-dessus.
c. Les communes ou leurs groupements n'ayant institué ni la taxe d'enlèvement des ordures ménagères ni la redevance prévue au b. ci-dessus doivent instituer une **redevance** spéciale **pour l'élimination des déchets non ménagers** calculée en fonction de l'importance du service rendu. Les conseils municipaux peuvent décider d'exonérer de la taxe d'enlèvement des ordures ménagères les assujettis à cette redevance. Cette redevance se substitue, pour les déchets concernés, à la redevance sur les terrains de camping visée au a. ci-dessus (CGCT art. L 2333-78).
d. Les communes et groupements de communes peuvent instituer une **part variable incitative** de la taxe, assise sur la quantité et, éventuellement, la nature des déchets produits ou le mode de collecte (CGI art. 1522 bis).

TAXE POUR LA GESTION DES MILIEUX AQUATIQUES ET LA PRÉVENTION DES INONDATIONS

Les communes et les établissements publics de coopération intercommunale à fiscalité propre ayant une compétence de gestion des milieux aquatiques et de prévention des inondations peuvent instituer et percevoir une taxe, dite taxe Gemapi, en vue de financer l'exercice de cette mission sur leur territoire (CGI art. 1530 bis). 30125

Le **produit** de cette taxe est arrêté avant le 1er octobre de chaque année pour application l'année suivante par l'organe délibérant de la collectivité bénéficiaire concernée, dans la limite d'un **plafond** fixé à 40 € par habitant. Il est réparti entre toutes les personnes physiques ou morales assujetties aux taxes foncières sur les propriétés bâties et non bâties, à la taxe d'habitation sur les résidences secondaires et autres locaux meublés non affectés à l'habitation principale et à la cotisation foncière des entreprises.

La **base** de la taxe est déterminée dans les mêmes conditions que pour la part communale ou intercommunale de la taxe principale à laquelle la taxe s'ajoute.

Les organismes d'habitations à loyer modéré et les sociétés d'économie mixte sont exonérés de la taxe au titre des locaux d'habitation et des dépendances dont ils sont propriétaires et qui sont attribués sous conditions de ressources. Les redevables au nom desquels une cotisation de taxe d'habitation sur les résidences secondaires et autres locaux meublés non affectés à l'habitation principale est établie au titre de ces locaux sont exonérés de la taxe.

CHAPITRE 2

IMPÔT SUR LA FORTUNE IMMOBILIÈRE

SOMMAIRE

L'IFI EN BREF

30400 L'impôt sur la fortune immobilière (IFI) est dû par les personnes physiques qui possèdent au 1er janvier un **patrimoine immobilier** de plus de 1 300 000 €. L'IFI frappe les immeubles, à l'exception de ceux que le contribuable affecte à l'exercice de son activité professionnelle ou met à la disposition de la société dans laquelle il exerce cette activité. Il concerne également les titres de sociétés pour la fraction de leur valeur correspondant aux immeubles imposables.

SECTION 1

CHAMP D'APPLICATION

A. Personnes imposables

PERSONNES PHYSIQUES

30402 Seules les personnes physiques sont soumises à l'IFI (CGI art. 964).
Les **personnes morales** ne le sont jamais. Mais les sociétés sont indirectement concernées puisque les droits sociaux sont, sauf exception, taxés à hauteur de leur composante immobilière entre les mains des associés personnes physiques.

IMPOSITION DU FOYER FISCAL

30410 L'assiette de l'impôt est déterminée au niveau du foyer fiscal, dont la composition est appréciée au **1er janvier** de l'année d'imposition.

Quel que soit leur régime matrimonial, les **couples mariés** sont soumis à une imposition commune au titre de l'IFI, sauf dans deux cas :
– lorsqu'ils sont séparés de biens et ne vivent pas sous le même toit ;
– lorsque, en instance de divorce ou de séparation de corps, ils ont été autorisés à avoir des domiciles séparés.
Font également l'objet d'une imposition commune :
– les personnes liées par un pacte civil de solidarité (**Pacs**) ;
– les personnes vivant en **concubinage** notoire (c'est-à-dire les personnes qui, sans être mariées ou pacsées, vivent en couple de façon stable et continue, qu'elles soient de sexe différent ou de même sexe), sauf si elles sont par ailleurs mariées (ou pacsées) auquel cas elles sont en principe imposées avec leur conjoint (ou partenaire).
Les biens appartenant aux **enfants mineurs** sont imposés avec ceux de leurs parents qui ont l'administration légale de leurs biens (CGI art. 965). Ils peuvent être répartis par moitié entre les deux parents lorsque ces derniers font l'objet d'une imposition séparée à l'IFI tout en exerçant conjointement l'autorité parentale (BOI-PAT-IFI-20-10 n° 150).

TERRITORIALITÉ

Les personnes physiques ayant leur **domicile fiscal en France** (quelle que soit leur nationalité) sont imposables à raison de l'ensemble de leurs actifs immobiliers situés en France ou à l'étranger : biens et droits immobiliers situés en France ou à l'étranger et parts ou actions de sociétés établies en France ou à l'étranger à hauteur de la valeur représentative de biens ou droits immobiliers détenus directement ou indirectement par ces sociétés ; ainsi, par exemple, les personnes fiscalement domiciliées en France sont imposables sur les parts de sociétés civiles étrangères à hauteur de leur composante immobilière, que celle-ci corresponde à des actifs immobiliers situés en France ou à l'étranger. **30420**
Par exception, les personnes qui **transfèrent leur domicile fiscal en France** après avoir été domiciliées pendant au moins cinq ans à l'étranger ne sont imposables à l'IFI qu'à raison de leurs actifs immobiliers situés en France. L'exonération des actifs situés à l'étranger s'applique au titre de chaque année au cours de laquelle le redevable conserve son domicile fiscal en France, et ce, jusqu'au 31 décembre de la cinquième année qui suit celle de son installation en France (CGI art. 964).
Les personnes physiques dont le **domicile fiscal** est situé **hors de France** ne sont imposables qu'à raison de leurs biens et droits immobiliers situés en France et de leurs parts ou actions détenus dans des sociétés (françaises et étrangères) à hauteur de la fraction de leur valeur représentative de biens ou droits immobiliers situés en France.

B. Actifs imposables

1. COMPOSITION DU PATRIMOINE

LE PATRIMOINE IMMOBILIER AU SENS LARGE

L'IFI est, sous réserve de certaines exclusions et exonérations, assis sur la valeur nette du patrimoine immobilier détenu, au **1er janvier** de l'année d'imposition, directement ou indirectement par le contribuable et les membres de son foyer fiscal (CGI art. 965). L'IFI frappe donc non seulement les **immeubles** mais également – pour une fraction de leur valeur – les **parts ou actions de sociétés** détenant de l'immobilier. **30500**
La **preuve du droit de propriété** du redevable s'effectue selon les mêmes règles qu'en matière de droits de succession : voir n° 22100.

ATTENTION

La **consistance du patrimoine** s'apprécie au **1er janvier** de l'année d'imposition. Il en résulte que les **variations** que peut connaître le patrimoine entre le 1er janvier et la date de déclaration ne sont pas prises en considération pour la détermination de la base taxable, sauf si l'événement intervenu a un effet rétroactif (annulation d'une vente, partage de succession, par exemple). Si un événement à effet rétroactif intervient après le dépôt de la déclaration, le redevable a six mois pour déposer une déclaration rectificative. Si la nouvelle liquidation entraîne un supplément de droits, le contribuable doit l'acquitter immédiatement. Dans le cas inverse, le trop-perçu est restituable sur réclamation présentée dans le délai de réclamation.

Biens et droits immobiliers taxables Tous les biens et droits immobiliers appartenant au contribuable entrent dans le champ d'application de l'IFI (CGI art. 965, 1°). Sont visés, sauf s'ils sont affectés à l'activité professionnelle du contribuable ou mis à la disposition de la **30510**

société dans laquelle il exerce son activité principale (n°s 31200 s.), tous les **immeubles bâtis** (à usage privé ou professionnel), **non bâtis** (terrains à bâtir, terres agricoles, etc.) ou **en cours de construction** ainsi que tous les **droits réels** immobiliers (usufruit, droit d'usage, droit du preneur d'un bail à construction notamment).

> **Précisions** Les propriétés non bâties sont taxables quelles que soient leur nature et leur affectation. Sont concernés tous les **terrains**, qu'ils soient productifs de revenus ou non, cultivés ou non, cadastrés ou non, loués ou non, mis à disposition ou non. Il s'agit notamment, et de façon non exhaustive, des terrains à bâtir, **terres agricoles, landes, pâtures, bois et forêts, étangs** (BOI-PAT-IFI-20-20-10 n° 40).

30520 **Immobilier détenu via une société** Les parts ou actions de sociétés (établies en France ou à l'étranger) sont, en principe, imposables à hauteur de la **fraction** de leur valeur **représentative de biens ou droits immobiliers** détenus directement ou indirectement par la société, quel que soit le nombre de niveaux d'interposition (CGI art. 965, 2°). Toutes les sociétés sont concernées, quels que soient leur forme sociale, leur régime fiscal ou leur lieu d'établissement. Les parts de sociétés civiles détenant directement ou indirectement des immeubles sont ainsi susceptibles d'être taxées à l'IFI à hauteur de l'immobilier sous-jacent (sur la détermination de la fraction imposable des parts : n° 30875).

Cette règle connaît plusieurs **atténuations** d'une grande portée pratique (notamment, exclusion de l'immobilier compris dans certaines participations minoritaires : n° 30890 ; exonération de l'immobilier professionnel : n°s 31200 s.). Ainsi, l'inclusion d'un bien immobilier détenu au travers d'une société dans l'assiette de l'IFI est une question délicate et complexe dépendant de nombreux facteurs (nature de l'activité exercée par la société, pourcentage de détention dans la société, affectation de l'immobilier à une activité professionnelle, etc.).

30525 **Immobilier détenu via un contrat d'assurance-vie** L'IFI frappe la valeur de l'immobilier compris dans les unités de compte des **contrats d'assurance rachetables** et des bons ou contrats de capitalisation (CGI art. 972). Le contribuable est traité comme s'il était personnellement propriétaire des actifs immobiliers composant les unités de compte de son contrat. La valeur que le contribuable doit déclarer est, en principe, communiquée chaque année par l'assureur.

Les **contrats non rachetables** ne sont pas taxables à l'IFI.

ATTENTION

Durant la phase d'épargne, les **PER** ouverts sous la forme de compte-titres sont imposables à l'IFI à hauteur de la fraction de leur valeur correspondant à des actifs immobiliers imposables. Les PER dits « assurantiels » sont taxables si le contrat est rachetable. Selon l'administration, le contrat est réputé rachetable lorsque survient un événement permettant le déblocage anticipé des actifs du PER (notamment en cas de cessation d'activité à la suite d'un jugement de liquidation judiciaire ou d'acquisition de la résidence principale) ou lorsque l'assuré a atteint l'âge requis pour demander la liquidation du plan (Rép. Malhuret : Sén. 9-2-2023 n° 1956).

2. MODES DE DÉTENTION PARTICULIERS

BIENS GREVÉS D'UN DROIT D'USUFRUIT, D'HABITATION OU D'USAGE

30530 **Principe d'imposition de l'usufruitier** Les biens ou droits grevés d'un usufruit, d'un droit d'habitation ou d'un droit d'usage accordé à titre personnel sont compris dans le **patrimoine de l'usufruitier** ou du titulaire du droit pour leur **valeur en pleine propriété** (CGI art. 968, al. 1). Si l'usufruit ne porte que sur une fraction du bien, 1/4 par exemple, c'est la même fraction de la pleine propriété qui doit être déclarée. La charge de l'impôt peut être répartie différemment dans le cadre d'une **convention privée** signée entre l'usufruitier et le nu-propriétaire.

30535 **Exceptions** Dans certains cas, limitativement énumérés par la loi, l'usufruit et la nue-propriété sont compris respectivement dans les patrimoines de l'usufruitier et du nu-propriétaire, la valeur de chaque droit étant déterminée d'après un **barème** établi en fonction de l'âge de l'usufruitier (barème fixé par l'article 669 du CGI reproduit n° 22410), à condition que l'usufruit ne soit ni vendu ni cédé à titre gratuit par son titulaire.

En pratique, l'exception la plus courante concerne l'**usufruit légal du conjoint survivant** en présence d'enfants (les conjoints devenus veufs avant le 1er juillet 2002 recueillent un usufruit portant sur 1/4 de la succession en application de l'article 767 ancien du Code civil ; ceux devenus

veufs depuis le 1er juillet 2002 recueillent l'usufruit sur l'intégralité de la succession en application de l'article 757 du Code civil) : l'usufruit et la nue-propriété sont imposés séparément à l'IFI entre les mains des titulaires de chaque droit.
Que l'usufruitier soit imposé sur la pleine propriété ou seulement sur la valeur de son usufruit (le nu-propriétaire étant taxable sur la nue-propriété), aucune décote ne peut être pratiquée pour l'évaluation du bien au titre du démembrement.

> **Précisions** D'autres dérogations prévoient une imposition séparée de l'usufruitier et du nu-propriétaire :
> – pour les successions ouvertes jusqu'au 31 décembre 2006, en cas d'application de l'article 1094 du Code civil dans sa rédaction antérieure à la réforme des successions et des libéralités (**usufruit légal des ascendants**, après donation entre époux de la nue-propriété de leur réserve). Dans ce cas, les ascendants doivent comprendre dans leur patrimoine imposable à l'IFI la valeur de cet usufruit et le conjoint survivant la valeur de la nue-propriété correspondante ;
> – en cas de mise en œuvre de l'article 1098 du Code civil qui prévoit, pour les enfants d'un premier lit d'un époux décédé, la possibilité de substituer à l'exécution d'une libéralité en propriété consentie par leur auteur à son conjoint l'abandon de l'usufruit de la part de succession qu'ils auraient recueillie en l'absence de conjoint survivant (**usufruit forcé du conjoint survivant** en présence d'enfants non issus des deux époux). Dans ce cas, le conjoint survivant ne doit comprendre dans son patrimoine imposable que la valeur de cet usufruit, la valeur de la nue-propriété étant imposable entre les mains des enfants du premier lit ;
> – en cas de **vente d'un bien avec réserve d'usufruit**, le propriétaire devenu usufruitier est imposable uniquement sur la valeur de cet usufruit. Cette exception n'est toutefois pas applicable si la vente a été consentie à l'un de ses héritiers présomptifs ou à une personne assimilée.

BIENS OBJETS D'UN CONTRAT DE CRÉDIT-BAIL OU DE LOCATION-ACCESSION

Les actifs immobiliers faisant l'objet d'un contrat de crédit-bail ou d'un contrat de location-accession sont compris dans le **patrimoine du preneur** ou de l'accédant pour leur valeur au 1er janvier de l'année d'imposition. Cette assiette est **réduite** du montant des loyers ou redevances restant à courir jusqu'à l'expiration du bail ou jusqu'au terme prévu pour la levée de l'option ainsi que du montant de l'option d'achat (CGI art. 971). Cette règle s'applique non seulement lorsque le preneur du contrat de crédit-bail est le contribuable lui-même mais également lorsqu'il s'agit d'une société dans laquelle le redevable détient des parts ou actions. 30550

3. EXONÉRATIONS INTÉRESSANT L'AGRICULTURE

Nous examinons ci-après les exonérations spécifiques aux **biens de nature agricole**, ainsi que celles susceptibles d'intéresser les exploitants agricoles. 30600
L'exonération des biens affectés à l'activité professionnelle fait l'objet d'une étude séparée nos 31200 s.

a. Bois, forêts et parts de groupements forestiers

ÉTENDUE DE L'EXONÉRATION

Lorsqu'ils ne sont pas totalement exonérés au titre des biens affectés à l'activité professionnelle (nos 31200 s.), les biens ruraux et forestiers peuvent bénéficier d'une exonération partielle à concurrence des **trois quarts de leur valeur**, sous conditions (CGI art. 976, I et II). 30605
L'exonération partielle des parts de groupements forestiers est limitée à la fraction de la valeur des parts correspondant aux biens directement liés à l'objet de ces groupements (bois et forêts susceptibles de présenter une garantie de gestion durable, friches et landes susceptibles de reboisement et présentant une vocation forestière, terrains pastoraux susceptibles d'un régime d'exploitation normale, et sommes déposées sur un Cifa).
Les parts de **sociétés d'épargne forestière** ne bénéficient pas de l'exonération partielle d'IFI (C. mon. fin. art. L 214-121).

CONDITIONS DE L'EXONÉRATION

Les conditions sont celles fixées pour l'exonération des droits de succession (voir nos 22240 s.) : 30607
– engagement d'exploitation pendant 30 ans (l'engagement peut être établi sur papier libre ; un modèle – n° 2042-NOT-BOIS – est disponible sur impots.gouv.fr) ;
– production du certificat du directeur départemental des territoires (ou, dans les départements du littoral, du directeur départemental des territoires et de la mer) attestant que les biens présentent une garantie de gestion durable ;
– production d'un bilan de mise en œuvre du plan de gestion durable.

Pour les **parts de groupements forestiers** acquises à titre onéreux, l'exonération ne joue que si les parts étaient détenues depuis au moins deux ans (pour plus de précisions, voir nos 27040 s.).

ATTENTION

En cas de **rupture de l'engagement** constaté par un procès-verbal des agents du service de l'agriculture, l'impôt non acquitté est majoré d'un droit supplémentaire et de l'intérêt de retard dont les taux varient en fonction de la date à laquelle intervient la déchéance : voir n° 22245.
La **vente** de bois et forêts avant l'expiration du délai d'exploitation de trente ans ne constitue pas en soi une cause de déchéance du régime de faveur. Mais si l'acquéreur ne respecte pas l'engagement d'exploiter pris par le cédant, ce dernier perd le bénéfice des exonérations précédemment obtenues (Cass. com. 11-6-2013 n° 12-19.890 F-PB : RJF 10/13 n° 982 ; BOI-PAT-IFI-30-20 n° 80).
En revanche, en cas de **défrichement** pour installer un parc éolien, l'engagement est considéré comme rompu (Rép. Folliot : AN 20-3-2018 n° 5885).

JUSTIFICATIFS

30610 L'engagement et le certificat de garantie de gestion durable doivent être joints à la première **déclaration** d'IFI comprenant des bois et forêts ou des parts de groupements forestiers pour lesquels l'exonération partielle est demandée. Le certificat doit être renouvelé **tous les dix ans** ; lors de ce renouvellement, le redevable doit en outre produire un bilan de la mise en œuvre du document de gestion durable.
Les certificats fournis et les engagements pris pour bénéficier de l'exonération au titre de l'**ISF** demeurent valables pour l'IFI pour le temps restant à courir.

b. Biens ruraux donnés à bail à long terme ou à bail cessible

EXONÉRATION TOTALE

30615 Les immeubles ruraux loués sont exonérés sur la totalité de leur valeur lorsque les **conditions** suivantes sont remplies (CGI art. 976, III-al. 1) :
– le bien doit être donné à bail à long terme dans les conditions prévues aux articles L 416-1 à L 416-6, L 416-8 et L 416-9 du Code rural et de la pêche maritime (voir nos 75200 s.) ou à bail cessible hors du cadre familial dans les conditions prévues aux articles L 418-1 à L 418-5 du même Code (sur ces conditions, voir nos 75055 s.) ;
– la durée du bail initial doit être au minimum de dix-huit ans. Cette condition exclut de l'exonération les baux à long terme conclus, en application de l'article L 416-4 du Code rural et de la pêche maritime, par un preneur qui est à plus de neuf ans et à moins de dix-huit ans de l'âge de la retraite, qui sont d'une durée égale à celle qui doit permettre au preneur d'atteindre l'âge de la retraite ;
– le bail doit être consenti par le bailleur à certains membres de sa famille ;
– le preneur doit utiliser le bien rural dans l'exercice de sa profession principale.

> **Précisions** Lorsque le preneur consent des **sous-locations** de certains bâtiments pour un **usage de vacances ou de loisirs** pour une durée n'excédant pas trois mois consécutifs, l'administration fiscale admet que le bailleur continue à bénéficier de l'exonération. La tolérance vaut pour les biens loués par bail à long terme ou bail cessible par un GFA (BOI-PAT-IFI-30-10-50 n° 50).

30617 **Titulaire du bail** L'exonération est réservée aux biens ruraux loués à certains **proches parents du bailleur**, limitativement énumérés par la loi : son conjoint (ou partenaire de Pacs ou concubin notoire), les ascendants ou descendants du bailleur et de son conjoint (ou de son partenaire de Pacs ou concubin notoire), les conjoints respectifs des ascendants ou descendants du bailleur et de son conjoint (ou de son partenaire de Pacs ou concubin notoire), les frères et sœurs du bailleur et de son conjoint (ou de son partenaire de Pacs ou concubin notoire).
L'exonération s'applique aux biens ruraux loués à des **copreneurs** dont l'un est membre du cercle familial à hauteur de la part de ce copreneur (BOI-PAT-IFI-30-10-50 n° 70).

30620 **Utilisation dans l'exercice de sa profession principale** Le preneur doit utiliser le bien rural dans l'exercice de sa profession principale. La détermination de la profession principale obéit aux règles exposées n° 31250. Par exemple, lorsque le bail à long terme d'un **domaine viticole** est consenti à une société dont le preneur remplit la condition d'exercice d'une fonction de direction, mais pas celle de rémunération représentant plus de la moitié des revenus professionnels, les biens ruraux ne peuvent pas être totalement exonérés (BOI-PAT-IFI-30-10-50 n° 80).
Les biens ruraux sont également exonérés en cas de location (ou de mise à disposition du bien ou encore d'apport du droit au bail y afférent) à une **société** à objet principalement agricole contrôlée à plus de 50 % par le bailleur ou des membres de son groupe familial. L'exonération

ne joue qu'à concurrence de la participation détenue dans la société par celles de ces personnes qui y exercent leur activité professionnelle principale (CGI art. 976, V).

EXONÉRATION PARTIELLE

Les biens ruraux loués qui ne remplissent pas les conditions visées n°s 30617 et 30620 ne sont pas totalement exonérés mais peuvent bénéficier d'une exonération partielle, à **condition** que (CGI art. 976, III-al. 2) : 30622
– le bien fasse l'objet d'un bail rural d'une durée minimale de dix-huit ans, dans les conditions prévues aux articles L 416-1 à L 416-6, L 416-8 et L 416-9 du Code rural et de la pêche maritime ou d'un bail cessible hors du cadre familial dans les conditions prévues aux articles L 418-1 à L 418-5 du même Code ;
– le bail ne prive pas les descendants majeurs du preneur du droit au maintien du bail à leur profit, droit prévu par l'article L 411-35 du Code rural et de la pêche maritime.
En pratique, l'exonération partielle s'applique lorsque le bail est consenti à une société ou à des personnes autres que celles visées n° 30617 ou lorsque le preneur n'utilise pas les biens loués dans le cadre de sa profession principale.

Ces biens ou parts sont **exonérés à concurrence** des trois quarts de leur valeur lorsque celle-ci n'excède pas 101 897 €, et à concurrence de la moitié de leur valeur au-delà de cette limite. 30624
Pour les redevables qui détiennent **à la fois des parts de GFA non exploitants et des biens ruraux** loués à long terme ou à bail cessible, la limite de 101 897 € s'apprécie distinctement pour chaque catégorie de biens.
La limite au-delà de laquelle l'exonération passe de 75 % à 50 % s'apprécie au **1er janvier** de l'année d'imposition.

c. Parts de GFA non exploitants

Nous examinons ici l'exonération, totale ou partielle, dont peuvent bénéficier les parts de GFA non exploitants, étant rappelé que les parts de **GFA exploitants** peuvent ouvrir droit à l'exonération relative aux parts de sociétés de personnes : voir n°s 31300 s. 30630

EXONÉRATION TOTALE DES PARTS À CARACTÈRE PROFESSIONNEL

Pour être qualifiées de biens professionnels, les parts de GFA (et de groupement agricole foncier) doivent remplir les **conditions** suivantes (CGI art. 976, IV-al. 1) : 30632
– le fonds doit faire l'objet d'un bail d'une durée minimale de dix-huit ans, consenti au détenteur de parts (ou à un membre de son groupe familial) ou à une société à objet principalement agricole contrôlée à plus de 50 % par le détenteur de parts ou des membres de son groupe familial, le preneur devant utiliser le bien loué dans le cadre de sa profession principale (conditions identiques à celles prévues pour l'exonération des biens ruraux loués par bail à long terme, voir n°s 30615 s.) ;
– le groupement doit réunir les conditions prévues à l'article 793, 1-4° du CGI ;
– les parts doivent être représentatives d'apports constitués par des immeubles ou des droits immobiliers à destination agricole.

Conditions de l'article 793, 1-4° Ces conditions sont celles requises pour l'exonération partielle des droits de succession ou de donation : interdiction statutaire de l'exploitation en faire-valoir direct ; obligation de donner les immeubles à bail à long terme ou à bail cessible ; délai minimal de détention des parts de deux ans (délai ici apprécié au 1er janvier de l'année d'imposition). Pour plus de détails sur ces conditions, voir n°s 26854 s. 30634
Par dérogation aux règles applicables en matière de droits de mutation à titre gratuit, le délai de détention de deux ans n'est pas exigé lorsque les parts ont été attribuées en rémunération d'immeubles agricoles lors de la constitution ou lors d'une augmentation de capital du groupement (BOI-PAT-IFI-30-10-50 n° 200).

> **Précisions** Pour déterminer si, au premier jour de l'imposition à l'IFI (1er janvier), les **parts** de GFA que le redevable a **recueillies par succession ou donation** satisfont au délai de détention de deux ans pour pouvoir être qualifiées de biens professionnels, la durée de détention des parts par le défunt ou le donateur est prise en compte (BOI-PAT-IFI-30-10-50 n° 200).

Nature des apports Seules les parts représentatives d'**apports d'immeubles** ou des droits réels immobiliers à destination agricole peuvent être exonérées en totalité. Les parts représentatives d'**apports en numéraires** sont exclues de l'exonération. 30636

Le contribuable doit **justifier** par tous moyens compatibles avec la procédure écrite que les parts pour lesquelles il demande l'exonération totale sont des parts représentatives de tels apports. Si cette indication ne figure pas sur le certificat nominatif représentatif des parts sociales en cause, cette preuve peut être rapportée par un certificat délivré à cette fin par le GFA (BOI-PAT-IFI-30-10-50 n° 210).

> **Précisions** Dès lors qu'ils sont affectés au **logement du personnel** travaillant effectivement sur le fonds agricole, les bâtiments d'habitation dépendant de l'exploitation conservent le caractère de biens ruraux (BOI-PAT-IFI-30-10-50 n° 210).

EXONÉRATION PARTIELLE DES PARTS À CARACTÈRE NON PROFESSIONNEL

30638 Les parts de GFA non exploitants qui ne constituent pas des biens professionnels bénéficient d'une exonération partielle à **condition** que (CGI art. 976, IV-al. 2) :
– les conditions prévues à l'article 793, 1-4° du CGI soient remplies (n° 30634) ;
– la durée du bail soit au minimum de dix-huit ans ;
– le bail ne prive pas les descendants majeurs du droit au maintien du bail à leur profit, droit prévu par l'article L 411-35 du Code rural et de la pêche maritime.

30640 Le **montant de l'exonération** partielle est le même que pour les biens ruraux loués à long terme : voir n° 30624.
Selon l'administration, l'exonération partielle d'IFI est comme en matière de droits de mutation à titre gratuit (n° 26861) limitée à la seule **fraction** des parts **représentative de la valeur nette des biens donnés** à bail à long terme ou à bail cessible.

d. Parts de groupements fonciers ruraux (GFR)

30650 Elles sont soumises au régime des parts de groupements forestiers (nos 30605 s.) pour leur fraction représentative de **biens de nature forestière** et au régime des parts de GFA (nos 30630 s.) pour leur fraction représentative de biens **de nature agricole**.

SECTION 2

ASSIETTE ET CALCUL DE L'IMPÔT

A. Évaluation des actifs imposables

PRINCIPES

30800 Chaque année, le redevable doit évaluer les immeubles qui figurent dans son patrimoine (et dans celui des membres de son foyer fiscal) mais également ceux qu'il détient indirectement au travers de sociétés. Les biens sont évalués au 1er janvier de l'année d'imposition.

ÉVALUATION DU PATRIMOINE IMMOBILIER

30805 Le contribuable déclare chaque année ses biens ou droits immobiliers taxables à l'IFI. Il doit donc évaluer les **immeubles** qui figurent dans son patrimoine (et dans celui des membres de son foyer fiscal) mais également ceux qu'il détient indirectement au travers de sociétés. L'**associé de société** déclare ainsi la valeur nette (après déduction de certaines dettes, limitativement énumérées par la loi) de ses **parts** à hauteur de leur composante immobilière.
La détermination de la valeur à déclarer est l'un des aspects les plus délicats de l'IFI. Les **règles d'évaluation des actifs immobiliers** étant celles applicables en matière de droits de mutation par décès, les biens imposables doivent être évalués d'après leur valeur vénale réelle.
La valeur des biens immobiliers imposables et le montant des dettes déductibles sont appréciés au **1er janvier** de chaque année.

1. ÉVALUATION À LA VALEUR VÉNALE

PRINCIPES

30810 La valeur vénale n'est pas définie par la loi. Il ne s'agit d'ailleurs pas d'une notion fiscale mais d'un concept essentiellement économique.
La valeur vénale correspond au prix que le **jeu normal de l'offre et de la demande** permettrait au propriétaire de retirer de la vente d'un immeuble déterminé, à un moment donné (le 1er janvier

de l'année d'imposition), compte tenu des données du marché, des particularités physiques, juridiques et économiques de ce bien, abstraction faite de toute valeur de convenance. En tant que valeur de marché, elle exprime le prix qui serait stipulé dans une transaction se déroulant dans des conditions idéales.

La définition ainsi retenue participe d'une **conception objective** de la valeur vénale : pour appréhender la valeur vénale réelle d'un bien, il convient de se placer du point de vue d'un acheteur quelconque (valeur commune intrinsèque) et non d'une personne déterminée (valeur de convenance) et donc de laisser de côté les circonstances propres à la situation personnelle des parties.

La valeur vénale s'insère dans un **intervalle de prix** (prix minimal – prix maximal) qui, pour être satisfaisant, doit être constitué par un échantillon représentatif de prix.

MÉTHODES D'ÉVALUATION

La **loi** n'impose aucune méthode particulière pour déterminer la valeur vénale devant servir de base aux différentes impositions. **30820**

En pratique, la **jurisprudence** et l'administration privilégient la méthode par comparaison dont la primauté est régulièrement rappelée (notamment, Cass. com. 8-3-2016 n° 14-26.629 : RJF 6/16 n° 573, rendu en matière de droits de succession mais transposable à l'IFI) ; l'utilisation d'autres méthodes ne doit donc intervenir qu'à titre subsidiaire (en ce sens, par exemple, Cass. com. 7-7-2009 n° 08-14.855 : RJF 12/09 n° 1173, rendu en matière de droits de mutation mais transposable à l'IFI).

2. ÉVALUATION DES IMMEUBLES

ÉVALUATION PAR COMPARAISON

Hormis les cas d'application des bases légales d'évaluation (voir n°s 30838 s.), les immeubles doivent être évalués selon la méthode d'**estimation par comparaison**. Il faut donc se référer aux prix constatés dans des transactions concernant un nombre suffisant de biens similaires en fait et en droit à celui détenu par le redevable, qui constituent ainsi des termes de comparaison. **30824**

La comparaison peut être faite « en bloc » en retenant le prix global constaté sur le marché pour un immeuble identique. Mais le plus souvent, elle est opérée à partir de prix moyens unitaires : prix à l'hectare (terrains agricoles), au mètre carré (terrains à bâtir), au mètre carré de superficie bâtie, etc.

Pour dégager des **termes de comparaison** :

– la période de temps à prendre en compte dépend du marché, de son évolution, du nombre de mutations et de la diversité des biens. Plus le marché est actif, plus la période doit être courte (un semestre). Moins il est actif et plus elle sera longue (deux ou trois ans). Mais attention, les termes de comparaison retenus ne doivent pas être, en principe, postérieurs au 1er janvier de l'année d'imposition (Cass. com. 19-6-1990 n° 868 P : RJF 8-9/90 n° 1129). Ce n'est qu'à titre exceptionnel que la Cour de cassation déroge à ce principe lorsqu'il n'existe aucun élément de comparaison antérieur ou concomitant au décès (Cass. com. 16-4-2013 n° 12-16.266 : RJF 8-9/13 n° 879) ;

– la zone géographique de référence est fonction de la rareté relative de l'immeuble. L'évaluation d'un immeuble exceptionnel, par exemple, justifie d'élargir la comparaison au marché régional voire national ;

– l'environnement économique et le contexte juridique ne doivent pas être négligés : évolution prévisible des revenus, réglementation existante, réforme de la législation en cours, etc. ;

– tous les types de ventes doivent être retenus, qu'il s'agisse de cessions de gré à gré, d'adjudications, d'acquisitions publiques, etc.

CONSEIL

Afin d'apprécier la valeur vénale de leurs biens, les particuliers peuvent consulter la base de données DVF (« **Demande de valeur foncière** » à l'adresse cadastre.data.gouv.fr/dvf ou app.dvf.etalab.gouv.fr) qui recense l'ensemble des ventes de biens (bâtis ou non) réalisées au cours des cinq dernières années. Les données proviennent des actes enregistrés chez les notaires et des informations du cadastre. Elles sont consultables de façon illimitée et aucune authentification n'est nécessaire, contrairement à la base de données « **Patrim** », accessible uniquement depuis l'espace personnel des contribuables sur le site impots.gouv.fr. Attention, le fait d'évaluer l'immeuble sur la base des informations communiquées par l'administration fiscale ne met pas à l'abri d'un redressement pour insuffisance d'évaluation.

Le **Conseil supérieur du notariat** (CSN) met également gratuitement à la disposition du public sur Internet des statistiques de prix concernant le marché immobilier de certaines communes (immobilier.notaires.fr). Le CSN peut également transmettre à tout demandeur, moyennant rémunération, des informations concernant les ventes réalisées sur un secteur et une période donnés.

30828 **Absence de termes de comparaison** À défaut de termes de comparaison, ou lorsque les résultats obtenus ont besoin d'être confortés en raison notamment de la faiblesse de l'activité du marché local, d'autres méthodes d'évaluation sont utilisées.
Mais en aucun cas la moyenne arithmétique des résultats obtenus en appliquant différentes méthodes, aussi nombreuses soient-elles, ne saurait traduire la valeur vénale réelle d'un immeuble.
Parmi les **autres méthodes** utilisées, on retiendra :
– la méthode d'évaluation **par le revenu**, utilisable pour les immeubles donnés en location, et qui conduit à multiplier le loyer annuel par un taux de capitalisation approprié (exemple : pour un loyer annuel de 45 000 € et un taux de capitalisation de 6 %, la valeur vénale est égale à : 45 000 € × 100/6 = 750 000 €). La difficulté est de déterminer ce taux. À titre indicatif, il dépasse rarement 3 % pour les propriétés agricoles ;
– la méthode de l'évaluation **par réajustement d'une valeur antérieure**, qui calcule la valeur actuelle en partant du prix ou de la valeur constaté dans une transmission antérieure du même bien et en appliquant un coefficient de réajustement représentant l'évolution du marché dans l'intervalle.
En ce qui concerne les immeubles déjà déclarés l'année précédente, on peut se borner en pratique à des ajustements liés à l'évolution du marché (sauf cas particuliers, par exemple réalisation de travaux importants).
La Fédération nationale des Safer publie un rapport sur le **marché immobilier rural** (safer.fr).

30830 **Facteurs de dépréciation** Certains immeubles sont affectés par des facteurs de dépréciation dont il est légitime de tenir compte pour l'évaluation.
C'est le cas des **immeubles loués** soumis à la réglementation des baux de locaux à usage d'**habitation principale**. Les contraintes de cette réglementation justifient un abattement sur la valeur libre de toute occupation. À plus forte raison lorsqu'il s'agit de logements loués sous le régime de la loi de 1948 (pour une illustration, CA Paris 13-12-2011 n° 10/20695 – rendu en matière de droits de succession et transposable à l'IFI – admettant une décote de 40 %).
S'agissant des **terres agricoles louées**, les dispositions protectrices du preneur découlant du statut du **fermage** (droit au renouvellement du bail, droit de préemption, etc.) justifient l'application d'une décote significative sur la valeur « libre » des terres. Dans certaines régions, on note des taux de réduction de l'ordre de 40 %, mais dans la majorité des cas ils se situent entre 12 et 25 %. La décote dépendra également des conditions de la location et des circonstances de l'occupation (présence d'un preneur jeune ou âgé, existence d'un bail à long terme, etc.).
On peut encore citer comme facteurs de dépréciation : l'**indivision**, l'**obligation** d'effectuer certains **travaux** (par exemple, le ravalement prescrit par un arrêté municipal) ou le **classement** en tant que **monument historique**.

ATTENTION

Il faut veiller à ne pas exagérer la décote appliquée jusqu'à **sous-évaluer ses immeubles**, en raison des risques que cela comporte qui excèdent le seul risque de redressement fiscal. La sous-évaluation peut par exemple se retourner contre le redevable s'il est exproprié, car sa déclaration lui sera opposable. Il en va de même lorsque l'administration exerce son droit de préemption pour les biens situés dans certains secteurs.

BASES LÉGALES D'ÉVALUATION

30838 **Immeubles occupés par leur propriétaire** Par exception au principe de l'évaluation à la valeur vénale, la loi fixe, dans certaines situations, des règles d'évaluation qui s'imposent au contribuable. C'est le cas pour les immeubles dont le propriétaire a l'usage. Ils doivent être évalués pour leur **valeur libre de toute occupation** ; en d'autres termes, aucune décote ne peut être pratiquée par le propriétaire de l'immeuble au titre de son occupation.
Par dérogation, la loi autorise un **abattement de 30 %** sur la valeur vénale réelle de la **résidence principale** (CGI art. 973). L'abattement s'applique aux parts de **sociétés civiles immobilières transparentes** (sociétés de l'article 1655 ter du CGI) de sorte que l'associé d'une telle société bénéficie de l'abattement s'il occupe le logement dont il est réputé être directement propriétaire à titre de résidence principale. Mais il ne s'applique pas à l'associé d'une société civile **non transparente** telle une société civile de gestion ou d'investissement immobilier ; dans ce cas est toutefois admise une décote de 10 % sur la valeur des titres de la SCI pour contraintes juridiques et contractuelles dès lors que l'immeuble est mis à la disposition gratuite des associés (Cass. com. 13-1-2021 n° 19-14.256 F-D : RJF 4/21 n° 434).

30840 **Adjudication publique** Les immeubles qui, **dans les deux années** qui ont précédé ou suivi le 1er janvier d'une année, ont fait l'objet d'une adjudication publique ne peuvent pas être imposés sur une somme inférieure au prix d'adjudication augmenté de toutes les charges en capital, sauf si l'immeuble a subi dans l'intervalle des transformations susceptibles d'en diminuer la valeur.

Lorsque l'adjudication intervient **après le dépôt de la déclaration**, la liquidation de l'impôt doit être rectifiée pour en tenir compte. Si le prix d'adjudication est inférieur à l'estimation portée dans la déclaration, le trop-perçu est restituable sur demande du redevable présentée dans le délai de réclamation (BOI-PAT-IFI-20-30-20 n° 100).

3. ÉVALUATION DES TITRES DE SOCIÉTÉS DÉTENANT DES IMMEUBLES

PRINCIPES

On a vu précédemment (n° 30805) que le détenteur de titres de société dont l'actif comprend des immeubles taxables doit déclarer la **valeur vénale** de ses titres au 1er janvier de l'année d'imposition. Seule la **fraction correspondant aux immeubles** détenus par la société est imposable. Pour le calcul de cette fraction, les immeubles affectés à l'activité opérationnelle de la société qui les détient sont écartés (nos 30885 s.). **30845**

La loi prévoit des atténuations à cette règle d'imposition. Ainsi, il existe une tolérance au profit des contribuables qui ignorent la valeur imposable de leurs titres (n° 30850) et une exclusion pour ceux qui détiennent des participations minoritaires dans des sociétés opérationnelles (n° 30890).

En pratique, le contribuable doit commencer par déterminer la valeur vénale de la société dont il détient les parts pour ensuite calculer le **coefficient immobilier** de celle-ci. L'application de ce coefficient à la valeur vénale globale de la société détermine la fraction imposable des titres à l'IFI. Cette base imposable est réduite, le cas échéant, des dettes souscrites par l'associé pour acquérir ses titres (voir n° 30910).

TOLÉRANCE

Un contribuable de bonne foi détenant directement ou indirectement, seul ou avec les membres de son foyer fiscal, **au plus 10 % du capital** et des droits de vote d'une société propriétaire de biens immobiliers ne peut pas faire l'objet d'une proposition de rectification s'il prouve qu'il n'a pas pu disposer des informations nécessaires à l'estimation de la fraction taxable de la valeur de ses parts ou actions (CGI art. 965, 3°). Cette **tolérance ne peut pas être invoquée par** les contribuables qui se réservent la jouissance des biens immobiliers en cause ou qui contrôlent la société qui détient les biens immobiliers. **30850**

CONSEIL

Le contribuable doit pouvoir apporter la **preuve** qu'il a cherché à se procurer les informations nécessaires auprès de la société. À cette fin, il est conseillé d'adresser une demande à la société par courrier recommandé avec avis de réception suffisamment en amont de la date de souscription de la déclaration. Ce courrier devrait constituer une preuve suffisante pour l'administration fiscale et permettre au contribuable de bénéficier de la tolérance.

DÉTERMINATION DE LA VALEUR DE LA SOCIÉTÉ

S'agissant de parts ou actions de **sociétés non cotées**, l'appréciation de leur valeur imposable se fait en tenant compte de tous les éléments dont l'ensemble permet d'obtenir un chiffre aussi proche que possible de celui qu'aurait entraîné le jeu normal de l'offre et de la demande. **30855**

La méthode par comparaison avec des transactions antérieures de titres de la même société doit être privilégiée lorsqu'elle est possible, même si la société comporte peu d'associés et même si les mutations de parts ne sont pas très fréquentes. Jugé par exemple que l'administration fiscale ne peut pas combiner différentes méthodes (en l'espèce, valeur de rendement, marge brute d'autofinancement et valeur mathématique) pour évaluer des titres d'une société donnés par un père à son fils lorsque ce fils a quelques mois auparavant acheté des titres à d'autres associés, aucune collusion sur le prix de vente n'étant soupçonnée. Les titres doivent donc être évalués par comparaison avec cette vente (Cass. com. 7-7-2009 n° 08-14.855 : RJF 12/09 n° 1173, rendu en matière de droits de donation mais transposable à l'IFI).

L'évaluation des **parts de GFA** doit tenir compte des caractéristiques propres à ces parts et notamment du fait que leur cession est plus difficile que celle des terres qu'elles représentent, en l'état actuel du droit et des pratiques en matière de GFA. Sur l'exonération des parts, voir nos 30630 s.

> **Précisions** La valeur vénale de la société peut parfois être minorée afin de tenir compte de facteurs de dépréciation, telle l'existence d'une **indivision** (que celle-ci soit d'origine légale ou conventionnelle).
>
> En revanche, l'**interdiction de vendre** et de donner en garantie des titres de sociétés non cotées ne justifie aucune décote (Cass. com. 27-10-2009 n° 08-11.362 : RJF 2/10 n° 175 ; en ce sens également, Cass. com. 3-6-2014 nos 13-18.180 et 13-18.192 : RJF 10/14 n° 949).

30860 **À défaut de termes de comparaison** (situation qui peut se rencontrer dans les sociétés familiales très fermées), les méthodes utilisées pour l'évaluation des parts de sociétés civiles sont essentiellement :
– la **valeur mathématique**, qui s'obtient en corrigeant la valeur comptable pour tenir compte de la valeur réelle des postes du bilan au 1er janvier de chaque année (notion d'actif net réévalué) ;
– la **valeur de rendement**, qui tient compte en particulier de la fraction du bénéfice social mis en distribution (dividende) ;
– la **valeur tirée de la marge brute d'autofinancement**, qui tient compte de la capacité de la société à réaliser son autofinancement.
Une évaluation réaliste des parts (indispensable lorsqu'il n'existe pas de termes de comparaison) peut être obtenue par la **combinaison** de plusieurs de ces méthodes. Cette combinaison se fait selon des dosages complexes, voire incertains. Dans les sociétés civiles à vocation patrimoniale, la valorisation mathématique est toujours prise en compte, mais elle ne peut pas être le critère exclusif.

30865 Les **valeurs mobilières cotées** sont rarement imposables compte tenu de l'exclusion des participations minoritaires (n° 30890). Lorsqu'elles le sont, elles doivent être évaluées, au choix du contribuable, selon le dernier cours connu ou selon la moyenne des trente derniers cours qui précèdent le 1er janvier de l'année d'imposition (CGI art. 973, I-al. 3).

CALCUL DU COEFFICIENT IMMOBILIER DE LA SOCIÉTÉ

30875 Le **coefficient immobilier de la société** correspond au **rapport** entre :
– la valeur vénale réelle de l'immobilier imposable détenu directement ou indirectement par la société ;
– et la valeur vénale réelle de l'ensemble des actifs de la société.
L'administration donne quelques exemples chiffrés qui illustrent les modalités de calcul de la fraction imposable (BOI-PAT-IFI-20-20-20-10 nos 80 s.).

EXEMPLE

Une société vaut 150 000 € (valeur nette, passif déduit) incluant un immeuble de 40 000 €. La valeur vénale de l'ensemble des actifs s'élève à 200 000 €. La société est détenue par deux associés (50 % chacun).
Valeur des titres détenus par chaque associé : 50 % × 150 000 € = 75 000 €.
Coefficient immobilier de la société : 40 000 €/200 000 € = 0,2.
Valeur imposable des parts détenues par chaque associé (sauf exclusion ou exonération) : 75 000 € × 0,2 = 15 000 €.

Le coefficient immobilier est **communiqué** au contribuable sur sa demande **par la société** dont il détient les parts ou actions (CGI ann. III art. 313 BQ quater).

30877 Tous les biens immobiliers détenus par les filiales ou sous-filiales de la société dont l'associé détient les parts sont pris en compte pour déterminer le coefficient immobilier, sans limite de détention. Autrement dit, l'immobilier est retenu où qu'il se situe dans la **chaîne de participations**. Le coefficient immobilier est déterminé à chaque niveau d'interposition, en commençant par le niveau le plus bas et en remontant jusqu'à la société dont l'associé détient les parts.

EXEMPLE

Une société A détient des immeubles et des titres d'une société B, propriétaire d'un immeuble. L'actif de la société A s'élève à 10 M€ dont 5 M€ d'actifs immobiliers et 2 M€ de titres B. Au passif, les dettes s'élèvent à 4 M€. La société A est détenue par deux associés (50 % chacun).
On suppose que le coefficient immobilier de la société B (valeur de l'immeuble imposable détenu par B/valeur de l'actif total de B) est de 0,9.
Valeur des titres A détenus par chaque associé : 50 % × (10 M€ – 4 M€) = 3 M€
Coefficient immobilier de A : [5 M€ + (2 M€ × 0,9)]/10 M€ = 0,68
Valeur imposable des titres A détenus par chaque associé (sauf exclusion ou exonération) : 3 M€ × 0,68 = 2,04 M€

RESTRICTIONS À LA DÉDUCTIBILITÉ DE CERTAINES DETTES CONTRACTÉES PAR LA SOCIÉTÉ (RÈGLE ANTI-ABUS)

30880 **Dettes afférentes à un actif imposable** Pour l'évaluation des parts ou actions détenues par le redevable, les dettes contractées (directement ou indirectement) par la société **auprès d'un associé**, des membres de son **foyer fiscal**, de son **cercle familial** ou d'une **société contrôlée** par l'associé ou son groupe familial, pour l'acquisition d'un actif imposable ou pour le

financement de dépenses y afférentes ne sont pas prises en compte. Sont également exclues les dettes contractées, quel que soit le prêteur, pour l'acquisition d'un actif imposable auprès d'un associé ou d'un membre de son foyer fiscal contrôlant la société (CGI art. 973, II).
Ces exclusions ne jouent pas lorsque le contribuable justifie que le prêt n'a pas été contracté dans un **objectif principalement fiscal**. Par ailleurs, lorsque la dette est contractée auprès d'un membre du groupe familial d'un associé, elle est déductible à condition de justifier du **caractère normal des conditions du prêt**, notamment du respect du terme des échéances, du montant et du caractère effectif des remboursements.
Ces règles anti-abus ont pour seul objet de corriger l'évaluation des parts ou actions détenues par le contribuable à l'origine de la créance litigieuse et sont sans incidence sur l'évaluation des titres détenus par les **autres associés de la société** (BOI-PAT-IFI-20-30-30 n°s 20 et 300).

> **Précisions** Les avances en **compte courant** d'un associé sont visées par la clause anti-abus. Celle-ci ne joue pas si l'associé justifie que le prêt n'a pas été contracté dans un objectif principalement fiscal. Peut caractériser un objectif autre que fiscal le fait que la dette a été souscrite **avant 2018** ou à une date très antérieure à celle à compter de laquelle le foyer fiscal est devenu redevable de l'IFI (BOI-PAT-IFI-20-30-30 n° 230). À ce titre, les comptes courants d'associés antérieurs au 1er janvier 2018 demeurent en principe déductibles.

Dettes non afférentes à un actif imposable Pour l'évaluation des parts ou actions 30882
détenues par le redevable, les dettes **contractées** (directement ou indirectement) **par la société** et qui ne sont pas afférentes à un actif imposable ne sont pas prises en compte. La valeur imposable des parts ou actions déterminée consécutivement à la réintégration de ces dettes fait l'objet d'un **plafonnement** (CGI art. 973, IV issu de l'article 27 de la loi 2023-1322 du 29-12-2023) ; elle est ainsi limitée au plus faible des deux montants suivants (BOI-PAT-IFI-20-30-30 n° 280) :
– la valeur vénale des parts ou actions déterminées dans les conditions de droit commun ;
– la valeur vénale des actifs imposables de la société diminuée des dettes y afférentes qu'elle a contractées, à proportion de la fraction de capital de la société à laquelle les parts ou actions détenues donnent droit.

> **Précisions a.** La règle de plafonnement de la valeur imposable s'applique sans préjudice de l'application des **règles anti-abus** visées n° 30880 et des règles particulières visant les **prêts « in fine » ou sans terme** visées n° 30970, b et c.
> **b.** Le plafonnement s'applique même en l'**absence de dettes non afférentes à un actif imposable** (BOI-PAT-IFI-20-30-30 n° 280).

EXCLUSION DE L'IMMOBILIER AFFECTÉ À L'ACTIVITÉ OPÉRATIONNELLE

Ne sont pas retenus pour le calcul de la fraction imposable visée n° 30845 (CGI art. 965, 2°-a et b) : 30885
a. les biens ou droits immobiliers détenus directement par la société dans laquelle le contribuable est associé ou par une filiale (quel que soit le nombre de niveaux d'interposition) et affectés à l'activité opérationnelle **de la société qui les détient** ;
b. les biens ou droits immobiliers détenus (directement ou indirectement) par une société opérationnelle dans laquelle le contribuable détient (directement ou indirectement) des parts ou actions et affectés à l'activité opérationnelle **d'une société du groupe**, à savoir :
– la société dans laquelle le contribuable détient (directement ou indirectement) les titres,
– la société propriétaire des biens,
– ou, enfin, une société dans laquelle la société dont le contribuable possède (directement ou indirectement) des titres détient, directement ou par personne interposée, la majorité des droits de vote ou y exerce en fait le pouvoir de décision.

> **Précisions** Exerce une « **activité opérationnelle** » la société dont l'activité est agricole, artisanale, industrielle, commerciale ou libérale. Une société ayant pour activité la gestion de son propre patrimoine immobilier, telle que la location meublée à usage d'habitation, n'est pas une société opérationnelle (CGI art. 966 ; BOI-PAT-IFI-20-20-20-30 n° 90).
> L'activité de la société doit être exclusivement opérationnelle mais l'administration fiscale admet que la société exerce des activités d'une autre nature sous réserve que l'activité opérationnelle soit **prépondérante**. L'activité opérationnelle est prépondérante lorsque la valeur vénale réelle des actifs affectés à l'activité opérationnelle et le montant du chiffre d'affaires y afférent représentent au moins 80 % respectivement de la valeur vénale réelle de l'ensemble des éléments de l'actif et du chiffre d'affaires total de l'entreprise (BOI-PAT-IFI-20-20-20-10 n° 220).

EXCLUSION DES PARTICIPATIONS MINORITAIRES

30890 Par exception au principe selon lequel les parts et actions sont taxées à l'IFI à hauteur de leur composante immobilière, la loi prévoit que les participations **inférieures à 10 %** dans les sociétés exerçant une **activité opérationnelle** (au sens défini n° 30885, Précisions) échappent à l'IFI (CGI art. 965).

L'exclusion concerne en premier lieu les parts ou actions de sociétés opérationnelles dont le contribuable détient, seul ou avec les membres de son foyer fiscal, moins de 10 % du capital et des droits de vote, qui échappent à l'IFI (CGI art. 965, 2°-al. 3).

Sont par ailleurs exclues du calcul de la fraction imposable visée n° 30875 les parts ou actions de sociétés opérationnelles détenues (directement ou indirectement) par la société dans laquelle le contribuable est associé, lorsque ce dernier détient indirectement (et, le cas échéant, directement) moins de 10 % du capital et des droits de vote de ces sociétés (CGI art. 965, 2°-al. 4).

Prenons l'**exemple** d'un associé qui détient 11 % dans une société opérationnelle A. A détient 85 % d'une société opérationnelle B qui détient un immeuble. La participation indirecte de l'associé dans la société B est de 9,35 %. Le coefficient immobilier de la société A est déterminé sans tenir compte de l'immeuble détenu par la société B.

ATTENTION

Cette exclusion des participations minoritaires ne peut pas être invoquée par l'associé qui se réserve la jouissance des biens immobiliers en cause ou qui contrôle la société qui détient les biens immobiliers (CGI art. 965, 2°-al. 5). Cette **règle anti-abus** ne s'applique toutefois que sous réserve de l'exclusion visée n° 30885.

B. Déduction des dettes contractées par le contribuable

PRINCIPES

30900 Seules peuvent être déduites les dettes relatives aux actifs imposables, éventuellement à proportion de la fraction de leur valeur imposable.

Certaines dettes sont par ailleurs soumises à des modalités particulières d'imputation ; pour d'autres, la déduction est exclue par la loi afin d'empêcher l'associé de réduire anormalement son assiette taxable à l'IFI. Ces restrictions visent les dettes contractées par le contribuable ou l'un des membres de son foyer fiscal, directement ou indirectement, auprès de lui-même, des membres de son cercle familial ou d'une société qu'il contrôle (CGI art. 974, III). Enfin, lorsque le patrimoine immobilier est supérieur à 5 M€, le montant des dettes déductibles est plafonné.

DETTES DÉDUCTIBLES

30910 La loi énumère limitativement les dépenses susceptibles de générer des dettes déductibles. Il s'agit (CGI art. 974, I-1° à 5°) :

– des dépenses d'**acquisition** des immeubles ou des parts (ou actions) ainsi que des dépenses de **travaux** ;

– des **impositions** dues à raison des propriétés, autres que celles incombant normalement à l'occupant, dont le fait générateur se situe au plus tard le 1er janvier de l'année d'imposition et qui restent à payer à cette date. Le redevable ne peut pas, en revanche, déduire les impositions dues à raison des revenus générés par son patrimoine immobilier.

À titre d'**exemple**, sont déductibles : les emprunts pour acquérir un immeuble ou des parts sociales, les sommes dues aux prestataires de services ou aux entrepreneurs de travaux. Au contraire, le dépôt de garantie reçu du locataire (à restituer au terme du bail donc constitutif d'une dette pour le propriétaire) n'est pas déductible (BOI-PAT-IFI-20-40-10 n° 30).

L'associé d'une SCA peut ainsi porter au passif de sa déclaration les dettes qu'il a contractées pour acheter ses parts mais uniquement dans la limite de leur valeur imposable.

› **Précisions** Parmi les **impositions déductibles** figurent : les taxes foncières, la taxe sur les locaux vacants, les taxes annuelles sur les bureaux, les droits de mutation en instance de paiement au 1er janvier. En pratique, le contribuable, ignorant souvent le montant dont il est redevable, peut déduire le montant réglé l'année précédente et procéder ultérieurement à sa régularisation.

La taxe d'habitation, l'impôt sur le revenu (dû au titre des revenus fonciers ou des BIC) et les prélèvements sociaux sur les revenus fonciers ne sont **pas déductibles**.

L'**IFI** lui-même est déductible de sa propre base. Pour en faciliter le calcul, l'administration admet que l'on procède comme suit (BOI-PAT-IFI-20-40-10 n° 80) :
– calculer l'IFI dû sur le montant net du patrimoine, sans tenir compte de l'IFI lui-même ;
– retrancher de ce résultat, le cas échéant, l'impôt sur la fortune acquitté hors de France ;
– ajouter le montant de l'IFI ainsi obtenu au passif déductible et effectuer un nouveau calcul de l'impôt pour obtenir l'IFI à payer.
Une fiche d'aide au calcul de l'IFI théorique se trouve à la fin de la notice n° 2042-IFI-NOT.

CONDITIONS DE DÉDUCTION DES DETTES

La déductibilité est soumise aux conditions suivantes : 30920
– la dette doit **exister au 1er janvier** de l'année d'imposition ;
– elle doit être **effectivement supportée** par le contribuable ou les autres membres du foyer fiscal ;
– l'existence, l'objet et le montant de la dette doivent pouvoir être **justifiés** (contrats de prêt, relevés bancaires, factures, etc.).

ATTENTION

Lorsque la dette concerne un **actif partiellement exonéré**, la dette n'est déductible qu'à proportion de la fraction de sa valeur imposable. Ainsi, un emprunt contracté pour l'acquisition de bois et forêts exonérés pour 75 % de leur valeur n'est déductible que pour 25 % de son montant. De même, l'emprunt souscrit pour acquérir des parts d'une société civile est déductible au prorata de la fraction imposable de la valeur des parts (telle que définie nos 30845 s.).

RESTRICTIONS À LA DÉDUCTION DES DETTES

Exclusion des emprunts familiaux La déduction est interdite si le prêt est souscrit directement, ou indirectement par l'intermédiaire d'une ou de plusieurs sociétés interposées, auprès du redevable ou d'un membre de son **foyer fiscal** (associé de SCEA qui emprunterait à son conjoint pour acquérir des parts, par exemple) (CGI art. 974, III-1°). 30940

La déduction est également écartée pour les dettes suivantes, sauf à justifier du **caractère normal des conditions du prêt** (respect des échéances, montant et caractère effectif des remboursements, notamment) (CGI art. 974, III-2° et 3°) :
– prêts contractés directement, ou indirectement par l'intermédiaire d'une ou de plusieurs sociétés interposées, auprès d'un **proche** (enfant majeur, ascendant, frère ou sœur du couple) ;
– prêts contractés par le redevable (ou un membre de son foyer fiscal) auprès d'une **société qu'il contrôle** seul ou conjointement avec son groupe familial (conjoint, partenaire ou concubin notoire, leurs ascendants ou descendants ou leurs frères et sœurs).

PLAFOND DE DÉDUCTION

Lorsque la **valeur du patrimoine taxable** est **supérieure à 5 M€** et que le montant des dettes excède 60 % de cette valeur, le montant des dettes excédant ce seuil n'est déductible qu'à hauteur de 50 % de cet excédent (CGI art. 974, IV). 30960

Ce **plafond ne s'applique pas** aux dettes dont le contribuable justifie qu'elles n'ont pas été contractées dans un but principalement fiscal. Tel est le cas des dettes contractées avant le 1er janvier 2018 qui sont intégralement déductibles (BOI-PAT-IFI-20-30-30 n° 230).

EXEMPLE

Monsieur X est propriétaire de biens immobiliers taxables d'une valeur brute de 8 M€. Il a contracté des emprunts pour leur acquisition pour 5 M€, montant excédant 60 % de la valeur des biens (4,8 M€). L'excédent de 200 000 € n'est déductible qu'à hauteur de 50 %, soit 100 000 €. Le montant des dettes déductibles est limité à 4,9 M€.

CAS PARTICULIERS ET SOLUTIONS DIVERSES

a. Les **dettes afférentes à la résidence principale** (emprunt, taxes foncières, etc.) sont déductibles dans la limite de sa valeur imposable, soit 70 % de sa valeur vénale (BOI-PAT-IFI-20-40-10 n° 160). 30970

EXEMPLE

Monsieur X possède sa résidence principale d'une valeur de 1 800 000 €, financée par un emprunt de 1 650 000 € ; il paie 12 000 € de taxes foncières. Les dettes ne sont déductibles qu'à hauteur de 1 260 000 €.

b. Lorsque le contribuable contracte un **prêt in fine**, la déduction est limitée à la somme des annuités théoriques restant à courir jusqu'au terme prévu. Ce montant est obtenu comme suit :

montant total de l'emprunt – (montant total de l'emprunt × nombre d'années écoulées depuis le versement du prêt/nombre total d'années de l'emprunt)

EXEMPLE

Monsieur X finance l'acquisition d'un appartement par un emprunt in fine d'un montant de 250 000 € d'une durée de 10 ans à rembourser le 1er janvier 2028. La dette que Monsieur X peut porter au passif de l'IFI 2024 s'élève donc à : 250 000 € – (250 000 € × 6/10) = 100 000 €.

c. Pour les emprunts ne prévoyant **pas de terme**, la déduction est limitée au montant total de l'emprunt diminué d'une somme égale à un vingtième de ce montant par année écoulée depuis le début du versement du prêt (CGI art. 974, II).

C. Calcul de l'impôt

MODALITÉS DE CALCUL

31000 Le montant de l'IFI est calculé en appliquant à la valeur nette du patrimoine imposable le **barème** fixé par l'article 977 du CGI. L'impôt ainsi calculé peut, le cas échéant, faire l'objet d'une **réduction** d'impôt pour don et d'une **imputation** des impôts sur la fortune acquittés à l'étranger.

TARIF

31005 Le **seuil** d'imposition est fixé à 1 300 000 € (CGI art. 964). Par suite, les patrimoines dont la valeur nette au 1er janvier est inférieure à cette somme ne sont pas soumis à l'IFI. Ceux supérieurs à cette somme sont imposables selon le barème suivant.

Fraction de la valeur nette taxable du patrimoine		Tarif applicable
N'excédant pas	800 000 €	0 %
Comprise entre	800 001 € et 1 300 000 €	0,50 %
	1 300 001 € et 2 570 000 €	0,70 %
	2 570 001 € et 5 000 000 €	1 %
	5 000 001 € et 10 000 000 €	1,25 %
Supérieure à	10 000 000 €	1,50 %

31010 Un système de **décote** est prévu pour les contribuables dont le patrimoine a une valeur nette taxable supérieure ou égale à 1 300 000 € et inférieure à 1 400 000 € : le montant de l'impôt calculé selon le barème est réduit d'une somme égale à [17 500 € – 1,25 % P] où P est la valeur nette taxable du patrimoine.

EXEMPLE

Pour un patrimoine net taxable au 1er janvier 2025 de 1 350 000 €, le montant d'IFI doit être calculé comme suit :
Montant de l'IFI avant décote : 2 850 €
Montant de la décote : 17 500 € – (1,25 % × 1 350 000 €) = 625 €
Montant de l'IFI après décote : 2 850 € – 625 € = 2 225 €.

RÉDUCTION D'IMPÔT AU TITRE DES DONS

31028 Les contribuables peuvent bénéficier d'une réduction d'IFI **égale à** 75 % du montant des dons d'argent ou de titres de sociétés cotées effectués au profit de certains organismes d'intérêt général qui agissent dans le domaine de la recherche, de l'enseignement supérieur ou de l'insertion des personnes par l'activité économique (CGI art. 978). La réduction d'impôt est **plafonnée à** 50 000 € par an.

Les **organismes d'intérêt général concernés** (fondations et associations reconnues d'utilité publique, entreprises d'insertion, etc.) sont limitativement énumérés par la loi.

La **période** prise en compte pour le calcul de la réduction d'impôt concerne les dons effectués entre la date limite de dépôt de la déclaration de l'année précédant celle de l'imposition et la date limite de dépôt de la déclaration de l'année d'imposition.

CONSEIL

Les dons ayant donné lieu à réduction d'IFI ne peuvent pas ouvrir droit à un autre avantage fiscal (**impôt sur le revenu** notamment) sauf pour leur fraction qui excéderait 50 000 €. En pratique, compte tenu des taux respectifs de la réduction d'impôt sur le revenu et de la réduction d'IFI, les contribuables qui consentent des dons à des organismes d'intérêt général ont en principe intérêt à appliquer par priorité la réduction d'IFI.

PLAFONNEMENT DE L'IFI

Principes Le montant de l'IFI est plafonné de sorte que le total formé par l'IFI et les impôts dus au titre des revenus de l'année précédente **ne dépasse pas** 75 % des revenus nets de l'année précédente (CGI art. 979). S'il y a dépassement, l'**excédent** vient en réduction de l'IFI à payer ; en aucun cas il ne peut s'imputer sur l'impôt sur le revenu ou être restitué. **31030**
La réduction d'IFI résultant du plafonnement n'est pas limitée.

> **Précisions** **a.** Les contribuables doivent calculer eux-mêmes le plafonnement éventuellement applicable à l'aide de l'**annexe 5 de la déclaration** n° 2042-IFI. Cette annexe permet de déterminer les deux éléments à comparer : le montant des impôts à prendre en compte et celui des revenus.
b. Seuls les contribuables ayant leur **domicile fiscal en France** au 1er janvier de l'année peuvent en principe bénéficier du plafonnement. Les **non-résidents** peuvent toutefois en bénéficier lorsqu'ils perçoivent en France la totalité ou quasi-totalité de leurs revenus (BOI-PAT-IFI-40-30-10 n° 20).

Impôts à prendre en compte Ce sont les impôts dus en France et à l'étranger au titre des revenus et produits de l'année précédant celle de l'exigibilité de l'IFI, calculés avant imputation des seuls crédits d'impôt représentatifs d'une imposition acquittée à l'étranger et des retenues non libératoires. **31035**
Au montant de l'**IFI**, retenu après imputation de l'éventuelle réduction pour dons, s'ajoutent donc l'**impôt sur le revenu** calculé non seulement d'après le barème progressif mais aussi à un taux proportionnel, les **prélèvements et contributions additionnels** (contribution exceptionnelle sur les hauts revenus et prélèvements sociaux) ainsi que les **prélèvements libératoires** de l'impôt sur le revenu. Il y a lieu également de tenir compte, notamment, de la taxe sur les métaux précieux, de la taxe sur les plus-values immobilières élevées et des taxes (communale et nationale) sur les cessions de terrains devenus constructibles (BOI-PAT-IFI-40-30-10 n° 140).

ATTENTION

Il n'y a pas lieu de retenir les revenus des personnes dont les biens n'entrent pas dans les bases de l'IFI du contribuable : en particulier, ceux d'**enfants majeurs rattachés**. En pareil cas, l'impôt sur le revenu d'ensemble est réduit suivant la proportion que représente le revenu de ces personnes par rapport au revenu total.

Revenus à prendre en compte Il s'agit de la somme algébrique des revenus (plus-values incluses) de l'année précédente réalisés **en France et à l'étranger**, y compris les revenus exonérés et les produits soumis à un prélèvement libératoire. Ces revenus ne doivent pas être nécessairement appréhendés par le contribuable pour être pris en compte pour le calcul du plafonnement. Ainsi, la plus-value réalisée par une SCI que les associés ont mis en réserve doit être prise en compte dans le calcul du plafonnement à raison des parts sociales détenues par l'associé (Cass. com. 28-3-2019 n° 17-23.671 FS-PB : RJF 10/19 n° 983). De même, les plus-values de cession de titres placées sur un PEE ouvert au nom du contribuable depuis plus de cinq ans sont retenues pour le calcul du plafonnement, dans la mesure où ces fonds demeurent disponibles (Cass. com. 27-1-2021 n° 18-22.113 F-D : RJF 5/21 n° 532). **31040**
Les revenus et produits à retenir sont ceux des membres du **foyer fiscal** qui sont soumis à une imposition commune au titre de l'IFI (et non pas au titre de l'impôt sur le revenu).
Seuls peuvent être retranchés les **déficits** catégoriels constatés au cours de l'année précédente et dont l'imputation sur le revenu global est autorisée. Il s'agit, en pratique, des déficits constatés dans le cadre d'une activité professionnelle (BIC, BNC et BA) ; les déficits reportables sur les revenus de même nature des années suivantes sont, en revanche, pris en compte au titre de ces années.
Les revenus et plus-values sont déterminés sans considération des **seuils**, **réductions** ou **abattements** applicables en matière d'impôt sur le revenu, à l'exception de ceux représentatifs des frais professionnels (BOI-PAT-IFI-40-30-10 n° 170). C'est ainsi que les traitements et salaires sont à retenir après déduction de l'abattement de 10 % (ou des frais professionnels réels). En revanche, les pensions et rentes viagères à titre gratuit sont retenues avant déduction de l'abattement de 10 % et

les dividendes avant application éventuelle de l'abattement de 40 %. De même, les plus-values immobilières et les plus-values sur valeurs mobilières correspondent à la différence entre prix de vente et prix de revient, sans tenir compte de l'application éventuelle d'abattements pour durée de détention.
L'appréciation du **total** des revenus s'effectue sans tenir compte, le cas échéant, des charges du revenu global, de l'abattement prévu en faveur des personnes âgées ou invalides et de l'abattement pour enfants mariés (ou chargés de famille) rattachés (BOI-PAT-IFI-40-30-10 n° 180).

> **Précisions a.** Les plus-values de cession de valeurs mobilières ou droits sociaux placées en **report** ou en **sursis d'imposition** sont prises en compte l'année de l'expiration du report ou du sursis (BOI-PAT-IFI-40-30-10 n° 190).
b. Les **revenus des bons ou contrats de capitalisation** et placements de même nature (contrats d'assurance-vie, notamment) sont pris en compte l'année du dénouement ou du rachat (total ou partiel) du bon, contrat ou placement (BOI-PAT-IFI-40-30-10 n° 180).
c. Doivent être réintégrés dans les revenus à prendre en compte les **revenus distribués à une société** passible de l'IS **contrôlée par le contribuable** (au sens défini par l'article L 233-3 du Code de commerce), si l'existence de cette société (parfois appelée « cash box ») et le choix d'y recourir ont pour objet principal d'éluder tout ou partie de l'IFI en bénéficiant d'un avantage fiscal allant à l'encontre de l'objet ou de la finalité du plafonnement. Seule est réintégrée la part correspondant à une diminution artificielle des revenus retenus dans le calcul du plafonnement (CGI art. 979).

SECTION 3 ACTIFS PROFESSIONNELS

GÉNÉRALITÉS

31200 Les actifs professionnels sont expressément exclus de l'assiette de l'IFI (CGI art. 975 et 976). Ces actifs peuvent être regroupés en trois catégories : les immeubles affectés à une exploitation individuelle (nos 31205 s.), ceux affectés à l'activité d'une société dans laquelle le redevable exerce sa profession ou dont il est dirigeant (nos 31300 s.) et certains biens ruraux et forestiers (nos 30605 s.). Ces exonérations n'ont vocation à jouer que lorsque les exclusions visées nos 30885 s. ne s'appliquent pas.

A. Immeubles affectés à une exploitation individuelle

PRINCIPES

31205 Les biens ou droits immobiliers et les parts ou actions représentatives de ces mêmes biens ou droits sont exonérés à **condition** que ces éléments soient affectés à l'activité principale agricole, industrielle, commerciale, artisanale ou libérale du contribuable (CGI art. 975, I).
L'**exonération vise** les immeubles détenus directement par le contribuable et qu'il affecte à son activité professionnelle. Peuvent également bénéficier de l'exonération les titres que le contribuable possède dans une société pour la fraction de leur valeur représentative des immeubles que la société loue ou met à la disposition du contribuable pour les besoins de son activité professionnelle.

CONDITIONS

31210 L'exonération est subordonnée au respect des conditions ci-après :
– les biens doivent être affectés à une **activité agricole**, industrielle, commerciale, artisanale ou libérale ;
– l'activité doit être **exercée à titre principal** ;
– l'activité doit être **exercée par** le propriétaire des biens ou son conjoint, son partenaire de Pacs, son concubin notoire ou encore ses enfants mineurs.

31220 **Biens affectés à l'exercice d'une activité professionnelle** Il s'agit des immeubles (ou des droits immobiliers) qui, ayant un lien de **causalité directe** suffisant avec l'exploitation, sont utilisés effectivement pour les besoins de l'activité professionnelle ou ne

pourraient être utilisés à un autre usage, qu'ils soient situés en France ou à l'étranger (BOI-PAT-IFI-30-10-10-40 n° 1). L'exonération bénéficie également aux parts et actions que l'exploitant détient dans une société (SCI, par exemple) pour la fraction de leur valeur représentative des immeubles (détenus directement ou indirectement) que le contribuable utilise pour les besoins de l'exploitation.
Pour les **agriculteurs**, sont notamment considérées comme des actifs professionnels les immobilisations utilisées de manière durable pour les besoins de leur exploitation (terres, améliorations foncières, plantations, bâtiments d'exploitation, etc.) même si l'exploitant a opté pour le maintien des terres dans son patrimoine privé. En revanche, les locaux d'habitation des agriculteurs ne constituent pas des actifs professionnels (BOI-PAT-IFI-30-10-10-40 n° 80).

Les biens et droits immobiliers détenus indirectement par l'intermédiaire de **parts de coopératives agricoles**, de sociétés d'intérêt collectif agricole (**Sica**) ou de coopératives d'utilisation de matériel agricole (**Cuma**), lorsqu'elles sont la propriété d'un exploitant agricole exerçant son activité professionnelle à titre principal, sont exonérés en tant qu'actifs professionnels à hauteur de la fraction des parts correspondant à la détention statutaire minimale imposée à l'exploitant pour bénéficier des services de la coopérative, de la Sica ou de la Cuma (BOI-PAT-IFI-30-10-10-40 n° 90). **31230**

Activité agricole exercée à titre professionnel Il s'agit d'une activité professionnelle dont les profits sont imposés dans la catégorie des **bénéfices agricoles**. Il s'agit notamment (BOI-PAT-IFI-20-20-20-30 n° 40) : **31240**
- des activités d'élevage ou de culture exercées par les exploitants ;
- de la production forestière ;
- des centres équestres ;
- des exploitations avicoles, apicoles, piscicoles, ostréicoles et mytillicoles ;
- de l'exploitation des champignonnières et des marais salants, ainsi que des activités exercées par les obtenteurs de nouvelles variétés végétales.

Les activités civiles telles que la **location du droit de chasse et de pêche**, même imposées dans la catégorie des bénéfices agricoles, sont toujours exclues de la qualification d'activité agricole pour l'application de l'IFI. Une telle activité paraît toutefois assimilable à une activité agricole si elle est exercée à titre accessoire et constitue le complément indissociable d'une activité agricole reconnue comme telle pour l'IFI.

Les contribuables qui donnent des biens ruraux en **bail à métayage** peuvent bénéficier de l'exonération de leurs terres sous réserve que les revenus procurés par l'exploitation des biens représentent une part prépondérante de leurs ressources. Tel n'est pas le cas des parts de groupement foncier agricole (GFA), bailleur à métayage, procurant à leur titulaire retraité des revenus minimes, voire des déficits agricoles, alors que, par ailleurs, ce dernier perçoit des retraites plus conséquentes (Cass. com. 30-5-2012 n° 11-18.323 D : RJF 10/12 n° 961 ; BOI-PAT-IFI-30-10-10-10 n° 190). **31245**
Les biens ruraux loués par **bail à ferme** ne peuvent pas être exonérés sauf dans deux cas (BOI-PAT-IFI-30-10-10-10 n° 200) :
- lorsqu'ils font l'objet d'un bail à long terme (nos 30615 s.) ;
- lorsque ces biens sont loués à une société d'exploitation (ou mis à la disposition d'une telle société) et que leur propriétaire détient, dans cette société, des parts ou actions ayant elles-mêmes la qualité d'actifs professionnels.

Activité exercée à titre principal En cas de **pluralité d'activités**, la profession principale est celle qui constitue l'essentiel des activités économiques du contribuable (compte tenu notamment du temps consacré à chaque activité, de l'importance des responsabilités, de la taille des exploitations, etc.). Si ce critère est inopérant (par exemple, lorsque les activités professionnelles sont d'égale importance), l'activité principale est celle qui procure la plus grande part des revenus (BOI-PAT-IFI-30-10-10-30 n° 10). **31250**
Dans le cadre du **foyer fiscal**, le caractère principal de la profession s'apprécie distinctement pour chaque époux, partenaire d'un Pacs ou concubin notoire.

B. Immeubles affectés à l'activité d'une société

ASSOCIÉS DE SOCIÉTÉ DE PERSONNES SOUMISE À L'IMPÔT SUR LE REVENU

Les biens ou droits immobiliers et les parts ou actions représentatives de ces mêmes biens ou droits sont exonérés lorsque ces éléments sont affectés à l'**activité agricole**, industrielle, commerciale, artisanale ou libérale d'une société de personnes soumise à l'impôt sur le revenu **31300** dans laquelle le contribuable (ou son conjoint ou ses enfants mineurs) exerce son **activité principale** (CGI art. 975, II).

Les immeubles que l'associé d'une **exploitation agricole à responsabilité limitée** (EARL) non soumise à l'impôt sur les sociétés ou d'un **GFA** non soumis à cet impôt met à la disposition de la société ou du groupement peuvent bénéficier de l'exonération à condition que l'associé exerce son activité principale dans la société ou le GFA.

31305 L'**exonération vise** les immeubles qu'un associé détient et met à la disposition de la société dans laquelle il exerce son activité. L'exonération peut également porter sur les titres de la société à travers laquelle l'associé détient l'immeuble mis à disposition (hypothèse où l'associé ne détient pas directement l'immeuble mais via une société interposée entre lui et la société dans laquelle il exerce son activité).

L'**exonération** n'est que **partielle** : elle ne porte que sur la fraction de l'immeuble correspondant à la participation de l'associé dans la société. L'exonération ne joue pas lorsque l'associé met l'immeuble à la disposition d'une filiale de la société dans laquelle il exerce son activité.

31310 Le **caractère principal de l'activité** professionnelle exercée dans la société est apprécié à partir de critères identiques à ceux retenus pour les exploitants individuels (n° 31250).

Lorsque le contribuable exerce dans **plusieurs sociétés** de personnes, l'activité principale s'apprécie au regard de l'activité exercée dans l'ensemble des sociétés en cause lorsque ces sociétés ont des activités soit similaires, soit connexes et complémentaires (CGI art. 975, II).

DIRIGEANTS DE SOCIÉTÉ SOUMISE À L'IMPÔT SUR LES SOCIÉTÉS

31320 **Portée de l'exonération** Les immeubles que le redevable ou son conjoint (ou partenaire de Pacs ou concubin) met à la disposition d'une société soumise à l'impôt sur les sociétés (de droit ou sur option) au sein de laquelle l'un ou l'autre occupe des fonctions de direction peuvent être exonérés sous conditions (CGI art. 975, III).

L'exonération est **partielle** : elle porte sur la fraction de l'immeuble correspondant à la participation de l'associé dans la société.

ATTENTION

L'exonération joue que le dirigeant soit le **propriétaire direct** de l'immeuble ou qu'il détienne l'immeuble via une ou plusieurs **sociétés interposées**. Elle ne joue pas lorsque l'immeuble est mis à disposition d'une filiale (ou d'une sous-filiale) de la société au sein de laquelle le redevable occupe des fonctions de direction.

31330 **Conditions** Les **immeubles** doivent être affectés à l'**activité agricole**, industrielle, commerciale, artisanale, ou libérale de la société.

L'associé doit, en principe, **détenir** – directement (avec les membres de son groupe familial) ou indirectement (via une ou plusieurs sociétés, dans la limite d'un seul niveau d'interposition – ce qui exclut les sous-filiales) (BOI-PAT-IFI-30-10-30-20 n°s 60 et 70) – **au moins 25 %** des droits de vote de la société. Ce seuil n'est pas exigé des associés des sociétés civiles ayant opté pour l'impôt sur les sociétés ni du redevable dont le patrimoine est majoritairement constitué des titres de la société qu'il dirige.

31340 Pour pouvoir bénéficier de l'exonération, le redevable (ou son conjoint, partenaire pacsé ou concubin notoire ou l'un de leurs enfants mineurs : BOI-PAT-IFI-30-10-30-10 n° 180) doit exercer à titre principal dans la société une des **fonctions de direction** limitativement énumérées par la loi :

– dans les SARL : les gérants de droit nommés conformément aux statuts ;

– dans les sociétés anonymes et les SAS : le président du conseil d'administration, le directeur général et les directeurs généraux délégués, les membres du directoire et le président du conseil de surveillance ;

– dans les sociétés en commandite par actions : les gérants commandités et le président du conseil de surveillance ;

– dans les sociétés de personnes soumises sur option à l'impôt sur les sociétés (sociétés en nom collectif, en commandite simple, sociétés civiles, sociétés en participation, etc.) : chacun des associés dans la mesure où il exerce des fonctions dans les conditions exposées ci-après.

Les **fonctions** exercées doivent remplir simultanément trois conditions :

– la fonction doit être **effectivement exercée** ;

– la fonction doit donner lieu à une **rémunération normale** au regard des rémunérations du même type versées au titre de fonctions analogues dans l'entreprise ou dans des entreprises similaires établies en France ;

– la rémunération de la fonction doit représenter **plus de la moitié des revenus** professionnels du dirigeant.

> **Précisions** Pour apprécier le **caractère normal et prépondérant de la rémunération**, les revenus à prendre en compte s'entendent des revenus soumis à l'impôt sur le revenu dans les catégories des traitements et salaires, BIC, BA, BNC et revenus des gérants et associés mentionnés à l'article 62 du CGI. Il en est ainsi des indemnités perçues en tant qu'élu local ou parlementaire, imposables dans la catégorie des traitements et salaires. En revanche, il est fait abstraction des revenus perçus sans rapport avec une activité professionnelle : revenus fonciers, revenus mobiliers, pensions de retraite, etc. Par ailleurs, les jetons de présence ordinaires (qui sont imposés dans la catégorie des revenus de capitaux mobiliers) ne sont pas pris en compte ; en revanche, les jetons de présence spéciaux peuvent être retenus pour leur fraction imposable dans la catégorie des traitements et salaires.

SECTION 4

DÉCLARATION, PAIEMENT ET CONTRÔLE

DÉCLARATION DU PATRIMOINE

Les contribuables ayant un patrimoine immobilier net taxable au 1er janvier **supérieur à 1 300 000 €** sont tenus de souscrire une déclaration spécifique n° 2042-IFI annexée à la déclaration d'ensemble de leurs revenus (CGI art. 982), sur laquelle ils doivent faire figurer le détail et l'estimation des biens composant leur patrimoine (et, le cas échéant, des dettes y afférentes). **31800**
Aucun **justificatif** (au titre de la réduction pour dons ou des dettes déductibles ; s'agissant de l'exonération des bois et forêts, voir toutefois n° 30610) ne doit en principe être joint à la déclaration mais le contribuable doit être en mesure de répondre aux éventuelles demandes de l'administration (BOI-PAT-IFI-50-10-20 n° 40).
Les **couples** mariés ou pacsés déposent une seule déclaration, signée des deux époux ou partenaires. Les concubins notoires (soumis à déclaration commune pour l'IFI mais à déclaration séparée pour l'impôt sur le revenu) doivent déclarer l'ensemble de leurs biens sur une seule déclaration 2042-IFI qui sera déposée par l'un des concubins en même temps que sa déclaration de revenus ; le second concubin n'est pas tenu de co-signer la déclaration.
Le **délai** pour déposer la déclaration d'IFI est le même que celui qui s'applique en matière d'impôt sur le revenu.
Les contribuables dont le patrimoine immobilier net taxable est **inférieur ou égal à 1 300 000 €** ne sont pas imposables et n'ont donc rien à déclarer. Ils ont toutefois fortement intérêt à conserver dans leurs archives personnelles les éléments justifiant de leur non-imposition. Ils seront ainsi en mesure de répondre aux éventuelles demandes de renseignements de l'administration et de lui fournir un état détaillé de leurs biens.

> **Précisions a.** En cas de **décès** du contribuable avant la date de dépôt de la déclaration, les héritiers doivent souscrire la déclaration (CGI art. 204, 2). La déclaration peut être souscrite par le notaire chargé de la succession.
> **b.** Les sociétés dont le contribuable détient, seul ou avec les membres de son foyer, des parts ou actions dont tout ou partie de la valeur est imposable, sont tenus de lui **communiquer**, sur sa demande, dans un délai raisonnable, toutes **les informations nécessaires** pour remplir sa déclaration et en particulier la valeur vénale des parts ou actions et la fraction imposable de cette valeur. En cas de chaîne de participations, cette obligation s'applique à chaque niveau de la chaîne (CGI ann. III art. 313 BQ quater).

PAIEMENT DE L'IFI

L'IFI est recouvré par voie de rôle. Autrement dit, le redevable reçoit un **avis d'imposition**, distinct de l'impôt sur le revenu. Celui-ci indique notamment le montant d'IFI à régler et la date limite de paiement. Il est, en principe, adressé en août et le paiement est en général fixé mi-septembre au plus tard. **31810**
Lorsque son montant excède 300 €, l'IFI doit être payé par **téléréglement** (paiement direct en ligne sur impots.gouv.fr) (CGI ann. III art. 382 F ; BOI-PAT-IFI-50-20 n° 30). Si son montant excède 10 000 €, il peut être acquitté par remise d'œuvres d'art ou d'immeubles sous conditions.

31815 Le **débiteur** de l'IFI est la personne qui a souscrit la déclaration, mais les époux et les partenaires liés par un Pacs sont solidaires pour le paiement (CGI art. 1723 ter-00 B). En cas de décès du contribuable, les cohéritiers (mais pas les légataires) sont également solidaires pour le paiement de l'IFI établi au nom de l'indivision successorale (CGI art. 1709).

CONTRÔLE

31830 **Demandes d'éclaircissements ou de justifications** En vue du contrôle de l'impôt, l'administration peut demander des éclaircissements et des justifications au contribuable sur la composition de l'actif et du passif de son patrimoine (LPF art. L 23 A). Cette demande peut porter, par exemple, sur des **discordances** et **anomalies** décelées dans la déclaration (incohérences de valeurs, minoration de l'évaluation par rapport à l'année précédente, etc.).

L'administration peut également exercer son **droit de communication** auprès des sociétés détenant des biens immobiliers afin d'obtenir des informations relatives à la détermination de la fraction imposable à l'IFI de leurs parts ou actions (CGI ann. III art. 313 BQ quater).

31832 **Rectification des omissions et insuffisances d'évaluation** La **procédure de rectification contradictoire** s'applique en cas d'insuffisance d'évaluation, d'omission ou en cas de refus de la déduction d'une dette. Elle est également applicable en cas de défaut de réponse ou de réponse insuffisante à une demande d'éclaircissements ou de justifications (LPF art. L 55).

La procédure débute par l'envoi au contribuable d'une proposition des rectifications envisagées. L'intéressé dispose d'un délai de 30 jours pour répondre (accepter ou contester les rectifications). Ce délai peut être porté à 60 jours si le contribuable en fait la demande avant l'expiration du délai initial de 30 jours (LPF art. L 57).

> **Précisions** **En cas d'insuffisance** d'évaluation, si le contribuable fait des observations que l'administration n'accepte pas, le désaccord peut être porté par l'un ou l'autre devant la **commission départementale de conciliation.**

31835 **Taxation d'office pour défaut de déclaration** À défaut de souscription de la déclaration d'IFI, la taxation d'office est encourue (LPF art. L 66). Cette procédure permet à l'administration fiscale d'établir directement l'imposition sans entendre l'intéressé. La première étape consiste en l'envoi d'un **courrier amiable**. Si à la suite de ce courrier le contribuable dépose sa déclaration, celle-ci est contrôlée selon la procédure contradictoire. En l'absence de réponse, l'administration adresse une **mise en demeure** de souscrire la déclaration dans un délai de 30 jours (BOI-PAT-IFI-60-10 n°s 110 s.). Si le contribuable ne dépose toujours pas de déclaration à la suite de la mise en demeure, l'administration peut le taxer d'office et lui appliquer l'intérêt de retard et une majoration de 40 %. Elle doit lui notifier les valeurs retenues pour les biens immobiliers qu'elle entend taxer au moins 30 jours avant la mise en recouvrement de l'IFI correspondant (LPF art. L 76).

31840 **Délai de reprise de l'administration** L'administration fiscale ne peut exercer son contrôle que pendant un certain délai, appelé délai de prescription ou de reprise. Il est de six ans en cas **d'absence de déclaration, d'omission d'un bien** ou lorsque l'administration doit se livrer à des recherches (prescription longue). À titre d'exemple, le contribuable qui n'a pas souscrit de déclaration d'IFI en 2024 risque un redressement jusqu'au 31 décembre 2030.

Un délai de trois ans (prescription abrégée) est applicable lorsque l'exigibilité de l'IFI est suffisamment révélée par une **déclaration d'IFI complète** sans que l'administration ait besoin de procéder à des recherches ultérieures. La prescription courte s'applique notamment aux insuffisances d'évaluation.

S'agissant de l'interruption de la prescription : voir n° 33260.

PÉNALITÉS

31850 En cas de **défaut de déclaration** ou de **souscription tardive**, les droits dus sont majorés de 10 % et assortis d'un intérêt de retard de 0,20 % par mois (CGI art. 1727 et 1728). La majoration est portée à 40 % si la déclaration n'est pas déposée dans les 30 jours de la réception d'une mise en demeure. Si seul le **paiement** de l'IFI est **tardif**, seule une majoration de 10 % est encourue (CGI art. 1730).

L'**insuffisance d'évaluation** ne donne lieu à aucune sanction, pas même l'intérêt de retard, lorsqu'elle n'excède pas 10 % de la base d'imposition retenue après redressement (règle dite de la « tolérance du dixième »). Au-delà de cette limite de 10 %, le contribuable ne supporte que l'intérêt de retard de 0,20 % par mois. En cas de mauvaise foi établie par l'administration, l'intérêt de retard se cumule avec une majoration de 40 %, portée à 80 % si le contribuable s'est rendu coupable de manœuvres frauduleuses. Aucune sanction n'est applicable si le contribuable de bonne foi a porté dans sa déclaration une « mention expresse » appelant l'attention sur le point litigieux. Si le contribuable corrige spontanément avant tout acte de l'administration une erreur en déposant une déclaration rectificative, l'intérêt de retard – pour autant qu'il soit dû (insuffisance d'évaluation excédant 10 %) – est réduit à 0,10 % par mois (CGI art. 1727, V ; voir n° 33825).

> **Précisions** Sur l'impossibilité, en cas d'application des majorations de 40 % ou 80 %, d'imputer la réduction d'IFI pour dons à certains organismes d'intérêt général visée n° 31028, voir n° 33830.

CONTENTIEUX

Le contentieux de l'IFI relève des juridictions judiciaires : voir n°s 34370 s. 31860

CHAPITRE 3

TAXES ET IMPÔTS DIVERS

SOMMAIRE

SECTION 1

TAXES ET PARTICIPATIONS ASSISES SUR LES SALAIRES

32000 Les taxes et participations assises sur les salaires susceptibles de concerner les exploitants agricoles sont au nombre de deux : la **taxe sur les salaires** proprement dite et la **participation à l'effort de construction**. Ces taxes ne concernent les exploitants agricoles que de façon très marginale en raison des exonérations dont ils bénéficient. Nous n'en traiterons donc que de façon sommaire.

S'agissant des contributions dédiées au **financement de la formation professionnelle et de l'alternance** (CFP, taxe d'apprentissage, contribution supplémentaire à l'apprentissage et contribution CPF-CDD) qui sont recouvrées par la MSA, voir nos 54700 s.

A. Taxe sur les salaires

32005 La taxe sur les salaires ne s'applique qu'exceptionnellement au secteur de l'agriculture. D'une part, en effet, les **employeurs agricoles** bénéficient d'une exonération générale de taxe sur les salaires. D'autre part, si cette exonération comporte certaines exceptions, celles-ci sont largement atténuées par une autre exonération, liée à l'assujettissement à la **TVA**, qui n'est pas spécifique à l'agriculture.

EXONÉRATION DE TAXE SUR LES SALAIRES DES EMPLOYEURS AGRICOLES

32010 Sauf exception, les employeurs agricoles sont exonérés, ou plus exactement **dispensés de fait**, de la taxe sur les salaires. Cette dispense résulte de ce qu'un décret était prévu pour déterminer les conditions d'application de la taxe aux employeurs agricoles et qu'il n'est pas intervenu (CGI art. 231, 3-a et ann. III art. 53).

L'exemption de fait concerne les **employeurs qui exercent une profession agricole** au sens des dispositions régissant la **mutualité sociale agricole**. La liste de ces professions est donnée par l'article L 722-1 du Code rural et de la pêche maritime (BOI-TPS-TS-10-20 nos 310 à 400). Aux termes de cet article auquel se réfère l'administration fiscale, il s'agit : des exploitations de culture et d'élevage de quelque nature qu'elles soient ; des exploitations de dressage, d'entraînement ainsi que des haras ; des établissements de toute nature dirigés par l'exploitant agricole en vue de la transformation, du conditionnement et de la commercialisation des produits agricoles lorsque ces activités constituent le prolongement de l'acte de production ; des structures d'accueil touristique, précisées par décret, situées sur l'exploitation ou dans les locaux de celle-ci, notamment d'hébergement et de restauration ; des entreprises de travaux agricoles définis à l'article L 722-2 du Code rural et de la pêche maritime ; des travaux forestiers et entreprises de travaux forestiers définis à l'article L 722-3 du même Code ; des établissements de conchyliculture et de pisciculture et des établissements assimilés ainsi que des activités de pêche maritime à pied professionnelle telle que définie par décret, sauf pour les personnes qui relèvent du régime social des marins ; de l'activité exercée en qualité de non-salariés par les mandataires des sociétés ou caisses locales d'assurances mutuelles agricoles dans les conditions prévues par décret.

L'exemption de fait ne s'applique pas aux employeurs qui **n'exercent pas une profession relevant de la mutualité sociale agricole**, même si le personnel qu'ils emploient y est affilié. Sont ainsi passibles de la taxe les particuliers et les collectivités qui emploient des gardes-chasse, gardes-pêche, gardes forestiers, jardiniers (mais l'emploi d'un jardinier par un particulier ouvre droit à l'exonération des employeurs de salariés à domicile), jardiniers gardes de propriété et, de manière générale, du personnel occupé à la mise en état et à l'entretien des jardins.

> **Précisions a.** Lorsque l'**activité agricole est exercée** simultanément et de manière indissociable **avec une activité industrielle ou commerciale** (par exemple, entrepreneurs de parcs et jardins, paysagistes), l'activité dominante est prise en considération. En cas d'exercice de deux activités distinctes, l'une agricole et l'autre commerciale, chacune d'elles est considérée isolément, alors même que l'activité agricole serait, au regard de l'impôt sur le revenu, réputée accessoire à l'activité commerciale en vertu de l'article 155 du CGI (n° 5205).
> **b.** Selon le Conseil d'État, la qualification d'activité agricole, qui détermine l'absence d'assujettissement à la taxe sur les salaires, n'est pas subordonnée à la poursuite d'un objectif de production ou de vente mais implique que l'activité s'inscrive dans le déroulement et la maîtrise d'un cycle biologique de caractère végétal ou animal. Tel est le cas d'activités ayant des finalités de **recherche et d'expérimentation** (CE 8-7-2015 n° 369730 : RJF 11/15 n° 907).

Exceptions L'exonération générale des employeurs agricoles comporte deux exceptions, dont la portée est des plus réduites puisque ces assujettis échappent le plus souvent à la taxe sur les salaires en tant que redevables de la TVA. Sous cette importante réserve, sont en principe passibles de la taxe sur les salaires : **32015**

– les **organismes coopératifs, mutualistes et professionnels agricoles**. Sont visés les organismes suivants (CGI ann. III art. 53 bis) : caisses de mutualité sociale agricole ; caisses d'assurances mutuelles agricoles constituées conformément à l'article L 771-1 du Code rural et de la pêche maritime ; caisses de crédit agricole mutuel ; sociétés coopératives agricoles ; Sica ; syndicats agricoles ; chambres d'agriculture ; unions et fédérations des organismes précités et, généralement, tous groupements coopératifs mutualistes et professionnels agricoles régulièrement constitués (cas notamment des groupements de productivité agricole, des centres d'études techniques agricoles, des comités départementaux des prestations sociales agricoles, des centres de formation professionnelle, etc.). Toutefois, les sociétés coopératives de culture en commun et les sociétés coopératives d'utilisation en commun de matériel agricole ainsi que les coopératives d'insémination artificielle (BOI-TPS-TS-10-20 n° 100) sont passibles de la taxe seulement pour les salaires alloués aux membres de leur personnel occupés dans leurs services administratifs et leurs ateliers de réparation ;

– les employeurs agricoles autres que ceux visés à l'article 53 bis de l'annexe III au CGI effectuant des **opérations de transformation ou de vente** de produits agricoles dans des établissements présentant un **caractère industriel ou commercial** (CGI ann. III art. 53 ter). Sont taxables les rémunérations versées au personnel affecté aux établissements distincts de l'exploitation agricole et séparés de celle-ci, dans lesquels les exploitants vendent des produits provenant des terrains qu'ils exploitent ou du bétail qu'ils y élèvent, y entretiennent ou y engraissent, soit lorsque ces ventes sont effectuées suivant des méthodes commerciales en ce qui concerne, notamment, l'agencement matériel et la recherche des débouchés, soit lorsque ces ventes ne portent pas exclusivement sur les produits précités, soit encore lorsque la totalité ou une partie desdits produits a subi une préparation ou une manipulation qui en modifie le caractère et qui, en outre, ne s'impose pas pour les rendre propres à la consommation ou à l'utilisation en l'état. Il en est de même des rémunérations du personnel affecté aux établissements dans lesquels tout ou partie des produits provenant des terrains que les employeurs agricoles exploitent ou du bétail qu'ils élèvent, entretiennent ou engraissent sur ces terrains subissent une préparation ou une manipulation qui en modifie le caractère et qui ne s'impose pas pour les rendre propres à la consommation ou à l'utilisation en l'état.

EXONÉRATION DE TAXE SUR LES SALAIRES DES EMPLOYEURS TAXABLES À LA TVA

32020 Conformément à la règle de droit commun, **échappent totalement** à la taxe sur les salaires au titre des rémunérations versées au cours d'une année N les employeurs qui répondent aux deux conditions cumulatives suivantes (CGI art. 231, 1) :
– être assujettis à la TVA l'année N sur une partie au moins de leur chiffre d'affaires ;
– avoir été assujettis à la TVA l'année précédente (année N – 1) à hauteur d'au moins 90 % de leur chiffre d'affaires (CE 31-3-2023 n° 460838 : RJF 6/23 n° 452).
Or, tel est pratiquement le cas des employeurs agricoles visés ci-dessus, à quelques exceptions près (par exemple, les syndicats agricoles, les chambres d'agriculture).
En définitive, les employeurs agricoles échappent ainsi dans leur grande majorité à la taxe sur les salaires.
Pour ceux qui sont imposables à la taxe sur les salaires, l'**assujettissement** à cette taxe porte **sur une fraction des rémunérations** versées (seuls sont totalement passibles de la taxe les employeurs non redevables de la TVA). La fraction taxable des rémunérations est déterminée en appliquant à l'ensemble des rémunérations versées le rapport existant, au titre de l'année civile précédant celle du versement, entre le chiffre d'affaires non imposé à la TVA et le chiffre d'affaires total hors TVA. Certaines recettes sont toutefois exclues de ce rapport (par exemple, les subventions d'équipement).

B. Investissement obligatoire dans la construction

EMPLOYEURS ASSUJETTIS

32200 Les employeurs occupant **au moins 50 salariés** sont en principe soumis à l'obligation d'investir dans la construction de logements, à titre de participation à l'effort de construction (CGI art. 235 bis ; CCH art. L 313-1). Cependant, les **employeurs agricoles** échappent à cette obligation dans leur quasi-totalité : ne sont soumis à l'effort de construction ni les employeurs dispensés de la taxe sur les salaires, ni ceux qui sont visés aux articles 53 bis et 53 ter de l'annexe III au CGI (n°s 32010 et 32015).
Restent toutefois soumis à l'effort de construction les employeurs occupant au minimum **50 salariés agricoles** définis par l'article L 722-20 du Code rural et de la pêche maritime (C. rur. art. L 716-2).

> **Précisions** **a.** Les **centres de gestion** et organismes mixtes **regroupant uniquement des exploitants agricoles** sont exonérés de participation, en leur qualité d'organismes professionnels agricoles (BOI-DJC-OA-40 n° 150).
> **b.** Les règles de **décompte de l'effectif** et de **franchissement du seuil** de 50 salariés (règle de « gel de cinq ans ») sont déterminées selon les modalités applicables aux cotisations de sécurité sociale prévues à l'article L 130-1 du Code de la sécurité sociale (C. rur. art. L 716-2).

MONTANT ET DÉLAI DE RÉALISATION

32210 L'**assiette** de la participation est identique à celle des cotisations de sécurité sociale (voir n°s 38750 s.), sous réserve de quelques exonérations spécifiques à la participation.
Le **montant des sommes à investir** chaque année est égal à 0,45 % des rémunérations payées l'année précédente.
Le **délai d'investissement** expire le 31 décembre de l'année qui suit celle du paiement des rémunérations.

RÉALISATION DES INVESTISSEMENTS

32220 Les employeurs peuvent effectuer des versements à des organismes collecteurs agréés ou réaliser des investissements directs.
Les versements aux **organismes collecteurs agréés** (société Action Logement Services, par exemple) peuvent être faits sous forme de prêts sans intérêt ou de subventions (CCH art. R 313-6).

Les **investissements directs** peuvent être réalisés sous forme de prêts à taux réduits consentis aux salariés pour le financement de la construction d'un logement affecté à leur résidence principale ou à celle de leur conjoint, de leurs ascendants ou descendants (CCH art. R 313-7, 1°). À titre exceptionnel et sur autorisation préfectorale, les employeurs peuvent également réaliser au titre des investissements directs des constructions de logements locatifs – à condition que ces logements bénéficient des prêts mentionnés aux articles D 331-1 (prêts locatifs aidés) ou D 331-72 (prêts conventionnés) du CCH – ou des travaux d'amélioration d'immeubles anciens leur appartenant, loués ou destinés à être loués à leurs salariés et compris dans un programme d'intérêt général d'amélioration de l'habitat mentionné à l'article R 327-1 du même Code (CCH art. R 313-7, 2°). Ces différentes formes de participation doivent remplir un certain nombre de conditions prévues aux articles R 313-14 à R 313-17 du CCH.

En cas d'**absence ou** d'**insuffisance d'investissement**, l'employeur est redevable d'une cotisation de 2 %, calculée sur les rémunérations versées l'année précédente (CCH art. L 313-4). En pratique, la base de cotisation s'obtient en multipliant par 10 000/45 l'insuffisance d'investissement. **32225**

La cotisation est acquittée spontanément par l'employeur au moyen du **bordereau** n° 2485-SD qui a juridiquement la valeur d'une déclaration. Lorsque les investissements effectués au 31 décembre d'une année sont insuffisants, le bordereau et le paiement doivent être remis au plus tard le 30 avril de l'année suivante.

DÉCLARATION DE L'ASSIETTE DE LA PARTICIPATION

L'assiette de la participation doit être mentionnée chaque année sur la **déclaration annuelle des salaires** (via, le cas échéant, la déclaration sociale nominative). **32240**

SECTION 2 CSG ET AUTRES PRÉLÈVEMENTS SOCIAUX

Nous étudions ici : **32400**

– la **CSG** (contribution sociale généralisée), dont le taux varie de 3,8 % à 9,2 % selon la nature des revenus assujettis ;
– la **CRDS** (contribution au remboursement de la dette sociale) au taux de 0,5 % ;
– le **prélèvement de solidarité** au taux de 7,5 %.

Une **distinction** doit être opérée entre deux catégories de revenus :
– les contributions (CSG et CRDS) frappant les **revenus d'activité et de remplacement** sont soumises – malgré leur nature fiscale – à des règles de calcul et de recouvrement calquées (sauf exceptions) sur celles des cotisations de sécurité sociale ;
– les contributions (CSG, CRDS et prélèvement de solidarité) afférentes aux **revenus du capital** (revenus du patrimoine et assimilés et revenus de placement) sont recouvrées selon les règles fiscales par l'administration des impôts.

A. CSG et CRDS sur les revenus d'activité et de remplacement

Sont **assujetties à la CSG et à la CRDS** les personnes physiques à la fois considérées comme fiscalement domiciliées en France (en application de l'article 4 B du CGI ou des conventions internationales) et à la charge, à quelque titre que ce soit, d'un régime obligatoire français d'assurance maladie. **32405**

Le **taux** de la **CSG** sur les **revenus d'activité** (salaires et revenus non salariaux) est de 9,2 %. Les revenus de **remplacement** sont passibles du taux de 9,2 % pour les allocations de préretraite versées aux bénéficiaires dont la préretraite a pris effet depuis le 11 octobre 2007, du taux réduit de 8,3 % pour les autres allocations de préretraite et les pensions de retraite et d'invalidité, et de 6,2 % pour les autres revenus de remplacement (ces deux derniers taux pouvant être ramenés, dans certains cas, à 6,6 % ou 3,8 % pour le premier, et à 3,8 % pour le second). Le taux de la **CRDS** est de 0,5 %.

Au regard de l'impôt sur le revenu, la **CSG** sur les revenus d'activité et de remplacement est **déductible** à hauteur de 6,8 % (5,9 % pour les pensions de retraite et d'invalidité soumises au taux de 8,3 % et pour les allocations de préretraite perçues par les salariés dont la préretraite a pris effet avant le 11 octobre 2007 ; 4,2 % pour les pensions de retraite et d'invalidité soumises au taux de 6,6 % ; 3,8 % pour les autres revenus de remplacement) des revenus ou bénéfices au titre desquels elle est acquittée. Pour les revenus assujettis au taux de 9,2 %, 8,3 %, 6,6 % ou 6,2 %, il reste donc une fraction non déductible de 2,4 %. La **CRDS** n'est pas déductible au titre de l'impôt sur le revenu.

CSG ET CRDS SUR LES SALAIRES ET REVENUS ASSIMILÉS

32410 **Assiette** La CSG et la CRDS sont calculées sur une assiette identique, qui comprend les éléments suivants :
– toutes les sommes, ainsi que les avantages et accessoires en nature ou en argent qui y sont associés, dus en contrepartie ou à l'occasion d'un travail ou d'une activité ; toutefois, les indemnités versées à l'occasion de la rupture du contrat de travail sont soumises à la CSG et à la CRDS pour leur fraction qui excède, le cas échéant, le montant prévu par la convention collective de branche, l'accord professionnel ou interprofessionnel ou, à défaut, par la loi ou qui, en tout état de cause, est assujettie à l'impôt sur le revenu en application de l'article 80 duodecies du CGI (n° 57230) ;
– sommes attribuées aux salariés au titre des régimes légaux d'épargne salariale (intéressement, participation aux résultats de l'entreprise, etc.) ;
– contributions patronales de retraite supplémentaire et de prévoyance complémentaire ;
– allocations versées par les employeurs en application d'accords collectifs de travail aux salariés en congé parental d'éducation ou travaillant à temps partiel pour élever un enfant.

Un **abattement** de 1,75 % pour frais professionnels est appliqué aux salaires (sur une base limitée à quatre fois le plafond de la sécurité sociale, soit 185 472 € pour une année entière en 2024), sauf calcul des cotisations de sécurité sociale sur une assiette forfaitaire.

Les **abattements supplémentaires** pour frais professionnels ne s'appliquent pas à l'assiette de la CSG et de la CRDS.

32415 **Recouvrement** La CSG et la CRDS sont **précomptées** par l'employeur lors de chaque paie et versées à la caisse de mutualité sociale agricole.

Les deux contributions sont recouvrées et contrôlées par les caisses de MSA, selon les règles et sous les garanties et sanctions applicables au recouvrement des cotisations dues au régime de la sécurité sociale des salariés agricoles (n°s 38890 s.).

En ce qui concerne le **contentieux**, voir n° 32490.

Cas particulier : revenus des administrateurs d'organismes agricoles

32420 Les indemnités versées aux administrateurs des organismes et entreprises relevant des régimes agricoles font l'objet d'un précompte au titre de la CSG et de la CRDS (Circ. CCMSA 91 du 30-10-1991). L'assiette est composée des indemnités brutes après abattement de 1,75 % pour frais professionnels.

Les indemnités représentatives ou compensatrices de frais attribuées dans les conditions ou limites de droit commun fixées par un arrêté du 23 septembre 1976 ne sont pas soumises à la CSG et à la CRDS.

CSG ET CRDS SUR LES REVENUS PROFESSIONNELS DES NON-SALARIÉS AGRICOLES

32430 **Personnes concernées** Les revenus d'activité des non-salariés agricoles sont soumis à la CSG et à la CRDS. Sont concernés les monoactifs et pluriactifs chefs d'exploitation et d'entreprise, les membres non salariés de sociétés affiliés au régime agricole en qualité d'actifs, les artisans ruraux et les personnes redevables des cotisations de solidarité (CSS art. L 136-4).

Sont **exclus** du champ d'application de la CSG et de la CRDS : les conjoints de chefs d'exploitation, les aides familiaux, les adhérents volontaires à l'assurance vieillesse.

32435 **Assiette** Les revenus professionnels soumis à la CSG et à la CRDS sont ceux visés aux articles L 731-14 à L 731-15 du Code rural et de la pêche maritime, c'est-à-dire ceux provenant d'une activité non salariée agricole soumis à l'impôt sur le revenu dans la catégorie des BA, des BIC ou des BNC (CSS art. L 136-4). Les revenus pris en compte sont **en principe** constitués par la moyenne des revenus se rapportant aux trois années antérieures à celle au titre de laquelle la contribution est due, c'est-à-dire aux années N – 3, N – 2 et N – 1.

Lorsque le chef d'exploitation ou d'entreprise a exercé l'**option pour l'assiette annuelle** des cotisations (n° 43555), les revenus pris en compte sont constitués par les revenus afférents à l'année précédant celle au titre de laquelle la contribution est due, c'est-à-dire l'année N – 1.

> **Précisions a.** Les **revenus** sont **majorés** des cotisations personnelles de sécurité sociale de l'exploitant, de son collaborateur d'exploitation ou d'entreprise agricole et des membres de sa famille ainsi que de l'abondement de l'entreprise dont peuvent bénéficier les chefs d'exploitation participant à un plan d'épargne salariale.
> **b.** Les **déficits** peuvent être déduits du revenu pour leur valeur réelle.
> **c.** L'**assiette de la CSG** des exploitants agricoles est **réformée à compter du 1er janvier 2026** (Loi 2023-1250 du 26-12-2023 art. 18). Ainsi, dans le cas général, l'assiette de la CSG due par les travailleurs indépendants agricoles comprendra le montant, hors plus-values et moins-values à long terme, des produits tirés des activités imposées dans la catégorie des bénéfices agricoles, diminué du montant des charges nécessitées pour l'acquisition de ces produits (hors déductions ou provisions exceptionnelles, et hors étalement ou report des bénéfices ou plus-values). Il sera possible, sur option, de pratiquer un abattement tenant compte du revenu cadastral des terres dont l'exploitant est propriétaire. Dans tous les cas, un abattement de 26 % s'appliquera dans la limite d'un plafond fixé à 130 % du plafond annuel de la sécurité sociale (Pass) et d'un plancher fixé à 1,76 % du Pass.

Pour les chefs d'exploitation **récemment installés** pour lesquels la durée d'assujettissement au régime des non-salariés agricoles est insuffisante pour déterminer une moyenne triennale, l'assiette de la CSG et de la CRDS est calculée de manière forfaitaire (CSS art. L 136-4, II et III). **32437**

> **Précisions** L'assiette forfaitaire est calculée selon les modalités suivantes :
> – **nouveaux installés** n'ayant **pas opté pour l'assiette annuelle** : pour la 1e année, l'assiette forfaitaire provisoire est égale à 600 fois le Smic horaire en vigueur au 1er janvier de l'année au titre de laquelle la contribution est due ; pour la 2e année, l'assiette est égale à la moitié de la somme de l'assiette forfaitaire et des revenus professionnels de la 1e année ; pour la 3e année, l'assiette est égale au tiers de la somme de l'assiette forfaitaire de la 1e année et des revenus professionnels des 1e et 2e années ; dans les trois cas, l'assiette fait l'objet d'une régularisation lorsque les revenus définitifs sont connus ;
> – nouveaux installés ayant **opté** pour l'assiette annuelle : pour la 1e année, l'assiette est calculée à titre provisoire selon les mêmes modalités que celles décrites ci-dessus (les années suivantes, les intéressés cotisent sur leurs revenus professionnels de l'année précédente) ;
> – **cotisants de solidarité** nouvellement installés : lorsque les revenus professionnels ne sont pas connus, une assiette forfaitaire provisoire est applicable. Pour les redevables de la cotisation définie à l'article L 731-23 du Code rural et de la pêche maritime (petits exploitants : voir n° 44000), elle est égale à 100 fois le montant du Smic en vigueur au 1er janvier de l'année au titre de laquelle la contribution est due.
> Dans tous les cas, l'assiette forfaitaire est **régularisée** une fois les revenus connus.

Recouvrement La CSG et la CRDS sont recouvrées et contrôlées par les CMSA selon les règles et sous les garanties et sanctions applicables au recouvrement des cotisations d'assurance maladie, maternité et invalidité dues au régime de la sécurité sociale des non-salariés des professions agricoles (CSS art. L 136-5, I) (nos 43800 s.). **32440**
En ce qui concerne le **contentieux**, voir n° 32490.

CSG ET CRDS SUR LES REVENUS DE REMPLACEMENT

De nombreux revenus de remplacement sont soumis à la fois à la CSG et à la CRDS. Certains revenus de remplacement sont toutefois exonérés de CSG et/ou de CRDS soit en raison de la situation personnelle de leur bénéficiaire, soit en raison de leur nature. **32450**
Les deux contributions sont **assises** sur le montant brut des revenus de remplacement (seules les allocations de chômage et les indemnités d'activité partielle donnent lieu à la déduction forfaitaire pour frais professionnels de 1,75 %). Elles sont **précomptées** par l'organisme débiteur du revenu de remplacement.

Indemnités journalières de sécurité sociale Les indemnités journalières versées par la **mutualité sociale agricole** en cas de maladie, maternité ou paternité et accueil de l'enfant, accident du travail ou maladie professionnelle entrent dans l'assiette de la CSG et de la CRDS. **32455**
Lorsque l'**employeur est subrogé** dans les droits de son salarié pour la perception des indemnités journalières maladie, il reçoit de la caisse de MSA des indemnités journalières nettes de CSG

et de CRDS. Pour le calcul des cotisations dues sur le salaire maintenu, il déduit de l'assiette des cotisations sociales le montant brut des indemnités, qui doit être communiqué par la CMSA (Circ. CCMSA 9 du 27-1-1997).

32460 **Allocation de remplacement des non-salariées** L'allocation de remplacement de l'assurance maternité des non-salariées agricoles est soumise à la CSG et à la CRDS.
Pour les non-salariés agricoles imposés au régime du réel et en cas d'embauche directe d'un salarié, l'allocation est versée directement et est assujettie à la CSG et à la CRDS au titre des bénéfices agricoles. Dans les autres cas, elle est prélevée avant versement par la MSA.

32465 **Pensions** Les pensions de **retraite** et d'**invalidité** sont en principe assujetties à la CSG et à la CRDS. Sont visés tous les avantages contributifs (droits personnels ou de réversion) ainsi que les avantages complémentaires dont ils sont assortis (Circ. min. agr. du 29-1-1991 ; Circ. CCMSA 64 du 27-8-1991).
La CSG et la CRDS sont également dues sur les **rentes** viagères à titre gratuit, sauf les rentes accidents du travail (n° 32475). Les rentes viagères à titre onéreux en sont également passibles mais en tant que revenus du patrimoine (n° 32605).
Des exonérations ou une réduction de taux sont prévues dans les cas suivants :
a. Sont exonérées de CSG et de CRDS les pensions de retraite ou d'invalidité versées aux bénéficiaires d'un **avantage de vieillesse ou d'invalidité non contributif** alloué sous conditions de ressources ; cette condition de ressources est celle de l'Aspa (voir n°s 49305 s.). Sur l'exclusion de certaines autres prestations en raison de leur nature, quelle que soit la situation personnelle des bénéficiaires, voir n° 32475.
Lorsqu'elle est accordée, l'exonération porte sur l'ensemble des pensions de retraite ou d'invalidité versées aux intéressés, même si une partie n'est pas soumise à condition de ressources (Circ. min. 2-2-1996 ; Circ. CCMSA 26 du 5-3-1996 et 5 du 14-1-1997).
b. Sont également exonérées de CSG et de CRDS sur leurs pensions de retraite ou d'invalidité les personnes dont le **revenu fiscal de référence de l'avant-dernière année** (2022 pour la CSG et la CRDS de 2024) n'excède pas 12 230 € pour la première part de quotient familial et 3 265 € pour chaque demi-part supplémentaire. Les personnes dont le revenu fiscal de référence de 2021 et de 2022 dépasse ces plafonds sans excéder 15 998 € pour la première part de quotient familial et 4 269 € pour chaque demi-part supplémentaire sont passibles sur leurs pensions de retraite ou d'invalidité d'une **CSG au taux réduit** de 3,8 %, intégralement déductible du revenu imposable, tout en restant assujetties à la CRDS au taux normal (CSS art. L 136-8, III). Les plafonds visés ci-dessus sont revalorisés au 1er janvier de chaque année en fonction de l'évolution des prix à la consommation hors tabac.

32470 **Allocations de chômage et de préretraite** En principe, les allocations de chômage et de préretraite, ainsi que les indemnités d'activité partielle, sont assujetties à la CSG et à la CRDS.
Toutefois :
– l'**exonération** de CSG et de CRDS et le taux réduit de CSG décrits n° 32465, b s'appliquent également aux allocations de chômage (mais pas aux indemnités d'activité partielle) ainsi qu'aux allocations de préretraite perçues par les salariés dont la préretraite ou la cessation anticipée d'activité a pris effet avant le 11 octobre 2007 ;
– les bénéficiaires d'allocations de chômage et d'indemnités d'activité partielle bénéficient d'une **garantie de revenu** : la CSG et la CRDS pesant sur ces sommes ne peuvent pas avoir pour effet de réduire le montant net des allocations ou, en cas d'activité partielle, le montant cumulé de la rémunération d'activité et de l'allocation, en deçà du Smic brut. Le montant à comparer au Smic brut est celui de l'allocation nette, après déduction de la CSG et de la CRDS.
Ces exonérations ou allégements ne s'appliquent pas aux allocations de préretraite perçues par les salariés dont la préretraite ou la cessation anticipée d'activité a pris effet depuis le 11 octobre 2007.

32475 **Exonérations** Sont récapitulées ci-après les principales exonérations de CSG et de CRDS ou de CSG seulement. Ces exonérations s'ajoutent à celles accordées en considération de la situation personnelle des bénéficiaires (n°s 32465 et 32470).
Sont ainsi **exonérés de CSG et de CRDS** les revenus suivants :
– allocations d'éducation de l'enfant handicapé et aux adultes handicapés ;
– rentes ou capitaux versés aux victimes d'accidents du travail ou de maladies professionnelles ou à leurs ayants droit ;

– prestations servies par les organismes de prévoyance en contrepartie de contrats souscrits dans le cadre de la gestion privée des individus, par adhésion individuelle ou facultative, et dont la cotisation est entièrement à la charge de l'adhérent ;
– pensions alimentaires visées aux articles 205 à 211 du Code civil, rentes de l'article 276 du même Code et pensions alimentaires allouées par décision de justice en cas de séparation de corps ou de divorce, ou d'instance en séparation de corps ou en divorce ;
– allocations d'assurance veuvage versées par la sécurité sociale ;
– pensions militaires d'invalidité et des victimes de guerre, retraite du combattant, retraites mutualistes servies aux anciens combattants et victimes de guerre ;
– sous certaines conditions, prestations de retraite issues d'un plan d'épargne retraite versées sous forme de rente ou de capital ;
– allocation de solidarité spécifique ;
– revenu de solidarité active (RSA).
Sont **exonérés de CSG, mais non de CRDS**, les revenus suivants :
– prime d'activité ;
– prestation d'accueil du jeune enfant (Paje), allocations familiales et leurs majorations, complément familial, allocation de logement, allocation de soutien familial, allocation de rentrée scolaire, allocation forfaitaire versée en cas de décès d'un enfant, allocation journalière de présence parentale.

CONTENTIEUX PORTANT SUR LA CSG ET LA CRDS

Les différends portant sur la CSG et la CRDS sont réglés selon les dispositions applicables aux cotisations de sécurité sociale en vigueur à la date de la publication de la dernière loi de financement de la sécurité sociale. **32490**
Toutefois, à la différence des décisions relevant du contentieux de la sécurité sociale, les décisions rendues par les tribunaux judiciaires statuant en matière de CSG et de CRDS sur les revenus d'activité et de remplacement sont susceptibles d'appel quel que soit le montant du litige.

B. CSG et autres contributions sur les revenus du capital

Les revenus du capital financier et immobilier sont assujettis à la CSG, à la CRDS et au prélèvement de solidarité dans des conditions qui diffèrent selon qu'il s'agit de revenus du patrimoine (et assimilés) ou de produits de placement. **32600**
Le **taux** de la **CSG** sur les revenus du patrimoine et les produits de placement est de 9,2 %. Pour la **CRDS**, le taux est de 0,5 %. Le taux du **prélèvement de solidarité** est de 7,5 %. Le **taux global** est ainsi de 17,2 %.
Au regard de l'impôt sur le revenu, la **CSG** sur les revenus du patrimoine imposables au barème progressif visés n° 32605, à l'exception des plus-values et créances soumises à l'exit tax, est **déductible**, à hauteur de 6,8 %, du revenu global imposable de l'année de son paiement. Le surplus, soit 2,4 %, n'est pas déductible. Est également déductible dans la même proportion et selon les mêmes modalités la CSG, prélevée à la source, sur les revenus mobiliers imposables au barème progressif de l'impôt sur le revenu visés n° 32620.
En revanche, la CSG sur les revenus mobiliers soumis à prélèvement libératoire (obligatoire ou sur option) ou à l'impôt sur le revenu à un taux forfaitaire ou encore exonérés d'impôt sur le revenu et la CSG sur les plus-values immobilières et sur certains biens meubles ne sont **pas déductibles**.
La **CRDS** et le **prélèvement de solidarité** ne sont pas déductibles.

> **Précisions** Pour certaines **plus-values de cession de valeurs mobilières bénéficiant d'abattements** en matière d'impôt sur le revenu, la **CSG** est **déductible à hauteur** du rapport entre le montant du revenu soumis à cet impôt et le montant de ce revenu soumis à la CSG. Sont concernées les plus-values de cession de titres de dirigeants de PME prenant leur retraite bénéficiant de l'abattement fixe (n° 24457) ainsi que les plus-values de cession de titres de PME de moins de 10 ans souscrits ou acquis avant 2018 bénéficiant de l'abattement renforcé (nos 24455 s.).

PRÉLÈVEMENTS SOCIAUX SUR LES REVENUS DU PATRIMOINE ET ASSIMILÉS

32605 Sont **redevables** des prélèvements sociaux sur les revenus du patrimoine les personnes physiques fiscalement domiciliées en France. Sont également redevables des prélèvements les non-résidents à raison de leurs revenus fonciers de source française. Toutefois, ne sont pas redevables de la CSG et de la CRDS les personnes qui relèvent d'un régime de sécurité sociale au sein de l'EEE (Union européenne, Islande, Norvège, Liechtenstein) ou de la Suisse et qui ne sont pas à la charge d'un régime obligatoire de sécurité sociale français.

Les **revenus assujettis** sont essentiellement les suivants :
– revenus fonciers ;
– rentes viagères constituées à titre onéreux ;
– revenus de capitaux mobiliers (autres que ceux visés nos 32620 s.) ;
– plus-values et profits suivants (taxés à l'impôt sur le revenu au barème progressif ou à un taux proportionnel) : plus-values professionnelles à long terme (CGI art. 39 terdecies, 39 quindecies et 93 quater), plus-values de cession de valeurs mobilières et de droits sociaux (CGI art. 150-0 A à 150-0 F ; nos 24450 s.), profits réalisés sur les « instruments financiers à terme » (CGI art. 150 ter), plus-values sur titres de sociétés cotées en cas de donation ouvrant droit à réduction d'IFI (n° 31028 ; CGI art. 150 duodecies) ; plus-values et créances soumises à l'exit tax (CGI art. 167 bis) ;
– revenus qui entrent dans la catégorie des bénéfices industriels et commerciaux, des bénéfices agricoles ou des bénéfices non commerciaux, lorsqu'ils n'ont pas été assujettis à la CSG et à la CRDS au titre des revenus professionnels (par exemple, commissions ou honoraires rémunérant des prestations occasionnelles).

Les revenus d'origine indéterminée **taxés d'office** en application de l'article L 69 du LPF sont assujettis aux prélèvements sociaux dans les mêmes conditions que les revenus du patrimoine.

32607 Par ailleurs, bien qu'**exonérés d'impôt sur le revenu** (partiellement ou totalement), sont expressément assujettis aux prélèvements sociaux au titre des revenus du patrimoine :
– les plus-values professionnelles à long terme réalisées dans le cadre d'un départ à la retraite (nos 10730 s.) ;
– les revenus, produits et gains de source étrangère perçus par des impatriés.

32610 **Calcul et paiement** Les revenus assujettis sont retenus pour leur **montant** net tel qu'il est pris en compte pour l'établissement de l'impôt sur le revenu (ou le serait, s'agissant des plus-values et revenus exonérés d'impôt sur le revenu visés n° 32607), exception faite des revenus de capitaux mobiliers qui sont retenus pour leur montant brut, c'est-à-dire avant déduction des dépenses effectuées en vue de l'acquisition ou de la conservation du revenu.

Par ailleurs, aucune déduction n'est à opérer au titre des abattements visés nos 24454 s. (certaines plus-values de cession de valeurs mobilières) et n° 24314 (dividendes et autres distributions régulières de bénéfices).

Aucune compensation n'est possible entre le déficit d'une catégorie de revenu et le résultat positif d'une autre.

Les **taux** sont ceux indiqués n° 32600.

Les prélèvements sociaux sur les revenus du patrimoine sont établis au vu de la déclaration d'ensemble des revenus n° 2042 et **recouvrés** par voie de rôle. Ils figurent sur le même avis d'imposition que l'impôt sur le revenu, sous déduction des acomptes provisionnels acquittés dans le cadre du prélèvement à la source des prélèvements sociaux. Comme pour l'impôt sur le revenu, le télépaiement des prélèvements recouvrés par voie de rôle est obligatoire au-delà d'un certain montant.

Il n'est pas procédé au recouvrement lorsque le montant total par article de rôle est inférieur à 61 €.

> **Précisions a.** La **majoration de 10 %** pour paiement tardif est applicable au montant des prélèvements sociaux non acquitté dans les 45 jours de la mise en recouvrement de rôle (CGI art. 1730).
>
> **b.** La **fraction déductible de la CSG** (voir n° 32600) figure sur l'avis d'imposition.

PRÉLÈVEMENTS SOCIAUX SUR LES PRODUITS DE PLACEMENT

32620 Sont **redevables** des prélèvements sociaux sur les produits de placement les personnes physiques fiscalement domiciliées en France. Les non-résidents personnes physiques sont également redevables des prélèvements sociaux à raison de leurs plus-values immobilières de source française réalisées directement ou indirectement. Toutefois, ne sont pas redevables de la CSG et de la CRDS les personnes qui relèvent d'un régime de sécurité sociale au sein de l'EEE (Union européenne, Islande, Norvège, Liechtenstein) ou de la Suisse et qui ne sont pas à la charge d'un régime obligatoire de sécurité sociale français.

Les **revenus mobiliers assujettis** aux prélèvements sociaux au titre des produits de placement sont les suivants : il s'agit des produits de placements à revenu fixe (produits des obligations et autres titres d'emprunt négociables, des bons du Trésor, etc.) et des produits de bons ou contrats de capitalisation et d'assurance-vie souscrits auprès d'entreprises établies en France soumis aux prélèvements forfaitaires libératoires ou non libératoires de l'impôt sur le revenu ou, lorsque l'établissement payeur est établi en France, seulement soumis au prélèvement forfaitaire unique ou au barème progressif de l'impôt sur le revenu.

Il s'agit également des dividendes et distributions assimilées (exception faite de ceux perçus dans le cadre d'un PEA) soumis au prélèvement à la source non libératoire de l'impôt sur le revenu ou, lorsque l'établissement payeur est établi en France, seulement soumis au prélèvement forfaitaire unique ou au barème progressif de cet impôt.

Parmi les **revenus de l'épargne exonérés d'impôt sur le revenu**, sont notamment assujettis aux prélèvements sociaux les produits de l'épargne salariale acquise au titre de la participation aux résultats de l'entreprise ou dans le cadre d'un plan d'épargne (PEE, PEI et Perco), les intérêts et primes des comptes et plans d'épargne logement ouverts avant le 1er janvier 2018, les produits attachés aux bons et contrats de capitalisation et contrats d'assurance-vie, les produits des plans d'épargne populaire (PEP), d'un plan d'épargne en actions (PEA), des fonds communs de placement à risque et des sociétés de capital-risque. **32622**

Sont assujetties aux prélèvements sociaux en tant que produits de placement les **plus-values immobilières** (y compris de certains non-résidents) et sur **certains biens meubles** des particuliers taxées à l'impôt sur le revenu à un taux proportionnel lors de la cession. **32624**

> **Précisions** Certains produits de placement exonérés d'impôt sur le revenu sont également exonérés de prélèvements sociaux. Il en est ainsi, notamment, des intérêts des sommes inscrites sur le **livret A**, des intérêts des sommes inscrites sur le **livret jeune**, de la rémunération des sommes déposées sur le **livret d'épargne populaire** et du produit des placements effectués sur un **livret de développement durable et solidaire**.

Calcul et paiement Pour les **revenus mobiliers**, les règles d'**assiette** sont les mêmes qu'en matière de prélèvements forfaitaires à la source. **32625**

S'agissant des **plus-values immobilières**, l'assiette des prélèvements sociaux n'est pas identique à celle de leur taxation forfaitaire à l'impôt sur le revenu (ou au prélèvement appliqué aux non-résidents), du fait des taux d'abattement pour durée de détention différents (voir n° 21102). Pour les plus-values sur **certains biens meubles**, l'assiette des prélèvements est en revanche celle de leur taxation forfaitaire à l'impôt sur le revenu.

Les **taux** sont indiqués n° 32600.

S'agissant de la **déductibilité** au regard de l'impôt sur le revenu, voir n° 32600.

Les prélèvements sociaux sur les produits de placement sont en principe **recouvrés** selon les mêmes règles, garanties et sanctions que les prélèvements forfaitaires sur les revenus mobiliers, c'est-à-dire en général précomptés par l'établissement payeur (en même temps que les prélèvements pour les placements qui y sont assujettis, à la date prévue pour les prélèvements forfaitaires pour les produits soumis au prélèvement forfaitaire unique ou au barème progressif de l'impôt sur le revenu et, pour les autres placements, selon la date de l'événement qui motive leur perception) et reversés au service des impôts (ou virés au Trésor).

En ce qui concerne les plus-values immobilières et sur certains biens meubles, les prélèvements sociaux sont recouvrés par le service de la publicité foncière ou le service des impôts en même temps que l'imposition forfaitaire à l'impôt sur le revenu de la plus-value (ou en même temps que le prélèvement, pour les non-résidents), au vu de l'imprimé de déclaration de cette plus-value.

SECTION 3

RETENUE À LA SOURCE SUR LES SALAIRES VERSÉS À DES PERSONNES DOMICILIÉES HORS DE FRANCE

32800 Une retenue à la source doit être opérée et versée au Trésor sur les salaires rémunérant une **activité exercée en France**, lorsque ces salaires sont versés à des personnes qui ne sont pas fiscalement domiciliées en France (CGI art. 182 A). Cette règle est susceptible de concerner les exploitants agricoles qui utilisent de la main-d'œuvre étrangère soit à titre permanent, soit de manière sporadique (saisonniers, notamment).
Toutefois, l'application des **conventions internationales** conduit à dispenser de toute retenue les salaires versés à certains travailleurs non fiscalement domiciliés en France. En particulier, aucune retenue à la source n'est à effectuer sur les salaires versés aux **travailleurs frontaliers** ayant leur domicile fiscal en Allemagne, en Belgique, en Suisse (hors canton de Genève), en Espagne ou en Italie. En effet, les conventions fiscales conclues avec ces pays prévoient que les travailleurs frontaliers ne sont imposables que dans l'État de leur domicile.

> **Précisions** La retenue à la source n'est pas due lorsque le salarié est **fiscalement domicilié en France** au sens de l'article 4 B du CGI, peu important qu'il soit **résident d'un autre État** au sens d'une convention fiscale (CE 5-2-2024 n° 469771 : RJF 4/24 n° 277). Le Conseil d'État retient ainsi une position qui va à l'encontre de celle exprimée par l'administration au BOI-INT-DG-20-10-10 n° 50.

BASE DE LA RETENUE À LA SOURCE SUR LES SALAIRES

32805 La base de la retenue est constituée par le **montant net imposable** des salaires, déterminé conformément aux règles applicables en matière d'impôt sur le revenu. On doit donc retenir l'ensemble des sommes et avantages en argent ou en nature alloués au salarié à l'occasion ou en contrepartie de son travail, à l'exception des allocations pour frais exonérées. Les salaires sont pris en compte pour leur montant net après application de la déduction forfaitaire de 10 % pour frais professionnels. L'employeur ne peut pas opter pour la déduction des frais réels au lieu et place de la déduction de 10 %, cette possibilité étant formellement exclue par la loi pour le calcul de la retenue.

TARIF ET CALCUL DE LA RETENUE À LA SOURCE SUR LES SALAIRES

32820 La retenue à la source est calculée suivant un **barème à trois tranches**, auxquelles correspondent les **taux de 0 %, 12 % et 20 %** (les taux de 12 % et 20 % sont réduits respectivement à 8 % et 14,4 % lorsque l'activité salariée est exercée dans les DOM).
On trouvera ci-après le **tarif** à utiliser pour l'application de la retenue aux **salaires versés en 2024**. Ce tarif distingue, par colonnes, les limites de tranches applicables suivant que les traitements ou salaires sont payés à l'année, par trimestre, par mois, à la semaine ou à la journée.

Limites des tranches selon la période à laquelle se rapportent les paiements (en euros)					
Taux	Année	Trimestre	Mois	Semaine	Jour ou fraction de jour
0 % applicable jusqu'à	16 820	4 205	1 402	323	54
12 % applicable au-delà de	16 820	4 205	1 402	323	54
jusqu'à	48 790	12 198	4 066	938	156
20 % applicable au-delà de	48 790	12 198	4 066	938	156

> **Précisions a.** En ce qui concerne le **choix du barème**, l'administration recommande d'appliquer le barème mensuel ou hebdomadaire lorsque le salarié a travaillé à temps complet au cours de la période considérée. Dans les autres cas (travail à temps incomplet ou rémunération non payée au mois ou à la semaine), il convient d'appliquer

le barème journalier au montant de la rémunération divisé par le nombre de jours de travail (les journées de travail à temps partiel étant comptées pour un jour) (BOI-IR-DOMIC-10-20-20-10 n° 190).

Soit par **exemple** un salarié non domicilié, payé ni au mois, ni à la semaine (donc application du barème journalier).

Rémunération nette (cotisations sociales déduites) pour 10 jours de travail effectif : 1 000 €.

Base de la retenue (après déduction de 10 % pour frais) :

1 000 € × 90 % = 900 €.

Rémunération journalière : 90 €.

Calcul de la retenue (90 − 54) × 12 % × 10 = 43,20 €.

b. La retenue à la source n'a pas à être opérée ni versée au Trésor lorsque son **montant n'excède pas 8 € par mois** pour un même salarié (CGI art. 1671 A).

OBLIGATIONS DE LA PARTIE VERSANTE ET SANCTIONS

En principe, le débiteur est tenu d'**opérer la retenue** sur le montant des salaires payés (quelle que soit la forme de ce paiement) et de **verser** le montant de cette retenue au service des impôts du lieu de son domicile ou du siège de son exploitation, au plus tard le 15 du mois suivant le trimestre civil au cours duquel a eu lieu le paiement des sommes soumises à retenue. Le versement doit être accompagné d'une déclaration spéciale n° 2494-SD. **32830**

Toutefois, les **exploitants agricoles** qui emploient des travailleurs **saisonniers** domiciliés à l'étranger peuvent verser les retenues afférentes aux paiements effectués au cours du trimestre au plus tard le 10 du second mois du trimestre suivant celui du paiement des salaires – mais pour apprécier si la franchise de 8 € est applicable, ces exploitants doivent prendre en considération le salaire payé dans le mois (BOI-IR-DOMIC-10-20-20-10 n° 230).

Le montant de la retenue à la source doit figurer sur la **déclaration annuelle des salaires**.

Les **sanctions** sont les suivantes. **32835**

Lorsque le débiteur n'a **pas opéré la retenue** sur les sommes qu'il a versées ou a sciemment opéré une retenue insuffisante, il est tenu de verser le montant de la retenue à la source non opérée auquel s'ajoutent les pénalités de droit commun (nos 33800 s.).

Lorsque le débiteur **a effectué la retenue mais ne l'a pas reversée**, il est redevable du montant de la retenue auquel s'ajoutent, le cas échéant, les pénalités suivantes :

– pénalités pour défaut ou retard de déclaration (nos 33835 s.) si la déclaration n'a pas été souscrite dans les délais ;

– pénalités pour insuffisance de déclaration (nos 33845 s.) si la déclaration souscrite (dans le délai ou tardivement) fait apparaître un reversement insuffisant par rapport à la retenue qui a été effectivement pratiquée.

À ces pénalités fiscales peuvent s'ajouter des sanctions pénales si le retard excède un mois (CGI art. 1771).

SITUATION DU BÉNÉFICIAIRE DES SALAIRES

Lorsque le salarié est de nationalité française ou ressortissant d'un pays ayant conclu avec la France un accord comportant une clause de non-discrimination en fonction de la nationalité, notamment une convention fiscale (la doctrine administrative ne fait d'ailleurs pas référence à cette condition de nationalité), la retenue à la source est **libératoire** de l'impôt sur le revenu **pour la fraction** imposable, taxée à 12 %, qui n'excède pas la limite au-delà de laquelle le taux de 20 % est applicable, soit 48 790 € pour 2024 (CGI art. 197 B). Cette fraction n'est pas prise en compte pour le calcul de l'impôt sur le revenu et la retenue correspondante n'est pas imputable. **32850**

En revanche, la fraction imposable des salaires qui excède la limite au-delà de laquelle le taux de 20 % s'applique est prise en compte pour le calcul de l'impôt sur le revenu. La partie correspondante de la retenue à la source s'impute sur le montant de l'impôt.

Lorsque la totalité de la retenue à la source excède le montant de l'impôt sur le revenu qui résulterait de l'application du barème progressif à la totalité de la rémunération, le contribuable peut demander le remboursement de l'excédent de retenue opérée.

SECTION 4

TAXE SPÉCIALE SUR LE CHIFFRE D'AFFAIRES ET TAXES SUR LES VIANDES

TAXE SUR LE CHIFFRE D'AFFAIRES DES EXPLOITANTS AGRICOLES

32900 Cette taxe est due par les exploitants agricoles au titre de leurs activités agricoles, c'est-à-dire celles qui relèvent d'un régime de TVA agricole (CGI art. 302 bis MB).

Sont **exonérés** de la taxe : les exploitants agricoles placés sous le régime du remboursement forfaitaire agricole, les activités de pêche en eau douce, de conchyliculture et de sylviculture, ainsi que les entreprises nouvelles l'année de leur création.

La taxe est **assise** sur le chiffre d'affaires hors TVA de l'année précédente ou du dernier exercice clos (tel que défini pour l'application de la franchise en base). Les aides européennes accordées aux agriculteurs dans le cadre de la politique agricole commune doivent être incluses dans l'assiette de la taxe.

Le **tarif** de la taxe est composé :

– d'une partie forfaitaire fixée, par l'article 50 terdecies-0 de l'annexe IV au CGI, à 90 € par exploitant ;

– d'une partie variable fixée à 0,19 % jusqu'à 370 000 € de chiffre d'affaires et à 0,05 % au-delà.

La taxe est **déclarée** et liquidée annuellement :

– sur la déclaration de régularisation CA12 A/CA12 AE, pour les exploitants soumis au régime simplifié agricole (RSA) et n'ayant pas opté pour la souscription de déclarations CA3 trimestrielles ou mensuelles ;

– sur l'annexe n° 3310 A-SD à la déclaration CA3 souscrite au titre du premier trimestre ou du mois de mars de l'année au cours de laquelle la taxe est due (ou du premier trimestre ou du troisième mois de l'exercice au titre duquel elle est due), pour les exploitants soumis au RSA qui ont opté pour la souscription de déclarations CA3 trimestrielles ou mensuelles ;

– sur l'annexe n° 3310 A-SD à la déclaration CA3 des opérations du premier trimestre ou du mois de mars de l'année au titre de laquelle la taxe est due, pour les exploitants ayant été autorisés à soumettre l'ensemble de leurs opérations au régime de droit commun de la TVA.

Le **paiement** de la taxe est effectué au plus tard à la date limite de souscription de ces déclarations. Aucune compensation avec la TVA ne peut être effectuée.

La taxe est recouvrée et contrôlée selon les procédures et sous les mêmes sanctions, garanties et privilèges que la TVA ; les **réclamations** sont présentées, instruites et jugées selon les règles applicables à cette même taxe.

> **Précisions a.** Lorsque la taxe est acquittée au titre d'une **période d'imposition inférieure à 12 mois**, la partie forfaitaire de la taxe et le seuil de 370 000 € sont ajustés prorata temporis. L'ajustement se fait en fonction du nombre de jours de chaque période.
> **b.** Pour les **Gaec** dits « **totaux** » (Gaec constitués d'associés dont aucun n'exerce, à titre individuel, d'activité agricole), le montant de la partie forfaitaire de la taxe est multiplié par le nombre d'associés. De même, pour la détermination de la partie variable, le seuil de 370 000 € est multiplié par le nombre d'associés.
> **c.** Les Gaec dits « **partiels** » (Gaec dont l'ensemble des associés exerce, à titre individuel, une activité agricole) sont dispensés du versement de la taxe. Dans cette hypothèse, la taxe est acquittée par les associés au titre de leur exploitation individuelle : chaque associé est redevable de la partie forfaitaire et la partie variable est déterminée en appliquant le tarif par tranches au chiffre d'affaires réalisé à titre individuel augmenté de la quote-part de chiffre d'affaires du Gaec lui revenant (BOI-TCA-CAEA n°s 140 et 150).

TAXES SUR LES VIANDES

32960 **Redevance sanitaire d'abattage** Cette redevance perçue au profit de l'État est **applicable en France métropolitaine** (CGI art. 302 bis N à 302 bis R).

Sont **imposables** les **opérations** d'abattage des ongulés domestiques (bovins adultes, veaux et jeunes bovins, solipèdes et équidés, ovins et caprins, porcins), volailles et lagomorphes (volailles

de l'espèce Gallus, pintades, canards et oies, dindes, lapins d'élevage), gibier ongulé d'élevage et gibier sauvage (petit gibier à plumes, petit gibier à poils, ratites, sangliers, ruminants) effectuées en vue de la vente dans les établissements d'abattage agréés (y compris les salles d'abattage agréées à la ferme) ou non (BOI-TCA-RSAB n°s 30 et 50).
La **redevance** est **due** par la personne qui, lors de l'abattage, est propriétaire ou copropriétaire des animaux abattus en vue de la vente. En cas d'abattage à façon, cette taxe est acquittée par le tiers abatteur pour le compte du propriétaire.
Est également imposable le **traitement du gibier sauvage** dans les ateliers ayant reçu l'agrément prévu à l'article L 233-2 du Code rural et de la pêche maritime. La taxe est due par la personne qui fait traiter le gibier dans l'atelier agréé. En cas de traitement à façon, la redevance est acquittée par l'atelier agréé pour le compte du propriétaire.

Le **fait générateur** de la redevance est constitué par l'opération d'abattage ou, s'agissant du gibier sauvage, par l'opération de traitement des pièces entières. **32965**
La redevance est **assise** sur le nombre de carcasses de chaque espèce.
Les **tarifs** de la redevance sont fixés par arrêté et demeurent valables tant qu'un arrêté modificatif n'est pas intervenu.
Le tarif applicable est le suivant (par carcasse abattue) : bovins adultes, 5 € ; veaux, 2 € ; solipèdes et équidés (chevaux, ânes, etc.), 3 € ; ovins et caprins, 0,15 € si le poids de la carcasse est inférieur à 12 kg, 0,25 € s'il est supérieur ; porcins, 0,50 € si le poids de la carcasse est inférieur à 25 kg, 1 € s'il est supérieur ; volailles de l'espèce Gallus et pintades, 0,005 € ; canards et oies, 0,01 € ; dindes, 0,025 € ; lapins d'élevage, 0,005 € ; gibier d'élevage et sauvage : 0,005 € pour le petit gibier à plumes, 0,01 € pour le petit gibier à poil, 0,5 € pour les ratites (autruche, émeu, nandou), 1,5 € pour le sanglier, 0,5 € pour les ruminants (CGI ann. IV art. 50 terdecies).
Ces tarifs peuvent faire l'objet d'une modulation (pouvant aller jusqu'à 20 % à la hausse ou à la baisse) qui varie selon l'espèce concernée et la catégorie dans laquelle est classé l'abattoir (CGI ann. III art. 111 quater J ; Arrêté AGRG1209264A du 12-10-2012).

Les redevables doivent remplir trois **obligations** : **32970**
– souscrire préalablement à toute opération une **déclaration** de création d'entreprise ou d'activité ;
– tenir un **registre** indiquant, jour par jour, les éléments nécessaires à la constatation, à la liquidation et au contrôle de la redevance ;
– déclarer et **acquitter** la redevance sur l'annexe n° 3310 A-SD à la déclaration CA3 de TVA souscrite au titre de chaque mois ou de chaque trimestre civil pour les redevables de la TVA soumis au régime réel normal d'imposition ou lors de la souscription de la déclaration annuelle (CA12/CA12 E) pour les redevables soumis au régime simplifié d'imposition (la redevance visée n° 32975 est liquidée dans les mêmes conditions). En pratique, les personnes assujetties à la TVA à raison de leurs opérations de façon n'ont à satisfaire qu'à la troisième de ces obligations.
La redevance sanitaire d'abattage est **constatée** et **recouvrée** suivant les mêmes règles, sous les mêmes garanties, privilèges et **sanctions** qu'en matière de TVA.
Les personnes bénéficiaires de la **franchise en base de TVA** (franchise non agricole : CGI art. 293 B s.) sont dispensées du paiement de la redevance.

Redevance sanitaire de découpage Cette redevance perçue au profit de l'État est **acquittée** par toute personne qui procède à des opérations de découpage de viande avec os en **France métropolitaine** (CGI art. 302 bis S à 302 bis W). Elle est perçue auprès de l'abatteur, du tiers abatteur ou de l'atelier de traitement du gibier sauvage ayant reçu l'agrément prévu à l'article L 233-2 du Code rural et de la pêche maritime, pour le compte du propriétaire des viandes à découper. **32975**
Son **fait générateur** est soit l'opération de découpage chez l'abatteur, le tiers abatteur ou dans l'atelier de traitement du gibier sauvage, soit l'enlèvement des viandes à découper chez ces derniers.
La redevance n'est **pas due** lorsque les viandes à découper font l'objet d'achat par les organismes d'intervention ou sont destinées à être exportées, à faire l'objet d'une livraison intracommunautaire exonérée ou d'une livraison non localisée en France par application des règles des ventes à distance intracommunautaires de biens, en l'état, et qu'il est justifié de l'exportation, de l'expédition ou du transport.
Pour les viandes de volailles, de lapin domestique ou de gibier d'élevage ou sauvage autre qu'ongulé, la redevance sanitaire de découpage n'est pas due sur les carcasses pour lesquelles il est justifié d'une destination autre qu'un atelier de découpe agréé.
La redevance est perçue sur les **acquisitions intracommunautaires** de viandes avec os à découper et est due par la personne qui réalise l'acquisition, lors de celle-ci.

La redevance est **assise** sur le poids de viande fraîche net.

Son **tarif** est fixé par arrêté. Le tarif applicable est le suivant (par tonne) : pour les viandes d'ongulés domestiques, 2 € ; pour les viandes de volailles et de lapin d'élevage, 1,5 € ; pour les viandes de gibier d'élevage et sauvage : 1,5 € pour le petit gibier à plumes ou à poil, 3 € pour les ratites (autruche, émeu, nandou) et 2 € pour les sangliers et ruminants (CGI ann. IV art. 50 quaterdecies).

En ce qui concerne les règles de **liquidation**, voir n° 32970.

La redevance sanitaire de découpage est **constatée** et **recouvrée** suivant les mêmes règles, sous les mêmes garanties, privilèges et **sanctions** qu'en matière de TVA.

Les personnes bénéficiaires de la **franchise en base de TVA** (franchise non agricole) sont dispensées du paiement de la redevance.

La redevance est également perçue à l'**importation** des viandes, préparées ou non ; elle est due par l'importateur ou le déclarant en douane ; elle est constatée et recouvrée selon les règles douanières.

SECTION 5

DROITS SUR LES BOISSONS ET FORMALITÉS DE CIRCULATION

PRINCIPAUX DROITS

33000 On trouvera ci-après les taux au 1er janvier 2024 des principaux droits indirects portant sur les boissons et produits alcooliques, ainsi que sur les boissons non alcoolisées.

Désignation des impôts et matières imposables	Unités imposables	Tarifs (€)
A. Droits sur les vins et cidres :		
Vins mousseux	hl (hectolitre)	10,02
Autres vins, « boissons uvales » et similaires fermentées autres que la bière	– d° –	4,05
Cidres et poirés, hydromels, « pétillants de raisin »	– d° –	1,41
B. Droits sur les spiritueux :		
Vins doux naturels à appellation d'origine contrôlée et vins de liqueur visés à l'article L 313-21 du CIBS	hl produit fini	50,60
Autres produits intermédiaires taxables en tant que boissons spiritueuses (boissons autres que celles soumises au droit de circulation ou au droit spécifique sur les bières)	– d° –	202,39
Rhum des DOM (sous certaines contraintes de production)	hl alcool pur	933,78
Tous autres produits	– d° –	1 866,52
C. Droit sur les bières et boissons non alcoolisées, et autres cotisations :		
Bières dont le titre alcoométrique n'excède pas 2,8 % vol	hl par degré alcoométrique	3,98
Bières de plus de 2,8 % des brasseries artisanales produisant :		
10 000 hl ou moins	– d° –	3,98
de 10 001 à 50 000 hl	– d° –	3,98
de 50 001 à 200 000 hl	– d° –	3,98
Autres bières (dont brasseries artisanales produisant plus de 200 000 hl)	– d° –	7,96
Eaux minérales (contribution communale facultative, taux plafonds) ...	hl	0,58 à 0,77
Boissons contenant des sucres ajoutés (de à 15 kg de sucre par hl) selon le taux de sucre	hl	de 3,34 à 26,09
Boissons contenant des édulcorants de synthèse	hl	3,34

> **Précisions** **a.** Les articles du CGI relatifs à la taxation des vins, alcools et bières ont été abrogés par l'ordonnance 2021-1843 du 22 décembre 2021 et réécrits dans le **Code des impositions sur les biens et services** (CIBS) à l'intérieur du livre III relatif aux énergies, alcools et tabacs. Le chapitre III relatif aux alcools comporte les articles L 313-1 à L 313-45 mais se limite aux seules accises. Les conditions de circulation doivent faire l'objet de codifications ultérieures. Le site de la DGDDI n'a pas été actualisé sur ces sujets et renvoie aux applications informatiques spécialisées.
> **b.** Une **cotisation perçue au profit de la Cnam** frappe les boissons d'une teneur en alcool supérieure à 18 % vol (CSS art. L 245-9).
> Les redevables sont les entrepositaires agréés, opérateurs enregistrés et non enregistrés et représentants fiscaux. Toutefois, s'agissant d'une cotisation à la charge réelle des consommateurs (comme la TVA), elle est facturée aux détaillants qui la répercutent sur leurs clients.
> La cotisation s'applique également aux livraisons à titre gratuit (boissons offertes aux détaillants ou aux consommateurs et échantillons).
> Le montant de la cotisation est de 599,31 € par hectolitre d'alcool pur (pour les produits qui relèvent des codes NC 2207 et 2208 du tarif des douanes et qui ont un titre alcoométrique acquis supérieur à 1,2 % vol. ainsi que les produits relevant des codes NC 2204, 2205, 2206 qui ont un titre alcoométrique acquis supérieur à 22 % vol. et les eaux-de-vie), et 50,60 € par hectolitre pour les autres boissons sans que le montant puisse excéder 40 % du droit d'accise de la boisson concernée (applicable aux seuls vins doux naturels et vins de liqueur à AOP ; pour 2024, ce montant est de 20,26 € par hectolitre).
> La cotisation n'est pas déductible pour l'assiette de l'impôt sur le revenu ou de l'impôt sur les sociétés dû par le consommateur.
> **c.** Est également perçue au profit de la **Cnam** une taxe aux taux de 3 et 11 € par décilitre d'alcool pur sur les **« Premix »**, mélanges préalables de spiritueux et de soda répondant à des critères de degré et d'édulcoration. Elle a été étendue aux vins aromatisés au tarif de 3 € par décilitre. Elle est due par les fabricants nationaux, les importateurs et les acheteurs intracommunautaires. Il a également été créé des contributions sur les boissons sucrées et/ou édulcorées (au 1-1-2012) avec modification des taux au 1er juillet 2018 puis au 1er janvier 2019. Au-delà de 15 kg de sucre ajouté par hectolitre, une surtaxe de 2,21 € par kilogramme est appliquée à chaque hectolitre (CGI art. 1613 ter).

FORMALITÉS À LA CIRCULATION DES BOISSONS

On trouvera ci-après un aperçu de la réglementation applicable en matière de **circulation** des **boissons et** des **matières premières destinées à la production des boissons**. 33010

Principe Tous les **transports de boissons** doivent être accompagnés d'un titre de mouvement. C'est ainsi qu'aucun enlèvement ou transport d'alcool, vin, cidre, poiré, hydromel ou jus de raisin, concentré ou non, ne peut être fait sans que le transporteur soit muni d'un **titre de mouvement**. 33015

Les mêmes formalités à la circulation sont également applicables en principe aux transports de vendanges fraîches, de marcs de raisin et de lies et bourbes.

Exceptions Peuvent circuler sans titre de mouvement, notamment : 33020

1. Les **petites quantités** de **boissons vendues à des particuliers** (qui les transportent) par des **détaillants** dans les limites volumétriques suivantes : vins, cidres et poirés : 90 litres ; alcools : 10 litres. Cette tolérance concerne également les ventes à la propriété en bouteilles qui doivent donner lieu à un document économique simplifié (facture, ticket, etc.). Les produits en vrac sont dispensés de titres de mouvement au départ de la propriété pour les récipients de 33 litres au plus dans la limite de 90 litres, à condition qu'il puisse être justifié d'un document commercial ou économique. Ces limites peuvent être dépassées pour les particuliers depuis la propriété, sous la réserve de l'établissement d'un document commercial (facture) ;

2. Les marchandises **importées** dans les limites des **franchises douanières** réservées aux touristes (2 litres pour les vins, 1 litre pour les boissons titrant plus de 22 %) ;

3. Les produits transportés en cas de **changement de domicile**.

Les catégories de titres de mouvement Les titres de mouvement sont le document administratif d'accompagnement et le document simplifié d'accompagnement. 33025

1. Le document administratif d'accompagnement s'applique aux transports de boissons ou de matières premières à destination des entrepositaires agréés négociants et distillateurs. Il est également utilisé à l'exportation en exonération des droits.

2. Le document simplifié d'accompagnement est employé pour les transports en droits acquittés ou pour les produits non soumis aux droits ou les ayant déjà acquittés.
Ainsi, il est utilisé des documents simplifiés d'accompagnement pour :
– le transport des vendanges fraîches déplacées par les récoltants en dehors du rayon de franchise, mais à l'intérieur d'un périmètre constitué par l'arrondissement de récolte et les cantons limitrophes ;
– les vins, cidres, poirés et hydromels déplacés par les récoltants du pressoir à leurs caves ou de l'une à l'autre de leurs caves, dans l'étendue du canton de récolte et des cantons limitrophes ;
– les matières premières apportées à l'alambic et les alcools ramenés par les bouilleurs de cru de l'atelier public au siège de leur exploitation.

33030 **Documents d'accompagnement communautaires** Ces documents, à fonction économique et fiscale ou à fonction économique seule, accompagnent obligatoirement les vins et produits vinicoles à destination ou en provenance d'un autre État membre de l'Union européenne. Il s'agit du document administratif d'accompagnement (envois en régime suspensif d'accises) et du document simplifié d'accompagnement (envois ayant acquitté les accises au départ).
Dans les faits, il s'agit désormais des mêmes documents que ceux utilisés dans les relations nationales.

33035 **Substituts des titres de mouvement** Les titres de mouvement de toute nature peuvent en principe être remplacés par l'apposition sur les récipients de **capsules**, empreintes ou vignettes représentatives des droits indirects sur l'alcool, le vin et le cidre.
En pratique ne sont actuellement utilisées que les **capsules représentatives des droits** (CRD) sur les vins, qui peuvent notamment être employées par les récoltants, soit sous forme de capsules personnalisées, soit sous forme de capsules banalisées, distribuées par les syndicats viticoles. Leur emploi est facultatif pour tous les entrepositaires agréés, y compris pour les ventes à distance sous réserve de l'émission d'un document commercial.

33040 **Dématérialisation des documents et des déclarations** Les entrepositaires et destinataires agréés doivent être en mesure d'**apurer** électroniquement les documents d'accompagnement électroniques (DAE) reçus des pays de l'Union européenne et de France. Tous les échanges intracommunautaires sont sous DAE.
Les opérateurs adhèrent à la téléprocédure dite « Gamma » (gestion automatisée des mouvements de marchandises soumises à accises) à travers le portail « Pro-douane » du site internet de la douane (douane.gouv.fr). Les produits soumis à accises circulant en suspension de droits sont soumis au DAE en France.
Les déclarations récapitulatives mensuelles (DRM) sont dématérialisées pour le secteur du vin et s'intègrent dans la téléprocédure CIEL (contributions indirectes en ligne).

GARANTIES APPORTÉES PAR LES TITRES DE MOUVEMENT

33050 Les titres de mouvement apportent un certain nombre de garanties quant à la **substance** ou l'**origine des boissons**. En effet, sur le titre, le rédacteur s'engage quant à la dénomination exacte des produits transportés (appellation d'origine, indication géographique protégée ou vin sans indication géographique).

CHAPITRE 4

CONTRÔLE ET CONTENTIEUX DE L'IMPÔT

SOMMAIRE

Comme tous les contribuables, les exploitants agricoles sont soumis au contrôle des agents des impôts. Ceux-ci peuvent **vérifier les déclarations** souscrites et les actes utilisés pour l'établissement de l'impôt, suivant différentes modalités. 33200
Lorsqu'ils constatent des infractions, les agents procèdent aux **rectifications** nécessaires, assorties, le cas échéant, de **sanctions**.
De leur côté, les contribuables peuvent **contester devant les tribunaux** les impositions mises à leur charge et qu'ils estiment injustifiées.

SECTION 1

CONTRÔLE DE L'IMPÔT

L'administration fiscale a le **droit de contrôler** les déclarations ainsi que les actes utilisés pour l'établissement des impôts, droits, taxes et redevances (LPF art. L 10, al. 1). Il s'agit pour elle de procéder matériellement à des opérations de vérification pour s'assurer de la sincérité et de la pertinence des déclarations effectuées par les contribuables. 33201
Le droit de contrôle se double d'un **droit de reprise** permettant à l'administration de réclamer au contribuable des compléments d'imposition, voire des impositions primitives en cas d'erreurs ou d'absence de déclaration.

A. Délai d'action de l'administration

33205 Sous réserve du cas de la « compensation » (n° 34215), le droit qui appartient à l'administration de réparer les omissions, insuffisances ou erreurs commises dans l'établissement de l'impôt ne peut être exercé que pendant un certain délai, appelé **délai de reprise** ou de prescription, à l'expiration duquel l'administration ne peut plus établir d'imposition primitive ou supplémentaire.

Pour être valables, les impositions doivent être mises en recouvrement avant l'expiration du délai de reprise. On retient :

– la date de mise en recouvrement du rôle pour les impôts directs perçus par voie de rôle (impôt sur le revenu, impôts directs locaux, notamment) ;

– la date de notification de l'avis de mise en recouvrement pour, notamment, l'impôt sur les sociétés, les taxes sur le chiffre d'affaires et les droits d'enregistrement.

> **Précisions** Le délai de reprise affecte le droit de l'administration de procéder à des **rectifications**, c'est-à-dire de réclamer des compléments de droits au titre d'une période d'imposition déterminée. Il ne fait pas obstacle, en revanche, à l'exercice du **droit de vérification**. Des opérations intervenues au cours d'années prescrites peuvent ainsi faire l'objet d'un contrôle lorsqu'elles influencent les impositions d'une période postérieure non prescrite (par exemple, vérification d'un déficit né au cours d'une année prescrite mais reporté sur un exercice non couvert par la prescription).

DÉLAIS DE REPRISE

33215 **Impôt sur le revenu et impôt sur les sociétés** Le délai de reprise de l'administration expire, en **principe**, à la fin de la troisième année suivant celle au titre de laquelle l'imposition est due (LPF art. L 169).

Ainsi l'administration peut rectifier jusqu'au 31 décembre 2027 les bases d'imposition à l'IS de l'année 2024.

> **Précisions** Lorsque **aucun exercice** n'est **clos au cours d'une année** et que l'exercice comptable comprend deux périodes d'imposition distinctes correspondant à des années différentes, le délai de trois ans s'apprécie séparément pour chacune de ces périodes (exemple : une entreprise nouvelle créée le 1er octobre 2023 décide d'arrêter son premier exercice le 31 décembre 2024 ; les résultats et le chiffre d'affaires de la période 1er octobre-31 décembre 2023 ne pourront plus être redressés après le 31 décembre 2026).
> Ce principe n'est pas applicable pour les entreprises nouvelles passibles de l'impôt sur les sociétés, dispensées de souscrire une déclaration provisoire au titre de la première année civile d'activité. Il n'y a donc qu'une seule période d'imposition et le droit de reprise s'exerce sur l'ensemble de l'exercice.

33220 **Taxes sur le chiffre d'affaires** En matière de TVA, de taxes spéciales sur le chiffre d'affaires et de taxes assimilées, le droit de reprise s'exerce **jusqu'à la fin de la troisième année suivant** celle au cours de laquelle la taxe est devenue exigible (LPF art. L 176).

Lorsque l'**exercice ne coïncide pas avec l'année civile**, le délai de reprise a pour point de départ le début de la période sur laquelle s'exerce le droit de reprise pour l'impôt sur les bénéfices concernant le même contribuable et expire le 31 décembre de la troisième année suivant celle durant laquelle a été arrêté l'exercice de réalisation des opérations.

33222 **Taxes et participations sur les salaires** En matière de **taxe sur les salaires**, le droit de reprise de l'administration s'exerce dans les mêmes conditions qu'à l'égard de l'impôt sur le revenu : voir n° 33215.

Le délai s'appliquant aux **taxe d'apprentissage, participation-formation** et cotisation de 2 % au titre de la **participation-construction** est le même qu'en matière de taxes sur le chiffre d'affaires : voir n° 33220.

33225 **Droits d'enregistrement et IFI** Pour les droits d'enregistrement, la taxe de publicité foncière, l'impôt sur la fortune immobilière (IFI) et les droits ou taxes assimilés, l'action en reprise de l'administration se prescrit (LPF art. L 180 et L 186) :

– le 31 décembre de la troisième année suivant celle au cours de laquelle l'**exigibilité des droits ou taxes** a été suffisamment **révélée** par l'enregistrement d'un acte ou d'une déclaration sans qu'il soit nécessaire de recourir à des recherches ultérieures (prescription dite abrégée). La prescription de trois ans est ainsi applicable aux acquéreurs d'un domaine agricole ayant bénéficié du régime

fiscal de faveur des acquisitions d'immeubles ruraux par les fermiers (nos 18605 s.) et qui ont revendu le domaine avant l'expiration du délai de cinq ans : l'enregistrement de l'acte de revente révèle suffisamment à l'administration l'exigibilité des droits résultant du non-respect de l'engagement d'exploitation pendant cinq ans (Cass. com. 24-11-1992 n° 1778 P : RJF 2/93 n° 295) ;
– le 31 décembre de la sixième année suivant celle du fait générateur de l'impôt, dans les **autres cas** (absence de déclaration ou d'acte présenté à la formalité, ou nécessité de recherches ultérieures). Le fait générateur de l'impôt, pour les droits d'enregistrement, est la date du décès en matière de droits de mutation par décès, la date de mutation ou de l'acte lorsque celui-ci a acquis date certaine pour les autres droits d'enregistrement, et le 1er janvier de l'année d'imposition en matière d'IFI.

> **Précisions a.** Lorsque le bénéficiaire d'un **don manuel** opte pour la **déclaration et le paiement des droits au décès du donateur**, le droit de reprise de l'administration s'exerce jusqu'à l'expiration de la sixième année suivant ce décès (LPF art. L 181 A).
b. La valeur des biens ayant fait l'objet d'une **donation antérieure** peut être rectifiée dans le cadre de leur rapport lors d'une nouvelle donation ou d'une succession (LPF art. L 181 B).

Impôts directs locaux En matière de **taxes foncières, taxe d'habitation sur les résidences secondaires et autres locaux meublés non affectés à l'habitation principale** et taxes annexes établies sur les mêmes bases, le délai général de reprise expire le 31 décembre de l'année suivant celle au titre de laquelle l'impôt est dû (LPF art. L 173). **33230**
Des dispositions spéciales sont prévues en matière de taxe foncière sur les propriétés bâties et de taxe d'habitation sur les résidences secondaires et autres locaux meublés non affectés à l'habitation principale :
– pour les insuffisances d'évaluation : voir n° 29105, Précisions, c.
– pour les exonérations ou dégrèvements liés aux revenus (nos 29480 s. et 29810 s.), le délai de prescription est aligné sur celui de l'impôt sur le revenu.
En ce qui concerne la **cotisation foncière des entreprises** et la **cotisation sur la valeur ajoutée des entreprises**, le délai de reprise expire en principe le 31 décembre de la troisième année suivant celle au titre de laquelle l'imposition est due (LPF art. L 174). Ainsi, pour les cotisations de 2024, le délai expirera le 31 décembre 2027.

> **Précisions** Lorsque les déclarations que les redevables de la taxe foncière sur les propriétés bâties sont tenus de souscrire à raison des **constructions nouvelles** ou des **changements de consistance ou d'affectation** de ces propriétés en application de l'article 1406 du CGI (n° 29105) sont entachées d'omissions ou d'insuffisances, celles-ci peuvent être réparées à tout moment et les cotisations rehaussées dans la limite de quatre années prévue à l'article 1508 du CGI, sans que les dispositions de l'article L 173 du LPF limitant le droit de reprise de l'administration fiscale à la fin de l'année suivant celle au titre de laquelle l'imposition est due puissent être utilement opposées (LPF art. L 175 ; CE 26-3-2008 n° 294354 : RJF 6/08 n° 687). Il ressort en pratique de cette combinaison – qui vaut aussi pour la taxe d'habitation sur les résidences secondaires et autres locaux meublés non affectés à l'habitation principale – des articles L 175 du LPF et 1508 du CGI que le droit de reprise prévu par l'article L 175 du LPF peut aboutir à un rehaussement égal au maximum à la correction de quatre années de défaut ou d'inexactitude de déclaration.

Pénalités fiscales Les amendes fiscales sanctionnant des **infractions** aux dispositions qui régissent l'**assiette** et le **paiement des impôts de toute nature** sont prescrites dans le même délai et les mêmes conditions que les droits simples et majorations de droits afférents aux impôts auxquels elles se rapportent (LPF art. L 188, al. 1). **33235**
Les **autres amendes** fiscales sont prescrites à l'expiration de la quatrième année suivant celle au cours de laquelle l'infraction a été commise. Le recouvrement des amendes et confiscations prononcées par les tribunaux répressifs se prescrit dans les mêmes délais que les peines correctionnelles de droit commun (LPF art. L 188, al. 2 et 3).

PROLONGATION DES DÉLAIS DE REPRISE

Par **exception aux principes** énoncés nos 33215 s., en matière d'**impôts directs et de taxes sur le chiffre d'affaires** le droit de reprise s'exerce jusqu'à la fin de la dixième année suivant celle au titre de laquelle l'imposition est due, notamment : **33240**
– en cas d'**activité occulte**, c'est-à-dire lorsque le contribuable n'a déposé dans le délai légal aucune déclaration fiscale au titre de son activité et, soit n'a pas fait connaître cette activité

à l'organisme unique chargé des formalités des entreprises, soit s'est livré à une activité illicite (LPF art. L 169, al. 2) ;
– lorsque l'administration a dressé un procès-verbal de **flagrance fiscale** (n° 33505) au titre d'une année postérieure (LPF art. L 169, al. 5).

33250 En matière d'**impôt sur le revenu** et d'**impôt sur les sociétés**, d'autres délais spéciaux peuvent s'appliquer. Il en est ainsi, notamment, dans les cas suivants :
– erreurs sur la **nature de l'impôt** ou sur le **lieu d'imposition** : ces erreurs peuvent être réparées jusqu'à l'expiration de l'année suivant celle de la décision qui a prononcé la décharge de l'imposition initiale (LPF art. L 171) ;
– omissions ou insuffisances révélées par une **instance** devant les tribunaux ou par une **réclamation contentieuse** : elles peuvent être réparées jusqu'à la fin de l'année suivant celle de la décision qui a clos l'instance et, au plus tard, jusqu'à la fin de la dixième année qui suit celle au titre de laquelle l'imposition est due (LPF art. L 188 C) ;
– décès du contribuable : les omissions ou insuffisances constatées, à la suite de l'ouverture de la **succession**, dans les impositions établies au nom du défunt au titre de l'année du décès ou de l'une des quatre années antérieures peuvent être réparées jusqu'à la fin de la deuxième année suivant celle de la déclaration de succession ou, si aucune déclaration n'a été faite, celle du paiement par les héritiers des droits de mutation par décès (LPF art. L 172).

33255 Quelle que soit la nature de l'impôt, le droit de reprise de l'administration se trouve étendu :
– lorsque la découverte d'**agissements frauduleux** entraîne le dépôt d'une plainte en vue de l'application d'une sanction pénale (prolongation de deux ans) (LPF art. L 187) ;
– lorsque l'administration a, dans le délai initial de reprise, **demandé certains renseignements à une autorité étrangère** (cas exceptionnel en matière agricole). Dans ce cas, les omissions ou erreurs d'imposition correspondantes peuvent être réparées, même si le délai initial de reprise est expiré, jusqu'à la fin de l'année qui suit celle de la réponse et, au plus tard, jusqu'au 31 décembre de la troisième année qui suit celle au titre de laquelle le délai initial de reprise est écoulé (LPF art. L 188 A) ;
– lorsque l'administration a, dans le délai de reprise, **déposé une plainte ayant abouti à l'ouverture d'une enquête judiciaire pour fraude fiscale**. Les omissions ou insuffisances d'imposition afférentes à la période couverte par le délai de reprise peuvent alors, même si ce délai est écoulé, être réparées jusqu'à la fin de l'année qui suit la décision qui met fin à la procédure et, au plus tard, jusqu'à la fin de la dixième année qui suit celle au titre de laquelle l'imposition est due (LPF art. L 188 B).

INTERRUPTION DE LA PRESCRIPTION

33260 Certains événements, lorsqu'ils interviennent avant l'expiration du délai de reprise, ont pour effet d'interrompre la prescription et d'ouvrir à l'administration un nouveau délai pour mettre en recouvrement les droits omis.

Une **proposition de rectification** (nos 33585 s.) notifiée au contribuable avant l'expiration du délai de reprise interrompt la prescription dans la limite du montant des rectifications proposées (à moins qu'elle ne soit irrégulière ou consécutive à une procédure irrégulière). Il en est de même de la notification des bases imposées d'office.

L'administration dispose alors d'un nouveau délai de même durée que celui interrompu, compté du 1er janvier suivant, pour établir l'imposition. Par exemple, en cas de proposition de rectification notifiée en novembre 2024 au titre de l'impôt sur les sociétés de 2021, les impositions correspondantes peuvent être établies jusqu'au 31 décembre 2027.

L'interruption de la prescription **peut également résulter** des déclarations ou notifications de procès-verbaux, de tous actes comportant reconnaissance des redevables (versement d'un acompte, demande de délai, etc.) ou de tous autres actes interruptifs de droit commun (demande en justice, commandement et saisie).

> **Précisions** **a.** La notification interrompt également la prescription pour les **pénalités fiscales** afférentes aux rehaussements dès lors qu'elle mentionne que celles-ci pourront éventuellement être appliquées. Notons cependant que dans la plupart des cas l'administration est tenue de notifier le montant même des pénalités (voir n° 33685).
> **b.** La prescription est interrompue dès lors que le pli contenant la proposition de rectification a été présenté à l'adresse du contribuable avant l'expiration du délai de reprise. Il en va de même lorsque le pli n'a **pas pu être remis** à l'intéressé lors de sa présentation et que, avisé de sa mise en instance, il ne l'a retiré qu'après l'expiration du délai de reprise ou a négligé de le retirer (CE 14-10-2015 n° 378503 : RJF 1/16 n° 55).

B. Exercice du contrôle

1. DEMANDES D'ÉCLAIRCISSEMENTS OU DE JUSTIFICATIONS

Lors de l'**examen de la déclaration d'ensemble des revenus**, l'administration peut demander au contribuable des **éclaircissements**, notamment si elle relève des contradictions ou des discordances importantes soit entre les éléments de la déclaration, soit entre ces éléments et des déclarations antérieures ou des renseignements qu'elle détient. 33320

Le service des impôts peut également réclamer des **justifications**, c'est-à-dire des éléments de preuve (LPF art. L 16) :

– au sujet de la situation ou des charges de famille du redevable (extrait de naissance, certificat de scolarité, etc.) ;

– au sujet des charges retranchées du revenu net global ou ouvrant droit à une réduction d'impôt (factures, quittances) ;

– sur les éléments servant de base à la détermination des revenus fonciers, des plus-values de cession de valeurs mobilières ou de droits sociaux, des plus-values de cession d'immeubles ou de biens meubles et des plus-values de cession d'actifs numériques ;

– au sujet des avoirs ou revenus d'avoirs à l'étranger ;

– ou lorsque l'agent a réuni des éléments permettant d'établir que le contribuable peut avoir des revenus plus importants que ceux qui font l'objet de sa déclaration. Cette condition est remplie, notamment, lorsque le total des montants crédités sur ses relevés de compte représente au moins le double de ses revenus déclarés ou excède ces derniers d'au moins 150 000 €.

Les demandes d'éclaircissements ou de justifications doivent indiquer explicitement les points sur lesquels elles portent et assigner au contribuable un **délai pour répondre** qui ne peut être inférieur à deux mois (LPF art. L 16 A). L'administration peut accorder au contribuable qui en fait la demande écrite un délai complémentaire pour répondre à la demande d'éclaircissements ou de justifications. 33325

Lorsque l'**intéressé ne répond pas dans le délai** ou ne fournit aucune réponse écrite, il peut être taxé d'office (LPF art. L 69) ; il en est de même lorsque le contribuable n'apporte qu'une réponse imprécise ou invérifiable sans l'assortir d'éléments de justification, c'est-à-dire de documents (CE 3-2-2021 n° 430852 : RJF 4/21 n° 350).

S'il répond **dans le délai mais de manière insuffisante**, l'administration doit le mettre en demeure d'apporter des précisions complémentaires dans un délai de trente jours, en indiquant les éléments de la réponse initiale à compléter et les justifications manquantes. Sous peine d'irrégularité de la procédure, cette mise en demeure ne peut pas être adressée avant l'expiration du délai de réponse fixé par la demande d'éclaircissements ou de justifications (CE 8-6-2011 n° 310524 : RJF 8-9/11 n° 918). Si, dans le nouveau délai ainsi imparti, le contribuable n'apporte aucune réponse écrite ou ne fournit pas les renseignements et les justifications demandés, la procédure de taxation d'office lui est applicable.

› Précisions a. Conformément au principe général posé par l'article L 10 du LPF, l'administration a toujours la faculté de demander au contribuable (verbalement ou par écrit) des renseignements ou des **justifications concernant les déclarations** souscrites. Dans ce cas, le contribuable dispose en principe d'un délai de trente jours pour répondre (LPF art. L 11). Mais l'octroi d'un délai plus court n'est sanctionné que si l'irrégularité a porté atteinte à ses droits (CE 22-1-2010 n° 314010 : RJF 4/10 n° 315). En tout état de cause, **en dehors des cas prévus par l'article L 16 du LPF**, le défaut de réponse n'est pas de nature à entraîner une taxation d'office : l'administration doit suivre la procédure de rectification contradictoire.

b. L'administration ne peut adresser de demandes de justifications à un contribuable **titulaire de bénéfices professionnels** (bénéfices agricoles, notamment) que si elle peut faire état d'indices sérieux lui permettant de prouver que le contribuable a disposé de revenus provenant d'une source autre que cette activité professionnelle.

c. Pour échapper à la taxation d'office, le contribuable doit apporter des **justifications précises** : il ne peut pas valablement limiter sa réponse à de simples affirmations ou allégations de caractère général, imprécis et invérifiable. La nature des justifications à fournir dépend des questions posées par l'agent des impôts. Le contribuable peut faire état, par exemple, de la réalisation d'avoirs antérieurs.

S'agissant des cessions d'**actifs couverts par l'anonymat**, des dispositions particulières sont prévues par la loi : le contribuable ne peut pas alléguer la vente ou le remboursement de bons visés à l'article 125 A, III bis, 2e du CGI dans sa rédaction antérieure à la loi 2017-1837 du 30 décembre 2017 (bons du Trésor et assimilés, bons de caisse des établissements de crédit, etc.) ou de titres de même nature pouvant bénéficier de l'anonymat (bons de capitalisation notamment) lorsqu'il avait refusé, lors de leur souscription, que son identité et son domicile fiscal soient communiqués à l'administration. Il en va de même pour les **ventes d'or** lorsque l'identité et le domicile du vendeur n'ont pas été enregistrés par l'intermédiaire ou lorsqu'elles ne sont pas attestées par la comptabilité de l'intermédiaire.

2. DROIT DE COMMUNICATION

33345 Le droit de communication permet aux agents de l'administration fiscale, pour l'établissement, le contrôle et le recouvrement de l'impôt, de **demander à un tiers** ou éventuellement **au contribuable lui-même**, de manière ponctuelle, des renseignements disponibles sans que cela nécessite des investigations particulières ou de prendre connaissance de certains documents qui se rapportent à l'activité professionnelle de la personne auprès de laquelle ce droit est exercé.

L'exercice de ce droit n'est soumis à aucune **formalité** particulière. Toutefois, l'administration recommande à ses agents, lorsqu'ils exercent le droit de communication sur place, d'adresser ou de remettre à l'intéressé un avis de passage (BOI-CF-COM-10-10-20 n° 8). Ce dernier peut se faire assister d'un conseil (BOI-CF-PGR-20-20 n° 10).

L'administration peut exercer son droit de communication à l'égard des **exploitants agricoles**, quelles que soient la forme et les modalités de l'exploitation (exploitants individuels, sociétés de fait, sociétés civiles agricoles ou sociétés de personnes, Gaec, etc.) et des organismes auxquels ils vendent ou achètent leurs produits (**coopératives** agricoles, notamment). Ce droit porte sur leurs documents comptables, pièces justificatives de recettes et de dépenses et, plus généralement, sur tous documents relatifs à leur activité (LPF art. L 85 A).

Le droit de communication s'exerce **sur place** (c'est-à-dire, en principe, pour les entreprises, au siège de la direction et, pour les sociétés soumises à l'impôt sur les sociétés, au lieu d'imposition) ou par **correspondance, y compris électronique**. L'agent des impôts a le droit de prendre **copie** des documents concernés.

Les livres, registres, **documents** ou pièces quelconques sur lesquels peut s'exercer le droit de communication doivent être **conservés** pendant un délai de six ans à compter de la dernière opération mentionnée sur les livres ou registres, ou de la date à laquelle les documents ou pièces ont été établis.

33350 L'administration fiscale peut également exercer son droit de communication **à l'égard de tiers** pour obtenir des **renseignements relatifs au contribuable**. Dans ce cas, l'administration n'est pas tenue d'en informer préalablement le contribuable ni de l'inviter à être présent lors de la consultation des pièces (CE 27-6-2012 n° 346392 : RJF 10/12 n° 936).

Les organismes financiers (banques, Banque de France, etc.) sont notamment tenus de communiquer sur leur demande aux agents des impôts divers renseignements relatifs, notamment, aux comptes détenus par leurs clients à l'étranger.

Les services du ministère de l'agriculture doivent transmettre, sans demande préalable, chaque année, aux agents des impôts, les informations nécessaires à la détermination de l'assiette et au recensement des assujettis à certaines redevances sanitaires (LPF art. L 102 AA et R 102 AA-1).

33355 Toute infraction au droit de communication et, notamment, le **refus de communication** ou la **non-conservation des documents** pendant le délai de six ans ou **tout comportement faisant obstacle à la communication** (attitudes dilatoires, par exemple) entraîne l'application d'une amende fiscale de 10 000 €. En cas de refus de communication, l'amende s'applique par demande, dès lors que tout ou partie des documents ou renseignements sollicités ne sont pas communiqués (CGI art. 1734, al. 1).

Cependant, cette amende est écartée lorsque ces agissements constituent une **opposition individuelle au contrôle fiscal** entraînant une évaluation d'office et punie de sanctions fiscales (intérêts de retard et majoration de 100 %) et pénales (amende de 25 000 € à laquelle peut s'ajouter une peine de prison en cas de récidive) (BOI-CF-INF-10-40-20 n° 20).

3. VÉRIFICATION DE COMPTABILITÉ

33375 L'examen auquel il peut se livrer de son bureau n'étant généralement pas suffisant pour un contrôle complet des déclarations, l'agent des impôts peut procéder à une vérification sur place pour s'assurer de la sincérité de ces déclarations.

En matière de **bénéfices agricoles réels**, de bénéfices industriels et commerciaux, de bénéfices non commerciaux, d'**impôt sur les sociétés** et de **taxes sur le chiffre d'affaires**, cette vérification prend la forme d'une vérification de comptabilité.

La vérification de comptabilité permet à l'administration de s'assurer de la régularité et du caractère probant des **écritures comptables** ou de confronter les déclarations du redevable avec les écritures comptables en vue de contrôler la sincérité de ces déclarations.

En principe, l'exploitant doit être **informé** par avance (par un avis de vérification) du début des opérations de contrôle. La loi autorise, toutefois, les vérificateurs à effectuer des interventions inopinées pour une première phase de vérification limitée à des opérations de constatations matérielles (inventaire des valeurs en caisse, relevé des prix pratiqués, existence et état des documents comptables, etc.). 33380

L'exploitant doit **présenter**, à la demande des vérificateurs, tous **les documents comptables** que la loi fiscale lui prescrit de tenir pour justifier ses déclarations. Le défaut de présentation de la comptabilité ou des documents en tenant lieu est constaté par procès-verbal (LPF art. L 13 A). Il emporte certaines conséquences sur la charge de la preuve en cas de procédure contentieuse : voir n° 33605.

La vérification de comptabilité a **lieu** au siège de l'exploitation. Elle peut également se tenir ou se poursuivre dans tout autre lieu déterminé d'un commun accord entre le contribuable et l'administration. À défaut d'accord, l'administration peut décider de tenir ou de poursuivre la vérification dans ses locaux (Loi 2023-1322 du 29-12-2023 art. 117, applicable aux vérifications en cours ou engagées à compter du 1-1-2024). Lorsque le contrôle a lieu au siège de l'exploitation ou dans un autre endroit où se trouvent les documents comptables, le vérificateur est autorisé à en prendre copie mais il ne peut les emporter que sur demande écrite et préalable de l'exploitant, en lui remettant un reçu détaillé de ces pièces dont l'administration devient alors le dépositaire.

Quel que soit le lieu où sont effectuées les opérations de vérification, l'exploitant doit avoir la possibilité d'un **débat oral et contradictoire** avec le vérificateur (n° 33690).

Au cours de ses investigations dans la comptabilité, l'administration peut rectifier les erreurs ou les inexactitudes commises par l'exploitant. En aucun cas, elle ne peut juger de l'**opportunité de la gestion** de l'exploitant et se substituer à lui pour apprécier ce qui aurait convenu le mieux à son entreprise : par exemple, l'exploitant peut, sans que le vérificateur puisse critiquer cette décision, financer une acquisition par un emprunt, qui génère des charges financières, plutôt que par des fonds propres. Le contribuable peut, de son côté, demander la rectification des erreurs qui lui sont préjudiciables (par exemple, l'omission en comptabilité de frais déductibles ou l'omission d'inscription au bilan d'immeubles bâtis : voir n° 9205, Précisions, b). Mais lorsque la loi fiscale ouvre une faculté de choix entre plusieurs solutions, celle que retient le contribuable dans sa déclaration résulte d'une **décision de gestion** qui ne peut être modifiée ni à son initiative, ni à celle de l'administration (notamment CE 11-2-1994 n° 117302 : RJF 4/94 n° 388). Tel peut être le cas, par exemple, de la décision d'inscrire ou non les terres au bilan.

À l'**issue de la vérification**, le vérificateur procède aux rectifications qu'il croit devoir apporter. Ces **rectifications** sont notifiées selon la **procédure** de redressement contradictoire.

4. EXAMEN DE COMPTABILITÉ

Lorsqu'elle considère que les enjeux et la typologie d'une entreprise dont la **comptabilité** est tenue de manière **informatisée** ne nécessitent pas de procéder à des investigations sur place, l'administration peut recourir à la procédure d'examen de comptabilité plutôt que d'engager une vérification de comptabilité (LPF art. L 13 G). Cet examen est effectué **à distance** d'après les fichiers des écritures comptables (FEC) communiqués par l'entreprise. 33400

Il ne peut être engagé sans que l'administration en ait préalablement **informé** le contribuable par l'envoi d'un avis précisant la période concernée, la faculté qui lui est ouverte de se faire assister par un conseil ainsi que la disponibilité en ligne de la charte du contribuable vérifié dont le contenu est opposable (LPF art. L 47). Dans le délai franc de **quinze jours** suivant la réception de l'avis, le contribuable doit **adresser à l'administration** une copie des FEC sous une forme dématérialisée, via une plate-forme sécurisée ou sur support physique (clef USB, CD-Rom, etc.) (BOI-CF-DG-40-20 n° 350). À défaut, l'administration peut annuler l'examen de comptabilité et lui infliger une amende de 5 000 € (LPF art. L 47 AA, 1 et 2 ; CGI art. 1729 D, II). Elle conserve la possibilité, dans ce cas, d'engager une vérification de comptabilité sur place (BOI précité n° 440).

À l'**issue de l'examen de comptabilité**, un point téléphonique doit être fait avec le contribuable, préalablement à l'envoi de la proposition de rectification (BOI précité n° 410).

5. EXAMEN CONTRADICTOIRE DE LA SITUATION FISCALE PERSONNELLE

L'examen contradictoire de la situation fiscale des personnes physiques (ESFP) a pour but de vérifier la sincérité et l'exactitude de la **déclaration d'ensemble des revenus**. 33430

Il peut être mis en œuvre à la suite d'un contrôle sur pièces, d'un examen de comptabilité ou en complément d'une vérification de comptabilité pour apprécier la situation de l'exploitant ou des principaux chefs ou associés de l'exploitation (vérification de comptabilité dite « étendue »).
Cet examen, qui comporte des recherches extérieures (relevé des comptes bancaires, mode de vie, acquisitions immobilières, etc.), consiste à contrôler la cohérence entre, d'une part, les revenus déclarés et, d'autre part, la situation patrimoniale, la situation de trésorerie et les éléments du train de vie des membres du foyer fiscal.
À cette fin, le vérificateur dresse la **balance de trésorerie** de l'intéressé en tenant compte du total des encaissements (bénéfices, salaires, produits de valeurs mobilières, etc.) et des décaissements (dépenses de train de vie, acquisitions d'immeubles, de titres, de voitures, versements à des comptes bancaires, etc.). Lorsque les décaissements sont supérieurs aux encaissements, la différence est considérée comme provenant de revenus dissimulés, à moins que l'intéressé ne réponde de façon satisfaisante à une demande d'éclaircissements ou de justifications (nos 33320 s.).
L'ESFP se déroule, en règle générale, dans les **locaux** du service des impôts. Il peut également avoir lieu chez le conseil du contribuable, au siège de son exploitation ou à son domicile si l'intéressé en formule la demande.

6. CONTRÔLE SUR DEMANDE DU CONTRIBUABLE

33450 Les exploitants dont le **chiffre d'affaires** n'excède pas 1,5 M€ s'ils ont pour commerce principal de vendre des marchandises, objets, fournitures et denrées à emporter ou à consommer sur place ou de fournir le logement, ou 450 000 € dans les autres cas, peuvent, y compris pour la période ou l'exercice en cours, demander à l'administration d'effectuer un **contrôle sur certains points** précisés dans la demande (LPF art. L 13 C). Ce contrôle ne constitue pas une vérification de comptabilité et n'est donc pas assorti des **garanties** prévues pour ce type de contrôle.
L'administration n'est pas tenue de déférer à la demande de contrôle, mais, si elle y donne suite, elle doit **informer** l'exploitant des résultats du contrôle sur chacun des points visés dans la demande. Si l'administration conclut à une absence d'anomalie, cette position peut lui être opposée dans les conditions indiquées n° 33725. Si, au contraire, le contrôle fait apparaître sur les points concernés des erreurs, inexactitudes, omissions ou insuffisances dans les déclarations souscrites, le contribuable peut procéder à une **régularisation**, moyennant un intérêt de retard à taux réduit, dans les conditions indiquées n° 33630. À défaut de régularisation, une procédure de rectification est engagée dans les conditions de droit commun.

7. CONTRÔLE DES DROITS D'ENREGISTREMENT

33455 Le contrôle des droits d'enregistrement (et de la taxe de publicité foncière perçue sur les actes soumis à la formalité fusionnée) s'exerce principalement dans les trois directions suivantes :
– recherche des **actes et mutations** obligatoirement soumis à l'enregistrement et **non présentés** à la formalité. Lorsqu'elle établit l'existence de tels actes ou mutations, l'administration peut procéder aux régularisations nécessaires suivant la procédure de taxation d'office (nos 33610 s.) ;
– détermination de la **véritable nature d'un contrat**. En cas de dissimulation, l'administration peut restituer à l'acte sa portée réelle en mettant en œuvre la procédure de répression des abus de droit (nos 33640 s.) ;
– contrôle de la **valeur déclarée**. Si l'administration prouve que le prix (prix de vente d'un immeuble par exemple) ou l'évaluation retenue (pour une donation notamment) est inférieur à la valeur vénale du bien transmis à la date de la mutation, elle peut rectifier cette **insuffisance** au moyen de la procédure contradictoire (n° 33460).
Si elle est en mesure d'établir que les parties ont sciemment porté dans un contrat un prix inférieur à celui réellement convenu, l'administration peut se placer, non pas sur le terrain de l'insuffisance, mais sur celui de la **dissimulation de prix** (voir n° 33480).

INSUFFISANCE DE PRIX OU D'ÉVALUATION

33460 Pour démontrer que le prix déclaré ou l'évaluation fournie est inférieur à la valeur réelle, l'administration utilise des méthodes d'estimation que nous examinons ci-après (LPF art. L 17).
Une fois l'insuffisance établie, la rectification correspondante est opérée suivant la **procédure** normale avec intervention, le cas échéant, de la commission départementale de conciliation à l'initiative de l'administration ou du contribuable.
Lorsque l'insuffisance de prix ou d'évaluation est établie, les droits correspondants sont majorés d'un **intérêt de retard** assorti d'une **majoration** si le manquement est délibéré ou si le contribuable s'est rendu coupable de manœuvres frauduleuses (n° 33855).

ÉVALUATION DES BIENS TRANSMIS

En dehors des cas où le législateur a fixé des règles spécifiques d'évaluation (voir notamment nos 22400 s. en matière de droits de succession), le principe est que les droits d'enregistrement et l'IFI sont assis sur la **valeur vénale des biens** au jour de la mutation (au 1er janvier de l'année d'imposition en matière d'IFI). Cette valeur, qui n'est pas définie par la loi, correspond au prix que le jeu normal de l'offre et de la demande permettrait de retirer de la vente du bien, abstraction faite de toute valeur de convenance. Elle peut être déterminée de différentes façons, suivant la nature des éléments. 33465

Pour les **terrains, exploitations agricoles et immeubles bâtis**, la valeur vénale doit être évaluée par **comparaison**. Cette méthode consiste à se référer aux prix constatés dans des transactions concernant un nombre suffisant de biens similaires, qui constituent ainsi des termes de comparaison. Le plus souvent, la comparaison est opérée à partir de prix moyens unitaires tirés de l'étude du marché immobilier : prix au m^2 (terrains à bâtir), au m^2 de superficie bâtie, etc. S'agissant plus particulièrement des terrains agricoles, un prix moyen à l'hectare est dégagé après classement des termes de comparaison par région naturelle ou secteur géographique, puis par nature de biens (terres, prairies, etc.), enfin par classe selon la qualité agronomique du sol. 33470

Des corrections peuvent être faites pour tenir compte de facteurs particuliers.

Il convient notamment de tenir compte des prix constatés sur le marché foncier, lors des mutations de parcelles situées dans une même zone d'urbanisme, bénéficiant des mêmes éléments de viabilité et affectées au même usage.

Les acquisitions et les cessions réalisées par les Safer constituent, au même titre que les mutations intervenues entre particuliers, des éléments d'appréciation utiles (BOI-PAT-IFI-20-30-10 n° 130).

Dans la mesure où le marché des terrains situés dans une même zone constructible du plan d'occupation des sols fait apparaître une valeur supérieure à celle que leur confère l'usage purement agricole, l'administration est fondée à tenir compte de cette plus-value (BOI-PAT-IFI-20-30-10 n° 140).

D'**autres méthodes** peuvent être utilisées. Sur ces méthodes et leurs cas d'utilisation, voir n° 30828.

L'évaluation des **titres de sociétés non cotées** en bourse est délicate. Ici aussi, la valeur de comparaison prime : voir nos 30855 s. 33475

DISSIMULATION DE PRIX

Lorsqu'elle est en mesure d'établir que les parties ont sciemment porté dans un contrat un prix inférieur à celui réellement convenu, l'administration peut se placer, non pas sur le terrain de l'insuffisance, mais sur celui de la dissimulation de prix. 33480

Les dissimulations de prix entraînent, en plus de la perception des droits simples sur la fraction dissimulée du prix, l'application de trois sortes de sanctions : une **sanction civile** (nullité de la contre-lettre ; C. civ. art. 1202), une sanction **fiscale** (intérêt de retard de 0,20 % par mois et majoration de 80 % visée n° 33855) et une sanction **pénale** (peines correctionnelles pour les auteurs de la dissimulation et leurs complices ; CGI art. 1837).

8. AUTRES MOYENS DE CONTRÔLE

Les agents des impôts disposent d'un droit de visite et de saisie (**perquisition**) pour rechercher des infractions en matière d'impôts directs et de taxes sur le chiffre d'affaires (LPF art. L 16 B). Il s'agit pour l'administration de rechercher la preuve d'agissements frauduleux lorsqu'il existe des présomptions qu'un contribuable se soustrait à l'établissement ou au paiement de l'impôt sur le revenu ou sur les bénéfices, ou des taxes sur le chiffre d'affaires, par des procédés illicites (notamment, fausses factures, omission de passer des écritures ou passation d'écritures inexactes ou fictives dans des documents comptables obligatoires). La perquisition doit être autorisée préalablement par le juge des libertés et de la détention et se déroule sous son contrôle. 33500

La procédure de **flagrance fiscale** autorise l'administration fiscale à constater par procès-verbal les fraudes fiscales en cours de réalisation (LPF art. L 16-0 BA). Sa mise en œuvre n'est possible qu'en cas de circonstances susceptibles de menacer le recouvrement d'une créance fiscale et qu'à l'encontre des contribuables se livrant à une activité professionnelle pour lesquels il est constaté certains faits limitativement énumérés par la loi (activités occultes et factures fictives notamment). Elle peut être appliquée au titre des périodes pour lesquelles l'une des obligations déclaratives prévues en matière d'impôt sur le revenu, d'impôt sur les sociétés ou de TVA n'est pas échue (uniquement au titre de la période en cours en cas d'exercice d'une activité illicite). 33505

Cette procédure permet notamment à l'administration de procéder à des saisies conservatoires. L'ensemble des faits constatés par un procès-verbal de flagrance fiscale est sanctionné par une amende allant de 5 000 € à 30 000 €.

33510 Il existe également d'autres dispositifs de contrôle, visant à réprimer l'**évasion fiscale internationale**, à surveiller les mouvements de fonds vers ou en provenance de l'**étranger**, etc.

C. Procédures de rectification

33540 La procédure contradictoire constitue la procédure normale de rectification des bases d'imposition déclarées par les contribuables. Dans certains cas, notamment en l'absence de toute déclaration de la part de l'exploitant, l'administration peut établir d'office l'imposition selon une procédure excluant, en principe, toute discussion avec le contribuable.

1. PROCÉDURE DE RECTIFICATION CONTRADICTOIRE

33580 La procédure de rectification contradictoire peut être utilisée, indifféremment, à la suite d'un contrôle sur pièces, d'une vérification ou d'un examen de comptabilité.
En revanche, cette procédure ne s'applique pas :
– aux **cas d'imposition d'office** (n° 33610). L'administration n'étant cependant jamais tenue de recourir à la procédure d'imposition d'office, elle peut décider d'utiliser la procédure contradictoire dans ces cas, spécialement si elle y trouve avantage (par exemple pour interrompre la prescription) ;
– en matière d'**impôts directs locaux** perçus au profit des collectivités locales ou d'organismes divers, à l'exception de la cotisation sur la valeur ajoutée des entreprises. Le Conseil d'État juge néanmoins que l'administration doit mettre le contribuable à même de présenter ses observations lorsqu'elle entend rectifier les bases d'imposition déclarées au titre de l'ancienne taxe professionnelle (CE 5-6-2002 n° 219840 : RJF 8-9/02 n° 934 transposable à notre avis à la cotisation foncière des entreprises) ou encore en matière de taxe foncière (CE 29-6-2005 n° 271893 : RJF 10/05 n° 1038) ;
– pour la rectification des **erreurs** commises dans les opérations **de liquidation** de l'impôt.

> **Précisions** **a.** La procédure de rectification contradictoire doit également être utilisée lorsqu'en l'**absence de comptabilité** ou lorsque la comptabilité présentée comporte de **graves irrégularités**, l'administration procède à des rehaussements en reconstituant le montant du bénéfice ou du chiffre d'affaires déclaré.
> **b.** Le débat contradictoire entre l'administration et le contribuable prévu par l'article L 57 du Livre des procédures fiscales porte sur le seul **bien-fondé des motifs des redressements**, et l'absence de réponse de l'administration sur la régularité de la procédure d'imposition ne prive le contribuable d'aucune garantie (CE 4-2-2008 n° 296651 : RJF 4/08 n° 489).

DÉROULEMENT DE LA PROCÉDURE

33585 L'administration doit notifier à l'exploitant, son avocat ou mandataire une **proposition de rectification** indiquant le montant des bases d'imposition supplémentaires qu'elle entend retenir. Cette proposition doit être motivée pour permettre au contribuable de formuler ses observations ou de faire connaître son acceptation (LPF art. L 57, al. 1). Elle doit mentionner, sous peine de nullité, que le contribuable a la faculté de se faire assister d'un conseil de son choix pour discuter la proposition de rectification ou pour y répondre.
Lorsque la rectification intervient à la suite d'une vérification, la proposition de rectification doit indiquer, outre le montant de la rectification, celui des droits, taxes et pénalités en résultant (LPF art. L 48).

33590 Le contribuable dispose d'un **délai** de 30 jours **pour répondre** à la proposition de rectification, délai qui peut être porté à 60 jours sur demande du contribuable dans le délai initial (y compris en cas de taxation d'office pour défaut de réponse à une demande d'éclaircissements). L'administration ne peut pas mettre en recouvrement l'imposition avant l'expiration de ce délai.
Le délai de réponse se décompte à partir du jour de la réception de la proposition de rectification (ou de son retrait au bureau de poste) sans tenir compte du jour de la réception ni de celui de son échéance (exemple : pour une proposition reçue le 2 avril, la réponse est faite dans les délais si elle est postée au plus tard le 3 mai).
Si le contribuable **donne son accord**, l'imposition est établie sur la base proposée. Le contribuable ne perd pas pour autant le droit de présenter ultérieurement une réclamation contre l'imposition (nos 34070 s.), mais il supportera alors la charge de la preuve de l'exagération de

l'imposition. La situation est la même à défaut de réponse dans le délai de 30 ou de 60 jours, le **silence** du contribuable valant alors acceptation tacite de la rectification proposée.
Si le contribuable **produit des observations** dans le délai légal, l'administration doit l'informer par une réponse motivée des observations qu'elle rejette. Aucun **délai** n'est en principe imparti à l'administration pour répondre aux observations du contribuable. Toutefois, en cas de vérification ou d'examen de comptabilité des petites et moyennes entreprises (notamment, entreprises agricoles dont le montant des recettes brutes n'excède pas 782 000 € ; BOI-CF-IOR-10-50-30 n° 160), la loi impose à l'administration de répondre dans un délai de 60 jours à compter de la réception des observations du contribuable. Le défaut de notification de réponse dans ce délai équivaut à une acceptation des observations du contribuable, excepté en cas de graves irrégularités privant la comptabilité de valeur probante (LPF art. L 57 A).

> **Précisions** Les procédures relatives à l'impôt dû à raison de l'ensemble des **revenus du foyer** peuvent être suivies par **l'un ou l'autre des époux** ou des partenaires du Pacs. Mais les procédures de fixation ou de rectification des déclarations relatives aux revenus provenant d'une **activité agricole**, commerciale ou non commerciale sont suivies avec celui des époux ou des partenaires du Pacs titulaire des revenus (voir n° 5020). Toutefois, au cas particulier où deux époux exercent, l'un une activité agricole, l'autre une activité commerciale, et où l'ensemble des résultats est imposé dans la catégorie des BIC par application de l'article 155 du CGI (n° 5205), l'administration peut valablement adresser une notification de redressement unique à l'époux commerçant (CAA Nantes 14-6-1995 n° 91-307 : RJF 11/95 n° 1279).

COMPENSATION

Lorsqu'un contribuable a subi une taxation excessive et a bénéficié sur un autre point d'une taxation insuffisante, excédent et insuffisance d'imposition peuvent donner lieu, au cours de la procédure de contrôle et de rectification, à une compensation (voir n° 34215). **33595**

INTERVENTION DE LA COMMISSION DES IMPÔTS DIRECTS ET DES TAXES SUR LE CHIFFRE D'AFFAIRES

Si l'administration n'accepte pas les observations de l'exploitant, le désaccord peut être soumis, pour avis, à la commission des impôts directs et des taxes sur le chiffre d'affaires. Celle-ci peut être saisie par l'administration ou par l'exploitant et intervenir dans les domaines suivants : **33600**
– montant du résultat agricole, industriel et commercial, non commercial ou du chiffre d'affaires, déterminé selon un mode réel d'imposition ;
– conditions d'application des régimes d'exonération ou d'allégements fiscaux en faveur des entreprises nouvelles, à l'exception de la qualification des dépenses de recherche ;
– rémunérations excessives ;
– valeur vénale servant de base à la TVA sur opérations immobilières.
Dans ces domaines, la commission est compétente dans la mesure où le désaccord porte sur des **questions de fait** (exemples : appréciation du caractère normal d'une rémunération, caractère probant ou non d'une comptabilité), même si les faits sont susceptibles d'être pris en compte pour l'examen d'une question de droit. En revanche, elle ne peut pas se prononcer sur les **questions de droit** elles-mêmes (exemples : catégorie d'imposition à l'impôt sur le revenu, existence d'une société de fait), à l'exception des questions suivantes : caractère anormal d'un acte de gestion, principe et montant des amortissements et des provisions, caractère de charges déductibles ou d'immobilisation.
Par ailleurs, la commission n'est pas compétente pour se prononcer dans des litiges qui portent sur les revenus fonciers et mobiliers, les plus-values des particuliers, les traitements et salaires, les charges déductibles du revenu global ou l'application des pénalités.
La commission est également appelée à intervenir :
– dans le cadre des **examens contradictoires de la situation fiscale personnelle**, lorsque le contribuable est taxé d'office pour défaut de réponse à une demande d'éclaircissements ou de justifications ;
– pour la fixation du **forfait agricole** (qui s'est appliqué pour la dernière fois pour l'imposition des revenus de 2015) et des **valeurs locatives cadastrales**.
Sur le **plan territorial**, la commission compétente est en principe celle du ressort du tribunal administratif où se trouve le lieu d'imposition (en matière de bénéfices agricoles, de bénéfices industriels et commerciaux et de bénéfices non commerciaux, il s'agit en fait du lieu où est souscrite la déclaration spéciale de résultats).
L'**avis** de la commission est **notifié** au contribuable par l'administration qui l'informe, en même temps, du chiffre qu'elle se propose de retenir comme base d'imposition. L'impôt est ensuite mis en recouvrement.

> **Précisions** Dans le cas d'une procédure de rectification contradictoire qui fait suite à une **insuffisance des prix ou des évaluations** d'après lesquels ont été liquidés les droits d'enregistrement, la taxe de publicité foncière ou l'impôt sur la fortune immobilière, à défaut d'accord amiable, le litige peut être soumis à la **commission départementale de conciliation**, à l'initiative de l'administration ou du contribuable. L'intervention de la commission est possible lorsque l'insuffisance porte sur un immeuble, un fonds de commerce, une clientèle, un droit au bail, un navire ou un bateau, des titres de sociétés immobilières « transparentes » ainsi que sur des biens meubles corporels et des titres non cotés. La commission compétente est celle dans le ressort de laquelle les biens sont situés.

RÈGLES DE PREUVE

33605 L'échange intervenu entre l'administration et le contribuable au cours de la procédure de rectification a des conséquences sur les règles de preuve lorsque celui-ci entend, après la mise en recouvrement des impositions, présenter une demande en décharge ou en réduction de l'imposition par voie de **réclamation contentieuse**.

Par principe, c'est à l'administration qu'il incombe de prouver le bien-fondé des impositions supplémentaires notamment lorsqu'elle rejette les observations du contribuable (quel que soit l'avis rendu, le cas échéant, par la commission des impôts directs et des taxes sur le chiffre d'affaires).

Toutefois, par exception, la charge de la preuve (du mal-fondé de l'imposition supplémentaire) pèse sur le contribuable lorsque (LPF art. L 192) :

– sa comptabilité comportant de graves irrégularités, l'imposition a été établie conformément à l'avis de la commission (dans le cas contraire, la preuve du bien-fondé de l'excédent d'imposition incombe à l'administration) ;

– il n'a pas présenté de comptabilité ou de pièces en tenant lieu ;

– il est taxé d'office à l'impôt sur le revenu pour défaut de réponse à une demande d'éclaircissements ou de justifications à la suite d'un ESFP.

2. PROCÉDURE D'IMPOSITION D'OFFICE

CAS D'IMPOSITION D'OFFICE

33610 La loi prévoit cinq cas d'imposition d'office, dont quatre sont susceptibles en pratique de concerner les exploitants agricoles (LPF art. L 65 s.) :

– **défaut ou retard de production de certaines déclarations**. Sont principalement concernées : la déclaration d'ensemble des revenus, la déclaration des plus-values, la déclaration des bénéfices imposables à l'impôt sur les sociétés, les déclarations de TVA (régimes du réel, TVA sur opérations immobilières) et les déclarations de taxes ou participations assises sur les salaires. Le contribuable encourt notamment l'évaluation d'office de ses bénéfices lorsqu'il n'a pas produit dans les délais la déclaration spéciale de ses bénéfices agricoles réels. La taxation d'office est également applicable, en matière de droits d'enregistrement et d'impôt sur la fortune immobilière, aux personnes qui n'ont pas déposé de déclaration ou qui ont présenté un acte à la formalité hors délai ;

– non-respect de certaines **obligations incombant aux micro-entreprises**. Les exploitants agricoles qui relèvent d'un régime micro à raison d'une activité accessoire commerciale ou non commerciale peuvent faire l'objet d'une évaluation d'office, sans mise en demeure préalable, dans les cas suivants : défaut d'indication, sur la déclaration d'ensemble des revenus, du montant du chiffre d'affaires (ou des recettes) ou du montant des plus ou moins-values ; insuffisance du montant du chiffre d'affaires (ou des recettes) déclaré excédant 10 % de ce montant ; insuffisance du montant porté sur le registre des achats (micro-BIC) excédant 10 % de ce montant ; infractions aux dispositions interdisant le travail dissimulé et la publicité favorisant ce type de travail ;

– défaut de réponse à une **demande d'éclaircissements ou de justifications** de l'administration : voir nos 33320 s. ;

– **opposition à contrôle fiscal**.

> **Précisions** En cas de taxation d'office pour **défaut de réponse** à une demande d'éclaircissements ou de justifications **à l'issue d'un ESFP**, la **commission** des impôts directs et des taxes sur le chiffre d'affaires peut être saisie à l'initiative du contribuable ou de l'administration lorsque le désaccord persiste sur les rehaussements notifiés (LPF art. L 76, al. 1). En cas de réclamation contentieuse, le contribuable taxé d'office supporte néanmoins, par application du droit commun, la charge de la preuve.

MISE EN DEMEURE

Il ne peut être procédé à une imposition d'office basée sur une absence de déclaration que si le contribuable n'a pas **régularisé** sa situation dans les 30 jours de la mise en demeure que l'administration doit en principe lui notifier. Ce dispositif concerne notamment la déclaration d'ensemble des revenus, la déclaration des plus-values, les déclarations des bénéfices professionnels (IS, BA réels) et les déclarations des taxes ou participations assises sur les salaires. L'administration n'est pas tenue d'adresser une telle mise en demeure en matière de taxes sur le chiffre d'affaires (faute de texte le prévoyant) ou encore lorsque le contribuable ne s'est pas fait connaître auprès d'un organisme unique chargé des formalités des entreprises. En cas de défaut de déclaration d'IFI, l'administration relance, préalablement à l'envoi de la mise en demeure, le redevable défaillant par l'envoi d'une lettre amiable l'invitant à souscrire sa déclaration (BOI-PAT-IFI-60-10 n°s 130 et 140). 33615

Le contribuable qui dépose une déclaration dans les 30 jours de la mise en demeure ne peut pas être imposé d'office mais reste passible de la **pénalité** pour souscription hors délai d'une déclaration directement utilisée pour l'assiette de l'impôt (n° 33835).

> **Précisions** La **mise en demeure doit indiquer** précisément de quelle déclaration il s'agit, sous peine d'irrégularité de la taxation d'office. En particulier, la mise en demeure de souscrire la déclaration de résultats ne vaut pas mise en demeure si elle ne mentionne pas qu'il s'agit de la déclaration n° 2065 (CE 8-7-1998 n° 168388 : RJF 10/98 n° 1093).

CONSÉQUENCES DE L'IMPOSITION D'OFFICE

Faute de déclaration lui permettant de liquider l'impôt, l'administration procède à une évaluation des bases d'imposition, à l'aide des éléments dont elle dispose. Ces impositions peuvent être assorties de **pénalités**. 33620

L'administration est tenue de porter les bases ou les éléments de l'imposition d'office ainsi que leurs modalités de détermination (méthode et calculs) à la **connaissance du contribuable**, 30 jours au moins avant la mise en recouvrement des impositions. Cette notification interrompt la **prescription** (LPF art. L 76).

Une fois l'imposition mise en recouvrement, le contribuable conserve le droit de présenter une réclamation. Il lui incombe alors d'apporter la **preuve** que cette imposition est exagérée.

3. PROCÉDURES SPÉCIALES

PROCÉDURES DE RÉGULARISATION SPONTANÉE

Procédure de régularisation en cours de contrôle L'exploitant agricole qui fait l'objet d'un contrôle fiscal a la possibilité, pour les impôts sur lesquels il porte, de régulariser les erreurs, inexactitudes, omissions ou insuffisances commises dans les déclarations souscrites dans les délais, moyennant le paiement de l'**intérêt de retard à taux réduit** de 0,14 % par mois visé n° 33825, Précisions (LPF art. L 62). Cette possibilité est également ouverte aux associés d'une société vérifiée relevant de l'impôt sur le revenu (CE 4-5-2016 n° 383135 : RJF 7/16 n° 638). Sont exclus les droits d'enregistrement. 33630

Cette procédure ne peut être appliquée que si :

– le contribuable en fait la **demande**, en cas de contrôle sur pièces, dans les 30 jours de la réception d'une demande de renseignements, de justifications ou d'éclaircissements ou d'une proposition de rectification, en cas de vérification de comptabilité ou d'examen contradictoire de la situation fiscale personnelle (ESFP) avant toute proposition de rectification et en cas d'examen de comptabilité dans les 30 jours de la réception de la proposition de rectification ;

– la régularisation ne concerne pas une infraction caractérisant un **manquement délibéré** (voir n° 33845) (cette condition s'appréciant distinctement pour chaque régularisation) ;

– le contribuable dépose une **déclaration complémentaire** dans les 30 jours de sa demande acceptée par le service et acquitte l'intégralité des suppléments de droits simples et des intérêts de retard au moment du dépôt de la déclaration ou à la date limite de paiement portée sur l'avis d'imposition en cas de mise en recouvrement par voie de rôle (impôt sur le revenu, impôt sur la fortune immobilière, etc.). À défaut de paiement dans ces délais, le bénéfice de la réduction de l'intérêt de retard est conservé en cas d'acceptation par le comptable public d'un plan de règlement des droits simples.

Procédures de régularisation avant tout contrôle Le contribuable peut déposer spontanément, avant l'expiration du délai de reprise (n° 33205), une **déclaration rectificative** moyennant le paiement d'un **intérêt de retard** au taux réduit de moitié, soit 0,10 % par mois (CGI art. 1727, V). Sur les mesures de tempérament concernant les **majorations pour retard de** 33632

paiement, voir n° 33865. Le dépôt doit intervenir avant tout **acte de l'administration**, c'est-à-dire avant réception d'une mise en demeure, d'un avis d'examen contradictoire de la situation fiscale personnelle, d'un avis de vérification ou d'examen de comptabilité, d'une demande d'éclaircissements, de justifications ou de renseignements ou d'une proposition de rectification portant sur l'impôt considéré. Il peut également intervenir après un acte de l'administration qui porte sur un impôt différent (BOI-DAE-20-10 n°s 20 et 30).
Cette procédure ne peut être appliquée que si :
– la régularisation ne concerne pas une infraction exclusive de **bonne foi** ;
– le contribuable a déposé sa **déclaration initiale** et acquitté les droits correspondants dans les délais (BOI-DAE-20-10 n° 10) ;
– la déclaration rectificative est accompagnée du **paiement des droits simples** ou, s'agissant des impositions recouvrées par voie de rôle, le paiement est effectué au plus tard à la date limite de paiement portée sur l'avis d'imposition. À défaut de paiement dans ces délais, le bénéfice de la procédure est conservé en cas d'acceptation par le comptable public d'un plan de règlement des droits simples.

33633 Une procédure spéciale de **mise en conformité** permet aux **entreprises** et à leurs **dirigeants** de demander, avant tout contrôle fiscal, la régularisation de leur situation fiscale (Circ. du 8-3-2021).
Elle **concerne** toutes les anomalies fiscales découvertes par les nouveaux détenteurs et repreneurs d'une entreprise. Elle couvre également différentes problématiques, telles que le non-respect des conditions d'un pacte Dutreil (CGI art. 787 B), la non-imposition à tort d'une plus-value de cession de titres ou, plus généralement, toute opération susceptible d'entraîner l'application de la majoration de 80 % pour abus de droit, manœuvres frauduleuses ou activité occulte.
Le contribuable qui y a recours bénéficie par voie de transaction d'une atténuation des **pénalités et intérêts de retard** encourus, selon une grille fixée par l'administration.

33634 Par ailleurs, un **examen de conformité fiscale** (ECF) peut être demandé sur certains points spécifiques à un prestataire indépendant (commissaire aux comptes, expert-comptable, organisme de gestion agréé, etc.) par une entreprise quels que soient son régime d'imposition et son chiffre d'affaires (Décret 2021-25 du 13-1-2021 : JO 14 texte n° 45 ; Arrêté du 13-1-2021 : JO 14 texte n° 46).
Il **concerne** les points portant sur la qualité comptable des fichiers des écritures comptables, leur conformité, la certification des logiciels de caisse, la conservation des documents, le respect des règles sur le choix des régimes d'imposition (régime simplifié, régime normal, etc.), les amortissements, les provisions, les charges à payer et exceptionnelles ainsi que l'exigibilité en matière de TVA.
En pratique, l'existence d'un ECF doit faire l'objet d'une mention dans la déclaration de résultat au moyen d'une case à cocher, afin de produire les effets d'une mention expresse (CGI art. 1727, II-1 : voir n° 33850) : en cas de contrôle fiscal conduisant à un rappel d'impôt sur un point validé dans le cadre de l'ECF, l'**intérêt de retard** n'est pas appliqué si la bonne foi de l'entreprise n'est remise en cause ni par le prestataire ni par l'administration. Par ailleurs, dans cette hypothèse, aucune **pénalité** n'est encourue par l'entreprise qui a respecté les recommandations indiquées précisément dans le compte rendu de mission établi par le prestataire à l'issue de ses travaux (Communiqué min. comptes publics n° 570 du 18-1-2021).

TAXATION FORFAITAIRE D'APRÈS LES « SIGNES EXTÉRIEURS »

33635 Le **dispositif général** de taxation d'après les « signes extérieurs » consiste à faire une évaluation forfaitaire minimale du revenu imposable en appliquant à certains éléments du train de vie (résidences, employés de maison, automobiles, chevaux, etc.) un barème fixé par la loi (CGI art. 168).
Pour que la taxation d'après les signes extérieurs soit susceptible d'être appliquée, il faut que le **revenu forfaitaire** résultant du barème soit supérieur ou égal à un montant fixé à 52 867 € pour l'imposition des revenus de 2023. En outre, il est nécessaire qu'une **disproportion marquée** (un tiers au moins) apparaisse, pour l'année d'imposition, entre le revenu forfaitaire et le revenu net global déclaré par le contribuable.
La taxation forfaitaire est applicable, même en l'**absence de souscription de la déclaration d'ensemble des revenus** pour l'année considérée, les revenus du contribuable étant alors comptés pour zéro. Le contribuable faisant l'objet de la taxation forfaitaire peut **contester l'imposition** en apportant la preuve qu'il a assuré son train de vie à l'aide de ses revenus, de l'utilisation de son capital ou d'emprunts qu'il a contractés.

> **Précisions** Un dispositif **spécifique** de taxation d'après les « signes extérieurs », s'inscrivant dans le cadre de la **lutte contre les activités illicites**, sur information de l'administration fiscale par la police judiciaire, le ministère public ou l'autorité judiciaire, est prévu par l'article 1649 quater-0 B ter du CGI.

PROCÉDURES D'ABUS DE DROIT

Les procédures d'abus de droit permettent à l'administration d'écarter, comme ne lui étant pas opposables, les **actes** fictifs ou à but exclusivement fiscal (LPF art. L 64) ainsi que les actes à but principalement fiscal (LPF art. L 64 A). 33640

Sont visés par l'article L 64 du LPF les actes ayant un **caractère fictif** ou qui, recherchant le bénéfice d'une application littérale des textes ou de décisions à l'encontre des objectifs poursuivis par leurs auteurs, n'ont pu être inspirés par **aucun autre motif** que celui d'éluder ou d'atténuer les charges fiscales que l'intéressé, si ces actes n'avaient pas été passés ou réalisés, aurait normalement supportées, eu égard à sa situation ou à ses activités réelles.

Les actes visés par l'article L 64 A du LPF sont ceux qui, recherchant le bénéfice d'une application littérale des textes ou de décisions à l'encontre des objectifs poursuivis par leurs auteurs, ont pour **motif principal** d'éluder ou d'atténuer les charges fiscales de l'intéressé.

La procédure définie à l'article L 64 A ne s'applique pas dans tous les cas où l'abus peut être caractérisé sur le fondement de l'article L 64 (BOI-CF-IOR-30-20 n° 110).

> **Précisions** **a.** Les deux procédures d'abus de droit sont susceptibles de s'appliquer à **tous les impôts**, étant toutefois précisé qu'en matière d'impôt sur les sociétés, c'est une clause anti-abus générale qui permet à l'administration d'écarter les montages réalisés en fraude à la loi dans un but principalement fiscal (voir n° 24105).

b. Il n'est pas interdit à un contribuable, lorsqu'il a le **choix** entre deux **solutions légales**, de retenir la moins onéreuse du point de vue fiscal, du moment que les actes juridiques expriment bien les rapports de droit et de fait entre les parties. L'exercice d'une option offerte par la législation fiscale n'est pas en soi constitutif d'un abus de droit, les conditions qui ont permis de se trouver en situation d'exercer cette option peuvent en revanche être regardées comme abusives (BOI-CF-IOR-30-10 n° 50).

c. Les procédures d'abus de droit ne sont pas applicables lorsque le contribuable, préalablement à la conclusion d'un contrat ou d'une convention, a **consulté l'administration** centrale, par écrit, sur la validité de l'opération et que l'administration n'a pas répondu dans les six mois (LPF art. L 64 B).

d. La procédure de répression des abus de droit peut faire échec à la **garantie d'opposabilité de l'interprétation administrative des textes fiscaux** (n° 33710) si les opérations en cause procèdent d'un montage artificiel, dénué de toute substance et élaboré sans autre finalité que d'éluder ou d'atténuer l'impôt (CE ass. 28-10-2020 n° 428048 : RJF 1/21 n° 59).

e. L'administration peut avoir recours au principe général de fraude à la loi, pour ne pas tenir compte d'actes de droit privé opposables aux tiers, **en l'absence de procédure de rectification**, le litige n'entrant pas dans le champ d'application de l'article L 64 (CE QPC 4-2-2022 n° 455278 : RJF 5/22 n° 485 ; c'est le cas notamment lors de l'examen d'une réclamation).

f. Pour une application en matière d'**exonération de droits de mutation à titre gratuit de parts de GFA**, voir n°s 26882 s.

Déroulement de la procédure En cas de désaccord entre l'administration et le contribuable sur les rectifications proposées, les litiges résultant des deux procédures d'abus de droit peuvent être soumis à l'avis du **comité de l'abus de droit fiscal**, à l'initiative de l'administration ou du contribuable. 33650

Par suite, lorsque, à l'occasion d'une rectification, il y a désaccord entre le contribuable et l'administration sur l'appréciation du bien-fondé de l'application de la procédure, l'administration doit, avant de mettre les impositions correspondantes en recouvrement, informer le contribuable de la persistance du désaccord et de la possibilité qui lui est offerte par la loi de demander – dans les 30 jours suivant la réception de la réponse de l'administration – la saisine, pour avis, du comité de l'abus de droit fiscal.

Lorsque le comité est saisi, le contribuable et l'administration sont invités par le président à présenter leurs **observations**. Les observations sont formulées dans le cadre d'un débat oral et contradictoire. Le contribuable a la possibilité de ne pas se présenter ou de se faire représenter (BOI-CF-IOR-30-30 n° 270).

Quel que soit l'avis du comité ou si le comité n'est pas consulté, l'administration supporte la **charge de la preuve** en cas de réclamation. Par exception, la charge de la preuve incombe au contribuable, lorsqu'il n'a pas présenté de comptabilité ou de pièces en tenant lieu, ou, si l'imposition est établie conformément à l'avis du comité, lorsque sa comptabilité comporte de graves irrégularités.

Sanctions L'abus de droit réprimé par l'article L 64 du LPF entraîne l'application d'une **majoration spécifique** de 40 % lorsque le contribuable n'est pas le principal instigateur ou 33655

bénéficiaire de l'opération, c'est-à-dire quand il n'a pas pris une part active dans le montage considéré comme abusif par l'administration (80 % dans la situation inverse). Lorsque plusieurs personnes bénéficient des opérations abusives dans les mêmes proportions, elles sont chacune considérées comme bénéficiaire principal. Toutes les parties à l'acte sont tenues solidairement avec le contribuable au paiement de la majoration et de l'intérêt de retard.
Dans le cadre de la procédure définie à l'article L 64 A, cette majoration spécifique ne s'applique pas. Seules les **majorations de droit commun** sont, le cas échéant, applicables (voir n° 33855).

D. Garanties des contribuables

GARANTIES EN CAS DE VÉRIFICATION

33680 Les contribuables qui font l'objet d'une vérification (vérification de comptabilité, examen de comptabilité ou ESFP) disposent d'un certain nombre de garanties qui s'imposent à l'administration et dont la violation peut entraîner l'annulation de la procédure. Certaines de ces garanties sont communes à l'ensemble de ces procédures, d'autres sont spécifiques à chacune de ces formes de contrôle.

33685 **Garanties communes** Les agents de l'administration doivent prévenir le contribuable en lui envoyant – ou éventuellement en lui remettant lors de leur première visite – un **avis de vérification (ou d'examen)**. Cet avis doit préciser les années soumises à vérification et mentionner expressément, sous peine de nullité de la procédure, que le contribuable a la faculté de se faire **assister d'un conseil** au cours du contrôle (LPF art. L 47).
Le contribuable est informé, dans l'avis de vérification (ou d'examen), que la **charte des droits et obligations du contribuable vérifié** peut être consultée sur le site internet de l'administration fiscale ou lui être remise sur simple demande (LPF art. L 47, al. 3). Ce document a pour objet de résumer les principales règles applicables en matière de contrôle fiscal, les dispositions qui y sont contenues étant opposables à l'administration (LPF art. L 10).
À l'issue du contrôle, l'administration a l'obligation d'informer le contribuable des **résultats de la vérification**, même en l'absence de rectification (LPF art. L 49). Si des rectifications sont envisagées, l'administration doit indiquer au contribuable le montant des droits, taxes et pénalités en résultant. Cette information est effectuée dans la proposition de rectification ou dans la notification des bases d'imposition d'office (LPF art. L 48).
Enfin, les contribuables ayant fait l'objet d'une vérification peuvent se faire communiquer par l'administration le **rapport de vérification**.

> **Précisions** Le contribuable doit disposer d'un **délai minimal** de deux jours pleins (samedi, dimanche et jours fériés non décomptés) entre la date de réception de l'avis de vérification et celle du début du contrôle (CE 2-10-2002 n° 228436 : RJF 12/02 n° 1348). La loi autorise cependant les vérificateurs :
> – à effectuer, dans le cadre des vérifications de comptabilité, des **interventions inopinées** pour une première phase de vérification limitée à des opérations de contrôle matériel : constatation des stocks, de l'existence des documents comptables, etc. (LPF art. L 47, al. 5) ;
> – à demander au contribuable la production de ses **relevés de comptes**, dans le cadre d'un examen contradictoire de la situation fiscale personnelle (LPF art. L 47, al. 4).

33690 **Garanties propres aux vérifications de comptabilité** Sous peine d'irrégularité de la procédure, le contribuable faisant l'objet d'une vérification de comptabilité doit avoir la possibilité d'un **débat oral et contradictoire** avec le vérificateur (CE 2-5-1990 n° 58215 : RJF 6/90 n° 721 ; 23-11-2015 n° 378031 : RJF 2/16 n° 164). Cela dit, c'est au contribuable qui prétend avoir été privé de cette garantie de prouver l'absence de débat avec le vérificateur. Ce débat est présumé avoir eu lieu lorsque la vérification s'est déroulée dans les locaux de l'entreprise (CE 17-2-1997 n° 165573 : RJF 3/97 n° 238 ; 15-12-2010 n°s 323749 et 326816 : RJF 3/11 n° 289).
Lorsqu'une vérification (ou un examen) de comptabilité, pour une période et un impôt déterminés, est achevée, l'administration ne peut pas, en principe, procéder à une **nouvelle vérification** pour la même période et pour le même impôt (LPF art. L 51). En cas de violation de cette règle, la seconde vérification est irrégulière.
Sous peine de nullité de la procédure, la vérification sur place des livres ou documents comptables ne peut s'étendre sur une **durée** supérieure à trois mois pour les contribuables dont le montant HT du chiffre d'affaires n'excède pas la limite d'admission au régime réel simplifié, c'est-à-dire, pour 2023, 391 000 € pour les exploitants agricoles. L'expiration du délai en cause

n'est pas opposable à l'administration pour l'examen des observations ou l'instruction des réclamations présentées par le contribuable (LPF art. L 52).

Garanties propres aux examens de comptabilité L'essentiel des garanties prévues en matière de vérifications de comptabilité s'applique aux examens de comptabilité : notamment le **non-renouvellement** du contrôle et la possibilité d'avoir un **dialogue oral et contradictoire**. 33692

Six mois au plus tard **après la réception** de l'ensemble des copies des **FEC**, l'administration adresse au contribuable soit une proposition de rectification, mentionnant la nature et le résultat des traitements informatiques donnant lieu aux redressements, soit un avis d'absence de rectification. Les fichiers informatiques ne peuvent être conservés par l'administration à l'issue de l'examen, qui doit les détruire **avant la mise en recouvrement** ou avant d'informer le contribuable en l'absence de redressements (LPF art. L 47 AA, 4 à 6).

Garanties propres aux ESFP En plus des garanties exposées n° 33685, les contribuables qui font l'objet d'un ESFP bénéficient de garanties spécifiques. 33695

Le vérificateur doit engager un **débat contradictoire** (mais pas nécessairement oral) avec le contribuable sur les points sur lesquels il envisage une rectification (CE 10-1-2001 n°s 211967-212114 : RJF 4/01 n° 436).

Sous peine de nullité de l'imposition, la **durée d'un ESFP** ne peut en principe s'étendre sur une période supérieure à un an à compter de la date de réception ou de remise au contribuable de l'avis de vérification (LPF art. L 12). Lorsque le contrôle porte sur plusieurs années et donne lieu à des propositions de rectifications distinctes pour chacune des années, le délai d'un an s'apprécie année par année (CE 23-6-2014 n° 355705 : RJF 10/14 n° 868).

Quand elle a procédé à l'ESFP d'un contribuable au regard de l'impôt sur le revenu, l'administration ne peut plus procéder à des rectifications, pour la même période et le même impôt. Cette garantie de **limitation du droit de reprise** joue lorsque l'ESFP est considéré comme achevé, c'est-à-dire à partir de la date de notification au contribuable des conséquences du contrôle : notification d'une proposition de rectification, des bases d'imposition d'office ou de l'absence de rehaussement (CE 28-9-1983 n° 37524 : RJF 11/83 n° 1261). La sanction de la violation de cette garantie est l'irrégularité des rectifications supplémentaires, même si le contribuable est en situation de taxation d'office. Attention cependant, la garantie ne joue pas lorsque des faits nouveaux postérieurs à l'achèvement de l'ESFP permettent à l'administration d'établir que le contribuable a fourni des éléments inexacts ou incomplets au cours de la vérification.

Pour les informations recueillies à l'occasion d'un ESFP, l'obligation du **secret professionnel** nécessaire au respect de la vie privée s'impose au vérificateur à l'égard de toutes personnes autres que celles ayant, par leurs fonctions, à connaître du dossier (LPF art. L 103, al. 2).

GARANTIE CONTRE LES CHANGEMENTS DE DOCTRINE

Les contribuables peuvent se prévaloir de la doctrine que l'administration des impôts énonce pour l'interprétation des textes fiscaux ou de l'appréciation qu'elle porte sur des situations de fait. Cette règle résulte des articles L 80 A et L 80 B du LPF. 33705

Opposabilité de l'interprétation administrative des textes fiscaux En vertu de l'article L 80 A du LPF, les services fiscaux ne peuvent pas procéder à des rehaussements d'impositions qui seraient en contradiction avec la **doctrine administrative en vigueur** au moment où il en a été fait application, soit par l'administration (en mettant en recouvrement l'imposition primitive), soit par le contribuable (en souscrivant une déclaration ou en liquidant un impôt). Il en résulte que, lorsque l'administration modifie l'interprétation qu'elle avait précédemment donnée de textes fiscaux, la **modification** ne peut avoir d'effet que **pour l'avenir**. 33710

La doctrine opposable à l'administration est celle qui s'exprime : 33715
– soit dans des **documents de portée générale** : instructions et circulaires publiées au Bulletin officiel des finances publiques-Impôts (base documentaire dite « Bofip » regroupant l'ensemble des commentaires administratifs, accessible sur le site internet de l'administration fiscale impots.gouv.fr) et précisions doctrinales qui y sont intégrées, réponses ministérielles aux questions écrites des parlementaires, lettres aux organisations professionnelles ;
– soit par **décisions individuelles** : réponses aux demandes de renseignements des contribuables (y compris, sous certaines conditions, celles qui leur sont adressées par courrier électronique : BOI-SJ-RES-10-10-20 n°s 300 et 310) et, plus généralement, tous documents par lesquels l'administration prend formellement position sur une question fiscale (par exemple, abandon formel de rehaussement). Pour être opposables à l'administration, les décisions individuelles doivent exprimer formellement l'interprétation d'un texte.

Dans le cadre d'un examen ou d'une vérification de comptabilité ou d'un examen contradictoire de la situation fiscale personnelle, les points indiqués sur la **proposition de rectification** (ou sur l'**avis d'absence de rectification**) comme ne comportant ni insuffisance, ni inexactitude, ni omission, ni dissimulation sont opposables à l'administration lors d'un contrôle ultérieur (LPF art. L 80 A et L 49). Si aucun point n'est énuméré par le vérificateur dans la pièce de procédure, sans motivation de l'absence d'application de la garantie fiscale, celle-ci est présumée s'appliquer à l'ensemble des points couverts par l'avis d'engagement du contrôle qui n'ont pas donné lieu à rectification (BOI-CF-PGR-30-25 n° 160). Sur l'appréciation portée par l'administration sur des **situations de fait** : voir également n° 33725.

La doctrine dont peut se prévaloir le contribuable doit porter sur l'**assiette de l'impôt**. Les documents de portée générale relatifs aux **pénalités** et au **recouvrement** de l'impôt sont également opposables. En revanche, le contribuable ne peut pas invoquer une doctrine concernant les **procédures d'imposition** (CE 23-12-2010 n° 309331 : RJF 4/11 n° 465) l'**établissement des pénalités** (CE 24-9-2014 n° 361330 : RJF 12/14 n° 1127) ou le **refus de l'administration de lui faire bénéficier** d'un droit ou d'une option permettant d'obtenir une **diminution de l'imposition primitive** (CE 23-11-2007 n° 268210 : RJF 2/08 n° 179 ; 14-6-2017 n° 400351 : RJF 10/17 n° 965).

33720 La garantie s'applique tant que la doctrine n'est pas révoquée ou devenue caduque. Le retrait ou la **caducité d'une doctrine** s'apprécie à la date du fait générateur de l'impôt (CE 18-3-1988 n° 73693 : RJF 5/88 n° 627) ou, en matière de plus-values soumises à l'impôt sur le revenu, à la date du fait générateur de la plus-value (date de la cession) (CE 10-2-2017 n° 386221 : RJF 5/17 n° 460). La caducité de la doctrine peut résulter d'un changement de législation ou, dans le cas de décision individuelle, d'une modification de la situation du contribuable. Les doctrines antérieures à la création de la base documentaire Bofip non reprises dans cette base doivent être regardées comme rapportées (CE 27-2-2013 n° 357537 : RJF 5/13 n° 520).

En revanche, lorsque la doctrine exprimée est contredite par l'**évolution de la jurisprudence**, elle continue à produire ses effets jusqu'à ce que l'administration publie une nouvelle doctrine (mais le contribuable peut, bien sûr, se prévaloir de la nouvelle jurisprudence si elle lui est plus favorable).

33725 Opposabilité de l'appréciation des situations de fait et des rescrits

Lorsque l'administration a formellement pris **position sur la situation de fait** du contribuable **au regard d'un texte fiscal** (par exemple, sur la qualification de son activité), elle ne peut procéder à des rehaussements d'impositions antérieures qui seraient fondés sur une appréciation différente de cette situation (LPF art. L 80 B).

Lorsqu'il s'agit d'une **demande écrite, précise et complète** formulée aux fins de prise de position formelle sur sa situation de fait par un contribuable de **bonne foi**, elle doit se prononcer dans un délai de trois mois (LPF art. L 80 B, 1°). Ce délai court à compter de la réception de la demande par le service compétent (ou, si l'administration a sollicité des renseignements complémentaires, à compter de la réception des compléments demandés). La réponse de l'administration lui est opposable.

Le contribuable peut solliciter une prise de position de l'administration quant à sa propre situation. Le **rescrit contrôle** permet ainsi de demander par écrit au cours de la vérification ou l'examen de comptabilité une prise de position formelle dans la proposition de rectification ou l'avis d'absence de rectification, opposable à l'administration, sur les points ne comportant ni insuffisance, ni inexactitude, ni omission, ni dissimulation (LPF art. L 80 B, 10° et L 49).

Le contribuable peut également demander que l'administration se prononce sur le fait qu'il bénéficie ou non de certains régimes spéciaux. L'absence de réponse à cette demande dans un délai de trois mois à compter de la réception de la demande par le service compétent (ou de la réception de la totalité des éléments nécessaires lorsque l'administration en a sollicité) vaut alors **accord tacite** de l'administration, accord qui peut lui être opposé par le contribuable.

En outre, lorsque l'administration a pris formellement certaines positions à la suite d'une demande écrite, précise et complète déposée par un contribuable de bonne foi sur sa situation de fait, l'intéressé peut, dans un délai de deux mois, **solliciter un second examen** de sa demande, à condition de n'invoquer aucun élément nouveau. L'administration examine la demande de manière collégiale et y répond de façon définitive selon les mêmes règles et délais que ceux applicables à la demande initiale, décomptés à partir de la nouvelle saisine (LPF art. L 80 CB). Le rescrit contrôle est exclu du champ de ce second examen.

Les rescrits fiscaux ne peuvent pas, en principe, être contestés dans le cadre d'un **recours pour excès de pouvoir**. Toutefois, le contribuable peut former un tel recours à l'issue du second examen de sa demande, lorsque l'application de la prise de position formelle de l'administration entraînerait des effets notables autres que fiscaux (CE sect. 2-12-2016 n° 387613 : RJF 2/17 n° 168). Les effets non fiscaux invocables sont, par exemple, pour le contribuable qui se conformerait à la prise de position de l'administration, le fait de renoncer à un projet important ou de devoir modifier substantiellement un tel projet.

> **Précisions** **a.** L'administration peut être également consultée sur le terrain de l'**abus de droit** (voir n° 33640, c).
> **b.** La bonne foi du contribuable ne peut être retenue s'il **saisit abusivement plusieurs services différents** d'une même demande (simultanément ou successivement) sans que chacun en soit expressément informé (BOI-SJ-RES-10-20-10 n° 320).
> **c.** Seule une **réponse expresse** à la demande du contribuable peut engager l'administration (BOI-SJ-RES-10-20-10 n° 350). En principe, seules les prises de position formulées par **écrit** peuvent être invoquées. L'administration admet les prises de position adressées par **courriers électroniques** sous condition toutefois de produire un document mentionnant les nom, fonctions et coordonnées de l'agent ayant répondu, les faits et le droit applicable, et enfin la prise de position explicite et sans ambiguïté ; les dates de la question et de la réponse doivent aussi être établies avec certitude (BOI-SJ-RES-10-10-20 n°s 300 et 310 ; dans le même sens, TA Melun 5-11-2015 n° 1402064 : RJF 4/16 n° 359).
> **d.** Les prises de positions administratives ne sont pas opposables en matière de **recouvrement** fiscal (CAA Nancy 1-2-2018 n° 16NC00423 : RJF 6/18 n° 651).

SECTION 2

SANCTIONS

A. Pénalités fiscales

Par « pénalités fiscales », **on entend** les sanctions pécuniaires appliquées par l'administration, en vertu de la loi, sous le contrôle des tribunaux. Sont regroupées sous ce vocable les pénalités de retard et les véritables sanctions (majorations et amendes). **33800**

Remarques : 1. Des **remises ou modérations** des pénalités peuvent parfois être obtenues dans les conditions indiquées n°s 34420 s. **33805**
2. L'administration est tenue de **motiver** les décisions individuelles qui infligent une sanction fiscale. Cette obligation vise, notamment, les majorations pour insuffisance de déclaration (quels que soient le type de contrôle et la procédure de rectification utilisés), les majorations pour défaut ou retard de déclaration ou pour retard de paiement mais non l'intérêt de retard. Le défaut (ou l'insuffisance) de motivation des pénalités est susceptible d'entraîner leur annulation (CE 22-2-1989 n° 70252 : RJF 4/89 n° 444). Les sanctions motivées doivent être portées à la connaissance du contribuable au moins 30 jours avant la notification de l'avis de mise en recouvrement ou de l'avis d'imposition ; durant ce délai, le contribuable peut présenter des observations (LPF art. L 80 D, al. 2). En pratique, ces éléments figurent dans la proposition de rectification ou dans la notification des bases d'imposition d'office dans les cas visés n°s 33585 et 33620.

> **Précisions** Lorsque les sanctions sont motivées sur la proposition de rectification et si le contribuable bénéficie, sur sa **demande, d'une prorogation du délai de réponse** à cette proposition (n° 33590), il dispose du même délai pour présenter ses observations sur les sanctions.

INTÉRÊT DE RETARD

Le régime des pénalités fiscales se caractérise par l'application généralisée d'un intérêt de retard de **0,20 % par mois** (CGI art. 1727), qui n'est pas considéré comme une sanction, mais qui s'ajoute aux majorations et amendes calculées sur le montant des droits éludés par le contribuable (majoration prévue par l'article 1728 du CGI en cas de défaut ou de retard de déclaration par exemple). En revanche, l'intérêt de retard n'est pas réclamé lorsqu'il est fait application de majorations ou amendes qui se substituent aux droits éludés (par exemple, pénalité prévue en matière de distributions occultes). **33825**
Par exception, l'intérêt de retard **ne s'applique pas** :
– en cas de mention expresse (n° 33850) ;
– en cas de demande de renseignements adressée à l'administration restée sans réponse (n° 33850) ;
– en cas de rehaussement de la valeur locative de certains biens dû à une erreur de l'administration (n° 33850) ;
– en cas d'application de la tolérance légale (n° 33850) ;
– en cas d'application de la majoration pour paiement tardif (visée n° 33865).

> **Précisions** L'intérêt de retard s'applique à un **taux réduit** lorsque le contribuable régularise les erreurs, inexactitudes, omissions ou insuffisances commises de bonne foi dans ses déclarations, avant tout contrôle (taux applicable de 0,10 % : voir n° 33632) ou au cours d'un contrôle effectué sur sa demande (taux applicable de 0,14 % : voir n° 33450) ou à l'initiative de l'administration (taux applicable de 0,14 % : voir n° 33630).

33830 **Suppression d'avantages fiscaux en cas de manquements graves** En matière d'**impôt sur le revenu**, les **déficits** et les **réductions d'impôt** ne peuvent pas s'imputer sur les rehaussements et droits donnant lieu à l'application de l'une des **majorations de 40 %, 80 % ou 100 %** prévues pour insuffisance de déclaration (n° 33855), défaut ou retard de déclaration (n° 33835), opposition au contrôle fiscal (n° 33355) ou encore abus de droit (n° 33640). De même, en matière d'**IFI**, est exclue l'imputation des **réductions d'impôt** au titre des dons à certains organismes sur les droits donnant lieu à l'application de l'une de ces majorations ou de la majoration de 40 % pour retard de déclaration faisant suite à la révélation d'avoirs à l'étranger (CGI art. 1731 bis).

> **Précisions a.** L'impossibilité d'imputer les réductions d'impôt s'applique à l'ensemble des réductions d'impôt sur le revenu, y compris celles dont bénéficient les personnes physiques titulaires de **revenus passibles de l'impôt sur le revenu dans la catégorie des bénéfices agricoles** (BOI-CF-INF-20-10-30 n° 40). La perte du bénéfice des réductions d'impôt est limitée aux années d'imposition rectifiées et n'a pas d'incidence sur les modalités d'imputation, au titre des années suivantes, des **fractions de réduction d'impôt bénéficiant d'une faculté spécifique de report ou de fractionnement** (BOI précité n° 100).
> **b.** La suppression des avantages fiscaux vaut également pour certains dispositifs spécifiques s'inscrivant dans le cadre de la **lutte contre les activités illicites, la fraude et l'évasion fiscales.**

MANQUEMENT AUX OBLIGATIONS DÉCLARATIVES

33835 **Défaut ou retard de production des déclarations** Le défaut ou le retard de production d'une déclaration ou d'un acte comportant l'indication d'éléments à retenir pour l'assiette ou la liquidation de l'impôt entraînent l'application de l'**intérêt de retard** de 0,20 % par mois et d'une **majoration** dont le taux est fixé à (CGI art. 1728, 1) :
– 10 % en l'absence de mise en demeure de déposer la déclaration ou de présenter l'acte à l'enregistrement ou lorsque le document a été déposé dans les 30 jours suivant la réception d'une mise en demeure ;
– 40 % lorsque le document n'a pas été déposé dans les 30 jours suivant la réception d'une mise en demeure ;
– 80 % en cas d'exercice d'une activité occulte (n° 33240).
Sont notamment concernés la déclaration d'ensemble des revenus, les déclarations de revenus ou bénéfices catégoriels (BA réels, revenus fonciers, etc.), la déclaration d'impôt sur les sociétés, les déclarations de chiffre d'affaires, les déclarations de succession et d'impôt sur la fortune et les déclarations ou actes donnant ouverture aux droits d'enregistrement. En revanche, les sanctions pour défaut ou retard de production de documents utilisés pour le **contrôle de l'impôt** sont celles visées n° 33885.
Lorsque l'administration adresse au contribuable, alors même qu'elle n'y est **pas tenue**, une **mise en demeure** de déposer sa déclaration de TVA avant de procéder à son imposition par voie de taxation d'office, la majoration des droits de 10 % est portée à 40 % si le contribuable n'obtempère pas dans les trente jours suivant la réception de cette mise en demeure (CE 27-1-2010 n° 305291 : RJF 4/10 n° 400).

33840 L'intérêt de retard se **calcule** :
– en principe, du premier jour du mois suivant celui au cours duquel la somme concernée devait être acquittée,
– jusqu'au dernier jour du mois de la souscription ou de la présentation de la déclaration ou de l'acte (réparation spontanée de l'infraction) ou de la notification de la proposition de rectification ou des bases arrêtées d'office.
L'intérêt de retard et la majoration ont pour **base** de calcul le montant des droits mis à la charge du contribuable ou résultant de la déclaration déposée hors délai.
Lorsque des **insuffisances** sont constatées dans une **déclaration tardive**, la majoration pour retard de déclaration s'applique à l'intégralité des droits, qu'ils résultent de la déclaration tardive ou des rehaussements apportés à la déclaration. Les majorations pour insuffisance visées

n° 33855 ne sont pas applicables, sauf si leur taux est supérieur à la majoration pour retard, auquel cas elles s'y substituent sur la fraction des droits résultant des rehaussements (CGI art. 1729 A, 2).

> **Précisions** Concernant les **déclarations de succession déposées en retard**, la majoration au taux de 10 % qui s'ajoute à l'intérêt de retard n'est pas encourue si le retard de dépôt n'excède pas six mois. Le taux de la majoration est porté à 40 % lorsque la déclaration n'a pas été déposée dans les 90 jours suivant la réception d'une mise en demeure.

Insuffisances de déclaration Il s'agit des **omissions ou inexactitudes** relevées dans les déclarations ou les actes comportant l'indication d'éléments à retenir pour l'**assiette ou la liquidation de l'impôt** et dont la réparation se traduit par un supplément d'impôt (ces insuffisances doivent être distinguées de celles visées n° 33885 afférentes aux documents servant seulement au **contrôle de l'impôt**) (CGI art. 1729). 33845

Les pénalités sont différentes selon que le contribuable peut être considéré comme ayant agi :
– de bonne foi, c'est-à-dire de manière involontaire. On parle alors d'« absence de manquement délibéré » ;
– de mauvaise foi, s'il a agi volontairement. On parle alors de « manquement délibéré ».
Sur les sanctions applicables en cas d'insuffisances figurant dans des déclarations tardives : voir nos 33835 s.

En l'**absence de manquement délibéré**, l'infraction entraîne l'application de l'intérêt de retard de 0,20 % par mois. Cet intérêt se calcule, en principe, à compter du premier jour du mois suivant celui au cours duquel l'impôt devait être acquitté. En cas de rectifications portant sur les taxes sur le chiffre d'affaires, l'intérêt de retard dû sur les rehaussements est décompté à partir du premier jour de l'exercice suivant celui sur lequel portent lesdits rehaussements. 33850

Le décompte de l'intérêt de retard a, en principe, pour point d'arrêt le dernier jour du mois de la notification de la proposition de rectification. En cas d'application de la procédure de régularisation spontanée (n° 33630), ce point d'arrêt est ramené au dernier jour du mois au cours duquel doit intervenir le dépôt de la déclaration complémentaire de régularisation (BOI-CF-IOR-20-10 n° 60).

L'intérêt de retard n'est pas applicable au titre des éléments d'imposition pour lesquels le contribuable fait connaître, par une **mention expresse** portée sur la déclaration ou l'acte, ou dans une note annexée, les motifs de droit ou de fait qui le conduisent à ne pas les mentionner en totalité ou en partie, ou à leur donner une qualification qui, si elle était fondée, entraînerait une taxation atténuée, ou fait état de déductions qui sont ultérieurement reconnues injustifiées (CGI art. 1727, II-1), et ce même s'il est de mauvaise foi (CE 19-11-2008 n° 307229 : RJF 2/09 n° 139). Sur la mention expresse dans la déclaration de résultat de l'existence d'un examen de conformité fiscale, voir n° 33634.

De même, en application de la « **tolérance légale** », aucun intérêt de retard n'est applicable lorsque l'insuffisance des chiffres déclarés n'excède pas :
– le vingtième de la base d'imposition retenue après rectification en matière d'impôt sur le revenu, d'impôt sur les sociétés et impositions assimilées (contribution sociale sur l'impôt sur les sociétés, etc.) (CGI art. 1727, II-4) ;
– le dixième, en matière de droits d'enregistrement, de taxe de publicité foncière et d'IFI ; l'insuffisance s'apprécie bien par bien après rectification (CGI art. 1727, II-3).

L'intérêt de retard n'est pas applicable au titre des éléments d'imposition afférents à une déclaration souscrite dans les délais prescrits, si le principe ou les modalités de la déclaration de ces éléments se heurtent, soit à une **difficulté d'interprétation d'une disposition fiscale nouvelle**, soit à une **difficulté de détermination des incidences fiscales d'une règle comptable** et si le contribuable de bonne foi a joint à sa déclaration la copie de la demande, déposée avant l'expiration du délai de déclaration, par laquelle il a sollicité de l'administration, de manière précise et complète, une prise de position sur la question sans obtenir de réponse ou si l'administration n'a pas formellement pris position sur la question avant l'expiration du délai de déclaration (CGI art. 1727, II-2).

Enfin, l'intérêt de retard n'est pas applicable si la cause du rehaussement est un différend sur la valeur locative de locaux d'habitation ou à usage professionnel ou de locaux commerciaux et **biens** divers **autres que** des **établissements industriels** et s'il est démontré que le contribuable de bonne foi a acquitté l'imposition sur la base du rôle établi par l'administration et que le différend ne résulte **ni** d'un **défaut ni** d'une **inexactitude de déclaration** (CGI art. 1727, II-2 bis).

33855 En **cas de manquement délibéré**, le contribuable est redevable, en plus de l'intérêt de retard de 0,20 % par mois, d'une majoration de 40 % (CGI art. 1729). Le taux de cette majoration est porté à 80 % en cas de manœuvres frauduleuses ou de dissimulation de prix (voir n° 33480). Ces majorations de 40 % et 80 % sont également applicables en cas d'obtention indue du versement d'une créance de nature fiscale (**remboursement de crédit de TVA** par exemple) (CGI art. 1729). En revanche, l'intérêt de retard ne s'applique pas (sauf en cas de paiement tardif des sommes mises en recouvrement).

> **Précisions a.** Lorsque **le caractère délibéré n'est retenu que pour partie**, l'intérêt de retard est dû sur la totalité des droits mis à la charge du contribuable. Les majorations sont, quant à elles, applicables à raison des droits résultant des infractions pour lesquelles le manquement délibéré, les manœuvres frauduleuses ou la dissimulation de prix sont établis.
b. Sur l'impossibilité d'**imputer** certains **avantages fiscaux** en cas d'application des majorations de 40 % ou 80 % : voir n° 33830.

DÉFAUT OU RETARD DE PAIEMENT

33865 Pour l'**impôt sur le revenu, la taxe foncière, la taxe d'habitation sur les résidences secondaires et autres locaux meublés non affectés à l'habitation principale, les contributions sociales sur les revenus du patrimoine et l'IFI**, le défaut de paiement ou le paiement tardif est sanctionné par une majoration de 10 % (CGI art. 1730). L'**intérêt de retard** de 0,20 % par mois (n° 33825) n'est pas dû. La majoration n'est pas appliquée en cas de régularisation spontanée avant tout contrôle bénéficiant de la réduction de moitié de l'intérêt de retard visée n° 33632, lorsque les impositions sont acquittées de façon échelonnée conformément au plan de règlement accordé par le comptable (BOI-CF-INF-10-30 n° 135).
Pour les **autres impôts** (impôt sur les sociétés, TVA, droits d'enregistrement, taxe sur les salaires, cotisation foncière des entreprises, cotisation sur la valeur ajoutée des entreprises, etc.), le paiement tardif entraîne l'application de l'intérêt de retard de 0,20 % par mois et d'une majoration de 5 % (CGI art. 1731) qui n'est toutefois pas due :
– lorsque les impositions résultent d'un contrôle de la déclaration ou de l'acte souscrits ou d'une taxation d'office consécutive au non-dépôt de la déclaration ou de l'acte (mais les pénalités exposées n°s 33835 et 33855 restent dues) ;
– lorsqu'une déclaration est déposée tardivement mais est accompagnée du paiement total des droits (mais sont applicables les pénalités exposées n° 33835) ;
– en cas de régularisation spontanée avant tout contrôle bénéficiant de la réduction de moitié de l'intérêt de retard visée n° 33632 (BOI-CF-INF-10-30 n° 195).

> **Précisions** La majoration de 5 % prévue par l'article 1731 du CGI, assortie des intérêts de retard de 0,20 % par mois, s'applique aux **retards** ou **insuffisances de paiement** des **acomptes trimestriels de TVA** dus par les redevables soumis au régime simplifié d'imposition. Elle ne s'applique pas au contribuable ayant procédé à la **liquidation définitive** de la **cotisation sur la valeur ajoutée des entreprises** lorsque les versements effectués sont inexacts de moins du vingtième à la cotisation effectivement due.

INFRACTIONS CONCERNANT LES DOCUMENTS UTILISÉS POUR LE CONTRÔLE DE L'IMPÔT

33885 Les infractions visées ici concernent tous les documents qui doivent être fournis à l'administration fiscale (états, relevés, factures, déclaration d'existence), autres que les déclarations et actes comportant l'indication d'éléments à retenir pour l'assiette et la liquidation de l'impôt (pour ces derniers, voir n°s 33835 et 33845 s.).
Le **défaut de production** ou la **production tardive** des documents à fournir à l'administration entraîne l'application d'une amende de 150 € (CGI art. 1729 B, 1). Cette amende est due autant de fois qu'il y a de documents non produits ou parvenus tardivement.
Les **omissions ou inexactitudes** relevées dans les documents produits sont sanctionnées (sauf cas de force majeure) par une amende de 15 € par omission ou inexactitude, sans que le total des amendes applicables aux documents devant être produits simultanément puisse être inférieur à 60 € ni supérieur à 10 000 € (CGI art. 1729 B, 2).

> **Précisions** Les amendes pour défaut de production, production tardive, omissions ou inexactitudes visées ci-dessus ne sont pas applicables en cas de **première infraction** commise au cours de l'année civile en cours et des trois années précédentes, lorsque l'intéressé a réparé l'infraction, soit spontanément, soit dans les 30 jours suivant une demande de l'administration (CGI art. 1729 B, 3).

NON-RESPECT DES OBLIGATIONS DE DÉCLARATION OU PAIEMENT PAR VOIE ÉLECTRONIQUE

Le non-respect de l'obligation de souscrire par voie électronique une **déclaration** et ses annexes entraîne l'application d'une majoration de 0,2 % du montant des droits correspondant aux déclarations déposées selon un autre procédé. Le montant de la majoration ne peut être inférieur à 60 €. En l'absence de droits, le dépôt d'une déclaration ou de ses annexes selon un autre procédé que celui requis entraîne l'application d'une amende de 15 € par document sans que le total des amendes applicables aux documents devant être produits simultanément puisse être inférieur à 60 € ni supérieur à 150 €. **33890**
Par ailleurs, le non-respect de l'obligation de souscrire selon un procédé électronique une déclaration de **sommes versées à un tiers** est sanctionné par une amende de 15 € par bénéficiaire de ces sommes.
Le non-respect de l'obligation de **payer** un impôt par virement, télérèglement ou prélèvement opéré à l'initiative du comptable public compétent entraîne l'application d'une majoration de 0,2 % du montant des sommes dont le versement a été effectué selon un autre mode de paiement. Le montant de la majoration ne peut être inférieur à 60 €. Ce minimum est abaissé à 15 € en cas de non-respect de l'obligation de payer par prélèvement les impôts (autres que la CFE) recouvrés par voie de rôle (CGI art. 1738, 5).
Le paiement par virement en dépit de l'interdiction d'utiliser ce mode de paiement entraîne également l'application d'une majoration de 0,2 % du montant des sommes dont le versement a été effectué par ce mode de paiement. Cette majoration ne s'applique pas aux sommes déjà majorées de 0,2 % du fait du paiement de l'impôt par un moyen autre que ceux autorisés.

AUTRES INFRACTIONS

Il existe certaines sanctions destinées à réprimer des infractions de nature particulière. Nous avons déjà signalé plusieurs d'entre elles : amende pour infraction au droit de communication de l'administration (n° 33345), pénalité de 40 % en cas d'abus de droit prévu à l'article L 64 du LPF (n° 33655)... **33895**
Les **infractions** commises en matière de **facturation** peuvent donner lieu à des sanctions : lorsqu'elles affectent le calcul de l'impôt, des rectifications fiscales peuvent être notifiées dans les conditions (et avec application des sanctions) prévues par les règles de droit commun. En outre, des sanctions particulières sont prévues pour les achats et ventes sans facture, pour les factures « de complaisance » et pour les omissions ou inexactitudes constatées dans les factures (CGI art. 1737). En ce qui concerne l'obligation fiscale de facturer, voir nos 3120 s.

B. Sanctions pénales

En matière fiscale, les sanctions pénales ont essentiellement pour objet de réprimer le délit de **fraude fiscale**. Ce délit est constitué lorsqu'un contribuable s'est intentionnellement soustrait à l'impôt (ou a tenté de s'y soustraire). Il est passible de peines correctionnelles (amende et emprisonnement), auxquelles s'ajoutent notamment, en principe, l'affichage et la diffusion du jugement (CGI art. 1741 s.). **33905**
Le parquet exerce librement l'**action publique**, sans plainte préalable, pour les cas de fraude fiscale les plus graves (Loi 2018-898 du 23-10-2018 art. 36) : l'administration est tenue de dénoncer, sauf déclaration rectificative spontanée, les faits ayant donné lieu, sur des droits excédant 100 000 €, aux majorations de 100 % (opposition à contrôle fiscal), 80 % (activité occulte, abus de droit, manœuvres frauduleuses, dissimulation de prix, activité illicite, non-déclaration des avoirs étrangers) ou 40 % (certains cas de défaut du dépôt d'une déclaration dans les trente jours d'une mise en demeure, de manquement délibéré ou d'abus de droit). Pour les autres cas, le parquet ne peut, en principe, engager des poursuites qu'à la suite d'une **plainte** déposée par l'administration sur avis conforme de la commission des infractions fiscales.

> **Précisions** S'agissant des sociétés de personnes, le **seuil de 100 000 €** s'apprécie au niveau de la société pour les impositions qui lui sont propres (TVA, par exemple) et au niveau de chacun des associés pour l'impôt sur le revenu. En présence de contribuables distincts, les rappels d'impôt pénalisés ne se cumulent donc pas (BOI-CF-INF-40-10-10-15 n° 40).

SECTION 3

RECOURS DES CONTRIBUABLES

GÉNÉRALITÉS

34040 Les contribuables disposent de deux types de recours :
– le « **recours contentieux** » qui permet de contester le bien-fondé d'une imposition, demander le remboursement d'un impôt payé en trop ou réclamer le bénéfice d'une mesure à laquelle on estime avoir droit ;
– le « **recours gracieux** », qui trouve essentiellement à s'exercer à l'égard des pénalités, qui consiste à solliciter de l'administration la décharge totale ou partielle d'une imposition dont on ne conteste pas le bien-fondé.

De son côté, l'administration peut décider, de sa propre initiative ou à la suite de démarches faites auprès d'elle, de réparer les erreurs d'imposition commises au préjudice des contribuables par la voie du « **dégrèvement d'office** ».

34042 Les contribuables peuvent, au cours d'une instance contentieuse, soulever la question de l'atteinte portée par une loi fiscale aux droits et libertés garantis par la Constitution (« **question prioritaire de constitutionnalité** »).

Le moyen d'inconstitutionnalité peut être présenté à tout moment de la procédure, y compris pour la première fois devant le juge de cassation. Sous peine d'irrecevabilité, il doit faire l'objet d'un écrit distinct et motivé.

Lorsque l'inconstitutionnalité est invoquée devant les juges de première instance ou d'appel, la question doit être transmise au Conseil d'État ou à la Cour de cassation ; ces deux cours disposent d'un délai de trois mois pour en apprécier le caractère sérieux ou nouveau et, si tel est le cas, saisir le Conseil constitutionnel. Ce dernier a lui-même trois mois pour se prononcer.

A. Recours contentieux

PRINCIPE

34045 Tout contribuable peut demander, par la voie contentieuse, une décharge ou une réduction d'impôt lorsqu'il estime être imposé à tort ou surtaxé, ou lorsqu'il désire obtenir la restitution d'un impôt payé en trop (LPF art. L 190, al. 1).

La **procédure** contentieuse commence par une réclamation préalable devant le service des impôts (phase administrative) et, le cas échéant, se poursuit devant les tribunaux. À chacun de ces stades, il importe de respecter scrupuleusement les règles de procédure pour ne pas voir le recours rejeté pour vice de forme.

34050 **Remarques : 1.** Les contribuables ont **intérêt, avant d'entreprendre une action contentieuse**, à bien s'assurer que cette initiative n'est pas susceptible de se retourner contre eux. Car, dans certains cas, le dépôt d'une réclamation a pour effet de rouvrir le délai de reprise de l'administration (n° 33250). En outre, l'administration peut au cours de la procédure contentieuse procéder à une compensation entre les dégrèvements reconnus justifiés et les insuffisances ou omissions venant à être constatées (n° 34215) ou justifier le maintien de l'imposition contestée en se fondant sur un texte différent de celui qu'elle avait initialement invoqué (substitution de base légale : n° 34220).

2. Le contribuable qui conteste le bien-fondé de son imposition **n'est pas dispensé** d'acquitter dans le délai légal l'intégralité de cette imposition (y compris les pénalités et tous accessoires de l'impôt). Mais il a la possibilité de demander un **sursis de paiement** pour les sommes en litige : voir nos 34145 s.

1. RÉCLAMATION PRÉALABLE DEVANT L'ADMINISTRATION

34070 La réclamation devant l'administration constitue une formalité que le contribuable doit obligatoirement accomplir avant de pouvoir régulièrement saisir les tribunaux.

PRÉSENTATION DE LA RÉCLAMATION

34080 La réclamation est normalement formulée par **écrit** et envoyée au **service des impôts** dont dépend le lieu d'imposition. Un récépissé doit être adressé au contribuable (ce qui n'est pas toujours le cas en pratique). Bien que ce ne soit pas obligatoire, il est prudent d'**expédier** la réclamation par pli recommandé avec accusé de réception.

Une simple **démarche, même verbale**, est parfois suffisante pour obtenir satisfaction, et peut déclencher un dégrèvement d'office (quand, par exemple, la demande trouve sa cause dans une erreur manifeste des services fiscaux). En matière d'impôt sur le revenu et d'impôts directs locaux, les demandes formulées à l'occasion de ces démarches et consignées sur une « fiche de visite » signée par le contribuable sont assimilées à des réclamations écrites.

> **Précisions** Les réclamations concernant les **acomptes ou versements provisionnels** doivent être adressées au comptable chargé du recouvrement et non au service d'assiette. Ces contestations sont soumises à la déchéance quadriennale des créanciers de l'État.

DÉLAI DE RÉCLAMATION

Délai général Le délai imparti pour la présentation d'une réclamation à l'administration expire le 31 décembre de la seconde année suivant, selon le cas, celle (LPF art. R 196-1, al. 1) : 34090
– de la **mise en recouvrement du rôle** (cas général des impôts directs recouvrés par voie de rôle, impôts directs locaux en particulier). Notons que dans le cadre du prélèvement à la source de l'impôt sur le revenu la demande de restitution de l'excédent d'acompte indûment prélevé doit être présentée au plus tard le dernier jour du mois de février de l'année suivant celle au cours de laquelle les revenus en cause ont été mis à disposition ou réalisés (LPF art. R 196-1-1 ; BOI-IR-PAS-30-20-30 n° 30), mais le contribuable conserve, en tout état de cause, la possibilité de présenter une réclamation dans le délai général après la mise en recouvrement du rôle (BOI-IR-PAS-30-20-30 n° 40) ;
– de la notification d'un **avis de mise en recouvrement** (taxes sur le chiffre d'affaires, impôt sur les sociétés, droits d'enregistrement et de timbre, retenue à la source sur les revenus mobiliers, taxe sur les salaires, taxe d'apprentissage, etc.) ;
– du **versement de l'impôt** contesté lorsque celui-ci n'a pas donné lieu à l'établissement d'un rôle ou à la notification d'un avis de mise en recouvrement (demande en restitution de versements effectués spontanément au titre, notamment, de la TVA, de l'impôt sur les sociétés, de la taxe sur les salaires, etc.) ;
– de la **réalisation de l'événement qui motive** la réclamation, c'est-à-dire des faits ou circonstances de nature à mettre en cause le bien-fondé de l'impôt.

Délais spéciaux Lorsque le contribuable fait l'objet d'une **procédure de reprise ou de rectification** de la part de l'administration, il dispose, pour présenter ses réclamations, d'un délai expirant d'une manière générale au 31 décembre de la troisième année suivant celle au cours de laquelle est intervenue la notification de la proposition de rectification ou des bases imposées d'office (LPF art. R 196-3). 34095
Ce délai spécial permet de contester non seulement les impositions complémentaires établies à la suite d'une proposition de rectification, mais aussi les impositions primitives concernées par la procédure de rectification. Le contribuable est donc recevable à former dans ce délai une réclamation portant sur les déficits nés au cours d'exercices prescrits et qui, imputables sur l'exercice non prescrit, doivent être regardés comme une charge de cet exercice (CE 7-2-2018 n° 396926 : RJF 5/18 n° 541). En cas d'imposition d'office, le délai spécial s'applique même si cette imposition d'office ne concerne que des impositions primitives.
Le contribuable conserve la possibilité de réclamer dans le **délai général** si celui-ci **vient à expiration après le délai spécial**.

Des délais spéciaux sont également prévus pour certaines réclamations en matière d'impôts directs notamment (LPF art. R 196-1, al. 2 et R 196-2) : 34100
– 31 décembre de l'année suivant celle où se situe le fait générateur de la réclamation (mise en recouvrement du rôle, notification d'un avis de mise en recouvrement, versement de l'impôt contesté ou « événement ») pour les **impôts directs locaux** et taxes annexes ;
– 31 décembre de l'année suivant celle au cours de laquelle le contribuable a reçu l'avis d'imposition rectifié dans le cas d'envoi de **nouveaux avis d'imposition** à la suite d'erreurs d'expéditions ;
– 31 décembre de l'année qui suit celle du paiement des revenus amputés du montant de la retenue pour les réclamations présentées par des contribuables ayant supporté des **retenues à la source** ;
– 31 décembre de l'année suivant celle au cours de laquelle la vacance ou l'inexploitation atteint la durée minimale exigée de trois mois pour les demandes de dégrèvement de taxe foncière pour **vacance de maison ou inexploitation d'immeuble** (n° 29470) ;
– au choix des intéressés, soit dans les quinze jours du sinistre, soit quinze jours au moins avant la date où commence habituellement l'enlèvement des récoltes pour les demandes de dégrèvement de **taxe foncière pour pertes de récoltes** (n°s 29640 s.).

Ces deux dernières catégories de dégrèvements peuvent d'ailleurs être prononcées d'office par l'administration, lorsqu'il n'existe aucun doute sur la réalité et la portée des faits susceptibles de motiver la décision.

34105 **Computation des délais** Le **point de départ** du délai général de réclamation est constitué par l'un des événements énumérés n° 34090 (mise en recouvrement du rôle, notification d'un avis de mise en recouvrement, etc.). Les réclamations présentées avant le point de départ du délai sont rejetées comme prématurées, mais elles peuvent se trouver régularisées par l'intervention de la mise en recouvrement.

Pour être recevables, les réclamations doivent être postées **au plus tard** le jour de l'expiration du délai, le cachet de La Poste (ou celui des prestataires de services postaux autorisés) faisant foi (LPF art. L 286).

Si l'**avis d'imposition** ou de mise en recouvrement **ne mentionne pas** l'exigence d'une réclamation préalable au recours juridictionnel et les **délais** dans lesquels cette réclamation doit être présentée, ou si la preuve n'est pas apportée qu'une telle information a été fournie au contribuable, le délai de réclamation est prolongé d'un délai égal, sauf circonstances particulières invoquées par le contribuable, à un an (délai raisonnable) et court à compter de l'année au cours de laquelle il est établi que le contribuable a eu connaissance de l'existence de l'imposition (CE sect. 31-3-2017 n° 389842 : RJF 6/17 n° 616). Les formulaires de déclaration de TVA n'ont pas à indiquer le délai de réclamation (CE 20-3-2013 n° 357948 : RJF 6/13 n° 651).

Tant que le délai de réclamation n'est pas expiré, le contribuable a la faculté de présenter plusieurs **réclamations successives** relatives à la même imposition. Le contribuable peut donc recommencer la procédure lorsque, par exemple, il laisse expirer le délai dont il dispose pour saisir le tribunal après rejet de sa réclamation.

Une fois le **délai expiré**, les réclamations sont irrecevables et le contribuable ne pourra plus obtenir ultérieurement gain de cause devant les tribunaux pour la question en litige. Cependant, l'administration peut éventuellement donner satisfaction à l'intéressé par la voie du dégrèvement d'office.

> **Précisions** Les contribuables peuvent présenter une réclamation tendant à obtenir la réparation d'erreurs commises par l'administration dans la **détermination d'un résultat déficitaire ou d'un crédit de TVA déductible** au titre d'une période donnée, même lorsque ces dernières n'entraînent pas la mise en recouvrement d'une imposition supplémentaire. Cette réclamation peut être formée dès la réception de la réponse de l'administration aux observations du contribuable formulées à la suite de la proposition de rectification ou à compter d'un délai de 30 jours après la notification d'une imposition d'office ou, en cas de saisine de la commission des impôts directs et des taxes sur le chiffre d'affaires, à compter de la notification de l'avis rendu par cette commission (LPF art. L 190, al. 2).

FORME ET CONTENU DE LA RÉCLAMATION

34115 La réclamation écrite peut être faite sous la **forme** d'une simple lettre sur papier libre.

La demande doit **mentionner** l'imposition contestée, contenir l'exposé sommaire des faits, moyens et conclusions, et porter la signature manuscrite de son auteur.

Le contribuable a la possibilité de demander le **sursis de paiement** des sommes en litige : voir n°s 34145 s.

La réclamation doit être **accompagnée** :

– pour les impôts directs établis par voie de rôle : de l'avis d'imposition ou d'une copie de cet avis, ou encore d'un extrait de rôle ;

– pour les impôts ayant donné lieu à la notification d'un avis de mise en recouvrement : de cet avis lui-même ou d'une copie ;

– pour les impôts perçus par voie de retenue à la source ou versés sans établissement préalable d'un rôle ou d'un avis de mise en recouvrement : d'une pièce justifiant le montant de la retenue ou du versement.

Si la réclamation n'est pas signée par le contribuable lui-même mais par un **mandataire**, celui-ci doit, sauf dans certains cas (par exemple, s'il s'agit d'un avocat), justifier d'un mandat régulier. Le mandat est rédigé sur papier libre. Lorsqu'il est produit en même temps que la réclamation, le mandat est dispensé d'enregistrement ; lorsqu'il est présenté postérieurement, il doit être enregistré.

> **Précisions a.** Il doit être présenté une demande distincte par commune en matière d'**impôts directs locaux**. Mais l'inobservation de cette règle ne rend la réclamation irrecevable que si l'intéressé a été invité à la régulariser (CE 25-6-1986 n° 68326 : RJF 8-9/86 n° 781).

b. Lorsque la réclamation est entachée d'un vice de forme résultant d'un **défaut de signature** (ou d'une signature irrégulière), l'administration doit inviter le contribuable à régulariser cette omission dans un délai de trente jours. Si l'intéressé s'abstient, il conserve la possibilité de présenter une nouvelle réclamation régulière à condition que le délai de réclamation ne soit pas expiré. Mais si ce délai est expiré, l'irrecevabilité est définitive. Si l'administration omet d'inviter le contribuable à régulariser sa réclamation, ce vice de forme peut être couvert dans la demande adressée au tribunal administratif.

c. En cas de **calamité agricole**, le preneur et le bailleur d'un bien rural peuvent, conjointement ou séparément, présenter une demande de réduction ou d'exemption de l'impôt foncier.

DÉCISION DE L'ADMINISTRATION

Après examen de la réclamation, le service des impôts **notifie** sa décision au contribuable et ordonnance, s'il y a lieu, les dégrèvements prononcés. **34125**
En cas de rejet total ou partiel, la décision doit être **motivée** (LPF art. R 198-10). Elle doit également comporter la mention des voies et délais de recours (C. just. adm. art. R 421-5). À défaut, le délai de deux mois pour saisir le tribunal (n° 34275) est inopposable. Néanmoins, dans ce cas, le recours doit être exercé dans un délai ne pouvant, sauf circonstance exceptionnelle, excéder un an à compter de la date à laquelle le contribuable a eu connaissance de la décision (CE avis 21-10-2020 n° 443327 : RJF 1/21 n° 83).

La décision doit intervenir dans un **délai** de six mois suivant la date de présentation de la réclamation. L'administration peut toutefois aviser le contribuable avant l'expiration de ce délai qu'un délai complémentaire – qui ne peut excéder trois mois – est nécessaire pour statuer. **34130**
Si, dans le délai de six mois, le service des impôts n'a pas statué sur la réclamation, le contribuable peut soumettre le litige au tribunal compétent, voir n° 34275 (même si le contribuable a été avisé de la nécessité d'un délai supplémentaire).

L'administration a la possibilité de ne pas statuer elle-même sur la réclamation et de la **soumettre d'office au tribunal** compétent. Lorsqu'elle fait usage de cette faculté, elle doit en informer le contribuable. Dans ce cas, la réclamation vaut requête introductive d'instance (LPF art. R 199-1, al. 3 et R 200-3). **34135**

SURSIS DE PAIEMENT

Conditions d'octroi et effets Le contribuable peut, dans sa réclamation contentieuse à l'administration, ou du moins dans le délai légal de réclamation (mais en aucun cas directement devant le tribunal), **demander** à surseoir au paiement des sommes en litige, en indiquant le montant ou les bases du dégrèvement auquel il prétend (LPF art. L 277). **34145**
Lorsque les droits contestés (en principal : pénalités non comprises) sont inférieurs à 4 500 €, le contribuable bénéficie automatiquement du sursis de paiement.
À partir de 4 500 €, il doit constituer des **garanties** propres à assurer le recouvrement de l'impôt (caution bancaire, hypothèque, etc.). Les garanties sont plafonnées au montant du principal.
La demande de sursis de paiement, qu'elle soit ou non assortie de la constitution de garanties suffisantes, **suspend l'exigibilité de l'impôt** : le comptable public ne peut pas exiger le paiement des sommes en litige.
Le contribuable bénéficie de l'effet suspensif du sursis de paiement jusqu'à la décision définitive, c'est-à-dire jusqu'au jugement du tribunal statuant sur la réclamation ou, si le tribunal n'est pas saisi, jusqu'à l'expiration du délai dont disposait l'intéressé pour le saisir. Si le contribuable, n'ayant pas obtenu de décision du service des impôts dans le délai de six mois (n° 34130), n'utilise pas sa faculté de porter immédiatement le litige devant le tribunal, l'effet suspensif demeure.
Le contribuable qui n'a **pas demandé le sursis** de paiement peut, sans attendre que l'administration ait statué sur sa réclamation, demander au juge des référés de droit commun d'ordonner la suspension de la mise en recouvrement de l'imposition : n° 34290.

Lorsque le comptable public lui demande des garanties, le contribuable doit, dans les quinze jours de cette demande, faire connaître les garanties qu'il s'engage à constituer. **34148**
Si les **garanties** qu'il propose sont **acceptées**, le contribuable bénéficie du sursis de paiement.
Lorsque le contribuable ne constitue **pas de garanties** ou présente des garanties **jugées insuffisantes** par le comptable public, celui-ci peut prendre des mesures conservatoires (saisies mobilières, sûretés judiciaires) jusqu'à ce qu'une décision définitive ait été prise sur la réclamation par l'administration ou le tribunal compétent.

Lorsque le comptable public juge insuffisantes les garanties offertes par le contribuable, il doit notifier sa **décision de refus** par pli recommandé avec demande d'avis de réception postale dans un délai de 45 jours à compter du dépôt de l'offre. À défaut, les garanties offertes sont réputées acceptées. Le **refus** des garanties par le comptable public peut être **contesté** devant le juge du référé fiscal.

> **Précisions a.** Le contribuable qui souhaite **s'opposer à la prise de mesures conservatoires** par le comptable public peut demander au juge des référés de droit commun d'ordonner la suspension de la mise en recouvrement de l'imposition : nº 34290.
> **b.** Lorsqu'il fait une **nouvelle offre de garanties après le refus définitif d'une première proposition**, le contribuable ne bénéficie du sursis de paiement que si la nouvelle offre de garanties est expressément acceptée par le comptable public. L'absence de réponse du comptable dans les deux mois vaut décision implicite de refus, que le contribuable peut contester devant le juge du référé fiscal (CE 10-12-2008 nº 313190 : RJF 3/09 nº 284).

34150 **Référé fiscal** La décision de **refus des garanties** prise par le comptable public peut être contestée par le contribuable devant le juge du référé fiscal du tribunal administratif ou du tribunal judiciaire, suivant la nature de l'impôt contesté (nº 34250), dans les 15 jours de sa notification par lettre recommandée. Cette saisine est faite par simple requête présentée dans la forme ordinaire des requêtes introductives d'instance (nºs 34280 et 34370).

La requête n'est recevable que si le contribuable justifie qu'il a effectué, auprès du comptable public, la **consignation** à un compte d'attente d'une somme égale au dixième des impôts contestés. Cette consignation peut également prendre la forme d'une caution bancaire ou d'un dépôt de valeurs mobilières cotées (LPF art. L 279). Les sommes déjà saisies, le cas échéant, par le fisc avant la demande de sursis valent consignation préalable (CE 25-4-2001 nº 213460 : RJF 7/01 nº 1012). En revanche, la détention d'une créance sur l'État correspondant à un crédit d'impôt restituable ne vaut pas consignation (CE 5-6-2015 nº 386793 : RJF 10/15 nº 848).

Le juge se prononce dans le **délai** d'un mois. S'il décide que les garanties initialement constituées sont suffisantes, les sommes consignées sont restituées immédiatement ; dans le cas contraire, il demande des garanties complémentaires sur lesquelles sont imputées les sommes consignées.

Dans les huit jours (délai franc) de la notification de la décision du juge du référé – ou de l'expiration du délai qui lui est imparti pour statuer –, le contribuable et le comptable public peuvent saisir en **appel**, selon la nature de l'impôt contesté, le président de la cour administrative d'appel ou le tribunal judiciaire qui doit se prononcer dans le délai d'un mois. La décision rendue en appel peut faire l'objet d'un pourvoi en **cassation** devant le Conseil d'État ou la Cour de cassation dans un délai de deux mois, par le ministère d'un avocat au Conseil d'État et à la Cour de cassation.

> **Précisions** La procédure de référé fiscal peut également être utilisée pour **demander la limitation ou l'abandon des saisies conservatoires** éventuellement prises par le comptable public, si elles comportent des conséquences difficilement réparables. Aucun délai n'est alors imparti et aucune consignation n'est nécessaire.

34165 **Effets de la décision statuant sur la réclamation** À la suite d'une **décision favorable** de l'administration ou du tribunal sur sa réclamation contentieuse, le contribuable obtient la **restitution des garanties**, le cas échéant le remboursement total ou partiel des frais de constitution de ces garanties et, si la procédure du référé fiscal a été utilisée, le remboursement de l'éventuel reliquat des **consignations** augmenté d'intérêts moratoires.

Mais **si le contribuable n'obtient pas gain de cause** devant le tribunal, il doit acquitter le principal de l'impôt, les pénalités de retard et, le cas échéant, les pénalités d'assiette. Dans certains cas, il doit en outre verser des intérêts moratoires (nºs 34195 s.).

> **Précisions** Lorsqu'il fait **appel** devant la cour administrative d'appel du jugement du tribunal administratif, le contribuable ne bénéficie plus du sursis de paiement, mais il peut demander la suspension de la mise en recouvrement de l'imposition dans les conditions exposées nº 34290. La situation est analogue en cas d'appel du jugement du tribunal judiciaire : l'exécution du jugement peut être arrêtée par le premier président de la cour d'appel (nº 34380).

PAIEMENT D'INTÉRÊTS ET REMBOURSEMENT DE FRAIS

Frais de procès 34180

a. Dépens Lorsqu'il obtient gain de cause, en tout ou partie, le contribuable peut prétendre au remboursement des frais de signification et, le cas échéant, des frais d'enregistrement du mandat lorsque l'enregistrement est obligatoire (n° 34115). Les frais d'expertise sont supportés par les parties qui n'obtiennent pas satisfaction (LPF art. R 207-1).

b. Frais « irrépétibles » Dans toutes les instances, le juge condamne la partie tenue aux dépens ou, à défaut, la partie perdante à payer à l'autre partie la somme qu'il détermine, au titre des frais exposés et non compris dans les dépens (honoraires d'avocat par exemple). Le juge tient compte de l'équité ou de la situation économique de la partie condamnée. Il peut, même d'office, pour des raisons tirées des mêmes considérations, dire qu'il n'y a pas lieu à cette condamnation (C. just. adm. art. L 761-1 ; CPC art. 700).

Versement d'intérêts moratoires au contribuable Quand il obtient des **remboursements à la suite d'un dégrèvement d'impôt**, le contribuable a droit à des intérêts moratoires, aussi bien lorsque ce dégrèvement est consécutif à une instance devant les tribunaux que lorsqu'il est prononcé à la suite d'une réclamation ou afin de corriger une erreur commise par l'administration (LPF art. L 208, al. 1 modifié par loi 2023-1322 du 29-12-2023 art. 126). Les intérêts ne sont pas dus lorsque le remboursement est accordé à titre gracieux ou fait suite à un dégrèvement d'office prononcé par le service des impôts (sauf s'il est motivé par la correction d'une erreur commise par l'administration). 34185

Les contribuables peuvent également prétendre au versement d'intérêts moratoires lorsqu'ils obtiennent la **restitution de consignations** qu'ils avaient dû verser à l'occasion d'une réclamation contentieuse comportant sursis de paiement (LPF art. L 208, al. 2).

Les intérêts sont liquidés au **taux** de l'intérêt de retard (0,20 % par mois) sur la totalité des sommes remboursées.

Les intérêts **courent** depuis la date du paiement de l'impôt ou encore, le cas échéant, depuis la date du versement des consignations jusqu'au jour soit du remboursement ou de la restitution des consignations, soit, si le dégrèvement est affecté à l'apurement d'autres impôts, de l'exigibilité de ces impôts. Ils ne sont pas capitalisés.

Lorsque l'impôt dégrevé a donné lieu au **paiement d'acomptes**, le point de départ des intérêts moratoires se situe, au plus tôt, à la **date de liquidation du solde de l'impôt**. Il s'agit de la date de la mise en recouvrement du rôle pour les impôts recouvrés par voie de rôle et de la date limite de déclaration pour les impôts autoliquidés (CE 5-6-2023 n° 465559 : RJF 8-9/23 n° 670 ; BOI-CTX-DG-20-50-30 n°s 60 s.).

> **Précisions** Les intérêts moratoires sont **payés** d'office, quel qu'en soit le montant, sans demande spéciale du contribuable, en même temps que les sommes remboursées. S'ils sont versés tardivement, ils deviennent eux-mêmes productifs d'intérêts à compter du jour où le redevable en a demandé le versement par une sommation à payer (CE 6-5-1983 n°s 28850 et 30971 : RJF 6/83 n° 839).

Remboursement des frais exposés pour constituer des garanties Les contribuables qui obtiennent le **dégrèvement de l'impôt** contesté peuvent prétendre au remboursement des frais afférents aux garanties constituées pour bénéficier du sursis de paiement (LPF art. L 208, al. 2). Si le dégrèvement est seulement partiel, les frais proportionnels sont remboursés au prorata tandis que les frais fixes restent entièrement à la charge du réclamant. 34190

La **nature des frais** susceptibles d'être remboursés varie suivant la nature des garanties constituées (frais d'acte, de banque, etc.). La rémunération de la caution est remboursée, en fonction du temps écoulé entre la constitution et la mainlevée de la caution, dans la limite annuelle de 2 % du montant de l'impôt garanti (LPF art. A 208-1).

Pour obtenir le remboursement, le contribuable doit en faire la **demande**, appuyée de toutes justifications utiles, dans le délai d'un an à compter de la notification du dégrèvement. La demande est adressée au directeur départemental ou régional des finances publiques.

Paiement d'intérêts moratoires par le contribuable au Trésor Les contribuables qui contestent une cotisation d'impôt direct établie à la suite d'une **rectification ou d'une taxation d'office** et pour laquelle ils avaient présenté une réclamation assortie d'une demande de **sursis de paiement** doivent payer des intérêts moratoires à l'État lorsque le tribunal administratif rend une décision qui leur est défavorable ou lorsqu'ils se désistent (LPF art. L 209). 34195

Cette mesure concerne les réclamations visant des impôts directs et dont le paiement tardif est sanctionné par la majoration de 10 % visée n° 33865. Les intérêts s'appliquent concurremment avec cette majoration.

34200 Lorsque la **juridiction d'appel** prononce le dégrèvement des impositions ayant précédemment fait l'objet d'un jugement défavorable au contribuable, les intérêts moratoires réclamés à l'issue de la procédure de première instance sont annulés ou remboursés.

Enfin, lorsque le contribuable conclut une **transaction** avec l'administration, cette transaction emporte désistement de toute instance concernant l'imposition en cause et, par conséquent, ne dispense pas l'intéressé d'acquitter les intérêts moratoires.

34205 Les intérêts sont **calculés** au taux de l'intérêt de retard (0,20 % par mois) sur le montant de l'impôt (ou de la fraction de l'impôt) maintenu à la charge du contribuable. Ce montant s'entend de la cotisation elle-même et des pénalités d'assiette (CE 28-1-2004 n° 244632 : RJF 5/04 n° 539).

Les intérêts sont **décomptés** à partir du premier jour du treizième mois suivant celui de la date limite de paiement de l'impôt. Ils courent jusqu'au jour du paiement effectif de l'impôt.

COMPENSATION ET SUBSTITUTION DE BASE LÉGALE

34215 **Compensation** Lorsqu'un contribuable a subi une taxation excessive et a bénéficié sur un autre point d'une taxation insuffisante, excédent et insuffisance d'imposition peuvent donner lieu à une compensation, à l'initiative de l'intéressé ou de l'administration (LPF art. L 80 et L 203 à L 205).

La compensation peut s'exercer soit au cours de la **procédure de contrôle et de rectification**, soit après la mise en recouvrement de l'impôt, au cours de la **procédure contentieuse**.

Pour que la compensation soit **possible**, il faut que les excédents et les insuffisances d'imposition :

– se rapportent à une même période d'imposition (ce qui signifie par exemple qu'en matière d'impôts directs il doit s'agir d'impositions établies au titre de la même année) ou, pour les taxes sur le chiffre d'affaires, à l'ensemble de la période en litige (et non année par année) ;

– concernent le même contribuable.

Il faut également, en principe, qu'il s'agisse du même impôt : la compensation n'est pas possible, par exemple, entre la TVA et l'impôt sur les sociétés. Toutefois la compensation est autorisée entre l'impôt sur le revenu, l'impôt sur les sociétés, la contribution sur les revenus locatifs, la taxe sur les salaires, la taxe d'apprentissage et la cotisation éventuellement perçue au titre de la participation-construction, de même qu'entre les droits d'enregistrement et les droits de timbre perçus au profit de l'État.

> **Précisions** Lorsque le contribuable a droit à un remboursement, à un dégrèvement ou à une restitution d'impôts, droits, taxes, pénalités ou intérêts de retard, le comptable public compétent peut conserver ces sommes et procéder à une compensation **d'office** en les affectant au paiement d'impôts, droits, taxes, pénalités et intérêts de retard dus par ce contribuable. Cette compensation n'est possible que pour les **créances liquides et exigibles** (LPF art. L 257 B).

34220 **Substitution de base légale** À tout moment de la procédure, l'administration a le droit, pour justifier le bien-fondé de l'imposition contestée, de procéder à une « substitution de base légale », c'est-à-dire de se fonder sur un **motif de droit différent** de celui qu'elle avait initialement invoqué (texte différent ou, au sein d'un même texte, condition différente : CE 20-6-2007 n° 290554 : RJF 10/07 n° 1131). Cette substitution est subordonnée à la condition que le contribuable ne soit pas privé des **garanties** de procédure dont il bénéficiait en application du motif substitué.

RECOURS FONDÉS SUR LE DROIT COMMUNAUTAIRE ET LES AUTRES NORMES INTERNATIONALES

34230 Les contribuables peuvent demander la **décharge** ou la **réduction** d'impositions, la **restitution** d'impositions indues ou l'exercice de **droits à déduction**, en se fondant sur le fait que le texte dont il a été fait application (loi, texte réglementaire ou administratif) n'est pas conforme à une règle de droit supérieure, et notamment à une règle du droit de l'Union européenne (LPF art. L 190, al. 3 à 5).

Un tel recours relève de la **procédure** contentieuse fiscale. Par conséquent, il doit être précédé d'une réclamation devant l'administration selon les règles exposées ci-dessus.

Cette réclamation doit être présentée dans les **délais** de droit commun, décomptés à partir de la mise en recouvrement du rôle, de la notification d'un avis de mise en recouvrement, du versement de l'impôt contesté ou de la réalisation de l'événement qui motive la demande.
Lorsque la **non-conformité** à une règle de droit supérieure est **révélée par une décision juridictionnelle** ou par un avis rendu au contentieux (c'est-à-dire un arrêt ou un avis rendu par le Conseil d'État ou la Cour de cassation, un arrêt du Tribunal des conflits ou une décision de la Cour de justice de l'Union européenne se prononçant sur un recours en annulation, sur une action en manquement ou sur une question préjudicielle), cette décision ou cet avis ne constitue pas un événement motivant la réclamation (LPF art. R 196-1, al. 1 et R 196-2). Il en va de même des décisions par lesquelles le Conseil constitutionnel, statuant sur une question prioritaire de constitutionnalité (n° 34042), déclare inconstitutionnelle une disposition législative ou ne la déclare conforme à la Constitution que sous une réserve d'interprétation (CE avis 6-2-2019 n°s 425509 et 425511 : RJF 5/19 n° 479). En pareil cas, l'action en décharge, en réduction ou en restitution d'impositions, ou l'action en paiement de droits à déduction, doit être exercée dans les délais de réclamation de droit commun courant à partir de la date de la mise en recouvrement du rôle, de la notification d'un avis de mise en recouvrement, du versement de l'impôt contesté ou de la naissance du droit à déduction et se prescrit par deux ans à compter de cette date (LPF art. L 190, al. 4).
Les contribuables peuvent également demander la **réparation du préjudice** subi du fait de la non-conformité du texte dont il a été fait application à une règle de droit supérieure.
L'action en réparation ne peut porter que sur la **période** postérieure au 1er janvier de la deuxième année précédant celle au cours de laquelle l'existence de la créance a été révélée au demandeur.

> **Précisions** Indépendamment des recours visés ci-dessus, ouverts auprès de l'administration et des juridictions nationales, le droit de l'Union européenne peut donner lieu à des **actions auprès des instances européennes** :
> – plainte auprès de la Commission pour manquement au droit de l'Union européenne ;
> – recours auprès du Tribunal de l'Union européenne contre les autorités ou les textes communautaires.
> Les juridictions nationales peuvent par ailleurs, avant de statuer sur un litige, saisir la Cour de justice d'une question préjudicielle, pour lui demander de se prononcer sur l'interprétation (renvoi en interprétation) ou la validité (renvoi en appréciation de validité) d'un texte communautaire.

2. VOIES DE RECOURS DEVANT LES TRIBUNAUX

Lorsque les contribuables ne sont pas entièrement satisfaits de la décision prise par l'administration sur leur réclamation, ou si cette décision ne leur est pas parvenue dans les six mois de la réclamation, ils peuvent porter le litige devant les tribunaux. **34250**
La **juridiction compétente** est différente suivant la nature de l'impôt contesté :
– les contestations relatives aux impôts directs ou aux taxes sur le chiffre d'affaires sont du ressort de la juridiction administrative (tribunal administratif, cour administrative d'appel et Conseil d'État) ;
– celles qui concernent les droits d'enregistrement et de timbre, les contributions indirectes et l'IFI sont de la compétence de la juridiction judiciaire (tribunal judiciaire, cour d'appel et Cour de cassation).

Indépendamment du contentieux fiscal relatif aux impôts directs et aux taxes sur le chiffre d'affaires, la juridiction administrative est compétente pour connaître des recours pour excès de pouvoir ainsi que des demandes tendant à obtenir de l'administration des indemnités ou des dommages-intérêts. Le **recours pour excès de pouvoir** consiste à demander l'annulation d'un acte administratif – décret, arrêté, réponses ministérielles opposables à l'administration – jugé illégal. Quant aux **demandes d'indemnités ou de dommages-intérêts**, elles impliquent, en principe, une faute, même simple, de l'administration, et un lien direct entre la décision illégale constitutive de la faute et le préjudice du contribuable (CE 21-3-2011 n° 306225 : RJF 6/11 n° 742). **34255**

a. Juridiction administrative

INSTANCE DEVANT LE TRIBUNAL ADMINISTRATIF

Le tribunal administratif connaît en première instance des recours dirigés contre les décisions rendues par l'administration sur les réclamations des contribuables lorsque le différend porte sur les impôts directs et les taxes sur le chiffre d'affaires (LPF art. L 199, al. 1). **34265**

34270 **Dépôt de la demande** La demande au tribunal administratif peut être présentée **par** le contribuable lui-même, par un avocat, ou par tout autre mandataire de son choix, les règles applicables dans ce dernier cas étant celles indiquées n° 34115.
Le réclamant doit adresser sa demande au **greffe** du tribunal administratif. Sur le plan territorial, le tribunal **compétent** est, en règle générale, celui du lieu d'imposition.

34275 L'intéressé dispose d'un **délai** de deux mois pour saisir le tribunal (LPF art. R 199-1, al. 1). Ce délai est augmenté d'un mois pour les contribuables demeurant dans les DOM et les collectivités territoriales d'outre-mer, de deux mois pour ceux qui demeurent à l'étranger (C. just. adm. art. R 421-7). Sur les conséquences de l'absence de la mention des voies et délais de recours sur la décision expresse de rejet, voir n° 34125.
Il **court** du jour où le contribuable a reçu la notification de la décision de l'administration. Ce jour est celui où la lettre recommandée contenant la notification est remise à son destinataire. Si l'intéressé est absent au moment de la réception de la lettre, le délai court du jour où il est allé retirer la lettre au bureau de poste, si le retrait a été effectué dans le délai imparti par l'administration postale ou du jour de l'avis de passage s'il n'a pas retiré le pli recommandé.
La demande doit **parvenir** au greffe avant l'expiration du délai légal, sauf retard imputable à un fonctionnement anormal de La Poste. Les demandes tardives sont rejetées.
Le délai, **calculé** de quantième à quantième, court à compter du lendemain du jour de la réception de la notification de la décision de l'administration et expire le jour de l'échéance du délai à minuit (exemples : si la notification de la décision administrative a été reçue le 18 mai, le délai de deux mois expire le 19 juillet à minuit ; si elle a été reçue le 30 décembre, le délai expire le 1er mars à minuit). Si le dernier jour est un samedi, un dimanche ou un jour férié, le délai est prolongé jusqu'au premier jour ouvrable suivant.

> **Précisions** Dans l'hypothèse où l'**administration ne s'est pas prononcée dans les six mois** de la réclamation (n° 34130), le réclamant a la possibilité de porter sans plus attendre le litige devant le tribunal administratif (LPF art. R 199-1, al. 2). Aucun délai ne lui est alors imparti (CE avis 21-10-2020 n° 443327 : RJF 1/21 n° 83). Dans le cas où il bénéficie du sursis de paiement, le comptable des impôts ne peut pas lui demander le paiement des sommes en sursis. Mais si la décision de l'administration intervient avant qu'il ait saisi le tribunal, il ne dispose plus que du délai normal de deux mois.

34280 **Forme et contenu de la demande** La demande, ou requête, adressée au greffe du tribunal administratif est présentée sous forme d'une **simple lettre** ou par **voie électronique** sur citoyens.telerecours.fr ou via l'application « Télérecours » pour les avocats.
Elle doit porter la **mention** du nom et de l'adresse du réclamant et contenir l'exposé des faits, moyens et conclusions.
Elle doit être **signée** par le contribuable ou, éventuellement, par son mandataire. Elle doit être **accompagnée** d'une copie (sauf lorsqu'elle est transmise par voie électronique) et de la décision de l'administration (lorsque celle-ci a été notifiée avant la requête au tribunal).

34285 Le contribuable ne peut pas contester d'autres impositions que celles qui étaient visées dans sa réclamation ni demander un dégrèvement supérieur à celui qu'il avait contesté à l'origine (interdiction des **demandes nouvelles**). Mais, dans ces limites, il peut présenter tout **moyen nouveau** à tout moment de la procédure, c'est-à-dire devant le tribunal administratif ou devant la cour administrative d'appel jusqu'à la clôture de l'instruction (LPF art. L 199 C).

34290 Lorsqu'il ne bénéficie pas du sursis de paiement, le contribuable peut demander au juge des référés d'ordonner la **suspension** de l'exécution de la décision d'imposition (suspension de la mise en recouvrement) (CE 25-4-2001 nos 230166-230345 : RJF 7/01 n° 1016), y compris s'il avait déjà présenté une telle demande avant le rejet de sa réclamation. Cette demande doit être formulée par une requête distincte de la requête principale.
Cette même voie de recours est ouverte au contribuable qui, ayant demandé le sursis de paiement sans constituer de garanties suffisantes, souhaite s'opposer à la prise de mesures conservatoires par le comptable public (CE 30-7-2003 n° 254905 : RJF 11/03 n° 1311).
Le juge des référés ne peut prononcer la suspension que si l'urgence le justifie et s'il est fait état d'un moyen propre à créer un doute sérieux sur la régularité de la procédure d'imposition ou sur le bien-fondé de l'imposition (CE 25-4-2001 n° 230166-230345 précité).

34295 **Instruction et jugement** L'administration établit un mémoire en défense auquel le contribuable peut répondre par un mémoire en réplique, et la procédure peut se poursuivre par **échanges de mémoires**.

S'il l'estime utile, le tribunal peut ordonner une **expertise**, soit d'office, soit à la demande du contribuable ou de l'administration. En ce qui concerne les frais d'expertise, voir n° 34180, a.
Le requérant doit être averti du jour où l'affaire sera appelée à l'audience. Il peut présenter, en personne ou par un avocat, des **observations orales** devant le tribunal.

Le **jugement** rendu par le tribunal administratif est notifié au contribuable. 34300
Si une difficulté s'élève sur l'interprétation du jugement, un **recours en interprétation** peut être porté devant le tribunal (pas de délai imposé).
D'autre part, toute personne peut former **tierce opposition** à un jugement qui préjudicie à ses droits dès lors que ni elle ni ceux qu'elle représente n'ont été présents ou régulièrement appelés dans l'instance ayant abouti à ce jugement.
Hormis ce cas, les parties qui veulent obtenir la révision du jugement ne peuvent le faire qu'en l'attaquant par la voie de l'**appel**.
Par exception, ne sont pas susceptibles d'appel, mais seulement d'un pourvoi en cassation devant le Conseil d'État, les jugements rendus par les tribunaux administratifs notamment dans les domaines suivants : impôts locaux (autres que la contribution économique territoriale), contestation des décisions rendues sur les demandes de remise gracieuse. L'appel reste ouvert toutefois contre les jugements rendus en matière de taxe foncière se prononçant également – à la demande du contribuable, pour une même commune et pour une même année – sur des conclusions relatives à la cotisation foncière des entreprises, peu important que les demandes aient été introduites ou non par des requêtes distinctes (Avis CE 27-7-2005 n° 280560 : RJF 11/05 n° 1260).

APPEL DU JUGEMENT DU TRIBUNAL ADMINISTRATIF

Le contribuable peut faire appel du jugement du tribunal administratif devant la **cour administrative d'appel** dans le ressort de laquelle le tribunal a son siège. 34310
La requête en appel doit être déposée au greffe de la cour dans le **délai** de deux mois à compter de la notification du jugement (délai décompté comme pour les instances au tribunal administratif : n° 34275).
La requête doit obligatoirement être présentée par un **avocat**. Elle doit contenir l'**exposé des faits, moyens et conclusions** du requérant.
L'arrêt rendu peut faire l'objet de **recours** portés devant la cour administrative d'appel elle-même : opposition (arrêt rendu par défaut), tierce opposition, recours en rectification d'erreur matérielle. Il peut surtout faire l'objet d'un pourvoi en cassation devant le Conseil d'État.

Le **ministre** du budget a la possibilité de faire appel du jugement du tribunal administratif. Le **délai** de deux mois dont il dispose pour saisir la cour administrative d'appel a pour point de départ : soit la date d'expiration du délai (de deux mois) imparti au directeur du service qui a suivi l'affaire pour transmettre le jugement et le dossier au ministre ; soit la date de la signification du jugement faite au ministre par le contribuable (qui a ainsi la possibilité de faire courir le délai d'appel pour l'administration) (LPF art. R 200-18). 34315

L'appel n'a pas d'**effet** suspensif même lorsque le contribuable a obtenu le sursis de paiement ; mais celui-ci peut demander que l'exécution de la décision d'imposition soit suspendue dans les conditions exposées n° 34290. 34320

En ce qui concerne l'**expertise** et la présentation d'**observations orales** au cours de l'audience, les règles applicables sont les mêmes que pour les instances au tribunal administratif (n° 34295). 34325

POURVOI EN CASSATION

Les contribuables, comme le ministre du budget, peuvent déférer au **Conseil d'État**, par la voie du recours en cassation, les décisions (arrêts des cours, jugements rendus en premier et dernier ressort) qui leur sont défavorables. 34335
Le recours en cassation n'est ouvert que dans l'un des cas suivants : incompétence du juge, vice de forme, violation de la règle de droit. Il doit être introduit auprès du Conseil d'État dans le **délai** de deux mois à compter de la notification de la décision attaquée.
Le pourvoi en cassation doit contenir l'**exposé des faits, moyens et conclusions** du requérant.
Le contribuable est tenu de se faire représenter par un **avocat** au Conseil d'État, y compris en cas de pourvoi formé contre une ordonnance du juge des référés (CE 9-3-2001 n° 230201 : RJF 5/01 n° 694).

Le recours en cassation n'a pas d'**effet** suspensif, mais le Conseil d'État peut ordonner le sursis à exécution de la décision attaquée. 34340
Le pourvoi en cassation fait l'objet d'une **procédure préalable d'admission**. Si le pourvoi est irrecevable ou n'est fondé sur aucun moyen sérieux, l'admission est refusée par une décision juridictionnelle insusceptible de recours (sauf recours en révision ou en rectification d'erreur matérielle).

Le Conseil d'État peut soit rejeter le pourvoi, soit annuler – totalement ou partiellement – la décision attaquée. S'il prononce l'**annulation** de cette décision, il peut soit renvoyer l'affaire devant une autre juridiction (ou devant une autre formation), soit régler l'affaire au fond. Si l'affaire fait l'objet d'un **second pourvoi en cassation**, le Conseil d'État statue définitivement sur cette affaire.

b. Juridiction judiciaire

INSTANCE DEVANT LE TRIBUNAL JUDICIAIRE

34370 En matière de **droits d'enregistrement et de timbre**, d'**impôt sur la fortune immobilière** et de **contributions indirectes**, le contribuable qui entend se pourvoir contre la décision rendue par l'administration sur sa réclamation doit porter le litige devant le tribunal judiciaire (LPF art. L 199, al. 2). L'assistance d'un **avocat** est obligatoire (LPF art. R 202-2, al. 2).

Le tribunal territorialement **compétent** est celui du bureau chargé du recouvrement ou, en cas d'insuffisance (droits d'enregistrement), celui de la situation des biens (LPF art. R 202-1).

Le tribunal est **saisi** par voie d'assignation. Le **délai** imparti est de deux mois à compter du jour de la réception de l'avis portant notification de la décision du service des impôts. Le contribuable peut saisir directement du litige le tribunal compétent à défaut de décision du service des impôts dans le délai de six mois (nº 34275).

Le jugement du tribunal peut faire l'objet de certains **recours** : opposition (jugement rendu par défaut), tierce opposition, recours en révision, prise à partie et, surtout, **appel** devant la cour d'appel.

> **Précisions** Si le contribuable ou l'administration le demande, l'**expertise** est de droit en matière de droits d'enregistrement et impôts assimilés pour la détermination de la valeur réelle des immeubles, droit au bail ou promesse de bail d'immeuble, notamment.

APPEL DU JUGEMENT DU TRIBUNAL JUDICIAIRE

34380 Le jugement du tribunal judiciaire peut faire l'objet d'un appel devant la **cour d'appel** dans le ressort de laquelle le tribunal a son siège.

L'appel est **formé** par voie de déclaration au greffe de la cour d'appel, dans le **délai** d'un mois à compter de la signification du jugement. La déclaration d'appel doit être **accompagnée** d'une copie de la décision attaquée et vaut demande d'inscription au rôle (CPC art. 901). La constitution d'**avocat** est obligatoire.

Les **conclusions** de l'appelant doivent être déposées au greffe dans les quatre mois, en principe, de la déclaration d'appel.

L'appel n'a pas d'**effet** suspensif. Le jugement déféré est donc exécutoire de droit à titre provisoire. L'exécution peut toutefois être arrêtée si elle risque d'entraîner des conséquences manifestement excessives, ou aménagée, par le premier président de la cour d'appel statuant en référé.

L'**arrêt** de la cour d'appel est **notifié** aux avocats avant d'être signifié aux parties. Il peut faire l'objet d'un pourvoi en cassation.

> **Précisions a.** Dans la limite du dégrèvement ou de la restitution sollicités, le contribuable peut faire valoir tout **moyen nouveau** devant la cour d'appel, jusqu'à la clôture de l'instruction (LPF art. L 199 C).
>
> **b.** Une partie ne peut obtenir l'**expertise** de droit en appel que si celle-ci a été demandée par l'autre partie au tribunal judiciaire.
>
> **c.** Les parties à l'instance d'appel doivent le **droit fixe d'appel** de 225 € affecté au fonds d'indemnisation des avoués.

POURVOI EN CASSATION

34390 Il doit être déposé au greffe de la Cour de cassation (5, quai de l'Horloge, 75055 Paris RP) dans le **délai** de deux mois à compter du jour de la signification régulière de la décision (sauf allongement à raison des distances). Il doit être présenté par un **avocat** à la Cour de cassation.

Le pourvoi en cassation fait l'objet d'une **procédure préalable d'admission**. L'admission est refusée si le pourvoi est irrecevable ou n'est fondé sur aucun moyen sérieux. La décision de refus d'admission du pourvoi est insusceptible de recours.

Le pourvoi en cassation n'a pas d'**effet** suspensif.

B. Recours gracieux

Relèvent de la juridiction gracieuse les demandes tendant à obtenir de la bienveillance administrative la **remise ou la modération**, soit d'impositions régulièrement établies, soit de pénalités (LPF art. L 247). 34420

Les demandes relatives aux **pénalités** peuvent être formulées en toutes matières fiscales. Au contraire, celles qui visent le **principal de l'impôt** ne sont possibles qu'en matière d'impôts directs et elles ne peuvent être motivées que par de graves difficultés financières (exploitants victimes de calamités agricoles par exemple).

Le juge judiciaire du surendettement peut en revanche prononcer un effacement partiel d'une dette de TVA ou de droits d'enregistrement (Cass. 2e civ. 25-6-2015 n° 13-27.107 : RJF 11/15 n° 963 ; 26-6-2014 n° 13-15.974).

Dans le cadre de la juridiction gracieuse, les pénalités (majorations de droits et amendes fiscales) ainsi que l'intérêt de retard peuvent faire l'objet soit d'une remise ou d'une modération proprement dites, soit d'une transaction. 34425

La **transaction** est une convention portant atténuation de pénalités, qui peut intervenir entre l'administration et le contribuable lorsque ces pénalités – et, le cas échéant, les impositions principales – ne sont pas définitives (c'est-à-dire lorsque le contribuable dispose encore du moyen de les contester suivant la procédure contentieuse). La conclusion d'une transaction n'est pas possible lorsque le contribuable met en œuvre des manœuvres dilatoires visant à nuire au bon déroulement du contrôle fiscal (LPF art. L 247).

Les transactions exécutées par les contribuables et approuvées par l'autorité compétente sont définitives, tant en ce qui concerne les droits que les pénalités, et font obstacle à toute introduction ou reprise d'une procédure contentieuse.

Dans le cas où le contribuable, refusant la transaction qui lui a été proposée par l'administration, porte ultérieurement le litige devant le tribunal compétent, celui-ci fixe le taux des majorations ou pénalités en même temps que la base de l'impôt.

Les **remises ou modérations** proprement dites trouvent à s'appliquer à l'égard des pénalités définitives ainsi qu'à l'égard des pénalités pour lesquelles la transaction est exclue, même si ces pénalités ne sont pas définitives, dès lors que les droits en principal auxquels elles se rapportent ne sont pas contestés. Elles peuvent être prononcées d'office ou sur demande des contribuables.

Les recours gracieux sont adressés par le redevable ou son mandataire au **service** des impôts du lieu d'imposition. Ils ne sont soumis à aucune condition de **délai**. Ils sont rédigés sous **forme** de simple lettre et doivent contenir les indications nécessaires à l'identification de l'affaire à laquelle ils se rapportent. 34430

Au sein de l'administration fiscale, la **décision** est prise par des autorités différentes selon l'importance des sommes en cause. Lorsque la demande de remise ou modération ou de transaction porte sur une somme importante (excédant 200 000 € en matière d'impôts directs), la décision est prise par le ministre après avis du **comité du contentieux fiscal, douanier et des changes**. Saisi par l'administration, le comité invite le contribuable à produire des observations écrites dans un délai de 30 jours. Le contribuable peut également présenter des observations orales. Il a le droit de se faire assister ou représenter par un conseil ou représentant de son choix. 34435

Les décisions de rejet des demandes gracieuses peuvent être contestées par la voie du **recours pour excès de pouvoir**. Lorsque l'autorité administrative n'a pas statué sur une demande gracieuse dans le délai de deux mois, elle est réputée avoir **rejeté** celle-ci. Toutefois, le délai de réponse de l'administration est porté à quatre mois en cas de demande de transaction ou de demande en remise particulièrement complexe (Décret 2001-907 du 3-10-2001 art. 2). 34440

C. Dégrèvements et restitution d'office

De sa propre initiative, ou à la suite de démarches verbales ou écrites, l'administration a la possibilité de rectifier par voie de dégrèvement d'office, malgré la déchéance pour inobservation des délais, les **erreurs commises au préjudice des contribuables**. Il en va de même à l'égard de certains **dégrèvements spéciaux**, notamment en matière d'impôts locaux : vacance ou inexploitation d'immeuble (n° 29470) ; exemptions temporaires de foncier non bâti (nos 29620 s.) ; pertes de récoltes ou de bétail (nos 29640 s.) ; disparition d'immeuble non bâti (n° 29660). Sur les intérêts moratoires, voir n° 34185. 34500

La faculté de dégrèvement d'office peut être **exercée jusqu'au** 31 décembre de la quatrième année suivant celle de l'expiration du délai de réclamation ou, en cas d'instance, celle de la notification de la décision intervenue (exemple : si le délai de réclamation expire le 31-12-2024, l'administration peut dégrever d'office jusqu'au 31-12-2028).
Cette prescription peut toutefois être interrompue par une demande ou une démarche du contribuable ou d'un tiers agissant pour son compte (même sans mandat).
Par ailleurs, cette limitation de durée n'est pas applicable pour l'octroi des dégrèvements que la loi fait obligation de prononcer d'office. Les dégrèvements de cette nature peuvent être prononcés dans un délai de 30 ans.

SECTION 4

RECOUVREMENT FORCÉ DE L'IMPÔT

34600 Lorsque le contribuable n'acquitte pas dans les délais légaux les impôts ou taxes dont il est redevable, les agents de l'administration peuvent engager des poursuites à son encontre.
Le recouvrement des impôts autres que les contributions indirectes est assuré par les agents de la Direction générale des finances publiques (DGFiP).

A. Actes préalables aux poursuites

34610 Lorsque le redevable ne s'acquitte pas des sommes dues dans les délais légaux, le comptable de la DGFiP adresse, sauf lorsque la loi l'en dispense, une **lettre de relance** dans le cas où aucune défaillance n'a été constatée pour le contribuable concerné au titre d'une même catégorie d'impositions au cours des trois années précédant la date limite de paiement ou la date de mise en recouvrement de l'imposition impayée.
À défaut de paiement dans les 30 jours suivant la notification de la lettre de relance, le comptable public adresse une **mise en demeure de payer** à l'expiration de ce délai. Lorsque le comptable est dispensé de l'envoi d'une lettre de relance, il peut, sans délai, adresser au contribuable une mise en demeure de payer.
Les **poursuites** peuvent être engagées sans **délai** après la notification de la mise en demeure, sauf lorsque celle-ci porte à la connaissance du redevable des sanctions fiscales, auquel cas elles ne peuvent pas intervenir avant l'expiration d'un délai de 30 jours.

> **Précisions a.** La **lettre de relance** n'a pas à être **adressée** dans les **cas suivants** (LPF art. L 257-0 B) :
> – impositions recouvrées par avis de mise en recouvrement, autres que les droits d'enregistrement, la taxe de publicité foncière ou les droits de timbre ;
> – impositions résultant d'une procédure de rectification ou d'une procédure d'imposition d'office ;
> – créances d'un montant supérieur à 15 000 € ;
> – précédente défaillance constatée pour le contribuable concerné au titre d'une même catégorie d'impositions au cours des trois années précédant la date limite de paiement ou la date de mise en recouvrement de l'imposition impayée ;
> – créances nées postérieurement au jugement d'ouverture d'une procédure collective ;
> – créances des entreprises tenues de souscrire leurs déclarations de résultats auprès de la DGE.
> **b.** La **saisie administrative à tiers détenteur** (n° 34670) n'est pas subordonnée a une mise en demeure préalable du contribuable (en ce sens, Cass. com. 12-10-2022 n° 20-17.849 F-D : RJF 2/23 n° 158 ; BOI-REC-FORCE-30-20 n° 20).

B. Poursuites

DÉLAI D'ACTION DE L'ADMINISTRATION

34640 Les comptables publics disposent d'un **délai de quatre ans** à compter de la mise en recouvrement du rôle ou de l'envoi de l'avis de mise en recouvrement pour obtenir paiement de la créance du Trésor. Le délai de prescription de l'action en recouvrement est **porté à six ans** pour les redevables d'un pays étranger hors Union européenne avec lequel la France n'a pas d'accord similaire à celui prévu par la directive 2010/24/UE du 16 mars 2010 relative à l'assistance au recouvrement entre États membres (LPF art. L 274). À l'expiration de ce délai, de 4 ou 6 ans selon le cas, l'action en recouvrement est atteinte par la **prescription** (le comptable est déchu de tout droit ou de toute action) si aucun acte interruptif (notification d'un acte de poursuite, reconnaissance de sa dette par le contribuable, etc.) ou suspensif (demande de sursis de paiement par le contribuable, etc.) n'est intervenu.

EXERCICE DES POURSUITES

Voies d'exécution de droit commun Les comptables publics peuvent utiliser les **saisies** de droit commun : saisie-attribution (saisie des créances portant sur des sommes d'argent), saisie des rémunérations dues par les employeurs (mais seule une fraction de la rémunération est saisissable), saisie-vente (saisie des biens mobiliers), saisie immobilière (saisie des immeubles) ou encore saisie des droits d'associés et des valeurs mobilières. 34650

La saisie-vente et la saisie immobilière doivent en principe être précédées de la signification au débiteur, dans les conditions de droit commun, d'un commandement de payer. Toutefois, la notification d'une mise en demeure de payer tient lieu du commandement de payer en cas de saisie-vente.

Saisie administrative à tiers détenteur Les comptables publics disposent également d'une procédure spécifique, la saisie administrative à tiers détenteur (LPF art. L 262), qui a le même effet d'**attribution immédiate** que la saisie-attribution. Il s'agit d'une forme simplifiée de saisie de créances de sommes d'argent qui peut être employée pour le recouvrement de tous impôts, pénalités et frais accessoires, qu'ils soient privilégiés ou non. Sous peine de se voir réclamer les sommes saisies majorées du taux d'intérêt légal, le tiers est tenu de verser l'impôt dû à concurrence des fonds qu'il détient, dans les trente jours suivant la réception de la saisie. 34670

FRAIS DE POURSUITE

Les frais de poursuite sont calculés par application d'un pourcentage qui ne peut excéder **5 %** du montant total des créances (droits et pénalités) dont le paiement est réclamé, dans la **limite** de **500 €**. Ils sont recouvrés par les comptables compétents de la DGFiP chargés du recouvrement de l'impôt. 34680

Les **tarifs** des frais applicables à chaque catégorie d'acte et leurs modalités d'application sont fixés par l'article 396 C de l'annexe II du CGI. Les frais accessoires aux poursuites sont énumérés à l'article 415 de l'annexe III du même Code.

Les frais de poursuites peuvent faire l'objet de demandes en **remise gracieuse** (LPF art. L 247, 2° bis).

OPPOSITION AUX POURSUITES

Le contribuable (ou, le cas échéant, le tiers détenteur ou le tiers solidaire) peut, dans les deux mois de la notification de l'acte de poursuite, faire opposition aux poursuites. 34690

Une **réclamation** doit être présentée au directeur départemental des finances publiques ou au responsable du service à compétence nationale des finances publiques, lequel dispose d'un délai de deux mois pour répondre, mais doit impérativement accuser réception de la réclamation. Il peut déléguer sa signature à cet effet dans les conditions prévues aux articles 408 de l'annexe II au CGI et 212 de l'annexe IV au même Code.

À défaut de réponse, ou en cas de rejet de la réclamation, le contribuable peut saisir les **tribunaux**.

L'opposition aux poursuites **permet de contester** :

– soit la régularité en la forme de l'acte de poursuite ou les modalités d'exercice des poursuites (dans ce cas, le juge compétent est le juge de l'exécution, c'est-à-dire le président du tribunal judiciaire) ;

– soit l'existence, la quotité ou l'exigibilité de la dette ou tout autre motif ne remettant pas en cause l'assiette et le calcul de l'impôt. Le juge compétent est le juge de l'impôt : juge administratif s'il s'agit d'impôts directs et de taxes sur le chiffre d'affaires, juge civil pour les droits d'enregistrement et droits assimilés. Par exception, le tribunal de la procédure collective est seul compétent, quelle que soit la nature des créances en cause, pour connaître des contestations relatives à la mise en œuvre des règles propres à la procédure collective (T. confl. 13-4-2015 nos 3988 et 3998 : RJF 7/15 n° 627).

La procédure **ne permet pas** de contester l'assiette ou le calcul de l'impôt.

> **Précisions** Le contribuable qui a saisi le juge administratif d'une demande en décharge de l'obligation de payer peut demander au juge administratif du référé la **suspension de l'exécution de l'acte** de poursuites si l'urgence le justifie et s'il fait état d'un moyen propre à créer, en l'état de l'instruction, un doute sérieux quant à l'existence de l'obligation de payer, au montant de la dette compte tenu des paiements effectués, à l'exigibilité de la somme réclamée ou à tout autre motif ne remettant pas en cause l'assiette ou le calcul de l'impôt (CE 10-4-2002 n° 241604 : RJF 7/02 n° 856).

C. Privilège et hypothèque légale du Trésor

PRIVILÈGE DU TRÉSOR

34720 Le Trésor dispose d'un privilège général pour garantir le recouvrement des principaux **impôts**, notamment : impôts directs (dont les impôts directs locaux), taxes sur le chiffre d'affaires (et taxes recouvrées selon les mêmes modalités et sous les mêmes garanties), droits d'enregistrement, taxe de publicité foncière, droits de timbre.
Le privilège s'exerce sur tous les **meubles et effets mobiliers** du contribuable, en quelque lieu qu'ils se trouvent.
Il **couvre** non seulement le principal de l'impôt mais également les pénalités (d'assiette et de recouvrement).
Il n'a pas d'autre **limite dans le temps** que la prescription de la créance à laquelle il est attaché.

34725 Le privilège du Trésor **prime** tous les privilèges mobiliers généraux ou spéciaux du Code civil, à l'exception de celui des frais de justice quand ces frais ont profité au Trésor.
En revanche, il **est primé** par le « superprivilège » des salariés, par le privilège du créancier nanti sur l'outillage ou le matériel d'équipement, par le droit du créancier d'aliments et par le privilège dont bénéficient les titulaires de certaines créances nées régulièrement après le jugement d'ouverture d'une procédure de sauvegarde, de redressement ou de liquidation judiciaire.
En outre, en cas de procédure de sauvegarde ou de redressement judiciaire ou encore de règlement amiable concernant une entreprise agricole en difficulté, des cessions de rang de privilège ou d'hypothèque visant à garantir les créances du Trésor public ou l'abandon de ces sûretés peuvent être accordées par l'administration (C. com. art. L 626-6, al. 4 et L 631-19, I ; C. rur. art. L 351-4).

HYPOTHÈQUE LÉGALE

34730 Pour garantir le recouvrement des impositions de toute nature, le Trésor a une hypothèque légale sur les biens **immeubles** du contribuable.
Elle prend **rang** au jour de son inscription et demeure **valable** dix ans.
Elle peut être **inscrite** :
– dès la date de mise en recouvrement, pour les impositions supplémentaires et les pénalités établies à la suite d'une procédure de rectification contradictoire et pour les impositions primitives ou supplémentaires ainsi que les pénalités résultant d'une imposition d'office ;
– à partir de la date à laquelle le contribuable a encouru une majoration ou pénalité pour défaut de paiement, dans tous les autres cas.

PARTIE 2

Législation sociale agricole

La législation sociale agricole consiste en un ensemble de dispositions dont l'objet commun est d'assurer la protection soit des exploitants eux-mêmes, soit du personnel auquel ils ont recours : **protection sociale agricole** ; **conditions d'emploi et de travail des salariés** de l'agriculture. 38000

Dans le cadre de ces développements, l'exposé des différents régimes se limite aux règles applicables sur le territoire métropolitain ; les spécificités des départements d'outre-mer ne sont pas traitées.

S'agissant des **aides socio-économiques**, voir nos 80400 s.

TITRE I

Protection sociale agricole

PRÉSENTATION DE LA PROTECTION SOCIALE AGRICOLE

La protection sociale agricole garantit les exploitants et salariés agricoles, actifs et anciens actifs, ainsi que leurs familles contre les risques de toute nature susceptibles de réduire ou de supprimer leur capacité de gain ; elle couvre aussi les charges de maternité et de famille. 38005

Elle est gérée par la **Mutualité sociale agricole** (MSA), composée d'une caisse centrale et de caisses départementales et pluridépartementales dont les adresses sont disponibles sur www.msa.fr.

Applicable aux professions agricoles et à certaines activités annexes ou connexes, la protection sociale agricole s'exerce dans le cadre de **deux régimes autonomes**.

D'une part, le régime des assurances sociales des **salariés agricoles**, qui comprend trois branches (C. rur. art. L 722-27) : les prestations familiales ; les assurances sociales, qui couvrent la maladie, la maternité, l'invalidité, la vieillesse et le décès ; enfin, l'assurance contre les accidents du travail et les maladies professionnelles.

D'autre part, le régime de protection sociale des **non-salariés agricoles**, qui comprend quatre branches (C. rur. art. L 722-8) : les prestations familiales ; l'assurance maladie, maternité, invalidité (en abrégé Amexa) ; l'assurance vieillesse et veuvage ; l'assurance contre les accidents du travail et les maladies professionnelles (en abrégé Atexa).

Le système est complété par un **régime complémentaire** maladie-maternité, la complémentaire santé solidaire et des régimes complémentaires d'assurance vieillesse ouverts aux salariés comme aux non-salariés.

Enfin, des **minima sociaux** assurent un revenu minimum aux personnes en situation de précarité : la garantie d'un minimum de ressources à l'âge de la retraite et la prime d'activité dont l'objectif est d'inciter à l'exercice ou à la reprise d'une activité professionnelle et d'améliorer le niveau de vie des travailleurs modestes (salariés ou non-salariés).

La protection sociale agricole est financée notamment par les **cotisations** dues aux régimes des salariés et des non-salariés.

S'agissant de la **CSG et** de la **CRDS**, on se reportera nos 32400 s.

38005 (suite) **› Précisions** S'y ajoute la **branche autonomie** de la sécurité sociale, gérée par la Caisse nationale de solidarité pour l'autonomie (CNSA). Celle-ci s'appuie sur les agences régionales de santé (ARS), les conseils départementaux, les maisons départementales des personnes handicapées (MDPH) et les maisons départementales de l'autonomie (MDA) pour mener son action en faveur de l'aide à l'autonomie des personnes âgées et des personnes en situation de handicap. Les caisses de MSA en sont des partenaires privilégiées en zone rurale.

CHAPITRE 1

DÉFINITION SOCIALE DE L'ACTIVITÉ AGRICOLE

SOMMAIRE

La Mutualité sociale agricole gère un système de protection sociale dont dépendent à la fois des non-salariés (exploitants agricoles et professions connexes à l'agriculture) et des salariés (du fait de l'activité de leur employeur ou de leur propre activité). **38010**
Les régimes de protection sociale applicables aux non-salariés et aux salariés agricoles sont, comme les autres régimes de sécurité sociale, de nature professionnelle. Ces régimes font partie intégrante de l'organisation de la sécurité sociale (CSS art. L 111-1 s.), mais restent spécifiques par détermination de la loi (CSS art. L 111-2, al. 2).
Le **rattachement aux régimes agricoles** (non-salariés et salariés) s'opère après examen de la nature de l'activité exercée, qui doit présenter un caractère agricole au sens du Code rural et de la pêche maritime (C. rur. art. L 722-1 à L 722-3 pour les non-salariés, L 722-20 à L 722-24 pour les salariés).
On distingue classiquement trois catégories d'activités agricoles : activités agricoles par nature, activités annexes à une activité agricole et activités agricoles par détermination de la loi.

ATTENTION

La définition « **sociale** » de l'activité agricole figurant dans le Code rural et de la pêche maritime, précisée par la jurisprudence et la doctrine administrative, n'est pas identique à celle retenue par la législation **fiscale** (CGI art. 63). Elle est également différente de la définition « **civile** » de l'activité agricole (C. rur. art. L 311-1), en dépit de certaines similitudes (inclusion dans les activités agricoles au sens « social » du terme des activités constituant le prolongement de l'acte de production ou des activités touristiques ayant pour support l'exploitation).
Afin de clarifier l'application simultanée des définitions des articles L 311-1, L 722-1 et L 722-20 opérée par la jurisprudence, le législateur a précisé que la définition « civile » de l'activité agricole ne trouvait pas à s'appliquer en matière d'affiliation aux régimes de protection sociale (C. rur. art. L 311-1, al. 3). Pour la détermination des critères d'assujettissement aux régimes de protection sociale des non-salariés et des salariés des professions agricoles, sont donc seules considérées comme agricoles les activités mentionnées respectivement aux articles L 722-1 et suivants et L 722-20 et suivants.
Sur les différentes définitions de l'activité agricole, voir nos 25 s.

A. Activités agricoles par nature

Sont visées en premier lieu les exploitations de **culture** et d'**élevage** de quelque nature qu'elles soient (C. rur. art. L 722-1). **38015**
À partir de ce texte, la doctrine définit l'activité agricole « par nature » comme « étant le fait de quiconque se livrant de façon active à une spéculation biologique sur la croissance d'un produit du sol, végétal ou animal ». Cette définition reprend, sous une autre formulation, la maitrise

d'une ou de plusieurs étapes du cycle biologique à caractère animal ou végétal retenu par l'article L 311-1 du Code rural et de la pêche maritime.
La Cour de cassation a adopté le même critère en reconnaissant que, « pour déterminer le caractère agricole d'une profession, les usages et la tradition s'attachent essentiellement au caractère **d'opérations intéressant la production** végétale ou animale ». Une exploitation agricole « doit s'entendre de celle destinée à la production végétale ou animale ». L'exigence d'une « production » est intégrée dans la législation (C. rur. art. L 722-2, 1°).
Cette notion de destination a pour conséquence d'élargir sensiblement le champ d'application de la réglementation sociale en agriculture.

1. PRODUCTION VÉGÉTALE

CULTURES

38020 **Notion générale** Ont trait à la production végétale les activités auxquelles se livrent les exploitations qui ont pour objet la **production de toutes les plantes cultivées** en général, qu'il s'agisse d'exploitations de polyculture ou de cultures spécialisées telles que : viticulture, horticulture ; cultures céréalières ; cultures de plantes textiles et tinctoriales, cultures de fruits, de champignons ; pépinières ; plantations de tabac, etc.
Par extension, sont considérés comme des occupations de nature agricole le **ramassage** ou la **cueillette** des fruits et fleurs sauvages, des champignons et plantes médicinales (exemple : cueilleurs de gentiane, ramasseur de goémon qui n'est pas inscrit maritime).

38025 Ont également un caractère agricole par nature :
– les **activités préparatoires** à l'exploitation telles que le défrichement, le drainage, l'irrigation (voir également n° 38280) ;
– les activités **consécutives** à celle-ci telles que le rouissage, le séchage ou le teillage du lin ou du chanvre, sauf si ces dernières opérations sont effectuées par un entrepreneur revendant après transformation le produit acheté brut à des exploitants agricoles ;
– les opérations faisant **partie du cycle** de la production (prégermination des pommes de terre ayant pour but de mettre à la disposition des agriculteurs des plants convenablement germés) ;
– le **gemmage** (exploitation des pins en vue d'en recueillir le gemme) ;
– les exploitations de **marais salants** ;
– l'activité de **compostage** de déchets verts (CA Rouen 21-10-2009 n° 08-02951).
Sur le « **gel des terres** » ou la pratique de la jachère prévus dans le cadre de la réglementation européenne, qui peuvent ne pas être incompatibles avec l'exercice d'une activité agricole, voir n° 43010.

> **Précisions** Pour qu'il y ait exploitation, il faut qu'il y ait mise en valeur économique. Ainsi, le propriétaire qui, ne cultivant ni ne faisant cultiver ses terres pendant quelques années, les laisse en **friche** n'est pas considéré comme exploitant car il ne se livre à aucune mise en valeur économique. Il en va bien entendu de même pour le propriétaire de **jardins d'agrément**.

38035 **Cas particuliers** Relèvent du régime agricole les **gardes et jardiniers** : gardes-chasse, gardes-pêche, gardes forestiers, jardiniers, jardiniers gardes de propriétés et, de manière générale, toute personne qui, n'ayant pas la qualité d'entrepreneur, est occupée par des groupements et sociétés de toute nature ou des particuliers à la mise en état et à l'entretien des jardins (C. rur. art. L 722-20, 2°).
Il en est ainsi que l'**activité de leur employeur** soit ou non agricole. Toutefois, lorsqu'ils sont au service d'un établissement public ou d'une collectivité locale, ils ne relèvent pas du régime agricole s'ils bénéficient d'un statut de la fonction publique (fonctionnaires territoriaux, hospitaliers ou de l'État).

EXPLOITATIONS FORESTIÈRES

38050 **Travaux forestiers** Trois catégories de travaux sont considérés comme forestiers (C. rur. art. L 722-3).
La première catégorie comprend les travaux de **récolte de bois**, à savoir :
– l'abattage, l'ébranchage, l'élagage, l'éhouppage, le débardage sous toutes ses formes et les travaux précédant ou suivant normalement ces opérations tels que débroussaillement, nettoyage des coupes. Pour la Cour de cassation, il n'est pas nécessaire que ces travaux participent à l'exploitation d'un cycle de production pour être assujettis au régime agricole (à propos d'une société réalisant des travaux d'élagage et de débroussaillement : Cass. 2e civ. 22-9-2022 n° 21-12.481 F-B : RJS 12/22 n° 640) ;
– le transport de bois effectué par l'entreprise qui a procédé à tout ou partie des opérations précédentes. Il peut s'agir du transport sur route jusqu'au lieu d'expédition ou d'utilisation du

bois (gare ou scierie, par exemple). À l'inverse, ne relève pas du régime agricole l'entreprise qui transporte, hors de la forêt, en majorité, des bois qu'elle n'a ni débardés, ni abattus et sur lesquels elle n'a procédé à aucun ébranchage, éhouppage ou élagage (Circ. CCMSA 3-3-1975) ;
– lorsqu'ils sont effectués sur le parterre de la coupe, les travaux de façonnage, de conditionnement du bois, de sciage et de carbonisation quels que soient les procédés utilisés. Toutefois, même effectués en dehors du parterre de la coupe, ces travaux conservent leur caractère forestier s'ils sont réalisés par une entreprise ou section d'entreprise dont l'activité principale est l'exploitation forestière ou la production du bois brut de sciage : voir nos 38240 s. ;
– la production de bois et dérivés destinés à l'industrie et à l'énergie.

La deuxième catégorie concerne les travaux de **reboisement** et de **sylviculture**, y compris l'élagage, le débroussaillement et le nettoyage des coupes.

Enfin, la troisième catégorie vise les travaux d'**équipement forestier**, lorsqu'ils sont **accessoires** aux travaux ci-dessus : création et aménagement de pistes, laies, layons, aires de chargement, etc., mise en place d'instruments de levage, de câbles de vidange ou de débardage, d'abris pour les ouvriers forestiers, opérations destinées à protéger les sites boisés par la création de pare-feu.

ATTENTION

Les exploitants forestiers **négociants en bois** achetant des coupes en vue de la revente du bois dans des conditions telles que leur activité comporte inscription au registre du commerce ou paiement de la contribution économique territoriale en tant que commerçant sont exclus du régime agricole (C. rur. art. L 722-4, 1°).

Cette disposition concerne l'exploitant forestier lui-même et non les **salariés** qu'il emploie ; ceux-ci relèvent du régime agricole lorsqu'ils exécutent des travaux forestiers tels que définis ci-dessus.

Présomption de salariat Une présomption de salariat est instituée **au profit de** toute personne occupée, moyennant rémunération, dans les exploitations ou entreprises forestières mentionnées à l'article L 722-3 du Code rural et de la pêche maritime (C. rur. art. L 722-23). **38055**

Cette présomption est **levée** si l'intéressé satisfait à des conditions de capacité ou d'expérience professionnelle et d'autonomie de fonctionnement (C. rur. art. L 722-23, al. 1). Les demandes d'affiliation au régime des non-salariés agricoles, qu'elles soient émises en qualité d'entrepreneur de travaux forestiers ou de personnes redevables de la cotisation de solidarité (C. rur. art. L 731-23), sont adressées à la caisse de MSA qui dispose d'un délai de 2 mois pour se prononcer une fois le dossier complet reçu (C. rur. art. D 722-3). À défaut de réponse dans ce délai, la demande est réputée acceptée (Décret 2016-7 du 5-1-2016).

Les **conditions** de capacité ou d'expérience professionnelle, de même que les conditions d'autonomie de fonctionnement requise pour que soit levée la présomption de salariat sont listées aux articles D 722-32 et D 722-33 du Code rural et de la pêche maritime.

La caisse de MSA doit demander l'**avis** du directeur régional (directeur interdépartemental en Île-de-France) de l'alimentation, de l'agriculture et de la forêt de la région où se situe le siège de la caisse pour les demandes de personnes dont la situation doit être appréciée au regard de la condition de capacité ou d'expérience professionnelle suffisante (C. rur. art. D 722-3).

> **Précisions** **a.** Les **conditions** de capacité ou d'expérience professionnelle et d'autonomie de fonctionnement sont **réputées remplies** par les chefs d'exploitation agricole exerçant à titre secondaire, dans les forêts d'autrui, l'activité d'exploitant définie à l'article L 722-3 du Code rural et de la pêche maritime, étant entendu que la qualification secondaire de l'activité de l'exploitant revêt ici la signification d'une activité accessoire (C. rur. art. L 722-23 ; Lettre min. 24-11-1992 ; Circ. CCMSA du 31-3-1993).
> **b.** Afin d'informer les donneurs d'ordres sur leur situation, les personnes dont la présomption de salariat a été levée doivent posséder une **attestation** transmise par la caisse de MSA (C. rur. art. D 722-3-1).

2. PRODUCTION ANIMALE

Ont trait à la production animale et relèvent, par suite, du régime de protection sociale agricole toutes les activités professionnelles qui utilisent, en vue d'en tirer profit, les forces de **multiplication** et de **croissance de la nature** dans le domaine animal. **38080**

Ces activités présentent un caractère agricole :
– qu'elles soient réalisées sous la forme d'un élevage traditionnel ou spécialisé. Un élevage est dit spécialisé soit en raison de l'espèce des animaux élevés (par exemple abeilles), soit en raison des techniques mises en œuvre (par exemple élevages « industriels »), soit en raison du peu d'importance des terres utilisées eu égard au nombre de sujets concernés ;

– même si toutes les étapes de l'élevage (reproduction, croissance, entretien ou engraissement) ne sont pas assurées ;
– quel que soit l'objet poursuivi : maintien ou amélioration de la race ; obtention de produits nutritifs (viande, lait, œufs, miel), de matière première (fourrures, soie) ; réalisation de compétitions ou d'expériences scientifiques ;
– qu'il s'agisse d'élevages terrestres ou aquatiques, d'animaux domestiques ou d'animaux sauvages.

Aux activités d'élevage sont assimilées les activités de **dressage** et d'**entraînement** (C. rur. art. L 722-1, 1° ; pour les chevaux, voir n° 38120) ainsi que les activités de **capture** des animaux sauvages, telles la pêche (n° 38110) et la chasse (n° 38130).

> **Précisions** L'élevage des **animaux de laboratoire** est une activité professionnelle de nature agricole. Tel est le cas, par exemple, de l'activité de reproduction, d'élevage, de sélection de souris revendues à des laboratoires de recherches médicales ; peu importe que l'entreprise utilise un personnel non spécialisé en matière agricole et serve une clientèle étrangère à l'agriculture (Cass. soc. 18-2-1976 n° 74-13.850 : Bull. civ. V n° 96).
> Il en va en revanche différemment de l'**achat** d'animaux de laboratoire uniquement **pour les revendre** même si le commerçant assure occasionnellement leur nourriture lorsque la revente n'est pas immédiate ou d'un élevage pratiqué à des **fins scientifiques** dès lors qu'effectué pour les **propres besoins** de l'établissement de soins ou du laboratoire qui s'y adonne, il ne constitue pas une activité distincte.

ÉLEVAGE DE BÉTAIL

38085 **Production de viande et d'œufs** L'engraissement des animaux est un des **buts** de l'élevage ; la reproduction peut en être un autre. Il n'est pas nécessaire que la poursuite de ces deux buts soit concomitante pour caractériser l'activité agricole.

L'élevage constitue une étape de la production des animaux et ne comprend pas obligatoirement la reproduction, l'amélioration ou la conservation d'une espèce animale.

Ainsi, est réputé exploitant agricole l'éleveur de porcs qui ne possède pas de truies reproductrices (Cass. 2e civ. 4-12-1958 : Bull. civ. II n° 814).

La **provenance de la nourriture** des animaux est sans incidence sur le caractère agricole de l'élevage. Ainsi jugé à propos d'engraisseurs de porcs qui ne nourrissent pas leurs animaux avec le produit de leur exploitation (Cass. 2e civ. 4-11-1964 : Bull. civ. II n° 677). Bien entendu, cette nourriture peut provenir d'une entreprise industrielle appartenant à l'éleveur lui-même.

La **destination des produits élevés** ne peut changer la nature des opérations effectuées.

L'engraissement des porcs (ou de tout autre animal) constitue une activité agricole dont la nature n'est pas modifiée par le fait que l'éleveur effectue par ailleurs des opérations de nature commerciale et qu'il soit inscrit au registre du commerce.

En revanche, l'achat d'animaux vivants suivi d'une revente immédiate, donc sans élevage, telle que la pratique un marchand de bestiaux, ou un coquetier, caractérise une activité commerciale. Mais les accouveurs qui achètent des œufs et vendent des poussins d'un jour relèvent du régime agricole.

Le fait d'assumer la nourriture du bétail durant une période continue et de demander des subventions agricoles caractérise une activité de chef d'exploitation agricole (Cass. soc. 6-2-2003 n° 01-20.085 FS-P : RJS 5/03 n° 676).

38090 **Production de lait** (de vache, chèvre ou brebis) Si la situation des éleveurs laitiers ne présente aucune difficulté de qualification, la question s'est posée du laitier nourrisseur dont l'activité s'exerce le plus souvent à l'intérieur ou à proximité d'agglomérations importantes et qui entretient des vaches laitières en vue de la vente du lait. Il est considéré comme exploitant agricole quand bien même il serait inscrit au registre du commerce.

En effet, cette profession « consiste essentiellement dans la production d'un produit de la nature, vendu en l'état sans transformation et obtenu à la suite d'un processus purement naturel » (CE 20-10-1959, G.).

ÉLEVAGES SPÉCIALISÉS

38100 **Élevage d'animaux à fourrure** Relève du régime agricole l'élevage d'animaux à fourrure tels que castors, visons, etc.

38105 **Parcs zoologiques** L'**activité** des parcs zoologiques est de nature agricole, étant donné que, même si leur objet essentiel est la présentation des animaux au public, ils assurent l'entretien et la croissance des animaux, voire fréquemment leur reproduction.

La présentation des animaux sauvages élevés dans un parc zoologique, faite au public contre paiement d'une redevance destinée en principe à assurer la rentabilité de l'exploitation, se différencie des exhibitions d'animaux auxquelles procèdent les gens du cirque et en particulier les dompteurs, l'exploitant du parc ou ses employés ne faisant pas « travailler » les animaux que les visiteurs sont admis à observer ; il ne s'agit donc pas d'une activité de spectacle, mais d'une activité agricole liée à l'élevage, aux soins et à l'entretien des animaux (Cass. soc. 15-11-1990 n° 88-11.155 P : RJS 1/91 n° 93).

Les **salariés** d'un parc zoologique relèvent donc du régime agricole, y compris ceux qui ont un rôle purement administratif.

> **Précisions** En revanche, n'exercent pas une activité agricole :
> – les salariés affectés à une **entreprise annexe** qui, tels une buvette ou un restaurant, ne constitue pas une suite normale de l'exploitation d'élevage ;
> – les salariés d'un parc zoologique lorsqu'ils sont au service d'un établissement constituant essentiellement un **Jardin public** d'agrément **avec attractions** (le Jardin d'Acclimatation de Paris) ou un **établissement culturel** (le Jardin des Plantes à Paris, le parc zoologique de Vincennes) ; les **jardiniers** de ces établissements, bien qu'exerçant une activité agricole par nature (C. rur. art. L 722-20, 2°), ne relèvent pas du régime agricole dès lors qu'ils bénéficient d'un **régime spécial de retraite**.

Élevages aquatiques et pêche Relèvent du régime social agricole les **exploitants et salariés** des établissements suivants, sauf s'ils relèvent du régime social des marins géré par l'ENIM (Établissement National des Invalides de la Marine) (C. rur. art. L 722-1, 4°) : **38110**

– ostréiculture (élevage des huîtres) ;
– mytiliculture (élevage des moules) ;
– pisciculture (élevage des poissons) ;
– conchyliculture (élevage des coquillages) ;
– astaciculture (élevage des écrevisses) ;
– et établissements assimilés.

Le régime social agricole est également applicable aux pêcheurs professionnels en eau douce, ainsi qu'aux pêcheurs maritimes à pied professionnels qui ne relèvent pas du régime des marins.

> **Précisions a.** La **pêche maritime à pied professionnelle** s'entend de celle dont l'action, en vue de la vente des animaux marins pêchés, s'exerce sur le domaine public maritime ainsi que dans la partie des fleuves, rivières, étangs ou canaux où les eaux sont salées, telle que délimitée par la réglementation en vigueur. L'action de pêche s'exerce sans que le pêcheur cesse d'avoir un appui au sol et sans équipement respiratoire permettant de rester immergé (C. rur. art. L 722-1, 4° et D 921-67 s. ; Circ. 28-2003 du 1-12-2003 ; Note serv. DPMA/SDAEP/N2011-9636 du 14-6-2011 ; Arrêté PRMM2333331A du 18-12-2023).
> **b.** S'agissant des **conchyliculteurs**, le principe général est qu'ils sont affiliés au régime social des marins lorsqu'ils sont embarqués sur un navire battant pavillon français. À l'inverse, ils sont affiliés au régime agricole dès lors qu'ils n'exercent pas leur activité dans des conditions telles que celles-ci nécessitent d'embarquer sur un navire battant pavillon français (C. transp. art. L 5551-1).
> Par exception, **ne relèvent plus du régime des marins** les personnes embarquées à titre accessoire sur un navire si leur activité à terre représente la part principale de leur activité professionnelle déterminée selon les règles fixées par l'arrêté MERT2020218A du 7-8-2020. Pour les salariés, l'activité effectuée à terre doit représenter plus de 50 % du temps de travail établi notamment par le contrat de travail. Pour les non-salariés, la part principale de l'activité est déterminée par le code APE ou NAF déclaré au Registre national des entreprises (RNE). Les conchyliculteurs non salariés embarqués sur un navire mais dont le code APE de leur entreprise ne renvoie pas expressément à une activité réalisée en mer sont considérés comme ayant une activité principalement exercée à terre et relèveront en conséquence du régime agricole.
> Précisons qu'une autre exception est prévue pour les professionnels embarqués sur un navire pour l'exploitation duquel n'est exigé qu'un titre de formation professionnelle maritime régissant les voyages à proximité du littoral, mais elle ne concerne pas les conchyliculteurs (Ord. 2020-933 du 29-7-2020 ; Arrêté MERT2020222A du 7-8-2020 ; Lettre CCMSA DR 2020-648 du 20-10-2020). En effet, l'exploitation de navires dans le cadre des activités de conchyliculture nécessite, selon le décret 2015-723 du 24 juin 2015, d'être titulaire d'un titre spécifique permettant d'exercer des fonctions sur des navires armés aux cultures marines.
> Les **membres non salariés de la famille** de l'exploitant ainsi que ses salariés doivent, eux, être affiliés au régime agricole lorsqu'ils ne relèvent pas personnellement du régime social des marins, même si l'exploitant lui-même est affilié à ce régime.

38115 **Apiculture, sériciculture, héliciculture** L'apiculture (élevage d'abeilles pour exploiter les produits de la ruche, principalement du miel) et la sériciculture (élevage des vers à soie) sont, de même que l'héliciculture (élevage des escargots), des activités de nature agricole.

38120 **Production, dressage et entraînement des chevaux** Relèvent du régime agricole les exploitations de dressage ou d'entraînement et les haras (C. rur. art. L 722-1, 1°). C'est le cas :
– des **clubs** ou **sociétés hippiques** rurales ou urbaines, leur activité n'étant pas seulement l'enseignement de l'équitation mais aussi, par le fait même, l'entraînement, voire le dressage des chevaux ;
– des **centres équestres** qui pratiquent l'enseignement de l'équitation avec fourniture de la cavalerie au moyen de chevaux élevés, dressés ou entraînés par la même entreprise (Circ. DGFAR/SDPS/SDEA/C 5014 du 21-3-2007).
Les activités de location de chevaux ou de prise en pension des chevaux relèvent aussi de ce régime agricole lorsqu'elles sont attachées à l'activité des centres équestres, clubs hippiques et manèges (Circ. DGFAR/SDPS/SDEA/C 5014 du 21-3-2007). Sur le gardiennage, la prise en pension ou la mise en location d'équidés sans élevage, dressage ou entraînement, voir n° 110.
Autres exploitations concernées par le régime agricole : les **sociétés de courses** créées en vue de l'encouragement à la production et à l'amélioration de la race chevaline, les courses n'étant qu'un moyen de parvenir à ce but. Les propriétaires et les jockeys doivent, en conséquence, être regardés comme participant à une activité relevant de l'élevage et donc des législations agricoles de protection sociale (CE 29-1-1982 n° 19961 ; Cass. 2e civ. 29-6-2004 n° 03-30.088 FS-PB : RJS 10/04 n° 1104). Il en va de même des techniciens chargés de contrôler la régularité des courses et des employés aux guichets d'entrée. En revanche, le personnel employé par les sociétés de courses pour le pari mutuel sur les hippodromes ne relève pas du régime agricole (Cass. 2e civ. 23-4-1966 : Bull. civ. II n° 482).

Le **personnel** de ces organismes (palefreniers, lads, jockeys, etc.) relève donc du régime agricole. Citons encore les activités des dresseurs et entraîneurs de chevaux y compris lorsqu'elles sont exercées en vue du **spectacle** (Circ. DGFAR/SDPS/SDEA/C 5014 du 21-3-2007), et ce, malgré leur absence de caractère agricole au sens de la définition civile de l'activité agricole.

CHASSE

38130 Constitue un acte de chasse tout acte volontaire lié à la recherche, à la poursuite ou à l'attente du gibier ayant pour but ou pour résultat la capture ou la mort de celui-ci (C. env. art. L 420-3).
En principe, l'activité de chasse doit être considérée comme une activité de loisir et n'est pas assujettie au régime agricole. Toutefois, si sur des terrains de chasse, une personne pratique l'ensemencement des terres afin d'attirer le gibier ou exerce une activité d'élevage d'animaux, elle pourra, dans le cadre de ces activités, relever du régime agricole. Il en est de même si l'activité tend à la destruction d'animaux nuisibles tels que vipères, renards, corbeaux, taupes, rats et autres rongeurs (Circ. CCMSA 118 du 7-8-1981).

> **Précisions** Le personnel administratif des **fédérations départementales de chasseurs** est assujetti au régime de protection sociale agricole en tant que salariés d'un groupement professionnel agricole en application de l'article L 722-20, 6° du Code rural et de la pêche maritime (Avis CE 6-3-1979 ; Cass. soc. 4-5-1983 n° 81-12.699 P : Bull. civ. V n° 225 ; Cass. soc. 19-11-1986 n° 85-10.564 P : Bull. civ. V n° 525).
> Sur les **gardes-chasse**, voir n° 38035.

B. Activités annexes à une activité agricole

38200 Relèvent du régime des non-salariés agricoles les personnes non salariées occupées dans les établissements de toute nature dirigés par l'exploitant agricole en vue de la transformation, du conditionnement et de la commercialisation des produits agricoles lorsque ces activités constituent le prolongement de l'acte de production ou dans les structures d'accueil touristique situées sur l'exploitation ou dans les locaux de celle-ci, notamment d'hébergement et de restauration (C. rur. art. L 722-1, 1°). Ainsi, un **lien de connexité** doit exister entre l'activité agricole par nature et les activités de transformation, de conditionnement et de commercialisation.
De même, les salariés occupés dans ces établissements ou structures sont rattachés au régime des salariés agricoles (C. rur. art. L 722-20, 1°).

1. ACTIVITÉS DE TRANSFORMATION, CONDITIONNEMENT ET COMMERCIALISATION DES PRODUITS AGRICOLES

PROLONGEMENT DE L'ACTE DE PRODUCTION

La **transformation** ou **conservation des produits naturels** est une activité annexe à une activité agricole. Il s'agit par exemple des activités suivantes : beurrerie, fromagerie, meunerie, sécherie de chicorée, fabrication de conserves alimentaires, de vin ou de cidre, distilleries, rouissage et teillage du lin et du chanvre. **38205**

Le **ramassage du lait** est une activité agricole à condition qu'il constitue le prolongement d'une activité agricole principale, ce que l'on détermine en tenant compte du temps qui lui est consacré et de la rémunération qu'il procure par rapport à l'activité agricole principale. Si le ramassage constitue le prolongement de l'exploitation, celui qui l'assure ne relève que du régime agricole et est considéré comme n'exerçant que l'activité d'exploitant agricole. Dans le cas contraire, l'exploitant relève du régime des non-salariés non agricoles au titre de son activité de ramasseur de lait.

Le ramasseur de lait qui est salarié relève du régime agricole ou non selon celui dont dépend son employeur.

L'exploitation d'une **marnière, tourbière** ou **carrière** de pierres à chaux ne constitue pas un prolongement des opérations de l'exploitation car elle ne porte pas sur les produits de celle-ci. L'agriculteur qui s'y livre pour les seuls besoins de son exploitation agit en tant qu'exploitant. Lorsqu'il y a vente, il exerce une activité professionnelle distincte de nature non agricole. **38210**

Les magasins de **vente de produits** provenant de l'exploitation agricole à laquelle ils sont annexés constituent le prolongement de cette exploitation et, par suite, présentent une activité de nature agricole dès lors que la production de l'exploitation constitue la plus grande partie de leur approvisionnement. **38215**

A contrario, une personne conditionnant des légumes sans les cultiver (ou des œufs et produits dérivés sans les produire) ne relève pas du régime agricole, cette activité ne se situant pas dans le prolongement direct de l'acte de production agricole (Cass. soc. 6-12-2001 n° 00-14.827 FS-D ; Cass. soc. 11-7-2002 n° 00-16.177 P : Bull. civ. V n° 252).

ACTIVITÉ EXERCÉE SOUS FORME SOCIÉTAIRE

L'activité de prolongement peut avoir une **forme juridique distincte de l'exploitation agricole** et être exercée sous une forme sociétaire dès lors que les opérations effectuées constituent la suite logique des activités de l'exploitation et sont exercées par le ou les titulaire(s) de celle-ci (Cass. soc. 3-7-2008 n° 07-16.892 F-PB : RJS 10/08 n° 1043). **38220**

Toutefois, l'épouse et l'aide familial d'un chef d'exploitation, respectivement membre et gérant d'une société en nom collectif commercialisant les produits de l'exploitation, ne doivent pas être rattachés au régime agricole car ils n'ont pas la qualité d'exploitant agricole (Cass. soc. 19-2-1998 n° 94-14.840 D : RJS 4/98 n° 535).

Sur les conditions posées pour un maintien de ces structures dans le prolongement de l'acte de production au sein de la protection sociale agricole et l'affiliation de leurs activités, voir également n° 43050.

2. ACTIVITÉS TOURISTIQUES

Les structures d'accueil touristique situées sur l'exploitation ou dans les locaux de celle-ci, notamment d'**hébergement** et de **restauration**, relèvent du régime agricole si elles remplissent les **conditions** suivantes (C. rur. art. L 722-1, 1° et D 722-4). **38230**

Les **structures d'accueil** touristique doivent permettre d'effectuer :

– des locations de logement en meublé : ces locations doivent porter sur des logements aménagés de telle sorte que le mobilier et les services offerts constituent un élément déterminant de la location ;

– des prestations d'hébergement en plein air ;

– des prestations de loisirs ou des prestations de restauration : dans ce cas, les produits doivent provenir « en grande partie » directement de l'exploitation.

Ces **activités** doivent être développées sur l'exploitation agricole et doivent donner lieu à utilisation des locaux ou des terrains dépendant de cette exploitation.

Enfin, les structures d'accueil doivent être **dirigées par** des chefs d'exploitation quelle que soit leur forme juridique. En cas de société créée pour la gestion de cette structure, les chefs d'exploitation doivent détenir plus de 50 % des parts représentatives du capital de la société (pour plus de précisions, voir les lettres CCMSA des 21-7-2004 et 22-12-2005).

3. CAS PARTICULIERS

38240 Les **scieries mobiles** installées **sur le parterre des coupes** sont agricoles en vertu des dispositions de l'article L 722-3, 1° du Code rural et de la pêche maritime qui reconnaissent le caractère agricole aux travaux de sciage effectués sur le parterre de la coupe, quels que soient les procédés utilisés.

S'agissant des scieries **fixes**, l'article L 722-3 du Code rural et de la pêche maritime confère le caractère agricole aux travaux de sciage effectués **hors du parterre** de la coupe par une entreprise ou section d'entreprise dont l'activité principale est l'exploitation forestière ou la production de bois bruts de sciage.

Le terme « **section d'entreprise** » s'entend comme visant toute activité pouvant être nettement individualisée. Il suffit, pour qu'il en soit ainsi, qu'un matériel spécialisé lui soit affecté dans l'entreprise et que du personnel lui soit exclusivement consacré.

Les **bois bruts de sciage** se définissent comme étant des bois obtenus par sciage ou débit longitudinal ou transversal à partir de grumes, de billes, ou de billons, ces bois ne pouvant être immédiatement utilisés sans une opération préalable d'usinage (poutres, chevrons, traverses, madriers, bois pour rails).

Une **scierie** est agricole lorsque l'exploitant forestier qui en est propriétaire y traite en majeure partie des bois provenant des forêts qu'il exploite : coupes lui appartenant ou achetées par lui et abattues par ses propres bûcherons. En ce cas, en effet, la scierie constitue le **prolongement** de l'exploitation forestière. Une telle scierie a un caractère agricole même si elle produit exclusivement des bois de transformation. La totalité de son personnel (scieurs, employés administratifs, chauffeurs de camion) relève du régime agricole.

En présence d'une **scierie** qui n'est **pas** le **prolongement** de l'exploitation forestière, il faut déterminer si elle se livre à la production exclusive ou, à tout le moins, principale de bois bruts et s'il y a existence d'une section d'entreprise. Il y a donc lieu éventuellement de comparer les volumes de bois traités respectivement en bois bruts et en produits manufacturés.

Lorsque la production de bois bruts l'emporte et que les ouvriers exécutent **indifféremment** des travaux de sciage et d'usinage, l'ensemble du personnel relève du régime agricole.

Lorsque les deux activités de sciage et d'usinage sont effectuées par du **personnel distinct**, on est en présence de deux sections au sein d'une même entreprise. Relève seul du régime agricole le personnel affecté exclusivement à la section de sciage (ouvriers et éventuellement, dans les entreprises d'une certaine importance, employés administratifs et chauffeurs de camion).

38245 Les travaux de **carbonisation** effectués **sur le parterre des coupes** sont agricoles (C. rur. art. L722-3, 1°).

Les travaux de carbonisation exécutés **hors du parterre des coupes** ne revêtent un caractère agricole qu'à condition que l'entreprise qui les accomplit ait pour activité principale l'exploitation forestière ou la production de bois bruts de sciage (C. rur. art. L 722-3, al. 5).

C. Activités agricoles « par détermination de la loi »

1. ACTIVITÉS AU SERVICE DE L'AGRICULTURE

38280 Constituent des activités agricoles celles qui sont réalisées au service de l'agriculture par les **entreprises de travaux agricoles** (C. rur. art. L 722-2).

Sont considérés comme travaux agricoles :

– les travaux qui entrent dans le **cycle de la production** animale ou végétale (travaux de labours, épandage d'engrais, traitement chimique des cultures, récoltes, battage, taille et traitement des arbres fruitiers, etc.) ;

– les travaux d'**amélioration foncière** agricole et les travaux **accessoires** nécessaires à leur exécution (c'est-à-dire tous travaux effectués en vue de rendre le sol propre à la culture ou en vue d'en faciliter la mise en œuvre tels que l'irrigation, le drainage, les travaux d'arasement de talus, de défrichement, d'établissement de voies d'accès aux parcelles cultivées, tous travaux nécessités par les opérations de remembrement) ;

– les travaux de **création, restauration** et **entretien** des **parcs et jardins** (C. rur. art. L 722-2, 2° ; Cass. soc. 6-2-2003 n° 01-20.905 FS-P : RJS 5/03 n° 676). L'ensemble de ces travaux présente un caractère agricole, y compris les travaux de terrassement, pose de bordures, tracé et dallage d'allées, construction de canalisations d'eau et de bassins, etc. Pour couper court aux conflits d'affiliation, le législateur a précisé que les travaux de maçonnerie paysagère font partie intégrante du processus de création et d'entretien des parcs et jardins dès lors qu'ils sont nécessaires à leur réalisation (C. rur. art. L 722-2, 2°).

> **Précisions** Ainsi, un entrepreneur proposant des **prestations de services** en milieu agricole relève de la caisse de MSA territorialement compétente, même s'il est inscrit au registre du commerce et des sociétés, ne possède aucune terre et ne participe pas lui-même à la réalisation des travaux, son rôle consistant à offrir, moyennant rémunération, une main-d'œuvre et un savoir-faire en matière de travaux agricoles (Cass. soc. 5-12-1996 n° 94-22.181 PB).
> À l'inverse, l'activité de **désinfection** et de **dératisation** de bâtiments agricoles ne constitue pas une activité de travaux agricoles, bien que cette activité soit devenue obligatoire pour les élevages (Cass. soc. 15-4-1999 n° 97-20.358 PB : RJS 6/99 n° 871).

2. ACTIVITÉS DE MANDATAIRES

Les activités exercées en qualité de non-salarié par un **mandataire de sociétés ou caisses locales d'assurances mutuelles agricoles** relèvent du régime agricole dès lors que cette activité est exercée (C. rur. art. L 722-1, 5° et R 722-1 ; Circ. CCMSA 81 du 26-10-1999) : 38320
– comme simple intermédiaire entre la caisse locale et l'assuré afin de réaliser par exemple la souscription d'un contrat d'assurance ou l'encaissement des cotisations en application de l'article R 511-2, 4° du Code des assurances ;
– ou comme secrétaire trésorier autorisé à décider du paiement des indemnités de sinistres et à arrêter leur montant conformément à l'article R 511-2 du Code précité ; dans ce cas, les intéressés doivent remplir les conditions de capacité professionnelle des courtiers et agents généraux d'assurances de l'article R 511-2, 1°, 2° et 3° du Code des assurances.
Ces personnes sont assimilées, pour l'application du régime de protection sociale agricole, à des chefs d'entreprise (C. rur. art. L 722-4).

3. ARTISANS RURAUX

Tous les **artisans ruraux** sont affiliés à la sécurité sociale des indépendants (depuis janvier 2020, 38340
elle est intégrée au sein du régime général de la sécurité sociale) pour l'ensemble des risques, y compris les allocations familiales pour lesquels certains d'entre eux étaient auparavant affiliés au régime des non-salariés agricoles (C. rur. art. L 722-1, 6° supprimé par loi 2012-1404 du 17-12-2012 ; CSS art. R 142-2 modifié par décret 2013-1222 du 23-12-2013 art. 3).
En revanche, les **salariés** de ces mêmes artisans ruraux demeurent affiliés au régime agricole pour l'ensemble des risques (assurances sociales, prestations familiales et accidents du travail), dès lors que leur nombre dans l'entreprise n'excède pas deux (C. rur. art. L 722-20, 1°). Les précisions qui suivent ne concernent donc que ces salariés. À noter qu'outre deux salariés permanents l'artisan rural peut, sans perdre cette qualité, occuper des **apprentis** ou de la **main-d'œuvre familiale** non salariée (Circ. CCMSA 115 du 18-7-1985).

DÉFINITION

Il n'existe aucune définition générale de l'artisan rural. 38360
Par le passé, le **législateur** a souvent assimilé les artisans ruraux aux agriculteurs. Ce type d'artisan est en effet sociologiquement intégré au monde rural. Malgré certaines tentatives, notamment sous forme de protocole d'accord entre les caisses agricoles et non agricoles d'allocations familiales, la liste des activités artisanales en cause s'avère très difficile à établir, les métiers ruraux et les modes de travail variant suivant les besoins et les pratiques de chaque région.
Pour la **jurisprudence**, l'artisan rural est celui qui exerce son activité :
– dans un cadre rural,
– au bénéfice d'une population rurale.
Il ressort des textes et de la jurisprudence que les personnes qui, en raison de la nature même de l'activité et du cadre géographique dans lequel elle s'exerce, se rattachent d'une façon certaine aux **besoins et** à **l'activité spécifique des agriculteurs** peuvent être qualifiés d'artisans ruraux. Toutefois, tant la diminution du nombre des agriculteurs que la disparition rapide de la plupart des métiers visés n° 38370 rendent cette qualification de moins en moins fréquente.

Les personnes suivantes sont **considérées comme artisans ruraux** : 38370
– les maréchaux-ferrants ;
– les forgerons ;
– les réparateurs de machines-outils, machines agricoles, d'instruments ou de bâtiments agricoles ;
– les bourreliers ;
– les sabotiers ;
– les tonneliers ;

– les charrons ;
– les maçons exerçant la majeure partie de leur activité au bénéfice des agriculteurs, tant pour les bâtiments d'exploitation que pour les bâtiments d'habitation, ces derniers faisant partie d'un ensemble de production agricole ;
– les constructeurs et réparateurs de bâtiments agricoles exerçant dans des communes rurales, tels que charpentiers, menuisiers, couvreurs, plombiers, puisatiers, etc. ;
– les scieurs ;
– les maréchaux experts exerçant en même temps la profession de hongreur.

Les **cidriers-distillateurs** exerçant leur activité dans le cadre rural et travaillant à la satisfaction de besoins professionnels purement agricoles entrent dans la catégorie des artisans ruraux.

Il en est ainsi de l'agriculteur qui, pendant une courte période, distille, au moyen d'un alambic lui appartenant, les marcs des vignerons voisins.

La Cour de cassation (Cass. soc. 26-10-1966 : Bull. civ. IV n° 810) admet le caractère agricole de l'activité de **distillateur ambulant** exercée pour le compte des agriculteurs récoltants, sans s'attacher au fait que cette activité a pour objet la transformation par des procédés industriels d'un produit fini en un autre produit, et sans rechercher si l'intéressé est par ailleurs exploitant agricole (critères retenus autrefois pour exclure cette activité du champ d'application du régime agricole).

En revanche, sont **exclus** de la catégorie des artisans ruraux les évaronneurs, car « l'objet final et essentiel de leur tâche est un premier traitement de la matière première que constitue la peau des animaux, en vue de son utilisation industrielle ».

> **Précisions** L'artisan, dont le rôle essentiel est de **transformer** des matières premières ou d'effectuer des réparations, doit vivre principalement du produit de son travail, sans faire d'actes de commerce proprement dits. Toutefois, une certaine tolérance est admise lorsque la **vente** d'objets non transformés ou fabriqués demeure **accessoire** par rapport à l'activité principale. Ainsi un artisan rural, par ailleurs réparateur et marchand de machines agricoles, est considéré comme tel pour l'ensemble de ses activités, bien qu'il soit inscrit au registre du commerce pour certaines d'entre elles, dès lors que les **ressources** provenant de ses activités commerciales sont inférieures à celles procurées par son atelier artisanal.

4. ORGANISMES OU GROUPEMENTS PROFESSIONNELS AGRICOLES

38400 Compte tenu du **but d'intérêt agricole** qu'ils poursuivent, sont considérés par la loi comme exerçant une activité de nature agricole (C. rur. art. L 722-20, 6°) :
– les caisses de mutualité sociale agricole ;
– les caisses d'assurances mutuelles agricoles, dites « caisses 1900 » ;
– les caisses de crédit agricole mutuel ;
– les chambres d'agriculture ;
– les coopératives agricoles ;
– les sociétés d'intérêt collectif agricole ;
– les sociétés à caractère coopératif dites « fruitières » ;
– les sociétés agricoles diverses ;
– les syndicats agricoles ;
– les associations syndicales de propriétaires dont l'objet est agricole ;
– d'une façon générale, tout groupement professionnel agricole.

Sont également visés (C. rur. art. L 722-20, 6° bis à 6 quater) :
– toute société ou tout groupement créé après le 31 décembre 1988, dans leur champ d'activité, par les organismes précités, à condition que leur participation constitue plus de 50 % du capital ;
– les filiales créées après le 31 décembre 2005 par ces sociétés ou groupements, à la condition que ces filiales se situent dans leur champ d'activité et que lesdits sociétés et groupements détiennent plus de 50 % du capital de ces filiales (« filiales de 2e niveau ») ;
– les filiales créées après le 31 décembre 2019 par les filiales de coopératives agricoles mentionnées ci-dessus et par l'ensemble de leurs filiales successives, à la condition que ces filiales se situent dans leur champ d'activité et que lesdits groupements et sociétés détiennent plus de 50 % du capital de ces filiales (« filiales de 3e niveau »).

À noter que les organismes, sociétés et groupements précités demeurent au régime agricole lorsqu'intervient une modification de la forme ou des statuts desdits organismes, sociétés et groupements, dès lors que cette modification n'entraîne pas la création d'une personne morale nouvelle.

Dans le même ordre d'idées, relèvent du régime agricole : **38410**
– les personnels enseignants des établissements d'**enseignement** et de formation professionnelle agricoles privés mentionnés à l'article L 813-8 du Code rural et de la pêche maritime (C. rur. art. L 722-20, 5°) ;
– les personnels non titulaires de l'établissement « **Domaine de Pompadour** » dont les contrats ont été transférés à l'établissement public Les Haras nationaux (C. rur. art. L 722-20, 6°) ;
– les salariés des centres de gestion agréés et des **associations de gestion et de comptabilité** dont les statuts prévoient que le conseil d'administration est composé en majorité de membres désignés par des organisations professionnelles agricoles ou des chambres d'agriculture (C. rur. art. L 722-20, 12°).

Les agents de droit privé des **agences régionales de santé** demeurent régis par les conventions collectives des organismes de mutualité sociale agricole.

Les **administrateurs et présidents élus** des organismes ou groupements professionnels agricoles **38420**
visés n° 38400 ne sont visés par aucune disposition concernant leur assujettissement à un régime de protection sociale. Ils disposent, en règle générale, d'un assujettissement en raison de l'exercice d'une activité professionnelle personnelle qui est indispensable à l'exercice de leur mandat. Ainsi, dans les **sociétés coopératives** agricoles, l'agriculteur président du conseil d'administration ne saurait être considéré comme non salarié non agricole pour cette fonction et redevable de la cotisation personnelle d'allocations familiales au titre d'une indemnité perçue compensatrice de l'activité consacrée à la coopérative. En effet, l'activité exercée par un exploitant agricole en qualité de président du conseil d'administration d'une société coopérative agricole dont il est membre constitue le prolongement de son activité d'agriculteur (Cass. soc. 20-1-1988 n° 84-17.800 P : Bull. civ. V n° 56 ; Cass. ass. plén. 4-6-1993 n° 90-12.467 P : RJS 7/93 n° 806). Ces décisions nous apparaissent applicables à tout membre de coopératives exerçant un mandat au conseil d'administration et transposables à tout groupement professionnel agricole (syndicat professionnel, associations au service des exploitations agricoles, etc.) au sein desquelles les agriculteurs exercent un mandat de président ou au sein du conseil d'administration, à moins que la loi n'en dispose autrement.

Les membres élus des **chambres d'agriculture et des caisses de MSA** (y compris de Chambres d'agriculture France et de la Caisse centrale de la MSA) sont, depuis le 1er janvier 2016, affiliés en qualité de collaborateurs occasionnels à des missions de service public au régime des salariés agricoles, sauf option contraire de leur part (C. rur. art. L 722-20, 15° et D 741-99). Lorsque ces élus sont des non-salariés agricoles en activité professionnelle, ils peuvent opter pour le rattachement de leurs indemnités aux revenus professionnels retenus dans le cadre du régime non salarié agricole.

Relèvent du régime agricole les administrateurs des **groupements mutualistes** qui perçoivent une indemnité de fonction et qui ne relèvent pas, à titre obligatoire, d'un régime de sécurité sociale (C. rur. art. L 722-20, 11°).

CHAPITRE 2

PROTECTION SOCIALE DES SALARIÉS AGRICOLES

SOMMAIRE

PROTECTION SOCIALE DE BASE ET COMPLÉMENTAIRE

38600 Le régime de protection sociale de base des salariés des professions agricoles comprend trois branches :
– les prestations familiales ;
– les assurances sociales des salariés qui garantissent les assurés contre les risques de maladie, maternité, invalidité, vieillesse, veuvage et décès ;
– l'assurance contre les accidents du travail et les maladies professionnelles.

S'ajoutent à ce régime de base les régimes complémentaires d'origine conventionnelle qui viennent compléter les prestations servies en retraite, maladie, incapacité, invalidité et décès.

SECTION 1

ASSUJETTISSEMENT ET AFFILIATION

A. Définition des assujettis

PRINCIPES

Le régime de protection sociale des salariés des professions agricoles est applicable aux personnes salariées et assimilées énumérées ci-dessous (C. rur. art. L 722-20) : **38605**

– **salariés** des entreprises ou établissements dont l'activité est agricole par nature (n°s 38015 s.), annexe à une activité agricole (n°s 38200 s.) ou agricole par « détermination de la loi » au sens retenu n° 38280 et salariés des entreprises artisanales rurales n'employant pas plus de deux salariés de façon permanente (n°s 38340 s.) ;

– **gardes**-chasse, gardes-pêche, gardes forestiers, **jardiniers**, jardiniers gardes de propriété et de manière générale toutes les personnes qui, n'ayant pas la qualité d'entrepreneur, sont occupées par des groupements et sociétés de toute nature ou des particuliers à la mise en état et à l'entretien des jardins ;

– **employés de maison** au service d'un exploitant agricole lorsqu'ils exercent habituellement leur activité sur le lieu de l'exploitation agricole ;

– **métayers** mentionnés à l'article L 722-21 du Code rural et de la pêche maritime (voir n° 38620) ;

– personnels **enseignants** des établissements d'enseignement et de formation professionnelle agricoles privés mentionnés à l'article L 813-8 du Code rural et de la pêche maritime ;

– personnels non titulaires de l'établissement « Domaine de Pompadour » dont les contrats ont été transférés à l'établissement public Les **Haras nationaux** ;

– agents de droit privé des **agences régionales de santé** qui demeurent régis par les conventions collectives des organismes de protection sociale agricole ;

– salariés des **organismes** ou **groupements professionnels** agricoles visés n° 38400 ;

– **apprentis** et, sous réserve des dispositions de l'article L 6342-5 du Code du travail, **stagiaires** relevant du régime des assurances sociales agricoles occupés dans les exploitations, entreprises, organismes et groupements ci-dessus énumérés ;

– lorsque les sociétés dont ils sont les dirigeants ont une activité agricole, présidents du conseil d'administration, présidents-directeurs généraux, directeurs généraux et directeurs généraux délégués des **sociétés anonymes**, ainsi que gérants de **sociétés à responsabilité limitée**, à condition que lesdits gérants ne possèdent pas, ensemble, plus de la moitié du capital social, étant entendu que les parts appartenant, en toute propriété ou en usufruit, au conjoint, au partenaire lié par un Pacs et aux enfants mineurs non émancipés d'un gérant sont considérées comme possédées par ce dernier ;

– présidents et dirigeants des **sociétés par actions simplifiées** lorsque ces sociétés ont une activité agricole ;

– dirigeants des **associations** ayant un objet agricole remplissant les conditions précisées n° 38630 ;

– lorsque les groupements mutualistes dont ils sont administrateurs relèvent des dispositions du 6° de l'article L 722-20 du Code rural et de la pêche maritime (n° 38400) ci-dessus, administrateurs des **groupements mutualistes** qui perçoivent une indemnité de fonction et ne relèvent pas, à titre obligatoire, d'un régime de sécurité sociale ;

– salariés des **centres de gestion** agréés et des associations de gestion et de comptabilité dont les statuts prévoient que le conseil d'administration est composé en majorité de membres désignés par des organisations professionnelles agricoles ou des chambres d'agriculture ;

– personnes effectuant un **stage de formation professionnelle continue**, lorsque ce stage est effectué dans le cadre d'un plan de professionnalisation personnalisé permettant de bénéficier des aides au titre de la politique d'installation en agriculture mentionnée à l'article L 330-1 du Code rural et de la pêche maritime ;

– titulaires d'un **contrat d'appui au projet d'entreprise**, dont le dispositif peut concerner de jeunes agriculteurs pendant leur période de formation ;
– entrepreneurs salariés et entrepreneurs associés d'une **coopérative** d'activité et d'emploi quand ils exercent une activité agricole ;
– personnes qui contribuent de façon occasionnelle à l'exécution d'une mission de **service public** administratif : membres élus des chambres d'agriculture et des caisses de MSA au titre de leurs indemnités forfaitaires (C. rur. art. D 741-99) ;
– les salariés mentionnés ci-dessus, au titre des **sommes ou avantages versés par des tiers** dont les salariés sont affiliés au régime de protection sociale des salariés agricoles (n° 38762).

SALARIÉS AGRICOLES

38610 Sont donc assujetties les personnes :
– exerçant une activité agricole (voir n°s 38010 s.) ;
– qui ont la qualité de salarié.
Rappelons que **trois critères** cumulatifs permettent de caractériser le salariat : l'exécution d'un travail en contrepartie d'une rémunération sous la subordination d'un employeur.
Le **lien de subordination**, élément essentiel du salariat, est caractérisé par l'exécution d'un travail sous l'autorité d'un employeur qui a pouvoir de donner des ordres et des directives, d'en contrôler l'exécution et de sanctionner les manquements de son subordonné (jurisprudence constante).
Les salariés doivent être affiliés au régime des assurances sociales agricoles quels que soient :
– la nature, la forme, la validité du **contrat** qui les lie à leur employeur ;
– la **nature et** la **durée du travail** effectué ;
– l'importance et la forme de la **rémunération** qu'ils perçoivent : salaire au temps, aux pièces ou à la tâche, rémunération en espèces ou en nature ;
– leur **nationalité** ; les salariés étrangers sont affiliés au même titre que les salariés français, dès lors qu'ils travaillent sur le territoire métropolitain ;
– leur **âge**, à condition d'être libérés de l'obligation scolaire (sous réserve des dispositions relatives à l'emploi des jeunes dans le secteur agricole pendant les vacances scolaires : n° 59805).
Les **ouvriers agricoles** travaillant au profit d'un tiers, seuls ou avec l'aide de leur famille, avec des outils leur appartenant en propre, sont réputés bénéficier d'un contrat de travail, que les travaux soient effectués au temps, à la tâche ou au forfait (C. rur. art. L 722-22). Par ailleurs, toute personne occupée, moyennant rémunération, dans les **exploitations ou entreprises de travaux forestiers** est présumée bénéficier d'un contrat de travail, cette présomption étant toutefois levée sous certaines conditions (voir n° 38055).
Enfin, les **VRP** à cartes multiples sont rattachés au régime des assurances sociales agricoles lorsqu'ils sont exclusivement au service d'employeurs agricoles.

38611 **Salariés agricoles des départements et territoires d'outre-mer** Le régime de protection sociale des salariés agricoles ne s'applique pas :
– en Guadeloupe, en Guyane, en Martinique, à La Réunion, à Saint-Barthélemy et à Saint-Martin. Les salariés du secteur agricole sont régis par le titre V du livre VII du Code de la sécurité sociale ; les tableaux des maladies professionnelles agricoles (n° 40405) leur sont cependant applicables lorsqu'ils ont exercé les travaux qui y sont mentionnés (C. rur. art. L 781-43) ;
– à Mayotte, où ils sont régis par les dispositions des ordonnances 96-1122 du 20 décembre 1996, 2002-149 du 7 février 2002, 2002-411 du 27 mars 2002 et 2006-1588 du 13 décembre 2006 ; les tableaux des maladies professionnelles agricoles (n° 40405) sont applicables aux salariés agricoles de Mayotte lorsqu'ils ont exercé les travaux qui y sont mentionnés (C. rur. art. L 781-48) ;
– à Saint-Pierre-et-Miquelon, où ils sont régis par l'ordonnance 77-1102 du 26 septembre 1977 (C. rur. art. L 782-2) ;
– à Wallis-et-Futuna, en Polynésie française et en Nouvelle-Calédonie (C. rur. art. L 783-1).

38613 **Salariés temporaires** Relèvent des assurances sociales agricoles les salariés temporaires :
– de l'entreprise de travail temporaire **établie en France** ayant pour objet de les mettre à disposition d'entreprises, d'organismes ou de groupements agricoles (n° 38400 ; C. rur. art. L 722-24 modifié par loi 2022-1616 du 23-12-2022) ;
– de l'entreprise de travail temporaire **établie à l'étranger** mis à disposition d'une entreprise, d'un organisme ou groupement agricole lorsque ne sont pas réunies les conditions du maintien au profit de ces salariés de la législation sociale d'un autre État que la France (C. rur. art. L 722-24-1 créé par loi 2022-1616 du 23-12-2022).

CATÉGORIES PARTICULIÈRES

Membres de la famille de l'exploitant Les membres de la famille de l'exploitant (conjoint, ascendants, descendants, frères, sœurs, alliés au même degré) qui travaillent habituellement avec lui sur l'exploitation relèvent, en principe, du régime des **non-salariés** agricoles. Néanmoins, ils peuvent avoir la qualité de **salarié** et, dans ce cas, l'exploitant doit les déclarer au régime des salariés agricoles. 38615

Métayers Est obligatoirement assujetti au régime des assurances sociales agricoles le métayer qui répond aux **conditions** suivantes (C. rur. art. L 722-20, 4° et L 722-21) : 38620
– travailler ordinairement seul ou avec l'aide des membres de sa famille (conjoint, ascendants, descendants, frères, sœurs et alliés au même degré) ou d'associés d'exploitation au sens de l'article L 321-6 du Code rural et de la pêche maritime ;
– ne pas posséder à son entrée dans l'exploitation et pour l'ensemble des terres qu'il exploite un cheptel mort et vif d'une valeur supérieure à 460 € (C. rur. art. D 722-31), ou exploiter, tant en métayage qu'en fermage, ou en faire-valoir direct, des terres dont le revenu cadastral global est au plus égal à un certain montant (fixé à 531 € en 2003 et revalorisé suivant le coefficient de l'article 1518 bis du CGI, soit 781,17 € en 2024).

> **Précisions** Le recours à une **main-d'œuvre salariée occasionnelle**, dans la limite de 75 jours par an, ou à une aide salariée pour suppléer l'indisponibilité temporaire d'un membre de la famille malade ou accidenté, ne fait pas perdre au métayer sa qualité d'assuré social. Ce bénéfice demeure lorsque le métayer, ayant au moins 2 enfants à charge de moins de 14 ans, n'a pas fait appel au cours de l'année civile écoulée à plus de 300 journées de travail salarié.

Stagiaires de la formation professionnelle Bien que n'exerçant pas une véritable activité professionnelle, les stagiaires des centres de formation professionnelle qui, **avant** leur **entrée en stage**, relevaient du régime des assurances sociales agricoles restent affiliés à ce régime pendant la durée du stage. 38625

Dirigeants de sociétés ou d'associations agricoles L'assujettissement au régime des assurances sociales agricoles des dirigeants de SA, de SAS ou de SARL ci-dessus mentionnés est subordonné à l'existence d'une **rémunération**. Pour plus de précisions sur les règles d'affiliation des membres de sociétés, voir nos 43090 s. 38630
Les **dirigeants des associations** ayant un objet agricole relèvent obligatoirement du régime des assurances agricoles à condition que ces associations soient gérées et administrées de manière désintéressée, c'est-à-dire en principe à titre bénévole par des personnes n'ayant elles-mêmes ou par personne interposée aucun intérêt direct ou indirect dans les résultats de l'exploitation. Le cas échéant, leur rémunération doit respecter de strictes conditions et limites (CGI art. 261, 7, 1°, d).

EXCLUSIONS

À moins qu'elles ne relèvent de l'une des catégories particulières précitées, sont exclues du régime des salariés agricoles les personnes qui, dans l'exercice des activités agricoles auxquelles elles se livrent, soit ne perçoivent **aucune rémunération** en espèces ou en nature, soit ne se trouvent **pas** dans l'état de **subordination** d'employé à employeur. 38635
Il en est ainsi pour les agriculteurs qui se prêtent entre eux une **aide mutuelle** dès lors qu'ils ne perçoivent aucune rémunération en espèces.

B. Formalités

AFFILIATION

Les salariés sont affiliés auprès de la caisse de mutualité sociale agricole dans la circonscription de laquelle se trouve leur lieu de travail (C. rur. art. R 722-35). Les **titulaires d'un avantage de vieillesse ou d'invalidité** sont affiliés à la caisse de leur lieu de résidence. 38660

IMMATRICULATION

L'employeur doit demander l'immatriculation de tout nouveau salarié, non encore immatriculé au régime, dans le **délai** de huit jours suivant son embauche sous peine de sanctions pénales et ceci même si le travailleur a été antérieurement immatriculé dans un autre régime (C. rur. art. L 722-25 et R 722-34). 38665

L'**organisme compétent** pour recevoir la demande d'immatriculation est la caisse de mutualité sociale agricole d'affiliation. Celle-ci délivre au salarié une **carte individuelle** d'immatriculation.
En cas de **carence de l'employeur**, l'immatriculation peut être demandée :
– par le salarié lui-même ;
– par les agents de contrôle assermentés des caisses de MSA.
Sur les **sanctions** encourues par l'employeur en cas de non-respect de ses obligations, voir n° 39060.
En réalité, la formalité de demande d'immatriculation est remplie par l'accomplissement de la **déclaration préalable à l'embauche** qui doit être effectuée dans les huit jours précédant la prise de fonction effective du salarié (C. trav. art. L 1221-10 et R 1221-4). Sur les déclarations liées à l'embauche, voir n°s 52100 s.

RADIATION

38670 La radiation d'un salarié du régime agricole intervient lorsque celui-ci cesse de remplir les conditions requises (C. rur. art. L 722-26).
La radiation peut être opérée :
– soit sur demande de l'employeur ou de l'intéressé ;
– soit à l'initiative de la mission nationale de contrôle et d'audit des organismes de sécurité sociale (C. rur. art. R 722-37 et R 724-3 ; CSS art. R 155-1).
Elle prend effet à compter du premier jour du trimestre civil suivant.

SECTION 2 COTISATIONS

38720 Le financement de la protection sociale des salariés agricoles est assuré par des cotisations perçues par les **caisses de mutualité sociale agricole**.
Outre la cotisation d'assurances sociales agricoles (nos 38795 s.), les caisses recouvrent, le cas échéant **pour le compte d'organismes tiers**, les cotisations, contributions ou prélèvements suivants :
– contribution solidarité-autonomie (nos 60345 s.) ;
– cotisations dues au titre des prestations familiales (nos 39100 s.) et des accidents du travail (nos 39140 s.) ;
– cotisation destinée au fonds de financement du dialogue social (C. trav. art. L 2135-10) ;
– cotisations finançant la retraite complémentaire des salariés (n° 40500) ;
– contribution patronale sur les préretraites d'entreprise (n° 39175) ;
– contribution patronale sur les indemnités de rupture conventionnelle ou de mise à la retraite à l'initiative de l'employeur (n° 39180) ;
– contributions patronales sur les stock-options et les attributions d'actions gratuites (n° 39185) ;
– cotisation de financement de l'association pour l'emploi des cadres en agriculture (Apécita) (n° 52030) ;
– cotisations d'assurance chômage et contribution à l'AGS (n° 59330) ;
– contribution d'aide au logement (Fnal), égale à 0,10 % sur la part des rémunérations n'excédant pas le plafond de la sécurité sociale (n° 38785), pour les employeurs occupant moins de 50 salariés et pour les employeurs des activités mentionnées aux 1° à 4° de l'article L 722-1 du Code rural et de la pêche maritime (nos 38020 s.) ainsi que pour les coopératives agricoles ; à 0,50 % sur la totalité des rémunérations, pour les autres employeurs ;
– versement mobilité dû par les employeurs occupant au moins 11 salariés dans une agglomération ayant institué ce versement (C. gén. coll. terr. art. L 2333-64 s.) ;
– contribution affectée à l'AGEFIPH au titre de l'obligation d'emploi de travailleurs handicapés et assimilés (n° 52215) ;
– cotisation des services de santé au travail (n° 60920) ;
– contribution à la formation professionnelle et contribution au compte personnel de formation des titulaires d'un contrat de travail à durée déterminée (CPF-CDD) (n° 39195) ;
– taxe d'apprentissage (n° 39195) ;
– cotisation finançant la négociation collective en agriculture (Afnca) ;
– cotisation finançant l'Association nationale paritaire pour l'emploi et la formation professionnelle en agriculture (Anefa) ;
– cotisation finançant le Conseil des études, recherches et prospectives pour la gestion prévisionnelle des emplois en agriculture et son développement (Provea) ;

– cotisation finançant l'association sociale et culturelle paritaire en agriculture (Ascpa) ;
– forfait social sur certaines sommes ou contributions exonérées de cotisations sociales : abondement aux plans d'épargne et contributions aux régimes de retraite supplémentaire et prévoyance complémentaire (n° 39190, voir notamment les cas de l'intéressement et de la participation).

Sur la CSG et la CRDS, dont les salariés agricoles sont redevables et qui sont également perçues par la mutualité sociale agricole, voir nos 32400 s.

En ce qui concerne les **exonérations** et réductions de cotisations sociales, voir nos 52600 s.

On trouvera n° 39210 un **tableau récapitulatif** des cotisations dues pour l'emploi des salariés agricoles (hors prévoyance complémentaire d'origine conventionnelle).

RESCRIT SOCIAL

La procédure de rescrit social permet aux employeurs agricoles de solliciter de leur caisse de MSA une **décision explicite** sur leur situation au regard de la législation relative aux contributions et aux cotisations de sécurité sociale et de l'opposer ultérieurement à cet organisme. **38725**

La caisse de MSA se prononce de manière explicite sur toute **demande** d'un cotisant ou futur cotisant, présentée en sa qualité d'employeur, posant une question nouvelle et non dépourvue de caractère sérieux, ayant pour objet de connaître l'application à une situation précise de la législation relative aux cotisations et contributions de sécurité sociale qu'elle contrôle (C. rur. art. L 725-24 ; CSS art. L 243-6-3). La procédure de rescrit social concerne également les autres cotisations et contributions sociales dont l'assiette est identique à celles des cotisations de sécurité sociale et contrôlées par la caisse de MSA.

La demande peut aussi être formulée pour le compte du cotisant par un avocat ou un expert-comptable.

La décision **explicite** doit intervenir dans un délai de 3 mois (C. rur. art. R 725-27 ; CSS art. R 243-43-2). Lorsqu'à l'issue de ce délai, la caisse de MSA n'a pas notifié au demandeur sa décision, il ne peut être procédé à un redressement de cotisations ou contributions sociales, fondé sur la législation au regard de laquelle devait être appréciée la situation de fait exposée dans la demande, au titre de la période comprise entre la date d'expiration du délai de 3 mois et la date de la notification de la réponse explicite.

La décision **s'applique au** demandeur. Mais, s'il appartient à un groupe au sens de l'article L 233-16 du Code de commerce et que la demande comporte expressément cette précision, la décision s'applique à toute autre entreprise ou personne morale appartenant à ce même groupe dès lors que la situation dans laquelle se situe cette dernière est identique à celle sur le fondement de laquelle la demande a été formulée.

La décision est **opposable** pour l'avenir à la caisse qui l'a prononcée, tant que la situation de fait exposée dans la demande ou la législation au regard de laquelle la situation du demandeur a été appréciée n'ont pas été modifiées. Un cotisant affilié auprès d'une nouvelle caisse de MSA à la suite d'un changement de lieu d'exploitation peut se prévaloir d'une précédente décision explicite prise par l'organisme dont il relevait précédemment tant que la situation de fait ou la législation n'ont pas été modifiées.

Lorsque la caisse de MSA entend **modifier pour l'avenir** sa décision, elle en informe le cotisant. Celui-ci peut solliciter, sans préjudice des autres recours, l'intervention de la **caisse centrale** de mutualité sociale agricole (CCMSA). Celle-ci transmet à la caisse chargée du recouvrement sa position quant à l'interprétation à retenir.

Les décisions qui présentent une portée générale sont publiées par les ministres chargés de l'agriculture et de la sécurité sociale.

> **Précisions a.** La **demande** du cotisant doit être accompagnée d'informations et justificatifs. Elle ne peut être formulée lorsqu'un contrôle mentionné nos 39005 s. a été engagé ou lorsqu'un contentieux en rapport avec cette demande est en cours.
> **b.** Lorsqu'elle porte sur une application spécifique à la situation de la branche de cette législation, la demande peut être formulée par une **organisation professionnelle d'employeurs ou** une organisation **syndicale** reconnue représentative au niveau de la branche professionnelle. C'est alors la CCMSA qui se prononce dans les 4 mois suivant la réception de la demande complète. La décision est ensuite applicable à toute entreprise de la branche souhaitant s'en prévaloir.
> **c.** En tant qu'elle porte sur l'assiette des cotisations, le plafond de la sécurité sociale ou la réduction générale dégressive des cotisations sociales, la décision de la caisse de MSA est également opposable aux institutions visées n° 40445 en charge de servir aux assurés du régime agricole les prestations de **retraite complémentaire** (CSS art. L 243-6-3 modifié au 1-1-2024 par loi 2023-1250 du 26-12-2023).

OPPOSABILITÉ DES CIRCULAIRES MINISTÉRIELLES

38730 Lorsqu'un cotisant a appliqué la législation relative aux cotisations et contributions sociales selon une interprétation admise par une circulaire ou une instruction du ministre chargé de l'agriculture régulièrement publiée, les caisses de MSA ne peuvent procéder à aucun redressement de cotisations et contributions sociales, pour la période pendant laquelle le cotisant a appliqué l'interprétation en vigueur, en soutenant une interprétation différente de celle admise par l'autorité ministérielle (C. rur. art. L 725-23).

> **Précisions** Les circulaires ministérielles comportant une interprétation du droit positif ou une description des procédures administratives doivent être publiées. Le cotisant ou l'assuré peut s'en prévaloir dès lors qu'elles sont publiées au Bulletin officiel du ministère de l'agriculture et de l'alimentation sur le site info.agriculture.gouv.fr. Les circulaires et instructions signées avant le 1er janvier 2019 sont réputées abrogées au 1er mai 2019 si elles n'ont pas été publiées à cette dernière date sur ce site (CRPA art. L 312-2 à D 312-11 et L 221-17). S'agissant de l'assiette des cotisations sociales agricoles harmonisée avec celle du régime général (voir n° 38750), le cotisant peut également se prévaloir du bulletin officiel de la sécurité sociale (BOSS) tel qu'il est publié sur le site boss.gouv.fr depuis le 1er avril 2021 (Arrêté SSAS2109766A du 31-3-2021). Quant aux prestations de sécurité sociale servies aux salariés agricoles selon les règles prévues par le code de la sécurité sociale (voir nos 39300 s.), l'assuré pourra se prévaloir des circulaires et instructions publiées sur le site solidarites-sante.gouv.fr/ministere/documentation-et-publications-officielles/bulletins-officiels-et-documents-opposables.

I. COTISATIONS D'ASSURANCES SOCIALES AGRICOLES

A. Calcul des cotisations

38745 Le montant des cotisations et contributions sociales est établi dans la déclaration sociale nominative (DSN) que l'employeur effectue pour la paie de chaque mois auprès de la caisse dont relèvent ses salariés agricoles (nos 38912 s.).
Pour les employeurs agricoles bénéficiant d'un **dispositif simplifié** de déclaration et de recouvrement de cotisations et contributions sociales, la caisse de MSA notifie le décompte dû (nos 38920 s.).

1. ASSIETTE : RÈGLES GÉNÉRALES

38750 L'assiette des cotisations sociales sur salaires dans les différentes branches du régime agricole est **harmonisée** avec celle du régime général par un renvoi au Code de la sécurité sociale (C. rur. art. L 741-10, al. 1). Ainsi, toutes modifications des dispositions du Code de la sécurité sociale en matière d'assiette des cotisations des salariés du régime général sont directement applicables à l'assiette des cotisations des salariés agricoles, sans qu'il soit besoin de prendre de mesures de transposition.

ÉLÉMENTS INCLUS

38755 Les cotisations des assurances sociales, des accidents du travail et des allocations familiales sont assises sur les **rémunérations** versées aux travailleurs en contrepartie ou à l'occasion du travail. Pour le calcul de ces cotisations, sont considérées comme rémunérations toutes les sommes versées aux travailleurs, notamment (CSS art. L 242-1 et L 136-1-1) :
– les salaires ou gains ;
– les indemnités de congés payés ;
– le montant des retenues pour cotisations salariales ;
– les indemnités, primes, gratifications et tous autres avantages en argent ;
– les avantages en nature ;
– les sommes perçues directement ou par l'entremise d'un tiers à titre de pourboire ;
– la compensation salariale d'une perte de rémunération induite par une mesure de réduction du temps de travail qu'elle prenne la forme, notamment, d'un complément différentiel de salaire ou d'une hausse du taux de salaire horaire.

38760 **Avantages en nature** Pour le calcul des cotisations, les avantages en nature, sont, **en principe**, évalués de la manière suivante (Arrêté AGRF0300816A du 17-6-2003 ; Circ. CCMSA 66 du 17-12-2003) :
– pour la nourriture, 10,70 € par jour ou 5,35 € par repas (chiffres 2024) ;

– pour le logement, sur la base de l'évaluation forfaitaire figurant dans le tableau ci-après, sauf option de l'employeur pour une évaluation d'après la valeur locative servant à l'établissement de la taxe d'habitation et d'après la valeur réelle pour les avantages accessoires (eau, gaz, électricité, etc.) ;
– pour un véhicule utilisé à des fins privées, sur option de l'employeur, sur la base d'un forfait annuel ou des dépenses réellement engagées ; à noter, la mise à disposition par l'employeur d'un véhicule électrique ou d'une borne de recharge n'a pas donné lieu dans le régime agricole aux évaluations introduites dans le régime général par arrêté (Arrêté SSAS1914863A du 21-5-2019 modifiant l'arrêté SANS0224281A du 10-12-2002) ;
– pour les outils issus des nouvelles technologies de l'information et de la communication à usage en partie privé, sur option de l'employeur, sur la base soit d'un forfait annuel estimé à 10 % du coût d'achat du matériel ou de l'abonnement, soit des dépenses réellement engagées ;
– pour les autres avantages en nature, d'après leur valeur réelle arrondie à la dizaine de centimes d'euros la plus proche.
Signalons toutefois que ces montants constituent des évaluations minimales, à défaut de stipulations supérieures arrêtées par **convention ou accord collectif** et peuvent être remplacés par des montants supérieurs d'un commun accord entre le salarié et l'employeur. En outre, pour les dirigeants de société, les avantages nourriture et logement sont déterminés d'après leur valeur réelle (Arrêté AGRF0300816A du 17-6-2003) ; en particulier, les valeurs forfaitaires de l'avantage nourriture n'ont pas été étendues dans le régime agricole aux dirigeants des sociétés ayant une activité agricole.
Le montant des **titres-restaurant** que les employeurs remettent dans certains cas à leur personnel est partiellement exonéré de cotisations (le plafond de l'exonération de la part patronale est porté à 7,18 € en 2024) à condition, notamment, que :
– la part contributive de l'employeur à l'acquisition de ces titres soit comprise entre 50 % et 60 % de la valeur libératoire des titres ;
– les titres portent le nom et l'adresse de l'employeur.

Évaluation forfaitaire de l'avantage en nature logement (en euros) pour le calcul mensuel de l'assiette des cotisations sociales, de la CSG et de la CRDS pour 2024

Rémunération mensuelle brute (R)	Le logement comporte une seule pièce principale	Le logement comporte plusieurs pièces principales[1]
R < 1 932,00	77,30	41,40
1 932,00 ≤ R ≤ 2 318,39	90,20	57,90
2 318,40 ≤ R ≤ 2 704,79	102,90	77,30
2 704,80 ≤ R ≤ 3 477,59	115,80	96,50
3 477,60 ≤ R ≤ 4 250,39	141,90	122,30
4 250,40 ≤ R ≤ 5 023,19	167,40	147,70
5 023,20 ≤ R ≤ 5 795,99	193,30	180,10
5 796,00 ≤ R	218,80	205,90

1. Pour déterminer le montant de l'avantage en nature, il faut multiplier les montants indiqués par le nombre de pièces principales.

Sommes versées par des tiers Toute somme ou avantage alloué à un salarié par une personne n'ayant pas la qualité d'employeur en contrepartie d'une activité accomplie dans l'intérêt de ladite personne est une rémunération **assujettie** aux cotisations de sécurité sociale, aux CSG et CRDS ainsi qu'à la contribution solidarité autonomie (CSS art. L 242-1-4). Entrent dans l'assiette des cotisations d'assurances sociales agricoles, les sommes ainsi versées par des tiers dont les salariés relèvent du régime agricole (C. rur. art. L 722-20 16°). 38762
Dans les cas où le salarié concerné exerce une **activité commerciale** ou en lien direct avec la clientèle pour laquelle il est d'usage qu'une personne tierce à l'employeur alloue des sommes ou avantages au salarié au titre de cette activité, cette personne tierce verse à l'organisme de recouvrement dont elle dépend une contribution libératoire dont le montant est égal à 20 % de la part de ces rémunérations qui excède, pour l'année considérée, un montant égal à 15 % de la valeur du Smic calculée pour un mois sur la base de la durée légale du travail. Les cotisations et les contributions obligatoires d'origine légale ou conventionnelle ne sont pas dues sur ces rémunérations. Cette contribution libératoire ne s'applique que sur la part des rémunérations versées pour un an qui n'excède pas 1,5 fois la valeur du Smic calculée pour un mois ; la part supérieure à ce plafond est assujettie aux cotisations de sécurité sociale, CSG, CRDS et contribution solidarité-autonomie (CSS art. L 242-1-4).

38763 **Assiette minimum** Le montant des rémunérations à prendre pour base de calcul des cotisations sur les salaires ne peut être inférieur à celui résultant de l'application de la convention collective étendue couvrant le champ professionnel et territorial des employeurs et salariés concernés (C. rur. art. R 741-37) et en tout état de cause au Smic (C. rur. R 741-36 ; CSS art. R 242-1).

ÉLÉMENTS EXCLUS

38765 Sont notamment exclus de l'assiette des cotisations (CSS art. L 242-1 et L 136-1-1) :
– les **prestations de sécurité sociale** versées par l'entremise de l'employeur ;
– dans la limite de deux fois le montant du plafond annuel de la sécurité sociale (PASS), soit 92 736 € en 2024, la part des **indemnités** versées à l'occasion de la **rupture du contrat de travail** qui n'excède pas deux fois la rémunération annuelle ou, s'ils sont supérieurs, 50 % de l'indemnité ou le montant de l'indemnité légale ou conventionnelle de licenciement (CSS art. L 242-1) ; toutefois, les indemnités supérieures à 10 PASS sont intégralement assujetties à cotisations ;
– les **indemnités** de **cessation forcée des fonctions de mandataires sociaux**, dans les mêmes limites que les indemnités de rupture du contrat de travail. Toutefois, les indemnités de cessation forcée du mandat d'un montant supérieur à 5 PASS sont intégralement assimilées à des rémunérations pour le calcul des cotisations. Lorsque les mandataires sociaux et dirigeants perçoivent à la fois des indemnités de cessation forcée du mandat et des indemnités de rupture du contrat de travail, il est fait masse des indemnités ; la somme est intégralement assimilée à des rémunérations si elle excède 5 PASS ;
– les contributions des employeurs au financement des régimes **de retraite complémentaire** légalement obligatoires, à l'exclusion de celles qui dépassent le montant de part patronale fixé par des dispositions législatives ou réglementaires ou par un accord national interprofessionnel mentionné à l'article L 921-4 du Code de la sécurité sociale ;
– les contributions des employeurs au financement des régimes de **retraite supplémentaire** à « cotisations définies », pour une fraction n'excédant pas le plus élevé des deux montants suivants : 5 % du montant du PASS, 5 % de la rémunération soumise à cotisations de sécurité sociale, retenue dans la limite de 5 fois le PASS (CSS art. D 242-1) ; pour le bénéfice de l'exclusion de l'assiette des cotisations, les contributions des employeurs aux régimes de retraite supplémentaire doivent financer des garanties collectives et obligatoires au sens des articles R 242-1-1 et suivants du Code de la sécurité sociale ;
– les contributions des employeurs au financement des régimes de **prévoyance** complémentaire, pour une fraction n'excédant pas un montant égal à la somme de 6 % du PASS et de 1,5 % de la rémunération soumise à cotisations sociales, sans que le total ainsi obtenu puisse excéder 12 % du montant du PASS (CSS art. D 242-1) ; l'exclusion de l'assiette des cotisations est en outre soumise à la condition que les contributions des employeurs financent des garanties collectives et obligatoires au sens des articles R 242-1-1 et suivants du Code de la sécurité sociale ;
– les indemnités pour **frais professionnels** dans les conditions et limites fixées par la réglementation (Arrêté AGRF0300815A du 17-6-2003 ; Circ. CCMSA 66 du 17-12-2003 et son complément du 10-8-2006) ; les sommes à déduire de l'assiette des cotisations des assurances sociales agricoles au titre des frais professionnels s'entendent de celles qui sont versées aux travailleurs salariés ou assimilés pour les couvrir des charges de caractère spécial inhérentes à la fonction ou à l'emploi ; sont déductibles les indemnités qui se présentent sous la forme soit d'allocations forfaitaires (sauf pour les dirigeants de sociétés), soit de remboursement de frais réellement exposés ;
– les droits à **participation** et à **intéressement** (nos 58710 s.) ;
– les sommes versées par l'employeur à un plan d'épargne d'entreprise dans la limite de 8 % du PASS et du triple de la contribution du salarié, ou à un plan d'épargne retraite d'entreprise collectif dont la gouvernance obéit à l'article L 224-21 du Code monétaire et financier ;
– l'avantage résultant de l'attribution d'**actions gratuites** au profit de salariés ou de mandataires sociaux assimilés salariés des sociétés par actions, cotées ou non, est exclu sous conditions de l'assiette des cotisations et des contributions CSG et CRDS (il est en revanche frappé de la contribution mentionnée n° 39185) ;
– la part salariale des cotisations ou contributions de **retraite** complémentaire prise en charge par l'employeur dans des conditions déterminées par accord collectif, durant les six premiers mois à compter du début du **congé** parental d'éducation, de solidarité familiale, de proche aidant ou de présence parentale (C. rur. art. L 741-30 ; CSS art. L 241-3-2).

ATTENTION

a. Quand le régime de **protection sociale complémentaire** n'a pas un caractère collectif et obligatoire, les contributions à ce régime sont réintégrées dans l'assiette des cotisations mais pour une part limitée (CSS art. L 133-4-8).

b. Depuis le 1er septembre 2023, les indemnités de rupture conventionnelle exonérées de cotisations sociales sont soumises à la contribution patronale visée n° 39180.

DÉDUCTION FORFAITAIRE SUPPLÉMENTAIRE POUR FRAIS PROFESSIONNELS

Les employeurs des **ouvriers forestiers** sont autorisés à appliquer à la base de calcul des cotisations de sécurité sociale une déduction forfaitaire spécifique pour frais professionnels (Arrêté AGRF0300815A du 17-6-2003 ; Circ. CCMSA 66 du 17-12-2003 et son complément du 10-10-2006). **38770**
Le taux de cette déduction est de 10 %, étant précisé que son montant est plafonné à 7 600 € par salarié et par an (BOSS-FP-annexe).
L'employeur ne peut appliquer la déduction forfaitaire que si les représentants du personnel, préalablement consultés, ont donné leur accord ou, à défaut, si les salariés, interrogés individuellement, ne se sont pas expressément opposés à sa mise en œuvre.

2. PLAFOND ET TAUX : RÈGLES GÉNÉRALES

PLAFOND DE CALCUL DES COTISATIONS

Certaines cotisations sont entièrement calculées sur l'intégralité du salaire : c'est le cas des cotisations maladie, maternité, invalidité et décès (voir néanmoins les différents taux n° 38795). La cotisation vieillesse est, pour sa part, calculée pour partie sur la totalité du salaire et pour partie dans la limite d'un plafond. **38780**
Le plafond retenu est celui du régime général de la sécurité sociale, relevé chaque année au 1er janvier par arrêté. Le plafond retenu pour chaque paie est calculé comme dans ce régime : ajustement prorata temporis en fonction de la périodicité de la paie pour les salariés non mensualisés ou les voyageurs représentants placiers (VRP), réduction à due proportion du nombre de jours d'emploi pour les salariés dont le contrat prend effet ou fin en cours de mois, pour ceux indemnisés durant les périodes d'activité partielle ou pour ceux dont les périodes d'absence ne donnent pas lieu à rémunération (C. rur. art. R 741-1-1 ; CSS art. R 242-2). Pour les salariés à temps partiel, voir n° 38850.
Les cotisations calculées dans la limite d'un plafond annuel sont régularisées chaque mois. L'employeur fait masse, à chaque échéance de cotisations, des sommes dues au titre des périodes de travail comprises entre cette échéance et le premier jour de l'année ou le jour de l'embauche, si elle est postérieure, et calcule les cotisations sur la partie de cette masse qui ne dépasse pas la somme des plafonds périodiques applicables à ces mêmes périodes. La différence éventuelle, entre le montant des cotisations ainsi déterminé et le montant de celles qui ont été précédemment versées, fait l'objet d'un versement complémentaire. Ce complément est versé aux échéances prévues pour le paiement des cotisations en fonction de l'effectif de l'entreprise (nos 38895 s.).

Plafond en vigueur Pour 2024, les plafonds périodiques sont les suivants : **38785**

Année	46 368 €
Trimestre	11 592 €
Mois	**3 864 €**
Quinzaine	1 932 €
Semaine	892 €
Jour	213 €
Heure (pour une durée de travail inférieure à 5 heures)	29 €

Salarié multi-employeurs Lorsqu'un salarié travaille simultanément et régulièrement pour le compte de plusieurs employeurs relevant tous des **professions agricoles**, la part des cotisations incombant à chacun des employeurs est déterminée au prorata des rémunérations qu'ils ont respectivement versées, dans la limite du plafond de la sécurité sociale ; en ce qui concerne la cotisation salariale, le plafond s'applique à l'ensemble de la rémunération perçue par le salarié (CSS art. L 242-3). **38790**
Toutefois, par dérogation, la part de cotisations incombant à chaque employeur peut être déterminée comme si le salarié occupait un emploi à temps partiel dans chacun des établissements

employeurs (n° 38850). Lorsqu'un salarié travaille simultanément pour le compte de plusieurs employeurs relevant des **professions agricoles et** des **professions non agricoles**, le plafond s'applique, en ce qui concerne les cotisations patronales, séparément aux salaires agricoles et aux salaires non agricoles, la cotisation salariale étant en revanche calculée en appliquant le plafond à l'ensemble des rémunérations perçues par le salarié et l'excédent des cotisations salariales devant être remboursé à l'assuré en fin d'année (C. rur. art. L 741-11).

TAUX DES COTISATIONS D'ASSURANCES SOCIALES AGRICOLES

38795 Ils sont fixés selon les dispositions prévues aux articles D 242-3 et D 242-4 du Code de la sécurité sociale (C. rur. art. D 741-35). Les exceptions sont signalées n° 38865. Les taux en vigueur sont indiqués n° 39210.

Le taux de la cotisation d'assurance maladie, maternité, invalidité, décès est réduit de 6 points pour les salariés dont l'employeur entre dans le champ d'application de la réduction générale de cotisations patronales et dont les rémunérations ou gains n'excèdent pas 2,5 Smic annuels au 31 décembre 2023 (CSS art. L 241-2-1 et D 241-1-2 ; BOSS-All. gén.-1 700 s.), le taux horaire du Smic à prendre en compte étant par conséquent de 11,52 €.

3. SITUATIONS PARTICULIÈRES

ASSIETTE FORFAITAIRE

38820 **Métayers** Les cotisations dues par journée de travail pour les métayers assimilés à des salariés agricoles sont assises sur une assiette forfaitaire égale pour chaque journée de travail à 8 fois le minimum garanti majoré de 30 %. Ce pourcentage de majoration peut être modifié dans certaines régions ou départements par arrêté ministériel pour tenir compte de nécessités économiques et sociales (C. rur. art. R 741-67).

Sur le montant du minimum garanti, voir n° 59500.

38825 **Personnel des centres de vacances** Les cotisations d'assurances sociales agricoles, d'accidents du travail et de prestations familiales, dues pour l'emploi de certaines personnes recrutées par des centres de vacances et de loisirs pour mineurs relevant du régime agricole, sont calculées sur une assiette forfaitaire définie par arrêté (Arrêté AGRS8701109A du 11-6-1987).

Sont **visés** les animateurs au pair ou rémunérés en argent, les assistants sanitaires, les directeurs adjoints, les économes et les directeurs recrutés à titre temporaire et non bénévole par des centres de vacances, des centres de loisirs pour mineurs ou des maisons familiales de vacances relevant du régime agricole, qui se consacrent exclusivement à l'encadrement des enfants pendant les vacances scolaires, les congés professionnels ou les loisirs de ces enfants.

L'**assiette forfaitaire** est fixée par référence au Smic horaire au 1er janvier de l'année, comme l'indique le tableau ci-après :

Emplois	Assiette forfaitaire					
	Journalière	Valeur 2024	Hebdomadaire	Valeur 2024	Mensuelle	Valeur 2024
Animateur au pair	1 Smic	11,65 €	5 Smic	58,25 €	20 Smic	233,00 €
Animateur rémunéré en argent, assistant sanitaire	1,5 Smic	17,48 €	7,5 Smic	87,38 €	30 Smic	349,50 €
Directeur adjoint ou économe			17,5 Smic	203,88 €	70 Smic	815,50 €
Directeur			25 Smic	291,25 €	100 Smic	1 165,00 €

Le montant de l'assiette ainsi obtenu doit être arrondi, le cas échéant, au demi-euro supérieur.

> **Précisions** L'article L 242-4-4 du Code de la sécurité sociale (rendu applicable à l'assiette des assurances sociales agricoles par l'article L 741-10 du Code rural et de la pêche maritime) renvoie à un décret, et non à un arrêté, la détermination d'assiettes forfaitaires de cotisations. Comme dans le régime général de sécurité sociale, les cotisations dues pour l'emploi des personnels de centres de vacances dans les conditions exposées au présent numéro restent calculées sur l'assiette forfaitaire prévue par arrêté.

Formateurs occasionnels Les cotisations d'assurances sociales, d'accidents du travail et de prestations familiales dues pour l'emploi de formateurs intervenant occasionnellement dans une entreprise ou un organisme professionnel relevant du régime agricole sont calculées sur une assiette forfaitaire (Arrêté AGRS8900687A du 10-4-1989). Sur la portée de cet arrêté en l'état des dispositions de l'article L 242-4-4 du Code de la sécurité sociale, voir n° 38825. **38830**

Sont **visés** les formateurs occasionnels :

– dont l'activité n'excède pas 30 jours civils, consécutifs ou non, par année et par organisme, entreprise ou établissement d'enseignement agricole ;

– dont la rémunération brute journalière est inférieure à 10 plafonds journaliers de sécurité sociale (pour ceux dont la rémunération est supérieure, les cotisations sont assises sur la rémunération réelle).

L'**assiette forfaitaire** est fixée par journée civile, compte tenu de la rémunération journalière brute du formateur, par référence au plafond journalier des cotisations comme l'indique le tableau ci-après.

Rémunération brute journalière	Assiette forfaitaire (plafond journalier)	Rémunération valeur 2024	Base journalière
a. Inférieure à 1 plafond journalier	0,31	Inférieure à 213 €	66,03 €
b. Égale ou supérieure à 1 plafond journalier et inférieure à 2 plafonds journaliers	0,94	Comprise entre 213 et 425 €	200,22 €
c. Égale ou supérieure à 2 plafonds journaliers et inférieure à 3 plafonds journaliers	1,57	Comprise entre 426 € et 638 €	334,41 €
d. Égale ou supérieure à 3 plafonds journaliers et inférieure à 4 plafonds journaliers	2,19	Comprise entre 639 et 851 €	466,47 €
e. Égale ou supérieure à 4 plafonds journaliers et inférieure à 5 plafonds journaliers	2,82	Comprise entre 852 et 1 064 €	600,66 €
f. Égale ou supérieure à 5 plafonds journaliers et inférieure à 6 plafonds journaliers	3,25	Comprise entre 1 065 et 1 277 €	692,25 €
g. Égale ou supérieure à 6 plafonds journaliers et inférieure à 7 plafonds journaliers	3,84	Comprise entre 1 278 et 1 490 €	817,92 €
h. Égale ou supérieure à 7 plafonds journaliers et inférieure à 10 plafonds journaliers	4,42	Comprise entre 1 491 et 2 129 €	941,46 €
		Supérieure à 2 129 €	Salaire réel

TRAVAILLEURS OCCASIONNELS ET DEMANDEURS D'EMPLOI

Les employeurs agricoles sont exonérés des cotisations patronales d'assurance sociales et de prestations familiales normalement dues pour les travailleurs occasionnels et certains demandeurs d'emploi (C. rur. art. D 741-60 s.) : voir n° 52670. **38840**

ASSURÉS COTISANT SUR UNE ASSIETTE PROVISIONNELLE

Les cotisations d'assurances sociales des **gemmeurs travaillant pour le compte de particuliers** ou de **sociétés forestières privées** sont assises sur la rémunération réelle perçue par les intéressés en fonction du nombre de litres de gemme récoltés par eux. **38845**

Mais en raison des modalités particulières de rémunération de ces salariés, pour les trois premiers trimestres de l'année, les sylviculteurs versent des **cotisations provisionnelles** sur la base des acomptes mensuels de salaires réglés par eux (C. rur. art. R 741-70 ; Arrêté du 9-7-1970 : JO 9-8).

À l'expiration de la campagne de gemmage, les caisses de mutualité sociale agricole déterminent le **montant définitif** des cotisations de chaque trimestre en fonction de la rémunération totale afférente à l'année en cours, toutes indemnités comprises.

SALARIÉS À TEMPS PARTIEL

38850 Pour les salariés à temps partiel autres que ceux occupés simultanément par plusieurs employeurs (nº 38790) ou bénéficiant d'assiettes forfaitaires, l'employeur est en droit de corriger le plafond de la sécurité sociale au prorata de la durée du travail selon la formule : plafond mensuel × (durée contractuelle de travail + heures complémentaires)/durée légale du travail ou durée conventionnelle si elle est inférieure (C. rur. art. R 741-1-1 ; CSS art. R 242-2 ; BOSS-Ass. gén.-800 s.).

> **Précisions** **a.** Le salarié à temps partiel et l'employeur ont la possibilité de renoncer à cet ajustement pour cotiser, sans réduction du plafond, comme si le salarié était à temps plein (BOSS-Ass. gén.-800).
> **b.** Un **abattement** sur l'assiette des cotisations plafonnées (patronales et salariales) dues pour les salariés à temps partiel reste prévu par l'article R 741-49 du Code rural et de la pêche maritime en application des articles L 741-12 du même Code et L 242-8 et suivants du Code de la sécurité sociale. Il est cependant aujourd'hui devenu sans intérêt, l'abattement d'assiette conduisant en effet au même résultat que la réduction du plafond.

RETRAITÉS

38855 En principe, les retraites de base ne sont assujetties à aucune **cotisation sociale**, les retraites complémentaires subissant une cotisation maladie de 1 % (C. rur. art. D 741-71).
Par **exception** à ce principe :
– les personnes fiscalement domiciliées hors de France et qui relèvent à titre obligatoire d'un régime français d'assurance maladie versent des cotisations de 3,2 % sur leurs retraites de base et de 4,2 % sur leurs retraites complémentaires (C. rur. art. D 741-71) ;
– des exonérations sont prévues pour les personnes à faible revenu (C. rur. art. D 741-72) ;
– une cotisation spécifique d'assurance maladie est due par les retraités, anciens salariés agricoles, bénéficiaires du régime d'assurance maladie des départements du Haut-Rhin, du Bas-Rhin et de la Moselle (C. rur. art. L 761-5, 2°) ; son taux est fixé par le conseil d'administration de l'instance spécifique de gestion du régime local d'assurance maladie complémentaire obligatoire (C. rur. art. D 761-16).
Les retraites de base et les retraites complémentaires sont assujetties à la **CSG**, à la **CRDS** ainsi qu'à la contribution solidarité autonomie, sauf exonération ou réduction dans certains cas (voir nº 32465).

STAGIAIRES AGRICOLES

38860 Peuvent seuls être considérés comme **stagiaires ouvrant droit aux réductions de cotisations** (C. rur. art. R 741-65) :
– les élèves et anciens élèves des établissements d'enseignement agricole publics et privés désignés par arrêté interministériel, pendant la durée des stages rémunérés qu'ils accomplissent chez les employeurs agricoles, en cours d'études ou dans les deux années qui suivent l'obtention de leur diplôme ;
– les stagiaires étrangers en situation régulière pendant leur première année d'emploi ;
– les jeunes agriculteurs effectuant un stage d'application dans le cadre d'un plan de professionnalisation personnalisé validé par le préfet leur permettant de se préparer au métier de responsable d'exploitation agricole.
Les montants des réductions de taux sont fixés par l'arrêté AGRS1209096A du 27 mars 2012, modifié en dernier lieu par l'arrêté AGRS1318714A du 17 décembre 2013.
Pour les jeunes agriculteurs effectuant un stage d'application en exploitation dans le cadre de la politique d'installation, l'assiette des cotisations est constituée par les sommes versées par l'exploitant maître de stage, déduction faite des frais de transport, de nourriture et de logement réellement engagés par le stagiaire ou imputés par l'exploitant sur la rémunération du stagiaire (C. rur. art. L 741-10).
Les **autres stagiaires** sont :
– les élèves des établissements d'enseignement technique et de formation professionnelle agricoles ;
– les élèves et étudiants des autres établissements effectuant, auprès d'un employeur relevant du régime agricole, un stage dans les conditions définies aux articles L 124-1 et suivants du Code de l'éducation (stage ne relevant ni de l'article L 4153-1, 2° du Code du travail, ni de la formation professionnelle tout au long de la vie telle que définie par la sixième partie du même Code).
Pour cette catégorie de stagiaires, n'est pas considérée comme rémunération soumise à cotisations sociales la part de leur gratification n'excédant pas 15 % du plafond horaire de la sécurité

sociale, multiplié par le nombre d'heures de stage (C. rur. art. D 741-65-1). Le plafond horaire étant de 29 € en 2024, cela conduit à une exonération de cotisations pour la part qui n'excède pas 4,35 € par heure de stage. La part de gratification éventuellement versée au-delà de ce montant est soumise à cotisations dans les conditions de droit commun.

ATTENTION

La contribution salariale n'est pas due pour les stagiaires qui ne **perçoivent que des avantages en nature**, tels la nourriture et le logement, à l'exclusion de toute rémunération en espèces (C. rur. art. L 741-18).

ASSURÉS NE COTISANT QUE POUR UNE PARTIE DES RISQUES

Certains salariés ne relèvent du régime des assurances sociales agricoles que pour certains des 38865
risques couverts par lui du fait qu'ils bénéficient pour les autres risques d'un régime particulier plus favorable (C. rur. art. D 741-35). **Il s'agit** :

– des salariés des sociétés d'intérêt collectif agricole d'électricité (Sicae) mais qui bénéficient des prestations maladie et maternité prévues par le statut national instauré par la loi 46-628 du 8 avril 1946 ; à ce titre, pour le personnel statutaire il est dû une cotisation maladie au taux retenu par l'article 9, II du décret 91-613 du 28 juin 1991 modifié, soit 11,10 %, ainsi que deux cotisations dont l'assiette est limitée à 1,55 fois le plafond de la sécurité sociale : une cotisation complémentaire au taux de 1,96 % (part employeur 1,28 %, part salarié 0,68 %) et une cotisation de solidarité de 1,15 % due par le seul salarié. Quant aux prestations vieillesse, invalidité, décès, accident du travail et maladies professionnelles, elles sont servies par la Caisse nationale des industries électriques et gazières (Cnieg) qui en définit les taux pour la période du 1er mai au 30 avril, les caisses de MSA recouvrant ces cotisations pour les Sicae depuis le 1er janvier 2024 (pour la période du 1-5-2024 au 30-4-2025, les parts employeur ont été fixées par la Cnieg sur le site cnieg.fr/accueil/actualites/taux-de-cotisatisation-24.html, la part salariale étant fixée à 12,78 %) ;

– des fonctionnaires détachés dans les organismes agricoles qui conservent le bénéfice de leur régime de retraite et de pension d'invalidité ; le taux de la cotisation à la charge de l'employeur affectée aux risques maladie, maternité, invalidité et décès est alors celui retenu par l'article D 242-3 du Code de la sécurité sociale minoré de 1,05 point, soit en 2024, 5,95 % pour les rémunérations annuelles inférieures ou égales à 2,5 Smic applicable au 31 décembre 2023 et 11,95 % pour les rémunérations excédant ce montant ;

– des personnes fiscalement domiciliées hors de France qui relèvent d'un régime spécial de sécurité sociale au titre de l'exercice d'une activité professionnelle : le taux des cotisations d'assurance maladie, maternité, invalidité et décès est celui appliqué au 31 décembre 1997 pour les assurés de ce régime (C. rur. art. D 741-35, I ; CSS art. D 711-4).

Dès lors que l'**activité relevant du régime agricole est accessoire**, la cotisation salariale des assurances sociales agricoles n'est pas due ; pour les fonctionnaires détachés, l'établissement employeur ne doit aucune cotisation au régime (C. rur. art. R 741-41).

COTISATIONS FORFAITAIRES OU EXONÉRATIONS

Certains salariés ou situations ouvrent droit à l'application de cotisations forfaitaires ou d'exoné- 38870
rations de cotisations sociales portant sur la part patronale et/ou la part salariale.

Tout d'abord, les personnes en situation d'**apprentissage ou d'insertion professionnelle** :

– apprentissage : n° 53970 ;

– embauches dans certaines zones rurales : n° 52640 ;

– création d'entreprise par les chômeurs : n° 53100.

En deuxième lieu, les salariés percevant de **faibles rémunérations** ouvrent droit à la réduction générale de cotisations patronales (nos 52630 s.).

En troisième lieu, les salariés qui effectuent des **heures supplémentaires** ouvrent droit à une déduction forfaitaire de cotisations patronales si l'entreprise emploie moins de 250 salariés et, en parallèle, à une exonération des cotisations salariales à l'assurance vieillesse (n° 59980).

En quatrième lieu, les exonérations en cas d'emploi d'une **aide à domicile** ou d'un **accueillant familial** (CSS art. L 241-10) s'appliquent dans le régime agricole (C. rur. art. L 741-27).

Enfin, les **primes de partage de la valeur** sont exonérées de toutes cotisations sociales sous les conditions définies par la loi 2022-1158 du 16 août 2022 (art. 1) ; CSG et CRDS sont en outre exonérées pour les primes versées jusqu'au 31 décembre 2026 aux salariés d'une entreprise de moins de 50 salariés percevant une rémunération inférieure à 3 Smic annuel (Loi 2022-1158 du 16-8-2022 modifiée art. 1 VI bis).

Pour les demandeurs d'emploi embauchés sous contrat à durée indéterminée par des **groupements d'employeurs**, voir n° 52670.

B. Paiement et recouvrement des cotisations

RESPONSABILITÉ DU PAIEMENT

38890 Elle incombe en **principe** à l'employeur, non seulement pour la part des cotisations à sa charge mais également pour celle à la charge du salarié, qu'il a dû précompter lors de chaque paie.
Par **exception** toutefois :
– en cas de métayage, la charge des cotisations globales dues pour le métayer étant répartie entre celui-ci et le bailleur dans la proportion du partage des fruits, le métayer est seul responsable des cotisations dont il est redevable pour lui-même, ainsi que pour les personnes qu'il emploie ; en outre, si le propriétaire est en principe responsable de la part des cotisations restant à sa charge, il peut transférer la responsabilité du versement sur le métayer s'il lui fait l'avance des sommes correspondantes et en avise la caisse de mutualité sociale agricole (C. rur. art. R 741-66 et R 741-68) ;
– le propriétaire forestier est en principe responsable des cotisations dues pour les gemmeurs qu'il emploie, mais il peut en effectuer le versement par l'intermédiaire d'un organisme habilité à agir pour son compte (Arrêté du 9-7-1970 : JO 9-8).

DATE ET PÉRIODICITÉ DE PAIEMENT

38895 Les règles de paiement des cotisations d'assurances sociales agricoles sont **alignées** sur celles appliquées dans le régime général (C. rur. art. R 741-1-1). Les cotisations dues au titre des prestations familiales et au titre de l'assurance des salariés agricoles contre les accidents du travail et les maladies professionnelles obéissent au même régime (C. rur. art. D 741-34 et R 751-84). Sont ainsi applicables au recouvrement des cotisations assises sur les rémunérations des salariés agricoles les dispositions du Code de la sécurité sociale relatives à la date et à la périodicité du paiement des cotisations ou aux pénalités et majorations de retard.

38897 Date et périodicité de paiement dépendent de l'**effectif salarié annuel** de l'employeur. Celui-ci, y compris lorsqu'il s'agit d'une personne morale comportant plusieurs établissements, correspond à la moyenne du nombre de personnes employées au cours de chacun des mois de l'année civile précédente, à due proportion du nombre de jours du mois pendant lequel elles ont été employées (CSS art. L 130-1 et R 130-1). Les mois au cours desquels aucun salarié n'est employé ne sont pas pris en compte pour établir cette moyenne. L'effectif annuel est arrondi au centième (sans tenir compte de la fraction excédant la deuxième décimale).
Les salariés ou agents à temps plein sont intégralement pris en compte dans l'effectif de l'entreprise au cours du mois. Les salariés et agents à temps partiel ou non complet sont pris en compte au prorata de leur durée contractuelle de travail. Sont exclus du calcul, ceux qui remplacent un salarié absent ainsi que les apprentis, les titulaires d'un contrat initiative-emploi ou d'un contrat d'accompagnement dans l'emploi, durant l'attribution de l'aide financière, et les titulaires d'un contrat de professionnalisation, durant l'action de professionnalisation.
Pour la tarification au titre du risque accidents du travail et maladies professionnelles, l'effectif pris en compte est celui de la dernière année connue, en y incluant les apprentis, les titulaires d'un contrat initiative-emploi, d'accompagnement dans l'emploi ou de professionnalisation, et en calculant à part les salariés qui relèvent du régime général pour la couverture de ce risque.

> **Précisions a.** L'effectif à prendre en compte pour l'**année de création du premier emploi** salarié titulaire d'un contrat de travail dans l'entreprise correspond à l'effectif présent le dernier jour du mois au cours duquel a été réalisée cette première embauche.
> **b.** Lorsque survient une **modification de la situation juridique de l'employeur**, y compris lorsqu'une telle modification entraîne une création d'entreprise, l'effectif à prendre en compte pour l'année au cours de laquelle les contrats sont transférés correspond à l'effectif présent le dernier jour du mois au cours duquel a été réalisé le transfert des contrats de travail.
> **c.** Le **franchissement d'un seuil d'effectif salarié** à la hausse est pris en compte lorsque ce seuil a été atteint ou dépassé pendant 5 années civiles consécutives. Le franchissement à la baisse d'un seuil d'effectif sur une année civile a pour effet de faire à nouveau courir ce délai.
> **d.** À une date fixée par décret et au plus tard le 1er janvier 2026, les salariés mis à la disposition, en tout ou partie, d'un ou de plusieurs de ses membres par un **groupement d'employeurs** ne seront plus pris en compte dans l'effectif de celui-ci, sauf en ce qui concerne la tarification des risques d'accidents du travail et de maladies professionnelles. Ils seront décomptés par chacune des entreprises utilisatrices membres qui les incluront dans leur propre effectif à due proportion du temps de travail à leur service (CSS art. L 130-1 applicable au 1-1-2026 ; Loi 2023-1250 du 26-12-2023 art. 21).

Date Les employeurs de salariés agricoles déclarent et versent les cotisations à la caisse de MSA le mois suivant la période de travail au titre de laquelle les rémunérations sont dues, **au plus tard** (CSS art. R 243-6) : 38900
– le 5 de ce mois pour ceux dont l'effectif est d'au moins 50 salariés et dont la paie est effectuée au cours du même mois que la période de travail ;
– le 15 de ce mois dans les autres cas.

Périodicité L'employeur dont l'**effectif est de moins de 11** salariés peut échapper au paiement mensuel en optant pour le versement trimestriel des cotisations sociales agricoles, dues au titre des périodes de travail d'un trimestre civil, dans les 15 premiers jours du trimestre civil suivant. L'option est formulée par écrit à la caisse de MSA dont dépend son établissement avant le 31 décembre ou au moment de l'emploi de son premier salarié. À défaut de renonciation par l'employeur au plus tard le 31 décembre, l'option est reconduite pour l'année suivante (CSS art. R 243-6-1). 38905

Situations particulières En cas de **cession** de l'entreprise ou de **cessation d'activité** de l'entreprise ou de l'un de ses établissements, le versement des cotisations est exigible le 15 du mois qui suit le jour : 38910
– soit de la prise effective de la direction des exploitations par l'acquéreur ou le cessionnaire dans le cas de la vente ou de la cession de l'entreprise ;
– soit de la publication au Bulletin officiel des annonces civiles et commerciales (Bodacc) de la vente ou de la cession d'un fonds de commerce ;
– soit de la cessation définitive de l'activité de l'entreprise ou de la fermeture de l'établissement (CSS art. R 243-7).

En cas de **création** ou de **reprise d'une exploitation** ou d'une entreprise agricole au moyen d'une **société** dont les dirigeants relèvent du régime de protection sociale des salariés agricoles (voir n° 38605), les cotisations salariales et patronales afférentes aux rémunérations perçues au cours des 12 premiers mois d'activité de l'entreprise par ces dirigeants peuvent faire l'objet d'un report de paiement ou d'un paiement fractionné. La faculté est exercée sans perte des droits ni majoration de retard mais elle n'est possible qu'une seule fois par période de 5 ans, au titre d'une création ou reprise d'entreprise, et hors le cas de modification des conditions dans lesquelles une entreprise exerce son activité (C. rur. art. L 741-28 ; CSS art. L 243-1-1).

La demande relative au **report du paiement** des cotisations salariales et patronales doit être effectuée par écrit avant la date d'échéance des cotisations se rapportant à la première rémunération des dirigeants. Les cotisations ayant fait l'objet d'un report sont **exigibles** à la première échéance de versement des cotisations afférentes aux rémunérations perçues à compter du treizième mois d'activité de l'entreprise.

La demande de **paiement fractionné** doit être effectuée par écrit avant la fin du douzième mois d'activité de l'entreprise. Dans l'hypothèse où le paiement des cotisations n'a pas fait l'objet d'un report, le bénéfice de ce fractionnement est limité aux cotisations à percevoir de la date de cette demande jusqu'au douzième mois d'activité. Le paiement des fractions annuelles s'effectue à la même date et dans les mêmes conditions que celui des cotisations des années suivantes.

En cas de cessation d'activité ultérieure de l'entreprise, les cotisations qui ont fait l'objet d'un report ou d'un étalement et qui restent dues doivent être acquittées dans les 60 jours de cette cessation (CSS art. R 243-1-1).

ATTENTION

Dans le cas de **bail à métayage**, les règles relatives à la cession ou à la cessation d'activité de l'entreprise s'appliquent séparément au bailleur et au métayer pour le versement des cotisations dont ils sont responsables (C. rur. art. R 741-10).

FORMALITÉS

Déclaration sociale nominative L'**employeur adresse** à la caisse de MSA une déclaration sociale nominative (DSN) établissant pour chacun de ses salariés (ou assimilés) le lieu d'activité et les caractéristiques de l'emploi et du contrat de travail, les montants des rémunérations, des cotisations et contributions sociales et la durée de travail retenus ou établis pour la paie de chaque mois, les dates de début et de fin de contrat, de suspension et de reprise du contrat de travail intervenant au cours de ce mois, ainsi que, le cas échéant, une régularisation au titre des données inexactes ou incomplètes transmises au cours des mois précédents. Cette déclaration est effectuée par **voie électronique** selon des modalités fixées par arrêté du ministre chargé de la sécurité sociale. 38912

Les données de cette déclaration **servent au recouvrement** des cotisations et contributions sociales et de certaines impositions, y compris pour ces dernières aux fins de saisie administrative à tiers détenteur, à la vérification de leur montant, à l'ouverture et au calcul des droits des salariés en matière d'assurances sociales, de formation et de prévention des effets de l'exposition à certains facteurs de risques professionnels, à la détermination du taux de certaines cotisations, au versement de certains revenus de remplacement ainsi qu'à l'accomplissement par les administrations et organismes destinataires de leurs missions (CSS art. L 133-5-3).

CONSEIL

Les employeurs relevant du régime des salariés agricoles peuvent adhérer au **titre emploi simplifié agricole** pour certains CDD ou au **titre emploi-service agricole** proposés par les caisses de MSA qui se substituent à la DSN (n° 38920).

38913 **Formalités accomplies** La transmission de la DSN permet aux employeurs d'accomplir les **formalités déclaratives suivantes** (CSS art. L 133-5-3, R 133-13 et R 133-14) :
– les déclarations effectuées auprès des caisses de MSA et des caisses de retraite complémentaire obligatoire ;
– la déclaration des effectifs dont les seuils servent à déterminer certains taux des contributions sociales et le droit d'option de l'employeur pour le paiement trimestriel ;
– la déclaration de l'arrêt de travail pour cause d'accident ou de maladie d'origine professionnelle ou non professionnelle, de congé de maternité, d'adoption ou de paternité et d'accueil de l'enfant ;
– l'attestation de salaire mentionnée n° 39345 ou celle jointe à la déclaration d'accident du travail mentionnée n° 40240 permettant de déterminer les revenus d'activité antérieurs servant au calcul des prestations en espèces de l'assurance maladie, maternité et paternité ou le salaire journalier servant au calcul des indemnités journalières dues au titre du risque accident du travail et maladies professionnelles ;
– la déclaration de toute embauche ou rupture du contrat de travail au service public de l'emploi ;
– l'attestation pour France Travail ainsi que le relevé des contrats de mission si une DSN a été effectuée pour les salariés concernés au titre des salaires versés au cours de la période de référence servant à déterminer l'allocation versée par l'assurance chômage ;
– la déclaration mensuelle des mouvements de main-d'œuvre des entreprises d'au moins 50 salariés ;
– l'enquête statistique sur les mouvements de main-d'œuvre quand l'entreprise y est soumise ;
– la déclaration des effectifs employés pour l'imposition de la cotisation sur la valeur ajoutée ;
– les déclarations à l'administration fiscale relatives aux données sociales et à la mise en œuvre du prélèvement à la source ;
– les formalités permettant l'administration du compte personnel de formation ;
– la déclaration des facteurs de risques professionnels ;
– les informations utiles aux organismes de prévoyance complémentaire lorsque ceux-ci sont en mesure de les traiter à partir de la norme d'échanges utilisée pour la DSN.
La DSN comporte d'autres informations, tels le nombre de travailleurs handicapés et assimilés employés (C. trav. art. L 5212-5) ou les départs des seniors (n° 38940).
Les destinataires des informations figurent dans le tableau annexé à un arrêté du 9 février 2022 (SSAS2201705A).

38914 **Délai** L'employeur transmet à la caisse de MSA la **DSN souscrite mensuellement** par établissement et pour chacun des salariés, et déclare les événements concernant ces salariés survenus au cours du mois considéré. La DSN est accomplie chaque mois même si aucune rémunération n'a été versée au cours de celui-ci, tant que l'employeur n'a pas demandé la radiation de son compte auprès de la caisse de MSA dont il relève. Toutefois, l'employeur peut être autorisé par cette caisse à ne plus l'adresser en cas d'absence d'emploi salarié.
Les **délais de transmission** de la DSN à la caisse de MSA correspondent à ceux retenus pour le paiement des cotisations (n° 38900), l'option pour le paiement trimestriel étant sans incidence sur la date d'envoi de la DSN.
Certains événements sont déclarés à **l'échéance normale** de la DSN :
– les fins de contrat de mission, les fins de contrat à durée déterminée des salariés des associations intermédiaires et des secteurs d'activité ayant recours au contrat d'usage, sauf si le salarié demande l'envoi de la DSN dans les 5 jours ouvrés de l'événement ;
– les arrêts de travail ne provoquant aucune retenue sur les salaires du mois au cours duquel ils ont débuté.

Sont déclarés **dans les 5 jours ouvrés** de l'événement :
– les autres fins de contrat de travail ;
– lorsque l'employeur n'est pas subrogé dans les droits du salarié aux indemnités journalières, le début et la fin de l'arrêt de travail pour cause d'accident ou de maladie d'origine professionnelle ou non professionnelle, de congé de maternité, d'adoption ou de paternité et d'accueil de l'enfant.

Pénalités forfaitaires Le **défaut de production** de la DSN dans les délais prescrits, l'omission de salariés devant y figurer ou l'inexactitude des rémunérations déclarées dans la DSN entraîne l'application d'une pénalité, recouvrée par la caisse de MSA (C. rur. art. R 741-24). Elle s'élève à 1,5 % du plafond mensuel de la sécurité sociale (PMSS) par salarié ou assimilé, appliquée pour chaque mois ou fraction de mois de retard. La pénalité est calculée en fonction de l'effectif connu ou transmis lors de la dernière déclaration produite par l'employeur. Lorsque le défaut de production n'excède pas 5 jours, la pénalité est plafonnée à 150 % du PMSS en vigueur par entreprise. Ce plafonnement n'est applicable qu'une seule fois par année civile (CSS art. R 243-12). 38915

L'**inexactitude** des rémunérations déclarées ayant pour effet de minorer le montant des cotisations dues fait encourir à l'employeur une pénalité de 1 % du PMSS par salarié ou assimilé.

Pour chaque salarié déclaré ou pour les données d'identification de l'employeur, les **autres omissions ou inexactitudes** de données dans la déclaration font encourir à l'employeur une pénalité égale à un tiers de la précédente (CSS art. R 243-13).

Sur la **remise** éventuelle des pénalités, voir nos 39025 s.

> **Précisions** Sauf en cas d'omission de salariés dans la déclaration ou d'inexactitudes répétées du montant des rémunérations déclarées, les **pénalités** ne sont **pas applicables** si une déclaration rectifiée, à l'initiative de l'employeur ou de la caisse de MSA, et son versement régularisateur, inférieur à 5 % du montant total des cotisations initiales, sont adressés au plus tard lors de la première échéance suivant celle de la déclaration et du versement initial (CSS art. R 243-10).

Correction des anomalies Des vérifications d'exhaustivité, de conformité et de cohérence sont réalisées par les organismes destinataires des données déclarées dans la DSN. Les employeurs sont informés des résultats par comptes rendus émis par ces organismes après chaque DSN. En cas de **constat d'anomalie** résultant de ces vérifications, les employeurs sont tenus d'effectuer les corrections requises. En l'absence de telles corrections, celles-ci peuvent être réalisées par la caisse de MSA (CSS art. L 133-5-3-1). 38917

Dans le compte rendu figurent les données présentant une anomalie et la nature de chaque anomalie ainsi que, éventuellement, la valeur de la correction proposée pour chacune d'elles, le montant des cotisations et contributions sociales dues en conséquence de la correction des anomalies ainsi que, le cas échéant, les anomalies des DSN antérieures non corrigées par l'employeur.

La caisse de MSA informe l'employeur qu'il est **tenu de corriger** les données présentant une anomalie lors de l'échéance déclarative la plus proche, qui ne peut être inférieure à 30 jours à compter de la notification du compte rendu, ou qu'il peut **s'opposer** à ces corrections de manière motivée, dans le même délai de 30 jours suivant la notification. La caisse de MSA lui précise en outre que s'il ne corrige pas lui-même ses déclarations elle pourra procéder elle-même à la correction en l'absence d'opposition de sa part, ou engager le recouvrement de la dette après mise en demeure s'il formule une opposition (CSS art. R 133-13 et R 133-14-2 à R 133-14-6).

Lorsque l'employeur ne **s'oppose pas** à la correction, la caisse de MSA peut corriger la DSN initiale de l'employeur en effectuant une DSN corrigée. Elle informe l'employeur de la réalisation de ces corrections puis recouvre les cotisations et contributions sociales ainsi que les majorations et pénalités de retard après la mise en demeure visée n° 38995, b. infructueuse durant un mois. Les salariés sont informés des corrections réalisées lorsque celles-ci sont susceptibles d'avoir des conséquences sur leurs droits aux prestations selon des modalités fixées par arrêté (à paraitre).

Lorsque l'employeur **s'oppose de manière motivée** dans les 30 jours, la caisse de MSA lui répond de manière motivée puis, s'il y a lieu, procède au recouvrement des cotisations et contributions sociales ainsi que des majorations et pénalités de retard après mise en demeure par LRAR demeurée infructueuse durant un mois.

› Précisions a. À compter de 2028, le compte rendu comportera l'ensemble des anomalies recensées par l'ensemble des destinataires de la DSN (Décret 2023-1384 du 29-12-2023 art. 4 II).

b. Lorsque les sommes versées aux organismes chargés du recouvrement excèdent les sommes dont l'employeur était redevable, ces organismes l'en informent et lui indiquent les modalités d'imputation ou de remboursement.

c. Dans la limite et le délai mentionnés sous les précisions nº 38915, l'employeur procédant lui-même à la correction et au paiement correspondant échappe aux majorations et pénalités de retard.

d. Les corrections réalisées ne préjugent pas des constatations pouvant être opérées par les agents de contrôle de la caisse de MSA.

38920 **Dispositifs simplifiés** **Titre emploi-service agricole** L'entreprise dont les salariés relèvent du régime des salariés agricoles peut adhérer à un dispositif simplifié d'accomplissement de ses obligations en matière sociale (CSS art. L 133-5-6), dénommé **titre emploi-service agricole** et proposé sur le site internet de la MSA sous la dénomination Tesa + (C. rur. art. D 712-14 s.).

Sont toutefois **exclues** les entreprises de travail temporaire et les entreprises de travail à temps partagé et le titre emploi-service agricole ne peut être utilisé qu'en France métropolitaine (C. rur. art. L 712-2).

Le recours au titre emploi-service agricole **permet** notamment à l'entreprise (C. rur. art. L 712-4) :
– d'obtenir le calcul des rémunérations dues aux salariés en tenant compte des stipulations des conventions collectives applicables au secteur d'activité professionnelle concerné ainsi que de l'ensemble des cotisations et contributions créées par la loi et des cotisations et contributions conventionnelles obligatoires ou non ;
– de souscrire la déclaration sociale nominative (nos 38912 s.) ou, le cas échéant, d'établir les formalités et les déclarations auxquelles la DSN se substitue.

L'employeur qui utilise le titre emploi-service agricole est **réputé satisfaire**, par la remise au salarié et l'envoi à la caisse de MSA des éléments du titre emploi qui leur sont respectivement destinés, aux formalités suivantes (C. rur. art. L 712-6) :
– les règles relatives à l'établissement d'un contrat de travail à durée indéterminée, à durée déterminée ou à temps partiel ;
– la déclaration préalable à l'embauche ;
– la délivrance d'un certificat de travail ;
– la tenue du registre unique du personnel ;
– la déclaration à l'administration fiscale du montant prélevé sur le revenu versé à chaque salarié (prélèvement à la source).

À partir des informations recueillies auprès de l'entreprise, les caisses de MSA délivrent à cette dernière, pour remise au salarié, un **bulletin de paie** qui est réputé remplir les conditions prévues à l'article L 3243-2 du Code du travail (C. rur. art. L 712-5).

L'employeur ayant recours au titre emploi-service agricole peut donner **mandat** à un tiers en vue d'accomplir les formalités correspondantes (C. rur. art. L 712-7).

L'employeur communique à la caisse de MSA au plus tard le quatrième jour du mois suivant la période de travail déclarée un **volet social** comportant les mentions relatives au salarié, à l'activité exercée et à la rémunération ainsi que la date de paiement de la rémunération. La caisse de MSA notifie à l'employeur un décompte des cotisations et contributions sociales dues au plus tard le quinzième jour du mois suivant la période de travail déclarée (C. rur. art. D 712-17 et D 712-18).

Titre emploi simplifié agricole L'employeur, à l'exclusion des particuliers, peut souscrire au service dématérialisé titre emploi simplifié agricole (Tesa simplifié) proposé par sa caisse de MSA si les conditions suivantes sont réunies. Il fait appel, au moyen d'un ou de plusieurs contrats de travail à durée déterminée (à l'exclusion des contrats tendant à l'insertion ou à la formation) aux durée et rémunération maximales fixées par décret (à paraître) à des salariés occupés aux activités ou dans les exploitations, entreprises ou établissements mentionnés nos 38015 s., 38200 s., 38280 et 38340 s. ainsi que dans les organismes agricoles.

Le titre emploi simplifié agricole permet aux employeurs de satisfaire aux mêmes formalités et obligations que celles prévues pour le titre emploi-service agricole (C. rur. art. L 712-1 modifié par loi 2023-1250 du 26-12-2023).

› Précisions a. L'employeur **reste tenu de déclarer** les débuts et fins des arrêts de travail ainsi que la fin du contrat de travail.

b. La durée maximale d'utilisation du Tesa simplifié est de 3 mois et le niveau de rémunération brute ne doit pas excéder 3 fois le plafond de la sécurité sociale (C. rur. art. R 712-12).

Absence des données nécessaires au calcul Lorsque les données nécessaires au calcul des cotisations n'ont pas été transmises, celles-ci sont calculées à titre **provisoire** par la caisse de MSA : 38930
– soit sur la base des dernières rémunérations connues, majorées de 25 % dès la première échéance et pour chaque échéance consécutive non déclarée ;
– soit, en l'absence de rémunérations connues, sur la base du produit de la valeur mensuelle du plafond de la sécurité sociale et du nombre de salariés ou assimilés connus, majoré d'un taux de 50 %, pour la première échéance non déclarée.
Ces taux sont augmentés de 5 points à chaque échéance non déclarée consécutive.
La taxation ainsi déterminée est **notifiée** à l'intéressé dans le mois suivant la date limite de déclaration ; s'il a opté pour le paiement trimestriel (n° 38905) ce délai est porté à 3 mois au maximum.
Il n'est tenu compte d'aucune exonération dont pourrait bénéficier le cotisant. Le cotisant reste tenu d'effectuer sa déclaration postérieurement à cette notification, le montant des cotisations dues étant **régularisé** en conséquence. Sous réserve qu'il continue d'en remplir les conditions éventuelles, le montant des cotisations finalement dues tient alors compte des exonérations applicables.
Le régime est étendu à l'encontre de l'employeur assujetti à la contribution affectée à l'Agefiph en cas d'**insuffisance d'emploi** de travailleurs handicapés et assimilés (n° 52215). Le montant notifié avant le 31 décembre de l'année de la déclaration d'emploi non accomplie est déterminé par la caisse de MSA en fonction du nombre de bénéficiaires manquants découlant de la DSN. Une majoration de 25 % est appliquée, augmentée de 5 points à chaque échéance non déclarée consécutive.
Le cotisant est, en outre, redevable d'une **majoration** (n° 39020) portée à 8 % du montant des cotisations ou contributions régularisées et recouvrée sous les mêmes garanties et sanctions que ces cotisations (C. rur. art. L 741-1-2 ; CSS art. L 242-12-1 et R 243-15).

Déclaration annuelle de départ des seniors Tout employeur de personnel salarié ou assimilé est tenu d'adresser à la caisse de MSA, au plus tard le 31 janvier de chaque année, une déclaration indiquant le nombre de salariés placés en **cessation anticipée d'activité** au cours de l'année civile précédente, leur âge et le montant de l'avantage qui leur est alloué. Cette déclaration indique également le nombre de **mises à la retraite d'office** et le nombre de salariés âgés de 55 ans et plus **licenciés ou ayant bénéficié d'une rupture conventionnelle** au cours de l'année civile précédant la déclaration (C. trav. art. L 1221-18). La déclaration est accomplie via la DSN (n° 38912). 38940
Le défaut de production, dans les délais prescrits, de cette déclaration entraîne une **pénalité**, recouvrée par la MSA, dont le montant est égal à 600 fois le taux horaire du salaire minimum de croissance.

ORGANISMES DE RECOUVREMENT

En principe, les cotisations d'assurances sociales des salariés agricoles sont obligatoirement versées à la caisse de MSA agréée pour le département du **lieu de travail** de l'assuré déterminé comme celui de l'établissement dans lequel il est inscrit sur le registre unique du personnel (C. rur. art. L 741-23 ; CSS art. R 243-6). 38950
Mais ce principe supporte plusieurs dérogations.

Salariés occupés temporairement dans un autre département et salariés itinérants Si le salarié exerce à titre habituel ou non son activité dans plusieurs départements ou s'il n'a pas de lieu de travail fixe, les cotisations de sécurité sociale et les contributions doivent être versées à la caisse de MSA dans la circonscription de laquelle se trouve le siège de l'exploitation ou de l'entreprise agricole. Toutefois, les employeurs peuvent être autorisés à continuer de verser les cotisations de sécurité sociale et les contributions à la caisse de MSA dans la circonscription de laquelle travaillent habituellement leurs salariés lorsque ceux-ci sont employés temporairement dans un autre département (C. rur. art. R 741-12 ; Arrêté AGRS0002606A du 14-12-2000). 38955
La **durée de l'activité** permettant de bénéficier de cette dérogation ne doit pas excéder 6 mois renouvelable une fois par tacite reconduction.
L'**autorisation** est donnée par le directeur de la caisse de MSA dans la circonscription de laquelle se trouve le lieu de travail habituel des salariés intéressés. La décision précise la date d'effet de l'autorisation ainsi que la durée de celle-ci. Un double est adressé à la caisse de MSA habilitée à procéder à la mise en recouvrement des cotisations.

38965 **Versement en un lieu unique (dispositif Lucea)** Les entreprises qui emploient des salariés dans **plusieurs établissements** relevant de **différentes caisses** de MSA peuvent être autorisées à verser les cotisations sociales et les contributions dues pour leurs salariés à une seule caisse, dénommée **caisse de liaison**, lorsque la paie du personnel est tenue en un même lieu pour l'ensemble des établissements. Les caisses de MSA auxquelles se substitue la caisse de liaison pour le recouvrement des cotisations et contributions sont dénommées **caisses de gestion** (Arrêté AGRS0002606A du 14-12-2000).

Le bénéfice du dispositif est subordonné à la **condition** que l'entreprise soit à jour du versement des cotisations et des contributions dues au titre des salariés de l'ensemble de ses établissements.

La **demande** est adressée par l'entreprise à l'une des caisses de MSA dont relève l'un de ses établissements. Elle doit comporter les éléments nécessaires à l'identification des entreprises et des établissements concernés, leur adresse, le nombre de salariés employés, le montant annuel des salaires versés par établissement, toutes les informations relatives aux structures juridiques de l'entreprise et de ses établissements, à la tenue de la paie et aux moyens techniques utilisés en matière de gestion des données sociales.

Pour prendre effet au 1er janvier d'une année civile, elle doit être formulée au plus tard le **1er septembre** de l'année civile précédente.

L'**autorisation** est notifiée à l'entreprise par la caisse de liaison désignée par CCMSA au vu du dossier transmis par les différentes caisses concernées.

L'autorisation prend effet au 1er janvier de l'année civile suivant celle de la notification de la décision.

Elle s'applique obligatoirement aux cotisations de sécurité sociale et à toutes les autres sommes recouvrées par les caisses de MSA en application de dispositions légales, réglementaires ou conventionnelles.

La **compétence de la caisse de liaison** s'étend à toutes les opérations nécessaires au calcul, à la mise en recouvrement, à l'encaissement, au contrôle et au contentieux liées au recouvrement des cotisations sociales et des contributions dues par l'entreprise pour ses établissements.

Les **caisses de gestion** assurent le service des prestations légales et extralégales, le service de santé au travail et de la prévention des risques accidents du travail auprès des salariés des établissements situés dans leur circonscription.

L'entreprise effectue toutes les formalités liées à l'embauche, dont la déclaration préalable à l'embauche, auprès des caisses de gestion dans le ressort desquelles sont situés ses différents établissements.

38970 **Entreprise sans établissement en France** L'employeur dont l'entreprise ne comporte pas d'établissement en France remplit ses obligations de déclarations et de versements des contributions et cotisations sociales d'origine légale ou conventionnelle auprès d'un organisme de recouvrement unique, désigné par arrêté, en l'occurrence la caisse de MSA d'Alsace (C. rur. art. L 741-1-1 et R 741-13, 2° ; Arrêté AGRF0700131A du 26-12-2006).

38975 **Salariés exerçant une activité de façon habituelle et régulière pour plusieurs employeurs** Une caisse de MSA peut être désignée par un arrêté du ministre chargé de l'agriculture (non paru à ce jour), auprès de laquelle les employeurs sont tenus d'adresser les déclarations et verser les cotisations et contributions dues au titre de l'emploi de tout ou partie de leur personnel salarié, lorsque celui-ci exerce une même activité de façon habituelle et régulière pour plusieurs employeurs et dans la circonscription de plusieurs caisses et dès lors qu'un regroupement des informations est nécessaire pour la gestion des droits des salariés ou des obligations de l'employeur (C. rur. art. R 741-13, 1°).

MODALITÉS DE PAIEMENT

38980 Les employeurs sont tenus d'effectuer le paiement des cotisations par virement ou tout autre moyen dématérialisé. La méconnaissance de cette obligation entraîne une majoration de 0,2 % du montant des sommes dont le versement a été effectué selon un autre mode de paiement (CSS art. L 133-5-5 et D 133-11).

> **Précisions** **a.** La modification opérée à l'article L 133-5-5 du Code de la sécurité sociale par la loi 2019-1446 du 24 décembre 2019 (art. 21) a **rendu de fait caduques** les dispositions de l'article R 741-46 du Code rural et de la pêche maritime prévoyant d'autres modalités de paiement.
>
> **b.** Les cotisations sont considérées comme payées à bonne date si le cotisant exécute son obligation au plus tard à la **date limite du paiement**. La règle s'applique aux règlements effectués par procédé informatique homologué permettant de certifier la date d'envoi. Passé ce délai, des majorations sont encourues (CSS art. R 243-16).

ÉCHÉANCIER DE PAIEMENT

Les conseils d'administration des caisses de MSA, ou les commissions de recours amiable (CRA) sur délégation, peuvent accorder aux employeurs un échéancier de paiement des cotisations patronales. L'octroi d'un tel échéancier entraîne, pour l'employeur, un **sursis à poursuites** pour le recouvrement des cotisations, des majorations de retard et des pénalités, tant que les échéances du plan de règlement sont respectées (C. rur. art. R 726-1). **38985**

L'employeur doit présenter une **demande** écrite, s'être acquitté de l'intégralité des cotisations salariales dues ainsi que du reversement de l'impôt du salarié et proposer des garanties suffisantes. Le conseil d'administration **apprécie** les éléments de la demande et notifie sa décision à l'intéressé.

Si, au cours de la même année, deux échéances successives de paiement des cotisations et contributions n'ont pas été honorées par le cotisant, celui-ci **perd le bénéfice** du plan échelonné de paiements.

> **Précisions** La durée de l'échéancier de paiement n'est plus limitée à 3 ans (C. rur. art. R 726-1 modifié par décret 2023-90 du 11-2-2023).

REMBOURSEMENT DE COTISATIONS INDUES

Les versements indûment perçus sont remboursés sur **demande** adressée à la caisse de MSA d'affiliation, dans le **délai** de 3 ans à compter de la date du versement effectué à tort. Lorsque l'obligation de remboursement des cotisations naît d'une décision juridictionnelle révélant la non-conformité de la règle de droit appliquée à une règle de droit supérieure, la demande de remboursement ne peut porter que sur la période postérieure au 1er janvier de la troisième année précédant celle de la décision de non-conformité (C. rur. art. L 725-7, II). **38990**

Lorsque la **demande de remboursement** des cotisations indûment versées n'a **pas** été **formulée** dans le délai de 3 ans, l'assuré conserve le bénéfice des prestations correspondant aux cotisations versées, y compris en assurance vieillesse, sauf fraude ou fausse déclaration (C. rur. art. L 725-7, II).

RECOUVREMENT FORCÉ

Indépendamment de la procédure contentieuse engagée devant le tribunal judiciaire et de la constitution de partie civile prévue par le Code pénal, les caisses de MSA peuvent mettre en œuvre **trois procédures** : contrainte, opposition à tiers détenteur et procédure sommaire (C. rur. art. L 725-3 ; CSS art. L 133-4-9). **38995**

La **contrainte**, émise par le directeur de la caisse et signifiée par acte d'huissier ou par lettre recommandée avec demande d'avis de réception, comporte, à défaut d'opposition formée par le débiteur, dans les 15 jours de sa signification, auprès du secrétariat du tribunal judiciaire, tous les effets d'un jugement et confère notamment le bénéfice de l'hypothèque judiciaire (C. rur. art. R 725-8).

L'opposition doit être motivée et peut être formée, soit par inscription au secrétariat du tribunal judiciaire dans le ressort duquel se trouve l'exploitation du débiteur, soit au moyen d'une lettre recommandée AR adressée au secrétariat de cette juridiction (C. rur. art. R 725-9).

L'**opposition à tiers détenteur** est une forme de saisie simplifiée portant sur les créances de cotisations, de majorations, de pénalités de retard ou de prestations indûment versées constatées dans un titre exécutoire (contrainte, décision judiciaire, etc.). Elle est engagée par la caisse au moyen d'une lettre d'opposition adressée à un tiers (comptable public, banque, coopérative, etc.) qui rend indisponibles les sommes détenues par lui pour le compte du débiteur à concurrence du montant indiqué sur la lettre d'opposition. Le tiers détenteur doit payer le créancier sur la présentation d'un certificat délivré par le secrétariat-greffe du juge de l'exécution attestant qu'aucune contestation n'a été formulée dans le mois suivant la notification de l'opposition au débiteur. Les contestations relatives à la procédure d'opposition à tiers détenteur doivent être portées devant le juge de l'exécution et diffèrent alors le paiement (CSS art. L 133-4-9 et R 133-9-5 à R 133-9-12).

La **procédure sommaire** permet, en cas d'échec des deux précédentes, et sur arrêté préfectoral exécutoire, le recouvrement des sommes dues comme en matière de contributions directes.

> **Précisions a.** Les caisses de MSA peuvent **abandonner la mise en paiement** de leurs créances à l'égard des cotisants en deçà d'un seuil fixé à 1,27 % du plafond mensuel de la sécurité sociale arrondi à l'euro supérieur (CSS art. D 133-1).
> **b.** Les procédures visées ci-dessus ne peuvent être engagées qu'après **mise en demeure** de l'intéressé d'avoir à régulariser sa situation dans le mois de sa réception et à défaut d'acquittement des sommes concernées dans ce délai (C. rur. art. R 725-6 et R 725-7). Cette

mise en demeure permet au débiteur, à peine de nullité, de connaître la cause, la nature et l'étendue de son obligation ainsi que les voies de recours dont il dispose.

c. La **contestation** de l'opposition à tiers détenteur ne diffère pas le paiement lorsque la créance de la caisse fait suite à un contrôle au cours duquel il a été établi une situation d'obstacle à contrôle ou lorsque le recours contre le titre exécutoire a été jugé dilatoire ou abusif. Le juge peut néanmoins en décider autrement.

d. Le **régime des sûretés** défini par les articles L 243-4 et L 243-5 du Code de la sécurité sociale est applicable au paiement des cotisations, des majorations et pénalités de retard dues à la caisse de MSA au titre des régimes légaux de protection sociale agricole (C. rur. art. L 725-9).

PRESCRIPTION

39000 En **principe**, le délai de prescription applicable aux cotisations, pénalités et majorations de retard est de 3 ans à compter de l'expiration de l'année civile au titre de laquelle elles sont dues (C. rur. art. L 725-7, I). Les actions en paiement se prescrivent par 3 ans à compter de l'expiration du délai d'un mois imparti par la mise en demeure.

Lorsque le débiteur s'est rendu coupable de **fraude** ou bien a fait sciemment des **déclarations inexactes ou incomplètes**, la prescription applicable est de 5 ans (C. rur. art. L 725-12).

› **Précisions a.** La possibilité qu'ont les caisses de MSA d'« **admettre en non-valeur** » les créances exigibles depuis un an au moins, en cas d'insolvabilité, de disparition ou de décès du débiteur ne laissant aucun actif saisissable ou de clôture des opérations de liquidation judiciaire pour insuffisance d'actif est une mesure purement comptable qui n'a pas pour effet d'éteindre la dette et la caisse doit prendre toutes les mesures nécessaires pour éviter que la créance ne soit atteinte par la prescription (C. rur. art. R 725-3 et R 725-4).

b. Tout acte de recouvrement qui aurait dû être émis par la caisse de MSA à une date comprise **entre le 2 juin 2021 et le 30 juin 2022** pouvait être valablement émis dans un délai d'un an à compter de cette date (Loi 2021-953 du 19-7-2021 art. 25, VII).

C. Contrôle et sanctions

CONTRÔLE

39005 Les caisses de MSA sont chargées du contrôle de l'application des dispositions relatives aux différentes branches des régimes de protection sociale agricole (C. rur. art. L 724-7), notamment de celles relatives au paiement des cotisations.

Elles disposent d'un ou de plusieurs **agents** de contrôle assermentés et agréés à cet effet qui ont qualité pour dresser, en cas d'infraction auxdites dispositions, des **procès-verbaux** faisant foi jusqu'à preuve du contraire.

La caisse de MSA a **compétence** pour contrôler les chefs d'exploitation et d'entreprise et les exploitations, entreprises et établissements dont elle recouvre les cotisations.

Il existe plusieurs cas d'**extension** de cette compétence :

– une caisse de MSA peut **déléguer sa compétence** à une autre caisse de MSA via une convention générale de réciprocité ouverte par adhésion des caisses, d'une durée minimale d'un an, renouvelable par tacite reconduction (C. rur. art. D 724-12, I) ;

– le directeur de la CCMSA peut requérir la participation d'une caisse de MSA pour des **missions de contrôle spécifiques** en lieu et place de la caisse à laquelle ressortit la personne contrôlée. Le contrôle intervient à l'initiative du directeur de la CCMSA ou sur demande émise d'une autre caisse de MSA et s'effectue dans le cadre de l'adhésion à la convention générale de réciprocité entre caisses de MSA (C. rur. art. D 724-12, II) ;

– lorsque le cotisant contrôlé est membre du conseil d'administration d'une caisse de MSA ou lorsque le contrôle porte sur cette caisse, il est délégué à une autre caisse de MSA, désignée par le directeur général de la CCMSA. Le contrôle de la CCMSA est confié à la caisse de MSA d'Île-de-France (C. rur. art. R 724-12-1) ;

– les agents de contrôle d'une caisse peuvent poursuivre le contrôle hors de la circonscription de cette caisse lorsque le chef d'exploitation ou d'entreprise, l'exploitation, l'entreprise ou l'établissement contrôlé détient ou utilise des **terres** ou des **locaux**, ou emploie des **salariés hors de celle-ci** (C. rur. art. D 724-11) ;

– les agents de contrôle peuvent mener leurs vérifications et enquêtes **pour le compte de plusieurs organismes** appartenant éventuellement à différentes branches et différents régimes de la sécurité sociale (CSS art. L 114-10-1) ;

– un contrôle peut être diligenté chez toute personne morale non inscrite à la caisse de MSA en qualité d'employeur lorsque les agents de contrôle assermentés peuvent faire état d'éléments motivés permettant de présumer, du fait d'un contrôle en cours, que cette personne morale verse une rémunération à **des salariés de l'employeur contrôlé initialement** (C. rur. art. L 724-7 ; CSS art. L 243-7).

PROCÉDURE

Depuis le 1er janvier 2022, les articles R 243-59 à R 243-59-10 du Code de la sécurité sociale sont applicables aux contrôles effectués par les agents de contrôle assermentés des caisses de MSA, les seules réserves tenant aux particularités de la législation sociale agricole ou à l'organisation propre de la MSA (C. rur. art. R 724-9). **39010**

Sauf s'il est effectué pour rechercher les infractions réprimées au titre de la lutte contre le travail dissimulé, tout contrôle est précédé au moins 30 jours avant le premier contrôle sur place d'un **avis adressé à l'employeur** (C. rur. art. R 724-9 et CSS art. R 243-59). L'avis mentionne le droit de la personne contrôlée de se faire assister du conseil de son choix. Il fait état de la « charte du cotisant contrôlé », approuvée par arrêté du ministre chargé de l'agriculture et du ministre chargé de la sécurité sociale (Arrêté ECOS2334716A du 30-1-2024), et indique ses modalités de consultation. Le cas échéant, l'avis est adressé à l'attention du représentant légal déclaré de la personne morale contrôlée.

La personne contrôlée est tenue de permettre l'accès à tout document et support d'informations. Seules des copies des documents remis peuvent être emportées hors des locaux de l'entreprise, sauf accord de l'employeur. Les **méthodes** de vérification par échantillonnage et extrapolation sont définies par arrêté du ministre chargé de l'agriculture et du ministre chargé de la sécurité sociale (à paraître).

À l'**issue du contrôle**, les agents chargés du contrôle proposent un entretien informant la personne contrôlée ou son représentant des constats opérés et de leur suite envisagée. Afin qu'il soit procédé à un redressement des cotisations et contributions dues, ils communiquent ensuite au cotisant une lettre d'observations datée et signée par eux mentionnant l'objet du contrôle réalisé, le ou les documents consultés, la période vérifiée, le cas échéant, la date de la fin du contrôle et les observations faites au cours de celui-ci.

Les observations sont motivées par chef de redressement. À ce titre, elles comprennent les considérations de droit et de fait qui constituent leur fondement et, le cas échéant, l'indication du montant des assiettes correspondant, ainsi que pour les cotisations et contributions sociales, l'indication du mode de calcul et du montant des redressements et des éventuelles majorations et pénalités (n° 39020). Des mentions complémentaires figurent dans la lettre d'observations lorsque l'agent a utilisé les documents et informations obtenus lors du contrôle d'une personne appartenant au même groupe que celle de la personne contrôlée. Les observations sont faites au regard des éléments déclarés à la date d'envoi de l'avis de contrôle.

En cas de **réitération** d'une pratique ayant déjà fait l'objet d'une observation ou d'un redressement lors d'un précédent contrôle, la lettre d'observations précise les éléments caractérisant le constat d'absence de mise en conformité. Un tel constat est dressé lorsque l'employeur n'a pas pris en compte, postérieurement à leur communication ou à la mise en demeure, les observations notifiées lors d'un précédent contrôle, que ces observations aient donné lieu à redressement ou non.

Une fois la lettre d'observations reçue, la personne contrôlée dispose d'un délai de 30 jours pour faire part à la caisse de MSA de sa réponse à ces observations. Le recouvrement des cotisations, des pénalités et des majorations ne peut intervenir qu'au terme de ce délai.

> **Précisions a.** La **lettre d'observations** envoyée à l'issue du contrôle est adressée aux personnes contrôlées à la même adresse que l'avis de contrôle.
Les agents assermentés de la caisse de MSA peuvent également la remettre en main propre contre récépissé. Le récépissé est daté et signé par la personne contrôlée (C. rur. art. R 724-9).
b. Les contrôles visant les **entreprises versant des rémunérations à moins de 20 salariés** ne peuvent s'étendre sur une période supérieure à 3 mois, comprise entre le début effectif du contrôle (entendu comme la première visite ou le début du contrôle sur pièces visé à l'article R 243-59-3 du Code de la sécurité sociale) et la lettre d'observations. Cette période peut être prorogée une fois à la demande expresse de l'employeur contrôlé ou de la caisse de MSA. La limitation de la durée du contrôle n'est pas applicable lorsque la personne contrôlée appartient à un ensemble de personnes entre lesquelles il existe un lien de dépendance ou de contrôle, au sens des articles L 233-1 et L 233-3 du Code de commerce, et que l'effectif de cet ensemble est égal ou supérieur à 20 salariés. Elle n'est pas davantage applicable lorsqu'est établi au cours de cette période une situation de travail dissimulé, une situation d'obstacle à contrôle, une situation d'abus de droit, un constat de comptabilité insuffisante ou de documentation inexploitable ou transmise hors délai ou

un report de la visite de l'agent à la demande de la personne contrôlée (C. rur. art. L 724-7-1 ; CSS art. L 243-13).

c. Lorsque le redressement de cotisations sociales a une incidence sur les droits des salariés au titre de l'**assurance vieillesse**, la caisse de MSA procède à la rectification de leurs droits. En cas de constat de travail dissimulé, révélant une situation de collusion entre l'employeur et son salarié, cette rectification ne peut être réalisée qu'à compter du paiement du redressement (C. rur. art. L 725-12-2).

d. Dans le cas où le contrôle est effectué pour rechercher des infractions à l'interdiction du **travail dissimulé**, l'avis préalable au contrôle n'est pas requis mais la caisse de MSA est tenue de l'adresser si elle entend poursuivre le contrôle sur d'autres points de la réglementation (CSS art. R 243-59). La proposition d'un entretien préalable à la lettre d'observations n'est pas requise de l'agent chargé du contrôle.

e. Les **agents de contrôle** de la caisse de MSA assurent les missions respectives des inspecteurs et contrôleurs du recouvrement prévues par les articles R 243-59-2 et suivants du Code de la sécurité sociale (C. rur. art. R 724-9).

f. L'arrêté SANS0700488A du 11 avril 2007 définissant les méthodes de vérification par échantillonnage et extrapolation dans le régime général, signé du seul ministre chargé de la sécurité sociale, est antérieur à la modification de l'article R 724-9 du Code rural et de la pêche maritime prévoyant en outre la signature du ministre chargé de l'agriculture (Décret 2023-262 du 12-4-2023). Cet arrêté ne paraît donc pas pouvoir fonder l'utilisation de ces méthodes à l'encontre des employeurs de l'agriculture.

TRANSACTION

39012 Lorsque les sommes dues n'ont pas un caractère définitif, le directeur de la caisse de MSA peut prévoir d'engager celle-ci en concluant une transaction avec un cotisant, **sauf en cas** de travail dissimulé ou lorsque le cotisant a mis en œuvre des manœuvres dilatoires visant à nuire au bon déroulement du contrôle.

La transaction ne peut **porter**, pour une période limitée à 4 ans, que sur :

– le montant des majorations de retard et les pénalités, notamment celles appliquées en cas de production tardive ou inexactitude des déclarations obligatoires relatives aux cotisations et contributions sociales ;

– l'évaluation d'éléments d'assiette des cotisations ou contributions dues relative aux avantages en nature, aux avantages en argent et aux frais professionnels, lorsque cette évaluation présente une difficulté particulière ;

– les montants des redressements calculés en application d'une fixation forfaitaire du fait de l'insuffisance ou du caractère inexploitable des documents administratifs et comptables.

La possibilité de conclure une transaction sur un ou plusieurs chefs de redressement, faisant suite à un contrôle et faisant l'objet d'un recours devant la commission de recours amiable de la caisse de MSA, est **suspendue** à compter de la date de ce recours et jusqu'à la date de la décision de cette commission. Cette possibilité n'est rétablie à l'issue de cette période que lorsqu'a été saisi le tribunal judiciaire.

La transaction conclue est **communiquée** à la mission nationale de contrôle et d'audit des organismes de sécurité sociale. Après approbation de cette autorité et accomplissement des obligations de la transaction devenue définitive, aucune procédure contentieuse ne peut plus être engagée ou reprise pour remettre en cause l'objet de la transaction.

Elle est **opposable** à la nouvelle caisse de MSA compétente par suite d'un changement d'implantation géographique de l'entreprise ou de l'un de ses établissements (C. rur. art. L 725-26 et R 725-30 ; CSS art. L 243-6-5 et R 243-45-1).

MAJORATIONS DE RETARD ET PÉNALITÉS

39020 Les cotisations non acquittées dans les délais requis donnent lieu à l'application d'une majoration égale à **5 %** de leur montant. En outre, le débiteur encourt une majoration complémentaire égale à **0,2 %** du montant des cotisations dues, par mois ou fraction de mois, à compter de la date limite d'exigibilité des cotisations et contributions (C. rur. art. R 741-1-1 ; CSS art. R 243-16).

La majoration de 5 % n'est pas applicable au supplément de cotisations et contributions résultant d'un contrôle mentionné n° 39005, sauf si ce supplément est au moins égal au Pass en vigueur à la date de sa notification ou si l'employeur s'est vu notifier au titre de la période contrôlée une pénalité ou majoration de retard pour abus de droit, absence de mise en conformité, travail dissimulé ou obstacle à contrôle.

La majoration complémentaire n'est décomptée qu'à partir du 1er février de l'année qui suit celle au titre de laquelle les régularisations faisant suite au contrôle sont effectuées. Elle n'est

pas due si la mise en demeure est adressée plus de 2 mois après la fin de la période contradictoire, sauf cas d'abus de droit, d'absence de mise en conformité, de travail dissimulé ou d'obstacle à contrôle.
Le taux de cette majoration complémentaire est abaissé à **0,1 %** en cas de paiement des cotisations et contributions faisant l'objet du redressement, dans les 30 jours suivant l'émission de la mise en demeure (C. rur. art. R 741-1-1 ; CSS art. R 243-17).
Le montant des majorations est de **10 %** en cas de constat d'absence de mise en conformité (n° 39010) au cours des 6 dernières années et de **20 %** en cas d'abus de droit (C. rur. art. L 725-25).
Il est de **25 %** en cas de constat de l'infraction de travail dissimulé et de **40 %** dans les cas mentionnés à l'article L 8224-2 du Code du travail (travail dissimulé concernant des mineurs, plusieurs personnes, des personnes vulnérables ou commis en bande organisée). Ces deux derniers taux sont ainsi modulés : une réduction de 10 points est accordée s'il y a paiement intégral des cotisations, pénalités et majorations dans les 30 jours de la notification de la mise en demeure ou si la personne contrôlée présente un plan d'échelonnement du paiement au directeur de la MSA que ce dernier accepte ; une majoration de 20 points s'applique en cas de réitération du travail dissimulé dans les 5 ans, portant les taux respectivement à 45 % et 60 % (C. rur. art. L 725-22-1 ; CSS art. L 243-7-7).
Les pénalités et majorations de retard sont notifiées par les caisses de MSA aux employeurs concernés (C. rur. art. R 741-24).
Elles peuvent soit être mises en recouvrement avec les cotisations venant à échéance, soit faire l'objet d'un recouvrement distinct. Dans ce dernier cas, elles doivent être notifiées sous forme de mise en demeure par lettre recommandée AR. À défaut de règlement dans le mois de la notification, elles sont recouvrées dans les mêmes conditions et sous les mêmes sanctions que les cotisations.
Les pénalités peuvent ne **pas** être **appliquées**, sous certaines conditions, en cas de déclaration rectifiée (n° 38915).

REMISE DES MAJORATIONS ET DES PÉNALITÉS

Les caisses peuvent dans certains cas remettre les majorations de retard appliquées aux employeurs qui ne s'acquittent pas des cotisations dans les délais impartis ainsi que les pénalités forfaitaires pour défaut de production de la déclaration sociale nominative (C. rur. art. R 741-26.). **39025**

Pénalités et majorations susceptibles de remise Une remise totale ou partielle peut être accordée des pénalités et des majorations de retard mentionnées n°s 38915, 38930 et 38980 de 5 %, 0,2 % et 0,1 % (n° 39020) ainsi que de la majoration de 0,5 % du plafond mensuel de la sécurité sociale pour défaut de dématérialisation de la déclaration préalable à l'embauche, mentionnée n° 52100, a. Toutefois, la remise de la majoration complémentaire de 0,2 % ne peut être accordée que si les cotisations et contributions sociales ont été acquittées dans les 30 jours suivant la date d'exigibilité ou, à titre exceptionnel, en cas d'événement présentant un caractère irrésistible et extérieur. **39030**
En revanche, la caisse de MSA ne peut accorder de remise des majorations et pénalités de 10 % (pour absence de conformité), de 20 % (pour abus de droit), de 25 % ou 40 % (pour travail dissimulé), mentionnées n° 39020, ou pour obstacle à contrôle (C. rur. art. R 741-26).

Procédure Les **bordereaux** d'appel des cotisations et contributions sociales, d'émission des pénalités et des majorations de retard et les échéanciers de paiement font mention de la faculté offerte aux intéressés, à peine de nullité, de solliciter la remise des pénalités et majorations de retard (C. rur. art. R 741-26). **39035**
La **demande** est écrite et motivée. Elle est formulée dans le délai de 6 mois suivant le paiement de la totalité des cotisations et contributions sociales ayant donné lieu à l'application des pénalités et majorations de retard, sous peine de forclusion. La conclusion d'un échéancier de paiement des cotisations et contributions sociales vaut pour le débiteur demande implicite de remise des pénalités et majorations de retard. Lorsque l'échéancier n'est pas respecté, une demande de remise doit être expressément formulée. Dans ce cas, la décision accordant une remise peut être prise avant le paiement des dites cotisations et contributions ; toutefois, cette remise ne sera acquise que sous réserve du respect de l'échéancier.
La **décision** relève du conseil d'administration de la caisse ou de la commission de recours amiable ; toutefois, lorsqu'elle porte sur un montant inférieur ou égal à 2 % du Pass, elle est prise par le directeur de la caisse (Arrêté AGRS1612766A du 30-6-2016). La décision est motivée et notifiée à l'intéressé. Lorsque la remise excède 2 % du Pass, la décision est approuvée par le responsable de la mission nationale de contrôle et d'audit des organismes de sécurité sociale.

39040 **Recours** Les décisions prises par le conseil d'administration, la commission de recours amiable ou le directeur de la caisse sont susceptibles de recours devant le tribunal judiciaire désigné pour connaître du contentieux général de la sécurité sociale (nos 50500 s.). Il statue en dernier ressort quel que soit le montant de la demande.

39045 **Procédure collective** En cas de redressement ou liquidation judiciaires ou de procédure de sauvegarde, les pénalités, majorations de retard et frais de poursuites dus à la date du jugement d'ouverture de la procédure sont **remis** de plein droit (C. rur. art. L 725-5).

Par ailleurs, en cas de procédure de conciliation, de sauvegarde ou de redressement judiciaire, les caisses de MSA (comme les institutions gérant le régime d'assurance chômage, les administrations financières et les institutions de retraite et de prévoyance) peuvent accepter, concomitamment à l'effort consenti par d'autres créanciers, de remettre tout ou partie de ses dettes au débiteur dans des conditions similaires à celles que lui octroierait, dans des conditions normales du marché, un opérateur économique privé dans la même situation.

Les **dettes susceptibles d'être remises** comprennent notamment les cotisations et contributions sociales patronales d'origine légale ou conventionnelle dues au titre de l'emploi de salariés, ainsi que les majorations et pénalités de retard attachées à ces cotisations et contributions sociales (C. com. art. L 626-6 et D 626-9 s.).

39050 **Aides aux assurés en difficulté financées sur les crédits de l'action sanitaire et sociale des caisses de MSA** Les conseils d'administration des caisses de MSA peuvent décider de financer des actions destinées à venir en aide aux assurés éprouvant des difficultés pour régler les cotisations légales et les contributions de sécurité sociale, par suite de circonstances exceptionnelles ou d'insuffisance des ressources de leur ménage ou de trésorerie de leur société.

Ces aides peuvent se traduire par la prise en charge totale ou partielle des cotisations légales de sécurité sociale. En revanche sont exclues de la prise en charge la part salariale des cotisations sur salaires, la CSG, la CRDS et les autres contributions, qui ne peuvent faire l'objet que d'un plan échelonné de paiements (C. rur. art. R 726-1, al. 6).

La décision de la caisse de MSA est soumise au préalable à l'avis de la commission départementale d'orientation de l'agriculture (CDOA) qui apprécie la viabilité économique de l'entreprise (C. rur. art. L 726-3 et R 726-1 s.).

Les aides de l'action sanitaire et sociale peuvent également prendre la forme d'un échéancier de paiement mentionné n° 38985.

REMBOURSEMENT DES PRESTATIONS PAR L'EMPLOYEUR

39055 Lorsque l'employeur n'a pas acquitté les cotisations dans les délais réglementaires, les caisses, indépendamment de l'application des majorations de retard, ont la faculté de lui réclamer le montant des prestations versées à ses salariés en cas de **maladie de longue durée**. Cette possibilité est limitée au remboursement des prestations effectivement servies durant la période comprise entre la date d'arrêt de travail de l'assuré et la date de versement des cotisations arriérées. Le montant du remboursement ne peut excéder le montant des cotisations dues pour l'ensemble du personnel à la date de l'arrêt de travail (C. rur. art. L 725-20).

SANCTIONS PÉNALES

39060 En cas de **violation des prescriptions de la législation** relative aux assurances sociales agricoles, l'employeur peut être poursuivi devant le tribunal de police, soit à la requête du ministère public, sur demande du ministre de l'agriculture ou de l'autorité administrative qu'il a déléguée, soit à la requête de toute autre partie intéressée. Il est passible de l'amende prévue pour les contraventions de la 3e classe (n° 52400) applicable autant de fois qu'il y a de personnes employées dans des conditions contraires aux règles relatives à l'immatriculation et au paiement des cotisations d'assurances sociales agricoles (C. rur. art. R 725-23).

Quand l'employeur s'est rendu coupable de **rétention de précompte**, c'est-à-dire s'il n'a pas reversé la part salariale des cotisations précomptée sur les salaires ou le prélèvement de l'impôt du salarié, l'employeur encourt les peines prévues par l'article R 244-3 du Code de la sécurité sociale pour les contraventions de la 5e classe (C. rur. art. R 725-25-2). La récidive l'expose à deux ans d'emprisonnement et/ou une amende de 3 750 € et à la publication du jugement (C. rur. art. L 725-21 ; CSS art. L 244-5 et L 244-6).

II. COTISATION PRESTATIONS FAMILIALES

CHAMP D'APPLICATION

Les employeurs occupant des salariés agricoles visés n° 38605 sont tenus de cotiser au titre des prestations familiales, pour ces salariés, à la caisse de MSA à laquelle ces derniers sont affiliés (C. rur. art. L 741-2). **39100**
Cette cotisation est entièrement à la charge de l'employeur.

CALCUL DE LA COTISATION

La cotisation due sur la rémunération des salariés agricoles a pour assiette celle des cotisations d'assurances sociales (C. rur. art. L 741-3 ; CSS art. L 241-6, 1°) ; voir n°s 38750 s. **39105**
Son taux est de 5,25 % (CSS art. D 241-3-1).

EXONÉRATION OU RÉDUCTION DE TAUX

Sont **exonérées** de toute cotisation au titre des prestations familiales pour leurs salariés (C. rur. art. L 741-7) : **39110**
– les coopératives d'utilisation de matériel agricole (Cuma) régulièrement agréées, sauf pour leur personnel administratif ou des ateliers de réparations ;
– les associations intermédiaires visées à l'article L 5132-7 du Code du travail.
Le taux des cotisations de prestations familiales est **réduit** de 1,8 point, soit un taux de 3,45 %, pour les salariés agricoles dont l'employeur entre dans le champ d'application de la réduction générale de cotisations patronales et dont les rémunérations ou gains n'excèdent pas le plus élevé des deux montants suivants : 3,5 Smic annuel au 31 décembre 2023, basé sur 11,52 € de l'heure, ou 2 Smic de l'année en cours (CSS art. L 241-6-1 et D 241-3-2).
Par ailleurs, les cotisations peuvent donner lieu à la réduction générale des cotisations (n°s 52630 s.) ainsi qu'à la réduction forfaitaire de cotisations sur les heures supplémentaires (n° 59980).

RECOUVREMENT DES COTISATIONS ET SANCTIONS

Les cotisations sont recouvrées dans les mêmes conditions et sous les mêmes sanctions que les cotisations d'assurances sociales agricoles (n°s 38890 s.). **39115**

III. COTISATIONS ACCIDENTS DU TRAVAIL ET MALADIES PROFESSIONNELLES

Les cotisations au régime d'assurance des salariés agricoles contre les accidents du travail et les maladies professionnelles sont **assises** sur les rémunérations soumises à cotisations d'assurances sociales (C. rur. art. L 751-13 ; n°s 38750 s.). **39140**

Le **taux** des cotisations est déterminé par un arrêté ministériel qui fixe annuellement des **catégories de risques** et le taux de cotisation applicable à chacune de ces catégories (C. rur. art. L 751-15 et L 751-16). **39145**
Chaque exploitation ou entreprise fait l'objet d'un classement dans l'une des catégories ainsi déterminées. La décision de classement, qui incombe à la caisse de MSA, peut être contestée par l'employeur ou par l'autorité administrative, devant la cour d'appel d'Amiens spécialement désignée à cet effet (C. rur. art. L 751-16 ; COJ art. D 311-12).
Il existe **trois modes de tarification** selon l'effectif de l'entreprise ou exploitation agricole :
– une tarification collective (entreprises de moins de 20 salariés) qui consiste à appliquer le taux collectif correspondant à l'activité exercée par l'entreprise ou par chacun de ses établissements si elle en possède plusieurs (sous réserve que l'effectif global demeure inférieur à 20), ce taux étant fixé par l'arrêté ministériel annuel (pour 2024, arrêté AGRS2330595A du 21-12-2023) (voir ci-après) ;
– une tarification individuelle réelle (entreprises d'au moins 300 salariés) qui consiste à appliquer un taux déterminé d'après le rapport de la valeur du risque propre à l'entreprise ou chacun de ses établissements, à la masse totale des salaires payés, pour les 3 dernières années connues ;
– une tarification mixte (entreprises dont l'effectif est compris entre 20 et 299 salariés). Elle consiste à appliquer un taux comprenant une fraction du taux collectif et une fraction du taux individuel réel (n° 39150).

39145 (suite)

Taux de cotisations accidents du travail applicables en 2024 pour la tarification collective	
Secteurs	Taux de cotisation (%)
Cultures et élevages (secteurs 1 et 2)	
Cultures spécialisées	2,33
Champignonnières	2,33
Élevage spécialisé de gros animaux	2,49
Élevage spécialisé de petits animaux	4,13
Entraînement, dressage, haras	6,42
Conchyliculture	2,55
Marais salants	2,33
Cultures et élevages non spécialisés	2,25
Viticulture	3,85
Travaux forestiers (secteur 3)	
Sylviculture	4,35
Gemmage	3,23
Exploitations de bois	6,60
Scieries fixes	5,72
Entreprises de travaux agricoles (secteur 4)	
Entreprises de travaux agricoles	2,76
Entreprises de jardins, entreprises paysagistes, de reboisement	2,96
Entreprises artisanales rurales (secteur 5)	
Artisans ruraux du bâtiment	5,03
Artisans ruraux autres	5,03
Coopératives agricoles (secteurs 6 et 7)	
Stockage, conditionnement de produits agricoles, à l'exception des fleurs, fruits ou légumes	2,33
Approvisionnement	1,57
Collecte, traitement, distribution de produits laitiers	2,56
Traitement de la viande (hors volailles) comprenant une ou plusieurs opérations suivantes : abattage, découpe, désossage, conserverie	10,54
Conserveries de produits autres que la viande	4,82
Vinification	1,32
Insémination artificielle	2,49
Sucrerie, distillation	1,32
Meunerie, panification	4,82
Stockage, conditionnement de fleurs, fruits ou légumes	3,91
Traitement de viandes de volaille : abattage, découpe, transformation	4,82
Coopératives diverses	4,82
Organismes professionnels agricoles (secteur 8)	
Mutualité agricole	1,15
Caisses de crédit agricole mutuel	1,15
Autres organismes et groupements professionnels agricoles visés à l'article L 722-20 du Code rural et de la pêche maritime (6°), à l'exclusion des organismes à caractère coopératif	1,15
Sicae (personnel statutaire)	0,15
Sicae (personnel temporaire)	2,16
Activités diverses (secteur 9)	
Apprentis	1,99
Gardes-chasse, gardes-pêche	2,01
Jardiniers, jardiniers gardes de propriété, gardes forestiers	2,01
Organismes de remplacement, entreprises de travail temporaire	2,01
Enseignants des établissements privés agricoles ou employés par des groupements professionnels agricoles	0,38
Travailleurs handicapés des établissements et services d'accompagnement par le travail (Ésat)	1,77
Stagiaires de la formation professionnelle continue	2,12
Salariés d'entreprises étrangères sans établissement en France	0,77

Précisons que :
– les coopératives ou organismes exerçant une activité relevant d'une catégorie professionnelle figurant dans les secteurs 1 à 4 doivent être classés dans cette catégorie ;
– le taux de cotisation applicable au personnel travaillant exclusivement au siège social et dans les bureaux des exploitations, entreprises et organismes agricoles relevant des différents secteurs d'activité professionnelle (à l'exception des Sicae) est fixé à 1,15 % ;
– le taux de cotisation applicable aux groupements d'employeurs (C. trav. art. L 1253-1 à L 1253-17) est celui de l'activité principale exercée par les salariés de chacun de ces groupements ;
– le taux de la cotisation pour les entrepreneurs salariés et les entrepreneurs salariés associés d'une coopérative d'activité et d'emploi est celui de l'activité principale exercée par les salariés de la coopérative d'activité et d'emploi ;
– le taux de cotisation applicable aux élèves des établissements privés des établissements technique et de formation professionnelle agricole est fixé à 0,41 % ;
– celui applicable aux membres bénévoles des organismes sociaux, à 0,13 %.

Les taux de cotisations des exploitations ou entreprises agricoles dont l'**effectif est de 20 salariés à 299 salariés** sont modulés en fonction du risque propre à l'exploitation ou à l'entreprise (C. rur. art. D 751-81), en application d'un arrêté du 24 octobre 1984 modifié (en dernier lieu par arrêté AGRS2332649A du 22-12-2023). **39150**
Sont toutefois exclues de la tarification individualisée les entreprises relevant du secteur « organismes professionnels agricoles ». De plus, l'arrêté n'est pas applicable dans les départements de la Moselle, du Bas-Rhin et du Haut-Rhin.
Le taux applicable à chaque exploitation ou entreprise est un **taux mixte** obtenu par l'addition d'une fraction de son taux propre et d'une fraction du taux de la catégorie de risque dans laquelle elle est classée (n° 39145) sans pouvoir être inférieur ou supérieur de plus de 50 % au taux de la catégorie de risques dans laquelle ces exploitations ou entreprises sont classées ni varier de plus de 25 % par rapport à ceux de l'année précédente.
Les fractions de taux propres à l'exploitation ou l'entreprise sont retenues conformément au tableau suivant (des règles particulières sont toutefois prévues lorsque l'exploitation ou l'entreprise comporte plusieurs établissements dans le ressort de différentes caisses de MSA).

Nombre de salariés	Part de taux propre à l'exploitation ou à l'entreprise	Part du taux de la catégorie de risque dans laquelle l'exploitation ou l'entreprise est classée
De 20 à 75,2 salariés	20 %	80 %
De 75,2 à 300 salariés	(E[1]- 19)/281	(300 – E[1])/281
300 salariés et plus	100 %	

1. E : effectif en nombre de salariés.

Le taux propre à l'exploitation ou l'entreprise agricole est obtenu de la même manière que le taux de risques évalué pour la tarification collective conformément aux dispositions des articles D 751-75 à D 751-78 du Code rural et de la pêche maritime. Toutefois, les dépenses de prise en charge de certaines maladies professionnelles ne sont pas imputées sur le compte de l'employeur (Arrêté du 24-10-1984 art. 7 bis).
Les caisses de MSA notifient aux chefs d'exploitation ou d'entreprise agricole, en même temps que le classement, le taux de cotisation applicable à la catégorie d'activités dont ils relèvent, le taux propre à l'exploitation ou l'entreprise agricole, la part de taux propre qui lui est appliquée et le taux de cotisation en résultant, ainsi que le cas échéant la limitation de la variation de leur taux. Elles leur adressent également le détail des sommes inscrites à leur compte individuel, en regard des noms des accidentés et du montant annuel des salaires entrant dans le calcul du taux propre à l'exploitation ou à l'entreprise.

> **Précisions** Le **calcul de l'effectif** est déterminé selon les modalités précisées n° 38897. L'effectif pris en compte est celui de la dernière année connue.

IV. AUTRES CONTRIBUTIONS ET TAXES

CONTRIBUTION SUR LES AVANTAGES DE PRÉRETRAITE D'ENTREPRISE

Les avantages de préretraite ou de cessation anticipée d'activité versés à d'anciens salariés directement par l'employeur ou pour son compte par l'intermédiaire d'un tiers, en application d'une convention, d'un accord collectif, d'une stipulation contractuelle ou d'une décision unilatérale **39175**

mis en place à compter du 28 mai 2003, sont soumis à une contribution à la charge de l'employeur (CSS art. L 137-10).
Le **taux** de cette contribution est égal à 50 %.
La contribution est **recouvrée** par la caisse de MSA compétente pour le recouvrement des cotisations de sécurité sociale. Les contentieux relèvent du contentieux général et sont réglés selon les dispositions applicables aux cotisations de sécurité sociale.

CONTRIBUTIONS SUR LES RÉGIMES DE RETRAITE À PRESTATIONS DÉFINIES

39178 Dans le cadre des régimes de retraite à prestations définies à droits aléatoires, conditionnant la constitution de droits à prestations à l'achèvement de la carrière du bénéficiaire dans l'entreprise et dont le financement par l'**employeur** n'est pas individualisable par salarié, il est institué une contribution à la charge de l'employeur assise, sur **option** de ce dernier (CSS art. L 137-11) :
– soit sur les rentes liquidées à compter du 1er janvier 2001 ; dans ce cas, la contribution au taux de 32 % est versée par l'organisme payeur à la caisse de MSA du siège de celui-ci ;
– soit sur les primes versées à un organisme gestionnaire, au taux de 24 %, ou sur la partie de la dotation aux provisions, ou du montant mentionné en annexe au bilan, correspondant au coût des services rendus au cours de l'exercice, au taux de 48 % ; la caisse de MSA compétente est celle auprès de laquelle l'employeur verse les cotisations sociales.
Par ailleurs, une contribution de 29,7 % due par l'employeur est assise sur les sommes qu'il verse pour financer un contrat de retraite professionnelle supplémentaire à droits certains (offrant au bénéficiaire le remboursement des cotisations payées en cas de départ avant la retraite) souscrit au bénéfice des salariés ou d'un mandataire d'une société ayant une activité agricole et relevant en cette qualité du régime des salariés agricoles (CSS art. L 137-11-2).

› **Précisions** **a.** L'**option** de l'employeur est irrévocable, une exception existant toutefois (Ord. 2015-839 du 9-7-2015 art. 5). À noter que certains versements sont exonérés du paiement de cette contribution.
b. Les régimes de retraite à prestations définies à droits aléatoires sont appelés à s'éteindre : aucune création, aucune nouvelle adhésion ne sont admises depuis le 4 juillet 2019, aucun nouveau droit supplémentaire ne peut être acquis depuis le 1er janvier 2020, sous réserve de la situation de certains bénéficiaires au 19 mai 2014 (CSS art. L 137-11 VI).
c. De leur côté, les **bénéficiaires** supportent une contribution particulière, précomptée et versée par les organismes débiteurs des rentes (CSS art. L 137-11-1).

CONTRIBUTION SUR LES INDEMNITÉS DE MISE À LA RETRAITE OU DE RUPTURE CONVENTIONNELLE

39180 Les indemnités de **mise à la retraite** à l'initiative de l'employeur sont soumises à une contribution patronale, quel que soit l'âge du salarié. Son **taux** est fixé à 30 % (CSS art. L 137-12).
Depuis le 1er septembre 2023, la contribution est également due au même taux par l'employeur sur les indemnités de **rupture conventionnelle** pour leur part exclue de l'assiette des cotisations sociales.
Les modalités de **recouvrement**, de contrôle et de règlement des différends relatives à cette contribution patronale sont identiques à celles applicables à la taxe sur les contributions patronales de prévoyance, lesquelles donnent compétence aux caisses de MSA.

CONTRIBUTION SUR LES STOCK-OPTIONS ET ATTRIBUTIONS D'ACTIONS

39185 L'attribution de stock-options et d'actions gratuites supporte une contribution patronale. Le **taux** de la contribution est de 30 % pour les options consenties et de 20 % sur les actions attribuées.
Cette contribution n'est toutefois **pas applicable** aux attributions d'actions gratuites décidées par les sociétés qui n'ont procédé à aucune distribution de dividendes depuis leur création et qui répondent soit à la définition européenne des petites et moyennes entreprises, soit à la définition d'une entreprise de taille intermédiaire (au sens de l'article 3 du décret 2008-1354 du 18-12-2008). En outre, l'attribution doit intervenir pour chaque salarié bénéficiaire dans la limite (appréciée en faisant masse des actions gratuites attribuées pendant l'année en cours et les trois années précédentes) du plafond annuel de la sécurité sociale (n° 38785). L'abattement est subordonné au respect des règles de l'Union européenne relatives aux aides de minimis.
La contribution est **exigible** le mois suivant la date de décision d'attribution des options ou d'acquisition des actions (CSS art. L 137-13). La contribution à la charge de l'employeur relevant du régime agricole est directement recouvrée et contrôlée par la caisse de MSA.

ATTENTION

Les stock-options et les actions gratuites supportent aussi une **contribution salariale** dont le taux est de 10 % de la plus-value d'acquisition pour les options cédées depuis le 11 juillet 2012. C'est la cession des actions qui déclenche l'exigibilité de cette cotisation. Elle est recouvrée selon les mêmes règles que celles applicables en matière d'impôt sur le revenu (CSS art. L 137-14).

FORFAIT SOCIAL

Les revenus d'activité assujettis à la CSG et exclus de l'assiette des cotisations de sécurité sociale sont **soumis à une contribution** à la charge de l'employeur (CSS art. L 137-15). Ce sont notamment : 39190
– les sommes versées au titre de la participation obligatoire à partir de 50 salariés ;
– les sommes versées au titre de l'intéressement dans les entreprises d'au moins 250 salariés ;
– l'abondement patronal au plan d'épargne d'entreprise, au plan d'épargne interentreprises, au plan d'épargne pour la retraite collectif (Perco), à un plan d'épargne retraite d'entreprise collectif (Pereco) et à un plan d'épargne retraite obligatoire (Pero) ;
– les contributions patronales de retraite supplémentaire, pour la part exonérée de cotisations de sécurité sociale, et à l'exclusion de celles soumises à la contribution spécifique mentionnée n° 39178 ;
– les sommes correspondant à la prise en charge par l'employeur de la part salariale des cotisations de retraite complémentaire versées pendant les six premiers mois d'un congé pour événement familial (congé parental d'éducation, congé de solidarité familiale, congé de présence parentale) ;
– les contributions patronales de prévoyance complémentaire prévues à l'article L 242-1, II-4° du Code de la sécurité sociale, pour la part exonérée de cotisations de sécurité sociale, sauf lorsqu'elles sont versées au bénéfice des salariés, anciens salariés et de leurs ayants droit par des employeurs de moins de 11 salariés.

Par exception, **sont exclues** de l'assiette du forfait :
– les options de souscription ou d'achat d'actions et les attributions d'actions gratuites, y compris celles exonérées de la contribution mentionnée n° 39185 ;
– la fraction des indemnités versées dans certains cas de rupture du contrat de travail exclue de l'assiette des cotisations de sécurité sociale en application de l'article L 242-1 du Code de la sécurité sociale (n° 38765) ;
– la contribution de l'employeur à l'acquisition des chèques-vacances par les salariés prévue à l'article L 411-9 du Code du tourisme.

Le **taux** du forfait social est en principe de **20 %**. Par exception, il est de **16 %** pour les versements par l'employeur de sommes à un plan d'épargne retraite d'entreprise lorsque l'allocation de l'épargne est composée d'une fraction d'au moins 10 % de titres d'entreprises petites, moyennes ou de taille intermédiaire et répondant aux conditions fixées par l'article D 137-1 du Code de la sécurité sociale.

Il est de **10 %** sur les abondements de l'entreprise au plan d'épargne d'entreprise pour l'acquisition d'actions ou de certificats d'investissement émis par l'entreprise ou une entreprise incluse dans le même périmètre de consolidation des comptes (C. trav. art. L 3344-1).

Le taux est de **8 %** sur les contributions patronales de prévoyance complémentaire dans les entreprises d'au moins 11 salariés. Il est également de 8 % sur les sommes affectées à la réserve spéciale de participation en parts sociales ou compte courant bloqué dans les sociétés coopératives de production.

FORMATION PROFESSIONNELLE ET APPRENTISSAGE

Les caisses de MSA recouvrent la contribution à la formation professionnelle, la contribution dédiée au financement du compte personnel de formation pour les titulaires d'un contrat à durée déterminée (CPF-CDD), la taxe d'apprentissage et la contribution supplémentaire à l'apprentissage pour l'ensemble des employeurs agricoles selon les règles exposées nos 54700 s. 39195

V. TABLEAU RÉCAPITULATIF DES COTISATIONS

COTISATIONS DUES POUR L'EMPLOI DE SALARIÉS AGRICOLES

39210 Les cotisations ne sont pas toujours calculées sur la totalité du salaire versé. Elles le sont parfois dans la limite d'un plafond qui correspond, selon les cas, à une ou plusieurs fois le plafond de la sécurité sociale (pour son montant, voir n° 38785). La fraction du salaire qui excède ledit plafond est alors exclue de l'assiette des cotisations. Les contributions de prévoyance complémentaire d'origine conventionnelle (n°s 40560 s. et 40590 s.) ne sont toutefois pas recensées en raison de nombreuses adaptations par des accords collectifs locaux. Les contributions de retraite supplémentaire instaurées par des accords collectifs de branche étendus sont mentionnées n° 40610.

Taux de cotisations				
Régimes	Taux global %	Répartition		Assiette
		Employeur %	Salarié %	
Assurances sociales agricoles[1]				
Maladie, maternité, invalidité et décès	7,00 ou 13,00 (n° 38795)	À sa charge		Totalité du salaire
Risque vieillesse	15,45	8,55	6,90	Jusqu'au plafond SS
	2,42	2,02	0,40	Totalité du salaire
Contribution solidarité autonomie	0,30	0,30		Totalité du salaire
Accidents du travail et maladies professionnelles	Taux variable selon l'activité et l'effectif de l'établissement (n°s 39140 s.)	À sa charge		Totalité du salaire
Prestations familiales	3,45 ou 5,25 (n°s 39105 s.)	À sa charge		Totalité du salaire
Aide au logement (Fnal)[2]	0,10 ou 0,50	0,10 0,50		Jusqu'au plafond SS Totalité du salaire
CSG	9,20		9,20 (dont 6,80 déductibles du revenu imposable)	98,25 % du salaire (100 % à partir de 4 × plafond SS) et 100 % des contributions patronales de prévoyance
CRDS	0,50		0,50	
Assurance chômage[3]	4,05	4,05		Jusqu'à 4 × plafond SS
Assurance garantie des salaires (AGS)[4]	0,20	0,20		Jusqu'à 4 × plafond SS
Services de santé au travail	0,42	0,42		Jusqu'au plafond SS
Formation professionnelle[5]				
– Employeurs d'au moins 11 salariés	1,00	1,00		Totalité du salaire
– Employeurs de moins de 11 salariés	0,55	0,55		Totalité du salaire
Taxe d'apprentissage				
part principale[6]	0,59	0,59		Totalité du salaire
solde[7]	0,09	0,09		Totalité du salaire
Négociation collective[8]	0,05	0,05		Totalité du salaire

39210 (suite)

Taux de cotisations				
Régimes	Taux global %	Répartition		Assiette
		Employeur %	Salarié %	
Emploi et formation[9]	0,02	0,01	0,01	Totalité du salaire
Gestion prévisionnelle de l'emploi[10]	0,20	0,20		Totalité du salaire
Activités sociales et culturelles[11]	0,04	0,04		Totalité du salaire
Financement du dialogue social	0,016	0,016		Totalité du salaire
Emploi des cadres, ingénieurs et techniciens[12]	0,06	0,036	0,024	Jusqu'à 4 × plafond SS
Versement mobilité[13]	Taux variable en fonction de l'agglomération[14]	À sa charge		Totalité du salaire
Retraite complémentaire[15]				
– Entreprises de la production agricole[16]				
• Salariés relevant de la convention collective du 2-4-1952				
Tranche 1	10,16	6,30	3,86	Jusqu'au plafond
Tranche 2	21,59	12,95	8,64	Part du salaire entre 1 et 8 × plafond
• Salariés relevant de la convention collective du 24-3-1971				
Tranche 1	7,87	3,94	3,93	Jusqu'au plafond
Tranche 2	21,59	10,80	10,79	Part du salaire entre 1 et 8 × plafond
– Organismes professionnels agricoles[17]				
Tranche 1	10,16	6,98	3,18	Jusqu'au plafond
Tranche 2	21,59	12,95	8,64	Part du salaire entre 1 et 8 × plafond
– Établissement d'enseignement agricole privé				
Tranche 1	10,16	6,10	4,06	Jusqu'au plafond
Tranche 2	21,59	12,95	8,64	Part du salaire entre 1 et 8 × plafond
Contribution d'équilibre général				
Tranche 1	2,15	1,29	0,86	Jusqu'au plafond
Tranche 2	2,70	1,62	1,08	Part du salaire entre 1 et 8 × plafond

Taux de cotisations

Régimes	Taux global %	Répartition Employeur %	Répartition Salarié %	Assiette
Contribution d'équilibre technique	0,35	0,21	0,14	Salaires supérieurs au plafond : part du salaire jusqu'à 8 × plafond SS

1. Le taux de la cotisation salariale maladie-maternité-invalidité-décès est fixé à 5,5 % pour les personnes domiciliées fiscalement hors de France, qui sont exonérées de CSG. Dans les départements du Haut-Rhin, du Bas-Rhin et de la Moselle, une cotisation supplémentaire maladie est due sur la totalité de la rémunération : 0,1 % en part patronale et 1,1 % en part salariale.
2. Le taux est de 0,1 % pour les employeurs occupant moins de 50 salariés et pour les employeurs occupés aux activités mentionnées aux 1° à 4° de l'article L 722-1 du Code rural et de la pêche maritime (n°s 38020 s.) ainsi que pour les coopératives agricoles ; il est de 0,5 % pour les autres employeurs.
3. Dans les secteurs d'activité figurant dans l'annexe à l'arrêté MTRD2119600 A du 28 juin 2021, le taux oscille entre 3 % (bonus) et 5,05 % (malus) dans l'entreprise d'au moins 11 salariés en fonction de son taux de séparation moyen sur 3 ans mesurant son recours aux contrats de courte durée.
4. 0,03 % pour les entreprises de travail temporaire sur la rémunération des salariés intérimaires.
5. Quel que soit l'effectif de l'entreprise, une contribution supplémentaire de 1 % est calculée sur les rémunérations des salariés sous contrat à durée déterminée, à l'exception des contrats saisonniers et des contrats à durée déterminée visés à l'article 6331-72 du Code du travail (CPF CDD). Le taux de la contribution à la formation professionnelle est de 1,30 % pour les entreprises de travail temporaire d'au moins 11 salariés (C. trav. art. L 6331-5).
6. Sur les entreprises assujetties et les rémunérations exonérées, voir n°s 54700 s.. Pour les établissements situés dans les départements du Bas-Rhin, du Haut-Rhin et de la Moselle, le taux est 0,44 %. Les employeurs d'au moins 250 salariés sont en outre assujettis à une contribution supplémentaire dans les conditions exposées n° 54740.
7. Recouvré en une fois avec les cotisations dues au titre du mois d'avril de l'année suivante. Le solde n'est pas dû par les établissements situés en Alsace ou Moselle.
8. Cette cotisation, reversée à l'Association nationale paritaire pour le financement de la négociation collective en agriculture (Afnca), est due dans les secteurs des cultures, de l'élevage, du bois (y compris scieries), des travaux agricoles, du paysage et des parcs et jardins zoologiques ouverts au public.
9. Cette cotisation finance l'Association nationale pour l'emploi et la formation en agriculture (Anefa) ; elle est due dans les mêmes secteurs que la cotisation Afnca.
10. Cette cotisation finance le Conseil des études, recherches et prospectives pour la gestion prévisionnelle des emplois en agriculture et son développement (Provea) ; elle est due dans les mêmes secteurs que la cotisation Afnca, à l'exception du bois et des parcs et jardins zoologiques.
11. La cotisation est versée à l'Association sociale et culturelle paritaire en agriculture ; elle est due dans les mêmes secteurs que l'Afnca sur la rémunération des salariés ayant 6 mois d'ancienneté et plus. En sont exonérées les entreprises dotées d'un CSE assurant, contrôlant ou participant à la gestion des activités sociales et culturelles et celles tenues au 30 novembre 2012 de cotiser à une association départementale offrant des activités sociales et culturelles aux salariés agricoles.
12. Cette cotisation contribue au financement de l'Association pour l'emploi des cadres, ingénieurs et techniciens de l'agriculture (Apecita). Pour les entreprises tenues d'appliquer la convention collective nationale du 2 avril 1952 (n° 40575), la cotisation est recouvrée par Agrica Prévoyance.
13. Concerne uniquement les employeurs occupant au moins 11 salariés.
14. Seules certaines agglomérations ont institué cette redevance.
15. Les taux indiqués tiennent compte du pourcentage d'appel de 127 %.
16. Voir n° 40455.
17. Ces taux valent pour les OPA créés depuis le 1er janvier 1998 et pour ceux adhérant à la CCPMA Retraite avant le 1er janvier 1997 sur la rémunération des salariés cadres ; sur la rémunération des salariés non cadres, la répartition du taux de cotisation diffère pour la tranche 2, l'employeur est redevable de 13,50 % et le salarié de 8,09 %. Pour les OPA ayant adhéré à la Camarca uniquement et créés avant le 1er janvier 1998 : le taux de cotisation est, sur la tranche 1, de 7,87 % (4,72 % pour l'employeur, 3,15 % pour le salarié).

SECTION 3 PRESTATIONS

39300 Le régime agricole sert des **prestations familiales** identiques à celles des régimes non agricoles, dans les mêmes conditions que ceux-ci. Compte tenu de cette absence de spécificité, nous ne les traiterons pas. Les lecteurs qui le souhaitent peuvent se reporter au Mémento Social, qui comporte une étude complète sur ces prestations.

Les caisses de MSA servent aux salariés agricoles et à leurs ayants droit en cas de **maladie**, de **maternité**, d'**invalidité**, de **vieillesse**, de **veuvage et** de **décès**, les prestations prévues par le Code de la sécurité sociale. À cet effet, sont applicables au régime des assurances sociales agricoles les dispositions de ce Code citées par les articles L 742-3 et suivants et R 742-2 et suivants du Code rural et de la pêche maritime. Pour l'application de ces dispositions, la référence au régime général est remplacée par la référence au régime des assurances sociales agricoles et les caisses de mutualité sociale agricole sont substituées aux caisses primaires d'assurance maladie et aux caisses d'assurance retraite et de la santé au travail. Toutefois, le régime des assurances sociales agricoles, en cas de maladie, maternité, invalidité, décès et pour la retraite, présente certaines spécificités étudiées ci-après.

> **Précisions** En dehors des prestations prévues par la loi ou par les règlements, les caisses de MSA peuvent accorder des avantages complémentaires (**prestations extra-légales**) à leurs assurés sur leur fonds d'action sanitaire et sociale.

I. ASSURANCE MALADIE

L'assurance maladie **garantit** : 39310
– pour les seuls assurés salariés ou assimilés, le versement d'indemnités journalières, prestations en espèces ;
– pour l'ensemble des assurés et de leurs ayants droit, la prise en charge des frais qu'ils engagent pour leur santé.

A. Prestations en espèces

En cas d'arrêt de travail médicalement justifié, des **indemnités journalières** sont attribuées aux assurés salariés ou assimilés assujettis aux assurances sociales agricoles (nos 38605 s.) qui justifient des conditions d'ouverture des droits requises par la réglementation en vigueur. Elles constituent un revenu de remplacement destiné à compenser la perte de salaire. 39320

ATTENTION

L'arrêt de travail prescrit lors d'un acte de télémédecine ne peut porter sur plus de 3 jours ni avoir pour effet de porter à plus de 3 jours la durée d'un arrêt de travail déjà en cours, sauf par le médecin traitant ou la sage-femme référente (CSS art. L 162-4-4 ; CSP art. L 6316-1).

CONDITIONS D'OUVERTURE DES DROITS

Les conditions que l'assuré doit remplir pour bénéficier des indemnités journalières figurent dans le tableau ci-après (CSS art. R 313-3). 39325

Durée de versement des indemnités journalières	Montant minimal de cotisations ou nombre minimal d'heures de travail	Durée minimale d'affiliation
Pendant les 6 premiers mois	Dans les 6 mois civils précédant l'interruption du travail, avoir cotisé sur un salaire au moins égal à 1 015 fois le Smic en vigueur au 1er jour des 6 mois civils Ou à défaut Dans les 3 mois civils ou les 90 jours précédant l'interruption du travail, avoir travaillé pendant au moins 150 heures	Néant
Au-delà de 6 mois	Dans les 12 mois civils précédant l'interruption du travail, avoir cotisé sur un salaire au moins égal à 2 030 fois le Smic en vigueur au 1er janvier précédant immédiatement les 12 mois civils Ou, à défaut, dans les 12 mois civils ou les 365 jours précédant l'interruption du travail, avoir travaillé au moins 600 heures	12 mois au 1er jour du mois de l'interruption du travail

Les assurés appartenant aux **professions à caractère saisonnier ou discontinu** et qui ne remplissent pas ces conditions peuvent néanmoins avoir droit aux prestations s'ils justifient soit avoir cotisé, pendant les 12 mois civils précédents, sur une rémunération au moins égale à 2 030 fois le Smic horaire au 1er janvier qui précède immédiatement le début de cette période, soit avoir effectué au moins 600 heures de travail salarié ou assimilé au cours de 12 mois civils ou de 365 jours consécutifs (CSS art. R 313-7).

Les personnes **cessant de remplir les conditions d'assujettissement** en qualité d'assurés bénéficient du maintien de leurs droits pendant 12 mois à compter de la date à laquelle ces conditions ne sont plus remplies (CSS art. L 161-8 et R 161-3). Bénéficient également du maintien de droits les assurés justifiant à nouveau de telles conditions mais dont les indemnités journalières sont nulles (CSS art. L 311-5).

39330 **Appréciation du temps de travail** En règle générale, le temps de travail pris en considération par les caisses pour l'appréciation de l'ouverture des droits est constitué par le **nombre d'heures déclaré par l'employeur** sur les déclarations qu'il adresse à ces organismes en justification du versement des cotisations (n°s 38912 s.).

En vue de la détermination des droits éventuels aux prestations des salariés agricoles de certaines catégories spéciales, notamment les ouvriers betteraviers, les ouvriers forestiers rémunérés à la tâche, les gemmeurs travaillant dans les forêts de l'État, les jockeys, des arrêtés du ministre chargé de l'agriculture et du ministre chargé de la sécurité sociale fixent, en fonction du travail effectué ou du gain perçu, les modalités de détermination du temps de travail accompli par les intéressés (C. rur. art. R 742-7 ; Arrêtés du 9-7-1970 pour les gemmeurs et du 3-7-1979 pour les jockeys).

39335 **Périodes assimilées** Pour l'ouverture du droit aux prestations, sont assimilées à des périodes de travail salarié les périodes de **congés payés**, les périodes correspondant à l'indemnité de **préavis** et certaines **périodes non travaillées pour des raisons indépendantes de leur volonté** : activité partielle, maladie, accident du travail, etc.

> **Précisions** Ainsi, **équivaut à 6 fois la valeur du Smic** au 1er janvier qui précède immédiatement la période de référence **ou à 6 heures de travail** salarié chaque journée (CSS art. R 313-8) :
- indemnisée au titre de la maladie, de la maternité, de la paternité ou de l'invalidité, sauf celles indemnisées au titre du maintien de droits ;
- d'arrêt maladie non indemnisé se situant avant le versement de l'indemnité journalière de maladie (délai de carence) ou après épuisement des droits à indemnisation ;
- d'indemnisation après accident du travail (indemnité journalière ou rente correspondant à une incapacité permanente d'au moins 66,66 %) ;
- de stage dans un établissement de rééducation effectué par le titulaire d'une rente accident du travail (quel que soit le taux d'incapacité) ;
- de détention provisoire.

La même équivalence est reconnue pour toute journée ayant fait l'objet d'une prise en charge par une caisse de MSA en vue de la réadaptation fonctionnelle ou de la rééducation professionnelle du bénéficiaire (C. rur. art. R 742-8).

Les journées de congé formation non rémunérées par l'employeur sont considérées comme équivalant à **8 fois la valeur du Smic** au 1er janvier qui précède immédiatement la période de référence **ou à 8 heures de travail**, dans la limite de 5 journées par semaine (CSS art. R 313-9).

Chaque journée de perception de l'allocation journalière de présence parentale équivaut à **4 fois la valeur du Smic** ou à 4 heures de travail salarié (CSS art. R 313-8).

Les heures passées par les **sapeurs-pompiers volontaires** à des missions opérationnelles ou à la formation sont également assimilées à du temps de travail effectif pour le calcul de l'ouverture des droits (CSI art. L 723-14).

39340 **Travailleurs étrangers** Les **salariés** étrangers ont droit aux indemnités journalières dans les mêmes conditions que les salariés français s'ils sont en situation régulière au regard de la législation sur le séjour et le travail des étrangers en France ou s'ils sont titulaires d'un récépissé de demande de renouvellement de titre de séjour (CSS art. L 161-25-1). En ce qui concerne les ressortissants de l'Union européenne, de l'Espace économique européen et de la Suisse, le séjour en France au-delà de 3 mois constitue un droit pour autant notamment qu'ils y exercent une activité professionnelle ou disposent, pour eux-mêmes et les membres de leur famille, de ressources suffisantes ainsi que d'une assurance maladie (C. étrangers art. L 233-1).

La caisse de MSA est tenue de vérifier, dès l'ouverture du dossier de demande d'affiliation et périodiquement, que les assurés étrangers satisfont aux conditions de régularité de leur situation en France (CSS art. L 114-10-2). À cet effet, les différents organismes de sécurité sociale se transmettent les informations collectées dans les fichiers des services de l'État.

Cette vérification se traduit par l'exigence de la présentation, par les étrangers concernés, d'un titre ou document attestant la régularité de leur séjour et de leur travail.

La liste des titres ou documents exigés est fixée par un arrêté (AFSS1713741A du 10-5-2017).

FORMALITÉS

L'assuré doit **informer sa caisse** de MSA, dans les 48 heures suivant la date d'interruption de travail, en lui envoyant l'avis d'arrêt de travail établi par son médecin. 39345
Pendant la durée de l'arrêt de travail, l'assuré est tenu des **obligations** suivantes :
– observer les prescriptions du médecin ;
– se soumettre aux contrôles organisés par le service médical de la caisse ;
– respecter les heures de présence à domicile (CSS art. R 323-11-1) si les sorties ont été autorisées par le médecin, sauf s'il a autorisé les sorties libres ;
– s'abstenir de toute activité non expressément et préalablement autorisée (Cass. 2e civ. 16-5-2024 n° 22-14.402 F-B : RJS 8-9/24 n° 482).
En cas d'inobservation de ces obligations, l'assuré restitue à la caisse les indemnités versées correspondantes. Si l'activité non autorisée a donné lieu à des revenus ou gains, des pénalités peuvent être prononcées par le directeur de la caisse de MSA (CSS art. L 323-6 et L 114-17-1).
Les professionnels de santé sont tenus de préciser les **éléments médicaux** justifiant l'interruption du travail (CSS art. L 162-4-1).
Pour être indemnisée, la **prolongation** d'un arrêt de travail doit être prescrite (CSS art. L 162-4-4 et R 162-1-9-1) :
– par le médecin qui a prescrit l'arrêt initial ;
– par le médecin traitant ;
– par la sage-femme ;
– par un médecin spécialiste consulté à la demande du médecin traitant ;
– par le médecin remplaçant le médecin qui a prescrit l'arrêt initial ou le médecin traitant ;
– à l'occasion d'une hospitalisation.
En dehors des cas visés ci-dessus, l'assuré doit justifier de l'impossibilité pour le médecin traitant ou le médecin prescripteur de l'arrêt initial de prescrire cette prolongation. Cette preuve peut être apportée à la caisse par tous moyens.
En outre, le renouvellement de l'arrêt de travail lors d'un acte de télémédecine ne peut avoir pour effet de porter à plus de 3 jours la durée d'un arrêt de travail déjà en cours, sauf si l'acte est réalisé par le médecin traitant, la sage-femme référente ou en cas d'impossibilité, dûment justifiée par le salarié, de consulter un professionnel médical compétent pour obtenir une prolongation en la présence de ce dernier (CSS art. L 162-4-4 ; CSP art. L 6316-1).
En vue de la détermination du montant de l'indemnité journalière, les données relatives aux paies de la période de référence sont transmises par l'employeur avec la déclaration sociale nominative (nos 38912 s.).

MONTANT DE L'INDEMNITÉ JOURNALIÈRE

Il est égal à la moitié du revenu d'activité antérieur (CSS art. L 323-4 et R 323-4 s.). En aucun cas, l'indemnité journalière ne peut être supérieure à 1/730e d'un plafond égal à 1,8 fois le Smic mensuel (CSS art. R 323-9). 39350
Pour les salariés **mensualisés**, ce revenu d'activité est égal à 1/91,25es du montant des 3 dernières paies des mois civils antérieurs à l'arrêt de travail et servant de base au calcul des cotisations d'assurances maladie, maternité, invalidité et décès.
Lorsque le travail est **discontinu** ou **saisonnier**, l'indemnité journalière est égale à 1/365e du montant du revenu d'activité 12 mois antérieurs à l'arrêt de travail.
En cas de **temps partiel thérapeutique**, le montant de l'indemnité journalière ne peut être supérieur à la perte de gain journalier liée à la réduction de l'activité de l'assuré (CSS art. R 323-3).
L'indemnité journalière est soumise à la **CSG** et à la **CRDS** (n° 32455).

DURÉE D'ATTRIBUTION

Les indemnités journalières ne sont versées qu'à compter du quatrième jour d'arrêt de travail et pendant une durée maximale de trois ans qui est **calculée** (CSS art. L 323-1 et R 323-1) : 39355
– de date à date, si l'assuré est atteint d'une affection de longue durée ; ce délai peut être prorogé d'une année en cas de reprise du travail, lorsque cette reprise est reconnue par le contrôle médical comme de nature à favoriser l'amélioration de son état ou en cas de rééducation professionnelle ; un nouveau délai de trois ans ne peut être ouvert à l'assuré que s'il a repris son travail pendant au moins un an ;
– pour les assurés atteints d'une affection ordinaire, de telle sorte que, au cours de trois années consécutives, l'assuré perçoive au maximum 360 indemnités journalières.
Les indemnités journalières sont par exception versées **dès le premier jour** d'arrêt de travail dans les cas suivants :
– prescription d'un travail à temps partiel thérapeutique dans l'arrêt de travail initial (CSS art. L 323-3 et R 323-3) ;

– incapacité de travail faisant suite à une interruption spontanée de grossesse ayant eu lieu avant la 22e semaine d'aménorrhée ou à une interruption de grossesse pratiquée pour motif de péril de la santé de la femme ou d'enfant à naître atteint d'une affection d'une grave et incurable (CSS art. L 323-1-2) ;
– incapacité de continuer ou reprendre le travail constatée durant les 13 semaines du décès avant ses 25 ans de l'enfant du salarié ou d'une personne dont l'assuré a la charge effective et permanente (CSS art. L 323-1-1).
En tout état de cause, le versement est **interrompu** lorsque l'assuré ne remplit plus les conditions requises ou reprend le travail (sauf reprise à titre thérapeutique).
En cas de **cumul emploi et retraite**, hors le cas de retraite progressive, les indemnités journalières se cumulent avec le service d'une pension de retraite pendant une durée maximale de 60 jours (CSS art. L 323-2 et R 323-2).

> **Précisions** L'âge à partir duquel est **limité le cumul** des indemnités journalières et de la retraite est celui mentionné n° 39865.

PRESCRIPTION

39360 L'**action de l'assuré** pour le paiement des prestations se prescrit par deux ans à compter du premier jour du trimestre suivant celui auquel se rapportent lesdites prestations (CSS art. L 332-1, al. 1).
La même prescription est applicable, à compter du paiement entre les mains du bénéficiaire, à l'action intentée par un **organisme payeur** en recouvrement des prestations indûment payées, sauf cas de fraude ou de fausse déclaration (CSS art. L 332-1, al. 3). Dans ce dernier cas, c'est la prescription de droit commun (cinq ans) qui s'applique.

B. Prise en charge des frais de santé

1. BÉNÉFICIAIRES

ASSURÉS SOCIAUX

39380 Comme tels, les salariés agricoles bénéficient en cas de maladie de la prise en charge de leurs frais de santé par la caisse de MSA dans les conditions fixées nos 39420 s. (CSS art. L 160-1).

AYANTS DROIT DE L'ASSURÉ

39385 La protection universelle maladie (**Puma**) offre à toute personne majeure résidant en France de manière stable et régulière la prise en charge de ses dépenses de santé à titre personnel (CSS art. L 160-1).
Bénéficient de la prise en charge de leurs frais de santé en tant qu'ayants droit d'un salarié agricole les **enfants** mineurs n'exerçant pas d'activité professionnelle qui sont à sa charge (CSS art. L 160-2). La filiation, y compris adoptive, doit être légalement établie. Le statut d'ayant droit est aussi accordé aux pupilles de la Nation ou aux enfants recueillis.
Le statut d'ayant droit prend fin le jour du 18e anniversaire de l'enfant. À 16 ans, l'enfant peut demander à bénéficier, à titre personnel, de la prise en charge de ses frais de santé auprès de la caisse de MSA dont relève l'assuré (CSS art. D 160-1).

2. MONTANT ET CONDITIONS DES REMBOURSEMENTS

TRANSMISSION DES INFORMATIONS

39420 Pour permettre le remboursement de l'assuré, les informations relatives aux actes dispensés, montant des honoraires perçus, prix payé pour les produits pharmaceutiques ou appareils prescrits sont codifiées par le praticien et transmises par mode électronique à la caisse de MSA par le praticien de santé.
Les données relatives à l'assuré figurent sur la **carte individuelle Vitale** qui lui est délivrée par sa caisse sous forme matérielle ou d'application mobile (CSS art. L 161-31 et R 161-33-1 s.).

PARCOURS DE SOINS COORDONNÉS

39425 Chaque assuré ou ayant droit de plus de 16 ans doit indiquer à sa caisse le nom d'un **médecin traitant**, chargé d'orienter le patient dans le **parcours de soins** (CSS art. L 162-5-3). Le médecin choisi peut être un médecin généraliste, spécialiste exerçant à titre libéral ou bien salarié d'une société interprofessionnelle de soins ambulatoires, d'un établissement ou d'un centre de santé. Le patient conserve la possibilité de changer à tout moment de médecin traitant.

L'assuré ou l'ayant droit de plus de 16 ans qui a recours aux soins en dehors du parcours de soins coordonnés s'expose à l'application d'une **majoration du ticket modérateur** à sa charge, fixée à 40 %, et les médecins consultés directement peuvent également appliquer des dépassements d'honoraires non remboursables par l'assurance maladie.
Cette majoration de 40 % « hors parcours de soins » est également applicable aux personnes exonérées du ticket modérateur (n° 39435) (CSS art. R 160-6).
Cette majoration ne s'applique pas notamment (CSS art. L 162-5-3, L 162-5-4 et D 162-1-6 s.) :
– dans le cadre de certaines consultations hospitalières ;
– en cas d'éloignement géographique ;
– en cas d'urgence ;
– durant l'année qui suit le départ à la retraite du médecin traitant ou son changement de département ;
– pour les actes réalisés par le médecin remplaçant le médecin traitant ;
– pour les actes réalisés par certains spécialistes (gynécologie, ophtalmologie, etc.), à condition que l'assuré ait déclaré un médecin traitant (CE 12-2-2014 n° 354505 : RJS 5/14 n° 432) ;
– pour les actes réalisés par des médecins généralistes installés depuis moins de cinq ans ou exerçant dans certaines zones.

TICKET MODÉRATEUR

Les frais médicaux et assimilés des assurés et de leurs ayants droit font en règle générale l'objet 39430
d'un remboursement partiel, une part des frais appelée « ticket modérateur » étant laissée **à la charge des intéressés**, sauf pour certains assurés, traitements ou affections déterminés (CSS art. L 160-13 s.). Par ailleurs, les taux de remboursement varient selon les frais considérés.

Exonération du ticket modérateur Cette exonération est liée soit à la situation par- 39435
ticulière de l'assuré, soit à la nature de l'acte ou du traitement, soit à la nature de la maladie (affection de longue durée) (CSS art. L 160-14 et R 160-10 s.).
Sont dispensés de toute participation aux frais les **assurés** suivants :
– les titulaires d'une pension militaire d'invalidité, d'une pension d'invalidité ou de vieillesse substituée à une pension d'invalidité ;
– les titulaires d'une rente d'accident du travail d'un taux au moins égal à 66,66 % et les ayants droit ;
– les titulaires d'une pension de réversion atteints, entre 55 ans et l'âge requis pour une retraite à taux plein (n° 39975), d'une invalidité permanente au moins égale aux 2/3.
Une prise en charge de la participation est également accordée aux bénéficiaires de la protection complémentaire en matière de santé, voir n°s 49050 s.
Donnent lieu à un remboursement intégral les frais exposés à l'occasion des **actes ou traitements** prévus par les articles R 160-8 et R 160-14 à R 160-17 du Code de la sécurité sociale.
Les patients atteints d'une **affection de longue durée** (ALD) bénéficient enfin de l'exonération du ticket modérateur, mais seulement pour les frais relatifs au traitement de la maladie ou de l'état pathologique considéré. La liste des affections de longue durée figure à l'article D 160-4 du Code de la sécurité sociale.

> **Précisions** Les patients atteints d'une **affection de longue durée** bénéficient en outre du mécanisme du tiers payant permettant de pratiquer à l'égard des professionnels exerçant en ville la dispense de la part des dépenses prises en charge par l'assurance maladie (CSS art. L 162-1-21). En bénéficient également les assurées pour les frais relatifs à une interruption volontaire de grossesse, notamment.

Taux de remboursement Le ticket modérateur (et par conséquent le taux du rembour- 39440
sement dont l'assuré bénéficie) est fixé par le conseil de l'Union nationale des caisses d'assurance maladie dans les limites définies par l'article R 160-5 du Code de la sécurité sociale.
Moyennant des cotisations majorées (C. rur. art. L 761-5), les assurés sociaux les départements du Bas-Rhin, du Haut-Rhin et de la Moselle bénéficient d'une réduction du ticket modérateur.

Participation forfaitaire Une participation forfaitaire de 2 € est prélevée sur chaque 39445
acte ou consultation délivré par un médecin et pour chaque acte de biologie médicale effectué en médecine libérale et en consultation externe dans un établissement de santé, dans la limite de 25 participations par an.
Cette mesure de responsabilisation des assurés s'applique à tous les assurés de 18 ans et plus à l'exception des bénéficiaires de la protection complémentaire en matière de santé (CSS art. L 160-13 II, L 160-15 et D 160-6 à D 160-8).

39450 **Franchise médicale** Une franchise annuelle est prélevée sur certaines prestations ou produits de santé (médicaments, actes paramédicaux et certains transports) sauf en cas d'hospitalisation (CSS art. L 160-13, III).
Son montant est de 1 € par unité de conditionnement pour les médicaments et pour les actes paramédicaux (limite journalière pour ces derniers : 4 €) ; il est de 4 € pour les transports, par trajet effectué (limite journalière : 8 €) (CSS art. D 160-9 et D 160-11).
Le montant maximum dû pour la franchise par bénéficiaire est également fixé à 50 € par an (CSS art. D 160-10 s.). Cette mesure de responsabilisation des assurés s'applique à tous les assurés de 18 ans et plus à l'exception des bénéficiaires de la protection complémentaire en matière de santé et de l'assurance maternité.

39455 **Participation de l'assuré** Une participation forfaitaire du patient est prévue pour les actes qui sont affectés, soit d'un coefficient égal ou supérieur à 60, soit d'un tarif égal ou supérieur à 120 € (à l'exception notamment, et sous certaines conditions, des actes d'imagerie médicale, des frais de transport d'urgence).
Cette participation est fixée à 24 € (CSS art. R 160-16).

39457 **Forfait patient urgences** Un forfait, dit forfait patient urgences, reste à la charge de l'assuré en cas de passage non programmé dans une structure des urgences d'un établissement de santé non suivi d'une hospitalisation (CSS art. L 160-13, I). Son montant est de 19,61 € (Arrêté SSAH2138152A du 17-12-2021). Il est minoré (8,49 €) en faveur des personnes atteintes d'une affection de longue durée ou victimes d'un accident du travail ou d'une maladie professionnelle. Il est supprimé pour certains assurés, notamment les femmes enceintes, ou pour certains soins.

RÈGLES PARTICULIÈRES AUX DIFFÉRENTS TYPES DE FRAIS

39460 **Soins médicaux et paramédicaux** Donnent droit à remboursement sur la base de tarifs fixés par convention médicale ou, à défaut, sur la base de tarif d'autorité déterminé par arrêté ministériel, et sous réserve du respect des dispositions relatives au médecin traitant (n° 39425) :
– les **visites et consultations** des médecins généralistes et spécialistes, des sages-femmes et des chirurgiens-dentistes ainsi que les actes professionnels pratiqués personnellement par ceux-ci sous réserve qu'ils soient de leur compétence et référencés dans une classification spécifique ;
– les actes pratiqués personnellement par les **auxiliaires médicaux** (masseurs-kinésithérapeutes, infirmiers, pédicures, orthophonistes) sous les mêmes conditions et sous réserve qu'ils soient prescrits par une **ordonnance médicale**.

39465 **Médicaments** Pour être remboursés, ils doivent figurer sur une liste établie par arrêté ministériel au vu de l'appréciation du service médical rendu ou faire partie des produits non spécialisés prévus au tarif pharmaceutique national et être prescrits par une **ordonnance médicale**.
Lorsqu'il existe en pharmacie une version générique d'un médicament de marque, le remboursement se fait sur la base d'un tarif forfaitaire correspondant au prix du générique.

39470 **Prothèses dentaires et orthodontie** Les appareils dentaires (à l'exclusion des bridges) ne sont remboursés que s'ils présentent un caractère fonctionnel ou thérapeutique ou sont nécessaires à l'exercice normal d'une profession (CSS art. L 322-6).
Les traitements d'orthodontie ne sont pris en charge que s'ils ont commencé avant le 16e anniversaire de l'enfant.
Signalons que la formalité de l'entente préalable (n° 39525) continue de s'appliquer pour les traitements d'orthodontie (Arrêté SANS0320905A du 11-3-2003 ; Circ. MSA 2003-27 du 25-4-2003).

39475 **Optique** Sont pris en charge les articles d'optique **médicalement prescrits**. Toutefois les opticiens-lunetiers peuvent adapter la prescription initiale d'un médecin à l'évolution de l'acuité visuelle de l'assuré. La prise en charge est en principe de 65 %, mais les articles proposés étant souvent différents de la description admise par le tarif de responsabilité, elle est en pratique moins importante.
Les verres correcteurs et les montures correspondantes délivrés, dans le cadre d'un **renouvellement, par un opticien-lunetier** peuvent être pris en charge par l'assurance maladie pour les personnes âgées de plus de 16 ans, sauf opposition expresse indiquée sur l'ordonnance initiale (CSS art. R 165-1).
Des **règles particulières**, restrictives, s'appliquent aux enfants de 6 à 16 ans (Arrêté MESH9924033A du 29-12-1999).

Appareillage Les frais d'appareils, de prothèse et d'orthopédie sont pris en charge sur **prescription médicale**, après entente préalable de la caisse, à condition de figurer sur une liste des produits et prestations sur la base duquel le remboursement est effectué. 39480
La prise en charge comporte la couverture des frais d'acquisition des appareils, ainsi que des accessoires nécessaires à leur fonctionnement, des frais de réparation, d'entretien et de renouvellement.

Hospitalisation Le malade peut se faire soigner dans l'établissement de son choix, aussi bien public que privé. Toutefois, la prise en charge des frais n'a lieu que si l'établissement est autorisé à dispenser des soins aux assurés (CSS art. L 162-21). 39485
En principe, pour tout séjour supérieur à 24 heures dans un établissement hospitalier public ou privé, les personnes hospitalisées doivent acquitter un **forfait journalier**, afin de contribuer aux frais d'hébergement ou d'entretien entraînés par leur hospitalisation (CSS art. L 174-4 et R 174-5). Le forfait est dû pour chaque journée d'hospitalisation, y compris le jour de sortie. Son montant est fixé à 20 € et 15 € pour une hospitalisation dans un service de psychiatrie (Arrêté SSAS1917447A du 20-6-2019).
Par exception, certaines **personnes** sont **dispensées** du paiement du forfait : notamment victimes d'accidents du travail et de maladies professionnelles, femmes prises en charge au titre du risque maternité, nouveau-nés hospitalisés avant le 30e jour suivant la naissance et prématurés hospitalisés dans un service spécialisé, certaines personnes âgées et certains jeunes handicapés.

L'hospitalisation dans un **hôpital public** ou dans une **clinique privée conventionnée** par la sécurité sociale est prise en charge selon la règle du tiers payant. L'assuré n'a à régler que le montant du ticket modérateur, le forfait journalier et d'éventuels suppléments (chambre individuelle par exemple). Sur le forfait patient urgences, voir n° 39457. 39495
Certains actes sont entièrement facturés à l'assuré qui doit, ensuite, se faire rembourser dans les conditions de droit commun. Il s'agit notamment, dans le secteur public, des consultations et actes réalisés par les praticiens hospitaliers dans le cadre de leur activité libérale (CSS art. L 162-26) et, dans le secteur privé, des examens complémentaires et des honoraires médicaux qui sont tarifés comme en médecine de ville.
En cas d'hospitalisation dans un **établissement privé non conventionné**, l'assuré doit payer la totalité des frais et se faire rembourser.

Cure thermale Les cures thermales donnent lieu à la prise en charge des frais de surveillance médicale et de traitement. Lorsqu'un arrêt de travail est prescrit à l'occasion d'une cure thermale, l'assuré ne peut en principe prétendre à aucune indemnité journalière, sauf lorsque le total des ressources de la famille ne dépasse pas un certain plafond. 39500

Frais de transport Les frais de transport de l'assuré ou des ayants droit dans l'obligation de se déplacer pour recevoir les **soins** ou subir les **examens** appropriés à leur état, ou pour se soumettre à un **contrôle**, sont remboursés dans les **cas** suivants (CSS art. R 322-10 à R 322-10-8) : 39505
- hospitalisation ;
- traitement d'une affection de longue durée chez les patients dont l'incapacité ou la déficience ne leur permet pas de se déplacer par leurs propres moyens ;
- transport du malade par ambulance lorsque son état justifie un transport allongé ou une surveillance constante ;
- transport en un lieu éloigné de plus de 150 km ;
- transports en série lorsque leur nombre est égal ou supérieur à quatre au cours d'une période de deux mois et que chaque transport est effectué vers un lieu distant de plus de 50 km ;
- transport en vue d'une expertise ou d'un contrôle médical de la caisse, d'une expertise ordonnée par la juridiction chargée du contentieux médical (n° 50600), d'un centre d'appareillage ou d'un fournisseur agréé de grand appareillage ;
- frais de transport en commun exposés par une personne accompagnant un assuré ou un ayant droit, lorsque l'état de ce dernier nécessite l'assistance d'un tiers, ou qu'il est âgé de moins de 16 ans ;
- transport dans un centre d'action médico-sociale précoce ou dans un centre médico-psycho-pédagogique ;
- transport lié aux permissions de sorties accordées aux jeunes de moins de 21 ans en hospitalisation longue à partir du 14e jour et dans la limite d'un aller et retour par semaine.

La prise en charge est calculée sur la base de la distance séparant le point de prise en charge du malade de la structure de soins prescrite appropriée la plus proche et du mode de transport le moins onéreux compatible avec l'état du malade. Elle est subordonnée :
- à la présentation d'une **prescription médicale** et de pièces justificatives ;

– à l'**accord préalable** de la caisse – donné après avis du contrôle médical – pour tous les transports en série ou au-delà de 150 km et pour l'utilisation d'un avion ou bateau de ligne régulière.
Sous certaines conditions, l'assuré peut être dispensé de l'avance des frais (tiers payant).
Selon des modalités précisées par décret à paraître, elle donne lieu à un coefficient de minoration appliqué au prix facturé lorsque le patient refuse le transport partagé sans raison liée à son état de santé ou aux caractéristiques du trajet compte tenu des soins à recevoir (CSS art. L 322-5 modifié par loi 2023-1250 du 26-12-2023).

C. Dispositions communes aux prestations en espèces et à la prise en charge des frais de santé

MODALITÉS DES REMBOURSEMENTS

39520 Le remboursement des frais engagés doit être demandé à la **caisse d'affiliation** de l'assuré.
Les prestations des assurances maladie et maternité doivent être réglées par les caisses de MSA dans un délai de 15 jours suivant la réception des feuilles de soins (CSS art. R 362-1).
Sauf application du tiers payant, les prestations sont en principe **payées à** l'assuré, même s'il est mineur. Toutefois, la caisse peut aussi payer les prestations au conjoint de l'assuré, à son concubin ou à la personne avec laquelle il est lié par un Pacs, ou à toute personne justifiant d'avoir la charge de l'enfant bénéficiaire des prestations s'il est mineur ou jusqu'à 20 ans s'il poursuit ses études ou est atteint d'une infirmité ou maladie le plaçant dans l'impossibilité d'exercer un travail salarié (CSS art. R 362-1).

CONTRÔLE

39525 Outre le **contrôle administratif** destiné à lutter contre la fraude (CSS art. L 114-10), assurés et ayants droit sont contrôlés par les médecins-conseils des caisses de MSA sous l'autorité d'un médecin-conseil chef par organisme départemental ou pluridépartemental.
Le **contrôle médical** des caisses **porte sur** l'appréciation faite par le médecin traitant de l'état de l'assuré et de sa capacité de travail ou sur la recherche des abus en matière de prescriptions de frais de transport ou d'octroi d'indemnités journalières.
Ce contrôle est **systématique** en cas d'affection de longue durée ou de demande de suppression du ticket modérateur.
Il est **renforcé** concernant les arrêts de travail (CSS art. L 162-1-15, L 315-1 et L 315-2). Ainsi :
– lorsque l'activité de prescription d'arrêts de travail d'un praticien apparaît anormalement élevée, le directeur de la caisse, après observations formulées par le professionnel de santé concerné, peut subordonner pour une durée maximum de 6 mois à l'accord préalable du contrôle médical le versement des indemnités journalières maladie ;
– lorsque le praticien-conseil de la caisse estime qu'un arrêt de travail n'est pas ou plus justifié, il peut décider la suspension des indemnités journalières, le cas échéant rétroactivement.
Par ailleurs, pour certains actes de chirurgie, analyses médicales et examens de laboratoire, appareillages, etc., ou certaines prestations définies par arrêté des ministres chargés de la santé et de la sécurité sociale, l'assuré doit faire parvenir au contrôle médical une **demande d'entente préalable** remplie et signée par le praticien. Ces actes ou fournitures ne sont pris en charge que s'ils ont été effectués ou délivrés après avis favorable du médecin-conseil.
Tout assuré est **tenu de se soumettre aux contrôles** organisés par le service du contrôle médical de la caisse. En cas de non-respect de cette obligation, la caisse suspend le versement des indemnités journalières, et en informe parallèlement son employeur (CSS art. L 315-2).
Enfin, un contrôle peut également être effectué **à l'initiative de l'employeur** du salarié en arrêt de travail par un médecin contrôleur indépendant (contre-visite). L'avis rendu par ce médecin, selon lequel l'arrêt de travail n'est pas ou plus justifié, n'a qu'un caractère informatif pour le service du contrôle médical de la caisse à qui il est adressé. Toutefois, une confirmation de cet avis par le médecin-conseil, peut entraîner la suspension des indemnités journalières (CSS art. L 315-1, II). Afin de permettre la contre-visite, le salarié communique à l'employeur, dès le début de l'arrêt de travail ainsi qu'à l'occasion de tout changement, son lieu de repos s'il est différent de son domicile et, s'il bénéficie d'un arrêt de travail portant la mention « sortie libre », les horaires auxquels la contre-visite peut s'effectuer (C. trav. art. R 1226-10 s. créés par décret 2024-692 du 5-7-2024).

> **Précisions** Lorsque le bénéfice des prestations est soumis à l'**accord préalable** du service du contrôle médical, l'absence de réponse de ce dernier équivaut à un accord, en principe au terme de 15 jours courant à compter de la réception de la demande complète. Ce **délai** est porté à 21 jours lorsque la prestation le justifie, notamment en raison de la complexité de l'analyse de la demande ou de l'impact budgétaire de la prestation (CSS art. D 315-5).

II. ASSURANCE MATERNITÉ

En cas de maternité, la caisse de MSA : 39550
– **rembourse les frais médicaux** et d'hospitalisation entraînés par la grossesse, l'accouchement, les suites de l'accouchement ;
– verse des **indemnités journalières** de repos aux mères assurées sociales et des indemnités journalières aux pères assurés sociaux.
Ces prestations sont également accordées en cas d'**adoption**.

A. Ouverture des droits

PRISE EN CHARGE DES FRAIS DE SANTÉ

En cas de maternité, la prise en charge des frais de santé est accordée aux salariées agricoles 39560
sans autre condition ainsi qu'aux personnes résidant en France de manière stable et régulière (CSS art. L 160-1). En bénéficient également : la conjointe de l'assuré social, sa concubine ou sa partenaire de Pacs qui n'y aurait pas droit à titre personnel ainsi que la personne qui est à sa charge dans les conditions précisées n° 39385 (CSS art. L 331-1).

PRESTATIONS EN ESPÈCES

Pour percevoir les indemnités journalières, il faut être assuré social soi-même. La qualité d'ayant 39585
droit ne permet pas d'y prétendre. Les indemnités journalières de **maternité** sont versées aux assurées (CSS art. R 313-3) :
– justifiant, à la date présumée de l'accouchement, de 6 mois d'affiliation ;
– et remplissant les mêmes conditions d'activité que celles requises en assurance maladie (n° 39325).
Ces conditions sont appréciées soit au début du mois de la date présumée de la conception, soit à la date du début du repos prénatal, soit à l'accouchement (lorsqu'il survient avant le début du repos prénatal).
Les conditions d'ouverture du droit aux indemnités journalières durant le congé de **paternité** et d'accueil de l'enfant sont identiques à celles du congé de maternité et s'apprécient à la date du début du congé.
Enfin, en cas d'**adoption**, l'assuré doit justifier à la date de l'arrivée de l'enfant au foyer de 6 mois d'affiliation et, soit avoir cotisé sur une rémunération au moins égale à 1 015 Smic horaires pendant les 6 mois civils précédant l'arrivée de l'enfant au foyer, soit avoir effectué au moins 150 heures de travail salarié ou assimilé au cours des 3 mois précédents (CSS art. R 313-4).
Les assimilations et maintiens de droits admis en assurance maladie sont également valables en maternité.

> **Précisions** Le **maintien du droit** aux indemnités journalières maternité servies par le régime des salariés agricoles peut être accordé aux assurés nouveaux travailleurs indépendants qui justifient des conditions d'ouverture des droits dans leur nouveau régime mais dont les indemnités journalières sont forfaitaires (CSS art. L 161-8).

B. Prestations servies

PRISE EN CHARGE DES FRAIS DE SANTÉ

L'assurance maternité couvre à 100 % les frais médicaux, pharmaceutiques d'analyse et 39600
d'examens de laboratoires, d'appareils et d'hospitalisation relatifs ou non à la grossesse, à l'accouchement et à ses suites intervenant au cours d'une **période** commençant quatre mois avant la date présumée de l'accouchement et se terminant au 12e jour suivant l'accouchement (CSS art. L 160-9 et D 160-3).

L'assurance maternité prend également en charge à 100 % les examens suivants, même s'ils sont réalisés **en dehors de la période susvisée** :
– les 7 examens obligatoires prénataux (CSP art. R 2122-1) ;
– l'examen de santé du futur père ;
– les examens postnataux jusqu'au 12e jour suivant l'accouchement (surveillance de la mère et de l'enfant) ;
– les actes de santé prévus par l'arrêté SANS0424122A du 23 décembre 2004.
En cas de **grossesse pathologique** ou de **maladie** en dehors de cette période, le remboursement des frais médicaux est effectué au titre de l'assurance maladie, non de l'assurance maternité, c'est-à-dire avec application du ticket modérateur dans les conditions habituelles, sauf dans les cas cités n° 39435.
Sont également prises en charge au titre de l'assurance maladie les fausses couches antérieures à la déclaration de grossesse.
Certains **frais de transport** sont aussi pris en charge par l'assurance maladie (CSS art. R 322-10-9).

INDEMNISATION DU CONGÉ DE MATERNITÉ

39605 La femme assurée sociale bénéficie d'indemnités journalières de repos pendant toute la durée du congé de maternité qui débute avant la date présumée de l'accouchement (congé prénatal) et continue après celui-ci (congé postnatal). La durée des congés prénatal et postnatal est récapitulée dans le tableau ci-après (CSS art. L 331-3 s.).

Nombre d'enfants à charge	Naissance(s) nouvelle(s)	Durée de l'indemnisation		
		Congé prénatal	Congé postnatal	Durée totale [1]
Pas d'enfant à charge ou 1 enfant à charge	Naissance simple	6 semaines	10 semaines	16 semaines
2 enfants à charge ou plus	Naissance simple	8 (ou 10 semaines[2])	18 (ou 16 semaines[2])	26 semaines[3]
Quel que soit le nombre d'enfants à charge	Naissances de jumeaux	12 (ou 16 semaines[4])	22 (ou 18 semaines[4])	34 semaines
	Naissances de triplés ou plus	24 semaines	22 semaines	46 semaines

1. En cas d'accouchement antérieur à la date présumée, le congé postnatal est prolongé de manière que l'assurée bénéficie de l'intégralité de la période d'indemnisation pré et postnatale.
2. Lorsque la mère a au moins 2 enfants à charge, elle est autorisée à anticiper, dans la limite de 2 semaines, le point de départ du congé prénatal. Le congé postnatal est alors réduit d'autant.
3. Durée résultant de l'augmentation du congé maternité à partir du 3e enfant.
4. En cas de naissance de 2 enfants, la mère est autorisée à reporter 4 semaines de congé postnatal sur le congé prénatal.

> Précisions a. Le bénéfice des indemnités journalières est subordonné à la cessation de tout travail salarié pendant au moins 8 semaines (CSS art. L 331-3). Mais l'exercice d'une **activité non salariée pendant la période de versement des indemnités** journalières ne fait pas obstacle à l'indemnisation (Cass. ass. plén. 20-3-1992 n° 88-17.028 : RJS 5/92 n° 675).
b. La future mère peut, à sa demande et après accord médical, **reporter** dans la limite de 3 semaines une **partie de son congé prénatal** sur son congé postnatal (CSS art. L 331-4-1 ; C. trav. art. L 1225-17).
c. Certaines situations particulières (état pathologique résultant de la grossesse, naissance prématurée de l'enfant plus de 6 semaines avant la date présumée, hospitalisation de l'enfant dans les 6 semaines de l'accouchement) peuvent entraîner un **supplément d'indemnisation** (état pathologique, naissance prématurée) ou son **report** (hospitalisation) (CSS art. L 331-3, L 331-4, L 331-5 et R 331-6).

INDEMNISATION DU CONGÉ DE PATERNITÉ ET D'ACCUEIL DE L'ENFANT

39610 Après la naissance de son enfant, l'assuré qui cesse toute activité salariée ou assimilée dans le cadre du congé de paternité et d'accueil de l'enfant peut prétendre à des indemnités journalières aux mêmes **conditions** que celles de l'assurance maternité (CSS art. L 331-8 et D 331-3 s. ; C. trav. art. D 1225-8) : voir n° 39585. Voir n° 56002 sur la durée et les modalités de prise du congé.
Ce droit est accordé non seulement au père, mais aussi au conjoint de la mère ou à la personne liée à elle par un Pacs ou son concubin.
Le **montant** de l'indemnité journalière de paternité est déterminé comme celui de l'indemnité journalière de maternité. L'indemnité est servie par le régime de sécurité sociale dont relève le père.

> **Précisions a.** L'indemnisation du congé de paternité n'est **pas cumulable** avec (CSS art. L 331-8) :
> – les indemnités journalières maladie ou accident du travail ;
> – les indemnités journalières de maternité (en cas de décès de la mère), l'indemnisation pouvant alors être reportée sur demande de l'assuré (CSS art. D 331-3) ;
> – l'indemnisation par l'assurance chômage ou le régime de solidarité.
> **b.** En plus de l'indemnisation du congé de paternité et d'accueil de l'enfant, l'assuré susceptible d'en bénéficier a droit à une indemnisation dans les mêmes conditions en cas d'**hospitalisation immédiate de l'enfant** dans une unité de soins spécialisés. L'indemnisation est ouverte durant toute la période d'hospitalisation et pendant 30 jours consécutifs au maximum (CSS art. L 331-8 et D 331-6). L'assuré atteste auprès de la caisse de MSA de la cessation de son travail salarié pendant cette période et lui transmet le bulletin d'hospitalisation de l'enfant dans l'unité de soins spécialisés ouvrant droit à l'indemnisation : néonatalogie, réanimation néonatale, pédiatrie des nouveau-nés ou réanimation pédiatrique et néonatale (CSS art. D 331-4 ; Arrêté SSAS1912500A du 24-6-2019).

INDEMNISATION DU CONGÉ D'ADOPTION

En cas d'adoption, l'assuré qui cesse tout travail salarié pour s'occuper de l'enfant bénéficie des indemnités journalières de maternité **pendant** 16 semaines, 18 semaines s'il s'agit d'un troisième enfant ou plus, 22 en cas d'adoptions multiples. **39615**

En cas de **partage du congé** entre les deux parents adoptifs, la période d'indemnisation est augmentée de 25 jours ou de 32 jours en cas d'**adoptions multiples**, avec un minimum de 25 jours consécutifs par parent (CSS art. L 161-6 et L 331-7).

INDEMNISATION DU CONGÉ DE DEUIL

En cas de décès de son enfant âgé de **moins de 25 ans** ou d'une personne âgée de moins de 25 ans à sa charge effective et permanente, l'assuré faisant valoir le congé de deuil de 8 jours prévu par à l'article L 3142-1-1 du Code du travail (n° 60600) perçoit durant ce congé une indemnité journalière attribuée aux mêmes conditions que celles de l'assurance maternité (CSS art. L 331-9 et D 331-7). Le cas échéant, l'indemnité est versée durant les deux périodes (d'au moins un jour) du congé fractionné. **39617**

L'indemnité journalière n'est pas cumulable avec les indemnités journalières servies à un autre titre (maladie, maternité, paternité, etc.) ou avec l'allocation de chômage ou de solidarité.

> **Précisions** Pour les assurés bénéficiant du **maintien des droits** mentionné n° 39585, la durée d'indemnisation est portée à 15 jours et peut être fractionnée en 3 périodes d'au minimum une journée (CSS art. D 331-8).

MONTANT DES PRESTATIONS EN ESPÈCES

Le montant de l'indemnité journalière de maternité est égal à 100 % du revenu d'activité antérieur (CSS art. R 331-5). **39620**

Le **revenu d'activité antérieur** est déterminé comme en matière d'assurance maladie (n° 39350). Toutefois, le salaire servant de base de calcul est déterminé dans la **limite du plafond de sécurité sociale** et diminué forfaitairement de la part représentative des cotisations et contributions d'origine légale et conventionnelle à la charge du salarié (au taux de 21 % selon l'arrêté BUDS1304319A du 28-3-2013), dans la limite d'un montant minimal et maximal.

Le **montant minimum** de l'indemnité est égal à 1/365e du montant minimal annuel de la pension d'invalidité (soit 10,79 € depuis le 1-1-2024). Le montant **maximum** de l'indemnité journalière s'établit à 100,36 € pour 2024.

Les indemnités journalières maternité sont exonérées de **cotisations sociales** mais soumises à la **CSG** et à la **CRDS** (n° 32455). Elles sont en principe soumises à l'impôt sur le revenu.

PRESCRIPTION

L'**action de l'assuré** pour le paiement des prestations de l'assurance maternité se prescrit par 2 ans à compter de la date de la première constatation médicale de la grossesse (CSS art. L 332-1, al. 1). **39625**

La prescription de l'**action des organismes prestataires** en recouvrement des prestations indûment versées est la même que pour les prestations d'assurance maladie (n° 39360).

C. Formalités particulières à l'assurance maternité

39650 Dès qu'elle a connaissance de son état, et avant la fin des 14 premières semaines, la future mère doit envoyer une **déclaration de grossesse** à la caisse de MSA qui lui adresse un guide de surveillance médicale « Mère et nourrisson ».
Munie de ce guide, l'intéressée doit :
– se soumettre aux **examens pré et postnataux** dans les délais impartis ;
– présenter l'enfant à la **consultation des nourrissons** ;
– pour la femme assurée, envoyer une **attestation de l'employeur** indiquant les dates de cessation et de reprise du travail.

III. ASSURANCE INVALIDITÉ

39670 L'assurance invalidité **garantit** le versement d'une pension :
– aux assurés n'ayant pas atteint l'âge leur ouvrant droit à une pension de retraite, dont la capacité de travail est réduite de manière importante et durable : c'est la pension d'invalidité (nos 39690 s.) ;
– aux conjoints survivants d'un titulaire d'une pension de vieillesse ou d'invalidité, eux-mêmes atteints d'une invalidité permanente (nos 39750 s.).

A. Pension d'invalidité

CONDITIONS REQUISES POUR EN BÉNÉFICIER

39690 Pour bénéficier d'une pension d'invalidité, l'assuré doit remplir plusieurs conditions (CSS art. L 341-1, L 341-2, L 341-3, L 341-15 s., R 341-2 et R 313-5).
Tout d'abord une condition **d'âge**. La pension d'invalidité n'est pas servie au-delà de l'âge d'ouverture d'une pension de retraite (voir no 39877), à partir duquel elle est remplacée par une pension de vieillesse allouée au titre de l'inaptitude au travail.
Ensuite, l'assuré doit avoir été **affilié** à un régime d'assurances sociales depuis 12 mois au 1er jour du mois au cours duquel est survenue l'interruption de travail suivie d'invalidité ou la constatation de l'état d'invalidité.
L'assuré doit aussi justifier :
– avoir payé un **montant de cotisations** sur les rémunérations qu'il a perçues pendant les 12 mois civils précédant l'interruption de travail au moins égal au montant des cotisations dues pour un salaire égal à 2 030 fois la valeur du Smic au 1er janvier qui précède la période de référence ;
– ou avoir effectué un **nombre minimal d'heures de travail** égal à 600 heures au cours des 12 mois civils ou des 365 jours précédant l'interruption de travail ou la constatation de l'état d'invalidité.
Enfin une **condition médicale** : l'assuré a droit à une pension lorsqu'il présente une invalidité réduisant au moins des deux tiers sa capacité de travail ou de gain, c'est-à-dire le mettant hors d'état de se procurer un revenu supérieur au tiers de la rémunération qu'il percevait avant l'interruption de travail.

> **Précisions** L'**invalidité** est appréciée en tenant compte de l'état général, de l'âge, des facultés physiques et mentales du requérant, ainsi que de ses aptitudes et de sa formation professionnelle :
> – soit après consolidation de la blessure invalidante ;
> – soit après stabilisation de l'état de l'assuré ;
> – soit à l'expiration de la période pendant laquelle il a bénéficié des prestations en espèces de l'assurance maladie ;
> – soit à la date de la constatation médicale de l'invalidité.

MONTANT

Pour le calcul de la pension d'invalidité, les invalides sont classés en 3 **catégories** (CSS art. L 341-4) : 39695
– la première comprend ceux qui, malgré leur capacité de travail réduite, restent capables d'exercer une activité rémunérée ;
– la deuxième, ceux qui sont absolument incapables d'exercer une profession quelconque ;
– la troisième, ceux qui non seulement sont incapables d'exercer une profession, mais qui doivent également avoir recours à l'assistance d'une tierce personne pour exercer les actes ordinaires de la vie.

La **base de calcul** de la pension d'invalidité est la moyenne des salaires ayant donné lieu au versement de la cotisation maladie, pris en compte dans la limite du plafond de la sécurité sociale, revalorisés et afférents aux 10 années civiles d'assurance les plus avantageuses pour l'intéressé. Il s'agit des années précédant la date de l'interruption de travail suivie d'invalidité ou, à défaut, la constatation médicale de l'invalidité (CSS art. R 341-4). 39700
La revalorisation du salaire annuel moyen s'effectue sur la base du coefficient de revalorisation des prestations versées par les régimes obligatoires de sécurité sociale (CSS art. L 341-6 et L 161-25).

Le **taux** de la pension d'invalidité est égal à (CSS art. L 341-5 et R 341-4 s.) : 39705
– 30 % du salaire annuel moyen pour les invalides de la 1e catégorie ;
– 50 % du salaire annuel moyen pour les invalides de la 2e catégorie ;
– 50 % du salaire annuel moyen, plus une majoration de 40 % pour tierce personne pour les invalides de la 3e catégorie. Cette majoration ne peut être inférieure à un montant fixé par décret (1 266,60 € par mois au 1-4-2024).
La pension ne peut être ni inférieure à un minimum au moins égal à l'AVTS (n° 49400), ni supérieure, suivant la catégorie, à 30 % du plafond de la sécurité sociale, à 50 % de ce plafond ou à 50 % de ce plafond + la majoration.

Montants des pensions d'invalidité au 1er janvier 2024

Pension d'invalidité	Calcul de la pension (%) sur la base du salaire annuel moyen perçu pendant les 10 meilleures années d'activité	Montant mensuel	
		Minimum	Maximum
De 1e catégorie	30 %	328,07 €	1 159,20 €
De 2e catégorie	50 %	328,07 €	1 932,00 €
De 3e catégorie	50 % + majoration pour tierce personne	328,07 € + 1 266,60 €	1 932,00 € + 1 266,60 €

Elle est **revalorisée** en principe au 1er avril de chaque année. Elle peut être **cumulée** avec un autre avantage (pension d'invalidité d'un autre régime, rente « accident du travail »), dans une certaine limite. 39710
La pension est exonérée de **cotisations sociales**. Sur son assujettissement à la **CSG** et à la **CRDS**, voir n° 32465.

DATE D'EFFET ET PAIEMENT

La pension d'invalidité prend effet à compter de la date, soit de la consolidation de la blessure, soit de la stabilisation de l'état de l'assuré, soit de la cessation d'attribution des indemnités journalières de l'assurance maladie, soit de la constatation médicale de l'invalidité (CSS art. L 341-9 et R 341-12). 39715
Elle est payable **mensuellement** et à terme échu (CSS art. R 355-2).

ÉVOLUTION

La pension d'invalidité est toujours concédée à titre temporaire (CSS art. L 341-9). 39720
Selon l'évolution de l'**état de santé** de l'assuré, elle peut être réduite ou augmentée par classement dans une autre catégorie d'invalidité que celle initialement déterminée (CSS art. L 341-11).
Elle peut être suspendue en tout ou partie selon le **niveau de revenu** de l'intéressé (CSS art. L 341-12, L 341-13, R 341-16 et R 341-17). C'est le cas si :
– la capacité de gain de l'invalide devient supérieure à la moitié de la rémunération normale d'un travailleur de même catégorie dans la profession exercée avant l'invalidité ;

– en cas de reprise du travail, le montant cumulé de la pension d'invalidité et des salaires ou gains de l'intéressé excède soit le salaire annuel moyen servant au calcul de la pension, soit le salaire, limité à 1,5 fois le plafond de la sécurité sociale, de la dernière année civile précédant l'arrêt de travail suivi d'invalidité, la caisse retenant le plus élevé des deux montants.

À compter du premier jour du mois suivant celui au cours duquel l'intéressé atteint l'âge lui ouvrant droit à une pension de **retraite**, la pension d'invalidité est remplacée par la pension de vieillesse (n° 39877, voir également le cas de la poursuite de l'activité professionnelle à cet âge).

La pension d'invalidité salariée est suspendue lorsque l'assuré bénéficie d'une retraite anticipée pour carrière longue ou d'une retraite anticipée pour handicap dans un régime obligatoire (régime agricole ou régime général). En revanche, les avantages accessoires sont maintenus. Par conséquent, l'assuré continue à bénéficier de l'exonération du ticket modérateur, de la majoration pour aide d'une tierce personne et de l'allocation supplémentaire d'invalidité même après suspension de sa pension d'invalidité ASA pour cause de départ anticipé (CSS art. L 341-14-1).

> **Précisions a.** Des **contrôles** d'ordre médical sont régulièrement exercés par la caisse de mutualité sociale agricole dans le but de vérifier si l'assuré continue de remplir les conditions ouvrant droit aux avantages de l'invalidité et si son état a évolué. Les contrôles administratifs sont effectués chaque année, le titulaire de la pension devant alors déclarer sa situation et ses revenus d'activité et de remplacement (CSS art. R 341-14).
>
> **b.** Lorsque sa **retraite progressive** est suspendue (n° 39910), le titulaire de la pension d'invalidité est réputé ne plus être bénéficiaire de cette retraite (CSS art. L 341-14-1)

RÉGIME JURIDIQUE

39725 La pension d'invalidité est cessible et saisissable dans les mêmes conditions que les prestations vieillesse (n° 40025).

Les règles applicables à la **prescription** sont les mêmes que celles prévues pour ces prestations (n° 40025).

PRESTATIONS COMPLÉMENTAIRES

39730 Les titulaires d'une pension d'invalidité (même si celle-ci a été suspendue) ou d'une pension de vieillesse substituée ont droit, pour eux-mêmes, à la **prise en charge des frais de santé** en cas de maladie ou maternité avec exonération du ticket modérateur.

Les membres de leur famille qui sont à leur charge restent quant à eux redevables du ticket modérateur.

La caisse peut, d'office ou sur demande de l'assuré (après avis de la CDAPH), prendre en charge, sur la base du tarif de responsabilité, les frais de **rééducation professionnelle** du titulaire d'une pension d'invalidité, notamment : frais de rééducation, de séjour, prix des appareils de prothèse de travail.

Les titulaires d'une pension d'invalidité peuvent obtenir, en fonction de leurs ressources, l'**allocation supplémentaire** du **fonds spécial d'invalidité** (n° 49360).

FORMALITÉS ET RECOURS

39735 La **constitution du dossier** de pension d'invalidité a lieu en principe à l'initiative de la caisse de MSA. À défaut, l'assuré peut présenter lui-même une demande dans le délai de 12 mois qui suit soit la date de stabilisation, soit l'expiration de la période d'attribution des indemnités journalières de maladie, soit la constatation médicale de l'invalidité (CSS art. R 341-8).

La **décision** est prise par la caisse de MSA qui statue sur la demande dans le délai de 2 mois à compter soit de la date à laquelle elle a notifié à l'assuré son intention de procéder à son profit à la liquidation d'une pension d'invalidité, soit de la date à laquelle la demande lui a été adressée par l'assuré.

Le défaut de notification dans le délai de 2 mois vaut décision de rejet et ouvre un droit de recours à l'assuré (CSS art. R 341-10 et R 161-9-1).

En cas de **rejet** de la demande, l'assuré dont l'état s'est aggravé peut formuler une nouvelle demande. Il dispose à cet effet d'un délai de 12 mois à compter de la réception de la notification de rejet (CSS art. R 341-8).

Les décisions de la caisse peuvent faire l'objet d'un **recours** de l'assuré dans les conditions exposées n°s 50400 s.

B. Pension d'invalidité de veuf ou de veuve

Le conjoint survivant non remarié du titulaire d'une pension d'invalidité ou de vieillesse a droit, sur sa demande, à une pension s'il remplit les **conditions** suivantes (CSS art. L 342-1 s. et R 342-1 s.) : **39750**
– s'il est âgé de moins de 55 ans ;
– s'il est atteint d'une invalidité permanente réduisant au moins des 2/3 sa capacité de travail ou de gain.
La pension d'invalidité de veuf ou de veuve est remplacée par une pension de vieillesse de veuf ou de veuve d'un montant égal lorsque le bénéficiaire atteint 55 ans (CSS art. L 342-6 et R 342-6) ou par la pension de réversion servie au titre de la carrière du conjoint décédé (n°s 40040 s.). Seule la pension dont le montant est le plus élevé est servie.
Elle n'est pas due dans le cas où le conjoint survivant, définitivement **condamné** pour avoir commis à l'encontre de l'époux assuré un meurtre, un attentat à sa vie ou des tortures, actes de barbarie, violences, viols ou autres agressions sexuelles, est en outre condamné à la peine complémentaire d'interdiction de percevoir la pension de veuf ou de veuve (CSS art. L 342-1-1).

Le **montant** annuel de la pension est égal à 54 % de la pension principale dont l'assuré bénéficiait ou aurait pu bénéficier sans pouvoir être inférieur à un minimum fixé par décret (CSS art. L 342-4 et D 342-1). **39755**
Il est **majoré** de 10 % lorsque le bénéficiaire a eu au moins 3 enfants ou lorsqu'il a élevé, pendant 9 ans au moins et jusqu'à leur 16e anniversaire, 3 enfants qui ont été à sa charge ou à celle de son conjoint (CSS art. R 342-2).
Le conjoint survivant **cumule** la pension d'invalidité de veuf ou de veuve avec ses avantages personnels de vieillesse, d'invalidité ou d'accident du travail dans la limite de 52 % de ses avantages et de la pension ayant servi au calcul de la réversion (CSS art. D 342-3).
La reprise d'une activité professionnelle par le conjoint survivant emporte les conséquences mentionnées n° 39720, dans les mêmes conditions (CSS art. R 342-5).
Les **avantages** attachés à la pension de veuve ou de veuf sont les mêmes que ceux attachés à la pension d'invalidité (n° 39730).
Sur l'assujettissement à la **CSG** et à la **CRDS**, voir n° 32465.
La pension d'invalidité de veuf ou de veuve tient compte, le cas échéant, des **droits nouveaux** à la retraite de l'assuré décédé qui avait repris, dans les conditions ouvrant ces nouveaux droits (n° 39890), une activité professionnelle après le service d'une première pension (CSS art. L 342-1 modifié par loi 2023-270 du 14-4-2023).

La **demande** de pension de veuf ou de veuve doit être présentée à la caisse de MSA. **39760**
Aucune forclusion n'est opposable à la demande, dont la date commande cependant l'entrée en jouissance (CSS art. R 342-4).

IV. ASSURANCE DÉCÈS

L'assurance décès garantit aux ayants droit de l'assuré social le paiement, à son décès, d'un **« capital décès »** (CSS art. L 361-1). **39780**
Elle joue quelles que soient les circonstances du décès (maladie, accident, suicide, etc.).
Pour **ouvrir droit** à l'assurance décès, l'assuré social doit justifier à la date du décès d'une des conditions suivantes (CSS art. R 313-6) :
– au cours d'un mois civil ou de 30 jours consécutifs (période de référence mensuelle) : avoir cotisé sur une rémunération au moins égale à 60 Smic horaire, ou avoir travaillé au moins 60 heures ;
– au cours de 3 mois civils ou de 3 mois de date à date (période de référence trimestrielle) : avoir cotisé sur un salaire au moins égal à 120 Smic horaire, ou avoir travaillé au moins 120 heures ;
– au cours d'une année civile avoir cotisé sur un salaire au moins égal à 400 fois le Smic horaire ou avoir travaillé au moins 400 heures.
Les assurés appartenant aux **professions à caractère saisonnier** ou discontinu et qui ne remplissent pas ces conditions peuvent néanmoins ouvrir droit à l'assurance décès s'ils justifient soit avoir cotisé, pendant les 12 mois civils précédents, sur une rémunération au moins égale à 2 030 fois le Smic horaire au 1er janvier qui précède immédiatement le début de cette période, soit avoir effectué au moins 600 heures de travail salarié ou assimilé au cours de 12 mois civils ou de 365 jours consécutifs (CSS art. R 313-7).
Aucune condition n'est exigée si, au cours des 3 mois précédant son décès, l'assuré était chômeur indemnisé ou avait la qualité de pensionné d'invalidité des assurances sociales agricoles (même dans le cas où la pension est suspendue) ou percevait une rente d'incapacité permanente au moins égale à 66,66 % (CSS art. L 361-1).

BÉNÉFICIAIRES

39785 La personne qui était à la charge de l'assuré au jour du décès bénéficie, **en priorité**, du capital décès (CSS art. L 361-4).
À défaut de priorité invoquée dans le délai d'un mois (CSS art. R 361-5) bénéficient du capital décès (CSS art. L 361-4) :
– le conjoint survivant non séparé de droit ou de fait, auquel est assimilé le partenaire d'un Pacs ;
– en l'absence de conjoint, les descendants légitimes, naturels ou adoptifs, majeurs ou mineurs ;
– en l'absence de conjoint et de descendants, les ascendants.

MONTANT DU CAPITAL DÉCÈS

39790 Le montant du capital décès est **forfaitaire**. Il est revalorisé chaque année comme les pensions d'invalidité (CSS art. D 361-1). Au 1er avril 2024, il s'élève à 3 910 €.

DEMANDE

39795 Les ayants droit doivent s'adresser à la caisse de MSA dont dépendait l'assuré décédé et fournir toutes justifications utiles (bulletin de décès, photocopie du livret de famille pour les conjoints, descendants et ascendants de l'assuré décédé).
Lorsque le droit au paiement du capital décès est ouvert au profit des **descendants mineurs**, la demande est formée par le représentant légal ou à défaut par le juge du tribunal judiciaire (CSS art. R 361-4).

RÉGIME JURIDIQUE

39800 Le capital décès est **incessible et insaisissable**, sauf pour le paiement des dettes alimentaires ou le recouvrement du capital indûment versé à la suite d'une manœuvre frauduleuse ou d'une fausse déclaration (CSS art. L 361-5).
L'action des ayants droit de l'assuré pour le paiement du capital décès se **prescrit** par 2 ans à partir du jour du décès (CSS art. L 332-1).

V. ASSURANCE VIEILLESSE – RÉGIME DE BASE

39820 Les salariés agricoles et leurs conjoints survivants bénéficient des prestations de l'assurance vieillesse et de l'assurance veuvage : la pension de retraite, la pension de réversion, l'allocation de veuvage. Leurs orphelins peuvent, sous certaines conditions, bénéficier d'une pension.
Ces avantages peuvent être complétés par une prestation commune à tous les régimes de sécurité sociale salariés et non-salariés et présentant un caractère non contributif : l'allocation de solidarité aux personnes âgées (Aspa) étudiée nos 49305 s. et l'allocation supplémentaire d'invalidité (ASI) étudiée no 49360.

A. Pension de retraite personnelle

1. CONDITIONS D'ATTRIBUTION

39860 Le bénéfice de la pension de retraite des salariés agricoles est subordonné à deux conditions, l'une liée à l'âge, l'autre à la cessation d'activité. En revanche, aucune durée minimale d'assurance n'étant exigée, il suffit d'un seul trimestre d'assurance pour ouvrir droit à pension.

ÂGE LÉGAL

39865 **Cas général** L'âge d'ouverture du droit du salarié agricole à une pension de retraite est fixé à **64 ans** pour les assurés nés à compter du 1er janvier 1968. Pour ceux nés avant cette date, cet âge est fixé à (CSS art. L 161-17-2 et D 161-2-1-9) :
– 62 ans pour les assurés nés entre le 1er janvier 1955 et le 31 août 1961 inclus ;
– 62 ans et 3 mois pour les assurés nés entre le 1er septembre et le 31 décembre 1961 inclus ;
– 62 ans et 6 mois pour les assurés nés en 1962 ;
– 62 ans et 9 mois pour les assurés nés en 1963 ;
– 63 ans pour les assurés nés en 1964 ;
– 63 ans et 3 mois pour les assurés nés en 1965 ;
– 63 ans et 6 mois pour les assurés nés en 1966 ;

– 63 ans et 9 mois pour les assurés nés en 1967.
Il convient de bien distinguer cet âge légal qui est l'âge minimum pour l'ouverture du droit à la retraite de celui auquel l'assuré peut prétendre à une **retraite à taux plein** (n° 39975). À défaut d'avoir l'âge requis pour bénéficier du taux plein, le salarié peut faire liquider sa retraite, mais celle-ci subira un abattement, sauf exceptions (n° 39990).

ASSURÉS AYANT EU UNE « LONGUE CARRIÈRE »

39870
L'âge légal de départ à la retraite est abaissé pour les salariés agricoles qui ont commencé à travailler tôt et qui remplissent les conditions suivantes (CSS art. L 351-1-1 et D 351-1-1) :
– avoir **commencé à travailler avant** 21 ans. Sont considérés comme ayant commencé à travailler avant 16, 18, 20 ou 21 ans les assurés qui justifient d'au moins 5 trimestres d'assurance à la fin de l'année au cours de laquelle est survenu, respectivement, leur 16e, 18e, 20e ou 21e anniversaire. S'ils sont nés au cours du 4e trimestre et ne justifient pas de ces 5 trimestres d'assurance, ils doivent justifier d'au moins 4 trimestres d'assurance au titre de l'année au cours de laquelle est survenu, respectivement, leur 16e, 18e, 20e ou 21e anniversaire, voir tableau ci-dessous (CSS art. D 351-1-3) ;
– justifier d'un **nombre minimal de trimestres cotisés ou réputés cotisés** pour bénéficier du taux plein, qui varie entre 166 et 172 selon l'année de naissance, voir tableau n° 39985 (CSS art. L 351-1-1 et D 351-1-1).
Pour l'appréciation de la **durée d'assurance « cotisée »** ne sont en principe retenus que les trimestres qui ont été validés grâce aux cotisations salariales. Par exception à cette règle, certains trimestres non cotisés sont retenus comme s'ils l'avaient été ; sont ainsi pris en compte (CSS art. D 351-1-2) :
– les périodes de service national, à raison d'un trimestre par période de 90 jours, dans la limite de 4 trimestres ;
– les périodes pendant lesquelles le salarié a perçu des indemnités journalières pour maladie ou accident du travail, dans la limite de 4 trimestres ;
– les périodes pendant lesquelles le salarié a perçu une pension d'invalidité dans la limite de 2 trimestres ;
– l'intégralité des trimestres assimilés, accordés au titre des indemnités journalières maternité pour les naissances ou adoptions postérieures au 1er avril 2014 ;
– les périodes de chômage indemnisé dans la limite de 4 trimestres, ainsi que les périodes d'indemnisation au titre de l'activité partielle à partir du 1er mars 2020, 220 heures indemnisées équivalant à un trimestre, dans la même limite de 4 trimestres (Décret 2021-593 du 14-5-2021 : JO 15 ; Circ. Cnav 24 du 10-8-2021) ;
– l'intégralité des trimestres de majoration au titre du compte professionnel de prévention ;
– les trimestres d'assurance obtenus grâce à l'assurance vieillesse des aidants et à l'assurance vieillesse des parents au foyer dans la limite de 4 trimestres.
En aucun cas, on ne peut retenir, à ces titres, plus de 4 trimestres par année civile (CSS art. D 351-1-2).
Le tableau ci-dessous présente l'âge de départ à la retraite à taux plein des salariés aux carrières longues selon l'âge du début d'activité.

Génération	Début d'activité avant l'âge de			
	16 ans	18 ans	20 ans	21 ans
	Départ à partir de			
Du 1-9-1961 au 31-8-1963 [1]			60 ans	
Du 1-9 au 31-12-1963 [1]			60 ans et 3 mois	
1964			60 ans et 6 mois	
1965			60 ans et 9 mois	
1966	58 ans	60 ans	61 ans	63 ans
1967			61 ans et 3 mois	
1968			61 ans et 6 mois	
1969			61 ans et 9 mois	
À partir de 1970			62 ans	

1. Pour les assurés nés entre le 1er septembre 1961 et le 31 décembre 1963 qui étaient éligibles au départ anticipé pour carrière longue avant le 1er septembre 2023, mais qui ne le sont plus du fait du relèvement de la durée d'assurance requise, les dispositions antérieures à la réforme des retraites de 2023 sont maintenues (Décret 2023-436 du 3-6-2023 : JO 4 art. 8)

Les partenaires sociaux ont transposé cette faculté de départ anticipé avec une pension à taux plein dans le régime Agirc-Arrco de **retraite complémentaire**.

39875 **Salariés handicapés** Peuvent obtenir la liquidation de leur pension avant l'âge légal les assurés handicapés qui remplissent les **conditions** suivantes (CSS art. L 351-1-3, D 351-1-5 et D 351-1-6) :
– totaliser une durée minimale de cotisation à l'assurance vieillesse dans un ou plusieurs régimes de retraite obligatoire(s) ;
– et justifier, pendant cette durée, d'une incapacité permanente d'au moins 50 %.
Les durées de cotisations requises sont minorées par rapport à celles de droit commun. Le tableau suivant présente ces durées minorées pour les assurés en fonction de leur année de naissance :

Génération	Départ à partir de	Nombre minimal de trimestres d'assurance cotisés
Du 1-9-1961 au 31-12-1963	59 ans	68
1964	58 ans	79
	59 ans	69
1965	57 ans	89
	58 ans	79
	59 ans	69
1966	56 ans	99
	57 ans	89
	58 ans	79
	59 ans	69
De 1967 à 1969	55 ans	110
	56 ans	100
	57 ans	90
	58 ans	80
	59 ans	70
De 1970 à 1972	55 ans	111
	56 ans	101
	57 ans	91
	58 ans	81
	59 ans	71
à partir de 1973	55 ans	112
	56 ans	102
	57 ans	92
	58 ans	82
	59 ans	72

Les pensions sont **majorées** au titre des trimestres ayant donné lieu à cotisations comme suit : pension majorée = pension × [(durée d'assurance cotisée en étant handicapé / durée d'assurance validée en étant ou non handicapé) / 3].
Cette faculté de départ anticipé avec une pension à taux plein a été transposée dans le **régime Agirc-Arrco**.

> **Précisions** L'assuré qui justifie des durées d'assurance mentionnées dans le tableau sans pouvoir attester, sur une fraction de ces durées, de la **reconnaissance administrative** de l'incapacité de 50 % et qui est atteint d'une incapacité permanente d'au moins 50 % au moment de la demande de liquidation de sa pension peut demander l'examen de sa situation par une commission placée auprès de la Cnav, celle-ci pouvant valider au plus 30 % de la durée d'assurance ou de périodes reconnues équivalentes (CSS art. L 161-21-1 et D 161-2-4-1 s.).

39877 **Salariés reconnus ou réputés inaptes au travail** ou justifiant d'une incapacité permanente d'au moins 50 % : ils peuvent partir à la retraite à **62 ans à taux plein**, quelle que soit leur durée (CSS art. L 341-15, L 351-1-5, R 341-22, D 351-1-14 et D 821-1).

> **Précisions a. Sont réputés inaptes** à 62 ans, sans contrôle médical, sous réserve de présenter certains justificatifs, notamment le titulaire de l'allocation aux adultes handicapés (AAH) l'ex-bénéficiaire d'une pension d'invalidité, le titulaire de la carte invalidité

ou de la carte mobilité inclusion mention invalidité, le bénéficiaire de l'ASI pour l'attribution de l'Aspa, le titulaire d'une pension de vieillesse de veuf ou de veuve et l'assuré reconnu inapte pour le service de l'allocation aux personnes âgées (CSS art. L 341-15, al. 1 et L 821-1, al. 10 ; Circ. Cnav 22 du 20-11-2023).

b. Pour les bénéficiaires d'une pension d'invalidité, sans activité professionnelle, la pension d'invalidité est remplacée dès 62 ans par la pension de vieillesse (CSS art. L 341-15 et R 341-22). Le montant minimum de la pension de vieillesse dans ce cas correspond au montant de l'allocation aux vieux travailleurs salariés (n° 49420). **Lorsque l'assuré exerce une activité professionnelle**, la pension de vieillesse allouée au titre de l'inaptitude au travail n'est attribuée que si l'assuré en fait expressément la demande. S'il ne demande pas l'attribution de la pension de vieillesse substituée à 62 ans, il continue de bénéficier de sa pension d'invalidité jusqu'à la date à laquelle il demande le bénéfice de sa pension de retraite et au plus tard jusqu'à 67 ans (CSS art. L. 341-16 ; Circ. Cnav 25 du 28-11-2023).

c. Les bénéficiaires de l'AAH sans activité professionnelle ou demandeurs d'emploi bénéficient d'office de leur pension de retraite à 62 ans (CSS art. L 821-1 et L 351-7-1 A ; Circ. Cnav 1 du 2-1-2024). **Lorsque l'assuré exerce une activité professionnelle**, la pension de vieillesse allouée au titre de l'inaptitude au travail n'est attribuée que si l'assuré en fait expressément la demande. Si son taux d'incapacité est au moins égal à 80 %, il peut continuer à percevoir une allocation différentielle après l'âge légal de retraite lorsque le montant de l'avantage vieillesse est moins élevé que l'AAH (CSS art. L 821-1).

d. La condition d'incapacité permanente est appréciée à travers une procédure de contrôle médical. Pour demander la liquidation de sa pension, l'assuré (non réputé inapte) doit joindre un rapport de son médecin traitant, suivant un modèle que lui remet la caisse ou une fiche établie par le médecin du travail. La décision est prise après avis du médecin-conseil de la caisse. Le silence pendant plus de 4 mois vaut décision de rejet. Toute décision de rejet peut être contestée dans le délai de 2 mois devant la commission médicale de recours amiable puis, le cas échéant, devant le tribunal judiciaire du domicile de l'assuré. La reconnaissance de l'inaptitude au travail par le régime général, le régime des salariés agricoles ou le régime des non-salariés agricoles s'impose aux autres (CSS art. L 161-18, R 351-22, R 173-2 et D 161-2-2).

Salariés atteints d'une incapacité professionnelle Les salariés atteints d'une **incapacité permanente (IP) d'au moins 10 %**, reconnue au titre d'une maladie professionnelle ou d'un accident du travail (survenu(e) à partir du 1-7-1973) peuvent liquider leur retraite à taux plein avant l'âge légal, même s'ils ne justifient pas de la durée requise d'assurance ou de périodes équivalentes (CSS art. L 351-1-4, R 351-24-1, R 351-37, III et D 351-1-9 s.). L'âge de départ varie en fonction du taux d'IP : 39878

– **À partir de 20 % d'IP** résultant d'une ou plusieurs maladies professionnelles, le salarié a droit à la retraite à 60 ans sans autre condition. Lorsque l'incapacité résulte d'un ou de plusieurs accidents du travail, le droit à la retraite à 60 ans est ouvert si le médecin-conseil de la MSA reconnaît que les lésions résultant du ou des accidents sont identiques à celles indemnisées au titre d'une maladie professionnelle. La liste de ces lésions, une centaine, est fixée par arrêté (Arrêté ETSS1107970A du 30-3-2011). Le taux de 20 % peut être atteint par l'addition de plusieurs taux, sous réserve qu'un taux au moins égal à 10 % ait été reconnu au titre d'une même maladie professionnelle ou d'un même accident du travail.

– **Entre 10 et 20 % d'IP**, la retraite peut être accordée à l'âge légal minoré de 2 ans (soit entre 60 et 62 ans selon l'âge légal de départ de sa génération, voir n° 39865) :

• soit au salarié établissant que son incapacité est directement liée à son exposition, durant 17 ans, à un ou plusieurs facteurs de risques professionnels tels que des contraintes physiques marquées ou un environnement de travail agressif (C. trav. art. L 4161-1). L'existence de ce lien et la durée d'exposition sont présumées en cas de maladie professionnelle. Ces éléments sont vérifiés par une commission pluridisciplinaire en cas d'accident du travail. Le taux de 10 % doit être atteint au titre d'une même maladie professionnelle ou d'un même accident du travail ;

• soit au salarié victime de l'une des maladies professionnelles du régime des salariés agricoles figurant sur une liste fixée par arrêté et ayant entraîné un taux d'incapacité d'au moins 10 % (Arrêté SSAS1732464A du 26-12-2017).

Lorsqu'un assuré relève ou a relevé **successivement ou simultanément de différents régimes**, régime général et l'un des régimes des professions agricoles (salarié ou non salarié), son droit à retraite est apprécié par le régime au titre duquel a été reconnue l'incapacité permanente d'au moins 10 %. Lorsque l'assuré justifie d'au moins deux incapacités permanentes, la caisse compétente est celle du régime au titre duquel a été reconnu le taux d'incapacité le plus élevé. En cas d'identité des taux, la caisse compétente est celle du régime ayant reconnu le taux d'incapacité permanente en dernier lieu (CSS art. R 173-3-1).

39879 **Salariés titulaires d'un compte professionnel de prévention** Des mesures pouvant conduire à un départ anticipé en retraite sont également prévues en faveur du salarié exposé à un ou plusieurs **facteurs de pénibilité** au-delà de certains seuils et bénéficiant à ce titre d'un compte professionnel de prévention (C. trav. art. L 4163-7). Les facteurs de pénibilité et les seuils sont fixés par l'article D 4163-2 du Code du travail. L'employeur déclare à la caisse de MSA avec la déclaration sociale nominative (DSN) ou le titre emploi-service agricole les salariés exposés au-delà des seuils. L'exposition annuelle à chaque facteur de pénibilité ouvre droit à 4 points. Les points cumulés sont convertis pour financer une formation de réorientation vers un emploi moins pénible, un congé de reconversion professionnelle, un maintien de rémunération lors d'un passage à temps partiel en fin de carrière ou pour bénéficier de trimestres de retraite. Au-delà des 20 premiers points réservés pour financer la formation, 10 points sur le compte donnent droit à un **trimestre de majoration de durée d'assurance vieillesse**, dans la limite d'un maximum de 8 trimestres de majoration. Cette majoration de trimestres est prise en compte pour le calcul de la durée d'assurance requise pour la retraite à taux plein et pour la retraite anticipée « longue carrière ». Elle abaisse à due concurrence l'**âge de départ** en retraite (CSS art. L 161-17-4, L 351-6-1 et D 161-2-1-10).

CESSATION D'ACTIVITÉ

39880 **Principe** Le bénéfice de la retraite de salarié agricole est subordonné à la rupture définitive de tout lien professionnel avec l'employeur (CSS art. L 161-22).
En outre, l'assuré doit cesser **toutes ses activités** relevant d'un régime de base obligatoire pour obtenir la liquidation de sa pension du régime des salariés agricoles.

39885 **Dérogations** Par dérogation au principe énoncé ci-dessus, l'assuré peut faire liquider sa retraite de salarié agricole tout en poursuivant **certaines activités, notamment** :
– participation aux activités juridictionnelles ou assimilées, consultations données occasionnellement, participation à des jurys de concours publics ou à des instances consultatives ou délibératives réunies en vertu d'un texte législatif ou réglementaire (CSS art. L 161-22, 3°) ;
– activités des assurés qui transmettent leur entreprise dans des conditions fixées par décret (CSS art. L 161-22, 4°) ;
– activités d'hébergement en milieu rural réalisées avec des biens patrimoniaux (CSS art. L 161-22, 5°) ;
– mandat d'élu local (CSS art. L 161-22, 9°) ;
– activités bénévoles ou de faible importance (Circ. Cnav 2018-22 du 23-8-2018) ;
– salariés logés par l'employeur à condition que leur rémunération brute mensuelle au cours des 12 mois civils ayant précédé la date d'effet de leur pension n'ait pas dépassé en moyenne le montant du Smic calculé sur la base de la durée légale du travail au taux en vigueur à la date d'effet de la pension (Circ. Cnav 2018-22 du 23-8-2018).

39890 **Reprise d'une activité après la retraite** Un assuré peut **cumuler entièrement** une pension de retraite et une activité professionnelle :
– s'il a l'âge du taux plein quelle que soit sa durée d'assurance ou l'âge légal de la retraite s'il justifie d'une durée d'assurance et de périodes reconnues équivalentes lui permettant de prétendre à une pension au taux plein du régime des salariés agricoles ;
– s'il a liquidé ses pensions de vieillesse personnelles auprès de la totalité des régimes légaux ou rendus légalement obligatoires, de base et complémentaires, français et étrangers, ainsi que des régimes des organisations internationales dont il a relevé.
Le retraité peut reprendre une activité professionnelle sans délai, y compris chez son ancien employeur (CSS art. L 161-22, al. 4).
La reprise d'une activité professionnelle, en cumul intégral et sous conditions, ouvre droit pour l'assuré à une **nouvelle pension** au titre des régimes de base (CSS art. L 161-22-1, 2°). Elle est sans incidence sur le montant de la pension de vieillesse résultant de la première liquidation (CSS art. L 161-22-1-1).
La **seconde pension** de vieillesse est servie à taux plein. Seules sont retenues les périodes d'assurance ayant donné lieu à cotisations à la charge de l'assuré à partir du 1er janvier 2023, à l'exclusion des rachats sauf pour les trimestres d'apprentissage ou de certaines activités indépendantes. Aucune majoration, aucun supplément ni aucun accessoire ne peut être octroyé au titre de cette seconde pension et de la pension de réversion qui en est issue. Elle ne donne pas droit au versement mentionné n° 40020 ni au cumul d'avantages avec ceux versés par un régime spécial de retraite. Le montant de la nouvelle pension, en principe liquidée par le régime servant la retraite principale, ne peut dépasser 5 % du plafond annuel de la sécurité sociale. Après la liquidation de cette seconde pension de vieillesse, aucun droit ne peut être acquis dans un régime de retraite de base (CSS art. L 161-22-1-1 s., R 161-19-2 s. et D 161-2-22-1).

> **Précisions a.** Après obtention de sa retraite de salarié agricole, l'assuré peut reprendre une **activité non salariée agricole**. Les revenus de cette dernière activité, quel que soit leur montant, ne font pas obstacle au service de la pension.
> **b.** Lorsque la reprise d'une activité professionnelle en cumul emploi-retraite intégral intervient au service du dernier employeur, le salarié ne s'ouvre de nouveaux droits à retraite qu'à partir du 7e mois, de sorte que pendant les 6 premiers mois des cotisations sont versées aux régimes d'assurance vieillesse sans contrepartie de droits (CSS art. L 161-22-1, 2° ; lassuranceretraite.fr).
> **c.** Les partenaires sociaux ont transposé dans le régime Agirc-Arrco de retraite complémentaire l'acquisition de nouveaux droits tirés de la reprise d'une activité professionnelle après la première liquidation de la retraite (n° 40545).

S'il ne remplit pas les conditions ci-dessus (n° 39890), un **cumul partiel** est possible : sa pension est maintenue à condition que l'activité relevant de l'un des régimes de retraite de base des salariés (régimes général, agricole et certains régimes spéciaux) procure des revenus qui, augmentés des pensions servies par ces régimes ainsi que par les régimes complémentaires, soient inférieurs à 160 % du salaire minimum de croissance ou au dernier salaire d'activité perçu avant la liquidation de sa ou de ses pensions. En outre, si la reprise d'activité a lieu chez son dernier employeur, elle doit intervenir au plus tôt 6 mois après la date d'entrée en jouissance de la pension (CSS art. L 161-22, al. 2). Lorsque ce plafond est dépassé, l'assuré doit en informer la ou les caisses compétentes et les pensions sont réduites à due concurrence du dépassement (CSS art. L 161-22, al. 3 et D 161-2-16). 39892

Cas particulier de la retraite progressive La retraite progressive permet à l'assuré de faire liquider une fraction de sa retraite de base et complémentaire tout en poursuivant une **activité à temps partiel** ou, pour les salariés en forfait annuel en jours, à temps réduit par rapport à la durée maximale légale, réglementaire ou conventionnelle. 39895

Le dispositif est ouvert aux assurés remplissant les **conditions** suivantes (CSS art. L 161-22-1-5 s., D 161-19-5 s. et D 161-2-24) : 39900
– avoir atteint l'âge légal de départ à la retraite diminué de 2 ans ;
– totaliser une durée d'assurance ou de périodes reconnues équivalentes de 150 trimestres ;
– exercer une ou plusieurs activités à temps partiel ou à temps réduit, correspondant à une durée comprise entre 40 et 80 % de la durée légale ou conventionnelle du travail applicable dans l'entreprise.

> **Précisions** Le salarié **non soumis à une durée d'activité définie par un employeur** doit, pour bénéficier d'une retraite progressive, exercer une activité lui procurant un revenu minimal et diminuant dans certaines proportions. Plus précisément, il faut que l'activité ait procuré l'avant-dernière année civile précédant la retraite progressive des revenus atteignant au moins 40 % du Smic brut calculé sur la durée légale du travail et que les revenus en retraite progressive soient compris entre 20 et 60 % des revenus antérieurs moyens perçus pendant les 5 ans précédant la demande (CSS art. L 161-22-1-5, 2° et D 161-2-24).

Le salarié qui souhaite bénéficier d'une retraite progressive doit adresser sa **demande à l'employeur** au moins 2 mois à l'avance par lettre recommandée avec avis de réception (LRAR) en précisant la durée du travail à temps partiel ou à temps réduit souhaitée et la date envisagée pour sa mise en œuvre. L'employeur doit répondre par LRAR dans les 2 mois à compter de la réception de la demande. À défaut, l'accord de l'employeur est réputé acquis. Seule l'incompatibilité de la durée de travail souhaitée par le salarié avec l'activité économique de l'entreprise peut fonder un refus de l'employeur (C. trav. art. L 3123-4-1, L 3121-60-1, D 3121-36 et D 3123-1-1). 39905

> **Précisions** Pour obtenir la **liquidation provisoire de sa pension**, l'assuré doit ensuite adresser à sa caisse d'affiliation la demande accompagnée des documents suivants :
> – s'il est soumis à une durée du travail : le ou les contrat(s) de travail à temps partiel ou à temps réduit, une déclaration sur l'honneur attestant qu'il n'exerce plus aucune autre activité professionnelle, les bulletins de salaire des 12 mois civils précédant la date de dépôt de la demande, ainsi qu'une attestation de l'employeur faisant apparaître la durée du travail à temps complet ou la durée maximale de travail exprimée en jours dans l'entreprise ;
> – s'il n'est pas soumis à une durée de travail : une déclaration sur l'honneur attestant qu'il n'exerce qu'une seule activité, accompagnée de tout document en justifiant et ses déclarations fiscales des revenus des 5 ans précédant sa demande. Pour chaque année suivante, il produit avant le 1er juillet de l'année en cours sa déclaration fiscale des revenus de l'année écoulée.

Des dispositions spécifiques sont prévues pour les polypensionnés.

39910 Le **montant** de la fraction de retraite versée au salarié est fonction de la durée ou des durées additionnées de travail à temps partiel ou à temps réduit par rapport à la durée du travail à temps complet de l'entreprise. Il est égal à la différence entre 100 % et la quotité de travail à temps partiel ou réduit comprise entre un minimum de 40 % et un maximum de 80 %. Le coefficient de minoration du taux plein (n° 39990) est limité à 25 % (CSS art. R 161-19-9).
En cas de **modification de la durée de travail** ayant une incidence sur la fraction de pension à laquelle l'assuré peut prétendre, celle-ci est modifiée au premier jour du mois civil suivant celui où cette modification est intervenue (CSS art. D 161-2-24-4).

39915 Le **versement** dure aussi longtemps que le travail à temps partiel ou à temps réduit qui y ouvre droit est poursuivi. Il est définitivement **supprimé** (CSS art. L 161-22-1-7 s.) :
– lors de la liquidation de la retraite entière (celle-ci est servie, à la demande de l'assuré, à partir du premier jour du mois suivant celui de la cessation d'activité) ;
– lorsque le revenu tiré de l'activité professionnelle atteint ou excède le montant de revenu professionnel perçu antérieurement ;
– en cas de reprise d'une activité à temps complet.
Le salarié à qui la retraite progressive a été supprimée ne peut plus en demander le bénéfice une seconde fois.
Le service de la fraction est **suspendu** lorsque les autres conditions ne sont plus réunies.

39920 Le salaire de l'activité ou des activités à temps partiel ou à temps réduit est soumis aux **cotisations sociales** dans les conditions prévues pour les salariés à temps partiel (n° 38850) et la retraite aux prélèvements applicables aux retraites (n° 38855).
L'activité à temps partiel ou à temps réduit permet à l'assuré de parfaire ses **droits à la retraite**, la liquidation de la pension effectuée au titre de la retraite progressive étant provisoire. La pension complète est liquidée lors de la cessation totale d'activité dans les conditions de droit commun. Toutefois, elle ne peut être inférieure au montant entier ayant servi de base au calcul de la fraction de retraite, revalorisé (CSS art. D 161-2-24-7).

2. CALCUL DE LA PENSION

FORMULE DE CALCUL

39925 La retraite de base des salariés agricoles est calculée à partir de la formule de calcul suivante :
Retraite annuelle de l'assuré = SAMB × DA/DR × T.
SAMB est le salaire annuel moyen de base de l'assuré.
DA est la durée d'assurance dans les régimes des salariés et **DR** la durée de référence, le rapport DA/DR étant plafonné à 1.
T est le taux de la retraite, qui est fonction :
– soit de la durée d'assurance « tous régimes confondus », à laquelle il convient d'ajouter les périodes dites « équivalentes » ;
– soit de l'âge auquel l'assuré fait liquider sa retraite.

SALAIRE ANNUEL MOYEN

39930 Le salaire servant de base de calcul de la pension est le salaire annuel moyen correspondant aux cotisations versées au cours des **25 années civiles** dont la prise en considération est la plus avantageuse pour l'assuré (CSS art. R 351-29). Ce salaire est revalorisé selon le même coefficient que les pensions (n° 40005) (CSS art. L 351-11).

> **Précisions** Si la salariée justifiait de 12 mois d'assurance à la naissance de l'enfant, le salaire de base tient compte forfaitairement des indemnités journalières versées durant le congé de maternité ayant débuté avant 2012 (Arrêté TSSS2412046A du 29-4-2024). Pour les congés de maternité postérieurs à 2012, les indemnités journalières sont prises en compte pour 125 % de leur montant.

DURÉE D'ASSURANCE

39935 La durée d'assurance est la somme :
– des périodes cotisées ;
– des périodes assimilées ;
– des majorations de durée d'assurance ;
– des périodes rachetées.
Le **décompte** se fait en trimestres, dans la limite de quatre par année civile.

La **durée maximale** d'assurance prise en compte pour le calcul de la pension de vieillesse est égale à la durée de référence (n° 39970).

Périodes cotisées Pour décompter le nombre de trimestres validés par an, on divise le salaire annuel correspondant aux versements de cotisations au régime de retraite de base par l'assuré par 150 fois le Smic horaire en vigueur au 1er janvier de l'année considérée (CSS art. R 351-9). Pour les rémunérations versées jusqu'au 31 décembre 2013, le seuil était de 200 Smic horaire. 39940

Périodes assimilées Sont **notamment** considérés comme telles (CSS art. L 161-19 s., L 351-3 et R 351-12) : 39945

– les périodes au cours desquelles l'assuré a bénéficié des **indemnités journalières maladie** ou **accidents du travail**, un trimestre étant décompté pour chaque période d'indemnisation de 60 jours ;
– les trimestres civils au cours desquels l'assuré a perçu les arrérages d'une **pension** d'**invalidité** ou d'une **rente accident du travail** correspondant à une incapacité permanente d'au moins 66,66 % ;
– le trimestre civil au cours duquel est intervenu le 90e jour d'indemnisation au titre du **congé maternité** (ou le dernier jour d'indemnisation si la durée d'indemnisation a été inférieure à 90 jours). Un nouveau trimestre est décompté pour chaque nouvelle période d'indemnisation de 90 jours ;
– le trimestre civil au cours duquel l'assuré s'est trouvé en état de **chômage** involontaire constaté pendant 50 jours au moins. Sont notamment retenues toutes les périodes de chômage indemnisé, la première période de chômage non indemnisé (continue ou non) dans la limite d'un an et demi, les périodes de chômage non indemnisé (continues) faisant immédiatement suite à des périodes de chômage indemnisé, dans la limite d'un an (de 5 ans lorsque l'assuré est âgé de 55 ans à la date de cessation de l'indemnisation et justifie d'une durée de cotisation au moins égale à 20 ans) ;
– les périodes d'indemnisation au titre de l'activité partielle, à compter du 1er mars 2020, pour les pensions de retraite prenant effet à compter du 1er avril 2020, 220 heures indemnisées dans l'année civile correspondant à un trimestre ;
– les périodes de date à date pendant lesquelles l'assuré a été présent sous les drapeaux (**service national** légal, mobilisation, engagement volontaire en cas de guerre) ;
– les périodes de **rééducation professionnelle** consécutives à un accident du travail, retenues de date à date, le nombre de trimestres validés étant éventuellement arrondi au chiffre immédiatement supérieur ;
– les périodes de stage de la **formation** professionnelle, rémunérées ou non rémunérées, par l'État ou la région, effectuées à compter du 1er janvier 2015 ;
– les périodes de stage et travaux d'utilité collective conçus en vue de l'insertion professionnelle durant les années 1970 et 1980, sous réserve de produire certains justificatifs (Inst. DSS 167 du 19-10-2023 opposable).

Majorations de durée d'assurance Pour les **enfants nés ou adoptés depuis le 1er janvier 2010**, deux majorations de durée d'assurance de quatre trimestres chacune sont attribuées (CSS art. L 351-4, I et II ; Circ. MSA 2010-014 du 24-3-2010) : 39950

– une majoration attachée à la naissance ou à l'adoption de l'enfant : une **majoration « maternité »** attribuée aux femmes assurées sociales, pour chacun de leurs enfants ; une **majoration « adoption »** attribuée à ses parents pour chaque enfant adopté durant sa minorité (CSS art. L 351-4, III ; Circ. MSA 14 du 24-3-2010). Cette majoration se cumule avec la majoration « éducation » ;
– une **majoration « éducation »** au bénéfice de l'un des deux parents assuré social pour chaque enfant mineur au titre de son éducation pendant les quatre années suivant sa naissance ou son adoption.

Pour les majorations « adoption » et « éducation », les parents désignent d'un commun accord le bénéficiaire de la majoration ou, le cas échéant, définissent la répartition entre eux de cet avantage. La mère doit bénéficier d'au moins la moitié de chacune de ces majorations (soit au minimum 2 trimestres chacune). Cette option est exprimée auprès de la caisse de MSA compétente dans le délai de 6 mois à compter du quatrième anniversaire de la naissance ou de l'adoption de l'enfant (ou à compter de la date à laquelle le premier d'entre eux acquiert cette qualité). Le parent privé de l'autorité parentale par décision du juge ou condamné pour crime ou délit à l'encontre de l'enfant ne peut pas bénéficier de la majoration.

Pour les **enfants nés ou adoptés avant le 1er janvier 2010**, les 8 trimestres de majorations sont automatiquement attribués à la mère, sauf si la mère décède avant la majorité de l'enfant ou si le père a apporté la preuve qu'il a élevé seul l'enfant (Loi 2009-1646 du 24-12-2009 art. 65, IX).

39955 Les pères et mères ayant obtenu un **congé parental d'éducation** bénéficient d'une majoration de leur durée d'assurance égale à la durée de ce congé. Cette majoration n'est pas cumulable, pour un même enfant, avec celles accordées au titre de la maternité et de l'éducation des enfants. C'est donc la plus favorable qui est prise en compte (CSS art. L 351-5).

39956 Les **assurés sociaux** élevant un **enfant handicapé** ouvrant droit à l'allocation d'éducation spéciale et à son complément bénéficient d'une majoration de leur durée d'assurance d'un trimestre par période d'éducation de 30 mois, dans la limite de 8 trimestres (CSS art. L 351-4-1 ; Circ. Cnav 2017-1 du 13-1-2017). Sont visés les parents résidant en France ayant la charge d'un enfant handicapé de moins de 20 ans atteint d'une incapacité permanente d'au moins 80 %. Cette majoration est cumulable avec la majoration des femmes assurées sociales visée ci-dessus.

39957 L'**aidant familial**, assuré social, bénéficie, dans la limite de 8 trimestres, d'une majoration de durée d'assurance d'un trimestre par période de 30 mois de prise en charge permanente, postérieure au 1er février 2014, au foyer familial d'un adulte handicapé dont l'incapacité permanente est égale ou supérieure à 80 % et qui est (CSS art. L 351-4-2 et D 351-1-7) :
– soit son conjoint, son concubin, la personne avec laquelle il a conclu un pacte civil de solidarité ;
– soit son ascendant, descendant ou collatéral ou celui de l'autre membre du couple.

39960 Les assurés qui font **liquider leur retraite après l'âge du taux plein** (n° 39975) et qui ne justifient pas du nombre maximal de trimestres d'assurance dans le régime général (et, le cas échéant, dans un ou plusieurs autres régimes obligatoires) bénéficient d'une majoration de leur durée d'assurance de 2,5 % par trimestre postérieur à cet âge, sans qu'elle puisse avoir pour effet de porter leur durée d'assurance totale (dans l'ensemble des régimes obligatoires) au-delà de la durée de référence prévue n° 39970 (CSS art. L 351-6 et R 351-7).

39961 La même majoration est accordée, pour les **trimestres accomplis postérieurement à leur 65e anniversaire**, aux assurés placés dans l'une des situations suivantes (CSS art. R 351-7) :
– ils ont interrompu leur activité professionnelle durant au moins 30 mois consécutifs en raison de leur qualité d'aidant familial au service d'un membre de la famille handicapé (CSS art. L 351-8, 1° bis et R 351-24-2) ;
– ils sont handicapés ;
– ils ont élevé un enfant handicapé au sens précisé n° 39956 ;
– ils sont nés entre le 1er juillet 1951 et le 31 décembre 1955 inclus et ont eu ou élevé au moins trois enfants ouvrant droit à la majoration de la pension de 10 %, ont interrompu ou réduit leur activité professionnelle, dans des conditions et un délai déterminés suivant la naissance ou l'adoption d'au moins un de ces enfants, pour se consacrer à l'éducation de cet ou de ces enfant(s) et ont validé, avant cette interruption ou réduction de leur activité professionnelle, un nombre de trimestres minimum à raison de l'exercice d'une activité professionnelle, dans un régime de retraite légalement obligatoire d'un État membre de l'Union européenne ou partie à l'accord sur l'Espace économique européen ou de la Confédération suisse ;
– ils sont **reconnus inaptes** au travail (CSS art. L 351-8, 2°).

39963 Les salariés agricoles titulaires d'un **compte professionnel de prévention** bénéficient d'une majoration de durée d'assurance dans des conditions définies n° 39879.

39965 **Périodes rachetées** Les assurés peuvent racheter, dans la limite de 12 trimestres (CSS art. L 351-14-1 et D 351-3 à D 351-14-3) :
– leurs **années d'études supérieures** précédant l'affiliation au régime, à l'exception du trimestre ou des 2 trimestres de stage pris en compte par l'assurance vieillesse (CSS art. L 351-17) ; les périodes d'études doivent avoir donné lieu à l'obtention d'un diplôme, l'admission dans les grandes écoles et les classes du second degré préparatoires à ces écoles étant assimilée à l'obtention d'un diplôme ; les périodes d'études ayant permis l'obtention d'un diplôme équivalent délivré par un État membre de l'Union européenne peuvent également être prises en compte ;
– leurs années où les **cotisations** versées n'ont **pas permis la validation de 4 trimestres** d'assurance ;
– les périodes pendant lesquelles la personne a été inscrite en tant que **sportif de haut niveau** et qui n'ont pas été prises en compte à un autre titre dans un régime de base ;

– les périodes pendant lesquelles l'assuré a été **membre de l'organe délibérant d'une collectivité territoriale** dans laquelle s'applique le régime général de sécurité sociale, ainsi que les périodes pendant lesquelles l'assuré a été **délégué** de ces collectivités territoriales membres d'un établissement public de coopération intercommunale.
La liste des **pièces** nécessaires est fixée par arrêté (Arrêté AFSS1511887A du 19-5-2015 : JO 12-6 ; Arrêté TSSS2415935A du 11-6-2024 : JO 13).
Le montant du rachat dépend de l'âge de l'assuré (entre 20 et moins de 67 ans), de son revenu moyen des 3 dernières années, de la fin poursuivie : augmentation du taux de la pension ou du taux et de la durée d'assurance (Circ. Cnav 2024-8 du 17-1-2024).
Ce taux est abaissé notamment pour les périodes :
– de formation initiale, si la demande de rachat est formulée jusqu'au 31 décembre de l'année du 40e anniversaire ;
– d'apprentissage, dans le cadre d'un contrat conclu entre le 1er juillet 1972 et le 31 décembre 2013.
Des facultés de rachat sont ouvertes dans le régime de retraite complémentaire.
Peuvent également être rachetés deux trimestres de **stage** en entreprise, chaque période de stage d'au moins deux mois permettant de valider un trimestre (CSS art. L 351-17 et D 351-16 s.).
Cette possibilité concerne les stages conventionnés ayant donné lieu à gratification et dont la durée est d'au moins deux mois, consécutifs ou non, au cours d'une même année d'étude. La demande est formulée jusqu'au 31 décembre de l'année du 30e anniversaire.

DURÉE DE RÉFÉRENCE

Dans la formule de calcul, la durée d'assurance est rapportée à la durée de référence, qui est égale au nombre maximal de trimestres pris en compte dans ce régime pour le calcul de la pension. 39970

TAUX PLEIN

Le taux plein est égal à 50 % du salaire annuel moyen. Il est **accordé aux assurés** : 39975
– qui font liquider leur retraite **à partir de 67 ans** pour les assurés nés à compter de 1955. Pour ceux nés auparavant, l'âge automatique du taux plein est passé progressivement de 65 à 67 ans ;
– visés n° 39961, **à partir de 65 ans** ;
– qui font liquider leur retraite **à partir de l'âge légal** et réunissent une durée d'assurance tous régimes confondus et de périodes équivalentes au moins égale au nombre minimal de trimestres mentionné n° 39985 ;
– autorisés à faire liquider leur retraite **avant** l'âge légal (nos 39870 s.) ;
– qui remplissent certaines conditions (n° 39980) ;
À défaut, la retraite est liquidée à taux réduit.

Assurés réunissant certaines conditions Bénéficient du taux plein, même s'ils ne justifient pas de la durée requise d'assurance ou de périodes équivalentes dans le régime général et un ou plusieurs autres régimes obligatoires (CSS art. L 351-8), les assurés : 39980
– anciens déportés ou internés titulaires de la carte de déporté ou interné de la Résistance ou de la carte de déporté ou interné politique et les anciens prisonniers de guerre sous conditions (CSS art. D 351-2) ; les mères de famille ouvrières (ayant élevé au moins 3 enfants, justifiant d'au moins 30 ans d'assurance dans le régime général et/ou dans le régime des salariés agricoles et 5 ans de travail manuel ouvrier dans les 15 ans précédant la liquidation de la pension) sous conditions (CSS art. R 351-23).

Nombre de trimestres requis Sauf si l'on satisfait aux conditions visées nos 39975 ou 39980, il faut, pour bénéficier d'une retraite à taux plein, réunir une **durée minimale d'assurance tous régimes confondus ou de périodes équivalentes**, indiquée dans le tableau ci-dessous : 39985

Génération	Nombre de trimestres exigés pour le taux plein
1958, 1959, 1960	167
1-1-1961 au 31-8-1961	168
1-9-1961 au 31-12-1962	169
1963	170
1964	171
À partir de 1965	172

Les **périodes reconnues équivalentes** comprennent (CSS art. R 351-4) :
– les périodes d'activité professionnelle antérieures au 1er avril 1983 qui peuvent ou auraient pu donner lieu à rachat des cotisations d'assurance vieillesse au titre d'un régime de base obligatoire ;
– les périodes d'activité professionnelle agricole non salariée, exercée avant le 1er janvier 1976 sur une exploitation agricole ou assimilée, entre le 18e et le 21e anniversaire des intéressés ;
– les périodes antérieures au 1er avril 1983 au cours desquelles les membres de la famille du chef d'entreprise, âgés d'au moins 18 ans et ne bénéficiant pas d'un régime obligatoire d'assurance vieillesse, ont participé de façon habituelle à l'exercice d'une activité professionnelle relevant de l'assurance vieillesse du régime social des indépendants.
Ces périodes sont calculées de date à date, le nombre de trimestres correspondant étant arrondi au-dessus.

TAUX MINORÉ

39990 Il s'applique aux assurés demandant la liquidation de leur pension à compter de l'âge légal de départ à la retraite sans totaliser la durée d'assurance requise et sans pouvoir bénéficier automatiquement du taux plein. Le taux est déterminé en affectant le taux de 50 % d'un **coefficient de minoration**. Ce coefficient est calculé en multipliant le nombre de trimestres manquants soit pour atteindre l'âge du taux plein, soit pour justifier de la durée d'assurance requise dans l'ensemble des régimes, par un taux de 1,25 % pour les assurés nés après 1952.
Le résultat le plus favorable à l'intéressé est retenu (CSS art. L 351-1 et R 351-27).

MONTANTS MAXIMUM ET MINIMUM

39995 En principe, la pension, hors majoration, ne peut être supérieure à un **maximum**, fixé à 50 % du plafond de la sécurité sociale. Ainsi, en 2024, elle ne peut être supérieure à 1 932 € par mois.
La pension de vieillesse au taux plein est assortie, le cas échéant, d'une majoration permettant de porter cette prestation, lors de sa liquidation, à un montant **minimum** tenant compte de la durée d'assurance accomplie par l'assuré. Ce minimum dit « contributif » correspond au 1er janvier 2024 à 8 796,38 € par an (733,03 € par mois) pour une durée d'assurance au moins égale à la durée de référence, étant précisé qu'il est réduit, lorsque la durée d'assurance est inférieure, au prorata des trimestres effectués. Dès lors que l'assuré a cotisé pendant au moins 120 trimestres, il est majoré au titre des périodes ayant donné lieu à cotisations à la charge de l'assuré ; le minimum contributif majoré peut alors atteindre 10 513,61 € par an pour une durée cotisée au moins égale à la durée de référence (CSS art. D 351-2-1). Pour bénéficier de ce minimum, l'assuré doit avoir fait liquider toutes ses pensions de retraite auxquelles il peut prétendre auprès des régimes obligatoires et doit percevoir, au titre de toutes ses pensions personnelles, une somme inférieure à 1 367,51 € par mois au 1er janvier 2024 (Circ. Cnav 2024-3 du 9-1-2024).

MAJORATIONS DE PENSION

40000 La pension peut être augmentée :
– d'une majoration **pour enfants** égale à 1/10e de la pension pour tout assuré ayant eu, ou élevé pendant au moins 9 ans avant leur 16e anniversaire, 3 enfants dont lui-même ou son conjoint a eu la charge, sauf décision du juge pénal privant de l'exercice de l'autorité parentale ou l'ayant retirée (CSS art. L 351-12 et R 351-30) ;
– d'une **majoration pour tierce personne**, lorsque l'assuré bénéficie d'une pension pour inaptitude au travail (substituée ou non à une pension d'invalidité), ou assimilée (anciens combattants et prisonniers de guerre) et qu'avant l'âge légal majoré de 3 ans, il est dans l'obligation d'avoir recours à l'aide constante d'une tierce personne pour effectuer les actes ordinaires de la vie (CSS art. L 355-1, R 341-6 et R 355-1). Cette majoration est égale à 40 % de la pension principale sans pouvoir être inférieure au minimum mentionné nº 39705 ; en cas d'hospitalisation prise en charge par les assurances sociales, son service n'est pas effectué au-delà du dernier jour du mois suivant celui de l'hospitalisation ;
– d'une **« surcote »**, pour l'assuré justifiant du nombre de trimestres requis pour bénéficier d'une retraite à taux plein, pour tout trimestre cotisé au-delà de l'âge légal (CSS art. L 351-1-2 et D 351-1-4 ; ou dès l'année précédant cet âge pour le **parent** bénéficiant d'au moins un trimestre de majoration dans les cas visés nos 39950 à 39956 et justifiant du nombre de trimestres requis pour une retraite à taux plein : CSS art. L 351-1-2-1) ; cette surcote est égale à 1,25 % pour chaque trimestre après le 1er janvier 2009.

REVALORISATION

40005 Les retraites sont en principe revalorisées au 1er janvier de chaque année. Le **coefficient** de revalorisation est celui appliqué aux prestations versées par les régimes obligatoires de sécurité sociale (CSS art. L 161-23-1 et L 161-25).

AUTRES AVANTAGES

Les titulaires d'une pension de vieillesse bénéficient notamment, le cas échéant, de l'**allocation de solidarité des personnes âgées** (nos 49305 s.). S'ils résident à l'étranger, ils bénéficient de la prise en charge de leurs frais de santé lors de leur séjour temporaire en France (CSS art. L 160-3). 40010

3. LIQUIDATION ET PAIEMENT

La retraite est **liquidée** sur demande de l'assuré, adressée à la caisse de mutualité sociale agricole qui en donne récépissé. L'assuré indique la **date** à laquelle il désire entrer en jouissance de sa pension, nécessairement le premier jour d'un mois civil. Elle ne peut être antérieure ni à la date à laquelle l'assuré atteint l'âge légal (sauf cas de retraite anticipée : nos 39870 s.) ni à la date du dépôt de la demande. 40020

La liquidation intervenue est **définitive**, sauf cas de retraite progressive. Ce principe d'intangibilité de la pension liquidée connaît quelques exceptions recensées par la circulaire CCMSA 2015-22 du 29 juillet 2015. Sur la seconde pension pouvant être acquise lors de la reprise d'une activité professionnelle, voir n° 39890.

Les pensions de vieillesse sont payables **mensuellement** et à terme échu.

Lorsque l'assuré n'a validé que 8 trimestres (ou moins) auprès d'un seul régime de retraite de base, il perçoit à sa demande un versement égal au montant revalorisé des **cotisations** à ce régime (CSS art. L 161-22-2 et R 161-19-1).

Sur la cotisation **maladie**, voir n° 38855. En ce qui concerne la **CSG** et la **CRDS**, voir n° 32465.

Le versement de la pension intervient **le mois suivant la date d'entrée en jouissance** si la demande de liquidation a été déposée au moins 4 mois civils avant cette date (Décret 2015-1015 du 19-8-2015).

Les pensions sont **cessibles et saisissables** dans les mêmes conditions et limites que les salaires (n° 59310), sous réserve d'une disposition spécifique relative au paiement des frais d'hospitalisation (CSS art. L 355-2). 40025

L'action en remboursement des prestations vieillesse se **prescrit** par 2 ans à compter du paiement entre les mains du bénéficiaire (CSS art. L 355-3, al. 1), sauf lorsqu'il y a eu fraude de l'assuré et suivant certaines modalités particulières en cas d'erreur de l'organisme (n° 47230).

L'action de l'assuré pour le paiement des prestations de l'assurance vieillesse se prescrit par 5 ans.

B. Droits du conjoint survivant

Le conjoint survivant a droit à une pension de réversion s'il justifie d'une condition de ressources et d'une condition d'âge. À défaut, sous certaines conditions, il peut percevoir une allocation de veuvage. 40040

ALLOCATION DE VEUVAGE

L'allocation veuvage vise à assurer, pendant une durée limitée, un minimum de ressources au conjoint survivant qui n'a pas ou a peu de revenus et qui ne remplit pas les conditions d'âge requises pour avoir droit à une pension de réversion. 40045

Pour ouvrir droit à l'allocation veuvage au profit de son conjoint survivant, l'**assuré doit** avoir été affilié à l'assurance vieillesse pendant 3 mois, consécutifs ou non, au cours des 12 mois précédant le mois du décès (CSS art. L 356-1 et D 356-1 s.). 40050

Pour percevoir l'allocation veuvage, le **conjoint survivant doit** résider en France, avoir moins de 55 ans, ne pas vivre en concubinage, ni être remarié, ni avoir conclu un Pacs, et ne pas disposer de ressources personnelles trimestrielles supérieures à un plafond, fixé à 3,75 fois le montant mensuel maximum de l'allocation (2 616,82 € au 1-1-2024 ; Circ. Cnav 2023-34 du 29-12-2023). Lorsque ces ressources dépassent le plafond, l'allocation est réduite à due concurrence. Les ressources du conjoint survivant sont appréciées dans les conditions prévues pour l'allocation de solidarité aux personnes âgées, sous les réserves indiquées à l'article D 356-3 du Code de la sécurité sociale (nos 49325 s.).

L'allocation veuvage est **versée** mensuellement pendant une durée de 2 ans. Son montant mensuel correspond à 697,82 € au 1er janvier 2024. Il est revalorisé chaque année par application du coefficient retenu pour les pensions de vieillesse (n° 40005).

Lorsque, à la date du décès, le conjoint survivant avait atteint l'âge de 50 ans, la période de versement de l'allocation veuvage est **prolongée** jusqu'à l'âge d'obtention d'une pension de réversion (n° 40060).

> **Précisions** La rémunération tirée d'une activité professionnelle ou d'un stage de formation commencé en cours de service de l'allocation peut être **cumulée** en totalité avec l'allocation pendant 3 mois. Pendant les 9 mois suivants, seuls 50 % de cette rémunération entrent dans les ressources prises en compte pour le calcul de l'allocation. Des règles particulières sont prévues en cas d'admission au bénéfice de l'aide à la création d'entreprise.

PENSION DE RÉVERSION

40055 **Bénéficiaires** En cas de décès ou de disparition depuis plus d'un an d'un assuré, un droit à pension de réversion est ouvert à (CSS art. L 353-1 à L 353-3) :
– son **conjoint survivant** même s'il est remarié ;
– son ou ses précédents **conjoints divorcés**.

> **Précisions a.** Lorsque l'**assuré** a été **marié plusieurs fois**, la pension de réversion à laquelle il est susceptible d'ouvrir droit à son décès est partagée entre son conjoint survivant et le ou les précédents conjoints divorcés au prorata de la durée respective de chaque mariage. Au décès de l'un des bénéficiaires, sa part accroît la part de l'autre ou des autres.
> **b.** Les personnes ayant vécu en **union libre** ou ayant conclu un **Pacs** avec l'assuré ne peuvent pas bénéficier à ce titre d'une pension de réversion.
> **c.** Le droit à pension de réversion est supprimé pour le conjoint survivant qui, définitivement condamné pour avoir commis des **violences** envers l'époux défunt, est en outre condamné à la peine complémentaire d'interdiction de percevoir la pension de réversion (CSS art. L 161-22-3).
> **d.** En cas de **polygamie**, la pension de réversion n'est versée qu'à un seul conjoint survivant : celui dont le mariage a été contracté conformément à la monogamie à la date la plus ancienne (CSS art. L 161-23-1 A et R 161-19-12 ; C. civ. art. 147). Elle est réduite à proportion de la durée de la monogamie, sous réserve de l'annulation du ou des mariages postérieurs au sien (dans ce cas, le ou les derniers conjoints pourront néanmoins exciper de leur bonne foi). Par exception, la pension peut continuer à être partagée lorsque les époux sont ressortissants d'un État ayant conclu une convention internationale avec la France qui autorise un tel partage ou en cas de mariage putatif.

40060 **Condition d'âge** Le droit à pension de réversion est **ouvert à** l'âge de 55 ans (CSS art. D 353-3). Par **dérogation**, il est ouvert à l'âge de 51 ans au conjoint d'un assuré décédé avant le 1er janvier 2009 ou disparu avant le 1er janvier 2008.

40065 **Condition de ressources** Les ressources prises en compte sont celles du conjoint survivant s'il vit seul et celles du ménage, en cas de remariage, de conclusion d'un Pacs ou de vie maritale.
Le **plafond** de ressources est fixé à 2 080 fois le Smic horaire en vigueur au 1er janvier par an, soit 24 232 € au 1er janvier 2024 pour une personne seule, et 1,6 fois ce montant, soit 38 771,20 € dans le cas d'un ménage (Circ. Cnav 2024-3 du 9-1-2024). Le conjoint survivant est tenu de faire connaître à la caisse tout changement survenu dans ses ressources, en vue de la révision du montant de la pension. Toutefois, 3 mois après la date à laquelle le conjoint survivant est entré en jouissance de l'ensemble des avantages de vieillesse de base et complémentaire résultant de son activité ou à la date à laquelle il atteint l'âge légal de la retraite lorsqu'il ne peut prétendre à de tels avantages, la pension de réversion cesse d'être révisable (CSS art. R 353-1-1).
En cas de **dépassement** du plafond de ressources, la pension est réduite à due concurrence du dépassement (CSS art. L 353-1).

40070 **Appréciation des ressources** Les ressources sont appréciées comme en matière d'allocation de solidarité aux personnes âgées (nos 49325 s.) et comprennent les retraites personnelles du conjoint survivant (CSS art. R 353-1). Toutefois, elles **n'intègrent pas** :
– les revenus d'activité et de remplacement de l'assuré décédé ;
– les pensions de réversion des régimes complémentaires ;
– les revenus de biens mobiliers et immobiliers acquis du conjoint décédé.
Les ressources **à prendre en compte** sont celles afférentes aux 3 mois civils précédant la date d'effet de la pension de réversion et, si elles excèdent le quart du plafond, celles des 12 mois civils précédant cette date, comparées au montant annuel du plafond.
Si le conjoint survivant est âgé de **55 ans ou plus** et qu'il exerce une activité professionnelle, ses revenus d'activité font l'objet d'un abattement de 30 % (CSS art. R 353-1).

Montant La pension de réversion est égale à 54 % de la pension principale ou rente, ainsi que, le cas échéant, de la seconde pension (voir n° 39890), dont bénéficiait ou aurait bénéficié l'assuré décédé (CSS art. L 353-1 et D 353-1). Elle est **revalorisée** comme la pension de vieillesse. 40075

Toutefois, la pension ne peut être inférieure à un montant **minimum**, en principe revalorisé chaque année, égal à 324,79 € par mois au 1er janvier 2024 (Circ. Cnav 2024-34 du 29-12-2023), lorsqu'elle correspond à une durée d'assurance d'au moins 60 trimestres (CSS art. D 353-1). Si cette durée est inférieure à 60 trimestres, le montant minimum est réduit à autant de soixantièmes que l'assuré justifiait de trimestres d'assurance.

Elle ne peut être supérieure à 54 % du **maximum** de la pension de vieillesse, soit 1 043,28 € par mois au 1er janvier 2024, majorations pour enfants et pour charge d'enfants non comprises (Circ. Cnav 2024-34 du 29-12-2023).

La pension de réversion est soumise à **CSG** et **CRDS**.

> **Précisions** Dans le cas où l'**assuré** décédé n'avait **pas encore fait liquider sa retraite**, le montant de la pension principale servant de base au calcul de la pension de réversion est déterminé en fonction des paramètres applicables à la classe d'âge de l'assuré décédé lorsqu'ils sont connus, soit des dispositions applicables aux personnes atteignant leur 57e anniversaire l'année au cours de laquelle l'assuré est décédé (CSS art. R 353-3 ; Circ. Cnav 2012-48 du 3-7-2012).

Majorations La pension de réversion est assortie d'une majoration lorsque le conjoint survivant atteint l'**âge requis** pour bénéficier d'une **retraite à taux plein** et que la somme de ses avantages personnels de retraite et de réversion servis par les régimes légaux ou rendus légalement obligatoires, de base et complémentaires, français et étrangers, ainsi que par les régimes des organisations internationales, n'excède pas un **plafond** correspondant à 2 928,71 € par trimestre au 1er janvier 2024 (976,23 € par mois) (Circ. Cnav 2023-34 du 29-12-2023). 40080

La majoration est égale à 11,1 % de la pension de réversion. Lorsque le total de cette majoration et des avantages personnels de retraite et réversion excède ce plafond, la majoration est réduite à due concurrence du dépassement. Le conjoint survivant ne peut bénéficier de cette majoration que s'il a fait valoir la totalité des avantages personnels de retraite et de réversion auxquels il peut prétendre (CSS art. L 353-6 et D 353-4).

La pension de réversion peut être majorée de la bonification pour **enfant** de 10 %, si l'assuré remplit les conditions pour y accéder (n° 40000).

De plus, si le conjoint survivant n'a **pas** atteint l'**âge requis** pour bénéficier d'une **retraite à taux plein** et s'il n'est pas titulaire d'un avantage personnel de vieillesse d'un régime de base obligatoire, il peut bénéficier d'une majoration de sa pension de réversion pour chaque **enfant** qu'il a **à sa charge**. Cette majoration s'élève à 110,16 € par mois et par enfant au 1er janvier 2024 (Circ. Cnav 2023-34 du 29-12-2023). Elle est, comme la pension de réversion, réduite en cas de dépassement du **plafond** de ressources. La majoration prend fin dès que l'enfant n'est plus à la charge du conjoint survivant, alors même que l'âge du taux plein serait dépassé (CSS art. L 353-5 et R 353-9 à R 353-11).

C. Droits des orphelins

Conditions Une pension d'orphelin du régime général de base peut être versée au titre des décès, disparitions et absences des assurés à ce régime **survenus depuis le** 1er septembre 2023 (Loi 2023-270 du 14-4-2023, art. 18, VI : JO 15 ; Décrets 2023-752 du 10-8-2023 art. 6, II-2° et 2023-754 du 10-8-2023 art. 6, III). Elle peut être **demandée si** le défunt, le disparu ou l'absent est la dernière personne avec laquelle l'orphelin entretenait un lien de filiation (CSS art. L 358-1). Elle est **versée** sur le compte de dépôt personnel de l'orphelin **jusqu'à l'âge** de (CSS art. L 358-5 et D 358-4) : 40085

– 21 ans ;

– ou 25 ans (ou sans limite d'âge si l'orphelin souffre avant ses 21 ans d'un handicap correspondant à un taux d'incapacité permanente d'au moins 80 % ou d'au moins 50 % avec restriction substantielle et durable d'accès à l'emploi reconnue par la commission des droits et de l'autonomie des personnes handicapées (CDAPH) ; sur les justificatifs acceptés voir arrêté TSSS2418523A du 7-7-2024) sous **conditions de revenus** : les revenus d'activité afférents aux 12 mois précédant la date d'entrée en jouissance (ou la date d'effet de la révision) de la pension d'orphelin ne doivent pas excéder 55 % du Smic brut horaire × 169 × 12 (soit 12 994,41 € en 2024). En cas de dépassement, la pension est supprimée le mois suivant.

La pension d'orphelin **prend fin** aussi en cas d'adoption plénière de l'orphelin ou lorsque le parent absent ou disparu reparaît au lieu de son domicile (CSS art. L 358-6).

> **Précisions a.** À notre avis, si l'enfant n'avait **qu'un lien de filiation** établi avec sa mère, par exemple, et que celle-ci décède, il peut obtenir une pension d'orphelin. En revanche, s'il avait un lien de filiation établi avec **deux parents** et qu'un seul vient à décéder, il ne peut pas obtenir de pension d'orphelin. Le bénéficiaire de la pension d'orphelin est tenu de déclarer à l'organisme qui lui sert cette pension tout changement survenu dans ses liens de filiation (CSS art. L 358-7).
> **b.** Les **revenus** sont retenus selon les modalités fixées à l'article R 815-24 du Code de la sécurité sociale, c'est-à-dire comme les revenus professionnels pris en compte pour les avantages soumis à une condition de ressources. Ils sont comparés au montant annuel du plafond en vigueur au 1er janvier de l'année en cours.

40090 **Montant** La pension d'orphelin correspond à **54 % de la pension principale** dont bénéficiait ou aurait bénéficié le décédé, le disparu ou l'absent au régime général (CSS art. L 358-1 et D 358-1). Même en cas de décès de l'assuré avant l'âge du taux plein, la pension est calculée sur la base du taux plein (CSS D 358-2). Un **montant minimal** de 100 € brut par mois, indexé sur l'inflation, est garanti par parent décédé (CSS art. L 358-3 et D 358-3). La **somme des pensions** d'orphelin versées au titre d'un même parent décédé ne peut pas excéder la pension principale dont bénéficiait ou aurait bénéficié l'assuré au régime général. En cas de **pluralité d'orphelins**, la pension est répartie à parts égales entre eux (CSS art. L 358-2).

40095 **Demande et prise d'effet** La demande de pension doit être faite par l'orphelin ou son représentant légal au moyen d'un **formulaire** défini par arrêté (à paraître) accompagné le cas échéant, des **pièces** permettant de justifier de l'incapacité permanente avant 21 ans, à fixer également par arrêté (CSS art. R 358-2 et R 358-3). Un récépissé est délivré. La **caisse compétente** est, sauf cas particulier, celle chargée de la liquidation des droits à la retraite dans le ressort de laquelle se trouve la résidence du demandeur (CSS art. R 358-2). La pension d'orphelin **prend effet au plus tôt** le 1er jour du mois suivant le décès, la déclaration judiciaire de disparition ou l'absence, si la demande a été déposée dans l'année qui l'a suivie. À défaut, elle prend effet au plus tôt le 1er jour du mois suivant la demande (CSS art. R 358-1).

D. Assurance volontaire invalidité-vieillesse des anciens salariés agricoles

40100 Les personnes qui cessent de remplir les conditions d'assujettissement obligatoire au régime des assurances sociales agricoles ont la faculté d'adhérer à l'assurance volontaire invalidité-vieillesse du **régime général** dans les conditions de droit commun (CSS art. R 742-1 s.).
L'adhésion est **réservée aux** personnes ayant été affiliées à un régime de protection sociale obligatoire pendant au moins 6 mois. Elle n'est pas accordée aux personnes qui bénéficient d'un avantage de vieillesse auprès d'un régime de base de salariés ou de non-salariés ou qui sont susceptibles d'en bénéficier compte tenu de leur âge.
La **demande** d'adhésion est à présenter auprès de la CPAM du lieu de résidence de l'ex-assuré. Les cotisants sont répartis en 4 **catégories** déterminées en fonction des rémunérations professionnelles des 6 derniers mois ayant donné lieu à cotisation au régime obligatoire.

> **Précisions** Les périodes d'**assurance volontaire** sont retenues comme des périodes d'assurance par le régime général pour l'ouverture du droit à **pension** d'invalidité ou de vieillesse et sont prises en compte pour la détermination du taux de la pension de vieillesse, tant par le régime général que par le régime agricole ou les autres régimes d'assurance vieillesse dont a relevé l'intéressé.

E. Allocations de vieillesse non contributives

40120 Ces allocations sont attribuées sans contrepartie de versement de cotisations aux personnes âgées disposant de faibles ressources, pour leur permettre de disposer d'un **revenu minimum**. Sur ces différentes allocations, voir nos 49300 s.

VI. ACCIDENTS DU TRAVAIL ET MALADIES PROFESSIONNELLES

Les salariés agricoles bénéficient d'un régime obligatoire d'assurance contre les accidents du travail et les maladies professionnelles (C. rur. art. L 751-1 s.). Il est géré par la MSA. **40150**
Ce régime n'est pas la transposition pure et simple de la législation de sécurité sociale mais tient compte à la fois des spécificités des activités agricoles et de la nature mutualiste de l'organisme gestionnaire, ce qui se traduit par un champ d'application dépassant la notion de salariat et par un système de contentieux plus souple.

> **Précisions** Le régime décrit ci-après n'est **pas applicable** aux salariés agricoles des départements du Bas-Rhin, du Haut-Rhin et de la Moselle, qui relèvent d'un régime particulier (C. rur. art. L 751-4).
> Pour les assurés des professions agricoles des départements d'outre-mer, voir n° 38611.

A. Champ d'application

1. PERSONNES PROTÉGÉES

Bénéficient du régime d'assurance obligatoire des salariés agricoles contre les accidents du travail et les maladies professionnelles les salariés agricoles mentionnés n°s 38605 s. sans condition d'immatriculation préalable ni de temps de travail minimal (C. rur. art. L 751-1, I). **40170**
Lorsqu'une personne mentionnée à l'article L 751-1, I est occupée par le même employeur principalement à un travail prévu à cet article et **occasionnellement à une autre tâche**, elle est couverte par l'assurance contre les accidents du travail et les maladies professionnelles des salariés agricoles pour les accidents qui surviendraient au cours de cette autre tâche (C. rur. art. L 751-3).

Bénéficient également, dans les conditions fixées aux articles D 751-2 et suivants du Code rural et de la pêche maritime, du régime d'assurance obligatoire des salariés agricoles contre les accidents du travail et les maladies professionnelles (C. rur. art. L 751-1, II et D 751-2 s.) : **40175**
1. les **élèves** des établissements d'enseignement technique et de formation professionnelle agricoles pour les accidents survenus par le fait ou à l'occasion de cet enseignement ou de cette formation. Sont également couverts les apprentis et bénéficiaires d'un contrat de professionnalisation durant leur période de mobilité dans l'Union européenne, sous réserve de leur affiliation au régime des salariés agricoles avant cette période et de l'absence de statut de salarié ou assimilé dans l'État d'accueil ;
2. les participants **bénévoles** au fonctionnement d'**organismes à objet social** sans caractère lucratif créés au profit des professions agricoles, dont la liste est établie à l'article D 751-5 du Code rural et de la pêche maritime, s'ils ne sont pas couverts à un autre titre par l'assurance contre les accidents du travail et les maladies professionnelles ;
3. les **salariés** agricoles **siégeant dans certaines instances** : commission appelée à traiter des problèmes d'emploi et de formation, jury d'examen sanctionnant des études de l'enseignement agricole, etc., pour les accidents survenus par le fait ou à l'occasion de leurs missions ;
4. les salariés agricoles suivant une **formation aux fonctions représentatives du personnel** prévue par le Code du travail (formation économique, sociale et syndicale ; formation des représentants du personnel au comité social et économique) pour les accidents survenus par le fait et à l'occasion de cette formation ;
5. les salariés indemnisés dans le cadre d'actions de **reclassement ou** de **reconversion** pour les accidents survenus par le fait ou à l'occasion de ces actions ;
6. les salariés agricoles **représentant** l'association ou la mutuelle dont ils sont membres **devant une instance instituée par l'État** pour les accidents survenus par le fait ou à l'occasion de leur mission, dans la mesure où ils ne bénéficient pas à un autre titre de l'assurance contre les accidents du travail et les maladies professionnelles des salariés agricoles ;
7. les **élèves ou étudiants** issus d'établissements autres que les établissements d'enseignement technique et de formation professionnelle agricoles et effectuant, auprès d'un employeur relevant du régime agricole, un stage dans les conditions définies aux articles L 124-1 et suivants du Code de l'éducation. Les accidents concernés sont ceux survenus par le fait ou à l'occasion de stages effectués dans le cadre de la scolarité ou des études ;
8. les **bénéficiaires de mises en situation** dans les établissements et services d'aide par le travail (Ésat) ayant une activité agricole, prescrites par la maison départementale des personnes handicapées ou par l'organisme ayant passé convention avec elle ; ces bénéficiaires sont garantis au

titre des accidents survenus par le fait ou à l'occasion de leur participation à ces mises en situation ;

9. les personnes effectuant des **stages de formation professionnelle continue** dans le cadre d'un **plan de professionnalisation personnalisé**, pour les accidents survenus par le fait ou à l'occasion de cette formation, y compris si cette formation est effectuée par des salariés en partie hors du temps de travail ;

10. les personnes exerçant une activité non salariée agricole et bénéficiaires d'un **appui à la création ou à la reprise d'une activité** économique au titre de l'article L 127-1 du Code de commerce ;

11. lorsqu'ils exercent une activité agricole, les **entrepreneurs salariés** et les **entrepreneurs salariés associés** des coopératives d'activité et d'emploi.

2. RISQUES COUVERTS

ACCIDENT DU TRAVAIL

40190 **Définition légale** Constitue un accident du travail, quelle qu'en soit la cause, l'accident survenu par le fait ou à l'occasion du travail à l'une des personnes mentionnées nos 40170 s., salariée ou travaillant à quelque titre ou en quelque lieu que ce soit pour un ou plusieurs employeurs ou chefs d'exploitation ou d'entreprise agricole (C. rur. art. L 751-6, al. 1).

40195 **Précisions jurisprudentielles** L'accident du travail agricole est caractérisé par trois éléments : un fait accidentel, une relation entre le fait accidentel et le travail, une relation entre le fait accidentel et la lésion.

a. Fait accidentel. La jurisprudence retient essentiellement la notion de soudaineté se traduisant notamment par une origine et une date certaines.

Le critère de la soudaineté permet de distinguer entre maladie (lésion qui est le résultat d'une série d'événements à évolution lente laissant un doute sur l'origine et la date de son apparition) et accident (lésion apparue soudainement qui a une origine et une date certaines). Ainsi ne peuvent être prises en charge en tant qu'accidents du travail des lésions résultant de la répétition d'un même geste, de l'exposition répétée ou continue à certains risques, etc.

Le fait accidentel est présumé dès lors que la lésion apparaît au temps et au lieu du travail.

La victime n'a à prouver la matérialité de l'accident que si le dommage s'est manifesté tardivement et en dehors du travail.

b. Relation entre le fait accidentel et le travail. Un lien de causalité entre l'accident générateur de la lésion et le travail est nécessaire, mais une présomption d'imputabilité existe dès lors que l'accident survient « par le fait ou à l'occasion du travail », c'est-à-dire pendant le temps et sur le lieu du travail, ou lorsque le salarié se trouve sous l'autorité et la surveillance de l'employeur.

L'accident est présumé imputable au travail « quelle qu'en soit la cause ». Ont ainsi été qualifiés d'accidents du travail les accidents survenus à l'occasion d'un don de sang dans l'entreprise, d'une rixe... ou consécutifs à un état d'ivresse.

Certaines interruptions régulières et périodiques (pause de midi) ne rompent pas le lien de subordination, non plus que certaines interruptions courtes et fortuites, lorsque les unes et les autres se produisent sur les lieux du travail.

En application du critère tiré de la subordination à l'employeur, sont présumés imputables au travail certains accidents qui surviennent hors des temps et lieux normaux de travail, notamment ceux dont sont victimes les salariés en mission, peu important qu'ils surviennent lors de l'exécution de la mission ou sur le trajet pour se rendre ou revenir du lieu de mission (Cass. 2e civ. 12-5-2003 n° 01-20.968 FS-P : RJS 8-9/03 n° 1070).

Le critère du temps et du lieu de travail ne joue plus en cas de soustraction à la subordination de l'employeur, notamment en cas d'abandon de poste.

c. Relation entre le fait accidentel et la lésion. L'accident doit avoir entraîné une lésion de l'organisme humain. Celle-ci peut être une blessure ou une affection, interne ou externe, apparente ou non, profonde ou superficielle ayant entraîné ou non une incapacité et ayant donné lieu ou non à des soins. Il peut également s'agir de troubles psychologiques (dépression notamment) si ceux-ci sont apparus brutalement à la suite d'un incident d'ordre professionnel. Une présomption d'imputabilité de la lésion à l'accident joue dès lors que celle-ci est survenue soudainement au temps et au lieu du travail (ou dans un temps voisin) ou qu'elle est apparue au cours d'un traitement consécutif à l'accident.

Dans les autres cas, la victime doit apporter la preuve du lien entre le préjudice et l'accident.

Cependant, la présomption dont bénéficie l'accidenté ne vaut que jusqu'à preuve contraire. Cette preuve, qui peut être apportée par la caisse de MSA ou l'employeur, est rapportée lorsqu'est démontré soit que le salarié s'est soustrait à l'autorité de l'employeur, soit que l'accident a une cause totalement étrangère au travail.

ACCIDENT DE TRAJET

Est **considéré comme tel**, lorsque la victime ou ses ayants droit apportent la preuve que l'ensemble des conditions ci-après sont remplies ou lorsque l'enquête permet à la caisse de MSA de disposer sur ce point de présomptions suffisantes, l'accident survenu au travailleur pendant le trajet d'aller et retour entre (C. rur. art. L 751-6, al. 2) : **40200**

– sa résidence principale, une résidence secondaire présentant un caractère de stabilité ou tout autre lieu où le travailleur se rend de façon habituelle pour des motifs d'ordre familial et le lieu de travail, ce trajet peut ne pas être le plus direct lorsque le détour est rendu nécessaire par la pratique régulière du covoiturage ;

– le lieu du travail et le restaurant, la cantine ou, d'une manière plus générale, le lieu où le travailleur prend habituellement ses repas, et dans la mesure où le parcours n'a pas été interrompu ou détourné pour un motif dicté par l'intérêt personnel et étranger aux nécessités essentielles de la vie courante ou indépendant de l'emploi.

MALADIE PROFESSIONNELLE

Voir n°s 40400 s. **40205**

B. Prestations

1. ATTRIBUTION DES PRESTATIONS

Les règles régissant l'attribution des prestations sont fixées : **40230**

– en ce qui concerne les **formalités**, par les articles L 751-26 et suivants et D 751-85 et suivants du Code rural et de la pêche maritime ;

– en ce qui concerne le **montant** des prestations, par les articles L 751-8 et R 751-40 du Code rural et de la pêche maritime qui renvoient d'une façon générale aux dispositions du Code de la sécurité sociale relatives aux prestations en matière d'accidents du travail et de maladies professionnelles.

a. Formalités

DÉCLARATION DE L'ACCIDENT

La **victime** doit informer l'employeur ou son préposé dans les 24 heures de l'accident au plus tard. **40240**

L'**employeur** doit, dans les 48 heures, informer la caisse à l'aide d'un imprimé de déclaration d'accident du travail, par lettre recommandée AR. Lorsque l'accident nécessite un arrêt de travail, l'obligation de l'employeur d'adresser à la caisse de MSA une **attestation de salaire** (C. rur. art. D 751-92) est satisfaite par l'accomplissement de la déclaration sociale nominative (DSN).

Si l'accident a eu lieu hors de la commune du siège de l'exploitation ou de l'entreprise, le délai imparti à l'employeur pour effectuer la déclaration ne commence à courir que du jour où il a eu connaissance de l'accident.

En cas de carence de l'employeur, la victime ou ses ayants droit ont un délai de 2 ans pour déclarer l'accident directement à la caisse.

En cas de **métayage**, le métayer doit procéder à la déclaration de l'accident.

Lorsque la victime est un **salarié temporaire**, voir n° 56339.

La déclaration peut être remplacée par l'inscription sur un registre lorsque l'**accident** est **bénin** (accident n'entraînant ni arrêt de travail ni soins médicaux). L'employeur doit cependant pour ce faire justifier de la présence permanente d'un médecin ou d'un pharmacien ou d'un infirmier ou d'une personne chargée d'une mission d'hygiène et de sécurité dans l'entreprise détentrice d'un diplôme national de secourisme complété par le diplôme de sauveteur secouriste du travail délivré en agriculture par les caisses de MSA, respecter ses obligations relatives à la mise en place d'un comité social et économique et disposer d'un poste de secours d'urgence puis en informer la caisse. Ce registre est tenu à la disposition des agents de contrôle de la caisse, de l'inspection du travail et des membres du comité social et économique (C. rur. art. L 751-26 et D 751-87 s.).

L'employeur délivre à la victime une **feuille d'accident** (C. rur. art. D 751-86). Le praticien, les fournisseurs et les établissements de soins y mentionnent les soins prodigués et les fournitures sans qu'il y ait lieu à avance des frais.

Le praticien établit un **certificat médical** en 2 exemplaires (le premier est adressé à la caisse, le second conservé par la victime). En cas de prolongation de l'arrêt, il adresse à la caisse l'avis d'interruption du travail.
Toute infraction concernant la déclaration de l'employeur et la remise de la feuille d'accident constitue une contravention de la 4e classe (C. rur. art. R 751-141).
L'employeur encourt également des **sanctions pécuniaires** :
– s'il n'a pas déclaré l'accident ou remis à la victime la feuille d'accident, il peut être amené à rembourser à la caisse, dans une certaine limite, les dépenses occasionnées par l'accident (C. rur. art. L 751-36 et D 751-140). Cette limite est le quart du salaire annuel minimal mentionné n° 40300 et, en cas de précédent au cours des 5 dernières années, la moitié de ce salaire sous réserve de certaines exceptions ;
– la caisse est fondée à exercer contre l'employeur de toute personne étrangère qui ne satisfait pas aux conditions de régularité de séjour et de travail en France, ou de toute personne en situation de travail dissimulé (au sens des articles L 8221-3 et L 8221-5 du Code du travail), une action en remboursement de la totalité des prestations dues au titre de l'accident (C. rur. art. L 751-37).
Dans ces deux cas, l'employeur encourt aussi une pénalité fixée par le directeur de la caisse de MSA en fonction de la gravité des faits reprochés, dans la limite soit de 70 % des sommes concernées, soit, lorsque ces sommes ne sont pas clairement déterminées, de 4 fois le plafond mensuel de la sécurité sociale (C. rur. art. L 751-37 ; CSS art. L 114-17-1).

40245 La **CMSA informe** l'agent de contrôle de l'inspection du travail de l'accident (C. rur. art. D 751-85). Elle procède à l'**instruction** de la demande. Pour cela, elle dispose en principe d'un **délai** de 30 jours pour se prononcer sur le caractère professionnel de l'accident (C. rur. art. R 751-115). Si ce délai n'est pas suffisant, elle doit, avant l'expiration du délai de 30 jours, informer la victime (ou ses ayants droit) et l'employeur, par tout moyen conférant date certaine, qu'elle se prononcera dans le délai de 2 mois suivant cette notification. L'absence de décision dans les délais requis équivaut à une reconnaissance implicite du caractère professionnel (C. rur. art. R 751-116 et R 751-121). La procédure d'instruction d'un accident de travail ne peut ainsi pas excéder 3 mois. Sur les formalités concernant la maladie professionnelle, voir nos 40400 s.

> **Précisions** Tout **accident mortel du travail** doit être signalé immédiatement à l'agent de contrôle de l'inspection du travail compétent pour le lieu de survenance de l'accident, au plus tard dans les 12 heures suivant la connaissance du décès (C. trav. art. R 4121-5).

ENQUÊTE

40250 Avant de prendre sa décision, si **elle l'estime nécessaire** ou lorsque la déclaration de l'employeur est assortie de **réserves motivées**, la **CMSA** envoie un questionnaire à l'employeur et à la victime ou procède à une enquête portant notamment sur les circonstances et la cause de l'accident (ou de la maladie).
En cas de décès de la victime, l'enquête est obligatoire (C. rur. art. D 751-117, III). La CMSA doit également, si les ayants droit le demandent ou avec leur accord si elle l'estime elle-même utile, faire pratiquer une autopsie de la victime. Les ayants droit qui refusent l'autopsie doivent apporter la preuve du lien de causalité entre l'accident et le décès (CSS art. L 442-4 ; C. rur. art. L 751-30).
Après la déclaration d'accident, la victime, les ayants droit ou l'employeur peuvent faire connaître leurs observations directement à la caisse de MSA.
Lorsque la caisse engage des investigations, elle **informe** la victime, ses ayants droit et l'employeur des points susceptibles de leur faire grief et sur la possibilité qu'ils ont de consulter le dossier (C. rur. art. R 751-121).

b. Prise en charge des frais de santé

40260 Ces prestations **couvrent les frais suivants** :
– frais médicaux, chirurgicaux, pharmaceutiques et accessoires ;
– fourniture, réparation et renouvellement des appareils de prothèse et d'orthopédie rendus nécessaires par l'accident, ou que l'accident a rendus inutilisables ;
– frais de traitement, de réadaptation fonctionnelle, de rééducation professionnelle et de reclassement ;
– frais de transport éventuels de la victime.
Ces frais sont pris en charge à 100 % sur la base et dans la limite des tarifs de sécurité sociale avec dispense d'avance des frais (système du tiers payant), la caisse rémunérant directement les praticiens et les fournisseurs. Toutefois, les frais de transport peuvent donner lieu à remboursement par la caisse à la victime qui en fait l'avance (CSS art. L 432-1).

Tout dépassement d'honoraires reste **à la charge de la victime**. Il en est de même pour la participation de 2 € et la franchise médicale visées nos 39445 s.
Les victimes d'accidents du travail doivent consulter leur médecin traitant et respecter, sous peine de sanctions, le **parcours de soins** établi par celui-ci (n° 39425).
Les frais visés ci-dessus sont **pris en charge jusqu'à** la guérison ou la consolidation de la blessure et ensuite pour les soins directement consécutifs à l'accident (Cass. soc. 14-5-1998 nos 96-16.025 et 96-16.328 : RJS 6/98 n° 787 ; n° 98-14.935 : RJS 6/00 n° 721), sans qu'une déclaration de rechute soit nécessaire.

En cas d'**accident grave**, entraînant un arrêt de travail ou des soins pendant plus de 6 mois, les caisses font procéder à un examen spécial de la victime par le médecin traitant et le médecin-conseil en vue d'établir un protocole de soins qui doit être signé par la victime (CSS art. L 432-4-1 et D 432). 40265

c. Prestations en espèces

INCAPACITÉ TEMPORAIRE

En cas d'incapacité temporaire et jusqu'à la guérison, la consolidation ou le décès, la victime perçoit des **indemnités journalières**. Le jour de l'accident est à la charge de l'employeur. Les indemnités journalières sont versées **à compter** du premier jour qui suit immédiatement l'arrêt de travail consécutif à l'accident, sans distinction entre les jours ouvrables, les dimanches et jours fériés (CSS art. L 433-1). Elle est également servie en cas de délivrance par le médecin traitant d'un certificat autorisant un travail aménagé ou à temps partiel, si ce travail est reconnu par le médecin-conseil de la caisse de MSA comme de nature à favoriser la guérison ou la consolidation de la blessure. 40280
L'indemnité journalière se calcule à partir du salaire journalier de base (nos 40285 s.).
Le **montant** de l'indemnité journalière est égal à (CSS art. L 433-2, R 433-1 et R 433-3) :
– 60 % du salaire journalier de base pendant les 28 premiers jours suivant celui de l'arrêt de travail ;
– 80 % de ce même salaire à partir du 29e jour.
L'indemnité journalière **ne peut dépasser** le montant du gain journalier net perçu par la victime calculé à partir du salaire ayant servi de base au calcul de l'indemnité journalière diminué de la part salariale des cotisations et contributions sociales d'origine légale et conventionnelle évaluées forfaitairement à 21 % (C. rur. art. R 751-48 ; Arrêté BUDS1304319A du 28-3-2013).
Le montant de l'indemnité journalière est **révisé** en cas d'augmentation générale des salaires postérieurement à l'accident si l'arrêt de travail dure plus de 3 mois (CSS art. L 433-2 et R 433-9).
S'agissant de l'assujettissement des indemnités journalières à la **CSG** et à la **CRDS**, voir n° 32455.

ATTENTION

L'arrêt de travail prescrit lors d'un acte de **télémédecine** ne peut porter sur plus de 3 jours ni avoir pour effet de porter à plus de 3 jours la durée d'un arrêt de travail déjà en cours, sauf prescription par le médecin traitant ou la sage-femme référente (CSS art. L 433-1 ; CSP art. L 6316-1).

Le **salaire de base** à partir duquel est déterminé le salaire journalier de base s'entend des rémunérations entrant dans l'assiette des cotisations sociales (nos 38750 s. ; C. rur. art. R 751-47). 40285

Le **salaire journalier de base** est **égal** à une fraction du salaire perçu au cours de la période de référence déterminée en fonction de la périodicité des paies (1/30,42 de la paie du mois civil antérieur à l'arrêt de travail si le salaire est réglé mensuellement, 1/28e des 2 ou 4 paies du mois civil antérieur selon que le salaire est réglé toutes les 2 semaines ou chaque semaine) (C. rur. art. R 751-48). 40290
Si l'activité est récente ou a été interrompue par la maladie, la maternité, le chômage, etc., le salaire journalier de base est déterminé par référence au salaire correspondant à l'emploi occupé au moment de l'arrêt de travail (C. rur. art. R 751-52).
Le salaire journalier de base est calculé selon des **modalités particulières** :
– pour les **ouvriers forestiers** rémunérés à la tâche et pour les **gemmeurs** : il est égal à 1/365 de la rémunération perçue au cours des 12 mois civils antérieurs à la date d'arrêt de travail ; des méthodes de calcul spécifiques sont prévues si, au cours de cette période, l'activité a été interrompue pour cause de maladie, chômage, etc., ou si l'ouvrier forestier ou le gemmeur a commencé son activité ou changé d'emploi (C. rur. art. R 751-51) ;
– pour les **petits métayers** : il est égal à 8 fois 130 % du Smic par journée de travail que le métayer doit fournir en application de son contrat (C. rur. art. R 751-49) ;
– pour les **membres bénévoles des organismes sociaux** ou pour les salariés agricoles appelés à siéger dans certaines instances (n° 40175) : il est égal à 1/365e du double du salaire minimum annuel servant de base pour le calcul des rentes (n° 40300) (C. rur. art. D 751-8) ;

– pour les **VRP relevant du régime de protection sociale agricole** : il est égal à 1/365e du montant de la rémunération perçue au cours des 12 mois antérieurs à l'arrêt de travail (Arrêté AGRG0401495A du 25-6-2004) ;
– pour les **travailleurs de moins de 18 ans** : il ne peut être inférieur au salaire journalier minimum de la catégorie professionnelle ou, à défaut, au salaire journalier le plus bas des travailleurs adultes de la même catégorie occupés dans l'établissement ou dans un établissement voisin similaire (CSS art. R 436-2) ;
– pour les **apprentis** : il ne peut être inférieur au Smic, mais l'indemnité versée ne peut excéder le salaire net perçu (CSS art. R 433-8).

INCAPACITÉ PERMANENTE

40295 En cas d'incapacité permanente partielle ou totale, la victime reçoit une **rente** viagère ou une indemnité en **capital** selon que le taux d'incapacité est au moins égal ou inférieur à 10 % (CSS art. L 434-1, L 434-2 et R 434-1). L'incapacité permanente est appréciée à la date de la consolidation de l'état de la victime (Cass. 2e civ. 15-3-2018 no 17-15.400 F-PB : RJS 5/18 no 375).
La **procédure** est la suivante (C. rur. art. R 751-63 s.).
La caisse de MSA se prononce sur l'existence d'une incapacité permanente et, le cas échéant, sur le taux et le montant de celle-ci.
La caisse notifie immédiatement la décision médicalement motivée par tout moyen conférant date certaine, avec mention du taux d'incapacité, des éléments de calcul de la rente ainsi que des voies et délais de recours, à la victime ou à ses ayants droit et à l'employeur au service duquel se trouvait la victime au moment où est survenu l'accident.
La victime peut demander l'envoi d'une copie du rapport médical établi par le médecin-conseil de la caisse dans un délai de 10 jours, à l'aide d'un formulaire annexé à la notification de la décision. La victime ou le médecin qu'elle désigne à cet effet peuvent, dans un délai de 15 jours suivant la réception du rapport, prendre connaissance au service du contrôle médical des autres pièces médicales.
La caisse procède à la liquidation de la rente à l'expiration du délai d'un mois suivant la date de notification de sa décision, sauf si un recours (médical ou non) a été introduit.
En cas de nouvelle fixation des réparations motivées par une atténuation ou une aggravation de l'infirmité de la victime ou par son décès des suites de l'accident, le taux d'incapacité et le montant de la rente font l'objet d'une nouvelle décision de la caisse notifiée à la victime ou à ses ayants droit.
Si à la suite d'un **nouvel accident** susceptible de donner lieu à une indemnité en capital, la somme des taux d'incapacité permanente atteint 10 %, la victime a le choix entre une rente tenant compte de l'indemnité en capital précédemment versée et une indemnité en capital correspondant au nouvel accident (CSS art. L 434-2).

40300 Lorsque le taux d'incapacité est de moins de 10 %, la victime perçoit une indemnité en **capital** fixée en fonction du taux d'incapacité, selon le barème prévu par l'article D 434-1 du Code de la sécurité sociale (de 471,54 € pour 1 % d'incapacité à 4 714,69 € pour 9 % d'incapacité au 1er avril 2024).
Cette indemnisation, à caractère obligatoire et forfaitaire, est attribuée à titre définitif, mais :
– en cas d'aggravation de son état, la victime peut bénéficier d'une réparation complémentaire, indemnité en capital différentielle ou rente viagère (par exception, non convertible en rente réversible au conjoint), selon le nouveau taux d'incapacité retenu ;
– une indemnité complémentaire est allouée si l'accident résulte d'une faute inexcusable de l'employeur (CSS art. L 452-1).
Lorsque le taux d'incapacité est d'au moins 10 %, il est attribué une **rente**. On applique un taux de rente au salaire annuel de base utile.
Le salaire annuel de base est (CSS art. R 434-27 et R 434-28) :
– soit le minimum annuel déterminé en principe au 1er avril de chaque année selon le coefficient appliqué aux prestations de sécurité sociale (20 971,34 € au 1er avril 2024) ;
– soit le salaire perçu au cours des 12 mois qui précèdent l'arrêt de travail, si ce salaire est compris entre le minimum et 2 fois ce minimum ; au-delà, l'excédent est réduit des 2 tiers. Il n'est pas tenu compte de la fraction du salaire excédant 8 fois le montant du minimum.
Les éléments compris dans ce salaire sont identiques à ceux retenus pour le calcul de l'indemnité journalière, le salaire étant reconstitué en cas de revalorisations intervenues ou de diminution et interruption involontaires d'activité ou au cours des 12 derniers mois (C. rur. art. R 751-57 et R 751-58).
Le taux de rente est calculé de la façon suivante (CSS art. L 434-2 et R 434-2) :
– jusqu'à un taux de 50 % d'incapacité, on divise ce taux par 2 ;

– au-delà d'un taux de 50 % d'incapacité, on majore ce taux de moitié.
Par **exemple**, pour un taux d'incapacité de 60 %, le taux de rente est de 50/2 + 10 + 10/2 = 40 %.
Une **prestation complémentaire pour recours à une tierce personne** est versée si le taux d'incapacité est au moins égal à 80 % et que l'assuré nécessite un tiers pour accomplir les actes ordinaires de la vie. Son montant résulte du barème prévu par l'article D 434-2 du Code de la sécurité sociale, ce qui correspond au 1er avril 2024 à : 633,25 € ; 1 266,55 € ou 1 899,87 € selon le nombre d'actes de la vie courante que l'assuré ne peut plus accomplir seul. Les bénéficiaires de la majoration pour tierce personne versée antérieurement au 1er mars 2013 peuvent demander à bénéficier de la prestation complémentaire.
Les indemnités en capital et les rentes sont **revalorisées** en principe le 1er avril de chaque année par application du coefficient de revalorisation des prestations versées par les régimes obligatoires de sécurité sociale (CSS art. L 434-17 et L 161-25) et peuvent être **révisées** en cas d'aggravation ou d'amélioration de l'état de la victime.
Les rentes sont **payables** trimestriellement et à terme échu, sauf pour les bénéficiaires d'une rente attribuée pour une incapacité permanente égale ou supérieure à 50 % qui perçoivent leurs arrérages mensuellement (CSS art. R 434-34).
La rente est convertible en rente viagère réversible pour moitié au plus sur la tête de son conjoint, mais elle ne peut pas être convertie en capital (CSS art. L 434-3 et R 434-5 à R 434-8).

DÉCÈS DE LA VICTIME

Lorsque la victime décède des suites d'un accident du travail, ses ayants droit bénéficient, à compter de la date du décès, d'une **rente** calculée en pourcentage de son salaire, comme indiqué dans le tableau ci-dessous (CSS art. L 434-7 s.). 40305
L'ensemble de ces rentes ne peut excéder 85 % du salaire annuel de la victime ; en cas de dépassement, les rentes subissent une réduction proportionnelle.
Elles sont **revalorisées** chaque année.
Les rentes sont **dues** :
– à partir du lendemain du décès de la victime ou du 1er jour suivant la fin du mois d'arrérages au cours duquel elle est décédée (si elle percevait une rente d'incapacité permanente) ;
– jusqu'à la fin du mois au cours duquel le bénéficiaire est décédé ; pour les enfants, elles sont dues jusqu'à 20 ans (CSS art. R 434-15).

Ayants droit	Montant de la rente
Conjoint, partenaire de Pacs ou concubin si le mariage, le Pacs ou le concubinage est antérieur à l'accident ou, à défaut, s'il a eu une durée minimale de 2 ans à la date du décès (conditions non exigées si le couple a eu un ou plusieurs enfants).	40 % du salaire annuel. 60 % du salaire annuel lorsque le conjoint, le pacsé ou le concubin atteint 55 ans ou s'il est atteint d'une incapacité de travail d'au moins 50 % dont la durée minimale est fixée à 3 mois.
Conjoint divorcé ou séparé de corps, titulaire d'une pension alimentaire à charge de la victime (et non d'une prestation compensatoire), ou ex-partenaire de Pacs bénéficiaire d'une aide financière de la victime.	Montant de la pension alimentaire plafonné à 20 % du salaire annuel.
S'il existe un nouveau conjoint, partenaire de Pacs ou concubin de la victime.	Le minimum de la rente viagère ne peut être inférieur à la moitié de la rente de 40 %.
Enfants de moins de 20 ans et descendants à charge.	25 % du salaire annuel pour chacun des 2 premiers enfants, 20 % par enfant supplémentaire. 30 % pour les orphelins de père et de mère.
Ascendants.	10 % du salaire annuel, par ascendant à charge au moment de l'accident, le total des rentes ne pouvant excéder 30 % du salaire annuel. Lorsque la victime ne laisse ni conjoint ni enfant, cette rente est attribuée si l'ascendant prouve qu'il aurait pu obtenir une pension alimentaire de la victime, sans avoir été à sa charge au moment de l'accident.

En cas de nouveau mariage, Pacs ou concubinage, le conjoint partenaire ou concubin de la victime décédée cesse d'avoir droit à la rente : elle est alors remplacée par un capital égal à 3 fois son montant annuel (sauf s'il y a des enfants, auquel cas le rachat est différé aussi longtemps que l'un d'eux bénéficie d'une rente d'orphelin). Si la nouvelle union cesse, la rente est rétablie sous déduction du capital perçu, si le rétablissement de la rente intervient dans ce délai de 3 ans, ainsi que du montant de l'avantage perçu en raison du nouveau décès ou du divorce.

40310 Les ayants droit peuvent également prétendre (CSS art. L 435-1 et L 435-2) :
– au remboursement des **frais funéraires**, dans la limite d'un plafond égal à 1/24e du plafond annuel de la sécurité sociale (soit 1 932 € en 2024) ;
– au remboursement des **frais de transport du corps** au lieu de sépulture uniquement en France demandé par la famille, si ces frais sont soit exposés en totalité, soit augmentés du fait que la victime a quitté sa résidence à la sollicitation de son employeur pour être embauchée ou que le décès s'est produit au cours d'un déplacement professionnel.

INDEMNITÉ TEMPORAIRE D'INAPTITUDE

40315 Lorsqu'à la suite d'un accident du travail ou d'une maladie professionnelle, le salarié est déclaré inapte par le médecin du travail, l'employeur doit le **reclasser** dans son entreprise **ou**, si c'est impossible, le **licencier** (n° 56065).

Pendant un délai d'un mois, durant lequel le **salarié** est **en attente de la décision** de l'employeur et ne perçoit pas de rémunération puisqu'il est inapte au travail, il lui est possible de percevoir une indemnité temporaire d'inaptitude (C. rur. art. D 751-47-1 s.).

Le **montant** journalier de cette indemnité temporaire est égal au montant de l'indemnité journalière versée pendant l'arrêt de travail lié à l'accident du travail ou à la maladie professionnelle précédant l'avis d'inaptitude (nos 40285 s.).

L'indemnité est **versée** par la caisse de MSA, à compter du premier jour qui suit la date de l'avis d'inaptitude mentionné à l'article R 717-24 du Code rural et de la pêche maritime jusqu'au jour de la date de licenciement ou de reclassement du bénéficiaire, et pour une **durée** maximale d'un mois.

2. CONSÉQUENCES D'UNE FAUTE

40330 Ces conséquences sont définies par référence aux dispositions du Code de la sécurité sociale (C. rur. art. L 751-9). On distingue selon que la faute est imputable à la victime de l'accident de travail, à l'employeur ou à un tiers.

a. Faute de la victime. Si elle est intentionnelle (désir de nuire), la victime perd ses droits aux prestations de l'assurance accidents du travail.

En cas de faute inexcusable (gravité exceptionnelle, sans intention de nuire), le taux de la rente pourra être diminué mais la victime gardera ses droits aux autres prestations (CSS art. L 453-1).

b. Faute de l'employeur. En cas de faute intentionnelle, la victime peut engager la responsabilité de l'employeur selon les règles de droit commun en vue d'obtenir la réparation des préjudices non couverts par les prestations de sécurité sociale. La caisse demande à l'employeur le remboursement des prestations servies.

En cas de faute inexcusable, la victime bénéficie d'une indemnité complémentaire ou d'une majoration du taux de rente. La victime peut aussi obtenir l'indemnisation des divers préjudices subis : préjudice esthétique, d'agrément, perte d'une promotion professionnelle, souffrances physiques et morales (CSS art. L 452-1 s.). L'indemnisation répare l'ensemble des dommages subis, même s'ils ne sont pas mentionnés à l'article L 452-3 du Code de la sécurité sociale (Cons. const. 18-6-2010 n° 2010-8 QPC : RJS 8-9/10 n° 703). Peuvent seuls être indemnisés à ce titre les préjudices qui n'ont pas déjà été pris en charge par le régime légal d'indemnisation des accidents du travail et maladies professionnelles (Cass. 2e civ. 3-4-2014 n° 13-17.500).

La caisse de MSA récupère auprès de l'employeur le montant des réparations versées au titre des divers préjudices et le capital représentatif de la majoration de rente (CSS art. D 452-1).

L'employeur peut s'assurer contre les conséquences financières de sa propre faute inexcusable ou de la faute de ceux qu'il s'est substitués dans la direction de l'entreprise (CSS art. L 452-4).

c. Faute d'un tiers. Lorsque l'accident est dû à un tiers à l'entreprise, la victime ou ses ayants droit peuvent intenter une action, contre celui-ci, conformément aux règles de droit commun, pour obtenir la réparation des préjudices non couverts par les prestations de sécurité sociale, même en cas de partage de responsabilité avec l'employeur (CSS art. L 454-1 ; Cass. ass. plén. 22-12-1988 n° 85-17.473 P : RJS 2/89 n° 193). La caisse peut demander le remboursement des prestations versées auprès du tiers et l'employeur peut demander réparation du préjudice qu'il a lui-même subi (par exemple, le remboursement des salaires et cotisations versés pendant l'arrêt).

3. CONSÉQUENCES D'UNE RECHUTE

En cas d'aggravation spontanée de l'état de santé, après guérison apparente ou consolidation de la blessure, la victime doit procéder à une **déclaration** de rechute auprès de la caisse (CSS art. L 443-1 s.). C'est alors à celle-ci, et non à l'employeur, de fournir la feuille d'accident. 40340
En matière de rechute, les règles relatives au respect du caractère contradictoire de l'**instruction** sont identiques à celles retenues pour la prise en charge d'un accident du travail. Il en est de même des obligations d'information (C. rur. art. D 751-127).
Les **prestations** sont calculées dans les mêmes conditions que pour l'accident initial, sans que les indemnités journalières puissent être inférieures à ce qu'elles ont été alors. S'il y a eu rente, seule sera versée la fraction de l'indemnité journalière qui excédera le montant journalier de la rente.

C. Contrôle et contentieux

Les dispositions relatives au contrôle et au contentieux des accidents du travail et des maladies professionnelles résultent des articles D 751-85 et suivants du Code rural et de la pêche maritime. 40360
Les CMSA exercent le contrôle technique du risque et le contrôle médical des accidentés dans les mêmes conditions qu'en matière d'assurances sociales (C. rur. art. R 751-132).
Le **retard dans le versement des cotisations** dues par l'employeur entraîne des majorations (C. rur. art. R 751-84). La caisse est fondée, en outre, à poursuivre le remboursement des prestations qu'elle a servies si l'employeur ne s'est pas acquitté de l'intégralité des cotisations dues pour son personnel avant la date de l'accident, dans la limite du montant des cotisations dues pour l'ensemble du personnel à la date de l'accident ; pour les autres cas de remboursement, voir n° 40240.
Le **non-respect de certaines obligations** (déclaration de l'accident à la caisse, délivrance d'une feuille d'accident, etc.) entraîne des sanctions pénales (C. rur. art. R 751-141 s.).
Sur les recours **contentieux**, voir n°s 50400 s.

D. Prévention

Le **ministre** de l'agriculture définit la politique de prévention, les objectifs et les moyens. Ces derniers sont déterminés dans la limite de la part affectée à ces dépenses dans les taux des cotisations (C. rur. art. L 751-48 et R 751-154 s.). 40380
La **caisse centrale** de la MSA réalise les actions de prévention de caractère national et coordonne l'action des caisses départementales ou pluridépartementales.
Elle est assistée par cinq **comités techniques** nationaux de prévention compétents pour les différents secteurs d'activités agricoles.
Les **caisses départementales ou pluridépartementales** de MSA ont la responsabilité directe de la mise en œuvre des actions de prévention dans le cadre départemental. Elles ont également la possibilité d'accorder des ristournes ou d'imposer des cotisations supplémentaires ou d'accorder des aides financières sous forme de subventions ou de prêts. Elles peuvent, par voie d'injonction, inviter les employeurs à prendre les mesures de prévention qui leur paraissent justifiées, l'employeur disposant de 15 jours pour introduire un recours auprès de l'inspecteur du travail.
Le contrôle de la prévention est assuré par les **inspecteurs du travail** (C. rur. art. R 751-162). Les caisses départementales disposent également d'**agents** conseillers en prévention des risques professionnels auprès des entreprises et exploitations et des salariés (C. rur. art. R 751-157-1).
Les caisses de MSA sont assistées par les **comités techniques** régionaux de prévention, après avis des comités techniques nationaux, composés paritairement de représentants des organisations de salariés et employeurs, ainsi que de représentants de l'inspection du travail et des services de santé au travail (C. rur. art. R 751-160).
Après consultation du comité technique régional, les caisses de MSA peuvent apporter une **aide financière** aux exploitations et entreprises agricoles en vue de leur faciliter la réalisation d'aménagements destinés à assurer une meilleure protection des travailleurs, ou de mettre en œuvre, à titre expérimental, certaines mesures de protection et de prévention (Arrêté AGRS1133185A du 3-2-2012 modifié).
Le financement de la prévention est assuré par l'intermédiaire du Fonds national de prévention.
Les **règles d'hygiène et de sécurité** du travail participent également à la prévention des accidents (voir n°s 60700 s.). Ces règles concernent tout le secteur agricole, y compris les personnes employées dans une entreprise familiale. Les exploitants travaillant seuls ne sont pas visés.

E. Maladies professionnelles : règles spécifiques

40400 D'une manière générale, la prise en charge des maladies professionnelles s'effectue dans les mêmes conditions que celle des accidents du travail. Néanmoins, les règles qui leur sont applicables présentent certaines particularités, développées ci-après (C. rur. art. L 751-7 et R 751-17).

DÉFINITION

40405 Sont prises en charge par le régime d'assurance des salariés agricoles contre les accidents du travail et les maladies professionnelles (CSS art. L 461-1) :

a. les maladies **présumées** d'origine professionnelle, c'est-à-dire celles inscrites dans les tableaux de maladies professionnelles fixés par voie réglementaire et contractées dans les conditions mentionnées à ces tableaux, annexés au livre VII du Code rural et de la pêche maritime (C. rur. art. R 751-25) ; sur l'application de ces tableaux aux salariés agricoles en Guadeloupe, en Guyane, en Martinique, à La Réunion, à Saint-Barthélemy, à Saint-Martin et à Mayotte, voir n° 38611 ;

b. sur **avis d'un comité régional de reconnaissance** des maladies professionnelles (CRRMP), les maladies :

– désignées dans les tableaux de maladies professionnelles mais pour lesquelles une ou plusieurs conditions tenant au délai de prise en charge, à la durée d'exposition ou à la liste limitative des travaux ne sont pas remplies, dès lors que ces maladies sont directement causées par le travail de la victime,

– non inscrites dans un tableau mais essentiellement et directement causées par le travail habituel de la victime, lorsqu'elles entraînent le décès de celle-ci ou un taux d'incapacité permanente supérieur ou égal à 25 % (CSS art. R 461-8).

> **Précisions** Le comité, saisi par la caisse lorsque la maladie n'a pas été reconnue d'origine professionnelle ou directement par la victime, reconnaît ou non le caractère professionnel de la maladie au vu d'un **dossier** constitué notamment de la demande de la victime, de l'avis motivé du médecin du travail, d'un rapport circonstancié de l'employeur, d'un rapport du médecin-conseil de la caisse.
>
> L'**avis du comité** s'impose à la caisse (sur le délai imparti au comité et, par suite, à la caisse, voir n° 40410).
>
> La décision de la caisse rendue sur avis du comité relève du **contentieux** général de la sécurité sociale.

DÉCLARATION ET FORMALITÉS SUBSÉQUENTES

40410 La maladie professionnelle doit être **déclarée** par la victime auprès de la caisse de MSA dans le délai de 15 jours suivant l'arrêt de travail, même si la caisse en a déjà eu connaissance au titre de l'assurance maladie, délai porté à 3 mois à compter de l'entrée en vigueur d'un nouveau tableau de maladies professionnelles.

La caisse est tenue d'envoyer à l'employeur et au médecin du travail un double de la déclaration de maladie professionnelle (C. rur. art. D 751-117).

S'il y a lieu, l'employeur satisfait à la remise de l'attestation de salaire par l'accomplissement de la déclaration sociale nominative. La victime reçoit directement de la caisse la feuille d'accident (n° 40240).

Une déclaration doit également être faite :

– par l'employeur, à la caisse et à l'inspecteur du travail lorsqu'il met en œuvre des procédés de travail susceptibles de provoquer des maladies professionnelles (C. rur. art. R 751-26 s.) ;

– par les médecins, au même inspecteur, lorsqu'une maladie leur paraît revêtir ou être susceptible de revêtir un caractère professionnel et figure sur la liste annexée au livre VII du Code rural et de la pêche maritime (C. rur. art. D 751-29).

La procédure d'**instruction** est la suivante (C. rur. art. R 751-115 et R 751-116) :

– la CMSA a 3 mois pour instruire les demandes de reconnaissance de maladie professionnelle dans le cadre des tableaux. Si elle ne s'est pas prononcée à l'issue de ce délai, le caractère professionnel de la maladie est acquis à l'égard de la victime. La caisse effectue les enquêtes nécessaires pendant ce délai. Cependant, si elle rencontre des difficultés, elle dispose d'un délai supplémentaire de 3 mois. La victime ou ses ayants droit et l'employeur sont informés par tout moyen permettant de déterminer la date de réception du recours au délai supplémentaire avant le terme des 3 premiers mois d'instruction. Passé ce délai supplémentaire, le caractère professionnel est également implicitement reconnu à défaut de réponse de la caisse ;

– pour les demandes de reconnaissance de maladie professionnelle dans le cadre du système complémentaire, la CMSA dispose d'emblée de 6 mois pour statuer sur la demande de l'assuré et le délai de 110 jours francs dont dispose le CRRMP (n° 40405) s'impute sur ce délai (C. rur. art. R 751-121). Passé le délai de 6 mois, le caractère professionnel est implicitement reconnu à l'égard de la victime si la caisse ne s'est pas prononcée.

PRESCRIPTION

La victime a 2 ans pour déclarer sa maladie à la caisse, à compter (CSS art. L 431-2) : **40415**
– de la cessation de travail pour maladie professionnelle si la victime a été informée que celle-ci peut avoir un lien avec son travail ;
– de la date du certificat médical établissant un lien possible entre la maladie et l'activité professionnelle si elle est postérieure à la cessation du travail ou en l'absence de cessation du travail ;
– de la cessation du paiement des indemnités journalières pour l'attribution d'une rente ;
– du jour de la promulgation du décret de classement si le salarié est atteint d'une affection constatée avant la publication du tableau lui attribuant le caractère de maladie professionnelle (Cass. soc. 8-11-1982 n° 81-15.446).
Des règles particulières sont toutefois applicables aux victimes de l'amiante (voir n° 40420) ainsi que pour certaines victimes de pesticides (voir n° 40425).

CAS PARTICULIER DES VICTIMES DE L'AMIANTE

Aucun délai de **prescription** n'est opposable aux victimes d'une maladie professionnelle liée à l'amiante et constatée entre le 1er janvier 1947 et le 29 décembre 1998 (Loi 98-1194 du 23-12-98 art. 40 modifié). **40420**
Les intéressés ou leurs ayants droit peuvent demander la réparation intégrale de leurs préjudices au **fonds d'indemnisation** des victimes de l'amiante (FIVA).
Les anciens salariés de 50 ans et plus qui ont été reconnus atteints d'une maladie professionnelle agricole au titre des tableaux nos 47 ou 47 bis ou dans le cadre du système complémentaire de reconnaissance des maladies professionnelles peuvent bénéficier du dispositif de cessation anticipée d'activité (**préretraite amiante**) et percevoir, sous certaines conditions, une allocation des travailleurs de l'amiante (Loi 98-1194 du 23-12-1998 art. 41 modifié).

INDEMNISATION DES VICTIMES DE PESTICIDES

Les salariés agricoles obtiennent, sur demande auprès de leur caisse de MSA, du fonds visé n° 40430 ou, dans les départements du Bas-Rhin, du Haut-Rhin et de la Moselle, de la caisse d'assurance-accidents agricoles, une indemnisation en réparation des maladies causées par des pesticides (CSS art. L 491-1 s. et D 491-1 s.). La maladie doit présenter un caractère professionnel. **40425**
La **nature** et le **montant** des prestations et indemnités versées sont déterminés selon les règles prévues par le régime des maladies professionnelles (voir nos 40400 s.).
La réparation présente un caractère **forfaitaire**. Elle ne fait pas obstacle à l'engagement d'une **action juridictionnelle**, selon les voies de recours de droit commun.

Le fonds d'indemnisation des victimes de pesticides, institué au sein de la caisse centrale de la MSA, **se prononce** sur le caractère professionnel de la pathologie du demandeur ainsi que sur son imputabilité aux pesticides et détermine, le cas échéant, la date de consolidation de l'état de l'assuré ainsi que son taux d'incapacité permanente. La procédure obéit aux règles applicables dans le régime général, sous réserve de plusieurs adaptations tenant à la gestion du fonds par un organisme centralisé unique (CSS art. D 491-5). **40430**
Il transmet sa **décision** à la caisse dont relève l'assuré afin, lorsqu'il y a lieu, qu'elle procède à la liquidation des prestations et indemnités.
Le **fonds d'indemnisation** est **subrogé**, à due concurrence des sommes versées, dans les droits que possède l'assuré contre la personne responsable du dommage ainsi que contre les personnes et organismes tenus à un titre quelconque d'en assurer la réparation totale ou partielle dans la limite du montant des indemnités à la charge de ces personnes.
Il peut **intervenir au soutien** du demandeur devant les juridictions civiles, pénales et administratives. Il peut intervenir à titre principal et user de toutes les voies de recours ouvertes par la loi.
Si le fait générateur du dommage a donné lieu à des poursuites pénales, le juge civil n'est pas tenu de surseoir à statuer jusqu'à décision définitive de la juridiction répressive (CSS art. L. 491-6).

> **Précisions a.** Sont regardés comme des pesticides pour l'indemnisation, les **produits phytopharmaceutiques** relevant du règlement (CE) 1107/2009 du Parlement européen et du Conseil du 21 octobre 2009 concernant la mise sur le marché des produits phytopharmaceutiques, les **produits biocides** relevant du règlement (UE) 528/2012 du Parlement européen et du Conseil du 22 mai 2012 concernant la mise à disposition sur le marché et l'utilisation des produits biocides et les **antiparasitaires** au sens du 13 de l'article 4 du règlement (UE) 2019/6 du Parlement européen et du Conseil du 11 décembre 2018 relatif aux médicaments vétérinaires.
> **b.** La **contestation** par la victime ou son employeur des décisions prises par le fonds relève du contentieux mentionné n°s 50500 s. (CSS art. R 491-1 s.). Par exception, le comité de reconnaissance des maladies professionnelles dont l'avis est recueilli par le tribunal est le comité spécialement constitué au sein du fonds.
> **c.** Les greffes des juridictions des ordres administratif et judiciaire adressent au fonds **copie des actes de procédure** les saisissant, à titre initial ou additionnel, de toute demande en justice relative à la réparation des préjudices résultant de l'exposition aux pesticides (CSS art. R 491-20 s.).
> **d.** Bénéficient également de l'indemnisation, selon une procédure particulière, les **enfants** atteints d'une pathologie résultant directement de l'exposition prénatale aux pesticides du fait de l'exposition professionnelle de l'un ou de l'autre de leurs parents (CSS art. L 491-1, 2°). La demande d'indemnisation doit alors être déposée dans les 10 ans suivant la consolidation.

VII. RÉGIMES COMPLÉMENTAIRES DE RETRAITE ET PRÉVOYANCE

A. Retraite complémentaire obligatoire

40440 Le régime de retraite complémentaire Agirc-Arrco complète, à titre obligatoire, les prestations servies aux salariés agricoles par leur assurance vieillesse de base. Comme les régimes antérieurs de retraite complémentaire, ce régime est d'origine conventionnelle (Accord national interprofessionnel du 17-11-2017, étendu et élargi, notamment à l'agriculture, par arrêté SSAS1811630A du 24-4-2018, modifié en dernier lieu par avenant 19 du 14-12-2023, étendu et élargi par arrêté TSSS2410838A du 15-4-2024 ; Accord national interprofessionnel du 5-10-2023, étendu et élargi par arrêté MTRS2334686A du 18-12-2023).

1. INSTITUTIONS DE RETRAITE COMPLÉMENTAIRE EN AGRICULTURE

a. Organisation administrative

40445 L'Alliance professionnelle retraite Agirc-Arrco (section Agrica) est compétente pour recevoir les adhésions des entreprises dont les **salariés** sont **affiliés** au régime de base de la **MSA**, quelle que soit leur convention collective (ANI du 17-11-2017, annexe B art. 3). Ce groupe est issu de la fusion des institutions du groupe Agrica avec celles de cinq autres groupes de protection sociale au 1er janvier 2018.

L'**adhésion** est **réalisée par** la caisse de MSA du département de l'entreprise lors de l'embauche du premier salarié. Il en va de même de l'affiliation des salariés ainsi que de l'appel et du paiement des cotisations de retraite complémentaire (Circ. Agirc-Arrco DRJ 14 du 14-12-2017).

b. Sources conventionnelles

SALARIÉS CADRES

40450 Pour les entreprises du secteur de la **production agricole**, le régime de retraite complémentaire des cadres a été institué par la convention collective nationale de prévoyance des ingénieurs et cadres d'entreprises agricoles du 2 avril 1952, étendue par arrêté du ministre de l'agriculture du 13 février 1953.

Pour les **organismes professionnels agricoles**, le régime de retraite complémentaire des cadres a été mis en place par la convention collective nationale du 9 juillet 1968, étendue par arrêté du 19 décembre 1975.

Au 1er janvier 1997, les salariés des **entreprises de la production agricole** et des **organismes professionnels agricoles** bénéficiaient, alors au sein d'une caisse unique (la Caisse de retraite complémentaire des cadres de l'agriculture), du régime Agirc, auquel a succédé au 1er janvier 2019 le régime Agirc-Arrco.

Le champ d'application de l'ancien régime Agirc continue de déterminer les bénéficiaires du taux dérogatoire de calcul des points sur la tranche 1 mentionné n° 40500. 40455
Il concerne toutes les **exploitations et entreprises agricoles** visées aux articles L 722-1 et L 722-20 du Code rural et de la pêche maritime, à l'exception des entreprises du paysage, et les **ingénieurs**, cadres et assimilés définis par les articles 4 et 4 bis de la convention collective nationale Agirc du 14 mars 1947 qu'elles emploient (renvoi aujourd'hui caduc devant s'entendre comme un renvoi à l'article 2 de l'ANI du 17-11-2017 relatif à la prévoyance, étendu et élargi par arrêté SSAS1821500A du 27-7-2018).

SALARIÉS NON CADRES

Avant le 1er janvier 1976, certains secteurs agricoles étaient couverts par des régimes de retraite complémentaire mis en place par convention collective. D'autres ne l'étaient pas faute de syndicat représentatif. 40470
En application de la loi du 29 décembre 1972 visant à généraliser les régimes de retraite complémentaire à tous les salariés agricoles, deux arrêtés ministériels ont étendu au 1er janvier 1976 :
– la convention collective nationale du 9 juillet 1968 des organismes professionnels agricoles à l'ensemble des salariés non cadres relevant de ces organismes et affiliés à la MSA ;
– celle du 24 mars 1971, applicable dans les branches d'activités représentées par la FNSEA à l'ensemble des salariés non cadres affiliés à la MSA.
Un avenant à la convention du 24 mars 1971 en a élargi le champ d'application au 1er juillet 1977 aux métayers assurés sociaux.
Les partenaires sociaux des organismes professionnels agricoles ont signé le 31 janvier 1996 un accord intégrant les opérations de retraite complémentaire, alors gérées par la CCPMA Retraite, au sein de la solidarité interprofessionnelle organisée au sein de l'Agirc et de l'Arrco avec la Camarca comme structure d'accueil.

2. COTISATIONS

COTISATIONS

Les cotisations de retraite complémentaire Agirc-Arrco sont **calculées sur** les éléments de rémunération soumis aux cotisations de sécurité sociale. La règle s'applique y compris lorsque l'assiette de ces dernières est calculée sur une base forfaitaire, notamment dans les cas visés nos 38825 s. (Accord art. 30) ; des dérogations prévalent néanmoins (apprentis, inactivité totale ou partielle, etc.). L'**assiette** des cotisations est constituée d'une **tranche 1** (dite T1) des rémunérations n'excédant pas le plafond de la sécurité sociale et d'une **tranche 2** (dite T2) des rémunérations dont le montant est compris entre le plafond et 8 fois ce même plafond. 40500
Les **taux** des cotisations ouvrant droit aux points de retraite complémentaire (taux contractuels) sont :
– pour les salariés cadres, de 8 % sur la tranche 1 (taux dérogatoire maintenu au 1-1-2019 ; ANI du 17-11-2017 art. 35, § 2) et 17 % sur la tranche 2 ;
– pour les salariés non cadres, d'au moins 6,20 % sur la tranche 1 dans le cas général ; les organismes professionnels agricoles ayant adhéré avant le 1er janvier 1997 à la CCPMA Retraite et les établissements d'enseignement agricole privé appliquent un taux de 8 %. Sur la tranche 2, le taux est de 17 % pour tous.
Les cotisations sont **prises en charge** par l'employeur **à hauteur de** 60 % et par le salarié à hauteur de 40 %. Néanmoins, les entreprises de la production agricole et des secteurs couverts par la convention du 24 mars 1971, visées par un accord de branche antérieur au 25 avril 1996 (Accord du 29-12-1993), continuent à pratiquer une répartition égale entre employeur et salarié de la cotisation sur les tranches 1 et 2 pour leurs salariés non cadres.
Un pourcentage d'appel, fixé à 127 %, est appliqué sur ces taux, qui sont alors arrondis au centième (voir les taux n° 39210).
À ces taux s'ajoutent une **contribution d'équilibre général** ainsi que, pour les participants dont la rémunération excède le plafond de la sécurité sociale, une **contribution d'équilibre technique** (voir les taux n° 39210).

3. PRESTATIONS

CALCUL DE LA RETRAITE

Principes généraux Le régime de retraite complémentaire est fondé sur le principe de la **répartition**, c'est-à-dire que le montant des cotisations versées par les actifs est distribué aux retraités selon certaines règles. 40510

Le régime unifié Agirc-Arrco est un régime de retraite par **points** : le montant de la retraite dépend des points acquis par les participants tout au long de leur carrière dans une ou plusieurs entreprises relevant du régime. Le montant des cotisations versées (parts patronales et salariales hors pourcentage d'appel) divisé par le prix d'achat du point, appelé salaire de référence Agirc-Arrco (19,6321 € en 2024), donne le nombre de points crédités sur le compte individuel du salarié.
Le **montant** annuel de la retraite complémentaire s'obtient en multipliant la valeur du point par le total des points inscrits au compte de l'intéressé. La valeur du point est revalorisée en principe au 1er novembre de chaque année.

40515 **Conditions d'obtention de la retraite** La liquidation de la retraite complémentaire est subordonnée à la **cessation** de toute **activité** salariée, étant précisé que le dispositif de retraite progressive (nos 39895 s.) existe aussi dans le régime de retraite complémentaire. Sur la possibilité de reprendre une activité après la liquidation de la retraite, voir no 40545.
L'**âge normal** du droit à retraite complémentaire a été fixé à 67 ans pour les participants nés à compter de 1955.
Toutefois, la liquidation d'une pension d'assurance vieillesse de base à taux plein permet de liquider les allocations Agirc-Arrco **sans abattement** avant l'âge visé ci-dessus.
En outre, la retraite peut être liquidée à partir de 10 ans avant cet âge (soit à partir de 57 ans pour les assurés nés à compter de 1955) avec application d'un **coefficient d'anticipation**.
Sont notamment concernés par ce coefficient les assurés ayant entre l'âge légal et 67 ans (pour ceux nés à compter du 1-1-1955) mais ne remplissant pas les conditions pour bénéficier d'une retraite à taux plein. Le coefficient appliqué dépend soit de l'âge, soit du nombre de trimestres manquant pour le taux plein (cas des carrières courtes d'au plus 20 trimestres). Si ce nombre est supérieur à 20, c'est obligatoirement le coefficient correspondant à l'âge qui est appliqué.
La liquidation de la retraite complémentaire intervient sur **demande** de l'intéressé accompagnée des pièces justificatives.

40520 **Nombre de points** Le régime Agirc-Arrco dans l'agriculture fonctionne selon un système de points ; le nombre de points attribué à chaque assuré est **fonction des** :
– cotisations versées (no 40500) ;
– périodes assimilées (maladie, accident, invalidité, chômage) ;
– périodes d'activité antérieures à l'obligation d'affiliation à un régime de retraite complémentaire ;
– périodes d'études supérieures rachetées, le cas échéant.

> **Précisions** Les institutions validant gratuitement les services effectués antérieurement à l'obligation d'affiliation à un régime de retraite complémentaire, la **très grande majorité des salariés agricoles** peut bénéficier d'une retraite complémentaire.

40525 **Coefficients temporaires** Des coefficients temporaires appliqués sur le montant de la pension de retraite complémentaire avaient été instaurés pour inciter les salariés à retarder la liquidation de cette retraite.
Un coefficient de solidarité **minorant** (0,90) visait durant 3 années les salariés faisant liquider leur retraite complémentaire moins de 4 trimestres calendaires après la date à laquelle ils remplissaient les conditions d'obtention du taux plein dans le régime de base. Des exemptions étaient prévues en faveur de certaines catégories de participants au régime (notamment travailleurs handicapés, aidant, bénéficiaire de l'allocation spécifique de solidarité à la veille de la retraite, retraités exonérés de CSG sur leur pension de retraite complémentaire, les retraités atteignant 67 ans).
Un coefficient **majorant** concernait durant une année les participants faisant liquider leur pension de retraite complémentaire au moins 8 trimestres calendaires au-delà de la date à laquelle ils remplissaient les conditions d'obtention du taux plein dans le régime de base : 1,10 pour une liquidation décalée d'au moins 8 trimestres, 1,20 pour au moins 12 et 1,30 pour au moins 16.
Le coefficient minorant **a cessé** de s'appliquer aux liquidations prenant effet à compter du 1er décembre 2023 et aux pensions de retraite complémentaire servies depuis le 1er avril 2024. Le coefficient majorant ne s'applique plus aux personnes nées à compter du 1er septembre 1961 dont la pension de retraite du régime de base a pris effet à compter du 1er décembre 2023. Il continue cependant de s'appliquer aux personnes réunissant les conditions d'obtention d'une pension du régime de base au taux plein avant le 1er décembre 2023, ayant décalé la liquidation de leur retraite complémentaire (Accord du 5-10-2023 art. 2).

Majoration pour charges de famille Le nombre de points obtenu est, le cas échéant, majoré pour charges de famille. Le participant **ayant eu ou élevé au moins 3 enfants** bénéficie d'une majoration qui diffère en fonction de la période d'attribution des points de retraite complémentaire : 40535

– pour les points obtenus à partir de 2012, la majoration est égale à 10 % ;

– pour ceux acquis entre 1999 et 2011, la majoration est de 5 % par enfant dans le régime Arrco, de 8 % pour 3 enfants à 24 % pour 7 enfants et plus dans le régime Agirc ;

– pour les périodes antérieures à 1999, dans le régime Camarca (Agrica) la majoration est de 2,5 % par enfant.

La majoration pour enfants nés ou élevés est plafonnée au montant du cumul des plafonds en vigueur à l'Agirc et à l'Arrco au 1er janvier 2019, revalorisé dans les mêmes conditions que le point de retraite.

Pour chaque **enfant à charge** à la date d'effet de la retraite une majoration de l'allocation égale à 5 % est versée tant que l'enfant reste à charge.

Les deux majorations ne se **cumulent** pas. Dans le cas où il peut prétendre à chacune des deux majorations pour charges de famille, le participant ne perçoit que la plus élevée des deux.

RÉVERSION

Le **conjoint** survivant d'un participant décédé depuis le 1er janvier 2019 a droit à partir de 55 ans et sans condition de ressources à une allocation de réversion calculée sur la base de 60 % des points du défunt. Cette allocation est attribuée sans condition d'âge pour l'ayant droit qui est invalide à la date du décès de l'ancien(ne) salarié(e) ou qui a 2 enfants à charge. 40540

Le conjoint divorcé non remarié en bénéficie également au prorata de la durée du mariage.

Les **orphelins** de père et de mère ont également droit sous certaines conditions à une allocation calculée en pourcentage des points du participant décédé.

CUMUL EMPLOI-RETRAITE

Le cumul d'un salaire avec le bénéfice des retraites complémentaires est possible : 40545

– **sans limites de ressources et sans suspension de pension** : à condition d'avoir liquidé toutes ses retraites personnelles obligatoires, d'avoir au moins l'âge requis pour bénéficier d'une retraite à taux plein (67 ans ou l'âge légal mentionné n° 39865) et justifier d'une carrière complète, laquelle a permis d'obtenir la retraite de la sécurité sociale au taux plein et la retraite complémentaire Agirc-Arrco sans minoration ;

– **avec limite de ressources et sans suspension de pension** : cette disposition concerne les personnes qui n'ont pas obtenu toutes leurs retraites personnelles obligatoires, les personnes qui n'ont pas l'âge légal pour l'ouverture des droits à retraite et les personnes qui, entre l'âge légal et l'âge du taux plein, ne justifient pas d'une carrière complète (leur retraite de la sécurité sociale et leur retraite complémentaire Agirc-Arrco ont été attribuées avec une minoration).

En cas de **reprise d'une activité professionnelle** par un assuré remplissant les conditions ci-dessus du cumul emploi-retraite sans limite, les cotisations dues au régime depuis le 1er janvier 2023 sur les rémunérations en tranche 1 sont génératrices de points de retraite complémentaire. Ils peuvent être liquidés à compter du 1er janvier 2024 mais n'ouvrent droit qu'à une seule pension de retraite complémentaire au titre du cumul emploi-retraite (Accord du 5-10-2023 art. 3).

B. Prévoyance complémentaire

En complément des prestations d'assurances sociales, les **conventions collectives** peuvent instituer des régimes complémentaires de prévoyance. Financés par des cotisations partagées entre employeur et salarié, ils prévoient, parfois sous condition d'ancienneté, des indemnités journalières complémentaires en cas d'arrêt de travail pour maladie ou accident, un surplus de pension en cas d'invalidité, un capital décès assorti éventuellement d'une rente éducation au profit des enfants à charge. 40560

À titre d'exemple, sont **décrits ci-après** le régime minimum des salariés non cadres de la production agricole, celui des cadres des exploitations agricoles et celui des organisations professionnelles agricoles.

Les **cotisations** finançant des **garanties prévoyance** couvrant les risques incapacité, invalidité, décès et dépendance bénéficient d'un **régime particulier** sous réserve de certaines conditions, notamment que ces garanties présentent un caractère collectif et obligatoire (CSS art. L 242-1, R 242-1-1 à R 242-1-6 et D 242-1 ; BOSS-PSC-720 s.). 40565

En ce cas, la cotisation patronale n'est pas considérée, dans certaines limites fixées par la loi, comme un complément de salaire imposable. Elle est exclue de l'assiette des cotisations sociales dans les limites mentionnées n° 38765. En revanche, elle est soumise à la CSG et à la CRDS (sauf en ce qui concerne le maintien de salaire correspondant à l'obligation légale de l'employeur en cas d'incapacité temporaire) et, pour les entreprises d'au moins 11 salariés, au forfait social (sur le taux du forfait social voir n° 39190).

La cotisation salariale est déductible du salaire imposable dans certaines limites fixées par la loi (CGI art. 83, 1° quater).

ENTREPRISES DE LA PRODUCTION AGRICOLE

40570 **Salariés non cadres** Un régime de prévoyance obligatoire s'applique pour tous les salariés non cadres ayant au moins 6 mois d'ancienneté (Accord national du 10-6-2008 modifié en dernier lieu par avenant 7 du 22-9-2020 étendu par arrêté AGRS2116012A du 31-5-2021) et employés dans une entreprise de la production agricole, des travaux agricoles (hors paysage), des Cuma et des travaux forestiers. Celui-ci offre les principales garanties suivantes.

En cas d'absence au travail justifiée par une **incapacité temporaire** résultant de la maladie ou d'un accident, le salarié bénéficie d'une indemnité journalière égale à 15 % du salaire journalier de référence. L'indemnité est versée à compter de l'expiration de la totalité des durées d'indemnisation prévues en application des dispositions relatives à la mensualisation, qu'elles soient d'origine légale (C. trav. art. L 1226-1 et D 1226-1 s.) ou conventionnelle, et ce jusqu'à la reprise du travail et au plus tard jusqu'au 1095e jour d'arrêt de travail.

Le versement de l'indemnité journalière intervient à condition pour le salarié d'avoir justifié par certificat médical dans les 48 heures de cette incapacité, être pris en charge par la MSA et être soigné sur le territoire français ou dans un autre pays de l'Union européenne.

En cas d'**incapacité permanente** de travail résultant d'un accident du travail ou d'une maladie professionnelle, et entraînant une impossibilité d'exercer une activité professionnelle et correspondant à un taux égal ou supérieur à 66,66 %, ou en cas de **pension d'invalidité** de 2e ou 3e catégorie, le salarié bénéficie d'une rente ou d'une pension versée chaque mois égale à 10 % du salaire mensuel brut de référence. Elle s'ajoute à celle versée par la caisse de MSA. Le versement de la prestation complémentaire débute dès le versement de la prestation légale par la caisse de MSA.

En cas de **décès** du salarié, quelle qu'en soit l'origine, sauf guerre ou fait volontaire du bénéficiaire du capital, il est versé au(x) bénéficiaire(s) qu'il a désigné(s) ou, en l'absence de désignation, à ses ayants droit ou, à défaut, à ses héritiers un capital décès égal à 100 % du salaire brut total soumis à cotisations perçu pendant les 12 derniers mois précédant le décès. En cas de perte totale et irréversible d'autonomie, le salarié peut percevoir ce capital. Ce versement anticipé met fin à la garantie décès.

> **Précisions** Signalons que des **accords collectifs territoriaux** peuvent apporter des compléments au régime mis en place par l'accord national ou le remplacer par un autre régime de prévoyance, à condition que les prestations offertes soient supérieures.

40575 **Salariés cadres** Les cadres, techniciens et agents de maitrise des exploitations agricoles bénéficient du régime de prévoyance mis en place par la convention collective du 2 avril 1952 modifiée (en dernier lieu par avenant 52 du 16-1-2023, en cours d'extension), qui prévoit les garanties ci-après.

1. Garantie incapacité invalidité : le salarié bénéficie du versement d'indemnités journalières complémentaires dès le 1er jour d'arrêt pour accident du travail, maternité ou maladie professionnelle, et dès le 4e jour d'arrêt pour la maladie ou un accident de la vie privée.

Ces indemnités sont versées au maximum jusqu'à la mise en invalidité du bénéficiaire, c'est-à-dire au maximum pendant 3 ans.

Les indemnités journalières en cas d'incapacité de travail temporaire sont de 25 % du salaire sur la tranche 1 et de 70 % du salaire sur la tranche 2, dans la limite du salaire net.

En cas d'incapacité de travail permanente ouvrant droit à une pension d'invalidité de catégorie 2 ou 3 ou à une rente d'incapacité professionnelle pour un taux au moins égal à 66,66 %, la pension est de 40 % du salaire sur la tranche 1 et de 90 % du salaire sur la tranche 2, dans la limite du salaire net.

2. Garantie décès : elle comporte un capital décès, des rentes d'éducation pour les enfants et une indemnité funéraire.

Le capital décès est égal à 150 % du salaire brut annuel de référence. La garantie comporte en outre une majoration de 25 % par enfant à charge, versée à ceux-ci ; une majoration de 50 % en présence d'un conjoint ou assimilé ; une majoration équivalant à l'ensemble du capital et des majorations familiales versée aux enfants à charge qui demeurent orphelins de père et de mère

à la suite du même accident ou dans les 12 mois du décès du salarié. L'invalidité absolue et définitive, définie comme de catégorie 3 au sens des assurances sociales agricoles, est assimilée au décès et ouvre droit au versement du capital décès au profit du cadre invalide.
Les enfants à charge du cadre décédé perçoivent une rente annuelle d'éducation.
Une indemnité funéraire est accordée à la personne ayant supporté les frais funéraires en cas de décès du cadre, de son conjoint, concubin, partenaire pacsé ou d'un enfant à charge, dans la limite du plafond mensuel de la sécurité sociale. Des suppléments conventionnels peuvent s'ajouter à ce régime de base.
Le régime de base comprend également une garantie de retraite supplémentaire étudiée n° 40610.

> **Précisions** Les **catégories de cadres et assimilés** au sens des articles 2.1 et 2.2 de l'ANI du 17 novembre 2017 relatif à la prévoyance des cadres s'entendent dans les exploitations et entreprises qu'elle vise des cadres et des techniciens, agents de maîtrise définis comme tels par la convention collective nationale production agricole Cuma du 15-9-2020 (étendue par arrêté AGRS2100383A du 2-12-2020 ; Décision de la commission paritaire de l'Apec du 30-3-2022).

ORGANISATIONS PROFESSIONNELLES AGRICOLES

Les salariés de ces organisations qui sont **affiliés** au régime de prévoyance obligatoire bénéficient des garanties ci-après. 40580
1. Incapacité et invalidité : versement d'indemnités journalières à l'issue d'un délai de franchise de 90 jours. Pour certaines branches professionnelles, ce délai est porté à 120, 150 ou 180 jours.
Dès que le salarié est reconnu invalide par les assurances sociales, une pension mensuelle lui est versée, en complément de celle versée par le régime de base. Elle cesse à la liquidation de la pension vieillesse du régime de base.
Les indemnités journalières en cas d'incapacité de travail temporaire sont de 31 % du salaire brut limité au plafond des assurances sociales (n° 38780) et de 81 % du salaire brut au-delà de ce plafond.
En cas d'incapacité de travail permanente ou en cas d'accident du travail ou de maladie professionnelle si le taux est au moins égal à 33 %, la pension versée est de 33 % du salaire brut limité au plafond des assurances sociales (n° 38780) et de 81 % du salaire brut au-delà de ce plafond.
2. Garantie décès : le capital décès versé correspond à 130 % du salaire annuel brut, avec des majorations en fonction de la situation familiale :
– plus 50 % du salaire si le défunt laisse un conjoint non séparé de corps, un partenaire de Pacs ou un concubin ;
– plus 25 % du salaire par enfant à charge ;
– plus 75 % du salaire pour un enfant orphelin (25 % par enfant supplémentaire) si le défunt est célibataire, veuf ou divorcé ;
– versement à chaque enfant à charge d'un capital supplémentaire de 130 % du salaire annuel brut si le conjoint décède simultanément ou dans les 12 mois du décès de l'assuré.
L'invalidité permanente et absolue est assimilée au décès et l'assuré perçoit le capital décès. En cas de décès du conjoint de l'assuré, du partenaire de Pacs, du concubin ou d'un enfant à sa charge une indemnité funéraire lui est versée s'il a supporté les frais d'obsèques, à hauteur d'un plafond mensuel de la sécurité sociale.
Le régime comprend également une garantie de retraite supplémentaire étudiée n° 40610.

C. Couverture complémentaire frais de santé

La couverture des frais de santé a pour objet le remboursement des frais médicaux, pharmaceutiques et hospitaliers résultant d'une maladie, d'un accident ou liés à la maternité. Elle vise à compléter les prestations en nature de la sécurité sociale. 40590

COUVERTURE OBLIGATOIRE

Toutes les entreprises doivent faire bénéficier l'ensemble de leurs salariés d'une couverture obligatoire des frais de santé et de maternité comportant les **garanties minimales** mentionnées à l'article D 911-1 du Code de la sécurité sociale. Lorsque ces garanties n'ont pas été mises en place par accord collectif, l'employeur y procède par décision unilatérale. Il assure au minimum la moitié du **financement** de la couverture collective (CSS art. L 911-7). 40592

Peuvent se **dispenser** à leur initiative de la couverture collective en place dans l'entreprise les salariés entrant dans l'une des catégories suivantes (CSS art. D 911-2) :
– salariés bénéficiaires de la complémentaire santé solidaire (nos 49050 s.) ;
– salariés couverts par une assurance individuelle de frais de santé au moment de la mise en place des garanties ou de l'embauche si elle est postérieure ;
– salariés employés avant la mise en place de la couverture par décision unilatérale de l'employeur, si le financement de la couverture est pour partie salarial ;
– salariés bénéficiaires, pour les mêmes risques, y compris en tant qu'ayants droit, de prestations servies au titre d'un autre emploi en tant que bénéficiaire d'un dispositif collectif et obligatoire ;
– salariés en CDD ou en contrat de mission si la durée de la couverture collective à adhésion obligatoire en place dans l'entreprise est inférieure à 3 mois et s'ils justifient bénéficier à titre personnel d'une couverture respectant les conditions d'un contrat responsable (n° 40600) ;
– si l'acte instituant le régime le prévoit : salariés et apprentis bénéficiaires d'un CDD ou d'un contrat de mission d'au moins 12 mois, à condition de justifier par écrit d'une couverture individuelle souscrite par ailleurs pour le même type de garanties, ou de moins de 12 mois même s'ils ne bénéficient pas d'une même couverture ; salariés à temps partiel et apprentis dont l'adhésion au système de garanties les conduirait à l'acquitter d'une cotisation au moins égale à 10 % de leur rémunération brute.

VERSEMENT SANTÉ

40593 La couverture santé peut être assurée par le biais d'un versement santé à l'égard des **salariés** justifiant qu'ils bénéficient à titre personnel d'une couverture respectant les conditions d'un contrat responsable, dont le **contrat à durée déterminée** ou le **contrat de mission** est conclu pour une durée inférieure ou égale à 3 mois ou dont le **contrat de travail à temps partiel** comporte une durée effective de travail inférieure ou égale à 15 heures par semaine (CSS art. L 911-7-1 et D 911-6 s.). Le versement santé équivaut à la part de l'employeur dans le financement de la garantie accordée aux autres salariés, majorée de 5 % ou 25 % selon que le contrat de travail du salarié est à durée indéterminée à temps partiel ou à durée déterminée. En l'absence de contribution repère, le montant de référence pour 2024 est de 20,75 € par mois (6,93 € en Alsace-Moselle) avec application des mêmes pourcentages selon la nature du contrat. Le versement santé est **mis en place** par un accord de branche ou, à défaut d'un tel accord ou si celui-ci le prévoit, un accord d'entreprise, ou par décision unilatérale de l'employeur si les salariés ne sont pas déjà couverts à titre collectif et obligatoire.
En outre, les salariés ayant demandé à être dispensés d'affiliation en raison de la durée de la couverture y ont droit à leur **initative**.

COTISATIONS

40595 Les cotisations à une assurance complémentaire santé bénéficient d'un régime particulier lorsque cette assurance est mise en place dans le cadre d'un **contrat collectif** et présente pour le salarié un caractère **obligatoire** (CSS art. L 242-1, R 242-1-1 à R 242-1-6 et D 242-1 ; BOSS-PSC-720 s.). Le contrat doit en outre respecter les obligations du « contrat responsable » (n° 40600) et du 100 % santé (n° 40602).
En ce cas :
– la **cotisation patronale** est exonérée, dans certaines limites, de cotisations sociales (CSS art. L 242-1) mais constitue une rémunération soumise à l'impôt sur le revenu (CGI art. 83, 1° quater). Elle est entièrement soumise à la CSG et à la CRDS et, dans les entreprises d'au moins 11 salariés, au forfait social au taux de 8 % ;
– la **cotisation salariale** est déductible du salaire imposable dans certaines limites fixées par la loi (CGI art. 83, 1° quater).

CONTRAT RESPONSABLE

40600 Pour bénéficier des avantages sociaux et fiscaux ci-dessus, le contrat d'assurance complémentaire santé **doit notamment** (CSS art. L 871-1 et R 871-1 s. ; BOSS-PSC-360 s.) :
– exclure de ses remboursements les dépenses que la loi impose de laisser à la charge de l'assuré telles que la participation forfaitaire pour chaque acte ou consultation médicale (n° 39445), la franchise sur médicaments (n° 39450) ou les sanctions pour non-respect du parcours de soins coordonné (n° 39425) ;
– prendre en charge le ticket modérateur pour les soins de ville (excepté certains médicaments) et les frais d'hospitalisation ainsi que le forfait journalier hospitalier ;

– limiter les remboursements de certaines dépenses, notamment en optique, en aide auditive et en soins dentaires prothétiques, aux plafonds fixés par l'article R 871-2 du Code de la sécurité sociale ;
– prévoir l'information des assurés sur le montant et la composition des frais de gestion des risques.

100 % SANTÉ

Pour ouvrir droit au régime de faveur exposé n° 40595, les contrats d'assurance complémentaire frais de santé accordent un panier minimum de garanties. Les niveaux de prise en charge sont fixés de façon à garantir à l'assuré social couvert par un contrat complémentaire frais de soins, un accès sans reste à charge à certains des dispositifs d'optique médicale, des soins prothétiques, équipements et prothèses dentaires, ainsi qu'à certains dispositifs d'aides auditives (CSS art. R 871-2). 40602

ENTREPRISES DE LA PRODUCTION AGRICOLE

L'accord national du 10 juin 2008 (n° 40570) rend la complémentaire santé obligatoire pour tous les **salariés non cadres**, ayant au moins 3 mois d'ancienneté et employés dans une entreprise de la production agricole, des travaux agricoles (hors paysage), des Cuma et des travaux forestiers. L'accord laisse la possibilité à des accords collectifs locaux d'apporter des compléments au régime qu'il met en place ou de le remplacer par d'autres prestations, dès lors qu'elles sont supérieures. Cet accord a instauré le versement santé (n° 40593) au bénéfice des salariés titulaires d'un contrat à durée déterminée ou d'un contrat de mission d'une durée inférieure ou égale à 3 mois. 40605
Les **cadres, techniciens et agents de maîtrise** des exploitations agricoles bénéficient d'une assurance complémentaire santé par le régime de prévoyance de la convention collective du 2 avril 1952.

> **Précisions** Le fait que l'accord de branche prévoie une clause d'ancienneté **ne dispense pas** les employeurs des obligations mentionnées n° 40592 à l'égard des salariés en contrat à durée déterminée de moins de trois mois (Rép. Furst : AN 7-6-2016 n° 93731).

D. Retraite supplémentaire

Des garanties de retraite supplémentaire ont été instaurées en faveur de plusieurs catégories de salariés agricoles par différents accords collectifs. Les cotisations aux régimes découlant de ces accords obéissent aux mêmes règles sociales et fiscales que celles applicables aux cotisations de prévoyance complémentaire (n° 40575), sous réserve de limites de déduction de l'assiette des cotisations propres à la retraite supplémentaire (CSS art. D 241-1 II) exposées n° 38765 ; sur le forfait social, voir n° 39190. 40610

1. Les salariés **cadres, techniciens et agents de maîtrise** de la **production agricole** bénéficient d'une retraite supplémentaire en application de la convention collective du 2 avril 1952 (nos 40450 et 40575). Le régime, antérieur à la réforme de l'épargne retraite opérée par la loi Pacte (Loi 2019-486 du 22-5-2019 ; Ord. 2019-766 du 24-7-2019), est à cotisations définies. Il est géré par capitalisation, en points. Les cotisations acquittées nettes de frais sont versées sur un compte individuel ouvert au nom de chaque salarié, le nombre de points acquis dépendant de la valeur du salaire de référence (fixée annuellement par le conseil d'administration de l'organisme assureur). Le montant annuel de l'allocation de retraite supplémentaire est calculé sur la base du nombre de points inscrits au compte du retraité, multiplié par la valeur du point de retraite pour l'année correspondante (fixée annuellement par le conseil d'administration de l'organisme assureur) et par un coefficient actuariel prenant en compte notamment l'âge de liquidation et les tables de mortalité en vigueur à cette date. Les cotisations obligatoires s'élèvent à 1,43 % de la fraction rémunération allant jusqu'au plafond de la sécurité sociale et 0,2 % au-delà (dans la limite de 8 fois le plafond) pour tous les employeurs et respectivement à 1,07 % et 0,3 % pour tous les salariés.

2. Bénéficient, depuis le 1er janvier 1997, d'un régime supplémentaire de retraite obligatoire et par capitalisation les **salariés** (cadres et non cadres) des **organismes professionnels agricoles** justifiant de six mois de services au sein de l'organisme (Accord du 31-1-1996 étendu par arrêté AGRS9700655A du 1-4-1997). Les cotisations acquittées sont affectées, nettes des frais, sur un compte individuel en euros ouvert au nom de chaque participant. Elles sont capitalisées et sont augmentées, chaque année par le jeu de la répartition de la totalité des produits financiers nets des frais et prélèvements. Les participants ont la faculté de compléter à titre individuel les cotisations par les droits inscrits sur le compte épargne-temps ou, à défaut, par des jours de repos (C. trav. art. L 3334-8) ainsi que par des versements individuels. Le régime, initialement à cotisations définies, a été transformé en plan d'épargne retraite obligatoire (Pero) à effet au 1er juillet 2022 par décision de l'assemblée générale. Le taux des cotisations est fixé à 1,24 % des rémunérations pour leur part allant jusqu'à 8 fois le plafond de la sécurité sociale et est réparti par moitié entre l'employeur et le salarié.

3. Mis en place par deux accords de branche étendus distincts des 15 septembre 2020 et 8 octobre 2020, des régimes de retraite supplémentaire bénéficient respectivement aux **salariés non cadres** des **exploitations agricoles et Cuma** et des entreprises de **travaux agricoles** (Accords du 15-9-2020 étendu par arrêté AGRS2100384A du 2-12-2020 et du 8-10-2020 étendu par arrêté AGRS2101785A du 18-12-2020). Il s'agit de plans d'épargne retraite obligatoires (Pero), entrés en vigueur le 1er juillet 2021 (C. mon. fin. art. L 224-23 s.). Le plan a pour objet l'acquisition et la jouissance de droits viagers personnels ou le versement d'un capital, payables, au plus tôt, à compter de la date de liquidation de la pension au titre du régime obligatoire d'assurance vieillesse ou de l'âge visé n° 39865. Les rentes sont réversibles sur option à la liquidation. En contrepartie des versements, les salariés bénéficient d'un plan d'épargne retraite géré par capitalisation, exprimé en points affectés au compte individuel ouvert au nom du salarié. Le salaire de référence déterminant la valeur d'achat du point est déterminé par l'organisme assureur. Il en va de même de sa valeur liquidative. L'acquisition des droits s'effectue par des cotisations dues à titre obligatoire, par des versements volontaires du salarié ou par des sommes versées au titre de la participation aux résultats de l'entreprise ou de versements des entreprises prévus en application des dispositifs d'épargne salariale. Les cotisations obligatoires s'élèvent à 1,00 % de la part des rémunérations allant jusqu'à 8 fois le plafond de la sécurité sociale et sont réparties pour moitié entre l'employeur et le salarié.

Les salariés non cadres des **entreprises du paysage** sont quant à eux bénéficiaires d'un plan d'épargne retraite obligatoire analogue depuis le 1er juillet 2022 (Accord du 3-2-2022 étendu par arrêté AGRS2216973A du 9-6-2022). Le taux de 1 % de la cotisation est toutefois réparti à hauteur de 0,62 % pour l'employeur et de 0,38 % pour le salarié. Le régime de retraite supplémentaire des salariés techniciens, agents de maîtrise ou cadres découle de la convention collective nationale du 10 octobre 2008 (étendue par arrêté AGRS0906277A du 16-3-2009). Le taux de cotisation est, pour les techniciens et agents de maîtrise, de 2 % du salaire brut tranche A, réparti à hauteur de 1,24 % à la charge de l'employeur et 0,76 % à la charge du salarié. Pour les cadres, il est de 3 % du salaire brut tranche A, réparti à hauteur de 1,86 % à la charge de l'employeur et 1,14 % à la charge du salarié.

SECTION 4 COORDINATION INTERRÉGIMES

40660 L'**exercice simultané ou successif de plusieurs activités relevant de régimes** de protection sociale **différents** pose un certain nombre de problèmes de coordination entre ces régimes tant en ce qui concerne le versement des cotisations que le service des prestations. Conscient de ces difficultés, pour faciliter le versement des prestations en nature et en espèces des assurances maladie-maternité, le législateur a introduit une règle de coordination entre les régimes obligatoires d'assurance maladie pour permettre de tenir compte des périodes d'affiliation, d'immatriculation, de cotisations ou de travail effectué quel que soit le régime dont relèvent les assurés (CSS art. L 171-2).

COORDINATION ENTRE LES RÉGIMES DE SALARIÉS

40665 **Service des prestations** En cas d'activités successives ou simultanées salariées relevant du régime général et du régime agricole, le régime qui supporte le service et la charge des prestations **en espèces** est celui dont l'assuré relève ou relevait en dernier lieu (CSS art. L 172-1, R 172-1 s., R 172-12-3 et R 172-16 s.) :
– pour la maladie, à la date de l'interruption de travail ;
– pour la maternité, à celle du début du repos prénatal ou, à défaut, à la date du premier jour du neuvième mois précédant la date présumée de l'accouchement ;
– pour l'adoption, le jour de l'arrivée de l'enfant dans le foyer ;

– pour la paternité, le jour de l'accouchement de la mère ;
– pour l'invalidité, à la date de l'interruption de travail suivie d'invalidité, ou de l'accident suivi d'invalidité ou, à défaut à la date de la constatation médicale de l'invalidité ;
– pour le décès, à la date du décès.
La **durée d'affiliation** à l'un des deux régimes est assimilée à une durée d'affiliation à l'autre régime et le temps de travail effectué dans une profession relevant de l'un des deux régimes (périodes assimilées comprises) est pris en compte dans l'autre régime. L'ensemble des rémunérations est pris en compte par le régime débiteur.
En ce qui concerne la **prise en charge des frais de santé**, le régime débiteur est le régime d'affiliation.

Cotisations Lorsque deux activités salariées relevant l'une du régime agricole et l'autre du régime général de sécurité sociale sont exercées simultanément, les **cotisations** sont dues dans chacun de ces régimes sous réserve des règles de plafonnement indiquées nos 38780 s. **40670**

COORDINATION ENTRE LE RÉGIME DES ASSURANCES SOCIALES AGRICOLES ET LES RÉGIMES D'ASSURANCE MALADIE DES NON-SALARIÉS

L'assuré qui, assujetti aux assurances sociales agricoles en tant que salarié, **change d'activité** et relève du fait de cette nouvelle activité d'un régime de non-salariés reçoit les prestations de ce dernier régime. **40675**
En cas d'exercice **simultané** de plusieurs activités professionnelles dont l'une est **indépendante non agricole**, il y a affiliation obligatoire et versement de cotisations à chacun des régimes d'assurance maladie, le droit aux prestations n'étant ouvert que dans le régime dont relève l'activité principale.
La période d'activité accomplie dans l'autre régime (pour autant qu'il soit régi par le Code de la sécurité sociale) est prise en compte de la façon suivante :
– la durée d'affiliation à un régime est assimilée à une durée d'affiliation dans l'autre régime ;
– le montant de cotisations acquitté dans un régime est considéré comme acquitté dans l'autre régime.
Les périodes de cotisation ou la durée de travail effectuée ainsi que les périodes et durées assimilées dans un régime sont considérées comme effectuées dans l'autre régime. Chaque journée d'affiliation à un régime non salarié est considérée comme équivalant à six heures de travail salarié.
Les prestations de l'assurance invalidité sont servies par le régime dont les assurés relèvent à la date de la constatation médicale de l'invalidité, dès lors que les intéressés, à défaut de satisfaire aux conditions prévues par la réglementation propre à ce régime, remplissent des conditions particulières de temps de travail, de périodes d'activité ou durées d'affiliation dans chacun des régimes considérées comme équivalentes (CSS art. R 172-19).
Sur le cumul de plusieurs activités dont l'une est **non salariée agricole**, voir nos 45500 s.

CAS DE L'ASSURANCE VIEILLESSE

Les assurés nés à compter du 1er janvier 1953 et relevant ou ayant relevé successivement, alternativement ou simultanément des régimes des salariés (agricoles et non agricoles) et des indépendants bénéficient d'une liquidation unique de l'ensemble des pensions dues par ces régimes (CSS art. L 173-1-2). On parle de **liquidation unique des régimes alignés (Lura)**. Le dispositif est également applicable aux pensions de réversion. Le **régime compétent** pour calculer la retraite dans le cadre de la Lura est celui auquel l'assuré a été affilié en dernier lieu (CSS art. R 173-4-4 ; Circ. Cnav 2017-27 du 21-7-2017). À l'initiative du régime saisi le premier d'une demande de retraite de base, les régimes visés par la Lura se coordonnent pour procéder à la détermination du régime compétent et échangent, à cet effet, toutes les données nécessaires. Lorsque l'assuré a été affilié en dernier lieu simultanément à au moins deux régimes Lura, le régime compétent est celui qui prend en charge les frais de santé. **40680**
Par **exception**, est compétent :
– le régime général de sécurité sociale, lorsque l'assuré justifie de périodes d'assurance ou d'activité non salariées antérieures au 1er janvier 1973 dans le régime des travailleurs indépendants ou peut prétendre, à partir de l'âge légal, à une retraite au titre de l'inaptitude au travail substituée à une pension d'invalidité dans ce régime ou exerce, au moment de sa demande, simultanément une activité relevant du régime des indépendants et une activité relevant d'un régime salarié et demande le service d'une fraction de sa retraite progressive au titre de l'activité à temps partiel relevant du régime des indépendants ;
– le régime des salariés agricoles ou le régime général en cas de retraite pour incapacité permanente, selon que ce régime est celui au titre duquel a été reconnue l'incapacité permanente, ou celui au titre duquel a été reconnu le taux d'incapacité le plus élevé, si l'assuré justifie d'une

40680 (suite) incapacité permanente reconnue par chacun des régimes, ou celui ayant reconnu le taux d'incapacité permanente en dernier lieu, si le taux d'incapacité reconnu par chacun des deux régimes est identique. Dans l'hypothèse où l'incapacité est reconnue par le régime des non-salariés agricoles (NSA), le régime compétent est le régime des salariés agricoles ou le régime général si l'assuré n'a pas relevé du régime des salariés agricoles ;

– le régime des salariés agricoles en cas d'activité exercée au régime des NSA, lorsque l'assuré réunit les trois conditions suivantes : il a relevé du régime des salariés agricoles ; il a relevé au moins d'un des autres régimes visés par la Lura ; il ouvre droit à une retraite au régime des NSA.

Lorsque l'assuré se trouve dans au moins deux situations dérogatoires précitées, attribuant la compétence à deux régimes distincts, le régime compétent est par ordre de priorité le régime général puis le régime des salariés agricoles.

Le régime compétent pour effectuer la Lura au titre de la **pension de réversion** est déterminé compte tenu de la carrière du conjoint décédé ou disparu et, de la même manière, soit que les droits du conjoint décédé ou disparu aient déjà été attribués dans le cadre de la Lura, soit que ces droits n'aient pas été attribués au moment du décès ou de la disparition.

CHAPITRE 3

PROTECTION SOCIALE DES NON-SALARIÉS AGRICOLES

SOMMAIRE

SECTION 1
AFFILIATION ET ASSUJETTISSEMENT

43000 L'affiliation des chefs d'exploitations ou d'entreprises individuelles aux différentes branches de la protection sociale agricole (assurance maladie, invalidité et maternité ; assurance vieillesse et veuvage ; prestations familiales ; assurance accidents du travail et maladies professionnelles ; autonomie et dépendance) est soumise à des règles communes visées aux articles L 722-1 à L 722-7 du Code rural et de la pêche maritime. Chacune des branches comprend également des dispositions particulières rattachant telle ou telle catégorie d'assurés : voir nos 45000 s. (Amexa), 46000 s. (assurance vieillesse), 48000 s. (accidents et maladies professionnelles) et 44200 s. (prestations familiales).
Les chefs d'exploitations ou d'entreprises agricoles sont affiliés à condition d'exercer :
– une **activité agricole** au sens de la protection sociale (nos 38010 s.) ;
– sur une **exploitation** ou une entreprise d'une certaine **importance** (nos 43005 s.).
Lorsque l'importance de l'exploitation ne permet pas une affiliation au régime de protection sociale, le chef d'exploitation ou d'entreprise exerçant à titre individuel doit s'acquitter d'une **cotisation de solidarité**, laquelle n'est pas due lorsque l'exploitation est exercée sur une trop faible surface ou nécessite un nombre d'heures de travail trop peu important (n° 44000). Il peut cependant être affilié à titre dérogatoire sous certaines conditions : voir n° 43080.

> **Précisions** Sauf contestation dans les délais réglementaires, la décision d'affiliation prise par la caisse de MSA ne peut être anéantie rétroactivement. Par conséquent, une **requalification de l'activité agricole d'une société** en activité commerciale par le juge administratif, dans le cadre d'un litige fiscal, n'a d'effet que pour l'avenir : elle ne peut donner lieu au remboursement des cotisations sociales versées depuis la création de la société (Cass. 2e civ. 28-11-2013 nos 12-26.136 et 12-26.292).

A. Seuils d'affiliation

ACTIVITÉ MINIMALE D'ASSUJETTISSEMENT

43005 Depuis 2014, l'affiliation des non-salariés agricoles repose sur l'importance minimale de l'exploitation ou de l'entreprise agricole, laquelle est déterminée par l'activité minimale d'assujettissement [AMA] (C. rur. art. L 722-5). L'AMA est atteinte lorsqu'est remplie l'une des conditions suivantes :
– la superficie mise en valeur est au moins égale à la **surface minimale d'assujettissement** (SMA) compte tenu, s'il y a lieu, des coefficients d'équivalence applicables aux productions agricoles spécialisées (n° 43010) ;
– le **temps de travail** nécessaire à la conduite de l'activité est, dans le cas où l'activité ne peut être appréciée selon la condition de surface minimale (cultures et élevages spécialisés non prévus par l'arrêté national ou les arrêtés départementaux fixant la SMA, travaux agricoles ou forestiers pour les chefs d'entreprise agricole, etc.), au moins égal à 1 200 heures par an (n° 43050) ;
– le **revenu professionnel de l'agriculteur** est au moins égal à l'assiette forfaitaire mentionnée à l'article L 731-16 du Code rural et de la pêche maritime applicable à la cotisation d'assurance vieillesse prévue au 1° de l'article L 731-42 du même Code (soit 800 Smic), lorsque cette personne met en valeur une exploitation ou une entreprise agricole dont l'importance est supérieure au seuil d'assujettissement à la cotisation de solidarité (c'est-à-dire plus du quart de la SMA ou 150 heures de travail), et qu'elle n'a pas fait valoir ses droits à la retraite (n° 43060).

LA SURFACE MINIMALE D'ASSUJETTISSEMENT : UN CRITÈRE DE SUPERFICIE FONCIÈRE

43010 Sont assujetties obligatoirement au régime agricole les **personnes** dirigeant une exploitation ou une entreprise agricole dont l'importance est au moins égale ou équivalente à la surface minimale d'assujettissement (**SMA**).
La SMA est fixée par arrêté préfectoral, sur proposition de la caisse de MSA. Sa valeur peut varier selon les régions naturelles ou les territoires infra-départementaux et selon les types de production, à l'exception des productions hors sol. La loi précise que la surface minimale d'assujettissement en polyculture-élevage ne peut être inférieure de plus de 30 % à la surface minimale d'assujettissement nationale, sauf dans les zones de montagne ou défavorisées où la

limite inférieure peut atteindre 65 % ; la surface minimale d'assujettissement nationale est fixée par arrêté du ministre chargé de l'agriculture. La **SMA nationale** a été arrêtée à 12,5 ha (Arrêté AGRS1514329A du 13-7-2015).

Pour les **productions hors sol**, un arrêté du ministre chargé de l'agriculture du 18 septembre 2015 a fixé les coefficients d'équivalence applicables uniformément pour l'ensemble du territoire, sur la base de la surface minimale d'assujettissement nationale (Arrêté AGRS1521847A du 18-9-2015).

> **Précisions a.** Dans la terminologie habituellement employée par le Code rural, les chefs d'exploitation regroupent les personnes exerçant en leur nom propre des activités de production agricole, éventuellement complétées d'activités dans le prolongement ou connexes, tandis que les chefs d'entreprises sont les personnes qui exercent en leur nom propre une activité de services relevant de la protection sociale agricole (entrepreneurs de travaux agricoles ou forestiers, paysagistes, etc.).

b. Dans le cadre de la réglementation communautaire concernant la PAC, le règlement CE 2021/2115 du Parlement européen et du Conseil du 2 décembre 2021 actuellement en vigueur, comme le règlement CE 1307/2013 du 17 décembre 2013 applicable jusqu'en 2022, contient des mesures permettant à un agriculteur de percevoir une aide tout en ne réalisant aucune production sur son exploitation, mais en maintenant seulement les terres dans de « bonnes conditions agricoles et environnementales ». En effet, l'article 4 du règlement 2021/2115 propose aux États qu'ils indiquent dans leurs plans stratégiques nationaux plusieurs définitions, dont celle de l'activité agricole. Ainsi, l'activité agricole est déterminée de telle sorte « qu'elle permet de contribuer à la fourniture de biens privés et publics » par le « maintien de la surface agricole dans un état qui la rend adaptée au pâturage ou à la culture, sans action préparatoire allant au-delà du recours à des pratiques agricoles courantes et à des machines agricoles courantes ». Pour autant, la définition n'a pas de portée sociale : l'agriculteur placé dans cette situation ne saurait être affilié en qualité de chef d'exploitation faute d'exercer une activité de production agricole au sens de l'article L 722-1 du Code rural et de la pêche maritime. Dès lors, il semble fondé à percevoir sa retraite agricole (ce qui suppose un arrêt d'activité, voir n° 46590) quand bien même il maintient ses surfaces agricoles dans un état qui les rend adaptées au pâturage ou à la culture au sens de l'article 4 du règlement CE 1307/2013 précité. À noter que les agriculteurs qui percevaient une aide au titre du régime de paiement unique prévu par le règlement CE 2021/2115 du 29 septembre 2003 et qui maintenaient tout ou partie de leurs terres dans de bonnes conditions agricoles et environnementales, telles qu'imposées par la réglementation communautaire, étaient réputés réaliser une activité agricole d'un point de vue social (C. rur. art. L 332-1 ; Circ. min. agric. SG/SAFSL/SDTPS/C 2009-1506 du 3-3-2009) ; ils ne pouvaient donc cumuler une pension de retraite et la perception des aides PAC. Cette règle n'a pas été reconduite.

c. La jurisprudence a longtemps considéré que toute utilisation des terres dans un but agricole relevait d'une **mise en valeur**. Ainsi, l'entretien des terres même sans rémunération, comme le fait d'utiliser un girobroyeur contre les mauvaises herbes, constituait une mise en valeur.

Toutefois, un arrêt de la cour d'appel de Rennes du 26 mars 2008 a admis qu'un éleveur de chevaux, propriétaire de 17 ha, soit une superficie supérieure à la demi-SMI (soit une SMA désormais), sur lesquels il faisait pâturer ses chevaux et récoltait du foin, n'exerçait pas une activité agricole au motif qu'il n'apparaît pas que les travaux entrent dans le cycle de production animale ou correspondent à une amélioration foncière. D'une manière un peu surprenante, elle s'appuie sur l'article L 731-34 du Code rural et de la pêche maritime visant l'assujettissement à la cotisation de solidarité, pour préciser que l'acte d'exploitation est un **acte qui procure des revenus** et que ni l'entretien d'une propriété foncière ni les activités de loisir réalisées à titre privé ne sont assimilés à un tel acte d'exploitation.

Cet arrêt semble remettre en cause la jurisprudence passée en nécessitant, au-delà de l'exploitation d'une étape du cycle biologique, que l'activité procure un **revenu**.

UN CRITÈRE DE TEMPS DE TRAVAIL

Lorsque les activités agricoles ne peuvent pas être appréciées selon la SMA (cas des **entreprises de travaux agricoles**, **entreprises de travaux forestiers**, **cultures et élevages spécialisés non prévus** par les arrêtés – national ou départementaux – fixant la SMA), les conditions d'assujettissement sont examinées en fonction du critère « temps de travail ». Le **seuil** est fixé à 1 200 heures annuelles. Le temps de travail consacré à l'activité est apprécié en tenant compte des heures effectuées par l'exploitant ou l'entrepreneur agricole, comme les éventuels membres de sa famille (collaborateur d'exploitation agricole ou aide familial) et les salariés. 43050

Lors de l'affiliation, le temps de travail est estimé sur la base des renseignements fournis par l'intéressé, ou la société, à travers le dossier d'affiliation ou par tout autre moyen. À la fin de l'année civile suivant celle au cours de laquelle l'affiliation a été prononcée, la caisse de MSA vérifie le temps de travail effectivement accompli au cours de ladite année afin de confirmer l'assujettissement des personnes en qualité de chef d'exploitation ou d'entreprise (ou de cotisant de solidarité). Les années suivantes, il appartiendra aux intéressés de déclarer à leur caisse de MSA, par tout moyen, toute évolution concernant le temps de travail consacré à l'activité agricole.

La législation prend en compte, dans l'appréciation des seuils d'assujettissement, les **activités de transformation, de conditionnement et de commercialisation** des produits agricoles effectuées dans le prolongement de l'acte de production (culture et élevage) ainsi que les activités liées aux structures d'accueil touristique situées sur l'exploitation ou dans les locaux de celle-ci, et dirigées par l'exploitant agricole (C. rur. art. L 722-5, par renvoi aux activités mentionnées à l'art. L 722-1). Il en va de même pour l'appréciation des conditions d'assujettissement des cotisants de solidarité.

Dans l'hypothèse où la superficie mise en valeur n'est pas au moins égale à la surface minimale d'assujettissement, il est possible de rechercher le temps de travail pour le « cumuler » avec la surface exploitée. Pour ce faire, la **superficie de l'exploitation** (ou son équivalence pour les productions hors sol) est **convertie en temps de travail** sur la base d'une équivalence entre la surface minimale d'assujettissement et 1 200 heures de travail (C. rur. art. L 722-5, II). Il s'agit cependant de ne retenir que les **seules activités de transformation, de conditionnement et de commercialisation** des produits agricoles effectuées dans le prolongement de l'acte de production (culture et élevage) ainsi que les activités liées aux structures d'accueil touristique situées sur l'exploitation ou dans les locaux de celle-ci, dirigées par l'exploitant agricole. Cette conversion de la surface en temps de travail permet d'apprécier si la condition d'affiliation selon le temps de travail peut être remplie ; le temps de travail résultant de cette conversion s'ajoute au temps de travail nécessaire à la conduite de l'activité qui n'est pas appréciée en fonction des surfaces. Ces règles ont été précisées par une instruction technique du ministère de l'agriculture SG/SASFL/SDTPS/2015-370 du 20 avril 2015.

EXEMPLE

Un agriculteur exploite une surface de 11 ha et déclare exercer un temps de travail de 600 heures dans le cadre de la vente et de la transformation de sa production. La SMA est fixée à 20 ha. La conversion de sa surface en temps de travail donne 660 heures (11/20e × 1 200 heures). Si l'on cumule le temps de travail déclaré et le temps de travail ainsi calculé, il réalise 1 260 heures et peut donc être assujetti en qualité de non-salarié agricole.

43055 Conformément à la jurisprudence (voir notamment CA Lyon 30-6-1970, SARL Meilland-Richardier ; CA Bourges 13-11-1992, SARL David ; Cass. soc. 3-7-2008 n° 07-16.892), l'instruction technique du 20 avril 2015 citée n° 43050 précise que la notion de prolongement suppose un **lien de connexité** étroit entre les activités dites de prolongement et l'acte de production. Ce lien est effectif dès lors que ces activités portent en majorité sur la production de l'exploitation et lorsqu'elles sont accomplies par les exploitants eux-mêmes, par les membres de leur famille ou par des salariés qu'ils emploient à cet effet. En outre, l'instruction indique que les activités dans le prolongement doivent être dirigées par les exploitants, qu'elles soient exercées dans un cadre individuel ou sociétaire. Si les exploitants ont constitué une société destinée à assurer ces activités de prolongement (transformation, conditionnement ou commercialisation de leurs produits), ils doivent en détenir la majorité du capital social.

Lorsque les activités de prolongement sont exercées par l'exploitant individuel qui, lui-même, conditionne, transforme ou commercialise ses produits agricoles, sans avoir créé une structure spécifique (établissement ou société) à cet effet, il est réputé diriger ces activités de prolongement si elles s'inscrivent dans le prolongement de son exploitation individuelle. Le temps consacré à l'activité de prolongement agricole par l'exploitant est pris en compte pour apprécier les conditions de son assujettissement au régime agricole en qualité de chef d'exploitation ou d'entreprise agricole, ou de cotisant de solidarité.

Lorsque des activités dans le prolongement de l'acte de production sont exercées dans un cadre sociétaire et que le temps de travail est au moins de 1 200 heures par an, tous les membres participant aux travaux sont assujettis au régime des non-salariés agricoles, pour ceux qui ne le seraient pas déjà (voir n° 43100). En revanche, si la société dans le cadre de laquelle sont effectuées les activités de prolongement réalise une activité inférieure à 1 200 heures par an, le temps effectué par chaque exploitant agricole est cumulé avec le temps relatif à son « activité support ». Deux situations peuvent alors se présenter :

– si le cumul du temps de travail relatif à l'activité support et à l'activité de prolongement est égal ou supérieur à 1 200 heures par an, l'intéressé est assujetti en qualité de chef d'exploitation ou d'entreprise agricole ;

– si ce cumul n'atteint pas 1 200 heures mais est au moins égal à 150 heures par an, il conviendra d'assujettir l'intéressé à la cotisation de solidarité (sauf si son « activité support » est réalisée au sein d'une société d'exploitation agricole).

UN CRITÈRE DE REVENU

Pour être affilié sur la base du revenu professionnel, le chef d'exploitation individuelle doit réaliser un revenu professionnel **supérieur à 800 Smic** (la valeur du Smic à retenir est celle en vigueur au 1er janvier). **Jusqu'au 31 décembre 2023**, les personnes concernées étaient les personnes entrant dans le champ de la cotisation de solidarité (n° 44000), afin de leur permettre d'acquérir un véritable statut social, et les revenus pris en compte par les caisses de MSA sont les derniers déclarés dans les déclarations de revenus professionnels. Ces personnes devaient toutefois mettre en valeur une exploitation ou une entreprise agricole dont l'importance est au moins égale au 1/4 de la SMA et inférieure à une SMA, ou au moins égale à 150 heures et inférieure à 1 200 heures par an et ne pas avoir fait valoir leurs droits à la retraite. **43060**
Depuis le **1er janvier 2024**, peuvent également être assujetties les personnes qui génèrent un revenu professionnel au moins égal à 800 Smic et sans **aucune corrélation avec la SMA ou le nombre d'heures** (C. rur. art. L 722-5 modifié par loi 2023-1250 du 26-12-2023 art. 17). L'objectif de la mesure est de permettre l'affiliation en tant que chef d'exploitation ou d'entreprise agricole des personnes qui exercent à titre professionnel une activité agricole sur des surfaces inférieures au quart de la surface minimale d'assujettissement (SMA) ou d'une durée inférieure à 150 heures annuelles de travail (ateliers de production en agriculture urbaine, par exemple), et qui tirent néanmoins de cette activité un revenu professionnel significatif d'au moins 800 Smic (voir Précisions).
Ainsi, lorsqu'une caisse de MSA constate que les revenus professionnels d'un cotisant de solidarité sont au moins égaux à 800 Smic, elle lui notifie par courrier, avec mention des voies et délais de recours, son affiliation au régime non salarié pour le bénéfice de l'ensemble des droits y afférents. L'affiliation prend effet à compter de la date de cette notification.
Compte tenu du principe d'annualité, l'intéressé n'est cependant redevable des cotisations et contributions sociales en cette qualité qu'à compter du 1er janvier de l'année suivant celle au cours de laquelle il a été affilié (seule la cotisation Atexa fait l'objet d'un calcul au prorata de la durée d'assujettissement entre la date d'affiliation et le 31 décembre de cette même année).
Afin de prévenir les changements trop fréquents de situation, la condition de revenu est réputée remplie lorsque le **revenu professionnel diminue** mais reste au moins supérieur à l'assiette minimum vieillesse minorée de 20 %, soit 640 Smic (C. rur. art. L 722-5, I-3°).
Lorsque la caisse de MSA constate que les revenus professionnels sont **inférieurs ou égaux à 640 Smic**, elle notifie à l'intéressé par courrier, avec mention des voies et délais de recours, qu'il cesse de plein droit de relever du régime de protection sociale des non-salariés agricoles et qu'il peut, le cas échéant, bénéficier du dispositif de maintien dérogatoire. La radiation prend effet à compter de la date de cette notification. Dans l'hypothèse où l'activité est poursuivie, les intéressés seront alors redevables de la cotisation de solidarité à compter du 1er janvier suivant.

> **Précisions** Selon l'exposé des motifs du projet de loi, sont notamment visés les agriculteurs qui développent des activités de productions agricoles dites « innovantes » sur de très petites surfaces. Ce critère n'apparaît pas dans le texte voté, ce qui signifie que toutes les activités, « innovantes » ou non, sont concernées.

B. Chefs d'exploitation individuelle

EXPLOITATION INDIVIDUELLE

Relève du régime des non-salariés agricoles la personne qui **dirige** de manière effective la mise en valeur d'une exploitation agricole dépassant l'un des seuils visés n° 43005. Ainsi, le propriétaire dont les terres sont exploitées par lui-même, et quand bien même les travaux seraient délégués en intégralité à une entreprise de travaux, dirige nécessairement son exploitation dès lors qu'il en assume les responsabilités. À l'inverse, le propriétaire de terres mises à disposition d'une autre personne, par bail à ferme ou à métayage par exemple, qui les exploite sous sa propre responsabilité ne peut pas être considéré comme dirigeant lui-même l'exploitation (C. rur. art. L 722-4). **43070**

COEXPLOITATION

L'affiliation du **conjoint** exerçant une activité professionnelle régulière au sein de l'entreprise ou de l'exploitation peut s'opérer sous le statut de chef d'exploitation ou d'entreprise au sein de la coexploitation. L'affiliation en qualité de chef d'exploitation est une possibilité laissée au conjoint qui exerce son activité sur l'exploitation dans le cadre de l'obligation qui lui est faite de choisir **43075**

un statut et ainsi de se soustraire au statut de salarié (nos 75810 s.). Dès lors que ce choix est opéré, l'assujettissement des ménages d'exploitants, qui constituent l'essentiel des situations de coexploitation (les autres cas étant des indivisions ou des sociétés de fait), doit être réalisé en appliquant les règles relatives aux régimes matrimoniaux compte tenu du mode de mise en valeur des terres (Circ. CCMSA 187 du 26-11-1987). La qualité de chef d'exploitation est ainsi reconnue à l'époux propriétaire des biens lorsque l'exploitation est composée de **biens propres**, à l'époux qui en fait la demande (avec renonciation écrite et signée de l'autre époux) ou aux deux époux qui en font la demande dans le cas de **biens communs**, aux deux époux s'il y a des biens communs avec une clause d'administration commune, prévue par l'article 1503 du Code civil.
Dans le cas d'un **bail à ferme** avec un seul preneur, l'époux preneur des terres est seul à pouvoir être reconnu chef d'exploitation ; si l'autre époux souhaite devenir coexploitant, il faudra un avenant au bail prévoyant la cotitularité (les deux époux sont copreneurs). Dans le cas d'un bail à ferme avec cotitularité, ou de biens communs et de bail à ferme avec cotitularité, la solution retenue est celle applicable au cas de terres formant des biens communs. Enfin, dans le cas de biens d'origines diverses (biens communs ou biens propres et bail en cotitularité par exemple), sont considérés comme chefs d'exploitation, selon le cas, l'époux ou les deux époux qui en font la demande ; il est nécessaire que l'époux qui ne souhaite pas être inscrit en qualité de coexploitant établisse un contrat de prêt à usage en faveur de son conjoint s'il est propriétaire des biens propres et une renonciation à ses droits sur les biens communs ou loués en cotitularité.

> **Précisions a.** Les coexploitations, fréquentes il y a quelques dizaines d'années, sont, pour la plupart, devenues des sociétés, les coexploitants n'ayant pas accès aux **aides économiques**. Il est également possible, au regard des aides, que la coexploitation désigne un des coexploitants en qualité d'agriculteur, mais cette solution aboutit à dénier la qualité de « véritable » chef d'exploitation à l'un des deux époux. Cette approche, basée sur les règlements communautaires (Inst. tech. DGPE/SDPAC/2024-324 du 17-6-2024 p. 9 en dernier lieu), qui conduit à refuser l'octroi des aides au motif que la coexploitation ne possède pas la personnalité morale, nous apparaît cependant contestable dans la mesure où est également considéré comme producteur « un groupement de personnes physiques », d'autant que cette qualité est reconnue aux assolements en commun (no 79940).
> **b.** En cas de coexploitation, les membres participant aux travaux sont considérés comme chefs d'exploitation ou d'entreprise agricole si l'activité minimale de l'exploitation ou de l'entreprise agricole excède les seuils de la SMA ou de 1 200 heures visés no 43005. Cependant, lorsque l'activité minimale est appréciée selon la condition de revenu professionnel (800 Smic), seuls les membres qui remplissent cette condition sont considérés comme chefs d'exploitation ou d'entreprise agricole (C. rur. art. L 722-5, III).

AFFILIATION DÉROGATOIRE

43080 **Règle actuelle** Par dérogation, les personnes qui dirigent une exploitation ou entreprise agricole **ne répondant plus à la condition d'activité minimale** (nos 43005 s.), quel qu'en soit le motif, peuvent rester affiliées, sur leur demande, par décision du conseil d'administration de la caisse de MSA, au régime de protection sociale des personnes non salariées des professions agricoles (C. rur. art. L 722-6). La durée de ce maintien est fixée à 5 ans. Pour en bénéficier, les intéressés doivent justifier d'une superficie mise en valeur au moins égale à 2/3 de SMA et inférieure à une SMA (C. rur. art. L 722-14). En pratique, les personnes concernées doivent adresser une demande de maintien d'affiliation à leur caisse de MSA, cette demande étant soumise pour décision au conseil d'administration de la caisse de MSA. Le silence gardé par la MSA vaut acceptation de la demande d'affiliation dérogatoire ou de maintien de celle-ci (Décret 2016-7 du 15-1-2016).
Le maintien d'affiliation prend effet à compter de la date de la demande. À l'issue de cette période de 5 ans, les personnes dont l'exploitation agricole mise en valeur n'atteint toujours pas une SMA pourront, sur demande, soit :
– être maintenues pour une nouvelle période de 5 ans, si elles sont âgées de 55 ans au moins ;
– être maintenues pour une nouvelle période de 2 ans, si elles sont âgées de moins de 55 ans et se trouvent dans l'impossibilité, constatée par le préfet de département, d'accroître l'importance de leur exploitation pour atteindre une SMA.
Le régime dérogatoire permet également aux personnes bénéficiant du **dispositif d'installation progressive** prévu à l'article L 330-2 du Code rural et de la pêche maritime (nos 80406 s.) d'être affiliées sur leur demande au régime de protection sociale des non-salariés, dès lors qu'elles répondent à l'une des deux conditions d'affiliation suivantes :
– générer des revenus professionnels au moins égaux à l'assiette forfaitaire applicable aux cotisations d'assurance vieillesse individuelle minorée de 20 % (640 Smic) ;
– mettre en valeur une superficie supérieure au quart de la surface minimum d'assujettissement.

Les intéressés doivent adresser une demande d'affiliation à la caisse de mutualité sociale agricole dans la circonscription de laquelle est situé le siège de l'exploitation en y joignant les documents nécessaires à l'appréciation de leur situation (C. rur. art. D 722-9). Le silence gardé par la MSA vaut acceptation de la demande d'affiliation dérogatoire (Décret 2016-7 du 15-1-2016).
L'affiliation prend effet à compter de la date de la demande et n'est pas subordonnée à la décision du conseil d'administration de la MSA. Elle prend fin, à l'issue du dispositif d'installation progressive fixé à 5 ans si, à ce moment, l'importance de l'exploitation n'atteint pas une SMA, ou au cours de ce délai de 5 ans lorsque les conditions pour en bénéficier ne sont plus réunies.

Règle antérieure encore effective Le dispositif de maintien d'affiliation reste applicable aux personnes qui étaient **affiliées avant le 1er janvier 1981** en qualité de chef d'exploitation même si elles dirigent une exploitation d'une dimension inférieure à la demi-SMI fixée par l'article L 312-6 dans sa rédaction antérieure à la loi 2014-1170 du 13 octobre 2014 (C. rur. art. L 722-7) sans aucune condition, sauf si l'importance de l'exploitation se réduit ultérieurement d'au moins un tiers par rapport à celle qu'elle atteignait à la date précitée. Dans ce cas, leur maintien est soumis à l'appréciation du conseil d'administration de la caisse de MSA qui tient compte notamment de la dimension de l'exploitation, de son autonomie de gestion, de la participation de la personne aux travaux de l'exploitation et de sa situation au regard d'autres régimes de protection sociale (C. rur. art. L 722-7 et D 722-10 à D 722-12). 43085

C. Membres de sociétés

Dans les sociétés relevant du champ de la protection sociale agricole, qu'elles soient civiles (Gaec, EARL, SCEA, etc.) ou commerciales (SARL, société en nom collectif, SAS, SA, etc.), plusieurs **possibilités** s'offrent aux associés concernant leur régime de protection sociale. Ils peuvent être assujettis en tant que non-salariés ou salariés. Ils peuvent aussi ne relever d'aucun régime de protection sociale. 43090
Cependant, pour qu'un associé de société agricole soit assujetti à un régime de protection sociale agricole, il est nécessaire, **au préalable**, que la société dans laquelle il exerce son activité soit elle-même affiliée (nos 43095 s.). Cette condition n'est toutefois nécessaire qu'à l'affiliation des associés non salariés.

1. AFFILIATION DE LA SOCIÉTÉ OU DU GROUPEMENT

L'affiliation d'une société auprès d'une caisse de mutualité sociale agricole est obligatoire lorsque les **conditions** tenant à la nature de son activité (nos 38010 s.) et à son importance sont réunies. 43095
Un traitement particulier est cependant appliqué aux Gaec : voir n° 43105.

AFFILIATION DE LA SOCIÉTÉ

En **principe**, l'importance de l'activité et le seuil au-delà duquel la société est assujettie sont déterminés selon les mêmes modalités que pour l'affiliation des chefs d'exploitation individuelle (C. rur. art. L 722-5). L'activité minimale d'assujettissement (AMA) sert de référence. Les associés non salariés de la société sont, en principe, affiliés, si la société répond aux critères de l'AMA mesurés en **surface minimale d'assujettissement (SMA)** ou en **temps de travail (1 200 heures)**. 43100
Depuis le 1er janvier 2024, à la suite des modifications apportées par la loi de financement de la sécurité sociale pour 2024, les non-salariés associés peuvent aussi être assujettis sur la base du montant de revenu professionnel (C. rur. art. L 722-5, III).
Le seuil d'assujettissement déterminé par rapport au temps de travail est fixé à 1 200 heures de travail par an pour l'ensemble de la société, quel que soit le nombre d'associés participant aux travaux (C. rur. art. L 722-5, III). Sont prises en compte les heures effectuées par les membres non salariés agricoles participant aux travaux, les collaborateurs d'exploitation ou d'entreprise agricole et les éventuels salariés.
Dès lors que le temps de travail requis par les activités agricoles est au moins égal à 1 200 heures :
– l'ensemble des membres participant aux travaux en qualité de non-salarié au sein de la société est assujetti au régime des non-salariés agricoles ;
– la société est rattachée au régime agricole en qualité d'employeur de main-d'œuvre pour l'emploi de ses salariés (cette précision apportée par l'instruction technique du ministère du 20 avril 2015 apparaît inutile puisqu'une société qui ne dépasserait pas l'AMA serait néanmoins assujettie comme employeur si elle occupe des salariés).

Si les associés de sociétés participant aux travaux ne peuvent être considérés comme chefs d'exploitation ou d'entreprise agricole car l'activité minimale de l'exploitation ou de l'entreprise agricole n'excède pas les seuils de la SMA ou de 1 200 heures visés n° 43005, une **affiliation peut être désormais prononcée sur la base de leur revenu.**
Lorsque l'activité minimale est appréciée selon la condition de revenu professionnel (**800 Smic**), seuls les membres qui remplissent cette condition sont considérés comme chefs d'exploitation ou d'entreprise agricole (C. rur. art. L 722-5, III).

EXEMPLE

Dans un département où la SMA est de 15 ha, une société qui exploite 20 ha et comprend trois associés exploitants leur permettra, à tous trois, d'acquérir un statut plein et entier de chef d'exploitation dès lors que la SMA est atteinte.
Une SARL gérant une entreprise de travaux agricoles et comprenant trois associés non salariés verra ses trois associés affiliés à condition que soient totalisées 1 200 heures de travail par an au minimum.

43101 Lorsque la superficie exploitée ou le temps de travail de la société sont inférieurs, respectivement, à la SMA ou à 1 200 heures, les membres non salariés participant aux travaux de celle-ci ne sont pas affiliés (sauf à disposer d'un revenu professionnel supérieur à 800 Smic). Toutefois, dans l'hypothèse où la surface exploitée par la société serait insuffisante, le temps de travail des membres non salariés de la société consacré à la vente ou la transformation des produits, ou encore à certaines activités touristiques, pourra être pris en compte pour apprécier leurs conditions d'assujettissement, de la même manière que pour les chefs d'exploitation individuelle (n° 43050).
En deçà de ces seuils de surface ou de temps de travail, la société ne peut pas être affiliée. Il n'existe pas, contrairement aux exploitants individuels, de cotisation de solidarité, en principe due par les personnes physiques n'atteignant pas les seuils. En d'autres termes, les associés n'ont aucune cotisation sociale à acquitter mais seront néanmoins redevables des contributions sociales sur leurs quotes-parts de résultat.

› Précisions a. L'appréciation de la **superficie** est globale et réalisée au niveau de la société. Elle est indépendante des apports de foncier ou des mises à disposition de terres effectués par chacun des associés.
b. Le seuil d'affiliation ne concerne que les non-salariés et est sans effet sur l'affiliation des salariés (associés ou non) au régime des assurances sociales agricoles : ils sont toujours affiliés et les cotisations dues.

CAS PARTICULIER DES GAEC

43105 L'équivalence de statut entre l'associé de Gaec et l'exploitant individuel conduit à affilier et assujettir personnellement les associés de Gaec **apporteurs en capital**, en qualité de chefs d'exploitation (C. rur. art. L 323-13).
Il convient, à notre sens et en l'absence de commentaires administratifs, de vérifier si l'un des critères retenus pour apprécier l'AMA est rempli par chaque associé sur la base des surfaces exploitées par le Gaec, du temps de travail effectué au sein du groupement, ou des revenus professionnels dégagés par ses associés (C. rur. art. R 323-45).
Ainsi, s'agissant du **critère de la SMA**, le seuil d'assujettissement s'apprécie globalement en divisant la surface exploitée par le groupement par le nombre de ses associés (tous non salariés à l'exception des apporteurs en industrie). Dans l'hypothèse où un Gaec a une activité de culture, ou d'élevage, spécialisée, qui n'est pas appréciée par rapport à la SMA, le ratio nombre d'heures/nombre d'associés doit être supérieur à **1 200 heures de travail** par an.
Enfin, les associés de Gaec doivent également pouvoir être affiliés sur la base de leur **revenu professionnel** comme tout chef d'exploitation individuelle, à défaut de pouvoir l'être sur la base de la surface exploitée ou du temps de travail. Bien que les Gaec ne soient pas considérés comme des sociétés, les associés semblent pouvoir être affiliés sur la base des mêmes règles. En effet, malgré l'absence de règle particulière concernant les associés de Gaec, il apparaît cohérent d'appliquer les mêmes dispositions que celles applicables aux sociétés. Ainsi, dans les sociétés, lorsque l'activité minimale est appréciée selon la condition de revenu professionnel (800 Smic), seuls les associés qui remplissent cette condition sont considérés comme chefs d'exploitation ou d'entreprise agricole (C. rur. art. L 722-5, III). Cette règle d'individualisation nous apparaît également compatible avec le principe d'équivalence de statut de l'associé de Gaec avec le chef d'exploitation individuelle (C. rur. art. L 323-13). Pour l'heure, ni le ministère de l'agriculture ni la CCMSA n'ont commenté ce point.

Si l'un de ces ratios n'est pas atteint, les associés de Gaec seront affiliés en tant que **cotisants solidaires**, au même titre qu'un exploitant individuel (n° 44000).
Si ces ratios ne sont plus atteints, ou dans l'hypothèse d'une installation progressive, tous les associés peuvent être affiliés à titre dérogatoire dans les mêmes conditions qu'un exploitant individuel (n° 43080).
Cependant, en tout cas, l'associé de Gaec antérieurement chef d'exploitation, dès lors qu'il a fait au groupement des apports d'une importance justifiant le maintien de cette qualité, demeurera affilié (C. rur. art. R 323-45, al. 3).

> **Précisions a.** L'associé de Gaec **apporteur en industrie** (rare en pratique) n'a pas la qualité de chef d'exploitation. Il est traité comme salarié du point de vue de sa protection sociale, le Gaec étant considéré comme son employeur (C. rur. art. R 323-45, al. 1).
b. Un associé de Gaec affilié en qualité de chef d'exploitation bénéficiant d'une **dispense de travail** (n° 79610) doit être radié du régime durant la durée de cette dispense (Circ. CCMSA n° 73 du 2-9-1999). Cependant, eu égard au principe d'annualité des cotisations, cette situation n'a une incidence sur les cotisations sociales qu'à condition que la période de dispense inclue le 1er janvier de l'année (n° 43710).

2. PRINCIPE D'ASSUJETTISSEMENT DES ASSOCIÉS ET GÉRANTS

Si l'on excepte les Gaec dont le traitement est particulier (n° 43105), une condition d'assujettissement s'impose pour l'affiliation des associés : participer aux travaux dans la société. Cette participation sera exercée par un associé non salarié ou, plus rarement, de façon subordonnée, par un associé salarié. **43115**
Quant aux **associés ne participant pas aux travaux** (associés dits « non exploitants » ou simples apporteurs de capitaux), ils ne sont pas tenus de s'affilier à un régime de protection sociale. Ils doivent cependant s'acquitter des contributions sociales sur leurs dividendes.

> **Précisions** Les associés simples **apporteurs de capitaux** dans les sociétés sont redevables des **prélèvements sociaux** sur revenus du patrimoine au taux global de 17,2 % et dans les conditions mentionnées nos 32600 s.

CONDITION DE PARTICIPATION AUX TRAVAUX

La participation aux travaux est définie par la Caisse centrale de la MSA (Circ. CCMSA 82 du 6-6-1980) et la jurisprudence. **43120**
Selon la Caisse centrale, cette participation doit s'entendre d'une participation directe et effective aux travaux de l'exploitation. Toutefois, l'accomplissement de **travaux manuels** n'est pas indispensable : une participation **administrative ou technique** peut être retenue. Ainsi, le fait d'effectuer les déclarations préalables à l'embauche, les déclarations de salaires et les courriers administratifs de l'exploitation agricole suffit à caractériser chez le membre non salarié d'une société civile la participation aux travaux exigée (Cass. soc. 30-11-2000 n° 98-22.552 : Bull. civ. V n° 400).
L'associé **gérant** d'une société est toujours réputé participer aux travaux du fait même de ses fonctions. Jugé que, quels que soient le temps nécessaire à son activité de gérance et les autres activités exercées par ailleurs, le gérant d'une société civile agricole doit être considéré, en raison de la nature de ses fonctions, même en l'absence de rémunération, comme participant à l'activité agricole (Cass. soc. 18-10-2001 n° 4282 ; Cass. 2e civ. 22-6-2004 n° 1030 : RJS 10/04 n° 1103). Il en va de même d'un cogérant minoritaire non rémunéré d'une SARL eu égard aux fonctions de contrôle et de surveillance exercées (Cass. 2e civ. 16-6-2011 n° 10-21.293). Dans ces conditions, la participation aux travaux des dirigeants résulte d'une présomption quasi irréfragable.
Les associés d'une EARL qui se déclarent **associés exploitants**, dans la mesure où ils doivent participer de manière effective et permanente aux travaux, en ne se limitant pas à la direction et à la surveillance de l'exploitation, doivent être assujettis. Rappelons que pour les EARL créées après le 31 décembre 1988, les noms des associés ayant la qualité d'associé exploitant doivent être mentionnés dans les statuts (C. rur. art. L 324-8). En revanche, les associés dits « exploitants » car participant aux travaux des autres sociétés civiles (SCEA, GFA-exploitant) n'ont pas d'obligations réglementaires à remplir.

> **Précisions a.** Pour l'**associé non gérant**, une participation ponctuelle ne peut être assimilée à une activité consacrée à l'exploitation au sens de l'article L 722-10, 5° du Code rural et de la pêche maritime (CA Nîmes 15-10-2003, Cruzel c/ CMSA du Gard). Tel est le cas de l'associé qui n'a pas effectivement participé aux travaux de la société, en dehors de l'établissement de trois déclarations trimestrielles de main-d'œuvre et de la signature d'une quatrième. Soulignons que l'associé en cause exerçait une activité salariée à plein

temps dans une autre exploitation, les tâches administratives étant confiées à une secrétaire et la comptabilité tenue par un expert-comptable. Eu égard au cas d'espèce et au flou quant à la nature des travaux ponctuels, la prudence s'impose cependant.

b. Jugé que dans le cas d'une **holding désignée gérante** d'une société civile d'exploitation agricole qu'elle détient à 99 %, la holding étant elle-même détenue à plus de 88 % par son président statutaire, lequel avait pris des décisions d'exploitation importantes au sein de la SCEA, le dirigeant doit être regardé comme participant aux travaux de cette société en qualité de membre (Cass. soc. 12-10-2013 nº 12-24.014).

c. L'associé d'une société civile d'exploitation agricole, déclaré non exploitant et titulaire d'une pension de retraite agricole, mais qui participe aux travaux de manière effective (gestion de l'exploitation, recrutement des salariés, contact avec les administrations, fixation des conditions de travail, etc.) doit être assujetti au régime des non-salariés en qualité de gérant de fait ; il perd en conséquence le service de sa pension de retraite eu égard à l'impossibilité de cumul avec une activité professionnelle non salariée (Cass. 2e civ. 4-4-2018 nº 17-16.443).

PRÉSOMPTION DE NON-SALARIAT DES ASSOCIÉS

43140 Les membres non salariés de sociétés participant à l'activité agricole de la société sont soumis aux dispositions relatives à l'assurance obligatoire maladie, invalidité et maternité des personnes non salariées (C. rur. art. L 722-10, 5º). Ainsi, les associés qui participent à l'activité agricole de la société sont présumés le faire en qualité de non-salariés.

Mais la **preuve contraire** peut être apportée. Si les conditions posées par la jurisprudence pour qualifier le contrat de travail sont réunies, l'associé pourra déroger au principe et être reconnu comme salarié agricole.

Par ailleurs, la présomption de non-salariat ne s'applique pas aux **dirigeants** de **sociétés commerciales assimilés à des salariés** par la loi (C. rur. art. L 722-20).

> **Précisions** L'intérêt de l'affiliation au régime salarié n'a pas échappé à la pratique. Quand bien même les cotisations des salariés sont plus élevées que celles des non-salariés, elles présentent l'avantage d'offrir une protection sociale plus complète. De plus, les cotisations des salariés sont assises sur la seule rémunération du travail tandis que les non-salariés agricoles cotisent sur la totalité de leur part de bénéfice professionnel lorsque la société relève de l'impôt sur le revenu.

PREUVE DE L'EXISTENCE D'UN CONTRAT DE TRAVAIL

43145 Pour qu'il y ait contrat de travail entre un associé et la société, deux éléments doivent être présents, simultanément, en dehors de l'accomplissement d'une prestation de travail : un lien de subordination entre le salarié et l'employeur et le versement au salarié d'une rémunération.

Mais si les critères du contrat de travail peuvent se résumer en peu de lignes, leur application pratique est dépendante de la réalité des faits et quelquefois hasardeuse, notamment lorsque le salarié associé est mandataire social, majoritaire en capital ou conjoint d'un associé.

Pour la jurisprudence, un **lien de subordination** existe lorsque le travailleur reçoit des directives précises de l'employeur sur les travaux à accomplir et qu'il les applique sous le contrôle et la surveillance de ce dernier. En pratique, le gérant, ou l'un des gérants, représentera la personne morale pour diriger le travail de l'associé salarié.

La **rémunération** du salarié peut prendre la forme d'une rémunération en argent ou en nature, ou les deux cumulativement. Dans une société, la rémunération distribuée pour le travail salarié effectué doit être distinguée de la rémunération que reçoit l'associé salarié pour le capital engagé (dividendes).

> **Précisions** Les associés également salariés, outre les cotisations sociales basées sur les salaires (parts salariale et patronale), sont redevables sur leurs dividendes des **prélèvements sociaux** sur les revenus du patrimoine au taux global de 17,2 % dans les conditions mentionnées nos 32600 s.

3. SOCIÉTÉS CIVILES

43170 La réalisation d'une prestation de travail posée, l'associé (gérant ou non) est, en principe, non salarié (voir nº 43120).

Cependant, la **qualité de salarié** peut être révélée, généralement par un faisceau d'indices, et contrôlée par la caisse de MSA lors d'une enquête. Elle se rencontre le plus souvent pour certains associés (gérants ou non) de SCEA (voire de GFA-exploitant). Elle est aussi à rechercher dans les EARL pour certains associés dits en pratique « non exploitants ».

a. Sociétés civiles d'exploitations agricoles de droit commun (SCEA)

ASSOCIÉ NON GÉRANT

Pour être considéré comme salarié, outre la réalisation d'une prestation de travail, l'associé non gérant de SCEA doit être subordonné dans l'exécution de cette prestation. 43180

Comme il a déjà été souligné, la subordination se manifeste par rapport au gérant. Or, la qualité d'associé donne, lors des assemblées générales notamment, un droit de regard sur la gérance. Il est alors délicat d'apprécier la **subordination** d'un associé.

La Caisse centrale de MSA donne quelques indications (Circ. CCMSA 82 du 6-6-1980), par exemple, rechercher dans les statuts les **pouvoirs de l'associé** en ce qui concerne la révocation du gérant. Un associé détenant plus de la moitié du capital social peut être salarié si les statuts prévoient la révocation du gérant à l'unanimité, car il ne peut seul révoquer le gérant. C'est aussi le cas si le gérant est statutaire et que cet associé ne peut seul modifier les statuts.

Le fait d'être **associé minoritaire** n'est pas un critère d'appréciation suffisant, car les règles de vote et les modalités de révocation du gérant peuvent amener à le considérer comme non subordonné.

Inversement, un associé **majoritaire** peut être qualifié de salarié lorsque le lien de subordination est réel par rapport au gérant. Tel est le cas si l'associé se borne à réaliser des tâches techniques et ne s'immisce pas dans la gestion (Cass. soc. 18-2-1976 n° 74-13.883).

ASSOCIÉ GÉRANT

La qualification de **salarié** de l'associé gérant est délicate. Il est toujours nécessaire de rechercher la présence d'une rémunération et d'un lien de subordination. 43185

L'existence d'un lien de subordination peut être établie à partir des éléments suivants :

– la **révocabilité** du gérant : les statuts de la société peuvent indiquer si le gérant est ou non aisément révocable. Dans l'hypothèse où les règles légales de révocation à la majorité des parts sociales ont été retenues (C. civ. art. 1851), le gérant majoritaire est en fait irrévocable, ce qui montre l'absence de lien de subordination. Il en est de même du gérant minoritaire si sa révocation ne peut statutairement intervenir qu'à l'unanimité ;

– les **pouvoirs** du gérant. Dans les rapports entre les associés, le gérant peut accomplir tous actes de gestion que commande l'intérêt de la société ; dans les rapports avec les tiers, il engage la société par les actes entrant dans l'objet social (C. civ. art. 1848 et 1849). Toutefois, les statuts prévoient généralement une restriction à ces pouvoirs et précisent que certains actes importants, tels que contracter des emprunts au-delà d'un certain montant, consentir des hypothèques, vendre le patrimoine social, requièrent le consentement des autres associés. Outre ces actes conséquents, la restriction des pouvoirs du gérant peut être analysée comme un indice de subordination à l'égard de la société. À l'inverse, on ne peut parler de lien de subordination lorsque le gérant fixe lui-même sa rémunération ;

– au-delà de ses pouvoirs dans la société et de sa révocabilité, pour être reconnu comme salarié, le gérant de SCEA doit, outre ses fonctions de mandataire, occuper un **emploi effectif**, c'est-à-dire être chargé de fonctions techniques dans la société (conduite des cultures, responsabilité d'un atelier de production, etc.).

La situation est identique dans les **GFA-exploitants**.

> **Précisions a.** Concernant la **détention du capital** devant être prise en considération, s'ajoute, à la détention directe des parts en pleine propriété, la détention par d'éventuelles **sociétés interposées**. Cette notion est, en effet, retenue par la jurisprudence, en dehors de tout texte légal, pour déterminer le caractère majoritaire de la gérance dans les SARL (n° 43240) et en conséquence affilier le gérant en qualité de non-salarié (Cass. soc. 22-10-1969 et 2-7-1974). Ces décisions sont transposables aux SCEA.
> **b.** Il semble impossible d'admettre l'interposition de personnes physiques en retenant, par exemple, les **parts détenues par le conjoint**, comme c'est le cas pour déterminer la qualité de gérant majoritaire dans les SARL (n° 43240). En effet, dans cette société, la loi prévoit expressément cette interposition. En revanche, il nous apparaît tout à fait justifié de retenir les parts détenues par les **enfants mineurs** en raison de la qualité de représentant légal de chacun des parents.
> **c.** Les parts détenues en **usufruit** par l'associé gérant nous semblent devoir être prises en compte eu égard aux pouvoirs de l'usufruitier. D'ailleurs, la Cour de cassation juge qu'une personne usufruitière de la moitié des parts d'un GFA (en contrepartie de son apport en capital) doit être considérée comme « membre non salarié » du groupement et visée par la présomption de non-salariat de l'article L 722-10, 5° du Code rural et de la pêche maritime (Cass. soc. 30-11-2000 n° 98-22.552 :

Bull. civ. V n° 400). Le fait que la Cour de cassation ait souligné que l'usufruitier de parts sociales n'avait pas la qualité d'associé ne semble pas remettre en cause cette décision qui considère l'usufruitier comme « membre » de la société, notion plus large (et plus floue) que celle d'associé (Cass. 3e civ. 29-11-2006 n° 05-17.009 : RJDA 4/07 n° 368).

d. L'associé gérant (comme l'associé majoritaire) peut être considéré comme salarié au regard de la **protection sociale** sans pour autant être considéré comme un véritable salarié au regard du **droit du travail**, ce qui signifie que le salarié ne sera pas bénéficiaire de la réglementation sur le Smic, comme de l'ensemble des dispositions du Code du travail protégeant les salariés, des indemnités de chômage en cas de licenciement, etc. Bien que surprenante en droit strict, cette **dualité du statut de salarié** dépend de l'organisme intéressé par la qualification et de son interprétation. Les caisses de MSA sont plus souples que ne l'est France Travail (ex-Pôle emploi) dans son approche, pour qui seuls les associés minoritaires sont reconnus salariés (voir Dir. Unédic 36-02 du 31-7-2002).

GÉRANT NON ASSOCIÉ

43190 N'étant pas membre de la société, le gérant non associé n'est pas visé par la présomption de non-salariat rappelée n° 43140. Dès lors, son statut doit s'apprécier par rapport aux principes généraux. Comme tout gérant, il effectue une prestation de travail. S'il est subordonné dans la réalisation de sa mission, ce qui est généralement le cas, il est affilié en qualité de salarié dès lors qu'il perçoit une rémunération. En revanche, à défaut de rémunération, il ne peut être considéré comme salarié (Cass. soc. 21-3-1991 n° 1027). Il ne peut être affilié en qualité de non-salarié puisqu'il n'est pas membre de la société. Aucune affiliation sociale n'est donc possible.

> **Précisions** Jugé cependant que le gérant non associé, non rémunéré d'une société exerçant une activité agricole de paysagiste dont la totalité des parts se trouve détenue par une SAS dont il est le dirigeant et dont il détient personnellement la majorité des parts (et la totalité avec son conjoint et ses enfants) assure le contrôle par personne morale interposée de la société de paysagiste et doit être affilié au régime des non-salariés des professions agricoles bien qu'il n'en soit pas personnellement associé (Cass. 2e civ. 8-10-2015 n° 14-24.501).

b. Exploitations agricoles à responsabilité limitée (EARL)

ASSOCIÉS EXPLOITANTS

43200 Les associés exploitants d'une EARL ne peuvent pas se limiter à la direction et à la surveillance de l'exploitation et doivent participer sur les lieux aux travaux de façon effective et permanente, selon les usages de la région et en fonction de l'importance de l'exploitation (C. rur. art. L 324-8 et L 411-59). Ces associés doivent être placés en dehors de tout lien de subordination. En effet, une référence explicite est faite aux autres agriculteurs de la région qui, exploitants individuels, sont affiliés en qualité de non-salariés. Le ou les gérants sont désignés parmi ces associés exploitants.

AUTRES ASSOCIÉS

43205 La situation des associés qui ne sont pas désignés comme associés exploitants relève des principes régissant les sociétés civiles (n° 43170).
Si ces personnes sont de simples **apporteurs de capitaux**, elles ne sont pas affiliées.
Si elles effectuent une **prestation de travail**, elles sont qualifiées, selon le cas, de salariés ou de non-salariés. En effet, la qualification d'« associé non exploitant » n'est qu'une expression utilisée dans la pratique pour désigner ceux des associés qui ne sont pas associés exploitants. Elle ne figure dans aucun texte régissant l'EARL. Aucune disposition n'interdit à ces associés de prendre part aux travaux sur l'exploitation.
Comme dans toute société, la présomption de **non-salariat** trouve à s'appliquer, sauf démonstration contraire constatant la perception d'une rémunération correspondant au travail accompli et une situation de subordination à l'égard de la société. Ainsi, par exemple, un associé ne participant qu'à des travaux d'exécution ne peut pas être qualifié d'associé exploitant. Il est néanmoins affilié à la MSA en tant que non-salarié s'il ne participe pas aux travaux de façon subordonnée et/ou n'est pas rémunéré pour son travail.
Ces associés non exploitants, nécessairement minoritaires (C. rur. art. L 324-8), peuvent être placés sous la subordination de la gérance et remplir les critères jurisprudentiels du **salariat**. Cette situation peut aussi se rencontrer dans des EARL constituées entre deux époux seuls dès lors que l'un des époux est désigné seul associé exploitant et en remplit les conditions.
Un associé non exploitant qui participe aux seuls travaux d'exécution et perçoit en retour une rémunération constituant un véritable salaire, distincte des dividendes, se trouve dans un lien de subordination et de dépendance à l'égard de la société dès lors qu'il reçoit des directives

précises du gérant ou d'un associé exploitant sur les travaux à accomplir et les applique sous sa surveillance. On relèvera également que cet associé ne peut à lui seul révoquer le gérant, puisque, de par la loi, il détient moins de la moitié du capital social. Il est, bien entendu, indispensable dans une telle hypothèse que le salarié associé n'outrepasse pas ses fonctions en devenant dirigeant de fait de la société.
Si les principes posés sont simples, les situations rencontrées, en pratique, peuvent laisser apparaître une absence de subordination, notamment lorsque le salarié est le conjoint de l'exploitant dans les EARL entre époux. Si le lien de subordination fait défaut, le salarié associé verra son affiliation requalifiée.

> **Précisions** À la suite d'un divorce entre les deux époux seuls associés exploitants d'une EARL dont ils détiennent 100 % du capital, l'associée exploitante détenant la moitié des parts de l'EARL et ne participant plus aux travaux, ni ne percevant de rémunération du travail, les statuts ayant été modifiés en ce sens, mais demeurant cogérante, doit rester affiliée et toujours s'acquitter des cotisations sociales qu'elle soit personnellement occupée ou non à l'activité sociale dont elle tire un revenu en qualité de porteur de parts (Cass. 2e civ. 29-5-2019 n° 18-17.813).

4. SOCIÉTÉS COMMERCIALES

L'affiliation des associés de sociétés commerciales exerçant une activité de nature agricole répond aux mêmes critères que ceux retenus dans les sociétés civiles. Toutefois, des textes particuliers à certains types de sociétés commerciales permettent de déroger aux principes exposés pour les sociétés civiles et obligent à un examen approfondi. **43220**

a. Sociétés à responsabilité limitée

L'affiliation des associés au régime des salariés ou des non-salariés dépend de leur position dans la société. Plusieurs **critères** entrent en ligne de compte, tels l'exercice des fonctions de gérance, la détention du capital, l'état de subordination vis-à-vis de la société ou des autres associés, la rémunération servie. **43230**
De plus, à situation identique, les associés de **SARL** ne sont pas toujours considérés de la même manière dans le régime non agricole géré par l'Urssaf et dans le régime dont la MSA a la charge.

> **Précisions** **a.** Le régime d'affiliation des associés est identique, que la SARL relève de l'impôt sur les sociétés ou de l'impôt sur les revenus (Cass. soc. 14-6-1989 n° 2397 ; 27-6-1991 n° 2534 : RJS 8-9/91 n° 1030).
> **b.** Les précisions qui suivent s'appliquent dans des conditions similaires à l'associé unique d'**EURL**. Ce dernier peut notamment être un simple apporteur de capitaux, sans exercer d'activité dans la société, et ne relever d'aucun régime social ; tel est le cas lorsque la gérance est confiée à un tiers (Cass. soc. 3-4-1997 n° 1621).

GÉRANTS

L'affiliation des gérants dépend pour une bonne part du **capital** social qu'ils détiennent. Ainsi, trois situations sont susceptibles de se présenter. **43235**

Gérants majoritaires Les gérants majoritaires sont **assimilés** à des non-salariés, tant dans le régime agricole que dans les régimes non agricoles, et ceci, qu'ils soient ou non rémunérés (C. rur. art. L 722-10-5° ; CSS art. L 611-1). La règle vaut quelle que soit leur activité réelle dans la société puisque les gérants sont systématiquement réputés participer aux travaux de la société (Cass. 2e civ. 14-6-1961 ; Cass. soc. 28-5-1998 n° 2723 : RJS 7/98 n° 929). **43240**
Sont **qualifiés** de gérants majoritaires les personnes exerçant les fonctions de gérance et détenant plus de 50 % du capital social de la SARL, c'est-à-dire au minimum la moitié des parts plus une.
La **participation au capital social** de ces gérants peut être directe ou indirecte. À l'extrême, un gérant peut être considéré comme gérant majoritaire même sans détenir personnellement aucune part de capital dès lors qu'il est placé dans certaines situations définies par la **loi**.
Tout d'abord, sont, bien entendu, prises en considération les parts détenues en pleine propriété par le gérant. S'y ajoutent les parts possédées en pleine propriété et en usufruit par le conjoint et les enfants mineurs non émancipés du gérant, ou encore par son partenaire de Pacs (C. rur. art. L 722-20, 8° ; CSS art. L 311-3, 11°). Sont encore à retenir les parts détenues par les autres gérants, de même que les parts détenues en pleine propriété et en usufruit par les conjoints, les partenaires du Pacs et enfants mineurs non émancipés de ces cogérants. Soulignons que ces présomptions de contrôle présentent un caractère irréfragable si bien qu'il n'est pas possible d'apporter la preuve contraire (Cass. soc. 22-3-1990 n° 1364).
À ces présomptions légales, la **jurisprudence** ajoute certaines situations.

Sont ainsi à retenir les parts détenues par les sociétés interposées dont le gérant possède le contrôle. À ce titre, l'exercice de fonction de gérance dans ces sociétés interposées n'est pas suffisant ; il est nécessaire que le gérant soit, au moins, majoritaire en capital social ; cependant cette notion de contrôle, voire d'« entier contrôle » retenue par la jurisprudence, est essentiellement une question de fait (voir, par exemple, Cass. soc. 22-10-1969). Cette interposition de personne morale est à combiner avec les présomptions légales de détention des parts par le conjoint et les enfants mineurs.

En revanche, sont **exclues** les parts détenues par un « cogérant de fait », à la différence de l'appréciation retenue par le Conseil d'État en matière fiscale (Cass. soc. 6-12-2006 n° 05-20.016 : RJS 2/07 n° 288) ou celles détenues par le **concubin** du gérant (Cass. soc. 13-3-1985 n° 1023 : Bull. civ. V n° 167). Sont également exclues les parts détenues en **nue-propriété**, les parts détenues en **indivision**, ou encore les parts d'industrie.

> **Précisions a.** L'exclusion des parts détenues en **nue-propriété** se justifie par le fait que le nu-propriétaire ne possède ni le droit de jouissance ni le droit d'administration sur les parts. Néanmoins, si, en application des statuts, l'usufruitier n'exerce pas les droits attachés à son usufruit, les parts détenues par le nu-propriétaire devraient être prises en compte (Circ. Organic 98-113 du 29-12-1998 ; Lettre Organic L 2001-046 du 8-8-2001).
b. Selon la jurisprudence, les parts détenues en **indivision** par le gérant n'ont pas à être retenues (Cass. soc. 24-3-1977 n° 75-14.803 : Bull. civ. V n° 231). Par référence à la jurisprudence fiscale, l'Acoss (devenue Urssaf Caisse nationale depuis janvier 2021) a cependant admis, dans une circulaire ancienne, que ces parts soient prises en compte pour la fraction des parts que le gérant détient dans l'indivision (Circ. Acoss du 13-9-1978).
c. La cession de parts sociales n'est opposable aux organismes sociaux qu'après accomplissement des formalités de publicité relatives à la cession au registre du commerce et des sociétés (Cass. 2e civ. 7-5-2014 n° 13-15-981).

43245 **Gérants minoritaires** Les gérants minoritaires **rémunérés**, auxquels sont assimilés les gérants égalitaires rémunérés, sont obligatoirement affiliés au régime des salariés, aussi bien dans le régime agricole que dans le régime général (C. rur. art. L 722-20, 8° ; CSS art. L 311-3, 11°). Cette affiliation salariée étant prévue par la loi, il n'y a pas lieu de rechercher si le gérant se trouve ou non sous la **subordination** de la société (Cass. soc. 2-5-1968 : Bull. civ. V n° 219).

L'affiliation en tant que salarié est obligatoire, quelle que soit l'activité effective du gérant, celui-ci étant réputé participer à l'exploitation (Cass. soc. 12-5-1980).

La condition de **rémunération** est expressément prévue par l'article L 311-3, 11° du Code de la sécurité sociale, pour le régime général, mais ne figure pas sous l'article L 722-20, 8° du Code rural et de la pêche maritime pour ce qui concerne le régime agricole. Le ministère de l'agriculture subordonne cependant l'affiliation de ces mandataires au régime salarié au versement d'une rémunération (Rép. Dubourg : AN 15-5-1995 p. 1279 n° 24797), position confirmée par la Cour de cassation (Cass. soc. 2-3-2000 n° 98-16.048).

Un **salaire minime** ne fait pas obstacle à l'affiliation au régime général dès lors que cette rémunération correspond aux faibles résultats économiques de la société (Cass. soc. 24-2-1988 n° 878). Il en va différemment lorsque la rémunération apparaît dérisoire compte tenu du temps consacré par le gérant à la société, de ses responsabilités dans celle-ci et des résultats de la société (Cass. soc. 24-2-1971 n° 70-10.256). L'intéressé est alors considéré comme non rémunéré. La **preuve** de la perception d'une rémunération incombe au gérant (Cass. soc. 8-11-1990 n° 4112).

Les gérants minoritaires ou égalitaires **non rémunérés** sont toujours affiliés en qualité de non-salariés. La présomption de l'article L 722-10, 5° du Code rural et de la pêche maritime, qui répute non-salariés agricoles les associés de toute société, lorsqu'ils y exercent leur activité, joue pleinement (Cass. soc. 9-7-1992 n° 2944 : RJS 10/92 n° 1166).

> **Précisions** La situation des gérants minoritaires non rémunérés est différente dans le **régime de droit commun** de sécurité sociale : en l'absence de rémunération, aucune affiliation ne peut être prononcée au régime général de sécurité sociale comme à un régime de non-salariés (Cass. soc. 13-1-1988 n° 175, assurance retraite ; 1-2-1989 n° 431 : RJS 3/89 n° 282, assurance maladie ; 17-5-1990 n° 2222 : RJS 7/90 n° 633, allocations familiales).

43250 **Gérants non associés** Rappelons, en premier lieu, que les gérants non associés membres d'un **collège de gérance majoritaire** (n° 43240) doivent être affiliés en tant que non-salariés, alors même qu'ils ne possèdent personnellement aucune participation au capital. Lorsque le

gérant est membre d'un collège minoritaire (ou égalitaire), il doit être affilié en tant que salarié à la condition, bien entendu, qu'il soit rémunéré. À défaut de rémunération, aucune affiliation n'est possible (Cass. soc. 3-6-1993 n° 2117).
Toutefois, le gérant non associé non rémunéré d'une SARL exerçant une activité agricole, dont la totalité des parts se trouve détenue par une SAS dont il est le dirigeant et dont il détient personnellement la majorité des parts, doit être affilié au régime des non-salariés (voir n° 43190).

ASSOCIÉS NON GÉRANTS

Si la SARL réalise des activités agricoles, la présomption de non-salariat de l'article L 722-10, 5° du Code rural et de la pêche maritime joue pleinement. Les associés actifs sont réputés non salariés sauf à percevoir une rémunération et être placés en état de subordination par rapport à la société, auquel cas ils relèvent des assurances sociales agricoles en qualité de salariés (en ce sens, dans le cas d'une société non agricole, Cass. soc. 18-2-1976). **43255**
En revanche, les associés ne participant pas à l'activité agricole de la société ne sont tenus à aucune affiliation.

b. Sociétés en nom collectif (SNC)

Les **associés, gérants ou non**, de SNC réalisant une activité agricole ne sauraient acquérir la qualité de salarié de la société en raison de leur qualité de commerçant (C. com. art. L 221-1 s.) et relèvent en conséquence toujours du régime non salarié agricole. **43270**
Les caisses de MSA semblent admettre, contrairement aux caisses affiliant de véritables commerçants, qu'un **associé non gérant** puisse ne pas être affilié, dès lors qu'il n'exerce effectivement aucune activité dans la société.
Selon l'Acoss (désormais Urssaf Caisse nationale), les **gérants non associés** des SNC doivent être considérés comme des salariés ordinaires. Ils relèvent du régime général de la sécurité sociale (ou du régime des salariés agricoles si l'activité est agricole) conformément à l'article L 311-2 du Code de la sécurité sociale dès lors qu'ils sont **rémunérés**.

c. Sociétés par actions simplifiées (SAS)

Dans les SAS, les **présidents**, mais également l'ensemble des **autres dirigeants** (qui peuvent avoir divers titres, tels que directeurs généraux ou membres du directoire, compte tenu de la liberté statutaire laissée dans ce type de société) sont considérés comme salariés (C. rural art. L 722-20, 9°). À l'instar des directeurs généraux de SA ou des gérants minoritaires de SARL, une rémunération apparaissait nécessaire pour acquérir ce statut (voir n°s 43245 et 43310) ; à défaut, une affiliation non salariée était prononcée pour ceux des dirigeants ayant la qualité d'associé en application de la présomption de non-salariat de l'article L 722-10, 5° du Code rural et de la pêche maritime. **43290**
La Cour de cassation a estimé que le **président non rémunéré** d'une SAS exerçant une activité agricole ne peut être assujetti au régime de protection sociale des non-salariés en application de l'article L 722-10, 5° du Code rural et de la pêche maritime, l'article L 722-20, 9° du même Code s'appliquant par dérogation à la règle générale d'assujettissement au régime des non-salariés agricoles. En conséquence, le régime de protection sociale des salariés des professions agricoles est applicable aux présidents et dirigeants des SAS qui exercent une activité agricole (Cass. 2e civ. 15-3-2018 n° 17-15192).
Bien que cette décision, rendue par la 2e chambre civile, ne soit pas en cohérence avec les nombreux arrêts de la chambre sociale de la Cour de cassation rendus, sur la base des mêmes textes, et concernant les PDG de SA ou gérants minoritaires de SARL non rémunérés et les considérant comme non salariés, elle a été confirmée par deux arrêts rendus en 2022 (Cass. 2e civ. 13-10-2022 n° 20-23.133 ; Cass. 2e civ. 1-12-2022 n° 21-13.533). La 2e chambre civile précise expressément, dans la seconde décision citée, que le non-assujettissement au régime des non-salariés agricoles vaut « quand bien même [le président de la SAS] ne percevait aucune rémunération pour l'exercice de ses fonctions ». En pratique, si certaines caisses de MSA maintiennent l'affiliation des présidents de SAS non rémunérés en qualité de non-salarié, aucune n'admet de nouvelle affiliation en cette qualité : l'affiliation en qualité de salarié est réalisée sans qu'aucune cotisation ne soit appelée faute de rémunération versée.

> **Précisions a.** La SAS, qui peut ne comporter qu'un seul associé, est la **seule société** dans laquelle le dirigeant actionnaire unique (président) peut être affilié au régime des salariés agricoles.
> **b.** Sa qualité de salarié pour la protection sociale n'a pas pour effet de placer le président de SAS en lien de **subordination** vis-à-vis de la société. Sauf s'il est titulaire d'un contrat de travail, il ne bénéficie pas de

l'assurance chômage, de la réglementation sur le Smic, etc.

c. Dans le **régime général**, l'absence de rémunération apparaît emporter une absence d'affiliation (Circ. Organic 2002-2004 du 30-1-2002 ; à noter que l'Acoss (désormais Urssaf Caisse nationale), dans sa circulaire 2002-46 du 8-2-2002, ne s'est pas prononcée expressément sur ce point).

d. Sociétés anonymes (SA)

43310 Les **présidents**, les **directeurs généraux** et les directeurs généraux délégués sont affiliés au régime des salariés agricoles dès lors qu'ils perçoivent une rémunération (C. rur. art. L 722-20, 8°). En l'absence de rémunération, et contrairement à la situation rencontrée dans le régime général de sécurité sociale, la présomption de non-salariat des associés de société agricole ayant une activité dans la société entraîne l'affiliation systématique de ces personnes au régime des non-salariés agricoles dès lors qu'elles sont associées de la société (C. rur. art. L 722-10, 5° ; Cass. soc. 23-1-1997 n° 351). Cette présomption ne joue pas pour les dirigeants non associés (n° 43140). À noter que cette approche de la chambre sociale de la Cour de cassation est contraire aux récentes décisions rendues par la 2e chambre civile à propos des SAS (n° 43290).

Les présidents du conseil d'administration qui n'assument pas la direction générale (C. com. art. L 225-47) ne sont pas assimilés à des salariés agricoles : sans participation aux travaux ni à la direction, leur fonction de contrôle et de conseil n'implique pas un rôle actif dans la société. Ils sont donc traités comme tout administrateur.

Les autres **administrateurs**, s'ils sont rémunérés, subordonnés et exercent une activité dans la société, sont affiliés au régime des salariés.

Dans les SA dotées d'un directoire et d'un conseil de surveillance, les **membres du directoire** sont affiliés en qualité de salariés. Les présidents et membres du **conseil de surveillance** ne sont pas affiliés à un régime de sécurité sociale en tant que non-salariés puisqu'ils ne font que contrôler les organes de gestion (Cass. soc. 25-1-2001 n° 315 : RJS 4/01 n° 536). Ils ne peuvent pas non plus être affiliés à un régime de sécurité sociale comme salariés (Rép. Labbé : 3-12-1990 p. 5506 n° 14561).

SECTION 2 COTISATIONS

43500 La présente section regroupe tout d'abord les **règles communes** aux cotisations des différentes branches de la protection sociale des non-salariés, en ce qui concerne les modalités de calcul (assiette et déclaration des revenus), le paiement et le recouvrement.

Sont ensuite étudiées les règles spécifiques aux différentes cotisations acquittées dans le régime agricole.

Les **règles particulières** aux cotisations des branches vieillesse et accident du travail-maladie professionnelle sont développées dans les parties consacrées à chacune de ces branches.

S'agissant de la **CSG** et de la **CRDS**, voir nos 32400 s.

S'agissant de la contribution à la formation professionnelle continue, voir n° 54800.

I. RÈGLES COMMUNES AUX DIFFÉRENTES COTISATIONS

A. Calcul des cotisations

43510 L'assiette des différentes cotisations sociales des non-salariés agricoles (AVA, AVI, RCO, PFA, Amexa et invalidité) est constituée par le revenu professionnel des intéressés (nos 43520 s.), lesquels sont soumis à une obligation de déclaration de leurs revenus aux caisses de mutualité sociale agricole simultanément avec leurs déclarations fiscales de revenus (nos 43630 s.). Seuls les montants des cotisations d'indemnités journalières maladie et Atexa (accident du travail des exploitants agricoles) sont forfaitaires.

1. ASSIETTE

Les cotisations sociales des non-salariés sont assises sur leurs revenus professionnels antérieurs. Toutefois, lorsque la durée d'assujettissement ne permet pas de disposer d'une assiette complète, les cotisations sont calculées sur la base d'une assiette provisoire régularisée par la suite. 43515
En la matière, les exploitants relevant du régime micro-BA (CGI art. 64 bis) sont soumis à des règles aménagées (nos 43610 s.).

Réforme engagée La loi de financement de la sécurité sociale pour 2024 a introduit une réforme de **l'assiette des cotisations sociales** des non-salariés (Loi 2023-1250 du 26-12-2023 art. 18) qui s'appliquera, pour les non-salariés agricoles, aux cotisations et contributions dues **à partir de l'année 2026**. L'objectif de la réforme est triple :
– uniformiser les assiettes de l'ensemble des non-salariés ;
– harmoniser l'assiette des non-salariés avec celle retenue pour les salariés ;
– unifier l'assiette des cotisations sociales des indépendants avec celle, plus large, des contributions sociales (CSG-CRDS), les différences actuelles générant de la complexité et des erreurs déclaratives.
Ainsi l'assiette sera-t-elle constituée à partir d'un revenu correspondant au chiffre d'affaires retenu après déduction des charges professionnelles hors cotisations et contributions sociales. Ce revenu fera l'objet d'un abattement de 26 % représentatif d'une partie des cotisations et contributions (CSS L 136-4 ; C. rur. L 731-14). Le montant de cet abattement ne pourra être inférieur à un minimum fixé à 1,76 % du plafond annuel de la sécurité sociale ni dépasser un maximum fixé à 130 % du même plafond (CSS L 136-3 et D 136-5 nouveau).
Afin de garantir la neutralité financière de cette réforme sur les finances publiques, les barèmes des cotisations sociales ont été revus (Décret 2024-688 du 5-7-2024). La réforme devrait néanmoins s'opérer à **prélèvement constant pour les non-salariés agricoles**, mais avec un gain en termes de prestations retraite.
Les règles d'assiette propres aux non-salariés agricoles (assiette triennale de droit commun, déductions fiscales non réintégrées dans l'assiette sociale, etc.) ne sont pas modifiées. Cependant, des **mesures complémentaires et d'ajustement**, prises par voie réglementaire, sont attendues.
Nous présentons ci-après le régime actuel des cotisations sociales des chefs d'exploitation et d'entreprise, encore applicable pour les années 2024 et 2025 et les modifications de taux applicables à partir de 2026.

a. Revenus professionnels

NOTION DE REVENU PROFESSIONNEL

Les revenus professionnels pris en compte pour la détermination de l'assiette des cotisations sociales comprennent (C. rur. art. L 731-14) : 43520
– les revenus soumis à l'impôt sur le revenu dans la catégorie des **bénéfices agricoles** ;
– les revenus provenant d'une activité non salariée agricole au sens de l'article L 722-1 du Code rural et de la pêche maritime et soumis à l'impôt sur le revenu dans la catégorie des **bénéfices industriels et commerciaux** ou des bénéfices **non commerciaux** ;
– les rémunérations allouées aux **gérants et associés** de certaines **sociétés**, provenant d'une activité non salariée agricole au sens de l'article L 722-1 du Code rural et de la pêche maritime et soumises à l'impôt sur le revenu dans la catégorie visée à l'article 62 du CGI ;
– les **revenus mobiliers** visés n° 43522 ;
– les **bénéfices perçus par certains associés** faisant partie de la famille de l'exploitant (voir n° 43522).
A contrario, les sommes que les non-salariés agricoles déclarent dans la catégorie des **revenus fonciers** ou des **revenus mobiliers** non visés n° 43522 n'entrent pas dans les revenus professionnels. Tel est le cas, pour les non-salariés associés de sociétés, des sommes qui sont déclarées fiscalement au titre des rémunérations des terres qu'ils détiennent en propriété et qu'ils mettent à disposition de la société à titre onéreux (revenus fonciers) ou de certaines sommes qu'ils laissent ou mettent à disposition de la société, en compte d'associés notamment, contre rémunération (revenus mobiliers).
Les revenus tirés des **parts sociales d'une SCEA** dont est titulaire une personne par ailleurs affiliée en qualité de non-salarié agricole, qui constituent fiscalement des bénéfices agricoles, entrent dans la catégorie des revenus professionnels pour la détermination de l'assiette des cotisations, peu importe que l'intéressé soit ou non occupé à l'activité de la société (Cass. 2e civ. 10-6-2003 n° 01-20.929). Il en va de même d'une participation dans une société exerçant une activité agricole, au sens de l'article L 722-1, qui procure à l'intéressé des bénéfices industriels et commerciaux ou non commerciaux (Cass. 2e civ. 6-3-2008 n° 07-13.669 : RJS 5/08 n° 605).

> **Précisions a.** La rémunération des **terres mises à disposition** ou des **comptes courants** d'associés est fréquemment utilisée pour diminuer l'assiette des cotisations sociales ; les « gains sociaux » immédiats qui en résultent expliquent le développement des sociétés depuis les années 1990, période depuis laquelle les cotisations des non-salariés agricoles sont basées exclusivement sur leurs revenus professionnels (voir également n° 43522). Contrairement à la situation des exploitants individuels (n° 43525, Précisions), ces déductions ne présentent pas de difficultés d'ordre technique.
> **b.** Les membres **élus des caisses de MSA et des chambres d'agriculture** peuvent renoncer de manière expresse à leur statut légal de « collaborateur occasionnel du service public », leur conférant un statut social de salarié agricole accompagné d'une affiliation et de cotisations à ce régime, et opter pour le rattachement de leurs indemnités à leurs revenus professionnels agricoles, leur évitant ainsi une double affiliation (Loi 2014-1554 du 22-12-2014art. 8 ; n° 38420).
> **c.** Des bénéfices agricoles, déclarés par un viticulteur en 2009 et 2010, après sa cessation d'activité intervenue au 31 décembre 2008, et correspondant à des bénéfices perçus avant sa cessation d'activité et étalés selon le régime de la moyenne triennale fiscale prévu à l'article 75-0 B du CGI, entrent dans le champ de la **CSG sur les revenus d'activité et de remplacement, et non de la CSG sur les revenus du patrimoine**. En revanche, si les bénéfices agricoles réalisés à l'occasion de la cession de son stock d'eau-de-vie par ce même viticulteur en 2013 entrent bien dans le champ des bénéfices agricoles, ils sont soumis à la CSG sur les revenus du patrimoine. En effet, les bénéfices agricoles sont soumis à la CSG sur les revenus du patrimoine (CSS art. L 136-6 F) lorsqu'ils n'entrent pas dans le champ de la CSG sur les revenus d'activité (CSS art. L 136-1 et L 136-4), ces deux impositions ne pouvant se cumuler. Il en résulte que les bénéfices agricoles soumis à la CSG sur les revenus d'activité sont uniquement ceux qui sont perçus par les personnes non-salariées des professions agricoles durant leur période d'activité, indépendamment de la date à laquelle ces revenus doivent faire l'objet d'une déclaration au titre de l'impôt (CE 3e-8e 2-4-2021 n° 428084).

43522 **Revenus mobiliers et bénéfices des associés membres de la famille** Les revenus professionnels comprennent, pour leur **montant excédant** 10 % du capital social et des primes d'émission et des sommes versées en compte courant qu'ils détiennent en pleine propriété ou en usufruit (C. rur. art. L 731-14, 4° ; Inst. SAFSL/SDTPS/N 2014-547 du 7-7-2014) :
– les **revenus de capitaux mobiliers** définis aux articles 108 à 115 du CGI perçus par le chef d'exploitation ou d'entreprise agricole, son conjoint ou le partenaire auquel il est lié par un pacte civil de solidarité ou ses enfants mineurs non émancipés ainsi que les revenus mentionnés au 4° de l'article 124 du même Code perçus par ces mêmes personnes ;
– en cas d'exploitation sous la forme d'une société passible de l'impôt sur le revenu, la part des **bénéfices perçus par le conjoint** ou le partenaire de **Pacs** ou par les **enfants** mineurs non émancipés du chef d'exploitation ou d'entreprise agricole, lorsqu'ils sont associés de la société.
Dans les **sociétés relevant de l'impôt sur les sociétés**, les revenus mobiliers retenus regroupent principalement les produits issus de la rémunération des comptes d'associés et les dividendes versés, que l'attributaire en soit un non-salarié associé, son conjoint, son partenaire ou ses enfants mineurs (associés non participant aux travaux). Dans les **sociétés relevant de l'impôt sur le revenu**, les revenus retenus regroupent les bénéfices agricoles, les bénéfices industriels et commerciaux et, le cas échéant, les revenus non commerciaux perçus par le conjoint ou les enfants mineurs du non-salarié concerné, associés ne participant pas aux travaux de la même société. En revanche, les produits issus de la rémunération des comptes d'associés ne sont pas considérés comme des revenus professionnels.
Depuis le 1er janvier 2016, les revenus mobiliers ou bénéfices professionnels mentionnés ci-dessus s'intègrent sans aucune particularité aux assiettes annuelle et triennale (n° 43555).

> **Précisions a.** Inclure dans les revenus professionnels des sommes perçues par des **associés ne participant pas aux travaux** (conjoint, partenaire pacsé et enfants mineurs) que le non-salarié associé est réputé percevoir repose sur le fait que ces personnes lui sont « proches et contrôlées par lui » (cette approche se fonde sur la présomption retenue pour apprécier le caractère majoritaire de la gérance en SARL, voir n° 43240).
> **b.** Les **revenus** de capitaux mobiliers **pris en compte** doivent s'entendre comme n'étant pas mis en réserve ou incorporés au capital et donc effectivement distribués (en ce sens, Cass. soc. 7-12-2000 n° 98-20.294 ; Cass. com. 5-4-2005 n° 01-20.889, arrêts rendus à propos de l'ancien article L 731-17 mais transposables).
> **c.** Selon nous, la notion de **perception** doit s'entendre, dans les sociétés de personnes non soumises à l'impôt sur les sociétés, de la

fraction de bénéfices fiscalement attribuée aux associés présents à la clôture de l'exercice, que celle-ci soit ou non effectivement appréhendée.
d. La nature des apports retenus pour la détermination du **capital** social ainsi que les modalités de prise en compte des sommes versées en **compte courant** ont été précisées par un décret (Décret 2014-732 du 27-6-2014 ; C. rur. art. R 731-32).

Cas particulier de l'EIRL et des entrepreneurs individuels ayant opté pour l'IS S'agissant des chefs d'exploitation ou d'entreprise ayant choisi le statut des entrepreneurs individuels à responsabilité limitée (nos 75540 s.), deux situations sont à distinguer. En cas d'**option** de l'entrepreneur individuel pour l'**impôt sur les sociétés** (IS), l'assiette des cotisations et contributions sociales correspond aux rémunérations qu'il se verse. La part appréhendée par l'entrepreneur individuel sous forme de dividendes est exclue de l'assiette sauf pour sa fraction excédant, le cas échéant, 10 % de la valeur des biens du patrimoine affecté constaté en fin d'exercice ou 10 % du montant du bénéfice net si ce montant est supérieur (C. rur. art. L 731-14-1). Le montant de la valeur des biens du patrimoine affecté correspond à leur valeur brute, déduction faite des encours des emprunts y afférents, appréciés au dernier jour de l'exercice précédant la distribution des revenus mentionnés aux articles 108 à 115 du CGI. Le bénéfice correspond à celui de l'exercice précédant la distribution des revenus mentionnés aux articles 108 à 115 du CGI (C. rur. art. R 731-32-1 ; CSS art. R 131-8). À **défaut d'option pour l'IS**, l'entrepreneur individuel à responsabilité limitée est redevable des cotisations dans les mêmes conditions que les autres entrepreneurs individuels. 43523
L'entrepreneur individuel « classique » peut aussi, depuis le 15 mai 2022, opter pour son assujettissement à l'IS selon les modalités exposées n° 27655. Dès lors, les revenus professionnels intègrent la part de dividendes appréhendée par l'entrepreneur individuel qui excédent 10 % de son bénéfice net (C. rur. art. L 731-14-1 nouveau).

> **Précisions** Il n'est plus possible d'opter pour le statut d'EIRL depuis le 15 février 2022 (Loi 2022-172 du 14-2-2022 art. 6). Les dispositions du Code de commerce régissant ce statut demeurent néanmoins applicables aux entrepreneurs l'ayant adopté avant cette date (voir n° 75561).

Déduction des revenus cadastraux et des revenus fonciers Les **exploitants individuels** peuvent déduire des revenus soumis à l'impôt sur le revenu dans la catégorie des BA le revenu cadastral des **terres qu'ils mettent en valeur** et dont ils sont propriétaires, diminué d'un abattement. Celui-ci est égal à 4 % des BA diminués du revenu cadastral desdites terres et multipliés par un coefficient égal au revenu cadastral de ces dernières divisé par le revenu cadastral de l'ensemble des terres qu'ils mettent en valeur. Il est d'au moins 304,90 € (C. rur. art. L 731-14 et D 731-24). 43525
Ces dispositions sont applicables dans les mêmes conditions aux **associés personnes physiques** des **sociétés** visées à l'article 8 du CGI pour les terres mises en valeur par ces sociétés lorsque celles-ci sont inscrites à l'actif de leur bilan, ce qui suppose qu'elles en soient propriétaires (C. rur. art. L 731-14 et D 731-25).
L'**option** en faveur du dispositif peut être exercée chaque année au plus tard le 30 juin pour prendre effet sur les cotisations de l'année en cours, au moyen d'un imprimé (modèle fixé par arrêté ministériel) à retirer auprès des caisses de MSA. L'option peut être dénoncée au plus tard le 30 juin pour prendre effet pour le calcul des cotisations de l'année en cours (C. rur. art. D 731-22).
Le chef d'exploitation ou d'entreprise agricole peut également déduire de ses bénéfices agricoles réels, et donc de son assiette sociale, les revenus fonciers perçus en contrepartie de la **location des terres**, biens immobiliers à utilisation agricole et biens mobiliers qui leur sont attachés lorsque ces terres et ces biens sont mis à la disposition d'une exploitation ou d'une entreprise agricole sous forme individuelle aux travaux de laquelle il participe effectivement. Toutefois, dans le cas où il procède d'ores et déjà à la déduction du revenu cadastral des terres, il doit réintégrer ces sommes fiscalement déduites dans son assiette sociale ; cette disposition concerne également les exploitations agricoles sous forme sociétaire, pour lesquelles elle n'a cependant aucune portée pratique (C. rur. art. L 731-15).

> **Précisions** **a.** En matière **fiscale**, le Conseil d'État s'est expressément prononcé en faveur de la déductibilité du résultat professionnel des sommes correspondant au loyer normal des terres conservées dans le patrimoine privé de l'exploitant et mises à la disposition de l'exploitation par celui-ci (voir cependant n° 11125).
> **b.** La réforme de l'assiette des cotisations sociales instaurée par la loi de financement de la sécurité sociale pour 2024, effective à partir de 2026 (n° 43515), maintient cette faculté de déduction (C. rur. D 731-24 modifié par décret 2024-868 du 5-7-2024).

43530 **Calcul du revenu net** Les revenus s'entendent des **revenus nets professionnels** retenus pour le calcul de l'impôt sur le revenu, éventuellement minorés de la déduction visée ci-dessus, ou, le cas échéant, de leur somme (C. rur. art. L 731-15). Ces revenus professionnels proviennent de l'ensemble des activités agricoles exercées au cours des années de référence (n° 43555), y compris lorsque l'une de ces activités a cessé au cours desdites années. Les exploitants soumis à un régime réel d'imposition peuvent retenir le montant réel de leurs déficits.

Les revenus professionnels visés n° 43520 s'entendent donc des bénéfices établis selon un mode réel (bénéfices agricoles, bénéfices industriels et commerciaux et bénéfices non commerciaux), mais aussi des bénéfices établis selon le mode micro, micro-BA, micro-BIC ou micro-BNC (CGI art. 64 bis, 50-0 et 102 ter). Sur l'assiette à retenir pour les non-salariés disposant de revenus imposés selon le régime du micro-BA, voir n° 43610.

Sur l'avantage qui découle du versement d'un à-valoir sur les cotisations sociales en cas de hausse du résultat fiscal établi selon le bénéfice réel, voir n° 43808.

> **Précisions** Dans le cas d'activités agricoles au sens de la protection sociale générant des déclarations fiscales selon le régime micro-BIC ou micro-BNC, les non-salariés agricoles doivent déclarer, depuis 2017, leurs recettes totales et non plus le bénéfice fiscal établi après application des abattements réglementaires (BIC : 71 % ou 50 % ; BNC : 34 %). Les abattements sont appliqués par la MSA ; cette position a été prise par analogie avec celle retenue pour les revenus déterminés selon le régime micro-BA (n° 43635).

43535 **Différences entre les assiettes fiscales et sociales** Il n'est **pas tenu compte** des reports déficitaires, des plus-values et moins-values professionnelles à long terme, du coefficient multiplicateur mentionné à l'article 158, 7° du CGI et des modalités d'assiette qui résultent d'une option du contribuable (C. rur. art. L 731-15).

Les modalités d'assiette résultant d'une **option du contribuable** comprennent notamment (Rép. min. n° 5240 : JO AN 21-3-1994) :

– l'option pour l'étalement et le lissage des revenus exceptionnels agricoles (CGI art. 75-0 A) ; voir n°s 12020 s. ;

– l'option pour la moyenne triennale fiscale (CGI art. 75-0 B) ; voir n°s 12100 s. ;

– l'option pour l'étalement d'un revenu exceptionnel (CGI art. 163-0 A) ; voir n°s 12005 s.

En revanche, l'option pour l'étalement du profit résultant du versement d'une prime d'assurance, prévue par l'article 38 quater du CGI (n° 9942), est retenue pour la détermination de l'assiette des cotisations sociales. De même, l'étalement des bénéfices exceptionnels prévu à l'article 75-0 A du même Code est aussi retenu dans l'assiette sociale dès lors qu'il correspond à des produits exceptionnels définis au a du 2 du même article (revenus exceptionnels par leur montant issus d'une bonne commercialisation, par exemple) ; l'assiette sociale ne peut donc être corrigée à la suite de cette option fiscale.

Enfin, la dotation d'installation en capital accordée aux **jeunes agriculteurs** relevant d'un régime réel d'imposition et le montant de la différence entre l'indemnité versée en compensation de l'abattage de troupeaux pour raison sanitaire et la valeur en stock ou en compte d'achats des animaux sont exclus de l'assiette des cotisations sociales (C. rur. art. L 731-15).

Les sommes versées par l'entreprise au bénéfice du chef d'exploitation non salarié agricole (ou du conjoint du chef d'exploitation s'il a le statut de conjoint collaborateur ou de conjoint associé) dans le cadre d'un plan d'épargne retraite collectif (**PERCO**), d'un plan d'épargne retraite d'entreprise collectif (**PERECO**), ou d'un plan d'épargne d'entreprise (**PEE**) sont exonérées de cotisations sociales dans la limite des plafonds visés aux articles L 3332-11 et suivants du Code du travail.

43540 Les **revenus nets imposables** sont **majorés** des déductions et abattements qui ne correspondent pas à des dépenses nécessitées par l'exercice de la profession, à l'exception de la déduction pour investissement (n°s 15000 s.), de la déduction pour aléas (n°s 15050 s.) et de la déduction pour épargne de précaution (n° 14800). Ces revenus sont également majorés du montant des seules plus-values à court terme exonérées d'impôt sur le revenu en application de l'article 151 septies A du CGI (C. rur. art. L 731-15).

> **Précisions a.** À ce titre, les sommes déduites du bénéfice, conformément aux articles 39 decies et 39 decies A du CGI, permettant une déduction exceptionnelle du résultat imposable égale à 40 % de la valeur d'origine de certains biens d'équipement acquis neufs, répartie sur leur durée normale d'amortissement (dit « **suramortissement Macron** »), ne doivent pas être prises en compte dans l'assiette sociale des non-salariés agricoles (Courrier du 21-7-2015 du min. de l'agriculture à la FNSEA).
>
> **b. L'indemnité d'inflation de 100 €** versée en 2022 par les caisses de MSA aux chefs

d'exploitation non salariés en remplissant les conditions, notamment de revenus, est exclue de l'assiette sociale (LTC n° DR-2022-200 du 24-3-2022).

c. En application des dispositions de l'article L 731-15 du Code rural, le dirigeant d'une société relevant de l'impôt sur les sociétés qui opte pour une imposition au barème de l'impôt sur le revenu des dividendes qu'il perçoit et qui, à ce titre, bénéficie d'un **abattement de 40 %** sur lesdits revenus ne peut bénéficier de cet abattement pour le calcul de ses cotisations basées sur ses **dividendes** (LTC n° DR-2022-200 du 24-3-2022). Si cette position de la CCMSA apparaît justifiée à la lecture de l'article L 731-15 précité, notons que la jurisprudence en décide autrement pour un non-salarié non agricole, sur le fondement de l'article L 136-1 du Code de la sécurité sociale dont la formulation diffère de la rédaction du Code rural (Tribunal judiciaire de Melun, Pôle social, 12-5-2020 n° 19.00262).

Régime applicable à certaines coexploitations En présence de coexploitations ou d'exploitations sous forme sociétaire dont les coexploitants ou associés ont des revenus professionnels qui ne font pas l'objet d'une imposition séparée, le montant total des revenus est **réparti** entre les coexploitants ou associés au prorata de la participation de chacun d'eux aux bénéfices, telle que déterminée par les statuts ou, à défaut, **par parts égales**. Si les revenus professionnels dégagés par les membres d'une même famille ayant la qualité de chefs d'exploitation ou d'entreprise et dirigeant des exploitations ou entreprises distinctes n'ont pas fait l'objet d'une imposition séparée, le montant total des revenus est réparti entre eux en fonction de l'importance respective de leur exploitation ou de leur entreprise exprimée en pourcentage de la surface minimale d'assujettissement (C. rur. art. L 731-18). Cette répartition est réalisée en **fonction** de l'importance relative de la surface minimale d'assujettissement ou, lorsque cela n'est pas possible, au prorata du nombre d'heures de travail effectuées dans chacune des exploitations ou entreprises au cours de l'année précédant celle au titre de laquelle les cotisations sont dues ou, à défaut, à parts égales (C. rur. art. D 731-33). 43545

Micro-social Les non-salariés relevant de la MSA ne sont pas concernés par le régime simplifié de versement des cotisations sociales, appelé « micro-social », pour leur activité agricole (CSS art. L 613-7). Cependant, des non-salariés agricoles peuvent développer par ailleurs une activité non agricole sous ce statut. Dans cette hypothèse, les personnes sont **rattachées** auprès de chacun des régimes auxquels correspondent les activités exercées. 43550

Cette règle déroge au principe selon lequel les personnes exerçant simultanément des activités non salariées agricoles et non agricoles sont rattachées et cotisent pour l'ensemble de ces activités au régime de l'activité principale (CSS art. L 171-3). Concernant les règles applicables aux pluriactifs, voir nos 88150 s.

Pour les chefs d'exploitation relevant du régime des micro-exploitations agricoles (micro-BA), voir nos 43610 s.

PÉRIODE DE RÉFÉRENCE

L'assiette des cotisations peut être triennale ou annuelle (C. rur. art. L 731-15 s. et D 731-26). 43555
L'**assiette triennale** s'applique automatiquement, faute d'option, quel que soit le régime d'imposition de l'assuré. Elle est composée de la moyenne des revenus professionnels se rapportant aux trois années antérieures à celle au titre de laquelle les cotisations sont dues (C. rur. art. L 731-15).

Les exploitants agricoles peuvent toutefois opter, au titre de l'ensemble de leurs activités non salariées, pour une assiette **annuelle**, constituée des revenus professionnels de l'année précédant celle au titre de laquelle les cotisations sont dues (C. rur. art. L 731-19).

Pour les chefs d'exploitation relevant du régime des micro-exploitations agricoles (micro-BA), voir nos 43610 et 43612.

L'**option** pour l'assiette annuelle (C. rur. art. L 731-21 et D 731-26) : 43570
– doit être notifiée à la caisse de mutualité sociale agricole au plus tard le 30 juin ou au moment de l'affiliation pour prendre effet à compter de l'année au cours de laquelle est intervenue la demande ;
– est souscrite pour 5 années civiles et reconduite tacitement par périodes de 5 ans ; la dénonciation doit parvenir à la caisse avant le 30 novembre de l'année qui précède l'expiration d'une période de 5 ans pour prendre effet au 1er janvier de l'année suivante ; les exploitants agricoles ayant dénoncé l'option ne peuvent ultérieurement demander l'application de ces dispositions avant un délai de 6 ans après cette dénonciation.

Pour les chefs d'exploitation relevant du régime des micro-exploitations agricoles (micro-BA), voir n° 43610.

En cas de **transfert de l'exploitation entre époux**, le bénéfice de l'option antérieurement souscrite par l'exploitant agricole continue de produire ses effets au bénéfice du conjoint repreneur jusqu'au terme initialement prévu lors de la souscription de l'option (C. rur. art. D 731-26).

b. Assiette forfaitaire

43590 À titre provisoire, l'assiette des cotisations est fixée de manière forfaitaire lorsque la durée d'assujettissement ne permet pas de calculer la moyenne des revenus professionnels se rapportant aux trois années de référence (C. rur. art. L 731-16 et D 731-27). Elle est ensuite régularisée dès que ces revenus sont connus.

DURÉE D'ASSUJETTISSEMENT INSUFFISANTE

43595 L'assiette forfaitaire des **nouveaux installés** est calculée de la façon suivante :
– au niveau des assiettes minima pour les branches de cotisations dans lesquelles il en existe actuellement : 600 fois le Smic horaire en AVA, 800 Smic en AVI, 800 Smic pour la contribution à la formation professionnelle et 11,5 % du plafond de la sécurité sociale en assurance invalidité (C. rur. art. D 718-16) et 1 820 Smic en RCO ;
– à 600 fois le Smic horaire dans la branche de cotisations prestations familiales et pour l'Amexa (C. rur. art. D 731-31).
Pour les chefs d'exploitation relevant du régime des micro-exploitations agricoles (micro-BA), voir nº 43616.

43600 Pour les personnes en **moyenne triennale**, l'assiette des cotisations :
– pour la première année, est calculée forfaitairement puis régularisée lorsque les revenus professionnels sont connus ;
– pour la deuxième année, est égale à la somme de la moitié de l'assiette forfaitaire et de la moitié des revenus professionnels de l'année précédente puis régularisée sur la base de la moyenne des revenus professionnels afférents à la première et la deuxième année lorsque ceux-ci sont définitivement connus ;
– pour la troisième année, est égale au tiers de l'assiette forfaitaire et des revenus professionnels des deux années précédentes puis régularisée sur la base de la moyenne des revenus définitivement connus afférents aux trois premières années.
Pour la quatrième année, les cotisations sont entièrement calculées sur les revenus professionnels (l'assiette est donc identique à celle de la troisième année).
L'assiette des cotisations des personnes soumises à l'**option annuelle** est calculée pour la première année sur la base de l'assiette forfaitaire définie plus haut, qui sera régularisée sur la base des revenus professionnels afférents à la première année au titre de laquelle les cotisations sont dues, lorsque ces revenus sont définitivement connus (C. rur. art. D 731-27 s.). L'assiette de la deuxième année est l'assiette de droit commun, laquelle est donc identique à celle de la première année.

> **Précisions a.** En cas de **cessation d'activité**, pour quelque motif que ce soit, d'une personne dont les cotisations sont calculées à titre provisoire sur la base de l'assiette forfaitaire, celle-ci doit faire connaître les revenus professionnels définitivement connus correspondant à la dernière année d'activité.
> **b.** Lorsqu'il est **impossible de connaître les revenus** professionnels, les cotisations sont calculées sur une base majorée, voir nº 43650.

DÉROGATIONS

43605 Deux dérogations sont prévues à l'application de l'assiette forfaitaire d'installation (C. rur. art. L 731-16 et D 731-30 ; Circ. CCMSA 30 du 10-4-2000) :
– en cas de **transfert de la qualité de chef d'exploitation ou d'entreprise** entre conjoints ou entre personnes liées par un pacte civil de solidarité, quels qu'en soient le motif et les modalités (décès, retraite, etc.), les cotisations sociales dues par le conjoint poursuivant l'exploitation sont calculées sur la totalité des revenus professionnels du foyer fiscal. Toutefois, en cas de décès du chef d'exploitation ou d'entreprise agricole, le conjoint poursuivant la mise en valeur de l'exploitation ou de l'entreprise agricole peut opter pour le calcul des cotisations et contributions sociales sur une assiette forfaitaire selon les modalités prévues nº 43595. L'option prend effet à compter de l'année au cours de laquelle est intervenue la demande dès lors que celle-ci est formulée au plus tard le 30 juin auprès de la caisse de la MSA (C. rur. art. D 731-33-2) ;
– en cas d'**installation du conjoint** en qualité de **coexploitant ou d'associé** au sein d'une coexploitation ou d'une société formée entre les conjoints, dès lors qu'il a participé aux travaux ayant donné lieu au versement de la cotisation vieillesse individuelle pendant la période prise en

compte pour le calcul de ses cotisations, celles-ci sont calculées sur la part correspondant à sa participation aux bénéfices des revenus agricoles du foyer fiscal. Cette dérogation est également applicable à la personne liée par un Pacs au chef d'exploitation ou d'entreprise agricole qui a opté pour le statut de collaborateur.
Dans les deux cas, la **superficie de l'exploitation** ne doit pas être réduite ou augmentée de plus de deux fois la surface minimale d'assujettissement.

c. Régime des micro-exploitations (micro-BA)

Les cotisations sociales dues par les non-salariés soumis au régime d'imposition des micro- 43610
exploitations, dit « micro-BA », codifié à l'article 64 bis du CGI (nos 7000 s.), sont calculées sur une assiette particulière.

ASSIETTE TRIENNALE

Il résulte de l'article L 731-15 du Code rural et de la pêche maritime que l'assiette des cotisa- 43612
tions des chefs d'exploitation ou d'entreprise agricole relevant du régime du micro-BA est constituée de la **moyenne des recettes** agricoles hors taxe des trois années antérieures à celle au titre de laquelle les cotisations sont dues, retenues selon les règles prévues à l'article 64 bis du CGI. La caisse de MSA opère un abattement de 87 % sur ces recettes.

EXEMPLE

Un agriculteur relevant du régime du micro-BA réalise exclusivement les recettes agricoles suivantes :
– 2021 : 76 000 € HT ;
– 2022 : 80 000 € HT ;
– 2023 : 78 000 € HT.
Son assiette de cotisations sociales pour 2024, selon le régime de la moyenne triennale, sera la suivante : [(recettes 2021 + recettes 2022 + recettes 2023)/3] × (1 – 0,87)
= [(76 000 + 80 000 + 78 000)/3] × 0,13
= 10 140 €.

Dans l'hypothèse où un chef d'exploitation réalise des **bénéfices agricoles et d'autres revenus professionnels** (BIC, BNC, etc.), l'assiette des cotisations sociales, déterminée selon la moyenne triennale, est constituée, d'une part, pour les bénéfices agricoles soumis au micro-BA, de la moyenne des recettes agricoles diminuées de l'abattement de 87 % des trois années précédentes et, d'autre part, de la moyenne des autres revenus professionnels de l'exploitant des trois mêmes années (C. rur. art. D 731-29-2).
En cas de **changement de régime d'imposition**, l'assiette des cotisations doit être calculée sur la base des revenus professionnels déterminés selon les régimes d'imposition qui leur sont propres, et ce, au titre des trois années de référence (N – 1, N – 2, N – 3). Le changement de régime fiscal n'aura d'impact sur l'assiette sociale que l'année suivante.

> **Précisions a.** Pour les exploitants soumis au micro-BA, la **déduction de la rente au sol** (n° 43525) est opérée sur les recettes diminuées de l'abattement de 87 %.
b. Il n'est pas tenu compte de la **dotation d'installation des jeunes agriculteurs** (DJA) dans l'assiette des cotisations sociales (C. rur. art. L 731-15 ; n° 43535). Pour les agriculteurs relevant du régime micro, un retraitement des recettes déclarées doit être opéré dans la déclaration des revenus professionnels dès lors qu'en fiscalité la DJA est comprise dans les bases d'imposition à concurrence de sa fraction affectée à l'acquisition d'immobilisations.
c. Les **plus-values professionnelles à court terme** sont ajoutées et les **moins-values professionnelles à court-terme** sont déduites des recettes après application de l'abattement de 87 % dans la mesure où, faute d'exonération (CGI art. 151 septies), les plus ou moins-values sont imposées selon le mode réel. D'un point de vue déclaratif, ces plus-values ou moins-values viendront s'ajouter aux recettes déclarées et devront être majorées de l'abattement de 87 % appliqué par la MSA.
d. Un agriculteur passant du régime réel au régime micro peut avoir opté pour **l'étalement des revenus exceptionnels sur sept ans** (CGI art. 75-0 A). Dans ce cas, l'administration fiscale tolère que les fractions qui restent à étaler lors du passage au régime micro, et donc non encore imposées au réel, puissent être ajoutées au bénéfice établi selon les règles du micro sur les années restant à courir. Si tel est le cas, cette fraction annuelle entrera dans l'assiette des cotisations sociales. D'un point de vue déclaratif, puisque l'agriculteur déclare des recettes et non un revenu, cette fraction devra être majorée afin d'en déterminer le montant brut qui, une fois abattu de 87 %, permettra de déterminer le montant entrant dans l'assiette sociale.

ASSIETTE ANNUELLE OPTIONNELLE

43614 Par dérogation, les chefs d'exploitation ou d'entreprise agricole peuvent opter pour une assiette de cotisations constituée des recettes afférentes à l'année précédant celle au titre de laquelle les cotisations sont dues, diminuées de l'abattement de 87 % prévu à l'article 64 bis du CGI (C. rur. art. L 731-19).

Les conditions de l'option sont identiques à celles appliquées aux chefs d'exploitation relevant des autres régimes d'imposition (C. rur. art. D 731-29-1 ; n° 43570).

EXEMPLE

Un chef d'exploitation relevant du régime du micro-BA réalise les recettes agricoles suivantes :
– 2021 : 78 000 € HT ;
– 2022 : 80 000 € HT ;
– 2023 : 75 000 € HT.
Son assiette de cotisations sociales pour 2024, s'il opte pour l'assiette annuelle N − 1, sera la suivante : recettes 2023 − (recettes 2023 × 0,87) = 9 750 €.

ASSIETTE FORFAITAIRE DES NOUVEAUX INSTALLÉS

43616 Pour leur **première année** d'activité, l'assiette forfaitaire provisoire des cotisations des nouveaux installés relevant du régime micro-BA est identique à celle relevant des chefs d'exploitation relevant du régime de droit commun (C. rur. art. D 731-29-1 ; n° 43590).

La **deuxième année**, l'assiette forfaitaire provisoire est déterminée à partir de la moyenne des recettes agricoles effectives de la première année (diminuées de l'abattement de 87 %) et de l'assiette forfaitaire fixée la première année.

La **troisième année**, l'assiette forfaitaire provisoire est déterminée à partir de la moyenne des recettes agricoles effectives des 2 premières années (diminuées de l'abattement de 87 %) et de l'assiette forfaitaire fixée la première année.

Les régularisations de cotisations effectuées les 2e, 3e et 4e années sont calculées sur la base des recettes effectives diminuées de l'abattement de 87 %.

2. DÉCLARATION DES REVENUS PROFESSIONNELS

43630 Les chefs d'exploitation ou d'entreprise sont tenus de déclarer à la caisse de mutualité sociale agricole dont ils relèvent le montant de leurs revenus professionnels. Le contenu, les modalités de la déclaration et les sanctions applicables sont fixés par les articles D 731-17 et suivants du Code rural et de la pêche maritime.

REVENUS À DÉCLARER

43635 Les **chefs d'exploitation** ou d'entreprise agricole doivent déclarer leurs revenus professionnels afférents à l'année précédant celle au titre de laquelle les cotisations sont dues.

Ceux relevant du régime des micro-exploitations agricoles ou micro-entreprises commerciales ou non commerciales (CGI art. 50-0, 64 bis et 102 ter) doivent déclarer le montant des recettes afférentes à l'année précédant celle au titre de laquelle les cotisations sont dues (C. rur. art. D 731-17 ; Circ. CCMSA DR-2017-06 du 27-6-2017).

En cas **d'exploitation dans le cadre d'une société soumise à l'impôt sur les sociétés**, les rémunérations soumises à l'impôt sur le revenu dans la catégorie visée à l'article 62 du CGI ainsi que les revenus de capitaux mobiliers définis à l'article 109, 1, 1° du même Code doivent être déclarés par les gérants et associés exerçant une activité non salariée agricole dans les mêmes conditions et délais que les chefs d'exploitation et d'entreprise agricole.

MODALITÉS

43640 Les éléments nécessaires au calcul des cotisations et contributions sociales doivent être déclarés par les chefs d'exploitation ou d'entreprise agricole dans le cadre de leur déclaration de revenus produite auprès de l'administration fiscale pour les besoins de l'établissement de l'impôt sur le revenu (CGI art. 170 ; C. rur. art. L 731-13-2 et R 731-17-2).

Les éléments sont transmis par l'administration fiscale à la Caisse centrale de mutualité sociale agricole par voie dématérialisée dans les jours qui suivent le dépôt de la déclaration. La Caisse centrale transmet à son tour ces éléments, au plus tard un mois après réception, à la caisse de mutualité sociale agricole dont l'adhérent relève.

Par exception, le chef d'exploitation ou d'entreprise agricole transmet directement à sa caisse de mutualité sociale agricole, par voie dématérialisée, la déclaration de revenus comprenant les données nécessaires au calcul des cotisations et contributions sociales, dans les cas suivants :
– lorsqu'il n'a pas souscrit la déclaration de revenus à la date limite prévue pour les déclarations par voie électronique ;

– lorsque la déclaration de revenus a été souscrite dans le délai, mais sur support papier.
Lorsque le chef d'exploitation ou d'entreprise agricole n'est pas tenu de produire la déclaration de revenus visée à l'article 170 du CGI par voie dématérialisée, la déclaration des données nécessaire au calcul des cotisations et des contributions sociales peut être effectuée sur support papier, au moyen d'un imprimé mis à la disposition des assurés par les caisses de MSA (C. rur. art. R 731-17-2, II).
En cas de redressement notifié par l'administration fiscale, une double obligation s'impose :
– l'assuré doit communiquer à la caisse de mutualité sociale agricole dont il relève copie de la notification de ce redressement (C. rur. art. D 731-18) ;
– l'administration fiscale doit, en cas de rectification des revenus retenus pour le calcul des cotisations et des contributions de sécurité sociale, informer les organismes compétents qui peuvent procéder à la révision du montant des cotisations (C. rur. art. R 731-20, III).
La méconnaissance des obligations de déclaration dématérialisée et de versement des cotisations entraîne l'application d'une majoration prévue à l'article L 133-5-5, II du Code de la sécurité sociale. Celle-ci s'élève à 0,2 % du montant des sommes dont le versement a été effectué par une autre voie que la voie dématérialisée (CSS art. D 133-11).
Les imprimés sont téléchargeables sur le site de la mutualité sociale agricole : msa.fr.

SANCTIONS

Un chef d'exploitation ou d'entreprise agricole qui transmet sa déclaration de revenus professionnels **après la date limite** fixée par la caisse de MSA voit le montant de ses cotisations et contributions sociales calculé sur la base des déclarations fournies assorti d'une pénalité égale à 5 % de ce montant (C. rur. art. R 731-20, I modifié par décret 2023-90 du 11-2-2023). **43650**
Lorsque le chef d'exploitation n'a souscrit aucune déclaration, le montant des cotisations et contributions sociales est calculé à titre provisoire sans tenir compte des exonérations auxquelles l'intéressé peut prétendre. Le calcul est réalisé sur la base la plus élevée entre :
– l'assiette ayant servi de base au calcul des cotisations sociales de l'année précédente ou, en cas de début d'activité, l'assiette forfaitaire d'installation ;
– 50 % du plafond annuel de la sécurité sociale en vigueur au 1er janvier de l'année au titre de laquelle est calculée la taxation provisoire.
L'assiette retenue est majorée de 25 % dès la première année et pour chaque année consécutive non déclarée. Les contributions sociales sont calculées sur la base majorée retenue pour le calcul des cotisations sociales. Cette taxation provisoire est notifiée à l'intéressé par tout moyen permettant de rapporter la preuve de la date de réception. Les cotisations et contributions sociales calculées sur cette base sont recouvrées dans les mêmes conditions que les cotisations et contributions définitives.
Lorsque le chef d'exploitation ou d'entreprise déclare ses revenus après la date limite, l'administration fiscale transmet les données déclarées pour les années considérées, sur demande de la caisse. Dès réception, la caisse demande au chef d'exploitation ou d'entreprise agricole de lui communiquer, dans un délai de deux mois, les données nécessaires au calcul des cotisations et des contributions sociales. En l'absence de communication de l'ensemble des données requises, les cotisations sont calculées sur la base des données disponibles.
Dans ce cas, une pénalité d'un montant égal à 10 % des cotisations dues est appliquée.
Les pénalités de 5 % et 10 % sont recouvrées sous les mêmes garanties et sanctions que les cotisations et contributions sociales. La remise de ces pénalités peut être obtenue dans les conditions de droit commun (n° 43655).
Les cotisants solidaires font l'objet d'un régime de sanction particulier (n° 44010).

Une **remise gracieuse** totale ou partielle de ces majorations peut être accordée par les caisses en cas de bonne foi dûment prouvée et après le paiement de la totalité des cotisations qui ont donné lieu à l'application des majorations. Les adhérents doivent, dans le délai de 6 mois suivant la transmission de la ou des déclarations de revenus ou des éléments dont le défaut d'envoi a donné lieu à l'application de la majoration, présenter une **demande écrite** précisant les motifs du retard apporté à la production de ces documents ou éléments (Circ. CCMSA 2008-37 du 21-10-2008). **43655**
La **décision de la caisse** est notifiée au demandeur, l'absence de notification dans les 3 mois de la réception de la demande valant rejet implicite de celle-ci.
En cas de **litige** à la suite d'une demande de remise des majorations, l'adhérent peut saisir le tribunal des affaires de sécurité sociale dans les 2 mois (Arrêté AGRF0818151A du 18-7-2008 ; Circ. CCMSA 2008-37 du 21-10-2008) :
– soit de la date de notification de la décision de l'organisme ;
– soit du rejet implicite de la demande.

Une **remise automatique** peut également avoir lieu dans les conditions citées n° 43907.
Si l'assuré a bénéficié d'un échéancier de paiement et qu'il l'a respecté, il n'a pas besoin d'effectuer de demande de remise des majorations de retard auprès de sa caisse MSA. Son dossier est étudié de manière automatique.
En cas de **procédure de sauvegarde, de redressement ou de liquidation judiciaires**, les majorations de retard dues à la date du jugement d'ouverture de la procédure sont remises automatiquement (C. rur. art. L 725-5).

CONTRÔLE AUPRÈS DES ADMINISTRATIONS FISCALES ET DE CERTAINS ORGANISMES

43660 Les caisses de MSA peuvent demander à l'administration des impôts de leur communiquer les informations nominatives nécessaires à la détermination de l'assiette et du montant des cotisations et contributions ainsi qu'à leur recouvrement.
Il existe également un droit de communication des documents et informations nécessaires aux agents des organismes de sécurité sociale et aux agents chargés du contrôle. Ce droit de communication permet d'obtenir des informations et des documents auprès notamment des établissements bancaires, des fournisseurs d'énergie et des opérateurs de téléphone (CSS art. L 114-19 ; Circ. DSS 2011-323 du 21-7-2011 ; Circ. CCMSA 21 du 17-6-2008).

B. Paiement des cotisations

1. PRINCIPES GÉNÉRAUX

43710 Les cotisations sont, en principe, dues en totalité **pour l'année civile** dès lors que l'exploitant remplit les conditions d'assujettissement le 1er janvier de l'année considérée, même si ces conditions disparaissent en cours d'année (C. rur. art. L 731-10-1 et R 731-57 ; Circ. CCMSA 2010-3 du 19-1-2010 ; Cass. 2e civ. 14-3-2013 n° 11-26.433). L'intéressé doit faire connaître à la caisse de MSA, avant le 1er janvier, les modifications intervenues dans sa situation afin qu'il puisse en être tenu compte l'année suivante (Cass. soc. 24-1-2002 n° 344 : RJS 7/02 n° 903).
Trois **conséquences** découlent du principe d'annualité :
– les cotisations sociales des non-salariés agricoles (NSA) sont exigibles pour l'année entière ;
– les non-salariés agricoles s'installant après le 1er janvier ne seront redevables de cotisations qu'à compter du 1er janvier de l'année suivant l'année d'installation ;
– les assurés cessant leur activité après le 1er janvier demeurent redevables de l'intégralité des cotisations au titre de l'année de cessation de l'activité.
Les cotisations annuelles sont également dues dans le cas d'un **aide familial** venant à remplir les conditions d'assujettissement après le 1er janvier d'une année, s'il remplissait déjà ces conditions au cours de l'année précédente, en la même qualité ou en qualité de chef d'exploitation ou d'entreprise.
À noter que le principe d'annualité ne s'applique pas aux redevables de la **cotisation de solidarité** (n° 44010).

> **Précisions** Le principe d'annualité applicable aux cotisations des non-salariés agricoles n'est pas contraire à la Constitution. En effet, la Cour de cassation, refusant le renvoi d'une question au Conseil constitutionnel, estime que ce principe ne conduit pas à une rupture caractérisée de l'égalité devant les charges publiques contraire aux exigences de l'article 13 de la Déclaration des droits de l'Homme et du citoyen du 26 août 1789. Il n'y a pas non plus de méconnaissance des exigences du principe de l'égalité devant les charges publiques (Cass. 2e civ. 3-10-2019 n° 19-40.025).

43712 Des **exceptions** sont apportées au principe d'annualité. Il en va ainsi de la cotisation **Atexa**. De même, les cotisations **Amexa** sont calculées au prorata de la fraction de l'année considérée comprise entre le 1er janvier et le premier jour du mois civil suivant la date de cessation de l'activité agricole non salariée lorsque l'assuré (C. rur. art. R 731-83) :
– après avoir **exercé simultanément** une activité agricole non salariée et une autre activité professionnelle, vient à cesser la première activité ;
– après avoir exercé une activité agricole non salariée, **prend une autre activité professionnelle** ou vient à relever d'un des régimes mentionnés à l'article L 722-11 : parlementaires en activité, anciens parlementaires bénéficiant de leur droit à la retraite en tant que tels ; invalides, veuves et orphelins de guerre visés aux articles du Code de la sécurité sociale.

En cas de **décès** du chef d'exploitation ou d'entreprise agricole, les cotisations dues au titre de l'année au cours de laquelle est intervenu le décès sont calculées au prorata de la fraction de l'année considérée comprise entre le 1er janvier et la date du décès. Toutefois, le conjoint survivant peut opter pour un calcul des cotisations d'assurance vieillesse basé sur l'année entière. La caisse de mutualité sociale agricole doit en informer le conjoint survivant. La demande doit intervenir dans les douze mois qui suivent le décès du chef d'exploitation ou d'entreprise agricole (C. rur. art. L 731-10-1, al. 3 et D 731-57-1).

La **responsabilité du paiement** des cotisations et des majorations de retard incombe aux chefs d'exploitation ou d'entreprise agricole, tant pour eux-mêmes que pour leurs aides familiaux et associés d'exploitation (C. rur. art. L 722-13 et R 731-81). **43715**
Toutefois :
– en cas de **métayage**, le propriétaire et le métayer sont chacun responsables de leur part dans le partage des fruits ;
– pour les **Gaec**, chaque associé est responsable du versement des cotisations dues pour lui-même et ses aides familiaux ;
– en cas de **coexploitation** (entre époux et sociétés agricoles autres que Gaec), chaque membre non salarié est responsable du versement des cotisations dues pour lui-même.

2. MODALITÉS DE RECOUVREMENT

RECOUVREMENT PAR VOIE D'APPEL

Les cotisations peuvent être recouvrées par voie d'appel (C. rur. art. R 731-58 s.). **43800**
Le **nombre des appels** est fixé par le conseil d'administration de la caisse de MSA.
Dans le cas des cotisants de solidarité, la voie de l'appel unique est la seule modalité de recouvrement possible (C. rur. art. R 731-58).
Les cotisations sont obligatoirement appelées par voie d'appels fractionnés ou de prélèvements mensuels dès la première année au titre de laquelle elles sont dues. Les appels fractionnés ou prélèvements sont alors respectivement déterminés en pourcentage ou en onzièmes de l'assiette forfaitaire d'installation (C. rur. art. R 731-60).
La **date d'exigibilité** des cotisations est fixée par la caisse de MSA. Elle ne peut être postérieure, dans le cas d'appels fractionnés, au 31 mai pour la première fraction et au 30 novembre pour la dernière et, en cas d'appel unique, au 30 novembre (C. rur. art. R 731-59).
La **notification** des appels uniques ou fractionnés de cotisations doit être réalisée au plus tard aux dates d'exigibilité fixées par la caisse.
Les cotisations doivent être **versées** dans le mois de la date d'exigibilité. À l'expiration de ce délai, les majorations de retard commencent à courir (n° 43905).
Les modes de règlement sont les mêmes que dans le régime des salariés agricoles (n° 38980).
Les cotisations doivent être payées par voie dématérialisée, sauf pour les personnes dispensées de produire auprès de l'administration fiscale une déclaration de revenus dématérialisée (principalement les personnes résidant dans une zone où aucun service mobile n'est disponible) (C. rur. art. L 731-13-2, II ; n° 43640).

RECOUVREMENT PAR VOIE DE PRÉLÈVEMENTS

Les caisses de MSA peuvent proposer aux adhérents le recouvrement des cotisations par prélèvements automatiques mensuels (C. rur. art. R 731-62 s.). **43805**
Les personnes qui optent pour le prélèvement mensuel doivent faire connaître leur choix au plus tard le quinzième jour du mois pour avoir effet le mois suivant. Toutefois, l'adhérent peut demander que l'**option** ne prenne effet que le 1er janvier de l'année suivante.
L'option est exprimée au moyen d'un formulaire transmis aux assurés, sur leur demande, par la caisse de MSA compétente ou est mis à leur disposition sous forme de fichier électronique.
L'option est valable pour l'année en cours et se renouvelle par tacite reconduction (C. rur. art. R 731-63).
Le **jour** du mois où le prélèvement est effectué est déterminé par la caisse ; la dernière échéance ne peut être postérieure au 31 décembre.
Tant que le montant des cotisations de l'année n'est pas connu, le **montant** du prélèvement mentionné sur l'échéancier est égal au onzième des cotisations de l'année précédente. Ce montant déterminé, la caisse transmet à l'intéressé un second échéancier qui se substitue au précédent et répartit le solde des cotisations dues en autant de fractions égales qu'il reste d'échéances à courir jusqu'au mois de décembre. Voir également n° 43807 en cas de demande de calcul des cotisations sur un revenu estimé.

Si un **prélèvement** mensuel n'est **pas opéré** à la date fixée initialement, la somme due est recouvrée avec le prélèvement suivant. Si, au cours de la même année, deux prélèvements mensuels n'ont pas pu être effectués à l'échéance fixée, par la faute du cotisant, celui-ci perd pour cette année le bénéfice de son option et retombe dans le régime de droit commun de l'appel unique ou des appels fractionnés.
Lorsque ce deuxième incident de paiement a lieu entre la date d'exigibilité de l'appel unique ou du dernier appel fractionné et l'échéance du mois de décembre, un appel supplémentaire de cotisations est adressé au cotisant pour le recouvrement du solde dû. Le montant de cet appel est exigible à une date qui ne peut être postérieure au 31 décembre.
Les cotisants peuvent **renoncer** au prélèvement mensuel. La renonciation doit être formulée au plus tard le quinzième jour du mois pour avoir effet le mois suivant. Toutefois, l'adhérent peut demander que la renonciation ne prenne effet que le 1er janvier de l'année suivante (C. rur. art. R 731-67).

43807 **Modulation des versements** Les non-salariés qui estiment que leurs **revenus professionnels subissent une variation** peuvent demander à leur caisse de MSA que leurs cotisations soient calculées au titre des appels fractionnés ou des versements mensuels sur la base d'une assiette de revenus intégrant cette variation, par anticipation, dès le début de l'année au titre de laquelle ces cotisations sont dues. Ils doivent mentionner, dans leur demande, le montant estimé de leurs revenus ou de leurs recettes (pour les personnes relevant du régime du micro-BA) de l'année précédant celle au titre de laquelle les cotisations sont dues (C. rur. art. L 731-22).
Depuis 2022, plus aucune majoration n'est appliquée en cas de sous-évaluation des revenus estimés au regard des revenus définitifs (Loi 2021-1754 du 23-12-2021 art. 20).
Pour bénéficier de ce dispositif, les intéressés doivent présenter une **demande écrite** à la caisse de MSA dont ils relèvent dans laquelle figure le montant estimé de leurs revenus de l'année précédant celle au titre de laquelle les cotisations sont dues.
Pour être prise en compte dans le calcul d'un appel fractionné ou d'un prélèvement mensuel donné, cette demande doit parvenir à la caisse **au plus tard** 15 jours avant la date d'exigibilité dudit appel ou la date d'échéance dudit prélèvement mensuel (C. rur. art. D 731-17-1).
Si la demande est formulée alors qu'un ou des prélèvements mensuels de cotisations ont déjà été effectués, la caisse en tient compte pour le calcul du ou des prélèvements mensuels suivants. Un nouvel échéancier de paiement est alors adressé à l'adhérent (C. rur. art. R 731-60-1).

43808 **Versement d'un à-valoir** Les chefs d'exploitation ou d'entreprise agricole soumis au régime réel d'imposition peuvent demander à **verser**, **en complément des cotisations appelées** au titre de l'année en cours, un **à-valoir** sur le montant des cotisations exigibles l'année suivante. Le montant de l'à-valoir ne peut excéder 75 % des dernières cotisations appelées (C. rur. art. L 731-22-1).
Pour apprécier ce **seuil**, il est tenu compte des cotisations techniques et complémentaires dues au titre de l'Amexa, de l'AVA, de l'AVI, des prestations familiales, de l'Atexa et de la retraite complémentaire (Circ. CCMSA 2010-038 du 20-12-2010).
La **demande** doit être faite auprès de la caisse de MSA dont relève l'assuré. Si la demande intervient en cours d'année N et avant l'émission annuelle des cotisations, le montant de l'à-valoir doit être **calculé** en fonction de la dernière émission annuelle réalisée (c'est-à-dire en N – 1) pour être pris en compte l'année suivante (c'est-à-dire en N + 1). Si la demande intervient entre l'émission annuelle des cotisations et le 31 décembre de l'année N, le montant de l'à-valoir doit être calculé en fonction de cette émission annuelle pour être pris en compte l'année suivante (c'est-à-dire en N + 1). Une seule demande d'à-valoir est recevable par année civile.
L'à-valoir doit être **versé avant** le 31 décembre pour être pris en compte au titre de l'année civile suivante. L'**imputation** de l'à-valoir intervient dès les premiers appels de cotisations de l'année suivante.

> **Précisions a.** L'à-valoir mentionné à l'article L 731-22-1 du Code rural et de la pêche maritime est déductible fiscalement du résultat de l'exercice au cours duquel il est versé (CGI art. 72 F) ; voir nº 10991. Ce dispositif de l'à-valoir, s'il présente l'inconvénient d'obliger le non-salarié à verser plus tôt les cotisations sociales, comporte cependant un avantage majeur en cas de hausse du résultat fiscal. En effet, les sommes versées par anticipation étant **déductibles du résultat fiscal**, elles ont pour conséquence, d'une part, d'atténuer les conséquences de la progressivité du barème de l'impôt sur le revenu en cas de résultat fiscal important sur l'exercice de versement et, d'autre part, de **diminuer l'assiette des cotisations sociales de l'année suivante** en cas d'option pour l'assiette

annuelle, ou des années ultérieures en cas d'assiette triennale ; toutefois, les cotisations déduites par anticipation ne viendront pas minorer le résultat de l'exercice suivant.

b. L'article 72 F du CGI prévoit également que, lorsque le résultat imposable d'un exercice est en hausse par rapport à celui de l'exercice précédent, l'à-valoir non versé à la clôture de l'exercice est néanmoins déductible dans la limite de 20 % de la hausse constatée, à condition que ce versement soit effectué dans les six mois de la clôture de l'exercice et au plus tard à la date de dépôt de la déclaration des résultats se rapportant à l'exercice au titre duquel la déduction est pratiquée. La fraction de l'à-valoir ainsi déduite n'est plus déductible au titre de l'exercice de versement, c'est-à-dire l'exercice suivant. En pratique, le dispositif permet d'opérer la déduction lorsque le calcul de l'à-valoir a été demandé auprès de la caisse de MSA, mais n'a pas été versé avant le 31 décembre. Ainsi, par exemple, un exploitant agricole clôturant son exercice au 31 décembre N peut minorer son résultat fiscal à due concurrence des versements effectués durant les quatre premiers mois de l'année N + 1, lesquels peuvent correspondre aux appels provisionnels fractionnés ou aux prélèvements mensuels réalisés.

ORGANISME COMPÉTENT

Les cotisations sont versées à la caisse de mutualité sociale agricole. **43809**

Lorsqu'un chef d'exploitation ou d'entreprise agricole met en valeur des exploitations ou des entreprises dans plusieurs départements, les cotisations dues au titre du régime des non-salariés sont calculées, appelées et recouvrées par la caisse de MSA du département où se trouve située l'exploitation ou l'entreprise dans laquelle l'intéressé réside habituellement. Dans le cas où celui-ci a sa résidence habituelle dans un département autre, est retenue la caisse MSA du département du lieu de l'exploitation ou de l'entreprise la plus importante.

S'agissant des personnes morales, la caisse compétente est dans tous les cas celle du département où se trouve située l'exploitation ou l'entreprise la plus importante.

La caisse de MSA ainsi déterminée assure la liquidation et le paiement des prestations en ce qui concerne les chefs d'exploitation ou d'entreprise agricole ainsi que leurs aides familiaux, les conjoints et enfants à charge des uns et des autres (C. rur. art. D 731-14).

PRISE EN CHARGE DE COTISATIONS SOCIALES

Le conseil d'administration de la caisse de mutualité sociale agricole peut financer des actions **43810**
destinées à venir en aide aux assurés éprouvant des difficultés pour régler les cotisations légales de sécurité sociale, la contribution sociale généralisée et la contribution pour le remboursement de la dette sociale (C. rur. art. L 726-3). Les conditions d'application, les cotisations et contributions éligibles à ces actions, la nature des aides, les modalités de fixation de l'enveloppe annuelle maximum affectée à chaque caisse, ainsi que la procédure applicable sont précisées aux articles R 726-1 et suivants du Code rural.

Cette faculté laissée aux caisses de MSA intervient dans le cadre de l'action sanitaire et sociale (ASS) exercée par les caisses (C. rur. art. L 726-1). Elle leur permet, dans les limites du budget de l'ASS, d'accorder aux non-salariés momentanément empêchés de régler les cotisations légales et les contributions de sécurité sociale par suite de circonstances exceptionnelles ou d'insuffisance des ressources de leur ménage ou de trésorerie de leur société des **aides sous forme d'échéanciers de paiement ou de prise en charge totale ou partielle** des sommes dues à ce titre (C. rur. art. R 726-1 modifié par décret 2023-90 du 11-2-2023).

La CSG, la CRDS et les autres contributions ne peuvent faire l'objet que d'un plan échelonné de paiement. Les cotisations patronales ne peuvent faire l'objet d'un échéancier de paiement qu'après règlement intégral des cotisations salariales dues et de la retenue à la source de l'impôt sur le revenu. La demande d'échéancier est assortie de garanties appréciées par le conseil d'administration de la caisse de la MSA qui peut déléguer tout ou partie de ses pouvoirs à la commission de recours amiable (CSS art. R 142-1). Il en résulte un sursis à poursuites pour le recouvrement des cotisations, des majorations de retard et des pénalités tant que les échéances fixées par le plan échelonné de paiement sont honorées. Au cas où, au cours de la même année, deux échéances successives de paiement des cotisations et contributions n'ont pas été honorées, le cotisant perd le bénéfice du plan échelonné de paiement.

Chaque décision de prise en charge des cotisations est soumise à l'avis préalable de la section des agriculteurs en difficulté de la commission départementale d'orientation de l'agriculture, laquelle se prononce sur la viabilité économique de l'exploitation ou de l'entreprise concernée dans un délai de deux mois à compter de la date à laquelle elle a été saisie. Passé ce délai, l'avis de la commission est réputé donné.

Un arrêté du ministre chargé de l'agriculture fixe pour chaque département, sur proposition du conseil central d'administration de la MSA, le montant maximum autorisé des prises en charge de cotisations et contributions. En général, deux arrêtés annuels sont publiés pour un montant total réparti de 30 M€ pour la réalisation de prise en charge de droit commun (dernier arrêté en date : Arrêté AGRS2410992A du 19-4-2024).

> **Précisions** Dans le passé, de nombreux dispositifs ponctuels ont été mis en place, variables selon les années et les difficultés rencontrées par certaines catégories d'agriculteurs (certains agriculteurs et viticulteurs durant la pandémie de Covid-19, régions affectées par des épisodes de gel ou tout autre sinistre naturel, climatique, sanitaire ou économique grave, agriculteurs affectés par les conséquences de la guerre en Ukraine, etc.).

3. RECOUVREMENT CONTENTIEUX ET SANCTIONS

RECOUVREMENT FORCÉ

43900 Les procédures sont les mêmes que celles appliquées dans le régime des salariés agricoles (n°s 38995 s.). Elles sont mises en œuvre par la caisse de MSA et, en cas de carence, par la Dreets (C. rur. art. L 725-1 s.).

> **Précisions a.** Les caisses de mutualité sociale agricole ont la faculté de **prélever** sur le montant des prestations, à l'exception des prestations familiales, des indemnités journalières et des rentes d'accident du travail, les cotisations dont ceux-ci sont redevables à leur égard. Les caisses de MSA peuvent également régler à celles d'entre elles qui leur en ont fait la demande, pour le compte de leurs adhérents et par prélèvement sur le montant des prestations dues à ces derniers, les cotisations dont ils sont redevables au titre des régimes de protection sociale agricole.
> **b.** Sauf en cas de fraude ou de fausse déclaration, les cotisations dues au titre des régimes de protection sociale agricole et les pénalités de retard se **prescrivent** par trois ans à compter de l'expiration de l'année civile au titre de laquelle elles sont dues (C. rur. art. L 725-7). Les actions résultant de l'application des mesures de contrainte et d'exécution forcée de l'article L 725-3 du Code rural se prescrivent par cinq ans à compter de la mise en demeure.

SANCTIONS

43905 **Majorations** Toute contribution ou cotisation, ou toute fraction de cotisation ou de contribution non versée à la date limite d'exigibilité subit une majoration de **5 %** de son montant (C. rur. art. R 731-68 s.).

Une majoration complémentaire de **0,2 %** du montant des cotisations dues s'applique par mois ou fraction de mois écoulé, à compter de la date limite d'exigibilité des cotisations.

Le montant du redressement des cotisations et contributions sociales mis en recouvrement à l'issue d'un contrôle est majoré de **25 %** en cas de travail dissimulé par dissimulation d'activité non salariée, infraction visée à l'article L 8221-3 du Code du travail (CSS art. L 243-7-7). Une réduction de dix points du taux de ces majorations peut être obtenue si l'intéressé procède au règlement intégral des cotisations, pénalités et majorations de retard notifiées dans un délai de 30 jours à compter de la mise en demeure de la notification de redressement.

43907 Les majorations ci-dessus font l'objet d'une **remise automatique** lorsque les conditions suivantes sont réunies (C. rur. art. R 731-69) :

– aucune infraction n'a été constatée au cours des 24 mois précédents ;
– leur montant est inférieur au plafond de la sécurité sociale applicable aux rémunérations ou gains versés par mois, fixé pour l'année civile en cours ;
– dans le mois suivant la date limite d'exigibilité des cotisations, le cotisant a réglé les cotisations dues ou a fourni les déclarations de revenus professionnels.

Toutefois, la remise automatique ne s'applique pas lorsque les majorations et pénalités portent sur les cotisations et contributions mises en recouvrement à l'issue d'un contrôle de droit commun ou d'un redressement des cotisations et contributions dues sur la base des informations contenues dans les procès-verbaux de travail dissimulé.

Une **remise gracieuse** totale ou partielle des majorations peut être accordée par le conseil d'administration ou la commission de recours amiable (CRA) ou par le directeur de la caisse, en fonction du montant de majoration concerné, en cas de bonne foi dûment prouvée par l'assuré. La majoration de 0,2 % peut faire l'objet d'une remise lorsque les cotisations ont été acquittées dans le délai de 30 jours qui suit la date limite d'exigibilité ou dans les cas de force majeure (C. rur. art. R 731-75).

Aucune remise ne peut en revanche être accordée sur les majorations portant sur les cotisations dues à titre personnel à la suite du constat de l'infraction relative au travail dissimulé.
La demande de remise gracieuse doit être présentée dans les 6 mois du règlement de la totalité des cotisations.

> **Précisions** En cas de procédure de **sauvegarde**, de **redressement** ou de **liquidation judiciaires**, les pénalités ou majorations de retard dues par le redevable à la date du jugement d'ouverture ainsi que les frais de poursuites sont remis (C. rur. art. L 725-5).

Exclusion du droit aux prestations de l'assurance maladie Le directeur de la caisse de MSA peut suspendre la prise en charge des frais de santé d'un assuré dont la **mauvaise foi** est établie par des faits caractérisant son intention de ne pas payer ses cotisations obligatoires d'assurance maladie. Sont notamment pris en considération l'ancienneté et l'importance de la dette de l'assuré, le défaut de réponse aux courriers de la caisse et l'existence d'une capacité contributive, les poursuites abusives ou dilatoires ou la souscription d'un contrat d'assurance privée (CSS art. D 161-2-1 ; Circ. DEPSE 7036 du 3-7-2000 ; Circ. CCMSA 3 du 4-1-2001). 43910
Quand le chef d'exploitation ou d'entreprise fait l'objet d'une **liquidation judiciaire** et ne remplit plus les conditions pour relever d'un régime d'assurance maladie obligatoire, il bénéficie d'une ouverture des droits pendant 12 mois, qu'il ait ou non été déchu de ses droits préalablement (C. rur. art. L 725-19 ; CSS art. R 161-3).

Sanctions économiques Nul ne peut bénéficier des **avantages d'ordre économique** accordés aux agriculteurs par des textes particuliers s'il ne justifie de la régularité de sa situation au regard des cotisations légalement exigibles (C. rur. art. L 725-2). 43915
Cette régularité est appréciée au 1er janvier de l'année civile au titre de laquelle l'exploitant sollicite l'avantage. Sont visées les subventions en vue de favoriser les investissements de modernisation matériels et immatériels dans les exploitations et entreprises agricoles (C. rur. art. R 725-2).
En principe, les informations nécessaires au contrôle des conditions d'attribution des aides à caractère économique sont transmises annuellement au préfet de département par les caisses de MSA.
Par ailleurs, sont exclues de la procédure de passation des **marchés publics** les personnes qui n'ont pas souscrit les déclarations leur incombant en matière sociale ou n'ont pas acquitté les contributions et cotisations sociales exigibles (CCP art. L 2141-2).

> **Précisions** **a.** Toutefois, cette exclusion n'est pas applicable aux personnes qui, avant la date à laquelle l'acheteur se prononce sur la recevabilité de leur candidature, ont, en l'absence de toute mesure d'exécution du comptable ou de l'organisme chargé du recouvrement, acquitté lesdites contributions et cotisations ou constitué des garanties jugées suffisantes par le comptable ou l'organisme chargé du recouvrement.
> **b.** Les personnes physiques **dirigeants** de droit ou de fait d'une personne morale qui ne satisfait pas aux conditions précitées ne peuvent être personnellement candidates à un marché public.

Nullité des contrats d'assurance souscrits par les débiteurs de cotisations 43920
Est entachée d'une nullité d'ordre public toute clause ou convention ayant pour objet de garantir les risques couverts à titre obligatoire par les régimes des non-salariés agricoles lorsque l'intéressé, légalement tenu de cotiser à ces régimes, n'est pas à jour des cotisations dues à ce titre au moment de la conclusion ou du renouvellement du contrat (C. rur. art. L 725-10).
L'intéressé est aussi passible des peines prévues pour les contraventions de la 5e classe (n° 52400) (C. rur. art. R 725-25-1).

Entrepreneurs individuels ou chefs d'exploitation ayant opté pour le statut de l'EIRL Le recouvrement des cotisations et contributions sociales et des pénalités et majorations afférentes dues par un entrepreneur individuel (relevant du statut unique créé par la loi 2022-172 du 14-2-2022) ou par un chef d'exploitation ou d'entreprise agricole ayant opté pour le statut d'entrepreneur individuel à responsabilité limitée (EIRL) (option qui ne peut plus être formulée depuis le 15-2-2022) peut être **recherché sur la totalité de ses biens** et droits. Cela est possible dès lors que le tribunal compétent a constaté que dans son activité professionnelle il a, par des manœuvres frauduleuses ou à la suite de l'inobservation grave et répétée des prescriptions de la législation de la sécurité sociale, rendu impossible ce recouvrement (C. rur. art. L 725-12-1). Il en va de même pour les personnes assujetties à la cotisation de solidarité (voir nos 44000 s.). 43922

43925 **Sanctions pénales** Des **amendes** et des **peines d'emprisonnement** sont encourues par les personnes qui :
– moyennant une rémunération quelconque, offrent, acceptent de prêter ou prêtent des services à un chef d'exploitation ou d'entreprise pour lui permettre de se soustraire à des obligations relatives à l'assurance vieillesse (C. rur. art. L 725-16) ;
– offrent ou font offrir leurs services, moyennant émoluments convenus d'avance, à un allocataire ou à un assuré en vue de lui faire obtenir des prestations qui ne peuvent lui être dues. Les personnes physiques coupables de cette infraction encourent également la peine complémentaire de diffusion de la décision par voie de presse écrite ou tout moyen de communication audiovisuelle (C. rur. art. L 725-13).

> **Précisions** Les personnes physiques coupables de l'infraction prévue à l'article L 725-16 encourent également :
> – la peine complémentaire d'**interdiction d'exercer** une activité professionnelle et sociale. Cette interdiction n'est pas applicable à l'exercice d'un mandat électif ou de responsabilités syndicales ;
> – la peine d'**inéligibilité** aux tribunaux de commerce, aux chambres de commerce, d'agriculture ou de métiers, aux conseils de prud'hommes, à la mutualité sociale agricole, ou d'incapacité à faire partie des comités et conseils consultatifs auprès du Gouvernement.

43930 **Abus de droit** Afin d'en restituer le véritable caractère, les caisses de MSA sont en droit d'écarter, comme ne leur étant pas opposables, les actes constitutifs d'un abus de droit (C. rur. art. L 725-25 ; Circ. CCMSA 2011-014 du 14-6-2011 sur l'ancien dispositif d'abus de droit).
Les actes concernés sont :
– soit des **actes fictifs** ;
– soit des actes recherchant le bénéfice d'une application littérale des textes à l'encontre des objectifs poursuivis par leurs auteurs et inspirés par le seul motif d'**éluder ou d'atténuer les contributions et cotisations** sociales auxquelles le cotisant est tenu au titre de la législation sociale, ou que le cotisant, s'il n'avait pas passé ces actes, aurait normalement supportées, eu égard à sa situation ou à ses activités réelles.
Les litiges sont soumis, à la demande du cotisant ou par la caisse de MSA, à l'avis du **comité des abus de droit**. Quel que soit l'avis rendu par le comité, les caisses de mutualité sociale agricole supportent la charge de la preuve en cas de réclamation.
Cette **procédure** de répression des abus de droit n'est **pas applicable** aux actes pour lesquels un cotisant a préalablement fait usage de la procédure de rescrit de l'article L 725-24 en fournissant aux caisses de MSA tous éléments utiles pour apprécier la portée véritable de ces actes et que ces caisses n'ont pas répondu dans les délais requis. Pour les non-salariés, cette procédure oblige les caisses à se prononcer de manière explicite sur toute demande d'un cotisant ou futur cotisant relative à sa situation au regard des mesures d'exonération dont peuvent bénéficier les jeunes chefs d'exploitation.
L'abus de droit entraîne l'application d'une **pénalité** égale à 20 % des cotisations et contributions dues.

II. RÈGLES SPÉCIFIQUES

43995 Sont présentées ci-après les cotisations relatives aux différentes branches de la protection sociale dont sont redevables les non-salariés agricoles (assiettes minima, plafonds, taux, mécanismes d'exonération, etc.). À l'exception de la cotisation de solidarité (n° 44000), toutes ces cotisations ouvrent des droits à prestations aux assurés (n° 45000).

A. Cotisation de solidarité

EXPLOITANTS REDEVABLES

44000 Sont redevables d'une cotisation de solidarité les exploitants individuels qui dirigent une exploitation ou une entreprise agricole dont l'importance est inférieure à l'assiette minimale d'assujettissement définie à l'article L 722-5 et supérieure à un minimum fixé par décret, sous réserve que leur revenu professionnel n'excède pas un certain montant également défini à l'article L 722-5 (C. rur. art. L 731-23 et D 731-34 ; Circ. CCMSA n°s 2000-035 du 26-7-2005 et 2009-25 du 25-5-2009 ; Circ. SG/SAFSL/SDTPS/C 2009-1527 du 15-12-2009 ; Inst. tech. du ministère de l'agriculture SG/SASFL/SDTPS/2015-370 du 20-4-2015). Il s'agit en pratique des personnes qui :

– mettent en valeur une **superficie** inférieure à la surface minimale d'assujettissement (SMA) et supérieure au quart de la SMA, compte tenu le cas échéant des coefficients d'équivalence applicables aux productions agricoles spécialisées ;

– ou, lorsque l'importance de l'exploitation ou de l'entreprise ne peut pas être appréciée par rapport à la SMA, dirigent une activité agricole qui requiert un **temps de travail** compris entre 150 et 1 200 heures par an ;

– à la condition qu'elles ne réalisent pas un revenu professionnel **supérieur à 800 Smic**.

Sur les modifications apportées aux règles d'assujettissement des chefs d'exploitation ou d'entreprise depuis la loi d'avenir pour l'agriculture du 13 octobre 2014 et les conséquences du dépassement des seuils et plafonds, voir n°s 43005 s.

> **Précisions a.** La cotisation n'est due qu'à raison d'un acte d'exploitation procurant des **revenus professionnels**. Ni l'entretien d'une propriété foncière ni les activités de loisir réalisées à titre privé ne sont assimilés à un tel acte d'exploitation (C. rur. art. D 731-34), voir n° 43010, Précisions, b.
> **b.** Les bénéficiaires de la **complémentaire santé solidaire** sont dispensés du versement de la cotisation de solidarité (C. rur. art. D 731-47) ; ils demeurent néanmoins redevables de la contribution de formation professionnelle continue et de la cotisation Atexa.
> **c.** Les dispositions de l'article L 732-22 qui permettent d'assimiler un **bailleur à métayage** à un chef d'exploitation sur le plan social ne sont pas applicables aux cotisants de solidarité. Dès lors, un bailleur à métayage qui met à disposition une exploitation agricole dont la superficie est inférieure à la SMA n'est redevable d'aucune cotisation ou contribution sociale (Circ. min. du 15-12-2009).
> **d.** Un non-salarié affilié sur la base du seul revenu professionnel ne peut figurer dans le champ de la cotisation de solidarité, lequel l'exclut expressément (C. rur. art. L 731-23).
> **e.** Lorsqu'une caisse de MSA constate que les **revenus professionnels** d'un cotisant de solidarité sont au moins égaux à 800 Smic, elle lui notifie par courrier, avec mention des voies et délais de recours, son affiliation au régime non salarié pour le bénéfice de l'ensemble des droits y afférents. L'affiliation prend effet à compter de la date de cette notification (voir n° 43060).

ASSIETTE ET TAUX

L'assiette de la cotisation est constituée (C. rur. art. L 731-23 et D 731-45) : 44005

– par les **revenus professionnels** perçus l'année précédant celle au titre de laquelle la cotisation est due ;

– lorsque les revenus professionnels perçus la première année au titre de laquelle la cotisation est due ne sont pas encore connus, par une **assiette forfaitaire provisoire** régularisée lorsque les revenus sont connus ; cette assiette est égale à 100 fois le Smic horaire (C. rur. art. D 731-46), soit 1 165 € en 2024.

Lorsque le cotisant solidaire relève du régime d'imposition du **micro-BA** (CGI art. 64 bis), l'article L 731-23 précise que les revenus imposés au titre de l'article 64 bis du Code général des impôts s'entendent des recettes afférentes à l'année précédant celle au titre de laquelle les cotisations sont dues, diminuées de l'abattement de 87 %.

Pour les cotisants solidaires ayant opté pour le régime de l'EIRL ou ayant réalisé une option pour leur assujettissement à l'impôt sur les sociétés, les dispositions visées n° 43523 sont applicables.

Le **taux** de la cotisation est fixé à 14 % depuis le 1er janvier 2018, hors contributions sociales en sus (C. rur. art. D 731-43).

> **Précisions a.** Le **Smic** à prendre en considération est celui en vigueur au 1er janvier de l'année au titre de laquelle la cotisation de solidarité est due.
> **b.** La cotisation n'est pas soumise à une assiette minimale. Les personnes déclarant des **déficits** ou des **revenus nuls** n'en sont donc pas redevables.
> **c.** En l'absence de revenu professionnel déclaré, en cas de déficit ou de revenu nul, outre la cotisation de solidarité, la CSG et la CRDS, la contribution due au titre de la formation professionnelle continue ainsi que la cotisation Atexa ne sont pas dues (Circ. CCMSA 2005-035 du 26-7-2005 et 2013-006 du 14-3-2013). En revanche, est due la contribution au titre du Fonds de mutualisation sanitaire et environnemental (FMSE) (LTC n° DR-2018-041 du 22-1-2018).

DÉCLARATION, RECOUVREMENT ET SANCTIONS

44010 D'une manière générale, les règles sont identiques à celles applicables aux chefs d'exploitation agricole (C. rur. art. D 731-37 s. pour la déclaration des revenus professionnels et D 731-48 pour le recouvrement). Toutefois, le principe d'annualité comporte des exceptions, de même que les sanctions liées aux déclarations de revenus professionnels sont différentes.
Ainsi, le principe d'**annualité des cotisations** ne s'applique pas à la cotisation de solidarité et une proratisation est mise en œuvre. Lorsque le cotisant solidaire débute son activité en cours d'année, la cotisation, y compris lorsqu'elle est déterminée à titre provisoire, est calculée au prorata de la fraction d'année comprise entre la date de début de l'activité et le 31 décembre de l'année considérée (toutefois, dans le cas où cette personne avait la qualité de chef d'exploitation ou d'entreprise agricole au 1er janvier de l'année et a cessé son activité en cette qualité au cours de cette même année, la cotisation de solidarité n'est due qu'à compter du 1er janvier de l'année suivante). Lorsque le cotisant de solidarité cesse son activité en cours d'année, la cotisation est calculée au prorata de la fraction d'année comprise entre le 1er janvier et la date de cessation de l'activité, y compris lorsqu'elle débute une activité en qualité de chef d'exploitation ou d'entreprise agricole au cours de la même année. Enfin, lorsque la personne redevable de la cotisation de solidarité débute et cesse son activité au cours de la même année, cette cotisation, y compris lorsqu'elle est déterminée à titre provisoire, est calculée au prorata de la fraction d'année comprise entre la date de début et la date de cessation de l'activité.
S'agissant des **sanctions**, lorsque le cotisant de solidarité n'a pas fourni la déclaration de revenus professionnels un mois après la date limite de dépôt, le montant de la cotisation due au titre de l'année considérée est calculé sur l'assiette de la cotisation due au titre de l'année précédente. L'intéressé en est informé par lettre recommandée avec demande d'avis de réception valant mise en demeure. Il dispose d'un délai d'un mois à compter de la première présentation de la mise en demeure pour régulariser sa situation. Dans ce délai d'un mois, en cas d'envoi de la déclaration de revenus, la caisse procède au calcul du montant de la cotisation sur la base de la déclaration fournie. Lorsque la caisse a connaissance des revenus de l'assuré, elle procède à un nouveau calcul de la cotisation de solidarité et des majorations (C. rur. art. D 731-40). Le défaut de production par les cotisants de solidarité de la déclaration de revenu professionnel dans le délai d'un mois suivant la notification de la mise en demeure donne lieu à une majoration de 5 % du montant des cotisations calculées (C. rur. art. D 731-41). La remise gracieuse de la majoration peut être accordée selon les règles de droit commun.

> **Précisions** La contribution forfaitaire, dite « Vivea », visée n° 54800 dont sont redevables les cotisants solidaires et qui leur permet de bénéficier d'actions de formation professionnelle continue fait l'objet d'un calcul proportionnel à la durée d'assujettissement sur l'année (C. rur. art. D 731-48). La **proratisation** concerne également les cotisations Atexa (n° 44505 ; Note de service du ministère de l'agriculture SG/SAFSL/SDTPS/2013-1506 du 25-2-2013).

B. Cotisations Amexa

44100 Les cotisations d'assurance maladie des exploitants financent à la fois les prestations d'assurance maladie, maternité et invalidité, et les dépenses de gestion, d'action sanitaire et sociale et de contrôle médical des caisses.
Les cotisations d'assurance maladie varient en fonction du revenu professionnel et de la qualité de l'assuré. Elles sont à la charge du chef d'exploitation pour lui-même et pour les membres de sa famille assujettis au régime.
Les taux et montants des cotisations sont fixés par voie réglementaire. S'agissant des cas dans lesquels le montant de ces cotisations peut être proratisé, voir nos 43712 s.
Les cotisations se décomposent de la façon suivante :
– une cotisation proportionnelle d'assurance maladie et maternité ;
– une cotisation proportionnelle au titre de l'invalidité ;
– une cotisation forfaitaire destinée à financer le versement d'indemnités journalières en cas d'arrêt de travail.

COTISATION D'ASSURANCE MALADIE-MATERNITÉ

44105 Le taux de cette cotisation est fixé par décret. Il diffère selon que le **chef d'exploitation** ou d'entreprise exerce à titre exclusif ou principal ou à titre secondaire, d'une part, et selon qu'il est ou non domicilié fiscalement en France, d'autre part.
Pour les non-salariés à titre exclusif ou principal, le **taux** est aligné sur celui des autres professionnels non salariés. Il est fixé depuis 2018 à **6,50 %** (C. rur. art. D 731-91 ; CSS art. D 621-3). Toutefois, lorsque les revenus professionnels ne dépassent pas 110 % du plafond annuel de la sécurité

sociale (soit 51 005 € en 2024), le taux de cotisation d'assurance maladie et maternité est progressif à partir d'un taux nul et s'établit selon le barème et les formules de calcul suivante : **44105** (suite)

– RP inférieur à 40 % du PSS (soit 18 547 € pour 2024) : taux nul ;
– RP compris entre 40 % et 60 % du PSS (soit entre 18 547 € et 27 821 € pour 2024) : taux = [(T1/(0,2 × PSS)] × [RP – (0,4 × PSS)] ;
– RP compris entre 60 % et 110 % du PSS (soit entre 27 821 € et 51 005 €) : taux = {[(T2 – T1)/(0,5 × PSS)] × [RP – (0,6 × PSS)]} + T1 ;
– RP supérieur à 110 % du PSS (soit 51 005 € pour 2024) : taux de base, soit 6,50 % en 2024.

où :
T1 = 4 %
T2 = 6,50 %
PSS = valeur annuelle du plafond de la sécurité sociale
RP = revenu professionnel.

EXEMPLE

Un exploitant agricole dégage un revenu d'activité en 2024 de 35 000 €. Le taux de la cotisation maladie se calculera ainsi : {[(6,5 – 4)]/(0,5 × 46 368)] × [35 000 – (0,6 × 46 368)]} + 4 % = 4,77 %.

Le bénéfice de cette réduction ne peut être cumulé avec aucun autre dispositif de réduction ou d'abattement applicable à ces cotisations, à l'exception de ceux prévus pour la création et la reprise d'entreprises (CSS art. L 131-6-4) et pour les cotisations au titre des prestations familiales (CSS art. L 621-3).
Pour les chefs d'exploitation ou d'entreprise à titre secondaire, le taux est fixé à 7,48 % (C. rur. art. D 731-92).
Les cotisations dues pour les **associés d'exploitation** et les **aides familiaux** sont égales à une fraction, différant selon qu'ils ont plus ou moins de 18 ans, de la cotisation des chefs d'exploitation ou d'entreprise à titre exclusif ou principal et font l'objet d'un plafonnement (C. rur. art. D 731-93). Les cotisations dues pour les associés d'exploitation et les aides familiaux âgés de 18 ans ou plus sont égales aux deux tiers du montant des cotisations du chef d'exploitation. Cette proportion est d'un tiers pour les aides familiaux âgés de moins de 18 ans. Les mêmes règles s'appliquent aux chefs d'exploitation ou d'entreprise agricole exerçant à titre secondaire. Toutefois, le montant des cotisations dues ne peut excéder, pour chacune de ces personnes, un plafond fixé à 56 fois le montant horaire du Smic, soit 652 € pour 2024 (C. rur. art. D 731-93). La valeur du Smic est celle fixée au 1er janvier de l'année au titre de laquelle les cotisations sont dues. Le montant du plafond est arrondi à l'euro le plus proche.

> **Précisions a.** Pour les non-salariés domiciliés fiscalement à l'étranger et relevant à titre obligatoire d'un régime français d'assurance maladie, cette cotisation est fixée à 14,50 % pour les chefs d'exploitation à titre principal ou exclusif et à 12,43 % pour les chefs exerçant à titre secondaire (CSS art. D 621-5). La différence avec les taux appliqués aux chefs d'exploitation domiciliés en France tient au transfert, opéré en 2018, de la cotisation Amexa sur la CSG, que ne versent pas les assurés à l'Amexa fiscalement domiciliés à l'étranger. Les mêmes taux s'appliquent aux aides familiaux domiciliés fiscalement à l'étranger et relevant à titre obligatoire d'un régime français d'assurance maladie, mais sur le 1/3 ou les 2/3 de l'assiette retenue par le chef d'exploitation ou d'entreprises.

b. La modulation du taux de cotisation maladie en fonction du revenu n'est pas cumulable avec l'exonération partielle accordée aux jeunes agriculteurs.

c. La **cotisation** d'assurance maladie-maternité est **modifiée** pour les périodes courant à compter du **1er janvier 2026** en lien avec la réforme de l'assiette des cotisations sociales instaurée par la loi de financement de la sécurité sociale pour 2024 (n° 43515) : le taux de droit commun est fixé à 8,50 % pour la fraction n'excédant pas trois fois la valeur annuelle du plafond annuel de la sécurité sociale (PSS) et à 6,50 % pour la part au-delà de ce montant (C. rur. D 621-1 modifié par décret 2024-688 du 5-7-2024). Le taux est nul pour un revenu professionnel n'excédant 20 % du PSS. Au-delà de ce niveau de revenu, le taux est progressif jusqu'au taux de droit commun selon 5 paliers et déterminé selon 5 formules de calcul fixées à l'article D 621-2 modifié du Code de la sécurité sociale :
– entre 0 % et 1,50 % pour un revenu professionnel soumis à cotisations compris entre 20 % et 40 % du PSS ;
– entre 1,50 % et 4 % pour un revenu professionnel compris entre 40 % et 60 % du PSS ;
– entre 4 % et 6,50 % pour un revenu professionnel compris entre 60 % et 110 % du PSS ;
– entre 6,50 % et 7,70 % pour un revenu professionnel compris entre 110 % et 200 % du PSS ;
– entre 7,70 % et 8,50 % pour un revenu professionnel compris entre 200 % et 300 % du PSS ;
– 6,50 % pour la fraction de revenu supérieure à 300 % du PSS.

COTISATION D'ASSURANCE INVALIDITÉ

44110 Le **taux** de la cotisation d'assurance invalidité due pour les chefs d'exploitation exerçant leur activité à titre exclusif ou principal, assise sur les revenus professionnels, est fixé à 1,10 % depuis le 1er janvier 2022 (C. rur. art. D 731-89). Le montant annuel de la cotisation ne peut être inférieur à celui de la cotisation qui serait calculée sur un revenu égal à 11,50 % du plafond annuel de la sécurité sociale en vigueur au 1er janvier de l'année au titre de laquelle les cotisations sont dues (5 332 € en 2024, soit une **cotisation minimale** de 59 €).

Cette cotisation minimale d'assurance invalidité, lorsqu'elle est due par des personnes qui exercent une ou plusieurs activités relevant de régimes de sécurité sociale distincts et dont l'activité non salariée agricole est exercée **à titre principal**, est réduite d'un montant de 10 %. La réduction s'opère une seule fois, quel que soit le nombre d'activités accessoires exercées (C. rur. art. D 731-96), ce qui aboutit à une cotisation de 54 €.

Les cotisations dues pour les **associés d'exploitation** et les **aides familiaux** sont égales à une fraction, différant selon qu'ils ont plus ou moins de 18 ans, de la cotisation des chefs d'exploitation ou d'entreprise à titre exclusif ou principal et font l'objet d'un plafonnement (C. rur. art. D 731-93). Les cotisations dues pour les associés d'exploitation et les aides familiaux âgés de 18 ans ou plus sont égales aux deux tiers du montant des cotisations du chef d'exploitation. Cette proportion est d'un tiers pour les aides familiaux âgés de moins de 18 ans. Les mêmes règles s'appliquent aux chefs d'exploitation ou d'entreprise agricole exerçant à titre secondaire. Toutefois, le montant des cotisations dues ne peut excéder, pour chacune de ces personnes, un plafond égal à 15 fois le montant horaire du Smic fixé au 1er janvier de l'année au titre de laquelle les cotisations sont dues (soit 175 € en 2024). Le montant du plafond est arrondi à l'euro le plus proche (C. rur. art. D 731-93).

COTISATION D'INDEMNITÉS JOURNALIÈRES

44118 Une cotisation, dite IJ Amexa, est due au titre du versement d'indemnités journalières aux chefs d'exploitation (ou d'entreprise) à titre exclusif ou principal ainsi qu'aux membres de leur famille participant aux travaux qui se trouvent dans l'incapacité physique temporaire, constatée par le médecin traitant, de continuer ou de reprendre le travail pour cause de maladie ou d'accident de la vie privée (C. rur. art. L 731-35-1, L 762-13 et D 732-2-6 ; Circ. CCMSA 26 du 23-12-2013 ; n° 45210).

La cotisation IJ Amexa due par le **chef d'exploitation agricole à titre principal** est valable à la fois pour lui-même et pour les personnes suivantes :

– les conjoints, concubins, partenaires pacsés ayant le statut de collaborateurs d'exploitation (C. rur. art. L 321-5, L 732-4, 2° et L 762-18-1) ;

– les aides familiaux non salariés majeurs ou non (C. rur. art. L 732-4, 3°, L 722-10, 2° et L 762-18-1) ;

– les associés d'exploitation du chef d'exploitation à titre principal, âgés de dix-huit ans révolus et de moins de trente-cinq ans qui ont pour activité principale la participation à la mise en valeur de l'exploitation (C. rur. art. L 732-4, 3°, L 722-10, 2° et L 321-6).

Le **montant** de la cotisation est **forfaitaire** ; il est fixé, par chef d'exploitation ou d'entreprise agricole, à 230 € pour l'année 2024 et à 250 € à compter de l'année 2025 (Arrêté AGRS2333269A du 22-12-2023).

Ne sont pas redevables de la cotisation IJ Amexa les **chefs d'exploitation agricole à titre secondaire** y compris en présence de membres de la famille participant aux travaux (collaborateur, aides familiaux ou associés d'exploitation) et les **cotisants solidaires**.

CAS PARTICULIERS

44120 Les situations ci-après donnent lieu à des règles particulières de calcul, de répartition des cotisations ou au versement de cotisations réduites ou spécifiques.

a. Pour les **coexploitants**, les cotisations Amexa sur le revenu professionnel sont calculées compte tenu des parts de chacun dans la répartition des bénéfices.

b. En cas de **métayage**, les cotisations Amexa sur le revenu professionnel sont déterminées à partir des revenus que le bailleur et le métayer ont déclarés fiscalement.

c. Le **conjoint succédant** à un chef d'exploitation ou d'entreprise pour cause de décès ou à la suite d'un divorce ou de séparation de corps, et continuant à mettre celle-ci en valeur directement sans aide familial ou associé d'exploitation de 21 ans ou plus, bénéficie, tant pour lui-même que pour ses aides familiaux ou associés d'exploitation de moins de 21 ans, d'une réduction de moitié de ses cotisations d'assurance maladie et maternité et d'assurance invalidité, à condition de n'être pas titulaire d'un avantage de vieillesse d'un régime de sécurité sociale (C. rur. art. D 731-87), y compris d'une retraite de réversion (Circ. CCMSA 50 du 6-12-2007).

d. Pour les **retraités** domiciliés fiscalement en France, la contribution sociale généralisée (CSG) a été substituée à la cotisation Amexa prélevée sur les revenus de remplacement (Circ. CCMSA 84 du 13-11-1997 et 54 du 26-5-1998). Les retraités domiciliés fiscalement à l'étranger sont redevables d'une cotisation égale à 3,20 % du montant de leur retraite (C. rur. art. D 731-90). L'assiette est proratisée en douzièmes lorsque le retraité décède en cours d'année (Circ. CCMSA 73 du 14-8-1997).

Dans le cas des retraités qui exercent toujours une activité agricole, les cotisations Amexa sont dues au titre de l'activité avec les barèmes et taux de droit commun et selon la situation en matière de bénéfice des prestations de l'Amexa ou d'un autre régime. Les retraités domiciliés fiscalement à l'étranger qui relèvent à titre obligatoire d'un régime français d'assurance maladie sont, en outre, redevables d'une cotisation maladie de droit commun sur leur avantage de vieillesse (Circ. CCMSA 40 du 5-9-2005) ; ils ne sont pas redevables de la cotisation IJ Amexa (Circ. CCMSA 26 du 23-12-2013).

e. Les chefs d'exploitation, dont les ressources n'excèdent pas le montant forfaitaire visé à l'article L 262-2 du Code de la sécurité sociale, **bénéficiaires du RSA** ou de la **prime d'activité** cotisent sur une assiette forfaitaire égale à 200 fois le Smic (C. rur. art. D 731-99 ; Circ. CCMSA 2009-41 du 27-10-2009), soit 2 330 € en 2024.

f. Les chefs d'exploitation sont redevables d'une cotisation forfaitaire pour la couverture des **prestations d'invalidité des collaborateurs d'exploitation ou d'entreprise agricole** bénéficiant des prestations en nature auprès du régime de l'Amexa. Son montant est fixé aux 2/3 de la cotisation minimale due par les chefs d'exploitation et arrondi au demi-euro le plus proche, soit 39,50 € en 2024 (C. rur. art. L 731-35, al. 2 et D 731-97).

EXONÉRATION TOTALE

Bénéficient d'une exonération totale des cotisations d'assurance maladie et maternité et d'assurance invalidité : 44125

– les chefs d'exploitation, aides familiaux ou associés d'exploitation appelés sous les drapeaux par suite de mobilisation (C. rur. art. R 731-85) ;

– les titulaires d'une pension d'**invalidité** de l'Amexa, s'ils n'exploitent plus ;

– les **conjoints** des personnes susvisées non couverts à titre personnel par un régime d'assurance maladie-maternité (C. rur. art. L 731-39, 2°) ; cependant, lorsque le chef d'exploitation ou d'entreprise bénéficie des prestations d'assurance maladie, invalidité et maternité d'un régime autre que l'Amexa, son conjoint qui consacre son activité à l'exploitation ou à l'entreprise est considéré comme chef d'exploitation ou d'entreprise à titre exclusif ou principal pour le versement des cotisations et le paiement des prestations ; dans ce cas, le chef d'exploitation ou d'entreprise agricole n'est pas redevable des cotisations pour lui-même (C. rur. art. R 731-84) ;

– les **enfants de moins de 16 ans** et assimilés à la charge des personnes susvisées (C. rur. art. L 731-39, 2°) ;

– les **anciens mineurs** devenus non-salariés agricoles (Décret 75-8 du 6-1-1975) ;

– les **parlementaires**, les anciens parlementaires jouissant à ce titre de leurs droits à la retraite (C. rur. art. L 722-11) ;

– certains invalides, veuves et orphelins de **guerre** (C. rur. art. L 722-11) ;

– les **créateurs ou repreneurs d'entreprises** dont les revenus n'excèdent pas certains montants pour une période de 12 mois (exonération totale pour un revenu professionnel inférieur à 75 % du plafond de la sécurité sociale, soit 34 776 € en 2024, puis dégressive jusqu'audit plafond, soit 46 368 € en 2024), l'exonération concernant les cotisations maladie-maternité, invalidité, prestations familiales et retraite de base (CSS art. L 161-1-1, L 161-24, D 161-1-1, D 161-1-1-1 et R 133-30-4 ; Décret 2019-1215 du 20-11-2019) ;

– les chefs d'exploitations agricoles des départements d'**outre-mer** exerçant leur activité sur des exploitations de moins de 40 ha pondérés ; ils demeurent redevables de la cotisation IJ Amexa (C. rur. art. L 781-6).

EXONÉRATION PARTIELLE

Jeunes agriculteurs Les jeunes agriculteurs affiliés en tant que chefs d'exploitation ou d'entreprise bénéficient d'une exonération partielle des cotisations d'assurance maladie-maternité et d'invalidité pendant 5 ans aux taux figurant dans le tableau ci-après. Cette exonération fait l'objet d'un plafonnement annuel calculé par application des taux d'exonération sur les cotisations afférentes à une assiette forfaitaire égale à 40 % du plafond de la sécurité sociale (C. rur. art. L 731-13 et D 731-51 s.). 44130

Montants et pourcentages d'exonérations de cotisations en 2024		
Année	Pourcentage d'exonération	Montant maximum de l'exonération
1e année	65 %	3 612 €
2e année	55 %	3 056 €
3e année	35 %	1 945 €
4e année	25 %	1 389 €
5e année	15 %	834 €

Afin de ne pas pénaliser les jeunes agriculteurs qui cessent provisoirement leur activité, le bénéfice de cette exonération est suspendu pendant la **cessation d'activité** et reconduit lors de la reprise d'une activité agricole, à condition que cette cessation n'excède pas 36 mois (C. rur. art. D 731-54).

L'exonération s'applique non seulement aux **cotisations d'assurance maladie-maternité et d'invalidité** (à l'exception des cotisations finançant les indemnités journalières), mais également aux cotisations dues au titre des **prestations familiales et de l'assurance vieillesse** (hors retraite complémentaire obligatoire) dont les intéressés sont redevables pour eux-mêmes. Elle ne s'applique pas, notamment, aux cotisations d'assurance maladie-maternité et d'invalidité comme d'assurance vieillesse dues pour les aides familiaux et associés d'exploitation, à la cotisation vieillesse due pour le conjoint, aux cotisations accidents du travail des non-salariés agricoles, aux cotisations sur salaires dues pour l'emploi de salariés, à la CSG et à la CRDS et à la contribution Vivea.

Pour bénéficier de l'exonération, le jeune agriculteur doit remplir les **conditions** suivantes :
– avoir droit aux prestations maladie de l'Amexa ;
– être âgé de 18 ans au moins et de 40 ans au plus à la date de l'affiliation à l'Amexa, cet âge pouvant être repoussé pour tenir compte de la durée du service national effectivement accompli et d'un an par enfant à charge pour toutes les personnes physiques qui ont la qualité d'allocataire, selon la définition retenue par l'article R 513-1 du Code de la sécurité sociale.

En cas de **coexploitation** ou d'exploitation sous **forme sociétaire**, les conditions d'exonération doivent être remplies par le membre de la société ou de la coexploitation.

L'exonération partielle accordée aux jeunes agriculteurs **ne peut pas se cumuler** avec les modulations en fonction du revenu des taux de cotisation maladie et famille (nos 44105 et 44205). Toutefois, pour les cotisations dues à compter de 2022, les jeunes chefs d'exploitation ou d'entreprise agricole qui bénéficient de l'exonération peuvent opter pour un taux réduit de cotisations d'assurance maladie-maternité visé n° 44105. L'option s'exprime de manière définitive auprès de la caisse de MSA dont ils relèvent (C. rur. art. L 731-13 modifié par loi 2022-1158 du 16-8-2022 portant mesures d'urgence pour la protection du pouvoir d'achat). Pour opter pour le taux réduit, les jeunes chefs d'exploitation ou d'entreprise agricole déposent une demande auprès de la caisse de MSA dont ils relèvent, au plus tard le 30 juin de l'année à partir de laquelle ils souhaitent en bénéficier. L'exercice de ce droit d'option vaut renonciation totale et irrévocable à l'exonération partielle. L'option est exprimée au moyen d'un formulaire dont le modèle est prévu par arrêté du ministre chargé de l'agriculture (C. rur. art. D 731-51 ; LTC DR-2023-057 du 26-1-2023).

> **Précisions a.** Selon le ministère de l'agriculture (Circ. DEPSE 7005 du 7-2-2002), ces exonérations sont **attachées à la personne** du chef d'exploitation ou d'entreprise. Une personne qui a déjà bénéficié des exonérations partielles au titre d'une activité agricole ne peut donc pas obtenir les mêmes avantages ultérieurement en raison d'une nouvelle installation. Toutefois un conjoint débutant son activité en coexploitation à la suite d'un transfert entre époux ou en société avec son époux peut aussi bénéficier d'une exonération partielle, même si son époux en a déjà bénéficié.
> **b.** L'exonération de cotisations en faveur des jeunes agriculteurs fait partie des dispositifs pouvant donner lieu à **rescrit** social. Pour plus de détails sur cette procédure, voir n° 38725. La teneur des pièces à présenter par le demandeur à l'appui de sa demande a été précisée par arrêté (Arrêté AGRF0600312A du 2-2-2006).

44135 **Jeunes agriculteurs affiliés à titre dérogatoire** Ils peuvent choisir de bénéficier de l'exonération partielle de début d'activité :
– soit lors de leur affiliation à titre dérogatoire ;
– soit à l'issue de leur période d'affiliation à titre dérogatoire.

Les conditions d'accès au dispositif doivent être remplies à la date de leur affiliation dérogatoire ou à l'issue de la période d'affiliation à titre dérogatoire.

L'option s'effectue auprès de la caisse de MSA au moment de l'affiliation à titre dérogatoire (C. rur. art. D 731-51).

Sur les cas d'affiliation dérogatoire, voir n° 43080.

C. Cotisations prestations familiales

Le régime agricole sert des prestations familiales **identiques** à celles des régimes **non agricoles** ; son mode de financement a été également aligné sur celui des autres régimes. 44200
Les règles relatives à l'affiliation et aux cotisations à verser aux caisses de MSA sont fixées par l'article L 722-9 du Code rural et de la pêche maritime.
Les **chefs d'exploitation ou d'entreprise** agricoles mentionnés à l'article L 722-4, 1° du Code rural et de la pêche maritime sont tenus de cotiser à une caisse de MSA pour le régime agricole des prestations familiales (C. rur. art. L 731-25).
En cas de **métayage**, la cotisation est supportée à égalité par le bailleur et par le métayer nonobstant toute autre convention concernant le partage des fruits (C. rur. art. L 731-27).

ASSIETTE ET TAUX

La cotisation est calculée en pourcentage des revenus professionnels ou de l'assiette forfaitaire définis aux articles L 731-14 et suivants du Code rural et de la pêche maritime (nos 43520 s.). Elle n'est pas plafonnée et n'est pas soumise à une assiette minimum. Ainsi, aucune cotisation n'est due en cas d'assiette déficitaire ou nulle (C. rur. art. D 731-77). 44205
En début d'activité, l'assiette forfaitaire provisoire du nouvel installé est fixée à 600 fois le Smic (C. rur. art. D 731-31), soit 6 990 € en 2024.
Le taux de cotisation pour les prestations familiales est réduit sous une condition de revenus (C. rur. art. L 731-25 et CSS art. L 613-1 ; C. rur. art. D 731-78 et CSS art. D 613-1). Le taux applicable est :
– nul lorsque le montant annuel du revenu d'activité est inférieur ou égal à 110 % de la valeur du plafond annuel de la sécurité sociale (soit 51 005 € en 2024) ;
– égal à un taux croissant déterminé par application de la formule suivante, lorsque le montant annuel des revenus professionnels ou de l'assiette forfaitaire d'installation est compris entre 110 % du plafond annuel de la sécurité sociale (soit 51 005 € en 2024) et 140 % de la valeur du plafond annuel de la sécurité sociale (soit 64 915 € en 2024) :
$[(T1)/(0,3 \times PSS)] \times (RP - 1,1 \times PSS)$
où :
T1 est égal à 3,10 %,
PSS est la valeur du plafond annuel de la sécurité sociale,
RP est le revenu professionnel d'activité ;
– égal à 3,10 % lorsque le montant annuel du revenu d'activité est supérieur à 140 % de la valeur du plafond annuel de la sécurité sociale (soit 64 915 € en 2024).

EXEMPLE

Un exploitant agricole dégage un revenu d'activité en 2024 de 56 000 €. Le taux de la cotisation maladie se calculera ainsi : $[(3,1)/(0,3 \times 46\,368)] \times (56\,000 - 1,1 \times 46\,368) = 1,11$ %.

Le bénéfice de cette réduction ne peut être cumulé avec aucun autre dispositif de réduction ou d'abattement applicable à ces cotisations, à l'exception de ceux prévus pour la création et la reprise d'entreprises (CSS art. L 131-6-4) et pour les cotisations d'assurance maladie-maternité (CSS art. L 621-3, II).

EXONÉRATIONS OU RÉDUCTION DE TAUX

Sont exonérés de toute cotisation les exploitants agricoles non employeurs de main-d'œuvre, présents **sous les drapeaux** par suite de mobilisation le 1er janvier de l'année au titre de laquelle les cotisations auraient dû être établies (C. rur. art. L 731-28). 44210
Les jeunes agriculteurs affiliés en tant que chefs d'exploitation ont droit à une **réduction** du taux de leurs cotisations (n° 44130), non cumulable avec la modulation du taux de droit commun selon le niveau de revenu (n° 44205).

ABATTEMENT D'ASSIETTE

Un abattement est appliqué à l'assiette des cotisations de prestations familiales dues par les exploitants agricoles lorsqu'ils n'exercent qu'une activité réduite en raison d'une invalidité durant plus de six mois et entraînant une incapacité de travail d'au moins 66 %. Cet abattement ne concerne donc pas les chefs d'entreprises (activités de travaux agricoles, paysagistes, etc.). 44215
Le montant de cet abattement est fixé à 890 fois le Smic horaire, soit 10 369 € pour 2024 (C. rur. art. D 731-79). La valeur du Smic retenue est celle fixée au 1er janvier de l'année au titre de laquelle les cotisations sont dues. Le montant obtenu est arrondi à l'euro le plus proche.

REMISES EXCEPTIONNELLES

44220 Des remises exceptionnelles de cotisations, partielles ou totales, peuvent être accordées par les caisses de MSA dans le cas où la **situation des assujettis** le justifie, notamment en raison de leur âge ou de leur incapacité physique (C. rur. art. L 731-29).

En tout état de cause, ces remises ne concernent que la cotisation de prestations familiales due pour le non-salarié lui-même (Circ. CCMSA du 22-8-1994).

D. Cotisations vieillesse

1. RÉGIME DE BASE

44300 Les chefs d'exploitation versent pour eux-mêmes et, le cas échéant, pour les membres de leur famille vivant sur l'exploitation et participant à sa mise en valeur **trois cotisations** d'assurance vieillesse de base (C. rur. art. L 731-42) :
- une cotisation d'assurance vieillesse individuelle (AVI) ;
- une cotisation d'assurance vieillesse agricole plafonnée (AVA plafonnée) ;
- une cotisation d'assurance vieillesse agricole déplafonnée (AVA déplafonnée).

La cotisation d'AVI finance la retraite forfaitaire (n°s 46720 s.) et les cotisations d'AVA la retraite proportionnelle (n°s 46705 s.).

La **périodicité** des cotisations est annuelle. Leur paiement intervient dans le cadre d'appels fractionnés (C. rur. art. R 731-57, R 731-58 et R 731-60).

COTISATION AVI

44305 Elle est due pour **chaque personne non salariée** âgée d'au moins **16 ans** vivant sur l'exploitation et participant à sa mise en valeur (chef d'exploitation, collaborateur d'exploitation ou d'entreprise, aides familiaux).

En cas de **métayage**, le métayer affilié à l'Amexa en est redevable, tant pour lui-même que pour les membres majeurs de sa famille vivant sur l'exploitation. En est également redevable, pour lui-même, le bailleur à métayage.

En revanche, le « **petit métayer** » affilié obligatoirement aux assurances sociales agricoles ne doit payer la cotisation que pour les membres non salariés de sa famille âgés d'au moins 16 ans et vivant sur l'exploitation, à l'exception de son conjoint (C. rur. art. L 722-21).

44310 L'**assiette** de la cotisation AVI est constituée par les revenus professionnels du chef d'exploitation plafonnés au montant du plafond annuel de sécurité sociale (46 368 € en 2024), ou par l'assiette forfaitaire (n°s 43590 s.), avec un minimum de 800 fois le Smic horaire en vigueur au 1er janvier de l'année (9 320 € pour 2024).

Le **taux** de la cotisation AVI est fixé à 3,32 % depuis 2016 (C. rur. art. D 731-121).

COTISATION AVA PLAFONNÉE

44320 **Chefs d'exploitation** La cotisation est due pour chaque chef d'exploitation ou d'entreprise.

En cas de **métayage**, le métayer et le bailleur à métayage sont redevables de la cotisation, sur la base des revenus professionnels qu'ils déclarent respectivement à l'administration fiscale. Le « petit métayer » affilié aux assurances sociales n'en est pas redevable.

44325 L'**assiette** de la cotisation est constituée des revenus professionnels, dans la limite du plafond annuel de sécurité sociale, ou par l'assiette forfaitaire (n°s 43590 s.), avec un minimum de 600 fois le Smic horaire en vigueur au 1er janvier de l'année (6 990 € pour 2024).

Le **taux** est fixé à 11,55 % depuis 2016 (C. rur. art. D 731-122).

44330 **Aides familiaux** Les chefs d'exploitation doivent acquitter, pour leurs aides familiaux âgés d'au moins 16 ans, une cotisation AVA forfaitaire qui s'ajoute à leur cotisation AVI (C. rur. art. L 731-42, 2°).

Cette cotisation est calculée sur une **assiette forfaitaire** égale à 400 fois le Smic horaire en vigueur au 1er janvier de l'année, soit 4 660 € pour 2024 (C. rur. art. D 731-120).

Son taux est égal à celui défini pour les chefs d'exploitation (n° 44325).

44335 **Collaborateur d'exploitation ou d'entreprise** Les chefs d'exploitation ou d'entreprise doivent acquitter, pour leur collaborateur, une cotisation AVA forfaitaire qui s'ajoute à la cotisation AVI.

L'assiette, la composition et le taux de cette cotisation sont identiques à ceux de la cotisation des aides familiaux (n° 44330).

COTISATION AVA DÉPLAFONNÉE

La cotisation AVA déplafonnée est due **uniquement pour le chef d'exploitation** (n° 46015). Cette cotisation n'est donc pas due pour les aides familiaux ou le conjoint collaborateur. 44350
L'**assiette** de la cotisation est constituée des revenus professionnels ou de l'assiette forfaitaire de remplacement (n°s 43590 s.), avec un minimum de 600 fois le Smic horaire au 1er janvier de l'année (6 990 € pour 2024).
Le **taux** est fixé à 2,24 % depuis 2017 (C. rur. art. D 731-124).

> **Précisions** Pour les périodes courant à compter du **1er janvier 2026**, le **taux** de la cotisation AVA déplafonnée est **modifié** en lien avec la réforme de l'assiette des cotisations sociales instaurée par la loi de financement de la sécurité sociale pour 2024 (n° 43515). Il passe ainsi à 2,36 % (C. rur. art. D 731-124 modifié par décret 2024-688 du 5-7-2024). Le taux de la cotisation AVA plafonnée (n° 44325) n'est pas modifié.

EXCLUSIONS ET EXONÉRATIONS

Ne sont pas assujettis à la cotisation AVI les **pluriactifs** qui exercent, concurremment avec une activité salariée, une activité non salariée agricole ne présentant qu'un caractère accessoire (C. rur. art. L 731-42, 1° et L 732-28). 44355
Sous réserve de réunir certaines conditions, les **jeunes agriculteurs** bénéficient, pendant les 5 premières années de leur activité, d'une exonération partielle et dégressive de leurs cotisations. Pour plus de détails, voir n° 44130.

RECOUVREMENT DES COTISATIONS

Les cotisations d'assurance vieillesse agricole calculées sur le **revenu professionnel** (ou l'assiette forfaitaire) sont recouvrées dans les mêmes conditions que les autres cotisations des non-salariés (nos 43710 s.). 44370

2. RÉGIME COMPLÉMENTAIRE OBLIGATOIRE

RETRAITE COMPLÉMENTAIRE OBLIGATOIRE

La **cotisation** de retraite complémentaire obligatoire est **assise** (C. rur. art. L 732-59 et D 732-165) : 44400
– **pour les chefs d'exploitation**, sur la totalité des revenus professionnels ou sur l'assiette forfaitaire obligatoire (nos 43520 s.), sans que cette assiette puisse être inférieure à 1 820 fois le Smic horaire en vigueur au 1er janvier de l'année au titre de laquelle la cotisation est due, soit 21 203 € en 2024 (C. rur. art. D 732-165) ;
– **pour les assurés volontaires et titulaires d'une pension d'invalidité** ou d'une rente **d'accident du travail**, sur ce minimum. La Cour de cassation s'est toutefois prononcée en faveur d'une exclusion des anciens chefs d'exploitation qui perçoivent une rente d'invalidité du champ de la cotisation à la retraite complémentaire obligatoire (Cass. 2e civ. 13-12-2007 n° 06-21.837 : RJS 2/08 n° 227) ;
– pour les **aides familiaux** et les **collaborateurs d'exploitation ou d'entreprise agricole**, sur une assiette forfaitaire fixée à 1 200 fois le montant du Smic horaire en vigueur au 1er janvier de l'année considérée (C. rur. art. D 732-155), soit 13 980 € en 2024.
Le **taux** de la cotisation est fixé par décret (C. rur. art. D 732-165). Il est égal à 4 % depuis 2018 (C. rur. art. D 732-165).
Les cotisations sont **recouvrées** et contrôlées par les CMSA selon les règles et sous les garanties et sanctions applicables au recouvrement des cotisations des non-salariés agricoles (nos 43710 s. ; C. rur. art. L 732-61).

> **Précisions** Pour les périodes courant à compter du **1er janvier 2026**, la **cotisation** due au titre du régime de retraite complémentaire est **modifiée** en lien avec la réforme de l'assiette des cotisations sociales instaurée par la loi de financement de la sécurité sociale pour 2024 (n° 43515) : au taux de 4 % s'ajoute une cotisation supplémentaire progressive (quatre paliers de revenu), sans assiette minimale. Les formules de calcul sont fixées à l'article R 732-165 du Code rural et de la pêche maritime modifié par le décret 2024-688 du 5 juillet 2024. Ainsi, la cotisation globale est calculée au taux fixe de 4 %, toujours prélevé sur une assiette au minimum égale à 1 820 Smic horaire, auquel s'ajoute un taux complémentaire :
> – compris entre 0 % et 1 % pour un revenu professionnel soumis à cotisations inférieur à 40 % du plafond annuel de la sécurité sociale (PSS) ;

– compris entre 1 % et 1,3 % pour un revenu professionnel compris entre 40 % et 60 % du PSS ;
– compris entre 1,3 % et 1,8 % pour un revenu professionnel compris entre 60 % et 100 % du PSS ;
– compris entre 1,8 % et 3 % pour un revenu professionnel compris entre 100 % et 200 % du PSS ;
– égal à 3 % pour un revenu professionnel supérieur à 200 % du PSS.

E. Cotisations Atexa

44500 Les cotisations au régime des accidents du travail des exploitants agricoles (Atexa) sont à la charge du chef d'exploitation ou d'entreprise et sont **dues** pour chacune des **personnes suivantes** (C. rur. art. L 752-16) :
– le chef d'exploitation ou d'entreprise lui-même ;
– les aides familiaux non salariés, les associés d'exploitation et leurs conjoints, concubins ou partenaires d'un Pacs.
La cotisation Atexa est également à la charge des cotisants solidaires qui dirigent une exploitation ou une entreprise agricole dont l'importance est inférieure à l'assiette minimale d'assujettissement (surface minimale d'assujettissement [SMA] ou 1 200 heures) et supérieure à un seuil fixé par décret (quart de la SMA ou 150 heures), sous réserve que leur revenu professionnel n'excède pas 800 Smic (n° 44000). La cotisation Atexa n'est pas due par les cotisants solidaires qui bénéficient déjà de l'Atexa à un autre titre (C. rur. art. L 752-1, II et L 752-16).
Les bailleurs à métayage ne sont plus affiliés à l'Atexa depuis le 1er janvier 2011 (C. rur. art. L 752-1, IV).

MONTANT DES COTISATIONS

44505 Excepté pour les cotisants solidaires, les cotisations dues par chaque entreprise sont **calculées** de la manière suivante (C. rur. art. L 752-16 et L 752-17) :
– un arrêté détermine des catégories d'exploitations ou d'entreprises en fonction du taux de risque qui leur est applicable et fixe pour chacune d'entre elles une cotisation forfaitaire ;
– chaque exploitation ou entreprise est classée dans une catégorie et est soumise à la cotisation forfaitaire correspondante ;
– la cotisation due pour les aides familiaux, les associés d'exploitation, les conjoints, concubins et partenaires d'un Pacs représente un pourcentage de celle due pour le chef d'entreprise.
Le **classement** d'une exploitation ou d'une entreprise dans une catégorie de risques est effectué par les caisses de MSA (C. rur. art. L 752-12). Elles le notifient au chef d'exploitation ou d'entreprise (C. rur. art. D 752-59). Le classement peut être contesté par le chef d'exploitation ou d'entreprise ou par l'autorité administrative devant la juridiction compétente pour connaître du contentieux de la sécurité sociale mentionnée au 7° de l'article L 142-1 du Code de la sécurité sociale (C. rur. art. L 752-19).
Dérogeant au principe d'annualité, les cotisations dues pour une année donnée sont calculées au **prorata de la durée d'affiliation** au régime pendant l'année considérée (C. rur. art. L 752-20).
La cotisation Atexa des **cotisants solidaires** est fixée par arrêté ministériel de manière forfaitaire et ce, quelle que soit la catégorie de risques. Pour 2024, son montant est fixé à 72,85 € (C. rur. art. L 752-16 ; Arrêté AGRS2330592A du 19-12-2023).
Montants des cotisations Atexa pour 2024 (Arrêté AGRS2330592A du 19-12-2023).

Catégorie de risque	Chefs d'exploitation à titre principal	Chefs d'exploitation à titre secondaire	Conjoints collaborateurs à titre exclusif ou principal, aides familiaux et associés d'exploitation	Conjoints collaborateurs à titre secondaire
Regroupement A	522,28 €	261,14 €	200,97 €	100,49 €
Regroupement B	558,26 €	279,13 €	214,82 €	107,41 €
Regroupement C	515,55 €	257,77 €	198,38 €	99,19 €
Regroupement D	560,38 €	280,19 €	215,53 €	107,82 €
Regroupement E	560,38 €	280,19 €	215,53 €	107,82 €
Cotisants solidaires	79,95 €			

Regroupement A : viticulture.
Regroupement B : exploitations de bois, scieries fixes, entreprises de travaux agricoles, entreprises de jardins, paysagistes, entreprises de reboisement, sylviculture.
Regroupement C : maraîchage, floriculture, arboriculture fruitière, pépinière.
Regroupement D : cultures céréalières et industrielles, « grandes cultures », autres cultures spécialisées, élevage bovins-lait, élevage bovins-viande, élevage bovins-mixte, élevage ovins, caprins, élevage porcins, élevage chevaux, autres élevages de gros animaux, élevage de volailles, lapins, autres élevages de petits animaux, entraînement, dressage, haras, clubs hippiques, conchyliculture, cultures et élevages non spécialisés, polyculture, polyélevage, marais salants.
Regroupement E : mandataires des sociétés ou caisses locales d'assurances mutuelles agricoles (AMA).

L'exploitation ou l'entreprise qui relève de **plusieurs catégories de risques** est classée dans la catégorie pour laquelle le temps de travail déclaré auprès de la CMSA du siège de l'exploitation ou de l'entreprise est le plus important (C. rur. art. D 752-59, al. 1). 44520
Lorsque le chef d'exploitation exerce son activité sur **plusieurs exploitations relevant de catégories de risques distinctes**, la cotisation est celle de la catégorie pour laquelle le temps de travail déclaré est le plus important (C. rur. art. D 752-59, al. 2).
Une **réduction de la cotisation forfaitaire** est prévue pour les chefs d'entreprise ou d'exploitation à titre secondaire et pour les conjoints, concubins et pacsés qui relèvent d'un autre régime de protection sociale au titre de leur activité principale (C. rur. art. L 752-16).

RECOUVREMENT DES COTISATIONS

Il est assuré par la CMSA selon les règles et sous les garanties et sanctions applicables au recouvrement des cotisations des non-salariés agricoles, sous réserve des dispositions spécifiques applicables à l'Atexa (C. rur. art. L 752-20 et R 752-1 s.). 44525
Il est effectué par appels fractionnés ou par appel unique (le cas échéant assorti de paiements fractionnés) selon le choix de la caisse, étant entendu que le chef d'exploitation ou d'entreprise peut toujours opter pour un prélèvement mensuel (C. rur. art. D 752-61).

III. TABLEAU RÉCAPITULATIF DES COTISATIONS DES NON-SALARIÉS AGRICOLES

TABLEAU RÉCAPITULATIF DES COTISATIONS DU CHEF D'EXPLOITATION

Le taux global des cotisations sociales appelées au chef d'exploitation à titre exclusif ou principal pour lui-même s'établit, pour 2024, entre 23,71 % et 31,81 %. Il convient d'y ajouter la CSG (taux de 9,2 % déductible à hauteur de 6,8 points, voir n°s 32400 s.) et la CRDS (0,5 %), soit, au total, un prélèvement oscillant entre 33,41 % et 41,51 % selon le revenu professionnel. S'y ajoutent également, pour un chef d'exploitation à titre principal, les cotisations forfaitaires pour le régime des accidents du travail (de 515,55 € à 560,38 €) et d'indemnités journalières Amexa (230 €), sans omettre, le cas échéant, les cotisations appelées pour le compte du conjoint collaborateur ou des membres de la famille. 44600
Ajoutons que la MSA recouvre pour le compte de tiers certaines cotisations, notamment :
– la contribution à la formation continue recouvrée pour le compte de VIVEA (Fonds d'assurance formation des non-salariés agricoles) : sauf cas particuliers, le taux est de 0,61 % pour le chef d'exploitation et de 0,17 % pour le collaborateur d'exploitation et les aides familiaux (C. rur. art. L 718-2-1 et D 718-16 ; n°s 54800 s.) ;
– la cotisation de 20 € destinée à financer le Fonds national agricole de mutualisation sanitaire et environnementale (FMSE), à laquelle s'ajoutent des cotisations complémentaires pour certaines productions (par exemple, 50 € pour les pépiniéristes et les horticulteurs) ;
– la contribution InterApi pour les apiculteurs s'établissant à 160 € pour les chefs d'exploitation et 60 € pour les cotisants solidaires.

	Amexa	Invalidité	PFA	AVI	AVA plafonnée	AVA déplafonnée	RCO
Taux	De 0 % à 6,50 %	1,10 %	De 0 % à 3,10 %	3,32 %	11,55 %	2,24 %	4 %
Assiette minimale	–	11,50 % PSS	–	800 Smic	600 Smic	600 Smic	1 820 Smic
Plafond	–	–	–	Plafond de la sécu-rité sociale	Plafond de la sécurité sociale	–	–

SECTION 3

PRESTATIONS

I. ASSURANCE MALADIE DES NON-SALARIÉS AGRICOLES

45000 Les chefs d'exploitation ou d'entreprise agricole et, sous certaines conditions, les membres de leur famille, les membres de société et les titulaires de pensions bénéficient d'une assurance obligatoire contre les risques maladie, invalidité, maternité et décès. Cette assurance est communément appelée Amexa (assurance maladie des exploitants agricoles).

A. Organisation du régime

RÔLE DE LA MSA

45005 Seules les caisses de mutualité sociale agricole sont habilitées à gérer l'Amexa (Décrets 2014-741 du 30-6-2014 et 2015-861 du 13-7-2015).

B. Champ d'application

1. CONDITIONS GÉNÉRALES D'ASSUJETTISSEMENT

45050 Bénéficient de l'assurance obligatoire maladie, invalidité et maternité des non-salariés agricoles (Amexa), sous réserve des traités et accords internationaux (C. rur. art. L 722-10) :

1. les **chefs d'exploitation ou d'entreprise** agricole visés à l'article L 722-4 du Code rural et de la pêche maritime dont l'exploitation ou l'entreprise est située sur le territoire métropolitain et présente une importance minimale (n°s 43005 s.), qu'il s'agisse d'exploitants en faire-valoir direct, de fermiers, de métayers non assimilés à des salariés ou de bailleurs en métairie (C. rur. art. L 732-22). Ce n'est qu'à la condition de **diriger de manière effective** la mise en valeur d'une exploitation agricole présentant une importance minimale qu'une personne possède la qualité d'exploitant ou de coexploitant la faisant relever du régime des non-salariés agricoles (C. rur. art. L 722-4 et L 722-5 ; Cass. soc. 7-5-1991 n° 88-17.582 : Bull. civ. V n° 216). La qualité d'exploitant agricole n'exige pas une participation aux tâches physiques plutôt que purement intellectuelles. Aucune distinction n'est faite entre les fonctions de direction et d'exécution (Cass. soc. 17-10-1973 n° 72-11.324 : Bull. civ. V n° 490). Sont **assimilées** aux chefs d'exploitation, pour le bénéfice des prestations en nature de l'assurance maladie et maternité, les personnes ayant **cessé leur activité** non salariée agricole et qui répondent à des conditions d'âge et de durée d'activité professionnelle. Le maintien de ces droits leur est assuré jusqu'à l'âge auquel elles peuvent prétendre à une pension de retraite ;

2. les **aides familiaux non salariés et associés d'exploitation** des chefs d'exploitation ou d'entreprise visés au point précédent. La personne qui devient aide familial à compter du 18 mai 2005 ne peut conserver cette qualité plus de 5 ans (C. rur. art. L 722-10). Par « **aides familiaux** », on entend les ascendants, descendants, frères, sœurs et alliés au même degré du chef d'exploitation ou d'entreprise ou de son conjoint, âgés de plus de 16 ans, vivant sur l'exploitation ou l'entreprise et participant à sa mise en valeur sans être salariés du chef d'exploitation ou d'entreprise. Les alliés au même degré du chef d'exploitation sont les conjoints des ascendants, des descendants et des frères et sœurs du chef d'exploitation ou de son conjoint. Ces mêmes personnes, à l'exception des ascendants, âgées de plus de 18 ans et de moins de 35 ans, sont susceptibles de bénéficier du statut d'**associé d'exploitation** (C. rur. art. L 321-6 s. ; voir n°s 75900 s.), lequel tend à devenir marginal. La MSA a estimé que les **membres de la famille vivant sur l'exploitation**, et par conséquent les conjoints d'aides familiaux qui sont notamment le gendre et la belle-fille du chef d'exploitation, sont présumés, sauf preuve contraire, participer à la mise en valeur de l'exploitation. Ils doivent donc être rattachés au régime des non-salariés agricoles s'ils ne relèvent pas d'un autre régime de protection sociale en raison d'une activité professionnelle personnelle, s'ils ne sont pas atteints d'une incapacité absolue de travail et ne bénéficient pas de l'aide sociale aux personnes âgées ou aux personnes handicapées et s'ils ont atteint l'âge légal d'affiliation (Circ. CCMSA 2004-018 du 22-3-2004) ;

3. les **anciens exploitants et leurs conjoints** titulaires de la pension de retraite prévue à l'article L 732-18 du Code rural et de la pêche maritime ou de la pension de retraite forfaitaire prévue à l'article L 732-34 du même Code ;

4. a. les **conjoints** des personnes visées aux points 1°, 2°, 3°, 5°, 6° et 7° ainsi que les collaborateurs d'exploitation ou d'entreprise agricole mentionnés à l'article L 321-5 du Code rural et de la pêche maritime sous réserve qu'ils ne soient pas couverts à titre personnel par un régime obligatoire d'assurance maladie et maternité. À compter du 1er janvier 2022, la qualité de collaborateur ne peut être conservée plus de 5 ans (C. rur. art. L 321-5) ;

b. les **enfants de moins de 16 ans n'exerçant pas d'activité professionnelle et à la charge** des personnes énumérées aux points 1°, 2°, 3°, 5°, 6° et 7°, ou de leurs conjoints. Il peut s'agir d'enfants légitimes, naturels ou adoptifs dont la filiation est légalement établie ou également de pupilles de la Nation ou d'enfants recueillis dont l'assuré est le tuteur ;

5. les **membres non salariés** de toute **société**, quelles qu'en soient la forme et la dénomination, lorsqu'ils consacrent leur activité, pour le compte de la société, à une exploitation ou une entreprise agricole située sur le territoire métropolitain. Lesdites sociétés sont assimilées, pour l'application du présent régime, aux chefs d'exploitation ou d'entreprise mentionnés au point 1° ;

6. les titulaires de **pensions d'invalidité** obtenues à la suite d'**accidents** survenus **avant le 1er avril 2002** ou de **maladies professionnelles** constatées avant cette même date ;

7. les titulaires de **rentes** attribuées à la suite d'un **accident du travail** survenu **après le 1er avril 2002** ou d'une **maladie professionnelle** constatée à partir de cette date.

Peut prétendre, sous certaines conditions et limites, au maintien du droit aux prestations en espèces Amexa le **chef d'exploitation** ou d'entreprise agricole qui a fait l'objet d'une **liquidation judiciaire** et qui ne remplit plus les conditions pour relever d'un régime d'assurance maladie obligatoire (C. rur. art. L 725-19).

Sur les **pluriactifs**, voir n°s 45500 s.

Le régime de l'Amexa est applicable dans les **départements d'outre-mer** dans des conditions particulières, notamment en matière d'assujettissement.

> **› Précisions** La notion d'ayant droit majeur (conjoint, partenaire pacsé, concubin, enfant de plus de 18 ans) n'existe plus. Toute personne qui travaille ou toute personne sans activité professionnelle résidant en France de manière stable et régulière a droit, en effet, à la prise en charge de ses frais de santé maladie et maternité par le biais de la protection universelle maladie/Puma (CSS art. L 160-1) voir n°s 49000 s. Les conjoints des chefs d'exploitation qui ne participent pas à l'exploitation sont donc des assurés autonomes. Les changements de situation personnelle n'ont plus d'incidence sur leurs droits. En cas de séparation ou de veuvage, l'assuré continue d'avoir des droits en propre, indépendamment de son conjoint ou ex-conjoint. Il reste rattaché au régime de son ex-conjoint, concubin ou partenaire pacsé, jusqu'à ce qu'il exerce une activité professionnelle.

Sont **exclus** de l'Amexa (C. rur. art. L 722-4 modifié par ord. 2021-1189 du 15-9-2021 art. 32 et L 722-11) : **45070**
– les exploitants forestiers négociants en bois achetant des coupes en vue de la revente du bois dans des conditions telles que cette activité comporte inscription au registre du commerce et des sociétés ou paiement d'une contribution économique territoriale en tant que commerçants ;
– les parlementaires, les anciens parlementaires jouissant à ce titre de droits à la retraite ;
– les invalides, veuves et orphelins de guerre.

> **Précisions** Jugé que les **orphelins et invalides de guerre** ne sont exclus de l'Amexa que s'ils sont rattachés à ce titre au régime général. En conséquence, l'exploitant agricole orphelin et invalide de guerre, qui est rattaché au régime général, non pas en cette qualité mais en celle d'ancien salarié, est assujetti à l'Amexa (Cass. soc. 7-12-1989 n°s 87-20.043 et 88-11.117 : Bull. civ. V n° 699).

2. AFFILIATION ET IMMATRICULATION

DEMANDE D'AFFILIATION

45100 **Les chefs d'exploitation ou d'entreprise agricole** doivent fournir à la caisse de MSA dont ils relèvent, dans les 30 jours suivant la date à laquelle ils remplissent les conditions d'assujettissement à l'assurance, tous les renseignements nécessaires à leur immatriculation. Cette demande est faite au moyen d'un formulaire spécifique.

La démarche vaut pour le chef d'exploitation ou d'entreprise lui-même, mais également pour toutes les personnes vivant sur l'exploitation et entrant dans le champ d'application du régime : conjoints, aides familiaux et leurs conjoints, enfants de moins de 16 ans ou assimilés à la charge des uns et des autres (C. rur. art. R 722-19).

Il en va de même des **sociétés d'exploitation ou entreprises agricoles** en ce qui concerne leurs membres ainsi que les conjoints et les enfants mineurs ou assimilés à leur charge.

Les **titulaires de retraites** agricoles sont soumis aux mêmes obligations pour eux-mêmes et aussi pour leurs conjoints et les enfants de moins de 16 ans ou assimilés à leur charge (C. rur. art. R 722-19).

> **Précisions a.** En cas d'inobservation des règles ci-dessus, les agents assermentés des caisses de MSA peuvent demander aux chefs d'exploitation ou d'entreprise, aux sociétés et aux titulaires de pensions, par lettre recommandée avec demande d'avis de réception, de leur fournir, dans le délai d'un mois au plus, tous renseignements nécessaires à l'immatriculation et à l'affiliation tant d'eux-mêmes que de leurs aides familiaux et de leurs ayants droit. Est puni de l'amende prévue pour les contraventions de la quatrième classe le fait, pour le chef d'exploitation ou d'entreprise ou pour le représentant légal de la société, d'omettre de répondre dans les délais ou de faire une déclaration inexacte ou incomplète (C. rur. art. R 722-20).
>
> **b.** Lorsque l'**activité** d'un assuré s'exerce **dans plusieurs départements**, il doit s'affilier auprès de la caisse MSA du département où se trouve l'exploitation ou l'entreprise agricole dans laquelle il réside habituellement. S'il réside dans un département autre que ceux où sont situées ses exploitations ou entreprises, son affiliation doit se faire dans le département de l'exploitation ou de l'entreprise la plus importante.
>
> En ce qui concerne les personnes morales, la caisse MSA compétente est, dans tous les cas, celle du département où se trouve l'exploitation ou l'entreprise la plus importante (C. rur. art. D 731-14).

IMMATRICULATION

45120 L'assujettissement au régime obligatoire d'assurance maladie, invalidité et maternité des exploitants agricoles et des membres non salariés de leur famille donne lieu à immatriculation des assurés. Il incombe aux **caisses de MSA** de procéder à l'affiliation et à l'immatriculation des personnes assurées au titre des exploitations ou entreprises dont le siège est situé dans leur circonscription (C. rur. art. R 722-16).

L'immatriculation prend effet du jour où l'intéressé a rempli les conditions d'assujettissement à l'assurance. Les conjoints assujettis et les enfants mineurs de 16 ans ou assimilés font l'objet d'une immatriculation au titre de leur chef de famille.

RADIATION

45125 Elle intervient suivant les mêmes **modalités** que l'immatriculation : les chefs d'exploitation ou d'entreprise agricole sont tenus de fournir à la caisse de MSA dont ils relèvent tous renseignements nécessaires à leur radiation, celle de leurs conjoints, de leurs aides familiaux et des conjoints de ces derniers ainsi que des enfants mineurs de moins de 16 ans ou assimilés à la charge des uns et des autres, dans les 30 jours suivant la date à laquelle l'intéressé a cessé de remplir les conditions d'assujettissement (C. rur. art. R 722-19).

C. Prestations

1. DISPOSITIONS COMMUNES

RISQUES COUVERTS

Les personnes non salariées des professions agricoles mentionnées à l'article L 722-10 du Code rural et de la pêche maritime sont obligatoirement assurées contre les risques **maladie, invalidité** et **maternité** (C. rur. art. L 732-3, 1° a, 2° et 3°). **45150**

Sont également couvertes les conséquences des accidents de la vie privée. Sont pris en charge par l'Amexa les **accidents** suivants (C. rur. art. L 732-3, 1° b à i) :

– les accidents qui touchent des **enfants** mineurs de moins de 16 ans et assimilés qui n'exercent pas d'activité professionnelle (ainsi que les suites que peuvent entraîner ces accidents pour les victimes après l'âge de 16 ans ou, le cas échéant, de 20 ans, dès lors qu'elles relèvent encore du régime) ;

– les accidents qui touchent des titulaires de pensions de **retraite**, d'**allocations de vieillesse agricoles** ou de **pensions d'invalidité agricoles** versées aux victimes d'accidents survenus avant le 1er avril 2002 ou de maladies professionnelles constatées avant cette date ainsi que leurs conjoints ;

– les **rechutes** consécutives à des accidents du travail ayant touché les assurés définis n° 45050 avant le 1er juin 1967, date d'entrée en vigueur de l'Amexa, lorsque ces accidents ont été pris en charge au titre de l'adhésion du chef d'exploitation aux dispositions relatives à l'assurance contre les accidents de la vie privée, du travail et des maladies professionnelles (exception faite des titulaires de pensions d'invalidité versées au titre d'accidents survenus ou de maladies professionnelles constatées avant le 1er avril 2002 et des titulaires de rentes au titre de l'Atexa) ;

– les **suites des accidents** survenus dans le cadre d'un **autre régime** obligatoire d'**assurance maladie** dont relevaient les personnes visées à l'article L 722-10 du Code rural et de la pêche maritime (en qualité d'assurés ou d'ayants droit) avant leur assujettissement à l'Amexa ;

– les accidents qui touchent les chefs d'exploitation ou d'entreprise agricole, les aides familiaux et associés d'exploitation et les membres non salariés de sociétés agricoles dans l'exercice d'une **activité secondaire** non salariée **non agricole** ;

– les accidents concernant les personnes qui bénéficient du **maintien de leurs droits** aux prestations en nature de l'Amexa ;

– les accidents qui touchent, en service ou à l'occasion du service, les non-salariés agricoles qui ont une activité de **sapeur-pompier volontaire** ;

– les accidents qui touchent les personnes visées à l'article L 722-10 du Code rural et de la pêche maritime (hors anciens exploitants et leurs conjoints retraités) lorsque ces accidents ne sont **pas pris en charge par l'Atexa** au titre des articles L 752-1 et suivants du même Code, c'est-à-dire lorsqu'ils ne sont pas reconnus comme d'origine professionnelle (nos 48000 s.).

2. ASSURANCE MALADIE

CONDITIONS D'OUVERTURE DES DROITS

Les **prestations en nature** sont dues aux assujettis, pour eux-mêmes, leur conjoint et leurs enfants mineurs de moins de 16 ans ou assimilés dès lors qu'ils remplissent les conditions d'assujettissement à l'assurance à la date de la prescription médicale. Ces conditions sont réputées remplies pendant les périodes d'activité et aussi pendant les périodes d'arrêt de travail médicalement justifié (C. rur. art. R 732-2). **45200**

Ont également droit aux prestations en nature de l'assurance maladie les personnes en maintien de droits à ces prestations (n° 45050).

Bénéficient d'**indemnités journalières** en cas de maladie ou d'accident de la vie privée les chefs d'exploitation ou d'entreprise agricole exerçant à titre exclusif ou principal, les collaborateurs et les aides familiaux ou associés d'exploitation des chefs d'exploitation ou d'entreprise agricole (C. rur. art. L 732-4).

PRESTATIONS EN NATURE

Les prestations en nature de l'assurance maladie couvrent les **frais** occasionnés par une maladie ou un accident autre qu'un accident du travail : frais de médecine générale ou spécialisée, frais de soins et de prothèses dentaires, frais pharmaceutiques et d'appareillages, frais d'examens de biologie médicale, frais d'hospitalisation et de traitements en établissements de soins, d'interventions **45205** chirurgicales ainsi que le transport de malade. La liste des prestations en nature prises en charge par l'assurance maladie des salariés agricoles s'applique dans les mêmes conditions et limites aux non-salariés agricoles (C. rur. art. L 732-6 et R 732-2) ; voir n°s 39380 s.

PRESTATIONS EN ESPÈCES

45210 Des **indemnités journalières** sont servies aux personnes dans l'incapacité physique temporaire de travailler, constatée par le médecin traitant, pour cause de maladie ou d'accident de la vie privée (C. rur. art. L 732-4 ; Circ. MSA 2013-026 du 23-12-2013).

Le cumul avec des indemnités journalières pour cause de maladie professionnelle ou d'accident du travail (Atexa) ou l'allocation de remplacement maternité ou paternité est impossible (C. rur. art. D 732-2-6). Les arrêts de travail prescrits à l'occasion d'une cure thermale ne donnent pas non plus lieu au versement d'indemnités journalières.

Les indemnités journalières sont servies aux assurés ayant une **durée minimale d'affiliation** d'un an au régime Amexa (dans le cas contraire, les durées d'affiliation à un autre régime d'assurance maladie sont prises en compte). Le chef d'exploitation doit être à jour de la cotisation au 1er janvier de l'année civile au cours de laquelle est constatée l'incapacité de travail (C. rur. art. D 732-2-1).

Les indemnités journalières sont servies à l'expiration d'un **délai de carence** de 3 jours à compter de la date de l'arrêt de travail. Ce délai ne s'applique, pour une période de 3 ans décomptée de date à date, qu'au premier des arrêts de travail dus à une même affection en particulier en cas d'affection de longue durée (C. rur. art. D 732-2-2 modifié par décret 2022-772 du 29-4-2022).

Par dérogation, en cas de décès de son enfant âgé de moins de 25 ans ou en cas de décès d'une personne âgée de moins de 25 ans dont l'assuré a la charge effective et permanente, et dans un délai de 13 semaines à compter de cette date, l'indemnité journalière versée à l'assuré pour la première incapacité de continuer ou de reprendre le travail est accordée sans délai (C. rur. art. L 732-4). Il en va de même en cas de constat d'une incapacité de travail faisant suite à une interruption spontanée de grossesse ayant eu lieu avant la 22e semaine d'aménorrhée ou à une interruption de grossesse pratiquée pour motif médical prévue aux articles L 2213-1 à L 2213-5 du Code de la santé publique (C. rur. art. L 732-4 modifié par loi 2023-1250 du 26-12-2023 art. 64, V).

L'indemnité journalière est versée sans délai de carence au 1er jour de l'arrêt de travail (C. rur. art. L 732-4 modifié par loi 2023-1250 du 26-12-2023 art. 64, V).

Sauf en cas d'hospitalisation, l'assuré doit faire parvenir son **avis d'arrêt de travail** au service du contrôle médical de la caisse de MSA, au plus tard dans les 2 jours suivant le début de l'arrêt. Si l'arrêt de travail est adressé à la MSA au-delà du délai prévu, l'IJ est attribuée à l'expiration d'un délai de 4 jours à compter de sa réception par la caisse (C. rur. art. D 732-2-7). Si l'assuré reprend son travail avant la fin de l'arrêt de travail prescrit par son médecin traitant, il adresse à sa caisse de MSA, une déclaration sur l'honneur indiquant la date de la **reprise de son travail**, dans les 2 jours suivant la reprise. Le formulaire d'arrêt de travail est le même que celui utilisé pour les salariés.

Le **montant des indemnités** est calculé de la façon suivante (C. rur. art. D 732-2-5 modifié par décret 2023-358 du 10-5-2023) :

– pour les 28 premiers jours d'arrêt de travail ou en cas de reprise à temps partiel thérapeutique, l'indemnité est de 63 % de 1/365e du gain forfaitaire annuel, soit 25,36 € par jour au 1er avril 2024 (revalorisation au 1er avril de chaque année) ;

– à compter du 29e jour d'arrêt de travail, elle est de 84 % de 1/365e de ce même gain forfaitaire annuel, soit 33,81 € au 1er avril 2024.

La **durée d'indemnisation** est plafonnée. L'IJ est due pour chaque jour (ouvrable ou non) avec un maximum de 360 IJ sur 3 ans de date à date au titre d'une ou plusieurs maladies (C. rur. art. D 732-2-4). En cas d'affection de longue durée ou en cas d'interruption de travail ou de soins continus supérieurs à 6 mois, l'indemnité peut être versée pendant 3 ans pour chaque affection. Dans ce cas, la caisse fait procéder périodiquement à un examen du bénéficiaire conjointement par le médecin traitant et le médecin-conseil (C. rur. art. D 732-2-3).

En cas d'interruption suivie de reprise du travail, l'indemnité journalière peut être servie pendant une nouvelle période d'une durée maximale de 3 ans, si l'activité a été reprise pendant une durée d'au moins un an. L'assuré atteste sur l'honneur la date de reprise d'activité (C. rur. art. D 732-2-4).

La reprise du travail à temps partiel pour motif thérapeutique est possible. À ce titre, l'assuré ne peut recevoir plus de 90 IJ au titre d'une ou de plusieurs maladies ou accidents de la vie privée. Ces indemnités journalières sont cumulables avec les 360 IJ au titre d'une ou de plusieurs maladies prévues en cas d'arrêt total, sous réserve du respect de la période de 3 ans. En cas d'affection de longue durée, l'indemnité journalière pour reprise du travail à temps partiel peut être

servie pendant 270 jours sur une période de 4 ans qui s'ajoutent aux 1 095 jours d'indemnisation prévus en cas d'arrêt total par période de 3 ans et par affection (C. rur. art. D 732-2-4).
L'IJ est **payée** par quinzaine.
Le **contrôle** des arrêts de travail est assuré sur le plan médical par le service du contrôle médical des caisses et sur le plan administratif par les caisses. L'intéressé doit se soumettre aux contrôles médicaux, aux prescriptions médicales et respecter les heures de sortie autorisées. La caisse de MSA peut refuser le bénéfice des IJ pour la période pendant laquelle le contrôle a été rendu impossible.

ALLOCATIONS JOURNALIÈRES D'ACCOMPAGNEMENT D'UN PROCHE MALADE OU HANDICAPÉ

Une allocation journalière, dite de « **proche aidant** » (AJPA), peut être servie, notamment aux non-salariés agricoles chefs d'exploitation ou d'entreprise agricole, qui interrompent ou réduisent leur activité professionnelle pour aider un proche (conjoint, concubin, pacsé, ascendant, descendant, personne âgée ou handicapée avec laquelle ils résident ou qu'ils aident régulièrement) en situation de handicap ou de dépendance (CSS art. L 168-8 s.). Au 1er janvier 2024, le montant de l'AJPA est égal à 69,17 € par jour en cas de cessation d'activité ou 34,59 € par demi-journée en cas de réduction d'activité (CSS art. D 168-13). **45211**
Une allocation journalière de **présence parentale** (AJPP) peut être servie aux personnes citées précédemment qui cessent ou réduisent ponctuellement leur activité pour s'occuper d'un enfant gravement malade, accidenté ou handicapé de moins de 20 ans (CSS L 544-1 s., R 544-1 s. et D 544-1 s.). Au 1er janvier 2024, le montant de l'AJPP est égal à 64,86 € par jour (32,43 € par demi-journée).
Une allocation journalière d'accompagnement d'une personne en fin de vie (AJAP) peut être servie aux personnes citées précédemment qui interrompent ou réduisent leur activité professionnelle dans le but d'accompagner à domicile une personne en phase avancée ou terminale d'une affection grave et incurable (CSS art. L 168-1 s. et D 168-1 s. ; Décret 2011-50 du 11-1-2011 ; Circ. MSA 2011-006 du 9-2-2011). Au 1er janvier 2024, le montant de l'AJAP est égal à 63,34 € par jour (31,67 € par demi-journée).
L'AJPP et l'AJAP sont revalorisées le 1er janvier en fonction de l'évolution du Smic.
Depuis le 1er janvier 2023, l'AJPA et l'AJPP peuvent être versées aux conjoints collaborateurs et aux aides familiaux (CSS art. L 544-8 modifié par loi 2021-1754 du 23-12-2021 art. 54).

3. ASSURANCE MATERNITÉ

PRESTATIONS EN NATURE

Le droit aux prestations en nature de l'assurance maternité des non-salariées agricoles est **ouvert** aux femmes bénéficiaires des prestations en nature de l'assurance maladie (n° 45200). **45230**
Les **prestations** en nature de l'assurance maternité des non-salariées agricoles sont servies dans les mêmes conditions et limites que celles accordées aux salariées agricoles (C. rur. art. L 732-6 et R 732-13) ; voir n° 39600.
L'assurance maternité couvre les frais médicaux et pharmaceutiques, les frais d'analyses et d'examens en laboratoire, les frais d'appareillage et d'hospitalisation relatifs à la grossesse, à l'accouchement et à ses suites.

ALLOCATION DE REMPLACEMENT DES AGRICULTRICES

Cette allocation permet aux agricultrices de couvrir les frais engagés pour assurer leur remplacement par du personnel salarié dans les travaux de l'exploitation en cas de maternité ou d'adoption d'un enfant (C. rur. art. L 732-10 à L 732-14 et R 732-17 à R 732-26). **45235**

> **Précisions** Lorsque le remplacement ne peut pas être effectué, les assurées chefs d'exploitation et, depuis le 1er janvier 2022, les assurées collaborateurs d'exploitation et aides familiales, qui cessent, en cas de maternité, leur activité pendant une durée minimale d'au moins 8 semaines, peuvent bénéficier d'indemnités journalières forfaitaires (C. rur. art. L 732-10, D 732-26-1 et D 732-26-2).

Bénéficiaires Peuvent prétendre à l'allocation de remplacement (C. rur. art. L 732-10) les femmes chefs d'exploitation ou d'entreprise agricole, aides familiales ou associées d'exploitation, collaborateurs d'exploitation ou d'entreprise agricole (sous réserve qu'elles ne soient pas couvertes à titre personnel par un régime obligatoire d'assurance maladie et maternité), membres non salariés de sociétés agricoles. **45240**

> **Précisions** L'allocation de remplacement peut être attribuée en cas de **pluriactivité** aux femmes **non salariées** agricoles (chefs d'exploitation ou d'entreprise agricole, aides familiales ou associées d'exploitation ou membres non salariés de sociétés) exerçant une activité salariée. Si, au titre de cette activité salariée, les femmes pluriactives remplissent les conditions d'ouverture de droits, elles perçoivent alors l'allocation au prorata de leur activité à temps partiel sur l'exploitation (C. rur. art. L 732-11). L'activité salariée ne doit pas dépasser 60 % de la durée légale du travail pendant les 12 mois précédant la date présumée de la grossesse (C. rur. art. R 732-18).

45245 **Conditions d'attribution** Pour bénéficier de l'allocation de remplacement, l'intéressée doit (C. rur. art. L 732-10 et R 732-17) :

– justifier, à la date présumée de l'accouchement ou à la date de l'adoption, de 6 mois au moins d'**affiliation** au régime Amexa. Lorsque l'assurée, affiliée depuis moins de 6 mois à l'Amexa, a relevé précédemment à titre personnel d'un ou plusieurs autres régimes, la période d'affiliation au régime antérieur est prise en compte sous réserve qu'il n'y ait pas eu d'interruption entre les deux affiliations (C. rur. art. R 732-17, 2° modifié par décret 2023-790 du 17-8-2023) ;

– **participer** de **manière constante**, à plein temps ou à temps partiel, aux travaux de l'exploitation ou de l'entreprise agricole au titre de laquelle elle est affiliée à l'Amexa (les travaux autres que ceux qui ont directement pour objet la mise en valeur de cette exploitation ou l'activité de cette entreprise et, notamment, ceux qui concernent la tenue du ménage familial, n'étant pas pris en considération) ;

– **cesser tout travail sur l'exploitation** ou dans l'entreprise pendant la période de versement de l'allocation et, en cas de maternité, pendant une période minimale d'au moins 8 semaines, dont 6 semaines de congé postnatal, et pour une durée maximale de 16 semaines, commençant 6 semaines avant la date présumée de l'accouchement et se terminant 10 semaines après celui-ci (durée maximale portée à 26 semaines pour la naissance d'un troisième enfant commençant 8 semaines avant la date présumée de l'accouchement et se terminant 18 semaines après la naissance à 34 semaines en cas de naissance de jumeaux commençant 12 semaines avant la date présumée de l'accouchement et se terminant 22 semaines après la naissance et à 46 semaines en cas de naissance de plus de deux enfants, commençant 24 semaines avant la date présumée de l'accouchement et se terminant 22 semaines après celui-ci) (C. rur. art. R 732-19) ;

– être **effectivement remplacée** dans les travaux effectués sur l'exploitation ou dans l'entreprise, par l'intermédiaire d'un service de remplacement ayant conclu avec la caisse de MSA de la circonscription une convention à cet effet. Si le recours à un tel service est impossible, le remplacement peut être assuré par un salarié spécialement recruté.

45250 **Durées d'attribution de l'allocation de remplacement** Les durées maximales d'attribution de l'allocation de remplacement correspondent aux périodes pendant lesquelles les salariées perçoivent leurs indemnités journalières de maternité (C. rur. art. L 732-12) : voir n° 39605.

Lorsque l'accouchement intervient avant la date prévue, la période de remplacement n'est pas pour autant réduite (C. rur. art. R 732-19). Lorsque l'accouchement intervient plus de 6 semaines avant la date initialement prévue et exige l'hospitalisation de l'enfant, la durée d'attribution de l'allocation est augmentée du nombre de jours courant de la date effective de l'accouchement à la date initiale de début du congé.

Lorsque l'assurée n'a pas demandé le bénéfice de l'allocation de remplacement pendant une partie de son repos prénatal, la durée de remplacement postérieure à l'accouchement peut être augmentée d'autant, dans la limite de trois semaines.

En cas de décès de la mère pendant son congé maternité, l'allocation de remplacement ou les indemnités journalières auxquelles elle avait droit peuvent être transférées, sous réserve qu'il cesse toute activité sur l'exploitation ou dans l'entreprise agricole, au père non salarié agricole (chef d'exploitation ou d'entreprise agricole, aide familial ou associé d'exploitation, collaborateur d'exploitation ou d'entreprise agricole ou membre non salarié de société). Dans le cas où le père de l'enfant ne demanderait pas à bénéficier de l'allocation ou des indemnités journalières, le transfert peut être opéré au profit du conjoint de la mère ou de la personne liée à elle par un Pacs ou vivant maritalement avec elle, sous réserve qu'il soit affilié lui aussi au régime des non-salariés agricoles (C. rur. art. L 732-12-2).

En cas de décès d'un enfant ou d'une personne à leur charge effective et permanente âgés de moins de 25 ans et dans un délai d'un an à compter de ce décès, les assurés mentionnés à l'article L 732-10 du Code rural et de la pêche maritime bénéficient de l'allocation de remplacement ou, à défaut, de l'indemnité journalière forfaitaire pour une durée de 15 jours, qui peut être fractionnée, sous réserve de cesser toute activité professionnelle (C. rur. art. L 732-12-3).

Durées d'attribution de l'allocation en cas d'adoption Les durées maximales d'attribution de l'allocation en cas d'adoption sont équivalentes aux périodes pendant lesquelles les salariées perçoivent leurs indemnités journalières de repos : voir n° 39615 (C. rur. art. L 732-10-1). La mère qui cesse son travail sur l'exploitation ou dans l'entreprise agricole pour s'occuper de l'enfant adopté bénéficie de l'allocation de remplacement pendant une durée maximale de 16 semaines. Cette durée est portée à 18 semaines s'il s'agit d'un troisième enfant ou plus. Elle est portée à 22 semaines en cas d'adoptions multiples (C. rur. art. L 732-10-1, R 732-17 et D 732-26-1 ; CSS art. L 331-7). 45255

> **Précisions** En cas d'adoption ou d'accueil d'un enfant, lorsque le remplacement ne peut pas être effectué, les assurés chefs d'exploitation, aides familiaux ou associés d'exploitation, collaborateurs d'exploitation peuvent bénéficier d'indemnités journalières forfaitaires attribuées sans condition de durée minimale d'interruption d'activité (C. rur. art. L 732-10-1, D 732-26-1 et D 732-26-2).

Montant de l'allocation L'allocation dépend des prix de journée moyens fixés dans le cadre des conventions annuelles signées entre chaque caisse de MSA et chacun des services de remplacement intervenant dans la circonscription de la caisse. 45260

Le principe du remboursement intégral du coût du remplacement comporte toutefois deux limites :

– en cas de recours à un service de remplacement conventionné, l'allocation ne peut dépasser les prix de journée fixés pour 12 mois par la convention annuelle signée par la caisse de MSA et le ou les groupements d'employeurs (C. rur. art. R 732-22) ;

– en cas d'embauche directe d'un salarié, le montant de l'allocation de remplacement ne peut excéder le salaire conventionnel correspondant à la qualification mentionnée dans le contrat de travail (C. rur. art. R 732-26).

> **Précisions** Le montant de l'indemnité journalière forfaitaire versée à défaut de remplacement est égal à 1/730e de la valeur annuelle du plafond de la sécurité sociale en vigueur à la date prévue du premier versement, arrondi à la première décimale supérieure, soit 63,52 € par jour au 1er janvier 2024 (C. rur. art. D 732-26-2).

Formalités L'allocation de remplacement doit être **demandée** à la caisse de MSA, au moyen d'un formulaire de demande homologué (C. rur. art. R 732-24). 45265

Sauf cas de force majeure, la demande doit être adressée à la caisse de MSA 30 jours au moins avant la date prévue pour l'interruption de l'activité.

À la réception de la demande, la caisse doit immédiatement la transmettre au service de remplacement. Celui-ci doit alors, dans les 15 jours qui suivent la réception de la demande, indiquer à la caisse et à l'agricultrice s'il pourvoit ou non au remplacement. À défaut de réponse dans ce délai ou en cas de réponse négative, l'assurée a la possibilité d'embaucher directement un ou plusieurs remplaçants (C. rur. art. R 732-25).

L'allocation est **versée** directement au service de remplacement qui effectue le remplacement. Elle est versée à l'intéressée qui a recruté elle-même son remplaçant. Le paiement intervient sur présentation du ou des contrats de travail et des fiches de paie du ou des remplaçants (C. rur. art. R 732-26).

> **Précisions** En l'absence de présentation du ou des contrats de travail avant le début d'interruption d'activité, la caisse de MSA verse à l'assurée les indemnités journalières prévues à l'article L 732-10 du Code rural et de la pêche maritime (C. rur. art. R 732-26).

PRESTATION DE CONGÉ DE PATERNITÉ OU D'ACCUEIL DE L'ENFANT

Les pères non salariés agricoles peuvent également demander une allocation de remplacement. 45275

Cette allocation est accordée à l'occasion de la **naissance** ou de l'**adoption** d'un enfant, sous réserve de se faire remplacer pour les travaux sur l'exploitation par du personnel salarié (C. rur. art. L 732-12-1 et L 732-10-1). Le cas échéant, la prestation peut être versée au conjoint ou concubin de la mère ou la personne liée à elle par un Pacs (C. rur. art. L 732-12-1).

En cas d'adoption, lorsque le remplacement ne peut pas être effectué, les assurés peuvent bénéficier d'indemnités journalières forfaitaires attribuées sans condition de durée minimale d'interruption d'activité (C. rur. art. L 732-10-1, D 732-26-1 et D 732-26-2).

> **Précisions a.** Lorsque l'état de santé de l'enfant nécessite son hospitalisation immédiatement après la naissance dans les conditions prévues à l'article L 1225-35 du Code du travail, l'allocation de remplacement est attribuée pendant la période d'hospitalisation, dans la limite de 30 jours (C. rur. art. L 732-12-1 et D 732-28-1).
> **b.** En cas de décès d'un enfant ou d'une personne à leur charge effective et permanente âgés de moins de 25 ans et dans un délai d'un an à compter de ce décès, les assurés mentionnés à l'article L 732-12-1 du Code rural et de la pêche maritime bénéficient de l'allocation de remplacement ou, à défaut, de l'indemnité journalière forfaitaire pour une durée de 15 jours, qui peut être fractionnée, sous réserve de cesser toute activité professionnelle (C. rur. art. L 732-12-3).
> **c.** Lorsque le remplacement ne peut pas être effectué, les assurés chefs d'exploitation ou d'entreprise agricole, membres non salariés de sociétés, aides familiaux ou associés d'exploitation et collaborateurs d'exploitation bénéficient d'indemnités journalières forfaitaires (C. rur. art. L 732-12-1).

45280 Les **bénéficiaires** de cette allocation sont (C. rur. art. L 732-12-1) les **chefs d'exploitation ou d'entreprise** agricole, les **aides familiaux ou associés d'exploitation**, les **collaborateurs d'exploitation ou d'entreprise agricole** (sous réserve qu'ils ne soient pas couverts à titre personnel par un régime obligatoire d'assurance maladie-maternité) et les **membres non salariés de sociétés** agricoles.

45285 Pour bénéficier de l'allocation de remplacement, les intéressés doivent remplir les **conditions** suivantes (C. rur. art. D 732-27 modifié par décret 2024-369 du 22-4-2024 ; Arrêté AFSS1311619A du 3-5-2013) :
– adresser à la caisse de MSA dont ils relèvent les **justificatifs** nécessaires, notamment l'acte de naissance de l'enfant ;
– **participer** de **manière constante**, à plein temps ou à temps partiel, aux travaux de l'exploitation ou de l'entreprise agricole au titre de laquelle ils sont affiliés à l'Amexa (les travaux autres que ceux qui ont directement pour objet la mise en valeur de cette exploitation ou l'activité de cette entreprise, notamment ceux concernant la tenue du ménage familial, n'étant pas pris en considération) ;
– justifier, à la date de la naissance de l'enfant ou à la date de l'adoption, de 6 mois au moins d'**affiliation** à l'Amexa. Lorsque l'assuré est affilié depuis moins de 6 mois à l'Amexa et a relevé précédemment à titre personnel d'un ou plusieurs autres régimes, la période d'affiliation au régime antérieur est prise en compte, sous réserve qu'il n'y ait pas eu d'interruption entre les deux affiliations ;
– **cesser tout travail** sur l'exploitation ou dans l'entreprise agricole pendant une durée minimale de 7 jours immédiatement à compter de la date d'accouchement initialement prévue ou dans un délai maximal de 15 jours à compter de la naissance de l'enfant. La durée maximale de versement de l'allocation est de 25 jours (32 jours en cas de naissances multiples). La durée de versement est fractionnable en 3 périodes d'au moins 5 jours chacune. Les périodes de cessation d'activité donnant lieu au versement de l'allocation sont prises dans les 6 mois suivant la naissance de l'enfant ;
– être **effectivement remplacés** dans les travaux effectués sur l'exploitation ou dans l'entreprise par l'intermédiaire d'un service de remplacement ayant conclu une convention avec la caisse de MSA de la circonscription. Si le recours à ce service n'est pas possible, le remplacement peut être assuré par un salarié recruté spécialement.
Pour les **pluriactifs** relevant à titre principal d'un **régime salarié** et percevant de ce régime des prestations en nature, l'activité salariée ne doit pas dépasser 60 % de la durée légale du travail pendant les 12 mois précédents. Son montant est alors proratisé (C. rur. art. D 732-28).

45290 Le **niveau** de l'allocation et les **formalités** requises pour la percevoir obéissent aux mêmes règles que celles exposées précédemment pour l'allocation de remplacement pour maternité versée aux mères non salariées agricoles : voir nos 45260 s.

4. ASSURANCE INVALIDITÉ

BÉNÉFICIAIRES

45320 Une pension d'invalidité peut être accordée (C. rur. art. L 732-8) :
• **en cas d'inaptitude totale** à l'exercice de la profession agricole :
– aux chefs d'exploitation ou d'entreprise agricole,
– aux aides familiaux et associés d'exploitation,
– aux membres non salariés de société agricole,

– aux collaborateurs d'exploitation ou d'entreprise agricole mentionnés à l'article L 321-5 du Code rural et de la pêche maritime qui perçoivent des prestations en nature au titre de l'Amexa ;
• **en cas d'inaptitude partielle au moins égale aux deux tiers** :
– aux chefs d'exploitation ou d'entreprise agricole,
– aux collaborateurs d'exploitation ou d'entreprise agricole mentionnés à l'article L 321-5 du Code rural et de la pêche maritime qui perçoivent des prestations en nature au titre de l'Amexa,
– aux époux coexploitants et associés exploitants d'une EARL.
Pour les décès survenant à compter du 1er janvier 2022, le conjoint survivant d'un assuré titulaire d'une pension d'invalidité, lorsqu'il est lui-même atteint d'une invalidité de nature à lui ouvrir droit à la prestation d'invalidité, bénéficie d'une pension de veuve ou de veuf (C. rur. art. L 732-8 modifié par loi 2021-1754 du 23-12-2021 art. 98).
Sur la **cotisation** due par les chefs d'exploitation ou d'entreprise pour la **couverture des prestations d'invalidité de leurs conjoints collaborateurs** d'exploitation ou d'entreprise agricole bénéficiant des prestations en nature de l'Amexa, voir n° 44120, f.

CONDITIONS D'OUVERTURE DES DROITS

Les conditions d'ouverture des droits sont les suivantes (C. rur. art. L 732-8 et R 732-3) : **45325**
– l'assuré doit être reconnu, par le service médical de la MSA, **totalement inapte** à l'exercice de la profession agricole par suite de maladie, d'accident ou d'usure prématurée de l'organisme ou présenter une **invalidité réduisant sa capacité** à l'exercice de la profession agricole d'au moins 66,66 % ;
– l'inaptitude doit avoir été constatée avant que le demandeur n'atteigne l'**âge** légal de la retraite alors même que la maladie aurait seulement aggravé un état antérieur d'incapacité de travail ;
– l'assuré doit être **assujetti à l'Amexa** depuis le début des 12 mois civils précédant celui au cours duquel est survenue l'interruption de travail suivie d'invalidité ou la constatation de l'état d'invalidité.

> **Précisions a.** L'état d'invalidité est **apprécié** par le médecin en tenant compte de l'état général, de l'âge, des facultés physiques et mentales, des aptitudes et de la formation professionnelle du demandeur, ainsi que de ses possibilités de reclassement :
> – soit après consolidation de la blessure à la suite d'un accident de la vie privée ;
> – soit à l'expiration de la période pendant laquelle l'assuré a bénéficié des indemnités journalières Amexa ;
> – soit après stabilisation de son état intervenue avant l'expiration de la durée d'indemnisation de 3 ans prévue en matière de perception des indemnités journalières Amexa (C. rur. art. D 732-2-4) ;
> – soit au moment de la constatation médicale de l'invalidité (C. rur. art. R 732-3).
> **b.** Lorsque l'inaptitude totale ou la réduction partielle de la capacité à l'exercice de la profession agricole **résulte pour partie** d'un **accident ou** d'une **maladie professionnelle**, l'intéressé peut néanmoins prétendre aux prestations d'invalidité. Il faut pour cela que cette inaptitude soit imputable pour moins de la moitié à l'accident ou à la maladie professionnelle (C. rur. art. L 732-8).

PRESTATIONS

Les pensions d'invalidité liquidées au bénéfice des **chefs d'exploitation** ou d'entreprise agricole et des **membres non salariés de société** sont calculées sur **la base du revenu professionnel moyen** ayant servi au calcul des cotisations du bénéficiaire au cours des 3 années civiles d'assurance dont la prise en considération est la plus avantageuse pour l'assuré parmi les 7 dernières années civiles dont le revenu a été déclaré précédant la date soit de l'interruption de travail suivie d'invalidité, soit de la constatation médicale de l'invalidité (C. rur. art. R 732-4 et R 732-4-1). **45330**
En cas d'inaptitude totale, la pension est égale à 50 % du revenu professionnel moyen sans pouvoir être inférieure à 1,95 fois le montant de l'allocation aux vieux travailleurs salariés (soit 639,74 € par mois au 1-1-2024) et supérieure à 25 % du montant annuel du plafond de la sécurité sociale (soit 966 € par mois au 1-1-2024) (C. rur. art. R 732-4-3).
En cas d'inaptitude partielle, la pension est égale à 30 % du revenu professionnel moyen sans pouvoir être inférieure à 110 % du montant de l'allocation aux vieux travailleurs salariés (soit 360,88 € par mois au 1-1-2024) et supérieure à 15 % du montant annuel du plafond de la sécurité sociale (soit 579,60 € par mois au 1-1-2024) (C. rur. art. R 732-4-2).
La pension d'invalidité attribuée aux **aides familiaux** et aux associés d'exploitation est égale :
– pour les aides familiaux et associés d'exploitation âgés d'au moins 18 ans, aux 2/3 de la pension d'invalidité déterminée pour les chefs d'exploitation ;
– pour les aides familiaux âgés de moins de 18 ans, au 1/3 de la pension d'invalidité déterminée pour les chefs d'exploitation.

Le montant de la pension d'invalidité des aides familiaux et des associés d'exploitation ne peut être inférieur aux minima prévus pour les chefs d'exploitation (soit, au 1-1-2024, 639,74 € par mois pour une inaptitude totale) (C. rur. art. R 732-4, R 732-4-2 et R 732-4-3).

Le montant de la pension d'invalidité attribuée aux **collaborateurs d'exploitation** ou d'entreprise agricole est fixé forfaitairement. En cas d'inaptitude partielle, il est égal au montant minimum annuel de la pension d'invalidité pour inaptitude partielle des chefs d'exploitation, soit 360,88 € par mois au 1er janvier 2024. En cas d'inaptitude totale, il est égal au montant minimum annuel de la pension d'invalidité pour inaptitude totale des chefs d'exploitation, soit 639,74 € par mois au 1er janvier 2024 (C. rur. art. R 732-4, R 732-4-2 et R 732-4-3).

Ces montants sont en principe revalorisés une fois par an au 1er avril, comme le montant des pensions d'invalidité des salariés agricoles (C. rur. art. R 732-4-5).

La pension d'invalidité pour inaptitude totale est majorée de 40 % lorsque l'intéressé doit recourir à l'assistance d'une tierce personne pour effectuer les actes ordinaires de la vie. Cette majoration ne peut cependant être inférieure au montant minimal de la majoration pour tierce personne accordée aux salariés avant le 1er mars 2013 par la législation sur les accidents du travail (C. rur. art. R 732-4-4) ; voir n° 40300.

En cas d'hospitalisation, la majoration pour aide d'une tierce personne est versée jusqu'au dernier jour du mois civil suivant celui au cours duquel l'assuré a été hospitalisé. Au-delà de cette période, son service est suspendu. Le versement reprend à la fin de l'hospitalisation (C. rur. art. R 732-4-4).

Peut s'ajouter à ces prestations une **allocation supplémentaire d'invalidité** versée sous conditions de ressources (n° 49360 ; CSS art. 815-24).

> **Précisions a.** Pour le calcul du revenu professionnel moyen, les déficits sont retenus pour un montant nul.
> **b.** Par dérogation (C. rur. art. R 732-4-1) :
> – lorsque l'assuré ne compte pas 7 années d'assurance, le revenu moyen est déterminé en prenant en compte les 3 années civiles d'assurance les plus avantageuses pour l'assuré parmi les années d'assurance accomplies depuis l'affiliation ;
> – lorsque l'assuré ne compte pas 3 années d'assurance, le revenu moyen est déterminé en prenant en compte les années d'assurance accomplies depuis l'affiliation ;
> – lorsque la durée d'affiliation de l'assuré ne permet pas de connaître un revenu professionnel déclaré moyen servant de base au calcul de la pension, il est attribué selon l'état d'invalidité de l'assuré le montant minimum annuel de la pension (C. rur. art. R 732-4, R 732-4-2 et R 732-4-3).
> **c.** Les montants des prestations d'invalidité servies au titre d'une inaptitude totale ou partielle dont la date d'effet est antérieure au 1er janvier 2020 ont été portés aux montants minimaux des pensions d'invalidité Amexa des chefs d'exploitation ou d'entreprise agricole applicables depuis cette date.

VERSEMENT

45331 La pension d'invalidité est due à compter du premier jour du mois civil suivant celui au cours duquel est apprécié l'état d'invalidité (C. rur. art. R 732-11).

Le **paiement** des pensions s'effectue mensuellement et à terme échu (C. rur. art. R 732-12).

La pension est **cessible et saisissable** dans les mêmes conditions et limites que les salaires (n° 59310). Toutefois, pour le paiement de frais d'hospitalisation, elle est saisissable dans la limite de 90 %, au profit des établissements hospitaliers, des centres de rééducation fonctionnelle ou professionnelle et des caisses de MSA (C. rur. art. R 732-12).

ÉVOLUTION DE LA PENSION

45335 La pension d'invalidité est toujours attribuée à titre **temporaire** et sous réserve que l'intéressé se soumette, sauf motif valable, aux mesures prescrites en vue de sa rééducation fonctionnelle ou professionnelle (C. rur. art. R 732-3, VII).

Sauf pendant les périodes de rééducation fonctionnelle ou professionnelle, la pension peut être suspendue, en tout ou partie, en fonction des revenus d'activité et de remplacement du bénéficiaire (C. rur. art. R 732-5). Le revenu de référence est fixé à 2 028 fois le Smic horaire en vigueur au 1er janvier de l'année considérée. Le titulaire de la pension déclare ses revenus d'activité et de remplacement versés au titre d'une activité exercée postérieurement à l'attribution de la pension. Cette déclaration intervient le 7e mois civil suivant celui de l'attribution de la pension d'invalidité, puis au 1er octobre de chaque année. Les revenus professionnels non salariés agricoles sont ceux figurant sur l'avis d'impôt sur les revenus de la dernière année civile, après déduction, pour la période considérée, des charges de main-d'œuvre nécessitées par l'état d'invalidité de l'assuré (C. rur. art. R 732-6).

Lorsque le montant cumulé de la pension d'invalidité et des revenus de l'assuré excède, au cours de l'année civile précédente, le seuil de 2 028 Smic, le montant de la pension d'invalidité servie au titre des 12 mois suivants est réduit à hauteur de 1/12e de 50 % du montant du dépassement constaté (C. rur. art. R 732-5).

Par dérogation, l'assuré qui a exercé une activité salariée ou assimilée au cours des 12 mois civils précédents déclare ses revenus d'activité et de remplacement tous les 3 mois. Lorsque le montant cumulé de la pension d'invalidité et des revenus d'activité et de remplacement de l'intéressé, excède, sur une période de référence courant du 13e au 2e mois civil précédant la date du contrôle, le seuil de 2 028 Smic, le montant de la pension d'invalidité servie au titre des 3 mois civils suivants est réduit à hauteur de 1/12e de 50 % du montant du dépassement constaté.

Toute modification de la situation de l'invalide intervenant avant le prochain contrôle annuel ou trimestriel donne lieu à une révision de sa situation qui prend effet dès la date de la modification (C. rur. art. R 732-5).

La pension d'invalidité est suspendue lorsque l'invalide bénéficie d'une retraite anticipée pour carrière longue, pour handicap, pour incapacité permanente ou pour inaptitude ou d'une retraite progressive (C. rur. art. R 732-3-2 modifié par décret 2023-435 du 3-6-2023). En revanche, depuis le 1er janvier 2022, lorsque le service d'une pension de retraite progressive est suspendu, le service de la pension d'invalidité Amexa est maintenue pendant toute la période de la suspension (C. rur. art. R 732-3-2 modifié par décret 2023-139 du 27-2-2023). Avant cette date, la pension d'invalidité Amexa était supprimée en cas de suppression ou de suspension du service d'une retraite progressive.

La pension peut également évoluer en fonction de l'**état d'invalidité de l'assuré** (n° 45340). La pension d'invalidité est ainsi supprimée :

– en cas d'amélioration de l'état du pensionné qui lui permet de reprendre, d'une manière permanente, dans une profession quelconque, un emploi lui assurant un revenu annuel au moins égal à 1 014 fois le Smic au 1er janvier de l'année du contrôle (C. rur. art. R 732-5) ;

– lorsque l'assuré refuse les mesures de rééducation fonctionnelle ou professionnelle prescrites (C. rur. art. R 732-3, VII) ou refuse de se soumettre aux mesures de contrôle (C. rur. art. R 732-9).

La pension d'invalidité est servie jusqu'à la fin du mois au cours duquel l'intéressé atteint l'âge de la retraite pour inaptitude. Elle est ensuite **remplacée** par la pension de vieillesse allouée en cas d'inaptitude au travail (C. rur. art. R 732-3, VIII modifié par décret 2023-435 du 3-6-2023).

Les assurés en activité doivent demander ce remplacement. À défaut, la pension d'invalidité continue d'être versée jusqu'à la date à laquelle l'assuré fait liquider sa retraite et au plus tard jusqu'à l'âge permettant la liquidation de la retraite à taux plein. La pension d'invalidité est alors cumulée avec des revenus d'activité professionnelle jusqu'à l'attribution de la retraite, au plus tard jusqu'à l'âge permettant la liquidation de la retraite à taux plein (C. rur. art. R 732-3-1 modifié par décret 2023-435 du 3-6-2023).

La part de la pension d'invalidité excédant les avantages de vieillesse auxquels l'assuré peut prétendre à cette date lui reste acquise.

Des contrôles peuvent cependant être exercés jusqu'à l'âge permettant la liquidation de la retraite au taux plein et la part de la pension excédant le montant de l'avantage vieillesse peut être supprimée ou suspendue dans les conditions et limites susvisées (C. rur. art. R 732-3, IX).

CONTRÔLE DES INVALIDES

La pension d'invalidité étant toujours attribuée à titre temporaire, des contrôles sont régulière- **45340**
ment exercés par la caisse de MSA, afin de vérifier si l'assuré continue de remplir les conditions requises. Ces contrôles, à la fois médicaux et administratifs, peuvent entraîner une réduction ou une suppression de la pension.

PRESTATIONS SUPPLÉMENTAIRES

Les titulaires de pensions d'invalidité, leurs conjoints et leurs enfants à charge bénéficient des **45345**
prestations en nature de l'Amexa pour la maladie et la maternité (remboursement de frais de soins) et, lorsqu'ils n'exercent pas d'activité professionnelle, pour les accidents qui leur surviennent (C. rur. art. L 732-8).

Les intéressés peuvent éventuellement prétendre à l'allocation supplémentaire d'invalidité (n° 49360).

Pour les décès survenant à compter du 1er janvier 2022, une **pension de veuve ou de veuf** peut **45346**
être versée au profit du conjoint survivant d'un assuré titulaire d'une pension d'invalidité, lorsqu'il est lui-même atteint d'une invalidité de nature à lui ouvrir droit à la prestation d'invalidité totale ou partielle (C. rur. art. L 732-8 modifié par loi 2021-1754 du 23-12-2021 art. 98).

Bénéficie de cette pension d'invalidité de veuve ou de veuf le conjoint survivant invalide qui n'a pas atteint l'âge de 55 ans à la date du décès du défunt titulaire de la pension d'invalidité totale ou partielle (C. rur. art. R 732-12-0-1 modifié par décret 2023-139 du 27-2-2023).

Le montant de la pension est égale à 54 % de la pension dont bénéficiait ou aurait pu bénéficier le défunt. Le montant est majoré de 10 % lorsque le bénéficiaire a eu au moins 3 enfants. Ouvrent droit également à cette majoration les enfants ayant été, pendant au moins 9 ans avant leur 16e anniversaire, élevés par le titulaire de la pension d'invalidité de veuve ou de veuf et à sa charge ou à celle de son conjoint décédé (C. rur. art. R 732-12-0-2 modifié par décret 2023-139 du 27-2-2023).

La pension est supprimée en cas de remariage. Elle peut être rétablie en cas de divorce ou de nouveau veuvage si le survivant n'a pas atteint l'âge de 55 ans.

La pension d'invalidité de veuve ou de veuf se cumule avec une rente pour accident du travail ou maladie professionnelle Atexa ou avec une pension d'invalidité de droit propre, dans la limite d'un seuil annuel de 2 028 fois le Smic en vigueur à la date du contrôle. En cas de dépassement de ce seuil, la pension d'invalidité de veuve ou de veuf est réduite à due concurrence.

Pour bénéficier de ce droit, le conjoint survivant doit déposer une demande auprès de la caisse MSA dont il relève au moyen d'un formulaire homologué (C. rur. art. R 732-12-0-1 modifié par décret 2023-139 du 27-2-2023). L'entrée en jouissance de la pension est fixée (C. rur. art. R 732-12-0-4 modifié par décret 2023-139 du 27-2-2023) :

– soit au 1er jour du mois qui suit le décès du défunt titulaire de la pension d'invalidité principale si la demande est présentée dans le délai d'un an à compter du décès du défunt ;

– soit au 1er jour du mois suivant la date de réception de la demande si celle-ci est adressée au-delà du délai d'un an suivant le décès ;

– soit à la date à compter de laquelle la veuve ou le veuf est reconnu invalide si cette reconnaissance d'invalidité intervient après le décès du titulaire de la pension principale, quelle que soit la date du dépôt de la demande du conjoint survivant.

La pension est servie jusqu'à la fin du mois au cours duquel le conjoint survivant atteint son 55e anniversaire.

FORMALITÉS ET RECOURS

45350 La caisse de MSA est tenue de faire connaître à l'assuré, par tout moyen permettant de prouver qu'elle a accompli cette formalité, la date à laquelle il ne peut plus prétendre au bénéfice des indemnités journalières maladie en raison de la stabilisation de son état, la caisse intervenant aussitôt qu'elle se trouve à même d'apprécier cet état (C. rur. art. R 732-3, IV).

La caisse lui fait connaître, dans les mêmes conditions, sa décision de procéder à la liquidation d'une pension d'invalidité, si elle estime qu'il présente une invalidité réduisant au moins des deux tiers sa capacité de gain.

À défaut d'initiative de la caisse, l'assuré peut demander une pension d'invalidité par le biais d'un formulaire homologué. La demande doit être adressée aux services de la caisse dans le délai de 12 mois qui suit, selon le cas :

– soit la date de consolidation de la blessure ;

– soit la date de constatation médicale de l'état d'invalidité ;

– soit la date de stabilisation de l'état de l'assuré telle qu'elle résulte de la notification qui lui en est faite par la caisse ;

– soit la date de l'expiration de la période légale d'attribution des indemnités journalières ou la date à laquelle la caisse a cessé d'accorder ces prestations.

La caisse est tenue d'informer l'assuré du délai qui lui est imparti pour présenter lui-même sa demande. À défaut de cette information, ce délai n'est pas opposable à l'assuré (C. rur. art. R 732-3, V). La caisse de MSA statue sur le droit à pension d'invalidité après avis du contrôle médical, dans un délai de 2 mois à compter soit de la date à laquelle elle a adressé à l'assuré la notification de son intention de lui accorder une pension d'invalidité, soit de la date à laquelle la demande lui a été adressée par l'assuré (C. rur. art. R 732-8).

En cas de **rejet** de sa demande de pension (ou de suppression de sa pension), l'intéressé conserve la faculté de formuler une nouvelle demande dans le délai de 12 mois à compter de la réception de la notification de la décision prise par la caisse de MSA. L'état d'invalidité est alors apprécié à la date de la nouvelle demande (C. rur. art. R 732-11).

5. CAPITAL DÉCÈS

CONDITIONS D'OUVERTURE DU DROIT AU CAPITAL DÉCÈS

Un capital décès est créé pour les ayants droit des non-salariés agricoles décédés en activité des suites d'une maladie ou d'un accident de la vie privée (C. rur. art. L 732-9-1 et D 732-12-1 à D 732-12-4). **45360**

Sont visés les ayants droit des chefs d'exploitation ou d'entreprise agricole, des aides familiaux et associés d'exploitation, des membres non salariés de sociétés agricoles ainsi que les collaborateurs d'exploitation ou d'entreprise agricole dont l'Amexa assure la prise en charge des frais de santé. Le capital décès est versé en cas de décès des assurés mentionnés ci-dessus ayant une durée minimale d'affiliation d'un an dans le régime Amexa des non salariés agricoles (C. rur. art. D 732-2-1).

Lorsque la caisse de MSA assurant la prise en charge des frais de santé est informée du décès de l'assuré, elle adresse, dans un délai de 2 mois suivant le mois au cours duquel est survenu le décès et par tout moyen conférant date certaine, aux ayants droit connus, les informations relatives aux conditions d'attribution du capital décès. Ces ayants droit disposent alors de 2 ans pour faire connaître à la caisse leur situation de bénéficiaire et communiquer, le cas échéant, toute information complémentaire sur toute autre personne ayant des liens avec l'assuré non salarié agricole défunt, qu'elle soit ou non, au jour du décès, à sa charge effective, totale et permanente (C. rur. art. D 732-12-4).

CONDITIONS DE VERSEMENT ET MONTANT

Le versement du capital est effectué par priorité aux personnes qui étaient, au jour du décès, à la charge effective, totale et permanente de l'assuré. **45370**

Si aucune priorité n'est invoquée dans le délai de 2 ans, le capital est attribué au conjoint survivant non séparé de droit ou de fait, au partenaire auquel le défunt était lié par un Pacs ou, à défaut, aux descendants. Dans le cas où le défunt ne laisse ni conjoint survivant, ni partenaire de Pacs, ni descendants, le capital est attribué aux ascendants (C. rur. art. L 732-9-1).

Le capital décès est égal à un montant forfaitaire déterminé par décret (3 910 € au 1-4-2024).

Le capital est incessible et insaisissable (sauf pour le paiement de dettes alimentaires ou le recouvrement du capital indûment versé à la suite d'une manœuvre frauduleuse ou d'une fausse déclaration).

D. Assurance complémentaire

Les assurés obligatoires du régime Amexa peuvent contracter librement toutes autres assurances complémentaires. **45400**

E. Coordination interrégimes

ACTIVITÉS SIMULTANÉES

En **principe**, les personnes qui exercent simultanément plusieurs activités salariées ou non salariées dont l'une relève de l'Amexa sont affiliées et cotisent simultanément aux divers régimes dont relèvent ces activités (C. rur. art. L 722-12), mais ne s'ouvrent de droit aux prestations que dans le régime correspondant à l'activité la plus ancienne (C. rur. art. L 732-9). **45500**

Ce principe subit toutefois plusieurs **dérogations** :

– les personnes exerçant simultanément une activité indépendante agricole et une activité indépendante non agricole sont affiliées et cotisent sur l'ensemble de leurs revenus au seul régime dont relève leur activité la plus ancienne (CSS art. L 171-3) (sauf pour les personnes cumulant une activité non salariée agricole à titre principal et une activité parallèle relevant du régime « micro-social », voir n° 43550) ;

– les pluriactifs exerçant simultanément une activité non salariée agricole à titre principal et une activité salariée à titre secondaire et dont l'activité salariée répond aux conditions de durée du travail ou de versement de cotisations requises pour l'ouverture du droit aux prestations en espèces des assurances maladie et maternité, peuvent percevoir, outre les prestations de l'Amexa, les prestations en espèces du régime d'assurance maladie dont ils relèvent au titre de leur activité salariée. L'intéressé peut ainsi cumuler des indemnités journalières au titre de l'Amexa et des indemnités journalières maladie au titre de son activité salariée en cas d'arrêt de travail consécutif à une maladie ou un accident de la vie privée. Les prestations en nature (remboursement de frais) sont servies par l'Amexa (C. rur. art. L 732-9) ;

– un non-salarié agricole pluriactif qui exerce simultanément une activité salariée, victime d'un accident du travail ou d'une maladie professionnelle dans le cadre de son activité non salariée agricole, perçoit l'indemnité journalière maladie du régime salarié en sus de l'indemnité journalière versée par le régime d'assurance contre les accidents du travail et les maladies professionnelles des non-salariés agricoles Atexa (CSS art. L 172-1-1) ;
– depuis le 1er janvier 2023, à l'inverse, un salarié pluriactif qui exerce simultanément une activité non salariée agricole, victime d'un accident du travail ou d'une maladie professionnelle dans le cadre de son activité salariée, perçoit l'indemnité journalière maladie Amexa du régime non salarié agricole en sus de l'indemnité journalière versée par le régime salarié d'assurance contre les accidents du travail et les maladies professionnelles (CSS art. L 172-1-2 créé par loi 2022-1616 du 23-12-2022 art. 94) ;
– les pluriactifs exerçant une activité salariée à titre principal et une activité non salariée agricole à titre secondaire (chef d'exploitation ou d'entreprise, aide familial ou membre non salarié de société agricole) peuvent percevoir, outre les prestations du régime de leur activité salariée, l'allocation de remplacement maternité et adoption sous certaines conditions et limites. L'allocation est alors versée au prorata de leur activité à temps partiel sur l'exploitation (C. rur. art. L 732-11).
Pour plus de détails, voir nos 88190 s.

ACTIVITÉS SUCCESSIVES

45510 L'assuré assujetti au régime de l'Amexa en tant qu'exploitant qui change d'activité professionnelle et relève, du fait de sa **nouvelle activité**, d'un **régime salarié** agricole ou non agricole reçoit les prestations du régime salarié auquel il est affilié.

II. ASSURANCE VIEILLESSE

PRINCIPES GÉNÉRAUX

46000 La retraite des non-salariés agricoles s'appuie sur trois piliers : un régime de base, un régime complémentaire obligatoire (RCO) et un régime supplémentaire volontaire. Cette structure similaire à celle du régime général est très récente. Avant 1990 (année de la création du régime de retraite complémentaire facultatif par capitalisation Coréva, disparu depuis), seul le régime de base, dont le fonctionnement diffère de tous les autres régimes de retraite, permettait aux exploitants d'acquérir des droits à retraite. Avant 2003, aucun régime de retraite complémentaire obligatoire n'existait. Initialement réservée aux chefs d'exploitation ou d'entreprise agricole, la retraite complémentaire concerne les collaborateurs et les aides familiaux seulement depuis 2011.
Le **régime de retraite de base** (nos 46010 s.) des non-salariés agricoles est singulier. Il réunit en son sein deux « sous-régimes » : la retraite forfaitaire et la retraite proportionnelle. En 1955, lors de leur création, ces deux « sous-régimes » étaient en réalité deux véritables régimes : l'un de base, l'autre complémentaire obligatoire. Leur réunification en 1980 a permis de donner plus de consistance à la retraite de base mais n'a pas ôté à ces régimes leurs caractéristiques propres.
La retraite forfaitaire reste une pension forfaitaire servie sans lien avec le niveau de contribution. Seule la durée de carrière permet d'opérer son calcul.
La retraite proportionnelle a conservé les traits d'une retraite complémentaire obligatoire. Elle fonctionne par points, acquis en fonction du revenu professionnel de l'intéressé.
La somme de ces deux pensions constitue la retraite de base non salariée agricole.
L'originalité du régime de base ne s'arrête pas là :
– le mode d'acquisition du nombre de points de retraite proportionnelle n'est pas strictement proportionnel à la cotisation et est source de solidarité interne entre les agriculteurs, ce qui diffère profondément du régime général ;
– le calcul de la pension s'opère sur l'intégralité de la carrière (et non sur les seules 25 meilleures années de revenu comme pour les salariés et les indépendants) ;
– les minima de retraite sont également propres au régime agricole puisqu'ils ne sont ouverts qu'à ceux qui remplissent les conditions d'accès, en particulier en termes de durée d'activité et de niveau de « pension ». Ce sont les mesures dites de revalorisation.
Une **réforme** permettant le calcul de la retraite de base des non-salariés agricoles en fonction de leurs **25 années d'assurance** les plus avantageuses doit être mise en œuvre au plus tard le 1er janvier 2026 (Loi 2023-87 du 13-2-2023). L'harmonisation du calcul avec celui des autres principaux régimes de retraite de base devrait figurer dans le projet de loi de financement de la sécurité sociale pour 2025 (notamment Rép. Brulebois : AN 4-6-2024 n° 15728).

Le mode de fonctionnement de la **retraite complémentaire obligatoire** (nos 47400 s.) se rapproche des régimes des autres branches d'activité. La RCO est cependant largement mise à contribution pour assurer la revalorisation des pensions, ce qui, là encore, diffère profondément des pratiques du régime général. Le traitement du passé et l'octroi de points gratuits a ainsi permis une revalorisation originale et importante des pensions des anciens chefs d'exploitation et, depuis le 1er février 2014, des membres de la famille.
Quant au troisième pilier du dispositif de retraite, la **retraite supplémentaire volontaire** (nos 47455 s.), il est certainement celui qui se rapproche le plus des régimes existant pour les autres professions. Initialement, la MSA avait le monopole de sa gestion (ex-régime Coréva). Depuis 1997, à la suite d'un arrêt du Conseil d'État (CE 8-11-1996, FFSA c/ CCMSA), les assureurs et organismes mutualistes sont autorisés à proposer une retraite supplémentaire sous forme de contrats d'assurance de groupe.

TEXTES DE RÉFÉRENCE, GESTION DES RÉGIMES

Les **règles essentielles** régissant l'organisation et le fonctionnement du régime d'assurance vieillesse des travailleurs non salariés agricoles font l'objet : **46005**
- des articles L 732-18 à L 732-55 du Code rural et de la pêche maritime et des articles D 732-38 à D 732-150 dudit Code (régime de base) ;
- des articles L 732-56 à L 732-63 et D 732-151 à D 732-166-6 du même Code (régime complémentaire obligatoire).

Les règles applicables aux **départements d'outre-mer** font l'objet des articles L 781-29 à L 781-36, D 781-54 à D 781-80 du Code rural et de la pêche maritime (régime de base) et des articles L 781-37 à L 781-41, D 781-81 à D 781-102-2 du même Code (régime complémentaire obligatoire).
La **gestion** de ces régimes est assumée par les caisses de MSA qui sont chargées, localement, d'assurer l'immatriculation des personnes, l'appel et le recouvrement des cotisations, la détermination des droits des assurés ainsi que le versement des prestations. Dans les DOM, ces tâches sont assurées par la section « assurance vieillesse agricole » des caisses générales de sécurité sociale (CGSS).
La **coordination** de l'action des caisses susvisées est effectuée sur le plan national par la caisse centrale de la MSA.

A. Régime de base

1. ASSUJETTISSEMENT, AFFILIATION ET IMMATRICULATION

a. Assujettissement

Sont assujetties au régime d'assurance vieillesse des non-salariés agricoles les **personnes non salariées** occupées dans les exploitations ou entreprises agricoles d'une importance minimale (C. rur. art. L 722-15). **46010**
Les **exploitations et entreprises agricoles** sont celles qui exercent une activité agricole, c'est-à-dire, sommairement, les exploitations et entreprises suivantes : exploitations de culture et d'élevage de quelque nature qu'elles soient ; exploitations de dressage, d'entraînement et haras ; établissements de toute nature dirigés par l'exploitant agricole en vue de la transformation, du conditionnement et de la commercialisation des produits agricoles lorsque ces activités constituent le prolongement de l'acte de production ; structures d'accueil touristique situées sur l'exploitation ou dans les locaux de celle-ci, notamment d'hébergement et de restauration ; entreprises de travaux agricoles et de travaux forestiers ; établissements de conchyliculture et de pisciculture et assimilés ; sociétés ou caisses locales d'assurances mutuelles agricoles (pour leurs mandataires non-salariés) (C. rur. art. L 722-1).
La condition d'**importance minimale de l'exploitation** est celle définie nos 43005 s.

CHEF D'EXPLOITATION OU D'ENTREPRISE

Sont assujettis au régime d'assurance vieillesse des non-salariés agricoles les chefs d'exploitation ou d'entreprise. Sont considérés comme tels : **46015**
- en cas de **faire-valoir direct** : le propriétaire du bien ;
- en cas de **fermage** : le fermier ;
- en cas de **bail à métayage** : le bailleur à métayage, s'il n'exerce pas, à titre principal, une activité professionnelle entraînant son assujettissement à un autre régime d'assurance vieillesse de non-salariés, et le preneur, s'il n'est pas assujetti au régime des salariés agricoles (C. rur. art. L 732-22) ;

– en cas de **Gaec** : les associés ayant fait des apports en numéraire ou en nature et titulaires de parts en capital, dans les conditions exposées n° 43105 ;
– en cas d'**exploitation collective de droit (hors Gaec) ou de fait** : les membres non salariés de l'exploitation qui participent effectivement aux travaux.

> **Précisions a.** Dans les développements qui suivent, le **terme de « chef d'exploitation »** recouvre de manière générique à la fois les chefs d'exploitation au sens strict et les chefs d'entreprise agricole, les associés de sociétés de fait ou de droit puisque les droits et obligations des uns et des autres sont identiques. Les particularités relatives à la situation des chefs d'entreprise seront apportées chaque fois que nécessaire.
> **b.** Sont **exclus du régime** d'assurance vieillesse agricole (C. rur. art. L 722-4) :
> – les artisans ruraux (qui relèvent du régime d'assurance vieillesse des indépendants). Depuis le 1er janvier 2014, les artisans ruraux n'employant pas plus de deux salariés de façon permanente ne sont plus rattachés à la MSA en matière de prestations familiales et sont affiliés à la sécurité sociale pour les indépendants, pour l'ensemble de leur protection sociale personnelle ;
> – les exploitants forestiers négociants en bois achetant des coupes en vue de la revente du bois inscrits au registre du commerce et des sociétés ou payant une contribution économique territoriale en tant que commerçants (qui relèvent du régime d'assurance vieillesse des indépendants) ;
> – les conchyliculteurs et pisciculteurs qui relèvent du régime social des marins (C. rur. art. L 722-1, 4°).

CONJOINT DU CHEF D'EXPLOITATION

46020 Le conjoint du chef d'exploitation ou d'entreprise agricole qui exerce une activité professionnelle régulière sur l'exploitation ou au sein de l'entreprise doit opter pour l'un des **trois statuts** suivants :
– collaborateur du chef d'exploitation ou d'entreprise agricole ;
– salarié ;
– chef d'exploitation ou d'entreprise agricole.
À défaut de déclaration d'activité professionnelle ou du statut choisi, le statut par défaut est celui de salarié de l'exploitation ou de l'entreprise agricole.
La personne qui devient collaborateur du chef d'exploitation ou d'entreprise agricole ne peut pas conserver cette qualité plus de 5 ans (C. rur. L 321-5). Cette règle s'applique depuis le 1er janvier 2022 y compris aux personnes ayant la qualité de collaborateur à cette date.
L'option pour le statut de **collaborateur** d'exploitation est ouverte au conjoint marié, au partenaire lié par un pacte civil de solidarité (Pacs) ou au concubin du chef d'exploitation (C. rur. L 321-5).
Le collaborateur d'exploitation doit participer effectivement et habituellement, à temps plein ou dans certaines conditions à temps partiel, à l'activité non salariée agricole de son conjoint sans être rémunéré.
Le statut de collaborateur donne droit à une retraite forfaitaire et à 16 points de retraite proportionnelle par an ainsi, depuis 2011, qu'à une retraite complémentaire obligatoire (RCO) (C. rur. art. L 732-35).
Le conjoint qui souhaite prendre le statut de collaborateur d'exploitation ou d'entreprise agricole notifie son choix à la caisse de MSA dont relève le chef d'exploitation par la transmission d'une attestation sur l'honneur (C. rur. art. D 321-1 et D 321-1-1). Le format de l'attestation et les mentions qu'elle contient sont déterminés par arrêté (Arrêté ECOI2206227A du 8-4-2022).

> **Précisions a.** Il a été mis fin progressivement au statut de conjoint participant aux travaux qui prévalait avant 1999 (Loi d'orientation agricole 99-574 du 9-7-1999 ; Loi 2008-1330 art. 77, III). Le conjoint participant aux travaux était affilié à l'assurance vieillesse des non-salariés agricoles, dès lors qu'il n'était pas affilié à un autre régime légal ou réglementaire de retraite en raison de l'exercice d'une activité professionnelle personnelle et n'était pas atteint d'une incapacité absolue de travail.
> **b.** Le conjoint collaborateur d'exploitation ne peut pas être simultanément coexploitant d'une exploitation individuelle ou associé de l'entreprise agricole constituée sous forme d'une société (C. rur. art. L 321-5).

AIDES FAMILIAUX

46030 Il s'agit des membres de la famille du chef d'exploitation individuelle ou du Gaec autres que le conjoint (ascendants, descendants, frères, sœurs et alliés au même degré du chef d'exploitation ou de son conjoint), âgés d'au moins 16 ans, qui vivent sur l'exploitation et participent à sa mise en valeur comme non-salariés. Ces membres de la famille sont présumés, lorsqu'ils vivent sur l'exploitation, participer à sa mise en valeur, ce qui emporte leur assujettissement à l'assurance

vieillesse. Cette présomption tombe dès lors qu'ils sont affiliés à un autre régime légal ou réglementaire de retraite en raison de l'exercice d'une activité professionnelle personnelle, qu'ils sont atteints d'une incapacité absolue de travail ou qu'ils sont bénéficiaires de l'aide sociale (C. rur. art. L 732-34).
Les personnes devenues « aides familiaux » ne peuvent se maintenir dans ce statut plus de 5 ans (C. rur. art. L 722-10). Cette période de 5 ans s'apprécie de date à date.
Un aide familial peut exercer en parallèle une activité salariée sous réserve de participer aux travaux de l'exploitation.
Si les personnes exerçant simultanément une activité indépendante agricole et une activité indépendante non agricole sont affiliées et cotisent sur l'ensemble de leurs revenus au seul régime dont relève leur activité la plus ancienne (CSS art. L 171-3), l'aide familial qui exerce par ailleurs une activité non salariée non agricole sous le statut d'auto-entrepreneur est affilié et cotise simultanément aux deux régimes dont relèvent ces activités.

ACTIVITÉS MULTIPLES

Lorsqu'une personne exerce simultanément **plusieurs activités professionnelles non salariées**, dont l'une consiste en la mise en valeur d'une exploitation agricole, elle n'est affiliée au régime d'assurance vieillesse agricole et ne s'ouvre des droits dans ce régime que dans la mesure où sa **profession agricole** est exercée **à titre principal** (CSS art. L 171-3). **46040**

Lorsqu'une personne exerce simultanément une activité non salariée agricole et une **activité salariée**, en matière de vieillesse, il n'y a pas lieu de déterminer l'activité principale. La personne est obligatoirement affiliée auprès des régimes d'assurance vieillesse dont relève chacune des deux professions et le droit aux prestations vieillesse est ouvert dans chacun des régimes. Les avantages vieillesse sont cumulables (CSS art. L 171-2-1). **46045**
Toutefois, l'affiliation ne procure pas des droits à retraite complets dans le régime des non-salariés agricoles lorsque l'activité salariée est principale. Par ailleurs, le conjoint participant aux travaux et les aides familiaux du chef d'exploitation qui ont exercé une activité salariée principale ont pu, à certaines époques, ne pas être assujettis au régime (sur ces deux points, voir n° 46500).

b. Affiliation et immatriculation

Les personnes relevant du régime d'assurance vieillesse des non-salariés agricoles sont affiliées auprès de la **caisse de MSA** du département dans lequel est située l'exploitation ou l'entreprise agricole. **46100**
Les cotisations sont calculées en fonction de la situation de chaque assuré au 1er janvier de l'année considérée et sont dues pour l'année civile entière. Les cotisations sont dues pour toute l'année civile même si, en cours d'année, l'activité est interrompue ou a cessé (C. rur. art. L 731-10-1, al. 1 et 2).
Toutefois, en cas de **décès du chef d'exploitation** ou d'entreprise agricole, les cotisations dues au titre de l'année du décès sont automatiquement proratisées, sauf option expresse du conjoint survivant pour le paiement des seules cotisations vieillesse pour l'année entière (C. rur. art. L 731-10-1, al. 3).
Cette proratisation automatique en cas de décès emporte bien entendu des conséquences en matière de cotisations. Elle réduit ainsi le montant des cotisations du chef d'exploitation, du conjoint et des membres de la famille participant aux travaux l'année du décès. La proratisation a aussi des conséquences sur les droits personnels et de réversion du conjoint survivant ainsi que les droits personnels des membres de la famille participant aux travaux (Circ. CCMSA 2010-003 du 19-1-2010).
La proratisation des prestations vieillesse est opérée au trimestre en retraite forfaitaire et mensuellement s'agissant de la retraite proportionnelle et de la retraite complémentaire obligatoire.

2. CALCUL ET VERSEMENT DE LA RETRAITE

La pension de retraite de base personnelle des non-salariés agricoles se compose de deux éléments : **46500**
– la **retraite forfaitaire (RF)**, qui est la contrepartie de la cotisation AVI (nos 44305 s.) ;
– la **retraite proportionnelle (RP)**, qui est la contrepartie de la cotisation AVA (nos 44320 à 44350).
Le tableau ci-dessous résume la situation des intéressés à cet égard, selon leur statut, le caractère exclusif, principal ou secondaire de leur activité non salariée agricole et l'époque.
Les cotisations AVI (retraite forfaitaire) et AVA (retraite proportionnelle) sont annuelles et sont dues dès lors que les conditions d'assujettissement sont vérifiées au 1er janvier de chaque année d'exercice de l'activité.

Statut	Activités	Cotisations versées	Droits à retraite
Chef d'exploitation	NSA exclusif ou principal	AVI + AVA	RF + RP
	NSNA principal	Néant	Néant
	SAL principal	**• Avant 1981** AVI + AVA	RF + RP
		• Depuis 1981 AVA	RP
Conjoint participant aux travaux (**statut supprimé au 1-1-2009**)	NSA exclusif ou principal	AVI	RF
	NSA secondaire	Néant	Néant
Aide familial	**• Avant 1994** :		
	NSA exclusif ou principal	AVI	RF
	NSA secondaire	Néant	Néant
	• Depuis 1994 :		
	NSA exclusif ou principal	AVI et AVA	RF + RP (16 points)
	NSNA principal	Néant	Néant
	SAL principal	AVA	RP (16 points)
Collaborateur d'exploitation (statut créé au 1-1-1999)	NSA exclusif ou principal	AVI + AVA	RF + RP (16 points)
	NSNA principal	Néant	Néant
	SAL principal	AVA	RP (16 points)

NSA = non-salarié agricole. **SAL** = salarié.
NSNA = non-salarié non agricole.

46505 Le tableau ci-dessus appelle plusieurs observations.

Avant 2001, les **chefs d'exploitation** à titre secondaire, non-salariés non agricoles à titre principal, devaient verser une cotisation de solidarité, mais qui n'a pas généré de droits à retraite proportionnelle.

Le **conjoint participant aux travaux avant 1999**, bien que n'ayant pas été assujetti à l'AVA, peut bénéficier, en plus de sa retraite forfaitaire issue des cotisations AVI, d'une **retraite proportionnelle dans trois cas** :

– de 1992 à 2000, les couples de non-salariés agricoles ont pu, sous certaines conditions, opter pour un **partage par moitié des points de retraite proportionnelle** en principe attribués intégralement au chef d'exploitation. Ce dispositif, mis en place afin de pallier l'impossibilité dans laquelle se trouvait le conjoint d'acquérir un droit à la retraite proportionnelle, a logiquement été abrogé lors de la création du statut de collaborateur. Mais les effets du partage de points ont été maintenus pour les exercices concernés (C. rur. art. D 732-75) ;

– le conjoint a la faculté, sous certaines conditions, de **racheter des cotisations AVA** ouvrant droit à retraite proportionnelle pour la période antérieure à 1999 (n° 46575). Cette possibilité a perdu son intérêt avec la revalorisation très importante du coût de rachat des années de collaborateur pour les demandes déposées depuis le 11 février 2010 (C. rur. art. D 732-80 et D 732-81) ;

– pour mémoire, les conjoints pouvaient bénéficier, sous certaines conditions, d'une **attribution gratuite de points de retraite proportionnelle** au titre des revalorisations des plus faibles retraites. Cette disposition a été remplacée au 1er janvier 2009 par l'attribution d'un minimum de retraite agricole par année de cotisation en valeur et non plus en points (nos 46758 s.).

L'**assujettissement à un régime salarié durant l'année antérieure à celle de l'exercice de cotisations**, au moins pendant un trimestre valable pour l'ouverture du droit à pension, a conduit à exclure du régime le conjoint participant aux travaux. Le même principe s'est appliqué à l'aide familial pour les périodes antérieures à 1994. Dans le tableau présenté n° 46500, cette situation est appréciée en tant qu'activité non salariée agricole secondaire.

En cas d'**assujettissement prononcé à tort** et d'**acquittement des cotisations** correspondantes, les cotisations sont génératrices de droits, sauf demande de remboursement non prescrite (C. rur. art. L 725-7).

a. Conditions d'attribution

Pour bénéficier de leur retraite, les non-salariés agricoles doivent justifier de trois conditions : 46510
– remplir une condition d'âge (nos 46515 s.) ;
– justifier d'au moins une année d'activité non salariée agricole ayant donné lieu au versement de cotisations vieillesse pour la retraite forfaitaire et/ou pour la retraite proportionnelle, cette durée tenant compte de l'annualité des cotisations (nos 46555 s.) ;
– avoir cessé définitivement toute activité non salariée agricole, sauf exceptions encadrées : cumul emploi-retraite (nos 46590 s.).

CONDITION D'ÂGE

Pour tous les assurés nés à compter du 1er janvier 1968, l'**âge minimum** requis pour bénéficier de la retraite est de 64 ans (C. rur. art. L 732-18). La réforme des retraites de 2023 a prévu une phase de transition pour les assurés nés entre le 1er septembre 1961 et le 31 décembre 1967 (CSS art. L 161-17-2 modifié par loi 2023-270 du 14-4-2023 art. 10). Pour plus de précisions, voir le tableau ci-dessous. 46515

Assurés nés	ÂGE LÉGAL DE DÉPART	Date de départ (à compter du)	ÂGE DU TAUX PLEIN
Avant le 1er septembre 1961	62 ans		
Du 1er septembre au 31 décembre 1961	62 ans et 3 mois	1er décembre 2023	
En 1962	62 ans et 6 mois	1er juillet 2024	
En 1963	62 ans et 9 mois	1er octobre 2025	
En 1964	63 ans	1er janvier 2027	67 ans
En 1965	63 ans et 3 mois	1er avril 2028	
En 1966	63 ans et 6 mois	1er juillet 2029	
En 1967	63 ans et 9 mois	1er octobre 2030	
À compter du 1er janvier 1968	64 ans	1er janvier 2032	

Notons qu'il convient de bien **distinguer** cet **âge minimum** de celui auquel l'assuré peut prétendre à une **retraite à taux plein**. L'intéressé peut liquider sa retraite à compter de l'âge minimum légal de 64 ans. En revanche, s'il ne totalise pas un nombre suffisant de trimestres, sa retraite subit un abattement, abattement qui ne s'applique pas s'il attend l'âge du taux plein.
L'âge légal de la retraite peut être **abaissé**, sous certaines conditions, au profit :
– de personnes qui ont eu une longue carrière, débutée alors qu'elles étaient très jeunes (nos 46520 s.) ;
– de personnes handicapées, selon la durée de carrière accomplie en ayant été handicapées (n° 46535) ;
– de personnes souffrant d'une incapacité permanente de travail (n° 46550) ;
– de personnes reconnues inaptes au travail (n° 46551).

Départ anticipé pour les assurés ayant débuté leur carrière très jeunes 46520

L'âge de la retraite peut être abaissé à un âge inférieur à l'âge légal de départ pour les assurés qui ont commencé à travailler jeunes (C. rur. art. L 732-18-1 modifié par loi 2023-270 du 14-4-2023 art. 11 et D 732-40 modifié par décret 2023-436 du 3-6-2023 art. 3).
Peuvent bénéficier de ce dispositif les assurés :
– qui justifient d'une **durée d'assurance tous régimes confondus** (périodes cotisées et périodes réputées cotisées : voir n° 46525) au moins égale à la durée d'assurance requise pour bénéficier d'une retraite à taux plein ;
– qui ont **débuté leur carrière** avant 16, 18, 20 ou 21 ans (au moins 4 trimestres validés au 31 décembre de l'année de leur 16e, 18e, 20e ou de leur 21e anniversaire s'il s'agit d'une activité non salariée agricole, au moins 5 trimestres pour une activité salariée).
L'âge de la retraite varie selon la durée des périodes cotisées à la charge de l'assuré et l'âge de début d'activité, selon les indications du tableau ci-dessous en vigueur depuis le 1er septembre 2023. Il est de 58 ans pour les assurés qui ont débuté leur activité avant l'âge de 16 ans, 60 ans pour les assurés qui ont débuté leur activité avant l'âge de 18 ans, 62 ans pour les assurés qui ont débuté leur activité avant l'âge de 20 ans et 63 ans pour les assurés qui ont débuté leur activité avant l'âge de 21 ans (CSS art. D 351-1-1 modifié par décret 2023-436 du 3-6-2023 art. 3).

Les assurés nés en 1961, 1962 et 1963 qui remplissaient les conditions de durée d'assurance au 1er septembre 2023 bénéficient d'une clause de sauvegarde (Décret 2023-436 du 3-6-2023 art. 8). À leur demande, les assurés nés entre le 1er septembre 1961 et le 31 décembre 1963 peuvent bénéficier d'une retraite anticipée, à compter du 1er septembre 2023, dans les conditions d'ouverture de droit applicables avant cette date, sous réserve de réunir la durée d'assurance cotisée exigée avant le 1er septembre 2023.
Pour les assurés nés entre le 1er septembre 1961 et le 31 décembre 1969 dont le début d'activité se situe avant 20 ans, l'âge de départ anticipé est adapté, compte tenu de l'augmentation progressive de l'âge légal de départ à la retraite :
– pour les assurés nés du 1er septembre 1961 au 31 août 1963, l'âge d'ouverture du droit est fixé à 60 ans ;
– pour les assurés nés entre le 1er septembre 1963 et le 31 décembre 1968, l'âge d'ouverture du droit est fixé 2 ans et 6 mois avant leur âge légal de départ à la retraite ;
– pour les assurés nés en 1969, l'âge d'ouverture du droit est fixé à 61 ans et 9 mois (Décret 2023-436 du 3-6-2023 art. 3).

Date de naissance	Âge légal de la retraite	Âge minimum pour un départ anticipé	Durée d'assurance en début d'activité (trimestres)	Durée d'assurance requise pour un départ anticipé : durée pour le taux plein (trimestres)
Du 1er septembre au 31 décembre 1961	62 ans et 3 mois	61 ans	5 avant la fin de l'année civile des 20 ans* (4 NSA)**	169 ou 168 si durée acquise avant le 1er septembre 2023 (clause de sauvegarde)
1962	62 ans et 6 mois	60 ans	5 avant la fin de l'année des 20 ans* (4 NSA)**	169 ou 168 si durée acquise avant le 1er septembre 2023 (clause de sauvegarde)
Du 1er janvier au 31 août 1963	62 ans et 9 mois	60 ans	5 avant la fin de l'année des 20 ans* (4 NSA)**	170 ou 168 si durée acquise avant le 1er septembre 2023 (clause de sauvegarde)
De 1er septembre au 31 décembre 1963	62 ans et 9 mois	59 ans	5 avant la fin de l'année des 16 ans* (4 NSA)**	170 ou 168 si durée acquise avant le 1er septembre 2023 (clause de sauvegarde)
		60 ans	5 avant la fin de l'année des 18 ans* (4 NSA)** ou 5 avant la fin de l'année civile des 20 ans* (4 NSA) : clause de sauvegarde**	
		60 ans et 3 mois	5 avant la fin de l'année des 20 ans* (4 NSA)**	

Date de naissance	Âge légal de la retraite	Âge minimum pour un départ anticipé	Durée d'assurance en début d'activité (trimestres)	Durée d'assurance requise pour un départ anticipé : durée pour le taux plein (trimestres)
1964	63 ans	58 ans	5 avant la fin de l'année des 16 ans* (4 NSA)**	171
		60 ans	5 avant la fin de l'année des 18 ans* (4 NSA)**	
		60 ans et 6 mois	5 avant la fin de l'année des 20 ans* (4 NSA)**	
1965	63 ans et 3 mois	58 ans	5 avant la fin de l'année des 16 ans* (4 NSA)**	172
		60 ans	5 avant la fin de l'année des 18 ans* (4 NSA)**	
		60 ans et 9 mois	5 avant la fin de l'année des 20 ans* (4 NSA)**	
		63 ans	5 avant la fin de l'année des 21 ans* (4 NSA)**	
1966	63 ans et 6 mois	58 ans	5 avant la fin de l'année des 16 ans* (4 NSA)**	172
		60 ans	5 avant la fin de l'année des 18 ans* (4 NSA)**	
		61 ans	5 avant la fin de l'année des 20 ans* (4 NSA)**	
		63 ans	5 avant la fin de l'année des 21 ans* (4 NSA)**	
1967	63 ans et 9 mois	58 ans	5 avant la fin de l'année des 16 ans* (4 NSA)**	172
		60 ans	5 avant la fin de l'année des 18 ans* (4 NSA)**	
		61 ans et 3 mois	5 avant la fin de l'année des 20 ans* (4 NSA)**	
		63 ans	5 avant la fin de l'année des 21 ans* (4 NSA)**	

Date de naissance	Âge légal de la retraite	Âge minimum pour un départ anticipé	Durée d'assurance en début d'activité (trimestres)	Durée d'assurance requise pour un départ anticipé : durée pour le taux plein (trimestres)
1968	64 ans	58 ans	5 avant la fin de l'année des 16 ans* (4 NSA)**	172
		60 ans	5 avant la fin de l'année des 18 ans* (4 NSA)**	
		61 ans et 6 mois	5 avant la fin de l'année des 20 ans* (4 NSA)**	
		63 ans	5 avant la fin de l'année des 21 ans* (4 NSA)**	
1969	64 ans	58 ans	5 avant la fin de l'année des 16 ans* (4 NSA)**	172
		60 ans	5 avant la fin de l'année des 18 ans* (4 NSA)**	
		61 ans et 9 mois	5 avant la fin de l'année des 20 ans* (4 NSA)**	
		63 ans	5 avant la fin de l'année des 21 ans* (4 NSA)**	
À partir de 1970	64 ans	58 ans	5 avant la fin de l'année des 16 ans* (4 NSA)**	172
		60 ans	5 avant la fin de l'année des 18 ans* (4 NSA)**	
		62 ans	5 avant la fin de l'année des 20 ans* (4 NSA)**	
		63 ans	5 avant la fin de l'année des 21 ans* (4 NSA)**	

* 4 dans l'année civile en question pour les assurés nés au cours du dernier trimestre.

** Dans le régime des non-salariés agricoles, sont réputés avoir débuté leur activité avant 16, 18, 20 ou 21 ans les assurés qui justifient de 4 trimestres validés avant le 31 décembre de l'année de leur 16e, 18e, 20e ou 21e anniversaire. Au régime général, cette condition est de 5 trimestres pour les assurés nés au cours des trois premiers trimestres de l'année.

46525 Dans ce cas précis, pour l'appréciation de la durée d'assurance ayant donné lieu à cotisations à la charge de l'assuré, outre les périodes strictement cotisées, sont **réputées avoir donné lieu à cotisations** (C. rur. art. D 732-40 et CSS art. D 351-1-2 modifiés par décret 2023-436 du 3-6-2023 art. 3) :
– les périodes de service national, à raison d'un trimestre par période d'au moins 90 jours, consécutifs ou non, dans la limite de 4 trimestres. Lorsque cette période couvre deux années civiles, elle peut être affectée à l'une ou l'autre de ces années, la solution la plus favorable étant retenue ;
– les périodes d'incapacité temporaire (maladie ou accident du travail) dans la limite de quatre trimestres, de perception d'une pension d'invalidité dans la limite de deux trimestres, perception de l'allocation des travailleurs indépendants privés d'emploi (« chômage indemnisé ») dans la limite de quatre trimestres, les périodes d'affiliation à l'assurance vieillesse des parents au foyer AVPF et l'assurance vieillesse pour les aidants dans la limite de quatre trimestres (C. rur. art. D 732-40-1 créé par décret 2023-436 du 3-6-2023 art. 3) ;

– pour les salariés uniquement, l'ensemble des trimestres de maternité ainsi que les trimestres de majoration de durée d'assurance accordés au titre du compte professionnel de prévention.
La prise en compte de ces périodes **cotisées et réputées cotisées** ne peut avoir pour effet de retenir pour la retraite plus de 4 trimestres par année, le cas échéant, sous l'ensemble des régimes d'appartenance (CSS art. D 351-1-2 et D 173-21-2).

L'appréciation du **début d'activité** varie selon le régime dont relève l'activité. 46530
Dans le régime des **non-salariés agricoles**, sont considérés avoir débuté leur activité avant 16, 18, 20 ou 21 ans les assurés qui justifient de 4 trimestres validés avant le 31 décembre de l'année de leur 16e, 18e, 20e ou de leur 21e anniversaire. Toutefois, la période d'activité antérieure à la majorité légale – laquelle était de 21 ans avant le 1er janvier 1976 et de 18 ans ensuite – n'a pu donner lieu à assujettissement. Pour pouvoir être retenue pour un départ anticipé, l'activité devra donc préalablement avoir donné lieu à un rachat de 4 trimestres, appréciés à la fin de l'année où a été atteint le 16e, 18e, 20e ou le 21e anniversaire (C. rur. art. D 732-40 ; Circ. CCMSA 2014-011 du 31-3-2014).
Dès lors que l'**activité** a été **débutée selon ces critères d'âge dans un régime donné**, la condition est réputée remplie au regard de l'ensemble des régimes d'appartenance prévoyant un abaissement de l'âge de la retraite dans le cadre de cette mesure, notamment : régime général, régime des salariés agricoles et des non-salariés agricoles (CSS art. D 173-21-2).

Départ anticipé pour les assurés ayant exercé leur activité en étant handicapés L'âge de la retraite peut être abaissé à 55, 56, 57, 58 ou 59 ans pour les assurés handicapés justifiant d'une durée d'assurance cotisée minimale et d'un taux d'incapacité permanente d'au moins 50 % (C. rur. art. L 732-18-2 modifié par loi 2023-270 du 14-4-2023). Le dispositif est également ouvert aux personnes ayant eu la qualité de travailleur handicapé avant le 1er janvier 2016. Seules les périodes de reconnaissance de la qualité de travailleur handicapé (RQTH) antérieures au 1er janvier 2016 sont prises en compte. 46535
L'abaissement de l'âge dépend de la durée de carrière accomplie par la personne alors qu'elle était handicapée. La retraite est calculée à taux plein.
Les assurés peuvent par ailleurs, dans certaines conditions, bénéficier d'une majoration de leur pension de retraite anticipée (C. rur. art. L 732-18-2). Cette majoration est égale au tiers du nombre de trimestres cotisés avec handicap dans le régime divisé par le nombre total de trimestres validé dans le régime (C. rur. art. D 732-41).
Les modalités d'accès à ce départ anticipé à taux plein sont définies par l'article D 732-41 du Code rural et de la pêche maritime dont les dispositions sont calquées sur celles applicables aux salariés des articles D 351-1-5 et D 351-1-6 du Code de la sécurité sociale exposées n° 39875.

Départ anticipé pour incapacité permanente (ex-pénibilité) L'âge de la retraite peut être abaissé à 60 ans pour les assurés qui justifient d'une **incapacité permanente** d'au moins 20 % reconnue au titre d'une maladie professionnelle ou d'un accident du travail ayant entraîné des lésions identiques à celles indemnisées au titre d'une maladie professionnelle. Leur pension de vieillesse est calculée au taux plein même si l'assuré ne justifie pas de la durée requise d'assurance ou de périodes équivalentes dans le régime d'assurance vieillesse des non-salariés agricoles et un ou plusieurs autres régimes obligatoires. Pour les assurés qui justifient d'une **incapacité permanente** comprise entre 10 et 20 % reconnue au titre d'une maladie professionnelle ou d'un accident du travail, l'âge de départ à la retraite est porté progressivement à l'âge légal abaissé de 2 ans (contre 60 ans jusqu'en 2023) (C. rur. art. L 732-18-3 modifié par loi 2023-270 du 14-4-2023 art. 17 et D 732-41-2 s. ; CSS art. L 351-1-4 modifié par loi 2023-270 du 14-4-2023 art. 17 et D 351-1-9 s.). 46550
Cette mesure vise les non-salariés agricoles qui justifient d'un taux d'incapacité permanente d'au moins 20 % et, sous conditions, ceux justifiant d'un taux entre 10 et 20 %. Dans ce dernier cas, l'assuré doit avoir été exposé pendant 17 ans à un ou plusieurs facteurs de risques professionnels (C. trav. art. L 4161-1) résultant de contraintes physiques marquées, d'un environnement physique agressif ou de rythmes de travail susceptibles de laisser des traces durables, identifiables et irréversibles sur la santé. L'assuré doit enfin être en mesure d'établir que l'incapacité permanente dont il est atteint est directement liée à l'exposition à ces facteurs de risques professionnels. Une commission pluridisciplinaire dont l'avis s'impose à la caisse de MSA est chargée de valider les modes de preuve apportés par l'assuré et d'apprécier l'effectivité du lien entre l'incapacité permanente et l'exposition aux facteurs de risques professionnels (C. rur. art. L 732-18-3).
Le départ anticipé pour incapacité permanente ne concerne que le **régime Atexa** qui couvre les maladies professionnelles constatées et les accidents du travail survenus à compter du

1er avril 2002. Malgré la rédaction de l'article L 752-2 du Code rural et de la pêche maritime, les accidents de trajet sont exclus (Circ. CCMSA DR-2020-001 du 16-1-2020).
La dépense supplémentaire engendrée par ces départs anticipés est financée par les **cotisations forfaitaires** Atexa (C. rur. art. D 752-56).

> **Précisions** On distingue 3 **situations** :
> – l'assuré justifie d'un taux d'incapacité permanente au moins égal à 20 % reconnu au titre d'une maladie professionnelle : le droit à retraite anticipée est ouvert sans autre condition ;
> – l'assuré justifie d'un taux d'incapacité permanente au moins égal à 20 % reconnu au titre d'un accident du travail : l'identité des lésions avec celles indemnisées au titre d'une maladie professionnelle devra être vérifiée ;
> – l'assuré justifie d'un taux d'incapacité permanente au moins égal à 10 % mais inférieur à 20 % : sauf cas où l'incapacité permanente est reconnue au titre d'une maladie professionnelle consécutive à un ou des facteurs de risques liés à des contraintes physiques marquées (manutentions manuelles, postures pénibles, vibrations) ou à une exposition à des agents chimiques dangereux, y compris les poussières et les fumées (C. trav. art. L 4161-1), l'avis de la commission pluridisciplinaire constituée dans chaque caisse de MSA est requis pour vérifier les 17 ans d'exposition et le lien entre cette exposition et l'incapacité permanente (CSS art. D 351-1-11 s.).
> Si l'assuré a été victime d'un accident du travail, cette commission est saisie après vérification de l'identité des lésions avec celles indemnisées au titre d'une maladie professionnelle.

46551 **Départ anticipé pour inaptitude au travail** Depuis le 1er septembre 2023, l'âge de départ à la retraite peut être abaissé à 62 ans pour les assurés reconnus inaptes au travail et ceux justifiant d'une incapacité permanente au moins égale à 50 % (C. rur. art. L 732-18-4 créé par loi 2023-270 du 14-4-2023 art. 11 et D 732-41-5 ; CSS art. L 351-7).

DURÉE D'ASSURANCE MINIMALE

46555 **Périodes d'assurance** Pour avoir droit à une retraite personnelle non salariée agricole, il faut justifier d'au moins **une année d'assurance** au régime non salarié agricole.
Les périodes retenues sont validées :
– par annuités pour les périodes d'activité (sauf de rares exceptions où peuvent être pris en compte des trimestres : notamment en cas de proratisation des cotisations à la suite du décès du chef d'exploitation) ;
– de date à date pour certaines périodes assimilées à de l'activité et les périodes reconnues équivalentes (prises en compte pour la durée de la carrière et non le montant de la retraite) validées gratuitement, le nombre de trimestres correspondant étant arrondi au chiffre immédiatement supérieur (C. rur. art. R 732-43).
Cette validation s'effectue dans la limite de 4 trimestres par année.
Sont retenues les années ou périodes suivantes :
– années de versement des **cotisations obligatoires** pour la retraite forfaitaire (AVI) et/ou proportionnelle (AVA) au titre d'une activité non salariée agricole postérieure au 1er juillet 1952 ;
– périodes **validées gratuitement** pour la retraite forfaitaire et/ou proportionnelle (nos 46560 s.) ;
– années d'activité non salariée agricole ayant fait l'objet d'un **rachat** de cotisations pour la retraite forfaitaire et/ou proportionnelle (nos 46575 s.) ;
– périodes ayant donné lieu à **régularisation** de cotisations pour les membres de la famille pour la retraite forfaitaire et/ou proportionnelle (no 46575) ;
– années de cotisations à l'**assurance volontaire** vieillesse pour la retraite forfaitaire et/ou proportionnelle (no 46585).
Pour mémoire, sont également comptabilisées les périodes d'attribution de la préretraite aussi bien pour le chef d'exploitation que pour son conjoint qui participait aux travaux avant que le chef d'exploitation cesse son activité et qui cotisait pour la retraite forfaitaire (C. rur. art. D 732-88).

46560 **Périodes validées gratuitement** Certaines périodes sont validées gratuitement pour le droit à la retraite. Sauf exception (service militaire, mobilisation), la validation est subordonnée à l'assujettissement préalable à l'AVI lorsque la validation concerne la retraite forfaitaire et à l'AVA lorsqu'elle concerne la retraite proportionnelle.

46565 Sont notamment assimilées à des périodes d'assurance, sous réserve que l'intéressé ait eu la qualité d'assuré social dans le régime, les périodes :
– d'interruption d'activité résultant de maladie ou d'infirmité graves empêchant toute activité professionnelle (C. rur. art. L 732-21, D 732-52-1 et R 732-63) ;
– de détention provisoire qui ne s'imputent pas sur la durée de la peine (C. rur. art. L 732-21) ;

– de perception de l'indemnité de soins aux tuberculeux (CSS art. L 161-21) ;
– de perception de l'allocation des travailleurs indépendants privés d'emploi mentionnée à l'article L 5424-25 du Code du travail (C. rur. art. L 732-21) ;
– de service national légal, de mobilisation ou de captivité liée à la guerre. Ces périodes sont assimilées à des périodes d'assurance pour l'ouverture du droit à la retraite, sans qu'il soit nécessaire d'avoir eu, au préalable, la qualité d'assuré social dans le régime (C. rur. art. L 732-21). Cette validation est effectuée par le régime dont relève l'activité exercée en premier lieu après lesdites périodes (sous réserve des règles particulières applicables en cas de pluralité de régimes).

Pour l'ancien chef d'exploitation devenu préretraité et son conjoint qui participait aux travaux, sont assimilées à des périodes d'assurance les **périodes de perception de la préretraite** (C. rur. art. D 732-88), tant pour la retraite forfaitaire que pour la retraite proportionnelle. La préretraite a été supprimée par le décret 2008-1111 du 30 octobre 2008. **46566**
Cependant, pour le conjoint du préretraité, la validation de ces périodes n'est possible que s'il avait la qualité d'assuré social au régime non salarié agricole au 1er janvier de l'année au cours de laquelle la préretraite a pris effet. Par ailleurs, la validation en matière de retraite proportionnelle suppose son assujettissement à l'AVA lors de la cession, soit en qualité de collaborateur, soit en qualité de coexploitant. À l'exception des majorations de durée d'assurance pour enfants (n° 46570), l'application de ces dispositions ne peut avoir pour effet de porter à un chiffre supérieur à 4 le nombre de trimestres d'assurance validés par un conjoint de préretraité au titre d'une même année civile dans l'ensemble des régimes d'assurance vieillesse. Dans le cas où, pour un trimestre civil, l'assuré valide des droits à retraite dans un autre régime, il n'est ainsi pas validé de droits dans le régime non salarié agricole pour ce même trimestre civil (C. rur. art. D 732-88).

Pour la retraite forfaitaire et la retraite proportionnelle (voir n° 46745), des trimestres supplémentaires sont accordés : **46570**
– aux **mères de famille au titre de la maternité** ;
– aux **mères ou aux pères de famille**, ayant élevé un ou plusieurs enfants **au titre de l'éducation de l'enfant** (Circ. MSA 2010-014 du 24-3-2010, 2013-005 du 7-3-2013 et 2014-014 du 18-4-2014, additif du 22-1-2015).
Les majorations accordées sont limitées à un **maximum de 2 annuités par enfant** (C. rur. art. L 732-38, D 732-48 et D 732-74). Lorsque l'assuré a relevé du régime général, la majoration est accordée par ce régime. En l'absence d'affiliation au régime général, la majoration est accordée par le dernier régime d'affiliation et, en cas d'affiliations simultanées, par le régime susceptible de servir la retraite la plus élevée (CSS art. R 173-15).
Une **majoration de durée d'assurance forfaitaire de 4 trimestres est attribuée à la mère assurée sociale**, pour chacun de ses enfants, **à raison de l'incidence sur sa vie professionnelle de la maternité**, notamment de la grossesse et de l'accouchement.
Une seconde **majoration de 4 trimestres maximum est accordée au couple**, c'est-à-dire à la mère et/ou au père assurés sociaux, pour chaque enfant mineur, **au titre de l'éducation de l'enfant** pendant les 4 années suivant sa naissance ou son adoption. Les conditions d'application de cette seconde majoration sont différentes selon la date de naissance ou d'adoption de l'enfant :
– pour les **enfants nés ou adoptés avant le 1er janvier 2010**, elle est réservée à la mère, sauf dans le cas où le père a pu apporter la preuve, avant le 31 janvier 2013, qu'il a élevé seul l'enfant pendant tout ou partie des 4 ans suivant sa naissance ou son adoption. Dans ce cas, la majoration est attribuée au père à raison d'un trimestre par année. Toutefois, pour les enfants nés ou adoptés après le 1er juillet 2006, le délai mentionné ci-dessus avait été porté à 6 ans et six mois à compter de la naissance ou de l'adoption de l'enfant (C. rur. art. D 732-48) ;
– pour les **enfants nés ou adoptés depuis le 1er janvier 2010**, les parents désignent d'un commun accord le bénéficiaire de cette majoration en l'attribuant à l'un ou à l'autre ou en la partageant, leur décision devant intervenir dans les 6 mois suivant le quatrième anniversaire de l'enfant ou de son adoption. Cette décision est exprimée auprès de la caisse d'assurance vieillesse compétente. Avant la réforme des retraites de 2023, les parents pouvaient librement se répartir les trimestres accordés au titre de la majoration « éducation ». La réforme impose désormais un minimum de deux trimestres de majoration au bénéfice de la mère (CSS art. L 351-4 modifié par loi 2023-270 du 14-4-2023 art. 13). Ces mesures s'imposent aux choix communiqués aux caisses depuis le 16 avril 2023 (lendemain de la publication au JO). En cas de désaccord exprimé par l'un ou l'autre des parents dans le délai imparti, la majoration est attribuée à celui des parents qui a assumé à titre principal l'éducation de l'enfant pendant la période la plus longue ou, à défaut, partagée par moitié entre les deux parents. Si le couple n'exprime aucun choix et en l'absence de désaccord exprimé, la totalité des trimestres est attribuée à la mère.

Une **majoration de durée d'assurance spécifique de 4 trimestres maximum est attribuée à la mère ou au père**, pour chaque **enfant mineur adopté**, au titre de l'incidence sur la vie professionnelle des bénéficiaires de l'accueil de l'enfant et des démarches préalables à son adoption. Cette majoration de durée d'assurance « adoption » peut s'ajouter à la majoration attribuée au titre de l'éducation. En principe, pour les **enfants adoptés avant le 1er janvier 2010**, cette majoration « adoption » est accordée à la mère adoptante, assurée sociale, et se cumule avec la majoration « éducation » dans la limite de 8 trimestres par enfant. Par exception, le père adoptif, assuré social, qui prouve avoir élevé seul l'enfant, peut prétendre à la majoration « adoption » (C. rur. art. D 732-48 ; Circ. MSA 2013-005 du 7-3-2013). Comme en matière de majoration de durée d'assurance « éducation », les parents d'**enfants adoptés depuis le 1er janvier 2010** doivent désigner, dans les 6 mois suivant le quatrième anniversaire de l'adoption de l'enfant, le bénéficiaire de cette majoration en l'attribuant à l'un ou à l'autre ou en la partageant. La réforme des retraites de 2023 prévoit un minimum de deux trimestres de majoration au bénéfice de la mère (CSS art. L 351-4 modifié par loi 2023-270 du 14-4-2023 art. 14). Ces mesures s'imposent aux choix communiqués aux caisses depuis le 16 avril 2023 (lendemain de la publication au JO).

Le droit à ces majorations « éducation » et « adoption » est ouvert aux **couples de parents du même sexe** dans des conditions identiques à celles des autres parents (Loi 2013-404 du 17-5-2013).

Pour le calcul de la pension de retraite proportionnelle, chaque trimestre supplémentaire accordé au titre des majorations « maternité », « éducation » ou « adoption » ouvre droit à un nombre de points correspondant au quart de celui de la dernière année d'assurance du parent bénéficiaire des trimestres de majoration (C. rur art. D 732-48).

Les assurés élevant un **enfant ouvrant droit à l'allocation d'éducation de l'enfant handicapé** (AEEH) et à son complément ou à la prestation de compensation du handicap (PCH) peuvent également bénéficier d'une majoration de leur durée d'assurance. Un trimestre est attribué pour chaque période d'éducation de 30 mois dans la limite de 8 trimestres (CSS art. L 351-4-1).

L'assuré assumant au foyer familial la prise en charge permanente d'un adulte handicapé dont l'incapacité permanente est supérieure ou égale à 80 %, notamment son conjoint ou le descendant, l'ascendant de l'un des membres du couple, peut bénéficier de la même majoration de durée d'assurance (CSS art. L 351-4-2 et D 351-1-7).

46575 **Rachats et régularisations de cotisations** Les personnes suivantes peuvent opérer un rachat ou une régularisation de cotisations, qui ouvrent droit à retraite.

Les personnes ayant eu la qualité d'**aide familial** peuvent racheter les cotisations des années d'activité accomplies entre l'âge marquant la fin de l'obligation de scolarisation (14 ans pour les personnes nées jusqu'en 1952, puis 16 ans) et l'âge légal d'affiliation au régime non salarié agricole (21 ans jusqu'en 1975, 18 ans ensuite) (C. rur. art. L 732-35-1).

Les modalités de ce rachat sont fixées par les articles D 732-47-1 à D 732-47-10 du Code rural et de la pêche maritime. L'exploitation sur laquelle la personne déclare avoir exercé son activité d'aide familial doit avoir été assujettie à l'époque au régime non salarié agricole. L'intéressé doit avoir un lien de parenté avec le chef d'exploitation ou son conjoint. Il doit avoir exercé son activité sur l'exploitation, entre 14 et 21 ans, de manière habituelle et régulière, sans avoir été scolarisé durant cette activité. L'activité d'aide familial doit avoir été exclusive (C. rur. art. D 732-47-4).

Le rachat s'effectue par années civiles. Les **coûts de rachat** diffèrent selon que les années accomplies en qualité d'aide familial sont prises en compte pour l'ouverture du droit et le calcul des pensions de vieillesse au titre des seuls régimes salariés et non salariés agricoles ou au titre de l'ensemble des régimes de base légalement obligatoires. Dans le premier cas, le rachat est égal à 15 % du tarif applicable au rachat d'une année d'études supérieures ou d'une année incomplète. Dans le second cas, le coût de rachat est identique à celui d'une année d'études supérieures (C. rur. art. D 732-47-6 ; Circ. MSA 2009-032 du 29-7-2009 ; Lettre générale MSA 2013-015 du 14-1-2013). Chaque annuité rachetée permet de valider une année pour la retraite forfaitaire et 30 points de retraite proportionnelle (C. rur. art. D 732-47-9).

Les personnes ayant eu la qualité de **conjoint participant aux travaux** avant le 1er janvier 1999 peuvent racheter des points de retraite proportionnelle pour atteindre l'équivalent des collaborateurs d'exploitation en termes de retraite. Le conjoint participant aux travaux n'avait en effet pas accès à la retraite proportionnelle.

Cette possibilité a en particulier concerné les assurés qui ont opté pour le statut de collaborateur d'exploitation avant le 1er janvier 2001 et qui ont conservé durablement ce statut. Le nombre d'années rachetables est limité au nombre d'années d'activité accomplies après 1999, en qualité de non-salarié agricole, autre que conjoint participant aux travaux (C. rur. art. L 732-35 et D 732-78 s.).

Le **coût de rachat** (C. rur. art. D 732-80 et D 732-81) est fixé à 15 % du coût de rachat d'une année d'études supérieures ou d'une année incomplète. Le nombre de points de retraite proportionnelle acquis est de 15 par an.
Les personnes qui ont effectué des **études supérieures** ont la faculté de racheter ces périodes d'études, dans la limite de 12 trimestres (C. rur. art. L 732-27-1 et D 732-44 à D 732-47). Le **prix du trimestre racheté**, qui dépend du type de rachat choisi par l'assuré (portant sur le taux pour diminuer le niveau de la décote et éventuellement sur la durée d'assurance pour augmenter le niveau de la pension), de son revenu moyen des 3 dernières années et de son âge au moment du rachat est fixé par arrêté ministériel. Les demandes de rachat de périodes de formation initiale déposées au plus tard le 31 décembre de l'année du 40e anniversaire de l'assuré donnent droit à un abattement forfaitaire fixé par décret (C. rur. art. L 732-27-1, al. 2 modifié par loi 2023-270 du 14-4-2023 art. 10 ; CSS art. D 351-14-1 modifié par décret 2023-800 du 21-8-2023). Ce tarif réduit est limité à 4 trimestres, diminué, le cas échéant, des 2 trimestres validés au titre des stages en entreprise effectués dans le cadre d'études supérieures. Il n'est pas possible d'utiliser ce dispositif de rachat « études supérieures et années incomplètes » pour un départ anticipé.
Le barème utilisé pour les rachats d'années d'études supérieures et d'années incomplètes, les rachats d'années d'aide familial mineur et de collaborateur n'est pas mis à jour régulièrement (pour 2024, voir la lettre générale MSA 2013-015 du 14-1-2013 : seuls les montants des tranches de revenus exprimés par référence au plafond annuel de la sécurité sociale évoluent chaque année).
Les personnes ayant exercé une activité **non salariée agricole** ont la faculté de **régulariser** les cotisations non prescrites, y compris postérieurement à la liquidation de la retraite (C. rur. art. D 732-51).
Les personnes ayant exercé une activité de **conjoint** ou d'**aide familial** ont la faculté de **régulariser** les cotisations dont le paiement par le chef d'exploitation est prescrit (C. rur. art. D 732-52 ; Circ. CCMSA 2011-007 du 22-2-2011).

Les personnes ayant exercé une activité non salariée agricole dans un pays **étranger** peuvent **46580**
racheter les cotisations correspondantes (C. rur. art. L 732-52 et D 732-103).

Assurance volontaire vieillesse Les personnes qui ont exercé, en dernier lieu, une **46585**
activité non salariée agricole ont la faculté d'adhérer à l'assurance volontaire vieillesse (nos 47300 s.). Cette adhésion volontaire concerne le chef d'exploitation ainsi que son conjoint collaborateur et ses aides familiaux.
Le collaborateur peut adhérer directement à l'assurance volontaire vieillesse. Cette possibilité permet de pallier les situations (séparation, divorce, décès, etc.) où le collaborateur pourrait se voir privé de couverture vieillesse. La demande d'adhésion doit être formulée dans un délai de 6 mois après la radiation de l'assuré à titre obligatoire.
Ces anciens non-salariés agricoles ne doivent exercer aucune activité professionnelle susceptible de les assujettir à un régime de sécurité sociale. L'assuré volontaire ne doit en outre pas réunir la durée minimale d'assurance permettant de bénéficier d'une retraite à taux plein (C. rur. art. L 722-17 et D 722-28). L'assurance volontaire est ouverte dans des conditions spécifiques aux personnes exerçant une activité non salariée agricole hors de France (C. rur. art. L 722-18).

CESSATION D'ACTIVITÉ

Principe La loi du 6 janvier 1986 avait prévu que la retraite non salariée agricole ne pouvait **46590**
être versée que si son bénéficiaire cessait son activité professionnelle.
La montée en puissance du cumul emploi-retraite a considérablement réduit la portée de cette exigence.
Par principe, hors situation de cumul emploi-retraite, le service d'une pension de retraite liquidée par un régime d'assurance vieillesse de base est suspendu dès lors que l'assuré reprend une activité non salariée agricole (C. rur. art. L 732-39 modifié par loi 2023-270 du 14-4-2023 art. 26).
Cette règle supporte toutefois des assouplissements, voir nos 46610 s.

> **Précisions a.** La reprise d'activité par le bénéficiaire d'une première pension complète de vieillesse personnelle liquidée, depuis le 1er janvier 2015, par un régime de retraite de base obligatoire n'ouvrait droit à aucun avantage de vieillesse supplémentaire, de droit direct ou dérivé, auprès d'aucun régime obligatoire d'assurance vieillesse de base ou complémentaire (Loi 2014-40 du 20-1-2024 art. 19). La réforme des retraites de 2023 a assoupli ce principe. Ainsi, la reprise d'activité par le bénéficiaire d'une pension complète de vieillesse personnelle servie par un régime de retraite de base légalement obligatoire ouvre de **nouveaux droits à retraite** pour les assurés réunissant les **conditions**

dites du « cumul emploi-retraite intégral » (C. rur. art. L 732-39, VI modifié par loi 2023-270 du 14-4-2023 art. 26) :
– qui justifient de l'âge légal de la retraite et de la durée d'assurance tous régimes confondus permettant de bénéficier d'une pension à taux plein ou qui justifient de l'âge du taux plein ;
– qui ont liquidé toutes les pensions de retraite (base et complémentaires) auxquelles ils peuvent prétendre.
Dans le régime non-salarié agricole, les assurés remplissant ces conditions peuvent reprendre des activités assujetties sur la base du temps de travail ou en fonction des coefficients d'équivalence fixés pour les productions hors sol (toute reprise d'une activité assujettie par rapport à la surface minimale d'assujettissement [SMA] est interdite dans le cadre du cumul emploi-retraite intégral) ou des activités exercées en tant que collaborateur d'exploitation ou aide familial.
Les nouveaux droits sont sans incidence sur le montant de la pension de vieillesse résultant de la première liquidation (C. rur. art. L 732-39, VI ; CSS art. L 161-22-1-1). Seules sont retenues les périodes d'assurance ayant donné lieu à cotisations à la charge de l'assuré. La nouvelle pension bénéficie du taux plein (sans décote ni surcote). Elle ne peut dépasser 5 % du montant annuel du plafond de la sécurité sociale (193 € par mois en 2024). Aucune majoration, aucun supplément, ni aucun accessoire ne peut être octroyé au titre de cette nouvelle pension et de la pension de droit dérivé qui en est issue. Après la liquidation d'une seconde pension, aucun droit supplémentaire ne peut être acquis dans tout régime de base et complémentaire en cas de nouvelle reprise d'activité. Ces dispositions sont entrées en vigueur le 1er septembre 2023 et tiennent compte des droits constitués à partir du 1er janvier 2023 (Loi 2023-270 du 14-4-2023 art. 26, XII).
b. Depuis le 1er septembre 2023, hors cas dérogatoire, le service d'une pension de retraite liquidée par **un régime d'assurance vieillesse de base (et non plus seulement le régime des non-salariés agricoles)** est suspendu dès lors que l'assuré reprend une activité non salariée agricole (C. rur. art. L 732-39, I modifié par loi 2023-270 du 14-4-2023 art. 26). Auparavant, la reprise d'une activité non salariée agricole par un retraité percevant une pension d'un autre régime ne suspendait pas sa retraite.
c. Il est possible de cumuler, jusqu'à l'âge du taux plein, une **pension d'invalidité** avec les revenus d'une activité (CSS art. L 341-16 modifié par loi 2023-270 du 14-4-2023 art. 11 et 26). Lorsque l'assuré exerce une activité professionnelle et ne demande pas, à l'âge du départ anticipé pour inaptitude (62 ans), l'attribution d'une pension de vieillesse substituée à sa pension d'invalidité, il continue de bénéficier de sa pension d'invalidité jusqu'à la date à laquelle il fait liquider sa retraite et, au plus tard, jusqu'à l'âge du taux plein. La pension de vieillesse au titre de l'invalidité qui est alors versée ne peut être d'un montant inférieur à celle qui aurait été versée si la personne avait liquidé ses droits à l'âge de départ anticipé pour inaptitude (C. rur. art. R 732-3-1 modifié par décret 2023-435 du 3-6-2023).
d. Sauf en cas de force majeure, 3 ans au moins avant leur départ en retraite, les exploitants font connaître à l'autorité administrative leur intention de cesser leur exploitation, les caractéristiques de celle-ci et indiquent si elle va devenir disponible par le biais de la **Dicaa** (déclaration d'intention de cessation d'activité agricole) (C. rur. art. L 330-5).

46595 **Modalités et preuve** La retraite est versée à compter du premier jour du mois suivant celui au cours duquel l'assuré a cessé définitivement son activité professionnelle non salariée agricole. Dans les faits, à compter de la date d'effet potentielle de la retraite, l'assuré dispose de 2 mois pour apporter les preuves de sa cessation d'activité à la MSA.
L'assuré chef d'exploitation doit établir qu'il a cessé définitivement son activité professionnelle non salariée agricole par **tout mode de preuve**, et notamment par la production d'une attestation de résiliation du bail des terres exploitées, de la copie de l'acte de cession des terres en pleine propriété ou selon les modalités prévues en matière de baux ruraux, d'une attestation sur l'honneur par laquelle il s'engage à ne plus exercer d'activité professionnelle sur l'exploitation agricole mise en valeur à la date d'effet de sa pension, lorsqu'il continue à résider sur l'exploitation (C. rur. art. D 732-57).
D'autres preuves de la cessation d'activité sont recevables selon le **statut juridique** de l'exploitation mise en valeur, notamment en cas de reprise de l'activité par le conjoint (C. rur. art. D 732-57 ; Circ. CCMSA 2009-045 du 24-11-2009 ; additif 17-12-2009 ; Circ. CCMSA 86-112 du 18-6-1986 et 86-202 du 8-12-1986) :
– lorsque l'exploitation est un bien propre du **chef d'exploitation**, la preuve de la cessation d'activité passe par le transfert de la gestion de l'exploitation au conjoint via un mandat de gestion pouvant intervenir dans le cadre d'un acte notarié ou d'un acte sous seinq privé publié dans un journal d'annonces légales ;
– lorsque l'exploitation est composée de **biens communs au couple**, en cas de reprise de l'exploitation par le conjoint, une simple déclaration sur l'honneur du chef d'exploitation qui

cesse son activité suffit, compte tenu des dispositions de l'article 1421 du Code civil selon lesquelles chacun des époux a le pouvoir d'administrer seul les biens communs ;
– le **membre d'un Gaec** qui demande la liquidation de sa retraite doit obligatoirement se retirer de ce dernier puisque l'appartenance à un Gaec implique la participation obligatoire à son activité. Ce retrait peut se concrétiser par la cession des parts à l'intérieur du Gaec ou à un tiers ;
– le membre d'une **société** agricole de droit ou de fait autre qu'un Gaec ou d'une **coexploitation** qui demande la liquidation de sa retraite peut rester dans la société ou la coexploitation en tant que simple apporteur de parts en capital et à condition de ne plus participer aux travaux. Les membres de société peuvent notamment produire les nouveaux statuts de la société ou un procès-verbal de la délibération du conseil d'administration attestant qu'ils ont cessé leur activité effective au sein de la société ou qu'ils demeurent comme simples apporteurs de capitaux ;
– pour le **fermier ou métayer**, la cessation d'activité peut être prouvée par la production d'une attestation de résiliation du bail des terres exploitées. Un document établi par le bailleur attestant que le preneur n'est plus lié par le bail non parvenu à expiration et indiquant les conditions dans lesquelles les terres continuent d'être mises en valeur (par le bailleur lui-même, par les cotitulaires du bail autres que l'assuré, par un nouveau preneur, etc.) sera également admis ;
– le **bailleur en métayage** qui demande sa retraite est assujetti en tant que non-salarié agricole. Il doit donc cesser son activité de bailleur sans pour autant avoir la possibilité de résilier le bail. Il peut transformer le bail en métayage en bail à ferme, si le métayer en est d'accord. Il peut encore vendre ou faire donation de son exploitation, notamment à son conjoint, voire constituer une société au sein de laquelle il ne participera pas à la mise en valeur des terres. En tout état de cause, le repreneur de l'exploitation est en principe subrogé dans les obligations du bailleur vis-à-vis du métayer.
À noter que le requérant à la retraite **bailleur à ferme** n'est pas concerné par la condition de cessation d'activité, puisqu'il ne participe aucunement à la mise en valeur de l'exploitation louée et qu'à ce titre il ne s'ouvre aucun droit à l'assurance vieillesse des non-salariés agricoles.

Pour le **conjoint et les aides familiaux**, la preuve de la cessation d'activité consiste en une simple déclaration sur l'honneur par laquelle l'intéressé s'engage à cesser sa participation aux travaux de l'exploitation (C. rur. art. D 732-57 ; Circ. CCMSA 2009-045 du 24-11-2009). **46600**

Assouplissements Le chef d'exploitation dans l'impossibilité de céder son exploitation pour des motifs d'ordre juridique ou économique (cession impossible dans les conditions normales du marché) peut obtenir du préfet, après avis de la commission départementale d'orientation de l'agriculture, une **autorisation exceptionnelle et temporaire de poursuivre** la mise en valeur de son exploitation tout en percevant sa retraite (C. rur. art. L 732-40 et D 732-54 s.). La notification préalable de la Dicaa (déclaration d'intention de cessation d'activité agricole) est nécessaire pour bénéficier de cette autorisation (voir n° 46590, Précisions, b). **46610**
Préalablement au dépôt de la demande, l'exploitant doit, si elle est motivée par une absence de candidat à la reprise, prévenir la chambre départementale d'agriculture de son offre de cession. L'autorisation est accordée pour 24 mois au maximum et peut être renouvelée (C. rur. art. D 732-56).

Le chef d'exploitation retraité peut **conserver une superficie autorisée**, dite « parcelle de subsistance », **qui ne doit pas excéder** 2/5 de la surface minimale d'assujettissement (SMA) (C. rur. art. L 732-39). Le conjoint ou l'aide familial, qui n'a pas la possibilité de conserver une parcelle de subsistance, peut néanmoins contribuer à la mise en valeur de la superficie autorisée conservée par le chef d'exploitation retraité. **46615**
Cette superficie autorisée est également applicable aux retraités au titre de l'**inaptitude au travail**. Les produits issus de la superficie autorisée peuvent être commercialisés.

Le chef d'exploitation retraité peut aussi, s'il a cédé son exploitation à son conjoint ou à un membre de sa famille, donner un « **coup de main occasionnel** », c'est-à-dire exécuter des travaux ne donnant pas lieu à rémunération et ne dépassant pas les limites en usage pour des travaux d'entraide entre chefs d'exploitation, soit pas plus de 10 à 15 heures hebdomadaires. Ce coup de main est également admis dans le cadre sociétaire ou hors cadre familial sous réserve que l'ancien chef d'exploitation ait conservé la parcelle de subsistance (voir n° 46615). Attention cependant, cette notion de coup de main ne repose sur aucun texte législatif ou réglementaire. Il s'agit d'une simple tolérance administrative (Lettre générale CCMSA 2001-035 du 12-07-2001). **46620**

Certaines activités sont agricoles lorsqu'elles se situent dans le prolongement de la mise en valeur de l'exploitation (tourisme rural, activité d'hébergement en milieu rural). Une fois cessée l'activité de chef d'exploitation, ces activités ne relèvent plus du champ du régime des non-salariés agricoles. Elles peuvent donc être poursuivies. **46625**

46630 Reprise d'une activité salariée agricole, y compris sur l'ancienne exploitation ou poursuite ou reprise d'une activité non salariée

a. Activité salariée agricole. Tout retraité non salarié agricole, quels que soient son âge et son statut (qu'il ait été chef d'exploitation, aide familial ou conjoint collaborateur), peut reprendre une activité en tant que salarié agricole, **y compris sur son ancienne exploitation**. Pour les pensions liquidées entre le 1er janvier 2015 et le 31 août 2023, la reprise d'activité ne permettait en aucun cas de générer de nouveaux droits à retraite (Circ. MSA DRAR-2015-008 du 11-2-2015 et DRAR-2015-010 du 9-3-2015). Depuis le 1er septembre 2023, la reprise d'activité par le bénéficiaire réunissant les conditions d'un cumul emploi-retraite intégral ouvre droit à de nouveaux droits à retraite (voir n° 46590, Précisions, a).

b. Activité non salariée agricole. Tout retraité non salarié agricole (qu'il ait été chef d'exploitation, aide familial ou conjoint collaborateur) peut reprendre une activité non salariée agricole en tant que chef d'exploitation répondant à certains critères d'assujettissement et selon certaines conditions (C. rur. art. L 732-39 ; Circ. MSA 2012-013 du 29-6-2012). Il peut cumuler sa retraite non salariée agricole avec une activité en tant que chef d'exploitation, uniquement si l'activité en question est assujettie par rapport à un temps de travail ou, pour les productions hors-sol, un coefficient d'équivalence à la SMA (Arrêté AGRS1521847A du 18-9-2015). Un retraité non salarié agricole ne peut donc pas poursuivre ou reprendre une activité en tant que chef d'exploitation assujetti par rapport à la SMA.

Depuis le 1er janvier 2012, ces mêmes retraités non salariés agricoles peuvent cumuler leur retraite avec une activité de collaborateur d'exploitation ou d'aide familial y compris sur une exploitation assujettie sur la base de la SMA (C. rur. art. L 732-39 ; Circ. MSA 2012-013 du 29-6-2012).

Les cotisations acquittées pour la poursuite ou la reprise d'une activité non salariée agricole peuvent générer de nouveaux droits à retraite non salariée agricole si la reprise d'activité concerne un assuré réunissant les conditions d'un cumul emploi-retraite intégral (voir n° 46590, Précisions, a). En cas de poursuite ou de reprise d'une activité non salariée agricole, le retraité doit en informer sa caisse de MSA.

c. Conditions à la reprise d'une activité non salariée agricole Sont concernés les assurés ayant atteint l'âge du taux plein ou l'âge légal de la retraite s'ils justifient de la durée d'assurance et de périodes reconnues équivalentes nécessaire pour bénéficier d'une retraite à taux plein.

Le retraité doit avoir liquidé toutes ses pensions de vieillesse personnelles, de base et complémentaires, auprès de la totalité des régimes de retraite légalement obligatoires, français, étrangers et des organisations internationales dont il a relevé (C. rur. art. L 732-39).

Les assurés qui ne remplissent pas ces conditions d'âge et/ou de durée d'assurance ne peuvent pas reprendre d'activité non salariée agricole.

46635 Retraite progressive

L'assuré exerçant à titre exclusif une activité de chef d'exploitation ou d'entreprise agricole et qui s'engage dans la cessation progressive de son activité peut bénéficier, comme un salarié, de la **retraite progressive** (C. rur. art. L 732-29 modifié par loi 2023-270 du 14-2-2023 art. 26 ; CSS art. L 161-22-1-5 à L 161-22-1-9). L'assuré peut alors continuer à acquérir des droits pour sa retraite. Le dispositif a été largement simplifié par la réforme des retraites de 2023 avec la suppression de la double condition de diminution de l'activité et des revenus professionnels. Un seul critère mesurant la réduction de l'activité demeure. L'obligation d'établir un plan prévisionnel de cession des terres sur 5 ans a disparu du Code rural.

La retraite progressive est ouverte à des chefs d'exploitation qui :

– ont atteint l'âge légal de la retraite applicable à leur génération diminué de 2 années ;

– justifient d'une durée d'assurance et de périodes reconnues équivalentes minimale de 150 trimestres ;

– s'engagent à ne poursuivre qu'une activité non salariée agricole réduite (CSS art. L 161-22-1-5 ; C. rur. art. D 732-167 s. modifiés par décret 2023-753 du 10-8-2023).

Dès lors que les conditions sont réunies, ces assurés peuvent prétendre à la liquidation d'une fraction de leur retraite en fonction de la cessation progressive de l'activité agricole (cession des terres et diminution des productions hors sol pour les activités assujetties sur un critère de surface, diminution des revenus professionnels pour les activités assujetties sur un autre critère, cession progressive des parts sociales pour les sociétés (C. rur. art. D 732-169 et D 732-170 modifiés par décret 2023-753 du 10-8-2023).

Le bénéfice de la retraite progressive entraîne la liquidation provisoire et le service d'une même fraction de pension dans tous les régimes de retraite de base légalement obligatoires (CSS art. L 161-22-1-5) et au titre de la retraite complémentaire obligatoire (C. rur. art. D 732-168 modifié par décret 2023-753 du 10-8-2023).

La retraite progressive est également applicable aux assurés exerçant à titre exclusif une activité non salariée parmi celles mentionnées à l'article L 311-3 du Code de la sécurité sociale, dont les mandataires sociaux d'entreprises agricoles, peu importe que ces personnes soient soumises ou non à une durée d'activité (CSS art. L 161-22-1-5 modifié par loi 2023-1250 du 26-12-2023 art. 96).

Calcul de la retraite progressive		
Fraction de pension servie	Chef d'exploitation ou d'entreprise assujetti par rapport à la SMA ou dans un cadre sociétaire	Chef d'exploitation ou d'entreprise non assujetti par rapport à la SMA (temps de travail ou revenu professionnel)
20 à 60 % : la fraction de pension servie correspondant à la réduction des surfaces, des parts sociales ou du revenu professionnel avec un plafond de 60 %	– Réduction d'au moins 20 % de la surface exploitée dans la limite de la SMA – Chef installé en société : cession d'au moins 20 % des parts sociales	Diminution des revenus professionnels d'au moins 20 %

Cas particuliers Les **chefs d'exploitation** qui mettent en valeur une exploitation ou une entreprise agricole ne répondant pas ou ne répondant plus à la condition d'activité minimale fixée à l'article L 722-5 du Code rural et de la pêche maritime peuvent néanmoins **rester affiliés à leur demande au régime des non-salariés agricoles**, sur décision du conseil d'administration de la caisse de MSA, pour 5 années renouvelables (C. rur. art. L 722-6 et L 722-7). 46645

Dans ce cas, pour bénéficier d'une retraite, ils devront cesser cette activité professionnelle agricole ou la réduire à hauteur de la superficie autorisée (2/5 de la SMA).

Les **cotisants solidaires** visés à l'article L 731-23 du Code rural et de la pêche maritime (nos 44000 s.) ne sont pas affiliés au régime agricole et sont donc considérés comme n'exerçant pas d'activité professionnelle dans ce régime. En conséquence, cette activité est compatible avec le service d'une retraite, hors retraite non salariée agricole, sans que les intéressés soient tenus de réduire leur activité à hauteur de la superficie autorisée. Le cotisant solidaire qui souhaite liquider une retraite non salariée agricole doit limiter son activité à la parcelle de subsistance. 46650

Cessation d'activité et date de liquidation de la retraite En principe, le service d'une pension de retraite est subordonné à la cessation définitive de l'activité non salariée agricole (C. rur. art. L 732-39 et D 732-57). La retraite est normalement liquidée à compter du premier jour du mois suivant celui où est intervenue la cessation d'activité. Toutefois, pour remplir cette condition de cessation d'activité et réduire son exploitation à la superficie autorisée (n° 46615), le chef d'exploitation bénéficie d'un **délai de 2 mois**. Ce délai ne s'applique ni aux **conjoints** ni aux **membres de la famille** (Circ. CCMSA 2009-045 du 24-11-2009 et CCMSA DRAR-2015-010 du 9-3-2015). 46660

La demande de pension sera ainsi rejetée si l'activité non salariée agricole se poursuit au-delà (hormis les dérogations admises) :

– soit de la date d'entrée en jouissance de la pension pour les aides familiaux et les conjoints ;

– soit après le délai de 2 mois accordé au chef d'exploitation.

Le compte de l'assuré n'étant pas arrêté, la poursuite de l'activité non salariée agricole ouvre des droits supplémentaires pour la retraite.

b. Montant des prestations

Le montant de la retraite personnelle de base des non-salariés agricoles est égal à la somme de la retraite forfaitaire et de la retraite proportionnelle. 46700

Une fois déterminé, ce montant peut faire l'objet :

– d'une minoration ou décote (nos 46840 s.) ou, au contraire, d'une majoration, également appelée « surcote » (n° 46870) ;

– d'un plafonnement (n° 46875).

RETRAITE FORFAITAIRE

46705 **Montant maximal** Le montant maximal de la retraite forfaitaire est égal au montant de l'allocation aux vieux travailleurs salariés (AVTS) au 1er janvier 2014, majoré des revalorisations ultérieures des retraites. La retraite forfaitaire est normalement revalorisée chaque année au 1er janvier à proportion des retraites des salariés (C. rur. art. L 732-24, 1°).

Au 1er janvier 2024, ce montant maximal est de 3 821,31 € par an (318,44 € par mois).

Le montant est versé en totalité à l'assuré qui justifie d'une durée minimale d'activité à titre exclusif ou principal dans le régime des non-salariés agricoles. Cette durée est celle requise pour le taux plein. Dans le cas contraire, le montant est proratisé.

La durée minimale d'activité varie ainsi en fonction de l'année de naissance de l'assuré (C. rur. art. L 732-24 et R 732-61). Sur les périodes d'activité retenues, voir nos 46555 à 46585.

Pour les assurés nés après le 31 décembre 1948, cette durée rejoint la durée d'assurance fixée pour le régime général (pour les assurés nés après le 1-9-1961, la réforme des retraites de 2023 accélère l'augmentation de la durée d'assurance actée lors de la précédente réforme de 2014), mentionnée à l'article L 351-1 du Code de la sécurité sociale :

- 40 ans et un trimestre (161 trimestres) pour les assurés nés en 1949 ;
- 40,5 ans (162 trimestres) pour les assurés nés en 1950 ;
- 40 ans et 3 trimestres (163 trimestres) pour les assurés nés en 1951 ;
- 41 ans (164 trimestres) pour les assurés nés en 1952 ;
- 41 ans et 1 trimestre (165 trimestres) pour les assurés nés en 1953 et 1954 ;
- 41,5 ans (166 trimestres) pour les assurés nés en 1955, 1956 et 1957 ;
- 41 ans et 3 trimestres (167 trimestres) pour les assurés nés en 1958, 1959 et 1960 ;
- 42 ans (168 trimestres) pour les assurés nés entre le 1er janvier et le 31 août 1961 ;
- 42 ans et 1 trimestre (169 trimestres) pour les assurés nés entre le 1er septembre 1961 et le 31 décembre 1962 ;
- 42,5 ans (170 trimestres) pour les assurés nés en 1963 ;
- 42 ans et 3 trimestres (171 trimestres) pour les assurés nés en 1964 ;
- 43 ans (172 trimestres) pour les assurés nés à compter de 1965.

La durée d'activité non salariée agricole exigée pour bénéficier d'une retraite forfaitaire entière et la durée de carrière sous l'ensemble des régimes exigée pour bénéficier d'une retraite non minorée avant l'âge du taux plein sont identiques (37,5 annuités portées progressivement à 43 selon l'année de naissance). Il n'en a cependant pas toujours été ainsi et il s'agit bien de 2 notions distinctes.

46710 **Montant proratisé** Lorsque l'assuré ne justifie pas de la durée d'activité dans le régime permettant de bénéficier de la retraite forfaitaire entière, le montant de cette dernière est proratisé selon la formule suivante :

Retraite forfaitaire = retraite forfaitaire intégrale × (durée d'assurance dans le régime/durée du taux plein)

Exemple : supposons un assuré né en 1962 disposant de 130 trimestres d'activité non salariée agricole et d'une carrière complète tous régimes confondus, sa retraite forfaitaire atteindra : 3 821,31 × 130/169 = 2 939,47 €.

RETRAITE PROPORTIONNELLE

46720 Le montant de la retraite proportionnelle est calculé en multipliant (C. rur. art. L 732-24, 2° et R 732-66) :

- le nombre total de points de retraite proportionnelle acquis par l'assuré tout au long de sa carrière (points cotisés, points assimilés : maladie, invalidité, points issus des majorations de durée d'assurance pour enfant et, jusqu'au 1er janvier 2009, points accordés gratuitement au titre des revalorisations des petites retraites) ;
- par la valeur du point revalorisée chaque année au 1er janvier.

Pour les personnes nées à partir de 1944, le montant obtenu est en outre multiplié par un coefficient d'adaptation.

46725 **Coefficient d'adaptation** Depuis la réforme des retraites de 2003 et pour tenir compte de l'**augmentation de la durée d'activité non salariée agricole** (n° 46705), le montant de la retraite proportionnelle (produit du nombre de points par la valeur du point) est multiplié par un coefficient d'adaptation (C. rur. art. R 732-66). Ce coefficient correspond au ratio de 37,5, c'est-à-dire la durée de carrière pour le taux plein en 2004/durée de carrière pour le taux plein applicable à l'assuré en fonction de son année de naissance.

Ces coefficients, qui s'appliquent sans considération de la durée effective de carrière, sont les suivants :

– 37,5/40 pour les assurés nés en 1948 = 0,9375
– 37,5/40,25 pour les assurés nés en 1949 = 0,9316
– 37,5/40,5 pour les assurés nés en 1950 = 0,9259
– 37,5/40,75 pour les assurés nés en 1951 = 0,9202
– 37,5/41 pour les assurés nés en 1952 = 0,9146
– 37,5/41,25 pour les assurés nés en 1953 et 1954 = 0,9091
– 37,5/41,5 pour les assurés nés en 1955, 1956 et 1957 = 0,9036
– 37,5/41,75 pour les assurés nés en 1958, 1959 et 1960 = 0,8982
– 37,5/42 pour les assurés nés entre le 1er janvier 1961 et le 31 août 1961 = 0,8929
– 37,5/42,25 pour les assurés nés entre le 1er septembre 1961 et le 31 décembre 1962 = 0,8876
– 37,5/42,5 pour les assurés nés en 1963 = 0,8824
– 37,5/42,75 pour les assurés nés en 1964 = 0,8772
– 37,5/43 pour les assurés nés à compter du 1er janvier 1965 = 0,8721

Valeur du point La valeur du point est, en principe, revalorisée au 1er janvier de chaque année à proportion des retraites des salariés (C. rur. art. L 732-24, 2° et R 732-68). Au 1er janvier 2024, la valeur annuelle du point atteint 4,490 € (0,3742 € par mois). 46730

Points acquis par cotisations Pour le chef d'exploitation, la cotisation AVA, assise sur le revenu cadastral de l'exploitation avant le 1er janvier 1990 et, depuis cette date, sur les revenus professionnels du chef d'exploitation, permet d'acquérir chaque année un nombre de points variable en fonction de la tranche dans laquelle se situent le revenu cadastral pour la période antérieure au 1er janvier 1990 et les revenus professionnels pour la période qui suit (C. rur. art. R 732-70 ; voir nos 47750 s.). 46735

La cotisation AVA versée par le chef d'exploitation pour son conjoint **collaborateur** d'exploitation et ses **aides familiaux âgés d'au moins 16 ans** leur ouvre droit à 16 points de retraite proportionnelle par an (C. rur. art. R 732-73).

Points accordés gratuitement Les points accordés gratuitement visent à améliorer ou compléter la carrière dans des situations particulières. 46740

a. Comme pour la retraite forfaitaire (voir n° 46570), la **majoration de durée d'assurance pour enfants** accordée aux **mères de famille et**, éventuellement, pour une part, aux **pères de famille** a un impact sur le calcul de la retraite proportionnelle. Sont concernés les assurés qui ont élevé ou adopté un ou plusieurs enfants et qui ont été assujettis à l'AVA. Il n'est pas nécessaire que les enfants soient ceux de l'assuré. 46745

La majoration est limitée à 2 années par enfant. Chaque trimestre supplémentaire permet d'acquérir un nombre de points gratuits égal au quart du nombre de points acquis la dernière année d'assurance. (C. rur. art. D 732-48 et D 732-74).

La majoration de durée d'assurance au titre de l'allocation d'éducation de l'**enfant handicapé** a un impact, en matière de retraite proportionnelle, comme pour la retraite forfaitaire. Chaque trimestre supplémentaire permet d'acquérir un nombre de points correspondant au quart de celui de la dernière année d'assurance (C. rur. art. D 732-74).

b. La période de perception de l'**allocation de préretraite** par l'ex-chef d'exploitation est prise en compte pour l'ouverture du droit et le calcul de la retraite proportionnelle sans contrepartie de cotisations. La mesure bénéficie au chef d'exploitation et à son conjoint ayant eu le statut de coexploitant, de conjoint participant ou de collaborateur d'exploitation. Le nombre de points attribués gratuitement pour chaque trimestre de préretraite correspond au quart du nombre de points acquis la dernière année ayant donné lieu au versement de cotisations (C. rur. art. D 732-88). La préretraite a été supprimée par le décret 2008-1111 du 30 octobre 2008.

c. Les périodes d'interruption de l'activité professionnelle dues à une **maladie** ou une **infirmité graves** (C. rur. art. D 732-52-1) permettent d'acquérir, sans contrepartie de cotisations, un nombre de points correspondant au quart du nombre minimal de points qui aurait pu être acquis annuellement par cotisations par l'assuré compte tenu de son statut et des dispositions alors applicables (C. rur. art. D 732-74-1). L'application de ces dispositions ne peut conduire, au titre d'une même année civile, à ajouter des points acquis gratuitement à des points acquis par cotisations.

46750 **Points issus des décrets de 1981 et 1986** Les points acquis pour les périodes comprises entre le 1er juillet 1952 et le 31 décembre 1972 ont fait l'objet de deux revalorisations exceptionnelles (C. rur. art. D 732-76 et D 732-77 ; Circ. CCMSA 125 du 9-9-1981 et 182 du 16-10-1986). L'objectif de ces revalorisations était d'harmoniser les retraites des exploitants avec celles des salariés. Elles restent applicables.

46755 **Points issus de lois et décrets de la période 1997-2002** À partir de janvier 1997, les retraites agricoles ont fait l'objet de revalorisations successives visant à garantir aux assurés une retraite minimale. Cette revalorisation s'est effectuée via l'octroi de points de retraite proportionnelle gratuits. Dans certains cas, elle concernait même des assurés qui n'avaient versé aucune cotisation AVA ouvrant droit à la retraite proportionnelle. Le plein effet de cette mesure a été atteint en 2002. Ces points gratuits ne sont plus attribués depuis la mise en œuvre en 2009 des majorations pour les plus faibles retraites (nos 46758 s.).

46758 **Majoration des plus faibles pensions** L'article 77 de la loi 2008-1330 de financement de la sécurité sociale pour 2009 a mis en œuvre un mode de revalorisation des retraites des non-salariés agricoles. Ce minimum est construit sur le modèle du minimum de retraite des salariés (le minimum contributif). Ce dispositif a remplacé, depuis le 1er janvier 2009, les différents dispositifs de revalorisation de la retraite proportionnelle mis en œuvre depuis 1994 et supprime donc les attributions de points gratuits accordées dans le cadre des précédentes revalorisations. Seules les revalorisations de 1981 et 1986 restent en vigueur.

Il ne s'agit plus d'accorder des points gratuits de retraite proportionnelle mais de **garantir un montant minimum de pension de retraite de base** non salariée agricole au prorata de la durée de carrière et depuis 2022, quel que soit le statut de l'assuré (Loi 2021-1679 du 17-12-2021). Un décret 2021-1919 du 30 décembre 2021 a aligné ce montant minimum unifié sur celui du minimum contributif majoré des salariés (sans toutefois faire de renvoi). Le plafond au-delà duquel la majoration n'est plus accordée a par ailleurs été aligné sur le montant de l'allocation de solidarité aux personnes âgées (ASPA) accordé pour une personne seule. La réforme des retraites de 2023 a revalorisé de 100 euros mensuels le montant de la pension minimum et du plafond pour les départs postérieurs au 1er septembre 2023 et prévu une revalorisation basée sur l'évolution du Smic (C. rur. art. D 732-111 et D 732-113 modifiés par décret 2023-754 du 10-8-2023). Chaque retraité remplissant les conditions de durée d'activité se voit attribuer une pension minimum (876,13 € mensuels pour une carrière complète de non-salarié agricole : chef d'exploitation, conjoint, aide familial au 1-1-2024) dans la limite d'un plafond constitué par l'ensemble des pensions perçues et de la bonification pour enfants accordée aux parents de 3 enfants (1 073,07 € au 1-1-2024).

La majoration de pension ainsi calculée est versée en totalité si le montant des avantages de vieillesse dont bénéficie l'assuré, tous régimes de base et complémentaires confondus, est inférieur à ce plafond.

S'il est supérieur, la majoration sera réduite à due concurrence de ce plafond. Ce minimum et ce plafond sont réévalués en principe chaque 1er janvier.

Cette majoration s'applique à tous les retraités non salariés agricoles titulaires d'un droit personnel, assorti ou non d'un droit de réversion non salarié agricole. Dans le cas où un assuré peut prétendre à la fois à la majoration de pension et à l'attribution du complément différentiel de RCO (retraite à 85 % du Smic), priorité sera donnée à la revalorisation de sa retraite de base (C. rur. art. L 732-54-3-1).

La majoration est réversible dans les conditions de droit commun sous réserve d'avoir été obtenue de son vivant par le défunt (C. rur. art. L 732-54-1 à L 732-54-4 et D 732-109 à D 732-115 ; Circ. CCMSA 2009-017 du 15-4-2009 ; LTC MSA DR-2022-069 du 28-1-2022).

46760 **Conditions pour bénéficier de la majoration** Pour bénéficier de la majoration de leur retraite servie à titre personnel, les personnes dont la pension prend **effet depuis le 1er février 2014** (C. rur. art. L 732-54-1 et D 732-109) doivent :

– avoir **liquidé l'intégralité de leurs droits** à retraite auprès de l'ensemble des régimes de base et complémentaires obligatoires auprès desquels elles ont cotisé ;

– et **justifier de la durée d'assurance** ou de périodes reconnues équivalentes dans un ou plusieurs régimes obligatoires pour bénéficier d'une retraite à taux plein, cette condition ne s'appliquant pas en cas de liquidation de la retraite au-delà de l'âge du taux plein, de départ anticipé lié à une incapacité permanente (ex-pénibilité) ou pour les anciens prisonniers de guerre (C. rur. art. L 732-54-1 et D 732-109).

Pour apprécier **la condition de liquidation de l'intégralité des droits à retraite**, il faut prendre en compte les droits personnels et de réversion auxquels un assuré peut prétendre. Les droits de réversion ayant fait l'objet d'un rejet pour condition de ressources sont considérés comme étant des droits liquidés. Le versement de la majoration peut donc intervenir plus tard que la liquidation de la retraite non salariée agricole (C. rur. art. D 732-115). 46765

Détermination des périodes revalorisables Le montant minimum de retraite tient compte de la **durée d'assurance non salariée agricole** accomplie par l'assuré à titre exclusif ou principal. Pour apprécier cette durée d'assurance, sont prises en compte les périodes validées pour la retraite forfaitaire (C. rur. art. D 732-110). Il s'agit des périodes : 46770
– qui ont donné lieu à versement de la cotisation « AVI » ouvrant droit à la retraite forfaitaire (cotisations obligatoires, rachats, régularisations, cotisations d'assurance vieillesse volontaire) ;
– ou qui ont donné lieu à validation au titre des périodes assimilées pour l'obtention de la retraite forfaitaire (maladie, service militaire, perception de la préretraite) ;
– ou qui résultent de la majoration d'assurance pour enfant (MAE).

Sont ainsi comptabilisées les périodes qui ont fait l'objet d'un rachat d'années accomplies en qualité d'aide familial, les périodes qui ont fait l'objet d'un versement pour la retraite au titre des périodes d'études supérieures avec option pour le taux et les droits dans le régime non salarié agricole.

Sont, en revanche, exclues de la durée d'activité non salariée agricole les périodes ayant donné lieu au versement de la seule cotisation « AVA » ouvrant droit à la retraite proportionnelle (chef d'exploitation, aide familial ou collaborateur exerçant une activité non salariée agricole à titre secondaire) et les périodes équivalentes.

Les années revalorisables ne peuvent être antérieures à la date de création du régime d'assurance vieillesse des non-salariés agricoles, à savoir le 1er juillet 1952 pour la métropole ou le 1er janvier 1964 pour la Guadeloupe, la Guyane, la Martinique, La Réunion, Mayotte, Saint-Barthélemy et Saint-Martin (C. rur. art. D 732-110).

Pour les pensions de retraite de base prenant effet depuis le 1er septembre 2004, le nombre maximum d'années prises en compte correspond à la durée donnant droit à une retraite à taux plein. 46775

Pour les assurés retraités avant le 1er septembre 2004, le nombre total maximum d'années prises en compte ne pouvait excéder 37,5 ans (C. rur. art. D 732-110).

Calcul du montant de la revalorisation Il se fait en **3 étapes** : 46780
– calcul de la **pension majorée de référence** (ou PMR), c'est-à-dire la retraite à laquelle le retraité devrait avoir droit en fonction des durées de cotisation dans le seul régime non salarié agricole (nos 46785 s.) ;
– comparaison avec la retraite non salariée agricole de base personnelle et de réversion effectivement perçue (nos 46795 s.) ;
– calcul de la majoration à servir en prenant garde de ne pas dépasser le plafond de retraites personnelles et de réversion tous régimes confondus, majoration pour les parents de 3 enfants incluse (1 073,07 € par mois au 1-1-2024) (no 46810).

La revalorisation tient compte de la durée d'assurance à titre exclusif ou principal accomplie par l'assuré dans le régime d'assurance vieillesse non salarié agricole (C. rur. art. D 732-110). 46785

La majoration est accordée au prorata du nombre d'années d'assurance non salariée agricole si le nombre d'années est inférieur à la carrière complète (alors même que l'assuré justifie, tous régimes confondus, d'une carrière complète donnant droit au taux plein).

Depuis 2022, les modalités de calcul de la pension majorée de référence sont identiques pour l'ensemble des non-salariés agricoles, quel que soit leur statut (chef d'exploitation, aide familial, conjoint collaborateur) (Loi 2021-1679 du 17-12-2021). Le décret 2021-1919 du 30 décembre 2021 a par ailleurs rehaussé le minimum au niveau du minimum contributif majoré des salariés (MICO majoré) sans toutefois faire de renvoi. Le décret 2023-754 du 10 août 2023 a revalorisé sur cette base du Mico majoré le montant de la pension minimum pour les seuls départs postérieurs au 1er septembre 2023 (C. rur. art. D 732-111).

46790 Calcul de la pension majorée de référence dans le régime non salarié agricole

Pension annuelle majorée de référence ou PMR = [PMR max × (DNSA/DR)

Soit :
PMR entière (10 513,6 € au 1-1-2024)
× nombre d'années d'assurance à titre exclusif ou principal accomplies dans le régime non salarié agricole (chef d'exploitation, conjoint, aide familial)
/nombre d'années donnant droit à la retraite à taux plein selon l'année de naissance de l'assuré.
PMRmax est le montant « maximum » de la pension annuelle majorée de référence accordé pour une carrière complète purement non salariée agricole à titre exclusif ou principal. Ce montant est fixé au niveau du minimum contributif majoré des salariés (10 513,61 € par an au 1-1-2024). Pour les assurés qui liquident leur retraite depuis le 1er septembre 2023, ce montant minimum annuel est revalorisé au 1er janvier de chaque année compte tenu de l'évolution du Smic (C. rur. art. D 732-111 modifié par décret 2023-754 du 10-8-2023).
DNSA représente la durée d'assurance à titre exclusif ou principal accomplie par l'assuré dans le régime d'assurance vieillesse non salarié agricole retenue dans la limite de la durée du taux plein.
DR est la durée d'assurance donnant droit, selon l'année de naissance de l'assuré, à une retraite à taux plein. Cette durée de référence ne peut être inférieure à 37,5 ans (C. rur. art. L 732-54-2, D 732-110 et D 732-111).

46795 Une fois calculé le **montant de la retraite agricole auquel l'assuré pourrait avoir droit (pension annuelle majorée de référence)**, ce montant est **comparé avec la somme des retraites personnelles et de réversion de base non salariées agricoles effectivement perçue** par l'assuré (C. rur. art. D 732-112).
Si le **solde** est **négatif ou nul**, aucune revalorisation ne peut être attribuée.
Si le solde est **positif**, l'assuré est susceptible de bénéficier d'une majoration potentielle, sous réserve du montant de ses pensions sous l'ensemble des régimes.
Ce dispositif de majoration ne remet pas en cause les **droits acquis** par les personnes retraitées avant le 1er janvier 2009 qui ont bénéficié des revalorisations antérieures.

46800 **Premier cas : l'assuré ne perçoit que des retraites à titre personnel (pas de pension de réversion)**.

Majoration « potentielle » (avant comparaison avec le montant des retraites tous régimes confondus de 1 073,07 € au 1-1-2024) égale à :
Pension majorée de référence – (retraite forfaitaire de l'assuré + retraite proportionnelle de l'assuré + anciennes revalorisations de l'assuré déjà retraité au 1-1-2009 + surcote attribuée avant le 1-1-2009)

Ces droits personnels permettant de calculer la majoration potentielle ne tiennent pas compte de la bonification pour enfant (majoration de 10 % pour les parents de 3 enfants), de l'allocation de solidarité aux personnes âgées (Aspa) ou de la surcote attribuée pour les pensions prenant effet depuis le 1er janvier 2009.

46805 **Deuxième cas : l'assuré est titulaire d'une retraite personnelle et d'un droit de réversion dans le régime non salarié agricole**.
Sont considérées comme titulaires d'un droit de réversion les personnes qui bénéficient d'un droit de réversion, y compris si le montant de ce droit est égal à zéro.

Majoration « potentielle » (avant comparaison avec le montant des retraites tous régimes confondus de 1 073,07 € au 1-1-2024) égale à :
Pension majorée de référence – [(retraite forfaitaire personnelle de l'assuré + retraite proportionnelle personnelle de l'assuré + anciennes revalorisations personnelles de l'assuré + surcote attribuée avant le 1-1-2009) +
(retraite forfaitaire de réversion + retraite proportionnelle de réversion + anciennes revalorisations de la pension de réversion + complément différentiel d'avant 1995)]

Pour le **calcul de la majoration à servir**, il faut prendre en compte les retraites servies par les autres régimes. 46810

Le **plafond au-delà duquel la revalorisation n'est plus accordée** atteint 12 876,84 € par an au 1er janvier 2024, soit 1 073,07 € mensuels (C. rur. art. D 732-113). Ce montant est revalorisé aux mêmes dates et dans les mêmes proportions que le Smic.

Lorsque le montant mensuel de la majoration de pension augmenté du total des pensions personnelles et de réversion servies à l'assuré par les régimes d'assurance vieillesse de base et complémentaires, légaux ou rendus légalement obligatoires, français et étrangers (bonification pour enfants comprise), excède le douzième du plafond dont le montant est au moins égal à celui de l'allocation de solidarité aux personnes âgées prévu pour une personne seule, la majoration de pension est réduite à concurrence du dépassement (C. rur. art. L 732-54-3 modifié par loi 2023-270 du 14-4-2023 et D 732-114).

Il s'agit des pensions de nature imposable, la bonification pour enfants incluse le cas échéant.

À noter que la **surcote** doit également être retenue dans ce plafond.

Il convient de retenir le montant brut des pensions (avant application de la CSG et de la CRDS).

La majoration est réversible dans les conditions de droit commun, sous réserve que l'assuré ait obtenu la majoration de son vivant.

La majoration dont bénéficiait l'assuré décédé fait partie de la pension principale servant de base au calcul de la pension de réversion.

Tous les **changements de situation familiale et de ressources** sont susceptibles de modifier le montant de la revalorisation. Le veuvage et l'obtention d'une pension de réversion peuvent en particulier entraîner une diminution des droits à majoration de la retraite personnelle de l'assuré. 46815

Les bénéficiaires de la majoration de pension sont tenus de faire connaître à l'organisme chargé de la liquidation de leur pension de retraite ou de réversion tous changements survenus dans leur situation familiale et dans leurs ressources.

Toute modification de la situation familiale ou du montant des ressources donne lieu à une **révision de la majoration** de pension. La majoration de pension recalculée prend effet à compter du 1er jour du mois suivant la date à laquelle est constatée la modification.

Les organismes chargés de la liquidation des pensions de retraite ou de réversion non salariées agricoles contrôlent les déclarations des assurés, notamment en ce qui concerne leur situation familiale et leurs ressources. Pour l'exercice de leur contrôle, ils peuvent demander toutes les informations nécessaires aux administrations fiscales, aux organismes de sécurité sociale et aux organismes de retraite complémentaire (C. rur. art. D 732-114).

DÉCOTE

Une décote **ou minoration** est appliquée au montant de la **retraite forfaitaire et** de la **retraite proportionnelle** versées aux assurés qui demandent la liquidation de leur pension **avant l'âge du taux plein** sans justifier de la durée d'assurance ou de périodes reconnues équivalentes, tous régimes confondus, requise pour pouvoir bénéficier du taux plein et sans appartenir aux catégories particulières visées nos 46850 (C. rur. art. L 732-25 modifié par loi 2023-270 du 14-4-2023 art. 10 et 11). 46840

Assurés ne réunissant pas la durée d'assurance et de périodes équivalentes requises La minoration est appliquée aux assurés ne réunissant pas, sous l'ensemble des régimes, la durée d'activité mentionnée no 46705. 46845

Constituent des **« périodes reconnues équivalentes »** (C. rur. art. R 732-43 ; CSS art. R 351-4) :

– les périodes d'activité professionnelle antérieures au 1er avril 1983 qui peuvent ou auraient pu donner lieu à un rachat de cotisations d'assurance vieillesse auprès d'un régime de base obligatoire, à l'exclusion des périodes d'activité accomplies par un aide familial entre 14 et 18 ans et des années d'études supérieures pouvant donner lieu à un rachat de cotisations en application de l'article L 732-27-1 du Code rural et de la pêche maritime (no 46575) ;

– les périodes d'activité professionnelle non salariée agricole accomplies de façon habituelle et régulière entre 18 et 21 ans, avant le 1er janvier 1976, sur une exploitation agricole ou assimilée (sauf si elles ont fait l'objet d'un rachat de cotisations en application de l'article L 732-35-1 du Code rural et de la pêche maritime) (no 46575) ;

– les périodes antérieures au 1er avril 1983 au cours desquelles les membres de la famille du chef d'entreprise, âgés d'au moins 18 ans et ne bénéficiant pas d'un régime obligatoire d'assurance vieillesse, ont participé de façon habituelle à l'exercice d'une activité professionnelle non salariée relevant de l'assurance vieillesse du régime social des indépendants.

Les membres de la famille s'entendent des conjoints, ascendants, descendants, frères, sœurs ou alliés au même degré.

Ces périodes sont retenues de date à date, le nombre de trimestres correspondant étant arrondi au chiffre immédiatement supérieur.

46850 **Exceptions** Outre les assurés ayant atteint l'âge du taux plein, **certains assurés bénéficient du taux plein** même s'ils ne justifient pas de la durée requise d'assurance ou de périodes équivalentes tous régimes confondus (CSS art. L 351-8 ; C. rur. art. L 732-25 modifiés par loi 2023-270 du 14-4-2023 art. 10 et 11).

Ont droit automatiquement au **taux plein avant l'âge légal de la retraite** :

– les assurés remplissant les conditions d'un départ anticipé pour carrière longue à compter de 58 ans selon l'année de naissance (nos 46520 s.) ;

– les assurés remplissant les conditions d'une retraite anticipée pour handicap à compter de 55 ans (n° 46535) ;

– les assurés remplissant les conditions d'un départ anticipé pour incapacité permanente à compter de 60 ans (n° 46550) ;

– les assurés remplissant les conditions d'un départ anticipé pour inaptitude au travail et ceux justifiant d'une incapacité permanente au moins égale à 50 % à compter de 62 ans (n° 46551).

Ont droit au **taux plein dès l'âge légal de la retraite** (CSS art. L 351-8 modifié par loi 2023-270 du 14-4-2023 art. 10 et 11) :

– les mères de famille salariées justifiant d'une durée minimum d'assurance dans le régime général, ou dans ce régime et celui des salariés agricoles, qui ont élevé au moins 3 enfants (CSS art. L 342-4, al. 2 et R 351-23) et qui ont exercé un travail manuel ouvrier pendant une durée déterminée ;

– les anciens déportés ou internés titulaires de la carte de déporté ou interné de la Résistance ou de la carte de déporté ou interné politique ;

– les anciens prisonniers de guerre lorsque, sur leur demande, leur pension est liquidée à un âge variant suivant la durée de captivité (voir ci-dessous Précisions). Ces dispositions s'appliquent à tous les anciens combattants pour leur durée de service actif passé sous les drapeaux.

Ont droit au **taux plein automatique** les assurés ayant interrompu leur activité professionnelle en raison de leur qualité d'aidant familial (CASF art. L 245-12) qui atteignent 65 ans.

La loi 2010-1330 du 9 novembre 2010 de réforme des retraites a maintenu le taux plein à 65 ans pour certaines catégories d'assurés qui ont eu une carrière difficile ou incomplète, pour des raisons familiales ou de santé :

– les parents nés entre le 1er juillet 1951 et le 31 décembre 1955 inclus qui ont eu ou élevé au moins 3 enfants et interrompu ou réduit leur activité professionnelle pour se consacrer à l'éducation d'au moins l'un d'entre eux (sous conditions d'assurance) ;

– les parents d'enfants handicapés qui ont interrompu leur carrière pendant au moins 30 mois pour s'occuper de leur enfant bénéficiaire de la prestation de compensation du handicap (PCH) ou qui justifient d'au moins un trimestre au titre de la majoration de durée d'assurance pour enfant handicapé (Décret 2010-1734 du 30-12-2010).

> **Précisions** Les **anciens prisonniers de guerre et les anciens combattants** peuvent obtenir une pension sans coefficient de minoration, même s'ils ne justifient pas de la durée de carrière exigée sous l'ensemble des régimes pour bénéficier du taux plein, à partir d'un âge qui varie selon la durée de captivité ou de service actif passé sous les drapeaux (C. rur. art. L 732-37). Cet âge est de (C. rur. art. D 732-87 modifié par décret 2024-755 du 7-7-2024) :
> – 66 ans, pour ceux dont la durée de captivité est comprise entre 5 et 17 mois ;
> – 65 ans, pour ceux dont la durée de captivité est comprise entre 18 et 29 mois ;
> – 64 ans, pour ceux dont la durée de captivité est comprise entre 30 et 41 mois ;
> – 63 ans (si nés avant 1965) et 64 ans (si nés à compter de 1965), pour ceux dont la durée de captivité est comprise entre 42 et 53 mois ;
> – 64 ans, pour ceux dont la durée de captivité est égale ou supérieure à 54 mois.
> Pour l'appréciation de la durée de captivité ou de service, il n'est pas tenu compte des mois incomplets.
> Ces dispositions s'appliquent à tous les anciens combattants pour leur durée de service actif passé sous les drapeaux.

46860 **Calcul de la minoration** Le taux de minoration global est égal au nombre de trimestres manquants multiplié par le taux de minoration pour un trimestre manquant (C. rur. art. L 732-25 et R 732-61).

Le **nombre de trimestres manquants** est égal au moins élevé des nombres suivants :

– le nombre de trimestres manquants entre l'âge de départ à la retraite de l'assuré et l'âge du taux plein ;

– le nombre de trimestres manquants pour atteindre la durée ouvrant droit à une retraite non minorée. Pour mémoire, cette durée est identique à la durée d'activité non salariée agricole ouvrant droit à retraite forfaitaire entière (n° 46705).

Le **taux de minoration** pour un **trimestre manquant** est de (C. rur. art. R 732-61) : **46865**
– 2,5 % pour les assurés nés avant le 1er janvier 1944 ;
– 2,375 % pour les assurés nés en 1944 ;
– 2,25 % pour les assurés nés en 1945 ;
– 2,125 % pour les assurés nés en 1946 ;
– 2 % pour les assurés nés en 1947 ;
– 1,875 % pour les assurés nés en 1948 ;
– 1,75 % pour les assurés nés en 1949 ;
– 1,625 % pour les assurés nés en 1950 ;
– 1,5 % pour les assurés nés en 1951 ;
– 1,375 % pour les assurés nés en 1952 ;
– 1,25 % pour les assurés nés à compter de 1953.

SURCOTE OU MAJORATION

Les assurés qui poursuivent leur activité après l'âge légal de la retraite et qui justifient, sous l'ensemble des régimes, d'une durée d'assurance supérieure aux minima requis pour bénéficier du taux plein ont droit à une majoration de leur retraite (C. rur. art. L 732-25-1 et D 732-42). **46870**

Les trimestres ouvrant droit à la surcote sont les trimestres cotisés depuis le 1er janvier 2004, postérieurement à l'âge légal de la retraite et au-delà de la durée d'assurance ouvrant droit à la retraite sans minoration, sans considération du régime.

Pour les **assurés nés avant 1949 dont la pension prend effet à compter du 1er janvier 2009** et pour les **assurés nés après 1948**, la majoration est égale à :

a) pour les **trimestres accomplis avant le 1er janvier 2009** :
– 3 % par année (0,75 % par trimestre) pour la première année ;
– 4 % par année (1 % par trimestre) pour les années suivantes ;
– 5 % par année (1,25 % par trimestre) après 65 ans, soit l'âge du taux plein ;

b) pour les **trimestres accomplis depuis le 1er janvier 2009**, 5 % par année (1,25 % par trimestre) dès l'âge légal de la retraite (Décret 2010-1734 du 30-12-2010).

Il est retenu, au titre de l'année où l'assuré a atteint l'âge légal de la retraite, un nombre de trimestres égal au nombre de trimestres civils entiers suivant celui au cours duquel est survenu cet anniversaire (C. rur. art. D 732-42).

La surcote est calculée sur la pension (retraite forfaitaire et retraite proportionnelle) avant qu'elle ne fasse l'objet, le cas échéant, d'une revalorisation. Elle est calculée avant la bonification pour les parents de 3 enfants (C. rur. art. D 732-111).

Surcote parentale Les parents peuvent, sous certaines conditions, bénéficier d'une majoration spécifique de la retraite de base pour les trimestres supplémentaires accomplis la dernière année avant l'âge légal de la retraite, c'est-à-dire entre 63 et 64 ans (C. rur. art. L 732-25-2 créé par loi 2023-270 du 14-4-2023 art. 11 et R 732-42-1 créé par décret 2023-799 du 21-8-2023). **46871**

Bénéficient de la surcote parentale, les assurés :
– ayant obtenu au moins un trimestre de majoration de durée d'assurance pour enfant (maternité, adoption, éducation, enfant handicapé, congé parental) ;
– et qui poursuivent, au-delà de 63 ans et au-delà de la durée d'assurance requise pour obtenir le taux plein, une activité donnant lieu à cotisations à la charge du chef d'exploitation ou d'entreprise agricole ou de l'assuré.

La surcote est de 1,25 % par trimestre, soit une majoration maximale de 5 % pour une année entière.

Cette majoration spécifique de pension est accordée dans les mêmes conditions que la surcote classique (n° 46870).

PLAFONNEMENT

La retraite de base d'un non-salarié agricole (total de la retraite forfaitaire et de la retraite proportionnelle) ne peut dépasser le montant maximal de pension dont peut bénéficier un salarié du régime général (C. rur. art. L 732-26 et R 732-60), soit 50 % du plafond de la sécurité sociale. Pour 2024, ce maximum atteint 23 184 € (1 932 € par mois). **46875**

Pour les retraités qui ne justifient pas du nombre de trimestres d'assurance au régime non salarié agricole ouvrant droit au montant maximal de la retraite forfaitaire (n° 46705), le plafond de retraite est proportionnel à la durée d'assurance accomplie (C. rur. art. R 732-60).

Exemple : un assuré né en 1962 dispose de 158 trimestres validés. Dans ce cas, le plafond de retraite à ne pas dépasser en 2024 est de 21 674,98 € (23 184 × (158/169).

AVANTAGES COMPLÉMENTAIRES

46880 **Bonification pour enfants** Tout retraité, homme ou femme, ayant eu au moins 3 enfants ou ayant élevé au moins 3 enfants dont lui-même ou son conjoint a eu la charge pendant au moins 9 ans avant leur 16e anniversaire bénéficie d'une bonification pour enfants. Elle atteint 10 % de la retraite calculée, c'est-à-dire la somme de la retraite forfaitaire et de la retraite proportionnelle, éventuellement portée au minimum, surcotée ou plafonnée (C. rur. art. D 732-38).

La bonification pour enfants rentre dans le calcul des ressources tous régimes confondus servant à déterminer les minima de retraite non salariée agricole mis en œuvre au 1er janvier 2009 (C. rur. art. D 732-114).

46885 **Majoration pour aide d'une tierce personne** Cette majoration est accordée à des assurés qui, en raison de leur état de santé, doivent recourir à l'assistance d'une tierce personne pour effectuer les actes ordinaires de la vie. Elle ne peut être attribuée qu'avec la **pension d'invalidité Amexa pour inaptitude totale**.

La majoration pour tierce personne est payée par l'Amexa jusqu'à la retraite de l'assuré. C'est ensuite l'assurance vieillesse qui poursuit le versement de l'aide et ce, sans que l'assuré ait à en faire la demande.

Son montant est égal à 40 % de l'avantage générateur mais ne peut être inférieur à un montant minimal (C. rur. art. R 732-4-4). Au 1er avril 2024, le montant minimal est égal à 1 266,60 € par mois.

En cas d'**hospitalisation**, la majoration pour aide d'une tierce personne est versée jusqu'au dernier jour du mois civil suivant celui au cours duquel l'assuré a été hospitalisé. Au-delà de cette période, son service est suspendu (C. rur. art. R 732-4-4).

46890 **Part excédentaire** Le bénéficiaire d'une pension d'invalidité Amexa ne peut percevoir une retraite d'un montant inférieur à sa pension d'invalidité (C. rur. art. R 732-3). Si tel est le cas, il perçoit, en plus de sa retraite, une « part excédentaire » destinée à porter sa retraite au niveau de sa pension d'invalidité. Cette part excédentaire n'est pas soumise au plafonnement des pensions.

EXEMPLES DE CALCUL

46900 Dans les exemples qui suivent, les montants indiqués tiennent compte des montants applicables à la date de mise à jour du Mémento.

46910 **EXEMPLE 1**

Un assuré né en avril 1962 justifie de 43 ans d'activité non salariée agricole (172 trimestres) et réunit 1 482 points de retraite proportionnelle. Il peut prendre sa retraite à 62 ans et 6 mois, soit un départ au 1er novembre 2024. La durée de carrière qui lui donne droit à une retraite à taux plein, compte tenu de son année de naissance, est de 42 ans et 1 trimestre (169 trimestres). Sa retraite de base annuelle s'élèvera à :

– une retraite forfaitaire de 3 821,31 € par an (ayant 43 ans de carrière, il a droit à une retraite forfaitaire entière) ;

– plus une retraite proportionnelle de 1 482 × 4,490 € × 0,8876 (coefficient d'adaptation pour un assuré né en 1962) = 5 906,25 € par an ;

– soit un total de 9 727,56 € par an.

L'assuré justifiant, sous l'ensemble des régimes, de la durée d'assurance suffisante, sa retraite n'est pas minorée.

Le plafond des retraites est de 23 184 € par an. La retraite est servie intégralement puisqu'elle est inférieure au plafond.

L'intéressé percevra donc 9 727,56 € de retraite de base par an auxquels il faudra ajouter le montant de la retraite complémentaire obligatoire.

46915 **EXEMPLE 2**

Un assuré né en mai 1962 justifie de 37,5 ans d'activité non salariée agricole (150 trimestres) et réunit 1 482 points de retraite proportionnelle (la base de ses cotisations a été légèrement plus élevée que dans l'exemple précédent). Il a exercé par ailleurs une activité salariée qui donne lieu à la validation de 10 trimestres.

La durée de carrière sous l'ensemble des régimes est donc de 150 + 10 = 160 trimestres (40 ans). Sa retraite prend effet au 1er décembre 2024, à 62 ans et 6 mois. La durée de carrière qui lui donne droit à une retraite à taux plein, compte tenu de son année de naissance, est de 42 ans et 1 trimestre (169 trimestres).
Sa retraite de base annuelle s'élève à :
– une retraite forfaitaire égale à 3 821,31 € × 37,5/42,25 = 3 391,70 € par an (la durée de carrière non salariée agricole de 42,25 ans qui ouvre droit à une retraite forfaitaire entière n'étant pas atteinte, sa retraite forfaitaire est proratisée) ;
– plus une retraite proportionnelle de 1 482 × 4,490 € × 0,8876 (coefficient d'adaptation pour un assuré né en 1962) = 5 906,25 € ;
– soit un total de 9 297,95 € par an.
Cependant, la durée de carrière sous l'ensemble des régimes ouvrant droit à une retraite à taux plein (42,25 ans) n'est pas atteinte. L'assuré n'a pas atteint l'âge du taux plein (67 ans pour sa génération), il n'est pas dans le cadre d'un départ anticipé donnant droit au taux plein (carrière longue, incapacité permanente d'origine professionnelle, handicap, inaptitude) et n'est dans aucune des situations permettant de partir à l'âge légal au taux plein (mère de 3 enfants salariée et ayant exercé un travail manuel ouvrier, ancien prisonnier de guerre ou ancien combattant). En conséquence, sa retraite forfaitaire et sa retraite proportionnelle subiront une minoration.
Le nombre de trimestres de carrière manquants par rapport aux 169 exigés est de 9 (169 – 160).
Le nombre de trimestres manquants par rapport à l'âge du taux plein est de 18.
Le coefficient de minoration à appliquer à la retraite est de 11,25 % (1,25 % × 9).
Le montant de la retraite totale est de 9 297,95 × (1 – 11,25 %) = 8 251,93 €.
Le plafond des retraites, proratisé puisque l'assuré ne justifie pas de 42,25 années d'activité dans le régime des non-salariés agricoles, est de 23 184 € × 37,5/42,25 = 20 577,51 €. La retraite est servie intégralement puisqu'elle est inférieure au plafond.
L'intéressé percevra donc une retraite de base de 8 251,93 € par an à laquelle il faudra ajouter le montant de la retraite complémentaire obligatoire.

EXEMPLE 3 46920

Un assuré né le 31 décembre 1959 a pris sa retraite le 1er janvier 2024. Il justifiait de 44 ans d'activité non salariée agricole (176 trimestres) et réunissait 1 482 points de retraite proportionnelle issus de ses cotisations. La durée de carrière requise pour le taux plein en fonction de son année de naissance est de 41,75 ans (167 trimestres). Il a 3 enfants.
En 2022 et 2023, cet assuré a continué son activité alors qu'il dépassait l'âge légal de la retraite (62 ans pour sa génération) et justifiait déjà des 167 trimestres d'activité requis pour obtenir une retraite forfaitaire maximale. Ces années d'activité, effectuées après le 1er janvier 2009, ouvrent donc droit à une surcote de 10 % (1,25 × 8 trimestres), laquelle est appliquée au montant de la retraite calculée dans les mêmes conditions que pour l'exemple 1.
Dans cet exemple, et par hypothèse, l'assuré a cotisé pendant une durée plus longue que dans l'exemple 1, mais sur une base inférieure, ce qui explique que le nombre de points de retraite proportionnelle soit identique dans les deux cas.
Sa retraite de base annuelle s'élèvera à (montants au 1-1-2024) :
– une retraite forfaitaire de 3 821,31 € par an (ayant les 41,75 ans de carrière requis, il a droit à une retraite forfaitaire entière) ;
– plus une retraite proportionnelle de 1 482 × 4,490 € × 0,8982 (coefficient d'adaptation pour un assuré né en 1959) = 5 976,78 € par an ;
– soit un total de 9 798,09 € par an.
L'assuré justifiant, sous l'ensemble des régimes, de la durée d'assurance suffisante, sa retraite n'est pas minorée. Elle est même majorée de 10 % du fait des deux années cotisées après 62 ans, soit un total de 9 798,09 € × 1,1 = 10 777,90 € par an.
Cet assuré ayant eu 3 enfants, il a droit également à une bonification pour enfant laquelle se monte à 10 %, soit un total de 10 777,90 € × 1,1 = 11 855,69 € par an.
Le plafond des retraites est de 23 184 € par an. La retraite est servie intégralement puisqu'elle est inférieure au plafond.
La retraite de base servie est donc de 11 855,69 € par an à laquelle il faudra ajouter le montant de la retraite complémentaire obligatoire.

3. RÉVERSION DE LA RETRAITE

En cas de décès de l'assuré, quel qu'ait été son statut d'actif – chef d'exploitation, conjoint de chef d'exploitation ou aide familial –, **son conjoint marié et le cas échéant son ex-conjoint divorcé** (n° 47015) peuvent demander une retraite de réversion égale à **une part de la retraite de base** (retraite forfaitaire et retraite proportionnelle d'un non-salarié agricole) dont bénéficiait ou aurait pu bénéficier le défunt s'il avait atteint l'âge de la retraite. 47000

Peu importe que le conjoint décédé ait effectivement obtenu sa retraite. Peu importe par ailleurs l'âge auquel le conjoint est décédé. Il doit simplement avoir été assujetti au régime non salarié agricole et justifier d'au moins une année d'assurance (C. rur. art. L 732-41).
Cette pension de réversion est accordée sous **conditions d'âge** (n°s 47010 s.) et **de ressources** (n°s 47020 s.). Le conjoint survivant peut lui-même exercer ou avoir exercé une activité professionnelle (n° 47025).
La pension de réversion atteint au maximum **54 % de la pension du conjoint décédé** (n° 47030). Son montant peut être majoré pour les veufs ou veuves disposant de faibles revenus, sous certaines conditions (n° 47035).
Les **retraites de réversion attribuées avant le 1er janvier 1995** demeurent régies par un régime particulier (n° 47040).

> **Précisions a.** Par simplification, dans les développements qui suivent, le **terme générique de « conjoint »** sera utilisé pour l'ensemble des bénéficiaires potentiels sauf traitement différencié.
> **b.** Une pension de réversion peut également être accordée au conjoint d'un **assuré disparu de son domicile depuis plus d'un an**, sous réserve que le conjoint remplisse les conditions requises (C. rur. art. L 732-49 et D 732-92). La retraite de réversion est supprimée en cas de réapparition de l'assuré.
> **c.** Dans le cas où le **conjoint survivant poursuit** ou a poursuivi la **mise en valeur de l'exploitation suite au décès de son époux chef d'exploitation**, le droit combiné peut être plus avantageux qu'une pension de réversion (C. rur. art. L 732-41). Le droit combiné permet en effet de cumuler les droits propres du conjoint survivant et les droits acquis par le chef d'exploitation décédé, voir n°s 47080 s.
> **d.** Lorsque, à la suite de la reprise ou de la poursuite d'une activité dans le cadre d'un cumul emploi-retraite intégral, l'assuré était titulaire d'une nouvelle pension de retraite, celle-ci ouvre droit à une pension de réversion dans les mêmes conditions (C. rur. art. L 732-41 modifié par loi 2023-270 du 14-4-2023 art. 26 ; voir n° 46590, Précisions, a).

CONDITIONS D'OBTENTION

47010 **Mariage** Les bénéficiaires de la pension de réversion sont le conjoint survivant et, s'il y en a, le ou les ex-conjoints (précédents conjoints divorcés) de l'assuré décédé.
On entend par « conjoint » ou « ex-conjoint » celui/celle qui a été marié(e) avec le défunt. Le Pacs ou le concubinage avec l'assuré décédé ne permettent pas d'obtenir une pension de réversion, même dans le cas où les partenaires ou concubins ont eu ensemble des enfants.
Depuis le 1er juillet 2004, l'attribution d'une pension de réversion n'est plus soumise à des conditions de durée du mariage et de non-remariage.
L'**ex-conjoint** qu'il soit ou non divorcé, quelles que soient les causes du divorce, remarié ou non, peut prétendre à la réversion. La pension de réversion est répartie, entre le conjoint survivant et les ex-conjoints, proportionnellement à la durée de chaque mariage. Au décès du conjoint survivant ou d'un conjoint divorcé, sa part accroîtra la part de l'autre ou, s'il y a lieu, des autres, à compter du premier jour du mois suivant le décès (C. rur. art. L 732-47 et D 732-94).

> **Précisions** En cas de **décès d'un chef d'exploitation ou d'entreprise non encore retraité** et lorsqu'une pension de réversion est accordée à un ou des ex-conjoints divorcés, le conjoint survivant qui poursuit la mise en valeur de l'exploitation sans avoir demandé la liquidation de sa quote-part de pension de réversion, pourra bénéficier d'un **droit combiné** (n°s 47080 s.). Il ne pourra alors cumuler avec sa carrière propre que la durée d'activité acquise par le défunt proportionnelle à la durée de leur mariage par rapport à la durée totale des mariages (C. rur. art. D 732-91 et D 732-94).

47015 **Âge** Après avoir été supprimée, la **condition d'âge** pour l'octroi d'une pension de réversion a été rétablie (C. rur. art. L 732-41). Cette condition d'âge, **fixée à 55 ans** (C. rur. art. D 732-92-1), s'applique aux décès intervenus **depuis le 1er janvier 2009** et aux disparitions constatées depuis le 1er janvier 2008.
L'âge de 51 ans est conservé pour les personnes devenues veuves avant le 1er janvier 2009 ou dont le conjoint a disparu avant le 1er janvier 2008.
Les personnes confrontées au veuvage et qui ne remplissent pas la condition d'âge pour bénéficier d'une pension de réversion peuvent bénéficier d'une **allocation veuvage** servie par le régime général, le régime des salariés agricoles et le régime des exploitants agricoles (n°s 47600 s.).

Ressources Les ressources personnelles du conjoint survivant ne doivent pas dépasser un **plafond** fixé à 2 080 fois le montant du Smic horaire en vigueur au 1er janvier, soit 24 232 € par an au 1er janvier 2024. S'il vit en couple, il a droit à une pension de réversion si les ressources du ménage ne dépassent pas 1,6 fois le plafond applicable aux personnes seules, soit 38 771,20 € par an au 1er janvier 2024 (C. rur. art. D 732-89). 47020
La condition de ressources est vérifiée tout au long du service de la pension de réversion et non pas seulement lors de son attribution et ce, jusqu'à la retraite du bénéficiaire (n° 47030).
Lorsque la pension de réversion majorée des ressources personnelles **dépasse** le plafond de ressources, la pension de réversion est réduite à due concurrence du dépassement (C. rur. art. L 732-41).
Lorsque la pension de réversion est versée par plusieurs régimes d'assurance vieillesse (régime général, régimes agricoles, régimes des indépendants et professions libérales), le dépassement du plafond de ressources est imputé sur chacun d'eux à proportion de la part de réversion versée (CSS art. R 173-17).

Les **ressources à prendre en compte** sont celles des 3 mois civils précédant la date d'effet de la pension de réversion. Lorsque les ressources de ces trois mois excèdent le quart du plafond de ressources ci-dessus (n° 47020), les ressources à prendre en compte sont celles afférentes aux 12 mois civils précédant cette même date d'effet (C. rur. art. D 732-89). 47025
Elles sont **appréciées** de manière identique à celles retenues en matière d'allocation de solidarité aux personnes âgées (Aspa) et comprennent la retraite de réversion et les retraites personnelles du conjoint survivant (C. rur. art. D 732-89). Toutefois, elles n'intègrent pas :
– les revenus d'activité et de remplacement de l'assuré décédé ;
– les pensions de réversion des régimes complémentaires obligatoires ;
– les revenus des biens mobiliers et immobiliers acquis du conjoint décédé ou disparu ou en raison de ce décès ou de cette disparition.
Si le conjoint survivant est âgé d'au moins 55 ans et qu'il exerce une activité professionnelle, ses revenus d'activité font l'objet d'un abattement de 30 % (C. rur. art. D 732-89).

MONTANT

La pension de réversion est égale à **une part de la retraite de base** (retraite forfaitaire et retraite proportionnelle d'un non-salarié agricole) dont bénéficiait ou aurait pu bénéficier le conjoint décédé. Lorsque le conjoint décédé ne bénéficiait ou n'aurait pu bénéficier que de la retraite forfaitaire ou de la retraite proportionnelle, seul cet élément est pris en compte dans le calcul de la pension de réversion (C. rur. art. L 732-43 et R 732-65 ; nos 46500 s.). 47030
La pension de réversion est égale à 54 % de la retraite forfaitaire et/ou de la retraite proportionnelle dont bénéficiait ou aurait bénéficié l'assuré (C. rur. art. L 732-41 à L 732-44 et D 732-93 ; CSS art. D 353-1), sans pouvoir être inférieure à un minimum (C. rur. art. L 732-48).
La retraite de réversion correspond à 54 % de la retraite forfaitaire et de la retraite proportionnelle d'un chef d'exploitation, d'un conjoint collaborateur ou d'un aide familial à titre principal, 54 % de la retraite proportionnelle d'un salarié, non-salarié agricole à titre secondaire, 54 % de la retraite forfaitaire d'un conjoint participant.
En cas de décès avant l'âge du taux plein, la pension de réversion du conjoint survivant est calculée en fonction du montant de retraite qui aurait été alloué au titre de l'inaptitude au travail, c'est-à-dire sans minoration (C. rur. art. D 732-96).
Le montant de la pension de réversion est **révisable** en cas de variation dans le montant des ressources du bénéficiaire. Toutefois, la pension de réversion cesse d'être révisable 3 mois après la date à laquelle le conjoint survivant a liquidé l'ensemble des avantages de vieillesse de base et complémentaire résultant de son activité propre ou à l'âge légal de la retraite s'il ne peut prétendre à de tels avantages personnels (C. rur. art. D 732-89).

> **Précisions** **a.** La retraite de réversion peut être **partagée** entre plusieurs conjoints, au prorata de la durée respective de chaque mariage (C. rur. art. L 732-47).
> **b.** Pour mémoire, le versement du minimum de retraite personnelle de base des non-salariés agricoles mis en œuvre au 1er janvier 2009 ne peut intervenir avant liquidation des pensions de retraite personnelles et de réversion (C. rur. art. L 732-54-1). La majoration dont bénéficiait de son vivant l'assuré décédé fait en outre partie de la pension servant de base pour le calcul de la réversion.

Majoration des pensions de réversion Les pensions de réversion peuvent être majorées pour les **veufs** ayant atteint l'âge du taux plein et **dont les retraites sont inférieures à un plafond** (C. rur. art. L 732-51-1 et D 732-100-1 à D 732-100-4). 47035

Le **montant** de la majoration de la pension de réversion atteint au maximum 11,1 % de la pension de réversion (C. rur. art. D 732-100-1), ce qui a pour effet de porter la pension de réversion de ces personnes à un maximum de 60 % de la retraite du conjoint décédé.
Le droit à cette majoration est examiné automatiquement sans demande de l'assuré.
Pour bénéficier de cette majoration, il faut que la somme des avantages personnels de retraite et de réversion servis par les régimes d'assurance vieillesse obligatoires, de base et complémentaires, français et étrangers du conjoint de l'assuré décédé ou disparu soit inférieure à un plafond de 2 928,71 € par trimestre au 1er janvier 2024 (soit 976,23 € par mois).
Ce plafond est revalorisé aux mêmes dates et dans les mêmes conditions que les retraites de base, en principe le 1er janvier de chaque année (C. rur. art. D 732-100-1).
Les avantages personnels de retraite et de réversion à prendre en compte pour l'attribution de la majoration de la pension de réversion sont ceux des 3 mois civils précédant sa date d'effet.
Lorsque la somme des pensions de retraite et/ou de réversion et du montant de la majoration sur trois mois excède 2 928,71 €, la majoration est réduite à due concurrence du dépassement (C. rur. art. D 732-100-2).
Cette majoration est due à partir du premier jour du mois suivant la date à laquelle les conditions d'attribution sont remplies (C. rur. art. D 732-100-3).
Le montant de la majoration peut être **révisé** lorsque le montant des avantages personnels de retraite et de réversion perçus a varié par rapport au montant initialement calculé.
Aucune révision ne peut cependant plus intervenir après l'expiration d'un délai de 3 mois à partir de la date à laquelle le conjoint survivant est entré en jouissance de l'ensemble des avantages personnels de retraite de base et complémentaire auxquels il peut prétendre, ou après l'âge du taux plein lorsqu'il ne peut prétendre à de tels avantages (C. rur. art. D 732-100-3).
Lorsqu'un assuré a relevé de deux ou plusieurs des régimes d'assurance vieillesse concernés par la « demande unique » (régime général, régimes agricoles, régimes des indépendants et professions libérales), le calcul de la majoration de la pension de réversion que son conjoint survivant peut percevoir de chacun d'eux est effectué par un seul de ces régimes (CSS art. R 173-17-1).

47040 **Retraites de réversion ayant pris effet avant le 1er janvier 1995** Leur montant correspond à 100 % de la retraite forfaitaire et 50 % de la retraite proportionnelle dont bénéficiait ou aurait bénéficié l'assuré (C. rur. art. L 732-46).
Elles ne sont pas cumulables avec des avantages personnels de retraite ou d'invalidité, étant précisé qu'un complément différentiel est versé lorsque le montant de ces avantages personnels est inférieur à celui de la pension de réversion susceptible d'être accordée.

> **Précisions** Deux dispositions visent le conjoint survivant dont la retraite de réversion a été liquidée avant le 1er janvier 1995, sous réserve qu'il bénéficie ou soit susceptible de bénéficier d'un avantage personnel de vieillesse ou d'invalidité (C. rur. art. L 732-46) :
– la pension de réversion a été majorée d'un montant forfaitaire équivalant à 277,18 points de retraite proportionnelle afin de compenser l'impossibilité de son cumul avec des avantages personnels (C. rur. art. D 732-97) ;
– le conjoint survivant âgé de moins de 60 ans au 1er janvier 1995 a pu opter pour le nouveau régime de réversion des non-salariés agricoles. L'option, définitive, a pris effet à la date d'entrée en jouissance du premier de ses avantages personnels.

47045 **Points de retraite proportionnelle gratuits (1981 et 1986)** Les attributions gratuites de points supplémentaires de retraite proportionnelle qui se sont appliquées le 1er juillet 1981 et le 1er juillet 1986 sont répercutées sur les pensions de réversion (n° 46750 ; C. rur. art. D 732-76 et D 732-77).

DATE D'EFFET

47050 Le conjoint survivant doit indiquer la date d'effet de sa pension de réversion (C. rur. art. D 732-92).
Le point de départ choisi par l'assuré est nécessairement fixé au 1er jour d'un mois, sans pouvoir être antérieur au 1er jour du mois suivant la date à laquelle le conjoint survivant remplit la condition d'âge, et au plus tôt, au 1er jour du mois suivant la date de dépôt de la demande de pension de réversion.
Lorsque la demande est déposée dans le délai d'un an qui suit le décès, le point de départ peut toutefois être fixé au plus tôt au 1er jour du mois qui suit le décès.
Si, à cette date, la condition de ressources n'est pas remplie, la date d'effet peut, durant cette période d'un an, être fixée au 1er jour du mois à partir duquel la condition de ressources est remplie et ce, quelle que soit la date de la demande.

Lorsque le demandeur n'indique pas la date d'effet qu'il a choisie, le point de départ de sa pension de réversion sera fixé au 1er jour du mois suivant la date de réception de la demande (C. rur. art. D 732-92).

AVANTAGES COMPLÉMENTAIRES

La pension de réversion peut être augmentée de diverses majorations : 47055
– si le bénéficiaire a eu au moins 3 enfants ou élevé au moins 3 enfants dont lui-même ou son conjoint a eu la charge pendant au moins 9 ans avant leur 16e anniversaire : une **bonification pour enfants** correspondant à 10 % du montant de sa retraite de réversion (C. rur. art. D 732-38) ;
– s'il a un ou des enfants à charge au sens de l'Amexa (n° 45050) : une **majoration forfaitaire pour chaque enfant à charge** (C. rur. art. L 732-50 et D 732-98 à D 732-100). Pour prétendre à cette majoration, l'intéressé doit être bénéficiaire d'une pension de réversion. Il ne doit pas avoir atteint l'âge du taux plein au moment de la demande, n'avoir aucun droit personnel à une retraite d'un régime de base obligatoire et ne pas percevoir de prestations pour charge d'enfant du fait du décès de l'assuré (pension ou de rente d'orphelin). Enfin, si la retraite de réversion résulte du régime antérieur au 1er juillet 2004, le requérant doit avoir la qualité de conjoint survivant non remarié et ne pas vivre maritalement.

La **pension d'orphelin** créée par la réforme des retraites de 2023 pour les salariés (CSS art. L 358-1 à L 358-7 créé par loi 2023-270 du 14-4-2023 art. 18 ; n° 40085) est étendue aux non-salariés agricoles (C. rur. art. L 732-54-6 créé par loi 2023-1250 du 26-12-2023 art. 101). 47060
La pension d'orphelin correspond à 54 % de la pension principale dont bénéficiait ou aurait pu bénéficier l'assuré décédé (minimum : 100 € bruts mensuels). Cette pension est due jusqu'à l'âge de 21 ans, ou 25 ans si les revenus du bénéficiaire sont inférieurs ou égaux à 55 % du Smic, ou sans limite d'âge pour les orphelins en situation de handicap présentant un taux d'incapacité au moins égal à 80 % avant l'âge de 21 ans ou d'au moins 50 % sous certaines conditions (CSS art. D 358-1 s. et R 358-1 s.).

4. DROIT COMBINÉ

PRINCIPE

Le droit combiné est un mécanisme spécifique au régime des non-salariés agricoles. Comme son nom l'indique, la pension de « droit combiné » permet de cumuler intégralement la carrière du bénéficiaire et celle de son conjoint chef d'exploitation décédé en activité. 47080
Le conjoint survivant qui, au décès du chef d'exploitation, décide de poursuivre la mise en valeur de l'exploitation, a le choix :
– soit d'obtenir une retraite personnelle et une retraite de réversion dans les conditions de droit commun exposées ci-dessus ;
– soit de demander un droit combiné (C. rur. art. L 732-41).
Ces deux possibilités ne se cumulent pas. Le conjoint qui demande la retraite de réversion n'a plus la possibilité de bénéficier du droit combiné. Le droit combiné est une possibilité ouverte au conjoint survivant qui n'a pas demandé la réversion au régime des non-salariés agricoles.
Le droit combiné est souvent plus avantageux que la pension de réversion, tout particulièrement lorsque la carrière du chef d'exploitation décédé a été longue, qu'il a acquis un nombre important de points de retraite proportionnelle et que le conjoint survivant s'approche de l'âge de la retraite.
Pour les pensions liquidées depuis le 1er février 2014, il est possible d'intégrer dans le droit combiné les points de RCO du chef d'exploitation décédé (C. rur. art. L 732-62 et D 732-152 ; n° 47450).

BÉNÉFICIAIRES

Le **conjoint décédé** était chef d'exploitation ou d'entreprise au moment de son décès. Il est décédé avant d'avoir demandé la liquidation de sa retraite (C. rur. art. L 732-41). 47085
Le **conjoint survivant**, nécessairement marié au chef d'exploitation au jour de son décès, ne doit pas avoir obtenu de pension de réversion du régime des non-salariés agricoles au titre de la carrière de son conjoint décédé. Il ne doit pas non plus bénéficier d'une retraite du régime des non-salariés agricoles. Il doit avoir repris tout ou partie de l'exploitation au décès de son conjoint chef d'exploitation. Cette condition est remplie si le chef d'exploitation décédé était assujetti l'année de son décès et si son conjoint survivant est, à son tour, assujetti en tant que chef d'exploitation au 1er janvier de l'année qui suit celle du décès.
Le droit combiné peut être demandé dans le cas de conjoints en exploitation individuelle, en coexploitation, en Gaec ou toute autre forme de société. Un conjoint survivant qui n'était pas

membre du Gaec ou de la société avant le décès du chef d'exploitation devient ainsi membre de la structure en reprenant tout ou partie des parts de son conjoint décédé. Dans le cas de conjoints déjà membres du Gaec ou de la société au moment du décès de l'un d'eux, le droit combiné n'est possible que si le chef d'exploitation décédé n'est pas remplacé ou n'est remplacé qu'en partie par une tierce personne et si ses parts sont réparties entre les membres de la structure, y compris le conjoint survivant (Lettre min. 291 du 23-7-1990).

Une fois ces conditions spécifiques remplies, pour pouvoir prétendre à la liquidation de sa pension de droit combiné, l'assuré devra, dans les conditions de droit commun, **avoir atteint l'âge légal de la retraite** et **cesser son activité professionnelle**.

NATURE ET SPÉCIFICITÉS

47090 Le droit combiné est un **avantage personnel**, attribué sous les mêmes conditions que la retraite personnelle classique.

Sa seule particularité tient au **mode de calcul** de la retraite. Pour ce calcul, le conjoint survivant ajoute à sa carrière propre les annuités acquises par le conjoint décédé (C. rur. art. L 732-41). Cet ajout se limite toutefois aux seules annuités accomplies par le conjoint décédé en qualité de chef d'exploitation. Le cumul des carrières joue tant pour le calcul de la retraite forfaitaire que pour celui de la retraite proportionnelle ainsi que pour celui de la retraite complémentaire obligatoire.

Le conjoint survivant percevra alors une retraite forfaitaire calculée sur la base de ses années d'activité propres (éventuellement en tant qu'aide familial, conjoint puis en tant que chef d'exploitation) et des années d'activité de son conjoint décédé pour la partie exercée en tant que chef d'exploitation. Ces années peuvent se superposer dans la limite du montant maximum de la retraite forfaitaire. Le conjoint survivant percevra également une retraite proportionnelle calculée sur la totalité des points qu'il a lui-même acquis (éventuellement en tant qu'aide familial, collaborateur puis en tant que chef d'exploitation) et acquis par le conjoint décédé pour la partie exercée en tant que chef d'exploitation.

Pour la détermination du nombre de trimestres nécessaires tous régimes confondus pour une retraite à taux plein, il ne peut être retenu plus de 4 trimestres par an. Le montant de la retraite de base non salariée agricole du conjoint survivant est en outre plafonné à 50 % du plafond annuel de la sécurité sociale, hors surcote (n° 46875).

47095 Pour bénéficier du droit combiné, le **conjoint survivant doit opter** pour le paiement des cotisations d'assurance vieillesse dues par le conjoint décédé l'**année** de son **décès** (C. rur. art. L 731-10-1). La MSA a précisé que la proratisation des cotisations retraite l'année du décès du chef d'exploitation ferme l'accès au droit combiné quand bien même le conjoint survivant poursuivrait l'exploitation et serait assujetti en qualité de chef d'exploitation au 1er janvier de l'année suivant le décès (Lettre à toutes les caisses MSA DRAR-304 du 15-7-2015 ; Circ. CCMSA DRAR-2014-029 du 18-12-2014). En revanche, les proratisations de cotisations vieillesse opérées avant le 18 décembre 2014 permettent toujours de demander un droit combiné.

En cas de décès du chef d'exploitation, les cotisations dues l'année du décès sont en effet automatiquement proratisées. Cette proratisation concerne à la fois les cotisations dues par le chef d'exploitation et celles dont il était redevable, le cas échéant, pour les membres de sa famille qui participaient aux travaux (C. rur. art. L 731-10-1). Le Code rural et de la pêche maritime prévoit que le conjoint survivant peut opter pour le calcul des cotisations d'assurance vieillesse, sans proratisation, l'année du décès. Seul le conjoint survivant marié au chef d'exploitation entre dans le champ de cette dérogation. La demande d'option concerne uniquement la retraite. Devront être acquittées en totalité pour l'année du décès de l'exploitant, les cotisations dues au régime d'assurance vieillesse de base (cotisations AVA et AVI) et complémentaire (RCO) pour le chef d'exploitation et celles dues pour les membres de la famille participant aux travaux de l'exploitation, sans choix possible.

Cette **demande d'option** doit intervenir dans les 12 mois qui suivent le décès du chef d'exploitation ou d'entreprise agricole. La demande est formulée au moyen d'un imprimé Cerfa 14010*01 (C. rur. art. D 731-57-1 ; Circ. CCMSA 2010-003 du 19-1-2010).

> **Précisions** En cas de **coexistence d'un conjoint et d'un ex-conjoint divorcé** (remarié ou non), le report des annuités du conjoint décédé au compte du conjoint survivant bénéficiaire du droit combiné s'effectue au prorata de la durée totale des mariages (C. rur. art. D 732-91). Cette modalité préserve les droits de l'ex-conjoint divorcé à sa quote-part de retraite de réversion.

5. SERVICE DES PRESTATIONS

LIQUIDATION DES DROITS

Demande La retraite est liquidée à la demande de l'assuré. La demande est faite en ligne ou au moyen d'un imprimé commun au régime général (salariés et travailleurs indépendants), aux régimes des salariés et des non-salariés agricoles et au régime des cultes, disponible auprès des caisses de MSA. 47200

Cette demande est adressée à la caisse de MSA à laquelle l'assuré a été affilié en dernier lieu. La caisse auprès de laquelle la demande a été déposée enregistre cette demande et accuse réception à l'assuré. Un numéro de récépissé est adressé à l'assuré. La caisse peut réclamer toutes les pièces justificatives ou les attestations nécessaires à la liquidation des droits.

> **Précisions** Lorsqu'un **assuré relève ou a relevé** successivement, alternativement ou simultanément **du régime général, des régimes des salariés et des non-salariés agricoles et du régime social des indépendants**, la demande de liquidation de la retraite est adressée, au moyen d'un imprimé unique, au régime général ou aux régimes agricoles, dit régime d'accueil, à n'importe lequel de ces régimes, au choix de l'assuré. Le régime qui reçoit la demande doit communiquer une copie de l'imprimé unique et, le cas échéant, des pièces justificatives aux autres régimes concernés. Il en est de même pour les demandes de réversion (CSS art. R 173-4-1 et R 351-34 ; C. rur. art. R 732-49).

Décision de la caisse La caisse instruit la demande et prend une décision, soit d'attribution, soit de rejet, soit de non-mise en paiement ou de suspension, soit, enfin, de modification. 47205

La décision de la caisse est notifiée à l'intéressé dans les conditions suivantes :

– en cas d'**attribution de l'avantage demandé**, la notification de retraite précise le nom et l'adresse du retraité, la nature et le montant de l'avantage attribué et les éléments retenus pour son calcul, la date du premier paiement des arrérages et les échéances auxquelles seront réglés ces arrérages ;

– en cas de **rejet** de la demande, **de suspension ou de modification**, la décision dûment motivée doit être notifiée par lettre recommandée avec AR et mentionner les voies et les délais de recours.

La **liquidation** de la retraite de base est **définitive** et ne peut faire l'objet d'une nouvelle liquidation pour tenir compte de périodes d'activité non salariée agricole ultérieures (C. rur. art. D 732-59). Les cotisations d'assurance vieillesse que le non-salarié agricole retraité peut être tenu de verser s'il continue à mettre en valeur son exploitation dans le cadre d'une autorisation de poursuite dérogatoire (n° 46610) ou dans le cadre d'un cumul emploi-retraite ne génèrent pas de droits à retraite nouveaux. Le caractère définitif de la liquidation comporte cependant des **exceptions** en cas de paiement de cotisations arriérées (C. rur. art. D 732-51 et D 732-52).

Date d'entrée en jouissance L'assuré choisit la date à laquelle il souhaite obtenir sa retraite. Cette date, qui correspond nécessairement au 1er jour d'un mois, ne peut être antérieure ni au dépôt de la demande, ni à l'âge légal de la retraite (sauf cas de retraite anticipée : n°s 46520 s.). Si l'intéressé n'indique pas de date d'entrée en jouissance dans sa demande, la retraite prend effet au 1er jour du mois qui suit la réception de la demande par la caisse chargée de la liquidation (C. rur. art. D 732-58). 47210

Par ailleurs, la date d'effet est conditionnée, le cas échéant, par la **cessation de l'activité** non salariée agricole (C. rur. art. D 732-57).

L'entrée en jouissance d'une retraite allouée au titre de l'**inaptitude au travail** ne peut être fixée à une date antérieure au 1er jour du mois suivant la date à partir de laquelle l'inaptitude a été reconnue (C. rur. art. D 732-58).

La date de la demande retenue pour fixer le point de départ de la retraite est la date de réception de la demande réglementaire ou la date d'enregistrement de la demande en ligne.

Le conjoint survivant indique la date à laquelle il souhaite percevoir sa **pension de réversion**. Cette date d'entrée en jouissance est nécessairement fixée le 1er jour d'un mois sans pouvoir être antérieure au 1er jour du mois suivant celui où l'assuré remplit la condition d'âge. Elle ne peut non plus être antérieure au dépôt de la demande. 47215

Cependant, lorsque la demande est déposée dans le délai d'un an qui suit le décès (ou d'un an suivant la période de 12 mois écoulée depuis la disparition), la date d'entrée en jouissance peut être fixée au plus tôt au 1er jour du mois qui suit le décès ou la disparition (C. rur. art. D 732-92).

PAIEMENT ET PRÉLÈVEMENTS SOCIAUX

Les retraites sont payées chaque mois à terme échu (C. rur. art. L 732-55). 47220

Le paiement de la retraite non salariée agricole est subordonné à l'absence de **reprise d'une activité** non salariée agricole hors parcelle de subsistance (n° 46615), hors poursuite temporaire et

exceptionnelle de l'activité (n° 46610) et hors possibilité, depuis le 1er janvier 2009, de cumul avec une activité de chef d'exploitation assujettie par rapport à un temps de travail ou hors sol et, depuis le 1er janvier 2012, de cumul avec une activité de collaborateur ou d'aide familial (n° 46630 ; C. rur. art. L 732-39).
Sur l'application de la **CSG** et de la **CRDS**, voir n° 32465.

CESSIBILITÉ ET SAISISSABILITÉ DES PRESTATIONS

47225 Les pensions, les allocations et les rentes sont cessibles et saisissables dans les mêmes conditions et limites que les salaires (C. rur. art. L 725-11 et D 732-149 ; CSS art. L 355-2).
Les caisses de MSA ont ainsi la faculté de prélever sur le montant des prestations dues à leurs adhérents (hors prestations familiales, indemnités journalières et rentes Atexa) les cotisations dont ces derniers sont redevables (C. rur. art. L 725-1 ; Cass. soc. 8-3-1989 n° 86-11.751 : Bull. civ. V n° 185).
En cas d'**hospitalisation**, lorsque la cession ou la saisie est effectuée au profit de l'établissement hospitalier ou de la caisse de sécurité sociale pour le paiement des frais d'hospitalisation, la cession ou la saisie est limitée à 90 % de la pension (C. rur. art. L 725-11 ; CSS art. L 355-2).

ARRÉRAGES DE RETRAITE VERSÉS À TORT

47230 Les caisses de MSA peuvent, après en avoir avisé les intéressés, opérer d'office, et sans autres formalités, des **retenues** sur les arrérages de retraites et avantages accessoires pour le recouvrement des sommes payées indûment aux titulaires. Les sommes retenues ne peuvent excéder la **fraction saisissable**.
Toutefois (C. rur. art. D 732-149 ; CSS art. L 355-3) :
– le débiteur peut demander la **remise totale ou partielle de la dette**, en considération de la précarité de sa situation ;
– les **demandes de remboursement** de trop-perçu en matière de prestations vieillesse se prescrivent par 2 ans à compter du versement des prestations au bénéficiaire, sauf en cas de fraude ou de fausse déclaration ;
– si le trop-perçu a pour origine une **erreur de la caisse**, aucun remboursement ne peut être demandé à un assuré de bonne foi lorsque les ressources du bénéficiaire sont inférieures au plafond d'attribution de l'allocation aux vieux travailleurs salariés (AVTS). Lorsque les ressources de l'intéressé sont comprises entre ce plafond et deux fois le plafond, la commission de recours amiable de la caisse, saisie d'office du dossier, peut accorder une remise totale ou partielle du trop-perçu et déterminer, le cas échéant, l'échelonnement du remboursement.

PRESCRIPTION DES DEMANDES DE L'ASSURÉ

47235 L'action de l'assuré pour le paiement des arrérages de sa pension de retraite se prescrit par **5 ans** (C. civ. art. 2224).

VERSEMENT DES ARRÉRAGES AU DÉCÈS DU TITULAIRE

47240 Les arrérages des prestations de vieillesse, contributives et non contributives, ainsi que leurs majorations et accessoires sont dus jusqu'à la fin du mois au cours duquel le bénéficiaire est décédé. La part de la retraite restant due au décès est réglée aux **ayants droit** sur production du bulletin de décès et sur présentation des pièces établissant leur qualité (C. rur. art. D 732-150).
Les héritiers disposent de 5 ans pour demander les arrérages dus au décès du retraité. Ce **délai** de 5 ans court à compter du décès du retraité ou de la date à laquelle le titulaire du droit a pris connaissance de ce décès (C. civ. art. 2224). À l'expiration de ce délai, la prescription joue en faveur de l'organisme débiteur.
Par ailleurs, les **frais d'obsèques** payés par des personnes qui n'ont pas la qualité d'héritier ou de légataire, peuvent, dans certaines conditions, être prélevés sur les sommes dues au décès, dans la limite de 2 286,74 € (Inst. min. 79/70-B3 du 28-5-1979 ; Lettre DAS-10 676 du 15-10-1981).

B. Assurance volontaire vieillesse des non-salariés agricoles

BÉNÉFICIAIRES

47300 Peuvent adhérer volontairement à l'assurance vieillesse des non-salariés agricoles (C. rur. art. L 722-17 et D 722-25) les personnes :
– ayant exercé **en dernier lieu une activité non salariée agricole** ;
– **ne réunissant pas la durée minimale d'assurance** ou de périodes reconnues équivalentes donnant droit au taux plein ;
– **n'exerçant aucune activité professionnelle** susceptible de les assujettir à un régime de sécurité sociale.

Sont visés les anciens chefs d'exploitation qui peuvent également demander le bénéfice de l'assurance volontaire vieillesse pour les **membres de leur famille** visés à l'article L 732-34 du Code rural et de la pêche maritime et leurs **conjoints collaborateurs**, sous réserve qu'ils remplissent les conditions prévues (C. rur. art. L 722-17, L 722-18 et D 722-25). Les collaborateurs d'exploitation ou d'entreprise agricole peuvent également adhérer à l'assurance volontaire vieillesse directement (C. rur. art. L 722-17 et D 722-25, al. 5 ; Circ. CCMSA DRAR-2016-007 du 1-6-2016). Peuvent aussi adhérer volontairement à l'assurance vieillesse les personnes non salariées ayant été à la charge, à quelque titre que ce soit, d'un régime français d'assurance maladie pendant une durée de 5 ans, qui exercent une **activité non salariée agricole à l'étranger** (C. rur. art. L 722-18, L 732-52 à L 732-54 et D 722-25).

ADHÉSION

Les **demandes** d'adhésion à l'assurance volontaire vieillesse des anciens chefs d'exploitation non retraités et des membres de leur famille doivent être présentées dans un **délai** de 6 mois à compter de la date de la radiation du requérant à titre de cotisant obligatoire (C. rur. art. D 722-26). La demande doit être faite au moyen d'un **formulaire** Cerfa 50-4451 auprès de la dernière caisse MSA dont dépendait le requérant en tant qu'assuré obligatoire (C. rur. art. D 722-27). **47305**
L'adhésion prend **effet** :
– au 1er janvier de l'année suivant la demande d'adhésion ;
– ou, sur demande des intéressés, rétroactivement au 1er janvier de l'année suivant la radiation de l'assurance obligatoire (C. rur. art. D 722-28).
Les demandes d'adhésion des personnes exerçant une activité non salariée agricole à l'étranger doivent être présentées dans un délai de 10 ans à compter du 1er jour de l'exercice de l'activité à l'étranger.

COTISATIONS

Les assurés volontaires sont classés en **quatre catégories en fonction des revenus professionnels** retenus pour le calcul de leurs cotisations de leur dernière année d'activité (C. rur. art. L 731-14 à L 731-21 et D 731-128 modifié par décret 2024-688 du 5-7-2024) : **47310**
– première catégorie : revenus supérieurs ou égaux au plafond de la sécurité sociale ;
– deuxième catégorie : revenus compris entre 70 % et 100 % du plafond de la sécurité sociale ;
– troisième catégorie : revenus compris entre 20 % et 70 % du plafond de la sécurité sociale ;
– quatrième catégorie : revenus inférieurs ou égaux à 20 % du plafond de la sécurité sociale.
La valeur du plafond de la sécurité sociale est celle en vigueur au 1er janvier de l'année considérée.
La caisse MSA peut toutefois décider, après enquête sur les revenus des intéressés, de les affecter dans une catégorie supérieure. La caisse peut également, à la demande de l'assuré et sur justificatifs, l'affecter dans une catégorie inférieure ou supérieure.
En l'absence de revenus, les assurés sont classés dans la première catégorie. Les assurés volontaires exerçant une activité agricole à l'étranger relèvent également de la première catégorie.
À chaque catégorie correspond une assiette forfaitaire de calcul des cotisations d'assurance vieillesse (C. rur. art. D 731-127).

L'**assiette des cotisations** est fixée forfaitairement pour chaque catégorie en pourcentage du plafond annuel de la sécurité sociale (C. rur. art. D 731-127) : **47315**
– première catégorie : 100 % du plafond de la sécurité sociale ;
– deuxième catégorie : 70 % du plafond ;
– troisième catégorie : 40 % du plafond ;
– quatrième catégorie : 20 % du plafond.

Les assurés volontaires sont redevables de la **cotisation AVI** pour la retraite forfaitaire, de la **cotisation AVA** pour la retraite proportionnelle et pour les seuls chefs d'exploitation, de la **cotisation AVA déplafonnée** (C. rur. art. D 731-130). Les **taux** applicables aux assurés volontaires sont identiques à ceux prévus pour les assurés obligatoires (C. rur. art. D 731-131). **47320**
Les aides familiaux et les collaborateurs assurés volontaires sont redevables de la cotisation AVI, calculée sur l'assiette ayant servi de base au calcul de cette cotisation au titre de la dernière année civile d'activité, et de la **cotisation AVA** assise sur l'assiette forfaitaire égale à 400 fois le montant du Smic horaire en vigueur au 1er janvier (C. rur. art. D 731-131-1).
Les assurés volontaires sont par ailleurs redevables de la **cotisation pour la retraite complémentaire obligatoire** (C. rur. art. L 732-56).

Les **cotisations** sont **exigibles et recouvrables** dans les conditions prévues pour le régime obligatoire (C. rur. art. D 731-132) : voir nos 43710 s. **47325**

Le **non-paiement** des cotisations dans les délais n'entraîne pas l'application de majorations de retard mais peut être sanctionné par la **radiation** de l'assurance volontaire (C. rur. art. D 731-133).

PRESTATIONS

47330 L'assurance volontaire vieillesse donne droit aux prestations de l'assurance vieillesse, dans les mêmes conditions que l'assurance obligatoire. Les périodes d'assurance obligatoire et d'assurance volontaire s'additionnent.

Le nombre de points de retraite proportionnelle acquis chaque année est déterminé en fonction du revenu sur lequel sont assises les cotisations AVA (catégorie de cotisations dont relève le chef d'exploitation, base forfaitaire pour les membres de la famille). Les aides familiaux et les collaborateurs qui cotisent sur une base forfaitaire de 400 Smic, totalisent 16 points par an.

RÉSILIATION ET RADIATION

47335 L'**assuré** volontaire peut demander la résiliation de son assurance, par lettre recommandée avec AR adressée à la caisse dont il relève. La radiation prend effet à compter du 1er janvier de l'année suivant la demande de résiliation.

La **caisse** peut radier l'assuré qui ne s'est pas acquitté au 31 décembre de la totalité des cotisations dues au titre de l'année et qui ne régularise pas sa situation dans les 30 jours de la réception d'un avertissement préalable qui lui est adressé par la caisse par lettre recommandée. La radiation prend alors effet au 1er janvier de l'année considérée et comporte, le cas échéant, le remboursement de la fraction de cotisations versées au titre de cette année.

La radiation est **prononcée d'office** par la caisse lorsque l'assuré volontaire cesse de remplir les conditions énoncées n° 47300. Elle prend effet au 1er janvier qui suit la date à laquelle les conditions ont cessé d'être remplies (C. rur. art. D 731-133).

C. Retraite complémentaire obligatoire

47400 La loi 2002-308 du 4 mars 2002 a mis en place, au 1er janvier 2003, un régime de retraite complémentaire obligatoire (RCO). Ce régime, initialement réservé aux chefs d'exploitation ou d'entreprise agricole, a été ouvert aux assurés ayant, à compter du 1er janvier 2011 ou après cette date, la qualité de collaborateur d'exploitation ou d'entreprise agricole ou d'aide familial (C. rur. art. L 732-56 à L 732-63 et D 732-151 à D 732-166-6).

L'objectif initial du régime était de garantir, après une carrière complète en qualité de chef d'exploitation, une retraite totale (régime de base + régime complémentaire obligatoire) au moins égale à 75 % du Smic net (Loi 2002-308 du 4-3-2002 art. 1er). Cet objectif, qui n'avait pas été atteint, a été repris dans la réforme des retraites de 2014 par le biais du complément différentiel de points gratuits de RCO. Ce minima, qui tient désormais compte de l'ensemble des retraites de base et complémentaires de l'assuré, a été relevé à 85 % du Smic au 1er novembre 2021 (Loi 2020-839 du 3-7-2020).

La gestion du régime de retraite complémentaire obligatoire relève des caisses de MSA (C. rur. art. L 732-57, L 732-58-1 et D 732-159 à D 732-164-2).

ASSUJETTISSEMENT

47405 Sont affiliés au régime de retraite complémentaire obligatoire (C. rur. art. L 732-56 modifié par loi 2023-270 du 14-4-2023 art. 18) :

– les **chefs d'exploitation** ou d'entreprise agricole affiliés à ce titre au 1er janvier 2003 ou après cette date ;

– les personnes qui, au 1er janvier 2003 ou après cette date, relèvent du **régime d'assurance volontaire vieillesse** en qualité de chef d'exploitation ou d'entreprise agricole ;

– les bénéficiaires d'une allocation de **préretraite** de chef d'exploitation ou d'entreprise agricole versée à compter du 1er janvier 2003 et pendant la période de perception de cette allocation. Pour mémoire, la préretraite a été supprimée par un décret 2008-1111 du 30 octobre 2008 ;

– les chefs d'exploitation ou d'entreprise agricole non retraités qui, à compter du 1er janvier 2003, continuent de relever du régime de base des non-salariés agricoles à raison de la perception d'une **pension d'invalidité** au titre d'accidents survenus ou de maladies professionnelles constatées avant le 1er avril 2002 ou d'une **rente ATEXA** ;

– les **collaborateurs** d'exploitation ou d'entreprise agricole (conjoints mariés, concubins ou pacsés du chef d'exploitation ou d'entreprise agricole) à compter du 1er janvier 2011 ;

– les **aides familiaux** à compter du 1er janvier 2011.

> **Précisions** La Cour de cassation a jugé qu'un **ancien chef d'exploitation bénéficiaire d'une rente d'accident du travail**, devenu ensuite salarié, ne devait pas être redevable de la cotisation RCO (Cass. 2e civ. 13-12-2007 n° 06-21.837, X c/ CMSA du Finistère : RJS 2/08 n° 227).

LIQUIDATION DE LA RETRAITE PERSONNELLE

La liquidation et le service de la retraite complémentaire obligatoire sont subordonnés à la liquidation et au service de la retraite de base. Sauf demande expresse de l'assuré, la liquidation de la retraite de base entraîne la liquidation de la RCO, sans démarche supplémentaire. Les deux avantages prennent alors effet à la même date. **47410**

Dans le cas où **l'assuré ne souhaite pas la liquidation simultanée de sa retraite de base et de sa retraite complémentaire**, il doit en informer sa caisse MSA dans les 15 jours suivant la date d'envoi de l'accusé de réception de sa demande de retraite de base. Dans cette hypothèse, la date d'effet de la RCO est fixée au 1er jour du mois qui suivra la demande de liquidation de la RCO.

Le service de la RCO étant subordonné au service de la retraite de base, l'ensemble des dispositions relatives à la cessation de l'activité non salariée agricole s'applique (C. rur. art. D 732-157).

DÉTERMINATION DU NOMBRE DE POINTS ACCORDÉS EN CONTREPARTIE DES COTISATIONS

Le nombre de points acquis par cotisation n'est pas le même pour les chefs d'exploitation et les membres de la famille (C. rur. art. L 732-59 modifié par loi 2023-1250 du 26-12-2023 art. 18 et D 732-155 modifié par décret 2024-688 du 5-7-2024 art. 5). **47420**

Depuis le 1er janvier 2003, les assurés chefs d'exploitation sont redevables d'une cotisation RCO assise sur leurs revenus professionnels. L'assiette de la cotisation ne peut cependant inférieure à un minimum fixé à 1 820 fois le montant du Smic en vigueur au 1er janvier de l'année considérée. Cette cotisation détermine le nombre de points de RCO acquis chaque année.

Lorsque l'assiette des cotisations est inférieure ou égale à cette assiette minimale, la cotisation versée permet d'acquérir :

– 100 points par an pour les années 2003 à 2016 incluses ;
– 117 points pour l'année 2017 ;
– 133 points par an à compter de l'année 2018.

Lorsque l'assiette des cotisations dépasse l'assiette minimale, le nombre annuel de points porté au compte de l'assuré est calculé selon la formule suivante : (N × RP)/1 820 Smic.

N = 100 pour les années 2003 à 2016 incluses, 117 pour l'année 2017 et 133 à compter de l'année 2018 ;

RP = revenus professionnels de l'assuré ;

1 820 Smic correspond à l'assiette minimale de cotisation.

Le nombre de points ainsi obtenu est arrondi à l'entier le plus proche (Circ. CCMSA 2003-028 du 29-4-2003).

La cotisation applicable aux assurés volontaires vieillesse chefs d'exploitation, aux titulaires de pensions d'invalidité et de rentes ATEXA et aux préretraités est forfaitaire et donne droit à 100 points par an pour les années 2003 à 2016 incluses, 117 points pour l'année 2017 et 133 points par an à compter de l'année 2018.

Depuis le 1er janvier 2011, les aides familiaux et les collaborateurs d'exploitation ou d'entreprise agricole sont redevables d'une cotisation forfaitaire basée sur une assiette de 1 200 Smic. Cette cotisation leur donne droit à :

– 66 points par an pour les années 2011 à 2016 incluses ;
– 77 points pour l'année 2017 ;
– 88 points par an à compter de l'année 2018 (C. rur. art. L 732-59 et D 732-155).

> **Précisions** Pour les périodes courant à compter du **1er janvier 2026**, la cotisation due au titre du régime de retraite complémentaire est modifiée en lien avec la réforme de l'assiette des cotisations sociales instaurée par la loi de financement de la sécurité sociale pour 2024 (n° 43515) : une cotisation additionnelle progressive, génératrice de droits mais non soumise à l'assiette minimale, viendra s'ajouter à la cotisation fixe de 4 % (C. rur. R 732-165 modifié par décret 2024-688 du 5-7-2024 art. 5), voir n° 44400. Cette cotisation additionnelle entraîne la **modification**, à partir de 2026, des **règles d'attribution des points** aux assurés chefs d'exploitation (C. rur. art. D 732-155 modifié par décret 2024-688 du 5-7-2024 art. 5). Le nombre annuel de points de RCO porté au compte de l'assuré chef d'exploitation sera calculé selon la formule suivante : C/[(1 820 Smic × T)/N].
> ou :
> C = montant de la cotisation acquittée par l'assuré pour l'année considérée ;
> 1 820 Smic correspond à l'assiette minimale de cotisation ;
> T = taux de la cotisation assise sur l'assiette minimum = 4 % ;
> N = 133 points.

POINTS GRATUITS POUR LES ANNÉES EN TANT QUE CHEF D'EXPLOITATION ANTÉRIEURES À 2003

47425 Des points gratuits de retraite complémentaire obligatoire peuvent être accordés au titre des années accomplies en tant que chef d'exploitation avant la mise en œuvre de la RCO en 2003.
Il est ainsi accordé, sous certaines conditions, **100 points gratuits** pour chaque année d'activité accomplie en qualité de chef d'exploitation, à titre exclusif ou principal, avant le 1er janvier 2003 aux personnes suivantes (C. rur. art. L 732-56 modifié par loi 2023-270 du 14-4-2023 art. 18 et D 732-154 modifié par décret 2023-754 du 10-8-2023) :
– aux chefs d'exploitation dont la retraite de base servie à titre personnel a pris effet avant le 1er janvier 1997 ;
– aux chefs d'exploitation dont la retraite de base servie à titre personnel a pris effet entre le 1er janvier 1997 et le 1er janvier 2003 ;
– aux chefs d'exploitation dont la retraite de base servie à titre personnel a pris effet ou prend effet depuis le 31 décembre 2002.

47430 Les **conditions exigées** pour bénéficier de ces points gratuits dépendent de la **date d'effet de la retraite de base** (C. rur. art. L 732-56, D 732-151 et D 732-154 ; Circ. CCMSA 2003-028 du 29-4-2003).
Les personnes dont la retraite de base a pris effet **avant le 1er janvier 1997** doivent justifier, à la date d'effet de leur retraite de base, de 32,5 ans d'activité en qualité de non-salarié agricole, validés pour la retraite forfaitaire, dont 17,5 ans d'assurance en qualité de chef d'exploitation ou d'entreprise agricole à titre exclusif ou principal.
Les personnes dont la retraite de base a pris effet **depuis le 1er janvier 1997** doivent, pour pouvoir bénéficier de droits gratuits avoir liquidé leur pension à taux plein, qu'elle qu'en soit la raison, et, à la date d'effet de leur retraite de base, justifier de 17,5 ans en qualité de chef d'exploitation ou d'entreprise agricole à titre exclusif ou principal (C. rur. art. L 732-56 modifié par loi 2023-270 du 14-4-2023 art. 18). Les droits gratuits sont ainsi accordés aux personnes disposant d'une carrière complète mais également à celles qui bénéficient du taux plein d'office (bénéficiaires d'une retraite anticipée pour incapacité permanente ou au titre de travailleur handicapé, pour pénibilité, aux personnes invalides ou reconnues inaptes au travail).
Des points gratuits sont également accordés aux chefs d'exploitation ne justifiant pas de la durée d'assurance requise en qualité de chef d'exploitation ou d'entreprise agricole à titre exclusif ou principal (no 47436).

47435 Le **nombre d'années donnant droit à 100 points gratuits** ne peut excéder :
– pour les personnes retraitées avant la création de la RCO : 37,5 années ;
– pour les personnes retraitées à compter de la mise en œuvre des cotisations RCO au 1er janvier 2003 : la différence entre 37,5 années et le nombre d'années d'affiliation à la RCO (C. rur. art. D 732-154).

EXEMPLE

Un assuré né en 1963 liquide sa retraite de base au 1er janvier 2026 après 42 ans et demi d'activité.
Il dispose du nombre de trimestres suffisant, tous régimes confondus, pour bénéficier d'une retraite à taux plein, soit 42 ans et 2 trimestres de cotisations en tant que chef d'exploitation à titre principal.
Il peut donc bénéficier de points gratuits de RCO à hauteur de :
37,5 ans – 23 ans de cotisations entre 2003 et 2025 = 14,5 ans × 100 points gratuits.
Sa RCO comportera donc 1 450 points gratuits auxquels il faudra ajouter les points acquis grâce à ses cotisations et en fonction de son revenu professionnel.

POINTS GRATUITS POUR LES ANNÉES EN TANT QUE MEMBRE DE LA FAMILLE ANTÉRIEURES À 2011 ET EN TANT QUE « PETIT CHEF » ANTÉRIEURES À 2003

47436 Depuis le 1er février 2014, donnent lieu à points gratuits les **périodes exercées** (C. rur. art. L 732-56 modifié par loi 2023-270 du 14-4-2023 art. 18, D 732-151-1 et D 732-154-1 s.) :
– avant le 1er janvier 2011, à titre exclusif ou principal, en tant qu'aide familial ou en tant que collaborateur d'exploitation ;
– avant le 1er janvier 2009, à titre exclusif ou principal, en tant que conjoint participant aux travaux ;
– avant le 1er janvier 2003, à titre exclusif ou principal, en tant que chef d'exploitation lorsque l'assuré ne justifie pas de la durée minimale d'assurance de 17,5 années à ce titre. Ces assurés sont appelés « petits chefs ».

Il est ainsi accordé, sous certaines conditions, 66 points gratuits de RCO pour chaque année d'activité accomplie par ces conjoints, aides familiaux et « petits chefs » (C. rur. art. L 732-56 modifié par loi 2023-270 du 14-4-2023 art. 18 et D 732-154-1 s.) :
– dont la retraite de base servie à titre personnel a pris effet **avant le 1er janvier 1997** et qui justifient à la date d'effet de leur retraite, d'un minimum de 32,5 ans d'assurance non salariée agricole accomplie à titre exclusif ou principal ;
– dont la retraite de base servie à titre personnel a pris effet **depuis le 1er janvier 1997** et qui ont liquidé leur pension à taux plein et, à la date d'effet de leur retraite de base, justifient de 17,5 ans d'assurance non salariée agricole accomplie à titre exclusif ou principal (C. rur. art. L 732-56 modifié par loi 2023-270 du 14-4-2023 art. 18).
Le nombre maximum d'années de points gratuits de RCO est plafonné :
– d'une part, à la différence entre 37,5 années et la durée d'affiliation au régime de RCO ;
– d'autre part, à 17 années de points gratuits au titre des périodes accomplies en qualité d'aide familial, de collaborateur, de conjoint participant ou de « petit chef ».

Le **montant annuel** de la pension de retraite complémentaire obligatoire est égal au nombre de points acquis par l'assuré multiplié par la valeur de ce point (C. rur. art. L 732-60 et D 732-166). **47440**
La valeur de service du point de RCO est fixée à 0,3642 € pour l'année 2024.
La retraite complémentaire obligatoire est **versée** mensuellement (C. rur. art. L 732-60).

COMPLÉMENT DIFFÉRENTIEL

Un complément différentiel de points de retraite complémentaire obligatoire a été créé par la loi 2014-40 du 20 janvier 2014. Il prend la forme de **points gratuits** de RCO permettant de porter le total des droits propres de base et complémentaires à un **montant minimal** lors de la liquidation de ces droits, fixé à **85 % du Smic net** depuis le 1er novembre 2021, contre 75 % du Smic net auparavant. Le relèvement du montant minimal s'est aussi appliqué aux retraites ayant pris effet avant cette date (C. rur. art. L 732-63 modifié par loi 2023-270 du 14-4-2023 art. 18 et D 732-166-1 à D 732-166-6). **47443**
Le complément différentiel **s'appuie sur la somme des retraites personnelles de base et complémentaires tous régimes** et suppose que le bénéficiaire ait fait valoir tous ses droits à retraite.
Lorsque le montant des pensions personnelles servies à l'assuré par les régimes de base et complémentaires obligatoires, incluant le montant du complément différentiel de points de RCO, excède le plafond, le complément différentiel est réduit à due concurrence du dépassement.
Pour une carrière complète de chef d'exploitation, accomplie à titre exclusif ou principal, ce montant minimal annuel est égal à 85 % de 1 820 fois le Smic horaire retenu après déduction des contributions et cotisations obligatoires dues au titre des régimes de base et complémentaire légalement obligatoires des salariés agricoles (**Smic agricole**) en vigueur le 1er janvier de l'année civile au cours de laquelle la pension de retraite prend effet. En cas de carrière de chef d'exploitation incomplète, le complément différentiel est calculé au prorata.
Les conditions d'attribution du complément différentiel sont identiques aux conditions requises pour bénéficier des droits gratuits de RCO : voir nos 47425 s.
Les **bénéficiaires** sont les personnes dont la pension de retraite de base servie à titre personnel prend effet (C. rur. art. D 732-166-1) :
– avant le 1er janvier 1997 et qui justifient, à la date d'effet de leur retraite, de 32,5 ans d'activité non salariée agricole à titre exclusif ou principal dont au moins 17,5 ans d'assurance en qualité de chef d'exploitation à titre exclusif ou principal ;
– à compter du 1er janvier 1997 et qui liquident leur pension à taux plein et justifient, à la date d'effet de leur retraite, d'au moins 17,5 ans d'assurance accomplies en qualité de chef d'exploitation à titre exclusif ou principal.
Pour bénéficier du complément différentiel de points de RCO à 85 % du Smic, les assurés doivent avoir fait valoir l'intégralité des droits en matière d'avantage de vieillesse auxquels ils peuvent prétendre auprès des régimes obligatoires, de base et complémentaires, français et étrangers, ainsi qu'auprès des régimes des organisations internationales (C. rur. art. L 732-63). Alors que la condition de liquidation de l'ensemble des pensions pour le bénéfice du minimum de retraite de base agricole (nos 46758 s.) couvre l'ensemble des avantages de vieillesse de droit propre et de réversion, la condition applicable en matière de complément différentiel de RCO s'apprécie au regard des seuls avantages personnels à l'exclusion des avantages de réversion.

> **Précisions** **a.** Pour le bénéfice du minimum à 75 % du Smic, il n'était pas nécessaire que les bénéficiaires du complément différentiel de RCO aient fait valoir tous leurs droits à retraite. La prestation pouvait ainsi être versée y compris à un retraité qui n'avait pas fait valoir ses droits à retraite autres que ceux de non-salarié agricole et qui, de ce fait, n'avait pas pu bénéficier de la majoration de sa retraite agricole (n°s 46758 s.). Cette situation bloque l'accès à la revalorisation à hauteur de 85 % du Smic. Le cas échéant, les assurés qui bénéficiaient du complément différentiel de RCO à 75 % du Smic au titre de l'ancienne réglementation en conservent le bénéfice. **Une clause de sauvegarde** garantit à ces assurés le service d'un complément différentiel de points de RCO au moins égal à celui qui leur était attribué avant l'entrée en vigueur de la loi 2020-839 du 3 juillet 2020.
> **b.** Les retraités polypensionnés qui bénéficiaient du minima à 75 % du Smic ne peuvent voir leur pension recalculée et diminuée (voir n° 47444, exemple 2).
> **c.** Lorsqu'un assuré peut prétendre à la fois à la **majoration de sa retraite personnelle de base** (n°s 46758 s.) et au complément différentiel de retraite complémentaire obligatoire, la première est servie en priorité (C. rur. art. L 732-54-3-1).

47444 **Calcul du complément différentiel** Le montant du complément différentiel est obtenu par l'application de la formule suivante (C. rur. art. D 732-166-4 modifié par décret 2021-1919 du 30-12-2021) :

(P × 1 820 × Smic net – PMR max) × (DCE/DR) – (N × vpRCO)

P désigne le pourcentage des 1 820 Smic net, soit 85 % depuis le 1er novembre 2021.

Smic net désigne le montant horaire du Smic net en vigueur au 1er janvier de l'année civile au titre de laquelle le complément différentiel est dû.

PMR max désigne le montant de la pension majorée de référence (minimum de retraite de base des non salariés agricoles) en vigueur au 1er janvier de l'année civile au titre de laquelle le complément différentiel est dû.

DCE désigne la durée d'assurance accomplie par l'assuré en qualité de chef d'exploitation ou d'entreprise agricole à titre exclusif ou principal dans le régime d'assurance vieillesse de base des non-salariés agricoles, et retenue dans la limite de DR.

DR désigne la durée minimale d'assurance donnant droit à la retraite forfaitaire pleine en vigueur à la date d'effet de la pension de retraite (cette durée de référence ne peut être inférieure à 37,5 années).

N désigne le nombre de points acquis par l'assuré, par cotisation ou à titre gratuit dans le régime RCO (y compris au titre du complément différentiel de points de RCO à 75 % du Smic net), au titre des périodes d'assurance accomplies par l'assuré en qualité de chef d'exploitation ou d'entreprise agricole à titre exclusif ou principal.

vpRCO désigne la valeur de service du point de RCO fixée pour l'année civile au cours de laquelle le complément différentiel est dû.

Lorsque le montant du complément différentiel augmenté du total des droits propres au régime de base des non-salariés agricoles (hors bonification pour enfants), le cas échéant de la part excédentaire de la pension d'invalidité et du total des droits acquis par cotisation ou à titre gratuit dans le régime, RCO excède le minimum × (durée d'assurance à titre exclusif ou principal dans le régime de retraite de base des non-salariés agricoles et retenue dans la limite de DR/ durée d'assurance donnant droit à une retraite forfaitaire pleine qui ne peut être inférieure à 37,5 ans), ce montant est réduit à due concurrence du dépassement (C. rur. art. D 732-166-5).

La loi 2020-839 du 3 juillet 2020 pose le principe d'un écrêtement pour les polypensionnés (n° 47443). Ainsi, lorsque le montant des pensions de droit propre servies à l'assuré par les régimes de base et complémentaires obligatoires, incluant le montant du complément différentiel de points de RCO et les majorations pour enfants correspondantes, ainsi que par les régimes des organisations internationales, excède 85 % du Smic net, le complément différentiel est réduit à due concurrence du dépassement.

Le complément différentiel est révisé lorsque le montant des retraites de droit propre varie. Cette révision prend effet à compter du 1er jour du mois suivant la date à laquelle la variation a été constatée (C. rur. art. D 732-166-5-2). Les personnes bénéficiaires du complément différentiel sont tenues de faire connaître à la caisse de MSA tout changement du montant de leurs retraites de droit propre (C. rur. art. D 732-166-5-3).

Le montant du complément différentiel est converti, à la date de son calcul, en points de RCO, en le divisant par la valeur de service du point fixée pour l'année civile au titre de laquelle le complément différentiel est dû (C. rur. art. D 732-166-6). Lorsque le nombre de points ainsi obtenu n'est pas un nombre entier, ce nombre est arrondi au nombre entier le plus proche, la fraction de point égale à 0,5 étant comptée pour 1. Ces points sont revalorisés dans les conditions de droit commun.

EXEMPLE 1

Un chef d'exploitation, né en septembre 1961, est retraité depuis le 1er janvier 2024. Il a totalisé 169 trimestres de cotisations en tant que chef d'exploitation, soit une carrière complète. Le montant de sa retraite est égal à 989,74 € par mois et se décompose de la façon suivante :
– retraite forfaitaire : 318,44 € ;
– retraite proportionnelle : 328,49 € [soit (43 ans × 23 points) × 0,3742 € × (37,5/42,25)] ;
– revalorisation des retraites agricoles de base pour atteindre le montant minimum légal (876,13 € par mois) : 229,20 € ;
– retraite complémentaire obligatoire : 113,81 €.
Au 1er janvier 2024, 85 % du Smic net agricole représente 1 177,03 € par mois.
Le calcul du complément de points pour atteindre 1 177,03 € est effectué en deux temps. En premier lieu, intervient le calcul de la revalorisation maximale, selon la formule présentée ci-dessus, soit :
(1 177,03 – 876,13) × 169/169 – 113,81 = 187,09 €.
En second lieu, le résultat obtenu ci-dessus est ajouté au montant de la pension effectivement perçue, soit :
989,84 + 187,09 = 1 177,03 €.
Si le total de cette somme avait dépassé 85 % du Smic net, le complément serait écrêté.
Le complément différentiel de points de RCO est donc de 187,09 € par mois, soit 2 245,08 € par an correspondant à 6 164 points gratuits de RCO.

EXEMPLE 2

Un chef d'exploitation, né en septembre 1961, est retraité depuis le 1er janvier 2024. Il a totalisé 169 trimestres de cotisations, soit une carrière complète, dont 13 trimestres en tant qu'aide familial et 156 trimestres en tant que chef d'exploitation. Le montant de sa retraite est égal à 989,94 € par mois et se décompose de la façon suivante :
– retraite forfaitaire : 318,44 € (carrière agricole complète) ;
– retraite proportionnelle : 297,93 € [soit (39 ans × 23 points) × 0,3742 € × (37,5/42,25)] ;
– revalorisation des retraites agricoles de base pour atteindre le montant minimum légal (876,13 € par mois car carrière agricole complète) : 259,76 € ;
– retraite complémentaire obligatoire : 113,81 €.
Au 1er janvier 2024, 85 % du Smic net agricole représentent 1 177,03 € par mois.
Le calcul du complément de points pour atteindre 1 177,03 € est effectué en deux temps. En premier lieu, intervient le calcul de la revalorisation maximale, selon la formule présentée ci-dessus, soit :
(1 177,03 – 876,13) × 156/169 – 113,81 = 163,94 €.
En second lieu, le résultat obtenu ci-dessus est ajouté au montant de la pension effectivement perçue, soit :
989,94 + 163,94 = 1 153,88 €.
Si le total de cette somme avait dépassé 85 % du Smic net, le complément serait écrêté.
Le complément différentiel de points de RCO est donc de 163,94 € par mois, soit 1 967,28 € par an correspondant à 5 402 points gratuits de RCO.

EXEMPLE 3

Un chef d'exploitation, né en septembre 1961, est retraité depuis le 1er janvier 2024. Il a totalisé 169 trimestres de cotisations, soit une carrière complète, dont 140 trimestres en tant que chef d'exploitation et 29 trimestres en tant que salarié. Le montant de ses retraites est égal à 1 182,94 € par mois.
Ce retraité réunit toutes les conditions pour bénéficier de la revalorisation (pension liquidée à taux plein suite à une carrière complète, minimum de 17,5 ans d'assurance en tant que chef d'exploitation à titre exclusif ou principal et liquidation de toutes ses pensions). Il n'a cependant pas accès à la revalorisation à 85 % du Smic car le total de ses retraites (1 182,94 € par mois) dépasse le nouveau plafond de cumul de retraites tous régimes confondus de 85 % du Smic net agricole (1 177,03 € par mois).

RETRAITE DE RÉVERSION

Conditions En cas de décès d'un non-salarié agricole, son **conjoint survivant** peut avoir droit à la réversion d'une part de sa RCO. 47445

Pour bénéficier de cette réversion, le conjoint survivant doit être **âgé d'au moins 55 ans** et avoir été **marié au moins 2 ans** avec le défunt. Toutefois, lorsqu'au moins un **enfant** est issu du mariage, aucune condition de durée du mariage n'est exigée. Lorsque la retraite n'a pas été liquidée au jour du décès de l'assuré, la pension de réversion est versée sans condition d'âge si le conjoint survivant est invalide au moment du décès ou le devient ultérieurement ou s'il a au moins 2 enfants à charge au moment du décès de l'assuré. Aucun plafond de ressources n'est prévu.

Un conjoint divorcé non remarié remplissant les conditions ci-dessus peut bénéficier de la réversion de la RCO. Lorsque l'assuré est remarié, la pension de réversion est partagée entre son conjoint survivant et le ou les précédents conjoints divorcés non remariés au prorata de la durée respective de chaque mariage. Ce partage est opéré lors de la liquidation des droits du premier bénéficiaire qui en fait la demande. Le droit à pension de réversion disparaît en cas de remariage du conjoint survivant (C. rur. art. L 732-62 et D 732-152).

47446 **Montant** La pension de réversion est égale à 54 % de la retraite complémentaire obligatoire dont bénéficiait ou aurait bénéficié l'assuré à la date de son décès (C. rur. art. L 732-62 et D 732-152).

Depuis le 1er février 2014, la réversion est calculée sur l'intégralité des points cotisés et des points gratuits acquis par le conjoint chef d'exploitation, collaborateur ou aide familial décédé (Loi 2014-40 du 20-1-2014 art. 34).

Depuis le 1er février 2014, les points gratuits des chefs d'exploitation décédés depuis 2003 avant d'avoir liquidé leur retraite sont donc réversibles, y compris lorsque la retraite du conjoint survivant a été liquidée avant cette date (C. rur. art. L 732-62).

Le complément différentiel de points de RCO est réversible dans les conditions de droit commun sous réserve d'avoir été obtenu de son vivant par le défunt (Circ. CCMSA DRAR 2015-032 du 11-12-2015).

DROIT COMBINÉ

47450 La réforme des retraites de 2014 a étendu le droit combiné, jusque-là limité à la retraite de base, à la retraite complémentaire obligatoire à compter du 1er février 2014 (nos 47080 s.). Si le chef d'exploitation ou d'entreprise agricole décède avant d'avoir demandé la liquidation de sa retraite, le conjoint survivant qui continue l'exploitation sans avoir demandé la liquidation de sa pension de réversion peut, pour le calcul de sa pension de RCO, ajouter à ses annuités propres celles qui ont été acquises par le défunt (C. rur. art. L 732-62). Les annuités du défunt se traduisent par le nombre de points acquis par le défunt en contrepartie de cotisations et par les points gratuits dont il aurait pu bénéficier s'il remplissait, au jour de son décès, les conditions prévues (C. rur. art. D 732-152).

Lorsqu'une pension de réversion est accordée à un ou des ex-conjoints divorcés, le conjoint survivant qui poursuit la mise en valeur de l'exploitation sans avoir demandé la liquidation de sa quote-part de pension de réversion, peut, pour le calcul de sa RCO, ajouter à ses annuités propres celles acquises par l'assuré décédé, dans la limite de la proportion de la durée de son mariage par rapport à la durée totale des mariages.

D. Retraite complémentaire facultative

RETRAITE COMPLÉMENTAIRE FACULTATIVE

47455 Les chefs d'exploitation et les membres de leurs familles peuvent se constituer une retraite supplémentaire en souscrivant un **contrat d'assurance de groupe** auprès d'une société d'assurance ou d'une mutuelle de leur choix (C. ass. art. L 144-1). Ce dispositif, dit « Madelin agricole », a succédé au régime facultatif de retraite Coreva. Depuis, le plan d'épargne retraite individuel (PERI), mis en œuvre à compter du 1er octobre 2019 (C. mon. fin. art. L 224-1 s. et L 224-28 s.), est appelé à se substituer progressivement au « Madelin agricole ».

47460 Les **personnes pouvant souscrire** un tel contrat sont les suivantes :
– les chefs d'exploitation ou d'entreprise agricole ;
– leurs conjoints relevant de la retraite de base non salariée agricole ;
– leurs aides familiaux (ascendants, descendants, frères, sœurs et alliés au même degré du chef d'exploitation ou de son conjoint, âgés de plus de 16 ans, vivant sur l'exploitation et participant à sa mise en valeur comme non-salariés) ;
– les assurés volontaires au régime vieillesse de base obligatoire.

47465 Les cotisations sont **déductibles du revenu professionnel imposable** dans certaines limites et sous certaines conditions (CGI art. 154 bis-0 A) ; voir no 10992.

Elles sont également déductibles **de l'assiette des cotisations sociales**.

E. Assurance veuvage

L'assurance de veuvage est une **allocation forfaitaire temporaire** servie aux conjoints survivants de non-salariés agricoles, âgés de moins de 55 ans et ne pouvant, de ce fait, bénéficier d'une pension de réversion. 47600

CONDITIONS D'ATTRIBUTION DE L'ALLOCATION

Conditions tenant au conjoint décédé Peut bénéficier de l'allocation de veuvage le conjoint survivant d'un assuré décédé ayant été affilié, soit à titre obligatoire, soit dans le cadre de l'assurance volontaire vieillesse, au régime d'assurance vieillesse des non-salariés agricoles 3 mois au cours des 12 mois précédant celui du décès (C. rur. art. D 732-116). 47610

Ouvrent également droit à l'allocation de veuvage les assurés décédés titulaires de l'allocation aux adultes handicapés (AAH) à la date de leur décès.

Conditions tenant au conjoint survivant Pour avoir droit à l'allocation de veuvage, le conjoint survivant doit remplir, au moment de sa demande, les **conditions** suivantes (C. rur. art. D 732-117) : 47615

– résider en France (condition non exigée si l'assuré relevait de l'assurance volontaire vieillesse au titre de son activité à l'étranger) ;

– être âgé de moins de 55 ans (âge fixé pour l'attribution des pensions de réversion) ;

– ne pas être remarié, ne pas avoir conclu de Pacs et ne pas vivre en concubinage ;

– disposer, au cours des 3 mois civils précédant la demande, de ressources personnelles inférieures à un plafond fixé à 3,75 fois le montant mensuel maximum de l'allocation de veuvage (2 616,825 € par trimestre au 1-1-2024) (C. rur. art. D 732-118).

Demande d'allocation Le conjoint survivant adresse sa demande d'allocation de veuvage (formulaire Cerfa 14954*01) à la caisse de MSA dont dépendait le conjoint décédé (C. rur. art. D 732-123). La demande doit être déposée dans un délai de 2 ans à compter du 1er jour du mois au cours duquel s'est produit le décès de l'assuré (C. rur. art. D 732-117). 47620

MONTANT ET VERSEMENT

Au 1er janvier 2024, le montant mensuel de l'allocation s'élève à 697,82 €. 47625

Lorsque la totalité des ressources du conjoint survivant, y compris le montant de l'allocation, dépasse le plafond prévu (n° 47615), l'allocation est réduite à due concurrence du plafond (CSS art. L 356-1).

L'**allocation** de veuvage est **revalorisée** chaque année au 1er janvier dans les mêmes conditions que les pensions de vieillesse (CSS art. L 356-2).

L'allocation de veuvage est exclue du champ d'application de la **CSG** et de la **CRDS**. Elle est soumise à l'**impôt** sur le revenu.

Le versement de l'allocation **prend effet** (C. rur. art. D 732-121) : 47630

– rétroactivement, à compter du 1er jour du mois au cours duquel est survenu le décès si le conjoint survivant remplissait, à la date du décès, les conditions d'attribution de l'allocation ;

– dans le cas contraire, à compter du 1er jour du mois au cours duquel les conditions d'attribution de l'allocation sont remplies.

L'allocation de veuvage est **versée** mensuellement et à terme échu, pour une **période** maximum de 2 ans à compter du 1er jour du mois au cours duquel s'est produit le décès. Toutefois, lorsque, à la date du décès, le conjoint survivant est âgé d'au moins 50 ans, le versement de l'allocation est prolongé jusqu'à 55 ans, soit l'âge d'obtention d'une pension de réversion (C. rur. art. D 732-120).

L'**allocation** est **suspendue** lorsque le bénéficiaire cesse de résider en France, lorsque ses ressources personnelles dépassent le plafond ou en cas de remariage, de Pacs ou de concubinage. Le paiement de l'allocation peut reprendre lorsque les conditions requises sont de nouveau remplies (C. rur. art. D 732-126 et D 732-127). 47635

L'**allocation cesse d'être due** à compter du 1er jour du mois suivant celui au cours duquel le bénéficiaire atteint l'âge de 55 ans (C. rur. art. D 732-126) et à compter du 1er jour du mois suivant son décès (C. rur. art. D 732-128).

F. Annexe

BARÈME DE DÉTERMINATION DES POINTS DE RETRAITE PROPORTIONNELLE AVANT LE 1er JANVIER 1990

47750 Le nombre de points de retraite proportionnelle accordé est fonction du revenu cadastral de l'exploitation.

Périodes	Revenu cadastral (en francs)	Nombre de points
Du 1-7-1952 au 31-12-1954	Moins de 3,34	15
	De 3,34 à 6,66	16
	De 6,67 à 9,99	17
	De 10 à 13,33	18
	De 13,34 à 16,66	19
	De 16,67 à 19,99	20
	De 20 à 23,33	21
	De 23,34 à 26,66	22
	De 26,67 à 29,99	23
	De 30 à 33,33	24
	De 33,34 à 36,66	25
	De 36,67 à 39,99	26
	De 40 à 43,33	27
	De 43,34 à 46,66	28
	De 46,67 à 49,99	29
	Au-dessus de 50	30
1955 à 1964	Moins de 133,60	15
	De 133,60 à 266,79	16
	De 266,80 à 399,99	17
	De 400,00 à 533,59	18
	De 533,60 à 666,79	19
	De 666,80 à 799,99	20
	De 800,00 à 933,59	21
	De 933,60 à 1 066,79	22
	De 1 066,80 à 1 199,99	23
	De 1 200,00 à 1 333,59	24
	De 1 333,60 à 1 466,79	25
	De 1 466,80 à 1 599,99	26
	De 1 600,00 à 1733,59	27
	De 1 733,60 à 1 866,79	28
	De 1 866,80 à 1 999,99	29
	Au-dessus de 2 000	30
1965 et 1966	Moins de 427	15
	De 427,01 à 853	16
	De 853,01 à 1 279	17
	De 1 279,01 à 1 707	18
	De 1 707,01 à 2 133	19
	De 2 133,01 à 2 559	20
	De 2 559,01 à 2 987	21
	De 2 987,01 à 3 413	22
	De 3 413,01 à 3 839	23
	De 3 839,01 à 4 267	24
	De 4 267,01 à 4 693	25
	De 4 693,01 à 5 119	26
	De 5 119,01 à 5 547	27
	De 5 547,01 à 5 973	28
	De 5 973,01 à 6 400	29
	Au-dessus de 6 400	30

47750 (suite)

Périodes	Revenu cadastral (en francs)	Nombre de points
1967	Inférieur à 427	15
à	De 427 à 1 813	20
1972	De 1 813,01 à 3 200	25
	Supérieur à 3 200	30
1973 et 1974	Au plus égal à 384	15
	De 384,01 à 1 813	30
	De 1 813,01 à 3 200	45
	Supérieur à 3 200	60
1975	Au plus égal à 461	15
à	De 461,01 à 2 176	30
1980	De 2 176,01 à 3 840	45
	Supérieur à 3 840	60
1981	Jusqu'à 1 180	15
	De 1 180,01 à 5 571	30
	De 5 571,01 à 9 830	45
	Supérieur à 9 830	60
1982	Jusqu'à 1 286	15
	De 1 286,01 à 6 072	30
	De 6 072,01 à 10 715	45
	Supérieur à 10 715	60
1983	Jusqu'à 1 402	15
	De 1 402,01 à 6 617	30
	De 6 617,01 à 11 679	45
	Supérieur à 11 679	60
1984	Jusqu'à 1 542	15
	De 1 542,01 à 7 279	30
	De 7 279,01 à 12 847	45
	Supérieur à 12 847	60
1985	Jusqu'à 1 665	15
	De 1 665,01 à 7 861	30
	De 7 861,01 à 13 875	45
	Supérieur à 13 875	60
1986	Jusqu'à 1 798	15
	De 1 798,01 à 8 490	30
	De 8 490,01 à 14 985	45
	Supérieur à 14 985	60
1987	Jusqu'à 1 891	15
	De 1 891,01 à 8 931	30
	De 8 931,01 à 15 764	45
	Supérieur à 15 764	60
1988	Jusqu'à 1 880	15
	De 1 880,01 à 8 877	30
	De 8 877,01 à 15 669	45
	Supérieur à 15 669	60
1989	Jusqu'à 1 887	15
	De 1 887,01 à 8 908	30
	De 8 908,01 à 15 724	45
	Supérieur à 15 724	60

Trois points doivent être précisés.

Le décret 94-713 du 18 août 1994 modifiant le décret 80-808 du 14 octobre 1980 a fixé le **nombre minimal annuel de points** à 16 (C. rur. art. R 732-73). Cette disposition s'applique à toutes les retraites prenant effet à compter du 1er janvier 1994 quelle que soit la date de liquidation. Lors de la clôture du compte points-retraite, les années pour lesquelles les assurés ont obtenu 15 points sont donc créditées d'un point supplémentaire.

Les points attribués annuellement aux **chefs d'entreprise agricole** ont été fixés compte tenu de la masse des salaires de l'entreprise. À cette fin, un salaire théorique a été retenu pour chaque unité de main-d'œuvre non salariée agricole.
Avant 1990 et dans le cas des chefs d'exploitation ou d'entreprise membres d'une société autre qu'un Gaec, les points résultant du revenu cadastral ou de la masse des salaires ont été partagés entre les différents intéressés, au prorata de leurs parts respectives dans la société, considérant qu'il en avait été de même de la charge des cotisations sociales appelées à la société en sa qualité de personne morale.

DÉTERMINATION DES POINTS DE RETRAITE PROPORTIONNELLE DU 1er JANVIER 1990 AU 31 DÉCEMBRE 2004

47760 Les points attribués pour chaque annuité varient comme indiqué dans le tableau qui suit (Décret 80-808 du 14-10-1980 modifié ; Circ. CCMSA 101 du 14-9-1990).

Revenus professionnels	Nombre de points (P)[1]
Inférieurs ou égaux à 400 Smic	16 points
Compris entre 400 et 800 Smic	16 à 30 points $P = 16 + \frac{[14 \times (\text{revenus professionnels} - 400 \text{ Smic})}{400 \text{ Smic}]^2}$
Compris entre 800 Smic et deux fois le montant du minimum contributif	30
Compris entre deux fois le montant du minimum contributif et le plafond annuel de la sécurité sociale	30 à M points (M = nombre de points maximal)[3] $P = 30 + [(M - 30) \times \frac{\text{revenus} - 2 \text{ minima contributifs}}{\text{plafond SS} - 2 \text{ minima contributifs}}]$
Égaux ou supérieurs au plafond annuel de la sécurité sociale	Points = M (nombre de points maximal)[3] $M = \frac{\text{pension maximale SS} - \text{AVTS}}{37{,}5 \times \text{valeur point de retraite}^4}$

1. Pour l'année 1990, le calcul du nombre de points de retraite des exploitants a été effectué en fonction d'un revenu théorique égal au quotient de la cotisation AVA versée par le taux de 7,37 %. Le nombre de points ainsi obtenu a été retenu s'il était plus favorable que celui obtenu en fonction du revenu réel (Décret 91-922 du 12-9-1991 ; C. rur. art. R 732-72).
2. Pour les années d'activité antérieures à 1994 où le nombre minimumde points était de 15, cette formule était la suivante :

$$P = 15 + \frac{[15 \times (\text{revenus professionnels} - 400 \text{ Smic})}{400 \text{ Smic}]}$$

(Circ. CCMSA 57 du 1-9-1994).
3. Le nombre de points maximal ainsi déterminé est de 76 en 1990, 78 en 1991, 81 en 1992, 82 en 1993, 83 en 1994, 84 en 1995 et 1996, 86 en 1997, 88 en 1998, 90 en 1999, 91 en 2000, 2001 et 2002, 93 en 2003, 94 en 2004.
4. La valeur du point de retraite proportionnelle est de 3,30 € en 2002, 3,35 € en 2003, 3,4068 € en 2004 (C. rur. art. D 732-67 ancien).

DÉTERMINATION DES POINTS DE RETRAITE PROPORTIONNELLE À COMPTER DU 1er JANVIER 2005

Les points attribués pour chaque annuité varient comme indiqué dans le tableau qui suit (C. rur. art. R 732-69 à D 732-75 ; Circ. CCMSA 101 du 14-9-1990 ; Lettre CCMSA 9 du 7-2-2005). 47770

Revenus professionnels	Nombre de points acquis (P)
Inférieurs ou égaux à 600 Smic	23 points
Compris entre 600 et 800 Smic	23 à 30 points $P = 23 + [\frac{7 \times (\text{revenus professionnels} - 600 \text{ Smic})}{(800 \text{ Smic} - 600 \text{ Smic})}]$
Compris entre 800 Smic et deux fois le montant du minimum contributif	30
Compris entre deux fois le montant du minimum contributif et le plafond annuel de la sécurité sociale	30 à M points (M = nombre de points maximal)[1] $P = 30 + [(M - 30) \times \frac{(\text{revenus} - 2 \text{ minima contributifs})}{(\text{plafond SS} - 2 \text{ minima contributifs})}]$
Égaux ou supérieurs au plafond annuel de la sécurité sociale	Points = M (nombre de points maximal) $M = \frac{(\text{pension maximale SS} - \text{AVTS})}{(37{,}5 \times \text{valeur du point})^2}$

1. Le nombre de points maximal ainsi déterminé est de 114 en 2024.
2. La valeur annuelle du point de retraite proportionnelle est de 4,490 € au 1er juillet 2024 (C. rur. art. D 732-67).

III. ACCIDENTS DU TRAVAIL ET MALADIES PROFESSIONNELLES

Les non-salariés agricoles bénéficient d'un régime d'assurance obligatoire contre les accidents du travail et les maladies professionnelles : l'assurance accidents du travail des exploitants agricoles ou **Atexa** (C. rur. art. L 752-1 s.). 48000

Les prestations dues au titre des accidents du travail survenus et des maladies professionnelles constatées **avant le 1er avril 2002** ne relèvent pas de l'Atexa. Elles restent régies par les dispositions antérieurement en vigueur (C. rur. art. R 752-15).

A. Champ d'application

PERSONNES PROTÉGÉES

Sont obligatoirement assurés à l'Atexa lorsqu'ils sont occupés dans les exploitations, entreprises ou établissements énumérés aux 1° à 5° de l'article L 722-1 du Code rural et de la pêche maritime (C. rur. art. L 752-1) : 48005

– les **chefs d'exploitation ou d'entreprise** agricole dont l'exploitation ou l'entreprise est située sur le territoire métropolitain et a une importance minimale (nos 43005 s.), y compris les mandataires des sociétés ou des caisses locales d'assurances mutuelles agricoles exerçant une activité en qualité de non-salariés (C. rur. art. L 722-1, 5°) ;

– les **aides familiaux** non salariés et les **associés d'exploitation** (définis par l'article L 321-6 du Code rural et de la pêche maritime) des chefs d'exploitation ou d'entreprise ;

– les **membres non salariés** de toute société, quelles qu'en soient la forme et la dénomination, lorsque ces membres consacrent leur activité, pour le compte de la société, à une exploitation ou une entreprise agricole située sur le territoire métropolitain (nos 43100 s.) ;

– dès lors qu'ils participent à la mise en valeur de l'exploitation ou de l'entreprise, les **conjoints, concubins et partenaires pacsés** des chefs d'exploitation, **collaborateurs d'exploitation ou d'entreprise** agricole ;
– les **enfants d'au moins 14 ans et de moins de 16 ans (20 ans sous certaines conditions)** participant occasionnellement aux travaux de l'exploitation, à la charge des chefs d'exploitation, des aides familiaux et associés d'exploitation et des membres non salariés de sociétés (n° 48115) ; ces enfants bénéficient d'une présomption d'affiliation ;
– les **cotisants solidaires** dont l'exploitation ou l'entreprise agricole répond à des critères de superficie ou de temps de travail : voir n° 44000 (C. rur. art. L 752-1, II).

> **Précisions a.** Les chefs d'exploitation ou d'entreprise agricole, les aides familiaux et les membres non salariés de sociétés visés ci-dessus sont obligatoirement assujettis à l'Atexa même s'ils exercent à titre principal une **activité non salariée non agricole parallèlement** à leur activité non salariée agricole (CSS art. L 171-3). De même, les conjoints qui participent à l'activité non salariée non agricole lorsque le chef ou l'associé d'exploitation est rattaché au seul régime non salarié agricole, que les conjoints soient ou non couverts à titre personnel par un régime obligatoire d'assurance maladie-maternité (C. rur. art. L 752-1, 2°).
> **b.** Sauf cas de cumul emploi-retraite ou poursuite temporaire de l'activité de l'assuré dans l'impossibilité de céder son exploitation, les **anciens exploitants retraités** sont exclus de l'obligation d'assurance. De même, l'exploitation d'une parcelle de subsistance n'entraîne pas l'obligation de couverture en assurance Atexa.
> **c.** Le régime spécifique aux départements du **Haut-Rhin**, du **Bas-Rhin** et de la **Moselle**, non exposé ici, s'applique aux non-salariés qui relèvent du régime d'assurance accidents du Code local des assurances sociales du 19 juillet 1911 (C. rur. art. L 752-31 et L 761-19).

RISQUES COUVERTS

48010 Sont couverts par l'Atexa les risques suivants (C. rur. art. L 752-2) :
– les **accidents du travail**, définis comme les accidents survenus par le fait ou à l'occasion du travail sur le lieu de l'exploitation, de l'entreprise, de l'établissement ou du chantier, ou dans le cadre de l'entraide agricole ;
– les **accidents de trajet** : est considéré comme accident du travail tout accident dont l'assuré apporte la preuve qu'il est survenu pendant le trajet aller et retour entre son domicile et son lieu de travail ou tout lieu où il est susceptible de se rendre dans l'exercice de son activité ;
– les **maladies professionnelles**, c'est-à-dire les maladies inscrites aux tableaux des maladies professionnelles définies par le Code de la sécurité sociale.
Sont également couvertes par l'Atexa les **rechutes** d'accident du travail ou de maladie professionnelle (C. rur. art. L 752-9).

B. Affiliation

48030 Le respect de l'obligation d'assurance incombe au chef d'exploitation ou d'entreprise agricole, pour lui-même et les autres assurés obligatoires. Les enfants bénéficient d'une présomption d'affiliation (C. rur. art. L 752-1).
Seules les **caisses de MSA** sont habilitées à gérer l'Atexa.

48035 Lorsqu'un **accident** du travail survient ou qu'une **maladie** professionnelle est constatée alors que le chef d'exploitation ou d'entreprise agricole n'a **pas satisfait à son obligation d'assurance**, l'organisme d'assurance maladie dont relève la victime est tenu de servir, à titre provisionnel, les prestations prévues par le régime Amexa, jusqu'au terme de la procédure d'affiliation (C. rur. art. L 752-25).

C. Prestations

1. FORMALITÉS

DÉCLARATION DE L'ACCIDENT OU DE LA MALADIE

48050 Doivent être déclarés à la caisse de MSA auprès de laquelle est assurée la victime (C. rur. art. L 752-24 et D 752-65) :
– tout accident du travail dont sont victimes le chef d'exploitation ou d'entreprise agricole ou les autres personnes entrant dans le champ d'application de l'Atexa, dans un délai de 8 jours à compter de la date de l'accident ; la déclaration incombe au **chef d'exploitation** ou d'entreprise ;

– toute maladie professionnelle, dans les 15 jours suivant la première constatation de l'origine professionnelle de la maladie, délai porté à 3 mois à compter de l'entrée en vigueur d'un nouveau tableau de maladies professionnelles ; la déclaration incombe à la **victime**.
Si la déclaration d'accident du travail ou de maladie professionnelle est adressée à la caisse de MSA au-delà des délais, les indemnités journalières sont attribuées à l'expiration d'un délai de 4 jours à compter de la réception de l'arrêt de travail par la caisse (C. rur. art. L 752-24 et D 752-65).
Le **formulaire de déclaration** d'accident du travail ou de maladie professionnelle comporte 4 volets, destinés à la caisse de MSA, aux services du ministère en charge de l'agriculture et à la victime (C. rur. art. D 752-65).

> **Précisions** En cas de **défaillance du chef d'exploitation** ou de **force majeure**, la déclaration est effectuée par la victime elle-même, les ayants droit du chef d'exploitation ou de la victime, l'établissement de soins, le médecin traitant ou toute autorité administrative (C. rur. art. D 752-65).

FORMALITÉS SUBSÉQUENTES

À réception de la déclaration d'accident du travail ou du certificat médical initial, la caisse de MSA délivre à la victime une **feuille d'accident** : la victime la remet au praticien consulté, en vue de son indemnisation (C. rur. art. L 752-24 et D 752-66). **48055**
Le praticien consulté établit, en triple exemplaire, un **certificat** indiquant l'état de la victime, les conséquences de l'accident et ses suites éventuelles si les conséquences ne sont pas exactement connues, ainsi que, en cas d'interruption de travail, un avis d'arrêt de travail tel que mentionné à l'article D 732-2-7 du Code rural et de la pêche maritime. Il adresse directement, sous 24 heures ouvrées, deux de ces certificats et, le cas échéant, l'avis d'interruption de travail à la caisse de MSA et remet le troisième certificat et, le cas échéant, un exemplaire de l'avis d'interruption de travail à la victime. Lorsque le praticien, au cours du traitement, établit la nécessité de prolonger l'interruption de travail, il adresse à la caisse un nouvel avis d'interruption de travail (C. rur. art. D 752-67).
Lorsqu'elle reçoit une déclaration d'accident du travail ou de maladie professionnelle, la caisse de MSA dont relève la victime doit servir à cette dernière, **à titre provisionnel**, la totalité des **prestations** prévues par le régime Atexa, jusqu'à la décision définitive de prise en charge ou de refus de prise en charge (C. rur. art. L 752-25).

GUÉRISON OU CONSOLIDATION

Lors de la guérison de la blessure ou de la maladie professionnelle sans incapacité permanente ou, s'il y a incapacité permanente, au moment de la consolidation, le praticien consulté établit, en triple exemplaire, un certificat médical indiquant les conséquences définitives, si elles n'avaient pu être antérieurement constatées. Deux de ces certificats sont adressés à la caisse de MSA et le troisième est remis à la victime, ainsi que toutes les pièces ayant servi à l'établissement du certificat (C. rur. art. D 752-67). **48060**
La date de guérison ou de consolidation de la blessure est fixée par la caisse de MSA, sur avis du service du contrôle médical et connaissance prise du certificat médical du praticien consulté (C. rur. art. L 752-24).

INSTRUCTION DU DOSSIER PAR LA CAISSE

Il appartient à la caisse de MSA saisie d'une déclaration d'accident d'apporter la **preuve** de son caractère non professionnel (C. rur. art. L 752-24). **48065**

La caisse de MSA dispose d'un **délai** de 30 jours à compter de la date de la réception de la déclaration d'accident et du certificat médical initial ou de 3 mois à compter de la date de la réception du dossier complet comprenant la déclaration de la maladie professionnelle, le certificat médical initial et le résultat des examens médicaux complémentaires prescrits le cas échéant par les tableaux de maladies professionnelles, pour statuer sur le caractère professionnel de l'accident ou de la maladie (C. rur. art. R 752-69). **48070**
En l'absence de décision dans le délai de 30 jours ou de 3 mois, le caractère professionnel de l'accident ou de la maladie est reconnu (C. rur. art. R 752-70). Ces délais peuvent toutefois être augmentés, dans la limite de 2 mois pour les accidents du travail et de 3 mois pour les maladies professionnelles, lorsqu'il y a nécessité d'examen ou d'enquête complémentaire. La caisse de MSA doit en informer la victime ou ses ayants droit par lettre recommandée avec AR, avant l'expiration des délais de 30 jours ou de 3 mois. Ce n'est qu'à l'expiration du nouveau délai à compter de la date de cette notification et en l'absence de décision de la caisse de MSA que le caractère professionnel de l'accident ou de la maladie est reconnu (C. rur. art. D 752-73).

48075 Les **modalités** d'instruction du dossier sont les suivantes (C. rur. art. D 752-71, D 752-72 et D 752-75 à D 752-77) :
– la caisse de MSA envoie, lorsqu'elle l'estime nécessaire, à la victime ou ses ayants droit un **questionnaire** sur les causes de l'accident ou de la maladie ou procède à une **enquête** auprès de l'intéressé. Cette enquête est obligatoire en cas d'accident mortel ou lorsque, d'après les certificats médicaux adressés par le praticien ou produits par les ayants droit, la lésion paraît devoir entraîner la mort ou une incapacité permanente totale ;
– la caisse de MSA informe alors la victime ou ses ayants droit, au moins 10 jours francs avant de prendre sa décision, des éléments recueillis et susceptibles de leur faire grief et de la possibilité de consulter le dossier constitué par la caisse de MSA. Ce dossier peut être communiqué au chef d'exploitation ou d'entreprise agricole, à la victime, ses ayants droit ou leurs mandataires. Ce dossier ne peut être communiqué à un tiers que sur demande de l'autorité judiciaire ;
En cas d'enquête effectuée par la caisse de MSA sur les causes de l'accident ou de la maladie, le chef d'exploitation ou l'assuré cotisant solidaire doit communiquer, sur demande, les renseignements nécessaires permettant **d'identifier les risques et les produits auxquels la victime a pu être exposée**.
De leur côté, la victime ou ses ayants droit peuvent faire connaître leurs **observations** et toutes informations complémentaires ou en faire part directement à l'enquêteur de la caisse de MSA.

48080 En cas de **refus de prise en charge** d'un accident, d'une maladie ou d'une rechute (C. rur. art. D 752-74) :
– la caisse de MSA notifie sa décision motivée à la victime ou à ses ayants droit, par lettre recommandée avec AR. Si le caractère professionnel de l'accident, de la maladie ou de la rechute n'est pas reconnu, les voies de recours et les délais de recevabilité sont indiqués dans la notification ;
– à compter de la réception de cette notification, la victime ne peut plus faire usage de la feuille d'accident qu'elle doit remettre à la caisse de MSA.
Lorsque la décision de **refus de prise en charge** est devenue **définitive**, soit parce que l'assuré ne l'a pas contestée dans les délais impartis, soit à la suite d'une décision judiciaire définitive (C. rur. art. L 752-25) :
– le versement des prestations nécessitées par l'état de la victime est assuré par l'organisme d'assurance maladie dont elle relève ;
– le montant des prestations versées à titre provisionnel est remboursé à la caisse de MSA par l'organisme d'assurance maladie dont relève la victime, à concurrence des prestations dues au titre de la législation d'assurance maladie. Il peut leur être remboursé par la victime, pour la part des prestations versées excédant celles dues au titre de l'assurance maladie.

PRESCRIPTION

48085 Les droits de la victime ou de ses ayants droit aux prestations et indemnités se prescrivent par 2 ans à compter :
– du jour de l'accident ou de la cessation du paiement des indemnités journalières ;
– de la date de la première constatation par le médecin traitant de la modification de l'état de la victime postérieurement à la date de guérison apparente ou de consolidation de la blessure, de l'aggravation de la lésion ou de la date de cessation du paiement des indemnités journalières allouées en raison de la rechute ;
– du jour du décès de la victime (C. rur. art. L 752-8 ; CSS art. L 431-2).

2. PRESTATIONS EN NATURE

48100 Elles sont de même nature que celles du régime de réparation des accidents du travail et des maladies professionnelles des salariés agricoles (C. rur. art. L 752-3 et L 752-4).
Comme les salariés agricoles, les non-salariés agricoles bénéficient du tiers payant et sont soumis au parcours de soins, à la participation forfaitaire d'un euro et à la franchise médicale.
Les prestations en nature comprennent la prise en charge des frais médicaux et de transport nécessités par le traitement de la victime, des frais de fourniture, de réparation et de renouvellement des appareils de prothèse et d'orthopédie, des frais liés à la réadaptation fonctionnelle, à la rééducation, au reclassement et à la reconversion professionnels ainsi que la couverture des frais funéraires de la victime. Sont exclus du régime d'assurance des non-salariés : la prise en charge des frais de transport de la victime décédée, la prime de fin de rééducation et le prêt d'honneur pour le reclassement, pris en charge pour les salariés agricoles.

3. PRESTATIONS EN ESPÈCES

INCAPACITÉ TEMPORAIRE DE TRAVAIL

En cas d'incapacité temporaire de travail, le chef d'exploitation ou d'entreprise agricole ou membre non salarié de société, le collaborateur d'exploitation ou d'entreprise agricole et l'aide familial ou associé d'exploitation perçoivent des **indemnités journalières** (C. rur. art. L 752-5 et D 752-22 à D 752-25). 48110

Elles sont **dues** à partir du 4e jour qui suit l'arrêt de travail, sans distinction entre les jours ouvrables, les dimanches et les jours fériés, pendant toute la période d'incapacité de travail précédant soit la guérison complète, soit la consolidation de la blessure, soit le décès. Elles sont dues en cas de rechute, à compter du 4e jour suivant l'interruption de travail initiale (C. rur. art. D 752-22 modifié par décret 2023-70 du 6-2-2023).

Les non-salariés agricoles peuvent également percevoir des indemnités journalières en cas de délivrance par le médecin traitant d'un certificat autorisant un travail aménagé ou à temps partiel si ce travail est reconnu par le médecin-conseil de la caisse de MSA comme étant de nature à favoriser la guérison ou la consolidation de la blessure. Le délai de franchise n'est pas applicable dans ce cadre (C. rur. art. L 752-5-1). En cas de reprise d'un travail léger, l'indemnité journalière est servie pendant une durée maximale de 270 jours par périodes de 4 ans, décomptée de date à date. La rechute donne lieu à ouverture d'une nouvelle durée maximale de 270 jours par périodes de 4 ans, décomptée de date à date (C. rur. art. D 752-22).

Le **montant** de l'indemnité journalière est calculé sur la base d'un gain journalier égal à 1/365e d'un gain forfaitaire annuel fixé par arrêté ministériel. L'indemnité journalière est égale à 63 % du gain forfaitaire journalier pour les 28 premiers jours d'arrêt de travail, consécutifs ou non à l'accident ou en cas de reprise d'un travail léger (25,36 € pour la période allant du 1-4-2024 au 31-3-2025), et à 84 % du gain forfaitaire journalier à partir du 29e jour d'arrêt de travail, consécutif ou non à l'accident (33,81 € pour la période allant du 1-4-2024 au 31-3-2025) (C. rur. art. D 752-23 modifié par décret 2023-70 du 6-2-2023).

Le versement de l'indemnité journalière ne fait pas obstacle à ce que l'assuré demande, avec l'accord du médecin traitant, à accéder aux actions de formation professionnelle continue ou à des actions d'évaluation, d'accompagnement (essai encadré, convention de rééducation professionnelle), d'information ou de conseil auxquelles la caisse de MSA participe, sous réserve qu'après avis du médecin-conseil, la durée de ces actions soit compatible avec la durée prévisionnelle de l'arrêt (C. rur. art. L 752-5-2).

Les indemnités journalières sont **versées** par la caisse de MSA dont relève l'assuré. Elles sont mises en paiement à titre d'avance après réception du certificat médical et à l'issue du délai de carence. Cette avance vient en déduction des indemnités journalières qui seront finalement dues. Elles sont payées par quinzaine.

Les indemnités journalières sont incessibles et insaisissables.

Depuis le 1er janvier 2023, par souci d'harmonisation du traitement des salariés et des non-salariés, les indemnités journalières Atexa sont exonérées fiscalement à hauteur de 50 % de leur montant (et non plus imposables en totalité) lorsqu'elles sont versées à des exploitants agricoles (exclusion des indemnités versées aux collaborateurs et aides familiaux) soumis à un régime réel d'imposition (CGI art. 72 A bis créé par loi 2023-1322 du 29-12-2023 art. 5).

INCAPACITÉ PERMANENTE DE TRAVAIL

En cas d'incapacité permanente, une **rente viagère** est attribuée aux **personnes suivantes** (C. rur. art. L 752-6 modifié par loi 2022-1616 du 23-12-2022 et D 752-26 s. modifiés par décret 2023-358 du 10-5-2023) : 48115

– aux chefs d'exploitation ou d'entreprise agricole ou aux membres non salariés de sociétés dont le taux d'incapacité permanente atteint au moins 30 % ;

– à compter des accidents du travail et maladies professionnelles ayant entraîné une incapacité dont le taux a été fixé postérieurement au 31 décembre 2022, aux conjoints collaborateurs d'exploitation, aides familiaux ou associés d'exploitation et aux enfants de 14 à 20 ans visés n° 48005 dont le taux d'incapacité permanente atteint au moins 30 % ;

– aux cotisants solidaires en cas d'incapacité permanente totale.

Excepté pour les cotisants solidaires, le **montant** de la rente se calcule de la manière suivante (C. rur. art. L 752-6 et D 752-26) : 48120

– la rente est égale au gain forfaitaire annuel (n° 48110) (et à la moitié de ce gain en cas d'incapacité permanente partielle touchant un conjoint, un aide familial ou un enfant) multiplié par le taux d'incapacité permanente de la victime, préalablement réduit de moitié pour la partie de ce taux qui ne dépasse pas 50 % et augmenté de moitié pour la partie qui excède 50 % ;

– en cas d'incapacité permanente totale obligeant la victime à avoir recours à l'assistance d'une tierce personne pour effectuer les actes ordinaires de la vie, le montant de la rente est majoré. La prestation complémentaire pour recours à tierce personne varie entre 633,25 € et 1 899,87 € par mois au 1er avril 2024 en fonction d'une grille d'appréciation des besoins d'assistance de la personne (Circ. CCMSA 2013-013 du 19-7-2013) ;
– rente et majoration sont revalorisées en principe au 1er avril de chaque année.
Le gain forfaitaire retenu pour calculer la rente versée aux **cotisants solidaires** en cas d'incapacité permanente totale est égal au tiers du gain forfaitaire annuel du chef d'exploitation ou d'entreprise agricole, soit 4 897,75 € par an sur la période courant du 1er avril 2024 au 31 mars 2025.

48125 Le **taux d'incapacité permanente** est déterminé par la caisse de MSA dont relève la victime. Ce taux tient compte de la nature de l'infirmité, de l'état général, de l'âge, des facultés physiques et mentales de la victime, ainsi que de ses aptitudes et de sa qualification professionnelles, compte tenu d'un barème indicatif d'invalidité (C. rur. art. L 752-6).
La **procédure** est schématiquement la suivante (C. rur. art. D 752-27, D 752-29 et D 752-31). Afin de fixer le taux d'incapacité permanente qui sera proposé à la victime, le médecin-conseil de la caisse de MSA dont relève l'assuré établit un rapport médical.
Au vu des renseignements recueillis, la caisse de MSA se prononce sur l'existence d'une incapacité permanente et évalue, le cas échéant, le taux de cette incapacité et le montant de la rente.
La caisse de MSA notifie à l'assuré, par tout moyen conférant date certaine, avec mention des voies et délais de recours, la décision motivée relative au taux d'incapacité, aux éléments de calcul et au montant de la rente correspondante.
Les décisions prises par la caisse de MSA doivent être médicalement motivées.
La notification adressée par la caisse à l'assuré ou à ses ayants droit invite ceux-ci à lui faire connaître, dans un délai de 10 jours, à l'aide d'un formulaire annexé à la notification, s'ils demandent l'envoi d'une copie du rapport médical, soit à eux-mêmes, soit au médecin qu'ils désignent à cet effet. La caisse de MSA procède à cet envoi dès réception de la demande en indiquant que l'assuré ou le médecin désigné peuvent, dans un délai de 15 jours suivant la réception du rapport, prendre connaissance des autres pièces médicales auprès du service du contrôle médical de la caisse. Lorsque la victime ou ses ayants droit ont demandé l'envoi d'une copie du rapport médical, le délai dont ils disposent pour faire leurs observations est de 2 mois.

48130 La rente est **due** à partir du lendemain de la date de consolidation et jusqu'à la fin du mois au cours duquel la victime est décédée. Elle est **payée** mensuellement et à terme échu (C. rur. art. D 752-32 et D 752-33).
En cas d'hospitalisation de l'assuré, la prestation complémentaire pour recours à tierce personne est versée jusqu'au dernier jour du mois civil suivant celui au cours duquel est intervenue l'hospitalisation (C. rur. art. D 752-33).
Les rentes sont incessibles et insaisissables (C. rur. art. L 752-6).

> **Précisions** **a.** En cas de **décès du titulaire**, les arrérages de la rente restant dus sont payables aux ayants droit, sur production du bulletin de décès et présentation des pièces établissant leur qualité (C. rur. art. D 752-32).
> **b.** La caisse de MSA dont relève la victime peut consentir des **avances**, soit sur le 1er arrérage de la rente, soit en cas de contestations autres que celles portant sur le caractère professionnel de l'accident ou de la maladie (C. rur. art. D 752-32).

INDEMNISATION DES VICTIMES DE PESTICIDES

48131 Mis en place au 1er janvier 2020, un **fonds d'indemnisation** a pour objet la réparation des dommages subis par les personnes dont la maladie est liée à une **exposition professionnelle aux pesticides** (C. rur. art. L 723-13-3). Le fonds, géré par la caisse centrale de la MSA, aligne pour partie la réparation des non-salariés agricoles sur celle, plus favorable, des salariés agricoles.
Peuvent obtenir, sur demande, une indemnisation en réparation des maladies causées par des pesticides faisant ou ayant fait l'objet d'une autorisation de mise sur le marché sur le territoire français :
– au titre des régimes d'assurance obligatoire contre les accidents du travail et les maladies professionnelles, les assurés non salariés agricoles relevant du régime Atexa (CSS art. L 491-1, 1°, b) ;
– au titre de la solidarité nationale, les assurés non salariés agricoles pour le complément d'indemnisation, les anciens exploitants, leurs conjoints et les membres de leur famille retraités agricoles qui ont cessé leur activité non salariée agricole avant le 1er avril 2002 (avant la création du régime Atexa) et les enfants atteints d'une pathologie résultant directement de leur exposition prénatale du fait de l'exposition professionnelle de l'un ou l'autre de leurs parents à des pesticides ainsi que leurs ayants droit (CSS art. L 491-1, 2° modifié par loi 2022-1616 du 23-12-2022).

À l'exception des enfants, l'indemnisation est conditionnée à la reconnaissance du caractère professionnel de la maladie.
La nature et le montant des indemnités sont, en principe, déterminés selon les règles prévues par le régime de sécurité sociale dont relèvent les intéressés. Toutefois, les assurés non salariés agricoles peuvent obtenir un complément d'indemnisation. Les enfants bénéficient d'une indemnité destinée à réparer leurs dommages corporels.
Les victimes couvertes par le fonds conservent la possibilité de saisir les juridictions de droit commun pour obtenir une réparation complémentaire auprès du responsable présumé (CSS art. L 491-1). Le cas échéant, le demandeur doit informer le fonds des autres procédures relatives à l'indemnisation de ses préjudices (CSS art. L 491-4).

Les **demandes** de maladie professionnelle (hors enfants) doivent être présentées auprès de la caisse de MSA assurant la gestion des frais de santé des assurés. Les demandes relatives aux enfants doivent être présentées directement devant le fonds d'indemnisation. **48132**
Le fonds centralise et instruit les demandes de reconnaissance des maladies professionnelles formulées par les actifs et les retraités non salariés agricoles (CSS art. L 491-2). Il se prononce sur le caractère professionnel de la pathologie du demandeur. Il établit si la pathologie est imputable aux pesticides et détermine, le cas échéant, la date de consolidation de l'état de la victime et le taux d'incapacité permanente.
Le fonds transmet aux caisses de MSA sa **décision** afin qu'elles procèdent à la liquidation des prestations et indemnités d'assurance accidents du travail et maladies professionnelles, en tenant compte du complément d'indemnisation.

En cas d'**incapacité temporaire**, les non-salariés agricoles non retraités victimes de pesticides bénéficient d'une **indemnité journalière** qui correspond à l'indemnité journalière mentionnée à l'article L 752-5 du Code rural et de la pêche maritime majorée du complément d'indemnisation mentionné à l'article L 491-1 du Code de la sécurité sociale (C. rur. art. R 752-87). **48133**
Pour les 28 premiers jours d'arrêt de travail, l'indemnité journalière représente 63 % du gain forfaitaire journalier (n° 48110) auxquels s'ajoutent la différence avec 60 % du salaire annuel minimum/365 utilisé pour les indemnités journalières des salariés, soit 34,47 € par jour pour la période allant du 1er avril 2024 au 31 mars 2025 (Lettre générale MSA DR-2022-021 du 7-4-2022).
À compter du 29e jour d'arrêt, l'indemnité journalière est égale à 84 % du gain forfaitaire journalier majoré de la différence avec l'IJ servie aux salariés sur la base de 80 % du salaire annuel minimum/365, soit 45,96 € par jour pour la période courant du 1er avril 2024 au 31 mars 2025.

En cas d'**incapacité permanente**, les victimes de pesticides bénéficient de **rentes** dès lors que leur taux d'incapacité est au moins égal à 10 %. Cette rente correspond à la rente mentionnée à l'article L 752-6 du Code rural et de la pêche maritime majorée du complément d'indemnisation mentionné à l'article L 491-1 du Code de la sécurité sociale (C. rur. art. R 752-88 et R 752-89). **48134**
Lorsque le taux d'incapacité permanente est inférieur à 10 %, les non-salariés agricoles bénéficient d'un complément d'indemnisation correspondant à l'indemnité en capital versée aux salariés victimes d'un accident du travail ou d'une maladie professionnelle (C. rur. art. R 752-91).
Des rentes, calculées sur la base du salaire annuel minimum applicable aux salariés, sont également prévues pour les ayants droit (C. rur. art. R 752-90 modifié par décret 2023-139 du 27-2-2023).

DÉCÈS DU CHEF D'EXPLOITATION OU D'ENTREPRISE

Lorsqu'un bénéficiaire de l'Atexa (y compris cotisant solidaire) décède des suites d'un accident du travail ou d'une maladie professionnelle, son **conjoint** survivant, son **concubin** ou son **partenaire de Pacs** ainsi que ses **enfants** peuvent bénéficier de rentes, dites « **rentes d'ayants droit** » (C. rur. art. L 752-7 modifié par loi 2022-1616 du 23-12-2022). **48135**
Le **montant** de ces rentes se calcule de la manière suivante (C. rur. art. L 752-7 et D 752-34) :
– elles sont déterminées sur la base du gain forfaitaire annuel. Sur la période courant du 1er avril 2024 au 31 mars 2025, il a été fixé à 14 693,25 € ;
– pour le conjoint, concubin ou partenaire de Pacs survivant, la rente atteint 40 % du gain forfaitaire annuel. Ce taux est de 20 % pour le conjoint divorcé ou séparé de corps titulaire d'une pension alimentaire. Le conjoint, concubin ou partenaire de Pacs âgé d'au moins 55 ans ou atteint d'une incapacité de travail générale bénéficie d'un complément de rente égal à 20 % du gain forfaitaire annuel ;
– pour les deux premiers enfants, la rente atteint 25 % du gain forfaitaire annuel, 20 % pour les enfants suivants, les orphelins de père et de mère bénéficiant d'un taux majoré à 30 % du gain forfaitaire annuel ;
– les rentes sont revalorisées en principe au 1er avril de chaque année.

En cas de décès du **cotisant solidaire**, une rente d'ayant droit est également accordée aux mêmes bénéficiaires. Elle est calculée sur la base du gain forfaitaire annuel applicable à cette catégorie d'assurés, soit 4 897,75 € pour la période courant du 1er avril 2024 au 31 mars 2025.

48140 Les rentes sont **dues** (C. rur. art. D 752-35) :
– à partir du lendemain du décès de la victime ou du 1er jour suivant la fin du mois d'arrérages au cours duquel elle est décédée (si elle percevait une rente d'incapacité permanente) ;
– jusqu'à la fin du mois au cours duquel le bénéficiaire est décédé. Pour les enfants, elles sont dues jusqu'à 20 ans au plus tard.
Elles sont **versées** trimestriellement et à terme échu.
En cas de **décès du titulaire**, les arrérages de la rente restant dus sont payables aux ayants droit, sur production du bulletin de décès et présentation des pièces établissant leur qualité.
La caisse de MSA dont relève la victime peut consentir des **avances** dans certaines conditions (C. rur. art. D 752-35 ; CSS art. R 434-18).

48145 En cas d'accident suivi de mort, les **frais funéraires** sont payés par la caisse de MSA dont relevait la victime, dans la limite des frais engagés sans que leur montant puisse excéder un maximum fixé à 1 932 € au 1er janvier 2024 (C. rur. art. L 752-10). Contrairement aux règles applicables dans le régime des salariés agricoles, les frais de transport du corps au lieu de sépulture ne sont pas pris en charge par l'Atexa.

CHAPITRE 4

RÉGIMES DE SOLIDARITÉ

SOMMAIRE

SECTION 1

PROTECTION UNIVERSELLE MALADIE

La protection universelle maladie (Puma) permet à toute personne sans activité professionnelle qui réside en France de manière stable et régulière de disposer d'une prise en charge de ses frais de santé. Les assurés bénéficiant de cette prise en charge peuvent néanmoins être tenus de contribuer au financement de l'assurance maladie en fonction de leur situation et de leurs ressources. **49000**

EXIGIBILITÉ DE LA COTISATION

Les assurés ayant peu ou pas de **revenus** d'activité professionnelle mais qui disposent de revenus de capital dépassant un certain montant sont redevables d'une cotisation spécifique annuelle appelée « cotisation subsidiaire maladie » (CSS art. L 380-2). **49005**

En pratique, la cotisation est due lorsque :

– les revenus tirés d'activités professionnelles exercées en France sont inférieurs à 20 % du plafond annuel de la sécurité sociale (Pass), soit 9 274 € pour la cotisation due au titre de 2024 ;

– et les revenus du patrimoine sont supérieurs à 50 % du Pass, soit 23 184 € pour la cotisation due au titre de 2024.

Le taux de la cotisation subsidiaire maladie est, par principe, de 6,5 %, mais décroît linéairement à proportion des revenus d'activités et devient nul lorsque ces revenus atteignent le seuil de 20 % du Pass. La cotisation est **assise** sur les revenus du patrimoine visés par le législateur, retenus dans la limite de 8 Pass : revenus fonciers, revenus de capitaux mobiliers, plus-values de cession à titre onéreux de biens ou droits de toute nature, bénéfices industriels et commerciaux non professionnels et bénéfices des professions non commerciales non professionnels. Les bénéfices agricoles perçus par des associés non exploitants ne sont pas pris en compte. Un abattement égal à 50 % du Pass est appliqué à l'ensemble de ces revenus (CSS art. D 380-1), soit 23 184 € pour la cotisation due au titre de 2024.

La cotisation étant individuelle, une assiette est déterminée pour chacun des conjoints mariés ou partenaires de Pacs (répartition par moitié des revenus patrimoniaux communs). Chaque conjoint ou partenaire de Pacs bénéficie de l'abattement, sur la part de revenus du patrimoine lui ayant été affectée.

> **Précisions a.** Ne sont **pas redevables** de la cotisation subsidiaire les personnes ayant perçu une pension de retraite ou d'invalidité, une rente ou une allocation de chômage au cours de l'année considérée.
> **b.** Les **conjoints** mariés ou **partenaires de Pacs** ne sont redevables de la cotisation que si chaque membre du couple remplit cumulativement les conditions tenant aux revenus d'activité et à l'absence de perception d'une pension de retraite ou d'invalidité, rente ou allocation de chômage. À l'inverse, si l'un des membres du couple a perçu des revenus d'activités supérieurs au seuil de 20 % ou une pension de retraite ou d'invalidité, rente ou allocation de chômage, aucun n'est redevable de la cotisation subsidiaire. En revanche, la situation du **concubin** est indifférente.

PAIEMENT DE LA COTISATION

49010 La cotisation subsidiaire maladie est calculée, appelée et recouvrée par les Urssaf, quelle que soit la qualité des redevables. Ceux-ci sont identifiés et les assiettes sont calculées sur la base des informations transmises par l'administration fiscale à partir de l'avis d'imposition des assurés.
La cotisation est appelée au plus tard le dernier jour du mois de novembre de l'année suivant celle au titre de laquelle est due (soit en novembre N + 1). Elle doit être acquittée dans les trente jours suivant la date d'appel (CSS art. R 380-4). Le paiement peut être réalisé en trois échéances (nécessairement par prélèvement bancaire dans ce cas).

ATTENTION

La cotisation subsidiaire maladie peut aussi être appelée auprès d'exploitants agricoles affiliés au régime des non-salariés agricoles, qui pourtant avaient déjà payé des cotisations sociales maladie au titre de cette année sur une base supérieure à 20 % du Pass (cotisation Amexa). Cette situation particulière résulte d'un décalage entre la période de référence de la cotisation subsidiaire (appréciation des revenus d'activité de l'année au titre de laquelle la cotisation est due – année N) et la cotisation Amexa (appelée en année N, et assise sur la moyenne des revenus professionnels des trois années précédentes – années N – 3 à N – 1 – ou sur les revenus professionnels de l'année précédente – année N – 1). Afin d'atténuer ces situations de **double contribution** au financement de l'assurance maladie, les revenus d'activité pris en compte pour déterminer le taux de la cotisation ne peuvent être inférieurs à la plus faible des assiettes minimales retenues pour le calcul des cotisations invalidité et vieillesse (soit assiette minimum AVA de 600 Smic).

SECTION 2 COMPLÉMENTAIRE SANTÉ SOLIDAIRE

49050 Les personnes dont les revenus sont les plus faibles ont droit, en plus de la Puma, à une protection complémentaire en matière de frais de santé. Cette couverture, appelée « complémentaire santé solidaire » (ou CSS), est gratuite pour celles dont les **ressources** sont inférieures à un plafond (défini par décret) et moyennant contrepartie d'une participation financière pour celles dont les ressources n'excèdent pas 135 % de ce même plafond (CSS art. L 861-1 s.).

BÉNÉFICIAIRES

49055 La complémentaire santé solidaire est accordée à toute personne soit exerçant une activité professionnelle, soit **résidant** en France métropolitaine ou dans une collectivité d'outre-mer, de façon stable et qui remplit la condition de ressources visée n° 49060.
Par conséquent, l'ouverture des droits de base auprès d'un organisme de sécurité sociale ou, le cas échéant, au titre de la Puma (n° 49000) constitue un préalable obligatoire pour l'accès à la complémentaire santé solidaire.
Le droit à la complémentaire santé solidaire est attribué automatiquement aux bénéficiaires du RSA, sauf opposition expresse de leur part (CSS art. L 861-2). Ce droit est également attribué automatiquement aux jeunes majeurs âgés de moins de 25 ans étant à la charge de bénéficiaires du RSA.
Les **étudiants** percevant une aide d'urgence en bénéficient également (CSS art. L 861-1).
La complémentaire santé solidaire est accordée non seulement au **demandeur** mais aussi aux **membres de son foyer** (CSS art. R 861-2) :
– son conjoint, partenaire d'un Pacs soumis à une imposition commune ou concubin ;

– les personnes suivantes, considérées comme étant à charge, si elles sont à la charge réelle et continue du demandeur, de son conjoint, de son concubin ou de son partenaire d'un Pacs : enfants et les autres personnes de moins de 25 ans rattachés au foyer fiscal du demandeur, de son conjoint, de son concubin ou de son partenaire d'un Pacs ; enfants du demandeur, de son conjoint, de son concubin ou de son partenaire d'un Pacs âgés de moins de 25 ans qui vivent sous le même toit que le demandeur mais ayant établi une déclaration fiscale propre ; enfants majeurs du demandeur, de son conjoint, de son concubin ou de son partenaire de Pacs âgés de moins de 25 ans, qui reçoivent une pension alimentaire dont le versement ne fait pas suite à une décision judiciaire.

> **Précisions a.** Les organismes d'assurance maladie organisent un **contrôle de l'effectivité de la résidence** en France des bénéficiaires dans le cadre du renouvellement de leur demande (CSS art. R 111-2 et R 161-1).
b. Les **enfants majeurs** de moins de 25 ans ne remplissant plus les conditions de rattachement au foyer peuvent bénéficier, à titre personnel, de la couverture complémentaire après la date de la dernière déclaration fiscale du foyer auquel ils étaient jusque-là rattachés. Pour cela, ils devront attester sur l'honneur qu'ils établiront pour l'avenir une déclaration de revenus distincte de celle de leur ancien foyer fiscal.

CONDITIONS DE RESSOURCES ET TARIF

CSS sans contribution financière Les personnes dont les ressources n'excèdent pas un certain **plafond** bénéficient gratuitement de la complémentaire santé solidaire. 49060

En 2024, le plafond pour une personne seule applicable en métropole est fixé à 10 166 € par an (Arrêté TSSS2409002A du 26-3-2024). Il est normalement revalorisé chaque année au 1er avril (CSS art. L 861-1).

Ce plafond, fixé pour une personne seule, est majoré de 50 % pour une deuxième personne membre du foyer, de 30 % pour la 3e et la 4e personne et de 40 % par personne supplémentaire à compter de la 5e personne (CSS art. R 861-3).

Les taux sont réduits de moitié pour les enfants mineurs en résidence alternée au domicile de chacun des parents lorsqu'ils sont réputés à la charge égale de l'un ou de l'autre parent au sens de l'article 194 du CGI.

Pour l'application du présent article, le rang des personnes membres du foyer est déterminé en fonction de la composition du foyer considéré dans l'ordre décroissant suivant :

1. le conjoint ou concubin ou partenaire lié par un Pacs ;

2. les enfants et autres personnes visées ci-dessus par ordre décroissant d'âge.

Les **ressources prises en compte** comprennent l'ensemble des ressources nettes de prélèvements sociaux obligatoires, de quelque nature qu'elles soient, des personnes composant le foyer, y compris les avantages en nature, libéralités et les revenus procurés par des biens mobiliers et immobiliers et les revenus procurés par des capitaux lorsque ceux-ci sont soumis à l'impôt sur le revenu. Les revenus du patrimoine et les produits de placement sont retenus pour leur montant imposable après application d'un abattement dont le taux est fixé par arrêté du ministre chargé de la sécurité sociale (CSS art. R 861-4). 49070

Sont déduites des ressources les charges consécutives aux versements des pensions et obligations alimentaires tels que figurant sur le dernier avis d'imposition connu (CSS art. R 861-9).

Certaines prestations sociales sont toutefois **expressément exclues,** notamment l'allocation de rentrée scolaire, l'allocation d'éducation de l'enfant handicapé (AEEH), la prestation d'accueil du jeune enfant (Paje), le capital décès versé par la sécurité sociale, l'allocation de remplacement « maternité » pour les non-salariées agricoles, l'allocation versée dans le cadre du contrat d'engagement jeune (CSS art. R 861-10).

Un **abattement** de 30 % sur les revenus d'activité est pratiqué notamment dans les cas suivants :

– interruption de travail supérieure à 6 mois au titre de la maladie ;

– chômage indemnisé ;

– perception de l'allocation de solidarité spécifique ou d'une rémunération de stage de formation professionnelle légale, réglementaire ou conventionnelle (CSS art. R 861-8).

Les ressources prises en compte sont celles qui ont été perçues, et les avantages en nature dont les membres du foyer ont bénéficié au cours d'une période de douze mois courant du treizième au deuxième mois précédent le mois de la demande. Les revenus du patrimoine et les produits de placement pris en compte sont ceux du dernier avis d'imposition connu (CSS art. R 861-8).

49075 **CSS avec contribution financière** Les personnes dont les ressources sont comprises entre le plafond cité nº 49060 et ce même plafond majoré de 35 % (soit 13 724 € au 1-4-2024) sont redevables d'une participation financière (CSS art. L 861-1), dont le montant mensuel **diffère selon l'âge** de l'adhérent (Arrêté SPRS2335450A du 29-12-2023) :
– 8 € s'il est âgé de moins de 30 ans ;
– 14 € s'il est âgé de 30 à 49 ans ;
– 21 €, de 50 à 59 ans ;
– 25 €, de 60 à 69 ans ;
– 30 € s'il est âgé de 70 ans et plus.

CHOIX DE L'ORGANISME COMPLÉMENTAIRE

49080 Le bénéficiaire de la complémentaire santé solidaire choisit l'organisme appelé à lui servir les prestations, lors de sa demande initiale, puis lors de chaque renouvellement : il peut s'agir de la caisse d'assurance maladie dont il relève ou d'un organisme de protection complémentaire, mutuelle, institution de prévoyance d'entreprise, entreprise d'assurance (CSS art. L 861-4). À noter que les organismes de prévoyance complémentaire doivent figurer sur une liste nationale (CSS art. L 861-7).

> **Précisions** La **personne déjà assurée** auprès d'un organisme complémentaire peut demander soit la résiliation de son contrat si son assureur ne participe pas au dispositif de la complémentaire santé solidaire, soit la modification de sa garantie initiale en une garantie complémentaire santé solidaire lorsque son assureur est inscrit sur la liste précitée.

DEMANDE

49090 Elle est faite par l'envoi d'un **dossier** auprès de la caisse d'assurance maladie dont relève l'assuré (CPAM ou CMSA). Le directeur de l'organisme chargé de la prise en charge des frais de santé notifie sa décision dans les deux mois de la réception du dossier, sauf situation d'urgence (CSS art. L 861-5 et R 861-16-1). En l'absence de décision à l'expiration de ce délai, le droit est réputé ouvert.

Le droit de la complémentaire santé non participative est **ouvert à compter** du 1er jour du mois qui suit la date de la décision, ou à compter du 1er jour du mois du dépôt de la demande lorsque la situation du demandeur l'exige.

Pour le bénéficiaire de la complémentaire santé solidaire participative, le droit est ouvert au 1er jour du mois qui suit la date de la décision, sous réserve que l'assuré ait transmis les éléments nécessaires au paiement de la participation. Dans le cas contraire, la prise en charge prend effet au 1er jour du mois qui suit la réception de ces éléments (CSS art. L 861-5).

Lorsque l'organisme choisi est un organisme de prévoyance complémentaire, la caisse d'assurance maladie lui transmet le dossier (CSS art. R 861-17).

Les droits sont ouverts pour un an renouvelable.

> **Précisions** Les **recours** contre les **décisions de refus** d'accorder la complémentaire santé solidaire doivent être portés, au préalable, devant la commission de recours amiable (CSS art. L 861-5).
>
> L'assuré peut toutefois au préalable effectuer un recours gracieux auprès du directeur de sa caisse d'assurance maladie.
>
> Le contentieux de l'admission au bénéficie de la complémentaire santé solidaire relève des tribunaux judiciaires (CSS art. L 142-3 s.)

ÉTENDUE DE LA GARANTIE

49100 Les bénéficiaires de la complémentaire santé solidaire ont droit à la **prise en charge** (CSS art. L 861-3) :
– dans les limites du tarif de responsabilité, du ticket modérateur et du forfait hospitalier ;
– au-delà du tarif de responsabilité, des dépenses d'optique, de soins dentaires prothétiques ou d'orthopédie dento-faciale, de certains dispositifs médicaux à usage individuel (prothèses auditives, cannes et déambulateurs, fauteuils roulants, etc.).

Les bénéficiaires sont dispensées d'**avancer** les frais aux professionnels de santé. Les médecins ne peuvent pas prendre de **dépassements** d'honoraires sauf en cas d'exigence particulière du patient ou en cas de visite médicalement injustifiée.

Le dispositif du **médecin traitant** est applicable aux bénéficiaires de la complémentaire santé solidaire.

La majoration de participation de l'assuré et l'avance de frais en cas de consultation hors parcours de soins demeurent à la charge des bénéficiaires (CSS art. L 861-3).

PERTE DU DROIT À LA COMPLÉMENTAIRE SANTÉ SOLIDAIRE

À compter de la date d'**expiration des droits** à la complémentaire santé solidaire, ses ex-bénéficiaires conservent pendant un an le bénéfice de la dispense d'avance des frais pour la part des dépenses prises en charge par l'assurance maladie obligatoire. Lorsque ces personnes souscrivent une assurance individuelle de frais de santé, aucune période probatoire ne peut leur être opposée (CSS art. L 861-3). 49110

SECTION 3

AVANTAGES NON CONTRIBUTIFS D'ASSURANCE VIEILLESSE

Ces avantages sont accordés afin de permettre à des personnes âgées disposant de faibles ressources d'atteindre un revenu minimal, communément appelé **minimum vieillesse**. Ce dispositif est composé, **depuis le 17 janvier 2007**, de deux prestations : l'allocation de solidarité aux personnes âgées (Aspa) et l'allocation supplémentaire d'invalidité (ASI). Les personnes titulaires d'une des prestations qui, **avant le 17 janvier 2007**, composaient le minimum vieillesse (notamment : AVTS, allocation aux mères de famille, secours viager, allocation spéciale et sa majoration, allocation supplémentaire) continuent à les percevoir selon les règles applicables avant cette date (Ord. 2004-605 du 24-6-2004). 49300
Les intéressés peuvent toutefois y renoncer pour y substituer, selon leur situation, l'Aspa ou l'ASI. Leur choix est alors irrévocable.

A. Allocation de solidarité aux personnes âgées

L'allocation de solidarité aux personnes âgées (Aspa) est une prestation non contributive versée aux titulaires d'un avantage dû au titre de l'assurance vieillesse ou de l'assurance invalidité et qui ne disposent pas de ressources suffisantes. 49305
Selon le cas, elle est prise en charge par le Fonds de solidarité vieillesse ou le Fonds spécial d'invalidité.
Elle peut donner lieu à récupération sur la succession de l'allocataire.

CONDITIONS D'ATTRIBUTION

Le requérant doit (CSS art. L 815-1, L 815-24 et R 815-1) : 49315
– résider en France métropolitaine ou dans certaines collectivités d'outre-mer de manière stable et régulière (au moins neuf mois par année civile) ;
– être âgé d'au moins 65 ans.

> **Précisions** **a.** Par **dérogation** à la condition d'**âge**, l'allocation peut être accordée à partir de l'âge minimum légal de départ à la retraite aux assurés inaptes au travail, aux mères de famille ouvrières, à certaines personnes handicapées et aux anciens prisonniers, déportés ou internés en temps de guerre.
> **b.** Le **ressortissant étranger** doit, sauf exception, être titulaire depuis au moins 10 ans d'un titre de séjour autorisant à travailler (CSS art. L 816-1).

Plafond de ressources L'allocation n'est due que si le total de son montant et des ressources du requérant et, le cas échéant, de son conjoint (quel que soit leur régime matrimonial), concubin ou partenaire lié par un Pacs n'excède pas un plafond fixé par décret (CSS art. L 815-9 s.). 49320
Ce plafond, revalorisé en principe annuellement, s'élève au 1er janvier 2024 à 1 012,02 € par mois pour une personne seule et à 1 571,16 € pour un ménage.
Lorsque le total de l'Aspa et des ressources est **supérieur au plafond**, l'allocation est réduite à due concurrence.

Ressources prises en considération Les ressources retenues sont celles dont le requérant a disposé au cours des 3 mois précédant la date d'entrée en jouissance de l'allocation ; 49325 lorsque ces ressources sont **supérieures au quart des plafonds annuels**, l'allocation est néanmoins servie si le requérant justifie qu'au cours des 12 mois précédant la date d'entrée en jouissance, ses ressources ont été inférieures au plafond annuel déterminé au taux en vigueur à cette dernière date (CSS art. R 815-29).

Les ressources retenues pour la détermination du droit à l'allocation comprennent tous les **avantages viagers** (invalidité, vieillesse) dont bénéficient l'intéressé ou son conjoint, concubin ou partenaire lié par un Pacs, les **revenus professionnels** (salaires et gains assimilés à des salaires) après application d'un abattement forfaitaire, les **avantages en nature** (nourriture, logement, etc.), y compris les revenus des biens mobiliers et immobiliers, et les biens dont l'intéressé a fait **donation** au cours des 10 années ayant précédé la demande (CSS art. R 815-22 à R 815-25).

Sont également retenus les **bénéfices agricoles** relatifs à l'exploitation de la superficie que l'intéressé peut, le cas échéant, continuer à exploiter (n° 46615).

> **Précisions** Les **biens immobiliers** et **mobiliers** dont le requérant est propriétaire, sauf ceux qu'il occupe à titre de résidence principale et les bâtiments de l'exploitation agricole, sont censés produire un revenu fictif égal à 3 % de leur valeur vénale appréciée à la date de la demande.
> Le même pourcentage est retenu pour les biens dont l'intéressé a fait **donation** à un descendant au cours des 5 années précédant la demande (1,5 % en cas de donation intervenue depuis plus de 5 ans, mais moins de 10 ans).
> Si les biens ont été donnés à des tiers depuis moins de 10 ans, le demandeur est réputé percevoir une rente viagère, calculée sur la valeur de ces biens à la date de la demande, suivant les tables de mortalité et le taux d'actualisation de référence appliqué par la caisse nationale de prévoyance à la date de la donation.
> Les donations de plus de 10 ans sont négligées, sauf si elles sont faites avec charge ou réserve d'usufruit. Dans ce dernier cas, seule la valeur de la charge ou le revenu procuré par l'usufruit sont retenus.

49330 **Ressources exclues** L'appréciation des ressources se fait sans tenir compte de certains revenus, **notamment** (CSS art. R 815-22) :

– la valeur des locaux d'habitation occupés à titre de résidence principale par l'intéressé et les membres de sa famille vivant à son foyer ;
– la valeur des bâtiments de l'exploitation agricole ;
– les prestations familiales ;
– l'allocation de logement sociale ;
– la majoration pour tierce personne et prestation complémentaire pour recours à tierce personne ;
– l'allocation aux adultes handicapés ainsi que les compléments de ressources et la majoration pour vie autonome ;
– le revenu de solidarité active.

Dans les ressources personnelles du requérant, il n'est pas tenu compte de l'aide apportée à ce dernier par les personnes tenues à l'obligation alimentaire envers lui en vertu des articles 205 et suivants du Code civil.

MODALITÉS D'ATTRIBUTION

49335 L'allocation est accordée sur **demande** expresse des intéressés présentée à l'organisme débiteur de la pension de vieillesse ou d'invalidité que le bénéficiaire perçoit, l'organisme devant dispenser au préalable une information spécifique aux intéressés (CSS art. L 815-7).

Si le requérant perçoit **plusieurs avantages de base** émanant d'organismes différents, l'ordre de **priorité** est le suivant (CSS art. R 815-7) :

– la caisse de retraite de la MSA, si l'intéressé bénéficie de l'allocation ou de la retraite vieillesse agricole et s'il a la qualité d'exploitant agricole au jour de la demande ;
– la caisse de retraite du régime général lorsque l'un des avantages dont il bénéficie est servi par cet organisme ;
– l'organisme qui sert l'avantage dont le montant trimestriel est le plus élevé au jour de la demande.

Pour les personnes qui ne relèvent d'**aucun régime de base**, l'organisme compétent est le service de l'Aspa géré par la Caisse centrale de la mutualité sociale agricole. Le formulaire de demande doit être retiré auprès de la mairie du domicile de l'assuré.

La **date d'entrée en jouissance** de l'allocation est fixée comme suit (CSS art. R 815-33) :

– date d'effet de la pension d'invalidité ou de la retraite servie au titre de l'inaptitude si la demande est déposée dans les 3 mois du premier paiement de la pension ou de la retraite ;

– date d'entrée en jouissance de l'avantage de vieillesse si celui-ci est attribué après 65 ans et si la demande d'allocation est déposée dans les 3 mois qui suivent le premier paiement de la retraite ;
– premier jour du mois qui suit la reconnaissance de l'inaptitude si celle-ci intervient entre l'âge légal d'ouverture du droit à une pension de retraite et 65 ans, postérieurement à l'attribution de l'avantage de vieillesse, et si la demande d'allocation a été déposée préalablement à cette reconnaissance de l'inaptitude ;
– au premier jour qui suit leur 65e anniversaire pour les personnes qui ne bénéficient d'aucun avantage de base ;
– dans les autres cas, premier jour du mois qui suit le dépôt de la demande d'allocation.
La date d'effet ne peut être antérieure au premier jour du mois qui suit la **cessation de l'activité** non salariée agricole, mais l'intéressé dispose d'un **délai** de 2 mois pour réduire son exploitation au minimum visé n° 46615.

MONTANT

Le montant **annuel** de l'allocation est fixé par décret (au 1-1-2024, à 12 144,27 € pour une personne seule et à 18 854,02 € pour les couples mariés, concubins et pacsés). **49340**
Lorsque le total des ressources, des avantages de base et de l'allocation dépasse le plafond des ressources, cette dernière ne fait l'objet que d'un **versement différentiel.** Si l'allocation est attribuée à un ménage, la réduction éventuelle est répartie par moitié.
L'allocation peut être **révisée, suspendue ou supprimée** à tout moment dès que le bénéficiaire cesse de remplir l'une des conditions requises (CSS art. R 815-42).

CUMUL AVEC DES REVENUS D'ACTIVITÉ

Il est possible de cumuler la totalité de l'Aspa avec des revenus professionnels jusqu'à un certain montant : 530 € par mois de revenus d'activité pour une personne seule, 883 € par mois pour un couple (CSS art. L 815-9 et R 815-29). Les montants plafonds correspondent respectivement à 30 % et à 50 % de la valeur du Smic brut au 1er janvier de l'année considérée. **49342**

RÉCUPÉRATION DES ARRÉRAGES SUR SUCCESSION

Les arrérages servis au titre de l'allocation sont recouvrés sur la succession de l'allocataire lorsque l'**actif net** est au moins égal à 105 300 € (150 000 € dans les collectivités d'outre-mer, jusqu'au 31-12-2029) (CSS art. L 815-13). La récupération n'est opérée que sur la fraction de l'actif net qui excède ce montant dans la limite annuelle en 2024 de 8 207,37 € pour une personne seule et de 10 980,22 € pour un couple (Circ. Cnav 2023-34 du 29-12-2023). **49345**
Toutefois, lorsque la succession du bénéficiaire, en tout ou en partie, comprend un **capital d'exploitation agricole,** ce dernier ainsi que les bâtiments qui en sont indissociables ne sont pas pris en compte pour évaluer l'actif net (CSS art. L 815-13, al. 3).
Sont considérés comme des **bâtiments indissociables** du capital d'exploitation (CSS art. D 815-5) :
– les bâtiments d'habitation occupés à titre de résidence principale par le bénéficiaire de l'allocation et les membres de sa famille vivant à son foyer, qui comprennent un mur mitoyen à un bâtiment d'exploitation agricole inclus dans ce capital agricole ;
– les autres bâtiments d'habitation affectés à l'usage exclusif de l'exploitation et qui sont soit implantés sur des terres incluses dans ce capital, soit situés à une distance ne pouvant excéder 50 mètres des bâtiments agricoles ou des terres qui constituent ce capital, soit nécessaires à l'activité de l'exploitation.
Dans le cas où l'allocataire possède des biens immobiliers d'une valeur égale ou supérieure à 105 300 €, la caisse a la faculté de requérir l'inscription au fichier immobilier d'une **hypothèque** grevant les biens de l'allocataire pour sûreté de la créance éventuelle résultant des sommes versées au titre de l'allocation supplémentaire (CSS art. R 815-47). L'hypothèque peut être prise au moment du décès, mais également du vivant de l'allocataire (CSS art. R 815-46).
Le **recouvrement** des arrérages sur la part de la succession attribuée au conjoint survivant, au concubin ou partenaire lié par un Pacs, ou aux héritiers âgés ou infirmes à la charge de l'allocataire décédé peut être différé jusqu'à leur décès (CSS art. D 815-7). Les héritiers dans une situation financière précaire ont la possibilité de demander une remise de dette à la commission de recours amiable de la caisse.
La **prescription** de l'action en recouvrement est de 5 ans à compter du jour de l'enregistrement d'un écrit ou d'une déclaration mentionnant exactement la date et le lieu du décès du défunt ainsi que les nom et adresse de l'un au moins des ayants droit (CSS art. L 815-13, al. 6).

B. Allocation supplémentaire d'invalidité

49360 **Peut bénéficier** de l'allocation supplémentaire d'invalidité (ASI) toute personne résidant en France et titulaire d'un avantage d'invalidité ou de vieillesse d'un régime légal de sécurité sociale qui ne remplit pas la condition d'âge pour bénéficier de l'Aspa, si (CSS art. L 815-24 s.) :
– elle est atteinte d'une invalidité générale réduisant sa capacité de travail ou de gain des 2/3 ;
– ou a obtenu l'avantage viager en raison d'une invalidité au moins égale.

Le **montant** de l'ASI varie en fonction de la situation matrimoniale et des **ressources** du bénéficiaire. Au 1er avril 2024, son montant maximum est de 899,56 € par mois pour une personne seule et de 1 574,24 € pour un couple marié dont les deux époux bénéficient de l'ASI. L'ASI n'est due que si le total de cette allocation et des ressources personnelles de l'intéressé et du conjoint, du concubin, ou du partenaire lié par un Pacs n'excède pas un plafond prévu par décret (10 794,72 € pour une personne seule et 18 890,88 € pour un couple en 2024). L'**appréciation** des ressources se fait selon les règles retenues en matière d'Aspa (nos 49305 s.). À noter que depuis le 1er janvier 2020, l'ASI n'est plus récupérable sur les **successions**, y compris pour les prestations versées antérieurement à cette date.

C. Allocation aux vieux travailleurs salariés

49400 Cette prestation n'est **plus attribuée** depuis le 1er janvier 2007. Elle était réservée aux anciens salariés sans ressources suffisantes et qui ne pouvaient pas avoir droit à une pension de vieillesse. Elle continue à être **servie**. Mais le bénéficiaire peut demander l'allocation de solidarité aux personnes âgées.

Les dispositions relatives à l'AVTS figurent aux anciens articles L 811-1 et suivants du Code de la sécurité sociale.

49410 L'allocation est servie sous **conditions de ressources**. Elle n'est due que si le total des ressources, y compris l'AVTS, n'excède pas un plafond qui varie selon qu'il s'agit d'une personne seule, d'une veuve de guerre ou d'un ménage.

Au 1er janvier 2024, le plafond annuel est fixé à 12 144,27 € pour une personne seule et à 18 854,02 € pour un ménage (pour les veuves de guerre, le plafond ne peut être inférieur au montant de la pension de veuve de soldat au taux exceptionnel augmenté du montant de l'AVTS). Ce plafond est revalorisé annuellement comme les pensions (n° 40005).

Si les ressources de l'allocataire ajoutées au montant de l'allocation sont inférieures au plafond, l'allocation est servie au taux plein. Dans le cas contraire, elle est réduite pour que le montant total des ressources y compris l'allocation soit au maximum égal au plafond, ou refusée si les ressources (allocation non comprise) sont égales ou supérieures audit plafond.

L'allocataire est tenu de faire connaître à la caisse toute modification dans le montant de ses ressources ou sa situation de famille.

L'**appréciation** des ressources se fait selon les règles retenues en matière d'Aspa (nos 49305 s.).

49420 Le **montant** au 1er janvier 2024 de l'allocation principale est de 3 936,90 € par an (soit 328,08 € par mois). Elle est en principe revalorisée annuellement comme les pensions (n° 40005).

L'allocation est **complétée**, éventuellement, par une majoration pour enfants attribuée dans les mêmes conditions que pour les pensions de vieillesse (n° 40000). Cette majoration est accordée aux 2 conjoints s'ils sont l'un et l'autre titulaires de l'AVTS.

L'allocation peut être **révisée** ou **suspendue** lorsque le bénéficiaire cesse de remplir les conditions requises.

D. Secours viager

49500 Cette prestation n'est **plus attribuée**. Elle continue à être **servie**. Mais le bénéficiaire peut demander l'allocation de solidarité aux personnes âgées ou l'allocation supplémentaire d'invalidité.

Le secours viager bénéficie au **conjoint survivant** du titulaire d'une allocation aux vieux travailleurs salariés ou d'une personne qui aurait rempli, au jour de son décès, les conditions requises pour bénéficier de cette allocation.

Le **montant** du secours viager est égal à celui de l'AVTS (n° 49420), auquel s'ajoute éventuellement une majoration de 10 % pour enfants (n° 40000).

E. Allocation aux mères de famille

Cette prestation n'est **plus attribuée**. Elle continue à être **servie**. Mais le bénéficiaire peut demander l'allocation de solidarité aux personnes âgées. Les femmes mariées, séparées ou divorcées d'un salarié, ou dont le conjoint a disparu, ainsi que les veuves non remariées ou les veuves d'un salarié remariées à un salarié pouvaient prétendre à cette allocation. 49550
Le **montant** de l'allocation est égal à celui de l'AVTS (nº 49420) majoré de 10 %.

CHAPITRE 5

CONTENTIEUX DE LA MUTUALITÉ SOCIALE AGRICOLE

SOMMAIRE

A. Réforme du contentieux de la sécurité sociale

PRÉSENTATION DE LA RÉFORME

50400 Depuis le **1er janvier 2020,** l'ensemble du contentieux de la sécurité sociale relève du tribunal judiciaire (TJ) au lieu des TGI désignés jusqu'au 31 décembre 2019, sauf celui de la tarification des accidents du travail qui, depuis le 1er janvier 2019, est confié à la cour d'appel d'Amiens. À noter que la distinction entre contentieux général et technique de la sécurité sociale a disparu au profit d'une distinction entre contentieux médical et non médical (Loi 2019-222 du 23-3-2019 ; Décret 2019-1506 du 30-12-2019).

Depuis le **1er janvier 2022,** l'expertise médicale technique est supprimée (Loi 2019-1446 du 24-12-2019 art. 87).

COMPÉTENCE DU JUGE JUDICIAIRE

50405 Le juge judiciaire connaît des contestations relatives (CSS art. L 142-8) :
– au contentieux de la sécurité sociale défini à l'article L 142-1 du CSS ;
– au contentieux de l'admission à l'aide sociale défini à l'article L 142-3 du CSS.
Le contentieux de la sécurité sociale comprend les **litiges relatifs** (CSS art. L 142-1) :
– à l'application des législations et réglementations de mutualité sociale agricole ;
– au recouvrement des contributions, versements et cotisations mentionnés au 5° de l'article L 213-1 du CSS ;
– au recouvrement des contributions, versements et cotisations mentionnés aux articles L 1233-66, L 1233-69, L 3253-18, L 5212-9, L 5422-6, L 5422-9, L 5422-11, L 5422-12 et L 5424-20 du Code du travail ;
– à l'état ou au degré d'invalidité, en cas d'accidents ou de maladies régies par les titres III, IV et VI du livre VII du Code rural et de la pêche maritime, à l'état d'inaptitude au travail ainsi que, en cas d'accidents du travail ou de maladies professionnelles régies par les titres V et VI du même livre VII, à l'état d'incapacité permanente de travail, notamment au taux de cette incapacité ;
– aux décisions des caisses de mutualité sociale agricole concernant, en matière d'accidents du travail agricoles, la fixation du taux de cotisation, l'octroi de ristournes et l'imposition de cotisations supplémentaires ;
– aux décisions de la commission des droits et de l'autonomie des personnes handicapées mentionnées au premier alinéa de l'article L 241-9 du Code de l'action sociale et des familles ;
– aux décisions du président du conseil départemental mentionnées à l'article L 241-3 du même Code relatives aux mentions invalidité et priorité.

B. Contentieux hors tarification des accidents du travail

PROCÉDURE EN DEUX PHASES

Le contentieux de la sécurité sociale se décompose en deux phases : 50500
– une **phase obligatoire** devant la commission de recours amiable (CRA) ou la commission médicale de recours amiable (CMRA) ;
– une **phase judiciaire** devant le tribunal judiciaire et, le cas échéant, devant la cour d'appel et la Cour de cassation.

1. RECOURS AMIABLE PRÉALABLE

COMMISSION DE RECOURS AMIABLE DE LA MSA (CRA)

Compétence Les réclamations relevant du contentieux de la sécurité sociale formées contre les décisions prises par les organismes de mutualité sociale agricole de salariés ou de non-salariés sont soumises à la commission de recours amiable composée et constituée au sein du conseil d'administration des caisses de MSA (CSS art. R 142-1, al. 1). 50510
Certaines contestations ou certains litiges **échappent à la saisine préalable** de la commission de recours amiable. C'est le cas notamment :
– des contestations mentionnées à l'article R 142-7 du CSS (notamment celles relatives au premier alinéa de l'article L 751-14 du Code rural et de la pêche maritime relatif aux accidents du travail des salariés mis à la disposition d'utilisateurs par les entreprises de travail temporaire et celles nées de l'application des dispositions de l'article L 133-4 du CSS, afférent aux prestations indues à recouvrer auprès des professionnels et établissements de santé, relatives aux remises de majoration) ;
– des demandes visant à reconnaître inopposables à l'employeur la prise en charge d'un accident à titre professionnel (Cass. 2e civ. 20-12-2012 n° 11-26.621 F-PB : RJS 3/13 n° 233) ;
– des oppositions à contrainte (C. rur. art. L 725-3) et des actions en dommages-intérêts (Cass. 2e civ. 3-2-2011 n° 10-10.357 FS-PB : RJS 4/11 n° 372).

ATTENTION

La procédure devant la CRA **ne s'applique pas** aux contestations d'ordre médical visées n° 50530 (CSS art. R 142-7, 3°).

Délai de saisine La commission doit être saisie dans les 2 mois à compter de la notification de la décision contestée (CSS art. R 142-1, al. 2). 50515
Toutefois, ce délai de 2 mois n'est opposable qu'à la **condition** d'avoir été mentionné, ainsi que les voies de recours, dans la notification de la décision contestée ou, en cas de décision implicite, dans l'accusé de réception de la demande (CSS art. R 142-1-A, III).
Passé ce délai, la réclamation peut être rejetée sans examen de son bien-fondé (Cass. 2e civ. 15-9-2016 n° 15-22.401 F-D). De plus, une décision d'assujettissement non contestée dans le délai ne peut plus être remise en cause lors de la contestation de la mise en demeure délivrée pour le recouvrement des cotisations correspondantes (Cass. soc. 6-6-1991 n° 89-12.102 P : RJS 7/91 n° 882).

Forme du recours La CRA peut être saisie par **tout moyen** donnant date certaine à sa réception (CSS art. R 243-59-9). La réclamation, qui fixe l'étendue de la saisine de la CRA (Cass. 2e civ. 1-6-2023 n° 21-21.329 F-B : RJS 8-9/23 n° 483), doit indiquer tous les points contestés. En effet, à l'expiration du délai de saisine de la CRA, la décision de l'organisme devient définitive sur les points non contestés. 50517

CONSEIL

Mieux vaut toutefois formuler la réclamation par écrit et l'adresser par **lettre recommandée** avec accusé de réception à la CRA puisque, en cas de litige, il incombe au requérant de prouver qu'il a saisi la commission avant l'expiration du délai (Cass. soc. 12-10-1995 n° 93-14.609 F-D).

Accusé de réception Les caisses de MSA doivent délivrer un accusé de réception si le requérant a formulé expressément sa demande auprès de la commission de recours amiable (cette obligation résulte de l'article R 142-1-A, I du CSS combiné à l'article L 112-3 du Code des relations entre le public et l'administration). 50522
L'accusé de réception doit **comporter** un certain nombre d'éléments (CRPA art. R 112-5) :
– la date de réception de la demande et la date à laquelle, à défaut de décision expresse, celle-ci sera réputée rejetée ;
– la désignation, l'adresse postale et, le cas échéant, électronique, ainsi que le numéro de téléphone du service chargé du dossier ;

– l'indication que la demande est susceptible de donner lieu à une décision implicite de rejet, ainsi que des délais et voies de recours à l'encontre de la décision implicite.
À noter que les délais de recours amiable ou contentieux ne sont pas opposables au requérant lorsque l'accusé de réception ne lui a **pas** été **transmis ou ne comporte pas** les indications nécessaires (CRPA art. L 112-6). L'assuré n'est pas forclos dans son recours si l'accusé de réception n'indique pas la date à compter de laquelle la réclamation est implicitement rejetée (Cass. 2e civ. 9-4-2009 n° 08-12.935 F-PB : RJS 6/09 n° 575).

50523 **Décision** La commission donne, sur les affaires qui lui sont soumises, son **avis** au conseil d'administration de la caisse de MSA. En effet, c'est le conseil d'administration de la caisse de MSA qui statue et notifie sa décision au requérant par tout moyen lui conférant date certaine. Cette décision est motivée (CSS art. R 142-1-A, I et R 142-4).
Si la décision **n'intervient pas dans un délai** de 2 mois à compter de la réception de la réclamation par l'organisme, le requérant peut considérer sa réclamation comme rejetée (CSS art. R 142-6) sauf si le recours formé relève à la fois de la compétence de la CRA et de la CMRA (voir n° 50538).
La décision de l'organisme de sécurité sociale (MSA) peut faire l'objet d'un recours devant le tribunal judiciaire.
Le responsable de la mission nationale de contrôle et d'audit des organismes de sécurité sociale (MNC) peut, dans le cas où il estime que la décision est contraire aux dispositions législatives ou réglementaires, ou qu'elle est de nature à compromettre l'équilibre financier de la caisse ou du régime, en **suspendre l'exécution** jusqu'à la décision du ministre chargé de l'agriculture, qu'il saisit aux fins d'annulation (CSS art. R 152-3).

> **Précisions** **a.** Dans le cas d'un **redressement** effectué en application des articles L 243-7 et R 613-19 du CSS ou des articles L 724-7 et R 725-4-1 du Code rural et de la pêche maritime, la décision rendue détaille, par motif de redressement, les montants qui, le cas échéant, sont annulés et ceux dont le cotisant reste redevable. Elle précise les délais et voies de recours (CSS art. R 142-4, al. 2).
> **b.** Pour les organismes de mutualité sociale agricole, la CRA **comprend** deux administrateurs choisis parmi les représentants des non-salariés et deux administrateurs choisis parmi les représentants des salariés (CSS art. R 142-2, 3°). Elle comprend également un nombre de suppléants égal à celui des titulaires, à savoir deux suppléants désignés dans chaque catégorie, non-salariés et salariés (CSS art. R 142-2-1).
> En outre, plusieurs CRA peuvent être créées au sein des caisses de MSA. Cette faculté est offerte aux organismes assurant les missions relevant de plusieurs branches ou régimes ou dont le nombre de ressortissants est supérieur à un seuil fixé par arrêté ministériel (CSS art. R 142-2).

COMMISSION MÉDICALE DE RECOURS AMIABLE (CMRA)

50530 **Compétence** Les commissions médicales de recours amiable statuent sur les litiges visés n° 50405 relatifs à l'état ou au degré d'invalidité, en cas d'accidents ou de maladies non professionnels, à l'état d'inaptitude au travail et, en cas d'accidents du travail ou de maladies professionnelles, à l'état **d'incapacité** permanente de travail, notamment au taux de cette incapacité.
Elle statue également sur les **contestations d'ordre médical** formées en matière d'application des législations et réglementations de mutualité sociale agricole (CSS art. R 142-8, al. 1).
Le **ressort géographique** de la CMRA est celui de l'échelon régional du contrôle médical du régime intéressé ou, à défaut d'échelons régionaux, de l'échelon national (CSS art. R 142-8, al. 2).
Lorsque la commission territorialement compétente n'est pas en mesure de rendre des avis dans des délais permettant à l'organisme de prise en charge de se prononcer sur des contestations par des décisions explicites, le directeur de l'organisme national compétent peut confier l'examen de ces contestations à une autre commission médicale de recours amiable qu'il désigne.
À compter de cette décision, le secrétariat de la commission ainsi désignée informe de cette décision, sans délai et par tout moyen, les assurés ou les employeurs demandeurs et effectue et reçoit les notifications et communications nécessaires à l'examen de ces contestations. La commission désignée établit le rapport et rend l'avis visés n° 50538, qu'elle adresse respectivement au service médical compétent et à l'organisme de prise en charge (CSS art. R 142-8, al. 4).
Le régime agricole a mis en place la CMRA à l'échelon national. Actuellement, la CCMSA assure la gestion des contestations.

> **Précisions** Compte tenu de la suppression depuis le 1er **janvier 2022** de l'expertise médicale technique, l'ensemble des contestations des assurés dont le litige est d'ordre médical fait l'objet d'un recours amiable devant la CMRA suivi, en cas de contestation de la décision de la commission, de la saisine du tribunal judiciaire (Décret 2019-1506 du 30-12-2019).

Composition de la CMRA La commission est composée de deux **médecins,** désignés par le responsable du service médical territorialement compétent, dont un praticien-conseil. Par **dérogation** depuis le 24 juillet 2022 (Décret 2022-1036 du 22-7-2022), pour les contestations d'ordre médical formées par l'assuré en matière d'application des législations et réglementations de mutualité sociale agricole, lorsque l'absence de praticien-conseil disponible fait obstacle à cette composition de la CMRA, le recours préalable est soumis à l'autre médecin (CSS art. R 142-8-1), sans préjudice de l'application des règles de procédure. 50532

Saisine L'assuré dispose d'un **délai** de 2 mois pour saisir la CMRA à compter de la notification de la décision contestée. 50535

Ce délai n'est opposable qu'à la **condition** d'avoir été mentionné, ainsi que les voies de recours, dans la notification de la décision contestée ou, en cas de décision implicite, dans l'accusé de réception de la demande (CSS art. R 142-1-A, III).

> **Précisions** Lorsque les recours **relèvent à la fois de la compétence** de la commission de recours amiable et de celle de la commission médicale de recours amiable, la commission de recours amiable sursoit à statuer jusqu'à ce que la commission médicale de recours amiable ait statué sur la contestation d'ordre médical (CSS art. R 142-9-1).

Procédure La commission médicale de recours amiable établit, pour chaque cas examiné, un rapport comportant son analyse du dossier, ses constatations et ses conclusions motivées. Elle rend un **avis** (CSS art. R 142-8-5 et R 142-9-1). 50538

Si le recours formé est d'ordre administratif et d'ordre médical, le secrétariat de la commission médicale de recours amiable **transmet** sans délai cet avis à la commission de recours amiable et une copie du rapport au service médical compétent et, à la demande de l'assuré ou de l'employeur, à l'assuré ou au médecin mandaté par l'employeur lorsque celui-ci est à l'origine du recours.

L'avis de la CMRA sur la contestation d'ordre médical **s'impose** à la commission de recours amiable ou, lorsque la commission de recours amiable statue par un avis en application de l'article R 142-4 du CSS, au conseil d'administration. La commission de recours amiable statue sur l'ensemble du recours.

Par dérogation aux articles R 142-6 et R 142-8-5 du CSS, l'absence de décision de la commission de recours amiable ou, lorsque la commission de recours amiable rend un avis en application de l'article R 142-4, l'absence de décision du conseil dans le délai de 6 mois à compter de l'introduction du recours préalable, vaut rejet de la demande (CSS art. R 142-9-1).

Phase contradictoire Elle repose sur **l'envoi systématique** au requérant (assuré ou médecin mandaté par l'employeur) du rapport médical visé à l'article L 142-6 du CSS à l'origine de la décision contestée (CSS art. R 142-8-3). 50540

Le secrétariat de la commission médicale de recours amiable transmet dès sa réception la copie du recours préalable au service du contrôle médical fonctionnant auprès de l'organisme dont la décision est contestée.

Dans un délai de 10 jours à compter de la date de la réception de la copie du recours préalable, le praticien-conseil transmet à la commission, par tout moyen conférant date certaine, l'intégralité du rapport médical ainsi que l'avis transmis à l'organisme de mutualité sociale agricole (CSS art. R 142-8-2).

Lorsque le **recours préalable est formé par l'employeur,** le secrétariat de la CMRA notifie, dans un délai de 10 jours à compter de l'introduction du recours le rapport médical accompagné de l'avis au médecin mandaté par l'employeur à cet effet. Le secrétariat informe l'assuré ou le bénéficiaire de cette notification.

Lorsque le **recours préalable est formé par l'assuré,** le secrétariat de la commission lui notifie sans délai le rapport médical accompagné de l'avis, sauf si cette notification a été effectuée avant l'introduction du recours.

Dans un délai de 20 jours à compter de la réception du rapport accompagné de l'avis ou, si ces documents ont été notifiés avant l'introduction du recours, dans un délai de 20 jours à compter de l'introduction du recours, l'assuré ou le médecin mandaté par l'employeur peut, par tout moyen conférant date certaine, faire valoir ses observations. Il en est informé par le secrétariat de la commission (CSS art. R 142-8-3).

> **Précisions** Les **délais** impartis pour la transmission à la CMRA par le praticien-conseil du rapport médical et de l'avis, et pour la notification de ces mêmes éléments par le secrétariat au médecin mandaté par l'employeur ne sont assortis d'**aucune sanction.** Ni leur inobservation, ni la non transmission du rapport médical et de l'avis au médecin mandaté par l'employeur n'entraînent l'inopposabilité à l'égard de ce dernier de la décision de prise en charge par la caisse des soins et arrêts de travail prescrits jusqu'à la date de consolidation ou guérison, dès lors que l'employeur peut porter son recours devant la juridiction de sécurité sociale à l'expiration du délai de rejet implicite de 4 mois visé n° 50542 et obtenir, à cette occasion, la communication du rapport médical (Cass. 2e civ. 11-1-2024 n° 22-15.939 FS-B : RJS 4/24 n° 243).

50542 **Avis de la CMRA** L'avis de la CMRA **s'impose** à l'organisme de prise en charge (MSA). Le secrétariat **transmet** sans délai son avis à l'organisme de prise en charge et une copie du rapport au service médical compétent et, à la demande de l'assuré ou de l'employeur, à l'assuré ou au médecin mandaté par l'employeur lorsque celui-ci est à l'origine du recours.
L'organisme de prise en charge **notifie** à l'intéressé sa décision.
L'absence de **décision de l'organisme** dans le délai de 4 mois à compter de l'introduction du recours préalable vaut rejet de la demande (CSS art. R 142-8-5).

MÉDIATEUR DE LA MSA

50550 **Saisine du médiateur** Le médiateur, personnalité neutre et indépendante, a pour **mission** de résoudre à l'amiable et de manière confidentielle les litiges entre les adhérents au régime social agricole et leur caisse départementale de MSA. Il informe également le conseil central d'administration de la MSA des difficultés d'application de la législation et de la réglementation sociale applicables aux salariés et non-salariés agricoles au moyen d'un rapport écrit et annuel. Il est désigné pour une période de 3 ans, renouvelable une fois, par le conseil central d'administration de la mutualité sociale agricole.
Le médiateur de la MSA peut être saisi de tout litige intéressant la législation sociale agricole. Ses **domaines de compétence** sont donc très étendus :
– la protection sociale obligatoire (affiliation, recouvrement des cotisations, prestations sociales légales : maladie, maternité, invalidité, décès, accidents du travail et maladies professionnelles, vieillesse, prestations familiales) ;
– les prestations sociales complémentaires vieillesse ;
– la médecine du travail, sur les aspects administratifs.
En revanche, il ne peut intervenir pour les litiges d'ordre médical, en matière d'action sanitaire et sociale ou de revenu de solidarité active.
Sa saisine reste une **faculté** pour l'adhérent et non une obligation. La procédure de recours amiable auprès de la CRA est un **préalable** obligatoire si l'assuré entend soumettre sa réclamation auprès du médiateur de la MSA.

50552 **Procédure** La demande auprès du médiateur doit être accompagnée d'un **dossier comportant** un exposé clair du litige, l'objet précis de la réclamation et toutes les pièces concernant l'affaire, comme la décision de la CRA.
Elle peut se faire :
– soit par internet via un formulaire permettant de vérifier si le litige est effectivement recevable par le médiateur sur le site suivant : saisinemediateur.msa.fr/mediateur/ria/#/accueil ;
– soit par lettre simple (Monsieur le Médiateur de la MSA – 19 rue de Paris CS 50070, 93013 Bobigny Cedex).
En règle générale, le médiateur remet son avis (ou sa recommandation) dans le **délai** de 2 mois au maximum.
L'engagement de la procédure de médiation suspend, le cas échéant à compter de la notification portant sur la recevabilité de la réclamation soumise au médiateur et jusqu'à ce que celui-ci ait communiqué ses recommandations aux deux parties, les délais de recours contentieux prévus pour ces réclamations.
La formation d'un recours contentieux met fin à la médiation (C. rur. art. L 723-34-1).

2. RECOURS CONTENTIEUX DEVANT LE TRIBUNAL JUDICIAIRE

50600 Depuis le 1er janvier 2020, le traitement du contentieux de la sécurité sociale est dévolu aux tribunaux judiciaires spécialement désignés et aux cours d'appel spécialement désignées.
Les demandes portées devant ces juridictions sont formées, instruites et jugées, **au fond comme en référé,** selon les dispositions du Code de procédure civile, sous réserve des dispositions exposées nos 50605 s. (CSS art. R 142-1-A, II).

COMPÉTENCE TERRITORIALE

Le tribunal judiciaire compétent est celui dans le **ressort** duquel demeure le demandeur. **Par exception,** le tribunal compétent est celui dans le ressort duquel se retrouve le siège de l'organisme de recouvrement auprès duquel l'employeur verse ses cotisations et contributions sociales, en cas de versement en un lieu unique (CSS art. R 142-10, al. 1 et 2). **50605**

Lorsque le demandeur demeure à l'étranger, le tribunal compétent est celui dans le ressort duquel se trouve le siège de l'organisme de sécurité sociale, de l'autorité administrative ou de la maison départementale des personnes handicapées qui a pris la décision (CSS art. R 142-10, al. 3).

FORME DE LA SAISINE

Le tribunal est saisi par **requête** remise ou adressée au greffe par lettre recommandée avec avis de réception. **50608**

Outre les mentions prescrites par l'article 57 du Code de procédure civile, la requête contient un exposé sommaire des motifs de la demande.

Elle est accompagnée :

– des pièces que le demandeur souhaite invoquer à l'appui de ses prétentions. Ces pièces sont énumérées sur un bordereau qui lui est annexé ;

– une copie de la décision contestée ou, en cas de décision implicite, de la copie de la décision initiale de l'autorité administrative et de l'organisme de sécurité sociale ainsi que de la copie de son recours préalable.

Elle indique, le cas échéant, le nom et l'adresse du médecin qu'il désigne pour recevoir les documents médicaux (CSS art. R 142-10-1).

DÉLAI DE RECOURS

Le délai de recours contentieux est de 2 mois à compter soit de la notification de la décision contestée, soit de l'expiration du délai de 2 mois dont disposait la CRA ou de 4 mois dont disposait la CMRA pour répondre à la réclamation de l'intéressé, ces deux derniers délais pouvant être portés à 6 mois en cas de recours relevant de la compétence de ces deux commissions. **50610**

Le délai de 2 mois n'est opposable qu'à la **condition** d'avoir été mentionné ainsi que les voies de recours, dans la notification de la décision contestée ou, en cas de décision implicite, dans l'accusé de réception de la demande (CSS art. R 142-1-A, III).

> **› Précisions** À défaut d'un accusé de réception du recours préalable mentionnant les délais et voies de recours, la forclusion de son recours contentieux ne peut pas être opposée au requérant dont le recours préalable a fait l'objet d'une **décision implicite de rejet** de la CRA (Cass. 2e civ. 25-4-2024 n° 22-15.393 F-B : RJS 7/24 n° 404).

PROCÉDURE

Devant le tribunal judiciaire, la procédure est sans **représentation** obligatoire : les parties peuvent se défendre elles-mêmes. **50615**

Outre par un avocat, ces dernières peuvent être assistées ou être représentées par :

– leur conjoint ou un ascendant ou descendant en ligne directe ;

– leur concubin ou la personne à laquelle elles sont liées par un pacte civil de solidarité ;

– suivant le cas, un travailleur salarié ou un employeur ou un travailleur indépendant exerçant la même profession ou un représentant qualifié des organisations syndicales de salariés ou des organisations professionnelles d'employeurs ;

– un administrateur ou un employé de l'organisme partie à l'instance ou un employé d'un autre organisme de sécurité sociale ;

– un délégué des associations de mutilés et invalides du travail les plus représentatives ou des associations régulièrement constituées depuis 5 ans au moins pour œuvrer dans les domaines des droits économiques et sociaux des usagers ainsi que dans ceux de l'insertion et de la lutte contre l'exclusion et la pauvreté.

Le représentant doit, s'il n'est pas avocat, justifier d'un pouvoir spécial (CSS art. L 142-9).

La procédure devant le tribunal judiciaire est **orale** : les parties sont ainsi invitées à présenter leurs prétentions et moyens à l'audience. **50618**

Toutefois, les parties ont la possibilité, en cours d'instance, de formuler leurs arguments auprès du juge par **écrit,** à condition de justifier que la partie adverse en a eu connaissance avant l'audience, par lettre recommandée avec accusé de réception. La partie qui use de cette faculté peut ne pas se présenter à l'audience (à moins que le juge ordonne aux parties de se présenter devant lui) et le jugement rendu dans ces conditions est contradictoire (CSS art. R 142-10-4).

À noter que par dérogation aux dispositions du deuxième alinéa de l'article 793 du Code de procédure civile, le président de la formation de jugement peut se prononcer **sans débat,** après avoir recueilli les observations écrites des parties ou les avoir invitées à présenter leurs observations (CSS art. R 142-10-5, II).
En fonction des circonstances de la cause, le tribunal peut décider, d'office ou à la demande d'une partie ou des médecins présents, que les débats ont lieu ou se poursuivent en **chambre du conseil** s'il doit résulter de leur publicité une atteinte à l'intimité de la vie privée (CSS art. R 142-10-9).

ATTENTION

L'instance est périmée lorsque les parties s'abstiennent d'accomplir, pendant le délai de 2 ans mentionné à l'article 386 du Code de procédure civile, les diligences qui ont été expressément mises à leur charge par la juridiction. La **péremption de l'instance** peut être demandée par l'une quelconque des parties, et le juge peut également la constater d'office après avoir invité les parties à présenter leurs observations (CSS art. R 142-10-10).

50620 Dans le cadre des contestations relatives à l'application des législations et réglementations de mutualité sociale agricole, à l'invalidité, l'incapacité permanente et l'inaptitude au travail, la juridiction peut ordonner toute mesure d'instruction, qui peut prendre la forme d'une **consultation clinique ou sur pièces** exécutée **à l'audience** par un consultant en cas d'examen de la personne intéressée (CSS art. R 142-16).
Le juge peut toujours recourir à une mesure d'expertise de droit commun dans les conditions fixées par le Code de procédure civile (Lettre de la 2e chambre civile de juin 2021).
Toutefois, en cas de contentieux relatif à l'application des législations et réglementations de mutualité sociale agricole :
– si le litige fait apparaître une difficulté d'ordre technique portant sur l'interprétation de la liste des actes et prestations remboursables, le tribunal peut ordonner une expertise spécifique (CSS art. R 142-17-3) ;
– si le litige porte sur la reconnaissance de l'origine professionnelle d'une maladie sur expertise individuelle, le tribunal recueille préalablement l'avis d'un comité régional, distinct du comité saisi par la caisse (CSS art. R 142-17-2).

JUGEMENT

50625 Le greffe notifie la décision rendue par le tribunal judiciaire à chacune des parties (CSS art. R 142-10-7).
L'acte de **notification** du jugement du tribunal transmis par le greffe aux parties doit indiquer de manière très apparente le délai d'opposition, d'appel ou de pourvoi en cassation dans le cas où l'une de ces voies de recours est ouverte, ainsi que les modalités selon lesquelles le recours peut être exercé. L'acte indique, en outre, que l'auteur d'un recours abusif ou dilatoire peut être condamné à une amende civile et au paiement d'une indemnité à l'autre partie (CPC art. 680).
En principe, la décision rendue par le tribunal judiciaire en premier ressort est **susceptible d'appel.**
Toutefois, lorsque le tribunal judiciaire statue sur une demande dont le montant est inférieur ou égal à 5 000 €, **il statue en dernier ressort,** c'est-à-dire sans appel possible (C. org. jud. art. R 211-3-25). Il statue également en dernier ressort lorsqu'il est saisi de recours contre des décisions relatives aux demandes de remises gracieuses des majorations et pénalités de retard (CSS art. R 244-2).

> **Précisions** Même pour les demandes inférieures à 5 000 €, **l'appel est possible** dans les contentieux suivants : CSG et CRDS, forfait social, contributions sur les attributions d'options sur actions et d'actions gratuites, contributions patronales pour les régimes de retraite à prestations définies, avantages de préretraite d'entreprise et indemnités de mise à la retraite (CSS art. L 137-4).

PROCÉDURE D'APPEL

50630 La procédure d'appel est sans **représentation** obligatoire (CSS art. R 142-11).
Le recours est exercé devant une **cour** d'appel spécialement désignée pour statuer sur l'affaire (C. org. jud. art. L 311-15). L'appel doit être formé dans un **délai** d'un mois à compter de la notification de la décision du tribunal (CPC art. 538).

POURVOI EN CASSATION

50635 Un pourvoi en cassation peut être formé contre les décisions rendues en dernier ressort et les arrêts d'appel par ministère d'un **avocat** au Conseil d'État et à la Cour de cassation.
Le pourvoi doit être déposé au greffe de la Cour de cassation dans un **délai** de 2 mois à compter de la notification de la décision (CSS art. R 142-15).

C. Contentieux de la tarification des accidents du travail

COMPÉTENCE

Les contestations des décisions des caisses de mutualité sociale agricole concernant, en matière d'accidents du travail, la classification du risque, la fixation du taux de cotisation, l'octroi de ristournes et l'imposition de cotisations supplémentaires sont portées devant la cour d'appel d'Amiens (C. org. jud. art. D 311-12 ; CSS art. L 142-1, 7°). **50690**

PROCÉDURE

La cour d'appel d'Amiens doit être saisie dans un **délai** de 2 mois à compter de la notification de la décision contestée (CSS art. R 142-1-A, III) ou du jour de la décision de classification du risque par les organismes de mutualité sociale agricole pour le responsable de la mission nationale de contrôle et d'audit des organismes de sécurité sociale (CSS art. R 142-13-2). Elle **statue** en premier et dernier ressort. **50695**

Sa **décision** est notifiée aux parties par lettre recommandée avec demande d'avis de réception (CSS art. R 142-13-5).

Les décisions de la cour peuvent faire l'objet d'un **pourvoi** en cassation.

TITRE II

Conditions d'emploi et de travail des salariés de l'agriculture

DROIT DU TRAVAIL APPLICABLE AU SECTEUR AGRICOLE

La législation du travail qui régit les rapports entre employeurs et salariés du secteur agricole tend à **s'aligner sur le droit commun**. 52000
Toutefois, la nature particulière des tâches du secteur agricole justifie un certain nombre d'**adaptations** visant essentiellement les conditions de travail.
Nous mettrons surtout l'accent sur ces particularités ainsi que sur certains aspects fondamentaux de la réglementation générale.

Le droit du travail applicable aux salariés du secteur privé des professions agricoles, industrielles et commerciales est codifié par le **Code du travail**. Cependant, certaines dispositions propres aux professions agricoles figurent dans le **Code rural et de la pêche maritime** (livre VII, titre I, art. L 711-1 s.). 52005

En agriculture, de nombreuses **conventions collectives** (ou accords collectifs), conclues soit au niveau national, soit au niveau régional ou départemental, précisent les conditions d'emploi, de travail et de rémunération des salariés agricoles (n°s 58500 s.). 52010

CHAPITRE 1 EMPLOI ET CHÔMAGE

SOMMAIRE

SECTION 1 EMBAUCHE

A. Recherche des candidats

RECOURS À FRANCE TRAVAIL

L'employeur qui souhaite recruter un salarié peut s'adresser à l'antenne locale de France Travail (francetravail.fr). La mission de France Travail est double : **aide aux personnes** en recherche d'un emploi et **assistance aux entreprises** pour l'embauche et le reclassement des salariés. 52015

PLACEMENT DES CADRES, INGÉNIEURS, TECHNICIENS

Des opérations de placement peuvent être effectuées par des **associations** (telles que les associations d'anciens élèves) et des **organismes paritaires** (Apec et Apecita). 52030

L'Association pour l'emploi des cadres, ingénieurs et techniciens de l'agriculture (**Apecita**) est agréée comme correspondant de France Travail (apecita.com). Elle a pour objet d'aider au placement des cadres de l'agriculture. L'Apecita est administrée paritairement par les représentants des employeurs (notamment la FNSEA, la Mutualité, la Coopération et le Crédit agricoles) et les représentants des organisations syndicales de salariés.

Pour financer l'Apecita, employeurs et salariés cadres doivent acquitter une **cotisation** de 0,06 % comportant une part patronale de 0,036 % et une part due par le cadre de 0,024 %. Elle est assise sur le salaire servant de base aux cotisations d'assurances sociales dans la limite de 4 fois le plafond de calcul de ces cotisations (n° 38785).

PLACEMENT DES OUVRIERS AGRICOLES

Dans le secteur des exploitations agricoles, des **associations paritaires départementales** coopèrent avec France Travail pour faciliter le placement des ouvriers agricoles, notamment des saisonniers. Cette coopération a été organisée par un accord-cadre signé le 26 janvier 1995, régulièrement renouvelé, entre la Commission paritaire nationale de l'emploi en agriculture (CPNE), l'Association nationale pour l'emploi et la formation en agriculture (Anefa) et France Travail. 52035

Par ailleurs, pour faire face aux difficultés de recrutement de travailleurs agricoles et notamment de saisonniers, les partenaires sociaux ont créé une association dénommée Provea chargée de définir et de mettre en œuvre une politique de gestion prévisionnelle de l'emploi. Pour financer cette association, une **cotisation** de 0,20 % des salaires (à la charge de l'employeur) est appelée trimestriellement par les caisses de MSA. Sont concernées les exploitations agricoles, les entreprises de travaux agricoles et les Cuma.

EMBAUCHE DIRECTE

52040 La **diffusion gratuite des offres et demandes** d'emploi est possible par tout moyen. Si la **vente** des offres et demandes est interdite sur tout support, leur insertion, à titre onéreux, dans une publication ou un autre moyen de communication payant est autorisé (exemple : Internet).

Il est **interdit**, sous peine de l'amende prévue pour les contraventions de 3e classe (450 €), de **faire publier ou de diffuser** une offre d'emploi comportant (C. trav. art. L 5331-2 s.) :

– la mention d'une limite d'âge supérieure ;
– un texte rédigé en langue étrangère ;
– des allégations fausses ou susceptibles d'induire en erreur sur l'emploi offert, la rémunération, le lieu de travail.

Il est en outre interdit de soumettre une offre d'emploi à l'un des **motifs discriminatoires** suivants : origine, sexe (sauf exceptions), mœurs, orientation sexuelle, identité de genre, âge, situation de famille, grossesse, caractéristiques génétiques, particulière vulnérabilité résultant de la situation économique, apparente ou connue de son auteur, appartenance ou non-appartenance, vraie ou supposée, à une ethnie, une nation ou une prétendue race, opinions politiques, activités syndicales ou mutualistes, exercice d'un mandat électif, convictions religieuses, apparence physique, nom de famille, lieu de résidence ou de domiciliation bancaire, état de santé, perte d'autonomie ou handicap, capacité à s'exprimer dans une langue autre que le français, qualité de lanceur d'alerte, de facilitateur ou de personne en lien avec un lanceur d'alerte (C trav. art. L 1132-1).

L'employeur a le libre choix des moyens et des méthodes de **sélection** des candidats. Il peut leur demander des **renseignements** concernant les diplômes, le passé professionnel, mais pas sur leur vie privée. Les renseignements demandés ne peuvent avoir comme finalité que d'apprécier la capacité du candidat à occuper l'emploi proposé ou ses aptitudes professionnelles (C. trav. art. L 1221-6). Le candidat doit être préalablement informé des méthodes et techniques d'aide au recrutement utilisées à son égard (C. trav. art. L 1221-8).

B. Formalités d'embauche

DÉCLARATION PRÉALABLE À L'EMBAUCHE

52100 L'embauche d'un salarié ne peut intervenir qu'après déclaration préalable à l'embauche (DPAE) nominative accomplie par l'employeur auprès des organismes de protection sociale (C. trav. art. L 1221-10 et R 1221-1 s.). En agriculture, il s'agit de la caisse de **mutualité sociale** agricole (CMSA) dans le ressort territorial de laquelle est situé l'établissement devant employer le salarié (voir les adresses sur le site msa.fr/lfp/contact/coordonnees-msa). Des dispositions spécifiques sont toutefois prévues pour l'embauche de salariés saisonniers agricoles (voir n° 52125).

Par l'intermédiaire de la DPAE, l'employeur accomplit les déclarations et demandes suivantes : la demande d'immatriculation du salarié ; la déclaration au service de prévention et de santé au travail ; la demande d'affiliation de l'employeur au régime d'assurance chômage ; la demande d'affiliation des salariés auprès des institutions de retraite complémentaire obligatoire pour les entreprises adhérentes à l'Alliance professionnelle Retraite Agirc-Arrco ; la demande des exonérations de cotisations patronales pour l'emploi d'un travailleur occasionnel ; la demande pour bénéficier de certaines mesures pour l'emploi.

La DPAE (Cerfa 14467*03) comprend **trois volets** : le premier destiné à la MSA, le second à conserver par l'employeur, le troisième à remettre au salarié. Une notice explicative est disponible sur le site msa.fr.

Le **volet MSA** doit être remis à la caisse où se situe l'établissement employeur **au plus tôt** 8 jours avant l'embauche. En cas de transmission par télécopie ou Internet (msa.fr ou net-entreprises.fr), la déclaration est envoyée **au plus tard** dans les instants qui précèdent l'embauche. Si la DPAE est adressée à la caisse par courrier recommandé avec accusé de réception, il ne faut pas dépasser le dernier jour ouvrable précédant l'embauche.

Lors de l'embauche, l'employeur doit **remettre au salarié** une copie de la déclaration ou de l'accusé de réception. Cette obligation est satisfaite dès lors que le salarié dispose d'un contrat de travail écrit, accompagné de la mention de l'organisme destinataire de la déclaration.

Pour l'embauche de salariés en **contrat à durée déterminée à temps complet**, il existe une DPAE qui associe un contrat de travail type à la DPAE (Cerfa 14468*03). Le recrutement d'un stagiaire ne donne pas lieu à déclaration.

> **Précisions a.** Le recours à la **voie électronique** est impératif lorsque le nombre de déclarations adressées au cours de l'année civile précédente est supérieur à 50. En cas de manquement, l'employeur s'expose à une pénalité financière égale à 0,50 % du plafond mensuel de la sécurité sociale par salarié (C. trav. art. L 1221-12-1 et D 1221-18 s.).
> **b.** Le défaut de déclaration, qui peut être sanctionné au titre du travail dissimulé (voir n° 52150), est passible de l'**amende** prévue pour les contraventions de la 5e classe (1 500 €) (C. trav. art. R 1227-1) et entraîne le paiement d'une amende administrative égale à 300 fois le minimum garanti (n° 59500) (C. trav. art. L 1221-11). Le défaut de remise d'un document écrit au salarié et le défaut de présentation des justificatifs de la DPAE aux agents de contrôle qui les demandent sont passibles de l'amende prévue pour les contraventions de la 4e classe (750 €) (C. trav. art. R 1227-2).
> **c.** S'agissant de la déclaration spécifique pour les **chantiers de coupe ou de débardage**, voir les articles L 718-9 et R 718-27 du Code rural et de la pêche maritime ; de l'**information complémentaire quant au lieu de travail** précis des salariés, voir les articles R 719-1-1 et suivants du même Code.

TITRE EMPLOI-SERVICE AGRICOLE

52125 Ce dispositif, qualifié parfois de « Tesa + », peut être **utilisé** en France métropolitaine par toute entreprise agricole, quel que soit son effectif, pour l'ensemble de ses salariés, qu'ils soient en contrat à durée indéterminée ou déterminée (C. rur. art. L 712-2 s.).

Le recours au service titre emploi-service agricole **permet** notamment à l'employeur :
– d'obtenir le calcul des rémunérations dues aux salariés en tenant compte des stipulations des conventions collectives applicables au secteur d'activité professionnelle concerné ainsi que de l'ensemble des cotisations et contributions créées par la loi et des cotisations et contributions conventionnelles obligatoires ou non ;
– de souscrire les déclarations sociales qui doivent être adressées aux différents organismes chargés de la gestion d'un régime obligatoire ou complémentaire de sécurité sociale, aux caisses de congés payés et à France Travail.

L'employeur qui utilise le titre emploi-service agricole est **réputé satisfaire**, par la remise au salarié et l'envoi à la caisse de mutualité sociale agricole des éléments du titre emploi qui leur sont respectivement destinés, aux formalités suivantes :
– les règles relatives à l'établissement d'un contrat de travail, y compris les règles particulières (contrat à durée déterminée, temps partiel) ;
– la déclaration préalable à l'embauche ;
– la délivrance d'un certificat de travail ;
– la remise des documents écrits contenant les informations principales relatives à la relation de travail ;
– la tenue du registre unique du personnel ;
– la déclaration des sommes prélevées à la source au titre de l'impôt sur le revenu.

Sur les **modalités pratiques** de l'utilisation de ce titre, voir n° 38920.

> **Précisions a.** Le « **Tesa +** » est également ouvert au **particulier employeur** pour l'emploi d'employés de maison, de gardes-chasse, gardes-pêche, gardes forestiers et jardiniers (C. rur. art. L 712-2, al. 2)
> **b.** Pour les entreprises agricoles en DSN, il est possible d'utiliser le « **TESA simplifié** » pour les salariés en contrat à durée déterminée, y compris les travailleurs saisonniers étrangers entrés en France par l'Office français de l'immigration et de l'intégration, dont la durée est inférieure ou égale à 3 mois et pour lesquels la rémunération brute n'excède pas 3 fois le plafond de la sécurité sociale (C. rur. art. R 712-12).

REGISTRE UNIQUE DU PERSONNEL

52130 Tout employeur, quel que soit le nombre de ses salariés, doit inscrire sur un registre du personnel, pour **chacun des salariés** occupés dans l'entreprise et dans l'ordre de leur embauche, les mentions suivantes : nom et prénoms, nationalité, date de naissance, sexe, emploi et qualification, date d'entrée et de sortie de l'établissement (C. trav. art. L 1221-13 et D 1221-23). Sur la possibilité, pour les embauches sous CDD de courte durée, de satisfaire à cette obligation par le biais du titre emploi-service agricole, voir n° 52125.

> **Précisions a.** Pour les **travailleurs étrangers** assujettis à la possession d'un titre de travail, il faut inscrire le type et le numéro de ce titre. Les copies de ces titres doivent être annexées au registre.
> Des **mentions particulières** doivent, le cas échéant, signaler les apprentis, les salariés titulaires d'un contrat de professionnalisation, d'un contrat à durée déterminée ou d'un contrat à temps partiel, les travailleurs

temporaires et les salariés mis à disposition par un groupement d'employeurs.

b. Les mentions obligatoires portées sur le registre doivent être conservées pendant 5 **ans** à compter du départ du salarié de l'entreprise (C. trav. art. R 1221-26). Le registre est tenu à la disposition des membres du CSE et des agents de contrôle de l'inspection du travail (C. trav. art. L 1221-15). Les infractions à la tenue du registre sont sanctionnées par la peine d'**amende** prévue pour les contraventions de la 4e classe (750 €), appliquée autant de fois qu'il y a de salariés concernés (C. trav. art. R 1227-7).

c. Les **supports de substitution** au registre (notamment informatiques) peuvent être utilisés après avis des membres du CSE et information de l'inspection du travail (C. trav. art. L 1221-14 et D 1221-27).

d. L'inscription des noms et prénoms des **stagiaires**, selon leur ordre d'arrivée, dans une section spécifique du registre est également imposée (C. trav. art. L 1221-13, al. 3 et D 1221-23-1).

DÉLIT DE TRAVAIL DISSIMULÉ

52150 La loi interdit la dissimulation d'activité et la dissimulation d'emploi salarié (C. trav. art. L 8221-1 s.). Commet le délit de **dissimulation d'activité** toute personne physique ou morale qui exerce à but lucratif une activité de production, de transformation, de réparation ou de prestation de services ou accomplit des actes de commerce en se soustrayant intentionnellement à l'une des obligations suivantes :

– requérir son immatriculation au Registre national des entreprises ou au registre du commerce et des sociétés, lorsque celle-ci est obligatoire ;

– procéder aux déclarations exigées par les organismes de protection sociale ou par l'administration fiscale.

Constitue le délit de **dissimulation d'emploi salarié** le fait, pour tout employeur, de se soustraire intentionnellement à la déclaration préalable à l'embauche (n° 52100) ou à la remise du bulletin de paie (n° 59230). Il en est de même en cas de méconnaissance de l'obligation de conserver les doubles des bulletins de paie (n° 59240). Le délit est également constitué en cas de mention volontaire sur le bulletin de paie d'un nombre d'heures de travail inférieur à celui réellement effectué, sauf application d'un accord d'annualisation du temps de travail (Cass. crim. 16-4-2013 n° 12-81.767 : RJS 7/13 n° 558).

Les infractions sont **sanctionnées** de 3 ans d'emprisonnement et de 45 000 € d'amende (225 000 € pour les personnes morales) (C. trav. art. L 8224-1 et L 8224-5). L'administration peut refuser aux employeurs concernés le bénéfice des aides à l'emploi et à la formation professionnelle. Les employeurs ayant eu recours au travail dissimulé sont également privés des exonérations ou réductions de cotisations ou de contributions de sécurité sociale dont ils ont bénéficié durant la période où a été constatée l'infraction (CSS art. L 133-4-2). Ils peuvent aussi être privés d'aides publiques pour 5 ans au plus et, éventuellement, devoir rembourser tout ou partie de ces aides versées au cours des 12 mois précédant l'établissement du procès-verbal (C. trav. art. L 8272-1). Ils risquent, enfin, de se voir interdire l'exercice des fonctions d'administrateur, de gérant ou de directeur (C. trav. art. L 8224-3).

> **Précisions** En cas de **rupture de la relation de travail**, le salarié a droit, en plus de la rémunération de la période travaillée, à une indemnité forfaitaire égale à 6 mois de salaire (C. trav. art. L 8223-1). Cette indemnité se cumule avec les indemnités de toute nature auxquelles le salarié a droit en cas de rupture de la relation de travail (Cass. soc. 11-5-2016 n° 10-30.325) et les dommages et intérêts en cas de licenciement abusif ou irrégulier (Cass. soc. 12-6-2006 nos 03-46.800 et 04-43.105 : RJS 3/06 n° 369). En outre, le salarié peut réclamer l'indemnisation du préjudice lié à l'inexécution fautive par l'employeur de ses obligations (Cass. soc. 29-1-2014 n° 12-22.235 : RJS 5/14 n° 421, privation de trimestres de cotisations au titre de l'assurance vieillesse ; 14-4-2010 n° 08-43.124 : RJS 6/10 n° 540, perte du droit aux allocations chômage et aux indemnités journalières de la sécurité sociale).

C. Priorités d'embauche

OBLIGATION D'EMPLOI DES TRAVAILLEURS HANDICAPÉS

52200 Sont assujettis à l'obligation d'emploi des travailleurs handicapés et assimilés les **employeurs** dont l'effectif moyen annuel, tous établissements confondus, est d'**au moins 20 salariés** ; l'effectif est déterminé selon les modalités fixées par l'article L 130-1 du Code de la sécurité sociale (C. trav. art. L 5212-1 et D 5212-1, al. 1).

Les **entreprises nouvelles** d'au moins 20 salariés et celles qui atteignent ce seuil en raison de l'accroissement de leurs effectifs ont un délai de 5 ans pour se mettre en conformité avec l'obligation d'emploi (C. trav. art. L 5212-4). Elles doivent néanmoins souscrire la déclaration annuelle relative aux emplois occupés par des bénéficiaires de l'obligation d'emploi (n° 52220).

Bénéficiaires L'emploi dans l'entreprise de salariés appartenant à l'une des catégories énumérées à l'article L 5212-13 du Code du travail permet de s'acquitter de l'obligation d'emploi. Il s'agit notamment des **travailleurs handicapés** reconnus par la commission des droits et de l'autonomie des personnes handicapées, des **victimes d'accidents du travail** titulaires d'une rente et de divers titulaires d'une pension ou d'une rente d'invalidité, de la carte d'invalidité ou de l'allocation aux adultes handicapés. 52205

Nombre de bénéficiaires à employer Les employeurs concernés sont tenus d'employer des bénéficiaires dans une **proportion fixée** à 6 % de l'effectif total des salariés, diminué du nombre de bénéficiaires de l'obligation d'emploi. 52210
Que le contrat de travail soit à durée indéterminée ou déterminée, le salarié bénéficiaire de l'obligation d'emploi est décompté au prorata de son temps de travail.

ATTENTION

L'effectif des bénéficiaires de l'obligation d'emploi **prend aussi en compte** les stagiaires, les personnes en période de mise en situation en milieu professionnel et les personnes mises à disposition par les entreprises de travail temporaire ou les groupements d'employeurs (C. trav. art. D 5212-3).

Exécution de l'obligation En dehors de l'embauche proprement dite, les employeurs peuvent s'acquitter de leur obligation : 52215
– en appliquant un **accord** de branche ou d'entreprise prévoyant la mise en œuvre d'un programme d'action en faveur des travailleurs handicapés : plan d'embauche, de formation, d'adaptation aux mutations technologiques, de maintien dans l'entreprise en cas de licenciement (C. trav. art. L 5212-8). Cet accord doit faire l'objet d'un agrément, renouvelable pour une durée de 3 ans maximum (C. trav. art. R 5212-12 s.) ;
– en versant une **contribution annuelle** au Fonds de développement pour l'insertion professionnelle des travailleurs handicapés (Agefiph), égale à 400 fois le Smic horaire, multiplié par le nombre de travailleurs handicapés à employer (le montant est supérieur dans les entreprises à partir de 250 salariés).
Le **montant** de la contribution peut être modulé à la baisse en fonction de l'effectif de l'entreprise et des emplois exigeant des conditions d'aptitude particulières (Ecap) occupés par des salariés de l'entreprise (C. trav. art. L 5212-9 et D 5212-24). De plus, de ce montant peuvent être déduites les dépenses relatives aux contrats conclus avec des entreprises adaptées, des établissements ou services d'accompagnement par le travail, des travailleurs indépendants handicapés ou des entreprises de portage salarial (C. trav. art. L 5212-10-1 et D 5212-22) ainsi qu'un certain nombre de dépenses engagées par l'entreprise pour accueillir ou accompagner les personnes handicapées (C. trav. art. D 5212-23).
Pour les entreprises qui, pendant plus de 3 ans, se seront contentées de s'acquitter de la contribution (non-embauche de travailleurs handicapés, non-application d'un accord collectif, non-passation de contrat avec le secteur adapté d'un montant minimum, etc.), le plafond de la contribution est égal à 1 500 fois le Smic (C. trav. art. L 5212-10 et D 5212-21).
Le **recouvrement** de la contribution est assuré par la caisse de MSA dont relève l'employeur.

> **Précisions** La procédure de rescrit permet à tout employeur d'**interroger l'Urssaf** pour s'assurer du respect de leur obligation d'emploi de travailleurs handicapés et se prémunir ainsi contre le risque de sanctions (CSS art. L 243-6-3).

Déclarations **Tout employeur**, quels que soient ses effectifs, doit déclarer **chaque mois** dans la DSN les informations relatives aux bénéficiaires de l'obligation d'emploi (C. trav. art. D 5212-4). 52220
De plus, tout **employeur d'au moins 20 salariés**, doit souscrire en avril, via la DSN, une **déclaration annuelle** afin d'établir sa situation au regard de l'obligation d'emploi à laquelle il est soumis.
À défaut de toute déclaration, l'employeur est considéré comme ne satisfaisant pas à l'obligation d'emploi (C. trav. art. L 5212-5).

52230 **Conditions de travail des salariés handicapés** Les conditions de travail spécifiques des travailleurs handicapés concernent essentiellement :
– l'obligation pour l'employeur de prendre, en fonction des besoins dans une situation concrète, des mesures appropriées pour permettre aux travailleurs handicapés d'accéder à l'emploi, de s'y maintenir ou de progresser ou les faire bénéficier d'une formation adaptée à leurs besoins (adaptation de machines, d'outillage, aménagement de postes, etc.). Les charges consécutives à la mise en œuvre de cette obligation ne doivent pas être disproportionnées, notamment par rapport aux aides qu'ils peuvent obtenir de l'Agefiph ;
– le dispositif de l'aide à l'emploi (C. trav. art. L 5213-11 et R 5213-40) ;
– la durée du préavis en cas de licenciement (n° 57210) ;
– le bénéfice d'aménagements d'horaires individualisés pour faciliter l'accès à l'emploi, leur exercice professionnel ou le maintien dans l'emploi – bénéfice élargi aux aidants familiaux et aux proches de la personne handicapée dans le cadre de son accompagnement (C. trav. art. L 3121-49).

Le **comité social et économique** doit être consulté sur les mesures susceptibles de faciliter la mise ou la remise au travail des personnes handicapées ; la déclaration annuelle doit lui être communiquée, à l'exclusion de la liste des bénéficiaires de l'obligation d'emploi.

À noter que l'**adaptation des machines** et l'**aménagement des postes de travail** peuvent être financés par l'Agefiph, ainsi que les charges supplémentaires d'encadrement.

L'Agefiph accorde plusieurs aides financières pour l'embauche d'un travailleur handicapé, voir agefiph.fr.

AUTRES CATÉGORIES BÉNÉFICIANT D'UNE PRIORITÉ D'EMBAUCHE

52240 La loi institue une priorité de **réembauche** en faveur des salariés, père ou mère, ayant démissionné après une maternité ou une adoption pour s'occuper de l'enfant (C. trav. art. L 1225-67). Bénéficient également d'une priorité de réembauche les anciens salariés licenciés pour motif économique (C. trav. art. L 1233-45).

D. Emploi de la main-d'œuvre étrangère

OBLIGATIONS ET FORMALITÉS INCOMBANT À L'EMPLOYEUR

52300 L'employeur qui envisage de recruter un ou des travailleurs de nationalité étrangère n'a pas de formalité particulière à respecter s'il s'agit de ressortissants des pays de l'**Union européenne** (Allemagne, Autriche, Belgique, Bulgarie, Chypre, Croatie, Danemark, Espagne, Estonie, Finlande, Grèce, Hongrie, Irlande, Italie, Lettonie, Lituanie, Luxembourg, Malte, Pays-Bas, Pologne, Portugal, République tchèque, Roumanie, Slovaquie, Slovénie et Suède), des pays signataires de l'accord sur l'**Espace économique européen** (Norvège, Liechtenstein et Islande) ou de la Suisse, d'Andorre, de Monaco ou de Saint-Marin : ceux-ci peuvent exercer une activité professionnelle en France sans avoir besoin d'une autorisation de travail.

Des régimes spéciaux existent pour les travailleurs provenant de certains **pays africains** francophones ainsi que pour les **réfugiés**.

En revanche, pour tous les autres étrangers, l'employeur doit s'assurer qu'ils sont bien titulaires d'une autorisation de travail. Une procédure particulière s'applique s'il s'agit d'étrangers ne résidant pas en France.

> **Précisions** La situation des **ressortissants du Royaume-Uni**, sorti de l'UE au 31 janvier 2020, varie selon la date de leur entrée sur le territoire national en application de l'accord de retrait UE/Royaume-Uni du 24 janvier 2020 (Décret 2020-1417 du 19-11-2020 modifié). Ainsi, les Britanniques **résidant ou travaillant en France avant le 1er janvier 2021** peuvent continuer d'y séjourner et d'y exercer toute activité professionnelle de leur choix à condition d'avoir obtenu avant le 1er novembre 2021 un titre de séjour portant la mention « accord de retrait », valable 5 ou 10 ans selon leur ancienneté de résidence régulière en France. Les ressortissants britanniques et les membres de leur famille, qui **arrivent en France depuis le 1er janvier 2021** et qui ne sont pas bénéficiaires de l'accord de retrait, sont soumis aux dispositions de droit commun applicables aux ressortissants d'États tiers.

Vérification du titre de travail L'employeur doit vérifier que l'étranger est en possession d'un titre en cours de validité l'autorisant à exercer une activité professionnelle et correspondant à la qualification et au lieu d'emploi autorisés. Il peut s'agir : 52305
– d'une **carte de séjour temporaire** d'un an au maximum, mention « salarié » pour les personnes employées en CDI ou « travailleur temporaire » pour les autres ;
– d'une **carte de séjour pluriannuelle** d'une durée de 4 ans, renouvelable ;
– d'une **carte de résident**, valable 10 ans, renouvelable de plein droit, donnant à son titulaire le droit d'exercer toute activité de son choix sur l'ensemble du territoire ;
– d'une **autorisation provisoire de séjour** portant la mention « autorise son titulaire à travailler », d'une durée généralement comprise entre 3 et 12 mois, délivrée à des catégories particulières d'étrangers (étranger engagé dans un parcours de sortie de la prostitution, parent étranger d'un enfant malade, bénéficiaire de la protection temporaire, etc.).
Pour les **travailleurs saisonniers**, le contrat d'introduction du travailleur (n° 52345) tient lieu d'autorisation de travail.

> **Précisions a.** Le **travailleur saisonnier** peut obtenir, dès sa première admission au séjour, la carte de séjour pluriannuelle pour une durée de 3 ans maximum, sous réserve que la durée cumulée de ses emplois ne dépasse pas 6 mois par an (C. étrangers art. L 421-34).
> **b.** Les **étudiants étrangers** peuvent travailler pendant leur scolarité ou les vacances universitaires à hauteur de 60 % de la durée légale annuelle du travail, soit 964 heures (C. trav. art. R 5221-26 s.).

Sanctions en cas d'emploi d'étrangers sans titre de travail Il est interdit d'engager ou de conserver à son service un étranger en situation irrégulière (C. trav. art. L 8251-1), sous peine de sanctions pénales et administratives. 52310
a. Sanctions pénales. L'emploi de mauvaise foi d'étrangers non munis du **titre de travail** constitue un délit passible d'une amende de 30 000 € et d'un emprisonnement de 5 ans. L'amende est appliquée autant de fois qu'il y a d'étrangers concernés (C. trav. art. L 8256-2).
Le tribunal peut par ailleurs prononcer des peines complémentaires (C. trav. art. L 8256-3 et L 8256-4).
Le fait pour l'employeur de ne pas s'assurer de l'existence de l'autorisation de travail de l'étranger est passible de l'amende prévue pour les contraventions de 5e classe (1 500 €) (C. trav. art. R 5224-1).
b. Sanctions administratives. L'employeur occupant un travailleur dépourvu de titre de travail sera redevable d'une amende administrative prononcée par le ministre de l'immigration et dont le montant, déterminé en fonction des capacités financières de l'auteur du manquement, du degré d'intentionnalité, de la gravité de la négligence et des frais d'éloignement du ressortissant étranger en situation irrégulière, peut atteindre 5 000 fois le taux horaire du minimum garanti (n° 59500) et, en cas de réitération, 15 000 fois ce même taux (C. trav. art. L 8253-1).
Les sanctions pénales et administratives peuvent se cumuler tant que le montant total de ces sanctions ne dépasse pas le montant le plus élevé d'une des sanctions encourues (Cons. const. 30-3-2017 n° 2016-621 QPC : RJS 6/17 n° 443).

Autres obligations et formalités Outre les formalités prévues pour toute embauche, l'employeur doit : 52315
– vérifier que le salarié a bien satisfait aux obligations du **contrôle médical** ;
– mentionner sur le **registre du personnel** la qualité de travailleur étranger avec le type et le numéro du document valant autorisation de travail.

INTRODUCTION EN FRANCE DE TRAVAILLEURS ÉTRANGERS

L'Office français de l'immigration et de l'intégration (Ofii) accueille et prend en charge des personnes étrangères titulaires, pour la première fois, d'un titre les autorisant à séjourner en France. 52330
L'Ofii participe à toutes actions administratives, sanitaires et sociales relatives à l'introduction en France d'étrangers ressortissants de pays tiers à l'Union européenne en vue d'y effectuer un travail salarié. Il organise, notamment, la visite médicale obligatoire.
Site Internet : ofii.fr.

Frais de recrutement L'employeur de main-d'œuvre étrangère est redevable d'une **taxe forfaitaire** : 52335
– salarié permanent (contrat égal ou supérieur à 12 mois) : 55 % du salaire dans la limite de 2,5 Smic ;
– salarié temporaire (contrat supérieur à 3 mois et inférieur à 12 mois) : 74 € pour un salaire inférieur ou égal au Smic, 210 € pour un salaire compris entre 1 Smic et 1,5 Smic, 300 € pour un salaire supérieur à 1,5 Smic ;
– salarié saisonnier : 50 € par mois de travail, y compris pour les mois incomplets ;

– jeune professionnel recruté dans le cadre d'un accord bilatéral d'échanges : 72 €.
Cette taxe est recouvrée par la DGFiP, annuellement à terme échu, selon le régime applicable à la TVA.

52340 **Procédure d'introduction** Pour les **travailleurs permanents**, et sauf si l'emploi proposé figure sur la liste des métiers en tension (listés par arrêté MTRD2109963A du 1-4-2021 modifié), l'employeur doit publier une offre d'emploi auprès de **France Travail** ou auprès d'un autre organisme de placement pendant 3 semaines.
Si aucun demandeur d'emploi ne satisfait à l'offre, l'employeur dépose une demande d'introduction de travailleur étranger auprès du préfet compétent, accompagnée d'une demande d'autorisation de travail (adressée au moyen d'un téléservice accessible sur le site administration-etrangers-en-france.interieur.gouv.fr/particuliers).
Lorsque la demande est **agréée**, elle est transmise à l'Ofii, qui procède au contrôle médical et à l'acheminement du travailleur étranger vers la France.

52345 En ce qui concerne les **saisonniers agricoles**, la **durée maximum** du ou des contrats saisonniers est de **6 mois** sur 12 mois consécutifs.
Pour les **formalités d'embauche**, l'employeur peut utiliser la DPAE, le Tesa ou, sous condition de durée maximale du contrat, le « Tesa simplifié » (n° 52125).

ATTENTION

S'agissant des salariés **saisonniers** étrangers **recrutés par l'intermédiaire de l'Ofii**, le volet « contrat de travail » du Tesa ne vaut que dans la mesure où il est accompagné du contrat de travail écrit visé par le préfet compétent. L'employeur doit donc systématiquement adresser à sa caisse de MSA une copie du contrat de travail visé par le préfet.

CONDITIONS D'EMPLOI DES ÉTRANGERS

52360 En vertu du **principe de non-discrimination**, les salariés étrangers régulièrement employés doivent bénéficier des mêmes droits, des mêmes conditions de travail et de la même protection sociale que les salariés français. Cela concerne notamment la durée de travail, la rémunération, l'hygiène et la sécurité, les retraites complémentaires, l'indemnisation du chômage, la représentation dans l'entreprise ou au sein d'un syndicat et la rupture du contrat de travail.
Les salariés étrangers peuvent transférer dans leur pays l'intégralité des **salaires** perçus, sous réserve, éventuellement, d'une retenue à la source au titre de l'impôt sur le revenu (n°s 32800 s.).

52365 L'étranger employé **sans titre de travail** est, à compter de la date de son embauche, assimilé à un travailleur régulièrement engagé au regard des obligations de l'employeur (C. trav. art. L 8252-1). Il a notamment droit, au titre de la période illicite, à l'intégralité du salaire et ses accessoires calculés conformément aux dispositions légales, conventionnelles ou contractuelles ; à défaut de preuve contraire, les sommes dues au salarié correspondent à une relation de travail présumée de trois mois. En cas de **rupture** du contrat de travail, il a droit à une **indemnité forfaitaire** égale à 3 mois de salaire, sauf disposition légale ou conventionnelle plus favorable (C. trav. art. L 8252-2 et R 8252-1 s.).

ANNEXE

52400 **Sanctions pénales contraventionnelles** Les peines ci-dessous mentionnées correspondent à celles encourues par les **personnes physiques** (C. pén. art. 131-13). Lorsqu'une personne **morale** est reconnue pénalement responsable, la peine d'amende peut être portée jusqu'au quintuple du montant prévu pour les personnes physiques (C. pén. art. 131-41).

Contraventions	Peines applicables [1]
	Amende (euros)
1e classe	38 au plus
2e classe	150 au plus
3e classe	450 au plus
4e classe	750 au plus
5e classe	1 500 au plus
5e classe (en récidive)	3 000 au plus

1. Lorsque le règlement qui réprime la contravention le prévoit, les peines principales d'amende ou d'emprisonnement peuvent être en outre assorties d'une ou plusieurs des **peines complémentaires** prévues par les articles 131-16 et 131-17 du Code pénal.

SECTION 2

AIDES À L'EMPLOI

DIVERSITÉ DES AIDES

Sont exposées ci-après les aides de l'État instituées en vue de favoriser la **création d'emplois** (notamment par voie d'exonération de charges sociales ou de contrats aidés) ainsi que les aides aux **mutations professionnelles**. 52600

Les aides à l'insertion professionnelle par la **formation en alternance** sont traitées dans les développements relatifs à la formation professionnelle. Sur les exonérations de charges sociales dont bénéficient les **exploitants agricoles** eux-mêmes, voir les développements sur la protection sociale agricole.

CONSEIL

Les employeurs peuvent **interroger l'administration** pour savoir s'ils ont droit à certaines aides. Selon la nature de l'aide, il faut s'adresser soit au préfet (aides à la formation, à la reconversion, à l'insertion de salariés), soit à la MSA (exonération de cotisations sociales).

A. Aides à la création d'emplois

ATTÉNUATION DES EFFETS DE SEUIL

L'application de certaines dispositions législatives ou réglementaires dépend du nombre de salariés employés. Les règles de calcul de l'effectif de l'entreprise sont fixées, selon les obligations auxquelles elles s'appliquent, soit par le Code du travail (notamment pour la représentation du personnel), soit par le Code de la sécurité sociale. Afin d'éviter les effets de seuil, deux séries de mesures ont été adoptées. 52620

Certains **salariés**, en premier lieu, ne sont **pas pris en compte** dans le calcul de l'effectif. Il s'agit des salariés embauchés au titre de contrats particuliers : apprentissage, contrat unique d'insertion, professionnalisation. La mesure s'applique à toutes les dispositions législatives ou réglementaires qui se réfèrent à une condition minimum d'effectif à l'exception de celles qui ont trait à la tarification du risque accident du travail et, pour partie, de la représentation du personnel (C. trav. art. L 1111-3 ; CSS art. R 130-1, III et VI). Les salariés sous contrat à durée déterminée recrutés pour un remplacement sont exclus dans tous les cas (C. trav. art. L 1111-2 ; CSS art. R 130-1, II).

Depuis le 1er janvier 2020, pour les seuils d'effectif régis par le Code de la sécurité sociale (et notamment pour le paiement des cotisations), le **franchissement d'un seuil** à la hausse ne prend effet que lorsque ce seuil a été atteint ou dépassé pendant 5 années civiles consécutives. À l'inverse, si le seuil est franchi à la baisse sur une année civile, l'effet de la baisse est immédiat et, si l'entreprise franchit ultérieurement à nouveau le seuil, un nouveau délai de 5 ans court (CSS art. L 130-1, II). Ce dispositif n'est, cependant, pas applicable aux entreprises qui bénéficiaient au 31 décembre 2019 de règles spécifiques de lissage ou de gel temporaire des effets de seuil (participation-construction ou versement mobilité, par exemple).

RÉDUCTION GÉNÉRALE DE COTISATIONS

La réduction générale de cotisations est une réduction dégressive de cotisations patronales, dont le **montant** varie selon le niveau de rémunération des salariés y ouvrant droit. Elle s'applique à l'ensemble des salariés dont la rémunération **est inférieure à 1,6 Smic**, son montant étant maximal pour les salariés rémunérés au Smic (CSS art. L 241-13 III, al. 3). Pour ces derniers, elle couvre l'intégralité des cotisations et contributions patronales suivantes : assurances sociales, allocations familiales, Fnal, solidarité-autonomie, retraite complémentaire légalement obligatoire, chômage (dans la limite de 4,05 %) et accidents du travail (dans une limite différente chaque année fixée à 0,46 % pour l'année 2024). Elle diminue ensuite progressivement jusqu'à disparaître lorsque le salaire atteint 1,6 Smic. 52630

Le montant du **Smic déterminant le montant de la réduction** est évalué sur la base de la durée légale augmentée, le cas échéant, des heures supplémentaires (hors majoration) ou, si le salarié est à temps partiel, de la durée contractuelle de travail augmentée, le cas échéant, des heures complémentaires (hors majoration).

La réduction est **pratiquée mensuellement** par anticipation, avec régularisation annuelle ou progressive.

> **Précisions a.** Aucune **formalité** n'est à accomplir par l'employeur, la CMSA procédant à l'appel chiffré des cotisations.
> **b.** La mesure peut s'appliquer à n'importe quel **salarié**, qu'il soit à temps plein ou partiel, sous contrat à durée déterminée ou indéterminée, cadre ou non.

52635 Le bénéfice de la réduction de cotisations **n'est pas cumulable**, pour un même salarié, avec un autre dispositif d'exonération totale ou partielle de cotisations patronales ou avec l'application de taux spécifiques, d'assiettes ou de montants forfaitaires de cotisations.
Par exception, le bénéfice de la réduction est **cumulable** avec la réduction des taux maladie (n° 38795) et allocations familiales (n° 39110) ainsi qu'avec la déduction forfaitaire sur les heures supplémentaires (n° 59980).

ZONES RURALES

52640 Les employeurs bénéficient d'une exonération spécifique de cotisations patronales de sécurité sociale pour l'embauche du 1er au 49e salarié dans une **ZFRR** (zone France ruralités revitalisation) ou dans une **ZRR** (zone de revitalisation rurale) (CSS art. L 241-19 ; BOSS-Exo. zonées-60). Le **classement des communes dans ces zones** est établi par arrêté (Arrêtés TREB2414964A du 19-6-2024 pour les ZFRR et TREB2416551A du 19-6-2024 pour les ZRR). Il peut être consulté auprès de la préfecture, de la Dreets ou dans les mairies.
Bénéficient de l'exonération les entreprises et les groupements d'employeurs :
– qui exercent une activité artisanale, industrielle, commerciale, agricole ou non commerciale ;
– qui ont au moins un établissement dans l'une des zones concernées ;
– dont l'effectif, tous établissements confondus, est de moins de 50 salariés ;
– qui n'ont pas procédé à un licenciement économique dans les 12 mois précédant l'embauche.
Les **salariés ouvrant droit** à l'exonération sont ceux pour lesquels l'employeur est tenu de cotiser à l'assurance chômage et qui sont recrutés pour être employés dans les zones éligibles soit par contrat à durée indéterminée (CDI), soit par contrat à durée déterminée (CDD) d'au moins 12 mois conclu en raison d'un accroissement temporaire d'activité.
Les aides familiaux sont exclus de ce dispositif.

52642 L'exonération, applicable pour une **durée** de 12 mois à compter de la date d'embauche, porte exclusivement sur les cotisations patronales d'assurances sociales et allocations familiales. Totale pour la **fraction** de la rémunération n'excédant pas 1,5 Smic, cette exonération décroît jusqu'à disparaître lorsque la rémunération atteint 2,4 Smic.
L'employeur qui remplit les conditions prévues pour bénéficier de l'exonération en fait la **déclaration** par écrit à la Dreets dans les 30 jours à compter de la date d'effet du contrat de travail. À défaut d'envoi de la déclaration dans les délais impartis, l'exonération n'est pas applicable aux cotisations dues sur les rémunérations versées de la date de l'embauche au jour de l'envoi de la déclaration, cette période étant imputée sur la durée de l'exonération.
Le bénéfice de l'exonération ne peut pas être **cumulé**, pour l'emploi d'un même salarié, avec celui d'une aide de l'État à l'emploi ou avec l'application d'une assiette ou d'un montant forfaitaire de cotisations. Elle ne peut pas non plus être cumulée avec une autre exonération totale ou partielle de cotisations patronales de sécurité sociale, à l'exception de la réduction des taux maladie (n° 38795) et allocations familiales (n° 39110) et de la déduction forfaitaire sur les heures supplémentaires (voir n° 59980).
L'employeur **opte** pour l'exonération ZFRR/ ZRR chaque fois qu'elle est plus avantageuse que les dispositifs avec lesquels elle n'est pas cumulable. Arrivée à son terme, l'exonération ZFRR/ ZRR peut, le cas échéant, être relayée par les autres dispositifs.

ATTENTION
Pour bénéficier de l'exonération dès l'embauche, l'employeur doit remplir un **formulaire** et le déposer auprès de la DDETS dans les 30 jours de la date d'effet du contrat de travail (CSS art. L 241-19, IV-al. 1).

TRAVAILLEURS OCCASIONNELS ET DEMANDEURS D'EMPLOI

52670 Les employeurs relevant du régime de protection sociale agricole, à l'exception des Cuma mettant des salariés à la disposition de leurs adhérents, bénéficient d'un dispositif d'exonération spécifique, dit « exonération TO-DE », qui doit prendre **fin au** 31 décembre 2025 (C. rur. art. L 741-16 ; Loi 2023-1250 du 26-12-2023 art. 8). Le dispositif pourrait toutefois être pérennisé à compter du 1er janvier 2026.
a. Salariés concernés. Ouvrent droit à ce dispositif :
– les **travailleurs occasionnels agricoles** embauchés sous **CDD saisonnier** ou d'**usage** pour effectuer des **tâches temporaires liées** au cycle de la production animale et végétale (à l'exception

des travaux de création, restauration et entretien de parcs et jardins), aux travaux forestiers (hors salariés des entreprises de travaux forestiers) et aux activités de transformation, de conditionnement et de commercialisation de produits agricoles lorsque ces activités, accomplies sous l'autorité d'un exploitant agricole, constituent le prolongement direct de l'acte de production ;
– les **demandeurs d'emploi**, à la double condition qu'ils soient recrutés sous CDI par un groupement d'employeurs agricoles exerçant les activités mentionnées ci-dessus et qu'ils soient inscrits sur la liste des demandeurs d'emploi depuis au moins 4 mois, durée ramenée à 1 mois en cas d'inscription consécutive à un licenciement.

b. Calcul de l'exonération. L'exonération TO-DE concerne les mêmes cotisations patronales que la réduction générale de cotisations visée n° 52630 (C. rur. art. L 741-16-1). Son montant est déterminé conformément à un **barème dégressif** linéaire en fonction du salaire de telle sorte que l'exonération soit **totale** pour une rémunération mensuelle inférieure ou égale à 1,25 Smic et devienne **nulle** pour une rémunération mensuelle égale ou supérieure à 1,6 Smic (C. rur. art. D 741-60 ; Communiqué BOSS du 30-4-2024).

c. Durée de l'exonération et règles de cumul. La durée maximale d'application du dispositif est fixée à 119 jours ouvrés, consécutifs ou non, par année civile et par salarié (C. rur. art. D 741-58). Au-delà de la période maximale d'application, l'employeur déclare à la caisse de MSA via la DSN, le Tesa (n°s 38912 s.) ou le Tesa + (n° 52125), pour chaque salarié concerné, s'il renonce à l'exonération pendant la période où elle s'est appliquée, au profit de la réduction générale de cotisations (C. rur. art. L 741-16, VI). À défaut de renonciation, la réduction générale ne s'applique pas au-delà de la période maximale.

Le bénéfice de l'exonération TO-DE ne peut en effet pas être cumulé, au cours de la même année civile, avec celui d'une autre exonération totale ou partielle de cotisations patronales ou l'application de taux spécifiques, d'assiettes ou montants forfaitaires de cotisations, à l'exception de la déduction forfaitaire de cotisations patronales pour heures supplémentaires (voir n° 59980).

AIDE DE FRANCE TRAVAIL À L'EMBAUCHE DE CHÔMEURS

France Travail participe aux frais de formation des allocataires du régime d'assurance chômage **52680**
en versant aux employeurs une aide dans le cadre d'un dispositif, intitulé « **préparation opérationnelle à l'emploi** » (POE), qui prend la forme d'une aide à la formation d'un demandeur d'emploi, préalable à l'embauche, par un employeur qui s'engage à le recruter à l'issue d'une formation (C. trav. art. L 6326-1 s., D 6326-1 et D 6326-2).

Ce dispositif est ouvert aux employeurs qui souhaitent embaucher un demandeur d'emploi en CDD d'au moins 6 mois ou CDD saisonnier d'au moins 4 mois, en CDI, en CDI intérimaire, en contrat d'apprentissage ou en contrat de professionnalisation d'au moins 6 mois, ou en contrat de travail temporaire d'au moins 6 mois au total dans les 9 mois suivant la formation. Si le contrat est à temps partiel, il doit être au moins égal à 20 heures hebdomadaires. La formation peut être réalisée soit en interne par l'employeur ou un tuteur salarié, soit par un organisme externe certifié Qualiopi. L'octroi de l'aide est subordonné à la conclusion d'une convention entre l'employeur, France Travail et, le cas échéant, l'Opco dont relève l'entreprise qui peut cofinancer la formation.

L'aide est accordée au titre d'une formation dont la durée maximale est au plus égale à 400 heures. Lorsque la formation est dispensée par l'entreprise agricole, le **montant** de l'aide est de 5 € TTC par heure de formation, 8 € si la formation est réalisée par un organisme de formation extérieur.

CONTRAT UNIQUE D'INSERTION – CONTRAT INITIATIVE-EMPLOI (CUI – CIE)

Les employeurs du régime agricole qui embauchent dans le cadre d'un CUI-CIE des **personnes** **52682**
sans emploi rencontrant des difficultés sociales et professionnelles d'accès à l'emploi peuvent bénéficier d'une aide financière de l'État (C. trav. art. L 5134-65 s. et R 5134-55 s.). Ce contrat est réservé aux publics les plus éloignés du marché du travail, notamment : travailleurs handicapés et jeunes sans emploi. En pratique, ce sont les acteurs locaux du service public de l'emploi (services déconcentrés du ministère de l'emploi, France Travail, etc.) qui effectuent un ciblage précis des personnes éligibles. La conclusion de CUI-CIE n'est plus autorisée que dans les DOM ou par les conseils départementaux dans le cadre des conventions annuelles d'objectifs et de moyens (Circ. DGEFP/SDPAE/MIP/MPP 11 du 11-1-2018).

L'employeur ne doit pas avoir procédé à un licenciement économique dans les 6 mois précédant l'embauche ou avoir licencié un salarié sous CDI dans le but de conclure un CUI-CIE. En outre, il doit être à jour de ses cotisations. Il doit former le salarié durant l'exécution du contrat.

Préalablement à l'embauche, l'employeur doit solliciter l'aide à l'insertion professionnelle auprès du président du conseil départemental lorsque le salarié bénéficie du RSA ou, dans les autres cas, auprès de France Travail ou d'un organisme public ou privé de placement s'étant vu confier une mission d'insertion professionnelle par l'État. La demande d'aide décrit obligatoirement les actions d'orientation, d'accompagnement professionnel et, le cas échéant, de valorisation des acquis de l'expérience dans le but de faciliter la réalisation du projet professionnel du bénéficiaire du CUI-CIE. L'employeur négligeant la formation du salarié peut être condamné à lui payer des dommages-intérêts ou risque de voir le CDD requalifié en CDI de droit commun.
Le **contrat de travail**, écrit, peut être soit à durée indéterminée, soit à durée déterminée de 24 mois maximum, à temps plein ou à temps partiel (d'au moins 20 heures). Il doit être signé après l'attribution de l'aide, sans quoi il peut être requalifié en CDI de droit commun. À l'initiative du salarié, le CUI-CIE peut être suspendu pour effectuer une période d'essai dans le cadre d'un CDI ou d'un CDD d'au moins 6 mois. S'il s'agit d'un CDD, il peut être rompu avant l'échéance en vue d'une embauche sous CDI ou CDD d'au moins 6 mois ou du suivi d'une formation qualifiante.
L'**aide financière aux employeurs** est déterminée par arrêté préfectoral et correspond à un taux de prise en charge du Smic dans la limite de 47 % à multiplier par le nombre d'heures travaillées, dans la limite de 35 heures hebdomadaires.
Cette aide peut se **cumuler** avec la réduction générale de cotisations patronales de sécurité sociale (n°s 52630 s.) mais pas avec l'exonération pour les ZFRR (n° 52640).

AIDES AU DÉVELOPPEMENT RÉGIONAL DE L'EMPLOI

52700 Diverses aides à la création d'emplois sont susceptibles d'être attribuées au niveau régional ou départemental (prime d'aménagement du territoire, prime régionale à l'emploi).
Il est possible d'obtenir des renseignements sur ces aides auprès de la préfecture, de la Dreets ou sur Internet (aides-entreprises.fr).

B. Aides à l'adaptation des emplois

AIDES À LA GESTION PRÉVISIONNELLE DE L'EMPLOI

52800 **a. Aide à l'amélioration des conditions de travail**. Les entreprises de moins de 300 salariés ou des collectifs d'entreprises peuvent bénéficier du soutien financier de l'Anact (anact.fr) pour mettre en œuvre un projet d'amélioration des conditions de travail, notamment en matière de prévention des risques professionnels et de la pénibilité.
b. Prestation de conseil en ressources humaines. Les TPE-PME peuvent bénéficier d'une aide financière pour se faire **accompagner par un prestataire extérieur** dans la gestion de leurs ressources humaines : réalisation d'un diagnostic, construction d'un plan d'action et accompagnement dans la mise en œuvre d'actions (par exemple, aide au recrutement ou à l'intégration des salariés, accompagnement sur l'organisation du travail, soutien sur les variations conjoncturelles d'activité, etc.). L'aide, plafonnée à 50 % des coûts engagés par l'entreprise, peut atteindre 15 000 €. Pour en bénéficier, l'entreprise doit s'adresser à la Dreets (C. trav. art. L 5121-3 ; Inst. DGEFP 2022-208 du 15-9-2022 opposable).

AIDES À LA FORMATION

52810 Plusieurs dispositifs permettent à l'entreprise agricole de bénéficier d'aides financières pour former ses salariés :
– le dispositif **Transitions collectives** (« Transco ») permet la reconversion de salariés occupant un emploi fragilisé vers un métier porteur, figurant sur une liste diffusée sur le site internet du ministère du travail, à l'échelle d'un territoire : les salariés volontaires bénéficient d'une formation financée en tout ou partie par l'État, le reste à charge pour l'entreprise dépendant de son effectif et de la durée de la formation (Inst. DGEFP 2022-35 du 7-2-2022) ;
– le **FNE-Formation**, qui permet de former des salariés dont l'entreprise fait face à des mutations économiques, est notamment orienté depuis 2023 vers le financement de formations d'accompagnement à la transition écologique, alimentaire et agricole : le taux de prise en charge de la formation dépend de la taille de l'entreprise, qui doit s'adresser à son Opco pour obtenir l'aide (C. trav. art. R 5123-5 à R 5123-8 ; Instr. min. du 30-4-2024).

SECTION 3

AIDES AUX CHÔMEURS

A. Indemnisation du chômage

L'indemnisation du chômage est assurée selon les cas par : 53005
– un régime d'**assurance chômage** financé par les entreprises ;
– un régime d'aides publiques, dénommé « régime de **solidarité** », financé par l'État.

1. RÉGIME D'ASSURANCE CHÔMAGE

CARACTÉRISTIQUES

Le régime d'assurance chômage est, en principe, mis en place par une **convention** conclue par les organisations représentatives des employeurs et des salariés et renégociée périodiquement. En cas d'échec de la négociation, les dispositions sont arrêtées par voie réglementaire ; tel est le cas du régime actuellement en vigueur (Décret 2019-797 du 26-7-2019 modifié). Sa gestion est assurée paritairement par l'Unédic au plan national et France Travail au plan local. 53010

Les employeurs agricoles sont **affiliés** à France Travail par l'intermédiaire des caisses de MSA (sur le montant des cotisations, voir n° 39210).

France Travail verse une **allocation** d'aide au retour à l'emploi (ARE) au travailleur salarié ayant perdu son emploi à la suite d'un licenciement, d'une rupture conventionnelle, d'une fin de contrat à durée déterminée, d'une démission pour motif légitime ou pour mettre en œuvre un projet de reconversion professionnelle nécessitant le suivi d'une formation ou se traduisant par un projet de création ou de reprise d'entreprise. Les travailleurs indépendants bénéficient d'une prestation forfaitaire lorsque leur activité cesse pour certains motifs (C. trav. art. L 5424-24 s.).

Pour avoir droit aux allocations de chômage, les salariés privés d'emploi doivent justifier d'une **période d'affiliation** au moins égale à 130 jours (6 mois) ou 910 heures travaillés au cours des 24 mois précédant la fin du contrat de travail (36 mois pour les salariés âgés de 53 ans et plus à la fin du contrat).

Le **montant** de l'allocation journalière est égal soit à 40,4 % du salaire de référence majoré d'une partie fixe, revalorisée annuellement au 1er juillet (13,11 € au 1-7-2024), soit à 57 % du salaire de référence, soit à 75 % du salaire de référence, en retenant la formule de calcul la plus favorable, sans pouvoir être supérieure à 75 % du salaire référence ni inférieure à 31,59 € (au 1-7-2024). Le **salaire journalier de référence** est obtenu en divisant le total des rémunérations afférentes aux 24 mois (ou 36 mois si le salarié a au moins 53 ans) précédant le dernier jour travaillé et payé par le nombre de jours calendaires déterminé à compter du premier jour de la première période d'emploi incluse dans la période de référence jusqu'au terme de cette période de référence.

L'allocation est versée après un **délai d'attente** de 7 jours majoré d'un **différé d'indemnisation** composé d'un différé d'indemnisation spécifique calculé sur la base des indemnités de rupture ou de toute autre somme supérieures aux minima légaux dont le principe et les modalités de calcul sont fixés par la loi (en sont exclues toutes les sommes et indemnités allouées par décision judiciaire), et limité à 150 jours (75 jours pour les personnes licenciées pour motif économique), ainsi que d'un différé congés payés calculé à partir de toutes les indemnités compensatrices de congés payés versées dans les 182 jours précédant la dernière fin de contrat, dans la limite de 30 jours de différé.

La **durée d'indemnisation** est égale au nombre de jours calendaires compris entre le 1er jour de la première période d'emploi incluse dans la période de référence d'affiliation et le terme de cette période de référence, le résultat étant en principe réduit de 25 % (sauf en outre-mer). La durée maximale d'indemnisation est limitée à 18 mois (22,5 mois pour les salariés privés d'emploi à partir de 53 ans ; 27 mois à partir de 55 ans).

Les personnes en **chômage saisonnier** sont indemnisées dans les conditions de droit commun.

> **Précisions** **a.** Pour les allocataires âgés de moins de 57 ans à la date de la fin du contrat de travail prise en compte pour l'ouverture des droits, le montant de l'ARE est affecté d'un **coefficient de dégressivité** égal à 0,7 (30 %) à partir du 183e jour d'indemnisation, sans que cette réduction puisse porter le montant de l'allocation journalière en dessous du seuil de 92,11 € depuis le 1er juillet 2024 (Règlement assurance chômage 26-7-2019 art. 17 bis). Trois cas sont à distinguer : pas de dégressivité si l'ARE est inférieure ou égale à 92,11 € ; si l'ARE est comprise entre 92,11 € et 131,58 €, réduction à 92,11 € ; si ARE égale ou supérieure à

131,59 €, application d'un coefficient de 0,7.
b. En cas de **reprise d'une activité réduite** (quel que soit le nombre d'heures travaillées), le montant de l'allocation mensuelle est diminué de 70 % de la rémunération brute issue de l'activité, sans que le cumul avec l'activité réduite ne puisse excéder le niveau du salaire antérieur ayant servi de calcul de l'allocation chômage.

2. RÉGIME DE SOLIDARITÉ

53020 Les chômeurs écartés de l'indemnisation de l'assurance chômage en raison de l'insuffisance de leur durée d'affiliation ou de l'épuisement de leurs droits peuvent bénéficier du régime de solidarité financé par l'État et de la contribution de solidarité des fonctionnaires.
L'**allocation de solidarité spécifique** (ASS) peut être accordée à certains chômeurs de longue durée qui ont épuisé leurs droits et dont les ressources mensuelles n'excèdent pas 2 091,10 € pour un couple et 1 330,70 € pour une personne seule (plafonds applicables au 1er juillet 2024). Le montant de l'allocation est de 19,01 € par jour au 1er juillet 2024. Elle est versée par périodes de six mois (un an pour les allocataires dispensés de recherche d'emploi), renouvelées tant que les conditions requises restent remplies.

53030 Les personnes de plus de 25 ans ou assumant la charge d'un ou plusieurs enfants nés ou à naître, qui résident en France de manière stable et effective, ont droit à un revenu garanti : le revenu de **solidarité active**, dit **RSA socle** (CASF art. L 262-1 s.). Le droit est également ouvert aux plus de 18 ans qui ont exercé une activité professionnelle à temps plein pendant deux ans au cours des trois années précédant la demande du RSA. La demande doit être déposée auprès de la MSA.
Pour pouvoir bénéficier du RSA socle, il ne faut exercer aucune activité et ne plus avoir de droit au chômage ou à l'ASS. Depuis le 1er avril 2024, le RSA est fixé à 634,71 € pour une personne seule, avant déduction des ressources du foyer auxquelles on ajoute un forfait d'aide au logement. Ce montant varie en fonction de la situation de famille, auquel cas l'ensemble des revenus du foyer est pris en compte dans le calcul du droit. Le RSA peut être versé sans aucune limitation de durée à partir du moment où le bénéficiaire respecte les obligations imposées.
L'allocataire du RSA a droit à un **accompagnement social et professionnel** destiné à favoriser son insertion durable dans l'emploi (CASF art. L 262-27 et D 262-65 s.).

B. Aides au retour à l'emploi

DEMANDEURS D'EMPLOI

53040 L'**aide à la mobilité géographique** est accordée par France Travail au chômeur indemnisé qui accepte un emploi dans un autre bassin d'emploi.
Par ailleurs, lorsqu'une **convention d'allocation temporaire dégressive** a été conclue, des allocations sont versées aux salariés ayant fait l'objet d'un licenciement économique et reclassés dans un emploi comportant une rémunération inférieure à leur rémunération antérieure (C. trav. art. L 5123-2, 1° et R 5123-9 s.).

BÉNÉFICIAIRES DE MINIMA SOCIAUX

53050 Les bénéficiaires de l'**allocation de solidarité spécifique** (ASS) peuvent, sous certaines conditions, bénéficier, en cas de reprise d'une activité salariée, du **cumul** de leur **allocation** et de leur **salaire**. L'ASS est intégralement maintenue pendant 3 mois, consécutifs ou non (C. trav. art. R 5425-2).

53052 Les allocataires du **RSA** peuvent bénéficier d'une **aide personnalisée de retour à l'emploi** destinée à compenser les coûts résultant de la reprise d'une activité professionnelle : transport, habillement, logement, accueil des jeunes enfants, obtention d'un diplôme (C. trav. art. L 5133-8 et R 5133-10 s.).
En cas de reprise d'une activité professionnelle, il est aussi possible de prétendre à la **prime d'activité**. La prime d'activité est ouverte aux personnes de plus de 18 ans, résidant en France de manière stable et effective, dont les ressources sont inférieures à 1,5 Smic. Elle est égale à la différence entre un montant forfaitaire, qui varie selon la composition du foyer et peut être bonifié, et les ressources du foyer. Le montant forfaitaire peut être majoré pour les parents isolés assumant seuls la charge d'un ou plusieurs enfants, et pour les femmes isolées en état de grossesse. Cette majoration est accordée pendant 12 mois ou, le cas échéant, jusqu'aux 3 ans du plus jeune enfant à charge. La demande peut être faite sur le site msa.fr. Le montant forfaitaire et sa majoration pour isolement sont identiques aux montants du RSA (n° 53030) ; il est réévalué tous les 3 mois.

C. Aides à la création d'entreprise

ACRE

Exonération de cotisations Peuvent prétendre au bénéfice de l'Acre (Aide aux créateurs et repreneurs d'entreprises) les **personnes** qui : 53100
– créent ou reprennent une activité agricole, soit à titre individuel, soit sous la forme d'une société à condition d'en exercer effectivement le contrôle ;
– ont des revenus ou des rémunérations inférieurs au plafond annuel de la sécurité sociale (CSS art. L 131-6-4).
Cette aide prend la forme d'une **exonération pendant** 12 mois des cotisations d'assurance maladie, maternité, vieillesse, invalidité, décès et d'allocations familiales.
La **demande** doit être adressée à l'Urssaf soit au moment du dépôt du dossier de création ou de reprise, soit au plus tard dans les 45 jours suivant ce dépôt.

> **Précisions** L'exonération est **totale** si les revenus ou les rémunérations du bénéficiaire sont inférieurs ou égaux à 75 % du plafond annuel de la sécurité sociale. Elle est **dégressive** si les revenus ou les rémunérations sont supérieurs à ce seuil, et elle s'annule lorsqu'ils sont égaux ou supérieurs au plafond annuel de la sécurité sociale.

Aide financière Les demandeurs d'emplois indemnisés qui justifient de l'obtention de l'Acre ou d'un projet de reprise d'entreprise validé, et qui ne peuvent bénéficier du cumul de leur allocation de chômage avec la rémunération tirée d'une activité (n° 53010), peuvent solliciter auprès de France Travail une aide à la reprise ou à la création d'entreprise appelée « Arce ». 53105
Cette aide est **égale** à 60 % du montant du reliquat des droits de l'allocataire à la date de début d'activité. Elle est attribuée en deux **versements** égaux : le premier intervient au plus tôt au jour du début de l'activité, sous réserve que l'intéressé cesse d'être inscrit sur la liste des demandeurs d'emploi ; le second, 6 mois après, sous réserve que l'intéressé exerce toujours l'activité créée ou reprise. Elle entre dans l'assiette de la CSG et de la CRDS, est passible de l'impôt sur le revenu et est entièrement cessible et saisissable (Circ. Unédic 2023-8 du 26-7-2023).

AUTRES AIDES

D'autres mesures peuvent intéresser les créateurs ou repreneurs d'entreprise : par exemple, parcours de nouvel **accompagnement** à la création ou la reprise d'entreprise (Nacre) géré par les régions, **prêts** à taux favorable, dotation au profit des jeunes agriculteurs (C. rur. art. R 343-3 s.). 53110
Le site bpifrance-creation.fr recense les aides proposées par chaque région et le site aides-entreprises.fr les différentes **aides financières** existantes. Par ailleurs, de nombreuses informations sont disponibles sur le site des chambres d'agriculture : chambres-agriculture.fr.

SECTION 4 ACTIVITÉ PARTIELLE

MISE EN ŒUVRE

Modalités Le dispositif d'activité partielle, anciennement « chômage partiel », concerne les salariés qui, tout en restant liés à leur employeur par un contrat de travail, subissent une perte de salaire imputable soit à la **fermeture temporaire** de l'établissement qui les emploie, soit à la **réduction de l'horaire de travail** habituellement pratiqué dans cet établissement en deçà de 35 heures (C. trav. art. L 5122-1). 53300
Cette fermeture, ou réduction d'horaire, doit avoir pour **origine** la conjoncture économique, des difficultés d'approvisionnement en matières premières ou en énergie, un sinistre, des intempéries de caractère exceptionnel, une transformation, restructuration ou modernisation de l'entreprise ou toute autre circonstance de caractère exceptionnel (C. trav. art. R 5122-1).
Elle doit être **collective**, c'est-à-dire concerner tout un établissement ou une partie de celui-ci : unité de production, atelier, service, équipe chargée de la réalisation d'un projet (Circ. DGEFP 12 du 12-7-2013). En cas de réduction collective de l'horaire de travail, les salariés peuvent être placés individuellement et alternativement en activité partielle (C. trav. art. L 5122-1) afin de permettre la mise en place d'un système de « roulement » (Circ. DGEFP 12 du 12-7-2013).

Cette mesure constitue un simple changement des conditions de travail : sauf pour les représentants du personnel et autres salariés protégés, l'**accord des salariés** n'est pas nécessaire.

53311 **Formalités** L'employeur doit **consulter** les représentants du personnel et adresser une **demande** préalable à l'administration (en cas de chômage dû à un sinistre ou des intempéries, ou de circonstances exceptionnelles, la demande peut être effectuée, a posteriori, dans les 30 jours suivant le placement des salariés en activité partielle). Le préfet dispose d'un délai de 15 jours calendaires pour répondre, le silence valant acceptation (C. trav. art. R 5122-3 et R 5122-4). L'**autorisation** est accordée pour une durée maximale de 3 mois renouvelable dans la limite de 6 mois, consécutifs ou non, sur une période de référence de 12 mois consécutifs (C. trav. art. R 5122-9, I). En cas de renouvellement, ou si l'employeur a déjà placé ses salariés en activité partielle au cours des 36 mois précédents, il doit souscrire des engagements spécifiques, tels que le maintien dans l'emploi des salariés pendant une durée pouvant atteindre le double de la période d'autorisation (C. trav. art. R 5122-9, I).

> **Précisions a.** La demande est effectuée en ligne via un **portail internet** sécurisé et confidentiel (activitepartielle.emploi.gouv.fr). Préalablement à sa demande d'autorisation, l'employeur doit adhérer au service en ligne en fournissant les informations nécessaires à son identification, le nom de la personne chargée des demandes d'autorisation d'activité partielle et une adresse électronique (C. trav. art. R 5122-16). La réponse de l'administration et la demande de versement de l'allocation d'activité partielle s'effectuent également via ce site internet.
> **b.** Les entreprises confrontées à des difficultés économiques durables mais dont la pérennité n'était pas compromise ont pu, jusqu'au 31 décembre 2022, mettre en place, par accord d'entreprise validé par l'administration ou document unilatéral homologué par l'administration, un dispositif spécifique temporaire baptisé « **activité partielle de longue durée** ou APLD ». Depuis le 1er janvier 2023, il n'est plus possible pour de nouvelles entreprises d'entrer dans le dispositif, mais, s'ils sont dûment validés ou homologués, les accords ou documents existants s'appliquent jusqu'à leur terme et peuvent être modifiés par avenant transmis à l'administration pour validation ou homologation (Loi 2020-734 du 17-6-2020 art. 53, IX).

INDEMNISATION DE L'ACTIVITÉ PARTIELLE

53312 **Indemnité versée au salarié** Durant la période d'activité partielle, l'employeur doit verser aux salariés, à la date normale de paie, une indemnité horaire **égale** à 60 % de leur rémunération **horaire brute** de référence. Cette rémunération horaire brute de référence est prise en compte dans la limite de 4,5 fois le taux horaire du Smic. Elle correspond à la rémunération servant d'assiette à l'indemnité de congés payés suivant la règle du maintien du salaire divisée par la durée légale du travail ou, si elle est inférieure, par la durée collective ou contractuelle de travail. Les éléments de rémunération versés selon une périodicité non mensuelle sont pris en compte sur la base de la moyenne perçue au cours des 12 mois civils précédant le premier jour de placement en activité partielle (C. trav. art. R 5122-18).
L'**indemnité horaire nette** versée par l'employeur ne peut pas excéder la rémunération nette horaire habituelle du salarié (C. trav. art. R 5122-18).
L'indemnité d'activité partielle ne supporte pas les **charges sociales** sur salaire mais est soumise à la CSG sur les revenus de remplacement (6,20 % dont 3,80 % déductibles de l'impôt), à la CRDS et, le cas échéant, à la cotisation maladie d'Alsace-Moselle ou à celle due par les personnes ayant leur résidence fiscale à l'étranger. Ces cotisations et contributions ne peuvent toutefois avoir pour effet de réduire le montant cumulé du salaire net et de l'indemnité nette d'activité partielle en deçà du montant du Smic brut. Dans le cas contraire, elles sont écrêtées (CSS art. L 136-1-2, II, 4° ; Ord. 96-50 du 24-1-1996 art. 14).
Si l'employeur verse une **indemnité supérieure** à l'indemnité légale, l'indemnité complémentaire est assujettie aux cotisations et contributions sociales applicables aux salaires.

> **Précisions** L'indemnité de **congés payés** du salarié qui a été placé en activité partielle doit être calculée sur la base de la rémunération ordinaire perçue pendant les périodes de travail et non sur celle de la rémunération réduite liée à l'activité partielle (CJUE 13-12-2018 aff. 385/17).

53315 Quelques **cas particuliers** doivent être signalés.
a. Si des actions de **formation** sont mises en œuvre pendant les heures chômées, l'indemnité horaire est portée à 100 % de la rémunération nette antérieure du salarié (C. trav. art. R 5122-18).
b. Pour les **salariés à temps partiel**, les **apprentis** et les **contrats de professionnalisation** : si le salaire horaire est supérieur ou égal au Smic, le taux de l'indemnité ne peut pas être inférieur au

Smic ; si le taux horaire de salaire est inférieur au Smic, le taux horaire de l'indemnité est égal au taux horaire de salaire (C. trav. art. L 5122-5 et R 5122-18).
c. Des règles spécifiques d'indemnisation sont aussi prévues pour les salariés ayant conclu une convention de **forfait** en jours ou en heures, ceux dont la **durée conventionnelle de travail** excède la durée légale, ceux dont la durée du travail est décomptée selon un **régime d'équivalence** ainsi que pour les cadres **dirigeants**, les **VRP** et le **travail à domicile** (C. trav. art. L 5122-3 et D 5122-15).

Allocation perçue par l'employeur L'employeur se fait rembourser une partie de l'indemnité versée au salarié par l'Agence de services et de paiement (C. trav. art. R 5122-5). Il perçoit une allocation dont le **taux horaire** est égal à 36 % de la rémunération horaire brute de référence, limitée à 4,5 fois le taux horaire du Smic. Ce taux horaire ne peut toutefois pas être inférieur à un taux prévu par l'article D 5122-13 du Code du travail. Réévalué à chaque revalorisation du Smic, ce taux plancher correspond au Smic net horaire. 53320
Sauf cas exceptionnels, le **contingent** annuel d'heures indemnisables est fixé à 1 000 heures par salarié (Arrêté ETSD1319814A du 26-8-2013).

> **› Précisions** Pour les **contrats d'apprentissage et de professionnalisation** dont la rémunération est inférieure au Smic, le montant de l'allocation est égal au montant de l'indemnité versée au salarié (C. trav. art. L 5122-5).

GARANTIE D'UNE RÉMUNÉRATION MENSUELLE MINIMALE

Les salariés ayant un **contrat de travail** comportant un horaire au moins égal à la **durée légale** hebdomadaire (soit 35 heures) bénéficient d'une garantie de rémunération mensuelle minimale (RMM) (C. trav. art. L 3232-1 s.). 53330
Cette RMM est égale au **produit du Smic** par le nombre d'heures correspondant à la **durée légale du travail** dans l'entreprise pour le mois considéré. De ce produit sont déduits :
– les cotisations obligatoires qui seraient retenues par l'employeur pour un salaire équivalent ;
– et les jours d'absences du salarié (y compris, les jours de fermeture de l'établissement pour congés payés).
La RMM ne peut pas excéder la rémunération nette qui aurait été perçue pour un travail effectif de même durée payé au taux du Smic.
Si, par suite d'une réduction d'horaire en deçà de la durée légale, la rémunération du salarié tombe au-dessous de la RMM, l'intéressé doit recevoir de son employeur une **allocation complémentaire** mensuelle égale à la différence entre le montant de la RMM et le montant de l'indemnité d'activité partielle indiqué n° 53312.
Cette allocation complémentaire a le même régime social que l'indemnité légale d'activité partielle (C. trav. art. L 3232-6).

CHAPITRE 2

FORMATION PROFESSIONNELLE

SOMMAIRE

SECTION 1

FORMATION EN ALTERNANCE

A. Stages

ÉLÈVES ACCOMPLISSANT UN STAGE EN ENTREPRISE

53800 Les stages effectués en milieu professionnel doivent obligatoirement faire l'objet d'une **convention de stage** écrite entre le stagiaire, l'entreprise d'accueil et l'établissement d'enseignement, établie selon un modèle fixé par arrêté (Arrêté MENS1429422A du 29-12-2014 : JO 10-2-2015). Ne sont toutefois pas concernés les stages relevant de la formation professionnelle continue ou de la catégorie des visites, séquences d'observations et stages des mineurs de moins de 16 ans (C. trav. art. L 4153-1 ; C. rur. art. R 715-1 s. ; Circ. DGER/SDPOFE/C2007-2016 du 20-9-2007).

La **durée** du ou des stages dans une même entreprise ne peut pas excéder **6 mois** par année d'enseignement (C. éduc. art. L 124-5).

Le **recours à des stagiaires** est **interdit** pour exécuter une tâche régulière correspondant à un poste de travail permanent, pour remplacer un salarié en cas d'absence ou de suspension de son contrat de travail, pour faire face à un accroissement temporaire de l'activité de l'entreprise ou pour occuper un emploi saisonnier (C. éduc. art. L 124-7).

L'accueil successif de stagiaires sur un même poste, au titre de conventions de stages différentes, n'est possible qu'à l'expiration d'un **délai de carence** égal au tiers de la durée du stage précédent, sauf si le stage précédent a été interrompu par le stagiaire (C. éduc. art. L 124-11).

Le **nombre** de stagiaires pouvant être **accueillis simultanément** dans l'entreprise, c'est-à-dire ceux dont la convention de stage est en cours pendant une même semaine civile, est limité à (C. éduc. art. R 124-10) :

– 15 % de l'effectif (arrondis à l'entier supérieur) si celui-ci est supérieur ou égal à 20 ;
– 3 stagiaires si l'effectif est inférieur à 20.

Des **dérogations** sont possibles pour les étudiants effectuant un stage obligatoire dans le cadre d'enseignements conduisant à un diplôme technologique ou professionnel (C. éduc. art. R 124-11). Dans ce cas, le recteur de région académique peut relever ces plafonds par arrêté, dans la limite de :
- 20 % de l'effectif de l'entreprise si celui-ci est égal ou supérieur à 30 ;
- 5 stagiaires si l'effectif est inférieur à 30.

L'entreprise doit désigner un **tuteur** chargé de l'accompagnement du stagiaire, celui-ci ne pouvant prendre en charge plus de 3 stagiaires simultanément (C. éduc. art. L 124-9 et R 124-13).

En principe, les stages d'une durée supérieure à 2 mois, consécutifs ou non, au cours d'une même année d'enseignement doivent être obligatoirement **rémunérés**. Sauf accord collectif plus favorable, le montant horaire de cette rémunération, qualifiée de gratification, ne peut pas être inférieur à 15 % du plafond horaire de la sécurité sociale, soit 4,35 € en 2024 (C. éduc. art. L 124-6). Par **exception**, les stages réalisés dans le cadre des formations du second cycle secondaire en milieu agricole dispensées par les établissements mentionnés à l'article L 813-9 du Code rural et de la pêche maritime n'ouvrent droit à gratification que lorsque leur durée est supérieure à 3 mois, consécutifs ou non, au cours de la même année d'enseignement (C. rur. art. D 813-55-1).

Qu'elle soit ou non obligatoire, la gratification est exonérée de **cotisations et contributions sociales** si son montant horaire ne dépasse pas, avantages en nature inclus, 15 % du plafond horaire de la sécurité sociale. Si son montant excède cette limite, les cotisations et contributions sont dues, dans les conditions de droit commun, mais sur la partie excédentaire uniquement (CSS art. L 136-1-1, III-1° b, L 242-1 et D 136-1).

N'étant pas liés à l'entreprise par un contrat de travail, les stagiaires ne sont pas assujettis à l'assurance **chômage** et à la **retraite complémentaire** ; aucune cotisation n'est donc due à ces régimes (Circ. Acoss 2015-42 du 2-7-2015 ; Circ. Arrco 96-15 du 14-2-1996). Le stagiaire peut bénéficier de la protection universelle maladie, mais n'a pas droit aux prestations de sécurité sociale pour les autres risques (invalidité, vieillesse, décès). Il peut toutefois demander à verser des cotisations en vue de valider 2 trimestres d'assurance **retraite** (CSS art. L 351-17). Par exception, en cas de versement d'une gratification supérieure à la franchise de cotisations, les droits sont ouverts dans les conditions de droit commun avec pour assiette la différence entre la gratification versée et la franchise. Quelle que soit leur situation, les stagiaires sont en revanche garantis contre les **accidents du travail** et les maladies professionnelles (CSS art. L 412-8).

En outre, quelle que soit la durée du stage, l'entreprise doit rembourser les **frais** de transport à hauteur de 50 % de l'abonnement de transport en commun ou du service public de location de vélos. Cette prise en charge ainsi que les autres éventuels remboursements de frais ne sont pas pris en compte pour le calcul de la gratification (C. éduc. art. L 124-13 et D 124-8 ; Lettre circ. Acoss 2015-42 du 2-7-2015).

Même s'ils ne sont pas salariés, les stagiaires **bénéficient** des activités sociales et culturelles du comité social et économique, des titres-restaurant ou du restaurant d'entreprise. Leur sont également applicables certaines dispositions du Code du travail, notamment celles relatives aux durées maximales de travail, aux repos quotidien et hebdomadaire et aux jours fériés. L'entreprise doit pour cela établir un **décompte des durées de présence** du stagiaire (C. éduc. art. L 124-12 s.). Les stagiaires doivent figurer dans une partie spécifique du **registre unique du personnel** (C. trav. art. L 1221-13).

À la fin du stage, l'entreprise délivre une **attestation de stage** mentionnant la durée effective totale du stage et, le cas échéant, le montant total de la gratification versée (C. éduc. art. D 124-9).

> **Précisions** **a.** En cas d'**embauche** du stagiaire dans l'entreprise, si le stage a eu une durée supérieure à 2 mois, cette durée est prise en compte pour l'ouverture et le calcul des droits liés à l'ancienneté (C. trav. art. L 1221-24). Sur la déduction de la durée du stage de la période d'essai, voir n° 55310.
>
> **b.** Les stages en entreprise doivent être intégrés à un **cursus pédagogique.**

STAGIAIRES DE LA FORMATION PROFESSIONNELLE

Des stages peuvent être organisés dans l'entreprise dans le cadre d'une **convention** conclue **53810**
entre l'entreprise, un organisme de formation et France Travail ou l'État. Ces stagiaires sont **rémunérés par l'État** en tout ou en partie et aucune cotisation sociale n'est due par l'entreprise, les intéressés étant assurés en tant que stagiaires de la formation professionnelle.

B. Apprentissage

DÉFINITION DU CONTRAT D'APPRENTISSAGE

53905 Le contrat d'apprentissage est un **contrat de travail de type particulier** par lequel l'employeur s'engage, outre le versement d'un salaire, à assurer une formation professionnelle à un apprenti qui s'oblige à travailler pour cet employeur pendant la durée du contrat (C. trav. art. L 6221-1).

BÉNÉFICIAIRES

53915 L'**apprenti** doit avoir au moins 16 ans et au plus 29 ans au début de l'apprentissage. Toutefois, les jeunes d'au moins **15 ans** peuvent débuter un contrat d'apprentissage s'ils justifient avoir effectué la scolarité du premier cycle de l'enseignement secondaire (collège). Les jeunes atteignant 15 ans avant le terme de l'année civile peuvent s'inscrire, sous statut scolaire, dans un lycée professionnel ou un CFA pour débuter leur apprentissage, dès lors qu'ils ont accompli la scolarité du premier cycle de l'enseignement secondaire et que la formation suivie conduit à la délivrance d'un titre ou diplôme à finalité professionnelle enregistré au Répertoire national des certifications professionnelles (C. trav. art. L 6222-1 et R 6222-1-1).

Par **dérogation**, la limite d'âge est portée à 35 ans si le contrat proposé prolonge un contrat d'apprentissage et conduit à un niveau de diplôme supérieur ou s'il y a eu rupture du contrat pour des causes indépendantes de la volonté de l'apprenti. Aucune limite d'âge ne s'impose si le contrat est conclu avec un travailleur handicapé ou une personne qui a un projet de création ou de reprise d'entreprise (C. trav. art. L 6222-2 et D 6222-1).

FORME ET CONTENU DU CONTRAT

53920 À peine de nullité, le contrat d'apprentissage doit être **écrit et signé** par l'employeur et l'apprenti ainsi que par son représentant légal s'il est mineur, et comporter un certain nombre de **mentions** obligatoires (C. trav. art. L 6222-4 et R 6222-2 s.). Il doit être impérativement établi au moyen d'un **formulaire Cerfa** disponible sur le site du ministère du Travail ou rempli en ligne sur alternance.emploi.gouv.fr.

> **Précisions** Si l'apprenti mineur est employé par un ascendant **(apprentissage familial)**, le contrat d'apprentissage est remplacé par une déclaration souscrite par l'employeur et comportant l'engagement qu'il sera satisfait aux conditions prévues par la loi. Cette déclaration est assimilée dans tous ses effets à un contrat d'apprentissage. Dans ce cas, l'ascendant doit verser une partie du salaire sur un compte bancaire ouvert au nom de l'apprenti, compte expressément visé par la déclaration d'apprentissage (C. trav. art. L 6222-5).

DÉPÔT DU CONTRAT

53930 L'employeur doit, dans les 5 jours ouvrables suivant le début d'exécution du contrat d'apprentissage, **transmettre** le contrat à l'opérateur de compétences (Opco) pour dépôt (C. trav. art. L 6224-1 et D 6224-1), cet organisme pouvant charger les chambres d'agriculture de participer à cette mission (C. trav. art. L 6211-4).

L'autorité administrative peut **interdire** à un employeur qui méconnaîtrait ses engagements d'employer des apprentis (C. trav. art. L 6225-1).

MAÎTRE D'APPRENTISSAGE

53935 Le maître d'apprentissage est directement responsable de la formation et assume la fonction de tuteur (C. trav. art. L 6223-5). Il doit être majeur et présenter des garanties de moralité et des compétences pédagogiques et professionnelles (C. trav. art. L 6223-8-1 et R 6223-22).

L'entreprise peut **simultanément accueillir** deux apprentis par maître d'apprentissage. Ce dernier peut en outre accueillir un troisième apprenti ayant échoué à l'examen et dont le contrat a été prolongé (C. trav. art. R 6223-6).

DURÉE DU CONTRAT

53940 La durée du contrat d'apprentissage est au moins égale à celle du cycle de formation faisant l'objet du contrat. Elle est généralement d'une **durée déterminée** de 2 ans, mais peut varier de 6 mois à 3 ans selon le type de profession et le niveau de qualification préparés. La durée du contrat peut être **réduite** dans certaines situations (notamment compte tenu du niveau de compétences initial de l'apprenti) (C. trav. art. L 6222-7-1) ou, à l'inverse, prolongée en cas d'échec à l'examen (C. trav. art. L 6222-11).

L'apprenti a la possibilité de conclure des **contrats successifs** pour diversifier sa formation (C. trav. art. L 6222-15). Au terme de l'apprentissage, l'apprenti peut être embauché par l'entreprise où il

a été formé. Dans ce cas, aucune période d'essai ne peut lui être imposé (sauf dispositions conventionnelles contraires) et la durée de l'apprentissage entre dans le décompte de l'ancienneté (C. trav. art. L 6222-16).
Le contrat d'apprentissage peut également être à **durée indéterminée**. Le contrat débute par une période d'apprentissage pendant laquelle le régime de l'apprentissage s'applique pleinement. À l'issue de cette période, le contrat se poursuit dans les conditions de droit commun, sans qu'une période d'essai ne puisse être imposée à l'apprenti (C. trav. art. L 6222-7 et L 6222-7-1).
La date de début de formation pratique chez l'employeur, de même que celle de la formation en CFA, ne peut être postérieure de plus de 3 mois au début d'exécution du contrat (C. trav. art. L 6222-12).

> **Précisions** Pour l'exercice d'**activités saisonnières**, deux employeurs différents peuvent conclure un contrat d'apprentissage avec le même apprenti, lequel bénéficie d'un maître d'apprentissage dans chacune des entreprises. Le contrat peut avoir pour finalité l'obtention de deux qualifications professionnelles. Une **convention tripartite**, annexée au contrat d'apprentissage, doit fixer : l'affectation de l'apprenti entre les deux entreprises selon un calendrier prédéfini et le nombre d'heures effectuées dans chaque entreprise ; les conditions de mise en place du tutorat entre les deux entreprises ; la désignation de l'employeur tenu de verser la rémunération due au titre de chaque période consacrée par l'apprenti à la formation dispensée dans les CFA et les sections d'apprentissage (C. trav. art. L 6222-5-1).

EXÉCUTION DU CONTRAT

Les obligations réciproques sont les mêmes que celles des parties à un contrat de travail. S'y ajoutent des **obligations particulières** pour l'employeur (C. trav. art. L 6223-2 s.) : 53950
- inscrire l'apprenti à un centre de formation d'apprentis (CFA) ;
- s'engager à lui faire suivre tous les enseignements organisés par le CFA ;
- lui assurer une formation pratique ;
- veiller à l'inscription de l'apprenti à un **examen** conduisant au **diplôme correspondant** à l'enseignement et à la formation prévus au contrat.

La **durée du travail** des apprentis est la même que celle des autres salariés, sous réserve de règles spécifiques aux apprentis de moins de 18 ans (voir n° 59810).

RÉMUNÉRATION DE L'APPRENTI

Sous réserve de dispositions contractuelles ou conventionnelles plus favorables, l'apprenti perçoit un salaire égal à un **pourcentage du Smic**, ou du salaire minimum conventionnel s'il a plus de 21 ans, et dont le montant varie en fonction de son âge et de sa progression dans le cycle de formation (C. trav. art. L 6222-27 et D 6222-26). Le temps consacré aux enseignements et activités pédagogiques en CFA est compté comme temps de travail et doit être rémunéré (C. trav. art. L 6222-24). 53960

Année d'exécution du contrat	% du Smic [1]			
	Avant 18 ans	De 18 à 20 ans	21 ans à moins de 26 ans	26 ans et plus
1e	27 %	43 %	53 %	100 %
2e	39 %	51 %	61 %	
3e	55 %	67 %	78 %	

1. Ou du salaire minimum conventionnel correspondant à l'emploi occupé, s'il est plus favorable, pour les jeunes de 21 ans et plus.

Les **avantages en nature** peuvent être déduits dans certaines limites (C. trav. art. D 6222-35).

COTISATIONS SOCIALES

Les **apprentis** sont exonérés de la totalité des cotisations salariales légales et conventionnelles pour la part de leur rémunération inférieure ou égale à 79 % du Smic, ces cotisations étant prises en charge par l'État (C. trav. art. L 6243-2 s. et D 6243-5). Ils sont totalement exonérés de CSG et CRDS dues sur leur salaire et les contributions patronales de prévoyance (CSS art. L 136-1-1, III-1° b ; Circ. Acoss 97-7 du 17-1-1997). 53970
Les **employeurs** bénéficient de la réduction générale de cotisations patronales (BOSS-Apprentis-50).
Sur l'assujettissement aux contributions à la formation professionnelle et à l'alternance, voir n° 54710, b (CFP) et n° 54725, a (taxe d'apprentissage).

AIDES

53980 Le contrat d'apprentissage conclu dans une entreprise de moins de 250 salariés, afin de préparer un diplôme ou un titre à finalité professionnelle équivalant au plus au baccalauréat (niveau 4), ouvre droit à une **aide unique** versée par l'État au titre de la première année d'exécution du contrat. Son montant est fixé, pour les contrats conclus depuis le 1er janvier 2023, à 6 000 €. Le versement de l'aide, effectué mensuellement par l'Agence de services et de paiement (ASP), est subordonné au respect des formalités de dépôt du contrat (C. trav. art. L 6243-1 et D 6243-1 s.).

Une **aide exceptionnelle** est également versée, pour les contrats conclus depuis le 1er juillet 2020, d'un montant de 6 000 € (contrats conclus depuis le 1-1-2023) pour la première année du contrat. Pour les entreprises de moins de 250 salariés, elle ne se cumule pas avec l'aide unique. Pour en bénéficier, celles d'au moins 250 salariés doivent remplir certaines conditions tenant à un quota d'alternants dans leur effectif (Décret 2022-1714 du 29-12-2022 modifié).

En outre, les groupements d'employeurs pour l'insertion et la qualification **(GEIQ)** organisant des parcours d'insertion pour des publics en difficulté bénéficient d'une aide de l'État de 814 € par an, pouvant être portée à 1 400 € pour certains bénéficiaires (C. trav. art. D 6325-23 ; Arrêté MTRD2205599A du 10-3-2022).

PRISE EN COMPTE DANS L'EFFECTIF DE L'ENTREPRISE

53990 L'apprenti est exclu du calcul de l'effectif de l'entreprise pour l'application des dispositions législatives ou réglementaires se référant à une condition d'effectif, à l'exception de celles concernant les accidents du travail et les maladies professionnelles (C. trav. art. L 1111-3).

RUPTURE DU CONTRAT

53995 Le contrat d'apprentissage peut être résilié par l'une ou l'autre des parties **pendant les 45 premiers jours**, consécutifs ou non, de formation pratique en entreprise. Cette rupture doit être constatée par écrit et notifiée au directeur du CFA ou responsable d'établissement et à l'organisme auprès duquel le contrat a été déposé. Elle n'est subordonnée à aucun motif particulier et n'ouvre pas droit à indemnité (C. trav. art. L 6222-18 et R 6222-21).

Après ce délai, il peut être rompu pendant le cycle de formation d'un commun accord entre les parties. L'**employeur** peut également y mettre fin en cas de force majeure, de faute grave de l'apprenti, d'inaptitude constatée par le médecin du travail ou d'exclusion définitive de l'apprenti par le CFA. La rupture prend la forme d'un licenciement. En cas d'inaptitude constatée par le médecin du travail, l'employeur n'est pas tenu à une obligation de reclassement. Le décès de l'employeur, maître d'apprentissage dans le cadre d'une entreprise unipersonnelle, entraîne également la rupture du contrat d'apprentissage (C. trav. art. L 6222-18 et L 6222-18-1).

Le contrat peut également être rompu à l'initiative de l'**apprenti**, après saisine du médiateur et respect d'un préavis (C. trav. art. L 6222-18 et D 6222-21-1).

L'**administration** peut aussi faire cesser le contrat d'apprentissage en cas d'atteinte à la santé ou à l'intégrité morale ou physique de l'apprenti ou d'opposition à l'engagement d'apprentis (C. trav. art. L 6225-4 s. et R 6225-9 s.).

C. Contrats d'insertion et d'alternance

CARACTÉRISTIQUES GÉNÉRALES

54100 Le **principe** des formations en alternance est d'associer une expérience en entreprise à une formation théorique afin de faciliter l'accès à l'emploi. Sont visés ici les contrats de professionnalisation visant à l'insertion professionnelle des jeunes et des demandeurs d'emploi, les contrats emploi-formation agricole et les reconversions ou promotions par l'alternance des salariés employés par contrat à durée indéterminée.

CONTRAT DE PROFESSIONNALISATION

54160 **Objet** Le contrat de professionnalisation a pour objet d'acquérir une **qualification** et de favoriser l'**insertion** ou la **réinsertion** professionnelle du bénéficiaire en associant une expérience professionnelle et des enseignements dispensés dans des organismes de formation (C. trav. art. L 6235-1).

> **Précisions** Les dispositions du Code du travail régissant le contrat de professionnalisation peuvent être complétées par des accords collectifs de branche. C'est le cas de l'**accord national du 2 juin 2004** sur la formation professionnelle en agriculture (étendu par

arrêté du 10-11-2004 : JO 24) applicable dans les exploitations et entreprises agricoles ayant une activité définie à l'article L 722-1 du Code rural et de la pêche maritime, 1° (à l'exception des centres équestres et des parcs zoologiques), 2° (à l'exception des activités de création, restauration et entretien des parcs et jardins), 3° (à l'exception de l'Office national des forêts) et 4° (à l'exception des établissements de conchyliculture), ainsi qu'aux Cuma.

Bénéficiaires Le contrat de professionnalisation est ouvert aux **jeunes de 16 à 25 ans** révolus désirant compléter leur formation initiale, aux **demandeurs d'emploi d'au moins 26 ans** en vue de favoriser leur retour à l'emploi, aux bénéficiaires de minima sociaux et aux personnes issues d'un contrat unique d'insertion (CUI) (C. trav. art. L 6235-1). 54162

En ce qui concerne la prise en charge des frais de formation par Ocapiat, l'accord national visé n° 54160 précise qu'il s'agit des jeunes de moins de 26 ans, des demandeurs d'emploi inscrits à France Travail depuis au moins 6 mois ou âgés de plus de 45 ans et des personnes handicapées bénéficiaires de l'obligation d'emploi, des bénéficiaires de minima sociaux et des personnes issues d'un contrat unique d'insertion (CUI).

Conclusion du contrat Selon les dispositions de l'accord national visé n° 54160, le contrat de professionnalisation est conclu pour une **durée déterminée** de 6 à 12 mois (jusqu'à 18 ou 24 mois dans certains cas) ou pour une durée **indéterminée** commençant par une action de professionnalisation d'une durée comprise entre 6 et 24 mois. À noter que la durée maximale du contrat ou de l'action de professionnalisation est de 36 mois pour certains bénéficiaires prioritaires (C. trav. art. L 6325-11). 54165

Avant le début du contrat ou au plus tard dans les 5 jours suivants, l'employeur adresse à Ocapiat (ocapiat.fr) une **demande** de prise en charge du contrat de professionnalisation établi à partir du formulaire disponible sur alternance.emploi.gouv.fr et des pièces justificatives via le portail de l'alternance. Si toutes les conditions sont remplies, Ocapiat informe l'employeur de la prise en charge du contrat dans un délai de 20 jours, l'absence de réponse dans ce délai valant acceptation. Ocapiat dépose le contrat, sous forme dématérialisée, auprès de la Dreets (C. trav. art. L 6325-5 et D 6325-1 s.).

Les titulaires des contrats de professionnalisation **bénéficient** de l'ensemble des dispositions applicables aux autres salariés de l'entreprise (C. trav. art. L 6325-6). Jusqu'au terme du contrat à durée déterminée ou jusqu'à la fin de l'action de professionnalisation en cas de contrat à durée indéterminée, ils ne sont pas pris en compte dans le calcul des **effectifs** de l'entreprise (C. trav. art. L 1111-3).

> **Précisions** Pour l'exercice d'**activités saisonnières**, deux employeurs peuvent conclure conjointement un contrat de professionnalisation à durée déterminée en vue de l'acquisition d'une ou deux qualifications. Une **convention tripartite**, signée par les deux employeurs et le titulaire du contrat de professionnalisation et annexée à ce contrat, détermine : l'affectation du titulaire entre les deux entreprises, selon un calendrier prédéfini ; la désignation de l'employeur tenu de verser la rémunération due au titre de chaque période consacrée par le titulaire aux actions et aux enseignements mentionnés à l'article L 6325-13 ; les conditions de mise en place du tutorat. La **période d'essai** est applicable au début de la première période de travail effectif chez chacun des employeurs. Ce contrat peut être rompu, dans les conditions applicables aux contrats à durée déterminée, à l'initiative de chacune des parties, laquelle prend en charge les conséquences financières éventuelles de cette rupture (C. trav. art. L 6325-4-1).

Formation La formation est mise en œuvre par un **organisme de formation** avec lequel l'employeur conclut une **convention** précisant les objectifs, le programme et les modalités d'organisation, d'évaluation et de sanction. La formation peut également être mise en œuvre dans l'entreprise si celle-ci dispose d'un service de formation (C. trav. art. L 6325-13). 54170

L'accord national du 2 juin 2004 précise que la formation doit préparer à l'acquisition d'une **qualification** diplômante ou qualifiante, reconnue dans la classification de la convention collective de branche dont relève l'entreprise, ou ouvrant droit à un certificat de qualification professionnelle (CQP). À titre expérimental, jusqu'au 31 décembre 2024, le contrat de professionnalisation peut également être conclu en vue d'acquérir des compétences définies par l'employeur et l'opérateur de compétences, en accord avec le salarié (Loi 2018-771 du 5-9-2018 art. 28). Pour le secteur agricole, les modalités de ce contrat expérimental ont été définies par une décision du 17 septembre 2019 du conseil d'administration d'Ocapiat.

Les **actions de formation** (positionnement, évaluation, accompagnement et enseignement) doivent représenter entre 15 % et 30 % de la durée du CDD ou de l'action de professionnalisation

prévue par le CDI, sans être inférieures à 150 heures. Cette durée peut représenter jusqu'à 50 % de la durée du CDD ou jusqu'à 1 600 heures en CDI si la qualification visée est un diplôme de l'enseignement technologique ou professionnel ou un certificat de qualification professionnelle (C. trav. art. L 6325-13 ; Accord national visé n° 54160).
Un **tuteur** est désigné par l'entreprise auprès du bénéficiaire. Ce tuteur, qui peut être l'employeur lui-même, doit justifier d'une expérience professionnelle d'au moins 2 ans dans une qualification en rapport avec l'objectif de formation visé. Il guide le bénéficiaire, veille au respect de son emploi du temps, assure la liaison avec l'organisme de formation et participe à l'évaluation de suivi de la formation. Il ne peut pas suivre plus de 3 personnes en contrat d'alternance (2 si c'est l'employeur lui-même qui assure le tutorat). Dans certains cas, le tutorat peut être externe à l'entreprise (C. trav. art. L 6325-3-1 et D 6325-6 s.).

54180 **Rémunération** L'entreprise règle les frais de formation et verse au bénéficiaire un salaire au moins égal aux **minima** indiqués dans le tableau ci-après (C. trav. art. L 6325-8 s. et D 6325-14 s.) :

	Qualification inférieure au bac professionnel ou titre ou diplôme professionnel de même niveau	Qualification égale ou supérieure au bac professionnel ou titre ou diplôme professionnel de même niveau
De 16 à 20 ans révolus	55 % du Smic	65 % du Smic
De 21 à 25 ans révolus	70 % du Smic	80 % du Smic
26 ans et plus	Au moins 100 % du Smic ou 85 % du salaire minimum conventionnel	

La **réduction générale des cotisations patronales** est applicable (voir nos 52630 s.).

54185 **Aides** Une aide forfaitaire peut être attribuée par France Travail en cas d'embauche sous contrat de professionnalisation d'un **chômeur** : voir n° 52680. Sur l'aide aux groupements d'employeurs pour l'insertion et la qualification (**GEIQ**), voir n° 53980.
Ocapiat rembourse à l'entreprise les **frais de formation** en fonction du public visé, de la réalisation de la formation par un organisme extérieur ou par un service de formation interne à l'entreprise et de la durée du contrat. Les dépenses engagées au titre de la formation et des missions du **tuteur** peuvent également être prises en charge par l'organisme dans certaines limites.

> **Précisions** Une **aide exceptionnelle**, dont le régime était calqué sur celle applicable aux contrats d'apprentissage (voir n° 53980), avait été mise en place pour les contrats conclus depuis le 1er juillet 2020. Le dispositif a **pris fin** au 30 avril 2024 (Décret 2022-1714 du 29-12-2022 modifié).

CONTRAT EMPLOI-FORMATION AGRICOLE

54200 Dans les exploitations, entreprises, établissements et groupements d'employeurs agricoles où sont employés les salariés visés aux 1° à 4° de l'article L 722-1 du Code rural et de la pêche maritime, ainsi que ceux des coopératives agricoles visés au 6° de l'article L 722-20, il peut être conclu un contrat emploi-formation agricole comportant une **alternance** de périodes de travail et de formation (C. rur. art. L 718-3). Les **salariés bénéficiaires** sont ceux visés à l'article D 1242-3 du Code du travail et, s'ils ont besoin d'un complément de formation professionnelle, les demandeurs d'emploi de longue durée, les anciens stagiaires de la formation professionnelle et les bénéficiaires du RSA (C. rur. art. D 718-7).
Ce contrat d'une **durée maximale** de 18 mois, renouvellement éventuel inclus (C. rur. art. D 718-6), est régi par les dispositions de l'article L 1242-3 du Code du travail permettant la conclusion de contrats de travail à durée déterminée lorsque l'employeur s'engage à assurer un complément de formation professionnelle au salarié, à l'exception de l'article L 1243-8 du même Code relatif à l'indemnité de précarité qui n'est pas applicable.
Les **modalités de la formation** sont définies par accord entre les partenaires sociaux. Elles sont intégrées dans une annexe au contrat signée de l'employeur, du salarié et du fonds d'assurance formation (C. rur. art. D 718-8).
Enfin, les employeurs procédant à de telles embauches bénéficient de la **réduction générale de cotisations patronales** (C. rur. art. L 718-3).

RECONVERSION OU PROMOTION PAR L'ALTERNANCE

Le dispositif de reconversion ou promotion par l'alternance, dit « **Pro-A** », a pour objet de permettre au salarié de changer de métier ou de profession, ou de bénéficier d'une promotion sociale ou professionnelle par des actions de formation ou permettant de faire valider les acquis par l'expérience (C. trav. art. L 6324-1 s. et D 6324-1 s.). 54330

Bénéficiaires La Pro-A est ouverte aux salariés en contrat à durée indéterminée et aux bénéficiaires d'un contrat unique d'insertion à durée indéterminée, notamment ceux dont la qualification est insuffisante au regard de l'évolution des technologies ou de l'organisation du travail, plus précisément ceux qui n'ont pas atteint un niveau de qualification sanctionné par une certification enregistrée au Répertoire national des certifications professionnelles et correspondant à une licence. Les salariés en activité partielle y ont également accès (C. trav. art. L 6324-1 et D 6324-1-1). 54340

Mise en œuvre La Pro-A associe des **enseignements** généraux, professionnels et technologiques dispensés dans des organismes publics ou privés de formation ou, lorsqu'elle dispose d'un service de formation, par l'entreprise, et l'acquisition d'un **savoir-faire** par l'exercice en entreprise d'une ou de plusieurs activités professionnelles en relation avec les qualifications recherchées (C. trav. art. L 6324-1). 54360

Les actions de formation peuvent se dérouler pendant le **temps de travail** (la rémunération est alors maintenue) ou pour tout ou partie en dehors du temps de travail à l'initiative soit du salarié, soit de l'employeur, après accord écrit du salarié, dans la limite de 30 heures par an (ou 2 % du forfait annuel en heures ou en jours) (C. trav. art. L 6324-7 s.).

Le dispositif fait l'objet d'un **avenant au contrat de travail** qui précise la durée et l'objet de la Pro-A et qui est déposé auprès de l'Opco (C. trav. art. L 6324-6).

Financement La formation est financée par l'Opco sur ses fonds dédiés à l'alternance, soit Ocapiat pour la branche agricole. Le montant de la prise en charge est fixé par accord ou, à défaut, égal à 9,15 € par heure de formation (C. trav. art. D 6332-90). L'accord de branche peut également prévoir la prise en charge de la rémunération du salarié par l'Opco. 54370

SECTION 2

FORMATION PROFESSIONNELLE CONTINUE DES SALARIÉS

Les salariés ont **accès** à la formation professionnelle continue soit à leur initiative dans le cadre du compte personnel de formation ou d'un projet de transition professionnelle, soit à l'initiative de l'employeur dans le cadre du plan de développement des compétences. 54400

A. Congés de formation

1. PROJET DE TRANSITION PROFESSIONNELLE

CARACTÉRISTIQUES DU CONGÉ

Le projet de transition professionnelle (PTP) permet à tout salarié de mobiliser les droits inscrits sur son compte personnel de formation (nos 54537 s.) en vue de financer une action de formation certifiante destinée à lui permettre de changer de métier ou de profession (C. trav. art. L 6323-17-1 s.). À cet effet, l'intéressé a droit à un congé de transition professionnelle (CTP) dans les conditions exposées ci-après. 54405

CONDITIONS RELATIVES AU SALARIÉ

Le salarié doit justifier à la date du départ en formation, d'une **ancienneté**, (C. trav. art. D 6323-9) : 54420
– soit d'au moins 24 mois consécutifs ou non, en tant que salarié, dont 12 mois dans l'entreprise, quelle qu'ait été la nature des contrats de travail successifs ;

– soit d'au moins 24 mois consécutifs ou non, en tant que salarié, quelle qu'ait été la nature des contrats successifs, au cours des 5 dernières années, dont 4 mois, consécutifs ou non, en CDD au cours des 12 derniers mois ; ne sont pas pris en compte, dans le calcul des 4 mois en CDD, les CAE, les contrats en alternance, les contrats conclus avec un élève ou un étudiant ainsi que les CDD débouchant sur un contrat à durée indéterminée.

Cette condition d'ancienneté n'est pas requise pour le travailleur handicapé, pour le salarié qui a changé d'emploi à la suite d'un licenciement économique ou pour inaptitude et n'a pas suivi d'action de formation entre son licenciement et son réemploi et pour le salarié ayant connu, dans les 24 mois ayant précédé sa demande de congé, une absence au travail résultant d'une maladie professionnelle ou une absence d'au moins 6 mois résultant d'un accident du travail, d'une maladie ou d'un accident non professionnel (C. trav. art. L 6323-17-2, I et D 6323-9).

S'il a déjà bénéficié, dans la même entreprise, d'un CTP, le salarié ne peut bénéficier d'un **nouveau congé** avant l'expiration d'un délai de franchise dont la durée, exprimée en mois, est égale à 10 fois la durée du CTP précédemment effectué, exprimée en mois. Ce délai ne peut être inférieur à 6 mois ni supérieur à 6 ans (C. trav. art. R 6323-10-3).

> **Précisions** Sauf s'il est travailleur handicapé, le salarié qui souhaite bénéficier d'un CTP en vue d'accéder à un emploi non exposé à certains **facteurs de risques professionnels** doit remplir la condition d'ancienneté dans un métier concerné par ces risques et bénéficier d'un cofinancement de son employeur (C. trav. art. L 6323-17-2, I et D 6323-9-2).

DEMANDE DE CONGÉ

54430 Le salarié doit formuler sa demande de congé de formation au moins 60 jours (congé de moins de 6 mois ou à temps partiel) ou 120 jours (congé d'au moins 6 mois) avant le début de l'action de formation (C. trav. art. R 6323-10).

Le bénéfice du congé est de **droit.** Cependant l'employeur peut décider (C. trav. art. R 6323-10-1) :
– soit le **rejet** de la demande, lorsque le salarié ne remplit pas les conditions requises ;
– soit le **report** de la demande, lorsque le pourcentage maximum d'absences pour formation dépasse un certain seuil ou lorsqu'il estime, après avis des représentants du personnel, que l'absence du salarié peut avoir des conséquences préjudiciables à la production et à la marche de l'entreprise (mais, dans ce dernier cas, le congé ne peut être différé de plus de 9 mois).

L'employeur doit **faire connaître sa décision** dans les 30 jours suivant la réception de la demande, le défaut de réponse dans ce délai valant acceptation (C. trav. art. R 6323-10).

Le salarié en **CDD** n'a besoin de demander une autorisation d'absence à son employeur que s'il souhaite suivre l'action de formation pendant l'exécution de son contrat de travail.

FINANCEMENT ET STATUT DU SALARIÉ

54450 Après avoir obtenu de l'employeur une autorisation d'absence et effectué une action de positionnement avec le prestataire de formation, le salarié adresse sa **demande de prise en charge** à la commission paritaire interprofessionnelle régionale (CPIR) compétente, appelée Association Transitions pro (ATpro) (C. trav. art. R 6323-11 s.). Si elle accepte la demande, l'ATpro finance les frais pédagogiques, les frais annexes (transport, hébergement), la rémunération du salarié (ainsi que les charges sociales y afférentes).

Pendant le CTP, les salariés ont droit au maintien de tout ou partie de leur **rémunération** (C. trav. art. L 6323-17-5 et D 6323-18-4). L'entreprise verse cette rémunération au salarié puis se fait rembourser par l'ATpro. Lorsque son effectif est inférieur à 50 salariés, une avance peut être sollicitée (C. trav. art. D 6323-18-1).

La période de congé est assimilée à une période de travail pour la détermination des droits liés à l'**ancienneté** dans l'entreprise et des droits à **congés payés** (C. trav. art. L 6323-17-4). Le salarié a droit aux mêmes prestations de **sécurité sociale** que s'il continuait à travailler. Il bénéficie de la législation sur les accidents du travail et des dispositions protectrices relatives au **harcèlement**.

ATTENTION

La décision de **refus de l'ATpro** ne devrait pas faire perdre au salarié le bénéfice de l'autorisation d'absence accordée par l'employeur (Cass. soc. 19-7-1994 n° 91-42.667 D : RJS 10/94 n° 1163 ; décision rendue à propos du CIF mais transposable selon nous au CTP). Le salarié qui part en formation malgré un refus de prise en charge doit en assurer lui-même le financement, le cas échéant en mobilisant son CPF dans les conditions de droit commun.

2. CONGÉS SPÉCIAUX

CONGÉ DE VALIDATION DES ACQUIS DE L'EXPÉRIENCE

La validation des acquis de l'expérience (VAE) ayant pour **objet** l'acquisition d'une certification professionnelle (ou d'un bloc de compétences) enregistrée au Répertoire national des certifications professionnelles permet à toute personne de faire valider les acquis de son expérience, quelle qu'elle soit, dès lors qu'elle est en lien avec la certification visée, et quelle que soit sa durée. **54485**

Le salarié souhaitant faire valider son expérience peut bénéficier d'un congé de VAE d'une durée de 48 heures (C. trav. art. L 6422-1 s. et R 6422-1 s.). Le salarié doit demander l'**autorisation d'absence** à l'employeur 30 jours avant le début du congé. L'employeur a alors 15 jours calendaires suivant la réception de la demande pour donner son accord ou reporter le congé pour raison de service, dans la limite d'un mois, son silence valant acceptation.

Sauf exception, un **délai de carence** d'un an doit être respecté entre deux congés de VAE pour un même salarié.

Les actions de VAE peuvent se dérouler **hors temps de travail**. Le salarié n'est alors pas rémunéré, mais il bénéficie de la protection contre les accidents du travail (C. trav. art. R 6224-8-1).

CONGÉ DE FORMATION ÉCONOMIQUE, SOCIALE, ENVIRONNEMENTALE ET SYNDICALE

Un congé de 12 jours au **maximum** par an est accordé aux salariés désireux de participer à des stages ou sessions de formation économique ou sociale ou environnementale ou de formation syndicale (C. trav. art. L 2145-1 et L 2145-7). **54495**

La **demande** de congé doit être présentée par écrit à l'employeur au moins 30 jours à l'avance (C. trav. art. R 2145-4).

L'employeur ne peut refuser le congé que s'il estime, après avis conforme du comité social et économique, que l'absence du salarié pourrait avoir des conséquences préjudiciables à la bonne marche de l'entreprise (C. trav. art. L 2145-11).

La demande de congé peut être **différée** lorsque le contingent global de jours de congé pour l'année civile en cours est atteint dans l'établissement ou lorsque le quota d'absences simultanées est atteint (C. trav. art. L 2145-8).

L'employeur maintient la rémunération du salarié (C. trav. art. L 2145-6).

La durée maximum du congé est portée à 18 jours pour les **animateurs** de stages ou de sessions et pour les salariés appelés à exercer des **responsabilités syndicales** (C. trav. art. L 2145-7).

AUTRES CONGÉS

D'autres catégories de congés sont prévues par le Code du travail pour certaines **formations spécifiques** : formation des administrateurs de mutuelles (art. L 3142-36 s.), des cadres et animateurs pour la jeunesse (art. L 3142-54 s. et D 3142-17 s.), des membres élus des comités sociaux et économiques (art. L 2315-16 s.), des conseillers prud'homaux (art. L 1442-1 s.), des conseillers du salarié (art. L 1232-12), participation à des instances traitant de formation (art. L 3142-42 s.). **54498**

Le droit à des autorisations d'absence pour formation est également reconnu aux **sapeurs-pompiers** volontaires (Loi 96-370 du 3-5-1996).

B. Compte personnel de formation

Le compte personnel de formation (CPF) est **ouvert** à toute personne dès son entrée dans la vie professionnelle (C. trav. art. L 6323-1 s. et R 6323-1). Ce compte est conservé tout au long de la vie professionnelle, y compris en cas de changement ou de perte d'emploi. Il est **fermé** au décès de son titulaire. Lorsque le bénéficiaire est à la retraite, le CPF reste ouvert, mais permet seulement l'acquisition de droits en application du compte d'engagement citoyen. La **gestion** du CPF ne dépend pas de l'employeur mais de la Caisse des dépôts et consignations. Chaque salarié gère son compte via le portail moncompteformation.gouv.fr ou via l'application mobile « Mon compte formation ». **54537**

S'agissant de l'utilisation du CPF dans le cadre d'un projet de transition professionnelle, voir n°s 54405 s.

ALIMENTATION DU COMPTE

Le compte est crédité **en euros.** Pendant les périodes d'emploi, le CPF des salariés ayant effectué une durée de travail au moins égale à la moitié de la durée légale de 1 607 heures ou la durée conventionnelle est alimenté au titre de cette année à hauteur de 500 €, dans la limite d'un **54539** plafond de 5 000 € ; les droits des salariés ayant eu une durée de travail inférieure sont calculés prorata temporis (C. trav. art. L 6323-11 et R 6323-1). Le CPF des salariés en situation de handicap ou peu qualifiés bénéficient d'un crédit annuel majoré de 800 € dans la limite de 8 000 € (C. trav. art. L 6323-11-1, R 6323-3-1 et R 6323-3-3). Par ailleurs, les saisonniers peuvent bénéficier, en application d'un accord ou d'une décision unilatérale de l'employeur, de droits majorés (C. trav. art. L 6323-11).

Diverses **majorations** viennent s'ajouter au crédit du CPF :

– dans les entreprises d'au moins 50 salariés, l'employeur doit un abondement correctif de 3 000 € au salarié qui n'a pas bénéficié pendant 6 ans de l'entretien professionnel et d'au moins une formation autre que celles conditionnant l'exercice d'une activité ou d'une fonction (C. trav. art. L 6323-13 et R 6323-3) ;

– le CPF peut être alimenté lorsque son titulaire demande une formation dont le coût excède les droits inscrits sur son compte ; cet abondement complémentaire est financé notamment par l'employeur, le salarié ou l'Opco ;

– en cas de licenciement pour refus d'application d'un accord de performance collective, l'employeur abonde le CPF d'au moins 3 000 € ;

– le CPF peut être alimenté par le biais du compte professionnel de prévention ;

– d'autres abondements sont possibles en application d'un accord collectif ; notamment, les salariés saisonniers pour lesquels l'employeur s'engage à reconduire le contrat la saison suivante peuvent bénéficier d'un abondement du CPF par accord de branche ou d'entreprise (C. trav. art. L 6321-9).

MISE EN ŒUVRE

54540 Le CPF est utilisé à l'**initiative** de son titulaire. Le refus de le mobiliser n'est jamais fautif (C. trav. art. L 6323-2).

Lorsqu'elles sont suivies **en dehors du temps de travail**, les formations financées dans le cadre du CPF ne sont pas soumises à l'accord de l'employeur et le salarié ne peut pas prétendre au versement d'une quelconque rémunération pour le temps de formation.

Lorsqu'elles sont suivies en tout ou partie **pendant le temps de travail,** le salarié doit demander une autorisation d'absence au moins 60 jours avant le début de la formation si sa durée est inférieure à 6 mois et au moins 120 jours avant dans les autres cas. L'employeur dispose de 30 jours pour répondre, le silence valant acceptation (C. trav. art. D 6323-4).

Les heures de formation effectuées pendant le temps de travail sont considérées comme du temps de travail effectif et donnent lieu au maintien de la rémunération par l'employeur (C. trav. art. L 6323-18).

Dans tous les cas, le salarié bénéficie de la législation sur les **accidents du travail** et les maladies professionnelles pendant la durée de la formation (C. trav. art. L 6323-19).

ATTENTION

Sauf exonération (victime d'un accident du travail ou d'une maladie professionnelle, demandeur d'emploi, etc.), le titulaire du CPF doit s'acquitter lors de son départ en formation d'une **participation financière obligatoire** de 100 €. Cette somme peut toutefois être prise en charge par son employeur ou l'Opco compétent (C. trav. art. L 6323-7 et R 6323).

C. Formations décidées par l'employeur

54560 L'ensemble des formations décidées par l'employeur pour les besoins de l'entreprise constitue le plan de développement des compétences.

Le plan est le moyen pour l'employeur de s'acquitter de ses **obligations** en matière de formation. Celui-ci doit, en effet, assurer l'adaptation des salariés à leur poste de travail et veiller au maintien de leur capacité à occuper un emploi, au regard notamment de l'évolution des emplois, des technologies et des organisations (C. trav. art. L 6321-1). L'employeur peut, par ailleurs, proposer des formations qui participent au développement des compétences.

ATTENTION

Le fait de ne faire bénéficier un salarié d'aucune formation pendant 16 ans établit un manquement de l'employeur à cette obligation, ce dernier ne pouvant invoquer l'absence de demande du salarié pour s'en exonérer (Cass. soc. 5-6-2013 n° 11-21.255 : RJS 8-9/11 n° 629).

CONTENU DU PLAN DE DÉVELOPPEMENT DES COMPÉTENCES

Les actions de formation décidées par l'employeur dans le cadre du plan de développement des compétences : 54565
– celles **conditionnant l'exercice d'une activité ou d'une formation,** en application d'une convention internationale ou de dispositions légales ou réglementaires ; elles se tiennent pendant le temps de travail et donnent lieu au maintien de la rémunération (C. trav. art. L 6321-2) ;
– celles permettant aux **salariés allophones** ayant conclu avec l'État un contrat d'intégration républicaine d'atteindre un certain niveau de connaissance de la langue française : elles constituent un temps de travail effectif, dans la limite d'une durée fixée par décret en Conseil d'État (à paraître), et donnent lieu au maintien de la rémunération (C. trav. art. L 6321-3) ;
– les **autres formations**. Elles se déroulent également en principe pendant le temps de travail mais peuvent avoir lieu hors temps de travail dans des conditions et selon des limites fixées par accord. À défaut d'accord collectif, et avec l'accord du salarié, ces limites sont fixées à 30 heures par an et par salarié (ou 2 % de la convention annuelle de forfait). Le salarié doit donner son accord par écrit, accord qu'il peut dénoncer dans les huit jours de sa conclusion (C. trav. art. L 6321-6 et R 6321-4).

ATTENTION

Les salariés bénéficient tous les 2 ans d'un **entretien professionnel** afin d'étudier leurs perspectives d'évolution, notamment en termes de qualification et d'emploi (C. trav. art. L 6315-1). Cet entretien a également lieu à l'issue de certains congés (notamment congé maternité, congé parental et longue maladie), étant précisé que le salarié peut demander à en bénéficier avant sa reprise, et d'un mandat syndical. Tous les 6 ans de présence continue, cet entretien fait un bilan du parcours professionnel du salarié dans l'entreprise qui donne lieu, dans celles d'au moins 50 salariés, à abondement du compte personnel de formation si certains manquements sont avérés (voir n° 54539). Un accord collectif d'entreprise ou, à défaut, de branche peut prévoir des modalités différentes de l'entretien professionnel que celles prévues par la loi.

CONSULTATION DES REPRÉSENTANTS DU PERSONNEL

Dans les entreprises d'au moins 50 salariés, le comité social et économique est consulté tous les ans sur les actions de formation envisagées par l'employeur et le programme pluriannuel de formation à l'occasion de la consultation annuelle sur la politique sociale de l'entreprise. À cet effet, l'employeur doit transmettre aux représentants du personnel, en les versant dans la base de données économiques, sociales et environnementales, un certain nombre de documents relatifs à la formation, notamment le plan de développement des compétences (C. trav. art. L 2312-26 et L 4143-1). Le CSE est également consulté, chaque année, sur les orientations générales de la formation lors de la consultation relative aux orientations stratégiques de l'entreprise. 54570
Il est possible d'**adapter** le contenu et les modalités de consultation du CSE par accord d'entreprise.

SECTION 3

FINANCEMENT DE LA FORMATION PROFESSIONNELLE ET DE L'ALTERNANCE DES SALARIÉS

Tous les employeurs sont tenus de participer au financement de la formation professionnelle et de l'alternance de leurs salariés en versant les **contributions légales** suivantes : contribution à la formation professionnelle (CFP) ; taxe d'apprentissage ; contribution au financement du compte personnel de formation des salariés en contrat à durée déterminée (CPF-CDD) ; contribution supplémentaire à l'apprentissage (CSA). 54700
Ces contributions sont **recouvrées** périodiquement par les caisses de la MSA via la déclaration sociale nominative (DSN).

> **Précisions a.** Outre les contributions légales, les employeurs peuvent être redevables de **contributions conventionnelles,** comme c'est par exemple le cas pour les entreprises relevant des secteurs des maisons familiales rurales, ou de contributions **volontaires.** Elles sont en principe versées à l'opérateur de compétences (Ocapiat), mais le recouvrement des contributions conventionnelles pourra être confié, par accord de branche, aux caisses de la MSA au plus tôt le 1er janvier 2026 (C. trav. art. L 6332-1-2 et L 6131-3, II).
> **b.** Les **chambres d'agriculture** ne sont pas assujetties aux contributions légales mais sont tenues de verser des contributions conventionnelles à l'Ocapiat.
> **c.** Les **particuliers employeurs** occupant un ou plusieurs salariés visés aux 2° et 3° de l'article L 722-20 du Code rural et de la pêche maritime (gardes-chasse, gardes-pêche, gardes forestiers, gardes de propriété, jardiniers, employés de maison, etc.) doivent acquitter une contribution à la formation professionnelle de 0,15 % des rémunérations (C. trav. art. L 6331-57).

A. Contribution unique à la formation professionnelle et à l'alternance

54705 La contribution unique à la formation professionnelle et à l'alternance (Cufpa) est composée de la contribution à la formation professionnelle (CFP) et de la taxe d'apprentissage (C. trav. art. L 6131-2).

1. CONTRIBUTION À LA FORMATION PROFESSIONNELLE

54710 Les employeurs sont redevables d'une CFP dont le taux varie selon l'effectif de l'entreprise : 0,55 % pour celle de moins de 11 salariés (C. trav. art. L 6331-1) et 1 % pour celle d'au moins 11 salariés (C. trav. art. L 6331-3).

Calculée sur la même **assiette** que les cotisations sociales (nos 38750 s.), la CFP est **collectée** mensuellement par la MSA via la DSN.

> **Précisions a.** Dans les entreprises de moins de 11 salariés, les **rémunérations versées aux apprentis** ne sont pas prises en compte pour le calcul de la CFP.
> **b.** S'agissant des conséquences d'un **franchissement de seuil,** voir no 38897, c.

2. TAXE D'APPRENTISSAGE

CHAMP D'APPLICATION

54720 La taxe d'apprentissage est **due par** les personnes physiques et les sociétés ayant opté pour le régime fiscal des sociétés de personnes, lorsque ces personnes et sociétés exercent une activité commerciale, industrielle, artisanale ou assimilée, ainsi que par les employeurs passibles de l'impôt sur les sociétés mentionné à l'article 205 du CGI, de plein droit ou sur option (C. trav. art. L 6241-1, I).

En sont **exonérés,** y compris s'ils réalisent des activités commerciales accessoires, notamment les employeurs suivants (C. trav. art. L 6241-1, III) :

– les **groupements d'employeurs agricoles** mentionnés à l'article L 1253-1 du Code du travail ;
– les **sociétés coopératives agricoles** d'approvisionnement et d'achat (et les unions de ces coopératives), les sociétés coopératives de production, de transformation, conservation et vente de produits agricoles (et les unions de ces coopératives) ;
– les **associations, organismes**, fondations, fonds de dotation, congrégations, **syndicats à activités non lucratives** ;
– les sociétés et autres personnes morales dont l'objet exclusif est l'**enseignement**.

Sont également exonérées, au titre d'un mois donné, les **petites entreprises occupant un ou plusieurs apprentis** avec un contrat régulier d'apprentissage, lorsque les rémunérations dues au titre du mois précédent par ces employeurs n'excèdent pas 6 fois le Smic mensuel en vigueur (C. trav. art. L 6241-1, IV).

MONTANT ET VERSEMENT

54725 La taxe d'apprentissage est divisée en deux parts (C. trav. art. L 6241-2) :

– la **part principale**, qui correspond à l'application d'un taux de 0,59 % (0,44 % en Moselle, dans le Bas-Rhin et le Haut-Rhin) de l'assiette visée nos 38750 s., est recouvrée **mensuellement** par la MSA via la DSN ; elle peut faire l'objet de dépenses déductibles, notamment pour les entreprises qui disposent d'un centre de formation d'apprentis (CFA) accueillant leurs apprentis ;

– le **solde** de la taxe, déclaré par l'employeur au taux de 0,09 % (non dû en Moselle, dans le Bas-Rhin et le Haut-Rhin) de la même assiette, finance le développement des formations initiales technologiques et professionnelles, hors apprentissage, et l'insertion professionnelle (dont les frais de premier équipement, de renouvellement de matériel existant et d'équipement complémentaire) ; ce solde, déduction faite des éventuelles subventions versées en nature aux CFA, fait l'objet d'un **versement unique** via la DSN effectuée au titre de la période d'activité du mois d'avril de l'année suivant celle au titre de laquelle elle est due (en mai 2025 pour la taxe 2024).

> **Précisions a.** Dans les entreprises de moins de 11 salariés, les **rémunérations versées aux apprentis** sont exonérées de taxe d'apprentissage.
> **b.** Il est admis que les **salaires agricoles** ne soient soumis à la taxe d'apprentissage que s'ils sont passibles de la taxe sur les salaires, même si, en fait, celle-ci n'est pas due en raison de l'assujettissement de l'employeur à la TVA. Pour les employeurs agricoles assujettis à la taxe d'apprentissage (par exemple, SA exploitant un domaine agricole), la base de celle-ci n'est donc constituée que par les salaires versés au titre des activités visées aux articles 53 bis et 53 ter de l'annexe III au CGI ou au titre d'activités qui ne sont pas considérées comme agricoles au regard de la taxe sur les salaires. Les entreprises qui effectuent de façon concomitante et indissociable une activité agricole et une activité industrielle ou commerciale sont assujetties à la taxe d'apprentissage au titre de l'ensemble des rémunérations versées lorsque leur activité dominante est industrielle ou commerciale ; si leur activité dominante est agricole, elles ne sont pas assujetties à la taxe (BOI-TPS-TA-20 n°s 50 et 60). L'application de cette exonération doctrinale ne peut toutefois être revendiquée devant le juge si l'employeur agricole ne s'en est pas initialement prévalu et a spontanément acquitté la taxe (TA Orléans 19-11-2019 n° 1803032 : RJF 5/21 n° 474).

B. Contribution CPF-CDD

Les employeurs qui occupent des salariés sous contrat de travail à durée déterminée (CDD) sont redevables, **quel que soit l'effectif** de l'entreprise, d'un versement destiné au financement du compte personnel de formation (CPF) des intéressés (C. trav. art. L 6331-6). 54730
La contribution CPF-CDD, fixée à **1 %** des salaires versés aux salariés concernés, est recouvrée mensuellement par la MSA via la DSN.
Ce versement n'est **pas dû** pour les CDD saisonniers, les contrats d'apprentissage, de professionnalisation et d'accompagnement dans l'emploi, les CDD conclus avec des travailleurs saisonniers pour suivre entre deux saisons une action de formation inscrite au plan de développement des compétences (C. trav. art. L 6331-6 et D 6331-72).

C. Contribution supplémentaire à l'apprentissage

La contribution supplémentaire à l'apprentissage (CSA) est due par les **entreprises d'au moins 250 salariés** redevables de la taxe d'apprentissage, dont le nombre de salariés alternants est inférieur à un seuil de 5 % de l'effectif total au cours de l'année de référence (C. trav. art. L 6242-1). 54740
La CSA, dont le taux varie entre 0,05 % et 0,6 % (0,026 % et 0,312 % en Moselle, dans le Bas-Rhin et le Haut-Rhin) selon l'effectif de l'entreprise et le ratio d'alternants, fait l'objet d'un **versement unique** via la DSN effectuée au titre de la période d'activité du mois de mars de l'année suivant celle au titre de laquelle elle est due (en avril 2025 pour la CSA 2024).

SECTION 4

FORMATION PROFESSIONNELLE CONTINUE DES EXPLOITANTS AGRICOLES

OBLIGATION DE PARTICIPATION

54800 Les **chefs d'exploitation** et d'entreprise agricoles bénéficient personnellement du droit à la formation professionnelle continue. À cette fin, ils doivent consacrer chaque année une **contribution** calculée en pourcentage des revenus professionnels déterminés à l'article L 731-15 du Code rural et de la pêche maritime ou de l'assiette forfaitaire déterminée à l'article L 731-16 du même Code. Son taux, en 2024, est de 0,61 % avec un minimum de 0,17 % du plafond annuel de la sécurité sociale (soit 78,83 € en 2024) et un maximum de 0,89 % de ce plafond (soit 412,67 € en 2024) (C. rur. art. L 718-2-1 et D 718-16).

La même contribution est due pour les **conjoints,** les partenaires liés par un Pacs, les concubins et les membres de la famille des chefs d'exploitation ou d'entreprise agricoles (C. rur. art. L 732-34) ainsi que pour les conjoints ayant opté pour la qualité de conjoint collaborateur d'exploitation ou d'entreprise agricoles (C. rur. art. L 321-5) et les chefs d'exploitation ou d'entreprise agricoles soumis à la cotisation de solidarité. La contribution 2024 due pour les membres de la famille et les cotisants est de 78,83 € (0,17 % du plafond annuel de la sécurité sociale).

La contribution est **recouvrée** par les caisses de MSA pour le compte du fonds d'assurance formation des exploitants agricoles (Vivea, Tél. 01.56.33.29.00, vivea.fr) (C. rur. art. R 718-18 s.).

FINANCEMENT DE LA FORMATION CONTINUE

54805 Les chefs d'exploitations agricoles, leurs conjoints ainsi que les aides familiaux qui versent leurs contributions à Vivea peuvent bénéficier du financement d'actions de formation organisées par des **centres de formation** agréés. Le fonds d'assurance formation est structuré en cinq zones géographiques comprenant chacune un délégué et des conseillers en formation.

Les formations proposées sont pour l'essentiel des **stages** de courte durée. Les agriculteurs intéressés peuvent également se grouper pour demander à un centre de formation d'organiser à leur intention un stage sur un thème qu'ils proposent.

Les coûts pédagogiques sont **pris en charge**, dans certaines limites, par Vivea. Le fonds d'assurance formation peut aussi prendre en charge les actions de formation liées à la conduite de poids lourds ou d'engins de sécurité.

Enfin, il est également possible de demander la prise en charge de **bilans de compétences** et d'actions d'accompagnement de la **validation des acquis de l'expérience.**

> **Précisions** **a.** Un **congé de formation** est destiné aux agriculteurs qui sont contraints de **cesser** leur **activité** pour raisons économiques (« exploitation jugée inapte au redressement »). Lorsque cette reconversion prend la forme d'une recherche de formation diplômante ou qualifiante, il leur est versé pendant la formation, et pour 12 mois maximum, un revenu de remplacement égal à 75 % du Smic (C. rur. art. L 353-1 et D 353-1 s.).
b. Jusqu'au 31 décembre 2024, le suivi d'une formation ouvre droit, sous condition d'imposition à un régime réel, à un **crédit d'impôt** égal au produit du nombre d'heures de formation par le taux horaire du Smic, dans la limite de 40 heures (CGI art. 244 quater M). Dans les groupements agricoles d'exploitation en commun (Gaec), cette limite est multipliée par le nombre d'associés chefs d'exploitation.
c. À l'occasion de sa formation, le chef d'exploitation agricole peut se faire **remplacer** par un salarié embauché sous contrat à durée déterminée (C. trav. art. L 1242-2, 5°).

CHAPITRE 3 CONTRAT DE TRAVAIL

SOMMAIRE

SECTION 1 DÉFINITION

En l'absence de définition légale, la jurisprudence considère qu'il y a contrat de travail quand une personne s'engage pour le compte et sous la direction d'une autre moyennant **rémunération**. L'existence d'un contrat de travail suppose donc la réunion de trois éléments : une **prestation de travail**, une rémunération (en nature ou en espèces) et un **lien de subordination**. Ce dernier est le critère essentiel du contrat de travail. 55200
Le contrat de travail doit être distingué d'un certain nombre d'autres contrats tels que le **contrat d'entreprise** ou le **contrat de métayage**.

ATTENTION

La loi considère notamment comme exclusive d'un lien de subordination l'**entraide agricole** entre voisins qu'elle définit comme un contrat à titre gratuit (voir nos 78040 s.). En revanche, le « **coup de main** » qualifié de bénévole par les intéressés est susceptible d'être requalifié en contrat de travail lorsque l'existence d'une rémunération et de directives données par l'employeur peut être démontrée.

Le contrat de travail à **durée indéterminée** (CDI) est le contrat de travail de droit commun : il est la « forme normale et générale de la relation de travail » (C. trav. art. L 1221-2, al. 1). Cependant, dans certains cas, le contrat de travail peut être conclu pour une **durée déterminée**. 55205
Par ailleurs, des salariés peuvent être **mis à disposition** de l'entreprise par un autre employeur.

SECTION 2 CONCLUSION DU CONTRAT

FORME DU CONTRAT

Documents d'information La rédaction d'un contrat de travail écrit n'est obligatoire que pour certains contrats (voir n° 55305). Un salarié peut donc être recruté verbalement. Cependant, la loi impose à l'employeur d'**informer** le salarié, par écrit ou sous format électronique, sur une liste d'éléments essentiels applicables au contrat de travail fixée par l'article 55300

R 1221-34 du Code du travail (C. trav. art. L 1221-5-1). Le délai pour transmettre ces informations est, selon celles-ci, de 7 jours ou d'un mois à compter de la date d'embauche (C. trav. art. R 1221-35).

> **Précisions** Pour informer le salarié, l'employeur peut utiliser des **modèles** de documents diffusés par l'arrêté TSST2413775A du 3 juin 2024 qu'il peut personnaliser pour les adapter à la situation de l'intéressé.

55305 **Contrat de travail écrit** La loi **impose** la rédaction d'un contrat de travail écrit dans un certain nombre de cas, notamment pour le contrat à durée déterminée (CDD), y compris le contrat saisonnier, le contrat à temps partiel, le contrat d'apprentissage, les contrats d'insertion ou en alternance. Les conventions collectives imposent fréquemment l'écrit pour toutes les formes de contrat de travail.

Lorsqu'il est écrit, le contrat est établi en **deux exemplaires** et signé par les parties.

Toutefois, l'employeur utilisant un titre-emploi service agricole peut être **dispensé** de rédiger un contrat.

> **Précisions** Le contrat de travail doit être **rédigé en français**, qu'il soit exécuté sur le territoire français ou à l'étranger (C. trav. art. L 1221-3).
> Lorsque le salarié est étranger, il peut demander une **traduction**. En cas de discordance entre les deux textes, seul le texte rédigé dans la langue de l'intéressé peut être invoqué contre ce dernier. On notera que, en cas d'introduction en France par l'intermédiaire de l'Ofii, la traduction du contrat est délivrée par cet organisme.

PÉRIODE D'ESSAI

55310 **Principe et durée** La période d'essai des CDI est régie par des dispositions légales (C. trav. art. L 1221-19 s.) que complètent, le cas échéant, des règles conventionnelles. La période d'essai **ne se présume pas** : elle doit être stipulée expressément dans le contrat de travail ou la lettre d'engagement. À défaut, et même si la convention collective applicable à l'entreprise l'impose pour toutes les embauches, l'engagement présente un caractère définitif.

La **durée initiale** de la période d'essai ne peut pas dépasser 2 mois pour les ouvriers et les employés, 3 mois pour les agents de maîtrise et les techniciens, 4 mois pour les cadres. Mais il est toujours possible de convenir d'une durée plus courte.

Le point de départ de l'essai est le jour où le salarié entre en fonctions. L'employeur ne peut pas décider d'en différer le début, même si le contrat a débuté par une période de formation. L'essai se termine le dernier jour de la période convenue, à minuit. Il peut, cependant, être prolongé en cas d'absence du salarié, maladie par exemple.

La période d'essai ne peut être **renouvelée** que si la convention collective de branche et le contrat le prévoient expressément et sous réserve que le salarié l'accepte explicitement avant la fin de la période initiale. La simple poursuite du travail ne vaut pas acceptation du renouvellement. La période d'essai ne peut être renouvelée qu'une fois et sa durée ne peut pas excéder, renouvellement compris, 4 mois pour les ouvriers et les employés, 6 mois pour les agents de maîtrise et les techniciens, 8 mois pour les cadres.

> **Précisions** Lorsque le **salarié** est **recruté à l'expiration d'un CDD**, la durée de ce contrat s'impute sur la période d'essai (pour un poste de qualification équivalente). Il en va de même en cas d'embauche à la fin d'une **mission d'intérim**, mais seul le temps de mission accompli au cours des 3 mois précédant l'embauche est pris en compte. Lorsque le recrutement intervient dans les 3 mois de l'achèvement d'un **stage** obligatoire réalisé lors de la dernière année d'études, la durée de ce stage est déduite de la période d'essai sans pouvoir, toutefois, la réduire de plus de la moitié. La déduction est totale si l'embauche est effectuée dans un emploi en correspondance avec les activités qui avaient été confiées au stagiaire. Les stages d'une durée supérieure à 2 mois sont pris en compte pour l'ouverture et le calcul des droits liés à l'ancienneté (C. trav. art. L 1221-24).

55315 **Rupture de la période d'essai** Jusqu'à la fin de la période d'essai, les règles relatives au licenciement ne sont pas applicables. L'**employeur**, jugeant l'essai non concluant, peut décider de mettre un terme au contrat :

– sans avoir à justifier sa décision ;

– sans formalité particulière, sauf si la convention collective ou le contrat de travail en disposent autrement (mais si l'employeur rompt l'essai pour raisons disciplinaires, il doit respecter la procédure correspondante) ;

– sans avoir à verser d'indemnité au salarié, à l'exception de l'indemnité compensatrice de congés payés.
De son côté, le **salarié** a le droit de rompre la période d'essai sans avoir d'explication à fournir.
La rupture de la période d'essai est obligatoirement précédée d'un **délai de prévenance**. Lorsque la rupture est le fait de l'employeur, ce délai est fixé, sauf disposition conventionnelle stipulant des délais plus longs, à : 24 heures en deçà de 8 jours de présence, 48 heures entre 8 jours et 1 mois de présence, 2 semaines après 1 mois de présence, 1 mois après 3 mois de présence.
Lorsque la rupture est le fait du salarié, le délai est fixé à 24 heures en deçà de 8 jours de présence, 48 heures au-delà.
La période d'essai ne peut pas être prolongée du fait du délai de prévenance. Le non-respect de ce délai par l'employeur n'entraîne pas la requalification de la rupture en licenciement sans cause réelle et sérieuse (Cass. soc. 23-1-2013 n° 11-23.428 FS-PB : RJS 4/13 n° 251) mais est sanctionné par le versement au salarié, sauf faute grave, d'une indemnité égale au montant des salaires qu'il aurait dû percevoir jusqu'à la fin de ce délai ; à cela s'ajoute le paiement de l'indemnité compensatrice de congés payés (C. trav. art. L 1221-25).
L'employeur doit **notifier** au salarié sa décision de rompre (il est conseillé de le faire par lettre recommandée ou remise en main propre contre décharge même si la convention collective ne l'exige pas) avant la fin de la période d'essai.

> **Précisions a.** Il est interdit de rompre l'essai d'un salarié en arrêt de travail pour **accident du travail** ou **maladie professionnelle** (Cass. soc. 12-5-2004 n° 02-44.325 F-PB : RJS 7/04 n° 808).
> **b.** La finalité de la période d'essai est de permettre à l'employeur d'évaluer les compétences du salarié (C. trav. art. L 1221-20) : s'il est démontré que le **motif réel de la rupture** repose sur une autre cause (en réservant le cas d'une raison disciplinaire), cette rupture présente un caractère abusif justifiant le paiement de dommages-intérêts évalués souverainement par le juge (Cass. soc. 7-2-2012 n° 10-27.525 FS-PB : RJS 4/12 n° 295, refusant toute assimilation à un licenciement dépourvu de cause réelle et sérieuse).

SECTION 3 EXÉCUTION DU CONTRAT

A. Obligations générales des parties

Outre l'obligation générale et réciproque d'exécuter le contrat de travail de bonne foi (C. trav. art. L 1222-1), les parties sont soumises aux obligations suivantes. 55400

OBLIGATIONS DE L'EMPLOYEUR

L'employeur est tenu : 55405
– de procurer au salarié le **travail convenu** et de lui fournir à cet effet les moyens nécessaires. Il est toutefois exonéré de cette obligation en cas d'activité partielle ;
– de **rémunérer** le salarié au taux et aux dates prévus ;
– de respecter les clauses de la **convention collective** ou des accords collectifs applicables dans son entreprise et notamment les salaires minima conventionnels, ainsi que les usages ;
– d'appliquer les **dispositions légales** protégeant les salariés ; celles-ci concernent notamment, la réglementation de l'emploi, le Smic, les conditions de travail, la représentation du personnel, la liberté syndicale, les obligations relatives aux cotisations sociales.
À noter que l'employeur ne peut pas apporter aux **droits des personnes** et aux libertés individuelles et collectives des restrictions qui ne seraient pas justifiées par la nature de la tâche à accomplir ni proportionnées au but recherché (C. trav. art. L 1121-1).
L'employeur doit prendre des dispositions pour prévenir les agissements de **harcèlement sexuel ou moral** et ne pas prendre en considération le refus d'une personne de subir ces agissements ou son témoignage pour arrêter une décision, notamment en matière d'embauche, de promotion professionnelle, de sanctions disciplinaires ou de licenciement (C. trav. art. L 1152-1 s. et L 1153-1 s.).
La **non-exécution** par l'employeur de ses obligations peut être sanctionnée par des dommages-intérêts lorsque le salarié en a éprouvé un préjudice certain. Ce dernier peut également demander la résiliation judiciaire de son contrat de travail ou prendre acte de sa rupture aux torts de l'employeur. Si les manquements de ce dernier sont avérés et suffisamment graves, la rupture

s'analyse en un licenciement sans cause réelle et sérieuse, voire nul en cas de harcèlement ou de discrimination.
Les manquements aux obligations légales sont, en outre, fréquemment sanctionnés pénalement.

> **Précisions** Toutes les **règles** légales et réglementaires n'ont pas la même **valeur** : certaines ont un caractère d'ordre public interdisant toute dérogation, sauf, mais pas toujours, dans un sens plus favorable. D'autres sont ouvertes au champ de la négociation (voir n° 58410).

OBLIGATIONS DU SALARIÉ

55410 Ces obligations sont les suivantes :
– **exécution personnelle** de la prestation de travail ;
– obligation de **discipline** : le salarié est ainsi tenu de respecter les règles d'organisation générale du travail. Il s'agit notamment de la discipline, des horaires (le salarié ne doit notamment pas s'absenter sans autorisation ou motif légitime), des règles d'hygiène et de sécurité, etc. ;
– obligation de **diligence** : le salarié doit exécuter consciencieusement son travail et prendre soin de l'outillage qui lui a été confié ;
– obligation de **loyauté et de discrétion** : le contrat de travail doit être exécuté de bonne foi, le salarié ne doit pas concurrencer son employeur, il ne doit pas divulguer les secrets de fabrication. Cette dernière obligation se poursuit après la rupture du contrat.

B. Droit disciplinaire

SANCTION DISCIPLINAIRE

55500 **Définition** Constitue une sanction toute mesure, **autre que les observations verbales**, prise par l'employeur à la suite d'un agissement du salarié considéré par lui comme fautif, que cette mesure soit de nature à affecter immédiatement ou non sa présence dans l'entreprise, sa fonction, sa carrière ou sa rémunération (C. trav. art. L 1331-1). C'est notamment le cas de l'avertissement, de la mise à pied, de la rétrogradation, de la mutation et, bien sûr, du licenciement pour motif disciplinaire.
L'employeur est en principe libre du **choix de la sanction**, sous réserve de se conformer aux dispositions de la convention collective et du règlement intérieur. En outre, la sanction doit être **proportionnelle** à la faute commise.
Sauf si la sanction consiste en une rupture du contrat de travail à durée déterminée ou en un licenciement (en réservant, cependant, les cas spécifiques de nullité visés n° 55505), le **juge** a le **pouvoir d'annuler** une sanction injustifiée ou disproportionnée par rapport à la faute (C. trav. art. L 1333-2).

55505 **Sanctions interdites** Les amendes ou autres **sanctions pécuniaires** sont interdites, toute disposition ou stipulation contraire (notamment dans le règlement intérieur) étant réputée non écrite (C. trav. art. L 1331-2, al. 1).
Les **sanctions discriminatoires** sont également interdites. Aucun salarié ne peut être sanctionné ou licencié pour les motifs suivants : origine, sexe, mœurs, orientation sexuelle, identité de genre, âge, situation de famille, grossesse, appartenance ou non-appartenance, vraie ou supposée, à une ethnie, une nation ou une race, apparence physique, patronyme, lieu de résidence, domiciliation bancaire, état de santé, perte d'autonomie, handicap (sauf inaptitude constatée par la médecine du travail), caractéristiques génétiques, convictions religieuses, opinions politiques, activités syndicales ou mutualistes, exercice normal du droit de grève, exercice d'un mandat électif, particulière vulnérabilité résultant de la situation économique, apparente ou connue de son auteur, capacité à s'exprimer dans une langue autre que le français (C. trav. art. L 1132-1).
De même, nul ne peut être sanctionné ou licencié pour avoir subi ou refusé de subir des agissements de **harcèlement moral** ou des actes qualifiés de **harcèlement sexuel** ou pour avoir témoigné de tels agissements ou les avoir relatés (C. trav. art. L 1152-2, L 1153-2 et L 1153-3).
De façon générale, est protégé le salarié qui, en tant que **lanceur d'alerte**, signale ou divulgue, sans contrepartie financière et de bonne foi, des informations portant sur un crime, un délit, une menace ou un préjudice pour l'intérêt général, une violation ou une tentative de dissimulation d'une violation d'un engagement international régulièrement ratifié ou approuvé par la France, d'un acte unilatéral d'une organisation internationale pris sur le fondement d'un tel engagement, du droit de l'Union européenne, de la loi ou du règlement dont il a eu connaissance dans le cadre de ses activités professionnelles ou personnellement (C. trav. art. L 1132-3-3 ;

Loi 2016-1691 du 9-12-2016 modifiée par loi 2022-401 du 21-3-2022). L'entourage du lanceur d'alerte est également protégé (Loi 2022-401 du 21-3-2022 art. 6).

Non-cumul des sanctions Selon une jurisprudence constante, les mêmes faits ne peuvent pas justifier successivement plusieurs mesures disciplinaires (par exemple, une faute sanctionnée par un avertissement ne peut plus justifier un licenciement si aucun fait nouveau n'est intervenu postérieurement). 55510

ILLUSTRATIONS

La définition très large de la **sanction disciplinaire** conduit la jurisprudence à qualifier de telle une demande d'explications écrites adressée à un salarié à propos de faits qui lui sont reprochés avec conservation desdites explications dans son dossier (Cass. soc. 19-5-2015 n° 13-26.916 FS-PB : RJS 8-9/15 n° 568), une lettre qualifiée de « mise en demeure de justification d'absence » (Cass. soc. 18-3-2015 n° 13-28.481 F-D : RJS 7/15 n° 486), des reproches formulés dans un courriel (Cass. soc. 26-5-2010 n° 08-42.893 F-D : RJS 10/10 n° 846) ou une lettre de mise en garde adressée à un salarié indiquant que son attitude avait entamé la confiance qui lui était portée (Cass. soc. 3-2-2017 n° 15-11.433 F-D : RJS 6/17 n° 388) ou des griefs précis reprochés au salarié et lui enjoignant de modifier son comportement dans un compte rendu écrit d'entretien d'évaluation (Cass. soc. 2-2-2022 n° 20-13.833 F-D : RJS 4/22 n° 171 ; pour une solution contraire concernant un compte rendu d'entretien dans lequel l'employeur ne manifestait pas une volonté de sanctionner, voir Cass. soc. 12-11-2015 n° 14-17.615 FS-PB : RJS 1/16 n° 28). Toute sanction ultérieure au fondement identique serait automatiquement annulée.

PROCÉDURE DISCIPLINAIRE

Entretien préalable Lorsque l'employeur envisage de prononcer une sanction ayant une incidence (immédiate ou non) sur la présence du salarié dans l'entreprise, sa fonction, sa carrière ou sa rémunération, il doit le convoquer à un entretien préalable (C. trav. art. L 1332-2, al. 1). L'entretien préalable n'est pas exigé en cas de simple avertissement ; il est, en revanche, obligatoire en cas de mise à pied, mutation, rétrogradation, licenciement pour motif disciplinaire. 55512

La **convocation** à l'entretien est adressée au salarié par lettre recommandée avec avis de réception (ou lettre remise en main propre contre décharge). Elle doit indiquer l'objet, la date, l'heure et le lieu de l'entretien, et rappeler que le salarié peut se faire **assister** par une personne de son choix appartenant au personnel de l'entreprise (C. trav. art. R 1332-1). Le **délai** entre la convocation et l'entretien n'est pas fixé par la loi, mais il doit être suffisant pour permettre au salarié de préparer sa défense et recourir éventuellement à l'assistance d'un membre du personnel (au moins 48 heures).

Lorsque le salarié a commis une faute grave, l'employeur a la possibilité, dans l'attente de la sanction définitive, de procéder à une mise à pied avec effet immédiat sans entretien préalable : c'est la **mise à pied conservatoire** sans maintien du salaire (toutefois, si l'employeur décide finalement de ne pas licencier le salarié pour faute grave, il devra lui verser la rémunération correspondant à la durée de la mise à pied). Mais il s'agit seulement d'une mesure provisoire et, pour la sanction définitive, l'employeur doit convoquer le salarié à l'entretien préalable.

> **Précisions a.** Lorsque la sanction envisagée est un **licenciement**, la lettre de convocation doit comporter les mentions indiquées n° 57005.
b. À la procédure légale peuvent s'ajouter des **règles prévues par accord collectif** : l'employeur qui n'applique pas ces règles conventionnelles peut être sanctionné même s'il a respecté la procédure légale. S'il s'agit d'une garantie de fond (par exemple, notification écrite des motifs de licenciement avant un entretien), le licenciement est dépourvu de cause réelle et sérieuse. Si la disposition conventionnelle se limite à prévoir la consultation d'une instance, tel un conseil de discipline, son non-respect est considéré comme une simple irrégularité de procédure ouvrant droit à une indemnisation qui ne peut être supérieure à un mois de salaire (C. trav. art. L 1235-2, al. 5).

Notification de la sanction Toute sanction doit faire l'objet d'une notification **écrite et motivée** (par remise en main propre contre décharge ou lettre recommandée avec AR). 55515

Lorsque la procédure préalable est imposée, le **délai minimal** de notification de la sanction est de 2 jours ouvrables après le jour fixé pour l'entretien, le **délai maximal** est de 1 mois après cette date (C. trav. art. L 1332-2, al. 4).

Le juge prud'homal peut annuler une sanction irrégulière (C. trav. art. L 1333-2), sauf cas de rupture du contrat de travail, ou accorder au salarié une indemnité en réparation du préjudice subi si la sanction est légitime.

> **Précisions** **a.** Au cas particulier d'une **sanction** entraînant une **modification du contrat** (rétrogradation, mutation en l'absence de clause de mobilité), le salarié doit être informé de son droit de la refuser. S'il refuse, une autre sanction pouvant aller jusqu'au licenciement (fondé non sur le refus mais sur les faits fautifs à l'origine de la procédure) peut être prononcée ; une nouvelle procédure doit être engagée dans les 2 mois du refus, le défaut d'entretien ne privant pas, toutefois, le licenciement de cause réelle et sérieuse (Cass. soc. 16-9-2015 n° 14-10.325 FS-PB : RJS 12/15 n° 762).
> **b.** Un **modèle de lettre** de licenciement disciplinaire est proposé par le décret 2017-1820 du 29 décembre 2017, annexe I (JO 30).

55520 **Prescription** Les poursuites disciplinaires doivent être engagées dans un **délai maximum de 2 mois** à compter du jour où l'employeur (qui peut être le supérieur hiérarchique) a eu connaissance du fait fautif du salarié (C. trav. art. L 1332-4).
Aucune sanction antérieure de plus de **3 ans** à l'engagement des poursuites disciplinaires ne peut être invoquée à l'appui d'une nouvelle sanction (C. trav. art. L 1332-5).

C. Règlement intérieur

CHAMP D'APPLICATION

55600 Un règlement intérieur est obligatoire dans toutes les entreprises agricoles occupant habituellement **au moins 50 salariés** (C. trav. art. L 1311-2 s.).
Le seuil d'effectif est apprécié au niveau de l'**entreprise** ou de l'**établissement**. Il convient donc d'élaborer un règlement intérieur dans tout établissement occupant au moins 50 salariés.

FORME ET CONTENU

55610 Le règlement intérieur est un document écrit. Son contenu est strictement délimité (C. trav. art. L 1321-1 s.).

55613 **Clauses obligatoires** Dans le règlement intérieur, l'employeur fixe exclusivement :
– les mesures d'application de la réglementation en matière d'**hygiène** et de **sécurité** dans l'entreprise ou l'établissement ; il doit notamment préciser, en particulier lorsque la nature des risques le justifie, les conditions d'utilisation des équipements de travail, des équipements de protection individuelle, des substances et préparations dangereuses ; ces instructions doivent être adaptées à la nature des tâches à accomplir ;
– les conditions dans lesquelles les salariés peuvent être appelés à participer, sur **réquisition** de l'employeur, au rétablissement de conditions de travail protectrices de la sécurité et de la santé des salariés dès lors qu'elles apparaîtraient compromises ;
– les règles générales et permanentes relatives à la **discipline** (notamment la nature et l'échelle des sanctions que peut prendre l'employeur) ;
– les dispositions relatives aux garanties de **procédure** des salariés faisant l'objet de **sanctions disciplinaires** ;
– les dispositions relatives à la protection des victimes et des témoins de **harcèlement** moral et sexuel ;
– l'existence du dispositif de protection des **lanceurs d'alerte** ;
– sa date d'**entrée en vigueur** (un délai minimum de 1 mois doit s'écouler entre l'affichage du règlement et son entrée en vigueur).

> **ATTENTION**
> Lorsqu'une entreprise employant plus de 50 salariés **ne s'est pas dotée** d'un règlement intérieur, toute sanction prononcée (hormis le licenciement) est nécessairement entachée de nullité (Cass. soc. 23-3-2017 n° 15-23.090 FS-PB : RJS 6/17 n° 389). Signalons toutefois que l'obligation de se doter d'un règlement ne court que lorsque l'effectif de 50 salariés a été atteint pendant au moins 12 mois.

55616 **Clauses interdites** Sont interdites toutes les clauses visant des matières non prévues par la loi (voir n° 55613). Ainsi, ne peuvent pas figurer dans le règlement intérieur des dispositions telles que la période d'essai, la durée du préavis ou l'ordre des licenciements pour motif économique, clauses relevant du contrat de travail ou des conventions collectives.
Sont également interdites les clauses contraires aux lois, règlements, conventions collectives, les clauses discriminatoires et les clauses non conformes aux droits des personnes et aux libertés individuelles et collectives, sauf cas particulier.

PROCÉDURE D'ÉLABORATION

Le règlement intérieur est établi par l'**employeur**. Il est soumis, préalablement à son entrée en vigueur, à certaines formalités (exigées également en cas de modification du règlement) (C. trav. art. L 1321-4) : 55620
– consultation pour avis du **comité social et économique**, lorsqu'il existe ;
– **dépôt** au greffe du conseil de prud'hommes et **affichage** simultané dans les locaux de travail et d'embauche ;
– envoi pour **contrôle**, à l'**inspecteur du travail**, de deux exemplaires du projet de règlement accompagnés de l'avis des représentants du personnel. L'inspecteur du travail peut, à tout moment, exiger le retrait ou la modification des dispositions contraires à la loi. Ses décisions sont motivées et notifiées.

Toutes ces formalités sont également applicables aux **notes de service** établissant des règles de caractère général et permanent dans les domaines visés n° 55613 (C. trav. art. L 1321-5).

> **Précisions** L'employeur peut **demander à l'inspecteur du travail** de se prononcer de façon explicite sur la conformité de tout ou partie des dispositions du règlement intérieur dans le cadre d'une procédure de rescrit (C. trav. art. L 1322-1-1 et R 1321-6). Cette demande n'est toutefois pas recevable si l'administration s'est déjà prononcée sur une demande de complément, de retrait ou de modification d'une clause.

SANCTIONS

Les **contraventions** aux dispositions concernant le règlement intérieur sont passibles de la peine d'amende prévue pour les contraventions de la 4e classe (C. trav. art. R 1323-1). 55630

Le règlement intérieur adopté alors que le comité social et économique n'a pas été consulté ou qui n'a pas été envoyé préalablement à l'inspecteur du travail est **privé d'effet** ; la preuve de l'accomplissement de ces formalités incombe à l'employeur (Cass. soc. 4-11-2015 n° 14-18.574 F-D : RJS 1/16 n° 27).

SECTION 4

MODIFICATION DES CONDITIONS D'EMPLOI

Il y a lieu de **distinguer** le simple changement des conditions de travail, qui peut être décidé unilatéralement par l'employeur, de la modification du contrat de travail, qui ne peut pas être imposée au salarié contre son gré. Par **exception** à ce principe l'employeur peut, sous certaines conditions, modifier le contrat de travail en application d'un accord de performance collective. 55800

> **Précisions** L'employeur est en droit d'imposer une modification du contrat **acceptée à l'avance** par le salarié (clause de mobilité, par exemple) : tout refus, sauf abus de l'employeur dans la mise en œuvre de la clause, justifie un licenciement disciplinaire, mais la faute grave n'est pas automatiquement caractérisée (Cass. soc. 23-1-2008 n° 07-40.522 FS-PBR : RJS 4/08 n° 371). Encore faut-il, cependant, que la mise en œuvre de la clause n'ait pas d'autres effets sur le contrat, une modification de la rémunération par exemple.

MODIFICATION DU CONTRAT DE TRAVAIL

Notion Il y a modification du contrat lorsque la mesure envisagée par l'employeur affecte un élément essentiel tel que la **rémunération** contractuelle (même dans un sens favorable au salarié), la **qualification**, le **lieu de travail** (mais seulement s'il s'agit d'un nouveau secteur géographique) ou la **durée du travail** mentionnée dans le contrat (sauf modulation imposée par un accord collectif). 55805

Le **changement d'horaire**, qui relève en principe du pouvoir de direction de l'employeur, peut dans certains cas constituer une modification du contrat.

Tel est, par exemple, le cas du passage d'un horaire de jour à un horaire de nuit ou d'un horaire fixe à un horaire variable ou encore lorsque le nouvel horaire risque de porter une atteinte excessive à la vie personnelle et familiale ou au droit au repos du salarié (Cass. soc. 26-9-2012 n° 11-18.410 F-D et 29-5-2024 n° 22-21.814 F-B : RJS 8-9/24 n° 434).

Par ailleurs, l'employeur et le salarié peuvent, d'un commun accord, décider de **contractualiser un élément particulier** de la relation de travail (horaires de travail, par exemple). Concernant le lieu de travail, la simple mention de celui-ci dans le contrat ne suffit pas : seules ont une valeur contractuelle les clauses claires et précises stipulant que le salarié exécutera son travail exclusivement dans tel lieu (Cass. soc. 15-3-2006 n° 02-46.496 F-PB : RJS 7/06 n° 808).

55808 **Procédure et conséquences : principe** Aucune modification du contrat ne peut être **imposée** au salarié, y compris si elle est motivée par des raisons disciplinaires. L'employeur peut seulement la lui **proposer** par écrit (et même obligatoirement par lettre recommandée avec avis de réception, après consultation, le cas échéant, du comité social et économique, pour tout projet de modification du contrat pour motif économique).

L'**acceptation du salarié** est indispensable. Elle ne se présume pas et ne peut résulter de la seule poursuite du travail. Toutefois, si la modification repose sur un **motif économique**, le salarié dispose d'un délai de 1 mois à compter de la réception de la proposition de modification pour faire connaître son refus (15 jours si l'entreprise est en redressement ou en liquidation judiciaire) ; à défaut de réponse dans ce délai, il est réputé avoir accepté la modification proposée (C. trav. art. L 1222-6). Dans tous les cas, l'employeur doit formaliser les modifications dans un **avenant** écrit au contrat de travail.

Si le salarié refuse la modification proposée, l'employeur doit soit renoncer à son projet, soit rompre le contrat de travail. Dans ce cas, il doit engager la procédure de licenciement et payer les indemnités de rupture éventuellement dues dans les conditions de droit commun. La **procédure** à suivre est la procédure **de licenciement** économique si la modification a un motif économique, la procédure de licenciement pour motif personnel dans le cas où la modification a un motif personnel. Le licenciement ainsi prononcé n'est **justifié** que si la modification est elle-même justifiée, le refus n'étant jamais le motif du licenciement.

Si l'employeur **impose la modification**, le salarié peut exiger la poursuite du contrat aux conditions antérieures. Il peut aussi demander la résiliation judiciaire du contrat ou prendre acte de la rupture si la modification est de nature à empêcher la poursuite du contrat de travail.

> **Précisions** **a.** La procédure ne peut être engagée qu'à l'expiration du **délai de réflexion** même si le salarié a fait part de son refus de façon anticipée (Cass. soc. 22-11-2006 n° 05-42.619 F-D : RJS 3/07 n° 311). Le défaut de respect de la procédure (Cass. soc. 25-1-2006 n° 03-46.794 F-D : RJS 5/06 n° 525) ou le caractère insuffisamment précis de la proposition (Cass. soc. 30-1-2008 n° 06-42.000 F-D : RJS 4/08 n° 369) prive la rupture de toute légitimité.
b. Lorsque la modification repose sur un motif économique, le licenciement éventuel du salarié à la suite de son refus ne dispense pas l'employeur de son **obligation de reclassement** (Cass. soc. 2-4-2008 n° 06-42.438 F-D). Sur cette obligation, voir n° 56921.
c. En cas de modification du contrat pour **motif non économique**, il n'existe pas de délai de réflexion légal. L'administration préconise le respect d'un délai minimum de 15 jours (Inst. 30-7-1993).

CHANGEMENT DES CONDITIONS DE TRAVAIL

55820 À la différence de la modification d'un élément du contrat, l'employeur a la possibilité, dans le cadre de son pouvoir général de direction, de décider unilatéralement tout changement des conditions d'exécution du travail.

L'employeur n'est pas tenu de solliciter l'acceptation du salarié. Si ce dernier refuse, l'employeur ne peut pas se prévaloir de la **démission** du salarié, même en cas de départ de celui-ci. En revanche, ce refus constitue un manquement du salarié à ses obligations contractuelles et donc une faute, qu'il appartient à l'employeur de sanctionner par un **licenciement**. Il peut s'agir d'une faute grave, mais pas nécessairement.

Ce licenciement n'est toutefois pas obligatoire et, à défaut d'initiative de l'employeur, le salarié ne peut pas prétendre au paiement des indemnités de rupture, le contrat n'étant pas rompu.

> **Précisions** L'employeur qui choisit de licencier le salarié ayant refusé le changement de ses conditions de travail peut lui imposer d'exécuter son **préavis** aux nouvelles conditions, le refus du salarié le privant de l'indemnité de préavis et des congés payés afférents (Cass. soc. 31-3-2016 n° 14-19.711 FS-PB : RJS 6/16 n° 409).

RÉGIMES PARTICULIERS

Accord de performance collective Les employeurs souhaitant s'adapter plus facilement à leur environnement économique peuvent négocier et conclure des accords de performance collective destinés à répondre aux nécessités de fonctionnement de l'entreprise ou à préserver et à développer l'emploi. 55822

L'accord d'entreprise a pour **objet** (C. trav. art. L 2254-2, I) :

– d'aménager la durée du travail, ses modalités d'organisation et de répartition ;

– d'aménager la rémunération dans le respect des salaires minima hiérarchiques ;

– de déterminer les conditions de la mobilité professionnelle ou géographique interne à l'entreprise.

Une seule obligation est exigée : le **préambule** de l'accord doit définir les objectifs recherchés (C. trav. art. L 2254-2, II). Des mentions facultatives sont prévues par la loi (modalités d'information des salariés, efforts fournis par les dirigeants salariés, accompagnement des salariés, etc.).

Lorsque l'accord met en place ou modifie notamment un dispositif **d'aménagement du temps de travail** sur une période de référence supérieure à la semaine, les dispositions spécifiques prévues pour le calcul des heures supplémentaires et l'information des salariés doivent être respectées (n° 60052).

L'employeur doit **informer les salariés**, par tout moyen conférant date certaine et précise, de l'existence et du contenu de l'accord ainsi que du droit de chacun d'eux d'en accepter ou d'en refuser l'application à son contrat de travail. À compter de cette information, les salariés disposent d'un délai de 1 mois pour faire connaître, par écrit, leur **refus** de la modification de leur contrat. À défaut, les stipulations de l'accord **se substituent de plein droit** aux clauses contraires et incompatibles du contrat de travail, y compris en matière de rémunération, de durée du travail et de mobilité professionnelle ou géographique interne à l'entreprise.

Si l'employeur engage une procédure de **licenciement** à l'encontre du salarié ou des salariés ayant refusé l'application de l'accord, ce licenciement repose sur un motif spécifique qui constitue une cause réelle et sérieuse. Il est prononcé suivant la procédure des licenciements individuels non fondés sur un motif économique, procédure qui doit être engagée au plus tard dans les 2 mois à compter de la notification du refus du salarié (C. trav. art. L 2254-2, V).

Le salarié peut s'inscrire comme demandeur d'emploi et percevoir les allocations de chômage. Il bénéficie d'un abondement de son compte personnel de formation d'un montant minimal de 3 000 € versé par l'employeur à la Caisse des dépôts et consignations (C. trav. art. R 6323-3-2).

Mise en activité partielle La mise en activité partielle, qui entraîne une réduction de la rémunération, ne constitue pas une modification du contrat de travail dès lors que les salariés sont indemnisés à ce titre (C. trav. art. L 5122-1 s. ; voir nos 53300 s.). Il s'agit d'une mesure de fermeture temporaire de l'établissement ou de réduction de l'horaire et de la rémunération, et les salariés concernés ne peuvent se prétendre licenciés de ce fait. En revanche, le maintien du salarié en situation d'activité partielle au-delà de la période d'indemnisation équivaut à un licenciement. 55830

SECTION 5

MODIFICATION DE LA SITUATION JURIDIQUE DE L'EMPLOYEUR

NOTION DE TRANSFERT

S'il survient une modification dans la situation juridique de l'employeur, notamment par succession, vente, fusion, transformation du fonds, mise en société, tous les **contrats de travail en cours** au jour de la modification subsistent entre le nouvel employeur et le personnel de l'entreprise (C. trav. art. L 1224-1). Tel est le cas, par exemple, de la constitution de deux sociétés distinctes pour poursuivre l'activité d'un exploitant agricole prenant sa retraite (Cass. soc. 3-5-2007 n° 05-45.407 F-D : RJS 7/07 n° 816) ou de la création d'une société par le preneur à bail de terres agricoles (Cass. soc. 30-11-2010 n° 09-41.274 F-D : RJS 2/11 n° 100). La jurisprudence a étendu le 55900

champ de ces dispositions à d'autres situations : mise en location-gérance, sous-traitance, concession, marché de prestations de services (pour un exemple : Cass. soc. 14-9-2017 n° 16-14.374 FS-D : RJS 11/17 n° 728, à propos d'un marché de transformation de viandes).
La transmission des contrats de travail au nouvel exploitant ne peut intervenir que si le transfert porte sur une **entité économique autonome** conservant son identité dont l'activité est poursuivie ou reprise (Cass. ass. plén. 16-3-1990 n°s 86-40.686 et 86-45.730 : RJS 4/90 n° 281). Constitue une entité économique un ensemble organisé de personnes et d'éléments corporels (bâtiments, terrains, équipements, etc.) ou incorporels (droit de bail rural) permettant l'exercice d'une activité économique qui poursuit un objectif propre.

EFFETS SUR LES CONTRATS DE TRAVAIL

55910 Les contrats de travail sont **transférés de plein droit** au nouvel employeur sans qu'aucun formalisme ne soit exigé. Ils se poursuivent selon les conditions antérieures (qualification, rémunération, ancienneté, etc.) mais les parties gardent la possibilité d'apporter des **modifications** dans les conditions de droit commun.
Sauf si la modification intervient dans le cadre d'une procédure de sauvegarde, redressement ou de liquidation judiciaires ou d'une substitution d'employeurs sans qu'il y ait eu de convention entre ceux-ci, le nouvel employeur est tenu, à l'égard des salariés dont les contrats de travail subsistent, des **dettes de l'ancien employeur** à la date de la modification, quitte à exercer un recours en remboursement contre ce dernier (C. trav. art. L 1224-2).
S'agissant des **dettes venant à échéance après la modification** mais nées, pour partie, au titre de la période antérieure (indemnités de congés payés, primes annuelles), le nouvel exploitant est également tenu de les acquitter, mais il est en droit d'obtenir de son prédécesseur le remboursement de la part correspondant au temps passé par le salarié au service de celui-ci.

> **Précisions** Le changement d'employeur s'impose aussi bien aux employeurs successifs qu'au salarié. Sauf exception prévue par la loi (C. trav. art. L 1233-61), il prive d'effet les **licenciements** pour motif économique prononcés par le cédant à l'occasion du transfert.
En revanche, ce principe ne s'oppose pas à ce que le nouvel employeur procède, après le transfert, au **licenciement** du salarié transféré s'il justifie d'un motif économique ou personnel.
Le **refus du salarié** de passer au service du nouvel employeur aux mêmes conditions constitue une faute grave (Cass. soc. 25-10-2000 n° 98-45.422 F-D).

SECTION 6 SUSPENSION DU CONTRAT

56000 En dehors des congés, le contrat de travail est suspendu lorsque le salarié se trouve notamment dans l'une des situations suivantes.

GROSSESSE, MATERNITÉ, ADOPTION, PATERNITÉ

56002 Pendant sa grossesse, la salariée bénéficie d'**autorisations d'absence** rémunérées et assimilées à du temps de travail effectif pour se rendre aux examens obligatoires. En amont, les salariées bénéficiant d'une assistance médicale à la procréation peuvent s'absenter le temps des actes médicaux nécessaires. Son conjoint, partenaire de Pacs ou la personne vivant maritalement avec elle peut s'absenter pour 3 des examens obligatoires ou rendez-vous médicaux pour chaque protocole d'assistance à la procréation (C. trav. art. L 1225-16). En outre, lorsqu'une salariée est enceinte (ou récemment accouchée) et qu'elle exerce des **travaux dangereux** ou travaille **de nuit**, l'employeur doit lui proposer un autre poste, compatible avec son état, sans perte de salaire. Si ce n'est pas possible, elle peut se mettre en congé et l'employeur doit lui verser une rémunération en complément d'une allocation journalière versée par la MSA (C. trav. art. L 1225-9 s. ; CSS art. L 333-1 et L 333-2). La femme a droit à un **congé** de maternité de 6 semaines avant et 10 semaines après l'accouchement. À partir du troisième enfant, le congé de maternité commence 8 semaines avant et se termine 18 semaines après l'accouchement. Des prolongations sont prévues en cas de naissances multiples ou d'état pathologique (C. trav. art. L 1225-17 s.). Pendant le congé, l'employeur n'est pas tenu de maintenir le salaire, sauf si la convention collective l'impose. Mais la salariée perçoit des **indemnités journalières** de la MSA (voir n° 39605).

Dans les 8 jours suivant la **reprise du travail**, la salariée doit passer une visite médicale (C. rur. art. R 717-17-1). Un entretien professionnel, consacré à ses perspectives d'évolution, notamment en termes de qualification et d'emploi, doit lui être systématiquement proposé (C. trav. art. L 1225-27 et L 6315-1).

Tout salarié titulaire de l'agrément en vue d'**adoption** délivré par le conseil départemental a le droit de bénéficier d'un congé d'une durée maximale de 6 semaines s'il se rend dans les départements ou territoires d'outre-mer ou à l'étranger pour adopter un enfant (C. trav. art. L 1225-46). Ce congé n'est pas rémunéré. Par la suite, pendant le congé d'adoption proprement dit, le contrat de travail est suspendu pendant 16 semaines à dater de l'arrivée de l'enfant au foyer (18 semaines s'il s'agit d'un troisième enfant ou plus). Pour les adoptions multiples et en cas de partage du congé entre les deux parents, des prolongations sont également prévues (C. trav. art. L 1225-37). Après un congé d'adoption, le salarié a droit à un entretien professionnel (C. trav. art. L 6315-1).

Après la naissance de l'enfant et dans un délai de 6 mois, le père, le conjoint de la mère, son partenaire de Pacs ou la personne vivant maritalement avec elle bénéficie d'un **congé de paternité** de 25 jours (32 jours en cas de naissance multiple). Ce congé est composé d'une première période obligatoire de 4 jours prise consécutivement au congé de naissance de 3 jours et d'une seconde, facultative et fractionnable en deux périodes d'au moins 5 jours, de 21 jours (28 en cas de naissances multiples) qui doit être prise dans les 6 mois de la naissance (C. trav. art. L 1225-35 et D 1225-8 s.). Lorsque l'état de santé nécessite son hospitalisation immédiate après la naissance, le congé est allongé pour la durée de cette hospitalisation, dans la limite de 30 jours. L'intéressé doit avertir son employeur au moins 1 mois avant la date prévisionnelle de l'accouchement et avant chaque période de congé. La rémunération n'a pas à être maintenue, sauf disposition conventionnelle contraire.

> **Précisions a.** Sous réserve d'un avis favorable du médecin qui suit la grossesse, les salariées peuvent demander le **report d'une partie du congé prénatal** après la naissance de leur enfant, dans la limite de 3 semaines maximum.

b. Il est interdit, quel que soit le motif, de procéder au **licenciement** d'une **femme** en congé de **maternité**. Pendant la grossesse et durant une période de 10 semaines suivant la reprise du travail, le licenciement ne peut être prononcé que pour une faute grave ou une impossibilité de maintenir le contrat pour un motif étranger à la grossesse ou à l'accouchement (C. trav. art. L 1225-4). Lorsque la salariée prend des congés payés immédiatement après la fin du congé de maternité, le point de départ de la période est reporté à la date de reprise effective du travail. L'interdiction de licencier s'étend au **père** pendant les 10 semaines suivant la naissance de son enfant (C. trav. art. L 1225-4-1). Les parents en congé d'**adoption** bénéficient d'une protection similaire (C. trav. art. L 1225-38).

La même protection est accordée au salarié pendant les 13 semaines suivant le **décès** de son **enfant âgé de moins 25 ans** ou de la personne de moins de 25 ans dont il avait la charge effective et permanente.

Tout licenciement prononcé en méconnaissance de ces interdictions est nul. Sur les conséquences de la **nullité**, voir n° 57270.

c. L'interdiction du licenciement ne fait pas obstacle à la conclusion d'une **rupture conventionnelle** homologuée (Cass. soc. 25-3-2015 n° 14-10.149 FS-PB : RJS 6/15 n° 407).

d. La durée du congé de maternité, de paternité ou d'adoption est **assimilée** à une période de **travail effectif** pour le calcul de l'ancienneté, des congés payés, le compte personnel de formation et les droits au titre de la participation et de l'intéressement.

MALADIE

Maladie et rupture du contrat de travail Le salarié malade doit **informer** son employeur du motif de son absence et lui adresser un **certificat médical** dans les délais requis (délais fixés par la convention collective ou les usages ; en général 48 heures). **56020**

La maladie ne rompt pas le contrat de travail mais en suspend provisoirement l'exécution. La **maladie prolongée** ou les **absences répétées** peuvent cependant constituer une cause réelle et sérieuse de licenciement dès lors qu'elles désorganisent l'entreprise et rendent nécessaire le remplacement définitif du salarié. Dans ce cas, la lettre de licenciement doit nécessairement mentionner à la fois la perturbation du fonctionnement de l'entreprise et la nécessité du remplacement de l'intéressé.

Les conventions collectives instituent fréquemment un **délai de garantie d'emploi** pendant lequel le contrat de travail ne peut pas être rompu du fait de l'absence pour maladie. Par exemple, la convention collective des entreprises de travaux et services agricoles, ruraux et forestiers prévoit une période de garantie d'emploi de 6 mois en cas de maladie ou d'accident non professionnel.

> **Précisions a.** La **nécessité de remplacement** n'est pas démontrée lorsque l'employeur a engagé un remplaçant en contrat à durée déterminée (Cass. soc. 20-5-2009 n° 08-40.432 F-D : RJS 8-9/09 n° 707), à temps partiel (Cass. soc. 6-2-2008 n° 06-44.389 FS-PB : RJS 4/08 n° 408) ou a recouru à une société prestataire de services (Cass. ass. plén. 22-4-2011 n° 09-43.334 PBRI : RJS 7/11 n° 595). Le remplacement du salarié malade suppose l'embauche d'un nouveau salarié en contrat à durée indéterminée à horaires équivalents dans la période entourant le licenciement.

b. Le salarié absent peut être remplacé par un autre salarié de l'entreprise à condition que ce dernier soit à son tour remplacé par un nouvel embauché à durée indéterminée, selon le mécanisme du **remplacement en cascade** (Cass. soc. 15-1-2014 n° 12-21.179 FS-PB : RJS 3/14 n° 210).

c. Rien n'interdit à l'employeur de conclure une **rupture conventionnelle** homologuée du contrat de travail pendant un simple arrêt maladie, sauf si le consentement du salarié a été vicié (CA Amiens 11-1-2012 n° 11-00555 : RJS 4/12 n° 337).

56030 **Garantie de ressources** Le salarié en arrêt de travail bénéficie des **indemnités journalières** versées par la caisse de MSA (voir n°s 39320 s.). Mais l'employeur doit, dans les conditions ci-après exposées, verser un **complément**. C'est la garantie de ressources.

56033 En cas d'absence au travail en raison d'une maladie ou d'un accident justifié dans les 48 heures et dûment constaté par certificat médical et contre-visite s'il y a lieu, les salariés (à l'exception des saisonniers) pris en charge par la sécurité sociale et qui justifient d'au moins un an d'ancienneté dans l'entreprise ou l'établissement, ont droit à une **garantie de ressources minimale** versée par l'employeur (C. trav. art. D 1226-1 s.). Ils perçoivent, pendant 30 jours, 90 % de la rémunération brute qu'ils auraient gagnée s'ils avaient continué de travailler et, pendant les 30 jours suivants, les deux tiers de cette rémunération. Ces **durées d'indemnisation** sont augmentées de 10 jours par période de 5 ans d'ancienneté supplémentaire, sans pouvoir dépasser chacune 90 jours (maximum atteint à partir de 31 ans d'ancienneté).
Lors de chaque arrêt de travail, les **délais d'indemnisation** commencent à courir à compter du huitième jour d'absence.
L'employeur peut soit **verser** au salarié absent la rémunération garantie et récupérer les indemnités journalières auprès de la caisse de MSA, soit attendre le versement au salarié des indemnités par la MSA puis compléter à hauteur de la rémunération garantie.
La garantie s'entend **déduction** faite des allocations servies par la MSA et par les régimes complémentaires de prévoyance, mais en ne retenant dans ce dernier cas que la part des prestations résultant du versement de l'employeur.

56036 La plupart des **conventions collectives** de travail instituent une garantie de ressources **plus favorable** que la garantie minimale. Elles s'appliquent alors à la place de celle-ci. Ces conventions peuvent prévoir des modalités particulières de financement et de versement de la garantie.
En ce qui concerne les **exploitations forestières et scieries agricoles**, la garantie de ressources est versée au salarié par une **institution de prévoyance** moyennant une cotisation patronale (Accord du 18-9-2009 étendu par arrêté du 9-7-2010 : JO 23).

56038 **Reprise du travail** Pour toute absence pour maladie de 60 jours ou plus, l'employeur doit, dans les 8 jours du retour du salarié, lui faire passer une **visite médicale** de reprise pratiquée par le médecin du travail (C. rur. art. R 717-17-1).

ACCIDENTS DU TRAVAIL ET MALADIES PROFESSIONNELLES

56050 En cas **d'accident du travail**, c'est-à-dire d'accident survenu à l'occasion du travail, au lieu et au temps de travail, le salarié doit **informer** ou en faire informer l'employeur dans les 24 heures (sauf force majeure, motif légitime ou impossibilité absolue). L'employeur est tenu de **déclarer** l'accident à la caisse de MSA dans les 48 heures (voir n° 40240).
Le salarié atteint d'une **maladie professionnelle** (reconnue par décret ou à la suite d'une expertise individuelle) **déclare** lui-même sa maladie à sa caisse dans les 15 jours de la cessation du travail (voir n° 40410).
Si le médecin prescrit un **arrêt de travail**, le salarié bénéficie de la suspension de son contrat de travail. La durée de la suspension est prise en compte pour la détermination de tous les avantages légaux ou conventionnels liés à l'**ancienneté**.
Les conditions de maintien du **salaire** et la durée d'indemnisation sont celles figurant n° 56030 mais sans délai de carence (indemnisation dès le 1er jour de l'arrêt de travail sauf en cas d'accident de trajet).
Le **licenciement** est interdit pendant la période de suspension, sous peine de nullité, sauf si l'employeur justifie d'une faute grave du salarié ou de l'impossibilité non liée à l'accident ou à la

maladie de maintenir le contrat (C. trav. art. L 1226-9). Sur les conséquences de la nullité, voir n° 57270.

> **Précisions** L'interdiction s'applique aussi à une interruption de la **période d'essai** (Cass. soc. 12-5-2004 n° 02-44.325 F-PB : RJS 7/04 n° 808) ou à une mise à la **retraite** (Cass. soc. 7-3-2007 n° 05-42.279 FS-PB : RJS 5/07 n° 585). Il est possible, en revanche, de procéder à une **rupture conventionnelle homologuée** (Cass. soc. 30-9-2014 n° 13-16.297 FS-PBR : RJS 12/14 n° 855).

Reprise du travail Une **visite médicale** par le médecin du travail est obligatoire dans les 8 jours suivant la reprise du travail après toute absence pour maladie professionnelle ou une absence d'au moins 30 jours pour accident du travail (C. rur. art R 717-17-1). 56055

Si le salarié est déclaré **apte** par le médecin du travail, il doit retrouver son **emploi antérieur** ou un emploi similaire assorti d'une rémunération équivalente ; il ne doit subir aucun retard de **promotion** ou d'avancement (C. trav. art. L 1226-8).

INAPTITUDE MÉDICALE

Constatation de l'inaptitude L'inaptitude est **caractérisée lorsque** le médecin du travail constate que l'état de santé du salarié justifie un changement de poste et qu'aucune mesure d'aménagement, d'adaptation ou de transformation du poste de travail occupé n'est possible (C. trav. art. L 4624-4). 56060

La constatation de l'inaptitude est **précédée** d'une étude du poste pratiquée par le médecin du travail ou par un membre de l'équipe pluridisciplinaire et un échange avec le salarié et l'employeur. S'il estime un second examen nécessaire pour rassembler les éléments permettant de motiver sa décision, le médecin réalise ce second examen dans un délai de 15 jours à compter du premier examen. La notification de l'avis médical d'inaptitude intervient au plus tard à cette date (C. rur. art. R 717-24). Avant toute décision définitive, le médecin du travail reçoit le salarié afin d'échanger sur l'avis et les indications ou les propositions qu'il pourrait adresser à l'employeur.

Que le contrat soit à durée déterminée ou indéterminée, cette constatation crée à la charge de l'employeur une **obligation de reclassement sauf** si le médecin du travail indique expressément dans son avis que le maintien du salarié dans un emploi serait gravement préjudiciable à sa santé ou que l'état de santé du salarié fait obstacle à tout reclassement dans un emploi (C. trav. art. L 1226-2-1, al. 2 et L 1226-12, al. 2 ; C. rur. art. R 717-24).

L'**employeur est tenu** de prendre en considération l'avis et les indications ou les propositions émis par le médecin du travail ; en cas de refus, il fait connaître par écrit au salarié et au médecin du travail les motifs qui s'opposent à ce qu'il y soit donné suite (C. trav. art. L 4624-6). Dans ce cas, l'employeur peut engager la procédure de rupture du contrat de travail sans consultation préalable du CSE sur le reclassement (Cass. soc. 16-11-2022 n° 21-17.255 F-B : RJS 1/23 n° 8).

L'employeur (ainsi que le salarié) peut aussi **contester** les éléments de nature médicale justifiant les avis, propositions, conclusions écrites ou indications émis par le médecin du travail, en saisissant le conseil de prud'hommes, dont la décision se substitue à l'avis médical (C. trav. art. L 4624-7). Cette saisine doit intervenir dans les 15 jours de leur notification ; les modalités de recours ainsi que ce délai doivent être mentionnés sur les avis et mesures émis par le médecin du travail.

> **ATTENTION**
> Une **aptitude** médicale **avec réserves** vaut avis d'aptitude. Le salarié doit retrouver son emploi initial avec les aménagements nécessaires préconisés par le médecin du travail, y compris au travers d'une mutation permise par une clause de mobilité (Cass. soc. 26-4-2017 n° 14-29.089 FS-PB : RJS 7/17 n° 457, en l'espèce poste distant de plus de 200 kilomètres). Ce n'est que subsidiairement qu'il peut lui être proposé un poste similaire, à défaut un autre poste (Cass. soc. 6-2-2013 n° 11-28.038 FS-PB : RJS 4/13 n° 277).

Mise en œuvre du reclassement Le reclassement du salarié se fait sur la base des conclusions écrites du médecin du travail : **indications** sur les capacités du salarié à exercer l'une des tâches existant dans l'entreprise et, éventuellement, son aptitude à bénéficier d'une formation le préparant à occuper un poste adapté (C. trav. art. L 1226-2, al 3 et L 1226-10, al. 2). Ces conclusions sont fondamentales dans la mesure où l'obligation de reclassement est réputée accomplie lorsque l'employeur a proposé un emploi en prenant en compte l'avis et les indications du médecin du travail (C. trav. art. L 1226-2-1, al. 3 et L 1226-12, al. 3). 56065

L'**emploi proposé** est aussi comparable que possible à l'emploi précédemment occupé, au besoin par la mise en œuvre de mesures telles que mutations, aménagements, adaptations ou transformations de postes existants ou aménagement du temps de travail (C. trav. art. L 1226-2, al. 4 et L 1226-10, al. 3). Le reclassement doit être recherché parmi les emplois disponibles au sein des différents établissements de l'entreprise, y compris, le cas échéant, parmi les postes à pourvoir par contrat à durée déterminée (Cass. soc. 4-9-2019 n° 18-18.169 F-D : RJS 11/19 n° 620). Si l'employeur appartient à un groupe, la recherche des possibilités de reclassement doit s'effectuer parmi les entreprises situées en France dont les activités, l'organisation ou le lieu d'exploitation lui permettent d'assurer la permutation de tout ou partie du personnel (Cass. soc. 5-7-2023 n° 22-10.158 FS-B : RJS 10/23 n° 504).

L'emploi de reclassement ne doit, en principe, entraîner aucune modification du contrat de travail. Néanmoins, si le seul poste disponible comporte une telle modification, il doit être proposé au salarié. La proposition de reclassement doit être précise et mentionner la qualification du poste, la rémunération et les horaires de travail.

La procédure de reclassement, menée éventuellement avec l'appui de l'équipe pluridisciplinaire ou celui d'un organisme compétent en matière de maintien en emploi (C. trav. art. L 4624-5, al. 2), doit requérir l'**avis du comité social et économique**, s'il existe (C. trav. art. L 1226-2, al. 3 et L 1226-10, al. 2).

L'employeur dispose d'un délai de **1 mois** pour la mener à bien, délai durant lequel le salarié ne perçoit aucune rémunération ; au cas particulier d'une inaptitude d'origine professionnelle, toutefois, le salarié perçoit l'équivalent des indemnités journalières de sécurité sociale.

Si le **reclassement n'est pas possible**, soit en raison de l'absence de poste adapté, soit que le salarié a refusé le poste proposé, l'employeur doit procéder au licenciement de l'intéressé après lui avoir notifié par écrit les raisons qui s'opposent à ce reclassement (C. trav. art. L 1226-2-1, al. 1 et L 1226-12, al. 1). Il s'agit d'un licenciement pour motif personnel.

À défaut de licenciement ou de reclassement à l'issue du délai d'un mois, l'employeur doit reprendre le paiement du salaire (C. trav. art. L1226-4 et L 1226-11). Il s'agit de la rémunération correspondant au poste occupé avant la suspension du contrat de travail. Il doit être versé en intégralité, même si le salarié perçoit des indemnités de sécurité sociale ou de prévoyance ou a retrouvé un emploi. Il ouvre droit à une indemnité de congés payés.

S'il manque à son obligation, le salarié peut saisir le juge pour demander le versement de sa rémunération ou faire constater la rupture du contrat de travail, cette dernière étant automatiquement dépourvue de cause réelle et sérieuse.

> **Précisions a.** L'avis du **comité social et économique** est simplement consultatif (Cass. soc. 6-5-2015 n° 13-25.727 F-D : RJS 7/15 n° 481), mais son absence prive le licenciement de cause réelle et sérieuse (Cass. soc. 30-9-2020 n° 19-11.974 FS-PBI : RJS 12/20 n° 579). En cas d'absence de comité social et économique dans une entreprise légalement tenue d'en faire élire, un procès-verbal de carence doit être produit (Cass. soc. 11-5-2016 n° 14-12.169 FS-PB :RJS 7/16 n° 504).
b. L'obligation de reclassement **n'oblige pas l'employeur** à créer un nouvel emploi au bénéfice du salarié inapte (Cass. soc. 21-3-2012 n° 10-30.895 F-D : RJS 6/12 n° 541) ni à lui proposer les tâches confiées à un stagiaire (Cass. soc. 11-5-2017 n° 16-12.191 F-PB : RJS 7/17 n° 467, qui réserve l'hypothèse d'un détournement de la notion de stage). Elle ne peut pas, non plus, le contraindre à proposer à un autre salarié la modification de son contrat (Cass. soc. 8-2-2017 n° 15-22.992 F-D : RJS 4/17 n° 251). Néanmoins, si le seul poste disponible comporte une telle modification, il doit être proposé au salarié.
c. L'employeur tenu à la **reprise du paiement du salaire**, en l'absence de reclassement ou de licenciement, ne peut pas y substituer le paiement d'une indemnité de congés payés non pris ou contraindre le salarié à prendre ses congés (Cass. soc. 1-3-2017 n° 15-28.563 F-D : RJS 5/17 n° 322).
d. La **lettre de licenciement** doit impérativement se référer à l'inaptitude physique du salarié et à l'impossibilité (ou son refus) de reclassement (Cass. soc. 23-5-2017 n° 16-10.156 F-D : RJS 8-9/17 n° 556). Un modèle de lettre de licenciement est proposé par le décret 2017-1820 du 29 décembre 2017, annexe II (JO 30).

56070 **Conséquences financières de la rupture du contrat** Lorsque l'**inaptitude est d'origine non professionnelle**, le salarié en CDI doit percevoir l'indemnité légale ou conventionnelle de licenciement mais non l'indemnité de préavis qu'il ne peut pas exécuter du fait de son inaptitude. La violation de l'obligation de reclassement prive le licenciement de cause réelle et sérieuse : outre des dommages-intérêts, évalués dans les limites minimales et maximales fixées par l'article L 1235-3 du Code du travail (voir n° 57250), le salarié a droit au paiement d'une indemnité de préavis (Cass. soc. 7-12-2017 n° 16-22.276 F-PB : RJS 2/18 n° 98).

Si le salarié était en CDD, sa rupture peut intervenir par anticipation (C. trav. art. L 1243-1). L'indemnité est égale à l'indemnité de licenciement en complément de l'indemnité de fin de contrat éventuellement due sans condition d'ancienneté (C. trav. art. L 1226-4-3).

Ces indemnités sont dues même si le médecin du travail a dispensé l'employeur de son obligation de reclassement.
Sur l'indemnité temporaire d'inaptitude, voir n° 40315.

Lorsque l'**inaptitude est d'origine professionnelle**, le salarié perçoit une **indemnité** dont le montant est équivalent à celui de l'indemnité compensatrice de préavis (plafonnée à 2 mois de salaire) ainsi qu'une indemnité spéciale de licenciement égale, sauf dispositions conventionnelles plus favorables, au double de l'indemnité légale minimale, aucune condition d'ancienneté n'étant exigée (C. trav. art. L 1226-14). 56075
Toutefois, en cas de **refus abusif** par le salarié du poste qui lui était offert, seule est due l'indemnité légale de licenciement (Cass. soc. 20-2-2008 n° 06-44.867 FP-PB : RJS 5/08 n° 540, 2e esp.). Est abusif le refus du salarié sans motif légitime d'un poste approprié à ses capacités et comparable à l'emploi précédemment occupé (Cass. soc. 7-5-1996 n° 92-42.572 PB : RJS 6/96 n° 668). En revanche, le refus d'un poste de reclassement n'est pas abusif dès lors que la proposition entraîne une modification du contrat de travail comme, par exemple, une diminution du salaire (Cass. soc. 4-12-2001 n° 99-44.677 FS-P : RJS 2/02 n° 167).
En cas de **manquement** de l'employeur à son **obligation de reclassement**, le licenciement ouvre droit à une indemnité qui ne peut pas être inférieure à 6 mois de salaire (C. trav. art. L 1226-15, al. 3) et à laquelle s'ajoutent l'indemnité spéciale de licenciement et l'indemnité de préavis (plafonnée à 2 mois de salaire).
Au cas particulier d'un **CDD**, en cas d'impossibilité ou de refus de reclassement, le salarié perçoit une indemnité égale à l'indemnité spéciale de licenciement ainsi qu'à l'indemnité de fin de contrat éventuellement due (C. trav. art. L 1226-20, al. 4). En cas d'absence de proposition de reclassement et de rupture de contrat, l'employeur doit verser l'équivalent des salaires restant à courir (C. trav. art. L 1226-21).

SECTION 7

RELATIONS CONTRACTUELLES SOUMISES À DES RÈGLES PARTICULIÈRES

A. Contrat à durée déterminée

Le contrat de travail à durée déterminée (CDD) est un contrat conclu pour une durée limitée et qui prend fin automatiquement à l'arrivée de son terme (C. trav. art. L 1242-1 s.). L'embauche en contrat à durée indéterminée étant la règle, l'embauche en CDD n'est possible que dans des cas limitativement énumérés par la loi. 56100
L'inobservation des dispositions légales est susceptible d'entraîner la **requalification** du contrat en contrat à durée indéterminée. En cas de requalification, les juges doivent accorder au salarié, à la charge de l'employeur, une indemnité au moins égale à un mois de salaire, sans préjudice de l'application des dispositions relatives au licenciement (C. trav. art. L 1245-2).
Des **sanctions pénales** sont par ailleurs applicables (C. trav. art. L 1248-1 s.).

CAS DE RECOURS

Le CDD ne peut avoir ni pour objet ni pour effet de pourvoir durablement un emploi lié à l'activité normale et permanente de l'entreprise et ce, quel que soit le motif du recours à ce type de contrat (C. trav. art. L 1242-1). Il ne peut être conclu que pour l'exécution d'une tâche précise et temporaire, sauf dans les cas visés ci-dessous, e., et seulement dans les cas suivants (C. trav. art. L 1242-2) : 56105

a. Remplacement d'un salarié absent ou dont le contrat de travail est suspendu ou d'un salarié passé provisoirement à temps partiel. À l'exception de la grève, toutes les causes d'absence ou de suspension du contrat d'un salarié permettent de recourir au CDD : maladie, accident, stage de formation, congés, etc. Il peut s'agir aussi du remplacement d'un salarié qui a changé de poste afin de remplacer un autre titulaire absent ou temporairement affecté à d'autres fonctions. Un CDD peut également être conclu dans certaines **circonstances particulières** telles que le départ d'un salarié avant la suppression (programmée) de son poste de travail ou le fait qu'un salarié nouvellement recruté ne soit pas immédiatement disponible ;

b. Accroissement temporaire de l'activité de l'entreprise, justifié, par exemple, par une commande importante, la création d'une activité nouvelle, une tâche ponctuelle ne relevant pas de l'activité normale de l'entreprise, des travaux urgents nécessités par des mesures de sécurité. À noter que l'employeur n'a pas l'obligation d'affecter le salarié à des tâches directement liées à ce surcroît d'activité (Cass. soc. 18-2-2003 n° 01-40.470 FS-P : RJS 5/03 n° 576) ;

c. Travaux saisonniers appelés à se **répéter** chaque année à date à peu près fixe en fonction du rythme des saisons (notamment en agriculture) ou des modes de vie collectifs (cas du tourisme). Ces contrats peuvent être renouvelés sans limite d'une année à l'autre sans que le salarié puisse se prévaloir d'un contrat à durée indéterminée (Cass. soc. 26-10-2011 n° 09-43.205 FS-PB : RJS 1/12 n° 12, en l'espèce salarié employé depuis seize ans de mi-juillet à mi-septembre pour le conditionnement du maïs). Toutefois, le renouvellement du contrat peut créer une telle relation à durée indéterminée si, par exemple, un salarié est employé chaque année depuis plus de 20 ans, pendant toute la période d'ouverture ou, pour une entreprise ne fonctionnant qu'une partie de l'année, de fonctionnement (Cass. soc. 13-12-1995 n° 92-42.713 D : RJS 2/96 n° 101 et 18-1-2018 n° 16-23.836 FS-D : RJS 3/18 n° 163). S'agissant de la reconduction des contrats saisonniers, voir n° 56160 ;

d. Emplois pour lesquels, dans les secteurs professionnels définis à l'article D 1242-1 du Code du travail (dont les exploitations forestières pour les bûcherons) ou par convention ou accord collectif étendu, il est d'**usage constant** de ne pas recourir au contrat à durée indéterminée. La conclusion de contrats successifs avec le même salarié est admise sous réserve de justifier de raisons objectives, c'est-à-dire de l'existence d'éléments concrets établissant le caractère par nature temporaire de l'emploi occupé (Cass. soc. 23-1-2008 nos 06-44.197 FP-PB, 06-43.040 FP-PBR : RJS 3/08 n° 256 et 21-9-2022 n° 21-12.590 FS-B : RJS 11/22 n° 590) ;

e. Lorsque l'employeur s'engage à assurer un **complément de formation professionnelle** au salarié ou pour favoriser l'embauche de certaines catégories de **personnes sans emploi**, notamment : contrat unique d'insertion (initiative-emploi), professionnalisation, emploi formation agricole et contrat conclu pour 24 mois au maximum avec un demandeur d'emploi âgé justifiant manquer de 8 trimestres pour bénéficier d'une retraite à taux plein (C. rur. art. D 718-4 s.) ;

f. Remplacement d'un agriculteur, d'un aide familial, d'un associé d'exploitation ou de leur conjoint dès lors que celui-ci participe effectivement à l'activité de l'entreprise ou de l'exploitation agricole ;

g. CDD à objet défini. Conclu pour une durée de 18 à 36 mois, non renouvelable, ce contrat permet de recruter des ingénieurs ou des cadres pour la réalisation d'un projet. L'employeur ne peut y recourir que si un accord de branche étendu ou, à défaut, un accord d'entreprise le prévoit. Un tel accord est applicable dans le secteur des jardineries et graineteries (Accord du 13-12-2011 étendu par arrêté du 21-3-2013) et dans celui des structures associatives cynégétiques (Avenant n° VII du 18-12-2009 étendu par arrêté du 18-9-2012 et accord du 28-5-2015 étendu par arrêté du 18-12-2015).

CONTRAT VENDANGES

56120 Ce contrat a pour **objet** la réalisation de travaux de vendanges, qui s'entendent des préparatifs à la réalisation des vendanges, travaux de rangement inclus (C. rur. art. L 718-4).

Il a une **durée** maximale d'un mois. Il doit préciser la durée pour laquelle il est conclu ; à défaut, il est réputé établi pour une durée qui court jusqu'à la fin des vendanges (C. rur. art. L 718-5, al. 1).

Un salarié peut recourir à plusieurs **contrats** vendanges **successifs**, sans que le **cumul** des contrats n'excède une durée de 2 mois sur une période de 12 mois (C. rur. art. L 718-5, al. 2).

Les salariés en **congés payés** et les **agents publics** peuvent bénéficier du contrat vendanges (C. rur. art. L 718-6).

Sur l'exonération de **cotisations** sociales liée à ce contrat, voir n° 52670.

INTERDICTIONS

56130 Il est interdit de recourir au CDD (C. trav. art. L 1242-5 et L 1242-6) :

– pour remplacer un salarié en **grève** ;

– pour faire effectuer des **travaux dangereux** dont la liste est fixée par décret (C. trav. art. D 4154-1), sauf dérogation accordée par la Dreets préalablement à l'affectation du salarié à ces travaux. La demande doit être accompagnée de l'avis du médecin du travail et du comité social et économique (CSE) (C. trav. art. D 4154-3) ;

– au titre d'un accroissement temporaire de l'activité, dans un établissement ayant procédé à un **licenciement économique** et dans les 6 mois qui suivent ce licenciement. Cette interdiction ne s'applique qu'aux postes concernés par le licenciement. Elle ne joue pas si la durée du contrat, non renouvelable, n'excède pas 3 mois, ou si le contrat est lié à la survenance dans l'entreprise d'une commande exceptionnelle à l'exportation (dans ce cas, l'information et la consultation du CSE doivent précéder l'embauche) ou, enfin, pour les autres motifs (remplacement, travaux saisonniers, ...).

FORME ET CONTENU DU CONTRAT

Le CDD doit être établi par **écrit** et transmis au salarié dans les deux jours ouvrables suivant 56140
l'embauche (C. trav. art. L 1242-12 et L 1242-13). Il doit préciser le **motif** pour lequel il est conclu et comporter certaines **mentions** : nom et qualification de la personne remplacée, date d'échéance du terme (et, le cas échéant, clause prévoyant le renouvellement) ou, en l'absence de terme précis, durée minimale. En outre, il doit préciser la durée de la période d'essai éventuellement prévue, la désignation du poste de travail, le montant de la rémunération, l'intitulé de la convention collective, le nom et l'adresse de la caisse de retraite complémentaire et le cas échéant de l'organisme de prévoyance.

En l'**absence** d'écrit ou d'indication du motif, ainsi qu'en cas d'omission d'une mention essentielle du contrat (telle que, notamment, le nom ou la qualification du salarié remplacé), le contrat est réputé conclu pour une durée indéterminée.

En revanche, le **défaut de transmission** du contrat dans les deux jours ouvrables au salarié ne peut pas, à lui seul, entraîner la requalification en contrat à durée indéterminée. Il ouvre droit, à son profit, à une indemnité, à la charge de l'employeur, qui ne peut pas être supérieure à un mois de salaire (C. trav. art. L 1245-1, al. 2).

En outre, le défaut de remise au salarié, dans le délai indiqué ci-dessus, d'un contrat écrit comportant la définition précise de son motif est passible de sanctions pénales (amende de 3 750 € ou 7 500 € en cas de récidive et/ou emprisonnement de 6 mois).

> **Précisions** L'employeur doit adresser une **déclaration préalable d'embauche** à la caisse de MSA ou, si les conditions en sont réunies, utiliser le titre emploi-service agricole, qui dispense de l'établissement d'un contrat de travail (n° 52125).

DURÉE, RENOUVELLEMENT, SUCCESSION DE CONTRATS

Il convient de distinguer entre les contrats comportant un terme précis et ceux dont le terme 56150
peut ne pas être précisé.

Contrats comportant un terme précis En principe, le CDD doit comporter un 56155
terme fixé avec précision dès sa conclusion.

a. Durée maximale. La durée totale du contrat ne peut pas excéder **18 mois**, renouvellement inclus. Cette durée maximale est réduite à **9 mois** en cas d'attente de l'entrée en service effective d'un salarié recruté en contrat à durée indéterminée ou de travaux urgents nécessités par des mesures de sécurité. Elle est portée à **24 mois** en cas de contrat exécuté à l'étranger (quel que soit son motif), de départ définitif d'un salarié précédant la suppression de son poste ou de commande à l'exportation (C. trav. art. L 1242-8-1).

À noter que la durée des contrats conclus dans le cadre de la politique de l'emploi est fixée par les textes propres à chacun de ces contrats.

Sur la durée maximale du contrat vendanges, voir n° 56120.

b. Renouvellement. Sauf convention ou accord de branche étendu fixant le nombre maximal de renouvellements, le contrat peut être renouvelé **2 fois**. Les conditions du renouvellement sont stipulées soit dans le contrat initial, soit dans un avenant soumis au salarié avant le terme initial. La durée du renouvellement peut être inférieure, égale ou supérieure à la durée initialement prévue, à condition qu'au total la durée maximale autorisée ne soit pas dépassée (C. trav. art. L 1243-13).

c. Succession de contrats. À l'expiration du contrat, on ne peut recourir, pour pourvoir le **poste** du salarié dont le contrat a pris fin, ni à un CDD ni à un contrat de travail temporaire avant l'expiration d'une **période** égale soit au tiers, soit à la moitié de la durée du contrat, renouvellement(s) inclus, selon que la durée de ce contrat est au moins égale ou inférieure à 14 jours. Ce délai est calculé en jours d'ouverture de l'entreprise ou de l'établissement (C. trav. art. L 1244-3 s.).

À noter que la conclusion de contrats successifs avec le **même salarié** est possible sans interruption pour le remplacement de plusieurs salariés absents, sur le même poste ou sur des postes différents (Cass. soc. 17-11-2021 n° 20-18.336 FS-B : RJS 2/22 n° 47), ainsi que pour les emplois saisonniers et les emplois d'usage (C. trav. art. L 1244-4-1). En dehors de ces cas, il est possible de conclure un nouveau contrat avec le même salarié sur un poste différent après un certain délai, qui ne doit pas être trop bref.

> **Précisions** **Une convention ou un accord de branche étendu** peut fixer une durée maximale du contrat à durée déterminée et le nombre maximal de renouvellements sans que la durée totale qui en résulte ne puisse avoir ni pour objet ni pour effet de pourvoir durablement un emploi lié à l'activité normale et permanente de l'entreprise (C. trav. art. L 1242-8 et L 1242-13). La voie conventionnelle n'est, cependant, pas ouverte pour les contrats conclus au titre de la politique de l'emploi ou pour les contrats à objet défini. (C. trav. art. L 1242-8-2). Pour ces derniers, voir n° 56105, g.
> Une convention ou un accord de branche étendu peut également déterminer les modalités de calcul du délai de carence ainsi que les cas dans lesquels il ne s'applique pas (C. trav. art. L 1244-3 et L 1244-4).

56160 **Contrats sans terme précis** Par exception, le CDD peut ne pas comporter de terme précis lorsqu'il est conclu pour remplacer une **personne absente**, pour les emplois **saisonniers** et pour les emplois d'**usage** (exemple : bûcherons à la tâche) ou dans l'attente de l'entrée en service effective d'un **salarié recruté en contrat à durée indéterminée**. Le contrat doit alors être conclu pour une **durée minimale** pendant laquelle il ne peut pas être rompu. Il a pour terme la fin de l'absence du salarié ou la réalisation de l'objet pour lequel il est conclu. Aucune **durée maximale** n'est prévue, sauf dans les cas suivants : contrat conclu dans l'attente de l'entrée en service effective d'un salarié recruté en CDI ou pour un objet défini, contrat vendanges, contrat saisonnier avec un travailleur étranger (maximum 6 mois sur 12 mois consécutifs).

Dans les **branches d'activité à caractère saisonnier**, une convention ou un accord collectif peut imposer à l'employeur ayant occupé un salarié dans un emploi saisonnier de lui **proposer** un emploi de même nature pour la même saison de l'année suivante (C. trav. art. L 1244-2). Cette clause a pour seul effet d'octroyer une priorité d'emploi au salarié et ne peut pas être assimilée à une clause contractuelle de reconduction automatique du contrat de travail pour la saison suivante. Son non-respect ouvre droit pour le salarié à des dommages et intérêts (Cass. soc. 3-5-2016 n° 14-30.085 FS-PB : RJS 7/16 n° 478).

En l'absence de disposition conventionnelle et pour certaines **branches** visées par l'arrêté ETST1713866A du 5 mai 2017 **où l'emploi saisonnier est très développé** (parmi lesquelles celle des **jardineries et graineteries**), tout salarié embauché en CDD saisonnier bénéficie d'un **droit à la reconduction** de son contrat sous certaines conditions (C. trav. art. L 1244-2-1). Dans la branche des jardineries et graineteries, l'employeur qui a occupé un salarié dans un emploi saisonnier pendant tout ou partie de deux saisons identiques consécutives et dont le contrat de travail est arrivé à son terme initial doit proposer au salarié (sauf motif réel et sérieux) un emploi de même nature pour la saison identique suivante et par tout moyen ; une procédure de demande du salarié de bénéficier d'un contrat pour la saison et de réponse de l'employeur est prévue et la durée des CDD saisonniers dans une même entreprise est cumulée pour le calcul de l'ancienneté du salarié et des droits qui y sont attachés (Accord du 27-6-2017 étendu par arrêté du 15-1-2018).

> **Précisions** En cas de **remplacement d'un salarié** absent ou dont le contrat de travail est suspendu, le terme du contrat de travail peut être **reporté** jusqu'au surlendemain du jour où le salarié remplacé reprend son emploi (C. trav. art. L 1243-7).
> Sur la possibilité de conclure des **contrats successifs**, voir n° 56155.

EXÉCUTION DU CONTRAT

56170 **Période d'essai** Le CDD peut comporter une période d'essai dont la **durée maximale** est fixée, sauf usages ou dispositions conventionnelles prévoyant des durées inférieures, à un jour par semaine de travail prévue au contrat, dans la limite maximale de 2 semaines si la durée initiale du contrat ne dépasse pas six mois, et d'un mois si la durée initiale du contrat est supérieure à six mois.

Lorsque le contrat ne comporte pas de terme précis, la période d'essai est calculée par rapport à la durée minimale du contrat (C. trav. art. L 1242-10).

56173 **Statut des salariés** À l'exclusion des règles relatives à la rupture du contrat, toutes les dispositions légales, conventionnelles ou résultant des usages, applicables aux salariés liés par un contrat à durée indéterminée s'appliquent aux salariés en CDD (C. trav. art. L 1242-14). Ces derniers sont toutefois régis par certaines dispositions spécifiques principalement dans les domaines suivants.

a. Sous peine de sanctions pénales pour l'employeur (amende de 3 750 € ou, en cas de récidive, 7 500 € et/ou emprisonnement de 6 mois), la **rémunération** du salarié en CDD ne peut pas être inférieure au montant de la rémunération que percevrait dans la même entreprise, après période d'essai, un salarié en contrat à durée indéterminée de qualification équivalente et occupant les mêmes fonctions (C. trav. art. L 1242-15).

b. Le salarié en CDD a droit à un **congé annuel** dans les mêmes conditions que les autres salariés de l'entreprise. Toutefois, lorsque le régime qui s'y applique ne lui permet pas de prendre effectivement ses congés, il a droit, quelle qu'ait été la durée de son contrat, à une **indemnité compensatrice** de congés payés égale au dixième de la rémunération totale brute. L'indemnité est versée à la fin du contrat (C. trav. art. L 1242-16).

c. Si le salarié en CDD ou le travailleur temporaire est affecté à un poste de travail présentant des **risques** particuliers, une **formation** renforcée à la **sécurité** doit être organisée ainsi qu'un accueil et une information adaptés (C. trav. art. L 4142-2). L'employeur qui n'organise pas cette formation est présumé avoir commis une **faute inexcusable** en cas d'accident du travail (C. trav. art. L 4154-3).

d. La **suspension** du CDD peut intervenir dans les mêmes conditions que pour le contrat à durée indéterminée (maladie, notamment). Toutefois, elle ne fait pas obstacle à l'échéance du terme (C. trav. art. L 1243-6).

e. À la demande du salarié en CDD justifiant de 6 mois d'ancienneté dans l'entreprise, l'employeur l'informe des **postes à pourvoir en CDI** dans l'entreprise, dans un délai d'un mois à compter de la réception de la demande (C. trav. art. L 1242-17 et D 1242-8). Une disposition similaire existe pour le travailleur temporaire vis-à-vis de l'entreprise utilisatrice (C. trav. art. L 1251-25 et D 1251-3-1).

f. En cas d'**inaptitude**, voir n° 56060.

g. Sur le **congé de transition professionnelle**, voir n°s 54405 s.

CESSATION DU CONTRAT À L'ÉCHÉANCE DU TERME

Le CDD prend fin à l'échéance du terme. S'il est sans terme précis, cela correspond à la réalisation de l'objet pour lequel il a été conclu. **56180**

À l'issue d'un CDD, l'employeur doit verser une **indemnité de fin de contrat**, égale à 10 % de la rémunération brute totale versée pendant la durée du contrat (6 % si la convention collective le prévoit, mais dans des conditions strictes) (C. trav. art. L 1243-8 s.).

Cette indemnité n'est, toutefois, **pas due** dans les cas suivants (C. trav. art. L 1243-10) :
- emploi saisonnier ou emploi d'usage, sauf dispositions conventionnelles plus favorables ;
- contrat vendanges ;
- contrat conclu dans le cadre de la politique de l'emploi ou pour assurer un complément de formation, sauf dispositions conventionnelles plus favorables ;
- emploi de jeunes pendant les vacances scolaires ou universitaires ;
- poursuite de la relation contractuelle sous la forme d'un contrat à durée indéterminée, sauf s'il y a une interruption (même de quelques jours) entre les contrats ;
- refus du salarié d'accepter la conclusion d'un contrat à durée indéterminée pour occuper le même emploi ou un emploi similaire assorti d'une rémunération au moins équivalente.

Sur le droit à l'indemnité en cas de rupture anticipée du contrat, voir n° 56190.

La **protection** contre le licenciement dont bénéficient les salariés pendant la grossesse, le congé maternité ou l'arrêt de travail pour accident du travail ou maladie professionnelle ne fait pas obstacle à la rupture du contrat à durée déterminée à l'arrivée du terme (C. trav. art. L 1225-6 et L 1226-19).

En cas de **poursuite de la relation contractuelle** après l'échéance du terme, le contrat devient à durée indéterminée (C. trav. art. L 1243-11) sauf s'il s'agit d'un renouvellement ou d'un nouveau contrat dans les cas où la conclusion de CDD successifs est autorisée.

RUPTURE ANTICIPÉE

Sauf **accord** des parties, le CDD ne peut être rompu avant l'échéance du terme qu'en cas de **force majeure**, d'**inaptitude** physique constatée par le médecin du travail ou de **faute grave** de l'une des parties (C. trav. art. L 1243-1). En cas de faute grave du salarié, l'employeur doit respecter la **procédure disciplinaire** dans ses dispositions applicables aux sanctions autres que le licenciement (voir n°s 55512 s.). **56190**

Le CDD peut également être rompu par le salarié qui justifie d'une **embauche** à **durée indéterminée**. Le salarié doit dans ce cas respecter un délai de préavis (un jour par semaine compte tenu de la durée totale du contrat, renouvellement inclus, ou de la durée effectuée, si le contrat ne comporte pas de terme précis, dans la limite maximale de 2 semaines) (C. trav. art. L 1243-2).

Si la rupture anticipée n'est pas justifiée par l'une de ces causes, le juge peut allouer des **dommages et intérêts** (C. trav. art. L 1243-3 et L 1243-4)

› Précisions a. Lorsque la rupture est le fait de l'**employeur**, le montant de ces dommages et intérêts ne peut pas être inférieur aux rémunérations que le salarié aurait perçues jusqu'au terme du contrat (C. trav. art. L 1243-4). Le salarié a également droit à l'**indemnité de fin de contrat** (C. trav. art. L 1243-10) mais ne peut prétendre à une indemnité de congés payés pour la période de travail non effectuée (Cass. soc. 16-11-1993 n° 90-44.199 PBS : RJS 1/94 n° 9).
Lorsque la rupture est le fait du **salarié**, celui-ci peut être condamné à verser à l'employeur des dommages et intérêts correspondant au préjudice subi.
L'**indemnité de fin de contrat** n'a pas à être versée par l'employeur en cas de rupture anticipée due à l'initiative du salarié, à sa faute grave ou à un cas de force majeure (C. trav. art. L 1243-10).
b. Le **CDD à objet défini** (n° 56105, h) peut être rompu pour un motif réel et sérieux au bout de 18 mois ou à la date anniversaire de sa conclusion, soit au 24e mois.

B. Mise à disposition

56200 L'entreprise qui a besoin de main-d'œuvre, sans pouvoir ou vouloir recruter directement des salariés, peut être tentée de faire appel à une autre entreprise pour qu'elle mette à sa disposition du personnel. La mise à disposition de salariés, ou prêt de main-d'œuvre, se définit comme l'opération par laquelle une entreprise envoie travailler un ou plusieurs de ses salariés au sein d'une autre entreprise pour y accomplir une mission. En principe, les opérations à **but lucratif** ayant pour objet exclusif le prêt de main-d'œuvre sont **prohibées** (C. trav. art. L 8241-1), voire constitutives du délit de marchandage (C. trav. art. L 8231-1). Il existe néanmoins des exceptions à cette interdiction, dont notamment le recours à une entreprise de travail temporaire (C. trav. art. L 1251-1 s.) ou au travail à temps partagé (C. trav. art. L 1252-1 s.).

› Précisions Est considérée comme non lucrative la mise à disposition par une entreprise d'au moins 5 000 salariés (ou appartenant à un groupe de cette taille) vers une jeune ou petite et moyenne entreprise remplissant certaines conditions ou encore certaines associations et fondations (C. trav. art. L 8241-3).

56225 Lorsqu'elles sont à **but non lucratif**, les opérations de prêt de main-d'œuvre sont autorisées. L'absence de but lucratif est **caractérisée** lorsque l'entreprise prêteuse ne facture à l'entreprise utilisatrice, pendant la mise à disposition, que les salaires versés au salarié, les charges sociales afférentes et les frais professionnels remboursés à l'intéressé au titre de la mise à disposition (C. trav. art. L 8241-1).
Le prêt de main-d'œuvre à but non lucratif obéit notamment aux **règles** suivantes (C. trav. art. L 8241-2) :
– une convention de mise à disposition doit être conclue entre l'entreprise prêteuse et l'utilisatrice ;
– il nécessite l'accord du salarié, caractérisé par un avenant à son contrat de travail ;
– le salarié bénéficie d'un statut protecteur : garanties contre les discriminations, survie du contrat le liant à l'entreprise prêteuse et conservation du bénéfice des dispositions conventionnelles de cette entreprise pendant sa mise à disposition, réintégration dans son poste ou un poste équivalent à l'issue de cette période ;
– il a accès aux installations et moyens de transport collectif de l'entreprise utilisatrice.
Les entreprises peuvent également organiser la mise à disposition en constituant un **groupement d'employeurs** (C. trav. art. L 1253-1 s.) ou en faisant appel à une **association intermédiaire** (C. trav. art. L 5132-7 s.). Ces dernières ont en effet pour objet d'embaucher des personnes sans emploi rencontrant des difficultés particulières d'insertion ou de réinsertion pour les mettre, à titre onéreux, à la disposition de personnes physiques ou morales afin de faciliter leur insertion professionnelle.

C. Travail temporaire

56300 Le travail temporaire se caractérise par une **relation triangulaire** entre l'entrepreneur de travail temporaire, le salarié mis à disposition (appelé intérimaire ou salarié temporaire) et l'utilisateur. Sont liés par un contrat : d'une part, l'entrepreneur de travail temporaire et le salarié (contrat de mission, qui est un contrat de travail) et, d'autre part, l'entrepreneur de travail temporaire et l'utilisateur (contrat de mise à disposition) (C. trav. art. L 1251-1 s.).

L'inobservation de la législation sur le travail temporaire expose l'utilisateur à des **sanctions** civiles – requalification du contrat de travail temporaire en contrat à durée indéterminée (C. trav. art. L 1251-39 et L 1251-40) – et pénales (C. trav. art. L 1255-3 à L 1255-10 et R 1255-2).

> **Précisions** Le salarié temporaire ne peut demander la **requalification** de son contrat de mission en CDI auprès de l'**entreprise utilisatrice** que pour non-respect des dispositions relatives aux cas de recours et à la durée des missions. Il peut agir en requalification auprès de l'**entreprise de travail temporaire** (ETT) en cas de non-respect du délai de carence entre deux contrats, d'absence de contrat de mission écrit ou signé ou de mentions incomplètes, mais pas en cas de transmission tardive du contrat, ce manquement de l'ETT ne lui ouvrant droit qu'à une indemnité au plus égale à un mois de salaire (C. trav. art. L 1251-40). L'entreprise utilisatrice peut être condamnée solidairement avec l'ETT lorsque le manquement reproché à cette dernière n'a été rendu possible que par l'entente illicite des deux entreprises : tel est le cas lorsqu'elles se sont entendues pour contourner l'interdiction de recours au travail temporaire pour pourvoir un emploi permanent de l'entreprise utilisatrice (Cass. soc. 24-4-2013 n° 12-11.793 FS-PB : RJS 7/13 n° 571).

CAS DE RECOURS

Le contrat de travail temporaire ne peut avoir ni pour objet ni pour effet de pourvoir durablement un emploi lié à l'activité normale et permanente de l'entreprise utilisatrice. Un utilisateur ne peut faire appel à un salarié temporaire que pour l'exécution d'une **tâche précise** et **temporaire**, dénommée mission, et seulement dans des cas limitativement énumérés (C. trav. art. L 1251-5 et L 1251-6). **56310**

Ces **cas** sont identiques à ceux prévus pour le CDD, à l'exception du contrat à objet défini, non prévu pour le travail temporaire (n° 56105) : remplacement, accroissement temporaire d'activité, travaux saisonniers ou d'usage, embauche dans le cadre de la politique de l'emploi ou pour assurer un complément de formation professionnelle. Il en va de même pour les **interdictions** (voir n° 56130), auxquelles il faut ajouter le remplacement des médecins du travail (C. trav. art. L 1251-10).

DURÉE, RENOUVELLEMENT, SUCCESSION DE CONTRATS

Il y a lieu d'appliquer les mêmes règles qu'en matière de **CDD**, y compris sur les possibilités de dérogation à certaines dispositions légales par accord de branche étendu (voir n°s 56150 s.). S'y ajoute toutefois une disposition spécifique au travail temporaire : la possibilité d'**aménager le terme** de la mission lorsque celle-ci comporte un terme précis. À condition de le prévoir dans le contrat de mise à disposition ou dans l'avenant de renouvellement et de respecter certaines limites, le terme peut être avancé ou reporté d'un jour pour 5 jours de travail (C. trav. art. L 1251-30). Par ailleurs, le contrat de mission peut comporter une **période d'essai** d'une durée maximale de 2 jours si la durée du contrat ne dépasse pas 1 mois, 3 jours si elle est comprise entre 1 et 2 mois, 5 jours au-delà (C. trav. art. L 1251-14). **56320**

Autre particularité : la succession de contrats sur des postes différents, y compris avec le même salarié, n'est soumise à aucun délai, sous réserve de l'interdiction de pourvoir un emploi permanent de l'entreprise utilisatrice.

OBLIGATIONS DE L'ENTREPRISE UTILISATRICE

Même si l'intérimaire n'est pas le salarié de l'entreprise utilisatrice, il bénéficie néanmoins de certains droits à la charge de cette entreprise. **56330**

Sa **rémunération**, bien que versée par l'entreprise de travail temporaire, ne peut pas être inférieure à celle que percevrait, après période d'essai, un salarié de l'entreprise utilisatrice de qualification équivalente et occupant les mêmes fonctions (C. trav. art. L 1251-18).

Contrôle de l'emploi L'entreprise utilisatrice doit inscrire les intérimaires mis à sa disposition sur le **registre** unique **du personnel**. Elle n'a pas, en revanche, à les mentionner sur la **déclaration sociale nominative**, ni à souscrire la **déclaration préalable** à l'embauche. **56333**

Conditions de travail Pendant la mission, l'entreprise utilisatrice est **responsable** des conditions d'exécution du travail déterminées par les dispositions légales et conventionnelles applicables au lieu de travail en ce qui concerne la durée du travail, le travail de nuit, le repos hebdomadaire, les jours fériés, la santé et la sécurité au travail, le travail des femmes et des jeunes (C. trav. art. L 1251-21). En outre, la **formation renforcée à la sécurité** prévue en faveur des salariés en contrat à durée déterminée (n° 56173) est également applicable aux intérimaires. **56336**

Les salariés temporaires ont accès, dans les mêmes conditions que les salariés de l'entreprise utilisatrice, aux moyens de **transport** collectifs et aux **installations** collectives, notamment de restauration (C. trav. art. L 1251-24).

56339 **Accidents du travail** L'**intérimaire doit déclarer** à l'utilisateur tout accident du travail dont il est victime dans un délai de 24 heures par lettre recommandée si l'utilisateur ou son préposé n'en ont pas été déjà informés sur les lieux de l'accident (CSS art. L 412-4 ; C. rur. art. D 751-93, al. 1).

L'**utilisateur doit informer** l'entreprise de travail temporaire par lettre recommandée dans un délai de 24 heures. Cette information doit être également communiquée par l'entreprise utilisatrice, dans le même délai et les mêmes formes, à la caisse de MSA et à l'inspection du travail (C. rur. art. L 751-39 et D 751-93, al. 2).

Pour tenir compte des risques propres à chaque utilisateur, le **coût des accidents du travail** et maladies professionnelles des salariés temporaires est mis à la charge de l'entreprise utilisatrice, en principe à raison d'un tiers (C. rur. art. L 751-14, al. 1 ; CSS art. R 242-6-1), porté à la moitié à compter du 1er janvier 2026 (Décret 2024-723 du 5-7-2024 : JO 7).

À noter que :

– l'existence d'une **faute inexcusable** est présumée lorsque l'intérimaire, victime d'un accident du travail, a été affecté à un poste sans recevoir la formation renforcée à la sécurité requise (C. trav. art. L 4154-3) ;

– si l'intérimaire engage une action en responsabilité fondée sur la faute inexcusable de l'employeur sans **mettre en cause l'utilisateur**, l'entreprise de travail temporaire est tenue de l'appeler en la cause (C. rur. art. L 751-14, al. 2).

56342 **Représentation du personnel** Les salariés temporaires ne sont ni électeurs (Cass. soc. 1-4-2008 n° 07-60.287 FS-PB : RJS 6/08 n° 694) ni éligibles aux élections du **comité social et économique** de l'entreprise utilisatrice. De ce fait, ils ne peuvent pas y être désignés comme **délégué syndical**.

56345 **Prise en compte dans l'effectif** Les travailleurs temporaires, sauf s'ils effectuent une mission de remplacement, sont pris en compte dans l'effectif de l'**entreprise utilisatrice**, pour la mise en œuvre de la majorité des dispositions du Code du travail, au **prorata** de leur temps de présence dans cette entreprise au cours des **douze mois** précédant le mois pour lequel on veut calculer l'effectif (C. trav. art. L 1111-2).

En revanche, ils ne sont pas pris en compte pour l'appréciation des seuils fixés par le **Code de la sécurité sociale** dans l'entreprise utilisatrice, ainsi que certaines dispositions du Code du travail qui s'y réfèrent (CSS art. R 130-1).

Ils sont également exclus du décompte de l'effectif de l'entreprise utilisatrice pour la tarification des risques **accident du travail** et maladie professionnelle (C. trav. art. R 1111-1).

CONTRAT DE MISE À DISPOSITION

56348 Le contrat entre l'entreprise utilisatrice et l'entreprise de travail temporaire doit être conclu par **écrit** dans les **deux jours** ouvrables suivant la mise à disposition de l'intérimaire et comporter un certain nombre de **mentions obligatoires** (C. trav. art. L 1251-42 et L 1251-43).

Toute clause tendant à **interdire l'embauchage** par l'utilisateur de l'intérimaire à l'issue de sa mission est réputée non écrite (C. trav. art. L 1251-44).

SUBSTITUTION DE L'UTILISATEUR À L'ENTREPRISE DE TRAVAIL TEMPORAIRE

56350 Toute entreprise de travail temporaire est tenue de justifier d'une **garantie financière** assurant, en cas de défaillance de sa part, le paiement des rémunérations dues aux salariés mis à disposition, des charges sociales afférentes et le remboursement des prestations de maladie de longue durée ou d'accident du travail (C. trav. art. L 1251-49).

Lorsque cette caution est **insuffisante**, l'utilisateur est substitué à l'entrepreneur temporaire défaillant pour le paiement des sommes restant dues aux salariés et aux organismes de sécurité sociale ou institutions sociales dont relèvent ces salariés, pour la durée de la mission accomplie dans son entreprise (C. trav. art. L 1251-52 et R 1251-25 s.).

> **Précisions** L'utilisateur est **subrogé** dans les droits des créanciers contre l'entrepreneur de travail temporaire, jusqu'à concurrence des sommes qu'il a versées (C. trav. art. R 1251-28).
>
> À noter qu'il est en droit d'exiger des l'entreprise de travail temporaire une **attestation** des organismes de sécurité sociale précisant sa situation au regard du recouvrement des cotisations (C. trav. art. L 1251-51).

D. Groupement d'employeurs

Le groupement d'employeurs est une association type loi de 1901 ou une société coopérative constituée par plusieurs entreprises dont le **but** est de mettre à la disposition de ses membres, pour des opérations à but non lucratif, des salariés employés par le groupement. Il peut également apporter à ses membres son aide ou son conseil en matière d'emploi ou de gestion des ressources humaines (C. trav. art. L 1253-1 s.). 56400

Un groupement d'employeurs peut être **constitué** entre des personnes physiques ou morales de droit privé et des collectivités territoriales et leurs établissements publics, dès lors que ces collectivités territoriales ne constituent pas plus de la moitié des membres du groupement (C. trav. art. L 1253-19). Les tâches confiées aux salariés du groupement mis à la disposition d'une collectivité territoriale ne peuvent pas constituer l'activité principale du groupement et le temps consacré par chaque salarié aux tâches effectuées pour le compte des collectivités territoriales adhérentes ne peut pas excéder, sur l'année civile, les trois quarts de son temps de travail, calculé annuellement (C. trav. art. L 1253-20).

Un groupement ayant pour activité principale le remplacement des **chefs d'exploitation ou d'entreprise agricoles**, des membres non salariés de leur famille travaillant sur l'exploitation et de leurs salariés en cas d'empêchement temporaire pour cause de maladie, accident, maternité, décès, congés, formation professionnelle ou exercice d'un mandat professionnel ou syndical ou électif peut être créé à condition d'avoir obtenu un **agrément** de la Dreets (C. trav. art. R 1253-14 s.).

CONSTITUTION DU GROUPEMENT

Il est possible de constituer un groupement d'employeurs entre des **personnes** physiques et (ou) morales, quel que soit le nombre de salariés employés ; l'appartenance simultanée à plusieurs groupements est autorisée. 56405

En principe, les membres du groupement doivent relever de la même **convention collective** (C. trav. art. L 1253-1). Il est cependant possible de déroger à cette règle à condition de déterminer la convention collective applicable aux salariés employés par le groupement et de déclarer préalablement ce choix à l'administration du travail (C. trav. art. L 1253-17).

Une **déclaration** d'existence doit être adressée à l'inspecteur du travail dans le mois suivant la constitution du groupement. La modification ultérieure de certaines informations doit également être notifiée (C. trav. art. D 1253-1 s.).

> **Précisions** Sauf disposition contraire des statuts opposable aux créanciers, les membres du groupement sont **solidairement responsables** de ses dettes à l'égard des salariés et des organismes sociaux (C. trav. art. L 1253-8). Le groupement d'employeurs peut constituer une **réserve** dans le cadre de la mise en œuvre de la responsabilité solidaire. Cette réserve est, dans certaines conditions, **déductible** de son résultat imposable dans la limite, par exercice, soit de 10 000 €, soit de 2 % des rémunérations comptabilisées au cours de l'exercice si ce montant est supérieur au plafond de 10 000 €. Les sommes doivent être utilisées au cours des cinq exercices suivants (CGI art. 214, 8°).

STATUT DES SALARIÉS

Le statut des salariés du groupement dans l'entreprise utilisatrice est calqué sur celui des salariés temporaires (C. trav. art. L 1253-12 s.). 56410

Les **contrats de travail** conclus par le groupement sont écrits et doivent comporter certaines mentions énumérées à l'article L 1253-9 du Code du travail, et notamment la liste des utilisateurs potentiels. Toutefois, les contrats conclus par un groupement ayant pour objet principal le remplacement des **chefs d'exploitation ou d'entreprise agricoles** peuvent ne mentionner, au lieu de la liste des utilisateurs potentiels, que la zone géographique d'exécution du contrat, lequel doit prévoir des déplacements limités (C. trav. art. R 1253-21 et R 1253-34).

> **Précisions** Un groupement d'employeurs est éligible aux **aides publiques** en matière d'emploi et de formation professionnelle dont auraient bénéficié ses entreprises adhérentes si elles avaient embauché directement les personnes mises à leur disposition (C. trav. art. L 1253-24). La nature des aides concernées ainsi que leurs conditions d'accès sont fixées par les articles D 1253-50 s. du Code du travail.

CHAPITRE 4

RUPTURE DU CONTRAT DE TRAVAIL À DURÉE INDÉTERMINÉE

SOMMAIRE

SECTION 1

LICENCIEMENT

A. Motifs de licenciement

MOTIF RÉEL ET SÉRIEUX

56900 Un licenciement doit être fondé sur une cause réelle et sérieuse.

Une telle cause **se définit** comme un motif tenant soit à la personne du salarié concerné, soit à des considérations d'ordre économique indépendantes de la personne du salarié. Dans les deux cas, le motif doit être exact et d'une certaine importance rendant nécessaire la rupture du contrat de travail (C. trav. art. L 1232-1 et L 1233-2).

En cas de litige, le **juge** forme sa conviction au vu des éléments fournis par l'employeur et par le salarié, et, le cas échéant, à partir des résultats des mesures d'instruction qu'il peut ordonner. Il appartient à l'employeur d'invoquer les faits précis sur lesquels il a fondé sa décision.

S'il subsiste un doute dans l'esprit du juge sur le bien-fondé des motifs invoqués par l'employeur, il profitera au salarié (C. trav. art. L 1235-1). Le licenciement sera alors déclaré sans cause réelle et sérieuse. Concernant les sanctions, voir n° 57250.

ATTENTION

La **charge de la preuve** du caractère réel et sérieux du motif du licenciement ne pèse pas spécialement sur une des parties (Cass. soc. 17-3-1993 n° 91-42.882 P : RJS 5/93 n° 499 ; 9-12-1997 n° 95-45.383 P : RJS 1/98 n° 85). Mais c'est à l'employeur d'établir la faute grave ou lourde qu'il invoque (Cass. soc. 5-3-1981 n° 78-41.806 P ; 8-1-1998 n° 95-41.462 D).

MOTIF PERSONNEL

56910 Le licenciement peut être causé par la **faute** du salarié. On distingue :

– la faute **sérieuse**, qui justifie le licenciement mais ne prive pas le salarié de l'indemnité de licenciement ni du préavis ; par exemple, le fait de s'absenter de son travail à plusieurs reprises sans autorisation de l'employeur et sans l'en avoir prévenu (Cass. soc. 20-5-1998 n° 96-41.126 D) ou, pour un responsable d'exploitation agricole, d'effectuer un mauvais choix en matière d'alimentation d'un troupeau, générant une mortalité importante du cheptel et des soins vétérinaires accrus (Cass. soc. 27-1-2016 n° 14-16.984 F-D) ;

– la faute **grave**, qui justifie le départ immédiat du salarié, sans préavis ni indemnité de licenciement. Par exemple, a été jugé comme tel le refus de se soumettre à une visite médicale de reprise (Cass. soc. 16-3-2016 n° 14-21.304 F-D : RJS 5/16 n° 317) ou un manquement aux règles de confidentialité (Cass. soc. 22-11-2017 n° 16-24.069 F-D : RJS 2/18 n° 93) ;

– la faute **lourde**, qui est d'une exceptionnelle gravité et dénote l'intention de nuire à l'employeur ou à l'entreprise, laquelle doit être clairement établie : elle ne saurait donc être déduite de la seule gravité des faits ou du préjudice qui en est résulté pour l'employeur (Cass. soc. 8-2-2017 n° 15-21.064 FS-PB : RJS 4/17 n° 261). Par exemple, constitue une telle faute l'agression physique volontaire et préméditée de l'employeur au cours d'un entretien disciplinaire (Cass. soc. 28-3-2018 n° 16-26.013 FS-PB : RJS 6/18 n° 409). La faute lourde prive le salarié des indemnités de licenciement et de préavis, mais pas de l'indemnité compensatrice de congés payés.
Il existe aussi des motifs de licenciement tenant à la personne du salarié, mais **non fautifs**, tels que l'insuffisance professionnelle, l'insuffisance de résultats ou la mésentente avec ses collègues ou supérieurs.
Sur la rupture du contrat de travail à la suite du refus du salarié d'une modification des conditions d'emploi par l'employeur, voir nos 55800 s. Sur le licenciement motivé par la maladie ou l'accident, voir n° 56020. Sur le licenciement pour inaptitude physique, voir nos 56065 s.

MOTIF ÉCONOMIQUE

Définition Constitue un licenciement pour motif économique celui **fondé** sur un ou plusieurs motifs non inhérents à la personne du salarié résultant d'une suppression ou transformation d'emploi ou d'une modification, refusée par le salarié, d'un élément essentiel du contrat de travail, consécutives **notamment** (C. trav. art. L 1233-3) : 56920
– à des difficultés économiques caractérisées soit par l'évolution significative (c'est-à-dire sérieuse et durable : Cass. soc. 1-2-2023 n° 20-19.661 FS-B : RJS 4/23 n° 203 ; 18-10-2023 n° 22-18.852 F-B : RJS 1/24 n° 18) d'au moins un indicateur économique tel qu'une baisse des commandes ou du chiffre d'affaires, des pertes d'exploitation ou une dégradation de la trésorerie ou de l'excédent brut d'exploitation, soit par tout autre élément de nature à justifier de ces difficultés ;
– à des mutations technologiques ;
– à une réorganisation de l'entreprise nécessaire à la sauvegarde de sa compétitivité ;
– à la cessation d'activité de l'entreprise.
La matérialité de la suppression, de la transformation d'emploi ou de la modification d'un élément essentiel du contrat de travail s'apprécie au **niveau** de l'entreprise.
Les difficultés économiques, les mutations technologiques ou la nécessité de sauvegarder la compétitivité de l'entreprise s'apprécient au niveau de cette entreprise si elle n'appartient pas à un groupe et, dans le cas contraire, au niveau du secteur d'activité commun à cette entreprise et aux entreprises du groupe auquel elle appartient, établies sur le territoire national, sauf fraude (C. trav. art. L 1233-3).

> **Précisions a.** Une **baisse significative des commandes ou du chiffre d'affaires** est constituée dès lors que la durée de cette baisse est, en comparaison avec la même période de l'année précédente, au moins égale à : 1 trimestre pour une entreprise de moins de 11 salariés ; 2 trimestres consécutifs pour une entreprise d'au moins 11 salariés et de moins de 50 salariés ; 3 trimestres consécutifs pour une entreprise d'au moins 50 salariés et de moins de 300 salariés ; 4 trimestres consécutifs pour une entreprise de 300 salariés et plus (C. trav. art. L 1233-3).
> **b.** Le **secteur d'activité** permettant d'apprécier la cause économique du licenciement est caractérisé, notamment, par la nature des produits biens ou services délivrés, la clientèle ciblée, ainsi que les réseaux et modes de distribution, se rapportant à un même marché (C. trav. art. L 1233-3).
> **c.** La modification du contrat de travail d'un maître de chai consistant en la **suppression du logement de fonction** repose sur un motif économique, la construction d'une nouvelle cave de production et de stockage qui ne comportait pas, pour des raisons de sécurité, de logement de fonction traduisant une mutation technologique (Cass. soc. 26-10-2017 n° 16-19.194 F-D : RJS 1/18 n° 24).

Obligation d'adaptation et de reclassement Le licenciement pour motif économique d'un salarié ne peut intervenir que si, **au préalable**, tous les efforts de formation et d'adaptation ont été réalisés et si son reclassement est impossible. 56921
Les **recherches pour reclasser** un salarié dans un autre emploi ont lieu sur tous les postes disponibles, situés sur le territoire national, dans l'entreprise ou les autres entreprises du groupe auxquelles elle appartient, le cas échéant, et dont l'organisation, les activités ou le lieu d'exploitation permettent d'assurer la permutation de tout ou partie du personnel. L'employeur doit **préciser** à ces entreprises l'intitulé des emplois supprimés, la nature du contrat de travail, le statut et le coefficient de classification des salariés concernés (Cass. soc. 29-5-2024 n° 22-15.565 F-D et n° 22-15.559 F-D : RJS 8-9/24 n° 447).

Le reclassement du salarié doit s'effectuer sur un emploi relevant de la même catégorie que celui qu'il occupe ou sur un emploi équivalent assorti d'une rémunération équivalente. À défaut, et sous réserve de l'accord exprès du salarié, le reclassement s'effectue sur un emploi d'une catégorie inférieure (C. trav. art. L 1233-4, al. 1 et 3).
L'offre de reclassement doit être écrite et précise ; elle peut être adressée de manière personnalisée ou faire l'objet d'une liste de diffusion (C. trav. art. L 1233-4, al. 4 et 5). Elle doit être assortie d'un délai de réflexion suffisant.
Le **non-respect** par l'employeur de son obligation de reclassement prive le licenciement de cause réelle et sérieuse. Concernant les sanctions, voir n° 57250.

> **Précisions** Les **offres doivent préciser** : l'intitulé du poste et son descriptif, le nom de l'employeur, la nature du contrat de travail, la localisation du poste, le niveau de rémunération et la classification du poste.
> En cas de diffusion d'une liste des offres de reclassement interne, celle-ci comprend les postes disponibles situés sur le territoire national dans l'entreprise et les autres entreprises du groupe dont l'entreprise fait partie. La liste précise les critères de départage entre salariés en cas de candidatures multiples sur un même poste, ainsi que le délai dont dispose le salarié pour présenter sa candidature écrite. Ce **délai** ne peut être inférieur à 15 jours francs (4 jours francs en cas de redressement ou liquidation judiciaire) à compter de la publication de la liste ; l'absence de candidature écrite du salarié à l'issue du délai vaut refus des offres (C. trav. art. D 1233-2-1).

MOTIFS INTERDITS

56925 Ne peuvent pas justifier un licenciement :
– un **motif discriminatoire** comme l'âge, l'origine, l'orientation sexuelle, la religion, etc. (C. trav. art. L 1132-1) ;
– certaines **situations particulières**, à savoir la grossesse ou le congé de maternité, la paternité (C. trav. art. L 1225-4, L 1225-4-1, L 1225-5 et L 1225-71 ; voir n° 56002) et, sauf en respectant les dispositions protectrices, l'accident du travail ou la maladie professionnelle (C. trav. art. L 1226-13 ; voir n°s 56065 s.) ;
– un motif attentatoire aux **droits et libertés fondamentales des salariés.** Ne peut faire l'objet d'une sanction le salarié qui : fait grève, hors faute lourde (C. trav. art. L 1132-2 et L 2511-1) ; exerce son droit de retrait en cas de danger grave et imminent : n° 60880 (C. trav. art. L 4131-3) ; utilise son droit d'expression (C. trav. art. L 2281-3) ; saisit le conseil de prud'hommes d'une demande de résiliation judiciaire de son contrat de travail (Cass. soc. 3-2-2016 n° 14-18.600 FS-PB : RJS 4/16 n° 246) ; menace d'introduire une action en justice (Cass. soc. 21-11-2018 n° 17-11.122 FS-PB : RJS 2/19 n° 190) ; cite son employeur en justice ou témoigne contre lui, notamment pour dénoncer une discrimination ou une inégalité professionnelle (notamment C. trav. art. L 1132-3, L 1134-4 et L 1144-3) ; a été victime ou témoin d'un harcèlement sexuel ou moral (C. trav. art. L 1152-2, L 1152-3 et L 1153-2 à L 1153-4) ; dénonce des faits illicites commis sur son lieu de travail (Cass. soc. 30-6-2016 n° 15-10.557 FS-PBRI : RJS 8-9/16 n° 612 ; 19-1-2022 n° 20-10.057 FS-B : RJS 3/22 n° 124) ; en tant que lanceur d'alerte, signale, divulgue ou témoigne, de manière désintéressée et de bonne foi, de faits constitutifs d'un crime, un délit ou une violation grave et manifeste d'un engagement international ou une menace ou atteinte à l'intérêt général dont il a eu personnellement connaissance (C. trav. art. L 1132-3-3, al. 2 ; Cass. soc. 1-6-2023 n° 22-11.310 FS-B : RJS 8-9/23 n° 425) ;
– **certaines activités** dont l'activité syndicale ou de représentation du personnel (C. trav. art. L 1132-1 et L 2411-1 s.), des activités citoyennes tels l'exercice des fonctions de juré (C. trav. art. L 1132-3-1).
Un licenciement fondé sur l'un de ces motifs est nul. Concernant les sanctions, voir n° 57270.

B. Procédure de licenciement

57000 Le licenciement ne peut être prononcé qu'à l'issue d'une procédure qui diffère selon la nature du licenciement et, pour les licenciements économiques, le nombre de salariés concernés. Certaines conventions ou accords collectifs prévoient des règles en la matière qu'il convient d'appliquer si elles sont plus favorables aux salariés.
Le licenciement justifié par un motif tenant à la personne du salarié constitue un licenciement **individuel**, même si plusieurs salariés sont licenciés en même temps pour des motifs identiques. Il en est de même du licenciement pour motif économique d'un seul salarié. Le licenciement économique d'au moins deux salariés constitue un licenciement **collectif**.

En cas de licenciement individuel, l'employeur doit respecter la procédure de droit commun imposée par les articles L 1232-2 et suivants du Code du travail. Cette procédure se cumule avec la procédure disciplinaire (n°s 55512 s.) en cas de licenciement pour **faute**, avec la procédure de licenciement économique en cas de rupture pour motif **économique**.

1. LICENCIEMENT INDIVIDUEL POUR MOTIF PERSONNEL OU POUR MOTIF ÉCONOMIQUE

CONVOCATION DU SALARIÉ À UN ENTRETIEN PRÉALABLE

Quels que soient les motifs du licenciement, l'effectif de l'entreprise et l'ancienneté du salarié concerné, l'employeur doit, avant toute décision, convoquer l'intéressé pour un entretien préalable. **57005**

La convocation est **adressée** par lettre recommandée ou remise en main propre contre décharge (C. trav. art. L 1232-2 et L 1233-11).

La lettre doit **indiquer** (C. trav. art. L 1232-2 et R 1232-1) :

– l'objet de la convocation, c'est-à-dire qu'une mesure de licenciement est envisagée ;
– les modalités d'assistance du salarié (voir n° 57008) ;
– la date, l'heure et le lieu de l'entretien. Sauf motif légitime pour qu'il en aille autrement, le lieu est celui où s'exécute le travail ou le siège social de l'entreprise.

L'omission de l'une de ces mentions rend la procédure irrégulière.

Une **particularité** dans les entreprises de **moins de 11 salariés** : l'employeur qui envisage un **licenciement économique** doit, dès que possible et au moins quinze jours avant l'envoi de la lettre de convocation, avertir par écrit le ou les salariés concernés (Accord national du 13-11-1986 sur l'emploi dans l'agriculture art. 3).

> **Précisions a.** Sauf disposition conventionnelle contraire, la convocation n'a pas à préciser les **motifs** pour lesquels le licenciement est envisagé (Cass. soc. 6-4-2016 n° 14-23.198 FS-PB : RJS 6/16 n° 437).
> **b.** En cas de **report** de l'entretien préalable à la demande du salarié, l'employeur n'est pas tenu de le convoquer à nouveau : il doit seulement l'aviser, en temps utile et par tout moyen, des nouvelles date et heure (Cass. soc. 29-1-2014 n° 12-19.872 FS-PB : RJS 4/14 n° 308). Le lieu peut être modifié si le salarié en est informé dans un délai raisonnable, par exemple 5 jours avant la date (Cass. soc. 24-1-2007 n° 05-44.098 F-D).

Assistance du salarié Le salarié peut se faire assister par une personne de son choix appartenant au **personnel de l'entreprise**. **57008**

Lorsqu'il n'y a pas de représentant du personnel ou de délégué syndical dans l'entreprise, le salarié peut se faire assister pendant l'entretien soit par un autre salarié de l'entreprise, soit par un **conseiller** inscrit sur une liste dressée par le préfet (C. trav. art. L 1232-4). L'adresse des services où le salarié peut se procurer cette liste doit être indiquée dans la convocation (inspection du travail et mairie, selon les cas, du domicile du salarié ou de son lieu de travail).

Au cas particulier d'un licenciement économique dans une entreprise de moins de 11 salariés, le salarié peut également se faire assister par un **salarié d'une autre entreprise** relevant de la même convention collective (Accord national du 13-11-1986 sur l'emploi dans l'agriculture art. 4 modifié).

Délais En cas de licenciement pour faute, l'employeur doit **envoyer la convocation** dans les 2 mois où il a eu connaissance de la faute. Pour les autres motifs, aucun délai n'est imposé pour l'envoi de la lettre de convocation. **57012**

La **tenue de l'entretien préalable** ne peut avoir lieu moins de 5 jours ouvrables après la présentation au salarié de la convocation (C. trav. art. L 1232-2, al. 3 et L 1233-11, al. 3). Ces délais légaux s'appliquent sauf si des **dispositions conventionnelles** prévoient des règles plus favorables aux salariés (voir, par exemple, en cas de licenciement économique, l'accord sur l'emploi en agriculture du 13-11-1986, modifié par avenant du 10-11-1988, et la convention collective du 30-7-1969 applicable dans les coopératives agricoles).

ATTENTION

Le délai est de **5 jours pleins** : le jour de la présentation de la convocation et le jour de l'entretien ne comptent pas ainsi que le dimanche (ou le jour de repos hebdomadaire s'y substituant) et les jours fériés chômés dans l'entreprise (Cass. soc. 20-2-2008 n° 06-40.949 FP-PB : RJS 5/08 n° 530). Lorsque le délai expire un samedi, un dimanche ou un jour férié, l'échéance est reportée au premier jour ouvrable suivant (C. trav. art. R 1231-1).

ENTRETIEN PRÉALABLE

57020 **Participent à l'entretien** :

– l'employeur ou son représentant, ce dernier ne pouvant être qu'un membre du personnel. L'employeur (ou son représentant) est autorisé à se faire assister par un salarié de l'entreprise (Cass. soc. 27-5-1998 n° 96-40.741 P : RJS 7/98 n° 839).

S'il s'agit d'un licenciement économique dans une entreprise de moins de 11 salariés, l'employeur peut se faire assister par un autre employeur relevant de la même convention collective (Accord national du 13-11-1986 sur l'emploi en agriculture art. 4 modifié) ;

– le salarié accompagné, le cas échéant, de celui qu'il a choisi pour l'assister (n° 57008). Si l'intéressé ne se présente pas, l'employeur peut néanmoins poursuivre la procédure.

Au cours de l'entretien, l'employeur **indique** le motif de la décision envisagée et recueille les explications du salarié (C. trav. art. L 1232-3 et L 1233-12).

En cas de licenciement économique, l'employeur doit aussi proposer au salarié un dispositif visant à faciliter son retour à l'emploi : selon le cas, un contrat de sécurisation professionnelle (CSP) ou un congé de reclassement (C. trav. art. L 1233-65 et L 1233-71 ; n°s 57045 s.).

LETTRE DE LICENCIEMENT

57030 L'employeur doit notifier le licenciement sous la **forme** d'une lettre recommandée avec demande d'avis de réception (C. trav. art. L 1232-6 et L 1233-15). Toutefois, la remise de la lettre au salarié en main propre contre décharge ne constitue pas une irrégularité de procédure, sauf si elle est effectuée par un tiers (Cass. soc. 23-10-2013 n° 12-12.700 FS-PB : RJS 1/14 n° 24).

La Cour de cassation exige la notification par lettre recommandée en cas de signature d'une transaction (notamment Cass. soc. 14-6-2006 n° 04-43.123 FS-PB : RJS 8-9/06 n° 943 ; 10-10-2018 n° 17-10.066 FS-PB : RJS 12/18 n° 725).

57033 **Contenu de la notification** En cas de licenciement pour **motif personnel,** la lettre de licenciement doit indiquer le ou les motif(s) du licenciement (C. trav. art. L 1232-6) ; à défaut, la rupture du contrat de travail est sans cause réelle et sérieuse (jurisprudence constante).

Lorsque le licenciement est prononcé pour un **motif économique**, la lettre doit énoncer (C. trav. art. L 1233-16) :

– les raisons économiques ainsi que leurs conséquences sur l'emploi du salarié. À défaut, le licenciement est sans cause réelle et sérieuse ;

– la priorité de réembauche visée à l'article L 1233-45 du Code du travail. À défaut, le salarié peut prétendre à la réparation du préjudice subi ;

– la possibilité d'adhérer au dispositif proposé pour faciliter le retour à l'emploi du salarié, c'est-à-dire, selon le cas, le contrat de sécurisation professionnelle (si le licenciement est notifié à titre conservatoire) ou le congé de reclassement (voir n°s 57045 s.).

> **Précisions** L'employeur peut utiliser des **modèles types** adaptés en fonction de la nature et du motif de licenciement (C. trav. art. L 1232-6 et L 1232-16). Ces modèles ont été fixés par le décret 2017-1820 du 29 décembre 2017.

57034 **Portée de la notification** L'envoi de la lettre de licenciement fixe la date de la rupture et lui confère un **caractère définitif**. Une fois cette lettre envoyée, l'employeur ne peut plus revenir sur les motifs fondant le licenciement (nature du motif et qualification des faits), y compris en cas de contentieux devant le conseil de prud'hommes. Par exemple, un employeur qui notifie un licenciement pour faute grave ne peut plus par la suite engager la responsabilité pécuniaire du salarié que seule la faute lourde permet.

Les **motifs** énoncés dans la lettre de licenciement peuvent toutefois, après la notification de celle-ci, être **précisés par l'employeur**, soit à son initiative, soit à la demande du salarié. À défaut pour le salarié d'avoir demandé des précisions, l'insuffisance de motivation de la lettre de licenciement constitue une simple irrégularité, sanctionnée par une indemnité qui ne peut excéder un mois de salaire (C. trav. art. L 1235-2).

> **Précisions** Le salarié dispose d'un **délai** de 15 jours suivant la notification du licenciement **pour demander des précisions** sur le motif ; l'employeur a 15 jours après la réception de la demande du salarié pour apporter des précisions s'il le souhaite. Si l'employeur entend de lui même préciser les motifs, il doit le faire lui aussi dans les 15 jours suivant la notification du licenciement. À défaut de précision, il s'agit de jours calendaires. Dans tous les cas, cela doit se faire **par lettre** recommandée avec avis de réception ou remise contre récépissé (C. trav. art. R 1232-13).

Délai d'expédition Le **délai minimal** à respecter avant d'envoyer la lettre de licenciement est de 2 jours ouvrables pleins suivant la date de l'entretien (C. trav. art. L 1232-6). Il est de 7 jours ouvrables pleins (15 jours ouvrables pleins pour les cadres) en cas de licenciement économique (C. trav. art. L 1233-15). Ne constituent pas un jour ouvrable le jour consacré au repos hebdomadaire dans l'entreprise ainsi que les jours fériés et chômés dans celle-ci. 57035

En présence d'un licenciement disciplinaire, le délai **maximal** pour envoyer la lettre de licenciement est d'un mois après l'entretien préalable.

FORMALITÉS ADMINISTRATIVES

L'employeur doit indiquer sur le **registre du personnel** la date à laquelle le salarié licencié a quitté l'entreprise (C. trav. art. D 1221-23). 57040

En cas de **licenciement économique**, l'employeur doit, sous peine d'amende, informer la Dreets dans les 8 jours de l'envoi de la lettre de licenciement. Cette information écrite mentionne les informations relatives à l'entreprise et au salarié licencié (C. trav. art. D 1233-3).

LICENCIEMENT ÉCONOMIQUE ET DISPOSITIFS DE RETOUR À L'EMPLOI

Contrat de sécurisation professionnelle (CSP) En cas de licenciement économique, l'employeur doit proposer au(x) salarié(s) concerné(s) un dispositif de retour à l'emploi qui varie selon l'entreprise. 57045

Dans les **entreprises** de moins de 1 000 salariés ou celles en redressement ou liquidation judiciaire, quelle que soit leur taille, il s'agit du CSP qui **consiste** en un ensemble de mesures de reclassement organisées par France Travail, le salarié percevant, après la rupture de son contrat de travail, une allocation spécifique (C. trav. art. L 1233-65 s.). Pendant le CSP, d'une **durée** de 12 mois (15 mois maximum lorsque des périodes d'activité professionnelle sont accomplies après la fin du 6e mois), le salarié a le statut de stagiaire de la formation professionnelle et perçoit de France Travail une allocation de sécurisation professionnelle (ASP) égale à 75 % du salaire journalier de référence, sans qu'elle puisse être inférieure à l'allocation d'aide au retour à l'emploi à laquelle il aurait pu prétendre. Pour les salariés de moins d'un an d'ancienneté, montant et durée de versement de l'ASP correspondent à ceux de l'allocation d'aide au retour à l'emploi.

Le **dossier** de CSP est **remis**, contre décharge, au salarié lors de l'entretien préalable au licenciement. À défaut, l'employeur est redevable à France Travail d'une contribution égale à 2 mois de salaire brut hors charges patronales, portée à 3 mois avec charges patronales et salariales en cas d'adhésion du salarié au CSP proposé par France Travail (C. trav. art. L 1233-66).

Le salarié dispose, pour accepter le CSP, d'un **délai de réflexion** de 21 jours à compter de la remise du dossier par l'employeur. L'absence de réponse dans le délai est assimilée à un refus.

Si la **lettre de licenciement** est envoyée à titre conservatoire, c'est-à-dire avant l'expiration du délai de réflexion précité et pour le cas où le salarié refuserait d'adhérer au CSP, il convient de lui rappeler la possibilité qu'il conserve d'y adhérer et la date d'expiration du délai de réflexion, tout en lui précisant que le silence vaut refus du dispositif et que, dans ce cas, ladite lettre constituera la notification du licenciement.

Si le salarié **accepte le CSP**, la rupture du contrat prend date à l'expiration du délai de réflexion de 21 jours, même si l'acceptation est antérieure. Elle ne comporte pas de préavis.

La **rupture** du contrat est réputée intervenir d'un **commun accord**. Elle ne constitue donc pas un licenciement. Le salarié bénéficie cependant de l'indemnité légale ou conventionnelle de licenciement calculée en prenant en compte la durée du préavis non effectué.

> **Précisions a.** La rupture du contrat produit les effets d'un licenciement sans cause réelle et sérieuse s'il n'est pas remis au salarié, avant qu'il n'accepte le bénéfice du CSP, un **écrit énonçant la cause économique** du licenciement envisagé. Le motif peut être énoncé dans le document d'information sur le CSP, dans la lettre de licenciement à titre conservatoire (Cass. soc. 17-3-2015 n° 13-26.941 FS-PB : RJS 6/15 n° 430) ou dans tout autre document écrit remis ou adressé personnellement au salarié (Cass. soc. 23-11-2022 n° 21-17.483 F-D : RJS 2/23 n° 78). Satisfait également à cette obligation l'employeur qui envoie par courrier électronique à tous les salariés concernés le compte rendu de la réunion avec les représentants du personnel relative au licenciement, énonçant les difficultés économiques invoquées ainsi que les postes supprimés (Cass. soc. 13-6-2018 n° 16-17.865 FS-PB : RJS 10/18 n° 604) ou qui, dans le cadre de son obligation préalable de reclassement, remet au salarié une lettre énonçant le motif de la suppression du poste et en proposant un nouveau (Cass. soc. 16-11-2016 n° 15-12.293 FS-PB : RJS 2/16 n° 106).
> **b.** Au titre du **financement du dispositif**, pour les salariés ayant plus d'un an d'ancienneté, l'employeur verse à France Travail l'équivalent du préavis non payé au salarié, charges salariales et patronales comprises, dans la limite de 3 mois. Les entreprises

d'au moins 10 salariés ayant conclu un accord sur le financement du compte personnel de formation doivent reverser à l'OPCA la contribution due au titre de ce compte.

c. Si l'**indemnité de préavis** que le salarié aurait perçue s'il n'avait pas accepté le CSP est supérieure à 3 mois de salaire, une indemnité correspondant à cet excédent doit lui être versée. De même, les salariés qui ont moins d'un an d'ancienneté et qui adhèrent au CSP perçoivent l'indemnité de préavis à laquelle ils pouvaient prétendre.

d. L'acceptation du CSP n'interdit pas au salarié de **contester la rupture** de son contrat (Cass. soc. 17-3-2015 n° 13-26.941 FS-PB : RJS 6/15 n° 430).

e. La mise en œuvre du dispositif CSP résulte de la loi et d'une convention Unédic dont la durée d'application est régulièrement prorogée (en dernier lieu, convention du 26-1-2015, avenant n° 8 du 15-11-2023, en **vigueur** jusqu'au 31-12-2024).

57050 **Congé de reclassement** Un tel congé est **proposé par** les entreprises d'au moins 1 000 salariés ou appartenant à un groupe d'au moins 1 000 salariés. Il **permet** de bénéficier d'actions de formation et des prestations d'une cellule d'accompagnement dans la recherche d'emploi. Sa **durée** ne peut excéder 12 mois.

Lors de l'entretien préalable, l'employeur informe le salarié des conditions de mise en œuvre du congé, celui-ci étant proposé dans la lettre de licenciement.

Le salarié dispose d'un **délai de réflexion** de 8 jours à compter de la notification de cette lettre pour faire connaître sa position, son silence valant refus (C. trav. art. L 1233-71 s. et R 1233-17 s.).

2. LICENCIEMENT COLLECTIF

CHOIX DE LA PROCÉDURE À SUIVRE

57080 Les procédures de licenciement diffèrent selon un **double critère** :

– la taille de l'entreprise, moins de 50 salariés ou au moins 50 salariés ;

– le nombre de ruptures de contrat envisagées, moins de 10 ou au moins 10 sur une période de 30 jours. Tous les modes de rupture sont à retenir dès lors qu'ils s'inscrivent dans un processus de réduction des effectifs : licenciements bien sûr, mais aussi départs en préretraite (Cass. soc. 1-2-2011 n° 09-70.121 F-D : RJS 4/11 n° 311) et ruptures conventionnelles qui ont une cause économique (Cass. soc. 9-3-2011 n° 10-11.581 FS-PBRI : RJS 5/11 n° 408 ; 19-1-2022 n° 20-11.962 F-D : RJS 3/22 n° 134).

Des **aménagements** sont prévus pour éviter des détournements de procédure.

D'une part, lorsqu'une entreprise d'au moins 50 salariés procède pendant 3 mois consécutifs au licenciement économique de plus de 10 salariés au total, sans atteindre 10 salariés sur une même période de 30 jours, tout licenciement économique (même à titre individuel) envisagé au cours des 3 mois suivants est soumis à la procédure applicable aux licenciements économiques d'au moins 10 salariés sur 30 jours (C. trav. art. L 1233-26). Pour apprécier le seuil de 10 ruptures pour motif économique sur 3 mois, il faut qu'elles soient effectives ; ainsi jugé pour les ruptures conventionnelles qui ne sont prises en compte que si elles sont effectives, ce qui exclut celles dont l'homologation a été refusée (Cass. soc. 29-10-2013 n° 12-15.382 FS-PB : RJS 1/14 n° 25).

D'autre part, l'entreprise procédant, au cours d'une année civile, à des licenciements économiques de plus de 18 personnes sans avoir présenté de plan de sauvegarde de l'emploi devra en établir un, pour tout nouveau licenciement économique envisagé au cours des 3 premiers mois de l'année civile suivante (C. trav. art. L 1233-27).

À noter enfin que le licenciement de plusieurs salariés **refusant** la modification de leur contrat résultant d'**un accord** de **performance collective** (n° 55822) suit la procédure de licenciement pour motif personnel.

SYNTHÈSE DES DIVERSES PROCÉDURES

57085 Pour les entreprises **dotées de représentants du personnel,** les procédures applicables en fonction des diverses hypothèses sont résumées sous forme de tableaux aux n°s 57090 s.

Dans les entreprises d'au moins 11 salariés et pour lesquelles une **carence de représentants du personnel** a été constatée, le procès-verbal de carence doit être transmis à l'administration (C. trav. art. D 1233-10) et chaque salarié doit être convoqué à un entretien préalable, quelle que soit l'ampleur des licenciements.

L'autorité administrative compétente, pour l'ensemble de la procédure, est le Dreets dont relève l'établissement en cause (C. trav. art. R 1233-3-4). Les diverses informations et échanges avec l'autorité administrative se font de façon dématérialisée sur le portail ruptures-collectives.emploi.gouv.fr.

ENTREPRISES EMPLOYANT MOINS DE 50 SALARIÉS LICENCIEMENT DE MOINS DE 10 SALARIÉS

57090

Information et réunion de consultation du **CSE** sur le projet de licenciement (C. trav. art. L 1233-8 et L 1233-10 sur les renseignements à transmettre).
Convocation de chaque **salarié** à un entretien préalable (n° 57005).
Entretien préalable pour chaque **salarié** avec, selon le cas, proposition d'un CSP ou information sur le congé de reclassement (n°s 57020 et 57045 s.).
Notification aux **salariés** des licenciements au plus tôt 7 jours ouvrables pleins après l'entretien préalable, y compris pour les cadres (C. trav. art. L 1233-15). Sur le contenu de la lettre, voir n° 57033.
Information du **Dreets** des licenciements prononcés, dans les 8 jours suivant leur notification (C. trav. art. L 1233-19 et D 1233-3 sur les renseignements à transmettre). Les ruptures par acceptation de CSP ne sont pas concernées puisqu'elles interviennent d'un commun accord. Transmission du procès-verbal de la réunion du CSE (C. trav. art. L 1233-20).

LICENCIEMENT D'AU MOINS 10 SALARIÉS

57095

Information puis première réunion de consultation du **CSE** sur le projet de licenciement et les mesures de reclassement proposées (C. trav. art. L 1233-28, L 1233-29, L 1233-31 et L 1233-32 sur les renseignements à transmettre).	Transmission simultanée au **Dreets** de toutes les informations communiquées au CSE (C. trav. art. L 1233-48 et D 1233-5 s. notamment sur les modalités de transmission).
Notification au **Dreets** du projet de licenciement et du procès-verbal de la première réunion (C. trav. art. L 1233-46 s. et D 1233-4 sur les modalités de la notification) : au plus tôt le lendemain de la première réunion sur le projet de licenciement. Le Dreets a 21 jours pour faire des observations.	
Seconde réunion de consultation du **CSE** sur le projet de licenciement : au plus tard 14 jours après la première réunion (C. trav. art. L 1233-29).	Transmission simultanée au **Dreets** des nouvelles informations et éventuelles modifications, ainsi que du procès-verbal de la seconde réunion (C. trav. art. L 1233-48 et D 1233-5 s. notamment sur les modalités de transmission).
Proposition aux **salariés** concernés, selon le cas, d'un CSP ou d'un congé de reclassement (n°s 57045 s.) : à l'issue de la dernière réunion des représentants du personnel (C. trav. art. L 1233-66, al. 1).	
Notification des licenciements aux **salariés** au plus tôt 30 jours à compter de la notification du projet de licenciement au Dreets, ce délai étant reporté, le cas échéant, jusqu'à la date d'envoi de la réponse de l'employeur à l'administration si celle-ci a formulé des observations.	

ENTREPRISES EMPLOYANT AU MOINS 50 SALARIÉS LICENCIEMENT DE MOINS DE 10 SALARIÉS

57100

Consultation du **CSE** sur deux sujets : le projet de restructuration et de compression des effectifs (C. trav. art. L 2312-39), d'une part, et le projet de licenciement (C. trav. art. L 1233-10), d'autre part. Ces consultations se tiennent au cours de 2 réunions différentes ou d'une réunion unique. Il est nécessaire, dans ce cas, de bien distinguer chaque procédure, notamment dans l'ordre du jour et les avis.
Convocation de chaque **salarié** à un entretien préalable (n° 57005).
Entretien préalable pour chaque **salarié** avec, selon le cas, proposition d'un CSP ou information sur le congé de reclassement (n°s 57020 et 57045 s.).
Notification aux **salariés** du licenciement, au plus tôt 7 jours ouvrables pleins après l'entretien préalable, y compris pour les cadres (n°s 57030 s.).
Information du **Dreets** des licenciements prononcés, dans les 8 jours suivant leur notification (C. trav. art. L 1233-19 et D 1233-3 sur les renseignements à transmettre). Les ruptures par acceptation d'un CSP ne sont pas concernées puisqu'elles interviennent d'un commun accord. Transmission du procès-verbal de la réunion du CSE consacrée au projet de licenciement (C. trav. art. L 1233-20).

LICENCIEMENT D'AU MOINS 10 SALARIÉS

57105

<table>
<tr><td>Information puis première réunion de consultation du CSE sur deux sujets :
– le projet de restructuration et de compression des effectifs (C. trav. art. L 2312-39) ;
– le projet de licenciement (C. trav. art. L 1233-28 s.).
Ces consultations ont lieu au cours de 2 réunions différentes ou d'une réunion unique. Il est nécessaire, dans ce cas, de bien distinguer chaque procédure, notamment dans l'ordre du jour et les avis. [1]</td><td>Transmission simultanée au Dreets de toutes les informations communiquées au CSE ainsi que des procès-verbaux de la réunion (C. trav. art. L 1233-46).</td><td>Avant la première consultation du CSE, parallèlement ou en cours de procédure consultative, négociation d'un accord collectif majoritaire afin de déterminer le contenu du plan de sauvegarde de l'emploi (PSE) ainsi que, éventuellement, les modalités de consultation du CSE et de mise en œuvre des licenciements (C. trav. art. L 1233-24-1).
Information du Dreets de l'ouverture des négociations.</td></tr>
<tr><td colspan="2">Notification du projet de licenciement au Dreets au plus tôt le lendemain de la première réunion du CSE sur le projet de licenciement (C. trav. art. L 1233-46 et D 1233-4 sur les modalités de la notification).</td><td rowspan="2">En cas d'échec des négociations relatives à l'accord collectif majoritaire, établissement d'un plan unilatéral sur les points non réglés par la négociation, après la dernière réunion du CSE (C. trav. art. L 1233-24-4).</td></tr>
<tr><td>Seconde réunion de consultation du CSE. Elle porte sur le projet de licenciement (C. trav. art. L 1233-28), excepté sur les points faisant l'objet de l'accord collectif majoritaire.
Au moins 15 jours après la première réunion.
Selon le nombre de licenciements envisagés, le CSE doit rendre ses avis dans les 2, 3 ou 4 mois à compter de la 1e réunion, sauf si un accord collectif en dispose autrement (C. trav. art. L 1233-30, II).</td><td>Transmission simultanée au Dreets de toutes les informations communiquées au CSE ainsi que des procès-verbaux de la réunion (C. trav. art. L 1233-46).</td></tr>
<tr><td colspan="3">Transmission au Dreets pour validation de l'accord ou homologation du plan unilatéral par l'administration (C. trav. art. L 1233-57-1 s.).</td></tr>
<tr><td colspan="3">Décision du Dreets : notifiée à l'employeur dans les 15 jours en présence d'un accord collectif, 21 jours pour un plan unilatéral. Son silence vaut acceptation. En cas de refus, l'employeur apporte les modifications nécessaires à son projet, consulte le CSE puis transmet à nouveau au Dreets (C. trav. art. L 1233-57-4). [2]</td></tr>
<tr><td colspan="3">Proposition aux salariés d'un CSP ou information sur le congé de reclassement (n°s 57045 s.) : après la notification de l'homologation ou de la validation par l'administration (C. trav. art. L 1233-66, al. 1).</td></tr>
<tr><td colspan="3">Information du CSE de la décision de validation et d'homologation par le Dreets.
Information des salariés de cette décision par affichage (C. trav. art. L 1233-57-4).</td></tr>
<tr><td colspan="3">Notification aux salariés des licenciements (n°s 57030 s.) : après la notification de l'homologation ou de la validation par l'administration (C. trav. art. L 1233-39, al. 5).</td></tr>
<tr><td colspan="3">1. Le CSE peut décider lors de la première réunion de faire appel à un expert-comptable (C. trav. art. L 1233-34 s.), l'employeur devant informer l'autorité administrative de cette décision (C. trav. art. L 1233-50).
2. Le tribunal administratif est compétent pour connaître des litiges relatifs à l'accord collectif, au plan unilatéral, au contenu du PSE, aux décisions prises par le Dreets et à la régularité de la procédure de licenciement collectif (C. trav. art. L 1235-7-1).</td></tr>
</table>

ÉTABLISSEMENT DE L'ORDRE DES LICENCIEMENTS

57119 En cas de licenciement pour motif économique, individuel ou collectif, l'employeur doit choisir le ou les salariés qui seront licenciés en fonction de **critères** qui sont fixés :
– soit par la convention collective ou l'accord collectif applicable à l'entreprise ;
– soit, à défaut de stipulations conventionnelles en la matière, par l'employeur, après consultation des représentants du personnel. L'employeur doit alors prendre en compte l'ensemble des critères suivants fixés par la loi : charges de famille (en particulier celles des parents isolés), ancienneté, situation des salariés qui présentent des caractéristiques sociales rendant leur réinsertion professionnelle particulièrement difficile (notamment handicapés et salariés âgés) et qualités professionnelles. Il peut toutefois en privilégier certains ou établir une pondération entre eux (C. trav. art. L 1233-5), à condition d'avoir pris en considération tous les critères légaux (CE 22-5-2019 n°s 413342 et 418090 : RJS 7/19 n° 426).

Les critères s'apprécient **par catégorie professionnelle** et doivent être appliqués à l'ensemble du personnel, tous établissements confondus, pour les catégories concernées et non pas uniquement dans les services ou ateliers dans lesquels les suppressions d'emploi sont décidées (Cass. soc. 28-9-2010 n° 09-65.118 F-D : RJS 12/10 n° 916). Ils s'appliquent sur le périmètre géographique fixé par accord collectif ; en l'absence d'un tel accord, ce périmètre ne peut être inférieur à celui de chaque zone d'emploi dans laquelle sont situés un ou plusieurs établissements de l'entreprise concernés par les suppressions d'emploi (C. trav. art. L 1233-5, al. 8 et 9, et D 1233-2).
Après la notification du licenciement, si un salarié le lui **demande** par écrit dans un délai de 10 jours, l'employeur doit lui faire connaître, également par écrit, les critères qui ont été retenus (C. trav. art. L 1233-17). La procédure à observer est fixée par l'article R 1233-1 du Code du travail.

> **Précisions** Il n'est **pas nécessaire d'établir des critères** d'ordre des licenciements lorsque tous les emplois d'une catégorie professionnelle sont supprimés (Cass. soc. 14-1-2003 n° 00-45.700 F-D : RJS 3/03 n° 330 ; Cass. soc. 4-10-2023 n° 19-16.550 F-D : RJS 12/23 n° 638). Il en est de même en cas de cessation totale d'activité de l'entreprise (Cass. soc. 5-2-2014 n° 12-29.703 F-D : RJS 4/14 n° 292 ; CE 19-12-2023 n° 465656 : RJS 3/24 n° 156) ou lorsque l'employeur propose à des salariés une modification de leur contrat de travail et ne prévoit leur licenciement qu'à raison de leur refus (Cass. soc. 27-3-2012 n° 11-14.223 FS-PB : RJS 6/12 n° 533 ; CE 10-10-2018 n° 395280 : RJS 12/18 n° 735), ou encore lorsque la réduction d'effectif ne doit se réaliser que par départs volontaires (Cass. soc. 12-7-2004 n° 02-19.175 F-D : RJS 10/04 n° 1014).

C. Préavis et indemnité de licenciement

DROIT AU PRÉAVIS

Sauf faute grave ou lourde, la rupture du contrat de travail ne peut être immédiate : l'employeur a l'**obligation** de respecter un délai appelé « délai de préavis ». 57200
S'il **dispense** le salarié d'effectuer son préavis, il doit lui accorder une indemnité compensatrice correspondant aux salaires et avantages qu'il aurait reçus s'il avait accompli son travail, indemnité de congés payés comprise (C. trav. art. L 1234-5). Cette indemnité est traitée socialement et fiscalement comme du salaire.
L'employeur doit mentionner cette dispense dans la lettre de licenciement.

> **Précisions** Le droit au préavis ou à l'indemnité compensatrice de préavis suppose en principe que le salarié puisse l'effectuer : il **disparaît** donc, par exemple, en cas de licenciement en cours de congé parental, de maladie ou pour cause d'inaptitude (au cas particulier d'une inaptitude d'origine professionnelle, voir nos 56075 s.) ou dans certaines circonstances (Cass. soc. 28-2-2018 n° 17-11.334 FS-D : RJS 5/18 n° 319, suspension du permis de conduire nécessaire à l'activité professionnelle). En revanche, si par la suite la faute grave est disqualifiée ou si le licenciement est annulé, le préavis est dû même si, au moment de la rupture, le salarié était dans l'incapacité de l'exécuter.

Durée du préavis Sauf dispositions conventionnelles plus favorables, la durée du préavis de licenciement est de (C. trav. art. L 1234-1) : 57210
– 1 mois si le salarié a entre 6 mois et moins de 2 ans d'ancienneté ;
– 2 mois si le salarié justifie d'une ancienneté d'au moins 2 ans.
Pour les salariés ayant moins de 6 mois d'ancienneté, la durée du préavis est fixée par la convention collective ou, à défaut, par les usages.
Pour les handicapés, la durée du préavis est doublée sans pouvoir dépasser 3 mois.
Le préavis court **à compter de** la date de présentation de la lettre recommandée de licenciement (C. trav. art. L 1234-3).
Le préavis est un délai préfix. Seul l'arrêt de travail consécutif à un accident du travail ou une maladie professionnelle et la prise de congés payés en **suspendent** l'exécution.

Situation pendant le préavis Pendant le préavis, les parties doivent continuer à exécuter normalement le contrat sauf dispense. Les conventions collectives accordent souvent au salarié le droit de s'absenter 2 heures par jour, généralement sans perte de salaire, pour chercher un nouvel emploi. 57220

INDEMNITÉ DE LICENCIEMENT

L'indemnité **légale** de licenciement est due sauf en cas de faute grave ou lourde à tout salarié licencié ayant au moins 8 mois d'ancienneté (C. trav. art. L 1234-9). Elle est égale, quel que soit le 57230

motif du licenciement, à 1/4 de mois de salaire par année ou fraction d'année d'ancienneté, montant porté à 1/3 de mois de salaire au-delà de 10 ans d'ancienneté (C. trav. art. R 1234-2).
Un montant supérieur peut être accordé en application de la **convention collective** ou du **contrat de travail**.

> **Précisions a.** Le **salaire** à prendre en considération est le salaire brut moyen des 3 derniers mois ou des 12 derniers mois précédant le licenciement, selon la formule la plus avantageuse pour le salarié.
L'indemnité de licenciement est intégralement exonérée d'**impôt sur le revenu** si elle est versée dans le cadre d'un plan de sauvegarde de l'emploi (CGI art. 80 duodecies, 1-2°).
L'indemnité de licenciement versée en dehors du cadre d'un plan de sauvegarde de l'emploi est exonérée d'impôt sur le revenu à concurrence du plus élevé des trois montants suivants : montant de l'indemnité légale ou conventionnelle ; moitié de l'indemnité perçue ou 2 fois la rémunération annuelle brute de l'année civile précédente, mais, pour ces deux derniers montants, dans la limite de 6 fois le plafond annuel de sécurité sociale, soit 278 208 € en 2024 (CGI art. 80 duodecies, 1-3°).
Sur le régime social de l'indemnité, voir nos 38765 (cotisations sociales) et 32410 (CSG et CRDS).
b. Le minimum d'**ancienneté** requis pour ouvrir droit à l'indemnité de licenciement est **apprécié** au jour de l'envoi de la lettre de licenciement (ou de sa remise en main propre) ; en revanche, pour le calcul du montant de l'indemnité, l'ancienneté s'apprécie à la date où le préavis prend fin, même si le salarié est dispensé de l'effectuer.

D. Sanctions

SANCTIONS POUR DÉFAUT DE CAUSE RÉELLE ET SÉRIEUSE

57250 À défaut de réintégration proposée par le juge et acceptée par les deux parties, le salarié, sans avoir à rapporter la preuve d'un préjudice (Cass. soc. 13-9-2017 n° 16-13.578 FP-PBRI : RJS 11/17 n° 734) peut prétendre à une indemnité dont le montant est compris entre un minimum et un maximum en fonction de son ancienneté et de la taille de l'entreprise (C. trav. art. L 1235-3, al. 2 et 3). Voir tableau n° 57260.

Le **juge** doit justifier le montant des dommages-intérêts qu'il accorde (C. trav. art. L 1235-1, al. 4) et peut tenir compte, éventuellement, des indemnités de licenciement, hors indemnité légale, versées à l'occasion de la rupture (C. trav. art. L 1235-3, al. 4).

Cette indemnité se **cumule**, le cas échéant, avec celle accordée, si le licenciement est prononcé pour motif économique, en cas d'absence de consultation des représentants du personnel (C. trav. art. L 1235-12 : fixée en fonction du préjudice), à la suite éventuellement d'une carence de mise en place des institutions de représentation du personnel (C. trav. art. L 1235-15 : 1 mois de salaire au minimum) ou de non-respect de la priorité de réembauche (C. trav. art. L 1235-13 : 1 mois de salaire au minimum). Mais ce cumul ne peut excéder le montant maximum des dommages-intérêts susceptibles d'être accordés (C. trav. art. L 1235-3, al. 5).

À cela s'ajoute, si le salarié a au moins 2 ans d'ancienneté et si l'entreprise emploie habituellement au moins 11 salariés, la condamnation de l'employeur au **remboursement des allocations de chômage** dans la limite de 6 mois d'allocation (C. trav. art. L 1235-4 et R 1235-1 s.).

Lors de la **conciliation,** l'employeur peut proposer au salarié le versement d'une indemnité forfaitaire en échange de l'abandon des poursuites ; son montant varie de 2 à 24 mois de salaire selon l'ancienneté du salarié (C. trav. art. L 1235-1 et D 1235-21).

57260 Les **montants minimums et maximums** susceptibles d'être accordés au salarié sont indiqués ci-après ; l'ancienneté se détermine par année complète, les montants se calculent en fonction du salaire mensuel brut.

Ancienneté	Minimum		Maximum
	Effectif < 11 salariés	Effectif 11 et plus	
0			1
1	0,5	1	2
2	0,5	3	3,5
3	1	3	4
4	1	3	5
5	1,5	3	6
6	1,5	3	7
7	2	3	8
8	2	3	8

<table>
<tr><th rowspan="2">Ancienneté</th><th colspan="2">Minimum</th><th rowspan="2">Maximum</th></tr>
<tr><th>Effectif < 11 salariés</th><th>Effectif 11 et plus</th></tr>
<tr><td>9</td><td>2,5</td><td>3</td><td>9</td></tr>
<tr><td>10</td><td>2,5</td><td>3</td><td>10</td></tr>
<tr><td>11</td><td colspan="2">3</td><td>10,5</td></tr>
<tr><td>12</td><td colspan="2">3</td><td>11</td></tr>
<tr><td>13</td><td colspan="2">3</td><td>11,5</td></tr>
<tr><td>14</td><td colspan="2">3</td><td>12</td></tr>
<tr><td>15</td><td colspan="2">3</td><td>13</td></tr>
<tr><td>16</td><td colspan="2">3</td><td>13,5</td></tr>
<tr><td>17</td><td colspan="2">3</td><td>14</td></tr>
<tr><td>18</td><td colspan="2">3</td><td>14,5</td></tr>
<tr><td>19</td><td colspan="2">3</td><td>15</td></tr>
<tr><td>20</td><td colspan="2">3</td><td>15,5</td></tr>
<tr><td>21</td><td colspan="2">3</td><td>16</td></tr>
<tr><td>22</td><td colspan="2">3</td><td>16,5</td></tr>
<tr><td>23</td><td colspan="2">3</td><td>17</td></tr>
<tr><td>24</td><td colspan="2">3</td><td>17,5</td></tr>
<tr><td>25</td><td colspan="2">3</td><td>18</td></tr>
<tr><td>26</td><td colspan="2">3</td><td>18,5</td></tr>
<tr><td>27</td><td colspan="2">3</td><td>19</td></tr>
<tr><td>28</td><td colspan="2">3</td><td>19,5</td></tr>
<tr><td>29 et plus</td><td colspan="2">3</td><td>20</td></tr>
</table>

> **Précisions** L'absence de montant minimal pour les **salariés ayant moins d'un an d'ancienneté** dans l'entreprise ne permet pas au juge de n'allouer aucune indemnité. Celui-ci doit déterminer son montant dans la limite d'un mois de salaire (Cass. soc. 12-6-2024 n° 23-11.825 F-B : RJS 8-9/24 n° 448).

SANCTIONS POUR LICENCIEMENT NUL

Le juge ne peut annuler un licenciement que si la loi le prévoit expressément. Sont **visés** (C. trav. 57270
art. L 1235-3-1, al. 2) :

– le licenciement traduisant la violation d'une liberté fondamentale ou une discrimination, consécutif à des faits de harcèlement moral ou sexuel, à une dénonciation de crimes et délits ou à une action en justice en matière d'égalité professionnelle entre les femmes et les hommes ;

– le licenciement d'un salarié protégé intervenu sans autorisation administrative ou malgré un refus d'autorisation ;

– le licenciement d'un salarié en méconnaissance des protections relatives à la grossesse, maternité, paternité, adoption ou éducation des enfants ainsi qu'à celles dont bénéficient les victimes d'accident du travail ou de maladie professionnelle pendant les périodes de suspension de leur contrat de travail.

Il convient d'ajouter à cette liste le licenciement d'un salarié gréviste en l'absence de faute lourde ou qui exerce légitimement son droit de retrait ainsi que les licenciements économiques en cas de non-respect de certains aspects de la procédure.

Du fait de la nullité du licenciement, la rupture est **réputée** n'avoir jamais été prononcée.

Sauf impossibilité absolue, l'employeur doit **réintégrer le salarié** dans son poste ou un emploi équivalent et :

– payer une somme égale aux salaires perdus par l'intéressé entre son licenciement et sa réintégration, minorée, dans certains cas et si l'employeur le demande, des allocations chômage qu'il a perçues. Si le salarié n'a pas occupé un autre emploi, cette période d'éviction ouvre droit à des congés payés (Cass. soc. 1-12-2021 n° 19-24.766 FP-BR : RJS 2/22 n° 72 ; Cass. soc. 13-9-2023 n° 22-10.529 FP-BR : RJS 11/23 n° 587) ;

– verser, le cas échéant, des dommages et intérêts complémentaires pour violation des dispositions protectrices (maternité notamment) ou si la preuve d'un préjudice supplémentaire est rapportée (Cass. soc. 3-7-2023 n° 01-44.522 FS-PBIR : RJS 10/03 n° 1141).

Si la **réintégration** est **impossible ou non demandée** par le salarié, celui-ci perçoit :

– une indemnité au moins égale aux salaires bruts des 6 derniers mois, quelle que soit son ancienneté ou la taille de l'entreprise ;

– l'indemnité légale ou conventionnelle de licenciement et l'indemnité de préavis ;

– une indemnité égale à la rémunération qu'il aurait perçue jusqu'à la fin de la période de protection pour les femmes enceintes ou les salariés protégés.
Lorsque le licenciement fait suite à une action en justice fondée sur une discrimination ou une inégalité de traitement hommes-femmes et ou qu'il s'agit d'un « grand » licenciement économique, l'employeur peut en outre être condamné à **rembourser à France Travail** tout ou partie des indemnités de chômage versées au salarié, dans la limite de 6 mois de salaire (C. trav. art. L 1235-4).

> **Précisions a.** Le salarié qui a demandé sa réintégration et qui y renonce devant la **résistance de son employeur** peut prétendre, en plus de l'indemnité liée à la nullité de son licenciement, à la rémunération qu'il aurait perçue jusqu'à sa renonciation (Cass. soc. 26-9-2007 n° 06-40.039 FS-PB : RJS 12/07 n° 1271).
b. Si plusieurs griefs sont reprochés au salarié et l'un d'eux porte atteinte à une **liberté fondamentale,** le juge peut, sur demande de l'employeur (Cass. soc. 19-10-2022 n° 21-15.533 FS-B : RJS 1/23 n° 13), tenir compte, le cas échéant, de tous les motifs énoncés dans la lettre de licenciement pour l'évaluation de l'indemnité. Le minimum de 6 mois est, cependant, garanti (C. trav. art. L 1235-2-1).
c. Un licenciement nul peut parfois donner lieu au prononcé de **sanctions pénales** (par exemple, en cas de discrimination).

SANCTIONS POUR NON-RESPECT DE LA PROCÉDURE DE LICENCIEMENT

57290 **Licenciement individuel pour motif personnel ou économique** La procédure est irrégulière en cas de non-respect des conditions et délais de l'entretien préalable et de notification du licenciement. Toutefois, certains manquements graves n'affectent pas uniquement la régularité de la procédure, mais le licenciement lui-même ; ils donnent lieu aux sanctions applicables en cas de licenciement sans cause réelle et sérieuse, voir nos 57250 s. Tel est le cas du dépassement du délai d'un mois entre l'entretien et la notification en cas de licenciement disciplinaire ou encore de l'absence de motivation de la lettre de licenciement.
Lorsque la procédure est irrégulière mais que le motif est réel et sérieux, le juge accorde au salarié, quelle que soit son ancienneté ou la taille de l'entreprise, une **indemnité** qui ne peut être supérieure à un mois de salaire (C. trav. art. L 1235-2, al. 5). À la différence de la sanction d'un défaut de cause réelle et sérieuse, l'octroi de cette indemnité est conditionné à la démonstration d'un préjudice (Cass. soc. 13-9-2017 n° 16-13.578 FP-PBRI : RJS 11/17 n° 734).
Une sanction identique est appliquée en cas de défaut de respect d'une éventuelle procédure conventionnelle de consultation préalable au licenciement (C. trav. art. L 1235-2, al. 5). S'agissant du licenciement économique individuel, en l'absence de représentants du personnel sans qu'un procès-verbal de carence n'ait été établi, voir n° 57310.

57310 **Licenciement économique collectif** Les sanctions varient selon l'irrégularité :
– indemnité minimale de 1 mois de salaire brut en cas de licenciement prononcé sans que les obligations vis-à-vis des représentants du personnel aient été respectées dès lors qu'il n'y a pas de représentants du personnel et qu'aucun procès-verbal de carence n'a été établi. Cette indemnité se cumule avec celles de préavis et de licenciement (C. trav. art. L 1235-15). Elle devrait aussi pouvoir se cumuler avec les indemnités pour licenciement sans cause réelle et sérieuse ou nullité du licenciement ;
– indemnité réparant le préjudice subi en cas :
• de non-respect des procédures de consultation des représentants du personnel ou d'information du Dreets (C. trav. art. L 1235-12). Elle se cumule avec celle pour licenciement sans cause réelle et sérieuse,
• d'inobservation des règles relatives à l'ordre des licenciements. L'indemnité n'est pas cumulable avec les éventuels dommages-intérêts pour licenciement sans cause réelle et sérieuse,
• de défaut de réponse de l'employeur ou de sa réponse tardive à la demande du salarié l'invitant à indiquer les critères, l'indemnité étant cumulable avec celle pour licenciement sans cause réelle et sérieuse ;
– licenciement nul et réintégration ou, si le salarié ne la demande pas ou si elle est impossible, indemnité égale au minimum au salaire des 6 derniers mois en l'absence de validation ou d'homologation, par le Dreets, de l'accord collectif relatif au PSE ou du plan unilatéral de l'employeur. Il en va de même en cas de décision négative du Dreets ou d'annulation d'une décision de validation ou d'homologation pour absence ou insuffisance du plan (C. trav. art. L 1235-10 et L 1235-11) ;

– licenciement nul et réintégration, sous réserve de l'accord des parties, du salarié dans l'entreprise ou, à défaut, indemnité égale au minimum aux 6 derniers mois de salaire en cas d'annulation de la décision de validation ou d'homologation pour un motif autre que l'insuffisance de motivation (C. trav. art. L 1235-16).
S'agissant de la non-exécution du PSE, le non-respect des mesures visant au reclassement rend le licenciement sans cause réelle et sérieuse (Cass. soc. 14-1-2004 n° 02-46.678 F-P : RJS 3/04 n° 296), alors que la violation des autres mesures engage la responsabilité contractuelle de l'employeur.
Sur les sanctions encourues en cas de violation des règles relatives à la priorité de réembauche, voir n° 57720.

> **Précisions a.** En cas d'annulation de la décision de validation ou d'homologation **pour insuffisance de motivation**, l'autorité administrative prend une nouvelle décision suffisamment motivée dans les 15 jours. Dans ce cas, l'annulation de la première décision est sans incidence sur la validité du licenciement. Elle ne donne lieu ni à réintégration, ni à indemnisation (C. trav. art. L 1235-16, al. 3).
> **b.** Certaines irrégularités font encourir des **sanctions pénales**. Ainsi, la non-consultation des représentants du personnel est punie des peines du délit d'entrave (n° 61218) ou d'une amende de 3 750 € maximum par salarié concerné selon que le licenciement collectif concerne moins de 10 salariés ou au moins 10 salariés sur 30 jours. Dans ce dernier cas, l'amende de 3 750 € maximum est aussi encourue faute de notification du projet au Dreets ou de violation du délai d'envoi des lettres de licenciement (C. trav. art. L 1238-2 et L 1238-3).
> De plus, quelle que soit l'ampleur du licenciement collectif, le défaut d'information du Dreets ou le non-respect des obligations en matière d'ordre des licenciements exposent l'employeur à l'amende prévue pour les contraventions de la 4e classe (C. trav. art. R 1238-1 s. ; voir n° 52400). Une transaction pénale peut être substituée à ces amendes (n° 60370).

SECTION 2 RETRAITE ET PRÉRETRAITE

Sont **nulles** et de nul effet toutes dispositions d'une convention ou d'un accord collectif de travail et toute clause d'un contrat de travail prévoyant une **rupture de plein droit** du contrat de travail d'un salarié en raison de son âge ou du fait qu'il serait en droit de bénéficier d'une pension de vieillesse (C. trav. art. L 1237-4, al. 2). **57500**

DÉPART VOLONTAIRE À LA RETRAITE

Le salarié qui quitte volontairement l'entreprise pour bénéficier d'une pension de retraite doit observer un **préavis** égal à celui prévu en cas de licenciement (n° 57210). **57505**
Il a droit à une **indemnité** de départ à la retraite lors de la première liquidation complète de sa retraite (C. trav. art. L 1237-9). Celle-ci est égale à 0,5 mois de salaire après 10 ans d'ancienneté, 1 mois après 15 ans, 1,5 mois après 20 ans, 2 mois après 30 ans, sauf clause conventionnelle plus favorable (C. trav. art. D 1237-1).
L'indemnité entre dans l'assiette des cotisations sociales. Elle est assujettie à la CSG et à la CRDS et est soumise intégralement à l'impôt sur le revenu du salarié. L'indemnité de départ à la retraite versée dans le cadre d'un plan de sauvegarde de l'emploi est exonérée de toute cotisation, dans la limite de 2 fois le plafond annuel de la sécurité sociale [Pass] (92 736 € en 2024) dès lors que son montant est inférieur à 10 Pass (463 680 € en 2024) ainsi que d'impôt, pour son montant total (CGI art. 80 duodecies, 1-2°). Elle est exonérée de la CSG et de la CRDS à hauteur de l'indemnité légale ou conventionnelle de licenciement, dans la limite des plafonds applicables aux cotisations sociales.

MISE À LA RETRAITE PAR L'EMPLOYEUR

Conditions Les conditions de mise à la retraite varient selon l'**âge** de l'intéressé. **57520**
S'il a au moins 70 ans, le salarié peut se voir imposer sa mise à la retraite (C. trav. art. L 1237-5).
S'il a moins de 70 ans mais au moins 67 ans (âge pour bénéficier d'une retraite à taux plein), l'employeur peut l'interroger sur sa volonté d'être mis à la retraite ; le salarié a 1 mois pour répondre (C. trav. art. L 1237-5 et D 1237-2-1) ; en cas de refus, l'employeur doit attendre 1 an avant de renouveler sa demande. Il en est ainsi chaque année jusqu'à 70 ans, âge auquel l'accord du salarié n'est plus nécessaire.

Lorsque les conditions sont remplies, l'employeur n'est pas tenu d'observer la **procédure** de licenciement. En revanche, il doit respecter un préavis égal à celui prévu en cas de licenciement (n° 57210) et payer une indemnité (voir ci-dessous).

ATTENTION

Lorsque les **conditions** ne sont **pas remplies**, la rupture du contrat de travail s'analyse en un licenciement sans cause réelle et sérieuse (Cass. soc. 28-2-2006 n° 04-40.303 FS-PB : RJS 5/06 n° 559) ou nul si le salarié invoque une discrimination en raison de l'âge (Cass. soc. 15-1-2013 n° 11-15.646 FS-PB : RJS 3/13 n° 202).

57521 **Indemnité** Le **montant** de l'indemnité de mise à la retraite, attribuée lors de la première liquidation complète de la retraite, est égal à celui de l'indemnité légale de licenciement, sauf disposition conventionnelle ou contractuelle plus favorable (C. trav. art. L 1237-7).
L'indemnité est exonérée d'**impôt sur le revenu** à hauteur du plus élevé des trois montants suivants (CGI art. 80 duodecies, 1-4°) :
– montant de l'indemnité prévue par la convention de branche, l'accord professionnel ou interprofessionnel ou la loi ;
– 50 % du montant de l'indemnité ou 2 fois le montant de la rémunération annuelle brute perçue par le salarié au cours de l'année civile précédant sa mise à la retraite, la fraction exonérée résultant de l'application de l'une ou de l'autre de ces deux limites ne pouvant excéder 5 fois le plafond annuel de la sécurité sociale (Pass) (231 840 € pour les indemnités perçues en 2024).
Au regard des **charges sociales**, l'indemnité est exonérée à hauteur du montant exonéré d'impôt sur le revenu dans la limite de 2 Pass (92 736 € en 2024). L'exonération ne joue pas si son montant dépasse 10 Pass (463 680 € en 2024).
Les indemnités de mise à la retraite sont soumises à la **CSG** et à la **CRDS** (sans abattement pour frais professionnels) pour leur fraction qui dépasse, soit le montant prévu par la convention collective de branche ou à défaut la loi, soit 2 fois le Pass, si cette limite est inférieure. L'exonération ne joue que si son montant est inférieur à 10 Pass.
De plus, l'indemnité de mise à la retraite supporte, pour sa part exclue de l'assiette des cotisations de sécurité sociale, une **contribution patronale spécifique** dont le taux est fixé à 30 % des indemnités versées (CSS art. L 137-12). L'assiette de la contribution comprend non seulement les indemnités légales et conventionnelles de mise à la retraite mentionnées par la loi, mais aussi les autres indemnités versées à l'occasion de la mise à la retraite.

PRÉRETRAITE

57525 Il n'existe plus de dispositif légal obligatoire, mais il est possible de mettre en place un système de **préretraites d'entreprise** qui détermine librement le montant et la forme du revenu de remplacement (capital ou rente), intégralement financé par l'employeur. Lorsque le contrat de travail est rompu, les avantages accordés sont soumis à une contribution patronale égale à 50 % de leur montant (CSS art. L 137-10).

SECTION 3 AUTRES MODALITÉS DE RUPTURE

DÉMISSION

57600 La démission correspond à l'exercice par le salarié de son droit de résiliation unilatérale du contrat à durée indéterminée.
Sa **forme** importe peu : elle peut être verbale mais un écrit est recommandé à titre de preuve.
Elle doit résulter d'un **acte explicite** traduisant une volonté claire et non équivoque de rompre le contrat (Cass. soc. 9-5-2007 n° 05-40.518 FS-PBRI : RJS 7/07 n° 823). Elle ne peut se déduire de l'abandon de son poste par le salarié. Dans ce cas, et si l'employeur entend rompre le contrat, il doit engager une procédure de licenciement (Cass. soc. 20-4-2005 n° 03-42.436 F-D : RJS 7/05 n° 717, absence depuis plus d'un an).
La démission doit aussi être donnée **sans réserve**. Dans le cas contraire, elle s'analyse en une prise d'acte de la rupture du fait de l'employeur, par exemple lorsque le salarié justifie sa décision par des faits ou manquements (antérieurs ou concomitants) imputables à son employeur (Cass. soc. 9-5-2007 précité ; Cass. soc. 19-12-2007 n° 06-42.550 FS-PB : RJS 3/08 n° 257).

> **Précisions a.** Depuis 2023, en cas d'**abandon de poste** volontaire, le salarié peut être présumé démissionnaire, après application d'une procédure spécifique par l'employeur (C. trav. art. L 1237-1-1 et D 1237-13). N'étant pas licencié, il ne peut pas prétendre aux allocations chômage.
> **b.** Le salarié peut **revenir sur sa démission** seulement si l'employeur l'accepte (Cass. soc. 28-3-2006 n° 04-42.228 F-D : RJS 6/06 n° 701). Une telle rétractation peut, le cas échéant, caractériser une volonté équivoque de démissionner (Cass. soc. 17-7-1996 n° 93-42.122 D : RJS 10/96 n° 1023).
> **c.** Sauf démission pendant la grossesse ou à l'issue du congé de maternité ou d'adoption, ou encore du congé pour création d'entreprise, le salarié qui démissionne doit respecter un **préavis** dont la durée est fixée par la loi, par la convention collective, le contrat de travail ou l'usage. Le contrat de travail ne peut pas fixer un préavis de démission plus long que celui qui résulte de la convention collective ou de l'usage.
> **d.** Le salarié qui démissionne ne peut prétendre à aucune indemnité à l'exception de l'**indemnité compensatrice de congés payés** (n° 60570).

PRISE D'ACTE DE LA RUPTURE

La prise d'acte consiste pour le **salarié** à prendre l'initiative de la rupture en imputant la responsabilité de celle-ci à l'employeur ; elle résulte fréquemment d'une démission formulée avec réserves et motivée par l'attitude de l'employeur. **57603**
L'action est réservée au seul salarié, y compris un salarié protégé. L'**employeur** ne peut l'invoquer : il doit respecter la procédure de licenciement ; à défaut, la rupture serait automatiquement dépourvue de cause réelle et sérieuse (Cass. soc. 25-6-2003 n° 01-41.150 FP-PBRI : RJS 8-9/03 n° 994 ; 23-5-2007 n° 06-40.484 F-D : RJS 8-9/07 n° 924).
Cette prise d'acte entraîne la **cessation immédiate** et **définitive** du contrat de travail : le salarié n'est, en conséquence, pas tenu d'effectuer un préavis (Cass. soc. 28-9-2011 n° 09-67.510 FS-PB : RJS 12/11 n° 948).
Elle produit les **effets** (Cass. soc. 9-5-2007 n° 05-45.613 FS-D : RJS 7/07 n° 843) :
– d'un licenciement sans cause réelle et sérieuse si les faits invoqués sont suffisamment graves pour empêcher la poursuite du contrat (Cass. soc. 26-03-2014 n° 12-23.634 FS-PB : RJS 6/14 n° 470), voire d'un licenciement nul dans le cas, par exemple, d'un salarié protégé ou d'une prise d'acte consécutive à des faits de harcèlement (Cass. soc. 28-3-2018 n° 16-20.020 F-D : RJS 6/18 n° 405) ;
– d'une démission dans le cas contraire (Cass. soc. 25-6-2003 n° 01-42.335 FS-PBRI : RJS 8-9/03 n° 994).
Par **exemple**, justifient une requalification en licenciement : selon les circonstances, une modification du contrat de travail imposée au salarié ou un manquement à l'obligation de sécurité ; une atteinte à son intégrité physique ou morale ; un harcèlement moral ; le non-respect du salaire minimum légal ou conventionnel ou encore le défaut d'organisation des visites médicales obligatoires.
En revanche, ne sont pas suffisamment graves le décalage exceptionnel d'une journée ou deux dans le paiement du salaire en raison de jours fériés ou le refus de l'employeur de nommer le salarié au poste demandé même si celui-ci a souscrit une convention de formation et obtenu le diplôme adéquat pour l'emploi souhaité.

> **Précisions a.** Lorsque la prise d'acte produit les effets d'un licenciement sans cause réelle et sérieuse, l'employeur, outre le paiement de dommages-intérêts évalués suivant les montants visés n° 57260, est tenu de verser l'**indemnité de préavis** (Cass. soc. 20-1-2010 n° 08-43.471 FS-PB : RJS 4/10 n° 318), indemnité à la charge du salarié lorsque la prise d'acte produit les effets d'une démission (Cass. soc. 8-6-2011 n° 09-43.208 FS-PB : RJS 8-9/11 n° 695).
> Lorsque la prise d'acte produit les effets d'un licenciement nul, le salarié peut prétendre à une indemnité minimale de 6 mois de salaire (C. trav. art. L 1235-3-2).
> **b.** Lorsque le **conseil de prud'hommes** est saisi d'une demande de qualification d'une prise d'acte, l'affaire est directement portée devant le bureau de jugement, qui statue dans le délai d'un mois suivant sa saisine (C. trav. art. L 1451-1).

RÉSILIATION JUDICIAIRE

Le **salarié** peut demander au conseil de prud'hommes la rupture de son contrat, si l'employeur n'exécute pas ses obligations et que ses manquements rendent impossible la poursuite du contrat de travail (Cass. soc. 26-3-2014 n°s 12-21.372 FP-PB et 12-35.040 FP-PB : RJS 6/14 n° 470). Elle produit les effets d'un licenciement dépourvu de cause réelle et sérieuse, voire d'un licenciement nul par exemple lorsque la résiliation est fondée sur un harcèlement moral (Cass. soc. 20-2-2013 n° 11-26.560 FP-PB : RJS 5/13 n° 344). L'indemnité versée sera déterminée conformément aux règles exposées n°s 57260 s. **57605**
Cette possibilité n'est pas ouverte aux **employeurs** ni pour les contrats à durée indéterminée (Cass. soc. 5-7-2005 n° 03-45.058 F-P : RJS 10/05 n° 961), ni pour les contrats à durée déterminée (Cass. soc. 31-5-2007 n° 06-41.106 F-D : RJS 8-9/07 n° 981).

RUPTURE CONVENTIONNELLE INDIVIDUELLE

57606 La rupture conventionnelle homologuée **consiste à** rompre à l'**amiable** le contrat de travail, ce qui dispense l'employeur du respect des règles procédurales applicables en cas de licenciement (C. trav. art. L 1237-11 s.).

Elle peut être **mise en œuvre** très largement dès lors qu'elle est librement consentie et qu'elle ne vise pas à faire échec à des règles protectrices.

Ainsi, l'existence d'un différend entre les parties au moment de sa conclusion n'affecte pas sa validité (Cass. soc. 23-5-2013 n° 12-13.865 FS-PBR : RJS 7/13 n° 534), pas plus que le licenciement pour faute envisagé lors de la négociation (Cass. soc. 15-11-2023 n° 22-16.957 F-D : RJS 1/24 n° 13) ou les faits de harcèlement subis par le salarié (Cass. soc. 23-1-2019 n° 17-21.550 FS-PB : RJS 4/19 n° 208). Mais il en va autrement si le consentement du salarié est contraint en raison d'une situation de violence morale du fait d'un harcèlement moral (Cass. soc. 1-3-2023 n° 21-21.345 F-D : RJS 5/23 n° 244), par exemple si l'employeur a engagé une procédure de licenciement pour faute grave tout en créant un climat conflictuel en prononçant une mise à pied (Cass. soc. 16-9-2015 n° 14-13.830 FS-PB : RJS 12/15 n° 771).

Sauf fraude ou vice du consentement, est valable la convention de rupture signée par un salarié en **arrêt de travail,** y compris à la suite d'un accident ou d'une maladie d'origine professionnelle (Cass. soc. 30-9-2014 n° 13-16.297 FS-PBR : RJS 12/14 n° 855) ou pendant un **congé** de maternité ou dans les dix semaines qui le suivent (Cass. soc. 25-3-2015 n° 14-10.149 FS-PB : RJS 6/15 n° 407). Il en va de même pour un salarié déclaré **apte avec réserves** (Cass. soc. 28-5-2014 n° 12-28.082 FS-PB : RJS 8-9/14 n° 627) ou même inapte à son poste (Cass. soc. 9-5-2019 n° 17-28.767 FS-PB : RJS 7/19 n° 417).

Si la rupture conventionnelle individuelle est admise alors que l'entreprise rencontre des **difficultés économiques** (Cass. soc. 9-3-2011 n° 10-11.581 FS-PBRI : RJS 5/11 n° 408), moyennant sa prise en compte pour la détermination de la procédure applicable (n° 57080), elle est, toutefois, exclue dans le cadre d'un plan de sauvegarde de l'emploi, d'un accord portant rupture conventionnelle collective ou de gestion prévisionnelle des emplois et des compétences (C. trav. art. L 1237-16).

57607 La **procédure** pour signer une convention individuelle comprend plusieurs étapes :

– un ou plusieurs **entretiens** au cours desquels les modalités de la rupture sont définies. Le salarié peut se faire assister, à sa convenance, soit d'un salarié de l'entreprise, soit, en l'absence de représentant du personnel, d'un conseiller extérieur choisi sur une liste établie par l'autorité administrative. L'assistance du salarié autorise celle de l'employeur qui peut solliciter la présence d'une personne de son choix appartenant au personnel ou celle d'une personne extérieure dans les entreprises de moins de 50 salariés (membre de l'organisation syndicale patronale à laquelle il appartient ou un autre employeur de la même branche professionnelle) ;

– **signature** de la convention. Chacune des parties doit, à peine de nullité, détenir un exemplaire signé de la convention (Cass. soc. 3-7-2019 n° 17-14.232 FS-PB : RJS 10/19 n° 561) ;

– délai de **rétractation** de 15 jours calendaires à compter de la signature. L'une ou l'autre des parties peut se rétracter sous la forme d'une lettre adressée par tout moyen attestant de sa date de réception par l'autre partie. Le délai de 15 jours vise l'envoi de la lettre de rétractation, peu importe sa date de réception (Cass. soc. 14-2-2018 n° 17-10.035 FS-PB : RJS 4/18 n° 254) ;

– à l'issue du délai de rétractation, **demande** en ligne sur telerc.gouv.fr (à défaut, par l'envoi d'un formulaire type au Dreets), par l'employeur ou le salarié, de l'**homologation** de la convention (pour les salariés protégés, l'homologation est remplacée par une autorisation de l'inspecteur du travail) ;

– délai d'**instruction** de 15 jours ouvrables au cours duquel l'administration vérifie les conditions de forme applicables à la rupture conventionnelle et la liberté de consentement des parties. Faute de décision explicite dans le délai, l'homologation est réputée acquise.

La méconnaissance du formalisme n'invalide pas la rupture conventionnelle dès lors que le consentement du salarié n'en a pas été vicié (à propos d'une erreur sur le délai de rétractation : Cass. soc. 29-1-2014 n° 12-24.539 FS-PB : RJS 4/14 n° 316 ; des conditions d'assistance du salarié : Cass. soc. 29-1-2014 n° 12-27.594 FS-PB : RJS 4/14 n° 316).

La convention doit préciser les **conditions de la rupture** (renonciation par l'employeur d'une clause de non-concurrence, par exemple), le montant de l'indemnité de rupture (elle ne peut pas être d'un montant inférieur à celui de l'indemnité légale de licenciement et s'ajoute à l'indemnité compensatrice de congés payés), ainsi que la date de la rupture, qui est nécessairement postérieure à la date d'homologation. Elle peut être signée le même jour que l'entretien (Cass. soc. 13-3-2024 n° 22-10.751 F-B : RJS 5/24 n° 266).

Le salarié peut prétendre aux **allocations chômage** (n° 53010).

Tout **contentieux** ultérieur doit être introduit dans les 12 mois de l'homologation. Il relève de la compétence, soit du conseil de prud'hommes, soit, lorsqu'il s'agit d'un salarié protégé, du juge administratif. L'annulation de la rupture produit les effets d'un licenciement dépourvu de cause réelle et sérieuse (voire nul) et oblige le salarié à rembourser les sommes perçues en exécution de la convention (Cass. soc. 30-5-2018 n° 16-15.273 FS-PB : RJS 8-9/18 n° 528).

> **Précisions a.** Le **régime social et fiscal** de l'indemnité de rupture est identique à celui appliqué à l'indemnité de licenciement versée en dehors d'un plan de sauvegarde de l'emploi (nos 57230, 38765 et 32410), sauf que la part de l'indemnité exonérée de cotisations de sécurité sociale est soumise à une contribution patronale spécifique au taux de 30 % (CSS art. L 137-12), et que, si le salarié est en droit de bénéficier d'une pension de retraite d'un régime légalement obligatoire, l'indemnité est intégralement soumise à l'impôt sur le revenu (CGI art. 80 duodecies, 1-6°).
> **b.** Un délai exprimé en **jours calendaires** est calculé en tenant compte de tous les jours de la semaine ; un délai exprimé en **jours ouvrables** exclut le jour de repos hebdomadaire (en principe, le dimanche : voir n° 60280) et les jours fériés s'ils sont chômés dans l'entreprise.
> **c.** S'agissant de la déclaration spécifique en cas de rupture conventionnelle concernant au moins un **salarié de 55 ans et plus** au cours de l'année civile : voir n° 57040.
> **d.** Le dispositif de la rupture conventionnelle a pour origine l'accord national interprofessionnel (ANI) du 11 janvier 2008 ; par avenant étendu du 18 mai 2009, les partenaires sociaux ont considéré que le montant de l'**indemnité de rupture** ne pouvait être inférieur à l'indemnité conventionnelle de licenciement lorsque cette dernière est plus élevée que l'indemnité légale. Cet avenant ne concerne pas les **professions agricoles**.
> **e.** Une fois remplie en ligne, la demande d'homologation est téléchargée et imprimée, signée par chacune des parties et télétransmise, à l'issue du délai de rétractation. Le téléservice permet en outre de télécharger et d'imprimer une attestation d'homologation quand celle-ci est acquise de manière implicite, soit 15 jours après réception de la demande par l'administration.
> **f.** Lorsqu'une **première convention** a fait l'objet d'un **refus d'homologation**, les parties qui en signent une **seconde** doivent prévoir un nouveau délai de rétractation de 15 jours (Cass. soc. 13-6-2018 n° 16-24.830 F-PB : RJS 8-9/18 n° 527).

RUPTURE CONVENTIONNELLE COLLECTIVE

Un **accord collectif**, quelle que soit la taille de l'entreprise, peut déterminer le contenu d'une rupture conventionnelle collective excluant tout licenciement pour atteindre les objectifs qui lui sont assignés en termes de suppression d'emplois. La Dreets doit être informée sans délai de l'ouverture de la négociation (C trav. art. L 1237-19 s.). **57608**

L'accord portant rupture conventionnelle collective doit **déterminer** (C. trav. art. L 1237-19-1) :
- les modalités et conditions d'information du comité social et économique (CSE), s'il existe ;
- le nombre maximal de départs envisagés, de suppressions d'emplois associées et la durée pendant laquelle les ruptures du contrat de travail peuvent être engagées sur son fondement ;
- les conditions que doit remplir le salarié pour en bénéficier ;
- les critères de départage entre les potentiels candidats au départ ;
- les modalités de conclusion d'une convention individuelle de rupture entre l'employeur et le salarié et d'exercice du droit de rétractation des parties ;
- les modalités de calcul des indemnités de rupture garanties au salarié, qui ne peuvent être inférieures aux indemnités légales (mais non conventionnelles) dues en cas de licenciement pour motif économique ;
- les modalités de candidature au départ des salariés, comprenant les conditions de transmission de l'accord écrit du salarié au dispositif prévu par l'accord collectif et les conditions de changement d'avis de ce dernier ;
- des mesures visant à faciliter l'accompagnement et le reclassement externe des salariés sur des emplois équivalents, telles que le congé de mobilité, des actions de formation, de validation des acquis de l'expérience ou de reconversion ou des actions de soutien à la création d'activités nouvelles ou à la reprise d'activités existantes par les salariés ;
- les modalités de suivi de la mise en œuvre effective de l'accord portant rupture conventionnelle collective auquel doit être associée l'administration (C. trav. art. L 1239-19-7).

Une fois signé, l'accord doit être **transmis pour validation** à la Dreets (C. trav. art. L 1237-19-3, R 1237-6 et R 1237-6-1) qui dispose d'un délai de 15 jours calendaires pour rendre sa décision, le silence valant acceptation (C. trav. art. L 1237-19-4).

Une éventuelle **réponse** expresse (nécessairement motivée) est transmise aux représentants du personnel et aux organisations syndicales représentatives signataires. À défaut de réponse dans le délai imparti, l'employeur leur transmet une copie de la demande de validation, accompagnée de son accusé de réception par l'administration. La décision de validation ou, en cas de silence, la copie de la demande ainsi que les voies et délais de recours sont portés à la connaissance des salariés par voie d'affichage sur leurs lieux de travail ou par tout autre moyen permettant de conférer date certaine à cette information (C. trav. art. L 1237-19-4).

L'acceptation par l'employeur de la **candidature du salarié** au départ volontaire emporte rupture du contrat de travail d'un commun accord des parties, sous réserve d'une autorisation de l'inspecteur du travail pour les salariés protégés (C. trav. art. L 1237-19-2). Le salarié bénéficie des allocations chômage (C. trav. art. L 5421-1) avec application d'un différé d'indemnisation.

Un **recours** peut être formé à l'encontre de la décision de validation dans un délai de 2 mois devant le tribunal administratif qui dispose d'un délai de 3 mois pour se prononcer ; la contestation de la validité de l'accord, du contenu du plan ou de la régularité de la procédure est nécessairement jointe à cette contestation. En revanche, les litiges relatifs à l'exécution du plan de départ volontaire relèvent de la compétence du conseil de prud'hommes, l'action devant être introduite avant l'expiration d'un délai de 12 mois à compter de la date de rupture effective du contrat de travail (C. trav. art. L 1237-19-8).

> **Précisions** **a.** L'accord peut être conclu dans un contexte de **difficultés économiques** (CAA Versailles 14-3-2019 n° 18VE04158 : RJS 5/19 n° 287), sauf en cas de **fermeture de site** (CE 21-3-2023 n° 459626 : RJS 6/23 n° 301).
b. L'**information de l'administration** se fait par voie dématérialisée sur info.ruptures-collectives.emploi.gouv.fr (C. trav. art. D 1237-7 s.).
c. L'**administration vérifie,** notamment, la qualité des signataires (CAA Bordeaux 25-4-2023 n° 23BX00252 : RJS 7/23 n° 369), la présence dans l'accord des clauses exigées, le caractère concret et précis des mesures d'accompagnement et de reclassement et, le cas échéant, la régularité de la procédure d'information des représentants du personnel. Si leur absence est due à une carence de candidatures, le PV de carence doit être joint (C. trav. art. L 1237-19-3).
d. Le **suivi** de la mise en œuvre de l'accord fait l'objet, s'il existe, d'une consultation régulière du CSE dont les avis sont transmis à la Dreets. Celle-ci est associée au suivi de ces mesures et reçoit un bilan (C. trav. art. L 1237-19-7 et D 1237-12).
e. L'indemnité de rupture est exonérée de **charges** sociales dans la limite de 2 fois le plafond annuel de la sécurité sociale [Pass] (92 736 € pour 2024), dès lors que son montant n'excède pas 10 Pass (463 680 € en 2024), et totalement exonérée d'impôt sur le revenu, quel qu'en soit le montant (CSS art. L 242-1, II-7° ; CGI art. 80 duodecies, 1-1°). Il en est de même des indemnités visant à faciliter l'accompagnement et le reclassement externe des salariés sur des emplois équivalents. S'agissant de la CSG et de la CRDS, l'indemnité est exonérée à hauteur du montant de l'indemnité légale ou conventionnelle de licenciement dans la limite des plafonds applicables aux cotisations sociales. Elle n'est pas assujettie au forfait social (CSS art. L 137-15).

DÉPART NÉGOCIÉ OU VOLONTAIRE DANS LE CADRE D'UN PLAN DE SAUVEGARDE DE L'EMPLOI OU D'UN ACCORD GPEC

57609 Contrairement à la rupture conventionnelle homologuée, le départ négocié ou volontaire peut intervenir dans le cadre d'un plan de sauvegarde de l'emploi [PSE] (Cass. soc. 2-12-2003 n° 01-46.540 : RJS 2/04 n° 179) ou d'un accord de gestion prévisionnelle des emplois et des compétences. Dans le premier cas, il est soumis aux procédures de licenciement pour motif économique, à l'exception des dispositions relatives à l'entretien préalable et à la notification du licenciement.

Si, de façon plus générale, le départ négocié ou volontaire intervient en raison de circonstances caractérisant un motif économique, l'employeur doit proposer au salarié les **mesures d'accompagnement** destinées à favoriser son reclassement (Cass. soc. 16-12-2008 n° 07-15.019 FS-PB : RJS 2/09 n° 151).

Le salarié bénéficie de la **priorité de réembauche** (Cass. soc. 13-9-2005 n° 04-40.135 FS-PB : RJS 11/05 n° 1083).

Les juges veillent à ce qu'il perçoive une **indemnisation** au moins égale à celle à laquelle il aurait eu droit s'il avait été licencié pour motif économique (Cass. soc. 11-6-2008 n° 07-40.414 FS-PB : RJS 8-9/08 n° 881). Les indemnités de départ volontaire sont en principe soumises aux cotisations de sécurité sociale, à la CSG et la CRDS, ainsi qu'à l'impôt sur le revenu. Ce n'est que lorsqu'elles sont versées dans le cadre d'un PSE ou qu'elles résultent en réalité d'un départ provoqué par l'employeur qu'elles sont exonérées de cotisations de sécurité sociale et d'impôt sur le revenu, dans les mêmes conditions et limites que les indemnités de licenciement versées dans ce cadre. L'existence d'un PSE conduit aussi à les exonérer de CSG et de CRDS dans la limite de l'indemnité légale ou conventionnelle de licenciement ou du montant exonéré de cotisations de sécurité sociale, s'il est inférieur.

Le salarié peut prétendre aux **allocations chômage** (n° 53010).

CONGÉ DE MOBILITÉ

Le congé de mobilité a pour **objet** de favoriser le retour à un emploi stable par des mesures d'accompagnement, des actions de formation et des périodes de travail en CDI ou en CDD (C. trav. art. L 1237-18 s.). 57615

Il peut être **mis en place**, par accord collectif, dans toute entreprise ayant conclu un accord de gestion des emplois et des parcours professionnels (GEPP), ou dans le cadre d'un accord portant rupture conventionnelle collective. L'accord détermine la durée du congé, les conditions et modalités d'adhésion des salariés, l'organisation des périodes de travail et de formation, le niveau de rémunération des salariés pendant le congé, les conditions d'information des représentants du personnel et les indemnités de rupture versées aux salariés qui sont au moins égales à l'indemnité légale de licenciement.

Le salarié bénéficie, pendant le congé, d'une **rémunération** au moins égale à l'allocation de conversion, à savoir 65 % de la rémunération brute moyenne des 12 derniers mois précédant l'entrée en congé, sans pouvoir être inférieur à 85 % du Smic. Cette rémunération est exonérée de cotisations sociales dans la limite des 12 premiers mois (pouvant être portés à 24 mois dans certains cas). Elle est soumise à la CSG et à la CRDS.

L'acceptation par le salarié de la proposition de congé emporte **rupture du contrat de travail** d'un commun accord des parties à l'issue de celui-ci. L'employeur doit informer la Dreets des ruptures prononcées dans le cadre du congé de mobilité tous les 6 mois à compter du dépôt de l'accord, au moyen d'un formulaire défini par arrêté (C. trav. art. D 1237-5).

> **Précisions** Les salariés en congé de mobilité peuvent bénéficier du **dispositif « Transitions collectives »** (ou « Transco ») qui permet de réorienter ceux dont l'emploi est menacé vers des métiers porteurs, par le financement public d'une formation certifiante. Pendant son congé, l'intéressé perçoit une allocation égale à 79,15 % de sa rémunération brute antérieure, la part excédant 65 % de sa rémunération étant prise en charge par l'État (Inst. DGEFP 35 du 7-2-2022 opposable).

FORCE MAJEURE

La force majeure **se définit** comme un événement extérieur à l'employeur et irrésistible rendant totalement impossible la poursuite de l'exécution du contrat de travail. 57630

Dans ce cas, l'employeur est libéré de l'obligation de respecter le préavis et de payer une indemnité de licenciement sauf s'il s'agit d'un **sinistre**, auquel cas l'employeur doit verser au salarié une indemnité équivalant à l'indemnité compensatrice de préavis et à l'indemnité de licenciement (C. trav. art. L 1234-13).

SECTION 4

OBLIGATIONS CONSÉCUTIVES À LA RUPTURE

REMISE DE DOCUMENTS PAR L'EMPLOYEUR

Attestation d'assurance chômage Les employeurs ont l'obligation, au **moment** de la cessation du contrat, de délivrer aux salariés l'attestation nécessaire pour faire valoir leurs droits aux prestations de chômage (C. trav. art. R 1234-9). 57700

Il s'agit d'une attestation papier rematérialisée obtenue par l'employeur à la suite du signalement de la rupture via la DSN. Elle contient, notamment, les informations suivantes : durée d'emploi, statut dans l'entreprise, motif de la rupture, éléments relatifs aux derniers salaires.

Le **non-respect** de cette obligation est sanctionné de l'amende prévue pour les contraventions de la 5e classe, soit 1500 € (C. trav. art. R 1238-7). Une transaction pénale peut lui être substituée.

Certificat de travail À l'expiration de son contrat, l'employeur doit remettre au salarié (ou tenir à sa disposition) un certificat de travail. Aucune forme particulière n'est imposée. Mais il doit **mentionner** (C. trav. art. L 1234-19 et D 1234-6 ; CSS art. L 911-8, 6e) : 57705

- les dates d'entrée et de sortie dans l'entreprise ;
- les emplois occupés et périodes pendant lesquelles ils ont été tenus ;
- la portabilité de la mutuelle et de la prévoyance.

Aucune mention susceptible de nuire au salarié ne doit y figurer, à l'exception de l'existence d'une clause de non-concurrence.

57710 **Reçu pour solde de tout compte** Le reçu pour solde de tout compte est un document délivré par l'employeur qui fait l'inventaire des **sommes versées lors de la rupture du contrat** (C. trav. art. L 1234-20). Établi en double exemplaire (mention en est faite sur le reçu), dont l'un est remis au salarié, il doit être daté et signé par les deux parties.
S'il n'a pas assorti sa signature de réserves, le salarié ne dispose que d'un délai de 6 mois pour **dénoncer**, par lettre recommandée, le reçu (C. trav. art. D 1234-8).
Le reçu a un effet libératoire pour l'employeur, toute contestation portant sur les sommes qui y sont mentionnées sera rejetée. À titre d'exemple, si une erreur a été commise à propos du calcul d'une indemnité compensatrice de congés payés ou de licenciement, le salarié ne pourra pas réclamer ce qui ne lui a pas été versé. En revanche, il lui sera toujours possible de contester la légitimité du licenciement.

ATTENTION

Le reçu pour solde de tout compte **non signé par le salarié** ne fait pas preuve du paiement des sommes qui y sont mentionnées (Cass. soc. 27-3-2019 n° 18-12.792 F-D : RJS 6/19 n° 348). Pour autant, l'employeur ne peut pas conditionner le versement des sommes à la signature du document par le salarié.

PRIORITÉ DE RÉEMBAUCHE

57720 Le salarié dont le contrat a été rompu pour **motif économique** bénéficie d'une priorité de réembauche durant un délai d'un an à compter de la date de rupture du contrat de travail (C. trav. art. L 1233-45). Cette priorité, dont l'existence doit être mentionnée dans la lettre de licenciement, ne joue que si le salarié a demandé à en bénéficier dans le délai d'un an à partir de la rupture du contrat, c'est-à-dire de la fin du préavis, exécuté ou non. Dans ce cas, l'employeur l'informe de tout emploi devenu disponible compatible avec sa qualification, à l'exception des postes momentanément vacants (congé maternité, par exemple). Il est également tenu d'informer les représentants du personnel.
Le **non-respect** de la priorité expose l'employeur à être condamné à verser au salarié :
– dans les entreprises d'au moins 11 salariés et si l'intéressé a au moins 2 ans d'ancienneté, une indemnité d'un minimum de 2 mois de salaire (C. trav. art. L 1235-13) ;
– dans les autres cas, une indemnité fixée en fonction du préjudice subi (C. trav. art. L 1235-14).
Ces sanctions se cumulent avec l'indemnité pour absence de cause réelle et sérieuse lorsque le licenciement économique est jugé dépourvu d'une telle cause.

CLAUSE DE NON-CONCURRENCE

57805 Cette clause interdit au salarié l'exercice de certaines activités professionnelles pouvant faire concurrence à son ancien employeur.
Pour être licite, cette clause doit prévoir une compensation financière en faveur du salarié, être indispensable à la protection des intérêts légitimes de l'employeur et ne doit pas faire échec à la liberté du travail. Elle doit donc être restreinte quant à la nature de l'activité et limitée dans le temps et l'espace.
En cas de non-respect de la clause, le salarié perd le droit à l'indemnité compensatrice et risque d'être condamné à verser des dommages-intérêts. Une indemnisation forfaitaire peut être prévue par le contrat (clause pénale).

LOGEMENT DE FONCTION

57820 Le salarié qui bénéficie d'un logement mis à sa disposition par son employeur en raison de son emploi doit libérer ce logement à la date où se termine le contrat. En cas de licenciement, il peut obtenir du juge un sursis s'il prouve son impossibilité de se loger ailleurs.
Le salarié qui reste dans les lieux doit une **indemnité d'occupation** dont le montant est fixé par les juges, en l'absence d'accord.

CHAPITRE 5 NÉGOCIATION COLLECTIVE

SOMMAIRE

SECTION 1 DISPOSITIONS COMMUNES

OBJET ET CONTENU DES CONVENTIONS ET ACCORDS COLLECTIFS

La convention collective a vocation à traiter de l'ensemble des conditions d'emploi, de travail, de formation professionnelle et des garanties sociales. L'accord collectif traite un ou des sujets déterminés dans cet ensemble. Conventions et accords collectifs de travail peuvent être conclus à tous les **niveaux** : établissement, entreprise, groupe, branche, ou au niveau professionnel ou interprofessionnel. 58200

Le **champ d'application** des conventions de branche et des accords professionnels ou interprofessionnels peut être national, régional ou local.

La convention ou l'accord collectif peut comporter des stipulations **plus favorables** aux salariés que celles des lois et règlements en vigueur, sauf s'il s'agit de dispositions d'**ordre public absolu** (C. trav. art. L 2251-1). Un accord collectif peut aussi prévoir des dispositions différentes de celles de la loi lorsque celle-ci est **supplétive** ou autorise expressément la **dérogation**. Dans ces deux cas, il n'y a pas à rechercher si l'accord est plus ou moins favorable pour les salariés que la loi, sous réserve de respecter les limites et contreparties qu'elle fixe.

Dans certains domaines (notamment : durée du travail, repos, congés), le Code du travail s'articule autour de 3 types de normes :

– des règles d'ordre public auxquelles il n'est pas possible de déroger, sauf dans un sens plus favorable aux salariés si elles relèvent de l'ordre public social ; autrement dit, des garanties minimales offertes à tous les salariés, quel que soit leur domaine d'activité professionnelle ;

– des règles laissées à la négociation collective. Selon les sujets, priorité est donnée soit aux accords de branche, soit aux accords d'entreprise ;

– des règles supplétives, applicables seulement lorsqu'il n'existe pas d'accord collectif.

FORME ET PUBLICITÉ

Les conventions et accords collectifs de travail doivent être **écrits**, à peine de nullité, et rédigés en français (C. trav. art. L 2231-3 et L 2231-4). 58220

Une fois signés, ces conventions ou accords, ainsi que leurs avenants et annexes, doivent être **notifiés** à l'ensemble des organisations syndicales représentatives (C. trav. L 2231-5). Ils doivent ensuite être :

– remis en un exemplaire, au secrétariat-greffe du **conseil de prud'hommes** du lieu de leur conclusion (C. trav. D 2231-2) ;

– et **déposés** en un exemplaire électronique sur le site www.accords-depot.travail.gouv.fr (C. trav. art. L 2231-6 et D 2231-4 s.). Les accords collectifs sont ensuite mis en ligne, de façon anonymisée, sur legifrance.gouv.fr, sauf si les signataires de l'accord décident qu'une partie du texte ne doit pas faire l'objet d'une telle publication. L'employeur peut également occulter les éléments portant atteinte aux intérêts stratégiques de l'entreprise (C. trav. art. L 2231-5-1, al. 2 et R 2231-1-1).
Les déclarations de dénonciation et d'adhésion sont déposées selon les mêmes modalités (C. trav. art. D 2231-8).

> **Précisions** Par **exception**, ne sont pas soumis à l'obligation de publication les accords d'épargne salariale (participation, intéressement, plans d'épargne salariale, Perco et Pereco) et de prime de partage de la valeur en entreprise, les accords de performance collective et ceux relatifs au contenu d'un plan de sauvegarde de l'emploi (C. trav. art. L 2231-5-1, al. 4).

INFORMATION DU SALARIÉ ET DE SES REPRÉSENTANTS

58230 Les conditions d'information des salariés et des représentants du personnel sur le droit conventionnel applicable dans l'entreprise sont définies par convention de branche ou accord professionnel (C. trav. art. L 2262-5).
À défaut, l'employeur lié par une convention ou un accord collectif de travail doit (C. trav. art. R 2262-1 s.) :
– en **fournir un exemplaire** aux représentants élus du personnel, aux délégués syndicaux (DS) ou aux salariés mandatés ;
– en tenir un exemplaire à la disposition du personnel sur le **lieu de travail**, un **avis** devant être communiqué aux salariés à ce sujet, et en mettre un exemplaire à jour sur l'**intranet** de l'entreprise (la mise à disposition sur l'intranet suffit si tout le personnel y a accès) ;
– informer par écrit le salarié sur les textes conventionnels applicables dans l'entreprise ou l'établissement au plus tard un mois à compter de la date d'**embauche** (C. trav. art. R 1221-34) ;
– communiquer chaque année la liste des **modifications** intervenues aux élus (ou, à défaut, aux salariés) et aux DS.
L'employeur doit également mentionner sur le **bulletin de paie** l'intitulé de la convention collective de branche applicable au salarié (C. trav. art. R 3243-1).
Enfin, il doit informer chaque année les salariés, par tout moyen, de la disponibilité sur le site du ministère du travail des **adresses des syndicats** représentatifs dans la branche (C. trav. art. L 2141-7-1).

PERSONNES COUVERTES

58240 Sous réserve des effets de l'extension ou de l'élargissement (n°s 58340 s.), les conventions et accords collectifs de travail ne sont applicables qu'aux **employeurs** y ayant adhéré ou membres des organisations patronales qui les ont signés ou qui y ont adhéré.
Lorsqu'un employeur est lié par les clauses d'une convention ou d'un accord collectif, ces clauses s'appliquent à tous ses **salariés**, quelle que soit la date de leur embauche.
Lorsqu'un employeur **applique volontairement**, en tout ou en partie, un accord sans y avoir adhéré en bonne et due forme, il s'agit d'un usage auquel il peut mettre fin à condition de prévenir le comité social et économique, s'il existe, et chaque salarié suffisamment à l'avance.
Cette application volontaire peut résulter de sa volonté explicite d'en faire bénéficier le personnel, ou d'une volonté implicite qui se manifeste, par exemple, par son application constante ou la mention sur le bulletin de paie. Toutefois, cette mention constitue une simple présomption de la volonté de l'employeur d'appliquer cette convention, celui-ci étant admis à apporter la preuve contraire, par exemple en établissant l'existence d'une erreur manifeste (Cass. soc. 2-7-2008 n° 07-41.473 : RJS 10/08 n° 1012).

DURÉE D'APPLICATION

58250 Les conventions et accords collectifs de travail s'appliquent à partir du jour qui suit leur dépôt auprès de l'administration, sauf s'ils en disposent autrement (C. trav. art. L 2261-1). Ils sont conclus pour une durée déterminée ou indéterminée.
Les accords conclus **depuis le 10 août 2016** le sont pour 5 ans, sauf clause prévoyant une durée déterminée différente ou une durée indéterminée (C. trav. art. L 2222-4). L'arrivée du terme des accords à durée déterminée entraîne une cessation immédiate de leurs effets.
Ceux conclus **jusqu'au 9 août 2016** sont à durée indéterminée, sauf s'ils prévoient expressément être à durée déterminée. Dans ce dernier cas, ils continuent de produire leurs effets arrivés à expiration, sauf clause prévoyant une cessation automatique de leurs effets à l'échéance.

DÉNONCIATION

Les conventions et accords à **durée indéterminée** peuvent être dénoncés par les parties signataires mais ils continuent après leur dénonciation à produire certains effets (C. trav. art. L 2261-9 s.). 58255

Lorsque la dénonciation émane de l'**ensemble des signataires** salariés ou de l'ensemble des signataires employeurs, le texte dénoncé reste intégralement applicable jusqu'à l'entrée en vigueur de la convention ou de l'accord qui lui est substitué ou, à défaut, pendant une durée d'un an (ou une durée plus longue fixée par l'accord) à compter de l'expiration du délai de préavis.

À défaut de conclusion d'un nouveau texte dans ce délai, le texte dénoncé cesse de s'appliquer. Les salariés couverts par l'accord dénoncé bénéficient d'une **garantie de rémunération** dont le montant annuel, pour une durée de travail équivalente à celle prévue par leur contrat de travail, ne peut pas être inférieur à la rémunération versée lors des 12 derniers mois en application du texte dénoncé (C. trav. art. L 2261-13).

> **Précisions a.** La durée de **préavis** de dénonciation est celle prévue par la convention collective et, à défaut, est fixée à 3 mois. La dénonciation doit être notifiée aux autres signataires et faire l'objet d'un dépôt (n° 58220).
> **b.** Lorsqu'une convention ou un accord est mis en cause dans une entreprise déterminée en raison notamment d'une **fusion**, d'une **cession**, d'une **scission** ou d'un **changement d'activité**, cette convention ou cet accord continue de produire effet dans les mêmes conditions qu'une convention ou qu'un accord dénoncé par l'ensemble des signataires (C. trav. art. L 2261-14).

CONTRÔLE ET SANCTIONS

L'**inspection du travail** est chargée de veiller à l'application des dispositions des conventions et accords collectifs de travail, qu'ils soient ou non étendus ou élargis. 58260

En cas d'infraction aux clauses d'une convention ou d'un accord étendu concernant les **salaires**, l'employeur est passible de l'amende prévue pour les contraventions de 4e classe (750 € s'il s'agit d'une personne physique, 3 750 € s'il s'agit d'une personne morale), prononcée autant de fois qu'il y a de salariés concernés (C. trav. art. R 2263-3 s.).

SECTION 2

CONVENTIONS DE BRANCHE ET ACCORDS PROFESSIONNELS OU INTERPROFESSIONNELS

CHAMP D'APPLICATION

Les conventions et accords collectifs déterminent leur champ d'application territorial et professionnel. Le champ d'application professionnel est défini en termes d'**activités économiques** (C. trav. art. L 2222-1, al. 1). 58330

Le code APE délivré par l'Insee à une entreprise n'a qu'une valeur indicative et seule son **activité réelle** détermine son assujettissement.

En cas d'activités multiples, la convention ou l'accord applicable à tous les salariés est déterminé en fonction de l'activité principale de l'entreprise.

Si une entreprise possède plusieurs établissements exerçant des activités différentes, chacun d'eux doit appliquer les conventions ou accords afférents à son activité propre, à condition qu'elle soit bien différenciée dans un centre d'activité autonome et ne constitue pas une activité accessoire par rapport aux autres.

Au cas particulier des **conventions et accords collectifs agricoles**, il est possible de déterminer le champ d'application par référence à l'activité économique (ce qui est la norme) et également par référence au **statut juridique des entreprises** concernées ou au **régime de protection sociale** d'affiliation de leurs salariés (C. trav. art. L 2222-1, al. 2).

Les conventions et accords de branche et les accords interprofessionnels, étendus ou non, s'appliquent aux **employeurs** compris dans leur champ d'application et qui sont affiliés aux organisations patronales signataires ou qui ont adhéré à la convention ou à l'accord. La loi a cependant prévu des procédures d'extension et d'élargissement (C. trav. art. L 2261-19 s.).

EXTENSION

58340 L'extension par arrêté ministériel a pour effet de rendre obligatoire une convention ou un accord à tous les employeurs entrant dans leur champ d'application professionnel et territorial, sans condition d'appartenance aux organisations patronales signataires ou adhérentes.

Elle n'a d'effet que pour l'avenir, sans pouvoir soumettre les employeurs pour les périodes passées aux dispositions étendues. Elle vaut pour la durée et aux conditions prévues par la convention ou par l'accord.

ÉLARGISSEMENT

58350 L'élargissement rend applicable, à un secteur géographique ou professionnel non couvert par un texte conventionnel, une **convention** ou un **accord déjà étendu** dans un autre secteur géographique ou professionnel.

L'arrêté d'élargissement a pour effet de rendre le texte élargi obligatoire pour tous les employeurs relevant du secteur territorial ou professionnel visé par l'élargissement. Comme l'arrêté d'extension, il ne vaut que pour l'avenir.

SECTION 3 NÉGOCIATION D'ENTREPRISE

CONCLUSION DES CONVENTIONS ET ACCORDS D'ENTREPRISE

58400 En principe, les accords sont négociés entre l'employeur et les organisations syndicales de salariés représentatives dans l'entreprise (nos 61450 s. ; C. trav. art. L 2232-16). Des procédures alternatives existent toutefois pour négocier un accord collectif en l'absence de délégués syndicaux.

58403 **Entreprises ayant au moins un délégué syndical** Dans cette hypothèse, seuls les délégués syndicaux (DS) sont habilités à négocier et à signer des accords d'entreprise (C. trav. art. L 2232-16). Si le syndicat représentatif a plusieurs DS, sa délégation en comprend deux (C. trav. art. L 2232-17).

Chaque syndicat peut compléter sa délégation par d'autres salariés de l'entreprise, dont le nombre est fixé par accord entre l'employeur et tous les syndicats prenant part à la négociation. À défaut d'accord, ce nombre ne peut pas dépasser, par délégation, celui des DS de la délégation ; si, du fait de la taille de l'entreprise, un seul DS a pu être désigné, la délégation peut être complétée de deux salariés (C. trav. art. L 2232-17). Ces salariés ne bénéficient d'aucune protection particulière (Circ. 25-10-1983).

La **validité de l'accord** est subordonnée à (C. trav. art. L 2232-12 s.) :

– sa signature par un ou plusieurs syndicats représentatifs ayant obtenu plus de 50 % des suffrages exprimés en faveur de syndicats représentatifs au premier tour des dernières élections professionnelles ;

– si ce score électoral n'est pas atteint, tout en étant supérieur à 30 %, à son approbation par les salariés à la majorité des suffrages exprimés (C. trav. art. D 2232-2 s.). À défaut, l'accord est réputé non écrit.

> **Précisions a.** Lorsqu'un **conseil d'entreprise** a été mis en place par accord (n° 61249), il est compétent pour négocier et conclure les accords d'entreprise (C. trav. art. L 2321-1 s.).
>
> **b.** Ces conditions de validité sont applicables aux accords conclus au sein des **chambres d'agriculture** (C. rur. art. L 514-3-1).

58405 **Entreprises sans délégué syndical** **Entreprises de moins de 11 salariés (ou de 11 à 20 sans représentants élus)**. L'employeur peut organiser un **référendum** pour proposer directement aux salariés un projet d'accord pouvant porter sur n'importe quel thème ouvert à la négociation d'entreprise. Il doit envoyer ce projet à chaque salarié au moins 15 jours avant la consultation. L'accord doit ensuite être approuvé par au moins 2/3 du personnel pour être valide (C. trav. art. L 2231-9 et L 2232-21 s.). Les modalités d'organisation de la consultation sont fixées par l'employeur et doivent être communiquées aux salariés en même temps que le projet d'accord (C. trav. art. R 2232-10 s.).

Dans les entreprises de 11 à 20 salariés, l'absence de représentants élus doit être attestée par un procès-verbal de carence de moins de quatre ans (QR min. trav. 7-2021 n° 210). Ces entreprises peuvent également conclure un accord avec un salarié mandaté à cet effet, selon les modalités ci-après (voir, en ce sens, CE 1-4-2019 n° 417652 : RJS 7/19 n° 448).

Entreprises de 11 à moins de 50 salariés. Les accords peuvent être conclus soit avec un ou plusieurs salariés (élus ou non) **mandatés** à cet effet par un syndicat représentatif dans la branche ou, à défaut, au niveau national et interprofessionnel, soit avec un ou plusieurs **élus titulaires du comité social et économique** (C. trav. art. L 2232-23-1). Si l'accord a été signé par un ou des élus, ceux-ci doivent représenter la majorité des suffrages exprimés lors des dernières élections professionnelles, qu'ils aient été mandatés ou non par un syndicat. S'il a été conclu avec des salariés non élus mandatés, il doit ensuite, pour être valide (C. trav. art. L 2231-9), être approuvé par les salariés à la majorité des suffrages exprimés, dans les conditions fixées aux articles D 2232-2 et suivants du Code du travail.

Les **entreprises de moins de 50 salariés** peuvent également appliquer, lorsqu'il existe, un accord-type établi par accord de branche étendu. Cet accord-type peut traiter de tous les sujets ouverts à la négociation d'entreprise. L'employeur peut l'appliquer au moyen d'un document unilatéral indiquant les choix qu'il a retenus sans avoir à ouvrir une négociation, mais après en avoir informé par tous moyens le comité social et économique et les salariés (C. trav. art. L 2232-10-1).

ATTENTION

Une incertitude existe quant à l'application de ces dispositifs aux **chambres d'agriculture**. En effet, les dispositions relatives à la négociation des accords collectifs de l'article L 514-3-1, II du Code rural et de la pêche maritime n'envisagent leur conclusion que par les organisations syndicales représentatives.

CONTENU DES CONVENTIONS ET ACCORDS D'ENTREPRISE

Les conventions et accords d'entreprise peuvent **adapter** les dispositions des conventions de branche ou des accords professionnels et interprofessionnels. Ils peuvent comporter des dispositions nouvelles et des clauses plus favorables aux salariés (C. trav. art. L 2253-1). **58410**

Le champ de la négociation d'entreprise est ouvert à tous les domaines qui ne sont pas réservés expressément par la loi aux seuls accords de branche ; à titre d'exemples : l'aménagement du temps de travail, le contingent et la rémunération des heures supplémentaires, les dérogations au travail de nuit ou au repos quotidien, les conventions de forfait.

Le principe est la **primauté** de l'accord d'entreprise sur l'accord conclu à un niveau supérieur (notamment au niveau de la branche, ou au niveau professionnel ou interprofessionnel), même si les stipulations du premier sont moins favorables aux salariés que celles du second, et que l'accord d'entreprise soit conclu antérieurement ou postérieurement à la date d'entrée en vigueur du second (C. trav. art. L 2253-3). Mais la portée de ce principe est limitée par deux garde-fous. D'une part, il existe 13 thèmes pour lesquels l'accord de branche prime impérativement sur l'accord d'entreprise, sauf garanties au moins équivalentes apportées par ce dernier (C. trav. art. L 2253-1). Parmi ces thèmes, signalons les salaires minima hiérarchiques, les conditions et durées de renouvellement de la période d'essai et les garanties de protection sociale complémentaire. D'autre part, pour 4 autres thèmes (notamment l'exposition aux facteurs de risques professionnels), l'accord de branche peut décider qu'il prime sur les accords d'entreprise conclus postérieurement. Autrement dit, il peut interdire aux accords d'entreprise de comporter des stipulations différentes, sauf à apporter des garanties au moins équivalentes à celles de l'accord de branche (C. trav. art. L 2253-2).

> **Précisions** Un accord de branche conclu avant le 24 septembre 2017 peut contenir une **clause de verrouillage**. Si la clause porte sur l'un des quatre thèmes pour lesquels l'accord de branche peut décider qu'il prime sur les accords postérieurs, elle continue de produire effet si et seulement si un avenant en a confirmé la portée avant le 1er janvier 2019.

SECTION 4

CONVENTIONS ET ACCORDS APPLICABLES EN AGRICULTURE

CONVENTIONS ET ACCORDS DE BRANCHE

58500 Ils peuvent être nationaux, régionaux ou départementaux.

Pour savoir s'il existe une convention collective applicable dans une branche d'activité donnée, il faut s'adresser à la **direction régionale de l'économie, de l'emploi, du travail et des solidarités** (Dreets) (C. trav. art. R 2231-9).

Le **texte** des conventions collectives nationales est **consultable** sur Internet : legifrance.gouv.fr.

On trouvera dans le **tableau** ci-dessous une **liste** des conventions collectives nationales étendues applicables dans le secteur agricole. Certaines conventions collectives vont disparaître ou se regrouper compte tenu de l'accélération du mouvement de restructuration des branches professionnelles visant à réduire le nombre de branches. Les partenaires sociaux ont 5 ans à compter de la date d'effet du regroupement pour négocier des dispositions communes. À défaut, les stipulations de la convention collective de la branche de rattachement s'appliquent à l'issue de ce délai.

Liste des conventions collectives nationales étendues

IDCC	Titre de la convention collective étendue	Date de signature	Date de l'extension (JO)
7012	Activités hippiques [1]	16-11-2023	16-6-2024
7005	Caves coopératives vinicoles et leurs unions	22-4-1986	30-8-1986
7003	Conserveries coopératives et Sica [2]	10-3-1970	7-1-1972
7008	Contrôle laitier [3]	16-9-2002	28-12-2002
7001	Coopératives et Sica bétail-viandes	21-5-1969	8-2-1972
7002	Coopératives de céréales, meunerie, approvisionnement	5-5-1965	2-12-1965
7004	Coopératives agricoles laitières	7-6-1984	30-11-1984
7007	Coopératives agricoles de teillage de lin [2]	21-3-1985	5-9-1985
7006	Coopératives et Sica de fleurs, fruits, légumes et pommes de terre [2]	18-9-1985	23-1-1986
7010	Aquaculture (élevages aquacoles) [4]	20-3-2007	10-11-2007
7021	Entreprises de sélection et reproduction animale [3]	15-4-2008	20-12-2008
7018	Entreprises du paysage	10-10-2008	25-3-2009
1659	Entreprises de rouissage-teillage de lin	28-1-1992	8-6-1993
7015	Gardes-chasse et gardes-pêche particuliers	2-5-1973	9-2-1974
1760	Jardineries et graineteries	3-12-1993	20-7-1994
7017	Parcs et jardins zoologiques privés ouverts au public	18-4-1996	31-8-1996
7019	Cultures marines et de la coopération maritime [5]	19-10-2000	8-7-2001
7023	Entreprises agricoles de la déshydratation [2]	20-3-1970	17-8-1971
7024	Agriculture : production agricole et Cuma [4]	15-9-2020	11-1-2021

1. La CCN des activités hippiques du 16-11-2023 s'est substituée aux CCN des centres équestres (IDCC 7012), des centres d'entraînement de chevaux de courses au trot (IDCC 7013) et des centres d'entraînement de chevaux de courses au galop (IDCC 7014).

2. Les CCN 7003, 7006, 7007 et 7023 sont regroupées par accord du 17-9-2019 étendu par arrêté du 8-4-2020 (JO 16). À l'issue du délai de 5 ans et en l'absence de conclusion d'un socle commun, la CCN de rattachement 7006 s'appliquera aux 3 CCN rattachées.

3. Les CCN 7008 et 7021 sont regroupées par accord du 1-10-2018 étendu par arrêté du 14-3-2019 (JO 21) et seront remplacées par une nouvelle CCN « Conseil et service en élevage » commune aux deux branches, entrant en vigueur au 1-1-2025 (1-1-2026 pour certaines stipulations, notamment la classification) sous réserve de la publication au JO de son arrêté d'extension.

4. La CCN 7010 relève du champ d'application de la CCN 7024. Le préambule de la CCN 7024 précise que les CCN territoriales et professionnelles existantes ne sont pas remises en cause et deviennent des accords collectifs étendus. Les dispositions de la CCN 7010 continuent de s'appliquer, mais depuis le 1-4-2021, il convient de comparer ses dispositions avec celles de la CCN 7024. L'accouvage (7009) relève également de la CCN 7024, sauf dispositions plus favorables prévues par accord du 7-6-2021 étendu par arrêté du 24-2-2022 (JO 10-3).

5. Dans le cadre de la fusion des branches de la conchyliculture et de la coopération maritime, la convention collective de la coopération maritime (IDCC 2494) a été rattachée à la convention de la conchyliculture (IDCC 7019). La CCN issue de la fusion est dénommée CCN « des cultures marines et de la coopération maritime » (Accord du 14-6-2019 étendu par arrêté du 24-3-2021 : JO 14-4-2021).

ACCORDS NATIONAUX

Plusieurs accords nationaux, signés par la FNSEA, la FNB, la FNCUMA, la Fnetarf et l'Unep et étendus par arrêté ministériel sont applicables aux **exploitations agricoles** et **forestières**, aux entreprises de **travaux agricoles** et **paysagistes**. Ils sont régulièrement modifiés en fonction, d'une part, de l'évolution de la législation et, d'autre part, des demandes des partenaires sociaux. Le tableau suivant en recense **les principaux**. 58510

Thèmes	Version d'origine		Dernière modification	
	Date	Extension (JO)	Date	Extension (JO)
Commissions paritaires d'hygiène, de sécurité et des conditions de travail	16-1-2001	24-7-2001		
Compte épargne-temps	19-9-2001	29-12-2001	9-11-2011	15-6-2012
Conditions de travail	23-12-2008	26-9-2009	26-6-2009	11-11-2009
Dispositif d'accès à des **actions sociales et culturelles**	4-12-2012	18-6-2013		
Diversité dans l'agriculture	27-11-2009	23-7-2010		
Durée du travail et jours fériés	23-12-1981	17-3-1982	20-6-2020	21-10-2020
Égalité professionnelle et salariale	29-10-2009	24-6-2010	15-4-2014	31-10-2014
Emploi dans les exploitations et entreprises agricoles	2-10-1984	11-6-1994	3-2-2023	26-7-2023
Fonds d'assurance formation (**Fafsea**)	23-11-1972	27-7-1995	17-9-2013	29-4-2013
Formation professionnelle tout au long de la vie	2-6-2004	24-11-2004	9-1-2015	18-11-2015
Gestion des **organismes paritaires** et **organisation de la représentation**	15-4-2014	31-10-2014		
Logement	14-3-2017	16-1-2018		
Organisation de la **négociation collective**	21-1-1992	29-3-1992	9-7-2013	15-11-2013
Prévoyance et frais de santé des **non-cadres** dans la production agricole	10-6-2008	11-12-2008	22-9-2020	9-6-2021
Retraite des **non-cadres** de l'agriculture	24-3-1971	14-9-1971		
Retraite et prévoyance des ingénieurs et **cadres** des professions agricoles	2-4-1952	28-10-1953	2-6-2021	23-5-2023
Saisonniers agricoles (emploi des)	18-7-2002	30-10-2002	22-4-2004	12-9-2004
Seniors (emploi des)	11-3-2008	27-1-2009	3-11-2009	24-6-2010

CHAPITRE 6 SALAIRE

SOMMAIRE

SECTION 1 NOTION DE SALAIRE

A. Généralités

58700 Le salaire est la contrepartie du travail fourni par le salarié. Il peut être fixé au temps ou en fonction d'éléments comportant une part d'incertitude, notamment à la tâche.

À la **rémunération de base** proprement dite, divers éléments peuvent s'ajouter : gratifications, primes et indemnités. Dès lors qu'il est prévu par le contrat de travail, une convention ou un accord collectif, un usage ou un engagement unilatéral de l'employeur, le versement de ces **divers éléments** revêt un caractère obligatoire pour l'employeur, au même titre que le salaire de base. En revanche, tel n'est pas le cas des gratifications bénévoles accordées à titre exceptionnel à tel ou tel salarié.

Les **avantages en nature** (nourriture, logement, chauffage, etc.) constituent également un élément du salaire. La valeur pour laquelle ils sont pris en compte est généralement fixée par la convention collective. À défaut, elle est librement fixée d'un commun accord entre l'employeur et le salarié, sous réserve du respect des évaluations maximales prévues pour les salariés payés au Smic : voir n° 58838.

Les règles de prise en compte des avantages en nature dans l'assiette des cotisations de sécurité sociale sont différentes : voir n° 38760.

B. Éléments n'ayant pas le caractère d'un salaire

INTÉRESSEMENT ET PARTICIPATION DES SALARIÉS

58710 Le régime de la **participation** des salariés aux résultats de l'entreprise est **obligatoire** dans les entreprises ou les unités économiques et sociales, y compris les exploitations agricoles, occupant **au moins 50 salariés** (C. trav. art. L 3322-2).

Ce système consiste, dès lors que le bénéfice fiscal net de l'entreprise dépasse 5 % des capitaux propres, à dégager une réserve spéciale de participation répartie entre les salariés, selon une formule légale de calcul. Chaque salarié bénéficiaire dispose chaque année de l'option suivante : soit demander le versement immédiat de ses droits et être imposé à l'impôt sur le revenu sur leur montant, soit n'avoir la libre disposition de ses droits qu'après l'expiration d'une

période de blocage, qui est en principe de 5 ans, et bénéficier à due concurrence d'une exonération d'impôt sur le revenu. Un **accord de branche étendu** peut prévoir un régime de participation dérogeant à la formule légale de calcul et directement applicable dans les **entreprises agricoles** (C. trav. art. L 3323-7).
Les sommes portées à la réserve de participation sont exonérées de **cotisations sociales**, à l'exception pour le salarié de la CSG et de la CRDS (sans abattement pour frais professionnels) et, pour l'employeur, du forfait social au taux de 20 %. Elles sont par ailleurs déductibles pour l'assiette de l'**impôt** sur le revenu ou de l'impôt sur les sociétés exigible au titre de l'exercice au cours duquel elles sont réparties entre les salariés (CGI art. 237 bis A, I).
Les **entreprises de moins de 50 salariés** qui mettent volontairement en place un dispositif de participation sont exonérées de forfait social sur les sommes versées (CSS art. L 137-15).

> **Précisions** Les **coopératives agricoles** occupant au moins 50 salariés sont soumises à la participation. Pour le calcul de la réserve spéciale de participation, le bénéfice et les capitaux propres à considérer sont définis par l'article R 523-9 du Code rural et de la pêche maritime (C. trav. art. L 3323-9).

L'**intéressement** des salariés à l'entreprise est, quant à lui, **facultatif**. Il est en principe mis en place par voie d'accord collectif pour une durée de 1 à 5 ans. À titre dérogatoire, un régime d'intéressement peut être mis en place par décision unilatérale de l'employeur pour une **durée** comprise entre 1 et 5 ans dans les entreprises de moins de 50 salariés non couvertes par un accord de branche agréé et qui sont soit dépourvues de DS et de CSE soit, dans le cas contraire, lorsque les négociations ont échoué (C. trav. art. L 3312-5, II). **58712**
Le montant de l'intéressement, lié aux résultats ou aux performances de l'entreprise, est plafonné. Le bénéficiaire dispose de la même option qu'en matière de participation : il peut, dans les 15 jours de la date à laquelle il est informé du montant lui revenant, en demander en tout ou partie le versement (auquel cas les sommes sont assujetties à l'impôt sur le revenu) ou l'affectation au plan d'épargne. Les sommes sont alors exonérées d'impôt sur le revenu dans la limite d'un montant égal aux trois quarts du plafond annuel de sécurité sociale. À défaut de choix exprès, ses droits sont affectés au plan d'épargne. Son régime social est identique à celui de la participation, à une exception près : les entreprises de moins de 250 salariés sont exonérées de forfait social (CSS art. L 137-15).
Sur l'intéressement des associés d'exploitations, voir n° 75920.
Les **plans d'épargne** salariale, créés au niveau de l'entreprise ou communs à plusieurs entreprises, sont également **facultatifs** (toutefois, l'accord de participation prévoit obligatoirement l'affectation de celle-ci à un plan d'épargne salariale). Ils ne sont pas traités ici.

REMBOURSEMENT DE FRAIS

Les sommes versées par l'employeur au titre de remboursements de frais exposés par les salariés en raison de leur travail n'ont pas la **nature d'un salaire**. Toutefois, des sommes qualifiées de remboursements de frais professionnels peuvent, malgré cette dénomination, être **requalifiées** en compléments de **salaire** (même si elles n'ont pas supporté les cotisations de sécurité sociale) lorsque l'employeur n'établit pas qu'elles correspondent à des **dépenses** effectivement exposées par le salarié. **58715**

> **Précisions** Les frais qu'un salarié justifie avoir exposés pour les besoins de son activité professionnelle et dans l'intérêt de l'employeur doivent lui être remboursés sous forme d'allocations forfaitaires ou pour leur montant réel, sans pouvoir être **imputés sur sa rémunération**. Il est toutefois possible de convenir que le salarié conservera la charge de ces frais moyennant le versement d'une somme fixée à l'avance de manière forfaitaire, sous réserve que la rémunération proprement dite du salarié reste au moins égale au Smic (Cass. soc. 7-3-2012 n° 10-18.118 FS-PB : RJS 5/12 n° 453), ou, selon nous, s'il est plus favorable, au salaire minimum conventionnel et que cette somme ne soit manifestement pas disproportionnée par rapport aux frais réels (Cass. soc. 20-6-2013 n° 11-23.071 FS-PB : RJS 10/13 n° 679 ; 8-7-2020 n° 18-24.546 F-D : RJS 10/20 n° 467).

SECTION 2 FIXATION DU SALAIRE

58800 La rémunération d'un salarié peut être librement fixée par le contrat de travail, sous réserve de ne **pas** être **inférieure** :
– d'une part, au Smic ;
– d'autre part, le cas échéant, au minimum fixé par la convention ou l'accord collectif.
L'employeur doit également respecter les dispositions relatives à l'**interdiction des clauses d'indexation** (n° 59000), à l'**égalité des rémunérations** entre les femmes et les hommes et, de manière générale, entre les salariés (n° 59010). Par ailleurs, une égalité de traitement en matière de rémunération est prévue au profit des salariés titulaires d'un contrat à durée déterminée, des travailleurs temporaires et des salariés travaillant à temps partiel.

> **Précisions** Lorsque le salaire est payé à la **tâche**, les employeurs ne sont pas pour autant dispensés de s'assurer que, compte tenu du temps de travail effectif que les salariés ont consacré à la récolte, ceux-ci ont perçu une rémunération au moins égale au Smic ou au salaire minimum conventionnel correspondant à l'emploi occupé (Rép. Cazenave : AN 27-9-1993 p. 3181).

A. Salaire minimum légal

SMIC ET MINIMUM GARANTI

58810 La rémunération ne doit pas être inférieure au Smic. Celui-ci est assorti d'un **minimum garanti**, qui sert de base pour le calcul de diverses indemnités, allocations et notamment pour l'évaluation des avantages en nature pour la détermination du salaire minimum en espèces.
On trouvera n° 59500 les derniers **montants** du Smic horaire et du minimum garanti.

BÉNÉFICIAIRES DU SMIC

58820 Le régime du Smic s'applique sans adaptation particulière aux professions agricoles, exception faite de l'évaluation forfaitaire des avantages en nature pris en compte pour la détermination du Smic (voir n° 58838).
Doivent bénéficier du Smic tous les salariés âgés de 18 ans révolus, qu'ils soient à temps plein ou à temps partiel, à l'exception des apprentis et des titulaires de contrats de formation en alternance, pour lesquels la limite d'âge est de 26 ans.

> **Précisions** Le fait de payer des salaires inférieurs au Smic est puni de l'**amende** prévue pour les contraventions de la 5e classe (1 500 € pour une personne physique, 7 500 € pour une personne morale), appliquée autant de fois que de salariés concernés (C. trav. art. R 3233-1).
> Sous réserve de l'absence de poursuites pénales, l'autorité administrative peut adresser à l'employeur un simple avertissement ou prononcer une amende administrative (C. trav. art. L 8115-1, 4° et L 8115-3).

COMPARAISON DU SALAIRE AU SMIC

58830 Pour déterminer si un salarié a bénéficié d'une rémunération au moins égale au Smic, le salaire à prendre en considération est celui rémunérant le travail effectif, auquel il faut ajouter les avantages en nature et les majorations diverses ayant le caractère d'un complément de salaire (C. trav. art. D 3231-6).

58832 **Éléments exclus** Sont exclues du calcul du Smic les sommes qui ne rémunèrent pas la prestation normale de travail, notamment :
– les majorations pour heures supplémentaires, ainsi que les majorations pour travail de nuit, du dimanche ou des jours fériés ;
– les primes ou indemnités versées à titre de remboursement de frais (par exemple : primes de panier, d'outillage, d'usure de vêtements, etc.) ;
– les primes versées pour tenir compte de certaines conditions particulières de travail (par exemple : prime d'élagage) ;
– les sommes attribuées au titre des régimes légaux d'intéressement et de participation des salariés aux résultats ;
– les primes d'ancienneté et d'assiduité qui répondent bien à leur objet ;
– les rémunérations des temps de pause non assimilés à du travail effectif ;
– les gratifications et primes versées en dehors de toute obligation conventionnelle ou contractuelle, ou qui ont un caractère aléatoire et imprévisible.

Éléments retenus En revanche, sont pris en compte dans le calcul du Smic : 58835
– les avantages en nature ;
– les primes individuelles de rendement et primes collectives liées directement au rendement d'un groupe de travailleurs ;
– les primes de production ou de productivité, lorsqu'elles constituent un élément prévisible de rémunération.
Les primes et gratifications contractuelles, versées à des **échéances plus espacées que les salaires** (primes de fin d'année, de 13e mois, etc.), sont exclues du calcul du Smic sauf pour les mois où elles sont effectivement versées. Pour être prises en compte, ces primes doivent être versées aux échéances déterminées par la convention collective, l'engagement de l'employeur ou l'usage. Ainsi, il est impossible de verser une paie inférieure au Smic en la complétant par un acompte sur le futur 13e mois alors que celui-ci doit normalement être payé annuellement.

Avantages en nature La valeur des avantages en nature vient en déduction du Smic dans les conditions suivantes (C. trav. art. D 3231-15) : 58838
– la **nourriture** et le **logement** sont, pour les salariés agricoles, pris en compte pour le montant fixé par la convention collective. À défaut, on doit retenir les valeurs suivantes : 2,5 fois le taux horaire du minimum garanti par jour pour la nourriture et 8 fois ce même taux pour la prestation mensuelle de logement (taux du minimum garanti : voir n° 59500) ;
– les avantages **autres** que la nourriture et le logement sont pris en compte pour le montant fixé par la convention collective, ou, à défaut, le prix de revient pour l'employeur.

> **Précisions a.** En cas de **paiement au mois**, l'administration admet que l'évaluation de la nourriture soit calculée sur la base de 26 ou de 22 jours, selon que le repos hebdomadaire est de 1 ou 2 jours.
b. Pour l'assiette des **cotisations de sécurité sociale**, l'évaluation est différente : voir n° 38760.
c. Le contrat de travail ne peut pas prévoir d'évaluations supérieures à celles indiquées ci-dessus, mais il peut prévoir des **évaluations inférieures**, voire nulles.
d. Ces évaluations sont facultatives pour les salariés dont la **rémunération** est **supérieure au** Smic.

Jeunes travailleurs Le Smic est applicable aux jeunes travailleurs de moins de 18 ans sous déduction d'un **abattement** fixé à 20 % avant 17 ans et à 10 % entre 17 et 18 ans. 58845
L'abattement est supprimé pour les jeunes travailleurs justifiant de 6 mois de pratique professionnelle dans la branche d'activité dont ils relèvent.

B. Salaire minimum conventionnel

RESPECT DES MINIMA CONVENTIONNELS

Salaires minima La rémunération du travailleur ne peut pas être inférieure au salaire minimum fixé par la convention ou l'accord collectif pour la qualification professionnelle de celui-ci. 58900
Les employeurs qui paient des salaires **inférieurs** aux minima prévus par des conventions ou accords collectifs étendus ou qui contreviennent aux dispositions relatives aux accessoires du salaire sont passibles de **sanctions pénales** : amende prévue pour les contraventions de la 4e classe (750 € pour une personne physique, 3 750 € pour une personne morale), prononcée autant de fois qu'il y a de salariés concernés (C. trav. art. R 2263-3 et R 2263-4).
En revanche, les employeurs peuvent évidemment accorder des salaires ou des primes **supérieurs** aux minima conventionnels.

> **Précisions a.** Les conventions ou **accords d'entreprise** ou d'établissement ne peuvent pas déroger dans un sens défavorable aux salariés aux salaires minima hiérarchiques fixés par les conventions de branche ou les accords professionnels ou interprofessionnels (C. trav. art. L 2253-1 à L 2253-3).
b. Lorsque le minimum conventionnel est défini par rapport à une **durée du travail** précise, il convient de le proratiser en fonction de la durée du travail pratiquée dans l'entreprise (Cass. soc. 7-9-2017 n° 15-26.722 FS-PB : RJS 11/17 n° 738 ; 16-10-2019 n° 18-12.331 F-D : RJS 1/20 n° 19).
c. Sous réserve de l'absence de poursuites pénales, l'**autorité administrative** peut adresser à l'employeur un simple avertissement ou prononcer une amende comme en cas de défaut de respect du Smic (voir n° 58820).

58905 **Autres éléments de rémunération** Les conventions collectives peuvent prévoir le paiement, en sus du salaire minimum conventionnel, de **primes** et d'indemnités diverses : primes d'ancienneté, de fin d'année, de moisson, de travaux pénibles, etc.

MENSUALISATION

58920 La rémunération est calculée indépendamment du nombre de jours travaillés dans le mois pour **tous les salariés agricoles**, à l'exception notamment des intermittents et des saisonniers (C. trav. art. L 3242-1). S'agissant de la définition des travaux saisonniers, voir n° 56105.

Pour les salariés travaillant 35 heures par semaine, la rémunération mensuelle forfaitaire est établie sur la base de 151,67 heures (35 heures × 52 semaines/12 mois) tous les mois, quel que soit le nombre de jours ouvrables du mois.

La pratique de la mensualisation ne fait, toutefois, pas obstacle à ce qu'il soit opéré, en cas d'**absence non rémunérée**, des retenues sur salaire proportionnelles au temps non travaillé. De même, si des **heures supplémentaires** sont effectuées en sus de l'horaire hebdomadaire, elles sont rémunérées, avec les majorations correspondantes, en supplément. Pour les exploitations et entreprises agricoles comprises dans le champ d'application de l'accord national sur la durée du travail du 23 décembre 1981, ce texte prévoit que le salaire horaire à prendre en compte pour effectuer les retenues en cas d'absence est égal à 1/151,67es du salaire mensualisé. À noter toutefois que la Cour de cassation juge qu'elles doivent être calculées par rapport à l'horaire réel de travail effectué dans le mois et non sur la base de l'horaire mensuel moyen (Cass. soc. 11-2-1982 n° 80-40.359 P).

C. Autres limites à la libre fixation des salaires

INTERDICTION DES CLAUSES D'INDEXATION

59000 Sont interdites toutes les clauses conventionnelles ou contractuelles prévoyant l'indexation du salaire sur le Smic, le niveau général des prix ou des salaires ou sur les prix de biens, produits ou services n'ayant pas de relation directe avec la convention ou l'activité de l'une des parties (C. mon. fin. art. L 112-2 ; C. trav. art. L 3231-3).

En revanche, il est possible de prévoir une indexation sur les prix des biens ou produits fabriqués par l'entreprise et de réviser les salaires en fonction des variations du coût de la vie dès lors que le montant de cette révision n'est pas fixé d'avance (Cass. soc. 30-4-1985 n° 84-40.450 P).

INTERDICTION DES DISCRIMINATIONS

59010 L'employeur doit assurer pour un même travail ou un travail de valeur égale l'égalité de rémunération entre les femmes et les hommes (C. trav. art. L 3221-2).

La notion de **« valeur égale »** des travaux est définie par la loi par référence aux connaissances professionnelles, à l'expérience, aux responsabilités et à la charge physique ou nerveuse (C. trav. art. L 3221-4).

De manière plus générale, il existe un principe d'égalité de rémunération entre les salariés se trouvant dans une situation identique : c'est le principe « à travail égal, salaire égal ». Des **différences** peuvent, toutefois, être **justifiées** par des **raisons objectives** dont le juge doit contrôler concrètement la réalité et la pertinence ; à titre d'exemples, l'ancienneté du salarié, à condition qu'elle ne soit pas déjà prise en compte par une prime spécifique (Cass. soc. 21-1-2009 n° 07-40.609 F-D : RJS 4/09 n° 353), ou son expérience professionnelle, sous réserve qu'elle soit en relation avec les exigences du poste et les responsabilités exercées (Cass. soc. 31-10-2012 n° 11-20.986 F-D : RJS 1/13 n° 40). Dans certaines situations, les différences de traitement sont **présumées justifiées** dès lors qu'elles résultent de l'application d'un accord collectif négocié et signé par des syndicats représentatifs. Il appartient au salarié qui les conteste de démontrer qu'elles sont étrangères à toute considération de nature professionnelle (Cass. soc. 4-10-2017 n° 16-17.517 FS-PBRI : RJS 12/17 n° 780). Il en est ainsi des différences de traitements entre catégories professionnelles (Cass. soc. 27-1-2015 n° 13-22.179 FS-PBRI : RJS 3/15 n° 172), entre salariés exerçant des fonctions distinctes au sein d'une même catégorie (Cass. soc. 8-6-2016 n° 15-11.324 FP-PBRI : RJS 8-9/16 n° 542) ou entre salariés appartenant à la même entreprise mais à des établissements distincts (Cass. soc. 4-10-2017 n° 16-17.517 FS-PBRI : RJS 12/17 n° 780). En revanche, si l'avantage est instauré par un engagement unilatéral de l'employeur, c'est à ce dernier de démontrer que la différence de traitement repose sur des raisons objectives et pertinentes.

En tout état de cause, sont prohibées les différences de rémunération fondées sur un **critère discriminatoire**, tel que, outre le sexe, la nationalité, la race, la religion, les activités syndicales, le lieu de résidence, les mœurs, la situation de famille, l'état de santé, le handicap (C. trav. art. L 1132-1). En cas de **litige**, le salarié présente des éléments de faits laissant supposer l'existence d'une discrimination. L'employeur doit apporter la preuve contraire.

> **Précisions** Toute **infraction** au principe d'égalité professionnelle entre les femmes et les hommes est passible d'une amende de 3 750 € au plus et/ou d'un emprisonnement d'un an au plus (C. trav. art. L 1146-1). Par ailleurs, toute infraction au principe de l'égalité de rémunération proprement dit est passible de l'amende de la 5e classe (1 500 € pour une personne physique, 7 500 € pour une personne morale), appliquée autant de fois que de salariés concernés (C. trav. art. R 3222-1). Dans tous les cas, le juge peut décider l'ajournement de la sanction, sous réserve du rétablissement de l'égalité professionnelle (C. trav. art. L 1146-2). Ce sont les agents de contrôle de l'inspection du travail en agriculture qui sont compétents pour constater ces infractions.

SECTION 3

PAIEMENT ET GARANTIES DE PAIEMENT DU SALAIRE

A. Modalités de paiement

DATE ET LIEU DE PAIEMENT

Le salaire doit être payé au moins une fois par mois pour les salariés mensualisés (n° 58920). Pour les travailleurs saisonniers, lorsque l'employeur utilise le Tesa, le paiement doit intervenir à l'issue de chaque campagne saisonnière et au moins une fois par mois (C. rur. art. L 712-1, II, al. 2). 59210

MODES DE PAIEMENT

Le salaire peut être payé en espèces (autorisé seulement jusqu'à un montant net de 1 500 €) ou par chèque barré ou virement sur un compte postal ou bancaire dont le salarié est titulaire ou cotitulaire (C. trav. art. L 3241-1). 59220

Il est admis que le salarié reçoive une partie de sa **rémunération en nature**, soit que l'employeur fournisse au salarié nourriture et logement, soit qu'il cède à celui-ci des fournitures à prix coûtant (C. trav. art. L 3254-2).

BULLETIN DE PAIE

La délivrance d'un bulletin de paie est **obligatoire** lors de chaque paiement de salaire. Le bulletin de paie peut être délivré sous forme électronique, sauf opposition du salarié, auquel cas le bulletin doit être remis sur support papier (C. trav. art. L 3243-2, R 3243-9 et D 3243-7 s.). 59230

Les employeurs doivent notamment indiquer sur le bulletin de paie (C. trav. art. R 3243-1) : la rémunération brute, la part salariale et la part patronale des cotisations sociales, les allégements de cotisations dont a bénéficié éventuellement l'entreprise, la CSG et la CRDS, les autres déductions opérées, le montant du prélèvement à la source de l'impôt sur le revenu et la rémunération nette.

Les bulletins de paie sont établis selon un **modèle** fixé par arrêté (Arrêté FCPS1604433A du 25-2-2016).

Sont strictement interdites les mentions relatives à l'exercice du droit de **grève** ou à l'activité de **représentation du personnel des salariés** (C. trav. art. R 3243-4).

> **Précisions a.** Pour les **CDD d'usage** et les **emplois saisonniers** de moins d'un mois, un seul bulletin de salaire peut être remis même si le travail s'exécute sur deux mois civils (C. trav. art. L 1242-2, 3°).
>
> **b.** L'**acceptation** d'un bulletin de paie sans protestation ni réserve ne vaut pas renonciation à une réclamation ultérieure (C. trav. art. L 3243-3). Elle ne constitue pas non plus une présomption de paiement du salaire : en cas de contestation, l'employeur doit apporter la preuve de ce paiement, notamment par la production de pièces comptables (Cass. soc. 6-11-2019 n° 18-17.928 F-D : RJS 1/20 n° 21).

CONSERVATION ET CONTRÔLE

59240 L'employeur doit conserver un **double** des bulletins de paie ou du support informatique qui en tient lieu. En cas de contrôle, les inspecteurs du travail ainsi que les agents de la MSA et de l'administration fiscale peuvent exiger la communication immédiate de ces documents.

> **Précisions a.** La législation du travail impose une **durée de conservation** des doubles des bulletins de paie de 5 ans (C. trav. art. L 3243-4), durée portée à 6 ans pour la législation fiscale (LPF art. L 102 B) et celle de la sécurité sociale (CSS art. L 243-16). En pratique, la durée de conservation est plus longue, notamment pour délivrer les certificats ou attestations demandés par les caisses de retraite complémentaire.
b. Les **bulletins de paie électroniques** doivent être accessibles à chaque salarié soit pendant une durée de 50 ans, soit jusqu'à ce qu'il ait atteint l'âge de 75 ans (C. trav. art. D 3243-8). L'entreprise, ou le prestataire agissant pour son compte, doit garantir l'accessibilité des bulletins de paie émis sous forme électronique par le biais du service en ligne associé au compte personnel d'activité (C. trav. art. L 3243-2, al. 2 et R 3243-9, al. 2).
c. Le non-respect des règles relatives au paiement du salaire et au bulletin de paie est passible de l'**amende** prévue pour les contraventions de 3e classe (450 € pour une personne physique, 2 250 € pour une personne morale) à laquelle peut être substituée une transaction pénale.
Le **délit** de dissimulation d'emploi salarié peut être reproché à l'employeur qui se soustrait à certaines obligations en matière de bulletin de paie (C. trav. art. L 8221-5). L'employeur qui méconnaît ses obligations salariales risque en outre d'être condamné à verser au salarié des intérêts moratoires et, à certaines conditions, des **dommages-intérêts**.

B. Garanties du paiement

RETENUES ET COMPENSATION

59300 Lorsque le salarié est créancier de l'employeur pour l'acquisition de **fournitures**, l'employeur ne peut opérer aucune compensation avec le salaire, sauf s'il s'agit (C. trav. art. L 3251-2) :
– des outils et instruments nécessaires au travail ;
– des matières et matériaux dont le salarié a la charge et l'usage ;
– des sommes avancées pour l'acquisition de ces mêmes objets.

S'il a fait une **avance en espèces**, l'employeur ne peut se rembourser qu'au moyen de retenues successives sur le salaire ne dépassant pas le dixième du salaire net du mois considéré (C. trav. art. L 3251-3).

Les avances en espèces doivent être distinguées des **acomptes**, qui correspondent à un travail déjà effectué et peuvent être compensés en totalité avec les salaires dus (C. trav. art. L 3251-3, al. 3).

Enfin, les **créances autres** que celles énumérées ci-dessus peuvent donner lieu à compensation dans la limite de la **portion saisissable** des salaires (voir n° 59310).

La compensation au titre des **fournitures diverses** n'est autorisée que si le salarié a commis une faute lourde (Cass. soc. 20-4-2005 n° 03-40.069 FS-PBRI : RJS 6/05 n° 636).

SAISIE DES RÉMUNÉRATIONS

59310 Une fraction seulement du salaire peut être saisie par les créanciers du salarié. Jusqu'à un montant égal au RSA pour une personne seule (soit 635,71 € depuis le 1-4-2024), la rémunération est totalement insaisissable. Au-delà, la **fraction saisissable** est fixée annuellement. Pour 2024, les tranches sont fixées selon le tableau ci-après :

Tranche de rémunération annuelle [1]	Fraction saisissable ou cessible
Inférieure ou égale à 4 370 €	1/20
Supérieure à 4 370 € et inférieure ou égale à 8 520 €	1/10
Supérieure à 8 520 € et inférieure ou égale à 12 690 €	1/5
Supérieure à 12 690 € et inférieure ou égale à 16 820 €	1/4
Supérieure à 16 820 € et inférieure ou égale à 20 970 €	1/3
Supérieure à 20 970 € et inférieure ou égale à 25 200 €	2/3
Supérieure à 25 200 €	Totalité

1. Les seuils du barème sont augmentés de 1 690 € par **personne à charge** du salarié, sur justificatif de l'intéressé.

De même, le salarié ne peut consentir à la **cession** de sa rémunération que dans certaines limites, identiques à celles de la saisie.
À noter que les **créances d'aliments** peuvent être prélevées sur l'intégralité de la rémunération mais que, dans tous les cas, une somme égale au montant du RSA (pour une personne seule) doit être laissée à la disposition du bénéficiaire de la rémunération (C. trav. art. L 3252-5 et R 3252-5).

ASSURANCE DES CRÉANCES DES SALARIÉS (AGS)

Les employeurs doivent assurer leurs salariés en vue de garantir le paiement de leurs salaires en cas de **redressement ou de liquidation judiciaire**. 59330
Cette obligation se traduit par le paiement d'une **cotisation patronale** (cotisation AGS) égale à 0,25 % (dans la limite de 4 fois le plafond de la sécurité sociale), recouvrée, pour le compte de France Travail, par les caisses de mutualité sociale agricole.
Les **simples particuliers** qui emploient des gardes-chasse, gardes-pêche, gardes forestiers ou jardiniers sont assimilés à des particuliers employeurs et, en tant que tels, exonérés de la cotisation (Circ. Unédic du 5-10-1989).
La garantie de l'AGS est limitée, toutes créances confondues, aux **montants** suivants :
– 6 fois le plafond mensuel retenu pour le calcul des contributions d'assurance chômage (92 736 € en 2024) si le contrat de travail dont résulte la créance a été conclu au moins 2 ans avant la date du jugement d'ouverture de la procédure collective ;
– 5 fois ce plafond (soit 77 280 € en 2024) si le contrat de travail a été conclu moins de 2 ans et 6 mois au moins avant la date de ce jugement ;
– 4 fois le plafond mensuel susvisé (61 824 € en 2024) si le contrat de travail a été conclu moins de 6 mois avant la date de ce jugement.
Les sommes versées aux salariés sont nettes de cotisations et contributions sociales et du prélèvement à la source de l'impôt sur le revenu, l'AGS versant directement aux organismes concernés le montant du précompte.

C. Prescription

L'action en paiement du salaire se prescrit par **3 ans** à compter du jour où celui qui l'exerce a connu ou aurait dû connaître les faits lui permettant de l'exercer (C. trav. art. L 3245-1). Les salariés disposent donc d'un délai de 3 ans à partir de la date à laquelle la somme a été ou aurait dû être versée (date habituelle de paiement du salaire dans l'entreprise) pour réclamer à l'employeur ce qui leur était dû. En cas de rupture du contrat, les demandes peuvent porter sur les sommes dues au titre des 3 années précédant la rupture. 59400

ANNEXE

TAUX HORAIRE DU SMIC ET DU MINIMUM GARANTI

59500

Date d'effet	Smic horaire	Minimum garanti
Au 1-1-2020	10,15 €	3,65 €
Au 1-1-2021	10,25 €	3,65 €
Au 1-10-2021	10,48 €	3,73 €
Au 1-1-2022	10,57 €	3,76 €
Au 1-5-2022	10,85 €	3,86 €
Au 1-8-2022	11,07 €	3,94 €
Au 1-1-2023	11,27 €	4,01 €
Au 1-5-2023	11,52 €	4,10 €
Au 1-1-2024	11,65 €	4,15 €

CHAPITRE 7

CONDITIONS DE TRAVAIL

SOMMAIRE

SECTION 1

CONDITIONS D'EMPLOI DES JEUNES

ÂGE D'ADMISSION AU TRAVAIL

59800 Les jeunes ne peuvent pas être employés avant l'âge de 16 ans (C. rur. art. L 715-1 ; C. trav. art. L 4153-1). Toutefois :
– ils peuvent entrer en **apprentissage** à partir de 15 ans ;
– les **élèves** de l'**enseignement général** peuvent faire des visites d'information et suivre des périodes d'observation (maximum une semaine durant les vacances scolaires) ou des séquences d'observation dans l'entreprise s'ils restent sous l'autorité de leur enseignant (C. rur. art. R 715-1, 1° ; R 715-1-1 et R 715-1-2) ;
– les **élèves** âgés de 14 ans au moins qui suivent un **enseignement alterné**, un **enseignement technologique** ou un **enseignement professionnel** peuvent accomplir des stages en entreprise ou des périodes de formation en milieu professionnel. Ils peuvent également faire des visites d'information ou participer à des séquences d'observation (C. rur. art. R 715-1, 2° et R 715-1-3 s.) ;
– les **élèves** en classe de **seconde générale et technologique** dans les **établissements d'enseignement agricole**, public et privé sous contrat relevant du ministère de l'agriculture doivent accomplir obligatoirement une séquence d'observation en milieu professionnel pendant une période de deux semaines consécutives au mois de juin (C. éduc. art. D 333-3-1 ; Inst. tech. DGER/SDPFE/2024-6 du 3-1-2024).

Dans ces trois derniers cas, une **convention** est passée entre l'établissement d'enseignement et l'entreprise, dont les clauses types sont fixées par un arrêté (Arrêté AGRE1701138A du 11-1-2017). Les élèves demeurent sous statut scolaire durant la période où ils sont en milieu professionnel (C. rur. art. R 715-1).

> **Précisions** À l'occasion des périodes de formation en milieu professionnel, les élèves âgés d'au moins 15 ans sont autorisés, sous certaines conditions, à utiliser des machines ou produits dont l'usage est en principe interdit aux mineurs par le Code du travail (C. rur. art. R 715-1-5, al. 3 ; C. trav. art. R 4153-40 et R 4153-41). Par ailleurs, des **dérogations** ont été instituées à l'interdiction de certains travaux temporaires en hauteur (C. trav. art. D 4153-30).

Vacances scolaires L'emploi des « 14-15 ans » est autorisé pendant les vacances scolaires d'au moins 7 jours à condition qu'ils bénéficient d'un **repos** continu au moins égal à la moitié des vacances scolaires et qu'ils ne soient employés qu'à des **travaux légers** (C. trav. art. L 4153-3 ; C. rur. art. R 715-2). En particulier, ils ne peuvent pas entretenir ou conduire des tracteurs ou des machines mobiles, manipuler des produits dangereux, travailler dans les lieux affectés à la traite ou à la contention des animaux, lors de la présence de ces derniers. 59805

L'employeur doit effectuer la **déclaration** préalable à l'embauche, ainsi qu'une déclaration préalable à l'inspection du travail indiquant le nom et l'âge des jeunes concernés, la nature et les lieux d'exécution des travaux qui leur sont confiés (C. rur. art. R 715-2).

Toute **infraction** à ces dispositions est punie de l'amende prévue pour les contraventions de 5e classe (1 500 €) (C. rur. art. R 719-6).

DURÉE DU TRAVAIL

Les moins de 18 ans ne peuvent pas travailler (travail effectif + temps de formation) plus de 8 heures par jour (7 heures pour les moins de 16 ans qui travaillent pendant les vacances scolaires) et 35 heures par semaine (32 heures pour les moins de 15 ans travaillant pendant les vacances) (C. trav. art. L 3162-1 et L 3162-2 ; C. rur. art. R 715-2, al. 3). 59810

Ils doivent bénéficier d'un **repos quotidien** de 12 heures (14 heures pour les moins de 16 ans) (C. trav. art. L 3164-1 al. 1 ; C. rur. art. R 715-3, al. 2), d'un **repos hebdomadaire** de 2 jours consécutifs (C. rur. art. L 714-2) ainsi que d'une **pause** d'au moins 30 minutes après 4,5 heures de travail effectif ininterrompu (C. rur. art. R 715-3, al. 1).

Le **travail de nuit** est interdit entre 22 heures (20 heures pour les moins de 16 ans) et 6 heures (C. trav. art. L 3163-1 à L 3163-3).

> **Précisions** **a.** Des **sanctions pénales** sont prévues en cas de non-respect des règles exposées ci-dessus.
> **b.** Pour les activités de création, d'aménagement et d'entretien réalisées sur les chantiers d'**espaces paysagers**, il peut être dérogé sans autorisation à la durée du travail dans la limite de 5 heures par semaine et de 2 heures par jour. Les jeunes concernés doivent bénéficier de compensations : repos au moins équivalent aux heures accomplies au-delà de 8 heures par jour, repos compensateur en cas d'heures supplémentaires (C. trav. art. L 3162-1 et R 3162-1). D'autres dérogations aux règles exposées ci-dessus sont également prévues.

TRAVAIL EN FAMILLE

Dans les établissements où ne sont employés que les membres de la famille sous l'autorité du père, de la mère ou du tuteur, les jeunes de 14 ans au moins peuvent accomplir des travaux occasionnels ou de courte durée, à **condition** que ces travaux ne soient ni nuisibles ni dangereux et pas susceptibles de porter préjudice à leur assiduité scolaire (C. trav. art. L 4153-5 ; C. rur. art. R 715-4). L'employeur doit effectuer la déclaration préalable à l'embauche, l'envoi d'une déclaration préalable à l'inspecteur du travail n'étant pas nécessaire dans ce cas (C. rur. art. R 715-4, al. 1). Les dispositions des articles L 4153-1 à L 4153-3 du Code du travail ne sont pas applicables dans cette situation. 59820

SECTION 2 DURÉE DU TRAVAIL

A. Cadre général

DISPOSITIONS LÉGALES ET RÉGLEMENTAIRES

La durée du travail en agriculture est régie par le **Code du travail**, comme le précise l'article L 713-2 du **Code rural et de la pêche maritime**. Ce dernier comporte toutefois quelques dispositions particulières dans ses articles L 713-13 à L 714-7 et R 713-1 s. 59900

STIPULATIONS CONVENTIONNELLES

En matière de durée du travail, la **place de l'accord collectif** est primordiale. Nombreuses sont les dispositions légales ou réglementaires auxquelles les accords collectifs, de branche ou d'entreprise, peuvent déroger ou qu'elles peuvent aménager. Il en est ainsi notamment des périodes de repos, de la fixation du contingent d'heures supplémentaires, de la rémunération de ces heures, 59905

de la mise en place d'un aménagement du temps de travail sur tout ou partie de l'année ou de la mise en place de forfaits annuels en heures ou en jours.
Il convient de noter que, sauf pour certains points limitativement énumérés (C. trav. art. L 2253-1, 6°), les dispositions d'un **accord d'entreprise** priment sur celles d'un **accord de branche**, qu'elles soient ou non plus favorables (C. trav. art. L 2253-3).

> **Précisions** Un **accord national du 23 décembre 1981** étendu par arrêté du 3 mars 1982 (JO 17) et complété par 19 avenants, tous étendus, a été signé, d'une part, par la FNSEA, la FNCUMA, l'UNEP, la FNB, la FNEDT, la FPF, l'URSTL, la CNATP et la FNCH et, d'autre part, par les organisations syndicales de salariés. Il est en conséquence **applicable** aux exploitations de culture et d'élevage (à l'exception des centres équestres, entraîneurs de chevaux de courses et des parcs zoologiques), aux exploitations forestières (sauf l'ONF), aux entreprises de travaux agricoles, aux établissements de pisciculture et aux activités de pêche maritime à pied professionnelle ne relevant pas du régime des marins (sauf la conchyliculture) ainsi qu'aux Cuma.
> En raison du très large champ d'application de cet accord interprofessionnel, il y est fréquemment fait référence ci-après.

DURÉE LÉGALE

59910 La durée légale est fixée à **35 heures par semaine** (C. trav. art. L 3121-27).
Sauf stipulations contraires d'un accord collectif, chaque **semaine de travail** correspond à la période comprise entre le lundi 0 heure et le dimanche 24 heures (C. trav. art. L 3121-35).

DURÉES MAXIMALES

59920 **Durée journalière maximale** La durée quotidienne du travail ne peut excéder **10 heures** sauf disposition contraire d'un accord d'entreprise ou, à défaut, d'un accord de branche, dans la limite de 12 heures (C. trav. art. L 3121-18 s.).
En l'absence d'accord, l'employeur peut néanmoins déroger à cette durée maximale lorsqu'un **surcroît temporaire d'activité** résulte de travaux devant être exécutés dans un délai déterminé en raison de leur nature, des charges imposées à l'entreprise ou des engagements contractés par celle-ci, de travaux saisonniers ou de travaux impliquant une activité accrue pendant certains jours de la semaine, du mois ou de l'année (C. rur. art. R 713-5).
Ce **dépassement** est limité à 2 heures par jour pendant un maximum de 6 journées consécutives sans pouvoir excéder 30 heures par période de 12 mois consécutifs. Le texte réserve, cependant, à une convention collective étendue (et à elle seule) la possibilité de fixer un contingent inférieur ou supérieur mais tel n'est pas le cas de l'accord national sur la durée du travail en agriculture.

> **Précisions** **a.** L'employeur doit adresser immédiatement à l'**agent de contrôle de l'inspection du travail** une déclaration l'informant du dépassement et des circonstances qui le motivent. Lorsque ce dépassement concerne l'ensemble des entreprises relevant d'un même type d'activité, il peut être procédé à cette information par l'organisation patronale intéressée.
> **b.** La **journée** s'entend de la période allant de 0 heure à minuit (C. rur. art. R 713-1).

59925 **Durée hebdomadaire maximale absolue** L'exécution d'heures supplémentaires ne peut pas avoir pour effet de porter à plus de **48 heures** la durée du travail au cours d'une même semaine (C. trav. art. L 3121-20).
En cas de **circonstances exceptionnelles**, notamment de travaux dont l'exécution ne peut pas être différée, un **dépassement** peut être **autorisé** par l'administration pendant une période limitée ; ce dépassement ne peut pas avoir pour effet de porter la durée du travail à plus de 60 heures par semaine (C. trav. art. L 3121-21).
Dans le secteur de la **production agricole**, le plafond de 60 heures peut être dépassé sur autorisation dans la limite de 60 heures supplémentaires au cours d'une période de 12 mois consécutifs (C. rur. art. L 713-13, I).
Les modalités de la demande de dérogation sont fixées par l'article R 3121-10 du Code du travail (C. rur. art. R 713-13).
En l'absence de dérogation, le seul constat du dépassement de la durée maximale de 48 heures ouvre droit à **réparation** (Cass. soc. 26-1-2022 n° 20-21.636 FS-B : RJS 3/22 n° 139).

59930 **Durée hebdomadaire maximale moyenne** La durée maximale hebdomadaire est **en principe** de 44 heures sur 12 semaines consécutives (C. trav. art. L 3121-22). Dans le secteur de la **production agricole**, la limite de 44 heures en moyenne est calculée sur une période de 12 mois consécutifs (C. rur. art. L 713-13, I), ce qui apparente la durée maximale moyenne à une durée maximale annuelle.

Un **accord** d'entreprise ou, à défaut, un accord de branche peut prévoir le dépassement de la durée hebdomadaire de travail de 44 heures calculée sur une période de 12 semaines consécutives (ou 12 mois consécutifs pour la production agricole), à condition que ce dépassement n'ait pas pour effet de porter cette durée à plus de 46 heures (C. trav. art. L 3121-23 ; C. rur. art. R 713-14, 1°).

À défaut d'accord, des dérogations peuvent être accordées par l'administration pour un secteur d'activité au niveau national ou local sur demande des organisations patronales. Elles peuvent également être accordées entreprise par entreprise par l'inspecteur du travail après avis du comité social et économique (C. trav. art. L 3121-24 s. ; C. rur. art. R 713-14, 2° et 3°). Les modalités de demande de dérogations sont fixées par les articles R 3121-8 et suivants du Code du travail.

Durée maximale annuelle En **principe**, la durée maximale annuelle est de 1 940 heures **59935**
(Accord national du 23-12-1981 art. 8.4).

Elle est **portée à** 2 000 heures pour les entreprises de travaux agricoles, ruraux et forestiers, les Cuma, ainsi que pour les exploitations et entreprises n'employant qu'un seul salarié permanent. La période annuelle est celle définie n° 59965.

Lorsque le contrat de travail d'un salarié est suspendu (pour cause de maladie, par exemple), la durée maximale est **réduite à** due proportion.

Dans chaque exploitation ou entreprise employant plus de 3 salariés, le **nombre total** des heures de travail effectuées ne peut dépasser chaque année un maximum déterminé comme suit en fonction du nombre de salariés (Accord national du 23-12-1981 art. 8.5) :
- de 4 à 20 salariés : nombre de salariés × 1 900 heures ;
- plus de 20 salariés : nombre de salariés × 1 860 heures.

EXEMPLE

Dans une entreprise de 10 salariés, le maximum d'heures de travail est de 10 × 1 900 = 19 000 heures. Certains salariés peuvent travailler jusqu'à 1 940 heures, à condition qu'au total les 10 salariés ne dépassent pas 19 000 heures.

CUMUL D'EMPLOIS

Un salarié peut travailler pour plusieurs employeurs dès lors que la durée totale de ses travaux **59938**
rémunérés ne dépasse pas les durées maximales autorisées.

DÉFINITION ET DÉCOMPTE DU TRAVAIL EFFECTIF

La durée du travail s'entend du travail effectif, c'est-à-dire du temps pendant lequel le salarié est **59940**
à la disposition de l'employeur et doit se conformer à ses directives sans pouvoir vaquer librement à des occupations personnelles (C. trav. art. L 3121-1).

a. Pauses. Le temps nécessaire à la restauration ainsi que les temps consacrés aux pauses ne sont considérés comme du travail effectif que si les critères ci-dessus indiqués sont réunis. Même s'ils ne sont pas reconnus comme du travail effectif, ces temps peuvent faire l'objet d'une indemnisation si la convention collective, le contrat de travail ou les usages le prévoient (C. trav. art. L 3121-2, L 3121-6 et L 3121-8, 1°).

b. Trajets. En principe, les temps de trajet entre le domicile et le lieu de travail ne sont pas assimilés à du travail effectif. Toutefois, si ce temps de trajet dépasse le temps normal de trajet entre le domicile et le lieu de travail, il doit faire l'objet d'une contrepartie soit sous forme de repos, soit financière déterminée par accord ou, à défaut, par l'employeur après avis du CSE. Toutefois, la part de ce temps de trajet coïncidant avec l'horaire de travail ne doit pas entraîner de perte de salaire. Le temps de trajet entre deux lieux de travail (du siège de l'entreprise au chantier ou d'un chantier à un autre) constitue du travail effectif (C. trav. art. L 3121-4).

c. Habillage. Sauf clause conventionnelle ou contractuelle ou usage contraire, il ne s'agit pas d'un travail effectif. Cependant, lorsque le port d'une tenue de travail est imposé et que l'opération d'habillage ou de déshabillage doit être réalisée sur le lieu de travail, ce temps doit faire l'objet de contreparties, soit sous forme de repos, soit financières (C. trav. art. L 3121-3). Dans le secteur de la production agricole, le temps passé aux douches, à l'habillage et au déshabillage par le personnel affecté à des travaux salissants est rémunéré au tarif des heures normales de travail sans être décompté dans la durée du travail effectif (Accord du 23-12-1981 art. 6.2).

d. Équivalences. Pour le personnel occupé à des activités de gardiennage de locaux ou d'installations, le personnel de surveillance des appareils à fonctionnement continu, les préposés des services d'incendie, le personnel assurant la surveillance des animaux, le personnel des établissements d'entraînement des chevaux de course au galop et les chauffeurs routiers de marchandises, des périodes d'équivalence sont prévues (l'équivalence permet de tenir compte des temps d'inaction propres à certaines professions en fixant une durée de présence dans l'entreprise réputée équivalente à la durée légale) (C. rur. art. R 713-6 s.). Sauf accord plus favorable, les salariés sont rémunérés sur la base de la durée légale ou conventionnelle pratiquée dans l'entreprise.

e. Astreintes. Une période d'astreinte s'entend comme une période pendant laquelle le salarié, sans être sur son lieu de travail et sans être à la disposition permanente et immédiate de l'employeur, doit être en mesure d'intervenir pour accomplir un travail au service de l'entreprise. Exception faite des temps d'intervention, la période d'astreinte n'est pas considérée comme du temps de travail effectif et est décomptée dans les durées minimales de repos quotidien (n° 60010) et de repos hebdomadaire (n° 60280). En revanche, la durée des interventions (déplacement inclus) est considérée comme temps de travail effectif (C. trav. art. L 3121-9).

Sauf stipulation conventionnelle ou contractuelle plus favorable, les périodes d'astreinte ouvrent droit au versement d'une indemnité forfaitaire égale à une fois le « minimum garanti » par nuit d'astreinte et à 2 fois le minimum garanti par période de 24 heures consécutives d'astreinte (Accord national du 23-12-1981 art. 6.3).

f. Récupération. Les heures perdues en dessous de la durée légale du travail pour interruption collective résultant de causes accidentelles, d'intempéries, de force majeure, d'inventaire ou à l'occasion du chômage d'un pont peuvent être récupérées (C. trav. art. L 3121-50). À défaut d'accord collectif organisant les modalités de la récupération, celle-ci ne peut excéder 8 heures par semaine et doit avoir lieu dans les 26 semaines suivant celle au cours de laquelle a eu lieu l'interruption (C. rur. art. R 713-4, al. 1).

L'employeur doit informer préalablement l'inspecteur du travail des interruptions collectives et des modalités de récupération ou, si le travail est interrompu en raison d'un événement imprévu, l'en aviser immédiatement (C. trav. art. R 3121-33). Si l'interruption concerne l'ensemble des entreprises relevant d'un même type d'activité, l'organisation patronale intéressée peut informer le Dirrecte (C. rur. art. R 713-4, al. 2)

Dans le secteur de la production agricole, les heures récupérables sont payées au tarif normal, à titre d'avance, sur la paie du mois au cours duquel elles ont été perdues (Accord national du 23-12-1981 art. 6.4).

HEURES SUPPLÉMENTAIRES

59950 Constituent des heures supplémentaires toutes les heures de travail effectuées au-delà de la durée légale hebdomadaire de 35 heures à l'initiative de l'employeur (ou avec son accord implicite). Leur **décompte** s'effectue en principe par semaine civile, sauf accord collectif fixant une autre période de 7 jours consécutifs (C. trav. art. L 3121-32 et L 3121-35). Sur le décompte des heures supplémentaires lorsque le temps de travail est organisé dans un cadre autre qu'hebdomadaire, voir n°s 60052, 60060, 60080 et 60100.

Pour les entreprises relevant des **activités saisonnières** définies par l'article L 713-13, II du Code rural et de la pêche maritime, un accord d'entreprise ou, à défaut, un accord de branche ou interprofessionnel peut déroger aux règles relatives à la détermination de la période de référence pour le décompte des heures supplémentaires (C. trav. art. L 3121-34).

a. Contingent d'heures supplémentaires. Le contingent d'heures supplémentaires constitue le seuil de déclenchement de la contrepartie obligatoire en repos. Il est fixé par accord d'entreprise ou, à défaut, de branche. À défaut, le contingent s'élève à 220 heures (C. trav. art. D 3121-24).

Les heures supplémentaires intégralement compensées par du repos (n° 59957) ne s'imputent pas sur le contingent annuel.

b. Dépassement du contingent. Après consultation du CSE, s'il existe, l'employeur peut décider d'effectuer des heures supplémentaires au-delà du contingent annuel dans la limite des durées maximales de travail. Les heures supplémentaires effectuées dans ces conditions ouvrent droit, en plus de la majoration de salaire, à une contrepartie obligatoire en repos (n° 59965).

ATTENTION

L'accord du 23 décembre 1981 prévoit, à notre sens, un contingent annuel. Il s'agit du plafond horaire de 1 860 heures prévu à l'article 7.4 (n° 59965) au-delà duquel un repos compensateur est octroyé au salarié et dont le nombre varie selon le nombre d'heures effectuées.

59955 **Rémunération des heures supplémentaires** Les heures supplémentaires donnent lieu à une **majoration de salaire** dont le taux est fixé par accord d'entreprise, à défaut par convention ou accord de branche, sans pouvoir être inférieur à 10 % (C. trav. art. L 3121-33, I). La priorité donnée à l'accord d'entreprise peut aboutir à y fixer un taux moins élevé que celui de l'accord de branche, éventuellement applicable à la totalité des heures accomplies.

L'accord national du 23 décembre 1981 (art. 7.3) prévoit des taux de majoration identiques à ceux applicables en l'absence de convention ou d'accord (C. trav. art. L 3121-36) :
- 25 % pour chacune des 8 premières heures supplémentaires (de la 36e à la 43e) ;
- 50 % pour les heures supplémentaires au-delà de la 43e.

ATTENTION

Doivent être incluses dans le salaire horaire servant de **base au calcul** des heures supplémentaires toutes les majorations se rattachant à l'activité personnelle du salarié. Sont concernées à titre d'exemples les majorations pour travail le dimanche ou les jours fériés ou les majorations pour travail de nuit (Cass. soc. 22-5-2019 n° 17-22.376 F-D : RJS 8-9/19 n° 498).

Repos compensateur de remplacement La **mise en place** d'un repos compensateur de remplacement peut se faire : 59957
- soit par convention ou accord collectif d'entreprise ou d'établissement, ou, à défaut, par convention ou accord de branche (C. trav. art. L 3121-33, II) ;
- soit, à défaut d'accord collectif, par décision de l'employeur, dans les entreprises dépourvues de délégué syndical, à condition que le CSE, s'il existe, ne s'y oppose pas (C. trav. art. L 3121-37).

Comme son nom l'indique, un tel repos a pour **effet** de remplacer tout ou partie du paiement des heures supplémentaires et des majorations qui s'y rapportent. Il s'ajoute à la contrepartie obligatoire en repos due pour les heures supplémentaires effectuées au-delà du contingent annuel (n° 59965). Les heures supplémentaires compensées intégralement par un repos ne s'imputent pas sur le contingent annuel d'heures supplémentaires (C. trav. art. L 3121-30, al. 3).

Dans les entreprises et exploitations relevant de l'**accord du 23 décembre 1981**, l'employeur peut recourir à cette formule après consultation de chacun des salariés concernés (Accord national du 23-12-1981 art. 10.2).

La **durée** du repos compensateur est de 1 heure 15 pour chacune des 8 premières heures supplémentaires et de 1 heure 30 pour chacune des heures supplémentaires suivantes. À défaut de précision conventionnelle contraire, l'employeur remet au salarié un document annexé au bulletin de paie l'informant du nombre d'heures de repos portées à son crédit (C. trav. art. D 3171-11).

La **prise** de ce repos se fait par journée ou demi-journée par accord entre l'employeur et le salarié. En l'absence d'accord, le droit au repos est acquis lorsque la durée de ce repos atteint 7 heures et le repos doit être pris dans un délai de 2 mois. Il est précisé qu'en ce qui concerne les heures de travail effectuées au-delà de la 39e heure hebdomadaire, la pratique du repos compensateur de remplacement n'est pas incompatible avec les horaires individualisés ou la réduction du temps de travail sous forme de repos.

À noter que l'**accord du 23 décembre 1981** prévoit également, dans son article 7.3, que la majoration de salaire de 25 % pour les heures effectuées entre la 36e et la 39e heure peut être remplacée par un repos payé d'un quart d'heure par heure, sans requérir la consultation des salariés.

Convention de forfait sur la semaine ou le mois Il est possible, lorsque l'horaire de travail comporte l'**accomplissement régulier d'heures supplémentaires**, de convenir d'une rémunération forfaitaire incluant un nombre déterminé d'heures supplémentaires sur la semaine ou sur le mois. Cette technique, utilisable même en l'absence d'accord collectif sur ce point, permet de mensualiser les heures supplémentaires. 59960

La convention de forfait requiert l'**accord du salarié** (C. trav. art. L 3121-55).

Établie nécessairement par écrit, elle doit faire apparaître une **rémunération** au moins égale à la rémunération minimale applicable dans l'entreprise pour le nombre d'heures correspondant au forfait, augmentée des majorations pour heures supplémentaires (C. trav. art. L 3121-57). À défaut, la convention est nulle et le salarié peut réclamer la différence entre le salaire minimum conventionnel augmenté des heures supplémentaires calculées sur cette base et la somme forfaitaire versée (Cass. soc. 18-1-1961 n° 59-40.920).

Tous les **salariés** sont concernés par ce dispositif. Des conventions de forfait particulières peuvent être conclues avec certains cadres et salariés non cadres autonomes : nos 60200 s.

Contrepartie obligatoire en repos De **façon générale**, l'accomplissement d'heures supplémentaires hors contingent ouvre droit, pour les salariés, en plus des majorations de salaire ou du repos compensateur de remplacement lorsque celui-ci est prévu (n° 59957), à une contrepartie obligatoire en repos fixé par accord d'entreprise ou, à défaut, de branche. Sauf stipulations conventionnelles plus favorables, elle est égale à (C. trav. art. L 3121-33, I-3° et L 3121-38) : 59965
- 50 % du temps accompli dans les entreprises de 20 salariés ou moins ;
- 100 % du temps de travail accompli (une heure de repos par heure considérée) dans les entreprises de plus de 20 salariés.

L'accord du 23 décembre 1981 octroie, quel que soit l'effectif de l'entreprise, un jour de **repos compensateur** au salarié qui effectue de 1 861 à 1 900 heures de travail par an, 2 jours pour 1 901 à 1 940 heures et 3 jours pour 1 941 à 2 000 heures de travail (art. 7.4). La période annuelle est décidée par convention collective ou par l'employeur, après consultation du personnel et information de l'inspecteur du travail. À défaut, cette période commence le 1er juin et se termine le 31 mai de chaque année. Le droit à repos est constaté à la fin de la période annuelle et le repos doit être pris au cours de la période annuelle suivante, par journée ou demi-journée, aux dates convenues par accord entre l'employeur et le salarié. À défaut d'accord, le salarié doit formuler sa demande au moins 10 jours à l'avance.

ATTENTION

Les repos compensateurs prévus par l'accord du 23 décembre 1981 correspondent, à notre sens, à la contrepartie obligatoire en repos. Toutefois, l'accord ne respecte pas les conditions légales fixées par l'article L 3121-33, I-3° du Code du travail. Il convient dès lors, selon nous, d'appliquer selon les cas la règle la plus favorable au salarié.

59980 **Régime social et fiscal** Les entreprises employant moins de 20 salariés et, depuis le 1er octobre 2022, entre 20 et moins de 250 salariés bénéficient d'une **déduction forfaitaire** sur les **cotisations patronales** de sécurité sociale dues au titre de la rémunération des heures supplémentaires effectuées par leurs salariés, ainsi que des jours de repos, au-delà de 218 jours, auxquels les salariés au forfait annuel en jours renoncent (CSS art. L 241-18 et L 241-18-1).

Le **montant** de la déduction forfaitaire est fixé à (CSS art. D 241-24 ; Décret 2022-1506 du 1-1-2022 art. 1) :

– 1,50 € par heure (10,50 € par journée de repos pour les cadres au forfait jours) dans les entreprises de moins de 20 salariés ;

– 0,50 € par heure (3,50 € par journée de repos pour les cadres au forfait jours) dans les entreprise de 20 à moins de 250 salariés.

La déduction intervient après application des autres exonérations, notamment la réduction générale de cotisations patronales (n° 52630), avec lesquelles elle se **cumule**.

En parallèle, cette rémunération bénéficie d'une réduction des **cotisations salariales** d'assurance vieillesse (CSS art. L 241-17). Le taux de réduction de cotisations est égal à la somme des taux des cotisations d'assurance vieillesse d'origine légale et conventionnelle obligatoires, dans la limite de 11,31 % (CSS art. D 241-21).

Cette rémunération est par ailleurs exonérée d'**impôt sur le revenu**, dans la limite annuelle de 7 500 € par salarié, pour les heures supplémentaires effectuées depuis le 1er janvier 2022, contre 5 000 € pour celles effectuées avant (CGI art. 81 quater).

> **Précisions** Les entreprises qui, depuis le **1er janvier 2022, ont atteint ou dépassé** les seuils de 20 et de 250 salariés continuent à bénéficier de la déduction tant que ces seuils ne seront pas atteints ou dépassés pendant 5 années civiles consécutives ; en cas de franchissement à la baisse pendant une année civile, un nouveau délai de 5 ans s'applique (CSS art. L 130-1, II).

CADRES DIRIGEANTS

59985 Sont **considérés comme tels** les cadres auxquels sont confiées des responsabilités dont l'importance implique une grande indépendance dans l'organisation de leur emploi du temps, qui sont habilités à prendre des décisions de façon largement autonome et qui perçoivent une rémunération se situant dans les niveaux les plus élevés des systèmes de rémunération pratiqués dans l'entreprise ou l'établissement (C. trav. art. L 3111-2). Ces trois critères (responsabilité, indépendance et rémunération) sont cumulatifs. Il en résulte que le cadre doit participer effectivement à la direction de l'entreprise (Cass. soc. 5-3-2015 n° 13-20.817 F-D : RJS 5/15 n° 343).

Ils sont exclus du champ d'application de la durée légale du travail (C. trav. art. L 3111-2) et à ce titre :

– **ne bénéficient pas** des dispositions légales et réglementaires concernant la durée du travail (y compris les durées maximales quotidienne et hebdomadaire ainsi que les astreintes, sauf disposition conventionnelle plus favorable), le travail de nuit, les repos quotidien et hebdomadaire et les jours fériés ; l'employeur n'est donc pas légalement tenu de décompter leur temps de travail ;

– **bénéficient** des dispositions concernant les congés payés et pour événements familiaux, l'interdiction d'emploi avant et après l'accouchement, les congés non rémunérés, le compte épargne-temps, l'hygiène et la sécurité ainsi que la médecine du travail.

ATTENTION

La qualité de cadre dirigeant est **incompatible** avec la mention dans le contrat de travail que le salarié ne peut pas refuser d'effectuer des heures supplémentaires et est soumis à l'horaire de travail de l'entreprise (Cass. soc. 27-3-2013 n° 11-19.734 FS-PB : RJS 6/13 n° 453) ou avec la conclusion d'une convention de forfait en jours (Cass. soc. 7-9-2017 n° 15-24.725 FS-PB : RJS 11/17 n° 745).

B. Organisation du temps de travail

RÉPARTITION DE LA DURÉE DU TRAVAIL SUR LA SEMAINE

Après consultation du CSE s'il existe, l'employeur répartit la durée légale du travail sur 5 jours, 60000
5 jours et demi ou 6 jours par semaine. L'employeur **précise**, avant le début de la semaine, les journées et demi-journées qui seront travaillées. Cette répartition peut être **modifiée** en cours de semaine, en cas de circonstances exceptionnelles, sous réserve que le salarié en soit averti au moins un jour franc à l'avance (C. rur. art. R 713-2).

> **Précisions** L'employeur peut répartir la durée du travail sur **4 jours ou 4 jours et demi** à condition que la durée hebdomadaire de travail n'excède pas la durée légale, que le CSE ne s'y oppose pas et que l'agent de contrôle de l'inspection du travail en soit informé.

JOURNÉE DE TRAVAIL

Tout salarié bénéficie d'un **repos quotidien** d'une durée minimale de 11 heures consécutives 60010
(C. trav. art. L 3131-1).

Des **dérogations** sont toutefois possibles :

– par accord d'entreprise ou à défaut de branche, notamment pour des activités caractérisées par la nécessité d'assurer une continuité du service ou par des périodes d'intervention fractionnées (C. trav. art. L 3131-2) sans que cela ait pour effet de réduire la durée du repos quotidien en deçà de 9 heures (C. trav. art. D 3131-6). Les activités concernées sont définies par l'article D 3131-4 du Code du travail auxquelles il convient d'ajouter les soins et la surveillance des animaux (C. rur. art. D 714-16) ;

– à défaut d'accord, en cas de surcroît exceptionnel d'activité sur autorisation de l'inspecteur du travail, ou en cas de travaux urgents, dont l'exécution immédiate est indispensable, sous la seule responsabilité de l'employeur qui doit en informer l'inspecteur du travail (C. trav. art. L 3131-3 et D 3131-1).

En tout état de cause, des périodes de repos au moins équivalentes doivent être accordées aux salariés concernés. Lorsque l'attribution de ce repos n'est pas possible, une contrepartie équivalente doit être prévue par accord collectif (C. trav. art. D 3131-2).

Aucun temps de travail quotidien ne peut atteindre 6 heures (consécutives ou non) sans que le salarié bénéficie d'un temps de **pause** d'une durée minimale de 20 minutes (C. trav. art. L 3121-16).

ATTENTION

Les entreprises soumises à la négociation obligatoire ont l'**obligation de négocier sur** le droit à la déconnexion afin de garantir l'effectivité du droit au repos des salariés. À défaut d'accord d'entreprise, l'employeur définit ces modalités dans une charte, après consultation du CSE le cas échéant (C. trav. art. L 2242-17, 7°).

TRAVAIL DE NUIT

Définitions Tout travail entre **21 heures** et **6 heures** est considéré comme travail de nuit. 60020
Une autre période de 9 heures consécutives, comprise entre 21 heures et 7 heures, mais comprenant l'intervalle entre minuit et 5 heures, peut être définie par accord d'entreprise ou, à défaut, par accord de branche ; en l'absence d'accord, l'inspecteur du travail peut autoriser la définition d'une période différente (C. trav. art. L 3122-20 s.).

Le **travailleur de nuit** s'entend de tout salarié qui accomplit pendant la période nocturne (C. trav. art. L 3122-5) :

– soit 3 heures de travail au moins 2 fois par semaine, selon son horaire de travail habituel, incluant les heures non effectivement travaillées en raison des congés, jours de formation, jours fériés, etc. (Cass. soc. 7-3-2012 n° 10-21.744 FS-PBR : RJS 5/12 n° 458) ;

– soit au moins 270 heures de travail sur une période quelconque de 12 mois consécutifs (sauf disposition différente prévue par convention ou accord collectif étendu).

Sauf dérogation, le travail de nuit est en principe interdit aux **moins de 18 ans** (C. trav. art. L 3163-2).

60025 **Mise en place** Le recours au travail de nuit doit être **exceptionnel**. Il doit prendre en compte les impératifs de protection de la sécurité et de la santé des salariés, et doit être justifié par la nécessité d'assurer la continuité de l'activité économique ou des services d'utilité sociale (C. trav. art. L 3122-1).

L'emploi de travailleurs de nuit est **subordonné à** la conclusion d'un accord d'entreprise ou, à défaut, d'un accord de branche. En l'absence d'accord et à la condition que l'employeur ait engagé sérieusement et loyalement des négociations en vue de la conclusion d'un tel accord, il peut être autorisé par l'inspecteur du travail (C. trav. art. L 3122-15 et L 3122-21).

La **durée maximale quotidienne** du travail de nuit est de 8 heures et la **durée maximale hebdomadaire** calculée sur 12 semaines consécutives est de 40 heures, limite portée à 44 heures par convention ou accord collectif (C. trav. art. L 3122-6 et L 3122-7).

Des **contreparties** sous forme de repos compensateur et le cas échéant sous forme de compensation salariale doivent être prévues (C. trav. art. L 3122-8). À noter qu'en agriculture les conventions collectives instituent fréquemment des contreparties, notamment financières, au bénéfice des salariés appelés à titre exceptionnel à effectuer un travail de nuit.

Une **surveillance médicale** particulière doit être organisée.

HORAIRES INDIVIDUALISÉS

60030 L'employeur est autorisé à pratiquer des horaires individualisés, à **condition** que certains salariés l'aient demandé, que le CSE ait donné son avis conforme et que l'inspection du travail en ait été informée. En l'absence de CSE, une autorisation doit être demandée à l'inspection du travail qui doit constater l'accord des salariés (C. trav. art. L 3121-48 s.).

Les horaires individualisés peuvent entraîner des **reports d'heures** d'une semaine à une autre sans que ces heures aient d'effet sur le nombre et le paiement des heures supplémentaires pourvu qu'elles résultent d'un libre choix du salarié concerné. En principe, le report d'heures d'une semaine à une autre ne peut excéder 3 heures et le cumul des reports ne peut avoir pour effet de porter le total des heures reportées à plus de 10 (C. trav. art. R 3121-30). Un accord collectif peut prévoir des modalités différentes : dans le secteur de la production agricole, un report de 5 heures par semaine et un cumul de reports de 15 heures sont autorisés (Accord national du 23-12-1981 art. 9.1).

C. Aménagement et réduction du temps de travail

60050 Le législateur a régulièrement encouragé la **voie conventionnelle** en matière d'aménagement du temps de travail : modulation, cycle de travail, réduction du travail sous forme de jours de repos. Un pas supplémentaire a été franchi avec la loi 2008-789 du 20 août 2008 qui a créé un régime unique et simplifié que la loi 2016-1088 du 8 août 2016 a encore assoupli en autorisant un aménagement sur une période au plus égale à 3 ans. Ces nouvelles dispositions n'ont pas remis en cause les accords conclus au titre des régimes antérieurs qui restent donc en vigueur, notamment dans l'agriculture (n°s 60070 s.).

À défaut d'accord collectif, un **régime réglementaire** supplétif permet à l'employeur de décider unilatéralement l'organisation de la durée du travail sur une période limitée à 4 ou 9 semaines, selon l'effectif de l'entreprise.

AMÉNAGEMENT SUR UNE PÉRIODE SUPÉRIEURE À LA SEMAINE ET AU PLUS ÉGALE À 3 ANS

60052 Un accord d'entreprise ou d'établissement ou, à défaut, une convention ou un accord de branche peut organiser la répartition de l'horaire de travail sur une période supérieure à la semaine (C. trav. art. L 3121-44). Cette période est librement **choisie** par l'accord dans la limite d'un an, limite pouvant être portée à 3 ans si un accord de branche l'autorise (C. trav. art. L 2253-1, 6°). Sauf autorisation expressément prévue par le Code du travail, ces accords ne peuvent **pas déroger** aux durées maximales journalière et hebdomadaire ni aux repos quotidien et hebdomadaire.

L'accord **doit définir** (C. trav. art. L 3121-44) :
- la période de référence choisie ;
- les conditions et délais de prévenance des changements de durée ou d'horaire de travail (7 jours à défaut de délai conventionnel : C. trav. art. L 3121-47) ;
- les conditions de prise en compte, pour la rémunération des salariés, des absences ainsi que des arrivées et départs en cours de période de référence ;

– lorsqu'il s'applique aux salariés à temps partiel, les modalités de communication et de modification de la répartition de la durée et des horaires de travail ;
– si la période de référence est supérieure à un an, une limite hebdomadaire, supérieure à 35 heures, au-delà de laquelle les heures de travail effectuées au cours d'une même semaine constituent en tout état de cause des heures supplémentaires dont la rémunération est payée avec le salaire du mois considéré (si la période de référence ne dépasse pas un an, la fixation d'une telle limite est une simple faculté).
L'accord peut prévoir une **limite annuelle** inférieure à 1 607 heures pour le décompte des heures supplémentaires.
L'accord peut stipuler un **lissage des rémunérations**, sans pouvoir faire échec, le cas échéant, à l'obligation de décompter et payer le mois de leur accomplissement les heures supplémentaires effectuées au-delà de la limite haute fixée par l'accord.
De manière dérogatoire, le salarié peut, sur sa demande et avec l'accord de l'employeur, **renoncer à** tout ou partie des **journées ou demi-journées de repos acquises entre le 1er janvier 2022 et le 31 décembre 2025**. Ces journées ou demi-journées travaillées ouvrent droit à une majoration de salaire au moins égale à celle de la majoration de la première heure supplémentaire applicable dans l'entreprise, ne s'imputent pas sur le contingent d'heures supplémentaires et donnent lieu à la réduction de cotisations salariales et, dans les entreprises de moins de 20 salariés (pour les jours monétisés depuis le 16-8-2022) et de 20 et moins de 250 salariés (pour les jours monétisés depuis le 25-12-2022), à la déduction forfaitaire de cotisations patronales visées n° 59980 (Loi 2022-1157 du 16-8-2022 art. 5).
Sur l'annualisation du temps de travail prévue par l'**accord du 23 décembre 1981**, voir n° 60110.

> **Précisions a.** Constituent des **heures supplémentaires** les heures effectuées au-delà de la moyenne de 35 heures calculée sur la période de référence fixée par l'accord (1 607 heures en cas de répartition sur l'année, ou une limite inférieure si l'accord en dispose ainsi). Elles sont comptabilisées au terme de la période de référence, après déduction, le cas échéant, de celles déjà comptabilisées pour dépassement de la limite haute fixée par l'accord (C. trav. art. L 3121-41 et L 3121-44). Le seuil de 1 607 heures s'applique même lorsque le salarié n'a pas acquis l'intégralité de ses congés, notamment l'année d'embauche (Cass. soc. 11-5-2016 n° 14-29.512 FS-PB : RJS 7/16 n° 496).
> **b.** La mise en place par accord collectif d'un dispositif d'aménagement du temps de travail sur une période supérieure à la semaine ne constitue pas une **modification du contrat de travail** pour les salariés à temps complet (C. trav. art. L 3121-43).
> **c.** Chaque salarié doit être **informé** du nombre d'heures de travail accomplies depuis le début de la période de référence à la fin de celle-ci ou lors de son départ s'il intervient en cours de période, sur un document annexé au dernier bulletin de paie de cette période (C. trav. art. D 3171-13). Ces données doivent être tenues à la disposition de l'**inspecteur du travail** pendant un an ou pendant une durée équivalente à la période de référence fixée par l'accord lorsque celle-ci est supérieure à l'année (C. trav. art. D 3171-16).
> **d.** L'aménagement du temps de travail peut aussi être institué dans le cadre d'un **accord de performance collective** (n° 55822).

AMÉNAGEMENT SUR UNE PÉRIODE D'AU PLUS 4 OU 9 SEMAINES

L'employeur peut, par **décision unilatérale**, organiser la durée du travail sous forme de périodes de travail, chacune d'une durée d'au plus 9 semaines pour les entreprises employant moins de 50 salariés et de 4 semaines pour les autres (C. trav. art. L 3121-45). **60060**
L'employeur établit le programme indicatif de la variation de la durée du travail, des semaines « courtes » en dessous de la durée légale du travail pouvant alterner avec des semaines « longues » dépassant la durée légale.
Les **salariés** sont **prévenus** des changements de leurs horaires au moins 7 jours ouvrés à l'avance (C. trav. art. D 3121-27).
La **rémunération** du salarié est calculée sur une base forfaitaire de 35 heures indépendamment de l'horaire réellement pratiqué (C. trav. art. D 3121-28). Les **heures supplémentaires** ne sont décomptées qu'à l'issue de la période de référence choisie par l'employeur. Hormis celles effectuées au-delà de 39 heures par semaine, qui sont décomptées chaque semaine et payées avec le salaire du mois où elles sont effectuées, elles s'entendent des heures effectuées au-delà d'une durée hebdomadaire moyenne de 35 heures calculée sur cette période de référence et sont décomptées et payées à l'issue de cette période (C. trav. art. L 3121-41 et D 3121-25).
La mise en place d'une telle répartition ne constitue pas une **modification du contrat de travail** requérant l'accord du salarié (Cass. soc. 11-5-2016 n° 15-10.025 FS-PB : RJS 7/16 n° 497).

RÉGIMES MIS EN PLACE AVANT LA LOI DU 20 AOÛT 2008

60070 Les accords conclus antérieurement à la loi du 20 août 2008 restent applicables (Loi 2008-789 du 20-8-2008 art. 20-V).
Au cas particulier de l'agriculture, l'**accord national du 23 décembre 1981** a institué : une réduction du temps de travail sous forme de repos ; un travail par cycles ; une annualisation du temps de travail. Ces dispositifs restent en vigueur.

RÉDUCTION DU TEMPS DE TRAVAIL SOUS FORME DE REPOS

60080 L'accord national du 23 décembre 1981 (art. 10.1) organise la réduction du temps de travail en deçà de 39 heures sur l'année (période du 1er juin au 31 mai).
L'employeur enregistre le nombre d'heures de repos portées au crédit de chaque salarié. Lors de chaque paie, il remet au salarié un **document** récapitulant le nombre d'heures de repos portées à son crédit au cours du mois, le nombre, exprimé en heures, de journées ou demi-journées de repos pris par le salarié au cours du mois, et le cumul du nombre d'heures de repos inscrites au crédit du salarié en fin de mois.
Les **journées ou demi-journées de repos** acquises par le salarié doivent être **prises** au cours de la période annuelle. Les dates auxquelles ces repos peuvent être pris sont fixées par l'employeur pour les deux tiers de ce nombre et par le salarié pour un tiers de ce nombre.
Constituent des **heures supplémentaires** les heures effectuées au-delà de 39 heures au cours d'une semaine et les heures effectuées entre 36 et 39 heures qui n'auraient pas été compensées pendant l'année par des journées ou demi-journées de repos.
Les salariés peuvent **renoncer aux journées ou demi-journées de repos** acquises dans le cadre de ce dispositif selon les modalités prévues n° 60052.

TRAVAIL PAR CYCLES

60100 Le cycle **se définit** comme une période brève (en pratique 8 à 12 semaines au maximum) au sein de laquelle la durée du travail est répartie de façon fixe et répétitive de telle sorte que les semaines comportant un nombre important d'heures sont compensées au cours du cycle par des semaines comportant un nombre d'heures plus faible.
Seules sont considérées comme **heures supplémentaires** celles qui dépassent la durée moyenne de 35 heures calculée sur la durée du cycle.
Aux termes de l'**accord national du 23 décembre 1981**, la durée d'un cycle ne saurait excéder 6 semaines (art. 10.3).
L'employeur doit **afficher** dans l'entreprise le nombre de semaines du cycle et l'horaire de travail pour chaque semaine de cycle (C. trav. ancien art. D 3171-5).

ANNUALISATION (MODULATION) DE LA DURÉE DU TRAVAIL

60110 L'accord national du 23 décembre 1981 permet à l'employeur d'annualiser la durée du travail après consultation du CSE, s'il existe (art. 10.4).
Il doit établir un **programme indicatif d'annualisation** comportant au maximum 250 heures (ou 350 heures si une convention ou un accord collectif le prévoit ou, dans les entreprises de moins de 50 salariés, avec l'accord du CSE) de modulation devant être compensées par un nombre identique d'heures de repos. Le programme doit être affiché et communiqué à l'inspecteur du travail.
La **durée hebdomadaire** peut varier entre zéro heure et la durée maximale hebdomadaire.
La **rémunération** mensualisée est lissée sur la base de 151,67 heures. Les heures effectuées hors modulation sont celles qui ne sont pas compensées avant la fin de la période annuelle par des heures de repos. À cet effet, l'employeur peut opter entre deux formules :
– si le nombre d'heures de modulation programmées n'excède pas 200 heures, le contingent annuel maximal d'heures hors modulation est limité à 150 heures ;
– si le nombre d'heures de modulation excède 200 heures, dans la limite du maximum de 250 heures, le nombre d'heures hors modulation est limité à 100 heures (ou 150 heures si la convention collective le prévoit).
Les heures hors modulation sont rémunérées avec le dernier salaire mensuel de la période annuelle avec une majoration de 25 %.
Un compte individuel de compensation est constamment tenu à jour et l'état de ce compte est communiqué au salarié tous les mois.

CAS PARTICULIER DES SAISONNIERS AGRICOLES

60120 L'accord national du 18 juillet 2002 relatif aux saisonniers agricoles, étendu par arrêté ministériel du 28 octobre 2002, est applicable principalement dans les exploitations agricoles (à l'exception des centres équestres et des parcs zoologiques), les entreprises de travaux agricoles y compris les paysagistes et les Cuma. Cet accord comporte des dispositions relatives à l'aménagement du temps de travail des salariés employés par contrat à durée déterminée, et notamment les saisonniers. Trois modalités sont envisagées.

a. En cas de **réduction du temps de travail sous forme de repos** (n° 60080), le contrat de travail écrit conclu pour une durée déterminée peut prévoir que les heures de travail effectuées entre la 36e et la 39e sont compensées par des temps de repos, les heures de repos cumulées pouvant être prises en fin de contrat (Accord national du 18-7-2002 art. 5 A 1). Toutefois, si du fait de la prise des jours de repos, le contrat prend fin au-delà de son terme normal, il existe un risque de requalification en contrat à durée indéterminée (Circ. min. de l'agriculture du 5-5-2003). C'est notamment le cas pour les contrats à durée déterminée à terme imprécis et donc pour les emplois saisonniers dont le terme est la réalisation de la tâche pour laquelle ils ont été conclus (C. trav. art. L 1242-7).

b. En cas d'**annualisation de la durée du travail** (n° 60110), le nombre d'heures de modulation est limité à 150 heures pour les contrats à durée déterminée (Accord national du 18-7-2002 art. 5 B). Les heures de compensation peuvent être programmées au cours de la réalisation du contrat ou être cumulées pour être prises en fin de contrat (avec le même risque de requalification en contrat à durée indéterminée lié au dépassement du terme exposé ci-dessus). De surcroît, il faut noter qu'en cas d'annualisation, la rémunération doit être mensualisée et lissée sur la base de 151,67 heures, alors que la mensualisation n'est en règle générale pas obligatoire pour les saisonniers.

c. Un **contrat prévoyant un volume horaire** peut être conclu, à condition qu'il s'agisse d'un contrat à durée déterminée à terme précis, d'une durée maximale de 4 mois (Accord national du 18-7-2002 art. 5 C). La rémunération du salarié est lissée et calculée par rapport à la durée moyenne de travail prévue. Les heures effectuées au-delà de la durée hebdomadaire moyenne de travail de 35 heures sont payées en heures supplémentaires avec le dernier salaire mensuel. En cas de réalisation du nombre d'heures avant le terme du contrat, le salarié est dispensé de travailler et continue de percevoir sa rémunération jusqu'au terme. Toutefois, le salarié peut travailler un nombre d'heures supérieur au volume d'heures fixé dans le contrat avec son accord. Cette modalité est étendue sous réserve des dispositions légales et conventionnelles relatives à l'annualisation, ce qui implique notamment l'obligation de programmer les horaires de travail et de tenir un compte individuel de compensation (Circ. min. précitée).

D. Forfaits sur l'année

Outre la convention de forfait en heures sur la semaine ou le mois (n° 59960), il est possible de proposer aux cadres et à certains non-cadres autonomes une convention individuelle de forfait, en heures ou en jours, sur l'année. Il peut s'agir de l'année civile ou de toute autre période de 12 mois consécutifs (C. trav. art. L 3121-64, I-2°). **60200**

La **mise en place** de tels forfaits est subordonnée à la conclusion :
– d'un accord collectif d'entreprise ou d'établissement ou, à défaut, d'une convention ou d'un accord de branche le prévoyant ;
– d'une convention individuelle de forfait, laquelle requiert l'accord du salarié et doit être passée par écrit.

FORFAIT ANNUEL EN HEURES

Sont concernés (C. trav. art. L 3121-56) : **60205**
– les cadres dont la nature des fonctions ne les conduit pas à suivre l'horaire collectif applicable au sein de l'atelier, du service ou de l'équipe auquel ils sont intégrés ;
– les salariés qui disposent d'une réelle autonomie dans l'organisation de leur emploi du temps.

Les **catégories** de salariés susceptibles de conclure de tels forfaits sont **fixées**, sur la base de ces critères, par convention ou accord collectif.

Les salariés au forfait annuel en heures **relèvent des dispositions** sur la durée du travail, les majorations pour heures supplémentaires, le travail de nuit, les repos quotidien et hebdomadaire et les jours fériés. Les dispositions légales relatives aux durées maximales quotidiennes et hebdomadaires de travail leur sont également applicables. Par exception, ces salariés sont **exclus** du champ du contingent annuel d'heures supplémentaires (et donc de la contrepartie obligatoire en repos due pour les heures accomplies au-delà de ce contingent : Cass. soc. 28-3-2018 n° 16-16.466 F-D : RJS 6/18 n° 420). La **rémunération** stipulée dans la convention de forfait doit être au moins égale au minimum conventionnel applicable dans l'entreprise, compte tenu des majorations pour heures supplémentaires (C. trav. art. L 3121-57).

FORFAIT ANNUEL EN JOURS

60210 **Sont concernés** : les cadres autonomes et les salariés autonomes dont on ne peut pas prédéterminer l'horaire de travail et qui disposent d'une réelle autonomie dans l'organisation de leur emploi du temps pour l'exercice des responsabilités qui leur sont confiées (C. trav. art. L 3121-58).
Le **nombre de jours travaillés** ne peut pas excéder 218 jours pour un salarié bénéficiant de l'intégralité de ses jours de congés payés.
Les intéressés **bénéficient** des dispositions légales sur les repos quotidien et hebdomadaire et sur le compte épargne-temps mais ils ne sont concernés ni par la durée légale du travail, ni par les heures supplémentaires, ni par les durées maximales quotidiennes et hebdomadaires du travail (C. trav. art. L 3121-62).
Il appartient à l'employeur de s'assurer que **l'amplitude et la charge de travail** restent raisonnables et de veiller à une bonne répartition du travail dans le temps. À cet égard, un suivi réel et régulier s'impose. Le **Code du travail** exige que l'employeur s'assure régulièrement que la charge de travail du salarié est raisonnable et permet une bonne répartition dans le temps de son travail (C. trav. art. L 3121-60). Dans le même sens, l'accord collectif doit déterminer les modalités selon lesquelles l'employeur assure l'évaluation et le suivi régulier de la charge de travail du salarié, celles selon lesquelles l'employeur et le salarié communiquent périodiquement sur la charge de travail du salarié, sur l'articulation entre activité professionnelle et vie personnelle, sur sa rémunération et sur l'organisation du travail dans l'entreprise et celles selon lesquelles le salarié peut exercer son droit à déconnexion (C. trav. art. L 3121-64). À défaut de ces mentions dans l'accord collectif, la convention de forfait est valable si l'employeur établit un document de contrôle, pouvant être renseigné par le salarié sous le contrôle de l'employeur, faisant apparaître le nombre et la date des journées ou demi-journées travaillées, s'assure que la charge de travail du salarié est compatible avec le respect des temps de repos quotidiens et hebdomadaires et organise une fois par an un entretien avec le salarié pour évoquer sa charge de travail, qui doit être raisonnable, l'organisation de son travail, l'articulation entre son activité professionnelle et sa vie personnelle ainsi que sa rémunération (C. trav. art. L 3121-65, I). En cas de manquement à l'une de ces obligations, la convention de forfait est nulle (Cass. soc. 10-1-2024 n° 22-15.782 FS-BR : RJS 3/24 n° 159). Afin d'assurer la protection de la santé et de la sécurité des salariés en forfait annuel en jours, la **Cour de cassation** exige que l'accord collectif assure la garantie du respect de durées raisonnables de travail (Cass. soc. 5-10-2017 n° 16-23.106 FS-PB : RJS 12/17 n° 796), ainsi que le caractère raisonnable de l'amplitude et de la charge de travail et une bonne répartition du travail dans le temps. Répond à ces exigences l'accord qui impose, notamment, à l'employeur de veiller à la surcharge de travail et d'y remédier, de sorte qu'est assuré le contrôle de la durée maximale raisonnable de travail (Cass. soc. 22-6-2017 n° 16-11.762 FS-PB : RJS 10/17 n° 675).
La **rémunération** est librement débattue entre chaque intéressé et son employeur. Si elle est manifestement sans rapport avec les sujétions imposées, le salarié peut, nonobstant toute clause contraire, saisir le juge pour que lui soit accordée une indemnisation calculée en fonction du préjudice subi, eu égard notamment au niveau de salaire pratiqué dans l'entreprise, et correspondant à sa qualification (C. trav. art. L 3121-61).
L'**accord national du 23 décembre 1981** autorise la conclusion de conventions de forfait annuel en jours avec les cadres autonomes qui disposent d'une réelle autonomie dans l'organisation de leur emploi du temps, leur horaire de travail ne pouvant être prédéterminé. Le cadre détermine ses journées ou demi-journées de repos en respectant un délai de prévenance d'un mois. Le contrat de travail peut toutefois prévoir des périodes de présence nécessaires au bon fonctionnement de l'entreprise (Accord national du 23-12-1981 art. 11.3). Il prévoit la mise en place d'un dispositif de contrôle du nombre de jours travaillés. Le document doit comptabiliser le nombre et la date des journées ou demi-journées travaillées, ainsi que les jours de repos hebdomadaires, jours fériés chômés et congés payés et les jours de repos au titre de la réduction du temps de travail ; au minimum, chaque année, un entretien doit être organisé avec le supérieur hiérarchique afin d'évoquer l'organisation et la charge de travail et l'amplitude des journées de travail.

> **Précisions a.** Le salarié au forfait en jours qui le souhaite peut, en accord avec son employeur, renoncer à une partie de ses jours de repos en contrepartie d'une **majoration de salaire** qui bénéficie du régime social et fiscal des heures supplémentaires précisé n° 59980 (C. trav. art. L 3121-59). Dans le cadre de l'accord national du 23 décembre 1981, le nombre de jours susceptibles d'être travaillés ne peut pas excéder 235 jours par an et la majoration de salaire est fixée à 25 %.
> **b.** La convention de forfait en jours peut être conclue pour une **durée inférieure à 218 jours** (en ce sens, Accord national art. 11.3) ;

dans un tel cas, la jurisprudence écarte toute requalification en temps partiel (Cass. soc. 27-3-2019 n° 16-23.800 FS-PB : RJS 6/19 n° 356).

c. La durée de travail doit être **décomptée** chaque année par récapitulation du nombre de journées ou demi-journées travaillées par chacun des salariés concernés (C. trav. art. D 3171-10) ; les documents comptabilisant le nombre de journées ou de demi-journées travaillées doivent être tenus par l'employeur à la disposition de l'inspecteur du travail pendant 3 ans (C. trav. art. D 3171-16) ; les accords optent fréquemment pour des procédures autodéclaratives, en raison de l'indépendance des salariés concernés.

E. Autres modes d'organisation du travail

TRAVAIL PAR ÉQUIPES

Il est possible d'organiser le travail par roulement, par relais, en équipes alternantes ou chevauchantes ou par équipes successives. **60215**

Cette organisation du travail peut être mise en place par convention ou accord collectif, ou à défaut et sauf pour les équipes alternantes, par l'employeur après consultation du CSE, s'il existe, et information de l'agent de contrôle de l'inspection du travail (C. rur. art. R 713-3).

TRAVAIL INTERMITTENT

Le contrat de travail intermittent a pour but de pourvoir des **emplois permanents** comportant par nature une alternance des **périodes travaillées et non travaillées**. Il s'agit d'un **contrat** à durée indéterminée, qui doit être **écrit** et **mentionner** la qualification du salarié, les éléments de sa rémunération, la durée annuelle minimale de travail, les périodes travaillées et la répartition des heures de travail à l'intérieur de ces périodes (C. trav. art. L 3123-33 s.). **60220**

Les entreprises ne peuvent en principe recourir au travail intermittent que si cette faculté a été prévue par un **accord** d'entreprise ou, à défaut, une convention ou un accord de branche.

Les **salariés** concernés bénéficient des droits reconnus aux salariés à temps complet sous réserve, en ce qui concerne les droits conventionnels, de modalités spécifiques prévues par l'accord collectif. Pour la détermination des droits liés à l'ancienneté, les périodes non travaillées sont prises en compte en totalité.

› Précisions a. L'accord national du **23 décembre 1981** sur la durée du travail en agriculture autorise le contrat de travail intermittent (art. 9.3). La durée annuelle minimale de travail ne peut être inférieure à 300 heures par an ni supérieure à 1 200 heures. Les heures dépassant la durée minimale fixée au contrat ne peuvent pas excéder le tiers de cette durée, sauf accord du salarié.

Ce contrat peut prévoir soit une ou plusieurs périodes travaillées par an dont les dates sont fixées avec précision, soit une ou plusieurs périodes de travaux saisonniers. Dans ce cas, le contrat doit énumérer la nature des travaux saisonniers pour lesquels le salarié est employé et l'employeur doit notifier au salarié la date du début de chaque période de travail au moins 8 jours à l'avance.

Les parties au contrat peuvent opter soit pour une rémunération mensuelle des heures de travail effectivement faites au cours du mois, soit pour une rémunération mensualisée et lissée sur la base du douzième de la durée annuelle prévue au contrat. Dans les deux cas, cette rémunération est majorée de 13 %, dont 10 % au titre des congés payés et 3 % au titre des jours fériés.

Les contrats de travail intermittent conclus avant le 1er mars 2000 sur la base de l'ancienne rédaction de l'accord national sont maintenus en vigueur.

b. L'accord collectif qui prévoit le recours au travail intermittent doit définir de façon précise les emplois permanents qui peuvent être pourvus par la conclusion de tels contrats de travail. Tel n'est pas le cas de la **convention collective de la conchyliculture** (Cass. soc. 11-5-2016 n° 15-11.382 FS-PB : RJS 7/16 n° 531). Les contrats de travail conclus sur cette base doivent donc être requalifiés en contrat à temps complet.

TRAVAIL À TEMPS PARTIEL

Définition Sont considérés comme à temps partiel les salariés dont la **durée du travail** est **inférieure** (C. trav. art. L 3123-1) : **60240**

– à 35 heures par semaine ou, si elle est inférieure à cette durée, à la durée fixée par la convention collective de branche ou d'entreprise ou à celle applicable dans l'établissement ;

– à la durée mensuelle résultant de l'application, sur cette période, de la durée légale du travail ou, si elle est inférieure, de la durée fixée par la convention collective de branche ou d'entreprise ou de la durée applicable dans l'établissement ;

– sur l'année à 1 607 heures ou, si elle est inférieure, à la durée fixée par la convention collective de branche ou d'entreprise ou à la durée applicable dans l'établissement.

Les contrats de travail à temps partiel ont une **durée minimale** qui, à défaut de fixation par accord de branche étendu, est de 24 heures hebdomadaires (ou l'équivalent mensuel ou celui calculé sur la période prévue par l'accord collectif visé nos 60052 s.) (C. trav. art. L 3123-19 et L 3123-27), la seule conclusion d'un contrat d'une durée inférieure n'entraînant pas sa requalification en contrat à temps complet (Cass. soc. 22-5-2024 n° 22-11.623 FS-B : RJS 8-9/24). L'**accord national du 23 décembre 1981** prévoit à ce titre, lorsqu'il est applicable (voir n° 59905), une durée minimale de 7 heures par semaine ou de 28 heures par mois (art. 9.2, § 2).

Une durée inférieure à cette durée légale ou conventionnelle peut notamment être (C. trav. art. L 3123-7) :

– accordée de droit, sur demande, aux salariés de moins de 26 ans **poursuivant leurs études** ;

– demandée par des salariés souhaitant bénéficier du dispositif de **retraite progressive**, **cumuler plusieurs emplois** pour atteindre une durée globale d'activité correspondant à un temps plein ou au moins égale à la durée minimale hebdomadaire (ou à l'équivalent de cette durée) ou devant faire face à des **contraintes personnelles** ;

– prévue par un contrat d'une durée au plus égale à 7 jours ou conclu pour remplacer un salarié, qu'il s'agisse d'un CDD ou d'un contrat de travail temporaire.

L'accord national du 23 décembre 1981 prévoit en outre qu'une durée inférieure peut être demandée par écrit par le salarié pour **des raisons de conciliation vie professionnelle/vie privée** ou pour **tout autre motif qu'il appartiendra au salarié de préciser** (art. 9.2, § 2).

Des horaires de travail à temps partiel peuvent être **mis en place** par accord d'entreprise ou, à défaut, par accord de branche étendu. En l'absence d'accord, ils peuvent être pratiqués à l'initiative de l'employeur après avis du CSE s'il existe, et, à défaut de CSE, à l'initiative de l'employeur ou des salariés après information de l'inspecteur du travail (C. trav. art. L 3123-17 et L 3123-26).

ATTENTION

Les salariés à temps complet qui souhaitent occuper ou reprendre un emploi à temps partiel dans la même entreprise et les salariés à temps partiel qui souhaitent occuper ou reprendre un emploi à temps complet ou augmenter leur durée du travail au niveau de la durée minimale du temps partiel ont **priorité** pour l'attribution d'un emploi ressortissant de leur catégorie professionnelle ou d'un emploi équivalent ou, si un accord d'entreprise ou, à défaut, un accord de branche étendu le prévoit, d'un emploi présentant des caractéristiques différentes. L'employeur doit porter à la connaissance de ces salariés la liste des emplois disponibles correspondants (C. trav. art. L 3123-3). C'est à l'employeur de prouver qu'il a rempli son obligation (Cass. soc. 13-4-2023 n° 21-19.742 FS-B : RJS 6/23 n° 317). Les salariés cumulant plusieurs emplois salariés disposent de la faculté de refuser le changement de planning si celui-ci n'est pas compatible avec l'exercice d'une autre activité professionnelle salariée, sous réserve de justification. Ce refus ne pourra faire l'objet d'aucune sanction (Accord national 23-12-1981 art. 9.2, § 6).

60245 **Horaires de travail** Les heures complémentaires sont celles effectuées **au-delà de la durée** du travail prévue au contrat. Leur accomplissement ne peut avoir pour effet de porter la durée du travail du salarié au niveau de la durée légale ou conventionnelle. Le nombre d'heures complémentaires effectuées au cours d'une même semaine ou d'un même mois est **limité**. Il ne peut être supérieur à 10 % de la durée hebdomadaire ou mensuelle prévue par le contrat de travail. La limite peut toutefois être portée à un tiers si un accord d'entreprise ou, à défaut, un accord de branche étendu le prévoit (C. trav. art. L 3123-20). Tel est le cas de **l'accord national** du 23 décembre 1981 (art. 9.2, § 4).

Les heures complémentaires sont **rémunérées** avec une majoration de 10 % pour les heures accomplies jusqu'à 10 % de la durée contractuelle et de 25 % pour celles excédant cette limite, sauf accord de branche étendu fixant un taux différent au moins égal à 10 % (C. trav. art. L 3123-21 et L 3123-29). Un repos ne peut pas lui être substitué (Cass. soc. 17-2-2010 n° 08-42.828 FS-PB : RJS 5/10 n° 478). À noter que cette rémunération ne donne pas lieu à une déduction forfaitaire sur les cotisations patronales. En revanche, le salarié bénéficie d'une réduction de cotisations salariales d'assurance vieillesse et d'une exonération d'impôt sur le revenu dans des conditions identiques à celles existant pour les heures supplémentaires (voir n° 59980).

Lorsque, pendant une période de 12 semaines consécutives ou pendant 12 semaines au cours d'une période de 15 semaines ou pendant la période prévue par l'accord collectif visé n° 60052 si elle est supérieure, l'**horaire moyen** réellement effectué par le salarié a **dépassé** de 2 heures au moins par semaine (ou de l'équivalent mensuel de cette durée) l'horaire prévu dans le contrat de travail, celui-ci est modifié en conséquence sous réserve d'un préavis de 7 jours et sauf opposition du salarié. L'horaire modifié est égal à l'horaire antérieurement fixé auquel est ajoutée la différence entre cet horaire et l'horaire moyen réellement accompli (C. trav. art. L 3123-13).

Une convention ou un accord de branche étendu peut autoriser la conclusion d'au maximum huit avenants au contrat de travail par an et par salarié (sauf cas de remplacement d'un salarié absent nommément désigné) afin d'augmenter temporairement la durée du travail prévue par le contrat, selon le mécanisme du « **complément d'heures** ». Tel est le cas de **l'accord national** du 23 décembre 1981. La durée du travail ne doit cependant pas atteindre la durée légale ou conventionnelle applicable, sous peine de requalification du contrat en contrat à temps plein (Cass. soc. 21-9-2022 n° 20-10.701 FS-B : RJS 11/22 n° 566). Sauf dispositions conventionnelles contraires, les heures accomplies dans ce cadre sont payées au taux normal (il ne s'agit pas d'heures complémentaires) ; en revanche, celles accomplies au-delà de la durée déterminée par l'avenant donnent lieu à une majoration de salaire de 25 % (C. trav. art. L 3123-22 ; Accord national 23-12-1981 art. 9.2, § 2). 60246

Le **temps de travail quotidien** doit être précisé dans le contrat, à la différence des horaires qui doivent toutefois être communiqués par écrit au salarié. L'accord national du 23 décembre 1981 prévoit que l'horaire de travail journalier minimum est de 3 heures, pouvant être réduit à un minimum d'une heure pour certains travaux exigeant moins de 3 heures de travail par jour (notamment entretien, maintenance ou surveillance). L'horaire de travail ne peut comporter, au cours d'une même journée, plus d'une **interruption d'activité** ou une interruption supérieure à 2 heures, sauf accord collectif contraire (C. trav. art. L 3123-30).

L'accord national du 23 décembre 1981 autorise, par dérogation, une interruption d'activité supérieure à 2 heures pour les salariés affectés à des travaux de surveillance d'appareils à fonctionnement continu ou à des soins aux animaux. Dans ce cas, aucune des deux séquences de travail ne peut être inférieure à 1 heure et le salarié doit bénéficier, sauf stipulations plus favorables, d'une indemnité kilométrique correspondant au deuxième trajet journalier entre le domicile et le lieu de travail. Le montant de cette indemnité est fixé par accord collectif ou, à défaut, par le contrat de travail (art. 9.2, § 2).

> **Précisions** La rémunération, même majorée, des heures accomplies dans le cadre d'un complément d'heures ne bénéficie d'aucune réduction de **cotisations** salariales ou d'exonération d'**impôts** à l'exception des heures accomplies au-delà de la durée déterminée par l'avenant.

Aménagement du temps partiel sur tout ou partie de l'année Comme pour les salariés à temps complet (n° 60052), un accord d'entreprise ou, à défaut, un accord de branche peut faire varier la durée du travail hebdomadaire ou mensuelle du salarié fixée dans le contrat de travail sur une **période supérieure à la semaine et au plus égale à l'année**, limite pouvant être portée à 3 ans si l'accord de branche le permet (C. trav. art. L 3121-44). 60248

L'**accord** doit indiquer les modalités de communication et de modification de la répartition de la durée et des horaires de travail. Le **contrat de travail** doit préciser la qualification du salarié, les éléments de sa rémunération, la durée du travail ainsi que les limites dans lesquelles des heures complémentaires peuvent être accomplies, leur nombre étant constaté en fin de période sans pouvoir excéder 10 % de la durée contractuelle de travail (ou le tiers si un accord collectif le prévoit) ni porter, sur la période de référence, la durée du travail accomplie par le salarié au niveau du seuil de la durée légale ou conventionnelle correspondant à la période de référence. Un dépassement horaire hebdomadaire ponctuel de la durée légale du travail n'entraîne pas la requalification du contrat à temps partiel en temps plein dès lors que la durée annuelle légale ou conventionnelle n'est pas atteinte sur la période de référence (Cass. soc. 7-2-2024 n° 22-17.696 FS-B : RJS 4/24 n° 219). Un **lissage de la rémunération** sur l'année est possible.

Le temps partiel peut également être organisé sur l'année dans le cadre d'un **temps réduit pour raisons familiales**, à la demande du salarié, sous forme d'une ou plusieurs périodes d'au moins une semaine. Un avenant au contrat de travail doit être conclu précisant la ou les périodes non travaillées. L'avenant peut également prévoir un lissage de la rémunération. Pendant les périodes travaillées, le salarié n'est pas à temps partiel (C. trav. art. L 3123-2).

Les accords collectifs conclus avant la loi du 20 août 2008 qui ont organisé le **temps partiel modulé** (dispositif supprimé par cette loi) restent applicables. 60249

L'**accord national du 23 décembre 1981** (art. 9.2, § 5) autorise le temps partiel variable pour les salariés dont l'emploi est soumis à des variations saisonnières de production ou pour les contrats conclus dans le cadre de services de remplacement à condition que, sur un an, la durée hebdomadaire ou mensuelle n'excède pas, en moyenne, la durée stipulée au contrat. Dans ce cas, la durée hebdomadaire ou mensuelle moyenne doit être au moins égale à 3 ou 12 heures, selon le cas. La durée minimale est de 2 heures par semaine ou de 9 heures par mois. L'écart entre la durée effective de travail et la durée moyenne stipulée au contrat ne peut excéder un tiers de cette durée. À titre d'exemple, si la durée moyenne est de 15 heures par semaine, la durée effective peut varier entre 10 et 20 heures. Un programme indicatif annuel de la répartition de la durée du travail est communiqué par écrit au salarié au moins une semaine avant le début de la période annuelle. Les modifications de ce programme et les horaires de travail sont notifiés au salarié par un écrit remis en main propre au moins 7 jours à l'avance, sauf circonstances exceptionnelles justifiant une réduction de ce délai à 3 jours. Le contrat de travail doit déterminer la période annuelle de variation de l'horaire.

> **Précisions** Le dépassement de la durée contractuelle de travail sur l'année ou le non-respect de la limite du tiers de la durée du travail fixée par les stipulations conventionnelles applicables ne justifie pas en eux-mêmes la **requalification en contrat à temps complet** du contrat à temps partiel modulé dès lors que la durée du travail du salarié n'a pas été portée à un niveau égal ou supérieur à la durée légale hebdomadaire ou à la durée fixée conventionnellement (Cass. soc. 18-12-2019 n°s 18-12.455 FS-D et 18-12.447 FS-PB : RJS 4/20 n° 136 ; 17-2-2021 n° 18-16.298 FS-PI : RJS 5/21 n° 269). En revanche, un dépassement, même limité, de la durée légale hebdomadaire entraîne une requalification à compter de ce dépassement (Cass. soc. 23-1-2019 n° 17-19.393 FS-PB : RJS 4/19 n° 221).

60250 **Contrat de travail et statut des salariés à temps partiel** Le contrat de travail des salariés à temps partiel peut être à **durée** indéterminée ou à durée déterminée.

Il doit être écrit et comporter les **mentions** suivantes : la qualification du salarié, les éléments de la rémunération, la durée hebdomadaire ou mensuelle du travail, sa répartition entre les jours de la semaine ou les semaines du mois, les conditions de la modification de cette répartition, les modalités de communication des horaires de travail par écrit au salarié pour chaque journée travaillée, ainsi que les limites dans lesquelles peuvent être effectuées des heures complémentaires (voir n° 60245) (C. trav. art. L 3123-6).

Les salariés employés à temps partiel bénéficient des **droits** reconnus aux salariés à temps complet. Notamment, leur **rémunération** est proportionnelle à celle des salariés qui, à qualification égale, occupent à temps complet un emploi équivalent dans l'entreprise (C. trav. art. L 3123-5).

> **Précisions a. À défaut d'écrit**, le contrat est présumé être à temps complet. Pour renverser cette présomption, l'employeur doit, d'une part, apporter la preuve de la durée exacte hebdomadaire ou mensuelle convenue et, d'autre part, établir que le salarié peut prévoir son rythme de travail et qu'il n'a pas à se tenir constamment à sa disposition (Cass. soc. 9-4-2008 n° 06-41.596 FS-PB : RJS 6/08 n° 729 ; 30-6-2021 n° 19-24.408 F-D).
> **À défaut d'écrit ou de la présence de certaines mentions**, l'employeur est passible de l'amende prévue pour les contraventions de 5e classe, appliquée autant de fois qu'il y a de salariés indûment employés (C. trav. art. R 3124-5).
> **b.** Toute **modification de la répartition de la durée du travail** entre les jours de la semaine ou les semaines du mois est notifiée au salarié 7 jours ouvrés au moins avant la date à laquelle elle doit avoir lieu (C. trav. art. L 3123-31). Un délai inférieur peut être fixé par accord collectif d'entreprise ou de branche étendu, avec un minimum de 3 jours ouvrés (C. trav. art. L 3123-24). Tel est le cas dans le secteur agricole en cas de circonstances exceptionnelles, le salarié pouvant refuser cette modification, sans avoir à se justifier, dans la limite de 2 fois par an (Accord national du 23-12-1981 art. 9.2, § 3). Lorsque l'employeur demande au salarié de modifier la répartition de sa durée de travail, alors que le contrat n'a pas prévu les cas et la nature de telles modifications, le refus du salarié d'accepter cette modification ne constitue ni une faute ni un motif de licenciement. Lorsque cette demande intervient dans un des cas et selon des modalités définis dans le contrat, le refus du salarié d'accepter cette modification ne constitue ni une faute ni un motif de licenciement dès lors que cette modification n'est pas compatible avec des obligations familiales impérieuses, avec le suivi d'un enseignement scolaire ou supérieur, avec l'accomplissement d'une période d'activité fixée par un autre employeur ou avec une activité professionnelle non salariée (C. trav. art. L 3123-12 ; Accord national du 23-12-1981 art. 9.2, § 3).

F. Repos hebdomadaire

REPOS DOMINICAL

60280 En **principe**, le salarié agricole a droit chaque semaine à un repos d'une durée minimale de 24 heures consécutives, à prendre le dimanche, auquel s'ajoute le repos quotidien de 11 heures (C. rur. art. L 714-1, I).

Par ailleurs, lorsque le travail du dimanche est indispensable au **fonctionnement de l'entreprise**, le repos hebdomadaire peut être donné selon les modalités suivantes (C. rur. art. L 714-1, II) :

– un autre jour que le dimanche sous réserve que le jour de repos tombe le dimanche au moins une fois sur quatre ;

– une demi-journée le dimanche avec un repos compensateur d'une journée par roulement et par quinzaine ;
– par roulement, à condition que le jour de repos tombe le dimanche au moins 2 fois par mois ;
– par roulement pour les activités d'accueil touristique qui ont pour support l'exploitation.

› Précisions a. L'employeur est admis **de plein droit** à donner le repos hebdomadaire selon l'une des modalités prévues ci-dessus, après consultation du CSE s'il existe, aux salariés employés (C. rur. art. R 714-1) :
– dans des établissements de sports et de loisirs ;
– à des activités d'accueil destinées à une clientèle de touristes ainsi qu'aux activités préparatoires ou complémentaires directement liées à ces opérations ;
– à des opérations de vente au détail de produits de l'horticulture ornementale et des pépinières ainsi qu'aux activités préparatoires ou complémentaires nécessaires à la réalisation de ces opérations ;
– à des activités de garde ou de gardiennage ;
– à des opérations d'insémination artificielle ;
– à des activités d'organisation de manifestations, d'installation de stands et d'exposition dans l'enceinte des foires et salons ayant fait l'objet d'une autorisation ou d'un agrément ;
– aux soins et à la surveillance des animaux ;
– à des opérations de maintenance qui, pour des raisons techniques, doivent être réalisées de façon urgente ou qui nécessitent la mise hors exploitation des installations ;
– à des opérations qui doivent être effectuées quotidiennement et ne peuvent être différées ;
– à la conduite des appareils fonctionnant en continu ;
– au traitement et au transport des matières susceptibles d'altération très rapide ;
– dans les jardineries et graineteries coopératives.

b. Dans les autres cas, une **demande d'autorisation** doit être adressée à l'inspection du travail (indication des motifs, des modalités envisagées, du personnel visé, de la période, et avis du CSE). La décision est notifiée à l'employeur dans les 15 jours suivant le dépôt de la demande ; à défaut, l'autorisation est réputée accordée. L'autorisation est communiquée par l'employeur aux salariés intéressés. Le nom de ces derniers ainsi que leur régime particulier doivent figurer sur un registre ou un tableau tenu à jour, qui doit être à la disposition des agents chargés du contrôle et communiqué aux salariés (C. rur. art. R 714-4 s.).
À noter que les dérogations au repos dominical ne sont pas applicables aux **jeunes** qui effectuent des travaux légers pendant les vacances scolaires.

c. Dans les exploitations de **polyculture** associées à des activités d'**élevage à titre principal** qui n'emploient qu'un seul salarié polyvalent, une convention ou un accord collectif étendu peut prévoir de donner le repos dans les conditions prévues ci-dessus (C. rur. art. L 714-1, III).

Lorsque le **travail** est organisé **en continu** pour des raisons techniques ou économiques, le repos hebdomadaire peut être donné par roulement. En cas de travail en continu pour des raisons économiques, le repos par roulement doit être prévu par convention ou accord collectif étendu ou d'entreprise ou, à défaut d'accord, par décret (C. rur. art. L 714-1, IV). **60285**
Par ailleurs, les entreprises agricoles ayant une activité à caractère industriel ont la possibilité de mettre en place des **équipes de suppléance** destinées à assurer une utilisation des équipements pendant les périodes de repos collectif du personnel. Ce dispositif permet de donner le repos hebdomadaire un autre jour que le dimanche pour le personnel de l'équipe de fin de semaine ainsi que pour le personnel nécessaire à l'encadrement de cette équipe. Sa mise en place doit être prévue par une convention ou un accord collectif étendu ou une convention ou un accord d'entreprise ou d'établissement ou, à défaut, par autorisation de l'agent de contrôle de l'inspection du travail donnée après avis du CSE, s'il existe. La rémunération des salariés travaillant en équipe de suppléance est majorée d'au moins 50 % par rapport à celle qui serait due pour une durée équivalente effectuée suivant l'horaire normal de l'entreprise (C. rur. art. L 714-3).

SUSPENSION DU REPOS HEBDOMADAIRE

Le repos hebdomadaire peut être suspendu en cas de circonstances exceptionnelles, sous réserve de l'octroi d'un **repos compensateur** d'une durée égale à la durée du repos supprimé (C. rur. art. L 714-1, V). L'employeur qui veut suspendre le repos hebdomadaire doit en aviser immédiatement l'inspecteur du travail et, sauf cas de force majeure, avant le commencement du travail. Le repos hebdomadaire ne peut être suspendu qu'une fois au plus sur une période de 30 jours (C. rur. art. R 714-10). **60290**
L'**accord national du 23 décembre 1981** précise que la date du repos compensateur doit être choisie d'un commun accord entre l'employeur et le salarié (art. 5.3) ; cette date peut ne pas être la même pour l'ensemble du personnel.

> **Précisions** Les **récoltes réalisées manuellement** en application d'un cahier des charges lié à une **appellation d'origine contrôlée** ou une **indication géographique protégée** et imposées par arrêté sont considérées comme des travaux dont l'exécution ne peut être différée (C. rur. art. R 714-10, al. 3).

G. Jours fériés

1er MAI

60320 Ce jour est obligatoirement chômé et payé sans possibilité de récupération, sauf dans les établissements qui, en raison de la nature de leur activité, ne peuvent interrompre le travail. En cas de travail le 1er mai, les salariés ont droit au double du salaire (C. trav. art. L 3133-6).

JOURS FÉRIÉS AUTRES QUE LE 1er MAI

60325 Ce sont les suivants : 1er janvier, lundi de Pâques, 8 mai, Ascension, lundi de Pentecôte, 14 juillet, 15 août, Toussaint, 11 novembre et 25 décembre (C. trav. art. L 3133-1). S'y ajoutent, en Alsace-Moselle, le 26 décembre et, dans les communes ayant un temple protestant ou une église mixte, le vendredi saint. Le chômage de ces jours, non obligatoire légalement, est généralement prévu par accord collectif.

Les conventions collectives ajoutent parfois à cette liste un ou des jours de fête locale ou coutumières, pour lesquelles elles prévoient parfois une possibilité de récupération.

Les heures de travail perdues par suite de chômage d'un jour férié ne peuvent **pas** donner lieu à **récupération**.

> **Précisions** L'**accord national** du 23 décembre 1981 prévoit que tous les jours fériés **légaux** sont **chômés** et **payés** lorsqu'ils tombent un jour normalement travaillé dans l'entreprise (art. 4.2). Les modalités de rémunération des jours fériés chômés sont en principe déterminées par la convention collective de travail. À défaut, le salarié non mensualisé bénéficie d'une indemnité égale au produit du nombre d'heures de travail perdues du fait du jour férié chômé par le montant de son salaire horaire de base. Pour les salariés mensualisés, le chômage des jours fériés ne peut être une cause de réduction de la rémunération. La rémunération est intégralement maintenue en cas de jour férié chômé pour les salariés justifiant d'au moins 3 mois d'ancienneté. Au cas particulier des salariés saisonniers, le maintien du salaire est de droit si, du fait de divers contrats successifs ou non, ils cumulent une ancienneté d'au moins 3 mois dans l'entreprise (C. trav. art. L 3133-3).
> Le repos des jours fériés prévu par convention ou accord collectif s'impose à l'employeur : les salariés sont en droit de refuser de travailler pendant ces journées (Cass. soc. 13-5-1986 n° 83-41.641 P).

H. Journée de solidarité

60330 La journée dite de solidarité prend la forme pour les salariés d'une journée supplémentaire de travail non rémunérée et pour les employeurs d'une contribution patronale assise sur les salaires (C. trav. art. L 3133-7).

MISE EN PLACE

60333 Les modalités d'accomplissement de la journée de solidarité sont fixées par **accord collectif** (accord d'entreprise ou, à défaut, accord de branche) (C. trav. art. L 3133-11). L'accord peut prévoir :
– soit le travail d'un jour férié précédemment chômé autre que le 1er mai ;
– soit le travail d'un jour de réduction du temps de travail ;
– soit toute autre modalité permettant le travail de 7 heures précédemment non travaillées en application de dispositions conventionnelles ou des modalités d'organisation des entreprises (par exemple, un samedi ou un jour de congé payé conventionnel pour les entreprises accordant un nombre de jours supérieur aux congés légaux).

À défaut d'accord collectif, les modalités d'accomplissement de la journée de solidarité sont définies par l'employeur, après consultation du CSE s'il existe (C. trav. art. L 3133-12).

> **Précisions a.** La journée de solidarité n'est pas automatiquement fixée au lundi de Pentecôte. Au cas particulier des départements de la **Moselle**, du **Bas-Rhin** et du **Haut-Rhin**, le choix ne peut se porter sur le jour de Noël, le 26 décembre ou le Vendredi saint (C. trav. art. L 3134-16).
> **b.** En cas de **changement d'employeur**, le salarié peut avoir déjà effectué une journée de solidarité au titre de l'année en cours

(notamment salarié saisonnier, nouvel embauché). Dans ce cas, l'employeur peut demander au salarié d'effectuer une nouvelle journée de solidarité, mais les heures ainsi travaillées donnent alors lieu à rémunération supplémentaire. Le salarié peut refuser de travailler cette deuxième journée de solidarité sans que son refus constitue une faute ou un motif de licenciement (C. trav. art. L 3133-10).

c. Lorsque la journée de solidarité est fixée un **jour férié**, les moins de 18 ans ne peuvent pas travailler ce jour-là, sauf dérogation (C. trav. art. L 3164-6 et L 3164-8). Pour les autres, les dispositions conventionnelles prévoyant le chômage de ce jour sont neutralisées.

Incidence sur la durée du travail Lorsque le salarié travaille **à temps plein**, il doit travailler 7 heures le jour de la journée de solidarité. 60336

Pour les salariés **à temps partiel**, les heures dues au titre de cette journée sont réduites au prorata de leur temps de travail.

Dans la limite de 7 heures (ou la limite réduite au prorata du temps de travail), les heures correspondant à la journée de solidarité **ne s'imputent pas** sur le contingent annuel d'heures supplémentaires et ne donnent pas lieu à repos compensateur (C. trav. art. L 3133-9).

Incidence sur la rémunération Pour les **salariés mensualisés**, dans la limite de 7 heures, aucune rémunération spécifique ne doit être versée pour le travail de la journée de solidarité (C. trav. art. L 3133-8) : les majorations de salaire pour travail des jours fériés éventuellement prévues dans les conventions collectives n'ont pas à s'appliquer pour cette journée. Toute heure de travail effectuée au-delà doit être rémunérée et suit, le cas échéant, le régime des heures supplémentaires. 60340

Pour les **salariés non mensualisés** (salariés intermittents, saisonniers notamment), les heures de travail au titre de la journée de solidarité sont à rémunérer normalement.

CONTRIBUTION DE SOLIDARITÉ-AUTONOMIE

Le paiement de la contribution destinée à la Caisse nationale de solidarité pour l'autonomie est indépendant de l'application de la journée de solidarité. Il est dû pour tout salarié employé même s'il n'a pas eu à effectuer de journée de solidarité dans l'entreprise. 60345

Champ d'application La contribution est due par les employeurs, publics ou privés, au titre des personnes pour lesquelles ils sont redevables d'une cotisation patronale destinée au financement d'un régime français de base d'assurance maladie applicable en métropole ou dans les départements d'outre-mer (régime général, régime des salariés agricoles, régimes spéciaux). 60348

Sont considérées comme employeurs les personnes auxquelles incombe le paiement des cotisations patronales d'assurance maladie, indépendamment de l'existence d'un lien de subordination avec l'assuré au titre duquel les cotisations sont versées. La contribution est ainsi due au titre des stagiaires pour lesquels l'entreprise d'accueil est redevable de la cotisation patronale d'assurance maladie, sur les rémunérations versées aux mandataires sociaux assimilés à des salariés, au titre des titulaires d'un contrat de travail temporaire, des travailleurs saisonniers, des travailleurs intermittents ou à domicile.

> **Précisions** Lorsque le salarié ou assimilé relève de **plusieurs régimes** de sécurité sociale de base au titre de la même activité, la contribution de solidarité-autonomie est due au régime destinataire de la cotisation patronale d'assurance maladie (Circ. DSS 307 du 1-7-2004).
> En cas de **changement d'employeur** en cours d'année, chacun des employeurs est redevable de la contribution (Circ. DSS 622 du 22-12-2004).

Montant et recouvrement La contribution est calculée sur la même **assiette** que les cotisations patronales d'assurance maladie (nos 38755 s.) et recouvrée dans les mêmes conditions et sous les mêmes garanties. Son **taux** est de 0,3 % (CSS art. L 137-40). 60350

> **Précisions** Les **allégements de cotisations** patronales de sécurité sociale ne sont pas applicables à la contribution de solidarité-autonomie, sauf la réduction générale de cotisations visée nos 52630 s. (Circ. DSS 307 du 1-7-2004). Sont seuls **dispensés** de son versement les employeurs bénéficiant d'une exonération portant sur l'ensemble des cotisations et contributions sociales patronales d'origine légale ou conventionnelle (Circ. DSS 307 du 1-7-2004).

Bulletin de paie La contribution doit être intégrée au montant global à inscrire sous la rubrique « Autres contributions dues par l'employeur ». 60352

I. Contrôle du temps de travail et sanctions

CONTRÔLE DU TEMPS DE TRAVAIL

60360 En vue de permettre le contrôle de l'application des dispositions légales et réglementaires relatives à la durée et à l'aménagement du temps de travail, les employeurs agricoles sont tenus à certaines obligations fixées par voie réglementaire (C. rur. art. R 713-34 s.).

60363 **Contrôle des heures de travail** Les employeurs doivent opter pour l'une des modalités suivantes après consultation du CSE (C. rur. art. R 713-35) :
– **enregistrer** chaque jour, sur un document prévu à cet effet, soit le nombre d'heures de travail effectuées par chaque salarié ou groupe de salariés, soit les heures de début et de fin de chacune de leurs périodes de travail ; une copie de ce document est remise à chaque salarié en même temps que sa paie (C. rur. art. R 713-36, al. 1 et 2) ;
– prévoir l'**enregistrement par le salarié** lui-même, par exemple en mettant à sa disposition des moyens de pointage (C. rur. art. R 713-36, al. 3) ;
– **afficher** pour chaque jour de la semaine, les heures auxquelles commence et finit chaque période de travail ; il s'agit d'un **horaire collectif** pour l'ensemble de l'entreprise, ou un établissement, un atelier, un service, etc. ; cet horaire, ainsi que ses modifications ultérieures, est transmis à l'inspecteur du travail avant sa mise en vigueur ; sauf preuve contraire de l'employeur, les salariés sont présumés avoir accompli l'horaire affiché ; ils ne peuvent pas être employés en dehors de cet horaire (C. rur. art. R 713-37, al. 1 à 5) ;
– **remettre** à chaque salarié **un document** qui précise son horaire ; une copie signée par le salarié est conservée par l'employeur, une autre est transmise à l'agent de contrôle de l'inspection du travail (C. rur. art. R 713-37, al. 6 et 7).

> **Précisions a.** Si l'agent de contrôle de l'inspection du travail constate que la modalité de contrôle choisie par l'employeur est mal appliquée, il peut exiger la mise en œuvre d'une des **autres modalités** (C. rur. art. R 713-43).
> **b.** La bonne tenue des documents de contrôle du temps de travail est donc indispensable pour l'employeur. En cas de **litige** relatif à l'existence ou au nombre d'heures de travail effectuées, l'employeur doit fournir au juge les éléments de nature à justifier les horaires effectivement réalisés par le salarié. Au vu de ces éléments et de ceux fournis par le salarié à l'appui de sa demande, le juge forme sa conviction après avoir ordonné, en cas de besoin, toutes les mesures d'instruction qu'il estime utiles (C. rur. art. L 713-21). Les éléments fournis par le salarié doivent être suffisamment précis afin de permettre à l'employeur, qui assure le contrôle des heures de travail effectuées, d'y répondre utilement en produisant ses propres éléments (Cass. soc. 18-3-2020 n° 18-10.919 FP-PBRI : RJS 6/20 n° 293).

60366 **Contrôle de l'aménagement du temps de travail** Les aménagements de la durée du travail décidés par l'employeur doivent, selon le cas, être affichés ou enregistrés (C. rur. art. R 713-45 et R 713-46).
Une copie de tous les enregistrements doit être délivrée au salarié au moment de chaque paie. Tous les documents sont tenus à la disposition des agents de contrôle de l'inspection du travail et doivent être conservés pendant un an à compter de la fin de l'année civile à laquelle ils se rapportent. En cas d'aménagement du temps de travail sur une période supérieure à l'année, ces documents sont conservés pendant toute la période de référence et pendant un an à compter de la fin de cette période (C. rur. art. R 713-47). Ce délai est porté à 3 ans pour les salariés au forfait jours (C. trav. art. D 3171-16, 3°). Des supports informatiques peuvent être utilisés (C. rur. art. R 713-48).

ATTENTION

Au-delà de l'obligation liée au contrôle administratif, il convient de ne pas oublier que les documents établissant les temps de travail des salariés doivent être **conservés** pendant la durée de la prescription des salaires (Cass. soc. 9-4-2008 n° 07-41.418 FS-PB : RJS 7/08 n° 788).

SANCTIONS

60370 **Sanctions pénales** Les infractions aux dispositions légales ou réglementaires relatives à la durée du travail sont sanctionnées de la façon suivante :
– infraction aux dispositions relatives à la durée légale, aux heures supplémentaires, au repos compensateur, aux durées maximales quotidiennes et hebdomadaires, au repos quotidien, aux obligations mises à la charge de l'employeur en vue de permettre le contrôle de l'application de

la législation et de la réglementation relatives à la durée et à l'aménagement du temps de travail et aux astreintes : **amende** prévue pour les contraventions de la 4e classe (750 €) (C. rur. art. R 719-3) ;
– infraction aux dispositions relatives au repos hebdomadaire : amende prévue pour les contraventions de la 5e classe (1 500 €) (C. rur. art. R 719-4).
L'amende est appliquée autant de fois qu'il y a de salariés employés dans des conditions contraires aux prescriptions légales.
Il doit être noté que, tant que l'action publique n'a pas été mise en mouvement, l'agent de contrôle peut proposer de recourir à une **transaction pénale** (C. trav. art. L 8114-4 et R 8114-3 s.).

> **Précisions** En cas de constatation d'une infraction et avant la transmission au procureur de la République, l'agent de contrôle informe la personne visée au procès-verbal des faits susceptibles de constituer une infraction pénale ainsi que des sanctions encourues (C. trav. art. L 8113-7, al. 3). L'employeur peut alors **régulariser sa situation** et en avertir aussitôt l'agent de contrôle.

Amendes administratives L'autorité administrative compétente peut, sur rapport de l'agent de contrôle de l'inspection du travail, et sous réserve de l'absence de poursuites pénales, prononcer à l'encontre de l'employeur une amende en cas de **manquement** à certaines dispositions du Code rural et de la pêche maritime (C. rur. art. L 719-10). Il s'agit de celles relatives : **60375**
– aux durées maximales du travail pour les entreprises de production agricole (n° 59925) ;
– à la durée minimale du repos hebdomadaire (n° 60280) ;
– au décompte du temps de travail (nos 60360 s.).
Le **montant maximal** de l'amende est de 4 000 € et peut être appliqué autant de fois qu'il y a de travailleurs concernés par le manquement. Il est porté à 8 000 € en cas de récidive dans les 2 ans suivant le premier manquement (C. trav. art. L 8115-3).

> **Précisions** L'autorité administrative peut, à notre sens, adresser à l'employeur un simple **avertissement** plutôt que prononcer une amende (C. trav. art. L 8115-1 s.), même si l'article L 719-10 du Code rural et de la pêche maritime ne le mentionne pas expressément.

SECTION 3

CONGÉS

A. Congés payés annuels

Tout salarié ou apprenti a droit à un congé annuel payé, à la charge de l'employeur. Le régime légal des congés payés, exposé sous les articles L 3141-1 et suivants du Code du travail, s'applique aux salariés de l'agriculture. **60500**

OUVERTURE DU DROIT AU CONGÉ

Il est acquis à tout salarié, sous contrat à durée déterminée ou indéterminée, dès sa prise de fonction (C. trav. L 3141-12). **60505**

DURÉE DU CONGÉ

Cas général La durée du congé se **calcule** de la façon suivante : le salarié acquiert 2,5 jours ouvrables de congé par mois de travail effectif ou pleinement assimilé (C. trav. art. L 3141-3), soit 30 jours ouvrables ou 5 semaines pour un salarié qui a travaillé 12 mois sur la période de référence (1er juin de l'année précédente/31 mai de l'année en cours à défaut de disposition conventionnelle : C. trav. art. L 3141-10, 1° et R 3141-4). Par dérogation, depuis la loi 2024-364 du 22 avril 2024, les périodes de **maladie ou d'accident non professionnels** ouvrent droit à 2 jours ouvrables par mois, dans la limite de 24 jours ouvrables par période de référence (C. trav. art. L 3141-5-1). **60520**
Est considérée comme équivalente à un **mois de travail effectif** toute période de 4 semaines ou 24, 22 ou 20 jours de travail selon que l'horaire hebdomadaire de travail est réparti sur 6 jours, 5,5 jours ou 5 jours.
Sont des **jours ouvrables** tous les jours de la semaine sauf le jour de repos hebdomadaire et les jours fériés chômés dans l'entreprise. En cas de répartition de l'horaire hebdomadaire sur 5 jours, le 6e jour non travaillé, habituellement samedi ou lundi, est un jour ouvrable.

Lorsque le nombre de jours ouvrables acquis sur la période de référence n'est pas un nombre entier, la durée du congé est portée au nombre entier immédiatement supérieur (C. trav. art. L 3141-7). La règle de l'arrondi ne s'applique pas pour les congés en cours d'acquisition pris pendant la période (cas des salariés embauchés en cours de période).
Rien n'interdit de calculer les congés en **jours ouvrés** à condition que le régime ainsi appliqué ne soit pas moins favorable pour le salarié que celui résultant du calcul en jours ouvrables. Le plus souvent, le décompte en jours ouvrés est une simple transposition du décompte en jours ouvrables (30 jours ouvrables équivalant à 25 jours ouvrés).

60523 Sauf dispositions conventionnelles plus favorables et sous réserve des périodes assimilées à du travail effectif par la loi ou la jurisprudence, les périodes d'**absence** du salarié n'ouvrent pas droit à congé, étant entendu qu'elles ne peuvent entraîner une réduction des droits du salarié plus que proportionnelle à la durée de l'absence.
Par exception sont **assimilés** par la loi à une **période de travail effectif** pour le calcul de la durée du congé :
– les congés payés de l'année précédente ;
– les repos compensateurs au titre d'heures supplémentaires, les jours de repos acquis au titre de la réduction du temps de travail et les jours fériés chômés ;
– les congés de maternité, d'adoption, de paternité et d'accueil de l'enfant, les congés pour événements familiaux et les absences pour se rendre aux examens médicaux obligatoires ;
– les périodes de suspension du contrat de travail par suite d'accident du travail (ou de trajet) et de maladie professionnelle sans limitation de durée (la loi ayant supprimé la limite d'un an) (C. trav. art. L 3141-5, 5°) ;
– les périodes pendant lesquelles le travailleur se trouve maintenu ou rappelé au service national à un titre quelconque ;
– les périodes d'absence pour maladie ou accident non professionnels, comme si le salarié avait travaillé à 80 % (C. trav. art. L 3141-5, 7°) ;
– les différents congés de formation ;
– le temps passé hors de l'entreprise, pour l'exercice de leurs fonctions, par les administrateurs salariés des caisses de mutualité sociale agricole, les élus aux chambres d'agriculture, les représentants d'associations familiales pour assister aux réunions se déroulant pendant le temps de travail, les représentants d'associations ou de mutuelles pour siéger dans une instance instituée auprès d'une autorité de l'État, les candidats à une fonction parlementaire ou les élus locaux ;
– les temps de mission des sapeurs-pompiers volontaires, des conseillers prud'hommes et des salariés exerçant une fonction d'assistance ou de représentation devant le conseil de prud'hommes ;
– les heures chômées au titre de l'activité partielle indemnisées ou non (C. trav. art. R 5122-11) et selon nous de l'activité partielle de longue durée (APLD).

> **Précisions a.** La loi 2024-364 du 22 avril 2024 a mis le Code du travail en conformité avec le **droit européen** (CJUE 24-1-2012 aff. 282/10 : RJS 4/12 n° 399) et la jurisprudence de la Cour de cassation (Cass. soc. 13-9-2023 n°s 22-17.340 FP-BR et 22-17.638 FP-BR : RJS 11/23 n° 585). Elle **s'applique**, selon le ministère du travail, dès la période du 1er juin 2023 au 31 mai 2024. Ses dispositions relatives à l'acquisition de congés pendant une période de maladie ou d'accident non professionnel et au report des congés non pris (n° 60523, c) s'appliquent **rétroactivement** du 1er décembre 2009 au 24 avril 2024, sous réserve des décisions de justice passées en force de chose jugée ou de stipulations conventionnelles plus favorables en vigueur à la date d'acquisition des droits à congés. Les salariés en poste ont 2 ans pour agir en justice, jusqu'au 23 avril 2026 (Loi 2024-364 du 22-4-2024 art. 37) et les anciens salariés 3 ans à compter de la rupture de leur contrat de travail (Site min. trav. fiche « Les congés payés » du 31-5-2024).
> **b.** Dans le mois du retour d'arrêt maladie, l'employeur **informe le salarié** par tout moyen conférant date certaine à sa réception, notamment par le bulletin de paie, du nombre de jours de congés payés dont il dispose et de la date jusqu'à laquelle ils peuvent être pris (C. trav. art. L 3141-19-3).
> **c.** Le salarié qui n'a pas pu, pour cause de maladie ou accident, prendre, au cours de la période de prise des congés, ses congés payés acquis bénéficie d'une **période de report** de 15 mois (ou plus si la branche a fixé une durée plus longue). La période débute à réception de l'information visée n° 60523, b. Mais si l'arrêt maladie dure depuis au moins un an et couvre toute la période de référence, le report débute le 31 mai. Dans ce cas, si le salarié reprend le travail avant l'expiration de la période de report, celle-ci est suspendue jusqu'à réception de l'information et le délai reprend ensuite son cours. S'il reprend le travail après, les congés acquis pendant la période de maladie sont perdus (C. trav. art. L 3141-19-1, L 3141-19-2 et L 3141-21-1).

Cas particuliers 60525
a. Congé des jeunes : les moins de 21 ans au 30 avril de l'année précédente ont droit, s'ils le demandent, à un congé de 30 jours ouvrables, quelle que soit leur ancienneté dans l'entreprise. Seuls les jours acquis doivent être **indemnisés** par l'employeur, les jours supplémentaires ne sont pas rémunérés (C. trav. art. L 3164-9).
b. Congé supplémentaire des pères et mères pour charges de famille : les salariés de moins de 21 ans au 30 avril de l'année précédente bénéficient de 2 jours de congé supplémentaires par enfant de moins de 15 ans ou handicapé à charge. Ce congé est réduit à un jour si le congé légal n'excède pas 6 jours.
Les salariés âgés de 21 ans et plus bénéficient également de 2 jours de congé supplémentaires par enfant à charge mais sans que le cumul du nombre des jours de congé supplémentaires et des jours de congé annuel puisse excéder 30 jours ouvrables (C. trav. art. L 3141-8).
c. Congés conventionnels : les conventions collectives en agriculture accordent fréquemment des jours de congés supplémentaires en raison de l'ancienneté.

PRISE DES CONGÉS PAYÉS

Fixation de la période Elle est fixée prioritairement par accord d'entreprise, subsidiairement par convention ou accord de branche ou, à défaut, par l'employeur après consultation du CSE (C. trav. art. L 3141-15, 1° et L 3141-16, 1°-a). Elle doit comprendre dans tous les cas la période du 1er mai au 31 octobre de chaque année (C. trav. art. L 3141-13). 60540
À noter que certaines conventions collectives limitent la possibilité de prendre des congés pendant les **périodes de grands travaux** qu'elles déterminent. L'ancien Code du travail prévoyait que les salariés agricoles ne pouvaient exiger des autorisations d'absence de plus de 24 heures pendant ces périodes déterminées par les conventions collectives, dont la durée ne pouvait excéder 5 mois par an, consécutifs ou non (C. trav. art. L 223-7-1 ancien non recodifié en 2008). Les dispositions conventionnelles doivent fixer la période pendant laquelle les salariés bénéficient d'au moins 12 jours ouvrables continus (C. trav. art. L 3141-21) (voir n° 60550).

Ordre des départs À défaut d'accord visé n° 60540, il est **fixé par** l'employeur après **avis** du CSE s'il existe. Il doit être tenu compte de la situation de famille des bénéficiaires, de la durée des services et de leur activité chez un ou plusieurs autres employeurs (C. trav. art. L 3141-16). Les conjoints (ou partenaires d'un Pacs) travaillant dans la même entreprise ont droit à un congé simultané (C. trav. art. L 3141-14). 60545
L'ordre des départs en congé est **communiqué** par l'employeur aux salariés un mois avant le départ et affiché.
Aucune **modification** de l'ordre et des dates de départ ne peut intervenir moins d'un mois (ou délai différent prévu par accord collectif) avant la date prévue du congé (sauf circonstances exceptionnelles) (C. trav. art. L 3141-15, 2° et 3° et L 3141-16, 1°-b et 2°).

Fractionnement La durée des congés payés pouvant être pris en une seule fois ne peut pas excéder 24 jours ouvrables (4 semaines). C'est le **congé principal**. 60550
S'il y a fractionnement du congé principal, le salarié doit prendre au moins 12 jours ouvrables continus compris entre 2 jours de repos hebdomadaire et se situant entre le 1er mai et le 31 octobre. L'attribution du reste du congé principal en une ou plusieurs fois hors de cette période entraîne – sauf dérogations par accord individuel du salarié, par convention collective ou accord d'établissement – un allongement de la durée totale du congé de 1 ou 2 jours ouvrables selon que le congé pris en dehors de la période est de 3 à 5 jours ou au moins égal à 6 (C. trav. art. L 3141-19, L 3141-21 et L 3141-23).
La **cinquième semaine** de congé ne doit pas, en principe, être accolée au congé principal ; elle n'ouvre pas droit à des jours supplémentaires de fractionnement.

ATTENTION
Le fractionnement du congé principal n'est possible qu'avec l'**accord** du salarié, sauf en cas de fermeture de l'entreprise (C. trav. art. L 3141-19). Cet accord ne peut pas résulter d'une clause générale du contrat de travail (Cass. soc. 5-5-2021 n° 20-114.390 FS-P : RJS 7/21 n° 392).

INDEMNITÉ DE CONGÉS PAYÉS

La loi a prévu deux modes de calcul en précisant qu'il convenait de retenir celui qui était le plus favorable au salarié (C. trav. art. L 3141-24). 60560
a. Calcul sur la base de la rémunération annuelle. L'indemnité afférente au congé légal est égale au dixième de la rémunération brute totale perçue par le salarié au cours de la période de référence.

Cette rémunération comprend **tous les éléments de rémunération** acquis entre le 1er juin de l'année précédente et le 31 mai de l'année considérée, notamment l'indemnité de congé de l'année précédente. À la rémunération ainsi établie s'ajoutent, le cas échéant, un salaire fictif calculé pour les périodes assimilées à un temps de travail effectif (n° 60523), ainsi que les avantages accessoires et les avantages en nature dont le salarié ne continuerait pas à jouir pendant la durée de son congé. La rémunération des périodes de **maladie ou accident** d'origine non professionnelle est prise en compte à hauteur de 80 %.
En revanche, sont **exclues** de l'assiette de l'indemnité notamment :
– les indemnités versées en remboursement de frais réellement exposés par le salarié (ex. prime de transport ou de déplacement) ;
– les primes et gratifications accordées à titre précaire et révocable ;
– les primes et gratifications versées conformément à un usage ou à une clause conventionnelle, lorsque ces primes et gratifications couvrent l'ensemble de l'année, temps de vacances compris (13e mois, par exemple).
b. Calcul sur le salaire qui aurait été perçu pendant le congé. L'indemnité doit être au moins égale au salaire que le travailleur aurait perçu s'il avait continué à travailler normalement pendant son congé, ce salaire étant calculé en fonction à la fois du salaire gagné pendant la période précédant le congé et de la durée du travail effectif de l'entreprise.
Cette disposition s'applique lorsque des **majorations de salaires** sont intervenues en cours d'année ou lorsque le salarié a été absent pour maladie sur la période précédente et que, du calcul au dixième, résulte une indemnité d'un montant inférieur à celui du salaire qui aurait été perçu pendant la période d'absence.

60570 **Indemnité compensatrice de congés payés** Lorsque le **contrat** est **rompu** avant que le salarié ait pu bénéficier de la totalité du congé auquel il avait droit, l'employeur doit payer à celui-ci une indemnité compensatrice calculée selon les mêmes modalités que l'indemnité de congés payés. Cette indemnité est due quel que soit l'auteur et le motif de rupture du contrat, y compris en cas de licenciement pour faute lourde (C. trav. art. L 3141-28).

SANCTIONS

60580 L'inobservation des dispositions relatives aux congés payés est sanctionnée par l'amende prévue pour les contraventions de la 5e classe (1 500 €), appliquée autant de fois qu'il y a de personnes concernées (C. trav. art. R 3143-1, al. 1). En cas de récidive dans le délai d'un an, l'amende maximale encourue est portée à 3 000 € (C. pén. art. 132-11 sur renvoi de C. trav. art. R 3143-1). À propos de la possibilité de recourir à la transaction pénale ou à une amende administrative (ou un simple avertissement) : nos 60370 et 60375.
L'**employeur** qui occupe pendant son congé un salarié à un travail rémunéré, même en dehors de l'entreprise, est considéré comme ne donnant pas le congé légal (C. trav. art. D 3141-1).
Le **travailleur** qui effectue un travail rémunéré pendant son congé et l'employeur qui utilise ses services peuvent faire l'objet d'une condamnation à des dommages-intérêts envers le régime d'assurance chômage (C. trav. art. D 3141-2). Une exception est, toutefois, prévue pour le **contrat vendanges** (C. rur. art. L 718-6, al. 1).

ATTENTION

Il appartient à l'employeur de faire en sorte que le salarié prenne effectivement ses congés. En effet, en cas de litige, il devra **prouver** qu'il a bien mis le salarié en mesure de les prendre (Cass. soc. 9-5-2019 n° 17-27.448 FS-PB : RJS 7/19 n° 430), que ces congés soient d'origine légale ou conventionnelle (Cass. soc. 21-9-2017 n° 16-18.898 FS-PB : RJS 12/17 n° 799).

B. Autres congés

CONGÉS POUR RAISONS FAMILIALES

60600 **Congés pour événements familiaux** Tout salarié bénéficie, sur justification mais sans condition d'ancienneté, d'une autorisation d'absence rémunérée qui ne peut être inférieure à (C. trav. art. L 3142-1) :
– 4 jours pour son mariage (y compris s'il s'agit d'un remariage) ou la conclusion d'un Pacs ;
– 3 jours pour chaque naissance ou pour l'arrivée d'un enfant placé en vue de son adoption ;
– 12 jours pour le décès d'un enfant ; ce délai est porté à 14 jours lorsque l'enfant est âgé de moins de 25 ans et, quel que soit son âge, si l'enfant décédé était lui-même parent ou en cas de décès d'une personne âgée de moins de 25 ans à sa charge effective et permanente ;
– 3 jours pour le décès du conjoint, du partenaire de Pacs, du concubin, du père, de la mère, du beau-père, de la belle-mère, d'un frère ou d'une sœur ;

– 1 jour pour le mariage de son enfant ;
– 5 jours pour l'annonce de la survenue d'un handicap, d'une pathologie chronique nécessitant un apprentissage thérapeutique ou d'un cancer chez un enfant.

> **Précisions a.** Les **conventions collectives** ou les **accords d'entreprise** peuvent prévoir des dispositions plus favorables. Ils ne peuvent pas en revanche fixer de durées inférieures, restreindre la liste des événements ou prévoir une condition d'ancienneté.
> **b.** Le droit au **congé de naissance** est ouvert au père mais également, le cas échéant, au conjoint ou au concubin de la mère ou à la personne liée à elle par un Pacs. La mère peut prétendre à ce congé dès lors qu'elle n'a pas déjà bénéficié du congé de maternité.
> **c.** En cas de décès d'un enfant âgé de moins de 25 ans ou d'une personne âgée de moins de 25 ans à sa charge effective et permanente, le salarié peut bénéficier d'un **congé de deuil** de 8 jours à prendre dans l'année suivant le décès. Ce congé peut être fractionné en 2 périodes, chacune d'une durée minimale d'une journée (C. trav. art. L 3142-1-1 et D 3142-1-1). Le salarié perçoit (sauf subrogation) l'équivalent de l'indemnité accordée en cas de congé de maternité, l'employeur devant compléter son salaire (CSS art. L 331-9 ; C. trav. art. L 3142-2). Le salarié peut également bénéficier d'un **don de jours** de repos (C. trav. art. L 1225-65-1).

Congé parental d'éducation ou travail à temps partiel Tout salarié (père ou mère) qui a au moins un an d'**ancienneté** au moment de la demande de congé peut obtenir soit un congé parental d'éducation, soit un temps partiel de 16 heures hebdomadaires a minima. Quelle que soit la formule choisie, l'employeur ne peut pas s'y opposer. Lorsque les deux parents travaillent, ils peuvent demander le congé ou le temps partiel alternativement ou simultanément (C. trav. art. L 1225-47 s.). Ce congé n'est pas rémunéré, mais les intéressés peuvent percevoir la prestation partagée d'éducation de l'enfant versée par la caisse de mutualité sociale agricole. 60606

ATTENTION

Lorsque un salarié est **licencié** pendant sa période de temps partiel, l'indemnité de licenciement doit être calculée sur la base de sa rémunération à temps complet (Cass. soc. 18-3-2020 n° 16-27.825 FP-PB : RJS 6/20 n° 299).

Congé pour enfant malade et congé de présence parentale En cas de maladie ou d'accident d'un enfant de moins de 16 ans, tout salarié a droit à un congé non rémunéré de 3 jours maximum, 5 jours si l'enfant a moins d'un an ou si le salarié a au moins 3 enfants de moins de 16 ans (C. trav. art. L 1225-61). 60609

Par ailleurs, tout salarié dont l'enfant est victime d'une maladie, d'un handicap ou d'un accident grave nécessitant une présence soutenue et des soins contraignants bénéficie d'un congé de présence parentale non rémunéré de 310 jours ouvrés. Le salarié peut, avec l'accord de l'employeur, transformer ce congé en période d'activité à temps partiel ou le fractionner (C. trav. art. L 1225-62).

> **Précisions a.** Lorsque le **plafond** de 310 jours de congé est **atteint avant la fin de la période** de 3 ans, il est possible, à titre exceptionnel et sous conditions, de renouveler la période de 3 ans avant son terme, ouvrant ainsi un nouveau crédit de 310 jours de congé de présence parentale.
> **b.** Le salarié en congé de présence parentale peut percevoir une allocation journalière de présence parentale (AJPP) versée par la caisse de mutualité sociale agricole et, sous condition de ressources, un complément mensuel forfaitaire pour frais (CSS art. L 544-1, R 544-1 s. et D 544-1 s.). Le montant de l'**AJPP** est donné sur efl.fr/chiffres-taux/social/ (prestations familiales).
> **c.** Les salariés peuvent **donner des jours de repos** (congés, RTT, etc.) à leurs collègues assumant la charge d'un enfant de moins 20 ans atteint d'une maladie, d'un handicap ou victime d'un accident grave, sous réserve de l'accord de l'employeur (C. trav. art. L 1225-65-1 s.).
> **d.** L'employeur ne peut **rompre** le contrat de travail que s'il justifie d'une faute grave du salarié ou de son impossibilité de maintenir ce contrat pour un motif étranger à l'état de santé de l'enfant (C. trav. art. L 1225-4-4).

Congé de solidarité familiale Peut utiliser un tel congé tout salarié dont un ascendant, un descendant, un frère, une sœur ou une personne partageant son domicile souffre d'une pathologie mettant en jeu le **pronostic vital** ou est en phase avancée ou terminale d'une affection grave et incurable ; il en va de même des salariés qui ont été désignés comme personne de confiance au sens de l'article L 1111-6 du Code de la santé publique (C. trav. art. L 3142-6 s.). 60612

Sa durée est fixée par le salarié, dans la limite maximale prévue par un accord d'entreprise ou, à défaut, de branche ou, en l'absence d'accord, dans la limite de 3 mois, renouvelable une fois. Le salarié peut, avec l'accord de son employeur, transformer ce congé en période de travail à temps partiel ou le fractionner.
Ce congé n'est pas rémunéré mais le salarié peut prétendre à une allocation journalière d'accompagnement d'une personne en fin de vie (**Ajap**) dont le montant est donné sur efl.fr/chiffres-taux/social/, prestations familiales (CSS art. D 168-6 ; Circ. MSA 6 du 9-2-2011).

60613 **Congé de proche aidant** Ce congé, non rémunéré, **bénéficie** à tout salarié sans condition d'ancienneté qui souhaite cesser temporairement son activité pour s'occuper d'un proche présentant un handicap ou une perte d'autonomie (C. trav. art. L 3142-16 et D 3142-7 s.). La personne doit résider en France, soit à son propre domicile, soit chez le salarié ou un tiers ou dans un établissement.
L'employeur ne peut pas refuser d'accorder le congé.
La **durée** de ce congé, renouvellements compris, ne peut pas excéder un an sur l'ensemble de la carrière du salarié. Elle est fixée par le salarié, dans cette limite et compte tenu des durées maximales et du nombre de renouvellements possibles prévus par un accord d'entreprise ou, à défaut, de branche. En l'absence d'accord, sa durée maximale est de 3 mois, renouvelable dans la limite d'un an précitée (C. trav. art. L 3142-19).
Le salarié peut, avec l'accord de son employeur, transformer ce congé en période de travail à temps partiel ou le **fractionner** (C. trav. art. L 3142-20).

> **Précisions** **a.** Sous réserve de l'accord de l'employeur, un salarié peut **renoncer** anonymement et sans contrepartie à tout ou partie de ses **jours de repos non pris** qu'ils aient ou non été affectés sur un compte épargne-temps, au bénéfice d'un autre salarié de l'entreprise qui vient en aide à une personne atteinte d'une perte d'autonomie ou présentant un handicap (C. trav. art. L 3142-25-1).
b. Le salarié en congé (sauf s'il l'est en qualité d'aidant familial) est indemnisé par l'octroi d'une allocation journalière de proche aidant (**Ajpa**) versée par la MSA, dans la limite de 66 allocations et dont les montants modulables alignés sur ceux de l'allocation journalière de présence parentale sont donnés sur efl.fr/chiffres-taux/social/, prestations familiales (CSS art. L 168-8 s. et D 168-11 s.). À compter du 1er janvier 2025, le droit à Ajpa est renouvelé si le salarié apporte son aide à un proche différent, dans la limite de 66 allocations par proche et de 264 allocations sur la carrière (CSS art. D 168-12).

CONGÉS POUR RAISONS PERSONNELLES

60615 **Congé sabbatique** L'accès à ce congé est réservé aux salariés ayant au moins 6 ans d'expérience professionnelle (dont 36 mois, consécutifs ou non, dans l'entreprise) et qui n'ont pas déjà bénéficié dans les 6 années antérieures d'un congé sabbatique, d'un congé pour création d'entreprise ou d'un congé de transition professionnelle. La durée de ce congé est comprise entre 6 et 11 mois (C. trav. art. L 3142-28 s.). Ce congé n'est pas rémunéré.

> **Précisions** Un accord collectif peut **déroger**, y compris dans un sens moins favorable aux salariés, à certaines dispositions régissant ce congé, notamment relatives à la condition d'ancienneté, aux durées minimale et maximale du congé et au nombre de renouvellements (C. trav. art. L 3142-32).

60616 **Congé pour création d'entreprise** Le salarié qui crée ou reprend une entreprise a droit, pendant une durée maximale d'un an éventuellement renouvelable une fois, soit à un congé pendant lequel le contrat de travail est suspendu, soit à une période de travail à temps partiel. Ce droit est ouvert aux salariés justifiant dans l'entreprise d'une ancienneté d'au moins 24 mois et qui n'ont pas pris un congé ou un temps partiel pour création d'entreprise au cours des 3 années précédentes. L'employeur occupant moins de 300 salariés peut refuser la demande s'il estime, après avis du CSE, que ce congé ou ce temps partiel aura des conséquences préjudiciables pour l'entreprise (C. trav. art. L 3142-105 s.).
Un accord d'entreprise ou à défaut de branche peut **déroger** à ces dispositions, y compris dans un sens moins favorable aux salariés (C. trav. art. L 3142-117).

60617 **Mobilité volontaire sécurisée** Le salarié d'une entreprise (ou d'un groupe) d'au moins 300 salariés, justifiant d'une ancienneté minimale de 24 mois, continus ou non, peut bénéficier d'une **suspension** de son contrat de travail afin d'exercer une activité dans une autre entreprise, sous réserve de l'accord de l'employeur (C. trav. art. L 1222-12 s.).

Les modalités de mise en œuvre font l'objet d'un avenant au contrat de travail, prévoyant notamment la durée de la période de mobilité, son objet, ses dates de début et de fin ainsi que les conditions d'un retour anticipé du salarié (retour qui reste, dans tous les cas, possible à tout moment avec l'accord de l'employeur). Le salarié reste tenu d'une obligation de loyauté envers son employeur.

Exercice de fonctions publiques, sociales ou professionnelles Des autorisations d'absence doivent être accordées aux salariés exerçant certaines fonctions, notamment les membres d'un conseil municipal, départemental ou régional, les représentants d'associations familiales, les sapeurs-pompiers volontaires, les réservistes militaires, les participants à des missions de solidarité internationale ou encore les salariés participant à des instances de formation professionnelle. En général, ces absences ne sont pas rémunérées sauf dispositions conventionnelles ou contractuelles. 60618

Peuvent également être rémunérées dans des conditions prévues par **accord collectif** : les absences liées à l'exercice de mandats au sein d'organismes agricoles tels que les chambres d'agriculture, les CMSA, les commissions paritaires de sécurité et des conditions de travail.

COMPTE ÉPARGNE-TEMPS

Il peut être **mis en place** par accord d'entreprise ou, à défaut, par accord de branche afin de permettre aux salariés qui le désirent d'accumuler des droits à congé rémunéré ou de bénéficier d'une rémunération, immédiate ou différée, en contrepartie des périodes de congé ou de repos non prises (C. trav. art. L 3151-1 s.). Les dispositions conventionnelles doivent prévoir les modalités de **financement** et d'**utilisation du compte**. 60620

> **Précisions** Dans le champ d'application de l'**accord national** du 23 décembre 1981 (n° 59905), un accord du 19 septembre 2001, étendu par un arrêté du 19 décembre 2001 (JO 29), a organisé le compte épargne-temps au bénéfice des salariés agricoles. Les salariés peuvent alimenter leur compte notamment par des jours de congés payés non pris, des jours de repos générés par la réduction du temps de travail et des heures de repos compensateur de remplacement.

SECTION 4 SANTÉ ET SÉCURITÉ

La santé, la sécurité et les conditions de travail des salariés sont réglementées par le **Code du travail**, dont les textes sont applicables à l'agriculture, sous réserve de quelques adaptations spécifiques. Les directives européennes prises en matière de santé et de sécurité des travailleurs ont imposé des règles communes à tous les États membres de l'Union européenne et le Code du travail a été adapté en conséquence. 60700

Dans certains cas, les **conventions collectives** complètent le dispositif réglementaire.

Le **contrôle** de l'application de cette réglementation est confié à l'inspection du travail, aux caisses de mutualité sociale agricole (CMSA), et également au comité social et économique (CSE).

A. Santé et sécurité des salariés

Selon les principes généraux de prévention inscrits dans le Code du travail (C. trav. art. L 4121-1 s.), tout **employeur** est responsable de l'évaluation des risques et des actions de prévention qui en découlent. Tenu, vis-à-vis de ses salariés, d'une **obligation de sécurité** et de protection de leur santé (Cass. 2e civ. 8-10-2020 n° 18-25.021 FS-PBI : RJS 12/20 n° 624), il lui revient de mettre en place les moyens les plus adaptés pour y répondre. 60702

Pour sa part, tout **salarié** est tenu de respecter les instructions données par l'employeur. Il doit, conformément à ces instructions, prendre soin de sa santé et de sa sécurité ainsi que de celles de ses collègues (C. trav. art. L 4122-1, al. 1). Le manquement du salarié à l'obligation mise à sa charge constitue une faute pouvant justifier un licenciement pour faute grave.

> **Précisions** **a.** En cas de risque avéré ou d'accident, l'employeur engage sa responsabilité, sauf s'il démontre avoir pris les **mesures générales de prévention nécessaires et suffisantes** pour l'éviter, ce qu'il appartient aux juges du fond d'apprécier souverainement (Cass. soc. 25-11-2015 n° 14-24.444 FP-PBRI : RJS 2/16 n° 123 ; 3-2-2021 n° 19-23.548 F-D : RJS 4/21 n° 219). En cas d'accident du travail ou de maladie professionnelle, le manquement à l'obligation de sécurité a le caractère d'une **faute inexcusable** lorsque l'employeur avait ou aurait dû avoir conscience du danger auquel était soumis le travailleur et qu'il n'a pas pris les mesures nécessaires pour l'en préserver (Cass. 2e civ. 8-10-2020 nos 18-25.021 FS-PBI et 18-26.677 FS-PBI : RJS 12/21 n° 624 ; Cass. soc. 29-2-2024 n° 22-18.868 F-B : RJS 5/24 n° 294).
> **b.** L'**employeur** doit désigner un ou plusieurs salariés compétents ou, à défaut, faire appel à des intervenants extérieurs pour l'**assister dans ses missions de prévention** (C. trav. art. L 4644-1 et R 4644-1 s.).

DOCUMENTS ET DÉCLARATIONS OBLIGATOIRES

60703 Pour matérialiser cette obligation de prévention, différents documents doivent être tenus.
a. Le document unique d'évaluation des risques professionnels [DUER ou DUERP] (C. trav. art. L 4121-3 s. et R 4121-1 s.). L'employeur doit procéder à l'évaluation des risques : il s'agit d'un diagnostic exhaustif des facteurs de risques auxquels sont exposés les salariés. Le CSE, les responsables de la prévention et le SST apportent leur contribution à cette évaluation. Sous peine de sanctions pénales (C. trav. art. R 4741-1), ses résultats doivent être transcrits dans un document unique, obligatoire même en l'absence de risque manifeste (Cass. soc. 8-7-2014 n° 13-15.470 FS-PB : RJS 10/14 n° 703) ; son absence, toutefois, ne peut justifier l'octroi de dommages-intérêts aux salariés sauf à prouver qu'elle leur a causé un préjudice (Cass. soc. 25-9-2019 n° 17-22.224 F-D : RJS 12/19 n° 702). À partir de l'évaluation, doivent être fixées des mesures préventives des risques, des mesures d'information, de formation ou d'organisation du travail, consignées dans un programme annuel de prévention (entreprise d'au moins 50 salariés), qui est soumis au CSE (C. trav. art. L 2312-27, 2°) ou dans le DUER (autres entreprises).
Le DUER doit être **mis à jour** lors de toute décision d'aménagement important modifiant les conditions de travail, de santé ou de sécurité ou lorsqu'une information supplémentaire intéressant l'évaluation des risques est recueillie. Il doit en outre être actualisé au moins une fois par an dans les entreprises d'au moins 11 salariés.
Le CSE est **consulté** sur le DUER. Celui-ci doit être mis à sa **disposition** ainsi qu'à celle des travailleurs et d'autres instances (médecin du travail, inspection du travail, agent de prévention MSA, etc.).
Le DUER doit être **conservé** pendant 40 ans. La loi prévoit un dépôt dématérialisé sur un portail numérique, dans des conditions fixées par décret à défaut d'accord des organisations professionnelles, à compter du 1er juillet 2023 pour les entreprises d'au moins 150 salariés et du 1er juillet 2024 pour les autres entreprises. Toutefois, la mise en place de ce portail est retardée, voire incertaine. En attendant, l'employeur doit conserver les versions successives du DUER en vigueur au 31 mars 2022 au sein de l'entreprise sous la forme d'un document papier ou dématérialisé (Décret 2022-395 du 18-3-2022).
b. Les résultats des contrôles techniques de sécurité (C. trav. art. L 4711-1 s.). Les diverses attestations, consignes, résultats et rapports relatifs aux vérifications et contrôles auxquels est soumis l'employeur ainsi que les éventuelles observations ou mises en demeure notifiées par l'inspection du travail doivent être conservées 5 ans. Ces divers documents doivent être datés et mentionner l'identité de la personne ou de l'organisme chargé du contrôle ; ils peuvent être rassemblés dans un registre unique.
c. Le dossier médical en santé au travail. Ce dossier retrace pour chaque salarié les informations relatives à son état de santé, les expositions auxquelles il a été soumis ainsi que les avis et propositions du médecin du travail (C. trav. art. L 4624-8). Ce dossier, qui doit être complété après chaque visite ou examen, est conservé par le médecin du travail (C. rur. art. R 717-27 ; C. trav. art. D 4625-33).
d. La déclaration sociale nominative (DSN). L'employeur doit déclarer l'exposition des salariés titulaires d'un contrat de travail d'au moins un mois à un ou plusieurs facteurs de risques ouvrant droit à des points inscrits au compte professionnel de prévention (C. trav. art. L 4161-1, L 4163-1 s. et D 4163-3 s.). Cette déclaration se fait en principe par le biais de la DSN (C. trav. art. D 4163-31).

RISQUES TENANT À LA PERSONNE DU SALARIÉ

60705 Certaines dispositions ont pour but d'**écarter de certains travaux** toute personne inapte en raison de son âge, de sa moindre résistance ou d'un handicap d'ordre physique ou intellectuel :
– réglementation relative à l'emploi des **jeunes** (n° 59800) ;

– fixation de l'âge minimal des **personnes conduisant** sur les routes des tracteurs, des machines agricoles ou des véhicules (C. route art. R 221-20) ;
– protection des **femmes** pendant la grossesse et après l'accouchement. Les femmes ne peuvent pas être occupées pendant une période de 8 semaines au total avant et après l'accouchement et, en aucun cas, dans les 6 semaines qui suivent celui-ci (C. trav. art. L 1225-29) : sur le congé de maternité, voir n°s 56000 s.
Lorsqu'elles exercent des travaux dangereux ou travaillent de nuit, l'employeur doit proposer aux salariées enceintes ou récemment accouchées un autre poste compatible avec leur état, sans perte de salaire. Si ce n'est pas possible, elles peuvent bénéficier d'un congé et l'employeur doit leur verser une rémunération en complément d'une allocation journalière versée par la MSA (C. trav. art. L 1225-9 s. et L 4152-2).

RISQUES TENANT À LA FORME D'ÉNERGIE UTILISÉE

– **Électricité**. Comme dans les établissements industriels et commerciaux, la protection des tra- 60720
vailleurs contre les courants électriques doit être assurée conformément aux dispositions des articles R 4226-1 et suivants du Code du travail.
– **Carburants**. Un arrêté interministériel du 1er juillet 2004 (Nor : INDI0403209A) a fixé les règles techniques et de sécurité applicables au stockage et à l'utilisation des produits pétroliers dans les lieux non visés par la législation des établissements dangereux, insalubres ou incommodes et la réglementation des établissements recevant du public.
– **Appareils à vapeur et à pression de gaz**. Une réglementation, élaborée par le ministère chargé de l'industrie, a défini les règles de construction, d'installation, d'utilisation et d'entretien des appareils à vapeur et à pression de gaz tels que chaudières, générateurs, compresseurs, pulvérisateurs de liquide à pression de gaz, extincteurs, installations de production et de mise en œuvre du froid, bouteilles à gaz, canalisations d'usines.

RISQUES TENANT À L'UTILISATION DE MACHINES

Vente et location Les équipements de travail et moyens de protection ne peuvent être 60730
mis sur le marché que si leur conception a intégré une série de **règles techniques** destinées à assurer la protection des salariés ou des personnes qui les utilisent contre les dangers ou les risques que leur utilisation pourrait comporter (C. trav. art. L 4311-1 s. et R 4314-2 s.).
Les machines les plus dangereuses et les protecteurs de machines doivent faire l'objet d'une **homologation** qui donne lieu à remise par le vendeur ou loueur au preneur d'une attestation certifiant la conformité du matériel à la réglementation.
Actuellement, sont soumis à homologation un certain nombre de dispositifs concernant respectivement des machines utilisées dans tous les secteurs, telles que les machines à bois (scies circulaires, scies à ruban, toupies, raboteuses, mortaiseuses, machines à rainer, dégauchisseuses, machines combinées) et des machines utilisées exclusivement en agriculture (arbres de transmission à cardan, dispositifs d'électrification des clôtures électriques).
De plus, et sans qu'il soit nécessaire de recourir à l'homologation, doivent être **protégés** sur toutes les machines utilisées dans tous les secteurs et sur toutes les machines conçues pour fonctionner exclusivement à poste fixe en agriculture :
– les organes de commande et de transmission (exemples : volants, engrenages, roues ou cylindres de friction, courroies, poulies, chaînes, etc.) ;
– les pièces accessibles faisant saillie sur les parties en mouvement (exemples : vis d'arrêt, boulons, clavettes).

Utilisation L'employeur doit prendre les mesures nécessaires pour assurer la sécurité des sala- 60735
riés lorsque ceux-ci utilisent des machines. Il doit notamment mettre à disposition des utilisateurs de machines dangereuses un **matériel homologué** lorsque celui-ci existe (C. trav. art. L 4311-3), mettre les équipements de travail à **poste fixe** en conformité avec les prescriptions des articles R 4321-1 et suivants du Code du travail, et mettre les équipements de travail **mobiles** et les **appareils de levage** en conformité avec les dispositions des articles R 4323-29 et suivants du même Code.
Le site internet du ministère de l'agriculture contient des **fiches pratiques** présentant les modalités d'application spécifiques de la réglementation du Code du travail en matière de sécurité des machines agricoles et forestières (agriculture.gouv.fr/securite-des-machines-agricoles-et-forestieres-fiches-pratiques).

Par ailleurs, un **guide de conduite** et d'utilisation d'engins agricoles est disponible sur le site de la MSA. La conduite de certains équipements présentant des risques particuliers est subordonnée à l'obtention d'une autorisation de conduite. Lorsqu'ils empruntent les voies ouvertes à la circulation, les tracteurs, machines agricoles automotrices, remorques et machines-remorques doivent respecter le **Code de la route**. À titre d'exemple, on peut citer les dispositions relatives aux pneumatiques, au chargement et au freinage (spécialement au freinage des remorques).

ATTENTION

L'employeur doit, pour prévenir les **vibrations mécaniques**, faire évaluer les risques par des personnes compétentes et prendre, en cas de risques, des mesures visant à les réduire au minimum (C. rur. art. R 717-85-9 ; C. trav. art. R 4441-1 s.).

RISQUES TENANT À L'UTILISATION DE SUBSTANCES

60750 – **Pesticides**. L'usage des pesticides est encadré par le Code de la santé publique et les articles L 253-1 et suivants du Code rural et de la pêche maritime.

La réglementation impose une série d'obligations aux **fabricants** (interdiction d'emploi des substances actives trop toxiques, limitation des concentrations, dénaturation des spécialités, étiquetage, emballage, etc.). Elle prescrit d'autre part aux **utilisateurs** les mesures de prévention à prendre pour la conservation desdits produits ainsi que celles à observer pendant leur emploi et après leur emploi (C. rur. art. R 717-85-7).

– **Autres substances**. L'emploi des dissolvants renfermant des hydrocarbures benzéniques, de la céruse, du sulfate de plomb, de l'huile de lin plombifère, des « passivants » à base de composés arsenicaux est interdit.

Les établissements agricoles doivent, en tant que de besoin, appliquer les règlements pris dans le cadre du Code du travail qui prescrivent des mesures de prévention lors des travaux mettant en œuvre des produits dangereux (exemples : peinture ou vernissage par pulvérisation, rayonnements ionisants, agents biologiques, poussières d'amiante).

LIEUX DE TRAVAIL

60760 Le **Code du travail** (art. L 4221-1 et R 4221-1 s.) est applicable aux établissements agricoles. Ses dispositions concernent soit la santé (aération, assainissement, chauffage, éclairage, nettoyage, fourniture d'eau potable, bruit), soit la sécurité (protection des puits, cuves et fosses, trappes, escaliers, passerelles, prévention des incendies, installation et entretien des ascenseurs et monte-charge, voies ferrées) (C. trav. art. L 4221-1, R 4226-21 s. et R 4228-1 s.). Quelques aménagements spécifiques aux professions agricoles sont prévus par le **Code rural et de la pêche maritime** pour les travaux forestiers et sylvicoles (C. rur. art. R 717-77 s.), pour les travaux en hauteur dans les arbres (C. rur. art. R 717-85-1 s.) et à propos de l'utilisation des lieux de travail (C. rur. art. R 717-86 s.).

Parmi les **autres dispositions** susceptibles de s'appliquer, il convient de citer :

– les dispositions qui peuvent être prises par les maires ou les préfets en matière de sécurité et de salubrité publiques (exemples : clôture des puits, équarrissage, règlement sanitaire, mesures à prendre en cas d'épizooties) ;

– la réglementation des établissements classés qui vise un certain nombre d'activités auxquelles se livrent des entreprises du secteur agricole (traitement du lait, dépôt d'engrais, abattoirs, sucreries, etc.) ;

– les dispositions du Code de la santé publique qui interdisent de fumer dans les locaux collectifs, ainsi que dans les bureaux individuels, l'employeur pouvant aménager des espaces réservés aux fumeurs (CSP art. L 3512-8 et R 3512-2 s.). L'interdiction a été étendue à l'utilisation de cigarettes électroniques (vapotage) dans les seuls lieux de travail fermés et couverts à usage collectif, à l'exception des locaux qui accueillent du public (CSP art. L 3513-6 et R 3513-2 s.).

L'employeur est tenu de mettre dans les lieux de travail à la disposition des salariés les moyens d'assurer leur **propreté** individuelle, notamment des vestiaires, des lavabos, des toilettes et, le cas échéant, des douches (C. trav. art. R 4228-1 s.).

L'employeur est également tenu de mettre à la disposition des salariés de l'**eau** potable et fraîche pour la boisson (C. trav. art. R 4225-2 s.).

> **Précisions a.** Les **champs, bois et autres terrains** faisant partie d'un établissement agricole ou forestier, mais situés en dehors de la zone bâtie, ne sont pas considérés comme des lieux de travail.

b. Lorsqu'en raison de la nature des opérations agricoles, l'employeur ne peut pas mettre à la disposition de ses salariés des **vestiaires, lavabos et douches** selon les dispositions applicables, des mesures d'effet équivalent

doivent être prises sur la protection de la santé des travailleurs (C. rur. art. R 717-95).
c. Sous peine d'une amende de 4 500 € (C. rur. art. L 719-8), les **employeurs** et **travailleurs indépendants** qui exercent les activités mentionnées aux 1°, 2° et 4° de l'article L 722-1 du Code rural et de la pêche maritime sur un **même lieu de travail** doivent **coopérer** afin de prévenir les risques résultant de leurs interventions simultanées ou successives et adopter des mesures de prévention des risques professionnels appropriées (C. rur. art. L 717-10 et R 717-97).

LOGEMENT DES TRAVAILLEURS

Lorsque des employeurs agricoles hébergent des salariés et des membres de leur famille, cet hébergement doit satisfaire à des **conditions**, notamment d'hygiène et de confort, fixées par décret et tenant compte, le cas échéant, des conditions locales (C. rur. art. L 716-1 et R 716-1 s.). 60770
L'hébergement des travailleurs **saisonniers** est soumis à des règles particulières, ceux-ci pouvant être logés en caravane ou mobile home sous certaines conditions (C. rur. art. R 716-6 s.).
Le non-respect de ces obligations est puni d'une **amende** variant en fonction de la gravité de l'infraction (450 € ou 1 500 €) appliquée autant de fois qu'il y a de travailleurs concernés par la ou les infractions (C. rur. art. R 719-7). Une amende administrative (n° 60375) peut lui être substituée (C. rur. art. L 719-10, 4°).

FORMATION DES TRAVAILLEURS

Tout employeur doit organiser une **formation pratique** à la sécurité. Sont concernés les salariés nouvellement embauchés, ceux qui changent de poste de travail ou de technique, ou qui reprennent leur activité après un arrêt de 21 jours ou plus lorsque le médecin en fait la demande, les travailleurs temporaires à l'exception de ceux appelés pour exécuter des travaux urgents de sécurité et déjà dotés de la qualification nécessaire. Cette formation doit être **renouvelée** périodiquement (C. trav. art. L 4141-2 s. et R 4141-1 s.). 60780
S'agissant de la **formation renforcée** à la sécurité des travailleurs précaires affectés à des postes de travail présentant des risques particuliers, voir n°s 56173, c et 56336.

> **Précisions a.** Les **actions de formation** prévues comportent :
> – des informations données à tous les salariés sur les conditions de circulation dans l'entreprise (circulation des véhicules et engins, accès des salariés au lieu de travail, aux locaux sociaux, évacuation du lieu de travail en cas de sinistre), sur l'exécution du travail, sur les dispositions à prendre en cas d'accident ou de sinistre ;
> – l'information des salariés affectés à des tâches particulières (utilisation de machines, produits chimiques, manutention, conduite de véhicule, etc.) ;
> – des actions spécifiques doivent être organisées en cas de modification des conditions habituelles de circulation, d'un poste de travail ou de technique, ou en cas d'accident grave ou répétitif.
> La formation, visant à instruire les travailleurs des précautions à prendre, doit être pratique, appropriée aux risques existant dans l'entreprise et tenir compte de leur formation, qualification, expérience et de leur langue. Son étendue dépend de la taille de l'entreprise, de la nature de son activité, des risques constatés et des emplois occupés.
> **b.** La formation des **conducteurs routiers** est obligatoire. Tout conducteur d'un véhicule de plus de 3,5 tonnes de PTAC doit avoir suivi une période de formation initiale minimale obligatoire (Fimo) ; il doit ensuite suivre tous les 5 ans un stage de formation continue obligatoire (Fco) (C. transports art. L 3314-2 et R 3314-1 s.).
> L'arrêté AGRS9802411A du 2 décembre 1998 détermine les modalités de la formation des salariés à la conduite des **équipements de travail mobiles** automoteurs et des appareils de levage de charges ou de personnes.
> **c.** Concernant le **passeport de prévention**, un portail d'information (passeport-prevention.travail-emploi.gouv.fr/) permet de suivre son actualité, le dispositif ayant pris du retard dans sa mise en œuvre.
> **d.** Le **CSE** doit être consulté sur les conditions générales d'organisation, le programme de formation et sur les modalités d'exécution des actions de formation. Dans les entreprises d'au moins 50 salariés il est également consulté sur le **programme annuel de prévention** prévoyant ces actions (n° 60703, a).

CONTRÔLE DES INFRACTIONS

Il est de la compétence de l'agent de contrôle de l'inspection du travail qui peut notamment : 60790
– formuler de simples **observations** qui doivent être consignées et conservées pendant 5 ans (C. trav. art. L 4711-2 et D 4711-3) ;
– adresser à l'employeur une **mise en demeure** lorsque celle-ci est prévue par les textes (C. trav. art. L 4721-4 s. et R 4721-4 s.) ;

– dresser un **procès-verbal immédiat** transmis au parquet (C. trav. art. L 8113-7) lorsqu'il n'y a pas de mise en demeure préalable et dans tous les cas où les faits constatés représentent un danger grave ou imminent pour l'intégrité physique des travailleurs (voir n° 60890). Dans cette dernière hypothèse, l'agent de contrôle peut également saisir le juge judiciaire statuant en référé pour voir ordonner toutes mesures propres à faire cesser le danger (voir n° 60890). Avant la transmission au parquet, l'agent de contrôle doit informer l'employeur des faits susceptibles de constituer une infraction pénale et des sanctions encourues ;
– imposer, sur mise en demeure, de faire vérifier l'état de **conformité des matériels** (machines, outils, etc.) avec la réglementation et faire procéder à des **analyses des substances** et préparations dangereuses pour les travailleurs (C. trav. art. L 4722-1 s. et R 4722-5 s.).

SANCTIONS

60800 Les sanctions prévues par le Code du travail en cas de manquement aux règles de santé et de sécurité sont principalement les suivantes :
– **amende** de 10 000 € au plus, appliquée autant de fois que de salariés concernés ; en cas de récidive, amende de 30 000 € au plus et/ou emprisonnement d'un an au plus (C. trav. art. L 4741-1) ;
– **peines complémentaires** telles qu'affichage et insertion du jugement dans la presse, avec interdiction professionnelle, fermeture partielle ou totale, temporaire ou définitive de l'établissement (C. trav. art. L 4741-5).
Ces sanctions s'appliquent à l'employeur ou à son préposé titulaire d'une délégation de pouvoirs pourvu de la compétence et de l'autorité nécessaires pour les exercer.
En cas d'**accident du travail**, leur responsabilité pénale peut également être engagée sur le fondement des textes du Code pénal réprimant les atteintes involontaires à la vie ou à l'intégrité physique des personnes (C. pén. art. 221-6, 222-19 et 222-20) et même en cas de seule mise en danger (C. pén. art. 223-1).
Ces infractions peuvent par ailleurs donner lieu à mise en jeu de la responsabilité pénale des **personnes morales** (C. pén. art. 121-2).

> **Précisions a.** Lorsque la responsabilité personnelle de l'employeur ou de son préposé délégataire n'a pas été retenue en cas d'accident du travail survenu dans une entreprise où ont été relevés des manquements graves ou répétés aux règles de santé et de sécurité, l'entreprise **personne morale** peut être condamnée à présenter un **plan d'amélioration** de la sécurité (C. trav. art. L 4741-11).
> **b.** L'administration peut décider de recourir à une **transaction pénale** (n° 60370) sauf en cas de manquement aux obligations relatives aux installations sanitaires, à la restauration et à l'hébergement, manquement qui peut donner lieu à une **amende administrative** (n° 60375) (C. trav. art. L 8114-4, 4° et L 8115-1, 5°). Une amende administrative spécifique d'au plus 10 000 € peut être substituée à la sanction pénale en cas de refus de procéder aux demandes de vérifications, de mesures ou d'analyses (C. trav. art. L 4752-2).

B. Situations dangereuses

DROIT D'ALERTE ET DE RETRAIT

60880 Tout salarié doit signaler à l'employeur ou à son représentant toute **situation de travail** dont il a un motif raisonnable de penser qu'elle présente un danger grave et imminent pour sa vie ou sa santé. Il est en droit de se retirer de cette situation. Ce droit de retrait peut également être exercé en cas de constatation de défectuosités dans les systèmes de protection (C. trav. art. L 4131-1).
L'**exercice** du droit de retrait n'est pas soumis à un accord de l'employeur et ne donne lieu à aucune formalité spécifique. Toutefois, il ne doit pas créer pour autrui une nouvelle situation de risque grave et imminent (C. trav. art. L 4132-1).
Aucune sanction ni aucune retenue de salaire ne peuvent être prises à l'encontre de ces salariés (C. trav. art. L 4131-3).
Chaque membre du **CSE** dispose également d'un droit d'alerte en cas de danger grave et imminent : il avise immédiatement l'employeur du danger et consigne cet avis par écrit, sur un registre spécial (C. trav. art. L 4131-2, L 4132-2 s. et D 4132-1 s.).

> **Précisions a.** L'employeur sera présumé avoir commis une **faute inexcusable** si un salarié est victime d'un accident du travail alors que le risque avait été signalé (C. trav. art. L 4131-4). En revanche, le fait pour un salarié de ne pas avoir fait usage de son

droit de retrait ne peut pas être constitutif d'une faute de sa part (Cass. soc. 9-12-2003 n° 02-47.579 F-D : RJS 2/04 n° 216).

Par ailleurs, l'employeur doit prendre les mesures et donner les instructions nécessaires pour permettre aux travailleurs, en cas de danger grave, imminent et ne pouvant être évité, d'arrêter leur activité et de se **mettre en sécurité** en quittant immédiatement le lieu de travail (C. trav. art. L 4132-5).

En outre, lorsqu'il existe une situation dangereuse dans l'établissement, l'employeur est autorisé à **faire appel à des salariés pour rétablir** des conditions de travail et de sécurité satisfaisantes. Les conditions dans lesquelles il peut demander la participation des salariés doivent être fixées par le règlement intérieur (C. trav. art. L 1321-1, 2°).

b. Les salariés ou un représentant du personnel au CSE peuvent saisir l'employeur s'ils estiment que les produits ou procédés de fabrication utilisés par l'établissement font peser un risque grave sur la **santé publique** ou l'**environnement** (C. trav. art. L 4133-1 s. et D 4133-1 s.).

CONSTATATION DES INFRACTIONS

L'**agent de contrôle de l'inspection du travail** qui constate des faits présentant un danger grave et imminent pour l'intégrité physique des salariés peut, sans mise en demeure : 60890

– dresser immédiatement procès-verbal (C. trav. art. L 4721-5) ;

– et/ou saisir le **juge judiciaire statuant en référé** pour voir ordonner toutes mesures propres à faire cesser le risque, telles que la mise hors service, l'immobilisation, la saisie des matériels, machines, dispositifs, produits ou autres, suspension temporaire des travaux (C. trav. art. L 4732-1).

Par ailleurs, sur rapport de l'agent de contrôle constatant une situation dangereuse, le **Dreets** peut mettre en demeure l'employeur de prendre toutes mesures utiles pour y remédier. Si, à la fin du délai fixé par la mise en demeure, la situation dangereuse n'a pas cessé, l'agent de contrôle peut dresser procès-verbal à l'employeur qui encourt alors une amende de 3750 € (C. trav. art. L 4721-1 s., L 4741-3 et R 4721-1 s.).

> **Précisions** L'agent de contrôle de l'inspection du travail peut prescrire l'**arrêt de l'activité** en cas de dépassement des valeurs limites d'exposition à une substance chimique cancérigène, mutagène ou toxique pour la reproduction si l'employeur n'a pas remédié à cette situation dans le délai imparti par une mise en demeure transmise après contrôle réalisé par un organisme agréé (C. trav. art. L 4721-8 et R 4721-6 s.). Il peut aussi décider l'arrêt temporaire de la partie des travaux ou de l'activité en cause lorsqu'il existe un danger grave ou imminent résultant notamment d'un défaut de protection contre les chutes de hauteur ou de l'utilisation d'équipements de travail dépourvus de protecteurs, de dispositifs de protection ou de composants de sécurité appropriés ou sur lesquels ces éléments sont inopérants (C. trav. art. L 4731-1 s. et R 4731-1 s.).
>
> L'employeur qui entend **contester** la réalité du danger ou la façon de le faire cesser, notamment par l'arrêt des travaux, doit saisir le président du tribunal administratif par la voir du référé (C. trav. art. L 4731-4).
>
> Une **amende administrative** d'au plus 10 000 € peut être substituée à la sanction pénale en cas de refus de se conformer aux décisions prises par l'agent de contrôle en matière d'arrêts temporaires de travaux (C. trav. art. L 4752-1).

C. Services de santé au travail

La surveillance médicale des salariés, dont l'objet est de prévenir les altérations causées à leur santé du fait de leur travail, est assurée par les services de santé au travail en agriculture (SSTA). 60920

L'organisation des SSTA est confiée aux **caisses de mutualité sociale agricole** (CMSA) qui perçoivent à cet effet les **cotisations** des employeurs (voir taux et assiette n° 39210) et assurent les visites médicales et la surveillance des conditions de travail dans les entreprises (C. rur. art. L 717-1 s. et D 717-1 s.).

Le temps nécessité par les examens médicaux est **payé** comme temps de travail (C. trav. art. R 4624-39).

EXAMENS MÉDICAUX

Examen d'embauche L'employeur doit faire une **déclaration** au SSTA au plus tard dans les 8 jours suivant l'embauche. Cette déclaration peut être effectuée au moyen de la déclaration préalable à l'embauche ou du titre emploi simplifié agricole (Tesa). La nature de l'examen d'embauche varie en fonction du poste auquel est affecté le salarié. 60925

– Le salarié affecté à un poste ne présentant **pas de risque particulier** bénéficie d'une **visite d'information et de prévention** dans les 3 mois suivant la prise effective du poste (ou préalablement à l'embauche pour les travailleurs de nuit et les jeunes de moins de 18 ans : C. rur. art. R 717-15, II). Cette visite est effectuée par un membre de l'équipe pluridisciplinaire de santé et donne lieu à la délivrance d'une attestation (C. rur. art. R 717-13). L'organisation d'une nouvelle visite d'information et de prévention n'est pas requise lorsque le salarié a bénéficié d'une telle visite dans les 5 ans précédant son embauche (3 ans pour les travailleurs de nuit ou les moins de 18 ans), dès lors qu'il est appelé à occuper un emploi identique présentant des risques d'exposition équivalents et que le médecin du travail est en possession de la dernière attestation de suivi ou du dernier avis d'aptitude (C. rur. art. R 717-14-1).

– Le salarié affecté à un poste présentant des **risques particuliers** pour sa santé ou sa sécurité ou pour celles de ses collègues ou des tiers évoluant dans l'environnement immédiat de travail bénéficie d'un suivi médical renforcé comprenant un **examen médical d'aptitude** réalisé par le médecin du travail avant l'embauche. Cet examen a notamment pour objet de s'assurer que le travailleur est médicalement apte au poste de travail auquel l'employeur envisage de l'affecter (C. rur. art. R 717-16 s.).

Lorsque le salarié a bénéficié d'une visite médicale d'aptitude dans les 2 ans précédant son embauche, l'organisation d'un nouvel examen médical d'aptitude n'est pas requise dès lors qu'il est appelé à occuper un emploi identique présentant des risques d'exposition équivalents et que le médecin du travail intéressé est en possession du dernier avis d'aptitude (C. trav. art. R 717-16-1, IV).

– Un examen médical d'embauche doit être organisé pour les **travailleurs saisonniers** affectés à des emplois présentant des risques particuliers sauf s'ils sont recrutés pour un emploi équivalant à ceux précédemment occupés si aucune inaptitude n'a été reconnue lors du dernier examen médical intervenu au cours des 24 mois précédents. Pour les autres, une visite d'information et de prévention est réalisée s'ils sont recrutés pour une durée au moins égale à 45 jours de travail effectif. Les travailleurs saisonniers recrutés pour une durée inférieure à 45 jours bénéficient d'actions de formation et de prévention organisées par le service de santé au travail. Ces actions peuvent être communes à plusieurs entreprises (C. trav. art. R 717-26-6).

> **Précisions** Les salariés soumis à un **suivi médical renforcé** bénéficient d'une visite médicale dans les meilleurs délais après la cessation de leur exposition au risque ou, le cas échéant, avant leur départ à la retraite, en vue d'établir une traçabilité et un état des lieux, à date, des expositions à un ou plusieurs facteurs de risques professionnels et de mettre en place, si nécessaire, une **surveillance postexposition ou postprofessionnelle** (C. rur. art. R 717-16-3).

60930 **Examens périodiques** Pour les salariés qui ne sont **pas exposés à un risque particulier**, la visite d'information et de prévention initiale doit être renouvelée selon une périodicité qui ne peut excéder 5 ans. Ce délai est fixé par le médecin du travail en fonction des conditions de travail, de l'âge et de l'état de santé du salarié ainsi que des risques auxquels il est exposé (C. rur. art. R 717-14).

Pour les salariés **exposés à un risque particulier**, la périodicité ne peut être supérieure à 4 ans. Une visite intermédiaire est toutefois effectuée par un membre de l'équipe pluridisciplinaire du SSTA au plus tard 2 ans après la visite pratiquée par le médecin (C. rur. art. R 717-16-2).

60932 **Visite médicale de mi-carrière** Les travailleurs bénéficient d'une visite de mi-carrière à une échéance fixée par accord de branche ou, à défaut, durant l'**année civile de leur 45 ans** (ou dans les 2 ans avant leurs 45 ans à l'occasion d'une autre visite médicale). La visite de mi-carrière a pour **objet** de dresser un état des lieux de l'adéquation entre leur poste de travail et leur état de santé et de les sensibiliser aux enjeux du vieillissement au travail et à la prévention des risques professionnels. À la fin de cet examen, le médecin du travail peut proposer des aménagements de poste ou d'horaires de travail (C. trav. art. L 4624-2-2).

60935 **Visites de reprise** L'employeur doit solliciter du médecin du travail une visite médicale de reprise, **dans les 8 jours** suivant cette dernière, pour certains salariés, après une absence pour cause de maladie professionnelle, un congé de maternité, une absence d'au moins 30 jours pour cause d'accident du travail, de maladie ou d'accident non professionnel (C. rur. art. R 717-17-1).

> **Précisions** Le salarié en arrêt de travail depuis plus de 3 mois peut bénéficier d'un examen médical complémentaire pratiqué par le médecin du travail en vue de préparer son retour à l'emploi (C. rur. art. R 717-17). Cette **visite, dite « de préreprise »**, ne dispense pas l'employeur de son obligation d'organiser la visite de reprise (Cass. soc. 12-11-1997 n°s 94-43.839 P et 94-40.912 PBR : RJS 12/97 n° 1359).

CHAPITRE 8

REPRÉSENTATION DU PERSONNEL ET DROIT SYNDICAL

SOMMAIRE

SECTION 1

COMITÉ SOCIAL ET ÉCONOMIQUE

SEUILS D'EFFECTIF

La mise en place du CSE est obligatoire dès que l'entreprise atteint le seuil de **11** salariés pendant 12 mois consécutifs (C. trav. art. L 2311-2). À partir de **50** salariés, le fonctionnement et les attributions du CSE sont élargis, l'institution se rapprochant alors des anciens comités d'entreprise. **61200**

> **Précisions** Les salariés des **exploitations** et **entreprises agricoles** employant **moins de 50 salariés** bénéficient d'activités sociales et culturelles gérées par l'association sociale et culturelle paritaire en agriculture (Ascpa). Le financement est assuré par une cotisation de 0,04 % à la charge des seuls employeurs (C. rur. art. L 718-1 ; Accord du 4-12-2012 étendu par arrêté du 4-6-2013 : JO 18). Par ailleurs, des commissions paritaires d'hygiène, de sécurité et des conditions de travail en agriculture sont instituées dans chaque département pour les exploitations et entreprises agricoles **dépourvues de CSE** (C. rur. art. L 717-7 ; Circ. DGFAR 9-11-2006 ; Accord nat. du 16-1-2001).

COMPOSITION DU CSE

Le CSE est composé : **61215**

– du chef d'entreprise, qui **préside** le comité ; il peut être assisté de collaborateurs qui, dans les entreprises de moins de 50 salariés, ne peuvent pas être plus nombreux que les représentants du personnel titulaires (C. trav. art. L 2315-21) et, dans celles d'au moins 50 salariés, ne peuvent pas dépasser 3 (C. trav. art. L 2315-23) ;

– de représentants **élus** par le personnel, dont le nombre varie en fonction de l'effectif de l'entreprise (n° 61520) ;

– le cas échéant, de **représentants syndicaux** : dans les entreprises d'au moins 50 salariés, chaque syndicat représentatif peut désigner un représentant syndical (C. trav. art. L 2314-2), selon les mêmes modalités que celles applicables aux délégués syndicaux, affichage exclu. Dans celles de moins de 300 salariés, le délégué syndical est de droit le représentant syndical au CSE (C. trav. art. L 2143-22).

> **Précisions** Un accord négocié au sein de l'entreprise peut prévoir en outre la mise en place de **représentants de proximité**. Ces représentants sont membres du CSE ou seulement désignés par lui. L'accord fixe le nombre de représentants, leurs modalités de désignation, leurs moyens (en particulier, crédit d'heures) et leurs attributions, notamment en matière de santé, de sécurité et de conditions de travail (C. trav. art. L 2313-7).

STATUT DES REPRÉSENTANTS DU PERSONNEL

61216 **Crédit d'heures** L'employeur doit laisser aux membres du CSE le temps nécessaire à l'exercice de leurs fonctions, dans la limite maximale d'un **nombre** mensuel d'heures, variable selon l'effectif de l'entreprise ou de ses structures considérées comme établissements distincts : 10 heures par élu **titulaire** jusqu'à 49 salariés ; 18 heures entre 50 et 74 salariés ; 19 heures entre 75 et 99 salariés et 21 heures de 100 à 199 salariés, etc. (C. trav. art. R 2314-1).
Le crédit d'heures, qui peut être dépassé en cas de **circonstances exceptionnelles** (grève ou licenciement collectif, par exemple), est, en fait, plus important dans la mesure où le **temps passé en réunion** avec l'employeur n'en est pas déduit.

> **Précisions a.** Le **protocole préélectoral** peut prévoir un nombre d'heures de délégation différent (C. trav. art. L 2314-7).
b. Le crédit d'heures de délégation peut être **annualisé ou réparti entre les membres** titulaires et suppléants du CSE (C. trav. art. L 2315-9). Toutefois, un élu ne peut disposer, sur un mois, de plus d'une fois et demie le crédit d'heures mensuel d'un titulaire. L'employeur doit être informé 8 jours avant l'utilisation des heures annualisées ou mutualisées (C. trav. art. R 2315-5 s.).
c. L'employeur, qui ne peut imposer une **autorisation** préalable à l'utilisation des heures de délégation, est en droit de prendre les dispositions nécessaires pour être **tenu au courant** des déplacements et de leur durée probable.
L'usage du crédit d'heures peut être précédé d'un **délai de prévenance**, voire soumis à l'emploi de **bons de délégation**. Cet emploi, qui ne peut résulter d'une décision unilatérale de l'employeur, oblige simplement le salarié à prévenir de son absence et non à en faire connaître les motifs (Cass. soc. 10-5-2006 n° 05-40.802 : RJS 7/06 n° 855).
d. Le temps passé par les titulaires d'un mandat à l'exercice de leurs fonctions, lorsqu'il reste dans la limite du crédit d'heures légal, est de plein droit considéré comme temps de travail et **payé** à l'échéance normale.

61217 **Liberté de circulation** Les représentants du personnel (C. trav. art. L 2315-14) :
– peuvent **se déplacer librement** en dehors de l'entreprise pendant les heures de délégation pour l'exercice de leur mission ; ils peuvent se déplacer dans l'entreprise, tant durant les heures de délégation qu'en dehors de leurs heures habituelles de travail ;
– peuvent prendre **tous contacts** nécessaires à l'accomplissement de leur mission, notamment auprès d'un salarié à son poste de travail, sous réserve de ne pas apporter de gêne importante à l'accomplissement du travail des salariés.

61218 **Protection** Le fait de porter atteinte à la constitution ou à la libre désignation des représentants du personnel constitue le **délit d'entrave** passible d'un emprisonnement d'un an au plus et/ou d'une amende de 7 500 € au plus. Le délit est aussi retenu lorsque l'employeur empêche l'exercice régulier de leurs fonctions ; il est alors passible d'une amende de 7 500 € maximum, mais pas d'emprisonnement (C. trav. art. L 2317-1).
Pour favoriser l'**exercice de leur mandat**, les représentants bénéficient d'entretiens spécifiques en début et, pour certains, en fin de mandat. Une garantie d'évolution de la rémunération est accordée à ceux qui consacrent plus de 30 % de leur temps de travail aux heures de délégation (C. trav. art. L 2141-5).
Par ailleurs, les représentants ne peuvent être **licenciés** qu'après avis du CSE et autorisation de l'inspecteur du travail. Cette protection concerne les candidats à l'élection, ainsi que les représentants élus pendant la durée de leur mandat et les 6 mois qui suivent la fin du mandat. Elle doit être mise en œuvre chaque fois que l'employeur prend l'initiative de rompre le contrat de travail du délégué (licenciement, mais aussi mise à la retraite, fin anticipée de CDD, etc.) mais aussi en cas de rupture conventionnelle.

ÉLECTION DES REPRÉSENTANTS DU PERSONNEL

61220 Les membres du CSE sont en principe élus pour une **durée** de 4 ans, un accord collectif pouvant, cependant, fixer une durée de mandat comprise entre 2 et 4 ans (C. trav. art. L 2314-33 et L 2314-34). Sauf dans les entreprises de moins de 50 salariés ou dans celles employant entre 50 et 300 salariés, si le protocole préélectoral en dispose autrement, le **nombre de mandats** est limité à 3 (C. trav. art. L 2314-33).
L'**initiative** des élections incombe à l'employeur. Il doit informer le personnel de leur organisation et inviter les organisations syndicales à établir leur liste de candidats au premier tour et à négocier un protocole d'accord préélectoral, qui porte, notamment, sur la répartition du personnel dans les collèges électoraux et la répartition des sièges entre les différentes catégories,

ainsi que sur les modalités de déroulement des opérations électorales et d'organisation du scrutin. Cette invitation doit être faite 2 mois avant l'expiration des mandats en cours, le délai entre l'invitation à négocier le protocole préélectoral et la date de la première réunion étant de 15 jours (C. trav. art. L 2314-5). La **proportion de femmes et d'hommes** parmi les candidats aux élections professionnelles doit refléter celle des salariés inscrits sur les listes électorales (C. trav. art. L 2314-30).
La **date** du scrutin est en principe fixée par le protocole préélectoral, le premier tour devant intervenir dans les 90 jours qui suivent l'information du personnel (C. trav. art. L 2314-4).

Sont **électeurs** les salariés de 16 ans accomplis, travaillant depuis au moins 3 mois dans l'entre- **61222**
prise et n'ayant fait l'objet d'aucune interdiction, déchéance ou incapacité relatives à leurs droits civiques (C. trav. art. L 2314-18). Des règles spécifiques sont prévues pour le travail temporaire ou le portage salarial (C. trav. art. L 2314-20 s.).
Sont **éligibles** les électeurs de 18 ans accomplis, ayant travaillé dans l'entreprise sans interruption depuis un an au moins, à l'**exception** des conjoint, partenaire d'un Pacs, concubin, ascendant, descendant, frère ou sœur ou allié au même degré de l'employeur et des salariés qui disposent d'une délégation écrite particulière d'autorité leur permettant d'être assimilés au chef d'entreprise ou qui le représentent effectivement devant le CSE (C. trav. art. L 2314-19).

L'employeur peut mettre en place un procédé de **vote électronique** et en fixer lui-même les **61224**
modalités (C. trav. art. R 2314-5).
Les élections se font au **scrutin de liste à deux tours** avec représentation proportionnelle à la plus forte moyenne. **Au premier tour**, les candidatures sont présentées par (C. trav. art. L 2314-29) :
– les organisations syndicales reconnues représentatives dans l'entreprise ou l'établissement ;
– les syndicats affiliés à une organisation syndicale représentative au niveau national et interprofessionnel ;
– les organisations syndicales qui satisfont aux critères de respect des valeurs républicaines et d'indépendance, légalement constituées depuis au moins 2 ans et dont le champ professionnel et géographique couvre l'entreprise ou l'établissement.
Un **second tour** doit être organisé dans les 15 jours qui suivent le premier en cas d'absence de quorum, d'absence totale ou partielle de candidature, ou de vacance partielle des sièges à l'issue du premier tour. Les candidatures y sont libres.
On procède à des votes séparés pour les titulaires et suppléants dans chacun des collèges.
Les **résultats** des élections sont proclamés par le bureau de vote et consignés dans un procès-verbal d'élection qui est transmis par l'employeur à l'inspection du travail en double exemplaire et à l'organisme chargé de collecter les résultats d'élection pour établir la représentativité des syndicats : CTEP, TSA 92315, 62971 Arras Cedex 9. Lorsque l'**institution** n'a **pas été mise en place ou renouvelée** (absence de candidature ou de quorum au premier tour et absence de candidature au second), un procès-verbal de **carence** est établi. Ce document est porté à la connaissance des salariés et transmis à l'inspection du travail et à l'organisme chargé de la collecte des résultats (C. trav. art. L 2314-9).

> **Précisions a.** Dans les entreprises comprenant entre 11 et 20 salariés, lorsque **aucun salarié ne se porte candidat** aux élections dans les 30 jours suivant l'information du personnel, l'employeur n'est pas tenu d'inviter les syndicats à négocier l'accord (C. trav. art. L 2314-5). Il doit abandonner le processus électoral et établir un procès-verbal de carence.

b. Pour la **négociation du protocole préélectoral**, il convient d'inviter les syndicats reconnus représentatifs dans l'entreprise ou l'établissement, les syndicats affiliés à une organisation syndicale représentative au niveau national et interprofessionnel ainsi que les organisations syndicales qui satisfont aux critères de respect des valeurs républicaines et d'indépendance, légalement constituées depuis au moins 2 ans et dont le champ professionnel et géographique couvre l'entreprise ou l'établissement.

c. En principe, les membres de la délégation sont élus par le **collège électoral** des ouvriers/employés et par le collège des ingénieurs, chefs de service, techniciens, agents de maîtrise et assimilés, la mise en place d'un collège supplémentaire des cadres s'imposant dans certains cas. Par exception, dans les établissements ou les entreprises n'élisant qu'un titulaire et un suppléant, il est mis en place un collège électoral unique regroupant l'ensemble des catégories professionnelles (C. trav. art. L 2314-11, al. 6).

d. Le premier tour ne doit être pris en compte que si le **quorum** est atteint, c'est-à-dire si le nombre de votants est au moins égal à la moitié des électeurs inscrits. Les votes doivent cependant dans tous les cas faire l'objet d'un dépouillement complet afin de pouvoir mesurer l'audience syndicale, nécessaire à l'appréciation de la représentativité.

e. Les **salariés mis à disposition** dans l'entreprise y sont électeurs à la condition d'être présents dans ses locaux, d'y travailler depuis au moins 12 mois continus et d'avoir choisi d'y exercer leur droit de vote (C. trav. art. L 2314-23). En revanche, il n'y sont pas éligibles.

FONCTIONNEMENT DU CSE

61230 **Entreprises employant moins de 50 salariés** Les **réunions** entre l'employeur et les membres titulaires de la délégation du personnel du CSE sont organisées soit à l'initiative de l'employeur, soit à la demande des élus (C. trav. art. L 2315-21) :
- sur invitation de l'employeur ; elles sont collectives et au moins mensuelles ;
- à la demande des élus ; ils sont reçus soit collectivement, en cas d'urgence, soit individuellement, par catégorie, atelier, service ou spécialité professionnelle selon les questions qu'ils ont à traiter.

Sauf circonstances exceptionnelles, ils remettent au chef d'établissement, 2 jours ouvrables avant la réunion, une note écrite sur l'objet de leurs **demandes**. L'employeur fait une réponse écrite et motivée dans les 6 jours ouvrables suivant la réunion.

Demandes et réponses sont transcrites sur un **registre spécial** tenu à la disposition des salariés de l'établissement, sous certaines conditions, de l'inspection du travail et des délégués eux-mêmes (C. trav. art. L 2315-22). Sauf convention ou usage contraire, la rédaction d'un procès-verbal de réunion est facultative.

Le **refus de recevoir** les membres du CSE constitue un délit d'entrave. Il en va de même si l'employeur néglige l'organisation des réunions, y compris si l'entreprise ne compte qu'un seul représentant du personnel (Cass. crim. 25-9-2007 n° 06-84.599 F-PFI : RJS 12/07 n° 1304).

61231 Outre le crédit d'heures et la liberté de circulation dont ils bénéficient, les élus au CSE :
- doivent disposer, sauf circonstances insurmontables, d'un **local**, notamment pour se réunir (local différent de celui mis à disposition des sections syndicales) ;
- ont le droit d'**affichage** sur un panneau qui leur est réservé ;
- peuvent distribuer des **tracts** à condition que leur distribution n'apporte ni trouble dans l'entreprise ni perturbation dans le travail.

ATTENTION

Le CSE des entreprises de moins de 50 salariés **n'a pas** la personnalité civile, ce qui lui interdit d'agir en justice. Il ne dispose pas non plus de budget ni de règlement intérieur, de secrétaire ou de trésorier.

61235 **Entreprises employant au moins 50 salariés** Lorsque l'effectif de l'entreprise atteint 50 salariés, le fonctionnement du CSE se rapproche de celui de l'ancien comité d'entreprise.

Le CSE est doté de la **personnalité** civile. Il gère son patrimoine et peut agir en justice (C. trav. art. L 2315-23). Il peut embaucher des salariés pour les besoins de sa mission.

Lors de sa première réunion, le comité désigne un **secrétaire** et un **trésorier** parmi ses membres titulaires.

Dans les entreprises ou établissements distincts d'au moins 300 salariés, le CSE met obligatoirement en place une **commission santé, sécurité et conditions de travail** (C. trav. art. L 2315-36 s.). Cette commission est également obligatoire, sans condition d'effectif, dans certains établissements à risques ou si l'inspecteur du travail l'estime nécessaire compte tenu de la nature des activités, de l'agencement et de l'équipement des locaux.

Sauf accord collectif en décidant autrement, d'**autres commissions** sont créées, notamment une commission de la formation, une commission d'information et d'aide au logement, et une commission de l'égalité professionnelle.

Le CSE établit un **règlement intérieur** déterminant les modalités de son fonctionnement et de ses rapports avec les salariés de l'entreprise.

Le CSE peut recourir à des **expertises**, dont certaines sont financées exclusivement par l'employeur.

La **subvention de fonctionnement** du CSE versée par l'employeur est fixée à 0,20 % de la masse salariale (à 0,22 % pour les employeurs d'au moins 2 000 salariés). Ce pourcentage est calculé à partir de la somme des gains et rémunérations soumis à cotisations de sécurité sociale, à l'exception de celles versées à l'occasion de la rupture des contrats de travail à durée indéterminée. Le montant de la **contribution aux activités sociales et culturelles** est déterminé par un accord, à défaut par le Code du travail (C. trav. art. L 2312-81). Le montant retenu dans l'accord peut être inférieur à celui prévu par le Code du travail.

Concernant les **réunions du comité**, il faut distinguer entre règles d'ordre public auxquelles on ne peut déroger, règles fixant les domaines ouverts à la négociation et règles supplétives, applicables à défaut d'accord. Le **nombre** de réunions annuelles est fixé par accord. À défaut, il est de 12 dans les entreprises d'au moins 300 salariés, 6 dans les plus petites, soit une réunion tous les mois ou tous les 2 mois (C. trav. art. L 2315-28). Les membres du CSE peuvent demander une réunion mensuelle supplémentaire. Quatre réunions sont obligatoirement consacrées en tout ou partie à la santé, à la sécurité et aux conditions de travail ; des réunions sur ce thème doivent aussi avoir lieu en cas d'événement ou d'accident grave, ou de demande motivée d'au moins 2 membres du comité (C. trav. art. L 2315-27). 61236

L'employeur doit **convoquer** tous les membres du comité (titulaires, suppléants et représentants syndicaux), sous peine de commettre un délit d'entrave. Un suppléant n'assiste aux réunions qu'en l'absence du titulaire (C. trav. art. L 2314-1).

L'**ordre du jour** est arrêté conjointement par le dirigeant de l'entreprise et le secrétaire et communiqué par l'employeur au moins 3 jours avant la séance (par dérogation, les consultations obligatoires sont inscrites de plein droit par l'un ou l'autre).

Le président et les membres élus présents ont le **droit de vote**, le président ne participant pas au vote lorsqu'il consulte les membres élus en tant que délégation du personnel. Le comité prend ses résolutions à la majorité des membres présents.

Les délibérations du comité sont consignées dans un **procès-verbal** établi par le secrétaire et obligatoirement communiqué aux membres du comité et au chef d'entreprise, puis diffusé dans celle-ci (C. trav. art. L 2315-34). Les modalités d'établissement du procès-verbal sont fixées par un accord collectif, à défaut, par l'article D 2315-26 du Code du travail.

ATTRIBUTIONS DU CSE

Le rôle du comité social et économique varie en fonction de l'effectif. Le **passage** d'un CSE à attributions réduites à un CSE à attributions étendues s'effectue lorsque l'effectif atteint, pendant 12 mois consécutifs, le seuil de 50 salariés. Cependant, un délai d'un an supplémentaire est laissé à l'employeur pour consulter de façon récurrente le comité. Si, à l'expiration de ce délai d'un an, le mandat du comité restant à courir est inférieur à une année, ce délai court à compter de son renouvellement (C. trav. art. L 2312-2). 61240

Attributions réduites en cas d'effectif inférieur à 50 salariés Dans les entreprises de moins de 50 salariés, le CSE a pour mission de présenter les **réclamations** individuelles et collectives relatives aux salaires, à l'application du Code du travail et des autres dispositions légales concernant notamment la protection sociale, ainsi que des conventions et accords collectifs applicables dans l'entreprise (C. trav. art. L 2312-5). 61242

Il contribue à **promouvoir** la santé, sécurité et les conditions de travail dans l'entreprise et réalise des **enquêtes** en matière d'accident de travail ou de maladies professionnelles (C. trav. art. L 2312-5).

Un droit d'**alerte** lui est donné en cas d'atteinte aux droits des personnes, à leur santé physique ou mentale ou aux libertés individuelles, en situation de danger grave et imminent ainsi qu'en matière de santé publique ou d'environnement.

Il peut **saisir** l'inspecteur du travail, dispose d'un **droit d'accès** au registre du personnel et aux documents nécessaires au décompte du temps de travail. Il doit être **consulté** par l'employeur en cas de licenciement collectif pour motif économique.

Attributions étendues à partir de 50 salariés Dans les entreprises comprenant au moins 50 salariés, le CSE exerce en premier lieu les attributions prévues pour les entreprises plus petites (C. trav. art. L 2312-8 ; n° 61242). S'y ajoutent d'autres attributions, dont un grand nombre étaient dévolues auparavant au CE ou au CHSCT. 61244

À noter que ces missions peuvent être **étendues par accord** collectif de travail ou usage (C. trav. art. L 2312-4).

Le CSE a pour mission d'assurer une expression collective des salariés permettant la prise en compte permanente de leurs intérêts dans les décisions relatives à la gestion et à l'évolution économique et financière de l'entreprise, à l'organisation du travail, à la formation professionnelle et aux techniques de production, notamment au regard des conséquences environnementales de ces décisions. Il est informé et **consulté** par l'employeur sur les questions intéressant l'organisation, la gestion et la marche générale de l'entreprise, une liste non exhaustive de thématiques étant fournie par le Code du travail (C. trav. art. L 2312-8). Les modalités d'information et de consultation peuvent être définies par un accord collectif (C. trav. art. L 2312-19). 61245

Deux types de consultations doivent être menées. Des consultations **récurrentes** doivent être organisées sur la stratégie, la situation économique et financière et sur la politique sociale, dont la périodicité ne peut excéder 3 ans. Dans les entreprises d'au moins 300 salariés, des informations trimestrielles doivent être délivrées aux élus sur ces thématiques. L'accord organisant ces consultations peut les regrouper en une seule.
Des consultations **ponctuelles** supplémentaires sont réalisées pour certains événements de la vie de l'entreprise (C. trav. art. L 2312-37) : restructuration (avec ou sans licenciement), modification de l'organisation économique ou juridique de l'entreprise (transmission d'entreprise, par exemple), mesures impactant les conditions d'emploi et de travail ou introduction de nouvelles technologies. Les cas de consultation sont obligatoires et ne peuvent être modifiés par un accord collectif. Mais leurs modalités peuvent être aménagées par des négociations au sein de l'entreprise.

61246 La consultation doit **précéder** les décisions de l'employeur (C. trav. art. L 2312-14) et permettre au CSE d'émettre des **avis** et des vœux au sujet desquels l'employeur doit rendre compte, en le motivant, de la suite qui leur est donnée (C. trav. art. L 2312-15).
Le CSE dispose d'un **délai** d'examen suffisant, dont la durée est fixée par accord ou par décret. Il n'existe pas de délai minimal ; cependant le délai laissé au comité doit lui permettre d'exercer utilement sa compétence, en fonction de la nature et de l'importance des questions qui lui sont soumises (C. trav. art. L 2312-16). À défaut d'accord, le délai est d'un mois en principe, 2 mois en cas d'intervention d'un expert, 3 mois si la consultation implique un CSE central et des CSE d'établissement et qu'une expertise est demandée (C. trav. art. R 2312-6).
À défaut d'avis donné dans le délai imparti, le CSE est réputé avoir rendu un avis négatif.

61247 L'employeur doit fournir des **informations** précises et écrites aux membres du comité. Pour les consultations récurrentes (et, si un accord le prévoit, pour les consultations ponctuelles), ces informations sont mises à disposition via une base de données économiques, sociales et environnementales (BDESE). Son contenu et ses modalités peuvent être définis par accord collectif (C. trav. art. L 2312-21). Il est toutefois imposé que les informations contenues permettent au comité d'exercer ses missions, une liste impérative de 10 thèmes étant donnée.
Attention : les délais des consultations récurrentes du CSE ne courent qu'à compter de la communication des documents nécessaires à l'information des élus dans la **BDESE** (Cass. soc. 28-3-2018 n° 17-13.081 FS-PB : RJS 6/18 n° 426).

61248 Les **autres missions spécifiques** du CSE à attributions étendues sont les suivantes :
– en matière de santé, de sécurité et de conditions de travail, il analyse les risques, propose des actions de prévention, facilite l'accès à tous les emplois des femmes et des personnes handicapées, peut proposer des actions de prévention du harcèlement moral, du harcèlement sexuel et des agissements sexistes (C. trav. art. L 2312-5 et L 2312-9) ;
– déclenchement de procédures d'alerte lorsqu'ils ont connaissance d'un danger grave ou imminent pour les salariés ou de faits préoccupants en matière de santé publique et d'environnement ou en matière économique et sociale (C. trav. art. L 2312-60 s.) ;
– gestion des activités sociales et culturelles établies dans l'entreprise (C. trav. art. L 2312-78 s.).

61249 Le CSE peut se voir reconnaître des attributions supplémentaires ; il devient dans ce cas un **conseil d'entreprise**. Sa création nécessite la conclusion soit d'un accord majoritaire à durée indéterminée dans les conditions prévues à l'article L 2232-12 du Code du travail, soit d'un accord de branche étendu pour les entreprises dépourvues de délégué syndical (C. trav. art. L 2321-2).
Le conseil est constitué des membres du CSE et des délégués syndicaux.
Outre les attributions classiques du CSE, il est compétent pour négocier et conclure les accords d'entreprise (C. trav. art. L 2321-1). Il dispose d'un droit de veto sur certains sujets, notamment sur la formation des salariés.

SECTION 2 DROIT SYNDICAL

REPRÉSENTATIVITÉ SYNDICALE

61450 Est représentative l'organisation syndicale qui satisfait aux **critères cumulatifs** suivants (C. trav. art. L 2121-1) : le respect des valeurs républicaines (celles-ci étant présumées : Cass. soc. 8-7-2009

n° 08-60.599 : RJS 10/09 n° 810) ; l'indépendance ; la transparence financière ; une ancienneté minimale de 2 ans dans le champ professionnel et géographique couvrant le niveau de négociation (cette ancienneté s'apprécie à compter de la date de dépôt légal des statuts) ; l'audience ; l'influence, prioritairement caractérisée par l'activité et l'expérience ; les effectifs d'adhérents et les cotisations.
Le critère de l'**audience** est rempli lorsque le syndicat a recueilli au moins 10 % des suffrages exprimés (hors blancs et nuls) au premier tour des dernières élections des titulaires du CSE, quel que soit le nombre de votants (C. trav. art. L 2122-1). Cette condition confère à la représentativité un caractère temporaire : elle peut être remise en cause à chaque échéance électorale.

SECTIONS SYNDICALES

Dans toute entreprise, quel que soit son effectif, chaque syndicat peut constituer une section syndicale. 61500
Les sections syndicales peuvent **collecter les cotisations** syndicales à l'intérieur de l'entreprise, **afficher** des communications syndicales sur les **panneaux** qui leur sont réservés, **diffuser** des publications et tracts à l'entrée et à la sortie du travail, **réunir leurs adhérents** dans l'enceinte de l'entreprise, une fois par mois, en dehors des heures et des locaux de travail.

> **Précisions** Peuvent constituer une section syndicale, dès lors qu'ils ont **plusieurs adhérents** dans l'entreprise ou l'établissement, les **syndicats** qui y sont représentatifs, ceux affiliés à une organisation syndicale représentative au niveau national et interprofessionnel et ceux dont le champ professionnel et géographique couvre l'entreprise concernée, qui sont légalement constitués depuis au moins 2 ans et satisfont aux critères de respect des valeurs républicaines et d'indépendance.
> Les syndicats qui ont constitué une section syndicale au sein de l'entreprise ou de l'établissement d'au moins 50 salariés peuvent, s'ils ne sont pas représentatifs dans l'entreprise ou l'établissement, désigner un **représentant de la section** pour les représenter. Le représentant bénéficie de la même protection et des mêmes prérogatives que les délégués syndicaux (voir n° 61515), à l'exception du pouvoir de négocier des accords collectifs. Il dispose d'un crédit mensuel de 4 heures de délégation.

DÉLÉGUÉS SYNDICAUX

Dans les entreprises ou établissements d'**au moins 50 salariés**, chaque syndicat peut désigner un délégué syndical. **Pour être désigné** délégué syndical, il faut avoir au moins 18 ans et travailler dans l'entreprise depuis au moins un an, que cette durée soit continue ou non. En principe, le délégué syndical doit être choisi parmi les candidats aux dernières élections professionnelles ayant individuellement recueilli au moins 10 % des suffrages exprimés au premier tour (C. trav. art. L 2143-3). 61510
La désignation du ou des délégués est portée à la connaissance du chef d'entreprise par **lettre recommandée** avec demande d'avis de réception. Elle fait l'objet d'un **affichage** dans l'entreprise sur les panneaux réservés aux communications syndicales et peut être contestée dans les 15 jours devant le tribunal judiciaire.
Dans les entreprises de **moins de 50 salariés**, un membre élu du CSE peut être désigné par son syndicat pour **faire fonction de délégué syndical** pendant la durée de son mandat. Il dispose alors pour l'accomplissement de ces deux fonctions de son seul crédit d'heures de représentant du personnel (C. trav. art. L 2143-6).
Sauf révocation par le syndicat, le mandat de délégué syndical **prend fin** automatiquement lors du renouvellement de l'institution représentative du personnel dont l'élection précédente avait permis de reconnaître la représentativité de son organisation syndicale (C. trav. art. L 2143-11). Si le résultat de l'élection confirme cette représentativité, il peut être à nouveau désigné.

Mission Les délégués syndicaux ont principalement pour mission de représenter le syndicat auprès du chef d'entreprise, ce qui recouvre des **fonctions revendicatives** et la **négociation** des accords d'entreprise. Ils peuvent **se déplacer** dans et hors de l'entreprise comme les autres représentants du personnel (n° 61217). 61515
Ils bénéficient d'un **crédit d'heures** rémunérées de 12 heures par mois dans les entreprises de 50 à 150 salariés, 18 heures dans celles de 151 à 499 salariés, 24 heures au moins au-delà. Par ailleurs, ils ne peuvent pas être **licenciés** sans autorisation de l'inspecteur du travail.

> **Précisions** Les organisations syndicales présentes dans la **chambre d'agriculture** peuvent mettre à disposition, sous certaines conditions, des publications et tracts sur un site syndical accessible à partir de l'intranet de l'entreprise, lorsqu'il existe.

SECTION 3

NOMBRE DE REPRÉSENTANTS DU PERSONNEL

61520 Pour chaque institution, le nombre de représentants à élire ou à désigner varie en fonction de l'effectif de l'entreprise. Pour les entreprises dont l'effectif dépasse 500 salariés, se reporter au Mémento social.

Effectif (entreprise ou établissement distinct)[1]	Comité social et économique[2]	Délégués syndicaux	Délégués syndicaux centraux[4]	Représentant syndical auprès du comité[5]
Moins de 11	-	-	-	-
De 11 à 24	1	–[3]	-	-
De 25 à 49	2	–[3]	-	-
De 50 à 74	4	1	1	1
De 75 à 99	5	1	1	1
De 100 à 124	6	1	1	1
De 125 à 149	7	1	1	1
De 150 à 174	8	1	1	1
De 175 à 199	9	1	1	1
De 200 à 249	10	1	1	1
De 250 à 299	11	1	1	1
De 300 à 399	11	1	1	1
De 400 à 499	12	1	1	1

1. L'effectif à prendre en compte est, selon le niveau de mise en place de l'institution, soit l'entreprise en tant qu'entité, soit l'établissement distinct.
2. Le nombre indiqué représente le nombre de titulaires. À ce nombre s'ajoute un nombre équivalent de suppléants.
3. Les membres du CSE peuvent être désignés comme délégués syndicaux.
4. Uniquement dans les entreprises comportant au moins deux établissements d'au moins 50 salariés chacun. Si l'effectif de l'entreprise est inférieur à 2 000, le délégué syndical doit être choisi parmi les délégués syndicaux d'établissement.
5. Si l'effectif de l'entreprise est inférieur à 300, cette fonction est remplie par le délégué syndical.

CHAPITRE 9 CONFLITS DU TRAVAIL

SOMMAIRE

CONFLITS COLLECTIFS

Le conflit collectif du travail est un différend dans lequel l'une des parties au moins est une collectivité (personnel d'une entreprise, syndicat, etc.) et dans lequel des **intérêts communs** sont en jeu. Le conflit collectif se caractérise généralement par la présentation de **revendications d'ordre professionnel**. **61800**

Pour faire aboutir ces revendications, les salariés bénéficient du droit de **grève** reconnu par la Constitution. L'employeur n'est pas tenu de verser de salaire aux travailleurs en grève. Sauf faute lourde du salarié, la grève ne peut justifier la rupture du contrat de travail (C. trav. art. L 2511-1).

Il existe trois **procédures de règlement** des conflits collectifs :

– la **conciliation**, aboutissant à un accord entre les parties ou, en cas d'échec, à un procès-verbal de non-conciliation. La conciliation peut intervenir avec l'aide d'une commission de conciliation composée de représentants des partenaires sociaux au niveau régional ou national (C. rur. art. L 718-8 et R 718-9 s. ; C. trav. art. R 2522-1 s.) ;

– l'**arbitrage**, qui ne peut être mis en œuvre que si les parties en conflit acceptent de choisir un arbitre. La sentence arbitrale a les mêmes effets qu'un accord collectif du travail ;

– la **médiation**, qui consiste à recourir à un médiateur choisi par les parties ou désigné par l'administration (C. rur. art. R 718-10 ; C. trav. art. R 2523-1 s.). Le médiateur propose des recommandations que les parties en conflit peuvent refuser.

CONFLITS INDIVIDUELS

Les litiges individuels nés de l'application ou de la rupture du contrat de travail sont de la compétence du **conseil de prud'hommes** (C. trav. art. L 1411-1 s.). Le conseil de prud'hommes est un tribunal composé paritairement par des conseillers prud'homaux désignés par des organisations représentatives d'employeurs et de salariés. **61810**

En ce qui concerne les salariés agricoles, les conflits sont portés soit devant la section de l'agriculture du conseil de prud'hommes, soit, dans le cas des cadres, devant la section de l'encadrement.

La **saisine** du conseil de prud'hommes s'effectue par la formulation d'une demande au secrétariat-greffe du conseil.

La **procédure** se déroule en deux temps. Les parties sont tout d'abord convoquées devant un **bureau de conciliation et d'orientation**. En cas d'échec de la conciliation, les parties sont convoquées devant le **bureau de jugement**. Ce bureau statue en dernier ressort (c'est-à-dire sans possibilité d'appel) lorsque le chiffre de la demande n'excède pas 5 000 €. Lorsque la demande excède cette somme, le jugement peut être porté devant la **cour d'appel**. Le jugement en dernier ressort ou l'arrêt de la cour d'appel peuvent faire l'objet d'un pourvoi devant la Cour de **cassation**.

Les parties peuvent se faire **assister** devant le conseil de prud'hommes soit par un avocat, soit par leur conjoint, partenaire de Pacs ou concubin, soit par un salarié ou un employeur appartenant à la même branche d'activité ou par un défenseur syndical. En cas d'absence et à certaines conditions, les parties peuvent se faire **représenter** par l'une de ces personnes. La représentation est obligatoire devant la cour d'appel (défenseur syndical ou avocat).

> **Précisions** En cas d'urgence, il existe au sein de chaque conseil de prud'hommes une formation de **référé** qui peut (C. trav. art. R 1455-5 s.) :
> – ordonner toutes mesures qui ne se heurtent à aucune contestation sérieuse (délivrer un certificat de travail ou l'attestation France Travail, par exemple) ;
> – prescrire des mesures conservatoires ou de remise en état pour prévenir un dommage ou faire cesser un trouble illicite ;
> – et, si l'obligation n'est pas sérieusement contestable, accorder une provision au créancier.
> Les décisions de référé sont provisoires et immédiatement exécutoires.

PARTIE 3

Comptabilité agricole

CADRE RÉGLEMENTAIRE

Le **plan comptable général** (PCG), adopté par l'Autorité des normes comptables (ANC) le 5 juin 2014 (Règl. ANC 2014-03) et homologué par arrêté ministériel du 8 septembre 2014 (JO 15-10-2014), constitue la référence pour l'élaboration des comptes annuels de toutes les entités tenues d'établir des comptes. Ses dispositions s'appliquent à toute personne physique ou morale soumise à l'obligation légale d'établir des comptes annuels comprenant le bilan, le compte de résultat et une annexe, sous réserve des **dispositions** qui leur sont **spécifiques** (PCG art. 111-1). Il est donc applicable à toutes les entreprises industrielles et commerciales, ainsi qu'à toute structure quels que soient l'objet social ou la forme juridique dès lors qu'il existe une obligation légale d'établir des comptes annuels. En conséquence, des états financiers qui ne respecteraient pas cette réglementation ne pourraient être qualifiés de comptes et donc être présentés et publiés en tant que tels. Depuis le 1er janvier 2021, le Plan comptable général agricole (PCGA) est abrogé, le PCG étant le règlement comptable de référence. Le règlement ANC 2014-03 a, depuis son homologation, été modifié par différents règlements. 64000

Le **règlement ANC 2019-01 du 8 février 2019**, homologué par arrêté du 26 décembre 2019 (JO 30), a modifié le règlement ANC 2014-03 relatif au PCG concernant les **opérations relatives à l'activité agricole**. Ce règlement a adapté les définitions et modèles d'états financiers du PCG aux exploitations agricoles. Il est applicable pour toutes les activités agricoles, quelle que soit l'activité principale de l'entité.

Le **règlement ANC 2020-03** du 3 juillet 2020 (homologué par arrêté du 29-12-2020 : JO 31), concernant les opérations relatives à l'activité agricole, a modifié le règlement ANC 2014-03 relatif au PCG. Il s'applique à la comptabilisation d'actifs liés à une activité agricole, telle que définie à l'article L. 311-1, alinéa 1 du Code rural et de la pêche maritime (PCG art. 618-7).

Le **règlement ANC 2020-04** du 3 juillet 2020 (homologué par arrêté du 29 décembre 2020 : JO 31) concerne les **comptes annuels des exploitations agricoles**. Entrent notamment dans le champ d'application de ce règlement les **sociétés commerciales** ayant comme activité principale une activité agricole. La reddition des comptes des sociétés civiles prévue à l'article 1856 du Code civil n'est, en revanche, pas concernée par ce règlement (Règl. 2020-04 art. 111-1).

Les **sociétés coopératives agricoles** et **unions de coopératives agricoles** doivent (C. rur. art. L 524-6), quelle que soit leur taille, tenir une comptabilité conforme aux principes et méthodes définis aux articles L 123-12 à L 123-22 du Code de commerce. Le collège de l'ANC a adopté le **règlement ANC 2021-01** du 7 mai 2021 relatif aux comptes annuels des coopératives agricoles et de leurs unions. Homologué par arrêté du 22 novembre 2021, il a abrogé l'arrêté du 2 juillet 1986 relatif au plan comptable particulier des sociétés coopératives agricoles et des unions de coopératives agricoles. Sous réserve des dispositions spécifiques du règlement ANC 2021-01, les coopératives agricoles et leurs unions appliquent le PCG.

64005 Le **règlement ANC 2022-06** du 4 novembre 2022 (homologué par arrêté du 26-12-2023, JO 30) modifie le plan comptable général en vue d'apporter une **modernisation des états financiers et de la nomenclature des comptes**. Les **principaux changements** portent sur :
– une nouvelle définition et présentation du résultat exceptionnel ;
– la suppression de la technique des transferts de charges ;
– une modernisation et une simplification du plan de comptes, des modèles d'états financiers et une nouvelle présentation des informations en annexe.
Ce règlement s'applique de façon obligatoire aux **exercices ouverts à compter du 1er janvier 2025** ; il peut être appliqué par anticipation à compter de sa date de publication au Journal officiel.

CHAPITRE 1

RÈGLES COMPTABLES APPLICABLES AUX ACTIVITÉS AGRICOLES

SOMMAIRE

SECTION 1

EXPLOITATION AGRICOLE : PRINCIPES ET RÈGLES COMPTABLES

A. Objet et principes de la comptabilité

PRINCIPES GÉNÉRAUX ET MÉTHODES COMPTABLES

Principes applicables Les dispositions du plan comptable général s'appliquent à toute personne physique ou morale soumise à l'obligation légale d'établir des comptes annuels comprenant le bilan, le compte de résultat et une annexe sous réserve des dispositions qui leur sont spécifiques (PCG art. 111-1). La comptabilité est un système d'organisation de l'information financière permettant de **saisir, classer, enregistrer** des données de base chiffrées et présenter des états reflétant une image fidèle du **patrimoine**, de la **situation financière** et du **résultat** de l'entreprise à la date de clôture (PCG art. 121-1). 64200

La comptabilité permet d'effectuer des comparaisons périodiques et d'apprécier l'évolution de l'entreprise dans une perspective de continuité d'activité (PCG art. 121-2).
Elle doit être établie conformément aux **règles** et **procédures** en vigueur qui sont appliquées avec sincérité afin de traduire la connaissance que les responsables de l'établissement des comptes ont de la réalité et de l'importance relative des événements enregistrés.
Dans le cas exceptionnel où l'application d'une règle comptable se révèle impropre à donner une image fidèle, il y est dérogé. La justification et les conséquences de la dérogation sont mentionnées dans l'annexe (PCG art. 121-3).
La comptabilité est établie sur la base d'**appréciations prudentes**, pour éviter le risque de transfert, sur des périodes à venir, d'incertitudes présentes susceptibles de grever le patrimoine et le résultat de l'entreprise (PCG art. 121-4).
La cohérence et la comparabilité des informations comptables au cours des périodes successives reposent sur la **permanence** des méthodes comptables et de la structure du bilan et du compte de résultat.
Les méthodes de références sont celles considérées comme conduisant à une meilleure information par l'organisme normalisateur. Un changement de méthode dans le but d'adopter une méthode de référence n'a pas à être justifié. L'adoption d'une méthode comptable de référence est irréversible (PCG art. 121-5).

64205 **Choix des méthodes comptables** Les méthodes comptables sont les principes, règles et pratiques spécifiques appliqués par une entité lors de l'établissement de ses comptes annuels.
Le terme « méthode comptable » s'applique :
– aux méthodes d'évaluation et de comptabilisation ;
– aux méthodes de présentation des comptes.
Les méthodes comptables peuvent être :
– explicites : elles résultent d'une disposition spécifique définie par l'ANC ;
– ou implicites : en l'absence de texte, elles résultent d'une pratique conforme aux principes d'établissement des comptes annuels énoncés aux articles 121-1 à 121-5 du PCG.
L'**adoption initiale** d'une méthode comptable résulte d'une décision de l'entité qui n'a pas à être justifiée.
Une entité doit appliquer de manière cohérente et permanente une méthode comptable aux opérations et informations similaires. Les exceptions au principe de permanence des méthodes sont définies aux articles 122-1 et 122-2 du PCG.
Les méthodes comptables considérées par l'ANC comme conduisant à une meilleure information car répondant aux principes généraux des normes de comptabilité privée sont qualifiées de **méthodes de référence**.
Un changement de méthode dans le but d'adopter une méthode de référence n'a pas à être justifié. L'adoption d'une méthode comptable de référence est irréversible (PCG art. 121-5).

64210 Un **changement de méthode** résulte soit d'un changement de réglementation comptable, soit d'un changement de méthode comptable à l'initiative de l'entité. Un changement de **règlementation** s'impose à l'entité et le changement comptable en résultant n'a pas à être justifié (PCG art. 122-1).
Un changement de méthode comptable **à l'initiative de l'entité** n'est possible qu'à la double condition qu'il existe un choix entre plusieurs méthodes comptables conformes aux principes d'établissement des comptes annuels et que le changement de méthode conduise à fournir une meilleure information financière. Le choix peut résulter d'une option prévue par le plan comptable général ou de l'existence de plusieurs méthodes implicites pour traduire une même opération ou information. La nouvelle méthode conduit à une meilleure information financière lorsqu'elle reflète de façon plus adaptée et plus pertinente la performance ou le patrimoine de l'entité au regard de son activité, sa situation et son environnement. Dans un même contexte et pour une même opération ou information, une méthode qui a été considérée par l'entité comme fournissant une meilleure information financière ne peut être ultérieurement remise en cause. L'adoption d'une méthode comptable pour des événements ou opérations qui diffèrent sur le fond d'événements ou d'opérations survenus précédemment, ou l'adoption d'une méthode comptable pour des événements, opérations ou éléments qui étaient jusqu'alors sans importance significative, ne constituent pas des changements de méthodes comptables mais des **changements d'estimation** à traiter conformément à l'article 122-5 du PCG (PCG art. 122-2).
Lors de changements de méthodes comptables, l'**effet**, après impôt, de la nouvelle méthode **sur le résultat** est calculé de façon rétrospective, comme si celle-ci avait toujours été appliquée. Si l'effet à l'ouverture ne peut être calculé de façon objective, en particulier lorsque la nouvelle méthode est caractérisée par la prise en compte d'hypothèses, le changement est appliqué de

manière prospective. L'impact du changement déterminé à l'ouverture, après effet d'impôt, est imputé en « report à nouveau » dès l'ouverture de l'exercice sauf s'il porte sur des charges ou provisions immédiatement déductibles auquel cas il peut être comptabilisé dans le compte de résultat afin de préserver leur déduction fiscale. Dans ce dernier cas, l'impact net d'impôt est comptabilisé en dehors du résultat courant tel que défini à l'article 821-4 du PCG (PCG art. 122-3).

DÉFINITIONS

Comptes annuels Le bilan, le compte de résultat et l'annexe qui forment un tout indissociable sont établis à la clôture de l'exercice au vu des enregistrements comptables et de l'inventaire. 64300

Le **bilan** décrit séparément les éléments actifs et passifs de l'entreprise et fait apparaître de façon distincte les capitaux propres et, le cas échéant, les autres fonds propres. 64310

Les éléments d'actif et de passif sont évalués séparément.

Aucune compensation ne peut être opérée entre les postes d'actif et de passif.

Le bilan d'ouverture d'un exercice correspond au bilan de clôture avant répartition de l'exercice précédent.

Le **compte de résultat** récapitule les charges et les produits de l'exercice, sans qu'il soit tenu compte de leur date de paiement ou d'encaissement. Le solde des charges et des produits constitue le bénéfice ou la perte de l'exercice. 64320

Aucune compensation ne peut être opérée entre les postes de charges et de produits.

L'**annexe** complète et commente l'information donnée par le bilan et le compte de résultat. 64330

Elle comporte toutes les informations d'importance significative destinées à compléter et à commenter celles données par le bilan et par le compte de résultat. Une inscription dans l'annexe ne peut pas se substituer à une inscription dans le bilan et le compte de résultat.

Un **actif** est un élément identifiable du patrimoine ayant une valeur économique positive pour l'entreprise, c'est-à-dire un élément générant une ressource que l'entreprise contrôle du fait d'événements passés et dont elle attend des avantages économiques futurs (PCG art. 211-1). 64500

Un **passif** est un élément du patrimoine ayant une valeur économique négative pour l'entreprise, c'est-à-dire une obligation de l'entreprise à l'égard d'un tiers dont il est probable ou certain qu'elle provoquera une sortie de ressources au bénéfice de ce tiers, sans contrepartie au moins équivalente attendue de celui-ci. L'ensemble de ces éléments est dénommé passif externe. Cette obligation peut être d'ordre légal, réglementaire ou contractuel. Elle peut également découler des pratiques passées de l'entreprise, de sa politique affichée ou d'engagements publics suffisamment explicités qui ont créé une attente légitime des tiers concernés sur le fait qu'elle assumera certaines responsabilités. Le tiers peut être une personne physique ou morale, déterminable ou non (PCG art. 321-1). 64510

L'**estimation** du passif correspond au montant de la sortie de ressources que l'entreprise doit supporter pour éteindre son obligation envers le tiers (PCG art. 321-2).

La **contrepartie** éventuelle est constituée des avantages économiques que l'entreprise attend du tiers envers lequel elle a une obligation (PCG art. 321-3).

Une **dette** est un passif certain dont l'échéance et le montant sont fixés de façon précise. 64520

Une **provision** est un passif dont l'échéance ou le montant n'est pas fixé de façon précise.

Un **passif éventuel** est :

– soit une obligation potentielle de l'entreprise à l'égard d'un tiers résultant d'événements dont l'existence ne sera confirmée que par la survenance, ou non, d'un ou plusieurs événements futurs incertains qui ne sont pas totalement sous le contrôle de l'entreprise ;

– soit une obligation de l'entreprise à l'égard d'un tiers dont il n'est pas probable ou certain qu'elle provoquera une sortie de ressources sans contrepartie au moins équivalente attendue de celui-ci.

Les **provisions** sont évaluées pour le montant correspondant à la meilleure estimation de la sortie de ressources nécessaire à l'extinction de l'obligation déterminée comme suit : 64530

– lorsqu'il existe un grand nombre d'obligations similaires (par exemple, garantie sur les produits ou contrats similaires), la probabilité qu'une sortie de ressources soit nécessaire à l'extinction de ces obligations est déterminée en considérant cet ensemble d'obligations comme un tout. Même si la probabilité de sortie pour chacun des éléments considérés isolément est faible, il peut être probable qu'une sortie de ressources sera nécessaire pour éteindre cet ensemble d'obligations ;

– en cas d'obligation unique et en présence de plusieurs hypothèses d'évaluation de la sortie de ressources, le montant à provisionner est, en général, celui qui correspond à l'hypothèse la plus probable. Les incertitudes relatives aux autres hypothèses d'évaluation doivent faire l'objet d'une mention en annexe.

Les dépenses à prendre en compte sont celles qui concourent directement à l'extinction de l'obligation de l'entreprise envers le tiers.

Les provisions sont évaluées avant effet d'impôt sur les bénéfices.

Une provision pour restructuration ne doit inclure que les dépenses nécessairement entraînées par celle-ci et qui ne sont pas liées aux activités futures.

Les événements futurs pouvant avoir un effet sur le montant des dépenses nécessaires à l'extinction de l'obligation doivent être pris en compte dans l'estimation de la provision lorsqu'il existe des indications objectives que ces événements se produiront.

Les profits résultant de la sortie attendue d'actifs ne doivent pas être pris en compte dans l'évaluation d'une provision.

En application de l'article 112-2 du PCG sur la non-compensation entre les postes d'actif et de passif, un remboursement attendu de la dépense nécessaire à l'extinction d'une obligation provisionnée ne minore pas le montant d'une provision ; il est comptabilisé distinctement à l'actif s'il est conforme aux dispositions relatives à la comptabilisation d'un actif (PCG art. 323-2 à 323-8).

64540 Les **charges** comprennent :

– les sommes ou valeurs versées ou à verser en contrepartie de marchandises, approvisionnements, travaux et services consommés par l'entreprise ainsi que les avantages qui lui ont été consentis, en exécution d'une obligation légale, exceptionnellement, sans contrepartie ;

– les dotations aux amortissements, dépréciations et provisions ;

– la valeur d'entrée diminuée des amortissements des éléments d'actif cédés, détruits ou disparus sous réserve des dispositions particulières pour les titres immobilisés de l'activité de portefeuille et pour les titres de placement (voir PCG art. 221-6 et 222-1).

64550 Les **produits** comprennent :

– les sommes ou valeurs reçues ou à recevoir en contrepartie de la fourniture par l'entreprise de biens, travaux, services ainsi que des avantages qu'elle a consentis, en vertu d'une obligation légale existant à la charge d'un tiers, exceptionnellement, sans contrepartie ;

– la production stockée ou déstockée au cours de l'exercice ;

– la production immobilisée ;

– les reprises sur amortissements et provisions ;

– le prix de cession des éléments d'actif cédés, sous réserve des dispositions particulières pour les titres immobilisés de l'activité de portefeuille et pour les titres de placement (voir PCG art. 221-6 et 222-1).

ATTENTION

Pour les **exercices ouverts avant le 1er janvier 2025**, les produits peuvent également inclure les **transferts de charges**. Mais le recours à cette technique est supprimé par le règlement ANC 2022-06 du 4 novembre 2022 applicable de manière obligatoire pour les exercices ouverts à compter de cette date (n° 64005).

64560 Le **chiffre d'affaires** correspond au montant des affaires réalisées par l'entreprise avec les tiers dans le cadre de son activité professionnelle normale et courante.

64570 Le **résultat** de l'exercice est égal tant à la différence entre les produits et les charges qu'à la variation des capitaux propres entre le début et la fin de l'exercice sauf s'il s'agit d'opérations affectant directement le montant des capitaux propres.

Les produits et les charges de l'exercice sont classés au compte de résultat de manière à faire apparaître les différents niveaux de résultat.

B. Produits et créances d'exploitation

1. VENTES

65000 La vente est définie par l'article 1582 du Code civil comme une convention par laquelle l'un s'oblige à livrer une chose, l'autre à la payer. Elle peut être consentie au comptant, à crédit ou à terme et assortie d'une condition suspensive ou résolutoire.

L'enregistrement d'une vente dans les comptes intervient lorsque l'entreprise dispose d'une **créance certaine**. La créance naît de l'**échange des consentements** et devient certaine lors du **transfert de propriété**, qui correspond en général à la livraison et à la facturation.

FACTURATION

La facture est **obligatoire** lorsqu'elle porte sur une vente ou une prestation de services réalisée par un professionnel (producteur, distributeur ou prestataire de services) pour les besoins d'un autre professionnel (C. com. art. L 441-9). 65005
Toutefois, un exploitant agricole peut, au lieu de facturer lui-même, soit authentifier, en les signant, les décomptes de livraison ou de règlement valant factures que ses clients établissent pour lui, soit faire rédiger les factures matériellement par un tiers, sa coopérative notamment (voir n° 3140).

MONTANT DES VENTES

Les principales difficultés proviennent des ports facturés, des déductions accordées sur ventes et de la TVA pour les exploitants assujettis. 65020

Ports facturés aux clients Leur nature comptable dépend, à notre avis, des clauses contractuelles de la vente : 65025
1. Frais de transport engagés avant le transfert de propriété (transport aux risques et périls du vendeur) : lorsqu'ils sont refacturés aux clients, ils présentent le caractère d'élément du prix de vente des marchandises ou produits, que le transport ait été effectué par l'entreprise ou par un tiers, qu'il soit facturé dans ce deuxième cas à son coût pour l'entreprise ou non.
2. Frais de transport engagés après le transfert de propriété (transport aux risques et périls de l'acheteur) : s'ils sont refacturés aux clients, ils suivent le même traitement que toute refacturation de frais. Ils constituent un produit à enregistrer à une subdivision du compte 708 « Produits des activités annexes », que la refacturation ait été effectuée euro pour euro ou avec une quote-part de bénéfice, au compte 7085 « Ports et frais accessoires facturés ».

Réductions accordées sur ventes Le traitement comptable des réductions sur ventes – rabais, remises et ristournes – est différent en cours d'exercice selon que leur montant figure sur la facture de vente ou n'est déterminé que postérieurement à l'enregistrement de la vente ; mais à la clôture de l'exercice, le solde du compte de vente est identique dans les deux cas. 65030
Si leur **montant figure sur la facture**, ils constituent pour le vendeur une réduction du prix de vente, la vente étant inscrite au compte 70 pour son montant net, ristournes, rabais et remises déduits.
Si leur **montant ne figure pas sur la facture**, ils sont débités au compte 709 « Rabais, remises et ristournes accordés par l'entreprise » qu'ils soient accordés hors facture ou qu'ils ne soient pas rattachables à une vente déterminée (PCG art. 944-41 et 947-70), par le crédit du compte clients concerné, la régularisation de la TVA collectée étant portée au débit du compte 4457. À la **clôture de l'exercice**, le compte 709 est viré au compte de ventes correspondant et les comptes clients créditeurs sont virés au compte 4197 « Clients – Autres avoirs ».

Prélèvements divers par l'acheteur Il s'agit le plus souvent de taxes et cotisations obligatoires à la charge de l'agriculteur, mais collectées financièrement par l'acheteur. Ces prélèvements viennent en déduction du prix de vente, TVA comprise, payé par l'acheteur (coopérative, Sica, négociant, etc.). La solution est la même pour les prélèvements effectués pour libérer le capital social souscrit auprès des coopératives agricoles (ou Sica). 65035

EXEMPLE

Comptes utilisés :

		Débit	Crédit
70	Vente		X
4457	TVA collectée		X
634	Taxes spécifiques sur les produits de l'exploitation	X	
6281	Cotisations professionnelles	X	
262	Participations à des organismes professionnels agricoles	X	
41	Clients (montant effectif à recevoir)	X	

TVA sur ventes Les ventes sont à enregistrer hors TVA lorsque l'exploitant est assujetti à cette taxe qui, dans ce cas, constitue une dette envers le Trésor public. 65040

Ventes au comptant d'un faible montant Par simplification, elles peuvent être inscrites globalement en comptabilité à la fin de chaque journée lorsque leur montant individuel est inférieur à **76 €** taxes comprises (CGI art. 286, I-3°). 65050

> **Précisions** Cette faculté ne dispense pas de conserver à l'appui de la comptabilité tous les **documents justificatifs** de recettes de nature à lui conférer une valeur probante : brouillard de caisse, bandes de caisse enregistreuse, fiches de caisse, bordereaux de banque, etc.

CHIFFRE D'AFFAIRES

65080 Le chiffre d'affaires est constitué par le montant des affaires réalisées par l'entité avec les tiers dans le cadre de son activité professionnelle normale et courante (PCG art. 512-2), c'est-à-dire par le montant du compte 70 « Ventes ».

2. AUTRES PRODUITS D'EXPLOITATION

SUBVENTIONS ET INDEMNITÉS D'EXPLOITATION

65100 Voir étude générale sur les subventions et indemnités : n°s 66600 s.

REMBOURSEMENT FORFAITAIRE DE TVA

65110 Assimilé à une subvention d'exploitation, il est enregistré au compte 741 « Remboursement forfaitaire de TVA ».

PRODUITS INTERNES

65120 L'**intraconsommation** est la consommation pour l'exploitation de biens et services produits par elle-même (exemple : production utilisée comme semence). Elle n'est pas enregistrée en comptabilité générale. Elle peut l'être dans une comptabilité analytique d'exploitation.

L'**autoconsommation** est constituée des consommations prélevées sur la production de l'entreprise sans contrepartie monétaire, à destination de l'exploitant, des membres de sa famille ou des salariés de l'exploitation et assimilés. Selon le **PCG**, ces consommations sont enregistrées au crédit du compte 73 « Production autoconsommée ».

PARTS DE RÉSULTAT DANS DES SOCIÉTÉS DE PERSONNES OU GROUPEMENTS AGRICOLES (AYANT LA PERSONNALITÉ MORALE)

65130 Les modalités de traitement dans les comptes de l'exploitant du résultat réalisé par une société de personnes ou un groupement agricole dont il est membre diffèrent suivant que ce résultat est bénéficiaire ou déficitaire.

65132 **Résultat bénéficiaire** Les membres de la société ou du groupement n'appréhendent le résultat bénéficiaire que pour autant qu'une **décision de distribution** a été prise par l'assemblée générale ; en conséquence, dans la comptabilité des membres :

– à la date d'arrêté des comptes, aucune écriture n'est à passer, la réalisation du bénéfice n'ayant pas fait naître un droit en leur faveur ;

– lorsque l'associé a connaissance de la décision de distribution, il enregistre la créance acquise de ce fait, la contrepartie constituant un produit financier inscrit au compte 7616 « Revenus des autres formes de participation ».

Fiscalement, la part de bénéfices revenant à chaque associé est considérée comme réalisée, et donc taxable, dès la **clôture de l'exercice** de la société de personnes. En conséquence, la décision de distribution prise par la société de personnes ou le groupement est sans conséquence sur le résultat imposable du membre.

Il en résulte que des corrections extra-comptables doivent être réalisées pour passer du résultat comptable au résultat imposable.

> **Précisions** Pour **éviter** la **divergence** entre le résultat comptable et le résultat fiscal, il est notamment possible de prévoir dans les statuts de la société de personnes ou assimilée l'affectation systématique des résultats (bénéfice ou perte) aux associés, solution qui permet de « remonter » le résultat comptable en même temps que le résultat fiscal.
> Mais cette solution est contestée par certains juristes (qui estiment que cela revient à priver l'assemblée générale de la société de personnes de ses droits).
> La Chancellerie, dans une lettre à la CNCC (Bull. CNCC n° 65, mars 1987 p. 9 s.), considère qu'en pratique, une clause prévoyant une distribution systématique :
> – sans condition résolutoire « devrait être écartée » ;
> – avec condition résolutoire « est moins critiquable que la clause ne prévoyant pas de condition, bien que la possibilité d'aménager de la sorte les pouvoirs des organes d'une SNC paraisse incertaine ».
> En outre, cette lettre renvoie à l'appréciation souveraine des juridictions le soin de se prononcer sur la licéité de cette pratique (voir Mémento Comptable n° 36510).

Résultat déficitaire **À la date d'arrêté des comptes**, le déficit de la société de personnes ne se traduit pas, pour ses membres, par la naissance d'une dette, même éventuelle. Mais ils doivent constituer une dépréciation dans le cas où la valeur d'inventaire de leur participation est inférieure à son coût d'acquisition. Dès lors que cette dépréciation couvre les pertes déjà constatées par la société qui sont prises en compte dans le résultat imposable de l'associé, elle n'est pas déductible fiscalement. 65134
Une provision pour risques complémentaire est à constituer lorsqu'une entreprise détentrice de titres d'une société déficitaire est tenue de supporter les pertes au-delà du montant de sa participation.
Lors de la décision des associés statuant sur le sort de la perte comptable, la situation est la suivante :
– si les associés décident de reporter à nouveau la perte comptable, aucune écriture n'est à passer dans les comptes des associés ;
– s'il est décidé de réclamer à chaque associé un montant égal ou inférieur à la part de la perte qui lui revient, cette somme constitue un supplément d'apport à comptabiliser dans le coût des titres et il peut en résulter la constitution ou le complément d'une dépréciation ;
– en cas d'affectation systématique des résultats, aucune écriture n'est à enregistrer, la quote-part de la perte ayant déjà été passée en charge dès l'arrêté des comptes.

C. Charges et dettes d'exploitation

1. ACHATS ET SERVICES EXTÉRIEURS

INCIDENCE DE LA TVA

Lorsque l'entreprise est **redevable de la TVA**, l'achat ou le service est enregistré hors TVA déductible, cette dernière constituant une créance sur le Trésor public enregistrée au compte 4456 « Taxes sur le chiffre d'affaires (ou TVA) déductibles ». 65300

> **Précisions** La **TVA non déductible** sur les achats (ou créations) de biens et services fait partie des coûts d'achat ou de production et entre donc dans la base d'évaluation des biens au bilan, qu'ils soient immobilisés ou en stocks :
> – la TVA non déductible sur les achats (ou créations) d'immobilisations s'enregistre dans les comptes d'immobilisations concernés ;
> – la TVA non déductible sur les achats de biens ne constituant pas des immobilisations et de services s'enregistre, en principe, dans les comptes de charges par nature concernés. Toufefois, elle est isolée au débit du compte 6355 « Taxes sur le chiffre d'affaires non récupérables », lorsque l'entreprise ne peut, exceptionnellement, enregistrer une charge « TVA non déductible comprise ».

ÉCHANGE CÉRÉALES-ALIMENTS DU BÉTAIL

Lorsqu'un agriculteur apporte à un meunier une certaine quantité de céréales qui lui est rétrocédée après mouture et adjonction de vitamines et de sels minéraux facturés séparément, à notre avis, il s'agit d'une **opération à façon**, l'agriculteur demeurant propriétaire des céréales qui sont individualisées et lui sont rendues, et sont enregistrés : 65310
– l'achat de vitamines et de sels minéraux ;
– la rémunération du meunier.
Si ces **conditions** ne sont pas remplies (ce qui est généralement le cas), il en résulte un **échange** qui s'analyse en une **double vente** à comptabiliser à la valeur vénale (PCG art. 213-1 et 213-3) sous réserve de deux exceptions (voir n° 66420). D'où pour l'agriculteur :
– d'une part, une vente de céréales, au prix du marché ;
– d'autre part, l'achat de farine pour un montant égal au prix des céréales apportées augmenté de la facture du meunier.
Au regard de la **TVA**, les échanges céréales-aliments du bétail sont toujours considérés comme des échanges (n° 1515).

FERMAGES

Les **fermages payés en nature** sont débités au compte de charges 6131 « Fermages et loyers du foncier » par le crédit du compte de produits 7011 « Ventes de produits végétaux », à notre avis, au prix du marché à la date à laquelle le fermage est exigible (il y a vente réglée en nature). 65320
La **taxe foncière** mise contractuellement à la charge du fermier constitue une charge locative inscrite au compte 6141 « Charges locatives du foncier ».

ENREGISTREMENT DES ACHATS CONSOMMÉS

65330 La véritable charge d'exploitation est constituée par les approvisionnements intégrés durant l'exercice dans le cycle de production, appelés « achats consommés ». Mais comme cette intégration n'est ordinairement pas enregistrée en comptabilité générale, il est procédé en deux temps (méthode de l'inventaire intermittent).

Au cours de l'exercice, les achats sont inscrits au compte de charges « Achats » au vu des factures.

À la **clôture de l'exercice**, il est procédé à l'inventaire des stocks et le montant des achats d'approvisionnements consommés est constitué par : stocks à l'ouverture de l'exercice + achats de l'exercice – stocks à la clôture de l'exercice.

La variation des stocks est enregistrée au compte 603.

PRÉLÈVEMENTS DE L'EXPLOITANT INDIVIDUEL

65335 Lorsque l'exploitant prélève des matières, approvisionnements, fournitures ou marchandises pour son usage personnel ou celui de sa famille, le compte « Achats » concerné est crédité par le débit du compte 108 « **compte de l'exploitant** ».

2. IMPÔTS, TAXES ET VERSEMENTS ASSIMILÉS

EXERCICE DE PRISE EN CHARGE

65400 Les prélèvements obligatoires de toutes natures à la charge de l'entreprise constituent des charges de l'exercice au cours duquel sont intervenus les événements ou opérations constitutifs du fait générateur entraînant leur exigibilité – immédiate ou différée.

IMPÔTS DIVERS

65410 Appellent des précisions, en agriculture, les taxes suivantes.

65415 **Taxes spécifiques à l'agriculture** Selon l'organisme qui les perçoit, elles sont enregistrées au compte 6358 « Autres droits » (administration des impôts) ou 6378 « Taxes diverses » (autres organismes).

65420 **Taxe foncière** Si la taxe foncière relative aux immeubles appartenant à l'exploitant portés à l'actif de son bilan est une charge d'impôt, en revanche, la taxe foncière du propriétaire non exploitant mise contractuellement à la charge du fermier a le caractère d'une charge locative (voir n° 65320).

65425 **Taxes spécifiques sur les produits de l'exploitation** Le compte 634 enregistre les taxes spécifiques, prélevées lors de la commercialisation des produits de l'exploitation, notamment les taxes parafiscales.

Les pénalités infligées pour dépassement des quotas de production (quotas laitiers, etc. : voir n° 81400) sont enregistrées dans ce compte.

Lorsque les retenues effectuées sur le prix de vente comprennent, d'une façon globalisée, non seulement des taxes professionnelles mais également des cotisations, on peut comptabiliser ces retenues en totalité dans ce compte.

3. CHARGES DE PERSONNEL

RÉMUNÉRATIONS DU PERSONNEL

65500 Les rémunérations dues au personnel sont inscrites au compte 421 pour leur **montant brut ou net**.

Selon le PCG, le compte 421 « Personnel – Rémunérations dues » est crédité des rémunérations brutes à payer au personnel par le débit des comptes de charges intéressés. Il est débité :
- du montant des avances et acomptes versés au personnel par le crédit du compte 425 « Personnel – Avances, acomptes et autres comptes débiteurs » (ce compte ayant été débité au moment du versement des avances par le crédit d'un compte de trésorerie) ;
- du montant des oppositions notifiées à l'entreprise à l'encontre de membres de son personnel par le crédit du compte 427 « Personnel – Oppositions » ;
- de la quote-part des charges sociales incombant au personnel par le crédit du compte 43 « Mutualité sociale agricole et autres organismes sociaux » ;
- du montant du prélèvement à la source par le crédit du compte 4421 « Prélèvements à la source (impôt sur le revenu) » ;
- du montant des règlements effectués au personnel par le crédit d'un compte de trésorerie.

Toutefois, **par simplification**, à notre avis, l'exploitant peut également enregistrer le montant net à payer (et non le brut), au vu des bulletins de paye, le compte 641 « Rémunérations du personnel » (montant brut) étant débité par le crédit des comptes ouverts à chacun des tiers bénéficiaires :
421 « Personnel – Rémunérations dues » (montant net à payer) ;
425 « Personnel – Avances, acomptes et autres comptes débiteurs » ;
427 « Personnel – Oppositions » (éventuellement) ;
4311 « Mutualité sociale agricole » (y compris CSG et CRDS) ;
437 « Autres organismes sociaux » (à ventiler par organisme) ;
4421 Prélèvements à la source (impôt sur le revenu).

Rémunérations du personnel autre que salarié Ce personnel est compris avec le personnel salarié dans le compte de charges « Rémunérations du personnel », où il peut toutefois être isolé dans des sous-comptes : **65505**
– 6412 « Associés d'exploitation » ;
– 6413 « Administrateurs, gérants, associés ».
Est en particulier portée à ce compte la rémunération due aux associés en **Gaec** du fait de leur participation aux travaux.

Avantages en nature du personnel salarié Les charges étant classées selon leur nature (achats, dotations, loyers, etc.) et non selon leur destination (rémunération du personnel), en principe les avantages en nature n'ont pas à être comptabilisés. Toutefois, il est recommandé de le faire dans les secteurs d'activité où leur importance le justifie ; tel est le cas en agriculture, où ils sont considérés comme une **charge de personnel** débitée au compte 6417 « Avantages en nature » par le crédit du compte de charges initialement débité, suivant la recommandation de l'ANC préconisant d'utiliser des comptes en terminaison 9 ou du compte 708 « Produits des activités annexes » pour les avantages qui n'ont pas été enregistrés parmi les charges externes. **65510**

> **Précisions** Pour les **exercices ouverts avant le 1er janvier 2025**, le débit du compte 6417 « Avantages en nature » pouvait être effectué par le crédit du compte 791 « Transferts de charges d'exploitation ». Pour les exercices ouverts à compter de cette date, le règlement ANC 2022-06 du 4 novembre 2022 supprime la technique du transfert de charges.

Rémunération des associés d'exploitation Cette rémunération (allocation minimale et intéressement aux résultats) constitue une charge d'exploitation enregistrée au compte 64116 « Rémunérations – Associés d'exploitation ». **65525**
Lorsque, contractuellement, l'associé d'exploitation laisse une partie de sa rémunération à la disposition de l'entreprise, cette fraction est inscrite au compte 1687 « Autres dettes ».

Rémunération des étudiants travaillant pendant les vacances Elle constitue une charge de personnel. **65530**

Rémunération de l'exploitant, de son conjoint et de ses enfants mineurs travaillant sur l'exploitation En principe, le résultat de l'entreprise, rémunérant le capital et le travail de l'exploitant, n'est pas une charge d'exploitation. **65535**
Cependant, le PCG permet de constater une charge de personnel débitée au compte 644 « Rémunération du travail de l'exploitant » par le crédit du compte de l'exploitant.
Il paraît souhaitable de constater l'évaluation de la rémunération de l'activité de l'exploitant, par exemple en se fondant sur les rémunérations prévues par les conventions collectives s'appliquant aux exploitants agricoles.
Cette façon de procéder permet une meilleure appréhension des coûts de revient et facilite les comparaisons avec les exploitations employant une main-d'œuvre importante.
En cas de **prélèvement en nature** de l'exploitant parmi les matières, approvisionnements, fournitures ou marchandises, pour son propre usage ou celui de sa famille, il convient de créditer le compte « Achats » concerné du prix de revient des marchandises prélevées par le débit du compte 108 « Compte de l'exploitant ». La constatation de ces prélèvements comme un des éléments de la rémunération de l'exploitant est effectuée en débitant le compte 644 « Rémunération du travail de l'exploitant » par le crédit du compte de l'exploitant.
En fin d'exercice, il est possible d'annuler la prise en compte de la rémunération de l'exploitant en débitant le compte de l'exploitant par le crédit d'un sous-compte 778 « Autres produits exceptionnels ». Le recours à cette technique maintient l'impact de la rémunération sur le résultat d'exploitation, mais celle-ci reste sans incidence sur le résultat final de l'entreprise.

> **Précisions a.** Si la rémunération de l'**exploitant individuel soumis à l'impôt sur le revenu** est maintenue parmi les charges d'exploitation, elle doit faire l'objet d'une réintégration lors de l'établissement du résultat imposable.
> **b.** L'article 1655 sexies du CGI autorise l'exploitant individuel à opter pour son **assimilation à une EARL** dont il tient lieu d'associé unique, et cette option vaut option pour l'assujettissement de l'entreprise à l'**impôt sur les sociétés**. Dans une telle situation, la rémunération de l'exploitant est déductible du résultat de l'entreprise et imposable à son nom comme une rémunération de gérant majoritaire, dans les conditions prévues à l'article 62 du CGI.

CHARGES SOCIALES

65550 Par référence au PCG, dans l'hypothèse où, conformément aux dispositions de certains accords de salaires, conventions collectives ou contrats de travail individuels, l'entreprise a réglé à ses employés tout ou partie de leur rémunération en cas de **maladie**, d'**accident** ou de **maternité**, le compte 4387 « Produits à recevoir » est débité du montant des diverses **prestations** qu'elle a ainsi **avancées à ses salariés pour le compte de la Mutualité sociale agricole** par le crédit du compte 641 « Rémunérations du personnel ». En effet, dans cette hypothèse, l'entreprise est subrogée dans les droits des salariés vis-à-vis des organismes susvisés.
Ce mécanisme facilite la correspondance entre le compte 64 et la déclaration sociale nominative (voir nº 38912).
Lors du remboursement des indemnités, le compte 4387 est crédité par le débit d'un compte de trésorerie.

CHARGES DE CONGÉS À PAYER

65560 À la clôture de l'exercice :
– les **indemnités de congés à payer** sont comprises dans la masse des rémunérations et débitées au compte 6412 « Congés payés » par le crédit du compte 4282 « Dettes provisionnées pour congés à payer » ;
– le montant des **charges fiscales et sociales** est débité dans chacun des comptes de charges concernés (comptes 645, 631 et 633) par le crédit des comptes 4382 et 4482.

D. Biens agricoles

1. PRINCIPES GÉNÉRAUX DU PCG

65600 Les critères de **définition** et de **comptabilisation des stocks** ont été introduits par le règlement CRC 2004-06 sur les actifs.
Selon le PCG, un stock est un actif, c'est-à-dire un élément qui doit respecter les critères cumulatifs suivants : il s'agit d'un élément identifiable, porteur d'avantages économiques futurs, contrôlé et son coût est évalué avec une approximation suffisante.
Cet actif est destiné soit à être vendu dans le cours normal de l'activité (ou en cours de production pour une telle vente), soit à être consommé dans le processus de production ou de prestation de services, sous forme de matières premières ou de fournitures (PCG art. 211-7).
En principe, l'entreprise doit comptabiliser à l'actif les stocks dont elle n'est pas propriétaire :
– dès lors qu'elle exerce un contrôle suffisant sur ces éléments, c'est-à-dire qu'elle a la maîtrise des avantages résultant des biens et qu'elle assume tout ou partie des risques y afférents ;
– sauf si ces éléments ne suivent pas les critères généraux de définition et de comptabilisation des actifs mais des règles spécifiques indépendantes des règles générales définies par le règlement CRC 2004-06 sur les actifs (voir nºs 66015 s.).

COÛT D'ENTRÉE DES STOCKS

65610 Le coût des stocks doit comprendre tous les coûts d'acquisition, de transformation et autres coûts encourus pour amener les stocks à l'endroit et dans l'état où ils se trouvent.
Les pertes et gaspillages sont exclus des coûts.
Les coûts d'emprunt peuvent être inclus dans le coût des stocks selon les dispositions prévues à l'article 213-9 du PCG (voir nº 66390) (PCG art. 213-30).

65620 Le **coût d'acquisition** des stocks est constitué :
– du prix d'achat, y compris les droits de douane et autres taxes non récupérables, après déduction des rabais commerciaux, remises, escomptes de règlements et autres éléments similaires ;
– ainsi que des frais de transport, de manutention et autres coûts directement attribuables à l'acquisition des produits finis, des matières premières et des services.

Les coûts administratifs sont exclus du coût de production et d'acquisition à l'exclusion des coûts des structures dédiées (PCG art. 213-31).

Le **coût de production** des stocks comprend les coûts directement liés aux unités produites, telles que la main-d'œuvre directe. Il comprend également l'affectation systématique des frais généraux de production, fixes et variables, qui sont encourus pour transformer les matières premières en produits finis. Les frais généraux de production fixes sont les coûts indirects de production qui demeurent relativement constants indépendamment du volume de production tels que : 65630
– l'amortissement et l'entretien des bâtiments et de l'équipement industriels, augmentés, le cas échéant, de l'amortissement des coûts de démantèlement, d'enlèvement et de restauration de site ;
– la quote-part d'amortissement des immobilisations incorporelles telles que les frais de développement et logiciels.
Les frais de production variables sont les coûts indirects de production qui varient directement, ou presque directement, en fonction du volume de production, tels que les matières premières indirectes et la main-d'œuvre indirecte.
L'affectation des frais généraux fixes de production aux coûts de transformation est fondée sur la capacité normale des installations de production. La capacité normale est la production moyenne que l'on s'attend à réaliser sur un certain nombre d'exercices ou de saisons dans des circonstances normales, en tenant compte de la perte de capacité résultant de l'entretien planifié. Il est possible de retenir le niveau réel de production s'il est proche de la capacité de production normale. Le montant des frais généraux fixes affecté à chaque unité produite n'est pas augmenté par suite d'une baisse de production ou d'un outil de production inutilisé. Les frais généraux non affectés sont comptabilisés comme une charge de l'exercice au cours duquel ils sont encourus. Les frais généraux variables de production sont affectés à chaque unité produite sur la base de l'utilisation effective des installations de production (PCG art. 213-32).

Le **coût** des stocks d'éléments qui ne sont pas habituellement fongibles et des biens ou services produits et affectés à des projets spécifiques doit être **déterminé** en procédant à une identification spécifique de leurs coûts individuels (PCG art. 213-33). 65640
Pour les **articles interchangeables** qui, à l'intérieur de chaque catégorie, ne peuvent être unitairement identifiés après leur entrée en magasin, le coût d'entrée est considéré comme égal au total formé par le coût des stocks à l'arrêté du précédent exercice, considéré comme un coût d'entrée dans les comptes de l'exercice, et le coût d'entrée des achats et des productions de l'exercice.
Ce total est réparti, entre les articles consommés dans l'exercice et les articles existant en stocks, par application d'un mode de calcul sur la base du coût moyen pondéré calculé à chaque entrée ou sur une période n'excédant pas la durée moyenne de stockage ou selon la méthode du premier entré-premier sorti, ou « PEPS-Fifo » (PCG art. 213-34).
L'entreprise doit utiliser la **même méthode** pour tous les stocks ayant une nature et un usage similaires pour l'entreprise. Pour les stocks de nature ou d'usage différents, différentes méthodes peuvent être utilisées.
Les techniques d'évaluation du coût des stocks, telles que la méthode du coût standard ou la méthode du prix de détail, peuvent être utilisées pour des raisons pratiques si ces méthodes donnent des résultats proches du coût.
Les **coûts standards** retiennent les niveaux normaux d'utilisation de matières premières et de fournitures, de main-d'œuvre, d'efficience et de capacité. Ils sont régulièrement réexaminés et, le cas échéant, révisés à la lumière des conditions actuelles.
Selon la **méthode du prix de détail**, le coût des stocks est déterminé en déduisant de la valeur de vente des stocks le pourcentage approprié de marge brute et de frais de commercialisation. Le pourcentage utilisé prend en considération les stocks qui ont été démarqués, au-dessous de leur prix de vente initial. Un pourcentage moyen pour chaque rayon est le cas échéant appliqué (PCG art. 213-35).

DÉPRÉCIATION DES STOCKS

À la date de clôture de l'exercice, les stocks et les productions en cours sont évalués selon les **règles générales** d'évaluation énoncées aux articles 214-1 à 214-6 et 214-16 à 214-19 du PCG sous réserve des dispositions prévues aux articles 214-23 et 214-24. 65650
À l'inventaire, les stocks et les productions en cours sont évalués unité par unité ou catégorie par catégorie d'après leur **valeur actuelle**, qui devrait correspondre en pratique soit à la valeur vénale, soit à la valeur d'usage suivant la destination du stock (voir Mémento Comptable n° 21470).
L'unité d'inventaire est la plus petite partie qui peut être inventoriée pour chaque article.
Le prix et les perspectives de vente sont à prendre en considération pour juger des éventuelles dépréciations des stocks (PCG art. 214-22).

À la date de clôture de l'exercice, la valeur d'entrée est toujours retenue pour les stocks et les productions en cours qui ont fait l'objet d'un **contrat de vente ferme** dont l'exécution interviendra ultérieurement dès lors que le prix de vente stipulé couvre à la fois cette valeur et la totalité des frais restant à supporter pour la bonne exécution du contrat.
La valeur d'entrée est également retenue pour la fixation de la valeur des approvisionnements entrant dans la fabrication de produits qui ont fait l'objet d'un contrat de vente ferme, dès lors que ces stocks d'approvisionnement ont été individualisés et que le prix de vente stipulé couvre à la fois le coût d'entrée de ces approvisionnements, les coûts de transformation et la totalité des frais restant à supporter pour la bonne exécution du contrat (PCG art. 214-23).
Dans les **cas exceptionnels** où, à la date de clôture de l'exercice, il n'est pas possible de déterminer le coût d'acquisition ou de production par application des règles générales d'évaluation, les stocks sont évalués au coût d'acquisition ou de production de biens équivalents constaté ou estimé à la date la plus proche de l'acquisition ou de la production desdits biens.
Si la méthode précédente n'est pas praticable, les biens en stocks sont évalués à leur valeur d'inventaire à la date de clôture de l'exercice.
Si les méthodes précédentes entraînent des contraintes excessives pour la gestion de l'entreprise, les biens en stocks sont évalués en pratiquant la méthode du prix de détail mentionnée à l'article 213-35 du PCG (PCG art. 214-24).

2. BIENS VIVANTS AGRICOLES

MODALITÉS DE COMPTABILISATION

65700 **Biens vivants immobilisés** Le règlement ANC 2019-01 du 8 février 2019 modifiant le règlement ANC 2014-03 relatif au PCG concernant les opérations relatives à l'activité agricole et le règlement ANC 2020-03 adaptent la **définition** d'une **immobilisation corporelle** prévue à l'article 211-6 du PCG au cas des biens vivants utilisés dans le cadre d'une activité agricole. La notion de « bien vivant » recoupe à la fois les animaux et les végétaux.
Sous réserve des dispositions prévues à l'article 211-6 du PCG (voir n° 66005), les biens vivants sont inscrits en immobilisations corporelles lorsqu'il devient certain ou quasi certain qu'ils seront destinés à rester durablement dans l'entité pour y être utilisés comme moyen de production. Lorsque la destination dans l'entité d'un bien vivant est incertaine, il est classé en stock. Ne sont **pas** considérés comme **des immobilisations** les biens vivants dont la destination est d'être exclusivement vendus et les biens vivants dont la durée d'utilisation est inférieure à 12 mois.
Conformément à l'article 213-14 du PCG, les **biens vivants nés** dans l'entité sont évalués à leur coût de production. Ce coût de production peut être déterminé par référence au coût de production des stocks de produits finis et en-cours de production nés des activités agricoles tel que défini aux alinéas 1 à 3 de l'article 618-13 du PCG. Il en est de même pour évaluer les coûts supportés entre l'acquisition des biens vivants et leur mise en exploitation.
Les **biens vivants** d'une **même espèce** et d'une **même classe d'âge** dont la destination est similaire peuvent être considérés comme formant un lot (PCG art. 618-10 ; Règl. ANC 2020-03).

65740 Les **cessions sur biens vivants immobilisés** qui ont un caractère habituel sont inscrites dans le résultat d'exploitation (PCG art. 618-11 ; Règl. ANC 2020-03).
Lors de leur cession, la valeur comptable de ces biens vivants immobilisés est inscrite au compte 657 créé par l'entité. Le prix de cession de ces biens vivants immobilisés est inscrit au compte 757 créé par l'entité.

65745 **Biens vivants stockés** Les biens vivants stockés sont normalement enregistrés dans les stocks et en-cours de production conformément aux dispositions du PCG.
Le règlement ANC 2019-01 du 8 février 2019 et le règlement ANC 2020-03 adaptent les méthodes d'évaluation des stocks prévues à l'article 213-35 du PCG aux activités agricoles.
Pour l'application de la méthode du **coût standard** prévue à l'article 213-35 du PCG et lorsqu'une entité ne tient pas de comptabilité analytique, elle peut déterminer le coût standard des frais généraux de production par des procédés statistiques, notamment à l'aide de barèmes standards, permettant d'intégrer autant que possible les conditions propres d'exploitation de l'entité.
Conformément à l'article 213-32 du PCG, l'affectation des frais généraux fixes de production est fondée sur les capacités normales de production.
Pour l'application de la méthode du **prix du détail** prévue à l'article 213-35 du PCG, la valeur de vente des stocks peut être déterminée sur la base du cours du jour à la clôture de l'exercice. Le pourcentage moyen de décote est adapté pour chaque catégorie de stock. Cette méthode est applicable aux seuls produits qui ont atteint un stade de développement permettant leur commercialisation.

Ces adaptations sont applicables aux seuls **produits finis** et **en-cours de production** nés des activités agricoles telles que définies à l'alinéa 1 de l'article L 311-1 du Code rural et de la pêche maritime (PCG art. 618-13 ; Règl. ANC 2020-03).

> **Précisions a.** Le **cours du jour de clôture** est utilisable s'il constitue un bon indicateur du prix de vente final. Une minoration de ce cours doit être envisagée si, compte tenu des conditions d'exploitation (lieu de vente de la production, qualité de la production, etc.), il est probable que le prix de vente de la production soit plus faible que le cours du jour à la clôture de l'exercice.
> **b.** Le **coût de production** des **stocks** agricoles suit les dispositions de droit commun et notamment celles prévues par l'article 213-32 du PCG. Aussi, le coût de production comprend les coûts directement liés aux unités produits, telle que la main-d'œuvre directe. Il comprend également l'affectation systématique des frais généraux de production, fixes et variables, qui sont en cours pour transformer les matières premières en produits finis. Les frais généraux de production fixes sont les coûts indirects de production qui demeurent relativement constants indépendamment du volume de production.
> **c.** Pour déterminer la **capacité normale de production**, l'entité se base sur les productions normales de l'exploitation, afin de reconstituer sur une période pluriannuelle donnée la moyenne de production par nature de produit. La capacité normale de production doit tenir compte des aléas normaux de la production, c'est-à-dire, des variations inévitables de production d'une récolte à l'autre et des contraintes structurelles d'ordre interne ou professionnel (plan d'entretien et de renouvellement des plants, organisation de travail). Dans le contexte d'un changement de modèle d'exploitation, la baisse de capacité normale de production résultant d'une initiative de l'entité n'est pas constitutive de sous-production.

MÉTHODES DE VALORISATION

Principes de détermination du coût de production Les entreprises agricoles déterminent le coût de production des biens vivants produits sur l'exploitation (inscrits dans les stocks et en-cours ou en immobilisations) par application des règles générales d'évaluation du PCG, en fonction des moyens dont elles disposent : 65770

– celles qui tiennent une **comptabilité analytique** calculent le coût de production dans les comptes concernés ;

– celles qui ne tiennent pas de comptabilité analytique déterminent ce coût par des **procédés statistiques**, notamment à l'aide de barèmes standard permettant d'intégrer, autant que possible, les conditions propres d'exploitation de l'entreprise.

Dans des **cas exceptionnels** où il n'est pas possible de déterminer le coût de production des biens vivants enregistrés en stocks et en-cours ou en immobilisations par application des règles générales d'évaluation, les méthodes suivantes peuvent être appliquées :

– les biens vivants sont évalués en pratiquant sur le **cours du jour** à la date de clôture de l'exercice un **abattement** correspondant à la marge pratiquée par l'entreprise par catégorie de biens (la marge est définie comme la différence entre un prix de vente et un coût) ;

– si la méthode précédente n'est pas praticable, les biens vivants sont évalués à leur **valeur d'inventaire** à la date de clôture de l'exercice.

Avances aux cultures Le règlement ANC 2019-01 du 8 février 2019 et le règlement ANC 2020-03 adaptent les méthodes d'évaluation des stocks prévues à l'article 213-35 du PCG aux activités agricoles. 65775

Les dispositions prévues aux 1° et 2° de l'article 618-10 du PCG peuvent être utilisées pour l'**évaluation des façons culturales** des avances aux cultures.

La **méthode du prix du détail** prévue à l'article 231-35 et au 3° de l'article 618-13 ne peut pas être utilisée pour l'évaluation des avances aux cultures qui, par définition, n'ont pas atteint un stade de développement permettant leur commercialisation (PCG art. 618-14 ; Règl. ANC 2020-03).

> **Précisions a.** Les **avances aux cultures** sont définies comme des produits végétaux en terre à la clôture de l'exercice qui n'ont pas atteint un stade biologique de développement permettant de les commercialiser.
> **b.** Les **façons culturales** sont définies comme les interventions en vue d'implanter et conduire une culture.
> **c.** À la date de clôture de l'exercice, le prix, les perspectives de production et les perspectives de ventes sont à prendre à considération pour juger des éventuelles **dépréciations des avances aux cultures** conformément à l'article 214-22 du PCG. Les perspectives de production peuvent notamment être affectées par des intempéries, maladies, etc.

3. PRODUITS DE RÉCOLTE

QUANTIFICATION

65900 L'inventaire physique s'avère délicat lorsqu'il s'agit de produits fongibles stockés dans des installations spécialisées qu'il est impossible de peser. Une estimation en est donc faite ; elle peut être recoupée avec les ventes effectuées entre la clôture de l'exercice et la date de l'établissement du bilan.

DÉTERMINATION DU COÛT DE PRODUCTION

65910 En **principe**, il est déterminé par la **comptabilité analytique** où, lors de leur utilisation pour la production, les charges s'accumulent dans les comptes de coûts.

Dans la **pratique**, en l'absence d'une telle comptabilité, dans la mesure du possible, le coût de production est calculé **par catégorie de produits** : blé, maïs, avoine, fourrage, betteraves, etc. :

– pour chacune, les charges qui lui sont directement affectées (engrais, semences, insecticides, etc.) sont isolées en comptabilité lors de leur achat,

– les charges communes (charges de personnel, amortissement du matériel, etc.) sont globalement réparties entre ces catégories en fonction d'une répartition du temps de travail entre chacune.

À défaut, le coût de production est évalué **forfaitairement** en appliquant au prix du marché de vente une décote tenant compte du bénéfice et des frais de distribution (ce qui ramène au coût de production). Mais pour les éléments que l'on sait devoir vendre à perte pour une raison quelconque, la notion de coût de production est abandonnée, aucune décote n'étant à appliquer au cours du jour qui, dans ce cas, est inférieur au coût de production.

DÉTERMINATION DE LA VALEUR VÉNALE À L'INVENTAIRE

65920 Les stocks destinés à être vendus en l'état sont évalués suivant leur valeur vénale, nette des coûts de sortie. Selon le PCG, la valeur vénale est le montant qui pourrait être obtenu, à la date de clôture, de la vente d'un actif lors d'une transaction conclue à des conditions normales de marché, net des coûts de sortie.

Les coûts de sortie sont les coûts directement attribuables à la sortie d'un actif, à l'exclusion des charges financières et de la charge d'impôt sur le résultat (PCG art. 214-6).

E. Immobilisations corporelles et incorporelles (autres que les biens vivants agricoles)

1. RÈGLES DU PLAN COMPTABLE GÉNÉRAL

IMPACTS DU STATUT JURIDIQUE DE L'EXPLOITANT INDIVIDUEL

66000 L'article 1er de la loi 2022-172 du 14 février 2022 introduit un statut unique protecteur de l'entrepreneur individuel aux articles L 526-22 à L 526-26 du Code de commerce, qui s'applique notamment aux exploitants agricoles. L'objet de ce statut est d'assurer la protection du patrimoine des exploitants, sans qu'ils aient à créer une personne morale. Il pose le principe d'une **séparation** entre les **patrimoines personnel et professionnel**.

Le patrimoine professionnel est constitué de l'ensemble des **biens, droits, obligations et sûretés** dont l'exploitant est titulaire et qui sont **utiles** à l'exercice de son activité. Il comprend également les **biens à usage mixte** utilisés dans le cadre de l'activité. Les autres éléments constituent son patrimoine personnel.

Compte tenu du principe de séparation des patrimoines, le **bilan** de l'exploitant doit normalement être constitué à partir des biens utiles à l'activité.

Le plan comptable général prévoit des règles précises concernant la définition, la comptabilisation, l'évaluation, l'amortissement et la dépréciation des immobilisations corporelles et incorporelles.

DÉFINITION D'UNE IMMOBILISATION CORPORELLE

66005 Une immobilisation corporelle est :

– un **actif physique** ; en tant qu'actif, une immobilisation corporelle est un élément qui doit respecter les critères cumulatifs suivants : il s'agit d'un élément identifiable, porteur d'avantages économiques futurs, il génère une ressource que l'entreprise contrôle et son coût est évalué avec une fiabilité suffisante ;

– dont l'entreprise attend qu'il soit **utilisé au-delà de l'exercice en cours** ;

– **destiné** soit à être utilisé par l'entreprise dans la production ou la fourniture de biens ou de services, soit à être loué à des tiers, soit à des fins de gestion interne (PCG art. 211-6).

Les **éléments d'actif non significatifs** peuvent ne pas être inscrits au bilan. Dans ce cas, ces éléments sont comptabilisés en charges de l'exercice (PCG art. 212-6).

Les immobilisations sont définies selon les critères généraux de définition et de comptabilisation des actifs. Toutefois, certains actifs obéissent à des **règles spécifiques** de définition, de comptabilisation et d'évaluation des actifs. Il s'agit notamment des contrats de location, des actifs financiers, etc. 66010

Notion d'élément identifiable Pour être comptabilisé à l'actif, l'élément doit être identifiable (PCG art. 211-1). Un actif identifiable est un actif susceptible d'être évalué séparément dans des conditions permettant un suivi de sa valeur. 66015
Une immobilisation corporelle est identifiable si elle est acquise séparément, si elle peut être individualisée par son numéro de série, sa date d'acquisition ou de production ou si elle fait partie d'un lot identifiable.

Notion d'élément porteur d'avantages économiques futurs Pour être comptabilisé à l'actif, l'élément doit être porteur d'avantages économiques futurs (PCG art. 211-1). L'avantage économique futur représentatif d'un actif est le potentiel qu'a cet actif de contribuer **directement ou indirectement** à des flux nets de trésorerie au bénéfice de l'entreprise (PCG art. 211-2). 66020

Notion de ressource contrôlée Pour être comptabilisé à l'actif, l'élément doit générer une ressource contrôlée par l'entreprise du fait d'événements passés (PCG art. 211-1). L'entrée dans le patrimoine intervient, dans tous les cas, à la date du transfert du contrôle. 66025
Ce n'est pas le critère de propriété qui est essentiel mais celui de contrôle. Il existe une différence fondamentale entre le patrimoine juridique et le patrimoine comptable. La définition juridique du patrimoine est essentiellement fondée sur le transfert de propriété. En revanche, le patrimoine comptable est davantage fondé sur la notion de transfert de contrôle.
Le contrôle de l'élément suppose que l'entreprise ait la maîtrise des avantages en résultant et qu'elle assume tout ou partie des risques y afférents.
Le **transfert de contrôle** intervient lorsque l'essentiel des risques et avantages afférents au bien est transféré. Un élément générant des avantages économiques futurs ne peut être porté à l'actif d'une entreprise que s'il existe une certitude suffisante que ces avantages économiques futurs bénéficieront à l'entreprise (PCG art. 212-1).

Notion de fiabilité du coût d'entrée Un élément est comptabilisé à l'actif lorsque son coût ou sa valeur peut être évalué avec une fiabilité suffisante (PCG art. 212-1). 66030
L'évaluation du coût est considérée comme fiable :
– pour les **biens acquis**, lorsqu'il existe une transaction permettant d'identifier le coût d'entrée du bien dans le patrimoine de l'entreprise ;
– pour les **biens produits**, lorsque l'entreprise peut déterminer leur coût de production sur la base de transactions conclues avec les tiers ayant contribué à la production de l'actif.

DÉCOMPOSITION DES IMMOBILISATIONS CORPORELLES

Principe L'approche par composants a été introduite par le règlement CRC 2002-10 sur l'amortissement et la dépréciation des actifs. 66035
Si un ou plusieurs éléments constitutifs d'un actif ont chacun des utilisations différentes, ou procurent des avantages économiques à l'entreprise selon un rythme différent, chaque élément est comptabilisé séparément et un plan d'amortissement propre à chacun de ces éléments est retenu (PCG art. 214-9).
Dans le cas contraire, l'immobilisation reste un bien non décomposable.
Ainsi, l'**approche par composants** se fait « à l'intérieur du prix d'acquisition ». En conséquence :
– les différents composants significatifs de l'actif doivent être identifiés et comptabilisés de manière séparée dès l'acquisition de l'actif, le prix d'acquisition faisant l'objet d'une répartition du coût d'acquisition entre l'actif principal et les différents composants : on distingue ainsi la « structure » du bien et ses « composants » ;
– les coûts de remplacement d'un composant doivent être comptabilisés à l'actif et la valeur nette comptable du composant remplacé sortie de l'actif ;
– à défaut d'identification à l'origine, les différents composants significatifs de l'actif doivent être comptabilisés de manière séparée dès qu'ils sont identifiés ou lorsque la dépense de renouvellement ou de remplacement survient.

En **fiscalité**, pour la détermination du bénéfice imposable résultant de l'application aux immobilisations de la méthode par composants, sont regardés comme des composants les **éléments** 66040

principaux d'une immobilisation corporelle ayant une **durée réelle d'utilisation** différente de celle de cette immobilisation et devant être remplacés au cours de la durée réelle d'utilisation de cette immobilisation (CGI ann. II art. 15 bis, I).

L'application de la méthode par composants implique :

– la **comptabilisation séparée** à l'actif du bilan, dès l'origine et lors de leur remplacement, de chacun des composants satisfaisant aux conditions ci-avant.

Les coûts de remplacement d'un composant sont comptabilisés comme l'acquisition d'un actif séparé et la valeur nette comptable du composant remplacé est comptabilisée en charges. Les éléments principaux d'une immobilisation corporelle qui n'ont pas été identifiés dès l'origine comme des composants sont comptabilisés séparément à l'actif du bilan dès qu'il est ultérieurement constaté qu'ils satisfont aux conditions prévues pour les composants ;

– l'application d'un **plan d'amortissement distinct** pour chacun des composants ainsi comptabilisés.

Lorsqu'un composant est identifié dans les conditions prévues pour les immobilisations dont les composants n'ont pas été identifiés dès l'origine, un nouveau plan d'amortissement propre à ce composant est appliqué à compter de sa comptabilisation séparée à l'actif.

Le système d'amortissement dégressif (CGI art. 39 A) est applicable à un composant lorsque l'immobilisation corporelle à laquelle il se rattache est elle-même éligible à ce système ou, dans le cas contraire, lorsqu'il est par lui-même éligible à ce système (CGI ann. II art. 15 bis, II).

Contrairement à la règle comptable, en **fiscalité** il n'est pas tenu compte des perspectives de cession anticipée du bien par l'entreprise (CGI ann. II art. 15 ; BOI-BIC-AMT-10-30-20 n°s 20 et 70).

Dans le respect de ces principes, la décomposition d'un même type de bien peut varier d'une entreprise à l'autre. En revanche, une entreprise doit décomposer de manière identique les biens de même nature qu'elle utilise dans des conditions semblables. Sauf erreur manifeste, l'administration a indiqué qu'elle ne remettrait pas en cause les décisions de décomposition prises pour l'établissement des comptes (BOI-BIC-CHG-20-10-10 n° 160). Elle admet que les entreprises peuvent se dispenser d'identifier en tant que composants les éléments dont la valeur unitaire est inférieure à 500 € et ceux dont la valeur est inférieure à 15 % du prix de revient de l'immobilisation dans son ensemble pour les biens meubles ou à 1 % pour les immeubles. Le rattachement à la structure peut également être privilégié pour les éléments principaux d'une immobilisation dont la durée d'utilisation est inférieure à douze mois ou supérieure ou égale à 80 % de la durée réelle d'utilisation de l'immobilisation considérée dans son ensemble (BOI-BIC-CHG-20-10-10 n°s 90 et 120).

66050 **Dépenses concernées** L'approche par composants vise deux types de dépenses : d'une part, les dépenses de remplacement et, d'autre part, les dépenses de gros entretien ou de grandes visites.

Concernant les **dépenses de remplacement, dites de 1e catégorie**, les composants à identifier sont des éléments destinés à être remplacés à intervalles réguliers et ayant des utilisations différentes de celle de l'immobilisation à laquelle ils se rattachent ou procurant des avantages économiques à l'entreprise selon un rythme différent. Il s'agit par exemple, s'ils répondent à cette définition, de la toiture ou de la chaudière d'un bâtiment, des pneus ou du moteur d'un camion, des tapis d'avancement d'une chaîne de production.

Concernant les **dépenses de gros entretien ou de grandes visites, dites de 2e catégorie** (visites de conformité, grandes visites), les composants à identifier correspondent aux dépenses d'entretien faisant l'objet de programmes pluriannuels de gros entretien ou de grandes visites en application de lois, règlements ou de pratiques constantes de l'entreprise.

L'élément principal (ou résiduel) qui ne fait pas l'objet de remplacement ou de gros entretien pendant sa durée d'utilisation devrait constituer la **structure**. Il ne constitue pas en lui-même des dépenses de gros entretien (remplacement ou gros entretien), mais il fait néanmoins partie des composants à traiter comme tel, notamment en matière d'amortissement. Il s'agit par exemple de la caisse d'un camion, du gros œuvre d'un immeuble.

Les dépenses de remplacement (1e catégorie) doivent être identifiées dès l'origine (PCG art. 214-9) lors de l'acquisition de l'actif en tant que composant : à inscrire à l'actif de manière séparée et à amortir sur leur propre durée d'utilisation.

En **fiscalité**, il en est de même (CGI ann. III art. 38 quinquies, 2), lorsque la dépense de remplacement d'un composant survient, le coût de remplacement est inscrit à l'actif. En contrepartie, la valeur nette comptable du composant d'origine, normalement nulle lors du remplacement, est comptabilisée en charges.

Dépenses de gros entretien et grandes visites Les dépenses de gros entretien et grandes visites (2e catégorie) peuvent, au choix de l'entreprise, être constatées soit sous forme de composants, soit sous forme de provisions pour gros entretien. 66055

Si l'**approche par composants** est choisie, il en résulte les conséquences suivantes :
– les dépenses d'entretien futures (estimées à la date de l'acquisition) figurent distinctement à l'actif en tant qu'élément du coût d'entrée du bien (elles ne viennent pas augmenter le coût d'entrée mais sont, comme tous les composants, identifiées « à l'intérieur du prix d'acquisition ») ;
– le composant (dépenses d'entretien) est amorti sur la période séparant deux révisions ;
– il n'est évidemment pas possible de constituer une provision pour gros entretien au titre de ces dépenses (PCG art. 214-10).

En **fiscalité**, ces dépenses qui se rapportent à des opérations de gros entretien ne répondent pas à la définition des composants énoncée à l'article 15 bis de l'annexe II au CGI. Elles constituent des charges (BOI-BIC-CHG-20-20-20 n° 280).

Ainsi, en pratique, dans le cadre du choix qui leur est offert en comptabilité, pour la constatation des dépenses de gros entretien et de grandes visites, les entreprises ont intérêt à opter dans leurs comptes pour la constatation d'une provision pour gros entretien et à ne pas retenir l'approche par composants.

Renouvellement ou remplacement d'un composant Lorsque la dépense de remplacement ou de gros entretien survient (PCG art. 213-20, 214-9 et 214-10) : 66060
– elle est immobilisée pour le montant des dépenses (de remplacement ou de gros entretien) engagées ;
– la valeur nette comptable du composant remplacé est obligatoirement sortie de l'actif et comptabilisée en charges.

Décomposition ultérieure Le fait qu'un composant n'ait pas été identifié à l'origine n'interdit pas qu'il le soit ultérieurement. Au contraire, si une dépense importante survient au cours de l'utilisation de l'actif, celle-ci peut devoir être considérée comme un composant (PCG art. 213-20). 66065

Les pièces de rechange et le matériel d'entretien sont habituellement inscrits en stocks et comptabilisés dans le résultat lors de leur consommation. Toutefois, sont comptabilisées parmi les immobilisations corporelles (PCG art. 213-21) : 66070
– les **pièces de rechange spécifiques**, qui ne peuvent être utilisées qu'avec une seule immobilisation ;
– les **pièces de rechange principales** que l'entreprise compte utiliser sur plus d'un exercice ;
– et les **pièces de sécurité** qui sont les pièces principales d'une installation appelées à être utilisées en cas de panne afin d'éviter une interruption longue du cycle de production ou un risque de sécurité.

DÉPENSES ULTÉRIEURES ET COÛTS ULTÉRIEURS

Selon le PCG (art. 212-1 et 212-2), les critères de distinction entre charges et immobilisations pour la comptabilisation des dépenses ultérieures sont les mêmes que lors de l'acquisition initiale de l'immobilisation existante. Ces critères sont appréciés au moment de l'engagement de ces dépenses par rapport à l'état de l'immobilisation à cette date et non par rapport à l'état d'origine de l'immobilisation existante. 66080

Dépenses courantes d'entretien et de maintenance Selon le PCG, les dépenses qui ne répondent pas aux critères de comptabilisation des actifs constituent des charges d'exploitation (PCG art. 213-19). Il s'agit des dépenses qui : 66085
– ne remplacent pas des composants identifiés à l'origine ou au moment de la dépense ;
– ne font pas l'objet d'un programme pluriannuel de gros entretien ou grandes visites ;
– ne résultent pas d'une mise en conformité pour des raisons de sécurité des personnes ou liées à l'environnement ;
– ne constituent pas des pièces de rechange principales ou spécifiques, ni des pièces de sécurité.

Le compte 615 « Entretien et réparations » est prévu par le plan comptable.

Fiscalement, les dépenses d'entretien et de réparation sont celles ayant pour objet de conserver ou de remettre en bon état d'utilisation les immobilisations. Le régime de déduction de ces dépenses dépend : 66095
– des décisions prises par l'entreprise quant à la décomposition de l'élément d'actif concerné dans le cadre de la méthode d'amortissement par composants ;

– du point de savoir si les coûts engagés à raison de l'élément considéré (bien non décomposé ou composant identifié) ont pour effet d'augmenter sa valeur ou sa durée réelle d'utilisation (CE 29-1-1975 n° 92198 : RJF 4/75 n° 172).

66100 Les **dépenses courantes d'entretien et de réparation** sont considérées comme des charges d'exploitation déductibles du résultat fiscal lorsqu'elles n'aboutissent pas au remplacement d'un composant et que, conformément aux critères dégagés par la jurisprudence du Conseil d'État (CE 17-1-1975 n° 86610 : RJF 3/75 n° 86), elles n'ont pas d'autre effet que de maintenir le bien ou le composant en état d'usage et de fonctionnement sans en augmenter ni sa valeur ni sa durée d'utilisation appréciée à la date de leur engagement (BOI-BIC-CHG 20-20-20 n° 140). Tel est le cas de travaux périodiques de peinture, de nettoyage et de réfection partielle de plomberie et d'électricité (CE 8-7-1987 n°s 72701 et 72707 : RJF 10/87 n° 967).

66105 **Les dépenses de remplacement d'un composant** identifié à l'origine sont, conformément à l'article 213-20 du PCG, obligatoirement inscrites à l'actif de manière séparée en tant que composant à amortir selon la méthode par composants. La valeur nette comptable du composant remplacé ou renouvelé est comptabilisée en charges (CGI ann. III art. 38 quinquies, 2). Sa valeur d'origine doit être sortie de l'actif du bilan. Cette règle exclut la possibilité de constituer des provisions pour gros entretien destinées à faire face aux dépenses de remplacement. Sont notamment concernées les dépenses engagées pour la réalisation d'**échanges standards** de pièces maîtresses de gros équipements (remplacement d'un moteur, par exemple), ces pièces répondant par leur nature à la définition d'un composant.
Il en est de même des travaux de réfection d'une **toiture** ou des dépenses engagées pour le remplacement des **installations techniques** d'un immeuble d'exploitation (ascenseur, électricité, climatisation, plomberie, etc.) lorsque ces éléments ont été inscrits distinctement à l'actif lors de l'acquisition du bien.
L'obligation d'immobiliser les dépenses de remplacement en tant que composant s'applique également en cas de remplacement des éléments qui répondent par nature à la définition d'un composant, mais que l'entreprise n'a pas identifiés comme tels à l'origine (exemple : remplacement d'un élément en cas de panne accidentelle). En revanche, lorsque l'entreprise doit procéder au remplacement d'un élément qui, à l'origine, n'a pas été à juste titre comptabilisé comme composant, les dépenses correspondantes ont le caractère de charges d'exploitation si elles n'ont pas pour effet d'augmenter la valeur du bien ni d'en prolonger sa durée d'utilisation (BOI-BIC-CHG-20-20-20 n° 150). Dans le cas contraire elles sont immobilisées.

66110 Les **dépenses** qui ont pour objet la réalisation de **nouveaux agencements**, l'**aménagement** ou la **transformation** d'**installations existantes** ont pour effet, en règle générale, de faire entrer un ou plusieurs éléments à l'actif du bilan. Elles sont immobilisées et déduites du résultat fiscal par voie d'amortissement.

66115 Les **dépenses de gros entretien** qui ne constituent pas un remplacement d'éléments existants peuvent faire l'objet de provisions pour gros entretien ou grandes révisions (voir n° 66730).

66120 **Agencements et aménagements** Les travaux destinés à mettre en état d'utilisation les diverses immobilisations de l'entreprise, essentiellement les terrains et les bâtiments, sont en principe eux-mêmes des immobilisations.
Les agencements et aménagements de terrains ou de constructions constituent des dépenses à immobiliser en tant que composant dès lors qu'ils sont significatifs.
Concernant les dépenses de mise aux normes, voir n° 11120.

66125 **Dépenses d'amélioration et additions d'éléments** Si elles remplissent les critères de comptabilisation des immobilisations, ces dépenses sont immobilisées en tant que composant de l'immobilisation principale, dès lors qu'elles sont significatives.
Les améliorations peuvent provenir soit de la **substitution** d'un élément neuf ou rénové à un élément usagé (échange standard ou apportant une amélioration qualitative), soit de la **transformation** d'un élément pour le perfectionner.
Il en est ainsi des travaux de rénovation complète d'une moissonneuse-batteuse si elle est dotée de nouveaux équipements qui, non seulement changent ses caractéristiques initiales, mais aboutissent en fait à la création d'un autre type de moissonneuse-batteuse.
Les **additions** entraînent normalement un accroissement de la valeur des immobilisations et doivent en conséquence être comprises dans l'actif du bilan, en tant que composant de l'immobilisation principale à laquelle ils viennent s'additionner sauf s'ils ne sont pas significatifs.

IMMOBILISATIONS CORPORELLES CONSTAMMENT RENOUVELÉES

Certaines immobilisations corporelles qui sont constamment renouvelées et dont la valeur globale est d'importance secondaire pour l'entreprise peuvent être conservées à l'actif pour une quantité et une valeur fixes, si leur quantité, leur valeur et leur composition ne varient pas sensiblement d'un exercice à l'autre (PCG art. 212-7). **66135**

COÛTS DE REMISE EN ÉTAT DE SITE

Dégradation immédiate nécessaire à l'exploitation future En cas de dégradation immédiate (dès la réalisation de l'installation à démonter, par exemple obligation de décontamination) et en présence d'une obligation de remise en état (qu'elle soit légale, réglementaire ou implicite), la constitution de provisions pour coûts de démantèlement et pour remise en état est obligatoire (PCG art. 322-1 s.). **66140**

La **provision** constituée au titre de l'obligation de démantèlement de site doit avoir comme contrepartie le coût d'acquisition de l'immobilisation concernée, dès lors qu'il s'agit d'une dégradation immédiate (PCG art. 213-8).

Les **coûts de démantèlement** doivent être comptabilisés à l'actif, soit lors de l'acquisition de l'immobilisation, soit en cours d'utilisation de l'immobilisation (à condition que l'utilisation soit à des fins autres que la production de stocks).

En **fiscalité**, il en est de même, les coûts de démantèlement d'installation ou de remise en état d'un site résultant d'une obligation légale réglementaire ou contractuelle encourue ou formalisée dès l'acquisition ou en cours d'utilisation du bien font l'objet d'une provision pour charges futures comptabilisée au passif et non déductible. En contrepartie, ils sont inscrits à l'actif comme complément du coût de revient de l'installation ou du site et sont amortis selon le mode linéaire sur la durée d'utilisation du site ou des installations (CGI art. 39 ter C). Cette règle ne s'applique qu'aux coûts qui incombent à l'entreprise en raison de la dégradation dite immédiate du site résultant du seul fait d'installer l'exploitation sur le site concerné, indépendamment de l'activité déployée. Sont en revanche exclues les dépenses engagées pour faire face aux dégradations progressives d'un site résultant de son exploitation, celles-ci pouvant faire l'objet d'une provision.

Dégradation progressive due à l'exploitation passée En cas de dégradation progressive et en présence d'une obligation de remise en état (qu'elle soit légale, réglementaire ou implicite), la constitution de provisions pour coûts de démantèlement et pour remise en état est obligatoire (PCG art. 322-1 s.). **66145**

La **provision** constituée au titre de l'obligation de remise en état du site ne doit pas avoir comme contrepartie le coût d'acquisition de l'immobilisation.

Toutefois (Avis CNC 2004-15 § 4211), les **coûts de remise en état** encourus pour produire des stocks pendant la période doivent être incorporés au coût des stocks produits au fur et à mesure de l'utilisation de l'immobilisation.

DÉFINITION D'UNE IMMOBILISATION INCORPORELLE

Une immobilisation incorporelle est un actif non monétaire sans substance physique (PCG art. 211-5) destiné à servir de façon durable à l'activité de l'entreprise, c'est-à-dire un actif dont l'entreprise attend qu'il soit utilisé au-delà de l'exercice en cours et destiné soit à être utilisé par l'entreprise, dans la production ou la fourniture de biens ou de services, soit à être loué à des tiers, soit à des fins de gestion interne. **66150**

Pour être **comptabilisé à l'actif**, l'élément doit être identifiable (PCG art. 211-1). Un actif incorporel est identifiable s'il est séparable des activités de l'entreprise, c'est-à-dire susceptible d'être vendu, transféré, loué ou échangé de manière isolée ou avec un contrat, un autre actif ou passif ; ou s'il résulte d'un droit légal ou contractuel même si ce droit n'est pas transférable ou séparable de l'entreprise ou des autres droits et obligations (PCG art. 211-5).

L'élément doit également être porteur d'avantages économiques futurs pour l'entreprise, générer une ressource que l'entreprise contrôle du fait d'événements passés, et son coût ou sa valeur peut être évalué avec une fiabilité suffisante.

Le **coût d'acquisition** d'une immobilisation incorporelle acquise séparément est constitué de : **66155**

– son prix d'achat, y compris les droits de douane et taxes non récupérables, après déduction des remises, rabais commerciaux et escomptes de règlement ;

– et de tous les coûts directement attribuables à la préparation de cet actif en vue de l'utilisation envisagée.

Les droits de mutation, honoraires ou commissions et frais d'actes liés à l'acquisition peuvent, sur option, être rattachés au coût d'acquisition de l'immobilisation ou comptabilisés en charges (PCG art. 213-22).

Le point de départ d'attribution des coûts est déterminé conformément à l'article 213-10 du PCG (voir n° 66380).
Les coûts d'emprunt peuvent être rattachés au coût d'acquisition selon les conditions prévues à l'article 213-9 du PCG (PCG art. 213-24).
Les coûts cessent d'être activés lorsque l'immobilisation incorporelle est en état de fonctionner selon l'utilisation prévue par l'entreprise. En conséquence, les coûts supportés lors de l'utilisation ou du redéploiement de l'actif sont exclus du coût de cet actif (PCG art. 213-25).
Les opérations qui interviennent avant ou pendant le développement de l'immobilisation incorporelle et qui ne sont pas nécessaires pour mettre l'immobilisation en état de fonctionner conformément à l'utilisation prévue par l'entreprise sont comptabilisées en charges (PCG art. 213-26).
Le coût d'une immobilisation incorporelle générée en interne, répondant aux conditions de comptabilisation prévues à l'article 212-3/2 du PCG, comprend toutes les dépenses pouvant lui être directement attribuées et qui sont nécessaires à la création, la production et la préparation de l'actif afin qu'il soit en mesure de fonctionner selon l'utilisation prévue par la direction (PCG art. 213-27).
Les coûts d'emprunt peuvent être rattachés aux coûts de développement selon les dispositions prévues à l'article 213-9 du PCG (PCG art. 213-28).

66160 Les **dépenses** engagées durant la phase de **recherche** préalable à la phase de développement doivent être comptabilisées en charges lorsqu'elles sont encourues et ne peuvent plus être incorporées dans le coût d'une immobilisation incorporelle à une date ultérieure (PCG art. 212-3).

66165 Les **coûts de développement** peuvent être comptabilisés à l'actif s'ils se rapportent à des projets nettement individualisés ayant de sérieuses chances de réussite technique et de rentabilité commerciale ou de viabilité économique pour les projets de développement pluriannuels associatifs. Cela implique, pour l'entreprise, de respecter l'ensemble des critères suivants :
– la faisabilité technique nécessaire à l'achèvement de l'immobilisation incorporelle en vue de sa mise en service ou de sa vente ;
– l'intention d'achever l'immobilisation incorporelle et de l'utiliser ou de la vendre ;
– la capacité à utiliser ou à vendre l'immobilisation incorporelle ;
– la façon dont l'immobilisation incorporelle générera des avantages économiques futurs probables. L'entreprise doit démontrer, entre autres choses, l'existence d'un marché pour la production issue de l'immobilisation incorporelle ou pour l'immobilisation incorporelle elle-même ou, si celle-ci doit être utilisée en interne, son utilité ;
– la disponibilité de ressources (techniques, financières et autres) appropriées pour achever le développement et utiliser ou vendre l'immobilisation incorporelle ;
– et la capacité à évaluer de façon fiable les dépenses attribuables à l'immobilisation incorporelle au cours de son développement.
La comptabilisation des frais de développement à l'actif est considérée comme la méthode préférentielle.
Ces dispositions ne s'appliquent pas aux **solutions informatiques** qui doivent obligatoirement être inscrites à l'actif lorsque certaines conditions sont réunies (PCG art. 611-3 modifié par règl. ANC 2023-05 du 10-11-2023) et dont le coût de production est déterminé conformément à l'article 611-4 du PCG modifié (voir Mémento Comptable n°s 30355 s.).
Les dépenses engagées pour créer en interne des **fonds commerciaux, des marques**, des titres de journaux et de magazines, des listes de clients et autres éléments similaires en substance, ne peuvent pas être distinguées du coût de développement de l'activité dans son ensemble. Par conséquent, ces éléments ne sont pas comptabilisés en tant qu'immobilisations incorporelles. Il en est de même pour les coûts engagés ultérieurement relatifs à ces dépenses internes.
Si une entreprise ne peut distinguer la phase de recherche de la phase de développement d'un projet interne visant à créer une immobilisation incorporelle, elle traite les dépenses au titre de ce projet comme si elles étaient encourues uniquement lors de la phase de recherche (PCG art. 212-3).
Concernant les **sites Internet** créés en interne : voir Mémento Comptable n°s 30900 s.
S'agissant des **dépenses de développement**, le traitement comptable retenu par l'entreprise, d'activation ou de déduction en charges de ces dépenses, détermine leur **régime fiscal** (BOI-BIC-CHG 20-30-30 n°s 60 et 70 ; CE 26-7-2023 n° 466493 : RJF 11/23 n° 837). Autrement dit, l'option prise par l'entreprise sur le plan comptable constitue une décision de gestion qui lui est opposable. Conformément au texte comptable, l'option doit être exercée pour l'ensemble des projets de l'entreprise et non projet par projet. En outre, l'option pour l'activation des frais de développement constitue une méthode préférentielle du point de vue comptable : elle est par conséquent définitive, sauf cas exceptionnel de changement de méthode (PCG art. 121-5 et 122-1).

2. CLASSEMENT COMPTABLE

FONDS AGRICOLE

Inscription du fonds agricole résiduel acquis Sont comptabilisés au compte « Fonds agricole résiduel » les éléments incorporels du fonds agricole acquis qui ne font pas l'objet d'une évaluation et d'une inscription dans un compte distinct du bilan et qui concourent au maintien et au développement du potentiel d'activité de l'entité (PCG art. 618-8 ; Règl. ANC 2020-03). 66200

Le fonds agricole résiduel est assimilé au **fonds commercial** défini au 2° de l'article 212-3 du PCG. Sa valeur d'inscription au bilan est déterminée par différence entre la valeur globale d'apport du fonds agricole et la valeur des différents éléments identifiables corporels et incorporels. Ces éléments sont comptabilisés séparément au bilan.

Le fonds agricole résiduel est inscrit au compte 2071 « Fonds agricole résiduel ».

Lorsqu'un fonds agricole **créé en interne** est déclaré auprès de l'autorité administrative compétente conformément à l'article L 311-3 du Code rural et de la pêche maritime et que ce fonds n'a pas fait l'objet d'une cession, transmission ou donation, il peut être fait mention de cette déclaration dans l'annexe.

Évaluation du fonds agricole résiduel postérieurement à sa date d'entrée 66204

Le fonds agricole acquis est évalué postérieurement à sa date d'entrée en suivant les dispositions prévues aux alinéas 2 à 5 de l'article 214-3 du PCG pour les fonds commerciaux (PCG art. 618-9 ; Règl. 2020-03).

Il est présumé avoir une durée d'utilisation non limitée et suit le traitement comptable prévu à l'article 214-15 du PCG. Lorsque sa durée d'utilisation est limitée au regard des critères cités à l'article 214-1, il est amorti sur cette durée d'utilisation, ou sur dix ans lorsqu'elle ne peut pas être déterminée de manière fiable.

Dans les comptes individuels, les petites entreprises peuvent amortir sur dix ans tous leurs fonds commerciaux. Cette mesure de simplification est étendue au fonds agricole résiduel. Elle peut être adoptée à tout moment.

Sur le traitement fiscal des amortissements comptabilisés à raison de fonds agricoles résiduels acquis entre le 1er janvier 2022 et le 31 décembre 2025, voir nos 11420 s.

DROIT AU PAIEMENT DE BASE

Les dispositions suivantes s'appliquent à toute entité bénéficiant des régimes de soutien relevant de la politique agricole commune en application du règlement UE 1307/2013 du Parlement européen et du Conseil du 17 décembre 2013. 66207

L'ANC a adopté le règlement 2015-12 du 10 décembre 2015 relatif au traitement comptable des droits au paiement de base (homologué par arrêté du 28-12-2015 : JO 30).

Les droits au paiement de base répondent à la définition d'une immobilisation incorporelle au regard des dispositions de l'article 211-5 du PCG, car ils constituent des éléments non monétaires sans substance physique susceptibles de générer une ressource que l'agriculteur contrôle du fait d'évènements passés et dont il attend des avantages économiques futurs. 66208

En effet, leur attribution ou leur transfert, possible uniquement au bénéfice d'agriculteurs actifs, matérialise l'appartenance des bénéficiaires des droits au paiement de base au régime des paiements directs et la possibilité de percevoir les aides annuelles. Par ailleurs, les droits au paiement de base sont susceptibles d'être vendus, transférés ou loués avec la terre ou de manière isolée (PCG art. 618-2, commentaires).

Les **droits au paiement de base attribués** sont comptabilisés pour une valeur nulle. En effet, leur valeur vénale, définie comme le montant qui pourrait être obtenu de la vente d'un actif conclue à des conditions normales de marché, net des coûts de sortie, ne peut être évaluée avec une fiabilité suffisante pour les raisons suivantes :

– il n'existe pas de marché actif, le dispositif fixant des contraintes à la liberté de cession et transferts de droits au paiement de base comparativement à d'autres actifs. Les droits au paiement de base ne peuvent être transférés qu'au bénéfice d'agriculteurs actifs (à l'exception de cas particuliers notamment la transmission par héritage) ;

– les transferts par cession peuvent être effectués indépendamment ou non de la cession de la terre (transferts avec ou sans terre). Néanmoins, dans le cas des transferts sans terre, la valeur unitaire annuelle de chacun des droits au paiement de base est réduite de 50 % pendant les trois premières années d'application du régime de paiement de base et de 30 % les années suivantes. La valeur vénale des droits au paiement de base est susceptible de varier fortement selon la nature des transactions. Leur valeur vénale ne se révèle donc que dans le cadre d'une éventuelle transaction future, dont les conditions ne sont pas connues à la date d'attribution (PCG art. 618-3, commentaires).

Les **droits au paiement de base acquis** sont enregistrés en immobilisations incorporelles pour leur prix d'acquisition. Ils sont **amortissables** sur la durée estimée de perception des paiements directs de la politique agricole commune auxquels ils ouvrent droit (PCG art. 618-4).
En cas d'acquisition conjointe à un transfert du foncier, la **valeur d'entrée** des droits au paiement de base s'entend en pratique du prix stipulé dans l'acte de transfert du foncier.
L'horizon du cadre financier pluriannuel dans lequel s'inscrit le dispositif des droits au paiement de base est un élément à prendre en compte pour estimer leur **durée d'amortissement** (PCG art. 618-4, commentaires).
Les droits au paiement de base sont enregistrés au sein d'une **comptabilité matière** tenue hors bilan (PCG art. 618-5).
Un **produit à recevoir** est comptabilisé au titre du montant des aides annuelles à recevoir à la date limite de dépôt de la demande de participation au paiement de base et aux paiements connexes (PCG art. 618-6).
Chaque année, les agriculteurs éligibles aux **paiements directs** de la politique agricole commune formulent une **demande** de participation au paiement de base et aux paiements connexes.
Cette demande est formulée sur la base des hectares exploités à la date limite de dépôt des demandes de participation aux paiements, à raison de l'activation des droits au paiement de base.
La date de dépôt de la demande de participation constitue le fait générateur pour la comptabilisation des aides annuelles.
La créance étant certaine dans son principe et son montant pouvant être estimé avec une fiabilité suffisante à la date limite du dépôt de la déclaration, un produit à recevoir est comptabilisé à cette date (PCG art. 618-6, commentaires).

INSCRIPTION À L'ACTIF DES AMÉLIORATIONS DES SOLS ET DES MILIEUX

66220 1° Est inscrit en **immobilisation** le coût des améliorations des sols et des milieux résultant de pratiques culturales suivies dont les avantages économiques futurs sont attendus durant plus d'une année.
Ces pratiques culturales sont celles qui augmentent ou permettent le maintien des avantages économiques futurs se rattachant à un actif existant donné ou sont nécessaires à l'obtention des avantages économiques futurs d'autres actifs.
2° Lorsque les améliorations des sols et des milieux ont une **durée d'utilisation limitée** au sens de l'article 214-1, elles font l'objet d'un amortissement (PCG art. 618-12 ; Règl. ANC 2020-03).
Les améliorations des sols et des milieux sont inscrites au compte 217 créé par l'entité. Il s'agit de pratiques culturales suivies permettant d'**améliorer** les **sols** et **milieux**, comme par exemple, des amendements, du travail du sol et des arriérés de fumures. Sont exclues de ce coût les pertes d'opportunité liées par exemple à une mise en jachère des terres.
Les améliorations de sols et des milieux sont à distinguer des améliorations liées à des **agencements de terrain**.
Les agencements de terrain sont inscrits au compte 212. Il s'agit, par exemple, des travaux de drainage, de création de voies de desserte sommaires, etc. (PCG art. 618-12, commentaires).

CRÉANCES RATTACHÉES À DES PARTICIPATIONS

66280 Elles représentent les créances nées à l'occasion de prêts octroyés à des entreprises dans lesquelles le prêteur détient une participation (PCG art. 942-26). Elles doivent être inscrites au compte 267.
Le compte 2672 « Créances rattachées à des participations à des organismes professionnels agricoles (autres que les établissements de crédit) » enregistre notamment les créances détenues sur les coopératives agricoles provenant des **ristournes** de fin de campagne (résultant de la répartition, entre les adhérents, des **excédents** de l'exercice), dans la mesure où elles sont **bloquées** pendant une certaine période.
Les **intérêts aux parts différés** sont également enregistrés dans ce compte.

3. COÛT D'ENTRÉE DANS LE PATRIMOINE

66350 Lors de leur entrée dans le patrimoine de l'entreprise, les immobilisations corporelles sont enregistrées (PCG art. 213-1 et 213-2) :
– à leur coût d'acquisition pour celles acquises à titre onéreux ;
– à leur coût de production pour celles produites par l'entreprise ;
– à leur valeur vénale pour celles acquises à titre gratuit, par voie d'échange et reçues à titre d'apport en nature.
En **fiscalité**, les immobilisations sont inscrites au bilan pour leur valeur d'origine qui correspond à la définition comptable telle que définie ci-après (CGI ann. III art. 38 quinquies).

ACQUISITION À TITRE ONÉREUX

Le coût d'acquisition d'une immobilisation corporelle est constitué des éléments suivants (PCG art. 213-8) : 66355

– son **prix d'achat**. Le prix d'achat est le montant résultant de l'accord des parties à la date de l'opération, y compris les droits de douane et les taxes non récupérables, diminué des taxes légalement récupérables (TVA et taxes assimilées), des rabais, remises ou ristournes obtenus et des escomptes de règlement obtenus ;

– tous les **coûts directement attribuables** (frais accessoires) engagés pour mettre l'actif en place et en état de fonctionner selon l'utilisation prévue par la direction ;

– l'estimation initiale des **coûts de démantèlement**, d'enlèvement et de restauration du site sur lequel elle est située.

Sont en revanche exclus du prix de revient les **frais administratifs** à l'exception de ceux afférents à une structure entièrement dédiée à l'acquisition de l'immobilisation (exemple : coûts d'une équipe dédiée exclusivement à l'acquisition d'une nouvelle structure de production).

Le montant porté en comptabilité lors de l'entrée dans le patrimoine est le **prix définitif** convenu, quelles que soient les modalités de règlement.

Frais accessoires Les frais accessoires sont constitués par toutes les charges directement attribuables à l'acquisition ou à la mise en place du bien, engagées pour mettre l'actif en place et en état de fonctionner, selon l'utilisation prévue par la direction (PCG art. 213-8). 66360

Ils sont obligatoirement comptabilisés dans le coût d'entrée de l'immobilisation acquise, sauf dans le cas particulier des frais d'acquisition d'immobilisations, incorporables dans le coût d'entrée sur option.

Ne doivent être incorporés au coût d'acquisition des immobilisations corporelles que les coûts directement attribuables à l'acquisition ou à la mise en état de fonctionnement du bien (PCG art. 213-8). En conséquence, ne devraient être incorporés au coût d'acquisition des immobilisations corporelles que :

– les frais qui, par nature, sont directement attribuables à l'acquisition (au sens physique du terme) ;

– les frais qui, par nature, ne sont pas directement attribuables mais qui le sont de fait.

Constituent des **frais accessoires à inclure dans le coût d'entrée** de l'immobilisation acquise :

– les frais variables, ou présentant un certain degré de variabilité à condition d'être engagés dans la période d'acquisition (ou de production) : frais de transit, de transport et assurance transport, droits de douane à l'importation, TVA et taxes non récupérables par l'entreprise, frais de livraison et de manutention initiaux, frais de transport, d'installation et de montage nécessaires à la mise en état d'utilisation des immobilisations par l'entreprise ;

– certains frais fixes à condition d'être engagés dans la période d'acquisition : frais fixes qui sont par nature directement attribuables à l'acquisition, frais fixes qui ne sont pas par nature directement attribuables mais qui se rapportent à une structure dédiée à 100 % à l'acquisition de l'immobilisation. Les autres frais fixes sont exclus du coût d'acquisition des immobilisations.

Ne constituent pas des frais accessoires et sont donc à comptabiliser directement en charges :

– les opérations qui ne sont pas nécessaires à la mise en place et en état de fonctionner de l'immobilisation conformément à l'utilisation prévue par la direction. Ces opérations sont comptabilisées immédiatement en résultat (PCG art. 213-13) ;

– les frais indirectement attribuables à l'acquisition (frais fixes). Les charges qui ne peuvent pas être rattachées directement aux coûts rendus nécessaires pour mettre l'immobilisation en état de fonctionner sont comptabilisées en charges (PCG art. 213-11).

Lorsque les **immobilisations** sont **décomposables**, les frais accessoires d'acquisition sont traités de la manière suivante :

– si les frais concernent spécifiquement un composant ou la structure, ils sont attribués au coût de ce composant ou de la structure ;

– si les frais concernent l'immobilisation dans son ensemble, ils sont attribués au coût d'entrée des composants et de la structure au prorata de leurs valeurs respectives ;

– à défaut, par simplification les frais sont attribués à la structure.

> **Précisions** Les coûts de réalisation des **tests de fonctionnement** d'une immobilisation constituent des frais incorporables au coût de revient du bien (BOI-BIC-CHG-20-20-10 n° 30). Au contraire, les coûts encourus lorsque l'immobilisation est en état de fonctionner (conformément à l'utilisation prévue par l'entreprise) mais n'est **pas encore mise en production** ou fonctionne **en dessous de sa pleine capacité** sont passés en charges (BOI-BIC-CHG-20-20-10 n° 50).

66365 **Frais de formation du personnel** Sur **option**, les frais de formation du personnel nécessaires à la **mise en service d'une immobilisation acquise** peuvent être incorporés à son coût de revient (PCG art. 213-8). Lorsqu'elle est exercée, l'option s'applique à l'ensemble des immobilisations corporelles et incorporelles acquises par l'exploitant.

Fiscalement, l'administration ne s'est pas prononcée sur l'application de cette règle. Il est donc préférable de déduire ces frais immédiatement en charges. Lorsque l'option pour leur incorporation au coût de revient est exercée sur le plan comptable, il convient donc de procéder à des retraitements extra-comptables.

66370 **Frais d'acquisition d'immobilisations** Il s'agit des **droits de mutation, honoraires** (agences, notaires, etc.) ou **commissions** (courtages et autres coûts de transaction liés à l'acquisition) et **frais d'actes** liés à l'acquisition (frais légaux, frais de transfert de propriété, etc.) de l'immobilisation (PCG art. 213-8). Cette liste est limitative.

66375 Les frais d'acquisition d'immobilisations constituent des frais accessoires qui devraient en principe être obligatoirement comptabilisés dans le coût d'entrée des immobilisations concernées. Toutefois, le PCG (art. 213-8) prévoit une faculté d'option : ces frais peuvent soit être comptabilisés en **charges** (selon leur nature), soit être compris dans le **coût d'entrée** de l'immobilisation.

66380 Le PCG définit de manière précise la période pendant laquelle les coûts engagés peuvent être incorporés au coût d'acquisition (ou de production) de l'immobilisation. Ainsi, pour être attribuables au coût d'entrée d'une immobilisation, les coûts doivent être engagés durant la **phase d'acquisition** ou de production uniquement (PCG art. 213-10 et 213-12).

La date de début de la période d'acquisition ou de production correspond à la date à laquelle l'entreprise a pris (et justifié au plan technique et financier) la décision d'acquérir l'immobilisation (pour l'utiliser ou la vendre) et démontré qu'elle générera des avantages économiques futurs (PCG art. 213-10).

La période d'acquisition s'achève lorsque le niveau d'utilisation prévu par la direction, c'est-à-dire le rendement initial attendu (et non celui de plein régime), est atteint (PCG art. 213-10 et 213-12).

Les dépenses engagées **avant la phase d'acquisition** (ou de production) sont comptabilisées en charges (phase préliminaire). Les dépenses engagées **pendant** la période d'acquisition (ou de production) sont incluses dans le coût d'acquisition de l'immobilisation si elles sont directement attribuables. À défaut, elles sont comptabilisées en charges. Les dépenses engagées **après** la période d'acquisition (ou de production) sont comptabilisées en charges (phase de démarrage et phase de plein régime).

Ces règles s'appliquent également pour la détermination du **résultat imposable** (BOI-BIC-CHG-20-20-10 n° 40).

66385 Lorsque l'**option** pour l'incorporation des frais d'acquisition au coût de revient de l'immobilisation est exercée, elle présente un **caractère global**, et s'applique donc à tous les frais concernés (honoraires et commissions d'intermédiaires, droits de mutation, frais d'acte), et à toutes les acquisitions d'immobilisations réalisées par l'entreprise. Elle est en principe irréversible.

Toutefois, il est admis que cette option puisse être révisée, dans les situations exceptionnelles où un tel changement est autorisé, s'il est motivé par la recherche d'une meilleure information financière (PCG art. 121-5 et 122-1).

L'option exercée en comptabilité conditionne le **traitement fiscal** de l'ensemble des frais supportés par l'entreprise à l'occasion de l'acquisition d'immobilisations.

> **Précisions** Au **plan fiscal**, les frais d'acquisition des **titres de participation** engagés par des sociétés soumises à l'IS sont obligatoirement incorporés à leur prix de revient mais peuvent être amortis sur cinq ans. En cas d'acquisition des titres en cours d'exercice, la première annuité d'amortissement est réduite prorata temporis. Lorsqu'une telle incorporation est réalisée dans les comptes, la déduction fiscale est opérée par la constatation d'un amortissement dérogatoire. Dans le cas contraire, il convient de procéder de manière extra-comptable d'une part à la réintégration de la charge comptabilisée, d'autre part à la déduction de l'amortissement (BOI-IS-BASE-30-10 n°s 140 s.).

66390 **Coûts d'emprunt** L'**option** pour l'incorporation des frais financiers dans le coût d'une immobilisation est ouverte non seulement aux productions mais également aux acquisitions d'immobilisations.

Les intérêts des capitaux empruntés sont en principe comptabilisés en charges de la période au cours de laquelle ils ont couru. Leur incorporation dans le coût de l'actif est prévue par le PCG (art. 213-9). Les coûts d'emprunt peuvent être soit comptabilisés en charges, soit incorporés au coût de l'actif. Il en est de même en **fiscalité** (CGI ann. III art. 38 undecies).

Lorsque l'option pour l'incorporation au coût des actifs est retenue, elle doit être appliquée à tous les **actifs éligibles**, c'est-à-dire aux immobilisations (qu'elles soient corporelles ou incorporelles, produites ou acquises) et aux stocks (PCG art. 213-9, 1-al. 4).
Le PCG définit un actif éligible à l'incorporation des coûts d'emprunt comme un actif qui exige une longue période de préparation ou de construction avant de pouvoir être utilisé ou vendu (PCG art. 213-9, 1-al. 3). La période doit être en principe supérieure à douze mois (CGI ann. III art. 38 undecies).
Les **critères de comptabilisation des coûts d'emprunt à l'actif** sont les mêmes que ceux applicables à tous les autres coûts entrant dans le coût d'entrée des actifs (PCG art. 213-9, 3-al. 1). En conséquence, les conditions de comptabilisation des coûts d'emprunt sont les suivantes : il doit être probable que les coûts d'emprunt généreront des avantages économiques futurs et ces coûts doivent pouvoir être évalués de façon fiable.
Les coûts d'emprunt pouvant être incorporés au coût d'entrée doivent être directement attribuables à l'acquisition ou à la production de l'actif (PCG art. 213-9, 1) et peuvent inclure tous les intérêts et autres coûts supportés par l'entreprise en liaison avec l'emprunt de fonds.
Selon le PCG, peuvent être incorporés dans le coût de l'actif les coûts d'emprunt provenant d'un financement spécifique affecté à l'opération d'acquisition ou de production du bien et les coûts d'emprunt provenant d'un financement non spécifique (PCG art. 213-9, 3).
La **période d'incorporation** est la même que celle applicable à tous les autres coûts compris dans le coût d'entrée des immobilisations et des stocks (PCG art. 213-9, 1-al. 1). L'incorporation des frais financiers concerne ceux engagés pour l'acquisition de l'immobilisation jusqu'à sa date d'acquisition ou de réception définitive (CGI ann. III art. 38 undecies).

Coût de remise en état : démantèlement, enlèvement et restauration de site L'obligation d'inclure les coûts de remise en état dans le coût d'acquisition des immobilisations corporelles est expressément prévue par le PCG (art. 213-8). Elle concerne les coûts résultant de la dégradation immédiate d'un site, constatée dès la construction de l'installation. 66395
Le montant à comptabiliser comme un « actif de démantèlement » correspond à l'estimation initiale des coûts à engager pour remplir l'obligation de démantèlement, d'enlèvement ou de restauration du site. En **fiscalité**, il en est de même conformément à l'article 39 ter C du CGI.
Le montant initialement estimé de la provision pour coûts de démantèlement, qui est la contrepartie de l'actif de démantèlement, peut être revu tant que l'obligation de démantèlement ou de remise en état n'a pas été remplie (voir n° 66140).
En cas de **variation** du **montant estimé** des coûts de démantèlement, la valeur nette comptable de l'installation est rectifiée à due concurrence et l'entreprise procède à une modification prospective du plan d'amortissement.

COÛT DE PRODUCTION DES IMMOBILISATIONS CORPORELLES

66400 Les immobilisations corporelles produites par l'entreprise sont évaluées à leur coût de production. Par immobilisations produites, il faut comprendre celles créées uniquement par l'entreprise, sous- traitées en partie par l'entreprise et celles sous-traitées en totalité, l'entreprise restant le maître d'œuvre.
Selon le PCG, le coût de production d'une immobilisation corporelle est constitué du coût des approvisionnements augmenté des autres coûts engagés par l'entreprise au cours des opérations de production (PCG art. 213-15). Il est donc constitué des éléments suivants :
- le coût d'acquisition des matières consommées (coût d'acquisition des stocks de matière) ;
- les charges directes de production ;
- les charges indirectes de production ;
- l'estimation initiale des coûts de démantèlement, d'enlèvement et de remise en état du site sur lequel l'immobilisation produite est située.

En **fiscalité**, il en est de même (CGI ann. III art. 38 quinquies).

66405 Le coût de production d'une immobilisation corporelle est déterminé en utilisant les mêmes principes que ceux applicables pour une immobilisation acquise (PCG art. 213-14).
Les **charges directes** à inclure dans le coût de production des immobilisations corporelles sont des charges nécessaires à la mise en place et en état de fonctionner du bien, directement attribuables à la production ou à la mise en place et en état de fonctionner du bien.
En outre, il s'agit uniquement des charges qu'il est possible d'affecter au coût d'un bien ou d'un service déterminé sans calcul intermédiaire (PCG art. 213-15). Elles peuvent être variables ou fixes.
Pour être attribuables au coût d'entrée d'une immobilisation, les coûts directs doivent être engagés durant la **phase de production** uniquement.
Le coût de production des immobilisations corporelles comprend les **charges indirectes** de production dans la mesure où elles peuvent être raisonnablement rattachées à la production du

bien. Les charges indirectes à inclure dans le coût de production des immobilisations corporelles sont les charges :
– nécessaires à la mise en place et en état de fonctionner du bien ;
– directement attribuables à la production ou à la mise en place et en état de fonctionner du bien et qu'il n'est pas possible d'affecter au coût du bien ou d'un service déterminé sans calcul intermédiaire.
Les intérêts des **capitaux empruntés** peuvent être soit comptabilisés en charges de la période au cours de laquelle ils ont couru, soit incorporés sous certaines conditions dans le coût de l'immobilisation corporelle produite (voir nº 66390).

AUTRES MODALITÉS D'ÉVALUATION DES IMMOBILISATIONS CORPORELLES

66410 **Immobilisations acquises contre versement de rentes viagères** À la date d'entrée du bien à l'actif, les immobilisations acquises moyennant le paiement de rentes viagères sont comptabilisées pour le montant qui résulte d'une stipulation de prix ou, à défaut, d'une estimation (PCG art. 213-5). Au passif du bilan, la contrepartie est portée pour la même valeur, dans le compte 1685 « Rentes viagères capitalisées ».
Les arrérages à verser qui excèdent le capital sont inscrits au crédit du compte 1685 et constituent des charges exceptionnelles. Inversement, le décès du crédirentier peut être générateur d'un produit exceptionnel.
La même règle s'applique en **fiscalité** (CGI ann. III art. 38 quinquies). Les écarts éventuels entre le coût d'entrée et le montant total des arrérages versés constituent soit une charge financière immédiatement déductible (survie prolongée du crédirentier), soit un produit financier imposable (décès prématuré) (CE 23-11-1983 nº 41631 : RJF 1/84 nº 8 ; BOI-BIC-AMT-10-30-30-10 nºs 220 et 290 à 330).
Lorsque la **donation** de biens professionnels par nature s'accompagne du paiement d'une rente viagère ou de soulte, le Conseil d'État admet également la déduction des sommes versées au donateur à partir du moment où le total des arrérages servis excède la valeur des biens transmis stipulée dans l'acte (CE 2-2-1998 nºs 133844 et 133845 : RJF 3/98 nº 263 ; 21-10-2013 nº 358061 : RJF 1/14 nº 26).
Il en est de même pour les éléments acquis moyennant un prix payable par **annuités indexées** ou pour ceux acquis moyennant un **prix** libellé **en devises étrangères**.

66415 **Immobilisations reçues à titre gratuit** Les biens acquis à titre gratuit (succession, donation, legs) sont enregistrés à la valeur vénale (PCG art. 213-1). La valeur vénale correspond au montant qui pourrait être obtenu, à la date de clôture, de la vente de l'actif lors d'une transaction conclue à des conditions normales de marché, net de coûts de sortie (PCG art. 214-6). La contrepartie constitue un produit.
Il en est de même en **fiscalité** (CGI ann. III art. 38 quinquies, 1-b). Toutefois, sur le plan comptable, la valeur vénale s'entend nette des coûts de sortie, c'est-à-dire des coûts directement attribuables à la sortie de l'actif, à l'exclusion des charges financières et de la charge d'impôt sur le résultat. Il en est ainsi, par exemple, des frais d'acte, des frais de timbre et taxes similaires liées à la transaction, des coûts d'enlèvement de l'actif et des coûts marginaux directement engagés pour mettre l'actif en état d'être vendu. Sur le plan fiscal, ces coûts de sortie ne sont pas pris en compte pour déterminer la valeur vénale des biens concernés.

66420 **Immobilisations acquises par voie d'échange** Selon l'article 213-3 du PCG, le bien acquis en échange est en principe évalué à la valeur vénale mais peut être évalué à la valeur comptable de l'actif cédé lorsque la valeur vénale ne peut être évaluée de façon fiable ou lorsque la transaction d'échange n'a pas de substance commerciale. En **fiscalité**, selon l'article 38 quinquies, 1-a de l'annexe III au CGI, pour les biens acquis en échange d'un ou plusieurs biens, le prix d'achat s'entend de la valeur vénale.

66440 **Immobilisations acquises en application d'un contrat de crédit-bail** Le crédit-bail est une opération de location de biens donnant à l'utilisateur du bien, d'une part, un droit de jouissance, d'autre part, la possibilité d'acquérir le bien concerné, soit en fin de contrat, soit au terme de périodes fixées à l'avance, moyennant le paiement du prix convenu.
Les sommes versées par l'utilisateur du bien avant qu'il n'en devienne propriétaire, dénommées **redevances ou loyers**, ont le caractère de charges de services extérieurs enregistrées au compte 612 « Redevances de crédit-bail ».
Lorsque le bien est acquis par l'utilisateur (**levée de l'option**), il est enregistré parmi les immobilisations pour son prix contractuel de cession.
Concernant le crédit-bail immobilier, voir développements dans le Mémento Comptable nº 28485.

4. AMORTISSEMENTS DES IMMOBILISATIONS

PRINCIPES GÉNÉRAUX

Les entreprises agricoles tenues aux prescriptions du PCG (nos 64000 s.) doivent calculer l'amortissement comptable de leurs actifs conformément aux règles comptables. De plus, rappelons qu'en application de l'article 72 du CGI, l'amortissement des éléments de l'actif s'effectue en matière de bénéfices agricoles dans les mêmes conditions que pour les entreprises industrielles et commerciales. Dès lors, les règles fiscales d'amortissement par composants s'appliquent aux titulaires de bénéfices agricoles imposés selon un régime réel. **66450**

Un actif immobilisé dont la durée d'utilisation est limitée fait l'objet d'un amortissement. Le cas échéant, il fait également l'objet d'une dépréciation selon les modalités décrites à l'article 214-15 du PCG si les conditions prévues à l'article 214-17 du PCG sont remplies. **66460**
Le **caractère limité de la durée d'utilisation** d'un actif est déterminé, soit à l'origine, soit en cours d'utilisation, au regard des critères, généralement physiques, techniques, juridiques, ou économiques, inhérents à l'utilisation par l'entité de l'actif considéré.
Si plusieurs critères sont pertinents, la durée d'utilisation la plus courte résultant de l'application de ces critères est retenue (PCG art. 214-1).
Lorsqu'il n'y a **pas de limite prévisible** à la durée durant laquelle il est attendu qu'un actif immobilisé procurera des avantages économiques à l'entité, la durée d'utilisation de cet actif est non limitée et l'actif concerné ne fait pas l'objet d'amortissement. Le cas échéant, il fait l'objet d'une dépréciation selon les modalités décrites à l'article 214-15 du PCG si les conditions prévues à l'article 214-17 du PCG sont remplies.
Le caractère non limité de la durée d'utilisation d'un actif est déterminé à l'origine au regard des critères, généralement physiques, techniques, juridiques, ou économiques, inhérents à l'utilisation par l'entité de l'actif considéré.
Lorsque la durée d'utilisation, estimée lors de l'acquisition de l'actif comme non limitée, devient limitée au regard d'un des critères cités ci-dessus, un test de dépréciation est réalisé ; l'actif, le cas échéant déprécié, est amorti sur la durée d'utilisation résiduelle (PCG art. 214-2).

Selon le PCG, il existe deux catégories d'amortissements : **66470**
– les **amortissements pour dépréciations**, qui traduisent (sauf en cas de simplification pour les entreprises ne dépassant pas certains seuils) la répartition systématique de la valeur amortissable d'un actif, selon le rythme de consommation des avantages économiques attendus, en fonction de son utilisation probable. En pratique, ils consistent généralement à étaler, sur la **durée d'utilisation**, la valeur des biens, suivant un plan d'amortissement préétabli. Ils sont comptabilisés au bilan, en moins de l'actif, et au compte de résultat, en charges d'exploitation. L'amortissement pour dépréciation résultant de l'application du plan d'amortissement est débité au compte 681 « Dotations aux amortissements, aux dépréciations et aux provisions – Charges d'exploitation » par le crédit de la subdivision concernée du compte 28 « Amortissement des immobilisations » ;
– les **amortissements dérogatoires**, qui représentent la fraction d'amortissements ne correspondant pas à l'objet normal des amortissements pour dépréciations, c'est-à-dire, en pratique, la quote-part d'amortissements pratiqués uniquement afin de bénéficier d'avantages fiscaux. Ils peuvent résulter : de la base amortissable, des durées d'amortissement ou des modes d'amortissement. Ils sont comptabilisés au passif du bilan (en « provisions réglementées » incluses dans les capitaux propres) et au compte de résultat en charges exceptionnelles. L'amortissement dérogatoire est débité au compte 687 « Dotations aux amortissements et aux provisions – Charges exceptionnelles [subdivisions 6872 « Dotations aux provisions réglementées (immobilisations) », 68725 « Amortissements dérogatoires »] par le crédit du compte 145 « Amortissements dérogatoires ». L'insuffisance fiscale qui en résulte lors des exercices suivants est débitée au compte 145 par le crédit du sous-compte 7872 « Reprises sur provisions réglementées (immobilisations) », à inscrire dans les produits exceptionnels.

L'amortissement d'un actif est la répartition systématique de son montant amortissable en fonction de son utilisation. **66475**
L'amortissement est déterminé par le **plan d'amortissement** établi en fonction de la durée et du mode d'amortissement propres à chaque actif amortissable, tels qu'ils sont déterminés par l'entité. Les actifs de même nature ayant des conditions d'utilisation identiques doivent être amortis de la même manière.
Le **mode d'amortissement** doit permettre de traduire au mieux le rythme de consommation des avantages économiques attendus de l'actif par l'entité. Il est défini soit en termes d'unités de temps, soit en termes d'unités d'œuvre. Le mode linéaire est appliqué à défaut de mode mieux adapté.

Les **petites entreprises**, définies à l'article L 123-16 du Code de commerce, peuvent, dans les comptes individuels, retenir la **durée d'usage** pour déterminer le plan d'amortissement des immobilisations (PCG art. 214-13).

66480 À la clôture de l'exercice, une dotation aux amortissements est comptabilisée conformément au plan d'amortissement pour chaque actif amortissable même en cas d'absence ou d'insuffisance de bénéfice (PCG art. 214-11).

L'amortissement d'un actif commence à la **date de début** de consommation des avantages économiques qui lui sont attachés. Cette date correspond généralement à la mise en service de l'actif (PCG art. 214-12).

Le plan d'amortissement est défini à la date d'entrée du bien à l'actif. Toute modification significative de l'utilisation prévue, par exemple durée ou rythme de consommation des avantages économiques attendus, entraîne la **révision** prospective du **plan d'amortissement** ; de même, en cas de dotation ou de reprise de dépréciations résultant de la comparaison entre la valeur actuelle d'un actif immobilisé et sa valeur nette comptable, il convient de modifier de manière prospective la base amortissable (PCG art. 214-14).

66490 L'entreprise doit apprécier à chaque clôture des comptes s'il existe un indice montrant qu'un actif a pu perdre de sa valeur. Lorsqu'il existe un indice de perte de valeur, un **test de dépréciation** est effectué : la valeur nette comptable de l'actif est comparée à sa valeur actuelle.

Pour les fonds commerciaux dont la durée d'utilisation est non limitée, ce test de dépréciation est réalisé au moins une fois par exercice qu'il existe ou non un indice de perte de valeur.

S'il n'est pas possible de déterminer la valeur actuelle de l'actif pris isolément, il convient de déterminer la valeur actuelle du groupe d'actifs auquel il appartient (PCG art. 214-15).

Pour apprécier s'il existe un quelconque indice qu'un actif ait pu perdre de la valeur, une entreprise doit au minimum considérer les indices suivants :

– externes : valeur de marché, changements importants, taux d'intérêt ou de rendement ;
– internes : obsolescence ou dégradation physique, changements importants dans le mode d'utilisation, performances inférieures aux prévisions (PCG art. 214-16).

Si la valeur actuelle d'un actif immobilisé devient inférieure à sa valeur nette comptable, cette dernière est ramenée à la valeur actuelle par le biais d'une dépréciation.

Si l'actif considéré est amortissable, la comptabilisation d'une dépréciation modifie de manière prospective la base amortissable (PCG art. 214-17).

Les règles relatives à l'évaluation des dépréciations lors de leur première constatation s'appliquent à leur évaluation postérieure (PCG art. 214-18).

66495 La **dépréciation** d'un actif est la constatation que sa valeur actuelle est devenue inférieure à sa valeur nette comptable (PCG art. 214-5).

Les dépréciations sont rapportées au résultat quand les raisons qui les ont motivées ont cessé d'exister.

Par exception, les dépréciations comptabilisées sur le fonds commercial ne sont jamais reprises (PCG art. 214-19).

La **valeur brute** d'un actif est sa valeur d'entrée dans le patrimoine ou sa valeur de réévaluation, sous réserve des dispositions de l'article 221-4 du PCG relatives aux titres évalués par équivalence et de celles de l'article 214-27 du PCG relatives à la réévaluation.

La **valeur nette comptable** d'un actif correspond à sa valeur brute diminuée des amortissements cumulés et des dépréciations.

La **valeur actuelle** est la valeur la plus élevée de la valeur vénale ou de la valeur d'usage, sous réserve des dispositions de l'article 221-3 du PCG relatives aux titres de participation et de celles de l'article 221-4 du PCG relatives aux titres évalués par équivalence.

La **valeur vénale** est le montant qui pourrait être obtenu, à la date de clôture, de la vente d'un actif lors d'une transaction conclue à des conditions normales de marché, net des coûts de sortie.

Les **coûts de sortie** sont les coûts directement attribuables à la sortie d'un actif, à l'exclusion des charges financières et de la charge d'impôt sur le résultat.

La **valeur d'usage** d'un actif est la valeur des avantages économiques futurs attendus de son utilisation et de sa sortie. Ceux-ci correspondent à l'estimation des flux nets de trésorerie actualisée attendus de l'actif ou du groupe d'actifs conformément à l'article 214-15 du PCG. Pour les activités où les flux de trésorerie attendus ne reflètent pas à eux seuls les avantages économiques futurs attendus, les éléments additionnels pertinents sont pris en considération (PCG art. 214-6).

Même en cas d'absence ou d'insuffisance de bénéfice, il est procédé aux **amortissements** et **dépréciations** nécessaires (PCG art. 214-7).

> **Précisions** **Sur le plan fiscal**, une dépréciation constatée sans respecter la réglementation comptable au motif qu'elle est calculée d'après la valeur vénale de l'immobilisation alors que sa **valeur d'usage** n'a pas été déterminée n'est pas admise en déduction (CE 22-11-2022 n° 454766 : RJF 2/23 inf. 86). L'administration est réservée sur la déduction d'une dépréciation calculée d'après la valeur d'usage, mais le principe de connexion entre fiscalité et comptabilité qui est posé par la jurisprudence devrait conduire à admettre une telle déduction sous réserve que les éléments retenus pour calculer cette valeur soient fiables.

BASE AMORTISSABLE

Le montant amortissable d'un actif est sa valeur brute sous déduction de sa valeur résiduelle. **66500**
La valeur résiduelle est le montant, net des coûts de sortie attendus, qu'une entité obtiendrait de la cession de l'actif sur le marché à la fin de son utilisation.
Elle n'est prise en compte pour la détermination du montant amortissable que lorsqu'elle est à la fois significative et mesurable (PCG art. 214-4).
En **fiscalité**, il n'y a pas lieu de prendre en compte la valeur résiduelle et la base d'amortissement correspond, en application de l'article 15 de l'annexe II au CGI, au prix d'achat ou au prix de revient de l'immobilisation ; ce prix étant déterminé selon les règles prévues à l'article 38 quinquies de l'annexe III au CGI (voir n°s 66350 s.). Une provision pour amortissement dérogatoire peut être constatée afin que l'amortissement fiscal déductible soit calculé d'après le coût de revient total.

La structure et les composants des **biens décomposés** sont amortis sur la base de leur prix de revient (n°s 66350 s.). **66510**
En **fiscalité**, en cas de **dépréciation** d'une immobilisation corporelle amortissable ayant fait l'objet d'une décomposition, la dépréciation doit en principe, et à défaut de règle comptable, être affectée à chaque composant et à la structure à raison de la dépréciation effective de chacun de ces éléments. Toutefois, une telle affectation pouvant s'avérer très complexe, il est admis que la dépréciation porte par priorité sur la seule structure, l'excédent éventuel du montant de la dépréciation par rapport à la valeur de la structure peut être réparti sur les composants selon une méthode rationnelle et cohérente, par exemple au prorata de la valeur des composants (BOI-BIC-AMT-10-30-20 n° 80).

TAUX OU DURÉE DES AMORTISSEMENTS POUR DÉPRÉCIATIONS

Biens non décomposés Pour amortir leurs actifs non décomposés, les entreprises doivent, en principe, retenir sur le plan comptable leur **durée propre d'utilisation** dans l'entreprise. **66520**
Certaines **PME** peuvent, sur le plan comptable, amortir leurs **immobilisations** sur les **durées d'usage** (et, le cas échéant, selon le mode dégressif), sans rechercher les durées d'utilisation et sans avoir à effectuer la séparation entre amortissements comptables (durée réelle d'utilisation) et **suppléments d'amortissement fiscaux**, liés aux durées d'usage et au mode dégressif ou exceptionnel, l'amortissement faisant l'objet d'une dotation unique. Cette mesure est réservée aux entreprises qui n'établissent pas de comptes consolidés et qui ne dépassent pas deux des trois seuils suivants : total du bilan : 7 500 000 € pour les exercices ouverts depuis le 1er janvier 2024 et 6 000 000 € antérieurement ; montant du chiffre d'affaires : 15 000 000 € pour les exercices ouverts depuis le 1er janvier 2024 et 12 000 000 € antérieurement ; nombre moyen de salariés permanents employés au cours de l'exercice : 50 (PCG art. 214-13 ; C. com. art. D 123-200 modifié par décret 2024-152 du 28-2-2024).

Biens décomposés Conformément aux articles 214-9 et 214-10 du PCG, les **composants** d'une immobilisation corporelle identifiés à l'actif sont amortis en fonction de leurs propres durée et rythme réels d'utilisation par l'entreprise sauf mesure de simplification, (voir n° 66520), qu'ils correspondent : **66530**
– aux éléments faisant l'objet de remplacements (dépenses de 1e catégorie obligatoirement comptabilisées en immobilisations) ;
– ou aux dépenses de gros entretien et grandes visites (dépenses de 2e catégorie comptabilisées en immobilisations ou par le biais de provisions) si l'entreprise opte pour leur comptabilisation en immobilisations (n° 66050).
En principe, la durée réelle est celle séparant deux remplacements ou deux gros entretiens. Cette durée réelle ne peut pas dépasser celle retenue pour la structure. Elle est en revanche indépendante de la durée d'usage retenue en fiscalité.
Si la durée réelle d'utilisation est plus courte que celle séparant deux remplacements ou deux gros entretiens, la durée d'amortissement du composant est limitée à la durée résiduelle de l'immobilisation sous-jacente.

En revanche, la base amortissable du composant doit, le cas échéant, être réduite de sa valeur résiduelle, étant précisé que cette réduction ne s'applique pas en fiscalité.

66540 La **structure** doit être amortie sur sa durée réelle d'utilisation. Toutefois, la constatation d'amortissements déterminés en fonction des durées d'utilisation s'avère le plus souvent défavorable aux entreprises par rapport aux durées d'usage admises en fiscalité, celles-ci étant généralement plus courtes que les durées d'utilisation. En conséquence, l'entreprise désirant bénéficier de la possibilité admise par l'administration d'appliquer les durées d'usage (voir ci-après n° 66550) comptabilise un amortissement dérogatoire pour la différence entre l'amortissement comptable et la dotation calculée fiscalement en fonction de la durée d'usage.

66550 En **fiscalité**, les éléments constitutifs de composants font l'objet d'un plan d'amortissement distinct comme sur le plan comptable (CGI ann. II art. 15 bis, II-2°).

L'amortissement d'après la **durée réelle d'utilisation** en fiscalité ne concerne que les composants. Pour les biens non décomposés et pour la structure des biens décomposés (à l'exception de la structure des immeubles de placement), l'entreprise peut se prévaloir des **durées d'usage** définies n° 11451 (BOI-BIC-AMT-10-40-10 n°s 20 et 130).

Lorsque la durée réelle d'utilisation prévue par l'entreprise est **plus longue que la durée d'usage** admise pour l'amortissement de la structure, l'administration accepte que le premier composant identifié à l'origine ou à la suite d'un accident soit amorti fiscalement sur cette durée d'usage, qui constitue ainsi une durée « butoir » (BOI-BIC-AMT-10-40-10 n° 80).

Par ailleurs, la durée d'amortissement des **composants acquis en remplacement** des éléments d'origine est limitée à la durée réelle d'utilisation restant à courir de la structure qui peut se trouver prolongée par l'effet de l'opération de remplacement. L'amortissement des composants renouvelés est toutefois calculé sur leur durée réelle d'utilisation intrinsèque dans le cas où ils sont interchangeables et peuvent donc être affectés à un autre bien en cours d'utilisation.

Selon l'article 213-21 du PCG, les **pièces de rechange** et de sécurité ainsi que le matériel d'entretien sont habituellement inscrits en stocks et comptabilisés dans le résultat lors de leur consommation. Doivent toutefois être immobilisées au plan comptable comme au plan fiscal (BOI-BIC-AMT-10-20 n° 210) :

– toutes les **pièces spécifiques** (c'est-à-dire non interchangeables), quel que soit leur coût, ainsi que les **pièces de rechange principales** dès lors que l'entreprise compte les utiliser pendant plus d'un exercice (BOI-BIC-CHG-20-10-20 n° 290). Les pièces de rechange principales destinées à remplacer ou à être intégrées à un composant sont amorties à compter du remplacement sur la durée résiduelle d'amortissement du composant ;

– et, en cas d'utilisation supérieure à douze mois, les **pièces de sécurité** qui s'entendent des pièces principales d'une installation, acquises pour être utilisées en cas de panne ou de casse accidentelle afin d'éviter une interruption longue du cycle de production ou un risque en matière de sécurité. Ces pièces sont amorties dès l'acquisition de l'immobilisation à laquelle elles sont destinées, sur une durée identique.

> **Précisions** En ce qui concerne les **immeubles**, l'identification des composants dépend notamment des caractéristiques physiques des constructions, de leur affectation et de leur ancienneté. À titre indicatif, nous présentons ci-après une nomenclature des **composants immobiliers** les plus courants en mentionnant les durées d'amortissement qui peuvent leur être associées : agencements (5 à 18 ans) ; aménagements intérieurs (15 ans) ; câblages techniques (15 ans) ; chauffage (20 à 30 ans) ; climatisation, désenfumage (20 ans) ; électricité (15 à 25 ans) ; étanchéité (15 ans) ; toiture (25 ans) ; façades (20 à 40 ans) ; finitions, second œuvre, abords (10 à 18 ans) ; groupes électrogènes (25 à 30 ans) ; installations générales, ascenseurs (15 à 25 ans) ; installations techniques (10 à 25 ans) ; menuiseries extérieures (25 ans) ; plomberie, canalisations (25 ans) ; protection incendie (20 ans) ; revêtements de sol (7 à 12 ans). Le gros œuvre ou la structure (composant principal de l'immeuble) peut être amorti dans les comptes sur une durée de 40, 50, 60 ou 70 ans.

AMORTISSEMENT DÉGRESSIF FISCAL

66560 Les règles comptables n'interdisent pas de comptabiliser un amortissement correspondant à un mode dégressif fiscal si ce mode correspond à l'utilisation réelle de l'immobilisation. Toutefois, l'amortissement dégressif étant un amortissement fiscal et du fait de l'obligation d'amortir les immobilisations sur leur durée d'utilisation (en amortissement pour dépréciation), le complément d'amortissement résultant de l'application du mode dégressif doit obligatoirement être comptabilisé en amortissements dérogatoires.

Pour les biens non décomposables, lorsque l'entreprise choisit d'appliquer la mesure de simplification réservée à certaines PME, l'éclatement n'est pas à effectuer (n° 66520).

Lorsqu'un bien est amortissable en dégressif, tous ses **composants** bénéficient également de ce mode d'amortissement. À l'inverse, lorsqu'un bien relève obligatoirement du mode linéaire, l'un de ses composants peut être amorti en dégressif, s'il est éligible à ce mode d'amortissement (CGI ann. II art. 15 bis). 66570

F. Autres comptes et opérations

SUBVENTIONS ET INDEMNITÉS

Définitions Il convient de distinguer les subventions des indemnités : 66600
1. Les **subventions** constituent une aide à l'entreprise de la part d'un tiers. Elles comprennent :
– les subventions **d'investissement** accordées en vue d'acquérir ou de créer des immobilisations (subvention d'équipement) ou de financer des activités à long terme ;
– les subventions **d'équilibre** dont bénéficie l'entreprise pour compenser, en tout ou partie, la perte globale qu'elle aurait constatée si une telle subvention ne lui avait pas été accordée ;
– les subventions **d'exploitation** dont bénéficie l'entreprise pour lui permettre de compenser l'insuffisance de certains produits d'exploitation ou de faire face à certaines charges d'exploitation.
2. Les **indemnités** se rattachent directement à un dommage.

Traitement des subventions d'équipement Pour les **exercices ouverts à compter du 1er janvier 2025**, les subventions d'équipement sont comptabilisées au compte 74 parmi les produits d'exploitation. Le **règlement ANC 2022-06** du 4 novembre 2022 (homologué par arrêté du 26-12-2023 : JO 30), restreint en effet le résultat exceptionnel aux opérations liées à des événements majeurs et inhabituels. 66630
Pour les **exercices antérieurs**, les subventions d'équipement constituent des produits exceptionnels.
Ces subventions peuvent, au **choix**, être considérées comme constituant :
a. Un **produit de l'exercice** (juridiquement, l'enrichissement provenant de la subvention – de caractère définitif – constitue un profit) ;
b. Un **produit à échelonner sur plusieurs exercices** (possibilité offerte par le PCG) : la subvention acquise est inscrite dans les capitaux propres et elle est ensuite rapportée au résultat selon les modalités prévues à l'article 42 septies du CGI (voir n° 9910).
La **reprise de la subvention** d'investissement qui finance une **immobilisation amortissable** s'effectue sur la même durée et au même rythme que l'amortissement de la valeur de l'immobilisation acquise ou créée au moyen de la subvention.
La reprise de la subvention d'investissement qui finance une **immobilisation non amortissable** est étalée sur le nombre d'années pendant lequel l'immobilisation est inaliénable aux termes du contrat. À défaut de clause d'inaliénabilité, le montant de la reprise de chaque exercice est égal au dixième du montant de la subvention.
Des **dérogations** à ces règles peuvent être admises si des circonstances particulières le justifient, par exemple le régime juridique de l'entreprise, l'objet de son activité, les conditions posées ou les engagements demandés par l'autorité ou l'organisme ayant alloué la subvention (PCG art. 312-1).
À cet effet, le compte 13 « Subventions d'investissement » est subdivisé en deux sous-comptes : 131 « Subventions d'équipement octroyées » et 139 « Subventions d'investissement inscrites au compte de résultat ».
Chaque exercice, la fraction de la subvention devant être rapportée au résultat est débitée au compte 139 « Subventions d'investissement inscrites au compte de résultat » par le crédit du compte de produits 747 « Quote-part des subventions d'investissement virée au résultat de l'exercice ».
Seul figure **au bilan** le **montant net** de la subvention non encore rapportée au compte de résultat.
Lorsque la subvention porte sur une **immobilisation décomposée**, voir n° 9915.

CAPITAL

Dans les **entreprises à caractère personnel**, le capital fait l'objet de deux comptes : 66700
1. Le capital individuel (ou personnel). À la **création de l'entreprise** exploitée sous la forme individuelle, le capital initial est égal à la différence entre la valeur des éléments actifs et la valeur des éléments passifs que l'exploitant décide d'inscrire au bilan de son entreprise. Le capital initial est modifié **ultérieurement** par les apports et les retraits de capital et par l'affectation des résultats.

Concernant l'exploitant individuel, le compte 101 « Capital individuel » enregistre à son crédit :
– la valeur des apports de l'entrepreneur au début ou en cours d'activité ;
– le bénéfice de l'exercice précédent par le débit du compte 12 « Résultat de l'exercice ».
Il enregistre à son débit :
– les prélèvements de toutes natures ;
– la perte de l'exercice précédent par le crédit du compte 12.
2. Le compte de l'exploitant. En **cours d'exercice**, les apports et/ou les retraits personnels de l'exploitant et, le cas échéant, de sa famille sont enregistrés au compte 108 « Compte de l'exploitant » :
– les apports peuvent être des espèces, des virements du compte bancaire personnel au compte bancaire de l'exploitation ou des biens ;
– les retraits consistent en prélèvements en nature de biens ou services objets de l'activité qui concourent à la formation des résultats et/ou en prélèvements financiers opérés sur un compte de trésorerie affecté à l'exploitation, qu'il s'agisse de prélèvements directs (retraits de fonds) ou indirects (paiement de dépenses privées).
À la **clôture de l'exercice**, le solde du compte est viré au compte 101 « Capital individuel ».

CONVENTION DE MANDAT

66710 Lorsqu'une entreprise mandate une **coopérative** pour les opérations de vinification ou de commercialisation auxquelles elle procède :
– conservant la propriété des récoltes, elle doit les comprendre dans ses stocks (Rép. Baumet : Sén. 24-10-1991 n° 16493) ;
– la rémunération de la coopérative est, à notre avis, à enregistrer au compte 6051 « Achats de travaux et services incorporés à la production agricole ».
Le chiffre d'affaires n'est réalisé que lors de la vente des produits.

PROVISIONS RÉGLEMENTÉES

66720 Ce sont des « provisions » ne correspondant pas à l'objet normal d'une provision, comptabilisées en application de dispositions légales.
Ont notamment ce caractère : les **amortissements dérogatoires** (voir n° 66470).
Ne correspondant pas à un risque ou à une dépréciation, elles sont comprises dans les **capitaux propres** au compte 14 « **Provisions réglementées** ». Pour ne pas fausser le résultat d'exploitation, leur incidence porte sur le **résultat exceptionnel**, les dotations étant enregistrées aux comptes 6872 à 6874 et les reprises au résultat aux comptes 7872 à 7874.
Le **règlement ANC 2022-06** du 4 novembre 2022 (homologué par arrêté du 26-12-2023 : JO 30), qui restreint la définition du résultat exceptionnel pour les exercices ouverts à compter du 1er janvier 2025, ne modifie pas les modalités de comptabilisation des provisions réglementées.

PROVISIONS POUR CHARGES LIÉES AUX IMMOBILISATIONS

66730 Des provisions pour charges liées aux immobilisations corporelles sont constituées pour couvrir les charges futures résultant d'une remise en état, d'une maintenance ou d'une révision périodique et prévues par une obligation, généralement contractuelle ou légale.
Cette obligation légale ou contractuelle concerne notamment les **dépenses** suivantes : les grosses réparations, la remise en état, la dépollution et les risques environnementaux, la mise en conformité à de nouvelles normes.
En principe, lorsqu'une obligation existe à la clôture, et que l'extinction de cette obligation nécessite une sortie de ressources sans contrepartie pour l'entreprise, une provision doit être constatée (PCG art. 322-2 s.).
Les **provisions pour gros entretien et grandes visites** font partie des provisions pour charges à répartir sur plusieurs exercices (compte 157).
Les provisions pour charges à répartir sur plusieurs exercices correspondent à des charges prévisibles importantes, ne présentant pas un caractère annuel, telles que les frais de grosses réparations, qui ne sauraient être supportées par le seul exercice au cours duquel elles sont engagées (PCG art. 941-15).
Les dépenses de gros entretien et de grandes visites sont des dépenses d'entretien qui s'inscrivent dans un programme pluriannuel qui ont pour seul but de vérifier le bon état de fonctionnement des installations et d'y apporter un entretien sans prolonger leur durée de vie au delà de celle prévue initialement (PCG art. 214-10).
Selon le PCG, ces dépenses peuvent être constatées, au choix de l'entreprise, soit sous forme de provisions pour gros entretien et grandes visites, soit sous forme de composants (même si elles n'ont pas été identifiées dès l'origine, mais ultérieurement lors de la dépense).

Ces provisions dites « pour gros entretien ou grandes visites » sont les seules qui sont admises au plan comptable. En effet, les dépenses destinées à remplacer des éléments principaux d'immobilisations corporelles ne peuvent en aucun cas donner lieu à la comptabilisation de provisions. Elles doivent être immobilisées en tant que composant de l'actif principal (PCG art. 214-9) (voir n° 66105).
En **fiscalité**, ces dépenses d'entretien doivent demeurer des **charges** et ne constituent pas des composants au sens de l'article 15 bis de l'annexe II au CGI (voir n° 11729).
En pratique, l'entreprise a le plus souvent intérêt, pour des raisons fiscales, à comptabiliser les dépenses de gros entretien et grandes visites dans les comptes individuels sous forme de provisions pour charges.
En revanche, ne peuvent faire l'objet de provisions : les dépenses courantes d'entretien et de maintenance, les dépenses ayant pour objet de modifier des installations ou de prolonger leur durée de vie (qui ont le caractère d'immobilisations), les remplacements de composants (qui ont le caractère d'immobilisations), les dépenses de gros entretien et grandes visites si l'approche par composants a été retenue.
Provision pour remise en état d'un site : voir n° 66395.

FOURNISSEURS ET CLIENTS RÉCIPROQUES

Lorsqu'un tiers, à la fois fournisseur et client de l'agriculteur, contracte une **convention de compte courant** avec ce dernier : 66750
– les mouvements liés à ces conventions sont enregistrés **en cours d'exercice** au **compte d'attente 472** « Opérations de compensation (conventions de compte courant) » ;
– **en fin d'exercice**, ce compte est soldé par le compte 402 « Fournisseurs – Soldes après compensation » s'il est créditeur, 412 « Clients – Soldes après compensation » s'il est débiteur.
Chaque convention est suivie dans un compte particulier retraçant toutes les opérations qui s'y rattachent.

EMPRUNTS

Intérêts des emprunts fonciers Ils constituent une charge financière à enregistrer au compte 6611 « Emprunts fonciers ». 66765

Indemnité d'assurance couvrant un emprunt Lorsqu'une assurance est souscrite sur la tête d'un dirigeant afin de garantir le remboursement d'un emprunt, son **décès** entraîne l'annulation de la dette vis-à-vis de l'organisme de crédit (l'assurance se substituant pour le paiement). L'indemnité perçue est comptabilisée au crédit du compte 7587 « Indemnités d'assurance ». 66770
En fiscalité, ce produit peut être étalé sur cinq ans (n° 9942). Cet étalement ne peut être pratiqué en comptabilité ; il fait l'objet d'une correction sur le tableau de détermination du résultat fiscal.

PARTICIPATIONS À DES ORGANISMES PROFESSIONNELS AGRICOLES (AUTRES QUE LES ÉTABLISSEMENTS DE CRÉDIT)

Les participations à ces organismes constituent des immobilisations financières enregistrées au compte 262 au coût d'acquisition des parts sociales. 66790
Les parts dans un établissement de crédit, tel le Crédit agricole, sont des titres immobilisés inscrits au compte 2715.
Le **droit d'entrée** versé par l'associé coopérateur lorsqu'il adhère à une société coopérative agricole est un élément de ce coût d'acquisition des parts sociales.
Les **ristournes sur excédents bloquées** des coopératives ainsi que les **intérêts aux parts différés** sont inscrits au compte 2672 « Créances rattachées à des participations à des organismes professionnels agricoles ».

CONTRATS D'INTÉGRATION

Selon le **règlement ANC 2020-04**, sont enregistrés au compte 7042 « Produits sur contrat d'intégration » les produits liés à des contrats d'intégration tels que prévus à l'article L 326-1 du Code rural et de la pêche maritime. 66795

> **Précisions** Sont réputés **contrats d'intégration** tous contrats, accords ou conventions conclus entre un producteur agricole ou un groupe de producteurs et une ou plusieurs entreprises industrielles ou commerciales comportant obligation réciproque de fournitures de produits ou de services.

COMPTES DE RÉGULARISATION

66810 **Définition** Les **charges** et les **produits** comptabilisés pendant l'exercice qui **concernent un exercice ultérieur** doivent figurer à l'actif et au passif du bilan au poste « Comptes de régularisation ».

Les comptes de régularisation englobent : les charges constatées d'avance, les produits constatés d'avance, les charges à répartir sur plusieurs exercices.

En revanche, à la clôture de l'exercice, les factures à recevoir sont rattachées aux comptes « Fournisseurs », les factures à établir aux comptes « Clients », les intérêts courus sont rattachés aux comptes des valeurs mobilières ou des tiers qui les procurent.

66812 **Classement comptable** Les **comptes de régularisation** enregistrent :
– d'une part, les charges et les produits comptabilisés dans l'exercice mais se rapportant directement à l'exercice ou aux exercices suivants ;
– d'autre part, les charges comptabilisées dans l'exercice mais pouvant être réparties systématiquement sur plusieurs exercices ultérieurs.

Y est adjointe la possibilité de répartition des charges et produits par périodes comptables durant l'exercice par le système de l'abonnement.

Compte 481. Frais d'émission des emprunts : la déduction des frais d'émission d'emprunt peut être étalée sur la durée de l'emprunt sur le plan comptable comme sur le plan fiscal (voir Mémento Comptable n°s 41020 s.).

Concernant les frais d'acquisition des immobilisations : voir n° 66370.

Compte 486. Charges constatées d'avance : il s'agit de charges qui correspondent à des achats de biens et de services dont la fourniture ou la prestation interviendra ultérieurement (exemples : fraction des loyers ou intérêts déjà comptabilisés en charge mais concernant l'exercice suivant). Elles sont déduites des résultats de l'exercice auquel elles se rapportent.

Compte 487. Produits constatés d'avance : il s'agit de produits perçus ou comptabilisés avant que les prestations ou les fournitures les justifiant aient été effectuées ou fournies (exemples : fraction des loyers ou intérêts reçus concernant l'exercice suivant).

Compte 488. Compte de répartition périodique des charges et des produits : ce compte enregistre les charges et les produits dont le montant peut être connu ou fixé d'avance avec une précision suffisante et qu'on décide de répartir par fractions égales entre les périodes comptables de l'exercice (système de l'abonnement). En cours d'exercice, l'abonnement des charges et des produits est modifié s'il y a lieu, en plus ou en moins, de manière que le total des sommes inscrites au débit ou au crédit des comptes intéressés des classes 6 ou 7 soit égal, en fin d'exercice, au montant effectif de la charge ou du produit. Le compte 488 est soldé à la fin de l'exercice.

66813 Les **comptes de rattachement** sont des subdivisions du compte de l'agent économique avec lequel a été réalisée l'opération qui concerne l'activité de l'exercice. Par exemple, à la clôture de l'exercice :
– les factures clients non encore établies relatives à des produits livrés ou des services rendus durant l'exercice sont portées au compte 4181 « Clients – Factures à établir » (subdivision du compte 41 « Clients et comptes rattachés ») ;
– les factures fournisseurs non encore reçues relatives à des produits livrés ou à des services rendus durant l'exercice sont portées au compte 408 « Fournisseurs – Factures non parvenues » (subdivision du compte 40 « Fournisseurs et comptes rattachés »).

66815 **Traitement comptable** Le traitement des **comptes de régularisation** est différent selon que les charges et les produits concernent l'exercice ou non.

Les **charges constatées d'avance** sont transférées en fin d'exercice au débit du compte 486 par le crédit des comptes de charges intéressés. Le compte 486 est crédité, à l'ouverture de l'exercice suivant, par le débit des comptes de charges intéressés de l'exercice. Un autre procédé de comptabilisation consiste, lors de l'enregistrement initial de la facture, à affecter directement au compte 486 la quote-part des charges se rapportant à un exercice ultérieur.

Les **produits constatés d'avance** sont transférés en fin d'exercice au crédit du compte 487 par le débit des comptes de produits concernés. Le compte 487 est débité, à l'ouverture de l'exercice suivant, par le crédit des comptes de produits intéressés. Un autre procédé de comptabilisation consiste, lors de l'enregistrement initial de la facture, à affecter directement au compte 487 la quote-part des produits se rapportant à un exercice ultérieur.

Concernant les **comptes de rattachement**, à la clôture de l'exercice, les **produits à recevoir** et les **charges à payer** sont enregistrés en classes 7 et 6 selon leur nature par le débit (TTC) ou le crédit (TTC) des comptes rattachés aux agents économiques concernés, la différence étant portée dans le compte de TVA concerné.
L'exercice suivant, ils sont extournés lors de la réouverture des comptes ou annulés lors de l'enregistrement de la créance ou de la dette.

TRANSFERT DE CHARGES

La classe 6 ne doit, en principe, enregistrer que les éléments, classés selon leur nature économique, du coût des ventes de l'exercice ; en revanche, les opérations concernant les investissements et les placements sont à inscrire directement dans les comptes de bilan concernés. 66820
Mais les entreprises ne sont pas toujours en mesure de faire une telle distinction au moment où elles passent leurs écritures. Aussi sont-elles amenées à comprendre dans les charges des éléments qui n'en sont pas, soit parce qu'ils serviront à la création d'une immobilisation par l'entreprise pour elle-même, soit parce que les sommes ont été acquittées pour le compte de tiers. Un transfert de ces charges doit donc être opéré en fin d'exercice soit à un compte de bilan, soit à un autre compte de charges.

Suppression, à titre obligatoire, pour les exercices ouverts à compter du 1er janvier 2025 Pour les exercices ouverts à compter du 1er janvier 2025, le règlement ANC 2022-06 du 4 novembre 2022, homologué par l'arrêté du 26 décembre 2023, supprime la possibilité de procéder à la réaffectation d'une charge par le biais d'un compte de produit « Transfert de charges » (n° 64005). 66822
Deux **nouveaux comptes** sont créés par l'ANC :
– au crédit du compte 649, il convient de comptabiliser les remboursements par l'État ou par un tiers de charges de personnel par le débit du compte 441 « État – subventions et aides à recevoir » ;
– au crédit du compte 7587, il convient de comptabiliser les indemnités d'assurance perçues par le débit du compte 478 « Autres comptes transitoires ».
Les entreprises peuvent, en outre, créer des **sous-comptes de classe 9** afin de comptabiliser les opérations de réaffectation de charges.
La production immobilisée est transférée au compte d'immobilisations concerné par le crédit du compte 72 « production immobilisée ».

Pour les exercices ouverts avant le 1er janvier 2025 Pour les exercices ouverts avant le 1er janvier 2025, les entreprises peuvent, en fin d'exercice, **transférer les charges comptabilisées** soit à un compte de bilan, soit à un autre compte de charges par l'intermédiaire du compte 79 « Transferts de charges » ou du compte 72 « Production immobilisée ». 66824
Il en est ainsi pour :
– la **production immobilisée**, transférée au compte d'immobilisations concerné par le crédit du compte 72 « Production immobilisée » ;
– les **charges supportées pour le compte de tiers**, transférées au compte de ces tiers par le crédit du compte 791 « Transferts de charges d'exploitation », 796 « Transferts de charges financières » ou 797 « Transferts de charges exceptionnelles » selon que la charge a un caractère d'exploitation, financier ou exceptionnel.
Lorsqu'une charge n'a pas été initialement imputée correctement et que la contrepassation ne peut être effectuée (son montant ne pouvant être déterminé qu'en comptabilité analytique), l'imputation initiale est maintenue et l'enregistrement correct de la charge est effectué par le crédit d'un compte de subdivision du compte 79 « Transferts de charges » correspondant au caractère d'exploitation, financier ou exceptionnel de l'enregistrement initial.

> **Précisions** La technique du transfert de charges doit **se limiter** aux cas inévitables. Elle n'est pas employée pour les erreurs d'imputation de charges qu'il convient de contrepasser et les opérations qui peuvent être immédiatement imputées au compte de bilan concerné (exemple : débours de transport affectés directement au tiers).

SECTION 2

SPÉCIFICITÉS APPLICABLES AUX GROUPEMENTS ET SOCIÉTÉS

A. Groupements et sociétés sans personnalité morale

CONTRATS D'ENTRAIDE

67000 Elle est réalisée par des échanges entre agriculteurs de services en travail et en moyens de production. Chacun travaille apparemment pour son compte et n'est pas payé pour le travail accompli, à charge de réciprocité ; mais le bénéficiaire de l'entraide rembourse au prestataire les frais qu'il est amené à engager à cette occasion. Il en résulte la nécessité de suivre les temps de travail et les frais engagés.

Pour les contrats d'entraide tels que définis à l'article L 325-1 du Code rural et de la pêche maritime, seuls les **remboursements de frais** sont inscrits en charges et produits (PCG art. 618-15 ; Règl. ANC 2020-03).

BANQUE DE TRAVAIL

67010 Chaque membre aide en travail et en matériel non pas un agriculteur précis mais un quelconque membre du groupe, la réciprocité étant au niveau de la banque de travail.

Par une **convention de compte courant**, chaque type de service et de matériel équivaut à un certain nombre d'unités et donne droit à un bon. À la fin de l'année, on calcule le nombre d'unités de chacun et on procède à la compensation entre tous.

Pour chaque membre, il résulte de cette compensation une créance ou une dette à porter au compte courant de la banque de travail 453 « Associés – Opérations faites en commun – Banques de travail » dans les mêmes conditions qu'en cas d'entraide.

Les comptes 605 « Achats de travaux et services incorporés aux produits » (subdivision 6051 « Achats pour productions végétales ») et 7084 « Prestations de services à caractère accessoire » sont mouvementés suivant la nature de la compensation.

B. Groupements et sociétés avec personnalité morale

67100 En agriculture, la forme sociétaire adoptée en général est la **société civile**, les sociétés de capitaux ne correspondant pas à la nature essentiellement civile de l'activité de production agricole.

Elle est fondée en comptabilité sur la **reddition de comptes** des gérants aux membres, le traitement comptable étant identique qu'il s'agisse :

– de sociétés civiles de droit commun ;

– d'exploitations agricoles à responsabilité limitée (EARL) ;

– de groupements agricoles d'exploitation en commun (Gaec) ou de groupements fonciers agricoles (GFA), qui sont des sociétés civiles particulières ;

– de groupements d'intérêt économique qui exercent une activité de Gaec partielle.

1. COMPTABILITÉ DES SOCIÉTÉS CIVILES EN GÉNÉRAL

DISPOSITIONS GÉNÉRALES

67105 Il convient de tenir compte des éléments suivants :

– les sociétés civiles sont habituellement de **petites sociétés** composées d'un nombre restreint de personnes (membres d'une même famille, membres d'une même profession) caractérisées par leur **simplicité** et leur **souplesse** de fonctionnement ;

– en l'absence de réglementation, exception faite des obligations particulières résultant de plans comptables et de dispositions fiscales, **toute liberté** est laissée aux dirigeants quant à l'**organisation** de leur **comptabilité** ;

– le résultat fiscal est le plus souvent différent du résultat social obtenu par application des règles comptables.

Cela dit, la tenue des comptes a pour objectifs essentiels de permettre :

– une **reddition de comptes** qui fixe les droits de chaque membre ;

– la **détermination du résultat imposable** de la société et/ou celui de ses membres.

La reddition de comptes doit avoir priorité sur la déclaration du résultat fiscal, ce dernier étant déterminé de manière extra-comptable à partir du résultat social lorsqu'il s'en écarte.

OBLIGATIONS COMPTABLES

Si aucun texte ne prescrit formellement la tenue d'une comptabilité pour l'ensemble des socié- 67120
tés civiles, des **obligations d'ordre général** la rendent indispensable ; de plus, elle est **réglementée pour certains types particuliers de sociétés**. Toutefois, les **statuts** des sociétés civiles suppléent en général au silence du législateur en imposant la tenue d'une comptabilité.

Le PCG s'applique à toute personne physique ou morale soumise à l'obligation légale d'établir des comptes annuels comprenant le bilan, le compte de résultat et une annexe, sous réserve des dispositions qui leur sont spécifiques.

Relations avec les associés 67123

1. Reddition des comptes par le gérant Le Code civil impose aux gérants de rendre compte chaque année aux associés de leur gestion, au moyen d'un **rapport sur l'activité de la société** comportant l'indication des bénéfices réalisés (ou des pertes subies) ou prévisibles (C. civ. art. 1856). Ce bénéfice ou cette perte ne peut être déterminé et justifié que par la tenue d'une comptabilité régulière et sincère. La reddition de comptes est le fondement des obligations comptables des sociétés civiles.

2. Droits des associés dans les capitaux propres de la société Seule la tenue d'une comptabilité fiable permet de suivre les droits de chacun des associés dans la société.

Relations avec l'administration fiscale : déclaration du résultat des sociétés civiles 67126
Bien qu'obéissant en règle générale au régime d'imposition des sociétés de personnes non passibles de l'impôt sur les sociétés, chaque type de société civile est soumis à certaines règles fiscales qui lui sont propres. Mais, quel que soit le régime fiscal applicable, le **résultat déclaré** doit pouvoir être **justifié** par la présentation d'une **comptabilité** ayant une **valeur probante**, ce qui impose le respect d'un certain nombre d'obligations de fond et de forme.

LIVRES COMPTABLES ET PIÈCES JUSTIFICATIVES

Livres comptables Les sociétés civiles soumises à la TVA doivent, si elles ne tiennent pas 67135
une comptabilité permettant de déterminer leur chiffre d'affaires, avoir un livre d'enregistrement de leurs opérations (CGI art. 286).

D'une manière générale, la tenue d'un livre-journal et d'un livre d'inventaire constitue une garantie de la valeur probante de la comptabilité en cas de contrôle. Ceci conduit habituellement les sociétés civiles à tenir les **mêmes livres que les sociétés commerciales** : livre-journal, grand-livre et livre d'inventaire.

Les commerçants n'ont pas l'obligation de tenir un livre d'inventaire (C. com. art. R 123-173). Toutefois, l'inventaire en tant que processus de contrôle reste obligatoire et ses données doivent être conservées.

Pièces justificatives Chaque écriture s'appuie sur une pièce justificative datée, établie 67140
sur papier ou sur un support assurant la fiabilité, la conservation et la restitution en clair de son contenu pendant les délais requis (PCG art. 922-2).

En conséquence, les sociétés civiles sont conduites à suivre les réglementations comptable et fiscale relatives aux documents sociaux, à la facturation, à la conservation, au classement et à l'archivage des pièces justificatives.

ORGANISATION DE LA COMPTABILITÉ

L'absence de réglementation laisse **toute liberté** aux dirigeants quant à l'organisation de leur 67150
comptabilité, sous réserve de respecter l'ensemble des obligations légales et réglementaires auxquelles les sociétés civiles sont tenues.

Cette organisation peut varier en fonction de l'importance de la société, de la nature de l'activité des besoins de la reddition des comptes, et aussi du régime fiscal de la société, puisque la comptabilité doit, dans la mesure du possible, permettre de disposer des éléments nécessaires à l'établissement des liasses fiscales.

67155 **Durée des exercices comptables** Le gérant devant rendre compte de sa gestion aux associés au moins une fois par an (C. civ. art. 1856), il en résulte que la durée normale des exercices comptables est de douze mois.

67160 **Date de clôture de l'exercice** Les sociétés civiles sont libres de choisir la date de clôture de leurs exercices. Lorsqu'elles ne sont pas assujetties à l'impôt sur les sociétés et que les membres doivent par conséquent inclure dans leurs revenus imposables la quote-part de résultat qui leur revient, elles ont intérêt à choisir le 31 décembre.

67165 **Plan de comptes de la société** Les statuts types des **Gaec** prévoient la tenue d'une comptabilité selon le plan comptable et les autres sociétés civiles exerçant une activité agricole ont tout intérêt à appliquer le PCG.

67170 **Comptabilité recettes-dépenses des petites sociétés** Il est fréquent que les petites sociétés civiles qui réalisent annuellement peu d'opérations et se limitent à l'utilisation d'un compte bancaire tiennent leur comptabilité à partir des relevés de ce compte.
Il leur appartient, dans ce cas, de **régulariser la situation à la fin de l'exercice** pour revenir aux notions comptables de patrimoine (créances et dettes) et de résultat (produits et charges). À cet effet, elles doivent, à notre avis :

1. Procéder à l'**inventaire** et à la **comptabilisation** de leurs **créances** (factures clients non encaissées ou non encore établies) et de leurs **dettes** (factures fournisseurs et créditeurs divers non réglées ou non encore reçues) ;

2. Enregistrer les dotations de l'exercice aux **amortissements**, **dépréciations** et aux **provisions** ;

3. Éventuellement, constater globalement les **menues dépenses** effectuées par le gérant pour le compte de la société en les créditant au compte courant du gérant.

COMPTABILISATION DES APPORTS

67180 Chaque associé est débiteur envers la société de tout ce qu'il a promis de lui apporter (C. civ. art. 1843-3), mais la libération du capital peut être échelonnée dans le temps. La comptabilité doit donc constater les promesses d'apport puis leur réalisation.
Les **apports en industrie** ne concourent pas à la formation du capital social.
Dans le cas d'apport en société des **immobilisations** affectées à l'exercice de l'activité, voir n°s 10685 s.

67185 **Constatation des promesses d'apport** Il convient de distinguer l'engagement total des associés puis la prise en considération des conditions de libération des apports. Dans la pratique, les deux opérations étant concomitantes, ces écritures sont regroupées comme suit :

1. S'il y a **libération totale du capital** lors de la constitution de la société, le compte 1014 « Capital souscrit – appelé, non versé » est crédité par le débit du compte 4562 « Associés – Capital appelé, non versé ».

2. S'il y a **libération partielle du capital** lors de la constitution :
– la fraction appelée est débitée au compte 4562 par le crédit du compte 1014 ;
– la fraction non appelée est débitée au compte 109 « Associés – Capital souscrit – non appelé » par le crédit du compte 1013 « Capital souscrit – non appelé ».
Le compte 109 est à porter en tête de l'actif du bilan.

67190 **Réalisation des apports** Simultanément :

1. Le compte 4562 « Associés – Capital appelé, non versé » est crédité – pour solde :
– pour les **apports purs et simples** (apports rémunérés uniquement par des droits sociaux exposés à tous les risques de l'entreprise) par le débit des éléments d'actif concernés : matériel agricole, terrain, banque, etc. ;
– pour les **apports à titre onéreux** (apports rémunérés par un équivalent soustrait aux risques sociaux, par exemple terrain avec prise en charge par la société d'un passif incombant à l'apporteur), par le débit et le crédit des éléments d'actif et de passif concernés.

2. Le compte 1012 « Capital souscrit – appelé, non versé » est débité – pour solde – par le crédit du compte 1013 « Capital souscrit – appelé, versé ».

Traitement comptable simplifié pour les petites sociétés Lorsque les apports sont totalement libérés lors de la signature des statuts, il est possible, à notre avis, de regrouper l'ensemble des écritures précédentes en une seule : le capital est crédité au compte 101 « Capital social » en contrepartie des apports réalisés, classés selon leur nature. 67195

AUGMENTATION DE CAPITAL

Elle peut être réalisée avec ou sans prime d'émission : 67210

1. Sans prime d'émission. Le compte 101 « Capital social » est crédité du montant des apports par le débit des comptes d'actif correspondants.

2. Avec prime d'émission. Correspondant à la fraction des réserves attachées à chaque part sociale ancienne : le compte 101 « Capital social » est crédité de la valeur nominale des titres, la prime étant isolée dans une subdivision particulière du compte 104 « Primes liées au capital social ».

RÉDUCTION DE CAPITAL

Elle s'opère soit par réduction de la valeur nominale des parts sociales, soit par diminution de leur nombre, et se traduit comptablement de la manière suivante : 67220
– réduction de capital par suite de pertes : débit du compte 101 « Capital social », crédit du compte 119 « Report à nouveau (solde débiteur) » ;
– remboursement d'une fraction de chaque part sociale : débit du compte 101 « Capital social », crédit du compte 4567 « Associés – Capital à rembourser ». Ensuite ce compte est débité par le crédit du compte 512 « Banques ».

APPORTS NON CAPITALISÉS

Il arrive fréquemment que les associés laissent à la disposition de la société civile, à moyen ou long terme, des fonds importants à titre de financement permanent (ce qui évite les formalités de l'augmentation de capital, permet l'individualisation des fonds en cas de décès d'un des membres ou de dissolution de la société ainsi que leur rémunération sous forme d'intérêts). 67230
Ils sont inscrits dans la comptabilité de la société civile au compte 456 « Associés – Opérations sur le capital » et dans la comptabilité des associés au compte 2675 « Versements représentatifs d'apports non capitalisés ».

OPÉRATIONS ENTRE GÉRANT (OU ASSOCIÉS) ET LA SOCIÉTÉ

Compte courant du gérant Les relations entre la société et son gérant associé sont enregistrées au compte 455 « Associés – Comptes courants ». 67245

Rémunérations du gérant Sans qu'il y ait lieu de distinguer selon son statut (majoritaire ou non, associé ou non, salarié de la société ou non), les rémunérations du gérant sont comptabilisées comme rémunérations du personnel (compte 641). 67250

Opérations réalisées par le gérant ou un associé pour le compte de la société Les plus courantes sont les avances de frais et les emprunts destinés à la société souscrits au nom d'un de ses membres. 67255

1. Avances de frais. (frais de déplacement, menus frais de gestion courante) : celui qui a fait l'avance des fonds les récupère – avec l'appui d'une pièce justificative – soit par remboursement, soit par inscription au crédit de son compte courant.

2. Emprunts à long ou moyen terme destinés à la société. La situation est différente selon que l'emprunt est ensuite transféré au nom de la société ou non. À notre avis :
– lors de l'emprunt par l'associé, son compte courant ordinaire en est crédité par le débit du compte de trésorerie concerné ; puis, lors de son transfert au nom de la société, l'emprunt est enregistré au crédit du compte 16 « Emprunts et dettes assimilées » par le débit du compte courant ordinaire pour solde ;
– l'emprunt reste au nom de l'associé : il est directement crédité au compte d'emprunt lors de l'apport des fonds.
Il en résulte dans le premier cas une dette à plus d'un an envers l'organisme financier et dans le deuxième cas une dette à plus d'un an envers l'associé, qu'il convient de distinguer de son compte courant.

67260 **Opérations réalisées par la société pour le compte du gérant ou d'un associé** Elles consistent habituellement en avances de fonds et en paiements par la société de dépenses concernant les associés.

1. Avances aux associés. Elles sont portées au débit du compte 455 « Associés – Comptes courants ».

2. Règlement de dépenses concernant le gérant ou les associés. Selon que la société les prend ou non à sa charge, il en résulte, à notre avis :
– un complément de rémunération sous forme d'un avantage en nature enregistré au compte de charges de personnel 6417 « Avantages en nature » par le crédit du compte de charges initialement débité avec la possibilité de créer un sous-compte comportant une terminaison 9, ou du compte 708 pour les charges non comptabilisées à l'origine, dans l'hypothèse par exemple d'un logement gratuit donnant lieu à amortissement ;
– une créance débitée au compte courant du bénéficiaire par le crédit du compte de charge concerné.

COMPTES SOCIAUX

67275 **Approbation des comptes** Au moins une fois par an, les gérants doivent rendre compte de leur gestion aux associés (C. civ. art. 1856).

En l'absence de disposition légale particulière, ce sont les statuts qui doivent préciser les modalités selon lesquelles cette reddition de comptes doit être faite : mode de consultation (assemblée, consultation écrite ou acte), convocation des associés, majorité, etc.

La loi impose seulement aux gérants de soumettre aux associés un rapport écrit d'ensemble sur l'activité de la société au cours de l'année ou de l'exercice écoulé avec indication des bénéfices réalisés ou prévisibles et des pertes encourues ou prévues (C. civ. art. 1856).

67280 **Affectation du résultat** Elle est faite en fonction de la réglementation ou des statuts, en tenant compte éventuellement des prélèvements des associés effectués par anticipation des bénéfices prévus.

Ces **prélèvements**, qui doivent être prévus statutairement, sont habituellement destinés à rémunérer le travail des associés. Mais ils présentent le caractère d'une **avance sur la répartition du bénéfice** (et non d'un salaire) inscrite aux comptes courants des associés où ils peuvent être isolés dans une subdivision particulière.

Dans les **Gaec** et les **EARL**, la rémunération des associés est une **charge d'exploitation** (voir nos 67405 et 67430).

Le résultat de la société est réparti entre ses membres en conformité avec les statuts :

1. Si le **résultat** est **bénéficiaire et supérieur au montant des prélèvements**, il peut donc – selon les statuts – être affecté aux réserves statutaires ou libres, rémunérer les associés, être porté en report à nouveau.

2. Si le **résultat** est **bénéficiaire et inférieur aux prélèvements**, ces derniers sont apurés à due concurrence.

3. Si le **résultat** est **déficitaire**, il est habituellement porté en report à nouveau (solde débiteur) et les comptes de prélèvements subsistent jusqu'à ce que des bénéfices soient susceptibles de les couvrir.

67285 **Comptes annuels** Les statuts prescrivent habituellement l'établissement d'un bilan, d'un compte de résultat et d'une annexe. S'ils ne le font pas, la reddition de comptes du gérant l'implique.

Si la société est **importante**, elle est tenue à l'application de **dispositions particulières** (voir n° 67505).

2. DISPOSITIONS SPÉCIFIQUES À CERTAINES FORMES SOCIÉTAIRES

SOCIÉTÉS D'ÉPARGNE FORESTIÈRE

67300 Les sociétés d'épargne forestière créées par la loi 2001-602 du 9 juillet 2001 et régies par les articles L 214-86 et suivants du Code monétaire et financier (voir nos 27120 s.) établissent leurs comptes conformément aux dispositions de l'annexe au règlement 2002-11 du 12 décembre 2002 du CRC relatif aux règles comptables applicables aux sociétés d'épargne forestière.

À l'exception des dispositions relevant de leur objet, ces sociétés sont soumises aux mêmes règles comptables que celles prévues pour les sociétés civiles de placement immobilier.

GROUPEMENTS AGRICOLES D'EXPLOITATION EN COMMUN (GAEC)

Comptabilité Les **statuts types** du Gaec prévoient qu'« une comptabilité doit être tenue, selon les règles du plan comptable ». 67400

Rémunérations des associés Les associés ayant la double qualité d'apporteurs de fonds et de travailleurs, ils doivent participer effectivement au travail commun. 67405
La rémunération de leur travail constitue une **charge** pour le Gaec, comprise en classe 6 dans les rémunérations du personnel.

Mise à disposition de terres Lorsqu'un associé fait exploiter par un Gaec les terres dont il est locataire, le Gaec doit lui rembourser le loyer dû à son propriétaire. Cette charge est inscrite, selon nous, au compte 6131 « Fermages et loyers du foncier ». 67410
L'indemnité versée par le Gaec à un associé propriétaire en contrepartie de la mise à sa disposition de terres est à porter :
– au compte 6131 « Fermages et loyers du foncier » si son versement n'est pas soumis aux aléas sociaux ;
– au compte 455 « Associés – Comptes courants » dans le cas contraire.

ENTREPRISES AGRICOLES À RESPONSABILITÉ LIMITÉE (EARL)

Il s'agit de sociétés civiles soumises aux obligations comptables de ce type de société. 67430
Les **apports** en numéraire et en nature **faits en pleine propriété ou en jouissance** concourent à la formation du capital social, qui peut être un capital variable. Ils donnent lieu à l'attribution de parts sociales (C. rur. art. L 324-4, al. 1).
Les apports en jouissance sont estimés à la valeur de la jouissance apportée.
Les statuts doivent contenir l'**évaluation** de chaque **apport en nature**. Il y est procédé au vu d'un rapport annexé aux statuts et établi, sous sa responsabilité, par un **commissaire aux apports**, désigné à l'unanimité des futurs associés ou, à défaut, par une décision de justice à la demande du futur associé le plus diligent (C. rur. art. L 324-4, al. 2).
Toutefois, les futurs associés peuvent décider à l'unanimité que le recours à un commissaire aux apports ne sera pas obligatoire lorsque la valeur d'aucun apport en nature n'excède 30 000 € (C. rur. art. D 324-4) et si la valeur totale de l'ensemble des apports en nature non soumis à l'évaluation d'un commissaire aux apports n'excède pas la moitié du capital (C. rur. art. L 324-4, al. 3).
Lorsque la société est constituée par une seule personne, le commissaire aux apports est désigné par l'associé unique. Toutefois, le recours à un commissaire aux apports n'est pas obligatoire si les conditions prévues à l'alinéa 3 de l'article L 324-4 du Code rural et de la pêche maritime sont réunies (C. rur. art. L 324-5).
La **rémunération** que perçoivent les **associés** du fait de leur participation effective aux travaux constitue une charge sociale (C. rur. art. L 324-7) ; il s'agit d'une charge d'exploitation à inscrire, à notre avis, au compte 641 « Rémunérations du personnel ».

Conformément à l'article 1655 sexies du CGI, l'**exploitant** a la possibilité d'opter pour son **assimilation à une EARL** dont il tient lieu d'associé unique. Cette option entraîne son assujettissement à l'impôt sur les sociétés. Le Conseil national de l'ordre des experts-comptables a indiqué que dans la mesure où l'exercice de l'option produit les conséquences de la cessation fiscale de l'entreprise, il convient d'établir : 67435
– un **bilan de clôture** qui permet la constatation des plus ou moins-values imposables ;
– un **bilan d'ouverture** de l'exploitation assimilée à une EARL reprenant les valeurs réelles à cette date (Avis CNOEC 2023-07 du 2-2-2023).
Les apports à l'EARL sont constatés dans le compte 101000 « Capital individuel – Apport EI IR » et les plus-values sont comptabilisées dans des sous-comptes du compte 101 « Capital » selon qu'elles sont taxées, exonérées ou en report d'imposition. Les biens sont inscrits, dans les comptes de l'entreprise individuelle assujettie à l'impôt sur les sociétés pour leur valeur réelle au jour de l'option pour son assimilation à une EARL, et ils sont amortis sur cette base.

SOCIÉTÉS D'AMÉNAGEMENT FONCIER ET D'ÉTABLISSEMENT RURAL (SAFER)

Elles ont un **plan comptable** particulier (CNC avis du 21-12-1983 et du 17-12-1987). 67440

GROUPEMENTS D'INTÉRÊT ÉCONOMIQUE (GIE)

67450 **Apport en capital** Un GIE peut être constitué **sans capital social** (C. com. art. L 251-3). Toutefois, ses membres peuvent effectuer des apports en capital (en nature, en numéraire ou en industrie). De tels apports ne font l'objet d'aucune formalité ; les modalités de versement en particulier sont libres.

Ils sont enregistrés au compte 101 « Capital social ». En cas de **libération différée**, sur décision de l'administrateur, le montant total souscrit est comptabilisé, afin de constater la créance du GIE sur ses membres, à hauteur de la partie non libérée.

67452 **Apport en compte courant** Le PCG (art. 944-45) prescrit l'inscription au compte 458 « Associés – Opérations faites en commun et en GIE » des fonds mis ou laissés temporairement à la disposition de l'entreprise par les associés (principal et intérêts courus).

Lorsque le **compte courant** est « **bloqué** », à notre avis il peut être maintenu au compte 458, même si une convention en interdit la disposition avant une certaine date ; toutefois, il peut être envisagé, dans ce cas, de transférer les fonds au compte 1681 « Autres emprunts ».

67454 **Apports non évalués** Les apports non évalués doivent être mentionnés dans les engagements donnés dans la comptabilité des membres du GIE (PCG art. 948-80).

À notre avis, réciproquement, dans le GIE, ces apports sont à mentionner dans l'annexe parmi les engagements reçus.

67455 **Exploitation** Elle nous paraît présenter les particularités suivantes :

GIE de services. Les **« cotisations »** dues par les membres conformément aux dispositions de l'actif constitutif (ou du règlement intérieur) et aux décisions de l'assemblée sont portées au compte 706 « Prestations de services » avec éventuellement régularisation en fin d'exercice pour la fraction correspondant à des services non encore rendus par le GIE.

Si ces cotisations sont versées sous la forme d'abonnement ou de provisions, une régularisation est effectuée en fin d'exercice par l'intermédiaire du compte 418 « Clients – Produits non encore facturés » (complément dû) ou 487 « Produits constatés d'avance » (excédent de versement).

GIE d'achats. Lorsque le groupement **achète pour revendre à ses membres**, les opérations avec ses clients membres sont débitées au compte 411 « Clients » (ou 412 « Clients membres du groupement ») et créditées dans un compte de produits.

Lorsque le groupement est le **mandataire des membres**, les opérations sont débitées au compte courant (458) ouvert au nom de chaque membre et créditées à un compte de créditeurs divers (467), ouvert au nom de chaque fournisseur.

GIE de ventes. Lorsque le groupement **achète les produits des membres pour les revendre**, les opérations avec les fournisseurs membres du GIE sont créditées au compte 401 « Fournisseurs » (ou 402 « Fournisseurs membres du groupement ») et débitées dans un compte de charges.

Lorsque le groupement agit en tant que **mandataire** de ses membres, l'opération est portée à un compte de débiteurs divers (467) ouvert au nom de chaque client, par le crédit des comptes courants (458) de ses membres.

Si le GIE est **important**, il est tenu à l'application de **dispositions particulières** (voir n° 67505).

SOCIÉTÉS D'INTÉRÊT COLLECTIF AGRICOLE (SICA)

67470 Les Sica qui n'ont pas la forme commerciale établissent des **comptes annuels** suivant les méthodes et principes fixés par les articles L 123-12 à L 123-22 et R 123-172 à R 123-208 du Code de commerce sous réserve des règles posées par un plan comptable, approuvé par le ministre de l'agriculture après avis de l'Autorité des normes comptables (C. rur. art. R 531-7).

SOCIÉTÉS COMMERCIALES À ACTIVITÉ AGRICOLE

67480 Leur comptabilité doit être aménagée conformément aux dispositions du PCG : voir n° 64000.

3. DISPOSITIONS PARTICULIÈRES AUX PERSONNES MORALES IMPORTANTES

67500 Lorsqu'ils sont d'une certaine importance, les groupements et sociétés d'exploitation agricole font partie des personnes morales de droit privé non commerçantes ayant une **activité économique** qui sont tenues à l'établissement d'états financiers particuliers en fonction de leur importance : comptes annuels (C. com. art. L 612-1) ; documents de gestion (C. com. art. L 612-2).

COMPTES ANNUELS

Ils sont à établir si elles dépassent **deux** des trois **critères** suivants, l'obligation cessant lorsque ces conditions n'auront pas été remplies pendant deux exercices consécutifs (C. com. art. R 612-1) : 67505
– nombre moyen de **salariés** liés à la personne morale par un contrat de travail à durée indéterminée : 50 ;
– montant hors taxe du **chiffre d'affaires** lié à l'activité courante : 3 100 000 € ;
– total du **bilan** (somme des montants nets des éléments d'actif) : 1 550 000 €.
Ces comptes annuels comprennent : un **bilan**, un **compte de résultat** et une **annexe**.
Ils sont établis selon les **principes et méthodes comptables** définis aux articles L 123-12 et suivants et aux articles R 123-172 à R 123-208 du Code de commerce sous réserve des adaptations que rend nécessaires la forme juridique ou la nature de l'activité de ces personnes morales.
Les plans comptables applicables à ces personnes morales sont fixés par règlement de l'Autorité des normes comptables. Si des particularités d'activité, de structure ou d'opérations le justifient, des adaptations peuvent être apportées, dans les mêmes formes, aux dispositions de ces plans comptables (C. com. art. R 612-2).
Les personnes morales concernées ayant une activité agricole sont tenues d'aménager leur comptabilité conformément aux **dispositions du PCG** : voir n° 64000.
Les comptes annuels sont soumis, en même temps qu'un **rapport de gestion**, à l'approbation de l'organe délibérant.
L'organe délibérant est tenu de désigner un **commissaire aux comptes** et un suppléant.

DOCUMENTS DE GESTION

Les personnes morales les plus importantes ont l'obligation d'établir les **documents internes** de gestion suivants (C. com. art. L 612-2) : 67520
– situation de l'actif réalisable et disponible (valeurs d'exploitation exclues) et du passif exigible (semestrielle) ;
– compte de résultat prévisionnel (annuel) ;
– tableau de financement (annuel) ;
– plan de financement prévisionnel (annuel).
Elles y sont tenues si elles satisfont à l'**un** des **critères** suivants, leur obligation cessant lorsque cette condition n'aura pas été remplie pendant deux exercices consécutifs (C. com. art. R 612-3) :
– nombre de salariés : supérieur ou égal à 300 ;
– montant du chiffre d'affaires : supérieur ou égal à 18 millions €.
Voir tous développements dans notre Mémento Comptable n°s 65695 s. sur ces documents qui ne devraient être servis qu'exceptionnellement dans le secteur agricole.

SECTION 3

DOCUMENTS DE SYNTHÈSE ET LISTE DES COMPTES

Sous réserve des adaptations prévues par le **règlement ANC 2020-04**, les exploitations agricoles appliquent les dispositions du règlement ANC 2014-03 du 5 juin 2014 modifié relatif au **PCG**. 68200
Le **bilan** et le **compte de résultat** des exploitations agricoles sont présentés suivant les modèles prévus par les articles 121-2 et 121-3 du règlement ANC 2020-04. L'**annexe** des comptes est complétée du tableau des biens vivants prévu par ce règlement.

1. COMPTES ANNUELS

BILAN (RÈGL. ANC 2020-04 ART. 121-2)

68210

ACTIF	Exercice N			Exercice N – 1
	Brut	Amortissements et dépréciations (à déduire)	Net	Net
Capital souscrit non appelé (I)				
Frais d'établissement (II)				
Immobilisations incorporelles (a)				
Immobilisation corporelles (hors biens vivants) :				
Terrains				
Aménagements fonciers				
Améliorations des sols et des milieux				
Constructions				
Installations techniques, matériel et outillage				
Autres				
Immobilisations corporelles (biens vivants) :				
Animaux reproducteurs				
Animaux de service				
Plantations pérennes				
Autres végétaux immobilisés				
Immobilisations corporelles en cours				
Avances et acomptes				
Immobilisations financières (1) :				
Participations				
Créances rattachées à des participations				
Autres (b)				
Total de l'actif immobilisé (III)	X	X	X	X
(1) Dont à moins d'un an				

(a) À détailler, si besoin ou lorsque la législation en vigueur l'exige, comme suit :
- frais de recherche et de développement ;
- concessions, brevets, licences, marques, procédés, droits et valeurs similaires ;
- fonds commercial et fonds agricole résiduel ;
- autres.

(b) À détailler, si besoin ou lorsque la législation en vigueur l'exige, comme suit :
- autres titres immobilisés ;
- prêts ;
- autres.

Les plantations forestières sont mentionnées en autres végétaux immobilisés.

68210 (suite)

ACTIF (a)	Exercice N			Exercice N – 1
	Brut	Amortissements et dépréciations (à déduire)	Net	Net
Biens vivants et en-cours (cycle long) :				
Animaux				
Avances aux cultures				
Autres végétaux				
Vins et alcools				
Autres en-cours (biens et services)				
Biens vivants et en-cours (cycle court) :				
Animaux				
Avances aux cultures				
Autres végétaux				
En-cours (biens et services)				
Stocks :				
Approvisionnements et marchandises				
Produits				
Avances et acomptes versés sur commandes				
Créances (2)				
Créances clients et comptes rattachés				
Créances autres clients et comptes rattachés				
Autres				
Charges constatées d'avance				
Valeurs mobilières de placement (a)				
Disponibilités				
Total de l'actif circulant (IV)				
Frais d'émission d'emprunt à étaler (V)				
Écarts de conversion et différence d'évaluation – Actif (IV)				
TOTAL GÉNÉRAL DE L'ACTIF (I + II + III + IV)	X	X	X	X
(2) Dont à moins d'un an				

(a) À détailler, si besoin ou lorsque la législation en vigueur l'exige, comme suit :
- actions propres ;
- autres titres.

68210
(suite)

PASSIF (entreprises individuelles)	Exercice N	Exercice N – 1
Capital individuel Écart de réévaluation (a) Résultat de l'exercice (bénéfice ou perte) (b) Subventions d'investissment Provisions réglementées		
Total des capitaux propres (I)	X	X
Provisions pour risques et charges (II)		
Dettes (1) (c) Dettes financières : Emprunts et dettes auprès des établissements de crédit Concours bancaires courants et découverts bancaires Autres Avances et acompte reçus sur commandes Autres dettes : Dettes fournisseurs et comptes rattachés Dettes autres fournisseurs et comptes rattachés Dettes fiscales et sociales Dettes sur immobilisations et comptes rattachés Autres dettes Produits constatés d'avance		
Total des dettes (III)	X	X
Écarts de conversion et différences d'évaluation – Passif (IV)	X	X
TOTAL GÉNÉRAL DU PASSIF (I + II + III + IV)	X	X
(1) Dont à plus d'un an Dont à moins d'un an		

(a) À détailler conformément à la législation en vigueur.
(b) Montant négatif entre parenthèse ou précédé du signe (–).
(c) À l'exception, pour l'application du (2), des avances et acomptes reçus sur commandes.

68210 (suite)

PASSIF (sociétés)	Exercice N	Exercice N – 1
Capital social (dont versé...)		
Primes d'émission, de fusion, d'apport		
Écart de réévaluation		
Réserves (a)		
Report à nouveau (b)		
Résultat de l'exercice (bénéfice ou perte) (c)		
Subventions d'investissement		
Provisions réglementées		
Total des capitaux propres (I)	X	X
Provisions pour risques et charges (II)		
Dettes financières :		
Emprunts et dettes auprès des établissements de crédit		
Concours bancaires courants et découverts bancaires		
Autres (d)		
Avances et acomptes reçus sur commandes		
Autres dettes :		
Dettes fournisseurs et comptes rattachés		
Dettes autres fournisseurs et comptes rattachés (conventions de compte courant)		
Dettes fiscales et sociales		
Dettes sur immobilisations et comptes rattachés		
Autres dettes		
Produits constatés d'avance		
Total des dettes (III)		
Écarts de conversion et différences d'évaluation – Passif (IV)	X	X
TOTAL GÉNÉRAL DU PASSIF (I + II + III + IV)	X	X
(1) Dont à plus d'un an Dont à moins d'un an		

(a) À détailler, si besoin ou si la législation en vigueur l'exige, comme suit :
- réserve légale ;
- réserves statutaires ou contractuelles ;
- réserves réglementées ;
- autres.

(b) Montant entre parenthèses ou précédé du signe (–) lorsqu'il s'agit de pertes reportées.
(c) Montant entre parenthèses ou précédé du signe (–) lorsqu'il s'agit d'une perte.
(d) À détailler, si besoin ou si la législation en vigueur l'exige, comme suit :
- emprunts obligataires convertibles ;
- autres emprunts obligataires ;
- emprunts et dettes financières divers ;

(e) À l'exception, pour l'application du (1), des avances et acomptes reçus sur commandes.

Le cas échéant, une rubrique « Autres fonds propres » est intercalée entre la rubrique « Capitaux propres » et la rubrique « Provisions pour risques et charges » avec ouverture des postes constitutifs de cette rubrique sur des lignes séparées (montant des émissions de titres participatifs, avances conditionnées, etc.). Un total I bis fait apparaître le montant des autres fonds propres entre le total I et le total II du passif du bilan. Le total général est complété en conséquence.

COMPTE DE RÉSULTAT (RÈGL. ANC 2020-04 ART. 121-3)

68220

	Exercice N	Exercice N – 1
Produits d'exploitation : Ventes de marchandises Ventes d'animaux (hors biens vivants immobilisés) Autre production vendue (biens et services)		
Montant net du chiffre d'affaires	X	X
Produits de cession sur biens vivants immobilisés Production stockée – biens vivants non immobilisés, en-cours de production de biens et services, produits Production immobilisée – biens vivants immobilisés Production immobilisée – hors biens vivants Production autoconsommée Indemnités et subventions d'exploitation Reprises sur provisions, dépréciations (et amortissements), transfert de charges Autres produits (1)		
Total des produits d'exploitation (I)	X	X
Charges d'exploitation : Achats de marchandises Variation de stock Achats d'approvisionnements Variation de stock Achats d'animaux Valeur comptable des biens vivants immobilisés cédés Autres achats et charges externes Impôts, taxes et versements assimilés Rémunérations (2) Cotisations sociales Dotations aux amortissements et aux dépréciations : sur immobilisations : dotations aux amortissements sur immobilisations : dotations aux dépréciations sur actif circulant : dotations aux dépréciations Dotations aux provisions Autres charges (3)		
Total des charges d'exploitation (II)	X	X
1. RÉSULTAT D'EXPLOITATION (I – II)		
(1) Dont quotes-parts de résultat sur opérations faites en commun (2) Dont rémunération du travail de l'exploitant (3) Dont quotes-parts de résultat sur opérations faites en commun		

	Exercice N	Exercice N – 1
Produits financiers : De participation D'autres valeurs mobilières et créances de l'actif immobilisé Autres intérêts et produits assimilés Reprises sur provisions et transferts de charges Différences positives de change Produits nets sur cessions de valeurs mobilières de placement		
Total des produits financiers (III)	X	X
Charges financières : Dotations aux amortissements et aux provisions Intérêts et charges assimilées Différences négatives de change Charges netttes sur cessions de valeurs mobilières de placement		
Total des charges financières (IV)	X	X
2. RÉSULTAT FINANCIER (III – IV)		
Produits exceptionnels : Sur opérations de gestion Sur opérations en capital Reprises sur provisions et dépréciations et transferts de charges		
Total des produits exceptionnels (V)	X	X
Charges exceptionnelles : Sur opérations de gestion Sur opérations en capital Dotations aux amortissements, aux dépréciations et aux provisions		
Total des charges exceptionnelles (VI)	X	X
3. RÉSULTAT EXCEPTIONNEL (V – VI)		
Participation des salariés aux fruits de l'expansion (VII) Impôts sur les bénéfices (VIII)		
Total des produits (I + III + V)	X	X
Total des charges (II + IV + VI + VII + VIII)	X	X
Bénéfice ou perte	X	X

ÉTAT DES BIENS VIVANTS (RÈGL. ANC 2020-04 ART. 121-4)

Sont **mentionnées** dans l'annexe toutes les informations relatives aux biens vivants et en-cours de biens vivants d'importance significative sur la situation patrimoniale et financière et sur le résultat de l'entité. Elles peuvent être présentées à l'aide du tableau figurant ci-après. 68230

Y sont regroupés :

– d'une part, les biens immobilisés et non immobilisés dont la durée de présence présumée sur l'exploitation est longue (cycle long) ;

– d'autre part, ceux dont la durée de présence présumée sur l'exploitation est courte (cycle court).

Cet état peut être **complété par** l'indication de l'évolution de la totalité ou d'une partie de ces biens en unités physiques.

Tableau des biens vivants et en-cours de production des biens agricoles

Natures des indications / Situations	Valeur nette à l'ouverture de l'exercice	Valeur nette à la clôture de l'exercice
Biens vivants (cycle long) :		
Animaux		
Végétaux		
En-cours		
Total I	X	X
Biens vivants (cycle court) :		
Animaux		
Végétaux		
En-cours		
Total II	X	X
TOTAL GÉNÉRAL (I + II)	X	X

2. PLAN DE COMPTES (RÈGL. ANC 2020-04 ART. 131-1)

68240 Sous réserve des aménagements qui suivent, le **plan de comptes** applicable aux exploitations agricoles est défini par le **règlement ANC 2014-03** du 5 juin 2014 modifié relatif au PCG.

CLASSE 1 – COMPTES DE CAPITAUX
16. Emprunts et dettes assimilées
164. Emprunts auprès des établissements de crédit
1641. Emprunts fonciers
1642. Autres emprunts à moyen et long terme
1643. Emprunts à court terme
17. Dettes rattachées à des participations
172. Dettes rattachées à des participations à des organismes professionnels agricoles (autres que les établissements de crédit)
CLASSE 2 – COMPTES D'IMMOBILISATIONS
20. Immobilisations incorporelles
207. Fonds commercial
2071. Fonds agricole résiduel
21. Immobilisations corporelles
212. Agencements et aménagements de terrains
2121. Amortissables
2125. Non amortissables
217. Améliorations des sols et des milieux
23. Immobilisations en cours et avances et acomptes
231. Immobilisations corporelles en cours
2341. Animaux reproducteurs
2343. Animaux de service
2346. Plantations pérennes
2347. Autres végétaux immobilisés
24. Immobilisations corporelles (biens vivants)
241. Animaux reproducteurs
243. Animaux de service
246. Plantations pérennes
247. Autres végétaux immobilisés
26. Participations et créances rattachées à des participations
262. Participations à des organismes professionnels agricoles (autres que les établissements de crédit)
2621. Sociétés coopératives agricoles (sauf Cuma)
2622. Cuma
2624. Sica
2628. Autres
2672. Créances rattachées à des participations à des organismes professionnels agricoles (autres que les établissements de crédit) (9)
26721. Sociétés coopératives agricoles (sauf Cuma)

CLASSE 1 – COMPTES DE CAPITAUX 68240 (suite)

26722. Cuma
26724. Sica
26728. Autres

27. Autres immobilisations financières

271. Titres immobilisés autres que les titres immobilisés de l'activité de portefeuille (droit de propriété)

2715. Parts dans les établissements de crédit

272. Titres immobilisés – droit de créance

2723. Certificats de fonds de développement coopératif

28. Amortissements des immobilisations

284. Amortissements des immobilisations corporelles (biens vivants)

29. Dépréciations des immobilisations

294. Dépréciations des immobilisations corporelles (biens vivants)

296. Dépréciations des participations et créances rattachées à des participations (même ventilation que celle du compte 26)

2962. Participation à des organismes professionnels agricoles (autres que les établissements de crédit) (même ventilation que celle du compte 262)

CLASSE 3 – COMPTES DE STOCKS ET EN-COURS

31. Matières premières (et fournitures)

311. Stocks des activités agricoles

3111. Approvisionnements
31111. Engrais et amendements
31112. Semences et plants
31113. Produits de défense des végétaux
31114. Aliments de bétail
31115. Produits de défense des animaux
31116. Produits de reproduction animale
3112. Animaux (cycle long)
3113. Animaux (cycle court)
3114. Végétaux (cycle long)
31141. Avances aux cultures
31142. Pépinières
31148. Autres végétaux
3115. Végétaux (cycle court)
31151. Avances aux cultures
31152. Pépinières
31158. Autres végétaux

331. Produits en cours

3311. Activité agricole – Cycle long
33111. Vins
33112. Alcools
3312. Activité agricole – Cycle court
33121. Produits végétaux
33122. Produits animaux
33123. Vins
33124. Alcools
33125. Autres produits transformés
33126. Autres biens (activités annexes)

351. Produits intermédiaires

3511. Activité agricole
35111. Produits intermédiaires végétaux
35112. Produits Intermédiaires animaux
35113. Produits Intermédiaires transformés

355. Produits finis

3551. Activité agricole
35511. Produits finis végétaux
35512. Produits finis animaux
35513. Produits finis transformés

CLASSE 4 – COMPTES DE TIERS

40. Fournisseurs et comptes rattachés

402. Fournisseurs – Soldes après compensation

68240 (suite) **CLASSE 1 – COMPTES DE CAPITAUX**

41. Clients et comptes rattachés

412. Clients – Soldes après compensation

43. sécurité sociale et autres organismes sociaux

431. sécurité sociale

4311. Mutualité sociale agricole

45. Groupe et associés

455. Associés – Comptes courants

4552. Activité agricole – Associés « Comptes bloqués » (principal)

4558. Intérêts courus

45582. Activité agricole – Associés « Comptes bloqués » (intérêts courus)

46. Débiteurs divers et créditeurs divers

461. Caisse de péréquation des prix

47. Comptes transitoires ou d'attente

472. Opérations de compensation (convention de compte courant)

49. Dépréciations des comptes de tiers

495. Dépréciations des comptes du groupe et des associés

4952. Opérations faites en commun (Gaec partiels)

4953. Opérations faites en commun et en GIE (banques de travail)

4954. Opérations faites en commun (autres communautés d'exploitation à objets particuliers)

497. Caisse de péréquation des prix

CLASSE 6 – COMPTES DE CHARGES

60. Achats (sauf 603)

601. Achats stockés – Matières premières et fournitures

6011. Activité agricole

60111. Engrais et amendements

60112. Semences et plants

60113. Produits de défense des végétaux

60114. Aliments du bétail

60115. Produits vétérinaires

60116. Produits de reproduction animale

60117. Achats d'animaux (biens vivants non immobilisés)

605. Achats de matériel, équipements et travaux

6051. Achats de travaux et de services incorporés à la production agricole

606. Achats non stockés de fournitures

6061. Fournitures non stockables – eau, énergie

60611. Eau

60612. Gaz

60613. Électricité

60614. Carburants et lubrifiants

60615. Eau d'irrigation

613. Locations

6131. Fermages et loyers du foncier

6132. Locations de matériel

6134. Locations d'animaux

614. Charges locatives et de copropriété

6141. Charges locatives du foncier

6142. Charges locatives du matériel

6144. Charges locatives des animaux

634. Taxes spécifiques sur les produits de l'exploitation

6341. Produits végétaux

6342. Produits animaux

6343. Produits transformés

6344. Animaux

6348. Autres produits

64. Charges de personnel

641. Rémunérations du personnel

6411. Salaires, appointements

64111. Personnel permanent ou régulier

64115. Personnel temporaire ou occasionnel

64116. Rémunérations (associés d'exploitation)

64117. Rémunérations (administrateurs, gérants, associés)

CLASSE 1 – COMPTES DE CAPITAUX 68240 (suite)

645. Cotisations de sécurité sociale et de prévoyance

6451. Cotisations à la Mutualité Sociale Agricole

65. Autres charges de gestion courante

657. Valeur comptable des biens vivants immobilisés

68. Dotations aux amortissements, aux dépréciations et aux provisions

681. Dotations aux amortissements, aux dépréciations et aux provisions – Charges d'exploitation

6811. Dotations aux amortissements sur immobilisations incorporelles et corporelles

68114. Biens vivants immobilisés

6816. Dotations pour dépréciations des immobilisations incorporelles et corporelles

68164. Biens vivants immobilisés

CLASSE 7 – COMPTES DE PRODUITS

70. Ventes de produits fabriqués, prestations de services, marchandises

701. Ventes de produits finis

7011. Ventes de produits végétaux

7012. Ventes de produits animaux

7013. Ventes de produits transformés

7014. Ventes d'animaux

704. Travaux

7041. Travaux à façon

7042. Produits sur contrat d'intégration

71. Production stockée (ou déstockage)

713. Variation des stocks en-cours de production, produits

7133. Variation des en-cours de production de biens

71331. Produits en cours

713311. Cycle long

713312. Cycle court

7135. Variation des stocks de produits

71355. Produits finis

713551. Animaux (cycle long)

713552. Animaux (cycle court)

713553. Végétaux (cycle long)

713554. Végétaux (cycle court)

72. Production immobilisée

721. Immobilisations incorporelles

722. Immobilisations corporelles

7221. Production immobilisée – Immobilisations corporelles (hors biens vivants)

7222. Production immobilisée – Immobilisations corporelles (biens vivants)

724. Biens vivants immobilisés

73. Production autoconsommée

74. Subventions d'exploitation

741. Remboursement forfaitaire de TVA

742. Indemnités liées à la production agricole

743. Subventions aux produits

744. Subventions aux structures

745. Subventions au revenu

748. Autres subventions d'exploitation

75. Autres produits de gestion courante

757. Produits de cessions des biens vivants immobilisés

CHAPITRE 2

COMPTABILITÉ DES SOCIÉTÉS COOPÉRATIVES AGRICOLES

SOMMAIRE

CARACTÉRISTIQUES DES SOCIÉTÉS COOPÉRATIVES AGRICOLES

68600 Les sociétés coopératives agricoles et leurs unions forment une **catégorie spéciale de sociétés**, distincte des sociétés civiles et des sociétés commerciales. Elles ont la personnalité morale et la pleine capacité (C. rur. art. L 521-1).

SECTION 1

OBLIGATIONS COMPTABLES

A. Principes

68605 Les sociétés coopératives agricoles et unions de coopératives agricoles doivent tenir une **comptabilité** et établir des **comptes annuels** conformes aux principes et méthodes définis dans le Code de commerce aux articles L 123-12 et suivants et s'il y a lieu des **comptes consolidés** ou **combinés** selon les dispositions des articles L 233-16 et suivants du Code de commerce (C. rur. art. L 524-6 s.).

Sous réserve des **adaptations** prévues par le règlement ANC 2021-01 du 7 mai 2021, modifié par le règlement ANC 2023-06 du 10 novembre 2023 (applicable aux exercices ouverts à compter du 1-1-2025, et pouvant être appliqué par anticipation à compter de sa date de publication au JO le 30-12-2023), relatif aux comptes annuels des coopératives agricoles et de leurs

unions, les sociétés coopératives agricoles et leurs unions appliquent les dispositions du **règlement** 2014-03 du 5 juin 2014 de l'**Autorité des normes comptables** (ANC) relatif au plan comptable général.
Pour l'application du règlement, les sociétés coopératives et leurs unions sont nommées « **entités** » (Règl. ANC 2021-01 art. 111-1).

B. Dispositions particulières

RÉÉVALUATION

Les coopératives agricoles et leurs unions peuvent procéder à la réévaluation de tout ou partie de leurs bilans (C. rur. art. L 523-6). L'écart entre la valeur actuelle et la valeur nette comptable est inscrit au compte 1054 « **Réserves spéciales** de réévaluation prévue par le Code rural et de la pêche maritime » (Règl. ANC 2021-01 art. 203-1). 68710

SUBVENTIONS

Le montant total des **subventions d'investissement** reçues de l'Union européenne, de l'État, de collectivités publiques ou d'établissements publics est porté en **réserve indisponible spéciale** (C. rur. art. L 523-7). Il est inscrit au compte 10621 « Part indisponible des subventions d'investissement reçues de l'Union européenne, de l'État, de collectivités publiques ou d'établissements publics ». 68715
Toutefois, sur décision du conseil d'administration et dans la limite de 50 % de leur montant, les subventions reçues peuvent être classées comme **produits** au compte de résultat (C. rur. art. L 523-7). L'organe chargé de l'administration décide alors des **modalités de reprise en résultat** de cette quote-part de subvention en l'inscrivant, soit immédiatement pour son montant total en résultat, soit au compte 132 « Part disponible des subventions d'investissement reçues de l'Union européenne, de l'État, des collectivités publiques et des établissements publics » et en la reprenant au résultat de manière étalée selon les modalités suivantes (Règl. ANC 2021-01 art. 203-2) :
– la reprise de la subvention d'investissement qui finance une immobilisation amortissable s'effectue sur la même durée et au même rythme que l'amortissement de la valeur de l'immobilisation acquise ou créée au moyen de la subvention, au compte 747 « Subventions d'investissement virées au résultat de l'exercice » (Règl. ANC 2023-06 art. 5) ;
– la reprise de la subvention d'investissement qui finance une immobilisation non amortissable est étalée sur le nombre d'années pendant lequel l'immobilisation est inaliénable aux termes du contrat. À défaut de clause d'inaliénabilité, le montant de la reprise de chaque exercice est égal au dixième du montant de la subvention.
Conformément à l'article 48 des modèles de statuts des sociétés coopératives agricoles, seules les subventions d'investissement donnent lieu à ce schéma comptable (réserve indisponible et possibilité, sur option, d'une reprise partielle en résultat). Les **subventions d'exploitation** n'étant pas visées, elles sont comptabilisées conformément au plan comptable général et en conséquence intégralement inscrites au compte 741 « Subventions d'exploitation » (Règl. ANC 2021-01, commentaires).

INDEMNITÉS DE NON-RÉTABLISSEMENT

Lors de la **reprise d'une activité** exercée antérieurement par des **commerçants**, l'indemnité versée à ces derniers dans l'objectif d'assurer contractuellement leur non-rétablissement, est inscrite au compte 2082 « Indemnités de non-rétablissement ». 68720
Ces indemnités sont amorties selon un plan et dans un délai maximum de 5 ans (Règl. ANC 2021-01 art. 203-3).

OPÉRATIONS AVEC LES ASSOCIÉS COOPÉRATEURS

Réserve compensant les remboursements des parts sociales La **perte de qualité d'associé** coopérateur entraîne l'annulation des parts sociales souscrites et leur remboursement. 68765
Le remboursement des parts annulées souscrites ou acquises dans le cadre de l'engagement d'activité prévu à l'article L 521-3, a, du Code rural et de la pêche maritime doit être compensé par la constitution d'une réserve prélevée sur le résultat. La dotation à cette réserve est égale au montant de ces parts remboursées pendant l'exercice diminué, le cas échéant, des nouvelles parts souscrites pendant cette période (C. rur. art. R 523-5). La réserve ainsi constituée est inscrite au compte 10646 « Réserve compensant les remboursements des parts sociales » (Règl. ANC 2021-01 art. 201-1).

68770 **Report pour parfaire l'intérêt servi aux parts sociales** Les parts du capital social de la coopérative peuvent recevoir un intérêt. Cet intérêt ne peut être servi que si un **résultat excédentaire** a été réalisé au cours de l'exercice. Toutefois, les statuts peuvent prévoir qu'en cas d'insuffisance du résultat excédentaire, les sommes nécessaires pour parfaire l'intérêt y afférent pourront être prélevées sur une dotation spéciale constituée à cet effet par l'assemblée générale par un prélèvement sur le résultat excédentaire du ou des **exercices antérieurs** (C. rur. art. R 523-2). Ce report de résultat est dénommé « provision pour parfaire l'intérêt servi aux parts sociales » (C. rur. art. L 524-2-1, f).

Les prélèvements sur le résultat excédentaire du ou des exercices antérieurs sont inscrits au compte 1106 « Report pour parfaire l'intérêt servi aux parts sociales » (Règl. ANC 2021-01 art. 201-2, étant précisé que l'intitulé de ce compte a été retenu pour éviter toute confusion avec la définition comptable d'une provision).

68775 **Report pour ristournes éventuelles** L'**excédent réparti** entre les associés coopérateurs **proportionnellement** aux opérations qu'ils ont réalisées avec la coopérative au cours de l'exercice écoulé est appelé ristourne.

De même, le report pour ristournes éventuelles ne peut être réparti entre les associés coopérateurs qu'au prorata des opérations effectuées par chacun d'eux au titre de l'exercice au cours duquel il a été constitué.

Le report est dénommé « **provision pour ristournes éventuelles** » (C. rur. art. L 524-2-1, g).

Le prélèvement sur le résultat excédentaire est inscrit au compte 1107 « Report pour ristournes éventuelles » (Règl. ANC 2021-01 art. 201-3, étant précisé que l'intitulé de ce compte a été retenu pour éviter toute confusion avec la définition comptable de provision).

68780 **Caisses de compensation, de péréquation et autres caisses** En principe dans une coopérative, la **péréquation des prix** est assurée par la pratique du prix moyen. Toutefois, pour les produits sujets à des variations de prix et de volumes importants et dans le souci d'atténuer au niveau du revenu de l'associé coopérateur de telles fluctuations de marché et de production, un système de péréquation peut être décidé. Les modalités de fonctionnement (conditions et limites) sont précisées dans le règlement intérieur.

Ce système consiste pour la coopérative ou son union à être autorisée à effectuer des prélèvements sur les prix des apports de leurs adhérents pour financer une **caisse** de péréquation, de compensation ou une autre caisse qui intervient sous forme de versements effectués au profit de ces adhérents, lorsque les prix s'abaissent au-dessous d'un seuil défini.

Le prélèvement s'effectue en fonction des apports de la période de haute conjoncture et le versement en fonction des apports de la période de basse conjoncture.

À la clôture, les caisses individuelles et collectives devraient présenter un solde créditeur. Lorsque plusieurs caisses sont mises en place par le règlement intérieur, il ne peut pas y avoir de compensation entre elles.

Une information concernant ces caisses est donnée dans l'**annexe** conformément à l'article 430-8 du règlement (Règl. ANC 2021-01, commentaires).

Les opérations relatives à ces caisses sont enregistrées dans des **comptes de tiers**, deux types de caisse pouvant être mis en place (Règl. ANC 2021-01 art. 201-4) :

– **caisse individuelle** : les prélèvements sur les prix des apports pour alimenter la caisse de péréquation sont enregistrés au crédit d'une subdivision individuelle du compte 4526 « Caisses de péréquation individuelles » par le débit du compte 4521 « Associés coopérateurs – Apports » ;

– **caisse collective** : les prélèvements sur les prix des apports sont inscrits au crédit du compte 461 « Caisses de compensation, de péréquation ou autres caisses collectives ».

OPÉRATIONS AVEC LES TIERS NON ASSOCIÉS

68790 **Comptabilité spéciale** Une coopérative agricole ou une union de coopératives agricoles est régie en principe par la règle de l'exclusivisme selon laquelle elle ne peut réaliser d'**opérations** qu'avec ses associés coopérateurs.

Néanmoins, lorsque les statuts le prévoient, des **tiers non coopérateurs** peuvent être admis à bénéficier de leurs services dans la limite de 20 % du chiffre d'affaires annuel. Les opérations ainsi effectuées avec des tiers non associés font l'objet d'une comptabilité spéciale (C. rur. art. L 522-5).

La comptabilité spéciale permet en outre de renseigner les **informations** prévues aux articles 430-1 et 430-2 du règlement (Règl. ANC 2021-01, commentaires).

Excédents réalisés du fait de ces opérations Les excédents d'exploitation provenant des opérations réalisées avec les tiers non associés ne peuvent être ni prélevés pour alimenter la réserve légale, ni distribués à titre de ristournes aux associés, ni incorporés au capital social, ni répartis entre les associés à la liquidation de la société ou union. Ils sont portés à une **réserve indisponible spéciale** (C. rur. art. L 522-5). À ce titre, ils sont portés au compte 10622 « Opérations avec les tiers non associés » (Règl. ANC 2021-01 art. 202-2). 68795

FUSION

Valorisation des apports des fusions entre coopératives agricoles ou unions de coopératives agricoles Les apports sont inscrits dans les comptes de l'entité bénéficiaire pour les valeurs figurant dans le traité d'apport. 68850
Ils sont évalués à la valeur comptable suivant les dispositions de l'article 744-2 du règlement ANC 2014-03 relatif au PCG (Règl. ANC 2021-01 art. 300-1 ; C. rur. art. R 526-5).

Apport d'une société commerciale à une coopérative Pour les fusions et opérations assimilées dans lesquelles l'entité est la bénéficiaire des apports et la société qui disparaît est une société commerciale, le **fonds commercial** existant avant l'opération de fusion au bilan de la société commerciale et celui créé à l'occasion de cette opération sont inscrits en « autres immobilisations incorporelles » au bilan de l'entité dans un sous-compte spécifique « autres immobilisations incorporelles liées à une fusion ou une opération assimilée entre une société commerciale et une société coopérative agricole ou une union de sociétés coopératives agricoles ». Cette immobilisation est évaluée postérieurement à sa date d'entrée suivant les dispositions des articles 214-1 à 214-21 du règlement ANC 2014-03 relatif au PCG (Règl. ANC 2021-01 art. 300-2). 68855
Cette « autre immobilisation incorporelle » est inscrite au compte 2088 « Autres immobilisations incorporelles » du plan de compte prévu par le règlement ANC 2014-03 relatif au PCG. Elle ne peut être considérée comme une **indemnité de non-rétablissement** que si elle remplit les conditions prévues à l'article 203-3 du règlement 2021-01 (Règl. ANC 2021-01, commentaires).

Dévolution En cas de dissolution d'une société coopérative ou d'une union de sociétés coopératives, l'**excédent** de l'actif net sur le capital social augmenté, le cas échéant, dans les conditions définies à l'article L 523-1 du Code rural et de la pêche maritime est **dévolu** soit à d'autres coopératives ou unions de coopératives, soit à des œuvres d'intérêt général agricoles (C. rur. art. L 526-2). La contrepartie de la valeur des actifs, passif déduit, provenant de la dévolution est portée directement au compte 10623 « Dévolution » (Règl. ANC 2021-01 art. 300-3). 68860

Informations devant figurer dans l'annexe Pour toutes les opérations entrant dans le champ d'application du chapitre 3 du règlement 2021-01, l'entité absorbante ou bénéficiaire des apports mentionne dans l'annexe les informations prévues aux articles 770-1 et 770-2 du règlement ANC 2014-03 relatif au PCG (Règl. ANC 2021-01 art. 300-4). 68865

SECTION 2 INFORMATION FINANCIÈRE

Elle consiste notamment (C. rur. art. L 524-6 s.) : 68900
– pour toutes les sociétés coopératives, en l'établissement de comptes annuels et d'un rapport aux associés ;
– pour celles d'une certaine importance, en l'établissement de documents internes liés à la prévision des difficultés des entreprises ;
– pour celles qui contrôlent de manière exclusive ou conjointe une ou plusieurs entreprises ou qui exercent une influence notable sur celles-ci, en l'établissement des comptes consolidés accompagnés d'un rapport sur la gestion du groupe.

À la clôture de chaque exercice, le conseil d'administration dresse un inventaire, établit des comptes annuels, un rapport aux associés, les documents prévus à l'article L 521-3-1 et, le cas échéant, des comptes consolidés ou combinés ainsi qu'un rapport sur la gestion du groupe consolidé ou combiné. Ces documents sont mis à la disposition du ou des commissaires aux comptes un mois au moins avant la convocation de l'**assemblée générale annuelle**. Le **rapport**

aux associés expose la situation de la coopérative agricole ou de l'union durant l'exercice écoulé, son évolution prévisible, le cas échéant ses activités en matière de recherche et de développement, les événements importants entre la date de clôture de l'exercice et la date à laquelle il est établi, ainsi que dans un chapitre distinct les principes et modalités de la gouvernance d'entreprise (C. rur. art. R 524-18).

A. Comptes annuels

68905 Les documents de synthèse sont présentés en conformité avec les modèles de bilan et de compte de résultat exposés n°s 69670 s. et en suivant les règles prévues au Livre II du règlement ANC 2014-03 relatif au PCG.

Les comptes annuels comprennent le bilan, le compte de résultat et l'annexe, qui forment un tout indissociable. Ils sont établis conformément aux articles L 123-12 à L 123-22 du Code de commerce (C. rur. art. L 524-6).

L'annexe comprend l'ensemble des informations prévues pour l'annexe des personnes morales au livre III du règlement ANC 2014-03 auxquelles s'ajoutent les informations prévues par le règlement ANC 2021-01 (Règl. ANC 2021-01 modifié art. 400-1 s.).

CONFIDENTIALITÉ DES COMPTES ANNUELS

68908 Les sociétés coopératives agricoles et leurs unions répondant à la définition des **micro-entreprises**, au sens de l'article L 123-16-1 du Code de commerce, à l'exception des sociétés mentionnées à l'article L 123-16-2 du même Code, peuvent déclarer que les comptes annuels qu'elles déposent ne sont pas rendus publics.

Les sociétés coopératives agricoles et leurs unions répondant à la définition des **petites entreprises**, au sens de l'article L 123-16 du même Code, à l'exception des sociétés mentionnées à l'article L 123-16-2 du même Code (notamment, établissements de crédit, entreprises d'assurance, entités dont les titres financiers sont admis aux négociations sur un marché réglementé, entités qui font appel à la générosité publique), peuvent déclarer que le compte de résultat qu'elles déposent n'est pas rendu public. Les sociétés coopératives agricoles et leurs unions appartenant à un **groupe**, au sens de l'article L 524-6-1 du même Code (voir n° 69300), ne peuvent faire usage de cette faculté.

Les autorités et les personnes morales mentionnées à l'avant-dernier alinéa de l'article L 232-25 du même Code (autorités judiciaires, autorités administratives, Banque de France, certaines personnes morales relevant de catégories définies par arrêté ministériel) ont toutefois accès à l'intégralité des comptes (C. rur. art. L 524-6-6).

ANNEXE

68930 **Montant des excédents et déficits réalisés avec les tiers non coopérateurs** L'annexe comporte une information sur le montant des excédents et déficits réalisés avec les tiers non coopérateurs (Règl. ANC 2021-01 art. 430-1).

68935 **Montant des excédents et déficits réalisés par branche d'activité ou secteur d'activité** Lorsque l'entité a levé la clause statutaire prévoyant la répartition des excédents affectés aux ristournes aux associés coopérateurs en fonction des diverses subdivisions du résultat, l'annexe comporte une information sur le montant de l'excédent et du déficit afférent à chaque subdivision du résultat (Règl. ANC 2021-01 art. 430-2).

La **clause statutaire** prévoyant la répartition des excédents en fonction des diverses subdivisions du résultat est stipulée à l'article 48 des modèles de statuts des coopératives agricoles de collecte vente ainsi qu'à l'article 48 des modèles de statuts des unions de sociétés coopératives agricoles ayant des activités de production, transformation, collecte et vente de produits agricoles et forestiers (approuvés par l'arrêté du 20-2-2020).

Concernant la **modalité de détermination des excédents** par branches d'activité ou par secteurs d'activité, les subdivisions peuvent être organisées sous la forme de branches d'activité (approvisionnement, collecte/vente, services) ou de secteurs d'activité au sein de ces branches (au sein de la branche collecte-vente, par produit par exemple).

Comme l'indiquent les modèles de statuts des sociétés coopératives agricoles (note 191), cette répartition doit être faite sur des bases rationnelles compte tenu de la nature des frais et charges et de la nature des opérations prises en compte par chaque subdivision éventuelle du résultat. Par exemple, s'il y a un secteur d'activité « céréales » et un secteur d'activité « fruits », les frais et charges d'entretien, de réparation et d'amortissement des silos grains ne peuvent incomber logiquement qu'au premier, et les frais et charges d'entretien de réparation et d'amortissement des installations de conditionnement des fruits, qu'au second.

Les dépenses communes telles que les dépenses du personnel de direction pourront être réparties entre les diverses subdivisions par exemple, au prorata du chiffre d'affaires, ou au prorata des tonnages traités, ou au prorata du temps de travail moyen consacré par le personnel à chaque subdivision. Il appartiendra à l'organe chargé de l'administration de rechercher les solutions les mieux adaptées selon le cas de la coopérative (Règl. ANC 2021-01, commentaires).

Montant des reports pour parfaire l'intérêt servi aux parts sociales et pour ristournes éventuelles L'annexe comporte une indication, par exercice de constitution, du montant des reports pour parfaire l'intérêt servi aux parts sociales et pour ristournes éventuelles (Règl. ANC 2021-01 art. 430-3). 68940

Participations dans les organismes coopératifs agricoles L'annexe comporte un tableau présentant, séparément des autres participations, les participations détenues dans les organismes coopératifs agricoles. Ce tableau est établi suivant le modèle et les dispositions de l'article 832-5 du règlement ANC n° 2014-03 relatif au PCG (Règl. ANC 2021-01 art. 430-4). 68945

Engagements concernant les participations à des organismes coopératifs agricoles Pour les informations relatives aux engagements financiers prévus aux articles 836-1 à 836-5 du règlement ANC 2014-03 relatif au PCG, les engagements liés à des organismes coopératifs agricoles dans lesquels l'entité détient une participation sont dissociés des autres engagements financiers donnés (Règl. ANC 2021-01 art. 430-5). 68950

Nombre et valeur nominale des parts sociales L'annexe comporte le nombre et la valeur nominale des parts sociales composant le capital social de l'entité, groupées par catégorie selon les droits qu'elles confèrent avec l'indication de celles qui ont été créées ou remboursées pendant l'exercice (Règl. ANC 2021-01 art. 430-6). 68955

Les **catégories de parts sociales** sont celles prévues par l'article R 523-1 du Code rural et de la pêche maritime, à savoir (Règl. ANC 2021-01, commentaires) :

1° les parts sociales détenues par les associés coopérateurs dans le cadre de l'engagement visé au a de l'article L 521-3, dénommées parts sociales d'activité ;

2° les parts sociales détenues par les associés non coopérateurs lorsque les statuts de la coopérative autorisent selon l'article L 522-3 leur admission, dénommées parts sociales des associés non coopérateurs ;

3° les parts sociales d'épargne détenues par les associés coopérateurs dans le cadre des dispositions de l'article L 523-4-1 ;

4° les parts à avantages particuliers détenues par les associés dans le cadre des dispositions de l'article R 523-5-1 en distinguant celles détenues par les associés coopérateurs et celles détenues par les associés non coopérateurs.

Indemnités attribuées aux membres des organes de gouvernance
L'annexe comporte le montant des indemnités compensatrices du temps consacré à l'administration de l'entité allouées aux membres du conseil d'administration, du conseil de surveillance et du directoire à raison de leurs fonctions en application de l'article L 524-3 du Code rural et de la pêche maritime (Règl. ANC 2021-01 art. 430-7). 68960

Caisses de péréquation, de compensation et autres caisses L'annexe comporte la liste des caisses de péréquation, de compensation et autres caisses existantes avec l'indication de leurs soldes et du montant des sommes affectées et des sommes prélevées au cours de l'exercice. 68965

À la clôture, une caisse ne devrait pas être débitrice. Cependant, si une telle situation se produit, une information est fournie dans l'annexe pour justifier son existence et son montant. Il est mentionné les échéances envisagées de recouvrement de cette créance (Règl. ANC 2021-01 art. 430-8).

Subventions d'investissement L'annexe comporte le montant des subventions d'investissement reçues au cours de l'exercice. Pour chaque subvention d'investissement, il est indiqué le montant classé en réserve indisponible et la partie de la subvention classée au compte de résultat ainsi que les modalités de reprise en résultat suivant la décision de l'organe chargé de l'administration (Règl. ANC 2021-01 art. 430-9). 68970

B. Rapport aux associés

69000 À la clôture de chaque exercice, le conseil d'administration ou le directoire établit un rapport aux associés et, le cas échéant, un rapport sur la gestion du groupe consolidé ou combiné. Le rapport aux associés expose la situation de la coopérative agricole ou de l'union durant l'exercice écoulé, son évolution prévisible, les événements importants entre la date de la clôture de l'exercice et la date à laquelle il est établi et, le cas échéant, ses activités en matière de recherche et de développement.

Pour les coopératives agricoles et les unions exploitant au moins une installation figurant sur la liste prévue à l'article L 515-36 du Code de l'environnement, le rapport annuel du conseil d'administration ou du directoire à l'assemblée générale annuelle de la coopérative agricole ou de l'union :

– expose la politique de prévention du **risque d'accident technologique** menée par la coopérative agricole ou l'union ;

– rend compte de la capacité de la société à couvrir sa **responsabilité civile** du fait de l'exploitation de telles installations ;

– précise les moyens prévus par la société pour assurer la gestion de l'**indemnisation des victimes** en cas d'accident technologique engageant sa responsabilité (C. rur. art. L 524-2-2).

C. Documents liés à la prévention des difficultés des entreprises

69100 Les sociétés coopératives agricoles d'une certaine taille doivent établir certains documents comptables autres que les comptes annuels en application de l'article L 612-2 du Code de commerce (C. rur. art. R 524-19).

SOCIÉTÉS COOPÉRATIVES CONCERNÉES

69105 Ces documents sont à établir par le conseil d'administration lorsque, à la clôture de l'exercice social, elles satisfont l'**un** au moins des deux **critères** mentionnés nº 67520.

DOCUMENTS CONCERNÉS

69120 Il convient d'établir les quatre documents mentionnés nº 67520 (C. com. art. L 612-2).

Ces documents sont **analysés** dans des **rapports** écrits sur l'évolution de la société ou du groupement établis par l'organe chargé de l'administration (C. com. art. L 232-3 et L 232-4).

Il s'agit de documents internes à la société qui doivent être **communiqués** au commissaire aux comptes, au comité social et économique et à l'organe chargé de la surveillance, lorsqu'il existe, dans les huit jours de leur établissement.

D. Comptes consolidés ou combinés

69200 Le règlement de l'Autorité des normes comptables (ANC) 2020-01 du 9 octobre 2020 relatifs aux comptes consolidés contient un titre III qui traite des dispositions spécifiques en matière de comptes consolidés ou combinés qui s'appliquent aux sociétés coopératives agricoles et leurs unions.

Les dispositions de ce règlement s'appliquent aux coopératives agricoles et leurs unions régies par les dispositions du Code rural et de la pêche maritime (art. L 521-1 à L 529-6). Ce règlement a fait l'objet d'un arrêté d'homologation du 29 décembre 2020 (Règl. ANC 2020-01 art. 331-1).

Sous réserve des adaptations prévues par son titre III, les coopératives agricoles et leurs unions établissent des comptes combinés ou consolidés conformément aux dispositions des livres I et II et de celles du titre I du livre III du règlement ANC 2020-01 relatif aux comptes consolidés (Règl. ANC 2020-01 art. 331-2).

1. DOCUMENTS LIÉS À LA CONSOLIDATION DES COMPTES

ÉTABLISSEMENT DES DOCUMENTS

69300 Les coopératives agricoles et leurs unions qui **contrôlent** de manière exclusive ou conjointe une ou plusieurs personnes morales ou exercent une **influence notable** sur celles-ci dans les conditions définies par l'article L 233-16 du Code de commerce établissent et publient chaque année dans les conditions prévues aux articles L 233-18 à L 233-27 du Code de commerce, à la diligence du conseil d'administration ou du directoire, des comptes consolidés ainsi qu'un rapport sur la gestion du groupe.

Le 2° de l'article L 233-17 du Code de commerce est applicable aux coopératives agricoles et à leurs unions, à l'exception de celles dont les titres financiers sont admis aux négociations sur un marché réglementé (C. rur. art. L 524-6-1).

Par dérogation aux dispositions de l'article L 233-16 du Code de commerce, les sociétés mentionnées audit article, à l'exception de celles qui émettent des valeurs mobilières admises aux négociations sur un marché réglementé ou des titres de créances négociables, sont **exemptées**, dans des conditions fixées par décret, de l'obligation d'établir et de publier des comptes consolidés et un rapport sur la gestion du groupe, lorsque l'ensemble constitué par une société et les entreprises qu'elle contrôle ne dépasse pas pendant deux exercices successifs sur la base des derniers comptes annuels arrêtés une taille déterminée par référence à deux des trois critères mentionnés à l'article L 123-16 du Code de commerce (C. com. art. L 233-17, 2°).

Les seuils sont les suivants (C. com. art. R 233-16) :
– total du bilan : 24 M€ ;
– montant net du chiffre d'affaires : 48 M€ ;
– nombre moyen de salariés permanents : 250.

Les comptes consolidés ou combinés sont **certifiés** par deux commissaires aux comptes au moins. Lorsque la coopérative agricole ou l'union de coopératives agricoles a des titres financiers admis aux négociations sur un marché réglementé, l'une au moins des deux personnes chargées du contrôle légal des comptes ne doit pas être salariée d'une fédération agréée pour la révision mentionnée à l'article L 527-1 du Code rural et de la pêche maritime (C. rur. art. L 524-6-3).

> **Précisions** À toute époque de l'année, les commissaires aux comptes, ensemble ou séparément, opèrent toutes **vérifications** et tous **contrôles** qu'ils jugent opportuns et peuvent se faire communiquer sur place toutes les pièces qu'ils estiment utiles à l'exercice de leur mission et notamment tous contrats, livres, documents comptables et registres des procès-verbaux.
> Pour l'accomplissement de leurs contrôles, les commissaires aux comptes peuvent, sous leur responsabilité, se faire assister ou représenter par tels experts ou collaborateurs de leur choix, qu'ils font connaître nommément à la personne ou à l'entité dont ils sont chargés de certifier les comptes. Ces experts ou collaborateurs ont les mêmes droits d'investigation que les commissaires aux comptes (C. com. art. L 823-13).
> Les **investigations** prévues à l'article L 821-60 peuvent être faites tant auprès de la personne ou de l'entité dont les commissaires aux comptes sont chargés de certifier les comptes que des personnes ou entités qui la contrôlent ou qui sont contrôlées par elle au sens des I et II de l'article L 233-3. Elles peuvent également être faites auprès de l'ensemble des personnes ou entités comprises dans la consolidation.
> Les commissaires aux comptes peuvent également recueillir toutes informations utiles à l'exercice de leur mission auprès des tiers qui ont accompli des opérations pour le compte de la personne ou de l'entité. Toutefois, ce droit d'information ne peut s'étendre à la communication des pièces, contrats et documents quelconques détenus par des tiers, à moins qu'ils n'y soient autorisés par une décision de justice.
> Le secret professionnel ne peut être opposé aux commissaires aux comptes dans le cadre de leur mission, sauf par les auxiliaires de justice (C. com. art. L 821-61).

DOCUMENTS DE SYNTHÈSE CONSOLIDÉS

Les comptes consolidés comprennent le bilan et le compte de résultat consolidés ainsi qu'une annexe : ils forment un tout indissociable (C. com. art. L 233-20, al. 1). **69310**

À cet effet, les entreprises comprises dans la consolidation sont tenues de faire parvenir à la société consolidante les informations nécessaires à l'établissement des comptes consolidés.

Les comptes consolidés sont établis et publiés selon des modalités fixées par un règlement de l'Autorité des normes comptables. Ce règlement détermine notamment le classement des éléments du bilan et du compte de résultat ainsi que les mentions à inclure dans l'annexe (Règl. ANC 2020-01).

Les coopératives agricoles doivent établir à la clôture de chaque exercice un rapport sur la gestion du groupe (C. rur. art. R 524-18).

2. COMPTES COMBINÉS

COOPÉRATIVES CONCERNÉES

69400 Lorsque les conditions de la consolidation des comptes ne sont pas réunies, les coopératives agricoles et leurs unions constituant une **communauté d'intérêts économiques** établissent et publient des comptes combinés.

Une coopérative agricole ou union de coopératives agricoles est considérée comme constituant une communauté d'intérêts économiques avec une autre coopérative agricole, une union de coopératives agricoles ou une autre entité, lorsqu'il existe entre elles un **lien** de cohésion et d'unité qui peut résulter d'un accord, d'une direction commune ou d'une mise en commun de services à caractère social, commercial, technique ou financier. Une communauté d'intérêts économiques est également réputée exister lorsqu'une coopérative agricole ou une union de coopératives agricoles réalise plus de 50 % de son **chiffre d'affaires** avec une autre coopérative agricole ou union de coopératives agricoles. Lorsque des coopératives et unions membres d'une union de coopératives agricoles publient des comptes combinés, elles ne sont pas tenues d'intégrer dans le **périmètre de la consolidation** à laquelle elles doivent le cas échéant procéder ce qui relève de leur adhésion à cette union.

Un **rapport sur la gestion** du groupe est publié en même temps que les comptes combinés (C. rur. art. L 524-6-2).

69405 Est **dispensée de l'obligation** d'établir des comptes combinés toute société coopérative agricole pour laquelle l'ensemble formé par elle-même et par la ou les unions de coopératives agricoles auxquelles elle adhère ainsi que par les entités qu'elle contrôle au sens de l'article L 233-16 du Code de commerce ne dépasse pas, pendant deux exercices successifs, sur la base des derniers comptes annuels arrêtés, deux des trois critères mentionnés à l'article R 233-16 du Code de commerce (voir n° 69300).

La combinaison des comptes ne dispense pas les entités coopératives qui y participent d'établir, le cas échéant, les **comptes consolidés** en application de l'article L 524-6-1 du Code rural et de la pêche maritime (n° 69300).

Les **comptes** combinés sont **arrêtés** par le conseil d'administration ou le directoire de l'entité combinante qui est chargée, par la convention de combinaison telle que prévue par le règlement de l'Autorité des normes comptables, d'établir les comptes combinés. Cette convention est signée par les présidents des conseils d'administration ou des conseils de surveillance de toutes les parties à l'ensemble combiné de tête (C. rur. art. R 524-22-2).

TRAITEMENT DU CAPITAL SOCIAL ET DES RÉSERVES

69410 Les coopératives agricoles et les unions sont généralement rattachées à l'ensemble combiné de tête. Dans certaines situations, l'ensemble combiné de tête exerce un **contrôle économique** sur une union (Règl. ANC 2020-01 art. 332-1).

69415 **Coopératives agricoles et unions appartenant à l'ensemble combiné de tête** Pour l'établissement des comptes combinés, il convient de prendre en compte tous les **résultats** et toutes les **réserves**, y compris les réserves indisponibles des coopératives et des unions (Règl. ANC 2020-01 art. 311-2, § a). La totalité des résultats et réserves est inscrite en « Capitaux propres – part du groupe ».

Les **titres** éventuellement détenus entre des entités participant à l'ensemble combiné de tête sont intégralement éliminés par imputation sur les « Capitaux propres – part du groupe » et en priorité sur le montant du capital de ces coopératives et unions.

Les entités comprises dans l'ensemble combiné de tête prennent toujours en compte la totalité de leurs activités, sans aucune exclusion née de l'existence éventuelle de **pluralité de branches d'activités** ou de secteurs d'activités au sein des coopératives ou des unions de coopératives concernées. Le cas échéant, les **informations sectorielles** prévues par le livre II sont données dans l'annexe aux comptes combinés (Règl. ANC 2020-01 art. 332-2).

69420 **Unions incluses dans le périmètre, mais n'appartenant pas à l'ensemble combiné de tête** Pour l'établissement des comptes combinés, il convient d'appliquer (Règl. ANC 2020-01 art. 311-2, § c) :

– en cas de **contrôle exclusif**, les mêmes traitements que dans le premier cas (art. 311-2, § a), à l'exception toutefois de la quote-part de capital social détenue par des sociétés hors périmètre qui est inscrite en « intérêts minoritaires » ;

– dans le cas exceptionnel de **contrôle partagé**, les dispositions de l'article 311-2, § c.

Les **unions non contrôlées** de manière exclusive ou partagée ne peuvent en aucun cas être incluses dans le périmètre de combinaison (Règl. ANC 2020-01 art. 332-3).

Sociétés d'intérêt collectif agricole (Sica) incluses dans le périmètre mais n'appartenant pas à l'ensemble combiné de tête Une **information** doit être portée dans l'**annexe** des comptes consolidés ou combinés pour apporter les précisions nécessaires justifiant l'inclusion ou l'exclusion d'une Sica dans le périmètre de combinaison, au regard de la situation et conformément aux règles générales de consolidation et de combinaison. 69425

La « **réserve pour charges complémentaires de liquidation** » propre aux Sica n'est pas partageable et doit être traitée selon les mêmes modalités que les réserves indisponibles des coopératives (Règl. ANC 2020-01 art. 332-4).

ENTRÉE DANS LE PÉRIMÈTRE COMBINÉ ET RÉÉVALUATIONS

L'entrée d'une coopérative dans le périmètre combiné s'analyse comme une mise en commun d'intérêts de personnes morales ayant les mêmes droits. 69430

À la **date d'entrée dans le périmètre combiné**, les actifs et les passifs des entités appartenant à l'ensemble combiné de tête sont inscrits à la valeur nette comptable. Les réévaluations partielles effectuées dans les comptes individuels (C. rur. art. L 523-6 et L 523-7) préalablement à cette date de première combinaison n'ont pas à être retraitées. Une **information** est donnée en **annexe** sur l'origine, les règles de revalorisation suivies et le montant de ces réévaluations partielles.

Par la suite, toutes les réévaluations partielles doivent être systématiquement éliminées dans les comptes du groupe conformément aux dispositions générales du règlement. Lorsque les **écarts de réévaluation partielle** auront été incorporés au capital social, le poste capital ne sera pas retraité mais ces écarts seront comptabilisés sur une ligne séparée dont le compte sera intitulé « Capital – Écarts de réévaluation partielle incorporés au capital social ». Une **information** est donnée dans l'**annexe** sur l'origine, les règles de revalorisation suivies et le montant de ces réévaluations partielles incorporées.

Ces règles s'appliquent également aux **unions de coopératives** dépendantes de l'ensemble combiné de tête (Règl. ANC 2020-01 art. 332-5).

INDEMNITÉS DE NON-RÉTABLISSEMENT

Les indemnités de non-rétablissement propres aux coopératives et leurs unions résultant de la reprise des comptes individuels d'une coopérative ou d'une union de coopératives sont enregistrées à un compte d'**immobilisations incorporelles**. 69435

Les fonds commerciaux et les indemnités de non-rétablissement doivent être **amortis** selon les mêmes durées dans les comptes individuels des coopératives et dans les comptes consolidés ou combinés, sous réserve du respect des règles générales d'homogénéité et d'image fidèle des comptes de groupe, toute justification étant alors donnée dans l'annexe (Règl. ANC 2020-01 art. 332-6).

SECTION 3

CONTRÔLE EXTERNE : COMMISSARIAT AUX COMPTES

Les sociétés coopératives agricoles sont tenues notamment : 69500

– de demander un agrément auprès du Haut Conseil de la coopération agricole (C. rur. art. R 525-1 s.) ;

– à un contrôle du Haut Conseil de la coopération agricole (C. rur. art. R 525-8) ;

– à toute réquisition des inspecteurs des finances et des agents de l'administration des finances, de produire leur comptabilité et les justifications nécessaires tendant à prouver qu'elles fonctionnent conformément aux dispositions qui les régissent (C. rur. art. R 525-7) ;

– sauf pour les petites, à la désignation d'au moins un commissaire aux comptes et un suppléant (C. rur. art. R 524-22-1) ;

– à une certification, par deux commissaires aux comptes au moins, de leurs comptes consolidés ou combinés (C. rur. art. L 524-6-3).

A. Modalités d'exercice de la fonction de commissaire aux comptes

COOPÉRATIVES CONCERNÉES

69505 Les sociétés coopératives agricoles et unions sont tenues de désigner au moins un commissaire aux comptes et un suppléant lorsque, à la clôture de l'exercice, elles dépassent les seuils ci-dessous pour deux des trois critères suivants (C. rur. art. R 524-22-1) :
– **dix** pour le nombre de **salariés** ; les salariés pris en compte sont ceux qui sont liés à la personne morale par un contrat de travail à durée indéterminée ;
– **534 000 €** pour le montant hors taxe du **chiffre d'affaires** ;
– **267 000 €** pour le total du **bilan** ; celui-ci est égal à la somme des montants nets des éléments d'actif.
Il est mis **fin au mandat** du commissaire aux comptes par l'organe délibérant appelé à statuer sur les comptes annuels lorsque les sociétés coopératives et unions ne dépassent pas les seuils fixés pour deux des trois critères définis ci-dessus pendant deux exercices successifs (C. rur. art. R 524-22-1).
La mission dévolue au commissaire aux comptes par les dispositions relatives à la sauvegarde des entreprises est assurée dans les **sociétés d'intérêt collectif agricole** qui n'ont pas la forme commerciale et dont le chiffre d'affaires hors taxe dépasse 110 000 € à la clôture de l'exercice social, soit par un commissaire aux comptes inscrit, soit par une fédération de coopératives agricoles agréée conformément à l'article L 527-1 du Code rural et de la pêche maritime (C. rur. art. R 531-6).
Les coopératives agricoles peuvent être tenues de désigner un commissaire aux comptes en application d'autres dispositions législatives ou réglementaires, quel que soit le montant de leur chiffre d'affaires ; celles **établissant des comptes consolidés** ou ayant des titres financiers admis aux négociations sur un marché réglementé doivent faire certifier leurs comptes par au moins deux commissaires aux comptes.
Le commissaire aux comptes de la coopérative est **nommé** par l'assemblée générale ordinaire pour six exercices.
Il exerce ses **fonctions** dans les conditions prévues par le titre II du livre VIII du Code de commerce.

PRINCIPALES DISPOSITIONS CONCERNANT LES COMMISSAIRES AUX COMPTES

69520 Les fonctions de commissaire aux comptes sont exercées par des personnes physiques ou par des sociétés inscrites sur une liste établie par la Haute Autorité de l'audit (qui a remplacé le Haut Conseil du commissariat aux comptes depuis le 1er janvier 2024), dans les conditions prévues aux articles L 820-1 à L 820-13 du Code de commerce. Selon l'article L 612-1, alinéa 3 du même Code, pour les **coopératives agricoles et les sociétés d'intérêt collectif agricole qui n'ont pas la forme commerciale** et dont les titres financiers ne sont pas admis aux négociations sur un marché réglementé, l'obligation de nommer un commissaire aux comptes peut être satisfaite dans les conditions définies à l'article L 527-1-1 du Code rural et de la pêche maritime par le recours au service d'une fédération agréée pour la révision mentionnée à l'article L 527-1 du même Code (fédération de révision).
Selon l'article L 524-6-3 du Code rural et de la pêche maritime, les **comptes consolidés ou combinés** sont certifiés par deux commissaires aux comptes au moins (voir n° 69300).

69525 Les **fonctions** des commissaires aux comptes **expirent** après la réunion de l'assemblée générale ordinaire qui statue sur les comptes du sixième exercice écoulé depuis leur nomination.
Lorsque, à l'expiration des fonctions d'un commissaire aux comptes, il est proposé à l'assemblée de ne pas le renouveler, le commissaire aux comptes doit être, s'il le demande, entendu par l'assemblée générale sous réserve des dispositions de l'article L 821-34 du Code de commerce (C. com. art. L 821-51).
Lorsque le commissaire aux comptes désigné est une personne physique ou une société unipersonnelle, un ou plusieurs commissaires aux comptes suppléants, appelés à remplacer les titulaires en cas de refus, d'empêchement, de démission ou de décès sont désignés dans les mêmes conditions que le commissaire aux comptes titulaire (C. com. art. L 821-40).
À **défaut de nomination** des commissaires par l'assemblée générale, ou en cas d'empêchement ou de refus d'un ou plusieurs des commissaires nommés, tout associé coopérateur peut demander leur nomination ou leur remplacement par ordonnance du président du tribunal judiciaire du siège de la coopérative statuant en référé, le président du conseil d'administration dûment

appelé. Le mandat ainsi conféré prend fin lorsqu'il a été pourvu par l'assemblée générale à la nomination du commissaire aux comptes.

Les **honoraires** du commissaire aux comptes sont supportés par la personne ou l'entité dont il est chargé de certifier les comptes. Ces honoraires sont fixés selon les modalités déterminées par décret en Conseil d'État (C. com. art. L 821-66, I). 69530

Les litiges relatifs à la rémunération des commissaires aux comptes sont portés devant la Haute Autorité de l'audit, sans préjudice de l'application des dispositions du cinquième alinéa du 2° du II de l'article L 821-70 du Code de commerce.

Les commissaires aux comptes sont **responsables**, tant à l'égard de la personne ou de l'entité que des tiers, des conséquences dommageables des fautes et négligences par eux commises dans l'exercice de leurs fonctions.

Leur **responsabilité** ne peut toutefois être engagée à raison des informations ou divulgations de faits auxquelles ils procèdent en exécution de leur mission.

Ils ne sont pas civilement responsables des infractions commises par les dirigeants et mandataires sociaux, sauf si, en ayant eu connaissance, ils ne les ont pas signalées dans leur rapport à l'assemblée générale ou à l'organe compétent (C. com. art. L 821-37).

Incompatibilités Les dispositions concernant les incompatibilités et l'indépendance des commissaires aux comptes sont communes à tous les commissaires aux comptes quelle que soit la personne morale dans laquelle ils exercent leurs fonctions. 69535

B. Mission des commissaires aux comptes

Nonobstant toute disposition contraire, les dispositions concernant les commissaires aux comptes (C. com. livre VIII, titre II) sont applicables aux commissaires aux comptes dans l'exercice de leur activité professionnelle, quelle que soit la nature des missions ou des prestations qu'ils fournissent. Elles sont également applicables à ces personnes et entités, sous réserve des règles propres à celles-ci, quel que soit leur statut juridique. 69600

Ainsi, les commissaires aux comptes exercent leurs fonctions dans les conditions prévues par les articles L 821-1 et suivants du Code de commerce sous réserve des règles propres aux sociétés coopératives agricoles.

ÉLÉMENTS TECHNIQUES

L'ensemble des contrôles et interventions d'un commissaire aux comptes dans le cadre de sa mission légale comprend : 69605

– la certification des comptes annuels et des comptes consolidés ;

– des vérifications spécifiques ;

– d'autres interventions définies par la loi ou le règlement consécutives à des opérations et événements particuliers.

Certification des comptes annuels (audit) Les commissaires aux comptes certifient, en justifiant de leurs appréciations, que les comptes annuels sont **réguliers** et **sincères** et donnent une **image fidèle** du résultat des opérations de l'exercice écoulé ainsi que de la situation financière et du patrimoine de la personne ou de l'entité à la fin de cet exercice. 69610

Lorsqu'une personne ou une entité établit des **comptes consolidés**, les commissaires aux comptes certifient, en justifiant de leurs appréciations, que les comptes consolidés sont réguliers et sincères et donnent une image fidèle du patrimoine, de la situation financière ainsi que du résultat de l'ensemble constitué par les personnes et entités comprises dans la consolidation.

Sans préjudice des dispositions de l'article L 821-61 du Code de commerce (voir n° 69300, Précisions), la certification des comptes consolidés est délivrée notamment après examen des travaux des commissaires aux comptes des personnes et entités comprises dans la consolidation ou, s'il n'en est point, des professionnels chargés du contrôle des comptes desdites personnes et entités.

Le contenu du rapport du commissaire destiné à l'organe appelé à statuer sur les comptes est fixé par décret en Conseil d'État (C. com. art. L 821-53).

Les commissaires aux comptes ont pour **mission permanente**, à l'exclusion de toute immixtion dans la gestion, de vérifier les valeurs et les documents comptables de la personne ou de l'entité dont ils sont chargés de certifier les comptes et de contrôler la conformité de sa comptabilité aux règles en vigueur (C. com. art. L 821-54).

69615 **Vérifications spécifiques** Les commissaires aux comptes vérifient la sincérité et la concordance avec les comptes annuels des informations données dans le **rapport de gestion** du conseil d'administration, du directoire ou de tout organe de direction, et dans les documents adressés aux actionnaires ou associés sur la situation financière et les comptes annuels. Ils attestent spécialement l'exactitude et la sincérité des informations relatives aux **rémunérations** et aux avantages de toute nature versés à chaque **mandataire social**.
Ils vérifient, le cas échéant, la sincérité et la concordance avec les **comptes consolidés** des informations données dans le **rapport sur la gestion du groupe** (C. com. art. L 821-54, al. 2 et 3).
Les commissaires aux comptes doivent également :
– s'assurer que l'**égalité** a été respectée entre les actionnaires, associés ou membres de l'organe compétent (C. com. art. L 821-56) ;
– pour les entreprises soumises à la publication d'**informations en matière de durabilité et d'obligations environnementales**, émettre un avis sur le respect des exigences portant sur ces points (C. com. art. L 821-54). Cet avis fait l'objet d'un rapport de certification destiné à l'organe destiné à statuer sur les comptes ;
– procéder à la vérification de la pertinence et de la cohérence de l'information donnée dans les documents liés à la **prévention** des **difficultés** des entreprises (voir nos 69100 s.).

69620 **Autres interventions définies par la loi ou le règlement** Elles relèvent d'**examens particuliers** définis par la loi et propres à chaque intervention.

ÉLÉMENTS DE SYNTHÈSE

69630 Ils concernent :
– l'information du conseil d'administration ;
– la communication des irrégularités et inexactitudes au conseil d'administration et à l'assemblée générale ;
– la révélation des faits délictueux au procureur de la République ;
– l'information des associés : les rapports.

69635 **Information du conseil d'administration, des dirigeants sociaux et du comité spécialisé** Les commissaires aux comptes portent à la connaissance de l'organe collégial chargé de l'administration ou de l'organe chargé de la direction et de l'organe de surveillance ainsi que, le cas échéant, du comité spécialisé mentionné à l'article L 821-67 du Code de commerce agissant sous la responsabilité de ces organes, les renseignements suivants (C. com. art. L 821-63) :
– leur programme général de travail mis en œuvre ainsi que les différents sondages auxquels ils ont procédé ;
– s'ils réalisent une mission de certification des comptes, les modifications qui leur paraissent devoir être apportées aux comptes devant être arrêtés ou aux autres documents comptables, en faisant toutes observations utiles sur les méthodes d'évaluation utilisées pour leur établissement ;
– s'ils réalisent une mission de certification des informations en matière de durabilité, les modifications qui leur paraissent devoir être apportées au rapport de durabilité, en faisant toutes observations utiles sur les méthodes d'évaluation utilisées pour leur établissement ;
– les modifications qui leur paraissent devoir être apportées aux éléments objets de leur contrôle ;
– les conclusions auxquelles conduisent les observations et rectifications ci-dessus sur les résultats de la période comparés à ceux de la période précédente.

69640 **Communication des irrégularités et inexactitudes découvertes** Selon la loi, les commissaires aux comptes :
– portent à la connaissance du **conseil d'administration** (ou du directoire et du conseil de surveillance) ainsi que, le cas échéant, du comité spécialisé les irrégularités et inexactitudes découvertes (C. com. art. L 821-63) ;
– signalent à la plus prochaine **assemblée générale** ou réunion de l'organe compétent les irrégularités et inexactitudes relevées par eux au cours de l'accomplissement de leur mission (C. com. art. L 821-10, al. 1).

69645 **Révélation des faits délictueux au procureur de la République** Sous peine de sanctions pénales, les commissaires aux comptes sont tenus de révéler au procureur de la République les faits délictueux dont ils ont eu connaissance (C. com. art. L 821-10, al. 2).
Cette obligation s'applique aux commissaires aux comptes nommés dans toutes les personnes et entités quelle que soit la nature de la certification prévue dans la mission.

Information des associés Elle est fournie par les **rapports** suivants : rapport sur les comptes annuels, rapport sur les comptes consolidés, rapport spécial sur les conventions réglementées, autres rapports. 69650

Rapport sur les comptes annuels Les commissaires aux comptes établissent un rapport dans lequel ils rendent compte à l'assemblée générale de l'exécution du mandat qu'elle leur a confié et doivent signaler les irrégularités et inexactitudes qu'ils auraient relevées. 69655

Rapport spécial sur les conventions réglementées Les conventions directes ou indirectes entre une société et certains de ses membres sont soumises à une autorisation préalable du conseil d'administration (ou du conseil de surveillance) et à un vote de l'assemblée générale qui statue sur le rapport spécial des commissaires aux comptes ou, s'il n'en a pas été désigné, du président du conseil d'administration (C. com. art. L 225-40). 69660
Les dispositions des articles L 225-38 à L 225-43 du Code de commerce et la deuxième phrase de l'alinéa 1 de l'article 27 de la loi 47-1775 du 10 septembre 1947 (concernant les conventions conclues entre la société coopérative et ses membres lorsqu'elles ont pour objet la mise en œuvre des statuts) sont applicables aux sociétés coopératives agricoles et aux unions de coopératives agricoles (C. rur. art. L 529-1).

SECTION 4

MODÈLES DE COMPTES

A. Bilan actif (Règl. 2021-01 art. 401-1)

69670

ACTIF	Exercice N			Exercice N – 1
	Brut	Amortissements et dépréciations (à déduire)	Net	Net
Capital souscrit non exigé (I) Frais d'établissement (II) **Immobilisations incorporelles** : Frais de développement Concessions, brevets, licences, marques, procédés, logiciels, droits et valeurs similaires Indemnités de non-rétablissement Autres immobilisations incorporelles Immobilisations incorporelles en cours, avances et acomptes **Immobilisations corporelles** : Terrains Constructions Installations techniques, matériel et outillage industriels Autres immobilisations corporelles Immobilisations corporelles en cours, avances et acomptes **Immobilisations financières (1)** : Participations à des organismes coopératifs agricoles Autres participations Créances rattachées à des participations Autres titres immobilisés Prêts Autres immobilisations financières				
Total de l'actif Immobilisé (III)	X	X	X	X
(1) Dont à moins d'un an **Stocks et en-cours** :				

ACTIF	Exercice N			Exercice N – 1
	Brut	Amortissements et dépréciations (à déduire)	Net	Net
Matières premières et autres approvisionnements En-cours de production Produits finis Marchandises **Créances (2)** : Avances, acomptes versés sur commandes et apports Créances Associés coopérateurs et comptes rattachés Créances clients et comptes rattachés Autres créances Charges constatées d'avance Valeurs mobilières de placement Instruments financiers à terme et jetons détenus Disponibilités				
Total actif circulant (IV)	X	X	X	X
Frais d'émission d'emprunt (V)	X		X	X
Primes de remboursement des emprunts (VI)	X		X	X
Écarts de conversion et différences d'évaluation Actif (VI)	X		X	X
TOTAL GÉNÉRAL DE L'ACTIF (I + II + III + IV + V + VI)	X	X	X	X
(2) Dont à moins d'un an				

69675 **Inscription des caisses de péréquation, compensation et autres caisses débitrices** Les éventuelles caisses de péréquation, de compensation et autres caisses, créées par le règlement intérieur de l'entité, débitrices sont inscrites au poste « Créances Associés coopérateurs et comptes rattachés ».

À la clôture, les caisses de péréquation devraient présenter un solde créditeur, dans le cas contraire, comme prévu à l'article 430-8, une information est à fournir dans l'annexe. Il ne peut pas y avoir de compensation entre caisses de péréquation (Régl. ANC 2021-01, commentaires).

B. Bilan passif (Règl. ANC 2021-01 art. 401-1)

69680

PASSIF	Exercice N	Exercice N – 1
Capital social		
Droits d'entrée		
Écarts de réévaluation		
Réserves :		
Réserve légale		
Réserves indisponibles :		
- provenant des subventions		
- provenant des opérations avec les tiers non associés		
- provenant des dévolutions		
Réserves statutaires ou contractuelles		
Réserves réglementées		
Autres réserves		
Report pour parfaire l'intérêt servi aux parts sociales		
Report pour ristournes éventuelles		
Report à nouveau débiteur		
Résultat de l'exercice [excédent ou déficit]		
Subventions d'investissement à étaler		
Provisions réglementées		
Total des capitaux propres (I)	X	X
Provisions pour risques		
Provision pour charges		
Total des provisions (II)	X	X
Emprunts obligataires convertibles		
Autres emprunts obligataires		
Emprunts et dettes coopératifs		
Emprunts et dettes auprès des établissements de crédit		
Emprunts et dettes financières diverses (1)		
Instruments financiers à terme		
Avances et acomptes reçus sur commandes en cours		
Dettes associés coopérateurs et comptes rattachés		
Caisses de péréquation, de compensation et autres caisses		
Dettes fournisseurs et comptes rattachés		
Dettes fiscales et sociales		
Dettes sur immobilisations et comptes rattachés		
Autres dettes		
Produits constatés d'avance		
Total des dettes (III)	X	X
Écarts de conversion et différences d'évaluation - Passif (IV)	X	X
TOTAL GÉNÉRAL DU PASSIF (I + II + III + IV)	X	X
(1) Dont emprunts participatifs		

Le cas échéant, une rubrique « **Autres fonds propres** » est intercalée entre la rubrique « Capitaux propres » et la rubrique « Provisions » avec ouverture des postes constitutifs de cette rubrique sur des lignes séparées (montant des émissions de titres participatifs, avances conditionnées...). Un total I bis fait apparaître le montant des autres fonds propres entre le total I et le total II du passif du bilan. Le total général est complété en conséquence. 69685
Le cas échéant, un poste « **Écart d'équivalence** » est intercalé entre le poste « Écart de réévaluation » et la rubrique « Réserves » (Règl. ANC 2021-01 art. 401-1).

Les écarts de réévaluation sont détaillés conformément à la législation en vigueur. Aux postes « Reports à nouveau débiteur » et « Résultat de l'exercice », le montant des pertes reportées et de l'exercice est présenté entre parenthèses ou précédé du signe moins (« – ») (Règl. ANC 2021-01, commentaires).

C. Compte de résultat (produits et charges hors taxe) (Règl. ANC 2021-01 modifié art. 402-1)

69690

	Exercice N	Exercice N – 1
Produits d'exploitation :		
Ventes et cessions de marchandises		
Production vendue et cédée		
Fourniture de services		
Produits des activités annexes		
Montant net du chiffre d'affaires	X	X
Production stockée		
Production immobilisée		
Subventions		
Reprises sur amortissements, dépréciations et provisions		
Produits des cessions d'immobilisations incorporelles et corporelles		
Autres produits		
Total des produits d'exploitation (I)	X	X
Charges d'exploitation :		
Apports et achats de marchandises		
Variation de stock de marchandises		
Apports et achats de matières premières		
Variation de stock de matières premières		
Autres achats et charges externes (1)		
Impôts, taxes et versements assimilés		
Salaires		
Cotisations sociales		
Dotations aux amortissements et aux dépréciations :		
Sur immobilisations : dotations aux amortissements		
Sur immobilisations : dotations aux dépréciations		
Sur actif circulant : dotations aux dépréciations		
Dotations aux provisions		
Valeurs comptables des immobilisations incorporelles et corporelles cédées		
Autres charges		
Total des charges d'exploitation (II)	X	X
(1) Y compris : - Redevances de crédit-bail mobilier - Redevances de crédit-bail immobilier		

	Exercice N	Exercice N – 1
1. RÉSULTAT D'EXPLOITATION (I - II)		
Quote-part de résultat sur opérations faites en commun :		
Excédent transféré (III)	X	X
Perte transférée (IV)	X	X
Produits financiers : De participations à des organismes coopératifs agricoles De participation (2) D'autres valeurs mobilières et créances de l'actif immobilisé (2) Autres intérêts et produits assimilés (2) Reprises sur dépréciations et provisions Différences positives de change Produits des cessions d'immobilisations financières Produits nets sur cessions de valeurs mobilières de placement et d'instruments de trésorerie		
Total des produits financiers (V)	X	X
Charges financières : Dotations aux amortissements, aux dépréciations et aux provisions Intérêts et charges assimilées (3) Différences négatives de change Valeurs comptables des immobilisations financières cédées Charges nettes sur cessions de valeurs mobilières de placement et d'instruments de trésorerie		
Total des charges financières (VI)	X	X
2. RÉSULTAT FINANCIER (V - VI)		
3. RÉSULTAT COURANT AVANT IMPÔT (I - II + III + IV + V - VI)		
Produits exceptionnels (VII)	X	X
Charges exceptionnelles (VIII)	X	X
4. RÉSULTAT EXCEPTIONNEL (VII - VIII)		
Participation des salariés aux résultats (IX)	X	X
Impôts sur les bénéfices (X)	X	X
Total des produits (I + III + V + VII)	X	X
Total des charges (II + IV + VI + VIII + IX + X)	X	X
Excédent ou perte	X	X
(2) Dont produits concernant les entités liées (3) Dont intérêts concernant les entités liées		

La **production stockée** est la différence entre le stock final et le stock initial. Les **variations de stocks** sont la différence entre le stock initial et le stock final. Les montants négatifs sont indiqués entre parenthèses ou précédés du signe moins (« – »). 69695

Les **droits de douane** sont intégrés aux postes de charges de la catégorie pour laquelle ils ont été supportés (Règl. ANC 2021-01, commentaires).

D. Plan de comptes

Sous réserve des dispositions prévues à l'article 500-2, les entités utilisent le plan de comptes prévu par le règlement ANC 2014-03 relatif au PCG (Règl. ANC 2021-01 art. 500-1). 69700

COMPTES SPÉCIFIQUES DES COOPÉRATIVES AGRICOLES (RÈGL. ANC 2021-01 MODIFIÉ ART. 500-2)

CLASSE 1 : COMPTES DE CAPITAUX 69705

10 Capital et réserves

101 Capital

1011 Capital souscrit – non appelé

10111 Associés coopérateurs

69705 (suite) **CLASSE 1 : COMPTES DE CAPITAUX**

10112 Associés non coopérateurs
1012 Capital souscrit appelé non versé
10121 Associés coopérateurs
10122 Associés non coopérateurs
1013 Capital souscrit appelé versé
10131 Associés coopérateurs
10132 Associés non coopérateurs
104 Primes liées au capital social
1041 Droit d'entrée
105 Écarts de réévaluation
1054 Réserves spéciales de réévaluation prévue par le Code rural et de la pêche maritime
106 Réserves
1062 Réserves indisponibles
10621 Part indisponible des subventions d'investissement reçues de l'Union européenne, de l'État, de collectivités publiques ou d'établissements publics
10622 Opérations avec les tiers non associés
10623 Dévolution
1064 Réserves réglementées
10646 Réserve compensant les remboursements des parts sociales

11 Report à nouveau

110 Report pour intérêt servi aux parts sociales et ristournes
1106 Report pour parfaire l'intérêt servi aux parts sociales
1107 Report pour ristournes éventuelles
119 Report à nouveau débiteur
1191 Report débiteur – Opérations avec les associés coopérateurs
1192 Report débiteur – Opérations avec des tiers non associés

12 Résultat de l'exercice (excédent ou déficit)

120 Résultat de l'exercice – excédent
1201 Opérations avec les associés coopérateurs
1202 Opérations avec les tiers non associés
129 Résultat de l'exercice – déficit
1291 Opérations avec les associés coopérateurs
1292 Opérations avec les tiers non associés

13 Subventions d'investissement

131 Subventions d'investissement autres que celles reçues de l'Union européenne, de l'État, des collectivités publiques et des établissements publics
132 Part disponible des subventions d'investissement reçues de l'Union européenne, de l'État, des collectivités publiques et des établissements publics
139 Subventions d'investissement inscrites au compte de résultat
1391 Subventions d'investissement autres que celles reçues de l'Union européenne, de l'État, des collectivités publiques et des établissements publics
1392 Subventions d'investissement reçues de l'Union européenne, de l'État, des collectivités publiques et des établissements publics

15 Provisions pour risques et charges

151 Provisions pour risques
1516 Provisions pour responsabilités statutaires des titres de participation (coopérative, union, Sica civile...)

16 Emprunts et dettes assimilées

162 Emprunts et dettes coopératifs
1622 Emprunts auprès d'autres coopératives sans lien d'adhésion
1623 Dettes aux associés coopérateurs
16231 Comptes courants bloqués à plus d'un an
16234 Intérêts aux parts différés
16235 Ristournes bloquées
16238 Emprunts auprès des associés coopérateurs des Cuma

17 Dettes rattachées à des participations

172 Dettes rattachées à des participations à des organismes coopératifs agricoles (coopératives agricoles, unions de coopératives, Sica)

CLASSE 2 : COMPTES D'IMMOBILISATIONS

20 Immobilisations incorporelles et frais d'établissement

2082 Indemnité de non-rétablissement

CLASSE 1 : COMPTES DE CAPITAUX 69705 (suite)

26 Participations et créances rattachées à des participations

261 Titres de participation
263 Participations à des organismes coopératifs agricoles
2631 Coopératives agricoles
26311 Cuma
2633 Unions de coopératives
2634 S.I.C.A.
267 Créances rattachées à des participations
2672 Créances rattachées à des participations à des organismes coopératifs agricoles
26721 Ristournes bloquées et intérêts aux parts différés
26724 Prêts
26728 Autres
269 Versements restant à effectuer sur titres de participation non libérés
2692 Sur participation à des organismes coopératifs agricoles (coopératives, unions de coopératives, S.I.C.A.)

27 Autres immobilisations financières

271 Titres immobilisés (droit de propriété)
2711 Titres de sociétés commerciales
2712 Titres de sociétés civiles
2715 Parts d'organismes de crédit
2718 Autres titres
274 Prêts
2742 Prêts aux associés coopérateurs
2744 Prêts à des organismes coopératifs agricoles

28 Amortissements des immobilisations

280 Amortissements des immobilisations incorporelles
28082 Indemnités de non-rétablissement

29 Provisions pour dépréciation des immobilisations

290 Provisions pour dépréciation des immobilisations incorporelles
2907 Indemnités de non-rétablissement
296 Provisions pour dépréciation des participations et créances rattachées à des participations
2963 Participation à des organismes coopératifs agricoles

CLASSE 3 : COMPTES DE STOCKS ET EN-COURS

31 Matières premières (et fournitures)

311 Matières premières (et fournitures) d'origine agricole (activités de collecte-vente)
314 Autres matières incorporables (activités de collecte-vente)
315 Matières premières (et fournitures) (activités d'approvisionnement)

33 En-cours de production de biens

331 Produits en cours
3311 Produits en cours (activités de collecte-vente)
3315 Produits en cours (activités d'approvisionnement)

35 Stocks de produits

351 Produits intermédiaires
3511 Produits intermédiaires (activité de collecte-vente)
3515 Produits intermédiaires (activité d'approvisionnement)
355 Produits finis
3551 Produits finis (activités de collecte-vente)
3555 Produits finis (activités d'approvisionnement)
358 Produits résiduels (ou matières de récupération)
3581 Produits résiduels (activité de collecte-vente)
3585 Produits résiduels (activité d'approvisionnement)
3586 Matières de récupération

37 Stocks de marchandises

371 Marchandises (activité de collecte-vente)
372 Marchandises (tiers)
373 Marchandises (autres)
375 Marchandises (activité d'approvisionnement)

39 Provisions pour dépréciation des stocks et en-cours

391 Provisions pour dépréciation des matières premières et fournitures
3911 Dépréciation des matières premières et fournitures d'origine agricole (activités de collecte-vente)
3912 Dépréciation des matières premières et fournitures d'origine agricole (tiers)

69705 (suite)

CLASSE 1 : COMPTES DE CAPITAUX

3913 Dépréciation des autres matières premières et fournitures d'origine agricole (tiers)
3914 Dépréciation des autres matières incorporables (activités de collecte-vente)
3915 Dépréciation des matières premières et fournitures (activités d'approvisionnement)
397 Provisions pour dépréciation des stocks de marchandises
3971 Marchandises (activité de collecte-vente)
3975 Marchandises (activité d'approvisionnement)

CLASSE 4 : COMPTES DE TIERS

43 Caisse de mutualité sociale agricole et autres organismes sociaux

431 Caisse de mutualité sociale agricole

45 Organismes coopératifs agricoles, autres participations et associés – comptes courants

451 Organismes coopératifs agricoles et autres participations
4511 Organismes coopératifs agricoles
45111 Sociétés coopératives agricoles
45112 Unions de coopératives agricoles
45113 S.I.C.A.
4515 Comptes courants rattachés à d'autres participations
452 Associés coopérateurs (activités de collecte-vente)
4521 Associés coopérateurs – Apports
4523 Associés coopérateurs – Effets à payer
4524 Associés coopérateurs – Opérations faites sous mandat
4526 Caisses de péréquation individuelles
4528 Associés coopérateurs – Factures non parvenues (ou notes de crédit non établies)
4529 Associés coopérateurs – Débiteurs
45291 Associés coopérateurs – Avances versées sur les apports
45295 Associés coopérateurs – Retenues prévisionnelles pour frais de gestion
45296 Associés coopérateurs – Créances pour emballages
45298 Rabais, remises à obtenir et autres avoirs non encore reçus et matériel à rendre
453 Associés coopérateurs (activités d'approvisionnement et de services)
4531 Associés coopérateurs – Cessions
4533 Associés coopérateurs – Effets à recevoir
4534 Associés coopérateurs – Opérations faites sous mandat
4535 Associés – Coopérateurs – Retenues prévisionnelles pour frais de gestion
4536 Associés coopérateurs en retard
4537 Créances associés coopérateurs sur travaux non facturables
4538 Associés coopérateurs – Produits non encore facturés
4539 Associés créditeurs
45391 Associés coopérateurs – Avances et acomptes reçus sur cessions
45396 Associés coopérateurs – Dettes pour emballage et matériels consignés
45398 Rabais, remises à accorder et autres avoirs à établir
454 Associés coopérateurs – Comptes courants d'activité
455 Associés – Comptes courants financiers
4551 Associés coopérateurs
4552 Associés non coopérateurs
4558 Intérêts courus
457 Associés – Ristournes et intérêts aux parts à payer

46 Débiteurs divers et créditeurs divers

461 Caisses de compensation
4611 Caisses de péréquation collectives
4612 Autres caisses
463 Opérations pour le compte des coopérateurs
4636 Débours pour le compte des coopérateurs
4637 Recettes pour le compte des coopérateurs

49 Provisions pour dépréciation des comptes de tiers

495 Dépréciation des comptes des sociétés apparentées, organismes coopératifs agricoles et associés
4951 Comptes des organismes coopératifs agricoles et autres participations
4952 Comptes des associés coopérateurs (activités de collecte-vente)
4953 Comptes des associés coopérateurs (activités d'approvisionnement et de services)
4954 Comptes des associés coopérateurs – Comptes courants d'activité
4955 Comptes courants financiers des associés

69705 (suite)

CLASSE 1 : COMPTES DE CAPITAUX
CLASSE 6 : COMPTES DE CHARGES
60 Apports et achats (sauf 603)
601 Apports et achats de matières premières et fournitures
6011 Apports (activité de collecte-vente)
6012 Achats à des tiers non coopérateurs (activité de collecte-vente)
6013 Achats hors dérogation (activité de collecte-vente)
6014 Achats d'autres matières incorporables (activité de collecte-vente)
6015 Achats de matières premières et fournitures (activité d'approvisionnement)
603 Variations des stocks : matières premières et consommables (et fournitures), marchandises, emballages
6031 Variation des stocks de matières premières et fournitures
60311 Apports (activité de collecte-vente)
60312 Achats à des tiers non coopérateurs (activité de collecte-vente)
60313 Achats hors dérogation (activité de collecte-vente)
60314 Achats d'autres matières incorporables (activité de collecte-vente)
60315 Achats de matières premières et fournitures (activité d'approvisionnement)
6037 Variation des stocks de marchandises
60371 Marchandises (activité de collecte-vente)
60375 Marchandises (activité d'approvisionnement)
607 Apports et achats de marchandises
6071 Apports (activité de collecte-vente)
6072 Achats à des tiers non coopérateurs (activité de collecte-vente)
6073 Achats hors dérogation (activité de collecte-vente)
6075 Achats de marchandises (activité d'approvisionnement)
64 Charges de personnel
645 Charges de sécurité sociale et de prévoyance
6451 Cotisations assurances sociales agricoles
65 Autres charges de gestion courante
653 Indemnisation des administrateurs, membres du conseil de surveillance et du directoire
6531 Indemnisation des administrateurs, membre du conseil de surveillance et du directoire
658 Pénalités et autres charges
6585 Charges relatives aux pénalités statutaires
65851 Indemnités compensatrices
65852 Pénalités subies en tant qu'associé défaillant
65851 Frais de poursuite
66 Charges financières
661 Charges d'intérêts
6611 Intérêts des emprunts et dettes coopératifs
66111 Intérêts des autres emprunts aux coopératives
66112 Intérêts des emprunts aux associés coopérateurs
66113 Intérêts des emprunts et des dettes rattachés à des participations à des organismes coopératifs agricoles
CLASSE 7 : COMPTES DE PRODUITS
70 Ventes et cessions de produits fabriqués, prestations de services, marchandises
701 Ventes et cessions de produits finis
7011 Ventes (activité de collecte-vente)
7015 Cessions (activité d'approvisionnement)
7016 Ventes à des tiers non coopérateurs (activité d'approvisionnement)
7017 Ventes hors dérogation (activité d'approvisionnement)
703 Ventes de produits résiduels
7031 Produits résiduels (activité de collecte-vente)
7033 Produits résiduels (activité d'approvisionnement)
704 Travaux
7045 Travaux destinés aux associés coopérateurs (activité d'approvisionnement)
7046 Travaux destinés à des tiers non coopérateurs (activité d'approvisionnement)
7047 Travaux hors dérogation (activité d'approvisionnement)
(art. R 521-3, 3e alinéa du Code rural)
705 Études
7051 Études destinées aux associés coopérateurs (activité de services)
7052 Études destinées à des tiers non coopérateurs (activité de services)
(art. L 522-5 du Code rural)

69705 (suite)

CLASSE 1 : COMPTES DE CAPITAUX

7053 Études hors dérogation (activité de services)
(art. R 521-2, 3e alinéa et R 521-3 du Code rural)

706 Prestations de services

7061 Prestations de services rendus aux associés coopérateurs (activité de services)

7062 Prestations de services rendus à des tiers non coopérateurs (activité de services)

7063 Prestation de services hors dérogation (activité de services)

707 Cessions et ventes de marchandises

7071 Ventes (activité de collecte-vente)

7075 Cessions (activité d'approvisionnement)

7076 Ventes à des tiers non coopérateurs (activité d'approvisionnement)

7077 Ventes hors dérogation (activité d'approvisionnement)

71 Production stockée (ou dé stockage)

713 Variation des stocks en-cours de production et de produits

7133 Variation des en-cours de production de biens

71331 Produits en cours

713311 Produits en cours (activité de collecte-vente)

713315 Produits en cours (activité d'approvisionnement)

71335 Travaux en cours (activité d'approvisionnement)

7134 Variation des en-cours de production de services

71341 Études en cours (activité de services)

71345 Prestations de services en cours (activité de services)

7135 Variation des stocks de produits

71351 Produits intermédiaires

713511 Produits intermédiaires (activité de collecte-vente)

713515 Produits intermédiaires (activité d'approvisionnement)

71355 Produits finis

713551 Produits finis (activité de collecte-vente)

713555 Produits finis (activité d'approvisionnement)

71358 Produits résiduels

713581 Produits résiduels (activité de collecte-vente)

713585 Produits résiduels (activité d'approvisionnement)

74 Subventions

741 Subventions d'exploitation

7411 Subventions d'exploitation versées par l'Union européenne, l'État, les collectivités publiques ou les établissements publics

7412 Autres subventions d'exploitation

747 Subventions d'investissement virées au résultat de l'exercice

7471 Quote-part des subventions d'investissement versées par l'Union européenne, l'État, les collectivités publiques ou les établissements publics, virée au résultat de l'exercice

7472 Quote-part des autres subventions d'investissement virée au résultat de l'exercice

7473 Subventions d'investissement versée par l'Union européenne, l'État, les collectivités publiques ou les établissements publics, non réparties

75 Autres produits de gestion courante

754 Ristournes perçues des organismes coopératifs agricoles

758 Indemnités et autres produits

7581 Dédits et pénalités perçus sur achats et ventes et pénalités statutaires perçues

75811 Boni sur marché

75812 Produits relatifs aux pénalités statutaires

758121 Indemnités proportionnelles (participation correspondant à la quote-part des charges que représentent les quantités non livrées)

758122 Pénalités infligées aux associés défaillants (sanctions pour non-respect des engagements)

758123 Frais de poursuite récupérés

76 Produits financiers

761 Produits de participations

7612 Produits de participations détenues dans des organismes coopératifs agricoles

7617 Revenus des créances rattachées à des participations

76172 Créances rattachées à des participations à des organismes coopératifs agricoles

76177 Créances rattachées à d'autres participations

PROVISIONS POUR RESPONSABILITÉS STATUTAIRES DES TITRES DE PARTICIPATION

Conformément à l'article 55 des modèles de statut des sociétés coopératives agricoles, la responsabilité financière des associés coopérateurs est engagée lorsque la liquidation fait apparaître des pertes excédant le montant du capital social lui-même. Cette responsabilité ne peut être supérieure à deux fois le montant des parts sociales d'activité et à une fois le montant des parts sociales d'épargne. **69710**

Les provisions ainsi constituées pour couvrir un risque sur les participations détenues lorsque la responsabilité dépasse la valeur nominale des titres concernés sont inscrites au compte 1516 « Provisions pour responsabilités statutaires des titres de participation (coopérative, union, Sica civile...) » si elles répondent à la définition d'une provision prévue à l'article 321-5 du règlement ANC 2014-03 relatif au PCG (Règl. ANC 2021-01, commentaires).

PARTIE 4

Dossiers juridiques de l'exploitation agricole

Cette quatrième partie de notre ouvrage n'est pas consacrée à l'examen exhaustif du droit rural en général. Un tel examen, à l'évidence, sortirait du cadre du présent Mémento, essentiellement consacré aux régimes fiscal, social et comptable de l'agriculture. **72000**
Nous nous limiterons à présenter certains « dossiers » qui exposent le plus clairement et le plus succinctement possible :
– d'une part, les **notions juridiques et administratives** aujourd'hui indispensables à l'exploitant agricole (ou au futur exploitant) pour exercer, en toute régularité, ses responsabilités soit seul, soit lorsqu'il se trouve associé avec d'autres ou lorsqu'il participe à diverses institutions professionnelles (de droit privé mais assumant pour une part des tâches de droit public) ;
– d'autre part, les **règles de droit** nécessaires à la compréhension **de certains régimes spéciaux** traités dans les précédentes parties sous l'angle fiscal, social ou comptable.

Cette étude des dossiers juridiques s'organise selon le **plan** suivant : **72005**
Le titre I relatif au **fonctionnement de l'exploitation agricole** examine notamment les différents contrats en vertu desquels l'agriculteur exploite (baux ruraux), la situation juridique de la famille de l'exploitant, les garanties contre certains risques et les emprises publiques dont peut être l'objet une exploitation agricole (expropriations, etc.) (n°s 72010 s.).
Le titre II a trait aux **groupements et sociétés** pour l'exploitation agricole et pour la gestion foncière (n°s 78000 s.).
Le titre III est consacré à l'aménagement des **structures de production** de l'agriculture (Safer, contrôle des structures, etc.) (n°s 80015 s.).
Le titre IV est relatif aux **coopératives agricoles** et à l'**organisation de la production agricole et des marchés** (n°s 83000 s.).

TITRE I

Exploitation agricole et exploitant agricole

PRÉSENTATION DU FONCTIONNEMENT DE L'EXPLOITATION AGRICOLE

Nous avons déjà commenté l'article L 311-1 du Code rural et de la pêche maritime qui définit l'activité agricole et, partant, les **notions d'exploitation et d'exploitant** agricoles (nos 10 s.). 72010

L'activité agricole s'exerce à partir de biens fonciers : la terre – qui constitue, de manière générale, le premier de ces biens sans toutefois être toujours un élément indispensable (élevages « hors sol ») – mais également les immeubles bâtis nécessaires à l'engrangement des récoltes, au logement du cheptel, au fonctionnement d'un atelier d'élevage (porcs, volailles, etc.).

La détention d'un titre de jouissance sur des biens fonciers est indispensable pour exercer l'activité d'exploitant agricole.

Dans la plupart des cas, ce titre de jouissance résulte :

– soit de la **propriété** ou de l'usufruit des immeubles exploités (faire-valoir direct) ;

– soit d'un contrat de **bail à ferme** ou de **bail à métayage** (faire-valoir indirect).

Il arrive aussi, surtout dans le secteur de l'élevage, que, bien que disposant lui-même du titre de jouissance indispensable pour exercer le métier d'agriculteur, l'exploitant ait conclu avec une firme industrielle ou commerciale un contrat, dénommé **contrat d'intégration**, par lequel il transfère à celle-ci tout ou partie de ses pouvoirs de décision.

L'analyse de ces réglementations est précédée d'un chapitre rappelant les **notions essentielles en matière de propriété** ; en effet, compte tenu de l'importance du droit de propriété dans le droit de l'agriculture, il nous a paru nécessaire de préciser les règles déterminant l'étendue de ce droit, puis d'analyser succinctement les limites qui lui sont apportées par des procédures permettant à la puissance publique d'user de prérogatives exceptionnelles. Deux

72010 (suite) chapitres sont consacrés à certains **aspects patrimoniaux spécifiques** de l'exploitant agricole : le fonds agricole et le statut d'entrepreneur individuel.

Après cet examen du droit de propriété et des contrats « d'exploitation », nous étudions, dans deux chapitres distincts, les problèmes touchant à la **sécurité** des agriculteurs et de leur famille : le régime juridique de la main-d'œuvre familiale et la protection contre certains risques grâce à l'assurance.

Nous examinons ensuite les principales mesures prises dans le cadre du **droit successoral**, en vue notamment de sauvegarder l'unité économique des exploitations agricoles.

Enfin, nous consacrons un dernier chapitre à l'analyse des dispositions concernant les **agriculteurs en difficulté**, c'est-à-dire, pour l'essentiel, les procédures de règlement amiable, de redressement et de liquidation judiciaires.

CHAPITRE 1

DROIT DE PROPRIÉTÉ

SOMMAIRE

SECTION 1

ÉTENDUE DU DROIT DE PROPRIÉTÉ (USUFRUIT-INDIVISION)

Le plus souvent l'exploitant en **faire-valoir direct** est celui qui a un droit de propriété, complet et ne comportant aucune réserve, sur le bien qu'il exploite. 72015
Mais il existe un certain nombre de cas de droits de propriété incomplets qui donnent aux exploitations cultivées par les titulaires de ce droit un caractère assez particulier. Ce sont ceux de l'usufruit et de l'indivision.

EXPLOITATION PAR UN USUFRUITIER

L'usufruit est le droit de jouir des biens, dont une autre personne (le nu-propriétaire) a la propriété, comme le propriétaire lui-même, mais à charge d'en conserver la substance (C. civ. art. 578). 72020
L'usufruitier d'un bien rural peut choisir ou bien de le louer à d'autres avec le concours du nu-propriétaire (nº 73730), ou bien de l'exploiter personnellement.
Dans ce dernier cas, il doit être considéré comme exploitant en faire-valoir direct et non comme fermier ou métayer du nu-propriétaire, lequel n'a aucun droit aux fruits ou revenus et avec qui il n'est lié par aucun contrat.
Toutefois, cet usufruitier exploitant, qui n'a aucune des préoccupations du fermier (en particulier il n'a pas à craindre une action « en reprise » par le nu-propriétaire), se trouve dépossédé de sa jouissance sans possibilité d'indemnité si, s'agissant d'un **usufruit à durée fixe**, cette période expire au cours de son existence. Dans l'hypothèse – plus courante – d'un **usufruit viager**, ses héritiers ne peuvent prétendre à aucune continuation de jouissance après son décès (sauf, bien entendu, s'ils sont eux-mêmes les nus-propriétaires).
La sécurité de l'usufruitier a été renforcée dans l'hypothèse où le nu-propriétaire met en vente le bien indivis, objet de l'usufruit : le juge ne peut pas alors, à la demande d'un nu-propriétaire, ordonner la vente de la pleine propriété du bien grevé d'usufruit contre la volonté de l'usufruitier (C. civ. art. 815-5, al. 2). Cette mesure bénéficie principalement au conjoint survivant titulaire d'un usufruit légal sur les biens indivis.

EXPLOITATION PAR UN NU-PROPRIÉTAIRE

Le nu-propriétaire est tenu de ne rien faire qui soit susceptible de nuire à l'usufruitier (C. civ. art. 599). 72030
S'il exploite personnellement le bien grevé d'un droit d'usufruit, ce ne peut être, hormis l'hypothèse du mandat, qu'**en vertu d'un bail**, verbal ou écrit, qui lui a été consenti par l'usufruitier : il

doit, dès lors, être considéré comme un exploitant en fermage ou en métayage qui pourrait se voir retirer la jouissance de l'exploitation par l'exercice du **droit de reprise** de l'usufruitier (nos 74600 s.).

Au **décès de l'usufruitier** (ou à l'expiration de la période fixée pour l'usufruit), il devient de plein droit propriétaire et, de ce fait, exploitant en faire-valoir direct sans aucune restriction, sauf, bien entendu, si le bien a été loué à un tiers.

DROIT D'USAGE

72040 Le droit d'usage constitue un usufruit restreint ; « l'usager » ne peut, en principe, ni louer, ni céder son droit (sauf circonstances exceptionnelles appréciées par le juge), ni l'hypothéquer. Il ne peut se servir de l'exploitation que pour ses besoins personnels ainsi que ceux de sa famille et de ses salariés.

INDIVISION

72050 L'indivision a un caractère essentiellement précaire : nul ne peut être contraint à demeurer dans l'indivision et le partage peut toujours être provoqué, à moins qu'il n'y ait été sursis par jugement ou par convention (C. civ. art. 815). Les **actes d'administration** relatifs aux biens indivis peuvent être décidés à la majorité des 2/3 des indivisaires. L'unanimité est requise pour effectuer tout acte qui ne relève pas de l'exploitation normale des biens indivis et pour effectuer tout **acte de disposition** à l'exception de la vente de meubles destinée à régler les dettes d'une succession. La conclusion et le renouvellement d'un bail portant sur un immeuble à usage agricole sont soumis à la règle de l'unanimité (C. civ. art. 815-3). Sur ce point, voir no 73742. Par exception, et sous certaines conditions, la vente d'un bien indivis peut être autorisée par le juge à la demande d'un ou plusieurs indivisaires représentant au moins les 2/3 des droits indivis (C. civ. art. 815-5-1).

Les indivisaires peuvent donner un **mandat général** d'administration à l'un ou à plusieurs d'entre eux. Un **mandat spécial** est nécessaire pour tout acte qui ne relève pas de l'exploitation normale des biens indivis ainsi que pour la conclusion et le renouvellement des baux. Si un indivisaire prend en main la gestion des biens indivis au su des autres et néanmoins sans opposition de leur part, il est censé avoir reçu un **mandat tacite**, couvrant les actes d'administration mais non les actes de disposition ni la conclusion ou le renouvellement des baux (C. civ. art. 815-3).

Lorsqu'un indivisaire entend céder à titre onéreux tout ou partie de ses droits indivis à une personne étrangère à l'indivision, un **droit de préemption** est organisé au profit des autres indivisaires. Ce droit doit être exercé dans le mois qui suit la notification du projet de cession (C. civ. art. 815-14).

Les coïndivisaires, s'ils y consentent tous, peuvent convenir de demeurer dans l'indivision. Lorsque les biens indivis sont grevés d'un usufruit, des conventions peuvent être conclues soit entre les nus-propriétaires, soit entre les usufruitiers, soit entre les uns et les autres (C. civ. art. 1873-1).

À peine de nullité, la **convention d'indivision** doit être établie par un écrit comportant la désignation des biens indivis et l'indication des quotes-parts appartenant à chaque indivisaire. Si les biens indivis comprennent des créances, la convention doit être signifiée aux débiteurs ; le non-respect de ce formalisme est sanctionné par l'inopposabilité de la convention d'indivision à leur égard. S'ils comprennent des immeubles, il faut se soumettre aux formalités de la publicité foncière (C. civ. art. 1873-2).

La convention peut être conclue pour une **durée déterminée** qui ne saurait être supérieure à 5 ans. Elle est renouvelable par une décision expresse des parties. La convention peut également être conclue pour une **durée indéterminée**. Le partage peut, en ce cas, être provoqué à tout moment pourvu que ce ne soit pas de mauvaise foi ou à contretemps (C. civ. art. 1873-3).

Les coïndivisaires peuvent nommer **un ou plusieurs gérants**, choisis ou non parmi eux (C. civ. art. 1873-5). Le ou les gérants administrent l'indivision et exercent à cet effet les pouvoirs que la loi attribue à chaque époux sur les biens communs. Le gérant représente les indivisaires dans la mesure de ses pouvoirs, pour tous les actes de la vie civile et en justice. Il est tenu d'indiquer, à titre purement énonciatif, le nom de tous les indivisaires dans le premier acte de la procédure (C. civ. art. 1873-6).

SECTION 2

LIMITES DU DROIT DE PROPRIÉTÉ ET DU DROIT D'EXPLOITER

A. Urbanisme et sauvegarde du patrimoine et des sites

RÉGLEMENTATION GÉNÉRALE DU SOL

Règles nationales d'urbanisme Les collectivités publiques sont les gestionnaires et les garantes du territoire français qui est le patrimoine commun de la nation (C. urb. art. L 101-1). La réglementation de l'urbanisme, dont elles ont la charge, régit l'utilisation qui est faite du sol, notamment la localisation, la desserte, l'implantation et l'architecture des constructions (C. urb. art. L 101-3). Dans le respect des objectifs de développement durable, l'action des collectivités vise à atteindre un équilibre entre de multiples impératifs. Il s'agit notamment d'assurer (C. urb. art. L 101-2) : **72100**
– l'utilisation économe des espaces naturels, la préservation des espaces affectés aux activités agricoles et forestières et la protection des sites, des milieux et paysages naturels ;
– le renouvellement urbain, le développement urbain et rural maîtrisé, la restructuration des espaces urbanisés et la lutte contre l'étalement urbain ;
– la diversité des fonctions urbaines et rurales, la mixité sociale dans l'habitat ;
– la lutte contre l'artificialisation des sols en vue d'atteindre l'absence d'artificialisation nette ;
– la lutte contre le changement climatique et l'adaptation à ce changement, la réduction des émissions de gaz à effet de serre, la préservation des ressources naturelles et la prévention des risques.

Dans certains secteurs, des **règles spécifiques** dérogeant, pour partie, aux règles générales sont applicables. Il s'agit notamment : **72105**
– des **directives territoriales d'aménagement** et de développement durables (DTADD) (C. urb. art. L 102-4), ou des anciennes directives territoriales d'aménagement (DTA) qui n'ont vocation à couvrir que certaines parties du territoire et qui indiquent les principaux objectifs de l'État dans les régions concernées (localisation des grandes infrastructures, préservation des espèces naturelles, des sites et des paysages, etc.) (C. urb. art. L 102-5) ;
– des prescriptions applicables aux **zones de montagne** (C. urb. art. L 122-1 s. et R 122-1 s.). Dans ces zones, doivent être préservées les terres nécessaires au maintien et au développement des activités agricoles, pastorales et forestières ;
– des prescriptions applicables au **littoral** maritime ou lacustre (plans d'eau d'une surface supérieure à 1 000 hectares) (C. urb. art. L 121-1 et R 121-4) ;
– des directives de protection et de mise en valeur des **paysages** (C. envir. art. L 350-1 et R 350-1).

Des **plans de prévention des risques** technologiques (PPRT) et des plans de prévention des risques naturels prévisibles (PPRNP) peuvent déterminer des zones dans lesquelles la réalisation de travaux, d'installations, d'aménagements ou d'ouvrages ainsi que les constructions nouvelles et l'extension des constructions existantes sont interdites ou subordonnées au respect de prescriptions particulières de sécurité qu'ils définissent (C. envir. art. L 515-15 et L 562-1 dans sa rédaction issue de la loi 2023-175 du 10-3-2023). Ces plans valent servitude d'utilité publique affectant l'utilisation du sol et sont annexés aux PLU et aux cartes communales (C. urb. art. L 151-43 et L 161-1). Dès lors que le PPRNP concerne des terrains agricoles ou forestiers, la chambre d'agriculture et le centre national de la propriété forestière sont consultés lors de son élaboration (C. envir. art. R 562-7, al. 3). **72110**
Le préfet peut, après avis de la commune et de l'établissement public de coopération intercommunale concernés, accorder des dérogations aux interdictions et prescriptions fixées par les PPRT pour permettre l'implantation d'installations de production d'énergie renouvelable telles que des installations de méthanisation (C. envir. art. L 515-16-1).

Préservation des espaces agricoles et forestiers Compte tenu d'une régression inexorable du foncier agricole, plusieurs instruments ont été mis en place avec pour objectif de ralentir et, à terme, de stopper la disparition des terres agricoles. **72115**

72116 Le **plan régional d'agriculture durable** (Prad) permet de décliner à l'échelle régionale la politique agricole et agroalimentaire menée par l'État en l'adaptant aux réalités locales. Le Prad fixe les grandes orientations de la politique agricole, agroalimentaire et agro-industrielle dans la région en tenant compte des spécificités des territoires ainsi que de l'ensemble des enjeux économiques, sociaux et environnementaux (C. rur. art. L 111-2-1 et D 111-1).

Les Prad sont élaborés conjointement par le préfet de région et le président du conseil régional qui associent les collectivités territoriales, les chambres d'agriculture concernées ainsi que l'ensemble des organisations syndicales agricoles représentatives. Le préfet et le président du conseil régional prennent en compte, dans cette préparation, les dispositions des schémas directeurs d'aménagement et de gestion des eaux et, sous réserve de leur création, des schémas régionaux de cohérence écologique ainsi que les orientations découlant des directives territoriales d'aménagement et des directives territoriales d'aménagement et de développement durables.

Le Prad comprend les éléments suivants :
– un diagnostic fondé sur les enjeux économiques, sociaux et environnementaux identifiés à l'échelle des territoires pertinents au sein de la région ;
– les orientations stratégiques de la politique agricole, agroalimentaire et agro-industrielle dans la région ;
– les actions correspondant à ces orientations (avec, le cas échéant, les actions spécifiques ou complémentaires pour l'agriculture de montagne) ; éventuellement des recommandations faites aux acteurs des secteurs concernés et aux collectivités territoriales pour contribuer à leur réalisation ;
– des documents cartographiques indicatifs si nécessaire (il peut être intéressant de joindre la cartographie des zones agricoles à préserver) ;
– des indicateurs de suivi.

Les orientations stratégiques visent notamment, sur la base des enjeux économiques, sociaux et environnementaux, à promouvoir et pérenniser les systèmes de production agroécologiques.

Le plan est porté à la connaissance des communes et établissements publics de coopération intercommunale qui élaborent ou révisent leur document d'urbanisme.

72117 L'**observatoire des espaces naturels, agricoles et forestiers** (C. rur. art. L 112-1 et D 112-1-12 s.) doit élaborer des outils permettant de mesurer le changement de destination des espaces naturels, forestiers et à vocation ou à usage agricole et d'homologuer des indicateurs d'évolution. L'observatoire est composé notamment de représentants de l'État, des élus, des associations de protection de l'environnement et de la profession agricole, des représentants des propriétaires fonciers et agricoles, du directeur général de l'Office national des forêts et d'un représentant des parcs naturels de France.

72118 Les **commissions départementales de la préservation des espaces naturels, agricoles et forestiers** (CDPENAF) ont vocation à être consultées sur toute question relative à la réduction des surfaces naturelles, forestières et à vocation ou à usage agricole et sur les moyens de contribuer à la limitation de la consommation de ces espaces. Dans les conditions définies par le Code de l'urbanisme, elles émettent un avis sur l'opportunité de certaines procédures ou autorisations d'urbanisme au regard de l'objectif de préservation des terres naturelles, agricoles et forestières. Elles peuvent aussi demander à être consultées sur tout autre projet ou document d'urbanisme ou d'aménagement. La commission, présidée par le préfet, associe des représentants de l'État, des collectivités territoriales et de leurs groupements, des professions agricole et forestière, des chambres d'agriculture et des organismes nationaux à vocation agricole et rurale, des propriétaires fonciers, des notaires, des associations agréées de protection de l'environnement et des fédérations départementales des chasseurs (C. rur. art. L 112-1-1). Un représentant de l'Institut national de l'origine et de la qualité (Inao) participe également à cette commission lorsqu'un projet ou un document d'aménagement ou d'urbanisme a pour conséquence une réduction de surfaces affectées à des productions bénéficiant d'un signe d'identification de la qualité et de l'origine.

Les **avis de la commission** étant en principe des avis simples, ceux-ci ont avant tout à jouer un rôle pédagogique, d'éclairage, d'orientation et de conseil à l'encontre des élus territoriaux. En particulier, outre un avis sur la maîtrise de la consommation d'espaces proprement dite, la commission peut préconiser la mise en œuvre des outils spécifiques de protection du foncier agricole que sont les zones agricoles protégées ou les périmètres de protection des espaces agricoles et naturels périurbains. À l'occasion de projets de grande envergure, elle peut préconiser l'élaboration de projet d'intérêt général à vocation de protection des espaces agricoles. Pour certains projets, l'avis rendu par la commission est qualifié d'« avis conforme ». Autrement dit, le projet ne peut être adopté que si la commission a rendu un avis favorable. En principe, tout projet d'élaboration, de modification ou de révision d'un PLU, d'un document en tenant lieu ou d'une carte communale entraînant une réduction substantielle des surfaces affectées à des productions bénéficiant d'une appellation d'origine contrôlée (AOP) ou une atteinte substantielle aux conditions de production de l'appellation est soumis à avis conforme de la commission. Pour un autre exemple d'avis conforme de la commission, voir n° 72152.

Des **zones agricoles protégées** (ZAP) peuvent être délimitées par le préfet et annexées au plan local d'urbanisme (C. rur. art. L 112-2). Elles comprennent les zones agricoles dont la préservation présente un intérêt général en raison soit de la qualité de leur production, soit de leur situation géographique, soit de leur qualité agronomique. L'avis de la chambre d'agriculture et de la commission départementale d'orientation de l'agriculture doit être sollicité en cas de changement de mode d'occupation ou d'affectation du sol altérant durablement le potentiel de ces zones, sauf si celui-ci relève d'une autorisation au titre du Code de l'urbanisme et lorsque le terrain est couvert par un PLU ou un document en tenant lieu (C. rur. art. R 112-1-4 s.). **72120**

Les **projets de travaux, d'ouvrages ou d'aménagements** publics et privés qui, par leur nature, leurs dimensions ou leur localisation, sont susceptibles d'avoir des conséquences négatives importantes sur l'économie agricole, ainsi que les projets d'installations agrivoltaïques (voir n° 72200), font l'objet d'une « étude d'impact agricole » préalable. L'étude d'impact agricole préalable comprend au minimum une description du projet, une analyse de l'état initial de l'économie agricole du territoire concerné, l'étude des effets du projet sur celle-ci, les mesures envisagées pour éviter et réduire les effets négatifs notables du projet ainsi que des mesures de compensation collective visant à consolider l'économie agricole du territoire (C. rur. art. L 112-1-3 dans sa rédaction issue de loi 2023-175 du 10-3-2023 et D 112-1-18 s.). **72121**

L'étude préalable et les **mesures de compensation** sont prises en charge par le maître d'ouvrage.

Les documents d'urbanisme ainsi que les schémas départementaux ou régionaux des carrières qui prévoient une **réduction des espaces agricoles ou forestiers** ne peuvent être rendus publics, approuvés, révisés ou modifiés qu'après avis de la chambre d'agriculture et, le cas échéant, de l'Inao (Institut national des appellations d'origine et de la qualité) et du centre national de la propriété forestière (C. rur. art. L 112-3). **72125**

Le président de la commission départementale d'aménagement foncier peut demander à être entendu par l'autorité chargée de l'élaboration ou de la révision d'un document d'urbanisme dès lors que ce document prévoit de **modifier l'affectation d'une parcelle agricole** située dans le périmètre ayant fait l'objet d'une procédure d'aménagement foncier rural depuis moins de 10 ans (C. rur. art. L 123-17).

Un **périmètre de protection et de mise en valeur des espaces agricoles et naturels périurbains** peut être délimité par le département ou un établissement public de coopération intercommunale en dehors des zones d'aménagement différé et des secteurs constructibles définis par les documents d'urbanisme (C. urb. art. L 113-15 s.). Il doit être compatible avec le schéma de cohérence territorial (Scot), s'il en existe un. Toute modification du périmètre ayant pour effet de retirer un ou plusieurs terrains ne peut intervenir que par décret. Un **programme d'action** précisant les aménagements et les orientations de gestion destinés à favoriser l'exploitation agricole, la gestion forestière, la préservation et la valorisation des espaces naturels et des paysages est élaboré pour chaque périmètre. Pour mettre en œuvre ce programme, le département peut acquérir les terrains, directement ou par l'intermédiaire d'une autre collectivité territoriale, d'un établissement public ou d'une Safer. L'acquisition peut se faire à l'amiable, par expropriation ou préemption. Ils peuvent être cédés de gré à gré, loués à un agriculteur ou concédés temporairement à des personnes publiques ou privées à la condition que ces personnes les utilisent aux fins prescrites par un cahier des charges annexé à l'acte de vente, de location ou de concession temporaire. **72130**

SCHÉMAS DE COHÉRENCE TERRITORIALE

Les schémas de cohérence territoriale (Scot) sont des documents de planification stratégique à long terme permettant d'établir un projet de territoire et servant de cadre aux politiques sectorielles, en particulier sur les questions d'organisation de l'espace et d'urbanisme, d'habitat, de mobilités, d'aménagement commercial, d'environnement. **72140**

Le Scot comprend (C. urb. art. L 141-2) :

– un **projet d'aménagement stratégique** qui définit les objectifs de développement et d'aménagement du territoire à un horizon de 20 ans. Ces objectifs concourent à la coordination des politiques publiques sur les territoires, en favorisant un équilibre et une complémentarité des polarités urbaines et rurales, une gestion économe de l'espace limitant l'artificialisation des sols notamment en tenant compte de l'existence de friches, une agriculture contribuant notamment à la satisfaction des besoins alimentaires locaux, ainsi qu'en respectant et mettant en valeur la qualité des espaces urbains, naturels et des paysages. Les Scot veillent à la préservation et au développement d'une activité agricole respectant les sols ainsi que l'environnement et tenant compte des besoins alimentaires. Ils répondent également à l'objectif du « zéro artificialisation nette » posé par la loi Climat du 22 août 2021 en fixant par tranches de 10 années, un objectif de réduction du rythme de l'artificialisation (C. urb. art. L 141-3 dans sa rédaction issue de loi 2023-973 du 23-10-2023) ;

– un **document d'orientation et d'objectifs** qui détermine les conditions d'application du projet d'aménagement stratégique et notamment pour préserver et développer une activité agricole respectant les sols ainsi que l'environnement et tenant compte des besoins alimentaires. Il s'inscrit également dans un objectif d'insertion des différentes activités humaine telles que les installations de production d'énergies renouvelables (C. urb. art. L 141-4 dans sa rédaction issue de loi 2023-175 du 10-3-2023) ;

– des **annexes**.

En principe, ces Scot ne sont pas directement **opposables** aux tiers ; ils ne lient que l'autorité publique. Ils permettent aux agriculteurs de connaître les futures emprises nécessaires aux équipements projetés et les contraintes qui pourront en résulter.

PLANS LOCAUX D'URBANISME

72150 Le plan local d'urbanisme (PLU) constitue le principal document d'urbanisme local. Il remplace les plans d'occupation des sols (POS) qui, sauf exceptions, sont caducs depuis le 31 décembre 2015 (C. urb. art. L 174-1 s.). Depuis le 1er janvier 2016, le règlement national d'urbanisme (voir n° 72180) s'applique en principe sur le territoire communal dont le POS est caduC. Les PLU ont été réformés dans le cadre du **Grenelle II** et de la **loi Alur** notamment pour faire du niveau intercommunal le niveau de la responsabilité des PLU et intégrer des préoccupations de développement durable, d'économie d'énergie et de densification de l'urbanisme. Enfin, la **loi Climat** 2021-1104 du 22 août 2021 est venue apporter diverses modifications au contenu du PLU liées à la lutte contre l'artificialisation des sols et à la protection des zones littorales exposées au recul du trait de côte.

Le PLU est **opposable** à toute personne publique ou privée pour l'exécution de tous travaux, constructions, plantations, affouillements ou exhaussements des sols (C. urb. art. L 152-1).

72151 Le PLU expose le diagnostic établi au regard des prévisions économiques et démographiques et précise les besoins répertoriés en matière de développement économique, de surfaces agricoles, de développement forestier, d'aménagement de l'espace, d'environnement, d'équilibre social de l'habitat, de transports, d'équipements et de services (C. urb. art. L 151-1 s.).

Chaque PLU, après un rapport de présentation, comprend un projet d'aménagement et de développement durables, des orientations d'aménagement et de programmation, un règlement, des annexes et chacun de ces éléments peut comprendre un ou plusieurs documents graphiques.

Le **rapport de présentation** comporte une analyse de la capacité de densification des espaces et une analyse de la consommation des espaces naturels, agricoles et forestiers sur les 10 années précédant l'arrêt du projet de plan ou depuis sa dernière révision. Il justifie des objectifs de modération de cette consommation et de lutte contre l'étalement urbain au regard, notamment des objectifs fixés par le Scot (C. urb. art. L 151-4).

Le **projet d'aménagement et de développement durables** définit les orientations générales notamment des politiques de protection des espaces naturels, agricoles et forestiers, de l'habitat et de développement des énergies renouvelables (C. urb. art. L 151-5 dans sa rédaction issue de loi 2023-175 du 10-3-2023).

Les **orientations d'aménagement et de programmation** définissent notamment les actions et opérations nécessaires pour mettre en valeur l'environnement, faciliter le renouvellement urbain, favoriser la densification et réorganiser le territoire dans les zones exposées au recul du trait de côte (C. urb. art. L 151-7 dans sa rédaction issue de loi 2023-973 du 23-10-2023).

Le **règlement** du PLU délimite les zones urbaines, les zones à urbaniser, les zones agricoles et les zones naturelles et forestières et fixe les règles applicables à l'intérieur de chacune de ces zones. Il comprend une partie écrite et une partie graphique qui fait apparaître les limites des zones, secteurs, périmètres et espaces identifiés par le PLU, notamment les espaces nécessaires aux continuités écologiques (C. urb. art. R 151-10 et R 151-14).

72152 Les **zones agricoles** sont dites « zones A ». Peuvent être classés en zone agricole les secteurs de la commune, équipés ou non, à protéger en raison du potentiel agronomique, biologique ou économique des terres agricoles. Les constructions et installations nécessaires à l'exploitation agricole ou au stockage et à l'entretien du matériel agricole par les coopératives d'utilisation de matériel agricole (Cuma) agréées sont en principe les seules autorisées en zone A (C. urb. art. R 151-23).

Par dérogation à ce principe de l'affectation quasi exclusivement agricole des zones A, les constructions et installations nécessaires à des équipements collectifs peuvent être admises. Par extension, les constructions et installations nécessaires à la transformation, au conditionnement et à la commercialisation des produits agricoles sont autorisées lorsque ces activités constituent le prolongement de l'acte de production. Dans tous les cas, les constructions et installations ne doivent pas être incompatibles avec l'exercice d'une activité agricole, pastorale ou forestière sur le terrain sur lequel elles sont implantées et ne doivent pas porter atteinte à la sauvegarde des espaces naturels et des paysages. Dès lors que les constructions sont admises, les installations de méthanisation sont envisageables après avis de la CDPENAF (C. urb. art. L 151-11 dans sa rédaction issue de loi 2023-175 du 10-3-2023).

Le règlement du PLU peut aussi désigner les bâtiments qui peuvent faire l'objet d'un changement de destination, dès lors que ce changement de destination ne compromet pas l'exploitation agricole. Ce changement de destination est soumis à l'avis conforme de la CDPENAF (C. urb. art. L 151-11 dans sa rédaction issue de loi 2023-175 du 10-3-2023). Les bâtiments d'habitation existants peuvent faire l'objet d'extensions ou d'annexes dès lors que ces extensions et annexes ne compromettent l'activité agricole ou la qualité paysagère du site et après avis de la commission départementale de la préservation des espaces naturels, agricoles ou forestiers (C. urb. art. L 151-12).

Dans les **zones naturelles et forestières**, les constructions et installations nécessaires à l'exploitation agricole et forestière ou au stockage et à l'entretien du matériel agricole par les coopératives d'utilisation de matériel agricole (Cuma) agréées sont également autorisées (C. urb. art. R 151-25, 1°). **72153**

Dans les mêmes conditions qu'en zone agricole, peuvent aussi être autorisés les constructions et installations nécessaires aux équipements collectifs, les changements de destination et les extensions ou annexes aux bâtiments d'habitation (C. urb. art. R 151-25, 2°).

Par ailleurs, le règlement du PLU peut délimiter dans les **zones agricoles ou forestières**, à titre exceptionnel et après avis de la commission départementale de la préservation des espaces agricoles, naturels et forestiers, des secteurs constructibles de taille et de capacité d'accueil limitées à condition que les constructions autorisées ne portent atteinte ni à la préservation des sols agricoles et forestiers ni à la sauvegarde des sites, milieux naturels et paysages (C. urb. art. L 151-13).

Le PLU est **élaboré** à l'**initiative** et sous la **responsabilité** d'un établissement public de coopération intercommunale (EPCI) ou d'une commune si elle n'est pas membre d'un tel établissement. **72155**

Depuis le 1er janvier 2023, la publication sur le **portail national de l'urbanisme** conditionne le caractère exécutoire du PLU (C. urb. art. L 153-23).

Sous cette réserve de publication sur le portail national de l'urbanisme dans les communes couvertes par un Scot, l'acte publié approuvant le PLU est exécutoire, dès sa transmission au préfet. Dans les communes non couvertes par un Scot, l'acte publié approuvant le PLU devient exécutoire un mois après sa transmission au préfet (C. urb. art. L 153-23). Pendant ce délai d'un mois, le préfet peut notifier à l'EPCI ou à la commune, par lettre motivée, les modifications qu'il estime nécessaire d'apporter au plan lorsque, notamment, les dispositions de celui-ci ne sont pas compatibles avec les prescriptions particulières aux zones de montagne et au littoral, sont contraires à un projet d'intérêt général, autorisent une consommation excessive de l'espace ou font apparaître des incompatibilités manifestes avec l'utilisation ou l'affectation des sols des communes voisines. Dans ce cas, le PLU ne devient exécutoire qu'après publication et transmission au préfet de la délibération de l'EPCI ou de la commune approuvant les modifications demandées.

Le PLU est soumis à **enquête publique**. Après dépôt du rapport et des conclusions du commissaire-enquêteur ou de la commission d'enquête, le PLU, éventuellement modifié, est approuvé par délibération du conseil municipal ; il est alors opposable aux tiers.

En pratique, le parti d'aménagement adopté par le PLU prend en compte des **orientations à moyen terme** (le plus souvent, 10 ans). Les règles du plan peuvent évoluer pour tenir compte des nouveaux objectifs de la commune selon des procédures plus ou moins lourdes (révision, modification, mise à jour).

CARTES COMMUNALES

À la place d'un PLU, les communes peuvent élaborer, le cas échéant dans le cadre de groupements intercommunaux, une carte communale afin d'écarter la règle de constructibilité limitée interdisant de construire en dehors des parties déjà urbanisées de la commune. **72170**

La carte communale permet notamment d'atteindre l'objectif de réduction d'artificialisation nette des sols (C. urb. art. L 161-3).

Les cartes communales délimitent les **secteurs constructibles** de la commune et ceux qui ne le sont pas.

Dans les **secteurs inconstructibles**, l'adaptation, le changement de destination, la réfection ou l'extension des constructions existantes ainsi que l'édification d'annexes à proximité d'un bâtiment existant sont admises.

Dans les secteurs inconstructibles sont admises aussi les constructions et installations nécessaires à des équipements collectifs, à l'exploitation agricole ou forestière, à la transformation, au conditionnement et à la commercialisation des produits agricoles lorsque ces activités constituent le prolongement de l'acte de production, à la mise en valeur des ressources naturelles et au stockage et à l'entretien du matériel des Cuma. Toutefois, ces constructions et installations ne sont admises que si elles sont compatibles avec l'exercice d'une activité agricole, pastorale ou forestière dans l'unité foncière où elles sont implantées et si elles ne portent pas atteinte à la sauvegarde des espaces naturels et des paysages. Les installations de méthanisation sont considérées comme des constructions et installations nécessaires à l'exploitation agricole.

Par ailleurs, les constructions et installations nécessaires à l'exploitation agricole ou forestières ainsi que celles permettant la transformation et la commercialisation des produits agricoles et le stockage du matériel des Cuma sont soumises à l'avis de la CDPENAF (C. urb. art. L 161-4 dans sa rédaction issue de loi 2023-175 du 10-3-2023 et R 161-4).

La carte communale peut définir les secteurs et conditions d'implantation des installations de production d'**énergies renouvelables** dès lors qu'elles sont incompatibles avec le voisinage ou portent atteinte au milieu environnant.

Les autorisations d'urbanisme sont délivrées sur le fondement des règles générales de l'urbanisme, dont le **règlement national d'urbanisme**, et des autres dispositions législatives et réglementaires applicables (C. urb. art. R 162-1).

La carte communale est approuvée, après enquête publique, par le conseil municipal et le préfet puis tenue à la disposition du public sur le portail national de l'urbanisme.

RÈGLEMENT NATIONAL D'URBANISME ET LIMITATIONS DU DROIT DE CONSTRUIRE

72180 Dans les communes dépourvues de PLU ou d'un document en tenant lieu, le règlement national d'urbanisme (**RNU**) au sens strict s'applique (C. urb. art. R 111-1 s.) ; certaines règles s'appliquent même en présence d'un PLU ou d'un document en tenant lieu (C. urb. art. R 111-1). Les règles contenues dans le RNU sont relatives à la localisation, la desserte, l'implantation, le volume et l'aspect des constructions, travaux ou aménagements. Certaines de ces règles sont dites « permissives » en ce sens qu'elles laissent un fort pouvoir d'appréciation à l'administration : « le projet peut être refusé ou n'être accepté que sous réserve de l'observation de prescriptions spéciales ». D'autres, au contraire, sont « impératives » : l'administration est tenue de refuser l'autorisation demandée si la règle n'est pas respectée.

En outre, la loi a instauré, en dehors des parties urbanisées des communes dépourvues de PLU, document en tenant lieu ou carte communale, le principe de **constructibilité limitée**, sous réserve de quelques exceptions. Échappent notamment à cette règle les constructions nécessaires à l'exploitation agricole (installation de méthanisation notamment) ou à la transformation, au conditionnement et à la commercialisation des produits agricoles, lorsque ces activités constituent le prolongement de l'acte de production. À l'exception des travaux sur bâtiments existants, l'avis préalable de la commission départementale de préservation des espaces naturels, agricoles et forestiers (CDPENAF) est nécessaire si le projet entraîne une réduction des surfaces utilisées pour l'agriculture ou à vocation agricole. S'agissant des dérogations accordées sur délibération du conseil municipal pour les constructions et installations motivées par l'intérêt communal, un avis conforme de la CDPENAF est exigé (C. urb. art. L 111-4 et L 111-5 dans leur rédaction issue de loi 2023-175 du 10-3-2023). En outre, si la commune n'est pas couverte par un Scot, les exceptions relatives à l'implantation de constructions incompatibles avec le voisinage des zones habitées et à l'extension mesurée de constructions existantes, ainsi que les dérogations à l'initiative du conseil municipal ne sont pas applicables (C. urb. art. L 142-4).

Par ailleurs, dans les communes qui ne sont pas couvertes par un Scot, il est **interdit d'ouvrir à l'urbanisation** les zones agricoles et forestières délimitées par un PLU ou un document en tenant lieu ainsi que les secteurs non constructibles des cartes communales (C. urb. art. L 142-4). Des dérogations sont possibles, après avis de la CDPENAF, si l'urbanisation envisagée ne nuit pas à la protection des espaces naturels, agricoles ou forestiers (C. urb. art. L 142-5).

CONSTRUCTION DE BÂTIMENTS AGRICOLES

La constructibilité d'un terrain est indiquée par un **certificat d'urbanisme** détaillé délivré en principe par le maire de la commune. 72190

Lorsqu'un PLU a été prescrit et à partir du moment où le débat sur les orientations générales du projet d'aménagement et de développement durable a eu lieu, l'autorité compétente peut décider de **surseoir à statuer** sur les autorisations de construire (ou d'utilisation des sols). Le délai de validité du sursis à statuer est de 2 ans (C. urb. art. L 424-1 et sur renvoi de L 153-11). Un sursis à statuer spécifique est prévu quand le projet est susceptible de compromettre l'atteinte des objectifs de réduction de la consommation d'espaces naturels, agricoles et forestiers (Loi 2021-1104 du 22-8-2021 art. 194, IV-14° créé par loi 2023-630 du 20-7-2023).

Lorsque des dispositions législatives ou réglementaires soumettent à des conditions de distance l'implantation ou l'extension de **bâtiments agricoles** vis-à-vis des habitations et immeubles actuellement occupés par des tiers, la même **exigence d'éloignement** doit être imposée à toute nouvelle construction ou à tout changement de destination à usage non agricole nécessitant un permis de construire, à l'exception des extensions de construction. Par **dérogation**, une distance d'éloignement inférieure peut être autorisée par l'autorité qui délivre le permis, après avis de la chambre d'agriculture, pour tenir compte des spécificités locales, notamment dans les zones urbaines délimitées par le document d'urbanisme en vigueur et dans les parties actuellement urbanisées de la commune en l'absence de document d'urbanisme. Par ailleurs, dans les parties actuellement urbanisées des communes, des règles d'éloignement spécifiques peuvent être fixées pour tenir compte de la préexistence de constructions agricoles. Ces règles sont fixées par le PLU ou, dans les communes non dotées d'un PLU, par délibération du conseil municipal prise après avis de la chambre d'agriculture et enquête publique. De plus, dans ces secteurs à règles spécifiques, l'extension limitée et les travaux rendus nécessaires par des mises aux normes des exploitations agricoles existantes sont autorisés, nonobstant la proximité d'habitations. Il est également possible de déroger à la règle d'éloignement par accord des parties et création d'une servitude (C. rur. art. L 111-3).

Si, dans certains cas, les agriculteurs sont tenus, lorsqu'ils réalisent une installation susceptible 72195
de créer des nuisances, d'observer des mesures assez strictes (voir Circ. du 20-1-1983 : JO 25-2), ils bénéficient d'une certaine protection contre les réclamations excessives des résidents voisins. Ainsi, des voisins ne peuvent pas se plaindre d'un **trouble anormal de voisinage** quand il provient d'une activité agricole existant avant leur installation dès lors que l'activité s'exerce conformément aux lois et aux règlements et qu'elle s'est poursuivie dans les mêmes conditions ou dans des conditions nouvelles qui ne sont pas à l'origine d'une aggravation du trouble anormal (C. civ. art. 1253 créé par loi 2024-346 du 15-4-2024). De même, il ne peut pas être reproché à l'exploitant de mettre en conformité son activité avec la réglementation dès lors que la mise en conformité de son activité ne modifie pas substantiellement la nature ou l'intensité de son activité agricole (C. rur. art. L 311-1-1 créé par loi 2024-346 du 15-4-2024).

Par ailleurs, les tiers qui n'ont acquis ou pris à bail des immeubles ou n'ont élevé des constructions dans le voisinage d'une **installation classée** (qui peut être agricole) qu'après l'affichage ou la publication de l'arrêté autorisant ou enregistrant cette installation ou allégeant les prescriptions imposées initialement ne sont pas recevables à déférer cet arrêté à la juridiction administrative (C. envir. art. L 514-6, III).

INSTALLATIONS PHOTOVOLTAÏQUES SUR DES TERRAINS AGRICOLES, NATURELS ET FORESTIERS

Créé par la loi « Énergies renouvelables », l'agrivoltaïsme vise la **production d'énergie** via un équi- 72200
pement photovoltaïque qui contribue durablement à l'installation, au maintien ou au développement d'une production agricole (C. énergie art. L 314-36 créé par loi 2023-175 du 10-3-2023). Pour être qualifiée d'agrivoltaïque, l'installation ne doit pas empêcher la production agricole et doit apporter un bénéfice réel à la parcelle visée par l'implantation telle que l'amélioration du potentiel agronomique ou la protection contre les aléas. Dès lors qu'une installation est qualifiée d'agrivoltaïque, elle est considérée comme nécessaire à l'exploitation agricole dans le cadre du RNU, du PLU et de la carte communale (C. urb. art. L 111-27 s. créés par loi 2023-175 du 10-3-2023).

Les **conditions de déploiement** des installations agrivoltaïques et des **garde-fous** ont été fixés par voie réglementaire (Décret 2024-318 du 8-4-2024 ; Arrêté ECOR2404313A du 5-7-2024) : limitation des pertes de rendement à 10 %, taux d'occupation maximum de 40 %, modalités de contrôle et de sanction, durée de l'autorisation et démantèlement de l'installation après cessation de l'exploitation, montant des garanties financières (C. énergie art. R 314-108 s. ; C. urb. art. R 111-62 s.).

À l'exception des installations agrivoltaïques, aucun ouvrage photovoltaïque ne peut être implanté en dehors des surfaces identifiées dans un **document-cadre** pris par arrêté préfectoral sur proposition de la chambre d'agriculture et après consultation de la CDPENAF, des organisations professionnelles et collectivités territoriales concernées (C. urb. art. R 111-56 s.).
À certaines conditions, les installations photovoltaïques ne sont pas comptabilisées lors du calcul de la consommation d'**espaces naturels agricoles et forestiers** (ENAF) (Décret 2023-1408 du 29-12-2023 ; Arrêté TREL2211878A du 29-12-2023 modifié par arrêté ECOR2404313A du 5-7-2024).

B. Documents d'aménagement rural

72300 En vue d'élaborer et de mettre en œuvre une politique de développement économique et social, les communes peuvent établir des **chartes intercommunales de développement et d'aménagement** (C. rur. art. L 112-4 et R 112-2-1 ; CGCT art. L 5223-1 s.), notamment sous la forme de **plans d'aménagement rural**. Sur la base d'une meilleure cohérence de leurs actions, les communes pourront alors développer une politique contractuelle avec le département, la région ou l'État pour la réalisation d'actions relevant de leur compétence.

C. Droit de préemption des collectivités publiques et limitations de la propriété dans certaines zones

ZONES D'AMÉNAGEMENT DIFFÉRÉ (ZAD)

72500 Elles sont instituées par le Préfet, sur proposition ou après avis de la commune en vue notamment de la création ou de la rénovation de secteurs urbains, de la création de zones d'activités ou de la constitution de réserves foncières. Des ZAD peuvent également être créées par les intercommunalités à fiscalité propre compétentes en matière de PLU après avis des communes incluses dans le périmètre de la zone ou par des établissements publics territoriaux dans le périmètre du « Grand Paris » (C. urb. art. L 212-1 s. et L 213-1 s.).
Dans les ZAD, les collectivités publiques, certains établissements ou offices publics et les sociétés d'économie mixte concessionnaires d'opérations d'urbanisme disposent d'un **droit de préemption** (priorité d'achat) qui peut être exercé sur les terrains pendant une période de 6 ans renouvelable (C. urb. art. L 212-2). Avant même que la ZAD soit créée, le préfet peut procéder à une délimitation provisoire de la zone (valable 2 ans) à l'intérieur de laquelle l'État dispose d'un droit de préemption. Dans le cadre d'une opération d'aménagement d'ampleur : opération d'intérêt national (OIN) ou grande opération d'urbanisme (GOU), le droit de préemption dans la ZAD peut s'exercer pendant une période de 10 ans renouvelable une fois. Le titulaire du droit de préemption est désigné par l'acte créant la GOU ou le décret créant l'OIN (C. urb. art. L 102-15 et L 312-6).
Les modalités d'exercice du droit de préemption sont assorties de certaines garanties au profit des propriétaires fonciers et preneurs de baux ruraux.
1° Tout **propriétaire** peut **demander** au titulaire du droit de préemption de procéder à l'**acquisition** de son bien à un prix fixé, à défaut d'accord amiable, comme en matière d'expropriation : il s'agit d'un **droit de délaissement**.
Le bénéficiaire du droit de préemption doit prendre parti dans un délai de 2 mois à compter de la réception en mairie de la demande du propriétaire. En cas de refus ou d'absence de réponse dans les délais, le bien cesse d'être soumis au droit de préemption (C. urb. art. L 212-3).
En cas d'accord amiable, le prix doit être payé au plus tard 4 mois après la décision d'acquérir. À défaut d'accord, le juge de l'expropriation, saisi par la collectivité ou le service public qui a fait l'objet de la mise en demeure, fixe le prix de l'immeuble, y compris l'indemnité de réemploi, comme en matière d'expropriation, sans qu'il soit tenu compte des dispositions qui ont justifié le droit de délaissement. Le prix fixé par le juge doit être payé au plus tard 4 mois après la décision de justice définitive. À défaut de paiement dans les délais, le propriétaire peut vendre librement son bien (C. urb. art. L 212-3 et L 213-14).
2° En **cas de fermage**, le propriétaire qui a sollicité l'acquisition de son bien dans les conditions que nous venons d'indiquer, ou auquel le bénéficiaire du droit de préemption a notifié la décision d'exercer ce droit, est tenu d'**informer le preneur** occupant le bien (et de le faire connaître au titulaire du droit de préemption). En cas de travaux réalisés par le titulaire du droit de préemption devenu propriétaire, le preneur peut demander à **quitter les lieux** avant l'expiration du bail et solliciter la fixation du montant des **indemnités** auxquelles il peut prétendre. En cas de litige, ces

indemnités sont fixées par la juridiction compétente en matière d'expropriation (C. urb. art. L 213-10 ; Cass. 3e civ. 11-6-1997 n° 96-70.095 : RJDA 11/97 n° 1387). Le titulaire du droit de préemption est tenu de verser au preneur sortant les indemnités auxquelles celui-ci peut prétendre, notamment celles qui peuvent lui être dues pour les améliorations apportées au fonds loué.

DROIT DE PRÉEMPTION URBAIN

Les communes dotées d'un plan local d'urbanisme peuvent, par délibération, instituer le droit de préemption urbain (DPU) sur tout ou partie des zones urbaines et des zones d'urbanisation future délimitées par ce plan ainsi que sur tout ou partie de leur territoire couvert par un plan de sauvegarde et de mise en valeur (C. urb. art. L 211-1 s. et L 213-1 s. dans leur rédaction issue des lois 2023-630 du 20-7-2023 et 2024-322 du 9-4-2024). Les communes dotées d'une carte communale peuvent également instaurer le DPU dans un secteur délimité par la carte en vue de réaliser un équipement ou une opération d'aménagement déterminé (C. urb. art. L 211-1, al. 2). Le DPU peut enfin être institué dans certains secteurs nécessitant une protection particulière (notamment à proximité des points de prélèvement d'eau potable et dans les zones et secteurs définis par un plan de prévention des risques technologiques). **72510**

Le DPU peut également s'appliquer aux secteurs définis comme présentant un potentiel foncier majeur pour favoriser l'atteinte des objectifs de lutte contre l'artificialisation des sols (C. urb. art. L 211-1-1 créé par loi 2023-630 du 20-7-2023).

Les propriétaires bénéficient de la possibilité d'exiger de la collectivité qu'elle acquière un bien soumis à l'exercice de la préemption (**droit de délaissement**), dans des conditions quasi analogues à celles prévues dans les ZAD. Toutefois, en cas de refus d'acquisition par la collectivité, le propriétaire dispose de 3 ans pour vendre son bien au prix indiqué dans sa déclaration, révisé en fonction des variations de l'indice du coût de la construction depuis la date de cette déclaration. Si le refus intervient après la fixation judiciaire du prix, le délai pour vendre est porté à 5 ans et le prix est révisé depuis la décision du juge (C. urb. art. L 211-5 et L 213-8). L'existence d'une ZAD fait obstacle à l'instauration, dans son périmètre, d'un droit de préemption urbain (C. urb. art. L 211-1 ; CE 22-2-1995 n° 125025, Cne de Bessoncourt : Lebon T. p. 1081).

DROIT DE PRÉEMPTION POUR PRÉSERVER LES RESSOURCES EN EAU

À la demande d'une commune, du groupement de communes compétent ou du syndicat mixte compétent pour contribuer à la préservation de la ressource en eau, le préfet peut instituer un droit de préemption sur les surfaces agricoles situées en tout ou partie dans une aire d'alimentation de captage d'eau destinée à la consommation humaine. L'arrêté instituant le droit de préemption est pris après avis des communes, des EPCI compétents en matière de PLU, des chambres d'agriculture et des Safer concernés par la zone de préemption (C. urb. art. L 218-1 s. dans leur rédaction issue de ord. 2022-1611 du 22-12-2022 ; C. urb. art. R 218-1 s.). **72515**

Les biens préemptés sont intégrés dans le domaine privé de la collectivité territoriale (ou de l'EPCI) en vue d'une exploitation agricole compatible avec l'objectif de préservation de la ressource en eau.

En cas de **fermage** et dans les conditions analogues à celles prévues dans les ZAD, lorsque le titulaire du droit de préemption devenu propriétaire réalise des travaux, le preneur rural peut demander à **quitter les lieux** avant l'expiration du bail et solliciter la fixation du montant des **indemnités** auxquelles il peut prétendre. En cas de litige, ces indemnités sont fixées par la juridiction compétente en matière d'expropriation (C. urb. art. L 218-10 renvoyant à L 213-10)

Les biens préemptés peuvent être mis à bail et le bail doit comporter des clauses environnementales destinées à préserver la ressource en eau. Si les biens préemptés sont déjà loués, l'organisme préempteur doit proposer au preneur la modification du bail pour y insérer ces clauses environnementales. Elles sont introduites au plus tard lors du renouvellement du bail.

Les biens préemptés peuvent être cédés à des personnes publiques ou privées, à la condition que l'acquéreur consente à la signature d'un contrat portant obligations réelles environnementales. Ce contrat doit prévoir au minimum les mesures garantissant la préservation de la ressource en eau.

ESPACES NATURELS SENSIBLES

Afin de préserver la qualité des sites, des paysages et des milieux naturels, le département est compétent pour élaborer et mettre en œuvre une politique de protection, de gestion et d'ouverture au public des espaces naturels sensibles, boisés ou non. Dans ce but, le conseil départemental peut : **72520**

- instituer une **taxe départementale** ;
- créer des **zones de préemption**.

Les modalités de cette taxe et du droit de préemption sont fixées par les articles L 215-1, L 331-3 et suivants modifiés par l'ordonnance 2022-883 du 14 juin 2022 et R 215-1 et suivants du Code de l'urbanisme.
Le Conservatoire de l'espace littoral et des rivages lacustres peut également prendre l'initiative de l'institution de ces zones de préemption à l'extérieur des zones déjà délimitées par le département, des zones urbaines ou à urbaniser délimitées par les PLU et des zones constructibles délimitées par les cartes communales.
Sur les espaces agricoles et naturels périurbains, voir n° 72130.

ADAPTATION DES TERRITOIRES AU RECUL DU TRAIT DE CÔTE

72525 Un droit de préemption spécifique existe au bénéfice de la commune ou de l'EPCI pour les biens exposés à l'érosion littorale afin d'adapter la gestion foncière du territoire au recul du trait de côte (C. urb. art. L 219-1 s. ; R 219-1 s. créés par décret 2024-638 du 27-6-2024). Il est institué dans les zones délimitées par le PLU des communes littorales concernées dont la liste a été fixée par décret (C. urb. art. L 219-1, al. 1 et 3 ; Décret 2022-750 du 29-4-2022 modifié en dernier lieu par décret 2024-531 du 10-6-2024).
Dans les zones du PLU exposées à un recul du trait de côte à horizon inférieur à 30 ans, le droit de préemption s'applique automatiquement sur la totalité de la zone. Dans les zones exposées à un recul plus lointain, entre 30 et 100 ans, le droit pourra être instauré par la commune ou l'EPCI sur tout ou partie du périmètre défini par le PLU (C. urb. art. L 219-1, al. 4 et 5).
Ce **droit de préemption** peut « **s'exercer en coopération** » avec la société d'aménagement foncier et d'établissement rural (Safer) sur les terrains à usage ou à vocation agricole et sur les bâtiments d'exploitation agricole.
Le bien préempté ou délaissé devra être géré « au regard de l'évolution prévisible du trait de côte » et faire l'objet d'une **renaturation**. Avant cette renaturation, le bien pourra, de manière transitoire, être occupé en vertu d'une convention ou d'un bail, notamment un bail réel d'adaptation à l'érosion côtière (C. envir. art. L 321-18 s.), et faire l'objet d'aménagements temporaires (C. urb. art. L 219-11).

DÉCLARATION PRÉALABLE DE TOUTE DIVISION VOLONTAIRE D'UNE PROPRIÉTÉ

72530 Le conseil municipal peut décider, par délibération motivée, de soumettre à déclaration préalable, à l'intérieur de **zones spécifiques** qu'il délimite, toute division volontaire, en propriété ou en jouissance, d'une propriété foncière, par ventes ou locations simultanées ou successives, qui n'est pas soumise à permis d'aménager (C. urb. art. L 115-3, al. 1). Ces dispositions sont applicables dans les parties des communes identifiées comme nécessitant une protection particulière en raison de la qualité des sites, des milieux naturels et des paysages. La procédure de déclaration préalable est la même que celle applicable en matière d'autorisation d'urbanisme (C. urb. art. R 423-1 s.). À compter de la réception de la **déclaration en mairie**, le maire dispose d'un mois (en principe) pour s'opposer à la division si celle-ci, par son importance, le nombre de lots ou les travaux qu'elle entraîne, est susceptible de compromettre gravement le caractère naturel des espaces, la qualité des paysages ou le maintien des équilibres biologiques auxquels participent ces espaces (C. urb. art. L 115-3, al. 2). Passé ce délai, le déclarant peut procéder librement à la division ; il dispose de 3 ans pour le faire (C. urb. art. R 424-18). Lorsqu'une vente ou une location a été effectuée en **violation de ces dispositions**, l'autorité compétente peut demander à l'autorité judiciaire de constater la nullité de l'acte. L'action en nullité se prescrit par 5 ans à compter de la publication de l'acte ayant effectué la division (C. urb. art. L 115-3, al. 3).
Ne sont **pas soumises à cette déclaration** préalable les divisions effectuées dans le cadre des opérations d'aménagement foncier rural (à l'exception de celles opérées après la clôture de ces opérations) ainsi que les divisions résultant d'un bail rural consenti à des preneurs exerçant la profession agricole (C. urb. art. R 421-23, b).

D. Expropriation des terres agricoles

1. PROCÉDURE

72600 L'**État ou** les **collectivités locales** peuvent obliger un propriétaire à leur céder sa propriété. Le plus souvent, l'administration procède au préalable à des négociations pouvant aboutir à des **accords amiables** : il y a alors cession volontaire des terres et non expropriation.
Lorsqu'aucun accord amiable n'est possible, les pouvoirs publics utilisent la procédure d'**expropriation pour cause d'utilité publique**. L'expropriation, qui aboutit à « contraindre » le propriétaire à céder la propriété, se déroule en **deux phases** : l'une, administrative ; l'autre, judiciaire.

Il ne faut pas attendre la dernière phase pour défendre ses intérêts : d'une part, il est possible d'intervenir à chaque étape et, d'autre part, les **organisations agricoles** possèdent des services permettant d'apprécier la régularité des opérations et le montant de l'indemnisation.
Notons que, dans certains cas, l'administration peut utiliser une **procédure d'extrême urgence**, beaucoup plus expéditive que celle décrite ci-dessous : il s'agit notamment de la réalisation de travaux intéressant la défense nationale, la construction de voies rapides, d'oléoducs, de voies de chemin de fer, en cas de risques naturels majeurs ou de risques miniers.

PHASE ADMINISTRATIVE

Les opérations prévues doivent permettre d'aboutir (ou non) à la déclaration d'utilité publique qui, seule, permet d'exproprier, ainsi qu'à l'identification des biens et de leurs propriétaires (C. expr. art. L 1). **72610**
Ces opérations, sommairement décrites ci-après ne se déroulent pas forcément dans l'ordre de succession que nous indiquons. Ainsi est-il possible que l'enquête publique et l'enquête parcellaire et les décisions qui leur font suite soient confondues. De même, il n'est pas nécessaire que l'expropriant attende que l'expropriation soit prononcée pour engager la phase de fixation des indemnités.

Information du public Lorsque l'opération d'aménagement, par son importance ou sa nature, modifie de façon substantielle le cadre de vie, notamment en affectant l'environnement ou l'activité économique de la commune, le conseil municipal doit organiser une **concertation** associant les habitants, les associations locales et les autres personnes concernées dont les représentants de la profession agricole (C. urb. art. L 103-2, 3°). Pour certaines opérations d'aménagement ou d'équipement d'intérêt national présentant un fort enjeu socio-économique ou ayant un impact significatif sur l'environnement, un **débat public** peut être organisé sur l'opportunité, les objectifs et les caractéristiques principales du projet (C. envir. art. L 121-1 et R 121-1 s.). **72612**

Avis préalables à recueillir Préalablement à la déclaration d'utilité publique de nombreux avis sont à recueillir. Ainsi, l'avis du ministre de l'agriculture est requis toutes les fois que l'expropriation concerne des parcelles plantées de **vignes** soumises au régime des appellations contrôlées et antérieurement déclarées d'intérêt public (C. expr. art. R 122-3). **72615**
La chambre d'agriculture et, le cas échéant, le centre national de la propriété forestière et l'Institut national des appellations d'origine et de la qualité doivent être consultés sur les projets d'expropriation prévoyant une **réduction des espaces agricoles ou forestiers** (C. rur. art. L 112-3).
De même, les projets d'expropriation modifiant l'affectation ou le mode d'occupation du sol d'une **zone agricole protégée** sont soumis à l'avis de la chambre d'agriculture et de la commission départementale d'orientation de l'agriculture (C. rur. art. L 112-2).

Enquête publique L'enquête publique qui précède la déclaration d'utilité publique est, selon le cas, une enquête publique environnementale relevant du Code de l'environnement ou une enquête publique classique relevant du Code de l'expropriation (C. expr. art. L 110-1). Il s'agit d'une enquête publique environnementale pour les travaux, aménagements, constructions ou ouvrages constituant une opération soumise à enquête publique au titre du Code de l'environnement (principalement les projets soumis à évaluation environnementale). Pour les autres opérations, l'enquête préalable à la DUP relève du Code de l'expropriation. **72620**
Les règles générales d'organisation de l'enquête sont similaires. Un **arrêté** préfectoral, publié notamment par voie d'affiche dans les mairies, prononce l'ouverture de l'enquête publique préalable à la déclaration d'utilité publique. L'enquête est conduite, selon la nature et l'importance des opérations, par un **commissaire-enquêteur** ou une commission d'enquête nommés par le président du tribunal administratif. L'enquête dure au minimum 15 jours. Le public peut alors prendre connaissance en mairie du **dossier** qui comprend un registre sur lequel on peut formuler des **observations** : celles-ci peuvent également être adressées par lettre au commissaire-enquêteur. Il s'agit surtout de faire porter les réclamations sur « l'utilité » même du projet qui peut être modifié et non sur les incidences au niveau du domaine privé : on peut, par exemple, faire apparaître que l'expropriation n'est pas justifiée.
Dès la fin de l'enquête, le commissaire-enquêteur procède à l'examen des observations consignées sur le registre ainsi qu'à l'**audition** des personnes qui auraient demandé à être entendues.
Après étude, le commissaire-enquêteur donne un **avis** précis et motivé sur le projet **et transmet** l'ensemble **au préfet**.
Des règles particulières sont édictées pour l'enquête préalable au classement, à l'ouverture, au redressement et au déclassement des voies communales et rurales.

72623 **Déclaration de projet** Lorsqu'un projet public de travaux, d'aménagements ou d'ouvrages a fait l'objet d'une enquête publique environnementale, l'autorité de l'État ou l'organe délibérant de la collectivité territoriale ou de l'établissement public responsable du projet se prononce, par une déclaration de projet, sur l'**intérêt général de l'opération** projetée. La déclaration de projet mentionne l'objet de l'opération tel qu'il figure dans le dossier soumis à l'enquête et comporte les motifs et considérations qui justifient son caractère d'intérêt général. Elle indique, le cas échéant, la nature et les motifs des principales modifications qui, sans en altérer l'économie générale, sont apportées au projet au vu des résultats de l'enquête publique. La déclaration de projet doit en outre prendre en considération l'étude d'impact, les avis de l'autorité environnementale, des collectivités territoriales et de leurs groupements intéressés par le projet et le résultat de la consultation du public (C. envir. art. L 122-1 dans sa rédaction issue de loi 2023-175 du 10-3-2023 et L 126-1). Si la déclaration de projet n'est pas intervenue dans le délai d'un an à compter de la clôture de l'enquête, l'opération ne peut être réalisée sans une nouvelle enquête. En l'absence de déclaration de projet, aucune autorisation de travaux ne peut être délivrée (C. envir. art. L 126-1).

En cas d'expropriation, la déclaration de projet s'ajoute à la déclaration d'utilité publique : elle doit être prononcée par la collectivité bénéficiaire dans les 6 mois de l'enquête publique. Toutefois, lorsque l'expropriation est poursuivie au profit de l'État ou de l'un de ses établissements publics, la déclaration d'utilité publique tient lieu de déclaration de projet (C. expr. art. L 122-1). La déclaration de projet doit être mentionnée dans le Recueil des actes administratifs de l'État ou de la collectivité territoriale selon son auteur et être affichée dans toutes les communes intéressées (C. envir. art. R 126-1 s.).

72625 **Déclaration d'utilité publique** La déclaration d'utilité publique (DUP) est **prononcée** soit par le préfet, soit par le ministre, soit par décret en Conseil d'État, suivant la nature et l'importance du projet (C. expr. art. L 121-1).

Elle doit intervenir au plus tard un an après la clôture de l'enquête publique, ce **délai** étant majoré de 6 mois lorsque la DUP est prononcée par décret en Conseil d'État (C. expr. art. L 121-2). La déclaration autorise officiellement l'administration expropriante à poursuivre la réalisation du projet et à exproprier les biens.

L'expropriation est alors possible mais non obligatoire ; l'administration peut y renoncer, de même qu'elle peut, en accord avec les expropriés, rechercher un accord amiable sur le plan de l'indemnisation.

La DUP n'a pas pour **effet** de déposséder le particulier ; il est, par conséquent, encore possible de louer, de transformer ou même de vendre (dans ce cas, c'est plus généralement l'administration qui achète). Mais on doit souligner que la possibilité de transformation d'un fonds de terre ou de bâtiments (constructions, plantations, etc.) est limitée afin d'éviter une fraude qui tendrait à augmenter artificiellement la valeur du bien exproprié (C. expr. art. L 322-1).

La DUP fixe le **délai** dans lequel l'**expropriation** doit être réalisée (en principe 5 ans). Ce délai peut être prorogé (C. expr. art. L 121-4 et L 121-5).

> **Précisions a.** La DUP doit être compatible avec les **documents d'urbanisme**. Pour assurer cette compatibilité elle peut emporter modification du document d'urbanisme (C. urb. art. L 143-44 et L 153-54). Elle doit être prise dans le respect des dispositions légales et réglementaires relatives à la **protection de la nature** et peut comporter des prescriptions particulières destinées notamment à réduire ou à compenser les conséquences dommageables pour l'environnement de certains aménagements ou ouvrages.
> **b.** Les **recours** contre la DUP sont portés, selon les cas, devant le Conseil d'État ou le tribunal administratif. Le juge administratif contrôle la légalité formelle de l'acte déclaratif. Quant au **contrôle de l'utilité publique** du projet, il s'opère selon la méthode dite du « bilan coût-avantages ». Une opération ne peut être déclarée d'utilité publique que si les atteintes à la propriété privée, le coût financier, les inconvénients d'ordre social ou les atteintes à d'autres intérêts publics qu'elle comporte ne sont pas excessifs comparés aux avantages que présente sa réalisation (CE ass. 28-5-1971 n° 78828, Ville Nouvelle Est ; CE 25-6-2014 n° 352633). En cas d'**annulation de la DUP** ou de l'arrêté de cessibilité (n° 72635), tout exproprié peut faire constater par le juge de l'expropriation que l'ordonnance portant transfert de propriété est dépourvue de base légale (C. expr. art. L 223-2).

72630 **Enquête parcellaire** Alors que l'enquête préalable permet d'obtenir la déclaration d'utilité publique, l'enquête parcellaire permet de déterminer avec précision les **parcelles à exproprier** et de procéder à la recherche des **propriétaires** (C. expr. art. R 131-3 s.).

Un **affichage** en mairie et des **insertions dans la presse** ont lieu ; de plus, intervient une **notification individuelle** à chaque propriétaire.
Les propriétaires intéressés peuvent, alors, **contester** que l'exécution des travaux nécessite l'expropriation de leurs immeubles et faire réparer les erreurs.

> **Précisions** Les observations sont consignées sur un registre et portent sur les limites du projet ainsi que sur les enclaves, l'écoulement des eaux, l'existence de drainages, de clôtures, etC. Le **commissaire-enquêteur** examine les observations, propose éventuellement des modifications et donne son **avis** sur l'ensemble du projet.

Arrêté de cessibilité Après examen du dossier, le **préfet** prend cet arrêté qui a pour but de déclarer « cessibles » les propriétés visées par l'expropriation, ce qui signifie qu'elles peuvent être cédées légalement et du fait de l'administration (C. expr. art. L 132-1 et R 132-1). 72635
Cet arrêté peut faire l'objet d'un **recours pour excès de pouvoir**. Son annulation permet à tout exproprié de faire constater par le juge de l'expropriation que l'ordonnance définitive portant transfert de propriété est dépourvue de base légale (C. expr. art. L 223-2).
Afin d'éviter d'aller en justice, le propriétaire concerné peut consentir un **accord amiable** avec l'expropriant ; il s'agit alors d'une vente ordinaire.
Lorsque l'accord amiable n'est pas réalisable, le préfet adresse le dossier complet de l'administration à l'autorité judiciaire.

PHASE JUDICIAIRE

À défaut d'accord amiable, le **transfert de propriété** ne peut intervenir que par ordonnance judiciaire (C. expr. art. L 220-1). L'expropriation proprement dite est prononcée par le juge de l'expropriation siégeant au tribunal judiciaire. 72650
L'**ordonnance d'expropriation** transfère la propriété et l'autorité expropriante devient propriétaire (C. expr. art. L 221-1).
Tous les **droits réels** (servitudes, usufruit, usage, privilèges, hypothèque, etc.) sont éteints ainsi que les droits personnels (baux, contrats d'occupation précaire) ; les droits des créanciers hypothécaires sont reportés sur l'indemnité. Il n'est plus possible de vendre ou de consentir une hypothèque sur les biens expropriés (C. expr. art. L 222-2).
L'ordonnance d'expropriation ne peut être attaquée que par la voie du **recours** en cassation et seulement pour incompétence, excès de pouvoir ou vice de forme (C. expr. art. L 223-1).
En cas d'annulation par une décision définitive du juge administratif de la DUP ou de l'arrêté de cessibilité, tout exproprié peut faire constater par le juge de l'expropriation que l'ordonnance portant transfert de propriété est dépourvue de base légale (C. expr. art. L 223-2). L'exproprié qui entend faire constater par le juge le **manque de base légale de l'ordonnance** portant transfert de sa propriété doit transmettre son dossier au greffe de la juridiction qui a prononcé l'expropriation, dans un délai de 2 mois à compter de la notification de la décision du juge administratif annulant la DUP ou l'arrêté de cessibilité (C. expr. art. R 223-1 s.).

2. INDEMNISATION

La **prise de possession** par l'administration est possible après l'ordonnance d'expropriation, sous la condition que l'autorité expropriante ait versé à l'exproprié le montant de l'indemnité (ou consigné cette somme à la Caisse des dépôts et consignations). 72680
Rappelons qu'un accord amiable peut intervenir à n'importe quel moment de la procédure administrative et même après l'ordonnance d'expropriation.

FIXATION DE L'INDEMNITÉ

Le plus souvent, l'exproprié se trouve en face de deux interlocuteurs : 72685
– l'**autorité expropriante** qui réalise l'opération et règle l'indemnité ;
– le directeur départemental des finances publiques (anciennement le **service des Domaines**) qui en propose le montant.
Toute une gamme de procédures est employée, depuis le simple contact, l'échange verbal ou la notification écrite des offres.
L'expropriant doit procéder à une notification des offres à chacun des intéressés susceptibles d'obtenir une indemnisation. Ces offres précisent, en les distinguant, l'indemnité principale, le cas échéant, les offres en nature et chacune des indemnités accessoires. Les notifications invitent en outre les personnes auxquelles elles sont faites à faire connaître par écrit à l'expropriant, dans un délai d'un mois à dater de la notification, soit leur acceptation, soit le montant détaillé de leurs demandes (C. expr. art. R 311-5).

Si, à la suite de cet échange de lettres, un accord n'intervient pas, la partie la plus diligente peut entamer la procédure devant le juge de l'expropriation. Les parties doivent avoir un avocat (C. expr. art. R 311-9). Toutefois, l'État, les régions, les départements, les communes et leurs établissements publics peuvent se faire assister ou représenter par un fonctionnaire ou un agent de leur administration.

72690 La procédure se déroule en plusieurs temps.

Tout d'abord, le demandeur (en général l'expropriant) doit, avec l'aide d'un expert ou d'un avocat, obligatoirement notifier à l'exproprié un **mémoire** comportant l'exposé des moyens et les conclusions des parties (C. expr. art. R 311-10).

De son côté, l'exproprié dispose de 6 semaines pour répondre par un autre mémoire (C. expr. art. R 311-11). Une copie de ces mémoires doit être déposée au greffe. Faute par l'exproprié d'avoir notifié son mémoire dans ledit délai, sa réponse à l'offre de l'expropriant est réputée en tenir lieu. Si l'exproprié n'a pas répondu aux offres et n'a pas produit de mémoire en réponse, le juge fixe l'indemnité d'après les éléments qu'il détient (C. expr. art. R 311-22).

Une fois les mémoires échangés, le juge fixe une date d'audience, ordonne un transport sur les lieux et peut désigner un notaire pour y assister : bien entendu, assister à cette **visite des lieux** par le juge est du plus grand intérêt.

72695 Après ce transport obligatoire sur les lieux, se tient l'**audience** proprement dite au cours de laquelle le juge entend, sur la base des mémoires, l'administration expropriante et l'exproprié.

On peut considérer qu'il s'agit d'une ultime tentative de conciliation car si, dans un délai de 8 jours à compter de la visite des lieux, aucun accord n'intervient, le juge prononce et motive son jugement en précisant les bases de son calcul (C. expr. art. R 311-21).

Le **jugement** est ensuite notifié aux parties qui ont un mois pour faire appel devant une chambre spéciale de la cour d'appel (par un acte de commissaire de justice, une déclaration ou une lettre recommandée avec demande d'avis de réception).

Si l'appel ne donne pas satisfaction, il reste encore la possibilité d'introduire, dans les 2 mois, un pourvoi en cassation.

ÉVALUATION DES INDEMNITÉS

72710 Les expropriations perturbent souvent gravement l'activité agricole, parfois même elles entraînent la disparition de certaines exploitations (par exemple, exploitations maraîchères voisines d'une ville) ou leur morcellement (par exemple, passage d'une autoroute) ou la réduction progressive de leur superficie (par exemple, en cas d'emprises successives). L'expropriation conduit nécessairement à l'indemnisation de ceux qui la subissent.

72715 Dispositions générales

1° Le **préjudice** résultant de l'expropriation doit être (C. expr. art. L 321-1) :

– **direct** : le dommage doit se rattacher au fait même de l'expropriation par un lien étroit de causalité : ainsi, une propriété coupée en deux et expropriée totalement ou partiellement ou la perte de fermages en cas de rupture anticipée du bail due à l'expropriation (Cass. 3e civ. 7-4-2015 n° 13-27.547 F-D) constituent un préjudice direct, alors que la construction d'une autoroute en bordure d'une maison de vacances sans dépossession de terrain n'entraîne qu'un préjudice indirect ;

– **matériel** : la réparation du préjudice moral pouvant par exemple résulter de l'attachement à un bien familial est exclue ;

– **certain** : mais pas forcément actuel ; le dommage éventuel reposant sur de simples hypothèses ne sera pas réparé.

2° Pour aboutir à l'**indemnité globale**, il faut tenir compte de l'indemnité principale, des indemnités accessoires, de l'indemnité de remploi.

72718 L'**indemnité principale** : il s'agit de la valeur du bien appréciée en tenant compte de sa valeur vénale au jour de la décision de première instance et pour l'usage effectif qui en était fait en principe un an avant la date d'ouverture de l'enquête d'utilité publique.

La méthode de calcul la plus utilisée est celle des comparaisons : jugements d'expropriation pour des biens similaires, ventes amiables ou par autorité de justice.

Les **indemnités accessoires** : elles peuvent s'ajouter à cette indemnité principale.

Elles représentent :

– les frais de déménagement, transport, aménagement ;

– le coût des installations irrécupérables ;

– le coût des installations à réaliser ;

– éventuellement, la dépréciation du reste de la propriété si seulement une partie en a été expropriée et si la fraction restante subit une moins-value du fait de l'opération. Ce préjudice est

apprécié en fonction des circonstances et l'indemnité pour dépréciation du surplus peut être allouée quelle que soit la nature du bien exproprié. En conséquence, la qualification de terrain à bâtir n'exclut pas automatiquement le droit à une indemnisation (Cass. 3e civ. 4-4-2019 n° 18-10.989 : BPIM 3/19 inf. 170).
– éventuellement, la perte de récolte due à l'exploitant dès lors que la date de prise de possession ne coïncide pas avec la date d'enlèvement des récoltes. L'indemnisation du trouble d'exploitation subi par le propriétaire (non exploitant) n'exclut pas la réparation de la perte de récolte (Cass. 3e civ. 9-6-2004 n° 03-70.036 F-D).
L'**indemnité de remploi** (C. expr. art. R 322-5) : elle est destinée à couvrir les dépenses que l'exproprié serait amené à exposer pour acquérir un bien similaire : recherche d'un autre fonds, rédaction d'actes, droits de mutation. Elle est **proportionnelle** à l'indemnité principale (environ 10 à 20 %).

> Précisions a. Une **limitation** est prévue : le **montant de l'indemnité** principale ne peut excéder l'estimation faite par le directeur départemental des finances publiques (anciennement par le service des Domaines) si une mutation à titre gratuit ou à titre onéreux, antérieure de moins de 5 ans à l'ordonnance d'expropriation, a donné lieu à une évaluation administrative définitive ou à une déclaration d'un montant inférieur à ladite estimation (C. expr. art. L 322-9 et R 322-3). En outre, le juge doit tenir compte des accords réalisés à l'amiable entre l'expropriant et les expropriés à l'intérieur du périmètre faisant l'objet de la DUP ; dans certaines hypothèses, il doit même les prendre pour base (C. expr. art. L 322-8).
b. Un terrain ne peut être considéré comme **terrain à bâtir** et indemnisé comme tel que si un an avant l'ouverture de l'enquête publique il est effectivement desservi par des voies et réseaux divers (VRD) : voies d'accès, réseau électrique, réseau d'eau potable et, si les règles de l'urbanisme et de la santé l'exigent, réseau d'assainissement. Ces **voies et réseaux** doivent être situés à proximité immédiate des terrains en cause et être de dimensions adaptées à la capacité de construction de ces terrains. La desserte en réseaux électriques, eau potable et assainissement ne peut pas se déduire du classement des parcelles en zone AU du PLU (Cass. 3e civ. 12-7-2018 n° 17-21.084 F-D).
En outre, le terrain doit être situé dans un **secteur** désigné comme **constructible** par un document local d'urbanisme (PLU, carte communale), ou bien, en l'absence d'un tel document, être situé dans une partie actuellement urbanisée de la commune (C. expr. art. L 322-3, 1°). Un terrain situé en zone agricole d'un POS, où ne sont autorisées que les constructions liées aux besoins de l'exploitation agricole, ne peut pas être qualifié de terrain à bâtir (Cass. 3e civ. 19-12-2007 n° 06-21.998 : Bull. civ. III n° 229, BPIM 2/08 inf. 124). Sur la constructibilité en zone agricole, voir n° 72152.
c. Les indemnités **accessoires** afférentes à **des biens de nature agricole** (par exemple, indemnité pour pertes de plantations ou indemnité d'éviction agricole) ne peuvent être allouées pour dépossession de terrains à bâtir (Cass. 3e civ. 13-2-1974 n° 73-70.103 : Bull. civ. III n° 77 ; 11-7-2001 n° 00-70.160 : Bull. civ. III n° 96, BPIM 1/02 inf. 23).
d. Sur le **régime fiscal** de ces indemnités dans le régime du bénéfice réel, voir n° 10560.

Expropriation des agriculteurs Certaines des indemnités d'expropriation sont dues au titre de la **propriété foncière**, les autres au titre de l'**activité agricole** en considération du fait que la terre constitue « l'instrument de travail » des exploitants. Aussi des dispositions particulières aux agriculteurs ont-elles été prévues (C. rur. art. L 352-1 et R 352-1 s.). **72720**
Lorsque les expropriations en vue de la réalisation de **grands ouvrages publics** sont susceptibles de compromettre la structure des exploitations dans une zone déterminée, l'obligation est faite au maître de l'ouvrage, dans l'acte déclaratif d'utilité publique, de remédier aux dommages causés en participant financièrement à l'exécution d'opérations de remembrement et de travaux connexes et à l'installation, sur des exploitations nouvelles comparables, des agriculteurs dont l'exploitation disparaîtrait ou serait gravement déséquilibrée ou, s'ils l'acceptent, à la reconversion de leur activité (voir n° 81695).
En cas de **création de zones industrielles ou à urbaniser**, la même obligation peut être faite au maître de l'ouvrage dans l'acte de déclaration d'utilité publique.
En fait, le but est que l'exproprié puisse se replacer immédiatement dans des conditions de travail et de rentabilité comparables.

Concernant l'**indemnisation du propriétaire** une distinction doit être faite entre : **72725**
– l'indemnité octroyée au propriétaire d'un bien ; dans ce cas, on atteint le **capital foncier** et immobilier ;
– et celle attribuée à l'exploitant (il s'agit alors de l'**activité**).

Pour calculer la **valeur de la propriété non bâtie**, il faut rechercher des éléments de comparaison pour des biens identiques (en cas de vente ou d'adjudication), ce qui permet d'aboutir à une valeur moyenne, en distinguant les terrains à bâtir (ou en ayant la vocation) et les terrains de culture et en envisageant les dépréciations qui pourraient ensuite être dues à un morcellement excessif, un enclavement, etc.

Pour la **propriété bâtie**, il semble que la « valeur d'usage » soit à retenir si l'on veut se replacer dans une situation analogue, en calculant le coût de construction d'un bâtiment de remplacement de même nature mais d'après des normes modernes et pour un volume correspondant aux besoins réels, compte tenu de la vétusté.

72730 Pour ce qui concerne l'**indemnisation de l'exploitant**, la terre demeurant l'instrument essentiel de travail de l'agriculteur, l'indemnisation en espèces qui peut satisfaire le détenteur du sol ne suffit pas à compenser le tort causé à l'utilisateur de ce sol, surtout lorsque dans la région les terres disponibles deviennent rares.

Il est souvent difficile de permettre à l'exproprié de se retrouver dans une situation analogue à celle qui était la sienne avant l'expropriation.

72735 En **cas d'emprise totale**, c'est-à-dire quand sont expropriés les bâtiments et l'ensemble des terres qui composent une exploitation, il est assez complexe de calculer le **préjudice réel** car notre droit se préoccupe davantage du statut juridique de la propriété que de celui de l'entreprise agricole.

Il faut donc tendre à analyser tous les éléments permettant à la fois la réparation du préjudice et un **reclassement à l'identique**.

Par ailleurs les expropriés, en particulier ceux qui sont âgés, bénéficient d'une certaine priorité dans l'attribution d'aides socio-économiques.

72740 Le cas le plus fréquent est celui de l'**emprise partielle**. En principe, dans tous les départements, un **barème forfaitaire** est établi (au moins pour les terres de cultures générales) d'un commun accord entre l'administration et les organisations professionnelles, sur la base d'un **protocole d'accord national** passé entre, d'une part, le directeur général des impôts et, d'autre part, l'Assemblée permanente des chambres d'agriculture et la Fédération nationale des syndicats d'exploitants agricoles.

Les indemnités revenant à l'exploitant sont calculées sur la perte subie par l'exploitant pendant le temps estimé nécessaire pour retrouver une situation économique équivalente à celle qu'il avait avant son éviction. C'est la marge brute (différence entre les recettes globales et les charges proportionnelles) qui sert de base à cette indemnisation.

Bien entendu, les agriculteurs expropriés peuvent refuser de se soumettre au barème forfaitaire. Un tel protocole n'a pas de caractère obligatoire en cas de procédure judiciaire en fixation des indemnités. Le juge peut toutefois retenir la méthode d'évaluation prévue par le protocole, mais il doit se placer à la date de la décision de première instance pour déterminer l'indemnité et n'est pas lié par un barème établi, en l'espèce, près de 7 ans avant cette date (Cass. 3e civ. 5-10-2011 n° 10-20.987 : BPIM 1/12 inf. 23).

72745 Lorsqu'une emprise partielle résultant de l'expropriation compromet la structure d'une exploitation agricole en lui occasionnant un grave déséquilibre, le propriétaire exproprié peut **demander** au juge **l'emprise totale** (C. expr. art. L 242-4). Il doit en informer le ou les exploitants. Si la demande est admise, le juge de l'expropriation fixe, d'une part, le montant de l'indemnité d'expropriation, d'autre part, le prix d'acquisition de la portion acquise en sus de la partie expropriée, majoré de l'indemnité de réemploi. Lorsque l'exploitant n'est pas lui-même propriétaire, il peut, s'il entend ne pas poursuivre l'exploitation ou lorsqu'il y a résiliation du bail, demander à l'expropriant et, en cas de refus ou de désaccord sur le montant de l'indemnisation à intervenir, au juge de fixer, si celui-ci admet le bien-fondé de la demande, les indemnités auxquelles il aurait pu prétendre dans le cas où la totalité de l'exploitation aurait été expropriée. La demande d'emprise totale d'un bien partiellement exproprié ainsi que la demande d'indemnisation doivent être exercées dans un délai d'un mois à compter de la notification faite par l'expropriant (C. expr. art. R 242-1).

Par ailleurs, l'article L 321-6 du Code de l'expropriation oblige le maître de l'ouvrage à compenser le préjudice financier causé à des **associations foncières autorisées** du fait d'une demande de distraction du périmètre syndical des parcelles de l'emprise des ouvrages pour la réalisation desquels une procédure d'expropriation est engagée et qui nécessitent une étude d'impact en vertu de l'article L 122-1 du Code de l'environnement.

PAIEMENT DE L'INDEMNITÉ

Pour pouvoir expulser un exproprié, il faut lui avoir payé son indemnité ou, dans les cas prévus par la loi, l'avoir consignée à la Caisse des dépôts et consignations. 72760
Si l'indemnité n'est ni payée, ni consignée 3 mois après la notification d'expropriation, l'exproprié a droit à des **intérêts** calculés au taux légal en matière civile, à compter du jour de la demande (C. expr. art. R 323-14).
Si, un an après la notification d'expropriation, l'indemnité n'est ni payée ni consignée, l'exproprié peut demander la **révision** de l'indemnité (C. expr. art. L 323-4).

3. RÉTROCESSION

Lorsque les immeubles expropriés n'ont pas reçu, **dans le délai de 5 ans**, la **destination prévue** ou qu'ils ont cessé de la recevoir, les anciens propriétaires ou leurs ayants droit à titre universel peuvent en demander la rétrocession pendant un délai de 30 ans à compter de l'ordonnance d'expropriation (C. expr. art. L 421-1). 72800
Lorsque les immeubles étaient des terrains agricoles au moment de leur expropriation et que les collectivités expropriantes décident de procéder à leur location, elles doivent les offrir **en priorité** aux anciens exploitants ou à leurs ayants droit à titre universel s'ils ont participé effectivement à l'exploitation du bien durant les 2 années précédant l'expropriation, sous réserve d'être en situation régulière par rapport au contrôle des structures (C. expr. art. L 424-1).

E. Occupation temporaire

ACCÈS AUX PROPRIÉTÉS

Les agents de l'administration peuvent pénétrer dans les propriétés pour y exécuter les opérations nécessaires à l'étude des projets de travaux publics, mais ils ne peuvent pas pénétrer dans les **maisons d'habitation** (Loi du 29-12-1892 art. 1). 72900

OCCUPATION TEMPORAIRE DES TERRAINS

Les **exécutants de travaux publics** se voient reconnaître le droit d'occuper temporairement un terrain appartenant à un particulier soit pour en extraire des matériaux (carrières), soit pour procéder à certaines études (piquetage, lever de plan), soit pour y déposer des matériaux, des outillages et des engins. 72910
Cette occupation – qui constitue une atteinte à la propriété privée – est soumise à un certain nombre de **conditions** et donne lieu à une indemnisation (Lois du 29-12-1892 et du 6-7-1943).
Elle ne peut avoir lieu qu'en vertu d'une autorisation préfectorale et à la suite d'une constatation contradictoire de l'état des lieux. Elle ne peut excéder 5 ans et ne peut pas être autorisée en ce qui concerne les maisons d'habitation et les terrains clos attenant aux maisons d'habitation.
Elle comporte une **indemnisation** qui, en cas de contestation, est fixée par le tribunal administratif.
Peuvent prétendre à une réparation les propriétaires, fermiers, locataires et les titulaires de droit d'usufruit ou d'usage.
L'indemnité compense les dommages causés aux terrains (privation de jouissance, destruction des récoltes, etc.) et, le cas échéant, le prix des matériaux extraits.
Souvent, d'ailleurs, les conditions de remise en état du sol et des barèmes d'indemnisation sont prévus par des conventions passées entre l'exécutant de travail public et certains groupements professionnels agricoles (chambres départementales d'agriculture notamment).

> **Précisions** L'exploitation des carrières est en principe soumise à une autorisation délivrée par le préfet et accordée pour une durée déterminée qui ne peut excéder 30 ans (C. envir. art. L 515-1 s.).
> Aucune carrière ne peut être exploitée sans que le conseil municipal des communes et des autres collectivités territoriales et leurs groupements intéressés, notamment au regard des incidences environnementales notables du projet sur leur territoire, n'aient donné leur avis (C. envir. art. R 181-38).
> Les travaux sont soumis à un contrôle et, à la fin de l'exploitation, le sol doit être remis en état.
> Les particuliers ont la possibilité d'agir (devant le tribunal administratif) contre l'arrêté d'autorisation, s'il a été accordé au mépris de l'environnement et du voisinage.
> Certaines disposions de la réglementation minière tendent à faciliter l'exploitation de carrières dans le respect des impératifs de la politique de l'environnement via notamment l'établissement de schémas d'exploitation coordonnée de carrières (C. minier art. L 334-7 s.).

F. Servitudes résultant de l'implantation d'ouvrages publics

73000 Parfois, l'**emprise** sur les propriétés privées s'opère **sans dépossession** : dans ce cas, les fonds sont grevés dans l'intérêt général de servitudes qui peuvent donner lieu à une **indemnisation**. Les plus courantes sont les suivantes.

DISTRIBUTION D'ÉNERGIE

73005 Les servitudes indispensables à la distribution de l'**électricité** et du **gaz** sont réglementées par des textes qui prévoient (C. énergie art. L 323-3 s. et L 433-5 s.) :
– une servitude de supports et ancrages pour conducteurs aériens d'électricité à l'extérieur des murs en façade donnant sur la voie publique ou sur les toits et terrasses des bâtiments auxquels on peut accéder de l'extérieur ;
– une servitude de surplomb qui autorise le passage des conducteurs d'électricité au-dessus des propriétés privées bâties ou non bâties ;
– une servitude permettant d'établir à demeure des supports aériens, des canalisations souterraines sur des terrains privés non bâtis qui ne sont pas entourés de murs ou de clôtures équivalentes ;
– une servitude d'abattage et d'essartage des arbres qui, se trouvant à proximité de l'emplacement des conducteurs aériens d'électricité, gênent leur pose ou pourraient par leur mouvement ou leur chute occasionner des courts-circuits ou des avaries aux ouvrages.

> **Précisions** Ces servitudes donnent lieu, dans certains cas, à une **indemnisation** qui, pour les lignes électriques, est due non seulement aux propriétaires fonciers mais encore aux exploitants.
> Pour faciliter l'évaluation des indemnités, un **protocole d'accord** relatif à la distribution électrique a été signé le 23 octobre 2018 et concerne la réparation des dommages permanents, c'est-à-dire résultant de la présence des ouvrages, ainsi que les dommages instantanés, c'est-à-dire ceux causés à l'occasion des travaux de construction ou d'entretien. Ce protocole qui réunit deux documents datant de 2005 est entré en vigueur au 1er janvier 2019. Il a été signé par l'Assemblée permanente des chambres d'agriculture, la Fédération nationale des syndicats d'exploitants agricoles (FNSEA), RTE, Enedis, et le SERCE (syndicat des entreprises de génie électrique et climatique).
> De même le problème des canalisations de **gaz** est réglé par un protocole d'accord du 14 octobre 2015 conclu entre l'Assemblée permanente des chambres d'agriculture, la FNSEA et GRT Gaz.

IMPLANTATION DE PIPE-LINES

73010 La servitude légale pour l'implantation des pipe-lines oblige le propriétaire à supporter le **passage** des canalisations et à ne pas nuire aux installations.
Le bénéficiaire de la servitude dispose en outre de la possibilité d'accéder au terrain pour la **surveillance** et, éventuellement, la **réparation** de la conduite (C. envir. art. L 555-27).
Des accords conclus entre les organisations professionnelles agricoles (voir auprès des chambres d'agriculture) et les sociétés pétrolières fixent le montant des indemnités dues aux propriétaires et aux exploitants ; ils précisent, en outre, les conditions de la remise en état du sol.

TÉLÉCOMMUNICATION

73015 Un protocole d'accord portant sur l'exécution des travaux de construction et d'entretien des **artères souterraines** de télécommunication, ainsi que sur l'indemnisation des dommages, a été signé avec les organisations agricoles. À ce titre, deux protocoles ont été signés avec la profession agricole :
– le protocole d'accord national avec France Télécom, passé le 13 décembre 1983 et actualisé le 20 décembre 1993 ;
– le protocole d'accord national avec les opérateurs de télécommunications datant du 21 décembre 1999.
Ces deux protocoles d'accord ont pour objet l'exécution des travaux de construction et d'entretien des artères souterraines de télécommunications en terrains privés et l'indemnisation des dommages causés par ces travaux.

IMPLANTATION D'ÉOLIENNES

Un protocole d'accord éolien comprenant un Guide de recommandations relatives à l'implantation d'éoliennes sur des parcelles agricoles a été conclu par l'Assemblée permanente des chambres d'agriculture, la FNSEA, le Syndicat des énergies renouvelables et France énergie éolienne le 15 juin 2006. **73018**

TRAVAUX FERROVIAIRES

Un protocole de règlement à l'amiable des dommages causés aux propriétés et exploitations agricoles lors de travaux ferroviaires a été signé le 23 février 2021 par SNCF Réseau, Chambre d'Agriculture France et la FNSEA. Ce protocole définit une procédure en vue du règlement à l'amiable des dommages causés aux exploitations agricoles y compris les acquisitions lors de travaux ferroviaires. Il a notamment pour objet de fixer les modalités de transfert de propriété, les conditions de constatation et de réparation des préjudices qui incombent à SNCF Réseau résultant des opérations d'archéologie préventive, des occupations temporaires, des dommages de travaux publics, et de la compensation collective agricole et environnementale. Il s'agit d'un protocole cadre national qui nécessite localement une déclinaison à travers une convention de partenariat et une convention d'application locales. **73019**

CHAPITRE 2

EXPLOITATION EN LOCATION (STATUT DU FERMAGE ET DU MÉTAYAGE)

SOMMAIRE

A. Champ d'application du statut des baux ruraux

RÉGLEMENTATION APPLICABLE

73400 Les baux ruraux sont soumis à une réglementation particulière, couramment dénommée **statut du fermage et du métayage**, dont les dispositions sont codifiées dans le Code rural et de la pêche maritime (C. rur. art. L 411-1 s. et R 411-1 s.). Le statut du fermage a fait l'objet de nombreuses retouches dans le cadre de la loi 2014-1170 du 13 octobre 2014 d'avenir pour l'agriculture. Des dispositions spéciales sont prévues dans les départements d'outre-mer (C. rur. art. L 461-1 s. et R 461-1 s. modifiés par ord. 2016-391 du 31-3-2016).
La **fiscalité** des baux ruraux fait l'objet d'une étude détaillée n°s 17015 s.

1. BAUX PLACÉS EN DEHORS DU STATUT DES BAUX RURAUX

BAIL EMPHYTÉOTIQUE OU EMPHYTÉOSE

73405 Ce bail est régi par les articles L 451-1 et suivants du Code rural et de la pêche maritime. Il s'agit d'un contrat par lequel un propriétaire (souvent une commune) concède à un preneur la **jouissance** d'un immeuble foncier pour une **durée** comprise entre 18 et 99 ans ne pouvant pas se prolonger par tacite reconduction, moyennant une certaine **redevance**, généralement modique, compte tenu de l'obligation pour le locataire de procéder à des améliorations importantes

(réparations, défrichements, assainissement, etc.), y compris lorsque l'objet du bail emphytéotique est de nature commerciale (Cass. 3e civ. 19-2-2014 n° 12-19.270 : RJDA 5/14 n° 419).
Le droit de **libre cession** constitue une caractéristique essentielle du bail emphytéotique. L'inclusion dans le contrat d'une clause soumettant la cession ou la sous-location à l'accord du bailleur suffit à exclure la convention de la catégorie des baux emphytéotiques (Cass. 3e civ. 10-4-1991 n° 89-20.276 : RJDA 6/91 n° 471). Il en est de même d'une clause interdisant au preneur de faire tous travaux de construction ou d'aménagement (Cass. 3e civ. 7-10-1992 n° 89-19.227 : Bull. civ. III n° 264) ou limitant l'usage auquel le preneur est en droit d'affecter les lieux loués (Cass. 3e civ. 13-5-1998 n° 96-13.586 : Bull. civ. III n° 101) ou prévoyant la résiliation de plein droit en faveur du bailleur en cas de non-paiement de la redevance (Cass. 3e civ. 14-11-2002 n° 01-13.904 : RJDA 2/03 n° 124).

> **Précisions a.** Il faut **distinguer** le bail emphytéotique du **bail rural à long terme** ; ce dernier bail dont la durée est, en principe, d'au moins 18 ans est soumis au statut des baux ruraux sous réserve de dispositions particulières (voir nos 75200 s.).
b. Dans les **zones à risques**, une obligation d'information du preneur pèse sur le bailleur lors de la conclusion d'un bail emphytéotique (voir n° 73712).
c. Depuis le 27 mars 2014, **les baux d'habitation** conclus par le preneur emphytéote avec le nouveau propriétaire des lieux se poursuivent automatiquement jusqu'au terme de chacun des baux signés avec les locataires en place (C. rur. art. L 451-2).

BAIL À COMPLANT

Il s'agit d'un contrat par lequel un propriétaire cède à un preneur la **jouissance** d'un bien rural, à charge pour ce dernier de planter des vignes (C. rur. art. L 441-1 s.). La **redevance** due au propriétaire est versée dans des conditions déterminées par arrêté préfectoral sur proposition de la commission consultative paritaire départementale des baux ruraux. Cette redevance correspond généralement au tiers ou au quart de la récolte. **73420**
Ce contrat perpétuel est librement cessible. En cas de **cession**, le bailleur bénéficie d'un droit de préemption sauf si la cession intervient au profit d'un ascendant ou d'un descendant du « complanteur ». Ce contrat est principalement en usage dans le département des Pyrénées-Orientales.

CONVENTIONS PLURIANNUELLES D'EXPLOITATION OU DE PÂTURAGE

Elles peuvent être conclues dans les zones de montagne ainsi que dans des zones à prédominance pastorale et des zones d'activités agricoles extensives délimitées par arrêté. La possibilité de conclure une telle convention est subordonnée à la publication d'un arrêté préfectoral. Elles sont conclues pour une durée minimale de 5 ans. Mais un arrêté du représentant de l'État dans le département pris après avis de la chambre d'agriculture peut désormais porter cette durée minimale jusqu'à 9 ans (C. rur. art. L 481-1 b). Le loyer est inclus dans les limites fixées pour les conventions de même type par arrêté préfectoral après avis de la chambre d'agriculture. En l'absence d'un tel arrêté, ces conventions sont conclues pour 5 ans et pour un loyer conforme aux maxima et minima exprimés en monnaie fixés selon les modalités indiquées n° 73915 (C. rur. art. L 481-1). Le loyer est désormais actualisé chaque année selon les modalités prévues pour le bail à ferme par l'indice national des fermages (C. rur. art. L 411-11 modifié par loi de modernisation, de développement et de protection des territoires de montagne précitée). Ces conventions ne sont pas considérées comme de simples conventions d'occupation précaire et à ce titre, en cas de démembrement de la propriété, l'usufruitier ne peut les conclure sans le **concours du nu-propriétaire** (Cass. 3e civ. 29-11-2018 n° 17-17.442 F-PBI : BPAT 1/19 inf. 29). **73430**
Ces conventions peuvent prévoir les travaux d'aménagement, d'équipement ou d'entretien qui seront mis à la charge de chacune des parties.
L'existence d'une convention pluriannuelle (ou d'un bail rural) ne fait pas obstacle à la conclusion par le propriétaire d'autres contrats pour l'**utilisation** des immeubles ruraux à des fins **non agricoles** pendant la période continue d'enneigement ou d'ouverture de la chasse, dans des conditions compatibles avec les possibilités de mise en valeur pastorale ou extensive. Une telle convention peut donc organiser un usage alterné des biens loués en fonction des saisons, distinguant le temps de l'estive agricole, de celui en hiver du commerce sans l'exercice d'aucune activité agricole (Cass. 3e civ. 1-2-2012 n° 11-11.487, Desgranges c/ Cne de Châtillon-sur-Cluses).

BAUX DE CHASSE ET BAUX DE PÊCHE

L'objet de ces baux est limité à la chasse ou à la pêche, à l'exclusion de la production agricole. Le prix, la durée, le renouvellement ne sont pas réglementés par la loi. **73440**

LOCATIONS DE JARDINS FAMILIAUX

73450 Elles sont régies par les articles L 471-1 et suivants du Code rural et de la pêche maritime.

AUTRES CONVENTIONS ÉCHAPPANT AU STATUT DES BAUX RURAUX

73460 Ce sont :

– les **concessions temporaires** sur des réserves foncières : le délai de préavis pour mettre fin à la concession peut être réduit à 3 mois avant la levée de la récolte ou avant la fin de l'année culturale, au lieu d'un an. Le délai d'un an est maintenu si la reprise des terres devait priver l'exploitant des récoltes (C. urb. art. L 221-2 1°, 2° et 3° modifié par loi relative à la lutte contre l'accaparement des terres agricoles et au développement du biocontrôle 2017-348 du 20-3-2017). Toutefois, en cas d'abandon du projet d'urbanisme sur la réserve foncière, le fermier peut se prévaloir d'un bail rural (Cass. 3e civ. 27-2-2020 n° 18-24.772, FS-PBI) ;

– les **cessions temporaires d'usufruit**, sauf fraude destinée à échapper au statut du fermage (Cass. 3e civ. 5-1-2010 n° 08-19.647, Ozyp c/ Laroussi) ;

– le **prêt à usage d'immeubles ruraux**, y compris lorsqu'il est assorti d'une mise à disposition gratuite de droits à paiement de base (DPB) au profit de l'emprunteur (Cass. 3e civ. 24-4-2013 n° 12-12.677 : Bull. civ. III n° 54) ;

– **les contrats d'entreprise conclus avec un entrepreneur pour l'exécution de travaux agricoles** à façon ; toutefois un risque de requalification de ces contrats en baux ruraux existe dès lors que les éléments constitutifs du bail à ferme sont réunis, notamment en cas de délégation, d'autonomie totale du prestataire et en l'absence de formalisation des rémunérations (comme l'absence de factures) ;

– les **autres conventions** d'un type particulier énumérées nos 73545 et 73550.

2. BAUX ET CONTRATS SOUMIS AU STATUT DES BAUX RURAUX

PRODUCTIONS AGRICOLES FAISANT L'OBJET D'UN BAIL RURAL

73480 Il s'agit de toutes les productions dont les activités correspondent à la maîtrise et à l'exploitation d'un **cycle biologique** de caractère **végétal ou animal**. Le champ d'application du statut des baux ruraux recouvre les mêmes productions que celles visées à l'article L 311-1 du Code rural et de la pêche maritime (nos 10 s.), à l'exception, toutefois, des bois et forêts.

> Précisions a. Le statut du fermage et du métayage s'applique non seulement à l'**exploitation agricole** proprement dite (polyculture ou culture spécialisée), mais aussi à l'élevage concernant toute production hors sol, aux marais salants, aux étangs et aux bassins aménagés servant à l'élevage piscicole, aux établissements horticoles, aux cultures maraîchères, aux cultures de champignons, à l'apiculture (C. rur. art. L 415-10). Il faut également comprendre les baux de pépinières, ceux des cressonnières, des rizières et, plus généralement, des biens dont l'exploitation par le travail produit des fruits destinés à la vente. Mais, un bail ne peut pas être qualifié de rural lorsque l'activité agricole est si réduite qu'on ne peut pas parler de véritable « exploitation » (Cass. 3e civ. 9-12-2008 n° 08-10.051, Bertrand c/ Gernez). Toutefois, le fait de laisser paître des animaux sur des terres mises à disposition à titre onéreux peut constituer une activité agricole suffisante pour l'application du statut du fermage (Cass. 3e civ. 12-10-2010 n° 09-68.930, Geoffray c/ Forest).

b. S'agissant d'**activités autres que** celles de **production**, la jurisprudence est restrictive. Ainsi la qualification de bail rural a-t-elle été écartée pour la location de la « branche pisciculture » (c'est-à-dire de simples éléments incorporels) d'un fonds de commerce de restaurant (Cass. 3e civ. 17-4-1996 n° 94-14.956 : Bull. civ. III n° 106). De même, le statut du fermage ne s'applique pas à la location d'un bien rural pour l'exploitation d'un camping sans preuve de l'existence d'une réelle exploitation agricole (Cass. 3e civ. 23-3-2005 n° 04-11.345 : Bull. civ. III n° 70).

c. La loi 2005-157 du 23 février 2005 relative au développement des territoires ruraux a étendu la définition de l'activité agricole aux activités de préparation et d'entraînement des équidés domestiques en vue de leur exploitation, à l'exclusion des activités de spectacle (Circ. DGFAR/SDPS/SDEA/C n° 2007-5014 du 21-3-2007). Le statut du fermage voit son champ d'application étendu à ces **activités équestres** devenues agricoles au fur et à mesure du renouvellement des baux en cours ou de la conclusion de nouveaux baux depuis la promulgation de cette loi (Loi 2006-11 du 5-1-2006 art. 105). Jugé toutefois que la tacite reconduction du bail commercial d'un centre équestre intervenue après la loi de 2005 reste soumise au statut des baux commerciaux, la tacite reconduction d'un bail commercial n'étant pas considérée comme la conclusion d'un nouveau bail (Cass. com. 13-7-2006 n° 05-17.202, Sate c/ Sté Gefa ; CA Amiens 23-10-2007 n° 06/2877, Lenne c/ Sté Macquet). Il en va différemment d'un bail professionnel (Loi 86-1290 du 23-12-1986 art. 57 A), pour lequel la tacite reconduction correspond à la conclusion d'un nouveau bail : si la tacite reconduction intervenait après l'entrée en vigueur de la loi de 2005, elle entraînerait l'application du statut du fermage (Cass. 3e civ. 31-5-2011 n° 10-17.156, Association Les Ecuries d'Azur c/ Lambelin). La loi ne dispose que pour les conventions écrites préexistantes : ainsi, les occupations de fait répondant aux caractéristiques du bail rural : caractère immobilier, activité agricole et contrepartie onéreuse permettent l'application du statut du fermage dès la réforme, quand bien même elles étaient établies avant le 24 février 2005 (Cass. 3e civ. 22-6-2017 n° 16-15.767). Le statut du fermage est reconnu à l'exploitation d'un centre équestre de préparation d'équidés en vue de leur exploitation sportive ou de loisir (Cass. 3e civ. 24-6-2009 n° 08-17.533 : Bull. civ. III n° 160), également, à une association qui entretient des équidés utilisés pour des promenades touristiques, et qui n'effectue ni débourrage, ni dressage, ni entraînement spécifique (Cass. 3e civ. 14-1-2015 n° 13-26.380 : Bull. civ. III n° 22). Toutefois, le statut du fermage n'a pas été reconnu à la simple prise en pension de chevaux assimilable à du gardiennage (Cass. 3e civ. 13-5-2009 n° 08-16.421 : Bull. civ. III n° 105 ; CA Paris, 5-4-2018 Pôle 4 ch. 9 n° 17/09232 requalifiant le bail en bail commercial y compris sur la partie agricole de l'activité ; Cass. 3e civ. 1-06-2022 n° 21-17.313, à propos d'un bail verbal pour lequel les parties ne s'étaient accordées que sur l'exercice d'une activité de gardiennage de chevaux), ni à l'enseignement de l'équitation sans la fourniture de la cavalerie (CA Orléans ch. com. 28-6-2007 : BICC 1-12-2007 n° 2372). Ne dispose pas non plus d'un bail rural soumis au statut du fermage le propriétaire d'équidés domestiques qui les utilise exclusivement dans le cadre d'activités privées de loisirs (Cass. 3e civ. 15-10-2013 n° 12-23.618 ; 23-6-2015 n° 13-22.076).

d. La loi 2010-874 du 27 juillet 2010 a étendu la définition de l'activité agricole à la **production** et, le cas échéant, la **commercialisation**, par un ou plusieurs exploitants agricoles, de **biogaz, d'électricité et de chaleur** par la méthanisation, lorsque cette production est issue pour au moins 50 % de matières provenant de ces exploitations (voir n° 95). Au regard de l'application du statut du fermage, les conséquences de l'exercice d'une telle activité à plusieurs agriculteurs doivent être soigneusement examinées : conclusion du bail par tous les exploitants concernés ou respect des règles de mise à disposition des biens loués au profit d'une société à objet agricole, autorisation en règle pour les travaux de construction des installations, etc.

e. La loi 2019-469 du 20 mai 2019 (JO 21-5) modifie l'article L 311-1 du Code rural pour ajouter une nouvelle activité agricole par détermination de la loi : **l'exploitation de marais salants** à compter du 22 mai 2019. Toutefois, une loi de 1984 soumettait déjà la location des immeubles bâtis et non bâtis affectés à cette activité au statut du fermage (C. rur. art L 415-10, al. 1er).

f. Lorsque les immeubles loués sont utilisés à la fois pour une **activité agricole et une activité non agricole**, la nature du bail, commerciale ou rurale, s'apprécie à la date de sa conclusion. En cas de bail mixte, il conviendra pour qualifier le bail de distinguer la nature de l'activité principale et celle de l'activité accessoire (Cass. 3e civ. 6-9-2018 n° 16-200.92 FD : BRDA 20/18 inf. 14). Le statut du fermage ne s'applique que si l'utilisation agricole intervient à titre principal (Cass. 3e civ. 26-6-2007 n° 04-17.710). Concernant l'implantation par le preneur de panneaux de production d'électricité d'origine photovoltaïque sur les immeubles ruraux loués, celle-ci pourrait justifier la demande de résiliation par le bailleur au titre d'un détournement de l'activité agricole (Rép. min. n° 5842 : JO Sénat Q, 16 oct. 2008, p. 2605).

BAUX RURAUX PROPREMENT DITS

Bail à ferme Traditionnellement, il s'agissait du contrat par lequel un propriétaire transférait à un tiers la jouissance d'un bien rural contre le versement, en argent ou en produits, d'une valeur fixe, le **fermage** ; le bailleur à ferme n'ayant pas, en tant que tel, la qualité d'exploitant agricole. **73490**

Depuis la loi d'orientation agricole du 9 juillet 1999, la définition du bail à ferme s'inscrit dans un cadre plus large puisque le statut des baux ruraux est déclaré applicable aux contrats qui présentent les caractéristiques suivantes (C. rur. art. L 411-1) : une **mise à disposition, à titre onéreux, d'un immeuble à usage agricole**, en vue de l'exploiter pour y exercer une **activité agricole** définie à l'article L 311-1 du Code rural et de la pêche maritime (voir nos 10 s. et 73540). La référence à l'article L 311-1 permet à un agriculteur de conserver le bénéfice du statut s'il poursuit des activités se situant dans le prolongement de l'acte de production ou ayant pour support le bien loué (par exemple une ferme-auberge).

La **preuve du bail rural** peut être apportée par tous moyens (C. rur. art. L 411-1), à la charge de celui qui en revendique l'existence (Cass. 3e civ. 9-5-2019 nos 17-31.020, 25-3-2021 et 20-12.828 ; sur la nécessité de la volonté certaine du propriétaire de mettre son bien rural à la disposition de l'exploitant, au-delà d'une simple occupation précaire : Cass. 3e civ. 12-9-2019 n° 18-14.406), y compris à l'occasion de chacune des reconductions tacites d'un contrat, dans le délai de 5 ans à compter de la date d'effet du nouveau contrat issu de la tacite reconduction (Cass. 3e civ. 16-11-2023 n° 21-18.360 FS-B).

> **Précisions a.** Les **règlements européens** portant réforme de la politique agricole commune considèrent que le maintien d'une surface agricole dans un état qui la rend adaptée au pâturage ou à la culture sans action préparatoire allant au-delà de pratiques agricoles courantes ou du recours à des machines agricoles courantes constitue une activité agricole. Cette définition se distingue de celle du Code rural et de la pêche maritime puisque ce type « d'activité » ne correspond pas réellement à la maîtrise d'une ou plusieurs étapes du cycle biologique (voir nos 25 s. et, sur les conséquences, nos 125 s.).
b. Le lieu de situation de l'**immeuble** importe peu, c'est l'activité qui y est exercée qui caractérisera l'existence d'un bail rural. Il sera seulement exigé que la location porte sur un ou plusieurs biens fonciers (terre, bâtiment) destinés à une exploitation agricole. Les parties sont toutefois libres de soumettre leurs relations au statut du fermage alors même que le bail ne porte pas sur un immeuble à vocation agricole (Cass. 3e civ. 9-12-2009 n° 08-18.559 : Bull. civ. III n° 272). Une cave vinicole a été reconnue immeuble par nature agricole dont la location relève du statut du fermage (Cass. 3e civ. 27-10-2004 n° 03-15.277 : Bull. civ. III n° 182). La location à un chef d'exploitation agricole secondaire d'un hangar permettant d'entreposer du matériel et des marchandises destinés à l'exploitation agricole et abritant grains et fourrage a été reconnue comme relevant du statut du fermage (Cass. 3e civ. 10-12-2013 n° 12-23.778). La mise à disposition d'un forage installé dans un appentis attaché à l'assiette de la location et qui a donné lieu à une augmentation du fermage a été reconnue comme entrant dans le statut du fermage (Cass. 3e civ. 15-2-2018 n° 16-16.557).
c. Pour apporter la **preuve** de l'existence d'un bail à ferme, il faut démontrer que l'occupation des lieux correspond à **une mise à disposition à titre onéreux**. En cas de litige, la preuve du caractère onéreux peut être délicate dans l'hypothèse d'un bail verbal s'étalant sur plusieurs décennies et concernant plusieurs générations (Cass. 3e civ. 28-3-2019 n° 18-13.845). À défaut de contrepartie onéreuse, le contrat est qualifié de prêt à usage. Par exemple, l'adjudicataire le plus offrant pendant 7 ans consécutifs de la jouissance d'un pâturage en montagne est titulaire d'un bail à ferme (Cass. 3e civ. 7-5-2002 n° 00-19.057 : Bull. civ. III n° 96). De même, un prêt à usage moyennant le remboursement au bailleur de la taxe foncière peut être requalifié en bail rural (Cass. 3e civ. 14-1-2004 n° 02-12.663 : RJDA 7/04 n° 812), y compris lorsque les sommes à charge dans le contrat du titulaire du prêt à usage n'ont jamais été versées (Cass. 3e civ. 26-5-2016 n° 15-10.838 F-D). Le caractère gratuit d'une convention de mise à disposition disparaît dès qu'une contrepartie même modique est à la charge de l'exploitant : une indemnité (Cass. 3e civ. 17-10-2007 n° 06-18.503 : RJDA 1/08 n° 9), des services en nature présentant un intérêt pour le propriétaire. Ainsi jugé, par exemple, pour une mise à disposition de terrain en contrepartie du service d'évacuation et d'épandage de lisier provenant des élevages du propriétaire (Cass. 3e civ. 6-11-2001 n° 00-15.378), un partage de récoltes avec le propriétaire (Cass. 3e civ. 2-4-2003 n° 01-14.446), la réalisation régulière de travaux d'entretien (Cass. 3e civ. 22-7-1992 n° 90-19.086) ; mais le simple entretien de parcelles ne saurait être considéré comme la contrepartie onéreuse de leur mise à disposition (Cass. 3e civ. 3-6-2014 n° 13-16.114). Il n'est pas nécessaire que la contrepartie onéreuse fasse l'objet d'un versement régulier (Cass. 3e civ. 7-3-2012 n° 11-14.630 : BRDA 8/12 inf. 19). En cas de **requalification** d'une convention en bail à ferme, les fermages qui auraient dû être versés se prescrivent par 5 ans à compter du jour où le bailleur connaît son droit à percevoir des fermages (Cass. 3e civ. 15-2-2018 n° 16-28.143).

73495 **Bail à métayage** Il s'agit du contrat par lequel un propriétaire confère à un tiers la jouissance d'un bien rural moyennant un **partage en nature des produits** de l'exploitation. Les charges sont aussi partagées entre les deux parties. Le bailleur, comme le métayer, a le titre juridique d'exploitant agricole (voir nos 75100 s.).

Ce contrat doit être distingué du contrat de société dans lequel on partage les bénéfices et non pas les produits, ainsi que du contrat de travail avec participation aux bénéfices. De telles distinctions ne sont pas toujours aisées.

73500 **Bail à domaine congéable** C'est le contrat par lequel le propriétaire d'un immeuble rural en concède la jouissance à un tiers, le domanier, et lui **cède la propriété** des « édifices et superficies », c'est-à-dire de tous les travaux et constructions réalisés à la surface du sol. Le bail à domaine congéable, soumis au statut du fermage, fait également l'objet de dispositions spécifiques (C. rur. art. L 431-1 s.). Ce bail peut être conclu sur des terres portant ou devant porter des cultures pérennes (vignes, arbres fruitiers, etc.). Il est essentiellement pratiqué en Bretagne.

BAUX RURAUX AUXQUELS NE S'APPLIQUENT PAS, DANS LEUR ENSEMBLE, TOUTES LES DISPOSITIONS DU STATUT

Dans les cas suivants, certaines dispositions du statut des baux ruraux sont écartées. 73510

Petites parcelles Il s'agit des terres ayant une superficie inférieure au minimum fixé par arrêté du préfet pour le département et par nature de cultures (fréquemment de l'ordre d'un hectare en polyculture). La nature et la superficie maximum des parcelles à retenir lors de chaque renouvellement du bail sont celles mentionnées dans l'arrêté en vigueur à cette date (C. rur. art. L 411-3 ; Cass. 3e civ. 22-1-2014 n° 12-27.211 : Bull. civ. III n° 7). 73515

Les baux de petites parcelles ne sont soumis ni à l'obligation d'un écrit ni à celles de la durée minimale de 9 ans, du renouvellement, de la forme et des délais du congé, de la reprise triennale ou sexennale, du prix du fermage, des règles du métayage, du droit de préemption, etc. Ces exclusions ne sont pas d'ordre public : la convention peut expressément prévoir l'application du statut du fermage, à défaut, les juges du fond peuvent rechercher la commune intention des parties en ce sens (Cass. 3e civ. 15-11-2018 n° 17-15.387 sur la renonciation d'un fermier à son droit de préemption mentionnée dans un précontrat de vente).

Sont en revanche applicables à ces petites parcelles les dispositions du statut relatives à l'indemnité du preneur sortant, à la cession, à la sous-location, au droit de résiliation et à la compétence des tribunaux.

Toutefois, le statut des baux ruraux est entièrement applicable aux parcelles ayant fait l'objet d'une division depuis moins de 9 ans avant la date du renouvellement du bail (la situation des parcelles s'appréciant à la date du renouvellement du bail) (Cass. 3e civ. 13-6-2024 n° 22-18.861 FS-B) et lorsque l'immeuble rural constitue un « **corps de ferme** » (dont les indices peuvent être l'autonomie culturale ou la présence de bâtiments d'exploitation) **ou** une « **partie essentielle** » d'une exploitation agricole (C. rur. art. L 411-3). Afin d'apprécier si une parcelle de terre constitue ou non une partie essentielle d'une exploitation agricole, les juges doivent se placer à la date de conclusion du bail (Cass. 3e civ. 10-12-1997 n° 96-10.305 : Bull. civ. III n° 221) et considérer l'exploitation dans son ensemble et non pour la seule production à laquelle la petite parcelle se raccroche (Cass. 3e civ. 29-2-2024 n° 22-17.641). A été considérée comme une partie essentielle d'une exploitation la petite parcelle supportant un collecteur de drainage en vue de l'évacuation des eaux de l'ensemble de l'exploitation (Cass. 3e civ. 6-1-2010 n° 09-65.028 : Bull. civ. III n° 5).

Possibilité de consentir des locations annuelles Une location annuelle **renouvelable** peut être consentie dans l'**attente de l'installation d'un descendant** (C. rur. art. L 411-40 s.). Lorsque le bailleur est une indivision ou une société constituée entre membres d'une même famille jusqu'au 3e degré inclus, la location doit prendre fin par l'installation d'un descendant de l'un des indivisaires ou de l'un des associés. 73520

Ne s'appliquent pas à ces locations annuelles les dispositions du statut de fermage relatives à la durée minimum de 9 ans, au renouvellement, au congé, à la cession de bail à un descendant du preneur, aux échanges ou locations de parcelles, aux indemnités du preneur sortant.

Cette possibilité de location annuelle est toutefois enfermée dans certaines **limites** :
- le contrôle des structures doit être respecté ;
- une location à l'année ne peut être consentie qu'à un exploitant agricole déjà installé sur une autre exploitation dont la surface est au moins égale au seuil au-delà duquel une autorisation d'exploiter est nécessaire dans le cadre du contrôle des structures tel que défini à l'article L 312-1 du Code rural et de la pêche maritime ;
- la location à l'année ne peut être consentie que dans la limite **maximum de 6 ans**. C'est, au plus tard, dans ce délai que le ou les descendants doivent être installés. Mais l'installation peut également se faire lors de l'un des renouvellements annuels ;
- le ou les descendants à installer doivent être nommément désignés au moment de la conclusion du contrat ;
- si, à l'expiration de la 6e année de location, le bailleur n'a pas installé son ou ses descendants (nommément désignés), la location est alors transformée en un bail soumis intégralement au statut des baux ruraux, c'est-à-dire dont la durée de 9 ans commence à courir à partir de cette date. Il en est de même si pendant le délai de 6 ans, le bailleur vient à céder le bien à titre onéreux.

Bail conclu par la Safer sur des immeubles mis à sa disposition Ce bail échappe au statut des baux ruraux sauf en ce qui concerne la détermination du prix (voir n° 80240). Toutefois, en cas de démembrement de la propriété, le nu-propriétaire doit concourir à la signature du bail pour tous les baux portant sur un fonds rural, qu'ils paraissent ou non 73525 soumis au statut du fermage lors de leur conclusion, y compris s'agissant de la convention de mise à la disposition de la Safer (Cass. 3e civ. 22-10-2020 no 19-11.555).

À l'expiration du bail consenti par la Safer, d'une durée supérieure à 6 ans, le propriétaire ne peut louer le fonds sous statut du fermage à un tiers, sans l'avoir préalablement proposé au preneur en place (C rur. art. L 142-6, al. 4). Toutefois ni les modalités de mise en œuvre de ce droit de préférence ni les sanctions en cas de non-respect ne sont précisées et le bail forcé n'est pas prévu (Cass. 3e civ. 18-6-2014 no 13-17.002 : Bull. civ. III no 89).

73530 **Bail conclu dans le cadre d'une procédure de redressement judiciaire** Le statut des baux ruraux n'est applicable qu'en ce qui concerne les indemnités de sortie (voir nos 75000 s.). Ainsi, ne sont pas soumises au statut du fermage les conventions de mise à disposition provisoire de terres ordonnée au cours d'une procédure de liquidation judiciaire (Cass. 3e civ. 11-1-2006 no 04-18.710 : AJDI 2006 p. 209 note S. Prigent) ou encore la reprise temporaire d'une exploitation agricole en liquidation judiciaire autorisée par le juge-commissaire (Cass. 3e civ. 31-5-2018 no 16-25.827).

73535 **Baux du domaine de l'État, des collectivités territoriales, de leurs groupements ainsi que des établissements publics** Le statut du fermage s'applique en partie à ces baux lorsqu'ils portent sur des biens ruraux constituant une exploitation agricole (même incomplète) (C. rur. art. L 415-11, al. 1), et lorsqu'ils sont consentis sur le **domaine privé** (CE 15-11-1950 no 98955, Durel : Lebon p. 557). L'utilisation des biens à des fins d'**intérêt général** impose certaines restrictions aux droits du preneur portant sur le droit au renouvellement du bail et le droit de préemption, et crée un droit de résiliation au profit du bailleur. Par ailleurs, si la convention comporte plusieurs clauses exorbitantes du droit commun constitutives d'un contrat administratif, elle ne relève pas du statut du fermage. Sur la compétence des tribunaux dans un tel cas, voir nos 75400 s. Le maintien d'un bail rural conclu avant l'incorporation au **domaine public** des terres agricoles n'est pas possible. Le bail peut être dénoncé tout en considérant qu'un usage agricole est pertinent. Dans ce cas, le bail se transforme en droit d'usage temporaire (CE 7-6-2023 no 447797).

CONTRATS ASSIMILÉS À DES BAUX À FERME POUR L'APPLICATION DU STATUT DES BAUX RURAUX

73540 **Principe** Sont soumis au statut des baux ruraux, par une disposition d'ordre public (C. rur. art. L 411-1) :

– les **mises à disposition, à titre onéreux**, d'immeubles à usage agricole en vue de les exploiter pour y exercer une activité agricole définie par l'article L 311-1 du Code rural et de la pêche maritime (voir no 73490) ;

– les **cessions exclusives des fruits de l'exploitation** (l'herbe ou le foin, par exemple) lorsqu'il appartient à l'acquéreur de les recueillir ou faire recueillir, à moins que le cédant (le vendeur de l'herbe, par exemple) n'apporte la preuve que le contrat n'a pas été conclu en vue d'une utilisation continue ou répétée du bien et dans l'intention de faire obstacle au statut des baux ruraux. Il n'y a pas cession exclusive des fruits de l'exploitation lorsque, s'agissant d'un pré coplanté de pommiers, le bénéficiaire du contrat ne peut jouir que de l'herbe, à l'exclusion des pommes (Cass. 3e civ. 17-10-1990 no 89-10.095 : Bull. civ. III no 192) ;

– les **contrats conclus en vue de la prise en pension d'animaux** par le propriétaire d'un immeuble à usage agricole lorsque les obligations qui incombent normalement au propriétaire de l'immeuble rural en application du statut des baux ruraux sont mises à la charge du propriétaire des animaux (sauf preuve contraire comme ci-dessus).

La **preuve** de l'existence de ces contrats peut être apportée par tous moyens.

73545 **Exceptions** S'agissant de mises à disposition à titre onéreux d'un bien agricole, il n'y a pas application du statut des baux ruraux dans les cas suivants (C. rur. art. L 411-2) :

– conventions **conclues en application de dispositions législatives particulières** (voir nos 73405 s.). Il s'agit, par exemple, des baux emphytéotiques, des baux à complant, des locations de jardins familiaux, des conventions pluriannuelles de pâturage ou d'exploitation, mais également des concessions immobilières régies par la loi du 31 décembre 1967, des concessions administratives, des réserves foncières, etc. ;

– conventions et concessions portant sur l'**utilisation des forêts** ou des biens soumis au régime forestier ;

– **mises à la disposition d'une société par une personne propriétaire** des parcelles qui participe effectivement à l'exploitation des biens au sein de la société (pour la mise à disposition des biens loués par un fermier au profit d'une société, voir no 74242).

Il n'y a pas non plus application du statut des baux ruraux, qu'il s'agisse de mises à disposition à titre onéreux ou de cessions exclusives des fruits de l'exploitation, aux **conventions suivantes** (C. rur. art. L 411-2) : 73550
– conventions conclues en vue d'assurer l'entretien de terrains **situés à proximité d'un immeuble à usage d'habitation** et en constituant la dépendance ;
– conventions d'**occupation précaire** passées en vue de la mise en valeur des biens compris dans une **succession**, dès lors qu'une instance est en cours ou que le maintien temporaire dans l'indivision résulte d'une décision judiciaire ;
– conventions d'occupation précaire permettant à un preneur, à son conjoint ou à son partenaire lié par un Pacs de rester dans tout ou partie du bien loué, lorsque le **bail est expiré ou résilié** et n'a pas fait l'objet d'un renouvellement ;
– conventions d'occupation précaire tendant à l'exploitation temporaire d'un bien dont l'utilisation principale n'est **pas agricole ou dont la destination est susceptible d'être changée**. Le projet d'un changement de destination doit être réel (Cass. 3e civ. 11-7-1990 n° 88-20.278 : Bull. civ. III n° 175). Tel est le cas d'une parcelle bénéficiant d'un certificat d'urbanisme établissant la possibilité d'une construction à usage d'habitation que l'occupant, dès le début de son activité agricole, ne pouvait ignorer (Cass. 3e civ. 5-1-2012 n° 10-27.947) ;
– conventions par lesquelles un propriétaire met un ensemble immobilier agricole à la disposition de la **Safer** (voir n° 80240).

3. BAILLEUR OU PRENEUR ÉTRANGER

Les baux passés par des bailleurs de nationalité étrangère sont soumis au statut des baux ruraux. 73600

Les baux conclus par des preneurs de nationalité étrangère sont soumis au statut s'il s'agit de ressortissants de pays membres de l'**Union européenne**. Pour ce qui est des autres ressortissants, le statut ne s'applique pas, en principe ; il est cependant fait exception à ce principe si tous les enfants du preneur sont de nationalité française ou si le pays dont il est le ressortissant a passé avec la France une **convention de réciprocité** ou offre, dans sa législation, des avantages réciproques aux Français qui y sont installés (C. rur. art. L 413-1). Le fait d'avoir un conjoint français ne suffit pas pour bénéficier du statut, mais la nationalité française d'un copreneur entraîne le bénéfice du statut pour tous.

Dans tous les cas, les parties ont la possibilité de conclure un bail expressément soumis au statut, d'un commun accord.

B. Conclusion et durée du bail

OBLIGATION D'UN ÉCRIT

En principe, le bail rural doit être écrit (C. rur. art. L 411-4). Cependant, même verbal, il possède sa pleine valeur. 73700

Les **baux non écrits** sont censés être conclus, pour une durée de 9 ans, aux clauses et conditions d'un contrat type établi par la commission consultative départementale des baux ruraux (et publié par arrêté préfectoral). Une clause incluse dans un bail rural, restrictive des droits du preneur ou du bailleur stipulés par le statut du fermage est réputée non écrite (C. rur. art. L 415-12).

> **Précisions** **a.** Les parties à un **projet de contrat** de bail rural conclu depuis le 1er octobre 2016 doivent échanger toutes **informations** qui ont un lien direct et nécessaire avec le contenu du contrat ou la qualité des parties (C. civ. art. 1112-1). À défaut, le contrat est susceptible d'annulation (C. civ. art. 1130).
> **b.** La **formalité de l'enregistrement** des baux ruraux écrits n'est plus obligatoire. Toutefois, un enregistrement volontaire permet de donner une date certaine au contrat.
> **c.** Sur la soumission des baux de plus de 12 ans à durée limitée à **publicité foncière** et la réforme en cours (voir n° 17025).
> **d.** Une **promesse synallagmatique de bail** vaut bail lorsque l'accord des parties porte sur la chose et sur le prix (Cass. 3e civ. 20-5-1992 n° 90-21.109 : Bull. civ. III n° 152), quand bien même elle n'en comporte pas la date d'effet (Cass. 3e civ. 28-10-2009 n° 08-20.224 : Bull. civ. III n° 237).

ÉTAT DES LIEUX

Le Code rural et de la pêche maritime impose la rédaction d'un « état des lieux » qui constate avec précision l'état des bâtiments et des terres ainsi que le degré d'entretien des terres et leurs rendements moyens au cours des 5 dernières années (C. rur. art. L 411-4). 73710

L'état des lieux doit être établi contradictoirement et à **frais** communs dans le mois qui précède l'entrée en jouissance (ou dans le mois suivant celle-ci pour les baux à long terme, voir n° 75240). Passé ce **délai**, la partie la plus diligente établit un état des lieux qu'elle notifie à l'autre partie par lettre recommandée avec demande d'avis de réception. Cette dernière dispose, à compter de ce jour, de 2 mois pour faire ses observations sur tout ou partie du projet ou pour l'accepter. Ce délai écoulé, son silence vaudra accord et l'état des lieux deviendra définitif et réputé établi contradictoirement.

> **Précisions a.** Doit être considéré comme **contradictoire** l'état des lieux établi par une seule personne choisie à l'amiable par accord entre le preneur et le bailleur, puis approuvé par ceux-ci (Rép. de Bourgoing : 27-2-1973).
b. Il n'est pas nécessaire que l'état des lieux ait acquis **date certaine**. Mais la date certaine conférée à l'état des lieux est de nature à éviter toute contestation sur la date réelle de ce document (Rép. Degraeve : 10-10-1973).
c. Un **diagnostic de performance énergétique** n'a pas à être joint au contrat de bail rural, que ce bail soit ou non soumis au statut du fermage et du métayage (CCH art. L 134-3-1).

RISQUES NATURELS ET TECHNOLOGIQUES

73712 Pour les preneurs situés dans les zones couvertes par un plan de prévention des risques naturels prévisibles ou des risques technologiques, prescrit ou approuvé, dans des zones de sismicité ou à potentiel radon significatif, dans une zone de recul du trait de côte ou, à compter du 1er janvier 2025, soumise à des obligations de débroussaillement et de maintien en l'état débroussaillé, un **état des risques** visés par ce plan ou ce décret doit être annexé au contrat de location écrit constatant l'entrée dans les lieux du nouveau locataire (C. envir. art. L 125-5 et R 125-23 s. ; Arrêtés du 13-10-2005 : JO 18-11 et du 27-6-2018 : JO 30 ; CSP art. 1333-29 ; disponible via le site errial.georisques.gouv.fr.). Depuis le 1er janvier 2023, l'état des risques doit mentionner également l'existence d'un sinistre indemnisé au titre des catastrophes naturelles. En l'absence de contrat écrit, le bailleur doit également informer le preneur de l'existence de tels risques, mais se pose alors un problème de preuve. En cas de non-respect de son **obligation d'information**, le preneur peut poursuivre la résolution du contrat ou demander une diminution du prix. Ces dispositions concernent tout type de location d'un bien immobilier conclue dans les zones concernées. Elles ne s'appliquent pas aux conventions de mise à disposition dans le cadre d'un Gaec (C. rur. art. L 323-14) ou d'une société à objet principalement agricole (C. rur. art. L 411-37).

RISQUES DE POLLUTION DES SOLS

73714 Lorsque l'État publie des informations faisant état d'un risque de pollution des sols affectant le terrain loué, le bailleur doit en informer par écrit le fermier et l'acte de location doit attester de l'accomplissement de cette formalité. En cas de non-respect de celle-ci, si une pollution est constatée, rendant impropre le terrain à sa destination, dans un délai de 2 ans après la découverte de la pollution, le locataire peut soit demander la résolution du contrat, soit obtenir une réduction du loyer (C. envir. art. L 125-7).

CONCLUSION DU BAIL ET CONTRÔLE DES STRUCTURES

73720 Voir n° 81000.

CONCLUSION DU BAIL PAR UN USUFRUITIER

73730 L'usufruitier ne peut pas, sans le concours du **nu-propriétaire**, donner à bail des immeubles ruraux (C. civ. art. 595), que le contrat paraisse ou non soumis au statut du fermage lors de sa conclusion (Cass. 3e civ. 29-11-2018 n° 17-17.442 F-PBI : BPAT 1/19 inf. 29, en présence d'une convention pluriannuelle de pâturage non soumise au statut). L'ignorance par le preneur de la qualité d'usufruitier de son bailleur ne prive pas le nu-propriétaire du droit de demander la **nullité** du bail (Cass. 3e civ. 1-3-1989 n° 87-19.328 : Bull. civ. III n° 53), sauf si en raison des circonstances l'usufruitier peut être qualifié de propriétaire apparent (Cass. 3e civ. 18-1-1995 n° 92-11.572 : Bull. civ. III n° 24), circonstances qu'il appartient au preneur d'établir (Cass. 3e civ. 4-2-1998, n° 96-12.302 : Bull. civ. III n° 26 ; 20-5-2014 n° 13-11.314). Le nu-propriétaire, même s'il accepte purement et simplement la succession de l'usufruitier, n'est pas tenu de garantir le bail passé sans son concours par l'usufruitier (Cass. 3e civ. 9-12-2009 n° 08-20.133 : Bull. civ. III n° 271). Toutefois, si un usufruitier qui a consenti seul des baux sur des biens indivis décède en laissant pour héritiers ses coïndivisaires, ceux-ci sont tenus, s'ils acceptent purement et simplement la succession, de garantir les conventions passées par leur auteur (Cass. 3e civ. 9-7-2020 n° 19-16.861). Dans un tel cas, les nus-propriétaires futurs héritiers auraient tout intérêt à agir du vivant de l'usufruitier contre la conclusion du bail irrégulier pour en garantir l'annulation.

En cas d'opposition du nu-propriétaire, l'usufruitier peut valablement être admis, par **décision de justice**, à conclure seul. L'article 595 du Code civil ne subordonnant l'autorisation de justice à aucune condition, l'usufruitier peut librement choisir le preneur et les conditions de la location. L'usufruitier peut aussi conclure valablement une **convention d'occupation précaire** sans l'accord du nu-propriétaire (Cass. 3e civ. 29-11-1995 n° 94-11.735 : Bull. civ. III n° 246).

> **Précisions** Dans une indivision successorale, le bail rural consenti par un descendant du défunt, **à la fois usufruitier d'une partie des biens et nu-propriétaire d'une autre partie** en présence du conjoint survivant, n'encourt pas la nullité mais l'inopposabilité aux autres indivisaires, le descendant étant au final propriétaire d'une partie des biens indivis (Cass. 3e civ. 6-4-2011 n° 09-17.158). Sur la conclusion d'un bail rural par une indivision, voir n° 73742.

CONCLUSION DU BAIL PAR LES ÉPOUX

Les époux ne peuvent pas, l'un sans l'autre, donner à bail des immeubles ruraux dépendant de la communauté (C. civ. art. 1425). Une action en nullité du bail est ouverte au conjoint non-signataire pendant un délai de 2 ans courant à compter du jour où il a connaissance du bail (C. civ. art. 1427). Toutefois, un époux qui agit en qualité de gérant des affaires de l'autre est en droit de conclure seul un bail rural sur un bien commun (Cass. 3e civ. 21-2-2001 n° 99-14.820 : RD rur. 2001 p. 365). La conclusion d'un bail rural étant un acte de disposition, elle ne saurait être valablement réalisée par un époux qui ne détiendrait qu'un mandat tacite de la part de son conjoint, si le bien loué est propre à ce dernier (Cass. 3e civ. 16-9-2009 n° 08-16.769 : Bull. civ. III n° 191). **73740**

CONCLUSION DU BAIL PAR UNE INDIVISION

Les indivisaires ne peuvent conclure un bail rural qu'avec le **consentement** de tous (C. civ. art. 815-3), lequel ne peut se déduire de l'attitude passive de certains indivisaires (Cass. 3e civ. 29-9-2015 n° 14-15.090). Un des indivisaires ne peut agir au nom des autres qu'avec un mandat spécial (Cass. 1e civ. 25-10-2005 n° 03-14.320 : Bull. civ. I n° 387). La théorie du mandat apparent peut permettre de sauver un bail rural irrégulièrement conclu, mais elle suppose que le preneur ait pu légitimement croire que l'indivisaire avait agi comme mandataire de tous (Cass. 3e civ. 13-10-2009 n° 08-15.557). **73742**

Le bail conclu au mépris de la règle de l'unanimité n'est pas nul : il est **inopposable** aux indivisaires qui ne l'ont pas consenti et sa validité dépendra des résultats du partage de l'indivision (Cass. 1e civ. 13-7-2004 n° 01-00.638, Rinaudo c/ Redeuihl). Toutefois, les coïndivisaires qui n'ont pas autorisé le bail, mais qui ont accepté la succession sans réserve de leur coïndivisaire qui l'avait conclu, ne sont plus fondés à le contester (Cass. 3e civ. 28-1-2016 n° 14-28.905). S'agissant d'une contestation du bail par les indivisaires nu-propriétaires après le décès de leur auteur, voir Cass. 3e civ. 9-7-2020 n° 16-861 précité n° 73730.

Un bail, même enregistré, conclu par un seul indivisaire est inopposable au tiers acquéreur du bien (Cass. 1e civ. 30-6-2004 n° 99-15.294 : RJDA 11/04 n° 1277).

À **défaut d'accord** entre les indivisaires, la conclusion du bail peut être obtenue en saisissant le tribunal judiciaire ou son président : soit le tribunal autorise l'indivisaire qui le souhaite à conclure le bail si le refus de ses coïndivisaires met en péril l'intérêt commun (C. civ. art. 815-5), soit le président du tribunal désigne un administrateur judiciaire en lui donnant pouvoir de conclure le bail s'il estime que la mesure est requise par l'urgence et l'existence d'un intérêt commun (C. civ. art. 815-6 ; Cass. 1e civ. 19-10-2004 n° 02-11.366 : RJDA 3/05 n° 339). Sur la résiliation du bail, voir n° 73800, Précisions, a.

CONCLUSION PAR UNE PERSONNE PUBLIQUE

Lorsque le bailleur est une personne morale de droit public (État, collectivité territoriale, établissement public), le bail peut être conclu sur leur domaine privé soit à l'amiable, soit par voie d'adjudication. Une priorité est réservée aux exploitants qui réalisent une installation en bénéficiant de la dotation d'installation aux jeunes agriculteurs ou, à défaut, aux exploitants de la commune répondant à certaines conditions de capacité professionnelle et de superficie, ainsi qu'à leurs groupements (C. rur. art. L 411-15). Dans les périmètres de protection rapprochée de prélèvement de l'eau et dans les zones sensibles exposées aux inondations, l'État ou la collectivité publique, bailleur, peut imposer des pratiques agricoles au preneur lors de la conclusion ou du renouvellement du bail (CSP art. L 1321-2 al. 9 et R 1321-13-4 ; C. envir. art. L 211-13 et R 211-106 ; C. urb. art. 218-13 nouveau issu de loi 2019-1461 du 27-12-2019 : JO 28). Le bailleur personne morale de droit public peut imposer au preneur des pratiques culturales environnementales, quelle que soit la localisation des terres louées (C. rur. art. L 411-27, R 411-9-11-1 et R 411-9-11-3). **73744**

DURÉE MINIMALE : 9 ANS

73750 La durée minimale du bail doit être de 9 années (C. rur. art. L 411-5), mais cette durée peut être supérieure. Sur la durée des **baux cessibles hors du cadre familial**, voir n° 75062 ; sur celle des **baux à long terme**, voir n°s 75200 s.

La durée du bail court à compter de la date de l'entrée en jouissance du preneur. Dans le cas où cette date ne coïncide pas avec celle de conclusion du bail, le preneur ne peut pas se prévaloir, sans preuve, d'un usage local pour fixer la date de départ de son bail (Cass. 3e civ. 10-11-2004 n° 03-17.313 : Bull. civ. III n° 197).

Cette durée minimale est d'ordre public, c'est-à-dire que les parties ne peuvent pas y déroger. Mais il est loisible aux parties, en cours de bail, de **résilier** celui-ci d'un commun accord. Toutefois le preneur ne peut accepter la résiliation sans le consentement exprès de son conjoint, si les époux participent ensemble et de façon habituelle à l'exploitation. Celui des époux qui n'a pas donné son consentement à l'acte peut en demander l'annulation dans l'année qui suit le jour où il en a eu connaissance (C. rur. art. L 411-68).

Bien que la durée du bail rural ne puisse être inférieure à 9 ans, des clauses prévoyant la **reprise** du bien loué par le bailleur en faveur de son conjoint, partenaire lié par un Pacs ou d'un de ses descendants, avant l'expiration des 9 ans, peuvent être insérées dans le contrat. Il s'agit notamment des clauses de reprise triennale ou des clauses de reprise sexennale étudiées n° 74660.

Par ailleurs, sont prévues diverses possibilités de résiliation d'un bail en cours, à l'initiative de l'une ou de l'autre des parties (voir n°s 73800 s.).

INTERDICTION DES « PAS-DE-PORTE »

73760 Il est prévu que – outre les peines (emprisonnement et amendes) pouvant intervenir contre tout bailleur ou preneur ou tout intermédiaire qui, à l'occasion d'un **changement d'exploitant**, aura obtenu ou aura tenté d'obtenir une remise d'argent ou de valeurs non justifiée – les sommes indûment perçues devront être restituées et majorées d'un intérêt correspondant à l'intérêt légal (C. mon. fin. art. L 313-2) majoré de 3 points (C. rur. art. L 411-74). Ce taux est applicable depuis le 1er janvier 2014 ainsi qu'aux instances en cours au 15 octobre 2014, sans toutefois pouvoir s'appliquer rétroactivement à la répétition de sommes versées antérieurement à cette date (Cass. 3e civ. 24-5-2017 n°s 15-27.302 et 16-13.650 P). Il remplace le taux d'intérêt pratiqué par la caisse régionale de crédit agricole pour les prêts à moyen terme, déclaré contraire à la Constitution. Il en est de même lorsque le preneur ou le bailleur aura imposé ou tenté d'imposer la **reprise de biens mobiliers** à un prix dépassant de plus de 10 % la valeur vénale de ceux-ci ou le paiement des **améliorations culturales** par le preneur entrant. L'action pour être recevable doit être engagée à l'encontre des personnes qui ont effectivement perçu l'indemnité : l'action engagée contre le seul bailleur et non contre le preneur sortant qui a reçu l'indemnité est irrecevable (Cass. 3e civ. 4-7-2012 n° 10-21.249 : Bull. civ. III n° 102). En cas de procédure collective, la créance de répétition d'un pas-de-porte née avant le jugement d'ouverture doit être déclarée au mandataire judiciaire, quand bien même elle ne serait pas établie par un titre (C. com. art. L 622-24) ; sur l'interdiction des pas-de-porte en cas de cession de bail décidée par un tribunal, voir n° 77240. Pour les baux cessibles hors du cadre familial, voir n° 75060.

> **Précisions a. La majoration du prix d'éléments mobiliers** vendus par le bailleur au preneur à l'occasion de la conclusion du bail dissimule une cession de bail prohibée, avec le versement d'un pas-de-porte illicite. La **répétition des sommes indûment versées** peut être obtenue sur le fondement de l'article L 411-74 du Code rural et de la pêche maritime ou de l'article 1302-1 du Code civil dans sa rédaction issue de l'ordonnance 2016-131 du 10 février 2016, anciennement article 1376 (Cass. 3e civ. 5-12-2001 n° 98-18.652 : Bull. civ. III n° 143, jurisprudence rendue sur l'empire de l'ancien article 1376 mais transposable selon nous). L'action est ouverte à toute personne qui, à l'occasion du changement d'exploitant, a réglé une somme indue au bailleur pour le compte du preneur (sur l'action en remboursement menée par un Gaec dont le preneur était associé, voir Cass. 3e civ. 26-1-2017 n° 15-12.737). Il en est de même des sommes versées entre un preneur sortant et un preneur entrant au titre de la cession des quantités de référence laitière à l'époque des quotas laitiers (Cass. 3e civ. 31-10-2012 n° 10-17.851 : Bull. civ. III n° 156). La mise en œuvre de cette action **ne nécessite pas la preuve d'une contrainte** exercée sur le preneur et d'une intention délictuelle du cédant (Cass. 3e civ. 16-9-2009 n° 08-18.868 : Bull. civ. III n° 192). Fondée sur l'article L 411-74 du Code rural et de la pêche maritime, l'action en répétition de l'indu dirigée contre le bailleur ne peut plus être exercée après la résiliation du bail (Cass. 3e civ. 31-1-2012 n° 11-12.264) : cette action contre le bailleur est recevable pendant toute la durée du bail initial et des baux renouvelés (C. rur. art. L 411-74 al. 4). Exercée contre le preneur sortant, l'action se prescrit par 5 ans (C. civ. art. 2224). L'action en paiement des intérêts sur les sommes indûment versées

est soumise au délai de prescription extinctive de droit commun de 5 ans, y compris lorsque ces intérêts sont dus par le bailleur (C. civ. art. 2224 ; Cass. 3e civ. 24-5-2017 nos 15-27.302 et 16-13.650 P).

b. L'action en répétition de l'indu, fondée sur l'article L 411-74 du Code rural et de la pêche maritime, ne peut pas être exercée par le preneur entrant contre le précédent exploitant dès lors que ce dernier, titulaire d'un **prêt à usage**, n'a ni la qualité de preneur ni celle d'intermédiaire au sens de ce texte (Cass. 3e civ. 21-3-2012 n° 11-14.834, Lefebvre c/ Mallet).

c. L'action en répétition des sommes indûment perçues peut être intentée à l'encontre du preneur sortant **par le conjoint du preneur entrant**, non titulaire du bail mais marié **sous le régime de la communauté légale**, pour des sommes indûment versées au cours du mariage : l'action n'est dans ce cas pas dérivée du bail rural (C. civ. art. 1341-1 dans sa rédaction issue de l'ord. 2016-131 du 10-2-2016, anciennement article 1166, Cass. 3e civ. 11-2-2015 n° 14-10.266 : Bull. civ. III n° 144). Selon la même logique, le preneur entrant peut agir **contre le conjoint du bailleur** dès lors que les biens loués sont au moins en partie communs (Cass. 3e civ. 29-2-2024 n° 22-15.852).

d. Les **méthodes** de culture, **procédés** et **savoir-faire** propres au cédant peuvent constituer des éléments cessibles de l'exploitation agricole (Cass. 3e civ. 6-10-2016 n° 11-21.700 FS-PB).

e. Le **devoir de conseil du notaire** comporte une obligation de dissuader ses clients de procéder à des opérations sujettes à caution (Cass. 3e civ. 4-5-2006 n° 05-13.150 : Bull. civ. III n° 111).

f. Un **procès-verbal de conciliation**, établi par le président du tribunal paritaire des baux ruraux en présence des parties, qui prévoit le paiement par le preneur entrant, de l'indemnité pour améliorations culturales réalisées par le preneur sortant, a un **objet illicite** et le preneur entrant peut agir en répétition de l'indû (Cass. 3e civ. 6-6-2019 n° 17-19.486 FSPBI).

CLAUSES ENVIRONNEMENTALES

Lors de la conclusion ou du renouvellement du bail, il est possible d'inclure des clauses de pro- 73770
tection de l'environnement destinées à imposer au preneur des pratiques ayant pour objet la préservation de la ressource en eau, de la biodiversité, des paysages, de la qualité des produits, des sols, de l'air, la prévention des risques naturels et la lutte contre l'érosion. Le bail fixe les conditions dans lesquelles le bailleur peut s'assurer annuellement du respect par le preneur des pratiques culturales convenues. Peu importe la **localisation des terres** lorsque le bailleur est une **personne morale de droit public**, une **association** agréée de protection de l'environnement, une personne morale agréée « entreprise solidaire », une **fondation** reconnue d'utilité publique ou un fonds de dotation. Peu importe la **qualité du bailleur**, lorsque les terres louées ont fait l'objet d'un document de gestion officiel (les clauses devant s'y conformer) et sont situées dans des espaces précisés par l'article L 411-27 du Code rural et de la pêche maritime, présentant un intérêt environnemental particulier : zones humides, terrains riverains d'un cours d'eau, littoral, territoires classés en parc national, en parc régional ou en réserve naturelle, monuments naturels ou sites classés, sites Natura 2000, zones concernées par la prévention des risques naturels prévisibles, périmètre des trames vertes et bleues... (C. rur. art. L 411-27, al. 5).

Les **clauses pouvant être incluses** portent notamment sur le non-retournement des prairies, les modalités de récolte, la limitation ou l'interdiction des apports en fertilisants ou produits phytosanitaires, l'interdiction de l'irrigation, du drainage et de toutes formes d'assainissement (C. rur. art. R 411-9-11-1).

Elles peuvent comprendre des obligations de maintien d'un taux minimal d'infrastructures écologiques (C. rur. art. R 411-9-11-1 s.), à savoir notamment, les haies, bosquets, arbres isolés ou alignés, jachères, bordures de champs, fossés, etc.

Ces clauses peuvent, en outre, être insérées dans les baux pour garantir, sur la ou les parcelles mises à bail, le maintien de pratiques ou infrastructures répondant aux objectifs ci-dessus. De telles clauses concernent tous les bailleurs sur l'ensemble du territoire national. Pour l'insertion de telles clauses dans le bail par des personnes de droit public, voir n° 73744. Sur les incidences quant au montant du fermage, voir n° 73960, Précisions, d.

De telles clauses sont **imposées** dans certains baux, comme ceux portant sur des biens situés dans les **périmètres d'alimentation de captages d'eau potable** (C. urb. art. 218-13 issu de loi 2022-217 du 21-02-2022 : JO 22) (voir n° 74450).

OBLIGATIONS RÉELLES ENVIRONNEMENTALES

Les propriétaires de biens immobiliers peuvent conclure un contrat leur imposant, ainsi qu'aux 73775
propriétaires ultérieurs, des obligations réelles avec pour finalité le maintien, la conservation, la gestion ou la restauration d'éléments de la biodiversité ou de fonctions écologiques (C. env. art. L 132-3). Ce contrat est passé pour une durée maximale de 99 ans avec une personne

morale de droit public ou une association à but environnemental. Dans le cas où le propriétaire aurait déjà conclu sur son fonds un bail rural, il ne pourrait, à peine de nullité absolue, mettre en œuvre une obligation réelle environnementale qu'avec l'accord préalable du preneur et sous réserve des droits des tiers. Le silence gardé par le preneur au-delà d'un délai de 2 mois vaut acceptation. Tout refus du preneur doit être motivé.

C. Résiliation du bail

73800 Nous examinons ci-après les **principaux cas** dans lesquels l'une ou l'autre des parties a la possibilité d'obtenir, au besoin par décision judiciaire, la résiliation du bail. **Hormis ces cas**, le bail peut aussi être résilié dans certaines hypothèses telles que : destruction intégrale du bien loué par cas fortuit (C. rur. art. L 411-30), y compris s'agissant de vignes (Cass. 3e civ. 12-10-2011 no 10-24.338 : Bull. civ. III no 167), modifications dans la composition de la famille du preneur, décès d'un membre de la famille du preneur, incapacité physique du preneur, achat d'une autre exploitation par le preneur, mise en conformité de la structure de l'exploitation à la suite d'un refus d'autorisation d'exploiter dans le cadre du contrôle des structures (C. rur. art. L 411-33). La résiliation du bail est également prévue en cas de violation, par le preneur, du contrôle des structures (no 81000). Toutefois, le non-respect du contrôle des structures en cours de bail n'a pas été reconnu comme motif de résiliation du bail prévu par la loi (Cass. 3e civ. 20-6-2019 no 18-12.417 et 13-4-2022 no 20-17.511). S'agissant du bail à métayage, voir no 75105. Sur la possibilité de résolution du bail par le preneur pour défaut d'information concernant les risques naturels et technologiques ou de pollution des sols, voir nos 73712 et 73714.

> **Précisions** **a.** Avant le 1er janvier 2007, la résiliation d'un **bail portant sur des biens indivis** requérait la décision unanime des indivisaires, quand bien même le preneur était aussi l'un d'eux ; sans l'accord du preneur, le congé n'était pas valable. La loi du 23 juin 2006 portant réforme des successions et des libéralités limite l'application de la règle de l'unanimité des coïndivisaires aux actes de disposition et à ceux qui ne ressortissent pas à l'exploitation normale des biens indivis. Les actes d'administration, ceux qui ne modifient pas la masse indivise et n'affectent pas en tant que telle l'indivision, requièrent la **majorité des 2/3 des droits indivis** détenus par un ou plusieurs indivisaires, peu importe que le preneur en fasse partie (C. civ. art. 815-3). Si la règle de l'unanimité continue de s'appliquer pour la conclusion du bail rural (no 73742) et son renouvellement, elle ne s'applique plus concernant sa résiliation. Ainsi, les indivisaires titulaires des 2/3 des droits indivis sont recevables à intenter une action en résiliation du bail rural (Cass. 3e civ. 29-6-2011 no 09-70.894 : RJDA 12/11 no 1003 ; 5-10-2017 no 16-21.499 FS-PBI : BPAT 6/17 inf. 253).
> On peut penser que les indivisaires qui ne représentent pas la majorité des 2/3 des droits indivis pourraient être autorisés par le juge à résilier le bail si le refus des autres indivisaires, dont le preneur peut faire partie, met en péril l'intérêt commun, comme l'a admis la jurisprudence antérieure à la réforme en l'absence de décision unanime des indivisaires pour la résiliation du bail (Cass. 3e civ. 11-2-2004 no 02-15.105 : Bull. civ. III no 25). Mais cette autorisation du juge ne peut résulter d'une ordonnance sur requête rendue au visa de l'article 815-5 du Code civil (Cass. 3e civ. 28-11-2012 no 11-19.585 : RJDA 6/13 no 559). Le tribunal peut aussi désigner un mandataire ad hoc chargé de poursuivre la résiliation du bail (Cass. 3e civ. 15-6-2005 no 03-21.061 : Bull. civ. III no 132). Si le bailleur qui a engagé l'action en résiliation du bail est décédé, la poursuite de cette action peut être réalisée par un seul de ses héritiers indivisaires, sans qu'il soit fait application de la règle de l'indivision des 2/3, sur le fondement de l'article 724 du Code civil qui dispose que les héritiers désignés par la loi sont saisis de plein droit des biens et actions du défunt (Cass. 3e civ. 28-5-2020 no 19-13.150 FD).
> La résiliation d'un bail portant sur des biens ayant fait l'objet d'un partage en cours de bail exige, du fait de l'indivisibilité du bail, l'accord de tous les cobailleurs (Cass. 3e civ. 5-4-2006 no 05-10.761 : Bull. civ. III no 95). On rappellera également qu'un commandement de quitter les lieux doit être signifié au locataire d'un bien indivis non pas au nom et pour le compte de l'indivision, mais bien au nom de chacun des indivisaires, sous peine de nullité ; par ailleurs, dépourvue de personnalité juridique, l'indivision n'a pas la capacité d'ester en justice (Cass. 2e civ. 9-6-2011 no 10-19.241 : Bull. civ. II no 129).
> **b.** En cas d'**annulation de la résiliation** du bail, et contrairement au cas de la reprise frauduleuse des terres, la loi ne prévoit pas la possibilité de réintégration dans le fonds du preneur évincé (Cass. 3e civ. 13-11-2008 no 07-20.930 : Bull. civ. III no 171).

RÉSILIATION POUR FAUTE DU PRENEUR

Les causes de résiliation énumérées ci-après peuvent aussi être invoquées par le bailleur pour s'opposer au renouvellement d'un bail venant à expiration (C. rur. art. L 411-53). Une fois le bail renouvelé, les manquements antérieurs du preneur ne peuvent être invoqués pour la résiliation du nouveau bail formé suite au renouvellement. Celui-ci est purgé des manquements au titre du bail précédent (Cass. 3e civ. 21-1-2021 n° 20-10.916). 73805

S'il invoque la force majeure ou des raisons sérieuses et légitimes, le preneur peut éviter que ces motifs de résiliation soient retenus (C. rur. art. L 411-31). La résiliation n'est pas ici de plein droit et doit être demandée en justice par le bailleur. Si la résiliation est retenue, elle ne prend pas forcément effet à la date de la décision judiciaire qui la prononce, mais peut être antérieure (Cass. 3e civ. 19-1-2005 n° 03-16.091, Candelot c/ Talpe) car la résiliation judiciaire d'un contrat à exécution successive, telle que celle d'un bail rural, ne prend pas nécessairement effet à la date de la décision qui la prononce (Cass. 3e civ. 12-1-2022 n° 20-20.968).

Ces causes de résiliation sont :

a. Deux **défauts de paiement** du prix du bail à l'échéance (même non consécutifs) ayant persisté à l'expiration d'un délai de 3 mois après mise en demeure (C. rur. art. L 411-31, 1°). La référence à l'article L 411-31 et les mentions qu'il impose sont impératives sous peine de nullité pour obtenir la résiliation du bail (Cass. 3e civ. 13-9-2018 n° 17-14.301). Il en découle qu'une mise en demeure fondée sur l' article L 411-53 qui prévoit le non-renouvellement du bail ne permet pas d'appuyer la demande en résiliation du bail (Cass. 3e civ. 7-9-2017 n° 16-19.874). Une seule mise en demeure suffit si le paiement de deux échéances distinctes est demandé en même temps (Cass. 3e civ. 20-7-1994 n° 92-18.338 : Bull. civ. III n° 154). En cas de biens indivis, la mise en demeure, acte conservatoire, peut valablement être réalisée par un seul indivisaire ou par toute personne mandatée à cette fin par les indivisaires (Cass. 3e civ. 6-11-1986 n° 85-12.354 : Bull. civ. III n° 151 ; 31-10-2007 n° 06-18.338 : Bull. civ. III n° 187). Le preneur pourrait ne pas encourir la résiliation si le défaut de paiement ne persiste plus à la date de l'introduction de l'instance (Cass. 3e civ. 30-1-2002 n° 00-14.231 : Bull. civ. III n° 23 ; en sens contraire 3-4-2007 n° 06-12.392). La résiliation n'est pas encourue si le preneur justifie le défaut de paiement des fermages par une procédure en cours pour la fixation du prix du bail renouvelé (Cass. 3e civ. 30-6-1992 n° 90-13.196 : Bull. civ. III n° 227 ; 12-3-2014 n° 12-29.406). Dans le cas d'un bail fixant séparément le prix du fermage pour les bâtiments d'exploitation et le prix du loyer pour les bâtiments d'habitation, le défaut de paiement des seuls loyers portant sur les bâtiments d'habitation peut suffire à demander la résiliation du bail à ferme sur l'ensemble des biens loués (Cass. 3e civ. 30-10-2013 n° 12-22.310 : Bull. civ. III n° 137). Sur le refus de cession du bail en cas de retards réitérés de paiement des fermages, voir n° 74112. Pour les baux cessibles hors du cadre familial, voir n° 75077. Le paiement des fermages par le preneur peut se prouver par tout moyen (Cass. 3e civ. 23-11-2017 n° 16-17.764 P).

b. Les **agissements** du locataire **de nature à compromettre la bonne exploitation** (C. rur. art. L 411-31, 2°). Il n'est pas nécessaire que la bonne exploitation du bien soit effectivement compromise par les agissements du preneur, il suffit qu'elle soit menacée d'être compromise : mauvaise culture, cessation d'exploitation, incapacité de s'adapter aux méthodes modernes de culture, refus d'appliquer les méthodes d'amélioration préconisées par la commission départementale des baux ruraux, changement de destination du bien loué, absence d'entretien et de propreté des lieux loués (Cass. 3e civ. 27-11-2007 n° 06-20.172 : Rev. loyers. 2008 p. 110 ; 17-5-2011 n° 10-18.639), plantation de vignes non conformes aux conditions d'appellation d'origine contrôlée locale (Cass. 3e civ. 27-9-2011 n° 08-20.436), etc. La preuve du mauvais entretien ne peut pas résulter de rapports d'expert réalisés suite à la pénétration dans les parcelles louées sans l'autorisation du preneur, ni autorisation judiciaire, quand bien même le preneur aurait été informé de la venue de l'expert mandaté par le bailleur (Cass. 3e civ. 10-3-2010 n° 09-13.082 : Bull. civ. III n° 62). Par ailleurs, le fait que le preneur applique sur les terres prises à bail des pratiques ayant pour objet la préservation de la ressource en eau, de la biodiversité, des paysages, de la qualité des produits, des sols, de l'air, la prévention des risques naturels et la lutte contre l'érosion ne peut pas être invoqué à l'appui d'une demande de résiliation formée par le bailleur (C. rur. art. L 411-27). Également, ne constituerait pas un motif suffisant de résiliation du bail le simple fait qu'un preneur consacre la totalité de la production céréalière issue du terrain loué à la méthanisation et non plus à l'alimentation animale et humaine, dès lors que le bailleur ne démontre pas par ailleurs une remise en cause de la bonne exploitation du fonds (Rép. min. n° 23166 : JO Sénat Q 6-1-2022 p. 55). Rappelons à ce sujet que les installations de méthanisation de déchets non dangereux ou de matières végétales brutes peuvent être approvisionnées par des cultures alimentaires ou énergétiques, cultivées à titre de culture principale, dans une proportion maximale de 15 % du tonnage brut total des intrants par année civile (C. env. art. D 543-292). Sur les cas de résiliation du bail en cas d'abandon par le preneur de l'exploitation louée qui était mise à la disposition d'une société, voir n° 74242.

c. Le non-respect d'une **clause environnementale** insérée lors de la conclusion ou du renouvellement du bail (voir n° 73770), y compris purement contractuelle telle qu'un engagement d'exploitation agro-biologique (Cass. 3e civ. 6-2-2020 n° 18-25.460 FD).

d. Dans les **zones de rétention des crues** et dans les périmètres de protection rapprochée de **prélèvement d'eau**, le refus du preneur de se conformer aux modes de cultures imposés par la collectivité publique propriétaire (C. envir. art. L 211-13) ou le refus d'insérer des clauses environnementales dans le bail portant sur une aire d'alimentation de captages d'eau potable comme le prévoit l'article L 218-13 du Code de l'urbanisme (Loi 2022-217 du 21-2-2022 : JO 22).

e. Le fait pour le preneur d'avoir contrevenu à l'interdiction des **cessions de bail** ou des **sous-locations**, ou d'avoir cédé son bail à son conjoint, à son partenaire lié par un Pacs ou à un descendant sans autorisation préalable (voir nos 74100 s.). L'action en résiliation du bail pour cession prohibée de celui-ci ou sous-location se prescrit par 5 ans à compter de la cessation du manquement imputé au preneur (C. civ. art. 2224 ; Cass. 3e civ. 1-2-2018 n° 16-18.724 P). Également, le défaut d'information du bailleur de la **cessation d'activité d'un copreneur** doit être analysé comme une faute du preneur qui a continué à exploiter le fonds loué. Cette faute expose le copreneur à la résiliation du bail pour faute (C. rur. art. L 411-31, II-1° et L 411-35, al. 3 et 4 ; Cass. 3e civ. 3-11-2021 n° 20-10.393). Cette solution est toutefois à tempérer dans l'hypothèse du départ d'un époux ou d'un partenaire de Pacs copreneur. Dans ce cas, le conjoint ou partenaire qui poursuit l'exploitation a droit au renouvellement du bail (C. rur. art. L 411-46, al. 2). Le bail ainsi renouvelé au nom de ce seul époux ou partenaire n'encourt pas la résiliation (Cass. 3e civ. 6-7-2022 n° 21-12.833 FSB).

f. Le fait pour le preneur de procéder à un **apport** ou à une **mise à disposition** d'un bail à une société sans accord (en cas d'apport) ou information (en cas de mise à disposition d'une société ou d'un assolement commun) du bailleur (voir nos 74240 s.). L'apport irrégulier du bail à une société constitue une cession prohibée, sanctionnée par une nullité d'ordre public entraînant la résiliation du bail et le paiement de dommages et intérêts par le preneur. Sur le cas prohibé de la mise à disposition d'une **société créée de fait**, considérée comme une cession de bail interdite entraînant la résiliation du bail sans que les juges n'aient à se prononcer sur la gravité du manquement, ni à rechercher si la bonne exploitation du fonds était compromise au préjudice du bailleur, voir Cass. 3e civ. 17-6-2021 n° 19-16.640. Toutefois, cette résiliation n'est pas de plein droit et l'action en justice se prescrit par 5 ans à compter de la connaissance par le bailleur des faits lui permettant d'agir (C. civ. art. 2224 ; Cass. 3e civ. 23-11-2017 n° 16-20.065 FS-PB : RJDA 4/18 n° 384).

g. Le fait pour le preneur de procéder à un **échange de parcelle** louée sans respecter la procédure de notification préalable au bailleur prévue par l'article L 411-39 du Code rural et de la pêche maritime. Pour justifier une sanction, ce non-respect doit être de nature à porter préjudice au bailleur (voir n° 74200).

RÉSILIATION OU TRANSMISSION À LA SUITE DU DÉCÈS DU PRENEUR

73820 Le **bail continue ses effets prioritairement** auprès du conjoint ou du partenaire lié par un Pacs, des ascendants et descendants du preneur qui participent à l'exploitation ou y ont participé au cours des 5 années précédant le décès (C. rur. art. L 411-34) et qui sont en règle avec le contrôle des structures (Cass. 3e civ. 22-1-2003 n° 01-13.968). La participation au cours des 5 ans doit être réelle et suivie pendant un temps suffisant, mais elle n'a pas à être nécessairement continue au cours des 5 ans (Cass. 3e civ. 24-11-2004 n° 03-14.570 : Bull. civ. III n° 213). Peu importe que la qualité de conjoint ou de partenaire lié par un Pacs ait été acquise peu de temps avant le décès du preneur (Cass. 3e civ. 16-11-2022 n° 21-18.527).

Le **tribunal** peut librement attribuer le bail soit au conjoint ou au partenaire du Pacs, soit à l'un des ayants droit. En cas de demandes multiples, il décide entre les ayants droit remplissant les conditions sans avoir à demander l'agrément du propriétaire (sur l'attribution préférentielle du bail, voir n° 76510).

Le **bailleur** peut demander la résiliation du bail dans les 6 mois du jour où le décès du preneur est porté à sa connaissance, dès lors que le preneur décédé ne laisse pas de conjoint, de partenaire lié par un Pacs ou d'ayant droit réunissant les conditions de continuation du bail (C. rur. art. L 411-34 modifié par loi 2014-1170 du 13-10-2014). À défaut, le droit au bail est **transmis aux héritiers du preneur** ou à ses légataires universels selon les règles de droit commun établies par le Code civil (Cass. 3e civ. 21-1-2009 n° 07-21.272 : Bull. civ. III n° 17 ; 27-9-2011 n° 10-23.242), à la condition, pour garantir la continuation du bail, qu'ils respectent la réglementation du contrôle

des structures (Cass. 3e civ. 24-4-2013 n° 12-14.579). Toutefois, la Cour de cassation a précisé que la méconnaissance en cours de bail du dispositif du contrôle des structures ne constituait pas un motif de résiliation du bail prévu par la loi (Cass. 3e civ. 13-4-2022 n° 20-17.511).
De leur côté, **les héritiers** peuvent également demander la résiliation du bail dans les 6 mois du décès du preneur.

RÉSILIATION POUR CHANGEMENT DE DESTINATION

Le propriétaire peut, à tout moment, résilier le bail des parcelles dont la destination agricole peut être changée en application des dispositions d'un plan local d'urbanisme (PLU) opposable ou d'un **document d'urbanisme** en tenant lieu. La résiliation n'est possible que dans les zones urbaines définies par le plan ou le document, ce qu'il appartient au juge de vérifier (Cass. 3e civ. 15-11-2018 n° 17-16.687 et 14-3-2024 n° 22-17.652). **73830**
En l'absence de PLU ou de document d'urbanisme en tenant lieu ou, lorsqu'existe un tel document, en dehors des zones urbaines (par exemple, si les terres passent en zone à urbaniser), la résiliation ne peut être exercée, à tout moment, sur des parcelles en vue d'un changement de leur destination agricole qu'avec l'**autorisation du préfet** donnée après avis de la commission consultative des baux ruraux (C. rur. art. L 411-32). Le silence du préfet gardé pendant 4 mois vaut décision de rejet (C. rur. art. R 411-9-12, L 411-32, al. 2 et D 411-9-12-1). Une carte communale ne peut tenir lieu de PLU : dans ce cas, la résiliation du bail nécessite l'autorisation du préfet (Cass. 3e civ. 9-2-2017 n° 15-24.320 FS-PBI : BPIM 2/17 inf. 84). La résiliation du bail pour changement de destination agricole à la suite du classement de parcelles en zone AU nécessite une autorisation préfectorale, ces parcelles ayant seulement vocation à être urbanisées (Cass. 3e civ. 20-2-2013 n° 11-26.879 : Bull. civ. III n° 26).
La résiliation doit être notifiée par acte de commissaire de justice un an à l'avance. La notification doit mentionner l'engagement du propriétaire de changer la destination des terrains, dans le respect du document d'urbanisme, dans les 3 ans de la résiliation du bail. **À défaut de changement de destination** dans ce délai, le preneur peut obtenir des dommages et intérêts, mais pas sa réintégration (Cass. 3e civ. 8-4-1999 n° 97-13.957 : Bull. civ. III n° 87 ; 17-5-2018 n° 16-25.195).
Lorsque l'**équilibre économique** de son exploitation est gravement compromis par une résiliation partielle, le preneur peut exiger que la résiliation porte sur la totalité du bien loué.
Le preneur est **indemnisé** du préjudice subi, comme il le serait en cas d'expropriation. L'indemnisation du preneur n'est pas liée à une demande de résiliation totale du bail (Cass. 3e civ. 30-4-2003 n° 01-03.072 : Bull. civ. III n° 90). La résiliation peut intervenir à la date d'échéance du bail quand bien même cela priverait le preneur de son droit à indemnisation (Cass. 3e civ. 18-12-2002 n° 01-12.867 : Bull. civ. III n° 264).
Le preneur ne peut être contraint de **quitter les lieux** avant l'expiration de l'année culturale en cours lors du paiement de l'indemnité qui lui est due ou d'une indemnité provisionnelle, fixée, à défaut d'accord entre les parties, par le président du tribunal paritaire statuant en référé.
Il existe une **autre hypothèse de changement de destination** : le preneur peut se voir imposer la résiliation du bail lorsqu'il modifie la destination du bien loué en l'utilisant à des fins non agricoles, sans qu'il soit besoin de prouver si ses manquements sont de nature à compromettre la bonne exploitation du fonds (sur un cas de résiliation, basé sur le seul article L 411-27 sans référence à l'article L 411-31 du Code rural et de la pêche maritime, concernant l'utilisation des immeubles agricoles pour une activité de restauration et d'hôtellerie, voir Cass. 3e civ. 14-11-2007 n° 07-10.776 : Bull. civ. III n° 208).

RÉSILIATION EN CAS D'AMÉNAGEMENT FONCIER

En cas d'opération d'**aménagement foncier agricole et forestier** (nouvelle appellation du remembrement), le locataire d'une parcelle atteinte par l'aménagement foncier agricole a le choix, ou d'obtenir le report des effets du bail sur les parcelles acquises en échange par le bailleur, ou d'obtenir la résiliation totale ou partielle du bail, sans indemnité, dans la mesure où l'étendue de sa jouissance est diminuée par l'effet de l'aménagement foncier (C. rur. art. L 123-15). Le choix du preneur entre ces deux options doit se réaliser dans un délai raisonnable et peut être tacite, par exemple s'il ne prend pas possession des nouvelles terres (Cass. 3e civ. 31-5-2011 n° 10-19.847, Steffen c/ Amps) ; ou au contraire s'il en prend possession et les exploite quelques mois après la prise d'effet de l'aménagement foncier, quand bien même le preneur a confirmé le report du bail sur les nouvelles terres par une lettre plus d'un an après la prise d'effet de l'aménagement foncier (Cass. 3e civ. 2-10-2013 n° 12-20.892 : Bull. civ. III n° 117). **73835**

RÉSILIATION DU BAIL CONSENTI PAR UNE COLLECTIVITÉ PUBLIQUE

À tout moment, le bail peut être résilié sur tout ou partie des biens loués, lorsque ces biens sont nécessaires à la réalisation d'un projet **déclaré d'utilité publique** ; dans ce cas, le preneur a droit à une **indemnité** à raison du préjudice qu'il subit (C. rur. art. L 415-11, al. 3). **73840**

RÉSILIATION POUR RETRAITE OU PRÉRETRAITE

73850 Le preneur atteignant l'âge de la retraite agricole et désireux de liquider sa pension peut résilier le bail en notifiant sa décision au moins 12 mois à l'avance (C. rur. art. L 411-33, al. 7 et 8).

RÉSILIATION POUR INCAPACITÉ DU PRENEUR

73855 Le fermier peut demander la résiliation du bail en cas d'incapacité au travail grave et d'une durée supérieure à 2 ans, de lui-même ou de l'un des membres de sa famille indispensable au travail de la ferme (C. rur. art. L 411-33).

RÉSILIATION DU BAIL APRÈS OUVERTURE D'UNE PROCÉDURE DE REDRESSEMENT JUDICIAIRE

73860 S'agissant de **fermages échus avant le jugement** d'ouverture de la procédure (n° 77205), le bailleur ne peut pas engager une action en résiliation puisque le jugement entraîne l'arrêt des poursuites individuelles.

Il n'est recevable à intenter une telle action que pour les **loyers échus depuis plus de 2 mois** après le jugement d'ouverture de la procédure. Au surplus, le bailleur ne peut pas invoquer, à l'appui d'une demande en résiliation, le défaut d'exploitation par le preneur pendant la période d'observation.

> **Précisions** La procédure de **redressement judiciaire d'une société agricole** et le plan de continuation ne font pas obstacle à l'action en résiliation intentée par le bailleur à l'encontre du fermier qui a mis ses terres à disposition de la société : la règle de l'arrêt des poursuites individuelles ne bénéficie qu'à la personne morale objet de la procédure collective et non au fermier (Cass. 3e civ. 6-1-2010 n° 08-21.536 FS-PB : Bull. civ. III n° 3).

D. Prix du bail

73900 Nous ne traitons ici que de la réglementation du prix du bail à ferme (ou fermage). Sur le prix des baux cessibles hors du cadre familial, voir n° 75064. Sur le partage des produits dans le bail à métayage, voir n° 75130. Sur l'interdiction des « pas-de-porte », voir n° 73760.

DÉTERMINATION DU FERMAGE

73905 Les modalités de fixation et d'actualisation du loyer sont fixées par les articles L 411-11 et R 411-1 et suivants du Code rural et de la pêche maritime. Le montant du fermage fait l'objet d'une liberté encadrée puisque le choix des parties ne peut en principe intervenir qu'entre un **minimum** et un **maximum** représentant la **valeur locative** des biens loués. Ces valeurs ont été déterminées dans chaque département par arrêté du préfet après consultation de la commission consultative paritaire des baux ruraux (CCBR) et font l'objet d'un nouvel examen au plus tard tous les 6 ans. Elles sont également réévaluées tous les ans, au 1er octobre ou à la date fixée par le préfet, selon la variation du dernier indice connu des fermages (voir n° 73920).

Le prix de chaque fermage est **établi en fonction**, notamment, de la durée du bail compte tenu aussi d'une éventuelle clause de reprise en cours de bail, de l'état et de l'importance des bâtiments, de la qualité des sols, de la structure parcellaire du bien loué. La durée du bail étant un élément de fixation du fermage, les arrêtés préfectoraux portant sur les fermages prévoient des **majorations de prix** pour les baux à long terme (voir n° 75250). Ce prix est constitué, d'une part, par le loyer des bâtiments d'habitation, d'autre part, par le loyer des bâtiments d'exploitation et des terres nues et, le cas échéant, de l'obligation faite au preneur de mettre en œuvre des pratiques culturales respectueuses de l'environnement (C. rur. art. L 411-11, al. 1). La pluralité de loyers à payer ne remet pas en cause le principe d'indivisibilité du bail rural.

73910 **Loyer des bâtiments d'habitation** La **fixation** du loyer spécial des bâtiments d'habitation intervient en monnaie entre des minima et des maxima fixés par le préfet (C. rur. art. L 411-11, al. 2). Ces minima et maxima sont calculés par mètre carré de surface dite « loi Carrez » (surface retenue en cas de vente d'un lot de copropriété). Ces montants sont arrêtés par catégories en fonction de l'état d'entretien et de conservation des logements, de leur importance, de leur confort et de leur situation par rapport à l'exploitation ; ils tiennent compte des indicateurs publics ou privés mesurant les loyers pratiqués localement (C. rur. art. R 411-1). Le préfet disposait de 18 mois, à compter du 10 janvier 2008, pour prendre un nouvel arrêté fixant les minima et maxima des loyers d'habitation en fonction de ces critères, après consultation des commissions consultatives des baux ruraux (C. rur. art. R 411-2 ; Décret 2008-27 du 8-1-2008 art. 2).

Ces nouveaux maxima et minima sont applicables aux baux en cours à la date d'entrée en vigueur de l'arrêté préfectoral. Le loyer des bâtiments d'habitation stipulé dans ces baux peut être révisé à l'initiative de l'une des parties au bail à compter de la publication de l'arrêté en question. À défaut d'accord entre les parties, le loyer des bâtiments d'habitation est fixé par le tribunal (C. rur. art. L 411-11, al. 2).

Le loyer fixé, ainsi que les minima et maxima réglementaires, font l'objet d'une **actualisation** annuelle selon la variation de l'indice de référence des loyers publié par l'Insee (C. rur. art. L 411-11, al. 2).

Loyer des terres et des bâtiments d'exploitation Le fermage est fixé en **monnaie** entre des minima et des maxima arrêtés par le préfet après avis de la CCBR. Depuis l'année 2010, il est actualisé selon la variation de l'**indice national des fermages** dont l'évolution est constatée chaque année avant le 1er octobre. Les **minima et maxima** évoluent de la même façon en fonction de l'indice ; ils sont publiés au recueil des actes administratifs du département (C. rur. art. R 411-9-10). 73915

Par dérogation, le fermage des **cultures permanentes viticoles, arboricoles, oléicoles et agrumicoles** et des bâtiments d'exploitation y afférents peut être évalué, si les parties en sont d'accord, entre des minima et maxima, sur la base d'une quantité d'une ou plusieurs **denrées** figurant sur une liste établie par le préfet. Cette quantité doit être fixée une fois pour toutes dans le bail et ne peut pas fluctuer d'une année sur l'autre (Cass. 3e civ. 21-1-2009 n° 07-20.233 : Bull. civ. III n° 18).

En l'**absence de fixation** par l'arrêté préfectoral des minima et maxima de certains types d'exploitations spécialisées telles que les productions hors-sol, les élevages piscicoles, les activités équestres, le fermage n'est pas librement déterminé par les parties : celles-ci, ou le juge lorsqu'il est saisi d'une action en révision du fermage anormal ou en fixation du prix du bail requalifié, doivent se référer aux situations locales, aux usages professionnels et aux dispositions en vigueur prises par arrêté dans un département voisin (Cass. 3e civ. 18-5-2005 n° 04-11.758 : Bull. civ. III n° 108, s'agissant d'un poulailler), à la double condition qu'il soit démontré qu'il n'existe pas dans le département concerné de prix fixé par arrêté préfectoral pour l'activité du preneur et que les éléments retenus pour la fixation du fermage soient explicités (pour un centre équestre pour lequel le bail avait été requalifié de bail rural, voir Cass. 3e civ. 11-3-2014 n° 13-10.685).

> **Précisions** **a.** Il a été jugé que le fermage pouvait être, dès la conclusion du bail pour des terres dont la nature est appelée à évoluer, fixé pour les premières années du bail en référence à la valeur du blé, puis pour les années suivantes, en référence à la valeur de vin d'appellation dès lors que les valeurs retenues étaient bien prévues par l'arrêté préfectoral fixant les minima et maxima des fermages (Cass. 3e civ. 31-5-2012 n° 10-27.125 : Bull. civ. III n° 88).
>
> **b.** Concernant les **activités équestres** devenues agricoles depuis 2005, les préfets fixent par **arrêté**, après avis des commissions paritaires des baux ruraux, les fourchettes de fermage spécifiques aux bâtiments et installations propres à ces activités. À notre connaissance, à ce jour, quelques départements ne sont pas encore dotés de ces minima et maxima spécifiques.
>
> **En l'absence d'un tel arrêté**, le juge du fond a un pouvoir souverain d'appréciation du prix devant s'appliquer à une telle location, mais il a l'obligation de s'expliquer sur les éléments retenus pour fixer la valeur locative du bien : celle-ci doit notamment être déterminée selon les situations locales, les usages professionnels et les minima et maxima applicables à ce type d'exploitations dans un département voisin (Cass. 3e civ. 11-3-2014 n° 13-10.685), tout en recherchant si les dispositions de l'arrêté préfectoral du département sont compatibles avec la détermination du fermage des terres nues incluses dans le bail (Cass. 3e civ. 7-12-2022 n° 21-12.506).
>
> **c.** Le barème des fermages établi par arrêté préfectoral est applicable aux exploitations en **agriculture biologique**, dès lors que ce barème prévoit des minima et des maxima pour les terres, les plantations et bâtiments d'habitation, et que ces éléments concernent les biens loués. En effet, la fixation à la valeur locative, appréciée souverainement par les juges du fond en fonction des éléments qui leurs sont soumis (situation locale, usages professionnels, etc.), n'est possible que dans le cas d'une exploitation « spécialisée » (haras, exploitations hors-sol, etc.) pour laquelle les différents barèmes établis par l'autorité administrative se révèlent incompatibles avec les biens loués (Cass. 3e civ. 13-7-2011 n° 10-19.583 : Bull. civ. III n° 130).

Composition de l'indice national des fermages L'indice national des fermages est composé du revenu brut à l'hectare des exploitations agricoles (RBEA, calculé au niveau 73920

national au cours des 5 années précédentes) à hauteur de 60 % et de l'évolution du niveau général des prix de l'année précédente à hauteur de 40 % (C. rur. art. L 411-11 et R 411-9-3) :
– le revenu brut d'entreprise agricole est calculé annuellement sur la base des données du réseau d'information comptable agricole (Rica France), actualisées pour l'année n-1 et telles que présentées à la Commission des comptes de l'agriculture de la nation (l'année 2009 constituant la base 100) ;
– le niveau général des prix correspond à l'évolution annuelle du prix du produit intérieur brut (PIB) établi par l'Insee dans le cadre des comptes de la nation (l'année 2009 constituant la base 100).
Le nouvel indice des fermages est applicable aux baux en cours à compter du 28 juillet 2010 (Loi 2010-874 du 27-7-2010 art. 62). L'indice national des fermages et sa variation annuelle sont constatés chaque année avant le 1er octobre par arrêté du ministre de l'agriculture.

> **Précisions** La **valeur de l'indice national des fermages** est de 110,26 pour l'année 2022 (Arrêté du 13-7-2022 : JO 16), 116,46 pour l'année 2023 (Arrêté du 18-7-2023 : JO 21-7) et 122,55 pour l'année 2024, soit + 5, 23 % par rapport à l'année précédente (Arrêté du 17-7-2024 : JO 30).

73925 **Application dans le temps du régime des fermages « en monnaie » de 1995** Le régime des fermages issu de la loi 95-2 du 2 janvier 1995 s'appliquait, en principe, à tous les baux conclus ou renouvelés depuis le 4 janvier 1995.
Les fermages des baux en cours à cette date, ou de ceux conclus ou renouvelés avant le 4 janvier 1996, peuvent encore être exprimés en quantité de denrées (Loi 95-2 du 2-1-1995 art. 5). Leur actualisation s'effectue par application de l'indice des fermages au dernier prix de la ou des denrées retenues (cours constaté par arrêté préfectoral, ou, pour le blé fermage, cours fixé par l'arrêté ministériel du 26 octobre 1994, soit 124,50 F le quintal). La clause du bail prévoyant le paiement du fermage en denrées, devenue illicite depuis la loi de 1995, peut être régularisée à tout moment, notamment lors du renouvellement du bail (Cass. 3e civ. 7-5-2002 n° 00-20.950 : Bull. civ. III n° 95).

PAIEMENT DU FERMAGE

73940 Le fermage est obligatoirement réglable en **argent**. Toutefois, pour les cultures permanentes viticoles, arboricoles, oléicoles et agrumicoles, le fermage peut être réglé soit en espèces, soit en **nature**, soit partie en espèces, partie en nature (dans la mesure où les parties ont opté, d'un commun accord, pour l'application du régime légal antérieur).
L'**action en paiement** d'un fermage ou d'une charge locative se prescrit par 5 ans, tout comme l'**action en répétition** d'un fermage ou d'une charge locative versé indûment (C. civ. art. 2224 introduit par loi 2008-561 du 17-6-2008 et art. 2277 ancien). Seules les créances déterminées peuvent être prescrites (Cass. 3e civ. 13-12-2005 n° 04-20.166, s'agissant de l'ancien article 2277 du Code civil).

REDEVANCES OU SERVICES EN SUS ; TAXES RÉCUPÉRABLES ; RÉDUCTION DU FERMAGE

73950 Le fermage ne peut comprendre, en sus du prix calculé comme nous venons de l'indiquer, aucune redevance ou service de quelque nature que ce soit, ni aucune majoration, sauf si le bailleur, en accord avec le preneur, a réalisé des **investissements** dépassant ses obligations légales ou lorsque des investissements sont imposés au bailleur par une personne morale de droit public ou encore lorsque le bailleur a supporté définitivement l'indemnité due au preneur sortant (nos 75000 s.).

> **Précisions a.** Le bailleur peut demander au preneur le paiement de la **taxe d'irrigation gravitaire** appelée aussi taxe d'arrosage si elle correspond à un investissement imposé au bailleur par une personne morale de droit public (Cass. 3e civ. 4-7-2012 n° 11-12.997).
> **b.** Il ne faut pas confondre les **redevances en travaux** avec certaines « réparations locatives » dues par le preneur, notamment pour l'entretien des chemins et des fossés.
> **c.** De même, peut être admise l'exécution de **travaux** promis par le fermier dans le bail quand ils sont stipulés pour la ferme elle-même, **dans l'intérêt commun des parties** (par exemple, entretien des chaumes de couvertures, curage des étangs dont le fermier tire certains avantages, entretien d'un grillage protégeant le fonds contre le gibier provenant de bois voisins).
> **d.** En revanche, les tribunaux ont prohibé, comme redevance, une clause de **gardiennage** et de pacage des **animaux des bailleurs** dans le seul intérêt personnel de ces propriétaires.
> Mais la suppression des redevances ne doit pas « déséquilibrer » le fermage : aussi (à moins que le fermage stipulé redevances comprises n'ait dépassé le maximum) la suppression d'une redevance doit-elle s'accompagner d'une **rectification du fermage** principal.

LIMITES MAXIMUM ET MINIMUM DU PRIX

Le fermage convenu par le bail initial (ou lors de son renouvellement) ne peut : 73960
– ni excéder le maximum de l'arrêté du préfet ;
– ni descendre au-dessous du minimum.

Toutefois, un certain nombre d'**assouplissements** ont été prévus :

a. Des réductions du fermage peuvent intervenir, en **cas de sinistre ou de perte** de la chose louée par cas fortuit (C. rur. art. L 411-24 et L 411-30).

b. Certaines **taxes** qui frappent le fonds (elles sont inscrites sur l'avertissement relatif aux impôts locaux) sont **récupérables sur le fermier** quand celui-ci profite des avantages dont elles sont le prix.

Doivent ainsi être remboursées au propriétaire par le locataire :
– les **dépenses de voirie** : à défaut d'accord entre les parties, qui ne peut aboutir à faire supporter au preneur la totalité de la taxe, celui-ci doit rembourser au bailleur le 1/5 des taxes foncières. À noter que le montant de l'exonération de 20 % des taxes sur le foncier non bâti visée n° 29613 doit être intégralement rétrocédé aux preneurs des terres considérées ; aucun remboursement de taxes n'est donc effectué par le preneur qui se conforme à la prise en charge légale de 20 % (C. rur. art. L 415-3) ;
– la moitié de la **cotisation** pour frais de **chambres d'agriculture** (C. rur. art. L 514-1, al. 6).

c. Il est permis, sous certaines conditions, de tenir compte du **financement des investissements du bailleur**, en particulier lorsque celui-ci a effectué, en accord avec le preneur, des investissements dépassant le cadre de ses obligations légales (C. civ. art. 1719). Le fermage est, en cours de bail, soit majoré, soit augmenté d'une rente en espèces au plus égale au taux plafond des prêts bancaires aux entreprises sur ressources des livrets de développement durable (C. rur. art. L 411-12 et R 411-8).

d. Les minima arrêtés par le préfet ne s'appliquent pas au fermage lorsque le bail comporte des **clauses environnementales** (C. rur. art. L 411-11, dernier al.) (voir n° 73770).

e. Sur l'application des maxima aux **baux cessibles hors du cadre familial**, voir n° 75064.

f. En cas de **sous-location** autorisée de bâtiments à usage d'habitation ou à usage de vacances ou de loisirs, voir n°s 74140 s.

> **Précisions a.** Si les investissements ont été exécutés dans le cadre d'une **association syndicale** ou d'une **association foncière de remembrement**, la rente en espèces est fixée d'un commun accord entre les parties ou, à défaut, par le tribunal paritaire, compte tenu notamment des dépenses supportées par le bailleur (C. rur. art. R 411-9, al. 1).
> **b.** Si le bailleur conclut un bail avec un **nouveau preneur**, il peut obtenir de celui-ci pour les améliorations qu'il a réalisées ou celles au titre desquelles il a versé une indemnisation au preneur précédent, une majoration du prix du bail correspondant à l'amélioration de la rentabilité de l'exploitation et, s'il y a lieu, à celle des bâtiments d'habitation (C. rur. art. L 411-12, L 411-76 et R 411-9, al. 2).

RÉVISION DES FERMAGES EXCESSIFS OU INSUFFISANTS

Le statut du fermage a prévu une possibilité d'action en révision, dans le cas où le preneur ou le 73970
bailleur a, lors de la conclusion ou du renouvellement du bail, accepté un prix supérieur ou inférieur d'au moins 1/10e à la valeur locative de la catégorie du bien particulier donné à bail (C. rur. art. L 411-13).

L'un ou l'autre peut, au cours de la **3e année de jouissance**, et une seule fois, saisir le tribunal paritaire qui fixera, pour la période restant à courir à partir de la demande, le prix normal du fermage, en se référant aux minima et maxima déterminés comme il a été indiqué n°s 73905 s.

Cette faculté de révision vaut pour la 3e année du premier bail comme pour la 3e année de chacun des baux renouvelés.

À **défaut d'accord**, le tribunal paritaire fixe le nouveau prix du bail.

Les **dispositions** que nous venons d'analyser relatives au prix du bail sont d'**ordre public**, c'est-à-dire que, même si un accord différent avait été signé, chaque partie peut demander l'application des dispositions de la loi.

Si, à la suite de leur réexamen périodique (au moins tous les 6 ans), les **barèmes départementaux** sont **modifiés**, le prix du bail en cours ne peut être révisé, à l'initiative de l'une des parties, que lors du renouvellement sauf s'il s'agit d'un bail à long terme (auquel cas la révision peut intervenir à chaque nouvelle période de 9 ans).

ADJUDICATIONS

Lorsque le **bailleur** est une **personne morale de droit public** (commune, département, établisse- 73980
ment public), le bail peut être conclu soit à l'amiable, soit par adjudication (C. rur. art. L 411-15).
Lorsque le bail est conclu à l'amiable, le barème préfectoral doit être respecté.

Lorsque le bail est conclu par adjudication, les **enchères** sont arrêtées dès que le prix offert pour le fermage atteint le montant maximum du barème. Dans ce cas, tous les enchérisseurs peuvent se porter preneur au prix maximum. En cas de pluralité d'enchérisseurs à ce prix, le bailleur choisit parmi eux le bénéficiaire du bail ou procède par tirage au sort.
Quel que soit le mode de conclusion du bail, une **priorité** est réservée aux exploitants qui réalisent une installation en bénéficiant de la dotation d'installation aux jeunes agriculteurs, ou, à défaut, aux exploitants de la commune répondant à certaines conditions de capacité professionnelle agricole et de superficie (Rép. Dumoulin : AN 5-11-2001 p. 6309 n° 65188).

PRIX DU BAIL RENOUVELÉ

73990 Le bail est renouvelé, en **principe** aux conditions du bail précédent, automatiquement, à moins qu'un congé n'ait été donné ; mais les parties peuvent en respectant la réglementation locale se mettre d'**accord pour modifier** le prix en espèces ou la valeur locative du bien loué.

> **Précisions** **a.** À défaut d'accord amiable, le **tribunal paritaire** peut être appelé à trancher (C. rur. art. L 411-50). Aucun délai n'est prévu pour engager l'instance. Le prix du bail renouvelé prend effet à la date de renouvellement du bail, quelle que soit la date de saisine du tribunal (Cass. 3e civ. 11-3-2015 n° 13-25.787 : Bull. civ. III n° 287).
b. Les **améliorations** apportées au fonds loué font l'objet d'une indemnisation en fin de bail et ne peuvent pas fonder une augmentation du prix du bail renouvelé (Cass. 3e civ. 6-7-2017 n° 16-15.607 et 5-4-2018 n° 17-15.832).
c. L'**action en révision** visée n° 73970 peut être intentée au cours de la 3e année de jouissance d'un bail renouvelé lorsque le prix de ce bail ne résulte pas d'une décision du juge et est supérieur ou inférieur de plus de 1/10e à la valeur locative normale du bien donné à bail.

E. Cession, sous-location, échange de cultures, apport ou mise à disposition d'une société

1. CESSION DE BAIL ET SOUS-LOCATION

PRINCIPE

74100 Il est **interdit** à un preneur de céder son bail ou de sous-louer, même partiellement (C. rur. art. L 411-35 ; Cass. 3e civ. 23-2-2005 n° 03-18.923). Une cession ou une sous-location consentie au mépris de cette interdiction est nulle et de nul effet. Le preneur encourt aussi la résiliation de son bail (C. rur. art. L 411-31, II-1°), le refus de son renouvellement ou l'interdiction de le céder à un descendant (Cass. 3e civ. 23-11-2004 n° 03-15.974) et le versement de dommages-intérêts résultant de l'inexécution du bail (C. rur. art. L 411-31, II-al. 2). Des **exceptions** à ce principe d'interdiction sont prévues (pour les baux cessibles hors du cadre familial, voir nos 75050 s.).

> **Précisions** **a.** Les conventions décrites n° 73540 (mises à disposition à titre onéreux, cessions exclusives des fruits de l'exploitation) peuvent caractériser une **sous-location prohibée**, lorsqu'elles sont consenties par un preneur sur les biens pris à bail.
b. La sous-location prohibée se démontre par l'**existence d'une contrepartie à l'occupation des terres par un tiers** (Cass. 3e civ. 28-1-2004 n° 02-17.746 ; s'agissant d'un contrat de « coproduction » de melons, Cass. 3e civ. 8-12-2004 n° 03-16.535 : Bull. civ. III n° 226). La mise à disposition de parcelles louées au profit de bergers sans terre, moyennant une contrepartie, constitue également une sous-location prohibée (Cass. 3e civ. 30-11-2005 n° 04-18.499), peu importe que le bailleur ait eu connaissance de la sous-location ou que cette mise à disposition de terres à des bergers qui en sont dépourvus corresponde à un usage local (Cass. 3e civ. 13-7-2010 n° 09-16.598 : Bull. civ. III n° 144).
c. Peu important la gravité du manquement et qu'il soit de nature à compromettre ou non la bonne exploitation du fond, constitue une **sous-location** prohibée emportant la résiliation du bail, l'utilisation de terrains **sans contrepartie** représentant moins de 10 % de l'ensemble loué par un tiers précédemment autorisé par le bailleur exploitant (Cass. 3e civ. 6-6-2019 n° 17-21.335). Par ailleurs, justifie la résiliation du bail, sa **cession partielle** à une société pour y exploiter un parcours d'accrobranche (Cass. 3e civ. 14-11-2019 n° 18-12.170).
Jugée cependant **licite** la sous-location d'une partie de la parcelle pour l'implantation d'un **panneau publicitaire** sur une surface réduite (un poteau) et sans incidence sur l'exploitation (Cass. 3e civ. 22-9-2016 n° 15-16.230).
d. Le recours à des **prestataires de services**

n'est pas une sous-location interdite lorsque le preneur conserve la maîtrise et la disposition des parcelles en location et ne les abandonne pas à des tiers (Cass. 3e civ. 19-1-2010 n° 08-21.885).

e. La **cession** de la totalité du **capital social** d'une société preneuse à bail n'emporte pas cession prohibée du bail, la société poursuivant l'exploitation (Cass. 3e civ. 7-7-2004 n° 03-11.585 : Bull. civ. III n° 147).

f. Le preneur peut échapper aux **sanctions de la cession prohibée** en arguant d'un cas de **force majeure**, de nature à empêcher l'exécution de ses obligations nées du bail (C. civ. art. 1218 dans sa rédaction issue de ord. 2016-131 du 10-2-2016, anciennement art. 1148), encore faut-il caractériser la force majeure comme provenant d'un événement irrésistible, imprévisible et qui échappe au contrôle du débiteur. Jugé que la survenance d'une grave maladie du preneur trois ans après la conclusion du bail et qui s'est aggravée ne caractérise pas un cas de force majeure légitimant la mise à disposition d'un tiers d'une partie des terres louées (Cass. 3e civ. 22-1-2014 n° 12-28.246 : Bull. civ. III n° 6, jurisprudence rendue sous l'empire de l'ancien article 1218 du Code civil mais transposable selon nous).

CESSION DE BAIL AU CONJOINT, AU PARTENAIRE PACSÉ OU AUX DESCENDANTS DU PRENEUR

Accord préalable du bailleur Le preneur peut céder son bail à son conjoint ou à son partenaire lié par un Pacs participant à l'exploitation des terres affermées ou à un descendant majeur ou ayant été émancipé (C. rur. art. L 411-35 ; Cass. 3e civ. 9-10-1996 n° 94-20.108 : JCP éd. G 1996 II n° 22740). 74110

Le preneur cédant doit obtenir l'accord préalable du bailleur. Une **cession** de bail **sans autorisation** préalable peut justifier une résiliation du bail. La cession du bail sous condition suspensive de l'autorisation du bailleur ou du tribunal n'est pas admise (Cass. 3e civ. 27-10-2004 n° 03-13.071 : Bull. civ. III n° 181). L'autorisation peut être **tacite** et résulter des circonstances et du comportement du bailleur (Cass. 3e civ. 8-11-1989 n° 88-13.152 : Bull. civ. III n° 210). Cela suppose un ensemble d'actes caractérisant une manifestation claire et **non équivoque** de l'accord du bailleur (Cass. 3e civ. 16-1-2002 n° 00-17.696 : Bull. civ. III n° 7). Le silence du bailleur a été jugé équivoque (Cass. 3e civ. 27-5-2003 n° 02-11.227), tout comme l'encaissement d'une somme d'argent par le bailleur (Cass. 3e civ. 16-1-2002 n° 00-17.696 : Bull. civ. III n° 7 ; 23-3-2010 n° 09-12.549) ou par le notaire titulaire d'un simple mandat général de gestion (Cass. 3e civ. 2-2-2010 n° 09-65.833), et de même que la perception de deux fermages (Cass. 3e civ. 30-9-2014 n° 13-20.419). Mais constitue une acceptation tacite de la cession du bail la perception régulière des fermages versés par le cessionnaire, complétée de multiples correspondances entre les parties, de l'envoi chaque année des décomptes à l'adresse du cessionnaire et de la purge du droit de préemption à son égard (Cass. 3e civ. 5-4-2011 n° 10-17.796).

> **Précisions a.** L'**usufruitier** peut donner sans le concours du nu-propriétaire son autorisation à la cession du bail (Cass. 3e civ. 15-3-2000 n° 98-18.322 : Bull. civ. III n° 57).
Lorsque le bailleur est une **indivision**, l'autorisation de la cession de bail au profit du descendant du preneur réclame un accord unanime des indivisaires (Cass. 3e civ. 1-6-2011 n° 10-16.466). Le bailleur marié sous le **régime de la communauté** doit obtenir l'accord de son conjoint pour céder le bail portant sur le fonds commun aux époux (C. civ. art. 1425 ; Cass. 3e civ. 30-9-2014 n° 13-20.421).

b. Lorsque le bail porte sur des **biens communaux**, l'autorisation de céder le bail doit être obtenue du conseil municipal (CGCT art. L 2122-21).

Autorisation judiciaire de la cession À défaut d'accord du bailleur, l'autorisation peut être accordée par le tribunal paritaire. Cette demande peut être directement formée devant le tribunal sans que le preneur ait préalablement consulté le bailleur (Cass. 3e civ. 3-4-1997 n° 95-11.739 : Bull. civ. III n° 79). Toutefois, l'agrément ou, à défaut, l'autorisation doit être **préalable** à la cession du bail (Cass. 3e civ. 7-4-1993 n° 90-20.812 : Bull. civ. III n° 54). 74112

Le tribunal paritaire ne peut pas rejeter une autorisation de cession de bail sans établir que la cession pourrait préjudicier aux **intérêts du bailleur** (Cass. 3e civ. 22-7-1992 n° 91-18.332 : Bull. civ. III n° 258). Le juge ne doit pas prendre en considération les projets d'exploitation ou d'installation du bailleur. Sa décision doit résulter du **comportement du preneur-cédant**, notamment **sa bonne foi et son respect des obligations** nées du bail, des qualités du bénéficiaire de la cession et **des conditions de mise en valeur de l'exploitation** par le cessionnaire éventuel (Cass. 3e civ. 21-2-1996 n° 94-12.134 : Bull. civ. III n° 51 ; 5-6-2002 n° 00-21.893 : Bull. civ. III n° 128). Ainsi, la possibilité de conclure un bail avec un autre preneur qui offrirait plus de garanties d'une bonne exploitation du fonds ne caractérise pas une atteinte aux intérêts légitimes du bailleur (Cass. 3e civ. 4-6-2014 n° 13-15.141 : Bull. civ. III n° 75). Il est admis que la cession du bail à un descendant peut être refusée si le preneur ne s'est pas acquitté à temps de ses fermages (Cass. 3e civ. 16-11-1994 n° 91-22.178 : Bull. civ. III n° 191), même si les retards de paiement, antérieurs au dernier renouvellement du bail, avaient pris fin depuis plusieurs années (Cass. 3e civ. 3-12-2015 n° 14-23.207), ou si le preneur, de manière délibérée, ne respecte pas le bail (Cass. 3e civ. 5-11-2014 n° 13-24.503 : Bull. civ. III n° 145 ; par exemple en n'informant pas le bailleur de la mise à disposition d'une société des terres louées : Cass. 3e civ. 26-10-2022 n° 21-17.886) ou encore s'il ne participe plus aux travaux au sein de la société bénéficiaire d'une mise à disposition du bail (Cass. 3e civ. 12-10-2023 nos 21-20.212 et 21-22.101) ; mais aussi et le cas s'avère assez fréquent en pratique, si l'un des **copreneurs** au bail n'était pas associé de la société au profit de laquelle le bail avait été mis à disposition en participant de manière effective et permanente aux travaux de l'exploitation selon les usages de la région et en fonction de l'importance de l'exploitation (Cass. 3e civ. 3-2-2010 n° 09-11.528 : Bull. civ. III n° 29 ; 27-4-2017 n° 16-12.825). Pour caractériser leur **bonne foi**, les copreneurs doivent adhérer concomitamment à la société bénéficiaire de la mise à disposition (Cass. 3e civ. 25-10-2018 n° 17-14.073). Sur la bonne foi du copreneur lorsque l'autre cesse son activité, voir n° 74130. Il a été jugé que le copreneur resté associé du Gaec après le départ en retraite de l'autre copreneur disposait d'un domicile dont l'éloignement n'était pas compatible avec une participation effective et permanente à la mise en valeur des terres et assurait en outre des fonctions limitées de gestion et de direction du groupement : l'autorisation judiciaire de cession du bail à un descendant a été refusée (Cass. 3e civ. 22-3-2018 n° 16-20.779 FS-PBI). La bonne foi du cédant doit être appréciée à la date de la demande en justice d'autorisation de cession (Cass. 3e civ. 31-5-2018 n° 17-19.893 concernant un preneur qui demande sa mise à la retraite après la saisine du tribunal). Toutefois, si le bailleur laisse sciemment le bail se renouveler, il ne peut pas se prévaloir de la mauvaise foi des copreneurs (Cass. 3e civ. 5-6-2013 n° 12-16.324 ; dans la même hypothèse, solution contraire Cass. 3e civ. 11-5-2017 n° 15-23.340). Le manquement aux obligations du preneur doit toutefois présenter un caractère de gravité suffisant. Tel n'est pas le cas du preneur qui avait partiellement manqué à ses obligations contractuelles en n'exploitant pas une seule des parcelles du fonds loué (Cass. 3e civ. 11-5-2022 n° 21-14.319).

> **Précisions a.** La demande d'**autorisation judiciaire** de cession du bail peut être **déposée après l'expiration du bail**, dès lors que la demande d'agrément a été notifiée au bailleur avant la date d'expiration du bail (Cass. 3e civ. 8-10-2015 n° 14-20.101).
b. La **situation du cessionnaire** s'apprécie à la date de la cession projetée qui ne peut être **conditionnée à un événement futur** (Cass. 3e civ. 24-6-2015 n° 14-15.263).
c. En cas de **transfert du bail à cause de mort**, la cession postérieure du bail ne peut être refusée pour des faits commis antérieurement au transfert, sauf si leurs conséquences ont perduré ensuite. Seuls doivent être examinés les manquements aux obligations du bail imputables au bénéficiaire du transfert (Cass. 3e civ. 4-6-2014 n° 13-17.854 : Bull. civ. III n° 76).
d. La cession du bail rural est **opposable au bailleur** s'il y a consenti par avance, si elle lui a été notifiée ou s'il en a pris acte (C. civ., art. 1216, al. 2 ; Cass. 3e civ. 14-12-2023 n° 22-16.751 et avec pour conséquence la validité du congé reprise délivré au preneur sortant, Cass. 3e civ. 11-1-2024 n° 22-15.661) ; auparavant, la jurisprudence exigeait le respect du formalisme de la cession de créance prévu par l'article 1690 du Code civil (dans sa rédaction antérieure à l'ord. 2016-131 du 10-2-2016 ratifiée par loi 2018-287 du 20-4-2018 : JO 21 ; Cass. 3° civ. 9-4-2014 n° 13-10.945 P).

74115 **Cession à un descendant** En cas de cession à un descendant, le bénéficiaire doit être en règle avec le **contrôle des structures** (Cass. 3e civ. 22-1-2003 n° 01-13.968). Lorsqu'il n'a pas présenté sa demande d'autorisation d'exploiter à la date projetée pour le transfert du bail, les juges ne peuvent pas autoriser la cession, même si la demande d'autorisation d'exploiter a été déposée et obtenue par la suite (Cass. 3e civ. 12-6-2001 n° 99-21.747 ; 10-10-2001 n° 00-10.882 : Bull. civ. III n° 114) ; de même lorsque la demande d'autorisation d'exploiter obtenue avant la date projetée de la cession a été annulée par la suite (Cass. 3e civ. 14-4-2016 n° 15-15.781).

En cas de mise à disposition des terres louées au profit d'une société au sein de laquelle il sera exploitant, le candidat à la cession est dispensé de justifier d'une autorisation personnelle d'exploiter lorsque la société est elle-même titulaire de l'autorisation (pour un Gaec, Cass. 3e civ. 4-3-2009 n° 08-13.697 : Bull. civ. III n° 54 ; pour une EARL, 27-5-2009 n° 08-14.982 : Bull. civ. III n° 121 ; 12-4-2018 n° 17-16.965 FS-PBI) ; voir n° 80850, Précisions, c.

74117 Le descendant du preneur candidat à l'installation doit par ailleurs satisfaire aux conditions de **compétence professionnelle** prévues pour le contrôle des structures : à la date de la cession projetée, il doit posséder un certain diplôme ou 5 ans d'expérience professionnelle acquise dans les 15 ans qui précèdent cette date (Cass. 3e civ. 8-12-1999 n° 98-15.093 : Bull. civ. III n° 237). L'absence de diplôme ou d'expérience peut être palliée par une autorisation d'exploiter (Cass. 3e civ. 1-10-2008 n° 07-17.242 : Bull. civ. III n° 141).

La cession du bail à un descendant ne peut être réalisée qu'avec l'**accord exprès du conjoint du preneur**. Celui des époux qui n'a pas donné son consentement à l'acte peut en demander l'annulation dans l'année qui suit le jour où il en a eu connaissance. Cette disposition ne concerne pas le partenaire pacsé. 74120

Sort des améliorations En cas de cession du bail, les améliorations faites par le cédant peuvent être cédées au nouveau preneur. Ce dernier est alors subrogé dans les **droits à indemnité** que l'intéressé aurait pu exercer en fin de bail (voir n° 75005). 74125

Association d'un copreneur Le preneur peut, avec l'agrément du bailleur ou, à défaut, avec l'autorisation du tribunal paritaire, **associer à son bail** en qualité de **copreneur** son conjoint ou son partenaire pacsé participant à l'exploitation ou un descendant majeur. Sur le renouvellement du bail au profit du conjoint ou du partenaire lié par un Pacs copreneur restant suite au départ de l'autre, voir n° 74400. 74130

Lorsque l'un des copreneurs **cesse de participer** à l'exploitation du bien loué, le copreneur qui continue à exploiter dispose de 3 mois à compter de cette cessation pour demander au bailleur que le bail se poursuive à son seul nom. La demande doit être effectuée par lettre recommandée avec demande d'avis de réception, des mentions obligatoires sont prévues à peine de nullité : motifs, date de cessation de l'activité du preneur et intégralité de l'alinéa 3 de l'article L 411-35 du Code rural et de la pêche maritime (C. rur. art. L 411-35). Le propriétaire peut s'y opposer en saisissant dans les 2 mois le tribunal paritaire (C. rur. art. D 411-9-12-2). Cette disposition est applicable aux baux conclus depuis plus de 3 ans sauf lorsque la cessation d'activité du copreneur résulte d'un cas de force majeure.

Un bail conclu depuis moins de 3 ans et pour lequel un des copreneurs aurait cessé de participer aux travaux apparaît ne pas pouvoir faire l'objet d'une régularisation, sauf si cette cessation était due à un cas de force majeure. Un accord amiable pour la poursuite du bail est toutefois toujours envisageable.

En cas de **décès du preneur**, le conjoint copreneur survivant ayant un droit personnel au bail peut demander à le céder à un descendant (Cass. 3e civ. 19-2-2003 n° 01-16.473 : Bull. civ. III n° 42) (voir n°s 73820 et 74115).

SOUS-LOCATIONS À USAGE DE VACANCES OU DE LOISIRS

Le bailleur peut autoriser le preneur à consentir des sous-locations pour un usage de vacances ou de loisirs (notamment pour les **gîtes ruraux**, le **camping**). Chacune de ces sous-locations ne peut pas excéder une **durée** de 3 mois consécutifs et le bénéficiaire de la sous-location n'a aucun droit au renouvellement ni au maintien dans les lieux à son expiration. 74140

En cas de **refus du bailleur**, le preneur peut saisir le tribunal paritaire : celui-ci peut, s'il estime non fondés les motifs de l'opposition du bailleur, autoriser le preneur à conclure la sous-location envisagée. Dans ce cas, il fixe éventuellement la part du produit de la sous-location qui sera versée au bailleur par le preneur (C. rur. art. L 411-35, al. 5).

SOUS-LOCATIONS DE BÂTIMENTS À USAGE D'HABITATION

Le bailleur peut autoriser le preneur à consentir des sous-locations des bâtiments à usage d'habitation (en dehors de tout usage de vacances ou de loisirs). Cette autorisation doit faire l'objet d'un **accord écrit** (C. rur. art. L 411-35, al. 5). À défaut d'accord écrit et préalable du bailleur, le preneur qui a sous-loué les bâtiments d'habitation encourt la résiliation de son bail rural (Cass. 3e civ. 19-1-2011 n° 09-72.507 : Bull. civ. III n° 118). 74150

Cet accord fixe la part du **produit de la sous-location** versée au bailleur, les conditions dans lesquelles le coût des travaux éventuels est supporté par les parties, ainsi que les modalités de calcul de l'indemnité due au preneur sortant (les règles légales de calcul exposées n° 75010 ne s'appliquent pas obligatoirement). Le prix du loyer est libre.

> **Précisions** En cas de **cessation du contrat principal**, le sous-locataire ne peut se prévaloir d'aucun droit à l'encontre du bailleur, ni d'aucun titre d'occupation. Pendant le cours de la sous-location, le sous-locataire ne peut pas prétendre au bénéfice de la loi 89-462 du 6 juillet 1989 (droit au logement).

2. ÉCHANGE DE CULTURES ET LOCATION DE PARCELLES

Pendant la durée du bail, le preneur peut effectuer les échanges ou locations de parcelles qui ont pour conséquence d'assurer une meilleure exploitation (C. rur. art. L 411-39). Sur les assolements en commun, voir n°s 79870 s. 74200

Les échanges ne peuvent porter que sur la **jouissance** et peuvent s'exercer sur tout ou partie de la **surface** des immeubles loués.
Ces échanges ne peuvent porter sur la totalité du bien loué que si la surface n'excède pas 1/5e du seuil de surface au-delà duquel l'autorisation d'exploiter est requise en application de l'article L 312-1 du Code rural et de la pêche maritime.
Le preneur les **notifie** préalablement au propriétaire par lettre recommandée avec demande d'avis de réception. Le propriétaire qui entend s'y opposer doit saisir le tribunal paritaire dans un délai de 2 mois à compter de la réception de cette notification. À défaut, il est réputé avoir accepté l'opération. Le non-respect par le fermier de la procédure de notification préalable entraîne la **résiliation du bail ou le refus de son renouvellement**. Le bailleur n'avait pas à démontrer que la bonne exploitation était compromise par l'échange (Cass. 3e civ. 27-1-1999 nº 97-13.323 : Bull. civ. III nº 23) et peu importe que l'échange avait pris fin à la date de l'introduction de l'instance en résiliation ou à la date du congé refusant le renouvellement (Cass. 3e civ. 19-10-2005 nº 04-14.837 : Bull. civ. III nº 199). Depuis le 15 juillet 2006, pour justifier une sanction, ce **non-respect** doit être **de nature à porter préjudice au bailleur** (C. rur. art. L 411-31, II-3° ; Cass. 3e civ. 23-5-2012 nº 11-14.626, Dumont c/ Bridoux). Cette disposition s'applique aux baux en cours quand bien même la date de l'échange n'est pas connue (Cass. 3e civ. 9-7-2014 nº 13-17.881 : Bull. III nº 103), mais pas aux instances introduites avant son entrée en vigueur (Cass. 3e civ. 27-9-2011 nº 10-18.661, Chatagner c/ Gaec Besson).

> **Précisions** La commission consultative départementale des baux ruraux fixe et le préfet publie par arrêté, pour chaque région agricole, la **part de surface** louée **susceptible d'être échangée**.

3. APPORT OU MISE À LA DISPOSITION D'UNE SOCIÉTÉ

APPORT DU DROIT AU BAIL

74240 Le preneur peut faire apport de son droit au bail à une société civile d'exploitation agricole ou à un groupement de propriétaires ou d'exploitants : la société ou le groupement bénéficiaire de l'apport devient dès lors le seul titulaire du bail. Mais cet apport n'est possible qu'avec l'**accord** exprès et **préalable du bailleur** (C. rur. art. L 411-38). Une clause du bail qui prévoit la possibilité d'apport à une société et l'agrément du bailleur en termes généraux, sans mention du bénéficiaire, restreint les prérogatives du bailleur est contraire à l'ordre public et doit être considérée non écrite ; sa contestation n'est soumise à aucun délai (Cass. 3e civ. 8-2-2024 nº 22-16.422).
À défaut d'accord exprès et préalable du bailleur, l'apport est constitutif d'une cession de bail interdite. Aucun recours au juge n'est prévu pour pallier un refus du bailleur. Mais ne constitue pas une cession prohibée du bail la transformation de la société civile bénéficiaire de l'apport régulier du bail en société de forme commerciale, quand bien même cette transformation n'aurait pas fait l'objet d'un agrément préalable du bailleur, car le changement de forme sociale n'emporte pas la création d'une nouvelle personne morale (Cass. 3e civ. 31-10-2012 nº 11-23.194 : Bull. civ. III nº 155).

MISE À DISPOSITION AU PROFIT D'UNE SOCIÉTÉ

74242 L'adhésion d'un **fermier** à une société à objet principalement agricole est facilitée s'il se contente de mettre le bien loué à la disposition de la **société** dont il est membre lorsque cette société est détenue majoritairement par des personnes physiques et est soit dotée de la personnalité morale, soit, s'il s'agit d'une **société en participation**, régie par des statuts établis par un acte ayant acquis date certaine. Dans ce cas, le fermier doit seulement aviser le bailleur de la mise à disposition (en ce qui concerne le métayer, voir nº 75120).
La faculté de mise à disposition est réservée à l'**associé**. Le preneur qui cède **la nue-propriété** de ses parts sociales perd cette qualité et ne peut mettre le bien loué à disposition. De même, lorsque les biens loués sont mis à disposition d'une société **par des copreneurs** et que l'un d'eux perd la qualité d'associé, la résiliation du bail a pu être prononcée (Cass. 3e civ. 29-11-2006 nº 05-17.009 : Bull. civ. III nº 237), mais cette résiliation n'est pas automatique, notamment si le bailleur ne subit aucun préjudice, chacun des copreneurs restant tenu des obligations nées du bail (Cass. 3e civ. 3-5-2011 nº 10-16.060). Si un seul des copreneurs a la qualité d'exploitant au sein de la société, l'interdiction de céder le bail à un descendant est encourue (Cass. 3e civ. 3-2-2010 nº 09-11.528 : Bull. civ. III nº 29) car la bonne foi des copreneurs est remise en cause (Cass. 3e civ. 25-10-2018 nº 17-14.073)
Le fermier doit se consacrer à l'**exploitation des biens loués** en participant sur les lieux aux travaux de façon effective et permanente. Le non-respect de cette obligation fait encourir la résiliation du bail, sans mise en demeure préalable (Cass. 3e civ. 16-12-2003 nº 02-18.496), dès lors que

le défaut de participation à l'exploitation est de nature à porter préjudice au bailleur (C. rur. art. L 411-31 II 3° ; Cass. 3e civ. 22-10-2020 n° 19-16.827 ; toutefois, sur l'absence de la nécessité de justifier d'un préjudice du bailleur dans un tel cas : Cass. 3e civ. 12-10-2023 nos 21-20.212 et 21-22.101), mais ne permet pas pour autant à la société de se prévaloir d'un bail rural en son nom (Cass. 3e civ. 13-7-2011 n° 10-22.986 : Bull. civ. III n° 131). Le fait que le preneur soit âgé ne suffit pas à démontrer l'absence de participation aux travaux de façon effective et permanente (Cass. 3e civ. 18-5-2011 n° 10-10.948). **74242** (suite)

Le fermier doit **aviser le bailleur** de la mise à disposition au plus tard dans les 2 mois qui suivent celle-ci, par lettre recommandée avec demande d'avis de réception. L'avis adressé au bailleur mentionne le nom de la société, le tribunal de commerce auprès duquel la société est immatriculée et les parcelles mises à disposition. Dans les mêmes conditions de forme et de délai, le preneur doit aviser le bailleur de la cessation de la mise à disposition et de tous les changements intervenus dans les éléments mentionnés dans l'avis de mise à disposition. Toutefois, le preneur n'a pas à informer le bailleur de l'arrivée ou du départ d'associés au sein de la société concernée par la mise à disposition (Cass. 3e civ. 5-10-2017 n° 16-22.350 P). **À défaut** d'avoir avisé le bailleur, le fermier encourt la résiliation du bail s'il ne communique pas les renseignements exigés dans l'année qui suit une mise en demeure adressée par le bailleur par lettre recommandée avec demande d'avis de réception. La résiliation n'est pas encourue si les omissions ou irrégularités constatées n'ont pas été de nature à induire le bailleur en **erreur** (C. rur. art. L 411-37) et, depuis le 15 juillet 2006, à lui porter **préjudice** (C. rur. art. L 411-31, II-3°). Mais le défaut d'information du bailleur fait encourir le refus de céder le bail à un membre de la famille du preneur tout comme, en cas de copreneurs, la mise à disposition d'une société par un seul d'entre eux des terres prises à bail, voir n° 74112.

Lorsqu'il est mis fin à la convention de mise à disposition, le preneur recouvre la jouissance exclusive des terres, le bail se poursuivant à son nom, sans que la société ne puisse imposer un délai pour procéder à la restitution des terres, même si un tel délai avait été prévu par la convention de mise à disposition (Cass. 3e civ. 27-4-2017 n° 15-26.856).

> **Précisions a.** Les conditions de cette mise à disposition (favorables aux preneurs) sont issues de la **loi d'orientation agricole du 9 juillet 1999**. Elles sont applicables aux baux en cours à la date de publication de la loi (10-7-1999), mais elles ne concernent pas les conventions de mise à disposition de terres intervenues avant l'entrée en vigueur de cette loi (Cass. 3e civ. 10-7-2002 n° 01-02.506 : Bull. civ. III n° 161). Depuis la loi relative au **développement des territoires ruraux du 23 février 2005**, il n'est plus exigé, pour la mise à disposition des biens loués au profit d'une société, que l'ensemble des associés soit aussi exploitant ; cette disposition est applicable aux baux conclus ou renouvelés après la date d'entrée en vigueur de cette loi. Les dispositions de la **loi d'orientation agricole du 5 janvier 2006** permettent la présence, minoritaire, de personnes morales dans le capital des sociétés au profit desquelles la mise à disposition intervient. Ces dispositions ne sont pas applicables aux baux en cours mais seulement aux baux conclus ou renouvelés après la date de publication de la loi.

b. S'agissant de la **mise à disposition au profit d'un Gaec** (C. rur. art. L 323-14), le fermier doit aviser par lettre recommandée AR le bailleur de cette mise à disposition et, selon la jurisprudence, le manquement à cette obligation ne peut pas être sanctionné par la résiliation du bail (Cass. 3e civ. 19-3-1986 : JCP éd. N 1986 II p. 212 ; 15-5-1991 n° 89-20.813 : Bull. civ. III n° 141). Il est cependant recommandé aux fermiers d'avertir leurs propriétaires rapidement après la mise à disposition. En cas de transformation du Gaec en une autre forme de société d'exploitation agricole, il convient de distinguer selon que le changement de forme sociale est intervenu :

- avant l'entrée en vigueur des dispositions de la loi du 9 juillet 1999 : l'information du bailleur doit être préalable au changement de forme sociale sous peine de résiliation du bail pour cause de cession prohibée ;
- après l'entrée en vigueur de la loi du 9 juillet 1999 : l'information du bailleur doit se réaliser dans les 2 mois qui suivent le changement de forme sociale ;
- après l'entrée en vigueur de l'ordonnance du 13 juillet 2006 : la résiliation du bail n'est encourue que si le défaut d'information du bailleur lui porte préjudice (C. rur. art. L 411-31, II-3°). Il a été jugé que si la transformation du Gaec a lieu antérieurement à la loi de 1999 et que le bailleur non informé demande la résiliation du bail pour cause de défaut d'information postérieurement à l'ordonnance de 2006, la résiliation n'est pas soumise à la preuve d'un préjudice subi par le bailleur (Cass. 3e civ. 14-11-2012 n° 11-23.652 : Bull. civ. III n° 169).

c. Le régime de **mise à disposition d'une société en participation pratiquant l'assolement en commun** fait l'objet de dispositions particulières (C. rur. art. L 411-39-1). L'associé de l'assolement en commun (qui est soit un preneur associé d'une autre société auprès de laquelle il a mis à disposition les terres ou les bâtiments d'exploitation qu'il loue, soit une société bénéficiaire d'une mise à disposition ou d'un bail, soit un preneur exploitant individuel) doit **informer son bailleur** par lettre recommandée AR 2 mois au moins avant la mise à disposition au profit de l'assolement en commun. Cette information doit comporter le nom et les statuts de la société en participation et l'indication des parcelles mises à disposition. Au-delà de son objectif initial économique ou social, un assolement en commun peut aussi avoir d'autres finalités, notamment la préservation de la qualité de l'eau ou la protection de la biodiversité (C. rur. art. L 411-39-1). Si des changements interviennent, le bailleur doit être informé dans les mêmes formes. S'il entend s'opposer au projet de mise à disposition au profit de l'assolement en commun, le bailleur doit saisir le tribunal paritaire dans le délai de 2 mois à compter de la réception de l'avis adressé par le preneur ou la société. La résiliation du bail est encourue en cas de défaut d'information du bailleur, à condition, depuis le 15 juillet 2006, que le non-respect de la procédure soit de nature à porter préjudice au bailleur. Le preneur reste seul titulaire du bail : il doit, sous peine de résiliation du bail, continuer à se consacrer effectivement à l'**exploitation du bien loué** mis à disposition de l'assolement en commun. Les bâtiments d'habitation loués sont exclus de la possibilité de mise à disposition au profit d'un assolement en commun. Ces dispositions sont applicables aux **baux en cours au 24 février 2005**. Les preneurs et les sociétés en participation qui ont procédé à un assolement en commun avant le 22 juillet 2005 avaient jusqu'au 6 juillet 2006 pour régulariser leur situation et informer leur bailleur. C'est la loi de modernisation de l'agriculture du 27 juillet 2010 qui a autorisé la mise à disposition de l'assolement en commun des bâtiments d'exploitation loués ; cette nouvelle disposition n'est pas applicable aux baux en cours. Sur les assolements en commun, voir n°s 79870 s.

d. La faculté pour le preneur de mettre à la **disposition d'une société créée de fait** les biens loués n'est pas prévue par la loi (Cass. 3e civ. 17-6-2021 n° 19-16.640).

e. En cas de mise à disposition, le **paiement des fermages** est a priori effectué par le fermier lui-même et non par la société, quand bien même la société bénéficiaire de la mise à disposition lui en rembourse les sommes. Jugé que le paiement d'un seul fermage par la société d'exploitation bénéficiaire de la mise à disposition n'était pas suffisant pour caractériser une cession du droit au bail interdite (Cass. 3e civ. 18-1-2011 n° 09-72.414).

f. L'**état des risques naturels et technologiques** n'a pas à être fourni à l'occasion de la conclusion de la convention de mise à disposition des terres louées au profit d'un Gaec (C. rur. art. L 323-14) ou d'une société à objet principalement agricole (C. rur. art. L 411-37), contrairement à la conclusion du bail lui-même (C. envir. art. L 125-5, VII).

MISE À DISPOSITION AU PROFIT D'AUTRES PERSONNES MORALES

74243 Le preneur peut mettre des biens loués à disposition d'autres personnes morales que les sociétés, par exemple une **association** ou une **fondation** dont il est membre (C. rur. art. L 411-37 II). Cette mise à disposition est soumise à certaines **conditions**. La personne morale doit être à vocation principalement agricole et la durée de la mise à disposition ne peut excéder celle du bail du preneur. Cette opération porte sur tout ou partie des biens dont le preneur est locataire, sans qu'elle puisse donner lieu à l'attribution de parts.

L'**accord du bailleur** est requis au préalable. La demande doit lui être adressée par lettre recommandée AR au plus tard 2 mois avant la date d'effet de la mise à disposition. À peine de nullité, la demande comprend le nom de la personne morale, ses statuts et les références des parcelles concernées. À défaut d'opposition du bailleur dans les 2 mois, son accord est réputé acquis.

Le preneur doit **informer le bailleur** de la fin de la mise à disposition ainsi que de tout changement intervenu. L'avis est effectué par lettre recommandée AR, dans les 2 mois de l'événement. Le preneur qui reste seul titulaire du bail doit, à peine de résiliation, continuer à se consacrer à l'exploitation des biens mis à disposition.

> **Précisions** Cette mise à disposition pourrait, selon nous, conférer la **qualité d'exploitant agricole** à la personne morale bénéficiaire. Outre une association (de soutien à l'agriculture par exemple), il pourrait s'agir, en retenant une analyse extensive du texte, d'une société à objet principalement agricole dont les associés majoritaires seraient des personnes morales (ces sociétés ne sont pas visées dans le régime actuel des mises à disposition de biens loués). Une telle société pourrait permettre le regroupement des petits porteurs de parts qui souhaitent avoir un droit de regard sur l'activité de la société d'exploitation (cas d'investissements éthiques ou réalisés dans un but environnemental, par exemple). La notion de « vocation principalement agricole » reste cependant à définir.

CESSION DES AMÉLIORATIONS

En cas d'apport du droit au bail comme de mise à disposition, les améliorations que le preneur justifie avoir faites peuvent être cédées à la société, moyennant attribution de parts au cédant. La société est alors subrogée dans les droits à indemnité que l'intéressé aurait pu exercer en fin de bail (C. rur. art. L 411-75). 74245

Cette possibilité de cession des améliorations bénéficie aux Gaec comme aux autres sociétés agricoles. Elle ne peut concerner que les améliorations réalisées dans le respect des conditions légales (voir nos 74900 s.).

F. Obligations et droits particuliers des parties en cours de bail

RESPONSABILITÉ EN CAS D'INCENDIE DES BÂTIMENTS LOUÉS

Le preneur est responsable en cas d'incendie des bâtiments, si lui ou une personne de sa maison, y compris son personnel, a commis une **faute grave** (C. rur. art. L 415-3). 74300

C'est le bailleur qui doit seul payer les **primes** d'assurances. Pour la mise en jeu de la responsabilité du preneur, le bailleur doit démontrer la « faute grave », c'est-à-dire le manquement à ses obligations par incurie, négligence, inobservation des mesures de prudence ou de sécurité. Par exemple, la faute grave a été reconnue dans les cas suivants :

– tracteur garé dans une grange garnie de foin et de bidons d'essence (Cass. soc. 23-10-1959 : Bull. civ. IV n° 1041) ;

– engrangement d'une couche de foin sec entre deux couches de foin humide (Cass. 3e civ. 23-10-1974 n° 73-12.438 : Bull. civ. III n° 374) ;

– brûlage de résidus près d'une grange contenant du foin et du fourrage (Cass. 3e civ. 29-6-1988 n° 87-11.683).

Ce régime de responsabilité favorable, nécessitant la preuve d'une faute grave, ne bénéficie qu'au preneur à bail ; il n'est pas applicable à la société bénéficiaire de la mise à disposition des biens loués.

Il apparaît nécessaire que le propriétaire et le locataire prennent une **assurance**, l'un pour le risque « dommages aux biens », l'autre pour la responsabilité locative (voir n° 76259).

RECONSTRUCTION APRÈS INCENDIE OU AUTRE CAS DE FORCE MAJEURE

Lorsqu'un bien compris dans le bail est détruit en partie ou en totalité par **cas fortuit** (notamment incendie non imputable à la faute du preneur, intempéries, etc.) et que cette destruction compromet gravement l'équilibre économique de l'exploitation, le bailleur est tenu, si le preneur le demande, de reconstruire, à due concurrence des **indemnités** versées par les compagnies d'assurances, ce bâtiment ou un bâtiment équivalent. 74310

Si la dépense excède les sommes versées, le bailleur peut prendre à sa charge la totalité de la reconstruction, moyennant une augmentation du prix du bail soit amiable, soit décidée par le tribunal (C. rur. art. L 411-30, II). Toutefois, le bailleur doit prendre en charge le montant déduit par la compagnie d'assurance au titre de la **vétusté des bâtiments** (C. rur. art. L 415-4 ; Cass. 3e civ. 31-5-2018 n° 16-26.069 FD).

> **Précisions a.** La **notion de « cas fortuit »** non reprise dans la rédaction de l'article 1218 du Code civil issu de la réforme du droit des contrats à compter du 1er octobre 2016 tend à se confondre avec la force majeure (C. civ. art. 1218 dans sa rédaction issue de ord. 2016-131 du 10-2-2016, anciennement art. 1148).

b. Sur la prise en compte des **primes d'assurance** versées par le preneur au regard de son droit à indemnité de sortie, voir n° 75010, Précisions, c.

RÉPARATIONS

Le **bailleur** est obligatoirement tenu des **grosses réparations**. Celles-ci ne peuvent pas être mises à la charge du preneur (C. rur. art. L 415-3 et L 415-12). Le bailleur est légalement tenu d'assurer la **permanence** et la **qualité des plantations** (C. civ. art. 1719, 4°), y compris les plantations de pommiers à cidre et de poiriers à poiré pour les baux conclus à compter du 9 août 2016. Le remplacement des pieds de vignes manquants n'incombe au preneur que si la commission consultative des baux ruraux l'a prévu expressément. La clause du bail prévoyant cette obligation pour le preneur est illicite (Cass. 3e civ. 14-5-2003 n° 01-02.301). Les frais de replantation d'une vigne âgée 74320

sont dus par le bailleur au titre de son obligation d'assurer la qualité et la permanence des plantations (Cass. 3e civ. 28-9-2011 n° 10-14.933 : Bull. civ. III n° 156).
Le **preneur** est tenu d'effectuer les réparations locatives ou de menu entretien si elles ne sont occasionnées ni par la vétusté, ni par le vice de construction ou de la matière, ni par la force majeure (C. rur. art. L 415-4 et L 415-12).

JOUISSANCE PAISIBLE DU PRENEUR

74327 Le bailleur doit garantir la jouissance paisible du preneur pour la durée du bail (C. civ. art. 1719, 3°). Il ne peut pas changer la forme de la chose louée pendant la durée du bail (C. civ. art. 1723). Cette obligation d'ordre public limite les possibilités de travaux du bailleur, le changement de destination des lieux convenus au bail et lui interdit d'entraver la liberté d'exploitation du preneur (Cass. 3e civ. 20-2-2008 n° 07-10.447 : RJDA 5/08 n° 492).

ÉCHANGE D'IMMEUBLES RURAUX EN PLEINE PROPRIÉTÉ

74328 Le bailleur peut consentir à un échange en propriété de la parcelle louée. L'information du preneur n'est soumise à aucune condition de forme, ni de délai (Cass. 3e civ. 19-3-2008 n° 07-11.359 : Bull. civ. III n° 56).

DROIT DE CHASSER

74330 Le **preneur** a le « droit de chasser » gratuitement sur le fonds loué (C. rur. art. L 415-7 et D 415-1 s.). Ce droit de chasser doit être distingué du « droit de chasse » qui appartient au propriétaire. L'opposition du bailleur à l'exercice du droit de chasse ne fait pas obstacle au droit de chasser du preneur. Le locataire dispose d'un **droit personnel** de chasser : il ne peut donc autoriser personne à chasser en son lieu et place. Son droit ne peut être ni cédé, ni faire l'objet d'un affermage, ni profiter à un héritier.

> **Précisions a.** Ce droit de chasser est **réglementé** :
– le fermier doit respecter la discipline que s'impose le propriétaire : réglementation du nombre de jours de chasse, espèces ou nombre de pièces à tirer ;
– si le propriétaire met en réserve la chasse des terres louées, le fermier doit respecter cette pratique ;
– le droit ne porte pas sur le gibier d'élevage ;
– si le preneur ne désire pas exercer le droit de chasser, il doit le notifier au bailleur, par lettre recommandée AR, avant le 1er janvier précédant la campagne de chasse. En cas de dommages causés aux récoltes par le gibier, il sera tenu compte de ce que le locataire n'exerçait pas le droit de chasser ;
– le droit de chasser ne prive pas le preneur du droit d'exiger réparation du préjudice causé par le gibier dans les récoltes ;
– enfin, le locataire peut, en tout temps, détruire sur les terres les animaux malfaisants ou nuisibles.
b. **L'apport** de ses droits de chasse par le propriétaire (ou détenteur de droits de chasse) à une **association communale de chasse**, entraîne l'extinction de tous autres droits de chasser, sauf clause contraire passée entre les parties. Mais dans ce cas le preneur doit être admis dans l'association.

G. Renouvellement du bail

DROIT AU RENOUVELLEMENT

74400 À l'expiration de la durée du bail, le preneur dispose, en règle générale, d'un droit au renouvellement automatique, à **condition** qu'il réunisse lui-même les conditions d'exploitation personnelle et d'habitation exigées du propriétaire exerçant le droit de reprise (voir nos 74605 s.) et qu'il soit en règle avec le contrôle des structures (Cass. 3e civ. 12-4-2018 n° 17-11.486 et 7-9-2022 n° 21-15.027). Ce droit est d'ordre public ; il existe nonobstant toutes clauses, stipulations ou arrangements contraires (C. rur. art. L 411-46 ; Cass. 3e civ. 26-3-2014 nos 13-13.427, 13-13.429 et 13-13.433). Ainsi aucune autre exigence ne doit être retenue, pas même celle du maintien d'une contrepartie onéreuse ou de l'exercice d'une activité agricole à la date du renouvellement (Cass. 3e civ. 25-1-2023 n° 21-19.105).
En cas de **départ** de l'un des conjoints ou des partenaires liés par un Pacs **copreneurs**, le conjoint ou le partenaire qui poursuit l'exploitation a droit au renouvellement du bail s'il remplit les mêmes conditions d'exploitation et d'habitation que celles exigées du bénéficiaire de la reprise (C. rur. art. L 411-46, al. 2 et 3). Ce droit au renouvellement s'opère par le seul effet de la loi, en l'absence de congé mettant fin au bail (Cass. 3e civ. 9-6-2016 n° 15-12.772 FS-PB).
Sur la demande à adresser au bailleur en vue de la poursuite du bail lorsqu'un copreneur cesse de participer à l'exploitation, voir n° 74130.

Sur le renouvellement des baux à long terme, voir n° 75205 et sur celui des baux cessibles hors du cadre familial, voir n° 75070. Sur l'absence de droit au renouvellement dans certains baux, voir n°s 73510 s.

Le renouvellement se fait pour **9 ans**. Le bail renouvelé constitue un nouveau bail. Sauf conventions contraires, les **clauses et conditions** du nouveau bail sont celles du bail précédent, mais le tribunal paritaire peut les modifier à la demande de l'une ou l'autre des parties (C. rur. art. L 411-50). Des clauses environnementales ou de protection des zones humides peuvent être introduites dans le bail lors de son renouvellement (voir n°s 73770 et 74450). Sur le **prix du bail renouvelé**, voir n° 73990. 74405

REFUS OU LIMITATION DU RENOUVELLEMENT POUR LES PRENEURS ÂGÉS

Il faut distinguer selon que le preneur a atteint l'âge de la retraite à la fin du bail ou qu'il doit l'atteindre dans les 9 ans qui suivent (C. rur. art. L 411-64) : 74420

– le locataire **a atteint l'âge de la retraite** à la date d'expiration du bail : si la superficie de l'exploitation excède la limite de superficie que l'agriculteur retraité peut conserver (voir n° 46615), le bailleur peut refuser le renouvellement du bail en adressant un congé au preneur. Seules les terres mises en valeur par le preneur âgé sont à prendre en compte : les terres qu'il possèderait en propriété et qu'il louerait à un descendant, par exemple, ne sont pas à retenir (Cass. 3e civ. 13-7-2010 n° 09-67.872 : Bull. civ. III n° 143) ;

– le locataire **n'a pas atteint l'âge de la retraite** mais il doit atteindre cet âge au cours du nouveau bail : la durée du renouvellement peut être limitée à l'expiration de la période triennale au cours de laquelle le preneur atteindra cet âge (un congé du bailleur est nécessaire) (C. rur. art. L 411-58).

Toutefois, le preneur peut demander le report de la date d'effet du congé jusqu'à la fin de l'année culturale où il aura atteint l'âge lui ouvrant une **retraite à taux plein**. Sont concernés les congés notifiés après le 15 octobre 2014 (Loi 2014-1170 du 13-10-2014 art. 93, XVIII modifiant C. rur. art. L 411-64).

Sur la non-application du droit à prorogation du bail en raison de l'âge de la retraite du preneur pour les **baux à long terme**, voir n° 75205.

Dans l'un et l'autre cas, le preneur a le droit de céder son bail à un descendant majeur, à son conjoint ou son partenaire lié par un Pacs (n°s 74110 s.), lequel peut bénéficier du droit au renouvellement. Le droit au renouvellement du bail est perdu du seul fait de l'âge du preneur, peu importe qu'il ait fait valoir ses droits à la retraite ou que ceux-ci soient ou non liquidés (Cass. 3e civ. 22-3-2006 n° 05-12.487 : Bull. civ. III n° 77).

Un préretraité peut bénéficier du renouvellement de son bail pour conserver une **parcelle de subsistance**. Le congé reprise du bailleur n'a pas abouti dans un tel cas (Cass. 3e civ. 10-4-2002 n° 00-15.653 : Bull. civ. III n° 85).

Ces dispositions relatives au preneur âgé ne peuvent pas être invoquées pour mettre fin à un bail dont le titulaire est une **personne morale**, y compris dans le cas où l'associé exploitant a atteint l'âge de la retraite (Cass. 3e civ. 5-5-2010 n° 09-14.052 : Bull. civ. III n° 89).

RENONCIATION PAR LE PRENEUR AU RENOUVELLEMENT

S'il désire refuser le renouvellement, le preneur doit donner **congé** 18 mois à l'avance (n° 74505). 74430

Le preneur ne peut pas, sans l'accord exprès de son **conjoint**, s'obliger à ne pas demander le renouvellement du bail. Celui des époux qui n'a pas donné son consentement peut demander l'annulation de l'acte dans le délai d'un an à partir du jour où il en a eu connaissance (C. rur. art. L 411-68). Cette disposition s'applique lorsque le conjoint n'est pas copreneur (si le conjoint ou le partenaire pacsé est copreneur, voir n° 74400) ; elle ne s'applique pas en cas de Pacs.

Le bénéficiaire d'une **cession de bail** bénéficie d'un droit personnel au renouvellement, quand bien même le cédant a valablement renoncé à son droit au renouvellement (Cass. 3e civ. 31-5-2007 n° 06-15.263 : Bull. civ. III n° 94).

OPPOSITION DU BAILLEUR AU RENOUVELLEMENT

Le bailleur peut, dans certains cas, s'opposer au renouvellement du bail. Outre le cas du preneur âgé (n° 74420), il s'agit des hypothèses suivantes : 74440

– le bailleur soulève des **motifs graves** de la nature de ceux pouvant entraîner la résiliation du bail (n° 73805) ; ces motifs étant également susceptibles de mettre en échec le renouvellement ;

– le bailleur veut exercer son **droit de reprise** (n°s 74600 s.).

CAS DES BAUX CONSENTIS PAR UNE COLLECTIVITÉ PUBLIQUE

Le preneur ne peut invoquer le droit au renouvellement du bail lorsque la collectivité ou l'établissement public lui a fait connaître, dans un délai de 18 mois avant la fin du bail, sa décision 74450

d'utiliser les biens loués, directement et en dehors de toute aliénation, à une fin d'**intérêt général** (C. rur. art. L 415-11), sans qu'il soit besoin de préciser les conditions dans lesquelles cette fin sera réalisée (Cass. 3e civ. 9-7-2003 n° 02-10.129 : Bull. civ. III n° 151).
Lors du renouvellement, le bailleur peut imposer au preneur des pratiques culturales environnementales (voir n° 73744).
Dans les **zones de rétention des crues**, le refus du preneur de se conformer aux modes de cultures imposés par la collectivité publique propriétaire constitue un motif d'opposition au renouvellement du bail. En cas de litige, le juge administratif est compétent (C. envir. art. L 211-13, II). Le bail rural portant sur **une aire d'alimentation de captages d'eau potable** doit comporter des clauses environnementales. Pour un bail rural existant, l'introduction de ces clauses devra être effectuée au plus tard lors du renouvellement du bail (Loi 2022-217 du 21-2-2022 art. 191 : JO 22). Le refus du preneur est une cause de rupture des relations contractuelles.

H. Congés

74500 Les congés doivent respecter certaines conditions de délai, de forme et de contenu (sur le congé du « bail à long préavis », voir nos 75210 et 74525, Précisions).
L'auteur d'un congé peut y renoncer sous réserve que l'autre partie l'accepte ; cette renonciation doit être non équivoque (Cass. 3e civ. 14-11-2006 n° 05-19.234). Il peut aussi en modifier les termes en cours de procédure (Cass. 3e civ. 13-11-2008 n° 07-18.887 : Bull. civ. III n° 170 s'agissant d'une reprise).
En cas de contestation, l'auteur du congé doit présenter dès l'instance relative à la première demande l'ensemble des moyens de nature à fonder sa demande en validation du congé (Cass. 3e civ. 20-1-2010 n° 08-70.206 : Bull. civ. III n° 17).
Dans le cas d'une **indivision**, les titulaires des 2/3 des droits indivis pourraient effectuer la notification d'un congé (C. civ. art. 815-3, 1° ; Rép. Decool : AN 30-3-2010 p. 3627 n° 70521 ; voir également n° 73800, Précisions, a).

CONGÉ DU PRENEUR

74505 Lorsque le congé est donné par le preneur (renonciation au renouvellement du bail, notamment) au bailleur ou cobailleurs, il doit être signifié 18 mois au moins à l'avance, par lettre recommandée AR ou par acte d'huissier devenu acte de commissaire de justice au 1er juillet 2022 (C. rur. art. L 411-55). Sur le congé pour retraite ou préretraite, voir n° 73850.

CONGÉ DU BAILLEUR

74520 Lorsque le congé est donné par le bailleur, il doit être signifié au(x) titulaire(s) du bail :
– en **règle générale**, 18 mois au moins avant la fin du bail ;
– lorsqu'il s'agit d'une **reprise** triennale ou sexennale (n° 74660), 2 ans au moins à l'avance ;
– lorsqu'il s'agit d'une résiliation pour **changement de destination** (n° 73830), un an au moins à l'avance.
Le congé du bailleur donné plusieurs années en avance n'est pas nul, en l'absence de circonstances caractérisées pouvant justifier son annulation (telle que la fraude du bailleur) (Cass. 3e civ. 15-2-2018 n° 17-10.518).

74525 Dans tous les cas, le congé du bailleur doit être donné par **acte de commissaire de justice**. À peine de nullité, le congé doit contenir (C. rur. art. L 411-47) :
– expressément les **motifs** allégués ;
– en cas de congé pour reprise, les **nom, prénom, âge, domicile et profession** du ou des bénéficiaires (sur l'absence de qualité de bénéficiaire de la reprise pour l'associé de la société bailleresse, voir n° 74600), mais aussi, le cas échéant, le projet de mise à disposition du bien au profit d'une société exploitante (Cass. 3e civ. 12-3-2014 n° 12-26.388 : Bull. civ. III n° 33). Si le preneur est âgé, la mention relative à la faculté de céder le bail s'agissant d'un bail ordinaire de 9 ans (C. rur. art. L 411-64) doit être reproduite, mais cette mention n'est pas requise s'agissant du congé adressé au preneur âgé d'un bail à long terme de 18 ans (Cass. 3e civ. 13-7-2011 n° 10-10.595 : Bull. civ. III n° 132) ;
– la précision de l'**habitation** dans laquelle le ou les bénéficiaires habiteront (habitation du fonds loué, ou habitation située à proximité). La mention doit être claire : jugé que le domicile du repreneur mentionné sur le congé ne pouvait être implicitement compris, à défaut d'autre précision, comme étant aussi son lieu d'habitation après la reprise (Cass. 3e civ. 12-1-2022 n° 20-13.370) ;

– la **reproduction de l'article** L 411-54, 1er alinéa du Code rural et de la pêche maritime, qui indique (par référence à l'article R 411-11 du même Code) le délai de 4 mois dont dispose le preneur pour dénoncer le congé.
En cas de reprise, bien qu'elles soient conseillées, la **mention cadastrale** et la **superficie** de chacune des parcelles concernées ne sont pas obligatoires (Cass. 3e civ. 20-6-2019 n° 18-12.284).
Sur la résiliation du bail **au motif du changement de destination agricole** du bien loué, voir n° 73830 et, sur la contestation du congé pour reprise des biens loués, voir n° 74680.

> **Précisions a.** En cas d'**indivision**, le congé doit comporter les noms de tous les propriétaires indivisaires. L'omission de l'un d'eux entraîne la nullité du congé. Toutefois, cette omission est régularisable tant que le juge n'a pas statué (Cass. 3e civ. 5-12-2001 n° 00-10.731 : RJDA 2/02 n° 135). A par ailleurs été jugé valable un congé délivré par un seul des indivisaires, pour les biens dont l'indivisaire auteur du congé était devenu propriétaire à la suite du partage (Cass. 3e civ. 24-9-2014 n° 12-25.884 : Bull. civ. III n° 113).
b. En cas de **démembrement de propriété**, l'usufruitier a la qualité de bailleur (C. civ. art. 595, al. 4) et l'intervention du nu-propriétaire pour donner congé n'est pas requise (Cass. 3e civ. 29-1-1974 n° 72-13.968 : Bull. civ. III n° 48).
c. En cas d'**époux copreneurs**, la notification du congé à un seul des conjoints entraîne l'inopposabilité du congé-reprise à l'autre, et non sa nullité, y compris en cas de divorce lorsque le bail n'a pas été attribué à l'un d'eux (Cass. 3e civ. 17-2-2010 n° 09-12.989 : Bull. civ. III n° 43).
d. Suite au **décès d'un époux copreneur**, le congé pour reprise doit être notifié à tous les héritiers et pas au seul conjoint survivant (Cass. 3e civ. 19-2-2003 n° 01-16.473 : Bull. civ. III n° 42).
e. En cas de **cession de bail** régulière, le cessionnaire doit recevoir le congé.
f. En cas de **sous-location**, le congé doit être adressé au preneur principal.
g. Le congé délivré à la société au profit de laquelle le preneur met les **biens loués à disposition** est inexistant (Cass. 3e civ. 17-5-2006 n° 05-12.469 : Bull. civ. III n° 128).
h. Le preneur peut s'appuyer sur les statuts d'un **GFA** pour contester les **pouvoirs du gérant** à lui délivrer congé (Cass. 3e civ. 14-6-2018 n° 16-28.672 F-PB).

DÉLAI DE DÉNONCIATION DU CONGÉ PAR LE PRENEUR

Le congé donné par le bailleur peut être déféré par le preneur au tribunal paritaire. Cette action judiciaire en nullité du congé doit être intentée dans le délai de 4 mois à compter de sa réception, sous peine de forclusion. Si le délai expire un samedi, un dimanche ou un jour férié ou chômé, il est prorogé jusqu'au premier jour ouvrable suivant (CPC art. 642 ; Cass. 3e civ. 22-5-2012 n° 11-17.065). Lorsque le preneur a reçu du propriétaire plusieurs congés presque identiques sans que le dernier ne précise qu'il annule le premier, le délai de forclusion court à compter du premier congé (Cass. 3e civ. 13-10-2021 n° 20-15.572). **74540**
La forclusion ne peut pas être opposée au preneur si le congé a été donné hors délai ou s'il ne comporte pas les mentions exigées par la loi. Elle ne joue pas en cas de congé motivé par un changement de la destination agricole des parcelles (Cass. 3e civ. 11-2-2004 n° 02-15.105 : Bull. civ. III n° 25).

PROROGATION DE LA DATE D'EFFET DU CONGÉ

Sur les cas de prorogation du bail au profit des **preneurs âgés**, voir n° 74620. **74550**

DÉPART DU PRENEUR

Le preneur qui reçoit congé qui n'informe pas le bailleur qu'il quitte les lieux peut être redevable d'une indemnité d'occupation à compter de la fin du bail, et ce, bien qu'il ait abandonné les terres (Cass. 3e civ. 13-3-2002 n° 00-15.587 : Bull. civ. III n° 65). **74560**

I. Droit de reprise

En règle générale, le droit de reprise n'est prévu que pour un motif d'exploitation personnelle du bien loué par son ou ses bénéficiaires. Le **bénéficiaire** peut être le propriétaire lui-même ou l'usufruitier bailleur, le conjoint, le partenaire lié par un Pacs ou un descendant majeur ou émancipé du bailleur. N'ont pas la qualité de membres de la famille du bailleur pouvant bénéficier de la reprise en leur nom les associés de la société bailleresse (Cass. 3e civ. 5-9-2012 n° 11-22.952 : Bull. civ. III n° 113). Toutefois, le bailleur a la possibilité de reprendre, pour lui-même ou un membre de sa famille jusqu'au 3e degré inclus, une surface déterminée par le préfet, en vue de la **construction d'une maison d'habitation**. **74600**

Le bailleur peut à tout moment résilier le bail à des fins de reprise des terres dès lors que le PLU (plan local d'urbanisme) ou le **document d'urbanisme** en tenant lieu **modifie la destination des biens loués**, passant ainsi de zone agricole à zone urbaine ou zone à urbaniser (C. rur. art. L 411-32 ; voir n° 73830).
Le bailleur peut reprendre, dans les mêmes conditions et en raison de son intérêt architectural ou patrimonial, un bâtiment agricole dont le changement de destination est autorisé en application de l'article L 123-3-1 du Code de l'urbanisme, dès lors que cette reprise ne compromet pas l'exploitation du preneur. Le congé doit être donné, par acte d'huissier (devenu commissaire de justice au 1-7-2022), 18 mois avant la date d'effet de la reprise. Celle-ci ne peut intervenir que si le bailleur justifie de l'obtention d'une autorisation de construire, si celle-ci est exigée. Le montant du fermage est minoré en proportion de la surface reprise. Le bailleur dispose de 2 ans pour réaliser son projet, objet de la reprise.
Dans des conditions similaires, le bailleur peut exercer son droit de reprise pour des **terrains attenant ou jouxtant des maisons d'habitation** existantes dépourvues de dépendance foncière suffisante (C. rur. art. L 411-57). C'est au preneur qui conteste la validité du congé aux fins de cette reprise particulière de prouver que les conditions exigées par l'article L 411-57 ne sont pas remplies (Cass. 3e civ. 11-5-2017 n° 15-25.878).
Par ailleurs, le bailleur **exploitant de carrières** peut exercer un droit de reprise en vue de mettre en exploitation, pour la bonne marche de son industrie, les terrains à vocation agricole dont il est propriétaire (C. rur. art. L 411-67).
Dans les développements qui suivent, nous examinerons succinctement les dispositions concernant le droit de **reprise pour exploitation personnelle** par le bénéficiaire (C. rur. art. L 411-58 s.).

CONDITIONS GÉNÉRALES DE LA REPRISE

74605 Le bénéficiaire de la reprise doit (C. rur. art. L 411-59) :
– justifier par tous moyens qu'il satisfait aux **conditions légales** qui lui incombent (participation effective et permanente aux travaux de l'exploitation), selon les usages : il devra donc exercer une activité agricole (voir n° 73480) ;
– être en règle avec le **contrôle des structures** (n° 74630) : justifier par tous moyens qu'il bénéficie d'une **autorisation d'exploiter** (ou d'une déclaration préalable) ou qu'il répond aux conditions de **capacité ou d'expérience professionnelle** requises : en règle générale, soit détention d'un diplôme au moins équivalent au BEPA ou au BPA, soit 5 ans d'expérience professionnelle agricole au cours des 15 années précédentes (C. rur. art. R 331-2) ;
– disposer de **disponibilités financières** suffisantes (Cass. 3e civ. 20-2-2007 n° 06-12.189) ;
– ne pas avoir atteint l'**âge** de la retraite agricole, à moins qu'il n'exerce la reprise d'une exploitation de subsistance dont la superficie n'excède pas la limite de surface qu'un agriculteur retraité peut conserver (voir n° 46615). En tout état de cause, la reprise est interdite au profit d'une personne bénéficiant d'un avantage vieillesse supérieur à 4 160 fois le montant horaire du Smic (Loi 84-741 du 1-8-1984 art. 23).
La reprise ne porte pas nécessairement sur l'intégralité des immeubles loués mais une **reprise partielle** ne peut être effectuée que si elle ne compromet pas gravement l'équilibre économique de l'exploitation. Pour apprécier si cet équilibre est gravement compromis, il faut tenir compte de la totalité des terres exploitées par le preneur, incluses ou non dans le bail (Cass. 3e civ. 29-5-1991 n° 89-12.545 : Bull. civ. III n° 156), ou sur le relevé de la Mutualité sociale agricole (Cass. 3e civ. 26-11-2008 n° 07-16.679 : Bull. civ. III n° 187). La reprise partielle ouvre le droit au locataire de renoncer au renouvellement du bail pour le surplus.
La reprise a lieu **en fin de bail** ou de renouvellement, sauf les cas examinés nos 74620 et 74660.

PROROGATION DU BAIL AU PROFIT DES PRENEURS ÂGÉS

74620 Dans certains cas, la loi interdit ou limite la reprise. Ainsi, lorsque le **preneur** ou, en cas de copreneurs, l'un d'entre eux est **à moins de 5 ans** soit **de** l'âge de la retraite **soit** de l'âge lui permettant de bénéficier de la retraite à taux plein, il peut s'opposer à la reprise par le bailleur, qu'il s'agisse d'une reprise en fin ou en cours de contrat (C. rur. art. L 411-58). Sont concernés les congés notifiés après le 15 octobre 2014. Dans ces cas, le bail est prorogé de plein droit, et une seule fois, pour une durée égale à celle qui doit permettre au preneur ou à l'un des copreneurs d'atteindre l'âge correspondant.
Pendant cette période, aucune cession de bail n'est possible.
Le preneur doit **notifier** au propriétaire sa décision de s'opposer à la reprise dans les **4 mois** du congé qu'il a reçu, par lettre recommandée avec demande d'avis de réception.
Ces dispositions ne s'appliquent pas aux **baux à long terme**.

> **Précisions** Selon l'article L 411-58, alinéa 3 du Code rural et de la pêche maritime dans sa rédaction antérieure, si le bailleur entendait reprendre le bien loué à la fin de la période de prorogation, il devait donner de nouveau congé par huissier (devenu commissaire de justice au 1-7-2022). Ces dispositions jugées **non conformes à la Constitution** sont abrogées avec effet au 31-12-2022 (CC. décision n° 2021-978 QPC du 11-3-2022).

RESPECT DU CONTRÔLE DES STRUCTURES

Le bénéficiaire de la reprise doit être en règle avec le contrôle des structures. La reprise ne peut être accordée que s'il reçoit l'**autorisation d'exploiter** ou peut se prévaloir d'une **déclaration préalable** (voir n°s 80800 s.). La situation du bénéficiaire de la reprise au regard du contrôle des structures est appréciée à la date envisagée pour la reprise (Cass. 3e civ. 7-2-2019 n° 17-22.168). 74630

Si la reprise est subordonnée à une autorisation d'exploiter, le tribunal paritaire peut surseoir à statuer en attendant que la juridiction administrative se prononce et que l'autorisation soit définitive. En cas de sursis ordonné, le bail en cours est prorogé de plein droit jusqu'à la fin de l'année culturale pendant laquelle l'autorisation devient définitive. Si celle-ci intervient dans les 2 derniers mois de l'année culturale en cours, le bail est prorogé de plein droit jusqu'à la fin de l'année culturale suivante. L'appréciation des conditions de la reprise est reportée à la fin de cette prorogation (Cass. 3e civ. 31-5-2005 n° 04-10.781).

> **Précisions a.** En cas de **contestation du congé** par le preneur, les biens sont réputés libres de location une fois le congé définitivement validé par le tribunal (Cass. 3e civ. 24-3-2010 n° 09-11.402 : Bull. civ. III n° 67).
>
> **b.** La demande d'autorisation d'exploiter doit être déposée avant l'échéance du bail. En cas d'**annulation par la juridiction administrative d'un refus d'autorisation**, une nouvelle demande doit être regardée comme la prolongation de la demande initiale (Cass. 3e civ. 11-5-1995 n° 93-16.582 : JCP N 1995 II p. 1431 obs. J.-P. Moreau, Bull. civ. III n° 119 ; 10-11-2009 n° 08-20.927 : Bull. civ. III n° 246).
>
> **c.** Lorsque les terres sont destinées à être exploitées dès leur reprise **dans le cadre d'une société**, l'autorisation d'exploiter, si elle est nécessaire, doit être obtenue par la société (C. rur. art. L 411-58, al. 7 ; Cass. 3e civ. 9-4-2014 n° 13-10.562 : Bull. civ. III n° 48 ; 5-10-2017 n° 16-22.350 PBI), y compris lorsque le repreneur entend faire exploiter les terres par un Gaec, nonobstant le principe de transparence (Cass. 3e civ. 6-10-2016 n° 15-20.308).
>
> **d.** La reprise d'une exploitation dans son ensemble, sans **aucun changement de la structure foncière**, n'est pas soumise au contrôle des structures (Cass. 3e civ. 22-3-2006 n° 04-20.766 : Bull. civ. III n° 78).
>
> **e.** Au titre du contrôle des structures, la mise en valeur de biens familiaux est soumise à **déclaration préalable**, les biens devant être libres de location au jour de cette déclaration (voir n° 80925). En cas de congé pour reprise, le bénéficiaire doit effectuer sa déclaration dans le mois du départ effectif de l'ancien exploitant. La déclaration préalable n'a donc pas à être déposée à la date d'effet du congé (Cass. 3e civ. 10-11-2010 n° 09-70.549 : Bull. civ. III n° 201). Ce régime de la déclaration est applicable aux reprises portées par des congés qui, délivrés dans le cadre de baux en cours à la date d'entrée en vigueur de la loi du 5 janvier 2006, prennent effet après cette date (Cass. 3e civ. 19-1-2011 n° 09-71.248 : Bull. civ. III n° 7).

BIEN LOUÉ, ÉCHANGÉ OU ALIÉNÉ MOYENNANT RENTE VIAGÈRE

Lorsque le bailleur a échangé tout ou partie du bien loué, le droit de reprise ne peut pas être exercé sur le bien échangé avant l'expiration d'une période de 9 ans à compter de la date de l'échange, sauf si cet échange a eu lieu entre des **parents ou alliés** jusqu'au 3e degré inclus, ou encore s'il a eu lieu dans le cadre des opérations d'**échanges amiables** effectuées avec l'accord de la commission départementale d'aménagement foncier (C. rur. art. L 411-61). 74640

Lorsque le bien a été aliéné moyennant le versement d'une rente viagère servie pour totalité ou pour l'essentiel sous forme de **prestations de services** personnels, le droit de reprise ne peut pas être exercé sur le bien pendant 9 ans à compter de la date d'acquisition (C. rur. art. L 411-58, al. 8).

REPRISE PAR UNE SOCIÉTÉ OU UNE PERSONNE MORALE

Les sociétés ou personnes morales bailleresses profitent de la reprise, dans les conditions précisées plus haut, mais (C. rur. art. L 411-60) : 74650

– leur **objet** doit être agricole, tout au moins à la date d'effet du congé (Cass. 3e civ. 4-3-2009 n° 08-13.952, Sté Billault et fils c/ GFA des Carmes) ; ainsi a-t-il été jugé qu'un établissement public hospitalier n'ayant pas d'objet agricole par nature, ne pouvait prétendre à la reprise (Cass. 3e civ. 12-12-2012 n° 11-25.960 : Bull. civ. III n° 185 ; n° 11-25.961) ;

– les biens doivent avoir été apportés, en propriété ou en jouissance, 9 ans au moins avant la date du congé. Cette condition n'est pas exigée des **Gaec**, ni des **sociétés** constituées entre membres d'une **même famille** (conjoints, partenaires liés par un Pacs, parents ou alliés jusqu'au 4e degré) ;
– le congé doit à peine de nullité mentionner non seulement l'**identité** du ou des associés devant assurer l'exploitation des immeubles ruraux mais aussi l'identité de la société (Cass. 3e civ. 15-11-2000 n° 99-11.346 : Bull. civ. III n° 170).
L'exploitation doit être assurée par un ou plusieurs **membres des sociétés**. Toutefois les membres des sociétés autres que les Gaec ou les sociétés de famille ne peuvent assurer l'exploitation du bien repris que s'ils détiennent des parts sociales depuis 9 ans au moins lorsqu'ils les ont acquises à titre onéreux.

REPRISE EN FAVEUR DU CONJOINT, DU PARTENAIRE PACSÉ OU D'UN DESCENDANT DU BAILLEUR EN COURS DE BAIL OU DE RENOUVELLEMENT

74660 Deux hypothèses doivent être envisagées (C. rur. art. L 411-6).
D'une part, celle de la **reprise sexennale**. Celle-ci peut être exercée, au profit du conjoint, du partenaire lié par un Pacs ou d'un ou de plusieurs descendants majeurs ou mineurs émancipés, à la fin de la 6e année suivant le renouvellement du bail. Cette reprise n'est cependant possible que si une clause la prévoyant a été introduite dans le bail renouvelé (le preneur ne peut pas s'opposer à cette introduction, quelle que soit la forme du bail et y compris en cas de bail verbal : Cass. 3e civ. 7-5-2014 n° 13-14.152 : Bull. civ. III n° 56) ou dans le bail initial.
D'autre part, celle de la **reprise triennale** par un propriétaire ou copropriétaire devenu majeur ou émancipé au cours du bail ou du renouvellement. Celui-ci peut, à compter de sa majorité ou de son émancipation, exciper à son profit de la clause inscrite dans le bail à l'expiration de chaque période triennale d'un bail initial ou d'un bail renouvelé.
Aucune reprise ne peut être exercée par un **acquéreur à titre onéreux** jusqu'à l'expiration du bail en cours lors de l'acquisition. Toutefois, en cas de mutation des immeubles ruraux au profit d'un ou plusieurs **descendants** du bailleur, ceux-ci peuvent exercer la reprise en cours de bail à leur profit ou à celui de l'un d'entre eux dans les conditions précédentes.
Notons que la reprise sexennale ou la reprise triennale peut être mise en échec par la prorogation dont bénéficie le **preneur âgé** (n° 74620).
Rappelons enfin que le **délai** dans lequel le **congé** doit être signifié n'est pas de 18 mois, mais de 2 ans.

OBLIGATIONS DU BÉNÉFICIAIRE DE LA REPRISE

74670 Après la reprise, le bénéficiaire doit **exploiter** pendant au moins 9 ans soit à titre individuel, soit au sein d'une société dotée de la personnalité morale, soit au sein d'une société en participation dont les statuts sont établis par un écrit ayant date certaine (C. rur. art. L 411-59). Il peut modifier à son gré le type de production de l'exploitation, mais la reprise en vue de la seule création d'une exploitation forestière n'est pas admise (Cass. 3e civ. 30-4-1997 n° 95-15.971 : Bull. civ. III n° 94). Le bénéficiaire doit participer effectivement à l'exploitation du bien repris (sur l'impossibilité pour une personne handicapée de remplir cette condition, voir Cass. 3e civ. 7-5-2014 n° 13-14.838 : Bull. civ. III n° 55) mais il peut également, avant l'expiration du **délai** de 9 ans, en faire apport à un Gaec ou à un GFA (à condition de se consacrer personnellement à l'exploitation des biens de ce dernier groupement).

OBLIGATION DU PRENEUR ÉVINCÉ PAR LA REPRISE

74675 Le preneur évincé par la reprise a l'**obligation de quitter les lieux** dès la date d'effet du congé valablement délivré. S'il se maintient indûment sur les terres, empêchant ainsi leur exploitation par le bénéficiaire de la reprise, il peut être condamné à verser une indemnité à ce dernier pour perte de chance (Cass. 3e civ. 24-3-2010 n° 09-11.402 : Bull. civ. III n° 67).

CONTRÔLE DE LA REPRISE

74680 Le **contrôle judiciaire** de la reprise s'exerce sur demande du locataire :
– soit **a priori** en contestant le congé (voir nos 74500 s.), dans les 4 mois, devant le tribunal paritaire. Si le locataire ne conteste pas le congé dans le délai de 4 mois, il risque de perdre tous ses droits à demeurer dans les lieux (même si les mentions portées sur le congé sont inexactes). Il appartient au **candidat** à la reprise **de justifier** par tous moyens qu'il satisfait aux conditions qui lui incombent. Le respect de ces conditions est apprécié souverainement par le juge du fond (Cass. 3e civ. 6-3-2012 n° 11-11.293). Le preneur congédié n'a donc pas à apporter la preuve que le bénéficiaire de la reprise désigné dans le congé ne satisfait pas à ces conditions ;
– soit **a posteriori** en cas de reprise irrégulière. Lorsque le congé a été accepté ou lorsqu'il a été validé, le locataire évincé dispose d'une action contre son propriétaire si le bénéficiaire de la reprise

est en situation irrégulière. Il appartient alors au preneur évincé de prouver la défaillance du bénéficiaire ou le caractère frauduleux de la reprise (Cass. 3e civ. 13-10-1999 n° 98-10.189 : Bull. civ. III n° 204). Il peut agir même s'il ne s'est pas opposé au congé ou a renoncé à le contester (Cass. 3e civ. 12-6-2003 n° 01-17.692 : Bull. civ. III n° 128). Toutefois le bénéficiaire de la reprise peut faire échec à l'action de l'ancien preneur si le non-respect des conditions légales est dû à un cas de force majeure, par exemple un incident grave de santé survenu après la date de la reprise.

L'action du locataire tend soit au maintien dans les lieux, si la décision validant le congé n'a pas **74685** encore été mise à exécution, soit à la réintégration avec ou sans dommages-intérêts, soit à des dommages-intérêts (C. rur. art. L 411-66). La réintégration n'est pas possible si elle a pour résultat, compte tenu des biens que le preneur exploite par ailleurs, de lui permettre de mettre en valeur une exploitation d'une surface excédant le maximum déclenchant le seuil du contrôle des structures.

> **Précisions** Le fait pour le **preneur évincé** d'avoir atteint l'**âge de la retraite** ne saurait le priver de l'action en réintégration, car il peut demander cette réintégration avec cession concomitante du bail à un enfant (Cass. 3e civ. 7-10-1987 n° 86-12.355 : Bull. civ. III n° 163).

J. Droit de préemption du preneur

EXERCICE DU DROIT DE PRÉEMPTION

En cas de mise en **vente du bien loué**, le « **preneur** en place » (donc bénéficiaire d'un bail régu- **74800** lier, écrit ou verbal) dispose d'un droit dit « de préemption » qui lui permet d'être, en général, préféré à tout autre s'il veut acheter le bien qu'il cultive (C. rur. art. L 412-1 s.). Pour cela, le preneur doit avoir exercé pendant au moins 3 ans la profession agricole, et exploiter par lui-même ou par sa famille le fonds mis en vente (C. rur. art. L 412-5, al. 1er). En cas de vente partielle, la condition d'exploitation effective du fonds s'apprécie globalement, peu important que le preneur ne justifie pas exploiter la parcelle vendue (Cass. 3e civ. 4-6-2014 n° 13-14.143 : Bull. civ. III n° 77).

Le droit de préemption s'exerce aussi bien en cas d'**adjudication** que de **vente** conclue **de gré à gré** ; il s'exerce en cas de vente portant sur la **nue-propriété ou l'usufruit**, à moins que l'acquéreur ne soit, selon le cas, nu-propriétaire du bien vendu en usufruit ou usufruitier du bien vendu en nue-propriété.

Le droit de préemption est d'ordre public : son bénéficiaire ne peut y renoncer qu'après avoir reçu une offre de vente dans les **formes requises** ; la renonciation dans un compromis de vente ne suffit pas (Cass. 3e civ. 5-4-2018 n° 16-23.742).

Le droit de préemption est **exclu dans un certain nombre de cas**, notamment : **74805**

– les aliénations consenties par la **collectivité publique** bailleresse à un organisme ayant un **but d'intérêt public**, si les biens vendus sont nécessaires à la réalisation de l'objectif poursuivi par l'organisme acquéreur ;

– les biens faisant l'objet d'une **préemption en matière d'urbanisme ou d'environnement** ex. aire d'alimentation des captages d'eau potable par les communes, leurs groupements et les syndicats mixtes, qui doivent imposer au plus tard lors du renouvellement du bail existant des clauses environnementales (Loi 2022-217 du 21-2-2022 art. 191 : JO 22) ;

– les **donations** (toutefois, le droit pourrait être exercé si le preneur établit que la donation dissimule une fraude) ;

– les **partages**, sauf le cas des partages par voie de licitation si l'adjudicataire est un tiers étranger à l'indivision (Cass. 3e civ. 28-10-2009 n° 08-17.019 : Bull. civ. III n° 238) ; vaut partage, n'ouvrant pas droit de préemption du fermier en place, la cession entre coïndivisaires d'une partie des droits indivis portant sur un fonds de terre ou un bien rural (Cass. 3e civ. 24-11-2010 n° 09-69.327 : Bull. civ. III n° 207) y compris lorsqu'un seul des deux époux acheteurs a la qualité de coïndivisaire avec le cédant (Cass. 3e civ. 17-3-2016 n° 15-13.931), de même que le partage entre associés d'une même société de l'actif social après paiement des dettes et remboursement du capital. Par contre, la vente de l'actif social composé d'immeubles ruraux donnés à bail, réalisée au cours de la liquidation de la société afin d'apurer son passif et avant toute opération de partage, représente une aliénation à titre onéreux qui ouvre droit à préemption du preneur (Cass. 3e civ. 13-6-2012 n° 11-16.277 : Bull. civ. III n° 93) ;

– les **mutations entre proches parents**. Ces mutations écartent le droit de préemption du preneur, y compris lorsque le notaire lui a par erreur notifié le projet de vente (Cass. 3e civ. 12-10-2011 n° 10-19.285 : Bull. civ. III n° 168). Il s'agit de celles qui se font au profit de parents ou alliés jusqu'au 3e degré (partages entre cohéritiers, ventes, donations-partages, etc.) sauf cependant si le preneur est lui-même parent ou allié, jusqu'au même degré, du propriétaire ;

– les **échanges**, même avec indemnité complémentaire versée par une partie à l'autre (sauf le cas de fraude) ;
– les **apports en société** (sauf le cas de fraude) ;
– les ventes avec **bail à nourriture**, c'est-à-dire moyennant obligation de soins et d'entretien personnel du vendeur. Mais le tribunal doit vérifier s'il n'y a pas intention de fraude.

> **Précisions** **a.** La **vente en viager** est soumise au droit de préemption.
> **b.** Les baux de **« petites parcelles »** (voir n° 73515) sont exclus du champ de la préemption. Mais la vente d'une partie du bien loué donne lieu à l'exercice du droit de préemption même s'il s'agit d'une parcelle d'une superficie inférieure au seuil fixé par arrêté préfectoral. Dans ce cas, il convient en effet de prendre en considération la contenance totale des immeubles loués et non celle de la seule partie vendue.
> **c.** Le droit de préemption peut s'appliquer à une **vente unique et globale** regroupant à la fois les immeubles loués et des terres qui ne font pas l'objet du fermage (Cass. 3e civ. 23-2-1994 n° 92-16.473 : Bull. civ. III n° 36 ; 10-7-2002 n° 01-02.742 : Bull. civ. III n° 162). Les juges apprécient le caractère indivisible ou non de la propriété pour asseoir le droit de préemption du preneur sur les seuls bien affermés, le cas échéant (Cass. 3e civ. 11-10-2018 n° 17-23.634 s'agissant d'un château, ses dépendances et les biens affermés).

BÉNÉFICIAIRES DU DROIT DE PRÉEMPTION

74820 Peuvent bénéficier du droit de préemption, non seulement les locataires mais, dans certains cas, leur conjoint ou partenaire pacsé participant à l'exploitation ou leurs descendants majeurs. En effet, le **preneur**, bénéficiaire du droit de préemption peut :
– exercer personnellement ce droit, soit pour exploiter lui-même, soit pour faire assurer l'exploitation par son **conjoint** ou son partenaire lié par un Pacs participant à l'exploitation, par un **descendant** qui a exercé la profession agricole pendant 3 ans au moins ou qui est titulaire d'un diplôme d'enseignement agricole ;
– « subroger » dans l'exercice de ce droit son conjoint ou son partenaire lié par un Pacs participant à l'exploitation ou un descendant majeur ou mineur émancipé remplissant les conditions indiquées ci-dessus.
Pour pouvoir invoquer le droit de préemption, les locataires doivent remplir les conditions suivantes :
– justifier de l'existence d'un **bail**. En cas de résiliation judiciaire du bail, le preneur peut exercer son droit de préemption tant que la décision de justice ne lui a pas été notifiée (Cass. ch. mixte 16-12-2005 n° 03-12.206 : Bull. ch. mixte n° 8). Un bail irrégulier ne dépossède pas le preneur de son droit de préemption si aucune action en nullité du bail n'a été introduite au moment de la vente (Cass. 3e civ. 17-2-2010 n° 09-10.756 : Bull. civ. III n° 46 s'agissant de l'absence d'autorisation d'exploiter) ;
– avoir exercé la **profession agricole** pendant 3 ans au moins, mais pas forcément sur les lieux et même de façon non continue (le bénéficiaire de la préemption pourra n'être que titulaire d'un diplôme d'enseignement agricole) ;
– **exploiter** par eux-mêmes ou par leur famille les immeubles ruraux mis en vente (le titulaire du bail conserve toutefois son droit de préemption sur les parcelles qui ont fait l'objet d'un échange en jouissance dans les conditions précisées n° 74200) ;
– ne pas être **propriétaires de terres agricoles** (qu'ils les exploitent ou non) représentant une superficie supérieure à 3 fois le seuil de surface au-delà duquel l'autorisation d'exploiter est requise en application de l'article L 312-1 du Code rural et de la pêche maritime. La situation du preneur doit être appréciée au jour où il fait connaître sa décision de préempter (Cass. 3e civ. 5-4-2006 n° 04-13.286 : Bull. civ. III n° 97). Lorsqu'un seul des époux préempte, les biens propres du conjoint copreneur ne sont pas pris en compte (Cass. 3e civ. 26-9-2001 n° 00-11.903 : Bull. civ. III n° 106) et seule la moitié des biens communs sont retenus quand bien même les deux époux achètent les terres (Cass. 3e civ. 7-5-2014 n° 13-11.776 : Bull. civ. III n° 54).

> **Précisions** **a.** En cas de **décès du locataire** en cours de bail et de continuation du bail entre ses héritiers, le droit de préemption appartient dans l'ordre au conjoint survivant, au partenaire lié par un Pacs, aux ascendants et aux enfants âgés de 16 ans au moins.
> **b.** Le droit de préemption du preneur prime le **droit de préemption de la Safer** si le bail est obligatoirement soumis au statut du fermage et si le preneur exploite le bien depuis au moins 3 ans. Cette condition de durée peut avoir été remplie par son conjoint ou par un descendant, que ce descendant soit le sien ou celui de son conjoint (C. rur. art. L 143-6). Le partenaire pacsé n'est pas visé par le texte.
> **c.** Le droit de préemption ne peut être mis en œuvre que par l'exploitant preneur en place, même s'il est en **liquidation judiciaire** (Cass. 3e civ. 7-4-2004 n° 02-19.519 : Bull. civ. III n° 78).

d. La vente conclue au bénéfice de celui qui a exercé un **droit de préemption dont il n'était pas titulaire** est nulle et l'action en nullité peut être exercée par l'acquéreur évincé (Cass. 3e civ. 17-2-2010 n° 09-10.474 : Bull. civ. III n° 49).

PROCÉDURE DU DROIT DE PRÉEMPTION

Vente amiable Tout d'abord le **propriétaire** doit **informer** le preneur de son intention de vendre (C. rur. art. L 412-8). Si le preneur ne remplit pas les conditions et si, malgré cela, le bailleur, croyant le contraire, lui a fait envoyer une notification, la vente au preneur peut être annulée pour cause d'erreur substantielle (Cass. 3e civ. 5-7-1995 n° 92-20.425 : Bull. civ. III n° 174). 74830

Le **notaire** chargé d'instrumenter **notifie** au preneur bénéficiaire du droit de préemption, par lettre recommandée avec demande d'avis de réception ou par acte d'huissier (devenu commissaire de justice au 1-7-2022), le prix, les charges, les conditions et modalités de la vente projetée.

Le notaire a le choix entre les **deux modalités de notification**, l'envoi d'une lettre recommandée avec accusé de réception ou l'envoi par acte de commissaire de justice : l'absence de réclamation par le preneur de la lettre recommandée n'impose pas au notaire le recours à l'huissier (devenu commissaire de justice au 1-7-2022) (Cass. 3e civ. 27-11-2012 n° 11-27.500, Cugno c/ Lagardère). La non-réclamation de la lettre recommandée n'empêcherait pas le délai de préemption de courir à l'encontre du preneur, celui-ci étant réputé avoir reçu le pli. Le délai de 2 mois courrait à compter du premier avis postal d'après deux réponses ministérielles (Rép. Morel-A-L'Huissier : AN 18-12-2012 p. 7549 n° 6366 et 7-5-2013 p. 4949 n° 21649). Toutefois, faute de disposition expresse reprenant cette règle dans ce cas précis, nous conseillons lorsque la lettre recommandée n'est pas retirée par le preneur destinataire, de procéder à la notification de la vente par voie de commissaire de justice.

Cette notification doit comporter les renseignements permettant au preneur d'exercer utilement son droit de préemption, et notamment les nom et adresse du vendeur à qui il doit notifier sa réponse (Cass. 3e civ. 23-5-2012 n° 10-20.170). Seule une ratification complète et exacte fait courir le délai pour préempter (Cass. 3e civ. 12-3-2020 nos 19-10.924 et 19-10-925). S'il y a un candidat acheteur, les nom et domicile de la personne qui se propose d'acquérir peuvent être communiqués au preneur (afin qu'il puisse savoir s'il risque de se voir appliquer le droit de reprise). Cette mention est obligatoire lorsque le candidat acquéreur renonce au droit de reprise. Dans l'hypothèse d'une promesse de vente faite à la Safer avec faculté de se substituer plusieurs personnes, la notification faite au preneur doit non seulement comporter le prix, les charges, conditions et modalités de la promesse de vente consentie à la Safer mais également le prix, les charges, conditions et modalités des ventes partielles envisagées avec les acquéreurs substitués pour permettre au preneur en place de n'acquérir qu'une partie des biens vendus (Cass. 3e civ. 21-9-2005 n° 04-15.835 : Bull. civ. III n° 170).

La notification vaut **offre de vente** aux prix et conditions qui y sont mentionnés. Par conséquent, si le fermier les accepte purement et simplement, la vente est parfaite par consentement réciproque à la date de la réception par le bailleur de l'acceptation de l'offre par le preneur (Cass. 3e civ. 16-6-2011 n° 09-72.679 : BPIM 4/11 inf. 318), même si l'offre a été notifiée par erreur à un tiers (Cass. 3e civ. 1-2-2012 n° 11-11-315 : BPIM 2/12 inf. 148).

S'il y a eu intervention d'un **intermédiaire**, le préempteur est tenu en vertu de la jurisprudence actuelle, et quand bien même il n'a pas à être présenté par l'agent immobilier puisque preneur en place, de payer la **commission** de ce dernier lorsqu'elle a été mentionnée dans la notification pour une vente de gré à gré (Cass. 3e civ. 18-10-1989 n° 88-12.929 : Bull. civ. III n° 194) ou dans le cahier des charges de l'adjudication pour une vente par adjudication (Cass. 3e civ. 26-11-1974 n° 73-13.358 : Bull. civ. III n° 437), et même lorsque le tribunal modifie le prix et les conditions de la vente (Cass. 3e civ. 13-2-1980 : Rev. loyers 1980 p. 363 ; sur une jurisprudence contraire en matière de bail d'habitation qui a reconnu au locataire en place la possibilité de ne pas payer la commission due à l'agent immobilier car il n'avait pas à être présenté au propriétaire, Cass. 3e civ. 3-7-2013 n° 12-19.442 : Bull. civ. III n° 92). La commission n'est toutefois due que dans le cas où les quatre conditions cumulatives énumérées ci-après pour le droit à la commission sont réunies par l'agent immobilier : celui-ci devra être titulaire d'un mandat écrit, son action aura dû être déterminante pour la conclusion du contrat, l'acte de cession doit se conclure et enfin, l'acte unique formalisant l'engagement des parties doit faire mention de la commission (Loi 70-9 du 2-1-1970 art. 6 ; Décret 72-678 du 20-7-1972 art. 72 et 73). Le preneur ne paiera la commission que s'il est fait mention dans un acte qu'elle est due par l'acquéreur du bien.

Le **preneur** dispose d'un délai de 2 mois à compter de la lettre recommandée ou de l'acte de commissaire de justice, pour faire connaître sa **réponse** au propriétaire vendeur (également par lettre recommandée avec demande d'avis de réception ou par commissaire de justice), et non en principe au notaire instrumentaire (voir ci-après). À défaut de réponse dans ce délai, le preneur perd tout droit à bénéficier de la préemption. 74832

Dans les 2 mois, le preneur peut donc :
– ou bien renoncer expressément ;
– ou bien s'abstenir de répondre, ce qui équivaut à une renonciation sauf si la notification ne comportait pas les éléments nécessaires à son information (Cass. 3e civ. 27-10-2010 n° 09-15.348) ;
– ou bien accepter l'offre purement et simplement, en indiquant les nom et domicile de la personne qui exerce le droit de préemption ;
– ou bien accepter l'offre sous réserve de faire fixer le prix par le tribunal paritaire (sur l'application de cette dernière faculté dans le cadre des baux cessibles hors du cadre familial, voir n° 75085). Le prix que le juge est alors appelé à fixer doit tenir compte de la moins-value résultant de l'existence du bail (Cass. 3e civ. 7-11-1990 n° 89-12.226 : Bull. civ. III n° 220). Le bien doit être évalué à la date la plus proche du transfert de propriété, c'est-à-dire à la date du jugement (Cass. 3e civ. 9-11-2011 n° 10-24.687 : Bull. civ. III n° 192). Si le propriétaire n'accepte pas la décision du tribunal, il peut renoncer à la vente (C. rur. art. L 412-7), quand bien même le prix n'est pas modifié par le juge (Cass. 3e civ. 19-1-2005 n° 03-16.899 : Bull. civ. III n° 11).

Le preneur qui entend exercer la préemption à des **conditions différentes** de celles qui lui ont été notifiées doit **saisir le tribunal** paritaire avant l'échéance des 2 mois, mais il doit aussi notifier directement au propriétaire vendeur sa volonté d'acquérir sous réserve d'une modification judiciaire du prix ou des conditions de vente. À défaut, il est censé avoir renoncé à préempter. L'**information faite au notaire** chargé de la vente ne suffit pas, s'il n'est pas titulaire d'un mandat spécial de gérer la propriété du bailleur (Cass. 3e civ. 4-4-2001 n° 99-18.833 : Bull. civ. III n° 44) ou d'un mandat spécial pour la vente des biens loués antérieur à la notification de la vente (Cass. 3e civ. 15-2-2012 n° 11-10.580 : BPIM 2/12 inf. 149). Toutefois, la notification au notaire par le preneur d'accepter l'offre du bailleur est valable et emporte vente parfaite dès lors que la notification du projet de vente du bailleur indiquait que la décision d'exercice du droit de préemption devait parvenir en l'étude du notaire où le propriétaire avait élu domicile (Cass. 3e civ. 12-3-2014 n° 12-22.440 : BPIM 2/14 inf. 117). A aussi été jugé que la saisine du tribunal pour fixation de la valeur du bien vendu ne peut valoir à elle seule notification au bailleur (Cass. 3e civ. 30-5-2012 n° 11-17.867).

En cas de préemption, le bénéficiaire dispose d'un **délai** de 2 mois à compter de la date d'envoi de sa réponse au propriétaire vendeur pour réaliser l'acte de **vente authentique**. Passé ce délai, sa déclaration de préemption sera nulle de plein droit 15 jours après une mise en demeure à lui faite par acte de commissaire de justice et restée sans effet. L'action en nullité appartient au propriétaire vendeur et à l'acquéreur évincé.

74834 Afin que le preneur soit, avant de se décider, exactement informé des **intentions de l'acheteur éventuel**, il est prévu que ce tiers acquéreur peut, pendant le délai d'exercice du droit de préemption par le preneur, joindre à la notification adressée au preneur, une déclaration par laquelle il s'oblige à ne pas user du **droit de reprise** pendant une durée déterminée.

Le notaire communique au preneur, bénéficiaire du droit de préemption, cette déclaration dans les mêmes formes que la notification.

Le preneur qui, sur ces indications, n'a pas exercé son droit de préemption, pourra se prévaloir de cette déclaration aux fins d'annulation de tout congé portant reprise avant l'expiration de cette période.

74836 Le **propriétaire** qui décide de **modifier ses prétentions**, au cours du délai de 2 mois prévu pour la réponse mais avant que le preneur n'ait accepté l'offre, doit, par l'intermédiaire du notaire chargé d'instrumenter, notifier ses nouvelles conditions, notamment de prix, au preneur bénéficiaire du droit de préemption. Le délai de 2 mois dont profite ce dernier pour faire valoir son droit de préemption aux nouvelles conditions est alors augmenté de 15 jours.

Dans le cas où, après l'expiration du délai de 2 mois, le propriétaire entend modifier ses prétentions, ou lorsqu'un an après l'envoi de la dernière notification, la vente n'étant pas réalisée, il persiste dans son intention de vendre, il est tenu de renouveler la procédure prévue précédemment à partir de la notification (C. rur. art. L 412-9, al. 2). Toutefois, lorsque le preneur est forclos dans son droit à préemption, la promesse de vente conclue moins d'un an après l'envoi de la dernière notification entre le bailleur et un tiers vaut vente parfaite : dans le cas où elle est formalisée devant notaire par acte authentique plus d'un an après, elle n'a pas à donner lieu à une nouvelle procédure de notification auprès du preneur en place (Cass. 3e civ. 10-7-2013 n° 10-25.979 : RJDA 2/14 n° 99 ; 18-9-2013 n° 12-19.295). Cette solution rendue sous l'empire du droit antérieur demeure valable dès lors que les parties stipulent que l'accomplissement de la condition suspensive de non-préemption rétroagira à la date du contrat, le nouvel article 1304-6, alinéa 1er du Code civil (Ord. 2016-131 du 10-2-2016) ne prévoyant pas la rétroactivité de la réalisation de la condition suspensive.

> **Précisions** En tout état de cause, toute **vente** des immeubles loués doit être **notifiée** dans les 10 jours au bénéficiaire du droit de préemption (C. rur. art. L 412-9, al. 3).

Vente par adjudication Qu'il s'agisse de ventes volontaires ou forcées, le **locataire** doit, sous peine de nullité de la vente, être **convoqué** à la séance d'adjudication par lettre recommandée avec demande d'avis de réception ou par acte de commissaire de justice, 20 jours au moins avant la date de l'adjudication, par le notaire ou par le secrétaire greffier en chef du tribunal (C. rur. art. L 412-11). 74840

Le preneur, ainsi régulièrement convoqué, peut ne pas participer aux enchères, mais il bénéficie d'un délai de 20 jours, après l'adjudication, pour faire connaître à l'officier ministériel sa décision de se substituer à l'adjudicataire.

L'exercice du droit de préemption par le preneur emporte substitution pure et simple à l'adjudicataire. Aucune action en révision du prix n'est recevable. Le préempteur doit respecter les obligations du cahier des charges imposé à l'adjudicataire, sous peine d'encourir la déchéance de la préemption (Cass. 3e civ. 20-4-2005 n° 04-10.461 : Bull. civ. III n° 98).

Cette **déclaration de substitution**, qui doit comporter l'indication de la personne exerçant le droit de préemption, est faite par acte devant notaire ou commissaire de justice annexé au procès-verbal ou au jugement d'adjudication.

En cas de **surenchère**, le preneur en est averti dans les mêmes formes et délais que l'adjudicataire. Il peut également intervenir dans l'instance en validité de la surenchère (C. rur. art. L 412-11).

> **Précisions a.** Comme dans le cas de vente de gré à gré, lorsque l'adjudicataire a fait connaître au bénéficiaire du droit de préemption, par lettre recommandée AR ou par acte de commissaire de justice ou par déclaration insérée dans le procès-verbal de l'adjudication, son intention de ne pas user de son **droit de reprise** au cours d'une période déterminée, le preneur qui n'a pas fait valoir son droit de préemption pourra se prévaloir de cette déclaration aux fins d'annulation de tout congé portant reprise avant l'expiration de cette période.
> **b.** Lorsque le bailleur a notifié au preneur son intention de vendre de gré à gré l'immeuble loué par bail rural et que le preneur a régulièrement accepté cette offre mais sous réserve de la fixation du prix de vente par le tribunal, le bailleur a la possibilité de décider de renoncer à la vente amiable au bénéfice d'une **vente par adjudication**, au cours de l'instance judiciaire tant que l'évaluation du bien n'a pas été prononcée (Cass. soc. 27-1-1951 : Bull. civ. III n° 64). Toutefois, il a été jugé que dans un tel cas, la vente judiciaire quand bien même le preneur pouvait y participer, était de nature à lui porter préjudice dans la mesure où le prix décidé par le plus offrant pouvait être plus élevé que celui que le tribunal déciderait dans le cadre de l'instance en cours. Les juges ont ainsi pu valablement décider la suspension de la vente par adjudication justifiée par l'existence d'un dommage imminent causé au preneur (Cass. 3e civ. 21-1-2014 n° 12-25.766).

SANCTIONS

Actions en nullité de la vente Deux types d'actions en nullité sont prévus : 74850

– si le propriétaire vend ses immeubles à un tiers soit avant l'expiration des délais exigés, soit à un prix ou à des conditions de paiement différents de ceux demandés au preneur, ou lorsque le propriétaire exige du bénéficiaire de la préemption des conditions tendant à l'empêcher d'acquérir, le preneur peut obtenir du tribunal paritaire qu'il annule la vente et qu'il le déclare acquéreur au lieu et place du tiers (C. rur. art. L 412-10) ;

– dans les autres cas de non-respect du droit de préemption, l'action en nullité intentée par le preneur ne lui permet pas d'obtenir qu'il soit substitué au tiers acquéreur (C. rur. art. L 412-12).

L'action en nullité doit être intentée par acte d'huissier (devenu acte de commissaire de justice au 1-7-2022) (Cass. 3e civ. 5-2-1992 n° 90-18.171 : Bull. civ. III n° 41 ; Cass. 3e civ. 21-12-1993 n° 89-20.479 : Bull. civ. III n° 180) dans les 6 mois à compter du jour où la date précise de la vente est connue du preneur, et non de la vente elle-même (Cass. 3e civ. 12-6-2007 n° 06-14.171 : AJDI 2008 p. 225 obs. S. Prigent ; 29-6-2011 n° 10-16.434 : Bull. civ. III n° 114 ; Cass. 3e civ. 30-5-2024 n° 21-21.366). Dans tous les cas, la demande du preneur tendant à l'annulation de la vente du bien loué au mépris du droit de préemption doit être **publiée** au service de la publicité foncière (Décret 55-22 du 4-1-1955 art. 30 5° : JO 7 ; Cass. 3e civ. 22-6-2017 n° 16-13.651 FS-PBI). Le défaut de publication de la demande en nullité de la vente constitue une fin de non-recevoir de l'action. Cette formalité peut être régularisée à tout moment jusqu'à ce que le juge ait statué.

Obligations du préempteur Le préempteur est tenu aux obligations d'exploitation que doit observer le bénéficiaire de la reprise (n° 74670) : exploitation personnelle pendant 9 ans au moins, etc. 74855

Toutefois, celui qui a fait usage de son droit de préemption peut faire **apport** du bien préempté à un **GFA** ou à un **GFR**, à la condition de se consacrer personnellement à l'exploitation des biens du groupement.

Par contre, il ne pourrait, pendant cette période de 9 ans, **vendre** cette exploitation (même si son acquéreur consentait à la lui donner à bail) sans encourir une condamnation à des dommages-intérêts. Le délai de prescription de cette action en réparation ouverte au candidat acquéreur évincé lors de la préemption est de 5 ans (C. civ. art. 2224 introduit par loi 2008-561 du 17-6-2008), il était précédemment de 10 ans (C. civ. art. 2270-1 ancien ; Cass. 3e civ. 13-6-2001 n° 99-19.429, Thomassin c/ Cie de navigation mixte).

Le fermier préempteur de la nue-propriété n'est pas tenu à ces obligations lorsqu'il est évincé par l'usufruitier qui fait usage de son droit de reprise.

K. Améliorations réalisées par le preneur

74900 Le preneur a, sous certaines conditions, la possibilité de réaliser des améliorations aux immeubles loués, qui lui ouvriront éventuellement, à sa sortie, un droit d'indemnisation. Nous indiquons ci-dessous les conditions et la procédure à suivre pour prétendre au bénéfice de ce droit.

> **Précisions** **a.** Le **régime** de l'accession à la propriété par le bailleur des améliorations réalisées par le preneur a été **uniformisé** : y compris pour les plantations, le bailleur en devient le propriétaire lors du renouvellement du bail, ou en fin de bail (Cass. 3e civ. 23-11-2017 n° 16-16.815 FS-PBI).
> **b.** Auparavant, la **date de transfert** au bailleur de la propriété des améliorations était fonction du type d'améliorations concernées :
> – pour les plantations réalisées par le preneur qui représentaient des améliorations, le transfert au bailleur était immédiat (Cass. 3e civ. 10-11-2004 n° 03-14.592 : JCP G 2005 II 10119 pour les plantations de vignes ; 27-1-1993 n° 91-11.602 : RD rur. 1993 p. 282 pour les plantations de pommiers).
> – pour les constructions et autres ouvrages réalisés par le preneur, sauf convention contraire, le transfert au bailleur était reporté à la fin du bail, ou lors du renouvellement du bail constitutif d'un nouveau bail (Cass. 3e civ. 16-12-1997 n° 95-20.756 : Dr. et patrim. sept. 1998, n° 63 p. 105 ; 25-2-2016 nos 14-26.845 et 14-29.085).
> **c.** Les principales modalités du régime d'indemnisation sont précisées nos 75000 s.

CHANGEMENTS DE CULTURE ET DE MOYENS CULTURAUX

74905 Le preneur peut, afin d'améliorer les conditions de l'exploitation, procéder soit au retournement des parcelles de terre en herbe, soit à la mise en herbe de parcelles de terre, soit à la mise en œuvre de moyens culturaux non prévus au bail.

À défaut d'accord amiable, il doit fournir au bailleur, dans le mois qui précède cette opération, par lettre recommandée avec demande d'avis de réception, une description détaillée des travaux qu'il se propose d'entreprendre.

Le bailleur peut, s'il estime que ces opérations entraînent une dégradation des immeubles, saisir le **tribunal paritaire** dans un délai de 15 jours à compter de la réception de l'avis du preneur.

Le preneur peut exécuter ou faire exécuter les travaux si aucune opposition n'a été formée ou admise.

Il ne peut pas, sauf clause ou convention contraire, se prévaloir des dispositions accordant une **indemnité** au preneur sortant (C. rur. art. L 411-29).

TRAVAUX D'AMÉLIORATIONS FONCIÈRES

74910 Depuis 1995, les travaux d'améliorations foncières ne peuvent plus être exécutés librement par le preneur. L'**accord du bailleur** est nécessaire pour réunir et grouper plusieurs parcelles attenantes, faire disparaître, dans les limites du bien loué, les talus, haies, rigoles et arbres qui les séparent ou les morcellent. Le bailleur dispose d'un délai de 2 mois pour s'opposer à la réalisation de ces travaux. Passé ce délai, le défaut de réponse écrite du bailleur vaut accord (C. rur. art. L 411-28).

TRAVAUX NON PRÉVUS AU BAIL QUE LE PRENEUR PEUT RÉALISER

74915 S'ils ne sont pas prévus au bail, les **travaux d'amélioration** du fonds loué ne peuvent pas être réalisés librement par le preneur. Selon le cas, une procédure d'information préalable ou d'autorisation du bailleur doit être mise en œuvre avant leur exécution (C. rur. art. L 411-73). Une autorisation trop générale du bailleur donnée au preneur en vue d'effectuer tous travaux n'est pas suffisante pour obtenir l'indemnisation de ceux de ces travaux qui ne présenteraient pas une utilité certaine pour l'exploitation (Cass. 3e civ. 1-6-2011 n° 10-10.396 : Bull. civ. III n° 91).

Sont assimilées aux améliorations, les **réparations nécessaires à la conservation** d'un bâtiment indispensable pour assurer l'exploitation du bien loué ou l'habitation du preneur. Depuis la loi du 9 juillet 1999, sont également assimilés aux améliorations les travaux ayant pour objet de permettre d'exploiter le bien loué en conformité avec la législation ou la réglementation (C. rur. art. L 411-69). Il s'agit des **travaux de mise aux normes** de bâtiments (principalement d'élevage) imposés par la réglementation européenne ou la législation nationale. Ces dispositions sont applicables aux baux en cours, mais ne concernent que les travaux exécutés après l'entrée en vigueur de la loi (Cass. 3e civ. 28-6-2005 n° 04-14.529).

Pour les **constructions de bâtiments d'habitation** sur un bien compris dans le bail, l'accord préalable écrit du bailleur est toujours nécessaire. Le preneur exécute les travaux à ses frais et supporte les impôts et taxes afférents au bâtiment construit (C. rur. art. L 411-73, I-2-al. 2). **74920**

Pour les **plantations** et les constructions de bâtiments destinés à la **production hors sol**, le preneur doit obtenir une autorisation préalable du bailleur. En cas de refus de celui-ci ou à défaut de réponse dans les 2 mois de la notification, le preneur peut saisir le tribunal paritaire qui a le pouvoir de donner l'autorisation. Ce régime d'autorisation s'applique aux travaux réalisés dans le cadre de la **production** et de la commercialisation de **biogaz, d'électricité et de chaleur** par méthanisation (C. rur. art. L 411-73, I-2-al. 1). La replantation de pieds de vignes âgés n'est pas considérée comme une amélioration mais comme une obligation incombant au bailleur (Cass. 3e civ. 28-9-2011 n° 10-14.933 : Bull. civ. III n° 156). **74930**

Le preneur peut réaliser les travaux suivants, sous la seule condition d'en aviser préalablement le bailleur, en lui communiquant, 2 mois au moins à l'avance, un état descriptif et estimatif (C. rur. art. L 411-73, I-1) : **74935**
– pour ce qui concerne les **bâtiments d'habitation** : travaux d'amélioration de l'habitat qui sont destinés à adapter les locaux à des normes de sécurité, de salubrité, d'équipement, de confort et à économiser l'énergie. Ces normes sont fixées par décret (Décrets 68-976 du 9-11-1968, 2002-120 du 30-1-2002 et 2017-312 du 9-3-2017) ;
– pour ce qui concerne les **bâtiments d'exploitation et les ouvrages incorporés au sol** : ceux qui figurent sur une liste établie par arrêté préfectoral sur avis de la commission consultative départementale des baux ruraux ;
– pour toutes catégories d'**améliorations immobilières**, à l'exclusion des plantations et des constructions pour élevage « hors sol » : les travaux dont la période d'amortissement calculée dans les conditions fixées par l'article L 411-71 du Code rural et de la pêche maritime ne dépasse pas de plus de 6 ans la durée du bail. Cette dernière disposition présente un grand intérêt lorsque le preneur décide d'entreprendre des travaux dès le début d'un bail à long terme (voir C. rur. art. R 411-19).

Pour les **travaux d'amélioration autres** que ceux mentionnés nos 74920, 74930 et 74935, la procédure suivante doit être observée (C. rur. art. L 411-73, I-3) : le preneur doit au préalable tenter d'obtenir un accord du bailleur. En cas de silence de ce dernier pendant 2 mois, le preneur peut saisir de son projet un **comité technique départemental** (voir C. rur. art. R 411-20), qui dispose de 2 mois pour donner son avis. Si l'avis de ce comité est favorable, le preneur peut exécuter ou faire exécuter les travaux, à moins que le bailleur n'ait formé opposition devant le tribunal paritaire. **74940**

L. Fin du bail : indemnités de sortie du preneur

PRINCIPE DES INDEMNITÉS DE SORTIE

À sa sortie, le preneur doit rendre les lieux en bon état. L'état des lieux d'entrée permet de vérifier si cette obligation est respectée. À défaut d'état des lieux, le preneur n'est pas, en ce qui concerne les terres, soumis à la présomption de bon état édictée par l'article 1731 du Code civil. S'il apparaît une **dégradation du bien loué**, le bailleur a droit, à l'expiration du bail, à une indemnité égale au montant du préjudice subi (C. rur. art. L 411-72). D'un commun accord en cours de bail ou lors de son renouvellement, le bailleur et le preneur peuvent décider la **soustraction du bail** d'une partie des biens loués. Dans ce cas, le bailleur peut prétendre au dédommagement qui lui est dû en cas de dégradation des biens ainsi retirés de l'assiette du bail, dès la date de ce retrait, nonobstant la poursuite du bail sur les biens restants loués (Cass. 3e civ. 24-11-2021 n° 20-18.530). L'abandon par le preneur de la culture betteravière en cours de bail ne constitue ni un manquement aux obligations locatives du fermier, ni une dégradation du bien loué (Cass. 3e civ. 14-11-1996 n° 94-19.663 : Bull. civ. III n° 217). Il en va de même de l'abandon de la **75000**

production laitière ou de la perte des droits de replantation de vignes résultant de leur péremption (Cass. 3e civ. 12-7-2000 n° 98-18.048 : Bull. civ. III n° 142).
Le preneur sortant doit laisser les **pailles et engrais** de l'année s'il les a reçus lors de son entrée. Et quand bien même il ne les aurait pas reçus, le bailleur peut les retenir suivant l'estimation (C. rur. art. L 415-2 ; Cass. 3e civ. 24-3-2010 n° 08-20.902 : Bull. civ. III n° 68).
Mais il ne s'agit là que des produits non incorporés au sol. Lorsque les **fumures** sont **épandues**, elles font partie des améliorations culturales dont l'indemnisation est due par le bailleur (n° 75010).
Le preneur qui a, par son travail ou par ses investissements, apporté des **améliorations** au bien loué, a droit, à l'expiration du bail, à une indemnité **due par le bailleur** (sur l'interdiction des « pas-de-porte » versés par le preneur entrant, n° 73760), quelle que soit la cause qui a mis fin au bail (C. rur. art. L 411-69). Ces indemnités de sortie peuvent être complétées par l'indemnité du préjudice subi par le preneur, notamment en cas de résiliation du bail suite au changement de destination du bien loué (voir n° 73830).

75005 Le **renouvellement du bail** a pour effet de reporter l'indemnisation à la sortie du preneur.
En cas de **cession du bail régulière**, le preneur sortant peut céder au cessionnaire les améliorations qu'il a faites sur le fonds (C. rur. art. L 411-75), le cessionnaire est alors subrogé dans les droits à indemnité, à la fin du bail. En l'absence de cession des améliorations, le preneur sortant ne percevra les indemnités de sortie qu'au terme du bail (Cass. 3e civ. 26-10-2011 n° 10-11.000 : Bull. civ. III n° 174).
En cas de **vente du bien loué**, l'acquéreur doit être averti du fait qu'il supportera, le moment venu, la charge de l'indemnité (C. rur. art. L 411-69, al. 3). En cas d'adjudication, le défaut d'information de l'adjudicataire devenu bailleur à la fin du bail sur les indemnités à payer au preneur sortant ne prive pas ce dernier de faire valoir son droit à indemnisation au titre des améliorations qu'il a réalisées (Cass. 3e civ. 25-5-2023 n° 21-23.015 FS-B).
Si le **bien** est **préempté** par le preneur, le prix payé est censé tenir compte du droit à indemnisation. La jurisprudence considère en effet que, dans ce cas, ce droit est éteint par confusion, le preneur ayant la possibilité de faire prendre en compte le montant de sa créance dans le prix proposé (Cass. soc. 6-5-1960 n° 58-10.226 : Bull. civ. IV n° 456 ; 30-6-1966 n° 64-12.622 : Bull. civ. IV n° 663).

> **Précisions a.** En cas de **cession ou** de **sous-location prohibée** entraînant la résiliation du bail, le preneur peut néanmoins prétendre à l'indemnité prévue par l'article L 411-69 du Code rural et de la pêche maritime, pour les travaux réalisés par le cessionnaire ou sous-preneur non autorisé (Cass. 3e civ. 21-5-2014 n° 13-15.476 : Bull. civ. III n° 66).
> **b.** Sur la possibilité ouverte au preneur de céder ses améliorations et son droit à indemnité en cas de **mise à disposition**, voir n° 74245.

INDEMNISATION DES AMÉLIORATIONS

75010 Pour ouvrir droit à indemnisation, les améliorations doivent avoir été faites régulièrement. Certains travaux doivent avoir été autorisés par le propriétaire ou, à défaut, par le tribunal paritaire. Pour d'autres, sont prévues des procédures d'avertissement préalable qui diffèrent selon la catégorie des améliorations apportées (voir nos 74905 s.). Si le preneur est une société, et ses associés sont aussi ses bailleurs, la société doit néanmoins demander l'autorisation préalable à la réalisation des travaux (Cass. 3e civ. 6-6-2019 n° 17-23.777 : BPAT 5/19 inf. 222).
Le **régime d'indemnisation** diffère selon les améliorations :
a. Constructions et ouvrages incorporés au sol (améliorations apportées aux éléments existants ou constructions neuves) : en principe, l'indemnité est égale au coût des travaux, évalué à la date de l'expiration du bail, réduit de 6 % par année écoulée depuis leur exécution. Mais des taux d'amortissement différents peuvent résulter d'un arrêté préfectoral (se renseigner à la direction départementale des territoires) (C. rur. art. L 411-71, 1° et R 411-18).
Des modalités de calcul différentes sont prévues pour certaines améliorations, mais uniquement en cas de reprise du bailleur pour lui-même ou pour son conjoint, son partenaire lié par un Pacs ou un descendant. Il s'agit des travaux autres que les constructions de bâtiments d'habitation ou de bâtiments destinés à une production hors sol, à condition qu'ils aient été régulièrement effectués : l'indemnité est égale à la valeur, au jour de l'expiration du bail, des améliorations apportées compte tenu de leurs conditions techniques et économiques d'utilisation (C. rur. art. L 411-71, 4°).
b. Travaux imposés par l'autorité administrative : l'indemnité est fixée comme ci-dessus, sauf accord écrit et préalable des parties (C. rur. art. L 411-71, 5°).

c. Plantations : l'indemnité est égale à l'ensemble des dépenses, y compris la valeur de la main-d'œuvre, évaluées à la date d'expiration du bail, qui auront été engagées par le preneur avant l'entrée en production des plantations, déduction faite d'un amortissement calculé à partir de cette dernière date, sans que l'indemnité puisse excéder le montant de la plus-value apportée par ces plantations, et ce en l'absence d'accord particulier relatif à une indemnisation complémentaire du preneur au titre de la plus-value apportée au fonds loué (C. rur. art. L 411-71, 2° ; Cass. 3e civ. 6-10-2016 n° 15-18.796). La replantation de pieds de vignes âgés n'est pas considérée comme une amélioration mais comme une obligation incombant au bailleur et n'entre pas dans le champ de l'indemnité due au preneur sortant et celui-ci ne peut prétendre alors qu'à un remboursement (Cass. 3e civ. 28-9-2011 n° 10-14.933 : Bull. civ. III n° 156). En revanche, constitue une amélioration indemnisable le remplacement des vieilles vignes louées à l'origine par de jeunes vignes en production (Cass. 3e civ. 31-5-2018 n° 17-15.169).

d. Améliorations foncières ou culturales : l'indemnité est égale à la somme que coûteraient, à l'expiration du bail, les travaux dont l'effet est susceptible de se prolonger après le départ du preneur, déduction faite d'un amortissement dont la durée ne peut excéder 18 ans (C. rur. art. L 411-71, 3°).

La **demande d'indemnisation** doit être effectuée dans un **délai** de 12 mois à compter de la date de fin de bail, à peine de forclusion (C. rur. art. L 411-69), insusceptible, sauf dispositions contraires, d'interruption et de suspension (Cass. 3e civ. 9-3-2023 n° 21-13.646 FS-B).

> **Précisions a.** Les **droits à produire** et les **contingents de livraison de produits** ne peuvent pas constituer des améliorations culturales indemnisées à la sortie du preneur. Il en est de même des **droits à paiement unique** (jusque 2015) **et des droits à paiement de base**. Il a, en effet, été jugé que :
> – le droit à la livraison d'un contingent de betteraves ne constitue pas une amélioration de nature à autoriser le versement d'une indemnité de sortie (Cass. 3e civ. 3-4-1996 n° 94-13.994 : Bull. civ. III n° 98) ;
> – les droits de plantation et de replantation de vigne accordés en cours de bail ne constituent pas une amélioration culturale susceptible d'ouvrir droit à indemnité au preneur sortant (Cass. 3e civ. 29-3-2000 n° 98-18.794 : Bull. civ. III n° 71).
> **b.** Pour le preneur, la difficulté réside dans la **preuve** qu'il doit apporter des **améliorations** effectuées. Un expert pourra attester de la réalité des améliorations, mais il devra apporter la preuve qu'elles ont été réalisées par le preneur et préciser, notamment, la nature, le coût et la date de leur réalisation (Cass. 3e civ. 31-5-2007 n° 06-14.658). Le montant de l'indemnité peut expressément être fixé par **comparaison** entre l'état du fonds lors de l'entrée du preneur dans les lieux et cet état lors de sa sortie ou au moyen d'une expertise. Dans ce cas, l'expert peut utiliser toute méthode lui permettant d'évaluer avec précision le montant de l'indemnité (C. rur. art. L 411-71, 3°).
> **c.** L'indemnité est due dès lors que le preneur justifie de sa **participation, même indirecte**, au financement des améliorations, par exemple en s'acquittant des primes d'assurances relatives à un bâtiment sinistré puis reconstruit (Cass. 3e civ. 5-11-2015 n° 14-23.875).
> **d.** En cas d'annulation du bail, aucune indemnité n'est due au titre des améliorations (Cass. 3e civ., 11-7-2024 n° 23-11.688 n° 444 FS-B).

PAIEMENT DE L'INDEMNITÉ

Des facilités de paiement sont ouvertes au propriétaire (C. rur. art. L 411-76). Le juge peut accor- **75020**
der au bailleur des **délais de paiement** dans la limite de 2 ans (sauf en cas de reprise en cours de bail, ou en vue de la construction d'une maison d'habitation pour le bailleur, ou de reprise en fin de bail pour exploitation personnelle ou de refus de renouvellement dans le cas où le preneur a atteint l'âge de la retraite).

En outre des facilités de **crédit à long terme** sont offertes par les banques au bailleur qui emprunte la somme à rembourser au fermier ou se fait subroger dans les prêts consentis à ce dernier en vue des améliorations qu'il a faites (C. rur. art. L 411-70).

Comme nous l'avons précisé, le bail conclu avec un fermier entrant peut intégrer dans le fermage l'intérêt des sommes remboursées par le bailleur au fermier sortant pour améliorations (voir n° 73960, Précisions, b).

Des **garanties de paiement rapide** peuvent être données au fermier lorsque l'initiative mettant fin au bail émane du propriétaire (C. rur. art. L 411-76) ; les deux parties peuvent alors saisir, dès le congé reçu, le tribunal paritaire en vue de la fixation de l'indemnité.

S'il apparaît que le preneur est en droit de prétendre à une indemnité et si celle-ci n'a pas été définitivement fixée un an avant l'expiration du bail, la partie la plus diligente peut saisir le président du tribunal paritaire statuant en référé en vue de la fixation d'une **indemnité provisionnelle** d'un montant aussi proche que possible de celui de l'indemnité définitive et qui, nonobstant toute

opposition ou appel, doit être **versée ou consignée** par le bailleur dans le mois de la notification de la décision en fixant le montant.
Le preneur peut exiger, à son départ des lieux, le versement des sommes consignées, sans préjudice de la restitution ultérieure de l'excédent éventuel lors de la décision définitive.
Si, malgré la fixation de l'indemnité provisionnelle ou définitive, le bailleur n'a pas versé ou consigné celle-ci à la date de l'expiration du bail, il ne peut exiger le **départ du preneur** avant que ce versement ou cette consignation ait été effectué.

M. Bail cessible hors du cadre familial

75050 Le bail cessible hors du cadre familial est, avec le fonds agricole, une disposition novatrice majeure de la **loi d'orientation agricole 2006-11** du 5 janvier 2006. L'objectif est d'accompagner la mutation des exploitations agricoles afin qu'elles deviennent de véritables entreprises susceptibles de faire l'objet d'une cession dans leur intégralité. La création du fonds agricole permet de donner un cadre à l'entreprise individuelle tandis que le bail cessible, élément souvent déterminant du fonds agricole, pourra être cédé au repreneur de l'entreprise.
Sauf dispositions particulières codifiées aux articles L 418-1 à L 418-5 du Code rural et de la pêche maritime, le bail cessible est soumis au régime de droit commun du statut du fermage et du métayage. Les parties peuvent en outre prévoir d'un commun accord d'autres clauses dérogatoires.

CONDITIONS DU BAIL CESSIBLE

75055 Lors de la conclusion du bail, les parties qui souhaitent faire figurer dans leur contrat une clause autorisant le locataire à céder son bail (à d'autres personnes que les descendants, le conjoint ou le partenaire lié par un Pacs) doivent respecter deux conditions impératives (C. rur. art. L 418-1, al. 1).
En premier lieu, le bail doit être passé sous la **forme authentique**, cette condition étant destinée à assurer la parfaite information des parties au contrat.
En second lieu, le bail doit comprendre une clause mentionnant expressément que le bailleur et le preneur entendent que le bail soit soumis aux dispositions des articles L 418-1 et suivants du Code rural et de la pêche maritime.
À défaut, la **clause de cessibilité élargie** est réputée nulle et le bail relève du droit commun du fermage (C. rur. art. L 418-1, al. 2).

RÉGIME DU BAIL CESSIBLE

75060 Les baux qui satisfont aux conditions indiquées ci-dessus sont régis, nonobstant toute convention contraire, par les dispositions particulières des articles L 418-1 à L 418-5 du Code rural et de la pêche maritime relatives aux baux cessibles hors du cadre familial, ainsi que par les autres dispositions du statut du fermage qui ne leur sont pas contraires (C. rur. art. L 418-1, al. 3). Ainsi, le régime de travaux réalisés par le preneur est identique au bail à ferme de droit commun, il en va de même du calcul de l'indemnité au preneur sortant ou encore de la mise à disposition des biens loués au profit d'une société.
L'article L 411-74 du Code rural et de la pêche maritime, qui, à titre principal, interdit les pas-de-porte, les droits d'entrée et autres « chapeaux » (voir n° 73760), n'est pas applicable lors de la conclusion des baux cessibles hors du cadre familial, comme au moment de leur cession (C. rur. art. L 418-5).

DURÉE DU BAIL

75062 Le bail cessible est conclu pour une durée minimale de 18 ans (C. rur. art. L 418-2, al. 1). Le preneur bénéficie du droit au renouvellement : la durée du bail renouvelé doit figurer au contrat et ne peut pas être inférieure à 9 ans (C. rur. art. L 418-3, al. 1).

PRIX DU BAIL

75064 Son prix est constitué des loyers mentionnés à l'article L 411-11 du Code rural et de la pêche maritime (voir n° 73905). Toutefois, si les minima doivent être respectés, les maxima peuvent être majorés de 50 % au plus. Cette majoration s'applique également au supplément défini dans chaque département pour prendre en compte une durée de location supérieure à 18 ans (C. rur. art. L 418-2, al. 2).

DÉROGATIONS CONVENTIONNELLES

75066 Les parties peuvent déroger, par convention expresse au moyen de clauses validées par la commission consultative paritaire départementale des baux ruraux, à certaines dispositions du statut du fermage (C. rur. art. L 418-1, al. 5).

Elles peuvent ainsi déroger aux articles L 411-25 à L 411-29 du Code rural et de la pêche maritime sur les **droits et obligations du preneur** en matière d'exploitation : obligation d'engranger dans les lieux prévus à cet effet par le bail, obligation d'informer le bailleur de toute usurpation commise au détriment du bien loué, obligation pour le preneur d'user de la chose louée conformément à sa destination, obligation d'appliquer des clauses environnementales (n° 73770), obligation d'obtenir l'autorisation du bailleur avant de supprimer talus et haies dans le but d'améliorer les conditions d'exploitation (n° 74910), principe de liberté économique du preneur (changement de mode de culture, par exemple ; voir n° 74905). Elles peuvent aussi déroger aux articles L 415-1 et L 415-2 du Code rural et de la pêche maritime sur les **relations entre preneur entrant et preneur sortant** et à l'article L 415-7 du même Code sur le **droit de chasser** du preneur (n° 74330).
Le bailleur et le preneur peuvent également convenir d'une répartition différente de la charge du paiement des **primes d'assurances** contre l'**incendie** des bâtiments loués prévue par l'article L 415-3, alinéa 1 du Code rural et de la pêche maritime (n° 74300).

DROIT AU RENOUVELLEMENT DU BAIL

Le fermier bénéficie du droit au renouvellement de son bail, à **défaut de congé**. Le bail se renouvelle alors pour la durée fixée au contrat et qui ne saurait être inférieure à 9 ans. Sauf convention contraire, les clauses et **conditions du bail renouvelé** sont celles du bail précédent. En cas de désaccord entre les parties, le tribunal paritaire des baux ruraux statue sur les conditions contestées du nouveau bail. En tout état de cause, le bail renouvelé reste soumis aux dispositions relatives au bail cessible hors du cadre familial (C. rur. art. L 418-3). **75070**

NON-RENOUVELLEMENT DU BAIL

L'une des caractéristiques de ce bail est de permettre au bailleur de s'opposer, sans condition et à chaque renouvellement, à la poursuite du contrat. Le bailleur qui entend s'opposer au renouvellement doit délivrer **congé** au preneur, par acte extrajudiciaire, au moins 18 mois avant l'échéance du bail ou de son renouvellement. **75075**
Les autres **motifs de non-renouvellement** ou de résiliation du bail sont identiques au droit commun (voir n° 74440). Toutefois, deux nouvelles motivations sont prévues : le défaut d'un paiement du fermage et le refus de renouvellement contre indemnité.

Défaut de paiement d'un fermage Par dérogation au droit commun du statut du fermage (voir n° 73805, a), le défaut de paiement d'un seul loyer et des charges aux termes convenus, après une mise en demeure par acte de commissaire de justice restée infructueuse pendant 3 mois, est un motif de non-renouvellement ou de résiliation du bail, sauf en cas de raisons sérieuses et légitimes. Le juge saisi par le preneur avant l'expiration de ce délai de 3 mois peut accorder, dans les conditions prévues à l'article 1343-5 du Code civil, des délais de paiement (2 années au plus) durant lesquels l'action en résiliation est suspendue (C. rur. art. L 418-3, al. 2). **75077**

Indemnité d'éviction L'indemnité d'éviction est, avec la faculté de céder le bail, un élément d'équilibre fondamental du contrat de bail cessible hors du cadre familial. L'acquisition de la « propriété culturale » qui en découle a pour contrepartie la majoration du loyer. Comme en matière de baux commerciaux, l'indemnité d'éviction a pour objectif de compenser le préjudice causé par le **non-renouvellement initié par le bailleur**. La somme versée a donc par nature un caractère indemnitaire et ne correspond pas au paiement d'un prix, d'ailleurs le bailleur ne devient pas propriétaire des éléments de l'exploitation lorsqu'il s'est acquitté de l'indemnité. L'indemnité est d'ordre public et les parties ne sauraient l'écarter même par accord. **75080**
Cette **indemnité comprend** notamment, sauf si le bailleur apporte la preuve que le préjudice est moindre, la dépréciation de l'exploitation du preneur, les frais normaux de déménagement et de réinstallation ainsi que les frais et droits de mutation à payer pour acquérir un bail de même valeur (C. rur. art. L 418-3, al. 3). Cette liste n'est évidemment pas limitative. En théorie, cette indemnité doit permettre au preneur en cas d'éviction totale de retrouver une exploitation de même valeur économique. En pratique, l'exploitant preneur en place loue souvent des terres à plusieurs propriétaires différents. Dans un tel cas, le bailleur auteur du congé de non-renouvellement doit indemniser le preneur non pas à la valeur de son fonds dans sa globalité, mais en fonction de la dépréciation que ce fonds subit du fait de la perte de jouissance par l'exploitant du seul bien qui cesse de lui être loué ; les situations étant diverses, la jurisprudence fixera progressivement les conditions d'évaluation des fonds agricoles selon les types d'activités (Rép. Le Fur : AN 18-5-2010 p. 5491 n° 69274).

L'**indemnité n'est pas due** lorsque le bail n'est pas renouvelé à l'initiative du bailleur pour un des motifs prévus à l'article L 411-53 du Code rural et de la pêche maritime (un défaut de paiement de fermage, agissements du preneur de nature à compromettre la bonne exploitation des immeubles loués ou non-respect par le preneur des clauses environnementales).
On soulignera que l'indemnité d'éviction n'est pas exclusive du versement de **l'indemnité au preneur sortant** (voir n°s 75000 s.).

DROITS DE PRÉEMPTION

75085 Dans le cadre du bail cessible hors du cadre familial, le **preneur** conserve son droit de préemption. Toutefois, il n'a la faculté de contester ni le prix ni les conditions de la vente devant le tribunal paritaire des baux ruraux lorsque le bail est conclu depuis plus de 3 ans (C. rur. art. L 418-1, al. 4). Cette restriction des droits du preneur se justifie par le fait que celui-ci n'a aucun intérêt, dans le cadre de son exploitation, à acquérir les biens loués dans la mesure où il dispose de la « propriété culturale » et, en cas d'éviction, d'une indemnité correspondant au préjudice qu'il subit. S'agissant du droit de préemption des **Safer**, celui-ci est mis en échec dès lors que le bail a été conclu depuis plus de 3 ans (C. rur. art. L 418-1, al. 4).

DROIT DE PRÉFÉRENCE DU PROPRIÉTAIRE

75088 Les parties sont libres de prévoir que le bailleur pourra acquérir par préférence le bail cédé isolément (C. rur. art. L 418-1, al. 6). Le bailleur est donc privé de cette faculté lorsque le droit au bail est cédé avec d'autres éléments de l'exploitation et a fortiori en cas de cession du fonds agricole.

CESSION DU BAIL

75090 La particularité de ce bail est de pouvoir faire l'objet d'une cession en dehors du cadre familial en respectant un **formalisme** relativement simple (C. rur. art. L 418-4).
Le locataire qui entend procéder à la cession de son bail doit notifier au bailleur, par lettre recommandée AR, à peine de nullité de la cession et de résiliation du bail, un projet de cession mentionnant l'identité du cessionnaire pressenti et la date de la cession projetée.
Si le bailleur entend s'opposer au projet du preneur, il doit arguer d'un motif légitime. Il doit alors saisir le tribunal paritaire des baux ruraux dans un délai de 2 mois (C. rur. art. R 418-1). Passé ce délai, il sera réputé avoir accepté la cession. La cession ne peut pas intervenir au cours du délai de 2 mois, sauf accord exprès du bailleur. En tout état de cause, l'effectivité de la cession du bail ne pourra intervenir qu'après obtention par le cessionnaire d'une autorisation d'exploiter si celle-ci est nécessaire.
La rédaction du texte semble soumettre la cession de ces baux intervenant au profit du conjoint, du partenaire lié par un Pacs ou de descendants du preneur aux seules dispositions de l'article L 411-35 du Code rural et de la pêche maritime qui se caractérisent par l'obligation d'obtenir l'accord exprès du bailleur (voir n° 74110). Cette interprétation, mise en cause par la doctrine, mériterait d'être précisée.
Sur le **régime fiscal** applicable aux baux cessibles hors du cadre familial, voir n°s 17100 s.

N. Dispositions particulières concernant le bail à métayage

75100 Le bail à métayage est le contrat par lequel un bien rural est donné à bail à un preneur qui s'engage à le cultiver sous la condition d'en partager les produits avec le bailleur. Le statut des baux ruraux s'applique au métayage (anciennement colonat partiaire) comme au fermage. Cependant, certaines dispositions spécifiques au métayage sont prévues (C. rur. art. L 417-1 s.).

DURÉE DU CONTRAT ET RÉSILIATION

75105 Le métayage est résiliable tous les **3 ans** à la volonté du **métayer seul**, même si cette faculté n'a pas été prévue dans le bail. Le préavis se donne, dans les délais conformes aux usages locaux, par lettre recommandée AR (C. rur. art. L 417-2 et R 417-1).

POUVOIRS DU MÉTAYER

75120 C'est, en principe, le métayer qui a la direction effective de l'exploitation, mais le contrat peut prévoir que le propriétaire y sera associé.

> **Précisions** Le métayer peut **mettre le bien** exploité à la **disposition d'une société** civile d'exploitation ou d'un Gaec, dans les mêmes conditions que celles imposées au fermier. Depuis la loi d'orientation agricole du 5 janvier 2006, l'accord du bailleur n'est plus exigé. Le bailleur et le métayer conviennent alors avec la société de la manière dont il sera fait application au bien loué des articles L 417-1 à L 417-7 du Code rural et de la pêche maritime (notamment partage des fruits). En cas de désaccord, ces conditions sont déterminées par le tribunal paritaire saisi à la diligence de l'une ou l'autre des parties. Ces dispositions s'appliquent seulement aux baux conclus ou renouvelés à compter de l'entrée en vigueur de la loi du 5 janvier 2006. Pour les autres baux, l'accord préalable et non tacite du bailleur est encore exigé.

PARTAGE DES PRODUITS ET DES CHARGES

Il y a lieu à partage de tous les produits, même lorsqu'ils proviennent d'animaux qui sont la propriété exclusive du métayer. 75130

La **part du propriétaire** doit être au plus du 1/3 (avec des dérogations pouvant être décidées par le tribunal paritaire, par exemple, si le bailleur apporte un **cheptel** important ou fait des **plantations** sur de grandes superficies).

Le **partage** se fait, en principe, en nature mais il est possible de vendre les produits et de partager les recettes.

En principe, les **charges** sont supportées dans la proportion où les produits sont partagés (réparations d'entretien, pertes de récoltes, etc.). Jugé que les baux dits « au quart franc » donnant droit au propriétaire au quart des produits sans participation aux charges de l'exploitation ne constituent pas des baux à métayage (Cass. 3e civ. 9-9-2014 n° 13-18.997). Des exceptions peuvent être admises concernant les frais de main-d'œuvre à la charge du métayer, le montant des grosses réparations à la charge du bailleur et le montant des réparations locatives à la charge du métayer. La règle du « **tiercement** » ne doit pas obligatoirement s'appliquer produit par produit, charge par charge, mais d'une manière plus souple : la part du bailleur ne doit pas dépasser l'équivalent d'un partage 1/3-2/3 de l'ensemble des produits et des charges. Le métayer peut renoncer en cours de bail à cette règle d'ordre public, mais de manière certaine et non équivoque (Cass. 3e civ. 29-1-2002 n° 00-19.312).

Sur avis de la commission consultative paritaire départementale des baux ruraux, le préfet peut accorder une **dérogation** au principe du partage des dépenses d'exploitation (C. rur. art. L 417-3).

POSSIBILITÉ DE CONVERSION EN BAIL À FERME

La conversion peut être demandée par chacune des parties à l'expiration de chaque **année culturale**, à partir de la 3e année du bail initial. La demande est faite au moins 12 mois à l'avance par acte de commissaire de justice (C. rur. art. L 417-11 et R 417-2). 75140

Si la demande est faite par le **métayer** en place **depuis au moins 8 ans**, la conversion ne peut pas être refusée. Les modalités de l'indemnisation éventuellement due au bailleur devraient être fixées par un décret à paraître (C. rur. art. L 417-11). Toutefois, il appartient aux juges de rechercher si la conversion du bail à métayage en bail à ferme ne porte pas une atteinte disproportionnée aux droits du bailleur par rapport au but légitime recherché, en l'absence d'indemnisation effective (Cass. 3e civ. 10-10-2019 n° 17-28.862 FSPBI : RJDA 2/20 n° 124).

Dans les **autres cas** – demande par un métayer en place depuis moins de 8 ans, demande par le bailleur – une demande de conversion ne peut être imposée par le tribunal paritaire que dans l'un des cas suivants :

– lorsque le propriétaire n'entretient pas les bâtiments ;
– lorsqu'il refuse de participer, dans les proportions de sa part, aux investissements en cheptel et en matériel indispensables à l'exploitation ;
– lorsque le métayer est propriétaire de plus des 2/3 de la valeur du cheptel et du matériel ;
– lorsqu'une constante collaboration personnelle entre les parties n'a pu être assurée.

La conversion s'applique à l'**ensemble de l'exploitation**, cheptel compris. Le preneur peut, à son gré, retenir la jouissance ou acquérir au comptant la propriété du cheptel vif ou mort, en tout ou partie selon les besoins de l'exploitation (C. rur. art. L 417-12).

À défaut d'accord entre les parties sur le prix et les conditions du nouveau bail, jouissance du cheptel comprise, ou sur le prix d'acquisition au comptant du cheptel, le tribunal paritaire statue, compte tenu, s'il y a lieu, des usages locaux.

Au cours du bail, le preneur peut, à son gré, acquérir au comptant en tout ou en partie le cheptel vif ou mort, resté la propriété du bailleur. Dans ce cas, les conditions du bail sont modifiées en conséquence.

La demande de conversion ne constitue **pas une rupture du contrat** et ne peut justifier une demande de reprise du propriétaire. La conversion est sans incidence sur la durée du bail.

Les dispositions relatives à la conversion s'appliquent aux baux à long terme, mais pas aux baux de petites parcelles.

BAUX TYPES DE MÉTAYAGE

75150 La commission consultative des baux ruraux établit pour chaque région des baux types de métayage, auxquels il convient de se reporter si les parties n'ont pas conclu de bail écrit (ou si certaines questions n'ont pas été prévues).

O. Baux à long terme

OBJET ET INTÉRÊT

75200 Afin de favoriser les investissements nécessités par l'évolution des techniques modernes et leur amortissement au cours du bail, il est apparu nécessaire de mieux assurer la **sécurité et** la **stabilité des preneurs** de biens ruraux en prévoyant de nouvelles modalités de baux.

Indépendamment des baux ordinaires régis par le statut des baux ruraux et qui peuvent toujours être conclus, voire du bail emphytéotique doté d'un régime particulier, les parties peuvent conclure un bail à long terme susceptible de revêtir l'une des formes définies par les articles L 416-1 à L 416-9 du Code rural et de la pêche maritime (sur la forme particulière de bail à long terme qu'est le bail cessible hors du cadre familial, voir n°s 75050 s.). Le bail à long terme est parfois imposé par la loi, notamment en cas d'attribution préférentielle d'une exploitation agricole (voir n°s 76480 s.).

Les dispositions relatives aux baux à long terme s'appliquent aussi bien aux **baux à métayage** qu'aux **baux à ferme**. Il convient de souligner qu'en dehors des précisions apportées par ailleurs, les dispositions prévues par la loi pour les baux à long terme ne font qu'ajouter à celles du **statut des baux ruraux** qui continuent à s'appliquer à l'égard de ces baux, comme un minimum obligatoire chaque fois qu'il n'y est pas dérogé. C'est ainsi qu'à défaut de disposition contraire des articles L 416-1 et suivants du Code rural et de la pêche maritime, les dispositions du statut des baux ruraux sont expressément applicables aux baux à long terme.

En dehors de l'intérêt qu'il présente pour le preneur au niveau des conditions d'exploitation, le bail à long terme offre, en outre, des **avantages fiscaux** importants pour le bailleur, notamment une exonération partielle des droits de succession (ou de donation) à l'occasion de la **transmission** à titre gratuit des biens ainsi loués ou des parts de GFA ou de GFR correspondant à ces biens donnés à bail à long terme, voir n°s 17100 s. et, en ce qui concerne le régime fiscal des parts de GFA, n°s 26850 s. Attention toutefois, un bail à long terme conclu dans le seul but de procurer un avantage fiscal peut être jugé fictif (CA Douai 8-6-2009 n° 08/06111, 1e ch. sect. 1) au même titre qu'un bail conclu en vue de frauder les droits des créanciers du bailleur leur est inopposable (Cass. 3e civ. 28-3-2019 n° 17-26.733).

FORMULES DU BAIL RURAL À LONG TERME

75205 **Bail de 18 ans** Le bail rural à long terme peut revêtir la forme d'un bail conclu pour une **durée initiale** d'au moins 18 ans et transmissible dans les conditions prévues à l'article L 411-34 du Code rural et de la pêche maritime (c'est-à-dire notamment au conjoint ou au partenaire lié par un Pacs et aux descendants du fermier décédé), dont les caractéristiques essentielles sont les suivantes (C. rur. art. L 416-1) :

– la **reprise** triennale par le bailleur n'est pas possible pendant cette période initiale d'au moins 18 ans ;

– ce bail est **renouvelable par périodes** de 9 ans (6 ans dans les DOM). Depuis le 15 juillet 2006, les clauses et conditions du bail renouvelé sont celles du bail précédent, sauf convention contraire. Cette disposition n'est applicable qu'aux baux conclus ou renouvelés après cette date (Ord. 2006-870 du 13-7-2006 art. 16). À défaut d'accord entre les parties, le tribunal paritaire fixe les conditions contestées du nouveau bail. Par exception, le régime de **prorogation du bail** en faveur des preneurs qui, à la date de fin du bail initial, se trouvent à moins de 5 ans de l'âge de la retraite ou de l'âge leur permettant le bénéfice du taux plein (C. rur. art. L 411-58) **ne s'applique pas aux baux à long terme** (C. rur. art. L 416-8) et cette règle serait d'ordre public, y compris lorsqu'une clause du bail à long terme prévoyait pourtant cette faculté de prorogation (Cass. 3e civ. 9-4-2014 n° 12-22.388).

Les parties ont, à partir du premier renouvellement, possibilité d'introduire une **clause de reprise** à la fin de la 6e année au profit d'un descendant du propriétaire ; toutefois, **lorsque le preneur a atteint l'âge de la retraite** des exploitants agricoles, chacune des parties peut, par acte de commissaire de justice signifié au moins 18 mois à l'avance, refuser le renouvellement du bail ou mettre fin à celui-ci à l'expiration de chaque période annuelle à partir de laquelle le preneur aura atteint cet âge, sans devoir remplir les conditions de droit commun du statut des baux ruraux sur le droit au renouvellement du bail (nos 74400 s.) et la réglementation du droit de reprise (nos 74600 s. ; C. rur. art. L 416-1 modifié par ord. 2006-870 du 13-7-2006). Mais le non-respect de ces conditions n'est possible qu'au titre des baux à long terme renouvelés après le 15 juillet 2006, date d'entrée en vigueur de l'ordonnance du 13 juillet 2006 (Cass. 3e civ. 9-9-2014 no 13-17.313 ; 15-11-2018 nos 17-16.171, 17-16.172 et 17-16.173). Le bail renouvelé avant l'entrée en vigueur de l'ordonnance du 13 juillet 2006 est devenu un bail ordinaire de 9 ans relevant du régime commun du statut du fermage et ne pouvant bénéficier de ces nouvelles dispositions. Par ailleurs, cette faculté n'est pas applicable durant la période initiale du bail à long terme, y compris pour un bail de 25 ans (Cass. 3e civ. 15-10-2014 no 13-23.015 : Bull. civ. III no 130). Elle permet de mettre fin au bail l'année même durant laquelle le preneur atteint l'âge de la retraite retenu en matière d'assurance vieillesse des exploitants agricoles (Cass. 3e civ. 8-9-2016 no 15-18.636 P).

> **Précisions a.** Une **variante de ce bail** de 18 ans renouvelable, prévue à l'article L 416-2, alinéa 3 du Code rural, peut comporter une **clause écartant la cessibilité du droit au bail aux descendants** du preneur telle qu'elle est prévue par l'article L 411-35 du Code rural et de la pêche maritime. Une telle clause n'est cependant pas applicable s'agissant des baux à long terme renouvelés avant le 15 juillet 2006, date d'entrée en vigueur de l'ordonnance du 13 juillet 2006 qui introduit cette possibilité : les baux renouvelés sont devenus, dans ce cas, des baux ordinaires comportant le droit de cession aux descendants (Cass. 3e civ. 9-9-2014 no 13-17.313). De même, il peut être convenu qu'en cas de **décès du preneur** et de transmission du bail aux membres de sa famille, ceux-ci ne pourront pas, à l'expiration du bail, se prévaloir du droit au renouvellement, sauf pour une seule période de 9 ans (sans pouvoir toutefois dépasser la date à laquelle le preneur décédé aurait atteint l'âge de la retraite) si le décès du preneur survient moins de 18 mois avant l'expiration du bail. Lorsque le bail à long terme s'est renouvelé, le preneur ayant atteint l'âge de la retraite et recevant à ce titre un congé du bailleur bénéficie de la faculté de céder le bail renouvelé à son descendant si la clause écartant la cessibilité du bail aux descendants n'a pas été introduite ou écartée par les parties à l'occasion du renouvellement.
> **b.** Un **preneur** qui est à plus de 9 ans (6 ans dans les DOM) et à moins de 18 ans de l'**âge de la retraite** peut conclure un bail à long terme d'une durée égale à celle qui doit lui permettre d'atteindre cet âge (C. rur. art. L 416-4).

Bail « à long préavis » Le bail à long terme peut revêtir la forme d'un bail conclu pour **75210**
une **durée initiale d'au moins 25 ans** (C. rur. art. L 416-3), durant laquelle il ne peut être mis fin au bail en raison de l'âge du preneur (Cass. 3e civ. 15-10-2014 no 13-23.015 : Bull. civ. III no 130).

À l'expiration de la durée initiale, le bail est renouvelé sans limitation de durée s'il comporte une **clause de tacite reconduction**. Chacune des parties peut alors y mettre fin, chaque année, par acte de commissaire de justice, mais le congé ne prend effet qu'à la fin de la 4e année (3e année dans les DOM) suivant celle au cours de laquelle il a été donné. Ainsi, par exemple, si le propriétaire désire reprendre son domaine à l'expiration du bail (d'une durée de 25 ans par hypothèse), il devra signifier son congé avant la fin de la 21e année du bail. C'est la raison pour laquelle ce type de bail est parfois désigné sous l'appellation de bail « à long préavis ». Ce congé n'a pas à être motivé (Cass. 3e civ. 31-10-2007 no 06-18.864 : Bull. civ. III no 185). Le bail conclu avant le 15 juillet 2006 relève d'un congé préalable d'au moins 4 ans n'imposant pas les mentions de l'article L 411-47 du Code rural et de la pêche maritime (Cass. 3e civ. 30-10-2012 no 11-19.573, Gonet c/ Leroy). S'agissant des mentions devant figurer dans le congé, voir no 74525.

En l'**absence de clause de tacite reconduction**, un bail de 25 ans conclu ou renouvelé à compter du 15 juillet 2006 prend fin au terme stipulé, sans que le bailleur soit tenu de délivrer congé (C. rur. art. L 416-3, al. 2 ; Ord. 2006-870 du 13-7-2006 art. 16). Si le bail était en cours au 15 juillet 2006, il se renouvelle à son terme par période de 9 ans (Cass. 3e civ. 12-6-2003 no 02-11.417 : Bull. civ. III no 127), à moins que le bailleur entende y mettre fin par un congé qui devra dans ce cas respecter les mentions de l'article L 411-47 du Code rural et de la pêche maritime (voir no 74525).

Bail de carrière Le bail à long terme prend la dénomination de bail de carrière lorsqu'il **75215**
porte sur une exploitation agricole constituant une unité économique ou sur un lot de terres d'une superficie supérieure à la surface au-delà de laquelle une autorisation d'exploiter est nécessaire dans le cadre du contrôle des structures et visée à l'article 312-1 du Code rural et de la pêche maritime, qu'il est conclu pour une **durée** qui ne peut pas être inférieure à 25 ans et

qu'il prend fin, sans droit au renouvellement, à l'expiration de l'année culturale pendant laquelle le preneur atteint l'**âge de la retraite** en matière d'assurance vieillesse agricole (C. rur. art. L 416-5).

RÉDACTION DU BAIL

75230 Lorsqu'un bail rural ordinaire n'est pas fait par écrit, il ne s'en trouve pas pour autant entaché de nullité ; le bail est alors censé avoir été fait pour 9 ans, aux clauses et conditions figurant au contrat type départemental. En revanche, pour les baux à long terme, il faut qu'un **écrit** intervienne sous forme authentique et soit publié au **service de la publicité foncière** (conservation des hypothèques) pour être opposable aux tiers au-delà de 12 ans ; néanmoins, l'absence de publication ne fait pas obstacle à l'exonération partielle de droits de succession ou de donation (BOI-ENR-OMT-10-20-30-20 n° 350).

> **Précisions** **a.** Pour les baux à long terme pouvant exceptionnellement être conclus pour une **durée inférieure à 12 ans**, la publication au service de la publicité foncière n'est pas obligatoire.
> **b.** Depuis le 30 mars 2011, le **dépôt au rang des minutes d'un notaire** d'un acte sous seing privé contresigné ou non ne peut plus donner lieu aux formalités de publicité foncière : désormais, ne peuvent donner lieu à publicité foncière que les actes ou les droits résultant d'un acte reçu en la forme authentique par un notaire, ou d'une décision juridictionnelle, ou encore d'un acte authentique émanant d'une autorité administrative (C. civ. art. 710-1 dans sa rédaction issue de la loi 2011-331 du 28-3-2011. À noter que ce texte est abrogé, remplacé par les articles 710-3 et 710-4 du Code civil par l'ordonnance 2024-562 du 19-6-2024 modifiant et codifiant le droit de la publicité foncière qui entrera en vigueur à une date fixée par décret en Conseil d'État et au plus tard le 31-12-2028).
> **c.** Dans les **zones à risques** (risque naturel ou technologique dont le risque d'incendie de forêt, pollution des sols), une obligation d'information du preneur pèse sur le bailleur lors de la conclusion d'un bail à long terme (voir n°s 73712 s.).

ÉTABLISSEMENT OBLIGATOIRE D'UN ÉTAT DES LIEUX

75240 La conclusion d'un bail à long terme doit être suivie d'un état des lieux établi selon les prescriptions générales de l'article L 411-4 du Code rural et de la pêche maritime (C. rur. art. L 416-6). Sur ces prescriptions, voir n° 73710.

S'agissant d'un bail à long terme, on peut se demander si l'état des lieux peut être valablement dressé « dans le mois qui précède l'entrée en jouissance ». En effet, cette disposition qui a été ajoutée à l'article L 411-4 par l'article 10 de la loi du 15 juillet 1975 semble difficilement conciliable avec le texte (inchangé) de l'article L 416-6 qui prévoit expressément que le bail à long terme doit être suivi d'un état des lieux.

Il convient de souligner que, si l'établissement d'un état des lieux demeure toujours obligatoire en vertu des dispositions expresses de l'article L 416-6 du Code rural et de la pêche maritime, la loi du 15 juillet 1975 (art. 33-III) a supprimé le caractère d'ordre public de cette obligation et donné un caractère interprétatif à cette mesure (en ce qui concerne les conséquences de cette suppression sur le régime fiscal des immeubles ruraux donnés à bail à long terme, voir n° 17220, Précisions, f).

FIXATION DU MONTANT DU PRIX DU BAIL

75250 Le fermage des baux ruraux à long terme doit être fixé conformément aux dispositions de **droit commun** (n°s 73900 s.). La durée du bail étant un élément de fixation du fermage (C. rur. art. L 411-11, al. 1), les arrêtés préfectoraux portant sur les fermages prévoient des **majorations** de prix pour les baux à long terme. Le bail renouvelé après le 15 juillet 2006 qui succède au bail à long terme de 18 ans au moins reste soumis aux dispositions particulières du bail à long terme : par conséquent, la majoration du bail déterminée par l'arrêté préfectoral s'applique au bail renouvelé, que les parties en aient fait mention dans le bail initial ou qu'elles en aient omis la mention dans le bail initial à long terme (Cass. 3e civ. 12-3-2014 n° 12-29.406). Ainsi, la majoration du bail à long terme prévue par l'arrêté préfectoral s'impose-t-elle aux parties. Attention toutefois lorsque l'arrêté préfectoral ne prévoit qu'un plafond à la convenance des parties pour cette majoration : celle-ci ne s'appliquerait alors pas de droit (Cass. 3e civ. 6-7-2017 n° 16-15.607).

Le prix des **baux à métayage** à long terme est déterminé dans les mêmes conditions que celles des baux à métayage ordinaire (n° 75130).

Une particularité existe pour les **baux de carrière**. Le prix du fermage des baux de carrière est celui des baux ordinaires de 9 ans tel qu'il résulte de l'arrêté préfectoral pris en application de l'article R 411-1 du Code rural et de la pêche maritime (n° 73905). Cependant, les parties sont admises à majorer ce prix d'un pourcentage qui ne peut dépasser 1 % par année de validité du bail (C. rur. art. L 416-5, al. 2). Par exemple, si les parties sont convenues, pour un bail de carrière de 40 ans, d'un pourcentage de majoration de 0,5 %, le pourcentage total de majoration à

appliquer sur le prix d'un bail de 9 ans sera de 20 %. Le bail doit contenir une clause de majoration du prix claire et précise, à défaut toutefois, les majorations de fermage prévues pour les baux à long terme classiques d'au moins 18 ans sont applicables de droit aux baux de carrière (CA Caen 2e ch. civ. 29-5-2019 n° 18/01745).
L'application d'un nouveau barème préfectoral modifiant les maxima et minima des prix des fermages peut être demandée en début de chaque nouvelle période de 9 ans du bail à long terme (C. rur. art. L 411-11).

POSSIBILITÉ DE TRANSFORMER UN BAIL ORDINAIRE EN BAIL À LONG TERME

Les contractants d'un bail ordinaire ont la possibilité de transformer ce bail ordinaire en bail à long terme, soit par transformation du bail initial (allongement de sa durée), soit par conclusion nouveau d'un bail. Le bail à long terme faisant suite au bail ordinaire peut être un bail de carrière. Cette conversion ne peut se faire que s'il y a accord des deux parties. Le preneur n'est pas obligé de supporter les frais de conversion du bail ordinaire en bail à long terme (Cass. 3e civ. 16-6-2010 n° 09-16.057 : Bull. civ. III n° 123). Si le bailleur dans sa demande de transformation s'engage à ne demander aucune majoration du prix du bail en fonction de l'allongement de la durée, le preneur qui refuse est privé de la **possibilité de céder le bail** à un descendant ou à son conjoint ou partenaire lié par un Pacs, ainsi que du **droit au renouvellement** (C. rur. art. L 416-2). 75260

P. Baux à cheptel

Les baux à cheptel relèvent des articles 1800 à 1831 du Code civil (C. rur. art. L 421-1). Ils ont pour **objet** un troupeau. Le locataire est chargé de garder, nourrir et soigner des animaux appartenant soit en totalité, soit en partie au bailleur, moyennant une partie du croît et du profit. En contrepartie, il supporte la moitié de la perte. Le régime du bail à cheptel ne concerne pas le cheptel mort (location de matériel d'exploitation). 75300
Ce type de bail peut être conclu isolément ou en même temps qu'un bail à ferme ou à métayage. Le **prix** du bail à cheptel, même accessoire d'un bail à ferme, est libre.

CHEPTEL SIMPLE OU ORDINAIRE

Le bail à cheptel simple est conclu pour une **durée** de 3 ans à défaut d'accord entre les parties, sauf si le contrat est l'accessoire d'un bail à ferme ou à métayage. 75310
Les **animaux** sont **fournis** en totalité par le bailleur qui en demeure le propriétaire. Le locataire ne peut pas vendre une tête du troupeau sans son accord.
Le locataire doit assurer la conservation du cheptel. Il n'est tenu du cas fortuit que lorsqu'il a commis une faute sans laquelle la perte ne serait pas arrivée. En cas de contestation, le preneur est tenu de prouver le cas fortuit et le bailleur est tenu de prouver la faute qu'il impute au preneur.
Si le cheptel périt en entier sans la faute du preneur, la perte en est pour le bailleur.
S'il n'en périt qu'une partie, la perte est supportée en commun, d'après le prix de l'estimation originaire et celui de l'estimation à l'expiration du bail à cheptel.
Le « croît », c'est-à-dire les produits du troupeau par les naissances, et la laine sont partagés par moitié. Le locataire profite seul des laitages, du fumier et du travail des animaux.
Les animaux sont le gage des créanciers du bailleur ; quant à ceux du locataire, ils n'ont aucun droit sur le cheptel tant qu'il n'y a pas partage.
À la **sortie du locataire**, le bailleur doit prélever les animaux correspondant à un fonds de bétail analogue à celui qu'il a remis au locataire à l'entrée (avec état des lieux, et estimation) ; l'excédent donne lieu à partage.

CHEPTEL À MOITIÉ

Le cheptel à moitié est constitué par des apports de chacune des parties qui fournit la moitié des bêtes. De même que le croît se partage par moitié, la perte est supportée par parts égales, sans distinguer selon qu'elle est totale ou partielle. 75320

CHEPTEL DONNÉ À UN FERMIER OU CHEPTEL DE FER

Le cheptel de fer est un contrat de cheptel conclu **accessoirement à un bail à ferme**. Il se caractérise ainsi : les animaux sont la propriété du bailleur mais les profits et les produits sont pour le locataire, à l'exception du fumier, lequel doit être employé sur l'exploitation. 75330
La perte de bétail est supportée par le locataire même si elle a lieu par cas fortuit et si elle est totale (sauf convention contraire).
En fin de bail, le locataire doit laisser des animaux formant un même fonds de bétail que celui reçu à l'entrée (avec compensation du déficit).

CHEPTEL DONNÉ À UN MÉTAYER

75340 Si le cheptel a été donné à un métayer, il peut prendre la forme soit d'un cheptel simple, soit d'un cheptel à moitié.
Cependant, le bailleur subit toujours la perte du cheptel s'il le perd en entier par cas fortuit ; si la perte n'est que partielle, le métayer en supporte la moitié.
Le fumier doit être employé exclusivement sur l'exploitation.

Q. Tribunaux paritaires des baux ruraux

OBJET

75400 Les litiges entre bailleurs et fermiers ou métayers relatifs aux baux ruraux sont jugés par les tribunaux paritaires qui ont une **compétence** générale pour connaître de toutes les contestations entre un preneur et un bailleur dont le bail rural est l'objet, la cause ou l'occasion (Cass. 3e civ. 10-7-2002 n° 01-02.048 : Bull. civ. III n° 164 ; sur l'annulation d'un acte authentique qui méconnaîtrait les droits du preneur : Cass. 3e civ. 12-5-2016 n° 15-13.067 FS-PBR), y compris en cas de mise à disposition d'un bail au profit d'une société et lorsque le bail rural n'est pas soumis au statut du fermage (bail de petites parcelles, bail à cheptel, bail à domaine congéable, bail à complant, bail emphytéotique, bail portant sur des terres à vocation pastorale, convention pluriannuelle de pâturage). Le tribunal paritaire est également seul compétent pour se prononcer sur la contestation de la décision de la commission départementale d'aménagement foncier (CDAF) reconnaissant un état d'inculture ou de sous-exploitation (C. rur. art. L 125-1 à L 125-4 et L 125-12 al. 1er ; dénonciation par un exploitant de l'état d'inculture de parcelles voisines aux siennes : CAA Douai 21-6-2022 n° 21DA02505). Au moins un tribunal paritaire des baux ruraux est créé dans le ressort de chaque tribunal judiciaire. En revanche, les litiges relatifs à la location d'un bien rural conclue sans finalité agricole relèvent de la compétence du tribunal judiciaire (Cass. 3e civ. 23-3-2005 n° 04-11.345 : Bull. civ. III n° 70), de même que les conventions d'occupation précaire au sens de l'article L 411-2 du Code rural (Cass. 3e civ. 5-1-2012 n° 10-27.947 FS-PB). La convention passée pour l'exploitation agricole du domaine d'une collectivité publique comportant plusieurs clauses exorbitantes du droit commun est constitutive d'un contrat administratif relevant de la compétence du juge administratif (Cass. 3e civ. 9-3-2005 n° 03-19.385 FS-PB : Bull. civ. III n° 61), voire d'un bail sans caractère administratif relevant de la compétence du juge judiciaire (Cass. 1e civ. 16-10-2013 n° 12-25.310).
Les règles d'**organisation**, de constitution, de compétence et de procédure figurent aux articles L 491-1 et R 491-1 et suivants du Code rural et de la pêche maritime et aux articles 880 et suivants du Code de procédure civile. Le Code rural liste les sièges et ressorts des tribunaux paritaires des baux ruraux en annexe de son livre IV (art. D 491-2). Le tribunal paritaire est présidé par un juge du tribunal judiciaire, désigné par le Président du tribunal judiciaire. Il est regardé comme constitué dès lors qu'il comprend au moins 2 assesseurs titulaires dans chaque catégorie, eux aussi désignés par le président du tribunal judiciaire (C. rur. art. L 492-7). En cas de non-existence des tribunaux paritaires, leurs attributions sont dévolues au tribunal judiciaire. Les tribunaux paritaires comportent des assesseurs désignés parmi les propriétaires bailleurs, les fermiers et les métayers. Les assesseurs sont désignés, depuis le 1er janvier 2018 tous les 6 ans par le premier président de la cour d'appel, après avis du président du tribunal paritaire, sur une liste dressée dans le ressort de chaque tribunal par l'autorité administrative sur proposition des organisations professionnelles les plus représentatives intéressées. Les assesseurs doivent être de nationalité française, âgés de 26 ans au moins, jouir de leurs droits civils, civiques et professionnels et posséder depuis 5 ans au moins la qualité de bailleur ou de preneur d'un bail à ferme ou à métayage. Des assesseurs suppléants sont désignés dans les mêmes formes. En l'absence de liste ou de proposition, le premier président de la cour d'appel peut renouveler les fonctions d'un ou de plusieurs assesseurs en place pour une nouvelle durée de 6 ans (C. rur. art. L 492-2 s.).

> **Précisions a.** La convention relative à l'exploitation du domaine d'une collectivité publique qui comporte des clauses exorbitantes du droit commun est un contrat administratif relevant du juge administratif (Cass. 3e civ. 9-3-2005 n° 03-19.385 : RJDA 7/05 n° 802).
b. Le tribunal paritaire n'est pas compétent pour un litige opposant le preneur à un tiers ayant exercé un droit de préemption préférentiel (Cass. 3e civ. 30-10-2002 n° 01-10.253 : Bull. civ. III n° 213).
c. À la suite de l'incendie du bien loué, la demande d'indemnisation du bailleur et de sa compagnie d'assurance à l'encontre du preneur et de son assureur relève de la compétence du tribunal paritaire, et non du tribunal judiciaire (Cass. 3e civ. 4-3-2009 n° 08-14.426 FS-PB : Bull. civ. III n° 56).

SAISINE

Le tribunal paritaire compétent est celui du lieu de situation de l'immeuble (CPC art. 880). Il est saisi par déclaration faite, remise ou adressée au greffe du tribunal ou par acte de commissaire de justice adressé au greffier (l'acte de commissaire de justice est obligatoire, par exemple, dans le cas d'une action en nullité d'une vente) (CPC art. 885). Le greffe du tribunal paritaire des baux ruraux est, selon le lieu de situation du siège du tribunal paritaire, le greffe du tribunal judiciaire ou le greffe détaché de la chambre de proximité (C. rur. art. R 492-1). L'assignation directe du défendeur devant le tribunal est irrégulière. **75405**

Les parties sont **convoquées** en même temps que les assesseurs par les soins du greffier 15 jours au moins avant la date fixée pour l'examen de l'affaire (CPC art. 886).

Elles doivent comparaître en personne lors de la tentative de conciliation, sauf à se faire représenter en cas de motif légitime. À l'audience de jugement, elles peuvent se faire assister ou représenter (CPC art. 883).

Elles peuvent se faire **assister** et, en cas de maladie ou d'empêchement justifié, elles peuvent se faire représenter par un avocat, un commissaire de justice, un membre de leur famille, leur concubin ou partenaire pacsé, un membre ou un salarié d'une organisation professionnelle agricole (CPC art. 883 et 884).

Dans certains cas, les **assesseurs** (parents ou ayant un intérêt dans l'affaire) peuvent être récusés. En cas d'absence d'assesseurs titulaires ou suppléants régulièrement convoqués ou de leur récusation, le président statue seul, après avoir pris l'avis des assesseurs présents (C. rur. art. L 492-6). Si le tribunal paritaire ne peut fonctionner pour une autre cause que celle-ci, c'est le tribunal judiciaire qui devient compétent pour les affaires en cours (C. rur. art. L 492-7) ; s'il devait être supprimé, ses compétences seraient transférées au tribunal judiciaire (C. rur. art. L 492-8).

Précisons qu'en cas d'urgence (expulsion, mesures conservatoires, inventaire et vente des récoltes, etc.), le président du tribunal paritaire peut être saisi selon la procédure accélérée de « **référé** » (CPC art. 893 s.).

PROCÉDURE

La procédure débute par une **tentative de conciliation** (CPC art. 887). Le jugement qui serait rendu sans qu'il y ait été procédé serait nul, mais l'absence d'une des parties à la conciliation n'empêche pas le renvoi de l'affaire pour être jugée au fond (Cass. 3e civ. 19-9-2007 n° 06-17.267 : Bull. civ. III n° 145 ; 9-12-2009 n° 09-10.087 FS-PB : Bull. civ. III n° 273). On notera qu'une demande additionnelle, différente d'une demande annexe et même présentée pour la première fois en première instance n'est toutefois pas soumise au préliminaire de conciliation (CPC art. 887 ; Cass. 3e civ. 22-1-2014 n° 12-28.246 FS-PB : Bull. civ. III n° 6). **75410**

Si la conciliation aboutit, le procès-verbal mentionne les bases du règlement du litige. En cas de **non-conciliation**, le tribunal peut mentionner les modalités de règlement proposées.

Si aucun accord n'est réalisé, le tribunal doit statuer en audience de jugement. La présence en personne des parties devant le tribunal n'est pas une obligation ; les parties peuvent se faire assister ou représenter. Les jugements sont notifiés par le greffier aux parties par lettre recommandée AR (CPC art. 891).

TAUX DE RESSORT ET RECOURS

Les tribunaux paritaires jugent en premier et **dernier ressort** jusqu'à 5 000 € de demande et à charge d'appel lorsque la demande excède cette somme ou est indéterminée (C. rur. art. R 491-1). **75415**

Les jugements peuvent être portés devant la cour d'**appel** dans le délai d'un mois à partir de la notification de la décision contestée. Cet appel est, en général, suspensif. L'appel est formé, instruit et jugé suivant la procédure sans représentation obligatoire (CPC art. 892).

Les jugements rendus en dernier ressort ainsi que les arrêts des cours d'appel peuvent faire l'objet d'un pourvoi en **cassation** (dans les 2 mois).

CHAPITRE 3

FONDS AGRICOLE

SOMMAIRE

RECONNAISSANCE DU FONDS

75500 L'un des objectifs de la **loi d'orientation agricole 2006-11** du 5 janvier 2006 était de promouvoir une démarche d'entreprise et de faire évoluer l'exploitation agricole vers l'entreprise agricole. Pour ce faire, il était nécessaire de donner à l'exploitation agricole un cadre juridique révélant l'existence d'une véritable entreprise, notamment dans l'objectif de faciliter sa transmission. En créant le fonds agricole (C. rur. art. L 311-3), la loi d'orientation agricole consacre l'importance des éléments incorporels dans le patrimoine professionnel des exploitants agricoles. Le droit d'exploiter le foncier n'est aujourd'hui plus suffisant dans la construction du revenu agricole et détenir des contrats pour écouler ses produits ou des parts dans des structures de commercialisation ou encore des droits à paiement de base créés par le règlement 1307/2013 du Parlement européen et du Conseil du 17 décembre 2013 et maintenus dans la PAC 2023-2027 est déterminant. On peut y ajouter, s'agissant du droit d'exploiter le foncier, le bail cessible hors du cadre familial, dès lors qu'un bail de ce type a été signé par le fermier avec son propriétaire. Ainsi regroupés au sein du fonds agricole, les divers éléments composant l'entreprise agricole peuvent être cédés sans atteinte à son intégrité et à sa pérennité.

À l'instar du fonds de commerce et du fonds artisanal, le fonds agricole est reconnu dans le Code rural et de la pêche maritime par la faculté dont dispose son détenteur de le nantir. Cependant, contrairement aux secteurs commercial et artisanal, la création du fonds agricole doit être déclarée afin qu'il devienne un objet de droit.

> **Précisions a.** Les règles applicables à l'**amortissement des fonds** de commerce ont été clarifiées en instaurant le principe de non-déduction des amortissements qui peuvent être pratiqués en comptabilité (Loi 2021-1900 du 30-12-2021 art. 23). Toutefois, dans le but de favoriser les transmissions, il autorise, à titre transitoire et sous certaines conditions, la déduction des amortissements pour les fonds de commerce acquis entre le 1er janvier 2022 et le 31 décembre 2025, dispositions étendues au fonds agricole (voir nos 11405 s.). Cette disposition, qui semblait de nature à relancer l'attrait des agriculteurs pour le fonds agricole, n'apparaît en définitive que peu utilisée.
>
> Rappelons que jusqu'alors, existaient seulement deux avantages à la reconnaissance du fonds agricole au-delà de la possibilité de le nantir qui reste théorique. En premier lieu, en cas de **transmission de l'entreprise**, la déclaration du fonds agricole permet de reconnaître et surtout de valoriser l'entreprise dans sa globalité sans se préoccuper de la valeur des différents éléments incorporels composant le fonds et qui restent difficilement identifiables et valorisables (notamment droits à paiement de base, baux cessibles, contrats de production et de commercialisation, etc.). S'agissant de l'évaluation de l'entreprise, la méthode retenue peut être basée sur sa rentabilité à l'instar des parts de sociétés agricoles : il s'agit alors de capitaliser la somme actualisée des résultats attendus. En second lieu, la déclaration du fonds est nécessaire afin de bénéficier du **régime fiscal** attractif au regard des droits de mutation à titre gratuit des donations de fonds à un salarié de l'entreprise (CGI art. 790 A ; voir n° 22867).
>
> **b.** Depuis sa création, l'attrait pour le fonds agricole est resté faible. Son **intérêt** s'avère somme toute limité et les sociétés agricoles, dont les parts sociales permettent déjà de valoriser globalement l'ensemble des éléments mobiliers (corporels et incorporels) de l'exploitation, présentent de nombreux autres avantages. De plus, elles sont devenues le mode d'exercice majoritaire de l'activité agricole. Pour la même raison, l'entreprise individuelle à

responsabilité limitée, dotée pourtant de caractéristiques juridiques et fiscales attractives, n'est pas parvenue à s'imposer, restant confidentielle en agriculture, à tel point que la loi 2022-172 du 14 février 2022 en faveur de l'activité professionnelle indépendante, opérant ce constat dans tous les secteurs d'activité, l'a supprimée pour l'avenir (voir n°s 75540 s.).

CARACTÉRISTIQUES PRINCIPALES

Le fonds agricole n'est pas un patrimoine doté de la personnalité morale, ni un patrimoine distinct représentant une universalité de droit, mais une simple universalité de fait. Il suppose pour exister l'exercice d'une activité agricole telle que définie par l'article L 311-1 du Code rural et de la pêche maritime (voir n°s 10 s.). Il présente dès lors un caractère civil. **75505**
Eu égard à sa nature mobilière, le fonds agricole peut être qualifié de bien meuble incorporel.

DÉCLARATION DU FONDS

Contrairement au fonds de commerce et au fonds artisanal, l'existence du fonds agricole est subordonnée à la volonté de l'exploitant. Pour créer un fonds agricole, l'exploitant, personne physique ou morale, doit en faire la déclaration auprès de la chambre d'agriculture du département du lieu du siège de l'exploitation aux fins d'inscription sur le registre tenu par cette chambre d'agriculture (C. rur. art. D 311-3 modifié par décret 2021-300 du 18-3-2021 art. 37). Cette déclaration est gratuite. La chambre d'agriculture délivre un **récépissé** de déclaration de fonds agricole reproduisant les mentions de la déclaration. **75510**
Le déclarant ou ses ayants droit peuvent obtenir, à leur demande, **copie** de l'inscription de la déclaration auprès de la chambre d'agriculture. Une copie de cette inscription peut également être adressée au greffe du tribunal de commerce, sur sa demande, lorsque celui-ci est amené à enregistrer une opération de nantissement sur le fonds (C. rur. art. D 311-5). Les autres personnes éventuellement intéressées (banques, bailleurs, etc.) ne peuvent pas obtenir copie de la déclaration.

> **Précisions a.** La déclaration du fonds comporte les **informations** suivantes (C. rur. art. D 311-4) :
> – les nom, prénom et adresse du déclarant pour les personnes physiques, la dénomination ou la raison sociale pour les personnes morales ;
> – la forme juridique et le siège de l'entreprise ainsi que, le cas échéant, son numéro d'immatriculation au registre du commerce et des sociétés avec le nom de la ville où se trouve le greffe où elle est immatriculée ;
> – le numéro unique d'identification de l'établissement auquel le fonds est rattaché ainsi que l'adresse du lieu d'exploitation de ce fonds (la composition du fonds ou son évaluation ne doivent pas être déclarées) ;
> – les références, le cas échéant, des déclarations de fonds agricole effectuées par le déclarant au titre d'un autre de ses établissements (un même exploitant peut détenir plusieurs fonds, mais chacun d'entre eux doit correspondre à un établissement agricole situé à une adresse particulière et faire l'objet d'une gestion autonome).
> Toute **modification** portant sur les éléments mentionnés ci-dessus doit, dans le délai de 3 mois, faire l'objet par l'exploitant d'une demande d'inscription modificative. Cette demande est également formulée par le titulaire du fonds en cas de nantissement ou par le cédant ou le cessionnaire en cas de cession à titre onéreux ou gratuit du fonds, dans les 3 mois à compter de la date de l'acte de nantissement ou de cession. Ces demandes précisent, en cas de nantissement, l'identité du créancier gagiste et, en cas de cession, les informations ci-dessus listées pour le cessionnaire. Il est délivré récépissé dans les mêmes conditions que lors de la demande d'inscription initiale (C. rur. art. D 311-6). En cas de cessation totale de l'activité agricole du titulaire du fonds et en l'absence de toute déclaration de cession du fonds, la chambre d'agriculture pourra, après une mise en demeure adressée au titulaire du fonds restée sans réponse pendant 3 mois, procéder d'office à la **radiation** de l'inscription (C. rur. art. D 311-7).
> **b.** Un **guichet électronique unique** s'est substitué aux centres de formalités des entreprises (CFE) au 1er janvier 2023, lesquels ont été supprimés (Loi 2019-486 du 22-5-2019 relative à la croissance et à la transformation des entreprises, dite loi Pacte, art. 1er et décret 2021-300 du 18-3-2021). Le CFE de la chambre d'agriculture ayant disparu, la déclaration des fonds agricoles reste néanmoins toujours réalisée directement auprès de la chambre départementale d'agriculture.

COMPOSITION DU FONDS AGRICOLE

Comme pour le fonds de commerce ou le fonds artisanal, la loi ne définit pas la composition du fonds agricole, elle se borne à citer les éléments de ce fonds qui peuvent être nantis. **75515**

On peut toutefois définir le fonds agricole comme la réunion des éléments divers dont une personne réalise la conjonction dans l'exercice d'une activité agricole. Ainsi, le fonds agricole est **composé** des éléments mobiliers corporels et incorporels qui peuvent faire l'objet d'une cession et qui sont nécessaires à l'exploitation agricole : matériel et outillage, installations (salle de traite, installation de stockage...), mobilier (mobilier de bureau ou du local de vente), cheptel vif (animaux reproducteurs, vaches laitières...), stocks de produits finis ou non, contrats cessibles (contrats d'approvisionnement ou d'écoulement des produits et, bien entendu, les baux cessibles hors du cadre familial), droits à paiement de base, parts sociales, voire enseigne, nom de l'exploitation et dénominations diverses, clientèle, marques, brevets, autres droits de la propriété industrielle.
En revanche, les baux de droit commun soumis au statut du fermage **ne peuvent faire partie du fonds** eu égard à leur incessibilité et leur absence de valeur patrimoniale. Pour des motivations identiques, il en va de même pour les autorisations de plantation viticole (n° 81500). Les immeubles ne peuvent pas faire partie du fonds agricole. Il en va de même de tout contrat non cessible.
Enfin, il est difficile de déterminer l'**élément essentiel** du fonds agricole, tel que la clientèle pour le fonds de commerce. Cet élément variera certainement d'une exploitation à une autre, en fonction notamment des productions réalisées et du mode de faire-valoir des immeubles ruraux qui conditionnera l'existence ou non de baux cessibles. En tout état de cause, l'article L 311-3 ne subordonne pas la déclaration du fonds agricole à l'existence de baux cessibles ou d'ateliers hors sol ou encore à un quelconque élément déterminant.

CESSION OU APPORT EN SOCIÉTÉ

75520 Une fois créé, le fonds agricole est librement cessible ; il peut donc être apporté en société. La vente ou l'apport doivent s'accompagner du dépôt d'une demande d'**inscription modificative** auprès de la chambre d'agriculture (voir n° 75510, Précisions). Toutefois, la portée réelle de cette liberté peut être limitée par les formalités ou contraintes administratives inhérentes à la cession des éléments composant le fonds (baux cessibles, droits à paiement de base, etc.).
La **vente** du fonds agricole n'est soumise à aucune condition impérative et doit seulement respecter le droit commun des obligations. De même, l'acte de cession ne doit respecter aucune condition de forme particulière, il peut être passé sous seing privé ou par acte authentique. En cas de vente du fonds agricole, notons que, contrairement à la vente du fonds de commerce ou du fonds artisanal, le privilège du vendeur du fonds n'est pas prévu.
En cas de **donation** ou de succession, le fonds devra être retenu pour sa valeur vénale dans la part de son bénéficiaire au même titre que tout autre bien.
En pratique, le calcul de la **valeur vénale du fonds** agricole pourra faire l'objet d'une **évaluation** en utilisant des méthodes proches de celles retenues pour l'évaluation des parts sociales (méthodes dites patrimoniales ou mathématiques, méthodes basées sur la rentabilité ou combinaisons des deux méthodes précitées ou d'autres encore). Selon nous, l'article L 411-74 du Code rural et de la pêche maritime, qui interdit toute remise de « sommes injustifiées » à l'occasion d'un changement d'exploitant, ne saurait s'appliquer systématiquement en cas de cession du fonds dès lors que la valeur du fonds est justifiée notamment par la rentabilité de l'exploitation. Ajoutons que l'application de l'article L 411-74 est expressément exclue pour la conclusion ou la cession de baux cessibles hors du cadre familial (C. rur. art. L 418-5).

NANTISSEMENT

75525 Le fonds agricole peut faire l'objet d'un nantissement, permettant à l'agriculteur de l'offrir en garantie d'un emprunt, à son banquier par exemple. Le nantissement est un contrat par lequel un débiteur remet une chose à son créancier pour **sûreté** de sa dette, c'est un gage sans dépossession qui procure à son bénéficiaire un droit de préférence (sur le prix de vente ou l'indemnité d'éviction) et un droit de suite. Le nantissement suppose une créance existante pour laquelle le fonds sera donné en gage.
Les **conditions** du nantissement du fonds agricole sont identiques à celles du nantissement d'un fonds de commerce ou d'un fonds artisanal (renvoi par l'article L 311-3 du Code rural et de la pêche maritime aux articles L 142-1 s. et L 143-1 s. du Code de commerce). Il peut s'agir d'un nantissement conventionnel ou judiciaire. Dans l'hypothèse d'un nantissement conventionnel, la garantie fera l'objet d'un acte sous-seing privé ou authentique signé des deux parties et enregistré. L'inscription est valable 10 ans mais peut être renouvelée.
Le contenu des **éléments du fonds pouvant être nantis** est précisé par la loi. Sont seuls susceptibles d'être compris dans le nantissement du fonds agricole : le cheptel mort et vif, les stocks et, s'ils sont cessibles, les contrats et les droits incorporels servant à l'exploitation du fonds, ainsi que l'enseigne, le nom de l'exploitation, les dénominations, la clientèle, les brevets et autres droits de propriété industrielle qui y sont attachés (C. rur. art. L 311-3, al. 3). En pratique, une liste exhaustive de la composition du fonds nanti sera nécessairement établie.

Le **nantissement s'éteint** par la disparition de la créance, par la radiation de l'inscription (totale ou partielle, amiable ou judiciaire), par la péremption de l'inscription (à l'échéance des 10 ans en l'absence de renouvellement) ou encore par la disparition du fonds lui-même. Lorsque le fonds comprend un bail cessible, la vente du fonds provoquée par le créancier nanti devra respecter les règles de cession de ce bail (voir n° 75090).

LOCATION-GÉRANCE

Dans le commerce ou l'artisanat, la location-gérance, connue également sous le nom de gérance « libre », est une **convention** par laquelle le propriétaire d'un fonds artisanal ou de commerce en concède l'exploitation à une personne physique ou morale contre une rémunération appelée « redevance » (C. com. art. L 144-1 s.). Le gérant « libre » exploite l'affaire sous sa seule autorité et à ses risques et périls. 75530

La location-gérance du fonds agricole n'est pas prévue par l'article L 311-3 du Code rural et de la pêche maritime, l'utilisation de ce type de contrat ou de contrats voisins ne semble cependant pas interdite. En effet, si la location-gérance est réglementée dans le commerce ou l'artisanat, l'**absence de régime juridique** en agriculture a pour conséquence en principe une totale liberté contractuelle à défaut d'interdiction ou de contrainte réglementaire.

Cependant, à notre avis, lorsqu'un **propriétaire exploitant** décide de placer son fonds en location-gérance, et que cette location s'accompagne de la mise à disposition de biens fonciers agricoles, cette dernière sera soumise au statut du fermage et requalifiée par le juge de bail à ferme ou de bail à métayage, selon les modalités de calcul de la redevance. Il convient alors de s'interroger sur l'effectivité d'une location-gérance de fonds privée de sa substance puisqu'elle ne comprendrait pas le droit d'exploiter le foncier.

S'agissant du **fermier titulaire d'un fonds agricole**, la location-gérance nous apparaît également difficile à mettre en place. Un tel contrat risque de se heurter, pour le foncier qu'il détient en location, à l'interdiction des sous-locations (nos 74100 s.). Il en va de même lorsque le fermier est titulaire d'un **bail cessible** hors du cadre familial, dans la mesure où le régime de ce bail n'autorise pas plus la sous-location (n° 75060). Là encore, sans le droit d'exploiter que confère le bail rural, le fonds agricole perd quasiment toute substance et conduit à s'interroger sur la réalité du contrat de location-gérance qui serait conclu.

MISE À DISPOSITION

Il semble possible pour un associé participant aux travaux dans une société agricole, qu'il soit propriétaire exploitant ou fermier, de mettre à disposition de cette société le fonds agricole qu'il possède. En effet, réalisée par un **propriétaire exploitant**, cette opération échappe au statut du fermage (C. rur. art. L 411-2). De même, réalisée par un **agriculteur fermier**, l'interdiction des sous-locations ne sera plus un obstacle puisqu'il est fait exception à cette interdiction dans l'hypothèse d'une mise à disposition au profit d'un Gaec ou d'une société (C. rur. art. L 323-13 ou L 411-37). Dans cette hypothèse, l'exploitant et la société d'exploitation pourront laisser s'exprimer la liberté contractuelle. Toutefois, la convention de mise à disposition ne comporte pas les mêmes effets qu'un contrat de location-gérance puisque, contrairement aux caractéristiques de ce dernier, la participation à l'activité et aux risques est inhérente à la convention dérogatoire au statut du fermage (nos 73545 et 74242). 75533

Il conviendra toutefois de déterminer le **régime fiscal** de la rémunération stipulée en faveur de l'exploitant. Si les parties s'accordent sur le versement d'une **indemnité** de mise à disposition, celle-ci devrait être soumise à l'impôt sur le revenu dans la catégorie des bénéfices agricoles dès lors que le fonds reste inscrit à l'actif de l'exploitant. Il en irait de même, bien entendu, si le fonds faisait l'objet d'un **apport en jouissance** rémunéré par une part du bénéfice social. En revanche, en cas de location à la société, par bail à ferme, d'une propriété rurale appartenant au patrimoine privé de l'associé (exemple : biens ruraux reçus par succession ou retirés de l'actif après cessation de son activité personnelle), les **loyers** perçus par le bailleur constitueraient des revenus fonciers, indépendamment de sa qualité d'associé.

CONFLITS

En cas de conflit relatif au fonds agricole, son caractère civil emporte la **compétence** des juridictions civiles. 75535

CHAPITRE 4

STATUT DE L'ENTREPRENEUR INDIVIDUEL ET PROTECTION DU PATRIMOINE PERSONNEL

SOMMAIRE

EN BREF

75540 Les agriculteurs, comme les autres chefs d'entreprise, recherchent depuis toujours des outils juridiques permettant de protéger leur patrimoine et leur famille contre les aléas de leur activité professionnelle. L'EIRL (qui ne peut plus être créée mais qui peut faire l'objet d'une reprise sous conditions), la création d'une société unipersonnelle, désormais le statut de droit commun de l'entrepreneur individuel (depuis le 15-5-2022) et les options permettant la protection de certains biens offrent des solutions à l'exploitant dans le but de protéger son patrimoine personnel.

A. Le statut de l'entrepreneur individuel

75541 Les entrepreneurs individuels qui n'exercent leurs activités indépendantes ni sous le statut d'EIRL ni sous le statut de société unipersonnelle bénéficient automatiquement (sans formalité) pour leurs créances nées de leur activité professionnelle **à compter du 15 mai 2022** d'une distinction entre leur patrimoine professionnel et leur patrimoine personnel. Les biens, droits, obligations et sûretés dont l'entrepreneur individuel est titulaire et qui sont utiles à son activité ou à ses activités professionnelles indépendantes constituent son patrimoine professionnel et représentent le gage de ses créanciers à titre professionnel, sauf sûretés conventionnelles ou renonciation (soumise à conditions). Les éléments du patrimoine de l'entrepreneur individuel non compris dans le patrimoine professionnel constituent son patrimoine personnel (C. com. art. L 526-22).

> **Précisions** Le statut de l'entrepreneur individuel est **régi** par les articles L 526-22 à L 526-31 et R 526-26 à D 526-32 du Code de commerce. Ces **dispositions** sont **applicables depuis** le 15 mai 2022 ou aux créances nées depuis cette même date.

OBJECTIF DU STATUT

75542 Dans le but d'améliorer la protection des biens personnels de l'entrepreneur personne physique et face au peu de succès du statut de l'entrepreneur à responsabilité limitée (EIRL) (voir n° 75561), le législateur a décidé de mettre en place un **statut protecteur de droit commun** (Loi 2022-172 du 14-2-2022 en faveur de l'activité professionnelle indépendante ; Décret 2022-725 du 28-4-2022).

PERSONNES CONCERNÉES

Le statut de droit commun de l'entrepreneur individuel s'applique à toute **personne physique** exerçant une activité professionnelle indépendante de quelque nature que ce soit : agricole, commerciale, artisanale ou libérale, réglementée ou non. L'entreprise ne doit pas relever du statut de l'entreprise individuelle à responsabilité limitée (EIRL). Elle peut avoir été créée avant le 15 mai 2022 : dans ce cas, seules les créances professionnelles nées depuis le 15 mai 2022 bénéficient du nouveau statut de l'entrepreneur individuel. 75543
Un mineur non émancipé ne peut pas créer une entreprise individuelle, contrairement au cas de la reprise d'une EIRL ou de la création d'une société unipersonnelle (C. civ. art. 388-1-2 ; voir n° 75562).

> **Précisions** Le **statut** d'entrepreneur individuel n'est **pas accessible** aux étrangers ressortissants de pays non membres de l'Union européenne, d'un autre État de l'Espace économique européen ou de la Suisse s'ils ne disposent pas d'un titre de séjour les autorisant à exercer sous ce statut (C. com. art. L 526-22 modifié par loi 2024-42 du 26-1-2024).

DISTINCTION DU PATRIMOINE PROFESSIONNEL

Composition du patrimoine professionnel Dans le cadre du nouveau statut de l'entrepreneur individuel, le patrimoine professionnel est unique y compris s'il exerce plusieurs activités professionnelles indépendantes et se compose des éléments suivants : les biens, droits, obligations et sûretés dont l'entrepreneur individuel est titulaire, utiles à l'activité professionnelle, qui, par nature, par destination ou en fonction de leur objet, servent à l'activité. Pour l'agriculture, **citons notamment** : 75544

– le fonds agricole, lorsqu'il est créé, et tous les biens corporels ou incorporels qui le constituent et les droits y afférents ;
– les biens meubles comme le cheptel vif, les marchandises, le matériel et l'outillage, le matériel agricole, etc. ;
– les biens immeubles servant à l'activité, y compris la partie de la résidence principale de l'entrepreneur individuel utilisée pour un usage professionnel ; lorsque ces immeubles sont détenus par une société dont l'entrepreneur individuel est actionnaire ou associé et qui a pour activité principale leur mise à disposition au profit de l'entrepreneur individuel, les actions ou parts d'une telle société ;
– les biens incorporels comme les données relatives aux clients, les marques, le nom commercial et l'enseigne, ainsi que les droits à paiement de base (DPB) agricoles ;
– le fonds de caisse, toute somme en numéraire conservée sur le lieu d'exercice de l'activité professionnelle, les sommes inscrites aux comptes bancaires dédiés à cette activité, ainsi que les sommes destinées à pourvoir aux dépenses courantes relatives à cette même activité.

La **faculté pour l'exploitant agricole d'exclure de son patrimoine professionnel les terres qu'il exploite** en propriété n'est pas prévue par le statut de l'entrepreneur individuel contrairement au statut de l'EIRL qui prévoit par dérogation, que l'entrepreneur individuel à responsabilité limitée exerçant une activité agricole peut ne pas affecter à son patrimoine professionnel, les terres qu'il détient en propriété et qui sont utilisées pour l'exercice de son exploitation (C. com. art. L 526-6, al. 3 ; voir n° 75563).

Lorsque l'**entrepreneur individuel est tenu à des obligations comptables** légales ou réglementaires, son patrimoine professionnel est présumé comprendre au moins l'ensemble des éléments enregistrés au titre des documents comptables, sous réserve qu'ils soient réguliers et sincères et donnent une image fidèle du patrimoine, de la situation financière et du résultat de l'entreprise. Sous la même réserve, les documents comptables sont présumés identifier la rémunération tirée de l'activité professionnelle indépendante, qui est comprise dans le patrimoine personnel de l'entrepreneur individuel (C. com. art. L 526-26).

> **Précisions a.** La **composition du patrimoine professionnel** de l'entrepreneur individuel est précisée à l'article R 526-26 du Code de commerce.
> **b.** Les dispositions relatives au nouveau statut de l'entrepreneur individuel s'entendent sans préjudice des **pouvoirs reconnus aux époux pour administrer leurs biens communs** et en disposer sans qu'il soit prévu un régime dérogatoire aux règles régissant la communauté des biens entre époux et son administration (C. com. art. L 526-26).

Réunion du patrimoine professionnel et du patrimoine personnel Dans le cas où un entrepreneur individuel **cesse toute activité professionnelle indépendante**, le patrimoine professionnel et le patrimoine personnel sont réunis. 75545
Il en est de même en principe en cas de **décès** de l'entrepreneur individuel (C. com. art. L 526-22).

PROTECTION DU PATRIMOINE DE L'ENTREPRENEUR INDIVIDUEL

75546 **Dénomination** Pour l'exercice de son activité professionnelle en qualité d'entrepreneur individuel, l'entrepreneur individuel utilise une dénomination incorporant son nom ou nom d'usage précédé ou suivi immédiatement des mots : « entrepreneur individuel » ou des initiales : « EI ». Cette dénomination figure sur les **documents et correspondances** à usage professionnel de l'entrepreneur ; chaque **compte bancaire** dédié à son activité professionnelle ouvert par l'entrepreneur individuel doit contenir sa dénomination dans son intitulé (C. com. art. L 526-23 et R 526-27).

75548 **Créanciers professionnels** L'entrepreneur individuel n'est tenu de remplir son engagement à l'égard de ses créanciers dont les droits sont nés à l'occasion de son exercice professionnel que sur son seul **patrimoine professionnel**, sauf sûretés conventionnelles ou renonciation dans les conditions prévues à l'article L 526-25 du Code de commerce. Les dettes dont l'entrepreneur individuel est redevable envers les organismes de recouvrement des cotisations et contributions sociales sont celles nées à l'occasion de son exercice professionnel (C. com. art. L 526-22).

Du fait de la **distinction des patrimoines personnel et professionnel**, l'entrepreneur individuel ne peut pas se porter caution en garantie d'une dette dont il est débiteur principal : il ne peut pas se porter caution des dettes d'un de ses patrimoines en apportant en garantie l'autre de ses patrimoines.

75549 **Créanciers personnels** Seul le patrimoine personnel de l'entrepreneur individuel constitue le gage général des créanciers dont les droits ne sont pas nés à l'occasion de son exercice professionnel. Toutefois, si le patrimoine personnel est insuffisant, le **droit de gage général** des créanciers peut s'exercer sur le patrimoine professionnel, dans la limite du montant du bénéfice réalisé lors du dernier exercice clos. En outre, les sûretés réelles consenties par l'entrepreneur individuel avant le commencement de son activité ou de ses activités professionnelles indépendantes conservent leur effet, quelle que soit leur assiette (C. com. art. L 526-22). À la création de l'entreprise, la protection du patrimoine personnel ne s'applique qu'aux créances nées à compter de l'immatriculation au registre dont relève l'entrepreneur individuel pour son activité, lorsque celle-ci est prévue. Lorsqu'il relève de plusieurs registres, cette protection prend effet à compter de la date d'immatriculation la plus ancienne. Si la date d'immatriculation est postérieure à la date déclarée du début d'activité, elle prend effet à compter de cette date. À défaut d'obligation d'immatriculation, elle court à partir du premier acte qu'il exerce en qualité d'entrepreneur individuel, cette qualité devant apparaître sur les documents et les correspondances à usage professionnel (C. com. art. L 526-23). Avec la création du Registre national des entreprises, auprès duquel toute entreprise doit être immatriculée, c'est à tout le moins la date d'immatriculation à ce registre qui est désormais retenue pour toute entreprise créée depuis le 1er janvier 2023 (C. com. art. L 123-36).

La **charge de la preuve** pèse sur l'entrepreneur individuel pour toute contestation de mesures d'exécution forcée ou de mesures conservatoires qu'il élève concernant l'inclusion ou non de certains éléments d'actif dans le périmètre du droit de gage général du créancier. Sans préjudice de l'article L 121-2 du Code des procédures civiles d'exécution, la responsabilité du créancier saisissant peut être recherchée pour **abus de saisie** lorsqu'il a procédé à une mesure d'exécution forcée ou à une mesure conservatoire sur un élément d'actif ne faisant manifestement pas partie de son gage général.

75550 **Créances fiscales et sociales** Le **droit de gage de l'administration fiscale et des organismes de sécurité sociale** porte sur l'ensemble des patrimoines professionnel et personnel de l'entrepreneur individuel en cas de manœuvres frauduleuses ou d'inobservation grave et répétée de ses obligations fiscales rendant impossible le recouvrement des impositions et pénalités dont il est redevable, tant au titre de son activité professionnelle qu'étrangères à celle-ci (C. com. art. L 526-24 ; LPF art. 273 B, I et II). Il en est de même au cas de manœuvres frauduleuses ou d'inobservation grave et répétée de la législation rendant impossible le recouvrement des cotisations et contributions sociales comme des pénalités et majorations afférentes dont l'entrepreneur est redevable au titre de son activité (C. com. art. L 526-24 ; CSS art. L 133-4-7).

Le recouvrement de l'impôt sur le revenu et des prélèvements sociaux ainsi que de la taxe foncière afférente aux biens immeubles utiles à l'activité professionnelle dont est redevable l'entrepreneur individuel (ou son foyer fiscal) peut être recherché sur l'ensemble des patrimoines professionnel et personnel. Toutefois, cette extension du gage de l'administration n'est pas applicable au recouvrement de l'impôt sur le revenu et des prélèvements sociaux lorsque l'entrepreneur individuel a opté pour l'impôt sur les sociétés (C. com. art. L 526-24 ; LPF art. 273 B, III).

> **Précisions** L'article L 133-4-7 du Code de la sécurité sociale précise, pour les travailleurs indépendants non agricoles, que la séparation des patrimoines n'est pas opposable aux organismes chargés du recouvrement de l'impôt sur le revenu (prélèvement à la source), de la CSG ou de la CRDS. Seuls étant concernés les travailleurs indépendants visés aux articles L 611-1 et L 613-7 de ce même Code, les agriculteurs ne semblent pas entrer dans cette exception à la séparation des patrimoines.

RENONCIATION À LA PROTECTION DU PATRIMOINE PERSONNEL

L'entrepreneur individuel peut, sur demande écrite d'un créancier, renoncer à la protection de son patrimoine personnel, pour un engagement spécifique dont il doit rappeler le terme et le montant ; celui-ci doit être déterminé ou déterminable (C. com. art. L 526-25). **75551**
Cette renonciation doit respecter, à peine de nullité, les **formes et mentions** prescrites par l'article D 526-28 du Code de commerce.

> **Précisions a.** L'arrêté ECOI2213035A du 12 mai 2022 relatif à certaines formalités concernant l'entrepreneur individuel et ses patrimoines propose un **modèle type d'acte de renonciation**. Si le bénéficiaire de la renonciation est un établissement de crédit ou une société de financement, il remet gratuitement un exemplaire du modèle type à l'entrepreneur individuel qui en fait la demande (C. com. art. D 526-29 et A 526-6 et ann. 5-3).
> **b.** Le bénéficiaire de la renonciation informe l'entrepreneur individuel des conséquences de celle-ci sur ses patrimoines.
> Cette renonciation ne peut intervenir avant l'échéance d'un **délai de réflexion** de sept jours francs à compter de la réception de la demande de renonciation (C. com. art. L 526-25).
> Si l'entrepreneur individuel et le bénéficiaire de la renonciation veulent **réduire le délai de réflexion** au terme duquel la renonciation intervient, l'entrepreneur individuel doit porter sur l'acte de renonciation la mention manuscrite suivante : « Je déclare par la présente renoncer au bénéfice du délai de réflexion de sept jours francs, fixé conformément aux dispositions de l'article L 526-25 du Code de commerce. En conséquence, ledit délai est réduit à trois jours francs » (C. rur. art. L 526-25 et D 526-28).
> **c.** L'entrepreneur individuel et le bénéficiaire de la renonciation doivent apposer sur l'acte leur signature, ainsi que la date et le lieu. À défaut l'acte est nul. Il peut être fait usage d'une **signature** électronique qualifiée répondant aux exigences du décret 2017-1416 du 28 septembre 2017 (C. rur. art. D 526-28).

TRANSMISSION UNIVERSELLE DU PATRIMOINE

Principe L'entrepreneur individuel peut céder à titre onéreux, transmettre à titre gratuit entre vifs ou apporter en société l'intégralité de son patrimoine professionnel, sans procéder à la liquidation de celui-ci. Le transfert non intégral d'éléments de ce patrimoine demeure soumis aux conditions légales applicables à la nature dudit transfert et, le cas échéant, à celle du ou des éléments transférés. **75552**
Le transfert universel du patrimoine professionnel emporte cession des droits, biens, obligations et sûretés dont celui-ci est constitué. Il peut être consenti à titre onéreux ou gratuit. Lorsque le bénéficiaire est une société, le transfert des droits, biens et obligations peut revêtir la forme d'un apport (C. com. art. L 526-27).
Le transfert de propriété ainsi opéré n'est opposable aux tiers qu'à compter de sa publicité sous forme d'un avis au Bodacc dans le mois qui suit le transfert (C. com. art. L 526-27 et D 526-30).

> **Précisions a.** Sous réserve des dispositions spécifiques à la transmission universelle du patrimoine, les **dispositions légales relatives à la vente, à la donation ou à l'apport en société** de biens de toute nature sont applicables, selon le cas. Il en est de même des dispositions légales relatives à la **cession de créances, de dettes et de contrats** (C. com. art. L 526-27).
> **b.** Dans le cas où le cédant s'est obligé contractuellement à ne pas céder un élément de son patrimoine professionnel ou à ne pas transférer celui-ci à titre universel, l'inexécution de cette obligation engage sa **responsabilité** sur l'ensemble de ses biens, sans emporter la nullité du transfert (C. com. art. L 526-27).
> **c.** La **transmission universelle du patrimoine** de l'entrepreneur individuel est **régie par** les articles L 526-27 à L 526-31 et D 526-30 à D 526-32 du Code de commerce.

Opposition des créanciers Les créanciers de l'entrepreneur individuel dont la créance est née avant la publicité du transfert de propriété peuvent former opposition au transfert du patrimoine professionnel. Ces créanciers saisissent le tribunal compétent selon les règles de droit commun de leur opposition dans le mois suivant la publication de l'avis au Bodacc (C. com. art. D 526-31). L'opposition formée par un créancier n'a pas pour effet d'interdire le transfert du **75553**

patrimoine professionnel. La décision de justice statuant sur l'opposition soit rejette celle-ci, soit ordonne le remboursement des créances ou la constitution de garanties, si le cessionnaire, le donataire ou le bénéficiaire en offre et si elles sont jugées suffisantes. Lorsque la décision de justice lui ordonne le remboursement des créances, l'entrepreneur individuel auteur du transfert est tenu de remplir son engagement (C. com. art. L 526-28).

> **Précisions** Les **articles 815-14 et 1699 du Code civil** ainsi que les **articles L 141-12 à L 141-22 du Code de commerce** ne sont pas applicables au transfert universel du patrimoine professionnel d'un entrepreneur individuel ; toute clause contraire étant réputée non écrite (C. com. art. L 526-29).

75554 **Conditions de validité du transfert universel** À peine de nullité du transfert universel du patrimoine (C. com. art. L 526-30) :
– le transfert doit porter sur l'**intégralité du patrimoine** professionnel de l'entrepreneur individuel, qui ne peut être scindé ;
– en cas d'apport à une société nouvellement créée, l'**actif disponible** du patrimoine professionnel doit permettre de faire face au passif exigible sur ce même patrimoine ;
– ni l'auteur, ni le bénéficiaire du transfert ne doivent avoir été frappés de **faillite personnelle** ou d'une peine d'**interdiction de gérer**, par une décision devenue définitive.

Par ailleurs, en principe, lorsque le patrimoine professionnel apporté en société contient des biens constitutifs d'un **apport en nature**, il est fait recours à un commissaire aux apports (C. com. art. L 526-31).

> **Précisions a.** Le cédant, le donateur ou l'apporteur publie, à sa diligence, le transfert universel du patrimoine professionnel, sous forme d'**avis au Bodacc**, ou depuis le décret 2022-1439 du 16 novembre 2022 modifiant les modalités de publicité du transfert universel du patrimoine professionnel de l'entrepreneur individuel, d'annonce dans un support habilité à recevoir des annonces légales dans le département dans lequel est exercée l'activité professionnelle, et ce au plus tard un mois après sa réalisation. Cet avis **contient** les mentions listées à l'article D 526-30 du Code de commerce.
> L'avis ou l'annonce doit être **accompagné** d'un état descriptif des biens, droits, obligations ou sûretés composant le patrimoine professionnel, tel qu'il résulte du dernier exercice comptable clos actualisé à la date du transfert, ou, pour les entrepreneurs individuels qui ne sont pas soumis à des obligations comptables, à la date qui résulte de l'accord des parties.
> La possibilité d'une publication au Bodacc déposée directement par l'entreprise qui cède son patrimoine professionnel dans les conditions indiquées ci-dessus nous interroge : il n'est pas prévu à la date du présent Mémento la possibilité de déposer directement une demande de publication au Bodacc sans passer par un teneur de registre par exemple ou un tribunal.
> L'**état descriptif** devant figurer dans l'avis au Bodacc est établi dans des formes prévues par l'article A 526-7 du Code de commerce. Ce texte n'a pas encore été modifié à la date de mise à jour du présent ouvrage pour le cas de l'annonce légale.
> **b.** Les **dettes de cotisations et contributions sociales** ne peuvent faire l'objet du transfert (C. com. art. D 526-32).

B. EARL et EURL

75555 La loi 85-697 du 11 juillet 1985, relative à l'entreprise unipersonnelle à responsabilité limitée (EURL) et à l'exploitation agricole à responsabilité limitée (EARL), a simplifié et adapté la forme sociétaire en renonçant à son caractère contractuel, créant la « société d'une personne », plutôt que de mettre en place le patrimoine d'affectation. Si l'EARL est une forme de société civile, l'EURL est une SARL unipersonnelle.

L'EURL, qui conduit à la création d'une personne morale distincte de l'entrepreneur, nécessite des formalités et frais requis pour la constitution et la gestion d'une société à responsabilité limitée (SARL). Il en va de même de l'EARL, société spécifique à l'activité agricole qui peut être unipersonnelle. Si l'EURL n'a que peu répondu au souci de protection et de simplicité souhaité par les entrepreneurs individuels, tel n'a pas été le cas de l'EARL, société civile plus simple à faire vivre (n°s 79700 s.). Cela étant, l'EURL comme l'EARL n'interdisent pas à une banque d'exiger des garanties sur le patrimoine privé de l'associé unique pour accorder un crédit à la société. La protection du patrimoine personnel qui résulte de ces sociétés suppose donc que les créanciers ne disposent pas de garanties sur le patrimoine personnel, et qu'en cas de liquidation judiciaire, il n'y ait pas extension de la procédure de liquidation à l'associé unique notamment.

> **Précisions** **a.** L'**EURL** ne représente qu'à peine 7 % du **nombre total des entreprises**, entreprises individuelles incluses. L'**EARL** a rencontré un succès plus important puisque plus d'un exploitant agricole sur cinq a choisi cette forme d'exercice (nos 79700 s.), mais elle n'est pas toujours unipersonnelle (plus de la moitié des EARL le sont néanmoins).

b. Un **mineur** âgé de seize ans révolus peut être autorisé, par son ou ses administrateurs légaux, à accomplir seul les actes d'administration nécessaires à la création et à la gestion d'une société unipersonnelle. Les actes de disposition ne peuvent être effectués que par son ou ses administrateurs légaux (C. civ. art. 388-1-2).

C. Affectation prioritaire des biens de l'entreprise au règlement des dettes professionnelles

À condition d'établir que ces biens sont d'une valeur suffisante pour garantir le paiement de la créance, un entrepreneur peut demander à un créancier professionnel que l'exécution de sa créance de caractère contractuel, en cas d'**exécution forcée**, soit poursuivie en priorité sur les biens nécessaires à l'activité professionnelle. Si le créancier établit que cette demande met en péril le recouvrement de la créance, il peut s'y opposer. La responsabilité du créancier qui s'oppose à la demande du débiteur ne peut pas être recherchée, sauf intention de nuire (C. exécution art. L 161-1). 75556

Cette disposition, qui introduit un **ordre de priorité** des biens, a l'avantage de protéger des biens non professionnels, tels que la résidence principale, sur lesquels peut être recherchée l'exécution forcée d'une créance professionnelle. Cet ordre de priorité ne vaut toutefois qu'à la condition que le créancier ne s'y oppose pas. De plus, lorsque la créance est d'un montant supérieur à la valeur des biens professionnels, son exécution peut se poursuivre sur les biens personnels. Il ne s'agit que d'une protection très relative du patrimoine familial.

En outre, dans l'objectif d'inciter les **banques** à accepter de prendre des **garanties** de préférence sur les biens professionnels, la loi impose à tout établissement de crédit qui a l'intention de demander une sûreté réelle sur un bien non professionnel ou une sûreté personnelle d'informer par écrit l'entrepreneur individuel qu'il peut proposer une garantie sur ses biens professionnels et d'indiquer le montant de la garantie souhaitée, ou de solliciter une garantie auprès d'un autre établissement de crédit. Si l'entrepreneur ne propose pas de garantie sur ses biens professionnels ou si celle qu'il propose n'est pas jugée suffisante par l'établissement de crédit, celui-ci doit lui faire savoir le montant de la garantie qu'il entend prendre sur les biens non professionnels (C. mon. fin. art. L 313-21). Sans apporter une protection très efficace au patrimoine personnel de l'entrepreneur, ces deux dispositions sont de nature à allonger et à alourdir les procédures.

> **Précisions** Pour le **ministère chargé de l'économie** (FAQ 25-11-2022 : entreprises.gouv.fr/files/files/enpratique/entrepreneuriat/faq_difficultes_entrepreneur_individuel.pdf) :

1. Le patrimoine professionnel de l'entrepreneur individuel peut faire l'objet d'une **mesure de prévention** : mandat ad hoc et conciliation, règlement amiable agricole pour l'EI exerçant une activité agricole ; ou de sauvegarde.

2. Dès lors que la distinction entre les deux patrimoines, l'un professionnel et l'autre personnel, de l'entrepreneur individuel a été strictement respectée, le tribunal ouvre un **redressement judiciaire du patrimoine professionnel et la commission de surendettement** est saisie par ce tribunal pour traiter les difficultés relatives au patrimoine personnel. La liquidation judiciaire ne concernerait dans ce cas que le patrimoine professionnel de l'entrepreneur individuel. En l'absence d'une distinction stricte entre les deux patrimoines de l'EI, une seule procédure et une solution unique seraient trouvées par le tribunal pour traiter de ses difficultés.

3. L'**entrepreneur individuel en liquidation judiciaire** a la possibilité d'exercer une nouvelle activité professionnelle sans attendre la fin de la procédure liquidative ; le nouveau patrimoine professionnel doit être totalement géré indépendamment de celui concerné par la procédure de liquidation judiciaire.

4. En cas de **décès de l'entrepreneur individuel**, les patrimoines professionnel et personnel sont réunis. Tout héritier peut saisir le tribunal d'une demande d'ouverture d'une procédure de redressement ou de liquidation judiciaire. Un créancier ou le ministère public peut faire cette demande mais dans le délai d'un an à compter du décès. Toutefois, si au décès le patrimoine professionnel était en état de cessation des paiements, il serait seul concerné par le redressement ou la liquidation judiciaire.

D. Insaisissabilité des biens

75557 Deux régimes coexistent :
– l'insaisissabilité de droit de la résidence principale ;
– l'insaisissabilité sur déclaration pour les autres biens immobiliers.
Dans ces deux situations, l'insaisissabilité n'est pas opposable à l'administration fiscale lorsque celle-ci relève, à l'encontre de la personne, des manœuvres frauduleuses ou l'inobservation grave et répétée de ses obligations fiscales.

INSAISISSABILITÉ DE DROIT DE LA RÉSIDENCE PRINCIPALE

75558 Toute personne physique immatriculée avant le 1er janvier 2023 à un registre de publicité légale à caractère professionnel ou exerçant une activité professionnelle agricole ou indépendante, depuis le 1er janvier 2023, au Registre national des entreprises bénéficie de droit de l'**insaisissabilité de ses droits** sur l'immeuble où est fixée sa **résidence principale** (C. com. art. L 526-1 s.). Ces textes permettent aussi de déclarer insaisissables d'autres biens immobiliers possédés sous certaines conditions ; la déclaration n'a d'effets qu'à l'égard des créanciers professionnels dont les droits sont nés postérieurement à sa publication. Sur le Registre national des entreprises, voir n° 142.
Ainsi, la résidence familiale de l'entrepreneur individuel, s'il en possède une, le cas échéant en commun avec son conjoint ou en indivision, se trouve soustraite à la masse des biens constituant le gage de ses créanciers professionnels, sous réserve bien sûr des éventuelles sûretés qu'elle peut supporter. Grâce à cette mesure de protection à l'encontre des aléas de l'activité professionnelle, la maison familiale de l'agriculteur ne peut pas être saisie et vendue à la demande des créanciers professionnels.
L'insaisissabilité de la résidence principale est de droit, sans qu'il soit besoin de réaliser une quelconque déclaration et sans qu'un état descriptif de division soit nécessaire en cas d'**utilisation partielle de l'habitation** pour l'exercice de la profession.
En cas de **cession** des droits immobiliers sur la **résidence principale**, le prix obtenu demeure insaisissable, sous la condition du remploi dans le délai d'un an des sommes à l'acquisition de sa résidence principale (C. com. art. L 526-3).

INSAISISSABILITÉ DES AUTRES BIENS IMMOBILIERS

75559 Tout ou partie des biens fonciers, bâtis ou non, que l'entrepreneur n'a pas affectés à son activité professionnelle peuvent également être insaisissables à condition d'être déclarés comme tels. Cette **déclaration**, publiée au fichier immobilier ou, dans les départements du Bas-Rhin, du Haut-Rhin et de la Moselle, au livre foncier, n'a d'effet qu'à l'égard des créanciers dont les droits naissent, après sa publication, à l'occasion de l'activité professionnelle du déclarant. Lorsque le bien foncier n'est pas utilisé en totalité pour un usage professionnel, la partie non affectée à un usage professionnel ne peut faire l'objet de la déclaration qu'à la condition d'être désignée dans un état descriptif de division (C. com. art. L 526-1, al. 2). Pour bénéficier de cette possibilité, l'entrepreneur agricole doit exercer une activité professionnelle agricole et être immatriculé au Registre national des entreprises (C. com. art. L 526-1, al. 2).
La déclaration d'insaisissabilité est relativement simple et peu coûteuse (émoluments du notaire fixes). Elle est reçue sous peine de nullité par un acte notarié publié au service de la publicité foncière. La déclaration est mentionnée au registre du commerce et des sociétés pour les sociétés exerçant une activité agricole et au Registre national des entreprises pour les exploitants individuels (C. com. art. L 526-2).
L'entrepreneur individuel peut procéder à la **cession de ses droits immobiliers** déclarés insaisissables. Mais contrairement à sa résidence principale, le bénéfice de la déclaration d'insaisissabilité cesse ; il n'y a pas insaisissabilité du produit de la vente sous condition de remploi des fonds (C. com. art. L 526-3, al. 1).

RENONCIATION

75560 L'insaisissabilité des droits sur la résidence principale et la déclaration d'insaisissabilité portant sur tout bien foncier, bâti ou non bâti, non affecté à l'usage professionnel peuvent, à tout moment, faire l'objet d'une renonciation, pour tout ou partie seulement des biens déclarés insaisissables, le cas échéant au bénéfice d'un créancier désigné par l'acte authentique de renonciation. La renonciation répond aux mêmes formalités que la déclaration. Lorsque le bénéficiaire de cette renonciation cède sa créance, le cessionnaire peut se prévaloir de celle-ci. La renonciation peut, à tout moment, être révoquée sous les mêmes conditions de validité et d'opposabilité. Cette révocation n'a d'effet qu'à l'égard des créanciers dont les droits naissent postérieurement à sa publication (C. com. art. L 526-3, al. 2).

> **Précisions a.** Les prestations relatives à l'insaisissabilité des droits de l'entrepreneur individuel sur tout bien foncier, bâti ou non bâti, donnent lieu à la perception par le **notaire** des **émoluments** suivants (C. com. art. A 444-145) :
> – déclaration d'insaisissabilité : 113,20 € ;
> – renonciation à l'insaisissabilité des droits sur la résidence principale : 24,53 € ;
> – révocation de la renonciation : 49,05 €.
> **b.** Les effets de l'insaisissabilité de droit comme ceux de la déclaration d'insaisissabilité subsistent après la **dissolution du régime matrimonial** lorsque l'entrepreneur est attributaire du bien. Ils se poursuivent également en cas de **décès** de la personne de l'entrepreneur jusqu'à la liquidation de la succession (C. com. art. L 526-3).

E. L'EIRL

OBJECTIF ET ÉVOLUTION DU STATUT DE L'EIRL

Le statut d'entrepreneur individuel à responsabilité limitée (EIRL) créé par la loi 2010-658 du 15 juin 2010 avait pour objectif de donner un statut aux entrepreneurs individuels, y compris dans le secteur agricole, sans création d'une société, leur permettant d'assurer une **protection de leur patrimoine personnel**. **75561**

En instituant un patrimoine professionnel distinct du patrimoine personnel sans création d'une personne morale, le **patrimoine d'affectation** a constitué une innovation du droit civil français. Il rompt en effet avec le principe de l'unicité du patrimoine de chaque personne (C. civ. art. 2284). Il résulte du statut de l'EIRL la création d'un patrimoine professionnel séparé qui est le gage des créanciers professionnels. Un entrepreneur peut même détenir **plusieurs patrimoines affectés** (Loi 2010-658 art. 14). Tel peut être le cas dans l'hypothèse où plusieurs entreprises distinctes sont détenues par l'entrepreneur. La **loi Pacte** (Loi 2019-486 du 22-5-2019 art. 7) a aussi **simplifié** la création et le fonctionnement de l'EIRL. Malgré ces aménagements, l'EIRL n'a pas connu le succès escompté. On recensait moins de 100 000 EIRL en juin 2021. En agriculture, seulement quelques dizaines d'EIRL étaient instituées chaque année depuis 2011. C'est pourquoi le législateur a décidé de mettre fin à la possibilité de créer de **nouvelles EIRL** depuis le 15 février 2022 et de mettre en place un statut de l'entrepreneur individuel applicable d'office et protecteur de son patrimoine personnel (C. com. art. L 526-22 s.). Toutefois, les **EIRL existantes** peuvent continuer leur activité et être transmises avec maintien du patrimoine affecté à une personne physique n'exerçant pas déjà d'activité professionnelle indépendante en nom propre ou à un autre EIRL. Le maintien du statut d'EIRL nécessite une déclaration de reprise du patrimoine affecté déjà existant avec le dépôt d'un état descriptif ; le patrimoine affecté repris peut être modifié. Cette déclaration de reprise et, le cas échéant, de modification du patrimoine affecté est accompagnée d'un état descriptif le cas échéant modificatif du patrimoine affecté lorsque des biens, droits, obligations ou sûretés sont affectés au patrimoine professionnel repris.

> **Précisions** Les **dispositions relatives aux EIRL** sont **codifiées** aux articles L 526-6 et suivants et R 526-3 et suivants du Code de commerce.

PERSONNES CONCERNÉES

Depuis le 15 février 2022, seule la reprise d'une EIRL existante est permise sous certaines conditions (Loi 2022-172 du 14-2-2022 art. 6). Ce statut peut donc être adopté par le futur chef d'exploitation agricole lorsqu'il reprend une entreprise et qu'il est une personne physique n'exerçant pas déjà d'activité professionnelle indépendante en nom propre. Le chef d'exploitation agricole déjà sous le statut d'EIRL peut également reprendre une EIRL existante et la conserver sous ce statut par exemple pour l'exercice d'une activité commerciale. **75562**

Les **personnes majeures et** les **mineurs émancipés** peuvent reprendre et gérer une EIRL, lorsque l'activité exercée est de nature agricole. Les **mineurs non émancipés** de 16 ans révolus peuvent également reprendre et gérer une EIRL ayant une activité agricole (et toute autre activité civile : artisanale, libérale, etc.). Pour accomplir les actes d'administration nécessaires à la reprise, le mineur doit obtenir l'autorisation du conseil de famille (mineur sous tutelle) ou de son ou ses administrateurs légaux (mineur sous administration légale) ; cette autorisation, donnée par acte sous signature privée ou par acte notarié, doit comporter la liste des actes d'administration pouvant être accomplis par le mineur. En revanche, le mineur non émancipé ne peut pas effectuer seul des actes de disposition ; ces actes doivent être effectués, selon le cas, par le tuteur y ayant été autorisé par le conseil de famille ou par son ou ses administrateurs légaux (C. civ. art. 401, al. 4 et 5 et 408, al. 4 pour la tutelle et 388-1-2 pour l'administration légale).

> **Précisions** En cas de réalisation d'une **activité commerciale**, notamment à côté de l'activité agricole, les **mineurs émancipés** ne peuvent acquérir la qualité de commerçant que s'ils y ont été autorisés par le juge des tutelles au moment de l'émancipation ou par le président du tribunal judiciaire après l'émancipation (C. civ. art. 413-8 ; C. com. art. L 121-2). À noter que les **mineurs non émancipés** ne peuvent pas être commerçants et ne peuvent donc pas créer ou gérer une EIRL de nature commerciale (C. com. art. L 121-2 ; C. civ. art. 388-1-1 et 408).

COMPOSITION DU PATRIMOINE AFFECTÉ

75563 Pour l'exercice de son activité en tant qu'entrepreneur individuel à responsabilité limitée, l'entrepreneur individuel affecte à son activité professionnelle un **patrimoine séparé de son patrimoine personnel**.

Le patrimoine affecté se compose de l'ensemble des **biens**, droits, obligations ou sûretés dont l'entrepreneur est titulaire, **nécessaires à l'exercice de l'activité professionnelle**. L'entrepreneur peut également y inclure les biens, droits, obligations ou sûretés **utilisés pour les besoins de l'activité**, tels les biens à usage mixte, professionnels et personnels, qu'il peut ensuite décider de retirer du patrimoine affecté. Un même bien, droit, obligation ou sûreté ne peut entrer dans la composition que d'un seul patrimoine d'affectation (C. com. art. L 526-6, al. 2).

Par dérogation, l'entrepreneur individuel à responsabilité limitée exerçant une **activité agricole au sens de l'article L 311-1** du Code rural et de la pêche maritime a la possibilité de **ne pas affecter les terres utilisées** pour l'exercice de son exploitation à son patrimoine professionnel. Cette faculté s'applique à la totalité des terres dont l'exploitant est propriétaire (C. com. art. L 526-6, al. 3). Cette faculté n'est pas reprise dans le cadre du nouveau statut de l'entrepreneur individuel issu de la loi 2022-172 du 14 février 2022.

75564 Les **biens affectés par nature** à l'exercice de la profession font nécessairement partie de l'actif professionnel, qu'ils soient ou non inscrits sur le registre des immobilisations. Il s'agit des biens nécessaires à l'exercice de l'activité professionnelle de l'entrepreneur individuel à responsabilité limitée. En agriculture doivent être considérés comme nécessaires des droits incorporels tels que la clientèle, les droits à paiement de base ou le fonds agricole s'il en a été créé un. En revanche, le droit au bail rural qui ne possède pas de valeur patrimoniale n'est pas concerné, à l'exception du bail cessible hors cadre familial (C. rur. art. L 418-1 s. ; nos 75050 s.). Il doit en être de même des matériels spécifiques tels que semoirs, moissonneuses-batteuses, charrues, etc.

Par ailleurs, les **éléments qui ne sont pas affectés par nature** à l'activité, mais qui sont quand même utilisés pour l'exercice de l'activité professionnelle regroupent principalement les biens à usage mixte, c'est-à-dire ceux qui, sans être affectés par nature à l'exercice de la profession, sont utilisés dans le cadre de celle-ci. Tel est le cas par exemple du local professionnel situé dans la résidence principale de l'exploitant ou du véhicule employé à la fois à titre personnel et professionnel.

Les mêmes critères d'affectation doivent être retenus pour les **dettes**, l'article L 526-6 du Code du commerce visant également les obligations. Ainsi, lorsque la dette est attachée à un bien nécessaire à l'exercice de l'activité professionnelle, elle doit être inscrite au patrimoine d'affectation, alors que, si elle correspond à un bien utilisé pour la profession, l'entrepreneur est libre de l'affecter ou non à son patrimoine professionnel (Rapport Sén. n° 362 p. 23).

L'article R 526-3-1 du Code de commerce a confirmé cette approche et précise que les **biens, droits, obligations et sûretés** nécessaires à l'exercice de l'activité professionnelle s'entendent de ceux **qui**, par nature, **ne peuvent être utilisés que dans le cadre de cette activité**.

75565 L'entrepreneur peut affecter des **biens communs ou indivis**. Dans ce cas, il doit, à peine d'inopposabilité de l'affectation, obtenir l'accord exprès de son conjoint ou de ses coïndivisaires et les informer sur les droits des créanciers professionnels sur le patrimoine affecté. Un même bien commun ou indivis ne peut entrer dans la composition que d'un seul patrimoine affecté (C. com. art. L 526-11). Lorsque l'affectation ou le retrait d'un bien commun ou indivis est postérieur à la constitution du patrimoine affecté, cette opération donne lieu au dépôt au registre dont relève l'entrepreneur individuel à responsabilité limitée du document attestant de l'accomplissement des formalités précisant les éléments visés au registre auquel est immatriculé l'entrepreneur individuel à responsabilité limitée.

Un **modèle type facultatif d'accord** du conjoint commun en biens ou des coïndivisaires a été approuvé par arrêté (C. com. art. R 526-7 et A 526-2). Depuis le 1er janvier 2023, l'Inpi, organisme chargé de la gestion du guichet unique, met gratuitement et par voie électronique ce modèle à disposition de l'entrepreneur individuel sur le portail guichet électronique des formalités d'entreprises à l'adresse suivante : formalites.entreprises.gouv.fr/.

L'**affectation d'un bien immobilier**, ou d'une partie seulement d'un tel bien, doit être faite par acte notarié et publiée au service de la publicité foncière (ou, dans les départements du Bas-Rhin, du Haut-Rhin et de la Moselle, au livre foncier de la situation du bien). L'entrepreneur individuel à responsabilité limitée qui n'affecte qu'une partie d'un ou de plusieurs biens immobiliers désigne celle-ci dans un état descriptif de division (C. com. art. L 526-9, al. 1). L'affectation ou le retrait d'un bien immobilier ou d'une partie d'un tel bien intervenant après la constitution du patrimoine affecté donne lieu aux mêmes formalités et au dépôt du document attestant de l'accomplissement de ces formalités au registre (n° 75556) ; le non-respect de ces règles entraîne l'inopposabilité de l'affectation ou du retrait (C. com. art. L 526-9, al. 3 et 4).

> **Précisions a.** Les **règles d'affectation des biens indivis** sont un frein important à la constitution d'EIRL en agriculture. En effet, rares sont les agriculteurs qui ne détiennent pas un ou plusieurs matériels en copropriété. En conséquence, l'affectation par l'un des indivisaires dépend de l'accord des coïndivisaires et si cet accord était donné, elle aurait pour effet d'interdire l'affectation par un autre, ce qui ne serait pas sans emporter des difficultés d'ordre fiscal.
b. Les **biens** immobiliers peuvent être **édifiés ou plantés sur sol d'autrui**. Tel est le cas de bâtiments ou de plantations (vergers, vignes, etc.) réalisés sur des terrains détenus par bail à ferme. Au regard de l'affectation, outre leur qualité de biens immeubles qui occasionne l'intervention du notaire, il est indispensable de déterminer si ces biens sont nécessaires à l'activité et donc doivent obligatoirement être affectés, mais surtout qui, du propriétaire ou du fermier, en est le propriétaire. Si le fermier est conventionnellement propriétaire temporaire des immeubles qu'il a édifiés ou plantés, il devra affecter à l'EIRL les biens nécessaires à son activité agricole (tel semble être le cas des plantations ou de bâtiments d'élevage hors sol utilisés).
c. Pour l'**affectation d'un bien immobilier**, l'établissement de l'acte notarié et les formalités en résultant ainsi que l'évaluation d'un bien immobilier commun ou indivis donnent lieu au versement au notaire d'**émoluments fixes** dans le cadre d'un plafond déterminé par décret (voir C. com. art. A 743-10).

ÉVALUATION DES BIENS AFFECTÉS

L'entrepreneur doit déclarer la valeur vénale des biens composant le patrimoine affecté. Même s'il n'est plus obligatoire, y compris lorsqu'il dépasse la valeur unitaire de 30 000 €, le **recours à un commissaire aux comptes ou à un expert-comptable** est toutefois conseillé pour permettre de trouver par voie d'expert la valeur vénale des biens affectés au patrimoine professionnel de l'entrepreneur individuel à responsabilité limitée, valeur qui représente le gage des créanciers (Loi 2019-486 du 22-5-2019 art. 7). **75566**

Concernant la protection des créanciers, leur gage et la responsabilité de l'entrepreneur en cas de fausse estimation de son patrimoine professionnel, voir n° 75570.

LIEU DE DÉCLARATION DE LA REPRISE DU PATRIMOINE AFFECTÉ

Depuis le 1er janvier 2023, la reprise du patrimoine affecté de l'agriculteur consiste en une simple **déclaration** effectuée sur le guichet unique des formalités d'entreprises à destination du greffier du tribunal de commerce ou du tribunal judiciaire statuant en matière commerciale dans le ressort duquel se trouve le siège de l'exploitation aux fins d'inscription sur le registre spécial des entreprises à responsabilité limitée (C. rur. art. R 311-1). **75567**

> **Précisions a.** Pour les **activités autres qu'agricoles**, la constitution du patrimoine affecté résulte d'une déclaration effectuée par l'intermédiaire du guichet unique électronique des formalités d'entreprises auprès du registre de publicité légale auquel l'entrepreneur individuel est tenu de s'immatriculer, comme suit :
– au Registre du commerce et des sociétés pour le commerçant ;
– au Registre national des entreprises en tant qu'entreprise du secteur des métiers et de l'artisanat ;
– au Registre du commerce et des sociétés lorsque l'activité exercée est inscrite à la fois au registre du commerce et des sociétés et au Registre national des entreprises en tant qu'entreprise du secteur des métiers et de l'artisanat ;
– ou au Registre spécial des agents commerciaux pour l'agent commercial.
Pour les autres cas (activité indépendante libérale), la déclaration est effectuée auprès du Registre spécial des EIRL tenu au greffe du tribunal statuant en matière commerciale du lieu de leur établissement principal (C. com. art. L 526-7). Les modalités de tenue de ce registre spécial sont explicitées aux articles R 526-15 et suivants du Code de commerce.
b. Lorsque l'**entrepreneur individuel est transféré dans le ressort d'un autre registre ou** rattaché à un autre registre en cours

d'activité, les mentions inscrites et l'ensemble des documents publics déposés sont transférés par le précédent organisme teneur de registre à celui nouvellement compétent. Dans ce cas mention du transfert est portée au premier registre. Le transfert s'effectue par voie dématérialisée. Il ne donne pas lieu à émolument ou redevance (C. com. art. L 526-7).

DÉCLARATION DE REPRISE DU PATRIMOINE D'AFFECTATION

75568 Lors de la déclaration de la reprise du patrimoine affecté sur le guichet unique électronique des formalités d'entreprises, l'entrepreneur individuel à responsabilité limitée mentionne la nature, la qualité, la quantité et la valeur des biens, droits, obligations ou sûretés qu'il affecte à son activité professionnelle sur un état descriptif déposé au registre pour y être annexé. En l'absence de bien, droit, obligation ou sûreté affectés (listés n° 75563), aucun **état descriptif** n'est établi (C. com. art. L 526-8). Dorénavant, cette règle trouvera rarement à s'appliquer puisque, depuis le 15 février 2022, seules sont permises les reprises d'EIRL par une personne physique qui n'est pas déjà entrepreneur individuel.

Pour les agriculteurs, la déclaration d'affectation doit être **effectuée** via le guichet unique électronique des formalités d'entreprises au Registre spécial des EIRL tenu par le greffier du tribunal de commerce dans le ressort du lieu du siège de l'exploitation agricole (C. rur. art. R 311-1). Cette déclaration est **accompagnée** des pièces justifiant de l'identité de l'entrepreneur individuel et de l'obtention des autorisations d'accomplir les actes d'administration visées n° 75562 s'il est mineur (C. com. art. R 526-3). Lorsque l'entrepreneur individuel reprend un patrimoine affecté pour l'exercice de son activité professionnelle, il peut le modifier et l'enrichir des biens, droits, obligations ou sûretés qui concernent cette activité. Via le guichet unique, il dépose au registre, pour y être annexé, l'état descriptif modifié ainsi que, le cas échéant, les documents attestant de l'accomplissement des formalités mentionnées aux articles L 526-9 et L 526-11 du Code de commerce (l'acte notarié en cas d'affectation d'un bien immobilier et le document justifiant que l'entrepreneur individuel à responsabilité limitée a obtenu l'accord de son conjoint ou de ses coïndivisaires et les a informés lorsque des biens affectés sont des biens communs ou indivis ; voir n° 75565).

L'**état descriptif des biens affectés** au patrimoine professionnel à la suite de la reprise est destiné à informer et à protéger les créanciers professionnels puisque ces biens constituent leur seul gage (sur l'opposabilité, voir n° 75570). La **valeur des biens affectés** doit correspondre à leur valeur vénale ou, en l'absence de marché pour le bien considéré, la valeur d'utilité (C. com. art. L 526-8, II).

Le **tarif de la formalité** de la déclaration de reprise de l'EIRL s'élève à 42 € (C. rur. art. D 311-17). Par dérogation, cette formalité est gratuite lorsqu'elle est effectuée simultanément à la demande d'immatriculation au registre (C. com. art. L 526-19).

> **Précisions a.** La **déclaration** d'affectation doit contenir les **informations** suivantes (C. com. art. R 526-3) :

– les nom, nom d'usage, prénoms, date, lieu de naissance et domicile de l'entrepreneur individuel ;

– la dénomination utilisée pour l'exercice de l'activité professionnelle à laquelle le patrimoine est affecté, comprenant au moins son nom ou son nom d'usage ; lorsque l'entrepreneur a procédé à plusieurs déclarations d'affectation, les dénominations utilisées pour chaque affectation de patrimoine doivent être distinctes ;

– l'adresse de l'établissement principal où est exercée l'activité professionnelle à laquelle le patrimoine est affecté ou, à défaut d'établissement, l'adresse du local d'habitation où l'entreprise est fixée ;

– l'objet de l'activité professionnelle à laquelle le patrimoine est affecté ;

– la date de clôture de l'exercice comptable ;

– le numéro unique d'identification de l'entreprise délivré conformément à l'article D 123-235 du Code de commerce si la personne est déjà immatriculée. Toutefois, seuls les cas de reprise d'EIRL par une personne physique qui n'exerce pas déjà une activité professionnelle en son nom propre sont permis : le cas échéant, l'Insee réactive son numéro Siren attribué à l'occasion de l'exercice d'une précédente activité indépendante cessée depuis, car ce numéro unique d'identification suit la personne physique tout au long de sa vie pour les activités qu'elle exerce en son nom.

La déclaration d'affectation doit être **accompagnée** des pièces justifiant de l'identité de l'entrepreneur individuel et de l'obtention des autorisations nécessaires aux mineurs pour créer ou gérer une EIRL.

b. Lorsque l'entrepreneur individuel à responsabilité limitée affecte à son activité professionnelle des biens, droits, obligations ou sûretés, il dépose au registre, pour y être annexé, l'**état descriptif** prévu à l'article L 526-8 du Code de commerce ainsi que, le cas échéant, les documents attestant de l'accomplissement des formalités liées à l'affectation de biens indivis, communs entre époux ou d'immeubles. Un modèle type facultatif d'état descriptif est approuvé par arrêté. L'Inpi met gratuitement et par voie électronique ce modèle de déclaration type à disposition de l'entrepreneur individuel sur le portail guichet unique des formalités d'entreprises à l'adresse suivante : formalites.entreprises.gouv.fr (C. com. art. R 526-3 et R 526-4). Il contient les informations suivantes (C. com. art. A 526-1 et ann. 5-1) : biens, droits, obligations et sûretés dont bénéficie l'EIRL, nécessaires à son activité professionnelle et éléments que l'entrepreneur utilise et a décidé d'affecter. L'état se présente en deux tableaux :

– les éléments d'actif comprenant leur description (il y a lieu de globaliser les biens de même nature ou relevant d'un même ensemble dont la valeur unitaire n'excède pas 500 €), leur valeur, leur date d'acquisition, les sûretés grevant le bien et les documents annexés (ce sont, pour les biens immobiliers, l'acte notarié et le justificatif de l'accomplissement des formalités de publicité foncière et, pour les biens communs ou indivis, l'accord du conjoint ou des coïndivisaires) ;

– les éléments de passif comprenant leur description (emprunts, dettes fournisseurs ou passif de nature sociale ou fiscale) et le montant de l'encours.

c. L'article R 311-1 du Code rural et de la pêche maritime indique que l'**immatriculation** de l'EIRL s'effectue au registre spécial des EIRL tenu par le greffier du tribunal de commerce ou du tribunal judiciaire statuant en matière commerciale dans le ressort duquel se trouve le siège de l'exploitation de l'entreprise ainsi que les inscriptions modificatives ultérieures (C. rur. art. R 311-1). Un arrêté du 5 mai 2011 (JO 8 p. 7904) a fixé les conditions et la liste des pièces nécessaires à l'immatriculation de l'EIRL agricole ; les modèles types facultatifs mentionnés aux articles R 526-4 et R 526-7 du Code de commerce et prévus en annexe 5-1 des articles A 526-1 et A 526-2 du même Code (approuvés par arrêté JUSC1033513A du 29-12-2010 et arrêté ECOI1926180A du 25-9-2019) sont utilisés pour l'immatriculation de l'EIRL agricole. Les déclarations et dépôts au registre sont effectués par voie électronique sur le guichet unique des formalités d'entreprises et l'usage d'une signature électronique sécurisée est requis. Les redevances perçues par les greffes et formalités concernant l'EIRL sont listées à l'article D 311-17 du Code rural et de la pêche maritime ; les montants sont précisés dans les développements concernant chacune des formalités.

RÈGLES DE FONCTIONNEMENT DE L'EIRL

Dénomination Pour l'exercice de l'activité professionnelle à laquelle le patrimoine est affecté, l'entrepreneur individuel à responsabilité limitée utilise une dénomination incorporant son nom, précédé ou suivi immédiatement des mots : « Entrepreneur individuel à responsabilité limitée » ou les initiales « EIRL » (C. com. art. L 526-6). Le ministère public ainsi que tout intéressé peuvent demander au président du tribunal statuant en référé d'enjoindre sous astreinte à un entrepreneur individuel à responsabilité limitée de porter sur tous ses actes et documents sa dénomination, précédée ou suivie immédiatement et lisiblement de l'une de ces mentions (C. com. art. L 526-20). 75569

Opposabilité aux créanciers de la déclaration et étendue de leur gage

La composition du patrimoine affecté est opposable de plein droit aux créanciers dont les droits sont nés postérieurement à la déclaration de constitution ou de reprise dudit patrimoine affecté. 75570

Par dérogation au principe général du Code civil selon lequel le gage des créanciers est constitué de l'ensemble du patrimoine du débiteur (C. civ. art. 2284 et 2285), les créanciers auxquels la déclaration est opposable et dont les **droits sont nés à l'occasion de l'exercice de l'activité professionnelle** à laquelle le patrimoine est affecté ont pour seul gage général le patrimoine affecté. Les autres créanciers auxquels la déclaration est opposable, c'est-à-dire les **créanciers « privés »**, ont pour seul gage général le patrimoine non affecté à l'activité professionnelle (C. com. art. L 526-12, al. 2 à 4).

Lorsque l'affectation procède d'une **inscription en comptabilité** (voir n° 75573), elle est **opposable** aux tiers à compter du dépôt du bilan de l'entrepreneur individuel à responsabilité limitée (ou des documents résultant des obligations comptables simplifiées pour les entreprises relevant d'un régime micro) auprès du registre où est immatriculé l'entrepreneur.

Cependant, par exception aux règles ci-dessus, lorsque la valeur d'un élément d'actif du patrimoine affecté, autre que des liquidités, mentionnée dans l'état descriptif ou en comptabilité, est supérieure à sa valeur réelle au moment de son affectation, l'entrepreneur individuel à responsabilité limitée est responsable, pendant cinq ans, à l'égard des tiers sur la totalité de son patrimoine, affecté et non affecté, à hauteur de la différence entre la valeur réelle du bien au moment de l'affectation et la valeur mentionnée dans l'état descriptif ou en comptabilité (C. com. art. L 526-12 ; II).

L'entrepreneur est également responsable sur la totalité de ses biens et droits en cas de **fraude aux droits des créanciers** ou en cas de manquement grave aux règles prévues pour la composition du patrimoine de l'EIRL, à ses obligations comptables ou encore à celles relatives à l'ouverture d'un compte bancaire (C. com. art. L 526-12, al. 7).
En cas d'insuffisance du patrimoine non affecté, le droit de gage général des créanciers « non professionnels » peut s'exercer sur le bénéfice réalisé par l'entrepreneur lors du dernier exercice clos (C. com. art. L 526-12, al. 8).

> **Précisions a.** Il a été jugé que le dépôt d'une déclaration de patrimoine affecté, pourtant acceptée par le greffe, qui ne comporte pas un état descriptif des biens, droits, obligations ou sûretés affectés à l'activité professionnelle, en nature, qualité et valeur constitue un **manquement grave** de nature à justifier la réunion des patrimoines (Cass. com. 7-2-2018 n° 16-24.481 FS-PBI). À la suite de cette décision, le législateur a précisé qu'en l'absence de bien, droit, obligation ou sûreté affectés, aucun état descriptif n'était à établir (C. com. art. L 526-8).
Les dispositions relatives à l'étanchéité des patrimoines peuvent également être mises en échec par les **procédures collectives de traitement des difficultés des entreprises** (n° 75587).
b. L'affectation des biens dans son patrimoine n'est plus opposable aux **créanciers dont les droits sont nés avant cette déclaration** (C. com. ancien art. L 526-12, al. 2 et 3 et R 526-8 abrogés).

75571 **Comptes bancaires de l'EIRL** L'entrepreneur individuel à responsabilité limitée est tenu de **faire ouvrir** dans un établissement de crédit **un ou plusieurs comptes bancaires** exclusivement dédiés à l'activité à laquelle le patrimoine a été affecté (C. com. art. L 526-13). Chaque compte doit contenir dans son intitulé la **dénomination** utilisée par l'entreprise ainsi que les mots « entrepreneur individuel à responsabilité limitée » ou les initiales « EIRL » (C. com. art. R 526-11).

75572 **Comptabilité de l'EIRL** Toutes les EIRL doivent tenir une **comptabilité commerciale autonome**, quelle que soit la nature de leur activité, notamment agricole (C. com. art. L 526-13).
Les entrepreneurs relevant du **régime micro-BA** (ou d'un régime de micro-BIC ou du régime spécial BNC) bénéficient de règles comptables simplifiées. Ils doivent tenir un livre de recettes mentionnant chronologiquement le montant et l'origine des recettes et présenter, en date du 31 décembre de chaque année, un relevé actualisant en valeur et en nature, le patrimoine affecté, selon un modèle type (C. com. art. R 526-10-1 et A 526-1 s.). Ce relevé fait l'objet d'un dépôt annuel au registre dont dépend l'entrepreneur dans un délai de 6 mois à compter de son établissement pour y être annexé.
Les entreprises relevant d'un **régime réel d'imposition** de leurs bénéfices agricoles sont tenues aux mêmes obligations que celles prévues par le Code de commerce à l'égard des commerçants (C. com. art. L 123-12 à L 123-23 et L 123-25 à L 123-27) : journal, bilan, compte de résultat, annexe.
Le **bilan** de l'entrepreneur individuel à responsabilité limitée exerçant une activité agricole (ou les documents résultant des obligations comptables simplifiées) est déposé chaque année au registre tenu par le greffe sur lequel le patrimoine affecté a été déclaré pour y être annexé (C. com. art. L 526-14). Ce dépôt doit être effectué dans les 6 mois suivant la clôture de l'exercice (C. com. art. R 526-19). Il permet d'informer les tiers de l'évolution du patrimoine affecté.
Le tarif des formalités de dépôt du bilan ou des documents comptables simplifiés est fixé à 6,50 € (C. rur. art. D 311-17).

> **Précisions** Les commerçants relevant d'un **régime réel simplifié** d'imposition bénéficient d'un allégement de leurs obligations comptables : enregistrement des créances et des dettes à la clôture de l'exercice seulement ; dispense d'annexe ; inscription au compte de résultat à la date d'encaissement des charges courantes autres que les achats ; évaluation simplifiée des stocks. Ces règles semblent pouvoir bénéficier aux agriculteurs relevant du régime simplifié d'imposition des bénéfices agricoles.

75573 **Liens entre les patrimoines et évolution du patrimoine affecté** L'entrepreneur peut affecter de nouveaux biens, issus de son patrimoine privé, à son patrimoine professionnel en respectant les règles de constitution du patrimoine d'affectation (n° 75563). Cette faculté ne peut concerner que des biens utilisés pour son activité professionnelle et non ceux nécessaires à celle-ci, déjà obligatoirement inscrits. Il peut également réaliser l'opération inverse.
Postérieurement à la constitution du patrimoine affecté, l'**inscription ou le retrait en comptabilité** d'un bien, droit, obligation ou sûreté emporte affectation à l'activité professionnelle ou retrait du patrimoine affecté. Sont de plein droit affectés, par l'effet d'une subrogation réelle, les

créances et indemnités qui remplacent des biens affectés ainsi que les biens acquis en emploi ou remploi des biens affectés (C. com. art. L 526-8-1).
La comptabilité régulièrement tenue tient lieu de preuve à l'égard des tiers sous réserve des formalités prévues aux articles L 526-9 et L 526-11 du Code de commerce concernant respectivement les apports de biens immobiliers et les apports de biens indivis (n° 75565). Doivent également être respectées les règles d'utilisation des biens pour l'activité de l'entrepreneur (C. com. art. L 526-6, al. 2).
Sur l'affectation ou le retrait d'un bien immobilier ou indivis intervenant après la constitution du patrimoine affecté, voir n° 75565.
Enfin, l'entrepreneur individuel à responsabilité limitée détermine les revenus qu'il verse dans son patrimoine non affecté (C. com. art. L 526-18).

CESSION ET TRANSMISSION

L'entrepreneur peut librement disposer des **éléments composant le patrimoine affecté**. 75574
La loi organise les modalités et les effets de la transmission à titre gratuit ou de la cession à titre onéreux (vente, transmission à titre gratuit entre vifs ou apport en société) de l'**intégralité du patrimoine affecté**. Cette cession n'emporte pas liquidation du patrimoine d'affectation (C. com. art. L 526-17).
Le maintien de l'affectation du patrimoine est désormais soumis à l'obligation pour le repreneur de n'exercer **aucune activité professionnelle** en son nom ou d'avoir déjà adopté le statut de l'EIRL au moment de la reprise (C. com. art. L 526-17, II-al. 2).

Cession à titre onéreux ou transmission à titre gratuit entre vifs La cession à titre onéreux (vente) ou la transmission à titre gratuit entre vifs à une personne physique (donation) de la totalité du patrimoine affecté entraîne **reprise de ce patrimoine avec maintien de l'affectation** dans le patrimoine de l'acquéreur ou du donataire, à la condition que le repreneur soit une personne qui n'exerce pas déjà une activité professionnelle indépendante soit un entrepreneur ayant déjà le statut d'EIRL. Le cédant ou le donateur doit déposer une déclaration de transfert au registre compétent ; la cession ou la transmission fait l'objet d'une publicité au Bodacc dans le mois de sa date à la diligence du cédant ou du donateur. À défaut, la cession ou la transmission est inopposable aux tiers (C. com. art. L 526-17 et R 526-13). 75575
L'**avis publié au Bodacc** contient les **indications** mentionnées à l'article R 526-3 du Code de commerce.

> **Précisions** S'agissant du cédant, du donateur ou de l'apporteur ainsi que du cessionnaire ou du donataire, personnes physiques : les nom, nom d'usage, prénoms, le cas échéant nom commercial ou professionnel, l'objet de l'activité professionnelle à laquelle le patrimoine est affecté, l'adresse de l'établissement principal où est exercée cette activité ou à défaut d'établissement l'adresse du local d'habitation où l'entreprise est fixée, le registre où est inscrite la déclaration d'affectation et le numéro unique d'identification de l'entreprise. L'avis doit aussi mentionner la date et le lieu du dépôt des déclarations.

Cession à une personne morale, apport en société et cession à un entrepreneur individuel La cession à titre onéreux ou l'apport à une personne morale entraîne **transfert de propriété dans le patrimoine** de la personne morale, **sans maintien de l'affectation**, et donne lieu à un avis publié au Bodacc dans le mois de leur date à la diligence du cédant ou de l'apporteur. À défaut d'avis, le transfert de propriété est inopposable aux tiers. Il ne leur est opposable qu'à l'issue de cette formalité. Il en est de même désormais de la cession à un entrepreneur individuel, c'est-à-dire à une personne physique qui exerce déjà une activité en son nom au moment de la reprise (C. com. art. L 526-17, II-al. 2 modifié par loi 2022-172 du 14-2-2022). 75576
L'**avis publié au Bodacc** contient les **indications** mentionnées à l'article R 526-3 du Code de commerce.

Conséquences de la cession, de la transmission ou de l'apport Le cessionnaire, le donataire ou le bénéficiaire de l'apport de l'ensemble du patrimoine affecté est débiteur des créanciers de l'entrepreneur individuel en ses lieu et place. Le maintien de l'affectation du patrimoine est désormais soumis à l'obligation pour le repreneur de n'exercer aucune activité professionnelle en son nom au moment de la reprise (C. com. art. L 526-17, II-al. 2) ou d'avoir déjà opté pour le statut de l'EIRL. Il est précisé que cette **substitution** n'emporte pas novation des créances à l'égard des créanciers. Toutefois, les **créanciers** de l'entrepreneur dont les droits sont nés à l'occasion de l'exercice de son activité et après le dépôt de la déclaration d'affectation, mais avant la publication de la cession, de la transmission ou de l'apport en société, peuvent **former opposition** en justice à la cession, la transmission ou l'apport du patrimoine affecté 75578 devant le tribunal compétent selon les règles de droit commun dans le mois suivant la date de l'événement. Il en est de même pour les créanciers auxquels la déclaration n'est pas opposable et dont les droits sont nés avant le dépôt de la déclaration de transfert en cas de transmission à titre gratuit entre vifs. Cette opposition n'interdit pas la transmission du patrimoine affecté (C. com. art. L 526-17, III-al. 3 s.).

Lorsque l'opposition est recevable, le tribunal peut ordonner soit le remboursement des créances, soit la constitution de garanties, dans le cas où le cessionnaire ou le donataire en offre et si elles sont jugées suffisantes. À défaut, la transmission du patrimoine affecté est inopposable aux créanciers ayant formé opposition.

> **Précisions** **a.** La **déclaration de transfert du patrimoine** à une personne physique, ou l'**avis publié en cas d'apport ou de cession** à une personne morale, est accompagné d'un état descriptif des biens, droits, obligations ou sûretés composant le patrimoine affecté.
b. Le **tarif des formalités** de dépôt au registre spécial des EIRL compétent à partir du 1er janvier 2023 de la déclaration de transfert est de 42 €, celui de la mention au Bodacc est de 9 € (C. rur. art. D 311-17).

ABANDON DE L'EIRL ET DÉCÈS DE L'ENTREPRENEUR

75582 **Extinction du patrimoine d'affectation** La déclaration constitutive ou de reprise du patrimoine affecté cesse de produire effet en cas de renonciation du déclarant à l'affectation ou à la suite de son décès. Afin de protéger les créanciers une règle de « gel des gages » a été mise en place. Les créanciers professionnels auxquels la déclaration de patrimoine affecté est opposable (n° 75570) conservent pour seul droit de gage général celui qui était le leur au jour du décès de l'entrepreneur ou de la renonciation par celui-ci à l'affectation lorsqu'elle intervient concomitamment à la cessation de l'activité professionnelle à laquelle le patrimoine est affecté (C. com. art. L 526-15, al. 1).

La renonciation au patrimoine affecté (ou le décès de l'entrepreneur) doit être mentionnée, dans le mois suivant la renonciation, par l'entrepreneur (ou suivant le décès par un héritier, un ayant droit ou toute personne mandatée à cet effet) au **registre** auquel la déclaration constitutive a été déposée (C. com. art. L 526-15, al. 2). Dans les deux mois suivant la renonciation, l'entrepreneur dépose au registre un état descriptif actualisé des biens, droits, obligations ou sûretés affectés à l'activité professionnelle en nature, qualité, quantité et valeur (C. com. art. R 526-12). Le **tarif de publication** de la déclaration est de 42 € (C. rur. art. D 311-17).

> **Précisions** La **radiation des agriculteurs** soumis à l'immatriculation au Registre national des entreprises ne peut intervenir que lorsque la radiation à ce registre de l'agriculture a été faite (C. com. art. R 123-228). En cas de pluralité d'immatriculations au Registre national des entreprises, au Registre du commerce et des sociétés, au Registre spécial des agents commerciaux, au Registre spécial des entrepreneurs individuels à responsabilité limitée la radiation de l'entrepreneur du Registre national des entreprises emporte nécessairement sa radiation de tous les registres en cause ou du répertoire Sirene tenu par l'Insee (Décrets 2022-1014 et 2022-1015 du 19-7-2022).

75584 **Poursuite de l'EIRL par un héritier** Jusqu'au 14 août 2022, par dérogation aux dispositions qui précèdent, l'affectation ne cessait pas dès lors que l'un des héritiers ou ayants droit de l'entrepreneur individuel décédé, sous réserve du respect des dispositions successorales, manifestait son intention de poursuivre l'activité professionnelle à laquelle le patrimoine était affecté. Depuis le **15 août 2022**, la reprise par un héritier n'est permise que dans le cas de droit commun, c'est-à-dire si l'héritier n'exerce pas déjà en son nom une activité professionnelle ou s'il a déjà opté pour le statut de l'EIRL (Loi 2022-172 du 14-2-2022 art. 19 et 6 ; C. com. art. L 526-16 abrogé).

Le **tarif de publication** de la déclaration est de 42 € (C. rur. art. D 311-17).

EIRL EN DIFFICULTÉ ET SURENDETTEMENT DE L'ENTREPRENEUR

75586 L'entrepreneur individuel à responsabilité limitée est, comme toute entreprise, susceptible de rencontrer des difficultés dans l'exercice de l'une ou l'autre de ses activités professionnelles, réalisées dans le cadre de son patrimoine affecté ou en dehors. En outre, dans l'hypothèse où son patrimoine non affecté n'abrite aucune activité professionnelle, il peut se trouver en situation de surendettement. L'ordonnance 2010-1512 du 9 décembre 2010 a adapté au patrimoine affecté de l'entrepreneur individuel à responsabilité limitée les dispositions relatives à la prévention et au traitement des difficultés des entreprises et au surendettement des particuliers.

> **Précisions** L'ordonnance du 9 décembre 2010 contient de nombreuses dispositions intéressant, directement ou de manière plus périphérique, les situations de difficultés financières des EIRL, nous ne traitons dans le présent Mémento que des **dispositions principales**.

Difficultés des entreprises Les articles L 680-1 à L 680-4 du Code de commerce créent une « grille de lecture » des dispositifs relatifs aux difficultés des entreprises, afin d'en préciser la portée en cas d'application à un entrepreneur titulaire de plusieurs patrimoines. Notons que l'activité en difficulté peut être celle (ou l'une de celles) à laquelle un patrimoine est affecté, mais aussi, s'il en existe une, celle exercée sans qu'un patrimoine lui soit affecté, d'où une double délimitation : sauf exception, la procédure qui vise un patrimoine affecté ne doit pas atteindre les autres patrimoines de l'entrepreneur et, réciproquement, celle applicable au titre d'une activité exercée sans affectation de patrimoine ne doit pas avoir d'incidence sur le ou les patrimoines affectés. 75587

Il en résulte le principe d'une **application distributive des dispositifs de prévention et traitement des difficultés des entreprises**, patrimoine par patrimoine : l'entrepreneur individuel à responsabilité limitée peut potentiellement bénéficier d'autant de procédures qu'il a de patrimoines abritant une activité professionnelle.

Les **conditions d'ouverture** des procédures tenant à la situation économique du débiteur, telles que la cessation des paiements, doivent être appréciées en tenant compte des seuls éléments d'actif et de passif compris dans le patrimoine visé par la procédure. Les restrictions imposées au débiteur en matière d'administration et de disposition de ses biens ne sont applicables qu'à la condition que ces biens soient compris dans le patrimoine visé par la procédure. Il en va de même en ce qui concerne les créanciers (obligation pour les créanciers de déclarer leurs créances nées antérieurement au jugement d'ouverture).

Par ailleurs, des **règles propres à l'EIRL** se justifient par le caractère spécifique du statut de cet entrepreneur (C. com. art. L 680-5 à L 680-7). Ainsi, les éléments provenant d'un patrimoine dont l'affectation a cessé de produire ses effets en application de l'article L 526-15 du Code de commerce et qui sont soumis à la règle du « gel des gages » énoncée au même article (n° 75582) sont exclus du périmètre de la procédure collective qui pourrait être ouverte à raison de l'activité professionnelle abritée par le patrimoine non affecté, s'il en existe une. De plus, il est interdit, tant qu'une procédure collective est en cours et, le cas échéant, jusqu'à la fin du plan de sauvegarde ou de redressement, d'appauvrir le patrimoine visé par la procédure par le biais de l'affectation ou de la modification de l'affectation d'un bien qui y est compris. Il en découle, pendant la même période, une interdiction de créer un patrimoine affecté constitué d'éléments compris dans le patrimoine visé par la procédure.

Précisons que l'**étanchéité entre les patrimoines** peut être levée, en cas de liquidation judiciaire, lorsqu'il y a eu faute de gestion.

EIRL et surendettement des particuliers Les dispositions actuelles du Code de la consommation relatives au traitement des situations de surendettement (C. consom. art. L 711-1 s.) ne s'appliquent pas aux personnes relevant des procédures collectives (C. consom. art. L 711-3), ce qui exclut les entrepreneurs individuels à responsabilité limitée. Afin qu'ils puissent bénéficier de la procédure de surendettement pour leur patrimoine non affecté à leur activité professionnelle, l'ordonnance 2010-1512 du 9 décembre 2010 en a adapté les dispositions. Ainsi, les entrepreneurs individuels à responsabilité limitée ne sont pas exclus par principe de la procédure de surendettement, mais seul le patrimoine non affecté à une activité professionnelle est concerné par cette procédure (C. consom. art. L 711-7 ; Cass. 2e civ. 27-9-2018 n° 17-22.013). 75588

CHAPITRE 5

CONTRATS D'INTÉGRATION

SOMMAIRE

DÉFINITION

75600 La réglementation des contrats dits « d'intégration » conclus entre un agriculteur (souvent un éleveur) et une ou plusieurs entreprises industrielles ou commerciales résulte des articles L 326-1 et suivants et R 326-1 et suivants du Code rural et de la pêche maritime. Ces dispositions organisent une protection particulière des agriculteurs dits intégrés afin de rééquilibrer les rapports entre les industriels et ces agriculteurs compte tenu de la situation de **dépendance économique** dans laquelle ils se trouvent placés.

Soulignons que la situation dans laquelle se trouvent les agriculteurs intégrés n'autorise pas à leur reconnaître la qualité de travailleur à domicile. Cette qualification sociale est exclue dès lors qu'il est considéré comme un exploitant agricole (CE ass. 2-7-1982 n° 13322 : Lebon p. 259, RJF 8-9/82 p. 415 ; CA Grenoble 6-2-1970 : Dalloz 1972, I, 640).

75605 Le contrat d'intégration doit être distingué du contrat de simple fourniture. Le contrat de fourniture est un contrat de vente par lequel un **agriculteur** s'engage à livrer à une **entreprise,** selon un calendrier déterminé, une certaine quantité de produits ; il n'est pas soumis aux dispositions régissant le contrat d'intégration.

75610 Le contrat d'intégration est défini comme étant un contrat qui comporte des **obligations réciproques** de **fourniture de produits et de services.** La jurisprudence de la Cour de cassation est bien fixée en ce sens : doit être qualifiée de « contrat d'intégration » toute convention qui impose à l'agriculteur des prestations distinctes du paiement d'un prix.

Généralement, dans un contrat d'intégration, l'agriculteur intégré s'engage à fournir à une entreprise une certaine production. De son côté, l'intégrateur s'engage à livrer à l'agriculteur les approvisionnements nécessaires à la production, à fournir des moyens de financement ; il contrôle le processus de production.

Le fait que l'activité du producteur agricole cocontractant présente un caractère commercial n'exclut pas l'application de la réglementation de l'intégration (Cass. 1e civ. 20-3-1990 n° 87-14.015, Sté Samab c/ Questroy).

75615 Dans le domaine de l'**élevage,** la définition du contrat d'intégration est plus large : c'est le contrat par lequel un producteur s'engage envers une ou plusieurs entreprises à élever ou à engraisser des animaux ou à produire des denrées d'origine animale et à se conformer à des règles concernant la conduite de l'élevage, l'approvisionnement en moyens de production ou l'écoulement des produits finis (C. rur. art. L 326-2).

Si l'article L 326-1 du Code rural et de la pêche maritime n'attribue la qualité d'intégrateur qu'aux entreprises industrielles et commerciales (n° 75600), l'article L 326-2 relatif aux productions animales ne reprend pas l'expression « industrielle et commerciale » et vise le contrat passé entre un producteur et « une ou plusieurs entreprises » sans préciser la nature de leur activité. La Cour de cassation précise néanmoins qu'il ne peut exister de contrat d'intégration dans le domaine de l'élevage, comme dans les autres secteurs agricoles, qu'entre un producteur agricole et une ou plusieurs entreprises industrielles ou commerciales. Il s'ensuit que ne peuvent être qualifiées de contrats d'intégration des conventions conclues entre une EARL et un Gaec alors que ce dernier, dont la forme et l'objet sont nécessairement civils, ne saurait être considéré comme constituant une entreprise industrielle et commerciale (Cass. 1e civ. 6-4-2004 n° 01-11.646 : Bull. civ. I n° 106).

Il peut également y avoir contrat d'intégration lorsqu'un agriculteur conclut un contrat de fourniture avec **deux entreprises distinctes** et que la réunion de ces contrats aboutit à créer un ensemble d'obligations réciproques de fourniture. À notre sens, les deux entreprises ne doivent cependant pas être dépendantes l'une de l'autre (Cass. 1e civ. 25-5-1977 n° 75-15.423 : Bull. civ. I n° 248 ; 18-10-1978 n° 77-12.211 : Bull. civ. I n° 309). 75620

Les contrats de production conclus entre les **coopératives agricoles** et leurs associés coopérateurs échappent à la réglementation des contrats d'intégration (peu important que le sociétaire ait agi pour l'une de ses activités en dehors du cadre de la coopérative : Cass. 1e civ. 4-3-1997 n° 95-13.773 : Bull. civ. I n° 77) ; en revanche, cette réglementation s'applique aux contrats conclus entre une coopérative agricole et un agriculteur non associé (C. rur. art. L 326-5). Mais la Cour de cassation considère que constitue un contrat d'intégration la convention par laquelle, en adhérant à une coopérative agricole, les associés coopérateurs s'engagent à livrer leur production à une société qui leur fournit les aliments du bétail (Cass. 1e civ. 18-11-1986 n° 84-17.828 : Bull. civ. I, n° 262). 75625

RÉGIME JURIDIQUE

Le contrat d'intégration doit nécessairement être établi par écrit et contenir un certain nombre de **clauses** concernant (C. rur. art. L 326-6) : 75630
- la **nature** du produit ou des services et la qualité des fournitures réciproques ;
- les **prix** des fournitures et les variations de ces prix ;
- les **conditions** de durée, de renouvellement, de révision et de résiliation de la convention.

Aucun contrat d'intégration ne peut être **renouvelé** par tacite reconduction pour une durée supérieure à un an sauf consentement écrit des parties.

Les différentes mentions énumérées par l'article L 326-6 du Code rural et de la pêche maritime doivent figurer expressément dans le contrat d'intégration à peine de **nullité** (Cass. 1e civ. 29-2-1984 n° 82-14.231 : Bull. civ. I n° 79 ; 22-3-2012 n° 11-30.021, Sté Euralis gastronomie c/ Lapaque).

Par ailleurs sont nulles toutes les clauses pénales ou résolutoires. Lorsque le **contrat** d'intégration est **annulé,** les parties doivent être remises en l'état où elles se trouvaient antérieurement à la signature. La restitution des prestations, impossible en nature, doit se faire par équivalent. Dans ce cas, c'est la valeur réelle des prestations au moment de la livraison qui doit être recherchée (Cass. 1e civ. 11-6-1991 n° 88-15.884 : Bull. civ. I n° 187) sans tenir compte des bénéfices tirés du contrat par l'intégrateur (Cass. 1e civ. 10-12-2014 n° 13-23.903 : Bull. civ. I n° 206). Dans le cas d'un Gaec lié par un contrat d'intégration avec deux négociants en bestiaux (le Gaec achète à l'un des bovins qu'il engraisse et qu'il revend à l'autre avec lequel il est lié par un contrat d'intégration annulé), chaque contractant n'est tenu à restitution que pour les prestations personnellement exécutées dans le cadre de son contrat (Cass. 1e civ. 25-11-2020 n° 18-24.769 P).

Les articles R 326-1 et suivants du Code rural et de la pêche maritime précisent le régime juridique des contrats types. Lorsque, pour une production déterminée, un **contrat type** a été **homologué,** les contrats individuels doivent être conformes à ce contrat type. Celui-ci s'applique à tous les contrats individuels un an après sa promulgation. 75635

Des contrats types d'intégration ont été homologués de longue date pour les **volailles de chair** (Arrêté du 15-3-1988 : JO 6-4) et pour les **veaux de boucherie** (Arrêté du 15-3-1988 : JO 3-4 ; 19-10-1993 : JO 21-11). S'agissant des veaux de boucherie, un nouveau contrat type a été récemment homologué abrogeant le texte de 1988 (Arrêté du 13-11-2019 : JO 21-11, NOR : AGRT1929546A).

Un **contrat collectif** doit être substitué aux contrats individuels dans les deux cas suivants : 75640
- lorsque les 2/3 au moins des producteurs liés par contrat avec la même entreprise le demandent ;
- lorsque le nombre de contrats individuels conclus par une même entreprise dépasse un seuil fixé par le ministre de l'agriculture (ce chiffre est fixé à 50 pour la production de poulets de chair).

CHAPITRE 6

MAIN-D'ŒUVRE FAMILIALE

SOMMAIRE

CARACTÈRE FAMILIAL DES EXPLOITATIONS

75800 Malgré l'augmentation constante de la taille des exploitations agricoles, l'accroissement des installations « hors cadre familial », l'accueil plus important de jeunes « non issus du milieu agricole » et le développement des associations d'agriculteurs, notamment au sein des Gaec, de nombreuses exploitations agricoles présentent toujours un caractère familial marqué. C'est-à-dire qu'elles sont mises en valeur par l'exploitant assisté de son conjoint voire aidé, mais la situation devient nettement moins fréquente, par un ou plusieurs aides familiaux. De même, la majorité des exploitations agricoles fonctionne souvent sans le concours de main-d'œuvre salariée permanente. Ce caractère familial se retrouve également dans les sociétés d'exploitation agricole qui regroupent la plupart du temps les membres d'une même famille (EARL ou Gaec constitués de deux époux, Gaec ou SCEA parents-enfants ou Gaec regroupant plusieurs familles par exemple). Enfin, il n'est pas rare que deux personnes en concubinage ou unies par un pacte civil de solidarité (Pacs) exercent ensemble une activité agricole.

Nous examinerons ci-après la **situation du conjoint** (ou du concubin Pacsé ou non) du chef d'exploitation individuelle participant à l'exploitation (lorsqu'il n'a pas la qualité de chef d'exploitation lui-même), puis celle d'une certaine catégorie d'aides familiaux bénéficiant d'un régime légal préférentiel : les associés d'exploitation.

Les **aides familiaux**, en tant que tels, ne sont reconnus que pour l'application de certaines dispositions du droit rural (principalement régime de protection sociale, salaire différé, etc.) : il s'agit des ascendants, descendants, frères, sœurs et alliés au même degré du chef d'exploitation ou de son conjoint. Ils doivent être âgés de plus de 16 ans, vivre sur l'exploitation, participer à sa mise en valeur et ne pas être salariés du chef d'exploitation. Lorsque ces personnes, à l'exception des ascendants, réunissent les conditions prévues par les articles L 321-6 et suivants du Code rural et de la pêche maritime, elles peuvent bénéficier du statut d'associé d'exploitation (n°s 75900 s.).

A. Conjoints d'agriculteurs

75805 Il n'existe pas en droit de règle générale pour répondre à la question de savoir qui exerce la responsabilité et détient la qualité de **chef d'exploitation** lorsque celle-ci est mise en valeur, en dehors de la mise en place d'une société, par deux époux. Il faut considérer le régime matrimonial des époux, la nature juridique des biens constituant l'exploitation agricole (biens propres ou biens communs), le cas échéant la signature des baux (l'un des époux ou les deux), ou encore l'affiliation au régime social (personne affiliée au régime des non-salariés auprès de la Mutualité sociale agricole en qualité de chef d'exploitation).

Cependant, dans ce domaine, le fait prime encore souvent le droit dans la majorité des cas et les conjoints dont il s'agit restent majoritairement des femmes. C'est ainsi que, même dans les hypothèses où l'exploitation agricole est constituée en tout ou en partie par des biens propres de la femme, même lorsque celle-ci est cosignataire du ou des baux, le mari est le plus souvent considéré comme chef d'exploitation au regard des différentes réglementations.

Lorsque le conjoint, généralement la femme, fait valoir ses droits, elle obtient plus ou moins facilement la reconnaissance de sa qualité d'agricultrice cheffe d'exploitation, laquelle est variable selon le type de réglementation concernée. Dans les faits, peu d'épouses d'agriculteurs formulent cette demande, encore trop souvent par manque d'information, ou parce qu'elles jugent n'y avoir pas intérêt, ou encore que le couple estime que le coût social s'avère élevé, ou enfin parce que les réglementations, notamment économiques, ne reconnaissent pas toujours deux chefs d'exploitation sur la même entreprise individuelle. Pendant longtemps, c'était le plus souvent la mise en place d'une société, une EARL ou un Gaec créé pour d'autres raisons, qui permettait au conjoint d'acquérir un véritable statut sur l'exploitation avec une reconnaissance en qualité de chef d'exploitation, notamment en matière sociale, quand bien même, là encore, l'attribution des aides économiques demeurait limitée. Seul le Gaec permet une réelle reconnaissance de chaque associé au regard des aides économiques sur une même exploitation ; il peut, depuis l'entrée en vigueur de la loi de modernisation de l'agriculture du 27 juillet 2010, être constitué de deux époux, concubins ou partenaires de Pacs qui en sont les seuls associés. Depuis la loi du 13 octobre 2014 d'avenir pour l'agriculture, il leur permet de bénéficier d'aides à l'égal de tout chef d'exploitation individuelle selon leur contribution respective au renforcement de la structure agricole du groupement (nos 79530 et 79603). Cette dernière évolution marque, sans aucun doute, l'aboutissement du combat pour la véritable reconnaissance de la femme en qualité de cheffe d'exploitation.

ÉVOLUTION DU STATUT DES CONJOINTS

Bien que les épouses d'agriculteurs participent effectivement à l'exploitation, en prenant fréquemment des responsabilités égales à celles du mari, elles sont souvent traitées, sur le plan juridique, comme de simples collaboratrices. Un **statut des époux agriculteurs** a certes été institué, qui donne à chaque conjoint la capacité d'accomplir tous les actes nécessités par la conduite de l'exploitation selon deux modalités, collaborateur ou coexploitant, mais il reste dénué d'effets concrets et peu usité (Loi d'orientation agricole du 4-7-1980 ; n° 75815). C'est pourquoi le **statut social du conjoint collaborateur** qui concernait la plupart des conjoints d'agriculteurs a été amélioré (Loi 99-574 du 9-7-1999). Pour emporter des conséquences sociales, l'option pour ce statut doit être formulée auprès de la caisse de Mutualité sociale agricole (C. rur. art. L 321-5 et D 321-1). Lorsque l'exploitation revêt une forme sociétaire, cette option pour le statut de collaborateur n'est possible que si le conjoint exerce son activité professionnelle dans la société et n'est pas lui-même associé. 75810

Ce statut, désormais dénommé « collaborateur d'exploitation ou d'entreprise » (n° 75811, Précisions, d), qui interdit le versement d'une rémunération, confère néanmoins au conjoint collaborateur d'exploitation des droits personnels en assurance vieillesse, régime de base (n° 46020) et complémentaire depuis le 1er janvier 2011 (n° 47400), à des droits en matière de maternité (n° 45235), à une pension en cas d'invalidité (n° 45320) ainsi qu'un droit à salaire différé dans certains cas (voir nos 76700 s.). Le collaborateur peut également prétendre à des prestations en cas d'accident du travail (nos 48005 s.).

Au regard de son **affiliation sociale,** le conjoint peut prendre la position de chef d'exploitation au même titre que le chef d'exploitation en place s'il en remplit les conditions ; l'exploitation est alors qualifiée de coexploitation et chacun des époux de **coexploitant.** Chacun des coexploitants est traité au regard de ses cotisations et de ses prestations à l'égal de tout chef d'exploitation (voir n° 43075).

Le conjoint du chef d'exploitation peut aussi opter pour le **statut de salarié** (C. rur. art. L 321-5), à condition de participer effectivement à l'activité à titre professionnel et habituel et de percevoir une rémunération horaire minimale au moins égale au Smic.

> **Précisions a.** L'existence d'un lien de subordination à l'égard du chef d'exploitation n'est pas requise du conjoint au titre des **conditions pour bénéficier du statut de salarié.** La participation effective à l'activité de l'entreprise de l'époux et la perception d'une rémunération horaire minimale égale au Smic sont les seules conditions de l'application du Code du travail au conjoint du chef d'exploitation (Cass. soc. 6-11-2001 n° 99-40.756 : RJS 1/02 n° 1). À noter que ces conditions étaient déjà posées par l'article L 784-1 de l'ancien Code du travail (abrogées depuis 2008) qui établissait ainsi une présomption de salariat. Ces conditions sont maintenues dans le cadre du choix obligatoire d'un statut pour le conjoint dans le dispositif issu de la loi d'orientation de 2006 et renforcé par la loi Pacte du 22 mai 2019, le choix proposé d'un statut de salarié n'étant pas conditionné par l'existence d'un quelconque lien de subordination (n° 75811).

b. Le chef d'entreprise qui emploie son épouse de façon durable et permanente, dans un rapport de subordination, sans l'avoir déclarée aux organismes sociaux, sans l'avoir inscrite sur le registre unique du personnel et sans l'avoir rémunérée ni lui avoir remis des bulletins de paie se rend coupable du délit de **travail dissimulé** par dissimulation d'emploi salarié (Cass. crim. 22-10-2002 n° 02-81.859 : Bull. crim. n° 192). Cette décision rendue en matière pénale est cependant à prendre avec précaution puisque le délit doit être intentionnel, intention qui serait pas caractérisée, selon nous, lorsque le conjoint exerce sa profession et est assujetti social en qualité de collaborateur, ce statut supposant expressément une absence de rémunération. En revanche, l'absence de statut choisi fait effectivement courir le risque de sanction, en sus des conséquences exposées n° 75812.

c. La protection universelle maladie, entrée en application le 1er janvier 2016, concerne les conjoints collaborateurs ainsi que les conjoints sans activité professionnelle sur l'exploitation (voir n° 49005).

CHOIX D'UN STATUT

75811 Le conjoint du chef d'exploitation ou d'entreprise agricole exerçant sur l'exploitation ou au sein de l'entreprise une **activité professionnelle régulière** doit opter pour l'une des qualités suivantes (C. rur. art. L 321-5) :
- collaborateur d'exploitation ou d'entreprise agricole ;
- salarié de l'exploitation ou de l'entreprise agricole ;
- chef d'exploitation ou d'entreprise agricole.

Les modalités de l'option varient selon le statut choisi (C. rur. art. D 321-1). Seule la qualité de collaborateur d'exploitation présente une durée maximale.

L'**option pour la qualité de collaborateur** d'exploitation ou d'entreprise agricole n'est plus directement notifiée à la caisse de MSA depuis le 1er janvier 2023, mais réalisée via le **guichet unique électronique** (qui s'est lui-même substitué aux CFE). Le déclarant doit fournir une **attestation sur l'honneur** signée du conjoint qui confirme le choix du statut (ou le changement de statut) suivant le modèle prévu (Arrêté ECOI2122714A du 6-8-2021 modifié par arrêté ECOI2206227A du 8-4-2022). Dans ce cas où il choisit le statut de collaborateur, le déclarant atteste qu'il participe, sans être rémunéré, à l'activité non salariée agricole de son époux, de son concubin ou de son partenaire de Pacs. La signature du chef d'exploitation, exploitant individuel ou associé de société non salarié, n'est pas requise. Le choix effectué par le conjoint d'un associé d'une exploitation ou d'une entreprise agricole constituée sous la forme d'une société est porté à la connaissance des associés lors de la première assemblée générale qui suit (l'accord de l'associé n'est pas exigé). Les membres du couple sont tenus d'informer la caisse de MSA, via le guichet unique électronique, de toute modification intervenue dans les conditions d'exercice de leurs activités professionnelles ou dans leur situation civile ou familiale. L'option pour la qualité de collaborateur d'exploitation ou d'entreprise agricole prend fin lorsque le collaborateur n'en remplit plus les conditions, notamment en cas de cessation d'activité ou de modification de sa situation civile ou familiale. Dès que la caisse de MSA constate que ces conditions ne sont plus réunies, elle avise l'intéressé que, en l'absence de contestation de sa part dans un délai d'un mois à compter de cette notification, il cesse de bénéficier de la qualité de collaborateur d'exploitation ou d'entreprise agricole.

De plus, le bénéfice du statut de collaborateur a une **durée** limitée : la personne qui devient collaborateur du chef d'exploitation ou d'entreprise agricole ne peut pas conserver cette qualité plus de cinq ans. Cette disposition, équivalente à celle votée pour le régime général (Loi 2021-1754 du 23-11-2021 de financement de la sécurité sociale pour 2022 art. 24), a pour objectif de conférer au statut de collaborateur, jugé trop peu protecteur malgré ses multiples évolutions, un caractère seulement transitoire (Loi 2021-1679 du 17-11-2021 visant à assurer la revalorisation des pensions de retraites agricoles les plus faibles art. 3). À l'issue de cette période, le statut ne peut être conservé et le conjoint devra choisir entre le statut de salarié ou celui de coexploitant. À défaut de choix, il y aura radiation à l'issue d'une procédure contradictoire et le statut de salarié s'imposera (voir n° 75812). Cette disposition est entrée en vigueur au 1er janvier 2022. Pour les personnes qui bénéficiaient de ce statut au 1er janvier 2022, la période de 5 ans débute à cette date. (Loi 2021-1679 art. 3 III). Cette durée doit s'apprécier, selon la CCMSA, sur l'ensemble de la carrière du conjoint et en cumulant les durées effectuées dans toutes les entreprises au sein desquelles il a exercé son activité sous cette qualité (voir Lettre générale CCMSA à toutes les caisses n° DR-2022-061 du 26-1-2022). L'**option pour la qualité de salarié** résulte des mentions de la déclaration préalable à l'embauche souscrite par le chef d'exploitation ou d'entreprise agricole (voir n° 52100). Elle prend effet à la date d'effet du contrat de travail mentionnée sur cette déclaration (C. rur. art. D 321-1). À l'instar du conjoint de commerçant ou d'artisan, il n'y a pas lieu de rechercher l'existence d'un lien de subordination, dès lors que la déclaration a été effectuée, qu'un salaire au moins équivalent au Smic est versé et que les cotisations et contributions sociales et d'assurance chômage sont acquittées (Dir. Unédic 2008-13 du 27-3-2008).

L'**option pour la qualité de chef d'exploitation** ou d'entreprise agricole résulte de l'affiliation en cette qualité au régime de protection sociale des personnes non salariées des professions agricoles. Elle prend effet à la date à laquelle la personne remplit les conditions de cette affiliation (voir n° 43075).

› **Précisions a.** Ces dispositions ont principalement une **portée sociale** dans la mesure où elles obligent les chefs d'exploitation et leurs conjoints à adopter un statut assorti d'une protection sociale. A contrario, les conjoints qui n'exercent pas une activité professionnelle régulière ne sont pas concernés par le choix obligatoire d'un statut.

b. Le choix obligatoire d'un statut est également limité au conjoint du chef d'**exploitation individuelle** (C. rur. art. L 321-5). Il ne saurait concerner, selon nous, le conjoint de l'associé-exploitant d'une société agricole. Au demeurant, cette obligation, si elle était applicable, n'aurait qu'une portée limitée au conjoint non associé de l'associé-exploitant ne disposant pas d'un contrat de travail avec la société. En effet, si le conjoint est associé et participe aux travaux, les présomptions de droit commun concernant les sociétés trouvent à s'appliquer (voir n°s 43140 s.).

c. Depuis le 28 octobre 2006, la signature du chef d'exploitation n'est plus nécessaire au conjoint pour formuler l'**option pour le statut de collaborateur.** Toutefois, lorsque l'activité est exercée dans le cadre d'une société, l'absence d'**accord du gérant** semble difficile à surmonter car il représente la société au sein de laquelle le collaborateur de l'associé devra réaliser son activité professionnelle, mais cet accord n'est pas exigé par la caisse de Mutualité sociale agricole ou le guichet unique électronique.

d. L'ordonnance 2010-104 du 28 janvier 2010 a remplacé la **notion sociale de** conjoint collaborateur par celle de **collaborateur d'exploitation** (activités de production) **ou d'entreprise** (activités connexes à la production agricole relevant du champ de la MSA). Cette appellation, plus large, embrasse plus aisément les concubins et partenaires liés au chef d'exploitation par un Pacs et est identique à celle retenue par l'article L 321-5 du Code rural et de la pêche maritime.

e. Lorsque le chef d'exploitation individuelle ou un associé d'une exploitation ou d'une entreprise agricole exerce également une **activité non salariée non agricole** et est affilié au seul régime agricole en application de l'article L 171-3 du Code de la sécurité sociale (voir n°s 88245 s.), son conjoint peut également prétendre au statut de collaborateur au titre de sa participation à l'activité non salariée non agricole.

OBLIGATIONS DU CHEF D'EXPLOITATION ET SANCTIONS APPLICABLES

Jusqu'au vote de la loi 2019-486 du 22 mai 2019, si le conjoint devait choisir un statut dès lors qu'il exerçait une activité professionnelle régulière sur l'exploitation ou l'entreprise, la loi ne prévoyait pas d'obligation ou de sanction directe visant le chef d'exploitation ou d'entreprise. Certes il s'exposait, en cas de travail du conjoint sans statut déclaré à la requalification de la situation en contrat de travail, voire aux sanctions du travail dissimulé, mais encore était-il nécessaire que la situation soit découverte lors d'un contrôle puis requalifiée, le cas échéant après une décision de justice (voir n° 75810, Précisions). 75812

La loi Pacte du 22 mai 2019 (art. 9) a complété le choix d'un statut qui incombe au conjoint par des obligations déclaratives à la charge du chef d'exploitation ou d'entreprise. Ainsi, le chef d'exploitation ou d'entreprise agricole est **tenu de déclarer l'activité professionnelle régulière de son conjoint** au sein de l'exploitation ou de l'entreprise agricole et le statut choisi par ce dernier auprès des organismes habilités à enregistrer l'immatriculation de l'exploitation ou de l'entreprise agricole.

En pratique, c'est le guichet unique électronique qui, depuis le 1er janvier 2023, reçoit, dans les conditions de droit commun, la déclaration du chef d'exploitation ou d'entreprise (C. rur. art. D 321-1-1 issu du décret 2019-1092 du 25-10-2019 et modifié par décret 2021-300 du 18-3-2021) :

a. soit **à l'occasion de la création** de l'exploitation ou de l'entreprise : le dossier unique de création de l'entreprise agricole comporte la déclaration du statut choisi par le conjoint accompagnée de l'attestation sur l'honneur visée n° 75811, signée et confirmant le choix de ce statut ;

b. soit suite à une **modification de situation** de la situation de l'exploitation ou de l'entreprise agricole, auquel cas la déclaration modificatrice doit être réalisée dans les deux mois de la modification et comporter les mentions suivantes :

– que le conjoint exerce une activité professionnelle régulière au sein de l'exploitation ou de l'entreprise agricole accompagnée de la déclaration du statut choisi,

– que le conjoint change de statut pour l'exercice de cette activité,

– que le conjoint cesse de remplir les conditions d'activité régulière.

À la suite de cette déclaration, le guichet unique électronique **notifie personnellement au conjoint** le fait qu'il a reçu la déclaration concernant son statut.

Afin d'accroître l'efficacité de cette déclaration, le législateur, tirant les conclusions de la jurisprudence, crée une **sanction** au défaut de déclaration concernant le statut du conjoint, à condition qu'il exerce son activité professionnelle sur la ferme. Ainsi, à défaut de déclaration d'activité professionnelle, le conjoint ayant exercé une activité professionnelle de manière régulière au sein de l'exploitation ou de l'entreprise agricole est **réputé l'avoir fait sous le statut de salarié** de l'exploitation ou de l'entreprise agricole ; le chef d'exploitation ou d'entreprise agricole est réputé avoir déclaré que ce statut est celui de salarié de l'exploitation ou de l'entreprise agricole. Cette conséquence est relativement protectrice du conjoint, lequel pourra s'en prévaloir, dès lors qu'il pourra établir la réalité de sa participation régulière à l'activité. Le conjoint acquiert ainsi une couverture sociale appréciable, notamment en matière de retraite ou d'accident du travail.

> **Précisions** **a.** Comme le choix du statut, ces dispositions ne concernent pas les **conjoints d'associés de sociétés.** Néanmoins, lorsqu'un conjoint exerce une activité professionnelle régulière au sein de la société sans statut, la société s'expose aux sanctions de droit commun (voir n° 75810, Précisions).
> **b.** Dès lors que le conjoint établira la réalité de sa participation, le chef d'exploitation étant réputé l'avoir déclaré en qualité de salarié, les **cotisations sociales afférentes** à ce statut devront à notre avis être versées à la MSA sur la période concernée. Ce risque devrait assurer, avec efficacité, à chaque conjoint actif la déclaration d'un statut.
> **c.** Le statut de salarié étant acquis par défaut et les cotisations sociales afférentes étant élevées, cette mesure conduisait les chefs d'exploitation et leurs conjoints qui ne souhaitent pas, ou ne peuvent pas, assurer la charge financière à s'orienter vers un **statut moins onéreux,** tel celui de collaborateur et de réaliser une démarche effective en ce sens. Cette solution ne pourra désormais être utilisée qu'à titre transitoire (voir n° 75811).

SITUATION DES CONCUBINS ET PERSONNES LIÉES PAR UN PACS

75813 Les dispositions qui précèdent (n°s 75811 et 75812) sont également applicables à la personne liée par un pacte civil de solidarité (Pacs) ou vivant en concubinage avec le chef d'exploitation ou d'entreprise agricole. Cette mesure, outre qu'elle rend obligatoire le choix d'un statut, a ouvert la possibilité au concubin ou au partenaire du chef d'exploitation de prétendre au statut de conjoint collaborateur. Jusqu'à la réforme de 2006 ces personnes ne pouvaient exercer leur activité qu'en qualité de salarié. Le choix du statut de chef d'exploitation, bien que possible avant l'entrée en vigueur de la réforme, reste peu utilisé car il révèle souvent l'existence d'une société créée de fait entre le chef d'exploitation et son concubin ou partenaire (sur les conséquences fiscales, voir n°s 24800 s. ; sur les conséquences en matière d'aides économiques, voir n° 43075, Précisions).

POUVOIRS DES ÉPOUX

75815 **Présomption de mandat** Deux hypothèses différentes sont prévues, selon le niveau de participation des personnes unies par les liens du mariage à l'exploitation individuelle (C. rur. art. L 321-1) :

Lorsque deux époux **exploitent ensemble et pour leur compte** une même exploitation agricole, ils sont présumés s'être donné réciproquement mandat d'accomplir les actes d'administration concernant les besoins de l'exploitation. Ainsi, l'un ou l'autre des époux est habilité à faire tous les actes que requiert le fonctionnement normal de l'exploitation (commande d'engrais, réparation du matériel, vente des produits, etc.). Cette hypothèse correspond à celle, très fréquente, où le mari et la femme participent ensemble et d'une manière effective aux travaux et à la direction de l'exploitation.

Lorsque l'un des époux ne fait que **collaborer** à l'exploitation agricole, il est présumé avoir reçu de son conjoint, chef d'exploitation, le mandat d'accomplir les actes d'administration concernant les besoins de cette exploitation. Cette hypothèse peut correspondre, par exemple, au cas où un époux n'ayant aucun titre de jouissance sur les biens exploités participe plus ou moins occasionnellement à la conduite de l'exploitation.

En pratique, la distinction entre ces deux situations est une question de fait très délicate à apprécier.

Dans les deux hypothèses, la **présomption** de mandat s'applique quels que soient le régime matrimonial des époux et la nature juridique des biens constituant l'exploitation. Elle s'applique de plein droit sans que les époux aient à manifester la volonté expresse de se placer sous ce régime.

> **Précisions** **a.** **L'intérêt de la distinction** peut apparaître au regard du gage des créanciers. En cas de coexploitation, puisqu'il y a mandat réciproque entre les deux époux, la totalité des biens des deux conjoints se trouve engagée. En revanche, le conjoint collaborateur, simple mandataire, ne saurait engager son patrimoine propre lorsqu'il agit pour les besoins de l'exploitation. Cette distinction nous apparaît devoir être maintenue depuis la

mise en place du nouveau statut de l'entrepreneur individuel avec un gage des créanciers limité au patrimoine professionnel des deux époux ou du seul chef d'exploitation selon l'option retenue par les époux (voir n° 75544)

b. S'agissant de la **Mutualité sociale agricole,** la présomption de mandat n'a aucune incidence sur la situation du conjoint du chef d'exploitation au regard de ses cotisations et de ses prestations sociales : tant pour être affilié en qualité de collaborateur d'exploitation ou d'entreprise que pour être affilié personnellement en tant que chef d'exploitation (coexploitant), une option sera nécessaire (voir n° 45100).

c. Le choix du **statut de salarié** nous apparaît exclure l'application de la présomption de mandat.

Cas de cessation de la présomption de mandat Le régime décrit ci-dessus cesse de s'appliquer dans trois hypothèses (C. rur. art. L 321-2 et L 321-3) : 75825

– Lorsque les **conditions** prévues ne sont **plus remplies** : c'est par exemple l'hypothèse dans laquelle le conjoint cesse de participer aux travaux sur l'exploitation et n'exerce plus une activité professionnelle régulière, notamment pour exercer une autre activité professionnelle à l'extérieur. Il en est de même lorsque l'exploitation individuelle est apportée en société.

– Lorsqu'est prononcée une **séparation** de corps ou une séparation de biens judiciaire.

– Lorsque l'un des époux exerce une **option contraire** : chaque époux a la faculté de déclarer, son conjoint présent ou dûment appelé, que celui-ci ne pourra plus se prévaloir du mandat légal. Cette déclaration doit, à peine de nullité, être faite devant notaire. Elle prend effet, à l'égard des tiers, 3 mois après sa mention en marge de l'acte de mariage des époux. En l'absence de cette mention, elle n'est opposable aux tiers que s'il est établi que ceux-ci en ont eu connaissance.

PARTICIPATION DE CHAQUE ÉPOUX AUX INSTANCES DES ORGANISMES AGRICOLES

Lorsque les époux participent ensemble et de façon habituelle à une exploitation agricole non constituée sous forme de société, l'un ou l'autre peut participer aux **assemblées générales** des organismes de coopération, de mutualité ou de crédit agricole et est **éligible** aux organes ou conseils d'administration ou de surveillance des organismes précités. Toute clause contraire dans les statuts de ces organismes est réputée non écrite (C. rur. art. L 321-4). 75840

DROITS DE L'ÉPOUX OU DU PARTENAIRE NON SIGNATAIRE D'UN BAIL SUR L'EXÉCUTION DU CONTRAT DE BAIL

Le conjoint non titulaire du bail bénéficie de certaines prérogatives : son consentement est exigé lorsque le preneur accepte la rupture, s'oblige à ne pas renouveler le contrat, ou demande la cession du bail. Le bail peut également lui être cédé (voir n°s 74110 s.). La loi d'orientation agricole du 5 janvier 2006 a étendu au profit du partenaire lié au fermier par un Pacs les droits reconnus au conjoint dans le statut du fermage. Cette extension ne concerne que les baux conclus ou renouvelés à compter de la publication de la loi. On soulignera que ces dispositions sont limitées au Pacs et ne concernent pas le concubinage. 75850

Les conjoints sont également très souvent copreneurs de tout ou partie des baux : voir n° 74130.

B. Associés d'exploitation

Le descendant du chef d'exploitation qui exprime la volonté de lui succéder peut, à l'issue de sa période de formation, souhaiter bénéficier d'une période transitoire avant de s'installer. Cette période est souvent nécessaire, qu'il envisage une installation en remplacement (après départ à la retraite des parents, par exemple) ou en association avec son père ou sa mère (par la création d'un Gaec notamment). Pour mener à bien cette expérience lui permettant d'accéder à la responsabilité de chef d'exploitation, il peut choisir un statut de salarié de son ascendant, mais aussi devenir associé d'exploitation. Il peut également être associé non salarié de la société si son ascendant exploite sous cette forme. Le statut de salarié est de plus en plus fréquemment utilisé, mais se trouve quelquefois écarté car les charges sociales qu'il entraîne sont élevées. De même, les formalités et engagements liés à la prise d'une participation dans le capital social d'une société, alors que l'installation ne sera pas certaine, conduisent, dans la plupart des cas, à écarter également cette solution. 75900

Le **statut d'associé d'exploitation** (qui n'est **pas à confondre** avec un statut d'associé d'une société) a été spécifiquement créé afin de permettre au repreneur familial d'une exploitation de se préparer progressivement à ses futures responsabilités, sans installation individuelle ou création immédiate de société, par simple adhésion volontaire à un **statut légal** précisé par une

convention départementale (C. rur. art. L 321-6 s.). Du point de vue de la protection sociale, ce statut s'appuie sur celui d'aide familial (nos 45050 s.).
Ce statut, qui n'a jamais connu un grand développement, tend aujourd'hui à devenir très marginal, les jeunes agriculteurs s'installant depuis quelques années plus rapidement et plus tôt. À cette tendance s'ajoute désormais la limitation à 5 ans de la durée du statut social d'aide familial (statut social applicable à l'associé d'exploitation ; voir n° 45050) pour les personnes qui prennent cette qualité à compter du 18 mai 2005 (C. rur. art. L 722-10, 2°). Nous limiterons donc les développements à l'essentiel.

75905 Dans le cadre minimal prévu par la loi, une **convention départementale** élaborée par les organisations professionnelles les plus représentatives est approuvée par le préfet, après avis de la chambre d'agriculture (C. rur. art. L 321-7).
Cette convention peut, au-delà de clauses impératives, préciser nombre de points concernant les droits et obligations du chef d'exploitation et du jeune.
Un chef d'exploitation et son « associé d'exploitation » peuvent d'un commun accord, et par **écrit,** adhérer totalement ou partiellement à la convention type départementale.
Par ailleurs, dans le **contrat d'adhésion** et dans l'application de la convention départementale, les parties peuvent encore, librement, améliorer, d'un commun accord, le dispositif minimum prévu par la loi et la convention départementale.

PERSONNES CONCERNÉES

75910 La loi accorde la **qualité « d'associés d'exploitation »** aux personnes qui sont :
– non salariées et non installées sur une exploitation ;
– âgées de 18 ans révolus et de moins de 35 ans ;
– descendant, frère, sœur, beau-frère ou belle-sœur du chef d'exploitation ou de son conjoint et ont pour activité principale la participation à la mise en valeur de l'exploitation.
Un même chef d'exploitation peut avoir plusieurs associés d'exploitation sur la même exploitation agricole.
Seuls les chefs d'exploitation individuelle et leurs descendants (et autres personnes précitées) sont concernés. S'y ajoutent les **associés de Gaec apporteurs en capital, reconnus chefs d'exploitation,** et leurs descendants, ceux-ci ayant accès au statut social d'aide familial par l'effet du principe de « transparence » défini nos 79600 s. (voir n° 43105).
De 18 à 25 ans : l'associé d'exploitation et le chef d'exploitation peuvent adhérer à la convention départementale. **À partir de 25 ans** : les clauses obligatoires de la convention départementale sont applicables à tous, de plein droit.
Sans préjudice de la limitation à 5 ans du statut d'aide familial (n° 75900), la **condition d'associé** d'exploitation **se perd** :
– soit par l'arrivée du jeune à l'âge de 35 ans ;
– soit par son mariage (à partir de 23 ans) et 2 ans après celui-ci ;
– soit par son installation en qualité d'exploitant individuel ou d'associé exploitant au sein d'une société.

CONVENTION TYPE DÉPARTEMENTALE

75920 À côté des dispositions obligatoires (notamment congé formation et intéressement), la convention départementale peut contenir toutes autres dispositions utiles (C. rur. art. L 321-7).
Le **congé formation** doit être au minimum de 180 heures ; il peut s'étaler sur 3 ans en un ou plusieurs stages (Décret 74-761 du 1-9-1974).
L'associé est rémunéré de son travail par un droit à un **intéressement aux résultats** financiers de l'exploitation dont les modalités sont précisées par la convention départementale et qui doit être au moins égal à une allocation minimale nationale. Le montant de cette allocation minimale reste fixé à 129,58 € par mois (Arrêté du 23-1-1984 : JO 15-2).
La convention prévoit également le délai dans lequel l'**adhésion pourra être dénoncée,** par écrit, par l'une quelconque des parties.

> **Précisions a.** Sur le **traitement fiscal** de l'intéressement aux résultats, voir nos 16400 s.
b. Les **cotisations et prestations sociales** applicables aux associés d'exploitations sont celles des aides familiaux (sur l'assujettissement : nos 45050 s. ; sur le régime Amexa : nos 44105 s. et 45150 ; sur le régime de base d'assurance vieillesse : nos 44330 et 46030 s. ; sur la retraite complémentaire obligatoire : nos 44400 et 47405 s. ; sur l'affiliation à l'Atexa : nos 44500 et 48005 s.).

DROITS ET OBLIGATIONS RESPECTIFS DES ASSOCIÉS D'EXPLOITATION ET DES CHEFS D'EXPLOITATION

En cas d'**adhésion totale** à la convention : il y a obligation d'appliquer à la fois les clauses obligatoires et les dispositions facultatives de la convention départementale (sans oublier les dispositions supplémentaires contenues dans le contrat individuel d'adhésion à la convention). 75930
En cas d'**adhésion partielle** : outre les clauses obligatoires qui s'appliquent nécessairement, certaines des dispositions facultatives de la convention peuvent être retenues d'un commun accord.

CHAPITRE 7

RISQUES ET ASSURANCES

SOMMAIRE

NATURE DES RISQUES

76200 L'augmentation de la taille moyenne des exploitations agricoles, l'importance des capitaux mis en jeu, la volatilité des cours des intrants et des productions, comme les réglementations multiples les concernant exposent les exploitations à des **risques communs** à toutes les entreprises. La diversification des activités (production d'électricité, vente directe, tourisme rural, etc.) et le développement des structures sociétaires et d'entreprises de travaux agricoles entrent également en compte dans l'appréciation des risques :
– le risque humain sur l'exploitation : l'indisponibilité du chef d'exploitation pour cause d'accident ou de maladie, ou encore sa disparition soudaine ; les dommages corporels subis par les employés ou les membres de la famille (enfants, retraités) participant aux travaux de l'exploitation ;
– les dommages provoqués à un tiers, par exemple lors d'un accident de la circulation ou d'une activité agricole ;
– les risques juridiques, notamment les litiges avec des salariés (conditions de travail), des associés (d'un Gaec, d'un groupement d'employeurs, etc.), un bailleur, un locataire ou résultant d'opérations commerciales ;
– l'incendie ou la tempête détruisant les outils de travail : bâtiments, matériels, animaux, etc.
Les exploitations sont incitées à adopter une démarche de gestion des risques pour en limiter les effets ce qui comprend une phase d'identification et d'évaluation puis la mise en place de mesures de protection et de prévention.
Le risque humain est pris en charge dans le cadre de la protection sociale des salariés et non-salariés agricoles gérée par la Mutualité sociale agricole (MSA) dont les régimes de prévoyance obligatoire couvrent les risques de réduction d'activité. La souscription d'assurances volontaires peut compléter ce dispositif (nos 38600 s.).
La prévention s'appuie sur le respect des réglementations en vigueur, notamment : sur le fonctionnement des groupements ou structures sociales (nos 78000 s.), sur l'emploi de main-d'œuvre (nos 52000 s.), sur les normes du machinisme agricole (n° 60730), du code de la route (n° 60735), etc. qui permet de limiter les risques.
Outre ces risques, l'agriculture est soumise en particulier aux **risques météorologiques et climatiques** : grêle, sécheresse, gel, etc.
Mais il est aussi des **risques naturels** qui ne peuvent être couverts. Par exemple, certaines maladies des végétaux ou les dégâts de certains gibiers. D'où l'institution d'un système d'indemnisation permettant de réparer en partie les dommages supportés dans ces domaines.
À noter aussi la multiplication des dommages subis tels que les pollutions, vandalismes, et mises en cause en augmentation dans des domaines souvent très divers (la construction de bassines par exemple).

A. Fonctionnement des polices d'assurance

RÉSEAU DE DISTRIBUTION DES CONTRATS D'ASSURANCE

Les **sociétés d'assurance mutuelles** sont organisées sans intermédiaire. La plupart d'entre elles possèdent des bureaux en zone semi-rurale et en ville. 76205

Les **compagnies d'assurance** sont organisées autour de plusieurs réseaux de distribution :
– les plus fréquents sont les agents généraux : profession libérale, mandataire de leur société d'assurance ;
– les courtiers : commerçant, mandataire de l'assuré ;
– les **banques nationales ou régionales,** qui sont des courtiers d'une de leurs propres sociétés d'assurance nationales.

L'assurance directe et les comparateurs de contrats d'assurance se développent également via Internet.

MISE EN PLACE DE LA POLICE D'ASSURANCE

Avant de signer un nouveau contrat ou d'apporter une modification à un contrat existant, l'assureur remet à son client une **fiche descriptive** indiquant les garanties proposées et le prix global de l'assurance. Les informations portent en outre sur les modalités d'examen des réclamations que le souscripteur peut formuler au sujet du contrat (C. ass. art. L 112-2, al. 2). Cette fiche ne constitue pas un devis et n'engage pas les parties (C. ass. art. L 112-2, al. 6). Cette procédure destinée aux particuliers est surtout utilisée pour les risques « courants » : automobile ou complémentaire santé, par exemple. 76208

Une **proposition d'assurance** est ensuite établie afin de décrire précisément le risque assuré (nature de l'exploitation, activités, etc.). Cette phase de consultation préalable à la prise d'effet du contrat est soumise à des règles strictes dans le but d'éviter les abus de confiance et la recherche d'informations confidentielles (C. ass. art. L 521-2 s.). L'intermédiaire d'assurance doit expliquer les garanties à l'assuré : principaux risques assurés et garanties (différence entre les calamités agricoles et les catastrophes naturelles, entre une perte d'exploitation et les frais supplémentaires, etc.), risques non couverts (exclusions), obligations à respecter (par exemple en matière de prévention), modalités de paiement des primes, et encore faculté de résiliation du contrat.

L'intermédiaire d'assurance doit également expliquer pourquoi sa proposition est pertinente, indiquer sa durée de validité et consigner les raisons d'un choix ou d'un refus de garantie de la part de l'assuré. Si, entre la date de la proposition et l'établissement du contrat, l'assuré subit un ou plusieurs sinistres, il sera nécessaire de prévenir l'assureur, qui en tiendra compte pour modifier son offre.

En cas de demande d'assurance immédiate (construction d'un nouveau bâtiment ou achat d'un nouveau tracteur), l'assureur peut délivrer une **note de couverture.** Cette note permet à l'assuré d'être garanti pour une durée limitée dans l'attente de l'établissement du contrat définitif.

Une fois les deux parties d'accord, la **police d'assurance** est établie et prend effet. Une police d'assurance est constituée des conditions générales (document commun à tous les clients pour une même nature de risque) et des conditions particulières (document qui décrit le risque en particulier et qui prévaut sur les conditions générales). Seules les conditions particulières sont signées par les deux parties. La **date d'échéance** du contrat est la date « anniversaire » à laquelle, chaque année, les primes doivent être réglées. La date d'échéance est celle retenue pour mettre fin au contrat, sans motif particulier, moyennant un préavis, qui est en général de 2 mois. La **date d'effet** est la date d'entrée en vigueur du contrat. Date d'effet et date d'échéance peuvent être différentes.

Le contrat est de **durée** annuelle et se reconduit tous les ans sans nouvelles de l'une ou l'autre des parties.

> **Précisions a.** Pour les contrats à tacite reconduction couvrant les personnes physiques en dehors de leurs activités professionnelles (hors assurance-vie et contrats groupes), la **date limite de dénonciation du contrat** par l'assuré doit figurer sur chaque avis d'échéance annuelle de prime ou de cotisation dans les conditions prévues à l'article L 113-15-1 du Code des assurances. À défaut, l'assuré peut mettre fin au contrat sans pénalités à tout moment à compter de la date de reconduction, par lettre ou courrier électronique recommandés, ou tout autre moyen prévu par l'article L 113-14 du Code des assurances modifié par la loi 2022-1158 du 16 août 2022 (voir n° 76219, Précisions, d) avec effet le lendemain de la date figurant sur le cachet de La Poste ou sur l'expédition.
>
> **b.** En cas de **non-paiement des primes,** l'assureur peut engager une procédure de suspension des garanties et de rupture du contrat (C. ass. art. L 113-3). À compter du

11e jour après l'échéance, une lettre recommandée est adressée au souscripteur. Cet envoi déclenche un délai de 30 jours au terme duquel les garanties sont suspendues. Pendant cette période de 30 jours, la prime reste due mais les sinistres éventuels ne seront pas pris en charge. Le contrat est rompu 10 jours après l'envoi d'une lettre de mise en demeure. La prime intégrale reste due à titre de dommages et intérêts. Si l'assuré s'acquitte de sa dette pendant la période de suspension de garantie, l'assureur remettra le contrat en vigueur. En revanche, si le paiement intervient après la fin du contrat, l'assureur peut refuser cette remise en vigueur.

c. Avant la conclusion du contrat d'assurance, le souscripteur se verra remettre un **document complémentaire d'information normalisé** sur le produit d'assurance (C. ass. art. L 112-2). Ne sont notamment pas concernés les contrats d'assurance de « grands risques » (C. ass. art. L 111-6 modifié par loi 2023-171 du 9-3-2023 et R 111-1).

MODIFICATION ET FIN DE LA POLICE D'ASSURANCE

76212 **Montant des garanties** Généralement les contrats prévoient des garanties avec un montant en euros. Ces montants sont revalorisés tous les ans en fonction d'un indice (par exemple, celui de la Fédération française du bâtiment limité par nature de risques matériels, corporels, etc.). Il convient de vérifier régulièrement la correspondance entre ces montants et la réalité (par exemple, vérifier le montant assuré des animaux dans les contrats avec leur valeur de remplacement, le plafond de garantie des dommages corporels causés aux tiers ou des dommages de pollution).

76216 **Modification du contrat** En principe, le contrat d'assurance se modifie de la même façon qu'il est conclu par l'établissement d'une proposition qui dans ce cas engage l'assureur puis la conclusion du contrat.

Il peut s'agir d'inclure des garanties supplémentaires ou nouvelles que l'assureur juge utiles ou pour modifier les conditions générales d'un contrat jugé trop ancien. L'assureur doit recueillir l'accord exprès du contractant. Si l'assuré s'oppose expressément à la modification, l'assureur peut dénoncer le contrat 10 jours après notification à l'assuré par lettre recommandée. Il y a alors remboursement de la prime trop perçue.

L'assuré peut proposer lui-même une modification du contrat en précisant ses nouvelles activités ou la valeur actualisée de ses biens (récolte, vins, animaux, etc.). Cette proposition, faite par lettre recommandée avec demande d'avis de réception, sera considérée comme acceptée en l'absence de réponse de l'assureur dans un délai de 10 jours (C. ass. art. L 112-2, al. 7).

La loi peut aussi imposer à l'assureur des modifications dans un contrat en introduisant des garanties obligatoires (ce fut notamment le cas pour la « garantie catastrophes naturelles » dans les contrats incendie et dommages aux biens).

76219 **Résiliation du contrat** Il peut être mis fin aux contrats d'assurance **annuellement** à l'initiative de l'assuré ou de l'assureur, en adressant une notification au moins 2 mois avant la date de l'échéance. Cette faculté peut être écartée dans les contrats autres que ceux des particuliers, c'est-à-dire dans les contrats professionnels (multirisques entreprise, pertes d'exploitation, etc.) (C. ass. art. L 113-12).

En dehors de la date d'échéance, l'assuré et l'assureur peuvent mettre fin au contrat dans les **cas** suivants (C. ass. art. L 113-16) : changement de domicile, de situation matrimoniale, de régime matrimonial ou de profession, de départ en retraite ou de cessation définitive d'activité professionnelle.

› **Précisions a.** Il existe d'**autres cas** de résiliation :

– par l'assureur : en cas de non-paiement des primes (voir n° 76208, Précisions, b) ; en cas d'aggravation du risque, par exemple l'installation d'un chauffage dans un bâtiment (C. ass. art. L 113-4) ; en cas de fausse déclaration du risque par l'assuré dont la mauvaise foi n'est pas établie (C. ass. art. L 113-9) ; en cas de sinistre (C. ass. art. R 113-10) ;

– par l'assuré : en cas de diminution du risque (C. ass. art. L 113-4) ; en cas d'augmentation de la prime supérieure à l'augmentation de l'indice ;

– par l'assureur ou l'assuré : en cas de redressement ou de liquidation judiciaires de l'assuré sous certaines conditions.

b. L'assuré peut mettre fin à tout moment, après leur premier anniversaire, aux contrats d'**assurance automobile,** multirisques **habitation,** aux assurances **complémentaires** d'un bien ou d'un service, conclus ou tacitement reconduits à partir du 1er janvier 2015 (C. ass. art. L 113-15-2, R 113-11 et R 113-12).

c. S'agissant des contrats d'**assurance dits « emprunteur »,** outre la faculté de résiliation annuelle prévue à l'article L 113-12 du Code

des assurances, l'assuré peut résilier le contrat à tout moment à compter de la signature de l'offre de prêt à condition de présenter un contrat d'assurance emprunteur comportant un niveau de garantie équivalent (C. ass. art. L 113-12-2). Sont concernés les contrats d'assurance qui ont pour objet de garantir :
– soit le remboursement total ou partiel du montant restant dû au titre d'un contrat de crédit immobilier (C. consom. art. L 313-1 1°) ;
– soit le paiement de tout ou partie des échéances du prêt.

d. La **notification** de résiliation du contrat par l'assuré est valablement effectuée par lettre ou tout autre support durable, par déclaration à l'assureur, par acte extra-judiciaire via le mode de communication à distance proposé par l'assureur, ou tout moyen prévu au contrat, selon les modalités de l'article L 113-14 du Code des assurances modifié par la loi 2022-1158 du 16 août 2022. La réception de la notification doit être confirmée par écrit. La résiliation par l'assureur des contrats conclus à des fins non professionnelles requiert l'envoi d'une lettre recommandée (C. ass. art. L 113-12).

B. Assurance de responsabilité

On distingue : 76230
– la responsabilité civile avant livraison, appelée aussi responsabilité exploitation, qui couvre les dommages que l'agriculteur peut causer aux autres (les tiers) lors de l'exercice de son activité agricole ;
– la responsabilité civile après livraison, qui couvre les dommages que peuvent provoquer les produits après leur vente ou livraison.

› Précisions a. Pour les employeurs, une assurance **responsabilité civile mandataires sociaux** permet de couvrir les frais de dépenses et de réparations pécuniaires (dommages-intérêts suite à une condamnation judiciaire résultant d'une faute dans l'exercice de son mandat social, par exemple).
b. En annexe de la garantie responsabilité civile, les assureurs proposent une **garantie protection juridique.** Elle intervient en cas de **dommages subis** par l'assuré dans les domaines visés au contrat. Elle a pour objet de prendre en charge les frais liés à sa défense (avocat, expertise, etc.). Le tarif tient compte des domaines d'activité et des litiges les plus fréquents. Les litiges sur les baux ruraux par exemple sont souvent exclus des garanties minimales. Rappelons enfin que certains dommages subis ne pourront être indemnisés en l'absence de responsable identifié (utilisation frauduleuse de la base de données, malveillance, etc.).
c. Signalons que la responsabilité pour **trouble anormal de voisinage** désormais inscrite dans le Code civil (C. civ. art. 1253 créé par loi 2024-346 du 15-4-2024) ne peut être engagée au titre d'activités agricoles préexistantes à l'installation des voisins (C. rur. art. L 311-1-1 nouveau).

RESPONSABILITÉ CIVILE EXPLOITATION

Dommages causés aux tiers Il s'agit d'une **assurance responsabilité civile avant livraison** couvrant les dommages causés aux tiers (personnes extérieures à l'entreprise : voisins, visiteurs, etc.) : 76233
– lors de la pratique quotidienne de l'activité déclarée : pour l'activité « grandes cultures » il peut s'agir des dégâts occasionnés lors de traitements des cultures et, pour l'activité « élevage », ceux occasionnés par la divagation d'animaux ;
– du fait des préposés (salariés) ou membres de la famille de l'assuré travaillant sur l'exploitation dans l'exercice de leurs fonctions ;
– du fait des immeubles appartenant à l'assuré (bâtiments, silos bétonnés, etc.) ;
– du fait des biens meubles de l'assuré (marchandises, animaux, etc.).

Responsabilité de l'employeur L'assurance de responsabilité civile exploitation couvre également la faute inexcusable de l'employeur vis-à-vis de ses employés. Il s'agit d'une erreur de gravité exceptionnelle, dérivant d'un acte ou d'une omission volontaire, de la conscience du danger que devait en avoir son auteur, de l'absence de toute cause justificative, et se distinguant par le défaut d'un élément intentionnel de la faute dolosive (Cass. ch. réunies 15-7-1941 n° 26-836 : Bull. civ. n° 183). Ainsi, la responsabilité de l'employeur est retenue en cas de non-respect des différentes réglementations concernant la sécurité des employés dont les salariés (par exemple, contrôle régulier des installations électriques, des compresseurs, des machines de levage, etc.), en cas d'accidents ou de maladies professionnels. 76234

76236 **Dommages garantis** Les dommages couverts peuvent être :
– corporels : « toute atteinte à l'intégrité physique d'une personne ainsi que les préjudices pécuniaires en résultant pour elle et ses ayants droit » ;
– matériels : « toute destruction, détérioration, perte ou disparition d'une chose ou substance, toute atteinte physique à des animaux ». Ne sont pas couverts les biens propres de l'assuré ;
– immatériels : « tout préjudice économique, tel que perte d'usage, interruption d'un service, cessation d'activité, perte du bénéfice, perte de clientèle ». Les dommages immatériels consécutifs sont couverts s'ils sont directement entraînés par des dommages corporels ou matériels garantis au titre du contrat. La garantie des dommages immatériels non consécutifs est en général exclue des contrats responsabilité civile ; il s'agit de dommages ne résultant pas de dommages corporels ou matériels garantis ou survenant en l'absence de tout dommage.

> **Précisions a.** La garantie responsabilité civile exploitation **ne couvre pas** les dommages causés par les engins automoteurs, qui doivent être assurés spécifiquement (nos 76280 s.).
> **b.** L'agriculteur amené à entreposer ou stocker des **biens appartenant à un tiers** (céréales ou engrais pour le compte de la coopérative ; caravanes de vacanciers, produits agricoles d'autres agriculteurs pour la vente à la ferme, etc.) doit préciser à son assureur la nature des biens qui lui sont confiés pour que les éventuels dommages soient garantis (n° 76265, Précisions).

76237 **Risques environnementaux** L'impact environnemental d'une entreprise agricole dépend de la nature de ses activités et aussi de sa localisation (proximité de zones d'habitation, de cours d'eau, etc.).
Trois régimes de responsabilité sont à distinguer en fonction du préjudice occasionné :
– La **responsabilité civile atteinte à l'environnement** (RCAE) est mise en cause lorsque l'activité est à l'origine d'une pollution qui provoque des dommages dans le voisinage. En cas de débordement accidentel d'engrais dans une nappe phréatique, par exemple, l'entreprise pourra être amenée à compenser le surcoût d'approvisionnement en eau potable.
– La **responsabilité environnementale** qui repose sur le principe « pollueur-payeur » (C. env. art. L 160-1 s.) vise les dommages ou menaces de dommages graves provoqués aux sols, à l'eau et aux espèces et habitats naturels protégés. Mise en cause à l'initiative du préfet, elle prévoit une réparation exclusivement en nature telle que le réempoissonnement d'une rivière, ou la restauration d'un habitat naturel.
– La **responsabilité civile du fait du préjudice écologique** définie comme « une atteinte non négligeable aux éléments ou aux fonctions des écosystèmes ou au bénéfice tiré par l'homme de l'environnement » (C. civ. art. 1247), l'agrément d'un paysage par exemple. L'action en réparation, notamment ouverte aux organismes publics et aux associations agréées depuis au moins cinq ans, repose en priorité sur une réparation en nature.
Il convient de vérifier dans son contrat si ces garanties sont couvertes. Dans le cas contraire, les assureurs proposent des **contrats dédiés** à l'environnement qui s'adressent plus particulièrement aux exploitations agricoles dont les installations sont soumises à une autorisation préfectorale ou un enregistrement.

RESPONSABILITÉ CIVILE PRODUITS

76239 Il s'agit d'une assurance responsabilité civile couvrant les dommages provoqués par les produits après leur vente ou livraison (on parle de **responsabilité civile après livraison**).
Ces **dommages** de l'exploitation (céréales, viande, fruits, légumes, etc.) peuvent être causés par un vice, une défectuosité du produit à la suite d'une contamination, d'une erreur d'emballage, etc. Le producteur doit vendre une marchandise conforme et loyale. L'acquéreur devra apporter la preuve de la non-conformité. Les assureurs peuvent proposer de garantir les frais de retrait (ramassage des produits non conformes). Cette garantie intervient en cas de dommages présentés par les produits livrés ou les menaces qu'ils peuvent engendrer. Dans ces frais peuvent être prises en charge les dépenses de mise en garde du public ou des détenteurs de produits.
Toutes ces garanties ont des limites qu'il convient de connaître et de comparer à ses besoins.

EXEMPLE

Un producteur de plants de pommes de terre vend un lot de plants viciés (par exemple, à la suite d'un mélange accidentel de deux variétés).
L'assurance responsabilité civile produits livrés couvre les dommages causés par le produit défectueux, et non pas le produit lui-même. Autrement dit, le lot de plants de pommes de terre viciés ne sera pas indemnisé par l'assurance RC produits livrés du producteur, même si le vice n'apparaît qu'au moment de la récolte. De plus, les frais engagés par l'exploitant acheteur des plants (plantation, engrais, arrosage, traitement, ramassage, etc.) ne le seront pas non plus car il s'agit de dommages non consécutifs à un dommage garanti.

En revanche, si ces mêmes plants viennent à contaminer un champ voisin par un virus ou un champignon, il s'agira alors de dommages matériels causés par le produit défectueux. L'assureur devra donc sa garantie. Il devra indemniser non seulement les plants voisins détériorés, mais aussi toutes les charges engagées jusqu'à la découverte des dommages (dommages immatériels consécutifs aux dommages matériels garantis). La récolte du voisin sera donc indemnisée.

SOUSCRIPTEUR DE L'ASSURANCE RESPONSABILITÉ CIVILE

C'est la personne physique ou morale qui conduit l'exploitation agricole qui doit assurer sa responsabilité civile. Les assureurs tarifient ces risques en fonction des activités (culture, élevage, élevage hors sol, viticulture, etc.) agricoles et celles annexes (entreprise agricole, négoce partiel, producteur d'électricité, ventes de produits agricoles en commun, achats de fournitures en commun, etc.). Chaque entité juridique devra avoir sa propre assurance (GFA, Gaec, EARL, etc.). 76242

C. Assurance des biens

ASSURANCE DES BÂTIMENTS AGRICOLES

Sauf dérogation spécifique, ne sont assurés dans une police agricole que les bâtiments destinés à une activité agricole (à l'exception des habitations destinées aux exploitants ou à leurs salariés). Les bâtiments abritant une activité non agricole doivent donc être couverts par un contrat séparé et adapté. 76250

Les locaux professionnels agricoles comprennent :
- les bâtiments, leurs dépendances, les bureaux, le logement temporaire des préposés ;
- les murs de clôture et de soutènement ;
- les aménagements et installations qui ne peuvent être détachés sans être détériorés ou sans détériorer la construction (monte-charge, installation de chauffage, sanitaires, etc.) ;
- les aires de stockage des ensilages non couverts, les fosses, les cuves en béton ;
- les aménagements immobiliers ou mobiliers exécutés par le propriétaire ou le locataire et devenus la propriété du propriétaire (peintures, revêtements, murs et plafonds).

La tarification de l'assurance de ces bâtiments est directement liée à la présence de chauffage, de paille, de foin et dépend de la nature des matériaux utilisés, durs ou légers.

> **Précisions** Ne sont **pas couverts** par ce type de contrat : les bâtiments en cours de construction (c'est aux entreprises qui les construisent de les assurer), ceux non conformes aux DTU (documents techniques unifiés), par exemple les bâtiments édifiés par un agriculteur à partir de matériaux de récupération, les bâtiments mal entretenus ou en ruines ou encore les tunnels en plastique, etc.

ÉTENDUE DES GARANTIES CONCERNANT LES BÂTIMENTS

Propriétaire exploitant Pour un propriétaire exploitant, les garanties concernant les bâtiments portent sur les **risques et frais** suivants : 76253
- l'incendie, la foudre, les dégâts de fumée, l'explosion, la chute d'appareils de navigation aérienne ;
- le choc d'un véhicule à moteur, l'affaissement ou le glissement de terrain ;
- les catastrophes naturelles, les tempêtes, les avalanches, la chute de la grêle, le poids de la neige ;
- le recours des voisins et des tiers à qui le sinistre s'est étendu (incendie, par exemple) ;
- la perte d'usage des locaux (frais engagés pour « remplacer » le logement des bêtes, le stockage des récoltes, etc.) ;
- les frais de démolition et de déblais (y compris les frais de désamiantage), les frais de mise en conformité, les honoraires d'architecte. Ces frais ont des limites fixées au contrat. Les frais de mise en conformité ne doivent pas être confondus avec les frais de mise aux normes ou de bien-être animal.

Pour ses bâtiments, le propriétaire a le choix entre plusieurs niveaux d'**indemnisation** en cas de destruction totale : 76256
- indemnisation « à l'identique » (par exemple, pour des bâtiments anciens et de caractère). L'indemnité est calculée sur la base du coût au jour du sinistre d'un bâtiment construit avec des matériaux identiques au bâtiment endommagé. Il n'est pas tenu compte de la vétusté du bâtiment sinistré si elle ne dépasse pas un certain pourcentage ;

– indemnisation « à l'identique, vétusté déduite » (par exemple, pour des bâtiments anciens). L'indemnité est calculée sur la base du coût au jour du sinistre d'un bâtiment construit avec des matériaux identiques au bâtiment endommagé. Il est tenu compte de la vétusté du bâtiment sinistré. Elle est estimée à dire d'expert et reste à la charge de l'assuré ;
– indemnisation « matériaux modernes » (par exemple, pour des bâtiments spécifiques agricoles type stabulation ou porcherie). L'indemnité est calculée sur la base du coût, au jour du sinistre, d'un bâtiment moderne de même usage et de capacité fonctionnelle équivalente.

> **Précisions a.** En cas de **construction sur le terrain d'autrui,** les assureurs règlent en « matériaux de démolition » s'il est impossible de reconstruire ou si le bien est exproprié.
> **b.** En cas de **non-reconstruction,** par arrêt de l'activité, par exemple, les assureurs ne remboursent qu'une partie de l'indemnité due : entre 60 et 70 % en général.

76259 **Location par bail rural** Pour le **locataire,** les garanties portent sur :
– la responsabilité du locataire vis-à-vis du propriétaire ;
– le recours des voisins et des tiers à qui le sinistre se communique (incendie, par exemple) ;
– le trouble locatif des autres locataires (le cas échéant) ;
– les frais de démolition et de déblais (y compris les frais de désamiantage), les frais de mise en conformité, les honoraires d'architecte (le tout dans une certaine limite).
Pour le **propriétaire non exploitant** des bâtiments assurés, les garanties portent sur :
– le recours des voisins et des tiers à qui le sinistre s'est étendu (incendie, par exemple) ;
– le recours des locataires qui ne peuvent plus exploiter ces bâtiments ;
– les frais de démolition et de déblais (y compris les frais de désamiantage), les frais de mise en conformité, les honoraires d'architecte (le tout dans une certaine limite).
Selon les accords passés entre locataire et propriétaire, celui qui assure peut agir pour le compte de l'autre : locataire pour le compte du propriétaire et inversement. Par exemple, un Gaec, locataire, peut prendre en charge les assurances des bâtiments appartenant à ses membres : il sera alors déclaré « locataire agissant pour le compte » et inversement le ou les propriétaires peuvent prendre en charge les assurances des bâtiments en abandonnant le recours contre les occupants.

> **Précisions** En cas d'**incendie,** c'est d'abord l'assurance du propriétaire qui interviendra pour régler les dommages et il faudra apporter la preuve de la faute grave du preneur pour que son assurance intervienne au lieu de celle du propriétaire. Sur la responsabilité en cas d'incendie des bâtiments loués, voir n° 74300.
> Outre le bail rural, il existe d'autres types de baux (n°s 73405 s.) au titre desquels le locataire sera tenu responsable de l'incendie des bâtiments sauf s'il rapporte la preuve de la négligence du propriétaire.

ASSURANCE DU CONTENU DES BÂTIMENTS AGRICOLES

76262 **Biens concernés** Le contenu agricole des bâtiments est constitué de l'ensemble des matériels non automoteurs à usage professionnel.
Cela comprend :
– les installations fixes qui peuvent être démontées sans détériorer les bâtiments : les séchoirs, les équipements frigorifiques, les installations de traite, les pressoirs, les cuves, les moteurs, etc. Ces installations peuvent être à l'intérieur des bâtiments ou à l'extérieur (attention au vol et vandalisme dans ce dernier cas) ;
– les matériels à atteler aux tracteurs. Pour le matériel acheté en commun (Cuma ou copropriété), l'assurance ne porte que sur la part de l'assuré ;
– les mobiliers professionnels des bureaux de réception de la clientèle, des locaux destinés à héberger le personnel, etc. ;
– les animaux présents sur l'exploitation. Dans la plupart des contrats, les animaux des élevages hors sol sont pris en compte de manière séparée des animaux d'élevage en plein air, car les capitaux et les risques sont souvent plus importants. Il est possible de souscrire des garanties annexes par exemple pour des animaux de valeur ou des risques spécifiques ;
– les récoltes stockées sur l'exploitation ;
– les approvisionnements (semences, engrais, produits phytosanitaires, emballages, etc.) ;
– les produits transformés de l'exploitation (foies gras, vin, etc.).

Étendue des garanties C'est à l'exploitant d'assurer le contenu des bâtiments puisqu'il en est le propriétaire. Les événements de base garantis sont communs aux bâtiments : 76265
– l'incendie, la foudre, les dégâts de fumée, l'explosion, la chute d'appareils de navigation aérienne ;
– le choc d'un véhicule à moteur, l'affaissement ou le glissement de terrain ;
– les catastrophes naturelles, les tempêtes, les avalanches, la chute de la grêle, le poids de la neige ;
– le vol et le vandalisme (sous conditions et sous réserve de la mise en place de certaines protections) ;
– le dégât des eaux.
D'autres événements garantis peuvent être différents selon la nature des choses, par exemple :
– les dommages électriques ;
– la perte de liquide par rupture de cuve ou de récipient pour les engrais liquides, le lait, les vins et alcools ;
– le contenu des chambres froides ou à atmosphère contrôlée en cas de panne ;
– l'étouffement pour les élevages hors sol, la mortalité accidentelle du troupeau ;
– le bris de machines pour celles qui sont à poste fixe ;
– le bris de bouteilles ;
– les dommages aux marchandises transportées.

> **Précisions** Si l'assuré stocke des biens pour le compte d'autres agriculteurs (matériel en commun, produits finis dans un magasin de vente, animaux, etc.) ou s'il est le dépositaire temporaire ou permanent de biens (produits phytosanitaires, engrais, caravanes, etc.), l'assureur peut lui proposer une **assurance « biens confiés ».**

ASSURANCE PERTE D'EXPLOITATION

Après un sinistre important, l'exploitation peut avoir des difficultés à poursuivre son activité (manque de fourniture ou diminution du nombre d'animaux en pleine production, délai pour obtenir les autorisations de reconstruire, etc.). La garantie perte d'exploitation, pour une activité déterminée, va venir combler cette perte de bénéfices pour rétablir la situation comptable antérieure. Elle peut prendre en charge une partie des frais fixes et des frais dits « supplémentaires » pour remettre l'exploitation en activité le plus rapidement possible. 76268
Elle ne peut être mise en jeu qu'après certains événements : incendie, explosion, chute de la foudre, catastrophe naturelle, tempête et attentat. Dans les autres cas, la garantie perte d'exploitation ne fonctionne en principe pas (vol, étouffement des animaux, dégât des eaux, pandémie, etc.).

D. Assurance des automoteurs agricoles

VÉHICULES ASSURÉS

Les automoteurs agricoles sont des engins terrestres à moteur destinés aux travaux agricoles uniquement : tracteur, moissonneuse-batteuse, chargeur, automoteur de traitement ou de récolte, mélangeuse automotrice, etc. Tous ces engins doivent être homologués afin de pouvoir être commercialisés puis immatriculés. 76280
Les engins pris ou donnés en location ou en remplacement d'un autre en réparation doivent être déclarés et assurés pour leur utilisation spécifique.
Il faut vérifier si les garanties du véhicule assuré comprennent ou non les matériels attelés, qu'ils appartiennent ou non à l'assuré (par exemple, le matériel attelé du voisin ou celui de la Cuma). Si ce n'est pas le cas, il est nécessaire de souscrire une extension de garantie.
Les autres véhicules utilitaires (bétaillère, fourgonnette, etc.) doivent également être assurés. Il est recommandé de vérifier que sont bien couverts les équipements spéciaux (jumelage, système électronique, GPS, etc.), les marchandises transportées (animaux, engrais, récolte, etc.).

> **Précisions** Depuis le 1er janvier 2020, une procédure de **réception à titre isolé** (à réaliser auprès des DREAL) est obligatoire pour tous les véhicules agricoles et forestiers neufs et usagés qui n'auraient pas encore fait l'objet d'immatriculation.

ACTIVITÉS ASSURÉES

76283 Les automoteurs agricoles sont couverts lorsqu'ils réalisent les travaux agricoles de l'exploitation, mais dès que l'activité sort de ce cadre, des dérogations ponctuelles doivent être précisées dans les conditions particulières du contrat.

Il s'agit par exemple des activités de terrassement d'une autoroute, de ramassage des ordures ménagères, de déneigement des voies communales ou encore la location des engins à des tiers. Dans toutes ces situations, il faudra au préalable vérifier les conditions de prise en charge par l'assurance.

SOUSCRIPTEUR DE L'ASSURANCE

76286 C'est en principe au propriétaire de l'engin d'assurer son véhicule. Depuis le 1er janvier 2021 tous les véhicules agricoles figurent au système d'immatriculation des véhicules (SIV) renseigné par les assureurs.

ÉTENDUE DES GARANTIES

76289 **Responsabilité civile** La garantie responsabilité civile « en circulation » est obligatoire pour tout véhicule terrestre à moteur. Elle indemnise les dommages causés aux tiers par le véhicule assuré en circulation. La garantie « hors circulation et en fonctionnement » complète la précédente lors du fonctionnement de l'engin, c'est-à-dire lorsqu'il fonctionne en tant qu'outil (levage d'une charge ou pompage à poste fixe, par exemple).

76292 **Garantie dommages** Les garanties dommages comprennent le vol, l'incendie, le renversement, le bris de glace, les dommages accidentels. Les combinaisons de ces différentes garanties définissent des formules connues :
- « aux tiers » : responsabilité civile et défense recours ;
- « dommages collision » : responsabilité civile, dommages aux véhicules assurés en cas de collision avec un tiers, vol, incendie et bris de glaces ;
- « tous risques » : responsabilité civile et dommages quelle que soit la nature de l'accident.

76295 **Garanties particulières** D'autres garanties sont apparues s'inspirant de celles existant pour les automobiles ou les poids lourds :
- indemnisation en cas d'immobilisation pour réparation ;
- frais de dépannage et de remorquage ;
- bris de machine pour l'automoteur et les engins attelés ;
- accessoires et équipements spécifiques ;
- absorption des corps étrangers pour les matériels de récolte attelés ;
- assurance décès pour le chauffeur ;
- frais financiers laissés à la charge du propriétaire des véhicules faisant l'objet d'un crédit-bail.

E. Couverture des risques climatiques

76300 En cas de survenance d'un aléa climatique, quatre dispositifs indemnitaires coexistent en fonction du type de dommage et de l'importance du sinistre :
- l'assurance ;
- l'indemnisation de solidarité nationale ;
- les calamités agricoles ;
- les catastrophes naturelles.

Face à l'augmentation du nombre de sinistres et les limites des outils proposés, alors que 30 % seulement des surfaces agricoles étaient assurées, une large concertation initiée dans le cadre du Varenne agricole de l'eau et du changement climatique a abouti à une **réforme** visant à assurer la pérennité et la résilience des systèmes de production agricole. Adoptée par la loi d'orientation du 2 mars 2022 relative à une meilleure diffusion de l'assurance récolte en agriculture et portant réforme des outils de gestion des risques climatiques (Loi 2022-298 du 2-3-2022 : JO 3), la loi établit le cadre d'un système universel d'indemnisation accessible à tous les agriculteurs.

ASSURANCE « CLIMATIQUE »

76301 Depuis de très nombreuses années, les compagnies d'assurance proposent un contrat « grêle » qui couvre les pertes de rendement consécutives aux dommages occasionnés aux récoltes sur pied (n° 76302). Dans les années 1980, la garantie tempête a été ajoutée pour 4 familles de cultures (colza, maïs, féverole et tournesol). Le gel de printemps est venu compléter les garanties accordées pour la viticulture. À l'origine limités à la grêle, les contrats d'assurance multirisques climatiques couvrent désormais au minimum les risques de sécheresse, de grêle, de gel, d'inondation ou d'excès d'eau et de vent ou tempête.

> **Précisions** Dans certaines filières à forte valeur ajoutée se développe une forme d'**assurance « indicielle »** qui tient compte du risque climatique a posteriori (niveau de précipitation, chute des températures, etc.). L'indemnisation est déclenchée en fonction d'un indicateur objectif et versée immédiatement après le sinistre.

CONTRAT « GRÊLE »

L'assurance grêle prend généralement **effet** le quatrième jour de la souscription du contrat. **76302**
Les **garanties** ne portent que sur la perte de quantité : perte d'épis, de poids de mille grains (PMG), etc. La perte de qualité (perte d'aspect pour une pomme à couteau ou perte de richesse pour la betterave sucrière) n'est garantie qu'accessoirement et uniquement pour certaines cultures. La garantie ne porte que si la culture est « pendante », c'est-à-dire enracinée et non fauchée. Aussi est-il important de mentionner dans le contrat que certaines cultures comme le lin ou les graminées porte-graines sont assurées « andainées », c'est-à-dire fauchées et alignées sur le sol. La paille pour les céréales comme le chènevis pour le chanvre peuvent être couverts comme « produit secondaire » dans certaines limites qui devront être précisées par le contrat.
L'assurance grêle ne porte que sur une seule **récolte annuelle** : la première. Pour les cultures maraîchères ou dérobées, il est utile de prévoir autant de contrats que de cycles.
La plupart du temps les **franchises** grêle sont attachées à chaque parcelle. Cependant, se développent de plus en plus des franchises par nature de récolte, c'est-à-dire proportionnelles aux capitaux assurés. Chaque année l'exploitant doit faire une déclaration d'assolement pour mettre à jour ces cultures. Sans quoi il reste couvert pour les capitaux du précédent assolement et la prime est en conséquence maintenue.

RÉGIME UNIVERSEL D'INDEMNISATION

La loi 298-2022 du 2 mars 2022 précitée (n° 76300) instaure un nouveau mécanisme articulant **76303**
la responsabilité individuelle de l'agriculteur, une offre assurantielle rénovée pour les risques modérés et une indemnisation publique élargie pour les risques les plus élevés.
Ce **système à trois étages** permet une répartition du risque entre l'exploitant, l'assurance et l'État en fonction du niveau des pertes :
– jusqu'à 20 % de pertes, l'agriculteur les supporte seul. Il peut être accompagné pour investir dans du matériel de protection ;
– à partir de 20 % de pertes et jusqu'au niveau d'intervention de l'indemnité de solidarité nationale variable en fonction du secteur de production, pour les agriculteurs titulaires d'une police, la perte est couverte par l'assurance. L'assurance est subventionnée à hauteur de 70 % au maximum et n'est pas obligatoire ;
– au-delà du niveau de couverture par l'assurance, l'agriculteur peut bénéficier d'une indemnisation de solidarité nationale financée par l'État et dont le taux varie selon que l'agriculteur bénéficiaire est assuré ou non.
Ce dispositif novateur dont le principal **objectif** est d'assurer une meilleure diffusion de l'assurance repose sur une gouvernance équilibrée associant la profession agricole, les assureurs et les pouvoirs publics au sein de la Commission d'orientation et de développement des assurances (CODAR) composée en grande partie des membres du Comité national de gestion des risques en agriculture (CNGRA). Dotée d'un rôle consultatif sur le montant des seuils, taux de subvention et d'indemnisation lesquels sont pris par décret pour une durée de trois ans (C. rur. art. L 361-9), sa composition et ses modalités de fonctionnement sont définies par les articles D 361-19-1 et suivants du Code rural et de la pêche maritime.
Des modalités spécifiques seront mises en place pour les **agriculteurs d'outre-mer** (Ord. 2024-153 du 28-2-2024).

INCITATION À L'ASSURANCE RÉCOLTE

Modalité de l'aide Pour favoriser le développement de l'assurance récolte contre cer- **76304**
tains risques climatiques (grêle, gel, sécheresse, inondation, etc.), le Fonds national de gestion des risques en agriculture (FNGRA) peut prendre en charge une **part des primes ou cotisations** d'assurance afférentes à certains risques agricoles, de façon forfaitaire et variable suivant l'importance du risque et la nature des productions (C. rur. art. L 361-4 dans sa rédaction issue de ord. 2022-1075 du 29-7-2022). Ce dispositif est **financé** par les crédits du Fonds européen agricole

pour le développement rural (Feader) complété par le budget de l'État via le FNGRA. L'**aide versée** à ce titre ne peut excéder 70 % de la prime ou cotisation d'assurance pour toutes les productions (voir n° 90460). Toutefois, ce taux peut être abaissé pour respecter l'enveloppe budgétaire annuelle en cas de souscriptions massives pour les contrats d'assurance récolte.
Pour bénéficier de cette subvention publique, les contrats d'assurance doivent respecter des **conditions** visant notamment la nature des risques couverts, le niveau du capital souscrit ou les modalités de définition des rendements de référence historiques (C. rur. art. D 361-43 s. ; Arrêté AGRT 2330018A du 29-1-2024).

> **Précisions** Outre le financement des aides au développement de l'assurance contre les risques agricoles assurables, le FNGRA (**Fonds national de gestion des risques en agriculture**) a pour but d'indemniser les exploitants agricoles victimes :
> – de pertes économiques liées à l'apparition d'un foyer de maladie animale ou végétale ou d'un incident environnemental, par le biais de fonds de mutualisation agréés (C. rur. art. R 361-50 s.) ; – sur ce point, voir également nos 76330 s. ;
> – de calamités climatiques non assurables (voir nos 76310 s.).
> Les ressources du FNGRA proviennent d'une contribution additionnelle aux primes d'assurances des exploitants agricoles, d'une contribution particulière applicable aux exploitations conchylicoles et d'une dotation budgétaire de l'État (C. rur. art. L 361-1).

76305 **Encadrement des contrats d'assurance multirisques climatiques subventionnables** Les contrats d'assurance multirisques climatiques commercialisés par les compagnies d'assurance offrent aux exploitants une garantie contre les pertes de production consécutives à la survenance d'un aléa climatique. Les garanties ne prennent effet que plusieurs jours après la souscription du contrat. Les aléas climatiques comprennent au minimum les risques de sécheresse, de grêle, de gel, d'inondation ou d'excès d'eau et de vent ou tempête.
Pour bénéficier de la subvention publique les contrats d'assurance multirisques climatiques doivent se conformer au **cahier des charges** (Arrêtés AGRT2330018A du 29-1-2024 et AGRT2410477A du 14-6-2024).
À ce titre, le contrat respectera notamment les dispositifs relatifs :
– aux rendements historiques : il s'agit de la moyenne des rendements de l'exploitant au cours des 3 dernières années ou la moyenne olympique des 5 dernières années (moyenne obtenue après exclusion de la valeur maximale et de la valeur minimale). En cas d'absence d'historique pour une culture nouvelle par exemple, il est fait référence aux statistiques de rendement départemental ;
– au prix assuré : il est fixé pour chaque production dans une fourchette comprise entre 60 et 120 % de la valeur du barème annexé au cahier des charges.
Le capital assuré correspond au produit de la production assurée par le prix assuré au contrat.

76306 L'assuré a le choix entre deux **modalités de souscription** : par « bloc de culture » ou « à l'exploitation » (C. rur. art. D 361-43-1 dans sa rédaction issue du décret 2024-157 du 28-2-2024).
Le **contrat dit « par bloc de culture »** doit couvrir au minimum 95 % de la superficie d'un bloc de culture, indépendamment d'un autre bloc. Cinq « blocs » de cultures entrent dans le champ du contrat d'assurance subventionnable : grandes cultures, légumes, viticulture, arboriculture et prairies. Par dérogation, la nécessité d'assurer les surfaces de l'exploitation relevant des blocs « grandes cultures » et « légumes » se limite à 70 % de la superficie respective de chacun de ces blocs.
Le seuil de déclenchement de ce type de contrat (c'est-à-dire le niveau minimal de perte de production qui permet le déclenchement des indemnisations) et la franchise (c'est à dire le niveau de perte de production restant à la charge de l'assuré) sont compris entre 20 et 40 %. En deçà, la prime correspondant au rachat de franchise ne peut faire l'objet de subvention publique.
Il existe un sixième bloc de culture correspondant aux « autres productions dont plantes à parfum, aromatiques et médicinales, horticulture, pépinières, apiculture, aquaculture, héliciculture » pour lequel il n'est, à ce jour, pas proposé de contrat d'assurance et qui n'est, de ce fait, pas concerné par le taux de couverture obligatoire.
Le **contrat dit « à l'exploitation »** doit assurer au moins 80 % de la superficie en cultures de vente et au moins deux groupes de culture différents ainsi qu'au moins deux natures de récoltes différentes dans chacun des groupes de cultures. Le seuil de déclenchement et la franchise sont de 20 % de la production garantie.
Les compagnies d'assurance peuvent également proposer d'**étendre les garanties au rendement reel et/ou au prix réel.** Dans ce cas, ces contrats restent éligibles à l'aide à l'assurance, mais la fraction de la cotisation d'assurance afférente à cette extension de contrat ne fera pas l'objet d'une prise en charge.

CAS DES PRAIRIES

L'offre d'assurance concernant les prairies repose sur des calculs indiciels de mesure de la pousse 76307
de l'herbe basés sur des observations satellitaires (C. rur. art. D 361-43-2 dans sa rédaction issue du décret 2023-229 du 30-3-2023). L'offre repose sur un niveau de garanties subventionnable au taux maximum de 70 % avec un seuil de déclenchement et une franchise de 20 % ou de 25 %. Le barème du capital maximum assuré distingue les prairies artificielles, les prairies permanentes et temporaires et les prairies peu productives (landes et parcours).

INDEMNISATION DE SOLIDARITÉ NATIONALE

Tout exploitant agricole peut prétendre à une indemnisation fondée sur la solidarité nationale 76308
(ISN) dans les conditions définies aux articles L 361-4-2, D 361-44 à D 361-44-10 (dans leur rédaction issue des décrets 2023-1065 du 20-11-2023 et 2024-157 du 28-2-2024) et à l'arrêté AGRT2410477A du 14-6-2024.

Cette indemnité est versée à l'agriculteur lorsqu'un aléa climatique cause des pertes de récolte d'ampleur exceptionnelle sur son exploitation. Le seuil d'intervention de l'ISN, calculé selon les mêmes modalités que l'assurance, dépend du secteur de production, comme indiqué dans le tableau ci-dessous).

<table>
<tr><th rowspan="3"></th><th colspan="2">Assurance multirisques climatiques</th><th colspan="3">Solidarité nationale</th></tr>
<tr><th rowspan="2">Seuil/ franchise</th><th rowspan="2">Taux de subvention</th><th rowspan="2">Niveau d'intervention</th><th colspan="2">Taux d'indemnisation</th></tr>
<tr><th>Pour les assurés</th><th>Pour les non-assurés</th></tr>
<tr><td>Grandes cultures</td><td>20 %</td><td>70 %</td><td>50 %</td><td rowspan="5">100 % dont 90 % couvert par l'État</td><td rowspan="5">45 % en 2023
40 % en 2024
35 % en 2025</td></tr>
<tr><td>Légumes</td><td>20 %</td><td>70 %</td><td>50 %</td></tr>
<tr><td>Arboriculture</td><td>20 %</td><td>70 %</td><td>30 %</td></tr>
<tr><td>Viticulture</td><td>20 %</td><td>70 %</td><td>50 %</td></tr>
<tr><td>Prairies</td><td>20 %</td><td>70 %</td><td>30 %</td></tr>
<tr><td>Secteurs non assurables</td><td>–</td><td>–</td><td>30 %</td><td>–</td><td>45 % (non dégressif)</td></tr>
</table>

Une instruction détaille les modalités de versement par l'État de l'ISN pour les surfaces, hors 76309
prairies, non couvertes par un contrat d'assurance multirisques climatiques et précise l'articulation entre les pertes de récolte et pertes de fonds continuant à relever du régime des calamités agricoles (Inst. tech. DGPE/SDC/2024-7 du 1-1-2024). La procédure particulière prévue pour les prairies se fonde, tout comme l'assurance, sur les résultats de l'indice de mesure de la production fourragère (Inst. tech. DGPE/SDC/2024-88 du 6-2-2024).

Pour les assurés, ce mécanisme novateur assure une prise en charge publique d'une partie du risque habituellement couvert par l'assurance.

Pour les non-assurés, cette ISN intervient pour tous les secteurs de production, y compris pour ceux qui ne bénéficiaient plus de l'ancien dispositif des calamités agricoles.

Conformément aux dispositions de l'article L 361-4-2, l'ISN est versée aux agriculteurs bénéficiaires par l'État ou par un assureur qualifié d'**interlocuteur agréé** et dont le réseau est en cours de déploiement. À terme, ce réseau sera chargé de la gestion de l'ISN pour le compte de l'État pour l'ensemble des surfaces agricoles ; assurées ou non assurées.

INDEMNISATION DES CALAMITÉS AGRICOLES

Dommages concernés Le Fonds national de gestion des risques en agriculture 76310
– **FNGRA** (n° 76304) contribue également à l'indemnisation des calamités agricoles pour les **pertes** qui ne relèvent pas de l'indemnisation de solidarité nationale. Les calamités agricoles sont **définies** comme les dommages non assurables d'importance exceptionnelle dus à des variations anormales d'intensité d'un agent naturel, lorsque les moyens techniques de lutte préventive ou curative employés habituellement dans l'agriculture n'ont pu être utilisés ou se sont révélés insuffisants ou inopérants (C. rur. art. L 361-5 modifié par ord. 2022-1075 du 29-7-2022).

Le **dommage susceptible d'indemnisation** doit être d'une importance exceptionnelle et résulter de variations anormales d'intensité d'un agent naturel, par **exemple** : gel, chutes de pluies exceptionnelles, inondations entraînant l'asphyxie des racines, élévation brusque de température, chutes de neige d'une importance exceptionnelle, dommages causés par des parasites, des glissements de terrains, des avalanches, etc. Mais il n'existe pas de liste préétablie des dommages donnant lieu à indemnisation.

Quant à l'exploitation elle-même, elle doit se situer dans une **zone** déclarée sinistrée par arrêté ministériel publié dans les mairies des communes concernées (C. rur. art. D 361-20).

Si le régime des calamités agricoles est maintenu dans le cadre de la réforme de l'assurance récolte prévue par la loi du 2 mars 2022, il est désormais limité aux seules **pertes de fonds** ; les pertes de récolte étant couverte par l'assurance récolte et l'indemnisation de solidarité nationale (n°s 76300 s.).

76312 **Procédure de détermination des indemnités** Dès la survenance des dommages, le préfet constitue une commission d'enquête chargée de reconnaître les biens sinistrés et l'étendue des dégâts (C. rur. art. D 361-20). Le comité départemental d'expertise émet ensuite un avis quant au caractère de calamité agricole des dommages sur la base duquel le préfet décide soit de classer le dossier sans suite, soit de proposer au ministre de l'agriculture la reconnaissance du caractère de calamité agricole. Après consultation du Comité national de la gestion des risques en agriculture, le ministre prend, s'il l'estime nécessaire, un **arrêté de reconnaissance** publié en mairie (C. rur. art. D 361-21).

Dans les 30 jours suivant cette publication, les sinistrés doivent adresser à la direction départementale des territoires (DDT) un **dossier de demande** d'indemnité (C. rur. art. D 361-23 et D 361-25). Le préfet ordonne une expertise s'il estime nécessaire (C. rur. art. D 361-28).

Pour être indemnisée, la victime de la calamité doit justifier d'une assurance suffisante pour les éléments principaux de l'exploitation (bâtiments, cheptel, matériel, etc.), contre les risques reconnus normalement assurables (C. rur. art. D 361-31 s. ; Arrêté du 17-9-2010 art. 1 : JO 25).

L'**indemnisation** est **déclenchée** à partir d'une perte de 30 % de la production annuelle par rapport au rendement théorique de l'ensemble des cultures composant cette production et d'un montant des dommages dépassant 13 % par rapport au produit brut théorique de l'exploitation, aides PAC comprises.

Le montant des pertes indemnisables, limité aux pertes de fonds doit atteindre la **somme minimale** de 1 000 € pour être pris en considération (Arrêté du 17-9-2010 art. 2 : JO 25). L'indemnisation versée est égale au montant du dommage indemnisable multiplié par un taux d'indemnisation variable selon le type de perte (Arrêté du 17-9-2010 art. 3 et ann. : JO 25).

INDEMNISATION DES VICTIMES DE CATASTROPHES NATURELLES

76315 Il a été institué, en **complément des garanties dommages,** une **couverture automatique** du risque de catastrophes naturelles. Ce risque est donc couvert par un contrat d'assurance « multirisques ». La Caisse centrale de réassurance est habilitée à pratiquer les opérations de réassurance des risques résultant de catastrophes naturelles, ce qui entraîne, pour l'État, l'obligation d'accorder sa garantie financière. Sont considérés comme les effets des catastrophes naturelles les **dommages matériels directs non assurables** ayant eu pour cause déterminante l'**intensité anormale d'un agent naturel,** lorsque les mesures habituelles à prendre pour prévenir ces dommages n'ont pu empêcher leur survenance ou n'ont pu être prises (dommages causés par les inondations, tempêtes, tremblements de terre). Les frais de relogement d'urgence et les frais d'architecte et de maîtrise d'ouvrage sont notamment pris en charge par ce régime (C. ass. art. L 125-1 et L 125-4 modifiés par ord. 2023-78 du 28-2-2023, art. D 125-2 à D 125-2-4 créés par décret 2022-1737 du 30-12-2022 et art. A 125 s. modifiés par arrêté ECOT2236616A du 30-12-2022).

76317 L'assurance « catastrophes naturelles » s'applique aux biens couverts par une assurance de dommages (incendie, véhicules à moteur, pertes d'exploitation, etc.) à l'**exception** des dommages causés aux récoltes non engrangées, aux cultures, aux sols et au cheptel vif hors bâtiment, dont l'indemnisation relève du régime des calamités agricoles (C. ass. art. L 125-5 modifié par ord. 2022-1457 du 23-11-2022).

La garantie couvre les dommages aux biens à concurrence de la valeur assurée et, pour ce qui est des pertes d'exploitation, la perte du bénéfice brut et les frais supplémentaires d'exploitation dans les limites et conditions du contrat.

Cependant, l'indemnisation est assortie d'une **franchise minimale** de (C. ass. art. A 125-6 à A 125-6-5) :

– 380 € pour les biens à usage d'habitation, les véhicules terrestres à moteur et les autres biens à usage non professionnel ;

– 1 140 € pour les biens à usage professionnel et pour les contrats assurant les pertes d'exploitation.

Pour les dommages causés par les mouvements de terrains liés à la sécheresse, la franchise est portée à 1 520 € pour les biens privés et à 3 050 € pour les biens professionnels.

Le taux annuel de la cotisation est fixé par l'article A 125-2 du Code des assurances.

L'état de catastrophe naturelle est constaté par **arrêté interministériel.** L'assuré doit déclarer à l'assureur tout sinistre susceptible de faire jouer la garantie dès qu'il en a connaissance et au plus tard dans les 30 jours suivant la publication de l'arrêté. L'indemnisation doit être attribuée dans les 3 mois de la remise par l'assuré à sa société d'assurance d'un état estimatif des biens et des dommages. L'assureur a un mois à compter de la réception de l'estimation transmise par l'assuré pour lui adresser une proposition d'indemnisation. Après accord, l'assureur dispose de 21 jours pour verser l'indemnisation ou selon le cas, d'un mois pour missionner une entreprise de réparation (C. ass. art. L 125-2 modifié par ord. 2023-78 du 8-2-2023).

> **Précisions** Le régime d'indemnisation des catastrophes naturelles a été étendu aux **départements d'outre-mer** par la loi 90-509 du 25 juin 1990.

F. Gestion des sinistres

SURVENANCE DU DOMMAGE ET DÉLAIS DE DÉCLARATION

Lorsqu'un dommage se produit, il convient de réagir rapidement tout d'abord pour établir les faits puis réunir et conserver les **éléments matériels** en cause. Le cas échéant des **procédures de sauvegarde** devront être mises en place pour ne pas amplifier les dommages (organiser le retour des produits défectueux, préparer des locaux de remplacement, etc.). **76320**
Quel que soit le sinistre, il convient de **prévenir** le plus rapidement possible l'assureur. Les délais de déclaration sont inscrits dans les polices d'assurance. À titre d'exemple, le délai minimal de principe de 5 jours ouvrés est ramené à 2 jours en cas de vol et à 24 heures en cas de mortalité du bétail (C. ass. art. L 113-2, 4°).

ÉVALUATION ET EXPERTISE

Pour les **sinistres « courants »** (bris de glace, dégâts des eaux), les assureurs peuvent proposer des dédommagements directs ou une réparation effectuée directement par un professionnel, sans qu'il soit nécessaire d'avoir recours à un expert. **76323**
Pour des **sinistres plus importants,** l'accompagnement de l'assuré par son assureur et l'intervention d'experts sont nécessaires. L'expert fait une proposition d'indemnisation sur la base des déclarations de l'assuré, de la fourniture d'un devis, de photos, etc. En cas de désaccord, et selon les termes contractuels, les dégâts et l'indemnité sont évalués par deux experts (assureur/assuré) qui peuvent en désigner un troisième : les trois experts prennent leurs décisions à la majorité des voix. L'assuré supporte les frais de son propre expert et la moitié de ceux du 3e expert, à moins que son contrat ne comporte une garantie « honoraires d'expert », qui prend en charge une partie de ces frais.
Au-delà de cette procédure longue, une instruction plus complète peut être menée devant d'autres instances, notamment dans le cadre d'un recours contentieux individuel ou collectif.

G. Fonds de mutualisation des risques sanitaires et environnementaux

OBJET

La politique agricole commune, outre les assurances climatiques, a ouvert aux États membres la possibilité de mettre en place, dans le cadre du Fonds national de gestion des risques en agriculture – FNGRA, des fonds de mutualisation pour indemniser les pertes subies par les agriculteurs lors des crises sanitaires ou des accidents environnementaux. C'est dans ce cadre qu'a été agréée en tant que fonds de mutualisation l'association Fonds national agricole de mutualisation du risque sanitaire et environnemental (FMSE) (C. rur. art. L 361-3). **76330**
L'objet du FMSE est de contribuer au financement de l'indemnisation des pertes économiques liées à l'apparition d'un foyer de maladie animale ou végétale ou d'un incident environnemental. Il a compétence sur l'ensemble du territoire métropolitain. Le Fonds national de gestion des risques en agriculture (voir n° 76302) peut intervenir en complément.
Le FMSE est susceptible d'indemniser les **préjudices économiques** occasionnés par (C. rur. art. R 361-51 et R 361-52) :
– les maladies animales (C. rur. art. D 361-65 modifié par décret 2022-1763 du 30-12-2022) ou les dangers phytosanitaires qui constituent les dangers sanitaires les plus graves ou qui nécessitent des mesures de prévention dans un but d'intérêt collectif. Il s'agit des catégories 1 et 2 visées aux II et III de l'article L 201-1 du Code rural ;
– les incidents environnementaux définis par l'arrêté NOR : AGRT1205304A du 8 août 2012 (JO 18).

INTERVENTION DU FMSE

76333 Le FMSE comporte une **section commune** à tous les agriculteurs et des **sections spécialisées** par secteur de production.

La section commune participe à l'indemnisation des agriculteurs, en complément des indemnités versées par les sections spécialisées.

Elle peut toutefois indemniser tout ou partie des pertes économiques subies par les producteurs lorsque l'indemnisation de ces préjudices ne relève pas spécifiquement d'une section spécialisée, notamment :

– lorsqu'ils sont provoqués par des organismes polyphages, pour la partie de ces préjudices ayant un impact sur plusieurs secteurs de production ;

– lorsqu'ils sont provoqués par l'apparition de pathogènes émergents inscrits sur la liste provisoire établie par le ministre de l'agriculture, par des événements sanitaires ayant un caractère exceptionnel qui ne peuvent être pris en charge par une section spécialisée ou par des événements sanitaires ayant un caractère trop limité pour justifier la création d'une section spécialisée. Dans les deux premiers cas, ces dispositions s'appliquent à titre transitoire, dans l'attente de leur prise en charge par la section spécialisée concernée ou dans l'attente de la mise en place d'une section spécialisée couvrant le secteur de production ;

– lorsqu'ils sont provoqués par des incidents environnementaux.

FINANCEMENT

76336 Le FMSE tire ses ressources des cotisations versées par les agriculteurs à sa section commune et aux sections spécialisées.

La **section commune** appelle une cotisation annuelle auprès de l'ensemble des exploitants agricoles. La cotisation est levée pour l'année civile par la Mutualité sociale agricole. Cette cotisation est obligatoire (C. rur. art. L 361-3 et R 361-63).

Les **sections spécialisées** lèvent des cotisations auprès des agriculteurs qui leur sont affiliés selon des modalités qui leur sont propres. Les ressources que les sections spécialisées tirent du montant de leurs cotisations sont utilisées à l'indemnisation de leurs seuls affiliés.

Les cotisations doivent couvrir au moins 35 % des dépenses d'indemnisation ; l'État et l'UE remboursent 65 % de ces dépenses.

H. Indemnisation des dégâts causés par le grand gibier

76350 Lorsqu'un agriculteur subit des dégâts de gibier, une **indemnisation judiciaire** est possible. La victime est alors tenue de prouver que le préjudice subi est la conséquence de la présence excessive de gibier sur un terrain déterminé. Le propriétaire du terrain en question ou le détenteur du droit de chasse peuvent alors voir leur responsabilité civile engagée.

Par ailleurs, des opérations relatives à la **prévention et** à l'**indemnisation non contentieuse** des dégâts causés aux cultures ou aux récoltes agricoles par les grands gibiers (sangliers, chevreuils, cerfs, daims, chamois, mouflons, isards) sont menées par les fédérations départementales ou interdépartementales des chasseurs (C. envir. art. L 426-1 s. et R 426-1 s.).

Les exploitants qui ont subi des dégâts causés aux cultures ou aux récoltes agricoles doivent adresser sans délai au président de la fédération départementale des chasseurs, par courrier ou télédéclaration, une **déclaration** indiquant (C. envir. art. R 426-12) :

– sous peine du rejet de la demande, la date d'observation des premières manifestations des dégâts, la nature, l'étendue et la localisation des dégâts ainsi que l'évaluation des pertes en volume et le montant de l'indemnité sollicitée, compte tenu du dernier barème départemental connu ;

– si possible, l'espèce des animaux responsables des dégâts et le fonds de provenance présumé de ceux-ci, le gibier en cause ne devant pas provenir du propre fonds de la victime ;

– l'étendue des terres possédées ou exploitées par le réclamant dans le département et les cantons limitrophes, ainsi que la position des parcelles touchées par rapport à l'ensemble de ces terres.

Est joint à la déclaration, ou est mis à la disposition de l'estimateur, soit un plan cadastral des parcelles exploitées, soit le registre parcellaire graphique utilisé pour les déclarations dans le cadre de la politique agricole commune.

La fédération départementale compétente est celle du département de la parcelle endommagée. Le président de la fédération départementale des chasseurs désigne un estimateur pour procéder à l'**expertise des dégâts.** L'expertise sollicitée en période de récolte ou après mise en œuvre de travaux de remise en état doit avoir lieu dans un délai de 8 jours ouvrés à compter de la date de réception de la demande d'indemnisation. La parcelle concernée ne doit donc pas être récoltée avant l'expertise ou l'expiration de ce délai de 8 jours (C. envir. art. R 426-13 modifié par décret 2023-1363 du 28-12-2023). Toutefois, une récolte partielle sur la partie non abîmée de la parcelle est permise le cas échéant. L'estimation est alors réalisée sur la partie restée sur pied et dont la surface est suffisamment représentative pour permettre l'évaluation du rendement (zone dite « témoin »). **76350** (suite)

Une **indemnisation** selon une procédure amiable est prévue (C. envir. art. R 426-14).

En cas d'impossibilité de règlement amiable, la commission départementale de la chasse et de la faune sauvage fixe le montant de l'indemnisation (C. envir. art. R 426-15 modifié par décret 2023-1363 du 28-12-2023). Cette décision peut être contestée devant la Commission nationale d'indemnisation des dégâts de gibier (C. envir. art. R 426-16). Lorsqu'elle est prise à l'unanimité des membres présents ou représentés et que le montant de l'indemnisation qu'elle accorde n'excède pas 3 000 €, la décision de la commission départementale n'est pas susceptible de recours. Lorsqu'il existe, ce recours constitue un recours administratif préalable obligatoire avant une éventuelle saisine du tribunal administratif (CE 11-12-2019 n° 425351).

Le **seuil minimal** donnant lieu à indemnisation est fixé à 150 € par exploitation et par campagne cynégétique, au sein de chaque département (C. envir. art. R 426-11 modifié par décret 2023-1363 du 28-12-2023). Les seuils d'ouverture du droit à indemnisation peuvent être réévalués, par arrêté du ministre chargé de la chasse, après avis de la Commission nationale d'indemnisation des dégâts de gibier, pour tenir compte de l'évolution des prix agricoles (C. envir. art. R 426-11).

L'indemnité fait l'objet d'un **abattement** de 2 % du montant des dommages. En outre, l'indemnité peut être réduite jusqu'à 80 % (abattement proportionnel de 2 % inclus) s'il est constaté que l'agriculteur a une part de responsabilité dans la survenance des dégâts. Une grille listant les différentes situations dans lesquelles la responsabilité de l'agriculteur est engagée et les taux de réduction correspondants est élaborée par la Commission nationale d'indemnisation des dégâts de gibier (C. envir. art. L 426-3 et R 426-11). Les indemnités sont réglées par les fédérations départementales des chasseurs.

> **Précisions** Déclarée **conforme** à la constitution (Cons. const. QPC 20-1-2022 n° 2021-963), l'obligation d'indemnisation pesant sur les fédérations de chasseurs se **limite** aux dégâts causés aux cultures ou aux récoltes agricoles prévus aux articles L 426-1 et suivants du Code de l'environnement. Elle ne comprend pas le financement des travaux de prévention effectués par l'exploitant (Cass. 2e civ. 25-5-2022 n° 20-16.476 FSPB, sur l'extension d'une clôture).

CHAPITRE 8

DÉVOLUTION SUCCESSORALE ET SAUVEGARDE DES UNITÉS ÉCONOMIQUES DE PRODUCTION

SOMMAIRE

TRANSMISSION INTÉGRALE DE L'EXPLOITATION

76400 Pour éviter un morcellement excessif des exploitations entre les héritiers, le législateur, tout en maintenant le principe de l'égalité entre les héritiers (celle-ci étant appréciée en valeur seulement), a mis en place des moyens légaux de s'**opposer à la division des exploitations** (dont chacune peut constituer le « noyau » d'une entreprise viable).
Ces moyens d'assurer la transmission intégrale de l'exploitation sont analysés ci-après. Dans notre titre II, consacré aux **groupements et sociétés** en agriculture, nous analysons d'autres **solutions**. Il s'agit en particulier de la création d'un GFA pour le foncier, combinée à la conclusion d'un bail de longue durée ou la création d'un Gaec ou d'une EARL pour le capital d'exploitation. Cette solution permet à la fois d'éviter le morcellement de l'exploitation et de ne pas avoir à acquérir (au moyen des soultes) la part des autres cohéritiers. Ceux-ci ne sont ni lésés ni privés des moyens d'obtenir des liquidités. Au fil du temps, les sociétés sont devenues le moyen privilégié d'organisation des transmissions en agriculture.

> **Précisions a.** Le **plan de transmission progressive de l'exploitation agricole** (C. rur. art. L 321-22 et D 321-2 s.) qui ne vise que la cession à titre onéreux n'est pas traité ici, son intérêt pratique est par ailleurs limité (voir Communiqué de l'institut d'études juridiques – section droit rural – du Conseil supérieur du notariat du 24-11-1992).
> **b.** La sauvegarde des unités de production est possible en l'absence de descendant ou lorsqu'aucun descendant n'exerce le métier d'agriculteur. La **transmission hors cadre familial** de l'exploitation peut bénéficier d'aides diverses attribuées soit au cédant, soit au repreneur (aides à la transmission, par exemple, voir n°s 80401 s.).
> **c.** La **transmission des contrats** dont bénéficie l'exploitation ainsi que celle des **droits à paiement de base** et autres droits ou engagements économiques indispensables à la sauvegarde de l'entreprise obéissent à des règles particulières (voir n°s 81400 s.).

A. Maintien dans l'indivision

76405 Si les parents n'ont pas, de leur vivant, organisé leur succession, commence à leur décès, entre leurs cohéritiers, un état d'indivision. Situation en principe temporaire dans l'attente du partage, il est toutefois possible d'**organiser la vie et le fonctionnement de l'indivision** soit par mandat général, soit par convention (voir n° 72050). Par exemple, peuvent être déterminés : l'attribution des revenus, le paiement d'un fermage, une indemnité d'occupation ou la prise en charge des dépenses nécessaires à la conservation ou à l'amélioration des biens.

Sont en indivision les héritiers possédant des **droits identiques** sur des biens. Ainsi, le conjoint survivant usufruitier de l'actif successoral n'est pas en état d'indivision avec les descendants du défunt devenus nus-propriétaires des biens hérités (Cass. 1e civ. 15-5-2019 n° 18-12.779 FS-PB : BPAT 4/19 inf. 157 ; 12-2-2020 n° 18-22.537 F-D). Une indivision peut exister sur un même bien entre usufruitiers, ou entre nus-propriétaires.

ATTENTION

Une exploitation agricole en indivision, dépourvue de la personnalité morale et considérée comme une société de fait, n'est **pas éligible à certaines aides** économiques, telles que :
– les ICHN (indemnités compensatoires de handicap naturel). Une dérogation existe néanmoins pour les indivisions successorales de moins d'un an et celles de plus d'un an en présence d'un héritier mineur ou d'une décision juridique (Inst. tech. DGPE/SDPAC/2024-198 du 27-3-2024 p. 9). Mais depuis le 1er janvier 2024, le défunt doit avoir été préalablement éligible lui-même (Inst. tech. DGPE/SDPAC/20324-324 du 17-6-2024 p. 33) ;
– ou les aides à l'agriculture biologique (Rép. Maurey : Sénat 23-3-2017 n° 24263 ; Inst. tech. DGPE/SDPAC/20324-324 du 17-6-2024 p. 13).
S'agissant de la PAC (paiements directs et certaines aides du second pilier), certaines aides sont néanmoins possibles (Inst. tech. DGPE/SDPAC/20324-324 du 17-6-2024 p. 13).

SURSIS AU PARTAGE

Afin de maintenir l'indivision successorale, il est possible, dans diverses hypothèses, d'**obtenir du juge** un sursis au partage pour 2 années au plus (C. civ. art. 820). 76410
Le sursis au partage peut être demandé au juge lorsque la réalisation du partage risque de porter atteinte à la valeur des biens indivis ou lorsque l'un des indivisaires ne peut s'installer sur une exploitation agricole de la succession qu'à l'expiration du délai de 2 ans (il n'est pas nécessaire que l'indivisaire qui demande le sursis ait déjà participé à l'exploitation).
En l'absence d'accord des indivisaires, le président du tribunal judiciaire, statuant selon la procédure accélérée au fond, pourra être saisi pour régler provisoirement l'exercice de leurs **droits d'usage et de jouissance** respectifs sur le matériel indivis (C. civ. art. 815-9 ; Cass. 1e civ. 20-4-2017 n° 16-16.457 F-PB).

MAINTIEN JUDICIAIRE

À défaut d'accord amiable, les **conditions d'un maintien dans l'indivision** d'une exploitation 76415
agricole constituant une unité économique et dont la mise en valeur était assurée par le défunt ou par son conjoint peuvent être fixées par le tribunal (C. civ. art. 821). La demande peut être formulée (C. civ. art. 822) :
– en présence de descendants mineurs : par le conjoint survivant, tout héritier, ou le représentant légal des mineurs ;
– en l'absence de descendants mineurs : exclusivement par le conjoint survivant, à la condition qu'il ait été, avant le décès, ou soit devenu, du fait du décès, copropriétaire de l'exploitation agricole.
Le maintien dans l'indivision ne peut être prescrit pour une **durée** supérieure à 5 ans. Il peut être renouvelé, dans le premier cas prévu ci-dessus, jusqu'à la majorité du plus jeune des descendants, et, dans le second cas, jusqu'au décès du conjoint survivant (C. civ. art. 823). À défaut de convention conférant de façon explicite la jouissance privative du bien indivis à l'un des indivisaires, le bien indivis sera a priori considéré comme géré pour le compte de l'indivision (Rép. Le Fur : AN 14-2-2012 n° 69731).

LIQUIDATION DE L'INDIVISION

Au moment d'établir les comptes lors de la liquidation de l'indivision : 76425
– soit l'indivisaire a **exploité le bien indivis pour le compte de la succession** : il devra restituer les fruits et revenus des biens indivis, et rendre compte de sa gestion à l'indivision et non à ses coïndivisaires, à défaut de partage provisionnel ou de tout autre accord établissant la jouissance divise ; il pourra revendiquer une indemnité de rémunération (C. civ. art. 815-12) ;
– soit l'indivisaire a eu la **jouissance privative du bien indivis** : il conservera les fruits et revenus mais devra à l'indivision une indemnité de jouissance privative appelée aussi indemnité d'occupation (C. civ. art. 815-9). Tel est le cas même si l'immeuble ne produit pas de revenus (Cass. 1e civ. 12-5-2010 n° 09-65.362 F-PBI : RJDA 8-9/10 inf. 891 ; Cass. 1e civ. 24-9-2014 n° 13-21.005 F-PB) ou s'il est vétuste et sans valeur (Cass. 1e civ. 3-10-2019 n° 18-20.430 FS-PBI ; Cass. 1e civ. 27-3-2024 n° 22-14.552 F-D).
Les indivisaires ne peuvent pas demander à celui qui exploite une entreprise agricole indivise à la fois une indemnité au titre des fruits et revenus tirés de l'exploitation agricole et une indemnité au titre du fermage des terres agricoles (Cass. 1e civ. 3-10-2006 n° 04-18.435 F-PB). De la même

manière, l'indivisaire qui occupe privativement un immeuble indivis n'est pas redevable envers l'indivision d'une indemnité d'occupation dès lors qu'il le loue en vertu d'un bail, et ce, même si la valeur locative du bien s'avère très supérieure au loyer effectivement versé (Cass. 1e civ. 18-3-2020 n° 19-11.206 F-PB : BPAT 3/20 inf. 104). Néanmoins, en cas d'impayés de loyers et de résiliation du bail, l'indivisaire est redevable à l'indivision des impayés et d'une indemnité pour occupation irrégulière à compter de la résiliation du bail (Cass. 1e civ. 13-12-2023 n° 22-11.105 F-D).
Dans le but d'accélérer le règlement de certaines successions et par exception au principe de l'unanimité, le juge peut autoriser la vente d'un bien indivis à la demande d'un ou plusieurs indivisaires représentant les 2/3 des droits indivis (C. civ. art. 815-5-1). La **vente** autorisée s'effectue **par adjudication** devant le tribunal ou le notaire. Cette vente par licitation ne vaut pas partage. Dans un tel cas, l'indivisaire qui souhaite l'attribution préférentielle du bien concerné peut faire une **demande reconventionnelle en partage**, empêchant ainsi la vente.
En cas d'impossibilité de partage amiable le juge constitue des lots égaux, ou, à défaut, compensés par une soulte. Les lots sont alors attribués obligatoirement par tirage au sort (C. civ. art. 826 ; Cass. 1e civ. 28-12-1962 : Bull. civ. I n° 571 ; 3-10-2019 n° 18-22.878 F-D : BPAT 6/19 inf. 274-3).

> **Précisions** **a.** En cas d'**amélioration d'un bien indivis** par un des indivisaires, deux situations sont à distinguer :
> – si l'amélioration est due à l'activité personnelle de l'indivisaire, celui-ci ne peut prétendre qu'à la rémunération de son activité (C. civ. art. 815-12 ; par exemple : Cass. 1e civ. 8-7-2015 n° 14-17.692 ; Cass. 1e civ. 15-9-2021 n° 19-24.014 F-D) ;
> – si l'amélioration est due à des frais engagés par l'indivisaire, il s'agit d'une dépense d'amélioration et celui-ci a droit à une indemnité fixée selon l'équité, eu égard à l'augmentation corrélative de la valeur du bien (C. civ. art. 815-13).
> **b.** Pour le **calcul des droits de succession**, il peut être tenu compte d'une dépréciation (décote de 20 %) applicable à la condition d'être justifiée par des difficultés de gestion et d'aliénation des biens indivis liées à l'état d'indivision (Cass. com. 3-5-2018 n° 16-15.488 F-D : RJF 10/18 n° 1027 ; Cass. com. 30-9-2020 n° 18-15.748 F-D : RJF 1/21 n° 93). Pour que cette décote trouve à s'appliquer, l'état d'indivision doit être antérieur au décès ou à la donation (BOI-ENR-DMTG-20-30-10 n° 90 ; Cass. com. 3-6-2014 n° 13-18.180 F-D : RJF 10/14 n° 949).

B. Attribution préférentielle de l'exploitation

PRINCIPES

76440 Le conjoint ou l'héritier qui continue l'exploitation peut se faire attribuer celle-ci, même contre la volonté des autres héritiers, tant que le partage n'a pas été entériné.
Le principe d'**égalité des héritiers** s'applique seulement en valeur. L'attribution préférentielle a pour but de mettre fin à l'indivision. Le bénéficiaire de l'attribution préférentielle reste en indivision jusqu'au jour du partage : il ne devient propriétaire exclusif du bien attribué qu'au jour du partage définitif. Jusqu'à cette date, il ne peut **renoncer à l'attribution** que lorsque la valeur du bien, telle que déterminée au jour de cette attribution, a augmenté de plus du quart au jour du partage indépendamment de son fait personnel (C. civ. art. 834).
Bien entendu, si l'exploitation peut être attribuée entièrement au conjoint survivant ou à l'héritier qui poursuit sa mise en valeur, il peut avoir à indemniser les cohéritiers notamment par le moyen de **soultes**, en l'absence d'autres biens dans la succession.

> **Précisions** Il n'existe aucune indivision **entre le légataire universel et l'héritier réservataire** puisque, en principe, le legs est réductible en valeur et non en nature (C. civ. art. 924 s.). Le neveu du défunt ayant été institué légataire universel, le patrimoine de la testatrice lui a été transmis au décès de celle-ci, et la fille ne pouvait prétendre ni à l'attribution préférentielle ni à la licitation des parcelles dépendant de la succession (Cass. 1e civ. 11-5-2016 n° 14-16.967 FS-PB : BPAT 4/16 inf. 159).

TYPES D'ATTRIBUTION PRÉFÉRENTIELLE

76445 Plusieurs types d'attribution préférentielle existent (C. civ. art. 831 s.). Toutefois, la loi impose un **ordre de préférence**, la formule d'attribution traditionnelle en propriété passant avant toutes les autres, à l'exception de celle de l'arrangement de famille.
Les formules de dévolution des exploitations agricoles se présentent dans l'ordre préférentiel suivant :
– arrangement de famille : donation-partage, testament ;

– attribution préférentielle en propriété exercée directement par le conjoint survivant ou par l'héritier agriculteur ;
– attribution préférentielle en vue de constituer un groupement foncier agricole (GFA) ;
– attribution préférentielle en propriété exercée par un copartageant s'obligeant à donner à bail l'exploitation à un cohéritier agriculteur ;
– attribution préférentielle en jouissance.

RÈGLES COMMUNES

Les règles de l'attribution préférentielle s'appliquent aussi bien lorsque l'exploitation est en **société** que lorsqu'elle est individuelle. La demande d'attribution préférentielle peut porter sur des **parts sociales**, sans toutefois qu'elle puisse faire échec à l'application des dispositions légales ou des clauses statutaires sur la continuation d'une société avec le conjoint survivant ou un ou plusieurs héritiers (C. rur. art. L 321-24). 76450

Les règles relatives à l'attribution préférentielle de tout ou partie d'une exploitation agricole, d'une quote-part indivise ou de parts sociales de cette exploitation sont applicables dans le **partage des successions et des communautés de biens**, mais aussi dans le partage des indivisions conventionnelles entre époux séparés de biens en cas de décès de l'un d'eux, divorce ou séparation de corps (C. civ. art. 831 s., 1476 et 1542). Elles sont aussi applicables entre partenaires d'un **pacte civil de solidarité** en cas de dissolution de celui-ci (C. civ. art. 515-6). 76455

La jurisprudence les a étendues aux indivisions conventionnelles de nature familiale : la notion de famille est ici entendue entre époux, ex-époux et héritiers, partenaires pacsés mais pas entre **concubins**.

L'attribution préférentielle est une opération de partage familial et elle n'est donc pas permise lorsque l'un des indivisaires propriétaires du bien n'a pas la qualité de successeur, mais est un **tiers**, une société par exemple (Cass. 1e civ. 15-1-2014 n° 12-26.460 : Bull. civ. I n° 4). Toutefois, les règles de l'attribution préférentielle ne sont pas d'ordre public et une clause de la convention d'indivision peut en aménager le bénéfice (Cass. 1e civ. 26-9-2012 n° 11-12.838 : Bull civ. I n° 180).

En cas de **procédure collective** au nom d'un des indivisaires, la licitation d'un bien en indivision ne peut être ordonnée qu'après examen des demandes éventuelles d'attribution préférentielle (Cass. com. 20-9-2017 n° 16-14.295 F-PBI : RJDA 1/18 n° 88).

ATTRIBUTION PRÉFÉRENTIELLE EN PROPRIÉTÉ DE « TYPE CLASSIQUE »

Bénéficiaires Le **conjoint survivant ou** tout **héritier** copropriétaire ou nu-propriétaire peut demander l'attribution préférentielle de toute exploitation agricole ou partie d'exploitation agricole, à la mise en valeur de laquelle il participe ou a participé effectivement (C. civ. art. 831). 76460

Une simple aide apportée aux parents dans la gestion administrative de l'exploitation (règlement de dépenses, perception de revenus) n'est pas une **participation à la mise en valeur de l'exploitation** (Cass. 1e civ. 26-1-2011 n° 10-11.016 F-D : BPAT 2/11 inf. 144). En outre, le postulant devra être jugé apte à gérer l'exploitation (Cass. 1e civ. 4-7-2007 n° 05-13.334 F-PB ; en présence d'une sous-location prohibée : Cass. 3e civ. 22-3-2018 n° 16-24.052 F-PB : BPAT 3/18 inf. 127). Dans le cas de l'héritier, la condition de participation peut avoir été remplie ou être remplie par son conjoint ou, depuis le 1er janvier 2007, par ses descendants peu important les conditions juridiques de l'exploitation, notamment par l'intermédiaire d'une société (sur le cas de terres mises à disposition d'un Gaec, voir Cass. 1e civ. 2-12-2015 n° 14-25.622 : BPAT 1/16 inf. 34).

Pour l'appréciation de la **consistance de l'exploitation agricole**, il est possible de prendre en compte les biens loués par le demandeur de l'attribution préférentielle (Cass. 1e civ. 18-5-2005 n° 02-13.502 F-PB ; Cass. 3e civ. 23-3-2022 n° 20-22.567 F-D) ou encore les biens appartenant au conjoint du demandeur de l'attribution préférentielle (Cass. 3e civ. 23-3-2022 n° 20-22.567 précité).

Ces dispositions profitent également au **gratifié** ayant une vocation universelle ou à titre universel à la succession en vertu d'un testament ou d'une institution contractuelle (C. civ. art. 833).

L'attribution préférentielle peut être demandée conjointement par **plusieurs successibles**, chacun pour l'ensemble de l'exploitation ou pour une partie seulement. En cas de demandes concurrentes, le tribunal choisit l'attributaire en fonction des intérêts de chacun et de l'aptitude à gérer l'exploitation et à s'y maintenir. Il peut attribuer l'ensemble de l'exploitation ou une partie à un seul bénéficiaire ; il peut aussi satisfaire plusieurs copartageants. Même lorsqu'il n'existe qu'une seule demande d'attribution, aucune règle n'interdit de tenir compte de l'aptitude du postulant à gérer l'exploitation et à s'y maintenir, afin de garantir les intérêts en présence (en ce sens, sur le refus de l'attribution à un héritier retraité de plus de 65 ans jugé inapte à bien gérer l'exploitation, voir Cass. 1e civ. 17-2-2010 n° 08-22.034 F-D).

La propriété de l'exploitation n'est acquise au bénéficiaire de l'attribution, et l'indivision ne cesse qu'au jour du partage définitif (C. civ. art. 834).

> **Précisions a.** L'exigence d'une **exploitation constituant une unité économique** est supprimée depuis le 1er janvier 2007, mais elle subsiste pour les instances engagées avant cette date. C'est principalement la composante immobilière de l'exploitation qui permettait de justifier de l'existence d'une unité économique (Cass. 1e civ. 21-9-2005 n° 04-13.852 F-PB). Une maison d'habitation incluse dans un corps de ferme peut être considérée comme utile à l'exploitation déjà exploitée par le demandeur et bénéficier de l'attribution préférentielle (Cass. 1e civ. 31-1-2006 n° 03-13.017 F-D ; Cass. 1e civ. 4-5-2011 n° 10-15.685 F-D).
> **b.** Dans une indivision familiale résultant de donations et comprenant un frère et sa fille, usufruitier et nue-propriétaire de droits indivis, et un autre frère plein propriétaire, aucun n'a droit à l'attribution préférentielle faute de **qualité de copropriétaire ou d'héritier** (CA Reims 26-1-2024 n° 22/02100 : BPAT 2/24 inf. 81).

76465 **Estimation de l'exploitation** Lorsque la masse partageable ne comporte pas de valeurs suffisantes pour équilibrer l'attribution préférentielle, le bénéficiaire doit verser des **soultes** à ses copartageants. C'est en principe à la **date** la plus proche du partage (date de la jouissance divise) qu'il y a lieu d'estimer la valeur de l'exploitation pour le calcul des soultes (C. civ. art. 829 et 832-4). La date de jouissance divise doit impérativement être fixée par le jugement homologuant l'état liquidatif, à défaut il n'a pas autorité de chose jugée quant à l'évaluation des biens (Cass. 1e civ. 1-12-2021 n° 20-13.563 F-D).

L'estimation de l'exploitation doit représenter sa **valeur vénale** (valeur de revente entre agriculteurs, selon la loi de l'offre et de la demande). La détermination de la valeur vénale peut être fonction de méthodes dites économiques tenant compte de la rentabilité de l'exploitation, notamment pour les exploitations sous forme sociétaire ou pour celles ayant constitué un fonds agricole. Des aides à l'évaluation de la valeur vénale des immeubles sont mises en place par la Direction générale des finances publiques : service « Patrim » (LPF art. L107 B, R 107 B-1 et R 107 B-2) et par le Conseil supérieur du notariat (Décret 2013-803 du 3-9-2013). La valeur vénale des terres et des prés fait également l'objet d'une publication par le ministère en charge de l'agriculture (Décision AGRS2317554S du 25-7-2023 portant fixation du barème indicatif de la valeur vénale moyenne des terres agricoles en 2022).

Lorsque l'**attributaire** d'une exploitation en est déjà **locataire**, l'exploitation doit être estimée comme libre de bail (Cass. 1e civ. 17-3-1987 n° 85-15.700 : Bull. civ. I n° 100). En revanche, en cas d'attribution préférentielle d'un domaine agricole au conjoint du locataire ou lorsque le conjoint est cotitulaire du bail, il doit être tenu compte de la dépréciation liée à l'existence d'un bail (Cass. 1e civ. 21-11-1995 n° 93-17.719 : Bull. civ. I n° 427 ; Cass. 1e civ. 11-12-2001 n° 99-19.528 : Bull. civ. I n° 318).

76470 **À défaut d'accord amiable** Le tribunal judiciaire doit être saisi ; il peut accorder ou refuser l'attribution préférentielle en se fondant sur les intérêts en présence (C. civ. art. 832-3).

L'**attribution préférentielle est de droit**, c'est-à-dire qu'elle s'impose au tribunal, lorsqu'il s'agit d'une exploitation agricole dont la superficie est inférieure à un maximum fixé par décret pour chaque département (C. civ. art. 832). Toutes les autres conditions doivent par ailleurs être remplies (Cass. 3e civ. 22-3-2018 n° 16-24.052 P : BPAT 3/18 inf. 127). Ce maximum ne peut, en aucun cas, excéder 3 fois la superficie minimum d'installation (SMI) départementale (Décret 70-783 du 27-8-1970 ; Arrêté du 22-8-1975 : JO 1-10 p. 10157 et JO 13-1-76 p. 407, relatif aux limites de superficie donnant droit à l'attribution préférentielle des exploitations agricoles pour chaque département).

Lorsque l'attribution préférentielle est de droit, l'attributaire peut exiger de ses copartageants, pour le paiement d'une fraction de la soulte égale au plus à la moitié, des **délais** ne pouvant excéder 10 ans (C. civ. art. 832-4).

L'attribution préférentielle prononcée par le juge est ordonnée pour le jour du partage. Avant ce jour, l'indivision se poursuit et le bénéficiaire de l'attribution peut changer d'avis et renoncer à cette dernière, quand bien même la décision du juge a autorité de chose jugée (Cass. 1e civ. 11-6-1996 n° 94-16.608 : Bull. civ. I n° 252 ; Cass. 1e civ. 20-2-2001 n° 99-12.649 : Bull. civ. I n° 38).

La **renonciation à l'attribution préférentielle** n'est possible que si le partage définitif n'est pas intervenu et si la valeur de l'exploitation a augmenté de plus d'un quart entre le jour de l'attribution et celui du partage (C. civ. art. 834, al. 2), motivant ainsi l'impossibilité pour l'héritier de payer la soulte due aux copartageants.

> **Précisions** Lorsque le **jugement d'attribution** du bien **est frappé d'un appel général**, celui-ci n'a pas force de chose jugée ; l'attributaire conserve la possibilité de renoncer à l'attribution du bien s'il peut justifier sa demande (Cass. 1e civ. 29-5-2019 n° 18-18.823 FS-PB : BPAT 4/19 inf. 158, concernant une exploitation viticole et la renonciation à son attribution).

ATTRIBUTION PRÉFÉRENTIELLE EN VUE DE CONSTITUER UN GFA OU UN GFR

Le conjoint survivant ou tout héritier copropriétaire peut demander l'attribution préférentielle de tout ou partie de l'exploitation en vue de constituer avec un ou plusieurs cohéritiers et, le cas échéant, un ou plusieurs tiers un groupement foncier agricole (GFA) ou un groupement foncier rural (GFR) (C. civ. art. 832-1 ; C. rur. art. L 322-14). 76480
Cette attribution est de droit si le conjoint survivant, ou un héritier copropriétaire, remplissant les conditions personnelles de participation à l'exploitation, exige que lui soit donné à **bail à long terme** tout ou partie des biens du groupement.
Le ou les cohéritiers qui n'ont pas consenti à la formation du groupement reçoivent une **soulte** qui doit leur être versée dans l'année qui suit le partage. Cette soulte peut être payée par dation sous forme de **parts du GFA** ou du **GFR**, à moins que les intéressés n'aient fait connaître leur opposition à ce mode de règlement, dans le mois de la proposition qui leur en est faite.
En cas d'acceptation, les cohéritiers créanciers de la soulte deviennent associés du GFA ou du GFR et leur participation au capital correspond au montant de leur soulte.

ATTRIBUTION PRÉFÉRENTIELLE À UN INDIVISAIRE NON EXPLOITANT

L'attribution préférentielle peut être accordée à tout copartageant non agriculteur à la condition qu'il s'oblige à **donner à bail à long terme**, dans un délai de 6 mois, le bien considéré à un ou plusieurs cohéritiers remplissant les conditions personnelles de participation à l'exploitation ou à un ou plusieurs descendants de ces cohéritiers remplissant ces mêmes conditions (C. civ. art. 831-1). 76490

ATTRIBUTION PRÉFÉRENTIELLE EN JOUISSANCE

Le conjoint survivant ou tout héritier copropriétaire qui désire continuer l'exploitation sous forme individuelle à laquelle il a participé effectivement **peut exiger** que le partage de celle-ci soit conclu sous la condition que ses copartageants lui consentent un **bail à long terme** sur les terres qui leur échoient (C. civ. art. 832-2). Sauf accord contraire, le demandeur à l'attribution reçoit, par priorité, la **propriété des bâtiments**. La condition de participation peut avoir été remplie, dans le cas de l'héritier, par son conjoint ou ses descendants. 76500
Le demandeur doit démontrer que l'exploitation concernée constitue une **unité économique** (n° 76460, Précisions, a), notion qui, ici, figure toujours dans le texte. Il doit également être reconnu **apte à gérer tout ou partie de l'exploitation**. S'il remplit ces conditions légales, l'attribution en jouissance est de droit (Cass. 1e civ. 20-10-2010 n° 09-67.029 F-D).
Il est tenu compte, s'il y a lieu, de la **dépréciation** due à l'existence du bail à long terme dans l'évaluation des terres incluses dans les différents lots (C. civ. art. 832-2).

ATTRIBUTION PRÉFÉRENTIELLE DU BAIL EN CAS DE DÉCÈS D'UN EXPLOITANT PRENEUR

Lorsque l'exploitant décédé exploitait, en tout ou en partie, en vertu d'un bail rural, le bail peut faire l'objet d'une attribution préférentielle soit au conjoint, soit au cohéritier agriculteur. **À défaut d'accord amiable**, le tribunal paritaire des baux ruraux statue sur cette attribution (n° 73820). 76510
L'attributaire du bail a le droit de demander au tribunal judiciaire, à défaut d'accord amiable, l'attribution préférentielle des **éléments mobiliers** nécessaires à l'exploitation (C. civ. art. 831-2, 3°) et donc, le cas échéant, du fonds agricole.

C. Arrangement de famille

ANTICIPER LA GESTION DE L'EXPLOITATION AGRICOLE

Afin d'anticiper d'éventuels soucis de santé ou d'incapacité, l'exploitant peut conclure un **mandat de protection future** auprès de son notaire ou sous signature privée (C. civ. art. 477 s.). Le mandat peut avoir spécifiquement pour objet d'accompagner l'exploitant dans sa gestion sans le déposséder de sa capacité. 76600
Pour anticiper un décès prématuré, l'exploitant peut signer un **mandat à effet posthume** auprès de son notaire, en désignant un tiers de confiance ou un héritier pour la gestion de l'exploitation à son décès (C. civ. art. 812 s.). Il s'agit bien souvent dans ce cas d'aider le conjoint qui n'a pas les connaissances suffisantes pour gérer l'exploitation agricole ou encore d'aider un héritier qui n'aurait pas les mêmes facultés que les autres.

ANTICIPER LA TRANSMISSION DE L'EXPLOITATION AGRICOLE

76602 Pour éliminer tout risque de démembrement de l'exploitation qu'ils ont constituée et pour écarter les difficultés qui naîtraient de l'inorganisation de leur succession, les parents peuvent **prévoir**, de leur vivant, la **répartition de leurs biens** entre leurs héritiers. Au lieu de laisser leurs successeurs subir les dispositions de la loi, ils pourront ainsi, prenant en compte toutes les situations individuelles, compenser les handicaps éventuels de certains de leurs descendants, préparer l'installation, même ultérieure, de certains autres, etc.

76605 **Limite de la réserve héréditaire** Avant d'évoquer rapidement les différents moyens mis à la disposition de l'exploitant pour transmettre ses biens, il semble nécessaire de préciser que si **l'exploitation constitue l'essentiel de son patrimoine**, sa transmission à un seul des enfants portera atteinte à la « réserve » des autres (c'est-à-dire la fraction de la succession dont les héritiers en ligne directe ne peuvent être frustrés par donation ou testament sans leur accord). Mais, le bénéficiaire de la donation ou du legs peut conserver intégralement l'exploitation moyennant le versement de soultes qui rétablissent l'équilibre.

Afin de préserver la libéralité, les héritiers réservataires peuvent également consentir une **renonciation anticipée à l'action en réduction** pour atteinte à leur réserve héréditaire (C. civ. art. 929 à 930-5).

L'exploitation, comme tous les autres biens à transmettre, doit faire l'objet d'une **évaluation** à sa valeur vénale (pour les calculs des droits à payer, des parts successorales et le cas échéant des soultes). L'existence d'un bail sur un bien à transmettre, par exemple, en diminue la valeur. Toutefois, comme en matière de partage (n° 76465), lorsque l'attributaire d'un bien en est déjà locataire, le bien doit être estimé comme libre de bail (Cass. 1e civ. 21-10-2015 n° 14-24.926 : BPAT 6/15 inf. 229).

76610 **Transmission par conventions matrimoniales** La sauvegarde des unités économiques de production se réalise très souvent au profit des descendants. Mais dans le cas du décès prématuré d'un jeune exploitant, la sauvegarde de l'exploitation peut se faire, en cas de mariage, au nom du **conjoint survivant**, surtout s'il travaille aussi sur l'exploitation. Si le conjoint dispose de droits successoraux importants, il pourra néanmoins voir ses droits améliorés dans bien des cas avec le bénéfice d'une **donation entre époux** et disposer ainsi de ressources suffisantes sa vie durant.

Au moment du **mariage du descendant** qui doit prendre la suite des parents, il est possible d'utiliser le contrat de mariage en se servant de la clause dite « d'exploitation agricole ». Cette donation est irrévocable. Les époux peuvent, lors de la succession des donateurs, conserver l'intégralité de l'exploitation, mais des soultes peuvent être nécessaires pour rétablir l'égalité des parts avec les autres héritiers ou, à tout le moins, le respect de la « réserve » qui leur est due (C. civ. art. 1390 s.).

76615 **Donation ordinaire** La donation, qui nécessite l'acceptation expresse du bénéficiaire, est un **acte irrévocable**. Il est possible à la fois d'éviter l'éclatement de l'exploitation familiale lors du partage ultérieur, et de mieux assurer la situation du descendant qui se consacre, avec ses parents, à l'exploitation du domaine familial. Certes, des soultes pourront être dues mais l'attribution de la propriété ne risque pas de se trouver remise en question.

Elle peut comporter des **charges** : usufruit, logement, nourriture et soins des parents, ou rente viagère, fermage, prise en charge des dettes liées au bien transmis, clause expresse mettant les grosses réparations à la charge du nu-propriétaire, etc.

La donation peut :

– soit ne constituer qu'une « **avance sur le partage** » : par exemple, si l'héritier veut pouvoir construire, en toute sécurité, une maison, des bâtiments d'exploitation, des serres ou réaliser des plantations, etc. ; dans ce cas, une donation en avancement de part successorale sera conclue sur l'immeuble concerné. L'égalité des parts entre héritiers est préservée ;

– soit consister en un **avantage particulier**, accordé sur volonté expresse du donateur, qui ne s'imputera pas sur les droits du donataire dans la succession (ce qui permet le maintien de l'intégralité de l'exploitation) ; il s'agira alors d'une donation hors part successorale, qui porte sur tout ou partie de la quotité disponible et permet d'avantager le donataire.

> **Précisions a.** Tout héritier, venant à une succession, doit **rapporter à ses cohéritiers** tout ce qu'il a reçu du défunt, par donations entre vifs, directement ou indirectement ; à moins que les dons ne lui aient été faits expressément hors part successorale (C. civ. art. 843). Le rapport est dû de la valeur du bien donné à l'époque du partage, d'après son état à l'époque de la donation. Si le bien a été aliéné avant le partage, on tient compte

de la valeur qu'il avait à l'époque de l'aliénation. Si un nouveau bien a été subrogé au bien aliéné, on tient compte de la valeur de ce nouveau bien à l'époque du partage, d'après son état à l'époque de l'acquisition. Par exception, on ne tient pas compte de la subrogation si la dépréciation du nouveau bien était, en raison de sa nature, inéluctable au jour de son acquisition. L'acte de donation peut prévoir des stipulations contraires à ces principes (C. civ. art. 860). Le rapport d'une somme d'argent est égal à son montant. Toutefois, si elle a servi à acquérir un bien, le rapport est dû de la valeur de ce bien à l'époque du partage en tenant compte de son état à l'époque de son acquisition. Par exception, on ne tient pas compte de la valeur du bien acheté si sa dépréciation était inéluctable dès son acquisition (C. civ. art. 860-1).

b. La **mise à disposition gratuite d'un logement** à un enfant par les parents (dans la maison familiale ou dans un autre logement dont ils ont la propriété) constitue une donation indirecte rapportable à la succession dès lors qu'elle a été effectuée dans une intention libérale (Cass. 1e civ. 18-1-2012 n° 09-72.542 : BPAT 2/12 inf. 108 ; Cass. 1e civ. 18-1-2012 n° 10-25.685 FS-PBI : BPAT 2/12 inf. 107 ; Cass. 1e civ. 18-1-2012 n° 10-27.325 : D. 2012 p. 283 ; Cass. 1e civ. 18-1-2012 n° 11-12.863 : BPAT 2/12 inf. 106). Cette jurisprudence devrait conduire les ascendants, s'ils entendent que l'enfant bénéficiaire échappe au rapport, à indiquer expressément une dispense en ce sens ou préciser la cause de l'avantage (comme la contrepartie de prestations fournies par le descendant). La renonciation des propriétaires bailleurs aux fermages dus par leur fils s'assimile à une mise à disposition à titre gratuit de biens agricoles constitutive d'un avantage indirect mais celui-ci n'est rapportable que si la preuve de leur intention libérale est rapportée (Cass. 1e civ. 12-1-2022 n° 20-14.455 F-D).

c. Le **présent d'usage** permet de réaliser des donations exemptes de fiscalité et de rapport à la succession (C. civ. art. 852 ; BOI-ENR-DMTG-20-10-20-10 n° 250). Il suppose quelques conditions : un caractère modique apprécié par exemple au regard des liquidités détenues par le donateur s'il s'agit de sommes d'argent, et un lien avec un événement particulier : mariage, étrennes de fin d'année, anniversaire, etc. Par exemple, a été admis comme présent d'usage le don d'un véhicule dont le prix excédait les revenus du donateur qui avait dû emprunter pour l'acquérir (Cass. 1e civ. 15-5-2008 n° 07-13.947 F-D : BPAT 4/8 inf. 133). L'évènement et l'usage à l'occasion desquels le présent a été offert doivent impérativement être précisés (Cass. 1e civ. 25-9-2013 n° 12-17.556 FS-PBI ; pour des sommes retirées à des dates ne correspondant à aucun évènement particulier : Cass. 1e civ. 11-5-2023 n° 21-18.616 F-D).

Donation-partage La donation-partage, qui est, en principe, irrévocable, permet aux parents d'organiser la transmission de leurs biens en maintenant intacte l'unité de production. **76620**
La donation-partage, qui doit être notariée, est une **formule souple** pouvant être utilisée « sur mesure » et ne porter que sur une partie du patrimoine, être faite uniquement par un seul des ascendants, ou conjointement par les deux, pour l'ensemble de leurs biens, y compris communs. Elle permet d'établir des parts équitables, égalitaires entre les héritiers ou de reconnaître une part plus importante pour un ou plusieurs d'entre eux dans la limite de la quotité disponible.

Les ascendants peuvent sous certaines conditions effectuer une **donation-partage transgénérationnelle** au profit à la fois de leurs enfants et de leurs petits-enfants.

Les personnes qui n'ont pas d'enfant peuvent faire une donation-partage à leurs **héritiers présomptifs** (par exemple, à tout ou partie de leurs frères et sœurs).

Le partage ayant eu lieu, les donations-partages ne sont pas soumises à l'obligation au **rapport** après le décès du donateur posée par l'article 843 du Code civil (Cass. 1e civ. 4-7-2018 n° 16-15.915 F-PB : BPAT 5/18 inf. 206). Ce rapport a pour but d'assurer l'égalité entre les héritiers, lorsque la valeur des biens donnés a subi une évolution différente entre la date de la donation et la date du décès du donateur.

Les parents peuvent aussi se décharger de l'administration de leurs biens, moyennant des **garanties** efficaces : rentes viagères indexées, fermages, logement, etc.

La donation-partage avec **réserve d'usufruit**, fréquente, peut être complétée par une formule sociétaire dans laquelle les statuts confèrent à l'usufruitier des pouvoirs étendus. Attention toutefois aux donations avec **charges**, car si ces charges excèdent la valeur du bien donné, l'acte perd son caractère de libéralité et constitue une vente (Cass. 1e civ. 8-7-2010 n° 09-16.270 F-D).

La donation-partage suppose que l'ascendant effectue une **répartition matérielle** entre ses descendants, sous peine de risquer une requalification en donation simple. Ainsi, ne constitue pas une véritable donation-partage la donation qui attribue à un seul donataire une part divise, les autres donataires ne recevant que des biens en indivision (Cass. 1e civ. 6-3-2013 n° 11-21.892 : Bull. civ. I n° 34 ; 20-11-2013 n° 12-25.681 : BPAT 1/14 inf. 23). Lorsqu'une donation-partage n'a attribué que des droits indivis à certains des donataires, la solution est de réincorporer cette fausse donation-partage dans une seconde qui, elle, procédera à l'attribution de lots divis. Un bien ayant fait l'objet d'une première donation indivisément entre des enfants peut en effet être l'objet d'une seconde donation, qualifiée de donation-partage, attribuant cette fois-ci un ou plusieurs lots divis aux descendants (Cass. 1e civ. 15-1-2014 n° 12-29.267).

Il est également possible de réaliser une **donation-partage en deux temps** : donation de lots indivis, puis partage ultérieur en présence du donateur en parts divises (C. civ. art. 1076 ; pour un exemple, voir Cass. 1e civ. 13-2-2019 n° 18-11.642 F-PB : BPAT 2/19 inf. 61).

Si un **héritier s'estime lésé** concernant la valeur de son lot, ce type de partage ne peut pas faire l'objet d'une action en complément de part, mais seulement d'une action en réduction au moment du décès du donateur s'il apparaît que la réserve héréditaire n'a pas été respectée (C. civ. art. 1077-1).

76625 Si les biens comprennent une **entreprise individuelle à caractère agricole**, industriel, commercial, artisanal ou libéral, les père et mère et autres ascendants peuvent en faire, sous forme de donation-partage, la distribution entre leurs descendants et un tiers, sous réserve que les biens corporels et incorporels affectés à l'exploitation de l'entreprise entrent dans cette distribution et que ce tiers ne soit alloti que de la propriété de tout ou partie de ces biens ou de leur jouissance.

Si l'exploitation est gérée sous une **forme sociétaire**, la donation-partage peut comprendre les parts sociales. Mais attention : si la donation-partage porte uniquement sur les droits des associés d'une société, sans autre précision, le **compte courant d'associé** n'est pas compris dans cet acte. Pour intégrer le montant du compte courant d'associé dans la donation, il faut le prévoir par une clause expresse (Cass. 3e civ. 18-11-2009 n° 08-18.740 : RJDA 5/10 n° 514). Il est également possible de procéder, avant la donation des parts, à une augmentation de capital par incorporation du compte courant.

76630 Les parents peuvent aussi constituer de leur vivant, soit après une donation-partage, soit sans donation-partage, un **groupement foncier agricole** (GFA) ou un **groupement foncier rural** (GFR) avec leurs enfants. Ce groupement permettra, au moment du décès, de résoudre le problème de la continuité de la propriété de l'exploitation. Les formules sociétaires du GFA et du GFR sont étudiées nos 78800 s.

76635 **Dispositions testamentaires** Par un **testament olographe**, il est possible de prévoir l'attribution de l'exploitation à celui des héritiers qui succède aux parents, moyennant, bien entendu, le paiement de soultes à ceux qui ne trouveraient pas dans les autres parties de l'héritage de quoi rétablir l'équilibre, en valeur, de leur part. Pour être valable, le testament doit être rédigé librement, sans ambiguïté, daté et signé par le testateur qui doit être sain d'esprit au moment de sa rédaction. Il n'y a pas lieu de demander l'accord du bénéficiaire, et le testament est toujours révocable.

Le **partage testamentaire** n'a guère la faveur des praticiens car dans ce cas, le partage de la succession est prévu par le testament et si les lots réalisés par le défunt ne conviennent pas aux héritiers, ceux-ci ne peuvent pas renoncer au testament-partage, tout en acceptant la succession (C. civ. art. 1079). Les praticiens lui préfèrent la donation-partage (voir n° 76620). Celle-ci permet des avantages fiscaux, suppose l'accord des enfants et réduit ainsi les risques de contestation. Mais surtout, le testament-partage présente un inconvénient majeur : il ne permet à chacun des parents que de partager ses seuls biens propres, chacun au sein d'un testament distinct, alors que les ascendants souhaitent souvent répartir un patrimoine composé de biens propres et de biens communs. Il n'est pas possible d'y inclure les biens dont l'auteur n'a pas la libre disposition (Cass. 1e civ. 9-12-2009 n° 08-17.351 : Bull. civ. I n° 247 ; Cass. 1e civ. 9-12-2009 n° 08-18.677 FS-PB ; Cass. 1e civ. 3-2-2010 n° 08-18.196 : D. 2010 AJ p. 505 ; Cass. 1e civ. 5-12-2018 n° 17-17.493 F-PB). Le testament qui prévoit des attributions facultatives ne peut être qualifié de testament-partage ; il s'agit alors d'un testament ordinaire (Cass. 1e civ. 13-4-2022 n° 20-17.199 FS-B).

Dans le cadre d'un **legs pur et simple**, le légataire particulier devient dès l'ouverture de la succession propriétaire de la chose léguée (C. civ. art. 1014). Ce bien n'entre donc pas dans la masse à partager (C. civ. art. 825). En cas d'atteinte à la réserve héréditaire, les héritiers réservataires peuvent demander la réduction du legs ; cela n'empêche pas sa délivrance car, en principe, le légataire sera seulement redevable d'une indemnité de réduction. En revanche, le légataire particulier doit impérativement demander la délivrance du bien légué aux autres héritiers dans les 5 ans suivant le décès du testateur, quand bien même il en a déjà la possession au jour du décès (Cass. 1e civ. 21-6-2023 n° 21-20.396 FS-B).

D. Salaire différé

Dans de nombreuses familles d'agriculteurs, certains enfants quittent la ferme pendant que l'un d'eux (celui qui ensuite en demande l'attribution) continue à travailler avec ses parents dans l'exploitation familiale. Dans certains cas, celui-ci peut être titulaire d'un **contrat de travail**, recevoir un véritable salaire et être soumis au régime des assurances sociales agricoles obligatoires des salariés agricoles. Dans d'autres cas, une certaine participation aux résultats de l'exploitation est prévue. 76700

Plus souvent, le chef d'exploitation s'associe, dans le cadre d'une société (par exemple un Gaec), avec l'un de ses descendants. Il partage, avec lui, les risques et les avantages de l'exploitation. Le descendant est alors considéré comme **associé cœxploitant** et bénéficie du régime de protection sociale des exploitants.

Mais, dans certains cas, non seulement le descendant ne perçoit aucun salaire, ne reçoit aucune part des résultats, mais encore ajoute le produit de son travail et de ses initiatives au profit qu'il laisse dans l'exploitation dont il ne retire en définitive que des avantages en nature (nourriture, logement, vêtements, etc.) et de faibles sommes pour son argent de poche et ses dépenses personnelles, sans qu'aucun compte ne soit tenu.

C'est typiquement le cas du jeune « **aide familial** », que le Gouvernement a voulu doter d'un statut légal plus équitable et plus encourageant, et qui a fait l'objet de la loi du 13 juillet 1973 sur les « **associés d'exploitation** » (voir n°s 75900 s.).

On se rend compte qu'au moment du **règlement de la succession**, si les parts étaient – comme le prévoit la loi – égales au moins en valeur, cet héritier risquerait d'être victime d'une lourde injustice puisque non seulement son travail passé ne lui serait pas payé, mais de plus il devrait racheter les améliorations réalisées, pour une large part, par son travail et ses « économies forcées ». 76705

C'est pour éviter pareille injustice que la loi sur le contrat de travail à salaire différé fait bénéficier le descendant resté ponctuellement ou définitivement sur l'exploitation des parents d'une **créance forfaitaire contre la succession** (C. rur. art. L 321-13). La loi d'orientation agricole du 9 juillet 1999 a étendu le droit au salaire différé au **conjoint survivant de l'exploitant** (C. rur. art. L 321-21-1).

Le salaire différé est un droit propre que le bénéficiaire doit **réclamer** avant tout partage et qui peut lui permettre de réduire le poids des soultes dues aux copartageants. Il a pour but de rémunérer le descendant qui a participé aux travaux sur l'exploitation familiale sans recevoir de contrepartie. L'action en paiement d'un salaire différé n'a pas la même finalité que l'action en partage ; elle doit être introduite séparément et l'exercice d'une action en partage n'interrompt pas le délai de prescription de l'action en paiement de salaire différé (Cass. 1e civ. 7-7-2021 n° 19-11.638 F-B).

Le salaire différé n'est pas un salaire au sens du droit du travail. Il n'est pas insaisissable et ne présente pas un caractère alimentaire. Il s'agit d'un droit patrimonial dont le bénéficiaire peut être dessaisi s'il est placé en liquidation judiciaire ; ainsi la demande en reconnaissance d'une créance de salaire différé à l'égard d'une succession formulée par un débiteur placé en liquidation est irrecevable (Cass. com. 11-6-2014 n° 12-28.769 F-PB).

Bien entendu, ce salaire différé constitue un « **minimum obligatoire** » retenu à défaut de solution mieux adaptée. Le droit potentiel au salaire différé exclut l'action fondée sur l'enrichissement injustifié (Cass. 1e civ. 26-9-2007 n° 06-14.422 : RJDA 1/08 n° 8).

BÉNÉFICIAIRES DU SALAIRE DIFFÉRÉ

Les bénéficiaires sont : 76710

– le **conjoint survivant** du chef d'une exploitation agricole individuelle ou de l'associé exploitant au sein d'une société dont l'objet est l'exploitation agricole (C. rur. art. L 321-21-1) ;

– les **descendants** de l'exploitant : fils, filles, petits-fils, petites-filles (C. rur. art. L 321-13) ;

– les **conjoints de ces descendants** : gendre, bru, conjoint marié de la petite-fille, conjoint marié du petit-fils, sauf s'ils sont divorcés ou séparés à leurs torts exclusifs (C. rur. art. L 321-15).

> **Précisions** En cas de **prédécès du descendant**, seuls ses enfants vivants ou représentés peuvent prétendre à la transmission de la créance de salaire différé (C. rur. art. L 321-14), à l'exclusion du conjoint survivant. Toutefois, lorsque la créance de salaire différé a été définitivement fixée dans son principe et son montant avant le décès sans descendant de son bénéficiaire, son conjoint survivant peut en revendiquer le bénéfice (Cass. 1e civ. 20-6-2012 n° 11-12.850 : Bull. civ. I n° 141).

CONDITIONS À REMPLIR

76720 Le **conjoint survivant** doit justifier par tous moyens avoir participé directement et effectivement à l'activité de l'exploitation pendant au moins 10 ans, sans recevoir de salaire ni être associé aux bénéfices et aux pertes de celle-ci. La preuve de la durée de 10 années sera plus difficile à réaliser depuis que le statut de conjoint collaborateur ne peut pas être conservé plus de 5 années depuis le 1er janvier 2022 (C. rur. art. L 321-5 modifié par loi 2021-1679 du 17-12-2021).

Les **descendants ou leurs conjoints** doivent :

– avoir participé, directement et effectivement, aux travaux de l'exploitation après l'âge de 18 ans ; peu importe si, pour les périodes considérées, la majorité était à 21 ans, le descendant pouvant prétendre à une créance pour la période ayant pour point de départ ses 18 ans (Cass. 1e civ. 2-4-2008 n° 07-10.217 F-D ; Cass. 1e civ. 26-6-2019 n° 18-19.561 F-D : BPAT 6/19 inf. 254) ;

– ne pas avoir été associés aux bénéfices ni aux pertes et ne pas avoir reçu de salaire en argent en contrepartie de leur travail et, bien entendu, ne pas avoir, à ce titre, été immatriculés, en qualité de salariés, aux assurances sociales agricoles.

> **Précisions** **a.** L'application du régime des **associés d'exploitation** ne fait pas obstacle à l'attribution du salaire différé. L'intéressement ne vient en déduction des sommes dues au titre du salaire différé que pour la fraction excédant l'allocation minimale.
>
> **b.** C'est à celui qui invoque une créance de salaire différé qu'il appartient d'apporter la **preuve** qu'il remplit les conditions légales, si ces conditions sont contestées (Cass. 1e civ. 7-11-1995 n° 93-11.140 : Bull. civ. I n° 398). Les juges du fond doivent constater l'absence de rémunération ou de toute autre contrepartie pour octroyer le salaire différé (Cass. 1e civ. 3-4-2019 n° 18-16.661 F-D ; Cass. 1e civ. 18-11-2020 n° 19-16.132 F-D).
>
> **c.** Le droit au salaire différé du **conjoint du descendant** est subordonné à une participation concomitante, il doit avoir travaillé sur l'exploitation sur la même période que son conjoint, à défaut il ne peut exercer qu'une action basée sur l'enrichissement injustifié (Cass. 1e civ. 29-5-2019 n° 18-18-376 F-PB : BPAT 4/19 inf. 155).
>
> **d.** La transmission de la créance de salaire différé du **descendant prédécédé** à ses enfants n'est assortie d'aucune condition (Cass. 1e civ. 19-11-2002 n° 00-15.923 : Bull. civ. I n° 281).
>
> **e.** La créance de salaire différé à taux plein peut être reconnue à un **descendant handicapé** (CA Montpellier 11-6-2002 n° 02-481 ; C. ass. 1-8-2002 n° 848).
>
> **f.** Les juges du fond apprécient souverainement si la **participation à l'activité de l'exploitation** est suffisante pour bénéficier d'un salaire différé. Tel n'est pas le cas :
> – d'une aide occasionnelle apportée à l'activité agricole réduite d'une petite exploitation (Cass. 1e civ. 20-6-2012 n° 11-20.217 : Bull. civ. I n° 142) ;
> – de l'accomplissement de tâches ménagères, ces tâches n'ayant pas un caractère agricole (Cass. 1e civ. 22-10-2002 n° 00-22.428 : Bull. civ. I n° 241) ;
> – du simple jardinage (Cass. 1e civ. 10-6-1980 n° 79-12.117 : Bull. civ. I n° 180).
>
> L'inscription comme aide familial auprès de la MSA ne constitue qu'un indice et ne permet pas à elle seule de prouver la participation directe, effective et gratuite aux travaux de l'exploitation agricole (Cass. 1e civ. 13-4-2016 n° 15-17.316).

CALCUL DU SALAIRE DIFFÉRÉ

76730 Pour le **conjoint survivant**, le droit de créance est égal à 3 fois le Smic annuel en vigueur au jour du décès dans la limite de 25 % de l'actif successoral (C. rur. art. L 321-21-1). Le cas échéant, le montant des droits propres du conjoint survivant dans les opérations de partage successoral est diminué de celui de cette créance.

Pour les **descendants**, le montant annuel du salaire différé est égal, pour chacune des années de participation à partir de l'âge de 18 ans, à la valeur des 2/3 de la somme correspondant à 2 080 fois le montant horaire du Smic en vigueur soit au jour du partage en cas de règlement après le décès de l'exploitant, soit à la date du règlement de la créance si ce règlement intervient du vivant de l'exploitant (notamment en cas de donation-partage) (C. rur. art. L 321-13). Les sommes éventuellement déjà perçues, hors argent de poche, par le bénéficiaire viennent en déduction du montant ainsi calculé. Les années de participation prises en compte sont plafonnées à 10 ans, y compris lorsque les parents ont été successivement exploitants (C. rur. art. L 321-17). Pour les personnes considérées comme aide familial, le calcul du salaire différé ne peut pas dépasser 5 fois son montant annuel, sauf à prouver un travail en-dehors de tout statut social (voir n° 76740). Elles ne peuvent, en effet, conserver cette qualité plus de 5 ans (C. rur. art. L 722-10).

Si le descendant est marié et si son conjoint participe également à l'exploitation, chaque époux est réputé bénéficiaire d'un salaire différé calculé comme il est dit ci-dessus.

Si le descendant a **travaillé à temps partiel**, mais non occasionnel, sur l'exploitation, il n'a droit qu'à un montant de salaire différé partiel correspondant au travail effectué (Cass. 1e civ. 8-7-2009 n° 08-13.972 : Bull. civ. I n° 169 ; Cass. 1e civ. 24-9-2014 n° 13-16.799 ; Cass. 1e civ. 12-10-2022 n° 21-12.644 F-D : BPAT 6/22 inf. 291).
La prise en compte du salaire différé pour la détermination des parts successorales ne peut pas donner lieu au paiement d'une **soulte** à la charge des cohéritiers.

PAIEMENT DU SALAIRE DIFFÉRÉ

La créance des descendants peut être produite non seulement au **moment** du décès de l'exploitant mais également de son vivant, notamment en cas de donation-partage (C. rur. art. L 321-17) ou de donation dispensée de rapport (Cass. 1e civ. 22-3-2005 n° 02-21.332 : Bull. civ. I n° 153) ou encore de dation en paiement de matériel ou de cheptel, par exemple. Mais dans ces cas, l'acte conclu entre l'ascendant et le bénéficiaire du salaire différé doit exprimer, d'une part, la volonté non équivoque de l'ascendant de régler ainsi la dette du salaire différé et, d'autre part, l'acceptation du descendant (Cass. 1e civ. 29-6-2011 n° 10-11.275 : Bull. civ. I n° 124 ; 11-2-2015 n° 13-27.923 : Bull. civ. I n° 34). Toutefois, l'acte ainsi conclu ne peut avoir un caractère définitif sous peine de se voir requalifier en pacte sur succession future : le descendant ne peut être privé du droit de réclamer un complément de salaire quand bien même il serait intervenu à l'acte avec tous les autres héritiers (sur l'absence de requalification en pacte sur succession future au sujet d'un salaire différé, voir Cass. 1e civ. 20-4-2017 n° 16-50.008). 76740
La **demande** doit être formulée auprès du notaire avant tout partage. Le notaire doit procéder au règlement du salaire différé en numéraire ou par dation en paiement de biens meubles ou immeubles clairement identifiés, avant de procéder au partage des biens entre les héritiers (Cass. 1e civ. 20-12-2021 n° 20-12.315 FS-B : la quote-part reçue au titre de la créance de salaire différé échappe à l'assiette du droit de retour légal des frères et sœurs). En cas de contestation relative au montant du salaire différé, le tribunal judiciaire est compétent (C. org. jud. art. L 211-3).
Tous les moyens sont admis pour apporter la **preuve**, laquelle peut être facilitée par une déclaration annuelle en mairie. Toutefois, le demandeur ne saurait se constituer des preuves à lui-même au moyen de ses propres courriers. La production d'attestations imprécises sur la nature de l'activité, les travaux accomplis et leur fréquence ne permet pas de rapporter la preuve légalement demandée (sur ces deux points, voir CA Dijon 23-6-2022 n° 21/00458, qui ajoute aussi que le handicap du père est sans influence pour déterminer l'activité objectivement réalisée par le descendant).
Le droit de créance du conjoint survivant ou des descendants est garanti par un **privilège** général sur les meubles (C. civ. art. 2331, 3°) et sur les immeubles (C. civ. art. 2377, 2°) et par une **hypothèque** légale sur les immeubles (C. rur. art. L 321-21 et L 321-21-1).
S'agissant de l'**impôt** sur le revenu, voir n° 20130, et de la taxe sur les salaires, voir nos 32005 s. Pour ce qui est des droits d'enregistrement, voir n° 20125.
Notons que l'abandon de l'activité agricole par l'ascendant n'éteint pas le droit de créance de salaire différé du descendant.

> **Précisions a.** Lorsqu'**un seul des époux est exploitant**, le salaire différé est une dette de la succession de cet époux et non une dette de la communauté légale des époux (Cass. 1e civ. 6-11-2013 n° 12-25.239 : Bull. civ. I n° 218, SN 1/14 inf. 12). Toutefois, en cas de communauté universelle, celle-ci englobant tous les biens et les dettes des époux dans la masse commune, le paiement du salaire différé interviendra lors de la succession du dernier des conjoints (Cass. 1e civ. 18-1-2012 n° 10-24.892 : BPAT 2/12 inf. 75).
> Lorsque les époux sont **cœxploitants**, le salaire différé pèse indifféremment pour le tout sur l'une ou l'autre des successions, mais s'impute par moitié sur chacune des successions (Cass. 1e civ. 7-11-1995 n° 93-15.378 : Bull. civ. I n° 399). La preuve de la cœxploitation conjugale peut être produite par tous moyens. Elle implique une participation régulière et effective à l'exploitation agricole (Cass. 1e civ. 6-11-2013 n° 12-25.239 : Bull. civ. I n° 218, SN 1/14 inf. 12). Lorsque les parents sont **successivement exploitants** et que le descendant a travaillé successivement avec l'un de ses parents puis l'autre, la dette de salaire différé est considérée comme une dette solidaire des deux ascendants (Cass. 1e civ. 23-1-2008 n° 06-21.301 : Bull. civ. I n° 29). En revanche, **s'il n'a travaillé qu'avec un seul de ses parents exploitants**, la créance de salaire différé n'est due que sur la succession de celui-ci et le délai de prescription de l'action en paiement court à compter du décès de celui-ci (Cass. 1e civ. 27-2-2013 n° 11-28.359 : Bull. civ. I n° 29, SN 4/13 inf. 99 ; Cass. 1e civ. 17-10-2018 n° 17-26.725 F-PB). Les modalités de calcul du salaire différé sont fixées selon les règles applicables à la date du premier décès (Cass. 1e civ. 16-3-2004 n° 02-10.940 : JCP N 2004 n° 1467 note B. Grimonprez ; 13-6-2019 n° 18-19.155 F-PB : BPAT 4/19 inf. 166-16). Toutefois, lorsque la créance de salaire différé n'est pas encore née en son entier lors du décès du conjoint prédécédé (le

76740 (suite) descendant n'ayant pas encore travaillé 5 ou 10 ans) et que le descendant poursuit son activité sur l'exploitation reprise par le conjoint survivant, les modalités de calcul de la créance sont celles fixées par les dispositions légales en vigueur lors de l'ouverture de la succession du conjoint survivant second exploitant (Cass. 1e civ. 29-6-2011 n° 10-16.919, Bodin c/ Bodin ; Cass. 1e civ. 17-5-2017 n° 16-15.847).

Si le bénéficiaire du salaire différé n'a pas demandé le paiement de sa créance lors du règlement de la succession du prémourant, il ne peut pas agir contre le parent encore vivant et doit attendre l'ouverture de la succession de ce dernier (Cass. 1e civ. 21-9-2005 n° 04-13.793 : Bull. civ. I n° 343 ; Cass. 1e civ. 30-10-2006 n° 04-20.652 : Bull. civ. I n° 455).

b. La **demande** de salaire différé **se prescrit** par 5 ans à compter de l'ouverture de la succession de l'exploitant décédé (C. civ. art. 2224). La déclaration de la créance auprès du notaire chargé du règlement de la succession n'interrompt pas la prescription (Cass. 1e civ. 2-5-2024 n° 21-26.014 F-D : BPAT 4/24 inf. 175-10).

CHAPITRE 9

AGRICULTEURS EN DIFFICULTÉ

SOMMAIRE

PROCÉDURES APPLICABLES

Les articles L 351-1 et suivants du Code rural et de la pêche maritime prévoient une procédure de règlement amiable pour les entreprises agricoles en difficulté financière et étendent aux agriculteurs, moyennant quelques adaptations, les procédures de redressement et de liquidation judiciaires applicables aux commerçants et aux personnes morales commerçantes ou non commerçantes de droit privé. Les modalités d'application de ces procédures sont précisées par les articles R 351-1 et suivants du Code rural et de la pêche maritime. La procédure de sauvegarde s'applique également à l'agriculture (C. com. art. L 620-2). Ces dispositions sont relayées par de nombreuses mesures d'accompagnement des agriculteurs en difficulté. 77000

> **Précisions** **a.** En cas de difficultés, l'**entrepreneur individuel** peut bénéficier des dispositifs de sauvegarde, redressement et liquidation judiciaires prévus par le code de commerce (C. com. art. L 620-1 s.). L'ouverture de la procédure collective se fait devant le tribunal de commerce ou le tribunal judiciaire selon que l'activité exercée par l'entrepreneur est commerciale ou civile. Le statut d'entrepreneur individuel qui prévoit une distinction de plein droit des patrimoines professionnel et personnel est entré en vigueur le 15 mai 2022 (créé par loi 2022-172 du 14-2-2022). Les conditions d'application de ce nouveau dispositif ont été précisées (Décret 2022-890 du 14-6-2022).
> **b.** À titre expérimental, les compétences du tribunal de commerce sont étendues à toute personne physique ou morale dans le cadre des procédures d'alerte, amiables et collectives (loi 2023-1059 du 23-11-2023 d'orientation et de programmation du ministère de la justice 2023-2027 art. 26). Renommée « **tribunal des activités économiques** » (TAE), cette juridiction sera composée des juges élus par le tribunal de commerce et de juges exerçant une profession agricole (C. rur. art. L 311-12) préalablement formés à cet effet (Décret 2024-674 du 3-7-2024 et arrêté JUSB2419475A du 25-7-2024).

A. Procédure de sauvegarde

OUVERTURE DE LA PROCÉDURE

La procédure de sauvegarde s'applique à toute personne exerçant une activité agricole au sens de l'article L 311-1 du Code rural et de la pêche maritime (C. com. art. L 620-2). Elle est ouverte sur la demande du débiteur qui, sans être en cessation des paiements, justifie de difficultés qu'il n'est pas en mesure de surmonter (C. com. art. L 620-1, al. 1). Elle est ouverte avant la cessation des paiements et ne peut l'être qu'à la demande du débiteur puisque ce dernier respecte encore ses engagements. Elle est destinée à faciliter la réorganisation de l'entreprise afin de permettre la poursuite de l'activité économique, le maintien de l'emploi et l'apurement du passif. 77005

La sauvegarde ne peut être maintenue que pour autant que n'est pas apparue une cessation des paiements, faute de quoi elle est automatiquement convertie par le tribunal en redressement ou liquidation judiciaire (C. com. art. L 621-12 et L 622-10).

À l'instar de ce qui existe pour le redressement judiciaire, le tribunal désigne un administrateur judiciaire et un représentant des créanciers, dénommé « mandataire judiciaire ».

Le débiteur peut proposer au tribunal la désignation d'un administrateur judiciaire de son choix (C. com. art. L 621-4) et procéder lui-même à l'inventaire de son patrimoine dans le délai fixé par le tribunal, sous réserve d'une certification par un commissaire aux comptes ou d'une attestation par un expert-comptable (C. com. art. L 622-6-1). L'administrateur ou le mandataire judiciaire peut, en outre, se renseigner sur la situation patrimoniale du débiteur directement auprès des administrations, des organismes de prévoyance et de sécurité sociales et des sociétés financières (C. com. art. L 622-6).

> **Précisions** Une procédure de **sauvegarde accélérée** est prévue pour les débiteurs en phase de conciliation qui justifient d'un plan de nature à assurer la pérennité de l'entreprise et susceptible d'être adopté rapidement. Cette procédure est étendue à toutes les entreprises notamment les personnes exerçant une activité agricole, dès lors que leurs comptes sont certifiés par un commissaire aux comptes ou établis par un expert-comptable (C. rur. art. L 351-8 ; C. com. art. L 628-1, al. 4).

PÉRIODE D'OBSERVATION

77010 Le jugement prononçant la procédure de sauvegarde ouvre une période d'observation, d'une **durée** maximale de 6 mois, renouvelable une fois à la demande de l'administrateur, du débiteur ou du ministère public.

Lorsqu'il s'agit d'une exploitation agricole, le tribunal peut proroger la durée de la période d'observation en fonction de l'année culturale en cours et des usages spécifiques aux productions de l'exploitation (C. com. art. L 621-3).

Le débiteur continue d'assurer la **gestion de l'entreprise**. L'administrateur judiciaire exerce seulement une mission de surveillance ou d'assistance (C. com. art. L 622-1).

PLAN DE SAUVEGARDE

77012 Pendant la période d'observation, en vue de l'élaboration du projet de réorganisation de l'entreprise, il revient au débiteur, avec le concours de l'administrateur, de proposer le plan de sauvegarde. Le plan de sauvegarde est arrêté par le **tribunal** au vu du bilan établi durant la période d'observation. Il doit avoir pour objectif la sauvegarde de l'entreprise et peut comporter l'arrêt, l'adjonction ou la cession d'une ou de plusieurs activités (C. com. art. L 626-1). Si le tribunal constate que l'entreprise ne peut pas être sauvegardée, il peut prononcer soit le redressement judiciaire, soit la liquidation judiciaire.

B. Procédure d'alerte et règlement amiable

PROCÉDURE D'ALERTE

77020 Lorsqu'il résulte de tout acte, document ou procédure qu'une personne morale de droit privé ou une personne physique exerçant une activité professionnelle agricole connaît des difficultés de nature à compromettre la continuité de l'exploitation, ses dirigeants peuvent être convoqués par le président du tribunal judiciaire pour que soient envisagées les mesures propres à redresser la situation. À l'issue de cet entretien ou si les dirigeants ne se sont pas rendus à sa convocation, le président du tribunal peut obtenir communication, notamment par les administrations publiques, les organismes de sécurité et de prévoyance sociales, des renseignements de nature à lui donner une exacte information sur la situation économique et financière du débiteur (C. com. art. L 611-2 et L 611-2-1).

RÈGLEMENT AMIABLE

77021 Il s'agit d'une procédure préalable spécifique aux entreprises agricoles, et exclusive de celle qui est organisée par le Code de commerce pour la procédure de conciliation des entreprises.

77022 La procédure agricole du règlement amiable est applicable à toute personne physique ou morale de droit privé, notamment l'entrepreneur individuel en ce qui concerne son patrimoine professionnel, exerçant une **activité agricole** au sens de l'article L 311-1 du Code rural et de la pêche maritime (sur la définition de l'activité agricole, voir n°s 10 s.). Toutefois, les **sociétés commerciales** exerçant une activité agricole relèvent du droit commun (C. rur. art. L 351-1).

77024 Le but assigné à cette procédure est de prévenir et de tenter de régler les difficultés financières des exploitations agricoles dès qu'elles sont prévisibles ou dès leur apparition, notamment par la conclusion d'un accord amiable entre le débiteur et ses principaux créanciers.

La procédure est introduite par une **demande** écrite formée au **tribunal judiciaire** du siège de l'exploitation soit par le ou les dirigeants de l'exploitation agricole concernée, soit par un ou plusieurs créanciers (C. rur. art. L 351-2). Le contenu de cette demande est fixé par l'article R 351-1 du Code rural et de la pêche maritime. 77026

Dès réception de la demande, le président du tribunal fait **convoquer** le demandeur ainsi que le débiteur, s'il n'est pas l'auteur de la demande. Il peut obtenir communication de tous les **renseignements** qui lui sont nécessaires pour apprécier la situation économique et financière de l'exploitation ; il peut aussi ordonner une **expertise** à cette fin. 77028

Après examen du dossier, le juge peut rendre une ordonnance rejetant la demande. Si, au contraire, celle-ci lui paraît justifiée, il nomme, par ordonnance, un **conciliateur**. Celui-ci doit être une personne physique ; aucun parent ou allié jusqu'au 4e degré inclusivement des dirigeants de l'exploitation agricole ne peut être désigné comme conciliateur (C. rur. art. R 351-3). Le débiteur peut proposer le nom d'un conciliateur, et peut en outre récuser celui que le juge a nommé (C. rur. art. L 351-4 et R 351-4-1). 77030

En même temps qu'il nomme un conciliateur, le président du tribunal a la possibilité de prononcer la **suspension provisoire des poursuites** pour une durée maximale de 2 mois (qui peut être prorogée). Cette décision a pour effet, dès la date de l'ordonnance, de suspendre ou d'interdire toute action en justice concernant les dettes antérieures de l'agriculteur, mais aussi de suspendre les délais impartis à peine de déchéance ou de résolution des droits. 77035

De son côté, le **débiteur** n'a pas le droit, sans autorisation du président du tribunal, de payer une créance née avant la décision. Il lui est également interdit de faire un acte de disposition étranger à la gestion normale de l'exploitation ou de consentir une hypothèque ou un nantissement (C. rur. art. L 351-5).

L'ordonnance prononçant la suspension provisoire des poursuites (ou sa prorogation) fait l'objet d'un avis publié au Bulletin officiel des annonces civiles et commerciales ainsi que dans un journal d'annonces légales (C. rur. art. R 351-5 dans sa rédaction issue du décret 2022-1014 du 19-7-2022). 77040

Le **conciliateur**, auquel le juge communique les informations qu'il a obtenues, a pour **mission** de favoriser le règlement de la situation financière de l'exploitation agricole par la conclusion d'un accord amiable entre le débiteur et ses principaux créanciers sur des délais de paiement ou des remises de dettes (C. rur. art. L 351-4). 77045

Ainsi tous les créanciers ne sont-ils pas tenus de participer à la négociation ni d'être parties à l'accord.

L'**accord amiable** conclu en présence du conciliateur est constaté ou homologué par le juge. Il **entraîne** la suspension, pendant la durée de son exécution, de toute action en justice et de toute poursuite individuelle formées dans le but d'obtenir le paiement des créances qui font l'objet de l'accord. Il fait également obstacle à ce que des sûretés soient prises pour garantir le paiement de ces créances. Il entraîne enfin la suspension des délais impartis aux créanciers (C. rur. art. L 351-6). 77050

L'accord amiable conclu en présence du conciliateur n'a pas le caractère d'un jugement. Il est sans effet à l'égard des créanciers qui ne l'ont pas signé. Ainsi un accord prévoyant la mise à disposition d'un tiers des terres prises à bail est-il inopposable au bailleur qui n'y a pas souscrit (Cass. 3e civ. 18-5-1994 n° 92-14.794 : Bull. civ. III n° 97).

Toute personne qui est appelée au règlement amiable, ou qui, par ses fonctions, en a connaissance, est tenue non pas au secret professionnel, mais à une simple obligation de **confidentialité** (C. rur. art. L 351-7). 77055

C. Redressement et liquidation judiciaires

Les agriculteurs relèvent des dispositions relatives au redressement et à la liquidation judiciaires des entreprises (C. com. art. L 631-1 s.), avec quelques **règles propres** aux exploitations agricoles. 77100

Avant d'exposer ces dispositions spécifiques à l'agriculture, nous rappellerons d'une manière très succincte les principales phases de la procédure.

> **Précisions** Le droit des entreprises en difficulté a vocation à s'appliquer aux agriculteurs. Cependant, la Cour de cassation avait distingué les droits de l'**agriculteur personne physique** de ceux des **sociétés** pour accorder au seul agriculteur personne physique le bénéfice d'un plan de continuation d'une durée de 15 ans (Cass. com. 29-11-2017 n° 16-21.032 FS-PBRI : RJDA 2/18 n° 156). Le législateur est venu préciser que les procédures de sauvegarde, de redressement

judiciaire et de liquidation s'appliquent à **toute personne exerçant une activité agricole** au sens de l'article L 311-1 du Code rural et de la pêche maritime, de même que le bénéfice d'un plan de continuation d'une durée de 15 ans. Sont concernées les procédures en cours au 23 mai 2019 lorsque le débiteur est en période d'observation (C. rur. art. L 351-8 ; C. com. art. L 626-12). Les dispositions relatives au rétablissement professionnel sont également applicables dans les conditions prévues aux articles L 645-1 à L 645-12 du Code de commerce, pour les procédures ouvertes depuis le 15 mai 2022 (C. rur. art. L 351-8 précité).

1. RÉGIME GÉNÉRAL DU REDRESSEMENT ET DE LA LIQUIDATION JUDICIAIRES

OUVERTURE DE LA PROCÉDURE

77110 Le tribunal est saisi par le débiteur dans les 45 jours de la cessation des paiements (C. com. art. L 631-4). Il y a **cessation des paiements** lorsque l'entreprise est dans l'impossibilité de faire face au passif exigible avec son actif disponible. N'est pas en cessation des paiements le débiteur qui établit, sur la base de son patrimoine professionnel, que les réserves du crédit ou les moratoires dont il bénéficie de la part de ses créanciers lui permettent de faire face au passif exigible avec son actif disponible (C. com. art. L 631-1).

Si l'adoption d'un plan de sauvegarde est manifestement impossible et si la clôture de la procédure devait conduire, de manière certaine et à bref délai, à la cessation des paiements, le tribunal peut décider de la conversion en redressement judiciaire, à la demande du débiteur, de l'administrateur, du mandataire judiciaire, du ministère public ou d'office (C. com. art. L 622-10).

Le tribunal peut également être saisi par un créancier (C. com. art. L 631-5).

77115 Le **jugement d'ouverture** constate la cessation des paiements et en fixe éventuellement la date, qui peut remonter jusqu'à 18 mois avant celle du jugement (C. com. art. L 631-8). Le jugement peut être déféré en appel dans les 10 jours (C. com. art. R 661-3).

Le juge désigne un juge-commissaire, un mandataire judiciaire et, éventuellement, un administrateur judiciaire.

La mission de l'administrateur est fixée par le tribunal, qui peut le charger d'assister le débiteur pour tous les actes relatifs à la gestion ou certains d'entre eux ou d'assurer seul, entièrement ou en partie, l'administration de l'entreprise. Le tribunal peut modifier à tout moment la mission de l'administrateur sur la demande de celui-ci, du mandataire judiciaire, du ministère public ou d'office (C. com. art. L 631-12).

PÉRIODE D'OBSERVATION

77130 Le jugement ouvre une période d'observation pour une durée de 6 mois ; elle peut être renouvelée une fois (C. com. art. L 621-3 sur renvoi de l'art. L 631-7). Sur la prolongation de ce délai pour les entreprises agricoles, voir n° 77260.

L'**activité** est, en principe, **poursuivie** par le chef d'entreprise. Mais le juge a la possibilité de nommer, à sa place, un administrateur.

Seuls les actes de **gestion courante** peuvent être effectués. Les **paiements des créances** nées avant le jugement sont interdits. Les **contrats en cours** continuent, mais ils peuvent être résiliés à la demande du débiteur (ou de l'administrateur).

PLAN DE REDRESSEMENT

77140 Un **projet de plan** est élaboré par le débiteur ou par l'administrateur ; il prévoit les modalités et les délais de règlement du passif ; il décrit les possibilités d'évolution des structures et de l'activité de l'entreprise en fonction de l'état du marché et des moyens de financement disponibles. Il définit les modalités de règlement du passif et les garanties éventuelles que le débiteur doit souscrire pour en assurer l'exécution (C. com. art. L 626-2 sur renvoi de l'art. L 631-19).

Les **tiers** sont admis à déposer des offres tendant au redressement de l'exploitation dans le cadre d'un plan de continuation ou de cession. En principe, les parents ou alliés jusqu'au 2e degré ne peuvent pas présenter de telles offres. Toutefois, s'agissant des exploitations agricoles, le juge peut accorder une dérogation à cette interdiction (C. com. art. L 642-3 sur renvoi de l'art. L 631-13).

77145 La période d'observation se termine par un **jugement d'admission** de l'exploitation à un plan de redressement, ou par un jugement prononçant la liquidation judiciaire.

Le plan de redressement organise soit la continuation de l'entreprise (**plan de continuation**), soit sa cession (**plan de cession**), soit sa continuation assortie d'une cession partielle.

Les biens agricoles compris dans un plan de cession total ou partiel échappent notamment au droit de préemption de la Safer (C. rur. art. L 143-4, 7° ; C. com. art. L 642-5, al. 4).

77150 Les délais de paiement et les remises de dettes consentis par les créanciers peuvent être réduits par le jugement.

Pendant l'exécution du plan de redressement, il ne peut pas être engagé de **poursuites individuelles** contre le débiteur. Mais, si ce dernier n'exécute pas ses engagements, tout créancier peut saisir le tribunal d'une demande en résolution du plan et en liquidation judiciaire. 77155
Les **contrats en cours** se poursuivent conformément aux règles qui leur sont applicables. Ainsi jugé que le bailleur peut valablement refuser le renouvellement du bail rural consenti au débiteur qui a atteint l'âge de la retraite, motif prévu à l'article L 411-64 du Code rural et de la pêche maritime dans sa rédaction issue de la loi 2023-270 du 14 avril 2023 (Cass. com. 19-5-2015 n° 14-10.366).

LIQUIDATION JUDICIAIRE

Lorsqu'il n'y a pas de procédure de conciliation (ou de règlement amiable pour les agriculteurs), le tribunal peut être saisi par requête du ministère public ou d'un créancier pour ouvrir la procédure de liquidation judiciaire (C. com. art. L 640-5). 77170
Le tribunal qui prononce la liquidation judiciaire nomme le représentant des créanciers en qualité de liquidateur. Le jugement qui prononce la liquidation judiciaire emporte, de plein droit, à partir de sa date, **dessaisissement** pour le débiteur de l'administration et de la disposition de ses biens.
Si l'intérêt public ou celui des créanciers l'exige, le **maintien de l'activité** peut être autorisé par le tribunal pour une période maximale de 3 mois et pour les seuls besoins de la liquidation judiciaire (C. com. art. L 641-10 et R 641-18). Sur la prolongation de ce délai pour les entreprises agricoles, voir n° 77260.
La liquidation judiciaire s'opère par réalisation de l'actif et apurement du passif. À tout moment, le tribunal peut prononcer la clôture de la liquidation judiciaire lorsqu'il n'existe plus de passif exigible ou lorsqu'est constatée une insuffisance d'actif.

2. DISPOSITIONS SPÉCIFIQUES APPLICABLES AUX ENTREPRISES AGRICOLES

S'agissant d'activités civiles, c'est le **tribunal judiciaire** (et non pas le tribunal de commerce) qui doit être saisi en vue de prononcer le redressement ou la liquidation judiciaire d'une exploitation agricole (C. rur. art. L 351-2). 77200
Par ailleurs, les dispositions spécifiques que nous examinons ci-après s'appliquent, sous réserve de ce qui est dit n° 77205 concernant l'ouverture de la procédure, à toute entreprise dans laquelle est poursuivie une **activité agricole** au sens de l'article L 311-1 du Code rural et de la pêche maritime (voir n°s 10 s.).
Remarquons enfin que l'extension à l'agriculture du régime de redressement et de liquidation judiciaires entraîne l'obligation pour les agriculteurs employeurs d'assurer leurs salariés contre les risques de non-paiement des sommes dues en exécution des contrats de travail.

OUVERTURE DE LA PROCÉDURE

Dans tous les cas où la procédure préalable de **règlement amiable** est obligatoire (n°s 77021 s.), la procédure de redressement et de liquidation judiciaires ne peut être ouverte que si le président du tribunal judiciaire a été préalablement saisi d'une demande tendant à la **désignation d'un conciliateur**. Cependant, le débiteur peut lui-même saisir directement le tribunal d'une demande de redressement judiciaire, sans passer par la phase préalable de la tentative de règlement amiable. 77205
La procédure ne peut pas être ouverte contre un débiteur agriculteur si celui-ci a **cessé l'exercice de son activité agricole** depuis plus d'un an après la cessation des paiements (C. com. art. L 631-5).

> **Précisions a.** S'agissant des **entreprises agricoles** constituées sous la forme de **sociétés commerciales** (SARL, SA, SCA) et auxquelles le règlement amiable ne s'applique pas (n° 77022), les créanciers peuvent assigner le débiteur alors même qu'aucune demande de désignation d'un conciliateur n'aurait été faite (C. com. art. L 631-5, al. 6).
> **b.** Si la procédure préalable de règlement amiable a abouti à un accord et si l'**échéancier convenu** n'est **pas respecté**, le débiteur est alors considéré comme étant en état de cessation des paiements et la procédure de redressement judiciaire peut être ouverte.
> **c.** Le principe d'**unité du patrimoine** des personnes physiques interdit l'ouverture de deux procédures collectives contre un seul débiteur, même si celui-ci exerce des activités distinctes ou exploite plusieurs fonds (Cass. com. 19-2-2002 n° 96-22.702 : RJDA 6/02 n° 652). Toutefois, cette règle de l'unité ne trouve pas à s'appliquer dans le cas du statut d'**entrepreneur individuel** (créé par loi 2022-172 du 14-2-2022) comme aux EIRL (voir n° 75540).

ATTRIBUTION DU DROIT À UN BAIL RURAL

77220 Afin de faciliter l'adoption d'un plan de cession d'une entreprise agricole, le caractère personnel et incessible du bail rural est écarté dans le cadre de la procédure de liquidation judiciaire (C. com. art. L 642-1).

77225 Les règles spécifiques examinées ci-après sont applicables « lorsqu'un ensemble est **essentiellement** constitué du droit à un bail rural » (C. com. art. L 642-1, al. 3). La signification du terme « essentiellement » n'étant pas davantage précisée (le texte ne dit pas s'il faut l'apprécier en termes de surface ou de valeur, ou de tout autre élément), il appartient au juge de l'adapter à chaque cas d'espèce. Pour la Cour de cassation, la valeur d'une exploitation agricole ne permet pas, à elle seule, de déterminer si le bail rural est essentiel (Cass. com. 28-4-1998 n° 95-20.682 : RJDA 8-9/98 n° 1013). En tout état de cause, il faut nécessairement que les biens pris à bail par le débiteur soient prépondérants et présentent un caractère essentiel pour l'équilibre économique de l'exploitation (CA Amiens, ch. éco. fin. 6-10-2011 n° 11/00552).

Pour apprécier ce caractère essentiel, il y a lieu de se référer à l'**ensemble** tel qu'il est **cédé**, ce qui ne correspond pas nécessairement dans tous les cas à l'entreprise. En effet, la cession peut être ordonnée si elle porte sur un ou plusieurs ensembles « d'éléments d'exploitation qui forment une ou plusieurs branches complètes et autonomes d'activités ». Le tribunal statue sur la composition de ces ensembles.

77230 Lorsque le tribunal ordonne la cession, trois solutions s'offrent à lui dans l'ordre suivant :

– faire droit à une demande en **reprise par le bailleur** ou au profit d'un descendant ou de son conjoint ;

– ou bien, s'il n'y a pas de demande en reprise, attribuer le bail rural à un autre **preneur proposé par le bailleur** ; dès lors que le bailleur a fait une telle proposition, celle-ci doit être acceptée (Cass. com. 30-11-1993 n° 91-20.358 : Bull. civ. IV n° 443). Si une exploitation est constituée à partir de plusieurs baux consentis par différents propriétaires, le tribunal peut retenir les offres faites par chacun des bailleurs (Cass. com. 9-6-1998 n° 96-11.717 : RJDA 11/98 n° 1265) ;

– ou bien, à défaut des solutions précédentes, attribuer le bail rural à un **autre repreneur** dont l'offre, recueillie par le liquidateur ou l'administrateur, est considérée par le tribunal comme permettant dans les meilleures conditions d'assurer le plus durablement l'emploi attaché à l'ensemble cédé et le paiement des créanciers. Lorsque **plusieurs offres** ont été recueillies, le tribunal doit tenir compte des priorités établies par le schéma régional des exploitations agricoles pour statuer sur une demande d'autorisation d'exploiter dans le cadre du contrôle des structures (mentionné aux articles L 312-1 et L 331-2 du Code rural et de la pêche maritime). Le tribunal observe l'ordre des priorités entre les différents types d'opérations concernées compte tenu de leur intérêt économique et environnemental (dimension économique et viabilité des exploitations agricoles concernées, nombre d'emplois en cause, impact environnemental de l'opération, structure parcellaire des exploitations, etc.).

77235 Il est expressément prévu que le **contrôle des structures** ne s'applique dans aucune des solutions énoncées n° 77230, ce qui signifie qu'aucune demande d'autorisation d'exploiter n'est exigée.

77240 Le statut des baux ruraux est inapplicable lorsque la cession est décidée par le tribunal sauf en ce qui concerne le régime des **indemnités au preneur sortant** (n°s 75000 s.).

La question peut se poser de savoir si cette dérogation quasi générale à l'application du statut des baux ruraux entraîne, dans ces circonstances, l'exclusion des dispositions dudit statut interdisant le **transfert à titre onéreux du bail rural**, c'est-à-dire interdisant les « **pas-de-porte** » (n° 73760). Rappelons qu'en l'absence de dérogation expresse, cette pratique est prohibée (C. rur. art. L 411-74).

77245 Ces dispositions dérogatoires à la fois au statut des baux ruraux et au contrôle des structures et qui permettent au juge, dans certaines hypothèses, d'imposer au propriétaire du bien un preneur qu'il n'a pas choisi ne peuvent pas jouer dans le cas où le caractère essentiel du droit au bail rural n'est pas reconnu (CA Paris, 3e ch., sect. A, 2-11-1993, n° 93/015870 : Bull. 116, p. 7796 ; CA Caen, 1e ch., sect. civ. et com., 14-4-1994, n° 93/850 ; voir aussi n° 77225).

PROLONGATION DE DÉLAIS

77260 L'**année culturale** étant une réalité en agriculture, le législateur adapte à cette notion spécifique certains délais de la procédure.

Le délai de **prolongation de poursuite de l'activité** (n° 77130) peut aller jusqu'au terme de l'année culturale en cours, compte tenu des usages spécifiques aux productions concernées.

En cas de liquidation judiciaire (n° 77170), le **maintien de l'activité** du débiteur peut être autorisé par le tribunal pour un délai fixé en fonction de l'année culturale en cours et des usages spécifiques aux productions concernées.

En cas de liquidation judiciaire d'un agriculteur, le tribunal peut, en considération de la situation personnelle et familiale du débiteur, lui accorder des **délais de grâce** dont il détermine la durée, pour quitter sa **maison d'habitation** principale.

D. Aides aux agriculteurs en difficulté

Outre le **revenu de solidarité active**, les exploitants agricoles en difficulté, notamment d'endettement, peuvent bénéficier sous certaines conditions du dispositif d'aide au redressement, anciennement dénommé « **Agridiff** ». Ce dispositif prévoit une aide à l'audit afin d'orienter l'agriculteur vers une solution de redressement adapté. En complément, des aides à la restructuration et au suivi technico-économique de l'exploitation sont prévues (n°s 77305 s.). **77300**

L'économie générale du dispositif repose sur l'articulation de trois mécanismes (C. rur. art. D 354-1 à D 354-15) :

– l'identification des agriculteurs en difficultés (Inst. tech. DGPE/SDC/2017-1039 du 27-12-2017) ;

– l'audit global de l'exploitation (Inst. tech. DGPE/SDC/2022-797 du 25-10-2022 ; Arrêté AGRT2214063A du 5-8-2022 : JO 6) ;

– la relance de l'exploitation regroupant la restructuration, et le suivi technico-économique (Inst. tech. DGPE/SDC/2022-810 du 27-10-2022).

IDENTIFICATION ET ACCOMPAGNEMENT DES EXPLOITANTS EN DIFFICULTÉ

Une section de la commission départementale d'orientation de l'agriculture (CDOA) était chargée d'apporter un concours technique aux agriculteurs en difficulté qui le demandaient (C. rur. art. R 313-5 ; Inst. DGPAAT/SDEA/C2009-3062 du 3-6-2009). **77301**

Face à un constat globalement négatif a été instaurée une **cellule d'accompagnement départementale** composée exclusivement de représentants techniques et administratifs issus notamment de centres de gestion, de banques ou de l'administration (Inst. DGPE/SDC/2017-1039 du 27-12-2017).

Cette cellule exclut expressément toute représentation professionnelle et repose sur un **principe de confidentialité** très stricte.

L'examen des dossiers individuels par la section spécialisée de la CDOA est remplacé par un bilan anonymisé réalisé auprès des membres de la CDOA.

L'**objectif principal** de la cellule est de repérer le plus précocement possible les exploitants agricoles en difficultés afin d'identifier les problèmes rencontrés et de les accompagner vers les solutions les plus adaptées.

Sur la base d'une information ciblée, d'une mise à disposition d'un numéro de téléphone dédié et d'une fiche d'autodiagnostic, la cellule identifiera les agriculteurs les plus fragiles puis mandatera un référent chargé de prendre contact avec chaque agriculteur pour lui proposer des voies d'accompagnement. Les **solutions** pourront aboutir à la réalisation d'un audit de l'exploitation, à la mobilisation d'un dispositif d'aide à la relance ou à l'ouverture d'une procédure collective

AIDES AU REDRESSEMENT

Regroupées au chapitre IV du titre V sur les exploitations agricoles en difficulté, les aides à l'audit global et à la relance de l'exploitation constituent l'ensemble des aides au redressement (C. rur. art. D 354-1 s. ; Inst. tech. DGPE/SDC/2022-810 du 27-10-2022 et DGPE/SCPE/SDC/2022-797 du 25-10-2022). **77302**

Conditions relatives à l'exploitant Le demandeur doit : **77303**

– avoir 21 ans au moins et être à 2 ans au moins de l'âge légal de la retraite à la date du dépôt du dossier ;

– être chef d'exploitation à titre principal, ou à titre secondaire depuis plus de 3 ans ;

– justifier d'une capacité professionnelle agricole suffisante ;

– ne pas bénéficier d'un autre avantage d'assurance vieillesse.

Conditions relatives à l'exploitation L'exploitation du demandeur doit : **77304**

– prendre la forme d'une exploitation agricole individuelle dont la main-d'œuvre non salariée est constituée du chef d'exploitation, éventuellement assisté de son époux, de son partenaire de pacte civil de solidarité, de son concubin ou d'aides familiaux ;

– ou prendre la forme d'une personne morale dont l'objet est exclusivement agricole et dont 50 % du capital social est détenu par des agriculteurs ;

– employer au moins une unité de travail non salariée, les membres de la famille de l'exploitant ne pouvant être pris en compte qu'au prorata de leur activité et dès lors que leur participation aux travaux représente au moins une demi-unité de travail ;
– ne pas employer annuellement une main-d'œuvre salariée permanente ou saisonnière supérieure à 10 unités de travail équivalent temps plein.

> **Précisions** Les conditions comptables **ne s'appliquent pas** aux exploitations soumises à une procédure de règlement amiable, de redressement, ou de procédure de sauvegarde (C. rur. art. D 354-10).

77305 **Procédure** Les demandes d'aides se font auprès de la DDT(M) du lieu du siège de l'exploitation et une même exploitation ne peut bénéficier d'une aide avant le terme d'une période de 5 ans à compter de la date de la décision d'octroi de l'aide pour l'audit et à compter de la date de la fin du plan de restructuration pour les autres aides (C. rur. art. D 354-4 et D 354-9).

SPÉCIFICITÉS RELATIVES AUX AIDES À L'AUDIT GLOBAL DE L'EXPLOITATION

77311 L'audit global de l'exploitation a pour **objectifs** :
– d'établir un bilan de la situation technique, économique et sociale de l'exploitation ;
– de proposer un plan d'actions pour répondre aux difficultés recensées ;
– d'orienter vers des dispositifs de soutien voire de cessation d'activité.
Pour bénéficier de l'aide à l'audit global, les **résultats comptables** doivent répondre au moins à l'un des critères suivants :
– un taux d'endettement supérieur ou égal à 50 % ;
– un excédent brut d'exploitation rapporté au produit brut inférieur ou égal à 25 %.
Pour ouvrir **droit à l'aide** de l'État, l'audit global de l'exploitation doit être réalisé conformément à un cahier des charges (DGPE/SCPE/SDC/2022-797 du 25-10-2022 ann. 1) et par un expert habilité par le préfet du département dans des conditions garantissant l'objectivité et la confidentialité.
L'exploitant doit en outre déposer un **dossier de demande** d'aide auprès de la DDT(M) du siège de l'exploitation, réaliser l'audit dans les 12 mois de l'octroi de l'aide et le transmettre à la cellule d'accompagnement.
Le **montant** maximal d'aide financière éligible est de 1 500 € tous financeurs confondus (Arrêté AGRT2214063A du 5-8-2022 art. 1er ; DGPE/SCPE/SDC/2022-797 du 25-10-2022).

SPÉCIFICITÉS RELATIVES AUX AIDES À LA RELANCE DE L'EXPLOITATION AGRICOLE (« AREA »)

77312 L'instruction technique DGPE/SDC/2022-810 du 27 octobre 2022 détaille la mise en œuvre du dispositif Area (anciennement « Agridiff »). Conditionnée à la réalisation d'un audit global, l'Area ne **concerne** que les exploitants en situation de difficulté structurelle, mais dont la viabilité de l'exploitation reste crédible. Le dispositif comporte deux **modalités** indissociables faisant l'objet d'une aide spécifique de l'État : le plan de restructuration et le suivi technico-économique.
Pour bénéficier de l'Area, les **résultats comptables** doivent répondre au moins à trois des critères suivants :
– un taux d'endettement supérieur ou égal à 70 % ;
– un niveau de trésorerie inférieur ou égal à zéro ;
– un excédent brut d'exploitation rapporté au produit brut inférieur ou égal à 25 % ;
– un revenu disponible par unité de travail non salariée inférieur ou égal à un Smic annuel déterminé au 1er janvier de l'année du dépôt de la demande d'aide pour les exploitants à titre principal et à la moitié d'un Smic net annuel pour les exploitants à titre secondaire.

77313 **Plan de restructuration** Suite à l'audit, un plan de restructuration peut être signé par le préfet en accord avec les principaux créanciers de l'agriculteur. D'une durée maximale de 7 ans, le plan comporte notamment (C. rur. art. D 354-7) :
– les dispositions économiques et techniques à mettre en œuvre pour améliorer la rentabilité et la compétitivité de l'exploitation ;
– une description des engagements de l'exploitant dont la contribution doit être réelle, effective et représenter au moins 25 % des coûts de restructuration ;
– les aménagements consentis par les principaux créanciers ;
– les aides financières publiques.

Suivi technico-économique Lorsqu'il est établi, le plan de restructuration fait l'objet d'un suivi technico-économique par un expert choisi par l'exploitant sur une liste établie par le préfet (C. rur. art. D 354-8). La durée du suivi est au minimum de 3 ans (Arrêté AGRT2214063A du 5-8-2022 ; Inst. tech. DGPE/SDC/2022-810 du 27-10-2022). 77314

Aide à la relance Elle comprend, selon le cas, la prise en charge de tout ou partie des frais ou garanties bancaires liés à une restructuration, des intérêts bancaires, des intérêts des prêts ou facilités de paiement contractés auprès des fournisseurs ou des dividendes correspondant aux intérêts dans le cas d'un plan de redressement ou de sauvegarde (C. rur. art. D 354-12 ; Arrêté AGRT2214063A du 5-8-2022 ; Inst. tech. DGPE/SDC/2022-810 du 27-10-2022). 77315

Le **plafond** de l'aide de l'État par unité de travail non salariée est fixé à 10 800 € pour la première unité de travail et à 10 000 € par unité supplémentaire. La **prise en charge complémentaire par d'autres financeurs publics** est plafonnée à 10 700 € pour la première unité de travail non salariée et à 10 000 € par unité supplémentaire. Dans les deux cas, le plafond par salarié est fixé à 2 000 €.

Ces plafonds s'appliquent au regard de la situation de l'exploitation au jour du dépôt de la demande d'aide :

– en fonction du nombre d'unités de travail non salariées de l'exploitation, dans la limite de 2 unités, ou, dans le cas d'un Gaec, du nombre d'associés ;

– et pour les exploitations qui emploient de la main-d'œuvre salariée, en fonction du nombre de salariés permanents ou saisonniers en équivalent temps plein, dans la limite de 10 salariés.

AIDES À LA CESSATION D'ACTIVITÉ

Les agriculteurs en difficulté obligés de cesser leur activité peuvent bénéficier d'**aides à la réinsertion professionnelle (ARP)** (C. rur. art. D 352-15 s.). Sont également bénéficiaires de ces aides les conjoints de ces agriculteurs et leurs aides familiaux et associés d'exploitation. 77320

Les intéressés doivent justifier qu'ils ont exercé à titre principal une activité agricole pendant une durée d'au moins 5 ans avant leur demande et s'engager à ne plus revenir en agriculture en qualité de chef d'exploitation, conjoint exploitant ou aide familial et associé d'exploitation durant 5 ans à compter de l'attribution de l'aide (C. rur. art. D 352-21). L'ARP comporte une prime de départ de 3 100 € par actif versée en une seule fois, augmentée de 50 % en cas de déménagement et la possibilité pour le bénéficiaire demandeur d'emploi de suivre une formation professionnelle rémunérée (Inst. tech. DGPE/SDC/2017-561 du 28-6-2017).

Un **congé de formation** destiné à accompagner la reconversion professionnelle des agriculteurs en difficulté a été mis en place (C. rur. art. L 353-1 et D 353-1 à D 353-9). Il s'adresse aux exploitants et chefs d'entreprise agricole dont l'exploitation, qui réalise une activité agricole mentionnée à l'article L 311-1 du Code rural et de la pêche maritime, est en difficulté sans perspective de redressement et qui sont contraints de cesser leur activité agricole. Pendant sa période de formation en vue de sa reconversion professionnelle, un **revenu d'accompagnement** peut être versé au chef d'exploitation ou d'entreprise agricole. 77322

AIDES CONJONCTURELLES

En cas de crises imprévisibles et de difficultés conjoncturelles, le **Fonds d'allégement des charges** (FAC) permet de prendre en charge une partie des intérêts échus ou à échoir pendant l'année des difficultés, afférente aux seuls prêts professionnels agricoles à long et moyen terme, sous un plafond de prise en charge fixé à 10 % du montant des annuités totales (intérêts et principal). 77330

Le cas échéant, des **enveloppes budgétaires spécifiques** sont octroyées pour faire face à des crises sectorielles.

TITRE II

Groupements et sociétés en agriculture

CARACTÉRISTIQUES GÉNÉRALES DES GROUPEMENTS EN AGRICULTURE

Les agriculteurs, souvent par nécessité mais également par choix, organisent entre eux de nombreux regroupements : 78000
– soit **en amont de leur exploitation**, puisqu'ils doivent acheter à l'extérieur les intrants (engrais, produits phytosanitaires, semences, etc.) et le matériel nécessaire à leur activité. Pour obtenir de meilleurs prix, des matériels plus performants ou se libérer du temps, les exploitants s'associent en tant qu'acheteurs dans des groupements d'approvisionnement qui prennent diverses formes juridiques : syndicat, coopérative, société d'intérêt collectif agricole, groupement d'intérêt économique, société commerciale ;
– soit **au niveau de l'exploitation**, pour bénéficier des diverses formules d'entraide et d'utilisation en commun du matériel, mais également pour unir leurs entreprises au sein de sociétés d'exploitation ou de groupements agricoles d'exploitation en commun (Gaec) ;
– soit **en aval de l'exploitation**, lorsqu'il s'agit de vendre leur production par le moyen de coopératives ou autres sociétés, ou de s'orienter vers d'autres activités en lien avec la production agricole (prestations de services, accueil à la ferme, production d'énergie, etc.).

Ils font également appel à divers groupements pour **détenir et gérer le foncier agricole ou rural** par le biais d'associations syndicales ou de sociétés foncières.

Les diverses formes de groupements et de sociétés en agriculture sont le fait d'une **évolution** qui n'a été ni conçue théoriquement au préalable selon un dessein d'ensemble ni poursuivie logiquement. Ces formules sont certes issues de besoins exprimés par les agriculteurs, mais nombre d'entre elles sont autant le fruit de traditions, d'imitations ou de modes que de comparaisons et de choix rationnels. 78005

Il s'est agi de suivre, en fait, l'évolution générale de l'agriculture, de plus en plus tournée vers l'extérieur, comme le montre encore la tendance la plus récente.

Longtemps les groupements en agriculture ont reposé sur des **solutions** simples, **empiriques**, ponctuelles, sans création de personnes 78010 morales. À titre d'exemple, en montagne, des coopératives traditionnelles réalisant la fabrication des fromages en alpage ne duraient qu'une saison, pour renaître l'année suivante.

Puis on a utilisé des **cadres juridiques déjà existants** prévus pour d'autres usages. Ainsi la société civile, le syndicat (Loi de 1884), l'association (Loi de 1901) furent-ils considérés comme des « solutions à tout faire ». Quant aux coopératives agricoles, elles furent construites sur des types de sociétés non agricoles.

Ont ensuite été créés des **instruments juridiques originaux**, chaque fois qu'on prenait conscience de besoins ou de risques nouveaux. Ainsi en fut-il des associations syndicales de propriétaires et, plus tard, des sociétés d'intérêt collectif agricole (Sica), nées principalement de la nécessité de réaliser, à moindres frais, l'électrification des campagnes et qui, depuis, ont pris une extension dans le secteur de la transformation et de la commercialisation.

La tendance qui s'est exprimée de l'après-guerre jusqu'à la fin des années quatre-vingt-dix se caractérisait par la mise au point de **formules** de plus en plus **spécifiques** et spécialisées :

– le statut de la coopération agricole est devenu autonome et sans référence aux autres types de sociétés civiles ou commerciales ;

– des formules spécifiques ont été prévues pour l'exploitation des terres, des pâturages, ou pour la propriété d'immeubles à destination agricole, ainsi que pour la mise en marché et les liaisons avec les autres secteurs socio-économiques.

Si l'on constate que ces formules spécifiques à l'agriculture se sont largement développées, les exploitants se tournent également vers les **sociétés et groupements commerciaux de droit commun** (SARL, SAS, SNC, GIE, etc.) dont la souplesse permet d'accompagner des projets de faible ampleur en lien avec la production agricole (activités de diversification telle la production d'énergie, approvisionnement en commun, etc.) et de réaliser des prestations de services au profit d'agriculteurs ou d'autres acteurs du milieu rural non membres du groupement ou de la société.

De même, si les sociétés d'exploitation (Gaec, EARL, GFA-exploitants, etc.) demeurent très bien implantées, on assiste néanmoins au cours des dernières années à l'utilisation par le législateur de sociétés de droit commun pour répondre à de nouveaux besoins de regroupement au niveau de l'exploitation : tel a été le cas des sociétés civiles laitières, désormais sans objet suite à la disparition des quotas laitiers, ou des sociétés en participation dans le cadre des groupes d'assolement en commun.

Enfin, il ne faut pas omettre dans cette évolution l'importance des groupements intéressant l'agriculture et destinés à **détenir et à gérer le foncier**, support traditionnel de l'exploitation agricole. Là encore, les agriculteurs se sont dotés d'outils adaptés, tels les groupements fonciers agricoles (GFA) après avoir utilisé des sociétés immobilières de droit commun. De même, après avoir largement bénéficié des services des associations syndicales de propriétaires, les agriculteurs les ont adaptées en créant des associations foncières pastorales (AFP) et plus tard des associations foncières agricoles (AFA) pour répondre notamment à la problématique de déprise des terres.

78015 Nous présenterons dans un premier chapitre les principales caractéristiques des divers groupements et sociétés en agriculture destinés à **favoriser l'exercice de l'activité agricole** par les exploitants ou les sociétés d'exploitation, en aval ou en amont de l'activité agricole :

– le statut de l'entraide en agriculture ;

– les groupements permettant l'approvisionnement et l'utilisation du matériel en commun ;

– les sociétés de droit commun utilisées pour réaliser des activités dans le prolongement ou en lien avec leur exploitation, en précisant la situation des GIE.

La mise en commun de la main-d'œuvre salariée des exploitants peut s'opérer par la création de groupements d'employeurs. Ceux-ci peuvent également avoir pour objet principal de mettre des salariés remplaçants à la disposition d'exploitants agricoles ; ils sont alors dénommés « services de remplacements » (voir n°s 56400 s.).

L'étude du statut des coopératives agricoles (à l'exception des particularités intéressant les Cuma traitées n°s 78370 s.), des sociétés d'intérêt collectif agricole et autres formules spécifiques se situant en amont ou en aval de la production agricole figure n°s 83005 s., ces groupements constituant la base de l'organisation économique.

Enfin, les GIEE (groupements d'intérêt économique et environnemental) créés par la loi 2014-1170 du 13 octobre 2014 d'avenir pour l'agriculture, qui ne recouvrent pas une forme particulière de groupement et visent à concilier performance économique, environnementale et sociale dans le cadre du projet agroécologique développé par le ministère de l'agriculture depuis 2012, sont étudiés dans le titre III relatif à l'aménagement des structures agricoles (n°s 80015 s.).

Si les regroupements concernant les moyens de production sont nombreux et souvent spécifiques, un type de bien particulier, le foncier rural, n'a pas échappé à la règle. Nous présenterons dans un deuxième chapitre les associations au service de la **propriété agricole ou forestière** ainsi que les sociétés destinées à porter le foncier rural : **78016**
– les associations syndicales et associations foncières agricoles (AFA) ou pastorales (AFP) ;
– les sociétés foncières intéressant les propriétaires que sont les groupements forestiers et, surtout, les groupements fonciers agricoles (GFA) et groupements fonciers ruraux (GFR).

Les sociétés utilisées pour la **réalisation de l'activité agricole** seront étudiées dans un troisième chapitre en distinguant : **78017**
– les sociétés civiles d'exploitation de droit commun ;
– les groupements agricoles d'exploitation en commun (Gaec) ;
– les exploitations agricoles à responsabilité limitée (EARL) ;
– et quelques groupements partiels disposant d'un statut particulier que sont par exemple les groupements pastoraux.

780 15 Si les regroupements concernant les moyens de production sont nombreux et souvent spécifiques, un type de bien particulier, le foncier rural, n'a pas échappé à la règle. Nous présenterons dans un deuxième chapitre les associations au service de la **propriété agricole ou forestière** ainsi que les sociétés destinées à porter le foncier rural :
– les associations syndicales et associations foncières agricoles (AFA) ou pastorales (AFP) ;
– les sociétés foncières intéressant les propriétaires que sont les groupements forestiers et, surtout, les groupements fonciers agricoles (GFA) et groupements fonciers ruraux (GFR).

780 17 Les sociétés utilisées pour la **réalisation de l'activité agricole** seront étudiées dans un troisième chapitre en distinguant :
– les sociétés civiles d'exploitation de droit commun ;
– les groupements agricoles d'exploitation en commun (Gaec) ;
– les exploitations agricoles à responsabilité limitée (EARL) ;
– et quelques groupements particuliers disposant d'un statut particulier que sont par exemple les groupements pastoraux.

CHAPITRE 1

ENTRAIDE, APPROVISIONNEMENT, UTILISATION DU MATÉRIEL ET COMMERCIALISATION EN COMMUN

SOMMAIRE

OUTILS DE COOPÉRATION ET DE REGROUPEMENT

Certainement plus que dans les autres secteurs de l'économie, les agriculteurs ont, de longue date, développé la constitution de sociétés ou groupements pour mener à bien leurs activités de production. Ils étaient le plus souvent organisés en groupements de fait sur une base familiale ou une relation de voisinage utilisant les structures de droit commun faute d'outils juridiques adaptés à leurs particularités de production (à l'exception notable des coopératives porteuses de projets de plus grande ampleur). Ce n'est qu'avec la loi d'orientation de 1960 et les lois qui l'ont suivie que de véritables outils de coopération et de regroupement se sont créés à destination des agriculteurs. **78020**

Il s'est tout d'abord agi de créer un cadre pour la coopération ponctuelle ou plus durable, mais sans la construction d'un groupement doté de la personnalité morale, pour répondre aux activités auxquelles se livraient traditionnellement les agriculteurs. Cet outil souple a consisté à placer sous une relation de droit définie, celle de l'**entraide**, les coups de main plus ou moins poussés, plus ou moins réguliers qu'échangent les agriculteurs.

Sur la base de l'entraide, d'autres structures se sont développées, visant, en dehors de la main-d'œuvre, à **regrouper les matériels et moyens d'exploitation**. De la simple copropriété à l'utilisation de l'outil coopératif, les formules juridiques utilisées ont permis une mise en commun du matériel et des équipements tout en conservant une structuration individuelle à l'exploitation. Au-delà des outils spécifiques, les formes sociétaires commerciales de droit commun sont de plus en plus utilisées. **78030**

Pour répondre à la baisse de leurs revenus ou pour mieux maîtriser leurs marchés, bon nombre d'agriculteurs se sont lancés à la « reconquête de la valeur ajoutée » et ont diversifié leurs activités. Délaissant les formules à base coopérative traditionnelles qui prenaient une taille régionale ou nationale, ils se sont préoccupés, en général à plusieurs, de **conditionner, vendre directement ou transformer** leurs produits agricoles à une échelle plus restreinte et locale. Parallèlement, pour répondre aux besoins tant de certains agriculteurs que des autres habitants de territoires ruraux, les agriculteurs ont développé la réalisation de **prestations de services** et **78035** notamment des entreprises de travaux agricoles. D'autres ont mis en place des activités de restauration à la ferme ou d'hébergement. D'autres encore, profitant des atouts que présentent l'activité agricole et le développement des énergies renouvelables, produisent de l'électricité ou de la chaleur. Pour mener à bien de telles activités, qu'elles soient réalisées par l'exploitant et sa famille ou entre plusieurs exploitants, la mise en place de **sociétés ou groupements de forme commerciale** a été nécessaire pour des raisons d'ordres juridique et fiscal.

A. Entraide agricole

78040 L'entraide est traditionnelle en agriculture, mais son visage est aujourd'hui multiple : prêt de matériel, outils en copropriété, Cuma, syndicats, chantiers communs, équipes de travail, etc.
Ses caractères se modifient : il y a quelques décennies, elle reposait essentiellement sur des échanges de journées de travail d'hommes ou d'animaux de trait ; aujourd'hui, les matériels sont très différenciés et leurs coûts d'utilisation sont très variables nécessitant des règles d'échanges plus élaborées.
Dans un certain nombre de cas, il a été nécessaire d'organiser des chantiers, de **comptabiliser** les **apports** de chacun : l'entraide a pu alors constituer une étape vers des groupements ou même des fusions d'entreprises agricoles telle la création de Gaec et plus récemment de groupes d'assolement en commun.

1. DIVERS ASPECTS DE L'ENTRAIDE

78045 L'entraide est réalisée entre agriculteurs par des échanges de services en travail et en moyens d'exploitation, lesquels supposent une réciprocité. Ainsi, procèdent à des **échanges de services réciproques** les exploitants qui :
– donnent un « coup de main » à un voisin agriculteur, se prêtent du matériel d'exploitation ou effectuent eux-mêmes des opérations culturales ;
– achètent et utilisent à plusieurs du matériel qu'ils ne peuvent, seuls, amortir ;
– travaillent ensemble dans des équipes ou des chantiers (par exemple de moissonnage ou d'ensilage).
À ces échanges, on peut ajouter la création de « **groupes d'assistance mutuelle** » permettant à leurs adhérents d'être aidés afin de faire face aux nécessités de leur exploitation, lorsqu'ils en sont momentanément incapables par suite de maladie ou d'accident. Les services de remplacement, à une échelle départementale, participent de cette même logique.

78050 En pratique, on peut distinguer deux types de situations :
– ou bien l'entraide se réalise directement, par des échanges de services, décidés spontanément par **accord** le plus souvent **verbal** entre deux ou plusieurs exploitants, chacun conservant, pour ce qui le concerne, la maîtrise et les risques des opérations ;
– ou bien, au lieu de se contenter d'une simple convention verbale, les participants peuvent **constituer** une **personne morale** (association, voire syndicat, coopérative, société, etc.) qui, possédant une capacité juridique et souvent un patrimoine distinct de celui de chacun de ses participants, peut acheter du matériel commun et contracter une assurance pour couvrir sa responsabilité.

2. RÈGLES APPLICABLES À L'ENTRAIDE AGRICOLE

78080 Les articles L 325-1 et suivants du Code rural et de la pêche maritime définissent ce qu'est l'entraide agricole, ses limites (pour éviter, par exemple, que le participant aux opérations d'entraide ne soit considéré comme « entrepreneur de travaux agricoles » avec les obligations statutaires, comptables et fiscales qui en résultent), la situation fiscale et sociale des participants ainsi que la responsabilité des accidents survenus dans le cadre de l'entraide.

DÉFINITION DE L'ENTRAIDE

78085 **Échange de services** L'acte d'entraide est un échange, entre agriculteurs, de services en travail et moyens d'exploitation. Il implique, selon une jurisprudence constante, « nécessairement la gratuité dans le service, la réciprocité et l'équivalence dans les échanges entre les parties à la convention » (Cass. soc. 17-1-2024 n° 22-19.106 inédit).
La **qualité d'agriculteur** est nécessaire pour que l'opération entre dans le champ de l'entraide. Tel est le cas des exploitants individuels, des sociétés d'exploitation agricole, quelle qu'en soit la forme, mais également de l'agriculteur retraité qui a conservé sur les terres dont il est propriétaire une activité réduite (Cass. soc. 25-1-1990 n° 85-15.512 : Bull. civ. V n° 33) ou de l'agriculteur pluriactif (Cass. 1e civ. 13-10-1992 n° 90-21.488 : RD rur. 1993 p. 93). En revanche, il n'y a pas entraide en

cas de coup de main donné à un exploitant par le possesseur d'un petit jardin qui n'a pas la qualité d'agriculteur (Cass. soc. 3-5-1968 n° 67-11.582 : Bull. civ. IV n° 224) ou d'aide apportée par un agriculteur à un exploitant forestier (Cass. 1e civ. 28-3-1973 n° 71-12.443 : Bull. civ. I n° 117). Jugé également que le seul prononcé de la liquidation judiciaire de l'entreprise prestataire fait cesser l'entraide (Cass. soc. 17-1-2024 n° 22-19.106 inédit). La portée de cet arrêt dont la solution paraît discutable reste à préciser.

L'affiliation sociale (chef d'exploitation, cotisant solidaire, etc.) ou les définitions posées par les diverses réglementations (actif agricole, agriculteur actif) sont sans incidence sur la qualification d'agriculteur au regard de l'entraide.

La **réciprocité** n'entraîne pas obligatoirement l'**équivalence** en valeur ; si une différence apparaît, la **compensation** en argent est possible sans que l'acte perde son caractère essentiel de gratuité. Par suite, pour qu'il y ait entraide, il n'est pas nécessaire que les exploitations des agriculteurs qui s'aident mutuellement soient d'égale importance. Toutefois, l'entraide n'a pas été reconnue pour un échange de services disproportionnés, concernant deux exploitations d'inégales consistances et se livrant à des productions différentes, dissimulant, pour la Cour de cassation, un contrat de travail saisonnier de taille de vignes (Cass. crim. 24-5-2005 n° 04-85.079).

En revanche, la notion d'échanges de services interdit que des parts de récoltes soient remises en contrepartie du service rendu. Ces prestations ne sauraient être considérées comme un service et, dans ce cas, la condition de réciprocité de l'aide qui est à la base de l'entraide ne serait pas respectée.

L'entraide peut être **occasionnelle**, temporaire ou intervenir d'une manière **régulière** (ce qui peut être le cas de l'entraide organisée et comptabilisée, du type des « banques de travail »). Si l'aide est consentie « à charge de revanche », les échanges réciproques ne doivent pas nécessairement être concomitants, ni même rapprochés dans le temps. La relation est qualifiée d'entraide dès lors que l'aide apportée par un exploitant relève de celles que les agriculteurs se rendent habituellement entre eux, même si elle apparaît comme le premier service (Cass. 1e civ. 10-7-2002 n° 00-10.117). Jugé toutefois que le contrat d'entraide repose sur une concertation préalable des parties (Cass. 2e civ. 18-3-1992 n° 90-15.250 : Bull. civ. II n° 87).

Un écrit n'est cependant pas nécessaire sauf lorsque l'entraide est pratiquée dans une exploitation soumise au régime d'autorisation des exploitations de cultures marines (C. rur. art. L 325-1).

Services concernés Les services rendus en travail et en moyens d'exploitation doivent être liés à la qualité d'agriculteurs des parties. Le **champ d'application** de l'entraide inclut non seulement les **travaux** intéressant directement la production agricole (semis, fenaison, récolte, etc.), mais également un certain nombre de tâches annexes que les agriculteurs accomplissent pour la bonne marche de leurs exploitations, telles que la réparation d'un bâtiment (Cass. soc. 21-2-2002 n° 99-16.862 : Bull. civ. V n° 75). Il n'est pas nécessaire qu'une récolte soit menacée pour que ces travaux annexes entrent dans le cadre de l'entraide. 78090

Les travaux exécutés chez les voisins doivent être **« accessoires »** par rapport à ceux faits chez soi, ces derniers devant représenter l'essentiel de l'emploi du matériel (les échanges multilatéraux devraient toutefois, selon nous, échapper à cette règle).

Le champ d'application de l'entraide agricole comprend également les échanges de **services entrant dans le prolongement de l'acte de production**. Cette précision apportée par la loi d'avenir pour l'agriculture (Loi 2014-1170 du 13-10-2014) semble avoir pour objectif de limiter le champ de l'entraide aux activités agricoles par nature et aux activités effectuées dans leur prolongement excluant son application dans le cadre des activités agricoles par détermination de la loi (nos 10 s.).

L'entraide est **présumée** concernant les **actions menées par les agriculteurs membres** du GIEE dans le cadre de leur projet pluriannuel au bénéfice d'autres agriculteurs membres (C. rur. art. L 315-5, al. 1).

Relèvent également de l'entraide, sans préjudice de la réglementation qui leur est applicable, les **échanges**, entre agriculteurs, **de semences ou de plants** n'appartenant pas à une variété protégée par un certificat d'obtention végétale et produits sur une exploitation hors de tout contrat de multiplication de semences ou de plants destinés à être commercialisés (C. rur. art. L 315-5, al. 2).

> **Précisions a.** La portée de la **présomption d'entraide** prévue en matière de GIEE semble limitée. En effet, l'entraide entre agriculteurs est présumée pour les travaux liés à la réalisation d'une activité agricole (Cass. soc. 21-2-2002 n° 99-16.862 précité), sauf à ce que l'exploitant qui réalise le service établisse entre eux une facture ou refuse la réciprocité.
>
> **b.** L'**application de produits phytopharmaceutiques** à usage agricole et assimilés effectuée à titre d'entraide bénévole fait l'objet de dispositions dérogatoires. En principe, cette application en qualité de prestataire de services est subordonnée à un agrément spécifique (C. rur. art. L 254-1). En cas d'entraide, cet agrément n'est, de disposition expresse, pas nécessaire (C. rur. art. L 254-1, II-2°).

78095 **Acte gratuit** Le contrat d'entraide est un acte gratuit. Celui qui apporte ses services n'est ni le salarié de celui qui les reçoit (la législation du travail et de la protection sociale n'intervient donc pas), ni un entrepreneur de travaux agricoles (l'immatriculation au registre du commerce n'est pas requise). Il ne doit pas être payé pour le travail accompli à charge de réciprocité. En revanche, le bénéficiaire de l'entraide peut rembourser au prestataire les frais que celui-ci doit lui-même payer pour apporter son aide. Les tarifs de **remboursement** d'entraide ne doivent correspondre qu'aux **frais réels** : carburant, huile, quote-part d'entretien, d'amortissement, d'assurance ou même de main-d'œuvre (mais seulement s'il s'agit du travail d'un salarié) ; il est nécessaire d'exclure la spéculation et le profit, donc ne pas chercher à réaliser un bénéfice. Des barèmes sont régulièrement publiés par les organisations professionnelles. Pour ne pas remettre en cause le caractère essentiellement gratuit de la prestation, la remise d'argent ou l'inscription d'une créance devra donc être faible et la « contre-prestation » reçue en retour devra demeurer très largement prépondérante (voir, en ce sens, Cass. soc. 16-3-1983 n° 82-10.390 : Bull. civ. V n° 162).

CONSÉQUENCES

78100 Il est possible sans risquer d'être qualifié d'entrepreneur de travaux, de s'entraider régulièrement, c'est-à-dire de façon continue et constante, dès lors que la réalisation de bénéfices n'est pas l'**objectif** poursuivi.

On peut donc considérer, toutes conditions respectées, que celui qui apporte l'entraide à son voisin agit pour son propre compte puisqu'il pourra être successivement prestataire et bénéficiaire de l'aide.

De ce constat résultent les règles fiscales, sociales, ainsi que la définition des responsabilités qui ont été fixées par le législateur.

78105 Sur le **plan fiscal**, travaillant gratuitement (même lorsque le bénéficiaire rembourse les frais engagés par le prestataire), le prestataire de services ne peut être assujetti ni à l'impôt sur le revenu (CGI art. 81, 15°), ni à la TVA (CGI art. 261, 2-3°), ni à la contribution économique territoriale (C. rur. art. L 325-2).

Sur le **plan social**, voir n° 38635.

RESPONSABILITÉ EN CAS D'ACCIDENT

78120 L'agriculteur rendant un service dont il escompte la réciprocité agit pour son propre compte. Il est donc responsable de son propre accident du travail ainsi que de ceux survenus au cours de l'entraide (C. rur. art. L 325-3, al. 1) :

– soit à son conjoint, partenaire ou concubin ayant le statut de **collaborateur d'exploitation** ;

– soit à toute personne considérée légalement comme **aide familial** de l'agriculteur prestataire (c'est-à-dire les ascendants, les descendants, frères, sœurs, beaux-frères, belles-sœurs du chef d'exploitation ou de son conjoint, vivant sur l'exploitation et participant à sa mise en valeur comme « non-salariés ») ;

– soit à ses **salariés agricoles** (permanents ou occasionnels).

Lorsqu'une société d'exploitation participe à une opération d'entraide, sa responsabilité s'étend également, selon nous, à ses associés y participant comme aux collaborateurs d'exploitation de ces associés, voire à leurs aides familiaux s'il s'agit d'associés de Gaec.

L'agriculteur rendant un service dans le cadre de l'entraide est responsable des **dommages causés aux tiers** dans le cadre de cette opération par les personnes listées ci-dessus. Cette règle s'applique quelle que soit l'origine du dommage : fait personnel, fait des animaux ou du matériel (C. rur. art. L 325-3, al. 2). Toutefois, la Cour de cassation interprète restrictivement la notion de travail agricole justifiant l'application du régime de l'entraide à l'**accident survenu à l'un des participants** : l'accident d'entraide est celui qui survient au cours du travail agricole proprement dit. Ainsi, elle a jugé que toute victime d'un accident de circulation dans lequel est impliqué un véhicule terrestre à moteur a droit à l'indemnisation de son dommage en application de la loi du 5 juillet 1985, quand bien même cet accident survient à l'occasion d'une entraide (Cass. 2e civ. 17-11-2005 n° 03-20.551 : Bull. civ. II n° 291).

ASSURANCES

78125 Le prestataire doit contracter une assurance couvrant les risques entraînés par l'exécution d'un service rendu au titre de l'entraide agricole (C. rur. art. L 325-3, al. 3).

En pratique :

– lorsque l'exploitant, son collaborateur d'exploitation, ses aides familiaux vont apporter l'**entraide chez un voisin**, c'est leur régime d'assurance obligatoire contre les accidents qui, sans entraîner de coûts supplémentaires, entre en jeu puisqu'il couvre les personnes non salariées qui consacrent leur activité à la mise en valeur de l'exploitation (sur le régime des accidents du travail, voir nos 48000 s.) ;

– l'assurance accident du travail des salariés garantit la responsabilité que l'exploitant encourt quand un **accident** survient, lors de l'entraide, **à un de ses salariés** ;
– dans le cas d'accidents causés à un tiers par le fonctionnement de **véhicules à moteur** mis à disposition du bénéficiaire de l'entraide par le prestataire, c'est la personne qui dirige le véhicule qui est responsable. De même, en cas d'accident du fait d'animaux (ou de tout matériel), c'est le gardien de ceux-ci au moment du dommage qui est responsable ;
– enfin, le prestataire est contractuellement responsable de la mauvaise exécution de ses obligations résultant de la **faute** de **son salarié** (dommages causés au matériel du bénéficiaire de l'entraide).

3. BANQUE DE TRAVAIL

Les formules d'entraide au « coup par coup » ne sont pas toujours considérées comme suffisantes par les agriculteurs, en particulier s'il ne s'agit que d'**« associations de fait »** n'ayant pas de capacité juridique ; elles ne peuvent emprunter, acheter, louer et surtout s'assurer. **78160**
Ils peuvent alors avoir recours à des formes d'entraide plus structurées et mieux organisées. L'exemple le plus significatif de ce type d'**entraide organisée en groupe** est la banque de travail : chaque membre aide en travail et en matériel non pas seulement un agriculteur précis mais l'ensemble du groupe. Le bénéficiaire ne vient pas nécessairement aider en retour celui qui a fait le travail chez lui : il peut aller travailler chez un autre. Inversement, il peut recevoir l'aide non seulement de celui à qui il a rendu service mais de l'un ou l'autre des membres du groupe entre lesquels existe une sorte de **« convention de compte courant »** : chaque type de service et de matériel constitue un certain nombre d'unités de compte (par exemple, par comparaison, une heure de travail de tel outil vaut tant d'heures de travail d'un homme).
Après chaque prestation, un bon est établi ; en **fin d'année**, on calcule, pour chacun, le nombre des unités de compte et on établit, le cas échéant, la **compensation** en cherchant un équilibre. On peut reporter le solde à l'exercice suivant et inciter les **« membres déficitaires »** à s'équiper davantage (grâce à du matériel complémentaire) pour qu'ils puissent rendre plus facilement et plus utilement les services qu'ils ont reçus.
Les créateurs de ces « banques de travail » peuvent choisir entre diverses **formules juridiques** : association loi de 1901 (très fréquemment), syndicat agricole (désormais très rare en pratique), GIE, etc. Il convient toutefois d'être attentif aux **conséquences fiscales** de ces choix. Les associations et syndicats qui se livrent à des activités à caractère lucratif relèvent de l'impôt sur les sociétés de droit commun et devront en conséquence procéder aux obligations déclaratives afférentes (n° 24225). Toutefois, il faut relativiser les conséquences pour ces deux formules juridiques souvent utilisées. Hormis la tenue d'une comptabilité obligatoire et l'établissement des déclarations fiscales, rares sont les structures de ce type qui réalisent des bénéfices (produits et charges ont vocation à s'équilibrer) et donc paient l'impôt sur les sociétés. Par ailleurs, en matière de TVA, elles peuvent bénéficier sous condition de la franchise en base (CGI art. 293 B modifié par loi 2023-1322 du 29-12-2023).

B. Groupements pour l'approvisionnement et l'utilisation du matériel

1. GROUPEMENTS POUR L'APPROVISIONNEMENT

En complément de l'entraide ou en dehors d'elle, les agriculteurs ou sociétés agricoles peuvent choisir de réaliser leurs approvisionnements en commun (semences, engrais, produits phytosanitaires, etc.). Si la tendance a longtemps été celle des groupements informels sous couvert de **commandes groupées** (la commande est unique mais chacun paie sa facture aux fournisseurs) qui demeurent encore très nombreux, d'autres formes se sont développées. La pratique la plus récente tend à créer des sociétés commerciales dès lors que les volumes sont conséquents. Entre ces deux formes extrêmes, de multiples outils peuvent être utilisés. **78300**
Le **syndicat agricole** a longtemps permis d'amorcer une action d'approvisionnement à meilleur compte pour ses adhérents, mais il n'est aujourd'hui pratiquement plus utilisé dans ce cadre (n° 78360).
En effet, les syndicats peuvent, s'ils y sont autorisés par leurs statuts – et à condition de ne pas distribuer de bénéfices, même sous forme de ristournes (ce qui est possible dans une coopérative) – procurer à leurs membres tous les objets nécessaires à l'exercice de leur profession, matières premières, carburants, outils, instruments, machines, engrais, semences, plantes,

animaux et matières alimentaires pour le bétail (C. rur. art. L 718-7). Mais leur régime fiscal qui emporte, pour ce type d'activité, un assujettissement aux impôts commerciaux a conduit à s'en détourner (voir n°s 26090 s.).
La **coopérative**, qui exige plus d'engagements et d'investissements, se charge fréquemment des approvisionnements soit à titre principal, soit dans le cadre d'une action d'ensemble allant jusqu'à la commercialisation (voir n°s 83015 s.).
Les sociétés d'intérêt collectif agricole **(Sica)** peuvent permettre des liaisons plus larges, même avec des non-agriculteurs (fournisseurs ou acheteurs), mais leur intervention en ce domaine est plus rare (voir n°s 83600 s.).
Certains agriculteurs utilisent la formule du groupement d'intérêt économique **(GIE)**, qui ne nécessite pas obligatoirement de capital préalable, ni d'agrément particulier (voir n°s 78400 s.).
D'autres enfin s'orientent vers la constitution de **sociétés commerciales de droit commun** (SARL, SAS, SNC, etc.) qui permettent notamment de rentabiliser l'approvisionnement en réalisant des prestations de services au profit d'agriculteurs non membres de la société (voir n°s 78450 s.).
L'achat de matériel par une **société en participation**, qui a pu se pratiquer par le passé, n'est aujourd'hui plus utilisé.

2. GROUPEMENTS POUR L'UTILISATION EN COMMUN DU MATÉRIEL

78320 Pour utiliser des matériels d'exploitation performants, l'exploitant peut :
– soit les posséder seul ; mais, comme il est l'**unique utilisateur** à en supporter le poids économique et l'amortissement, le coût peut paraître démesuré par rapport aux besoins de l'exploitation et diminuer les résultats comptables ;
– soit, pour éviter un investissement non rentable, les **prendre en location**, ce qui peut être intéressant ponctuellement, ou de manière plus régulière, à condition d'en bien mesurer le coût et d'en optimiser l'utilisation ;
– soit faire appel à une **« entreprise » de travaux agricoles** qui assure le travail à un prix déterminé à l'avance (avec ou sans participation de l'exploitant et de sa famille), mais avec les incertitudes liées aux disponibilités de l'entrepreneur ;
– soit **agir en groupe**, celui-ci possédant ou non une structuration juridique particulière ou n'étant qu'une application de l'entraide telle que définie n°s 78040 s., et optimisant l'utilisation entre ses membres.
Notons qu'il peut y avoir soit utilisation individuelle, à tour de rôle, d'un matériel acheté en commun, soit utilisation en commun, par l'entraide organisée, de matériel acheté individuellement (quelquefois de façon concertée comme dans les « banques de travail »).
Lorsqu'il y a **achat de matériel en commun**, le groupe peut :
– ne pas avoir de personnalité juridique distincte de celle de chacun de ses membres : c'est le cas de l'indivision sur la propriété du matériel (dénommée en pratique copropriété) ;
– ou, au contraire, posséder une personnalité juridique distincte de celle de chacun des membres du groupe : tel est le cas des syndicats (rare), des coopératives dont le statut a été adapté en conséquence, mais aussi, plus récemment, des sociétés commerciales de droit commun, certes moins avantageuses, mais aussi moins contraignantes.

ACHAT EN INDIVISION OU EN COPROPRIÉTÉ

78325 Cette formule a le mérite de la simplicité, mais elle exige de la part des membres une très bonne **entente**.
Il est important de veiller scrupuleusement au respect des règles régissant l'entraide et la responsabilité de « l'exploitant » de la machine (n°s 78120 s.).
Le **contrat d'indivision** peut être verbal, mais il est conseillé de rédiger un écrit. En effet, ce mode d'achat en commun peut être aléatoire quant à sa durée et difficile à maintenir, il convient de l'organiser sans quoi il est régi par les règles de l'indivision dans laquelle, en principe, nul n'est tenu de demeurer (C. civ. art. 815 s.).
Il semble qu'en dehors du matériel simple et robuste l'emploi de la formule de l'indivision ou de la copropriété doive rester limité.

78340 Le matériel sera en général acheté par l'un des futurs copropriétaires, chacun s'acquittant directement de la quote-part du prix lui incombant. L'établissement de **factures** au nom de chacun des acquéreurs faisant apparaître distinctement la part de chacun en achat et la **TVA** correspondante est indispensable pour leur permettre individuellement la déduction de la taxe.

ACHAT DANS LE CADRE D'UN SYNDICAT AGRICOLE

De même qu'ils peuvent être utilisés pour l'approvisionnement en amont de l'exploitation, les syndicats peuvent, « s'ils y sont autorisés par leurs statuts et à la condition de ne pas distribuer de bénéfices, même sous forme de ristournes, à leurs membres », acheter pour les **louer, prêter ou répartir** entre leurs membres tous les objets nécessaires à l'exercice de leur profession : matières premières, **outils, instruments, machines**, etc. (C. rur. art. L 718-7 ; C. trav. art. L 2131-1 s.). Mais la capacité strictement civile du syndicat et la nécessité de respecter son objet en limitent fortement l'utilisation. De plus, sa soumission aux impôts commerciaux, complexifiant la gestion, s'avère le plus souvent rédhibitoire (voir nos 26090 s.). Ainsi son utilisation dans ce cadre est-elle devenue anecdotique. 78360

ACHAT PAR UNE COOPÉRATIVE D'UTILISATION DU MATÉRIEL AGRICOLE (CUMA)

Dans la conduite rationnelle de l'équipement d'une exploitation agricole, le parc individuel de matériel ne comporte que le minimum indispensable aux travaux « quotidiens » et est complété, pour des travaux spéciaux ou spécialisés, ou même pour des travaux courants effectués pendant un petit nombre d'heures dans l'année, par des matériels n'appartenant pas en propre et en totalité à l'exploitation agricole. 78370

Les Cuma, qui bénéficient d'un certain nombre d'avantages, ont précisément pour but de mettre à la disposition des agriculteurs adhérents ces équipements indispensables à un prix d'investissement strictement proportionnel à l'utilisation qu'en fait chacun d'eux. Ces investissements font l'objet d'un accompagnement financier par l'État (n° 78387).

Elles constituent un des types de coopératives agricoles soumises au statut décrit nos 83015 s. Toutefois, le nombre **minimum d'adhérents** est de 4 (C. rur. art. R 522-1, al. 2).

Bénéficiant de la **personnalité morale**, les Cuma peuvent, bien entendu, emprunter auprès des établissements de crédit pour acquérir leur matériel agricole. Elles peuvent bénéficier par ailleurs d'aides à l'investissement et d'aides financières dans le cadre des appels à projets du Plan de compétitivité et d'adaptation des exploitations agricoles (PCAE) (n° 78387).

> **Précisions** Les Cuma sont autorisées, sous conditions, à édifier des **constructions et installations nécessaires** à l'exploitation agricole et forestière ou au stockage et à l'entretien de matériel agricole en zone A et N des plans locaux d'urbanisme (C. urb. art. R 151-23 et R 151-25). Jusqu'alors, cette possibilité était réservée aux seuls agriculteurs édifiant pour eux-mêmes et sous de strictes conditions (n° 72152).

DIVERSITÉ DES CUMA

On peut considérer que la Cuma constitue un cadre souple à l'intérieur duquel toutes les adaptations sont possibles pour tenir compte de la diversité des problématiques posées. Leur succès est indéniable : on dénombre 10 057 Cuma en France regroupant 195 000 adhérents (soit 50 % des exploitations agricoles et jusqu'à 75 % dans certaines régions). Une Cuma compte en moyenne 23 adhérents, avec une grande diversité : du groupe restreint de quatre exploitations à des Cuma départementales de plus de 100 adhérents. L'emploi salarié en Cuma, principalement en CDI, regroupe environ 5 500 personnes (Fncuma, chiffres clés, 2023). 78375

Il est possible de constituer des **Cuma de complément** permettant de dominer les pointes de travail ou d'organiser des « chantiers en commun », dans lesquels, autour du gros matériel de la Cuma, les adhérents viennent avec leur matériel individuel de transport (chantiers d'ensilage, par exemple).

De plus, à l'intérieur d'une Cuma, il est possible de constituer des « groupes » ou « sections » autour d'un ou plusieurs matériels déterminés.

La Cuma peut s'intégrer à la formule **« banque de travail »** pour en constituer soit le cadre, soit le complément, soit le prolongement.

Les Cuma peuvent aussi acheter du **gros matériel**, par exemple pour des travaux d'aménagement foncier et d'infrastructure rurale.

Les Cuma de base peuvent encore **se regrouper** et échanger leur matériel (échanges dits « en intercuma ») ; peu à peu, par adhésion mutuelle, on peut parvenir, par une construction pyramidale, à des Cuma de gros équipements, ou de dépannage.

Les Cuma ont également la faculté de développer, au bénéfice exclusif de leurs membres, les activités dévolues aux **groupements d'employeurs**, désormais sans aucune restriction. Contrairement aux dispositifs antérieurs qui en limitaient la portée, elles peuvent mettre à la disposition de leurs membres l'ensemble de leur personnel lié au groupement par un contrat de travail (C. trav. art. L 1253-3). 78376

En outre, les Cuma peuvent bénéficier des **aides publiques** à l'emploi et à la formation professionnelle dont auraient bénéficié les entreprises membres si elles avaient directement embauché les salariés mis à leur disposition (C. trav. art. L 1253-24).

78380 Dans les **régions de montagne**, les collectivités territoriales, les associations foncières, les associations syndicales de propriétaires fonciers peuvent recourir aux services d'une Cuma pour la réalisation de travaux agricoles ou d'aménagement rural conformes à l'objet de la coopérative. Dans ces régions, les Cuma bénéficient d'aides plus avantageuses pour l'acquisition du matériel, sous certaines conditions, notamment dans le cadre du Plan d'aide pour la compétitivité et l'adaptation des exploitations.

78385 Par ailleurs, sans qu'elles aient besoin de le prévoir dans leurs statuts, les Cuma sont autorisées à réaliser des **travaux** agricoles ou d'aménagement rural **pour le compte des communes** de moins de 3 500 habitants, des groupements de communes comprenant au moins trois quarts de communes de moins de 3 500 habitants ou de leurs établissements publics, lorsque l'un des adhérents de la coopérative a le siège de son exploitation agricole dans le ressort territorial de l'une de ces collectivités ou établissements. Ces travaux sont considérés comme étant conformes à l'objet de la Cuma dès lors que leur montant n'excède pas 25 % du chiffre d'affaires annuel de la coopérative, dans la limite de 10 000 €, seuil porté à 15 000 € dans les zones France ruralités revitalisation (anciennement « zones de revitalisation rurale ») (C. rur. art. L 522-6).

Les Cuma peuvent encore apporter leur concours aux communes, aux intercommunalités et aux départements en assurant le déneigement des routes et le salage de la voirie dans les mêmes conditions que les agriculteurs (n° 99).

DISPOSITIF NATIONAL D'AIDES AUX CUMA

78387 Les **modalités** d'intervention de l'État au titre du dispositif d'accompagnement des projets et initiatives des Cuma sont fixées par arrêté (Arrêté AGRT1520143A du 26-8-2015 modifié en dernier lieu par arrêté AGRT2303328A du 3-3-2023 ; Inst. tech. DGPE/SDC/2024-247 du 22-4-2024).

Pour bénéficier du **dispositif national d'accompagnement** (dit DiNA Cuma), les Cuma doivent être agréées et être à jour de leurs cotisations auprès du Haut conseil de la coopération agricole (HCCA). Le cadre d'intervention du DiNA Cuma est **régionalisé** et défini par arrêté préfectoral.

Alors qu'il permettait à la fois de financer une aide aux investissements immatériels et matériels le DiNA Cuma ne finance plus, depuis 2024, qu'une aide au **conseil stratégique**. Il s'agit de définir un **plan d'actions** afin d'améliorer les performances économiques, environnementales et sociales de la Cuma concernée. Une **priorité** est accordée aux conseils stratégiques visant notamment à favoriser :

– la performance environnementale des Cuma (projets de production d'énergies renouvelables, renouvellement de matériel dans le cadre d'une certification HVE, d'un développement de l'agriculture biologique, adhésion à un GIEE, etc.) ;
– le renouvellement des générations et la participation des nouveaux installés dans les Cuma ;
– la modernisation et la transition numérique des exploitations agricoles ;
– le renforcement de la structure collective des Cuma (projet coopératif).

L'aide est accordée dans le cadre du règlement (UE) n° 2023/2831 de la Commission du 13 décembre 2023 dit « de minimis entreprise ». L'aide est **versée** sous forme d'une subvention. Elle représente un maximum de 90 % du coût HT, sans pouvoir dépasser 3 000 € par prestation et dans la limite du plafond prévu par le règlement (UE) 2023/2831 susvisé. Ainsi, la somme des **aides** de minimis cumulées sur les 3 derniers exercices fiscaux y compris celles demandées, qui n'ont pas encore été perçues, ne doit pas dépasser le plafond de 300 000 € par entreprise unique ; à défaut l'aide ne peut être versée.

La Cuma sollicitant cette aide doit réaliser la prestation de conseil stratégique auprès d'un **organisme de conseil agréé** par les services de la DRAAF. Le descriptif de la prestation ainsi que les modalités d'intervention de l'État sont précisés par l'arrêté du préfet de région.

> **Précisions** Une aide peut être sollicitée pour un **nouveau conseil stratégique** sous réserve que la Cuma ait fait une évaluation du premier conseil stratégique réalisé et de son plan d'actions. Une **priorité** est donnée aux projets portés par des Cuma comprenant des adhérents jeunes agriculteurs ou contribuant à la réalisation du projet agro-écologique promu par le ministère de l'agriculture.

C. Groupements pour la commercialisation, la transformation et les services

La commercialisation de leurs productions par les agriculteurs peut se réaliser au sein de **circuits longs** ou auprès de **grossistes** (qu'il s'agisse de négociants ou de sociétés coopératives qu'ils ont créés), mais la tendance actuelle tend au développement des **circuits courts** avec ou sans transformation des produits agricoles (vente à la ferme, magasins de producteurs, « drives fermiers », fermes auberges, etc.). Par ailleurs, en lien avec leurs activités agricoles ou non, les agriculteurs peuvent développer des **services** en milieu rural : accueil à la ferme, hébergement, production d'énergie (électricité photovoltaïque, biogaz, etc.), artisanat... **78390**
Le développement de ces activités, qu'elles présentent un caractère agricole ou non, nécessite souvent la constitution d'une **structure juridique**, le plus souvent une SARL, SAS, voire un GIE pour sa souplesse.
Le recours aux sociétés coopératives est très fréquent pour conditionner, transformer et commercialiser les produits agricoles dans toutes les productions ; elles peuvent regrouper quelques agriculteurs ou avoir un rayonnement départemental, régional ou une circonscription plus large encore (voir n°s 83015 s.).

> **Précisions a.** Au-delà des coopératives agricoles traditionnelles, les agriculteurs peuvent se tourner vers les **Sociétés coopératives d'intérêt collectif** – Scic (Loi 2001-624 du 17-7-2001 art. 36). Ces sociétés à forme commerciale (SA, SARL ou SAS) ont pour objet la production ou la fourniture de biens ou de services d'intérêt collectif qui présentent un caractère d'utilité sociale. Elles associent notamment agriculteurs, habitants, collectivités locales, et leur gestion peut se révéler complexe. Elles sont néanmoins quelquefois utilisées pour l'organisation des circuits courts de commercialisation des produits agricoles.
> **b.** Les **associations loi de 1901**, simples à constituer et très souples dans leur organisation statutaire, permettent de démarrer une activité de vente directe (ex. : ouverture d'un magasin entre agriculteurs), voire de la pérenniser si peu d'investissements sont nécessaires, l'association pouvant se doter d'un objet principalement commercial. Toutefois, l'impossibilité de partager les bénéfices ou le fonds associatif, la faculté pour les membres de quitter l'association à tout moment, l'absence de capital social constituent des inconvénients majeurs. Enfin, l'association est soumise à l'impôt sur les sociétés dès lors qu'elle est composée d'entreprises ou qu'elle développe son activité à leur profit (n° 24225).

1. GROUPEMENT D'INTÉRÊT ÉCONOMIQUE

Le groupement d'intérêt économique (GIE) permet à des entreprises de tous secteurs d'unir leurs efforts dans les domaines où elles ont des intérêts communs tout en conservant leur entière **indépendance**. **78400**
Le GIE est susceptible de présenter de sensibles **avantages**, notamment en matière fiscale (voir n° 27570 s'agissant de la contribution économique territoriale et n° 27575 s'agissant de la taxe sur le foncier bâti), par rapport à d'autres formules (associations loi de 1901 ou syndicats loi de 1884) lorsque son objet consiste en la diminution des charges communes ou la possibilité de rendre certains services à ses membres.
Le régime juridique des GIE est d'une grande **souplesse** et les fondateurs du groupement disposent d'une liberté étendue pour en régler ses conditions de fonctionnement. De plus, le GIE relève de la fiscalité des sociétés de personnes (« régime de l'impôt sur le revenu ») et jamais de l'impôt sur les sociétés ; chaque associé déclare dans son résultat la quote-part lui revenant dans le groupement (voir n° 27515).
Quel que soit son objet, le groupement possède la **personnalité morale** et – contrairement aux syndicats – il jouit de la pleine capacité commerciale si son objet le permet. Il peut employer du personnel, acquérir et vendre des immeubles ou du matériel, réaliser des prestations, conclure des contrats, etc.
Son but essentiel n'est pas de générer pour lui-même des **bénéfices**, mais il ne lui est pas interdit d'en réaliser à titre accessoire et, dans ce cas, de les partager entre ses membres.

L'**objet** des GIE est assez général : il consiste à mettre en œuvre tous les moyens propres à « faciliter ou à développer l'activité économique de ses membres, à améliorer ou à accroître les résultats de cette activité » (C. com. art. L 251-1 s.). Il constitue donc un prolongement de l'activité économique de ses membres, un « groupement de moyens » qui, pouvant englober tous les secteurs, y compris l'agriculture, se juxtapose aux entreprises membres, sans les faire disparaître. **78405**

Grâce au GIE, ses membres (personnes physiques ou morales) peuvent réaliser des actions qu'il leur serait impossible d'entreprendre isolément : études de marché, publicité commune, comptoirs d'achats ou de ventes, utilisation de matériels, etc. Se développent ainsi des GIE destinés au traitement en commun du lisier ou détenant des bâtiments de stockage aménagés en vue de la conservation des pommes de terre, des oignons ou des pommes.
Le GIE peut avoir lui-même une **activité économique**, mais celle-ci doit se rattacher à l'activité économique de ses membres et ne peut avoir qu'un caractère auxiliaire par rapport à celle-ci. Les membres du GIE doivent donc exercer une activité économique, ce qui a pour effet d'interdire l'accès aux associés d'une société agricole : seule la société elle-même peut prétendre à en être membre.

78410 Un GIE doit comprendre au moins 2 personnes ; aucun maximum n'est fixé. Les **membres** d'un GIE sont **responsables** indéfiniment et solidairement des dettes de celui-ci, ce qui a pour effet d'en limiter le nombre de membres, tous devant par ailleurs être déclarés au registre du commerce et des sociétés, en plus des dirigeants (C. com. art. R 123-60). Eu égard à cette responsabilité financière étendue, l'activité du groupement devra également ne pas être trop exposée aux risques économiques. Toutefois, le jugement d'ouverture du redressement ou de la liquidation judiciaire du GIE n'emporte plus extension systématique des procédures à chacun des membres du groupement comme le prévoyaient les textes d'origine.
Il peut être constitué sans **capital** et doit l'être pour une **durée** déterminée.
Depuis le 1er janvier 2023, les GIE sont, comme la plupart des entreprises, immatriculés au Registre national des entreprises (RNE).

78415 Il est possible de prévoir dans le **contrat constitutif** la procédure d'admission de nouveaux membres, par exemple avec l'accord unanime des membres existants, l'institution d'un droit d'entrée, l'acquisition des parts, la possibilité de cotisations majorées, la responsabilité des dettes, le retrait des membres, etc. Le contrat constitutif du GIE sera complété, bien entendu, par un **règlement intérieur** qui en précisera les modalités pratiques de fonctionnement.
Le GIE est représenté auprès des tiers par son président.

> **Précisions** Il est envisageable de créer des **groupements européens d'intérêt économique** (GEIE) dont l'objet est similaire à celui du GIE. La possibilité de constituer un tel groupement est ouverte largement aux personnes physiques, sociétés et autres entités juridiques des États membres de l'Union européenne mais ne présente que peu d'intérêt pratique en agriculture (C. com. art. L 252-1 s.).

2. UTILISATION DES SOCIÉTÉS COMMERCIALES

78450 Plus rarement pour l'exploitation agricole, mais très fréquemment pour réaliser d'autres **activités annexes à l'activité agricole**, les agriculteurs se tournent désormais vers les sociétés commerciales. Il s'agit d'activités qui ne présentent pas un caractère agricole par nature (nos 10 s.) ou qui, présentant un caractère agricole par relation, le perdent parce que réalisées avec d'autres agriculteurs ou par une personne morale distincte de la personne qui exerce l'activité agricole par nature. La raison qui pousse à isoler ces activités au sein d'une société commerciale peut aussi relever de l'absence d'harmonisation des définitions de l'activité agricole : l'activité de restauration à la ferme étant considérée comme générant des bénéfices industriels et commerciaux, alors qu'elle présente un caractère agricole en droit civil, conduit les agriculteurs exerçant leur activité dans une société civile à créer une société commerciale afin d'éviter un passage à l'impôt sur les sociétés jugé souvent inopportun pour la production agricole (voir n° 24030).
Les **activités** que les agriculteurs réalisent en marge ou en complément de leur activité agricole sont des plus **diverses** : activités d'achat-revente pour offrir au public une gamme de produits plus variée, activités de vente, de conditionnement ou de transformation en commun, prestations de travaux agricoles ou forestiers, activités de compostage et de retraitement de déchets verts, activités touristiques sans lien avec l'exploitation, activités de transport, production d'électricité ou de chaleur à base de biomasse ou d'installations photovoltaïques...
S'agissant des activités réalisées dans le **prolongement de l'activité agricole**, et sous cette condition, le GIE peut être utilisé (nos 78400 s.) ; à défaut, les agriculteurs se tourneront vers les sociétés commerciales classiques que sont les sociétés à responsabilité limitée, les sociétés en nom collectif, ou les sociétés par actions simplifiées. Les sociétés anonymes (SA), pour des raisons tenant au formalisme important qu'elles occasionnent et au montant de leur capital minimum (37 000 €), sont d'une utilisation très marginale, sauf peut-être à l'occasion de la mise en place de projets de grande importance. Cependant, même dans ce cas, les sociétés par actions simplifiées tendent à les supplanter.

Nous présentons donc ci-après très succinctement ces différentes formules à l'exception de la société anonyme, très peu utilisée.

SOCIÉTÉS EN NOM COLLECTIF (SNC)

Ces sociétés sont les plus simples des sociétés commerciales, au niveau tant de leur constitution que de leur fonctionnement (C. com. art. L 221-1 s.). Structures légères, elles ne font pas l'objet d'un **formalisme** important ni d'une fiscalité complexe (elles relèvent du régime des sociétés de personnes et du régime de l'impôt sur le revenu – sauf option pour l'impôt sur les sociétés). 78455

Cependant, la **responsabilité** de leurs associés est **illimitée et solidaire** (en cas de difficultés, un associé peut se voir réclamer le complet paiement des dettes de la société) ; en ce sens, elles se prêtent moins à l'association de personnes ne participant pas à l'activité sociale (apporteurs de capitaux). De même, la SNC sera exclue pour des activités « à risque ». Cette responsabilité très large aboutit également à restreindre le nombre des associés : la SNC sera limitée à un petit nombre d'associés se connaissant bien. Enfin, le corollaire de cette responsabilité financière étendue est l'absence de **capital social** minimal fixé par la loi.

Les **associés**, personnes physiques ou morales, doivent jouir de la capacité commerciale, ce qui aboutit à exclure les associés mineurs de même que les sociétés civiles agricoles ou les syndicats professionnels. Seuls les exploitants individuels ou les associés d'une société civile agricole pourront en faire partie.

La société est dirigée par un ou plusieurs **gérants**, associés ou non, personnes physiques ou morales. Tous les gérants, comme tous les associés, doivent être inscrits au registre du commerce et des sociétés.

Sauf décision importante où l'unanimité est requise (révocation d'un gérant associé, agrément des cessions de parts, etc.), les règles de majorité en vertu desquelles sont prises les **décisions collectives** sont fixées dans les statuts. Toutefois, compte tenu de la responsabilité importante qu'encourent les membres de la société, l'unanimité est souvent la règle. Il en résulte en pratique que chaque associé peut parfaitement contrôler l'outil juridique qui est entre ses mains et que cette société est réservée à un petit groupe de personnes ayant une identité de vue sur l'objectif à atteindre. Par ailleurs, sans formalisme, les associés peuvent prendre une décision unanime consignée dans un acte, laquelle vaut décision collective.

Compte tenu de l'importance de la personnalité de chacun des **associés** dans la SNC, le **décès** de l'un d'eux emporte dissolution de la société sauf disposition contraire des statuts.

Enfin, élément important pour l'agriculture, la SNC n'a pas l'obligation de publier ses **comptes** au greffe du tribunal de commerce, mais les petites SARL ou SAS peuvent aussi en être désormais dispensées.

Sur le **statut social des associés** de sociétés en nom collectif, voir n° 43270.

Depuis le 1er janvier 2023, les SNC sont, comme la plupart des entreprises, immatriculées au Registre national des entreprises (RNE).

SOCIÉTÉ À RESPONSABILITÉ LIMITÉE (SARL)

Malgré le développement des SAS, la SARL reste une société commerciale très utilisée, car bien adaptée à l'activité commerciale des petites entreprises (C. com. art. L 223-1 s.). Elle peut ainsi être très utile pour encadrer les activités de diversification agricole (commercialisation des produits, transformation, etc.) ou touristiques ou toute autre activité commerciale en marge de l'exploitation. De plus, le **statut social** de ses **associés** leur permet, plus facilement que dans d'autres structures sociétaires, d'obtenir un statut de salarié (voir nos 43230 s.). 78460

La SARL est une société dans laquelle la personnalité des associés reste prédominante : pour céder ses parts dans une SARL, il faut un agrément des autres associés. C'est une société à **responsabilité** limitée, c'est-à-dire que ses associés, en cas de faillite, ne perdent en principe que le montant de leurs apports. Toutefois, le cautionnement des prêts par le gérant ou les associés, souvent demandé par les banques, relativise sensiblement la limitation de responsabilité.

La SARL, contrairement aux sociétés civiles, est marquée par un **formalisme** qui reste assez important (règles de convocation et de majorité précises pour certaines décisions collectives, tenue obligatoire de l'assemblée générale pour l'approbation des comptes annuels, obligation de publication des comptes annuels, etc.). Ce formalisme est assoupli pour les SARL à associé unique, dites EURL (entreprise unipersonnelle à responsabilité limitée), dont l'associé assure la gérance.

De plus, des mesures de simplification pour l'établissement et la publication des comptes sont prévues s'agissant, selon le cas, des micro, petites et moyennes entreprises compte tenu du montant du chiffre d'affaires, du total du bilan et du nombre de salariés (C. com. art. L 123-16, L 123-16-1 et D 123-200 modifié par décret 2024-152 du 28-2-2024). En outre sont dispensées de

recourir à un commissaire aux comptes les sociétés qui ne dépassent pas deux des trois seuil suivants : 5 000 000 € de bilan, 10 000 000 € de chiffre d'affaires et 50 salariés (C. com. art. L 223-35).
Au regard de la **fiscalité**, la SARL relève en principe de l'impôt sur les sociétés, mais les sociétés familiales ou en démarrage d'activité peuvent opter pour l'impôt sur le revenu (voir n°s 24015 s.).
Les **associés** de la SARL peuvent être de un à cent (la SARL est, avec la SAS, la seule société commerciale pouvant être créée par une seule personne). Les associés peuvent être tant des personnes physiques que des personnes morales.
Le **capital social** de la SARL est libre, c'est-à-dire qu'il peut être fixé à un euro. Sa constitution réclame, sauf exception (notamment apports en numéraire), la présence d'un commissaire aux apports : les possibilités de dispense déjà retenues pour les SARL ont été élargies et étendues aux SAS (Loi 2016-1691 du 9-12-2016) (n° 78465).
Depuis le 1er janvier 2023, comme toutes les entreprises, les SARL sont immatriculées au Registre national des entreprises (RNE).

> **Précisions** Pour les **EURL**, dont l'associé unique assume personnellement la gérance, un modèle de **statuts types** a été publié. Il est remis gratuitement par le centre de formalités des entreprises qui reçoit la demande d'immatriculation de la société. Il s'applique d'office, sauf à déposer des statuts différents lors de la demande d'immatriculation de l'EURL (C. com. art. D 223-2).

SOCIÉTÉ PAR ACTIONS SIMPLIFIÉE (SAS)

78465 La SAS est la plus récente des sociétés commerciales, mais près d'une société sur deux nouvellement créées est une société par actions simplifiée (C. com. art. L 227-1 s.). Initialement prévue pour regrouper des sociétés importantes, son utilisation est progressivement développée pour devenir d'utilisation courante. Elle présente en effet l'avantage de la **responsabilité** limitée et est, sans conteste, beaucoup plus simple que la société anonyme. Par rapport à la SARL, elle dispose de moins de règles impératives concernant la désignation des organes de gestion, l'agrément des cessions d'actions, les règles de prise de décisions...
La SAS peut être unipersonnelle (Sasu) ou comporter plusieurs **associés** personnes physiques ou morales. Le montant du **capital social** (qui peut être variable) est libre. Le recours au commissaire aux apports n'est plus systématique à la constitution : les futurs associés (ou l'associé unique) peuvent décider à l'unanimité de ne pas recourir à un commissaire aux apports lorsque la valeur d'aucun apport en nature n'excède 30 000 € et si la valeur totale de l'ensemble des apports en nature non soumis à l'évaluation dudit commissaire n'excède pas la moitié du capital ; il en va de même pour évaluer les avantages particuliers ou les apports en industrie – y compris en cours de vie sociale pour ces derniers sauf clause contraire des statuts (C. com. art. L 227-1). De plus, lorsque la SAS est constituée par une seule personne, le recours à un commissaire aux apports n'est pas obligatoire si l'associé unique, personne physique, exerçant son activité professionnelle en nom propre ou sous forme d'EIRL avant la constitution de la société apporte des éléments qui figuraient dans le bilan de son dernier exercice (C. com. art. L 227-1).
La société ne peut pas procéder à une offre au public de titres financiers.
La loi laisse une grande place à la liberté contractuelle pour l'**organisation** de la société. Ce sont les statuts qui définissent les conditions dans lesquelles la société est dirigée. Toutefois, la SAS est toujours dotée d'un président, qui représente la société envers les tiers. En revanche, l'organisation interne, la prise de décision et les pouvoirs peuvent être équilibrés librement (directeur général, bureau, comité de direction... peuvent être désignés). Ce sont également les statuts qui déterminent, sauf quelques exceptions légales, les décisions qui doivent être prises collectivement par les associés de même que les modes de consultation et de majorité. Compte tenu de cette grande liberté laissée aux associés, la rédaction des statuts nécessite de s'entourer de conseils avisés. La SAS doit publier ses **comptes sociaux** qui doivent être visés par un commissaire aux comptes si la société dépasse deux des seuils suivants : 5 000 000 € de bilan, 10 000 000 € de chiffre d'affaires HT ou 50 salariés (C. com. art. L 227-9-1, al. 2, D 227-1 et D 221-5 modifié par décret 2024-152 du 28-2-2024 précité). Toutefois, certaines entreprises selon leur taille sont dispensées d'établir un rapport de gestion et peuvent demander que leurs comptes annuels ou leur compte de résultat ne soient pas rendus publics dans les mêmes conditions que les SARL (n° 78460).
Depuis le 1er janvier 2023, les SAS sont immatriculées au Registre national des entreprises (RNE).
Sur son **régime fiscal**, voir n° 24015.
Sur le **statut social des associés** de SAS, voir n° 43290.

CHAPITRE 2

GROUPEMENTS ET ASSOCIATIONS DE PROPRIÉTAIRES

SOMMAIRE

GESTION DU FONCIER AGRICOLE OU FORESTIER

Une constante de l'évolution de la politique agricole en matière de sociétés et de groupements au cours des 60 dernières années a résidé dans la construction, par la loi, d'outils juridiques spécifiques. 78600

Tel est également le cas pour la gestion du foncier agricole ou forestier. En agriculture, partant du constat selon lequel le coût d'acquisition du foncier est pénalisant pour le développement des exploitations, une société civile immobilière particulière a été créée pour porter la propriété des biens fonciers : le **groupement foncier agricole** (GFA). Dans la plupart des cas, les GFA consentent un bail à ferme à une ou plusieurs exploitations ou, plus rarement, procèdent à la mise en valeur directe des biens fonciers qu'ils possèdent. Le « portage du foncier » par des GFA uniquement bailleurs et louant leurs terres par bail à long terme, ou bail cessible hors du cadre familial, fait l'objet d'encouragements fiscaux importants (voir n°s 26800 s. et 30630 s.).

Lorsque ces sociétés détiennent également des biens forestiers, elles peuvent s'organiser sous la forme d'un **groupement foncier rural** (GFR). Pour l'unique gestion d'un patrimoine forestier, le **groupement forestier** a été mis en place.

Dans une autre approche qui conduit à conserver la propriété individuelle tout en facilitant sa gestion, les **associations syndicales de propriétaires**, de constructions anciennes et récemment rénovées, ont été largement utilisées. Mais là encore, les associations syndicales de droit commun ont été le socle servant à la mise en place des **associations foncières pastorales** (AFP) et des **associations foncières agricoles** (AFA), plus rares en pratique. Simples associations de services, elles ne détiennent pas la propriété des terres, mais en permettent le regroupement dans le cadre d'une structure unique chargée de la gestion, de l'aménagement, de la réorganisation de l'exploitation des biens fonciers. Conçues d'abord pour les zones de montagne en forte déprise, elles peuvent désormais être constituées sur tout le territoire et même en matière forestière. Appréciables dans les régions où la propriété est très morcelée, elles permettent, sans toucher au « parcellaire de propriété », d'aboutir à un « parcellaire d'exploitation » efficace en conciliant les intérêts des propriétaires et ceux des exploitants. 78610

A. Associations syndicales de propriétaires

1. PRÉSENTATION DES ASSOCIATIONS SYNDICALES

OBJET

Les associations syndicales sont régies par l'ordonnance 2004-632 du 1er juillet 2004 et le décret 2006-504 du 3 mai 2006 abrogeant les textes antérieurs. Les associations syndicales 78620 constituées avant cette réforme ont en principe bénéficié d'un délai de 2 ans à compter du 6 mai 2006 pour se **mettre en conformité** avec le nouveau dispositif. Ce délai a été porté à 5 ans pour les associations de réorganisation foncière et les associations foncières de remembrement (Ord. 2004-632 du 1-7-2004 art. 60). **En pratique**, force est de constater, encore aujourd'hui, que nombre d'associations syndicales n'ont pas été mises en conformité.

Constitue l'**objet** d'une association syndicale de propriétaires la construction, l'entretien ou la gestion d'ouvrages, la réalisation de travaux ou d'actions d'intérêt commun en vue :

– de prévenir les risques naturels ou sanitaires, les pollutions et les nuisances ;

– de préserver, de restaurer ou d'exploiter des ressources naturelles ;

– d'aménager ou d'entretenir des cours d'eau, lacs ou plans d'eau, voies et réseaux divers ;

– de mettre en valeur des propriétés.

› **Précisions a.** Le propriétaire d'un immeuble inclus dans le **périmètre d'une association** syndicale qui souhaite **vendre** cet immeuble est contraint de respecter une procédure particulière d'information de l'association et du futur acquéreur (Ord. 2004-632 du 1-7-2004 art. 3 et 4).

b. La mise en conformité des statuts d'une association syndicale libre avec l'ordonnance du 1er juillet 2004 ne nécessite pas d'annexer aux statuts mis en conformité la **déclaration prévue à l'article 3 du décret du 3 mai 2006** (Cass. 3e civ. 17-2-2022 n° 20-17.438 FSB). En conséquence, seuls les statuts sont à mettre en conformité et non les pièces annexées lors de la constitution (plan parcellaire prévu à l'article 4 de l'ordonnance et déclaration de chaque adhérent spécifiant les désignations cadastrales ainsi que la contenance des immeubles pour lesquels il s'engage). Il est toutefois nécessaire que la preuve de ces éléments puisse être rapportée lors de la constitution initiale de l'ASL (Cass. 3e civ. 28-9-2022 n° 21-20.750 n° 677 FSB).

c. La mise en conformité avec la réforme des statuts des **associations autorisées ou constituées d'office** doit être approuvée par arrêté préfectoral. À défaut d'approbation et après mise en demeure adressée au président de l'association restée sans effet à l'expiration d'un délai de 3 mois, l'autorité administrative procède d'office aux modifications statutaires nécessaires (Ord. 2004-632 du 1-7-2004 art. 60, I).

d. Une **association syndicale libre** qui n'a **pas procédé à la mise en conformité** et à la publication de ses statuts dans les délais impartis ne voit pas son existence légale remise en cause (Cass. 3e civ. 11-9-2013 n° 12-22.351 : Bull. civ. III n° 104). Elle perd néanmoins le **droit d'agir** à l'égard des tiers ou en justice (Cass. 3e civ. 5-7-2011 n° 10-15.374 : Bull. civ. III n° 120) ; elle ne retrouve cette capacité qu'après la publication, même hors délais, de statuts régularisés (Cass. 3e civ. QPC 13-2-2014 n° 13-22.383 : BPIM 2/14 inf. 126). Cette approche est confirmée par le législateur : les associations syndicales libres qui ont mis leurs statuts en conformité après le 5 mai 2008 recouvrent leur pleine capacité juridique dès la publication de la loi 2014-366 du 24 mars 2014, sans toutefois que puissent être remises en cause les décisions passées en force de chose jugée (Ord. 2004-632 du 1-7-2004 art. 60 dans sa rédaction issue de la loi 2014-366 du 24-3-2014). Une mise en conformité en cours d'instance, civile ou administrative, a également été admise dès lors qu'elle intervient avant que le juge ne statue (Cass. 3e civ. 5-11-2014 n° 13-21.014 ; CE 24-2-2021 n° 432417). Toutefois, il existe des limites à cette possibilité de régularisation en cours de procédure. Ainsi, pour former un appel, l'association syndicale libre doit avoir régularisé ses statuts avant l'expiration du délai d'appel (Cass. 3e civ. 12-4-2018 n° 16-21.690 F-D : BPIM 3/18 inf. 220).

e. Afin de faciliter la mise en conformité des associations syndicales, la Cour de cassation reconnaît désormais que **tout membre dispose d'un droit propre et personnel** à agir en justice afin de parvenir à la mise en conformité des statuts prescrite par l'ordonnance du 1er juillet 2004 ; en pratique, cette position présente aussi l'avantage de permettre d'écarter l'irrecevabilité qu'un membre réfractaire à la mise en conformité pourrait soulever (Cass. 3e civ. 23-11-2022 n° 21-18.169).

FORMES

78640 Il existe **trois types** d'associations syndicales, dont les moyens de contrainte sur les propriétaires négligents ou récalcitrants vont croissant :

– les **associations syndicales libres**, qui nécessitent le consentement écrit et unanime de tous les propriétaires, sont des personnes morales de droit privé se constituant par déclaration en préfecture (Ord. 2004-632 du 1-7-2004 art. 8). Les statuts de l'association définissent son nom, son objet, son siège et ses règles de fonctionnement. Ils comportent la liste des immeubles compris dans son périmètre et précisent ses modalités de financement et le mode de recouvrement des cotisations (Ord. 2004-632 du 1-7-2004 art. 7). Elles sont administrées par un syndicat composé de membres élus parmi les propriétaires membres de l'association sur des bases contractuelles définies par leurs statuts qui s'imposent ensuite (Cass. 3e civ. 14-9-2017 n° 16-20.911 : RJDA 3/18 n° 252). Un an après leur constitution, elles peuvent demander au préfet à être transformées en associations syndicales autorisées ; **78640** (suite)

– les **associations syndicales autorisées** (ASA) sont une formule permettant à l'administration de contraindre les propriétaires récalcitrants à adhérer à l'association si une certaine majorité a donné son adhésion ; elles disposent du droit d'exproprier. Elles sont administrées par l'assemblée des propriétaires, un syndicat, un vice-président et un président (Ord. 2004-632 du 1-7-2004 art. 18 à 36) ;

– les **associations syndicales constituées d'office** peuvent être créées par le préfet, après enquête publique mais sans qu'aucune condition de majorité ne soit exigée, pour l'un des objets visés n° 78620, à l'exclusion de la mise en valeur des propriétés. Elles sont gérées par l'assemblée des propriétaires et un syndicat, auxquels l'administration peut se substituer en cas de défaillance. Elles peuvent demander à être transformées en associations syndicales autorisées.

Les associations syndicales autorisées ou constituées d'office sont des **établissements publics à caractère administratif**. Elles sont soumises aux règles applicables à de tels établissements (contrôle des actes par le préfet, régime des travaux publics, comptabilité publique, etc.). Ainsi, au côté des organes d'administration, elles disposent d'un comptable désigné par le préfet sur proposition du syndicat, après avis du directeur départemental ou, le cas échéant, régional des finances publiques. La fonction est confiée soit à un comptable de la Direction générale des finances publiques, soit à un agent comptable (Décret 2006-504 du 3-5-2006 art. 65 modifié par décret 2022-1605 du 22-12-2022 art. 53).

En pratique, pour la réalisation des **travaux d'amélioration foncière**, l'administration s'efforce d'abord de provoquer la constitution d'une association libre. Si le consentement unanime des propriétaires concernés ne peut être obtenu, un arrêté préfectoral peut, à la demande d'un ou plusieurs propriétaires intéressés, d'une collectivité territoriale ou d'un groupement de collectivités territoriales ou encore à l'initiative de l'administration, et dans certaines conditions (enquête administrative, assemblée générale, majorité suffisante), décider la constitution d'une association syndicale autorisée. Ce n'est qu'en cas d'échec que, pour un certain nombre de travaux d'intérêt commun, un décret peut décider la constitution obligatoire d'une association syndicale forcée.

> **Précisions a.** S'agissant des associations autorisées et sauf le cas de certains travaux, les propriétaires qui n'ont pas adhéré au projet d'association peuvent, dans le mois, déclarer à la préfecture qu'ils entendent « délaisser », moyennant indemnité, les terrains leur appartenant et compris dans le périmètre de l'association **(droit de délaissement)**.

b. Plusieurs associations syndicales autorisées ou constituées d'office ayant un intérêt commun peuvent se regrouper au sein d'une **union**, gérée par l'assemblée des associations, un syndicat et un président. Plusieurs associations syndicales autorisées ou constituées d'office peuvent aussi **fusionner** en une association syndicale autorisée.

c. Dans certains cas, des **travaux urgents** peuvent être réalisés par les départements, les communes ou l'État. Ces travaux peuvent, ensuite, être remis gratuitement à des associations syndicales qui ont la charge de l'entretien et de l'exploitation des ouvrages.

d. La convocation à l'**assemblée générale** d'une **association syndicale libre** (ASL) doit, sauf clause statutaire contraire, être adressée à tous les propriétaires compris dans son périmètre puisqu'ils sont membres de l'ASL ; à défaut l'assemblée générale est nulle (Cass. 3e civ. 21-12-2017 n° 16-21.518).

e. Une **association syndicale autorisée** (ASA) peut aussi se **« transformer » en association syndicale libre** (ASL). La dissolution est approuvée par le préfet (Ord. 2004-632 du 1-7-2004 art. 40). Dans ce cas, comme en matière de constitution, l'unanimité des propriétaires concernés est requise (Cass. 3e civ. 6-2-2020 n° 18-22.043 FD).

f. Les **associations syndicales autorisées** perçoivent des **redevances** qui assurent la répartition des charges entre les propriétaires pour assurer leur mission statutaire. L'absence de réalisation de ces missions peut entraîner la décharge des propriétaires de leurs redevances selon une procédure distincte de la procédure spéciale (Décret 2006-504 du 3-5-2006) permettant la contestation des bases (CE 14-11-2018 n° 405480 : RJF 2/19 n° 223).

2. ASSOCIATIONS FONCIÈRES AGRICOLES

ASSOCIATIONS FONCIÈRES AGRICOLES AUTORISÉES

78650 **Objet** Les associations foncières agricoles (AFA) sont des associations syndicales, libres ou autorisées (n° 78640), constituées entre propriétaires de terrains **à vocation agricole, pastorale** ou **forestière** (C. rur. art. L 136-1). Leur organisation interne obéit aux règles de droit commun des associations syndicales. Leur objet, fixé par les statuts, peut être (C. rur. art. L 136-2) :
– d'assurer ou faire assurer l'exécution, l'aménagement, l'entretien et la gestion des travaux ou ouvrages collectifs permettant la mise en valeur agricole, pastorale ou forestière des fonds sans se livrer d'une manière habituelle à leur exploitation directe ;
– d'assurer ou faire assurer l'exécution de travaux ou d'ouvrages à des fins autres qu'agricoles, pastorales ou forestières à la condition que ces travaux ou ouvrages contribuent au développement rural ou à la préservation ou à la remise en bon état des continuités écologiques dans leur périmètre.
Elles assurent la gestion des fonds compris dans leur périmètre pour lesquels elles ont reçu un mandat du propriétaire ou de son représentant.
Les parcelles figurant dans le périmètre d'une association foncière agricole ouvrent droit en priorité aux **aides** prévues pour l'entretien de l'espace (C. rur. art. L 136-1).

78652 **Phase préalable à la constitution de l'AFA autorisée** Le projet de constitution d'une association autorisée est soumis à une **enquête publique préalable**, suivie d'une consultation des propriétaires (Ord. 2004-632 du 1-7-2004 art. 12 et 13).
À compter de l'ouverture de l'enquête et pendant le délai d'un an au plus, la préparation et l'exécution de **travaux modifiant l'état des lieux** dans le périmètre peuvent être interdites (semis et plantations d'arbres, établissement de clôtures, création de fossés et de chemins, etc.).
Par ailleurs, des mesures sont prévues pour la **représentation des propriétaires** dont l'identité ou l'adresse n'a pu être déterminée, ainsi que les propriétaires indivis : désignation d'un représentant par le tribunal judiciaire, application de la procédure des biens sans maître (C. rur. art. L 136-6).

78655 **Constitution de l'association autorisée** Après l'enquête publique, le préfet peut réunir les propriétaires intéressés en association autorisée, si tout à la fois :
– la moitié au moins des **propriétaires** représentant les 2/3 au moins des **superficies** ou l'inverse sont considérés comme ayant adhéré ;
– et si une collectivité territoriale, la Safer, un propriétaire ou un tiers s'engage à acquérir les terres délaissées (sur le droit de délaissement, voir n° 78658).
Lorsqu'une ou plusieurs **collectivités territoriales** participent à la constitution, le préfet peut décider la création de l'association si cette ou ces collectivités et les propriétaires considérés comme ayant adhéré réunissent au moins les 2/3 de la superficie (C. rur. art. L 136-7).
Sont considérés comme ayant adhéré non seulement les propriétaires qui ont donné leur **adhésion formelle**, mais aussi ceux qui n'ont pas formulé leur opposition par écrit avant la réunion de l'assemblée générale constitutive ou par un vote à cette assemblée (Ord. 2004-632 du 1-7-2004 art. 13).

> **Précisions** La **prorogation de la durée** d'une AFA constituée à durée limitée est possible par une délibération de l'assemblée générale, sans modification des statuts. Les propriétaires qui ne formulent pas un avis contraire, soit par écrit avant l'assemblée générale, soit par un vote négatif lors de cette assemblée, sont considérés comme s'étant prononcés pour la prorogation (C. rur. art. L 136-7-1).

78658 **Droit de délaissement** Les propriétaires qui ne peuvent pas être considérés comme ayant adhéré peuvent, dans les 3 mois de la publication de l'arrêté d'autorisation, délaisser leurs immeubles moyennant une indemnité fixée comme en matière d'expropriation (C. rur. art. L 136-8).

78661 **Distraction des terres** Un propriétaire peut être autorisé par le préfet à distraire ses terres en vue d'une **affectation non agricole** et de contribuer au développement rural (C. rur. art. L 136-10 et R 136-8). Cette autorisation peut être donnée :
– soit en vue d'un changement de destination dans le cadre d'un PLU ou, selon nous, d'une carte communale ;
– soit si le syndicat et la commission départementale d'aménagement foncier ont donné un avis favorable.

Sur la réparation des préjudices causés par les expropriations en cas de distraction de parcelles, voir n° 72745.

Plan d'échange À la demande d'une AFA, le préfet peut décider la mise en place d'un plan d'échange des droits d'**exploitation des terrains** compris dans tout ou partie du périmètre dans lequel l'AFA a reçu un mandat de gestion, pour les 2/3 au moins de la superficie. Ce plan doit être nécessaire à la mise en valeur agricole ou pastorale des terres. **78664**
Les **baux** et conventions en cours sont résiliés de plein droit dans le délai d'un an au plus. Les **litiges** entre preneurs et bailleurs qui peuvent résulter du plan sont portés devant le tribunal paritaire des baux ruraux. Les atteintes que le plan peut porter aux exploitations agricoles peuvent donner lieu à **indemnisation** fixée, à défaut d'accord amiable, par le juge de l'expropriation (C. rur. art. L 136-12).

Décisions de l'association Les décisions relatives aux **travaux et ouvrages** sont prises à la majorité de la moitié au moins des propriétaires représentant la moitié au moins des superficies (C. rur. art. L 136-9). **78667**
Par ailleurs, l'association peut, dans certains cas, obtenir du juge judiciaire la suspension ou la modification d'exercice des droits d'usage incompatibles avec la réalisation de l'objet (C. rur. art. L 136-11).
Les travaux syndicaux sont des travaux publics soumis à la loi 85-704 du 12 juillet 1985 relative à la maîtrise d'ouvrage publique et à ses rapports avec la maîtrise d'œuvre privée, mais ils dérogent dans certains cas à l'incompatibilité entre maîtrise de l'ouvrage et maîtrise d'œuvre (Ord. 2004-632 du 1-7-2004 art. 27).

3. ASSOCIATIONS FONCIÈRES PASTORALES

OBJET

Les zones de montagne touchées par la déprise agricole ont fait l'objet d'une législation spécifique en 1972 avec la création des associations foncières pastorales, lesquelles ne peuvent donc être constituées que dans les régions de montagne, les zones défavorisées et les zones d'activités agricoles extensives (C. rur. art. L 135-1 s. et R. 135-2 s.). Ces associations peuvent se constituer librement, mais il est également prévu des associations autorisées et même « forcées ». **78680**
Elles regroupent des propriétaires de terrains à destination agricole ou pastorale ainsi que des terrains boisés ou à boiser concourant à l'économie agricole, pastorale et forestière dans leur périmètre. La loi « biodiversité » 2016-1087 du 8 août 2016 y a ajouté la possibilité de concourir à la préservation de la biodiversité ou des paysages (art. 59). Sous réserve des dispositions de leurs statuts, elles assurent ou font **assurer l'aménagement, l'entretien et la gestion** des ouvrages collectifs permettant une bonne utilisation de leurs fonds ainsi que les travaux nécessaires à l'amélioration ou à la protection des sols. Elles peuvent assurer ou faire assurer **la mise en valeur** et la gestion des fonds à destination pastorale ou agricole ainsi que des terrains boisés ou à boiser inclus à titre accessoire dans leur périmètre.
Les associations foncières pastorales peuvent **donner à bail** les terres situées dans leur périmètre à des groupements pastoraux (voir n° 79950) ainsi qu'à d'autres personnes, physiques ou morales, s'engageant à respecter les conditions minimales d'équipement et d'exploitation qui pourront être édictées par le préfet. Sur les espaces à usage de pâturage extensif saisonnier relevant du régime forestier inclus dans leur périmètre, elles doivent conclure avec les éleveurs des conventions pluriannuelles de pâturage (C. rur. art. L 481-4). Elles ont aussi la possibilité d'exploiter, en **faire-valoir direct**, les terrains qu'elles regroupent. Elles peuvent demander au préfet, pour une durée d'un an tacitement renouvelable, un **droit de passage et de pâturage des troupeaux** sur les terrains dont l'état d'abandon ou le défaut d'entretien empêche la circulation des troupeaux (C. rur. art. L 135-6, al. 3).
Elles peuvent, à titre accessoire seulement, et à condition que la gestion en soit confiée à des tiers, autoriser ou réaliser des **équipements à des fins autres qu'agricoles** ou forestières, mais de nature à contribuer au maintien de la vie rurale et à des actions tendant à la favoriser : des équipements de sport d'hiver peuvent être autorisés dans ce cadre (C. rur. art. L 135-1).
Les parcelles figurant dans le périmètre d'une association foncière pastorale ouvrent droit en priorité aux aides prévues pour l'entretien de l'espace (C. rur. art. L 135-2).

ASSOCIATIONS FONCIÈRES PASTORALES LIBRES

Les associations foncières pastorales libres se caractérisent par le principe d'unanimité des associés exigé pour leur formation (Ord. 2004-632 du 1-7-2004 art. 7). **78682**

ASSOCIATIONS FONCIÈRES PASTORALES AUTORISÉES

78683 Le préfet peut réunir les propriétaires intéressés en association foncière pastorale autorisée à **condition** que, à la fois (C. rur. art. L 135-3) :

– la moitié au moins des propriétaires, dont les terres situées dans le périmètre représentent la moitié au moins de la superficie totale des terres incluses dans ce périmètre, a adhéré à l'association expressément ou d'office. Pour le calcul de ces quotités, sont présumés adhérents à l'association foncière les propriétaires dont l'identité ou l'adresse n'a pu être établie et qui ne se sont pas manifestés lors de l'enquête publique à la suite d'un affichage dans les mairies concernées et d'une publication sur un support habilité à recevoir des annonces légales. L'association foncière dispose des terres ainsi incorporées dans son périmètre dans le cadre d'une convention pluriannuelle de pâturage ou d'un bail conclu avec leurs utilisateurs, dont la durée est définie par ses statuts ;

– l'association, un propriétaire des terres situées dans le périmètre ou, à défaut, un tiers prend l'engagement d'acquérir les biens dont le ou les propriétaires opteraient pour le délaissement.

Lorsque les **collectivités territoriales** participent à la constitution de l'association, la première condition ci-dessus est tenue pour remplie si ces collectivités et les autres propriétaires susceptibles d'être considérés comme ayant adhéré à l'association possèdent au moins la moitié de la superficie de ces terres.

Les **propriétaires** peuvent exercer un **droit** de délaissement dans les mêmes conditions que dans le cadre des AFA (voir n° 78658). Il en va de même du droit de distraction visé n° 78661. Ils peuvent également proroger la durée de l'association sans modification des statuts, par une délibération de l'assemblée générale (voir n° 78655, Précisions).

En complément des dispositions de droit commun applicable aux associations syndicales de propriétaires (Ord. 2004-632 du 1-7-2004 art. 37), les associations foncières pastorales, établissements publics créés par arrêté préfectoral pour la gestion pastorale du foncier public et privé de montagne, peuvent faire l'objet d'une **extension** de leur périmètre après délibération favorable de leur assemblée générale, sous réserve que cette extension ne dépasse pas le quart de leur surface précédente et dès lors que tous les propriétaires concernés par l'extension ont donné leur accord écrit. Une telle extension de périmètre ne peut être renouvelée qu'après l'expiration d'un délai de cinq ans après une extension réalisée selon la même procédure (C. rur. art. L 135-1 modifié par loi 2016-1888 du 28-12-2016 art. 59).

> **Précisions** Les associations foncières pastorales autorisées (ou constituées d'office) qui regroupent au moins 50 hectares et qui en font la demande bénéficient d'une **aide au démarrage** destinée à alléger leurs charges de constitution et de première gestion. Elle est composée d'une partie fixe de 4 575 € et d'une partie variable en fonction des surfaces engagées (C. rur. art. D 343-33 ; arrêté AGRT1405444A du 22-7-2014 modifiant arrêté du 10-2-1997 ; Inst. tech. DGPAAT/SDDRC/2014-800 du 6-10-2014 : BOA 7).

ASSOCIATIONS FONCIÈRES PASTORALES CONSTITUÉES D'OFFICE

78685 Lorsque l'état d'**abandon des terrains** ou leur **défaut d'entretien** est de nature à constituer un danger pour ces terrains ou pour les terrains situés à leur voisinage et lorsqu'une association foncière pastorale libre ou autorisée n'a pu être constituée pour y remédier, le préfet peut la constituer d'office. Elle ne peut, dans ce cas, avoir pour objet la réalisation d'équipements autres qu'à finalité agricole ou forestière. Si les travaux nécessaires pour prévenir le **danger** mentionné ci-dessus exigent une expropriation des terrains sur lesquels ils devront être effectués, l'enquête d'utilité publique peut, après consultation des collectivités territoriales intéressées et de la chambre d'agriculture, être ordonnée en même temps que l'enquête administrative préalable à la constitution de l'association (C. rur. art. L 136-6).

Les associations foncières pastorales constituées d'office bénéficient d'une **aide au démarrage** (voir n° 78683, Précisions).

DÉCISIONS DE L'ASSOCIATION

78687 Les **statuts** fixent les rapports entre l'association foncière et ses membres. Ils précisent notamment les pouvoirs dont dispose l'association pour faire exploiter les terres pastorales et gérer les terres à vocation forestière (C. rur. art. L 135-2, al. 1).

L'association foncière pastorale autorisée engage les **travaux** dans les conditions de **majorité** prévues pour sa constitution. Elle ne peut toutefois engager les travaux à finalité non agricole ou forestière (équipements sportifs par exemple) que dans le cas où ces travaux ont reçu l'accord de la majorité des propriétaires représentant plus des deux tiers de la superficie des propriétés ou des deux tiers des propriétaires représentant plus de la moitié de la superficie des propriétés (C. rur. art. L 135-5 modifié par loi 2014-1170 du 13-10-2014).

Les **dépenses** afférentes aux travaux réalisés par l'association foncière sont **réparties** entre les propriétaires de l'ensemble des zones agricoles, d'une part, et ceux de l'ensemble des zones forestières, d'autre part, selon l'intérêt des travaux pour chacune des diverses zones (C. rur. art. L 135-2, al. 2).

4. AUTRES ASSOCIATIONS FONCIÈRES

ASSOCIATIONS FONCIÈRES D'AMÉNAGEMENT FONCIER AGRICOLE ET FORESTIER

Dès que la commission communale d'aménagement foncier s'est prononcée sur les **travaux connexes** à entreprendre (chemins d'exploitation, arrachage des haies, arasement de talus, etc.), est obligatoirement créée, entre les propriétaires des nouvelles parcelles, une association foncière, anciennement appelée association foncière de **remembrement**, chargée d'établir et d'entretenir ceux des chemins qui ne peuvent être incorporés dans le domaine communal et d'exécuter d'autres travaux (C. rur. art. L 133-1 s. et R. 133-1 s.) (voir n° 81665). **78690**

ASSOCIATIONS SYNDICALES DE GESTION FORESTIÈRE

Elles ont pour **objectif** de faciliter le regroupement de propriétaires forestiers en vue de l'exploitation et de la gestion commune des terrains boisés ou à boiser en vue de constituer des unités de gestion forestière (C. for. art. L 332-1) ou en vue de la protection du peuplement forestier contre les dégâts de gibiers (C. for. art. L 332-5). Elles **se constituent** librement par le consentement unanime des propriétaires intéressés (associations libres), sans aucune intervention de l'autorité administrative. Mais l'association peut être constituée par le préfet à la demande des propriétaires forestiers (association autorisée) dans les conditions prévues pour les associations foncières pastorales. **78695**

B. Sociétés foncières

CONTEXTE

L'acquisition de foncier agricole par les agriculteurs impose souvent de renoncer au développement de l'outil de production, ces deux investissements ne pouvant souvent, pour des raisons économiques et financières, être engagés de front. Dès lors, de longue date, les agriculteurs ont recherché des personnes ou collectivités à même de « porter le foncier », les terres leur étant louées dans le cadre pérenne du statut du fermage. Habituel dans le cadre familial (familles de propriétaires également agriculteurs ou non) et transmis par succession, ce « portage du foncier » se développe actuellement en direction de tiers à la famille des propriétaires traditionnels. Ainsi, des personnes physiques, entreprises ou institutions, notamment à l'initiative des Safer ou des banques, voire de réseaux associatifs, se portent acquéreurs de foncier agricole pour des raisons diverses (diversification des placements financiers, verdissement de l'activité, projets associatifs alimentaires ou sociaux divers, etc.). Ce portage répond aussi, par exemple, aux problématiques d'agriculteurs fermiers dont les terres sont vendues par leurs propriétaires et qui ne peuvent ou ne souhaitent les acquérir, ou d'agriculteurs en difficulté cédant une partie de leur propriété pour réorienter leur exploitation. **78700**

Cette nécessité de décharger les agriculteurs du poids du foncier, frein à l'investissement productif sur l'exploitation, a conduit à la création des **groupements fonciers agricoles** (GFA) dont la forme sociétaire leur permet d'être propriétaire du foncier, voire de mutualiser l'investissement foncier, en favorisant, en principe, la mobilité. Ces sociétés concrétisent la dissociation entre l'exploitation du foncier et sa propriété, chacun de ces deux éléments étant appelé à une détention autonome. Parallèlement, les **groupements forestiers** ont été constitués pour conforter la gestion de la forêt privée, notamment en prévenant son morcellement. Plus récemment, les GFA et les groupements forestiers ont été rejoints par les **groupements fonciers ruraux** (GFR) qui permettent de cumuler, au sein d'une même société, les avantages des deux structures précédentes.

Ces différents groupements, outre qu'ils peuvent permettre de régler au mieux les successions en évitant la précarité de l'indivision, présentent de nombreux avantages fiscaux principalement lors des transmissions.

1. GROUPEMENTS FORESTIERS

CONSTITUTION ET OBJET

Les groupements forestiers, sociétés civiles particulières soumises à immatriculation (dans les mêmes conditions et avec les mêmes conséquences que les GFA, voir n° 78865) et dotées de la **78710** personnalité morale, ont pour but de favoriser la mise en valeur forestière (C. for. art. L 331-1 à L 331-15).

Ils sont constitués, pour une **durée** maximale de 99 ans, en vue de la constitution, l'amélioration, l'équipement, la conservation ou la gestion d'un ou plusieurs massifs forestiers et même l'acquisition de forêts et de terrains à boiser (et accessoirement leur mise en valeur pastorale partielle).

La transformation des produits forestiers, qui ne constituerait pas un prolongement normal de l'activité agricole, ne peut pas être pratiquée par ces groupements.

Les **associés** du groupement peuvent être des personnes physiques ou morales propriétaires de forêts, de bois ou de terrains à boiser, ou encore des investisseurs. Ainsi, outre des apports immobiliers en lien avec l'objet social, des **apports** en espèces, ou de droits mobiliers ou encore en industrie sont admis. S'agissant d'une société civile, le **capital social** ne peut pas être représenté par des titres négociables.

> **Précisions a.** Les groupements forestiers bénéficient d'**avantages fiscaux** importants étudiés n°s 27000 s., ainsi que de **subventions** et de **prêts** du Fonds forestier national.

b. Les **sociétés d'épargne forestière** (SEF) peuvent être membres d'un groupement forestier dans la mesure où leur patrimoine doit être principalement composé de bois et forêts ou de parts de groupements forestiers (C. mon. fin. art. L 214-86 s.). Ces sociétés ont la faculté de procéder à une offre au public de leurs parts sociales et sont soumises aux règles des sociétés civiles de placements immobiliers (SCPI) sous réserve de quelques particularités. Sur les avantages fiscaux liés à la souscription ou l'acquisition de parts de SEF, voir n°s 27120 s.

c. Tous les associés d'un groupement forestier doivent être inscrits au **registre du commerce et des sociétés** (C. com. art. R 123-54). Cette obligation pose des difficultés lorsque le groupement comporte un grand nombre de membres ou lorsque les associés sont inconnus suite à dévolution successorale non communiquée ou à une situation d'indivision. Au-delà de l'inopposabilité aux tiers des actes du groupement s'ajoutent des sanctions pénales. Afin de résoudre cette insécurité juridique, le ministre de la justice s'était engagé à étudier des possibilités de dispense d'inscription dès lors que le groupement justifierait avoir réalisé des démarches demeurées infructueuses (Rép. Flory : AN 3-5-2011 p. 4456 n° 99893). Aucune disposition particulière n'a été adoptée à la date des présents développements.

d. Les groupements forestiers doivent, depuis le 1er janvier 2023, être immatriculés au **Registre national des entreprises** (RNE).

e. Un groupement forestier peut **inclure parmi ses immeubles** leurs accessoires ou dépendances inséparables destinés à la réalisation de son objet social ainsi que les terrains à vocation pastorale nécessaires pour cantonner la pratique du pâturage hors des parties boisées justifiant d'une mise en défens ou des terrains à boiser du groupement. Cette opération fait l'objet d'une simple déclaration auprès du préfet, qui dispose d'un délai de deux mois pour s'y opposer. Le pourcentage maximum des surfaces que le groupement forestier peut consacrer aux activités pastorales est fixé par décision préfectorale (C. for. art. L 331-6).

f. Un groupement forestier peut, sous certaines conditions, offrir ses titres au public. Est qualifié de **groupement forestier d'investissement** le groupement qui lève des capitaux auprès d'investisseurs en vue de les investir dans l'intérêt de ces derniers et conformément à une politique d'investissement que ce groupement ou sa société de gestion définit (C. for. art. L 331-4). Il est soumis à l'article L 214-24 du Code monétaire et financier qui réglemente les fonds dits « FIA » (fonds d'investissement alternatifs). Ces groupements sont soumis aux mêmes règles de gouvernance, de sécurité, d'information et de commercialisation que les autres classes d'actifs financiers collectifs, et plus particulièrement les sociétés de placement immobilier (SCPI) et les sociétés d'épargne forestière (SEF) (Ord. 2017-1432 du 4-10-2017 art. 3 : JO 5).

ADHÉSION FORCÉE À UN GROUPEMENT FORESTIER

78720 Dans un seul cas, il est permis de contraindre des propriétaires à adhérer à un groupement forestier.

Telle est la situation lorsque le **groupement est constitué en vue de mettre fin à une indivision** et qu'une minorité ne veut pas y adhérer (C. for. art. L 331-9).

La décision de constituer le groupement doit être prise par un ou plusieurs coïndivisaires représentant au moins les 2/3 de la valeur de la forêt ou des terrains à boiser, sous le contrôle de l'administration.

Ceux-ci adressent une mise en demeure aux minoritaires qui, dans le délai de 3 mois, peuvent :
– soit adhérer expressément au groupement ;

– soit être contraints de céder leurs droits dans l'indivision, moyennant des prix, payés comptant et fixés, à défaut d'accord amiable, par le tribunal judiciaire.

2. GROUPEMENTS FONCIERS AGRICOLES (GFA)

D'une manière générale, les promoteurs de la politique des structures agricoles ont jugé nécessaire de dissocier l'exploitation agricole du patrimoine foncier familial, afin que les problèmes liés à la propriété du sol et aux relations familiales ne viennent pas perturber et compliquer la réalisation de l'activité agricole. **78800**

L'**objectif** des GFA consiste donc à rechercher un allégement de la charge foncière pour l'exploitant tout en lui conférant une certaine sécurité (en particulier en vue de permettre ses investissements et leur amortissement), sans nuire à ses besoins de développement et de modernisation.

Pour dépasser le cadre de l'indivision, il s'agit de constituer une **société purement immobilière** n'ayant pour but que de rassembler des biens appartenant à divers propriétaires (parents ou non) et d'en organiser la conservation et la gestion.

Par rapport à la société civile immobilière de droit commun, le GFA, s'il présente les mêmes caractéristiques générales, possède un régime juridique plus contraignant (qualité des associés, biens détenus, obligation de donner à bail dans certains cas, etc.). La contrepartie en est un régime plus protecteur pour les associés et exploitants des biens détenus par le groupement, de même que de nombreux avantages fiscaux pour ses associés dès lors que certaines conditions sont respectées (voir n°s 26800 s.).

Dans le cadre d'un GFA, le **domaine ou les biens immobiliers agricoles possédés** peuvent être **loués** à un tiers, à l'un des associés ou à des cohéritiers (bénéficiant des garanties du statut du fermage) ou à une autre société n'ayant que des tâches d'exploitation et de production, par exemple une société civile d'exploitation ou un groupement agricole d'exploitation en commun (voir n°s 79200 s.).

Dans une **optique successorale**, il peut être ainsi envisagé, pour éviter ou organiser durablement l'indivision, de créer un GFA qui aura sa vie propre pendant toute la durée prévue par les statuts. De cette façon, les associés ne peuvent pas interrompre la société ou faire vendre ses biens ; s'ils ont besoin de liquidités, ils peuvent vendre leurs parts ou emprunter en les nantissant. **78805**

À côté de ces « GFA successoraux », les plus courants en pratique, peuvent être constitués des **GFA** dits « **mutuels** », lesquels ont pour objet l'acquisition par des agriculteurs ou non d'une propriété déjà exploitée par un fermier en place à l'occasion de sa vente, faute pour ce dernier de pouvoir l'acquérir seul. Le GFA ainsi constitué poursuit alors la location au fermier, lequel peut, progressivement, le cas échéant, acquérir les parts auprès des autres membres du GFA. Cette formule connaît actuellement un regain d'intérêt.

D'autres utilisations du GFA sont également envisageables, voir n°s 78960 s.

a. Constitution des GFA

Dans la plupart des situations rencontrées en pratique, un héritier qui continue l'exploitation familiale peut empêcher son morcellement ou sa mise en vente, même lorsque les parents n'ont rien décidé de leur vivant (n°s 76405 s.). **78810**

Mais ces mécanismes aboutissent finalement à faire peser sur les épaules du successeur le poids des soultes (même relayées par des prêts) qui aboutissent à un rachat immédiat ou différé des parts de ses cohéritiers.

La création volontaire d'une société n'ayant pour fonction que d'être **propriétaire des terres** et de **les louer à l'héritier exploitant** de manière pérenne permet d'accroître la stabilité de ce dernier, tout en allégeant sa charge foncière.

Cette société vient en somme s'interposer entre les biens immeubles et les héritiers qui en possèdent les parts sociales comme dans une société civile ordinaire. Cependant, le GFA comporte des avantages fiscaux importants (n°s 26800 s.) et certaines garanties inhérentes à son statut (n° 78845).

> **Précisions a.** Les **dispositions** concernant les GFA sont **codifiées** dans le Code rural et de la pêche maritime (C. rur. art. L 322-1 s. et R 322-1 à R 322-3).
> **b.** Sous réserve de certaines adaptations, la législation applicable aux GFA métropolitains est applicable dans les **DOM** (C. rur. art. D 371-1 s.).

OBJET DU GFA

78813 Le GFA a pour objet soit la création ou la conservation d'une ou plusieurs exploitations agricoles, soit l'une et l'autre de ces opérations. Il assure ou facilite la gestion des exploitations dont il est propriétaire, notamment en les donnant en location dans les conditions prévues par le statut du fermage et du métayage (C. rur. art. L 322-6).

> **Précisions** Jugé que la cour d'appel a exactement retenu que les actes de gestion et d'administration [que pouvait seul conclure le gérant] excluaient les actes de disposition et que l'objet social du GFA consistant dans l'acquisition et la gestion par tous moyens d'un patrimoine immobilier agricole n'envisageait pas la vente d'immeubles (Cass. 3e civ. 8-2-2024 no 22-18.015 ; Cass. 3e civ. 23-11-2023 no 22-17.475 pour une SCI). À noter que certaines décisions récentes ont été rendues en sens inverse, estimant que la propriété implique le droit de disposer (Cass. 3e civ. 11-5-2022 no 21-15.387). Une rédaction précise des statuts concernant la vente doit permettre d'écarter cet aléa d'interprétation des juges.

78815 En principe, seules des personnes physiques peuvent s'associer dans un GFA. Par exception, certaines personnes morales peuvent en être membres (nos 78830 s.).
Deux associés (y compris deux époux) suffisent pour constituer un GFA ; il peut accueillir des personnes qui n'apportent que des capitaux.

POSSIBILITÉ D'ADMISSION DE CERTAINES PERSONNES MORALES

78830 **Safer** Les sociétés d'aménagement foncier et d'établissement rural (Safer) ne peuvent en principe être **membres** d'un GFA qu'à titre transitoire et exceptionnel car elles ne sont pas des sociétés destinées à porter l'investissement foncier de manière pérenne. La loi 2017-348 du 20 mars 2017 a cependant étendu les possibilités de participation des Safer dans les GFA. Elle a ainsi abrogé la disposition interdisant aux Safer de détenir plus de 30 % du **capital du groupement** ; elles peuvent donc détenir, le cas échéant, la totalité du capital pour une durée limitée. De même est levée l'interdiction pour la Safer d'exercer toute fonction de gestion, d'administration ou de direction du groupement (Loi 2017-348 précitée art. 2).
La **durée** de cette participation au GFA ne peut, en principe, excéder 5 ans (C. rur. art. L 322-2).
Ce délai est néanmoins suspendu et susceptible d'être prorogé (10 ans) dans les cas d'aménagement foncier agricole et forestier, de biens devant faire l'objet de plantations à rentabilité différée, de reboisement ou de constitution de groupements forestiers, ainsi que dans les régions de montagnes ou zones d'actions spéciales, déshéritées...
En outre, le **GFA** est **tenu de donner à bail** les terres dont il est propriétaire lorsqu'une Safer est au nombre de ses membres.
Une priorité est donnée aux membres du GFA pour l'**acquisition des parts** détenues par la Safer (voir toutefois no 80235).

> **Précisions a.** La **participation des Safer** peut être **intéressante pour** intervenir rapidement en cas d'une vente d'exploitation permettant ensuite de disposer du temps nécessaire pour rechercher des personnes physiques intéressées pour porter les parts du GFA ainsi constitué, compléter un capital insuffisant lors de la constitution d'un GFA ou pour acquérir des parts à l'occasion d'une cession par un membre du groupement désireux de se retirer.
> **b.** Toute participation d'une Safer au capital d'un GFA est **subordonnée à** l'introduction dans les statuts du groupement d'une clause par laquelle les membres dudit groupement s'engagent à acquérir les parts détenues par la société, à l'échéance de la durée mentionnée ci-dessus, au cas où le groupement n'aurait pas agréé d'acquéreur présenté par la société. À défaut d'accord entre les membres du groupement pour fixer une répartition différente, ils sont tenus d'acquérir ces parts au prorata du nombre de celles qu'ils détiennent déjà.

78835 **SCPI et sociétés d'assurance** Peuvent adhérer à un GFA (C. rur. art. L 322-3) :
– les compagnies d'assurance et de capitalisation ou leurs groupements constitués à cet effet ;
– les sociétés civiles de placement immobilier (SCPI) autorisées à procéder à une offre au public de titres financiers et agréées pour cet objet unique par arrêté interministériel.
Cependant, cette possibilité d'adhésion est admise sous deux **conditions** :
– l'ensemble des biens immobiliers du GFA doit être donné à bail à long terme à un ou plusieurs membres du groupement ;
– les personnes morales (SCPI et compagnies d'assurance) ne peuvent exercer dans le groupement aucune fonction de gestion, d'administration ou de direction.

Contrairement aux Safer, la durée de participation de ces personnes morales n'est **pas limitée**, sauf par d'éventuelles dispositions statutaires. Les statuts peuvent en effet fixer la durée maximum de leur participation qui ne peut, dans tous les cas, dépasser 20 ans, lorsque les fondateurs ont choisi une obligation de cession de leurs parts après un certain délai de présence (C. rur. art. L 322-5).

Coopératives agricoles et Sica Les coopératives agricoles et les Sica peuvent être membres d'un GFA **sans restriction quant aux zones** concernées (C. rur. art. L 322-3 modifié par loi 2014-1170 du 13-10-2014) sous les mêmes conditions que les SCPI et les compagnies d'assurance (voir n° 78835). 78840

Garanties au profit des personnes physiques membres du GFA Des garanties sont accordées par la loi au profit des personnes physiques membres du GFA, et plus spécialement au profit du fermier, lorsque le GFA comprend parmi ses membres une ou plusieurs personnes morales (SCPI, compagnies d'assurance, Safer, coopératives agricoles, Sica) : 78845
– les statuts doivent prévoir au profit des associés personnes physiques un **droit de préférence** pour l'acquisition des parts cédées par les associés personnes morales (C. rur. art. L 322-4) ;
– les **associés** personnes physiques peuvent exiger l'acquisition des parts détenues par les personnes morales après l'expiration d'un délai fixé par les statuts et ne pouvant excéder 20 ans. Les statuts peuvent également accorder un droit de priorité aux exploitants des biens du GFA (C. rur. art. L 322-5) ;
– les **fermiers** des biens du GFA peuvent être admis par convention particulière (hors statuts) à exiger l'acquisition des parts, sans aucune condition de délai. Cette acquisition peut être partielle ou totale (C. rur. art. L 322-5) ;
– lorsque les statuts obligent le GFA à donner à bail, le **droit de vote** attaché aux parts est proportionnel à la quotité du capital qu'elles représentent et chaque part donne droit à au moins une voix. Lorsqu'une personne morale est membre du groupement, un droit de vote double de celui conféré aux parts qu'elle détient est attribué de plein droit aux parts détenues par les associés personnes physiques (C. rur. art. L 322-10).

APPORTS AU GFA

Les apports permettant de constituer le capital social d'un GFA peuvent être (C. rur. art. L 322-8) : 78860
– des apports en pleine propriété d'**immeubles ou de droits immobiliers** à destination agricole ;
– des apports en **numéraire** ; il est possible de constituer un GFA en n'apportant que des espèces (bien entendu, en vue de réaliser un achat foncier), ce qui permet de constituer le groupement par acte sous seing privé.
Lorsque le capital social d'un GFA est constitué par **plus de 30 % d'apports en numéraire** et que le groupement n'est pas créé entre membres d'une même famille jusqu'au 4e degré inclus, il doit donner à bail les immeubles dont il est propriétaire et les apports en argent doivent faire l'objet d'**investissements à destination agricole**, au profit du groupement dans le **délai** d'un an (C. rur. art. L 322-11 et L 322-13).
Les apports aux GFA échappent au **droit de préemption** des Safer, lorsqu'ils sont faits à un groupement constitué entre membres de la même famille jusqu'au 4e degré inclus ou par un propriétaire exploitant lui-même les biens apportés (C. rur. art. L 322-8, al. 3).
La **responsabilité des associés** n'est pas limitée au montant des apports. À l'égard des tiers, les associés répondent indéfiniment des dettes sociales à proportion de leur part dans le capital social. À ce titre, tous les membres du groupement, même non gérants, doivent être inscrits au **registre du commerce et des sociétés** (C. com. art. R 123-54).
Comme toute autre société et en l'absence d'exclusion, le GFA peut être constitué à **capital** variable (C. com. art. L 231-1 s. ; voir n° 79425).

> **Précisions a.** Les apports de bois ou de **terrains boisés** ne sont pas possibles, à moins qu'il ne s'agisse de petites parcelles constituant un accessoire des terres agricoles.
> **b.** L'apport d'un **bien grevé d'usufruit** doit être réalisé simultanément par le nu-propriétaire et par l'usufruitier.
> **c.** L'apport d'un **bien indivis** doit être opéré simultanément par tous les membres de l'indivision, afin de respecter la règle imposant un apport en pleine propriété des biens immobiliers.

RÈGLES DE CONSTITUTION

Contrairement aux statuts des Gaec ou des coopératives, la création d'un GFA n'est soumise à aucun régime administratif d'agrément ou de reconnaissance. Les GFA sont seulement soumis, 78865

comme toute société, à **immatriculation** au registre du commerce et des sociétés ; ils ne jouissent de la personnalité morale qu'à compter de cette inscription.
Les GFA, comme toute société civile, doivent, depuis le 1er janvier 2023, être immatriculés au Registre national des entreprises (RNE).
Eu égard aux avantages fiscaux dont bénéficient les GFA, l'administration fiscale pourrait, en cas d'irrégularité de constitution, refuser ces avantages ou en exiger le remboursement (voir sur ce point n° 26880).
La **superficie totale** des exploitations appartenant à un même groupement foncier agricole peut être limitée dans des conditions fixées par décret, compte tenu de la situation particulière de chaque région naturelle agricole (C. rur. art. L 322-7). Cette surface maximum est basée sur la SMA (surface minimum d'assujettissement, voir n° 43010) : un GFA ne peut être propriétaire de plus de **30 fois la SMA** (C. rur. art. R 322-1).
Ces dispositions relatives à la surface ne sont pas applicables lorsque le GFA est constitué entre les **membres d'une même famille** jusqu'au 4e degré inclus.

> **Précisions a.** Les **groupements constitués avant le 1er juillet 1978** et qui possédaient la personnalité morale sans avoir à s'immatriculer ont dû effectuer cette formalité avant le 1er novembre 2002 (Loi NRE 2001-420 du 15-5-2001 art. 44). À défaut, ils sont devenus de simples sociétés en participation, donc des sociétés dépourvues de la personnalité morale, ce qui semble difficilement compatible avec leur statut. Les actes passés par ces groupements dépourvus de personnalité morale sont frappés de nullité absolue (Cass. com. 21-2-2012 n° 10-27.630 : RJDA 5/12 n° 499). Ces GFA peuvent toutefois retrouver leur personnalité morale en procédant aux formalités d'immatriculation (Rép. Marleix : AN 11-8-2003 p. 6379 n° 16728).
b. Pour déterminer la **surface exploitée par le GFA** lorsque des biens appartenant à un groupement sont situés dans des régions naturelles agricoles différentes, il y a lieu d'établir par région naturelle le rapport de la superficie de ces biens à la superficie maximum admise pour chacune d'elles. La somme des fractions ainsi obtenue ne doit pas excéder l'unité. Le même mode de calcul est appliqué au GFA qui tend à regrouper des exploitations de grande culture et des cultures spécialisées.
Pour l'appréciation des superficies, sont notamment exclus les bois, les forêts, les terres à vocation forestière, les étangs et les landes.
c. Les GFA sont, comme toutes les sociétés non « cotées », soumis depuis le 1er août 2017 à l'obligation d'identification de leurs **bénéficiaires effectifs** via un registre spécifique « RBE » auprès du registre du commerce et des sociétés (C. mon. fin. art. L 561-46 et R 561-1), voir n° 79410, Précisions s'agissant des sociétés civiles d'exploitation agricole, SCEA.

DROITS ATTACHÉS AUX PARTS SOCIALES

78870 Chaque apporteur en nature perd, comme dans toute société, la propriété personnelle des immeubles qu'il a apportés et reçoit en échange un certain nombre de parts sociales. Qu'elles soient la contrepartie d'apports en nature ou d'apports en numéraire, les parts sociales peuvent être délivrées sous forme de **certificats nominatifs** dont mention est faite sur un registre des transferts tenu par le groupement (C. rur. art. L 322-8, al. 1).
Le **nombre de voix** dont dispose chaque associé peut être déterminé par les statuts sans tenir compte de la participation dans le capital social. Cependant, lorsque les statuts du GFA obligent le groupement à louer la totalité de ses terres, le droit de vote attaché aux parts est obligatoirement proportionnel à la participation dans le capital social et chaque part donne droit à une voix au moins (C. rur. art. L 322-10, al. 1) ; voir également n° 78845.
Enfin, quand bien même cette pratique est demeurée anecdotique, on peut relever que les associés peuvent donner leurs parts sociales en nantissement pour l'obtention de prêts à toutes fins professionnelles ou familiales, et que le GFA peut valablement allouer sa caution hypothécaire à ces opérations (C. rur. art. L 322-20).

CESSION DES PARTS SOCIALES

78875 Les cessions de parts suivent le droit commun des sociétés civiles (C. civ. art. 1861 ; voir n° 79455).
Toute cession de parts sociales, autres que celles intervenant entre ascendants et descendants, n'est envisageable qu'avec **l'agrément de tous les associés**, sauf à ce que les statuts dispensent d'agrément les cessions entre associés ou conjoints, ou étendent cet agrément à toutes les cessions.
Toutefois, les statuts peuvent convenir que la cession peut être autorisée à une majorité, simple ou renforcée, ou directement par les seuls gérants. En pratique, cette dernière option peut faciliter l'évolution d'un groupement dans lequel l'objectif est de concentrer, à terme, la détention du capital entre les mains d'un noyau dur d'associés.

Sur les **droits des personnes physiques associées** du GFA en cas où le GFA comprend parmi ses membres une ou plusieurs personnes morales, voir n° 78845.
Par ailleurs, **l'évaluation des parts**, source potentielle de conflit, peut être encadrée. Les modalités de cette évaluation peuvent être prévues à l'avance dans les statuts de la société ou par toute convention liant les parties. En cas de contestation, un expert désigné soit par les parties, soit par le tribunal judiciaire, fixera le prix de rachat (C. civ. art. 1843-4).
Les cessions de parts d'un GFA entrent dans le champ d'application de la loi 2021-1756 du 23 décembre 2021 portant mesures d'urgence pour assurer la **régulation de l'accès au foncier agricole au travers de structures sociétaires** (nos 81150 s.). La cession peut donc être refusée par le préfet, sur le fondement de cette loi, à l'associé du GFA souhaitant vendre tout ou partie de ses droits.

RETRAIT D'UN ASSOCIÉ

Sans préjudice du droit des tiers, les associés d'un GFA peuvent se retirer totalement ou partiellement de la société dans les conditions prévues par les statuts. À défaut, le retrait ne peut être autorisé que par une décision unanime des autres associés (C. rur. art. L 322-23). Contrairement aux sociétés civiles de droit commun, le **retrait judiciaire** pour justes motifs apparaît donc exclu (Cass. 1e civ. 3-6-2010 n° 09-65.995 : RJDA 10/10 n° 980). Toutefois, marquant un revirement de sa jurisprudence, la Cour de cassation considère désormais que l'associé peut solliciter judiciairement son retrait malgré les dispositions du Code rural, à charge pour le juge d'opérer un contrôle de proportionnalité entre l'objectif poursuivi par la limitation légale du droit de retrait et le respect du droit de propriété de l'associé souhaitant se retirer ; la Cour fonde son analyse sur l'article 6 de la convention de sauvegarde des droits de l'Homme qui permet à un État de limiter l'accès à un tribunal dans un but légitime, à la condition toutefois que la substance même de ce droit ne soit pas atteinte (Cass. 1e civ. 1-3-2017 FS-PBI n° 15-20.817 : RJDA 6/17 n° 417). 78880
En pratique, lors de la **rédaction des statuts**, il convient donc de veiller à ce que, à tout moment, les membres du groupement puissent se choisir réciproquement et prévoir les modalités de **transmission des parts** soit en cas de décès, soit en cas de retrait d'un associé.
Il est possible de prévoir des priorités successives, des clauses de préemption, les conditions de consentement à l'entrée dans la société, etc.
Ces règles de retrait concernent les GFA à capital fixe. Pour les GFA à capital variable (C. com. art. L 231-1 s. ; voir n° 79425), il est de la nature même de la clause de variabilité du capital que chaque associé puisse se retirer « lorsqu'il le juge convenable », sauf conventions contraires, et sauf si le retrait de cet associé abaisse le capital au-dessous de la somme minimum prévue par les statuts (C. com. art. L 231-6 et L 231-5). D'autant que l'associé, après sa sortie, reste tenu pendant 5 ans envers ses anciens associés et les tiers de toutes les obligations existantes au moment de son retrait (C. com. art. L 231-6, al. 3). Ces règles nous apparaissent s'imposer aux GFA ayant adopté la variabilité de leur capital.
Le retrait d'un associé d'un GFA entre dans le champ d'application de la loi 2021-1756 du 23 décembre 2021 portant mesures d'urgence pour assurer la régulation de l'accès au foncier agricole au travers de structures sociétaires (n° 81216). Le droit de se retirer peut donc être refusé par le préfet, sur ce fondement, à l'associé du GFA.

DURÉE DU GFA

La durée du groupement est librement fixée par les statuts dans la limite de 99 ans (C. civ. art. 1838). Lorsqu'un ou plusieurs baux consentis par le GFA sont en cours à l'arrivée du terme du groupement, celui-ci est prorogé de plein droit (sauf opposition de l'un de ses membres) pour une durée égale à celle restant à courir pour celui des baux qui vient en dernier à expiration (C. rur. art. L 322-9). Cette disposition ne dispense pas de fixer la durée du groupement dans les statuts (Avis CCRCS 02.83 du 11-2-1983). 78890
Le décès, la faillite personnelle, le redressement ou la liquidation judiciaires de l'un des associés ne met pas fin au groupement.
Si le décès d'un associé, ou un autre événement, entraîne la réunion de toutes les parts en une seule main, la dissolution judiciaire du groupement n'intervient, à la demande de tout intéressé, que si la situation n'est pas régularisée dans le délai d'un an (en faisant par exemple entrer dans le GFA un héritier) (C. civ. art. 1844-5).
Selon le droit commun du fermage, si le GFA dissous était bailleur, le bail se poursuit avec le nouveau propriétaire des biens et le fermier en place conserve toutes les garanties découlant du statut du fermage.

b. Fonctionnement des GFA

EXPLOITATION DES BIENS DU GFA

78920 **Exploitation directe** Les GFA peuvent exploiter directement les biens agricoles dont ils sont propriétaires, mais ce n'est pas leur but essentiel et le cas de mise en valeur directe est, en pratique, exceptionnel (notamment, quelques GFA-exploitants ont pu être créés à une époque où le différentiel de coût des droits d'enregistrement à la constitution était important par rapport aux sociétés civiles d'exploitation de droit commun). Lorsqu'un GFA exploite en faire-valoir direct (il s'agit dans la plupart des cas de groupements familiaux), des **règles particulières** sont prévues afin de protéger les droits des gérants. Les statuts du groupement doivent prévoir la nomination d'un ou plusieurs de ses membres comme **gérants statutaires** (C. rur. art. L 322-12).

> **Précisions a.** Les statuts doivent conférer la qualité de gérant statutaire aux associés exploitant les immeubles appartenant au GFA. Ils doivent aussi prévoir que les **décisions de dissolution** ne pourront prendre effet qu'à l'expiration d'un délai de 18 mois apprécié à compter de la signification de ces décisions aux gérants statutaires (C. rur. art. L 322-12).
> **b.** Au moment du **partage**, les associés qui participent ou ont participé effectivement à la mise en valeur d'une exploitation du groupement peuvent en demander l'**attribution préférentielle** : celle-ci est en principe de droit, mais peut être exclue par les statuts (C. rur. art. L 322-14). Le régime fiscal des partages de GFA est décrit n° 26830.
> **c.** Les GFA-exploitants ne bénéficient pas des **avantages fiscaux** en matière de droits de mutation à titre gratuit réservés aux GFA bailleurs (n° 78930).

78925 **Mise en location** Les GFA peuvent donner à bail les biens qui leur appartiennent selon les règles habituelles du **statut du fermage** ou selon l'une des formules du **bail à long terme** (dont le bail cessible hors cadre familial) afin de bénéficier de réductions substantielles des droits de mutation à titre gratuit en cas de donation ou de succession (n°s 26850 s.).
Le locataire peut être toute personne physique ou morale (Gaec, EARL comportant le cas échéant les mêmes membres que le GFA).

> **Précisions** La **location** est **obligatoire** lorsque le capital du GFA est constitué par plus de 30 % d'apports en numéraire ou lorsqu'une personne morale est membre du groupement (voir n°s 78860 et 78830).

AVANTAGES FISCAUX

78930 Les avantages fiscaux dont bénéficient les GFA sont examinés dans la 1e partie. Ils concernent principalement les droits de mutation à titre gratuit (n°s 26800 s.) et l'imposition sur la fortune immobilière (n°s 30630 s.).

c. Solutions pratiques

78960 La constitution d'un GFA peut offrir des solutions pour répondre à certaines problématiques rencontrées par les exploitants agricoles. Nous en citons quelques-unes.

RÈGLEMENT ANTICIPÉ D'UNE SUCCESSION

78965 Des parents exploitants décident de régler, de leur vivant, la dévolution de leurs biens afin d'assurer l'installation de leur fils ou fille leur succédant, alors que leurs autres enfants n'ont pas choisi la profession agricole.
Il pourra être procédé ainsi :
– les parents cèdent à titre onéreux ou font **donation** (le plus souvent dans les limites fiscales permettant une exonération des droits de mutation) d'une faible partie de leurs biens : quelques hectares de terres aux descendants non agriculteurs par exemple, celui qui poursuit l'exploitation familiale pouvant se voir attribuer le capital d'exploitation, les bâtiments d'exploitation et d'habitation ;
– les parents ainsi que chacun des descendants **apportent** leurs **terres à un GFA** (qui s'interdit statutairement d'exploiter) et reçoivent en échange des parts sociales (qui pourront être cédées progressivement à l'exploitant), les parents détiennent alors la quasi-totalité du capital social du GFA et leurs enfants une faible fraction ;
– le GFA consent un **bail à long terme au descendant exploitant** ;

– 2 ans plus tard, afin de bénéficier des avantages fiscaux liés aux mutations à titre gratuit de parts de GFA (nos 26850 s.), une **donation-partage** portant sur la pleine propriété ou, plus fréquemment, sur la nue-propriété des parts sociales, est réalisée par les parents à leurs enfants, lesquels détiennent alors la totalité des parts sociales ou de leur nue-propriété (les parents conservant l'usufruit dans ce cas et donc les revenus du GFA).

MAINTIEN EN PLACE D'UN FERMIER MANQUANT DE MOYENS FINANCIERS POUR USER DE SON DROIT DE PRÉEMPTION

Dans ce cas, la **Safer**, après avoir examiné la possibilité de trouver des épargnants, réalise l'**acquisition de l'exploitation** : **78970**
– elle rassemble ensuite les personnes intéressées par l'acquisition du bien ;
– puis elle rétrocède, tout d'abord au fermier, les bâtiments et quelques hectares, puis les terres aux souscripteurs (sans individualisation de lots, l'ensemble de la propriété étant rétrocédée au GFA) ;
– ou elle constitue immédiatement un GFA, qu'elle peut désormais constituer seule (n° 78830), qui s'interdit d'exploiter et consent un bail à long terme au fermier, puis cède les parts aux personnes intéressées.

> **Précisions** Le preneur qui est devenu propriétaire par **préemption** est autorisé, à condition de se consacrer personnellement à l'exploitation des biens du groupement, pendant la période de 9 ans qui suit, à faire apport des biens préemptés à un GFA. La même faculté est reconnue, sous la même condition, au propriétaire qui a exercé la **reprise**.

CRÉATION DE GFA « MUTUELS »

Dans certaines régions (Grand Est principalement mais la mise en œuvre s'étend), le schéma précédemment décrit a été développé en rassemblant dans un GFA un **grand nombre d'apporteurs de capitaux en numéraire**, chaque part ayant une valeur modeste, sur une aire territoriale limitée, le plus souvent le canton. Ainsi, le GFA dispose de fonds permettant – en liaison avec les autres organismes de réorganisation foncière, en particulier la Safer qui sait compter sur l'existence de relais financiers (banques et collectivités publiques) – d'assurer une **rapide mobilité des parts** de GFA (ce qui encourage les petits épargnants). **78975**
Par ce moyen, les fermiers peuvent trouver une sorte d'assurance mutuelle afin de se prémunir contre le risque d'avoir à racheter le foncier en moyenne toutes les deux générations : le GFA leur consent un bail à long terme et les laisse propriétaires des bâtiments (et de la charge de leur entretien).
Cette technique peut également être utilisée pour acquérir une exploitation qui sera ensuite louée par bail à long terme à un **jeune agriculteur** et en permettra l'installation.
Les épargnants y trouvent également une sécurité car leurs placements bénéficient de la sécurité liée au foncier et se trouvent indexés sur l'évolution de son prix ; ils bénéficient également, à terme, de la plus-value acquise par le foncier et d'importants avantages fiscaux (n° 78930).

CRÉATION D'UN GFA « INVESTISSEUR » LOUANT PAR BAIL CESSIBLE

La loi d'orientation agricole 2006-11 du 5 janvier 2006 permet d'envisager une application particulière du GFA en lien avec le bail cessible hors cadre familial. **78980**
En effet, l'une des difficultés que rencontrent les associés d'un GFA investisseur reste la faiblesse de la **rentabilité du capital investi** que peuvent ne pas compenser tout à fait les avantages fiscaux conférés au GFA louant ses terres par bail à long terme, ni la sécurité inhérente au placement foncier. De plus, les GFA familiaux ont souvent mauvaise presse dans la mesure où, dans les règlements successoraux, ils peuvent être considérés comme avantageant par trop celui des héritiers qui est titulaire du bail. En effet, outre le revenu limité que les héritiers retirent de leur foncier, la **valeur vénale des biens** se trouve **minorée** par la présence d'un bail à long terme et d'un GFA, difficulté à laquelle s'ajoute le manque de souplesse quant aux possibilités de se retirer d'un GFA. Sauf s'il existe un consensus familial, cette situation est souvent mal vécue et source de nombreuses difficultés.
Dans cette situation, le bail cessible hors cadre familial permet d'améliorer encore le loyer plus élevé qu'autorise le bail à long terme par rapport au bail classique de 9 ans (voir n° 75064), ce qui aboutit à **mieux rémunérer les parts** détenues par les investisseurs (ou les membres de la famille), d'autant qu'ils bénéficient des mêmes avantages fiscaux que dans la situation d'un GFA louant par bail à long terme. À cela s'ajoute la **sécurité, pour le fermier**, que confère la détention des terres par une personne morale qui n'a pas vocation à opposer un refus de renouvellement ou exercer un droit de reprise afin d'exploiter à son propre compte, opérations

de surcroît rendues plus difficiles dans le cadre d'un bail cessible par l'indemnité d'éviction que doit verser le bailleur (voir nº 75080).
Malgré ces avantages, cette solution demeure marginale eu égard au faible taux de diffusion des baux cessibles dû notamment au caractère peu précis des règles d'indemnité en fin de bail.

3. GROUPEMENTS FONCIERS RURAUX (GFR)

79100 La création des groupements fonciers ruraux (GFR) par la loi 95-95 du 1er février 1995 a permis à des GFA, confrontés à la déprise des terres agricoles et à des groupements forestiers souhaitant mettre en culture des terres précédemment boisées d'évoluer en conservant les avantages liés à leurs statuts.

79110 Les groupements fonciers ruraux (GFR) sont des sociétés civiles particulières formées en vue de rassembler et gérer des **immeubles à usage agricole et forestier** (C. rur. art. L 322-22 à L 322-24).
Leurs biens sont régis selon les **dispositions propres aux GFA**, pour la partie agricole, et selon les dispositions propres **aux groupements forestiers**, pour la partie forestière. On se reportera donc aux développements concernant ces deux formes de groupements (nos 78710 s. et 78800 s.). On soulignera que la participation des Safer au capital d'un GFR n'est plus limitée dans sa quotité (C. rur. art. L 322-22 modifié par loi 2017-348 du 20-3-2017 ; voir nº 78830). Le **régime fiscal** des GFR, qui permet de cumuler celui des GFA et des groupements forestiers, est exposé nos 27400 s.
En pratique, il se constitue assez peu de GFR. En effet, le boisement des terres agricoles des GFA (ou l'inverse) reste peu fréquent. De plus, leur appréhension peut apparaître difficile par des associés peu rompus au fonctionnement de deux régimes juridiques et fiscaux parallèles. En tout état de cause, si le besoin s'en fait sentir, il reste toujours possible de transformer tout GFA en GFR.

CHAPITRE 3

GROUPEMENTS ET SOCIÉTÉS D'EXPLOITATION

SOMMAIRE

FORMES DE GROUPEMENTS

Regroupements de l'ensemble des activités agricoles Alors que la loi d'orientation du 5 août 1960 définissait un modèle de développement de l'agriculture basé sur l'exploitation familiale, étaient créés par la loi du 8 août 1962 des groupements d'exploitation dont l'objectif consistait à se libérer des contraintes inhérentes à l'activité agricole par le travail en commun, la coresponsabilité et le partage. Aboutissement de l'entraide, outil de promotion sociale, **le Gaec** s'est largement développé puis a été relayé par d'autres sociétés d'exploitation répondant à des objectifs eux aussi bien définis. Principalement, **l'EARL** fournissait un outil permettant à l'exploitant, même seul, de donner une structuration juridique sociétaire à son exploitation. Dans le même temps, l'exploitation agricole réalisée sous couvert de la **société civile de droit commun**, en raison de sa souplesse, prenait un essor certain, en opposition avec les sociétés particulières que constituaient le Gaec et l'EARL. **79200**

Ces sociétés répondent, depuis leur origine et encore aujourd'hui, à des objectifs bien déterminés. Ainsi, le Gaec est la suite logique et l'aboutissement d'une entraide qui trouve rapidement ses limites et le moyen de construire un projet à plusieurs agriculteurs. L'EARL répond principalement à un problème de statut : statut de l'entreprise pour les EARL unipersonnelles, statut des associés pour les EARL pluripersonnelles.

Une constante réunit cependant ces différentes sociétés, la volonté pour leurs associés de regrouper en leur sein l'ensemble de leurs activités agricoles, seul, en couple, entre descendants et ascendants ou encore à plusieurs associés tiers.

Regroupements partiels Prenant le contre-pied de cette évolution, le passé récent a montré une tendance nouvelle aux regroupements partiels. Ces formes de groupements sont à mi-chemin entre le regroupement de moyens et la mise en commun de la totalité de l'activité agricole ; ils ont vocation, pour des raisons généralement économiques, à regrouper plusieurs agriculteurs sur la base d'une production déterminée (lait, bovins, viande, grandes cultures, etc.). Tout en réalisant des activités en commun, des exploitants souhaitent conserver une exploitation individuelle (ou sociétaire) qui leur soit personnelle. Le développement des sociétés civiles laitières, celui des assolements en commun et, dans une moindre mesure, celui des ateliers d'engraissement illustrent cette évolution. Il en va de même de la reprise d'exploitations par plusieurs agriculteurs qui en conservent l'unité. **79210**

Sociétés commerciales On soulignera enfin que les sociétés de forme commerciale (SNC, SARL, SAS, etc.), pendant longtemps peu utilisées pour la production agricole, servent de **79220**

plus en plus à la structuration des exploitations. Étaient mis en avant plusieurs éléments : elles ne correspondent pas à la nature civile de l'activité de production agricole, leurs règles de fonctionnement, notamment relatives aux cessions de parts sociales, à l'établissement et à la publication des comptes, sont plus complexes et leur régime fiscal souvent mal adapté.
Toutefois, plusieurs motivations peuvent pousser les exploitants à choisir une forme commerciale pour leur société d'exploitation. On peut citer la recherche d'un statut social de salarié plus accessible dans le cadre d'une SARL, et surtout d'une SAS (voir nos 43230 s. et 43290), ou l'adoption d'une forme sociale adaptée au développement d'une activité commerciale. De plus, les obligations relatives à la publication des comptes et au commissariat aux comptes, sous conditions, se sont allégées (voir nos 78460 s.). Quant à l'impôt sur les sociétés, il présente désormais quelques avantages non négligeables (taux réduit pour les PME, non fiscalisation des bénéfices réinvestis, flat tax sur les dividendes, etc.) et le passage des bénéfices agricoles à l'impôt sur les sociétés a été facilité (voir n° 12160).

> **Précisions** La **société coopérative**, eu égard à sa réglementation contraignante, n'est qu'exceptionnellement utilisée pour l'exploitation agricole. Néanmoins, un modèle de statut type de coopérative d'exploitation en commun est disponible (Arrêté du 29-11-2019 NOR : AGRT1933870A).
> Parallèlement, sur la période récente, se constituent quelques **Scop** (Sociétés coopératives ouvrières de production) ayant pour objet la production agricole et également des **SCIC** (Sociétés coopératives d'intérêt collectif, voir n° 78390, Précisions). Une Scop est une société coopérative de forme SA, SARL ou SAS dont les salariés sont les associés majoritaires et détiennent au moins 51 % du capital social et 65 % des droits de vote (la seule coopérative dont les membres associés sont les salariés). Elle permet notamment de se regrouper, avec un apport en capital faible, pour développer un outil de travail et de mutualiser trésorerie, matériel, bâtiments, etc. La Scop permet à ses membres de bénéficier du statut de salarié, mais sa gestion administrative est assez lourde et, en cas de retrait, les associés doivent céder leurs parts à la valeur nominale, laissant à la Scop les réserves accumulées. Elles bénéficient d'un traitement particulier au regard des aides de la PAC (n° 81418).

79230 **Organisations sociétaires complexes** Si l'exercice de l'activité agricole au sein de sociétés d'exploitation est très majoritaire (60 % des non-salariés agricoles en 2023 ; chiffres CCMSA 2024), on constate que **l'unité de l'activité agricole** au sein d'une seule structure, bien qu'elle reste très largement la règle, s'amenuise lentement. Il est désormais fréquent qu'un agriculteur soit engagé dans plusieurs sociétés dont l'objet est la production agricole. Selon la CCMSA, 11 % des chefs d'exploitation agricole exercent en qualité de non-salariés dans plusieurs structures, soit près de 46 000 non-salariés en 2023 (le nombre de chefs d'exploitation exerçant en qualité de salariés dans une ou plusieurs sociétés n'est pas connu, de même que ceux qui ont à la fois un statut de non-salarié dans une structure et de salarié dans une autre, ce qui majore encore les chiffres avancés).
Outre les regroupements partiels déjà évoqués, les raisons en sont multiples et peuvent être illustrées : partage des risques (production « à risque » maintenue dans une structure à responsabilité limitée distincte des autres activités), préparation de la transmission (acquisition d'une société qui sera ensuite transmise à un héritier en bénéficiant d'une fiscalité adaptée), acquisition d'une exploitation à plusieurs agriculteurs (en cas d'investissement trop important pour un seul d'entre eux), gestion fiscale ou sociale (par exemple, assujettissement à l'impôt sur les sociétés d'une seule des sociétés détenues), etc.
Ces situations conduisent à une complexité croissante de l'organisation sociétaire et à la volonté des agriculteurs de « restructurer » ou « rationaliser » leurs groupes. D'autant qu'au-delà des sociétés d'exploitation se côtoient des sociétés foncières (GFA, par exemple), des sociétés de commercialisation (SAS de vente directe, SARL de stockage, etc.) et des structures destinées à gérer les approvisionnements et le matériel (Cuma, GIE, etc.). La constitution de sociétés holding apparaît alors et ne présente plus, dans quelques régions, un caractère anecdotique. En tout état de cause, les Gaec, EARL et autres sociétés civiles d'exploitation demeurent le cœur de l'activité de ces exploitations vers lequel convergent les autres structures.

A. Généralités

SOCIÉTÉS CIVILES ET FORMULES VOISINES

79250 Les sociétés agricoles ne sont pas les seuls outils juridiques qui permettent la mise en valeur d'une exploitation agricole à plusieurs. D'autres types de groupements peuvent être utilisés, mais ils ne répondent qu'imparfaitement à la nécessaire stabilité que réclame une entreprise pérenne.

Définition de la société La société se définit comme le **contrat** par lequel deux ou plusieurs personnes conviennent d'affecter à une entreprise commune des biens ou leur industrie en vue de partager le bénéfice ou de profiter de l'économie qui pourra en résulter (C. civ. art. 1832). Une société à **objet** civil ne peut en principe effectuer que des opérations civiles. Ses associés s'engagent à contribuer aux pertes. Ils sont, sauf exception, personnellement et indéfiniment responsables des dettes sociales proportionnellement à leurs apports, mais sans solidarité. 79260

Indivision L'indivision n'est pas comparable à une société disposant d'un patrimoine propre, elle est un mode d'appréhension et d'organisation de la propriété. Dans l'indivision, la mise en commun des biens (entre héritiers, par exemple) ne résulte généralement pas d'une intention positive de se réunir pour œuvrer ensemble sur un pied d'égalité (but de la société) mais seulement d'un **état de droit** issu d'une situation généralement subie, que chacun peut faire cesser (n° 72050). Cependant, le Code civil comporte des dispositions régissant les conventions relatives à l'exercice des droits indivis, mais elles doivent se limiter à une période de 5 années reconductible (C. civ. art. 1873-1 s.). Lorsqu'il s'agit d'exploitations agricoles, cette situation indivise résulte très souvent du décès du chef d'exploitation individuelle. Elle peut, par la suite, conduire à un partage, une attribution préférentielle ou à la constitution d'une société d'exploitation. 79270
Sur la **requalification** de l'indivision en société créée de fait, voir n° 79280, Précisions.
Sur la **qualification** de l'indivision au regard des aides de la PAC, voir n° 81418.
Sur l'inscription au Registre national des entreprises (C. com. art. R 123-242-2 créé par décret 2023-955 du 17-10-2023), voir n° 142.

Coexploitations Au titre des groupements qui ne forment pas une société, on peut citer l'exploitation appartenant à la **communauté matrimoniale** des époux. Ceux-ci peuvent être déclarés auprès de la Mutualité sociale agricole comme coexploitants et donc être affiliés personnellement en qualité de chef d'exploitation. De même, le statut de coexploitant de chacun des époux est établi par le Code rural et de la pêche maritime, qui dispose que, lorsque des époux exploitent ensemble et pour leur compte une même exploitation agricole, ils sont présumés s'être donné réciproquement **mandat** d'accomplir les actes d'administration concernant les besoins de l'exploitation (voir n° 75815). Dans ce cas de figure, tant la situation de propriété de l'exploitation que les droits de chacun des époux sont clairement définis. Cependant, le ministère de l'agriculture, lorsqu'il s'agit d'octroyer des **aides publiques**, ne reconnaît qu'une seule personne physique et considère que la coexploitation entre époux doit être qualifiée de **société créée de fait**, laquelle ne peut pas être attributaire des paiements couplés à la production, des paiements découplés ou titulaire des droits à paiement de base octroyés par la PAC. L'administration accorde donc les paiements ou les droits à un seul des deux époux (Inst. tech. DGPE/SDPAC/2024-324 du 17-6-2024 p. 9 ; voir n° 81418). Il en résulte concrètement que peu d'époux, tous deux chefs d'exploitation, conservent la forme individuelle : ils s'orientent en général vers la constitution d'une société telle l'EARL ou le Gaec qui leur offre une meilleure reconnaissance statutaire. 79280

> **Précisions** Lorsque les conditions en sont remplies, les coexploitations (comme les indivisions) peuvent être considérées comme une société **créée de fait**. Telle peut être la situation de deux époux, tous deux chefs d'exploitation sur des entreprises leur appartenant en biens propres, se comportant aux yeux des tiers comme de véritables associés.

Sociétés sans personnalité morale Depuis le 1er novembre 2002, toutes les sociétés civiles doivent être immatriculées pour être dotées de la personnalité morale, y compris celles créées avant le 1er juillet 1978 qui la possédaient pourtant jusqu'alors. Faute d'avoir procédé à leur immatriculation avant le 1er novembre 2002, ces sociétés sont devenues des sociétés en participation (voir n° 79410). 79290
Hormis ce cas de figure, les agriculteurs peuvent se trouver associés d'une société, par choix ou de manière subie (en dehors du cas précité), sans que celle-ci possède la personnalité morale. En pratique, deux situations se rencontrent :
– la formule de la **société en participation** (voir n° 79920), laquelle est choisie généralement pour sa souplesse et afin de ne pas occulter la personne de ses associés ; les assolements en commun illustrent cette tendance ;
– la **société créée de fait** (soumise au même régime juridique et fiscal que la société en participation) qui, n'ayant pas de règles statutaires, présente de sérieux inconvénients : absence de règles de fonctionnement, droits et obligations des associés mal définis, etc. La société créée de

fait repose généralement sur une situation existante (exploitation indivise entre deux frères, par exemple) où toutes les conditions du contrat de société sont réunies (apports communs, volonté de partage des bénéfices et de s'associer) ; elle est généralement subie et découverte après sa constitution plutôt que réellement voulue ce qui la distingue de la « société de fait », volontairement constituée mais de manière incorrecte.

L'administration refuse l'octroi des **aides économiques** à ce type de société (nº 79280) de même qu'aux sociétés en participation (aides à l'installation, par exemple), à l'exception notable paiements afférents aux aides directes à la surface et aux droits à paiement de base pour les assolements en commun (voir nº 79940).

Sur le **régime fiscal** de ces sociétés, voir nºs 24780 et 24800.

Sur l'inscription au Registre national des entreprises (**RNE**), voir nº 142.

AIDES ET DROITS ÉCONOMIQUES

79300 Les sociétés peuvent prétendre aux **aides publiques** versées par l'État et les collectivités (aides sous régime de minimis, aides compatibles avec le Marché commun, etc.) ainsi qu'aux aides européennes (versées par le Feader, les paiements directs aux exploitants dans le cadre de la PAC, etc.) dès lors qu'elles remplissent les conditions prévues par chacune des aides, aucune forme de société n'étant a priori exclue.

Au-delà des aides prévues par la politique agricole commune, les exploitations agricoles ont pu bénéficier, dans le cadre des **crises récentes**, de nombreuses **aides à caractère national**. Ces aides, quelle qu'en soit la forme, sont nécessairement **limitées** et doivent être compatibles avec le Marché commun. Dès lors qu'elles n'ont pas été notifiées à la Commission et déclarées conforme au Traité de l'Union européenne ou ne s'inscrivent pas sous un régime d'exemption, elles relèvent du régime de minimis qui plafonne le montant d'aides à 20 000 € par exploitation sur une période de 3 exercices fiscaux à compter du 1er janvier 2019, aucune aide ne pouvant plus être versée au-delà (Règl. 1408/2013 du 18-12-2013 modifié par règl. 2019/316 du 21-2-2019). À ce titre, les sociétés d'exploitation sont, quel que soit leur nombre d'associés, considérées comme une seule exploitation, à l'exception des Gaec (nº 79608). Les groupes de sociétés sont également retenus comme une entreprise unique (Inst. tech. DGPE/SDC/2020-616 du 7-10-2020 p. 16 s.).

La transparence des Gaec a vocation à s'appliquer à ces deux régimes (nº 79608).

79310 La **division d'une exploitation** agricole, notamment par constitution de société, ne peut pas conduire les exploitations qui en sont issues à bénéficier d'aides ou de **subventions publiques** supérieures à celles dont l'exploitation initiale aurait bénéficié en l'absence de division (C. rur. art. L 341-3). Il peut être dérogé à ce principe si la division est justifiée par la distance entre les fonds séparés, par l'autonomie de leurs moyens de production, par l'amélioration ou le maintien de la viabilité des exploitations (notamment dans le cas d'une installation).

La réglementation européenne prévoit également ce type de situation. Ainsi visait-elle plus directement l'hypothèse du « contournement » en excluant du bénéfice des aides (du premier comme du second pilier de la PAC) les exploitations divisées de manière artificielle dans le seul but de bénéficier d'avantages, par exemple en matière de paiement redistributif (Règl. 1307/2013 du Parlement européen et du Conseil du 17-12-2013 art. 41.7). Cette disposition a été reprise en termes généraux dans le cadre des règlements applicables suite à la dernière réforme ; elle a toujours vocation à s'appliquer à tous régimes d'aides. Ainsi, les États membres veillent notamment à ce qu'aucun des avantages prévus par la législation agricole ne soit accordé en faveur de personnes physiques ou morales dont il est établi qu'elles ont créé artificiellement les conditions requises pour obtenir ces avantages, en contradiction avec les objectifs visés par cette législation (Règl. 2021/2116 du Parlement européen et du Conseil du 2-12-2021 art. 62 ; Inst. tech. DGPE/SDPAC/2024-324 du 17-6-2024 p. 39).

Voir également nº 79604 s'agissant des Gaec.

79320 Le traitement des sociétés au regard **des droits à paiement de base et autres aides** prévus dans le cadre de la PAC, ainsi que des **droits et autorisations de replantation** en viticulture fait l'objet d'une étude spécifique sous l'angle des transferts (voir nºs 81400 s.).

DROITS D'EXPLOITATION DU FONCIER

79330 À de très rares exceptions près (quelques GFA exploitants ou quelques sociétés civiles propriétaires), les sociétés d'exploitation ne sont pas propriétaires du foncier qu'elles exploitent. En effet, la souplesse des formules sociétaires permet d'organiser et de transmettre l'exploitation, en distinguant la propriété du capital foncier de celle du capital d'exploitation.

Pour la partie des **terres que les associés détiennent en propriété**, celle-ci est généralement conservée par eux ou regroupée au sein d'une société foncière dont ils sont associés. S'ils sont personnellement propriétaires, les associés **mettent à disposition** de la société d'exploitation

leurs biens agricoles. Cette mise à disposition n'est pas soumise au statut du fermage dès lors que l'associé participe aux travaux dans la société (C. rur. art. L 411-2). Lorsqu'un GFA, composé des associés de la société d'exploitation, est propriétaire, celui-ci loue les biens (généralement par bail à long terme) à un associé qui met les biens loués à disposition de la société ou du groupement d'exploitation (C. rur. art. L 323-14 et L 411-37).
S'agissant plus généralement des **baux à ferme consentis par des tiers**, les sociétés ne sont que rarement fermières. Comme il vient d'être dit à propos des GFA, les associés sont généralement personnellement preneurs, puis **mettent à disposition** les terres louées au profit de la société ou du groupement d'exploitation (voir n° 74242).
En somme, bien que le capital d'exploitation soit regroupé au sein de la société ou du groupement, les associés demeurent personnellement propriétaires ou fermiers et consentent à la société des droits d'exploiter, principalement sous la forme de conventions de « mise à disposition ». Cette pratique a pour effet de sécuriser la situation de l'associé qui, en cas de retrait de la société ou de dissolution, conserve ses droits et peut reprendre une exploitation personnelle. À l'inverse, la pérennité de la société n'est pas toujours assurée en cas de départ d'un associé puisqu'elle peut perdre la disposition du foncier.
En cas d'entrée d'un agriculteur dans une société ou un Gaec par remplacement d'un associé, à l'occasion d'un départ à la retraite par exemple, reprendre le capital social ne suffit donc pas, et il est nécessaire pour l'associé entrant de s'intéresser à la reprise du droit d'exploiter les biens fonciers.

CONSTRUCTION DE BÂTIMENTS AGRICOLES

Les sociétés, comme les exploitants agricoles individuels, bénéficient d'une dispense de recours à un **architecte** pour l'établissement du projet architectural joint au **permis de construire** relatif à l'édification ou à la modification pour elles-mêmes de constructions de faible importance (C. urb. art. L 431-3). Sont concernés les bâtiments agricoles dont la surface de plancher et l'emprise au sol n'est pas supérieure à 800 m^2 et les serres de production d'une hauteur inférieure à 4 m et d'une superficie maximale de 2 000 m^2 (C. urb. art. R 431-2). **79340**
Sur les possibilités de construction en zone agricole des PLU, voir n° 72152.

> **Précisions** La même dispense est accordée aux **Cuma** pour les constructions nécessaires au stockage et à l'entretien de matériel agricole pour les bâtiments dont la surface de plancher et l'emprise au sol n'est pas supérieure à 800 m^2 (C. urb. art. R 431-2).

ACQUISITION DE FONCIER ET D'EXPLOITATIONS AGRICOLES

L'acquisition de droits réels sur le foncier par les sociétés agricoles, par achat ou apport, fait l'objet d'un **contrôle** par les Safer, notamment par l'exercice de leur droit de préemption (n°s 80290 s.). L'exploitation de foncier par les sociétés est, comme pour toute autre exploitation, encadrée par le contrôle des structures (n°s 80830 s.). Toutefois, ces outils au service de la politique des structures agricoles trouvent leurs limites face aux diverses utilisations des sociétés agricoles. **79350**
Suite à quelques cas d'acquisition de surfaces importantes de terres agricoles, directement ou indirectement, par des sociétés financières, deux **dispositifs** de contrôle limitant leur possibilité d'acquérir, de demeurer propriétaires ou d'exploiter des biens fonciers agricoles ont été récemment ajoutés. L'objectif de ces contrôles est d'éviter que la mise en société de foncier agricole et la mobilisation des terres qui en résulte via la cession des parts sociales, n'aboutisse à leur acquisition sans contrôle par des sociétés ou institutions financières, françaises comme étrangères, au détriment des agriculteurs professionnels ou de propriétaires les donnant à bail à des fermiers, ces montages aboutissant à remettre en cause le modèle français d'exploitations familiales à responsabilité personnelle.

Contrôle des investissements étrangers en France Dans certains secteurs limitativement énumérés, les prises de contrôle d'entités de droit français sont soumises à une procédure d'**autorisation préalable** du ministre chargé de l'économie (C. mon. fin. art. L 151-3 s.). Sont notamment concernés les investissements étrangers dans une activité en France qui, même à titre occasionnel, participe à l'exercice de l'autorité publique ou relève d'activités de nature à porter atteinte aux intérêts de la défense nationale, ou à l'ordre public et à la sécurité publique, lorsqu'elles portent sur des infrastructures, biens ou services essentiels pour garantir la production, la transformation ou la distribution de produits agricoles lorsque celles-ci contribuent aux objectifs de sécurité alimentaire nationale (C. mon. fin. art. R 151-3 issu du décret 2019-1590 du 31-12-2019 art. 1er). **79355**

Parmi les **investissements concernés** figurent non seulement ceux intervenant dans la production, la transformation ou la distribution de produits agricoles, mais aussi dans les terres agricoles (C. mon. fin. art. R 151-3 par renvoi au C. rur. art. L 1, 1°, 17 et 19°).
Dès lors, les **prises de contrôle**, au sens de l'article L 233-3 du Code de commerce (n°s 81210 s.), d'une société d'exploitation agricole ou d'une société propriétaire de foncier agricole par toute personne physique de nationalité étrangère ou toute entité de droit étranger donnent lieu à application de la procédure exposée aux articles R 151-4 et suivants du Code monétaire et financier.

79360 **Obligation générale de rétrocession par voie d'apport** La loi 2017-348 du 20 mars 2017 prévoyait, sauf exceptions, lorsqu'une personne morale de droit privé acquerrait ou recevait par apport des biens ou droits sur lesquels les Safer peuvent exercer leur droit de préemption en application de l'article L 143-1 du Code rural et de la pêche maritime (visés n° 80291), une obligation de les rétrocéder par voie d'apport à une société dont l'objet principal est la propriété agricole (C. rur. art. L 143-15-1). Lorsque le dispositif n'était pas respecté, la Safer pouvait, dans un délai de 6 mois, demander au tribunal judiciaire soit d'annuler la cession, soit de la déclarer acquéreur en lieu et place de la société.
La volonté du législateur, en imposant cette obligation de rétrocession, consistait à « isoler » le foncier agricole au sein de sociétés ad hoc afin de permettre à la Safer de préempter les cessions de parts de ces sociétés foncières en cas de vente ultérieure. Cette disposition a été invalidée par le Conseil constitutionnel (voir n° 80291, Précisions, e).
Compte tenu de l'inefficacité de ce dispositif et de l'impossibilité de lui donner une réelle portée, il a été **abrogé** par l'article 2 de la loi 2021-1756 du 23 décembre 2021 portant mesures d'urgence pour assurer la régulation de l'accès au foncier agricole au travers de structures sociétaires. Le législateur lui a préféré un **nouveau contrôle** des prises de participations dans les sociétés détenant ou exploitant du foncier agricole exposé n°s 81150 s.

B. Société civile d'exploitation agricole (SCEA)

79400 La souplesse de la société civile permet de **financer, organiser et transmettre l'exploitation**, en mettant en œuvre, à plusieurs, tous agriculteurs ou non, parents ou non, les moyens financiers, matériels et humains nécessaires à une agriculture compétitive. Ainsi, par exemple, les sociétés civiles, comme d'ailleurs les EARL et les Gaec, pourront servir pour accompagner une transmission en isolant le patrimoine d'exploitation et en utilisant la souplesse qu'offre la transmission progressive des **parts sociales**. La société civile pourra également accueillir des **capitaux extérieurs** qui permettront le développement de l'exploitation (il en va de même pour l'EARL).

79405 Les sociétés civiles d'exploitation agricole ou viticole, souvent dénommées SCEA ou SCEV, ne constituent pas une forme de société particulière. Il s'agit de l'**utilisation** de la société civile de droit commun à laquelle un objet agricole, donc civil (voir n°s 10 s.), est donné.
Ces sociétés existent de longue date et ont pu être utilisées avant que n'apparaissent les formes juridiques particulières dotées de certains avantages ou de statuts dérogatoires au droit commun que sont les GFA, les Gaec ou les EARL. Les plus anciennes ont été constituées pour gérer de grands domaines ou régler des problèmes successoraux, les plus récentes sont choisies pour leur souplesse d'utilisation : **objet social** civil qui peut aller au-delà de la seule activité agricole, règles statutaires très souples, possibilité d'admettre les personnes morales et des mineurs comme associés, des gérants non associés, etc. À la différence des sociétés particulières que sont le Gaec et l'EARL, la SCEA ne suppose pas obligatoirement la présence permanente des associés sur les lieux de l'exploitation ni leur participation à celle-ci (sauf s'agissant d'un fermier ou d'un métayer qui met le bien loué à la disposition de la société).
On dénombre environ 21 000 sociétés civiles de droit commun exerçant une activité agricole et regroupant un peu près de 26 000 associés non-salariés agricoles. Certainement pour des raisons liées à sa souplesse d'utilisation, cette formule sociétaire n'a jamais cessé de progresser ces dernières années.
Le **régime juridique** des sociétés civiles résulte des articles 1832 et suivants du Code civil, et plus particulièrement des articles 1845 et suivants.
Sur le **régime fiscal** de ces sociétés, voir n° 24030.
Sur le **régime social** des associés, voir n°s 43180 s.

1. RÈGLES DE CONSTITUTION DES SCEA

OBJET, DÉNOMINATION ET IMMATRICULATION

La SCEA peut être utilisée **soit pour l'exploitation** d'un domaine agricole, soit **pour la gestion** de terres bâties ou non, ou de forêts, soit à la fois pour l'exploitation et la gestion. Son objet civil lui permet de dépasser la seule activité agricole pour réaliser d'autres activités de nature civile telles que la location d'immeubles nus par exemple. **79410**

Pour la partie agricole de leur activité, qui en pratique est toujours prépondérante, l'objet social fait en général référence à la définition de l'activité agricole visée à l'article L 311-1 du Code rural et de la pêche maritime (nos 10 s.). Peuvent s'y ajouter également certaines activités commerciales (salage, déneigement, production d'électricité d'origine photovoltaïque) résultant de tolérances légales qui peuvent être réalisées, sous certaines conditions, par des sociétés civiles agricoles (nos 97 s.).

Les sociétés civiles possèdent la personnalité morale à compter de leur **immatriculation** au Registre national des entreprises (formalités à réaliser auprès du guichet unique électronique des formalités d'entreprises après publication dans un support habilité à recevoir des annonces légales et enregistrement ; il est également procédé, après transmission par le guichet unique, à la publication au Bulletin officiel des annonces civiles et commerciales). Les sociétés constituées avant le 1er juillet 1978 qui possédaient la personnalité morale sans avoir à s'immatriculer ont dû effectuer cette formalité avant le 1er novembre 2002. À défaut, elles sont devenues des sociétés en participation, donc des sociétés dépourvues de la personnalité morale. Dès lors que ces sociétés sont dépourvues de personnalité morale faute d'être immatriculées, les conventions qu'elles concluent sont frappées de nullité absolue (Cass. com. 21-2-2012 n° 10-27.630 : RJDA 5/12 n° 499). Toutefois, ces sociétés peuvent retrouver leur personnalité morale en procédant aux formalités d'immatriculation (Rép. Philip : AN 3-3-2003 p. 1644 n° 9579 ; Rép. Grosskost : AN 2-6-2003 p. 4271 n° 10150).

La société possède un nom (dénomination sociale), un domicile (siège social), une durée (maximum 99 ans) qui peut être prorogée, un capital social, un ou plusieurs gérants et des règles de fonctionnement définies par ses statuts.

Sur tous les **papiers à en-tête émanant de la société** ainsi que sur tous les actes doivent être indiqués la dénomination sociale de la société suivie de la mention « Société civile » (si elle ne figure pas déjà dans la dénomination sociale), le montant du capital social, son caractère variable (en application des articles L 231-1 et suivants du Code de commerce, le cas échéant) et le greffe du tribunal de commerce auprès duquel elle est immatriculée.

> **Précisions a.** Qu'elles soient commerciales ou civiles, et comme les GIE et autres entités tenus de s'immatriculer au Registre national des entreprises (RNE), les sociétés doivent déclarer leurs **bénéficiaires effectifs**, tels que définis par l'article L 561-2-2 du Code monétaire et financier (C. mon. fin. art. L 561-46 s. et R 561-1 s.). En pratique, il s'agit de toute personne physique possédant, directement ou indirectement, plus de 25 % du capital social ou des droits de vote, ou, à défaut, la personne exerçant un contrôle sur les organes de gestion, d'administration, de direction ou de l'assemblée générale des associés. Si aucune personne physique ne peut être identifiée avec ces critères, le bénéficiaire effectif est le représentant légal de la société (les représentants légaux s'ils sont plusieurs).

Le **registre** des bénéficiaires effectifs est tenu au greffe du tribunal de commerce. Toute modification des informations communiquées doit donner lieu à une nouvelle déclaration.

Le fait de ne pas déposer au RNE le document relatif au bénéficiaire effectif ou de déposer un document comportant des informations inexactes ou incomplètes est notamment puni de 6 mois d'emprisonnement et de 7 500 € d'amende (C. mon. fin. art. L 561-49).

Ces **obligations** ont été **renforcées** (C. mon. fin. art. L 561-1 s. et R 561-1 s. modifiés en dernier lieu par loi 2024-364 du 22-4-2024 et décret 2024-720 du 5-7-2024).

Ainsi, les **sociétés** doivent fournir aux personnes tenues à la lutte contre le blanchiment les informations relatives aux bénéficiaires effectifs (C. mon. fin. art. L 561-45-1). À la demande de la société, le **bénéficiaire effectif doit lui fournir** toutes les informations nécessaires au respect de l'obligation de déclaration. À défaut, la société ou l'entité peut saisir le président du tribunal statuant en référé aux fins de voir ordonner, au besoin sous astreinte, la transmission de ces informations (C. mon. fin. art. L 561-45-2). Le fait pour les sociétés ou bénéficiaires de ne pas fournir ou de transmettre des informations inexactes ou incomplètes est puni de 6 mois d'emprisonnement et de 7 500 € d'amende (C. mon. fin. art. L 574-5).

S'agissant des **modalités** de **dépôt**, la déclaration est effectuée lors de la demande d'immatriculation au RNE par l'intermédiaire du guichet unique (C. mon. fin. art. L 561-46) ou par inscription modificative lorsque les informations déclarées ont changé via le même guichet unique (C. mon. fin. art. R 561-55).

Enfin, le registre des bénéficiaires effectifs est **accessible** aux personnes justifiant d'un intérêt légitime (C. mon. fin. art. L 561-46 et communiqué Infogreffe du 18-7-2024).

b. Les statuts doivent être établis par écrit et comporter les mentions obligatoires énumérées à l'article 1835 du Code civil. Ils peuvent préciser en outre une **raison d'être**, constituée des principes dont la société se dote et pour le respect desquels elle entend affecter des moyens dans la réalisation de son activité (C. civ. art. 1835 modifié par loi 2019-486 du 22-5-2019 dite « loi Pacte » art. 169). Il s'agit de la faculté, pour la société, d'afficher le sens de son action. En tout état de cause, son non-respect n'apparaît pas susceptible de sanctions.

c. Par ailleurs, toute société doit avoir un objet licite et être constituée dans l'intérêt commun de ses associés (C. civ. art. 1833). La loi Pacte du 22 mai 2019 précitée dispose en outre que la société est gérée dans son intérêt social, en prenant en considération les **enjeux sociaux et environnementaux** de son activité (C. civ. art. 1833 modifié par loi 2019-486 du 22-5-2019 art 169). Le législateur confie ainsi une « mission politique » aux sociétés en conduisant les organes sociaux à réfléchir sur leur action (Rapport AN 1237 du 15-9-2018). Mais il ne peut en résulter ni la nullité de la société ni celle de ses actes ou délibérations dont les causes sont limitativement énumérées à l'article 1844-10 du Code civil. Tout au plus, la responsabilité pour faute du gérant pourrait se trouver engagée, voire entraîner sa révocation pour cette cause légitime. Tel est en effet le cas lorsque l'intérêt social n'est pas respecté (Cass. 3e civ. 27-6-2019 n° 18-16.861 : BPAT 5/19 inf. 207).

d. La SCEA est immatriculée au **Registre national des entreprises** mis en place depuis le 1er janvier 2023.

ASSOCIÉS

79415 Le plus souvent, les SCEA présentent un caractère familial ou, tout au moins, sont constituées entre quelques personnes qui se connaissent bien. Le **nombre** des associés est indifférent (2 au minimum). Mais les associés peuvent aussi être tant des **personnes physiques que des personnes morales** qui n'ont aucune obligation d'être agriculteurs ou de travailler sur la société comme de la gérer. Depuis le 1er février 2005, tous les associés d'une SCEA doivent être inscrits au registre du commerce et des sociétés (C. com. art. R 123-54).

Deux époux seuls peuvent être associés de la SCEA comme deux concubins ou personnes unies par un pacte civil de solidarité. À noter que jusqu'à la loi d'orientation du 5 janvier 2006, la SCEA était la forme privilégiée choisie par les concubins et les « pacsés » dans la mesure où les EARL entre non-parents relevaient de l'impôt sur les sociétés et les Gaec ne pouvaient être constitués de deux époux seuls. Désormais, toutes les EARL relevant de droit de l'impôt sur le revenu et les Gaec pouvant être formés de deux époux ou concubins seuls associés, ces personnes ont tendance à s'orienter vers la constitution d'EARL ou de Gaec, eu égard aux avantages qui en découlent, au détriment de la SCEA et de sa responsabilité financière indéfinie.

Par ailleurs, et à la différence des EARL et des Gaec, la possibilité d'admettre des personnes morales (autres sociétés) permet à certaines SCEA d'être détenues par des **sociétés holdings** constituées pour des besoins de transmission (dissociation du pouvoir dans la société et de la détention du capital) ou d'optimisation des prélèvements fiscaux et sociaux.

On rencontre également des SCEA, souvent anciennes, détenues par des groupes industriels ou miniers dont les associés sont des sociétés anonymes, ce qui n'a pas manqué de poser quelques difficultés au regard de l'attribution des aides de la PAC (n° 81418).

RESPONSABILITÉ FINANCIÈRE DES ASSOCIÉS

79420 En ce qui concerne la répartition des **dettes de la société** en cas de difficultés financières, les associés répondent indéfiniment et sans solidarité des dettes sociales à proportion de leur part dans le capital (C. civ. art. 1857). Toutefois, un créancier ne peut poursuivre un associé en paiement des dettes sociales qu'après avoir préalablement et vainement poursuivi la société (C. civ. art. 1858).

> **Précisions** **a.** Un associé, créancier de la société, ne peut pas se prévaloir à l'encontre de ses coassociés de l'obligation au passif social (Cass. com. 3-5-2012 n° 11-14.844 : RJDA 8-9/12 n° 780).
> **b.** Sauf si les statuts le prévoient, le solde débiteur du compte courant de l'associé d'une société civile résultant de l'affectation de pertes ne constitue une créance exigible pour la société qu'à sa liquidation (Cass. com. 15-2-2023 n° 20-22.018 : RJDA 7/23 n° 373).

CAPITAL SOCIAL

Les **apports** composant le capital social peuvent être effectués : 79425
– en numéraire (qui alimente la trésorerie) ;
– en nature : terres (rarement), bâtiments, machines, matériel, cheptel vif, etc. ;
– en industrie (c'est-à-dire travail, connaissances, compétences d'un associé).

Les apports en nature peuvent être réalisés en pleine propriété ou seulement en jouissance. Dans ce dernier cas, peu fréquent en pratique, l'associé en conserve la propriété tant que dure l'apport et en retrouve l'usage au terme de la jouissance conférée à la société.

Des apports de droits démembrés peuvent également être opérés (usufruit et nue-propriété) pour les biens en nature.

Le **montant du capital social** est libre (aucun minimum ni maximum). La valeur nominale des parts sociales est librement fixée par les statuts (les apports en industrie ne participent pas à la formation du capital).

Le capital social peut être **fixe** ou variable (C. com. art. L 231-1 s. sur renvoi de C. civ. art. 1845-1, al. 2). Dans une société à capital **variable**, le « capital effectif » à la constitution correspond au total des apports nets des associés ; le capital maximum, encore appelé capital statutaire, est fixé librement dans les statuts ; le capital minimum doit être au moins égal au dixième du capital statutaire. Le capital statutaire et le capital minimum constituent les deux limites entre lesquelles le « capital effectif » peut librement varier, en fonction des apports nouveaux ou des reprises d'apport (ou des réductions de capital), sans qu'il soit besoin de réunir l'assemblée générale extraordinaire des associés (l'assemblée ordinaire suffit ou, si les statuts le prévoient, une décision de la gérance) ni de procéder aux formalités de publicité ou de dépôt. Hormis ces particularités, les sociétés dotées d'un capital variable suivent le régime de droit commun qui leur est applicable (Cass. com. 8-11-2023 n° 22-11.766).

La **libération des apports** en numéraire est librement fixée par les statuts. Il peut être prévu que la totalité des apports en numéraire soit immédiatement versée, ou ultérieurement, sur appel réalisé par la gérance. Cependant, si la société est à capital variable, le dixième au moins des apports en numéraire doit être libéré lors de la constitution.

Que la société dispose d'un capital fixe ou variable, une **augmentation ou** une **diminution du capital** peut être réalisée en cours de vie sociale en cas d'entrée de nouveaux associés, de réalisation de nouveaux apports ou de reprise de ceux-ci.

Un **associé peut se retirer** totalement ou partiellement de la société, dans les conditions prévues par les statuts ou, à défaut, après autorisation donnée par une décision unanime des autres associés. Ce retrait peut également être autorisé pour justes motifs par une décision de justice. L'associé qui se retire a droit au remboursement de la valeur de ses droits sociaux. Les associés peuvent valablement décider, soit dans les statuts, soit par une décision ou un acte distinct, que certains biens seront attribués à tels associés. À défaut, tout bien apporté qui se retrouve en nature dans la masse partagée est attribué, sur sa demande, et à charge de soulte s'il y a lieu, à l'associé qui en avait fait l'apport, qu'il s'agisse d'un retrait ou d'une dissolution de la société (C. civ. art. 1844-9 ; Cass. 3e civ. 12-5-2010 n° 09-14.747 : RJDA 10/10 n° 974). Cette faculté s'exerce avant tout autre droit à une attribution préférentielle.

> **Précisions** En cas d'**apport de biens communs** par des époux, deux situations sont à distinguer. Si un seul des conjoints réalise l'apport, l'autre conjoint doit donner son autorisation pour réaliser l'apport de l'exploitation agricole à peine de nullité et il doit en être justifié dans l'acte ; seul l'époux apporteur est alors associé sauf à ce que l'autre conjoint souhaite entrer dans la société. Si les deux conjoints font apport de biens communs, ils deviennent l'un et l'autre associés. La qualité d'associé sur les parts communes est, sauf clause contraire, dévolue à chacun des deux époux par moitié (C. civ. art. 1832-2).
> Le conjoint commun en biens qui n'a pas souhaité être associé lors de la constitution de la société peut entrer librement dans la société, les clauses relatives aux cessions de parts visées n° 79455 ne lui sont pas applicables (CA Paris 18-2-2020 n° 17/08258 : BPAT 3/20 n° 108). Si les associés souhaitent qu'il en soit autrement, ils doivent prévoir une clause particulière d'agrément des conjoints dans les statuts : ils fixent alors librement les conditions de majorité requises pour l'agrément du conjoint, l'époux déjà associé ne participant pas au vote.
> En cas de renonciation, même tacite dès lors qu'elle est sans équivoque, à revendiquer la qualité d'associé par l'un des deux époux, celle-ci est en principe définitive (Cass. com. 21-9-2022 FS n° 19-26.203 : RJDA 12/22 n° 686). L'époux qui avait renoncé peut cependant se voir reconnaître ultérieurement cette qualité, à sa demande, à l'unanimité des associés (Cass. com. 19-6-2024 n° 22-15.851).
> Lorsqu'un seul des époux possède la qualité d'associé sur les parts communes, seule la

valeur patrimoniale des parts sociales entre en communauté (Cass. 1e civ. 9-7-1991 no 90-12.503 : RJDA 11/91 no 934). En cas de dissolution du mariage, les parts ne peuvent qu'être attribuées à l'ex-époux associé lors du partage (Cass. 1e civ. 4-7-2012 no 11-13.384 : RJDA 10/12 no 857).

BIENS FONCIERS AGRICOLES

79430 Une société civile peut **prendre à bail** une exploitation et, comme un fermier ordinaire, jouir du droit de préemption, du droit à l'indemnité d'amélioration, mais elle ne pourra pas prétendre aux droits d'ordre familial ou à la continuation du bail, après la dissolution, en faveur de certains des anciens associés.

À l'inverse, une société civile peut **donner à bail** les terres et les exploitations dont elle est propriétaire : le preneur est alors garanti par le statut du fermage et du métayage.

Lors de la création d'une SCEA, les agriculteurs associés ne pouvaient, jusqu'à un passé récent, **mettre à disposition** les terres qu'ils prenaient à bail au profit de la société possédant un objet principalement agricole dans la mesure où certains associés ne participaient pas au travail. Une seule solution s'offrait à eux : réaliser un apport de leur droit au bail à la société, ce qui nécessitait d'obtenir l'accord du bailleur (C. rur. art. L 411-38). Les lois 2005-157 du 23 février 2005 et 2006-11 du 5 janvier 2006 ont permis à l'associé preneur de mettre les **biens loués** à disposition quand bien même lui seul participe aux travaux de manière effective dans la société et même si la société comprend des personnes morales associées. Cela étant, la mise à disposition n'est possible qu'à condition que les personnes physiques associées soient majoritaires dans la société (voir no 74242). Ces dispositions n'étant pas applicables aux baux en cours, elles ne concernent que les baux conclus ou renouvelés après publication de ces deux lois (en pratique, demeurent concernés quelques rares baux à long terme).

Les **biens propriété de l'associé** mis à disposition échappent au statut du fermage si l'associé participe effectivement à leur exploitation au sein de la société (C. rur. art. L 411-2).

2. FONCTIONNEMENT DES SCEA

RÉMUNÉRATION DES ASSOCIÉS ET DROITS DANS LES BÉNÉFICES

79440 Les associés peuvent être rémunérés ou non, en plus de leurs droits dans les bénéfices sociaux, pour leur activité réalisée dans la société. Ils peuvent également être **salariés** de la société si les conditions du contrat de travail sont remplies (voir no 43180).

Les associés disposent d'une grande liberté pour fixer la **répartition des bénéfices et des pertes** entre eux. Ce n'est qu'à défaut d'avoir établi une règle de partage dérogatoire que le bénéfice ou les pertes seront répartis proportionnellement au capital détenu. La seule limite qui leur soit imposée réside dans l'interdiction des clauses léonines : il s'agit de clauses attribuant à un associé la totalité des bénéfices ou l'exonérant de toute contribution aux pertes, ou encore de clauses privant un associé de tout droit aux bénéfices ou mettant à sa charge la totalité des pertes.

Les **règles de partage** des bénéfices peuvent être prévues dans les statuts ou renvoyées à un acte ultérieur. Lorsque la répartition du résultat figure dans une décision collective, cela évite de modifier les statuts en cas de changement de la clé de partage des bénéfices. On soulignera que, d'un point de vue fiscal, la clé de répartition des bénéfices doit impérativement être déterminée avant la clôture de l'exercice auquel elle s'applique pour être opposable à l'administration.

GÉRANCE

79445 La SCEA est administrée par **un ou plusieurs gérants**, choisis parmi les associés ou non. Les gérants peuvent être des personnes morales (C. civ. art. 1847). Le gérant est nommé dans les statuts ou par une décision collective des associés.

Sauf précision contraire des statuts, la durée des fonctions des gérants est celle de la société. Les gérants peuvent accomplir tous les **actes de gestion** que commande l'intérêt de la société. Leurs pouvoirs peuvent être statutairement limités, ces clauses ne sont pas opposables aux tiers. En règle générale, tous les actes des gérants engagent valablement la société à l'égard des tiers s'ils entrent dans l'objet social et s'ils ont été accomplis au nom de la société.

Les gérants, qu'ils soient statutaires ou non, sont **révocables** par décision des associés représentant plus de la moitié des parts sociales. Les statuts peuvent toutefois fixer une majorité plus forte, voire l'unanimité. La révocation peut également résulter d'une décision judiciaire prise à la demande de tout associé pour cause légitime (C. civ. art. 1851). Tel est le cas d'un gérant n'ayant pas effectué de reddition des comptes depuis plusieurs années (Cass. com. 23-10-2019 no 17-31.653 : BPAT 1/20 inf. 38). En cas de révocation, le gérant dont la révocation est en jeu ne participe pas au vote. Le gérant révoqué peut décider de se retirer de la société et demander le remboursement de ses droits sociaux. Les statuts peuvent écarter ce droit de retrait.

Si, pour quelque cause que ce soit, la société se trouve dépourvue de gérant, tout associé peut réunir les associés ou, à défaut, demander au président du tribunal la désignation d'un mandataire chargé de convoquer les associés, à seule fin de nommer un ou plusieurs gérants (C. civ. art. 1846 modifié par loi 2019-744 du 19-7-2019 art. 5).

La nomination, la révocation ou la démission des gérants est à **publier** dans un journal d'annonces légales, au registre du commerce et des sociétés au greffe du tribunal de commerce et au Bulletin officiel des annonces civiles et commerciales. Ces formalités sont à accomplir auprès du guichet unique (voir n° 145).

La **rémunération** des gérants est libre, d'ailleurs les fonctions de gérance peuvent être gratuites et tel est le cas en l'absence de convention contraire. Leur rémunération peut être prévue dans les statuts ou dans un acte ultérieur et peut prendre des formes très variables (fixe, fonction des résultats sociaux, etc.).

DÉCISIONS COLLECTIVES

Toutes les décisions qui excèdent les pouvoirs des gérants (éventuellement limités par les statuts) **79450**
sont prises par décision collective des associés. Les associés organisent librement dans les **statuts** les conditions de convocation, de quorum ou de majorité requises, la **forme de décision** (vote en assemblée, consultation écrite, consentement de tous exprimé dans un acte, etc.) tant pour les décisions ordinaires que pour les décisions extraordinaires (les décisions extraordinaires s'entendent de celles qui modifient les dispositions statutaires). Plus les conditions de quorum et de majorité sont rigoureuses, mieux les associés sont protégés contre les décisions qui ne leur conviendraient pas. Mais, à l'opposé, elles peuvent aboutir à des lourdeurs dans le fonctionnement de la société, voire à une situation de blocage. À noter que le **droit de vote** attaché aux parts sociales peut ne pas être proportionnel au nombre de parts détenues ; certaines parts peuvent, par exemple, être assorties d'un droit de vote double.

Dans tous les cas, aucune décision augmentant les engagements d'un associé ne peut être prise sans son consentement exprès (C. civ. art. 1836).

En pratique, la formule la plus utilisée, compte tenu du faible nombre d'associés que comptent les sociétés agricoles, consiste à réunir le consentement de tous les associés dans un acte (C. civ. art. 1854) ; les décisions ainsi prises évitent le formalisme des assemblées générales. L'acte constatant cette décision unanime des associés est conservé au siège social de la société afin qu'il puisse y être consulté.

Enfin, les statuts peuvent permettre aux associés de participer à l'assemblée par conférence téléphonique ou audiovisuelle, en précisant que le recours à ce mode de participation suppose de disposer de moyens techniques adéquats, lesquels doivent permettre l'identification des membres de l'assemblée, transmettre au moins la voix des participants et permettre la retransmission continue et simultanée des débats.

> **Précisions a.** Le **registre des délibérations**, « registre spécial » sur lequel figurent toutes les décisions d'assemblée générale (Décret 78-704 du 3-7-1978 art 45 modifié) peut être tenu et les procès-verbaux établis, signés et horodatés **sous forme électronique** (Décret 2019-1118 du 31-10-2019).
> **b.** Si **une part est grevée d'un usufruit**, le nu-propriétaire et l'usufruitier ont le droit de participer aux décisions collectives. Le droit de vote appartient au nu-propriétaire, sauf pour les décisions concernant l'affectation des bénéfices, où il est réservé à l'usufruitier (les statuts peuvent déroger à cette répartition). Toutefois, pour les autres décisions, le nu-propriétaire et l'usufruitier peuvent convenir que le droit de vote sera exercé par l'usufruitier (C. civ. art. 1844).

CESSION DES PARTS SOCIALES

Toute cession, même entre associés, doit en principe être autorisée par tous les associés **79455**
(C. civ. art. 1861). Cependant, le champ de l'**agrément** et ses modalités peuvent être modifiés.

Ainsi, une certaine **liberté** est laissée aux associés pour limiter l'entrée d'associés nouveaux. Les clauses d'agrément retenues peuvent être « ouvertes » ou « fermées » selon la procédure et la majorité requise pour agréer les nouveaux associés. Ils peuvent ainsi prévoir de :

– retenir le principe de liberté pour les cessions entre associés ;
– retenir le principe de liberté pour les cessions entre ascendants ou descendants ;
– soumettre toutes les cessions à agrément.

Toutefois, la liberté des associés est encadrée par les **principes** suivants :

– les cessions entre associés ou conjoints d'associé sont soumises à agrément, sauf clause contraire des statuts ;
– les cessions entre ascendants ou descendants sont libres, sauf clause contraire ;
– toute autre cession est obligatoirement soumise à agrément.

Il est souhaitable que les associés eux-mêmes délivrent l'agrément. Ils peuvent contrôler plus ou moins les cessions de parts, les conditions de majorité seront plus ou moins strictes. Notons que les statuts peuvent prévoir que la décision d'agrément incombe aux gérants.
La **procédure** de cession des parts sociales (notification de la vente, délai de réponse, etc.) est définie aux articles 1861 et suivants du Code civil. En pratique, cette procédure peut ne pas être respectée dès lors que tous les associés consentent à la cession.
La valeur des parts est déterminée, en cas de contestation, par un expert tenu d'appliquer, lorsqu'elles existent, les règles et modalités de détermination de la valeur prévues par toute convention liant les parties (C. civ. art. 1843-4).

> **Précisions** Pour leur **validité**, les cessions de parts sociales doivent être constatées par un acte écrit. Cet acte peut être authentique ou sous seing privé (même dans le cas où les parts sociales sont représentatives d'apport de biens immobiliers).
> Pour être rendue **opposable à la société**, la seule mention de la cession sur le registre des associés est suffisante dès lors que les statuts le prévoient. À défaut d'avoir mis en place un tel registre, un acte notarié constatant l'acceptation de la cession par la société ou la signification de la cession par exploit d'huissier sera nécessaire (Décret 78-704 du 3-7-1978 art. 51).
> Pour être rendue **opposable aux tiers**, la cession de parts doit, en outre, être publiée ; ce dépôt peut être effectué par voie électronique (C. civ. art. 1865). Il s'agit de déposer en annexe au Registre du commerce et des sociétés une copie authentique de l'acte de cession s'il est notarié, ou un original s'il est sous seing privé, ainsi qu'un exemplaire des statuts mis à jour (C. com. art. R 123-103 et R 123-105). Ces formalités sont à réaliser auprès du guichet unique. Dans le cas où la cession intervient entre associés, il est possible de ne pas modifier les dispositions statutaires mentionnant la répartition des parts, ce qui dispense de déposer au greffe les statuts mis à jour.

TRANSMISSION DES PARTS EN CAS DE DÉCÈS

79460 La **société** n'est **pas dissoute** par le décès d'un de ses membres (C. civ. art. 1870). Elle continue avec ses héritiers ou légataires (Cass. com. 30-8-2023 n° 22-10.018 : RJDA 12/23 n° 656). Si les statuts prévoient que les héritiers doivent être agréés par les associés, ils n'acquièrent pas la qualité d'associé avant que cette décision n'intervienne. Il peut toutefois être convenu que ce décès entraînera la dissolution de la société ou que celle-ci continuera avec les seuls associés survivants. Il peut également être prévu que la société continuera soit avec le conjoint survivant, soit avec un ou plusieurs des héritiers, soit avec toute autre personne désignée par les statuts ou, si ceux-ci l'autorisent, par disposition testamentaire (C. civ. art. 1870).
Les **héritiers** ou ayants droit qui ne deviennent **pas associés** ont droit au remboursement de la valeur de leurs parts sociales, laquelle, en cas de contestation, est fixée par un expert (C. civ. art. 1870-1 et 1843-4). Le prix doit leur être payé par les nouveaux titulaires des parts ou par la société elle-même si celle-ci les a rachetées en vue de leur annulation.

TRANSFORMATION

79465 Une SCEA peut se transformer en Gaec ou en EARL (ou en SARL, SAS, etc.) dès lors qu'elle en remplit les conditions. La transformation régulière d'une société en une société d'une autre forme n'entraîne pas la création d'une personne morale nouvelle (C. civ. art. 1844-3). Cette opération est devenue relativement fréquente : elle permet aux sociétés de se placer sous le statut le plus favorable pour l'exercice de leur activité agricole. Les formalités sont à accomplir auprès du guichet unique des formalités d'entreprises.
Une SCEA, même en liquidation, peut en outre participer à des opérations de fusion, d'absorption ou encore transmettre son patrimoine à une autre société par voie de scission (C. civ. art. 1844-4).
Sur le **régime fiscal** en faveur des associés personnes physiques d'une SCEA en cas d'opérations de restructuration entre sociétés civiles agricoles, voir n°s 10740 s.

DISSOLUTION

79470 En cas de dissolution de la SCEA, la personne morale disparaît. Cette dissolution peut intervenir pour de multiples causes : arrivée du terme, décision unanime des associés, dissolution en justice pour mésentente paralysant le fonctionnement, etc. (C. civ. art. 1844-7). Suit alors une période de liquidation à l'issue de laquelle les associés, s'ils n'ont pas procédé à la vente des biens sociaux, se retrouvent propriétaires indivis (l'ouverture et la clôture de la période de liquidation font l'objet de formalités à accomplir auprès du guichet unique). Ils pourront alors procéder au partage, sous réserve des possibilités de reprise en nature des biens apportés (voir n° 79425).

> **Précisions a.** La **dissolution pour inexécution de ses obligations par un associé**, comme en cas de mésentente, ne peut être prononcée pour juste motif qu'à la condition de paralyser le fonctionnement de la société (Cass. com. 3-5-2018 n° 15-23.456 : BPAT 4/18 inf. 178). De plus, le juge peut rejeter la demande de dissolution judiciaire de l'associé objectivement à l'origine de la mésentente sans tenir compte des causes postérieures de mésentente (Cass. 3e civ. 16-9-2021 n° 19-23.596 FD).
> **b.** La dissolution par **arrivée du terme de la société** est une situation subie par les associés fréquente en pratique lorsque la procédure de prorogation n'a pas été mise en œuvre à temps : les associés doivent être consultés un an avant le terme de la société sur l'opportunité de sa prorogation, tout associé pouvant demander la désignation d'un mandataire de justice chargé de provoquer la consultation (C. civ art 1844-6). À défaut, la dissolution est acquise et en principe irréversible. Toutefois, une procédure de « rattrapage » est prévue lorsque la consultation n'a pas eu lieu : le président du tribunal, à la demande de tout associé dans l'année suivant la date d'expiration de la société, peut constater l'intention des associés de proroger la société et autoriser la consultation aux fins de régularisation dans un délai de trois mois (C. civ. art. 1844-6). Le juge vérifie que la condition de majorité prévue par les statuts est respectée (Cass. com. 30-8-2023 n° 22-12.084 : RJDA 12/23 n° 655). En cas de prorogation, les actes conformes à la loi et aux statuts antérieurs à la prorogation sont réputés avoir été valablement accomplis par la société.

C. Groupement agricole d'exploitation en commun (Gaec)

Le Gaec est une **société civile particulière**, créée par la loi du 8 août 1962, permettant à des exploitants d'exercer leur métier ensemble et sur un pied d'égalité. Aboutissement de l'entraide, animé par la majorité des principes coopératifs, le Gaec permet de regrouper exploitants et exploitations dans un objectif de travail en commun dans des conditions comparables aux exploitations de caractère familial. Il est soumis à un agrément administratif. 79500
Cette société civile particulière est choisie par les agriculteurs pour le projet qu'elle porte et l'équivalence de statut de l'associé par rapport à celui du chef d'exploitation individuelle qu'elle permet d'obtenir :
– partage des tâches et travail en commun sur l'exploitation permettant les échanges et une meilleure efficacité au travail par la spécialisation et/ou la possibilité de se remplacer ;
– libération des astreintes liées à certaines productions d'élevage permettant une meilleure qualité de vie (possibilité de prendre des congés, moindre « décalage » par rapport au salariat, etc.) ;
– assurance, contrairement aux autres sociétés, de ne pas être défavorisé dans les diverses réglementations par la constitution d'une société (principe de transparence du groupement) ;
– possibilité d'associer des tiers ou les membres d'une même famille sur un pied d'égalité (parents, enfants, conjoints, etc.), tous ayant la qualité de chef d'exploitation et sans lien de subordination entre eux ;
– réalisation d'investissements communs et coresponsabilité de l'exploitation.
Compte tenu de la possibilité de constituer un Gaec entre époux seuls associés depuis 2010 et des modalités de plafonnements des aides de la PAC, le Gaec est devenu la structure d'exploitation privilégiée des couples d'agriculteurs.
Les règles applicables au Gaec ont été profondément modifiées, en dernier lieu, par la loi d'avenir pour l'agriculture du 13 octobre 2014, s'agissant en particulier de la redéfinition des Gaec totaux et partiels, des principes de transparence économique, notamment au regard des aides de la PAC et de la modification de la procédure d'agrément.
Sauf dispositions expresses contraires, le **régime juridique** des Gaec est celui des sociétés civiles (nos 79400 s.). Les dispositions spécifiques aux Gaec figurent aux articles L 323-1 et suivants et R 323-8 et suivants du Code rural et de la pêche maritime.
Sur leur **régime fiscal**, voir nos 26700 s.
Sur le **régime social** des associés, voir n° 43105.
Il existe en 2023 plus de 41 000 Gaec en activité regroupant près de 87 000 chefs d'exploitation (sources : CCMSA et ANSGAEC 2024).

1. RÈGLES DE CONSTITUTION DES GAEC

OBJET ET CARACTÉRISTIQUES PRINCIPALES

L'objet des Gaec est de permettre la réalisation, à plusieurs, d'un **travail en commun** dans des conditions comparables à celles existant dans les exploitations familiales. Le Gaec doit donc avoir un objet agricole, tel que défini nos 10 s., mais réalisé dans des conditions particulières. 79510

Il s'agit d'unir aux avantages sociaux et humains de l'exploitation familiale (responsabilité personnelle, travail partagé, etc.) et de l'entraide les avantages économiques d'une exploitation plus étendue, compétitive, équipée et gérée rationnellement.
En pratique, un Gaec pourra être constitué par des agriculteurs individuels qui regroupent leurs exploitations voisines afin de travailler ensemble ou, dans le cadre familial, par exemple entre enfants qui reprennent l'exploitation de leurs parents sans la diviser (les biens immobiliers peuvent être par ailleurs regroupés dans un GFA) ou entre conjoints qui acquièrent chacun un statut de chef d'exploitation individuelle.
Si l'objet d'un Gaec doit porter essentiellement sur une **activité de production**, le législateur a introduit la possibilité dès l'origine, pour le Gaec, de **vendre en commun**, à frais communs, le fruit du travail des associés (C. rur. art. L 323-3, al. 2). Mais il n'est pas admis que le Gaec puisse avoir pour objet unique ou essentiel la vente ou le **conditionnement des produits agricoles** sans qu'il y ait exploitation en commun au stade de la production. Il ne peut donc s'agir que d'une activité complémentaire à l'activité essentielle de production. Cette activité complémentaire présente depuis 1988 un caractère agricole (C. rur. art. L 311-1).
La réalisation de prestations de services de nature commerciale (travaux d'entreprise agricole, par exemple) par un Gaec est susceptible d'occasionner le retrait de son agrément (Circ. DGPAAT/SDEA/C 2011-3032 du 27-4-2011, III-1). Tel n'est cependant pas le cas des activités de déneigement et de salage et des activités de production d'électricité d'origine photovoltaïque dont la réalisation est légalement permise à tout agriculteur (Inst. tech. DGPAAT/SDEA/2014-1055 du 23-12-2014 p. 2) ; voir n°s 97 s.

> **Précisions** Malgré une inspiration mutualiste et coopérative très forte (agrément, un homme = une voix, apport total de travail, etc.), mais contrairement au statut coopératif, les associés peuvent réaliser le **partage** intégral **des bénéfices** du groupement ; de même, en cas de dissolution, il n'y a pas transfert du patrimoine à une « œuvre d'intérêt agricole », mais partage entre les associés du « boni de liquidation », après reprise de leurs apports le cas échéant.
> Comme toute société, le Gaec possède un **patrimoine propre**, distinct des patrimoines personnels de ses membres ; il peut faire toutes les opérations économiques relatives à son objet et à son patrimoine pourvu que celles-ci ne s'opposent pas au caractère civil du groupement.
> Les associés d'un Gaec ayant fait des apports en nature ou en espèces conservent leur **statut de chefs d'exploitation** ainsi que les droits et avantages qui en découlent (prêts individuels, subventions, aides à caractère économique plafonnées, régime fiscal, etc.).

GAEC TOTAUX ET PARTIELS

79520 Les Gaec ont pour objet la poursuite d'une activité agricole au stade de la production, mais cet objet peut être total ou partiel (C. rur. art. L 323-2). La distinction est importante car seuls les Gaec totaux peuvent, sous certaines conditions, bénéficier de la transparence au titre des aides de la PAC (n°s 79600 s.).
a. Un **Gaec** est dit **total** quand il a pour objet la mise en commun par ses associés de l'ensemble de leurs activités de production agricole correspondant à la maîtrise et à l'exploitation d'un cycle biologique de caractère végétal ou animal et constituant une ou plusieurs étapes nécessaires au déroulement de ce cycle, y compris les activités de cultures marines (il s'agit des activités de production listées, voir n°s 25 s.). Il en résulte que le Gaec total peut externaliser ses autres activités agricoles, hors production, sans perdre le bénéfice de la transparence (commercialisation de sa production, méthanisation agricole, activités équestres, etc.).
En cas de mise en commun d'une partie seulement des activités de production agricole, le groupement est dit **partiel** (par exemple, création d'un atelier d'engraissement de porcs, d'une « nursery de veaux » ou d'un verger collectif). Il en résulte notamment qu'un associé de Gaec partiel peut adhérer à un autre Gaec partiel dès lors que les cultures pratiquées dans ces deux groupements sont différentes (Rép. Miossec : AN 28-3-1994 p. 1520 n° 9555).
Toutefois, un même Gaec ne peut être total pour certains des associés et partiel pour d'autres.
b. Néanmoins, en complément des **activités** de production, peuvent être mises en commun dans le cadre du Gaec d'autres activités agricoles mentionnées à l'article L 311-1 du Code rural et de la pêche maritime (activités dans le prolongement de l'acte de production ou qui ont pour support l'exploitation, activités équestres, production d'énergie par la méthanisation).
c. Les associés d'un Gaec total ne peuvent **exercer à l'extérieur du groupement**, à titre individuel ou en société, une activité de production agricole (telle que définie ci-dessus a.). Par ailleurs, afin d'éviter tout conflit d'intérêts, les associés d'un Gaec, total ou partiel, **ne peuvent se livrer à l'extérieur du groupement**, à titre individuel ou en société, à l'une des activités réputées agricoles mentionnées à l'article L 311-1 du Code rural et de la pêche maritime pratiquées par le

groupement (qu'elle soit activité de production ou hors production : commercialisation, méthanisation agricole, activités équestres, etc.). Toutefois, un Gaec peut également, sans perdre sa qualité, participer en tant que personne morale associée d'un **groupement pastoral** à l'exploitation de pâturages (Loi 2016-1888 du 28-12-2016 dite loi « montagne » art. 63). Cette disposition vise à mettre en échec la doctrine du ministère de l'agriculture (voir Précisions, a ci-dessous) et permettre à un Gaec producteur de lait d'adhérer à un groupement pastoral qui produirait lui-même du lait.
Enfin, un Gaec total peut, sans perdre cette qualité, participer, en tant que personne morale associée d'une autre société, à la production et, le cas échéant, à la commercialisation de produits de la méthanisation agricole, au sens de l'article L 311-1 du Code rural et de la pêche maritime.

> **Précisions** **a.** À l'exception de l'adhésion à un groupement pastoral ou une unité de méthanisation, lorsqu'un **Gaec prend une participation dans une société à objet agricole** (par exemple une maternité collective porcine), le ministère de l'agriculture considère, sur la base de l'article L 323-2 du Code rural et de la pêche maritime, que le groupement devient partiel ou encourt le retrait d'agrément si la production réalisée est identique à celle du groupement. Il en va de même lorsque les activités de la société dans laquelle la participation est prise sont des activités dans le prolongement de l'acte de production, des activités exercées ayant pour support l'exploitation, des activités de préparation et d'entraînement d'équidés domestiques dès lors qu'elles sont réalisées au sein du Gaec (Inst. tech. DGPAAT/SDEA/2014-1055 du 23-12-2014 p. 3). Toutefois, en pratique, les services du ministère ont infléchi leur position en la réservant aux seuls cas où les associés exercent une activité professionnelle dans la société à laquelle participe le Gaec, en cohérence avec la solution admise ci-dessous.
> **b.** En dehors de ces situations, il est possible pour un Gaec d'**adhérer à une autre structure** dont l'objet est la transformation et, le cas échéant, la commercialisation des produits agricoles issus du groupement, seul ou avec des tiers.
> Dans le cas de l'**adhésion des associés d'un Gaec total à une société civile ou commerciale** ayant pour objet la production agricole, celle-ci doit se limiter à un apport de capitaux ; les associés du Gaec concernés ne doivent en aucune façon participer à la mise en valeur de l'exploitation en cause, que ce soit en qualité de gérant, de salarié ou d'associé (Inst. tech. DGPAAT/SDEA/2014-1055 du 23-12-2014 p. 3).

ASSOCIÉS

Seules des personnes physiques majeures peuvent être **membres** d'un Gaec. Au **minimum deux** 79530
associés peuvent constituer un groupement qui ne saurait dépasser 10 membres.
Depuis la loi de modernisation de l'agriculture de 2010, un Gaec peut être constitué par **deux époux, deux concubins ou deux partenaires liés par un Pacs**, y compris lorsqu'ils en sont les seuls associés (C. rur. art. L 323-2). Ils bénéficient alors pleinement du principe de transparence du groupement, notamment pour l'octroi des aides économiques (nos 79600 s.).

APPORTS ET CAPITAL SOCIAL

Dans un Gaec, les apports peuvent être de deux types : 79540
a. Apports en capital :
– soit en **numéraire** (en fonds de roulement, par exemple) ;
– soit en **nature** (bâtiments, matériels, cheptel, etc.). Ces apports en nature se réalisent généralement en propriété, mais peuvent être opérés seulement en jouissance pour la durée du groupement ou une période plus courte (exceptionnel en pratique). Des apports en nature, il faut distinguer la **mise à disposition** de biens permettant de les faire exploiter par le groupement tout en en conservant la propriété (biens fonciers en propriété) ou la titularité du droit d'exploiter (biens fonciers en fermage ou en métayage). Sur cette mise à disposition, voir n° 74242.
b. Apports en **industrie** (rares en pratique) : travail, connaissances, compétences. Ces apports ne participent pas à la formation du capital social.
Le **capital social** d'un Gaec doit être au **minimum** de 1 500 € (C. rur. art. R 323-27). Il peut être fixe ou variable (n° 79425). Il est formé des seuls apports en numéraire et/ou en nature, en propriété ou en jouissance (C. rur. art. L 323-8).

BIENS FONCIERS AGRICOLES

Le **fermier** peut mettre plus facilement les terres qu'il loue à la disposition du Gaec (n° 74242) ; la 79550
même possibilité est ouverte au **métayer** (n° 75120). Si le régime de droit commun de la mise à disposition s'est considérablement rapproché de celui du Gaec, les sanctions en cas d'inobservation de la procédure d'information du propriétaire sont toutefois inexistantes pour les Gaec.

RESPONSABILITÉ FINANCIÈRE

79560 La responsabilité de chacun des **associés** à l'égard des tiers ayant contracté avec le groupement est limitée à deux fois la fraction du capital qu'il possède, sauf garantie particulière octroyée à tel ou tel créancier (C. rur. art. L 323-10).

> **Précisions** La seule qualité de membre d'un Gaec ne suffit pas à exclure l'associé du champ d'application des articles L 711-1 et suivants du Code de la consommation relatifs au surendettement des particuliers (Cass. 2e civ. 16-12-2021 n° 20-18.344 : RJDA 04/22 n° 208). L'associé bénéficie, pour ses dettes personnelles à caractère professionnel distinct de l'exploitation du Gaec (cotisations sociales, prêts, etc.), de la procédure de surendettement (Cass 2e civ. 1-6-2017 n° 16-17.077 FPB : RJDA 10/17 n° 647).

DURÉE

79570 Les statuts fixent librement la durée du groupement dans la **limite** de 99 ans (C. civ. art. 1838). Comme toute autre société, un Gaec dissous par l'arrivée de son terme ne peut en principe être prorogé par une délibération postérieure à cette date (Cass. com. 13-9-2017 n° 16-12.479 : RJDA 12/17 n° 818) ; seule une décision collective prise antérieurement peut permettre d'en proroger l'existence (voir toutefois le régime de « rattrapage » mis en place par loi 2019-744 du 19-7-2019 : n° 79470, Précisions).

Le **retrait d'un associé** n'entraîne pas la dissolution du groupement mais seulement la réduction du capital social ; contrairement au droit commun des sociétés, le retrayant peut reprendre ses apports en nature nonobstant toute clause contraire des statuts (C. rur. art. L 323-5). Toutefois, les statuts peuvent prévoir des modalités permettant tout à la fois de faciliter l'entrée de nouveaux associés et d'éviter que le départ d'un seul associé ne compromette l'existence du groupement (C. rur. art. R 323-39).

AGRÉMENT DES GAEC

79580 La dénomination de « Gaec » et les avantages qui lui sont attachés ne peuvent être octroyés qu'aux sociétés dont l'autorité administrative (en pratique le préfet de département) a reconnu qu'elles sont constituées et qu'elles fonctionnent en respectant un certain nombre de **conditions** strictes destinées à conserver le caractère « familial » des exploitations et la prééminence du travail. Avant de délivrer un agrément, le préfet vérifie, sur la base des déclarations des intéressés et des informations dont il dispose, la conformité du groupement aux dispositions légales et réglementaires. Il vérifie, en particulier, la qualité de chef d'exploitation des associés, l'adéquation entre la dimension de l'exploitation commune et le nombre d'associés ainsi que l'effectivité du travail en commun. Lorsqu'il délivre un agrément, le préfet décide des modalités d'accès des membres du groupement aux aides de la politique agricole commune (C. rur. art. L 323-11).

79583 Les **modalités** d'agrément des Gaec sont détaillées aux articles R 323-8 à 23 du Code rural et de la pêche maritime et précisées par une instruction technique du 24 mars 2015 (DGPAAT/SDEA/2015-286).

Les associés doivent présenter au préfet du département (ou à son représentant, le directeur départemental des territoires par délégation de signature) les statuts ou le projet de statuts du groupement et un dossier complet, comprenant une note de demande d'agrément établie suivant un modèle type national et la décision de l'assemblée générale réglant l'organisation du travail en commun (C. rur. art. R 323-9 ; Inst. tech. DGPAAT/SDEA/2015-286 du 24-3-2015).

Pour les groupements totaux, le préfet vérifie, en particulier, la contribution des associés au renforcement de la structure agricole du groupement, en tenant compte de leur participation effective, à titre exclusif et à temps complet, au travail en commun, sous réserve, le cas échéant, des dérogations prévues n° 79610, 3. Cette vérification conditionne l'application du régime de transparence pour l'attribution des aides de la PAC.

Le préfet statue sur les demandes d'agrément, par décision motivée, au plus tard dans les 3 mois suivant la réception du dossier de demande complet. Il peut consulter pour avis la formation spécialisée de la commission départementale d'orientation de l'agriculture constituée à cet effet (lorsque le préfet adopte une décision après avis contraire de la formation spécialisée, il en précise les motifs). À défaut de décision expresse du préfet, la demande est réputée rejetée.

L'agrément doit être préalable à l'**inscription au Registre** national des entreprises (RNE) laquelle s'opère par le guichet unique. Le groupement adresse au préfet son numéro unique d'identification fourni par l'Insee (C. rur. art. R 323-13 modifié par décret 2021-631 du 21-5-2021).

Les **recours** contentieux contre les décisions individuelles relatives aux Gaec sont précédés, à peine d'irrecevabilité, d'un recours administratif auprès du ministre chargé de l'agriculture (ce recours a un effet suspensif). Celui-ci recueille l'avis du préfet et de toute autre personne qualifiée s'il l'estime justifié. Il en informe alors les auteurs du recours, qui sont mis en mesure de consulter ces avis. Le recours contentieux doit être introduit auprès du tribunal administratif dans les deux mois qui suivent le rejet implicite ou explicite du recours administratif par le ministre.

> **Précisions a.** Il existe un **modèle** de « **statuts types** » de Gaec et un modèle de note de **demande d'agrément** (Arrêté du 24-3-2015 : BOA 24). Sans être nécessairement identiques aux statuts types, les statuts du futur Gaec doivent comporter des articles conformes à leur contenu. Les critères détaillés dans la note permettent aux services de la DDT d'examiner l'adéquation entre la dimension du groupement et le nombre d'associés et précisent :
- les éléments permettant d'apprécier la dimension de l'exploitation commune : superficies d'exploitation au regard des activités principales envisagées et des méthodes de production choisies, titres assurant la jouissance des terres que la société se propose d'exploiter, distances à parcourir entre exploitations regroupées ;
- l'identité des associés ou futurs associés, la répartition du capital social, les principes de l'organisation effective du travail en commun, ainsi que la décision de l'assemblée générale réglant l'organisation du travail en commun, la description des tâches réalisées par chaque associé, le nombre envisagé de salariés permanents, les personnes qui seront habilitées à agir au nom de la société et les activités exercées, le cas échéant, par les associés en dehors du groupement.

b. La consultation par le préfet de la formation spécialisée de la **commission départementale d'orientation agricole** (CDOA) est facultative mais fréquente. La commission est composée de 8 membres, à parité entre administration et profession agricole, et dispose d'une compétence consultative pour le seul examen des dossiers de Gaec.

c. Les Gaec doivent se déclarer sur le registre des **bénéficiaires effectifs** (n° 79410).

d. Le Gaec est immatriculé au **Registre national des entreprises** mis en place depuis le 1er janvier 2023 (Ord. 2021-1189 du 15-9-2021 : JO 16).

CONTRÔLE DE CONFORMITÉ DES GAEC

Postérieurement à l'agrément, les services départementaux de l'agriculture s'assurent, par un contrôle régulier, que l'organisation et le fonctionnement de ces groupements sont conformes tant aux exigences réglementaires qu'aux statuts et documents communiqués dans le cadre de l'instruction et du maintien de son agrément (C. rur. art. R 323-18). **79585**

À ce titre, le Gaec doit informer le préfet des modifications statutaires ainsi que de celles mentionnées lors de l'agrément dans le mois suivant leur mise en œuvre. Le préfet a deux mois pour se prononcer sur la modification transmise, à défaut d'une décision expresse l'agrément est réputé maintenu (C. rur. art. R 323-19).

Le préfet peut en outre intervenir à tout moment lorsqu'il a connaissance d'un Gaec en situation irrégulière. Après avoir recueilli les observations du Gaec et, s'il y a lieu, l'avoir mis en demeure de régulariser sa situation, le préfet peut, par une décision motivée, prononcer le retrait de l'agrément, le cas échéant, après avis de la formation spécialisée de la CDOA (C. rur. art. R 323-21). Toutefois, l'agrément peut être maintenu, dans les conditions que le préfet détermine au vu du dossier, pour une durée maximale d'un an renouvelable une fois (C. rur. art. L 323-12). Ce délai court à compter de la date à laquelle le groupement ne respecte plus les conditions d'agrément. Ce maintien de l'agrément, qui présente un caractère exceptionnel, peut s'appliquer notamment en cas de dépassement des seuils de pluriactivité autorisés.

Les modalités du contrôle de conformité des Gaec ont été précisées (Inst. DGPE/SDC/2017-944 du 29-11-2017), notamment en raison des conséquences importantes sur le montant des paiements directs versés aux Gaec au titre de la PAC qui imposent un contrôle de conformité régulier. Ce contrôle approfondi, initialement prévu tous les 4 ans, a été assoupli (Inst. DGPE/SDC/2024-320 du 11-6-2024 modifiant inst. du 29-11-2017 précitée). Désormais les GAEC sont contrôlés en moyenne tous les 8 ans : 13 % des Gaec sont ainsi sélectionnés de manière aléatoire, mais des contrôles orientés peuvent être diligentés. Suite au contrôle, en cas d'anomalie, le préfet doit demander au Gaec de régulariser sa situation, si les circonstances le permettent et selon les modalités ci-dessus, avec ou sans conséquences vis-à-vis de la transparence économique du Gaec (le préfet peut en effet retirer la transparence économique du Gaec – voir n° 79603 – tout en maintenant l'agrément).

2. RÈGLES PARTICULIÈRES DE FONCTIONNEMENT DES GAEC

PRINCIPE DIT « DE TRANSPARENCE »

79600 Les associés de Gaec (et leurs familles) ne peuvent pas, pour tout ce qui touche leur **statut professionnel**, et notamment sur les **plans économique, social et fiscal**, être placés dans une situation plus défavorable que celle des autres chefs d'exploitation (C. rur. art. L 323-13 et R 323-45 s.).
Ce principe dit de « transparence » du Gaec, ou d'« équivalence » de statut de ses associés, reçoit de nombreuses **applications** principalement en fiscalité et en matière d'**aides économiques**. C'est dans ce dernier domaine que les évolutions sont les plus importantes, le dispositif étant profondément modifié depuis 2015.
Pour des applications également nombreuses du principe de transparence en matière fiscale, voir n°s 26700 s. ; en matière sociale, n°s 43105 et 43715.

79602 **Bénéfice des aides issues de la réforme de la PAC de 2013** La réforme de la PAC entrée en vigueur au 1er janvier 2015 a reconnu, dans les règlements, le principe de transparence des Gaec. Elle permet depuis lors aux Gaec français, et à tout groupement d'autres États membres, sous certaines conditions, de bénéficier d'un calcul des aides et de leur plafonnement au niveau de l'associé et non à l'échelle du groupement. Avant la réforme de 2013, cette faculté résultait d'une tolérance de la Commission européenne, laquelle avait été contestée par la jurisprudence considérant qu'un « groupement d'agriculteurs » tel que le Gaec doit être considéré comme un agriculteur unique au regard de la définition de l'agriculteur en droit européen (n°s 136 s.) (CJUE 14-3-2013 aff. 545/11).
La **réforme de la PAC adoptée pour les années 2023-2027** reprend ce principe de transparence appliqué depuis 2015 dans plusieurs de ses régimes d'aides (Règl. 2021/2115 du Parlement européen et du Conseil du 2-12-2021).

79603 **Soutiens directs** S'agissant des aides directes octroyées depuis 2023, le règlement du Parlement et du Conseil 2021/2115 du 2 décembre 2021 réformant la PAC (voir n°s 90450 s.) prévoit, pour les personnes morales ayant la qualité d'agriculteur, que les États membres peuvent appliquer les plafonds d'aides au niveau des membres de ces personnes morales ou groupements lorsque la législation nationale attribue aux membres individuels des droits et des obligations comparables à ceux des agriculteurs individuels qui ont le statut de chef d'exploitation, en particulier en ce qui concerne leur statut économique, social et fiscal, pour autant qu'ils aient contribué à renforcer les structures agricoles des personnes morales concernées (Règl. 2021/2115 art. 17 – réduction et plafonnement des paiements –, art. 29 – Aide redistributive complémentaire au revenu –, art. 30 – Aide complémentaire au revenu pour les jeunes agriculteurs – et Règl. 2021/2116 art. 17 – discipline financière). Le Plan stratégique national prévu par le règlement portant réforme de la PAC complète l'application de la transparence à d'autres aides et notamment aux aides directes couplées.
Le droit français intègre les **conditions** posées par les règlements **pour bénéficier de la transparence**. Le principe de transparence (principe d'équivalence de statut) établi par l'article L 323-13 du Code rural et de la pêche maritime a été précisé s'agissant de la mise en œuvre des règles de la PAC. Il ne s'applique qu'aux **Gaec totaux** et dès lors que les associés, par leurs apports en nature, en numéraire ou en industrie, ont contribué **à renforcer la structure agricole du groupement** (C. rur. art. L 323-13, al. 2 créé par loi 2014-1170 du 13-10-2014). Ainsi, les Gaec bénéficient des paiements directs et régimes d'aides prévus par les articles 29, 32 à 34 et 71 du règlement 2021/2115 et sont soumis au taux d'ajustement, et, le cas échéant de remboursement, prévu par l'article 17 du règlement 2021/2116, selon les modalités suivantes (C. rur. art. D 323-52 issu du décret 2023-334 du 3-5-2023) :
– le nombre de parts sociales détenues par chacun des associés répondant à la définition d'agriculteur actif est rapporté au nombre total de parts sociales composant le capital du groupement, afin de déterminer la contribution de chaque associé, exprimée en pourcentage ;
– le pourcentage est appliqué aux éléments de la demande d'aide qui incluent notamment la surface et le cheptel, pour déterminer la part de ces éléments qui relève de chaque associé ;
– les plafonds des dispositifs de la PAC et les seuils prévus par la réglementation sont appliqués à chacune de ces parts.
Les seuils et plafonds de la PAC s'appliquent à la « portion d'exploitation » ci-dessus définie apportée par chaque associé, sans plafonnement selon le nombre d'associés présents. L'utilisation d'une clé de répartition unique pour quantifier l'apport de chaque associé (en termes de foncier, de cheptel, etc.) repose sur les parts sociales qu'il détient et mentionnées dans les

statuts à jour du Gaec à la date de déclaration (pour plus de précisions, voir Inst. tech. DGPAAT/SDEA/2014-1051 du 22-12-2014 : BOA 23). **79603** (suite)

Dans le cadre de la PAC, ces dispositions **s'appliquent, depuis la campagne 2023-2024**, à plusieurs régimes d'aides mis en place par la France : aide redistributive complémentaire au revenu sur les 52 premiers hectares (art. 29), aide complémentaire au revenu des jeunes agriculteurs (montant forfaitaire uniforme par exploitation prévu art. 30), aides couplées à la production (dès lors qu'elles sont plafonnées visées art. 32 s. et notamment : aide ovine pour 500 premières brebis, aide couplée bovine pour plafond de 120 UGB, aide couplée caprine pour plafond de 400 chèvres, aide couplée au maraîchage pour plafond de 3 ha), aide à la conversion biologique et MAEC (possibilité de plafonnement prévue art. 70), indemnités compensatoires de handicaps naturels et autres dispositifs de compensation territorialisés (zones soumises à des contraintes naturelles ou spécifiques) ainsi que certains dispositifs régionaux (art. 71), taux d'ajustement et de remboursement dans le cadre de la discipline financière (art. 71). Le dispositif de réduction des paiements et plafonnement visés à l'article 17 du règlement 2021/2115 n'étant pas mis en œuvre en France, il ne peut recevoir application de la transparence.

Le **bénéfice de la transparence est accordé** aux associés dès lors que le Gaec total a été agréé et selon les mêmes critères. La décision relève de la seule compétence du préfet de département. Elle est communiquée expressément aux associés du Gaec. En tant que décision administrative, celle-ci est soumise aux voies de recours correspondantes, indépendamment de la décision d'agrément. Le non-respect par le Gaec total des critères sur la base desquels il a été agréé entraîne la **perte de la transparence**, qui peut être prononcée par le préfet, pour la campagne PAC au cours de laquelle le manquement a été constaté et jusqu'à la campagne suivant la date de sa mise en conformité ; elle impacte la ou les campagnes ainsi couvertes (C. rur. art. D 323-54 ; Inst. tech. DGPE/SDC/2017-944 du 29-11-2017 p. 6 s.). Il est nécessaire, pour que le préfet puisse prendre une telle décision, que la non-conformité porte sur les obligations des articles L 323-2 et L 323-7 du Code rural et de la pêche maritime (obligations liées à la définition du Gaec total et travail en commun). Dans ce cas, le Gaec total perd le bénéfice de la transparence dans le cadre des soutiens directs comme des ICHN (n° 79606).

En outre, le **retrait de l'agrément** emporte perte de la transparence. En tout état de cause, seul un Gaec dont l'agrément n'a pas été retiré à la date du dépôt de la demande d'aide peut bénéficier des aides avec application du régime de transparence. Ainsi, une demande unique adressée à l'administration en vue d'obtenir le versement des aides agricoles doit préciser si elle est présentée par une personne agréée en qualité de Gaec. En conséquence, une personne morale ne peut présenter une demande au nom et en qualité de Gaec dès lors qu'elle avait perdu, l'année précédente, son agrément en tant que Gaec. Le préfet est alors tenu de lui refuser l'activation des droits à paiement unique sous les identifiants du Gaec, d'où il résulte qu'aucun paiement ne peut être accordé à ce titre (CE 12-5-2017 n° 391109). Bien entendu, si lors de la demande d'aide le Gaec a été transformé en une société d'une autre forme, ses DPB pourront être activés (par tolérance, il en va de même, transitoirement, si le Gaec a demandé un nouveau numéro Pacage).

EXEMPLE

En matière d'aide redistributive complémentaire au revenu, la transparence s'applique selon les modalités suivantes. Un Gaec exploite 150 ha et comporte 3 associés, tous agriculteurs actifs, avec la répartition suivante du capital social entre les trois associés : associé A = 20 %, associé B = 30 % et associé C = 50 %. L'aide redistributive attribuée au Gaec se réalisera sur les trois portions d'exploitation, dans la limite de 52 ha par portion, soit :
(20 % × 150) = 30 ha + (30 % × 150) = 45 ha + (50 % × 150) = 75 ha plafonnés à 52 ha.
Au total : 30 + 45 + 52 = 127 ha du Gaec bénéficient de cette aide redistributive.
On soulignera qu'une répartition égalitaire du capital social permettrait d'optimiser les aides. À supposer que l'associé A ne possède pas la qualité d'agriculteur actif, les surfaces qui lui sont attribuées n'entreraient pas dans la base de calcul de l'aide. Le paiement de l'aide redistributive serait limitée à 45 + 52 = 97 ha.

> **Précisions** Selon l'administration, en cas de **décès d'un associé**, il n'est pas possible de considérer son **« indivision successorale »** pour l'application de la transparence. En effet, dans le cas des Gaec, une indivision ne peut pas prétendre au versement d'une partie des aides. Suite à un décès, et tant que la situation du Gaec n'est pas régularisée, les héritiers non agréés ne peuvent pas prétendre aux bénéfices réalisés par le GAEC postérieurement au décès (Cass. com. 14-12-2004 n° 01-10.893 F-PB : RJDA 4/05 n° 412). Il convient donc dans ce cas de n'appliquer la transparence que sur les parts sociales des associés restants.

79604 **Clause de non-contournement** L'application du régime de transparence concerne tant les créations de Gaec que les transformations d'autres sociétés en Gaec (EARL composées de 2 époux notamment). Dans de telles hypothèses, est susceptible de s'appliquer la réglementation communautaire dite « clause de non-contournement » selon laquelle les États membres doivent prendre des mesures pour éviter que des dispositions du droit de l'Union ne soient contournées et veillent notamment à ce qu'aucun des avantages prévus par la législation agricole ne soit accordé en faveur de personnes physiques ou morales dont il est établi qu'elles ont créé artificiellement les conditions requises pour obtenir ces avantages, en **contradiction avec les objectifs** visés par cette législation (Règl. 2021/2116 du Parlement européen et du Conseil du 2-12-2021 art. 62 ; Inst. tech. DGPE/SDPAC/2024-324 du 17-6-2024 p. 39).

Cette vérification incombe au préfet qui devra, le cas échéant, refuser le bénéfice de la transparence au Gaec concerné pour les aides de la PAC. L'**application** de cette disposition a été précisée (Inst. tech. DGPAAT/SDEA/2015-286 du 24-3-2015 : BOA 2 et DGPE/SDC/2017-944 du 29-11-2017 précitée). Sur le principe, rien ne s'oppose à l'agrément d'un Gaec, issu ou non de la transformation d'une société préexistante, si son dossier répond à l'ensemble des critères liés à l'agrément. Ainsi, une EARL entre conjoints qui se transformerait en Gaec, même à « périmètre constant » (surfaces identiques, associés tous deux exploitants, répartition équilibrée des parts sociales), peut prétendre à bénéficier de la transparence si les conditions de fonctionnement du Gaec (voir n° 79610) sont respectées et inscrites dans ses statuts. Dans ce cadre, le préfet doit, au cas par cas, vérifier les points suivants :

– la dimension de l'exploitation, qui doit être suffisante pour accueillir le nombre d'associés, compte tenu de la spécificité de certaines productions (hors sol). Elle doit permettre de fournir un travail effectif et rémunéré à tous les membres du groupement, sur la même structure, au regard des méthodes et orientations de production ainsi que de l'organisation du travail ;
– la répartition du capital social, qui doit être équilibrée pour éviter toute suspicion de lien de subordination d'un associé par rapport à son coassocié ou aux autres membres (rapport de 2 %/98 % de détention des parts sociales par exemple dans un Gaec à 2 associés) ;
– le partage des responsabilités pour réaliser les travaux d'exécution et de direction : un associé ne peut limiter sa participation dans le groupement, par exemple, à la seule gestion comptable et administrative de l'exploitation ou à la seule direction du Gaec ;
– l'activité extérieure pratiquée par un ou plusieurs associés, avec le souhait d'en poursuivre l'exercice au moment de la demande d'agrément du Gaec. Ladite activité doit être conforme aux conditions précisées n° 79610, 3.

D'autres situations peuvent constituer des suspicions de contournement : mélange de troupeaux, maintien d'exploitations séparées alors que les moyens de production sont manifestement mutualisés, etc. Selon l'administration, ces situations nécessitent obligatoirement une analyse au cas par cas (Inst. tech. DGPE/SDPAC/2024-324 du 17-6-2024 p. 41).

79606 **Indemnités compensatoires de handicaps naturels (ICHN)** Des règles identiques à celles applicables aux soutiens directs ont été mises en œuvre pour les paiements destinés aux agriculteurs situés dans des zones de montagne et d'autres zones soumises à des contraintes naturelles ou spécifiques visées à l'article 31 du règlement 1305/2013 du 17 décembre 2013. Ainsi, les Gaec totaux sont éligibles à l'ICHN avec l'application du principe de transparence selon les modalités décrites dans l'instruction technique précitée du 22 décembre 2014. L'ICHN est calculée pour chacune des portions d'exploitation détenues par les associés éligibles à l'ICHN (revenus agricoles et non agricoles), compte tenu de leur participation au capital social, et dans la limite des plafonds en surface de l'aide.

Dans le cadre de la PAC applicable depuis le 1er janvier 2023, ces règles ont été maintenues. Le Plan stratégique national précise, en application de l'article 71 du règlement 2021/2115, que les Gaec sont éligibles à l'ICHN avec application du principe de transparence. Ainsi, pour un Gaec bénéficiaire de l'ICHN, le plafond de l'aide sera appliqué sur chaque portion d'exploitation revenant à chaque associé et déterminée selon la clé actuellement retenue (PSN p. 679). Les règles de mise en œuvre sont précisées par l'article D 323-52 du Code rural de manière identique aux soutiens directs (n° 79603).

Les modifications juridiques et de structures effectuées après la date limite de dépôt des dossiers PAC ne sont prises en compte que l'année suivante (Inst. tech. DGPE/SDPAC/2023-37 du 8-6-2023 p. 6 s.).

EXEMPLE

Prenons l'hypothèse d'un Gaec à 3 associés et 150 ha éligibles à l'ICHN avec la répartition suivante du capital social entre les trois associés : associé A = 20 %, associé B = 30 % et associé C = 50 %. Il y a donc 3 portions d'exploitation : portion A = 20 % × 150 ha = 30 ha, portion B = 30 % × 150 ha = 45 ha et portion C = 50 % × 150 ha = 75 ha. On suppose que les 3 associés respectent les conditions de revenu agricole et sont tous agriculteurs actifs.

Pour la part fixe des paiements, le montant de 70 €/ha (avec modulation par le chargement) sera versé sur les 75 premiers hectares de chaque portion d'exploitation, soit sur 150 ha (30 ha pour la portion A, 45 ha pour la portion B, 75 ha pour la portion C).

Pour la part variable des paiements, les montants unitaires s'appliqueront pour les 25 premiers hectares des trois portions d'exploitation, soit sur 3 × 25 ha = 75 ha. Les montants unitaires diminués de 1/3 seront attribués sur les 25 ha suivants pour chaque portion d'exploitation, soit sur 50 ha (5 ha pour la portion A, 20 ha pour la portion B, 25 ha pour la portion C).

Autres aides économiques Pour les régimes d'aides prévues par le règlement européen 2021/2115, autres que les aides directes et les ICHN, attribuées par exploitation et dont les dispositions prévoient expressément l'application du principe de transparence prévu à l'article L 323-13 (aides du Feader à l'investissement, par exemple), les seuils d'aides et plafonds du dispositif sont multipliés par le nombre d'associés du groupement éligibles à l'aide (C. rur. art. D 323-53). L'administration n'a pas spécifiquement commenté l'application de la transparence des Gaec dans ces dispositifs. **79608**

Les règles prévues aux articles D 323-52 à D 323-54 peuvent être rendues applicables aux aides dont la gestion a été **transférée aux régions** par délibération de la collectivité territoriale compétente. Il semble donc qu'à défaut de délibération la transparence ne trouve pas application.

Le principe de transparence s'applique en outre aux règles et plafonds des aides de minimis pour les Gaec totaux : chaque associé d'un Gaec total dispose de son propre plafond d'aides de minimis agricole (Préambule du règl. 1408/2013 du 18-12-2013 modifié par règl. 2019/316 du 21-2-2019 portant le plafond applicable à l'agriculture à 20 000 € à compter du 1-1-2019 ; Inst. tech. du ministère de l'agriculture DGPAAT/SDG/2014-246 du 2-4-2014 et DGPE/SDC/2020-616 du 7-10-2020). Pour les Gaec partiels, la transparence ne s'applique pas : un seul plafond d'aides de minimis pour le Gaec est retenu.

Indépendamment des aides issues de la PAC, diverses aides peuvent être mises en place par l'État ou les régions. Ces aides, pour être compatibles avec celles de l'Union européenne, doivent respecter les règles de minimis ou ne pas fausser la concurrence. La transparence des Gaec trouve en principe à s'appliquer à ces mesures d'ordre réglementaire en vertu des dispositions de l'article L 323-13 du Code rural et de la pêche maritime. Tel a été le cas, par exemple, des aides publiques aux entreprises subissant des pertes de chiffre d'affaires ou des fermetures administratives dans le contexte de l'épidémie de Covid-19 (Décret 2020-371 du 30-3-2020).

CONDITIONS DE FONCTIONNEMENT

Les Gaec doivent respecter les conditions de fonctionnement suivantes : **79610**

1. Obligation de travail : les **associés** d'un Gaec doivent **participer aux travaux d'exécution** menés en commun (C. rur. art. L 323-7). L'exercice des fonctions de direction qui leur incombent également ne les dispense pas de cette obligation. Une **dispense de travail** ne peut être accordée, par décision collective motivée des associés indiquant sa durée, qu'à titre temporaire et au cours de la vie sociale seulement. Elle peut être accordée pour les motifs visés à l'article R 323-32 du Code rural (en cas de décès d'un associé pour le conjoint survivant ou un héritier devenu associé ou en raison de l'état de santé, du suivi d'une formation professionnelle ou du bénéfice de l'allocation parentale d'éducation à temps plein par un associé). Plusieurs dispenses de travail pour ces motifs ne peuvent être accordées concomitamment dans un même groupement qu'à la condition de ne pas compromettre gravement le travail en commun nécessaire au bon fonctionnement du groupement. Les dispenses sont communiquées pour approbation au préfet, qui peut, le cas échéant, prononcer un retrait d'agrément. À défaut de décision expresse dans le délai de deux mois, la demande d'approbation est réputée acceptée.

2. Le **travail en commun** doit être effectif et se réaliser dans des **conditions** comparables à celles existant dans les exploitations de caractère familial (C. rur. art. L 323-3 et L 323-7).

Il en découle que :

– les Gaec ne peuvent pas rassembler plus de **10 exploitants** (C. rur. art. L 323-2) ;

– le **nombre des salariés** du Gaec n'est pas limité. Néanmoins, un nombre de salariés disproportionné pourrait démontrer une absence de participation au travail en commun des associés ;

– les associés communiquent au préfet les distances à parcourir entre les **exploitations** regroupées ; elles doivent être suffisamment **proches** pour permettre un réel travail en commun

(CE 13-3-2006 n° 271285, Groupement Les Rives). Toutefois, sauf limitation apportée par la réglementation du contrôle des structures, il n'y a pas de limite de superficie dès lors que sa taille correspond à celle des exploitations familiales de la région.

3. Les associés d'un Gaec total doivent y exercer leur **activité professionnelle à titre exclusif et à temps complet**, sauf dérogation accordée par une décision collective des associés et accord du préfet (C. rur. art. L 323-7).

La pluriactivité, par nature limitée, autorisée aux associés de Gaec est soumise à **deux conditions cumulatives** : l'activité extérieure doit demeurer une activité accessoire et représenter au plus 536 heures par an appréciées au niveau de chaque associé (C. rur. art. D 323-31-1, al. 2 et 3). Dans les zones de haute montagne (visées à C. rur. art. D 113-14, 1°), ce plafond a été porté à 700 heures annuelles pour les activités saisonnières spécifiques de haute montagne telles que l'enseignement du ski, le damage des pistes, ou encore l'activité de perchiste (Décret 2016-1247 du 23-9-2016 ; Inst. tech. DGPE/SDC/2016-970 du 16-12-2016).

Peut également être autorisée une activité pratiquée par tous les associés du Gaec au sein d'une autre structure (ne réalisant pas une activité agricole) en vue de la **commercialisation** et, le cas échéant, de la **transformation des produits agricoles** issus du groupement. Dans un tel cas, la société « dans le prolongement de l'activité du Gaec » doit être majoritairement détenue par des chefs d'exploitation agricole à titre principal et l'équilibre des engagements des associés au sein du groupement doit être maintenu (C. rur. art. R 323-31-1, al. 2 et 4) ; aucune limite de temps de travail extérieur n'est ici prévue. La décision doit être prise, en assemblée générale extraordinaire du Gaec, à l'unanimité des membres présents, et soumise au préfet qui a deux mois pour statuer, son silence à l'issue du délai valant acceptation.

Le ou les associés concernés ne peuvent se livrer à l'activité extérieure au groupement tant que la décision collective n'a pas été approuvée (C. rur. art. R 323-31-2 ; Circ. DGPAAT/SDEA/C 2011-3032 du 27-4-2011 ; Inst. tech. DGPAAT/SDEA/2015-286 du 24-3-2015 p. 8).

4. Les associés doivent tous participer, dans l'égalité, aux responsabilités de la conduite de l'entreprise ; ils doivent se comporter en véritables chefs d'exploitation non subordonnés, qualité vérifiée lors de l'agrément. La **gestion collégiale** n'empêche pas la désignation de gérants ayant pouvoir d'agir au nom de la société ; en pratique, dans les Gaec, les associés sont très fréquemment tous gérants.

5. Chaque associé doit pouvoir se faire entendre valablement lors des prises de décisions en **assemblée générale**, quel que soit le montant des parts qu'il détient dans le capital. Le principe « un homme = une voix » est généralement appliqué.

6. Il doit y avoir **adéquation entre la dimension de l'exploitation commune et le nombre d'associés** (C. rur. art. L 323-11, al. 2). En pratique, il s'agit d'éviter la constitution de Gaec sur des exploitations de petite taille dans l'objectif de multiplier, par l'application du principe de transparence, les plafonds d'aides publiques ou les limites de recettes ouvrant droit à un régime fiscal favorable (voir n° 79604).

> **Précisions** La **perte de la qualité d'associé** par l'un des deux associés d'un Gaec ne fait pas obstacle, par elle-même, à ce que l'activité constituant l'objet du Gaec soit réalisée par le travail en commun de plusieurs associés susceptibles de rejoindre le Gaec ; il n'y a donc pas extinction de l'objet social et dissolution du groupement, quand bien même l'agrément serait retiré (Cass. com. 20-11-2012 n° 10-25.081 : RJDA 2/13 n° 139).

RÉMUNÉRATION DU TRAVAIL ET DROITS DANS LES BÉNÉFICES

79620 La rémunération des associés du fait de leur participation effective aux travaux est obligatoire. Cette rémunération, qui constitue une charge pour le groupement, ne peut être ni inférieure au Smic ni supérieure à 6 fois le Smic. Les responsabilités de direction peuvent donner lieu à une participation particulière dans les bénéfices annuels. Cette rémunération et, le cas échéant, cette participation sont décidées par l'assemblée générale, dans les conditions fixées par les statuts (C. rur. art. R 323-36).

La répartition des résultats sociaux doit, en principe, privilégier le travail par rapport au capital. La part de l'associé apporteur en capital est en principe proportionnelle à sa détention du capital social ; celle de l'apporteur en industrie est égale à celle du plus faible apporteur en capital, sauf disposition contraire des statuts.

RÉGIME FINANCIER

79630 Par principe, les membres d'un Gaec conservent la possibilité d'obtenir tous **prêts individuels** soit personnellement, soit par l'intermédiaire du groupement. Ils continuent de bénéficier des

prêts à taux préférentiels qui leur ont été consentis antérieurement, notamment les prêts à l'installation. Le Gaec peut prendre en charge leur remboursement en contrepartie, par exemple d'une vente (apport à titre onéreux) réalisée au profit du groupement.
Des **prêts** peuvent être accordés **aux associés** pour l'acquisition de parts d'un Gaec : tel était le cas des prêts à moyen terme spéciaux d'installation avant leur suppression (n° 80440). Toutefois, les textes disposent toujours que ces prêts peuvent être directement accordés aux Gaec dont l'un des associés exploitants répond aux conditions pour y prétendre dans la limite maximale de 50 % du montant de subvention équivalente de la zone du siège d'exploitation du jeune agriculteur qui transfère son droit à prêt à la société (C. rur. art. D 343-14).
Sur l'évolution de la mise en œuvre du principe de transparence en matière d'aides économiques, voir nos 79600 s.

CESSION, TRANSMISSION DES PARTS SOCIALES ET DISSOLUTION DU GAEC

Les règles de la SCEA s'appliquent au Gaec sous réserve des particularités ci-après (nos 79455 s.). **79640**
Nonobstant toute disposition contraire des statuts, l'associé qui, pour quelque cause que ce soit, cesse de faire partie de la société peut, dans la mesure de ses droits, reprendre ses apports en les précomptant sur sa part pour leur prix résiduel au jour de son départ. Il en est de même en cas de dissolution de la société. Ces dispositions sont également applicables aux ayants droit d'un associé décédé (C. rur. art. L 323-5).
Sous réserve des dispositions des articles 1870 et 1870-1 du Code civil (voir n° 79460), les dispositions des articles 821 à 824, 832-1 et 924 du Code civil permettant le maintien dans l'indivision, l'attribution préférentielle et la donation avec dispense de rapport en nature d'une exploitation agricole sont applicables à la dévolution successorale, aux partages de communautés conjugales et aux dons et legs de parts sociales d'un Gaec, lesdites parts étant, dans ce cas, considérées comme si elles constituaient l'exploitation agricole, objet du groupement (C. rur. art. L 323-6).

D. Exploitation agricole à responsabilité limitée (EARL)

Créée par la loi du 11 juillet 1985, l'exploitation agricole à responsabilité limitée (EARL) est une **79700**
forme de **société civile particulière**. Longtemps forme juridique de société agricole la plus répandue en agriculture et plébiscitée par les couples agriculteurs, elle est depuis 2016 supplantée par le Gaec qui peut désormais être constitué de deux époux seuls et offre une meilleure reconnaissance des agriculteurs associés au regard de la fiscalité et des aides publiques. Forte néanmoins d'environ 66 000 unités, l'EARL regroupe plus de 74 000 non-salariés agricoles (sources : CCMSA et ANSGAEC 2024).
Cette forme de société est choisie pour de nombreuses raisons :
– sa responsabilité limitée permet de préserver associés exploitants et apporteurs de capitaux, quand bien même les demandes de cautionnement bancaire peuvent relativiser cet élément de choix ;
– les exploitants associés bénéficient d'un traitement particulier leur assurant la majorité dans le capital social et leur réservant la gérance, donc le pouvoir dans la société ;
– l'EARL est la seule société civile agricole qui peut être instituée par une seule personne et lui permet d'isoler son patrimoine professionnel au sein d'une véritable société (plus de la moitié des EARL sont unipersonnelles) de manière plus claire que le statut de l'EIRL ou désormais de l'entrepreneur individuel (voir nos 75541 s.) ;
– l'EARL est devenue au fil du temps la structure sociétaire privilégiée de l'exploitation familiale permettant aux deux époux d'être associés exploitants ou, pour l'un d'être associé exploitant, pour l'autre simple apporteur de capitaux. Cependant, avec la possibilité de créer des Gaec composés de deux époux seuls associés et au vu des modalités de mise en œuvre des plafonnements des aides de la PAC pour certaines productions animales, le Gaec tend à devenir la structure d'exploitation privilégiée des couples d'agriculteurs (n° 79600) ;
– enfin, sans égaler le Gaec dans la reconnaissance économique et fiscale de ses associés, elle bénéficie d'avantages non négligeables tels que la multiplication des plafonds de la déduction fiscale pour épargne de précaution (voir nos 14890 et 14895) ou la possibilité de contracter directement des prêts à l'installation pour le compte de ses associés sans restriction.

L'EARL permet notamment de déduire un loyer correspondant aux terres en propriété des associés et mises à disposition de la société et d'exclure la rémunération du capital versée aux associés non exploitants dont peut faire partie le conjoint d'un associé exploitant (sur ce dernier point, voir n° 43522).

L'EARL est soumise aux règles de constitution et de fonctionnement de toutes les sociétés civiles à l'exception de quelques règles spécifiques (nos 79410 s.). Son **régime juridique particulier** est codifié sous les articles L 324-1 et suivants, D 324-2 et R 324-3 du Code rural et de la pêche maritime.

Sur son **régime fiscal**, voir nos 26550 s.

Sur le **régime social** des associés, voir nos 43200 s.

1. RÈGLES DE CONSTITUTION DES EARL

CARACTÉRISTIQUES PRINCIPALES

79710 L'EARL a pour **objet** l'exercice d'activités réputées agricoles au sens de l'article L 311-1 du Code rural et de la pêche maritime (voir nos 10 s.). La **surface mise en valeur** par une EARL n'est pas limitée (elle l'était par le passé), sous réserve toutefois de l'application du contrôle des structures.

L'EARL est désignée par une **dénomination** sociale à laquelle peut être incorporé le nom d'un ou plusieurs associés et qui doit être précédée ou suivie immédiatement des mots « exploitation agricole à responsabilité limitée » ou des initiales « EARL » et de l'énonciation du capital social (C. rur. art. L 324-1, al. 3).

ASSOCIÉS

79720 L'EARL est instituée par une ou plusieurs **personnes physiques** (C. rur. art. L 324-1). Le **nombre d'associés** est limité à 10 (C. rur. art. L 324-2).

L'EARL comprend obligatoirement un ou plusieurs **« associés exploitants »**. Ne peuvent être considérés comme tels que les associés majeurs qui participent effectivement à l'exploitation, au sens de l'article L 411-59 du Code rural et de la pêche maritime qui définit les obligations des bénéficiaires du droit de reprise dans le cadre du statut du fermage. Les statuts doivent mentionner les noms de ceux des associés qui possèdent cette qualité. Les associés exploitants doivent détenir ensemble plus de 50 % des parts représentatives du capital (C. rur. art. L 324-8). Comme, par ailleurs, il est prévu que les associés disposent de droits de vote dans les assemblées proportionnels au nombre de parts qu'ils détiennent (C. rur. art. L 324-10), il s'ensuit que les associés exploitants disposent de la majorité des voix. Les statuts peuvent toutefois prévoir que les associés exploitants se répartissent d'une façon égalitaire les droits de vote qu'ils détiennent ensemble.

Le ou les **gérants** doivent être désignés parmi les associés exploitants titulaires de parts représentatives du capital ; ils sont seuls inscrits au Registre national des entreprises (RNE).

RESPONSABILITÉ FINANCIÈRE DES ASSOCIÉS

79730 Alors que dans les sociétés civiles régies par les articles 1832 et suivants du Code civil, la responsabilité financière des associés est illimitée, les associés de l'EARL bénéficient d'une responsabilité limitée puisqu'ils ne supportent les pertes qu'à concurrence de leurs apports (C. rur. art. L 324-1).

Sous certaines conditions, avant leur suppression, les **prêts** à l'installation pouvaient être directement consentis aux EARL. Ce dispositif reste toutefois prévu par les textes et reste à même de s'appliquer si les prêts bonifiés devaient à nouveau être réintroduits (C. rur. art. D 343-14), voir n° 80450.

APPORTS ET CAPITAL SOCIAL

79740 Le capital social doit au **minimum** être de 7 500 € (C. rur. art. L 324-3). Il peut être fixe ou variable (n° 79425). Il est formé par des apports en numéraire et/ou des apports en nature, en propriété ou en jouissance.

Les **apports en nature** doivent être évalués dans les statuts. Il y est procédé au vu d'un rapport annexé aux statuts et établi, sous sa responsabilité, par un commissaire aux apports désigné à l'unanimité des futurs associés ou, à défaut, par une décision de justice à la demande du futur associé le plus diligent. Toutefois, les futurs associés peuvent décider à l'unanimité qu'il n'y aura pas recours à un commissaire aux apports lorsque la valeur d'aucun apport en nature n'excède 30 000 € et si la valeur totale de l'ensemble des apports en nature non soumis à l'évaluation d'un commissaire aux apports n'excède pas la moitié du capital (C. rur. art. L 324-4 et D 324-4). En pratique, une EARL dont le capital est exclusivement composé d'apports de numéraire échappe à l'obligation du recours au commissaire aux apports.

2. RÈGLES PARTICULIÈRES DE FONCTIONNEMENT DES EARL

RÉMUNÉRATION DU TRAVAIL

La rémunération que perçoivent les **« associés exploitants »** du fait de leur participation effective aux travaux est fixée dans les conditions définies par les statuts. Cette rémunération, qui constitue une charge déduite du résultat social, ne peut être ni inférieure au Smic ni supérieure à 3 fois ce salaire (ou à 4 fois ce salaire pour les gérants de la société) (C. rur. art. R 324-3). Au-delà elle ne serait pas déductible du résultat de la société. **79750**

NON-RESPECT DES CONDITIONS EN COURS DE VIE SOCIALE

Si le ou les associés exploitants ne détiennent plus la majorité du capital ou si la gérance n'est plus confiée à un ou plusieurs des associés exploitants, l'EARL n'est pas dissoute de plein droit. Tout intéressé (associé, créancier) peut demander en justice la dissolution si la situation n'a pas été régularisée dans le délai d'un an. Ce délai est porté à 3 ans si la méconnaissance des conditions dont il s'agit est due à la cessation d'activité d'un associé exploitant à la suite de son décès ou d'une inaptitude à l'exercice de la profession agricole (dans les conditions exigées pour l'attribution d'une pension d'invalidité). Le tribunal ne peut pas prononcer la dissolution si la régularisation a eu lieu le jour où il statue au fond (C. rur. art. L 324-9). **79770**

> **Précisions** **Faute d'associé exploitant**, l'EARL peut, jusqu'à régularisation de la situation, être gérée par une personne physique désignée par les associés ou, à défaut, par le tribunal à la demande de tout intéressé. Le gérant provisoire peut être un associé ou un tiers.

CAS DE DISSOLUTION EN JUSTICE

En cas de **réduction du capital social en deçà du seuil minimal**, il est nécessaire de procéder, dans un délai d'un an, à une augmentation ayant pour effet de porter le capital au montant minimal de 7 500 € à moins que, dans le même délai, l'EARL n'ait été transformée en société d'une autre forme n'exigeant pas un tel montant de capital social. À défaut, tout intéressé (associé, créancier) peut demander en justice la dissolution de l'EARL, après mise en demeure. Le tribunal ne peut prononcer la dissolution lorsque la cause précitée a cessé d'exister le jour où il statue au fond (C. rur. art. L 324-3, al. 2). **79780**

E. Groupements partiels

Si l'entraide fournit un cadre simple d'organisation pour les prestations réciproques réalisées entre agriculteurs, elle peut montrer quelques limites lorsque l'organisation du travail et les relations contractuelles sont plus poussées. **79800**

Jusqu'à un passé récent, et à l'exception notable des groupements pastoraux, dont l'objet se situe généralement dans le prolongement de l'activité agricole, les **regroupements partiels** d'exploitations étaient peu fréquents en agriculture. Dans la plupart des cas, la constitution d'une société à laquelle l'ensemble des activités agricoles des associés était apporté suffisait à répondre aux objectifs des exploitants, lesquels s'orientaient vers la société afin de réaliser un **projet agricole commun**. Dans cette approche, le Gaec ou l'EARL étaient des outils privilégiés.

L'évolution des **contraintes d'ordre économique** pousse depuis quelques années les agriculteurs à se regrouper sans qu'il y ait une volonté de s'associer sur la base d'un projet les engageant totalement et ne leur permettant pas d'envisager une reprise d'activité individuelle dans la sérénité. Ainsi, dans le secteur laitier, les contraintes liées à la mise aux normes des bâtiments d'élevage et la nécessaire rationalisation de la production ont poussé les producteurs de lait à s'orienter vers la mise en commun d'**ateliers laitiers** et la constitution de **sociétés ayant pour objet la seule production laitière**.

De même, dans le secteur des **grandes cultures**, afin de réduire les coûts d'utilisation des matériels, des agriculteurs se sont orientés vers les coopératives d'utilisation du matériel agricole, puis ont été plus loin dans leur pratique de mutualisation en regroupant leurs parcelles et en réalisant un **assolement en commun**.

Dans les autres secteurs, on rencontre peu de groupements de ce type : chais partagés entre viticulteurs ou **ateliers d'engraissement en commun** pour la viande bovine demeurent peu nombreux et se heurtent souvent à des problématiques réglementaires (réglementation des douanes pour la viticulture ou liée à la taille des élevages pour l'engraissement).

Rompant avec la tendance observée depuis les années 1960, ces regroupements ne font pas appel au législateur pour créer une nouvelle forme de société à caractère civil. Au contraire, ces groupements partiels utilisent les formes de **sociétés existantes** et s'en accommodent, quand bien même des modifications légales ou réglementaires ont été ponctuellement nécessaires pour autoriser ou faciliter leur mise en place.

1. REGROUPEMENTS LAITIERS

79810 Les premiers regroupements partiels dans le cadre de la politique laitière remontent aux années 1990. Suite à l'institution des quotas laitiers, des formules autorisant le maintien de l'exploitation du foncier à titre personnel tout en regroupant la production laitière et les quotas au sein d'une société ou d'un groupement ont été mises en place, telle que la possibilité de constituer des **Gaec partiels** au profit desquels les références laitières de chacun des associés étaient mises à disposition (Circ. DEPSE du 25-3-1993). Supprimée en 1996, rétablie en 2002 (Circ. DEPSE/SDEA/C 2002-7049 du 9-11-2002), cette faculté a été largement amendée par le décret 2005-1414 du 16 novembre 2005, laissant toutefois aux Gaec antérieurement créés la possibilité de se maintenir sous le régime ancien (C. rur. art. D 654-111, IV). Ce décret a mis en place une nouvelle forme de regroupement : la **société civile laitière**.
L'abrogation du régime des quotas laitiers à compter du 1er avril 2015 (Règl. CE 1234/2007 du 22-10-2007 art. 204) a « libéralisé » la production laitière (n° 84500). Dès lors, il est possible au producteur laitier, comme à tout agriculteur, d'envisager toutes formes de regroupements partiels et ateliers partiels, les réglementations contraignantes ayant été abrogées ou étant caduques.

79815 Actuellement, les regroupements utilisés par les agriculteurs en matière de production laitière sont de deux types, et encore fortement marqués par l'ancien régime des quotas laitiers sous l'empire duquel ils ont, pour la plupart, été constitués.
1. Les **ateliers laitiers communs** peuvent prendre diverses formes juridiques (simple location d'étable dont l'utilisation est partagée, copropriété de stabulation, GIE ou Cuma propriétaire des installations laitières, etc.). Mettant en commun les seuls bâtiments et installations, chacun des participants demeure agriculteur et producteur de lait : autrement dit, les quantités de références laitières leur appartenant n'étaient pas, avant le 1er avril 2015, transférées au groupement qui n'a pas pour objet la réalisation d'une activité de production laitière. Ce type de regroupement entre producteurs demeure utilisé, et n'est donc désormais soumis qu'au seul cadre juridique choisi (Cuma, GIE, etc.). S'il permet un travail en commun, le regroupement d'ateliers laitiers entre producteurs ne modifie donc pas leurs structures juridiques et se révèle souvent peu commode pour permettre des investissements importants à plusieurs.
2. Les **sociétés civiles laitières** procèdent d'une logique différente puisque, jusqu'au 31 mars 2015, les quotas laitiers de chacun des associés leur étaient transférés (sans transfert de foncier) et que seule la société réalise l'activité de production laitière. Ces sociétés font suite aux Gaec partiels laitiers, qui n'ont connu qu'un succès limité. La société civile laitière répond à deux contraintes majeures en exploitation laitière :
– réaliser des **investissements** nécessaires au développement de la production et à la mise aux normes des exploitations ;
– **alléger les contraintes de travail**, notamment l'astreinte liée à la traite, permettant ainsi une amélioration des conditions de travail et de vie des producteurs, préoccupation majeure des exploitants.
Les règles applicables aux sociétés civiles laitières existantes sont, depuis le 1er avril 2015, celles des sociétés civiles de droit commun.

2. ASSOLEMENTS EN COMMUN

79870 Les assolements en commun ne sont pas une forme particulière, nommée par la loi, d'organisation des entreprises agricoles. Ils sont avant tout des regroupements issus des pratiques de terrain dans le domaine des **grandes cultures** (céréales, oléoprotéagineux, betteraves sucrières, etc.). La seule **réglementation** qui en reconnaisse officiellement la création est récente et concerne le **statut du fermage**. À l'instar des sociétés civiles laitières, cette reconnaissance permet de donner une sécurité à l'organisation ainsi « recommandée » par le législateur pour être compatible avec les règles fixées par le statut du fermage.

CARACTÈRES GÉNÉRAUX

79880 Les assolements en commun sont, en règle générale, **issus de la pratique de l'entraide** entre agriculteurs, laquelle a pu se développer dans plusieurs directions classiques :
– achat et utilisation de matériel en commun ;
– achat d'approvisionnement (engrais, semences, etc.) à plusieurs ;
– réalisation des chantiers, des semis jusqu'à la récolte, en commun ;
– gestion de main-d'œuvre regroupée au sein de groupements d'employeurs, etc.

Poussé à l'extrême, ce type d'organisation aboutit, pour les agriculteurs ou sociétés d'exploitation concernés, à ne détenir que le parcellaire (terres en propriété ou en fermage), quelques tracteurs et matériels d'usage courant, des parts sociales de Cuma, de GIE, de SARL de travaux agricoles et d'autres droits incorporels tels que droits à paiement de base... l'exploitant conservant la direction et la responsabilité de ses cultures.
Toutefois, cette organisation peut trouver ses **limites** :
– chacun des agriculteurs participants conserve la responsabilité de ses productions et de ses assolements, quand bien même une concertation peut s'établir ;
– les conditions climatiques de semis, d'épandage, de récolte peuvent être préjudiciables à tel ou tel agriculteur du groupe et, au bout de quelques années, devenir source de tensions ;
– sauf exception (Cuma intégrale, par exemple), chacun garde une partie de matériel générique (tracteurs, bennes, etc.) en sa possession, ce qui peut nuire à la maîtrise effective des coûts de production ;
– chacun poursuit la commercialisation de sa récolte personnellement.
L'aboutissement logique de cette réflexion serait de **constituer un Gaec** regroupant l'ensemble des activités des participants. Toutefois, tel n'est pas le choix opéré majoritairement dans le secteur des grandes cultures afin de conserver une certaine liberté d'action, contrairement à ce qui a pu être observé dans le secteur de l'élevage.

Ces agriculteurs opèrent, par l'assolement en commun, un **autre choix** aboutissant dans les faits 79890
à une situation somme toute très voisine mais leur permettant de conserver leur exploitation individuelle ou sociétaire préexistante. Ce choix est motivé par la crainte de ne pouvoir, en cas de mésentente, reprendre une exploitation individuelle, mais aussi par la volonté de ne pas s'engager dans une structure générant la création d'une personne morale qui risquerait d'occulter la personne physique ou morale des participants (notamment pour des raisons de fiscalité et d'aides économiques), et donc de disposer d'un outil simple et rapidement adaptable. Les agriculteurs participant à l'assolement en commun peuvent ainsi conserver la qualité de chef d'exploitation individuelle ou garder la maîtrise de la société d'exploitation (EARL, Gaec, etc.) au sein de laquelle ils exercent, seuls, en famille ou déjà à plusieurs agriculteurs tiers. Ajoutons enfin que le choix d'un regroupement total n'est pas toujours envisageable, un agriculteur pouvant participer à plusieurs groupes (Cuma différentes, autre assolement en commun) pour des productions différentes (céréales, d'une part, betteraves, d'autre part).

Bien que reposant sur une organisation « sur mesure », les assolements en commun reposent 79900
sur quelques principes communs. L'assolement en commun consiste tout d'abord à **regrouper l'ensemble du parcellaire** des sociétés d'exploitation ou exploitants individuels participants afin de pouvoir utiliser du matériel de grande capacité et mieux maîtriser les coûts de production. Il s'agit également de mettre en commun l'ensemble du matériel d'exploitation, ce qui génère des économies importantes. Et enfin, élément majeur de la démarche, d'ajouter à cette organisation d'entraide poussée un principe de **mutualisation des récoltes**. Ainsi, les participants à l'assolement en commun peuvent poser le principe selon lequel « 1 ha de bonnes terres = 1 ha de mauvaises terres » et partager entre eux les récoltes au prorata des surfaces qu'ils détiennent. Le partage peut aussi être pondéré selon la qualité des terres. En pratique, les solutions sont des plus diverses. Cette organisation permet aussi de ne pas léser tel ou tel agriculteur participant lorsque les semis ou les récoltes sont effectués dans de mauvaises conditions.
Schématiquement, le **compte de résultat** de chacun des exploitants participants se trouve composé de sa quote-part de récoltes, des paiements directs reçus dans le cadre de la PAC, d'une soulte d'entraide (en plus ou en moins selon les apports de main-d'œuvre opérés par rapport à la moyenne du groupe), de ses cotisations sociales personnelles, des coûts d'utilisation du matériel facturés par la Cuma ou la société de prestations à laquelle il participe, de la quote-part de semences, engrais, produits phytosanitaires facturée par le GIE dont il est membre, etc.
On soulignera que cette présentation n'est pas exhaustive et que, par sa nature même, chaque groupe d'assolement en commun dispose d'un fonctionnement qui lui est propre.
Enfin, au-delà de son objectif initial économique ou social, un assolement en commun peut aussi avoir d'**autres finalités**, notamment la préservation de la qualité de l'eau ou la protection de la biodiversité (Loi 2016-1097 du 8-8-2016 dite « biodiversité », art. 75). C'est du moins une impulsion politique souhaitée par le législateur.

QUALIFICATION JURIDIQUE

Les assolements en commun sont de qualification délicate en droit dans la mesure où chaque 79910
groupe d'agriculteurs choisit son organisation conventionnellement. Les lois 2005-157 du 23 février 2005 et 2006-11 du 5 janvier 2006 ont considéré, pour **clarifier la situation au regard du statut du fermage**, que ce type de groupement reposait sur la constitution d'une société en

participation. Or, il n'est pas certain que cette qualification corresponde à toutes les situations de terrain, ni à la volonté des agriculteurs participants.
En effet, dans la plupart des assolements en commun, l'**élément déterminant** par rapport à une entraide poussée réside dans la mutualisation des récoltes. Cette opération conduit à regrouper ensemble (physiquement par un stockage commun ou virtuellement lors de la livraison) des choses par nature fongibles (le blé, l'orge, le colza, etc.) selon des quantités fonction des surfaces cultivées par chaque participant et une qualité dont chacun reconnaît l'équivalence. Il y a donc simplement **mutualisation des seules livraisons**, chaque participant étant responsable des cultures effectuées après concertation avec les autres participants sur ses parcelles, quand bien même le risque est atténué par la péréquation des rendements et des qualités réalisées. Contrairement au contrat de société, il ne s'agit pas de partager un résultat (produits diminués des charges) mais simplement les récoltes. Les produits ne sont pas plus partagés dans la mesure où chaque agriculteur conserve, en général, la responsabilité de la commercialisation de sa part de récolte. Quant au partage des charges, il est l'objet d'autres contrats (voir ci-dessus).
S'il y a entraide, il n'y a pas pour autant d'exploitation en commun confiée à un groupement de fait qui répondrait aux critères de la société de fait laissant planer un risque de résiliation sur les baux ruraux des participants faute de pouvoir réaliser une mise à disposition des biens loués à son profit selon les modalités des articles L 411-37 ou L 323-14 du Code rural (voir nos 74242 s. et 79930).
Tout autre est la situation définie par le législateur qui conduit à considérer que les agriculteurs participants, personnes physiques ou personnes morales (Gaec, EARL, SCEA, etc.), ont entendu **confier l'exploitation** de leurs biens fonciers, détenus en propriété ou en fermage, **à une société en participation**. Dans ce cas, la société, bien que dénuée de personnalité morale, n'en est pas moins titulaire du droit de jouissance sur le foncier, aboutissant à considérer qu'elle est la véritable exploitante des terres à moins qu'il ne s'agisse d'un contrat de **« coexploitation »** entre la société en participation et les agriculteurs ou sociétés d'exploitation membres du groupe. S'il n'en était pas ainsi, les sociétés d'exploitation membres de l'assolement en commun perdraient d'ailleurs leur objet qui demeure la réalisation, par elles-mêmes, d'activités agricoles.

SOCIÉTÉ EN PARTICIPATION

79920 Il s'agit d'une formule simple de société que les associés sont convenus de ne pas immatriculer. Cette société, non soumise à publicité, est dénuée de personnalité morale et donc dépourvue de patrimoine social, mais elle présente les caractéristiques d'un véritable **contrat de société** : apports, partage des bénéfices et des pertes, minimum de 2 associés, « affectio societatis » et, le plus souvent, règles de fonctionnement (C. civ. art. 1871 s.). Les biens détenus par la société sont la propriété indivise de ses membres. La société ne peut ni emprunter ni embaucher du personnel. Elle est à distinguer de la société créée de fait qui, en général, n'a pas été choisie et ne repose pas sur des règles claires ni écrites.
Dans le cadre de l'assolement en commun, pour répondre aux obligations imposées par le statut du fermage mais également afin d'établir des règles claires entre les participants, la société devra être dotée de **statuts écrits et enregistrés**. Il est ainsi nécessaire que les participants établissent, le plus précisément possible, les règles qui serviront de base à leur engagement : les modalités précises de leur adhésion et de leur retrait, les règles de partage du résultat, les règles de fonctionnement, de financement, de comptabilité, etc. Dans la pratique, les statuts sont souvent complétés par un **règlement intérieur** qui en décline les dispositions pratiques.
La société en participation, qui est civile ou commerciale selon la nature de son objet social, est soit **occulte** (c'est-à-dire non révélée aux tiers) et dans ce cas chaque associé, en particulier le gérant, est seul engagé à l'égard des tiers par les actes qu'il a conclus avec eux, soit **ostensible** (les participants agissant en qualité d'associés au vu et au su des tiers) et dans cette hypothèse tous les associés sont tenus à l'égard des tiers des engagements pris, en sa qualité d'associé, par l'un quelconque de leurs coassociés (solidairement si l'activité est commerciale, sans solidarité dans les autres hypothèses et notamment lorsque l'objet est agricole) (C. civ. art. 1872-1). Les sociétés en participation formées dans le cadre des assolements en commun devraient être considérées comme ostensibles, ne serait-ce qu'à l'égard des bailleurs des associés ou des coopératives agricoles.
Contrairement à une idée reçue, qui repose souvent sur la confusion entre les sociétés créées de fait et les sociétés en participation, ce type de société, lorsqu'il repose sur des règles statutaires clairement définies, peut être adapté à une exploitation durable.
Sur la **fiscalité** des sociétés en participation, voir n° 24780.
Sur l'inscription au Registre national des entreprises (**RNE**), voir n° 142.

STATUT DU FERMAGE

Selon nous, deux situations doivent être distinguées suivant que les membres de l'assolement en commun ont souhaité se placer sous le cadre défini de la société en participation ou estiment demeurer dans une simple relation d'entraide. En effet, le risque identifié par certains assolements en commun a été celui d'être qualifié d'échanges ou de sous-locations prohibés par le statut du fermage (C. rur. art. L 411-35), voire de considérer l'assolement comme une société de fait au profit de laquelle les biens loués seraient mis à disposition, relations également interdites par le statut des baux ruraux et sanctionnées par la résiliation du bail. 79930
Si l'on considère l'assolement en commun comme une simple **opération d'entraide**, il n'y a pas lieu, selon nous, de considérer que la mutualisation des récoltes emporte création d'une société de fait au niveau de la production. Toutefois, les tribunaux n'ont pas encore été appelés à connaître de cette hypothèse.
En revanche, si une **société en participation** a été constituée, il est impératif de respecter la procédure de mise à disposition des biens loués au profit de la société décrite n° 74242, Précisions, c. Malgré sa complexité, l'avantage de cette situation est de couper court à toute discussion sur la compatibilité du statut du fermage et de l'assolement en commun. L'article L 411-39-1 du Code rural et de la pêche maritime résout notamment le problème de la **mise à disposition de foncier en fermage** au profit d'une société d'exploitation qui ne l'autorisait pas à mettre les biens qu'elle exploite à disposition d'une autre structure sociétaire telle qu'une société en participation.
Ainsi, pendant la durée du bail, le preneur exerçant soit à titre individuel, soit dans le cadre d'une société à objet principalement agricole (ou d'un Gaec), à la disposition de laquelle il a mis les terres prises à bail, ou la société (ou le groupement) bénéficiaire de la mise à disposition ou titulaire du bail peuvent procéder à un assolement en commun dans le cadre d'une société en participation, constituée entre personnes physiques ou morales, régie par des statuts établis par un acte ayant acquis date certaine, c'est-à-dire enregistrés. L'ensemble des biens de nature immobilière peut être concerné par la mise à disposition, à l'exception des bâtiments d'habitation : en pratique sont concernés les granges, installations de stockage des céréales et autres bâtiments (Loi 2010-874 du 27-7-2010 art. 47 modifié par loi 2016-1087 du 8-8-2016 art. 7).

AIDES DE LA PAC

S'agissant des aides de la PAC donnant lieu à paiement direct (voir n°s 81405 et 90325), chaque membre de l'assolement en commun dispose généralement de ses propres **droits à paiement de base (DPB)**. Alors que l'assolement est commun, l'absence de personnalité morale de la société en participation ne lui permettait pas, jusqu'en 2008, de réaliser une déclaration de surfaces unique et d'utiliser les droits à paiement conservés par les associés. Depuis la campagne de déclaration 2008, et pour les assolements en commun constitués sous forme de société en participation, la qualité d'agriculteur peut être reconnue à la société (Lettre du min. de l'agriculture à la FNSEA du 18-4-2008 ; en dernier lieu, Inst. tech. DGPE/SDPAC/2024-324 du 17-6-2024 p. 10). Cette reconnaissance concerne les aides à la surface du premier pilier, mais les assolements en commun ne sont pas éligibles aux aides basées sur la surface attribuée dans le cadre du second pilier de la PAC (mesures agro-environnementales, par exemple), ni à l'ICHN et aux aides à l'agriculture biologique. Cette reconnaissance est attribuée à condition que les agriculteurs qui la composent soient chacun individuellement agriculteur actif par ailleurs. 79940
Un numéro pacage (numéro d'identification de l'exploitation établi au titre de la PAC) peut être attribué à une société en participation dont l'objet est la réalisation d'un assolement en commun et dont tous les membres sont des agriculteurs actifs (personnes physiques ou morales ayant un numéro pacage). Il est alors possible (ce n'est pas une obligation) de déposer un **dossier** unique de déclaration de surfaces et de demande d'aide, signé par l'ensemble des parties prenantes de l'assolement ou par une seule des parties prenantes mandatée par tous les membres de la société en participation (les DPB détenus par les membres du groupe étant mis à sa disposition). Les membres de la société en participation ne sont pas tenus d'intégrer la totalité de leur exploitation dans l'assolement en commun. En particulier, les ateliers d'élevage peuvent être conservés en propre et feront l'objet de demandes d'aides séparées. Les membres d'autres formes d'organisations doivent déposer en leur nom propre une demande d'aide et une déclaration de surfaces : en pratique, cette individualisation des déclarations de surfaces suppose d'individualiser également les parcelles (chaque associé peut cependant déclarer n'importe quelle parcelle exploitée par le groupe sans risque au regard du statut du fermage si les modalités décrites n° 74242, Précisions, c, ont été respectées). À noter que les critères d'éligibilité propres à chaque régime d'aide seront vérifiés au niveau de chaque dossier de demande d'aide.

EXEMPLE

A et B forment un assolement en commun. A et B ont la possibilité de déposer chacun un dossier de demande d'aide ainsi qu'un dossier pour l'assolement en commun. Les critères du « verdissement » sont vérifiés isolément pour chacune des trois déclarations. Si A et B choisissent de déposer chacun un dossier de demande d'aide, mais pas de dossier pour l'assolement en commun, les critères du « verdissement » sont vérifiés pour chacune des deux déclarations.

AUTRES RÉGLEMENTATIONS

79941 L'absence de personnalité morale interdit de considérer la société en participation comme un **associé coopérateur** ; chaque membre de l'assolement en commun doit donc livrer à la coopérative sa récolte, ce qui rend difficile la péréquation et la mutualisation des rendements à la base du regroupement. En **droit social**, afin de rester dans le cadre de l'entraide, il convient de veiller à un équilibre pérenne des échanges de travaux entre les participants. Il s'agit d'éviter la formation d'un contrat de travail entre certains membres de l'assolement lorsque les exploitations de chacun sont disproportionnées et qu'un agriculteur se trouve plus offreur de travail que demandeur (voir n° 78085).

> **Précisions** Les coopératives agricoles doivent comporter au moins 7 membres. Ce nombre est ramené à 4 pour les coopératives d'utilisation de matériel agricole, et pour les coopératives de services dont les associés coopérateurs sont engagés par ailleurs dans un assolement en commun dans les conditions prévues à l'article L 411-39-1 du Code rural et de la pêche maritime et à l'article 1871 du Code civil et pour les coopératives de production animale en commun (C. rur. art. R 522-1).

3. GROUPEMENTS PASTORAUX

79950 Les associations foncières pastorales ont pour objet la gestion de la propriété des terrains à destination pastorale, l'entretien et la gestion des ouvrages collectifs permettant la bonne utilisation des terrains, ainsi que la réalisation des travaux nécessaires à la protection des sols (n° 78680).

Les groupements pastoraux ont pour **objet** l'exploitation des pâturages situés dans les zones de montagne, les zones défavorisées et les zones d'activités agricoles extensives (C. rur. art. L 113-3 s.). Dans la mesure où des éleveurs des autres zones adhèrent à un groupement pastoral, le groupement peut exploiter, mais à titre accessoire, des pâturages situés hors zone.

Les groupements pastoraux sont régis par les articles L 113-3 et suivants et R 113-1 et suivants du Code rural et de la pêche maritime (voir également Note DGPAAT/SDDRC/N 2010-3029 du 30-6-2010).

L'activité du groupement peut dépasser l'organisation de la seule transhumance et aller jusqu'à l'élevage, l'estive et la commercialisation de certaines catégories d'animaux.

Lorsqu'ils réalisent une activité d'élevage, les groupements pastoraux peuvent adhérer à un **groupement de producteurs** ou être reconnus comme tel.

Ces groupements sont soumis à l'**agrément** du préfet donné sous réserve du respect d'un certain nombre de conditions.

Ils peuvent revêtir :

– soit la forme d'une association, d'un syndicat ou d'un groupement d'intérêt économique (GIE) ;

– soit se constituer en une société à capital variable ; la société civile est alors préférable. Si une personne morale, autre que les Sica, Gaec, coopératives agricoles ou EARL, adhère au groupement pastoral, celui-ci ne peut être constitué que sous la forme d'une société.

Les **pâturages exploités** par le groupement peuvent lui appartenir en propre ou lui être donnés à bail soit par des propriétaires individuels, soit par des associations foncières pastorales, lesquelles concèdent l'exploitation par conventions pluriannuelles de pâturages.

Lorsque les pâturages exploités par bail ou conventions pluriannuelles de pâturages sont situés principalement en zone de montagne, une priorité d'utilisation est accordée aux groupements pastoraux comptant le plus d'agriculteurs locaux ou, à défaut, comptant le plus d'agriculteurs installés en zone de montagne. Cette priorité s'applique sous réserve de la priorité, prévue à l'article L 411-15 du Code rural et de la pêche maritime, réservée aux jeunes agriculteurs bénéficiant de la dotation d'installation aux jeunes ou, à défaut, aux exploitants de la commune répondant aux conditions de capacité professionnelle et de superficie visées au contrôle des structures (C. rur. art. L 113-3).

Le **groupement est composé** pour les 2/3 au moins d'agriculteurs des régions visées ci-dessus. Lorsqu'il est constitué sous forme de société, les agriculteurs locaux doivent détenir la majorité du capital social.

La **durée** du groupement doit être au minimum de 9 ans.

Les groupements pastoraux ayant fait l'objet d'un agrément, regroupant au moins 50 unités de gros bétail (UGB) et qui en font la demande, bénéficient d'une **aide au démarrage** destinée à alléger leurs charges de constitution et de première gestion. Son montant, non réactualisé depuis 2014, varie entre 3 507 € et 6 251 € en fonction du nombre d'UGB à partir du seuil de 50 UGB (C. rur. art. D 343-33 ; Arrêté du 2-2-1997 modifié par arrêté du 22-7-2014 ; Inst. tech. DGPAAT/SDDRC/2014-800 du 6-10-2014 : BOA 7-10). **79950** (suite)

Sur le **régime fiscal** des groupements pastoraux, voir nos 27300 s.

TITRE III

Aménagement des structures agricoles

CHAPITRE 1

GROUPEMENT D'INTÉRÊT ÉCONOMIQUE ET ENVIRONNEMENTAL

SOMMAIRE

GÉNÉRALITÉS SUR LE GIEE

Le groupement d'intérêt économique et environnemental (GIEE) a pour ambition d'offrir un cadre institutionnel permettant de **reconnaître et d'encourager les innovations** avec pour objectif de concilier performance environnementale, économique et sociale au sein des systèmes de production. Il comporte quelques ressemblances avec les anciens contrats territoriaux d'exploitation et contrats d'agriculture durable qui l'ont précédé. Mais au-delà de la simple contractualisation avec un agriculteur, les engagements sont pris par une personne morale regroupant, à titre principal, des agriculteurs, ce qui en renforce l'effectivité et la pérennité. De plus, outre leur vocation environnementale, ils veulent intégrer une dimension économique et sociale. 80015

Outils de la transition agroécologique portée par la loi d'avenir pour l'agriculture du 13 octobre 2014, les GIEE sont l'objet d'un chapitre autonome au sein du titre Ier du livre III du Code rural et de la pêche maritime (C. rur. art. L 315-1 à L 315-5). Ces dispositions sont complétées par la partie réglementaire du Code rural et de la pêche maritime (C. rur. art. D 315-1 à D 315-9) et ont été commentées par deux instructions techniques (Inst. tech. DGPAAT/SDBE/2014-930 du 25-11-2014 et DGPAAT/SDBE/2015-110 du 5-2-2015 – rectificatif).

> **Précisions** Les premiers GIEE, dont les projets sont situés dans les régions Rhône-Alpes, Champagne-Ardenne et Poitou-Charentes, ont été reconnus en février 2015. **En 2021**, on en dénombrait 753. Ils regroupent actuellement près de 12 000 exploitations. Force est de constater que leur progression stagne depuis lors.

CARACTÉRISTIQUES DU GIEE

Le GIEE **vise à** valoriser et accompagner des agriculteurs qui s'engagent collectivement à mettre en œuvre un projet pluriannuel de modification des pratiques qu'ils emploient pour la gestion de leurs systèmes de production en visant une triple performance économique, environnementale et sociale. Les projets qui peuvent prétendre à une reconnaissance en qualité de GIEE doivent s'inscrire dans une réflexion sur les pratiques intégrant l'ensemble des productions de l'exploitation dans une approche systémique. 80020

L'amélioration de la **performance environnementale** peut notamment être recherchée par une gestion des productions limitant l'utilisation des intrants chimiques (gestion du cycle de la matière organique, réduction des produits phytosanitaires, réduction des antibiotiques dans les élevages, etc.) et une meilleure prise en compte de la biodiversité (sol, éléments topographiques, diversité culturale et animale, etc.), par une meilleure gestion quantitative et qualitative de l'eau, par des économies d'énergie ou une production d'énergie renouvelable ou par la mise en œuvre de pratiques permettant d'atténuer les émissions de gaz à effet de serre et/ou d'adapter le système de production au changement climatique.

Les changements de pratiques doivent également rechercher une augmentation de la **performance économique** des exploitations engagées dans un GIEE. La valorisation des productions par une meilleure organisation collective des circuits de commercialisation ou une meilleure reconnaissance commerciale des pratiques environnementales conduites (label, certification, etc.) peut, par exemple, permettre d'atteindre cet objectif. La performance économique peut également passer par une diminution des charges de l'exploitation au travers la mutualisation des approvisionnements ou du matériel ainsi que par la diminution des intrants achetés.

Enfin, la **performance sociale** se définit comme la mise en œuvre de mesures de nature à améliorer les conditions de travail des membres du groupement et de leurs salariés, à favoriser l'emploi ou à lutter contre l'isolement en milieu rural.

En conséquence, les exploitants agricoles doivent rechercher au maximum des **partenariats** avec les acteurs des filières (coopératives, industries de transformation, distributeurs, etc.) et des territoires (parcs régionaux, collectivités locales, etc.) afin de permettre une définition pertinente de leur projet et garantir la pérennisation, la reconnaissance et la valorisation des évolutions apportées à la conduite des exploitations agricoles.

Le **cadre institutionnel du GIEE** tracé par la loi doit permettre la mutualisation de la prise de risque et concourir à l'amélioration du conseil apporté aux exploitants, en lien avec les enjeux économiques et environnementaux des filières et du territoire. La reconnaissance en GIEE doit permettre de faciliter des actions en commun, l'accès à certaines aides publiques de manière préférentielle ou majorée lorsque ces actions relèvent de ces régimes d'aides ainsi que l'accès à un accompagnement dédié et de qualité. Cette reconnaissance doit être conduite au niveau régional, sans grille de critères préétablis afin de ne pas en faire un dispositif rigide et de pouvoir apprécier la pertinence du projet au regard des enjeux locaux.

> **Précisions** La loi d'avenir pour l'agriculture du 13 octobre 2014, dont sont issus les GIEE, a également créé le **GIEE forestier**. Peut être reconnu comme GIEE forestier tout regroupement volontaire de propriétaires de bois et forêts relevant de l'article L 311-1 du Code forestier, quelle que soit sa forme juridique, répondant à plusieurs conditions :
> – situation des bois et forêts regroupés sur un territoire géographique cohérent d'un point de vue sylvicole, économique et écologique et constituant un ensemble de gestion d'une certaine superficie ;
> – rédaction d'un document de diagnostic par un forestier professionnel ;
> – adoption par les propriétaires concernés d'un plan simple de gestion ; et
> – engagement de mise en œuvre des modalités de gestion conformes à celles décrites dans le diagnostic (voir C. for. art. L 332-7 s., R 332-13, D 332-14 et D 332-17 ; Inst. tech. DGPE/SDFCB/2016-492 du 15-6-2016 et Inst. tech. DGPE/SDFCB/2020-568 du 16-9-2020).

PROJET PLURIANNUEL

80025 Le **projet pluriannuel** est au cœur du GIEE. Pour permettre la reconnaissance d'un groupement en qualité de GIEE, il doit (C. rur. art. L 315-2) :
– associer plusieurs exploitations agricoles sur un territoire cohérent favorisant des synergies ;
– proposer des actions relevant de l'agroécologie permettant d'améliorer les performances économique, sociale et environnementale de ces exploitations, notamment en favorisant l'innovation technique, organisationnelle ou sociale et l'expérimentation agricoles ;
– répondre aux enjeux économiques, sociaux et environnementaux du territoire où sont situées les exploitations agricoles concernées, notamment ceux identifiés dans le plan régional de l'agriculture durable et en cohérence avec les projets territoriaux de développement local existants ;
– prévoir les modalités de regroupement, de diffusion et de réutilisation des résultats obtenus sur les plans économique, environnemental et social.

> **Précisions** Les projets développés s'appuient majoritairement sur les **principes de l'agro écologie** qui visent principalement la diversification, la recherche d'autonomie et la résilience de l'exploitation. Plusieurs systèmes de production recherchant ces objectifs sont d'ores et déjà développés par des exploitants ou certains réseaux de développement : systèmes de cultures pérennes en protection intégrée, systèmes de grandes cultures à bas niveau d'intrants, systèmes de polyculture-élevage plus autonomes ou systèmes agro-forestiers, par exemple.

RECONNAISSANCE DE GIEE

80030 Peut être reconnue comme GIEE toute personne morale dont les membres portent collectivement un projet pluriannuel de modification ou de consolidation de leurs systèmes ou modes de production agricole et de leurs pratiques agronomiques en visant une **performance** à la fois **économique, sociale et environnementale** (C. rur. art. L 315-1).

Cette **personne morale doit comprendre** plusieurs exploitants agricoles et peut comporter d'autres personnes physiques ou morales, privées ou publiques. Les exploitants agricoles doivent détenir ensemble la majorité des voix au sein des instances du groupement. La forme juridique du GIEE n'est pas définie par la loi, laissant une grande liberté de choix (association, GIE, société coopérative, etc.). **80030** (suite)

La **reconnaissance** de la qualité de GIEE est **accordée**, après avis du président du conseil régional, par le représentant de l'État dans la région à l'issue d'une sélection. La qualité de GIEE est reconnue pour la durée du projet pluriannuel. En pratique, la reconnaissance en qualité de GIEE se fait sur la base d'appels à projets organisés par le préfet de région, qui précisent les critères retenus pour le choix des projets et les délais dans lesquels les demandes de reconnaissance peuvent être présentées (C. rur. art. D 315-1 s.). Le **dossier** de candidature doit être **déposé** à la Draaf. Après instruction par celle-ci, une formation spécialisée de la Commission régionale de l'économie agricole et du monde rural (COREAMR – voir C. rur. art. R 313-45 et R 313-46) et le président de région donnent leur **avis** sur le projet pour la reconnaissance en qualité de GIEE. L'arrêté de reconnaissance est ensuite signé par le préfet de région.

> **Précisions a.** Une personne morale souhaitant être reconnue comme GIEE doit **déposer un dossier** présentant un projet pluriannuel. Le dossier comprend (C. rur. art. D 315-2) :
– la liste de ses membres, ses statuts et, le cas échéant, tout autre document attestant qu'elle est détenue majoritairement par des agriculteurs ainsi que le procès-verbal de la réunion de son organe délibérant approuvant le projet présenté ;
– la présentation du territoire sur lequel est mis en œuvre le projet présenté, des raisons pour lesquelles ce territoire peut être considéré comme cohérent, et des enjeux économiques, environnementaux et sociaux auxquels le projet entend apporter une réponse, en cohérence avec les projets territoriaux de développement local existants ;
– la description des systèmes de production mis en œuvre par les exploitants agricoles qui s'engagent dans le projet au moment du dépôt de la demande de reconnaissance ; cette description est accompagnée d'un diagnostic de la situation initiale des exploitations agricoles sur les plans économique, environnemental et social au regard des enjeux identifiés sur le territoire concerné ;
– la description des objectifs poursuivis en termes de modification ou de consolidation des systèmes ou des modes de production agricole et des pratiques agronomiques et visant une performance économique, environnementale et sociale ainsi que des indicateurs de suivi qui leur sont associés ;
– la durée du projet et la justification de cette durée au regard des objectifs à atteindre ;
– la description des actions proposées et de l'organisation et du fonctionnement collectif des exploitations agricoles permettant d'améliorer leurs performances économique, environnementale et sociale, et le calendrier prévisionnel de leur mise en œuvre ; le projet précise les raisons pour lesquelles la démarche et les actions proposées relèvent de l'agroécologie ; il montre comment différentes techniques et méthodes sont utilisées de façon combinée pour permettre l'évolution du système de production agricole dans son ensemble ;
– la description des moyens affectés à la mise en œuvre de ces actions, qui détaille notamment les mesures d'accompagnement mises en place pour la réalisation du projet (leur présentation distingue celles qui relèvent de l'appui à l'action collective et au pilotage du projet et celles qui relèvent de l'accompagnement technique pour l'évolution des pratiques agricoles) et, le cas échéant, les partenariats noués par le groupement avec les acteurs des filières et des territoires (avec leur contribution à la réalisation des objectifs poursuivis) et d'autres organismes ;
– les modalités prévues de regroupement, de diffusion et de réutilisation des résultats obtenus sur les plans économique, environnemental et social ;
– le cas échéant, les aides publiques qui seront mobilisées ou sollicitées dans le cadre du projet ;
– tout autre élément que le groupement estime de nature à éclairer la prise de décision sur sa demande de reconnaissance.
b. Pour **évaluer la qualité du projet**, le préfet de région ne peut retenir que des **critères** déterminés en fonction des spécificités et des enjeux du territoire concerné et en lien avec (C. rur. art. D 315-4) :
– l'appréciation des objectifs en matière de modification ou de consolidation des pratiques agricoles visant la performance économique et environnementale, y compris les pratiques tendant à l'amélioration de la performance sanitaire, et notamment de la démarche système engagée ;
– l'appréciation des objectifs sociaux portant sur les conditions de travail, l'emploi et la lutte contre l'isolement en milieu rural ;
– la pertinence technique des actions prévues au regard des objectifs ;
– la plus-value apportée par l'organisation et le fonctionnement collectifs mis en place dans le cadre du projet ;

– le cas échéant, la pertinence des partenariats mobilisés pour la réalisation des actions ;
– le caractère innovant du projet et des actions au regard des pratiques existantes au niveau du territoire ou de la région ;
– la durée et la pérennité du projet ;
– la pertinence des modalités d'accompagnement des agriculteurs.

SUIVI DU PROJET

80035 Le suivi du projet est **assuré par** le préfet de région sur la base des bilans réalisés par la personne morale porteuse du projet. Ces bilans lui sont transmis au moins tous les trois ans à compter de la date de publication de l'arrêté de reconnaissance du GIEE, pour les bilans intermédiaires, et à l'expiration de la durée du projet pour le bilan final. Ces **bilans** comportent (C. rur. art. D 315-5) :
– la description de l'évolution des systèmes de production mis en œuvre par les exploitants agricoles au regard des objectifs, des indicateurs de suivi et du calendrier prévisionnel transmis ; cette description doit permettre d'appréhender l'évolution des performances économique, environnementale et sociale des exploitations agricoles ;
– la description des actions effectivement mises en œuvre conformément au projet ;
– une synthèse des résultats obtenus ;
– la description de la contribution du groupement à la capitalisation des résultats mentionnée n° 80040 ;
– tout autre élément que le groupement estime de nature à éclairer le préfet de région sur son action.

En cas de **modifications substantielles** du projet pluriannuel, la personne morale reconnue comme GIEE doit en informer immédiatement le préfet de région.

Ce dernier peut, par arrêté pris après avis du président du conseil régional et de la COREAMR, **retirer la reconnaissance comme GIEE**, lorsqu'il apparaît, au regard du bilan qui lui est transmis ou de tout autre élément porté à sa connaissance, que les engagements contenus dans le projet pluriannuel ne sont pas respectés (C. rur. art. D 315-6).

> **Précisions** Dans le cadre de la COREAMR, une instance régionale d'orientations et de suivi du projet agroécologique vise à mettre en cohérence les différents dispositifs régionaux contribuant au développement agricole et à la **mise en œuvre du projet agroécologique** (programme régional de développement agricole et rural, GIEE, Écophyto, etc.). Les Draaf et DAAF sont en charge de l'installation de cette instance chargée du pilotage du projet agroécologique et des actions de développement agricole au niveau régional (Inst. tech. DGPE/SDPE/2016-502 du 16-6-2016).

COORDINATION DES ACTIONS DES GIEE

80040 La coordination des actions menées en vue de la capitalisation et de la diffusion des résultats des GIEE est assurée, en lien avec les organismes de développement agricole intéressés, **au niveau régional**, par la chambre régionale d'agriculture, sous le contrôle du représentant de l'État dans la région et du président du conseil régional. **Au niveau national**, Chambres d'agriculture France assure ce rôle, sous le contrôle du ministre de l'agriculture (C. rur. art. L 315-3 modifié par ord. 2022-583 du 20-4-2022).

Le programme des travaux de coordination menés par la chambre régionale d'agriculture est soumis à l'avis de la COREAMR (C. rur. art. D 315-8).

Compte tenu du rôle de tout premier plan des **chambres d'agriculture**, leurs **missions** se trouvent étendues. Ainsi, le réseau des chambres d'agriculture et, en son sein, chaque établissement contribuent à l'amélioration de la performance économique, sociale et environnementale des exploitations agricoles et de leurs filières et accompagnent, dans les territoires, la démarche entrepreneuriale et responsable des agriculteurs ainsi que la création d'entreprises et le développement de l'emploi (C. rur. art. L 510-1).

La **capitalisation des résultats** obtenus est assurée dans un triple **objectif** (C. rur. art. D 315-8) :
– la diffusion et le partage d'expériences sur les actions réalisées et les résultats obtenus sur les plans économique, environnemental et social ;
– l'utilisation des résultats obtenus par ces groupements dans le cadre de travaux de recherche appliquée ;
– l'implication dans l'innovation de l'ensemble des acteurs du développement agricole, à l'échelon territorial pertinent, pour produire des connaissances et des ressources diversifiées répondant aux attentes des agriculteurs.

Dans ce cadre, les GIEE doivent mettre à disposition leurs résultats et expériences utiles aux organismes de développement agricole.

Pour plus de précisions sur les **modalités de la capitalisation** des résultats et des expériences des GIEE ainsi que les modalités de coordination de la capitalisation par le réseau des chambres d'agriculture, voir Instruction technique DGPE/SDPE/2019-29 du 15 janvier 2019.

CONSÉQUENCE DE LA RECONNAISSANCE EN QUALITÉ DE GIEE

Plusieurs conséquences résultent de la qualification de GIEE, qu'il s'agisse de faciliter les relations entre ses membres ou d'accompagner la réalisation des projets par diverses aides publiques. **80045**
Ainsi, les actions menées dans le cadre de leur projet pluriannuel par les agriculteurs membres d'un GIEE au bénéfice d'autres agriculteurs membres sont présumées relever de l'**entraide agricole**. Il en est de même, sans préjudice de la réglementation qui leur est applicable, des échanges, entre agriculteurs, de semences ou de plants n'appartenant pas à une variété protégée par un certificat d'obtention végétale et produits sur une exploitation hors de tout contrat de multiplication de semences ou de plants destinés à être commercialisés (C. rur. art. L 315-5).

S'agissant du volet financier, tout ou partie des actions prévues dans le projet pluriannuel du GIEE et relatives à la production agricole peut bénéficier de majorations dans l'attribution des aides publiques. Les critères déterminant la majoration des **aides publiques** privilégient les exploitants agricoles. Il est également précisé que, dans le cadre des projets pluriannuels, les installations collectives de méthanisation agricole au sens de l'article L 311-1 du Code rural et de la pêche maritime sont encouragées (C. rur. art. L 315-6). **80050**
En pratique, les actions prévues dans un projet reconnu pourront provenir de plusieurs sources et notamment de financements européens (Feader, Feder, FSE, etc.), de l'État, des collectivités territoriales ou d'organismes publics (Ademe, Agence de l'eau, etc.).

> **Précisions** Une instruction technique précise les **modalités de financement de l'animation des GIEE** ainsi que les modalités de mise en œuvre de la capitalisation des résultats et expériences de ces collectifs (Inst. tech. DGPE/SDPE/2019-29 du 3-1-2019). Elle abroge les précédentes instructions traitant de ces sujets, et notamment celle particulière au financement des GIEE (DGPE/SDPE/2018-183 du 13-8-2018).

CHAPITRE 2

SOCIÉTÉS D'AMÉNAGEMENT FONCIER ET D'ÉTABLISSEMENT RURAL (SAFER)

SOMMAIRE

GÉNÉRALITÉS

80200 Les sociétés d'aménagement foncier et d'établissement rural (Safer) sont des sociétés constituées à l'échelle régionale ou interrégionale agréées par les ministres chargés de l'agriculture et de l'économie pour une zone déterminée.

Les Safer ont été créées par la loi d'orientation agricole du 5 août 1960. Leurs **objectifs** initiaux consistaient à réorganiser les exploitations agricoles, dans le cadre de la mise en place d'une agriculture plus productive, et à installer des jeunes. Depuis, leurs missions se sont développées et ont évolué en direction du monde rural. À travers des études et jusqu'à la réalisation d'opérations foncières, les Safer jouent un rôle majeur dans l'aménagement du territoire rural. Par le droit de préemption dont elles disposent sur les transactions foncières, elles possèdent un outil redouté et formant, avec le contrôle des structures, le « bras armé » de la politique des structures des exploitations agricoles et d'aménagement foncier. Leur rôle a récemment été renforcé par leurs nouvelles prérogatives dans le contrôle des prises de participation au sein des sociétés possédant ou exploitant du foncier agricole (Loi 2021-1756 du 23-12-2021 portant mesures d'urgence pour assurer la régulation de l'accès au foncier agricole au travers de structures sociétaires ; C. rur. art. L 333-1 s. ; n°s 81150 s.).

Les dispositions concernant les Safer sont **codifiées** aux articles L 141-1 et suivants et R 141-1 et suivants du Code rural et de la pêche maritime profondément modifiés par la loi 2014-1170 d'avenir pour l'agriculture du 13 octobre 2014 et le décret 2015-954 du 31 juillet 2015, et en dernier lieu, par la loi 2021-1756 du 23 décembre 2021 et le décret 2022-1515 du 2 décembre 2022. L'objectif de ces textes est de remédier aux difficultés rencontrées par les Safer (impossibilité d'intervention sur le marché des parts de sociétés, détournement du droit de préemption par des cessions de droits démembrés, impossibilité d'acquérir certains biens à vocation agricole, décisions des tribunaux trop restrictives, etc.) en actualisant les dispositions régissant leur activité et leur intervention, mais aussi en étendant leurs prérogatives et modernisant leur fonctionnement.

Eu égard à l'étendue du sujet, nous limitons la présente étude aux principales dispositions concernant les Safer et leurs modalités d'intervention intéressant l'exploitation et les biens fonciers agricoles.

> **Précisions** En 2022, sur la totalité des acquisitions réalisées par les Safer, la plus grande partie des surfaces revendues a été consacrée à l'installation agricole : 35 900 ha, soit 22 % des opérations et 35 % des surfaces. La revente s'est faite, soit en accompagnant l'installation proprement dite, soit en consolidant des agriculteurs récemment installés (1 520 premières installations accompagnées dont 69 % hors du cadre familial). Parallèlement, 5 370 exploitations déjà en place ont été consolidées avec 33 300 ha, soit 33 % des surfaces revendues. Pour répondre à l'enjeu de protection de l'environnement, en 2022, les Safer ont réalisé 3 650 opérations sur 26 900 ha. Ces actions ont été réalisées en partenariat avec les collectivités territoriales et les organismes de protection de la nature, notamment les conservatoires des espaces naturels (Rapport d'activité 2022 des Safer, édition 2023).

A. Organisation des Safer

CARACTÉRISTIQUES PRINCIPALES DES SAFER

Les Safer sont constituées sous la forme de sociétés anonymes, dont font partie les principaux organismes et organisations professionnels des départements concernés. Sont également membres des Safer l'Agence de service des paiements (ASP) et les départements. Les autres collectivités publiques et les personnes morales représentatives des intérêts économiques, environnementaux et sociaux à caractère rural peuvent également participer à leur capital social. 80205

Les Safer ont emprunté la **forme** de la société anonyme pour des raisons d'opportunité juridique. Elles se différencient cependant, sur de nombreux points, des sociétés anonymes « ordinaires ». Ainsi, elles doivent être agréées. Bien que sociétés de forme commerciale, elles ne peuvent avoir de **but** lucratif (les excédents nets réalisés ne peuvent être utilisés qu'à la constitution de réserves destinées au financement d'opérations conformes à leur objet). Leurs **actions** sont obligatoirement nominatives. Le choix du **président** et la nomination du **directeur** doivent être approuvés par le ministre de tutelle.

Les Safer couvrent l'ensemble du **territoire** national, y compris les départements d'outre-mer. En ce qui concerne la Corse, l'Office du développement agricole et rural, établissement public à caractère industriel et commercial, est chargé de la coordination de l'ensemble des actions de développement de l'agriculture, y compris celles de la Safer (C. rur. art. L 112-11 et R 112-14 s.). La zone d'action des Safer est définie par leur arrêté d'agrément de telle sorte que chaque société ait seule la responsabilité des opérations sur un même territoire (C. rur. art. R 141-6).

L'**agrément des Safer** est accordé par arrêté conjoint du ministre de l'agriculture et du ministre chargé des finances, après consultation des chambres régionales d'agriculture et avis des commissions départementales d'orientation de l'agriculture (CDOA) concernées sous diverses conditions statutaires visées à l'article R 141-4 du Code rural et de la pêche maritime.

Les Safer doivent soumettre à l'approbation du préfet de région de leur siège leur **programme pluriannuel d'activité** et leur communiquent un compte rendu annuel d'activité ; les documents sont adressés par chaque société à ses commissaires du Gouvernement qui les transmettent au préfet, accompagnés de leur avis (C. rur. art. R 141-7).

> **Précisions** **a.** À la suite de la **nouvelle carte des régions administratives**, les Safer se sont regroupées selon le périmètre des grandes régions fusionnées ; il en est résulté des fusions et des « redécoupages », les zones d'intervention initiales de certaines d'entre elles étant différentes des régions. Ces regroupements ont fait l'objet de diverses adaptations réglementaires pour les Safer concernées.
b. Sur le **financement** des Safer, voir articles L 141-6 à L 141-19 et R 141-12 à R 141-14 du Code rural et de la pêche maritime.

GOUVERNANCE

Le **conseil d'administration** des Safer (qui peut comporter jusqu'à 24 membres par dérogation aux règles des SA) est composé de trois collèges comportant des représentants : 80210

– des organisations syndicales agricoles représentatives, ainsi que des chambres régionales d'agriculture, auxquels peuvent s'ajouter d'autres représentants professionnels agricoles proposés par les chambres régionales d'agriculture ;

– des collectivités territoriales de leur zone d'action et, le cas échéant, des établissements publics qui leur sont rattachés ;

– d'autres personnes, dont l'État, des actionnaires de la société et des représentants des associations agréées de protection de l'environnement et des fédérations départementales, interdépartementales ou régionales des chasseurs, de même qu'un représentant de l'ASP et de la Fédération nationale des Safer (C. rur. art. L 141-6 et R 141-4).

COMITÉ TECHNIQUE

Un comité technique, présidé par le président de la Safer ou son représentant, est mis en place au sein de la Safer. Il **comprend** notamment des représentants des organisations syndicales représentatives au niveau départemental, le représentant d'une association départementale des maires, des représentants de l'État dans le département (C. rur. art. R 141-5). 80211

Il donne son avis sur les projets d'attribution par cession ou par substitution, sur les projets de baux et sur toute question qui lui est soumise par le président de la Safer.

Un règlement intérieur fixant la composition et le **fonctionnement** des comités techniques départementaux est établi par la Safer et agréé par son conseil d'administration. Il est approuvé par les commissaires du Gouvernement. Leurs décisions sont réputées favorables à l'expiration d'un délai de trois mois à compter de la réception par eux de ce règlement. Les débats des comités techniques départementaux sont secrets. Les membres des comités techniques départementaux sont tenus au secret professionnel pour les faits, actes et renseignements dont ils ont pu avoir connaissance en raison de leurs fonctions.

COMMISSAIRES DU GOUVERNEMENT

80212 Le ministre de l'agriculture et le ministre chargé des finances nomment chacun, pour siéger auprès de chaque société, un commissaire du Gouvernement et un ou plusieurs commissaires adjoints (C. rur. art. R 141-9). Les commissaires représentent le Gouvernement auprès de la Safer et exercent un contrôle sur son fonctionnement et sur les conditions dans lesquelles elle exerce ses missions. Ils informent les ministres des résultats de ce contrôle. Ils peuvent diligenter des audits de ces sociétés. Ils assistent aux assemblées générales et aux réunions du conseil d'administration et en reçoivent les procès-verbaux et les délibérations. Chacun des commissaires du Gouvernement peut, dans les huit jours de cette communication, demander une nouvelle délibération ou un nouvel examen de la décision prise.

La Safer soumet aux commissaires du Gouvernement les diverses conventions qu'elle a conclues.

Les commissaires du Gouvernement peuvent procéder à toutes investigations, se faire communiquer tout document émanant de la société ou reçu par elle et faire toute observation utile à ses dirigeants.

La Safer tient informés les commissaires du Gouvernement des acquisitions auxquelles elle a procédé et des adjudications auxquelles elle veut prendre part.

Les acquisitions d'un montant supérieur à celui fixé par un arrêté du ministre de l'agriculture et du ministre chargé des finances doivent être soumises à l'approbation préalable des commissaires du Gouvernement. Ce seuil est fixé à 180 000 € en métropole et à 75 000 € en Guadeloupe, en Martinique, à La Réunion et à Mayotte pour les acquisitions réalisées par l'établissement public foncier et d'aménagement de ce département dans les conditions prévues aux articles R 181-41 et R 181-43 du Code rural et de la pêche maritime. Les commissaires du Gouvernement peuvent en outre à tout moment décider que certaines acquisitions, inférieures aux montants déterminés par cet arrêté, doivent être également soumises à leur approbation (voir C. rur. art. R 141-9 et R 141-10 ; Arrêté du 16-5-1962 modifié en dernier lieu par arrêté AGRT2120996A du 17-11-2021).

B. Rôle des Safer

80220 L'objectif général des Safer est de contribuer à la mise en œuvre du volet foncier de la **politique d'aménagement et de développement durable** du territoire rural, dans le cadre des objectifs définis à l'article L 111-2 du Code rural et de la pêche maritime.

MISSIONS DES SAFER

80225 Les missions d'intérêt général dévolues aux Safer sont regroupées autour de **quatre axes** (C. rur. art. L 141-1, I) :

– elles œuvrent prioritairement à la protection des espaces agricoles, naturels et forestiers. Leurs interventions visent à favoriser l'installation, le maintien et la consolidation d'exploitations agricoles ou forestières afin que celles-ci atteignent une dimension économique viable au regard des critères du schéma directeur régional des exploitations agricoles, ainsi que l'amélioration de la répartition parcellaire des exploitations. Ces interventions concourent à la diversité des systèmes de production, notamment ceux permettant de combiner les performances économiques, sociales et environnementales et ceux relevant de l'agriculture biologique ;

– elles concourent à la diversité des paysages, à la protection des ressources naturelles et au maintien de la diversité biologique ;

– elles contribuent au développement durable des territoires ruraux, dans le cadre des objectifs assignés à la politique d'aménagement rural (voir C. rur. art. L 111-2) ;

– elles assurent la transparence du marché foncier rural.

C'est à partir de ces missions que sont définis les moyens d'action exposés ci-après.

> **Précisions a.** Le législateur a confié aux Safer un certain nombre d'**autres missions** n'ayant pas un rapport direct avec la restructuration des exploitations agricoles (C. rur. art. L 141-2 s. et R 141-1 s.) :
– réalisation pour le compte de tiers d'études liées à l'aménagement foncier ou à la mise en valeur du sol ;
– conduite d'opérations destinées à faciliter la réorientation des terres, bâtiments ou exploitations vers des usages non agricoles en vue de favoriser le développement rural ainsi que la protection de la nature et de l'environnement ;
– concours technique aux collectivités territoriales et aux établissements publics qui leur sont attachés pour la mise en œuvre d'opérations foncières (C. rur. art. R 142-5) ;
– contribution à la mise en œuvre du volet foncier du schéma de services collectifs des espaces naturels et ruraux ;
– concours à la création d'associations syndicales de gestion forestière (voir n° 80260) ;
– instruction des demandes d'autorisation pour le compte du préfet, appréciation des mesures de nature à remédier aux motifs justifiant que l'autorité administrative s'oppose à la réalisation de l'opération et mise en œuvre de ces mesures dans le cadre de prise de contrôle d'une société soumise à autorisation au titre des articles L 333-1 et suivants (voir n°s 81240 s.).
b. Les Safer participent aux réunions et apportent leur appui technique aux travaux de la **commission départementale de la préservation des espaces naturels, agricoles et forestiers** ; elles sont également représentées par la Fédération nationale des Safer auprès de l'**Observatoire des espaces naturels** (C. rur. art. L 141-1).
c. L'extension aux **activités de marais salants** de la définition de l'activité agricole codifiée à l'article L 311-1 du Code rural et de la pêche maritime permet aux Safer d'acquérir des immeubles, bâtis ou non, utilisés pour l'activité salicole, y compris par préemption (C. rur. art. L 311-1, al. 1er modifié par loi 2019-469 du 20-5-2019 pour la protection foncière des activités agricoles et des cultures marines en zone littorale art. 4 ; voir n° 96).

DIFFUSION D'INFORMATIONS

80226 Dans le cadre de leur mission consistant à assurer la transparence du marché foncier, les Safer sont notamment tenues de communiquer aux services de l'État les données dont elles disposent sur l'évolution des prix et l'ampleur des changements de destination des terres agricoles ; elles transmettent chaque année aux préfets une synthèse statistique à l'échelle départementale portant sur l'évolution des prix et l'ampleur des changements de destination des terres agricoles au titre de l'année écoulée (C. rur. art. D 141-7).

Les Safer sont un **vecteur d'information pour l'administration** dans le cadre du contrôle des structures appliqué aux sociétés agricoles. Elles transmettent en effet à l'autorité administrative les informations qu'elles reçoivent, sur les cessions de parts ou d'actions de sociétés concernant des sociétés ayant obtenu une autorisation d'exploiter (C. rur. art. L 141-1-2) sans toutefois que la loi permette au contrôle de s'exercer (voir n° 80831, Précisions, d). Ce recueil d'information concernant les cessions de parts a été complété par la loi 2021-1756 du 23 décembre 2021 et son décret d'application, lesquels renforcent les informations à communiquer (n° 80228) et créent un nouveau régime de contrôle des prises de participations au sein des sociétés agricoles (n°s 81150 s.)

Pour l'exercice de leurs missions et la transparence de leurs actions, les Safer sont autorisées à communiquer aux personnes publiques et aux personnes privées chargées d'une mission de service public les informations qu'elles détiennent sur le prix, la surface, la nature et la référence cadastrale des biens concernés par la cession et, le cas échéant, les analyses qui en découlent ; elles communiquent aux services de l'État, dans des conditions fixées par décret, les informations qu'elles détiennent sur l'évolution des prix et l'ampleur des changements de destination des terres agricoles (C. rur. art. L 141-1-2).

C. Information des Safer

80227 L'information des Safer concernant les opérations foncières s'est considérablement développée au fil du temps pour leur permettre de réaliser leurs missions visées n° 80225. Concernant initialement les biens immobiliers agricoles susceptibles d'acquisition, l'information s'est progressivement portée sur les **parts sociales de sociétés**, notamment dans l'objectif de transparence et régulation du marché foncier. Pour les parts et actions de sociétés, l'objectif de cette information permet à la Safer, selon l'hypothèse retenue :
– d'être informée de la cession de l'intégralité des parts sociales ou actions de certaines sociétés afin d'exercer son droit de préemption ; il s'agit alors d'adresser à la Safer une déclaration d'intention d'aliéner (DIA), voir n° 80291 concernant les parts de sociétés concernées ;

– d'être informée d'une cession de parts ou actions dans le cadre de la procédure mise en place par la loi du 13 octobre 2014 dans le cadre d'une évolution du contrôle des structures, voir n° 80910 Précisions, g ;
– de recevoir les demandes d'autorisation de certaines prises de participation dans une société foncière ou d'exploitation au titre des articles L 333-1 et suivants du Code rural et de la pêche maritime afin d'en assurer l'instruction pour le compte du préfet de département (voir nos 81240 s.).

Dans les deux dernières hypothèses, il s'agit de déclarer les mêmes opérations, à la nuance près que seules les opérations aboutissant à une prise de contrôle, au sens de l'article L 331-2 du Code rural et de la pêche maritime, et dépassant le seuil d'agrandissement significatif visé au II du même article, sont soumis à contrôle depuis l'entrée en vigueur de la loi 2021-1756 du 23 décembre 2021.

INFORMATION DE LA SAFER

80228 Pour l'exercice de leurs missions et la réalisation de leurs interventions, les Safer sont préalablement informées par le notaire de toute **cession entre vifs conclue à titre onéreux ou gratuit** portant sur des **biens ou droits mobiliers** ou immobiliers mentionnés nos 80230 s. qu'elles peuvent acquérir, situés dans leur ressort, sans pour autant qu'elles puissent nécessairement les préempter. Cette obligation d'information vaut également pour les cessions d'usufruit ou de nue-propriété, pour lesquelles sont notamment précisées la consistance et la valeur des biens concernés (C. rur. art. L 141-1-1). Ainsi, le notaire chargé d'instrumenter fait connaître, à la Safer territorialement compétente, deux mois avant la date envisagée pour la cession, les éléments afférents à cette cession, dans des conditions fixées aux articles R 141-2-1 et suivants du Code rural et de la pêche maritime.

S'agissant des **cessions de parts sociales ou d'actions de sociétés** visées n° 80235 sans intervention d'un notaire, le cédant ou le cessionnaire sont chargés de cette formalité. Les sociétés visées sont celles dont les parts peuvent être acquises par la Safer. Il s'agit des actions ou parts de sociétés détenant en propriété ou en jouissance des biens immobiliers à usage ou à vocation agricole ou détenant des droits sur de telles sociétés, notamment, la totalité ou une partie des parts de groupements fonciers agricoles ou de groupements fonciers ruraux, par dérogation à l'article L 322-1 du Code rural et de la pêche maritime. Sont concernées les mêmes natures d'opérations et selon les mêmes modalités que les cessions de biens fonciers. Cette information doit aussi être réalisée pour toute opération emportant **modification de la répartition du capital social ou des droits de vote** et aboutissant à transférer le contrôle d'une société mentionnée ci-dessus ; la formalité est, dans ce cas, accomplie par le gérant de la société, par le représentant légal de la société ou par son délégataire. Pour les opérations sociétaires, l'obligation d'information doit être satisfaite auprès de la Safer lieu du siège social de la société concernée ou, si le siège est situé hors de France, auprès de la Safer du lieu du siège d'exploitation ou du lieu où se trouve la plus grande superficie de terres détenues ou exploitées par la société (C. rur. art. L 141-1-1, I).

Deux mois avant la date envisagée pour la cession, le notaire doit transmettre à la Safer les informations liées à l'obligation déclarative **sous forme électronique** selon les modalités techniques convenues par convention entre le Conseil supérieur du notariat et la FNSafer (C. rur. art. L 141-1-1, IV), et selon des modalités sécurisées notamment quant à l'identification et la signature des déclarations (dans les conditions prévues par C. civ. art. 1366 et 1367). Pour les **opérations sociétaires** envisagées ci-dessus, que celles-ci interviennent avec ou sans le concours d'un notaire, la transmission des informations doit être réalisée uniquement par voie de télédéclaration, sur le site internet de la Safer compétente (C. rur. art. L 141-1-1, IV).

Soulignons que, pour la bonne compréhension des conséquences et pour en renforcer le caractère obligatoire, toute personne chargée de dresser un acte de cession entre vifs conclu à titre onéreux ou gratuit portant sur des biens ou droits mobiliers ou immobiliers doit rappeler aux parties les obligations d'information et indiquer dans l'acte que ces dispositions ont été observées (C. rur. art. R 141-2-4).

Par ailleurs, la Safer informe les maires de toutes les **déclarations d'intention d'aliéner** portant sur des biens situés sur le territoire de leur commune, ainsi que le président du conseil départemental dans les périmètres de protection des espaces agricoles et naturels périurbains visés à l'article L 113-16 du Code de l'urbanisme (C. rur. art. L 143-7-1 et L 143-7-2).

80228 (suite)

> **Précisions a.** En cas de **cession de biens immobiliers ou de parts sociales ou actions**, le cédant doit faire connaître à la Safer (C. rur. art. R 141-2-1) :
– la nature et la consistance des biens ou des parts sociales cédées (en cas de démembrement de propriété : la consistance et la valeur des droits démembrés, la durée de l'usufruit et son mode d'exploitation et les pouvoirs des titulaires des droits) ;
– l'existence éventuelle d'un obstacle à la préemption (cession au fermier, cessions entre parents ou alliés au 4e degré, acquisition de la nue-propriété par un usufruitier ou de l'usufruit par un nu-propriétaire, présence du droit de préemption de l'État ou d'une collectivité, etc.) ;
– le prix ou la valeur et les conditions demandées ainsi que les modalités de l'aliénation projetée ;
– la désignation cadastrale des parcelles cédées ou de celles dont la société dont les parts sont cédées est propriétaire ou qu'elle exploite (qu'elle en soit ou non propriétaire), leur localisation, le cas échéant la mention de leur classification dans un document d'urbanisme ou l'existence d'un mode de production biologique ;
– les nom, prénoms, date de naissance, domicile et profession des parties à l'acte de cession (sauf certaines cessions d'actions).

Ces mentions légales présentent un caractère substantiel et le délai de préemption ne court qu'à compter de la date à laquelle les mentions complètes et exactes sont communiquées à la Safer. Mais la liste des mentions ci-dessus ne présente pas un caractère exhaustif : la Safer, comme le fermier en place, doit être en mesure d'exercer utilement sa prérogative, conformément à l'article L 412-8 du Code rural et de la pêche maritime. Ainsi, la jurisprudence constante en matière de droit de préemption du fermier est en ce sens (Cass. 3e civ. 23-5-2012 n° 10-20.170) et a été étendue au droit de préemption de la Safer. L'exigence d'une information complète de la Safer n'est pas satisfaite si la notification ne précise pas la situation locative du bien et la consistance des droits de préemption applicables (Cass. 3e civ. 16-3-2017 n° 15-22.397 FS-PB). Jugé qu'en cas de vente d'un terrain « à détacher » d'un autre, la production d'un document d'arpentage dont la Safer ne démontre pas l'utilité, ne prive pas la notification de son caractère complet et régulier (Cass. 3e civ. 11-7-2019 n° 17-19.392 F-D).

b. Depuis l'entrée en vigueur de la loi 2021-1756 du 23 décembre 2021 des mentions supplémentaires, et obligatoires, sont venues se rajouter pour toutes les opérations sociétaires, y compris les cessions de parts ou actions (C. rur. art. R 141-2-1, al. 4).

Dans un but de simplification, un **formulaire électronique unique de télédéclaration** intègre l'information générale des Safer concernant les opérations sociétaires, les informations nécessaires pour l'application du droit de préemption (cession totale des titres) et les informations permettant l'instruction de la demande d'autorisation au titre du dispositif de prises de participation soumises à contrôle. Force est de constater que cette simplification aboutit à ajouter nombre de précisions qui rendent laborieux le remplissage de ce formulaire. Ses différentes rubriques et la liste des pièces justificatives afférentes ont été définies par arrêté du ministre de l'agriculture (Arrêté AGRT2235765A du 23-12-2022).

Ainsi, désormais, l'information générale des Safer prévue à l'article L 141-1-1 du Code rural et de la pêche maritime concernant les opérations sociétaires comprend :
– l'indication de la nature de l'opération ;
– les coordonnées de la société faisant l'objet de l'opération ;
– la surface totale, par commune et par nature de culture, des biens immobiliers agricoles possédés ou exploités par la société faisant l'objet de l'opération, en détaillant le mode de détention ou d'exploitation desdits biens ;
– les prises de participation, directes ou indirectes, de la société faisant l'objet de l'opération dans des sociétés détenant en propriété ou en jouissance des biens immobiliers à usage ou à vocation agricole ou détenant des droits sur de telles sociétés (« holdings »), en précisant l'ensemble des surfaces concernées ;
– les coordonnées des parties prenantes à l'opération ainsi que les surfaces des biens immobiliers à usage ou à vocation agricole qu'elles possèdent ou exploitent et lorsque la partie prenante à l'opération est une société, sa composition, son objet et les titres sociaux détenus par les associés ;
– la liste des prises de participation, directes ou indirectes, des parties prenantes à l'opération, dans des sociétés détenant en propriété ou en jouissance des biens immobiliers à usage ou à vocation agricole ou détenant des droits sur de telles sociétés, ainsi que l'ensemble des surfaces que chaque société détient ;
– le cas échéant, la justification permettant d'apporter la preuve d'une des exemptions du contrôle des prises de participation (voir nos 81220 s.).

Toutes ces mentions sont à fournir dans le cadre de l'**information générale des Safer** prévue à l'article L 141-1-1 du Code rural et de la pêche maritime, et non seulement pour les prises de participations majoritaires soumises à autorisation. Le cas échéant, s'y ajoutent encore les éléments nécessaires à la demande d'autorisation pour apprécier la prise de contrôle listés n° 81240, Précisions, b.

c. En cas de **cession de la totalité des parts** ou actions de la société, le notaire ou le cédant, transmet également les statuts à jour de la société, le bilan et le compte de résultats de ses trois derniers exercices, l'avant-contrat de cession, les contrats en cours, les conventions de garantie d'actif et de passif et, s'il y a lieu et s'ils existent, tout engagement faisant peser sur la société dont les parts ou actions sont cédées une incidence financière ainsi que tout élément relatif à sa situation contentieuse (C. rur. art. R 141-2-1, al. 2).

d. Dans tous les cas, la Safer peut, en outre, demander au notaire ou au cédant, dans le délai de deux mois, des éléments d'**information complémentaire** nécessaires à l'appréciation des conditions de transmission des parts ou actions. Si l'opération est soumise au droit de préemption, le délai de deux mois prévu pour l'exercice du droit de préemption est suspendu à compter de la réception de cette demande par le notaire ou le cédant. Il reprend à compter de la réception par la Safer des documents ou de l'indication par le notaire ou le cédant des raisons pour lesquelles il est dans l'impossibilité de les communiquer (C. rur. art. R 141-2-1, al. 3).

e. Lorsque la vente, l'échange, l'apport en société ou la cession de la totalité des parts ou actions de sociétés ayant pour objet principal l'exploitation ou la propriété agricole porte conjointement sur des terrains à vocation agricole et des **droits à paiement** attribués dans le cadre des aides de la PAC, le notaire, ou le cédant, fait également connaître à la Safer l'ensemble des éléments nécessaires à l'identification des droits à paiement cédés. Cette hypothèse suppose donc une concomitance entre la cession des parts, des terres et des droits à paiement ; tel n'est pas le cas si la société dont les parts sont cédées détient les droits à paiement (C. rur. art. R 141-2-2).

f. Lorsqu'un **droit de préemption ou un droit préférentiel** primant celui de la Safer est susceptible d'être exercé avant l'aliénation, le notaire en informe la Safer (C. rur. art. R 143-7).

SANCTIONS EN L'ABSENCE D'INFORMATION

80229 Faute de respecter l'obligation d'information de la Safer, et indépendamment des sanctions prévues pour le non-respect des dispositions relatives aux prises de contrôle des sociétés prévues par la loi 2012-1756 (voir n° 81230), un régime de sanctions trouve à s'appliquer.

Si un bien ou un droit mobilier ou immobilier sur lequel une Safer est **autorisée à exercer le droit de préemption** (n° 80291) est aliéné au profit d'un tiers en violation de l'obligation d'information, la Safer peut, dans un délai de six mois à compter de la publication de l'acte de vente ou, à défaut de publication, dans un délai de six mois à compter du jour où la date de la vente lui est connue, demander au tribunal judiciaire soit d'annuler la vente, soit de la déclarer acquéreur au lieu et place du tiers. Elle peut, dans un délai de six mois à compter de la date à laquelle elle en a été informée, demander au tribunal judiciaire d'annuler une cession conclue à titre gratuit si elle estime que cette cession aurait dû lui être notifiée en tant que cession à titre onéreux (C. rur. art. L 141-1-1).

Si un bien ou un droit mobilier ou immobilier qui n'entre pas dans le **champ d'application du droit de préemption** est aliéné au profit d'un tiers en méconnaissance de l'obligation d'information des Safer, l'autorité administrative (le préfet) peut, d'office ou à la demande de la Safer, prononcer une amende administrative d'au moins 1 500 € (contraventions de 5e classe) et au plus à 2 % du montant de la transaction concernée. Les frais résultant des mesures nécessaires à l'exécution de cette sanction sont à la charge du contrevenant. L'autorité administrative avise préalablement l'auteur du manquement des faits relevés à son encontre, des dispositions qu'il a enfreintes et des sanctions qu'il encourt. Elle lui fait connaître le délai dont il dispose pour faire valoir ses observations écrites et, le cas échéant, les modalités selon lesquelles il peut être entendu s'il en fait la demande. Elle l'informe de son droit à être assisté du conseil de son choix. La décision de sanction ne peut être prise plus d'un an après la constatation des faits. Elle peut faire l'objet d'un recours de pleine juridiction devant la juridiction administrative (même art.).

D. Moyens d'action des Safer

ACQUISITION DE BIENS

80230 Le principal moyen d'action des Safer est d'**acquérir pour rétrocéder**, après aménagement éventuel, des biens ruraux, des terres, des exploitations agricoles ou forestières. Ainsi les Safer ont pour principales prérogatives d'intervenir en tant qu'acheteur et vendeur de propriétés agricoles ou forestières. Au lieu de mener elles-mêmes ces opérations, les Safer ont également la **possibilité de se substituer** un ou plusieurs attributaires pour réaliser la cession de tout ou partie des droits conférés par une promesse de vente. La substitution doit intervenir dans les six mois de la date à laquelle la promesse a acquis date certaine et au plus tard au jour de l'acte authentique réalisant ou constatant la vente. En cas de substitution, le cahier des charges qui l'accompagne comporte l'engagement du maintien pendant un délai minimal de 10 ans de l'usage agricole ou forestier des biens attribués et soumet, pendant ce même délai, toute opération de cession à titre onéreux en propriété ou en jouissance du bien attribué à l'accord préalable de la Safer. En cas de non-respect de ces engagements pris dans le cadre d'un cahier des charges, l'attributaire doit délaisser le bien, si la Safer le demande, au prix fixé par le cahier des charges ou, à défaut, par le juge de l'expropriation (C. rur. art. L 141-1, II-2° et III-1° et 2°).

ACQUISITION DE PARTS

Pour la réalisation de leurs missions et au-delà de leurs moyens d'action classiques, les Safer disposent également de possibilités d'acquisition de parts sociales de sociétés, lesquelles se sont accrues au fil des lois récentes. Ainsi, la loi 2014-1170 du 13 octobre 2014 leur a permis d'acquérir des **actions ou parts de sociétés** ayant pour objet principal l'exploitation ou la propriété agricole, notamment, par dérogation à l'article L 322-1 du Code rural et de la pêche maritime, la totalité ou une partie des parts de groupements fonciers agricoles (GFA) ou de groupements fonciers ruraux (GFR) (C. rur. L 141-1, II, 3° ; voir n° 78830 pour les GFA). 80235

Toutefois, hormis pour les GFA, cette situation se heurtait aux dispositions du Code rural et de la pêche maritime interdisant la présence de personnes morales dans les Gaec et les EARL ; cette incohérence a été levée par les dispositions de l'article 5 de la loi 2017-348 du 20 mars 2017, relative à la lutte contre l'accaparement des terres agricoles (C. rur. art. L 142-4 ; n° 80250).

La loi 2021-1756 du 23 décembre 2021 a encore élargi les possibilités d'acquisition des Safer : elles peuvent désormais acquérir les parts et actions de sociétés détenant en propriété ou en jouissance des biens immobiliers à usage ou à vocation agricole ou détenant des droits sur de telles sociétés (sociétés dites « holdings »). Il suffit donc qu'une société soit propriétaire de tels biens, quels que soit la surface de ces biens et l'objet de la société (agricole, foncier ou tout autres) pour que la Safer puisse en acquérir les titres sociaux. S'y ajoutent également les parts ou actions de sociétés « holding » détenant des participations dans ces sociétés (le texte n'exige pas que la holding soit majoritaire et apparaît se borner aux participations directes faute de précision (C. rur. L 141-1, II, 3° modifié).

Enfin, comme pour l'acquisition-rétrocession de biens ruraux, les Safer peuvent utiliser, la substitution, pour leur acquisition-rétrocession des actions ou parts de sociétés qu'elles peuvent acquérir. Les engagements du cahier des charges portant sur les actions ou parts, qui constituent la contrepartie des exonérations fiscales dont bénéficient les opérations conduites par les Safer (voir n°s 19000 s.), sont définis à l'article R 142-1 du Code rural et de la pêche maritime modifié par décret 2022-1515 du 2 décembre 2022 (C. rur. art. L 141-1, III-1° et 2°).

PORTAGE TEMPORAIRE

Les Safer peuvent être **membres**, à titre transitoire (en règle générale, pour une durée au plus égale à cinq ans), de groupements fonciers agricoles (**GFA**) ou de groupements fonciers ruraux (**GFR**) donnant à bail les terres qu'ils détiennent. Elles peuvent également exercer des fonctions de gestion, d'administration ou de direction dans ces groupements (C. rur. art. L 322-2 et L 322-3 ; voir n° 78830). 80238

L'État, les collectivités et établissements publics peuvent, dans les conditions fixées aux articles R 142-8 à R 142-12 du Code rural et de la pêche maritime, mettre à la disposition des Safer les immeubles qui leur appartiennent, et notamment ceux qu'ils ont acquis à l'amiable ou par expropriation, en vue de la réalisation d'opérations d'aménagement foncier (C. rur. art R 142-7).

Précisons que dans les **zones de montagne**, la Safer peut demander à bénéficier de l'autorisation d'**exploiter des terres incultes** (C. rur. art. L 125-8 et L 141-5).

CONVENTIONS DE MANDAT ET DE MISE À DISPOSITION

En règle générale, les Safer ne sont pas habilitées à prendre en **location** des terres ou des exploitations agricoles ou forestières. Sous réserve de la possibilité qui leur est reconnue de conclure des baux emphytéotiques, les Safer ne peuvent pas rétrocéder par bail les biens qu'elles ont acquis en propriété. 80240

Cependant, elles peuvent, moyennant la souscription d'une assurance garantissant les conséquences pécuniaires de leur responsabilité, se livrer ou prêter leur concours, en vertu d'un mandat écrit, à des **opérations immobilières** portant sur les biens d'autrui et relatives au louage **régi par le statut des baux ruraux** (C. rur. art. L 141-1, II-4° et III-3°). Ainsi la Safer peut intervenir comme mandataire chargé par un propriétaire de lui trouver un preneur.

Tout propriétaire peut également, par convention, mettre à la disposition d'une Safer, en vue de leur aménagement parcellaire ou de leur mise en valeur agricole, pour autant que cette dernière soit effectuée par des agriculteurs, des immeubles ruraux libres de location. La convention a une durée maximale de six ans renouvelable une fois.

Cette durée est aussi appliquée pour les conventions conclues entre les Safer, l'État, une collectivité territoriale ou un établissement public dans le cadre d'une mise à disposition d'immeubles ruraux (C. rur. art. L 142-6, al. 1).

Sur ces immeubles, la Safer consent des baux **non soumis au statut des baux ruraux**, sauf en ce qui concerne le prix. Ces baux déterminent, le cas échéant, les améliorations que le preneur s'engage à apporter et les indemnités qui lui seront dues à sa sortie. À l'expiration du bail, lorsque la durée de celui-ci excède six ans, le propriétaire ne peut pas conclure un autre bail sans l'avoir proposé au preneur en place (C. rur. art. L 142-6, al. 2 et 3).

Précisons que le concours du nu-propriétaire s'appliquant à tous les baux portant sur un fonds rural, qu'ils soient ou non soumis au statut du fermage lors de la conclusion du contrat, la convention de mise à disposition, même si elle déroge aux dispositions de l'article L 411-1 du Code rural et de la pêche maritime, s'analyse en un bail rural et nécessite l'accord du nu-propriétaire (Cass. 3e civ. 22-10-2020 n° 19-11.555).

Un processus d'agrément s'applique aux attributaires de ces parcelles. Le comité technique donne son avis sur les projets d'attribution, lesquels sont soumis aux commissaires du gouvernement en vue de leur approbation (C. rur. art. R 141-5 et R 141-11). Le cas échéant, le choix du preneur peut être subordonné à des conditions qui s'imposent au candidat retenu (Cass. 3e civ. 27-4-2017 n° 15-29.139 FS-PB).

E. Rétrocessions des biens acquis

80250 Les Safer ne peuvent pas **conserver la propriété** des biens qu'elles ont acquis pendant plus de cinq ans. Ce **délai** est suspendu dans les communes où il est procédé à un aménagement foncier agricole et forestier jusqu'à la date de clôture des opérations. Le délai peut également être prolongé de cinq ans, renouvelable une fois, par décision des commissaires du gouvernement (C. rur. art. L 142-5). Pendant la période intermédiaire s'écoulant entre l'achat et la rétrocession, les Safer peuvent conclure des baux avec des tiers. Les baux ainsi conclus échappent aux principales dispositions du statut des baux ruraux (durée minimum, droit au renouvellement et droit de préemption : C. rur. art. L 142-4).

Pendant la même période transitoire, les Safer sont également autorisées, par dérogation aux dispositions applicables aux sociétés civiles de personnes mentionnées notamment aux articles L 322-1, L 323-1 et L 324-1 du Code rural et de la pêche maritime, à maintenir, dans le but de les rétrocéder, leurs participations dans le capital de ces sociétés au titre des acquisitions de droits sociaux faites à l'amiable (n° 80235) ou après exercice du droit de préemption (n° 80291) ; sont ainsi concernés les GFA, les Gaec et les EARL (C. rur. art. L 142-4).

80255 Les Safer doivent **rétrocéder les biens** qu'elles ont acquis, par cession ou par substitution au bénéfice (C. rur. art. R 141-1) :

– soit de propriétaires ou d'exploitants dont les propriétés ou les exploitations sont mal adaptées à une mise en valeur rationnelle ou n'atteignent pas une dimension économique viable au regard des critères du schéma directeur régional des exploitations agricoles ;

– soit d'agriculteurs que cette opération permet d'installer ou de maintenir ;

– soit de personnes qui s'engagent à louer les biens dans les conditions déterminées à l'article R 142-2 du Code rural et de la pêche maritime (n° 80265) ;

– soit de personnes physiques ou morales qui concourent à la diversité des paysages, à la protection des ressources naturelles et au maintien de la diversité biologique ;

– soit de personnes dont elles établissent que leur projet satisfait à l'un des objectifs de l'aménagement rural visé à l'article L 111-2 du Code rural et de la pêche maritime ou facilite la réorientation des terres, bâtiments ou exploitations vers des usages non agricoles en vue de favoriser le développement rural ainsi que la protection de la nature et de l'environnement (C. rur. art. R 141-1).

Certaines catégories de personnes bénéficient d'une **priorité** en vue de leur installation sur une exploitation acquise, créée ou restructurée par la Safer (C. rur. art. R 142-2). En particulier (C. rur. art. L 142-5-1) :

– lorsqu'une Safer met en vente un **terrain dont les productions relèvent de l'agriculture biologique**, elle le cède en priorité à un candidat s'engageant à poursuivre une exploitation en agriculture biologique pour une durée minimale de six ans. Précisons que la priorité d'attribution concernant l'agriculture biologique n'est pas applicable à certaines surfaces boisées (C. rur. art. L 143-4, 6°, b et c), ni aux terrains boisés attribués conjointement à un bâtiment d'habitation ou d'exploitation auquel ils sont attenants, ni aux terrains boisés attribués avec d'autres parcelles non boisées si la surface agricole est prépondérante ;

– lorsqu'une Safer met en vente des **terrains boisés** d'une superficie inférieure à dix hectares, le choix de l'attributaire porte prioritairement sur un propriétaire de terrains boisés contigus. Au cas où plusieurs propriétaires répondent aux mêmes critères, celui dont les terrains boisés font l'objet de l'un des documents de gestion promu par le Code forestier est prioritaire ;

– lorsqu'une Safer met en vente un terrain ou un bâtiment dont le dernier usage agricole était un **usage conchylicole**, elle le cède en priorité à un candidat s'engageant à poursuivre une activité conchylicole pour une durée minimale de dix ans.

La Safer, qui informe les maires de toutes les déclarations d'intention d'aliéner portant sur des biens situés sur le territoire de leur commune, doit, préalablement à toute rétrocession, les informer de son **intention de mettre en vente tout bien** situé sur le territoire de leur commune (C. rur. art. L 143-7-2).

Les Safer peuvent concourir à la création d'**associations syndicales de gestion forestière** autorisées. Dans ce cadre, les parcelles boisées acquises dans le périmètre d'une association syndicale ou d'une opération d'aménagement foncier forestier sont rétrocédées en priorité à des propriétaires forestiers concernés (C. rur. art. L 141-4). **80260**

ATTRIBUTAIRES

Les biens sont attribués par les Safer aux **candidats**, personnes physiques ou morales, capables d'en assurer la gestion, la mise en valeur ou la préservation, compte tenu notamment de leur situation familiale, de leur capacité financière d'acquérir le bien et de le gérer, de l'existence de revenus non agricoles, de leurs compétences professionnelles et de leurs qualités personnelles, ainsi que de l'intérêt économique, social ou environnemental de l'opération. La capacité financière du candidat est évaluée par la Safer qui peut exiger de lui la production de tout document de nature à l'établir. **80265**

Les Safer peuvent céder ces biens à des **personnes qui s'engagent à les louer**, par bail rural ou par conventions pluriannuelles d'exploitation agricole ou de pâturage, à des preneurs, personnes physiques ou morales, répondant aux critères ci-dessus et agréées par elle, à condition que l'opération permette l'installation ou réinstallation d'agriculteurs, le maintien de ceux-ci sur leur exploitation ou la consolidation d'exploitations afin que celles-ci atteignent une dimension économique viable au regard des critères du schéma directeur régional des exploitations agricoles.

Au cas où aucune personne répondant aux conditions requises ci-dessus ne se porte candidate, la Safer peut attribuer le bien à tout autre candidat.

La Safer peut **imposer** aux candidats un **cahier des charges** comportant l'engagement du maintien pendant un délai minimal de **10 ans** de l'usage agricole ou forestier ou de la qualité environnementale des biens attribués, et soumettant, pendant ce même délai, toute opération de cession à titre onéreux en propriété ou en jouissance desdits biens à son accord préalable. Ce délai minimal est porté à **18 ans** si le bien attribué est situé dans un périmètre de protection et de mise en valeur des espaces agricoles et naturels périurbains délimité en application de l'article L 113-16 du Code de l'urbanisme.

Le cahier des charges peut notamment prévoir que l'attributaire est tenu au respect d'engagements visant à la mise en œuvre de pratiques agricoles adaptées ou concourant à la protection de l'environnement ou à la mise en valeur des paysages. La durée de ces engagements est adaptée en fonction de l'enjeu à protéger et des stratégies définies par l'État, les collectivités territoriales ou leurs établissements publics ou approuvées par ces personnes publiques. Elle ne peut excéder 30 ans (C. rur. art. R 142-1).

Lorsqu'une personne morale est retenue attributaire de biens ou de droits immobiliers à usage ou à vocation agricole ou lorsqu'une personne physique ou morale est retenue **attributaire de parts ou actions de sociétés**, le cahier des charges comporte, pour l'attributaire, l'**engagement de maintenir** pour une durée d'au moins 10 ans à compter de la date de la cession, selon le cas, l'**usage ou la destination agricole** des biens attribués, ou l'usage ou la destination agricole des parcelles détenues en propriété ou en jouissance par la société dont les titres sont cédés ainsi que la conservation des titres sociaux acquis. Il comporte également l'engagement de soumettre, pendant ce même délai, à l'**accord préalable** de la Safer, selon le cas, toute opération sur la propriété ou la jouissance des biens ou droits immobiliers attribués ou sur celle des mêmes biens ou droits détenus par la société dont les titres sont cédés (C. rur. art. R 142-1 modifié par décret 2022-1515 du 2-12-2022).

D'une manière générale, les Safer doivent tenir informés les commissaires du Gouvernement des acquisitions auxquelles elles ont procédé et des adjudications auxquelles elles souhaitent prendre part. Plus spécialement, elles doivent obtenir un **accord préalable** des commissaires du Gouvernement pour leurs acquisitions immobilières lorsque leur prix est supérieur à 180 000 € en métropole ou 75 000 € dans les départements d'outre-mer (n° 80212) (C. rur. art. R 142-10).
Les projets de cession de propriété ou de substitution ainsi que les projets de louage par entremise ou concernant des baux consentis par la Safer font également l'objet d'une consultation préalable des commissaires du Gouvernement (C. rur. art. R 142-11).
Le comité technique consultatif visé n° 80211 donne préalablement son **avis** sur les projets d'attribution par cession ou substitution et les projets de baux.

> **Précisions** Lorsqu'une Safer envisage d'affecter une exploitation à l'**installation** d'agriculteurs exploitant individuellement ou en commun, ils doivent également justifier qu'ils sont :
> – des nouveaux agriculteurs (y compris ceux engagés dans une démarche d'installation progressive) ;
> – des agriculteurs expropriés dont le fonds a disparu ou est devenu inexploitable dans des conditions normales ;
> – des agriculteurs privés de la totalité de leur exploitation du fait de l'exercice du droit de reprise du propriétaire ;
> – des agriculteurs cédant librement des terres qu'ils exploitent, nécessaires à une restructuration foncière ou une installation réalisée avec le concours de la Safer.
> Pendant un délai de dix ans au moins, l'attributaire ou ses ayants cause doivent recueillir l'accord de la Safer approuvé par les commissaires du Gouvernement, pour toute cession conduisant au morcellement de l'exploitation attribuée ou pour tout changement de sa destination agricole ou forestière (C. rur. art. R 142-1).

PUBLICITÉ PRÉALABLE À LA RÉTROCESSION

80270 Avant toute décision d'attribution, les Safer doivent procéder à la publication d'un **appel à candidatures** avec l'affichage à la mairie de la commune de la situation du bien, pendant un délai minimum de 15 jours, d'un avis comportant, notamment, la désignation sommaire du bien, sa superficie totale, le nom de la commune, celui du lieu-dit ou la référence cadastrale et la mention de sa classification dans un document d'urbanisme, s'il en existe. Le maire certifie l'accomplissement de cette formalité en adressant un certificat d'affichage à la Safer. L'avis est également publié sur le site internet des préfectures de département et de région concernées.
L'avis indique le délai, qui ne peut excéder 15 jours après la fin de l'affichage, dans lequel les candidatures doivent être présentées et précise que des compléments d'information peuvent être obtenus auprès de la Safer.
Pour les biens acquis à l'amiable d'un montant supérieur à 180 000 € ou 75 000 € (C. rur. art. R 141-10 ; Arrêté du 16-5-1962 modifié ; voir n° 80212), pour tous les biens acquis par voie de préemption ainsi que pour les biens comprenant des terrains boisés de moins de 10 hectares, un avis est publié dans un journal diffusé dans l'ensemble du département, ainsi que sur le site internet de la Safer. La date et l'heure de cette publication sont mentionnées dans l'avis. L'accomplissement de cette formalité de publicité est certifié par le directeur général de la Safer (C. rur. art. R 142-3, al. 1 à 3).
La publicité exigée est une formalité substantielle : dans le cadre du régime de publicité antérieur au décret 2015-954 du 31 juillet 2015, il a été jugé que celle-ci n'est pas respectée si une seule publicité dans un journal a été réalisée au lieu des deux prescrites alors ; il en résulte l'annulation de l'appel à candidatures (Cass. 3e civ. 19-2-2014 n° 12-18.286). Seules les candidatures postérieures à la publication et y répondant peuvent être retenues (Cass. 3e civ. 20-5-2021 n° 20-14.273).
À noter qu'un appel de candidatures n'est pas obligatoire lorsque la décision d'attribution intervient dans le cadre d'opérations liées à la réalisation de grands ouvrages publics, résulte d'un échange multilatéral d'immeubles ruraux ou en vue de la réalisation d'un projet d'intérêt général en faveur d'une collectivité territoriale avec laquelle la Safer a conclu une convention (C. rur. art. R 142-3, dernier alinéa).

DÉCISION DE RÉTROCESSION

80280 Si la Safer a attribué un **bien acquis à l'amiable**, elle doit procéder, dans le mois qui suit la signature de l'acte authentique, à l'**affichage**, pendant 15 jours, à la mairie de la commune de la situation de ce bien, d'un avis comportant la désignation sommaire du bien en précisant notamment sa superficie totale, le nom de la commune, celui du lieu-dit ou la référence cadastrale, les nom et qualité du cessionnaire et les conditions financières de l'opération. L'accomplissement de ces formalités est certifié par le maire qui adresse un certificat d'affichage à la Safer.

Dans le délai d'un mois à compter du 1er jour de l'affichage en mairie de l'avis d'attribution, la Safer doit informer les **candidats évincés** en précisant les **motifs** de son choix (C. rur. art. R 142-4). N'est pas motivée la décision de rétrocession mentionnant que l'opération contribue à l'installation d'un jeune agriculteur sans préciser la situation du rétrocessionnaire (Cass. 3e civ. 16-12-1998 : Bull. civ. III n° 255). Selon une jurisprudence constante, la motivation de la décision de rétrocession notifiée au candidat évincé doit lui permettre de vérifier la réalité des objectifs poursuivis au regard des exigences légales (Cass. 3e civ. 1-3-2000 n° 98-16.073 ; Cass. 3e civ. 18-1-2018 n° 16-20.937 FS-PB). Cette nécessité de motivation précise, qui ne saurait se limiter à des considérations évasives et des banalités, trouve à s'appliquer que la rétrocession suive une acquisition amiable ou une acquisition par préemption (Cass. 3e civ. 13-12-2018 n° 17-18.019). Ainsi, la motivation de la décision de rétrocession, qui doit se suffire à elle-même, ne peut se borner à énoncer : « consolidation d'une exploitation agricole par apport de parcelle contigüe » (Cass. 3e civ. 20-5-2021 n° 19-24.899). Un attributaire qui, au moment de la rétrocession motivée par son « agrandissement pour conforter sa récente installation », n'était pas effectivement installé, et qui ne s'est réellement installé qu'après l'attribution par rétrocession de la Safer n'est pas en situation régulière ; la décision de rétrocession doit donc être annulée (Cass. 3e civ. 28-3-2019 n° 17-27.183). En revanche, le fait, pour la Safer, de décrire de façon détaillée l'ensemble du parcellaire, d'indiquer que l'agriculture de la commune était tournée vers l'élevage porcin et bovin et de préciser que plusieurs projets pourraient se révéler au moment de l'appel de candidature, dont celui de l'éleveur porcin situé en limite des parcelles préemptées, comporte une analyse concrète répondant à l'exigence des textes (Cass. 3e civ. 25-1-2024 n° 22-10.305).

Par ailleurs, seul un candidat évincé peut contester la décision de rétrocession. Ne possède pas cette qualité la personne qui ne s'est pas portée candidate au prix auquel la Safer a rétrocédé le bien ; elle ne peut agir pour contester la rétrocession (Cass. 3e civ. 24-9-2014 n° 13-21.467 ; Cass. 3e civ. 8-10-2015 n° 13-28.770).

Toute **action en justice** contestant une rétrocession doit être intentée dans les six mois qui suivent la date à laquelle la décision a été rendue publique (Cass. 3e civ. 10-6-1998 : Bull. civ. III n° 124). En règle générale, les contestations relèvent de la compétence du tribunal judiciaire.

> **Précisions a.** S'agissant de la **rétrocession de biens préemptés**, le délai d'un mois pour informer les candidats non retenus et l'acquéreur évincé court à compter du premier jour de l'affichage en mairie de la décision d'attribution (C. rur. art. R 143-11).
> **b.** L'affichage en mairie fait courir le délai de **recours** de six mois contre les décisions de rétrocession de la Safer (C. rur. art. R 142-4 et L 143-14).
> **c.** En cas de préemption d'un **ensemble constitué de terrains à vocation agricole et de droits à paiement de base (DPB)**, la Safer doit indiquer dans l'appel à candidatures, que les terrains et les DPB qui y sont attachés seront cédés conjointement. En l'absence de candidat pour la totalité des terrains et DPB, la Safer peut procéder à une cession par lots. Dans ce cas, la répartition des DPB s'opère proportionnellement à la valeur unitaire de chacun des lots rétrocédés. Si l'acquéreur désigné n'est pas lui-même exploitant, il doit s'engager à louer les terrains et les droits qui y sont attachés au même preneur.
> Lorsque tout ou partie des terrains à vocation agricole objet de la préemption perd son usage agricole, les DPB correspondant sont transférés à la réserve (C. rur. art. D 142-1-1).
> Concernant les formalités de transfert des DPB en cas d'intervention de la Safer, voir n° 81419-4, Précisions, b.

F. Droit de préemption

DROIT DE PRÉEMPTION DES SAFER

Pour leur permettre de remplir encore plus efficacement leur mission, un droit de préemption a été octroyé aux Safer qui, ayant connaissance de toutes les mutations de biens ruraux (y compris sous forme de parts de sociétés) intervenant dans leur circonscription, peuvent se porter acquéreurs prioritaires chaque fois que, par ce moyen, il leur paraît possible de poursuivre leur mission (C. rur. art. L 143-1 s. et R 143-1 s.). **80290**

Ce droit s'exerce, en général, dans les conditions définies pour l'exercice du droit de préemption du preneur en place (nos 74800 s.), mais de nombreuses règles particulières sont venues compléter ce principe.

Toute clause prévoyant l'aliénation sous réserve de non-préemption de la Safer est réputée non écrite (C. rur. art. L 143-5) sauf exception en cas d'apport en société ou d'échange (voir n° 80291, Précisions, a). À moins qu'elle ne conteste le prix, une fois la décision de préempter prise par la Safer, le contrat de vente est formé entre elle et le propriétaire (Cass. 3e civ. 18-10-2006 n° 05-17.327).

ÉTENDUE DU DROIT DE PRÉEMPTION

80291 Initialement réservé aux biens fonciers agricoles, ce droit de préemption a été largement étendu au fil du temps ; il est subordonné à la publication d'un décret en définissant certaines conditions (n° 80295). Le droit de préemption s'exerce en cas d'**aliénation à titre onéreux** de **biens** immobiliers à **usage agricole** et de biens mobiliers qui leur sont attachés **ou** de terrains nus **à vocation agricole**, sous réserve des règles applicables aux périmètres de protection des espaces agricoles et naturels périurbains (C. rur. art. L 143-1 et L 143-7, I). Sont assimilés à des terrains nus les terrains ne supportant que des friches, des ruines ou des installations temporaires, occupations ou équipements qui ne sont pas de nature à compromettre définitivement leur vocation agricole.

Sont considérés comme à vocation agricole, pour l'application du droit de préemption, les terrains situés soit dans une zone agricole protégée [ZAP] (C. rur. art. L 112-2), soit à l'intérieur d'un périmètre de protection des espaces agricoles et naturels périurbains [PPEAN] (C. urb. art. L 113-16), soit dans une zone agricole ou une zone naturelle et forestière délimitée par un document d'urbanisme. En l'absence d'un document d'urbanisme, sont également regardés comme terrains à vocation agricole les terrains situés dans les secteurs ou parties non encore urbanisés des communes, à l'exclusion des bois et forêts.

Ce droit de préemption peut également être exercé en cas d'aliénation à titre onéreux de **bâtiments d'habitation faisant partie d'une exploitation agricole**.

Il en est de même en cas d'aliénation à titre onéreux des **bâtiments situés dans certaines zones ou espaces** (ZAP, PPEAN, zones agricoles ou naturelles et forestières des documents d'urbanisme) et qui ont été utilisés pour l'exercice d'une activité agricole au cours des cinq dernières années qui ont précédé l'aliénation, pour leur rendre un usage agricole. Il en est ainsi également dans les communes et parties de communes de montagne (Loi 85-30 du 9-1-1985 art. 3 et 4). Les dispositions de l'article L 143-10 du Code rural et de la pêche maritime relatives à la faculté de révision du prix par la Safer ne sont pas applicables dans ces cas de préemption exercée sur des bâtiments ayant servi à l'activité agricole lorsque les bâtiments concernés ont fait l'objet d'un changement de destination (C. rur. art. L 143-1 ; antérieurement, la révision de prix était exclue également en l'absence de changement de destination desdits bâtiments : n° 80305).

Lorsque l'aliénation à titre onéreux porte de façon conjointe sur des terrains à vocation agricole et des **droits à paiement découplés créés au titre de la politique agricole commune**, ce droit de préemption peut s'exercer globalement sur l'ensemble ainsi constitué aux seules fins d'une rétrocession conjointe des terrains et des droits ainsi acquis, selon des modalités fixées par décret (n° 80280, Précisions, c).

Dans les communes ou parties de communes littorales (mentionnées à C. envir. art. L 321-2), le droit de préemption de la Safer peut également être exercé en cas d'aliénation à titre onéreux des **bâtiments** situés dans les zones ou espaces à vocation agricole (voir ci-dessus) **qui ont été utilisés pour l'exploitation de cultures marines** exigeant la proximité immédiate de l'eau, telle que définie à l'article L 121-17 du Code de l'urbanisme, au cours des 20 années qui ont précédé l'aliénation. Les bâtiments ainsi préemptés doivent être affectés, lors de leur rétrocession, à l'exploitation de cultures marines. Toutefois, le droit de préemption n'est pas applicable lorsque les bâtiments concernés ont fait l'objet d'un changement de destination, sauf si ce changement de destination a été effectué au cours des 20 années qui ont précédé l'aliénation et en violation des règles d'urbanisme applicables. Une **règle identique** est posée, sous les mêmes réserves, **pour les bâtiments** qui ont été **utilisés pour l'exercice d'une activité agricole** au cours des 20 années afin de leur rendre un usage agricole (C. rur. art. L 143-1, al. 3 et 4).

Les Safer peuvent exercer leur droit de préemption en cas d'aliénation à titre onéreux de l'**usufruit ou de la nue-propriété** des biens ci-dessus. Elles ne peuvent préempter la nue-propriété de ces biens que dans les cas où elles en détiennent l'usufruit ou sont en mesure de l'acquérir concomitamment, ou lorsque la durée de l'usufruit restant à courir ne dépasse pas deux ans.

Les Safer peuvent également exercer leur droit de préemption en cas d'aliénation à titre onéreux de la **totalité** des **parts ou actions d'une société** ayant pour objet principal l'exploitation ou la propriété agricole, lorsque l'**exercice de ce droit a pour objet l'installation d'un agriculteur**. Contrairement aux parts ou actions de sociétés qu'elles peuvent acquérir depuis les modifications opérées par la loi 2021-1756 (sociétés détenant en propriété ou en jouissance des biens immobiliers à usage ou à vocation agricole ou détenant des droits sur de telles sociétés, voir n° 80235), la préemption suppose toujours que la société ait pour objet principal l'exploitation ou la propriété agricole. On observera que, dans ce cas, la société détient a fortiori la propriété ou l'exploitation de biens agricoles.

Si la Safer n'est pas admise à préempter des parcelles boisées, son droit de préemption trouve à s'appliquer lorsque la vente comprend à la fois des parcelles boisées et des parcelles non boisées, ou une parcelle mixte dont les surfaces agricoles sont prépondérantes (Cass. 3e civ. 5-6-2013 n° 11-26.088).

Le droit de préemption suppose, avant tout, qu'il y ait une **vente** ou une aliénation à titre onéreux, ce qui exclut un certain nombre de transferts à titre gratuit constituant des règlements d'affaires de famille. **80291** (suite)

Toutefois, sont également soumis au droit de préemption des Safer les biens, droits réels et droits sociaux mentionnés à l'article L 143-1, alinéas 1, 5 et 6 du Code rural et de la pêche maritime, lorsqu'ils font l'objet d'une **cession entre vifs à titre gratuit**, sauf si celle-ci est effectuée entre ascendants et descendants, entre collatéraux jusqu'au sixième degré, entre époux ou partenaires de Pacs, entre une personne et les descendants de son conjoint ou de son partenaire de Pacs, ou entre ces descendants. À noter que dans ce cas, le notaire ne mentionne pas le prix. La décision de la Safer d'acquérir le bien indique son estimation par les services fiscaux. L'objectif est ici de limiter les ventes masquées sous l'apparence d'une donation, lesquelles peuvent conduire à un développement d'une agriculture de loisirs au détriment des véritables agriculteurs ou à la « cabanisation » dans certains territoires notamment périurbains.

Dans cette hypothèse particulière, le droit de préemption ne peut être mis en œuvre par les Safer que pour des motifs qui se rattachent principalement à leur mission de favoriser l'installation, le maintien et la consolidation d'exploitations agricoles ou forestières afin que celles-ci atteignent une dimension économique viable au regard des critères du schéma directeur régional des exploitations agricoles, ainsi que l'amélioration de la répartition parcellaire des exploitations (C. rur. art. L 143-16).

> **Précisions** **a.** En dehors des ventes pures et simples (cas général), d'autres aliénations à titre onéreux sont soumises au droit de préemption de la Safer (tout au moins théoriquement). Il s'agit des **apports** en propriété à **une société** (une exception est prévue pour les apports à un GFA – C. rur. art. L 322-8), des **échanges**, à l'exception de ceux qui sont réalisés en application de l'article L 124-1 du Code rural et de la pêche maritime.

Sauf s'il s'agit d'un **apport en société** ou d'un échange non réalisé en application de l'article L 124-1 du Code rural et de la pêche maritime, toute condition d'aliénation sous réserve de **non-préemption** d'une Safer est réputée non écrite.

En cas d'apport en société, lorsque la condition suspensive est satisfaite, c'est-à-dire que la Safer ne préempte pas, l'apporteur doit **s'engager à conserver la totalité de ses droits sociaux** reçus en contrepartie pendant au moins cinq ans à compter de la date de l'apport. Cet engagement doit être joint à la notification préalable de l'opération d'apport. En cas de méconnaissance de l'engagement ainsi souscrit et sauf accord exprès de sa part, la Safer peut, dans un délai de six mois à compter du jour où elle en a eu connaissance, demander l'annulation de l'apport au président du tribunal judiciaire (C. rur. art. L 143-5).

Afin de **sanctionner** les opérations de **contournement** du droit de préemption, pendant une durée de cinq ans à compter de l'apport en société de biens pouvant faire l'objet du droit de préemption, les Safer reçoivent de l'administration des impôts, sur demande motivée, communication de la répartition entre les associés du capital de la société bénéficiaire, en vue de leur permettre, le cas échéant, de faire prononcer l'annulation de ces apports (C. rur. art. L 143-9 et LPF art. L 164).

b. Sont également susceptibles de préemption les **biens mobiliers** tels que cheptel vif ou mort, stocks nécessaires à l'exploitation, ou tout autre élément ou investissement réalisé en vue d'améliorer le fonds ou de diversifier ou de commercialiser la production dès lors qu'ils sont attachés à un bien immobilier à usage agricole (C. rur. art. R 143-2).

c. Le **droit de préemption de la Safer** peut être **exercé à la demande et au nom du département** dans les périmètres de protection des espaces agricoles et naturels périurbains, afin d'assurer la protection et la mise en valeur des espaces agricoles (C. rur. art. L 143-2, 9°). Dans ce cas, la Safer agit pour le compte et à la demande du département, en dehors de l'habilitation réglementaire nécessaire lui permettant de préempter prévue à l'article L 143-7 du Code rural et de la pêche maritime. Les conditions de mise en œuvre de ces préemptions sont précisées par les articles L 143-7-1 et R 146-15 et suivants.

d. Les **agences de l'eau** peuvent acquérir ou faire acquérir des parcelles dans les zones humides à des fins de lutte contre l'artificialisation des sols et de valorisation, notamment agricole. Sur les terrains admissibles au régime de paiement unique au titre de la politique agricole commune, ces acquisitions sont réalisées par le biais du droit de préemption des Safer sur proposition de l'agence de l'eau. Sur les autres terrains, ces acquisitions sont réalisées par l'agence de l'eau dans les conditions prévues pour les acquisitions du Conservatoire de l'espace littoral et des rivages lacustres. Dans ce dernier cas, l'agence de l'eau peut déléguer la mise en œuvre de son droit de préemption à la Safer lorsque le département n'a pas exercé son droit de préemption (C. envir. art. L 213-8-2).

e. L'application du droit de préemption des Safer en cas de **cession d'une partie seulement des parts d'une société foncière** avait fait l'objet d'un article de la loi 2017-348 relative à la lutte contre l'accaparement des terres agricoles du 20 mars 2017, afin de lutter contre l'utilisation des sociétés dans le but de contourner le droit de préemption par une cession de la quasi-totalité des parts d'une société. Toutefois, cette disposition a été invalidée par le Conseil constitutionnel car portant atteinte de manière disproportionnée au droit de propriété et à la liberté d'entreprendre (Cons. const. 16-3-2017 n° 2017-748 DC).

f. La **Safer d'Île-de-France** peut exercer, sous certaines conditions, le droit de préemption en cas d'aliénation de parcelles boisées d'une superficie limitée et situées dans certaines zones pour en assurer la protection et la mise en valeur de la forêt (C. rur. art. L 143-2-1).

g. Les Safer ne peuvent exercer leur droit de préemption lors de la conclusion d'un **bail emphytéotique** (Cass. 3e civ. 11-5-2000 n° 97-18.610 ; Rép. Burgoa : Sén. 7-9-2023 n° 7839).

LIMITES AU DROIT DE PRÉEMPTION DES SAFER

80292 La Safer ne peut pas exercer son droit de préemption sur des biens d'une superficie inférieure à une limite fixée par le décret l'autorisant à préempter, sauf s'il ne le prévoit pas. Généralement la **superficie en deçà de laquelle la Safer n'intervient pas** est fixée à 2 500 m² ou à 5 000 m². Par ailleurs, le droit de préemption de la Safer ne peut pas primer les droits de préemption au profit de l'État, des collectivités publiques et des établissements publics.

De plus, le droit de préemption des Safer ne peut pas être exercé contre certaines catégories d'acquéreurs ou dans certains cas énumérés par la loi :

– les **preneurs** : la Safer ne peut exercer son droit de préemption contre l'exploitant preneur en place, titulaire du droit de préemption du statut des baux ruraux (fermiers titulaires d'un bail de droit commun ou d'un bail cessible, ou métayers), sauf si le preneur est titulaire d'un bail depuis moins de **trois ans** (la condition de durée d'exploitation exigée du preneur peut avoir été remplie par son conjoint ou par un ascendant de lui-même ou de son conjoint). La Safer ne peut pas non plus exercer la préemption contre le **conjoint** ou le **descendant** subrogé dans les droits du preneur et qui exerce son droit de préemption ;

– les **proches parents** lorsqu'ils se portent acquéreurs des biens en cause : il s'agit des cohéritiers, du conjoint survivant et des parents ou alliés jusqu'au quatrième degré inclus (ce qui ne vise pas, selon le ministre de l'agriculture, les partenaires d'un Pacs : Rép. Thévenoud : AN 21-3-2017 n° 99891). Toutefois, cette exception au droit de préemption ne s'applique pas à l'acquisition d'un bien lors d'une vente aux enchères publiques autorisée par le juge-commissaire au cours de la procédure de liquidation judiciaire (Cass. 3e civ. 10-6-2009 n° 08-13.166 ; Cass. 3e civ. 2-7-2014 n° 13-17.768) ;

– les **indivisaires** pour les actes conclus entre eux (partage, cession de droits indivis) ;

– les **salariés** d'exploitations agricoles, les **aides familiaux** et les **associés** d'exploitations majeurs, sous réserve qu'ils satisfassent à certaines conditions d'expérience et de capacité professionnelle. La surface de l'exploitation ne doit pas être supérieure au maximum du seuil du contrôle des structures. Les acquéreurs doivent s'engager, pour eux et leurs ayants cause, à conserver pendant au moins 10 ans la destination agricole du bien ;

– les **fermiers et métayers évincés** de leur exploitation par exercice du droit de reprise ainsi que les **agriculteurs** à titre principal **expropriés**, sous réserve que la reprise ou l'expropriation ait supprimé totalement l'exploitation ou qu'elle l'ait démembrée gravement au sens de l'article L 331-2-2° du Code rural et de la pêche maritime, et à condition que l'exploitation définitive après réinstallation ait une surface inférieure au maximum de la réglementation des cumuls ou au seuil du contrôle des structures. Les acquéreurs doivent s'engager, pour eux et leurs ayants cause, à conserver pendant au moins 10 ans la destination agricole du bien ;

– les personnes qui s'engagent personnellement à destiner dans les trois ans le terrain acquis à la **construction**, à des **aménagements industriels** ou à l'**extraction** de **substances minérales** : ce délai court à compter de la date de réception de la notification par la Safer ; il doit être joint à la notification préalable de l'opération (voir C. rur. art. L 143-3 et R 143-3 ; Cass. 3e civ. 19-2-1997 : Bull. civ. III n° 41).

Lorsqu'il s'agit de **terrains destinés à la construction de maisons individuelles**, l'exception n'est applicable que dans la mesure où le terrain vendu a une superficie inférieure à 2 500 m² par maison, ou à la superficie minimale exigée par la réglementation, si elle est supérieure. Cette exception profite sans limitation de superficie aux terrains destinés à la construction d'immeubles collectifs, à condition que les constructions à édifier couvrent, avec leurs cours et jardins, la totalité des terrains acquis. Pour les terrains destinés à la construction d'immeubles non affectés à l'habitation pour les trois quarts au moins de leur superficie totale, elle est applicable dans la limite des surfaces occupées par les constructions à édifier et par les dépendances nécessaires à l'exploitation de ces constructions (voir C. rur. art. R 143-3 ; Cass. 3e civ. 24-9-2014 n° 13-20.577).

Le droit de préemption récemment mis en place par la loi 2019-1461 du 27 décembre 2019 relative à l'engagement dans la vie locale et la proximité de l'action publique au profit des communes et intercommunalités compétentes en matière d'eau potable et d'assainissement les autorise à acquérir, en priorité, les mêmes biens que ceux concernés par le droit de préemption des Safer et situés dans les aires d'alimentation de captages. Ce droit de préemption prime celui de la Safer (C. urb. art. L 218-15 s.).

Échappent également au droit de préemption de la Safer (C. rur. art. L 143-4) : 80293
– les acquisitions de terrains destinés à la **constitution ou à la préservation de jardins familiaux** compris à l'intérieur d'agglomérations, à condition que leur superficie n'excède pas 1 500 m^2, ou situés dans une zone affectée à cette fin, soit par un document d'urbanisme opposable aux tiers, soit par une décision de l'organe délibérant d'une collectivité publique ;
– les biens agricoles compris dans un **plan de cession totale ou partielle d'une entreprise** soumise à la procédure de **sauvegarde** ou en cas de liquidation judiciaire ;
– les acquisitions de la nue-propriété d'un bien par ses usufruitiers et celles de l'usufruit d'un bien par ses nus-propriétaires ;
– les **aliénations moyennant rente viagère** à la condition que la rente soit servie pour totalité ou pour l'essentiel sous forme de prestations de services personnels. Cette hypothèse vise en pratique le bail à nourriture dans lequel l'acquéreur prend l'engagement de subvenir aux besoins du vendeur sa vie durant (alimentation, logement, garde, soins, etc.). Jugé qu'une vente pour laquelle le choix de la personne est essentiel à la bonne exécution du contrat est incompatible avec le droit de préemption de la Safer. Tel est le cas d'une vente d'un terrain pour un prix modique, dont le vendeur se réserve la jouissance d'une partie limitée pour la pratique du jardinage, tout en s'engageant à entretenir la totalité du terrain cédé durant cinq ans (Cass. 3e civ. 6-10-2016 n° 14-29.217 F-D) ;
– certaines **ventes de parcelles classées en nature de bois et forêts au cadastre**.

> **Précisions a.** Les **surfaces classées en nature de bois et forêts au cadastre** échappent au droit de préemption de la Safer sauf :
> – si les surfaces boisées sont mises en vente avec d'autres surfaces non boisées dépendant de la même exploitation agricole ; l'acquéreur a la faculté de conserver les parcelles boisées si le prix de celles-ci a fait l'objet d'une mention expresse dans la notification faite à la Safer ou dans le cahier des charges de l'adjudication ;
> – s'il s'agit de semis ou plantations sur des parcelles de faible étendue dont la commission communale d'aménagement foncier a décidé la destruction ou effectuées en violation des prescriptions relatives au boisement visées à l'article L 126-1 du Code rural et de la pêche maritime ;
> – si les surfaces boisées ont fait l'objet d'une autorisation de défricher ou si elles sont dispensées d'une autorisation de défrichement en application de l'article L 342-1 du Code forestier ;
> – si les surfaces boisées sont situées dans un périmètre d'aménagement foncier forestier ou dans un périmètre d'aménagement foncier agricole et forestier.
>
> **b.** Interrogé sur son utilisation aux fins de contournement des prérogatives des Safer, le ministre chargé de l'agriculture a récemment rappelé que le **bail emphytéotique** échappait, par nature, aux différents droits de préemption institués en matière civile (droit de préemption des coindivisaires), urbaine (droit de préemption urbain et des espaces naturels sensibles) ou droit de préemption de la Safer : il ne constitue pas une cession de la propriété (Rép. Burgoa : Sén. 7-9-2023 n° 07839).

PRÉEMPTION PARTIELLE

La Safer est autorisée à n'exercer son droit de préemption que sur une **partie des biens aliénés** lorsque l'aliénation porte simultanément sur des terrains à usage agricole ou à vocation agricole et sur une ou plusieurs des catégories de biens suivantes (C. rur. art. L 143-1-1) : 80294
1° des bâtiments à usage agricole et les biens mobiliers qui leur sont attachés ;
2° des bâtiments d'habitation faisant partie d'une exploitation agricole ou situés dans des ZAP, PPEAN ou zones agricoles ou naturelles et forestières des documents d'urbanisme ;
3° des biens pour lesquels elle ne bénéficie pas d'un droit de préemption.
Ce droit de préemption peut ne s'exercer que sur les terrains à usage ou à vocation agricole et les biens mobiliers qui leur sont attachés, ou sur ces terrains et l'une des catégories de biens mentionnées aux 1° et 2° ou sur ces deux catégories.
Lorsque la Safer fait part au vendeur de son intention de ne préempter qu'une partie des biens mis en vente, le propriétaire peut exiger qu'elle se porte acquéreur de l'ensemble des biens aliénés. Si le propriétaire accepte la préemption partielle, il peut imposer à la Safer qu'elle l'indemnise de la **perte de valeur des biens non acquis**. À défaut d'accord amiable sur le montant de l'indemnisation, celui-ci est fixé par le tribunal judiciaire.
Lorsque, en application des dispositions qui précèdent, la Safer a été tenue d'acquérir des biens, elle doit les rétrocéder prioritairement à l'acquéreur évincé. En cas de refus d'acquisition par ce

dernier, elle doit les proposer à la **rétrocession** à l'un ou plusieurs des candidats attributaires de la partie des biens ayant motivé la décision de préemption ou les proposer à la rétrocession dans l'un des objectifs prévus à l'article L 143-2 du Code rural et de la pêche maritime.
En cas de refus d'acquisition par ces attributaires ou en cas d'impossibilité de rétrocession dans l'un des objectifs prévus à l'article L 143-2 du Code rural et de la pêche maritime (n° 80315), elle peut céder ces biens à toute personne qui se porte candidate, dans le respect de ses missions.
Quel que soit l'attributaire, le prix de cession de ces biens ne peut excéder leur prix d'achat par la Safer, majoré des frais qu'elle a supportés (C. rur. art. L 143-1-2 et, sur les modalités pratiques, R 143-4).

80295 **Superficies, zones et conditions de la préemption** Le décret conférant à une Safer le droit de préemption fixe les zones où se justifie l'octroi d'un droit de préemption et, le cas échéant, les superficies minimales des biens non bâtis au-dessous desquelles le droit de préemption ne peut être exercé (C. rur. art. L 143-7 et R 143-1).
En vue de la définition ou de la modification des conditions d'exercice du droit de préemption, la Safer saisit le préfet de région d'une demande indiquant les zones dans lesquelles elle estime nécessaire de pouvoir exercer ce droit et, le cas échéant, la superficie minimale des terrains auxquels il devrait s'appliquer. Cette autorité recueille l'avis des CDOA et des chambres d'agriculture de la zone concernée, consulte le public et recueille ses observations. Au vu de ces avis et de la synthèse des résultats de la consultation du public, un décret fixe les conditions d'exercice du droit de préemption. À l'occasion du renouvellement du programme pluriannuel d'activité de la Safer, il peut être procédé au réexamen des conditions d'exercice du droit de préemption.
Le droit de préemption, au lieu d'être soumis à renouvellement périodique, possède, depuis la loi du 13 octobre 2014, un **caractère permanent** : seules les zones et la superficie des terrains sur lesquelles s'exerce ce droit de préemption sont définies par décret, sur proposition du préfet de région, et révisables à chaque renouvellement du plan pluriannuel d'activité de la Safer (voir C. rur. art. L 143-7).

> **Précisions a.** Lorsque l'instruction relative à la délimitation des zones de préemption méconnaît les dispositions légales (en l'occurrence avis de la CDOA et de la chambre d'agriculture sans exposé des motifs et préfet n'ayant pas indiqué les zones où la préemption se justifie), il a été jugé que le décret était entaché d'illégalité (CE 19-9-2012). Il en résultait que cette illégalité pouvait être invoquée sans condition de délai par voie d'exception et que le juge judiciaire devait surseoir à statuer en attendant la décision du juge administratif (Cass. 3e civ. 19-6-2013 n° 12-20.539). **L'illégalité pour vice de forme ou de procédure du décret fixant ou modifiant les conditions d'exercice du droit de préemption** d'une Safer ne peut être invoquée par voie d'exception après l'expiration d'un délai de six mois à compter de sa publication. De plus, l'annulation, pour vice de forme ou de procédure, du décret fixant ou modifiant les conditions d'exercice du droit de préemption d'une Safer ne permet pas de remettre en cause les décisions de préemption devenues définitives (C. rur. art. L 143-7, III).
> **b.** En cas de **méconnaissance par une Safer des dispositions auxquelles elles sont soumises**, le ministre chargé de l'agriculture peut suspendre, pour une durée n'excédant pas trois ans, le droit de préemption de cette société. En cas de réitération des manquements, son agrément peut lui être retiré (C. rur. art. L 143-1).

80305 **Prix** La Safer a la possibilité, avec l'accord exprès des commissaires du Gouvernement, d'exercer le droit de préemption à un prix qu'elle fixe elle-même. La **procédure** est alors la suivante : si, ayant l'intention de préempter, la Safer estime que le prix et les conditions d'aliénation proposés dans la notification du notaire sont exagérés, notamment en fonction des prix pratiqués dans la région pour des immeubles de même ordre, elle adresse au notaire, après accord des commissaires du Gouvernement, une **offre d'achat** établie à ses propres conditions (C. rur. art. L 143-10).
Le **vendeur peut** alors, soit accepter expressément l'offre de la Safer, soit retirer le bien de la vente, soit saisir le tribunal judiciaire qui se prononce après enquête et expertise. Le tribunal apprécie l'offre de la Safer en se référant au barème indicatif publié par arrêté ministériel. Ce barème, élément d'appréciation, ne s'impose pas au juge. L'évaluation doit être faite en fonction des prix pratiqués dans la région considérée pour des immeubles du même ordre (CA Toulouse 9-1-1984 : Gaz. Pal. 1984 J. p. 511).
Le tribunal peut soit rejeter l'action du vendeur, soit modifier (à la hausse) l'offre de la Safer. Les frais d'expertise sont partagés entre le vendeur et la Safer.
Après fixation du prix par le tribunal, le vendeur, ou la Safer, a la **faculté de renoncer** à l'opération ; dans ce cas, les frais d'expertise sont à la charge de la partie qui refuse la décision

du tribunal. Toutefois, si le **vendeur le demande** dans un délai de trois ans suivant le jugement définitif, la Safer est tenue d'acquérir au prix fixé par le tribunal, éventuellement révisé si la vente intervient au cours des deux dernières années (C. rur. art. L 143-10).
Si le **vendeur garde le silence** pendant un délai de six mois à compter de la notification de l'offre de la Safer, il est alors, à l'expiration de ce délai, réputé avoir accepté cette offre à moins qu'il ne soit décédé entre-temps. La préemption de la Safer s'exerce au prix offert. Cependant, la vente à la Safer ne peut être réalisée qu'après accomplissement des procédures destinées à mettre les titulaires des droits de préemption prioritaires en mesure de les exercer.

> **Précisions a.** Le **vendeur**, qui conteste le prix de la vente proposé par la Safer par courrier, mais **ne retire pas régulièrement le bien de la vente** par notification du notaire avant la fin du délai d'option de six mois (ou ne conteste pas le prix en justice), est réputé avoir accepté l'offre d'achat de la Safer (Cass. 3e civ. 3-10-2012 n° 11-19.069).
> **b.** Si la Safer peut exercer le **droit de préemption à la demande et au nom du département** (C. rur. art. L 143-2, 9°), elle ne peut, depuis la loi du 13 octobre 2014, faire usage de la procédure de révision du prix.
> **c.** La faculté de révision du prix est exclue en cas d'exercice du droit de préemption sur certains **bâtiments agricoles ayant fait l'objet d'un changement de destination** (n° 80291).

Vente par adjudication En cas de vente par adjudication, la Safer doit être prévenue au moins un mois avant l'adjudication des conditions de celle-ci (C. rur. art. R 143-13). Elle dispose, en vue de se substituer à l'adjudicataire, d'un délai d'un mois à compter de l'adjudication. Ce délai est éventuellement augmenté en cas d'adjudication volontaire, afin que la Safer dispose d'un délai supplémentaire de cinq jours, à compter de la date d'expiration du délai de surenchère fixé par le cahier des charges (C. rur. art. L 143-11). 80310
S'il s'agit d'une adjudication **volontaire** et que la procédure d'adjudication n'a pas été autorisée ou ordonnée par un juge, une procédure spéciale permet à la Safer d'exercer la préemption sur la base de l'offre amiable préalable du propriétaire. Cette procédure n'est pas rendue applicable dans tous les départements ; elle est subordonnée à des dispositions dérogatoires figurant dans le décret conférant son droit de préemption à chaque Safer (C. rur. art. L 143-12).
À **défaut de notification du projet de vente**, ou si la vente est consentie à un tiers en violation du droit de préemption, la Safer peut obtenir du tribunal judiciaire l'annulation de la vente avec, éventuellement, des dommages-intérêts (C. rur. art. L 412-12, al. 4 sur renvoi de L 143-8).

But de la préemption La Safer ne peut exercer le droit de préemption que pour (C. rur. art. L 143-2) : 80315
– l'installation, la réinstallation ou le maintien des agriculteurs ;
– la consolidation d'exploitations afin de permettre à celles-ci d'atteindre une dimension économique viable au regard des critères du schéma directeur régional des exploitations agricoles (SDREA) et l'amélioration de la répartition parcellaire des exploitations existantes, dans les conditions prévues à l'article L 331-2 du Code rural et de la pêche maritime. Cet article définit les opérations soumises à autorisation préalable dans le cadre du contrôle des structures (voir nos 80830 s.) ;
– la préservation de l'équilibre des exploitations lorsqu'il est compromis par l'emprise de travaux d'intérêt public ;
– la sauvegarde du caractère familial de l'exploitation ;
– la lutte contre la spéculation foncière ;
– la conservation d'exploitations viables existantes lorsque celle-ci est compromise par la cession séparée des terres et des bâtiments d'habitation ou d'exploitation ;
– la mise en valeur et la protection de la forêt ainsi que l'amélioration des structures sylvicoles dans le cadre de conventions passées avec l'État ;
– la protection de l'environnement, principalement par la mise en œuvre de pratiques agricoles adaptées, dans le cadre de stratégies définies par l'État, les collectivités territoriales ou leurs établissements publics ou approuvées par ces personnes publiques en application du Code rural et de la pêche maritime ou du Code de l'environnement.

DÉCISION DE LA SAFER

La Safer peut exercer la préemption dans les deux mois qui suivent la notification par le notaire ou la personne chargée de dresser l'acte en l'absence d'intervention d'un notaire. Son silence équivaut à un refus. 80320
La Safer qui exerce le droit de préemption notifie au notaire par lettre recommandée avec demande d'avis de réception ou sous forme électronique sa décision signée du président ou de

80320 (suite) toute personne dûment habilitée. La décision de préemption indique l'identification cadastrale des biens concernés et leur prix d'acquisition. À peine de nullité, la Safer doit justifier sa décision de préemption par référence explicite et motivée à un ou plusieurs des objectifs visés n° 80315 et la porter à la connaissance des intéressés (C. rur. art. L 143-3 et R 143-6). Cette décision est notifiée également à l'**acquéreur évincé**, par lettre recommandée avec demande d'avis de réception, dans un délai de 15 jours à compter de la date de réception de la notification faite au notaire. Une analyse de cette décision est adressée dans le même délai au maire de la commune intéressée en vue de son affichage en mairie pendant quinze jours. L'accomplissement de cette formalité est certifié par le maire qui adresse à cette fin un certificat d'affichage à la Safer.

> Précisions a. Dans le cas d'**aliénations sans le concours d'un notaire**, telles que les ventes de la totalité des parts d'une société, la personne chargée de dresser l'acte est également destinataire des informations et déclarations auxquelles la Safer est tenue de procéder (C. rur. art. R 143-8).

b. La Safer doit donner des indications concrètes et précises sur l'opération qu'elle envisage de réaliser et qui permettent de **vérifier la réalité de l'objectif** allégué (Cass. 3e civ. 17-12-1986 : Bull. civ. III n° 186 ; Cass. 3e civ. 21-11-1990 : Bull. civ. III n° 243 ; Cass. 3e civ. 11-1-2024 n° 22-12.166 et n° 22-12.807). Mais encore faut-il que la notification ait été envoyée à une adresse valable permettant la délivrance du pli à l'acquéreur évincé, sans quoi la préemption doit être annulée pour défaut de notification (Cass. 3e civ. 21-2-2019 n° 17-19.370).

c. L'**omission d'une condition essentielle de la vente** au terme de la déclaration d'intention d'aliéner (DIA) remet en cause la préemption. En effet, la volonté des parties de conserver les terres apportées dans un cadre familial, établie par les juges du fonds, omise par le notaire, fait obstacle à la préemption de la Safer malgré l'absence, dans la DIA, d'une clause de non-apport en cas de préemption. Ainsi, la Cour de cassation reconnaît que la Safer ne peut exercer valablement sa préemption sur un apport en SCI dès lors qu'un élément essentiel de la cession a été omis par le rédacteur : la DIA ne vaut plus offre de vente, faute d'avoir intégré l'élément essentiel qu'était la condition suspensive de non-intervention de la Safer (Cass. 3e civ. 26-10-2023 n° 21-26.018).

d. L'**affichage en mairie** a pour effet de faire courir le délai de recours contentieux contre la décision de préemption ; l'omission de cette seule formalité est sans incidence sur la validité de la décision de préemption elle-même (Cass. 3e civ. 19-11-2020 n° 16-21.469).

e. La **régularité des décisions** de préemption peut être **contestée** devant le tribunal judiciaire. Pour être recevable, cette action doit être intentée dans un court **délai**. (C. rur. art. R 143-13 et R 143-14). À moins que ne soit mis en cause le respect des objectifs énoncés n° 80315, sont irrecevables les actions en justice contestant les décisions de préemption prises par les Safer, intentées au-delà d'un délai de six mois à compter du jour où ces décisions motivées ont été rendues publiques. Mais encore faut-il que la décision de la Safer soit personnellement notifiée à celui qui la conteste s'il s'agit de l'acquéreur évincé ou des candidats non retenus (Cass. 3e civ. 30-10-2013 n° 12-19.870). Sont également irrecevables les actions en justice contestant les décisions de rétrocession et de préemption s'il s'agit de la mise en cause du respect des objectifs énoncés n° 80315 intentées au-delà d'un délai de six mois à compter du jour où les décisions motivées de rétrocession ont été rendues publiques.

f. La Cour de cassation considère que, « le **délai de six mois** à compter de l'affichage en mairie prévu par l'article L 143-13 du Code rural et de la pêche maritime pour contester les décisions de préemption ne peut, sans porter atteinte à son droit à un recours effectif, courir contre le propriétaire d'une parcelle auquel la décision qu'il entend contester n'a pas été notifiée » (Cass. 3e civ. 23-5-2019 n° 17-31.664). Les trois formalités prévues par le Code rural et de la pêche maritime (notification au notaire, à l'acquéreur évincé et affichage en mairie) ne sont pas suffisantes : seule une notification complémentaire auprès du propriétaire vendeur permet de faire courir le délai de contestation de la préemption de six mois (Cass. 3e civ. 25-1-2024 n° 22-14.033).

g. La préemption ne peut être **contestée que par l'acquéreur évincé**, justifiant d'un accord non équivoque avec le vendeur. Cette qualité demeure même lorsque la promesse de vente contenait une clause suspensive de non-préemption laquelle est réputée non écrite (Cass. 3e civ. 23-1-2020 n° 19-12.035).

CHAPITRE 3

AIDES SOCIO-ÉCONOMIQUES

SOMMAIRE

PAC 2023-2027

Les nouvelles dispositions de la PAC, encadrées par les règlements (UE) 2021/2115, 2021/2116 et 2117 du Parlement européen et du Conseil du 2 décembre 2021, ont pris effet au 1er janvier 2023. Déclinant les objectifs fondamentaux fixés par l'Union européenne, chaque État membre élabore un programme stratégique national (PSN) mentionné à l'article 104 du règlement (UE) 2021/2115 afin de définir les besoins et actions. Adopté par décision d'exécution de la Commission européenne le 13 décembre 2023, le PSN français se décline dans la réglementation nationale. **80400**

PROGRAMMATION DE DÉVELOPPEMENT RURAL

L'échelon régional, au vu de sa proximité avec les territoires et du rôle pilote des régions en matière de développement économique et d'aménagement du territoire, a été considéré comme le mieux à même d'impulser des dynamiques locales agricoles, agroalimentaires, rurales et forestières et piloter la mise en œuvre du second pilier de la politique agricole commune (PAC) en région. L'ordonnance 2022-68 du 26 janvier 2022 relative à la gestion du Fonds européen agricole pour le développement rural (Feader) clarifie les compétences et les responsabilités de l'État et des régions. **80401**

Les régions seront pleinement responsables des interventions du Feader non liées à la surface telles que les aides à l'investissement ou à l'installation.

Pour sa part, l'État, en complément de la gestion du PSN, sera responsable des interventions de nature surfacique et assimilées à l'instar des indemnités compensatoires de handicap naturel (ICHN) ou de la gestion des risques.

ACCOMPAGNEMENT POUR L'INSTALLATION ET LA TRANSMISSION EN AGRICULTURE

Depuis 2016, les aides du programme « Accompagnement pour l'installation et la transmission en agriculture » (Aita) sont ouvertes à l'ensemble des candidats à l'installation, avec une priorité pour les jeunes s'installant en dehors du cadre familial, ainsi qu'aux futurs cédants. L'**objectif** de ce programme est de favoriser l'installation des jeunes agriculteurs et la transmission des exploitations des futurs cédants notamment par le biais d'actions de formation et de conseil, ainsi que d'actions de communication et d'information (Circ. DGPE/SDC/2018-613 du 14-8-2018 modifié par inst. tech. DGPE/SDC/2024-347 du 24-6-2024). **80402**

Le programme Aita se décline en **six volets au niveau régional** : **80403**
– volet « **Accueil des porteurs de projet** » : aide versée à la structure qui accueille un nouveau candidat à l'installation ;
– volet « **Conseil à l'installation** » : aide versée au prestataire du conseil au profit du candidat à l'installation ayant déjà bénéficié du volet sur l'accueil des porteurs de projet ;
– volet « **Préparation à l'installation** » : aide au profit du candidat à l'installation visant à soutenir des actions de professionnalisation telles que des stages ;
– volet « **Suivi du nouvel exploitant** » : aide au profit de la structure qui assure la prestation de suivi post-installation des nouveaux exploitants ayant bénéficié ou non des aides à l'installation ;

– volet « **Incitation à la transmission** » : aide au profit d'agriculteurs cédants (ou aux futurs cédants) qui s'inscrivent dans le cadre d'une cession hors cadre familial et aux propriétaires qui n'exercent pas d'activité agricole ou qui ont cessé l'activité agricole ;
– volet **« Communication-animation** » : aide pour les structures qui portent des actions d'animation, d'information et de transfert de connaissances à destination des porteurs de projet en agriculture, des cédants et des propriétaires bailleurs.

80404 Les **conditions d'éligibilité** des bénéficiaires sont définies en fonction du contexte et des priorités régionales, ainsi que des disponibilités financières des différents financeurs (État, régions et autres collectivités territoriales). Les conditions d'éligibilité doivent tenir compte de critères liés à la personne du candidat ou du cédant et au projet d'installation ou de cession.
Ainsi, pour les **candidats à l'installation** doivent être notamment précisés : l'âge, le niveau de diplôme, l'état d'avancement du PPP ou du projet d'installation, le caractère de l'installation (hors cadre familial, première installation en tant que chef d'exploitation).
Pour les **cédants** doivent notamment être précisés l'âge, l'état d'avancement du projet de cession, l'état d'inscription au Répertoire départ installation (RDI) et le caractère hors cadre familial de la cession.

80405 Le programme Aita vise à mettre en place une programmation concertée des actions et dispositifs de soutien à l'accompagnement-transmission en agriculture au niveau régional. Il repose donc, par nature sur des vecteurs de **financements** variés tant locaux, régionaux, nationaux ou européens. Si la plupart des dispositifs prévus dans le cadre du programme s'appuie sur des régimes d'aides notifiées à la Commission européenne, certains sont susceptibles de s'inscrire dans le cadre du régime des aides de minimis dans le secteur de l'agriculture. Dans ce cas, l'aide doit s'inscrire dans le respect des plafonds.

A. Dotation d'installation aux jeunes agriculteurs (DJA)

GÉNÉRALITÉS

80406 Les **objectifs** fondamentaux de la **politique d'installation et de transmission** en agriculture sont inscrits à l'article L 1, IV du Code rural et de la pêche maritime. Cette politique vise à :
– contribuer au renouvellement des générations en agriculture ;
– favoriser la création, l'adaptation et la transmission des exploitations agricoles dans un cadre familial et hors cadre familial ;
– promouvoir la diversité des systèmes de production sur les territoires, en particulier ceux générateurs d'emplois et de valeur ajoutée et ceux permettant de combiner performance économique, sociale, notamment à travers un haut niveau de protection sociale, environnementale et sanitaire, notamment ceux relevant de l'agroécologie ;
– maintenir sur l'ensemble des territoires un nombre d'exploitants agricoles permettant de répondre aux enjeux d'accessibilité, d'entretien des paysages, de biodiversité et de gestion foncière ;
– accompagner l'ensemble des projets d'installation ;
– encourager des formes d'installation progressive permettant d'accéder aux responsabilités de chef d'exploitation tout en développant un projet d'exploitation, et de favoriser l'individualisation des parcours professionnels.
L'article L 330-1 du Code rural et de la pêche maritime modifié par la loi 2023-171 du 9 mars 2023 pose le principe de la compétence régionale en matière de **mise en œuvre** du dispositif d'aides à l'installation. Si l'encadrement réglementaire national de la politique d'installation et de transmission en agriculture repose sur l'État, il appartient aux régions, depuis le 1er janvier 2023, de fixer le **cadre réglementaire** applicable à ces aides. Dans l'hypothèse où une région n'aurait pas sollicité ce transfert de compétence à la date du 28 janvier 2023, un cadre réglementaire de substitution a été prévu (Décret 2023-573 du 7-7-2023 ; C. rur. art. D 343-25 à D 343-25-4).
Le législateur pose le principe selon lequel, pour bénéficier du dispositif d'aide à l'installation, les candidats doivent justifier de leur capacité à réaliser un projet viable par la détention d'une capacité professionnelle. Les candidats élaborent un projet global d'installation couvrant les aspects économiques et environnementaux.
La politique de soutien pour l'installation des jeunes agriculteurs se concrétise par deux **mesures financières** essentielles qui sont, d'une part, la dotation d'installation aux jeunes agriculteurs et, d'autre part, les prêts bonifiés d'installation.

Les articles D 343-3 à D 343-25 du Code rural et de la pêche maritime modifiés par le décret 2023-335 du 3 mai 2023 définissent les modalités d'application de ce dispositif. Diverses circulaires et instructions techniques du ministère de l'agriculture commentent ces mesures et, en dernier lieu, l'instruction technique du 12 mars 2020 (DGPE/SDC/2020-188 modifiée par inst. DGPE/SDC/2024-224 du 10-4-2024).

Les engagements des candidats dépendent du type d'installation (à titre principal, à titre secondaire ou progressif) et sont énumérés à l'article D 343-5 du Code rural et de la pêche maritime. Ils portent notamment sur le délai de mise en œuvre du plan d'entreprise et le bénéfice de régime de protection sociale. À titre d'illustration, les candidats à l'installation progressive s'engagent à : 80407

– ne plus relever, au terme de la quatrième année de réalisation du plan d'entreprise, du régime dérogatoire de protection sociale des personnes non salariées des professions agricoles prévu à l'article L 722-6 du Code rural et de la pêche maritime modifié par la loi 2023-1250 du 26 décembre 2023 ;

– justifier du type d'installation choisi via la production de l'attestation de la mutualité sociale agricole.

Toute personne suivant des formations ou des stages en vue de son installation en agriculture et répondant à des conditions définies par décret peut bénéficier d'un **contrat de couverture sociale pour l'installation en agriculture** conclu avec l'État, si elle ne relève pas d'un régime de sécurité sociale (C. rur. art. L 330-3). Les personnes engagées dans un PPP (Plan de professionnalisation personnalisé) agréé par le préfet bénéficient, sur leur demande, d'une couverture sociale si elles concluent un contrat de couverture sociale pour l'installation en agriculture. Ce contrat est conclu pour un an et peut être renouvelé pour une durée maximale d'un an lorsque les actions prévues au PPP n'ont pas été réalisées. Il prend fin lorsque le PPP est validé par le préfet ou aux 40 ans de son bénéficiaire (C. rur. art. D 330-4 s.). 80408

De plus, afin de favoriser l'installation de jeunes agriculteurs, les **exploitants qui vont cesser leur activité pour cause de retraite** doivent, sauf en cas de force majeure, faire connaître trois ans au moins à l'avance à l'autorité administrative, leur intention de cesser leur exploitation et les caractéristiques de celle-ci et indiquer si elle va devenir disponible. Ces informations peuvent être portées à la connaissance du public. Cette notification est nécessaire pour bénéficier éventuellement, à la date prévue, de l'autorisation de poursuivre la mise en valeur de l'exploitation ou d'une partie de celle-ci. Les services et organismes chargés de gérer les retraites informent au préalable et individuellement chaque exploitant agricole de cette obligation. 80409

Il est créé dans chaque département un **répertoire à l'installation**. Celui-ci est chargé de faciliter les mises en relation entre cédants et repreneurs, particulièrement pour les installations hors cadre familial (C. rur. art. L 330-5).

CONDITIONS D'ATTRIBUTION DE LA DJA

Conditions concernant la personne du demandeur Les conditions personnelles concernent (C. rur. art. D 343-4 modifié par décret 2023-335 du 3-5-2023) : 80415

1. La **nationalité**. Les aides à l'installation des jeunes agriculteurs sont attribuées aux candidats quelle que soit leur nationalité. Toutefois, pour bénéficier des aides, les ressortissants de pays non membres de l'Union européenne doivent justifier d'un titre de séjour les autorisant à travailler sur le territoire français.

2. L'**âge**. Le candidat doit avoir moins de 40 ans au jour du dépôt de la demande.

3. La **capacité professionnelle**. Le candidat doit justifier de la capacité professionnelle agricole (CPA) au dépôt de la demande d'aide à l'installation, attestée par la possession cumulée :

– d'un diplôme ou titre de niveau égal ou supérieur au baccalauréat professionnel spécialité « conduite et gestion de l'entreprise agricole » ou au brevet professionnel, option « responsable d'entreprise agricole » ;

– d'un plan de professionnalisation personnalisé (PPP) validé par le préfet.

En outre, tout candidat titulaire d'un diplôme ou titre d'un niveau équivalent au brevet d'études professionnelles agricoles ou au brevet professionnel agricole ou titulaire d'un diplôme de niveau 4 non agricole peut bénéficier de l'**acquisition progressive de la capacité agricole**, à condition de justifier d'être dans l'obligation de s'installer sans pouvoir satisfaire à la condition de capacité professionnelle agricole et de s'engager à suivre une formation en vue d'acquérir le diplôme requis et à valider son plan de professionnalisation personnalisé, dans un délai qui ne peut excéder trois ans.

Dans le cadre d'une acquisition progressive de la CPA, le candidat à l'installation devra ainsi disposer, au dépôt de la demande d'aide à l'installation, de la décision favorable de l'autorité

régionale de gestion pour l'accord de l'acquisition progressive de la CPA et du PPP agréé par le préfet.
Le jeune dispose d'un délai maximal de 24 mois entre la validation (ou l'agrément dans le cadre de l'acquisition progressive) de son PPP et la date d'installation qui figurera à son certificat de conformité.

> **Précisions** La **liste des diplômes**, titres et certificats permettant de satisfaire à la condition de diplôme de la capacité professionnelle est fixée par arrêté (Arrêté du 18-2-2022 modifié par arrêté du 20-2-2023, NOR : AGRE 2305757A).

80420 **Conditions concernant l'exploitation et le projet d'installation** **Pour être éligible**, le candidat doit notamment (C. rur. art. D 343-4 s.) :
– s'installer sur une exploitation répondant à la définition de micro ou petite entreprise (C. rur. art. D. 343-4, 6°). Celle-ci doit occuper moins de 50 salariés et son chiffre d'affaires annuel ou le total du bilan annuel ne peut excéder 10 millions d'euros (Règl. (UE) 2022/2472 de la Commission du 14-12-2022, ann. 1, art. 2) ;
– présenter un plan d'entreprise sur 4 ans. Ce plan d'entreprise doit proposer un projet viable de développement de l'exploitation, permettant d'envisager un revenu prévisionnel agricole minimum d'un Smic en quatrième année du plan d'entreprise ;
– s'installer sur une exploitation dont la production brute standard (PBS) est supérieure ou égale à 10 000 € par exploitation et inférieure ou égale à 1 200 000 € par associé exploitant. La PBS exprime la valeur de la production potentielle par hectare ou par tête d'animal présent ;
– effectuer les travaux de mise en conformité des équipements repris qui sont exigés par la réglementation relative à la protection de l'environnement et à satisfaire aux normes minimales requises en matière d'hygiène et de bien-être des animaux ;
– tenir pendant 4 ans une comptabilité de gestion conforme aux normes du plan comptable agricole. En cas d'installation sociétaire, la société se substitue au jeune pour la tenue de cette comptabilité de gestion ;
– s'engager à réaliser le projet conformément aux informations fournies dans le plan d'entreprise et à informer l'autorité de gestion des changements intervenant dans la mise en œuvre du projet (modification technico-économique, diminution du revenu agricole dans le revenu professionnel global, évolution du nombre d'actifs sur l'exploitation, réorientation des investissements, changement du statut juridique de l'exploitation, etc.) ;
– s'engager, en cas d'installation progressive, à ne plus relever du régime de protection sociale des personnes non salariées des professions agricoles à titre dérogatoire au terme de la quatrième année du plan d'entreprise ;
– s'engager à être agriculteur actif, tel que défini par le PSN de la France (PSN, PAC 2023-2027, art. 4.1.4 et le décret 2024-460 du 22-5-2024), dans un délai de 18 mois à compter de la date d'installation.
En cas d'**installation sociétaire**, le candidat présente les statuts (ou projets de statuts) montrant (C. rur. art. D 343-9) :
– qu'il dispose d'au moins 10 % des parts sociales ;
– qu'il est associé-exploitant ;
– qu'il exerce un contrôle effectif et durable, seul ou avec d'autres agriculteurs, dans la gestion de la société.
Sont également concernées les sociétés coopératives agricoles et les sociétés d'intérêt collectif agricole (C. rur. art D 614-1 modifié par décret 2024-460 du 22-5-2024 précité).

EXCLUSION DES AIDES

80425 La **DJA** est **réservée** au demandeur qui s'installe pour la première fois comme chef d'exploitation d'une exploitation à titre individuel ou comme associé exploitant non salarié d'une société et qui dispose, à la date du dépôt de sa demande d'aides, d'un revenu inférieur à un seuil défini de la façon suivante :
– pour une installation individuelle, il sera vérifié que le candidat a dégagé sur les 3 derniers exercices un revenu agricole inférieur à 1 Smic annuel net des prélèvements sociaux ;
– pour une installation sociétaire, il sera vérifié sur les 3 derniers exercices que le candidat a détenu moins de 10 % des parts sociales en tant qu'associé exploitant et que son revenu sur les 3 derniers exercices est inférieur à 1 Smic annuel net des prélèvements sociaux.
La valeur du Smic est appréciée au 1er janvier de l'année du dépôt de la demande.
Ne peut bénéficier de la DJA la personne morale dont l'un des associés l'a **déjà perçue**, à titre personnel, pour une précédente exploitation (CE 15-2-2024 n° 4592246).

DOSSIER DE DEMANDE D'AIDES ET DÉCISION D'OCTROI

Pour constituer son dossier de demande d'aides, le candidat à l'installation s'adresse à la DDTM/ DAAF ou à la chambre d'agriculture de son département. 80430

Le **plan d'entreprise** constitue l'élément déterminant la prise de décision d'attribution des aides à l'installation. Il comporte une étude économique détaillée que le candidat a élaborée dans le cadre de son projet global d'installation. Il doit permettre de comprendre le projet d'installation envisagé, d'en apprécier la viabilité et la stratégie mise en œuvre pour y parvenir.

Le candidat à l'installation complète et signe le formulaire de demande d'aides à l'installation.

Le dossier complet accompagné des pièces justificatives dont la liste est définie régionalement est adressée au guichet unique/service instructeur des aides à l'installation (DDTM ou DAAF).

Le circuit de gestion des aides à l'installation est défini au niveau régional. Le traitement des dossiers prévoit une étape d'instruction puis de sélection avant attribution des aides à l'installation par l'autorité de gestion et les différents financeurs. Le bénéficiaire doit mettre en œuvre son plan d'entreprise dans un délai de 9 mois à compter de la décision lui octroyant l'aide.

> **Précisions** Lorsque des **modifications substantielles au plan d'entreprise initial** sont nécessaires, un avenant devra être établi. Les modifications concernées sont détaillées dans l'instruction technique du 20 décembre 2016 (DGPE/SDC/2016-986 modifiée par inst. DGPE/SDC/2020-365 du 15-6-2020).

MONTANT DE LA DJA

Montant de base Depuis le 1er janvier 2023, le montant de base de la DJA est fixé par le président du conseil régional et varie selon la zone d'installation. Ce montant doit s'inscrire dans les fourchettes suivantes définies dans le cadre national (Inst. tech. DGPE/SDC/2017-479 du 22-5-2017) : 80435

Zone	Mini	Maxi
Plaine	8 000 €	15 000 €
Défavorisée	10 000 €	22 000 €
Montagne – DOM	15 000 €	36 000 €

Modulation du montant de base Les montants de base font l'objet de modulation selon quatre critères nationaux de modulation communs (installation hors cadre familial, projet agro-écologique, projet générateur de valeur ajoutée et d'emploi ou projet à coût de reprise/ modernisation important) et des critères régionaux optionnels de modulation définis dans les plans de développement rural régionaux (Inst. tech. DGPE/SDC/2017-479 du 22-5-2017 et DGPE/SDC/2022-361 du 5-5-2022, fiche 5). 80438

PAIEMENT DES AIDES À L'INSTALLATION

Le paiement est **fractionné** selon des modalités différentes selon les types d'installation. 80440

S'agissant d'un exploitant qui **s'installe à titre principal ou secondaire**, la première fraction (80 % du montant de l'aide) est versée dès la constatation de l'installation, une vérification de la bonne mise en œuvre du projet est effectuée à mi-parcours en troisième année. La seconde fraction (20 % du montant de l'aide) est versée au cours de la cinquième année après vérification de la bonne mise en œuvre du projet.

Dans le cas de l'acquisition progressive de la capacité professionnelle agricole, le premier versement (80 %) sera fractionné en deux parts égales : la première part dès la constatation de l'installation, et la seconde part, dès l'obtention du diplôme et au plus tard trois années suivant la décision d'octroi des aides à l'installation (Arrêté AGRT1615924A du 22-8-2016 ; Inst. tech. DGPE/SDC/2022-361 du 5-5-2022, fiche 6).

Dans le cas d'une **installation progressive**, la première fraction égale 50 % du montant de l'aide est versée dès l'installation, puis une deuxième de 30 % la troisième année. Les 20 % restants sont versés la cinquième année. Dans le cas d'une acquisition progressive de la capacité professionnelle agricole, le versement sera effectué en quatre fractions : 25 % sur justification de l'installation, 25 % une fois la capacité professionnelle agricole acquise, puis 30 % à partir de la troisième année du plan d'entreprise. Les 20 % restants sont versés au cours de la cinquième année.

PRÊTS D'INSTALLATION

Les **prêts à moyen terme spéciaux réservés aux jeunes agriculteurs**, partie intégrante de la demande d'aides à l'installation sont principalement régis par les articles D 343-3 et suivants du 80450

Code rural et de la pêche maritime et l'instruction technique DGPE/SDC/2022-361 du 5 mai 2022. Destinés au financement des dépenses affectées aux activités agricoles au sens de l'article L 311-1 du Code rural et de la pêche maritime, ils ne concernent que les installations antérieures au 1er janvier 2017.
S'inscrivant dans un contexte généralisé de baisse des taux d'intérêt depuis ces dernières années, l'instruction technique DGPE/SDC/2017-479 du 22 mai 2017 apporte une réforme d'importance au régime des aides à l'installation avec la **suppression des dispositions relatives aux prêts bonifiés**, la définition de nouvelles fourchettes de base de la DJA et l'application d'un critère national de modulation pour certains projets. Ce cadre doit être décliné au niveau régional dans les PDRR.

B. Aides aux agriculteurs des zones défavorisées

80500 La politique spéciale en faveur des zones de montagne a été instaurée en 1974, puis étendue à des zones hors montagne.
Aujourd'hui, le régime des aides découle :
– **au niveau communautaire**, pour la programmation 2023-2027, de l'article 71 du règlement (UE) 2021/2115 du 2 décembre 2021 décliné dans le PSN lequel prévoit la modulation du paiement des aides en fonction de plusieurs critères basés sur les différences de coûts supplémentaires et de pertes de revenu entre les différents systèmes agricoles ;
– sur le **plan national**, des articles D 113-13 et suivants du Code rural et de la pêche maritime définissent les critères de délimitation des zones agricoles défavorisées.
On distingue aujourd'hui deux types de zones défavorisées autres que de montagne : les zones soumises à contraintes naturelles (ZSCN) et les zones soumises à contraintes spécifiques (ZSCS) (C. rur art. D 113-14). Les communes et parties de communes classées au titre des ZSCN ou des ZSCS qui bénéficiaient d'un classement « piémont » au titre de la précédente réglementation conservent ce classement dans le nouveau zonage. Il en est de même des communes ou parties de communes précédemment classées en « zones sèches » qui figurent dans la liste des ZSCN ou des ZSCS (Arrêté AGRT1907416A du 27-3-2019).
En application du principe posé dans le PSN des indemnités compensatoires de handicaps naturels spécifiques (ICHN) sont prévues (C. rur. art. D 113-32 s. modifiés par décret 2023-245 du 3-4-2023) pour :
– les zones de montagne ;
– les zones soumises à des contraintes naturelles importantes (ZSCN) ;
– les zones soumises à des contraintes spécifiques (ZSCS).

80505 **L'indemnité compensatoire de handicaps naturels** (ICHN) est une aide en faveur des agriculteurs exerçant leur activité dans des zones défavorisées par l'altitude, de fortes pentes et d'autres caractéristiques physiques du territoire. Cette aide est fondamentale pour le maintien de l'activité agricole dans les zones à handicaps naturels et tout particulièrement dans les zones de montagne. Via ce dispositif, la société reconnaît également les fonctions de l'agriculture en matière d'aménagement du territoire, ainsi que ses fonctions environnementale et sociale qui en font une contributrice importante au développement durable de l'économie. Les ICHN contribuent donc au maintien d'une communauté rurale viable dans les zones défavorisées et participent ainsi à équilibrer l'occupation du territoire par les activités économiques et humaines.

CONDITIONS D'ATTRIBUTION

80510 L'attribution des ICHN dépend de conditions liées à l'installation et de conditions liées à l'exploitant (C. rur. art. D 113-24 s. ; Arrêté AGRT2305083A du 11-4-2023 ; Inst. tech. DGPE/SDPAC/2024-382 du 4-7-2024).

80520 **Conditions liées à l'exploitation** En **zones de montagne**, pour recevoir l'**aide sur les surfaces fourragères**, l'agriculteur doit :
– détenir un cheptel d'au moins 5 unités de gros bétail (UGB) herbivores ou porcines ;
– disposer d'une surface fourragère d'au moins 3 hectares ;
– respecter le chargement minimum et le chargement maximum définis pour chaque sous-zone.
Pour recevoir l'**aide sur les surfaces cultivées destinées à la commercialisation**, l'agriculteur doit détenir au moins 1 hectare de surfaces cultivées.
En **zones soumises à des contraintes naturelles ou spécifiques**, pour recevoir l'aide sur les surfaces fourragères, l'agriculteur doit :
– détenir un cheptel d'au moins 5 UGB herbivores ;

– une surface fourragère d'au moins 3 hectares ;
– respecter le chargement minimum et le chargement maximum définis pour chaque sous-zone ;
– avoir plus de 80 % de sa superficie agricole utile (SAU) en zone défavorisée et avoir son siège d'exploitation en zone défavorisée.

Conditions liées à l'exploitant Les indemnités sont attribuées à tout agriculteur actif (personne physique ou personne morale) au sens des articles 4 et 9 du règlement (UE) 1307/2013, repris à l'article 4.1.4 du PSN pour la période 2023-2027, étendu aux bénéficiaires de l'assurance retraite « parents au foyer » ainsi qu'aux coopératives et sociétés d'intérêt collectif (C. rur. art. D 614-1 et D 614-3 modifiés par décret 2024-460 du 22-5-2024 : JO 24-5). 80530
L'exploitant doit :
– faire parvenir à la DDT du siège de l'exploitation, au plus tard à la date limite de dépôt des demandes d'aide PAC de l'année, une demande d'indemnité figurant sur le formulaire de demande d'aides ;
– disposer des surfaces déclarées à la date limite de dépôt des dossiers PAC ;
– respecter la conditionnalité des aides.

Cas de l'exploitant individuel En plus des conditions générales énoncées ci-dessus, un exploitant individuel, pour être éligible à l'ICHN doit retirer au moins 50 % de son revenu de l'activité agricole. Lorsque le revenu agricole est nul ou inférieur aux revenus non agricoles, l'agriculteur peut être éligible avec, dans certains cas, un plafond réduit. 80540
Dans les **zones de montagne**, les agriculteurs pluriactifs dont l'activité principale est non agricole et dont les revenus non agricoles sont supérieurs à 2 Smic, ne sont pas éligibles à l'ICHN. Les agriculteurs pluriactifs dont les revenus non agricoles représentent entre 1 et 2 Smic bénéficient d'une ICHN avec un plafond en surfaces éligibles de 25 ha.
Dans les **autres zones défavorisées**, les agriculteurs pluriactifs qui ont des revenus agricoles inférieurs aux revenus non agricoles peuvent bénéficier de l'indemnité si leurs revenus non agricoles sont inférieurs à la moitié du Smic.
Les revenus non agricoles de l'exploitant sont ceux passibles de l'impôt sur le revenu et considérés avant abattements et constitués par le total des sommes déclarées avant abattements et déductions portées dans les rubriques : salaires, pensions imposables, revenus industriels et commerciaux, revenus non commerciaux, locations meublées, rémunérations de gérants ou associés. À noter que les indemnités pour mandats professionnels, politiques ou syndicaux ne sont pas à intégrer dans les revenus non agricoles.

> **Précisions** La **valeur du Smic de référence** est celle fixée au 1er janvier de l'année correspondant à celle des revenus annuels considérés. Pour la campagne de l'année N, ce sont les revenus de l'année N – 2 qui sont à prendre en considération.

Cas des Gaec Les Gaec sont éligibles à l'ICHN avec l'application du principe de transparence pour les Gaec totaux selon les modalités décrites dans l'instruction technique DGPAAT/SDEA/2014-1051 du 22 décembre 2014. Pour un Gaec total, l'ICHN est calculée sur la base des portions d'exploitations détenues par les associés remplissant chacun les conditions d'éligibilité de l'ICHN (conditions sur les revenus agricoles/non agricoles). Les portions d'exploitation sont déterminées avec une clé de répartition reposant sur les parts sociales détenues par chaque associé et mentionnées dans les statuts à jour du Gaec. 80550

Autres personnes morales (SCEA, EARL, etc.) Les formes sociétaires autres que les Gaec qui remplissent les conditions générales sont éligibles à l'indemnité pour un plafond de 75 hectares primés à l'ICHN animale et, le cas échéant, 50 hectares primés à l'ICHN végétale en montagne, si au moins un des associés respecte les conditions d'attribution et les obligations exigées de tout demandeur individuel. 80560

Calcul des surfaces pour l'ICHN Les **surfaces éligibles à l'ICHN animale** sont constituées des surfaces admissibles suivantes : 80565
– les surfaces en productions fourragères (sauf pour les éleveurs porcins purs). Toutes ces surfaces ne doivent pas faire l'objet d'une commercialisation ;
– les surfaces déclarées sur le formulaire de demande d'aides en céréales autoconsommées (y compris le maïs ensilage) par les herbivores et, en montagne uniquement, par les porcins de l'exploitation ;

– les surfaces fourragères en pâturage collectif déclarées par les entités collectives, pour la part correspondante utilisée par le demandeur.

Les **surfaces éligibles à l'ICHN végétale** sont toutes les surfaces admissibles cultivées de montagne destinées à la commercialisation (avec un seuil de 1 ha de culture éligible). La vente d'herbe sur pied n'ouvre pas droit à l'ICHN végétale.

> **Précisions** En montagne, les **éleveurs porcins purs** (ayant au moins 5 UGB porcines et moins de 5 UGB herbivores) sont éligibles uniquement sur les surfaces admissibles en céréales situées en montagne qu'ils déclarent sur le formulaire de demande d'aide et qui sont autoconsommées par les porcins de l'exploitation.

SURFACES À PRENDRE EN COMPTE POUR LE CALCUL DU CHARGEMENT

80575 Pour le calcul du chargement, les surfaces à prendre en compte sont les surfaces fourragères utilisées aux fins d'une activité agricole et qui sont à la disposition de l'agriculteur à la date limite du dépôt des demandes d'aide de l'année de la déclaration à l'exception des prairies ou pâturages permanents présentant un pourcentage d'éléments non admissibles supérieur à 80 %.

Les types de couverts retenus pour le calcul du chargement des exploitations sont les suivantes :

– les surfaces en productions fourragères ;

– les surfaces en céréales autoconsommées par les herbivores et, en montagne uniquement, les porcins de l'exploitation, déclarées sur le formulaire de demande d'aide ;

– les surfaces fourragères en pâturage collectif déclarées par les entités collectives pour la part correspondante utilisée par le demandeur, uniquement en cas de transhumance dans un département hors zone de montagne.

ACCIDENTS DE CULTURE

80580 Le demandeur doit signaler immédiatement par écrit les accidents de culture sur les surfaces cultivées. Les surfaces en cause (non ensemencées, endommagées) notifiées sont alors déduites de la superficie déclarée dans la demande de paiement à la surface sans application de pénalité si le dégât est survenu avant le stade de la floraison. Les surfaces déduites ne donnent pas lieu à paiement. Les surfaces fourragères déclarées en accident de culture sont prises en compte dans le calcul du chargement mais elles ne sont pas rémunérées.

MONTANT DES INDEMNITÉS

80590 L'**ICHN animale** consiste en :

– une part fixe de 70 €/ha versée dans la limite de 75 ha et modulée en fonction du taux de chargement de l'exploitation ;

– une part variable, en fonction des types de zones défavorisées. Cette part variable est modulée par le taux de chargement, majorée pour certains types de systèmes d'exploitation (ovins/caprins ou mixtes bovins/porcins), dégressive au-delà de 25 ha et plafonnée à 50 ha.

En montagne, les montants de l'**ICHN végétale** (part variable) sont de 297 €/ha en montagne sèche et 35 €/ha en montagne non sèche. Ces montants sont versés sur les 25 premiers hectares de surfaces cultivées éligibles (dans un plafond de 25 ha primés au total). Après le 25e ha primé, ces montants sont diminués d'un tiers dans la limite de 50 ha primés au total.

Le **montant total de la prime** (ICHN animale et végétale) divisé par le nombre d'hectares primés ne doit pas dépasser :

– 450 €/ha si l'exploitation a son siège d'exploitation en montagne ou uniquement des surfaces éligibles en montagne ;

– 250 €/ha si l'exploitation a son siège d'exploitation en zone défavorisée simple et dans le Piémont.

Aucun paiement n'est versé si le montant total de la prime est inférieur à 25 €/ha primé.

STABILISATEUR BUDGÉTAIRE RÉGIONAL

80595 Avant de payer le solde des paiements ICHN, un arrêté ministériel pour les crédits d'État fixe la valeur d'un coefficient stabilisateur, unique pour toute la région. Ce coefficient stabilisateur correspond au rapport entre le montant de l'enveloppe régionale ICHN et le besoin réel calculé après instruction des dossiers de demande d'aide (C. rur. art. D 113-27 ; Arrêté AGRT2305083A du 11-4-2023 et AGRT2329977A du 21-11-2023 ; Inst. techn. DGPE/SDPAC/2024-382 du 4-7-2024).

C. Aides à l'investissement et plan de compétitivité et d'adaptation des exploitations agricoles

Les financements bonifiés perdant de leur intérêt eu égard à la baisse des taux du crédit, et les modalités contraignantes afférentes, un plan de compétitivité pour la modernisation des exploitations agricoles a été mis en œuvre dans le cadre des programmes de développement rural afin de financer des dépenses d'investissements (Arrêté AGRT1508691A du 26-8-2015). **80650**

TYPES D'AIDES ET MODALITÉS D'INTERVENTION

L'arrêté du 26 août 2015 (art. 6) fixe les modalités d'intervention de l'État, pour ses propres crédits, pour la modernisation des exploitations agricoles. Elles s'inscrivent dans les objectifs fixés au plan de compétitivité et d'adaptation des exploitations agricoles (PCAE) et sont mises en œuvre dans le cadre des programmes de développement rural régionaux (PDRR) approuvés par la Commission européenne. **80655**

Le cadre d'intervention régionalisé du PCAE est défini par le préfet de région ou le préfet dans les départements et territoires d'outre-mer, en concertation avec l'autorité de gestion. Il tient compte des dispositions prévues dans les PDRR, des enjeux et des facteurs de compétitivité des filières locales. Les aides sont accordées par le préfet dans la limite des ressources financières allouées au PCAE.

BÉNÉFICIAIRES

Le **préfet** de région ou le préfet dans les DOM **choisit** les demandeurs éligibles aux aides de l'État **parmi** notamment (Arrêté AGRT1508691A art. 6) : **80660**

– les agriculteurs personnes physiques ou morales ;
– les structures collectives exerçant une activité agricole et portant un projet reconnu en qualité de GIEE ;
– les coopératives d'utilisation de matériel en commun (Cuma) ;
– d'autres structures collectives exerçant une activité agricole et composées uniquement d'agriculteurs ;
– les établissements de développement agricole, d'enseignement agricole et de recherche détenant une exploitation agricole.

PROJETS AIDES

Les aides de l'État au titre du plan de compétitivité et d'adaptation des exploitations agricoles peuvent être accordées pour financer les dépenses d'investissements matériels et immatériels dès lors que les projets contribuent à réaliser l'un au moins des quatre axes d'intervention suivants (Arrêté AGRT1508691A art. 5) : **80665**

– **élevage** : assurer à long terme la compétitivité de l'élevage en visant les performances technique, économique, environnementale et sanitaire ;
– **secteur végétal** : viser la double performance économique et environnementale, en permettant de réduire et maîtriser l'emploi des intrants et de protéger les ressources naturelles (sols, eau, biodiversité, etc.) ;
– **performance énergétique** de toutes les exploitations agricoles : cibler les économies d'énergie et la production d'énergie renouvelable, notamment la méthanisation ;
– **agroécologie** : favoriser l'inscription dans une démarche agroécologique, en particulier celles conduites dans le cadre d'un GIEE.

CHAPITRE 4

CONTRÔLE DES STRUCTURES DES EXPLOITATIONS AGRICOLES

SOMMAIRE

RÉFORME DU CONTRÔLE DES STRUCTURES

80800 Le contrôle des structures est régi par les articles L 331-1 et suivants et les articles R 331-1 et suivants du Code rural et de la pêche maritime profondément modifiés par la loi 2014-1170 d'avenir pour l'agriculture du 13 octobre 2014 et son décret d'application 2015-713 du 22 juin 2015. Plusieurs arrêtés du 20 juillet 2015 et une instruction technique (Inst. tech. DGPE/SDPE/2016-561 du 7-7-2016) explicitent ces modifications. Quelques retouches et mises en cohérence ont été opérées par la loi 2021-1756 du 23 décembre 2021 portant mesures d'urgence pour assurer la régulation de l'accès au foncier agricole au travers de structures sociétaires.

Alors que les lois agricoles précédentes (Loi 2006-11 d'orientation agricole du 5-1-2006 ; Loi 2010-874 de modernisation de l'agriculture du 27-7-2010) avaient assoupli le contrôle, la loi de 2014 a « durci » le dispositif existant, notamment en direction des sociétés. Elle a tenté d'en **restaurer l'efficacité** en revenant, tout en les adaptant, aux principes essentiels qui président à la définition de cette politique. La loi du 23 décembre 2021 poursuit cet objectif. En modifiant le contrôle des structures à la marge, mais surtout en le complétant d'une modalité originale de contrôle portant sur les prises de participations majoritaires (voir nos 81150 s.).

> **Précisions a.** Le **Conseil constitutionnel** a opéré le retrait de plusieurs dispositions du texte législatif voté en 2014, notamment concernant les possibilités de soumettre au contrôle les prises de participation ou la diminution du nombre d'associés actifs intervenant après une mise à disposition de foncier au profit d'une société d'exploitation. Il en résulte, sur ces points, des dispositions dont la portée est limitée qui mettent en échec le contrôle des structures appliqué aux sociétés. Notons que le **Conseil d'État**, saisi de la légalité du décret du 22 juin 2015, en a validé toutes les dispositions et explicité certaines (CE 31-3-2017 n° 392875).

b. Les questions relatives à la régulation du droit d'exploiter le foncier, et notamment les objectifs et modalités du contrôle des structures, évoluent régulièrement et font toujours l'objet de nombreuses réflexions, colloques, rapports et propositions de loi. La loi 2021-1756 du 23 décembre 2021, d'initiative parlementaire, s'est faite l'écho des demandes professionnelles visant notamment à **mieux contrôler les sociétés d'exploitation**, dont les pratiques permettant de contourner le contrôle des structures étaient largement usitées. Plutôt qu'une modification du contrôle des structures, le choix du législateur a consisté à créer un nouveau type de contrôle exposé nos 81150 s. qui vise spécifiquement les prises de participation, tant dans les sociétés propriétaires que dans les sociétés exploitant des biens fonciers agricoles, et s'écarte du contrôle des structures qui ne concerne que l'exploitation des biens agricoles.

c. Les dispositions de la **loi du 13 octobre 2014** sont **entrées en vigueur** avec la mise en place des schémas directeurs des exploitations agricoles (SDREA) dans chaque région. Jusque-là, le contrôle des structures s'est appliqué selon les modalités, les seuils et les critères définis par le schéma directeur des structures agricoles de chaque département (Décret 2015-713 du 22-6-2015 art. 4 ; Cass. 3e civ. 31-5-2018 n° 17-17.678). En 2018, toutes les régions disposaient d'un SDREA, lequel a été renouvelé en 2023.

d. Sur le contrôle des **investissements étrangers dans le domaine agricole en France** qui participe des mêmes objectifs que le contrôle des structures et des prises de participations majoritaires dans les sociétés agricoles ou foncières, voir n° 79355.

CARACTÉRISTIQUES GÉNÉRALES DU CONTRÔLE

Le contrôle des structures **exclusivement** s'applique à la mise en valeur des terres agricoles ou des ateliers de production hors sol au sein d'une exploitation agricole quels que soient la forme ou le mode d'organisation juridique de celle-ci et le titre en vertu duquel la mise en valeur est assurée (C. rur. art. L 331-1). 80810

Le contrôle des structures vise la seule **mise en valeur du sol** et non la propriété ou la possession. Il concerne les agrandissements et réunions d'exploitation, les installations, les constitutions de sociétés voire, dans certains cas, la cession de leurs parts sociales. Il s'applique aux mutations à titre onéreux, aux mutations de jouissance, aux mutations à titre gratuit de fonds ou d'exploitations agricoles.

OBJECTIFS DU CONTRÔLE

L'objectif principal du contrôle des structures est de **favoriser l'installation** d'agriculteurs, y compris ceux engagés dans une démarche d'installation progressive. Il a aussi pour objectifs : 80815

- de consolider ou **maintenir les exploitations** afin de permettre à celles-ci d'atteindre ou de conserver une dimension économique viable au regard des critères du SDREA ;
- de promouvoir le développement des systèmes de production permettant de combiner **performance économique et performance environnementale**, dont ceux relevant du mode de production biologique, ainsi que leur pérennisation ;
- de maintenir une **agriculture diversifiée**, riche en emplois et génératrice de valeur ajoutée, notamment en limitant les agrandissements et les concentrations d'exploitations au bénéfice, direct ou indirect, d'une même personne physique ou morale, jugés excessifs au regard des critères précisés par le schéma directeur régional des exploitations agricoles.

Le contrôle des structures s'applique selon des **modalités** de mise en œuvre définies régionalement au sein de schémas directeurs. Seules sont soumises au contrôle les opérations définies par la loi (C. rur. art. L 331-2). Pour la mise en œuvre du contrôle, la loi définit avec précision ces opérations et prévoit une procédure de rescrit permettant de s'assurer du régime applicable. Ainsi, certaines de ces opérations ne peuvent être réalisées qu'après obtention d'une autorisation délivrée à l'issue d'une procédure administrative, d'autres après une déclaration préalable. Les opérations réalisées par les Safer sont soumises à un régime particulier (n° 80928). À défaut d'en respecter les règles, des sanctions sont applicables. 80817

Le terme « opérations » que nous utilisons par la suite pour la clarté de l'exposé vise à la fois les installations, les agrandissements et les réunions d'exploitations agricoles.

A. Schéma directeur des exploitations agricoles

En cohérence avec l'échelon de définition des politiques agricoles et pour réduire les inégalités de traitement entre départements, les schémas directeurs des exploitations agricoles sont élaborés au niveau régional selon un cadre établi au plan national. Le SDREA fixe les conditions de mise en œuvre du contrôle des structures. Il détermine, pour répondre à l'ensemble des objectifs assignés au contrôle, les orientations de la politique régionale d'adaptation des structures d'exploitations agricoles, en tenant compte des spécificités des différents territoires et de l'ensemble des enjeux économiques, sociaux et environnementaux définis dans le plan régional de l'agriculture durable (C. rur. art. L 312-1). 80820

CONTENU DU SDREA

Le SDREA fixe, compte tenu des orientations arrêtées, le **seuil de surface** au-delà duquel l'autorisation d'exploiter est requise. Ce seuil est compris entre le tiers et une fois la surface agricole utile régionale moyenne. Ce seuil de surface unique sert de référence pour les demandes d'autorisations concernant les installations, agrandissements et autres réunions d'exploitations, les démembrements d'exploitations et les déclarations préalables. Le SDREA détermine également des **équivalences à la surface agricole utile régionale moyenne**, par type de production, en 80825 particulier pour les productions sous appellation d'origine et pour les ateliers de production hors sol. S'il y a lieu, ces équivalences peuvent être fixées par région naturelle ou par territoire présentant une cohérence en matière agricole, en tenant compte de la surface agricole utile moyenne des espaces concernés. Il peut fixer, mais il s'agit désormais de **dispositions facultatives**, un critère de **distance** et un seuil de contrôle des **ateliers hors sol**.

Le schéma précise que les différents types d'opérations concernées par une demande d'autorisation sont l'installation d'agriculteurs, l'agrandissement ou la réunion d'exploitations agricoles et le maintien ou la consolidation d'exploitations agricoles existantes (disposition obligatoire).

Le SDREA établit l'**ordre des priorités** entre les différents types d'opérations concernées par une demande d'autorisation d'exploiter, en prenant en compte l'intérêt économique et environnemental de l'opération (C. rur. art. L 312-1).

Les critères d'appréciation de l'intérêt économique et environnemental d'une opération, en fonction desquels est établi l'ordre des priorités, sont listés ci-après, étant précisé que le SDREA peut déterminer l'ordre des priorités en affectant une pondération aux différents éléments pris en compte :

1° la dimension économique et la viabilité des exploitations agricoles concernées ;

2° la contribution de l'opération envisagée à la diversité des productions agricoles régionales, à la diversité des systèmes de production agricole et au développement des circuits de proximité ;

3° la mise en œuvre par les exploitations concernées de systèmes de production agricole permettant de combiner performance économique et performance environnementale, dont ceux relevant du mode de production biologique (au sens de l'article L 641-13 du Code rural et de la pêche maritime) ;

4° le degré de participation du demandeur ou, lorsque le demandeur est une personne morale, de ses associés à l'exploitation directe des biens objet de la demande au sens du premier alinéa de l'article L 411-59 du Code rural et de la pêche maritime (conditions que doit respecter le bénéficiaire du droit de reprise d'un bien loué dans le cadre du statut du fermage n° 74605) ;

5° le nombre d'emplois non salariés et salariés, permanents ou saisonniers, sur les exploitations agricoles concernées ;

6° l'impact environnemental de l'opération envisagée ;

7° la structure parcellaire des exploitations concernées ;

8° la situation personnelle des personnes concernées par la demande d'autorisation d'exploiter (il s'agit des exploitations agricoles du demandeur, des autres candidats à la reprise et celle du preneur en place).

L'ordre de priorités défini par le SDREA sur la base de ces critères s'impose au préfet.

80828 Le SDREA fixe également les critères servant à l'appréciation de la dimension économique et de la **viabilité des exploitations** concernées par la demande d'autorisation d'exploiter. Ces critères peuvent être différents des critères économiques et environnementaux permettant de comparer des exploitations en concurrence. Ces différents critères peuvent être affectés de coefficients de pondération.

Il en résulte que le SDREA, pour fixer l'ordre des priorités, peut prendre en compte la nature de l'opération (installation, agrandissement, etc.) ainsi que l'intérêt économique et environnemental de cette opération, selon des critères d'appréciation définis et affectés, le cas échéant, de pondérations.

Il précise enfin les critères au regard desquels une opération conduit à un **agrandissement ou à une concentration d'exploitations excessifs** de nature à diminuer la diversité des productions et le nombre d'emplois des exploitations concernées pour l'application des dispositions du contrôle des structures.

> **Précisions a.** Le SDREA est **élaboré par** le préfet de région avec l'appui des préfets des départements concernés. Ce schéma doit être conforme au **modèle** fixé par arrêté du ministre de l'agriculture (C. rur. art. R 312-1). Un premier modèle a été publié à la suite de la mise en œuvre des dispositions de la loi du 13 octobre 2014 (Arrêté AGRT1513167A du 20-7-2015 : JO 23) ; il est désormais abrogé. Pour les SDREA publiés à compter du 15 mars 2021, un arrêté du 10 mars 2021 comporte en annexe un nouveau modèle qui n'apporte cependant aucune modification significative par rapport à celui de 2015 (Arrêté AGRT2103712A du 10-3-2021). Le SDREA est **arrêté par** le préfet de région après avis du conseil régional, de la chambre régionale d'agriculture et de la commission régionale de l'économie agricole et du monde rural. Le SDREA est **publié** au recueil des actes administratifs de la préfecture de région ainsi que sur le site internet des préfectures de la région et des départements concernés. Il est révisé au plus tard tous les cinq ans dans les mêmes conditions (C. rur. art. R 312-2). La plupart des SDREA ont été révisés en 2021.

b. Pour fixer le **seuil de surface** au-delà duquel une autorisation d'exploiter est nécessaire, le SDREA prend en compte soit la surface agricole utile moyenne toutes productions confondues, soit la surface agricole utile moyenne par classe d'orientation technico-économique des exploitations particulières fixées au niveau régional lors du dernier recensement agricole ou, le cas échéant, par l'enquête sur les structures des exploitations agricoles réalisée à la suite de ce recensement. Les modalités de calcul des équivalences par type de production ont été fixées par un arrêté du ministre de l'agriculture (C. rur. art. R 312-3 ; Arrêté AGRT1515712A du 20-7-2015 : JO 23).

B. Champ d'application et définitions

CHAMP D'APPLICATION DU CONTRÔLE

Le contrôle des structures des exploitations agricoles s'applique à la mise en valeur des terres agricoles ou des ateliers de production hors sol au sein d'une exploitation agricole, quels que soient la forme ou le mode d'organisation juridique de celle-ci et le titre en vertu duquel la mise en valeur est assurée (C. rur. art. L 331-1). 80830

DÉFINITIONS

Afin de prévenir tout contournement des dispositions du contrôle des structures, la loi 2014-1170 d'avenir de l'agriculture du 13 octobre 2014 a pris soin de redéfinir les notions utilisées (C. rur. art. L 331-1-1). Ces définitions légales sont complétées par le décret 2015-713 du 22 juin 2015 et l'arrêté AGRT2103712A du 10 mars 2021 fixant le modèle SDREA. En conséquence, l'article 1er de chaque SDREA est identique et reprend obligatoirement la liste des définitions figurant dans le modèle proposé ; tout au plus un SDREA peut-t-il ajouter quelques définitions facultatives telles que, par exemple, les modalités de mesure des distances si le contrôle souhaite retenir ce critère dans la région. 80831

Est qualifié d'**exploitation agricole** l'ensemble des unités de production mises en valeur, directement ou indirectement, par la même personne, quels qu'en soient le statut, la forme ou le mode d'organisation juridique, dont les activités sont agricoles au sens de l'article L 311-1 du Code rural et de la pêche maritime (C. rur. art. L 331-1-1, 1°). Par exemple, l'exploitation agricole d'un lycée professionnel agricole est soumise au contrôle des structures (TA Châlons-en-Champagne 28-9-2023 n° 2101914).

Pour déterminer la **superficie totale mise en valeur**, il est tenu compte de l'ensemble des superficies exploitées par le demandeur, sous quelque forme que ce soit et toutes productions confondues, en appliquant les équivalences fixées par le SDREA pour les différents types de production. En sont exclus (C. rur. art. L 331-1-1, 3°) :

- les bois, taillis et friches, à l'exception des terres situées en Guadeloupe, en Guyane, à la Martinique, à La Réunion ou à Mayotte et mentionnées aux articles L 181-4 et L 182-12 du Code rural et de la pêche maritime ;
- les étangs autres que ceux servant à l'élevage piscicole.

Est qualifié d'**agrandissement d'exploitation ou de réunion d'exploitations** au bénéfice d'une personne le fait, pour celle-ci, mettant en valeur une exploitation agricole à titre individuel ou dans le cadre d'une personne morale, d'accroître la superficie de cette exploitation ; la **mise à disposition** de biens d'un associé exploitant lors de son entrée dans une personne morale est également considérée comme un agrandissement ou une réunion d'exploitations au bénéfice de cette personne morale (C. rur. art. L 331-1-1, 2°). Cette mention du législateur n'apparaît être qu'une précision confirmant l'approche des tribunaux face à la mise à disposition (Cass. 3e civ. 4-3-2009 n° 08-13.697 ; Cass. 3e civ.13-5-2009 n° 08-16.619 ; Cass. 3e civ.27-5-2009 n° 08-14.982). L'instruction technique DGPE/SDPE/2016-561 du 7 juillet 2016 confirme cette interprétation. Par ailleurs est également précisée la notion « d'agrandissement ou de réunion d'exploitations à titre indirect par une personne associée d'une société à objet agricole ». Ainsi, une **personne associée d'une société à objet agricole est regardée comme mettant en valeur** les unités de production de cette société si elle participe aux travaux de façon effective et permanente, selon les usages de la région et en fonction de l'importance de ces unités de production (C. rur. art. R 331-1) ; dans ce cas, c'est l'ensemble des unités de production de la société qui sera pris en compte dans le calcul de la superficie totale de l'exploitation du demandeur. Cette définition se rapproche fortement des conditions imposées au bénéficiaire du droit de reprise dans le cadre du statut du fermage (C. rur. art. L 411-59). A contrario, reste exclue par sa nature même la prise

80831 (suite) de participation par un simple **apporteur en capital** qui ne participe pas aux travaux dans les conditions précitées (CE 31-3-2017 nº 392875).

Le modèle de SDREA (Arrêté AGRT2103712A du 10-3-2021) précise que **l'installation d'un nouvel exploitant** en tant qu'associé d'une personne morale, si elle s'accompagne d'une mise à disposition de terres supplémentaires, est un agrandissement de la société au regard des priorités du SDREA. En conséquence, ce type d'installation devra faire l'objet de mentions spécifiques dans les SDREA pour être considérée comme une priorité pour l'octroi de l'autorisation. En effet, l'installation y est seulement définie comme l'action de s'établir sur une ou plusieurs unités de production constituant une entité juridique et économique autonome et indépendante pour y exercer une activité agricole.

Toutefois, le Conseil d'État a rejeté cette interprétation dans un arrêt concernant un Gaec. Il considère que la circonstance qu'un Gaec constitue une personne morale distincte de ses associés ne fait pas obstacle à ce que, lorsqu'un tel groupement dépose une demande d'autorisation d'exploiter ayant pour objet l'installation d'un jeune agriculteur venant d'y adhérer, cette demande se voie reconnaître prioritaire au titre de l'installation d'un jeune agriculteur (CE 22-2-2018 nº 402159). Cette approche semble extensible aux autres formes de société, la décision n'ayant pas été rendue sous le visa de l'article L 323-13 du Code rural et de la pêche maritime consacrant la transparence des Gaec.

Enfin, la création ou l'**extension des capacités d'un atelier** de production hors sol est le fait, pour une ou plusieurs personnes physiques ou morales, de mettre en valeur un atelier de production hors sol à titre individuel ou dans le cadre d'une personne morale, ou d'accroître la capacité de cet atelier dans les mêmes conditions.

Quant à la **concentration d'exploitations**, il s'agit de l'adjonction d'une nouvelle unité de production, de manière directe ou indirecte, entre les mains d'une même personne, de nature à diminuer la diversité des productions et le nombre d'emploi des exploitations concernées (voir nºs 80825 et 80910).

> **Précisions a.** Ces définitions ont pour but d'embrasser toutes les situations de fait, à l'instar des notions retenues par les règlements européens régissant la PAC, dans un objectif d'éviter les contournements. Ainsi, par exemple, une société d'exploitation peut être la personne chargée de solliciter l'autorisation d'exploiter, l'exploitation ou seulement une unité de production. Ce « **flou volontaire** » a pour but de déjouer les montages les plus audacieux, sous le contrôle des tribunaux.

Jugé que, lorsque deux sociétés forment, en fait, une seule et même exploitation, leurs surfaces doivent être appréciées cumulativement. Tel est le cas lorsqu'une SARL viticole a pour associée majoritaire une société foncière dont le gérant est également principal actionnaire d'une société civile viticole, l'épouse du gérant étant cogérante de la SARL. L'arrêt souligne que le gérant était logé sur place pendant les vendanges, salarié de la société civile viticole et bénéficiait d'une délégation de pouvoir de la gérance sur « le compte en banque ». De plus, les cuves de la société viticole et de la SARL ne comportaient aucune indication concernant la provenance des récoltes (CAA Lyon 26-10-2022 nº 20LY02661).

b. La qualification expresse de la **mise à disposition en tant qu'agrandissement** ou réunion d'exploitations au profit de la société bénéficiaire, déjà retenue par la jurisprudence, était destinée à servir de base au nouveau cas de contrôle figurant dans la loi d'avenir de 2014 telle que votée par le Parlement et soumettant à une nouvelle autorisation la diminution du nombre d'actifs dans les cinq ans suivant une mise à disposition ; ce cas d'autorisation a été soustrait du texte des parlementaires par le Conseil constitutionnel (Cons. const. 9-10-2014 nº 2014-701 DC).

c. Depuis 2006, le ministère de l'agriculture considère que la prise d'une **participation en qualité d'exploitant** dans une autre exploitation, par toute personne déjà exploitante, que ce soit au sein d'une exploitation individuelle ou d'une exploitation sous forme sociétaire doit être soumise à autorisation préalable dès lors que la surface totale qu'elle se propose d'exploiter excède le seuil de contrôle (Circ. DGFAR/SDEA/C 2006-5039 du 8-8-2006). Cette disposition est désormais reprise par l'article R 331-1 du Code rural et de la pêche maritime. En l'absence de règle de quotient posée par la loi, la surface totale à comparer au seuil comprend la surface déjà exploitée (à titre personnel ou par la société dans laquelle le demandeur est exploitant) augmentée de la totalité de la surface exploitée par la société dont la reprise du capital est projetée, quelle que soit la quotité de parts sociales reprise.

Ainsi, l'entrée d'un associé exploitant dans une société agricole, sans apport de foncier, alors que l'intéressé met déjà en valeur des terres, à titre direct ou indirect, doit être considérée au regard de l'article R 331-1 du Code rural et de la pêche maritime comme un agrandissement de la structure individuelle de l'exploitant et soumis à autorisation si la surface totale excède le seuil de contrôle (Inst. tech. DGPE/SDPE/2016-561 du 7-7-2016 p. 3).

d. Le texte de la loi d'avenir de 2014 pour l'agriculture voté par le Parlement qualifiait expressément d'agrandissement ou de réunion d'exploitations le fait, pour un agriculteur, de prendre, directement ou indirectement, **toute participation** dans une autre exploitation agricole. Le Conseil constitutionnel a soustrait du texte cette disposition, jugeant que, malgré le but d'intérêt général poursuivi, il y avait là une atteinte disproportionnée au droit de propriété et à la liberté d'entreprendre ; il a cependant souligné, dans sa décision, qu'un contrôle des prises de participation significatives dans une autre exploitation agricole aurait pu éviter la censure.

C'est en définitive une approche très classique que retient le pouvoir réglementaire en considérant qu'une personne associée d'une société est regardée comme mettant en valeur les unités de production de cette société si elle participe aux travaux de façon effective et permanente, selon les usages de la région et en fonction de l'importance des unités de production (C. rur. art. R 331-1). L'instruction technique qualifie cette situation d'agrandissement ou de réunion d'exploitations. Il en résulte qu'une prise de participation en qualité de simple apporteur de capitaux ne relève pas du contrôle, ni même une participation ne répondant pas, par son manque d'« intensité », aux critères de l'article R 331-1 du Code rural et de la pêche maritime.

Toutefois, les tribunaux, par une interprétation souveraine des textes ou sur le fondement de la fraude, pourraient rendre sa vraie nature à une prise de participation et la requalifier en estimant qu'elle répond aux critères de l'article R 331-1 du Code rural et de la pêche maritime.

Enfin, si les prises de participations financières au capital d'une société agricole par une personne déjà exploitante ne sont soumises à aucun contrôle dès lors que cette personne ne participe pas aux travaux dans la société, la participation ultérieure à l'activité, de même, selon nous, que le fait d'assurer des fonctions (gérance de droit ou de fait) au sein de la société, devrait être soumise à autorisation d'exploiter.

e. En application de l'article L 331-1-1 du Code rural et de la pêche maritime, constitue un agrandissement d'exploitation pour une société l'**entrée d'un associé** lorsqu'elle s'accompagne de l'apport d'une unité de production mise en valeur. Le ministère considère, ce qui est discutable, que constitue une installation l'entrée d'un associé exploitant ne s'accompagnant d'aucun apport d'unité de production (Inst. tech. DGPE/SDPE/2016-561 du 7-7-2016 p. 2). Il semble toutefois limiter la portée de cette affirmation à l'appréciation de la capacité professionnelle du « nouvel installé » et à son éventuelle pluriactivité.

Cependant, s'appuyant sur une interprétation des textes extensive, une **cour administrative d'appel** a estimé que l'associé, minoritaire en l'occurrence, qui participe aux travaux de la société de façon effective et permanente, au sens de l'article R 331-1 du Code rural et de la pêche maritime, doit être regardé, comme « mettant en valeur les unités de production de cette société ». Il procède donc, par sa participation à la société, à une **opération d'installation d'une exploitation**, définie par l'article L 331-1 du Code précité comme l'ensemble des unités de production mises en valeur directement ou indirectement par la même personne, quels qu'en soient le statut, la forme ou le mode d'organisation juridique (CAA Nantes 9-2-2024 n° 23NT00427).

f. La réinstallation et l'installation progressive possèdent aussi leur définition : la **réinstallation** est définie comme le fait de remettre en valeur une exploitation agricole, suite à expropriation ou éviction certaine en application de l'article L 242-4 du Code de l'expropriation pour cause d'utilité publique ou des articles L 411-58 à L 411-63 du Code rural et de la pêche maritime ; l'**installation progressive** embrasse toute installation faite en plusieurs étapes (durée maximale de cinq ans) conformément au projet approuvé par l'autorité administrative pour atteindre le seuil de viabilité économique requis.

g. Les exploitants **ressortissants de l'Union européenne** sont tenus de demander une autorisation d'exploiter en France et sont soumis au contrôle des structures, contrairement aux **personnes étrangères à l'Union** européenne (Rép. Thiébaut : AN 4-1-2022 n° 37803).

PROCÉDURE DE RESCRIT

Toute personne envisageant une **opération susceptible d'entraîner la modification de la structure d'une exploitation agricole** peut demander, préalablement à cette opération, au préfet de région de lui indiquer si l'opération projetée relève de l'un des régimes d'autorisation ou de déclaration préalable, ou bien si elle peut être mise en œuvre librement (C. rur. art. L 331-4-1). 80833

Le préfet prend alors formellement position sur cette demande dans un délai de trois mois à compter de la réception de la demande (C. rur. art. R 331-16).

La réponse de l'administration est simultanément notifiée au demandeur et, le cas échéant, au preneur en place. Elle est, en outre, rendue publique lorsqu'elle écarte la procédure de l'autorisation (C. rur. art. L 331-4-1).

80834 Lorsque l'autorité administrative a pris formellement position sur le régime applicable, elle ne peut plus adopter, par la suite, une position différente sur ce point.
Cette garantie fait également obstacle à ce que l'autorité administrative prononce les **sanctions administratives** prévues à l'article L 331-7 du Code rural et de la pêche maritime.
Cette décision administrative cesse de produire ses effets en cas de changement de la réglementation au vu de laquelle la question soumise par le demandeur a été appréciée, si la situation du demandeur ne correspond plus aux informations fournies ou s'il est démontré que la position ainsi prise par l'administration reposait sur des informations erronées transmises par le demandeur (C. rur. art. L 331-4-2).

C. Opérations soumises à autorisation

80835 Les opérations peuvent être soumises à autorisation préalable d'exploiter en fonction de la surface qu'il est projeté d'exploiter ou suivant d'autres considérations indépendantes de la surface mise en valeur.

80836 **Contrôle lié à un critère de superficie** Sont soumises à autorisation préalable les opérations réalisées au bénéfice d'une exploitation agricole mise en valeur par une ou plusieurs **personnes physiques** (sociétés de fait, coexploitations ou indivisions) ou **morales** (sociétés ou groupements de toute nature) lorsque la surface totale qu'il est proposé de mettre en valeur excède un seuil fixé au SDREA. La superficie totale mise en valeur est déterminée selon les modalités exposées n° 80831.
Les **constitutions de sociétés** sont soumises aux mêmes règles, sans qu'il soit tenu compte du nombre d'associés participant aux travaux, sauf lorsqu'elles résultent de la « transformation » sans autre modification d'une exploitation individuelle détenue par une personne physique qui en devient l'unique associé exploitant. Il en va de même lorsque la constitution d'une société résulte de l'apport d'exploitations individuelles détenues par deux époux (ou par deux personnes liées par un Pacs) qui en deviennent les seuls associés exploitants (C. rur. art. L 331-2, I-1°).
Les **opérations réalisées par les Safer** échappent au contrôle de droit commun et sont soumises à une procédure particulière exposée n° 80928.

> **Précisions** **a.** La **diminution du nombre d'associés-exploitants, coexploitants ou indivisaires** dans une société, coexploitation ou indivision n'est plus assimilée à un agrandissement au bénéfice des associés restant depuis la loi d'orientation agricole du 5 janvier 2006 ; aucune autorisation n'est donc à demander dans cette hypothèse, qu'elle résulte d'un retrait d'associé de la société ou de la simple cessation d'activité de l'un d'eux. Le texte de la loi d'avenir pour l'agriculture du 13 octobre 2014 voté par les parlementaires prévoyait une disposition permettant de soumettre à une nouvelle autorisation toute réduction du nombre d'emplois salariés ou non salariés, permanents ou saisonniers, intervenant dans un délai de cinq ans à compter de la mise à disposition de terres à une société, mais il a été censuré par le Conseil constitutionnel.
> **b.** Il convient de calculer la **surface pondérée** de l'exploitation concernée pour apprécier sa situation au regard du contrôle en prenant en compte, le cas échéant, toutes les équivalences fixées par le SDREA ; la surface ainsi obtenue est appréciée en comparaison avec le seuil retenu par le schéma de la région où se trouve le bien. En cas de demandes situées dans plusieurs zones d'une même région, c'est le seuil le plus faible qui est retenu. En cas de demandes concernant des biens situés sur plusieurs régions, le SDREA appliqué est celui de la région où se situe le siège de l'exploitation ; si la reprise dépasse un des seuils de contrôle fixé par ce SDREA pour une zone où les terres sont situées, il y a lieu à autorisation (Inst. tech. DGPE/SDPE/2016-561 du 7-7-2016 p. 7).
> **c.** Le SDREA peut fixer des **seuils de production hors sol** à partir desquels la création ou l'extension concernant les productions mentionnées sont soumises à autorisation ; ces seuils étaient auparavant fixés par l'article R 331-3 du Code rural et de la pêche maritime et s'appliquaient de manière uniforme sur le territoire national.
> **d.** Le **renouvellement d'un bail** n'est pas au nombre des opérations justifiant une autorisation d'exploiter et ne peut donc motiver la mise en demeure du préfet de devoir régulariser la situation (CE 7-10-2013 n° 363662) ; voir toutefois n° 81000.

Contrôle indépendant de la superficie Une autorisation préalable est exigée, quelle que soit la superficie en cause, dans les cas suivants (C. rur. art. L 331-2, I-2° à 5°) : 80850

a. opérations ayant pour conséquence de **supprimer une exploitation agricole** dont la superficie excède un seuil fixé au SDREA ou de ramener la superficie d'une exploitation en deçà de ce seuil (tel n'est donc pas le cas si l'exploitation en cause ne dépasse pas le seuil) ;

b. opérations ayant pour effet de **priver une exploitation d'un bâtiment essentiel** à son fonctionnement sauf s'il est reconstruit ou remplacé ;

c. opérations au bénéfice d'une exploitation agricole dont l'un des membres exploitant ne remplit pas les conditions de **capacité ou d'expérience professionnelle** fixées par décret ou d'une exploitation ne comportant pas de membre ayant la **qualité d'exploitant** ;

d. opérations réalisées par des **exploitants pluriactifs** justifiant de la capacité ou de l'expérience professionnelle lorsque leurs revenus extra-agricoles excèdent 3 120 fois le montant horaire du Smic (les exploitants engagés dans un dispositif d'installation progressive, au sens de l'article L 330-2 du Code rural et de la pêche maritime ne sont pas concernés) ;

e. lorsque le SDREA le prévoit, agrandissements ou réunions d'exploitations pour les biens dont la **distance par rapport au siège** de l'exploitation du demandeur est supérieure à un maximum qu'il fixe ;

f. créations ou extensions de capacité des ateliers de production **hors sol** au-delà d'un seuil de production fixé, le cas échéant, par le SDREA.

> **Précisions a.** Les **conditions de capacité ou d'expérience professionnelle** sont satisfaites si le candidat justifie, à la date de l'opération (C. rur. art. R 331-2) :

– soit de la possession d'un des diplômes ou certificats requis pour l'octroi des aides à l'installation (C. rur. art. D 343-4 et D 343-4-1) : diplôme, titre, ou certificat enregistré au répertoire national des certifications professionnelles, de niveau égal ou supérieur au baccalauréat professionnel spécialité « conduite et gestion de l'exploitation agricole » ou au brevet professionnel option « responsable d'exploitation agricole », procurant une qualification correspondant à l'exercice du métier de responsable d'exploitation agricole, ou d'un diplôme reconnu par un État membre de l'Union européenne ou par un État partie à l'accord sur l'Espace économique européen conférant le niveau IV agricole ;

– soit de cinq ans minimum d'expérience professionnelle acquise sur une surface égale au tiers de la surface agricole utile régionale moyenne, en qualité d'exploitant, d'aide familiale, d'associé exploitant, de salarié d'exploitation agricole ou de collaborateur d'exploitation. La durée d'expérience professionnelle doit avoir été acquise au cours des quinze années précédant la date effective de l'opération en cause. La date à retenir pour achever le décompte est la date effective de l'opération et non la date à laquelle le préfet prend son arrêté (CAA Nancy 10-5-2023 n° 21NC02498).

b. Pour les agriculteurs pluriactifs, les **revenus extra-agricoles** sont constitués du revenu fiscal de référence du demandeur au titre de l'année précédant celle de la demande, déduction faite, s'il y a lieu, de la part de ce revenu provenant d'activités agricoles au sens de l'article L 311-1 du Code rural et de la pêche maritime. Le montant horaire du Smic est celui, publié au Journal officiel, en vigueur au 31 décembre de cette même année (C. rur. art. R 331-2). Bien que la loi prévoie une approche basée sur les revenus extra-agricoles du demandeur, le décret renvoie au revenu fiscal de référence qui n'est calculé qu'au niveau du foyer fiscal. Toutefois, l'instruction du 7 juillet 2016 précise que le revenu fiscal de référence sera le cas échéant diminué du montant des revenus du partenaire marié ou pacsé et/ou des enfants majeurs rattachés au foyer fiscal (Inst. tech. DGPE/SDPE/2016-561 p. 4). Par ailleurs, il a été jugé que les revenus perçus dans le cadre de son activité salariée, par un agriculteur également salarié agricole dans une exploitation agricole, sont réputés agricoles par application des dispositions de l'article L 311-1 du Code rural et de la pêche maritime. En conséquence, et bien que cette interprétation s'écarte, à notre sens, de la volonté du législateur, les revenus tirés par cette personne de son activité de salarié agricole sont des revenus provenant d'activités agricoles au sens de l'article R 331-2 de ce même Code à exclure des revenus à prendre en compte pour déterminer si le seuil de 3 120 fois le Smic est dépassé (CAA Nancy 14-12-2017 n°s 17NC00659 et 17NC00694).

Contrairement à la condition de capacité ou d'expérience professionnelle, la notion d'exploitant pluriactif ne vise pas, selon nous et eu égard à la rédaction du texte, les personnes morales au sein desquelles exerce un agriculteur pluriactif.

c. La Cour de cassation, prenant acte de la suppression de l'application du contrôle des structures aux cessions de parts sociales entre associés par la loi 2006-11 du 5 janvier 2006, n'exige plus de **l'associé, bénéficiaire de la cession d'un bail** rural déjà mis à la disposition de la société, l'obligation de requérir l'autorisation d'exploiter déjà obtenue par la société (Cass. 3e civ. 4-3-2009 n° 08-13.697 ; 13-5-2009 n° 08-16.619 ; 27-5-2009 n° 08-14.982 ; 6-1-2010

n° 08-20.928). Il en va de même en cas de transmission du bail à cause de mort sur le fondement de l'article L 411-34 du Code rural et de la pêche maritime (Cass. 3e civ. 3-10-2012 n° 11-19.686).
Dans ces conditions, la cession du bail entre associés d'une même société ne réalise aucun changement d'exploitant, pas plus qu'elle ne peut être analysée, au niveau de la société, en une installation, un agrandissement ou une réunion d'exploitations. Dès lors, la cession n'entre pas dans le champ d'application de l'article L 331-2 du Code rural et de la pêche maritime. Il en va de même, selon nous, lorsqu'un associé quitte la société et que les terres qui étaient louées à cet associé sont louées à un nouvel associé sans qu'il y ait cession du bail, la société disposant d'une mise à disposition desdites surfaces.

d. La **décision d'autorisation d'exploiter fondée sur un schéma des structures fixant une unité de référence illégale** (en l'occurrence, le schéma ne fixait qu'un seul seuil pour tout le département, ignorant les régions naturelles) est elle-même illicite et doit être annulée (CAA Bordeaux 4-7-2013 n° 12BX00769).

e. Il appartient à la société demanderesse d'apporter la **preuve** que l'exploitation comporte un ou plusieurs membres ayant la **qualité d'exploitant** (CAA Nancy 7-11-2023 nos 21NC01345 et 21NC01346).

D. Procédure d'autorisation

80900 Le préfet de région assure l'**instruction** et la **publicité** des demandes d'autorisation dont il est saisi, selon des modalités définies par décret. Il vérifie, compte tenu des motifs de refus détaillés ci-après et précisés à l'article L 331-3-1 du Code rural et de la pêche maritime, si les conditions de l'opération permettent de délivrer l'autorisation d'exploiter et se prononce sur la demande d'autorisation par une décision motivée (C. rur. art. L 331-3).

AUTORITÉ COMPÉTENTE

80901 Les demandes d'autorisation présentées sont instruites par le préfet de la région où se trouvent les biens dont l'exploitation est envisagée, avec l'appui du préfet du département du siège de l'exploitation et, le cas échéant, des préfets des autres départements sur le territoire desquels sont situés les biens concernés.
Lorsque les biens dont l'exploitation doit être autorisée sont situés sur le territoire de plus d'une région, la demande est adressée au préfet de la région du siège de l'exploitation du demandeur qui procède à la consultation des préfets des autres régions intéressées (C. rur. art. R 331-3).

DÉPÔT DES DEMANDES

80902 Les demandes sont **établies** selon le **modèle** défini par le ministère de l'agriculture et accompagnées de pièces justificatives. En pratique, c'est la direction départementale des territoires et de la mer (DDTM) du département où se trouve le fonds dont l'exploitation est envisagée qui assure la délivrance des imprimés et la réception des dossiers de demande d'autorisation. Dans le cas où les biens sont situés sur plusieurs départements, la demande est **adressée** à la DDTM du siège d'exploitation. Le dossier complet doit être envoyé par lettre recommandée avec demande d'avis de réception ou être déposé à la DDTM qui en accuse réception après avoir vérifié que le dossier est complet (les délais – instruction, décision implicite – courent à partir de la date de dépôt de la demande et du dossier complet). Les démarches peuvent aussi être accomplies par voie dématérialisée.
Si la **demande porte sur des biens n'appartenant pas au demandeur**, celui-ci doit justifier avoir informé par écrit le propriétaire de sa candidature (C. rur. art. R 331-4).
La DDTM délivre au demandeur un **accusé de réception** mentionnant toutes les informations utiles relatives à la gestion de son dossier : la date de réception de la demande et la date à laquelle, à défaut d'une décision expresse, celle-ci sera réputée acceptée, l'adresse postale et, le cas échéant, électronique, ainsi que le numéro de téléphone du service chargé du dossier, etc.

80903 Les demandes d'autorisation de création ou d'extension de capacité d'un **atelier hors sol** doivent être déposées au plus tard à la clôture de la procédure d'enquête publique réalisée au titre de la réglementation sur les installations classées pour la protection de l'environnement (C. rur. art. R 331-4).

PROCÉDURE D'INSTRUCTION

80905 Le préfet de région fait procéder à la **publicité de la demande** d'autorisation d'exploiter sur le site internet de la préfecture (ou des préfectures concernées si le bien s'étend sur plusieurs régions). Cette publicité porte sur la localisation des biens et leur superficie, ainsi que sur l'identité des propriétaires ou de leurs mandataires et du demandeur. Elle précise la date de l'enregistrement de la demande et indique la date limite de dépôt des dossiers de demande d'autorisation (la durée

préconisée par le ministère pour la publicité est de deux mois). En tout état de cause, un délai de six jours est insuffisant pour permettre aux tiers de se manifester (CAA Douai 26-4-2022 n° 21DA00232).
Les demandes d'autorisation d'exploiter sont en outre affichées pendant un mois à la mairie des communes où sont situés les biens objets de la demande. Le maire peut, s'il le souhaite, faire part de son analyse du dossier au préfet qui en informe le cas échéant la Commission départementale d'orientation de l'agriculture (Rép. Le Meur : AN 4-1-2022 n° 42046).
À l'expiration du délai de publicité, il est dressé la liste de toutes les candidatures enregistrées pour un même bien. Une fois le délai expiré, les demandes concurrentes déposées sont irrecevables et ne peuvent être instruites comme telles ; elles seront instruites comme de nouvelles demandes.
À noter qu'il n'est pas procédé à une nouvelle publicité si la demande porte sur des biens ou des droits ayant fait l'objet d'une telle formalité à l'occasion d'une autre demande et si aucune décision n'a encore été prise sur cette dernière ni sur les demandes concurrentes éventuellement présentées (C. rur. art. R 331-4 et D 331-4-1).

Le préfet dispose d'un **délai** de quatre mois à compter de la date d'enregistrement du dossier complet mentionnée dans l'accusé de réception pour, le cas échéant, consulter la CDOA et statuer sur la demande. Dans certains cas (candidatures multiples sur un même bien nécessitant l'avis de la CDOA ou consultation du préfet d'une autre région), le délai peut être porté à six mois par décision motivée communiquée aux intéressés par lettre recommandée avec demande d'avis de réception ou remise contre récépissé (C. rur. art. R 331-6, I). Faute de décision dans ces délais, le demandeur est réputé bénéficier d'une autorisation tacite. Une prorogation irrégulière du délai (réalisée par un agent non habilité par le préfet en l'espèce) ne peut faire naître une autorisation tacite, dès lors que des candidatures concurrentes et prioritaires ont été recensées dès le terme du délai normal d'instruction et que la prorogation n'a pas eu d'incidence sur la décision de refus opposée au demandeur (CE 22-4-2013 n° 349212). Dans le cas d'une autorisation tacite, l'administration indique que toute personne ayant un intérêt juridique suffisant pour agir (demandeur, candidats, propriétaires, exploitants en place) peut demander à l'administration de lui indiquer les motifs justifiant la décision (Inst. tech. DGPE/SDPE/2016-561 du 7-7-2016 p. 10). 80906

RÔLE DE LA CDOA

La **consultation** de la CDOA (Commission départementale d'orientation de l'agriculture) du département dans lequel la demande est instruite est facultative (C. rur. art. R 331-5). Elle peut être consultée par le préfet sur les demandes d'autorisation d'exploiter auxquelles il est envisagé d'opposer un refus. Dans ce cas, et lorsque des candidatures concurrentes ont été enregistrées sur tout ou partie des biens qui font l'objet de la demande, l'ensemble des dossiers portant sur ces biens lui est soumis au cours de la même séance. 80907
Les candidats, les propriétaires et les preneurs en place sont informés de la date d'examen des dossiers les concernant par la commission par lettre recommandée avec demande d'avis de réception ou remise contre récépissé.
Bien que les textes ne le précisent pas, le demandeur, le propriétaire et le preneur en place sont fondés à présenter des observations écrites à l'appui de la demande (CE 16-6-2016 n° 384713).

> **Précisions** **a.** Faisant l'objet d'une consultation facultative, la CDOA est **informée** périodiquement de toutes les demandes d'autorisation d'exploiter qui ne lui ont pas été soumises et des décisions auxquelles ces demandes ont donné lieu.
>
> **b.** Selon l'administration, rien n'interdit au préfet de consulter la CDOA **en dehors des situations prévues par le texte** : cette consultation est sans incidence sur la légalité de la décision.
>
> **c.** Consulter la CDOA n'oblige pas le **préfet** à prendre une décision de refus expresse, un **refus tacite** reste possible (CAA Douai 24-1-2023 n° 21DA02257).

MOTIVATION DE LA DÉCISION

Toute **décision d'autorisation ou de refus d'autorisation** d'exploiter prise par le préfet de région doit être motivée au regard du SDREA et des motifs de refus énumérés à l'article L 331-3-1 du Code rural et de la pêche maritime même s'il s'agit d'une demande unique. Il en résulte que l'autorisation d'exploiter peut être refusée aux motifs limitativement énumérés ci-après : 80910
– lorsqu'il existe un candidat à la reprise ou un preneur en place répondant à un rang de priorité supérieur au regard du SDREA ;
– lorsque l'opération compromet la viabilité de l'exploitation du preneur en place ;

80910 (suite) – si l'opération conduit à un agrandissement ou à une concentration d'exploitations au bénéfice d'une même personne, excessifs au regard des critères précisés par le SDREA, sauf dans le cas où il n'y a ni d'autre candidat à la reprise de l'exploitation ou du bien considéré ni de preneur en place, sous réserve des précisions ci-dessous ;
– dans le cas d'une mise à disposition de terres à une société, lorsque celle-ci entraîne une réduction du nombre d'emplois salariés ou non-salariés, permanents ou saisonniers, sur les exploitations concernées (C. rur. art. L 331-3-1 et R 331-6).

Aucune décision de refus ne peut être prise en dehors de ces cas, étant souligné cependant que le fait de refuser reste au choix du préfet. L'obligation de motiver n'implique pas que le préfet se prononce sur chacun des critères retenus par le SDREA : il peut se satisfaire de viser les critères qui lui semblent pertinents au regard du cas d'espèce (CE 19-10-2016 n° 386405). Il peut aussi motiver sa décision par le fait qu'il existe un candidat de rang supérieur (Inst. tech. DGPE/SDPE/2016-561 du 7-7-2016 p. 10)

Le préfet se prononce au vu des éléments à sa disposition au jour où il prend sa décision (CE 8-6-1994 n° 127940). En revanche, lorsque la décision est liée à une reprise par le propriétaire, le juge judiciaire doit se placer à la date d'effet du congé (Cass. 1e civ. 7-2-2019 n° 17-22.168), la validité du congé s'appréciant au jour pour lequel il a été donné (Cass. 3e civ. 18-5-2005 n° 04-11.394).

L'**autorisation** peut n'être que **partielle** si certaines des parcelles sur lesquelles elle porte font l'objet d'autres candidatures prioritaires ; la décision précise alors les références cadastrales des surfaces dont l'exploitation est autorisée et celles pour lesquelles cette autorisation n'est pas accordée (C. rur. art. L 331-3-2).

S'agissant du cas de **refus** aboutissant à un **agrandissement ou une concentration excessifs** au regard des critères précisés par le SDREA, la loi 2021-1756 du 23 décembre 2021 a apporté quelques modifications destinées à mettre en cohérence le refus d'autorisation d'exploiter sur ce fondement avec les situations de refus d'une prise de participation au titre de ce nouveau contrôle (voir nos 81250 s.). En effet, le refus ne peut être opposé que dans le cas où il n'y a pas d'autre candidat à la reprise de l'exploitation ou du bien considéré ou de preneur en place, alors que le refus opposé sur la base du contrôle des prises de participation ne s'embarrasse pas de ces motifs.

Désormais, si l'opération conduit à un agrandissement ou à une concentration excessifs, le préfet peut, après avis de la CDOA, suspendre l'instruction de la demande d'autorisation pour une durée de 8 mois. Le préfet qui souhaite suspendre sa décision notifie sa décision de suspension aux demandeurs, aux propriétaires et aux preneurs en place par lettre recommandée avec accusé de réception ou remise contre récépissé. La décision est également affichée pendant un mois à la mairie des communes où sont situés les biens objet de la demande d'autorisation d'exploiter. Elle est également publiée sur le site internet de la préfecture chargée de l'instruction. Cette publicité mentionne la localisation et la superficie des biens qui font l'objet de la demande d'autorisation d'exploiter, ainsi que l'identité des propriétaires ou de leurs mandataires et précise la date d'enregistrement de la demande. Si, à l'expiration de ce délai de huit mois, un autre candidat à la reprise de l'exploitation ou du bien considéré ou un autre preneur en place a déposé une demande d'autorisation d'exploiter, le préfet peut refuser l'autorisation au bénéfice de l'opération envisagée. À défaut d'autre candidat ou preneur en place, le refus ne peut être opposé (C. rur. art. L 331-3-1 et D 331-6-1 créé par décret 2022-1247 du 22-9-2022).

> **Précisions** **a.** La loi d'avenir pour l'agriculture de 2014 a supprimé la possibilité de délivrer des **autorisations temporaires** d'exploiter. S'agissant des **autorisations conditionnelles**, bien qu'elles n'apparaissent plus et que les sanctions prévues en cas de non-respect des conditions aient disparu, elles semblent toujours envisageables.

b. Dans le cas où le SDREA accorde au preneur en place un rang de priorité supérieur, le préfet peut refuser sur ce fondement une autorisation d'exploiter : **l'occupant sans titre** qui s'est maintenu après résiliation du bail ne possède plus cette qualité de preneur (CAA Nantes 23-4-2021 n° 19NT03616).

c. En cas de cession d'une exploitation agricole dans le cadre d'une **procédure collective**, les dispositions relatives au contrôle des structures ne sont pas applicables. Toutefois, lorsque plusieurs offres de reprises ont été recueillies, le tribunal doit tenir compte des orientations définies par le SDREA (C. com. art. L 642-1).

d. **Plusieurs autorisations** peuvent être accordées dès lors que celle du rang égal ou supérieur de priorité a fait l'objet d'une décision favorable. Mais le préfet peut aussi accorder l'autorisation d'exploiter à un demandeur d'un **ordre de priorité inférieur** si l'intérêt général ou des circonstances particulières, en rapport avec les objectifs du SDREA, le justifient, étant souligné que cette faculté ne s'exerce pas à titre exceptionnel (CE 12-12-2023 n° 462416).

e. En cas de **concentration ou d'agrandissement excessifs**, le préfet ne commet pas une erreur manifeste d'appréciation en accordant l'autorisation, alors même que l'agrandissement pourrait être qualifié d'excessif, dès lors qu'il n'y a pas de demande concurrente ni de preneur en place (CAA Douai 20-2-2024 n° 23DA00320). Toujours en cas de concentration ou d'agrandissement excessifs, une autre candidature peut être préférée quel que soit son rang de priorité, et quand bien même la viabilité de l'exploitation du preneur en place ne serait pas compromise.

f. Dans le cas d'une mise à disposition entraînant une **réduction du nombre d'actifs**, la situation doit être appréciée au moment de la mise à disposition et en tenant compte de l'emploi de l'associé apporteur de son exploitation individuelle ; s'il est associé non exploitant, l'autorisation peut être refusée. Il en va de même si cette entrée s'accompagne du départ d'un salarié ou d'un associé exploitant. En effet, ce cas de refus, qui ciblait l'obligation de solliciter une nouvelle autorisation en cas de diminution des actifs dans les cinq ans suivant l'autorisation accordée (n° 80836, Précisions, a) trouve seulement à s'appliquer, à la suite de la suppression de l'obligation de solliciter cette nouvelle demande par le Conseil constitutionnel, au seul moment de la mise à disposition, situation qui devrait s'avérer exceptionnelle en pratique.

g. Bien que les diminutions ultérieures du nombre des actifs au sein de la société ne puissent être contrôlées à la suite de la censure de cette disposition de la loi d'avenir par le Conseil constitutionnel, les dispositions prévoyant la **communication à la Safer** sont demeurées dans le texte. Ainsi, toutes les autorisations délivrées à des sociétés comprenant au moins deux associés exploitants doivent être communiquées à la Safer (C. rur. art. L 331-5). Toutes les autorisations d'exploiter délivrées à une société à la suite d'une mise à disposition de biens par un des associés sont notifiées chaque mois par voie dématérialisée à la Safer par les services de l'État. Par ailleurs, la communication par la Safer des informations relatives aux cessions de parts ou actions des sociétés ayant bénéficié d'une autorisation d'exploiter est faite par voie dématérialisée sous la forme d'un état semestriel d'opérations (C. rur. art. R 331-15). Une diminution du nombre d'actifs postérieurement à la mise à disposition sera donc connue mais ne saurait être soumise à une nouvelle autorisation d'exploiter comme le prévoyait le texte voté par le Parlement.

h. Le **tribunal administratif territorialement compétent** pour contester la décision du préfet est défini aux termes de l'article R 312-10 du Code de justice administrative, régissant notamment la compétence pour un litige relatif à une législation concernant les activités agricoles. Le tribunal administratif compétent est celui dans le ressort duquel se trouvent les parcelles au titre desquelles l'autorisation ou le rescrit ont été délivrés, lesquelles doivent être regardées comme constituant le lieu d'exercice de la profession au sens de ces dispositions (CE 10-6-2020 n°s 427630 et 427877).

i. Tout preneur en place dispose d'un **intérêt à agir contre l'autorisation** donnée à un autre agriculteur d'exploiter les parcelles qu'il loue, et quand bien même il ne se serait pas porté candidat pour obtenir l'autorisation d'exploiter en cause. Plus particulièrement, le preneur en place ayant reçu congé, conserve son intérêt à agir tant que la contestation du congé est pendante devant la juridiction civile (CE 29-12-2021 n° 438492). Quant au propriétaire, son intérêt à agir existe pour faire annuler une décision d'autorisation d'exploiter (dans la limite des terres dont il est propriétaire si la surface concernée par l'autorisation est plus importante – CE 5-2-2020 n° 419790). Enfin l'exploitant qui a demandé l'autorisation peut agir contre la décision favorable accordée à un autre exploitant, même si sa demande ne concernait qu'une partie des terres sur lesquelles l'autre demandeur a obtenu l'autorisation (CE 5-2-2020 n° 419790).

NOTIFICATION DE LA DÉCISION

Le préfet de région notifie sa décision aux demandeurs, aux propriétaires et aux preneurs en place par lettre recommandée avec accusé de réception ou remise contre récépissé. Cette décision fait l'objet d'un affichage à la mairie de la commune sur le territoire de laquelle sont situés les biens. Elle est publiée au recueil des actes administratifs. 80920

À défaut de notification d'une décision dans le délai de quatre mois à compter de la date d'enregistrement du dossier ou, en cas de prorogation de ce délai, dans les six mois à compter de cette date, l'autorisation est réputée accordée. En cas d'autorisation tacite, une copie de l'accusé de réception de dépôt est affichée et publiée dans les mêmes conditions que l'autorisation expresse (C. rur. art. R 331-6).

La décision du préfet peut faire l'objet d'un **recours** dans un délai de deux mois devant les juridictions administratives (les voies de recours doivent être indiquées dans la décision). Pour être recevable en nullité d'un arrêté préfectoral, le recours pour excès de pouvoir suppose de démontrer un intérêt personnel et direct : un propriétaire ne peut agir que pour la partie des biens dont il est propriétaire et le juge, s'il accueille son recours, ne pourra prononcer la nullité de l'arrêté que pour ces seuls biens (CE 5-2-2020 n° 419790).

La **procédure** doit être **renouvelée** si le fonds n'a pas été mis en culture avant la fin de l'année culturale qui suit la date de notification ou, dans le cas d'un contrat de génération-transmission en agriculture (C. rur. art. L 330-4), avant l'expiration de l'année culturale qui suit celle de la fin du versement des aides. Si le fonds est loué, l'année culturale à prendre en considération est celle qui suit le départ effectif du preneur, sauf si la situation personnelle du demandeur au regard des dispositions du contrôle des structures est modifiée (C. rur. art. L 331-4).

E. Situations particulières

DÉCLARATION PRÉALABLE

80925 Est soumise à déclaration préalable la mise en valeur d'un bien agricole reçu par **donation, location, vente ou succession d'un parent ou allié** jusqu'au troisième degré inclus (les concubins et les partenaires d'un Pacs sont exclus) lorsque les conditions suivantes sont réunies (C. rur. art. L 331-2, II) :

– le déclarant satisfait aux conditions de capacité ou d'expérience professionnelle mentionnées n° 80850 ;
– les biens sont libres de location ;
– les biens sont détenus par un parent ou allié depuis neuf ans au moins ;
– les biens sont destinés à l'installation d'un nouvel agriculteur (sans limite de surface exploitée ou condition d'âge) ou à la consolidation de l'exploitation du déclarant, dès lors que la surface totale de celle-ci après consolidation n'excède pas le seuil de surface fixé par le SDREA.

Pour l'application de ces dispositions, sont assimilées aux biens qu'elles représentent les parts d'une société constituée entre les membres d'une même famille.

Les déclarations préalables sont adressées au préfet de la région sur le territoire de laquelle est situé le bien ou au préfet de la région où se trouve le siège de l'exploitation du déclarant (voir n° 80901). Il en est accusé réception. La déclaration doit être préalable à la mise en valeur des biens. Conformément à la jurisprudence constante, le caractère libre du bien doit s'apprécier à la date d'effet du congé.

La déclaration est effectuée sur papier libre et sans formalisme particulier. L'exploitant bénéficiaire indique que les conditions prévues par l'article L 331-2, II du Code rural et de la pêche maritime sont bien remplies (opération par laquelle les biens lui ont été transmis, degré de parenté, sa capacité ou son expérience professionnelle, la durée de détention des biens par le parent ou allié et la date à laquelle les biens ont été libres de location) et que les **informations données sont sincères et véritables** ; il indique la localisation et la superficie des biens (C. rur. art. R 331-7).

En cas de déclaration erronée ou si une condition n'est pas remplie, le déclarant est mis en demeure de présenter ses observations ou de déposer une demande d'autorisation.

> **Précisions a.** Le dispositif déclaratif concernant les **biens de famille** s'applique uniquement aux biens dont l'exploitation est concédée par l'une des opérations ci-dessus listées ; le propriétaire exerçant le droit de reprise après avoir acheté le bien ne saurait donc en bénéficier, de même que les transferts entre époux.

b. Le régime de déclaration suppose une **exploitation personnelle** ; il ne peut s'appliquer lorsque l'exploitation est réalisée par l'intermédiaire d'une société. Si tel n'est pas le cas, une autorisation d'exploiter doit être sollicitée, quand bien même le repreneur aurait pu bénéficier du régime déclaratif s'il avait exploité à titre individuel (Cass. 3e civ. 9-4-2014 n° 13-10.562 ; Cass. 3e civ. 6-10-2016 n° 15-20.308 ; Cass. 3e civ. 5-10-17 n° 16-22.350).

c. Le régime déclaratif concerne également les **biens détenus par une société familiale**, mais ce caractère fait défaut dès lors que la société ne comprend pas exclusivement des parents ou alliés jusqu'au troisième degré inclus ; la **présence d'un tiers détenant une part infime du capital** suffit à faire perdre à la société ce caractère (Cass. 3e civ. 5-6-2013 n° 12-18.465).

d. L'**usufruitier** est réputé détenteur par la maîtrise matérielle du bien dont il a la jouissance (CE 27-11-2015 n° 378068).

e. La Cour de cassation a apporté plusieurs précisions concernant la **reprise par le bailleur des biens loués** et la déclaration préalable. Ainsi, pour le bailleur qui justifie d'une autorisation d'exploiter ou d'une déclaration préalable, seules les conditions visées n° 74605 sont à vérifier (capacité professionnelle, engagement d'exploiter les biens repris, etc.). La déclaration préalable suppose notamment que les biens possédés depuis plus de neuf ans soient « libres de location au jour de la déclaration ». Dans un premier arrêt, la Cour de cassation a indiqué que les biens étaient réputés libres de location dès lors que le congé était définitivement validé par le tribunal (Cass. 3e civ. 24-3-2010 n° 09-11.402), puis, dans plusieurs autres arrêts, lorsque les conditions de l'article R 331-7 du Code rural (déclaration dans le mois qui suit le départ du preneur) étaient remplies (Cass. 3e civ. 10-11-2010 n° 09-70.549 ; Cass. 3e civ. 21-3-2012 n° 10-20.101). Enfin, la Haute Juridiction a expressément souligné que la procédure de déclaration préalable était utilisable même lorsque la transmission suppose l'éviction du fermier en place (Cass. 3e civ. 19-1-2011 n° 09-71.248). En outre, elle a précisé que les articles du contrôle des structures sont d'ordre public et que le régime de la déclaration préalable doit seul recevoir application ; elle ajoute que les modifications intervenues à la suite de la loi du 5 janvier 2006 créant le régime de déclaration préalable sont applicables aux baux en cours.

La loi d'avenir de 2014 semblait avoir réduit à néant cette approche de la Cour de cassation en ne conservant du texte antérieur que le fait que les biens doivent être « libres de location » et en supprimant les mots « au jour de la déclaration ». Ne semblait donc pouvoir être considéré comme libre de location un bien faisant l'objet d'un congé-reprise et ce d'autant que l'article R 331-7 du Code rural et de la pêche maritime ne précise plus que, dans le cas d'une reprise, le bénéficiaire adresse sa déclaration à la DDTM au plus tard dans le mois qui suit le départ effectif du preneur. Il semblait donc en résulter, en cas de contestation de la reprise dans le cadre d'un bail en cours devant le tribunal, que celle-ci pouvait être subordonnée à une autorisation d'exploiter en application de l'article L 411-58 du Code rural et de la pêche maritime (n° 74630).

Le Conseil d'État a trouvé une issue acceptable à ces interrogations en considérant que l'exploitant bénéficiant de la déclaration préalable peut **déposer sa demande avant le départ effectif du preneur en place**, le bail ayant donc toujours cours, mais que celle-ci ne prendra effet qu'à l'issue de la libération des lieux, date d'effet du congé (CE 31-3-2017 n° 392875). Bien entendu, le Conseil d'État considère également que le bénéficiaire de la déclaration est en droit d'attendre le départ du fermier pour effectuer sa formalité. On remarquera toutefois que la contestation de la validité du congé par le preneur en place pourra, dans ce dernier cas, prendre appui sur le fait qu'il ne dispose pas d'une autorisation d'exploiter.

OPÉRATIONS RÉALISÉES PAR LES SAFER

Les opérations réalisées par les Safer sont également soumises à une procédure particulière. **80928**
Ainsi, lorsque la mise en valeur de biens agricoles par le candidat auquel la Safer entend les rétrocéder est soumise à autorisation d'exploiter, et seulement dans ce cas, l'avis favorable donné à la rétrocession par le commissaire du gouvernement représentant le ministre de l'agriculture se substitue à cette autorisation. La publicité du projet de rétrocession remplace la publicité de la demande d'autorisation d'exploiter visée n° 80905.

S'il estime que, compte tenu des autres candidatures à la rétrocession ou à la mise en valeur des biens et des motifs de refus prévus à l'article L 331-3-1 du Code rural et de la pêche maritime, le candidat à la rétrocession ne doit pas être autorisé à exploiter les biens qu'il envisage d'acquérir, le commissaire du gouvernement en fait expressément mention dans son avis. Cette mention tient lieu de refus de l'autorisation d'exploiter (C. rur. art. L 331-2, III).

Lorsque la Safer entend rétrocéder un bien agricole, en propriété ou en jouissance ou par la **80929**
conclusion d'un bail rural ou d'une autre convention (conventions visée nos 80240 et 80250), elle adresse au **commissaire du gouvernement** représentant le ministre de l'agriculture la liste des candidatures accompagnée de tous les éléments permettant d'apprécier la situation des candidats au regard du contrôle des structures (modèle fixé par arrêté du ministre de l'agriculture). Elle indique celles qui lui paraissent satisfaire aux conditions prévues pour être attributaire (n° 80265). La convocation du comité technique appelé à donner son avis est jointe à cet envoi. Un délai minimum de 15 jours doit être respecté entre l'information faite au commissaire du gouvernement et la date de la réunion du comité technique. S'il estime que la transmission qui lui a été faite est incomplète ou qu'un dossier requiert une instruction approfondie, le commissaire du gouvernement peut réclamer des informations complémentaires et demander le report de l'examen par le comité technique. Le commissaire du gouvernement est destinataire de l'intégralité des avis rendus par le comité technique, lesquels précisent les raisons des choix opérés entre les différentes candidatures. Toutes les communications entre la Safer et les services de la préfecture de région peuvent se faire sous forme électronique (C. rur. art. R 331-13).

Le commissaire du gouvernement examine, le cas échéant avec l'appui des services des DDT(M), la situation du candidat auquel la Safer entend attribuer le bien, au regard des autres candidatures d'attributaires potentiels et des raisons des choix opérés par le comité technique en tenant compte notamment du SDREA et des motifs de la rétrocession. Les candidatures prioritaires justifiant les refus d'autorisation d'exploiter ne peuvent être issues que de la liste des demandes examinées par le comité technique et transmise au commissaire du gouvernement. L'absence de réponse du commissaire du gouvernement à l'issue du délai d'un mois au terme duquel il doit se prononcer vaut autorisation implicite d'exploiter (C. rur. art. R 331-14).

> **Précisions** L'instruction technique du 7 juillet 2016 précise les **modalités de la procédure** (Inst. tech. DGPE/SDPE/2016-561 du 7-7-2016 p. 11 s.).
> L'avis du commissaire du gouvernement peut être **contesté** :
> – s'il s'agit d'un avis favorable à la rétrocession valant autorisation d'exploiter, un recours pourra être porté devant le tribunal administratif pour autant que le requérant ait contesté dans un même temps la rétrocession devant les tribunaux judiciaires ;
> – s'il s'agit d'un refus d'autorisation d'exploiter, l'avis du commissaire du gouvernement portant mention de ce refus est regardé comme une décision administrative susceptible de recours pour excès de pouvoir devant le tribunal administratif.
> Le commissaire du gouvernement étant placé sous l'autorité hiérarchique du ministre de l'agriculture, le recours administratif lui est adressé.

F. Sanctions applicables

80930 Celui qui exploite un fonds en dépit d'un refus d'autorisation devenu définitif ne peut bénéficier d'aucune **aide publique** à caractère économique en matière agricole (C. rur. art. L 331-9). Toutefois cette interdiction ne peut pas concerner les aides versées au titre du régime de soutiens directs dans le cadre de la politique agricole commune en application du règlement (CE) 2021/2115 du 2 décembre 2021 du Parlement et du Conseil (droits à paiement de base et aides couplées à la production ou non versées au titre du premier pilier de la PAC notamment), d'où la procédure particulière mise en place et explicitée n° 80940 (voir cependant, pour une validation du rejet par l'administration du dépôt de la demande des anciennes aides compensatoires à la surface suite à un refus d'autorisation d'exploiter, CAA Nantes 10-5-2005 n° 03NT00843).

80935 S'il est constaté qu'un fonds est exploité en infraction au contrôle des structures, l'intéressé est **mis en demeure** de régulariser sa situation dans un délai qui lui est notifié (au moins un mois). Tel est le cas si le fonds est exploité sans autorisation préalable ou malgré un refus d'autorisation.

Il peut être demandé à l'intéressé soit de présenter une demande d'autorisation, soit de cesser d'exploiter. Dans la première hypothèse, si l'intéressé n'a pas présenté sa demande dans le délai, une mise en demeure de cesser d'exploiter lui est alors notifiée.

80940 Si, à la suite d'une mise en demeure de cesser d'exploiter, l'exploitation se poursuit irrégulièrement, l'autorité administrative peut prononcer une **sanction pécuniaire** d'un montant compris entre 304,90 et 914,70 € par hectare. Cette mesure peut être reconduite chaque année (C. rur. art. L 331-7).

Le contrevenant peut contester cette sanction, avant tout **recours** contentieux, devant une commission de recours. La contestation doit être faite dans le mois de la notification de la sanction (sur la procédure applicable et son déroulement, voir C. rur. art. L 331-8 et R 331-8 s.).

La commission de recours doit, le cas échéant, prendre en compte la régularisation spontanée de la situation opérée par les contrevenants (en l'occurrence permettant à la société exploitante de demeurer sous les seuils de contrôle). En effet, la commission, de substituant au préfet, doit, au moment où elle se prononce, tenir compte des circonstances nouvelles pour fixer le montant de la sanction pécuniaire (CE 2-7-2021 n° 432802). En application de cette règle, et malgré une régularisation spontanée aboutissant la société et ses associés à titre individuel de s'inscrire sous les seuils de contrôle, la cour administrative d'appel a pu ramener la sanction à 400 € alors que le préfet l'avait fixée à 800 €. La cour, comme aurait pu le faire la décision contestée de la commission, a ainsi tenu compte de la durée du manquement (CAA Nantes 4-2-2022 n° 21NT01786).

80945 Si, à l'expiration de l'année culturale au cours de laquelle la mise en demeure de cesser d'exploiter est devenue définitive, un **nouveau titulaire du droit d'exploiter n'a pas été retenu**, toute personne peut demander au tribunal paritaire des baux ruraux que lui soit accordé le droit d'exploiter. En cas de pluralité de candidatures, le tribunal paritaire des baux ruraux statue en fonction de l'intérêt, au regard des priorités définies par le SDREA, de chacune des opérations envisagées. Lorsque le tribunal accorde l'autorisation d'exploiter, il fixe les conditions de jouissance et le montant du fermage. Cette autorisation est assimilée à un bail soumis au statut des baux ruraux (C. rur. art. L 331-10).

CONTRÔLE DES STRUCTURES ET STATUT DES BAUX RURAUX

Tout preneur doit faire connaître au bailleur, au moment de la conclusion du bail ou de la prise d'effet de la cession de bail selon les cas, la superficie et la nature des biens qu'il exploite ; mention expresse en est faite dans le bail (toutes les cessions sont concernées, qu'il s'agisse de cession à un descendant ou au conjoint, ou encore de cession hors du cadre familial lorsqu'une clause du bail l'autorise). Si le preneur est tenu d'obtenir une autorisation d'exploiter, la validité du bail ou de sa cession est subordonnée à l'octroi de cette autorisation (sur la cession du bail, voir n° 80850, Précisions, c). **81000**

Le refus définitif de l'autorisation ou le fait de ne pas avoir présenté la demande d'autorisation dans le délai imparti emporte de plein droit la **nullité du bail** (Cass. 3e civ. 13-7-2010 n° 09-16.598). Cette nullité est prononcée par le tribunal paritaire des baux ruraux sur demande du préfet, du bailleur ou de la Safer exerçant son droit de préemption (C. rur. art. L 331-6). Mais encore est-il nécessaire que le défaut d'autorisation soit consécutif à un refus, ce qui suppose qu'une demande ait été effectivement déposée, ou à une mise en demeure non suivie de régularisation (Cass. 3e civ. 31-12-2007 n° 06-19.350). En tout état de cause, la nullité ne peut être prononcée par le tribunal saisi avant la fin du délai imparti permettant au preneur de présenter ses observations à la suite d'une décision du préfet lui ordonnant de cesser d'exploiter (Cass. 3e civ. 12-12-2012 n° 11-24.384 ; Cass. 3e civ. 13-4-2022 n° 20-17.511).

Dans l'hypothèse où le demandeur d'une autorisation d'exploiter est un preneur, il doit justifier avoir informé par écrit le propriétaire de sa candidature (C. rur. art. R 331-4). Le preneur est admis à présenter des observations ou à être entendu par la CDOA (voir n° 80907).

> **Précisions a.** La **méconnaissance, en cours de bail, du contrôle des structures** ne constitue pas un motif de résiliation prévu par la loi (Cass. 3e civ. 24-6-2019 n° 18-12.417). Toutefois, le juge saisi d'une demande d'annulation d'un congé refusant le **renouvellement du bail** doit, au besoin d'office, rechercher si le preneur est en règle avec le contrôle des structures (Cass. 3e civ. 12-4-2018 n° 17-11.486 ; Cass. 3e civ. 7-9-2022 n° 21-15.027).
> **b.** Sur l'application du contrôle des structures en cas d'exercice du **droit de reprise par le bailleur**, voir nos 74630 et 80925 ; en ce qui concerne la résiliation, voir n° 73800.

CHAPITRE 5

CONTRÔLE DES SOCIÉTÉS POSSÉDANT OU EXPLOITANT DU FONCIER AGRICOLE

SOMMAIRE

GÉNÉRALITÉS

81150 Les outils destinés à réguler l'exploitation ou la propriété du foncier agricole mis en place par les lois d'orientation agricole successives ont, au cours des dernières décennies, été mis en échec par l'**utilisation des sociétés**. Qu'il s'agisse d'éviter le droit de préemption des Safer sur des terres dont la société est propriétaire en cédant la quasi-totalité des parts sociales d'une société foncière ou de prendre des participations en qualité de simple « apporteur de capitaux » dans une SCEA pour éviter de solliciter une autorisation d'exploiter, les sociétés peuvent permettre, par divers « montages juridiques » de s'affranchir de ces contraintes.

Cela étant, au cours des 10 dernières années, plusieurs textes ont été votés pour tenter de répondre à ces **contournements des règles**, et notamment par la loi 2014-1170 d'avenir pour l'agriculture du 13 octobre 2014 qui a tenté de restaurer l'efficacité du contrôle des structures. Sur la même période, le rôle des Safer en direction des sociétés a été renforcé (extension du droit de préemption aux cessions de la totalité des parts sociales d'une société, obligation de conserver les parts issues d'apports de biens fonciers sous condition de non-préemption durant 5 ans afin d'échapper à l'action en nullité de l'apport diligentée par la Safer, etc.).

Mais ces évolutions législatives ne permettaient de répondre qu'imparfaitement aux contournements des règles de régulation. On soulignera la tentative originale de contrôle des sociétés mise en place par la loi 2017-348 du 20 mars 2017 (C. rur. art. L 143-15-1 abrogé) et qui est restée inappliquée, le dispositif ayant été partiellement invalidé par le Conseil constitutionnel (Cons. const. 2017-748 DC du 16-3-2017). La loi 2021-1756 du 23 décembre 2021 portant mesures d'urgence pour assurer la régulation de l'accès au foncier agricole au travers de structures sociétaires abroge ce dispositif sans utilité et instaure un **nouveau régime d'autorisation des prises de contrôle** des sociétés agricoles.

81155 Le mécanisme de contrôle mis en place est **nouveau dans la technique juridique** utilisée. Il ne s'agit ni d'étendre le contrôle des structures en visant des situations jusqu'alors éludées pour lesquelles une autorisation d'exploiter serait requise, ni d'ouvrir les possibilités de préemption des Safer sur les opérations sociétaires dans des nouvelles situations. La procédure de contrôle a seulement pour effet d'autoriser ou de refuser la réalisation de certaines prises de participation majoritaires dès lors qu'elles révèlent un « accaparement » jugé excessif de la propriété ou une concentration jugée excessive de l'exploitation entre les mains d'un bénéficiaire personne physique ou morale.

Selon son impact sur l'installation des agriculteurs apprécié localement, l'opération projetée pourra être refusée ou acceptée.
La loi récente institutionnalise également une possibilité, elle aussi nouvelle, de **« négocier » afin d'obtenir une autorisation** en abandonnant, par exemple, quelques hectares afin de permettre une installation ou l'agrandissement d'un agriculteur dont l'exploitation n'est pas suffisamment dimensionnée.
La dernière originalité de ce contrôle réside encore dans le fait qu'il **cumule la surface des biens en propriété avec celle des biens en exploitation**. Cette approche, qui peut apparaître surprenante, n'est pas dénuée de fondement : le propriétaire peut devenir exploitant en cas de départ de son fermier, comme le fermier peut devenir propriétaire, puis bailleur, par l'achat des terres qu'il détient par bail.
Il en résulte la création d'un nouveau chapitre dans le Code rural et de la pêche maritime intitulé **« Contrôle des sociétés possédant ou exploitant du foncier agricole »** regroupant les articles L 333-1 à L 333-5 créés par l'article 1er de la loi 2021-1756 du 23 décembre 2021. Un décret en Conseil d'État, publié près d'un an après la loi, explicite la partie législative et s'insère dans le Code rural et de la pêche maritime aux articles R 333-1 et suivants ; il détaille la procédure d'instruction et de délivrance de l'autorisation. Par ailleurs, plusieurs décrets et arrêtés ont été publiés permettant la mise en œuvre nationale ou plus locale du contrôle : encadrement des conventions conclues par les Safer en vue de l'instruction des demandes, définition des rubriques du formulaire de déclaration, fixation des montants de frais de dossier, détermination des seuils régionaux de contrôle, etc. Enfin, le nouveau régime de contrôle fait l'objet de commentaires administratifs dans une instruction technique du ministère chargé de l'agriculture du 28 février 2023 (Inst. tech. DGPE/SDPE/2023-152).

> **Précisions a.** Compte tenu des débats professionnels et politiques intenses ayant entouré l'adoption de la proposition de loi, le gouvernement doit remettre au Parlement, dans un délai de 3 ans à compter de la promulgation de la loi, un **rapport relatif à l'évaluation du dispositif de contrôle des cessions de titres sociaux**. Ce rapport devra notamment comporter des éléments relatifs aux seuils d'agrandissement significatif fixés sur le territoire national (en appréciant l'adéquation des seuils aux objectifs du dispositif et, le cas échéant, en formulant des recommandations pour leur évolution), au nombre d'opérations de cession de titres sociaux ayant fait l'objet de notifications et de demandes d'autorisation (nombre de demandes instruites, superficie des biens concernés, valeurs, etc.), au nombre d'opérations autorisées et rejetées (types de mesures compensatoires demandées, nombre de décisions sanctionnant le non-respect d'engagements, etc.), aux coûts induits pour les parties à l'opération et aux délais moyens d'instruction et d'autorisation constatés, à l'impact du mécanisme de contrôle des cessions de titres sociaux sur le marché du foncier agricole, en termes de disponibilité et de coût du foncier agricole en France. Le rapport doit également faire état des moyens dédiés par l'État à l'instruction des demandes d'autorisation ou mis à la disposition des Safer et comporter des éléments relatifs au contentieux des autorisations et à leur nombre. Enfin, le rapport doit se prononcer sur l'opportunité de maintenir ou de réviser le dispositif de contrôle et formuler des recommandations sur les évolutions à apporter (Loi 2021-1756 du 23-12-2021 art. 6, I).
>
> **b.** Dans un délai d'un an à compter de la promulgation de la loi, le Gouvernement devait remettre au Parlement un **rapport évaluant l'étendue de l'accaparement et de la concentration excessive des terres agricoles** dans la collectivité de Corse et dans les territoires ultramarins et recensant les méthodes utilisées pour y parvenir (Loi 2021-1756 du 23-12-2021 art. 6, II). Ce rapport n'a, pour l'heure, pas été encore remis.

ENTRÉE EN VIGUEUR

Non-application de la période transitoire Le dispositif d'autorisation des prises de contrôle des sociétés est, par mention expresse de la loi, entré en vigueur le 1er juillet 2022. 81160
Le dispositif ne devait cependant s'appliquer qu'aux opérations dont la date de réalisation était postérieure à une date fixée par décret en Conseil d'État, et au plus tard au 1er novembre 2022. Un **dispositif transitoire** devait permettre une application progressive aux opérations concernées (Loi 2021-1756 art. 7, I). Ainsi ne devait-il pas concerner les opérations ayant fait l'objet d'une promesse de vente avant une date fixée par décret et dont la date de réalisation ne dépassait pas de plus d'un mois cette même date. Mais la **parution tardive du décret d'application** ne l'a pas permis et le régime transitoire est resté lettre morte (Décret 2022-1515 du 2-12-2022).

81162 **Parution des arrêtés préfectoraux** Le décret devait également préciser la date à laquelle le préfet de région devait prendre l'arrêté déterminant le seuil d'agrandissement significatif visé nos 81190 s., laquelle ne devait pas être postérieure au 1er novembre 2022. Cependant, tous les arrêtés ont été **publiés entre fin janvier et fin février 2023**. Dès lors, malgré une entrée en vigueur de principe au 1er juillet 2022 et une application aux opérations réalisées à compter du 1er novembre 2022, la mise en œuvre effective du contrôle n'a pu intervenir qu'après la fixation du seuil d'agrandissement (voir no 81195).
Une fois ces seuils fixés, c'est, à notre sens, la **date d'effet des actes** portant prises de participations qui doit être retenue. Ainsi, si la date d'effet d'un acte de cession de parts est postérieure à la date de réalisation de l'opération, l'autorisation a dû être sollicitée selon la nouvelle procédure mise en place. Soulignons qu'il est résulté de cette situation un **allongement du délai de réalisation des opérations projetées** dû à la nécessité de respecter la procédure d'information de la Safer. En effet, le notaire chargé d'instrumenter, le cédant ou le cessionnaire doit informer la Safer deux mois au moins avant la date envisagée pour la cession (C. rur. art. R 141-2-1).

A. Objectif et champ d'application du contrôle

1. OBJECTIF DU CONTRÔLE

81165 Le nouveau dispositif de contrôle des sociétés possédant ou exploitant du foncier agricole vise à **favoriser l'installation d'agriculteurs, la consolidation d'exploitations** agricoles et le renouvellement des générations agricoles en luttant contre la concentration excessive des terres (en exploitation) et leur accaparement (en propriété) aux mains de quelques exploitants ou propriétaires. Il contribue à la souveraineté alimentaire de la France et tend à faciliter l'accès au foncier, notamment en contrôlant le respect des prix du marché foncier local (C. rur. art. L 333-1). Ces caractéristiques permettent de légitimer l'intervention de l'État, par la voix du préfet de département, dans la délivrance d'autorisation ou de refus de l'opération projetée.

2. CHAMP D'APPLICATION DU CONTRÔLE

La **prise de contrôle d'une société** possédant ou exploitant des biens immobiliers à usage ou à vocation agricole réalisée par une personne physique ou morale qui détient déjà, directement ou indirectement, en propriété ou en jouissance, des biens de même nature dont la superficie totale excède un seuil d'agrandissement significatif ou qui, une fois réalisée la prise de contrôle, détiendrait une superficie totale excédant ce seuil est soumise à **l'autorisation préalable** du représentant de l'État dans le département (C. rur. art. L 333-2, I).

SOCIÉTÉS CONCERNÉES

81175 Les prises de contrôle visées par l'autorisation sont celles intervenant dans des sociétés possédant ou exploitant les biens immobiliers agricoles listés no 81180. L'**objet de la société** importe peu. Qu'il soit agricole ou industriel, immobilier ou libéral, il suffit que la société détienne ou exploite quelques ares pour que la prise de contrôle de cette société soit placée dans le champ de l'autorisation. Le dispositif de contrôle instaure donc un mécanisme de transparence totale des sociétés, lesquelles sont soumises à des obligations déclaratives permettant à l'autorité administrative d'avoir connaissance de leur patrimoine immobilier agricole, de ses mutations indirectes et de leurs bénéficiaires.
À notre sens, les **notions de possession et d'exploitation** doivent être entendues au sens large. Outre la propriété, la possession concerne aussi l'usufruit, ainsi que toute autre situation de possession de bonne ou mauvaise foi. Elle n'implique évidemment pas la mise en valeur du bien ; telle est le cas des sociétés foncières qui se bornent à louer leurs biens immobiliers. S'agissant de la notion d'exploitation, elle concerne tant l'exploitation en faire-valoir direct en qualité de propriétaire ou d'usufruitier, qu'indirect, notamment via un bail rural (C. rur. art. L 411-1 s.) ou une convention de mise à disposition au bénéfice d'une société (C. rur. art. L 411-2, L 323-14 et L 411-37) ou encore par une convention de mise à disposition réalisée par une Safer (no 80240). Les situations de **coexploitation par deux époux** sur l'exploitation individuelle (C. rur. art. L 321-1 s.) nous apparaissent également concernées, tout comme l'exploitation en commun d'un bien indivis. Il convient de tenir compte tant des surfaces détenues que de celles des biens exploités.

BIENS IMMOBILIERS AGRICOLES POSSÉDÉS OU EXPLOITÉS PAR LA SOCIÉTÉ

81180 Pour définir les biens immobiliers à usage ou à vocation agricole possédés ou exploités par la société, l'article L 333-2 renvoie à l'article L 143-1 du Code rural et de la pêche maritime qui liste les biens sur lesquels les Safer peuvent exercer leur droit de préemption (no 80291).

> **Précisions** **a.** Lorsque les **biens immobiliers** ne sont détenus qu'**en usufruit ou en nue-propriété**, la Safer peut exercer son droit de préemption seulement sous certaines conditions (voir n° 80291). Il nous semble toutefois que lorsqu'une société ne détient que des biens immobiliers en usufruit ou en nue-propriété, les **prises de participation** la concernant doivent être **soumises au nouveau contrôle**. Selon nous, le texte de l'article L 333-2, I du Code rural et de la pêche maritime renvoie seulement à la nature des biens à usage ou à vocation agricoles au sens de l'article L 143-1 du même Code, et non aux conditions de l'exercice de la préemption. Si l'instruction technique est muette sur ces points, on observera que, dans un exemple, elle considère que des parcelles détenues en usufruit ou en nue-propriété par une société doivent être décomptées pour déterminer si le seuil de contrôle est atteint (Inst. tech. DGPE/SDPE/2023-152 du 28-2-2023 p. 15 exemple B 13). Cette approche nous apparaît renforcée par la notion de possession à laquelle renvoie l'article L 333-2, I du Code rural et de la pêche maritime.
> **b.** Le droit de préemption peut s'exercer sur les biens immobiliers mentionnés ci-dessus, mais aussi sur l'**intégralité des parts d'une société**. Qu'en est-il au regard du contrôle des prises de participation lorsque l'intégralité des parts est détenue par la société objet de la prise de contrôle ? Les parts et actions n'étant pas des biens immobiliers, mais des biens meubles, le renvoi de l'article L 333-2 du Code rural et de la pêche maritime serait néanmoins sans portée. Toutefois, dans la mesure où le contrôle concerne aussi les prises de contrôle par personne morale interposée, une société détenant des titres d'une autre société qui possède ou exploite des biens immobiliers à usage ou à vocation agricole se trouve concernée par le contrôle (voir n° 81212).

PERSONNES PRENANT LE CONTRÔLE

Sont concernées les **personnes physiques ou morales** qui détiennent déjà, directement ou indirectement, en propriété ou en jouissance, des biens visés n° 81180 dont la superficie totale excède un **seuil d'agrandissement significatif** fixé au niveau régional. Il en va de même de toute personne qui, ne détenant ou n'exploitant pas déjà une superficie excédant le seuil, détiendrait ou exploiterait, une fois réalisée la prise de contrôle, une superficie totale excédant ce seuil d'agrandissement significatif ; cette personne physique ou morale est soumise à l'autorisation préalable du représentant de l'État dans le département. **81185**
Sur la fixation du seuil d'agrandissement significatif, voir n° 81195.
Sur la mesure des superficies et les modalités de comparaison au seuil, voir n°s 81200 s.

B. Seuil d'agrandissement significatif

La prise de contrôle d'une société possédant ou exploitant des biens immobiliers à usage ou à vocation agricole est soumise à autorisation dès lors qu'un seuil significatif est dépassé. L'appréciation de ce seuil et son application sont assorties de nombreuses règles : détermination de la surface exploitée ou détenue, de la zone géographique sur laquelle s'étendent les biens exploités ou possédés et prise en compte de la personne de l'acquéreur. L'approche est différente selon que l'acquéreur des parts sociales (ou le bénéficiaire de la prise de contrôle) est une personne physique ou une personne morale. **81190**

FIXATION DU SEUIL

Le seuil d'agrandissement significatif est fixé en hectares par le **préfet de région**, ou, en Corse, par le préfet de Corse, avec l'appui des préfets des départements concernés. Il est fixé après avis de la chambre régionale d'agriculture (ou de la chambre d'agriculture de région en Île-de-France) ; sans réponse, l'avis est réputé favorable à l'issue d'un délai d'un mois à compter de la saisine (C. rur. art. L 333-2, II et R 333-1). **81195**
Le seuil d'agrandissement significatif peut être fixé par **région naturelle ou par territoire présentant une cohérence** en matière agricole. Lorsque le seuil est fixé par région naturelle, il est tenu compte des petites régions agricoles délimitées pour les besoins de la statistique agricole. Lorsqu'il est fixé par territoire présentant une cohérence en matière agricole, celle-ci s'apprécie en tenant compte de la spécificité agricole ou de la pratique agricole dominante d'un territoire (C. rur. art. R 333-2).
Le seuil est **révisé** au minimum tous les 5 ans dans les mêmes conditions (C. rur. art. R 333-1).
Il est **publié** au recueil des actes administratifs de la préfecture de région et peut être consulté sur le site internet des préfectures de la région et des départements concernés.

Le seuil d'agrandissement significatif est compris entre 1,5 et 3 fois la **surface agricole utile régionale moyenne** fixée dans le schéma directeur régional des exploitations agricoles (voir nº 80820 s.).

APPRÉCIATION SELON LA NATURE DU BIEN

81196 Au-delà de la typologie des biens que doit détenir la société pour être soumise au contrôle (nº 81180), il apparaît nécessaire que ces **biens immobiliers à usage ou à vocation agricole** puissent être **exprimés en surface exploitée** ; telle semble être la règle à la lecture des exemples cités par l'instruction du 28 février 2023 (Inst. tech. DGPE/SDPE/2023-152 p. 11 s.). Il en ressort que des bâtiments de stockage détenus par une SARL ayant une activité de prestation de travaux agricoles ne sont pas à prendre en compte. Il semble en aller de même si les mêmes bâtiments sont détenus par une société d'exploitation agricole ou dont l'objet est la propriété agricole : les bâtiments en question ne peuvent s'exprimer en surface agricole.

Par ailleurs et dans la même logique, conformément au texte, ne sont pas comptabilisées les **parcelles classées en nature de bois et forêts** (au cadastre), sauf si elles sont le support d'une activité agricole ou si elles ont fait l'objet d'une autorisation de défrichement liée à une activité agricole (C. rur. R 333-2, III dernier al.). Tel serait le cas si, en fait, les parcelles ont fait l'objet d'arrachage pour y exercer une activité agricole sans que leur nature cadastrale n'ait été modifiée. En revanche, les surfaces sur lesquelles sont plantés des **plants d'arbres**, en vue d'amener ces arbres jusqu'à leur maturité seront considérées comme étant **support d'une activité agricole** (Inst. tech. DGPE/SDPE/2023-152 du 28-2-2023 p. 11) dès lors que l'activité conduite sur ces parcelles est une activité agricole. Elles devront donc être comptabilisées pour vérifier le seuil d'agrandissement significatif.

Si le dispositif d'autorisation « prise de contrôle » s'applique lorsque, par addition de toutes les superficies des biens immobiliers à usage ou à vocation agricole exploitées et/ou détenues, il doit être tenu compte des **équivalences en fonction des natures de culture et de production**. Ainsi, « les équivalences prévues par le schéma directeur régional des exploitations agricoles (SDREA) pour le calcul du seuil d'agrandissement significatif » doivent être respectées (C. rur. art. L 333-2, III). Ces coefficients d'équivalence et les règles applicables sont fixés dans chaque SDREA ; ils peuvent, par exemple, être fixés selon le nombre de places autorisées en élevage, le nombre d'animaux présents, le nombre de mètres carrés, etc. Dans ces conditions, les **installations hors-sol** sont également **prises en compte**.

EXEMPLE

Une personne prend le contrôle d'une EARL en achetant 100 % des parts sociales. Cette société exploite un élevage hors-sol de 120 truies et cultive 60 ha de maïs, 60 ha de tournesol et 20 ha de vignes. Un coefficient d'équivalence de 3 est applicable pour les vignes. Un coefficient d'équivalence de 0,6 est applicable à l'élevage hors-sol de truies.

La surface exploitée après application des coefficients d'équivalence est de 60 ha + 60 ha + (20 ha × 3) + (120 places × 0,6) ha = 252 ha.

APPRÉCIATION SELON LA ZONE GÉOGRAPHIQUE

81197 Pour l'application du contrôle, le seuil d'agrandissement significatif applicable est celui fixé par le représentant de l'État dans la région, c'est-à-dire le préfet, du **lieu où se trouve la plus grande superficie de terres** détenues ou exploitées par la société faisant l'objet de la prise de contrôle.

Il est également nécessaire de tenir compte du fait qu'il est possible d'être en présence de **plusieurs seuils pour une même région**, dès lors que le seuil peut être fixé par territoire ou petite région naturelle. L'instruction technique précise que, lorsque l'opération concerne des terres ou biens situés sur plusieurs zones dans une même région, le seuil applicable est celui où se trouve la plus grande superficie pondérée des terres exploitées ou détenues directement ou indirectement.

Lorsque la **société** faisant l'objet de la prise de contrôle **ne détient pas directement des biens immobiliers à usage ou à vocation agricole**, le seuil d'agrandissement significatif applicable est celui fixé dans la région du lieu où se trouve la plus grande superficie de terres exploitées ou détenues indirectement par la société faisant l'objet de la prise de contrôle (Inst. tech. DGPE/SDPE/2023-152 du 28-2-2023 p. 12 et 13).

Soulignons enfin que l'instruction technique précise que les personnes physiques ou les personnes morales détenant des **biens immobiliers à usage ou à vocation agricole à l'étranger** sont soumises au régime d'autorisation « prise de contrôle » si elles possèdent ou exploitent également des superficies en France, quel que soit le lieu du siège d'exploitation ou du siège social. Dans ce cas, **seules les superficies en France seront prises en considération** pour vérifier le seuil d'agrandissement significatif (Inst. tech. DGPE/SDPE/2023-152 du 28-2-2023 p. 12).

EXEMPLE

Une personne prend le contrôle d'une EARL qui exploite 150 ha de maïs dans une région X et 80 ha de vignes dans une région Y. Le seuil d'agrandissement significatif applicable est celui de la région du lieu où se trouve la plus grande superficie pondérée de terres exploitées par la société faisant l'objet de la prise de contrôle (société cible).
En application du SDREA de la région Y, un coefficient d'équivalence de 3 est applicable aux surfaces de vignes. Les surfaces en vignes correspondent donc à 240 ha (80 ha de vignes × 3 = 240 ha). Les surfaces en vignes excèdent donc les surfaces en maïs exploitées sur la région X (150 ha).
Le seuil d'agrandissement significatif applicable est donc celui de la région Y fixé à 210 ha.
Les surfaces exploitées (avec application des coefficients) sont donc de 390 ha (150 ha + 240 ha = 390 ha). Le seuil d'agrandissement significatif de 210 ha est donc dépassé et l'opération est soumise à autorisation.

ACQUÉREURS PERSONNES PHYSIQUES

Le seuil d'agrandissement significatif s'apprécie en additionnant la superficie de tous les biens immobiliers à usage ou à vocation agricole, **toutes productions confondues**, que la personne physique exploite ou possède, directement ou indirectement par l'interposition d'une ou de plusieurs personnes morales qu'elle contrôle (voir nº 81212). 81200

Est prise en compte la superficie de la totalité des biens immobiliers, sans égard pour le **régime matrimonial** du bénéficiaire de l'opération et sans tenir compte du fait qu'il ne détient que des droits indivis ou démembrés sur les immeubles faisant l'objet du calcul (C. rur. art. L 333-2, III-al. 4). En conséquence, est prise en compte la superficie de la totalité des biens immobiliers à usage ou à vocation agricoles, quel que soit le régime matrimonial du bénéficiaire de l'opération. Il en résulte que chaque époux commun en biens est individuellement considéré comme propriétaire ou exploitant de la totalité des biens immobiliers communs. Il est donc intégralement tenu compte des biens détenus en commun entre époux mariés sous le régime de la communauté, ou des biens indivis s'agissant des couples mariés sous le régime de la séparation de biens (Inst. tech. DGPE/SDPE/2023-152 p. 14). En effet, les **biens communs et indivis** sont traités de manière identique, ce qui signifie que chaque indivisaire est réputé détenir ou exploiter, selon le cas, la totalité des biens de l'indivision. L'approche est encore semblable dans le cadre d'un **démembrement de propriété** : le nu-propriétaire comme l'usufruitier sont considérés comme détenteurs de la totalité du bien. L'instruction administrative justifie cette approche par le fait « qu'aucune proratisation n'est prévue pour le calcul de la surface à prendre en compte par rapport au seuil d'agrandissement significatif ».

L'instruction technique précise par ailleurs que pour une même personne, les **mêmes surfaces** qu'il détient, directement ou indirectement, en nue-propriété ou en usufruit ne peuvent être décomptées deux fois (détention de la nue-propriété par l'intermédiaire d'une société et de l'usufruit à titre personnel par exemple). Cette approche est selon nous transposable pour les **terres mises à disposition** par des propriétaires associés exploitants dans les sociétés : les terres mises à disposition d'une société contrôlée ne sauraient être retenues deux fois dans le calcul (une fois en qualité de propriétaire et une seconde fois en raison de la détention majoritaire de la société).

ACQUÉREURS PERSONNES MORALES

Lorsque l'acquéreur des titres sociaux est une personne morale, sa situation au regard du seuil d'agrandissement significatif est appréciée à l'égard de toutes les **personnes physiques qui la contrôlent** (au sens de C. com. art. L 233-3 et L 233-4 ; voir nos 81210 s.). En cas d'interposition d'une ou de plusieurs personnes morales, la situation est appréciée à l'égard de toutes les personnes physiques qui contrôlent en dernier lieu, directement ou indirectement, la personne morale acquéreur (C. rur. art. L 333-2, III-al. 3). Dès lors, l'appréciation du seuil est identique pour la personne physique bénéficiaire de la prise de contrôle (opération directe) que pour chaque personne physique finale (bénéficiaire final) contrôlant la personne morale bénéficiaire de la prise de contrôle (opération indirecte). Cependant, pour les personnes morales acquéreurs, l'instruction du dossier réclamera d'aller vérifier, jusqu'au bout de la chaîne de contrôle, qui opère le contrôle effectif de la société foncière ou d'exploitation (l'instruction technique du 28-2-2023 présente, dans son annexe 3, plusieurs exemples de holdings). Il est aussi possible qu'aucun contrôle ne soit constaté, aucun associé ne détenant, par exemple, la majorité. 81201

C. Opérations concernées

81202 Constitue une prise de contrôle soumise à autorisation la prise de participation par **acquisition de titres sociaux** qui confère à une personne physique ou morale, agissant directement ou par l'interposition d'une personne morale acquéreur, le **contrôle de la société**, au sens du Code de commerce. Mais, afin de circonscrire toutes les prises de contrôle, **diverses autres opérations** permettant, au-delà de la simple acquisition de parts sociales ou d'actions, de manifester la prise de contrôle sont soumises à autorisation.

ACQUISITIONS DE TITRES SOCIAUX

81203 L'acquisition des titres sociaux, terminologie volontairement large, concerne, selon le type de société, un achat de parts sociales (SCEA, EARL, etc.) ou d'actions (SA, SAS, etc.). La notion d'acquisition de parts ou actions ne pose guère de difficultés, mais nécessite de clarifier certaines opérations donnant lieu à attribution de droits sociaux (création de société, fusion, etc.).

CRÉATION D'UNE SOCIÉTÉ

81204 La création d'une société agricole ou foncière ne constitue pas une opération générant une acquisition de titres sociaux. La précision méritait d'être apportée par l'administration, la constitution générant, comme l'augmentation de capital concernée expressément par le contrôle, une attribution de parts en contrepartie d'un apport de biens en capital social (Inst. tech. DGPE/SDPE/2023-152 p. 9). Selon nous, cette approche vaut quand bien même la répartition des droits de vote ne serait pas proportionnelle au capital détenu. Cependant, rappelons que cette création est placée dans le **champ du contrôle des structures** et sera soumise à ce contrôle si les conditions en sont remplies (n° 80836).

FUSION ET SCISSION DE SOCIÉTÉ

81205 Suivant, semble-t-il, la même logique que pour la création, l'administration considère qu'une **fusion** qui se traduit par une **création de société** n'est pas soumise à autorisation au titre des prises de participation. En revanche, une **fusion-absorption, sans création d'une nouvelle société**, entre dans le champ de l'autorisation ; il est vrai que la société absorbante réalise en cette hypothèse une augmentation de capital. Si les autres conditions sont réunies, l'absorbante ou son représentant devront solliciter une autorisation. L'approche développée pour les scissions est identique (Inst. tech. DGPE/SDPE/2023-152 p. 9 et 10). Cette approche interpelle, car contrairement à la création de société, il s'opère un échange de titres préexistants, qu'il y ait ou non création de société. Cette « double vente » que constitue l'échange n'est alors pas considérée comme une acquisition ! De plus, en cas de fusion et de scission, l'apport des biens sociaux est réalisé par l'absorbée et non par ses associés.

PARTAGE DE SOCIÉTÉ

81206 Apparaissent concernées par le contrôle les seules **opérations** réalisées **« à titre onéreux »**, par opposition aux **opérations à titre gratuit** qui sont exonérées du contrôle (voir n° 81220). Une prise de contrôle à la suite d'une donation ou d'une succession n'est donc par concernée par le nouveau dispositif. On comprend bien qu'il serait difficile de bloquer les opérations successorales, souvent difficiles à solder, en les subordonnant au contrôle des prises de participations.
Mais qu'en est-il des « acquisitions » réalisées à l'occasion d'un **partage de titres indivis** ou d'un partage de parts sociales détenues par une société à la suite de sa dissolution forment-elles des opérations d'acquisition soumises au contrôle ? S'agissant du partage de parts indivises, lequel consiste en l'attribution divise de parts jusqu'alors indivise aux associés membres de l'indivision sur lesdites parts, cette opération ne nous semble pas présenter le caractère d'une acquisition. En effet, les indivisaires associés sont déjà associés et possèdent déjà leurs parts, il ne peut être soutenu que le partage emporte acquisition ! En droit civil, les partages, même avec soulte ou plus-value, sont déclaratifs et ne sont pas considérés comme emportant transmission entre les copartageants (C. civ. art. 883). En revanche, il convient de regarder précisément l'exercice du droit de vote avant, puis après le partage, afin de déterminer s'il en résulte un transfert du contrôle de la société, lequel serait soumis à autorisation (n° 81216).
Autre interrogation, qu'en est-il des **attributions de titres à l'occasion d'un partage de société les détenant** ? Telle pourrait être le cas d'une société holding dissoute par la volonté de ses associés et partageant entre eux les parts qu'elle détient. Les attributions étant la contrepartie de droits détenus sur la société dissoute par ses anciens associés, ne devraient-ils pas être considérés comme acquéreurs des titres ? En effet, malgré la nature du partage et son effet déclaratif

rappelé ci-avant, il y a, avant le partage des biens indivis issus de la personne morale dissoute et liquidée, un transfert des parts sociales détenues indivisément à l'ensemble des anciens associés devenus indivisaires. Cette opération nous semble néanmoins devoir donner lieu au contrôle des prises de participation car il y a mutation des parts sociales... quoiqu'on puisse s'interroger dès lors qu'il n'y aurait pas modification dans la quotité de détention par les associés. De plus, ne peut-on arguer d'un parallélisme avec la constitution de société ? La création de société n'étant pas soumise à autorisation, ne devrait-il pas en être de même pour les dissolutions suivies d'un partage de titres, ou d'une attribution en présence d'une société unipersonnelle ? L'instruction technique est muette sur ces points.

D. Prise de contrôle

NOTION DE PRISE DE CONTRÔLE

La notion de prise de contrôle renvoie, de manière expresse, aux dispositions du Code de commerce (C. rur. art. L 333-2, IV). Cette notion permet de circonscrire de nombreuses situations, fréquentes en pratique, dans les sociétés agricoles (nos 81210 s.). Le texte ajoute cependant diverses opérations précisément énumérées qui viennent parfaire la prise en compte des situations de terrain (nos 81215 s.). **81207**

Constitue une prise de contrôle la prise de participation par **acquisition de titres sociaux, parts sociales ou actions**, qui confère à une personne physique ou morale, agissant directement ou par l'interposition d'une personne morale acquéreur, le contrôle de la société, au sens des articles L 233-3 et L 233-4 du Code de commerce. **81210**

Toute personne, physique ou morale, est considérée comme en contrôlant une autre dans quatre situations précises (C. com. art. L 233-3, I) :

– elle détient directement ou indirectement une fraction du capital lui conférant la **majorité des droits de vote** dans les assemblées générales de cette société (il s'agit donc, si les droits de vote sont proportionnels au capital, de détenir la moitié des parts plus une part, soit personnellement, soit par personnes interposées) ;

– elle dispose seule de la majorité des droits de vote dans cette société en vertu d'un **accord conclu avec d'autres associés** ou actionnaires et qui n'est pas contraire à l'intérêt de la société (cette situation nous apparaît également difficile à appréhender dans la mesure où ce type d'accord est généralement occulte et les preuves difficiles à apporter) ;

– elle **détermine en fait, par les droits de vote dont elle dispose, les décisions** dans les assemblées générales de cette société (cette situation nous apparaît difficile à appréhender car elle suppose, pour la Safer ou l'administration, une analyse approfondie du fonctionnement passé des assemblées générales) ;

– elle est associée ou actionnaire de cette société et dispose du **pouvoir de nommer ou de révoquer la majorité des membres des organes d'administration**, de direction ou de surveillance de cette société (là encore, une analyse des statuts sera nécessaire pour déterminer si cette condition est remplie par un associé minoritaire, mais cette recherche apparaît plus simple à conduire que dans les deux cas qui précèdent).

Par ailleurs, une personne est **présumée exercer ce contrôle** lorsqu'elle dispose directement ou indirectement, d'une fraction des droits de vote supérieure à 40 % et qu'aucun autre associé ou actionnaire ne détient directement ou indirectement une fraction supérieure à la sienne (C. com. art. L 233-3, II). La présomption légale posée par l'article L 233-3 du Code de commerce doit être analysée, selon la doctrine, comme une **présomption simple**. Elle pourra être renversée par la personne supposée exercer le contrôle dans le cas, par exemple, où serait établi soit un contrôle conjoint entre les autres associés ou certains d'entre eux, leur assurant la maîtrise du pouvoir en assemblée générale soit une convention de vote qui permettrait à l'un des associés de disposer de la majorité des droits de vote. De manière plus évidente, cette présomption pourra être levée, notamment dans les Gaec comprenant deux associés, dès lors que les droits de vote sont égalitaires. Il en va de même dans toute autre société comprenant deux associés dès lors que les droits de vote détenus sont ou deviennent égalitaires en voix à l'occasion de la cession de parts sociales, quel que soit le capital social détenu (voir Précisions ci-dessous).

Enfin, toute **participation au capital même inférieure à 10 %** détenue par une société contrôlée est considérée comme détenue indirectement par la société qui contrôle cette société (C. com. art. L 233-4). Il y a donc lieu de cumuler ces participations minoritaires détenues par personnes interposées.

81210 (suite) > **Précisions a.** Le **contrôle** d'une société s'opère par la détention majoritaire dans les cas prévus au Code de commerce (C. com. art. L 233-3 s.). Ce contrôle s'apprécie à l'égard de chaque associé. Cependant, une analyse complémentaire peut être nécessaire dans l'hypothèse où les **associés agiraient de concert** par le biais, notamment, d'un pacte d'associés (ou d'actionnaires), afin de contrôler conjointement la société.

Le **contrôle conjoint** suppose au moins deux « concertistes » qui, par leur action commune, vont exercer une influence déterminante sur la société. L'action de concert est subordonnée à la caractérisation d'un accord (écrit ou verbal) doté d'un effet contraignant pour les parties. Cette action de concert est caractérisée lorsque les associés ou actionnaires de la société se coordonnent au point de former un « groupe » dont les membres partagent une même stratégie à l'égard de la société. En effet, en application du Code de commerce, lorsque dans le cadre d'une action de concert, deux ou plusieurs personnes déterminent en fait les décisions prises en assemblée générale d'une société, elles sont considérées comme contrôlant conjointement cette dernière (C. com. art. L 233-3, III).

Le **seul fait que deux ou plusieurs personnes détiennent ensemble la majorité** des droits de vote ne caractérise pas l'action de concert et ne permet pas de considérer ces personnes comme exerçant un contrôle conjoint de la société.

Dans le cadre de la **demande d'autorisation** au titre du contrôle des participations, le demandeur sera amené à préciser s'il exerce ce type d'action. Mais il apparaît illusoire de penser que les associés pourraient faire état en leur défaveur, d'une action de concert difficile à prouver par le service instructeur. Car, hormis les situations de présomption visées à l'article L 233-10 du Code de commerce, l'accord entre associés dont pourrait se prévaloir le service instructeur devra être prouvé.

b. Le **lien matrimonial entre les associés** est sujet à interprétation. Ainsi, l'instruction administrative précise qu'un Gaec pourrait être soumis à autorisation « prise de contrôle » dans le cas où des associés [époux] agiraient de concert, et de l'illustrer par un exemple (Inst. DGPE/SDPE/2023-152 du 28-2-2023 exemple A 3 p. 7) : deux époux achètent chacun 1/3 des parts sociales d'un Gaec à deux associés partant à la retraite. Le 1/3 restant des parts sociales est détenu par un associé qui souhaite partir à la retraite dans 3 ans. Dans ce cas, il existe une forte présomption d'action de concert entre les époux qui détiendront à eux deux le contrôle du Gaec.

Cette approche nous apparaît mal fondée. Pas plus en Gaec que dans une autre société, le lien matrimonial ne peut être seul retenu pour établir une action de concert. Il en est de même de l'observation, sur une longue période antérieure à la cession, du fait que de nombreuses **délibérations** aient été **votées à l'unanimité**. Le seul fait de voter de manière identique ne démontre pas ipso facto la présence d'un accord établissant une action de concert. La doctrine juridique est catégorique et unanime sur ce point : l'existence de comportements similaires ne peut qualifier seule un accord entre les associés.

Cependant, le cas des **indivisions sur parts sociales** nous apparaît devoir être envisagé. Lorsque des parts sociales sont la propriété indivise de plusieurs personnes, elles sont en principe toutes associées de la société. En cette qualité, elles disposent toutes des droits politiques attachés à cette qualité, à savoir un droit de vote. Toutefois, celui-ci se manifeste par le biais d'un mandataire, lequel va exercer le droit de vote pour l'ensemble des indivisaires. Cette situation nous apparaît révéler sans aucun doute une action de concert dans la mesure où tous les associés voteront en assemblée générale d'une même voix.

c. L'article L 233-3 du Code de commerce évoque aussi le **contrôle de fait**, lorsque l'associé détermine « en fait », par les droits de vote dont elle dispose, les décisions dans les assemblées générales de cette société. Cette hypothèse peut viser le cas d'un actionnaire minoritaire qui se trouve contrôler la société car il y a une très forte dispersion du capital porté par les autres actionnaires et/ou une faible participation de ces derniers aux assemblées générales (voir, par exemple, CA Paris 1e ch. 20-2-1998 : RJDA 12/98 n° 1365). Ce contrôle de fait peut se combiner avec une action de concert.

d. La répartition des voix égalitaire dans une société composée de deux associés aboutit à ce qu'aucun d'eux n'exerce le contrôle de la société. Cette **règle « un homme = une voix »**, fréquente en Gaec, peut figurer dans les statuts de toute société. Ainsi, dans un Gaec composé de deux associés, aucun d'eux ne contrôle le groupement, et ceci quel que soit le nombre de parts sociales détenues et les mouvements de parts et de capital social intervenant.

Cependant, cette approche pourrait être mise à mal par la **présomption** de l'article L 233-3, IV du Code de commerce (présomption de contrôle lorsqu'un associé dispose, directement ou indirectement, d'une fraction des droits de vote supérieure à 40 % et qu'aucun autre associé ne détient directement ou indirectement une fraction supérieure à la sienne). En effet, cette condition est remplie dans un Gaec composé de deux associés puisqu'un associé détient 50 % des voix et l'autre, qui détient aussi 50 % des voix, ne détient pas une fraction supérieure à la sienne.

Toutefois, cette présomption est une présomption simple et, en cas de **stricte égalité des voix** entre les associés, il est clairement établi que ni l'un ni l'autre n'exerce un contrôle sur la société.
Par ailleurs, en cas de cession de parts dans un tel Gaec ou d'augmentation de capital, la règle « un homme = une voix » permet donc de ne jamais solliciter l'autorisation. Tel est le cas, par exemple, lorsqu'un Gaec passe de trois associés à deux.
En cas de transformation d'un Gaec en SCEA, il peut y avoir **abandon de la règle « un homme = une voix »**. La règle « une part = une voix » retrouve alors application, sauf à adopter statutairement une autre règle. S'il en résulte une prise de contrôle effective, c'est le procès-verbal de l'assemblée générale qui comporte la nouvelle répartition des voix qui devra être soumis à autorisation. Si la prise de contrôle ainsi réalisée est refusée par le préfet... la règle « un homme = une voix » devra être conservée par la SCEA.

SITUATIONS DE PRISE DE CONTRÔLE

La mise en œuvre des critères légaux ci-dessus conduit à envisager plusieurs situations de contrôle. L'hypothèse la plus simple est celle du **contrôle direct** qui conduit à détenir la majorité des droits de vote dans la société. Il s'agit donc, si les droits de vote sont proportionnels au capital, pour la personne physique ou morale concernée par la prise de participation, de détenir la moitié des parts plus une part, soit personnellement, soit par personnes interposées. Peu importe la réalité des statuts et le pouvoir réel que confèrent les voix détenues, le fait majoritaire en voix impose de solliciter l'autorisation préalable dès lors que les autres conditions sont remplies. De même, la part détenue dans le capital social importe peu. En cas de droits de vote différents du capital détenu, le droit de vote est seul retenu. 81211

En cas de contrôle de la **société détenant ou exploitant le foncier par personne morale interposée** détenue par une personne physique ou morale, celle-ci doit avant tout contrôler la société interposée selon les mêmes modalités (n° 81210). Ainsi, une détention ne permettant pas de contrôler la société interposée ne permet de retenir aucune participation indirecte. Soulignons que les **participations directes et indirectes** doivent s'ajouter, mais seulement, pour ces dernières, si elles sont majoritaires (ou supérieures à 40 % dans les conditions visées n° 81210, ou bien que les autres modalités de contrôle soient démontrées – nomination des organes d'administration, action de concert...). Le **nombre de sociétés interposées** semble illimité. En effet, la notion de contrôle au sens des articles L 233-3 et L 233-4 du Code de commerce est en ce sens. Il en va de même de la notion de bénéficiaire de la prise de contrôle définie au texte qui évoque l'interposition d'une ou plusieurs personnes morales (C. rur. art. L 333-2, III). 81212

Le **calcul du pourcentage de contrôle** fait l'objet de précisions dans l'instruction technique (Inst. tech. DGPE/SDPE/2023-152 p. 9 et 10). En cas de détention directe de droits sociaux, si l'associé ou l'actionnaire est directement propriétaire des titres, calculer son pourcentage dans le capital ne pose guère de difficultés. En cas de détention indirecte, la détention s'effectue par l'intermédiaire d'une autre société, une holding par exemple. Le pourcentage de contrôle s'obtient en ajoutant le pourcentage de participation directe au pourcentage de participation indirecte. La chaîne est rompue quand une participation indirecte est inférieure à 50 %, voire 40 % dans les conditions visées n° 81210. 81213
À chaque niveau de détention directe, la fraction des droits de vote se calcule en divisant le nombre de droits de vote détenu par le nombre total de droits de vote. En cas de détention indirecte, le pourcentage de contrôle s'obtient par cumul de l'ensemble des droits de vote attachés aux actions ou parts sociales détenues en direct par la « société mère », auquel il faut ajouter les droits de vote détenus indirectement par toutes les structures que la « société mère » contrôle.

EXEMPLE

Une SCEA 1 est détenue à 80 % par un associé X. La SCEA 2 est détenue à 60 % par X. La répartition des parts sociales est identique à la répartition des droits de vote dans ces deux sociétés.
La SCEA 1 achète 20 % des parts sociales de la SCEA 2. Après cette acquisition, la SCEA 1 possède directement 20 % des parts de la SCEA 2. Par la SCEA 1 qu'il contrôle, l'associé X peut exercer directement ses droits de vote à hauteur de 60 % sur la SCEA 2. Par conséquent, l'associé X contrôle 80 % (60 % + 20 %) de la SCEA 2.

E. Autres opérations emportant prise de contrôle

81215 Au-delà de l'acquisition des titres visée au Code de commerce, l'article L 333-2 du Code rural et de la pêche maritime définit plusieurs opérations pour lesquelles l'autorisation doit être sollicitée dès lors que ces opérations aboutissent à une prise de contrôle majoritaire au sens de l'article L 233-3 du Code de commerce.

MODIFICATION DANS LA RÉPARTITION DU CAPITAL OU DES DROITS DE VOTE

81216 Le régime d'autorisation s'applique, pour les sociétés entrant dans le champ du dispositif de contrôle à toute modification de la répartition du capital social ou des droits de vote aboutissant à transférer le contrôle d'une société foncière ou d'exploitation au profit d'un nouveau bénéficiaire, associé ou non, remplissant les conditions de dépassement du seuil d'agrandissement significatif (C. rur. art. L 333-2, IV-1°). La modification dans la répartition du capital social peut avoir pour conséquence de permettre de prendre le contrôle d'une société, que l'opération intéresse une personne déjà associée comme un nouvel entrant dans la société. Il peut s'agir d'une augmentation de capital ou d'une réduction du capital social aboutissant pour l'associé à être majoritaire en nombre de voix (ou détenir 40 % des voix dans les conditions déjà exposées n° 81210). On notera que, pour être retenus au titre de l'autorisation des prises de participation, les mouvements en capital doivent **transférer le contrôle de la société à un « nouveau bénéficiaire »** du contrôle. Dès lors, tout « renforcement » ultérieur du poids de l'associé dans son contrôle par une augmentation ou une réduction du capital sera, selon nous, exclu du contrôle des prises de participations.

81217 Indépendamment du capital détenu, toute **convention sur la répartition des droits de vote** peut aboutir à transférer le contrôle d'une société. Tout comme les modifications intéressant la répartition du capital social et les droits de vote afférents, le transfert doit s'opérer à un **nouveau bénéficiaire** – du contrôle – qu'il soit associé ou non (tout « renforcement » ultérieur du poids de l'associé, en nombre de voix, sera selon nous exclu du contrôle). Un associé, en place ou non, devra donc être soumis à autorisation, dès que le seuil de contrôle sera atteint à la suite de la signature d'une convention de vote, quelle qu'en soit la forme. Cette obligation peut interroger alors même qu'elle n'est l'objet d'aucune mesure de publicité obligatoire (à condition que l'associé soit déjà bénéficiaire effectif ou que l'acte n'ait pas pour effet de lui conférer cette qualité – n° 79410, Précisions).

Sur le contenu des conventions concernées, la modification la plus fréquente est la **clause de vote plural** : telles parts sociales peuvent être dotées d'un droit de vote double ou triple comparées à d'autres parts plus « ordinaires ». Plus souvent encore, la clause « un homme = une voix » aboutit à une répartition différente de celle du capital social. Dans ces deux hypothèses, la notion de contrôle est assez simple à appréhender. Mais la situation se complique lorsque le **droit de vote** sur tout ou partie des parts sociales est **partagé entre plusieurs personnes** selon des modalités différentes. Ainsi, les droits afférents aux parts peuvent être partagés selon l'objet du vote (partage du résultat, désignation des gérants, etc.), de la catégorie de décisions (décisions collectives ordinaires ou extraordinaires), etc. Dès lors, apprécier le contrôle dans cette hypothèse apparaît délicat. D'autres situations, plus classiques, sont envisagées par l'instruction technique (démembrement de propriété des titres, location de parts, etc. : voir Précisions ci-dessous), mais la « dissection » du droit de vote n'est pas commentée.

> **Précisions a.** Le **partage de la qualité d'associé entre deux époux communs en biens** appelle quelques précisions. Rappelons qu'en application de l'article 1832-2 du Code civil, en cas d'apport de biens communs par des époux, deux situations sont à distinguer. Si un seul des conjoints réalise l'apport, l'autre conjoint doit donner son autorisation pour réaliser l'apport de l'exploitation agricole ; seul l'époux apporteur est alors associé sauf à ce que l'autre conjoint souhaite entrer dans la société. Si les deux conjoints font apport de biens communs, ils deviennent l'un et l'autre associés. La qualité d'associé sur les parts communes est, sauf clause contraire, dévolue à chacun des deux époux par moitié. Ajoutons que le **conjoint commun en biens qui n'a pas souhaité être associé lors de la constitution de la société** peut entrer ultérieurement dans la société (n° 79425, Précisions). Ces dispositions peuvent à l'évidence avoir des effets sur les droits de vote et emporter des prises de contrôle. Mais dans les cas où cette prise de contrôle intervient après l'apport (et donc l'augmentation de capital) et **par application de la loi** elle ne nous semble pas soumise à autorisation. Il en irait cependant différemment en présence d'une **convention**

partageant les droits de vote entre les époux différemment de la répartition légale.

b. Dans le cas d'**acquisition des titres en nue-propriété**, et sauf convention contraire entre l'usufruitier et le nu-propriétaire, le droit de vote appartient au nu-propriétaire, sauf pour les décisions concernant l'affectation du résultat où il appartient à l'usufruitier (C. civ. art. 1844, al. 3). Sans s'appuyer sur un quelconque raisonnement, l'administration considère que « le nu-propriétaire et l'usufruitier pourront, l'un et l'autre, être considérés comme prenant le contrôle de la société, sous réserve de disposer des droits de vote suffisants ». Elle ajoute que « des clauses statutaires ou extra-statutaires peuvent toutefois aménager la répartition du droit de vote entre usufruitier et nu-propriétaire » et qu'une « analyse détaillée est alors nécessaire » (Inst. DGPE/SDPE/2023-152 du 28-2-2023 p. 8). On peut en déduire que le nu-propriétaire qui serait privé de tout droit de vote, comme l'admet la jurisprudence (Cass. 2e civ. 13-7-2005 n° 02-15.904), ne serait pas réputé contrôler la société. Il en découle que la société pourrait être contrôlée par une personne qui n'est pas associée, mais cette hypothèse est prévue par la loi.

c. La **location de droits sociaux** est rare en pratique et réalisée souvent dans un but de transmission progressive. Elle peut porter sur les actions des sociétés par actions ou les parts sociales des SARL soumises à l'impôt sur les sociétés. Pendant la durée du contrat de bail, le droit de vote attaché à l'action ou à la part sociale louée appartient au bailleur dans les assemblées statuant sur les modifications statutaires ou le changement de nationalité de la société et au locataire dans les autres assemblées. Pour l'exercice des autres droits attachés aux actions et parts sociales louées, le bailleur est considéré comme le nu-propriétaire et le locataire comme l'usufruitier (C. com. art. L 239-3). Sans autre justification, la situation se trouve donc appréhendée comme un **démembrement de parts sociales** (Inst. DGPE/SDPE/2023-152 du 28-2-2023 p. 8). En pratique, et toute autre condition remplie, le locataire des parts sera donc soumis au contrôle.

d. En cas d'**acquisition de parts indivises**, et sans aucune explication et de manière très théorique, l'administration estime que l'indivision peut être soumise à demande d'autorisation « prise de contrôle » si l'opération la conduit à prendre le contrôle de la société cible (Inst. DGPE/SDPE/2023-152 du 28-2-2023 p. 9). On peut en effet estimer que les indivisaires, et non l'indivision qui ne possède pas la personnalité morale, peuvent être soumis à l'autorisation au même titre que des personnes physiques agissant de concert lorsqu'ils acquièrent des droits sociaux.

PRISE DE CONTRÔLE D'UNE SOCIÉTÉ CONTRÔLANT UNE OU PLUSIEURS AUTRES SOCIÉTÉS

Le régime d'autorisation concerne aussi la prise de contrôle d'une société qui contrôle, directement ou indirectement, une autre société remplissant les conditions visées au III de l'article L 333-2 du Code rural et de la pêche maritime. Dans cette hypothèse, le renvoi manque de clarté. L'article L 333-2, III traite du dépassement du seuil d'agrandissement significatif. Il ne traite de société que pour expliciter comment s'apprécie, au regard du seuil d'agrandissement significatif, l'acquisition des titres sociaux par une personne morale. Est-ce cette société, acquéreur des titres de la société d'exploitation ou foncière dont il s'agit ? Laquelle serait contrôlée directement ou indirectement par une autre société ? Cela aboutit à au moins trois niveaux d'interposition. Doit-on dès lors comprendre de cette rédaction approximative que, quel que soit le niveau d'interposition, la prise de contrôle d'une société qui, in fine, contrôle une société dont la surface exploitée (ou possédée) dépasse le seuil de contrôle, doit solliciter une autorisation ? C'est l'interprétation la plus plausible. 81217-1

PRISES DE PARTICIPATION COMPLÉMENTAIRES PAR UNE PERSONNE CESSIONNAIRE DÉJÀ EN CONTRÔLE

Le contrôle concerne également toute prise de participation complémentaire réalisée par un cessionnaire contrôlant déjà une société foncière ou d'exploitation concernée. Les termes employés semblent viser tous les associés déjà en position de contrôler une société et qui accroissent l'intensité de leur contrôle. Mais une lecture plus précise conduit à être plus nuancé : ne sont en effet visés que les cessionnaires de parts sociales en situation de contrôle. À notre avis, ne sont donc pas concernés les associés qui renforceraient leur contrôle autrement que par le biais d'une acquisition de parts sociales ou d'actions (augmentation de capital, par exemple), car ils ne sont pas cessionnaires de parts. On ajoutera enfin que ce cas de contrôle ne concerne pas seulement les **personnes physiques**, mais également les **personnes morales**, aucune distinction n'étant opérée sur la personne du « cessionnaire ». 81218

PRISES DE PARTICIPATION COMPLÉMENTAIRES PAR UN CESSIONNAIRE PERSONNE MORALE RENFORÇANT LE CONTRÔLE D'UN TIERS

81219 L'hypothèse retenue vise ici toute prise de participation complémentaire, réalisée par un cessionnaire personne morale, ayant pour effet de renforcer les droits d'un tiers agissant par son interposition, lorsque ce cessionnaire contrôle déjà la société foncière ou d'exploitation. Il est nécessaire, comme dans le cas précédent être en présence d'un « cessionnaire », et non d'un apporteur en capital. De plus, ce cessionnaire doit être une **personne morale**. Il est enfin nécessaire que cette société **contrôle déjà la société foncière ou d'exploitation**. Concernant la nature de sa prise de participation, celle-ci ne peut s'opérer que par une **acquisition de parts** ; sont exclues les augmentations du capital ou réductions du capital.

Ensuite, il est nécessaire que cette personne morale **renforce les droits d'un tiers**. A priori, la notion de tiers vise une personne non associée de la société dans laquelle le renforcement de la prise de contrôle est projeté. Ce tiers peut alors être un associé de la personne morale interposée ou non. Dans ce cas, il doit s'agir d'un associé d'une autre société détenant tout ou partie de la société réalisant la prise de participation complémentaire. À noter qu'il n'est pas exigé que ce tiers contrôle, directement ou non, la société prenant une participation complémentaire.

On peut s'interroger sur la portée réelle de ce cas de contrôle. En effet, tous les cas visés dans cette hypothèse de détention le sont également au titre du cas précédant. À la nuance près, toutefois, du fait que celui qui profite de la prise de contrôle, le bénéficiaire, n'est **pas un associé de la personne morale** accroissant sa participation : à défaut de ce texte, ce cas serait soustrait au dispositif de contrôle.

EXEMPLE

Une holding détient 51 % du capital de la SCEA. Un associé X détient 26 % des voix de la holding, l'associé Y détient le solde, soit 74 % ; les voix en assemblée sont proportionnelles au capital dans les deux sociétés. Le seuil de contrôle est fixé à 200 ha et la SCEA en exploite 256.

La holding réalise un apport en capital lui conférant 65 % du capital et des voix dans la SCEA. Selon nous, la holding n'étant pas un cessionnaire de parts, elle n'est pas concernée, quand bien même l'apport réalisé par la holding aboutit à renforcer les droits des deux associés, et notamment de l'associé Y déjà placé en contrôle de la SCEA, puisque leur poids dans la SCEA en nombre de voix est plus important. Si la holding avait acheté des parts de la SCEA, l'associé Y étant déjà placé en contrôle, l'opération aurait été soumise à autorisation.

F. Opérations exclues du contrôle

OPÉRATIONS EXCLUES EN FONCTION DE LEUR NATURE

81220 Ne sont pas soumises au régime d'autorisation des prises de contrôle deux types d'opérations : celles présentant un caractère gratuit et celles intervenant sous le contrôle des Safer (C. rur. art. L 333-2, V).

Échappent ainsi au régime d'autorisation les **opérations** d'acquisition et de rétrocession, par cession ou substitution, **réalisées à l'amiable par les Safer** dans le cadre de leurs missions légales ou lors de l'exercice de leur droit de préemption en application des articles L 143-1 à L 143-16 du Code rural et de la pêche maritime (voir nos 80230 s. et 80290 s.). La loi dispose que ces opérations, pour échapper à ce dispositif de contrôle, doivent être réalisées avec l'accord préalable exprès des commissaires du Gouvernement, lesquels doivent veiller au respect des objectifs du nouveau régime. Sans en préciser la forme, le visa des deux commissaires est donc requis. Il apparaît ainsi clairement que l'acquisition de parts sociales ou actions, effectuée par cession ou substitution, dans le cadre d'une opération amiable avec la Safer ou à la suite de l'exercice par celle-ci de son droit de préemption, réalisée avec l'accord des commissaires du gouvernement, est exemptée du régime d'autorisation. Cette lecture est celle de l'instruction technique (Inst. DGPE/SDPE/2023-152 du 28-2-2023 p. 16).

Échappent également au contrôle les **opérations réalisées à titre gratuit**. Sont concernées les donations et successions, quel que soit le degré de parenté, pour les donataires et successibles, avec le donateur ou de cujus, ou même les opérations intervenant entre non-parents. Cette exception a été motivée par le fait que l'intention libérale, comme la dévolution successorale, sont des opérations respectées par le législateur et, par essence, exemptes d'intention « d'accaparement ».

> **Précisions a.** On observera que l'exception concernant les opérations réalisées par les Safer devrait trouver de nombreuses applications pratiques justifiées par le fait que les Safer exercent leurs missions selon des procédures et contrôles garantissant un **respect des orientations de la politique des structures agricoles**. D'autant que les commissaires du gouvernement veillent au respect des objectifs du présent contrôle, ce qui est de nature à éviter toute différence de traitement. Par ailleurs, on peut penser qu'en réalisant certaines cessions de parts entrant dans le champ d'application du contrôle avec l'intervention amiable de la Safer, notamment en utilisant la procédure de substitution étendue par la loi 2021-1756 du 23 décembre 2021 aux cessions de titres sociaux, le contrôle et les restructurations foncières inhérentes au présent régime pourront se dérouler dans le cadre d'une procédure amiable aboutissant à un effet identique, mais en s'affranchissant des rigidités de la procédure et des délais qui peuvent atteindre plus de neuf mois.
> **b.** Les attributions de parts sociales lors de la **liquidation et du partage de sociétés** ne nous apparaissent pas visées par l'exclusion, de même que l'attribution à titre de paiement de dividendes de parts sociales détenues par une société, ces deux opérations aboutissant en définitive pour la société à s'acquitter d'une créance, opération dénuée de toute intention libérale (voir également n° 81206).

OPÉRATIONS EXCLUES SOUS CONDITIONS

Sont exclues sous conditions les **cessions de titres intrafamiliales** et assimilées, ainsi que les **cessions entre associés**. À noter que seules les cessions de parts ou d'actions sont concernées et non les opérations assimilées telles que les augmentations ou réductions de capital social. Ajoutons que le transfert de la qualité d'associé entre deux époux, en application de l'article 1832-2 du Code civil, n'apparaît pas plus concerné par ces exceptions. Si, en première analyse, cette opération n'apparaît pas visée par le contrôle qui concerne seulement les cessions de parts et opérations assimilées (réduction de capital, prises de participations complémentaires, etc.), elle nous semble cependant soumise car le nouveau contrôle s'applique également aux mutations des droits de vote, mutation qui est la conséquence du transfert de la qualité d'associé entre époux (n° 81210, Précisions, b). 81225

Dans ces hypothèses de non-soumission au contrôle, l'opération de transfert des parts ou actions devra donner lieu à la déclaration informative de droit commun, mais ne sera pas soumise au contrôle des prises de participation (voir n° 80228).

Ainsi, les **cessions de parts sociales ou d'actions entre époux, personnes liées par un Pacs, parents ou alliés jusqu'au 4e degré inclus**, échappent au contrôle à condition que le cessionnaire prenne un engagement alternatif consistant (C. rur. art. L 333-2, IV) :

– soit à participer effectivement à l'exploitation des biens immobiliers détenus ou exploités par la société, dans les conditions prévues à l'article L 411-59 du Code rural et de la pêche maritime, et à conserver la totalité des titres sociaux acquis pour une durée d'au moins neuf ans à compter de la date de la cession (les conditions visées à l'article L 411-59 obligent principalement l'exploitant à participer non seulement à la direction de l'exploitation, mais aussi aux tâches d'exécution) ;

– soit à mettre à bail les biens immobiliers détenus par la société au profit d'un locataire s'engageant à participer effectivement, dans les mêmes conditions, à l'exploitation de ces biens pendant une durée d'au moins neuf ans.

Les modalités pratiques de ces engagements ne sont pas précisées ; l'engagement devra donc être souscrit sur papier libre.

Outre la cession de parts d'une société d'exploitation avec engagement de conservation de neuf ans, on peut penser que la première condition pourra aussi concerner la cession de parts d'un GFA lorsqu'il y a déjà location, par ce même GFA, des terres qu'il détient au cessionnaire, lequel les exploitera dans les conditions de l'article L 411-59 du Code rural et de la pêche maritime. Dans le cas d'une société foncière préexistante, cette possibilité apparaît plus accessible que de mettre à bail, ce qui sous-entend l'arrivée d'un nouveau locataire.

Par ailleurs, sont exemptées du contrôle les **cessions entre associés ou actionnaires** détenant, depuis au moins neuf ans, des titres sociaux dans la société faisant l'objet de la prise de participation complémentaire et participant effectivement, au sens de l'article L 411-59 du Code rural et de la pêche maritime, à l'exploitation des immeubles que la société met en valeur. Toutefois, lorsque la cession des titres sociaux fait suite à une maladie ou à un accident entraînant une invalidité totale et définitive, le cessionnaire est exempté de la condition d'ancienneté dans la société (C. rur. art. L 333-2, IV-4°). Ainsi, est exempté le cessionnaire qui justifie, notamment par la présentation d'une décision d'un organisme de sécurité sociale quel qu'il soit, que l'état d'invalidité du cédant empêche ce dernier, de façon totale et définitive, d'exercer une activité agricole (pension d'invalidité totale et définitive ou rente d'incapacité, au titre d'un régime de sécurité sociale ; C. rur. art. R 333-3).

G. Sanctions

81230 Deux types de sanctions ont été mises en place pour que le dispositif de contrôle des participations soit effectivement respecté : un régime de nullité de l'opération réalisée accompagné d'amendes administratives. Celles-ci sont applicables lorsque la **prise de contrôle n'a pas été autorisée** alors qu'elle aurait dû l'être, ou que l'**opération en a été dispensée à tort** (mesures d'exemptions dont les conditions n'étaient pas remplies, par exemple), ou encore qu'elle ait été **obtenue sur la base d'informations fausses ou erronées**. L'instruction technique précise que le préfet, avant de prononcer une sanction, entame une **procédure contradictoire** avec l'auteur du manquement. Par la voix de la DDT, il lui fait connaître le délai dont il dispose pour faire valoir ses observations écrites ou verbales, comme de son droit à être assisté du conseil de son choix (Inst. DGPE/SDPE/2023-152 du 28-2-2023 p. 31).

NULLITÉ DE L'OPÉRATION RÉALISÉE

81231 Toute opération réalisée en violation des dispositions relatives au contrôle des prises de participations est nulle. L'action en nullité peut être exercée par l'autorité administrative compétente, à savoir le **préfet** du département, d'office ou à la demande de la Safer à laquelle la demande d'autorisation devait être adressée. Elle se prescrit par 12 mois à compter du jour où l'opération est connue du préfet de département compétent. À notre avis, si l'opération a été l'objet de mesures de publicité, le préfet ne peut soutenir, une fois les 12 mois écoulés, qu'il ne connaissait pas l'existence de cette prise de contrôle. La nullité n'est pas une nullité de plein droit, elle doit être prononcée par le tribunal judiciaire. Une fois prononcée par le tribunal, la nullité emporte l'**anéantissement rétroactif de l'acte** qui aurait dû être soumis à autorisation : l'opération (cession de parts sociales, modification des droits de vote, etc.) est donc considérée comme n'ayant jamais existé.

AMENDE ADMINISTRATIVE

81235 En sus de l'action en nullité, l'autorité administrative compétente peut, d'office ou à la demande de toute personne y ayant intérêt, prononcer une amende administrative égale au moins au montant fixé à l'article 131-13 du Code pénal pour les contraventions de cinquième classe (1 500 €) et au plus à 2 % du montant de la transaction concernée. Le préfet de département compétent avise préalablement l'auteur du manquement des faits relevés à son encontre, des dispositions enfreintes et des sanctions qu'il encourt. Il lui fait connaître le délai pendant lequel il peut faire valoir ses observations écrites et, le cas échéant, les modalités selon lesquelles il peut être entendu s'il en fait la demande. Le préfet l'informe également de son droit à être assisté du conseil de son choix. La décision de sanction ne peut être prise plus d'un an après la constatation des faits (C. rur. art. L 333-2, VI). En pratique, le recouvrement de l'amende se fera auprès de la direction régionale des finances publiques (DRFIP).

> **Précisions** La **sanction** de nullité de l'opération est particulièrement lourde. Elle **peut aboutir** à l'anéantissement rétroactif de la cession de parts, ou de l'opération assimilée, plusieurs années après sa réalisation, ce qui peut avoir de multiples conséquences en cascade sur le fonctionnement de la société (décisions d'investissements, droits dans les résultats, etc.). De plus, elle peut engager la **responsabilité professionnelle du conseil** qui aura omis d'effectuer la demande d'autorisation et le versement de dommages-intérêts réparant les préjudices occasionnés. Il sera donc nécessaire, pour les conseils, d'être très vigilants quant à l'appréciation des conditions de demandes de l'autorisation et notamment de s'assurer qu'ils ont bien connaissance de la situation du demandeur (terres détenues à titre personnel, quotité de capital social possédé dans la société, etc.).

H. Procédure d'autorisation

DEMANDE D'AUTORISATION

81240 Avec la demande d'autorisation, débute une **procédure** qui peut **durer** environ neuf mois. La demande d'autorisation est présentée à la Safer avec l'information prévue à l'article L 141-1-1 du Code rural et de la pêche maritime (n° 80228) concernant toute cession de parts sociales. Cette instruction est **réalisée au nom et pour le compte** du préfet du département, aux fins de la confronter aux objectifs du contrôle (C. rur. art. L 333-3 ; n° 81250). Le **préfet concerné** est celui du lieu du siège social de la société dont la prise de contrôle est envisagée. Si le siège de cette société est situé à l'étranger, c'est le préfet du lieu du siège de l'exploitation ou, à défaut, du département où se trouve la plus grande partie des terres détenues ou exploitées par la société (C. rur. art. R 333-4). La **Safer compétente** pour recevoir et instruire le dossier est déterminée selon les mêmes règles. Lorsque l'opération se déroule sur plusieurs départements, ou lorsque le siège social n'est pas situé sur le même département que les superficies détenues ou exploitées par la société faisant l'objet de la prise de contrôle, le préfet de département compétent en informe le ou les préfets également concernés (Inst. DGPE/SDPE/2023-152 du 28-2-2023 p. 18). **81240 (suite)**

La demande d'autorisation relative à la prise de contrôle complète désormais la transmission des informations relatives aux opérations sociétaires visées par une obligation d'information n° 80228. Elle est assurée au moyen d'un **formulaire électronique unique** établi par arrêté du ministre chargé de l'agriculture fixant la liste des renseignements et pièces justificatives qui doivent l'accompagner (Arrêté AGRT2235765A du 23-12-2022).

La **transmission** est **réalisée par** le notaire chargé d'instrumenter ou, sans son intervention, par le cédant ou le cessionnaire, dans le cas d'une cession de parts ou d'actions de sociétés (C. rur. art. L 141-1-1 et L 333-3). Il peut aussi s'agir de toute personne mandatée par le bénéficiaire de la prise de contrôle pour réaliser la déclaration, laquelle présente la demande « en son nom » (C. rur. art. R 333-5). Dans l'hypothèse d'une opération emportant modification de la répartition du capital social ou des droits de vote et aboutissant à transférer le contrôle de la société, c'est au gérant de la société faisant l'objet de la prise de contrôle, au représentant légal de cette société ou à son délégataire, qui peut être notamment le notaire chargé d'instrumenter, qu'incombe la formalité. Dans tous les cas, le déclarant doit attester, sur l'honneur et sous sa seule responsabilité, de **l'exactitude des informations déclarées** et du caractère loyal et sincère de la déclaration. Le cas échéant, le déclarant doit être à même de **justifier** que l'**opération** n'a pas pour objet ou pour effet de prendre le contrôle de la société au sens du régime d'autorisation des prises de participations ou qu'elle en est exemptée (prise de participation hors champ, cas d'exemption, etc.).

À l'instar de l'information relative aux parts sociales qu'elle accompagne, et puisqu'il s'agit du même formulaire complété, la demande d'autorisation est réalisée par voie de **télédéclaration** sur un portail développé et géré par la FNSafer et rendu accessible, par région, sur le site internet de chacune des Safer.

Pour le dépôt et l'instruction de la demande d'autorisation, ne peuvent être mis à la charge du demandeur que des **frais de dossier** dont le montant est fixé à 300 € HT pour l'ensemble du territoire national (Arrêté AGRT2234110A du 23-12-2022). Ils sont réglés directement à la Safer par un service sécurisé de paiement en ligne. La TVA afférente ne pourra être déduite qu'à la condition que le demandeur soit assujetti. Le règlement de ces frais, dans le cadre d'une demande d'autorisation, est un élément de complétude du dossier.

> **Précisions a.** En pratique, le **portail de télédéclaration** a été conçu par les Safer, en concertation avec les organisations professionnelles (certaines organisations agricoles, le notariat, certaines associations de gestion et de comptabilité, etc.) et sous le contrôle de l'État. La mise en place du portail de télédéclaration n'est intervenue qu'en janvier 2023 (Loi 2021-1756 du 23-12-2021 art. 4). Avant cette date, la transmission des informations relatives aux opérations sociétaires et aux prises de contrôle des sociétés devrait être assurée auprès de la Safer uniquement par lettre recommandée avec demande d'avis de réception, au moyen du formulaire établi par arrêté du ministre chargé de l'agriculture.

b. La demande d'autorisation comprend de nombreuses **informations** destinées à permettre à la Safer d'instruire l'opération projetée (C. rur. art. R 333-5).

Les différentes rubriques du formulaire de demande et la liste des pièces justificatives afférentes ont été définies par arrêté du ministre chargé de l'agriculture (Arrêté AGRT2235765A du 23-12-2022). Elles ajoutent nombre de précisions qui rendent laborieux le remplissage de ce formulaire.

Les informations fournies s'ajoutent à l'information générale des Safer prévue à l'article L 141-1-1 du Code rural et de la pêche maritime concernant les opérations sociétaires n° 80228, qui comprennent en dernier lieu la justification permettant d'apporter la preuve de l'application d'une des exemptions du contrôle des prises de participation lorsque la cession y est soumise (nos 81220 s.)

Au titre du contrôle des prises de participations majoritaires, s'ajoutent les **éléments nécessaires à la demande d'autorisation pour apprécier la prise de contrôle**, qui comporte notamment les éléments suivants (Inst. DGPE/SDPE/2023-152 du 28-2-2023) :

– l'identité et les coordonnées du bénéficiaire de la prise de contrôle et le cas échéant de la personne agissant pour son compte et en son nom, avec notamment une adresse électronique unique et valide à laquelle ce dernier accepte de recevoir les informations relatives au suivi de son dossier ;

– une note de présentation de l'opération sociétaire précisant la contribution que cette opération apporte au développement du territoire afin d'octroi de l'autorisation ;
– l'autorisation ou le refus, signifié à la Safer, par le demandeur, d'accéder aux données nominatives du registre parcellaire graphique PAC (RPG PAC) et au casier viticole (l'autorisation pourra concerner le bénéficiaire de la prise de contrôle soumise à autorisation préalable, les personnes morales qu'il contrôle, ainsi que la société faisant l'objet de la prise de contrôle et les personnes morales qu'elle contrôle ;
– l'identification des sociétés contrôlées par le bénéficiaire de la prise de contrôle ;
– les prises de participation, la surface par nature de culture et la localisation de toutes les terres à usage ou à vocation agricole détenues directement ou indirectement, ou exploitées, par le demandeur dans les sociétés qu'il contrôle ;
– la surface totale des biens immobiliers détenus, directement ou indirectement, ou exploités dans les sociétés contrôlées par le demandeur.

À noter que **l'autorisation accordée à la Safer d'accéder au RPG PAC** a pour but d'éviter au demandeur d'avoir à remplir le détail parcellaire de l'ensemble de son foncier si le préfet lui demande de prendre des mesures compensatoires... mais il devra toutefois donner le détail des parcelles non déclarées à la PAC.

D'une manière générale, on pourrait regretter qu'un trop grand nombre d'informations soient à communiquer alors même que l'opération projetée ne sera pas soumise au contrôle. Une **simplification** pourrait consister en la fourniture d'informations très limitées dans cette hypothèse. À charge pour la Safer de pouvoir vérifier la véracité des déclarations réalisées par une procédure de contrôle. Bien entendu, cette simplification devra aussi concerner l'information générale des Safer afférente à toute cession de parts, même non soumise à autorisation.

c. Toute transmission du formulaire de déclaration préalable des opérations sociétaires n'entraîne pas le paiement de ces **frais de dossier**. En effet, seuls les demandeurs d'une autorisation au titre du contrôle des prises de participations y sont soumis. En sont donc exclues les personnes bénéficiant d'une exemption et celles dont les caractéristiques de l'opération l'excluent du champ du contrôle : mutations à titre gratuit, seuils de surfaces non atteints, seuils de détention, etc. (Inst. DGPE/SDPE/2023-152 du 28-2-2023).

INSTRUCTION DE LA DEMANDE

81245 Après avoir vérifié la régularité et le caractère complet de la demande, la Safer en accuse réception au demandeur, la transmet au préfet du département concerné et la publie. Une fois le dossier complet, la Safer dispose d'un **délai** de deux mois pour instruire la demande.

Sous réserve des obligations posées par la loi et précisées ci-après, la Safer instruit la demande selon les **modalités** qu'elle détermine. Toutefois, le préfet du département peut préciser par arrêté les modalités selon lesquelles la Safer procède à l'instruction de la demande d'autorisation (C. rur. art. R 333-8). À notre avis, si la demande porte sur une opération réalisée au bénéfice de plusieurs personnes, l'instruction de la demande devrait être faite distinctement sur chacune d'elles et fait naître, le cas échéant, autant de décisions que de bénéficiaires soumis à autorisation. Toutefois, si la demande d'autorisation porte sur une opération réalisée au bénéfice d'au moins deux personnes agissant de concert, au sens des articles L 233-3 et L 233-10 du Code de commerce, l'instruction de la demande fait naître, le cas échéant, une décision unique (Arrêté AGRT2235765A du 23-12-2022).

Ainsi, la Safer, dès qu'elle en a connaissance, accuse réception du **dossier** de demande d'autorisation dans un délai de 10 jours suivant sa réception, s'il est **complet**. En revanche, si le **dossier est incomplet**, la Safer informe le demandeur, dans le même délai de 10 jours, par lettre recommandée avec demande d'avis de réception, des éléments qu'il doit fournir pour permettre l'instruction de sa demande. Elle précise qu'à défaut de recevoir ces éléments dans le délai qu'elle fixe (qui ne peut être inférieur à 10 jours), sa demande sera regardée comme irrecevable (C. rur. art. R 333-6). Soulignons que le préfet de département n'a pas l'obligation de formaliser ce rejet.

La Safer procède ensuite à la **publicité de la demande d'autorisation** dans un délai de 15 jours à compter de la date d'accusé de réception. La publicité est assurée pendant un mois sur le site internet de la Safer. Elle précise le nom du demandeur, l'objet de la demande, la commune du lieu du siège social ainsi que la superficie totale des terres détenues ou exploitées directement ou indirectement par la société faisant l'objet de la prise de contrôle et par le bénéficiaire de la prise de contrôle. Elle mentionne également la date d'accusé de réception de la demande (C. rur. art. R 333-7).

> **Précisions a.** La Safer, à réception, va opérer quelques **vérifications préalables à l'instruction** de la demande d'autorisation au titre de la prise de contrôle. Quand bien même le demandeur atteste sur l'honneur l'exactitude des informations déclarées et le caractère loyal et sincère des informations communiquées, la Safer pourra, le cas échéant, demander des éléments d'information complémentaires, nécessaires à l'instruction de la demande d'autorisation, notamment au regard des exemptions du contrôle. Ainsi, le demandeur doit préciser dans le formulaire s'il relève d'un des **cas d'exemption du contrôle** prévu à l'article L 333-2 du Code rural et de la pêche maritime et doit indiquer de quelle exemption il bénéficie, avec les justificatifs correspondants. La Safer s'assurera, au vu des justificatifs, du bien-fondé de l'exemption.
> **b.** Si la **cession** de parts ou actions porte sur la **totalité de ces titres**, la Safer peut, si elle le souhaite, exercer son **droit de préemption** (voir n° 80291). La déclaration préalable des opérations sociétaires incluant l'ensemble des éléments permet de réaliser ces deux examens (droit de préemption et autorisation au titre de la prise de contrôle) de manière concomitante. Si la Safer décide d'exercer son droit de préemption, elle met fin à la demande d'autorisation au titre de la prise de contrôle qui devient sans objet. La Safer en informe alors le préfet de département.
> **c.** La FNSafer ainsi que les services de l'État dans leur champ de compétence respectifs accèdent librement aux **données complètes du portail numérique** mis en place auprès de l'ensemble des Safer afin de pouvoir notamment analyser le marché sociétaire, établir de la statistique nationale et participer auprès du gouvernement à l'évaluation du dispositif de contrôle des opérations sociétaires. La FNSafer peut, en outre, au nom et pour le compte des Safer, engager toutes les **démarches** utiles auprès des établissements et services publics ou privés pour notamment **améliorer les services du portail** ou d'importer des données facilitant son utilisation. Les services compétents de l'État ont un accès direct et en temps réel aux demandes d'autorisation enregistrées sur le portail de télédéclaration. Toutes les **communications entre la Safer et les services de l'État** peuvent se faire sous forme électronique, pour partager les informations liées à l'instruction des dossiers de demandes d'autorisation.

CONSULTATIONS ET AUDITIONS

Dans le cadre de l'instruction de la demande, la Safer va devoir procéder à diverses auditions, recevoir des observations, opérer des consultations préalables de la CDOA (Commission départementale d'orientation de l'agriculture) et du comité technique de la Safer (seule la consultation de ce dernier est obligatoire). 81246

Le représentant légal de la **société faisant l'objet de la prise de participation** et le **bénéficiaire** de la prise de contrôle (ou son représentant légal) peuvent demander à être entendus par la Safer. La **demande d'audition** de la société ou du bénéficiaire de la prise de contrôle est, en pratique, formellement présentée dans la demande d'autorisation. La Safer entend les « parties prenantes » dans un **délai** de 21 jours à compter de la réception de la demande d'audition. Ces demandes d'audition sont facultatives. Le demandeur peut, bien entendu, renoncer à être entendu à son initiative ou à la demande de la Safer lorsque celle-ci envisage de rendre au préfet un avis favorable. La Safer détermine dans quelles **conditions** se déroulera l'audition, qu'il s'agisse du lieu ou du service de la Safer qui procédera à l'audition. En tout état de cause, aucun **compte rendu** n'est exigé à l'issue de l'audition, qui n'est pas soumise à un débat contradictoire.

Les **organisations interprofessionnelles** reconnues et le Comité interprofessionnel du vin de Champagne peuvent, s'ils sont concernés par l'opération envisagée, présenter des observations écrites au préfet de département ou à la Safer, dans un délai maximum d'un mois à compter de la date de publication de la demande d'autorisation.

À l'initiative du préfet de département, la **CDOA** peut être consultée : il s'agit d'une faculté de saisine laissée à la libre appréciation du préfet de département. Rien n'est précisé quant à l'étape de la procédure au cours de laquelle la saisine de la commission peut être réalisée. Selon l'instruction technique, et pour plus de souplesse dans la convocation, la CDOA est consultée en section spécialisée. Dans la suite de la procédure, la CDOA pourra aussi être consultée si des mesures compensatoires sont présentées (voir n°s 81255 s.). Même si la CDOA n'est pas consultée, elle pourra être informée des dossiers faisant l'objet d'une demande d'autorisation au titre du contrôle des prises de participations. On soulignera que les autorisations d'exploiter obtenues ou en cours au titre du contrôle des structures des exploitations agricoles sont, par elles-mêmes, sans incidence sur l'instruction des demandes d'autorisation déposées au titre des prises de contrôle. En effet, lors des débats parlementaires, le Sénat a supprimé tout lien entre les deux procédures qui doivent donc être conduites de manière autonome, lorsque l'opération entre dans le champ des deux procédures.

Les comités techniques départementaux des Safer réunissent notamment des professionnels agricoles, des représentants des collectivités territoriales et de l'État, de la Safer et des associations de protection de l'environnement (C. rur. art. R 141-5 ; voir n° 80211). Avant de rendre son avis dans un délai de deux mois à compter de la délivrance de l'accusé de réception du dossier complet, la Safer doit obligatoirement consulter le comité technique départemental, dans les conditions, formes et délais qu'elle détermine (C. rur. art. L 333-10). Le comité technique consulté est déterminé par la Safer : il pourra notamment être celui du lieu où se trouve la plus grande superficie de terres détenues ou exploitées par la société faisant l'objet de la prise de contrôle.

AVIS DE LA SAFER

81247 Dans le cadre de cette instruction et afin d'émettre son avis, la Safer est chargée déterminer si l'opération est susceptible (C. rur. art. L 333-3) :
– de porter **atteinte aux objectifs du contrôle** visés n° 81165, appréciés à l'échelle du territoire agricole pertinent, au regard des demandes d'installation en attente ou des besoins exprimés de consolidation des exploitations existantes ;
– de contribuer, le cas échéant, au **développement du territoire** ou à la diversité de ses systèmes de production au regard, en particulier, des emplois créés et des performances économiques, sociales et environnementales qu'elle présente.
La Safer doit motiver son avis de manière détaillée avec des données concrètes et objectives :
– en mettant en balance les **intérêts en présence** entre les demandes d'installation en attente ou des besoins de consolidation des exploitations existantes et l'intérêt que peut représenter l'opération pour le développement du territoire ou la diversité de ses systèmes de production ;
– en mettant en avant les **besoins d'installation en attente et** les besoins de **consolidation des exploitations existantes**.
Pour apprécier l'opération, la Safer se base sur la **note de présentation de l'opération sociétaire** précisant la contribution que cette opération apporte au développement du territoire, qui figure dans la demande d'autorisation. Celle-ci est établie par le demandeur en précisant tous les éléments de nature à décrire son projet en lien avec le développement du territoire : emplois créés, développement de filières, circuits courts, entretien des paysages, gestion des ressources (eau, sol, biodiversité, patrimoine génétique), etc.
La Safer examine les éléments de la note de présentation **au regard des demandes d'installation en attente** ou des besoins exprimés de consolidation des exploitations existantes, en se fondant sur les données dont elle pourra disposer (par exemple : données de la Safer relatives aux installations en attente, données des chambres d'agriculture relatives au point accueil installation/PAI, données des chambres d'agriculture relative au répertoire départ installation/RDI qui permet la mise en relation des candidats à l'installation avec des exploitants qui arrêtent leur activité ou des sociétés qui recherchent des associés, etc.).
Selon l'instruction technique, la motivation de l'avis de la Safer doit constituer une **première ébauche des mesures compensatoires attendues** des « parties prenantes ». L'avis doit permettre d'identifier des projets et surfaces qui pourraient constituer des mesures compensatoires, même si le choix définitif de ces mesures relève bien des « parties prenantes », conformément à l'article L 333-3, IV du Code rural et de la pêche maritime. L'avis de la Safer doit permettre au préfet de département de vérifier le caractère suffisant et adapté des propositions de mesures compensatoires des parties prenantes. La Safer transmet son avis, avec le dossier d'instruction, au préfet de département. Cet avis est transmis par voie électronique. Par la suite, la Safer pourra être amenée à compléter le dossier d'instruction, si le préfet de département lui notifie ne pas être en mesure de prendre une décision au regard des éléments déjà transmis.
À défaut d'avis rendu **dans un délai de deux mois**, à compter de l'accusé de réception de la demande, l'avis est réputé favorable.

AUTORISATION DU PRÉFET

81250 À la suite de l'instruction de la demande d'autorisation déposée auprès de la Safer, deux réponses sont envisageables pour le préfet de département.
Si la Safer estime que la **contribution au développement du territoire ou à la diversité de ses systèmes de production** au regard, en particulier, des emplois créés et des performances économiques, sociales et environnementales qu'elle présente **l'emporte sur les atteintes aux objectifs du contrôle** définis n° 81165, appréciés à l'échelle du territoire agricole pertinent, au regard des demandes d'installation en attente ou des besoins exprimés de consolidation des exploitations existantes, elle en informe le préfet compétent pour délivrer l'autorisation. Toutefois, si, au vu de l'instruction, le préfet estime ne pas être en mesure de prendre une décision au regard des éléments transmis, il peut demander à la Safer de **compléter son dossier d'instruction** dans un délai de 15 jours (C. rur. art. R 333-11).

Dès lors, avant l'expiration d'un **délai de 4 mois** à compter de la date d'accusé de réception de la demande, et au vu du dossier d'instruction élaboré par la Safer, complété, le cas échéant, si le préfet a demandé une instruction complémentaire, celui-ci **accorde l'autorisation** ; cette autorisation fait l'objet d'une décision expresse. Sans que cela ne soit obligatoire, l'instruction technique conseille aux préfets d'envoyer la décision d'acceptation expresse en recommandé avec demande d'avis de réception. La décision d'autorisation expresse est transmise à la Safer.
La **décision expresse** doit être **motivée**, en mettant en balance les intérêts en présence entre les demandes d'installation en attente ou des besoins de consolidation des exploitations existantes (selon les priorités du SDREA) et l'intérêt que peut représenter l'opération pour le développement du territoire ou la diversité de ses systèmes de production. Toutes les décisions préfectorales expresses d'acceptation, comme de refus d'ailleurs, sont **publiées** au recueil des actes administratifs, quelles que soient les étapes de la procédure où elles interviennent.

REFUS DU PRÉFET

Si le préfet considère que l'**atteinte aux objectifs du contrôle** l'emporte sur la contribution au développement du territoire ou à la diversité de ses systèmes de production, il en informe le bénéficiaire de la prise de contrôle ; il lui fait connaître les **motifs** qui s'opposent, en l'état, au vu des éléments du dossier d'instruction et des critères d'appréciation, à la réalisation de l'opération pour laquelle une autorisation est requise. Il en informe également, par tout moyen à sa convenance, la Safer instructrice. **81251**
La décision du préfet indique, en pratique, que la société faisant l'objet de la prise de contrôle ou le bénéficiaire de cette prise de contrôle ont, dans ce cas, la **possibilité de proposer des mesures compensatoires** assorties d'un cahier des charges, de nature à remédier aux motifs justifiant que le préfet de département s'oppose à la réalisation de l'opération (nº 81255). Comme le suggère l'instruction technique (Inst. DGPE/SDPE/2023-152 du 28-2-2023 p. 28), cette information pourra également donner des indications sur les mesures compensatoires attendues (exemples : nombre d'hectares nécessaires pour les besoins d'installation sur le territoire de la commune et des communes limitrophes, nombre de candidats engagés dans un parcours à l'installation, etc.).
Comme en cas de décision favorable, le préfet notifie sa décision au bénéficiaire de la prise de contrôle, dans le **délai** de quatre mois à compter de la date d'accusé de réception de la demande, par **lettre recommandée** avec avis de réception à l'adresse postale déclarée ou remise contre récépissé. Cette décision est **publiée** au recueil des actes administratifs et **transmise** à la Safer.

ABSENCE DE RÉPONSE DU PRÉFET

À défaut d'autorisation expresse, ou de réception, par le demandeur, de la lettre de réponse recommandée contenant les motifs qui s'opposent à cette autorisation en l'état de l'instruction dans un **délai** de quatre mois à compter de la date de réception de la demande complète d'autorisation, l'autorisation est réputée accordée. En cas d'autorisation tacite, une copie de l'avis de réception est publiée au recueil des actes administratifs, avec l'indication de la date à laquelle la demande sera réputée acceptée. **81252**

OFFRES COMPENSATOIRES

En vue d'obtenir l'autorisation, la société faisant l'objet de la prise de contrôle ou le bénéficiaire de cette prise de contrôle peuvent proposer au préfet des mesures pour **remédier aux motifs justifiant l'opposition du représentant de l'État**. **81255**
Les **propositions** d'offres compensatoires sont **adressées à** la Safer dans le **délai** d'un mois à compter de la notification faite au demandeur, en vue de la poursuite de l'instruction (C. rur. art. R 333-13). Une copie en est envoyée simultanément au préfet, pour information. Les mesures compensatoires sont adressées, par courrier, e-mail ou via le portail de télédéclaration.
Ces mesures compensatoires sont assorties d'un **cahier des charges** comportant des engagements précis. Il s'agit en fait, pour la société ou le bénéficiaire, de délaisser des surfaces agricoles qu'il exploite ou dont il est propriétaire (ou qu'il exploitera ou sera directement ou indirectement propriétaire à l'issue de la prise de contrôle) afin de répondre aux objectifs du contrôle (C. rur. art. L 333-3, IV).
La **Safer accuse réception** de la proposition dans un **délai** de cinq jours. Elle **transmet** au préfet son avis sur cette proposition dans un délai d'un mois à compter de la délivrance de l'accusé de réception. En l'absence de transmission dans ce délai, son avis est réputé favorable à la proposition du demandeur.
À noter que la proposition peut se limiter à faire état de **circonstances non mentionnées dans le dossier** de demande d'autorisation et de nature à justifier, sans que de nouveaux engagements

soient pris, ou en complément de tels engagements, que la contribution au développement du territoire ou à la diversité de ses systèmes de production l'emporte sur les atteintes aux objectifs du contrôle (faits nouveaux, éléments omis, etc.).

Dans le cas où le **demandeur**, ou la société dont il souhaite prendre le contrôle, n'a **formulé aucune proposition**, le préfet doit refuser la demande d'autorisation (C. rur. art. L 333-3, IV). Il devra le faire de façon expresse, par lettre recommandée avec demande d'avis de réception. Le préfet dispose d'un **délai de trois mois** pour délivrer l'autorisation ou la refuser : le délai de deux mois imparti au préfet pour lui notifier sa décision débute à compter de l'expiration du délai d'un mois suivant la notification du préfet indiquant le refus, en l'état, de la demande d'autorisation. Le **silence** vaut acceptation au terme de ce délai de trois mois.

> **Précisions** Le **cahier des charges** défini par arrêté comporte a minima (C. rur. art. R 333-13) :
> – la description des **mesures envisagées** ;
> – la **date prévisionnelle** de réalisation de ces mesures ;
> – les **conditions financières** attachées à la cession ou à la location, définies dans le respect, selon le cas, des prix du marché foncier local ou des règles résultant du statut du fermage en ce qui concerne le prix du bail.

81256 **Nature des engagements proposés** Les engagements peuvent consister (C. rur. art. L 333-3, IV) :

– à **vendre ou à donner à bail** rural à long terme prioritairement à un agriculteur réalisant une installation en bénéficiant des aides à l'installation des jeunes agriculteurs ou, à défaut, à un agriculteur réalisant une installation ou ayant besoin de consolider son exploitation une surface lui permettant d'atteindre le seuil de viabilité économique fixé au SDREA ;

– à **libérer** prioritairement, au profit d'un agriculteur réalisant une installation en bénéficiant des aides à l'installation ou, à défaut, d'un agriculteur réalisant une installation ou ayant besoin de consolider son exploitation, **une surface** lui permettant d'atteindre le seuil de viabilité économique fixé au SDREA, en résiliant à due concurrence un bail (ou un autre contrat d'exploitation) dont il dispose, dès lors que le propriétaire des biens immobiliers en question s'engage à les vendre ou à les donner à bail rural à long terme à l'agriculteur s'installant ou ayant besoin de consolider son exploitation.

La société faisant l'objet de la prise de contrôle ou le bénéficiaire de cette prise de contrôle peut réaliser ces opérations de vente, location ou libération de foncier de **manière amiable** ou solliciter le **concours de la Safer** (ce point devra être indiqué dans le cahier des charges). Si la Safer intervient, les engagements peuvent prendre la forme d'une promesse de vente ou de location à la Safer, le cas échéant avec faculté de substitution ; la Safer compétente pour recevoir les engagements est celle du lieu de situation des terres concernées. Dans ce cas, il ne peut être mis à la charge des parties à ces opérations, et au bénéfice de la Safer, qu'un **montant forfaitaire**, fixé pour l'ensemble du territoire à 100 € hors taxe pour l'intervention de la Safer en vue de la « formalisation des engagements sous la forme d'une promesse de vente ou de location ». Ce montant doit être libéré au profit de la Safer dans les conditions qu'elle détermine (Arrêté AGRT2234110A du 23-12-2022).

Afin d'éviter tout engagement trop vague et qui ne serait pas tenu, le modèle de cahier des charges prévoit que la société faisant l'objet de la prise de contrôle ou le bénéficiaire de cette prise de contrôle doit identifier, dans le cadre des engagements qu'il propose au préfet, la **modalité selon laquelle il conduira les opérations de cession ou de mise à bail** ainsi que le bénéficiaire ou les bénéficiaires envisagés de ces opérations, à moins qu'il ne soit laissé à la Safer le soin de le trouver.

81260 **Réponse du préfet** Après avoir pris connaissance des propositions faites par la société ou le bénéficiaire, le préfet recueille l'**avis de la Safer** puis prend sa décision. S'il le souhaite, le préfet peut aussi solliciter l'**avis de la CDOA** (C. rur. art. L 333-3, V).

À compter de la date de réception par le préfet de la proposition faite par les parties, la Safer lui remet son avis dans un délai d'un mois. Cet avis est transmis par voie électronique. En **l'absence de réponse** de sa part à l'expiration de ce délai, l'avis de la Safer est réputé favorable à la proposition formulée par les parties.

À l'issue de ce délai, le préfet peut, par **décision motivée** :

– autoriser sans condition l'opération ;

– autoriser l'opération en la subordonnant à la réalisation effective des engagements pris par les parties ;

– refuser l'autorisation en l'absence d'engagements ou si ceux-ci sont manifestement insuffisants ou inadaptés aux objectifs du contrôle.

Si le préfet délivre une **autorisation expresse**, il prend sa décision dans un délai de deux mois, à compter de la date de délivrance de l'accusé de réception relatif aux mesures compensatoires. Dans la plupart des cas, la décision devrait inclure, comme le souligne l'instruction technique, toutes les mesures compensatoires, sans que cela ne soit obligatoire (Inst. DGPE/SDPE/2023-152 du 28-2-2023 p. 28) : elle devra clairement mentionner quelles sont les mesures compensatoires qui devront être respectées par les parties prenantes. Il est recommandé par l'administration que la décision d'acceptation expresse soit envoyée en recommandé avec demande d'avis de réception, bien que cela ne soit pas obligatoire. Cette décision d'autorisation expresse est transmise à la Safer.

Une **autorisation tacite** est accordée à défaut d'autorisation expresse dans le délai de deux mois : l'opération est alors réputée autorisée. Elle inclut obligatoirement les mesures compensatoires proposées par les parties prenantes. En cas d'autorisation tacite, le préfet de département en informe la Safer.

Lorsqu'il estime que les bénéficiaires ou la nature des **engagements sont insuffisants** ou inadaptés aux objectifs poursuivis et le conduiraient à refuser l'autorisation, le préfet en **informe le demandeur** par lettre recommandée avec avis de réception. Cette notification comporte les motifs s'opposant à l'octroi de l'autorisation. Dans un délai de 15 jours, les parties peuvent alors transmettre au préfet de nouvelles **propositions, complémentaires ou alternatives** aux premières et de nature à remédier aux motifs s'opposant à la réalisation de l'opération. Ces propositions complémentaires ou alternatives sont accompagnées du cahier des charges précisé par arrêté, identique à celui appliqué aux premières propositions. Les parties prenantes seront informées des modalités d'envoi par le biais de la notification.

Les mesures complémentaires ou alternatives sont **adressées au préfet** par courrier, e-mail ou via le portail de télédéclaration, et dans un **délai** de 15 jours.

MESURES COMPLÉMENTAIRES OU ALTERNATIVES

À compter de la date de réception par le préfet des propositions complémentaires ou alternatives, celui-ci consulte la Safer sur les nouvelles propositions, en précisant le délai dans lequel son avis est attendu. Le délai fixé à la Safer doit permettre au préfet de délivrer l'autorisation « prise de contrôle », dans les quatre mois à compter de la délivrance de l'accusé de réception des mesures compensatoires (Inst. DGPE/SDPE/2023-152 du 28-2-2023 p. 26). La **Safer** lui remet ensuite son **avis**, lequel est transmis par voie électronique. En l'**absence de réponse de la Safer** à l'expiration de ce délai, son avis est réputé favorable à la proposition faite par les parties (C. rur. art. R 333-13). Selon les propositions formulées par les parties, le préfet prendra sa décision d'autorisation ou de refus. 81261

Dans le cas où le **préfet a informé le demandeur de l'insuffisance de ses premières propositions** avant l'expiration du délai d'un mois, le délai qui lui est imparti pour notifier sa décision est porté à quatre mois à compter de la date de délivrance de l'accusé de réception de la proposition de mesures compensatoires (C. rur. art. R 333-13). Si le préfet souhaite s'y opposer, il devra donc prendre un arrêté exprès en ce sens. Il refuse alors la demande d'autorisation, par une **décision expresse**, par lettre recommandée avec demande d'avis de réception.

Si les **nouvelles mesures compensatoires sont suffisantes**, le préfet délivre une autorisation expresse dans un délai de quatre mois à compter de la date de délivrance de l'accusé de réception de la proposition de mesures compensatoires. La décision devra clairement mentionner quelles sont les mesures compensatoires (initiales et/ou complémentaires et alternatives) qui devront être respectées par les parties prenantes. L'administration recommande d'envoyer la décision d'acceptation expresse en recommandé avec demande d'avis de réception (sans que cela ne soit obligatoire). La décision d'autorisation expresse est transmise à la Safer.

À défaut d'autorisation expresse dans le délai de quatre mois ou de réception de la lettre recommandée s'opposant à l'octroi de l'autorisation dans un délai de deux mois à compter de la date de réception par le préfet de la proposition faite par les parties, l'opération est réputée autorisée dans son état résultant des dernières propositions d'engagements ; elle inclut bien entendu la proposition faite par les parties qu'elles doivent donc exécuter (C. rur. art. R 333-14).

Les **engagements pris** doivent être réalisés dans un **délai** de six mois à compter de la date de délivrance de l'autorisation. Sur décision du préfet, ce délai peut être prorogé de six mois supplémentaires. Au plus tard à l'échéance de ce délai, la société faisant l'objet de la prise de contrôle, le bénéficiaire de cette prise de contrôle ou la Safer, si elle est intervenue dans l'opération, présentent à l'autorité administrative les documents attestant que les engagements ont bien été réalisés.

> **Précisions** Le législateur, semblant redouter certains excès dans les engagements, précise quelques **limites qui s'imposent au préfet** (C. rur. art. L 333-3, V). Ainsi, le préfet doit veiller à ne pas subordonner l'autorisation à des engagements qui mettraient en péril la viabilité économique des exploitations des parties à l'opération, qu'il s'agisse de la société faisant l'objet de la prise de contrôle ou le bénéficiaire de cette prise de contrôle. Dès lors, le préfet ne peut imposer qu'il soit mis fin, avant son échéance, à un bail rural ayant cours au bénéfice d'une personne morale ou physique autre que la société objet de la prise de contrôle ou le bénéficiaire de celle-ci, ni qu'il soit mis fin avant son échéance à tout autre contrat en cours. Le préfet ne peut pas non plus imposer, lorsque la société détient des biens immobiliers à usage ou à vocation agricole qu'elle n'exploite pas mais qu'elle donne à bail à un exploitant non associé, qu'un autre exploitant se substitue au locataire actuel avant le terme ou à l'expiration de son bail. Il en est également ainsi pour les mêmes biens immobiliers à usage ou à vocation agricole détenus par le bénéficiaire de la prise de contrôle.

MISE EN ŒUVRE DES ENGAGEMENTS

81265 Au plus tard à l'échéance du délai accordé pour réaliser les engagements (prolongation comprise), la société faisant l'objet de la prise de contrôle, le bénéficiaire de cette prise de contrôle ou la Safer, si elle est intervenue dans l'opération, présente au préfet de département les **documents attestant que les engagements ont été réalisés**. Ces documents comprennent la copie des actes de vente en cas de cession et la copie des baux en cas de location ou, les deux le cas échéant. L'instruction administrative précise que la DDT pourra fixer un délai supplémentaire, indiqué dans la décision d'autorisation, pour l'envoi des documents justificatifs par le bénéficiaire de l'autorisation ; les documents pourront ainsi être envoyés au-delà du délai de 6 mois.

Au cas où les **engagements ne sont pas respectés**, avant de prononcer une sanction, la DDT entame une **procédure contradictoire** avec l'auteur du manquement : elle lui fait connaître le délai dont il dispose pour faire valoir ses observations écrites et/ou orales. Elle l'informe de son droit à être assisté du conseil de son choix. Si le préfet constate que les engagements pris n'ont pas été exécutés dans le délai imparti, il peut mettre en demeure le bénéficiaire de la prise de contrôle ou la société faisant l'objet de la prise de contrôle n'ayant pas respecté ses engagements de régulariser sa situation dans un délai de trois mois ; le délai maximum pour réaliser les engagements est donc d'un an et trois mois (Inst. DGPE/SDPE/2023-152 du 28-2-2023 p. 33 ; C. rur. art. L 333-3, VI et R 333-16). L'intéressé est mis à même, durant cette période, de lui présenter des observations écrites et, le cas échéant, à sa demande, des observations orales, dans le cadre d'une procédure contradictoire. **Si l'irrégularité perdure**, le préfet peut retirer l'autorisation et/ou prononcer une sanction pécuniaire.

Le préfet prend alors un arrêté pour retirer la décision d'autorisation. Celui-ci doit être motivé et doit mentionner les délais et voies de recours. La contestation de la **décision de retrait** s'effectue devant le juge administratif. Le retrait de la décision préfectorale entraîne l'annulation de cette décision d'autorisation. En conséquence, celle-ci est considérée comme n'ayant jamais existé.

En cas de retrait de l'autorisation administrative, la prise de participation réalisée est donc nulle. Toutefois, comme la nullité qui peut être prononcée en l'absence d'autorisation lorsque celle-ci était nécessaire, celle-ci n'intervient pas de plein droit. L'**action en nullité**, qui reste de l'initiative du préfet, doit être exercée par le représentant de l'État, d'office ou à la demande de la Safer, devant le tribunal judiciaire ; elle se prescrit par 12 mois à compter du retrait de l'autorisation (n° 81231).

Si, à l'expiration du délai imparti, l'irrégularité perdure, le préfet peut avec ou sans retrait de la décision ayant autorisé l'opération, prononcer à l'encontre de l'intéressé une **sanction pécuniaire** d'un montant compris entre 304,90 € et 914,70 € par hectare ayant fait l'objet des engagements initiaux ou une surface équivalente après application, le cas échéant, des coefficients d'équivalence fixés par le SDREA applicable aux parcelles concernées (C. rur. art. R 333-14). À noter que le retrait de la décision et la fixation de la sanction peuvent être pris dans le même arrêté.

Sauf cas de force majeure, d'absence de faute de la part du souscripteur ou de dérogation accordée par le préfet, **en cas de non-respect du cahier des charges** qui accompagnent les mesures compensatoires, le préfet peut, d'office ou à la demande de toute personne y ayant intérêt, prononcer également une **amende administrative** égale au moins au montant fixé à l'article 131-13 du Code pénal pour les contraventions de 5ᵉ classe (1 500 €) et ne pouvant excéder 2 % du montant de la transaction concernée. Les modalités de mise en œuvre de cette sanction sont identiques à celles applicables lorsque l'autorisation n'a pas été sollicitée alors qu'elle aurait dû l'être.

I. Intervention limitée des Safer

PRINCIPE DE LIMITATION DE L'INTERVENTION DES SAFER

L'article L 333-4 du Code rural et de la pêche maritime met en place le principe d'une intervention limitée des Safer sur les **sociétés dont la prise de contrôle a préalablement fait l'objet d'une autorisation**, sous réserve de quelques exceptions (voir n° 81275). Ainsi, rappelons que pour la réalisation de leurs missions, les Safer peuvent notamment acquérir des biens à vocation agricole, acquérir des actions ou parts de sociétés détenant en propriété ou en jouissance des biens immobiliers à usage ou à vocation agricole, se substituer un ou plusieurs attributaires pour réaliser la cession de tout ou partie des droits conférés par une promesse de vente portant sur des biens ou parts de sociétés agricoles, se livrer ou prêter leur concours, en vertu d'un mandat écrit, à des opérations immobilières portant sur les biens d'autrui en vue de leur location (C. rur. art. L 141-1, II ; voir n°s 80230 s.). 81270

Par une disposition expresse, ces **interventions sont impossibles** lorsqu'elles concernent les biens immobiliers des sociétés dont la prise de contrôle a préalablement fait l'objet d'une autorisation en application du nouveau dispositif. Sont seuls concernés les **biens détenus à la date de l'autorisation**. Cette exception n'est pas non plus applicable aux biens immobiliers des bénéficiaires de ces prises de contrôle, détenus à la date de la même autorisation. Cette exception est applicable pour une durée d'un an à compter de l'expiration du délai accordé pour la réalisation des engagements auxquels est subordonnée, le cas échéant, l'autorisation (en général 6 mois, voir n° 81261). Lorsque ce délai est prorogé, le délai d'un an débute à l'expiration de cette prorogation. On soulignera que l'acquisition de parts ou actions des sociétés concernées par l'autorisation demeure possible.

> **Précisions** Cette limitation a été mise en place par le Sénat dans l'objectif affirmé de « **protéger** » tant **la Safer** que la société ou le bénéficiaire de la prise de contrôle. M. Olivier Rietmann, rapporteur du texte au Sénat, l'explique ainsi : « les parcelles qui restent au repreneur ont fait l'objet du système de régulation. Si une partie de ces terres devait être revendue, nous proposons de protéger la Safer. En effet, on pourrait, dans le cas contraire, soupçonner cette dernière de s'être arrangée avec le repreneur, car elle aura eu toutes les informations sur l'ensemble de l'exploitation. Par exemple, on pourrait penser que, ayant repéré un bail arrivant à échéance rapidement, elle proposerait de diminuer la compensation en échange du contrôle sur ce bail. Pour protéger tout le monde, nous préférons prévoir que la Safer ne puisse pas intervenir ni sur les terres de compensation – elle n'a pas de raison de souhaiter le faire – ni sur le reste de l'exploitation, sauf dans les trois cas prévus expressément ». Lorsque les circonstances changent, c'est-à-dire dans les trois cas prévus au texte, la Safer retrouve ses prérogatives. Comme l'illustrent les débats au sein de la Commission mixte paritaire concluant sur la proposition de loi, cet argumentaire a été reçu avec quelques réserves par les membres de la CMP (Rapport CMP du 1-12-2021 n° 252 rc).

EXCEPTIONS

La **Safer reste compétente** pour intervenir sur les biens immobiliers de la société dans trois cas de figure alternatifs : 81275

– lorsque le préfet constate que des engagements pris afin d'obtenir l'autorisation de réaliser la prise de contrôle n'ont pas été exécutés dans le délai imparti ou que les dispositions du cahier des charges n'ont pas été respectées (voir n° 81265) ;

– à compter de toute cession des biens immobiliers postérieure à la réalisation des engagements ou à compter de toute prise de contrôle de la société détenant ou exploitant ces biens postérieure à la réalisation des engagements ;

– lorsque la société faisant l'objet de la prise de contrôle ou le bénéficiaire de cette prise de contrôle sollicite l'intervention de la Safer pour mettre en œuvre tout ou partie des engagements.

CHAPITRE 6

TRANSFERTS DE DROITS AU PAIEMENT ET AUTORISATIONS DE PRODUCTION

SOMMAIRE

GÉNÉRALITÉS

81400 L'agriculture a connu de nombreuses **limitations de production** apparues au fil du temps, principalement dans un objectif de régulation des volumes et des prix. Ces mécanismes de régulation, créateurs de droits et soumis à des régimes juridiques originaux, ont aujourd'hui tous disparu. On peut notamment citer :
- les quotas laitiers ;
- les droits de plantation et de replantation viticoles ;
- les droits de livraison de betteraves ;
- les quotas de production de tabac, etc.

Plus récemment, en 1992, plusieurs régimes de **paiements directs** (à la surface ou fonction de la détention de certains animaux) ont été mis en place dans un but de maîtrise des dépenses publiques. Couplées à la production, certaines de ces aides étaient basées sur des références individuelles et principalement :
- la prime au maintien des troupeaux de vaches allaitantes (PMTVA) ;
- la prime à la brebis et à la chèvre (PBC).

L'importante **réforme de la politique agricole commune** issue du règlement du 29 septembre 2003 (Règl. 1782/2003) a eu pour objet de regrouper la plupart des paiements directs (à l'exception de la PMTVA et de la PBC en totalité, de 25 % des paiements aux surfaces en céréales et oléo-protéagineux, de 40 % de l'aide à la pomme de terre fécule, etc.) en un **droit à paiement unique (DPU)** entré en application en France au titre de la campagne 2006-2007.

Après quelques étapes intermédiaires, le compromis du 20 novembre 2008, communément appelé « bilan de santé de la PAC », a renforcé encore, dans sa déclinaison française, la présence des DPU en y intégrant progressivement la quasi-totalité des paiements demeurés encore liés à la production en 2006 (Règl. CE 73/2009 du 19-1-2009).

La réforme de la PAC, issue du règlement 1307/2013 du Parlement et du Conseil du 17 décembre 2013 et entrée en application au 1er janvier 2015, a, une fois de plus, profondément modifié le dispositif global d'attribution des aides, et notamment le régime des DPU, en y substituant un autre régime de paiement direct. Les DPU sont ainsi devenus **droits à paiement de base (DPB)**.

Le caractère général des droits à paiement de base (DPB) et des paiements annexes (paiement « vert », paiement « redistributif », etc.) s'est accompagné d'une **suppression des régimes de maîtrise des volumes**, à l'exception notable du secteur viticole (Règl. 1308/2013 du Parlement et du Conseil du 17-12-2013 portant organisation commune des marchés des produits agricoles).

La dernière réforme de la PAC, entrée en application le 1er janvier 2023 et dont les règlements de base ont été publiés en fin d'année 2021, n'a pas modifié fondamentalement le dispositif en vigueur jusqu'au 31 décembre 2022 (Règl. CE 2021/2115, 2021/2116 et 2021/2117 du 2-12-2021). Le règlement 2021/2115 du Parlement européen et du Conseil du 2 décembre 2021 a notamment créé les « aides de base au revenu pour un développement durable », donnant la possibilité aux États membres qui avaient appliqué le régime de paiement de base lors de la précédente programmation, de décider d'octroyer l'aide de base au revenu sur la base des droits au paiement (Règl. 2021/2115 art. 21 à 23). Ainsi, par suite du choix réalisé par la France, les **DPB attribués** au titre du programme précédant demeurent et ne font **pas l'objet d'une nouvelle attribution**. On soulignera cependant que les paiements directs et interventions en faveur du développement rural sont conditionnés à une planification stratégique nationale et que la PAC se dote d'une nouvelle dimension écologique par la mise en place « d'écorégimes » permettant de rémunérer les pratiques favorables au climat (voir nos 90132 s.).

Enfin, s'agissant des contingentements de productions, et suivant les nouvelles règles européennes de soutien à l'agriculture, le régime des **quotas laitiers** s'est achevé au 31 mars 2015 et le régime des « quotas sucre », duquel dérivaient les droits de livraison de betteraves, a expiré à la fin de la campagne de commercialisation 2016/2017, soit le 30 septembre 2017 (Règl. CE 1308/2013 du 17-12-2013 art. 62 s. et 1370/2013 art. 10 s.). Quant aux droits de plantation en matière viticole, s'ils ont été supprimés, en France, au 31 décembre 2015, un nouveau régime de gestion des autorisations de plantations a été mis en place (Règl. CE 1308/2013 du 17-12-2013 art. 61 s.). De même, la mise en place de soutiens directs mieux ciblés sur les bovins a emporté la fin des droits à prime au maintien des troupeaux de vaches allaitantes.

Ainsi, quand bien même demeurent de nombreux régimes d'aides versées annuellement, les « droits de produire » et les droits à prime animale, générant au profit de l'agriculteur des **droits pérennes sources de revenus et transmissibles**, ont tous disparu. Toutefois, les **droits à paiement de base (DPB)** et les **autorisations de plantations viticoles**, qui en sont les dernières expressions juridiques, demeurent. Ces deux régimes de droits n'ont guère de points communs si l'on s'intéresse à leur nature juridique ou leurs modalités de transmission, mais aboutissent à la création de droits et de valeurs au bénéfice des agriculteurs et viticulteurs qui les utilisent.

Le présent **chapitre** ne possède aucune prétention à l'exhaustivité, mais a simplement pour **objectif** de présenter le régime juridique de cession ou de transfert de ces droits et autorisations dont l'importance pour les exploitations n'est pas à démontrer puisqu'ils en conditionnent souvent la rentabilité. Il expose la mise en œuvre de ces transferts dans le cadre du régime applicable depuis la dernière réforme de la PAC dont les règles sont entrées en application au 1er janvier 2023.

Sur la politique agricole commune et les dispositifs en place depuis le 1er janvier 2023, voir nos 90300 s. et 90690 s.

Sur les différentes aides de la PAC et leur mise en paiement (notamment l'aide de base au revenu pour un développement durable), voir nos 90005 s.

A. Droits au paiement

Jusqu'à la campagne 2014/2015, les droits à paiement unique (DPU) **permettaient** à l'agriculteur qui les détenait d'obtenir chaque année un paiement sous la condition principale de les utiliser, de les « activer » pour reprendre la terminologie des règlements communautaires. À chaque droit correspondait une valeur dite « faciale » établie lors de l'initialisation du régime et de ses évolutions successives. L'utilisation des DPU et le respect des conditions imposées par les règlements communautaires permettaient d'obtenir le paiement de cette valeur diminuée des prélèvements opérés au profit de la réserve à différents titres. Après une phase de mise en œuvre extrêmement complexe, la cession des DPU a fait l'objet de règles de cessions (ou « transferts ») également très précises. **81405**

La réforme de la PAC pour la période 2015-2020 a eu pour effet d'emporter la **disparition des DPU au 31 décembre 2014**, puis une **attribution de nouveaux droits à paiement**, dits « droits à paiement de base » (DPB), à compter de la campagne 2015, et plus précisément au 15 juin 2015 en France. Cette attribution a pu se réaliser selon différentes modalités dont le bref exposé permet de mieux comprendre le régime juridique de leur détention comme celui de leur cession.

Contrairement à la réforme précédente, la récente réforme issue principalement du règlement 2121/2115 du 2 décembre 2021 permet aux États membres le **maintien des DPB attribués aux agriculteurs en 2015** et ne remet pas en cause leurs attributaires ou acquéreurs, notamment car elle tire les conséquences des transferts intervenus jusqu'au 31 décembre 2021 sous le régime antérieur (Règl. 2121/2115 art. 21 s.).

1. DÉTENTION DES DROITS AU PAIEMENT

81410 Les droits à paiement unique mis en place en France en 2006 par le règlement 1782/2003 du 29 septembre 2003 ont disparu avec l'abrogation du régime issu du règlement 73/2009 du 19 janvier 2009 qui avait prorogé le régime de paiement unique (Règl. 1307/2013 du 17-12-2013 art. 21). Cette abrogation a pris effet au 31 décembre 2014 et a été suivie de l'entrée en vigueur du règlement 1307/2013, le 1er janvier 2015 (Règl. 1307/2013 du 17-12-2013 art. 74) créant les droits à paiement de base à compter du 1er janvier 2015, ce régime de paiement de base présentant des caractéristiques voisines du régime auquel il s'était substitué. Le règlement 1307/2013 a été abrogé, avec effet au 1er janvier 2023, par l'article 154 du règlement 2021/2115, mais les droits à paiement ont été maintenus par choix de la France exprimé dans son Programme stratégique national (PSN).

Ainsi, le régime actuel de paiement direct au profit des agriculteurs, principalement l'aide de base au revenu pour un développement durable, utilise comme « véhicule » permettant le paiement de l'aide, les droits à paiement de base préexistants (Règl. 2021/2115 art. 21 à 23).

Les droits à paiement de base toujours utilisés après le 1er janvier 2023, ont fait l'objet d'une attribution au 15 juin 2015 selon diverses modalités, et permettent d'appréhender la situation actuelle de nombre de leurs détenteurs. Les autres détenteurs que les **attributaires** (directs ou indirects) ont été **acquéreurs** de ces droits au paiement (DPB) au moment de leur création ou ultérieurement.

Ces droits au paiement qui continuent d'être détenus par les agriculteurs après la dernière réforme de la PAC, voire par d'autres détenteurs, présentent une **nature juridique** qui a longtemps interrogé.

ATTRIBUTION DIRECTE DE DPB

81411 Dans le cas général, les agriculteurs ont bénéficié d'une **attribution directe** de droits dans le nouveau régime de paiements directs, s'ils :

– étaient agriculteurs actifs au 15 juin 2015 (sur cette notion, voir nos 81418 s.) ;

– ont déposé au titre de la campagne 2015, une demande d'attribution avant le 15 juin 2015 (ou au cours de la période de dépôt tardif mais avec pénalités) ;

– disposaient d'un « **ticket d'entrée** », c'est-à-dire :

• avaient bénéficié au titre de la campagne 2013 des paiements directs (découplés, couplés, etc.),

• ou avaient bénéficié au titre de la campagne 2014 de la réserve de droit à paiement unique,

• ou n'avaient jamais détenu de droits à paiement unique, et justifiaient d'une activité agricole en 2013,

• ou encore n'avaient pas reçu de paiements directs en 2013 et cultivaient des vignes, fruits, plantes environnementales, etc.

Ces agriculteurs titulaires d'un « ticket d'entrée » et ayant reçu des paiements DPU et/ou aide couplée tabac en 2014, disposaient ainsi de **références historiques 2014**, lesquelles ont été prises en compte pour le calcul de leurs DPB attribués au 15 juin 2015. En cas d'absence de tels paiements en 2014, la référence historique a été fixée à zéro. Le **nombre de DPB** attribués à un agriculteur en 2015 était en principe égal au nombre d'hectares admissibles déterminés et qui étaient à sa disposition à la date limite de dépôt des demandes en 2015.

> **Précisions** La condition d'être agriculteur actif au 15 juin 2015 conditionnait l'attribution des droits à paiement de base. Quand bien même les **centres équestres**, par exemple, sont éligibles aux aides de la PAC depuis la campagne 2018 dès lors qu'ils sont considérés comme agriculteurs, n'ayant pas été attributaires, ils doivent acquérir des DPB pour que les surfaces qu'ils détiennent puissent être aidées (nos 81419 s.).

ATTRIBUTIONS INDIRECTES ET ACQUISITIONS PAR ANTICIPATION

81412 De nombreux agriculteurs ne remplissaient pas, en tout ou partie, les conditions pour bénéficier d'une attribution directe de DPB ; ils ont pu bénéficier d'une attribution indirecte ou acquérir des DPB avant leur création. Tel était le cas lors d'agrandissements, d'héritages, de création de sociétés, etc., les agriculteurs en place au 15 juin 2015 ne disposant pas du « ticket d'entrée » ou de références de paiements 2014 leur permettant d'établir la valeur de leurs DPB.

Ainsi, durant la période préparatoire à la nouvelle PAC (dite période transitoire), c'est-à-dire entre le 1er janvier 2015 et le 15 juin 2015, deux types de situations coexistaient pour obtenir, au 15 juin 2015, les DPB afférents à une exploitation en cas de mutations de surface ou de changement d'agriculteur à sa tête. Soit il s'agissait d'établir une continuité de l'exploitation malgré le changement de « forme juridique » afin que l'exploitation, sous sa nouvelle forme, puisse être attributaire des DPB, soit les DPB pouvaient faire l'objet d'acquisitions « par anticipation » (voir Inst. tech. DGPE/SDPAC/2015-674 du 29-7-2015).

Dans le premier cas, les **régimes de subrogation** (changement de forme juridique, fusion, scission, héritage, etc.) permettaient, sous certaines conditions (périmètre constant, maintien du contrôle de l'exploitation, etc.), à l'exploitation (ou aux exploitations) résultante(s) de bénéficier du « ticket d'entrée » et/ou de la reprise des références de droits à aides dans le calcul des futurs DPB (Règl. 639/2014 du 11-3-2014 art. 14).

Dans le second cas, les **transferts de DPB par anticipation** (Règl. 639/2014 art. 20 et 21), autorisés sur les six premiers mois de l'année 2015 et enfermés dans des conditions très limitatives (seulement transferts en propriété de terres permettant un transfert en propriété des DPB à attribuer ou transferts par bail des DPB conditionnés par un bail sur le foncier, nécessité pour l'attributaire cédant d'être agriculteur actif et de conserver au moins une parcelle d'un are minimum, etc.), permettaient d'acquérir les DPB dès l'instant de leur attribution au vendeur ou au bailleur, le 15 juin 2015, et d'en être le cessionnaire ou le locataire dès cette date avec les paiements afférents (une tolérance avait également été prise, sous conditions, pour autoriser les transferts entre fermiers : note PAC/2015/04 du 11-5-2015).

Enfin, dans certaines situations (nouveaux agriculteurs, jeunes installés, désavantages spécifiques et grands travaux) la **réserve nationale** a pu pallier l'absence de références historiques de certains agriculteurs par une attribution de DPB à la valeur moyenne (voir Règl. 1307/2013 art. 30 s. ; 639/2014 art. 26 s. ; Inst. tech. DGPE/SDPAC/2015-654 du 24-7-2015 relative au programme d'attribution de DPB à partir de la réserve nationale pour la campagne 2015).

> **Précisions a.** Les **régimes de subrogation**, qui n'étaient pas des régimes de transfert des DPB, mais de reprise des éléments nécessaires pour bénéficier d'une attribution de ces DPB, ont purement et simplement disparu au 15 juin 2015. Dès lors, un apport en société, une dissolution de société, une sortie d'associé avec son exploitation, une fusion de société ou une scission est toujours traité comme un transfert de DPB, selon les règles applicables en régime de croisière.
>
> **b.** De même, les **régimes de transferts** établis spécifiquement pour la période transitoire ne trouvent plus à s'appliquer depuis le 16 juin 2015. Notamment, la symétrie entre vente de terres autorisant la vente de DPB et baux de terres autorisant la location de DPB sont des restrictions qui n'ont plus cours : les DPB peuvent, depuis le 16 juin 2015, être transférés à titre définitif ou temporaire sans foncier. Ces conditions particulières étaient motivées par la volonté d'éviter les « effets d'aubaine » lors de la mise en place du nouveau régime.

MAINTIEN DES DROITS AU PAIEMENT DE BASE AU 1er JANVIER 2023 À LEURS DÉTENTEURS

Contrairement aux conséquences générées par les réformes précédentes, la mise en place de la dernière réforme de la PAC n'a pas occasionné une suppression des droits au paiement instaurés à compter du 1er janvier 2015 suivie d'une nouvelle attribution. Ceux-ci ont été maintenus au bénéfice de leurs titulaires. En effet, le règlement 2021/2115 du Parlement européen et du Conseil du 2 décembre 2021 créant notamment les « aides de base au revenu pour un développement durable », donne la possibilité aux États membres qui avaient appliqué le régime de paiement de base lors de la précédente programmation, de décider d'octroyer l'aide de base au revenu sur la base des droits au paiement (Règl. 2021/2115 art. 21 à 23). Ainsi, par suite du choix réalisé par la France, les **DPB attribués** au titre du programme précédant demeurent et ne font **pas l'objet d'une nouvelle attribution**. 81413

Se trouvent donc détenir des DPB à la suite des attributions et acquisitions opérées dans le cadre de la programmation précédente de la PAC :

– les agriculteurs personnes physiques ou morales et qui peuvent les activer sous réserve d'avoir la qualité d'agriculteur actif (nos 81418 s.) ;
– les associés de sociétés qui les mettent à disposition de leur SCEA, EARL, Gaec, etc. ;
– les propriétaires bailleurs, souvent anciens exploitants.

> **Précisions** Pour les **propriétaires bailleurs de DPB**, l'absence de nouvelle attribution aux agriculteurs en place au 1er janvier 2023 a eu pour effet de maintenir ces droits dans leur patrimoine. Ils n'ont pas perdu ces droits et la valeur financière afférente comme ce fut le cas lors de la suppression pure et simple des DPU en 2015 suivie de l'attribution des DPB.

NATURE JURIDIQUE DES DROITS AU PAIEMENT

La réglementation communautaire et les transpositions nationales sont toujours restées muettes sur la nature juridique des DPU institués en 2006 dans l'ordre juridique communautaire ou interne ; il en va de même pour les DPB. Il était toutefois notable, à la lecture des règlements, que les DPU pouvaient être valorisés dans la mesure où ils pouvaient expressément être vendus 81414

(Règl. 1782/2003 art. 46 et 73/2009 du 19-1-2009 art. 42). Ces principes se retrouvent pour les droits à paiement de base (DPB) issus du règlement du Parlement et du Conseil du 17 décembre 2013 (Règl. 1307/2013 art. 4 et 34) et sont reconduits sur la période 2023-2027 par le règlement 2021/2115 du Parlement européen et du Conseil du 2 décembre 2021 établissant des règles régissant l'aide aux plans stratégiques devant être établis par les États membres dans le cadre de la PAC (ce règlement abroge le règlement 1307/2013).

Dès lors, s'il ne fait aucun doute que les DPB sont objets de droit pour les agriculteurs qui peuvent en disposer, il semble possible de considérer qu'ils sont l'objet, pour leurs titulaires, d'un **droit de propriété** plein et entier. Après un temps d'hésitation, le ministère chargé de l'agriculture en a tiré les conséquences dans ses instructions techniques.

Si la question de la valeur des droits à paiement a toujours été une question délicate, la jurisprudence apparaît très nette quant à la possibilité, voire l'obligation de valoriser certains transferts. Bien évidemment, les décisions auxquelles il peut être fait référence ont été rendues à propos des transferts de DPU, mais la nature juridique des DPB n'apparaît pas différente, leurs caractéristiques juridiques étant très proches.

La Cour de cassation a reconnu expressément aux DPU un **caractère patrimonial** (Cass. 3e civ. 18-2-2009 n° 08-11.502). Saisi de l'exécution d'un contrat de vente de DPU « à l'euro symbolique », un tribunal de grande instance a estimé que l'acte était frappé de nullité absolue, le contrat ayant été conclu sans cause (TGI Metz 24-12-2009 n° 983/09). Cette position est cohérente en droit et un tel jugement aurait pu être rendu à propos de la vente de n'importe quel autre bien. Soulignons toutefois qu'il est difficile de trouver la « juste valeur » des DPB qui est principalement fonction des annuités de paiements auxquels ils ouvrent droit, lesquelles peuvent varier en fonction de facteurs nationaux (convergence des valeurs de DPB par exemple) ou des conditions permettant leur mise en paiement. De plus, ils sont acquis jusqu'à la réforme de la PAC suivante (sauf prorogation) et ouvrent droit à un certain nombre d'annuités de paiement : les DPB actuellement détenus permettent d'obtenir un paiement jusqu'en 2027 dès lors que les conditions d'activation et permettant un niveau de paiement seront réunies.

Pour autant, les DPB, comme les DPU, peuvent ne pas être valorisés lors des transferts. Les règlements eux-mêmes prévoient la possibilité d'**héritage** ou d'héritage anticipé. Mais dans le cas d'une donation, encore est-il nécessaire que les conditions en soient présentes. Si l'intention libérale est fondamentale pour qualifier une **donation**, la forme doit encore être respectée. Le Code civil prévoit en effet que toute donation doit être passée devant notaire (C. civ. art. 931). À défaut, l'acte est frappé de nullité absolue, aucune confirmation ni aucune transaction n'étant possible, et ne peut donc produire ses effets, et opérer le transfert des droits à paiement. C'est la conclusion à laquelle a abouti, sans grande surprise, la cour d'appel d'Orléans (CA Orléans 14-9-2015 nos 14/02239 et 14/02267). Les droits à paiement, biens incorporels, ne peuvent en outre faire l'objet d'un **don manuel**, comme le rappelle la cour (position reprise par le ministère de l'agriculture : en dernier lieu par Inst. tech. DGPE/SDPAC/2024-390 du 8-7-2024 p. 22).

Cependant, si les DPU ont pu s'accommoder des attributs et des caractéristiques principales du droit de propriété, malgré un régime juridique très encadré, ils ne sauraient bénéficier de la garantie du droit de propriété offerte par l'**ordre juridique communautaire**, l'Union européenne se réservant le droit sans indemnisation « juste et préalable » de mettre fin au paiement qu'ils permettent d'obtenir à l'instar de toute réglementation d'ordre économique (Règl. 73/2009 art. 42 et, en ce sens, CJCE 22-10-1991 aff. 44/89). L'abrogation du régime des DPU a respecté ce principe. Ces considérations trouvent, à l'évidence, à s'appliquer aux actuels DPB.

En conclusion, les DPB, comme les DPU qui les ont précédés, peuvent être qualifiés, selon nous, de **droits réels mobiliers incorporels** dont la cession peut s'opérer dans les conditions de droit commun des objets mobiliers, sauf restrictions inhérentes à leur régime juridique tel que défini par les règlements qui les concernent. Notons que les actuels DPB bénéficient désormais d'un régime de transfert largement assoupli.

2. CESSION DES DROITS À PAIEMENT DE BASE

PRINCIPES APPLICABLES

81415 Depuis le 1er janvier 2023, les règles de transfert des droits au paiement sont issues des dispositions figurant à la fois dans le règlement de base (Règl. 2021/2115 du 2-12-2021 art. 21 s.), dans le Plan stratégique national – PSN (Plan stratégique national français de la PAC 2023-2027 approuvé le 31-8-2022 par décision C (2022) 6012 de la Commission européenne), dans le Code rural et de la pêche maritime (C. rur. art. D 614-92 s. modifiés par décret 2023-409 du 25-5-2023) et complétés par un arrêté du 5 juin 2023 (Arrêté AGRT2313176A relatif à la mise en œuvre des aides découplées hors « écorégime »). Enfin, une instruction technique annuelle commente les transferts de droits au paiement (en dernier lieu, Inst. tech. DGPE/SDPAC/2024-390 du 8-7-2024).

Soulignons que plus **aucun prélèvement au profit de la réserve** national n'est opéré sur les transferts de DPB, contrairement au régime appliqué antérieurement et jusqu'au 31 décembre 2022 (sur le régime applicable avant le 1-1-2023, nous renvoyons le lecteur à l'édition 2023-2024 du Mémento).

Comme pour les transferts de DPB dans le cadre de la précédente programmation, les transferts se réalisent d'un agriculteur à un autre soit à titre définitif soit à titre temporaire. Le transfert des DPB peut se faire par vente ou par toute autre **cession définitive** et notamment par voie d'apport en société. Les cessions à titre gratuit sont également possibles, qu'il s'agisse d'héritage ou de donation. Ces transferts définitifs peuvent s'opérer avec ou sans la transmission des terres exploitées.

À noter que les **DPB** peuvent être **fractionnés** avant d'être transférés : dans ce cas de transfert d'une fraction d'un droit, la valeur de la fraction est calculée proportionnellement (C. rur. art. D 614-100). Les transferts ne peuvent pas concerner moins de 0,01 droits au paiement, correspondant à la surface minimale d'activation des droits au paiement (Arrêté AGRT2313176A du 5-6-2023 art. 3).

Les **transferts temporaires** peuvent se réaliser par bail ou par toute autre transaction similaire. Comme la cession définitive, le transfert temporaire de DPB ne doit pas nécessairement s'accompagner d'un nombre équivalent d'hectares admissibles au bénéfice de l'aide.

Par exemple, compte tenu des modalités de cession, un propriétaire exploitant a le choix de vendre ses DPB avec le foncier qu'il possède ou seuls. Il peut également louer ses terres et ses DPB en conservant ainsi la propriété des droits ; il peut encore louer ses DPB sans les terres.

Un agriculteur fermier des terres qu'il exploite et propriétaire de ses DPB pourra opérer une cession définitive ou temporaire. La société propriétaire des DPB et exploitant les terres mises à disposition par ses associés est placée dans la même situation.

Quand bien même le régime des transferts se trouve considérablement simplifié en comparaison du dispositif antérieur, notamment par l'absence de prélèvements, les parties au transfert doivent respecter de **nombreuses conditions**. Il en va de même des modalités du transfert.

PARTIES AU TRANSFERT

Les États membres, qui décident d'octroyer une aide sur la base des droits au paiement, concèdent une aide de base au revenu aux **agriculteurs actifs** détenant des droits au paiement en propriété ou par bail au moment de l'activation de ces droits au paiement. Les États membres veillent notamment à ce que les droits au paiement, y compris en cas d'héritage ou d'héritage anticipé, soient activés uniquement dans l'État membre où ils ont été attribués (Règl. 2021/2115 art. 25). **81417**

Aucune condition particulière n'est imposée au vendeur ou bailleur de DPB par le règlement et les différents textes applicables. Celui-ci peut être agriculteur ou non, agriculteur actif ou non (voir n°s 81418 s.). Depuis l'attribution réalisée au 15 juin 2015, un certain nombre de DPB sont déjà détenus par des personnes qui ne sont plus nécessairement agriculteurs. Tel est le cas de **bailleurs de terres et de DPB** qui se trouvent dans cette situation à la suite de la mise à bail, entre le 1er janvier et le 15 juin 2015, de foncier et de DPB et qui sont restés agriculteurs actifs jusqu'au 15 juin (étant précisé qu'il peut s'agir également d'associés de sociétés mettant à disposition les terres qu'ils possèdent en propriété). Il en va de même pour les **personnes qui ont hérité de DPB**. Il peut encore s'agir de personnes qui étaient agriculteurs actifs postérieurement au 15 juin 2015 et n'en remplissent plus les conditions ultérieurement, à la suite de la mise à bail (ou à disposition d'une société) de leurs terres et DPB. Force est de constater que l'absence de nouvelle attribution de DPB et la conservation des actuels DPB dans la PAC 2023-2027 renforcent cette situation de détention de DPB par des personnes qui ne sont pas agriculteurs.

En revanche, l'**acquéreur de DPB**, comme le **preneur à bail** de DPB, doivent avoir la qualité d'agriculteur actif, au plus tard à la date limite de dépôt de la demande d'aide.

La seule exception à cette nécessaire qualité d'agriculteur actif de l'acquéreur de DPB concerne les **héritages** et les « **héritages anticipés** » de DPB : dans ce cas, cette condition n'est pas exigée des héritiers ou donataires. Ils doivent toutefois avoir cette qualité pour activer les DPB, c'est-à-dire recevoir le paiement des aides qui en découlent.

> **Précisions** Rappelons que, pour les **transferts intervenus jusqu'au 31 décembre 2017** l'acquéreur devait avoir la qualité d'agriculteur actif. Un **bail ou une vente de DPB** consentie à une personne qui ne possédait pas la qualité d'agriculteur actif antérieurement au 31 décembre 2017 était frappée de nullité et la DDT(M) pouvait s'opposer au transfert. Depuis le 1er janvier 2018 et jusqu'au 31 décembre 2022, la seule qualité d'agriculteur suffisait. La nouvelle programmation de la PAC opère un retour à la situation antérieure à 2018.

AGRICULTEUR ACTIF

81418 Le règlement du 2 décembre 2021 réintroduit la notion d'agriculteur actif (Règl. 2021/2115 du 2-12-2021 art. 4.5). Cette qualité est nécessaire pour bénéficier du paiement de certaines aides (n° 137). Il est également nécessaire d'être agriculteur actif pour être acquéreur de droits au paiement (Règl. 2021/2115 du 2-12-2021 art. 27).

Sous l'ancienne programmation de la PAC, jusqu'au **31 décembre 2017**, les transferts de DPB ne pouvaient se réaliser qu'au profit d'un **agriculteur actif** du même État membre, sauf en cas d'héritage ou d'héritage anticipé. Puis, eu égard à la complexité de mise en œuvre de cette notion et aux exclusions de certains agriculteurs (centres équestres par exemple), pour les transferts intervenus entre le **1er janvier 2018 et le 31 décembre 2022**, la France a choisi, utilisant la faculté offerte par le règlement 2017/2393 du 29 décembre 2017, de ne plus faire référence à la notion d'agriculteur actif.

En vue d'améliorer la performance de la PAC, le règlement 2021/2115 du 2 décembre 2021 indique que l'aide au revenu doit **cibler les agriculteurs actifs**. Afin de garantir une approche commune au niveau de l'Union européenne, une définition-cadre de l'agriculteur actif énonçant les éléments essentiels à prendre en compte figure à l'article 4.5 du règlement. Ainsi, les États membres doivent déterminer dans leurs plans stratégiques relevant de la PAC, sur la base d'éléments objectifs, les agriculteurs qui sont considérés comme des agriculteurs actifs.

Il en résulte que l'agriculteur actif est déterminé de façon à garantir que l'aide ne soit accordée qu'aux personnes physiques ou morales ou aux groupements de personnes physiques ou morales exerçant au moins un niveau minimal d'activité agricole, sans nécessairement exclure la possibilité d'accorder l'aide aux agriculteurs pluriactifs ou aux agriculteurs à temps partiel (qui, outre leur activité agricole, exercent aussi des activités non agricoles). Pour déterminer qui est un agriculteur actif, les États membres appliquent des **critères objectifs et non discriminatoires** tels que le revenu, la main-d'œuvre occupée sur l'exploitation agricole, l'objet social et l'inscription de ses activités agricoles dans les registres nationaux ou régionaux. Ces critères peuvent être introduits sous une ou plusieurs formes choisies par les États membres, y compris au moyen d'une liste négative empêchant un agriculteur d'être considéré comme un agriculteur actif. Si un État membre considère comme agriculteurs actifs les agriculteurs n'ayant pas reçu pour l'année précédente des paiements directs dépassant un certain montant, ce montant ne doit pas être supérieur à 5 000 € (Règl. 2021/2115 du 2-12-2021 art. 4.5).

C'est dans ce cadre que la France a proposé sa définition de l'agriculteur actif au sein de son plan stratégique national – PSN (PSN français de la PAC 2023-2027 approuvé le 31-8-2022 par décision C (2022) 6012 de la Commission européenne p. 324). Cette définition est codifiée à l'article D 614-1 du Code rural et de la pêche maritime modifié en dernier lieu par le décret 2024-460 du 22 mai 2024. Enfin, l'arrêté AGRT2310229A du 13 mai 2023 fixe la part minimale du capital social à détenir pour l'application de la définition de l'agriculteur actif à certaines formes sociétaires dans le cadre de la PAC.

La définition de l'agriculteur actif repose sur la définition européenne de l'agriculteur qu'elle vient compléter.

81418-1 **Définition de l'agriculteur** Au sens européen, l'**agriculteur** est une **personne physique**, une personne **morale** ou un **groupement** de personnes physiques ou morales, quel que soit le statut juridique conféré par le droit national à un tel groupement et à ses membres, dont l'exploitation (l'ensemble des unités utilisées aux fins d'activités agricoles et gérées par cet agriculteur) est située sur le territoire de l'Union et qui exerce une activité agricole (voir n° 136).

En pratique, il s'agit d'agriculteurs individuels ou de sociétés d'exploitation (voir Inst. tech. DGPE/SDPAC/2024-324 du 17-6-2024 p. 6 s. pour plus de précisions). Ne sont notamment pas considérés comme des agriculteurs les sociétés créées de fait, les sociétés en participation ou les GIE. Sans entrer dans les diverses situations d'exploitation (indivisions, sociétés en liquidation, etc.), on notera que les assolements en commun, bien que sociétés en participation, bénéficient d'un traitement particulier : s'ils font une déclaration PAC unique au nom de la société en participation qu'ils ont constituée, ils sont considérés comme un seul agriculteur ; si, en revanche, chaque membre de l'assolement réalise sa propre demande d'aide, chacun sera reconnu agriculteur (voir n° 79940).

Pour être reconnu comme tel, l'agriculteur doit exercer une **activité agricole**, c'est-à-dire une activité de culture ou d'élevage à laquelle s'ajoute le maintien des terres dans un état qui les rend aptes à la culture ou l'élevage après une intervention « courante » ou qui suppose une activité minimale sur des surfaces naturellement entretenues. Comme la définition de l'agriculteur actif, cette définition peut être adaptée par chaque État membre, faculté que la France a mise en œuvre (PSN de la PAC 2023-2027 p. 319 nos 125 s.).

> **Précisions** Les **associés de sociétés** ne sont pas qualifiés d'agriculteurs au sens de la PAC. Cette qualité est réservée à la personne exerçant l'activité agricole en son nom, c'est-à-dire la société. Malgré la reconnaissance de la transparence, les **associés de Gaec** sont également exclus de cette qualification et seul le groupement est agriculteur (voir toutefois n° 79603).

Définition de l'agriculteur actif À partir de 2023, en complément de la notion d'agriculteur, le caractère « agriculteur actif » conditionne l'octroi d'un certain nombre d'aides de la PAC (n° 137). La notion d'agriculteur actif a été définie dans le PSN de manière à garantir de la part des bénéficiaires des aides de la PAC une participation effective et directe aux travaux de l'exploitation agricole et à faciliter la transmission des exploitations. En métropole, la définition de l'agriculteur actif est ainsi basée sur deux critères cumulatifs : **81418-2**
– être affilié à l'assurance contre les accidents du travail et les maladies professionnelles (Atexa) du régime agricole ;
– et, au-delà de l'âge légal limite de départ pour une retraite à taux plein (67 ans), ne pas avoir fait valoir ses droits à la retraite.
Si les conditions apparaissent simples, leurs mises en œuvre dans les différentes situations de terrain rencontrées aboutissent à ce que nombre d'agriculteurs soient exclus du versement des aides de la PAC visées n° 137 et à ne pouvoir être acquéreurs de DPB.
Compte tenu de l'étendue des situations rencontrées, nous reprenons les principales (voir Inst. tech. DGPE/SDPAC/2024-324 du 17-6-2024 p. 17 à 37 pour plus de précisions).

Agriculteurs actifs personnes physiques Le Code rural et de la pêche maritime pose les critères de définition de l'agriculteur actif dans le cadre des aides PAC en envisageant, en premier lieu, les agriculteurs personnes physiques (C. rur. art. D 614-1 modifié par décret 2024-460 du 22-5-2024 art. 1). L'agriculteur personne physique doit répondre aux critères cumulatifs suivants : **81418-3**
– être redevable, pour son propre compte, de la cotisation due au titre de l'Atexa mentionnée à l'article L 752-1 du Code rural et de la pêche maritime pour les activités mentionnées à l'article L 722-1, 1° et 2°, lesquels définissent le champ social de l'activité agricole de production (n°s 38015 s.), les activités annexes à l'exploitation (activités dans le prolongement, tourisme, etc. : n°s 38200 s.) et, curieusement, les entreprises de travaux agricoles (n° 38280) ;
– en cas d'atteinte de l'âge légal de la retraite (prévu à l'article L 351-8, 1° du Code de la sécurité sociale), ne pas avoir fait valoir ses droits à la retraite auprès des régimes légaux ou rendus légalement obligatoires, de base et complémentaires (sauf exceptions : voir n° 81418-5).

S'agissant du **critère d'affiliation sociale**, sont donc concernés les personnes suivantes : **81418-4**
– les exploitants « chef d'exploitation », au sens de la MSA, ils sont systématiquement affiliés à l'Atexa ;
– les cotisants de solidarité peuvent également être affiliés à l'Atexa si leur exploitation a une superficie supérieure à 2/5e de la SMA (surface minimale d'assujettissement), ou s'ils consacrent au moins 150 heures par an à une activité agricole ;
– les pluriactifs avec une activité agricole secondaire ou principale qui relèvent obligatoirement de l'Atexa si leur exploitation dépasse les seuils indiqués ci-dessus.

> **Précisions a.** Les retraités, qu'ils aient plus ou moins de 67 ans, lorsqu'ils exploitent seulement une **parcelle de subsistance**, mettent en valeur une superficie maximale de 2/5e de la SMA ; ils ne sont donc pas couverts par l'Atexa.
> **b.** En **Alsace-Moselle**, l'Atexa n'existe pas et les risques contre les accidents du travail et les maladies professionnelles sont couverts de manière collective. Aussi, pour respecter ce critère social, les exploitants doivent diriger une exploitation agricole dont la superficie est supérieure à 2/5e de la SMA, ou dont le temps de travail nécessaire à la conduite de l'activité agricole est au moins égal à 150 heures par an. Pour les formes sociétaires, les seuils sont les mêmes que dans le reste de l'hexagone (surface minimale d'une SMA ou temps de travail supérieur à 1 200 heures/an).
> **c.** Les agriculteurs dont le siège social est en France et qui exercent simultanément ou en alternance, une ou plusieurs activités salariées ou non salariées sur le territoire de deux ou plusieurs États membres de l'Union européenne, l'Espace économique européen et la Suisse, sont dits « **pluriactifs transfrontaliers** » au sens de l'article 14, paragraphe 5 du règlement 987/2009. Des règles spécifiques (Règl. 883/2004 art. 13) leur sont appliquées en matière de législation de sécurité sociale visant à respecter le principe d'unicité (Règl. 883/2004 art. 11). Leur situation est appréciée à l'identique des agriculteurs d'Alsace-Moselle.

81418-5 S'agissant du **critère lié à l'absence de perception d'une retraite**, il en résulte qu'au-delà de l'âge légal limite de départ pour une retraite à taux plein (67 ans), le demandeur ne doit pas avoir fait valoir ses droits à la retraite, que la retraite soit agricole ou non et quel que soit son montant. Tous les régimes légaux ou rendus légalement obligatoires de base et complémentaires entrent dans le périmètre des pensions de retraite qui, dès lors qu'elles ont été activées pour un agriculteur ayant dépassé l'âge de 67 ans, conduisent à ne pas répondre à la définition de l'agriculteur actif.

Toutefois, ne sont pas concernées les pensions qui ne correspondent pas à un **revenu de remplacement d'une activité professionnelle antérieure**. Ainsi, la pension attribuée pour des fonctions électives (maire, parlementaire, etc.), la prestation de fidélisation et de reconnaissance attribuée aux sapeurs-pompiers volontaires ou encore l'allocation de reconnaissance du combattant (antérieurement dénommée retraite du combattant) ne privent pas de la qualité d'agriculteur actif la personne de plus de 67 ans qui les reçoit. Pour la même raison, cela ne concerne pas la pension de réversion relative aux droits du conjoint décédé.

À partir de la campagne 2024, deux cas spécifiques font l'objet d'un ajustement de ce critère lié à l'activation des droits à la retraite :

– les agriculteurs ayant liquidé et percevant leur pension correspondant à l'assurance vieillesse des parents aux foyers (AVPF), à condition que ce soit la seule pension perçue ;

– les agriculteurs qui avaient liquidé leur(s) pension(s), mais qui auraient renoncé ensuite au bénéfice de l'ensemble de ces pensions liquidées, si cette renonciation est intervenue avant la date du 15 mai de la campagne.

Ces agriculteurs, s'ils remplissent toutes les autres conditions, pourront être considérés comme des agriculteurs actifs. Toutefois, la renonciation à une pension est, en application de la réglementation sociale, un acte définitif ; une grande vigilance est requise sur ce point. L'exploitant qui a renoncé doit être parfaitement informé du principe qui implique la **perte irréversible et définitive** des droits auxquels il aura été renoncé (sans pouvoir les récupérer ultérieurement).

> **Précisions a.** Pour son **application en Guadeloupe, en Guyane, en Martinique, à La Réunion et à Mayotte**, la définition de l'agriculteur actif est adaptée. Est considérée comme agriculteur actif toute personne physique ou morale dont l'activité est agricole (au sens de l'article D 614-4 du Code rural et de la pêche maritime, voir nos 125 s.) et qui n'exerce pas une des activités situées sur une liste négative, sauf si cette personne démontre qu'elle entre dans les « conditions de rattrapage » définies par arrêté. La liste négative vise les personnes qui exploitent des aéroports, des services ferroviaires, des sociétés de services des eaux, des services immobiliers ou des terrains de sport et de loisir (C. rur. art. D 691-5). Toutefois, est « rattrapé » l'agriculteur dont l'activité enregistrée dans son immatriculation au RCS est agricole au sens de l'article D 614-4 du Code rural et de la pêche maritime (extrait Kbis ou avis de situation SIRENE à fournir) ou dont les recettes issues de cette activité agricole représentent une part des recettes totales égale ou supérieure à 33 % (attestation comptable à fournir) (C. rur. art. D 614-100 ; Arrêté AGRT2313438A du 16-5-2023 ; Inst. tech. DGPE/SDPAC/2024-324 du 17-6-2024 p. 35).
>
> **b.** Depuis le 1er janvier 2024, une **indivision successorale** n'est considérée comme éligible au caractère actif que si le défunt avait lui-même la qualité d'agriculteur actif au moment de son décès (condition non exigée en 2023) et à condition que la situation d'indivision n'ait pas excédé une année (les indivisions pouvaient être éligibles au-delà du délai d'un an explicité ci-après pour la campagne 2023). En termes de délai de régularisation de la situation de l'indivision, il est fixé à une année à partir du décès, sauf décision de justice, tel le sursis au partage énoncé par le juge et dans le délai qu'il fixe, ou indivision comptant un ou plusieurs enfants mineurs (l'indivision pourra être éligible jusqu'à ce que le dernier enfant mineur ait atteint la majorité). Au-delà de ces délais de régularisation, l'indivision n'est plus agriculteur actif (Inst. tech. DGPE/SDPAC/2024-324 du 17-6-2024 p. 33).
>
> **c.** Un agriculteur non redevable de la cotisation Atexa, dont le **siège d'exploitation est situé sur le territoire d'un autre État membre de l'Union européenne**, qui répond à la définition d'agriculteur actif dans cet État et qui exploite des terres en France, est considéré comme agriculteur actif (C. rur. art. D 614-100, 6°).

81418-6 **Sociétés d'exploitation comportant un associé relevant de l'Atexa** Le caractère « actif » ne peut être conféré à la société que par le biais d'un associé participant à l'exploitation. Cet associé doit être directement associé au sein de la société, c'est-à-dire détenir au minimum une part du capital social.

Toutes les sociétés qualifiées d'agriculteur au sens de la PAC qui disposent en leur sein d'au moins un **associé exploitant personne physique** et qui, à ce titre, est **affilié à l'Atexa**, dès lors qu'il n'a pas fait valoir ses **droits à la retraite** s'il a plus de 67 ans, satisfont à la condition d'être agriculteur actif. L'associé doit être affilié à l'Atexa au titre de son activité au sein de la société, ce qui signifie qu'il doit être considéré par la MSA comme participant aux travaux au sein de la société. En pratique, sont visés tous les Gaec et toutes les EARL : ces sociétés ne seront toutefois pas agriculteurs actifs si un associé de plus de 67 ans a fait valoir ses droits à la retraite. Dans les SCEA, les GFA-exploitants et autres sociétés, il sera nécessaire de vérifier que ces conditions sont effectivement remplies (C. rur. art. D 614-100, 6°).

Sociétés d'exploitation ne comportant aucun associé relevant de l'Atexa 81418-7

Il s'agit de toutes les sociétés qualifiées d'agriculteur au sens de la PAC mais qui ne disposent en leur sein d'aucun associé affilié à l'Atexa. Par dérogation au principe général, leurs **dirigeants** peuvent conférer le caractère actif à leur société, à condition d'être affiliés à l'assurance contre les accidents du travail et les maladies professionnelles du régime de protection sociale des salariés agricoles (AT/MP), de détenir une part minimale du capital social de la société et de ne pas avoir fait valoir leurs **droits à la retraite** s'ils ont plus de 67 ans. Cela suppose donc que les dirigeants soient associés directement dans la société à laquelle ils veulent conférer le caractère agriculteur actif, en remplissant individuellement les critères pour le compte de ladite société. Ainsi, si l'un des dirigeants est une personne morale, ou n'est pas directement associé, la société n'est pas éligible.

Pour conférer le caractère actif à leur société, les dirigeants doivent être **affiliés à l'AT/MP** du régime de protection sociale des salariés agricoles au titre de de l'article L 722-20 du Code rural et de la pêche maritime, qu'il s'agisse de SA, de SAS ou de SARL, expressément citées par cet article, ou de SCEA ou de toute autre société dont le dirigeant est salarié rémunéré, et donc affilié en tant que tel (concernant les règles d'affiliation des dirigeants et salariés au sein des sociétés, voir nos 43115 s.).

La part minimale du **capital social** devant être détenue par ces dirigeants ou mandataires sociaux dans le cas d'une société sans associé affilié à l'Atexa a été fixée à 5 % (Arrêté AGRT2310229A du 13-5-2023). À noter que la détention du capital social par les associés peut être pour partie indirecte, à condition d'en détenir au moins une partie directement (une part au minimum puisque le dirigeant doit être obligatoirement et personnellement associé).

Dès lors que la **société comporte plusieurs dirigeants**, ceux-ci doivent chacun pour ce qui le concerne, respecter les conditions permettant de conférer le caractère actif à la société, c'est-à-dire être directement associé, affilié à l'AT/MP et ne pas avoir fait valoir ses droits à la retraite au-delà de 67 ans. Ainsi, si l'un des dirigeants est une personne morale, ou n'est pas directement associé, la société n'est pas agriculteur actif. En revanche, pour la détention du capital social, il est permis qu'elle puisse être mutualisée en tant que de besoin, au titre d'une même société, entre les dirigeants s'ils sont plusieurs à condition que chacun en détienne directement au moins une partie.

Pour une illustration des différents cas de figures susceptibles d'être rencontrés, voir l'instruction technique DGPE/SDPAC/2024-324 du 17 juin 2024, pages 25 et suivantes.

Autres personnes morales L'article D 614-1 du Code rural et de la pêche maritime 81418-8
reconnaît d'autres personnes morales en qualité d'agriculteur actif. Tel est le cas des personnes morales de droit public exerçant une activité agricole au sens de la PAC (nos 125 s.) ; il s'agit notamment des lycées agricoles ou des chambres d'agriculture disposant de fermes pour la réalisation de leurs missions.

Tel est également le cas :

– des **associations** régies par la loi du 1er juillet 1901 ou les **fondations** reconnues d'utilité publique ou les **sociétés coopératives d'intérêt collectif** (SCIC) dont les statuts prévoient l'activité agricole au sens de la PAC. En effet, ces personnes morales, pour la réalisation de leur objet, peuvent être amenées à gérer des exploitations agricoles ;

– des **sociétés coopératives agricoles** et leurs unions, ainsi que les sociétés d'intérêt collectif agricole, sous réserve d'exercer une activité agricole au sens de la PAC sur les exploitations qui leur appartiennent en propre, qu'elles ont louées ou qui leur ont été concédées. Il s'agit là, notamment, d'une réponse à la volonté des coopératives agricoles de pouvoir gérer, à titre exceptionnel ou transitoire, les exploitations de leurs membres qui seraient en difficulté, sans repreneur immédiat, etc. ;

– des **sociétés coopératives de production** (Scop) composées d'associés salariés, qui ensemble, détiennent la majorité du capital social de la société. Il s'agit de SA, de SARL ou de SAS sous une forme coopérative dont les membres associés sont tous salariés y compris les dirigeants. Si la Scop exerce une activité agricole, leurs associés salariés sont affiliés à l'AT/MP et peuvent conférer le caractère actif à la société (si par ailleurs ils n'ont pas fait valoir leurs droits à la retraite s'ils ont plus de 67 ans). Le fait même que les associés salariés affiliés à l'AT/MP soient ensemble majoritaires en capital social, permet par définition de répondre à la détention de la part minimale du capital social (fixée à 5 % depuis 2023) puisqu'ensemble ils détiennent plus de 50 % de celui-ci.

LIMITATIONS AU TRANSFERT DE DPB : LOCALISATION DES DPB

81418-9 Les DPB ne peuvent être transférés qu'au sein d'une même « région PAC » (Hexagone ou Corse). En effet, l'aide de base au revenu est régionalisée selon **deux zones** : la Corse, regroupant la Haute-Corse et la Corse-du-Sud, et l'Hexagone, regroupant les autres départements métropolitains (Règl. 2021/2115 art. 27).

Les droits à paiements ne pourront être transférés qu'à un agriculteur actif de la « zone PAC » où ils ont été attribués. Cependant, cette condition ne s'applique pas pour les héritages et les donations, quand bien même ces DPB ne pourront être activés qu'au sein de la région PAC où ils ont été attribués.

MODALITÉS CONTRACTUELLES DU TRANSFERT DE DPB

81419 Dans le cadre de la **PAC applicable jusqu'au 31 décembre 2022**, deux modalités de transfert des DPB s'offraient à leurs propriétaires. Ils pouvaient les transférer de manière définitive ou seulement temporairement. En effet, la notion de transfert appliquée aux DPB visait explicitement le bail, la vente, l'héritage et l'héritage anticipé, c'est-à-dire la donation (Règl. 1307/2013 art. 4, § 1 abrogé).

Pour les **transferts réalisés depuis le 1er janvier 2023**, le règlement européen est beaucoup plus laconique : à l'exception de l'héritage ou de l'héritage anticipé, il n'évoque qu'accessoirement les différentes modalités de transfert des DPB (Règl. 2021/2115 art. 25 et 27). Le Code rural et de la pêche maritime n'est guère plus explicite et n'envisage que les transferts définitifs et temporaires (C. rur. art. D 614-100). Dans le cadre de la subsidiarité et eu égard aux applications réalisées lors de la précédente programmation, l'instruction technique détaille les différentes modalités de transferts temporaires ou définitifs (Inst. tech. DGPE/SDPAC/2024-390 du 8-7-2024 p. 8 s.).

Le transfert des DPB relève d'une **convention de droit privé** (acte de vente ou de location) à laquelle l'État n'est pas partie. Le rôle de l'État se trouve dès lors limité. Il est là pour enregistrer la convention des parties, en vérifier la conformité réglementaire et effectuer le paiement au cessionnaire ou au preneur du bail, dès lors qu'il le sollicitera. Les modalités de déclaration des transferts de droits à paiement ainsi que le nombre minimal de droits pouvant être transférés sont fixés par l'arrêté AGRT2313176A du 5 juin 2023 (voir nos 81426 s.).

L'État peut s'opposer à la cession uniquement si celle-ci n'est pas en **conformité avec les dispositions du règlement** applicable aux transferts ou aux règles de droit national prises pour son application ; dans cette hypothèse, il notifie aux parties son opposition dans les meilleurs délais et la vente ou le bail projetés sont impossibles. Ces éléments démontrent, s'il en était encore besoin, le caractère de droit privé de l'acte de transfert de DPB : sauf non-respect des règles de transfert, l'acte apparaît opérer transfert de la propriété ou de la jouissance des DPB par le seul consentement des parties.

81419-1 **Vente de DPB** Au premier chef, le transfert définitif concerne la vente, contrat expressément visé par les règlements dans la programmation précédente ne l'est qu'incidemment dans le règlement actuel (Règl. 2021/2115 art. 25). Le transfert définitif concerne, outre la vente, tout autre **transfert définitif de droits au paiement**. Peuvent donc s'y rattacher l'apport en société, l'échange de DPB, l'attribution de DPB à la suite d'un retrait d'associé ou une dissolution, la transmission universelle du patrimoine, etc. Comme nous l'avons souligné, les DPB sont objets de droits et peuvent être qualifiés, selon nous, de biens meubles incorporels (voir no 81414) ; le régime juridique du contrat suit le droit commun de la vente, de l'apport, de l'échange, etc.

81419-2 **Location de DPB** Le **bail** est également concerné lorsqu'il s'agit de **transfert temporaire**. Il était clairement visé dans le régime antérieur à 2023, ainsi que tout accord de location ou toute autre transaction du même type, mais de manière incidente (Règl. 2021/2115 art. 25). Toutefois, si l'on pouvait s'interroger sur la possibilité d'y assimiler le prêt à usage (C. civ. art. 1875 s.), contrat par essence gratuit, qui ne peut être qualifié de location, laquelle suppose une contrepartie à titre onéreux, cette interrogation semble moins pertinente, le transfert temporaire n'étant plus limité au bail ou toute autre transaction du même type. Cette interrogation pouvait également concerner les mises à disposition des DPB propriété d'un associé de société qui s'apparentent à un contrat de coexploitation autant qu'à un contrat de bail, l'associé étant dans l'obligation de participer aux travaux pour bénéficier de ce régime (C. rur. art. L 323-14, L 411-2 et L 411-37). Là encore, et pour la même raison, il n'y a pas lieu de distinguer là où la loi ne distingue pas, d'autant que l'instruction technique assimile pleinement ces conventions à la location malgré l'absence de dessaisissement total du détenteur du bien.

On soulignera, comme cela était déjà le cas pour les DPU, que le **statut du fermage** n'est pas applicable, puisque le DPB ne présente aucun caractère immobilier (l'article L 411-1 du Code rural et de la pêche maritime ne s'applique qu'aux mises à disposition de biens immobiliers en vue de les exploiter pour y exercer une activité agricole visée à l'article L 311-1 du même Code). Cependant, il est possible d'inclure, par une disposition expresse, dans les baux de foncier soumis au statut, la location de DPB qui l'accompagne. Dans ce cas, les clauses du bail trouveront à s'appliquer, ce qui simplifiera la rédaction du contrat. À défaut, un contrat comprenant la seule location des DPB devra être rédigé et intégrer de nombreuses clauses, outre le prix, pour « suivre » le bail des terres (clause de renouvellement, droit de préemption, etc.), ce qui peut s'avérer fastidieux ; ce contrat suivra le droit commun du louage de choses (C. civ. art. 1708 s.).
Enfin, la question se pose de la gestion de la fin du bail de DPB. Dans le régime en vigueur avant le 1er janvier 2023, selon le règlement alors applicable, le terme transfert ne couvrait pas le « **reversement de droits à l'issue d'un bail** ». Cette précision était délicate à appréhender : cette formulation vague semblait viser la fin d'un bail de DPB laquelle permet au bailleur de retrouver la jouissance des droits ; mais dans ce cas, il n'y a pas « reversement » des DPB, puisque ceux-ci n'ont pas été transférés en propriété (cette formulation aurait un sens si les DPB étaient qualifiés de choses fongibles, la propriété étant alors transférée, à charge pour le locataire, à l'issue de la location, d'en restituer pareille quantité et qualité ; les DPB n'apparaissent pas, à l'évidence présenter ce caractère). L'interprétation de l'administration se traduisait par un « retour » des DPB dans le « portefeuille de DPB » du bailleur à l'issue du bail. Dès lors, comme le soulignait l'administration à l'époque, il n'est pas nécessaire d'être agriculteur actif (ou agriculteur après le 1-1-2018) pour bénéficier de DPB restitués à la fin de bail ou de mise à disposition (cette situation n'étant pas considérée comme un transfert au sens européen).
Le ministère chargé de l'agriculture conserve, malgré l'absence de texte explicitant la situation de fin de bail, l'interprétation qui vient d'être rappelée : le régime juridique actuel des DPB n'est pas étranger à celui qui prévalait jusqu'en fin 2022, ce sont bien les mêmes DPB qui ont été maintenus et sont utilisés. Ainsi, l'instruction technique précise que le « reversement des DPB » par le preneur à son propriétaire à la fin du transfert temporaire de DPB n'étant **pas un transfert**, le bénéficiaire du reversement des DPB (propriétaire des DPB), qui récupère les DPB initialement cédés par transfert temporaire, n'a pas à répondre à la définition d'agriculteur actif (Inst. tech. DGPE/SDPAC/2024-390 du 8-7-2024 p. 23 ; voir n° 81441).

Mise à disposition de DPB Il résulte de l'arrêté AGRT2313176A du 5 juin 2023 (art. 3) **81419-3**
pris en application de l'article D 614-100 du Code rural et de la pêche maritime que les transferts temporaires ne pourront cependant pas concerner **plus de deux transferts successifs** entre le propriétaire des droits au paiement et le repreneur final. Cette limitation appelle à s'intéresser aux mises à disposition de DPB dans les sociétés.
La **mise à disposition de DPB par un associé au profit d'une société** ne bénéficie d'aucun régime particulier. Ainsi, si le cédant, propriétaire des DPB, notifie un transfert temporaire avec un associé repreneur, celui-ci doit être agriculteur actif, ce qui semble impossible pour l'associé sauf à ce qu'il dispose d'une exploitation à titre individuel.
Quand un agriculteur individuel intègre une société, il peut mettre à disposition les DPB qu'il détient en propriété ou à titre temporaire à la société par un transfert de DPB temporaire. Le transfert temporaire de DPB à la société est alors considéré comme un transfert temporaire de DPB de second rang. Lorsqu'en cours d'activité, un associé de société reprend des terres pour les mettre à disposition de la société dans laquelle il exerce, et que cette reprise s'accompagne de la cession des DPB, à titre temporaire ou définitif, seule la société peut les reprendre. Elle deviendra propriétaire de DPB ou locataire de ceux-ci. Il pourra être utile d'envisager la sortie éventuelle de l'associé et le sort des DPB dans un contrat (attribution des DPB transférés en propriété en cas de partage ou bail de DPB cessible par la société à l'associé retrayant, par exemple).

Héritages et donations de DPB La notion d'héritage est celle retenue en droit natio- **81419-4**
nal. Rappelons que l'héritier, le légataire ou le donataire n'a pas à remplir la **condition d'être agriculteur ou agriculteur actif**, au sens du règlement 2021/2115 pour bénéficier du transfert. Toutefois, les DPB ainsi reçus pourront être activés seulement par un agriculteur et au sein de la région (Hexagone ou Corse) où ils ont été générés.
La **donation**, passée sous forme authentique, est considérée comme un héritage anticipé par le droit européen et traitée selon les mêmes modalités. Il n'y a pas nécessairement un lien familial entre le donateur et le donataire. À noter, ce que confirme l'administration, que la continuation du bail au profit d'un descendant ou du conjoint, au sens de l'article L 411-35 du Code rural et de la pêche maritime, n'est pas une donation. Elle doit s'accompagner impérativement d'une

donation d'exploitation (ou partie d'exploitation) via un acte notarié (ou d'une vente), laquelle comprendra les DPB.

L'héritage ne peut porter que sur des **DPB dont le défunt était propriétaire**. Les DPB détenus à titre temporaire par le défunt auprès d'un propriétaire ne font pas partie de l'héritage. Toutefois, si les DPB ont été pris à bail et que le bail de terres se poursuit au profit du conjoint ou des descendants en application de l'article L 411-34 du Code rural et de la pêche maritime, le transfert temporaire de DPB peut se poursuivre sans qu'il soit nécessaire de redéposer un formulaire (Inst. tech. DGPE/SDPAC/2024-390 du 8-7-2024 p. 19). Le transfert de DPB sera pris en compte à la date de décès du défunt ou de la signature de l'acte de partage.

Les différentes situations rencontrées à la suite du décès et leur gestion par les formulaires mis à disposition par le ministère chargé de l'agriculture sont explicitées n° 81430.

> Précisions a. La réglementation européenne ne prévoit aucune dérogation pour les **transferts intervenant entre conjoints** ; les transferts de droits au paiement entre conjoints se réalisent donc dans les mêmes conditions que tout autre transfert. Le transfert de DPB propriété d'un des époux vers son conjoint est considéré comme un transfert définitif ou temporaire selon la volonté des époux. Dès lors, les transferts de DPB par un tiers au profit de chacun des époux ne peuvent intervenir qu'à la condition que les deux époux soient agriculteurs actifs, nécessairement sur des exploitations distinctes. En cas de transfert entre époux, il est nécessaire que l'époux succédant à l'autre devienne agriculteur actif (Inst. tech. DGPE/SDPAC/2024-390 du 8-7-2024 p. 13).

b. Lorsqu'il y a intervention de la **Safer** dans un objectif de mise en relation entre les parties, la clause de transfert de DPB doit être signée uniquement par le cédant et le preneur de DPB. Il semble en être de même, selon l'administration, qu'il y ait substitution ou préemption suivie de rétrocession, mais aussi lorsqu'il y a préemption d'un foncier et des DPB qui y sont associés, la rétrocession doit porter sur l'ensemble du foncier et de ces DPB. Cette solution « administrative », quoi que satisfaisante, n'est cependant pas sans interroger dans le dernier cas cité : comment la Safer peut-elle acquérir des DPB alors qu'elle n'est pas agriculteur ? Comment un agriculteur peut-il contracter sur un bien qui ne lui appartient plus ? (Inst. tech. DGPE/SDPAC/2024-390 du 8-7-2024 p. 14).

c. Dans un **contrat de vente de DPB**, la principale difficulté résidera dans la détermination du prix. En effet, la valeur des DPB apparaît délicate à estimer puisqu'elle dépend des paiements auxquels ils ouvrent droit, étant souligné que ces paiements ne comprennent pas les paiements complémentaires dépendant de diligences ou conditions particulières (écorégimes, paiement redistributif, soutiens couplés à la production, etc.). Le « paiement de base » est aussi dépendant de la « convergence » en cours, de son rythme, des éventuels prélèvements sur leur valeur, etc. De plus, la rareté des DPB sur le marché comme les modalités d'attribution par la réserve influenceront le prix des DPB. Enfin, soulignons que la dernière réforme de la PAC, contrairement aux précédentes, n'a pas supprimé les DPB, mais, bien au contraire, en a prorogé la durée, leur donnant ainsi une valeur plus pérenne, à tout le moins une existence jusqu'en 2027. La valeur qui pouvait leur être donnée avant la publication du règlement 2021/2115 était donc très différente de celle qui peut être estimée désormais, puisqu'en théorie, le nombre de paiements à venir est échelonné jusqu'à 2027.

d. Une **demande de transfert rejetée lors d'une campagne antérieure** peut faire l'objet d'une nouvelle demande au titre de la campagne en cours. Dans le cas où un formulaire de transfert de DPB a été rejeté lors d'une campagne antérieure et que les raisons (réglementaires et/ou inhérentes à l'exploitation) qui ont conduit à ce rejet cessent lors de la campagne en cours, il est possible de redéposer un formulaire au titre de cette campagne (Inst. tech. DGPE/SDPAC/2024-390 du 8-7-2024 p. 15).

e. Le **nombre de DPB transférés** au repreneur est **plafonné** au nombre de DPB consignés sur le formulaire de transfert (pour un même montant unitaire) et au nombre de DPB détenus (pour ce montant unitaire) dans le portefeuille du cédant (Inst. tech. DGPE/SDPAC/2024-390 du 8-7-2024 p. 15).

CHANGEMENT DE STATUT JURIDIQUE

81420 Jusqu'à la campagne 2018, certaines opérations de changement de statut juridique ou de forme juridique emportaient la nécessité de transférer les DPB s'il y avait un changement de numéro Pacage et une absence de continuité dans le contrôle de la société.

En cohérence avec la nouvelle doctrine traitant de l'éligibilité aux aides de la PAC (Inst. tech. DGPE/SDPAC/2019-557 du 19-7-2019), l'instruction commentant les modalités de transfert des DPB pour 2019 (Inst. tech. DGPE/SDPAC/2019-468 du 24-6-2019 p. 19 s.) est revenue sur cette approche. Conformément à l'article 1844-3 du Code civil, « la transformation régulière d'une société en une autre société n'entraîne pas la création d'une personne morale nouvelle », il n'y a donc pas lieu à attribution d'un nouveau numéro Pacage ni à transfert dans cette hypothèse classique (transformation d'une EARL en SCEA par exemple) puisqu'il y a continuité de la personne morale laquelle reste propriétaire et/ou locataire des DPB. Cela s'applique même en cas de renouvellement de l'ensemble des associés contrôlant la société, cette notion étant couverte dans l'hypothèse de la transformation.

Une **exception** à ce principe existe toutefois lorsqu'il y a **transformation d'un Gaec ou transformation en Gaec**, pour tenir compte de la particularité de ce groupement au regard de la PAC et assurer le suivi de la transparence, conformément à la jurisprudence du Conseil d'État (CE 17-4-2005 n° 371458). Mais s'il y a bien attribution d'un nouveau numéro Pacage dans ce cas, le transfert des DPB ne doit pas avoir lieu d'être, puisque la personne morale « résiste » à la transformation, même impliquant un Gaec (voir Inst. tech. DGPE/SDPAC/2019-557 du 19-7-2019 p. 20 et DGPE/SDPAC/2019-468 du 24-6-2019 p. 19).

En revanche, il n'y a pas continuité de la personne morale en cas de création de sociétés ou continuation de l'activité agricole d'une société sous la forme d'une exploitation individuelle. Tel est le cas du passage d'une exploitation de forme individuelle à une forme sociétaire (et inversement), des opérations de scission ou de fusion (les sociétés sources disparaissent à la suite de ces opérations) et des changements de forme juridique impliquant une association de loi 1901, un groupement pastoral ou encore un GIE, autant de formes de **groupements non visés par l'article 1844-3 du Code civil** et pour lesquels la « transformation » n'est pas possible sans perdre la personnalité morale. En pratique, dans ces hypothèses, il y a nécessité d'attribution d'un nouveau numéro Pacage. Tel est notamment le cas lors de la création d'une société par un exploitant individuel (ou la dissolution d'une société au profit d'un associé unique), opérations pour lesquelles il y a lieu d'utiliser les clauses de transferts classiques.

S'agissant du régime en vigueur depuis l'entrée en application de la réforme de la PAC, c'est-à-dire depuis le **1er janvier 2023**, ces règles sont conservées.

Pour être pris en compte au titre de la campagne en cours, les changements de forme juridique doivent être notifiés à la DDT(M) au plus tard à la date limite de fin de campagne. À cet effet, des formulaires sont mis à disposition sur le téléservice des aides de la PAC « **telepac** » et précisent les pièces justificatives à joindre. Lorsqu'il y a transformation régulière d'une société avec continuité de la personne morale, aucun formulaire de transfert de DPB n'est à renseigner. Les DPB restent attachés à l'entité juridique. En revanche, lorsqu'il y a changement de forme juridique avec création d'une nouvelle personne morale, situation exceptionnelle en pratique lors d'une transformation, et attribution d'un nouveau numéro pacage, un transfert de DPB est à notifier à l'aide d'un formulaire T1 (voir n° 81427 ; Inst. tech. DGPE/SDPAC/2024-390 du 8-7-2024 p. 16).

UTILISATION DES FORMULAIRES DE TRANSFERT

Selon l'administration, la **notification des transferts de DPB** n'est plus un objet de la déclaration unique depuis la campagne 2023, mais une notification indépendante, visant à actualiser la base de données des portefeuilles de DPB. Dans un objectif de lisibilité et pour permettre l'instruction des dossiers dans de bonnes conditions, la date limite de transmission des formulaires de transfert a été fixée en cohérence avec la date de « dépôt tardif » du dossier PAC. Ainsi, pour être pris en compte au titre d'une campagne PAC donnée, les transferts de DPB doivent répondre à deux conditions : **81424**

– être intervenus au plus tard à la date limite de dépôt des dossiers PAC : en cohérence avec les surfaces détenues et l'appréciation de son éligibilité à cette date, la détention sera appréciée également à cette même date (les formulaires doivent donc être signés au plus tard à la date limite de dépôt) ;

– être notifiés à l'administration au plus tard à la date limite de dépôt tardif, sans faire l'objet de pénalités : déposés après cette date, les formulaires de transferts ne seront pas pris en compte au titre de la campagne en cours, mais le seront pour la campagne suivante.

Calendrier de dépôt des demandes d'aide

Année de campagne	Date limite de dépôt	Date limite de dépôt tardif
2025	15 mai 2025	10 juin 2025
2026	15 mai 2026	9 juin 2026
2027	18 mai 2027	14 juin 2027

Cinq **modèles de formulaires** ont été mis à la disposition des agriculteurs pour faciliter leur tâche en leur fournissant un document type contenant toutes les informations nécessaires à l'instruction des transferts de DPB. Le formulaire de transfert de DPB constitue, à l'égard de l'administration, la notification du contrat de transfert de DPB établi entre les parties. Il n'est pas le contrat entre les parties.

Un mouvement de DPB peut néanmoins être instruit par l'administration sur la base d'un **document cosigné par les deux parties** (par exemple un acte devant un notaire) si ce document est suffisamment renseigné pour disposer de toutes les informations nécessaires à l'instruction du transfert de DPB : identité des parties, identification et nombre de DPB transférés, conditions du transfert, etc.

Depuis 2018, l'**identification des DPB transférés** se fait par la mention du montant unitaire sur le formulaire. Si le montant indiqué sur le formulaire est différent de celui indiqué dans le courrier de notification du portefeuille ou sur le site telepac mais que le formulaire comporte des éléments suffisants permettant d'identifier le DPB transféré sans aucune ambiguïté, le document est recevable. Bien entendu, à chaque type de transfert de DPB (définitif, temporaire, etc.) doit correspondre un formulaire.

Les **formulaires** de transfert peuvent être **signés** tout au long de la campagne et au plus tard à la date limite de dépôt des dossiers PAC. Les documents signés électroniquement sont acceptés dès lors que la signature électronique est réalisée au moyen de l'un des trois niveaux de signature électronique prévus dans le règlement 2014/910 du 23 juillet 2014 (C. rur. art. D 614-100 ; Inst. tech. DGPE/SDPAC/2024-390 du 8-7-2024 p. 15).

Les **formulaires de transferts successifs** au sein de la même campagne se traitent en DDT(M) par ordre chronologique de leur date d'effet soit :

– la date de signature pour les formulaires T1 et T2 ;
– la date de l'événement pour les formulaires T3 (donation et héritage) et T4 (fin de bail) ;
– la date de fin de campagne pour les formulaires T5, après prise en compte de tous les autres formulaires.

Pour être pris en compte au titre de la campagne en cours, les formulaires de transfert de droits ainsi que leurs justificatifs doivent être déposés (sous format papier ou sous format électronique), à la DDT(M) du département dans lequel se situe le siège de l'exploitation au plus tard à la **date limite de dépôt des demandes de transfert**, sans pénalité. En cas de dépôt par voie électronique, la DDT(M) peut, en cas de doute, demander à tout moment aux parties de lui communiquer l'original du document sous format papier.

› **Précisions** **a.** Les formulaires complétés, leurs annexes et les pièces justificatives associées permettent de recueillir plusieurs **informations nécessaires à l'instruction des transferts** : identité des parties prenantes au transfert de DPB, identification et nombre de DPB transférés, conditions du transfert, etc. Le numéro pacage figurant sur les formulaires permet de connaître le portefeuille de DPB du cédant. Si le **numéro pacage est manquant** dans un acte rédigé sur papier libre et qu'une ambiguïté subsiste, les parties peuvent apporter cette précision sur un document annexe afin de lever toute ambiguïté. Le dossier est réputé complet lorsque les pièces justificatives sont transmises.

b. Si le formulaire complété par les parties (cédant et preneur de DPB) révèle une **erreur manifeste**, la DDT(M) doit, selon l'instruction technique, corriger cette erreur (une erreur manifeste est une incohérence décelée lors de l'instruction au seul vu des pièces justificatives du dossier et pour laquelle une seule solution est possible ; il n'existe aucun doute sur ce que voulaient déclarer les parties). Le formulaire est alors réputé recevable à la date à laquelle il a été déposé.

c. Si une **modification de formulaire** est nécessaire, s'agissant d'un formulaire signé par deux personnes, toute modification du formulaire (abondement ou retrait) ne peut être effectuée de manière unilatérale par l'une ou l'autre des parties. L'accord de l'ensemble des signataires est requis. Cette modification de formulaire peut être transmise à la DDT(M) pendant la période de dépôt ; on retient alors comme date de dépôt, la date de réception du formulaire corrigé. Passée la date limite de dépôt des formulaires, aucune modification n'est admise sauf le retrait de tout ou partie du formulaire.

MISE EN ŒUVRE PRATIQUE DES TRANSFERTS

81426 Afin de réaliser et lui notifier les transferts de DPB, l'administration a diffusé cinq modèles de formulaires de transfert utilisables pour des transferts intervenant avant chaque date limite de dépôt des demandes d'aides (voir tableau n° 81424).

La demande de transferts de droits au paiement s'effectue par l'intermédiaire d'un des formulaires de transferts de droits au paiement disponibles pour la campagne considérée sur le site

www.telepac.agriculture.gouv.fr (Arrêté AGRT2313176A du 5-6-2023 art. 3). Pour chaque formulaire de transfert, la notice précise les pièces justificatives à produire selon les situations rencontrées. L'utilisation de ces formulaires est facultative (n° 81424).
Le transfert de DPB peut s'opérer à tout moment de l'année (Règl. 639/2014 art. 25, § 1 ; C. rur. art. D 614-100) et produit ses effets au 15 mai qui suit (date généralement retenue pour effectuer la demande d'aide ou à une autre date, le cas échéant), le cessionnaire ou le preneur pouvant alors l'utiliser à condition d'en avoir averti la DDT(M).

Formulaire T1 : Transfert définitif de DPB Ce formulaire concerne le cas où des DPB sont transmis définitivement en accompagnement d'un transfert de foncier ou non, dans la mesure où il n'existe plus de distinction entre ces deux situations. Bien entendu, un agriculteur ne peut transférer de façon définitive que les seuls DPB dont il est propriétaire. 81427
Pour transférer des DPB de façon définitive, l'agriculteur signe un formulaire T1 avec l'acquéreur de ses DPB. Le transfert de DPB sera pris en compte à la date de signature du formulaire de transfert, et aucune pièce justificative n'est requise.
Concernant les types de contrats concernés, voir n°s 81419 s.

Formulaire T2 : Transfert temporaire de DPB Un agriculteur peut céder à titre temporaire des DPB qu'il détient soit en propriété soit à titre temporaire. 81429
Afin de transférer des DPB de façon temporaire, l'agriculteur signe un formulaire T2 avec le preneur. Il n'est plus nécessaire qu'il s'accompagne de transfert de foncier ; il répond au droit des contrats du Code civil. Cette notion de transfert temporaire est explicitée n°s 81419 s.
L'**application des dispositions du Code civil** concernant le louage de choses permet l'enchaînement de transferts de DPB temporaires successifs. Il résulte cependant de l'arrêté pris en application de l'article D 614-100 du Code rural et de la pêche maritime que les transferts temporaires ne peuvent pas concerner plus de deux **transferts successifs** entre le propriétaire des droits au paiement et le repreneur final (voir n° 81419-3). Dans le formulaire, une case est à cocher pour que le cédant, propriétaire des DPB objets du transfert, puisse préciser qu'il n'autorise pas le preneur à réaliser des transferts temporaires de second rang sur les DPB. Le transfert de DPB sera pris en compte à la date de signature du formulaire de transfert de DPB. Aucune pièce justificative n'est requise.
Soulignons que les **transferts temporaires** de DPB **prennent fin** à la suite de la notification d'une fin de transfert via le formulaire T4 (voir n° 81441).
La **mise à disposition de DPB par un associé au profit d'une société** ne bénéficie d'aucun régime particulier ; la mise à disposition se réalise en utilisant le formulaire T2 (voir n° 81419).
Sur les **transferts de DPB au sein d'estives collectives**, voir l'instruction technique DGPE/SDPAC/2024-390 du 8 juillet 2024, page 17.

Formulaire T3 : Transfert de DPB dans le cadre d'un héritage ou d'une donation Ce formulaire concerne l'héritage et la donation des seuls DPB détenus en propriété, lesquels sont dévolus aux héritiers, donataires et légataires. Le transfert de DPB réalisé dans le cadre d'un héritage ou d'une donation par l'intermédiaire d'un formulaire T3 sera pris en compte à la date de l'événement indiquée dans les pièces justificatives, à savoir le décès ou la donation. 81430

Décès d'un associé de société Si le défunt avait **transféré temporairement ses DPB** à sa société, un formulaire T4 doit être rédigé par les héritiers pour transférer les DPB dans le portefeuille du défunt (voir ci-après). Un formulaire T3 permettra ensuite de transférer les DPB aux héritiers ou à l'indivision successorale. Si la **société est propriétaire des DPB**, le décès est traité comme un changement d'associé. Les DPB restent propriété de la société sauf le cas échéant si les héritiers souhaitent récupérer une partie des DPB. Dans ce cas, selon la situation, des DPB peuvent être transférés de la société vers les héritiers par un formulaire T1, dès lors qu'ils agriculteurs actifs, et qu'il y accord pour ce faire. 81432
Bien que la société ne puisse hériter, l'administration admet de signer un formulaire T3 dans le cas où le **défunt était l'unique associé** d'une société unipersonnelle et si les statuts de la société prévoient la dissolution de la société au décès de l'associé. Ce formulaire T3 ne peut être signé qu'au profit des seuls héritiers et/ou légataires (Inst. tech. DGPE/SDPAC/2024-390 du 8-7-2024 p. 20).

Indivision successorale En présence de plusieurs héritiers et avant partage, le transfert de DPB ne peut se faire qu'au profit de l'indivision successorale, laquelle est considérée au sens de la PAC comme un groupe de personnes physiques. Pour l'administration, le transfert vers l'indivision successorale peut être considéré comme une mesure conservatoire car les DPB 81434 peuvent être repris automatiquement par la réserve s'ils ne sont pas activés pendant deux années consécutives. À ce titre, un coïndivisaire peut donc signer seul ce formulaire de transfert de DPB du défunt vers l'indivision afin de préserver le patrimoine.

L'indivision successorale peut transférer les DPB sous réserve que les signataires aient la capacité d'engager l'indivision : l'unanimité des indivisaires est requise pour un transfert définitif (formulaire T1), une majorité qualifiée des deux tiers suffit pour un transfert temporaire (formulaire T2).

81436 **Partage de l'indivision** Un formulaire T3 est complété et les pièces justificatives (attestation notariée précisant la liste des héritiers telle qu'elle figure dans la déclaration de succession, la répartition des surfaces et des DPB attribués en cas de partage successoral) sont jointes à ce formulaire. L'attribution de DPB dans le cadre d'un héritage consiste à attribuer aux héritiers les DPB du défunt conformément à l'acte de partage. Les DPB (avec leur valeur unitaire si elle diffère selon les DPB) doivent être identifiés dans l'acte de partage ; à défaut ils devront indiquer la répartition dans le formulaire T3.

81438 **Démembrement de propriété** En cas d'héritage de la nue-propriété des terres séparément de l'usufruit, sauf mention contraire dans l'héritage ou accord différent entre les héritiers, les DPB sont attribués en propriété à l'usufruitier (Inst. tech. DGPE/SDPAC/2024-390 du 8-7-2024 p. 22). Dès lors, un transfert de DPB n'est recevable que si usufruitiers et nus-propriétaires s'accordent sur le transfert à effectuer. Le formulaire T3 doit alors être signé par l'ensemble des héritiers ou leur représentant légal afin d'attribuer l'ensemble des DPB en propriété à l'héritier usufruitier. Une fois les DPB transférés dans le cadre de l'héritage, le repreneur (héritier usufruitier) pourra effectuer et signer ensuite seul les formulaires de transferts avec les repreneurs potentiels des DPB.

81440 **Donation** Une donation est considérée comme un héritage anticipé et est traitée selon les mêmes modalités que l'héritage. Au lieu d'une attestation d'héritage, il convient de fournir, en accompagnement du formulaire T3, l'acte de donation ou une attestation notariée précisant l'identité des parties, la date de signature de l'acte authentique et les DPB objets de la dotation. L'acte de donation doit explicitement préciser la répartition des DPB entre donataires. Selon l'administration, les DPB étant des « immobilisations incorporelles » et non des biens mobiliers, ils sont expressément exclus de la procédure du don manuel : la donation ne peut se faire que par acte notarié. Le formulaire doit être daté et signé par le donateur et tous les bénéficiaires de la donation de DPB ou leur représentant légal.

Pour plus de précisions concernant les modalités de mise en œuvre des transferts en cas de décès d'un exploitant individuel ou d'un associé de société, voir l'instruction technique DGPE/SDPAC/2024-390 du 8 juillet 2024, pages 19 à 23.

> **Précisions a.** Dans l'hypothèse où l'**événement générateur du transfert et le transfert de DPB ont eu lieu pendant la même campagne**, la date d'effet de l'événement (date de dévolution successorale et/ou l'acte de partage pour les héritages, date de l'acte authentique dans le cas d'une donation) ne peut être postérieure à la date de signature du formulaire de transfert de DPB et doit avoir lieu au plus tard à la date limite de dépôt des dossiers PAC.
> **b.** Dans le cas où l'événement générateur du transfert a eu lieu **au cours d'une campagne antérieure à celle du transfert de DPB**, il est possible de justifier un transfert de DPB de la campagne en cours par un événement antérieur à cette campagne. Selon l'administration, seuls les événements qui ont eu lieu après le 15 mai 2015 ne peuvent cependant accompagner un transfert de DPB. Le paiement de l'aide découplée relative à ce transfert ne peut pas être rétroactif : l'attribution des droits au preneur n'intervient qu'à compter de la campagne en cours. Si des DPB ont d'ores et déjà été repris par la réserve à l'issue d'une campagne antérieure, car non activés pendant deux années consécutives, ils ne peuvent pas donner lieu à un transfert au titre de la campagne en cours.

81441 **Formulaire T4 : Fin de transfert temporaire** Un agriculteur, cédant ou preneur d'un transfert temporaire de DPB, peut mettre fin à ce transfert par l'intermédiaire d'un formulaire T4. Il permet au cédant des DPB, de « récupérer » les DPB transférés à titre temporaire. Le formulaire T4 est à utiliser pour mettre fin à un transfert temporaire lorsque, par exemple, une clause A ou B à titre temporaire avait été déposée de 2016 à 2022 ou un formulaire T2 a été déposé à partir de la campagne 2023. La fin de transfert temporaire de DPB sera prise en compte à la date de signature du formulaire de fin de transfert de DPB.

Soulignons que le ministère de l'agriculture précise que le « **reversement des DPB** » par le preneur à leur propriétaire à la fin du transfert temporaire de DPB n'étant pas un transfert, le bénéficiaire du reversement des DPB (propriétaire des DPB), qui récupère les DPB initialement cédés par transfert temporaire, n'a pas à répondre à la définition d'agriculteur actif (Inst. tech. DGPE/SDPAC/2024-390 du 8-7-2024 p. 23 ; voir n° 81419-2).

Les **transferts temporaires conclus lors de la programmation précédente de la PAC** ne sont pas remis en cause : ils restent valables tant que les parties n'ont pas notifié la fin de contrat. Pour l'administration, s'il est décidé de mettre fin à un transfert temporaire effectué sur la programmation 2015-2022, à partir de la campagne 2023, le formulaire T4 de fin de transfert temporaire entre les deux parties peut être signé ; elle envisage trois **cas de figure** :

– s'il est signé des deux parties, aucune pièce justificative n'est requise ;

– si une seule des deux parties signe le formulaire T4, et en l'absence de transfert de foncier lors du transfert des DPB, le signataire doit démontrer qu'il a mis fin au contrat en respectant ses termes et les dispositions légales relatives aux contrats est conclu pour une durée indéterminée (chaque partie peut y mettre fin à tout moment, sous réserve de respecter le délai de préavis contractuellement prévu ou, à défaut, un délai raisonnable ; C. civ. art. 1211). Un courrier adressé au cocontractant avec accusé de réception notifiant la rupture de contrat et délai de prévenance raisonnable sera suffisant ;

– en accompagnement d'un transfert de foncier lors du transfert des DPB, si le bail de foncier est terminé avant la date limite de dépôt des demandes, si une seule des deux parties signe le formulaire alors elle doit fournir une copie du contrat de bail de foncier (ou de mise à disposition) mentionnant la date de fin de bail, ou tout élément probant de la fin du bail de foncier.

Pour mettre fin à un **transfert temporaire effectué à partir de la campagne 2023**, le formulaire T4 de fin de transfert temporaire entre les deux parties doit être signé par les deux parties. Si une seule des deux parties signe le formulaire, elle doit démontrer qu'elle a mis fin au contrat dans le respect de l'article 1211 du Code civil.

Pour plus de précisions sur les fins de transfert temporaire, voir l'instruction technique DGPE/SDPAC/2024-390 du 8 juillet 2024, pages 23 et 24.

Formulaire T5 : Renonciation de DPB en faveur de la réserve Par ce formulaire, un agriculteur peut renoncer à des DPB dont il est propriétaire. Pour effectuer cette opération, il doit détenir ces DPB dans son portefeuille (il ne peut pas renoncer à des DPB qu'il a mis à disposition ou en location auprès d'un autre exploitant). Il n'est pas nécessaire d'être agriculteur au sens du règlement 2021/2115 pour renoncer à ses droits. L'exploitant doit expressément identifier par leur valeur les DPB auxquels il renonce. La renonciation est prise en compte après l'instruction de tous les autres mouvements : elle est immédiate et définitive. Aucune pièce justificative n'est requise. **81443**

Les DPB auxquels l'agriculteur aura renoncé seront retirés de son portefeuille et directement versés à la réserve correspondant à la zone dans laquelle ils ont été créés (Corse ou Hexagone).

RÉSERVE NATIONALE

Dans le cadre mis en place par le règlement 2021/2115 du 2 décembre 2021 (art. 26), depuis le 1er janvier 2023, chaque État membre qui décide d'octroyer l'aide de base au revenu sur la base des droits au paiement gère une réserve nationale qui, comme antérieurement, peut être territorialisée (choix opéré par la France dans son PSN approuvé par la Commission européenne le 31-8-2022 de deux régions : Corse et Hexagone). **81445**

Les réserves sont désormais annuelles et **alimentées** par la valeur des DPB non activés lors de deux années consécutives et des droits auxquels les agriculteurs ont renoncé. Elles constituent un disponible financier immédiatement consommé pour couvrir les attributions de DPB de l'année et, en cas de disponibilité supplémentaire, augmenter en paiement la valeur des DPB activés de la campagne.

Les États membres attribuent les droits au paiement au titre de la réserve exclusivement aux agriculteurs actifs (art. 26). Comme dans le régime antérieur de la PAC, la réserve est **utilisée en priorité** pour attribuer des droits au paiement aux jeunes agriculteurs qui se sont installés récemment pour la première fois à la tête d'une exploitation et aux nouveaux agriculteurs dans le cadre de programmes de dotation. Le programme « droits à attribuer en vertu d'une décision judiciaire ou d'un acte administratif définitif » est également reconduit de manière obligatoire. La réserve est alimentée par une réduction linéaire de la valeur de tous les droits au paiement lorsqu'elle ne suffit pas pour couvrir l'attribution des droits des catégories d'agriculteurs ci-dessus.

Des règles complémentaires concernant l'utilisation de la réserve, y compris des catégories supplémentaires d'agriculteurs pouvant bénéficier de la réserve, pour autant que les groupes prioritaires visés ci-dessus aient perçu leurs droits. Depuis 2023, la France a mis en place deux programmes

supplémentaires concernant les « **Grands travaux** » destinés aux exploitants dont les surfaces agricoles ont été occupées temporairement par des travaux structurants et un programme « **Exploitants présents en 2013 ou 2014** » destiné aux exploitants qui n'ont pas obtenu de droits en 2015 lors de l'attribution des DPB (C. rur. art. D 614-99 ; Arrêté AGRT2313176A du 5-6-2023).
Le règlement de base fixe les caractéristiques de la réserve et les mécanismes d'attribution des droits : nature de l'autorité compétente, valeur moyenne, revalorisations ou attributions de DPB nouveaux, etc. (voir Règl. 2021/2115 art. 26).
Concernant les modalités de fonctionnement de la réserve, les critères d'éligibilité et les modalités de calcul des attributions de DPB par la réserve, les programmes mis en œuvre à compter de la campagne 2023 dans le cadre des réserves (Corse et Hexagone) de DPB, voir l'instruction technique DGPE/SDPAC/2023-487 du 26 juillet 2023.

B. Autorisations de plantations

81500 L'**organisation commune du marché vitivinicole** mise en place par le règlement CE 479/2008 du 29 avril 2008 a prévu, sauf exceptions limitées, le maintien antérieur des restrictions de plantation posant une interdiction de plantation de vignes jusqu'au 31 décembre 2015, avec faculté pour les États membres de proroger jusqu'au 31 décembre 2018 au plus tard (Règl. CE 1234/2007 du 22-10-2007 art. 204). En France, la fin du régime des droits de plantation s'est opérée le 31 décembre 2015. Depuis le 1er janvier de 2016 (et jusqu'en 2030), le règlement 1308/2013 du Parlement européen et du Conseil du 17 décembre 2013 portant organisation commune des marchés des produits agricoles a mis en place un nouveau système de gestion des plantations (voir également règl. délégué 2015/560 de la Commission du 15-12-2014 complétant règl. 1308/2013 en ce qui concerne le régime d'autorisations de plantations de vigne et règl. 2015/561 de la Commission du 7-4-2015 portant diverses modalités d'application).
Le **règlement 2021/2117 du 2 décembre 2021** a modifié le règlement 2013/1308, maintenu en vigueur, et notamment prorogé le régime de gestion des plantations jusqu'en 2045 (art. 1er).
Ce régime consiste, en application des articles 61 et suivants du règlement 1308/2013, en un régime d'octroi d'**autorisations de plantation (ou de replantation), gratuites et incessibles**, d'une validité de 3 ans. Entre le 1er janvier 2016 et le 31 décembre 2020, selon diverses modalités, les producteurs ont eu la possibilité de convertir les droits de plantation qu'ils pouvaient encore détenir en autorisations de plantation. Toutefois, tenant compte du fait qu'environ 8 400 ha de droits de plantation restaient à convertir fin 2020 et des effets supposés de la crise sanitaire, le décret 2021-187 du 19 février 2021 a prorogé la période de conversion des droits de plantation et de replantation en autorisations de plantation de vigne jusqu'au 31 décembre 2022 (C. rur. art. D 665-12). Les « anciens droits de plantation » sont utilisables pendant une durée de 3 ans après leur conversion et n'emportent pas de sanction en cas d'absence de plantation dans certaines circonstances (voir n° 81525). En tout état de cause, au 31 décembre 2025, les derniers droits convertis devront avoir été utilisés.
Par ce régime des autorisations de plantation, la viticulture reste le dernier secteur à bénéficier d'un régime de régulation du potentiel de production.
Pour une présentation de l'organisation commune de marché actuelle et modifiée par la réforme de la PAC de 2021, voir n° 90706.

81505 Depuis le 1er janvier 2016, les autorisations de plantation sont délivrées pour les trois segments de l'offre (Appellation d'origine protégée dite « AOP », Indication géographique protégée dite « IGP », vins ne bénéficiant pas d'une appellation d'origine protégée ou d'une indication géographique protégée dits « VSIG ») et permettent une croissance limitée du potentiel de chaque État membre. Conformément aux dispositions du règlement précité, les autorisations sont **accordées à un producteur spécifique** pour une superficie déterminée sur présentation d'une demande et sont valables pour une période de trois ans. Les demandes sont réalisées par internet sur le site vitiplantation.fr géré par FranceAgriMer et l'Inao, en lien avec le Casier viticole informatisé géré par les Douanes dans des conditions précisées par un arrêté de campagne (pour 2024, voir Arrêté AGRT2405179A du 28-2-2024 relatif à la mise en œuvre du dispositif d'autorisations de plantation en matière de gestion du potentiel de production viticole – Campagne 2024). Le producteur qui n'utilise pas l'autorisation octroyée pendant cette période de validité fait l'objet de sanctions administratives. Le transfert des autorisations par un producteur, personne physique ou morale, qu'elles soient transférées séparément ou avec les droits de propriété de la zone spécifique, est en principe interdit. Toutefois, dans certains cas, pour lesquels l'utilisation rapide et directe de l'autorisation est, de fait, impossible et le risque de spéculation exclu, le **transfert de l'autorisation peut être permis à titre dérogatoire**.

Le régime des mutations et transferts d'autorisations de plantations à fait l'objet d'une première instruction technique du ministère de l'agriculture DGPE/SDFE/2016-293 du 5 avril 2016 ; cette instruction a été abrogée par l'instruction technique DGPE/SDFE/2020-624 du 9 octobre 2020 qui ne modifie qu'à la marge l'instruction qu'elle remplace.
Soulignons que le transfert des autorisations suppose, pour le producteur de détenir des autorisations de plantation ou de replantation qui n'ont pas encore été utilisées ; une fois la plantation réalisée, l'autorisation disparaît.
Nous présentons dans cette partie les conséquences sur ces autorisations des mutations de droits d'exploiter intéressant l'exploitation viticole et les possibilités de transfert des autorisations.

1. PRINCIPES GÉNÉRAUX

DÉFINITIONS

Le règlement prévoit que l'autorisation de plantation est délivrée au « producteur » qui en fait la demande (Règl. 1308/2013 art. 62) et que les autorisations de plantation peuvent être accordées à des « **producteurs qui effectuent des plantations** de vigne pour la première fois et qui sont installés en qualité de chef d'exploitation (dits « nouveaux venus ») » (Règl. 1308/2013 art. 64.2, a). **81510**
Les définitions du producteur et de l'exploitation sont celles retenues par l'article 4 du règlement 1307/2013 du 17 décembre 2013, applicable en matière de soutien aux agriculteurs (Règl. 1308/2013 art. 3). L'agriculteur est défini comme une personne physique ou morale ou un groupement de personnes physiques ou morales, quel que soit le statut juridique conféré par le droit national à un tel groupement et à ses membres, dont l'exploitation relève du champ d'application territorial des traités, et qui exerce une activité agricole telle qu'elle est déterminée par les États membres (Règl. 2021/2115 art. 3). Cette définition s'applique également à tout agriculteur dont l'activité entre dans le champ d'application de l'organisation commune des marchés des produits agricoles (Règl. 1308/2013 art. 3 modifié par règl. 2021/2117 du 2-12-2021 art. 1 ; voir n°s 136 s. et 81417). Il en découle que le producteur qui bénéficie de l'autorisation de plantation ou de replantation est celui **qui exploite de manière effective** les superficies concernées. Explicitant la notion de gestion d'une unité de production figurant dans les règlements, le ministère de l'agriculture estime que toute personne qui n'exploite pas une superficie de manière effective ne peut pas être regardée comme un « producteur » au sens de la réglementation européenne et ne peut pas percevoir à ce titre une autorisation de plantation (Inst. tech. DGPE/SDFE/2020-624 du 9-10-2020 p. 3).

PRINCIPE DE L'INCESSIBILITÉ DES AUTORISATIONS

Le régime d'autorisations de plantation de vigne défini dans le règlement 1308/2013 comporte une impossibilité, pour les producteurs, de transférer les autorisations. Les **autorisations** sont **accordées aux producteurs à titre personnel** pour une superficie déterminée sur présentation d'une demande (Règl. 1308/2013 art. 62). Elles sont valables pour une période de trois ans ; le producteur qui n'utilise pas l'autorisation octroyée pendant cette période fait l'objet de sanctions administratives (C. rur. art. L 665-5-4 ; voir n° 81525). En outre, les producteurs ayant reçu ces autorisations « sans frais » sont amenés à les utiliser rapidement et directement, afin d'exclure tout risque de spéculation (voir Règl. 1308/2013 considérant n° 56). Ces dispositions ont pour corollaire l'interdiction pour un producteur de procéder au transfert des autorisations, qu'elles soient transférées séparément ou avec les droits de propriété ou d'utilisation de la zone concernée. Les autorisations de plantation sont par conséquent incessibles. **81515**

EXCEPTIONS AU PRINCIPE D'INCESSIBILITÉ

La Commission européenne autorise toutefois un certain nombre d'exceptions au principe d'incessibilité des autorisations afin d'écarter toute entrave au bon fonctionnement des exploitations agricoles ou du marché dans le cas où le **producteur est dans l'impossibilité de procéder à l'utilisation rapide et directe de l'autorisation** et où tout risque de spéculation est exclu. Compte tenu de ce caractère dérogatoire, la mise en œuvre des exceptions au principe d'incessibilité ne peut se faire que sur demande du ou des producteurs concernés auprès de FranceAgriMer. Les modalités de dépôt des demandes de dérogation, les éléments à joindre à la demande, ainsi que les modalités de notification des décisions correspondantes sont précisés par décision du directeur général de FranceAgriMer (voir Décision INTV-GPASV-2015-76 du 31-12-2015 modifiée relative à la mise en œuvre du dispositif d'autorisations de plantation en matière de gestion du potentiel de production viticole). Soulignons que les règlements européens et le Code rural et de la pêche maritime (C. rur. art. L 665-5 et L 665-5-4) prévoient un régime de sanction en cas de non-respect de la réglementation relative aux autorisations de plantation ; l'ensemble des infractions peut être constaté dans un délai de 10 ans à compter de la date de leur commission. **81520**

Ces sanctions sont explicitées dans une décision du directeur de FranceAgriMer de 2018 (voir Décision INTV-GPASV-2018-15 du 22-6-2018 modifiée relative à la mise en œuvre du dispositif de sanctions en matière de gestion du potentiel de production viticole en cas d'utilisation incomplète des autorisations de plantation ou de non-respect des engagements souscrits). L'instruction réaffirme notamment le principe d'une non-application des sanctions en cas de force majeure ou circonstances exceptionnelles, nécessitant une justification devant les services FranceAgriMer (autorisation de replantation et autorisation issue de conversion de droit : absence de sanction ; autorisation de plantation nouvelle : amende administrative en fonction du taux d'utilisation des autorisations.

> **Précisions** La **diminution** de façon proportionnée **ou** la **suppression des sanctions** prévue par décision du directeur de FranceAgriMer (toujours à paraître) n'est pas mise en œuvre, et la sanction doit donc être appliquée, dès lors que le contournement de l'interdiction de transfert est avéré (Inst. tech. DGPE/SDFE/2020-624 du 9-10-2020 p. 4).

NATURE JURIDIQUE ET COMPTABLE DES AUTORISATIONS DE PLANTATION

81523 Si les droits de plantation pouvaient être considérés comme des biens immeubles, dans la mesure où ils étaient « rattachés exclusivement au fonds supportant l'exploitation viticole » (Cass. 3e civ. 24-3-1999 n° 97-14.303 ; Cass. 3e civ. 29-3-2000 n° 98-18.794), tel n'apparaît pas être le cas des trois catégories d'autorisations de plantation (autorisations de plantations nouvelles, autorisations de replantation et autorisations issues de la conversion des droits de plantation) créées par la réforme de l'OCM viticole.

Contrairement aux droits de plantation qui les ont précédés, les **autorisations** sont **personnelles**, car attribuées au producteur intuitu personae afin qu'il les utilise lui-même. Elles apparaissent dès lors **incessibles**, sauf cas dérogatoires. Enfin, elles sont **gratuites** (attribuées « sans frais ») et ne peuvent donc être valorisées (Règl. 1308/2013 art. 61 s., selon l'interprétation qu'en font la Commission européenne et le ministère chargé de l'Agriculture, se basant sur les considérants du règlement européen). Dès lors, les autorisations apparaissent ne pouvoir être considérées comme un bien et sont hors du commerce. Elles sont de simples « autorisations administratives non négociables ».

Rappelons que la Cour de cassation avait conduit cette analyse concernant les quantités de références laitières dans un arrêt dont l'argumentaire n'était pourtant guère convaincant, puisque rien n'en interdisait la valorisation et qu'un régime de cession, certes encadré, leur était applicable (Cass. 3e civ. 31-10-2012 n° 10-17.851 ; Cass. 3e civ. 6-10-2016 n° 15-19.697). Sans guère d'argument en sens inverse cette fois, il est fort probable que la Cour de cassation aboutirait à la même conclusion concernant les autorisations de plantation, les qualifiant d'autorisations administratives non négociables.

De même, d'un **point de vue comptable et fiscal**, si les droits de plantation et replantation pouvaient prétendre à la qualification d'immobilisations, tel ne semble pas être le cas des autorisations de plantation. En effet, les autorisations n'apparaissent pas répondre aux conditions définissant une immobilisation posées par les articles 211-1 et 211-2 du PCG (Plan comptable général), et encore moins un actif incorporel défini à l'article 211-5 du PCG. Une immobilisation incorporelle doit être identifiable, ce qui suppose qu'elle soit séparable des activités de l'entité, c'est-à-dire susceptible d'être vendue, transférée, louée ou échangée de manière isolée ou avec un contrat, un autre actif ou passif, autant de caractéristiques dont les autorisations de plantation ne disposent pas. Ce caractère identifiable peut aussi résulter d'un droit légal ou contractuel même si ce droit n'est pas transférable ou séparable de l'entité ou des autres droits et obligations, ce qui ne correspond guère plus à leur qualification. Dès lors, à l'inverse des DPB, les autorisations nous apparaissent ne pouvoir être l'objet d'une comptabilisation (voir, pour les DPB, Règl. 2015-12 du 10-12-2015 de l'Autorité des normes comptables relatif au traitement comptable des DPB homologué par arrêté du 28-12-2015 : JO 30). Dès lors, aucune conséquence fiscale n'en découle directement.

2. TRANSFERTS AUTORISÉS

81525 Bien que l'interdiction des cessions d'autorisations soit de rigueur, il est admis que dans certains cas s'apparentant à des **subrogations**, quelques situations permettent un transfert des autorisations de plantations. Ainsi en est-il des mutations opérées à titre gratuit, des liquidations de régimes matrimoniaux et de diverses situations intéressant les sociétés, dans la mesure où les risques de spéculation demeurent exclus.

> **Précisions** Les **cas dérogatoires** de transferts et de mutations des autorisations s'appliquent mutatis mutandis aux droits de plantation pour lesquels une procédure de conversion en autorisations était prévue, jusqu'au 31 décembre 2022, en vertu de l'article 68 du règlement 1308/2013, ces droits convertis devant être utilisés dans les trois ans. Les caractéristiques initiales des droits (conditions de production, engagements liés, etc.) sont maintenues dans le cadre de ces transferts.

TRANSFERTS ENTRE PERSONNES PHYSIQUES

Successions et donations En cas de **décès d'un producteur détenteur d'une autorisation de plantation**, le transfert de l'autorisation par voie successorale est autorisé, à condition que le producteur initial détenteur de l'autorisation dispose de la parcelle visée par l'autorisation (en propriété, par l'effet d'un bail, etc.) au moment de son décès. Dans ce cadre, les héritiers ou légataires producteurs potentiels peuvent utiliser l'autorisation transférée dans la mesure où cette autorisation leur est dévolue accessoirement aux parcelles qu'ils reçoivent. 81530

Un héritier ou légataire ne peut toutefois pas **faire réaliser la plantation par un autre producteur** (fermier, métayer, etc.), qu'il soit producteur ou non. Cette règle s'applique mutatis mutandis aux cas de donation et d'héritage partiels ou totaux effectué au profit d'un héritier réservataire et/ou tout autre légataire ou donataire, dans la mesure où l'utilisation rapide et directe de l'autorisation par le producteur initial est impossible et que tout risque de spéculation est exclu.

Le bénéficiaire doit également se conformer, dans ce cadre, aux **conditions de production, obligations et engagements portés par l'autorisation**. Il est par ailleurs précisé qu'une personne physique qui s'apprête à devenir producteur et qui bénéficie d'une autorisation doit impérativement utiliser l'autorisation obtenue dans le cadre du transfert durant la période de validité restante de cette autorisation (Inst. tech. DGPE/SDFE/2020-624 du 9-10-2020 p. 4).

EXEMPLE

Un producteur peut effectuer une donation de tout ou partie de son exploitation au profit d'un donataire souhaitant poursuivre l'activité. Ce dernier pourra obtenir dans cette perspective, la propriété des surfaces en vignes visées dans le cadre de cette donation, des droits/autorisations lié(e)s ainsi que des conditions de production, obligations et engagements portés par ces droits/autorisations.

Liquidation de régime matrimonial et rupture de Pacs En cas de liquidation puis de partage des biens d'une communauté matrimoniale à la suite d'un divorce ou en cas de rupture d'un pacte civil de solidarité avec le partage de l'indivision entre deux personnes coexploitantes, l'époux ou le partenaire producteur (ou qui s'apprête à le devenir) peut bénéficier d'un transfert d'autorisation dans la mesure où cette autorisation lui est dévolue accessoirement aux parcelles qui lui échoient dans le partage (Inst. tech. DGPE/SDFE/2020-624 du 9-10-2020 p. 5). 81535

OPÉRATIONS INTÉRESSANT LES SOCIÉTÉS

Fusions de sociétés Dans le cas où une **personne morale** ayant la qualité de producteur ou qui s'apprête à le devenir (dans des conditions identiques à celles appliquées aux personnes physiques) **absorbe en conservant sa personnalité morale**, une ou plusieurs autres personnes morales également détentrices d'autorisations et perdant leur personnalité morale à la suite de leur dissolution, l'absorbante peut acquérir, en sus des autorisations éventuellement déjà en sa possession, le droit d'utiliser les autorisations de la/des personne(s) morale(s) absorbée(s) dans la mesure où elle assume tous les droits et les obligations des personnes morales ayant initialement obtenu les autorisations. 81540

La même logique est appliquée lorsque deux personnes morales préexistantes fusionnent en participant à la **constitution d'une société nouvelle**. Cette dernière peut disposer des autorisations bénéficiant préalablement aux deux sociétés fusionnées (Inst. tech. DGPE/SDFE/2020-624 du 9-10-2020 p. 5).

EXEMPLE

Une société civile d'exploitation agricole (SCEA), détentrice d'autorisations de plantation pour des superficies définies, absorbe une exploitation agricole à responsabilité limitée (EARL), également titulaire d'autorisations de plantation pour des superficies qu'elle détient, afin de former une seule et même société (SCEA). La fusion provoque une augmentation de capital de la SCEA et une dissolution de l'EARL. La SCEA peut bénéficier de l'usage des autorisations détenues en portefeuille par l'EARL absorbée. Elle demeure par ailleurs toujours titulaire des autorisations détenues antérieurement à titre personnel.

81545 **Scissions de sociétés** Dans le cas d'une scission d'une personne morale ayant obtenu des autorisations de plantation (celle-ci est « divisée » en plusieurs personnes morales suivant les termes de l'instruction technique) et si la **personne morale scindée disparaît**, la ou les nouvelles personnes morales créées qui débutent ou poursuivent la production viticole peuvent recevoir les autorisations. De même, dans le cas d'une scission où la personne morale qui a obtenu les autorisations **ne disparaît pas**, mais crée une ou plusieurs autres personnes morales « en utilisant une partie de son capital » (selon les termes de l'instruction) et maintient sa personnalité juridique en vertu du droit national, elle peut utiliser les autorisations après la scission dans la mesure où elle procède à un transfert universel du patrimoine de la branche agricole apportée (Inst. tech. DGPE/SDFE/2020-624 du 9-10-2020 p. 5 s.).

EXEMPLE

Une SCEA détentrice d'autorisations de plantation pour des superficies définies, est divisée en deux SCEA (SCEA1 et SCEA2). La SCEA1 débute ou poursuit l'activité viticole alors que la seconde s'oriente vers une autre activité agricole. La SCEA d'origine disparaît. La SCEA1 peut bénéficier par conséquent de l'usage des droits en portefeuille/autorisations détenues en portefeuille par la SCEA initiale dissoute, ainsi que des conditions de production, obligations et engagements portés par ces droits/autorisations.

APPORT TOTAL EFFECTUÉ PAR UNE PERSONNE PHYSIQUE AU PROFIT D'UNE PERSONNE MORALE ET DISSOLUTION AVEC ATTRIBUTION À UNE PERSONNE PHYSIQUE

81550 Dans la logique des tolérances précédentes, un transfert d'autorisations opéré par une exploitation individuelle au profit d'une société est autorisé dans le cadre d'un **apport total d'actif** (correspondant selon le ministère chargé de l'agriculture à l'apport de tous les actifs de l'exploitation) entraînant de fait la cessation d'activité de l'exploitant individuel. La société doit, aux termes de l'apport total d'actif, disposer des parcelles concernées par l'autorisation.

Le ministère de l'agriculture précise qu'un transfert d'autorisation opéré par une personne morale au profit d'une exploitation individuelle est autorisé dans le cadre « d'un apport total d'actif (correspondant dans le cas d'espèce à tous les actifs de la société) » entraînant de fait la cessation d'activité de la société (Inst. tech. DGPE/SDFE/2020-624 du 9-10-2020 p. 6). Malgré la terminologie approximative employée, cette hypothèse devrait concerner le cas d'une **dissolution de société avec dévolution de la totalité des actifs** à l'associé unique devenant exploitant individuel. L'exploitant individuel doit, aux termes de l'apport total d'actif, disposer des parcelles concernées par l'autorisation.

Soulignons que l'opération par laquelle une société apporte une partie des autorisations de plantation ainsi que des parcelles liées à une autre société, nouvelle ou préexistante, est interdite.

Néanmoins, une transmission presque totale des parcelles d'une exploitation et des autorisations de plantation afférentes est autorisée dans le cadre d'un départ en retraite avec conservation d'une parcelle de subsistance (en application de C. rur. art. L 732-39 ; Inst. tech. DGPE/SDFE/2020-624 du 9-10-2020 p. 7).

EXEMPLE

L'apport par un exploitant individuel de la totalité de son exploitation et des autorisations liées aux parcelles considérées (apport d'actifs) à une EARL dans laquelle il sera associé exploitant avec son fils qui s'installe est autorisé.

CHANGEMENT DE STATUT JURIDIQUE OU DE DÉNOMINATION SOCIALE

81555 Selon l'administration, lorsque le producteur qui détient les autorisations de plantation est une personne morale, un **changement de dénomination** n'a pas d'incidence sur le droit de la personne morale d'utiliser les autorisations. De la même manière, un **changement de statut juridique** (transformation de société au sens de l'article 1844-3 du Code civil) n'a pas d'incidence sur le droit d'utiliser les autorisations, dans la mesure où le producteur détenteur de l'autorisation demeure la personne morale dont le statut juridique a été modifié, dès lors qu'il y a permanence de la personnalité morale (Inst. tech. DGPE/SDFE/2020-624 du 9-10-2020 p. 8).

Par ailleurs, l'administration admet que la transmission d'autorisations entre sociétés exploitantes disposant de numéros Siret distincts mais rattachées à un même groupe (et donc à un même numéro Siren) soit autorisée, sous réserve des conditions définies n° 81560.

CONDITIONS DE MISE EN ŒUVRE DES EXCEPTIONS AU PRINCIPE D'INCESSIBILITÉ

81560 Les cas de transferts autorisés visés n°s 81525 s. sont admis sous réserve que l'activité au titre de laquelle l'autorisation a initialement été délivrée soit poursuivie dans les mêmes conditions par le nouveau producteur, dans la mesure où l'opération s'analyse en un **transfert d'une autorisation déjà délivrée** et non en l'octroi d'une nouvelle autorisation.

Ainsi, la nouvelle personne détentrice des autorisations doit posséder la qualité de « **producteur** » au sens de la réglementation européenne (n° 81510). Lorsque ce producteur bénéficie d'un transfert d'autorisation de plantation ou de replantation dans le cadre des cas dérogatoires visés n°s 81525 s., il doit **disposer de la ou des parcelles concernée(s)** par l'autorisation. Le cas de transfert partiel de l'exploitation (et des autorisations liées) opéré par une personne physique au profit d'une autre personne physique dans le cadre d'un héritage est conditionné à l'identification préalable (dénommé « stickage » par l'instruction ministérielle) de l'autorisation pour la superficie considérée. Cette condition s'applique également aux cas de transferts de la totalité de l'exploitation à plusieurs bénéficiaires : ces derniers doivent utiliser les autorisations liées aux seules parcelles obtenues dans le cadre de l'héritage ou de la donation. Cette condition ne s'applique pas aux cas de transfert de la totalité d'une exploitation au profit d'un bénéficiaire unique : en quelque sorte, dans ce cas, la personne du cédant est continuée par le cessionnaire (Inst. tech. DGPE/SDFE/2020-624 du 9-10-2020 p. 7).

Le nouveau « producteur » peut utiliser l'autorisation de plantation ou de replantation acquise dans le cadre d'un transfert sur la parcelle concernée pour une période correspondant au **délai de validité restant de l'autorisation**. Le transfert ne prolonge pas la durée de validité initiale de l'autorisation détenue.

Par ailleurs, le nouveau titulaire de l'autorisation acquise dans le cadre des cas dérogatoires doit respecter les **conditions de production et engagements souscrits par le producteur initial au moment de l'obtention de l'autorisation**, concernant notamment (Inst. tech. DGPE/SDFE/2020-624 du 9-10-2020 p. 8) :

– les autorisations de plantation nouvelle : le respect des conditions de production relatives au segment, à l'indication géographique (IG) ou au groupe d'IG pour laquelle l'autorisation a été délivrée ; le respect des engagements applicables dans le cadre de l'activation des critères d'éligibilité et de priorité de l'arrêté de campagne relatif à la mise en œuvre du dispositif d'autorisations de plantation en matière de gestion du potentiel de production viticole sur la zone concernée ;

– les autorisations de replantation : les engagements liés à l'activation d'une restriction pour la zone concernée tels que définis dans l'arrêté de campagne relatif à la mise en œuvre du dispositif d'autorisations de plantation en matière de gestion du potentiel de production viticole sur la zone concernée ;

– les autorisations issues de la conversion de droits de plantation en portefeuille : les engagements prévus par l'article D 665-12 du Code rural et de la pêche maritime et précisés par l'arrêté de campagne relatif à la mise en œuvre du dispositif d'autorisations de plantation en matière de gestion du potentiel de production viticole sur la zone concernée.

Enfin, le transfert des autorisations de plantation doit avoir lieu **à titre gratuit** dans la mesure où les autorisations de plantation, dont la délivrance se fait « sans frais » (Règl. 1308/2013 considérant n° 56), ne revêtent aucune valeur pécuniaire.

> **Précisions** En application du **principe de continuité de l'exploitation**, lorsqu'un producteur (personne physique ou morale) arrache des vignes sur une parcelle avant d'avoir formulé sa demande d'autorisation de replantation, les bénéficiaires du transfert de patrimoine selon les modalités définies n°s 81525 s., incluant la parcelle arrachée, peuvent effectuer la demande d'autorisation de replantation dans les conditions applicables au producteur initial.

3. TRANSFERTS EN PROPRIÉTÉ OU EN JOUISSANCE DE PARCELLES

PRINCIPE D'INTERDICTION DES TRANSFERTS

Par principe, les transferts d'autorisations de plantation sont interdits (Règl. 1308/2013 considérant n° 61). La transmission d'autorisations n'est pas possible d'une personne à une autre et d'une parcelle à une autre. Selon cette logique, la vente d'une parcelle n'autorise pas à transmettre l'autorisation à son acheteur, même si l'autorisation est liée à cette parcelle. De même, la mise en location d'une parcelle ne permet pas, en principe, le transfert des autorisations de plantation. **81565**

Dès lors, les transferts d'autorisations dans le cadre d'un apport partiel d'actif, d'un apport de droit au bail et d'une cession de bail « cessible hors cadre familial » ne sont pas autorisés, ces illustrations n'étant pas exhaustives.

CARACTÈRE LIMITÉ DES EXCEPTIONS

81566 Le ministère de l'agriculture a admis, pour ne pas bloquer l'activité et l'évolution normale des exploitations viticoles, un certain nombre d'exceptions au principe d'interdiction dans des situations de transmission de baux et de conventions de mise à disposition, dans la mesure où ces opérations n'emportent pas, par leur nature, valorisation des autorisations. L'administration a également proposé des solutions à même de régler la transition entre l'ancien système des droits de plantation et le nouveau dispositif des autorisations de plantation, transition particulièrement sensible dans le cadre des baux ruraux.

> **Précisions** **a.** Le cas de l'**incapacité professionnelle de longue durée** n'entre pas dans les cas dérogatoires au principe d'incessibilité des droits et autorisations de plantation dans la mesure où l'utilisation des autorisations ne nécessite pas d'imposer au producteur l'obligation d'effectuer lui-même la plantation de vigne et, en cas d'incapacité juridique, un représentant légal ou tuteur pourrait agir pour le compte du producteur.
b. Les cas de transferts et de mutations des autorisations dérogatoires s'appliquent mutatis mutandis aux **droits de plantation** pour lesquels une procédure de conversion en autorisations est prévue en vertu de l'article 68 du règlement 1308/2013. Les caractéristiques initiales des droits (conditions de production, engagements liés, etc.) sont maintenues dans le cadre de ces transferts.
c. En cas de transmission (**apport, vente**, etc.) par un producteur d'une parcelle plantée à partir d'une autorisation au titre de laquelle il a souscrit un certain nombre d'engagements, le repreneur est tenu au respect de ces mêmes engagements.
d. En cas de transmission d'une parcelle plantée dans le cadre d'une opération de **replantation anticipée engageant un producteur à arracher** une autre parcelle en compensation, le cédant demeure lié par l'obligation d'arracher une parcelle. Le repreneur peut toutefois arracher une parcelle en compensation si l'acheteur et le vendeur se sont explicitement accordés par écrit en ce sens lors de la vente. En cas de transmission d'une **parcelle destinée à être arrachée** dans le cadre d'une opération de replantation anticipée, il appartient au cédant d'arracher la parcelle avant de la vendre ou de désigner une autre parcelle de son exploitation qui fera l'objet d'un arrachage en compensation. Le repreneur peut cependant arracher la parcelle en lieu et place de l'acheteur si acheteur et vendeur se sont explicitement accordés par écrit en ce sens lors de la vente (Inst. tech. DGPE/SDFE/2020-624 du 9-10-2020 p. 14).

CONVERSION DES DROITS DE PLANTATION ET BAUX RURAUX

81570 Dans le cadre du dispositif antérieur des droits de plantation en application jusqu'au 31 décembre 2015 (Règl. 1234/2007 dit « OCM unique »), il était admis que des droits pouvaient être octroyés à un propriétaire et figurer dans son portefeuille de droits, qu'il soit exploitant ou non. Dans ce dernier cas, l'exploitation effective des parcelles détenues par le propriétaire pour lesquelles un droit avait été octroyé devait être réalisée par un exploitant dans le cadre d'un bail rural, dans les conditions définies par l'article R 665-10 du Code rural et de la pêche maritime (abrogé depuis le 1er janvier 2016). Depuis le 1er janvier 2016, et sur le fondement de la réglementation européenne, seule la personne qui plante, qui arrache et qui replante les superficies en cause répond à la définition du « producteur » (n° 81510). Par conséquent, un propriétaire, dès lors qu'il n'est pas exploitant ne peut se voir octroyer une autorisation de plantation. L'administration considère toutefois que ce droit de plantation qui a été initialement délivré au propriétaire peut être **converti en autorisation de plantation délivrée à l'exploitant-preneur**, qui seul répond à la définition de producteur au sens de la réglementation européenne. Par conséquent, les droits figurent dans le portefeuille de droits du preneur au sein du Casier viticole informatisé (CVI).

> **Précisions** Dans le **régime antérieur** des droits de plantation, la jurisprudence a affirmé que ces droits étaient exclusivement attachés aux immeubles supportant l'exploitation viticole, et non à la personne de l'exploitant (Cass. 3e civ. 29-3-2000 n° 98-18.794) et que les plantations de vignes deviennent la propriété immédiate du propriétaire bailleur (Cass. 3e civ. 24-3-1999 n° 97-14.303), sauf clause de renonciation à l'accession immédiate. Un preneur ne pouvait ainsi exiger du bailleur l'arrachage des vignes plantées par lui sur les terres louées, en vue de « récupérer » les droits de replantation nés de l'arrachage de parcelles autres, ni réclamer aucune indemnité au titre d'une amélioration culturale (Cass. 3e civ. 29-3-2000 n° 98-18.794). Inversement un bailleur ayant fait naître des droits de replantation ne pouvait réclamer une indemnité au preneur ayant laissé périmer des droits de replantation, faute de constituer une dégradation des biens loués (Cass. 3e civ. 12-7-2000 n° 98-18.040).
Pendant la durée du bail, les droits de replantation du bailleur pouvaient être utilisés par le preneur pour planter des vignes sur des

terres n'appartenant pas au bailleur, mais formant avec celles-ci une exploitation unique. Mais en fin de bail, la consistance des vignobles du preneur et du bailleur doit revenir à la superficie existant avant sa signature, sauf autorisation de transfert de droits de replantation (Cass. crim. 24-10-2001 n° 00-86.834).

Afin d'éviter les conflits, il était prévu depuis la campagne 2002-2003 qu'en cas de fermage ou de convention de mise à disposition, l'autorisation de plantation ne pouvait être délivrée qu'à la condition que le bail ou la convention considérés comportent une clause de dévolution des droits en fin de contrat et qu'il soit conclu pour une durée minimale de 9 ans (C. rur. art. R 665-10 ancien).

Les **nouvelles dispositions** ont eu pour effet, en définitive, de faire tomber en « non-valeur » les droits de plantation qui possédaient une valeur marchande et appartenaient au patrimoine du bailleur. Non seulement les droits disparaissent de son patrimoine, mais les autorisations sont sans valeur. Enfin, les clauses de dévolution des droits figurant fréquemment dans les baux perdent toute portée.

Notons enfin que la jurisprudence de la Cour de cassation a évolué concernant l'accession renonçant à son approche particulière de la viticulture. La Cour a considéré que l'accession de peupliers et d'arbre fruitiers ne se réalisait qu'à la fin du bail au cours duquel ces plantations ont été réalisées (Cass. 3e civ. 23-11-2017 n° 16-16.815), avant le renouvellement éventuel du bail (voir aussi Cass. 3e civ. 25-2-2016 n° 14-26.845), alignant sa position sur celle retenue en matière de constructions et autres ouvrages (Cass. 3e civ. 16-12-1997 n° 95-20.756). Cette accession différée a récemment été transposée aux **plants de vigne** par une décision marquant un **revirement notable** caractérisant une approche uniforme du moment de l'accession sans doute lié à la fin des droits de plantation (Cass. 3e civ. 4-3-2021 n° 19-26.343).

BAUX À MÉTAYAGE

Conformément aux articles L 417-1 et suivants du Code rural et de la pêche maritime, le ministère de l'agriculture considère que les droits de plantation ont été initialement délivrés au bailleur en sa qualité de coexploitant (au même titre que le preneur) et que ces droits peuvent être convertis en autorisations de plantation délivrées au métayer en tant que représentant des coexploitants, qui seul répond désormais à la définition de producteur au sens de la réglementation européenne. 81575

Dans ce contexte, le métayer peut, sous réserve d'avoir obtenu **l'accord préalable de son propriétaire**, demander la conversion d'un droit en autorisation de plantation dont il sera in fine le seul bénéficiaire.

Pour ce faire, le métayer doit déposer sa **demande de conversion** de droits non utilisés et encore valables en autorisations avant le 31 décembre 2022. Il dispose alors de trois ans pour les utiliser.

Dans le cadre de cette procédure, la délivrance de l'autorisation au profit du métayer est conditionnée au respect d'un certain nombre d'engagements précisés par l'arrêté de campagne relatif à la mise en œuvre du dispositif d'autorisations de plantation en matière de gestion du potentiel de production viticole. Dans le cas d'espèce, les autorisations issues de la conversion de droits figureront sur le compte Vitiplantation et sur le compte CVI du métayer, qui seul répond à la définition de producteur au sens de la réglementation européenne, comme l'indique l'administration. À ce titre, il conserve donc les autorisations de plantation détenues en portefeuille à l'issue du bail ou en cas de résiliation du bail par l'une des parties au contrat.

Ces principes sont mis œuvre sans préjudice des règles de droit commun applicables en matière de droit des contrats, notamment en cas de dégradation des parcelles en bail à métayage par le métayer (non-plantation de vignes, etc.).

BAUX À FERME

Selon le ministère de l'agriculture, les droits de plantation qui ont été initialement délivrés au propriétaire peuvent être convertis en autorisations de plantation délivrés à l'exploitant-preneur, qui seul répond à la définition de producteur au sens de la réglementation européenne. Le fermier peut, sous réserve d'en avoir préalablement informé son propriétaire, demander la conversion d'un droit en autorisation de plantation dont il sera le seul bénéficiaire. Les conditions (**à l'exception de l'accord du propriétaire**) et conséquences sont identiques à celles étudiées n° 81575 pour le métayer. 81580

> **Précisions** Dans le cadre du **bail à complant** (C. rur. art. L 441-1 à L 441-13 ; n° 73420), contrat dans lequel un terrain est loué à un fermier « complanteur » dans l'objectif de planter des vignes et de livrer au bailleur une partie de la récolte, les conditions de dépôt de la demande, d'obtention et d'usage de l'autorisation au profit du fermier complanteur sont identiques à celles définies pour le fermier. Il en est également ainsi pour les prêts à usage ou commodats (C. civ. art. 1875 s.) ; les mêmes conditions s'imposent au commodataire.

CAS DE TRANSFERTS ADMIS DES AUTORISATIONS

81585 **Conventions de mise à disposition** Une personne physique peut mettre à la disposition d'une **société d'exploitation** des biens fonciers ruraux dont elle est propriétaire dans la mesure où elle participe effectivement à leur exploitation au sein de celle-ci ; les conventions portant sur ces biens échappent au statut du fermage (C. rur. art. L 411-2). Il est admis qu'un producteur puisse transférer tout ou partie de son exploitation et des autorisations liées aux parcelles mises à disposition au profit de la société au sein de laquelle il participe effectivement. Cette approche est la conséquence du caractère de « convention de coexploitation » inhérent aux mises à dispositions au profit d'une société.

81588 **Conventions de mise à disposition au profit d'une Safer** Tout propriétaire peut, par convention, mettre à la disposition d'une Safer des immeubles ruraux libres de location dans la perspective de leur aménagement parcellaire ou de leur mise en valeur agricole ; la durée maximale des conventions est de six ans, renouvelable une fois (C. rur. art. L 142-6 ; n° 80240). Il est admis, vraisemblablement pour ne pas entraver l'activité des Safer dans le cadre de ces conventions dérogatoires au statut du fermage, qu'un propriétaire puisse transférer tout ou partie de son exploitation et des autorisations liées aux parcelles mises à disposition au profit de l'exploitant preneur dans le cadre et pour la durée de cette convention dans la mesure où ce dernier exploite effectivement la vigne au sens de l'article L 311-1 du Code rural et de la pêche maritime, ce qui ne saurait se résumer à la simple levée de la récolte. Il doit ainsi satisfaire aux conditions prévues n° 81560 et se trouve également soumis au respect des conditions de production, obligations et engagements initiaux portés par ces autorisations (Inst. tech. DGPE/SDFE/2020-624 du 9-10-2020 p. 11).

81590 **Transmission du bail rural** La transmission du bail rural **à cause de mort** (C. rur. art. L 411-34) comme la **cession du bail** (C. rur. art. L 411-35) sont possibles dans le cadre familial (n°s 74110 s.), étant souligné que le droit au bail est dépourvu de toute valeur vénale. Dès lors, il est admis par l'administration qu'un producteur qui procède à la transmission de son bail dans ces hypothèses se trouve dans une situation assimilable aux cas d'héritage et d'héritage anticipé prévus par la réglementation européenne. Cette transmission du bail peut donc entraîner, avec la transmission du droit de jouissance sur les parcelles, le transfert des autorisations liées au profit du repreneur (sans préjudice du respect des conditions prévues n° 81615), sous réserve de l'agrément du bailleur ou à défaut, du tribunal paritaire, dans le cas d'application de l'article L 411-35 du Code rural et de la pêche maritime.

Par ailleurs, le preneur peut avec l'agrément du bailleur, ou à défaut l'autorisation du tribunal paritaire, associer à son bail en qualité de copreneur son conjoint ou son partenaire pacsé participant à l'exploitation ou un descendant ayant atteint l'âge de la majorité (C. rur. art. L 411-35). Lorsqu'un des copreneurs cesse de participer à l'exploitation du bien loué, le copreneur qui continue à exploiter peut poursuivre seul son activité. Dans ce cas, l' article L 411-35 permet au preneur, au préalable, de solliciter l'accord du bailleur ou, à défaut, du tribunal paritaire, ce qui lui évite de ne pouvoir se voir refuser la cession ultérieure du bail dans le cadre familial, voire d'encourir la résiliation du bail.

Dans ce cas, le transfert du droit d'exploiter les parcelles et des autorisations de plantation liées au profit du conjoint, du partenaire pacsé participant à l'exploitation ou du descendant ayant atteint l'âge de la majorité est également admis par l'administration dans les mêmes conditions que dans les cas de transmission du bail (voir ci-après n° 81595, Précisions, b).

81595 **Mise à disposition des biens loués** Le preneur associé d'une société à objet principalement agricole peut mettre à sa disposition tout ou partie des biens dont il est locataire sous réserve d'en informer le bailleur. Il en est de même au profit de toute autre personne morale à vocation principalement agricole dont le preneur est membre avec l'accord du bailleur (C. rur. art. L 411-37 ; voir n° 74242). Un régime voisin s'applique aux Gaec (C. rur. art. L 323-14).

Eu égard aux caractéristiques de ces conventions, qui comme les conventions de mise à disposition visées n° 81585 s'apparentent à un contrat de « coexploitation », le ministère de l'agriculture admet qu'un exploitant preneur puisse transférer tout ou partie de son exploitation et des autorisations liées aux parcelles ainsi transférées dans le cadre et pour la durée de la mise à disposition au profit d'une société ou d'une personne morale à objet ou vocation principalement agricole dans la mesure où il est associé de cette structure et qu'il participe sur les lieux aux travaux de façon effective et permanente.

81595 (suite)

> **Précisions a.** En cas **d'apport du droit au bail** sur le fondement de l'article L 411-38 du Code rural et de la pêche maritime, le transfert des autorisations de plantation est exclu, selon l'administration, afin d'écarter tout risque de spéculation. Le preneur initial conserve donc les autorisations de plantation en portefeuille. À défaut de demande de modification de l'autorisation par le producteur auprès des services compétents, l'autorisation est perdue et le producteur est soumis, sauf cas de force majeure, aux sanctions définies à l'article L 665-5-4 du Code rural et de la pêche maritime au motif de la non-utilisation d'une autorisation de plantation nouvelle (en tout ou partie) avant l'expiration de sa durée de validité. Cette exclusion est peu compréhensible dans la mesure où « l'apport » de droit au bail ne peut donner lieu à création de parts sociales et est soumis à l'interdiction générale des pas-de-porte (C. rur. art. L 411-74).
b. Selon l'administration, le transfert des autorisations de plantation dans le cadre d'un **bail cessible hors cadre familial** régi par les articles L 418-1 à L 418-5 du Code rural et de la pêche maritime est exclu afin d'écarter tout risque de spéculation. On soulignera que la cession de ce type de baux peut en effet s'accompagner, par exception, d'une valorisation du droit au bail, l'application de l'article L 411-74 5 du Code rural et de la pêche maritime étant expressément exclue pour la conclusion ou la cession de baux cessibles hors du cadre familial (C. rur. art. L 418-5).

CHAPITRE 7

AMÉNAGEMENT FONCIER

SOMMAIRE

EN BREF

81600 L'aménagement foncier rural a pour **but** d'améliorer les conditions d'exploitation des propriétés rurales agricoles ou forestières en procédant à un regroupement des parcelles. Il a également pour objectif d'assurer la mise en valeur des espaces naturels ruraux et de contribuer à l'aménagement du territoire communal ou intercommunal défini dans les plans locaux d'urbanisme, les cartes communales ou les documents en tenant lieu (C. rur. art. L 121-1).
L'aménagement foncier repose sur la mise en œuvre de procédures administratives qui procèdent à une réorganisation quelque peu autoritaire de la répartition des parcelles appartenant aux différents propriétaires d'un périmètre généralement communal.

81610 Les différents modes d'aménagement foncier rural comprennent les quatre **procédures** suivantes :
– l'aménagement foncier agricole et forestier (C. rur. art. L 123-1 à L 123-35) ;
– les échanges et cessions amiables d'immeubles ruraux (C. rur. art. L 124-1 à L 124-13) ;
– la mise en valeur des terres incultes (C. rur. art. L 125-1 à L 125-15) ;
– la réglementation et la protection des boisements (C. rur. art. L 126-1 à L 126-5).
D'une façon générale, les projets d'aménagement foncier, à l'exception des procédures des cessions et échanges, sont réalisés à la demande de l'une au moins des communes intéressées et font l'objet d'une étude d'aménagement comportant une analyse de l'état initial du site et de son environnement, notamment paysager, ainsi que de toutes recommandations utiles à la mise en œuvre de l'opération d'aménagement. La réalisation des différentes procédures d'aménagement foncier repose sur la mise en place de différentes instances et l'intervention de plusieurs acteurs. Depuis la loi 2016-1087 du 8 août 2016 pour la reconquête de la biodiversité, de la nature et des paysages, l'objectif environnemental est devenu le pivot de l'aménagement foncier, agricole et forestier.

A. Acteurs des procédures d'aménagement foncier

DÉPARTEMENT

81615 Le conseil départemental assure un rôle central en instituant des commissions communales ou intercommunales d'aménagement foncier. Le département fait établir, sur proposition de la commission communale ou intercommunale, tous les **documents nécessaires permettant de déterminer le ou les modes d'aménagement foncier** à mettre en œuvre. Il décide de diligenter l'**étude d'aménagement** lorsqu'il entend donner une suite favorable à une demande d'aménagement foncier. Dans ce cas, le préfet porte à sa connaissance les informations nécessaires à l'étude d'aménagement, notamment les servitudes d'utilité publique affectant l'utilisation du sol (C. rur. art. L 121-13). Le département engage et règle les dépenses relatives aux opérations d'aménagement foncier (C. rur. art. L 121-15).

> **Précisions** La **délibération du conseil départemental** qui institue la commission communale ou intercommunale d'aménagement foncier et l'**arrêté** de son président qui la constitue sont **affichés** à la mairie de chacune des communes faisant l'objet de l'aménagement foncier pendant au moins 15 jours ; ils sont **publiés** au recueil des actes administratifs du département (C. rur. art. R 121-3).

COMMISSIONS COMMUNALES OU INTERCOMMUNALES D'AMÉNAGEMENT FONCIER

Les procédures d'aménagement foncier sont conduites par des commissions communales, intercommunales ou départementales d'aménagement foncier, sous la **responsabilité** du département. 81620
Une commission communale ou intercommunale d'aménagement foncier peut être **instituée** à la demande du ou des conseils municipaux des communes intéressées lorsqu'il est envisagé un aménagement foncier agricole et forestier ou une opération d'échanges et de cessions de parcelles dans le cadre d'un périmètre d'aménagement foncier. Elle peut également être constituée à la demande des propriétaires ou exploitants de la commune lorsque ceux-ci envisagent de procéder à des échanges et des cessions amiables (C. rur. art. L 121-2).
La commission communale d'aménagement foncier est **présidée** par un commissaire-enquêteur désigné par le président du tribunal judiciaire du siège de la commission. Elle **comprend** (C. rur. art. L 121-3 et R 121-1) :
- le maire, un conseiller municipal ainsi que deux conseillers municipaux suppléants désignés par le conseil municipal ;
- trois exploitants, propriétaires ou preneurs en place exerçant sur le territoire de la commune ou, à défaut, sur le territoire d'une commune limitrophe ainsi que deux suppléants, désignés par la chambre d'agriculture ;
- trois propriétaires de biens fonciers non bâtis dans la commune ainsi que deux propriétaires suppléants, élus par le conseil municipal (la Safer peut y siéger à ce titre) ;
- trois personnes qualifiées en matière de faune, de flore et de protection de la nature et des paysages, désignées par le président du conseil départemental, dont une sur proposition du président de la chambre d'agriculture ;
- deux fonctionnaires désignés par le président du conseil départemental ;
- un délégué du directeur départemental des finances publiques ;
- un représentant du président du conseil départemental désigné par le président de cette assemblée.

La commission peut également réunir (même art.) :
- un représentant de l'Institut national de l'origine et de la qualité lorsque le périmètre de l'opération comprend des parcelles situées dans une aire d'appellation d'origine contrôlée ;
- un représentant du parc naturel régional lorsque le périmètre d'aménagement foncier comprend des terrains situés sur le territoire des communes de ce parc.

À défaut de désignation des exploitants par la chambre d'agriculture ou d'élection des propriétaires par le conseil municipal, dans un délai de trois mois après leur saisine respective, le président du conseil départemental procède à leur désignation.
La commission peut également appeler à titre consultatif toute personne dont il lui paraît utile de recueillir l'avis.
Lorsque le périmètre de l'opération comprend des parcelles relevant du régime forestier, le représentant de l'Office national des forêts fait partie de droit de la commission communale (C. rur. art. L 121-5).
Au vu de l'étude d'aménagement, la commission communale ou intercommunale d'aménagement foncier **propose** au conseil départemental le ou les modes d'aménagement foncier qu'elle juge opportun d'appliquer et le ou les périmètres correspondants ainsi que les prescriptions que devront respecter le plan du nouveau parcellaire et les travaux connexes (C. rur. art. L 121-14).

> **Précisions** **a.** Les **décisions des commissions** communales ou intercommunales d'aménagement foncier sont **affichées**, pendant quinze jours au moins, à la mairie de chacune des communes faisant l'objet de l'aménagement foncier. Elles sont transmises au président du conseil départemental et au préfet. Les décisions des commissions communales ou intercommunales sont, en outre, **notifiées** aux intéressés (C. rur. art. R 121-6).
> **b.** Les **réclamations formées contre ces décisions** doivent être introduites devant la commission départementale dans un délai d'un mois à dater de la notification ou, dans le cas où il n'a pu être procédé à la notification, dans un délai d'un mois à dater de l'affichage de ces décisions dans la ou les communes où sont localisées les terres qui font l'objet de l'aménagement foncier (C. rur. art. R 121-6). Le propriétaire peut accompagner sa réclamation écrite d'une demande d'audition (C. rur. art. R 121-11).

COMMISSIONS DÉPARTEMENTALES D'AMÉNAGEMENT FONCIER

81625 Les décisions prises par la commission communale ou intercommunale peuvent être portées par les intéressés, le préfet ou le président du conseil départemental devant la commission départementale d'aménagement foncier (C. rur. art. L 121-7). La commission procède à l'**instruction des réclamations** et à l'examen des observations. Elle statue par une seule décision sur toutes les réclamations formées contre une même opération dans le délai de six mois à compter de l'expiration du délai de réclamation. Cette décision est régulière dès lors que plus de la moitié des membres de la commission ont participé à l'ensemble des séances d'instruction et sont présents lors de la délibération finale (C. rur. art. R 121-12).

La commission départementale d'aménagement foncier est **composée** d'un commissaire-enquêteur désigné par le président du tribunal judiciaire dans le ressort duquel la commission a son siège, de quatre conseillers départementaux et de deux maires de communes rurales, de six personnes qualifiées désignées par le président du conseil départemental, du président de la chambre d'agriculture ou son représentant désigné parmi les membres de la chambre d'agriculture, des présidents ou leurs représentants de la fédération ou de l'union départementale des syndicats d'exploitants agricoles et de l'organisation syndicale départementale des jeunes exploitants agricoles les plus représentatives au niveau national, des représentants des organisations syndicales d'exploitants agricoles représentatives au niveau départemental, du président de la chambre départementale des notaires ou son représentant, de deux propriétaires bailleurs, deux propriétaires exploitants, deux exploitants preneurs, désignés par le président du conseil départemental, sur trois listes comprenant chacune six noms, établies par la chambre d'agriculture et deux représentants d'associations agréées en matière de faune, de flore et de protection de la nature et des paysages désignés par le président du conseil départemental (C. rur. art. L 121-8). Les fonctions de membre d'une commission communale ou intercommunale et celles de membre d'une commission départementale sont incompatibles. Cette incompatibilité ne frappe toutefois ni les élus désignés en raison de leur mandat ni les agents de l'administration (C. rur. art. R 121-18).

La commission départementale d'aménagement foncier a **qualité pour** modifier les opérations décidées par la commission communale ou intercommunale d'aménagement foncier (C. rur. art. L 121-10).

> **Précisions** Les décisions de la commission départementale d'aménagement foncier peuvent, à l'exclusion de tout recours administratif, faire l'objet d'un **recours pour excès de pouvoir** par les intéressés ou par le préfet devant la juridiction administrative. En cas d'annulation, la nouvelle décision de la commission doit intervenir dans un délai d'un an (C. rur. art. L 121-10).

GÉOMÈTRES EXPERTS

81630 La préparation et l'exécution des opérations d'aménagement foncier agricole et forestier, des échanges et cessions d'immeubles ruraux et des échanges et cessions d'immeubles forestiers sont mises en œuvre par des géomètres experts désignés par le président du conseil départemental dans les conditions prévues par le Code des marchés publics. Ils sont choisis sur la liste des géomètres experts agréés établie par le ministre chargé de l'agriculture (CE 20-2-2008 n° 272058 : la réalisation d'actes par un géomètre hors liste constitue un vice de procédure). Les géomètres experts peuvent être assistés, le cas échéant, par des experts fonciers et agricoles ou forestiers (C. rur. art. L 121-16).

B. Aménagement foncier agricole et forestier

81650 Décidé par le conseil départemental après proposition de la commission communale ou intercommunale d'aménagement foncier, l'aménagement foncier agricole et forestier (autrefois appelé « **remembrement** ») est applicable aux propriétés rurales non bâties et se fait au moyen d'une nouvelle distribution des parcelles morcelées et dispersées.

Il a principalement pour **but** d'améliorer l'exploitation agricole des biens qui sont soumis à cette procédure d'aménagement par la constitution d'exploitations rurales d'un seul tenant ou de grandes parcelles bien groupées. Il doit également avoir pour objet l'aménagement rural du périmètre dans lequel il est mis en œuvre et peut permettre, dans ce périmètre, une utilisation des parcelles à vocation naturelle, agricole ou forestière en vue de la préservation de l'environnement (C. rur. art. L 123-1).

Ce mode d'aménagement foncier repose sur une nouvelle distribution parcellaire et la réalisation d'un certain nombre de travaux d'amélioration foncière appelés travaux connexes.

NOUVELLE DISTRIBUTION PARCELLAIRE

Au terme de cette procédure d'aménagement foncier, chaque propriétaire doit recevoir, par la nouvelle distribution opérée, une superficie globale équivalente, en **valeur de productivité réelle**, à celle des terrains qu'il a apportés, déduction faite de la surface nécessaire aux ouvrages collectifs et compte tenu des servitudes maintenues ou créées. L'équivalence en valeur de productivité réelle doit être assurée par la commission communale dans chacune des natures de culture qu'elle a déterminées. À ce titre, la modification de la nature de culture peut être prise en compte après la fixation du périmètre de remembrement (CE 28-7-2017 n° 395140). L'attribution d'une **soulte** en espèces, fixée le cas échéant comme en matière d'expropriation, peut être mise à la charge de la commune (C. rur. art. L 123-4). La soulte ne peut que compenser des moins-values (CE 13-1-1958 : Rec. CE, p. 29). **81655**

Sauf accord des propriétaires et exploitants intéressés, le nouveau lotissement ne peut allonger la **distance moyenne des terres au centre d'exploitation principale**, si ce n'est dans la mesure nécessaire au regroupement parcellaire (C. rur. art. L 123-1).

Doivent être **réattribués à leurs propriétaires**, sauf accord contraire, et ne subir que les modifications de limites indispensables à l'aménagement (C. rur. art. L 123-3) : **81660**

- les terrains clos de murs qui ne sont pas en état d'abandon caractérisé ;
- les immeubles où se trouvent des sources d'eau minérale s'ils sont nécessaires à l'utilisation convenable de ces sources ;
- les mines et les carrières dont l'exploitation est autorisée au sens du Code minier, ainsi que les terrains destinés à l'extraction des substances minérales sur lesquels un exploitant de carrières peut se prévaloir d'un titre de propriété ou d'un droit de foretage enregistré depuis au moins deux ans à la date de la délibération du conseil départemental ou de l'arrêté de son président fixant le périmètre ;
- les immeubles présentant les caractéristiques d'un terrain à bâtir au sens de l'article L 322-3 du Code de l'expropriation pour cause d'utilité publique ;
- de façon générale, les immeubles dont les propriétaires ne peuvent bénéficier de l'opération d'aménagement foncier agricole et forestier, en raison de l'utilisation spéciale desdits immeubles.

> **Précisions** Lorsque la commission a établi le **projet de classement et d'évaluation des parcelles**, elle constitue un **dossier** qui **comprend** (C. rur. art. R 123-5) :
> - un mémoire explicatif justifiant les opérations définies ;
> - un plan indiquant pour chaque parcelle ou partie de parcelle la nature de culture et la classe retenues par la commission ;
> - un état indiquant pour chaque parcelle ou partie de parcelle, avec les renseignements cadastraux, la surface et l'estimation en valeur de productivité réelle ;
> - un état des propriétés indiquant, pour chaque propriétaire, les parcelles paraissant lui appartenir avec l'indication de leur surface et de leur estimation en valeur de productivité réelle.
>
> Le président de la commission communale ou intercommunale soumet le dossier pendant un mois à la **consultation des propriétaires** ; il décide de la date d'ouverture et de clôture de la consultation (C. rur. art. R 123-6).
>
> Pendant la durée de la consultation, les intéressés peuvent consulter le dossier déposé à la mairie de la commune où la commission a son siège, et adresser au plus tard huit jours après la fin de la consultation leurs **observations** au président de la commission communale ou intercommunale. Celui-ci établit sur les **résultats de la consultation** un rapport qu'il transmet à la commission (même. art.).

RÉALISATION DE TRAVAUX CONNEXES

Dans le cadre des opérations d'aménagement agricole et foncier, la commission communale d'aménagement a qualité pour décider à l'occasion de ces opérations et dans leur périmètre la réalisation d'un certain nombre de travaux d'amélioration foncière tant au niveau de la desserte qu'en matière d'amélioration des conditions d'exploitation. Ces **travaux comprennent** (C. rur. art. L 123-8) : **81665**

1° l'établissement de tous chemins d'exploitation nécessaires pour desservir les parcelles ;

2° tous travaux affectant les particularités topographiques lorsque ces travaux présentent un caractère d'intérêt collectif pour l'exploitation du nouvel aménagement parcellaire dans le respect de ces particularités topographiques prévues par les exploitants agricoles en application des règles relatives aux bonnes conditions agricoles et environnementales ;

3° tous travaux d'amélioration foncière connexes à l'aménagement foncier agricole et forestier, tels que ceux qui sont nécessaires à la sauvegarde des équilibres naturels, à la protection des sols ou à la remise en bon état des continuités écologiques ;

4° les travaux d'aménagement hydraulique rendus indispensables au bon écoulement des eaux, en raison de l'exécution de travaux mentionnés au 3° ;

5° l'exécution de tous travaux et la réalisation de tous ouvrages nécessaires à la protection des forêts ;

6° l'exécution de travaux de nettoyage, remise en état, création et reconstitution d'éléments présentant un intérêt pour les continuités écologiques et les paysages tels que les haies, plantations d'alignement, talus, fossés et berges. La commission communale identifie les **emprises foncières** correspondant à ces éléments.

L'assiette des ouvrages et des travaux mentionnés aux 1°, 3° à 5° est prélevée sans indemnité sur la totalité des terres à aménager.

Dès que la commission communale s'est prononcée pour la réalisation de ces travaux, il est constitué entre les propriétaires des parcelles à aménager une **association foncière**. Cette association a pour objet la réalisation, l'entretien et la gestion des travaux et ouvrages réalisés (C. rur. art. L 123-9).

Les travaux connexes à l'aménagement foncier agricole et forestier sont pris en charge par une association foncière. Sa constitution est obligatoire sauf si, à la demande de la commission communale, le conseil municipal s'engage à réaliser l'ensemble des travaux qu'elle a décidés. Si le conseil municipal ne prend en charge qu'une partie seulement des travaux, la constitution de l'association foncière est obligatoire (C. rur. art. L 133-2).

> **Précisions** Le **prélèvement de terrains inclus dans le périmètre de l'aménagement foncier** ne constitue pas une atteinte au droit de propriété protégé par l'article 1er du premier protocole de la convention européenne des droits de l'Homme (CE 20-2-2008 n° 264533).

EFFETS DE L'AMÉNAGEMENT FONCIER AGRICOLE ET FORESTIER

81670 À compter du jour du transfert de propriété résultant de la **clôture des opérations** d'aménagement foncier agricole et forestier, les immeubles qui en sont l'objet ne sont plus soumis qu'à l'exercice des droits et actions nés du chef du nouveau propriétaire. La date de clôture des opérations est celle du dépôt en mairie du plan définitif de l'aménagement foncier agricole et forestier ; ce dépôt étant constaté par un certificat délivré par le maire (C. rur. art. L 123-12).

Les résultats de l'aménagement foncier agricole et forestier sont incorporés dans les **documents cadastraux** après mise à jour de ces résultats au point de vue fiscal. Si l'aménagement foncier agricole et forestier est important et s'il s'agit d'une commune dont le cadastre n'a pas été renouvelé, il peut être procédé, aux frais du département, à la réfection du cadastre de la commune soit concurremment avec les opérations d'aménagement foncier agricole et forestier soit postérieurement (C. rur. art. L 123-11).

Les **contestations sur la propriété d'un immeuble** compris dans l'aménagement foncier agricole et forestier ou sur les droits ou actions relatifs à cet immeuble ne font pas obstacle à l'application des décisions, même juridictionnelles, statuant en matière d'aménagement foncier agricole et forestier (C. rur. art. L 123-12).

Les **droits réels**, autres que les servitudes, grevant les immeubles aménagés s'exercent sur les immeubles attribués par l'aménagement foncier agricole et forestier. Les effets de la publicité foncière légale faite avant le transfert de propriété sont, en ce qui concerne les droits réels autres que les privilèges et les hypothèques, conservés à l'égard des immeubles attribués si cette publicité est renouvelée dans le délai et dans les conditions qui sont fixés par voie réglementaire (C. rur. art. L 123-13).

Tout propriétaire ou titulaire de droits réels, évincé du fait qu'il n'a pas été tenu compte de ses droits sur des parcelles peut, pendant cinq ans à compter de l'affichage en mairie, saisir la commission départementale d'aménagement foncier aux fins de rectification des documents de l'aménagement foncier agricole et forestier. Si la commission estime impossible de procéder à cette rectification, elle attribue à l'intéressé une indemnité correspondant à l'intégralité de son préjudice (C. rur. art. L 123-16).

Le **locataire d'une parcelle atteinte par l'aménagement foncier** agricole et forestier peut obtenir le report des effets du bail sur les parcelles acquises en échange par le bailleur ou la résiliation totale ou partielle du bail, sans indemnité, dans la mesure où l'étendue de sa jouissance est diminuée par l'effet de l'aménagement foncier agricole et forestier (C. rur. art. L 123-15). L'échange est opposable au preneur puisque, informé par lettre simple du notaire, il n'a pas formé d'opposition au tribunal de grande instance (Cass. 3e civ. 19-3-2008 n° 07-11.359 : RD rur. 2008 n° 80 note Crevel). La Cour de cassation reconnaît l'option tacite de report des effets du bail dès lors que le preneur avait pris possession de la parcelle et l'exploitait depuis plus de six mois après la prise d'effet du remembrement (Cass. 3e civ. 2-10-2013 n° 12-20.892 : RD rur. 2013 n° 191 note Crevel). Le locataire ne peut se voir imposer un nouveau bailleur (Cass. 3e civ. 27-6-2024 n° 22-23.803, s'agissant en l'espèce d'un échange amiable de parcelles).

FINANCEMENT DES OPÉRATIONS

Les dépenses afférentes aux opérations d'aménagement foncier sont engagées et réglées par le département (C. rur. art. L 121-15). Ce principe est assorti, toutefois, d'exceptions et il ne s'applique pas aux travaux connexes. Les dépenses occasionnées par ces travaux incombent aux propriétaires (C. rur. art. L 133-1 et L 133-2). Mais le département peut participer à leur financement en attribuant des subventions à l'association (BOI-CAD-AFR-20-10-20191105). **81671**

Lorsque, en application de l'article L 121-15, alinéa 3 du Code rural et de la pêche maritime, le conseil départemental exige des propriétaires une participation financière, le montant de celle-ci est soumis à enquête publique. L'avis d'enquête est accompagné d'un document destiné à recueillir l'accord des propriétaires et, le cas échéant, celui du ou des exploitants qui ont accepté de se substituer en tout ou partie aux propriétaires pour la prise en charge des frais engagés (C. rur. art. R 121-25).

Lorsque des investissements ont été exécutés par le bailleur dans le cadre d'une association syndicale (et donc également d'une association foncière), le prix du bail en cours est augmenté d'une rente. Celle-ci est fixée d'un commun accord entre les parties, ou, à défaut, par le tribunal paritaire des baux ruraux (C. rur. art. R 411-9 ; Rép. Wolff : AN 29-6-1992 n° 54791).

AMÉNAGEMENTS FONCIERS AGRICOLES ET FORESTIERS PARTICULIERS

Aménagement foncier agricole et forestier en zone forestière L'aménagement foncier forestier a pour **objet** de favoriser la mise en valeur et la protection de la forêt ainsi que d'améliorer les structures sylvicoles. Les dispositions concernant l'aménagement foncier agricole s'appliquent à l'aménagement foncier des bois, forêts et terrains à boiser compris dans les périmètres d'aménagement foncier forestier, quels qu'en soient les propriétaires, sous réserve de règles particulières (C. for. art. L 331-17). **81680**

La commission communale ou intercommunale d'aménagement foncier détermine les différents **types de peuplements forestiers** compris dans la zone forestière du périmètre de l'aménagement (C. rur. art. L 123-19). **81685**

Pour chacun de ces types de peuplement, chaque propriétaire doit recevoir dans la nouvelle distribution :

– d'une part, des terrains dont la surface est équivalente, en valeur de productivité, à celle des terrains apportés, compte tenu de la surface nécessaire aux ouvrages collectifs, ainsi que des servitudes maintenues ou créées ;

– d'autre part, des peuplements dont la valeur d'avenir est équivalente à celle des peuplements apportés.

Il peut toutefois être dérogé à l'obligation d'assurer l'une ou l'autre des équivalences prévues ci-dessus soit en vertu d'un accord exprès des intéressés, soit dans les limites fixées, pour chaque région forestière du département, par la commission départementale.

Des apports de terrains forestiers peuvent être compensés par des attributions de terrains agricoles et inversement, sous réserve, le cas échéant, du paiement d'une soulte. Cette **compensation** est possible, sans limitation, avec l'accord des intéressés. En l'absence de cet accord et à condition que cette mesure soit nécessaire à l'aménagement foncier, la compensation entre parcelles forestières et parcelles agricoles est possible dans la limite d'une surface maximum par propriétaire fixée, pour chaque secteur d'aménagement, par la commission départementale, après avis du Centre national de la propriété forestière. Ce type d'opération ne peut excéder, pour chaque propriétaire, la surface de quatre hectares de parcelles agricoles apportées ou attribuées en échange de parcelles forestières (C. rur. art. L 123-19). **81690**

Opérations liées à la réalisation de grands ouvrages publics En cas d'expropriations pour la réalisation d'aménagements ou d'ouvrages de grande importance (tels qu'autoroutes, voies ferrées, etc.), le maître de l'ouvrage de ces travaux a l'obligation de remédier aux **dommages causés** en participant financièrement à l'exécution d'opérations d'aménagement foncier et des travaux connexes lorsque ces opérations sont de nature à compromettre la structure des exploitations agricoles dans une zone déterminée (C. rur. art. L 123-24). Dans cette hypothèse, le président du conseil départemental conduit et met en œuvre la procédure d'aménagement foncier (même art.). **81695**

La même obligation est faite au maître de l'ouvrage dans l'acte déclaratif d'utilité publique en cas de création de zones industrielles ou à urbaniser, ou de constitution de réserves foncières. Les travaux et ouvrages ainsi visés sont ceux entrepris par une collectivité publique ou nécessitant une autorisation ou une décision d'approbation et qui, par l'importance de leurs dimensions ou leurs incidences sur le milieu naturel, nécessitent une étude d'impact (C. envir. art. L 122-1, al. 2).

Lorsque les besoins de cohérence de l'aménagement rural d'un territoire le justifient et lorsque la commission communale ou intercommunale d'aménagement foncier lui en a fait la proposition, le conseil départemental peut décider, avec l'accord du maître d'ouvrage, l'**extension du périmètre d'aménagement foncier** au-delà du périmètre perturbé par l'ouvrage. Si le maître d'ouvrage est l'État ou un de ses établissements publics ou concessionnaires, l'accord est donné par le préfet du département (C. rur. art. L 123-24).

L'**assiette des ouvrages ou des zones projetés** est prélevée sur l'ensemble des parcelles incluses dans le périmètre d'aménagement foncier délimité de telle sorte que le prélèvement n'affecte pas les exploitations dans une proportion incompatible avec leur rentabilité. L'association foncière intéressée et avec l'accord de ceux-ci, éventuellement la Safer, les collectivités territoriales et leurs groupements et l'État peuvent devenir propriétaires des parcelles constituant l'emprise en vue de leur cession au maître d'ouvrage (C. rur. art. L 123-25).

Le **montant du prix des terrains cédés** au maître de l'ouvrage est réparti entre les propriétaires des terrains ayant fait l'objet de l'aménagement foncier proportionnellement à la valeur de leurs apports. Le maître de l'ouvrage ou son concessionnaire est autorisé à occuper les terrains constituant l'emprise des ouvrages ou des zones projetés avant le transfert de propriété résultant des opérations d'aménagement foncier. Les **dépenses relatives aux opérations d'aménagement** foncier et de certains travaux connexes du périmètre perturbé par l'ouvrage sont mises à la charge du maître de l'ouvrage (C. rur. art. L 123-25 et R 123-38).

> **Précisions a.** En présence d'un **ouvrage linéaire**, la commission communale ou intercommunale d'aménagement foncier propose soit d'exclure l'emprise de l'ouvrage du **périmètre d'aménagement foncier**, soit de prélever cette emprise, moyennant indemnité, sur la totalité des terrains compris dans le périmètre d'aménagement foncier. Dans le cas où la Safer, les collectivités territoriales et leurs groupements ou l'État sont apporteurs de terrains dans ce périmètre, l'assiette de l'ouvrage peut être constituée en tout ou en partie, sous réserve de l'accord de chacun d'entre eux, par les apports fonciers dont ils disposent. Dans le cas où l'assiette de l'ouvrage n'est pas couverte en totalité par les apports des propriétaires, un prélèvement est opéré sur les autres propriétaires (C. rur. art. R 123-32).
> **b.** Si, pour répondre aux besoins de cohérence de l'aménagement rural d'un territoire communal ou intercommunal, le conseil départemental décide d'**étendre le périmètre d'aménagement foncier au-delà de la zone perturbée par l'ouvrage**, le cas échéant après le complément nécessaire de l'étude d'aménagement, cette extension est à la charge du département. L'arrêté du président du conseil départemental ordonnant l'opération identifie, dans le périmètre d'aménagement foncier, les parcelles incluses dans la partie liée à la réalisation du grand ouvrage, à la charge du maître d'ouvrage, et celles incluses dans l'extension du périmètre, à la charge du conseil départemental (C. rur. art. R 123-33).
> **c.** Le prélèvement affecte tous **les propriétaires de parcelles incluses dans le périmètre d'aménagement** et non les seuls riverains de l'ouvrage. Chacun d'eux subit, sur l'ensemble de son apport, un prélèvement proportionnel à la valeur de cet apport. Le total des prélèvements ainsi opérés doit être égal à la valeur d'apport des terrains situés sur l'emprise de l'ouvrage et inclus dans le périmètre (C. rur. art. R 123-34).
> **d.** Sur l'**indemnisation de dommages dus à un allongement de parcours**, voir TA Rennes 2 juin 2017 n° 15/02119. En l'espèce, l'allongement de parcours présente un caractère anormal et spécial de nature à engager la responsabilité sans faute du département pour rupture d'égalité des charges publiques résultant, pour l'agriculteur, des opérations d'aménagement foncier.

81705 **Aménagement foncier agricole et forestier en zone viticole** En vue de permettre une nouvelle distribution des vignes et des droits de replantation considérés dans leur ensemble comme étant une même nature de culture, les **droits à la culture de la vigne** sont cessibles à l'intérieur d'un même périmètre d'aménagement foncier agricole et forestier. Cette redistribution est effectuée par la commission communale d'aménagement foncier sur la base des droits antérieurs (C. rur. art. L 123-32).

Lorsque, compte tenu des nécessités de l'aménagement foncier agricole et forestier, un propriétaire reçoit une superficie plantée en vigne supérieure à celle qu'il détenait avant l'aménagement foncier agricole et forestier, les **droits de replantation** qu'il possédait éventuellement lui sont à nouveau affectés, mais diminués à due concurrence de l'excédent de la surface plantée qui lui est attribuée. Les droits de replantation ainsi libérés sont attribués par la commission communale aux propriétaires recevant une superficie plantée en vigne inférieure à celle qu'ils possédaient avant l'aménagement foncier agricole et forestier.

Ces attributions sont effectuées à concurrence des diminutions de surfaces plantées subies par ces propriétaires, sans préjudice du retour des droits de replantation qu'ils possédaient éventuellement avant l'aménagement foncier agricole et forestier. Ces dispositions suppriment, pour les opérations mentionnées ci-dessus, le caractère d'incessibilité des droits de plantation (C. rur. art. L 123-33).

C. Autres modes d'aménagements fonciers

ÉCHANGES ET CESSIONS AMIABLES D'IMMEUBLES RURAUX

En l'absence de périmètre d'aménagement foncier Les **projets d'échanges** amiables d'immeubles ruraux peuvent être adressés à la commission départementale d'aménagement foncier qui, si elle en reconnaît l'utilité au regard des objectifs poursuivis par l'aménagement foncier, les transmet au conseil départemental. Si celui-ci approuve l'opération, le président du conseil départemental la rend exécutoire (C. rur. art. L 124-3). 81750

Les **immeubles échangés** doivent être situés dans le même canton ou dans un canton et dans une commune limitrophes de celui-ci. En dehors de ces limites, l'un des immeubles échangés doit être contigu aux propriétés de celui des échangistes qui le recevra. Les échanges peuvent comporter des soultes. Elles sont déterminées par accord amiable entre les intéressés, afin de compenser une différence de valeur vénale entre les immeubles échangés (même art.).

Quand les **échanges sont établis par acte notarié**, le département peut prendre en charge les frais occasionnés si la commission départementale d'aménagement foncier reconnaît leur utilité pour l'aménagement foncier (C. rur. art. L 124-4).

> **Précisions a.** Pour bénéficier de ce mode d'aménagement foncier, les propriétaires doivent transmettre à la commission départementale d'aménagement foncier un **dossier** comprenant (C. rur. art. R 124-1) :
> – le projet des échanges et cessions ou l'acte notarié ;
> – tous renseignements, en particulier un plan parcellaire, permettant à la commission d'apprécier l'utilité des échanges et cessions au regard des objectifs fixés à l'aménagement foncier.
> **b.** Le conseil départemental fixe par délibération les modalités de prise en charge des frais occasionnés par les **échanges et cessions établis par actes notariés** (C. rur. art. R 124-2).
> **c.** La commission peut subordonner la **reconnaissance de l'utilité** de l'opération aux conditions qu'elle estime nécessaires (C. rur. art. R 124-1).

Dans un périmètre d'aménagement foncier Avec le concours d'un géomètre expert désigné par le président du conseil départemental, les propriétaires peuvent préparer leurs **projets d'échanges** et cessions d'immeubles ruraux et les adresser au secrétariat de la commission départementale d'aménagement foncier dans le délai qu'elle leur impartit. Les projets d'échanges peuvent prévoir des soultes déterminées par accord amiable entre les intéressés, afin de compenser une différence de valeur vénale entre les immeubles échangés (C. rur. art. L 124-7). 81760

> **Précisions** À compter de la décision de la commission départementale approuvant le plan des échanges et cessions, le président du conseil départemental ordonne le dépôt en mairie du plan du **nouveau parcellaire**. Il constate la clôture des opérations à la date de ce dépôt et assure la publicité du nouveau parcellaire (C. rur. art. R 124-17).

Cas des immeubles forestiers dans un périmètre d'aménagement foncier 81770

Les échanges et cessions d'immeubles forestiers ont pour **objet** d'améliorer la structure des fonds forestiers par voie d'échanges et de cessions de parcelles et au moyen d'un regroupement des îlots de propriété en vue de favoriser une meilleure gestion sylvicole (C. rur. art. L 124-9).

Avec le concours d'un géomètre expert, assisté le cas échéant par un expert forestier, ou un homme de l'art agréé en matière forestière, les propriétaires préparent leurs **projets d'échanges** et cessions d'immeubles forestiers et les adressent au secrétariat de la commission communale d'aménagement foncier (C. rur. art. L 124-7 et L 124-10).

MISE EN VALEUR DES TERRES INCULTES OU MANIFESTEMENT SOUS-EXPLOITÉES

81780 Toute personne physique ou morale peut demander au préfet l'**autorisation d'exploiter** une parcelle susceptible d'une mise en valeur agricole ou pastorale et inculte ou manifestement sous-exploitée depuis au moins trois ans (deux ans en zone de montagne) par comparaison avec les conditions d'exploitation des parcelles de valeur culturale similaire des exploitations agricoles à caractère familial situées à proximité, lorsque, dans l'un ou l'autre cas, aucune raison de force majeure ne peut justifier cette situation (C. rur. art. L 125-1).

À la demande du préfet, le président du conseil départemental saisit la commission départementale d'aménagement foncier qui se prononce, après procédure contradictoire, sur l'état d'inculture ou de sous-exploitation manifeste du fonds ainsi que sur les possibilités de mise en valeur agricole ou pastorale de celui-ci. Cette décision fait l'objet d'une publicité afin de permettre à d'éventuels demandeurs de se faire connaître du propriétaire ou du préfet.

À la demande du préfet, le juge compétent de l'ordre judiciaire peut désigner un **mandataire** chargé de représenter, dans la procédure tendant à la mise en valeur des terres incultes ou manifestement sous-exploitées, le propriétaire ou les indivisaires dont l'identité ou l'adresse n'a pu être déterminée. S'il ne peut désigner un indivisaire comme mandataire, le juge peut confier ces fonctions à toute autre personne physique ou morale. Il peut à tout moment remplacer le mandataire ou mettre fin à sa mission (C. rur. art. L 125-2).

Si l'état d'inculture ou de sous-exploitation manifeste a été reconnu et que le fonds en cause ne fait pas partie des biens dont le défrichement est soumis à autorisation, le propriétaire et, le cas échéant, le titulaire du droit d'exploitation sont mis en demeure par le préfet de mettre en valeur le fonds (C. rur. art. L 125-3).

Le propriétaire ou le titulaire du droit d'exploitation a deux mois à compter de la notification de la mise en demeure pour faire connaître au préfet qu'il s'engage à mettre en valeur le fonds inculte ou manifestement sous-exploité dans un délai d'un an ou qu'il y renonce. L'absence de réponse vaut renonciation. S'il s'engage à mettre en valeur le fonds, il doit joindre à sa réponse un **plan de remise en valeur**.

Si le **fonds est loué**, le propriétaire peut en reprendre la disposition, sans indemnité, pour le mettre lui-même en valeur ou le donner à bail à un tiers si le titulaire du droit d'exploitation a renoncé expressément ou tacitement, ou s'il n'a pas effectivement mis en valeur le fonds dans le délai d'un an mentionné ci-dessus. Le propriétaire dispose, pour exercer cette reprise, d'un délai de deux mois à compter de la date du fait qui lui en a ouvert le droit.

> **› Précisions** La durée pendant laquelle le fonds doit être resté inculte ou manifestement sous-exploité peut être réduite, sans aller en deçà d'un an, pour les communes et les cultures pérennes dont la liste aura été arrêtée par le conseil départemental après avis de la commission départementale d'aménagement foncier (C. rur. art. L 125-9).

RÉGLEMENTATION DES BOISEMENTS ET ACTIONS FORESTIÈRES

81790 Afin de favoriser une meilleure répartition des terres entre les productions agricoles, la forêt, les espaces de nature ou de loisirs et les espaces habités en milieu rural et d'assurer la préservation de milieux naturels ou de paysages remarquables, les conseils départementaux peuvent, après avis des chambres d'agriculture et du Centre national de la propriété forestière, définir les zones dans lesquelles des **plantations et des semis** d'essences forestières ou dans lesquelles la **reconstitution après coupe rase** peuvent être interdits ou réglementés (C. rur. art. L 126-1). Ainsi, les conseils départementaux peuvent, dans certaines zones, à l'intérieur de périmètres déterminés et pour une durée qu'ils fixent :

– interdire tous semis, plantations et replantations d'essences forestières ;
– limiter les semis, plantations et replantations à certaines essences forestières ;
– restreindre les semis, plantations et replantations à certaines destinations telles que la création de boisements linéaires, haies ou plantations d'alignement ou à l'installation de sujets isolés ;
– fixer une distance minimale avec les fonds voisins pour les semis, plantations et replantations, compte tenu de la nature des cultures habituellement pratiquées et, le cas échéant, par type d'essence (C. rur. art. R 126-2).

Lorsqu'elles s'appliquent à des **terrains déjà boisés**, les interdictions ou réglementations ne peuvent concerner que des parcelles boisées isolées ou rattachées à un massif dont la superficie est inférieure à un seuil de surface par grande zone forestière homogène. Les interdictions et les réglementations ne sont pas applicables aux parcs ou jardins attenant à une habitation (C. rur. art. L 126-1).

Au cas de **plantations ou semis exécutés en violation de ces conditions**, les exonérations d'impôts et avantages fiscaux de toute nature prévus en faveur des propriétés boisées ou des reboisements sont supprimés. 81795
Les propriétaires peuvent être tenus de détruire le **boisement irrégulier** ou se voir interdire de reconstituer les boisements après coupe rase. Il peut, lors des opérations d'aménagement foncier, ne pas être tenu compte de la nature boisée du terrain et il peut être procédé à la destruction d'office des boisements irréguliers (C. rur. art. L 126-1).

D. Marché des terres agricoles : barème de la valeur vénale moyenne des terres agricoles

Un barème de la valeur vénale moyenne des terres agricoles est publié chaque année. Il est établi pour chaque département, par région naturelle et nature de culture, en tenant compte notamment des **valeurs retenues à l'occasion des mutations** intervenues au cours de l'année précédente et, au besoin, au cours des cinq dernières années. 81800
Ce barème constitue un élément d'appréciation du juge pour la fixation du prix des terres (C. rur. art. L 312-4).

> **Précisions** À l'intérieur de chaque département et pour chaque région naturelle, le barème publié fait apparaître **trois valeurs** : une dominante, une minimale et une maximale. Le dernier **barème** portant fixation de la valeur vénale moyenne des terres concerne **2023** (Décision ministérielle AGRS2420754S du 29-7-2024). Il comporte **quatre tableaux** :
> – le tableau I concerne les terres labourables et les prairies naturelles d'au moins 70 ares libres à la vente ;
> – le tableau II concerne les terres et prairies louées ;
> – le tableau III concerne le prix des terres à la vente dans les départements d'outre-mer ;
> – le tableau IV concerne les vignes à la vente.

TITRE IV

Organisation économique

EN BREF

La promotion de l'exploitation à responsabilité personnelle, même sociétaire, demeure la « clé de voûte » de la politique agricole, mais il est apparu indispensable de l'épauler par les diverses **formes de groupements et d'organisations** prévues par les textes et laissées au libre choix et à l'initiative des intéressés. 83000
Ceux-ci peuvent :
– soit décider de subir seuls les aléas du marché ;
– soit chercher ensemble à se rapprocher du marché en en acceptant les risques, par exemple par le moyen des coopératives et des sociétés d'intérêt collectif agricole (Sica) ;
– soit passer ensemble des accords à différents niveaux avec leurs partenaires économiques d'amont et d'aval, de façon à réduire leurs risques et à s'assurer une certaine sécurité sans participer pleinement aux aléas du marché, ce qui peut résulter de la « politique contractuelle » et d'actions interprofessionnelles.

Le législateur est intervenu à plusieurs reprises pour inciter ou contraindre les agriculteurs à se plier à certaines règles de production ou de commercialisation des produits. Les organisations de producteurs, les comités économiques agricoles, l'interprofession et les offices d'intervention constituent les éléments de cette politique d'organisation économique des agriculteurs.

Cette politique repose d'ailleurs en grande partie sur les **sociétés** constituées par les agriculteurs (notamment les **coopératives** agricoles) en vue notamment d'améliorer les conditions de commercialisation de leurs produits.

CHAPITRE 1

GROUPEMENTS CONSTITUÉS POUR L'ORGANISATION ÉCONOMIQUE

SOMMAIRE

LES DIFFÉRENTS GROUPEMENTS

En dehors des **coopératives agricoles** dont nous analysons le statut, d'autres formules juridiques peuvent être utilisées par les agriculteurs soit pour faciliter l'écoulement et la commercialisation de leur production, soit pour assurer leurs approvisionnements. 83005
Citons :

a. Les **associations** de la loi de **1901**, auxquelles les agriculteurs ont parfois recours en vue d'instituer des disciplines de production (les statuts doivent être déposés en préfecture).

b. Les **syndicats professionnels** (dont les statuts doivent être déposés en mairie) peuvent prévoir pour leurs membres la possibilité de poursuivre en commun des activités de caractère économique (voir n° 78360).

c. Les sociétés d'intérêt collectif agricole (**Sica**) et les sociétés mixtes d'intérêt agricole (**Smia**).

d. Les groupements d'intérêt économique (**GIE**), voir n°s 78400 s.

Les coopératives agricoles et leurs unions, les Sica, les syndicats professionnels et les associations peuvent obtenir un **agrément** particulier leur conférant le titre et la capacité **d'organisations de producteurs** lorsqu'ils s'engagent à respecter certaines conditions et notamment lorsqu'ils édictent certaines règles destinées à organiser et à discipliner la production et la mise en marché, à régulariser les cours et à orienter l'action de leurs membres vers les exigences du marché – notamment la traçabilité et la promotion de méthodes de production respectueuses de l'environnement (C. rur. art. L 552-1). Ces règles peuvent être, dans certaines conditions, rendues obligatoires. 83010

> **Précisions** À la suite des États généraux pour l'alimentation, conclus par la signature d'une charte le 14 novembre 2017, ce rôle d'organisation du marché alloué aux coopératives a été conforté. La loi pour l'équilibre des relations commerciales dans le secteur agricole et alimentaire et une alimentation saine et durable et accessible à tous (Loi 2018-938 du 30-10-2018, dite loi Egalim) comporte des dispositions visant à assurer l'équilibre dans le pouvoir de négociation et de répartition des marges entre les différents acteurs du marché par la mise en place obligatoire d'un contrat de vente des produits agricoles. Ce **contrat-cadre** doit en premierlieu définir les modalités de

détermination du prix, construit à partir des coûts de production supportés par les agriculteurs. Les coopératives agricoles peuvent directement satisfaire à ces obligations contractuelles en introduisant dans leurs statuts ou leur règlement intérieur des dispositions produisant des effets similaires à celles exigées par la loi. Les Lois Egalim 2 et 3, votées en 2021 et 2023, sont venues compléter ce principe de **protection du prix d'achat** (conclusion d'un contrat pour une durée de trois ans minimum, fixation d'un prix indexé sur les coûts de production de l'agriculteur). Mais elles ne visent que les contrats commerciaux conclus par les agriculteurs qui vendent leurs produits à des industriels (Lois 2021-1357 du 18-10-2021 et 2023-221 du 30-3-2023). Ces nouvelles dispositions ne concernent donc pas les coopératives agricoles.

SECTION 1 COOPÉRATIVES AGRICOLES

83015 De même que pour la couverture de leurs risques assurables matériels (biens, personnes, responsabilités, etc.) et sociaux (maladie, invalidité, accidents, vieillesse, charges familiales), les agriculteurs ont développé un très important appareil mutualiste ; de même, depuis longtemps, ils ont mis en œuvre des formules de groupe : les coopératives agricoles, basées sur la solidarité des producteurs pour assurer leurs approvisionnements, la transformation, la mise en marché, l'écoulement de leurs produits.

> **Précisions a.** Pour l'utilisation en commun du matériel, voir nos 78370 s. les développements sur les **Cuma.**
> **b.** Les **dispositions** législatives et réglementaires concernant les coopératives agricoles sont, pour l'essentiel, **codifiées** aux articles L 521-1 et R 521-1 et suivants du Code rural et de la pêche maritime.
> Sont également applicables aux coopératives agricoles les dispositions générales du **statut de la coopération** (Loi 47-1775 du 10-9-1947 modifiée).

DÉNOMINATION PROTÉGÉE

83020 Le terme de « coopérative » employé avec l'un des qualificatifs « agricole », « paysanne », « rurale » ou « forestière » ainsi que toute dénomination de nature à laisser entendre qu'il s'agit d'une société coopérative agricole sont réservés aux **organismes agréés**. Ceux-ci peuvent seuls les utiliser dans leurs dénomination, publicité, marques, emballages et tous autres documents. Des **sanctions** sont prévues, le tribunal pouvant en outre ordonner la fermeture temporaire ou définitive de l'établissement en infraction.

> **Précisions** Dans les factures, annonces, publications et tous autres **documents provenant de sociétés coopératives agricoles**, la dénomination sociale doit être précédée ou suivie des mots écrits en toutes lettres « société coopérative agricole » suivis du numéro d'agrément (C. rur. art. R 521-5).

OBJET DES COOPÉRATIVES AGRICOLES

83030 Les coopératives agricoles ont pour objet l'utilisation en commun par des agriculteurs de tous moyens propres à faciliter ou à développer leur activité économique, à améliorer ou à accroître les résultats de cette activité (C. rur. art. L 521-1).

On doit les considérer comme des organismes intervenant dans le **prolongement de l'activité** de leurs membres pour lesquels elles agissent comme mandataires gratuits. Elles peuvent, d'une façon générale, faire pour le compte de leurs sociétaires des opérations ou des travaux entrant normalement dans le cadre de la profession agricole et forestière et par **exemple** :

– la production, l'écoulement et la vente de produits agricoles, en l'état ou après conditionnement ou transformation ;

– l'approvisionnement des agriculteurs en produits (aliments pour le bétail et engrais, par exemple), équipements, instruments et animaux nécessaires à leurs exploitations agricoles ou à leurs immeubles forestiers ;

– la fourniture à leurs adhérents de tous les services nécessaires à leur exploitation, notamment en mettant à leur disposition du matériel, des machines agricoles, des moyens d'entretien et de réparation, des animaux, des moyens de perfectionnement technique et de formation professionnelle.

Dans la **pratique,** elles peuvent intervenir : 83035
– soit dans le secteur d'aval de la production agricole : coopérative de production, de transformation et de vente ;
– soit dans le secteur d'amont de la production agricole : coopérative d'approvisionnement ;
– soit dans le secteur de la production elle-même : coopérative de services, Cuma, d'insémination artificielle, de production animale.

> **Précisions** Des « coopératives agricoles de **caution mutuelle** » ayant pour objet de faciliter le recours au crédit de leurs adhérents, c'est-à-dire d'apporter leur caution pour faciliter les emprunts que contractent les sociétaires, peuvent également être créées.

UNIONS ET FÉDÉRATIONS DE COOPÉRATIVES

Les coopératives peuvent se grouper en **unions**, soumises au même statut, afin d'être à même 83050
de pouvoir répondre aux besoins de leurs adhérents, par exemple en réalisant des équipements lourds et spécialisés que les coopératives de base ne pourraient pas, à elles seules, amortir (ainsi des coopératives laitières peuvent-elles transformer leurs excédents irréguliers de lait ou de tel ou tel de leurs sous-produits en « poudres » dans le cadre d'une union équipée de tours de séchage).
Les **fédérations** de coopératives qui ont pour objet de défendre les intérêts matériels et moraux de leurs membres (et qui, si elles sont agréées spécialement à cette fin, sont chargées d'opérer la « révision » comptable et juridique des coopératives adhérentes) sont constituées sous la forme de syndicats professionnels ou d'associations de la loi de 1901.

> **Précisions a.** Les **unions** de coopératives agricoles sont régies par les dispositions concernant les coopératives agricoles (voir notamment C. rur. art. L 522-2) et par des dispositions spécifiques (C. rur. art. R 524-23 s.).
> **b.** Les **fédérations** sont régies par les articles L 527-1 et R 527-1 et suivants du Code rural et de la pêche maritime.

A. Caractéristiques des coopératives agricoles

Les coopératives ont un statut spécifique et unitaire, assorti d'options facultatives pouvant être 83060
adoptées indépendamment les unes des autres.
Les coopératives agricoles et leurs unions forment une **catégorie spéciale de sociétés** distinctes à la fois des sociétés civiles et des sociétés commerciales et ont la personnalité morale (C. rur. art. L 521-1).
Leur statut consacre le caractère original et spécifique de ces sociétés :
– leur **activité** est intimement liée au métier de leurs adhérents ;
– elles sont fondées sur l'absence de **but lucratif** et sur le rôle purement fonctionnel et professionnel de leur capital dont elles ne recherchent pas la fructification. Leur but est l'amélioration des résultats professionnels des exploitants qui y adhèrent et auxquels la coopérative assure, sans bénéfice, un certain nombre de services pour leur permettre de mieux faire face aux exigences de l'économie de notre temps ;
– leur **gestion** est à base démocratique ;
– elles doivent être **agréées** préalablement.

L'ensemble des dispositions comporte : 83065
– un **tronc commun** de principes et d'obligations ;
– et des **options possibles**, atténuant certains principes et qui peuvent être exercées indépendamment les unes des autres.
Les **statuts types** des coopératives agricoles et de leurs unions ont été homologués en dernier lieu par l'arrêté AGRT2005283A du 20 février 2020.

PRINCIPES

Les principes applicables à l'ensemble des coopératives agricoles sont les suivants : 83070
– les coopératives agricoles et leurs unions sont obligatoirement à **capital variable** de façon à maintenir le principe de la « porte ouverte » et permettre à ces sociétés, par le jeu des entrées et des sorties, de remplir leur rôle social ;

– leur **durée** ne peut excéder 99 ans, sauf prorogation ;
– la **responsabilité** de chaque coopérateur dans le passif de la coopérative (ou de l'union) est égale à deux fois le montant des parts qu'en application des statuts il a souscrites ou aurait dû souscrire. Les associés non coopérateurs ne peuvent perdre que leurs apports ;
– ce sont les statuts qui délimitent le **territoire** sur lequel s'exercera leur activité ;
– les **différends** peuvent être soumis à des arbitres ; s'il y a procès, ils doivent être soumis à la juridiction civile de droit commun (sauf pour les actes de commerce passés avec des tiers non coopérateurs) ;
– une autorisation administrative pour la **transformation** de la coopérative en société de droit commun est nécessaire.

OBLIGATIONS SPÉCIFIQUES

83080 La qualité et la dénomination de coopérative agricole ou d'union sont exclusivement réservées aux sociétés dont les **statuts** prévoient notamment les dispositions suivantes (C. rur. art. L 521-3) :
1. L'obligation pour chaque **coopérateur** d'utiliser tout ou partie des services de (ou de livrer à) la coopérative pour une durée déterminée et, corrélativement, de souscrire une quote-part du capital en fonction de cet engagement d'activité ;
2. L'obligation, pour la **société**, de ne faire d'opérations qu'avec ses seuls associés coopérateurs et de leur fournir les services correspondant aux activités pour lesquelles ils se sont engagés (C. rur. art. L 521-3, I, b modifié par loi 2022-298 du 2-4-2022) ; toutefois, les statuts peuvent prévoir une dérogation permettant à la société :
– de faire des opérations avec des tiers non coopérateurs dans la limite de 20 % du chiffre d'affaires (n° 83410),
– de prendre des « participations » dans d'autres affaires même non coopératives (n° 83420) ;
3. La **souscription de capital** ne doit donner lieu à aucun dividende et les statuts doivent prévoir la limitation de l'**intérêt versé au capital** souscrit par les associés coopérateurs au taux moyen de rendement brut à l'émission des obligations des sociétés privées, majoré de deux points, publié par le ministre de l'économie (C. rur. art. L 521-3, I-c ; Loi 47-1775 du 10-9-1947 art. 14) ;
4. La répartition des **excédents** annuels disponibles (après constitution de réserves) entre les seuls associés coopérateurs proportionnellement aux opérations qu'ils ont réalisées avec leur coopérative lors de l'exercice ;
5. Un **droit** égal de **vote** pour chaque coopérateur aux assemblées générales – principe « un homme, une voix » (voir cependant n° 83205) ;
6. Le **remboursement des parts sociales** à leur valeur nominale ainsi qu'en cas de liquidation, la dévolution de l'actif net à d'autres coopératives ou à des œuvres d'intérêt général agricole. Toutefois, les statuts peuvent prévoir une dérogation permettant la réévaluation des bilans et une certaine majoration, limitée, de la valeur des parts sociales.

> **Précisions** **a.** Les engagements des coopérateurs ne peuvent être conclus pour une **durée** supérieure à la durée de leur vie professionnelle. La Cour de cassation en a décidé ainsi dans une espèce où un coopérateur s'était engagé pour une durée de 50 ans. Cette durée a été jugée excessive (Cass. 1e civ. 31-1-1989 : Bull. civ. I n° 53).
> **b.** Aucun contrat ni convention particulière ne peuvent se substituer aux **statuts d'une coopérative agricole** qui, tant qu'ils existent, déterminent les droits et obligations de chacun et régissent les relations coopérative/associés coopérateurs (Cass. 1e civ. 13-2-2001 nos 98-20.317 et 98-20.319).

1. CONSTITUTION DES COOPÉRATIVES AGRICOLES

83090 La constitution d'une société coopérative agricole est subordonnée non seulement au respect des conditions de formation de tout contrat, mais également à des **règles spéciales** que nous étudions ci-après.

ASSOCIÉS

83095 Il existe deux **catégories d'associés** d'une coopérative :
a. Les associés coopérateurs qui, non seulement, participent à la création du capital, mais s'engagent à utiliser les services de la société et ont droit aux ristournes. Leur existence est obligatoire et ils doivent détenir en permanence plus de la moitié du capital (C. rur. art. L 522-2-1) ;
b. Les associés non coopérateurs, simples porteurs de parts mais non liés par un engagement d'apport et n'ayant donc pas droit aux ristournes. Il s'agit d'une option que la coopérative peut adopter ou non, en l'inscrivant dans ses statuts.

Associés coopérateurs Peuvent **adhérer à une coopérative agricole** (C. rur. art. L 522-1) : 83100
– toute personne physique ou morale ayant la qualité d'agriculteur ou de forestier dans la circonscription de la société coopérative agricole ;
– toute personne physique ou morale possédant dans cette circonscription des intérêts agricoles qui correspondent à l'objet social de la société coopérative agricole et souscrivant l'engagement d'activité prévu par l'article L 521-3, alinéa 1-a. du Code rural et de la pêche maritime ;
– tout groupement agricole d'exploitation en commun de la circonscription ;
– toute association et tout syndicat d'agriculteurs ayant avec la coopérative agricole un objet commun ou connexe ;
– d'autres sociétés coopératives agricoles, unions de ces sociétés et sociétés d'intérêt collectif agricole, même si leurs sièges sociaux sont situés en dehors de la circonscription de la société coopérative agricole ;
– toute personne physique ou morale ayant la qualité d'agriculteur ou de forestier, ressortissante d'un État membre de l'Union européenne et dont le domicile ou le siège est situé hors de France dans une zone contiguë à la circonscription de la société coopérative agricole.

Seules peuvent être considérées comme sociétaires les personnes qui en ont expressément 83102
manifesté la **volonté** : s'agissant d'agriculteurs dont il n'est pas prouvé qu'ils aient souscrit des parts sociales, il ne suffit pas, pour les déclarer sociétaires, de retenir qu'ils avaient livré leurs récoltes à la coopérative depuis plusieurs années (Cass. 1e civ. 14-11-1995 n° 94-10.383).

La **preuve de la qualité d'associé** coopérateur peut être rapportée non seulement en produisant 83103
le registre du capital social mais également, en l'absence de registre, par tout élément conforme aux règles de preuve applicables en matière civile (Cass. 1e civ. 19-12-2000 n° 98-11.332).

Les associés sont tenus d'utiliser les services de la coopérative soit pour la totalité, soit pour une 83105
partie des opérations pouvant être effectuées par son intermédiaire. Ils en prennent d'ailleurs l'**engagement** : les statuts de chaque coopérative fixent la nature, la durée et les modalités de cet engagement ainsi que les sanctions applicables en cas d'inexécution.

La société coopérative doit comporter au moins sept **associés coopérateurs**. Mais ce **nombre** est 83106
ramené à quatre pour les coopératives d'utilisation du matériel agricole (Cuma), les coopératives de production animale en commun et pour les coopératives de service dont les associés sont par ailleurs engagés dans un assolement en commun (C. rur. art. R 522-1).

Peuvent être **associés coopérateurs d'une union,** en sus des sociétés coopératives agricoles et de 83110
leur union, toutes les autres personnes morales intéressées par l'activité de l'union, dans la mesure où l'activité se situe au même « rang » que celle des coopératives, à savoir qu'elles réalisent l'essentiel de leur chiffre d'affaires avec des agriculteurs (C. rur. art. L 522-2).

> **Précisions** Si les statuts le prévoient, **peuvent être membres d'une union de coopératives** et effectuer avec elle toutes opérations économiques régulièrement autorisées par les statuts de cette union :
> – d'une part, les Sica, ce qui permet des échanges et des associations encore plus faciles du fait que les unions ne sont plus légalement assujetties à une délimitation d'une zone territoriale ;
> – d'autre part, les sociétés industrielles et commerciales (mais non des entreprises individuelles) ainsi que les GIE.
> Les droits et obligations (droit de vote, engagement d'activité, ressources, intérêts, etc.) des sociétés industrielles et commerciales sont les mêmes que ceux de tous les autres membres de l'union. Mais elles ne peuvent détenir plus d'un cinquième des voix à l'assemblée générale.

Associés non coopérateurs L'accroissement des ressources propres des coopératives 83115
agricoles peut être, en plus des autres membres, trouvé par la voie de l'admission d'associés, simples **apporteurs de fonds**. Ils sont dénommés associés non coopérateurs, par opposition aux associés coopérateurs qui exercent en sus de leur souscription de capital (qui n'est d'ailleurs que la conséquence de leur engagement d'apport ou d'activité) une activité économique avec la coopérative.

Ces associés ne participent pas aux opérations de la coopérative et, corrélativement, sont exclus de la **ristourne** sur les résultats. Les associés non coopérateurs répondent des dettes seulement à concurrence de leurs parts (C. rur. art. L 522-4). Les associés non coopérateurs ne doivent pas être confondus avec les **tiers non coopérateurs** (n° 83410).

> **Précisions a.** Les statuts de la société peuvent autoriser l'admission comme associé non coopérateur, sous réserve de l'acceptation par le conseil d'administration, de toute

personne physique ou morale **intéressée par l'activité de la coopérative**, notamment les salariés en activité (C. rur. art. L 522-3).

b. L'**importance et la durée de la participation** de ce type d'associés sont déterminées par les statuts. Les statuts peuvent fixer un taux d'intérêt versé au capital à deux points au-dessus de celui des parts des associés coopérateurs. Il peut également leur être accordé une priorité sur les parts des associés coopérateurs pour le service des intérêts.

La **fraction du capital détenue par des tiers** soit sous forme de certificats coopératifs d'investissement (n° 83435) soit en qualité d'associés non coopérateurs doit demeurer en permanence inférieure à 50 %.

Les associés non coopérateurs participent à égalité avec les autres associés au **partage de l'actif net de liquidation** sans que leur responsabilité soit augmentée.

c. Les associés non coopérateurs sont associés à la **gestion** ; mais, à tous les niveaux, ils demeurent minoritaires. Ils ne peuvent détenir ensemble plus d'un cinquième des **voix en assemblée générale** (ou plus d'un quart des voix s'ils réunissent une majorité de salariés en activité). En outre, aucun associé non coopérateur ne peut disposer de plus de 10 % des voix (C. rur. art. L 522-4).

Un tiers au plus des **sièges du conseil d'administration ou du conseil de surveillance** peut être attribué au collège des associés non coopérateurs (C rur. art. L 524-1).

CAPITAL SOCIAL

83130 Le capital social des sociétés coopératives agricoles est constitué par des **parts nominatives et indivisibles** souscrites par chacun des associés. Leur valeur nominale est identique pour tous les sociétaires. La valeur nominale minimale des parts sociales des coopératives agricoles créées après le 20 mai 1955 est de 1,50 € (C. rur. art. R 523-1). Les statuts peuvent prévoir la possibilité d'émission, dans le respect des principes coopératifs, de **parts sociales** conférant aux sociétaires des **avantages particuliers** (Loi 47-1775 du 10-9-1947 art. 11).

De même, les sociétés coopératives constituées sous la forme d'une société anonyme peuvent procéder à une offre au public, dans les conditions fixées par le règlement général de l'Autorité des marchés financiers. Elles doivent notamment s'assurer de la bonne information des souscripteurs, leur permettant raisonnablement de comprendre la nature des parts sociales proposées ainsi que les risques et inconvénients y afférents. Dans ce cadre, les sociétés coopératives sont également tenues à un certain devoir de conseil. Elles doivent en effet s'enquérir auprès des personnes auxquelles la souscription de parts sociales est proposée de leurs connaissances et de leur expérience en matière financière, ainsi que de leur situation financière et de leurs objectifs de souscription, de manière à pouvoir recommander à ces personnes une souscription adaptée à leur situation (Loi 47-1775 du 10-9-1947 art. 11, al. 5).

Le **nombre de parts** que l'associé coopérateur doit souscrire en fonction de son engagement d'apport est déterminé par les statuts en tenant compte soit de l'importance des opérations faisant l'objet de l'engagement, soit de l'importance de son exploitation. L'augmentation ultérieure de l'engagement ou du montant des opérations effectivement réalisées, lorsqu'elle ne résulte pas d'une variation conjoncturelle, entraîne un réajustement correspondant du nombre de parts (C. rur. art. R 523-1-1).

Le capital social des coopératives ayant des associés non coopérateurs est partagé en deux fractions distinguant les apports de fonds des associés coopérateurs et ceux des associés non coopérateurs.

Ce **capital** est nécessairement **variable** (C. rur. art. R 523-1 à R 523-3) :

– il est soumis aux variations normales résultant de la souscription de parts nouvelles ou de l'annulation des parts de sociétaires sortants ou décédés (C. rur. art. R 523-3) ;

– la réduction se trouve limitée : sauf lorsqu'elle est consécutive au remboursement de parts à la suite d'un retrait ou d'une exclusion de sociétaires, la réduction du capital ne peut ramener celui-ci au-dessous des 3/4 du montant le plus élevé constaté par une assemblée générale depuis la constitution de la société (C. rur. R 523-3) ;

– le capital peut faire l'objet d'une augmentation collective résultant de la modification par une assemblée générale extraordinaire (réunissant un nombre de membres présents ou représentés au moins égal aux 2/3 des sociétaires inscrits) décidant d'augmenter les obligations de souscription inscrites dans les statuts (C. rur. art. L 523-2) ;

– il peut aussi être augmenté, si les statuts le prévoient, par prélèvement sur les réserves sociales libres d'affectation (C. rur. art. L 523-1).

Les **excédents d'exploitation** provenant d'**opérations** effectuées **avec des tiers** ne subissent pas de prélèvements pour l'alimentation de la réserve légale. Ils ne peuvent être ni distribués à titre de ristournes aux associés, ni incorporés au capital social, ni répartis entre les associés à la liquidation de la société ou union (C. rur. art. L 522-5).

Les **excédents annuels partageables**, c'est-à-dire ceux résultant d'opérations faites avec les coopérateurs, sont répartis, sous le nom de **ristournes**, entre les sociétaires coopérateurs proportionnellement aux opérations qu'ils ont réalisées avec la coopérative suivant les modalités prévues aux statuts. En contrepartie, les pertes sont supportées par eux. 83135

La **responsabilité** de chaque **coopérateur** dans le passif de la coopérative (ou de l'union) est, en principe, égale à deux fois le montant des parts souscrites en application des statuts (C. rur. art. L 526-1). Toutefois, les caisses de Crédit agricole mutuel peuvent subordonner à la responsabilité solidaire des membres des coopératives l'attribution de prêts à ces groupements.

Rappelons que les **associés non coopérateurs** répondent des **dettes** sociales à concurrence seulement de leurs parts.

ACTE CONSTITUTIF DE LA COOPÉRATIVE

La création d'une société coopérative agricole doit être constatée par un acte authentique ou sous seing privé (C. rur. art. R 521-6, al. 1). 83140

La rédaction des statuts est facilitée par les **statuts types** élaborés par le ministère de l'agriculture (voir Arrêté AGRT2005283A du 20-2-2020).

Si l'acte constitutif n'est pas signé de tous les souscripteurs au capital social et s'il ne désigne pas les membres du conseil d'administration et les commissaires aux comptes, l'assemblée générale constitutive qui a pour mission d'**approuver les statuts** doit être tenue (selon les règles des assemblées générales extraordinaires) dans le mois suivant l'acte de création de la société et procéder aux nominations (C. rur. art. R 521-6, al. 2).

La constitution de la coopérative doit faire l'objet d'une **publicité.** À cette fin, les éléments constitutifs doivent être déposés au greffe du tribunal de commerce ou du tribunal judiciaire, statuant commercialement, du siège de la société (C. rur. art. R 521-7).

Un extrait de l'acte créateur doit être publié dans un journal d'annonces légales dans le département ou l'arrondissement. Comme toute société, la coopérative doit être immatriculée au registre du commerce et des sociétés (**RCS**). Si cette formalité n'est pas remplie, la coopérative n'a pas la personnalité morale.

Les sociétés coopératives agricoles, comme toute société, doivent depuis le 1er janvier 2023, être immatriculées au Registre national des entreprises (RNE), voir n° 142.

> **Précisions** Les **modalités d'inscription au RCS** sont précisées aux articles R 521-6 et suivants du Code rural et de la pêche maritime. Les demandes d'immatriculation au RCS sont présentées en un seul exemplaire (dispositions applicables à l'ensemble des sociétés). Les sociétés coopératives ne sont plus tenues de déclarer leur circonscription territoriale dans leur demande d'immatriculation (C. rur. art. R 521-9).
> Toute comme pour les autres personnes morales, la société coopérative qui demande son immatriculation au RCS doit justifier de la jouissance des locaux où elle s'installe (C. com. art. L 123-11).

AGRÉMENT

Pour pouvoir fonctionner en tant que telles, les coopératives doivent être agréées par le Haut Conseil de la coopération agricole, qui vérifie la conformité aux textes, règles et principes de la coopération et la cohérence entre le projet présenté et le contexte économique dans lequel il s'insère (C. rur. art. L 525-1). Il statue sur les demandes d'agrément déposées par les sociétés coopératives agricoles et leurs unions dans le délai de quatre mois à compter de la date de dépôt du **dossier** comportant toutes les pièces prévues à l'article R 525-3 du Code rural et de la pêche maritime : 83150

- un exemplaire des statuts de la coopérative ou de l'union, conformes aux statuts types approuvés par arrêté du ministère chargé de l'agriculture qui reprennent les textes, règles et principes de la coopération mentionnés à l'article L 525-1 du Code rural et de la pêche maritime ;
- un exemplaire du règlement intérieur ;
- l'indication du numéro unique d'identification (numéro Siret) ;
- la liste des associés, avec leur qualité pour être associé ;
- une déclaration sur l'honneur du directeur établissant qu'il ne fait pas l'objet d'une interdiction d'exercice de la fonction d'administrateur, de gérant ou de directeur (mentionnée à C. rur. art. L 529-2, 3°) ;
- une note présentant l'intérêt économique, social et territorial du projet ;
- une attestation délivrée par une fédération agréée pour la révision, portant sur la conformité des statuts aux textes, aux règles et aux principes de la coopération.

En l'**absence de décision expresse** notifiée dans le délai de quatre mois (huit mois en cas d'opposition du commissaire du gouvernement à la délibération du Haut Conseil), l'agrément est considéré comme acquis. Un numéro d'agrément est attribué à chaque organisme agréé (C. rur. art. R 525-2).

L'agrément peut être **retiré** lorsque le fonctionnement de la coopérative fait apparaître soit la défaillance des administrateurs, soit la violation des dispositions législatives, réglementaires ou statutaires, soit la méconnaissance des intérêts du groupement (C. rur. art. L 525-1).

Le retrait d'agrément est prononcé par le Haut Conseil de la coopération agricole. Il ne peut intervenir qu'après que la société coopérative agricole ou l'union intéressée a été mise à même de présenter ses observations (C. rur. art. R 525-2).

Les sociétés coopératives agricoles et leurs unions qui se voient retirer leur agrément doivent convoquer dans les 3 mois de la notification de ce retrait, une assemblée générale extraordinaire pour prononcer leur dissolution ou pour adopter de nouveaux statuts dans le respect de l'article 25 de la loi 47-1775 du 10 septembre 1947 portant statut de la coopération. À défaut de convocation dans le délai indiqué, le Haut Conseil de la coopération agricole convoque l'assemblée générale extraordinaire de dissolution aux frais de la coopérative.

En cas de non-agrément ou de retrait de l'agrément, la société ne bénéficie plus de la protection et des avantages prévus pour les coopératives agricoles (en ce qui concerne les avantages fiscaux, voir nos 26005 s.).

2. ADMINISTRATION ET FONCTIONNEMENT DE LA SOCIÉTÉ COOPÉRATIVE

83200 Le pouvoir appartient aux assemblées générales, qui désignent et contrôlent les personnes chargées par délégation de la gestion : le conseil d'administration (ou le directoire et le conseil de surveillance) ainsi que les commissaires aux comptes.

ASSEMBLÉES GÉNÉRALES

83205 On distingue les **assemblées générales ordinaires**, qui règlent les problèmes courants et permanents, et les assemblées générales **extraordinaires**, qui interviennent pour prendre les décisions plus importantes : modification des statuts dans des conditions plus strictes, augmentation du capital, etc. (C. rur. art. R 524-12 s.).

Sur la participation des associés non coopérateurs aux assemblées, voir no 83115.

> **Précisions a.** L'assemblée **générale ordinaire** réunit tous les sociétaires de la coopérative (soit ensemble, soit par fractions) au moins une fois par an, dans les 6 mois de la **clôture de l'exercice** (9 mois pour les unions).

Pour éviter la négligence, l'assemblée doit également être convoquée lorsque le cinquième au moins des membres de la société en fait la **demande** écrite ou, lorsque le conseil d'administration ou les commissaires aux comptes l'estiment nécessaire ou sur demande du Haut Conseil de la coopération agricole.

L'assemblée générale ne peut **délibérer** que si le tiers des associés coopérateurs est présent ou représenté. Si tel n'est pas le cas, une seconde convocation est adressée aux intéressés 10 jours avant la date de la nouvelle réunion. Cette seconde assemblée délibère valablement, à la **majorité** des suffrages exprimés, quel que soit le nombre des membres présents ou représentés.

L'assemblée générale ordinaire, qui dispose des pouvoirs les plus larges en ce qui concerne la gestion du groupement, délibère en particulier sur les **documents comptables** et entend les **rapports du conseil d'administration** (voir no 83220).

Dans les sociétés coopératives et unions de sociétés coopératives, chaque associé dispose d'une **voix** à l'assemblée générale. L'associé coopérateur empêché peut donner mandat de le représenter à l'assemblée générale. Le mandataire doit être un autre associé coopérateur, le conjoint du mandant, un de ses ascendants ou descendants majeurs. Les mandataires non associés coopérateurs ne peuvent représenter que leur conjoint, ascendant ou descendant majeur. L'associé coopérateur mandaté par d'autres associés coopérateurs ne peut disposer que de cinq voix au maximum, la sienne comprise (C. rur. art. R 524-14).

Toutefois, lorsque, en application des dispositions de l'article R 524-16 du Code rural et de la pêche maritime, une assemblée générale est précédée d'assemblées de section, l'associé coopérateur mandaté à l'assemblée plénière ne peut disposer que de deux voix au maximum, la sienne comprise.

Pour ce qui concerne les **Gaec**, tous les membres du groupement, y compris deux époux seuls, considérés comme chefs d'exploitation agricole sont réputés associés coopérateurs et disposent ainsi d'une voix chacun. Cependant les chefs d'exploitation, membres d'un même Gaec, ne peuvent, en cette qualité, détenir plus de 49 % des voix à l'assemblée générale (C. rur. art. L 521-3).

b. L'**assemblée générale extraordinaire** délibère sur les modifications des statuts, sur l'augmentation collective du capital, sur l'incorporation des réserves de réévaluation au capital, sur la dissolution de la société ou sa prorogation (C. rur. art. R 524-15).

Elle doit être **convoquée** par le conseil de sa propre initiative ou si le quart au moins des sociétaires en fait la demande par écrit.

Si, sur première convocation, le nombre des sociétaires présents ou représentés est inférieur à la moitié de l'effectif, une nouvelle assemblée doit être convoquée : celle-ci délibère quel que soit le nombre des membres présents ou représentés.

Les décisions sont prises à la **majorité** des deux tiers des suffrages exprimés.

CONSEIL D'ADMINISTRATION

Les coopératives et leurs unions sont administrées par un conseil d'administration élu, parmi les associés, par l'assemblée générale à la majorité des suffrages exprimés (C. rur. art. L 524-1 et R 524-1 s.). 83220

Le conseil d'administration de la société (ou son directoire, nº 83225) assure la gestion de la société et son bon fonctionnement. Sans limitation autre que celle tenant aux pouvoirs et attributions expressément réservés aux assemblées générales par la loi ou, éventuellement, par les statuts de chaque coopérative, il dispose des pouvoirs les plus étendus dans la limite de l'objet social.

Il procède aux contrôles et vérifications qu'il juge opportuns. Le président ou le directeur de la société est tenu de communiquer à chaque membre de l'organe chargé de l'administration de la société tous les documents et informations nécessaires à l'exercice de sa mission.

Les administrateurs, les membres des conseils de surveillance et directoires des sociétés coopératives et unions de sociétés coopératives peuvent recevoir une indemnité compensatrice du temps consacré à l'administration de la coopérative (C. rur. art. L 524-3). Lors de la première année de chaque mandat, il peut leur être proposé de suivre les formations nécessaires à l'exercice de leurs fonctions (C. rur. art. L 524-3-1).

Lorsque la société admet des membres non coopérateurs, ces derniers doivent avoir une représentation (au maximum d'un tiers des sièges) dans le conseil d'administration ou le conseil de surveillance.

Les administrateurs ne doivent pas participer directement ou indirectement à une **activité concurrente** de celle de la coopérative.

En plus des parts habituelles, les administrateurs ont l'obligation de demeurer propriétaires, pendant toute la durée de leur mandat, d'un **nombre de parts** fixé par les statuts et qui sont affectées à la garantie de tous les actes de leur gestion. La responsabilité des administrateurs peut se trouver engagée par leurs fautes.

Certaines conditions d'âge doivent être respectées.

Chaque administrateur dispose d'une voix ; pour délibérer valablement, le conseil doit réunir au moins la moitié de ses membres en exercice.

Les **délibérations** sont prises à la **majorité** des membres présents, la voix du président étant prépondérante en cas de partage égal (sauf dans le cas où la délibération porte sur la nomination du président). Le président est désigné par le conseil en son sein et il représente la société en justice. Toutefois, le conseil ne peut délibérer valablement sur l'exclusion d'un associé coopérateur qu'à la condition de réunir le quorum des deux tiers de ses membres et de se prononcer à la majorité des deux tiers des voix des administrateurs présents.

Le conseil peut nommer un **directeur** – s'il fait partie de la société, il ne doit pas être membre du conseil – qui exerce ses fonctions sous le contrôle et la surveillance du conseil d'administration qu'il représente vis-à-vis des tiers dans les limites des pouvoirs qui lui sont confiés. Il ne doit pas participer à une activité concurrente et ne doit pas avoir fait l'objet d'une des condamnations prévues par les textes instituant l'interdiction et la déchéance du droit de gérer et d'administrer une société.

> **Précisions a.** Au travers du **rapport annuel** du conseil d'administration présenté à l'assemblée générale ordinaire, le conseil d'administration est tenu de rendre compte du résultat de l'ensemble de la société, des filiales de la société et des sociétés qu'elle contrôle, par branche d'activité. Au-delà de cette information sur la santé économique de la société et de ses filiales, le conseil d'administration doit également informer l'assemblée des instruments de couverture de risque de variation des cours des matières premières agricoles sur les marchés dérivés utilisés ou détenus par la coopérative. De plus, ce rapport doit exposer, dans un chapitre distinct, les principes et modalités de la gouvernance d'entreprise (C. rur. art. L 524-2-1).

b. Le législateur a porté un accent particulier sur les modalités de fixation des prix de collecte et de leur révision en cas d'évolution des coûts de production en agriculture (Loi 2014-344 du 17-3-2014 relative à la consommation ; Loi 2018-938 du 30-10-2018 pour l'équilibre des relations commerciales dans le secteur agricole et alimentaire et une alimentation saine, durable et accessible à tous, notamment art. 11 ; Loi 2021-1357 du 18-10-2021 visant à protéger la rémunération des agriculteurs). À cette fin, des **outils** ont été créés afin de garantir l'équilibre contractuel entre les associés coopérateurs et le groupement. Le **règlement intérieur** devient à cet égard un instrument important et doit fixer (C. rur. art. L 521-3-2) :

– les critères et modalités de détermination et de révision du prix des apports, comprenant, le cas échéant, les modalités de prise en compte des indicateurs permettant d'apprécier l'évolution des coûts pertinents de production en agriculture et des prix des produits agricoles et alimentaires constatés sur les marchés ;

– les modalités de détermination du prix des services ou des cessions d'approvisionnement.

Par ailleurs, le **conseil d'administration** de la société doit définir les modalités de détermination et de paiement du prix des apports de produits, des services ou des cessions d'approvisionnement, notamment les acomptes. S'il y a lieu, il définit également les compléments de prix, et propose une répartition des excédents annuels disponibles, laquelle sera décidée en assemblée générale ordinaire. Le conseil d'administration est également tenu de présenter lors de l'assemblée générale ordinaire un document donnant des informations (C. rur. art. L 521-3-1) :

– sur l'écart entre le prix indiqué lors de la précédente assemblée générale ordinaire, et le prix effectivement payé aux associés coopérateurs pour leurs apports ;

– sur les écarts constatés entre ce prix et les différents indicateurs relatifs aux coûts de production et aux prix des produits agricoles et alimentaires éventuellement pris en compte dans le règlement intérieur.

Une information doit par ailleurs est faite aux associés coopérateurs, selon la fréquence mentionnée dans le règlement intérieur, sur l'évolution des indicateurs relatifs aux prix des produits agricoles et alimentaires constatés sur les marchés sur lesquels la coopérative opère.

Enfin, lorsque la société procède à la collecte, à l'état brut, de produits agricoles et alimentaires figurant sur une liste fixée par décret (C. rur. art. D 521-4 créé par décret 2023-247 du 3-4-2023), l'organe chargé de l'administration détermine des critères relatifs aux fluctuations des prix des matières premières agricoles et alimentaires affectant significativement le coût de production de ces produits. Lorsque ces critères, portés à la connaissance des associés coopérateurs selon des modalités prévues dans le règlement intérieur, sont remplis, l'organe chargé de l'administration délibère sur une éventuelle modification des modalités de détermination du prix des apports de ces produits.

CONSEIL DE SURVEILLANCE ET DIRECTOIRE

83225 Il peut être stipulé dans les statuts que la gestion de la société est assurée par un directoire sous le contrôle d'un conseil de surveillance (C. rur. art. R 524-26 s.).

Le **conseil de surveillance** est composé de 3 membres au moins (2 pour les unions), nommés parmi les associés par l'assemblée générale. La durée de leurs fonctions ne peut pas excéder 6 ans en cas de nomination par les assemblées générales et 3 ans en cas de nomination dans les statuts.

Le **directoire** est composé de 3 à 5 membres (obligatoirement des personnes physiques) choisis parmi les associés ou en dehors d'eux et nommés pour 4 ans par le conseil de surveillance. Le directoire est investi des pouvoirs les plus étendus pour agir en toute circonstance au nom de la société.

COMMISSAIRES AUX COMPTES

83240 Les sociétés coopératives agricoles et unions sont tenues de désigner au moins un commissaire aux comptes et un suppléant lorsque, à la clôture de l'exercice, elles dépassent les **seuils** fixés ci-dessous pour deux des trois critères suivants (C. rur. art. R 524-22-1) :

1° le nombre de salariés liés à la personne morale par un contrat de travail à durée indéterminée est supérieur à dix ;

2° le montant HT du chiffre d'affaires est supérieur à 534 000 € ;

3° le total du bilan (actif net) est supérieur à 267 000 €.

Ces sociétés et unions déposent, au greffe du tribunal compétent, dans le mois qui suit l'approbation des comptes annuels par l'assemblée générale des associés :

1° les comptes annuels, le rapport aux associés, le rapport du commissaire aux comptes sur les comptes annuels, éventuellement complété de ses observations sur les modifications apportées par l'assemblée générale aux comptes annuels qui lui ont été soumis ;

2° la proposition d'affectation du résultat soumise à l'assemblée générale et la résolution d'affectation votée (en cas de refus d'approbation des comptes annuels, une copie de la délibération de l'assemblée générale est déposée dans le même délai) ;

3° le cas échéant, les comptes consolidés ou combinés, le rapport sur la gestion du groupe ainsi que les rapports des commissaires aux comptes sur les comptes consolidés ou combinés.

Le dépôt de ces documents peut également être effectué par voie électronique, mais cela reste une faculté (le dépôt des documents comptables n'est pas concerné par l'obligation de recours au guichet unique ; C. com. art. R 123-77).

Ces sociétés et unions ne sont plus tenues de déposer au greffe les comptes annuels lorsqu'elles ne dépassent pas les seuils fixés pour deux des trois critères définis ci-dessus pendant deux exercices successifs. Il est mis fin dans les mêmes conditions au mandat du commissaire aux comptes par l'organe délibérant appelé à statuer sur les comptes annuels.

MÉDIATEUR DE LA COOPÉRATION AGRICOLE

Un médiateur de la coopération agricole est nommé par décret, après avis du comité directeur du Haut Conseil de la coopération agricole (C. rur. art. L 528-3), pour une durée de trois ans, renouvelable une fois. **83250**

Il peut être saisi de tous litiges entre un associé et la coopérative à laquelle il adhère, entre coopératives agricoles, ou entre une coopérative et l'union à laquelle elle adhère (C. rur. art. R 528-16).

Il peut être saisi par un associé coopérateur, par une coopérative agricole ou une union, par le Haut Conseil de la coopération agricole ou par le ministre chargé de l'agriculture. Il prend toute initiative de nature à favoriser la résolution amiable du litige entre les parties.

Il fixe la durée de la médiation, qui ne peut excéder un mois, renouvelable une fois sous réserve de l'accord préalable de chaque partie.

Lorsque les litiges entre l'associé coopérateur et sa coopérative portent sur des stipulations des contrats d'apport relatives aux prix et aux modalités de détermination et de révision des prix, ainsi qu'aux volumes, et lorsque les litiges sont relatifs au calcul ou paiement d'indemnités financières dues à la suite du départ d'un associé coopérateur avant la fin de sa période d'engagement, le médiateur des relations commerciales agricoles (voir C. rur. art. L 631-27) instruit le litige et transmet son avis au médiateur de la coopération agricole pour permettre à ce dernier d'effectuer la médiation.

En cas d'échec de la médiation, chaque partie peut saisir le président du tribunal judiciaire pour qu'il statue sur le litige selon la procédure accélérée au fond.

3. ENGAGEMENT, DÉMISSION, RETRAIT, EXCLUSION DES COOPÉRATEURS

ENGAGEMENT

Les associés coopérateurs sont tenus d'utiliser les **services de la coopérative** soit pour la totalité, soit pour une partie des opérations pouvant être effectuées par son intermédiaire et ils en prennent l'engagement écrit au moyen du contrat de coopération. **83280**

Les statuts peuvent prévoir une période probatoire d'une année maximum pour les nouveaux coopérateurs (C. rur. art. L 521-3). Durant cette période, les associés concernés ont les mêmes droits et obligations que les autres coopérateurs. Au terme de la période probatoire, l'admission est définitive, sauf décision contraire du coopérateur ou de la coopérative (par décision motivée du conseil d'administration).

> **Précisions** Dans l'objectif d'améliorer la **gouvernance des coopératives**, doit être mis à la disposition de chaque associé coopérateur un **document rappelant les engagements réciproques** qu'implique l'adhésion à la coopérative, sur les points suivants : durée d'engagement, capital social souscrit, quantités et caractéristiques des produits à livrer, modalités de paiement et de détermination du prix de ces derniers, y compris acomptes et compléments de prix s'il y a lieu. Ce document doit être mis à disposition lors de l'adhésion de l'associé coopérateur, ainsi qu'à chacune de ses modifications et, plus généralement, à l'issue de chaque assemblée générale ordinaire (C. rur. art. L 521-3). Cette obligation est justifiée par la nature particulière de la relation entre la coopérative et l'associé coopérateur, du fait de la double qualité de ce dernier : à la fois agriculteur utilisateur de services et associé (C. rur. art. L 521-1-1). En outre, dans un souci de transparence et afin d'assurer une bonne compréhension par tout nouvel associé coopérateur des informations contenues dans les documents qui lui sont remis, celui-ci reçoit lors de son adhésion une information sur les valeurs et les principes coopératifs,

ainsi que sur les conditions de fonctionnement de la coopérative à laquelle il adhère et les modalités de rémunération qu'elle pratique (C. rur. art. L 521-1-1, al. 2).

DÉMISSION

83282 En principe, nul sociétaire ne peut **se retirer** de la coopérative avant l'expiration de sa période d'engagement sauf (C. rur. art. R 522-4) :
– en cas de **force majeure** dûment justifiée. L'associé coopérateur qui, en l'absence de force majeure, se retire de la coopérative et cesse ses apports d'activité avant le terme de son engagement encourt les sanctions prévues par les statuts de la coopérative en cas d'inexécution (Cass. 1e civ. 27-2-2001 n° 98-22.346) ;
– en cas de **motif valable**, dans les conditions définies par les statuts si le départ du coopérateur ne porte pas préjudice au bon fonctionnement de la société.

> **Précisions** Les **opérations de restructuration** des coopératives (absorption, par exemple) ne peuvent pas justifier la démission de leurs adhérents (Cass. 1e civ. 13-2-2001 n° 98-21.584). De même, les **critiques émises par l'adhérent** à l'encontre de la gestion de la coopérative ne peuvent pas l'autoriser à démissionner au cours de sa période d'engagement ni justifier une résolution du contrat de coopération (Cass. 1e civ. 27-2-2001 n° 98-22.347). En revanche, la **situation économique du coopérateur** peut constituer un motif valable (CA Montpellier 4-4-2012 n° 10/08173).

83283 **Cas du transfert de l'exploitation** L'exploitant peut également se retirer en cas de transfert en propriété ou en jouissance de l'exploitation à un tiers qui accepte de reprendre les engagements coopératifs.
Dans cette perspective, il est prévu que l'associé coopérateur prenne, en adhérant aux statuts, l'engagement de transférer ses parts sociales au **nouvel exploitant** (C. rur. art. R 522-5). Le cessionnaire de l'exploitation n'est tenu envers la coopérative dont son prédécesseur était membre que pour la durée restant à courir sur l'engagement initialement souscrit (Cass. 1e civ. 21-1-1997).
L'engagement pris par le sociétaire ne le contraint pas de garantir l'acceptation de ce transfert par son successeur (Cass. 1e civ. 16-1-1996 : Bull. civ. I n° 32). Mais toute mutation de propriété ou de jouissance doit être dénoncée à la coopérative sans qu'il y ait à distinguer selon que le cessionnaire accepte ou non de reprendre les parts sociales du cédant (Cass. 1e civ. 10-7-2001 n° 99-12.802).
L'admission du nouvel exploitant peut être refusée dans les conditions prévues par les statuts (C. rur. art. R 522-5). En cas de **refus d'admission du nouvel exploitant**, aucune sanction ne peut être prise, en raison de cette mutation d'exploitation, à l'encontre de l'associé coopérateur à l'origine de celle-ci.
En cas de refus du nouvel exploitant d'adhérer à la coopérative, les dispositions de l'article R 522-4 du Code rural et de la pêche maritime (relatives au retrait) sont applicables à l'associé coopérateur auteur de la mutation d'exploitation.

DÉCÈS DU SOCIÉTAIRE

83284 En cas de décès du sociétaire, les parts de coopérative doivent, en principe, suivre le sort de l'exploitation : le ou les héritiers qui succèdent à l'exploitant décédé deviennent, de plein droit, membres de la coopérative. Cependant, la Cour de cassation a admis qu'un fils, successeur de son père décédé, était en droit de se retirer de la coopérative avant l'expiration du temps pour lequel elle avait été constituée. En l'espèce, l'engagement pris par le père ne respectait pas sa liberté individuelle, le laps de temps étant égal ou supérieur à la durée moyenne de l'activité professionnelle d'un agriculteur (Cass. 1e civ. 18-1-2000 n° 98-10.378).

EXCLUSION ET RADIATION

83285 L'**exclusion** d'un associé coopérateur peut être prononcée par le conseil d'administration pour des raisons graves, notamment s'il a été condamné à une peine criminelle, s'il a nui ou tenté de nuire gravement à la société par des actes injustifiés ou s'il a falsifié les produits qu'il a apportés à la coopérative (C. rur. art. R 522-8).
En outre, la coopérative peut prononcer la **radiation** d'un associé coopérateur si ce dernier ne peut plus être joint par la coopérative ou l'union, pendant une durée fixée par les statuts (C. rur. art. R 522-8-1).

REMBOURSEMENT DES PARTS

83290 En cas de retrait, de radiation ou d'exclusion, l'associé bénéficie du remboursement de ses parts à leur valeur nominale majorée des intérêts et des ristournes, mais déduction faite d'une somme correspondant aux pertes subies par le capital social et, en cas d'exclusion ou de radiation, des pénalités prévues par les statuts ou le règlement intérieur de la société (C. rur. art. R 522-8 et R 522-8-1).

Les statuts peuvent prévoir que l'associé ayant cinq ans d'ancienneté bénéficiera d'une **majoration** des parts remboursées qui sera prélevée sur une réserve spéciale (Loi 47-1775 art. 18).

Si le principe du remboursement des parts sociales est de droit, il appartient au conseil d'administration de la coopérative de fixer les **modalités de paiement des sommes dues** afin d'éviter tout préjudice au bon fonctionnement de la coopérative. Le remboursement peut être étalé sur 5 ans maximum (C. rur. art. R 523-5, 5° et 6°).

DROIT DE RETRAIT

À la **fin de la période d'engagement**, il y a renouvellement de celui-ci par tacite reconduction si le sociétaire ne manifeste pas au moins trois mois à l'avance sa décision de se retirer. **83300**

Le droit de retrait est un droit absolu.

DETTES DE LA SOCIÉTÉ

Tout associé coopérateur qui cesse de faire partie d'une coopérative agricole reste tenu pendant cinq ans et pour sa part, envers ses coassociés et envers les tiers, de toutes les dettes de la société existant au moment de sa sortie (C. rur. art. R 523-5, 7°). Il reste également tenu des engagements solidaires contractés avant son départ. **83305**

4. DISSOLUTION DES COOPÉRATIVES

En l'absence de prorogation, le groupement coopératif se dissout à l'expiration de la durée contractuelle pour laquelle il a été prévu. Réserve doit être faite de la nouvelle procédure de régularisation permettant aux associés, dans le délai d'un an, de demander la prorogation d'une société dont le terme est survenu (C. civ. art. 1844-6, al. 4). **83320**

L'assemblée générale extraordinaire peut, en outre, décider la **dissolution anticipée** de la coopérative (C. rur. art. R 524-15).

Dans certains cas, par exemple en cas de perte des trois quarts du capital social augmenté des réserves, la loi fait obligation à l'assemblée de se prononcer sur la dissolution de la société.

À défaut de décision de l'assemblée, tout associé coopérateur peut demander la **dissolution judiciaire** de la coopérative (C. rur. art. R 526-1).

B. Opérations des coopératives agricoles et dispositions financières

DOCUMENTS OBLIGATOIRES

Les coopératives agricoles doivent à la **fin de chaque exercice** établir un certain nombre de documents (voir C. rur. art. R 524-18). Toute coopérative ou union de coopératives dépassant certains seuils doit, dans le **mois** qui suit l'**approbation des comptes** par l'assemblée générale, déposer au greffe du tribunal les documents mentionnés à l'article R 524-22-1 du Code rural et de la pêche maritime. Sont visées les entités dépassant deux des trois seuils suivants : dix salariés en CDI, 534 000 € hors taxe de chiffre d'affaires ou 267 000 € de total de bilan. **83400**

OPÉRATIONS AVEC DES TIERS NON ASSOCIÉS

Une coopérative qui, momentanément, se trouve privée de marchandises qu'elle s'est engagée à livrer régulièrement peut, pour maintenir ses débouchés, être amenée à réaliser des opérations avec des tiers. Par ailleurs, elle se doit d'assurer la réduction de ses coûts par le plein emploi de ses équipements. **83410**

Aussi, si l'obligation est faite à la coopérative de réaliser au moins 80 % de ses opérations avec ses coopérateurs, elle est autorisée à traiter au maximum 20 % de ses opérations avec des tiers non coopérateurs, si les **statuts** le prévoient (C. rur. art. L 522-5).

Par dérogation à cette règle de l'exclusivisme, une coopérative d'utilisation de matériel agricole (nos 78370 s.) peut réaliser, sans qu'elle ait besoin de le prévoir dans ses statuts, pour le compte des communes de moins de 3 500 habitants ou de leurs établissements publics dans le ressort territorial duquel l'un des adhérents de la coopérative a le siège de son exploitation agricole, des travaux agricoles ou d'aménagement rural conformes à son objet social dès lors que le montant de ces travaux n'excède pas 25 % du chiffre d'affaires annuel de la coopérative, dans la limite de 10 000 € ou de 15 000 € dans les zones de revitalisation rurale (C. rur. art. L 522-6).

> **Précisions a.** Les opérations faites avec des tiers doivent faire l'objet d'une **comptabilité spéciale** et subissent les **impôts** de droit commun : les **excédents** qui en proviennent sont portés à une réserve indisponible spéciale qui ne peut être utilisée pour amortir les pertes sociales qu'après épuisement des réserves libres autres que la réserve légale (voir nos 26010 s.).
>
> **b.** Les coopératives effectuant des opérations avec des tiers agriculteurs non associés sont soumises à une **procédure de révision automatique**, au moins une fois tous les cinq ans. Ce contrôle de la conformité de la situation de la coopérative au regard des principes et règles de la coopération est effectué par la fédération à laquelle elle adhère. L'organisation et le contrôle de la mission de révision effectuée par les fédérations sont assurés par l'Association nationale de révision (ANR), par délégation et sous le contrôle du Haut Conseil de la coopération agricole (HCCA) (C. rur. art. L 527-1).

« PARTICIPATIONS » DE LA COOPÉRATIVE DANS D'AUTRES SOCIÉTÉS

83420 Il peut être intéressant pour les coopératives d'acquérir, directement ou indirectement, des participations dans d'autres sociétés afin soit de faciliter la commercialisation, la transformation ou le conditionnement de leurs produits, soit de mieux maîtriser leurs approvisionnements sans avoir à créer en double certains équipements (ou même de garantir des créances douteuses).

83425 Les sociétés coopératives agricoles et leurs unions qui détiennent des participations peuvent distribuer à leurs associés, coopérateurs et non coopérateurs, tout ou partie des **dividendes** qu'elles ont reçus au titre de ces participations. Cette distribution est faite au prorata des parts sociales libérées.

Toutefois, lorsque les résultats propres de la coopérative sont déficitaires, les dividendes sont, à due concurrence, affectés à l'apurement de ce déficit (C. rur. art. L 523-5-1).

83430 **Intéressement des salariés et plan d'épargne d'entreprise** Les dispositions du Code du travail relatives à l'intéressement, à la participation des salariés et au plan d'épargne d'entreprise sont applicables aux coopératives agricoles employant plus de 50 salariés et à leurs unions (C. rur. art. L 523-12).

Le plan d'épargne d'entreprise d'une coopérative agricole ou de plusieurs d'entre elles et de leurs filiales peut affecter les sommes recueillies chaque année à l'acquisition de parts sociales de la société (C. rur. art. L 523-13).

83435 **Certificats coopératifs d'investissement et obligations** Les coopératives agricoles et leurs unions peuvent émettre des certificats coopératifs d'investissement dans les conditions prévues par la loi du 10 septembre 1947 portant statut de coopération (C. rur. art. L 523-10). Il s'agit de valeurs mobilières sans droits de votes, émises par augmentation de capital.

Les coopératives peuvent également émettre des obligations (C. rur. art. L 523-11).

L'émission de CCI entraîne un assujettissement partiel à l'**IS** (voir n° 26034).

L'assemblée spéciale des porteurs de CCI fait l'objet du décret 91-14 du 4 janvier 1991.

83440 **Offre au public de titres financiers** Les coopératives agricoles et leurs unions peuvent offrir au public des titres financiers sous réserve de disposer d'un **capital** dont le **montant** intégralement libéré est au moins égal à 37 000 €.

Les coopératives agricoles faisant de telles offres doivent établir et publier chaque année des **comptes consolidés** certifiés et un rapport de gestion (voir nos 69300 s.).

La **cotisation foncière des entreprises (CFE)** est due intégralement en cas d'offre au public de titres financiers (n° 26305).

83445 **Réévaluation des bilans** Partielle ou totale, la réévaluation des bilans constitue une remise en ordre comptable. Cette réévaluation peut servir, en premier lieu, à amortir les pertes sociales et à combler les insuffisances d'amortissement, et, en second lieu, à revaloriser les parts sociales dans la limite du barème des rentes viagères. Cette décision ne peut être prise que par l'assemblée générale extraordinaire sur présentation d'un **rapport spécial** établi par un organisme de révision agréé (C. rur. art. L 523-7). Il s'agit d'un examen analytique et périodique des comptes et de la gestion (facultatif) afin de dégager, à l'intention des administrateurs et des assemblées générales, une appréciation critique ou de faire un « point » permettant de prendre les décisions économiques en toute connaissance de cause.

83450 **Augmentation du capital social par prélèvement sur des réserves libres d'affectation** L'augmentation s'accompagne d'une majoration correspondante de la valeur nominale des parts ou de la distribution de parts nouvelles.

Dans ce cas, cette revalorisation des parts est contenue dans les limites du barème en vigueur fixant le taux de majoration applicable aux rentes viagères (C. rur. art. L 523-1).

Cas de la liquidation de la coopérative Si cette liquidation fait apparaître un excé- 83455
dent d'actif net, il peut être fait deux parts de ce **boni** :
– celle qui **représente** les **réserves indisponibles** (excédent d'opérations faites avec des tiers, bénéfices provenant de subventions) est nécessairement dévolue à d'autres coopératives ou unions ou à des établissements ou œuvres d'intérêt général agricole ;
– le **surplus** peut être réparti entre les associés coopérateurs suivant les modalités prévues aux statuts.
Ces opérations doivent faire l'objet d'une déclaration auprès du Haut Conseil de la coopération agricole (C. rur. art. L 526-2).

SECTION 2

GROUPEMENTS AUTRES QUE LES COOPÉRATIVES AGRICOLES

A. Sociétés d'intérêt collectif agricole (Sica)

L'**objet** des Sica est de créer ou gérer des installations et équipements, ou d'assurer des services 83600
soit dans l'intérêt des agriculteurs d'une région rurale déterminée, soit dans celui des habitants de cette région sans distinction professionnelle. D'une manière plus générale, les Sica regroupent des associés ayant une activité agricole et des associés appartenant à d'autres secteurs d'activité, en vue d'assurer à leurs membres divers services.
Dans l'objet des Sica, l'**intérêt agricole** est toujours prédominant en pratique. L'essor de ces sociétés s'explique à la fois par leur vaste champ d'application et par le caractère contraignant du statut juridique de la coopérative agricole.
Les dispositions relatives aux Sica sont codifiées aux articles L 531-1 et suivants et R 531-2 et suivants du Code rural et de la pêche maritime.

Les textes ci-après reproduits affirment nettement le caractère **complémentaire** des Sica par rap- 83605
port aux **coopératives**.
« La coopération agricole est l'institution de droit commun dans l'organisation de l'infrastructure économique de l'agriculture : tout projet doit donc se réaliser sous cette forme institutionnelle chaque fois que ses exigences techniques et économiques ne sont pas en contradiction avec le statut juridique en cause.
Lorsque ces exigences ne peuvent être respectées qu'avec l'appoint de concours extérieurs au monde coopératif pour assurer le plein emploi d'un ensemble destiné à la transformation ou, d'une façon générale, à la valorisation de produits agricoles, on se trouve dans le champ d'application des Sica... » (Projet de loi relatif à la coopération agricole et aux sociétés d'intérêt collectif agricole : Sén. 27-6-1961 n° 285).

Les points les plus **caractéristiques** par lesquels les Sica se distinguent des coopératives agricoles 83610
sont les suivants.

1. Absence de **statut** spécifique : les Sica peuvent se constituer soit sous le régime des sociétés civiles particulières (C. civ. art. 1832 s.), soit sous la forme des sociétés de capitaux (sociétés anonymes), soit sous la forme des sociétés à responsabilité limitée.
Toutes les Sica ont le caractère de sociétés **coopératives.** Ainsi les Sica sont-elles soumises, sauf quelques exceptions, au statut général de la coopération défini par la loi du 10 septembre 1947, en même temps qu'à leur statut propre (C. rur. art. L 531-1 s.).
Cependant, les Sica peuvent renoncer à leur statut coopératif et **se transformer** en société de droit commun à condition d'obtenir une autorisation du ministère chargé de l'agriculture ; les réserves qui, à la date de la transformation, ne sont pas distribuables aux sociétaires ou incorporables au capital conservent ce caractère pendant 10 ans (C. rur. art. L 534-1).
Sur le **régime fiscal** de ces transformations, voir n° 24245.

2. Liberté plus grande d'admission de **sociétaires non agriculteurs** : peuvent être membres d'une Sica les agriculteurs, les groupements susceptibles de s'affilier aux caisses de Crédit agricole mutuel ainsi que les personnes dont l'activité est de nature à faciliter la réalisation de l'objet de la société (C. rur. art. R 531-5).
Cette troisième catégorie permet d'accueillir dans les Sica des industriels et des commerçants dont l'activité est située en amont et en aval de celle des autres associés agriculteurs. C'est ainsi par exemple qu'un négociant en vins peut s'associer à des viticulteurs ou un industriel conserveur à des agriculteurs producteurs de fruits et légumes.

83615 Afin de limiter les inconvénients de l'**entrée de non-agriculteurs**, les statuts de la Sica doivent comporter les **clauses** nécessaires pour que, à tout moment, les **agriculteurs**, les groupements qui peuvent s'affilier aux caisses de Crédit agricole mutuel ainsi que, le cas échéant, les caisses de Crédit agricole mutuel elles-mêmes disposent ensemble de la moitié au moins des voix aux assemblées générales de la société (C. rur. art. R 532-3, al. 1).

NON-APPLICATION DE LA RÈGLE DE L'EXCLUSIVISME

83620 Les Sica peuvent faire librement toutes les **opérations** se rapportant à leur objet **avec des tiers non sociétaires** jusqu'à concurrence de la **moitié** de leur chiffre d'affaires ou du volume de leur activité, l'autre moitié devant être réalisée avec des sociétaires ayant la qualité d'agriculteur ou de groupement agricole. Des dérogations temporaires peuvent néanmoins s'appliquer eu égard à des circonstances exceptionnelles (C. rur. art. L 532-1 et R 532-4).

ENGAGEMENT D'APPORT OU D'ACTIVITÉ

83630 Si, en principe, les sociétaires ne peuvent être tenus qu'aux obligations inhérentes à leur qualité de détenteurs de capital, les statuts peuvent les soumettre à des obligations particulières telles que celles de livrer à la société ou de faire traiter par elle certains de leurs produits, de s'approvisionner auprès d'elle, d'en utiliser les services (C. rur. art. R 532-1), ce qui est courant en pratique.

LIBÉRATION DES PARTS

83640 Les parts sociales doivent être libérées à raison du quart au moment de la souscription (ou du cinquième dans les Sica revêtant la forme d'une SARL) et le surplus dans le délai maximal de 5 ans (Loi 47-1775 du 10-9-1947 art. 12 ; C. com. art. L 223-7, al. 1). Les parts émises en contrepartie d'apports en nature sont quant à elles intégralement libérées dès leur émission.

POSSIBILITÉ DE PROPORTIONNER LE NOMBRE DE VOIX AU CAPITAL DÉTENU

83650 La règle « un homme, une voix » n'est pas obligatoire. Le nombre de voix de chaque sociétaire peut donc être proportionnel au capital détenu ou à l'importance des opérations faites avec la société.
Mais il reste que la **prédominance des agriculteurs** doit être sauvegardée (C. rur. art. R 532-3) :
– à tout moment, les agriculteurs, les groupements ainsi que le cas échéant les caisses de Crédit agricole mutuel doivent disposer ensemble de la moitié au moins des voix aux assemblées générales ;
– s'il n'y a pas plus de 10 sociétaires, aucun d'eux ne doit posséder plus de 40 % des voix ;
– lorsqu'il y a plus de 10 sociétaires, aucun d'eux – excepté les caisses de Crédit agricole mutuel, les sociétés coopératives et leurs unions – ne doit détenir plus de 10 % des voix.

RÉMUNÉRATION DES PARTS ET DISTRIBUTION DE DIVIDENDES

83670 Les Sica distribuent un **intérêt** prévu par les statuts. L'intérêt est égal au taux moyen semestriel de rendement brut à l'émission des obligations des sociétés privées, majoré de deux points, publié par le ministre de l'économie (C. rur. art. R 533-1 ; Loi 47-1775 du 10-9-1947 art. 14).
Elles peuvent ristourner une part des **excédents** annuels (après constitution de réserves) aux sociétaires au prorata des opérations effectuées par eux avec la société.
Elles peuvent, en outre, distribuer à leurs associés tout ou partie des **dividendes reçus des filiales**. Cette distribution est faite au prorata des parts sociales libérées ; lorsque les **résultats** de la Sica sont **déficitaires**, les dividendes sont, à due concurrence, affectés à l'apurement de ce déficit (C. rur. art. L 533-1).

REMBOURSEMENT DES PARTS ET RÉPARTITION DU BONI

83680 Les statuts peuvent décider que l'associé qui se retire bénéficiera, s'il a plus de 5 ans d'ancienneté, de l'attribution, en sus de la valeur nominale de ses parts, d'une fraction de la **réserve** constituée à cet effet (Loi 47-1775 du 10-9-1947 art. 18). La même possibilité joue en ce qui

concerne la répartition du boni de liquidation. Mais cette possibilité statutaire est incompatible avec une incorporation de réserves au capital social.
Sur le **régime fiscal** des Sica, voir nos 26060 s.

B. Sociétés mixtes d'intérêt agricole (Smia)

Les dispositions relatives aux Smia sont codifiées aux articles L 541-1 et suivants et D 541-1 et suivants du Code rural et de la pêche maritime. **83700**

Alors que les Sica sont des sociétés dans lesquelles la profession agricole doit être majoritaire, on a souhaité en créant les Smia donner un cadre juridique particulier à une **association d'intérêts agricoles et d'intérêts industriels ou commerciaux** dans laquelle la part des intérêts agricoles pourrait descendre au-dessous de 50 % tout en demeurant à un niveau tel qu'il y ait réellement interprofession.

Les Smia sont des **sociétés commerciales** (SARL, sociétés anonymes, sociétés en commandite par actions) non soumises au statut de la coopération et ayant pour objet la transformation ou la commercialisation des produits agricoles.

Bien que régies, pour l'essentiel, par le droit commun des sociétés, elles sont soumises à quelques **règles** destinées à assurer la **sauvegarde des intérêts agricoles**.

Ainsi, 30 % au moins du **capital social** doivent être détenus directement ou indirectement soit par une ou plusieurs coopératives agricoles, soit par des institutions ou groupements professionnels agricoles (chambre d'agriculture, caisse de Crédit agricole). Les actions souscrites directement par les agriculteurs dans ces sociétés ne sont pas prises en compte pour l'appréciation de ce minimum. Les actions entrant en ligne de compte pour le calcul de cette portion minimum de 30 % doivent être nominatives.

Les statuts des Smia doivent comporter des clauses précisant que **certaines décisions** ne pourront être prises qu'à une **majorité qualifiée** de plus de 70 % des voix présentes ou représentées à l'assemblée générale (C. rur. art. L 541-2). Ces décisions concernent notamment la modification de l'objet social, la réduction du capital social par remboursement de parts ou d'actions, la dissolution anticipée de la société ou la réduction de sa durée, la perte de la qualité de Smia, l'aliénation des biens sociaux lorsqu'ils intéressent la profession agricole, les opérations de fusion et d'absorption ou les apports partiels d'actif, l'approbation des conventions passées entre la société et l'un de ses dirigeants (C. rur. art. D 541-1).

L'**affectation et la distribution des bénéfices** s'effectuent dans les conditions ci-après (C. rur. art. L 541-3). **83705**

Le bénéfice net hors impôt sur les sociétés obtenu après prélèvement pour la réserve légale et affectation au capital d'un dividende – qui ne peut être supérieur à 6 % – est divisé en deux parties égales :

– la première de ces parts est attribuée aux détenteurs du capital à titre de rémunération complémentaire ;

– la seconde est affectée aux fournisseurs ou clients de la société ayant la qualité d'agriculteur ou d'organisme professionnel agricole, au prorata des opérations effectuées par chacun d'eux.

Les bénéfices ainsi distribués aux associés agriculteurs sont exemptés de l'impôt sur les sociétés s'ils proviennent d'opérations faites avec eux.

Ajoutons que les Smia peuvent bénéficier d'avantages particuliers lorsqu'elles sont liées par convention avec l'État ou des organismes publics pour la réalisation d'un programme déterminé.

CHAPITRE 2

ORGANISATION DES PRODUCTEURS ET DES MARCHÉS AGRICOLES

SOMMAIRE

CONSTRUCTION DE L'ORGANISATION DES PRODUCTEURS

84200 La construction législative des mécanismes d'organisation des producteurs et des marchés agricoles s'est faite en **nombreuses étapes** commencées en 1962 avec la loi complémentaire d'orientation agricole du 8 août 1962 portant notamment création des groupements de producteurs et des comités économiques agricoles jusqu'à la loi 2023-211 du 30 mars 2023 visant à renforcer l'équilibre dans les relations commerciales entre fournisseurs et distributeurs.

Ces étapes législatives successives ont abouti à une construction de l'organisation économique à différents niveaux qui se complètent les uns les autres : l'**organisation économique professionnelle** (organisations de producteurs et associations d'organisations de producteurs), l'**organisation économique interprofessionnelle** (économie contractuelle et organismes interprofessionnels), les **offices d'intervention** qui consolident les deux niveaux précédents.

84205 Ces dispositions du **droit national** sont de plus en plus subordonnées aux diverses **directives et règlements communautaires** intervenus dans les mêmes domaines. La politique d'organisation économique de l'agriculture est en effet conduite dans le cadre de la PAC et du droit européen de la concurrence.

Ainsi, la réforme de la PAC opérée à la fin de 2013 a modifié profondément les dispositions applicables à l'organisation économique agricole et a reconnu le rôle prépondérant des organisations de producteurs (OP) et des associations d'organisations de producteurs (AOP) qui améliorent la commercialisation, la planification et l'adéquation de l'offre à la demande. Il en va de même pour les interprofessions (Règl. 1308/2013 du 17-12-2013 portant organisation commune des marchés des produits agricoles, « OCM unique » art. 152 s. et 206 s.). Le rôle des OP et des AOP ainsi que celui des interprofessions a été renforcé par le règlement 2017/2393 du 13 décembre 2017, appelé « Omnibus » et modifiant le règlement 1308/2013. Ainsi, les modifications apportées à l'article 152 de l'OCM unique relatif aux activités et objectifs des OP ont listé les objectifs que doit poursuivre une OP pour pouvoir être reconnue et ont étendu la possibilité pour les OP, quels que soient le secteur de production et les seuils de production, de déroger à l'article 101, paragraphe 1 du TFUE pour certaines de leurs missions. Jusqu'alors, ces possibilités étaient limitées au secteur du lait (art. 149), de l'huile d'olive (art. 169 ancien abrogé), de la viande bovine (art. 170 ancien abrogé) et des grandes cultures (art. 171 ancien abrogé). Tous les secteurs de production se trouvent désormais couverts par la dérogation à l'article 101, paragraphe 1 du TFUE. Pour le secteur du lait, l'OCM unique conserve des règles spécifiques (art. 149). Ainsi, une OP dans le secteur du lait peut négocier en commun des contrats de livraison de lait cru, y compris un prix commun à tous les membres de l'OP, qu'elle soit avec ou sans transfert de propriété et quelles que soient les missions qu'elle réalise. Mais ces négociations sont plafonnées à un volume maximal de lait cru (3,5 % de la production de lait de l'Union européenne et 33 % de la production nationale). Ces dispositions intègrent les dispositions du règlement 261/2012 du 14 mars 2012 en ce qui concerne les relations contractuelles dans le secteur du lait et des produits laitiers, « Mini Paquet lait ».

› Précisions Lors des États généraux de l'alimentation de 2017, les différents acteurs de l'alimentation (producteurs, industriels, distributeurs, consommateurs) se sont concertés sous l'égide du Gouvernement. Cette concertation a porté notamment sur les moyens de mieux rémunérer les producteurs et d'assurer une répartition plus équitable de la valeur au sein de la chaîne économique ainsi que d'améliorer l'utilisation des outils d'organisations économiques prévus par l'Organisation des marchés agricoles. La **loi 2018-938 du 30 octobre 2018 pour l'équilibre des relations commerciales dans le secteur agricole** qui fait suite à ces travaux prévoit des modifications ayant notamment pour objet d'intégrer en droit français les modifications apportées par le règlement dit « Omnibus », règlement 2017/2393 du Parlement et du Conseil du 13 décembre 2017, et de renforcer, au-delà des apports déjà réalisés par la loi d'avenir agricole de 2014 et la loi Sapin II de 2016, le rôle des OP et AOP dans la négociation de la relation contractuelle.

ORGANISATION ÉCONOMIQUE PROFESSIONNELLE

Le producteur peut agir – par exemple, vendre – seul. Il peut aussi adhérer notamment à une association, une coopérative ou une Sica dont il utilise les services à son gré. Mais il peut désirer aller au-delà. **84210**

C'est pourquoi, les pouvoirs publics, en accord avec les organisations professionnelles, ont décidé d'apporter, aux agriculteurs déjà associés, des moyens supplémentaires d'organisation.

La majorité des secteurs de production relève de la réglementation communautaire ; cette organisation est fixée au règlement 1308/2013.

En outre, ces dernières années, le déséquilibre structurel au sein de la chaîne alimentaire entre le maillon amont (production) et le maillon aval (transformation, distribution) a incité les pouvoirs publics, tant nationaux qu'européens, à rééquilibrer le rapport de force de la négociation en faveur des agriculteurs. C'est ainsi que l'organisation économique des agriculteurs a été largement soutenue par les lois et règlements européens adoptés depuis 2010. Ces derniers ont notamment prévu des dérogations au droit de la concurrence, sécurisant ainsi les montages d'organisations de producteurs.

› Précisions L'arrêt « **Endives** » de la Cour de justice de l'Union européenne (CJUE 14-11-2017 aff. 671/15) précise l'**articulation entre droit de la concurrence et l'organisation des producteurs** portée dans le cadre de l'OCM unique. Cet arrêt rappelle la primauté des objectifs de la PAC sur le droit de la concurrence (TFUE art. 42). Cependant, les marchés agricoles ne sont pas des espaces vides de toute concurrence comme le prévoit l'article 206 du règlement OCM unique.

Dans ce cas d'espèce, plusieurs OP et AOP du secteur des endives ont été condamnées par l'Autorité de la concurrence le 6 mars 2012 pour entente complexe et continue sur le fondement de l'article 101, paragraphe 1 du TFUE (article interdisant les ententes et pratiques concertées). Elles auraient notamment pratiqué une politique de prix minimum, imposé à l'ensemble de la production d'endives de leurs membres. Cette décision a été annulée par la cour d'appel de Paris (CA Paris 15-5-2014 n° 2012/06498). Sur pourvoi de l'Autorité de la concurrence, la Cour de cassation a formulé des questions préjudicielles à la Cour de justice de l'Union européenne relatives à la possibilité pour les OP et AOP de déroger aux règles de l'article 101, paragraphe 1, pour l'exercice des missions qui leur étaient dévolues par le règlement OCM unique applicable lors de la commission des pratiques (Cass. com. 8-12-2015 n° 14-19.598). La CJUE a rappelé que la portée des exclusions au droit de la concurrence était d'interprétation stricte et que les pratiques en cause ne devaient pas excéder « ce qui était strictement nécessaire » pour atteindre les objectifs des OP en conformité avec l'OCM. Cet arrêt met en place une méthode pour articuler les dérogations offertes dans le cadre de l'OCM et l'application du droit de la concurrence : test de nécessité et de proportionnalité des pratiques au regard des missions dévolues aux OP/AOP par l'OCM.

Cet arrêt est intervenu dans un contexte réglementaire en pleine mutation. La décision prise l'a été sur la base d'un règlement OCM prévoyant une dérogation implicite pour les OP/AOP. Cette dérogation a été explicitement introduite par les modifications apportées à l'OCM unique par le règlement « Omnibus », adopté un mois après la décision de la CJUE. L'Autorité de la concurrence estime que la méthodologie développée dans l'arrêt Endives est applicable en présence d'une dérogation implicite mais que, en présence de la dérogation explicite et de la clause de retrait prévue à l'article 152, 1. bis, l'application de cette méthode perd son sens (Avis 3-5-2018 n° 18-A-04 relatif au secteur agricole).

TEXTES

84212 Dans les développements qui suivent, nous décrivons sommairement les mécanismes d'organisation des producteurs mis en œuvre par la législation française.
Les dispositions concernant les organisations de producteurs, associations d'organisations de producteurs et les comités économiques agricoles sont codifiées aux articles L 551-1 et suivants et D 551-1 et suivants du Code rural et de la pêche maritime.

A. Organisations de producteurs

84214 Les producteurs de base peuvent se rassembler dans des organisations de producteurs autour d'une même production. Les adhérents sont tenus de respecter un certain nombre de **règles et** de **disciplines** tant de production que de mise en marché et de vente.
Les OP et AOP peuvent exercer leurs actions dans les secteurs couverts par l'article 1er du règlement OCM unique tels que le riz, le sucre ou l'huile d'olive (C. rur. art. L 551-1 s. et D 551-1 s.) ou dans des secteurs non couverts par ce règlement (C. rur. art. L 552-1 s. et D 552-1 s.).
Concernant les **OP intervenant dans des secteurs couverts par le règlement OCM unique**, l'article 152 de l'OCM unique modifié liste ainsi les objectifs que doivent remplir les OP (mêmes exigences pour les AOP : OCM unique art. 156).
Pour pouvoir demander la reconnaissance, les OP doivent poursuivre au moins l'un des objectifs suivants (OCM unique art. 152, 1-c) :
– assurer la programmation de la production et son adaptation à la demande, notamment en termes de qualité et de quantité ;
– concentrer l'offre et mettre sur le marché la production de leurs membres, y compris via une commercialisation directe ;
– optimiser les coûts de production et les retours sur les investissements réalisés pour satisfaire aux normes environnementales et de bien-être des animaux, et stabiliser les prix à la production ;
– réaliser des études et développer des initiatives sur les méthodes de production durables, les pratiques innovantes, la compétitivité économique et l'évolution du marché ;
– promouvoir et fournir l'assistance technique nécessaire à la mise en œuvre de pratiques culturales et de techniques de production respectueuses de l'environnement et de pratiques et techniques respectueuses du bien-être des animaux ;
– promouvoir et fournir l'assistance technique nécessaire à l'application des normes de production, améliorer la qualité des produits et développer des produits avec une appellation d'origine protégée, une indication géographique protégée ou couverts par un label de qualité national ;
– assurer la gestion et la valorisation des sous-produits, des flux résiduels et des déchets, en vue notamment de la protection de la qualité de l'eau, du sol et du paysage, et préserver ou stimuler la biodiversité ;
– contribuer à une utilisation durable des ressources naturelles et à atténuer le changement climatique ;
– développer des initiatives dans le domaine de la promotion et de la commercialisation ;
– gérer les fonds de mutualisation visés dans les programmes opérationnels dans le secteur des fruits et légumes visés à l'article 31, paragraphe 2, du règlement (UE) 1308/2013 et à l'article 37 du règlement (UE) 1305/2013 ;
– fournir l'assistance technique nécessaire à l'utilisation des marchés à terme et des systèmes assurantiels.
Pour le **secteur laitier**, les conditions de la reconnaissance (notamment objectifs) sont précisées aux articles 152, 3 et 161 et suivants du règlement OCM unique (modifié par règl. (UE) 2017/2393 du 13-12-2017).
En outre, les statuts d'une OP doivent prévoir certaines obligations à destination de leurs membres (OCM unique art. 153, 1) :
– appliquer les règles adoptées par l'organisation de producteurs en matière d'information sur la production, de production, de commercialisation et de protection de l'environnement,
– n'être membres que d'une seule organisation de producteurs pour un produit donné de l'exploitation,
– fournir les informations demandées par l'organisation de producteurs à des fins statistiques.
Ils doivent enfin comporter des dispositions concernant les règles adoptées par l'OP, les contributions financières ou encore les sanctions applicables en cas de violation des statuts (OCM unique art. 153, 2) :

Concernant les **OP intervenant dans des secteurs non couverts par le règlement OCM unique** (C. rur. art. L 552-1), ces organisations de producteurs doivent avoir une des formes juridiques prévues par la loi : association, coopérative ou Sica, société commerciale ou GIE.
Elles doivent en outre, avoir pour objet de maîtriser durablement la valorisation de la production agricole ou forestière de leurs membres, associés ou actionnaires, de renforcer l'organisation commerciale des producteurs, d'organiser et de pérenniser la production sur un territoire déterminé.
Les conditions de reconnaissance liées à leur compétence, à leur secteur ou encore à leur activité économique sont nombreuses et sont précisées à l'article L 552-1 du Code rural et de la pêche maritime.
Peuvent également être reconnues par l'autorité administrative des associations d'organisations de producteurs constituées.

Le champ d'application de la **dérogation à l'article 101, paragraphe 1 du TFUE** introduite par le règlement Omnibus ne concerne que quatre missions (« objectifs ») que peuvent exercer des OP (AOP) reconnues : **84215**
– la planification de la production ;
– l'optimisation des coûts de production ;
– la mise sur le marché ;
– la négociation de contrats au nom de leurs membres.
Cette dérogation s'applique sans distinction entre OP avec ou sans transfert de propriété et permet la négociation de conditions contractuelles communes pour l'ensemble des membres.
Les OP exerçant l'une des missions couvertes par la dérogation doivent remplir les conditions suivantes :
– exercer réellement une ou plusieurs des activités listées ci-dessus ;
– concentrer l'offre et mettre sur le marché la production de leurs membres ;
– les producteurs concernés ne doivent pas être membres d'une autre OP pour les produits couverts par la dérogation (sauf si aire géographique distincte) ;
– les produits couverts ne doivent pas être soumis à une obligation de livraison à une coopérative.
Précisons que l'Autorité de la concurrence a rendu un avis relatif aux **conditions dans lesquelles les OP et AOP peuvent déroger à l'article 101 du TFUE** (Avis 18-A-04 du 3-5-2018 relatif au secteur agricole).

Les règles fondamentales étant adoptées et appliquées, les responsables du groupement peuvent en solliciter la **« reconnaissance » administrative** (selon les conditions fixées par C. rur. art. L 551-1 s. pour les secteurs couverts par l'OCM unique, L 552-1 s. pour les secteurs non couverts par l'OCM unique et D 551-1 s.). **84216**
Les critères de reconnaissance d'une organisation de producteurs varient selon la production concernée. Ainsi, les critères sont précisés dans la partie réglementaire du Code rural et de la pêche maritime et sont différents pour la production bovine et ovine, le tabac, les fruits et légumes, l'élevage avicole et cunicole, la reproduction animale, le secteur forestier, l'élevage équin, la banane, le plant de pomme de terre, le lait de vache, le lait de chèvre et le lait de brebis.
La reconnaissance administrative donne la possibilité à une organisation de producteurs de demander l'extension de ses règles aux opérateurs non membres (C. rur. art. L 551-2). Cette extension est conditionnée à la « représentativité » de l'organisation de producteurs qui en fait la demande (Règl. 1308/2013 art. 164). La représentativité s'entend à partir d'un critère géographique et d'un critère de seuil de production rassemblée au sein de l'organisation.
Cette extension permet à l'organisation de producteurs qui en bénéficie de pouvoir solliciter de la part des opérateurs du marché non membres des contributions financières (C. rur. art. L 551-3).
Précisons que l'extension des règles et la perception des cotisations concernent tout opérateur, quel qu'il soit, individuel ou non, opérant dans la circonscription dans laquelle l'OP et l'AOP sont reconnues et dont les activités sont liées au produit concerné par les actions de l'organisation. Cette extension ne s'applique donc pas uniquement aux « producteurs agricoles » (Cass. 1e civ. 27-6-2018 n° 17-13.760 FS-PB).
Par ailleurs, les obligations prévues peuvent justifier des **aides** particulières **de l'État**. Il s'agit, par exemple, d'aides octroyées aux organisations de producteurs pour des actions technico-économiques ou des investissements relevant de la transformation des productions des membres. Ces aides sont modulées en fonction du degré d'organisation et des engagements des producteurs. Les organisations de producteurs reconnues bénéficient également, à soumission égale, d'un droit de préférence dans les marchés par adjudication ou appel d'offres de l'État, des collectivités locales ou de leurs établissements publics (C. rur. art. L 553-4).

84218 Dès lors qu'elles interviennent sur un secteur couvert par l'OCM unique, ces organisations doivent respecter les principes généraux du droit de la concurrence sauf règles dérogatoires définies au sein de l'OCM unique modifié (voir n° 84222 ; C. rur. art. L 551-1).

PROCÉDURE DE RECONNAISSANCE D'UNE ORGANISATION DE PRODUCTEURS

84220 Les critères que doit remplir une organisation de producteurs pour toute **demande de reconnaissance** par l'autorité administrative sont nombreux et variables selon les productions concernées (C. rur. art. D 551-8 s.). Ces critères portent sur la valeur de la production commercialisée (exemple : secteur des fruits et légumes), sur les règles de contrôle démocratique (exemple : pourcentage de parts détenues par les membres producteurs), sur le nombre de producteurs membres, sur le volume commercialisé (exemple : secteur bovin), sur l'effectivité de l'activité (exemple : moyen en personnel).

Tout dossier de demande de reconnaissance doit être **envoyé** au ministre en charge de l'agriculture (C. rur. art. L 552-1, D 551-1 et D 553-1).

La **composition du dossier** est fixée à l'article D 553-4 du Code rural et de la pêche maritime. Cinq grandes catégories de conditions sont examinées : celles relatives à l'activité économique de l'organisation, celles portant sur la personnalité juridique, celles relatives à son fonctionnement interne (gouvernance), celles portant sur sa contribution aux objectifs de l'OCM unique et celles relatives au respect des règles de concurrence selon les dispositions du règlement 1308/2013 OCM unique.

L'instruction est notamment menée par les services territoriaux de FranceAgriMer (ou par l'Odeadom pour les organisations de producteurs ayant leur siège social outre-mer). Un **avis** de la commission nationale technique (CNT) du Conseil supérieur de l'orientation de l'économie agricole et alimentaire (CSOEAA), organisme consultatif paritaire placé auprès du ministre en charge de l'agriculture, est requis pour toute reconnaissance en tant qu'organisation de producteurs (C. rur. art. L 552-2, L 553-1 et D 551-3).

L'instruction de 2019 DGPE/SDC/2019-216 du 14 mars 2019 précise le rôle des DRAAF et DAAF lors de cette procédure de reconnaissance.

La reconnaissance est octroyée par arrêté conjoint des ministres en charge de l'agriculture et de l'économie. Un extrait de l'**arrêté ministériel** portant reconnaissance en tant qu'OP est publié au Journal officiel ainsi que dans le recueil des actes administratifs de la préfecture du siège social de l'organisation de producteurs.

Cette **reconnaissance** peut être **retirée** si l'organisation de producteurs ne respecte pas les règles énoncées au sein de ses statuts et définies notamment lors du dépôt de dossier de demande de reconnaissance (C. rur. art. L 552-3, D 553-1 et D 552-2).

84222 Les **statuts** des organisations de producteurs doivent répondre aux exigences posées aux articles 149 (pour le secteur du lait) ou 152 et suivants du règlement OCM unique modifié pour les autres secteurs.

Un des principaux éléments des statuts d'une organisation de producteurs porte sur la commercialisation directe ou non des produits de leurs membres, c'est-à-dire sur le transfert de propriété à leur profit des produits des membres. Une organisation de producteurs qui commercialise directement la production de ses membres (dite « organisation de producteurs commerciale ») bénéficie du transfert de propriété et commercialise les produits en son nom et pour son propre compte.

Les organisations de producteurs qui commercialisent au nom et pour le compte de leurs membres (appelées « organisations de producteurs non commerciales ») doivent le faire dans le cadre d'un **mandat** (C. rur. art. L 553-5, D 553-4 et D 553-5). Ce mandat doit être individuel et signé par chaque agriculteur, membre de l'organisation de producteurs. Ainsi, toute négociation collective de contrat ou de mise sur le marché doit être précédée d'un mandat de commercialisation ou de négociation selon le cas.

› **Précisions** Le règlement 2017/2393 du Parlement européen et du Conseil du 13 décembre 2017, dit « **Omnibus** », a modifié le règlement OCM unique pour étendre les dérogations au droit de la concurrence et la faculté pour les organisations de producteurs de négocier les contrats au nom de leurs membres, qu'il s'agisse d'une organisation de producteurs avec ou sans transfert de propriété (pour le secteur laitier, Règl. OCM unique art. 149 modifié ; pour les autres secteurs, Règl. OCM unique art. 152 s. modifiés).

Pour le **secteur du lait**, afin de bénéficier de la dérogation, les organisations de producteurs doivent mettre sur le marché la production de leurs membres selon un volume total de lait négocié d'excédant pas 3,5 % de la production communautaire et 33 % de la production nationale (Règl. OCM unique art. 149 modifié).

Pour les **autres secteurs**, afin de bénéficier de la dérogation, les organisations de producteurs doivent exercer véritablement au moins une des quatre activités économiques listées à l'article 152 du règlement OCM unique modifié (voir n° 84215) et mettre sur le marché la production de leurs membres (sans limite de volume ou de part de marché).

À la suite de l'affaire des « endives » ainsi qu'à cette modification du règlement OCM unique, la DGCCRF a publié un guide dans lequel elle édicte des lignes directrices sur l'application du droit de la concurrence au secteur agricole et notamment à l'activité des OP et des AOP (Droit de la concurrence et secteur agricole, Lignes directrices).

ASSOCIATIONS D'ORGANISATIONS DE PRODUCTEURS

Peuvent également être reconnues par l'autorité administrative des associations d'organisations de producteurs constituées à l'initiative d'organisations de producteurs reconnues, sous l'une des formes juridiques mentionnées n° 84218 (C. rur. art. L 552-4). Des opérateurs autres que des organisations de producteurs peuvent, en outre, adhérer volontairement aux associations d'organisations de producteurs reconnues (C. rur. art. L 553-2). **84224**

Les dispositions applicables aux organisations de producteurs le sont également aux associations d'organisations de producteurs (Règl. 1308/2013 art. 156).

Les associations d'organisations de producteurs peuvent, dans le respect des dispositions communautaires applicables au secteur de production considéré, exercer toute activité d'une organisation de producteurs et notamment prendre des mesures d'adaptation de la production au marché.

Une **organisation de producteurs** peut adhérer à une association d'organisations de producteurs pour un produit, un groupe de produits, une catégorie de produits. Les conditions de reconnaissance des AOP sont fixées aux articles D 551-16 et D 551-17 du Code rural et de la pêche maritime. Elles sont variables selon le secteur de production concerné.

La composition du dossier de demande de reconnaissance est fixée à l'article D 553-5 du Code rural et de la pêche maritime.

RÔLE DES ORGANISATIONS DE PRODUCTEURS DANS LA NÉGOCIATION DE LA RELATION CONTRACTUELLE

Les organisations de producteurs avec transfert de propriété ou sans transfert de propriété, qui négocient les contrats au nom et pour le compte de leurs membres (via un mandat), ont vu leur rôle renforcé avec la loi 2014-1170 du 13 octobre 2014 et par la loi 2016-1691 du 9 décembre 2016 relative à la transparence, à la lutte contre la corruption et à la modernisation de la vie économique, dénommée « loi Sapin II ». Le rôle des OP/AOP dans la contractualisation, ainsi que la nécessité d'une telle contractualisation, est mentionné au règlement « Omnibus » (OCM unique art. 168 modifié), dont les dispositions ont été transposées en droit national par la loi 2018-938 du 30 octobre 2018 pour un équilibre des relations commerciales dans le secteur agricole et alimentaire. **84228**

Ainsi, pour les secteurs dans lesquels la contractualisation est rendue obligatoire, l'OP ou l'AOP à laquelle le producteur membre a donné mandat pour négocier la commercialisation de ses produits sans qu'il y ait transfert de leur propriété, propose à l'acheteur, avant la conclusion d'un contrat écrit, le respect d'un **accord-cadre** écrit qui constitue le socle unique de la négociation avec l'acheteur (C. rur. art L 631-24, II). En complément et afin de faire le lien entre les contrats agricoles et les contrats entre les industriels et les distributeurs, les **conditions générales de vente** (CGV) des fournisseurs, sans que l'acheteur ne puisse interférer dans ce choix, doivent revêtir au choix l'une des trois options suivantes (C. com. art. L 441-1-1) :

– les CGV présentent, pour chacune des matières premières agricoles et pour chacun des produits transformés composés de plus de 50 % de matières premières agricoles qui entrent dans la composition du produit vendu, leur part dans la composition du produit, sous la forme d'un pourcentage en volume et d'un pourcentage du tarif du fournisseur. L'acheteur peut demander à son fournisseur de mandater un tiers indépendant pour attester l'exactitude des éléments figurant dans les CGV quelle que soit l'option choisie par le fournisseur ;

– les CGV présentent la part agrégée des matières premières agricoles et des produits transformés composés de plus de 50 % de matière première agricole qui entrent dans la composition du produit vendu, sous la forme d'un pourcentage en volume et d'un pourcentage du tarif du fournisseur ;

– les CGV prévoient, sous réserve qu'elles fassent état d'une évolution du tarif du fournisseur du produit vendu par rapport à l'année précédente, l'intervention d'un tiers indépendant, aux frais du fournisseur, chargé de certifier au terme de la négociation que, la négociation n'a pas

porté sur la part de l'évolution qui résulte de celle du prix des matières premières agricoles ou des produits transformés vendus. Cette certification doit être fournie dans le mois qui suit la conclusion du contrat.
L'acheteur peut demander à son fournisseur de mandater un tiers indépendant pour attester l'exactitude des éléments figurant dans les CGV, quelle que soit l'option choisie par le fournisseur.
Ces dispositions ont également pour objet de mettre en œuvre un prix agricole non négociable qui entre dans la composition du prix de vente entre le fournisseur et le distributeur (C. com. art. L 443-8, II). Le coût final, qui englobe le prix agricole non négociable doit être automatiquement révisé en fonction de la variation du coût de la matière première agricole (C. com. art. L 441-8, I). Ces dispositions sont également applicables aux produits vendus sous marques de distributeurs (MDD) (C. com. art. L 441-8, dernier al.), ce qui a été rappelé par la recommandation 20-02 de la commission d'examen des pratiques commerciales relatives aux MDD.

ACTION DE GROUPE DES ORGANISATIONS DE PRODUCTEURS

84230 Le rôle des organisations de producteurs dans l'exécution du contrat est également renforcé en leur donnant la possibilité d'exercer une action collective (C. rur. art. L 553-3).
Proche d'une action de groupe, cette action est ouverte à une double condition : elle doit porter sur un litige avec un même acheteur et porter sur une même clause. Cette action est une action en responsabilité contractuelle ; elle porte sur les droits que les producteurs – membres de l'organisation de producteurs – tirent d'un contrat de vente de leurs produits agricoles.
Elle peut être menée par une organisation de producteurs commerciale ou non commerciale à partir du moment où elle dispose d'un mandat spécifique pour ester en justice à la place des membres concernés par le litige.
De plus, en cas de médiation (voir n° 84510), l'organisation de producteurs peut représenter ses membres concernés (sous réserve d'un mandat spécial).

B. Organisation économique interprofessionnelle

84300 Dans le cadre des groupements professionnels, les agriculteurs jouent le jeu du marché. Ils cherchent à obtenir des acheteurs le meilleur prix par leur cohésion, leur discipline mais doivent finalement accepter les aléas de la confrontation.
Parallèlement, les agriculteurs peuvent préférer **s'entendre**, par avance, **avec** leurs **acheteurs**, soit seuls pour aboutir à une apparente sécurité, soit en groupe pour renforcer leur position de vendeurs et négocier. Il s'agit alors d'accords et de contrats interprofessionnels dans lesquels les producteurs risquent de se voir imposer des « clauses léonines ».
C'est pour éviter ce **danger de domination et d'intégration** que différentes lois et le règlement 1308/2013 du 17 décembre 2013 portant organisation commune des marchés des produits agricoles (modifié par le règlement « Omnibus ») ont visé à aménager équitablement les rapports entre agriculteurs, industriels et commerçants (sur les contrats d'intégration, voir n° 75600 s.).
À l'origine, des accords avaient été conclus et homologués dans le domaine des betteraves à sucre, des tomates, des petits pois, des champignons de conserve, des pruneaux, etc. Tirant la leçon de ces expériences isolées, les pouvoirs publics ont tenté de construire, par le moyen de contrats et accords interprofessionnels, le deuxième volet (à côté des organisations de producteurs et comités économiques) de la politique d'organisation des producteurs, comportant également une progression dans les engagements décidés librement par les producteurs.
Les dispositions concernant les organisations interprofessionnelles, les contrats et accords sont **codifiées** aux articles L 632-1 et suivants du Code rural et de la pêche maritime modifié en dernier lieu par la loi 2021-1357 du 18 octobre 2021.

> **Précisions** La loi 2023-211 du 30 mars 2023 visant à renforcer l'équilibre dans les relations commerciales entre fournisseurs et distributeurs a confirmé le rôle attribué aux interprofessions et organisations de producteurs en intégrant les nouvelles missions qui leur ont été fixées par le règlement « Omnibus », telles que la possibilité d'établir des clauses types de répartition de la valeur (Règl. 1308/2013 art. 157 modifié) mais aussi en leur accordant la faculté d'établir des indicateurs ou des indices relatifs aux coûts de production (C. rur. art. L 631-24).

RECONNAISSANCE DES ORGANISATIONS INTERPROFESSIONNELLES

Les groupements constitués par les **organisations** professionnelles les plus **représentatives de la production agricole** et, selon les cas, **de la transformation, de la commercialisation et de la distribution** s'ils représentent une part significative de ces secteurs d'activité peuvent faire l'objet d'une reconnaissance en qualité d'organisations interprofessionnelles par l'autorité administrative compétente soit au niveau national soit au niveau d'une zone de production, par produit ou groupe de produits déterminés s'ils poursuivent, notamment, un ou plusieurs des objectifs énumérés au point c du paragraphe 1 ou au point c du paragraphe 3 (pour le secteur du lait et des produits laitiers) de l'article 157 du règlement (UE) 1308/2013 du Parlement européen et du Conseil du 17 décembre 2013, pour les produits couverts par ce règlement, ou, pour les autres produits, un ou plusieurs des objectifs suivants (C. rur. art. L 632-1) : 84305

– favoriser l'adaptation de l'offre à la demande, suivre les comportements et les besoins des consommateurs, améliorer la connaissance du secteur concerné et contribuer à la gestion des marchés, par une meilleure adaptation des produits aux plans quantitatif et qualitatif et par leur promotion ;

– développer les démarches contractuelles au sein des filières concernées (notamment par la rédaction de contrats types : voir Règl. OCM unique art. 157, 1-c-5) ;

– renforcer la sécurité alimentaire et la sécurité sanitaire des aliments, en particulier par la traçabilité des produits ;

– favoriser l'innovation et les programmes de recherche appliquée, d'expérimentation et de développement, y compris en réalisant des investissements dans le cadre de ces programmes ;

– maintenir et développer le potentiel économique du secteur et concourir à la valorisation alimentaire et non alimentaire des produits ;

– développer sur les marchés intérieurs et extérieurs l'information et la promotion relatives aux produits et filières concernés ;

– favoriser les démarches collectives visant à prévenir et à gérer les risques et aléas liés à la production, à la transformation, à la commercialisation et à la distribution des produits agricoles et alimentaires, notamment les aléas et risques sanitaires, phytosanitaires et environnementaux ;

– œuvrer en faveur de la qualité des produits, notamment par l'élaboration et la mise en œuvre de normes techniques, de disciplines de qualité, de règles de définition, de conditionnement, de transport, de présentation et de contrôle, si nécessaire jusqu'au stade de la vente au détail des produits.

Les **demandes de reconnaissance** doivent être adressées au ministre chargé de l'agriculture qui en assure l'instruction en liaison avec le ministre chargé de l'économie et, s'agissant des organisations interprofessionnelles dans le domaine du vin et des boissons alcoolisées, avec celui chargé des douanes (C. rur. art. R 632-1).

Le ministère de l'agriculture soumet la demande à l'avis, selon le cas, du Conseil supérieur d'orientation et de coordination de l'économie agricole et alimentaire ou du Conseil supérieur de la forêt et du bois (C. rur. art. R 632-3).

La reconnaissance est prononcée par arrêté conjoint des ministres chargés de l'économie et de l'agriculture et, s'agissant des organisations interprofessionnelles dans le domaine du vin et des boissons alcoolisées, du ministre chargé des douanes (C. rur. art. R 632-4).

Comme les OP ou les AOP, les interprofessions ne respectant pas les conditions du Code rural peuvent voir leur **reconnaissance retirée** (C. rur. art. R 632-4-1).

Les organisations professionnelles membres de l'organisation interprofessionnelle qui exercent le même type d'activité identifiable dans la filière concernée peuvent se regrouper en **collèges** représentant les différents stades de cette filière. 84308

Les organisations interprofessionnelles peuvent associer les **organisations** représentatives **des consommateurs et des salariés** des entreprises du secteur pour le bon exercice de leurs missions.

Les organisations interprofessionnelles reconnues pour un groupe de produits déterminés peuvent créer en leur sein des **sections spécialisées** compétentes pour un ou plusieurs de ces produits (C. rur. art. L 632-1).

Seules peuvent être reconnues les organisations interprofessionnelles dont les statuts prévoient la désignation d'une **instance de conciliation** pour les litiges pouvant survenir entre organisations professionnelles membres à l'occasion de l'application des accords interprofessionnels, des contrats types et des guides de bonnes pratiques contractuelles ainsi que les modalités de cette conciliation, et disposent qu'en cas d'échec de celle-ci le litige est déféré à l'**arbitrage**. Les statuts doivent également désigner l'instance appelée à rendre l'arbitrage et en fixer les conditions. L'exécution de la sentence arbitrale et les recours portés contre cette sentence relèvent de la compétence des juridictions judiciaires (C. rur. art. L 632-1-3). 84310

Il ne peut être reconnu qu'une organisation interprofessionnelle par produit ou groupe de produits. Lorsqu'une organisation interprofessionnelle nationale est reconnue, **les organisations interprofessionnelles régionales** constituent des **comités** de cette organisation interprofessionnelle nationale et sont représentées au sein de cette dernière.

Par exception et sous réserve de la pertinence économique de la zone géographique pour laquelle elles sont compétentes, des organisations interprofessionnelles à compétence régionale peuvent être reconnues dans le **secteur viticole** pour un vin sous indication géographique ou un groupe de vins sous indications géographiques. Pour les vins d'appellation d'origine contrôlée, il n'est pas possible de reconnaître des organisations interprofessionnelles spécifiques s'il existe une organisation interprofessionnelle de portée générale. La reconnaissance d'une organisation interprofessionnelle à compétence régionale emporte modification, par exclusion du ou des produits concernés, de la reconnaissance de l'organisation interprofessionnelle nationale correspondante. Les accords conclus par l'organisation interprofessionnelle nationale et étendus en application de l'article L 632-3 du Code rural et de la pêche maritime cessent de s'appliquer à ces produits (C. rur. art. L 632-2).

Des organisations interprofessionnelles spécifiques peuvent également être reconnues pour un **produit d'appellation d'origine contrôlée** (AOP) ou un groupe de produits d'AOP, et pour des produits qui bénéficient d'une même **indication géographique protégée**, d'un même **label** ou d'une même **certification de conformité** ou **écocertification** de gestion durable (même art.). La création de sections ou de commissions consacrées aux produits issus de l'agriculture biologique au sein des organisations interprofessionnelles de portée générale peut être rendue obligatoire dans des conditions fixées par arrêté (C. rur. art. D 632-5). Les organisations interprofessionnelles concernées définissent les modalités de fonctionnement de ces sections ou commissions. Des sections ou des commissions consacrées aux produits assortis de la dénomination « montagne » peuvent être créées au sein des organisations interprofessionnelles de portée générale. Une organisation interprofessionnelle spécifique à compétence nationale peut, par ailleurs, être reconnue pour les produits issus de l'agriculture biologique et une autre pour les produits assortis de la dénomination « montagne ». Chaque fois qu'une organisation interprofessionnelle de portée générale existe pour les produits ou groupes de produits concernés, l'autorité administrative recueille l'avis de l'organisation générale préalablement à sa décision sur la demande de reconnaissance et aucun accord soumis par l'organisation interprofessionnelle spécifique ne peut être étendu par l'autorité administrative en l'absence de règles de coordination établies entre elle et l'organisation générale et notifiées à l'autorité administrative (C. rur. art. L 632-2).

MISSIONS DES ORGANISATIONS INTERPROFESSIONNELLES

84314 Les organisations interprofessionnelles reconnues peuvent être **consultées** sur les orientations et les mesures des politiques de filières les concernant.

Elles peuvent définir, dans le cadre d'**accords interprofessionnels**, des **contrats types**, dont elles peuvent demander l'extension à l'autorité administrative, intégrant des clauses types relatives aux modalités de détermination des prix, à la répartition de la valeur, aux calendriers de livraison, aux durées de contrat, au principe de prix plancher, aux modalités de révision des conditions de vente en situation de fortes variations des cours des matières premières agricoles (voir C. com. art. L 441-8 – clause de renégociation), ainsi qu'à des mesures de régulation des volumes dans le but d'adapter l'offre à la demande. Elles peuvent également, dans le cadre de ces accords, prévoir les modalités de suivi des contrats exécutés en application des contrats types et établir des guides de bonnes pratiques contractuelles qui ne peuvent pas faire l'objet d'une extension (C. rur. art. L 632-2-1).

Elles peuvent mettre en œuvre des démarches collectives visant à prévenir et à gérer les risques et aléas sanitaires et environnementaux liés à la production, la transformation et/ou la commercialisation et/ou la distribution des produits agricoles et alimentaires (C. rur. art. L 632-1).

Afin d'améliorer la connaissance des marchés, les organisations interprofessionnelles peuvent **publier des données statistiques** relatives aux coûts de production, aux prix, accompagnées le cas échéant d'indicateurs de prix, aux volumes et à la durée des contrats précédemment conclus, et en réalisant des analyses sur les perspectives d'évolution du marché au niveau régional, national ou international (C. rur. art. L 632-2-1).

Les interprofessions ont également pour mission d'établir et de diffuser des indicateurs relatifs aux coûts de production et à leur évolution, aux prix des produits constatés et à leur évolution ainsi qu'aux quantités, à la composition, à la qualité, à l'origine et à la traçabilité des produits ou au respect d'un cahier des charges dans la filière concernée. Ces derniers sont pris en compte dans les modalités de détermination du prix lors de la rédaction des accords-cadres et des contrats (C. rur. art. L 631-24, III). En cas de carence des organisations interprofessionnelles, ce sont les instituts techniques agricoles qui sont chargés d'élaborer ces indicateurs relatifs aux coûts de production (C. rur. art. L 631-24).

Les organisations interprofessionnelles peuvent, dans le cadre d'accords interprofessionnels qui ne peuvent pas faire l'objet d'une extension, imposer à leurs membres l'**étiquetage** de l'indication du pays d'origine des produits agricoles, alimentaires ou produits de la mer, bruts ou transformés (C. rur. art. L 632-2-1). 84315

Les organisations interprofessionnelles reconnues peuvent enfin constituer des fédérations pour leur déléguer des missions qui leur sont attribuées ou confiées par la législation de l'Union européenne et répondant à leur intérêt collectif. Une organisation interprofessionnelle peut également, par voie de convention, autoriser une autre organisation interprofessionnelle à agir pour son compte dans l'exercice de certaines de ses missions (C. rur. art. L 632-2-2).

EXTENSION DES ACCORDS

Les accords conclus dans le cadre d'une organisation interprofessionnelle reconnue peuvent être étendus, pour une durée déterminée, en tout ou partie, par arrêté conjoint des ministres chargés de l'agriculture et de l'économie dès lors qu'ils prévoient des actions communes ou visant un **intérêt commun conforme à l'intérêt général** et compatible avec la législation de l'Union européenne (C. rur. art. L 632-3 et D 632-4-2 s.). 84316

Plusieurs conditions préalables à l'extension d'un accord interprofessionnel doivent être respectées (C. rur. art. L 632-4). L'une d'entre elles est relative au caractère représentatif des organisations professionnelles qui composent l'interprofession. Cette condition est exigée par l'article 164 du règlement OCM unique 1308/2013 du 17 décembre 2013 et reprise à l'article L 632-4 du Code rural et de la pêche maritime.

Ainsi une **interprofession** est considérée comme **représentative** dès lors qu'elle représente 2/3 des opérateurs de la production, transformation, commercialisation du produit ou des produits concernés ou 2/3 du chiffre d'affaires de ces opérateurs réunis.

Ces conditions pouvant être difficiles à évaluer, des présomptions de représentativité ont été définies.

Pour le **collège de la production**, une présomption de représentativité est constituée lorsque les organisations syndicales d'exploitants agricoles représentant au total au moins 70 % des voix aux élections des chambres d'agriculture participent à l'organisation interprofessionnelle, directement ou par l'intermédiaire d'associations spécialisées adhérentes à ces organisations.

Pour **tout secteur d'activité**, une présomption de représentativité est constituée lorsque l'organisation interprofessionnelle démontre que l'accord dont l'extension est demandée n'a pas fait l'objet, dans le mois suivant sa publication par cette organisation, de l'opposition d'organisations professionnelles réunissant des opérateurs économiques de ce secteur d'activité représentant au total plus du 1/3 des volumes du secteur d'activité concerné.

Les mesures ainsi prévues par l'accord étendu sont obligatoires pour tous les membres des professions constituant cette organisation interprofessionnelle.

Tout contrat conclu entre une personne physique ou morale ressortissant de l'accord étendu n'étant pas conforme à cet accord est nul de plein droit (C. rur. art. L 632-7).

COTISATION

Les organisations interprofessionnelles reconnues sont habilitées à prélever des cotisations sur les membres des professions les constituant (C. rur. art. L 632-6). Ces cotisations doivent être prévues dans les accords interprofessionnels. 84320

> **Précisions** Le **statut juridique des cotisations volontaires** obligatoires aux interprofessions a été débattu à plusieurs reprises. En effet, certains considèrent qu'il s'agit d'aides d'État (nécessitant par conséquent une notification préalable) et non de créance de droit privé. Cette question a été tranchée par plusieurs hautes juridictions en réaffirmant le caractère privé de ce type de cotisation (Cons. const. 17-2-2012 n° 2011-221 QPC ; CJUE 30-5-2013 aff. 677/11 ; Cass. 1e civ. 14-1-2016 n° 14-26.443). Ce caractère privé est aujourd'hui expressément affirmé à l'article L 632-6 du Code rural et de la pêche maritime.

INFORMATION DES INTERPROFESSIONS

Afin d'exercer leur mission, les interprofessions bénéficient d'un droit d'information de la part des autorités administratives (en charge de l'agriculture, de l'économie et du budget). Ce droit couvre les informations directement disponibles relatives à la production, à la commercialisation, 84325

aux échanges extérieurs et à la transformation des produits, dont elles doivent disposer pour atteindre les objectifs au titre desquels elles ont été reconnues (C. rur. art. L 632-7, al. 6).
Ces autorités peuvent également leur communiquer les données nécessaires à l'établissement et à l'appel des cotisations permettant leur financement et prévues par un accord satisfaisant aux conditions mentionnées à l'article L 632-4, alinéa 1, que cet accord soit rendu obligatoire ou non (C. rur. art. L 632-7, al. 6).

PARTICULARISME DE L'INTERPROFESSION LAITIÈRE

84327 Avant la loi d'avenir 2014-1170 du 13 octobre 2014, l'interprofession laitière bénéficiait d'un traitement spécifique dans le Code rural et de la pêche maritime (C. rur. art. L 632-12 à L 632-14 anciens). Désormais, cette interprofession est soumise aux mêmes critères que les autres interprofessions. Cependant, la loi d'avenir agricole de 2014 maintient la reconnaissance attribuée à l'interprofession laitière sous les dispositions antérieures conformément aux articles 157, 3 et 161 à 163 du règlement OCM unique 1308/2013 du 17 décembre 2013 modifié par le règlement « Omnibus ».

C. Offices d'intervention

84400 Les offices d'intervention ont été institués par la loi 82-847 du 6 octobre 1982.
Dans le cadre de la révision générale des politiques publiques initiée par le gouvernement, les offices ont été conduits à évoluer.
L'ordonnance du 25 mars 2009 (Ord. 2009-325 : JO 27) a créé un office unique, l'Établissement national des produits de l'agriculture et de la mer (**FranceAgriMer**). Les dispositions concernant cet office unique sont codifiées aux articles L 621-1 suivants du Code rural et de la pêche maritime.

84402 FranceAgriMer a pour **mission** (C. rur. art. L 621-3) :
1° d'assurer la connaissance des marchés ;
2° d'améliorer le fonctionnement des marchés de façon à assurer, en conformité avec les intérêts des consommateurs, une juste rémunération du travail des professionnels et des conditions normales d'activité aux différents opérateurs des filières ; à cette fin, FranceAgriMer :
– favorise l'organisation des producteurs ainsi que l'organisation des relations entre les diverses professions de chaque filière,
– encourage l'organisation de la mise en marché au niveau national et international et participe à l'élaboration et à la mise en œuvre des mesures relatives à l'amélioration des conditions de concurrence et à la protection et à l'information des consommateurs ;
3° de renforcer l'efficacité économique des filières, notamment en contribuant à la mise en place d'une politique de développement durable et de qualité. Dans ce cadre, FranceAgriMer peut concourir à la mise en œuvre de missions tendant à prévenir les maladies des animaux et des végétaux et à assurer la qualité sanitaire des aliments ;
4° de mettre en œuvre les mesures communautaires afférentes à ses missions ;
5° de recueillir et évaluer l'information sur tout risque susceptible de porter préjudice aux intérêts des filières dont l'établissement a la charge ;
6° d'alerter les pouvoirs publics en cas de crise, faire toute proposition appropriée et concourir à la mise en œuvre des solutions retenues par l'autorité administrative pour y faire face ;
7° d'assurer des fonctions de veille économique et contribuer à des actions de coopération internationale ;
8° de transmettre les données économiques nécessaires à l'observatoire de la formation des prix et des marges des produits alimentaires pour l'exercice de ses missions ;
9° de mettre à la disposition des organisations interprofessionnelles reconnues, des instituts et centres techniques et des établissements publics intervenant dans le domaine de l'agriculture, de la pêche et de l'aquaculture les données relatives aux filières, aux marchés et à la mise en œuvre des politiques publiques.
FranceAgriMer a également pour mission de réunir chaque année une conférence de filière (C. rur. art. L 631-27-1). Cette conférence a pour objet d'examiner la situation et les perspectives d'évolution des marchés agricoles et agroalimentaires concernés au cours de l'année à venir. Elle peut proposer des estimations de coûts de production en agriculture. Les modalités d'application sont définies par décret (encore non publié).

84403 Les **ressources** de l'établissement sont principalement constituées par les versements effectués par l'État et l'Union européenne pour le financement des missions mentionnées n° 84402, par le produit de taxes affectées à ces mêmes missions, les revenus de prises de participations financières et produits de cession, les produits financiers ainsi que les emprunts et toutes autres recettes autorisées par les lois et règlements. Elles peuvent également comporter, à titre accessoire, le produit de la vente de publications et la rémunération de travaux et prestations. L'établissement est doté d'un conseil d'administration et de conseils spécialisés par filière (C. rur. art. L 621-4 et L 621-5).

Le **conseil d'administration comprend**, d'une part, des représentants du Parlement, des adminis- 84404
trations et établissements publics de l'État, des régions et des consommateurs, ainsi que, le cas échéant, au plus deux personnalités choisies en raison de leurs compétences, d'autre part, en majorité, des représentants de la production, de la transformation et de la commercialisation et des représentants des salariés des filières.

Il **est compétent pour** l'examen des questions d'intérêt commun à l'ensemble de l'établissement, notamment en matière budgétaire, ainsi que pour la définition des orientations stratégiques dans le domaine de compétence de l'établissement.

Les **conseils spécialisés sont composés** en majorité de représentants de la production, de la transformation et de la commercialisation. Ils comprennent également des représentants des pouvoirs publics, des salariés de la filière et des consommateurs.

Les services déconcentrés de l'État compétents en matière d'agriculture au niveau régional sont mis, en tant que de besoin, à disposition de l'établissement pour l'exercice de ses compétences, dans le respect des orientations des politiques publiques définies par l'État (C. rur. art. L 621-6).

Pour l'exercice de ses missions, FranceAgriMer peut conclure, après avis du conseil d'administration, des conventions avec les organisations interprofessionnelles reconnues, les instituts ou centres techniques et les établissements publics intervenant dans les secteurs de l'agriculture, de la pêche et de l'aquaculture (C. rur. art. L 621-7).

Si FranceAgriMer assure le suivi des filières agricoles métropolitaines, l'Office de développement 84405
de l'économie agricole d'outre-mer (**Odeadom**) est au service des **collectivités françaises d'outre-mer**, caractérisées par leur éloignement de la partie continentale de l'Union européenne, souvent doublé de leur insularité. Ces deux facteurs occasionnent une augmentation du coût des importations et influent sur la compétitivité de leurs exportations. Leur climat, tropical ou équatorial, favorise la croissance de la végétation, mais aussi celle d'organismes nuisibles nécessitant des modes de production et de lutte adaptés.

Ainsi, créé en 1984, l'Odeadom est chargé d'œuvrer au développement de l'économie agricole (C. rur. art. L 696-1) :

– des cinq départements d'outre-mer : Guadeloupe, Guyane, Martinique, Mayotte et La Réunion ;

– et de trois collectivités d'outre-mer : Saint-Barthélemy, Saint-Martin et Saint-Pierre-et-Miquelon.

C'est un établissement public administratif (EPA), placé sous la tutelle de trois ministères, chargés respectivement de l'agriculture, de l'outre-mer et du budget.

Office aux compétences régionales et multisectorielles, l'Odeadom intervient en faveur de l'ensemble des filières agricoles des régions françaises d'outre-mer (à l'exception des territoires ultramarins du Pacifique).

D. Observatoire de la formation des prix et des marges des produits alimentaires

L'observatoire de la formation des prix et des marges des produits alimentaires a pour **mission** 84412
d'éclairer les acteurs économiques et les pouvoirs publics sur la formation des prix et des marges au cours des transactions au sein de la chaîne de commercialisation des produits alimentaires, qu'il s'agisse de produits de l'agriculture, de la pêche ou de l'aquaculture.

Il est notamment chargé de publier, chaque trimestre, un support synthétique reprenant l'ensemble des indicateurs (élaborés par les interprofessions et par les instituts techniques agricoles), relatifs aux coûts pertinents de production en agriculture (C. rur. art. L 682-1 modifié par loi 2021-1357 du 18-10-2021).

Pour l'analyse des données nécessaires à l'exercice de sa mission, il peut demander des données directement aux entreprises ou les obtenir auprès de FranceAgriMer ou d'Agreste, le service de statistiques du ministère de l'agriculture et de l'alimentation. La liste des entreprises refusant de communiquer leurs données à l'observatoire peut être publiée par voie électronique.

84412 (suite) Il étudie les coûts de production au stade de la production agricole, les coûts de transformation et les coûts de distribution dans l'ensemble de la chaîne de commercialisation des produits agricoles. Il examine à l'échelle de chaque filière, la prise en compte des indicateurs de coût de production et de prix des produits agricoles visés par les articles L 631-24, L 631-24-1 et L 631-24-3 du Code rural et de la pêche maritime ainsi que la répartition de la valeur ajoutée tout au long de la chaîne de commercialisation des produits agricoles qui en résulte. Il peut en outre, être saisi par l'un de ses membres, par le médiateur des relations commerciales agricoles ou par une organisation interprofessionnelle pour donner un avis sur ces indicateurs ou sur leurs méthodes d'élaboration.

Il compare enfin, sous réserve des données disponibles équivalentes, ces résultats à ceux des principaux pays européens. L'observatoire remet un rapport annuel au Parlement.

Sa composition et son organisation sont précisées aux articles D 621-6 et suivants du Code rural et de la pêche maritime. Les modalités de désignation de son président, de ses membres et son fonctionnement sont quant à elles définies aux articles D 682-1 et suivants du Code rural et de la pêche maritime.

CHAPITRE 3 CONTRACTUALISATION

SOMMAIRE

OBJECTIF DE LA CONTRACTUALISATION

La réduction des moyens de la PAC en matière de régulation et de protection des marchés agricoles communautaires conduit à une plus grande sensibilité des productions, et donc des producteurs agricoles, aux évolutions du marché. Ce constat a provoqué la recherche de nouvelles méthodes pour prévenir et, si possible, réduire les effets de la **volatilité des prix agricoles**. La contractualisation qui permet de formaliser les relations commerciales entre le producteur agricole et son premier acheteur est depuis longtemps considérée comme une de ces méthodes : en inscrivant dans le temps ces relations et en précisant ses caractéristiques essentielles (quantités, prix, durée, saisonnalité, qualité) selon les produits, elle permet un certain équilibre dans une relation où l'un des participants bénéficie d'un pouvoir de négociation généralement plus fort que le producteur agricole. La **crise de la filière laitière** pendant les campagnes 2009 et 2010 et la perspective, décidée par le Conseil des ministres de l'Union européenne, de mettre fin au système des quotas laitiers au 31 mars 2015 ont été les deux principaux motifs ayant poussé le Gouvernement et le Parlement à inscrire dans la loi 2010-874 du 27 juillet 2010 de modernisation de l'agriculture des dispositions permettant aux interprofessions ou, en cas de carence, aux pouvoirs publics, d'imposer la contractualisation écrite à leurs filières. La crise du lait et les difficultés affectant les marchés des fruits et légumes, ainsi que la carence des interprofessions concernées, ont conduit le Gouvernement à mettre en œuvre ces possibilités nouvelles. Les lois dites Égalim I et II (Lois 2018-938 du 30-10-2018 et 2021-1357 du 18-10-2021) puis Égalim III (Loi 2023-221 du 30-03-2023) ont défini le cadre puis précisé les modalités du recours à la contractualisation. 84500

> **Précisions** Depuis le 1er avril 2023, toutes les conventions entre un fournisseur et un acheteur portant sur des produits ou services commercialisés en France sont soumises, sans qu'elles ne puissent y déroger, aux dispositions suivantes (C. com. art. L 444-1 A créé par loi 2023-221 du 30-3-2023) relatives :
> – à la transparence dans la relation commerciale (C. com. art. L 441-1 à L 441-9) : convention entre un fournisseur et un distributeur, un grossiste ; facturation, délais de paiement, etc. ;
> – aux pratiques commerciales déloyales entre entreprises (C. com. art. L 442-1 à L 442-11) ;
> – spécifiquement aux produits agricoles et aux denrées alimentaires (C. com. art. L 443-1 à L 443-8).

CHAMP D'APPLICATION DE LA CONTRACTUALISATION

Par principe, la contractualisation consiste à soumettre à la conclusion d'un **contrat écrit** tout contrat de vente de produits agricoles livrés sur le territoire français (C. rur. art. L 631-24). Le champ d'application de ce texte concerne le **producteur et son premier acheteur** pour une cession de produits agricoles. 84501

La contractualisation prévue par les articles L 631-24 et L 631-24-2 présente un caractère d'ordre public ; il ne peut donc y être dérogé conventionnellement.

La contractualisation n'est **pas applicable** dans les relations unissant les **coopératives agricoles** avec leurs associés coopérateurs si leurs statuts, leurs règlements intérieurs ou les règles et décisions prévues par les statuts comportent des dispositions ayant des effets dits « similaires » aux clauses prévues à l'article L 631-24, III du Code rural et de la pêche maritime. A contrario, si les règles issues de la coopérative n'y sont pas conformes, le recours à un contrat entre le producteur et sa coopérative est obligatoire (C. rur. art. L 631-24-3, II).

84502 **Par exception**, l'obligation de conclure un contrat écrit ne s'applique pas (C. rur. art. L 631-24, I-al. 2) dans les cas suivants :
– les ventes directes effectuées par les producteurs aux consommateurs ;
– les cessions réalisées au bénéfice des organisations caritatives pour la préparation de repas destinés aux personnes défavorisées ;
– les cessions à prix ferme de produits agricoles sur les carreaux affectés aux producteurs et situés au sein des marchés d'intérêt national définis à l'article L 761-1 du Code de commerce ou sur d'autres marchés physiques de gros de produits agricoles.
De même, elle ne s'applique pas aux contrats passés avec les entreprises sucrières par les producteurs de betteraves ou de canne à sucre (C. rur. art. L 631-24-3, III).
Par ailleurs, la contractualisation n'est pas obligatoire pour la vente des produits agricoles au titre desquels le producteur, l'organisation de producteurs ou l'association d'organisations de producteurs réalise un chiffre d'affaires annuel inférieur à 10 000 €, sous réserve des seuils spécifiques sont fixés pour certaines filières (C. rur. art. L 631-24, I-al. 3 et R 631-6 modifié par décret 2022-1669 du 26-12-2022). Par exemple, pour les bovins sous signes de qualité, il n'y a pas de contractualisation obligatoire si l'acheteur réalise un chiffre d'affaires annuel de moins de 100 000 €.
Enfin, l'obligation de contractualisation écrite est également exclue lorsque (C. rur. art. L 631-24-2) :
– un accord interprofessionnel étendu décide d'écarter la filière de cette obligation. S'il n'existe pas d'accord interprofessionnel pour la filière, la dérogation à la contractualisation peut être demandée par une organisation professionnelle représentant les producteurs ;
– un décret pris en Conseil d'État écarte spécifiquement plusieurs catégories de produits (C. rur. art. L 631-24-2). La dérogation inclut : le riz, les fourrages séchés, les **semences**, l'huile d'olive et les olives de table, le lin et le chanvre, les fruits, légumes et produits transformés à base de fruits et légumes, les bananes, les plantes vivantes, l'alcool éthylique d'origine agricole, et les produits de l'apiculture ainsi que certains produits dans d'autres filières comme le vin ou le sucre (C. rur. art. R 631-6-1 créé par décret 2022-1668 du 26-12-2022).
Si la contractualisation est écartée sur la base de ces exceptions, les producteurs et leurs acheteurs peuvent toujours **y recourir volontairement**. De plus, ce contrat écrit peut s'imposer à nouveau si le producteur en fait la demande à son acheteur ; en cas de refus, ou de proposition incomplète, l'acheteur s'expose à une amende administrative maximale de 2 % de son chiffre d'affaires.

> **Précisions** L'obligation de contractualisation est entrée en vigueur de manière échelonnée selon les filières. La **mise en conformité** des accords-cadres et contrats en cours d'exécution à la date des différentes entrées en vigueur s'impose à l'occasion de leur renouvellement et au plus tard un an après la date d'entrée en vigueur applicable selon la filière.

PROCÉDURE

84503 Il convient de distinguer si la commercialisation des produits agricoles est réalisée par le producteur lui-même ou s'il la confie à une organisation de producteurs (ou une association d'organisation de producteurs).
Si la **commercialisation est réalisée par le producteur seul**, la conclusion du contrat conformément au formalisme requis est précédée d'une proposition qui émane du producteur (C. rur. art. L 631-24, II-al. 1), comportant les caractéristiques principales du contrat (durée, prix, volume, etc., voir n° 84505).
Si la **commercialisation est effectuée par une organisation de producteurs** ou par une association d'organisation de producteurs reconnue, et sans transfert de propriété à leur profit, l'organisation de producteurs doit proposer à l'acheteur un accord-cadre écrit considéré comme le socle unique de la négociation (au sens de C. com. art. L 441-1), puis le conclure. La conclusion du contrat du producteur (imposé par C. rur. art. L 631-24) doit se faire en respectant les stipulations issues de l'accord-cadre.

84504 **Contenu de la proposition de contrat** La proposition de contrat, ou la proposition d'accord-cadre doit comporter des clauses relatives (C. rur. art. L 631-24, III) :
1. au **prix** et aux modalités de révision automatique de ce prix, ou aux critères de détermination du prix.
Les **modalités de révision du prix** peuvent varier à la hausse ou à la baisse.
S'il y a des **critères de détermination du prix**, ils doivent intégrer les indicateurs relatifs aux coûts pertinents de production en agriculture et à l'évolution de ces coûts. Ces indicateurs peuvent être des indicateurs de références au marché (marché au cadran, cours mondiaux, etc.) ou peuvent être des indicateurs relatifs aux coûts de production, élaborés par les interprofessions et le

cas échéant par les instituts techniques agricoles ou par l'Observatoire de la formation des prix et des marges. **84504** (suite)

Si le **contrat ne fait pas référence à un prix déterminé**, mais qu'il renvoie simplement à des modalités de détermination du prix, l'acheteur doit communiquer au producteur ou à l'organisation de producteurs le prix qui sera payé avant le premier jour de la livraison des produits concernés par le contrat. Depuis le 28 février 2022, ne sont pas concernés les contrats de vente qualifiés de contrats financiers (au sens de C. mon. art. L 211-1) ou indexés sur de tels contrats ou encore qui en prévoient la conclusion (C. rur. art. L 631-24, VIII). L'exemption vise encore les contrats conclus par les collecteurs de céréales prévoyant une indexation. Sont en outre exclus les contrats portants sur certains produits visés par l'administration. Il s'agit notamment des vins, des céréales, des huiles ou encore certaines farines (Arrêté 31-7-2023 NOR : AGRT2320500A modifié par arrêté 15-2-2024 NOR : AGRT2335365A).

Concernant la **filière bovine**, une fixation du prix en tunnel est expérimentée pour une durée de cinq ans. Il en résulte que les parties doivent convenir de bornes minimales et maximales entre lesquelles les critères et modalités de détermination ou de révision du prix produisent leurs effets en intégrant notamment les indicateurs de coûts de production (Loi 2021-1357 du 18-10-2021 art. 2) force majeure ;

2. à la **quantité totale**, à l'**origine** et à la **qualité des produits** concernés qui seront livrés ;

3. aux **modalités de collecte ou de livraison du produit** ;

4. aux modalités relatives **aux procédures et délais de paiement** ;

5. à la **durée**.

La durée ne peut être inférieure à trois ans. Par dérogation, cette durée peut être portée à cinq ans si un accord interprofessionnel ou un décret le prévoient (C. rur. art. L 632-3). Par ailleurs, la durée du contrat ou de l'accord-cadre ne peut être inférieure à la durée minimale prévue par un accord interprofessionnel étendu, qui fixe également la durée de préavis applicable en cas de non-renouvellement du contrat ou de l'accord-cadre. Le préavis ne peut avoir de durée inférieure à trois mois s'il émane de l'acheteur (C. rur. art. L 631-24, VI).

Ces durées ne sont applicables ni aux produits soumis à accises ni aux raisins, moûts et vins dont ils résultent (C. rur. art. L 631-24, III).

La durée peut être augmentée de deux ans, si le producteur a engagé la production de ce type de produit depuis moins de cinq ans et si un accord interprofessionnel ou un décret le prévoient. Le producteur peut renoncer unilatéralement et par écrit à cette extension de durée au-delà de la durée minimale du contrat (même art.).

Si un acheteur a consenti à une cession de contrat à un producteur tiers engagé dans une production depuis moins de cinq ans, alors la durée restant à courir du contrat cédé est prolongée pour la durée minimale légale (soit trois ou cinq ans).

La notion de producteur engagé depuis moins de cinq ans s'entend d'un producteur qui vient de s'installer ou d'un producteur qui vient de démarrer une nouvelle production, mais également d'une société agricole intégrant un nouvel associé détenant au moins 10 % de son capital social ;

6. à la **force majeure**.

La force majeure est définie comme étant un évènement qui, « échappant au contrôle du débiteur, ne pouvait être raisonnablement prévu lors de la conclusion du contrat et dont les effets ne peuvent être évités par des mesures appropriées », empêche le débiteur d'exécuter son obligation (C. civ. art. 1218). Sauf abus, la force majeure peut être contractuellement aménagée (Cass. com. 8-7-1981 n° 79-15.626). Le contrat peut mentionner spécifiquement des évènements qui seront considérés comme des cas de force majeure, alors que la jurisprudence les exclurait. Ainsi, en matière agricole, il peut être stipulé que les évènements climatiques et sanitaires (grêle, sécheresse, gel, épizooties, etc.) sont des cas de force majeure ;

7. au **préavis** et aux **conditions de résiliation**.

Si la résiliation du contrat est causée par une modification du mode de production par le producteur (par exemple le passage en agriculture biologique), le délai de préavis ou l'indemnité de résiliation peuvent être réduits.

En cas de résiliation, il ne peut y avoir de pénalité liée à un aléa sanitaire ou climatique exceptionnel indépendant de la volonté des parties, notamment en cas de non-respect des volumes prévus au contrat ;

8. à la **renégociation** du contrat (C. rur. art. L 631-24, III).

Dans les contrats de plus de trois mois portant sur certains produits, afin de pallier la volatilité des prix agricoles, la clause de renégociation doit préciser les conditions et les seuils de déclenchement de la renégociation (C. com. art. L 441-8).

La renégociation doit être conduite de bonne foi, en respectant le secret des affaires, et pendant une durée qui ne peut être supérieure à un mois (C. com. art. L 441-8). Son objectif est de répartir équitablement les gains ou les pertes issues des fluctuations du marché. La renégociation doit impérativement faire l'objet d'un compte rendu dont les modalités figurent à l'article D 441-4 du Code de commerce. En cas d'échec de la mise en œuvre de la renégociation, les parties devront saisir le médiateur des relations commerciales agricoles, puis le comité des règlements des différends commerciaux agricoles (C. rur. art. L 631-28). L'insertion d'une clause de renégociation n'est pas requise pour les contrats de vente à terme (C. com. art. D 444-3-1) ni sur certains produits visés par l'administration (voir ci-dessus 1.).

Une clause de **répartition de la valeur** qui a pour effet de déterminer comment doivent être répartis entre l'acheteur et le vendeur, les gains et les pertes enregistrés sur le marché des produits concernés peut également être stipulée. Cette clause n'étant pas obligatoire, il conviendra donc de vérifier qu'un accord interprofessionnel selon la filière ne vient pas l'imposer.

En outre, **l'établissement de la facturation**, qui incombe normalement au producteur, peut être délégué à l'organisation de producteurs commercialisant ses produits. Il est également possible de déléguer la facturation auprès de l'acheteur ou d'un tiers, par décision de l'assemblée générale de l'organisation de producteurs. Que la facturation soit déléguée à l'organisation de producteurs, à l'acheteur ou à un tiers, elle doit faire l'objet d'un mandat écrit distinct du contrat qui peut être renouvelé chaque année par tacite reconduction. La résiliation de ce mandat de facturation doit faire l'objet d'un préavis d'un mois (C. rur. art. L 631-24, V).

Enfin, la proposition de contrat soumise à l'acheteur doit être annexée au contrat écrit (C. rur. art. L 631-24, VII).

> **Précisions** Des clauses spécifiques sont prévues pour les contrats de vente de lait cru de vache ainsi que, depuis le 1er janvier 2024, de lait cru de brebis (C. rur. art. L 631-24, III, R 631-9 et R 631-7 modifié par décret 2023-1040 du 15-11-2023).

84505 **Contenu de la proposition d'accord-cadre** Si la **commercialisation** est **effectuée par** une **organisation de producteurs ou** par une **association d'organisations de producteurs** reconnue, la proposition d'accord-cadre doit préciser, outre les éléments énoncés n° 84504 (C. rur. art. L 631-24, IV) :

1. la **quantité totale**, l'origine et la qualité des produits agricoles à livrer par les producteurs membres de l'organisation de producteurs ;

2. la **répartition** des quantités à livrer entre les producteurs membres de l'organisation de producteurs et les modalités de cession des contrats ;

3. les modalités de **gestion des écarts** de volumes ou des quantités à livrer ;

4. les modalités de **négociation des quantités** et de fixation ou de détermination du prix ;

5. les **modalités de transparence** mises en place par l'acheteur, auprès de l'organisation de producteurs, qui doivent prendre en compte les indicateurs figurant dans le contrat conclu avec l'acheteur en application de l'article L 631-24-1 du Code rural et de la pêche maritime. Ces éléments font référence au contrat de revente par le premier acheteur de produits comportant un ou plusieurs produits agricoles. Ce dernier contrat doit également prendre en compte les indicateurs de coût de production, et cela même en cas de vente avec un prix déterminé.

Il convient d'ajouter, que, pour les accords-cadres, l'acheteur a pour obligation de transmettre à l'organisation de producteurs les éléments figurant sur les factures individuelles des producteurs membres, qui ont donné un mandat de facturation à l'acheteur. En outre, l'acheteur devra transmettre l'ensemble des critères et des modalités de détermination du prix d'achat.

La proposition d'accord-cadre soumise à l'acheteur doit être annexée au contrat écrit ou à l'accord-cadre écrit (C. rur. art. L 631-24, VII).

En élaborant des contrats types par des accords interprofessionnels étendus, les interprofessions peuvent préciser et compléter les éléments relatifs aux clauses prévues par la contractualisation (C. rur. art. L 631-24-3, IV).

84506 **Effet de la proposition** En lieu et place des conditions générales de vente prévues par le Code de commerce, la proposition de contrat ou d'accord-cadre vaut **socle de la négociation** entre les parties.

Il ne peut y être intégré de clauses ayant pour effet de **renégocier le contrat ou de modifier automatiquement le prix** en cas de **variations de l'environnement concurrentiel**. Au titre des critères et modalités de révision ou de détermination du prix, la proposition doit prendre en compte les **indicateurs** relatifs aux coûts de production pertinents et à l'évolution de ces coûts. Dans le contrat, les parties définissent librement ces critères et ces modalités. Elles doivent aussi intégrer un ou plusieurs indicateurs relatifs aux prix des produits agricoles, ainsi qu'un ou plusieurs indicateurs relatifs aux quantités, à la composition, à la qualité, à l'origine et à la traçabilité des produits. Les indicateurs doivent être élaborés par les interprofessions, avec l'appui, le cas échéant, de l'Observatoire de la formation des prix et des marges, ou par les instituts techniques agricoles en cas de carence des interprofessions (C. rur. art. L 631-24, III).

Conclusion et exécution du contrat Lorsque l'acheteur accepte purement et simplement la proposition de contrat, ou d'accord-cadre dans le cas d'une organisation de producteurs, alors le contrat est formé. Toute réserve émise concernant les éléments principaux du contrat figurant à l'article L 631-24 du Code rural constituerait une nouvelle proposition de contrat, et elles devraient être motivées par l'acheteur dans un délai raisonnable au regard de la production concernée (C. rur. art. L 631-24, II). **84507**

SANCTIONS

Est passible d'une amende administrative de 2 % au maximum de son chiffre d'affaires HT **84508**
(dans le cas d'une organisation de producteurs, du chiffre d'affaires agrégé de l'ensemble des membres de l'organisation), et de deux fois ce montant en cas de réitération (C. rur. art. L 631-25) :
– la conclusion d'un contrat ou accord-cadre incomplet (c'est-à-dire qu'il manque une clause prévue par l'article L 631-24 du Code rural et de la pêche maritime, ou si la délégation de facturation est irrégulière) ;
– la conclusion d'un contrat ne respectant pas les stipulations d'un accord-cadre ;
– la non-transmission de la part de l'acheteur de son refus ou de ses réserves sur les éléments de la proposition, ou l'absence de motivation de sa réponse, ou réponse hors délai raisonnable ;
– l'absence de proposition d'une organisation de producteurs d'un accord-cadre écrit à son premier acheteur ;
– l'absence de proposition d'un contrat écrit de la part du producteur ;
– l'absence de respect de l'expérimentation du tunnel de prix ;
– l'achat de produits agricoles sans avoir conclu de contrat écrit ou d'accord cadre écrit.

Par ailleurs, en cas de non-respect du délai de renégociation, d'absence du compte rendu de renégociation, ou de violation des secrets de fabrication ou des affaires, l'acheteur est passible d'une amende administrative de 75 000 € pour une personne physique et 375 000 € pour une personne morale, qui peut être doublée en cas de récidive (C. rur. art. L 631-25-1).

MÉDIATEUR DES RELATIONS COMMERCIALES AGRICOLES

Le médiateur des relations commerciales agricoles, nommé par décret, peut connaître de tout **84510**
litige relatif à la conclusion ou à l'exécution d'un contrat ayant pour objet la vente ou la livraison de produits agricoles, ou la vente ou la livraison de produits alimentaires destinés à la revente ou à la transformation, y compris les litiges liés à la renégociation du prix (C. rur. art. L 631-27 à L 631-29 et D 631-1 s.).

La médiation est obligatoire avant toute saisine du juge (C. rur. art. L 631-28), sauf si le contrat stipule autre chose ou s'il y a recours à l'arbitrage.

Le médiateur peut émettre des **avis** à la demande d'une interprofession, d'une organisation syndicale ou professionnelle sur des questions relatives aux relations contractuelles ou aux indicateurs de prix relatifs aux coûts de production. Il peut faire des recommandations sur des évolutions réglementaires auprès des ministères en charge de l'agriculture et de l'économie. Il peut saisir la commission d'examen des pratiques commerciales (C. com. art. L 440-1).

En outre, le médiateur peut s'auto-saisir pour émettre un avis sur toute question transversale relative aux relations contractuelles, il peut recommander la suppression ou la modification de contrats et d'accords-cadres ou de leurs projets dont il estime qu'ils présentent un caractère abusif ou manifestement déséquilibré ou qu'il estime non conformes aux exigences du Code rural et de la pêche maritime sur le contenu du contrat. Il peut également saisir le ministre chargé de l'économie de toute clause des contrats ou accords-cadres ou de toute pratique liée à ces contrats ou accords-cadres qu'il estime présenter un caractère abusif ou manifestement déséquilibré afin que le ministre puisse, le cas échéant, introduire une action devant la juridiction compétente. Il peut aussi, décider de rendre publics ses conclusions, avis ou recommandations, y compris ceux auxquels il est parvenu au terme d'une médiation, après information préalable des parties. Enfin, le médiateur joue aujourd'hui un rôle supplémentaire en intervenant en cas d'échec de la clause de renégociation (C. rur. art. L 631-27).

TITRE V

Pluriactivité

SOMMAIRE

DÉFINITION

Alors que le modèle d'agriculture mis en place dans les années 60 reposait sur une activité de chef d'exploitation à temps complet, depuis quelques années, la pluriactivité tend à se développer chez les agriculteurs. Elle peut résulter d'un choix personnel de l'exploitant, tel que la volonté de réaliser une activité artisanale, commerciale ou libérale, ou encore de trouver un emploi salarié. Mais il peut également s'agir d'une obligation, faute pour l'agriculteur, par exemple, de pouvoir développer à moyen terme son exploitation, ou encore d'une nécessité plus ponctuelle pour affronter une crise agricole. 88000

Cette pluriactivité **n'est pas à confondre avec** la réalisation d'activités de diversification agricole. En effet, dans un passé récent, le législateur a souhaité étendre la définition de l'activité agricole pour lui adjoindre des activités qui, en relation avec la production, ont été qualifiées d'agricoles (vente à la ferme, restauration à la ferme, transformation des produits, méthanisation agricole, actions en faveur des écosystèmes, etc.). Ces activités présentent donc un caractère agricole (voir n°s 10 s.).

En revanche, il y a pluriactivité lorsque, d'une manière générale, l'exploitant se livre à des activités, autres qu'agricoles, qu'elles soient réalisées à titre indépendant ou en qualité de salarié au sein d'une autre entreprise. Tel est le cas, par exemple, d'un agriculteur exerçant également l'activité d'entrepreneur de travaux publics ou salarié d'une entreprise de transport. Il en va de même d'un agriculteur exerçant parallèlement une activité en qualité de salarié agricole d'une société commerciale vendant des produits agricoles (y compris ceux provenant de sa propre exploitation). Est encore qualifié de pluriactif l'agriculteur également associé gérant d'une société dont l'objet est de produire de l'électricité d'origine photovoltaïque (même sur ses propres bâtiments agricoles).

Cependant, cette définition de la pluriactivité est « à géométrie variable », eu égard à la **pluralité des définitions de l'activité agricole**, différentes selon les domaines juridiques, qu'il s'agisse du droit civil, du droit fiscal, du droit européen ou du droit social (n° 88005).

Au-delà de l'appréhension déjà complexe de la notion même de pluriactivité, celle-ci comporte des conséquences diverses, voire opposées, selon la réglementation applicable à l'agriculteur.

Ainsi, sur le **plan du droit civil**, la compatibilité de cette situation avec les différentes législations qui concernent le secteur agricole (baux ruraux, sociétés agricoles, contrôle des structures, aides financières, etc.) est quelquefois source de difficultés et de complications. Il en est de même

s'agissant de l'attribution de certaines **aides économiques** pour lesquelles l'agriculteur doit être qualifié d'agriculteur actif au regard des aides européennes, voire d'avoir la qualité d'agriculteur à titre principal afin de pouvoir y prétendre, ou encore celle d'agriculteur à titre secondaire, mais avec réalisation d'un certain volume minimal d'activité agricole (aides à l'installation, indemnités compensatoires de handicap naturel, etc.)
En **fiscalité**, les règles applicables en matière d'imposition des bénéfices, de TVA et de fiscalité locale génèrent des obligations déclaratives multiples, quoique le législateur tende à mettre en place, depuis plusieurs années, des régimes de simplification.
Enfin, sous l'angle **social**, les obligations des pluriactifs en termes d'affiliation et de cotisations sont particulièrement complexes, comme la détermination de leurs droits aux prestations sociales, malgré, là encore, les efforts récents de simplification du législateur.
Nous proposons ci-après l'examen des principales conséquences liées à la pluriactivité des agriculteurs, sans prétendre à l'exhaustivité eu égard à l'étendue et à la complexité du sujet.

PLURALITÉ DES DÉFINITIONS DE L'ACTIVITÉ AGRICOLE

88005 Une première difficulté pour le pluriactif vient du fait que les définitions légales de l'activité agricole ne sont pas harmonisées :
– la définition **civile** comprend les activités de production animale et végétale auxquelles il faut ajouter les activités de diversification (transformation et commercialisation des produits de l'exploitation, activités de tourisme ayant pour support l'exploitation), les activités de préparation et d'entraînement des équidés domestiques, ainsi que de la production et de la commercialisation de biogaz, d'électricité et de chaleur par la méthanisation issue pour plus de 50 % de matières provenant d'exploitations agricoles, et plus récemment les activités salicoles (nos 10 s.) ;
– la définition **fiscale** est plus étroite mais envisage des hypothèses spécifiques. Sauf rares exceptions, l'activité agricole se limite aux activités de production animale et végétale auxquelles s'ajoutent la plupart des activités équestres, la vente de biomasse ou la production d'énergie à partir de produits ou sous-produits majoritairement issus de l'exploitation agricole, la réalisation de prestations de services environnementaux et la location de droits à paiement attribués dans le cadre de la PAC (nos 5100 s. et 15900 s.) ;
– la définition **sociale** est, quant à elle, la plus large. Elle inclut les activités agricoles telles que définies sur le plan civil ainsi que diverses prestations de services de nature commerciale en lien avec l'agriculture comme, par exemple, les travaux d'entreprise agricole et les travaux forestiers (nos 38010 s.) ;
– la définition **européenne**, retenue pour l'attribution de la plupart des aides économiques, est, à l'opposé des précédentes, très étroite, visant la production, l'élevage ou la culture de produits agricoles, y compris la récolte, la traite, l'élevage et la détention d'animaux à des fins agricoles, ou le maintien d'une surface agricole dans un état qui la rend adaptée au pâturage ou à la culture à l'issue de pratiques courantes (nos 125 s.).

88010 **Conséquence de la pluralité de définitions** Une personne peut être pluriactive sous l'angle du droit civil et de la fiscalité, mais ne pas l'être d'un point de vue social si certaines des activités non agricoles (sur les plans juridique et fiscal) qu'elle réalise relèvent du régime social agricole. Il en est ainsi des personnes qui exercent une activité agricole d'élevage et de culture concomitamment à une activité de travaux d'entreprise agricoles ou de travaux forestiers. Les personnes concernées sont, sur les plans juridique et fiscal, à la fois agriculteurs et commerçants, mais relèvent du seul régime de protection sociale agricole.
Certaines activités peuvent être agricoles sur les plans civil et fiscal mais ne pas relever nécessairement du régime social agricole. Il en est ainsi des activités agricoles de culture marine qui sur le plan social relèvent, pour certaines, du régime social géré par l'Enim (Établissement national des invalides de la marine).
D'autres activités, telles celles des centres équestres peuvent être agricoles au regard des définitions du droit civil, social et fiscal, mais ne pas être reconnues agricoles par le droit européen, plaçant les personnes qui les réalisent dans une situation de pluriactivité ou d'exclusion au regard des réglementations communautaires.
Les situations de pluriactivité sont multiples et peuvent entraîner des conséquences diverses dont les principales sont relatées ci-après.

A. Aspects juridiques

PLURIACTIVITÉ ET SOCIÉTÉS AGRICOLES

Pluriactivité des sociétés Les **sociétés civiles** agricoles (Gaec, EARL et SCEA) ne peuvent avoir qu'un **objet agricole**, correspondant à la définition civile de l'activité agricole. Dans ces conditions, ces sociétés ne peuvent pas, en principe, exercer des activités commerciales, artisanales ou libérales. Le mécanisme fiscal de rattachement des recettes commerciales ou non commerciales aux recettes agricoles (CGI art. 206, 2 ; voir n° 9730) n'a strictement aucun effet sur cette règle de droit civil. 88025

L'exercice d'activités non agricoles de caractère commercial par une société civile peut, à l'extrême, entraîner l'apparition d'une société créée de fait de nature commerciale seule à même de réaliser une activité commerciale, la société civile agricole n'en ayant pas la capacité eu égard au principe de spécialité qui s'impose à elle (Cass. 3e civ. 5-7-2000 n° 98-20.821 ; Cass. com. 31-5-1988 n° 86-17.770 ; CA Rouen 22-11-1995). De même, un Gaec qui exerce une activité de travaux agricoles verra son agrément retiré dès lors qu'il ne respecte pas son objet social, avec les conséquences qui peuvent en résulter sur les aides économiques qu'il reçoit et le refus d'application de la transparence (voir Circ. DGPAAT/SDEA C2011-3032 du 27-4-2011 et Inst. DGPAAT/SDEA/2014-1055 du 23-12-2014).

De plus, des **sanctions spécifiques** peuvent résulter de l'exercice de telle ou telle activité commerciale. Par exemple, l'absence de capacité commerciale des sociétés civiles leur interdit de respecter le cahier des charges permettant d'obtenir l'agrément pour réaliser des épandages de produits phytopharmaceutiques pour le compte de tiers (Arrêté du 16-10-2020 relatif au référentiel de certification prévu par l'article R 254-3 du Code rural et de la pêche maritime nécessaire à l'agrément visé à l'article L 254-1 du même Code). L'absence d'agrément est sanctionnée par une peine de 6 mois de prison et de 15 000 € d'amende, amende pouvant être quintuplée pour les personnes morales (C. rur. art. L 254-12).

Toutefois, par exception, les sociétés civiles agricoles peuvent, sous certaines conditions, se livrer à la production d'électricité d'origine photovoltaïque sur leurs toitures (n° 102) ou au déneigement ou salage des routes malgré le caractère commercial de ces activités (voir n° 99) voire, de manière limitée, à certaines autres activités commerciales accessoires (n° 75).

Pluriactivité des associés Les associés exploitants de **SCEA** ou d'**EARL** peuvent exercer une autre activité professionnelle à titre principal ou secondaire à l'extérieur de la société agricole si les statuts ou leur forme juridique ne l'interdisent pas. Toutefois, les associés d'EARL ne doivent pas se limiter à la direction de l'exploitation (voir n° 79720). Par ailleurs, des conditions tenant à l'activité effective de l'associé peuvent être exigées pour bénéficier de certains dispositifs juridiques ou fiscaux avantageux. Ainsi en est-il, par exemple, de certaines aides économiques ou de dispositifs fiscaux tels que l'exonération des plus-values des petites entreprises (CGI art. 151 septies) ou encore des conditions pour mettre à disposition de la société des biens fonciers (voir n° 79330). 88030

Les associés de **Gaec** doivent être agriculteurs immatriculés en qualité de chefs d'exploitation au régime social agricole et exercer leur activité professionnelle à titre exclusif et à temps complet. De longue date, le ministère de l'agriculture recommande de ne pas développer d'activités extérieures en raison du risque de remise en cause, au niveau national comme européen, du principe de transparence dont les Gaec bénéficient et qui repose sur l'activité à temps complet des associés. Le non-respect de ce principe serait de nature à porter préjudice aux règles particulières d'attribution des aides économiques aux Gaec (Circ. DEPSE/SDSEA/N 98-7035 du 30-9-1998 ; Inst. tech. DGPE/SDC/2017-944 du 29-11-2017). Néanmoins, pour répondre à la demande des associés, tant pour la réalisation d'activités traditionnelles que d'activités plus nouvelles et diversifiées, des assouplissements ont été consentis en accord avec les autorités européennes : le Code rural et de la pêche maritime (C. rur. art. D 323-31-1) précise les conditions de cette pluriactivité, par principe limitée, autorisée aux associés de Gaec (n° 79610).

Contrôle des structures Sont soumis à **autorisation préalable d'exploiter** les installations, les agrandissements et les réunions d'exploitations agricoles réalisés au bénéfice d'une exploitation agricole individuelle mise en valeur par un exploitant pluriactif, sous deux conditions : 88035

– l'exploitant personne physique remplit les conditions de capacité ou d'expérience professionnelle ;

– les revenus extra-agricoles de cet exploitant excèdent 3 120 fois le montant horaire du Smic (le Smic horaire à retenir est celui en vigueur au 31 décembre précédant la demande : Cass. 3e civ. 2-2-2010 n° 09-65.147).

Ce principe s'applique quelle que soit la surface exploitée, mais n'est pas applicable aux pluriactifs exploitant au sein d'une société, cette dernière étant seule soumise au contrôle en cas d'agrandissement ou réunion d'exploitations et n'étant pas visée par le texte (C. rur. art. L 331-2, I).

STATUT DU FERMAGE

88040 Aucune disposition du statut du fermage n'interdit à un preneur d'être pluriactif. Ainsi, un bailleur ne saurait refuser le renouvellement du bail au motif que le fermier exerce une activité non agricole à l'extérieur des biens loués (Cass. 3e civ. 3-6-1992 n° 91-10.289).

88045 Les **activités non agricoles** exercées **dans les biens loués** sont autorisées si elles ne sont pas de nature à compromettre la bonne exploitation du fonds. Ainsi, la création d'une entreprise commerciale dans les lieux loués n'entraîne pas, à elle seule, la résiliation du bail (Cass. 3e civ. 27-1-1977 n° 75-14.012). En revanche, l'ouverture d'un restaurant dans des bâtiments constituant une partie essentielle des biens loués est de nature à compromettre la bonne exploitation du fonds et justifie la résiliation du bail rural (Cass. 3e civ. 14-11-2007 n° 07-10.776).
De même, l'exercice d'activités commerciales, même accessoires, par le preneur dans les lieux loués peut conduire à la résiliation du bail à ferme dès lors que le contrat de location comprend une clause interdisant l'exercice de toute activité commerciale (Cass. 3e civ. 14-5-1997 n° 95-14.377).

88050 Par ailleurs, un propriétaire bailleur ne peut valablement exercer le **droit de reprise pour exploiter** lui-même les biens loués dès lors qu'il apparaît que l'activité professionnelle non agricole qu'il exerce ne serait manifestement pas compatible avec l'activité agricole envisagée (Cass. 3e civ. 19-2-2008 n° 07-14.254, dans une espèce où le lieu de travail était trop éloigné des parcelles exploitées).

AIDES ÉCONOMIQUES

88055 Certaines aides sont, par principe, octroyées à la condition d'être agriculteur à titre principal. Tel est le cas des **aides à l'installation** attribuées aux jeunes agriculteurs. Toutefois, le jeune agriculteur à titre secondaire peut, toute autre condition respectée par ailleurs, également prétendre à une dotation d'installation minorée. Le montant de la dotation jeunes agriculteurs (DJA) accordée dans le cadre d'une **installation à titre secondaire** correspond à 50 % du montant de la DJA accordée dans le cadre d'une installation à titre principal (C. rur. art. D 343-12). Rappelons que ces aides sont désormais fixées par les régions qui en fixent les modalités dans les latitudes laissées par le cadre européen (voir nos 80406 s.).
Les **indemnités compensatoires de handicaps naturels** (ICHN) sont en principe également versées aux agriculteurs à titre principal. Cependant, sous certaines conditions, les agriculteurs installés à titre secondaire en zone de montagne et de piémont peuvent recevoir une partie de ces indemnités (C. rur. art. D 113-27). L'arrêté AGRT2305083A du 13 avril 2023 précise les conditions d'éligibilité aux aides des agriculteurs pluriactifs et détermine notamment les surfaces et les catégories d'animaux retenues pour le calcul du taux de chargement (voir n° 80540).

CUMUL D'ACTIVITÉS DES FONCTIONNAIRES

88060 Les fonctionnaires et les agents non titulaires de droit public devant consacrer l'intégralité de leur activité professionnelle aux tâches qui leur sont confiées, il leur est en principe **interdit** d'exercer à titre professionnel une activité privée lucrative de quelque nature que ce soit (CGFP art. L 123-1). Notamment, il ne leur est, en principe, pas permis de créer ou reprendre une entreprise immatriculée au registre du commerce et des sociétés ou au registre national des entreprises en tant qu'entreprise du secteur des métiers et de l'artisanat ou affiliée au régime micro-social (CSS art. L 613-7), s'ils occupent un emploi à temps complet et qu'ils exercent leurs fonctions à temps plein ; il en va notamment de même pour la participation aux organes de direction de sociétés ou d'associations à but lucratif, ou encore, d'une manière générale, du cumul d'un emploi permanent à temps complet avec un ou plusieurs autres emplois permanents à temps complet. Ces dispositions et les exceptions permettant aux fonctionnaires d'exercer une autre activité sont précisées par le décret 2020-69 du 30 janvier 2020 qui autorise plusieurs cas de cumul d'activités.

88065 **Exercice d'une activité accessoire** Sous réserve des interdictions visées n° 88060, l'agent **fonctionnaire ou contractuel exerçant à temps plein** peut, sous réserve d'obtenir l'**autorisation** de l'autorité hiérarchique dont il relève, cumuler une activité accessoire avec ses fonctions. Cette activité ne doit pas porter atteinte au fonctionnement normal, à l'indépendance ou à la neutralité du service ni placer l'intéressé en situation de prise illégale d'intérêt. Elle peut être

exercée auprès d'une personne publique ou privée. Un même agent peut être autorisé à exercer plusieurs activités accessoires.
Les **activités pouvant être exercées à titre accessoire** comprennent notamment l'exercice d'une activité agricole au sens de l'article L 311-1, alinéa 1er du Code rural et de la pêche maritime (nos 25 s.) dans des exploitations agricoles constituées ou non sous forme sociale ; ces activités peuvent donc être exercées en qualité de chef d'exploitation, de collaborateur d'exploitation, de salarié (pour les vendanges par exemple), d'associé de société de forme civile ou commerciale. En dehors de ces activités agricoles, un certain nombre d'autres activités peuvent être également exercées et sont limitativement énumérées : ces activités peuvent être connexes à une activité agricole (activités culturelles, sportives, y compris encadrement et animation par exemple). Par dérogation à l'interdiction visée n° 88060, ces activités peuvent être exercées sous le régime du micro-social prévu à l'article L 613-7 du Code de la sécurité sociale (Décret 2020-69 du 30-1-2020 art. 11).
Préalablement à l'exercice de toute activité accessoire soumise à autorisation, le fonctionnaire adresse à l'autorité hiérarchique dont il relève, qui lui en accuse réception, une **demande écrite** qui comprend au moins l'identité de l'employeur ou nature de l'organisme pour le compte duquel s'exercera l'activité accessoire envisagée, de même que les nature, durée, périodicité et conditions de rémunération de cette activité accessoire.
L'agent accompagne sa demande de toute autre information de nature à éclairer l'autorité hiérarchique sur l'activité accessoire envisagée. Si l'autorité compétente estime ne pas disposer des informations lui permettant de statuer sur la demande, elle lui demande de la compléter dans un délai maximum de 15 jours à compter de la réception de sa demande (Décret 2020-69 du 30-1-2020 art. 12).
L'**autorité compétente** notifie sa **décision** dans un délai d'un mois à compter de la réception de la demande. La décision autorisant l'exercice d'une activité accessoire peut comporter des réserves et recommandations afin d'assurer le respect des obligations déontologiques ainsi que le fonctionnement normal du service. Elle précise que l'activité accessoire ne peut être exercée qu'en dehors des heures de service de l'intéressé (Décret 2020-69 du 30-1-2020 art. 13, al. 1 et 2). En tout état de cause, il doit s'agir d'une activité occasionnelle, ou régulière, mais limitée dans le temps.
En l'**absence de décision expresse écrite** dans le délai d'un mois, la demande d'autorisation est réputée rejetée (Décret 2020-69 du 30-1-2020 art. 13, al. 3).
Tout **changement substantiel** intervenant **dans les conditions d'exercice ou de rémunération** de l'activité exercée à titre accessoire par un agent est assimilé à l'exercice d'une nouvelle activité ; l'agent doit alors adresser une nouvelle demande d'autorisation (Décret 2020-69 du 30-1-2020 art. 14).

Création ou reprise d'une entreprise L'agent qui souhaite accomplir son **service à temps partiel** pour créer ou reprendre une entreprise, notamment agricole, présente une demande d'**autorisation** à l'autorité hiérarchique avant le début de cette activité. L'autorisation d'accomplir un service à temps partiel, qui ne peut être inférieur au mi-temps, est accordée, sous réserve des nécessités de la continuité et du fonctionnement du service et compte tenu des possibilités d'aménagement de l'organisation du travail. 88066
L'autorisation **prend effet** à compter de la date de création ou de reprise de l'entreprise. Elle est accordée, pour une **durée** de trois ans et peut être renouvelée pour un an après dépôt d'une nouvelle demande d'autorisation, un mois au moins avant le terme de la première période. À l'issue, le fonctionnaire devra opérer un choix entre ses deux activités professionnelles (Décret 2020-69 du 30-1-2020 art. 16 à 25).
Une nouvelle autorisation d'accomplir un service à temps partiel pour créer ou reprendre une entreprise ne peut être accordée moins de trois ans après la fin d'un service à temps partiel pour la création ou la reprise d'une entreprise (CGFP art. L 123-8).

> **Précisions** Lorsque l'autorité hiérarchique a un doute sérieux sur la **compatibilité du projet de création** ou de reprise d'une entreprise avec les fonctions exercées par le fonctionnaire au cours des trois années précédant sa demande d'autorisation, elle saisit pour avis, préalablement à sa décision, le référent déontologue. Lorsque son avis ne permet pas de lever ce doute, l'autorité hiérarchique saisit la Haute Autorité pour la transparence de la vie publique (CGFP art. L 123-8).

Fonctionnaire à temps non complet ou incomplet Le fonctionnaire, ou l'agent contractuel, qui occupe un emploi permanent à temps non complet ou incomplet pour lequel la **durée du travail est inférieure ou égale à 70 %** de la durée légale ou réglementaire du travail peut exercer, à titre professionnel, une activité privée lucrative dès lors que cette activité est compatible avec les fonctions qu'il exerce ou l'emploi qu'il occupe (CGFP art. L 123-5). 88068

L'intéressé présente une **déclaration** écrite à l'autorité hiérarchique dont il relève pour l'exercice de ses fonctions, selon un modèle défini par arrêté du ministre chargé de la fonction publique. Cette déclaration mentionne la nature de la ou des activités privées envisagées ainsi que, le cas échéant, la forme et l'objet social de l'entreprise, son secteur et sa branche d'activités (Décret 2020-69 du 30-1-2020 art. 8 et 9).

88070 **Recrutement d'un fonctionnaire ou agent contractuel** Le lauréat d'un concours ou une personne recrutée en qualité d'agent contractuel de droit public peut continuer à exercer son **activité privée en tant que dirigeant d'une société ou d'une association** à but lucratif pendant un an, renouvelable une fois, à compter de son recrutement (CGFP art. L 123-4). La poursuite d'une telle activité doit cependant être compatible avec ses obligations de service. Elle ne doit, en outre, ni porter atteinte au fonctionnement normal, à l'indépendance, à la neutralité du service ou aux principes déontologiques applicables. L'intéressé présente une déclaration écrite à l'autorité hiérarchique dont il relève pour l'exercice de ses fonctions, dès sa nomination en qualité de fonctionnaire stagiaire ou préalablement à la signature de son contrat. Cette déclaration mentionne la forme et l'objet social de l'entreprise ou de l'association, son secteur et sa branche d'activité (Décret 2020-69 du 30-1-2020 art. 6 et 7).

B. Aspects fiscaux

88100 Au regard de l'impôt sur le revenu (activités exercées à titre individuel ou dans le cadre d'une société de personnes relevant de l'impôt sur le revenu), l'exercice d'**activités** professionnelles **accessoires non agricoles** (commerciales ou non commerciales) conduit à la réalisation de revenus qui ne relèvent pas des règles de la fiscalité agricole. Ces revenus doivent, en principe, être soumis aux règles d'imposition correspondant à leur nature : bénéfices industriels et commerciaux (BIC) ou bénéfices non commerciaux (BNC).
Les mêmes principes s'appliquent pour la **TVA**, les opérations réalisées devant être assujetties au régime agricole de TVA ou au régime général selon leur nature.
La loi permet toutefois aux agriculteurs individuels, sous certaines conditions, de rattacher ces recettes accessoires aux bénéfices agricoles réels et de les soumettre au régime des bénéfices agricoles comme à celui de la TVA agricole (n° 88110).
Un dispositif analogue de globalisation des recettes accessoires est institué au profit des sociétés civiles en matière de TVA et d'**imposition des bénéfices**, pour celles ne relevant pas du régime des micro-exploitations agricoles dit « micro-BA » (n° 88120).
Dans la situation inverse où l'**activité agricole** est **accessoire** à une activité industrielle ou commerciale, ou à une activité libérale, les profits qui en résultent peuvent, sous certaines conditions, être imposés respectivement au titre des bénéfices industriels et commerciaux (voir n° 5205) ou au titre des bénéfices non commerciaux (voir n° 5210). Ils peuvent aussi, sous certaines conditions, être soumis au régime général de la TVA (voir n° 1220).
En matière **d'impôts locaux**, aucun dispositif de portée générale n'est prévu en faveur des agriculteurs exerçant une autre activité indépendante. Toutefois, en matière de taxe foncière sur les propriétés bâties, l'exercice d'une activité non agricole accessoire ne remet pas en cause l'exonération du bâtiment rural dans lequel cette activité est exercée. Le législateur a également neutralisé l'incidence de certaines activités annexes (production d'électricité d'origine photovoltaïque, production de biogaz, d'électricité et de chaleur par la méthanisation, etc.) en matière de taxe foncière sur les propriétés bâties et de cotisation foncière des entreprises (voir n°s 88135 s.).

88105 Lorsque l'activité commerciale, artisanale ou libérale d'un exploitant agricole est réalisée au sein d'une société relevant de l'impôt sur les sociétés, la perception par celui-ci de **salaires**, ou de **rémunérations** de gérants ou associés **visées à l'article 62** du CGI, selon la forme de la société et son implication dans celle-ci, n'appelle pas de commentaire particulier. En effet, ces revenus restent imposables, quel que soit leur montant, selon les règles des traitements et salaires dans les catégories des traitements et salaires ou des revenus de dirigeants visés à l'article 62.

PLURIACTIVITÉ ET IMPOSITION DES BÉNÉFICES

88110 **Exploitants individuels** Les **recettes commerciales et non commerciales accessoires** réalisées par des exploitants agricoles individuels **relevant d'un régime de bénéfice réel** sont en principe imposables distinctement, selon le cas, dans la catégorie des bénéfices industriels et commerciaux (BIC) ou des bénéfices non commerciaux (BNC). Elles sont soumises, le cas échéant, au régime des micro-entreprises : voir n°s 9720 s.

Afin d'éviter une multiplication des déclarations de résultats, ces recettes accessoires y compris celles tirées de la production d'électricité d'origine photovoltaïque ou éolienne, peuvent être rattachées aux résultats agricoles et taxées comme ces derniers lorsque la moyenne de leurs recettes, au titre des trois années civiles précédant la date d'ouverture de l'exercice, n'excède ni 50 % de la moyenne des recettes agricoles appréciée sur la même période ni 100 000 €. Pour les exploitants individuels également membres de sociétés de personnes, ces seuils s'apprécient en tenant compte uniquement des recettes réalisées à titre personnel, à l'exclusion des recettes agricoles et non agricoles réalisées par la société ou le groupement (CGI art. 75). L'option pour ce régime de rattachement ne peut se cumuler au titre d'un même exercice avec l'application des régimes « micro » BIC et BNC (voir n° 9721).

Cependant, les revenus provenant d'activités accessoires non agricoles ne peuvent donner lieu ni à l'**abattement** sur le bénéfice des jeunes agriculteurs (n°s 14600 s.), ni à la **déduction** pour épargne de précaution (n°s 14800 s.). Ces revenus sont également exclus du régime d'**étalement des bénéfices** exceptionnels prévu à l'article 75-0 A du CGI (n°s 12020 s.).

Enfin, les **déficits** issus des mêmes activités ne peuvent pas être imputés sur le revenu global, pas plus que sur les bénéfices agricoles (n° 9720).

Les **exploitants** agricoles **relevant du régime micro-BA** (CGI art. 64 bis) qui réalisent des opérations commerciales ou non commerciales accessoires sont imposés séparément, pour les profits tirés de ces activités, dans la catégorie des BIC ou des BNC. Les régimes « micro » BIC et BNC sont, le cas échéant, applicables (voir n°s 7770 et 7800). **88115**

Les **exploitants agricoles exclus des régimes micro (BIC et/ou BNC) ou qui y ont renoncé** sont imposés au titre de ces activités accessoires selon un régime réel. Cette situation ne fait pas obstacle à l'application du régime micro-BA pour l'imposition des bénéfices provenant de l'activité agricole des exploitants concernés (voir n° 7880).

Sociétés civiles Les sociétés civiles qui réalisent des opérations commerciales accessoires relèvent en principe obligatoirement de l'impôt sur les sociétés (CGI art. 206, 2). **88120**

Par exception, les **sociétés** civiles agricoles **soumises à un régime réel** d'imposition ne sont pas assujetties à l'impôt sur les sociétés lorsque les recettes tirées de l'ensemble de leurs activités commerciales et non commerciales accessoires n'excèdent pas les limites prévues par l'article 75 du CGI, c'est-à-dire 50 % des recettes agricoles ou 100 000 €, appréciées comme indiqué n° 88110 (CGI art. 206 et art. 75 ; voir n° 9730). Dans ce cas, les recettes accessoires sont rattachées aux résultats agricoles et taxées comme tels. On signalera en particulier qu'il est tenu compte de la transparence des Gaec pour apprécier le seuil de 100 000 € (voir n° 26705, Précisions, b).

En l'absence de toute recette commerciale, situation rare en pratique, le dépassement des seuils par les seules recettes non commerciales n'entraîne pas l'assujettissement à l'impôt sur les sociétés, et une déclaration distincte au titre des BNC doit seulement être produite (n° 9730).

Les **sociétés susceptibles de relever du micro-BA** (certains Gaec et groupements forestiers, certaines EARL dont l'associé unique dirige l'exploitation, ainsi que certaines sociétés créées avant le 1er janvier 1997 : voir n° 6180) ne sont pas soumises à l'impôt sur les sociétés lorsque les activités accessoires commerciales qu'elles peuvent réaliser n'excèdent pas les limites mentionnées n° 8000 (CGI art. 206). **88125**

Elles sont alors imposées séparément pour leurs activités commerciales et non commerciales accessoires d'après les règles prévues en matière de BIC ou de BNC. L'imposition est obligatoirement établie selon le régime réel simplifié ou le régime de la déclaration contrôlée dès lors que les sociétés de personnes sont exclues des régimes micro-BIC et micro-BNC.

Cette situation ne fait pas obstacle à l'application du régime micro-BA pour l'imposition des bénéfices provenant de l'activité agricole des sociétés concernées (n° 8000).

PLURIACTIVITÉ ET TVA

Le régime de la TVA agricole s'applique pour l'essentiel aux activités de production animale et végétale (n°s 165 s.) ainsi qu'aux prestations équestres (n°s 1100 s.). **88130**

Les activités commerciales, artisanales ou non commerciales relèvent en principe **du régime général de la TVA** quand bien même ces activités sont réalisées par un agriculteur redevable de la TVA agricole (n°s 600 s.).

Par exception, les **recettes accessoires** commerciales et non commerciales, passibles de la TVA et réalisées par un exploitant agricole ou une société agricole, peuvent être imposées selon le régime de la TVA agricole sous des plafonds identiques et des modalités voisines de ceux retenus pour l'imposition des bénéfices commerciaux et non commerciaux. La portée pratique de ce dispositif est toutefois limitée dans la mesure ou les activités non agricoles accessoires peuvent bénéficier de la franchise de TVA lorsqu'elles génèrent un chiffre d'affaires inférieur aux limites mentionnées n°s 1210 s.

PLURIACTIVITÉ ET IMPÔTS DIRECTS LOCAUX

88135 Les personnes physiques ou morales qui exercent une activité agricole sont exonérées de **cotisation foncière des entreprises** (CGI art. 1450 et 1451) et, corrélativement, de **cotisation sur la valeur ajoutée** des entreprises (qui sera supprimée à compter de 2027). Mais cette exonération ne s'étend pas aux activités à caractère commercial que peuvent exercer les exploitants pluriactifs. Il en est ainsi quand bien même les produits et charges de ces activités seraient fiscalement rattachés aux bénéfices agricoles. Les exploitants qui exercent à la fois une activité agricole exonérée et une activité commerciale taxable ne sont soumis à la cotisation foncière des entreprises que sur les moyens nécessaires à cette dernière activité (voir n°s 29910 s.).
Notons par ailleurs qu'une exonération permanente de cotisation foncière des entreprises s'applique aux activités de production de biogaz, d'électricité et de chaleur par la méthanisation agricole (n° 29920, 6).

88137 Les bâtiments ruraux sont exonérés de **taxe foncière sur les propriétés bâties** (CGI art. 1382, 6° : n° 29435). Cette exonération est réservée aux bâtiments affectés de manière exclusive à un usage agricole. Toutefois, l'exonération est maintenue lorsque les bâtiments ruraux ne sont plus utilisés pour un usage agricole mais ne sont pas affectés à un autre usage. Par ailleurs, l'exercice d'une **activité accessoire** dans un bâtiment servant à l'exploitation rurale ne fait pas obstacle à l'exonération lorsque la moyenne des recettes tirées de cette activité au cours des trois années précédant celle de l'imposition n'excède pas 10 % de la moyenne des recettes totales réalisées dans le bâtiment au cours des mêmes années.
Enfin, l'exercice d'une activité de production d'électricité d'origine photovoltaïque ayant pour support un bâtiment agricole ne remet pas en cause l'exonération (CGI art. 1382, 14°). Dès lors, les installations de production d'électricité d'origine photovoltaïque faisant corps avec le bâtiment agricole sont exonérées de ladite taxe (n° 29435).
En ce qui concerne l'exonération facultative prévue en faveur des bâtiments affectés à l'activité de **déshydratation de fourrages**, voir n° 29445.
Comme en matière de cotisation foncière des entreprises, une exonération de taxe foncière sur les propriétés bâties a été instaurée au titre des installations et bâtiments affectés à la production de biogaz, d'électricité et de chaleur par la méthanisation agricole (n° 29446).

C. Aspects sociaux

PRINCIPES

88150 **Double affiliation** Les personnes qui exercent **plusieurs activités professionnelles** de façon simultanée ou successive relevant de régimes sociaux différents doivent en principe procéder à leur affiliation et acquitter des cotisations sociales auprès de chaque régime applicable.
Ainsi, en matière d'assurance maladie, sont affiliées et cotisent simultanément aux régimes dont relèvent leurs activités les personnes qui exercent simultanément plusieurs activités dont l'une relève du régime social des non-salariés agricoles (CSS art. L 171-2-1 ; C. rur. art. L 722-12). Il en va en général de même en matière d'assurance vieillesse (CSS art. L 171-2-1 et L 171-6-1).

88155 **Unicité des prestations sociales** Bien que l'affiliation soit double (n° 88150), au titre de l'assurance **maladie-maternité**, le principe est celui de l'unicité des prestations.
En cas d'activités simultanées, l'assuré ne peut donc prétendre qu'aux prestations du régime correspondant à son activité principale (C. rur. art. L 732-9). Certaines exceptions permettent cependant de bénéficier de prestations servies par le régime social correspondant à l'activité secondaire exercée (voir n°s 88190 s.).
En cas d'activités successives, l'assuré reçoit les prestations du régime auquel il est affilié du fait de sa nouvelle activité, ce régime pouvant être un régime salarié, agricole ou non, ou non salarié, agricole ou non. Les prestations en espèces en cas de maladie sont servies par le régime auquel était affilié l'assuré au jour de l'interruption de travail (CSS art. R 172-12-3).
Ces règles conduisant au versement des prestations par un seul régime ne concernent pas, sauf exceptions, le service des prestations d'**assurance vieillesse** dès lors qu'il s'agit de régimes contributifs ; voir n° 88220.

Détermination des activités principale et secondaire En matière d'assurance maladie-maternité, déterminer les activités exercées à titre principal et secondaire par l'agriculteur pluriactif est essentiel puisqu'il s'ensuit des conséquences sur le service des prestations, le montant des cotisations, voire même sur l'organisme d'affiliation. 88160
Mais cette recherche n'est pas simple : l'**appréciation** du caractère principal ou secondaire des activités **diffère** selon la nature des activités et la qualité en vertu de laquelle leur titulaire les exerce. Ainsi, selon la jurisprudence, l'activité principale est celle qui procure le revenu professionnel le plus important et à laquelle la personne consacre le plus de temps (à défaut de convergence de ces deux éléments, le critère du revenu prime celui du temps passé). Mais des présomptions réglementaires viennent contredire, dans un but de simplification, l'application de ce principe. Tel est le cas, par exemple, pour les non-salariés agricoles pour lesquels l'activité la plus ancienne est, depuis la réforme opérée par l'article 9 de la loi 2014-1554 du 22 décembre 2014, considérée comme principale (n°s 88190 s.).
Eu égard à l'étendue du sujet, sa complexité et au champ couvert par les présents développements, nous n'envisagerons que la situation des **chefs d'exploitation agricole exerçant une autre activité**, qu'elle relève d'un régime de salarié (agricole ou non agricole) ou du régime des non-salariés non agricoles.

1. CUMUL D'ACTIVITÉS NON SALARIÉES AGRICOLES ET D'ACTIVITÉS SALARIÉES

Les personnes qui exercent **de façon simultanée ou successive** une activité non salariée agricole et une activité salariée (agricole ou non) ne font l'objet d'aucune règle de simplification qui leur permettrait de relever, en cotisations ou en prestations, du seul régime correspondant à leur activité principale. 88175
Ces personnes sont obligatoirement affiliées auprès des **différents régimes** correspondant aux activités exercées et acquittent des cotisations sociales auprès de chacun de ces régimes.
Cette situation nécessite toutefois de distinguer l'activité principale et l'activité secondaire exercées par l'agriculteur pluriactif selon des critères spécifiques, pour les besoins de la détermination du montant des cotisations et des droits à prestations sociales dans chaque branche de protection sociale concernée (maladie-maternité et vieillesse).

RÈGLES APPLICABLES À L'ASSURANCE MALADIE-MATERNITÉ INVALIDITÉ

Prestations Les pluriactifs qui exercent concomitamment des activités non salariée agricole et salariée ne bénéficient en principe des prestations qu'auprès du régime correspondant à leur **activité principale**. De nouvelles règles sont entrées en vigueur le 19 juillet 2015, dont de nouveaux critères pour déterminer le régime principal pour le versement des prestations (Décret 2015-877 du 16-7-2015 : JO 18). 88190

> **Précisions** Les femmes pluriactives exerçant une activité salariée à titre principal et une activité non salariée agricole à titre secondaire peuvent percevoir, outre les prestations du régime général, l'**allocation de remplacement des agricultrices** sous certaines conditions et limites (voir n° 45240).

Prestations en cas de pluriactivité née depuis le 19 juillet 2015 Pour les situations de pluriactivité ayant débuté depuis le 19 juillet 2015, le droit aux remboursements des frais de santé et aux prestations en espèces des assurances maladie maternité invalidité est ouvert dans le régime de l'activité principale (C. rur. art. L 732-9). Ce régime est celui de l'**activité la plus ancienne** (C. rur. art. D 732-2-0-1 qui renvoie à CSS art. D 171-12). 88195
Toutefois, les assurés peuvent opter pour le régime de la **nouvelle activité** (C. rur. art. D 732-2-0-1 ; CSS art. D 160-15 et D 160-18). L'option est opérée à leur demande au moyen d'un téléservice ou à défaut d'un formulaire mis à disposition par le régime de l'activité auquel l'assuré souhaite être rattaché. L'assuré est informé de son nouveau rattachement par l'organisme compétent dans un délai d'un mois.
Par ailleurs, une disposition particulière est prévue pour les prestations en espèces maladie et maternité. Si, au titre de l'**activité salariée** (même accessoire), le pluriactif remplit les conditions de durée du travail ou de versement de cotisations prévues par le Code de la sécurité sociale pour l'ouverture du droit à ces prestations, celles-ci peuvent, selon le cas, être servies par le régime salarié compétent, agricole ou général (C. rur. art. L 732-9). En revanche, si l'activité **non salariée agricole** est secondaire, l'intéressé ne peut pas bénéficier des indemnités journalières « Amexa », c'est-à-dire du régime maladie-maternité agricole non salarié (C. rur. art. L 732-4 1°).

L'assuré non salarié agricole par ailleurs salarié peut prétendre au versement des indemnités journalières (IJ) maladie auprès du régime des salariés (MSA ou régime général) dont il relève dès lors qu'il est victime d'une maladie professionnelle ou d'un accident du travail dans le cadre de son activité non salariée agricole. Ces assurés pluriactifs peuvent donc prétendre au **cumul des IJ maladie au titre de leur activité salariée** avec les IJ du régime Atexa en raison d'un accident du travail survenu sur leur exploitation agricole (CSS art. L 172-1-1).

EXEMPLE

Pierre exerce une activité de salarié relevant du régime général depuis 2005. Il débute à compter du 19 juillet 2024, une activité non salariée agricole.

L'activité de salarié du régime général étant la plus ancienne, c'est le régime général qui doit verser à Pierre les remboursements de ses frais de santé et ses prestations en espèces, sauf option contraire pour l'autre régime.

Si Pierre souhaite relever du régime de son activité non salariée agricole, il devra opter pour le régime non salarié agricole, lequel deviendra compétent pour le service des prestations.

Toutefois, conformément à l'article L 732-9 du Code rural, si au titre de l'activité salariée, Pierre remplit les conditions d'ouverture de droit, il pourra prétendre au versement d'indemnités journalières de salarié versées par le régime général.

88197 Les personnes qui exercent simultanément une activité non salariée agricole et une activité salariée, agricole ou non, dont l'une est permanente et l'autre est **saisonnière** bénéficient d'un traitement particulier. À l'instar des pluriactifs exerçant des activités indépendantes, ces assurés doivent être rattachés au seul régime correspondant à leur activité permanente, laquelle est réputée être l'activité principale (CSS art. D 171-12 sur renvoi de C. rur. art. D 732-2-0-1). Si cette activité est la plus récente, l'affiliation au régime dont relève l'activité permanente prend effet à la date à laquelle la situation de cumul débute. Cette disposition permet d'éviter les mutations entre régimes pour ces pluriactifs exerçant une activité à caractère saisonnier. Ces assurés relèvent, pour l'ensemble des prestations en nature et en espèces, d'un seul régime de sécurité sociale, le régime de leur activité permanente.

88200 **Prestations en cas de pluriactivité antérieure au 19 juillet 2015** Les pluriactifs salariés (agricoles ou non) et non salariés agricoles dès avant le 19 juillet 2015 relèvent du régime de leur activité principale, lequel a été déterminé avant la publication du décret instaurant le nouveau régime (Décret 2015-877 du 16-7-2015) et selon les règles antérieures. Afin d'éviter les mutations entre régimes, l'activité la plus ancienne ne peut pas être la première activité qui a été exercée ; est retenue l'activité principale en application des anciennes règles de détermination de l'activité principale (Lettre CCMSA à toutes les Caisses n° DG-2015-497 du 4-12-2015). Toutefois, le pluriactif peut opter pour le régime de l'autre activité, selon les modalités prévues à l'article D 160-15 du Code de la sécurité sociale (n° 88195).

EXEMPLE

Paule exerce une activité de salariée non agricole relevant du régime général depuis 2006. Elle a débuté, le 1er juillet 2009 une activité non salariée agricole.

L'activité salariée non agricole est l'activité principale compte tenu des anciennes règles relatives à la détermination de l'activité principale. En conséquence, il appartient au régime général de continuer à verser à Paule le remboursement de ses frais de santé et les prestations en espèces, sauf option contraire de sa part pour l'autre régime.

Si Paule souhaite relever du régime de son activité non salariée agricole, elle devra opter pour ce régime, lequel deviendra compétent pour le service des prestations.

Toutefois, dans cette hypothèse, conformément à l'article L 732-9 du Code rural, si au titre de l'activité salariée, Paule remplit les conditions d'ouverture de droits, elle pourra prétendre au versement d'indemnités journalières de salarié versées par le régime général.

88210 **Cotisations Amexa des non-salariés agricoles à titre secondaire** Le taux de la cotisation d'assurance **maladie, invalidité et maternité** dont sont redevables pour eux-mêmes les chefs d'exploitation ou d'entreprise agricole exerçant à titre secondaire est fixé à 7,48 % (C. rur. art. D 731-92). L'alignement du taux des cotisations maladie-maternité sur celui des travailleurs indépendants ne concerne que les chefs d'exploitation à titre exclusif ou principal (C. rur. art. D 731-91 ; CSS art. D 621-3 ; voir n° 44105).

Par ailleurs, les chefs d'exploitation (ou d'entreprise) agricole à titre secondaire ne sont pas redevables de la **cotisation « indemnités journalières »** de 230 € pour 2024 (n° 44118), y compris en présence de membres de la famille participant aux travaux (collaborateur ou aides familiaux).

Cotisations invalidité des non-salariés agricoles pluriactifs La cotisation minimale d'assurance invalidité due par les non-salariés agricoles qui exercent une ou plusieurs activités relevant de régimes de sécurité sociale distincts et dont l'activité non salariée agricole est exercée à titre principal est **réduite** d'un montant de 10 %. Cette réduction n'est opérée qu'une seule fois quel que soit le nombre d'activités accessoires exercées (C. rur. art. D 731-96). Cette cotisation n'est pas due par les non-salariés à titre secondaire. **88212**

Cotisations Atexa des non-salariés agricoles à titre secondaire Les agriculteurs à titre secondaire sont redevables de cotisations forfaitaires d'accident du travail minorées, dans chaque catégorie de risques, pour tenir compte du moindre temps passé sur l'exploitation. Il en va de même pour les conjoints, concubins et partenaires d'un Pacs qui relèvent d'un autre régime à titre principal (C. rur. art. L 752-16 ; voir n° 44520). **88213**

RÈGLES APPLICABLES À L'ASSURANCE VIEILLESSE
COTISATIONS DES NON-SALARIÉS AGRICOLES À TITRE SECONDAIRE

Les personnes non salariées agricoles à titre secondaire sont **dispensées** de la cotisation d'assurance vieillesse individuelle (AVI) au sein du régime non salarié agricole. De ce fait, elles ne se constituent pas de droits à la retraite forfaitaire au titre de la période considérée (n° 88225). **88215**

Ces personnes restent **redevables** des cotisations au titre de l'assurance vieillesse agricole (AVA) et de la retraite complémentaire obligatoire agricole (RCO) dans les conditions de droit commun avec l'application éventuelle d'une assiette minimale. Elles se constituent des droits à la retraite, sous forme de points dans chacun de ces régimes, correspondant aux cotisations versées.

Cumul des droits aux prestations à l'assurance vieillesse Lorsqu'une personne exerce **simultanément** une **activité salariée et** une activité **non salariée**, elle est affiliée à l'organisme d'assurance vieillesse dont relève son activité non salariée, même si cette activité est exercée à titre accessoire, et sans préjudice de son affiliation au régime des travailleurs salariés. **88220**

Si une personne a cotisé simultanément à un régime de sécurité sociale en tant que salariée et à un autre régime en tant que non-salariée, les avantages qui lui sont dus au titre de ses cotisations se cumulent (CSS art. L 171-2-1).

Composition des pensions de retraite Dans la logique contributive des cotisations versées (n° 88215), les personnes ayant exercé, concurremment avec une activité salariée, une activité agricole non salariée ne présentant qu'un caractère accessoire **peuvent prétendre** à la pension de retraite proportionnelle (C. rur. art. L 732-28) ainsi qu'à la retraite complémentaire obligatoire (C. rur. art. L 732-56 s.). **88225**

En revanche, ces personnes ne peuvent **pas bénéficier** de la pension de retraite forfaitaire agricole pour la durée pendant laquelle l'activité non salariée agricole a été secondaire. Dès lors, les personnes concernées ne sont **pas redevables** des cotisations au titre de l'assurance vieillesse individuelle qui ouvre droit à cette retraite forfaitaire.

TABLEAUX DE SYNTHÈSE

Nous présentons ci-après deux tableaux qui résument les principales cotisations sociales dues et les prestations servies dans deux situations fréquentes. La première concerne les agriculteurs à titre principal et salariés à titre secondaire, la seconde intéresse les agriculteurs à titre secondaire et salariés à titre principal. La situation des agriculteurs également non salariés non agricoles est, sauf exception, régie par les règles de simplification visées n°s 88245 s. **88230**

Remarque : Les **valeurs mentionnées** dans les tableaux n°s 88232 et 88235 ci-après sont celles arrêtées au 1er septembre 2024 ; il s'agit des valeurs 2024 sauf indications contraires.

88232 **Principales cotisations et prestations des pluriactifs : agriculteurs à titre principal et salariés à titre secondaire**

	Régime non salarié agricole à titre principal		Régime salarié à titre secondaire	
	Cotisations sur revenus professionnels	Prestations sociales	Cotisations sur salaires	Prestations sociales
Assurance maladie maternité invalidité	0 à 6,50 % (8,50 % à compter du 1-1-2026) Maladie-maternité (pas d'assiette min.)[1] – 1,1 % Invalidité (assiette min. : 11,5 % PASS soit 5 332 € en 2024 ; cotis. réduite de 10 % dans ce cas) – 230 € cotis. forfaitaire IJ	Remboursement des frais médicaux hospitaliers, chirurgicaux et pharmaceutiques Prestations en espèces : – allocation de remplacement maternité – IJ maladie	– 13,00 % (cotis. patronales) – 7 % (cotis. patronales) si rémunération < 2,5 Smic	Non, sauf indemnités journalières si conditions remplies
Assurance vieillesse	**AVI** : – 3,32 % – assiette min. : 800 Smic – max. : 1 PASS (46 368 € en 2024)	Retraite forfaitaire	– 15,45 % (sous le PASS) dont 8,55 % (cotis. patronales) et 6,90 % (cotis. salariales) – 2,42 % (sur totalité du salaire) dont 2,02 % (cotis. patronales) et 0,40 % (cotis. salariales) + cotis. variables au titre de la retraite complémentaire	Pensions de vieillesse de base et complémentaire
	AVA : – 11,55 % (max. : 1 PASS) – 2,24 (2,36 % à compter du 1-1-2026) (sans plafond) – assiette min. : 600 Smic	Retraite proportionnelle		
	RCO : – 4 % – assiette min. : 1 820 Smic + taux progressif allant jusqu'à 3 % de 0 à 200 % du PASS à compter du 1-1-2026[2]	Retraite complémentaire		
Prestations familiales	– 0 (jusqu'à 110 % PASS) – 0 à 3,10 % selon RP (entre 110 et 140 % du PASS) – 3,10 % au-dessus de 140 % du PASS – sans assiette min. et sans plafonnement	Prestation d'allocations familiales	3,45 % (rem. < 3,5 Smic) à 5,25 % (rem. > 3,5 smic) sans plafonnement (cotis. patronales)	Non
Accidents du travail	515,55 à 560,38 € (selon catégorie de risques)	Prise en charge des frais de santé indemnités journalières ou rentes	Proportionnelle : variable selon secteur d'activité et effectif de l'entreprise	Prise en charge des frais de santé, indemnités journalières ou rentes

1. Concernant les modalités d'application des taux Amexa et le traitement des chefs d'exploitation domiciliés à l'étranger, voir n° 44105, Précisions.
2. Voir n° 44400, Précisions.

Principales cotisations et prestations des pluriactifs : agriculteurs à titre secondaire et salariés à titre principal 88235

	Régime non salarié agricole à titre secondaire		Régime salarié à titre principal	
	Cotisations sur revenus professionnels	Prestations sociales	Cotisations sur salaires	Prestations sociales
Assurance maladie maternité invalidité	– 7,48 % Maladie-maternité[1] (pas d'assiette min.)	Non, sauf allocation de remplacement maternité des agricultrices Absence d'IJ maladie et prestations invalidité	– 13,00 % (cotis. patronales) – 7 % (cotis. patronales) si rémunération < 2,5 Smic	Prestations en nature Prestations en espèces
Assurance vieillesse	**AVA** : – 11,55 % (max. : 1 PASS) – 2,24 % (2,36 % à compter du 1-1-2026) (sans plafond) – assiette min. : 600 Smic **RCO** : – 4 % – assiette min. : 1 820 Smic + taux progressif allant jusqu'à 3 % de 0 à 200 % du PASS à compter du 1-1-2026[2]	Retraite proportionnelle Retraite complémentaire	– 15,45 % (sous le PASS) dont 8,55 % (cotis. patronales) et 6,90 % (cotis. salariales) – 2,42 % (sur totalité du salaire) dont 2,02 % (cotis. patronales) et 0,40 % (cotis. salariales) + cotis. variables au titre de la retraite complémentaire	Pensions de vieillesse de base et complémentaire
Prestations familiales	– 0 (jusqu'à 110 % PASS) – 0 à 3,10 % selon RP (entre 110 et 140 % du PASS) – 3,10 % au-dessus de 140 % du PASS – sans assiette min. et sans plafonnement	Non	3,45 % (rem. < 3,5 Smic) à 5,25 % (rem. > 3,5 smic) sans plafonnement (cotis. patronales)	Prestations familiales
Accidents du travail	257,77 € à 280,19 € (selon catégorie de risque)	Prestations en nature, indemnités journalières ou rentes	Proportionnelle : variable selon secteur d'activité et effectif de l'entreprise (cotis. patronales)	Prestations en nature, indemnités journalières ou rentes

1. Concernant les chefs d'exploitation domiciliés à l'étranger, voir n° 44105.
2. Voir n° 44400, Précisions.

2. CUMUL D'ACTIVITÉS NON SALARIÉES AGRICOLES ET NON AGRICOLES

RÉGIME DE SIMPLIFICATION

Les personnes pluriactives doivent en principe être affiliées auprès des différents régimes sociaux correspondant aux activités qu'elles exercent. Il existe cependant un régime de simplification qui permet aux pluriactifs non salariés de ne relever que d'un **seul régime social** (CSS art. L 171-3). Ce régime qui se substitue au dispositif mis en place par la loi 2005-157 du 23 février 2005 relative au développement des territoires ruraux, a été réformé par la loi 2014-1554 de financement de la sécurité sociale pour 2015. Il en résulte un dispositif simple et applicable de plein droit. 88245

Il **concerne** les personnes qui exercent simultanément deux activités non salariées, l'une agricole, l'autre non agricole. Celles qui exercent deux activités dont l'une est salariée (quel que soit

le régime social compétent) ne peuvent pas en bénéficier ; elles restent doublement affiliées et doivent acquitter des cotisations sociales auprès de chaque régime compétent (n° 88175).
Les personnes exerçant simultanément plusieurs activités professionnelles indépendantes sont affiliées et cotisent également, au régime d'assurance vieillesse dont relève leur activité principale (CSS art. L 171-6-1).

88250 Les personnes qui exercent simultanément plusieurs activités indépendantes agricoles et non agricoles doivent être affiliées, cotiser et s'acquitter des contributions sociales sur l'ensemble de leurs revenus selon les modalités en vigueur dans le régime correspondant à l'**activité** réputée **principale**. Ce principe ne diffère pas de celui qui prévalait avant l'entrée en vigueur de la loi de financement de la sécurité sociale pour 2015 : les personnes concernées restent rattachées au seul régime de protection sociale correspondant à leur activité réputée principale. En revanche, les critères de définition de l'activité principale sont modifiés puisqu'il s'agit désormais de l'activité la plus ancienne (CSS art. L 171-3).
En conséquence, les pluriactifs non-salariés bénéficient de **prestations** sociales auprès du seul régime correspondant à l'activité la plus ancienne auprès duquel les cotisations sont versées.
Ce régime **obligatoire** de simplification ne connaît qu'une seule exception qui concerne certains pluriactifs relevant du régime des micro-entrepreneurs (n° 88295).

> **Précisions a.** On remarquera que subsiste dans le Code rural une règle ancienne de simplification qui semble ne plus être appliquée, ou plutôt se confondre avec l'actuel régime de simplification. Elle dispose que la cotisation d'assurance maladie n'est due qu'au titre de l'activité principale lorsque les résultats de l'activité agricole sont retenus pour la détermination des **bénéfices industriels et commerciaux**, en application de l'article 155 du CGI (n° 5205). Cette cotisation est assise sur l'ensemble des revenus professionnels (C. rur. art. L 722-12). Ce texte a pour effet d'affilier au régime des indépendants les personnes réalisant des activités agricoles accessoires, tel un marchand de bestiaux exerçant, de manière connexe, une activité agricole d'engraissement. À l'inverse, un entrepreneur de travaux agricoles et forestiers étendant son activité, par exemple, à l'élagage de platanes en bord de route serait, pour l'ensemble des BIC réalisés, assujetti à la MSA. Outre les cotisations d'assurance maladie, ce texte nous paraît aussi concerner, en pratique, les autres branches de la protection sociale.
b. Les personnes rattachées au **seul régime des non-salariés non agricoles** restent toutefois redevables de la cotisation Atexa auprès du régime agricole (C. rur. art. L 752-1, I, 1°).
c. Un **artisan** affilié au régime des indépendants non agricoles qui exerce également une activité agricole à titre secondaire pour laquelle il est redevable de la **cotisation de solidarité** agricole ne relève pas du régime de simplification ; il reste donc affilié à la sécurité sociale pour les indépendants pour sa seule activité artisanale et doit déclarer ses revenus agricoles et acquitter la cotisation de solidarité auprès de la MSA (Cass. 2e civ. 15-9-2016 nos 15-12.277 et 15-27.372 F-D).
d. Au regard de l'assurance vieillesse, les **prestations de retraites** sont en principe servies par le régime de l'activité principale. Toutefois, dans certains cas (application des règles antérieures à 2015, exercice du droit d'option, etc.), les prestations sont liquidées et servies par chacun des régimes au sein desquels des droits ont été acquis. Mais désormais, pour les polypensionnés nés à partir de 1953, et à condition notamment d'avoir relevé à un moment du régime des salariés agricoles, la demande de liquidation de pension de retraite, auprès du régime dont l'assuré a relevé en dernier lieu, concerne l'ensemble de leurs droits à pension de retraite via le dispositif de la Lura (CSS art. L 173-1-2 ; voir n° 40680).

MODALITÉS DE DÉTERMINATION DE L'ACTIVITÉ PRINCIPALE

88255 **Activité la plus ancienne** Depuis le 19 juillet 2015, les personnes concernées sont affiliées, dès le début de leur situation de cumul d'activités non salariées agricole et non agricole, auprès du seul régime correspondant à leur activité la plus ancienne, laquelle est réputée être leur activité principale (CSS art. D 171-12 issu du décret 2015-877 du 16-7-2015 : JO 18).

88260 **Droit d'option pour l'activité la plus importante** À partir du 1er janvier de la troisième année civile suivant celle au cours de laquelle a commencé la situation de cumul d'activités non salariées, les personnes concernées peuvent déposer une demande d'option pour le régime de l'activité qui leur a procuré le montant total de **chiffre d'affaires ou de recettes** hors taxe le plus élevé durant la période correspondant aux trois dernières années civiles.
Pour exercer l'option, les intéressés s'adressent au régime dont ils relèvent par tout moyen permettant de rapporter la preuve de la date de réception de la demande (CSS art. D 171-13). Un

formulaire de droit d'option, élaboré conjointement par la MSA et la sécurité sociale pour les indépendants ; il est en ligne sur les sites msa.fr et secu-independants.fr.
Une fois l'option exercée, le changement de régime intervient le 1er janvier de la deuxième année civile suivant les trois dernières années visées ci-dessus.
Ce droit d'option peut être exercé tous les ans dès lors que les conditions relatives au chiffre d'affaires sont réunies.

EXEMPLE

Un chef d'exploitation agricole débute le 1er décembre 2024 une activité non salariée non agricole. À compter de cette date, il relève du seul régime agricole tant en matière de recouvrement des cotisations et des contributions sociales que du versement des remboursements des frais de santé et des prestations en espèces. Par conséquent, ce non-salarié devra déclarer dans sa déclaration de revenus professionnels souscrite en 2025 le montant de l'ensemble de ses revenus professionnels agricoles et non agricoles afférents à l'année 2024, dans les conditions prévues à l'article D 731-17 du Code rural et de la pêche maritime (voir nos 43630 s.).
À partir du 1er décembre 2027, ce chef d'exploitation pourra déposer une demande auprès de sa caisse de MSA en vue d'opter pour le régime de sécurité sociale pour les indépendants à condition que le montant total de chiffre d'affaires ou de recettes hors taxe tiré de l'activité non agricole soit supérieur à celui tiré de l'activité agricole durant la période correspondant aux trois dernières années civiles (soit 2024, 2025 et 2026).
Si les conditions sont réunies pour changer de régime, l'affiliation à la sécurité sociale pour les indépendants ne sera effective qu'à compter du 1er janvier de la deuxième année civile suivant ces trois années consécutives, soit à compter du 1er décembre 2027.
Si le droit d'option n'est pas exercé, l'intéressé continue d'être rattaché au seul régime agricole.

Cas particulier : activités permanentes et saisonnières Lorsqu'une des deux activités non salariées est permanente et l'autre seulement saisonnière, l'activité permanente est réputée être **l'activité principale**, sans référence à l'historique, ni comparaison des revenus, du temps de travail ou des recettes. Est considérée comme saisonnière l'activité limitée dans le temps, correspondant à des tâches normalement appelées à se répéter chaque année aux mêmes périodes en fonction du rythme des saisons ou des modes de vie collectifs (CSS art. D 171-12 IV). **88270**
Si l'activité permanente est l'activité la plus récente, l'affiliation au régime dont relève l'activité permanente prend effet à la date à laquelle la situation de cumul d'activités a débuté.

EXEMPLE

En plus de son activité saisonnière non salariée non agricole de moniteur de ski, un agriculteur débute le 1er décembre 2023 une activité non salariée agricole permanente en qualité de chef d'exploitation. L'intéressé relève, dès le début de la situation de cumul d'activités, du seul régime de son activité permanente, laquelle est considérée comme principale. Par conséquent, à compter du 1er décembre 2023, il relève du seul régime agricole.

Exception au principe de l'affiliation unique pour les micro-entrepreneurs Depuis le 1er janvier 2015, l'application du régime micro-social simplifié est **automatique** pour les personnes relevant de son champ d'application. En conséquence, tous les entrepreneurs qui exercent simultanément une activité non salariée agricole et une activité non salariée non agricole au titre de laquelle ils relèvent de ce régime micro-social cotisent et sont, ou demeurent, affiliés auprès des deux régimes (CSS art. L 171-3, al. 5). **88295**

Service des prestations Pour les situations de pluriactivité ayant débuté depuis le 19 juillet 2015, le régime de l'**activité principale** est le régime compétent pour le service des remboursements des frais de santé et des prestations en espèces des assurances maladie-maternité (CSS art. D 171-12). Il s'agit donc du régime de l'activité la plus ancienne ou du régime de l'activité nouvelle en faveur duquel l'option a été exercée dans les conditions et délais visés n° 88260. **88296**
Si l'assuré **n'exerce pas son droit d'option**, il reste affilié et rattaché pour le service des prestations au régime de sa première activité auprès duquel il cotise sur l'ensemble de ses revenus selon les modalités en vigueur dans ce seul régime.
À la suite de l'**exercice du droit d'option**, le régime de l'activité nouvelle devient responsable du service des prestations à compter du 1er janvier de la deuxième année suivant les trois années de référence qui ont permis de comparer le montant total du chiffre d'affaires ou de recettes hors taxe : les assurés relèvent donc, pour l'ensemble des prestations en espèces, d'un seul régime de sécurité sociale.

Soulignons que les pluriactifs non salariés restent rattachés au moins pendant quatre ans au régime des non-salariés agricoles, dès lors que l'activité professionnelle la plus ancienne est non salariée agricole. Il résulte de l'article L 171-3 du Code de la sécurité sociale que seul le régime d'affiliation verse les prestations en espèces du régime maladie-maternité selon ses propres règles. En conséquence, lorsque le régime agricole est compétent, la MSA verse les remboursements des frais de santé de l'Amexa et les indemnités journalières Amexa forfaitaires. Il ne doit pas verser les indemnités journalières du régime des travailleurs indépendants non agricoles.

EXEMPLE

Un chef d'exploitation agricole installé en juin 2002 débute en août 2024 une activité non salariée non agricole.

Il relève du seul régime agricole, régime de l'activité la plus ancienne, laquelle est réputée être l'activité principale, pour le versement des prestations en nature et en espèces.

Il pourra opter pour le régime des travailleurs indépendants non agricoles, dans les conditions rappelées ci-dessus (nº 88260). Le changement de régime ne pourra pas intervenir avant le 1er janvier 2028.

En conséquence, le chef d'exploitation agricole continue à bénéficier du remboursement de ses frais de santé par l'Amexa et des indemnités journalières Amexa en cas d'arrêt de travail.

88297 **Activités saisonnières** Les personnes qui exercent simultanément des activités indépendantes agricoles et non agricoles, dont l'une est permanente et l'autre saisonnière, doivent être rattachées au seul régime correspondant à leur activité permanente, laquelle est réputée être l'activité principale. Si cette activité est la plus récente, l'affiliation au régime dont relève l'activité permanente prend effet à la date à laquelle la situation de cumul débute (cette disposition permet d'éviter les mutations entre régimes pour les pluriactifs indépendants exerçant une activité à caractère saisonnier). Ces assurés relèvent donc, pour l'ensemble des prestations, d'un seul régime de sécurité sociale.

88298 Pour les assurés qui étaient déjà en **situation de pluriactivité avant le 19 juillet 2015** (date d'entrée en vigueur du régime actuel), et conformément à l'esprit du dispositif, le pluriactif non salarié non agricole et non salarié agricole continue de relever du régime de l'activité principale, lequel a été déterminé avant le 19 juillet 2015 et selon les règles antérieurement en vigueur. Cette position a été prise afin d'éviter les mutations entre régimes, l'activité la plus ancienne ne peut pas être la première activité qui a été exercée mais bien l'activité exercée à titre principal en application des anciennes règles de détermination de l'activité principale (Lettre CCMSA à toutes les Caisses nº DG-2015-497 du 4-12-2015).

EXEMPLE

Un chef d'exploitation agricole affilié au régime agricole depuis 2006 a débuté, le 2 juillet 2011, une activité non salariée non agricole. Son activité principale est l'activité non salariée agricole compte tenu des anciennes règles de détermination de l'activité principale.

À compter du 19 juillet 2015, date d'application du décret, l'intéressé relève toujours du seul régime agricole pour le versement des prestations de l'Amexa.

L'intéressé pourra demander auprès de sa caisse de MSA d'opter pour le régime des travailleurs indépendants non agricoles selon des modalités définies nº 88260.

Le 16 novembre 2024, il décide d'opter pour le rattachement au régime des travailleurs indépendants non agricoles. Sa demande d'option est recevable puisqu'il est pluriactif depuis plus de 3 ans, ce qui lui permet de fournir les montants de chiffre d'affaires ou de recettes HT des trois dernières années.

Il conviendra de vérifier que le montant total de chiffre d'affaires ou de recettes HT généré par son activité non agricole est supérieur au montant total de chiffre d'affaires ou de recettes HT généré par son activité de chef d'exploitation sur les 3 dernières années civiles (soit les années 2021, 2022 et 2023). Si cette condition est remplie, il sera affilié auprès de la sécurité sociale pour les indépendants au 1er janvier 2025.

3. PLURIACTIVITÉ ET STATUT DE COLLABORATEUR DU CONJOINT

PLURIACTIVITÉ DES CHEFS D'EXPLOITATION

88300 Lorsque les chefs d'exploitation agricole exercent leur **activité agricole à titre secondaire** (chefs d'exploitation par ailleurs salariés ou non salariés non agricoles à titre principal), leurs conjoints, partenaires de Pacs ou concubins peuvent opter pour le statut de collaborateur d'exploitation ou d'entreprise agricole (C. rur. art. L 321-5). Cette solution est applicable alors même que les exploitants à titre secondaire ne cotisent pas au régime social agricole en raison de la mise en œuvre du régime de simplification des pluriactifs qui concerne les personnes exerçant plusieurs activités non salariées (Circ. DEPSE/SDPS/C 2000-7018 du 20-4-2000).

En revanche, les conjoints, partenaires ou concubins des exploitants qui sont simplement **cotisants solidaires** ne peuvent pas opter pour le statut de collaborateur car l'exploitant ne remplit pas les conditions d'affiliation auprès du régime social agricole. **88305**

PLURIACTIVITÉ DES CONJOINTS, PARTENAIRES OU CONCUBINS

Les conjoints, partenaires de Pacs ou concubins de chefs d'exploitation agricole exerçant par ailleurs une **activité salariée** peuvent opter pour le statut de collaborateur. **88310**
Lorsque le conjoint, le partenaire ou le concubin est collaborateur à titre principal et salarié **à titre secondaire**, il peut prétendre au bénéfice d'une retraite forfaitaire et d'une retraite proportionnelle au titre du régime social agricole (Circ. DEPSE/SDPS/C 2000-7018 du 20-4-2000).
Si le conjoint est collaborateur à titre secondaire et salarié **à titre principal**, il ne peut prétendre qu'au bénéfice d'une retraite proportionnelle au titre du régime social agricole (cotisation appelée sur une base de 400 Smic, soit 4 660 € en 2024).
Dans tous les cas, les droits à retraite complémentaire obligatoire seront constitués par le versement d'une cotisation basée sur 1 200 Smic (13 980 € en 2024).
À noter que le collaborateur à titre secondaire et salarié à titre principal, dès lors qu'il ne bénéficie pas des prestations en nature auprès du régime Amexa, ne s'acquitte pas de la cotisation forfaitaire de 34,50 € due au titre de la pension d'invalidité des collaborateurs (n° 44120, f.).
La **notion d'activité principale** est déterminée par rapport à la durée de l'activité salariée exercée (peu importe le temps consacré au travail sur l'exploitation agricole) lorsque l'activité salariée est exercée en dehors de l'exploitation :
– si l'activité salariée est inférieure ou égale à un mi-temps, l'activité de collaborateur est considérée comme principale ;
– si l'activité salariée est supérieure à un mi-temps, l'activité de collaborateur est considérée comme secondaire.

Les conjoints par ailleurs **non salariés non agricoles**, et affiliés comme tels au titre d'une autre activité, ne peuvent pas opter pour le statut de conjoint collaborateur, que l'exploitant exerce l'activité agricole à titre exclusif, principal ou secondaire (Circ. DEPSE/SDPS/C2000-7056 du 19-12-2000). **88315**

Les collaborateurs d'exploitation ou d'entreprise sont redevables de **cotisations sociales** minorées au titre de l'assurance accidents du travail (**Atexa**). Le montant est égal, quelle que soit la catégorie de risque, pour les collaborateurs à titre exclusif ou pour les collaborateurs dont le nombre d'heures de travail salarié effectuées en dehors de l'exploitation n'excède pas, sur l'année civile, plus de la moitié de la durée légale du travail à 38,48 % de la cotisation due par le chef d'exploitation lorsqu'il exerce son activité à titre principal, ou à 76,96 % de la cotisation due par le chef d'exploitation exerçant à titre secondaire. La cotisation due par le collaborateur à titre secondaire est de 19,24 % de celle du chef d'exploitation s'il exerce son activité à titre principal ou 38,48 % de celle du chef d'exploitation exerçant à titre secondaire (Arrêté AGRS2330592A du 19-12-2023). Les montants sont exposés n° 44505. **88316**

PARTIE 5

Politique agricole commune

CADRE GÉNÉRAL

Compétence partagée avec les États membres, la politique agricole commune (PAC) a été la première politique commune mise en place au sein de l'Union européenne. Régulièrement modifiée, cette politique a été profondément remaniée lors de sa dernière réforme, votée par le Conseil et le Parlement européen en décembre 2021. Elle s'applique depuis le 1er janvier 2023 (dénommée « PAC 2023 » dans ce Mémento). 90000

La « PAC 2023 » est sensiblement différente des versions antérieures. Sa mise en œuvre s'appuie sur des plans stratégiques nationaux (PSN) agréés par la Commission européenne, qui constituent de fait les feuilles de route de chaque État membre pour atteindre les objectifs communautaires en tenant compte de leurs situations propres. Cette politique est caractérisée par un nouveau renforcement de l'approche environnementale alors que le pacte vert européen (European green deal) est toujours en cours de négociation pour certaines propositions.

Cette « PAC 2023 » censée mieux prendre en compte l'évolution du contexte économique, social et environnemental a cependant déjà dû être ajustée pour tenir compte de l'invasion de l'Ukraine par la Russie et des conséquences du changement climatique sur la sécurité alimentaire mondiale tout comme la souveraineté européenne. De nouvelles adaptations ont donc été décidées au printemps 2024 afin de tenir compte de la crise traversée par le secteur agricole dans un contexte d'inflation et de prix alimentaires élevés. La Commission européenne a lancé début 2024 un « dialogue stratégique sur l'avenir de la PAC » en vue de la mise en œuvre d'un plan d'action à l'automne. Toutefois, les discussions n'ont pas abouti au moment de la rédaction de ce Mémento.

Si la PAC de 2013 était la première réforme d'envergure d'une politique européenne élaborée selon les règles du **traité de Lisbonne** : codécision (Règlement du Parlement européen et du Conseil), actes délégués (éléments non essentiels ou de mise en œuvre rédigés par la Commission que le Parlement européen et le Conseil ne peuvent que valider ou rejeter sans modifications) et actes d'exécution. La « PAC 2023 » a, dans ce cadre juridique, été l'occasion de

90000 (suite) longues discussions entre la Commission européenne, le Conseil et le Parlement avec une procédure qui a duré près de 4 ans. En effet, depuis l'entrée en vigueur du traité de Lisbonne, l'essentiel des décisions concernant la PAC se prend selon le principe de la **codécision entre le Parlement européen et le Conseil** sur proposition de la Commission.
Au fil du temps, le Parlement européen, et en particulier sa « **Commission environnement** » et sa « Commission agriculture », impacte de plus en plus fortement l'élaboration des compromis concernant le secteur agricole en raison de cette codécision.
Cette « PAC 2023 » est mise en œuvre indépendamment jusqu'à présent de la mise en œuvre du pacte vert européen (green deal) et de l'ensemble des politiques en cours de discussion pour atteindre la **neutralité climatique** en 2050 avec une étape ambitieuse dès 2030 de réduction de 55 % des émissions de gaz à effet de serre (GES) par rapport à 1990 avec le paquet « fit for 55 ». La mise en œuvre de ces autres politiques aura des conséquences importantes sur le secteur agricole européen en fonction notamment de l'avenir qui sera réservé aux biocarburants issus de matières premières destinées à l'alimentation animale ou humaine (food and feed crops) et à l'ampleur du développement de la méthanisation dans le cadre du programme européen « RePowerEU » qui, suite à l'invasion de l'Ukraine par la Russie, vise à **s'affranchir de l'énergie fossile russe**, au regard de la dépendance au gaz en particulier, le plus rapidement possible. En effet, à la crise sanitaire de la Covid-19 et à l'ambition climatique notamment issue de l'Accord de Paris, les questions de la sécurité alimentaire mondiale et de la dépendance de l'Union européenne aux matières premières russes se sont ajoutées aux préoccupations européennes, interrogeant la résilience de l'Union et ses choix politiques. La crise de la Covid-19 avait cependant conforté la place de l'agriculture européenne qui avait été en mesure de faire face à la quasi-interruption de l'économie mondiale et plus particulièrement du commerce mondial qui reste toujours perturbé suite à la multiplication des conflits armés dans le monde.
Le « **Green deal** », véritable « fil vert » de la « Commission Von der Leyen » n'a pas complètement abouti au cours de la législature européenne qui s'est achevée au 1er semestre 2024. Les réformes concernant le volet climatique ont été menées à leur terme (fit for 55 et son ambition de réduire de 55 % les émissions de gaz à effet de serre (GES) à horizon 2030). Le texte sur la restauration de la nature a été validé fin juin 2024. Ce n'est pas encore le cas de propositions emblématiques concernant le secteur agricole telles que : le règlement sur l'utilisation durable des pesticides (réduction de l'ordre de 50 % du nombre de matières actives de protection des plantes et notamment les plus dangereuses d'entre elles utilisées par l'agriculture européenne), les nouvelles techniques génomiques, le zéro pollution, etc. Ces textes impacteront les plans stratégiques nationaux mis en place au fur et à mesure de l'avancée des négociations et de l'atteinte des objectifs.
Le secteur agricole européen a révélé les faiblesses de certains pans d'activité, à l'image de la **dépendance protéinique de l'Europe** aux importations sud-américaines ou nord-américaines de soja principalement ou à l'Ukraine et la Russie pour le tournesol (et notamment l'huile) mais également pour certains engrais. Cette question de la souveraineté protéinique de l'Europe est à nouveau en cours de discussion au niveau européen. La reconnaissance de l'importance de l'agriculture pour la sécurité alimentaire européenne a cependant conduit à la faire bénéficier d'une partie du plan de relance, tant au niveau européen qu'au niveau national.
Le pacte vert conjugué au plan de relance devrait conduire à des évolutions en profondeur des politiques européennes, notamment en matière de **décarbonation de l'économie** (un texte législatif visant à certifier le stockage du carbone était en voie de finalisation au moment de la rédaction de ce Mémento), de réduction de la pollution ou d'accroissement de la biodiversité ou de la surveillance de la santé des sols.
Cet aléa majeur du coronavirus a conduit également l'Union à bouleverser ses principes financiers fondamentaux en ayant recours à l'emprunt pour financer en partie le plan de relance, Next Generation EU, et en proposant de nouvelles ressources propres européennes (taxe carbone (MACF : mécanisme d'ajustement carbone aux frontières plus connu sous son acronyme anglais (CBAM), etc.). Au lendemain de la sortie de l'UE du Royaume-Uni et de la multiplication des conflits commerciaux au niveau international (USA-Chine ; pétrole USA-Moyen-Orient-Russie ; invasion de l'Ukraine par la Russie), cet enchaînement de crises est également un vrai test de la capacité de l'Europe à réagir et se rétablir collectivement alors que l'économie mondiale dans son ensemble vient de subir un coup de frein sans précédent et que la reprise est menacée par l'inflation et la crise énergétique.
La finalisation tardive du cadre financier pluriannuel pour la période 2021-2027, entrée en vigueur le 1er janvier 2021 a conduit à la prolongation pour deux années supplémentaires de la « PAC 2013 », ainsi que d'autres politiques européennes, jusqu'au 1er janvier 2023, date d'entrée en vigueur de la **« PAC 2023 »** pour une durée de 5 ans (jusqu'en 2027).

Dans le cadre de ce nouveau paquet, la PAC a modérément subi l'impact budgétaire de la sortie du Royaume-Uni (qui était largement contributeur net au budget européen) et des nouvelles priorités européennes. **90000** (suite)

C'est également l'occasion pour la « PAC 2023 » de faire valoir une **nouvelle orientation politique**. La PAC repose dorénavant sur une logique de résultats attendus dans le cadre de la mise en œuvre de plans stratégiques nationaux, laissant une plus grande place à la **subsidiarité** afin de prendre en compte la situation réelle de chaque État membre au regard des objectifs communs définis par cette PAC (revenu, compétitivité, place des agriculteurs dans la chaîne alimentaire, changement climatique, environnement, paysages et biodiversité, jeunes agriculteurs, dynamisation des zones rurales, qualité des denrées alimentaires et santé, connaissances et innovations). Les **aspects environnementaux** et réponses au changement climatique, largement renforcés dans le nouveau contexte politique, monteront encore en puissance au fur et à mesure de la mise en œuvre des initiatives issues du « Green deal » même si un léger assouplissement a été amorcé début 2024 sur le volet conditionnalité.

Cette « politique de résultats » s'appuie sur la structuration des interventions de l'État au sein d'un **programme stratégique national** (PSN). Adossé à une analyse des forces-faiblesses-opportunités-risques de chaque agriculture nationale, permettant de prendre en compte les spécificités et la situation de chacun, complétée par une analyse individualisée de la situation par la Commission européenne, le PSN propre à chaque État membre doit lui permettre d'atteindre les objectifs collectivement définis pour l'Union. À l'occasion de cet exercice, les États membres ont placé la barre au-delà des objectifs pour le développement des Nations unies (ONU) sur lesquels les Européens s'étaient également engagés. Les évolutions et les trajectoires seront mesurées au moyen d'une batterie d'indicateurs, véritable enjeu de la négociation entre les États membres et la Commission européenne.

Le pacte vert européen qui ne définit pas directement d'objectifs contraignants mais détermine une orientation politique qui sera progressivement traduite en textes législatifs n'a que peu modifié les propositions initiales de réforme de la PAC jusqu'à présent. La Commission européenne souhaitait cependant que les États membres prennent en compte dans leur PSN les orientations qu'elle avait émises au titre des stratégies « de la ferme à la table » et « biodiversité » notamment. Ces stratégies visent à rendre l'ensemble du système alimentaire (production, transformation, distribution, consommation) plus durable. Cette intégration des objectifs nouveaux, lorsqu'ils auront été formellement définis, interviendra notamment lors des points d'étapes prévus par le règlement communautaire sur les PSN et potentiellement dès 2025. Rappelons également que le PSN de chaque État membre doit être validé par la Commission pour être effectif. Le PSN français a été validé par la Commission européenne le 31 août 2022 conduisant à une information tardive des producteurs en plus des dérogations introduites en raison du conflit Russie/Ukraine.

L'étude de la PAC nous amènera à présenter dans un premier temps les principes généraux de cette politique et leur évolution : contexte, outils et inventaire des secteurs de production concernés. Nous examinerons ensuite le régime de soutien aux producteurs qui s'articule autour de règles de base communes à l'ensemble des États membres (aide de base au revenu pour un développement durable ; programme pour le climat, l'environnement et le bien-être animal (écorégime qui génère une nouvelle étape environnementale additionnelle à celle introduite par l'ancien paiement vert qui, pour sa part, a été repris dans un régime renforcé de conditionnalité des aides) ; aide complémentaire au revenu pour les jeunes agriculteurs, etc.) et de mesures de subsidiarité au choix de chaque État (aides couplées au revenu, aides redistributives complémentaires au revenu pour un développement durable, etc.), le régime d'éco-conditionnalité, les mesures d'investissement, etc. Nous examinerons enfin les principales mesures au titre de l'OCM unique.

Dorénavant la **PAC** s'articule autour de **trois règlements principaux** (plans stratégiques nationaux, OCM unique et un règlement horizontal définissant les règles relatives aux paiements directs) et continue de s'appuyer sur **deux outils financiers** (Feaga et Feader).

L'aperçu proposé ci-après traite du cadre communautaire général renvoyant aux grands choix de mise en œuvre de la PAC (PSN et OCM unique) en France. Le développement rural dorénavant partie intégrante du PSN n'est développé que dans une moindre mesure.

CHAPITRE 1

PRÉSENTATION GÉNÉRALE

SOMMAIRE

EN BREF

L'origine de la PAC se confond avec celle de la Communauté européenne. Initiée en 1957, confirmée en 1962 mais réellement mise en place à partir de 1967, la PAC n'a cessé d'évoluer. Loin de rester figée, elle a été adaptée à de nombreuses reprises aux situations nouvelles créées, d'une part, par sa propre réussite, d'autre part, par les élargissements successifs de l'Union européenne, ainsi que le retrait du Royaume-Uni. Le lancement du processus d'adhésion de l'Ukraine à l'Union européenne (actuellement 9 candidats à l'accession) questionne de manière importante le budget de la PAC et la nature même de la politique qui sera mise en œuvre. La PAC est également influencée par l'évolution des relations de l'Union avec les autres parties du monde et enfin au regard des attentes de la société. Ce **processus évolutif** se poursuit avec la redéfinition des politiques européennes de mise en œuvre de l'ambition « Une Europe qui protège, qui donne les moyens d'agir et qui défend », adossées au cadre financier 2021-2027 de l'UE à 27, complété par le plan de relance « Next Generation EU » dont l'objet est d'accompagner la reprise économique de l'Europe après la Covid-19. Le plan de relance et la recherche de la neutralité climatique de l'UE 27 en 2050 dans le cadre du pacte vert européen consolident l'orientation vers une politique de résultats et vise une approche plus durable de l'activité agricole. Cependant les crises successives traversées par le secteur agricole ont parfois conduit à devoir reconsidérer certains choix effectués, notamment concernant la « PAC 2023 ». 90005

En matière de PAC, de nouvelles orientations sont mises en œuvre avec le déploiement des éco-régimes et la structuration de la PAC au niveau de chaque État membre au sein des plans stratégiques nationaux (subsidiarité) validés par la Commission européenne. Dans le cadre d'une nouvelle architecture verte, une conditionnalité renforcée intègre largement les mesures initiées par le verdissement en 2013 mais ne donne plus accès à un paiement additionnel. Un **programme pour le climat, l'environnement et le bien-être animal** (« éco-régime ») apporte un soutien complémentaire aux agriculteurs qui y ont accès en mettant en œuvre des mesures volontaires, renforçant l'approche durabilité de la PAC. La **gestion des risques** devient une préoccupation incontournable de cette politique.

En 2024, la Commission européenne et les colégislateurs ont dû reconsidérer le cadre de cette conditionnalité renforcée afin de prendre en compte les impacts du changement climatique et les conséquences de la guerre entre la Russie et l'Ukraine. Des clauses de sauvegarde ont été prévues à l'égard de certaines importations en provenance d'Ukraine.

Les politiques mises en œuvre au sein de l'Union européenne doivent être en accord avec les engagements internationaux de l'UE ce qui conduit à rappeler en introduction de la « PAC 2023 » que l'UE entend toujours respecter les **accords de Blair House** (ces accords avaient débloqué la PAC de 1992 et permis les accords de Marrakech conduisant au passage du Gatt à l'OMC. Ils visent à limiter les surfaces en oléagineux qui peuvent bénéficier d'un soutien spécifique au sein de l'UE dans la logique du Dillon Round de 1962 qui avait consacré l'entrée du soja américain dans l'UE à droits zéro).

A. Contexte

90010 Prenant appui sur le traité instituant la Communauté européenne, traité de Rome devenu traité sur le fonctionnement de l'Union européenne à la suite de la ratification du traité de Lisbonne (entré en vigueur le 1-12-2009), la PAC est essentiellement financée par le budget européen, mobilisant deux instruments financiers : le Feaga et le Feader (nos 90040 s.). La plupart des mesures financées par le Feader sont cofinancées nationalement par l'État ainsi que par les collectivités régionales. À noter que les programmes opérationnels sont cofinancés par les producteurs eux-mêmes au travers des organisations de producteurs ; ou dans le cadre de la gestion des risques (cofinancement des primes d'assurance).

DISPOSITIONS ESSENTIELLES DU TRAITÉ SUR LE FONCTIONNEMENT DE L'UNION EUROPÉENNE

90015 La **PAC** a pour **but** (TFUE art. 39) :
– d'accroître la productivité de l'agriculture en développant le progrès technique, en assurant le développement rationnel de la production agricole ainsi qu'un emploi optimum des facteurs de production, notamment de la main-d'œuvre ;
– d'assurer ainsi un niveau de vie équitable à la population agricole, notamment par le relèvement du revenu individuel de ceux qui travaillent dans l'agriculture ;
– de stabiliser les marchés ;
– de garantir la sécurité des approvisionnements ;
– d'assurer des prix raisonnables dans les livraisons aux consommateurs.

Ces objectifs prennent en compte, de façon équilibrée, les intérêts des producteurs et ceux des consommateurs. La politique des prix et des marchés a constitué le moyen initialement mis en place pour les atteindre ; elle est dorénavant, sur un marché unique européen de plus en plus ouvert et volatil, largement remplacée par une politique de soutiens directs conditionnés au respect des règles environnementales ou de bien-être animal et d'incitation à la mise en œuvre de mesures favorables à la biodiversité et à l'environnement. La politique de développement rural a pris de l'ampleur et intègre dorénavant les outils de gestion des risques. L'approche environnementale et la prise en compte de l'effet sur le changement climatique ont vu à nouveau leur part progresser dans le budget de la PAC au fil des réformes. Ainsi, depuis le 1er janvier 2023, 40 % des sommes dépensées au titre de la politique agricole doivent avoir une **finalité climatique**, 35 % minimum pour les utilisations du Feader en faveur du climat, de la biodiversité, de l'environnement et du bien-être animal et, à compter de 2027, 10 % spécifiquement en faveur de la biodiversité.

À noter également l'introduction d'une **conditionnalité sociale** à compter de 2025 au plus tard.

90020 Pour parvenir à cet objectif, trois principes ont été considérés, au fil du temps, comme les principes fondamentaux de la PAC : le marché unique, la préférence communautaire et la solidarité financière, même si ces derniers sont de plus en plus souvent remis en cause, y compris en raison du développement de la subsidiarité.

Le **Marché unique** implique la libre circulation des produits à l'intérieur de l'Union européenne, une gestion commune des prix, notamment par des mesures d'intervention publique, et des règles de concurrence, ainsi qu'une politique commune en ce qui concerne les échanges avec les pays tiers. En l'absence de monnaie unique, la définition de prix communs a conduit à la mise en œuvre d'une réglementation agri-monétaire extrêmement complexe mais désormais allégée. Le gel des parités à l'intérieur de la zone euro (20 membres de l'Union économique et monétaire depuis le 1-1-2023 suite à l'accession de la Croatie) limite la politique agri-monétaire aux relations avec le Danemark, qui bénéficie d'une exemption et les membres de l'UE ne remplissant pas les conditions d'accès à l'euro. Les nouveaux membres de l'Union (depuis adhésion 2004) sont réputés intégrer automatiquement l'euro dès qu'ils respectent l'ensemble des critères de l'euro et notamment les critères de stabilité. C'est déjà le cas de la Slovénie, de Chypre, de Malte, de la Slovaquie, de l'Estonie, de la Lettonie, de la Lituanie et dorénavant de la Croatie. La réforme des OCM animales en 1999 avait déjà introduit quelques brèches dans ce principe avec les enveloppes nationales de flexibilité supprimées depuis 2014. La réforme de Luxembourg, en juin 2003, a, cependant, érigé la subsidiarité en principe permettant de prendre en compte la diversité des situations rencontrées dans une Europe beaucoup plus vaste et diverse. Si le bilan de santé de la PAC (2008) restreignait quant à lui cette subsidiarité au sein de l'Union européenne, cette dernière a cependant été renforcée au sein des 28 dans la PAC post 2013. Elle l'est à nouveau dans le cadre de la « PAC 2023 » avec le « nouveau modèle de mise en œuvre » reposant sur des plans stratégiques nationaux, même si ces plans doivent être validés par la Commission européenne, garante de l'approche « commune » de la politique agricole, et conduiront de fait à des négociations entre la Commission européenne et les États membres. À noter que cette subsidiarité étendue interroge de plus en plus au regard de la « dimension européenne » des politiques à l'image des PSN, et ce, même si les objectifs à atteindre restent communs. Par ailleurs, en période de crises successives, les aides d'État revêtent une importance accrue et sollicitent les outils de solidarité financière au sein de l'Union alors que l'intervention publique a largement été amoindrie. Le Marché unique a également été affecté par les conséquences du conflit en Ukraine : mise en place par l'Union de couloirs d'exportations ukrainiennes via le territoire européen, prise de mesures commerciales autonomes (ATM : suspension des droits de douane et des contingents lors de l'accès des produits ukrainiens au marché de l'UE). Au regard de l'importance de l'agriculture ukrainienne, ce régime a nécessité l'introduction de clauses de sauvegarde du marché européen en 2024 et devrait s'accompagner d'une renégociation de la partie commerciale de l'accord d'association de sorte à ne pas avoir à prolonger à nouveau l'ATM en 2025. Cette discussion va se tenir parallèlement à la négociation de l'adhésion.

La **préférence communautaire** vise à protéger le marché intérieur européen contre les importations à des prix anormalement inférieurs aux prix pratiqués dans l'Union européenne. Elle est régulièrement remise en cause, notamment dans le cadre de l'OMC et de la libéralisation des échanges, ainsi qu'au travers des accords bilatéraux de l'Union européenne avec d'autres zones géographiques – Canada (CETA), États-Unis (TTIP), Mercosur, Océanie, etc. –, ou des concessions unilatérales de l'Union européenne dans le cadre des régimes de SPG (Système de préférence généralisé dont l'exemple ultime est l'initiative communautaire « tout sauf les armes » qui ouvre les marchés de l'Union sans droits de douane ni limites de volumes aux produits des 50 pays les plus pauvres du monde) ou les accords de partenariat économique (EPA) avec les pays de la zone ACP (Afrique-Caraïbes-Pacifique), ou de l'ouverture spécifiquement octroyée à l'Ukraine en raison de l'agression russe (au-delà de l'accord d'association de 2014). **90021**

Cette préférence s'accompagne cependant d'une politique de protection commerciale régulièrement ajustée et renforcée, afin de faire valoir les droits de l'Union européenne au regard du non-fonctionnement de l'OMC et des politiques volontaristes des grands acteurs mondiaux (Chine, USA, etc.). Cette politique s'appuie sur des procédures antidumping, antisubventions et clauses de sauvegarde. À noter qu'à l'image de l'outil de règlement des différends de l'OMC, des outils similaires sont mis en œuvre dans les accords de libre-échange.

Les engagements de l'UE en matière de durabilité de la production agricole européenne, tel l'Accord de Paris (neutralité climatique 2050), mais également la réponse aux attentes de la société (pratiques agricoles, normes de production, pesticides, bien-être animal, etc.) amènent à poser de nouvelles questions en matière de protection de l'Europe et de la compétitivité de son agriculture. Cette protection a conduit la Commission européenne à proposer un mécanisme d'ajustement carbone aux frontières (MACF), une taxe carbone dont le but est d'éviter les « fuites de carbone » inhérentes à la mise en place de politiques européennes de production restrictives contournées par le développement d'importations ne supportant pas le même niveau d'ambition de durabilité. Aussi, le maintien de la compétitivité de l'agriculture européenne passe de plus en plus également par la réflexion autour de la mise en œuvre de mesures miroirs à celles mises en place au sein de l'UE dans les relations commerciales avec les pays tiers.

La **solidarité financière** suppose que les dépenses résultant de l'application de la PAC soient financées par tous les États membres, indépendamment du retour budgétaire que chacun peut en attendre. Dans la pratique, ce principe a été assez souvent battu en brèche, notamment dans le cadre du « chèque britannique » (avant son retrait de l'UE, le Royaume-Uni ne contribuait pas aux dépenses de la PAC à la hauteur de sa part théorique car il bénéficiait d'une ristourne spécifique payée par les autres États membres compensant une partie de la différence entre ce qu'il paie et ce qu'il reçoit). Ce fut l'un des enjeux principaux des accords de Berlin de mars 1999, avec des tentatives fortes de renationalisation. Cependant, les accords de Bruxelles en octobre 2002 ont doté le premier pilier de la PAC (soutiens directs et OCM unique) d'un budget stabilisé, exception faite de l'impact de la modulation (capacité subsidiaire pour un État membre de prélever une partie des soutiens du 1er pilier de la PAC pour accroître la dotation financière du développement rural). Ceci n'avait pas été remis en cause à l'occasion de l'accord sur les perspectives financières pour la période 2007-2013. **90023**

Cette stabilité en euros constants (avant ajustement technique pour tenir compte de l'inflation) supposait cependant de financer dans le cadre de l'enveloppe ainsi définie les conséquences des élargissements : Bulgarie, Roumanie et Croatie.

Le cadre financier pluriannuel 2014-2020 s'est traduit quant à lui par une stabilisation en euros courants (après ajustement technique anticipé à 2 % par an) et l'amorce d'une redistribution progressive entre États membres au titre de la PAC : convergence européenne. Le cadre financier pluriannuel 2021-2027 a poursuivi sur cette voie après avoir intégré les conséquences du retrait britannique. La crise de la Covid-19 a amené la Commission européenne à envisager le recours à l'emprunt pour financer son plan de relance « Next Generation EU », dont une enveloppe agricole de 8 milliards d'euros pour les exercices 2021 (30 %) et 2022 (70 %), et à envisager l'instauration de nouvelles ressources propres (produit de la taxe carbone, taxe sur les plastiques, etc.) pour rembourser cet emprunt sans accroître la pression budgétaire sur les États membres. Cela s'inscrit dans les engagements de discussion sur les ressources de l'UE. De même, des possibilités de meilleure utilisation du budget actuel sont étudiées (transferts entre rubriques).

Dans le cadre des perspectives financières 2021-2027, le budget de la PAC a été réduit notamment sous l'effet du Brexit puis stabilisé à nouveau en euros courants. Dans le même temps, une augmentation des dépenses en faveur des politiques autres que les fonds de cohésion et la PAC (jeunesse, recherche, défense, etc.) a été actée.

L'Union poursuit son développement avec de nouveaux élargissements, à plus ou moins longue échéance. Ces adhésions feront notamment appel à la solidarité financière compte tenu du retard de développement des nouveaux prétendants. L'adhésion de l'Ukraine quant à elle pose la question de l'évolution de la politique agricole, notamment sur le volet financier, compte tenu de l'importance agricole de ce pays. En cours de négociation d'adhésion se trouvent aujourd'hui la Turquie, la Serbie, le Monténégro, la Macédoine du Nord, l'Albanie, la Bosnie-Herzégovine, la Moldavie, l'Ukraine. La candidature de la Géorgie est également validée mais le processus formel pas encore lancé.

La solidarité financière a été au cœur des discussions sur le cadre financier pluriannuel 2021-2027 avec notamment, compte tenu de la sortie du Royaume-Uni, la question de la suppression des rabais dont bénéficiaient certains États membres fortement contributeurs nets. Afin de parvenir à un accord sur le cadre 2021-2027 et le plan de relance, les rabais dont bénéficient l'Allemagne, l'Autriche, le Danemark et la Suède ont été augmentés pour représenter une somme annuelle totale de 7,6 milliards d'euros.

Le plan de relance de l'économie à la suite de la pandémie de Covid-19 a conduit les institutions européennes à recourir à l'emprunt, l'augmentation des ressources propres et un accroissement temporaire important des plafonds de dépense européens jusqu'à 2 % du RNB de l'EU 27 pendant l'application de l'instrument financier Next Generation EU. Dans ce contexte, s'ajoute la question du financement de la reconstruction de l'Ukraine et le financement du programme « RePowerEU » faisant suite au conflit Russie/Ukraine et visant à assurer l'indépendance énergétique de l'UE vis-à-vis de la Russie, notamment par l'accélération du développement des renouvelables dont la méthanisation en Europe ou l'« hydrogène vert ».

PROCESSUS DÉCISIONNEL

90025 Le traité de Lisbonne a modifié la prise de décision dans le secteur agricole. La Commission européenne conserve son **pouvoir d'initiative** mais les règlements concernant le **cadre politique de la PAC** sont adoptés selon le principe de la codécision (accord de négociation sur l'intégralité du texte entre Parlement et Conseil selon la procédure législative ordinaire). Certains points visant à **modifier ou compléter les règlements** pour certains éléments considérés comme non essentiels pour autant que cela ait été prévu par le règlement concerné peuvent être précisés par des textes pris par la Commission (actes délégués) qui nécessitent cependant une validation par le Conseil et le Parlement. Ces derniers ne peuvent que rejeter en bloc (sans modifications) ou approuver ces documents. Certains éléments de mise en œuvre fixant les **modalités techniques** (règlements d'application par exemple), les **actes d'exécution**, sont de la seule responsabilité de la Commission européenne après consultation des experts des États dans le cadre des comités de gestion. Ces derniers sont informés de la prise de position des groupes de dialogue civil qui ont pris la suite des comités consultatifs dans lesquels sont notamment représentés les professionnels des États membres. Le Comité spécial agriculture (CSA) prépare les travaux du Conseil.

La **fixation des prix**, **des prélèvements**, **des aides et des limitations quantitatives** sont de la responsabilité du seul Conseil des ministres, comme prévu par les traités. La fixation des droits de douane est également de la compétence du Conseil. Dans ce contexte il vient d'appliquer des droits de douane « dissuasifs » aux céréales (92 €/t) et aux oléagineux (50 % ad valorem) russes en raison du risque sur la sécurité européenne généré par la Russie.

FINANCEMENT

90040 Le financement de la PAC est assuré par **deux fonds distincts** : l'un pour financer le développement rural (Feader) et l'autre pour les autres actions agricoles (Feaga).

Le financement de la PAC représentait encore en moyenne 39 % des dépenses de l'Union européenne pour la période 2014-2020 (42 % en 2014, 36 % en 2020) puis environ 30 % des dépenses de l'union dans le cadre financier pluriannuel 2021-2027.

> **Précisions** Les motivations de la sortie du Royaume-Uni interrogent quant aux politiques que l'Union européenne doit mettre en œuvre pour redonner du « sens ». Cela pose aussi la question de l'effort budgétaire que les États européens sont prêts à faire. La crise de la Covid-19 et le conflit entre la Russie et l'Ukraine donnent un aperçu de cette recherche de sens avec les deux programmes « Next Generation EU » et « RePowerEU ». Pour le **cadre 2021-2027**, la Commission européenne proposait initialement de relever le seuil de dépenses de l'Union européenne à 1,29 % du RNB, concomitamment à une baisse proposée de 5 % des dépenses agricoles et d'un développement des ressources propres afin de financer ces nouvelles politiques. La priorité du pacte vert et la relance de l'économie européenne amènent aujourd'hui la Commission européenne à proposer un seuil de dépense de l'Union à hauteur de 1,40 % du RNB au titre du cadre financier pluriannuel 2021-2027, porté à 2 % avec l'intégration de l'instrument financier support du plan de relance Next Generation EU en 2021 et 2022. Cet instrument financier additionnel a été doté à hauteur de 750 milliards d'euros (360 milliards d'euros sous formes de prêts et 390 milliards d'euros sous formes de dépenses directes de l'Union) alors que le cadre financier pluriannuel 2021-2027 est quant à lui doté à hauteur de 1 074 milliards d'euros pour la période. Cet accord sur le cadre financier 2021-2027 est accompagné d'une décision sur les ressources propres de l'Union, modifiant l'assiette d'appel sur la TVA et instaurant en particulier une taxe de 0,80 €/kg de déchets d'emballages en plastique non recyclés. Des nouvelles ressources propres sont donc mises en œuvre : taxe sur les plastiques non recyclés (0,80 €/kg), recettes provenant de l'ETS (quotas émissions carbone) ou le seront prochainement : taxe carbone aux frontières (MACF : mécanisme d'ajustement carbone aux frontières) visant à éviter les fuites de carbone c'est-à-dire la délocalisation de la production ou le développement des importations à partir de pays dont la réglementation qui serait moins contraignante d'un point de vue environnemental.

Feaga Depuis le 1er janvier 2007, le financement du **premier pilier de la PAC** est assuré par le Feaga (Fonds européen agricole de garantie). Il est dorénavant géré par le règlement UE 2021/2116 du 2 décembre 2021. Il **finance** notamment les interventions destinées au soutien et à la régulation des marchés agricoles (stockage public et privé, etc.), les aides directes aux agriculteurs, les mesures sectorielles de l'Union européenne, les mesures spécifiques propres aux régions ultrapériphériques (DOM), les actions d'information et de promotion en faveur des produits agricoles ainsi que de la contribution européenne aux mesures destinées à compenser les conséquences de la perte de confiance des consommateurs ou celles concernant les maladies animales... 90045

Ces financements sont opérés par un **organisme payeur principal en France** : l'agence de services et de paiement (ASP – asp-public.fr). Sur la période 2014-2020, l'enveloppe **plafond de financement** octroyée au 1er pilier de la PAC s'est montée à près de 291 milliards d'euros courants pour l'UE 27. Pour la période 2021-2027, le Feaga atteint 291 milliards d'euros courants. Au cas où le plafond annuel de financement prévu (déterminé par le règlement UE 2020/2093 du 17 décembre 2020 fixant le cadre financier pluriannuel pour la période 2021-2027) viendrait à être **dépassé**, une procédure de discipline financière s'appliquerait conduisant à une réduction des aides directes versées aux exploitants agricoles de sorte que le plafond ne soit pas dépassé. Cette **réduction** s'appliquerait au-delà d'un montant de soutien perçu égal à 2 000 € par an. Elle est fixée par le Conseil et, en l'absence de décision du Conseil, par la Commission européenne. Le taux de réduction établi pour le 30 juin peut être révisé jusqu'au 1er décembre en fonction de l'évolution des dépenses réelles au titre du 1er pilier. C'est cette procédure qui est mise en œuvre pour préfinancer le fonds de réserve agricole. Les **sommes non consommées** du fonds de réserve ne seront plus restituées aux agriculteurs mais reportées pour reconstituer la réserve agricole l'année suivante, diminuant d'autant la nécessité de prélèvement pour atteindre le niveau de 450 millions d'euros à prix courants en début d'année budgétaire, sauf proposition différente. Notons également que l'introduction d'une politique de résultats dans la « PAC 2023 » conduit à ce que la Commission puisse **suspendre certains paiements** lorsque le suivi pluriannuel de performance de la PAC montre que les objectifs fixés dans le cadre du PSN ne sont pas atteints par l'État membre et qu'il ne prend pas les mesures correctives nécessaires. Les discussions concernant le futur cadre budgétaire post 2027 seront lancées en 2025.

90047 L'enveloppe nationale annuelle initiale de soutiens directs au titre du 1er pilier évolue chaque année en raison de la **convergence européenne**. Dans le cadre de la mise en place du cadre financier pluriannuel pour la période 2014-2020, le **soutien théorique** à l'hectare a été calculé pour chaque État membre. Les chefs d'État et de gouvernement ont décidé dans le cadre de la réforme de réduire sur la période d'un tiers l'écart à 90 % de la moyenne communautaire pour les États ayant un niveau de soutien inférieur à ce seuil. Cette réduction est financée par les États ayant un niveau de soutien théorique supérieur à la moyenne, proportionnellement à leur écart à ce niveau moyen. Cela a conduit à une légère baisse annuelle de l'enveloppe de soutiens directs de la France. Cette mécanique se poursuit pour la période de programmation budgétaire 2021-2027 avec un nouveau rapprochement du niveau théorique de soutien à l'hectare entre les États membres (réduction de 50 % de l'écart à 90 % de la moyenne théorique européenne pour les États membres dans une situation inférieure à ce niveau).

90050 **Feader** La réforme de la PAC de 1999 a fait du **développement rural** une politique intégrée qui est devenue le **second pilier de la PAC**. Depuis le 1er janvier 2007, celui-ci est doté de son propre outil financier : le Feader, géré par le règlement UE 2021/2116 du 2 décembre 2021. Il finance les programmes de développement rural (part communautaire) dont l'enveloppe globale européenne a été fixée par le règlement UE 2020/2093 du 17 décembre 2020 à 87,44 milliards d'euros pour l'UE 27 pour la période 2021-2027, contre 95,58 milliards d'euros pour la période 2014-2020 pour l'UE 28 et 69,75 milliards d'euros pour la période 2007-2013. À ce montant du Feader fixé par le cadre financier pluriannuel, il convient d'ajouter 8 milliards d'euros au titre de l'instrument financier Next Generation EU finançant le plan de relance concentré sur les années 2021 et 2022 dans le secteur agricole. Les mesures de développement rural sont financées à hauteur des enveloppes budgétaires initiales allouées aux États membres. La modulation qui venait compléter ces enveloppes a disparu. Elle consistait en un prélèvement de 10 % des aides au-delà de 5 000 € reçus au titre des aides directes. L'équivalent de cette modulation a été directement intégré aux enveloppes nationales établies au titre du développement rural depuis 2014. L'enveloppe nationale du Feader peut être augmentée ou diminuée par transfert entre Feaga et Feader (no 90055). Le Feader est l'un des fonds regroupés dans le cadre des fonds européens structurels et d'investissement dont la mise en œuvre est de plus en plus coordonnée dans le cadre d'un accord de partenariat entre chaque État membre et la Commission européenne. La réforme de la « PAC 2023 » a, de fait, accru cette coordination par la mise en œuvre des programmes stratégiques nationaux validés par la Commission européenne.

90055 **Mesure de flexibilité entre les deux piliers de la PAC** Au titre de la subsidiarité, les États membres peuvent mettre en œuvre une mesure de flexibilité permettant de basculer jusqu'à 25 % de leur enveloppe **premier pilier de soutiens directs vers le second pilier** au titre du règlement UE 2021/2115 du 2 décembre 2021. Ce chiffre peut être augmenté de 15 points pour financer des actions supplémentaires en faveur du climat, de l'environnement ou de la biodiversité. Il peut également être augmenté de 2 points pour financer des mesures en faveur des jeunes agriculteurs. S'ils ne mettent pas en œuvre ce basculement vers le second pilier, les États membres peuvent transférer jusqu'à 25 % de leur enveloppe **second pilier vers le premier**. À noter que les États membres qui ont un soutien moyen par hectare inférieur à 90 % de la moyenne communautaire théorique peuvent basculer 30 % de plus de leur enveloppe second pilier vers le premier. Cette dernière possibilité est offerte à : Bulgarie, Estonie, Espagne, Lettonie, Lituanie, Pologne, Portugal, Roumanie, Slovaquie, Finlande et Suède.

La **France** a choisi de transférer 3 % de son enveloppe premier pilier vers le développement rural en 2014 et 3,3 % annuellement de 2015 à 2018. À noter que l'utilisation des sommes issues du transfert pour les mesures de développement rural ne fait pas nécessairement appel à un cofinancement national.

À l'occasion de la modification introduite par la France en 2017, le montant du transfert annuel de fonds du premier pilier vers le second a été porté à 7,5 % de l'enveloppe initiale. C'est ce niveau de transfert qui reste aujourd'hui pratiqué.

La réponse à la difficulté de réforme des zones défavorisées (nouveaux critères contraignants) a conduit la Commission européenne à proposer la possibilité de procéder à un transfert supplémentaire en 2018 dans le cadre du règlement « Omnibus ». La France n'a pas utilisé cette nouvelle possibilité de transfert à compter de 2019.

Pour la « PAC 2023 », la France a choisi de maintenir le niveau de transfert du premier pilier vers le second pilier à hauteur de 7,5 %. Les choix pourront être révisés en 2025.

Le fonctionnement du second pilier de la PAC pour la période 2014-2020 a été profondément modifié en 2014. Les programmes post 2013 devaient s'intégrer dans le cadre stratégique

commun visant à financer la Stratégie « Europe 2020 ». Ils ne pouvaient être mis en œuvre qu'après conclusion d'un accord de partenariat entre la Commission européenne et l'État afin de décliner l'ensemble des fonds structurels (Feader – développement rural, Feder – développement régional, FSE – fonds social européen, Fonds de cohésion, FEAMP – fonds de la pêche).
La mise en œuvre des plans stratégiques nationaux depuis 2023 conduit dorénavant les États à **contractualiser** l'ensemble de la déclinaison de la PAC dans leur pays avec la Commission européenne, sur le modèle initié en 2013 pour les fonds structurels.

RÉGLEMENTATION AGRI-MONÉTAIRE

L'organisation commune de marché unique est fondée sur des niveaux de prix communs exprimés en **euros** et applicables dans l'ensemble de l'Union européenne. De même, les soutiens directs aux producteurs sont également exprimés en euros. Les États membres de l'**Union économique et monétaire** (UEM : Belgique, Allemagne, Espagne, France, Irlande, Italie, Luxembourg, Pays-Bas, Autriche, Portugal, Finlande, Grèce, Chypre, Malte, Slovénie, Slovaquie, Estonie, Lettonie, Lituanie et Croatie depuis le 1-1-2023) ne sont plus soumis au régime agrimonétaire. Quant aux États non membres de l'UEM, ils sont concernés par d'éventuels ajustements monétaires. 90060

B. Outils des organisations communes des marchés (OCM)

L'OCM unique remplace depuis 2007 les OCM qui étaient les instruments par excellence de la politique des marchés et des prix. Cette OCM unique était complétée par le régime de soutien direct qui est maintenant hors OCM. Elle ne concerne plus que les prix et les échanges, ainsi que les organisations de producteurs et les interprofessions. 90100
La **réforme de la PAC de 1992** a constitué un profond changement du contexte de production avec la baisse importante des prix, compensée par des aides directes, l'introduction de la jachère, etc. La réforme visait à permettre les accords du Gatt et était nécessaire à la maîtrise des dérapages financiers du secteur agricole. Depuis lors et en vue de l'OMC, les accords de Berlin de mars 1999 se sont traduits par la poursuite de la baisse des prix administrés, le renforcement des aides directes et l'intégration du développement rural comme second pilier de la PAC.
En vue du cycle du développement de Doha, nouveau cycle de négociation de l'OMC, et du proche élargissement à 10 nouveaux États membres conduisant à une Europe encore plus diversifiée, l'Union européenne a, à nouveau, profondément modifié sa PAC en juin 2003 **(accords de Luxembourg)**. Le principe politique de la PAC change, passant d'aides directes liées à la production à un paiement unique, une aide au revenu, découplé totalement de la production. Cette orientation a été consolidée lors de la réforme de 2013, allant vers une plus grande harmonisation des soutiens à l'hectare même si le volant de subsidiarité a été accru par la remise en place de paiements couplés et l'accroissement des capacités de transferts financiers du 1er vers le 2nd pilier et inversement.
Cette **subsidiarité** est un élément majeur de la « PAC 2023 » qui voit les derniers outils sectoriels d'accompagnement de la production jusqu'ici au sein de l'OCM unique rejoindre les plans stratégiques nationaux. L'OCM unique ne concerne plus dorénavant que les outils de gestion des marchés ainsi que les règles d'organisation des producteurs et les interprofessions.

INTERVENTION

Les OCM les plus élaborées, dérivées du modèle céréalier, prévoyaient que, lorsque le prix du marché intérieur descend en dessous d'un certain niveau, les organismes d'intervention doivent procéder à des achats publics. Le prix de déclenchement des achats publics est généralement dénommé **prix d'intervention**. Il constitue, en principe, un prix minimal garanti. Dans la pratique, le **prix garanti** est souvent un prix dérivé du prix d'intervention et ne concerne pas la totalité de la production mais une partie de celle-ci répondant à des caractéristiques minimales. Plusieurs **autres prix institutionnels** présentaient un lien avec le prix d'intervention. Il peut s'agir du prix indicatif, du prix d'orientation, du prix de base, du prix minimal, du prix de référence (sucre), etc. Ces notions disparaissent progressivement de la réglementation communautaire en raison, notamment, de leurs conséquences internationales (mesures de soutiens à l'agriculture) et de la réduction des outils communautaires de gestion des marchés. 90105
Ce mécanisme de l'intervention concerne de moins en moins de produits agricoles (blé tendre, beurre et poudre de lait sous forme d'adjudications). À mesure des révisions des OCM, les régimes d'intervention publique voient leur rôle diminuer, voire disparaître renvoyée à une situation de gestion de crise.

> **Précisions** Au cours des dernières années, l'Union européenne a développé sa politique de « défense commerciale » parallèlement à la signature de nombreux accords commerciaux bilatéraux. Cette politique permet d'introduire des mesures antidumping par exemple, lorsque le marché intérieur est déstabilisé par des politiques commerciales mises en œuvre par des pays tiers engendrant des distorsions.

PAIEMENT COMPENSATOIRE

90120 Lorsque l'Union européenne n'a pas pu mettre en place de protection extérieure, en raison des engagements pris dans le cadre du Gatt, un paiement compensatoire a été instauré pour soutenir le développement des productions concernées. Initialement, les paiements compensatoires étaient liés au volume produit et au prix du marché.

La **réforme de 1992** a fondamentalement modifié le mode de calcul et l'impact des paiements compensatoires. Ce mode de soutien a été étendu à des secteurs importants bénéficiant de l'intervention (introduction dans le secteur des céréales, forte augmentation du montant du paiement compensatoire en viande bovine) parallèlement à de fortes baisses du prix garanti à l'intervention, motivées notamment par la perspective des accords du Gatt qui suivirent en décembre 1993.

Les **accords de Berlin de mars 1999** ont approfondi la réforme de 1992 en accentuant la baisse des prix et en augmentant les aides compensatoires. Ces principes sont étendus au secteur laitier et au secteur du riz dès 2004. Ce fut également le cas avec la réforme de l'OCM sucre de 2006.

Après découplage, ces paiements compensatoires déliés de l'acte de production ont laissé, de fait, la place à une aide au revenu, qui prend la forme d'un empilement de soutiens pour la période 2015-2020 : paiement de base, complété par un paiement vert, un paiement jeune et éventuellement des paiements additionnels (paiement redistributif) et paiement contraintes naturelles. Le paiement vert disparaît en l'état avec l'entrée en vigueur de la « PAC 2023 », ses mesures support venant renforcer la conditionnalité tout en ne donnant plus droit à compensation financière. À l'occasion de la réforme 2023, une nouvelle architecture verte s'appuyant sur une conditionnalité renforcée (qui intègre les obligations de l'actuel verdissement), sur des écorégimes et des mesures agro-environnementales au titre du second pilier de la PAC est mise en œuvre. Les écorégimes ouvrent droit à compensation en contrepartie de la mise en œuvre de mesures favorables à l'environnement, au climat ou au bien-être animal.

DÉCOUPLAGE

90125 Parallèlement, les paiements compensatoires ont été, au moins en partie, découplés pour la plupart des secteurs. Le principe du découplage **consiste** à déconnecter le soutien des volumes produits et de la variation de prix de marché de ces produits. Le découplage permet de limiter l'incitation à produire que peut constituer le soutien et, à ce titre, il est considéré au plan international comme un mode de soutien limitant les entraves au libre-échange. Cela se traduit par des **paiements forfaitaires** à l'hectare ou à la tête de bétail. Ce principe est devenu la règle, sauf exception résiduelle fin 2012, quels que soient les secteurs de production et sans possibilité de choix pour les États membres. Ce principe est inscrit dans les accords du Gatt de décembre 1993, signés ensuite à Marrakech. Depuis la mise en œuvre des accords de Luxembourg, ces paiements forfaitaires laissent la place à une aide au revenu reposant sur l'historique de l'exploitation et les producteurs ont le choix de leurs productions. Cette aide au revenu devient accessible quel que soit le type de production et même les soutiens à la transformation encore existants sont découplés depuis la mise en œuvre du bilan de santé de la PAC. Depuis 2015, cette aide au revenu découplée et plus ou moins harmonisée au niveau « régional » côtoie donc un paiement vert et d'éventuels paiements couplés limités dans le cadre de la subsidiarité.

L'orientation en faveur d'une meilleure maîtrise des volumes produits avait été renforcée par le fait que l'octroi des paiements compensatoires était le plus souvent subordonné à une limitation de l'utilisation des moyens de production. Pour les producteurs de céréales, d'oléagineux et de protéagineux notamment, la condition était de retirer de la culture une partie des terres (à l'exception des petits producteurs). Ce n'est plus le cas aujourd'hui. La logique même du découplage étant la déconnexion du soutien de l'acte de production, il n'y a plus aucun outil de maîtrise des volumes : jachère supprimée, quotas laitiers s'étant achevés en 2015, quotas sucriers en 2017, droits de plantation viticole ayant laissé en 2016 la place à un régime d'autorisations de plantation s'achevant initialement en 2030 puis portée à 2045 dans le cadre de la négociation de la « PAC 2023 » avec deux clauses de réexamen en 2028 et en 2040. À noter que dans le cadre de la stratégie biodiversité du pacte vert européen et notamment au travers de la proposition de règlement sur la restauration de la nature, la Commission européenne proposait

d'introduire la notion de 10 % de surfaces non productives (finalement non mis en œuvre de manière individuelle) selon des modalités à définir. Jusqu'en 2023, le verdissement prévoyait seulement l'équivalent de 5 % des surfaces en terres arables sous formes de surfaces à intérêt environnemental. Depuis 2023, une obligation de non-production a été introduite au titre de la conditionnalité renforcée à hauteur de 4 % des surfaces en terres arables de l'exploitation, ou seulement à 3 % si 4 % de surfaces à intérêt environnemental sont présentes de manière concomitante. Cette notion de surfaces non productives a depuis été supprimée en vue de la récolte 2024 dans le cadre des mesures de simplification introduites en avril 2024 pour ce qui concerne sa forme jachère, mais les éléments fixes du paysage ne doivent pas être détruits. Cette décision est une conséquence de l'invasion d'une partie de l'Ukraine par la Russie et des manifestations agricoles partout en Europe durant la période fin 2023 – début 2024. De manière générale, l'octroi des aides et notamment de l'aide au revenu est soumis à une conditionnalité agronomique et environnementale accrue depuis le 1er janvier 2005. La miniréforme de 2024 a cependant accru la possibilité des États membres de déroger à certaines de ces mesures au titre de la prise en compte des perturbations engendrées par l'impact du changement climatique sur les cycles agricoles.
Depuis 1992, les soutiens directs ont pris une part croissante dans la constitution du revenu des exploitants, lorsqu'ils ne représentent pas plus que le revenu.

PAIEMENT DE BASE/AIDE DE BASE AU REVENU POUR UN DÉVELOPPEMENT DURABLE

Suite aux différentes réformes, les exploitations agricoles bénéficient d'un soutien au revenu : le paiement de base. Ce soutien prend la forme d'un montant à l'hectare. L'ampleur de ce montant résulte des choix nationaux de mise en œuvre et en particulier du recours à des mesures de subsidiarité. Le montant des enveloppes nationales de ce paiement est déterminé par la Commission européenne en fonction des choix nationaux qui lui ont été notifiés. Le bénéfice du paiement de base conditionne l'accès aux autres soutiens directs au titre du 1er pilier de la PAC. Au titre de la « PAC 2023 », ce paiement de base est renommé en « aide de base au revenu pour un développement durable ». À noter qu'une harmonisation des niveaux de paiement à l'hectare est en cours s'éloignant de fait de l'historique de l'exploitation. **90130**

PAIEMENT VERT

Prenant la forme d'un soutien à l'hectare, le paiement vert rémunère les pratiques agricoles favorables à l'environnement : diversité des cultures, maintien des prairies permanentes, existence de surfaces à intérêt environnemental sur les exploitations. Ce paiement vert représente 30 % de l'enveloppe nationale de soutiens directs au titre du 1er pilier. Alors que le paiement vert était accessible à tout agriculteur (respect des normes...). Les mesures qui le sous-tendaient intègrent une conditionnalité renforcée non rémunérée au titre de la « PAC 2023 ». Elles laissent la place à la rémunération de mesures volontaires additionnelles en faveur du climat et de l'environnement : l'écorégime. **90132**

PROGRAMME EN FAVEUR DU CLIMAT, DE L'ENVIRONNEMENT ET DU BIEN-ÊTRE ANIMAL/ÉCORÉGIME

Depuis 2023, un « écorégime » européen (les programmes en faveur du climat, de l'environnement et du bien-être animal) est mis en place. Il s'appuie sur des engagements individuels ayant trait à la mise en œuvre de programmes spécifiques couvrant les questions environnementales et climatiques. **90133**
La part de l'enveloppe nationale qui est consacrée à cet écorégime a été fixée à 25 %.
La France a proposé dans ce cadre une approche forfaitaire liée à la diversité des productions sur l'exploitation, à la certification (Bio, HVE, etc.) ou à un effort accru en faveur de la biodiversité par extension des infrastructures agro-écologiques au-delà de la conditionnalité renforcée.

PAIEMENT ADDITIONNEL JEUNE AGRICULTEUR/AIDE COMPLÉMENTAIRE AU REVENU POUR LES JEUNES AGRICULTEURS

Ce paiement, versé au cours de leurs 5 premières années d'activité au maximum, vise à encourager l'installation et à faciliter le démarrage de l'activité agricole pour des exploitants de moins de 40 ans. Jusqu'en 2023, il a pris la forme d'un paiement à l'hectare, additionnel au paiement de base. Les États doivent mettre en œuvre ce paiement et peuvent lui consacrer jusqu'à 2 % de leur enveloppe nationale. Ce type de paiement a pris le nom d'aide complémentaire au revenu pour les jeunes agriculteurs (JA) depuis le 1er janvier 2023. Il est devenu forfaitaire à l'exploitation en France. Il est attribué aux jeunes agriculteurs qui respectent les critères de reconnaissance JA mais pas aux nouveaux agriculteurs qui ne remplissent pas les conditions JA. **90134**

PAIEMENT REDISTRIBUTIF/AIDE REDISTRIBUTIVE COMPLÉMENTAIRE AU REVENU POUR LE DÉVELOPPEMENT DURABLE

90136 Au-delà de la convergence des paiements de base (aides à l'hectare), les États peuvent octroyer un soutien additionnel aux premiers hectares de chaque exploitation dans la limite de 30 hectares ou de la superficie nationale moyenne des exploitations (52 hectares en France). Ce paiement prend la forme d'un forfait additionnel à l'hectare. Il est facultatif pour les États membres qui peuvent consacrer jusqu'à 30 % de leur enveloppe nationale à un tel paiement. La France le met en œuvre à hauteur de 10 %.

Depuis 2023, la mise en œuvre de cette aide est devenue obligatoire pour les États membres. La France a maintenu le dispositif antérieur (10 % et 52 ha) malgré la progression de la dimension moyenne de l'exploitation agricole française (69 ha selon le recensement agricole 2020).

PAIEMENT ADDITIONNEL/CONTRAINTES NATURELLES

90138 Jusqu'en 2023, les États pouvaient mettre en œuvre un paiement additionnel forfaitaire à l'hectare pour certaines zones soumises à contraintes naturelles. Ce paiement n'a pas été mobilisé France et a été très peu utilisé au niveau européen. Il n'a pas été reconduit dans le cadre de la « PAC 2023 ».

CONTINGENT DE PRODUCTION

90140 Le sucre restait jusqu'en 2017 le seul secteur soumis à un régime de quotas de production. Le secteur viticole, avec son régime des droits de plantation, disposait également d'un système strict de limitation des mises en production qui a cédé la place à un régime d'autorisations de plantation depuis le 1er janvier 2016. Le « mini-paquet lait » voté début 2012 conduisait cependant à la possibilité de mise en œuvre d'une gestion privée des volumes dans le secteur des produits laitiers réservée aux seuls produits sous AOP (appellations d'origine protégée) ou IGP (identification géographique protégée). Dans le cadre de la crise qui a touché l'agriculture, et plus particulièrement l'élevage en 2014 l'ensemble du secteur laitier a été habilité en 2016 à mettre en œuvre une régulation privée de la production laitière de manière temporaire pour six mois, sur une base volontaire à l'image de ce qui était possible pour les produits sous AOP ou IGP. Un tel programme de retrait sous gestion privée a également été mis en œuvre en 2020 dans le contexte de la crise coronavirus.

SOUTIEN À L'EXPORTATION

90150 Le plus souvent, le **prix intérieur communautaire** des produits agricoles est supérieur au prix constaté sur le marché mondial (variable notamment selon les destinations), notamment du fait de la garantie apportée par l'intervention, mais également des règles de production mises en œuvre.

Pour la plupart des secteurs, il était prévu un régime de restitution à l'exportation qui permettait de combler la différence entre le prix intérieur communautaire et les cours mondiaux. Depuis les accords du Gatt de décembre 1993 qui ont donné naissance à l'OMC, ce régime est strictement encadré. Les réformes successives de la PAC, conduisant à la baisse des prix intérieurs, ont limité le recours aux restitutions pour exporter. Dans le cadre de la PAC post 2013 le recours à cet outil n'était plus possible qu'en situation de crise et était financé par le fonds de crise. L'accord intervenu lors de la dixième conférence ministérielle de l'OMC à Nairobi en décembre 2015 conduit à la disparition complète de cet outil depuis 2016 pour l'Union européenne.

PRÉFÉRENCE COMMUNAUTAIRE

90160 Depuis les accords du Gatt de décembre 1993, le système de protection extérieure spécifique à l'agriculture (le prélèvement variable) a été supprimé et remplacé par des **« tarifs »**, droits de douane fixes, c'est-à-dire indépendants de l'évolution du prix sur le marché mondial, ces tarifs faisant l'objet d'une réduction annuelle programmée. Sur la période de six ans qui va de 1995 à 2000, la réduction par produit a été de 36 % en moyenne. Les négociations en cours à l'OMC (cycle de Doha pour le développement) pourraient conduire à une nouvelle réduction de près de 60 % en moyenne des droits de douane à l'entrée dans l'Union européenne.

Cette **préférence** est déjà **réduite** suite à la conclusion d'un régime de préférences généralisées (SPG), d'accords de libre-échange (notamment CETA avec le Canada en 2013 et la Nouvelle-Zélande en 2022, TTIP en cours de négociation avec les États-Unis, ou le Mercosur actuellement en phase de relance), d'accords de partenariat (ACP) et de l'initiative « Tout sauf les armes » (pays les moins avancés) ou d'accords d'association développés notamment dans le cadre de la politique de voisinage de l'Union européenne, conduisant à réduire, voire à supprimer tout droit de douane à l'importation.

Dans le contexte du conflit russo-ukrainien, l'Union européenne a suspendu temporairement les droits et contingents s'appliquant aux produits ukrainiens entrant sur le Marché unique. La reconduction de cette mesure pour la période juin 2024 – juin 2025 s'est accompagnée de l'introduction d'une clause de sauvegarde à l'initiative de la Commission européenne lorsque le marché intérieur ou le marché d'un État membre est perturbé par l'afflux de marchandises ukrainiennes. Une clause de sauvegarde automatique est quant à elle mise en œuvre dès que les importations d'un petit groupe de marchandises dépassent les volumes moyens de la période 2nd semestre 2021 – fin année 2023. Les produits concernés sont le sucre, les œufs, les volailles, le maïs, l'avoine, les gruaux ou le miel, etc. Cette **mesure automatique** se manifeste par la réintroduction des droits à l'entrée et des contingents d'importation tels qu'ils étaient avant la suspension autonome. À fin juin 2024, cette clause de sauvegarde automatique était déjà mise en œuvre pour l'avoine avant d'être à nouveau activée à la date de rédaction de ce Mémento pour le sucre, les oeufs...
Une **clause de sauvegarde** prévoit pour la plupart des produits que, si le marché subit ou est menacé de subir, du fait des importations ou des exportations, des perturbations graves, des mesures « appropriées » peuvent être appliquées dans les échanges avec les pays tiers jusqu'à ce que la perturbation ait disparu. Importante dans son principe, cette disposition est rarement appliquée.

> **Précisions** Cette notion de préférence communautaire prend de nouvelles formes avec les discussions autour de l'introduction d'une **taxe carbone** aux frontières (MACF : mécanisme d'ajustement carbone aux frontières) visant à protéger les producteurs européens au regard des efforts qu'ils doivent réaliser en matière de décarbonation de l'économie et ainsi éviter de développer des importations ne supportant pas les mêmes contraintes de production. Ce mécanisme ne concerne cependant pas les produits agricoles importés alors qu'il concerne certaines matières premières indispensables à l'agriculture européenne tels les fertilisants importés par exemple. Il en est de même avec l'étude de mesures miroirs concernant les modalités de production en Europe (protection des plantes ou OGM, par exemple).

C. L'organisation commune des marchés unique

La quasi-totalité des produits agricoles, à l'exception notable des pommes de terre de consom- **90200**
mation et de certains fourrages, relevaient en principe de l'OCM unique régie par le règlement UE 2013/1308 du 17 décembre 2013. L'ensemble des organisations de marché sectorielles ont été fusionnées dans cette organisation commune unique à compter de 2008 et les principes de fonctionnement harmonisés progressivement.
Les dernières spécificités sectorielles qui subsistaient notamment pour les secteurs des fruits et légumes (frais et transformés) et vitivinicoles sont transférées au plan stratégique national, sans être pour autant radicalement modifiées. Lorsque des paiements couplés sont encore rencontrés, ce n'est plus dans le cadre de l'OCM unique mais dans le contexte des soutiens directs sous forme de mesures mises en œuvre dans le cadre de la subsidiarité du PSN. On relève dans le cadre de la « PAC 2023 », le renforcement de la notion de programmes opérationnels mis en œuvre par des organisations de producteurs.

> **Précisions** En France, les mesures de gestion de marché sont mises en œuvre par l'établissement national des produits de l'agriculture et de la mer : FranceAgriMer (franceagrimer.fr), le SEMAE (l'interprofession des semences et plants – semae.fr) intervient quant à lui dans le secteur des semences.

D. Période de mise en œuvre de la PAC

De plus en plus, les règles de fonctionnement de la PAC sont alignées sur le cadre financier **90298**
pluriannuel. La PAC fait dorénavant l'objet d'attentions particulières lors de la révision des perspectives financières et ses soutiens peuvent être remis en cause à cette occasion. Rappelons cependant que la réforme de 2013 a prévu explicitement que des modifications de la politique peuvent intervenir à tout moment en fonction de l'évolution économique et de la situation budgétaire pouvant la modifier plus ou moins profondément.
La « PAC 2023 » entrée en vigueur le 1er janvier 2023 pour une période de 5 ans, soit jusqu'à la fin du cadre financier pluriannuel 2021-2027, a déjà vu la modification de certaines de ses

règles de fonctionnement (conditionnalité renforcée) début 2024 sans attendre les clauses de rendez-vous initialement prévues et notamment en 2025. Par ailleurs compte tenu des négociations en cours, elle devrait intégrer les éléments résultants de la mise en œuvre du pacte vert.

E. Évaluation de la PAC

90299 La Commission européenne a élaboré une batterie d'**indicateurs** dont l'analyse doit permettre de montrer l'efficacité de la politique mise en œuvre. Ces indicateurs peuvent concerner tant le revenu, la part des soutiens dans le revenu, la qualité de l'eau, ainsi l'emploi que le nombre d'agriculteurs bénéficiant de paiements directs et le nombre d'hectares soumis à la conditionnalité. Les États membres doivent fournir régulièrement ces éléments à la Commission.
La « PAC 2023 », qui est entrée en vigueur le 1er janvier 2023, change quant à elle de logique globale en passant d'une politique de moyens à une politique de résultats. Cette logique appelle à un suivi particulier d'un ensemble d'indicateurs dont l'élaboration et le suivi sont des enjeux forts de cette réforme. En effet, en fonction des résultats la Commission pourra demander aux États membres de modifier leurs politiques (leur PSN) afin d'atteindre les objectifs. Elle pourra également retenir une partie des paiements en fonction des résultats.

CHAPITRE 2

RÉGIMES DE SOUTIENS DIRECTS

SOMMAIRE

A. Principes

GENÈSE DE LA « PAC 2023 »

L'Union européenne s'est dotée le 2 décembre 2021 d'une nouvelle politique agricole commune qui s'applique depuis le 1er janvier 2023. Cette politique modifie assez profondément la PAC passant d'une politique de moyens (appliquer les textes communautaires selon les règles édictées) à une politique de résultats reposant sur des indicateurs de suivi, rendant de fait plus contraignants les objectifs définis, qui conditionneront certains paiements. Cependant cette évolution ne revient pas sur les orientations initiées depuis 2003 visant à déconnecter le soutien de l'acte de production. Outre, l'objectif de résultat, la grande nouveauté repose sur une programmation structurante des actions des États en faveur de l'agriculture – les plans stratégiques nationaux – qui doivent leur permettre d'atteindre les objectifs communs et consacrent la subsidiarité. Les PSN couvrent la période du 1er janvier 2023 au 31 décembre 2027, date à laquelle une nouvelle PAC devrait s'appliquer. Les dénominations des soutiens ont à nouveau changé faisant apparaître plus fortement l'objectif de durabilité économique sociale et environnementale. Cette réforme qui s'applique depuis le 1er janvier 2023 intègre les mesures de l'actuel verdissement dans une conditionnalité renforcée et développe un programme en faveur du climat, de l'environnement et du bien-être animal : l'écorégime. Le règlement du Parlement européen et du Conseil 2115/2021 du 2 décembre 2021 définit les aides aux plans stratégiques nationaux financés par le fonds européen agricole de garantie (Feaga) et par le fonds européen agricole pour le développement rural (Feader). Suite à la crise du secteur agricole de fin 2023/début 2024, certaines mesures introduites par la « PAC 2023 » ont déjà été simplifiées dans l'attente de nouveaux ajustements résultant notamment du dialogue stratégique sur l'avenir de l'agriculture. Ce règlement est complété par le règlement 2116/2021 du 2 décembre 2021 qui définit les modalités de financement, de gestion et de suivi de la PAC. 90300

Dans une Union européenne recelant de fortes disparités de développement, y compris de conditions de production agricole, une large place est octroyée à la **subsidiarité** permettant aux États membres de répondre à des **préoccupations sectorielles** (paiements couplés) et d'apporter des réponses à leur situation sociale propre (variabilité du soutien aux jeunes, paiements redistributifs, etc.). Cette latitude laissée par la subsidiarité permet également de prendre en compte la diversité des systèmes de production (convergence partielle). Après avoir restreint ces possibilités de subsidiarité au cours des précédentes réformes, elles ont été largement mobilisées et élargies à l'occasion de la « PAC 2013 », et le sont encore dans le cadre de la « PAC 2023 », même si la Commission est chargée d'assurer qu'elle reste commune. En effet, l'enveloppe de subsidiarité pour **paiements couplés** est passée de 3,5 % à un montant pouvant atteindre jusqu'à 15 % de l'enveloppe nationale depuis 2013. À cela s'ajoute une **possibilité de transfert** du 1er pilier de la PAC vers l'enveloppe développement rural, ou de l'enveloppe développement 90301 rural vers le 1er pilier dans certains cas bien définis. Les États membres pouvaient sur une base volontaire opter pour l'utilisation jusqu'à 30 % de l'enveloppe au titre du **paiement redistributif**, en faveur des exploitations les plus petites ; le paiement redistributif devient obligatoire dans le cadre de la « PAC 2023 ». Ainsi, le règlement communautaire ne prévoit plus qu'un régime de paiements harmonisés tout en disposant cependant de nombreuses possibilités de subsidiarité. Le texte européen ne comporte plus aucun élément de couplage dans son objet en dehors de la subsidiarité laissée aux États membres. Ce principe est maintenu dans la « PAC 2023 » à hauteur maximum de 15 %, voire un peu plus en fonction de la mise en œuvre de programmes opérationnels sectoriels. Les paiements ne sont octroyés qu'aux agriculteurs actifs. Il est cependant à remarquer que l'approche résultats, validée par la Commission européenne, restreint de fait la subsidiarité en ramenant les PSN vers les objectifs européens.

90302 Outre le changement d'objectif politique, la plus profonde évolution de la « PAC 2023 » consiste dans la modification de son architecture verte. Le paiement vert, initié en 2013, disparaît au profit de l'introduction d'un écorégime, régi par le principe de subsidiarité, offrant un paiement forfaitaire en contrepartie de la mise en œuvre de mesures volontaires additionnelles à la conditionnalité (no 90382).

90303 Le soutien obligatoire aux **jeunes** qui s'installent introduit par la « PAC 2013 » au titre du 1er pilier est maintenu et renforcé au titre de la « PAC 2023 ». Pour pouvoir y prétendre, les jeunes doivent respecter certaines conditions d'âge, de durée d'installation, voire de formation si les États le prévoient. La durée maximale de ce soutien additionnel variable selon les États membres est de 5 ans. Les jeunes agriculteurs pouvant bénéficier de ce soutien additionnel exercent un contrôle effectif et durable, seuls ou conjointement avec d'autres agriculteurs, sur la personne morale lorsqu'ils sont membres d'un groupement.

Le jeune bénéficiant de ce soutien additionnel est âgé de 40 ans au maximum lors de l'introduction de sa première demande. Il bénéficie dorénavant d'un soutien pendant 5 campagnes. En France, ce soutien devient forfaitaire à l'exploitation dans le cadre de la « PAC 2023 ».

90304 L'octroi des aides directes est dorénavant conditionné au respect d'un corpus réglementaire et des bonnes pratiques agronomiques et environnementales. Ces règles s'appliquent tant aux soutiens du 1er pilier de la PAC (Feaga) qu'aux soutiens obtenus au titre du développement rural (Feader). Elles visent à garantir que les agriculteurs respectent les règles communautaires de base ainsi que les bonnes pratiques agronomiques et environnementales. Leur non-respect peut conduire à la **réduction** voire à la suppression **des sommes potentiellement octroyées aux exploitants**. Une notion de pénalité administrative complémentaire est également introduite. Cette dernière vise à s'assurer que les agriculteurs mettent bien en place les pratiques adéquates.

90305 La possibilité de prendre en compte de manière officielle sous certaines conditions la notion de **Gaec** (groupements agricoles d'exploitation en commun) et de multiplier un certain nombre de plafonds définis par les textes communautaires par le nombre de parts PAC du groupement initiée par la « PAC 2013 » a été conservée dans le cadre de la « PAC 2023 ». Ces parts PAC se rapportent à des associés exploitants disposant chacun du statut d'exploitant agricole. Cette disposition concerne tout particulièrement la France qui a développé cette pratique d'exploiter en commun une même exploitation.

90306 Dernier acquis de la réforme 2013, reconduit par la « PAC 2023 », la nécessaire introduction par les États membres d'un **système de conseil agricole** couvrant les différents champs réglementaires auxquels sont soumises les exploitations agricoles et notamment les bonnes conditions agronomiques et environnementales, les pratiques agricoles bénéfiques à l'environnement et au climat, les mesures au niveau de l'exploitation en matière de développement rural, mais également les aspects économiques et sociaux de l'activité agricole, y compris la prévention et la gestion des risques, etc. Cette approche est poursuivie, voire renforcée, par l'usage du numérique et des outils d'aide à la décision à compter de 2023, même si les outils d'aide à la décision pourraient être rendus obligatoires dans un futur plus ou moins proche. Les États membres peuvent s'appuyer sur les outils existants (tel est le cas en France).

AMBITIONS DE LA PAC 2023

90307 L'accord intervenu entre le Parlement, le Conseil et la Commission, le 2 décembre 2021, définit l'ossature de la « PAC 2023 » qui s'applique depuis le **1er janvier 2023** pour la plupart de ses éléments (certains éléments rotation et pourcentage d'infrastructures agroécologiques non productives (4 %) ont vu, au choix des États membres, leur **mise en œuvre différée** en raison de la crise alimentaire mondiale générée par l'invasion de l'Ukraine par la Russie en février 2022). En 2024, cette notion d'infrastructures non productives a été réduite au maintien des éléments fixes des paysages existants sur l'exploitation, supprimant de fait l'obligation de jachère. La

« PAC 2023 » modifie à nouveau largement l'architecture élaborée en 2013. Ainsi, et c'est la modification la plus fondamentale, la PAC passera à une **obligation de résultats** donc à l'élaboration d'indicateurs de suivi et de vérification de l'adéquation des politiques avec les objectifs chiffrés recherchés.

Les États membres ont introduit sur la base d'une analyse de leur situation économique, environnementale et sociale actuelle des **plans stratégiques nationaux** incluant les différents outils permettant d'atteindre les objectifs communs définis au niveau européen. Ces PSN ont été approuvés par la Commission européenne. Outre les outils mobilisés dans le cadre de cette proposition de réforme, la Commission européenne pousse à ce que les plans nationaux répondent également aux orientations de la stratégie « de la ferme à la table » et de la stratégie « biodiversité » présentées début 2020, même si ces dernières n'ont pas encore donné lieu à des engagements contraignants pour les États, d'autant plus que certaines de ces propositions n'étaient pas encore votées à l'été 2024. S'inscrivant dans l'objectif transversal de modernisation du secteur par la stimulation et le partage des connaissances, de l'innovation et de la numérisation, la « PAC 2023 » vise à atteindre trois **objectifs principaux** : développer un secteur agricole intelligent et résilient, renforcer l'approche environnementale et l'action pour le climat, consolider le tissu économique des zones rurales.

Ces objectifs principaux sont déclinés en **objectifs spécifiques**. Ces derniers sont composés du soutien au revenu, de l'orientation par le marché, de la compétitivité, de la place des agriculteurs dans la chaîne de valeur agroalimentaire, du développement durable et de la biodiversité, des jeunes agriculteurs, de l'emploi et de la croissance ainsi que de l'alimentation et la santé.

Au-delà du changement de dénomination d'un certain nombre de soutiens, la principale nouveauté est la construction d'une nouvelle architecture verte s'appuyant sur des programmes écologiques volontaires (**écorégimes**) se substituant aux « paiements verts » aujourd'hui obligatoires, et des mesures au titre du développement rural appuyées sur une conditionnalité renforcée intégrant les mesures de l'ancien paiement vert. Ces mesures d'écorégime sont mises en œuvre de manière volontaire au profit d'engagements en faveur du climat et de l'environnement. Elles représentent 25 % de l'enveloppe nationale du 1er pilier.

Le paiement de base devient une **aide de base au revenu pour le développement durable** ; il est accompagné d'une aide redistributive complémentaire au revenu pour le développement durable, ainsi que d'une aide complémentaire au revenu pour les jeunes agriculteurs et de programmes écologiques pour le climat et l'environnement. Les paiements couplés évoluent eux aussi avec l'addition de la possibilité de programmes opérationnels dans de nouveaux secteurs, au-delà des fruits et légumes ou de la viticulture. Des programmes sectoriels spécifiques restent ouverts par la réglementation communautaire pour les secteurs de la viticulture, des fruits et légumes, de l'huile d'olive, de l'apiculture, etc.

DURABILITÉ DE LA PRODUCTION AGRICOLE

Dans le contexte du pacte vert européen, la Commission européenne a lancé **plusieurs initiatives** dont la « stratégie de la ferme à la table » et la « stratégie biodiversité » et a renforcé la notion de durabilité de la production agricole au travers notamment de la gestion efficiente des ressources naturelles telles que l'air, l'eau, les sols et la biodiversité, ainsi qu'en réduisant le recours aux produits chimiques (engrais minéraux et pesticides notamment). La mise en œuvre de la réglementation sur la déforestation importée ou au travers de la réglementation sur les énergies renouvelables participe également à l'effort de renforcement de la durabilité de l'économie européenne. **90308**

En effet, la durabilité de la production prend de plus en plus la forme de mesures visant à atténuer ou à **lutter contre le changement climatique**. Ainsi la directive énergie renouvelable prévoit que les matières premières utilisées pour la production de biocarburants ne peuvent être issues de terres qui étaient en prairies permanentes en 2008 par exemple, ou en forêts primaires, en zones humides... Le règlement sur la déforestation (RDUE) quant à lui prévoit qu'il ne sera pas possible à compter de début 2025 de mettre sur le marché européen ou d'exporter à partir du marché européen des produits qui ont contribué à la déforestation ou à la dégradation des forêts après le 31 décembre 2020. Les produits concernés sont notamment le soja et les bovins. Ces produits devront donc être tracés à partir de leur origine géolocalisée et accompagnés d'une déclaration de diligence raisonnée attestant qu'ils ne sont pas déforestants et qu'ils ont été produits conformément à la législation de leur pays d'origine. Ce texte concerne également la production européenne et devrait s'appliquer à compter de début 2025.

La **stratégie « de la ferme à la table »** aborde le système alimentaire européen dans son ensemble, de la production à la consommation. Elle vise à rendre la production plus durable tout en étant abordable et en protégeant l'environnement, la biodiversité et avec une part d'agriculture biologique qui progresse. Elle vise à réduire substantiellement la dépendance, les risques et l'utilisation des pesticides chimiques, des engrais et des antibiotiques. Elle vise également à lutter contre la fraude alimentaire et à ce que les produits importés respectent les normes de production européennes. Dans ce cadre, un premier texte sur l'utilisation durable des pesticides a été présenté le 22 juin 2022 puis retiré par la Commission dans l'attente d'une nouvelle proposition « plus mûrie ».

La **stratégie « biodiversité »** quant à elle vise à ce qu'il y ait plus de zones protégées riches en biodiversité (Natura 2000), à restaurer des écosystèmes endommagés, à verdir les villes et y accroître la biodiversité. Un premier texte a été déposé le 22 juin 2022 intitulé « restaurons la nature ». Le texte finalement adopté vise à restaurer, d'ici 2030, 20 % des zones terrestres et des zones marines de l'Union européenne qui en ont besoin. Il vise à atténuer le changement climatique. Il ne comporte plus d'obligation pour l'ensemble des terres agricoles mais certaines d'entre elles pourront faire partie de zones à restaurer (zones humides, prairies Natura 2000, etc.) selon les choix des États membres. À noter que ce règlement introduit des exigences spécifiques à la protection des pollinisateurs qui, de fait, impacteront les pratiques agricoles, tout comme les restrictions liées au zonage Natura 2000 le faisaient déjà.

Un travail sur la santé des sols (taux de matière organique, pollutions, etc.) est également en cours mais aucune proposition de législation n'est encore finalisée à la date de rédaction de ce Mémento.

Ces orientations proposées par la Commission, après validation par les colégislateurs devront être intégrées par les États membres dans le cadre de leurs **plans stratégiques nationaux** à l'occasion des clauses de révision de ces plans (2025 notamment).

LES PLANS STRATÉGIQUES RELEVANT DE LA PAC

90309 La « PAC 2023 » repose sur des plans stratégiques nationaux (PSN) élaborés par les États membres pour mettre en œuvre les actions financées par le Feaga et le Feader. Les PSN sont mis en œuvre au niveau de l'ensemble du territoire ou par région. Ainsi la France a distingué la Corse de la France métropolitaine afin de différencier les types de soutiens (uniforme en Corse, reposant toujours sur l'historique en métropole après application de la convergence).

Chaque plan stratégique s'appuie sur une analyse des forces et faiblesses, des opportunités et des menaces propres à chaque État afin de bâtir des plans visant l'atteinte des objectifs européens communs mais en tenant compte des réalités propres à chaque État membre. Ces PSN sont validés par la Commission européenne qui en assure également le suivi.

Les États membres peuvent introduire des **modifications** à leur PSN deux fois par année civile mais au total seules 4 modifications peuvent être introduites au cours de la période. La Commission doit se prononcer sur ces modifications dans les 3 mois suivant leur dépôt.

À noter qu'afin d'améliorer l'efficacité et le partage d'expérience, la « PAC 2023 » prévoit la mise en place de **réseaux nationaux et européens** de la PAC. Elle prévoit également un partenariat européen d'innovation pour la productivité et le développement durable de l'agriculture (PEI). Ce PEI vise à stimuler l'innovation et améliorer l'échange de connaissances : lien recherche – transmission des connaissances par exemple, la diffusion de solutions innovantes...

B. Régime de paiement

90310 En 2023, l'aide de base au revenu pour le développement durable a succédé au **paiement de base** qui venait lui-même après le paiement unique. Elle n'est versée qu'aux agriculteurs actifs qui en font la demande. Conceptuellement ce paiement se veut un paiement forfaitaire à l'hectare correspondant à l'enveloppe de paiement direct qui subsiste après la mise en œuvre des obligations communautaires par les États (écorégimes, paiement redistributif, paiements jeunes, réserve nationale) et application des choix nationaux (transfert du 1er pilier de la PAC vers le développement rural, paiements couplés, programmes opérationnels). Introduite lors de la précédente réforme (2013), la **convergence des aides** reste inscrite dans la réglementation communautaire pour les États membres n'ayant pas encore mis en œuvre un paiement harmonisé à l'hectare. C'est notamment le cas de la France qui a mis en place une convergence partielle entre 2014 et 2019 sauf pour la Corse pour laquelle, en vertu de la possibilité de régionalisation, elle a opté pour un montant unique de paiement de base.

Cette nouvelle période de convergence ne conduira cependant pas obligatoirement à ce que l'ensemble des aides de base au revenu d'un État membre soient intégralement harmonisées. Les États membres n'ont pour obligation minimale que d'introduire une convergence réduisant

de 50 % au moins l'écart à 90 % de la moyenne nationale de chaque aide des exploitants ayant un niveau inférieur à ce seuil. Aussi, contrairement à la situation de nombreux États membres de l'Union européenne, le niveau de cette aide ne sera toujours pas uniformisé en France en 2027, à l'issue de cette nouvelle réforme.
Un **plancher de soutien** à l'hectare est introduit dès 2023 et ce niveau progresse jusqu'en 2026.
Cette aide de base au revenu prend de fait en compte l'historique de l'exploitation, mais s'en éloigne de plus en plus compte tenu de la mise en œuvre de la convergence. En effet, le **régime de paiement unique reposait** sur l'historique des paiements de l'exploitation au cours des années civiles 2000-2001-2002. Le bilan de santé de la PAC, par l'introduction de nouvelles mesures de découplage obligatoire et de nouvelles possibilités de redistribution des soutiens, a conduit de fait à instaurer la meilleure des années 2005 à 2008 comme nouvelle référence en France. Un exploitant percevait ce paiement s'il était en activité au cours de cette période de référence, s'il avait reçu cette exploitation en héritage ou s'il avait reçu des droits à paiement de la réserve nationale ou par transfert.
De fait, l'exploitant se voyait attribuer une **référence** correspondant aux activités agricoles ayant bénéficié de paiements compensatoires. Cette référence a été ajustée pour tenir compte des réformes intervenues depuis 2002 (lait, tabac, sucre, etc.) et de la poursuite du découplage dans le cadre du bilan de santé de la PAC avec une étape en 2010 et une autre en 2011 (tomates d'industrie) ou 2012 (fin du découplage et des aides à la transformation).
Chacune de ces références ramenées aux surfaces qui ont permis de les générer détermine la valeur du droit à l'hectare que l'exploitant pouvait faire valoir annuellement.

> **Précisions** En **production animale**, lorsque la référence ramenée à l'hectare dépasse 5 000 €, le producteur se voyait doté de droits spéciaux d'une valeur unitaire de 5 000 € dont la mise en œuvre était conditionnée à la poursuite de l'activité agricole à hauteur de 50 % minimum de celle qui a servi à constituer la référence exprimée en UGB (unité de gros bétail). Avec la réforme de 2013, cette notion de droits spéciaux a disparu au profit d'un paiement de base qui repose obligatoirement sur une **surface agricole admissible**. La réforme de 2023 introduit de plus un plafonnement du niveau de ces aides, plafond qui sera amené à diminuer en France.

AGRICULTEUR ACTIF

Le règlement de base définit l'**agriculteur** au niveau européen. Un agriculteur est une personne physique ou morale ou un groupement de personnes physiques ou morales, quel que soit le statut juridique conféré selon le droit national à un tel groupement et à ses membres, dont l'exploitation se situe dans l'Union européenne. Cet agriculteur doit exercer une activité de production de produits agricoles ou de maintien des surfaces agricoles dans un état qui les rendent adaptées à la production agricole (pâturages ou cultures). **90312**
Cependant le règlement réserve le soutien à des **agriculteurs actifs**. Il s'agit d'accorder les aides uniquement à des personnes qui exercent un niveau minimal d'activité agricole (sans exclure les agriculteurs pluriactifs ou ceux à temps partiel). Dans ce cadre, les États membres peuvent appliquer leurs propres critères objectifs et non discriminatoires tels que le revenu, la main-d'œuvre occupée sur l'exploitation, l'objet social de l'entité agricole ou son inscription sur des registres nationaux ou régionaux.
Les critères permettant de définir l'agriculteur actif adoptés par la France dans son plan stratégique 2023-2027 ont été intégrés dans le Code rural et de la pêche maritime (C. rur. art. D 614-1 modifié par décret 2024-460 du 22-5-2024) comme suit :
– le candidat **personne physique** doit être inscrit au régime Atexa (des dispositions spécifiques s'appliquent en Haut-Rhin, Bas-Rhin et Moselle ainsi qu'aux activités transfrontalières) et ne pas avoir fait valoir des droits à retraite (hors retraite des parents au foyer) alors qu'il a dépassé l'âge légal limite de la retraite (67 ans en France) ;
– s'agissant d'un agriculteur **personne morale** sous **forme sociétaire**, au moins un associé doit remplir les conditions prévues pour les personnes physiques ; en l'absence d'associé affilié à l'Atexa (exemples : SCEA, SA, SARL, SAS), tous les dirigeants doivent remplir les conditions prévues pour une personne physique et détenir au moins 5 % du capital. Pour les Scop, les associés salariés doivent détenir plus de 50 % du capital et remplir les conditions prévues pour les personnes physiques. Les coopératives agricoles, les sociétés d'intérêt collectif agricole doivent être actives sur des terres dont elles sont propriétaires, locataires ou concessionnaires ;
– d'**autres personnes morales** sont considérées comme agriculteurs actifs telles que les lycées agricoles, ou encore les associations ou une société coopérative d'intérêt collectif dès lors que l'activité agricole est prévue statutairement.

Des modalités spécifiques sont définies pour les agriculteurs des territoires d'outre-mer ou dont le siège est situé dans un autre État membre.

ACTIVITÉ AGRICOLE

90313 C'est le **plan stratégique national** qui définit désormais ce qu'est l'activité agricole reconnue au niveau de chaque État membre, définition codifiée à l'article D 614-4 du Code rural (Décret 2022-1755 du 30-12-2022).

Dans le cadre de la « PAC 2023 », l'activité agricole telle que définie par le PSN comprend les activités de productions de produits agricoles y compris, et cela est nouveau, les activités de préparation et d'entraînement des équidés domestiques en vue de leur exploitation, à l'exclusion des activités de spectacle, ainsi que les activités d'entretien des surfaces agricoles dès lors que l'activité, adaptée au type de surface, est effectuée annuellement ou biannuellement pour certaines cultures permanentes dans les conditions fixées par arrêté ministériel.

SURFACES ADMISSIBLES

90314 Le régime d'aides de la « PAC 2023 », s'applique à toutes surfaces agricoles à disposition de l'exploitant qui sont utilisées en vue d'une activité agricole comprenant des terres arables au sens du règlement européen, des cultures permanentes, ou des prairies permanentes y compris dans le cas de l'agroforesterie lorsqu'elles forment des systèmes d'utilisation des terres et des pratiques dans lesquelles des plantes ligneuses pérennes sont volontairement intégrées à des cultures ou des surfaces pâturées sur la même unité de gestion. Les arbres peuvent être isolés, en ligne ou en groupes à l'intérieur de parcelles de cultures ou de prairies ou sur les limites entre les parcelles. Une instruction du 5 juillet 2023 précise ces définitions. Dans certaines conditions, par exemple, les **particularités topographiques** correspondant à des usages locaux (arbres, murs, haies, fossés) peuvent être prises en compte, sous conditions, au titre des surfaces admissibles sur les terres arables mais doivent dans ce cas être protégées au titre de la conditionnalité.

PRORATISATION DES PRAIRIES PERMANENTES

90315 Un système de prorata peut être mis en place pour les prairies permanentes comportant des particularités topographiques et des arbres non admissibles. Le système de prorata repose sur des types homogènes de couverture des sols et de coefficients de réduction fixes associés à ces types de couverture. Ce type de proratisation est régulièrement questionné, notamment par la Cour des comptes européenne.

En dehors du système de proratisation propre aux prairies permanentes, les surfaces non agricoles doivent être décomptées.

TICKET D'ENTRÉE

90316 Les droits à paiement de base n'étaient octroyés qu'à des agriculteurs qui avaient le droit d'en recevoir c'est-à-dire qui disposaient d'un ticket d'entrée dans le **régime en 2015** et qui en ont fait la demande.

Cette notion de ticket d'entrée dans le système ne s'appliquait qu'en 2015. Avec la « **PAC 2023** », il n'y a pas de nouvelles opportunités de bénéficier de droits à paiements lorsqu'on l'exploite dans un État membre qui maintient l'usage des droits à paiement en dehors des jeunes agriculteurs et des nouveaux exploitants. Seuls les détenteurs de droits à paiement bénéficient des nouvelles aides au revenu pour un développement durable.

NOUVEAUX ENTRANTS

90318 Les agriculteurs qui ont débuté leur activité en **2015** et ne disposaient pas de ticket d'entrée se sont vus dotés de paiements de base par la réserve nationale. La valeur de ces paiements était égale à la valeur moyenne nationale ou régionale des paiements de base l'année de leur entrée en production. Le règlement de base prévoyait la possibilité lorsque le nouvel entrant ne répondait pas à la définition européenne du jeune agriculteur d'introduire une exigence en matière de formation afin de pouvoir bénéficier d'une dotation de paiements de base.

Le nouveau cadre réglementaire appliqué depuis le **1er janvier 2023** introduit des différences entre un « jeune agriculteur » (JA) et un « nouvel agriculteur ». Un « jeune agriculteur » est défini par son âge (maximum 35 à 40 ans), la reconnaissance en tant que chef d'exploitation (agriculteur actif) et une formation correspondant à cette activité de chef d'exploitation.

Un « nouvel agriculteur » ne remplit pas ces critères mais peut se voir imposer des critères de formation par l'État membre (c'est le cas en France). Un nouvel agriculteur ne bénéficie pas des aides complémentaires JA.

Les nouveaux entrants depuis 2023 peuvent être dotés dans les États qui maintiennent la notion de « droits à paiements », ce qui est le cas en France. Ils sont alors dotés à partir de la réserve nationale.

RÉFÉRENCES DE L'EXPLOITATION

En 2015, seuls les agriculteurs actifs disposant d'un **ticket d'entrée** ont pu prétendre à l'établissement d'un paiement de base. Afin de calculer le paiement de base initial d'une exploitation (paiement non convergé donc), le législateur a permis de prendre en compte soit les droits à paiements uniques détenus en 2014 soit les paiements reçus en 2014 au titre du paiement unique ou des paiements spéciaux. Il est également permis de prendre en compte pour le calcul de ce paiement initial les paiements couplés perçus jusqu'en 2014 et qui n'ont pas été reconduits ensuite, ou la différence entre le niveau payé et le niveau reconduit lorsque la reconduction de ces paiements à compter de 2015 s'est faite à un niveau inférieur au niveau 2014. **90320**
Les choix de la France ont conduit à mettre en œuvre un paiement de base initial s'appuyant sur les paiements reçus en 2014 additionnés des paiements couplés tabac reçus en 2014.

NOMBRE DE DROITS À PAIEMENT DE BASE

Pour un producteur donné, le nombre de droits à paiement correspond aux **surfaces admissibles** qu'il a déclarées au 15 juin 2015. Toutes les surfaces admissibles de l'exploitation sont prises en compte ; cependant, par dérogation, un État pouvait faire le choix de ne pas doter les surfaces en vigne en 2013. Le nombre de droits à paiement d'un exploitant est alors égal à ses surfaces admissibles (proche de sa SAU dans la majorité des cas) diminuées de ses surfaces viticoles. Au cours des années suivantes, l'exploitant peut s'il le souhaite utiliser ses surfaces en vigne pour faire valoir ses droits à paiement, elles sont admissibles. **90325**
La France a utilisé cette possibilité et n'a donc pas doté les surfaces portant des vignes en 2013.
Le règlement prévoyait également la possibilité pour un État membre d'affecter des coefficients de conversion aux pâturages pauvres afin de déterminer leur prise en compte dans le nombre de paiements de base. Cette disposition, finalement mise en œuvre en France, a nécessité une vérification sur place lors de l'établissement de la référence. Elle s'appuie sur des référentiels, notamment photographiques, définis régionalement. Le nombre de droits à aide de base n'a pas été modifié en 2023 ; les surfaces non dotées au cours de la période précédente n'ont pas reçu de droits nouveaux (sauf nouveaux entrants).

GAINS EXCEPTIONNELS

Un État membre pouvait également prévoir sur la base de critères objectifs de prélever une partie de l'augmentation de la valeur des droits qui résulterait de la vente, cession ou expiration en tout ou partie d'un bail entre le 16 mai 2014 et le 15 juin 2015. Ce prélèvement a alimenté la réserve nationale ou la réserve régionale selon le cas. **90326**

CALCUL DU DROIT À PAIEMENT DE BASE – DPB LORS DE L'ENTRÉE DANS LE RÉGIME EN 2015 (APERÇU EN FRANCE COMPTE TENU DES CHOIX NATIONAUX)

Prenons l'exemple d'un agriculteur présent en 2013 et toujours actif en 2015 pour calculer ses DPB. Ce calcul nécessite plusieurs étapes : **90328**
– **détermination de l'enveloppe paiement de base nationale en 2015** : on prend l'enveloppe notifiée à la France pour 2015 dont il faut ôter 3,3 % au titre du transfert du 1er pilier vers le second. Il convient ensuite de retrancher de cette enveloppe nette les sommes nécessaires à la mise en œuvre des obligations communautaires et des choix nationaux, c'est-à-dire selon les choix annoncés par la France : 30 % au titre du verdissement, 1 % au titre du paiement jeune, 3 % au titre de la constitution de la réserve nationale, 15 % au titre de la mise en œuvre des paiements couplés et 5 % au titre de la mise en œuvre du paiement redistributif. L'enveloppe paiements de base représentait alors environ 44,4 % de l'enveloppe initialement notifiée à la France pour l'année 2015 soit de l'ordre de 3,35 milliards d'euros (3 milliards pour 2020) ;
– **calcul de la référence de l'exploitation** : montant perçu en 2014 au titre des DPU et des paiements couplés tabac rapporté au total national des montants perçus en 2014 par les agriculteurs encore actifs en 2015. Ce rapport donne le pourcentage de soutiens de base revenant à l'agriculteur dans le cadre du futur régime paiement de base ; ce pourcentage appliqué au montant calculé à l'étape précédente détermine la somme initiale revenant à l'exploitation ;
– **détermination du DPB initial** : on divise la somme initiale de l'exploitation par le nombre de droits à paiement de base (ce nombre correspond aux surfaces admissibles déclarées en 2015 moins les surfaces en vignes en 2013) et on obtient le DPB initial, DPB initial qu'il faut ensuite faire converger ;

– **convergence du DPB initial** : supposons que ce DPB initial était inférieur à la moyenne nationale calculée pour 2019. La convergence annuelle est égale à un cinquième de 70 % de la différence entre le paiement moyen national et le DPB initial de notre exploitation. Le DPB notifié à l'exploitant pour 2015 était alors égal à son DPB initial augmenté du montant de la convergence annuelle. Pour les années suivantes, en dehors des évolutions liées aux choix nationaux, en matière de paiement redistributif notamment, on augmente le DPB 2015 d'autant d'étapes annuelles de convergence que d'années écoulées : 4 étapes pour 2019, en plus de celle de 2015, qui sera la dernière année de convergence au titre de la « PAC 2013 ». La convergence s'est poursuivie au cours de la « PAC 2023 ».

UTILISATION DES TERRES DANS LE CADRE DU RÉGIME DE PAIEMENT DE BASE

90335 Les terres déclarées annuellement pour bénéficier du paiement de base unique doivent être à **usage agricole** et répondre aux conditions d'admissibilité tout au long de l'année civile à l'exclusion des forêts. Ces définitions relèvent maintenant du PSN (intégrées dans le Code rural et de la pêche maritime). Les terres admissibles doivent être à disposition des agriculteurs.

RÉSERVE NATIONALE

90340 Les États membres mettent en place une réserve nationale (ou régionale) **alimentée** par un prélèvement linéaire sur l'enveloppe nationale la première année. Entrée en vigueur en 2015, cette réserve est alimentée par les droits non utilisés pendant deux années consécutives et qui remontent, par les droits à paiement volontairement reversés, par un prélèvement linéaire sur les droits à paiement de base des agriculteurs lorsque la réserve n'est pas suffisante pour doter les nouveaux entrants et, avant leur suppression, par les transferts de droits sans foncier et les prélèvements au titre des gains exceptionnels.

Les **droits issus de cette réserve** ont une valeur moyenne définie régionalement ou nationalement (nationalement en France métropolitaine hors Corse ; régionalement pour la Corse).

La réserve est prioritairement mise à contribution pour doter les jeunes agriculteurs et les nouveaux exploitants qui débutent une activité.

90345 **Transfert des droits** Les droits peuvent être transférés par **vente** avec ou sans foncier. En revanche, toute **location** ne peut intervenir qu'accompagnée d'un transfert des surfaces équivalentes au nombre de droits loués. Les transferts ne peuvent se faire qu'entre agriculteurs actifs d'un même État membre sauf en cas d'héritage mais ils ne peuvent être utilisés que dans l'État membre où ils ont été établis.

90347 **Fin du prélèvement sur transfert** Lors d'un transfert de droits à paiement sans terre, l'État membre pouvait appliquer un prélèvement jusqu'à 30 % de la valeur pour alimenter la réserve nationale ou la réserve régionale. Ce prélèvement n'est plus appliqué depuis 2023.

IDENTIFICATION DES DROITS À PAIEMENT ET DES PARCELLES AGRICOLES

90352 Un système d'identification et d'enregistrement des droits à paiement permet d'en assurer la **traçabilité** en fournissant les éléments suivants : titulaire, valeur, date d'établissement, date de dernière utilisation, origine en particulier en ce qui concerne l'attribution (droit initial ou réserve nationale, achat, location, héritage). Il permet les **contrôles** croisés avec les demandes d'aides et le système d'identification des parcelles agricoles.

Un système d'identification des **parcelles** agricoles est mis en place. Il repose sur des plans et documents cadastraux ou d'autres références cartographiques. Il s'appuie sur un **système d'information** géographique informatisé reposant de préférence sur une couverture d'orthoimagerie aérienne ou spatiale garantissant une précision équivalente à celle de la cartographie à une échelle au 1/5 000 depuis 2016. Depuis 2018, le système d'identification des parcelles mis en place par l'État membre comporte une couche de référence pour tenir compte des surfaces d'intérêt écologique.

DEMANDE DES PAIEMENTS

90356 Une **dimension minimale de l'exploitation** peut être requise pour pouvoir prétendre au bénéfice des droits à paiements. Cette dimension minimale peut être fixée de 1 à 4 hectares ou de 100 à 300 €. En France, seul le montant de 100 € est mis en œuvre pour une superficie minimale de 0,1 ha (taille minimale de la parcelle que l'on peut inscrire dans la base de données) depuis 2015. Par ailleurs, le producteur, au moment de demander son paiement annuel, doit justifier de la détention de droits et des surfaces admissibles correspondantes. Une seule demande unique de paiement surfaces est déposée par an, sous forme électronique, avant le **15 mai**.

Cette demande, outre l'identification de l'agriculteur, précise le régime d'aide concerné, identifie les droits de paiement utilisés et précise les parcelles et leur localisation. Les parcelles qui sont irriguées doivent être mentionnées. Les États membres peuvent également exclure du bénéfice des droits à paiement, sur la base de critères objectifs et non discriminatoires, les personnes physiques ou morales dont les activités agricoles ne représentent qu'une part négligeable de l'ensemble de leurs activités économiques, ou dont l'activité principale ou l'objet social n'est pas l'exercice d'une activité agricole. Depuis 2015, une liste négative détermine qui n'est pas un agriculteur actif (les aéroports, les sociétés immobilières, etc.) à moins que ces derniers ne soient en mesure de démontrer leur activité agricole.

En cas de **dépôt tardif**, les montants d'aides sont réduits de 1 % par jour ouvrable et les aides sont supprimées au-delà du 25e jour civil. Lorsque le dépôt tardif a lieu au titre de la demande d'attribution de droit à paiement, l'abattement est de 3 % par jour ouvrable dans la limite de 25 jours civils.

Tout droit de paiement non utilisé pendant deux années est versé sans contrepartie dans la réserve nationale.

MODIFICATIONS ET RETRAIT DE LA DEMANDE DE PAIEMENT

À tout moment, tant qu'il n'a pas été averti d'un **contrôle** sur place ou d'un problème de **conformité**, un exploitant peut retirer intégralement ou en partie la demande qu'il a déposée. 90357

De même, des modifications à la déclaration initiale dûment justifiées peuvent être apportées à l'utilisation des parcelles au titre des surfaces à intérêt écologique. Une telle modification, si elle est acceptée par l'État, ne peut conduire à mettre l'exploitant dans une position plus favorable que celle résultant de sa déclaration. Elle ne peut intervenir après une information de non-conformité notifiée par l'État membre.

Enfin, après notification d'un contrôle préliminaire effectué par l'État membre, le déposant dont la bonne foi n'est pas remise en cause peut modifier par écrit sa déclaration pour éviter une non-conformité (par exemple, erreur de documents d'accompagnement), selon le délai imparti par l'État membre.

CONTRÔLES

Les contrôles sur place sont **notifiés** aux agriculteurs au plus 48 heures à l'avance lorsqu'ils concernent des demandes d'aides animales. Les contrôles portant sur la conditionnalité peuvent si cela est nécessaire être effectués de manière **inopinée**. À noter que les contrôles au titre du développement rural peuvent quant à eux avoir lieu tout au long de l'année. 90358

À noter également que si des contrôles **supplémentaires** sont nécessaires (SIE, par exemple), ils sont réalisés pour 50 % chez des exploitants déjà soumis à des contrôles et pour 50 % chez d'autres exploitants non soumis au contrôle générique mais ayant déclaré le type d'élément contrôlé (jachère, bordures de champ, bandes tampons, etc.).

Par ailleurs, des contrôles de suivi peuvent être mis en œuvre pour s'assurer de la validité de la demande, notamment par recours à la **télédétection** et notamment aux satellites Sentinel et Copernicus. L'analyse des images satellitaires permet notamment d'identifier la nature du couvert, ce système de suivi des surfaces en temps réel (3STR) est opérationnel depuis 2023. De son côté, l'exploitant peut communiquer à l'administration des photos géolocalisées d'une parcelle au moyen d'une application dédiée.

Pour partie les contrôlés sont **sélectionnés** de manière aléatoire selon un taux de contrôle variable selon la mesure et pour partie ils sont sélectionnés selon une analyse de risque.

TAUX DE CONTRÔLE

Les États membres définissent les plans de contrôles dans leur **PSN**. Ces plans de contrôles prennent en compte la notion de risque liée aux structures des exploitations agricoles, à leur inclusion dans un système de conseil agricole notamment. En matière de conditionnalité le taux de contrôle est d'au moins 1 % des demandeurs, dont une partie déterminée sur base aléatoire. 90359

Dans le cadre des ajustements intervenus en mai 2024, les contrôles de conditionnalité ont été supprimés pour les **exploitations de moins de 10 ha**, soit environ 65 % des exploitations au niveau européen.

SANCTIONS ADMINISTRATIVES

Le **non-respect des règles de déclaration des surfaces, des animaux ou des obligations** telles que la conditionnalité s'accompagne de réduction, voire de suppression des soutiens et de sanctions administratives qui peuvent s'ajouter selon l'ampleur de l'écart. Ces sanctions sont dorénavant 90360

établies par les États membres dans leur **PSN**. Si le non-respect des règles n'a pas d'incidence ou une incidence très faible sur la non-atteinte des objectifs résultant de la norme à laquelle il est contrevenu, la sanction administrative n'est pas appliquée.
Le niveau de sanction administrative **en matière de conditionnalité** est d'au moins 3 % du total des aides.
En cas de récidive au cours des 3 années suivant la détection d'un 1er non-respect de la règle, le niveau de sanction administrative complémentaire est porté à 10 % et à 15 % au moins si le non-respect des règles est intentionnel.
Rappelons que l'application de sanctions peut selon la gravité des fautes constatées conduire jusqu'à la suppression totale des aides.
À noter que les États membres doivent dorénavant mettre en place une conditionnalité sociale et que cette dernière devra être contrôlée. Le non-respect donnera lui aussi lieu à l'établissement de sanctions administratives dans le cadre de la PAC.

MODALITÉS DES PAIEMENTS

90361 Le paiement au titre des droits à paiement de base et des autres paiements de ce nouveau régime est effectué en une ou deux tranches par an au cours de la période débutant le 1er décembre et s'achevant le 30 juin de l'année civile suivante. Des **avances** peuvent être effectuées, sous réserve de la situation budgétaire, avant le 1er décembre dans les régions où des conditions exceptionnelles exposent les agriculteurs à de graves difficultés financières. Ces avances peuvent représenter dans le cas général jusqu'à 50 % des aides. Elles peuvent aller au-delà en fonction de situations particulières (crises Covid-19, crise de marché par exemple) si la décision formelle en a été prise au niveau européen, compte tenu des disponibilités financières.
Aucun paiement n'est effectué avant la fin d'**achèvement des contrôles** administratifs. À noter qu'en matière de paiement vert, le non-paiement ou la réduction de ce dernier s'est accompagné d'une sanction administrative complémentaire de 25 % depuis 2018.

C. Pratiques agricoles bénéfiques pour le climat et l'environnement

90370 Un paiement pour les pratiques agricoles bénéfiques pour le climat et l'environnement a été introduit et mis en œuvre par les États membres en 2015 (**PAC 2013**) jusqu'en 2022. Ce paiement était octroyé aux producteurs qui détenaient un droit à un paiement au titre du régime de paiement de base et qui observaient sur tous leurs hectares admissibles les pratiques agricoles bénéfiques pour le climat et l'environnement définies par le régime communautaire de paiement de base. Ces pratiques étaient regroupées dans trois catégories : diversité de l'assolement, maintien des prairies permanentes et présence de surfaces à intérêt écologique.

PAIEMENT VERT

90380 Le paiement octroyé au titre des pratiques bénéfiques pour le climat et l'environnement prenait la forme d'un paiement annuel forfaitaire à l'hectare correspondant à 30 % de l'enveloppe nationale de soutien divisé par le nombre d'hectares respectant les pratiques ou exemptés de celles-ci. Il pouvait être « proportionnalisé » au paiement de base, pratique que la France a mis en œuvre.

ÉCORÉGIME

90382 Le paiement vert initié en 2013 a disparu dans le dispositif « PAC 2023 » au profit d'un système d'écorégimes qui récompense des **pratiques agricoles** favorables à l'environnement et au climat.
Ces pratiques définies dans le cadre du PSN doivent être favorables à l'environnement, au climat ou au bien-être animal. Le **forfait octroyé** compense tout ou partie des coûts additionnels générés par la mise en œuvre des pratiques agricoles améliorantes. Les principales mesures que l'agriculteur devait mettre en œuvre en contrepartie du paiement vert sont intégrées dans leur principe à la conditionnalité qui s'en trouve renforcé (n° 90304) et devient un enjeu de mise en œuvre. Le paiement vert représentait 30 % de l'enveloppe nationale de soutiens directs. Ce paiement visait à rémunérer les agriculteurs pour la mise en œuvre de pratiques, allant au-delà de la conditionnalité, axées en priorité sur des objectifs en matière de climat et d'environnement. Cette composante écologique était obligatoire et son non-respect entraînait des pénalisations administratives additionnelles. Dorénavant elles sont toujours obligatoires mais ne génèrent plus de paiements additionnels ; seulement des pénalités en cas de non-respect.

En France, l'écorégime a pris la forme de paiements forfaitaires qu'il est possible d'obtenir selon 3 **modalités** différentes : la diversité des assolements, les infrastructures agroécologiques (au-delà de la BCAE 8) et la certification de l'agriculture biologique ou la certification environnementale. Le **montant** unitaire par hectare et par niveau d'exigence de l'écorégime est fixé par arrêté.

D. Réduction des paiements, paiement redistributif, dégressivité et discipline financière

Un certain nombre de dispositions communautaires (obligatoires) ou nationales (facultatives) viennent réduire le niveau du droit à paiement de chaque producteur agricole. À ce titre, la « PAC 2023 » rend dorénavant obligatoire la mise en place d'une aide redistributive complémentaire au revenu pour un développement durable. 90385

CONVERGENCE EUROPÉENNE

Lors de l'élaboration du cadre financier pluriannuel pour la période 2014-2020, les chefs d'État et de gouvernement ont décidé du **resserrement des écarts entre les niveaux moyens théoriques de paiements à l'hectare** au sein de l'Union européenne. Ainsi, entre 2014 et 2019, les États membres ayant un soutien à l'hectare théorique inférieur à 90 % du soutien théorique moyen européen ont vu leur écart à 90 % de la moyenne réduit d'un tiers au cours de la période. Cette réduction de l'écart s'est traduite par une augmentation de l'enveloppe soutiens directs de ces États financée par une baisse proportionnelle à l'écart à la moyenne de l'enveloppe soutiens directs des États ayant un niveau théorique supérieur à cette moyenne. Les États concernés par l'augmentation de leur enveloppe au cours de la période sont : Bulgarie, Estonie, Espagne, Lettonie, Lituanie, Pologne, Portugal, Roumanie, Slovaquie, Finlande, Suède et Royaume-Uni. 90390

Ce principe de convergence européenne se poursuit dans le contexte du **cadre financier pluriannuel 2021-2027** à hauteur de 50 % de l'écart à 90 % de la moyenne théorique européenne. De plus, un soutien théorique minimal de 200 €/ha introduit en 2022 sera porté à 215 €/ha en 2027. Un montant maximum de soutien à l'hectare peut être instauré par les États membres, ce qui sera le cas en France. Par ailleurs, depuis 2021, les sommes disponibles ajustées à la suite de la décision budgétaire prennent en compte le départ du Royaume-Uni.

Ainsi, la **France** a vu au fil des années son enveloppe de soutiens annuels être réduite (7 586,3 M€ en 2014) pour se stabiliser à hauteur de 7 252 M€ à compter de 2023.

FLEXIBILITÉ ENTRE PILIERS

Les États membres ont la possibilité de renforcer leurs enveloppes de soutien au titre du premier ou du second pilier de la PAC par transfert d'une partie de l'autre enveloppe. 90391

La France a décidé d'avoir recours à ce mécanisme à hauteur de 3 % en 2014 et de 3,3 % de son enveloppe nationale à compter de 2015, puis de 7,5 % à compter de 2018.

Pour la **période 2023-2026**, les États membres peuvent transférer jusqu'à 25 % de leur enveloppe du 1er pilier vers le second. Ce transfert n'impose pas le cofinancement des actions mises en œuvre avec cet argent au titre du 2nd pilier. Les États membres peuvent augmenter ce pourcentage de 15 points pour financer des mesures environnementales spécifiques et de 2 points pour l'aide à l'installation des jeunes au titre du développement rural. Pour la période 2023-2026, la France a choisi de maintenir ce niveau de transfert à hauteur de 7,5 %, afin d'abonder le régime de gestion des risques en particulier.

Les États membres qui ne réalisent pas de transfert du 1er vers le 2nd pilier de la PAC peuvent décider de mettre en place un transfert issu de leur enveloppe développement rural vers le 1er pilier de la PAC. Le montant de ce transfert peut atteindre jusqu'à 25 % annuellement au cours de la période 2024-2027. Ce niveau peut être augmenté de 30 points pour les États membres ayant un soutien théorique à l'hectare inférieur à 90 % de la moyenne communautaire. Dorénavant les pays concernés par ce plafond majoré pour la période 2024-2027 sont : Bulgarie, Estonie, Espagne, Lettonie, Lituanie, Pologne, Portugal, Roumanie, Slovaquie, Finlande et la Suède.

Ces décisions peuvent être modifiées en 2025.

Du fait des choix effectués par la France de transferts financiers du 1er pilier vers le second pilier de la PAC, l'enveloppe financière effectivement disponible au titre des aides directes est de :

Année	2023	2024	2025	2026	2027 et années suivantes
Paiements directs	6 736	6 719	6 711	6 705	7 252

Ce plafond prend en compte les sommes versées au titre des régions ultrapériphériques et serait réduit des sommes correspondant à l'application de la dégressivité (réduction des aides) au niveau d'un État ayant choisi de la mettre en œuvre. La dégressivité n'a pas été mise en œuvre par la France qui pratiquait le paiement redistributif à hauteur de 10 % au cours de la période 2015-2022, et n'est pas mise en œuvre par la France pour la période 2023-2027. Dans le cadre de la « PAC 2023 », ce choix de flexibilité peut être révisé en 2025.
En aucun cas, ce plafond de dépenses ne peut être dépassé.

RÉSERVE NATIONALE

90392 Les États membres mettent en place une réserve nationale afin de doter depuis 2015 en priorité les jeunes agriculteurs et les agriculteurs qui commencent une activité (nouveaux agriculteurs à compter de 2023). Cette réserve a été constituée initialement notamment par prélèvement linéaire sur l'enveloppe nationale en 2015 d'au maximum 3 %. Ce chiffre de 3 % pouvait être dépassé si cela était nécessaire à la dotation des nouveaux entrants. Elle est ensuite abondée par des mécaniques propres. Depuis 2018, les États membres peuvent à nouveau abonder cette réserve par prélèvement linéaire sur les paiements de base en vue de doter les nouveaux installés.

PAIEMENT JEUNE AGRICULTEUR

90393 Le règlement définit l'enveloppe que l'État membre doit consacrer dans son PSN à favoriser l'installation des jeunes. Pour la France, ce montant est fixé à 218,6 M€ par an au minimum. Cette somme comprend les actions du 1er et du 2e pilier selon les actions du PSN. Rappelons qu'en 2022, la France avait choisi de consacrer 67,4 M€ à l'aide au JA au titre du 1er pilier en plus du soutien à l'installation octroyé au titre du 2e pilier de la PAC. Dans le cadre de la « PAC 2023 », elle a prévu de consacrer 116 M€ à l'aide complémentaire au revenu pour les jeunes agriculteurs soit de l'ordre de 4 500 € par exploitation et par an.

FINANCEMENT PAIEMENTS COUPLÉS

90394 À l'occasion de la « **PAC 2013** », les États membres pouvaient décider la mise en œuvre de paiements couplés au titre de la subsidiarité. Dans le cas général, ils pouvaient consacrer 8 % de leur enveloppe nationale de soutiens directs à ces paiements.
À ce titre, la France consacrait une enveloppe financière annuelle légèrement supérieure au milliard d'euros (1,009 milliard d'euros pour 2022).
Dans le cadre de la « **PAC 2023** », les États membres ont toujours la possibilité de mettre en œuvre des aides couplées au revenu pour les agriculteurs actifs.
Cette aide vise à améliorer la compétitivité, la durabilité ou la qualité des secteurs en difficultés. À compter de 2023, cette condition (secteurs en difficulté) ne s'applique plus pour les protéagineux ; ce qui permettra en France de s'affranchir de la limite qui s'appliquait au soja compte tenu du large dépassement de la référence surfacique de la « PAC 2013 » (47 500 ha).
L'aide couplée reste versée sous la forme d'un paiement annuel à l'hectare ou par animal.
Dans le cadre des programmes opérationnels « autres secteurs », des aides supplémentaires couplées pourront être octroyées à hauteur de 3 % de l'enveloppe nationale (5 % si abattement de 2 points de l'enveloppe aides couplées classiques). La France a mis en œuvre ce dispositif de programmes opérationnels à compter de 2024 pour les protéines végétales notamment, non sous la forme d'aides couplées mais au titre d'accompagnement des investissements.

FINANCEMENT PAIEMENT REDISTRIBUTIF

90395 Au plus tard le 1er août de chaque année, les États membres décident de l'enveloppe qu'ils souhaitent consacrer au paiement redistributif pour les années suivantes. Ce montant ne peut excéder 30 % de l'enveloppe nationale. La France a décidé de mobiliser cet instrument à hauteur de 5 % en 2015, 10 % en 2016 et a maintenu le paiement redistributif à 10 % pour les années 2017 à 2022.

L'**enveloppe financière** pour l'octroi de paiements redistributifs se montait à 690,1 M€ (10 %) pour la France en 2018 et à 687,7 M€ en 2019 et en 2020. Ce montant a été ramené à 673,6 M€ en 2021 et 672,6 M€ en 2022 compte tenu de l'évolution de l'enveloppe des aides directes de la France.

Depuis 2023, les États membres ont l'obligation de mettre en place une aide redistributive complémentaire au revenu pour un développement durable. Le niveau minimal de cette aide redistributive prélevée sur l'enveloppe du 1er pilier est de 10 %. Ce montant sera déterminé par la Commission après validation du PSN de l'État membre en fonction des choix de transferts et du niveau redistribution retenu (mini 10 %).

À noter que les sommes issues de la dégressivité alimentent l'enveloppe redistribution dans les pays où la dégressivité est mise en œuvre.

FINANCEMENT PAIEMENT ADDITIONNEL CONTRAINTES NATURELLES

Dans le cadre de la « PAC 2013 », les États membres avaient la possibilité d'octroyer un soutien 90396
additionnel aux superficies soumises à contraintes naturelles dans le cadre du 1er pilier. La France n'a pas mis en œuvre ce dispositif qui pouvait représenter jusqu'à 5 % de l'enveloppe du 1er pilier. Cette mesure spécifique n'a pas été reconduite dans le cadre de la « PAC 2023 ».

FINANCEMENT RÉGIME PETITS AGRICULTEURS

Les États peuvent choisir de mettre en œuvre un régime de soutien forfaitaire à l'exploitant ou à 90397
l'hectare pour les petits agriculteurs. Le niveau de ce soutien ne peut être supérieur à 1 250 € par an et par exploitation. Le niveau du forfait peut être différencié selon des seuils de surface. Ce régime est facultatif pour les agriculteurs. La **France** ne le met pas en œuvre.

FINANCEMENT DE L'ÉCORÉGIME

Dans le cas général, l'écorégime représente 25 % de l'**enveloppe** du 1er pilier depuis 2023. Il 90399
peut être diminué selon certaines modalités lorsque les sommes consacrées au changement climatique, au développement durable et aux ressources naturelles vont au-delà de 35 %. Pour le cas où les États membres ne le mettraient pas en œuvre à 100 % au début de cette nouvelle période de programmation, ils devraient faire un effort supplémentaire en fin de période de sorte à atteindre ce niveau moyen de soutien sur la période.

Si jusqu'à présent au titre du verdissement, les agriculteurs devaient respecter le cadre réglementaire communautaire pour bénéficier du soutien, dorénavant ils doivent mettre en œuvre des mesures volontaires complémentaires proposées par l'État membre pour bénéficier des paiements écorégime.

SOUTIEN DE BASE – AIDE DE BASE AU REVENU POUR UN DÉVELOPPEMENT DURABLE

L'enveloppe permettant le calcul du droit à paiement de base est la résultante des obligations 90400
européennes (aide redistributive, écorégime et paiement jeunes) après transferts éventuels du 1er pilier vers le 2e pilier et inversement, des choix nationaux de mise en œuvre (paiements couplés et régime petits producteurs) et de la constitution de la réserve nationale. Ce soutien prend la forme d'un **paiement annuel** découplé à l'hectare admissible déclaré par un agriculteur actif. Ce soutien est normalement harmonisé sauf si l'État membre décide de l'octroyer à partir des paiements de base dont disposent les agriculteurs.

Les évolutions réglementaires conduiront à recalculer le montant de l'aide de base au revenu. Les États membres peuvent introduire une surface nationale de base ou un montant minimal. Ils peuvent également réduire jusqu'à hauteur de 3 % les paiements directs (aide de base + paiement redistributif + aides jeunes + écorégime) au titre de la contribution des agriculteurs à un outil de gestion des risques. La France n'a pas choisi de financer un outil de gestion des risques par ce mécanisme mais de le financer dans le cadre du Feaga vers le Feader. À noter qu'en plus du montant plancher, la France a introduit un montant à l'hectare plafond, révisé à la baisse dans le cadre de la convergence.

DÉGRESSIVITÉ – PLAFONNEMENT

Lorsqu'ils mettent en œuvre le plafonnement ou la dégressivité, les États membres peuvent 90405
décompter des aides de base les salaires versés et déclarés (impôts et charges compris), les salaires de l'exploitant et les coûts sociaux afférents, le coût du travail extérieur selon leur choix. Les États membres peuvent mettre en œuvre un plafonnement de l'aide de base au revenu à 100 000 €. Ils peuvent également réduire jusqu'à 85 % au maximum les tranches de paiement au-delà de 60 000 € et définir différents niveaux de prélèvement (croissants) en fonction des tranches définies.

Avec la « **PAC 2023** », le résultat de ce prélèvement finance principalement l'aide redistributive complémentaire au revenu, mais peut également financer des mesures de développement rural. Lors d'un transfert vers le second pilier, l'État peut réviser les montants lors de la révision du PSN prévue en 2025. La France ne met pas en œuvre cette mesure.

RÉGIME DE DISCIPLINE FINANCIÈRE

90410 Depuis 2007, si le niveau de **dépenses** communautaires au titre du 1er pilier de la PAC (organisations communes de marché et aides directes) est **susceptible de dépasser les plafonds** prévus par le cadre financier pluriannuel, le Conseil de l'agriculture sur proposition de la Commission serait amené à réduire de manière linéaire le montant du paiement direct versé aux agriculteurs. La Commission fait sa proposition pour le 31 mars et le Conseil décide pour le 30 juin. En l'absence de décision du Conseil, l'accord sur les perspectives financières prévoit que la Commission décide et qu'une modification peut être introduite par cette dernière jusqu'au 1er décembre en fonction de l'évolution des dépenses. Une franchise de 2 000 € est instituée. Ce régime de discipline financière propre au 1er pilier de la PAC complète le régime de discipline budgétaire s'appliquant à l'ensemble des actions financées par le budget communautaire. Notons que la discipline financière est l'outil annuel de gestion du **fonds de crise du secteur agricole**. En début d'année budgétaire, les sommes nécessaires à l'alimentation du fonds de crise afin de l'établir à hauteur de 450 M€ si les disponibilités par ailleurs sont insuffisantes sont prélevées sur les aides directes auxquelles les producteurs prétendent.

L'outil discipline financière est maintenu dans la « **PAC 2023** » afin d'empêcher tout potentiel dépassement des plafonds budgétaires et compléter la réserve de crise s'il y a lieu. En effet dans le cadre de la « PAC 2023 », les sommes non utilisées du fonds de crise fixé à 450 M€ en début de période ne sont plus remboursées aux producteurs mais transférées à la réserve de la nouvelle année. Il sera fait appel, si nécessaire, à la discipline budgétaire pour compléter la réserve à la hauteur de 450 M€. Au titre de l'année civile 2024, le taux d'ajustement a été fixé à zéro, tout comme en 2023 malgré les incertitudes concernant les impacts des aléas climatiques et de la guerre en Ukraine.

E. Régionalisation, mise en œuvre partielle

RÉGIONALISATION

90420 Depuis la « PAC 2013 » et dans le cadre de la « PAC 2023 », les États membres peuvent décider d'octroyer les nouvelles aides de base au revenu sur des bases régionalisées (groupes de territoires soumis à des conditions de production ou à des pratiques similaires) et d'en différencier le montant entre les zones.

90425 En 2015, la France a choisi de mettre en œuvre le principe de régionalisation de la PAC en définissant « 2 régions » : la Corse et l'Hexagone (partie continentale de la France métropolitaine). L'**Hexagone** se voit appliquer le régime de paiement de base différencié et la convergence. En **Corse** un régime de paiement de base harmonisé (tous les agriculteurs corses disposent du même niveau de paiement de base à l'hectare) est appliqué. Les droits à paiement ne sont pas transférables d'une région à l'autre.

PAIEMENT DE BASE INITIAL DIFFÉRENCIÉ

90430 La logique de mise en œuvre de la réforme 2013 est un paiement de base **harmonisé** au niveau national ou au niveau régional dès 2015. Cependant par **dérogation** à ce principe, les États membres pouvaient mettre en œuvre un paiement de base différencié entre les producteurs. Un tel mécanisme de paiement vise à introduire une certaine progressivité dans l'évolution des niveaux de soutiens des exploitations. Pour ce faire, au lieu de diviser la part de l'enveloppe nationale consacrée aux paiements de base par le nombre de droits (nombres d'hectares admissibles déclarés au niveau national en 2015) et ainsi d'obtenir un droit forfaitaire identique pour tous, l'État calcule un droit à paiement initial individuel prenant en compte la référence historique de soutien de chaque exploitant (part qu'il représente dans le total national) et en la divisant par les hectares admissibles déclarés par l'exploitation en 2015. L'État doit alors choisir de faire référence aux droits à paiements uniques détenus ou aux paiements reçus en 2014. La France met en œuvre ce paiement différencié et a choisi de retenir les paiements reçus en 2014. La mise en œuvre de ce régime de calcul de paiement de base initial s'accompagne d'une convergence vers un paiement harmonisé jusqu'en 2019. Cette convergence s'est réalisée selon 5 étapes égales de 2015 (année du premier pas de convergence) à 2019 (fin de convergence au titre de la « PAC 2013 »). En France il n'y a pas eu de convergence supplémentaire pendant la période transitoire dans l'attente de la « PAC 2023 » alors que cette possibilité était ouverte.

CONVERGENCE PARTIELLE DES PAIEMENTS DE BASE AU TITRE DE LA PAC 2013

Un système de convergence est mis en œuvre lorsque l'État membre choisit par **dérogation** d'octroyer un paiement différencié la première année et non pas le forfait annuel. À la suite de l'utilisation d'une nouvelle dérogation, un État peut limiter l'ampleur de la convergence. Cette disposition fonctionne de manière analogue à la convergence européenne. Il s'agit de réduire d'au moins un tiers l'écart à 90 % de la moyenne nationale (ou d'un chiffre compris entre 90 % et 100 % de la moyenne nationale) pour les producteurs qui auraient un droit à paiement de base initial inférieur à 90 % de cette moyenne. Les États veillent par ailleurs à ce qu'à la fin de la période de convergence aucun droit à paiement de base n'ait une valeur inférieure à 60 % de la moyenne nationale. **90435**
La France a choisi de mettre en œuvre cette convergence partielle en fixant le **taux de convergence** à une réduction de 70 % de l'écart à la moyenne entre 2015 et 2019, tout en limitant à 30 % au maximum la réduction du paiement de base des exploitations ayant un paiement de base supérieur à la moyenne, comme le prévoit le règlement communautaire. Au titre de la transition vers la « PAC 2023 », les États membres avaient la possibilité de rester au niveau atteint (cas de la France), poursuivre la transition ou uniformiser leurs paiements.

CONVERGENCE PARTIELLE DES AIDES DE BASE AU TITRE DE LA PAC 2023

Lors de la mise en place de la « PAC 2023 », sur base des droits à paiements existants, l'État recalcule la valeur des droits ajustés au 1er janvier 2023 afin de tenir compte de l'évolution de l'enveloppe budgétaire (cadre financier pluriannuel, de la convergence européenne et de la fin des paiements verts au profit de l'écorégime, ainsi que des choix de mise en œuvre). **90436**
À **horizon 2026**, aucun droit ne devra avoir une valeur inférieure à 85 % du niveau moyen de l'État membre.
Les droits les plus importants sont **plafonnés** depuis 2023 (en France, ce plafonnement est calculé de sorte à remonter, au 1er janvier 2023, les droits les plus faibles à hauteur de 70 % de la moyenne avant la mise en œuvre d'une nouvelle phase de convergence).
La France appliquera ensuite la convergence minimale possible (réduction de moitié de l'écart à la moyenne des droits à paiements les plus faibles par prélèvement sur les droits les plus élevés dans la limite d'une diminution de 30 % de la valeur de ceux-ci) en une fois en 2026.

RÉGIME NOUVEAUX ÉTATS MEMBRES – RÉGIME DE PAIEMENT UNIQUE À LA SURFACE (RPUS)

Dans le cadre de la « **PAC 2013** », les nouveaux États membres pouvaient mettre en œuvre un régime de paiement unique à la surface jusqu'au 31 décembre 2022 au plus tard. Le paiement unique à la surface était octroyé sur une base annuelle. Il était égal à l'enveloppe financière de l'État divisée par la surface agricole des producteurs qui ont droit à un paiement. Cette décision devait être prise avant le 1er août 2014. Cette spécificité propre aux nouveaux États membres est devenue de fait la règle communautaire dans le cadre de la « **PAC 2023** ». Le recours à un droit à paiement différencié, tel que pratiqué par la France, devient l'exception. **90445**

ENTRÉE EN VIGUEUR DU RÉGIME DE DROIT À PAIEMENT DE BASE

Alors que par le passé, l'entrée dans le régime de paiement avait été soit progressive (réforme de 2003), soit retardée (réforme de 2013) les nouveaux paiements au titre de la « **PAC 2023** » sont quant à eux en vigueur depuis le 1er janvier 2023. **90447**
S'agissant des États membres qui ont décidé, pour l'octroi des aides de base au revenu, de ne pas s'appuyer sur les paiements de base, ces derniers ont expiré au 31 décembre 2022.

F. Soutiens spécifiques et autres régimes d'aides

AIDE COMPLÉMENTAIRE AU REVENU POUR LES JEUNES AGRICULTEURS (ACJA)

Un jeune agriculteur peut demander à bénéficier d'un paiement additionnel forfaitaire à l'hectare au début de son activité. Ce régime est obligatoire pour l'ensemble des États membres. **Est reconnue jeune agriculteur** une personne physique qui s'installe pour la première fois à la tête d'une exploitation agricole, ou qui s'est installée au cours des cinq années précédant la première introduction d'une demande de soutien au titre du régime de paiement de base, qui est **90450** âgée de 40 ans au plus au cours de l'année d'introduction de la demande. L'État membre peut ajouter un critère de formation (c'est le cas en France). Le paiement additionnel est versé dorénavant pendant 5 années sous forme d'un forfait à l'hectare pour un nombre maximal d'hectares ou sous forme d'un forfait à l'exploitation.

Alors que pour la « PAC 2013 » la France avait choisi de consacrer 1 % de son enveloppe du 1er pilier sous forme d'un paiement égal à 25 % du paiement à l'hectare national moyen théorique dans la limite de 34 hectares, elle a choisi, pour la **période 2023-2027**, de pratiquer sous la forme d'un **forfait à l'exploitation**.

En 2023, ce paiement reste volontaire pour les États membres qui ont cependant des obligations compte tenu des objectifs définis au niveau européen. Ainsi la France doit consacrer au minimum 218,5 M€ par an à l'installation des jeunes au titre du 1er ou du 2e pilier.

AIDE REDISTRIBUTIVE COMPLÉMENTAIRE AU REVENU POUR UN DÉVELOPPEMENT DURABLE

90452 Instauré sous la forme d'un **paiement redistributif** en 2015, c'était la possibilité (mesure volontaire) pour l'État membre d'octroyer un paiement forfaitaire additionnel aux premiers hectares de chaque exploitation dans la limite de 30 ou de la dimension nationale moyenne des exploitations agricoles d'un État donné. En France, on pouvait donc surdoter les 52 premiers hectares (dimension moyenne RGA 2010). Ce paiement forfaitaire était égal au pourcentage de soutien retenu à cet effet sur l'enveloppe nationale divisé par le nombre de 52 premiers hectares. Ce montant ne pouvait cependant être supérieur à 65 % du paiement moyen national. Une prise en compte transparente de certains actifs s'applique dans ce cas (les parts PAC des Gaec en France). Un État pouvait consacrer jusqu'à 30 % de son enveloppe nationale à cet effet. Le gouvernement français a opté pour une allocation correspondant à 5 % de l'enveloppe nationale de soutien au titre du régime de paiement de base en 2015. Ce chiffre a été porté à 10 % en 2016. L'objectif du gouvernement français était d'atteindre 20 % en 2018 mais cette évolution restait soumise à la réalisation d'un rapport d'évaluation. Le niveau est resté à 10 % depuis 2016 soit environ 50 €/ha.

La « **PAC 2023** », outre le changement de dénomination, vise à renforcer les plus petites exploitations et à rendre ce **paiement redistributif obligatoire**, même si le règlement introduit une dérogation permettant aux États membres d'obtenir le même effet avec d'autres outils financés par la PAC.

Ce paiement continue de prendre la forme d'un paiement annuel à l'hectare. Il peut être différencié par tranches de surface mais ne peut être supérieur au paiement moyen par hectare de l'année concernée. Son niveau est déterminé par chaque État membre dans le cadre de son PSN. La France a reconduit un paiement redistributif à hauteur de 10 % de son enveloppe nationale pour les 52 premiers hectares, même si la dimension moyenne des exploitations françaises atteint désormais 69 hectares (RGA 2020).

PAIEMENT ZONES SOUMISES À CONTRAINTES NATURELLES

90454 C'est la possibilité (mesure volontaire pour l'État) pour l'État d'octroyer une **aide forfaitaire additionnelle** à tout ou partie des surfaces agricoles classées en zones défavorisées au titre du règlement développement rural dans le cadre des soutiens directs au titre du 1er pilier de la PAC. Ce soutien additionnel instauré par la « PAC 2013 », mis en œuvre seulement par le Danemark et la Slovénie, **n'a pas été reconduit** par la « PAC 2023 ».

PAIEMENTS COUPLÉS VOLONTAIRES

90456 Le régime paiement de base permet aux États membres d'octroyer des paiements couplés à leurs agriculteurs selon des modalités définies. Ce soutien couplé ne peut pas être accordé à tous les secteurs de production mais seulement aux **secteurs** suivants selon les choix de l'État membre : céréales, oléagineux (à l'exception du tournesol de bouche), cultures protéagineuses, légumineuses à grains, lin, chanvre, riz, fruits à coque, pommes de terre féculières, lait et produits laitiers, semences, viande ovine et caprine, viande bovine, huile d'olive (à l'exception du tournesol de bouche), vers à soie, fourrages séchés, houblon, betteraves sucrières, canne et chicorée, fruits et légumes et taillis à courte rotation. **Ce soutien couplé est un régime de limitation de la production sauf en matière de protéines végétales (protéagineux)**. Il prend la forme d'un paiement annuel, octroyé dans des limites quantitatives définies. Il repose sur des surfaces et des rendements fixes ou sur un nombre fixe d'animaux. Ces limites peuvent être multipliées par le nombre de parts PAC dans le cadre de la transparence des Gaec.

JUSTIFICATION DES SOUTIENS COUPLÉS

Dans le cas général, ces soutiens couplés ne peuvent être accordés que dans la mesure nécessaire au **maintien des niveaux actuels** de production dans les secteurs ou régions concernés. Ils ne peuvent en effet être octroyés qu'en faveur des secteurs ou des régions d'un État membre où des types particuliers d'agriculture ou des secteurs agricoles spécifiques qui sont particulièrement importants pour des raisons économiques, sociales ou environnementales rencontrent des difficultés. Par les actes délégués, la Commission européenne définit les **justificatifs** (et notamment situation économique du secteur ou de la région, types d'agriculture, etc.) qui devront accompagner les modalités de mise en œuvre de paiements couplés par les États. Cette condition est levée pour les protéagineux (légumineuses). **90457**

ENVELOPPES SOUTIENS COUPLÉS

Au cours de la période 2015-2022, les États membres pouvaient consacrer 8 % de leur enveloppe nationale à des soutiens couplés. Par dérogation, les États qui mettaient en œuvre au cours de la période 2007-2014 des mesures couplées représentant plus de 5 % de leur enveloppe nationale de paiements directs pouvaient porter ce niveau à 13 % de leur enveloppe nationale annuelle de soutiens au cours de la période 2015-2020. Ces montants pouvaient être augmentés de 2 points pour les États membres qui souhaitent soutenir la production de cultures riches en protéines. **90458**

Depuis 2018, l'enveloppe consacrée aux paiements couplés était révisable chaque année avant le 1er août, de même que les modalités d'octroi pouvant aller jusqu'à la suppression de ce soutien couplé. Pour l'année civile 2020, la décision devait être prise avant le 8 février 2020.

La **France** a décidé la mise en œuvre de paiements couplés à hauteur de 15 % de son enveloppe nationale de soutien au cours de la période 2015-2022. Ce **régime concernait** les vaches allaitantes, les vaches laitières, les ovins et caprins, les veaux sous la mère, les pruneaux et certains fruits transformés, les tomates d'industrie, la fécule, le chanvre, le houblon, le blé dur, le riz et les semences de graminées fourragères au titre des 13 %. La luzerne déshydratée, le soja, les protéagineux, les semences de légumineuses fourragères et les légumineuses fourragères bénéficient de soutiens couplés au titre des 2 points additionnels. Leur mise en œuvre sous condition intègre des seuils d'entrée et des plafonds. Les plafonds bénéficient de la « transparence parts PAC » des Gaec. **90459**

Dans le cadre de la « PAC 2023 », le montant des soutiens couplés est passé à 13 % pour tous les États membres dans le cas général, éventuellement augmenté de 2 points pour les protéagineux. De nombreux États membres, dont la France, continuent à mettre en œuvre ce régime, pour un nombre plus ou moins important de productions.

GESTION DES RISQUES

Un régime de gestion des risques a été introduit dans le 1er pilier de la PAC au cours de la période de programmation 2007-2014 au titre de la subsidiarité dont disposaient les États à l'occasion du bilan de santé. Dans le cadre de la réforme 2013, ces outils de gestion des risques ont été complétés et basculés dans le nouveau régime de développement rural mais restent à disposition des États membres. Alors que la France a choisi de déléguer la mise en œuvre du développement rural aux régions, l'État a conservé un programme national de gestion des risques. **90460**

Dans le cadre des mesures de gestion des risques, les États peuvent apporter un soutien aux exploitants agricoles sous forme :

– d'une **contribution partielle au paiement des primes d'assurances** récoltes, animaux et végétaux couvrant les pertes économiques causées par des phénomènes climatiques défavorables (gel, grêle, verglas, pluie ou sécheresse pouvant être assimilés à des catastrophes naturelles), des maladies animales ou végétales ou des infestations parasitaires ou un incident environnemental. Ce régime ne peut intervenir que lorsque l'incident a conduit à la destruction de plus de 20 % de la production annuelle moyenne de l'agriculteur (moyenne triennale ou moyenne sur cinq ans moins la meilleure et la plus mauvaise) et après reconnaissance officielle de l'incident par l'État membre. La contribution financière publique d'au maximum 70 % (une différenciation des taux de soutien est possible) est octroyée directement aux agriculteurs ;

– d'une **participation financière aux fonds de mutualisation** en vue du paiement de compensations financières aux agriculteurs pour les pertes économiques découlant de phénomènes climatiques défavorables, de l'apparition d'une maladie animale ou végétale, d'infestations parasitaires ou d'un incident environnemental ;

– d'un **instrument de stabilisation des revenus**, sous la forme de participations financières à des fonds de mutualisation, fournissant une compensation aux agriculteurs en cas de forte baisse de leur revenu.

La « PAC 2023 » reconduit les outils de gestion des risques au titre des mesures de développement rural. Les États membres doivent programmer leurs utilisations dans le cadre de leur PSN. Cette mesure est mise en œuvre par la France dans le cadre d'un programme national au titre du développement rural (rappelons que la mise en œuvre du développement rural est régionalisée en France à l'exception des indemnités compensatoires de handicap naturel et du programme de gestion des risques depuis 2015). Ce programme a été poursuivi et amélioré avec la « PAC 2023 » dans le cadre d'une redéfinition complète de celui-ci.

SOUTIENS SECTORIELS

90465 Un certain nombre de mesures de soutiens sectoriels qui relevaient de l'OCM unique relèvent désormais des **plans stratégiques nationaux**. Cependant, les États membres concernés, dont la France, doivent mettre en œuvre ces types de soutiens pour le secteur des **fruits** et **légumes**, le secteur de l'**apiculture** et celui de la **viticulture**. Les mesures sectorielles pour les **autres secteurs**, c'est-à-dire le houblon, l'huile d'olive et les olives de table, les secteurs autres (majeure partie des secteurs couverts par l'OCM unique – 1308/2013 – dont les protéagineux) sont quant à elles au bon vouloir des États. La France devrait mettre en œuvre la mesure sectorielle autres secteurs à compter de 2024 avec une priorité aux légumineuses.
À noter également qu'il subsiste un régime spécifique pour le **coton** (en vertu des règles élaborées lors de l'adhésion de la Grèce, de l'Espagne et du Portugal, puis de la Bulgarie qui ont été confirmées par la Cour de justice européenne).
Les **aides sectorielles** adoptées par les États membres prennent la forme de remboursements de coûts éligibles, de coûts unitaires, de montants forfaitaires ou de financements à taux forfaitaires. Les aides sectorielles, à l'exception de celles destinées à l'apiculture et à la viticulture qui répondent à des **objectifs** propres, répondent à des objectifs communs : planifier et organiser la production, concentrer l'offre, améliorer la compétitivité à moyen et long terme, la mise au point de méthodes de production durables, l'atténuation du changement climatique et l'adaptation au changement climatique, l'amélioration de la valorisation sur le marché, notamment sous un angle qualitatif, la prévention et la gestion de crise notamment. Le règlement définit les types d'intervention possibles.

90466 **Soutien sectoriel fruits et légumes** Les États membres définissent les objectifs qu'ils souhaitent atteindre dans le secteur des fruits et légumes. Les actions mises en œuvre (interventions) doivent permettre l'atteinte de ces objectifs. Ces objectifs sont mis en œuvre au travers de programmes opérationnels portés par des **organisations de producteurs**.
Les organisations de producteurs, ou les associations d'organisations de producteurs, peuvent constituer un fonds opérationnel. Ces fonds financent des **programmes opérationnels** d'une durée de 3 à 7 ans. Les programmes initiés par la réglementation précédente sont réputés avoir pris fin au 31 décembre 2022. Ceux conclus depuis fin 2020 ont une durée limitée à 3 ans. Ces programmes doivent répondre à au moins deux des **objectifs** suivants : planification de la production (y compris suivi de la consommation), amélioration de la qualité, développement de la mise en valeur commerciale, promotion des produits, mesures en faveur de l'environnement, prévention et gestion des crises. Ces derniers aspects recouvrent les investissements permettant de mieux gérer les volumes mis sur le marché, les mesures de formation et d'échange de bonnes pratiques, la promotion et la communication à titre de prévention ou pendant une période de crise, la participation aux frais administratifs pour la constitution du fonds de mutualisation, la replantation du verger après arrachage, le retrait du marché, la récolte en vert ou la non-récolte des fruits et légumes, l'assurance récolte.
Au moins 15 % du programme sont consacrés à l'**environnement et au climat**. Les soutiens à ce titre ne couvrent que les surcoûts et les pertes engendrés par la mesure. Les actions environnementales respectent les mêmes exigences que les paiements agroenvironnementaux au titre du développement rural. À noter que les nouveaux programmes opérationnels fruits et légumes doivent consacrer 2 % de leurs dépenses à l'amélioration de la durabilité de la production.
L'**aide** communautaire est **limitée** à 50 % des dépenses réelles effectuées. L'aide est plafonnée à 4,1 % de la valeur de la production commercialisée d'une organisation de producteurs ; 4,5 % dans le cas d'une association d'organisation de producteurs et 5 % dans le cas d'une organisation de producteurs transnationale. Ces chiffres peuvent être augmentés de 0,5 % si le supplément prend exclusivement en compte des mesures de prévention et de gestion des crises, les mesures en faveur de la durabilité ou la promotion. Sous certaines conditions, la prise en charge peut atteindre 60 % (actions développées dans un cadre interprofessionnel, en agriculture biologique, OP dans des régions ultrapériphériques notamment) voire 100 % (retrait avec distribution gratuite). Dorénavant, les programmes opérationnels s'inscrivent de fait dans les actions et priorités définies par le PSN.

> **Précisions** Devant l'augmentation de la pression sanitaire sur la production de fruits et légumes, une **clause de sauvegarde** a été introduite permettant de considérer que, en cas de chute de la valeur de la production de plus de 35 % une année donnée, la valeur de la production à prendre en compte serait de 85 % de la valeur de la production de l'année précédente pour autant que les mesures adéquates de prévention aient été prises.

Soutien sectoriel apiculture Des programmes nationaux dans le secteur apicole bénéficient d'un soutien communautaire à hauteur maximum de 50 % des dépenses supportées avec une **enveloppe** minimale définie par le règlement communautaire. Ces enveloppes sont en forte augmentation. **90467**

Ces **programmes** apicoles développés avec les organisations représentatives de la filière apicole **portent** sur l'assistance technique, la lutte contre les maladies, la rationalisation de la transhumance, le soutien aux laboratoires d'analyses, l'aide au repeuplement du cheptel apicole, la recherche appliquée, le suivi du marché, l'amélioration de la qualité.

Depuis 2018, les États membres doivent produire un rapport annuel sur la mise en œuvre des programmes apicoles. Une notification annuelle du nombre de ruches est également prévue depuis 2017, au plus tard le 15 mars. Au titre de ce programme, à compter de 2023, la France bénéficiera de 6,419 M€ par an.

Soutien sectoriel vin Des programmes d'aide nationaux pour une période de cinq ans sont mis en place dans le secteur viticole. Les **programmes portent** sur la promotion, la restructuration et la reconversion des vignobles, les vendanges en vert, les fonds de mutualisation, l'assurance récolte, l'investissement, l'innovation, la distillation des sous-produits. Ils visent également à renforcer la compétitivité et la durabilité des producteurs de vin, la performance économique des entreprises du secteur et l'amélioration des conditions d'emploi. **90468**

Le 1er programme courait de 2014 à 2018. Le programme actuel concerne 2019 à 2023. Les mesures éligibles à ce programme portaient sur des périodes de trois ans prolongeables à cinq ans selon les cas.

La **limite du soutien** communautaire est fixée à 50 % pour la restructuration et la reconversion des vignobles, sauf en zone défavorisée 75 % (respectivement 60 % et 80 % dans les zones avec des pentes supérieures à 40 %). À noter que pour les autres formes de soutien, si le taux maximal est de 50 % dans les régions les moins développées, il est limité à 40 % dans les autres sauf pour les régions ultrapériphériques (75 % à 80 % selon le type de mesure) et les îles de la mer Égée (65 %).

Dans le cadre de l'actuel programme, la France bénéficie d'une enveloppe annuelle ramenée à environ 269,628 M€. Ce niveau d'enveloppe est maintenu annuellement à 269,628 M€ depuis 2023.

> **Précisions** **Promotion** : dans les États membres (consommation responsable de vin, systèmes d'appellation d'origine, indications géographiques) et sur les marchés des pays tiers. Une telle mesure ne porte que sur les vins à AOP, les vins à IGP ou les vins dont le cépage est indiqué. L'État peut contribuer à cette mesure en complément de l'Union européenne mais au total, le financement UE + État ne peut dépasser 80 % de la dépense.

Restructuration et reconversion des vignobles : reconversion variétale y compris par surgreffage, réimplantation, replantation, amélioration des techniques de gestion des vignobles.

Vendange en vert : destruction totale ou suppression des grappes de raisin encore immature réduisant à zéro la production de la surface.

Fonds de mutualisation : vise à se prémunir contre les fluctuations du marché.

Assurance récolte : permet d'intervenir en cas de catastrophes naturelles, de phénomènes climatiques défavorables, de maladies ou d'infestations parasitaires.

Investissement : vise à améliorer les perspectives de commercialisation et à renforcer la compétitivité des produits vitivinicoles de l'Union européenne. À noter que les aides aux investissements sont réservées aux entreprises ayant un chiffre d'affaires inférieur à 50 M€ et employant moins de 250 personnes et que le niveau de la participation est gradué en fonction du niveau de développement de la région. Une dérogation est mise en œuvre avec réduction de moitié du niveau de soutien pour les entreprises employant moins de 750 personnes et ayant moins de 200 M€ de chiffre d'affaires.

Distillations des sous-produits : vise, sur une base facultative ou obligatoire, à éliminer les sous-produits de la vinification. L'alcool ainsi obtenu est obligatoirement destiné à des fins industrielles ou énergétiques.

90469 **Soutien sectoriel houblon** Un régime d'aide aux organisations de producteurs de **houblon** est mis en œuvre sur une base facultative par l'Allemagne. Pour les autres États membres, un tel soutien sectoriel relèverait de la catégorie soutiens sectoriels autres secteurs.

90470 **Soutien sectoriel huile d'olive et olives de table** La Grèce, la France et l'Italie ont la possibilité de mettre en œuvre un soutien sectoriel dans le secteur de l'huile d'olive et des olives de table. Jusqu'à présent basés sur des programmes triennaux mis en œuvre par l'interprofession en France, ces soutiens résultent dorénavant de soutiens sectoriels mis en œuvre par des organisations de producteurs en fonction de la valeur de la production commercialisée (VPC).

Dans la limite de l'**enveloppe** attribuée à l'État membre, la **limite du soutien communautaire** est fixée à 30 % de la VPC pour 2023 et 2024 ; 15 % pour 2025 et 2026 ; 10 % à partir de 2027. L'**État membre** peut **compléter** le financement communautaire en couvrant jusqu'à 50 % des coûts non couverts par le financement communautaire. Le financement communautaire peut atteindre jusqu'à 75 % du coût des actions conduites par les organisations de producteurs.

Jusqu'à présent ces programmes concernaient le suivi du marché, l'amélioration de la qualité de la production, la traçabilité, la certification, la compétitivité ou l'incidence environnementale de la production. La France disposait d'une enveloppe annuelle de 576 000 € jusqu'en 2020, réduite à environ 554 000 € chaque année ensuite. Les programmes élaborés depuis le 1er avril 2021 se sont arrêtés au 31 décembre 2022 afin de laisser place aux mesures introduites par le PSN. Les États membres peuvent décider de transférer cette mesure aux aides de base, sans possibilité de retour en arrière.

90471 **Soutien sectoriel autres secteurs** Avec la « PAC 2023 », il est devenu possible pour les États membres de mettre en œuvre sur une base volontaire des programmes sectoriels pour d'autres secteurs d'activité que ceux énoncés précédemment. L'enveloppe qu'il est possible d'octroyer dans ce cadre est limitée dans son montant global (3 à 5 % de l'enveloppe nationale 1er pilier). En effet, au total les sommes consacrées à cette mesure additionnée aux paiements couplés ne peuvent dépasser 16 ou 18 % des aides du 1er pilier selon les cas (accroissement du plafond de deux points pour aides couplées protéagineux).

Les actions finançables sont définies par le règlement définissant les PSN. Parmi ces actions on retrouve la recherche et les méthodes expérimentales et innovantes en matière de gestion des sols, de l'eau, de l'économie d'énergie, d'atténuation du changement climatique ; les actions en faveur de l'environnement dont la biodiversité ; les actions de conseil et d'assistance technique ; la formation...

Ces actions doivent être mises en œuvre sous forme de **programmes opérationnels par des organisations de producteurs reconnues**, ou des groupements de producteurs qui auront obtenu leur agrément d'ici 2027. La part communautaire du financement ne peut être supérieure à 50 % des dépenses réelles (60 % pendant les 5 années suivant la première reconnaissance). Le soutien au programme opérationnel d'une organisation de producteur est limité à 6 % de la valeur de la production commercialisée.

La France met en œuvre cette possibilité depuis début 2024, notamment pour les légumineuses fourragères déshydratées.

PUBLICATION DES BÉNÉFICIAIRES DES FONDS

90475 Le nom et le prénom d'une personne physique, le nom légal d'une personne morale, la commune de résidence ou du siège de la personne morale, le montant et l'objet des soutiens perçus au titre du 1er et du 2e pilier de la PAC sont publiés chaque année sur un site web (telepac.agriculture.gouv) sauf lorsque l'État met en œuvre le régime petit producteur ou lorsque le montant de soutien est inférieur à 1 250 €.

G. Conditionnalité des aides

90480 Les paiements directs sont subordonnés au respect d'**engagements** réglementaires concernant l'environnement, la santé publique, la santé des végétaux et des animaux et à la mise en œuvre de bonnes conditions agricoles et environnementales. La conditionnalité a été renforcée dans le cadre de l'élaboration de la « PAC 2023 », notamment au titre des bonnes conditions agronomiques et environnementales. La conditionnalité est reprise dans le cadre des PSN de chaque État membre. La « PAC 2023 » se caractérise également par l'introduction d'une conditionnalité sociale qui s'applique sur les soutiens.

Les **textes** qui entrent dans la conditionnalité notamment en matière de santé publique et de santé végétale hors conditionnalité sociale sont :
- directive 2000/60/CE du 23 octobre 2000 (eau – phosphates) – ERMG 1 ;
- directive 91/676/CEE du 12 décembre 1991 (nitrates) – ERMG 2 ;
- directive 2009/147 UE du 30 novembre 2009 (oiseaux sauvages) – ERMG 3 ;
- directive 92/43/CEE du 21 mai 1992 (habitats naturels faune et flore sauvages) – ERMG 4 ;
- règlement 178/2002 (sécurité des denrées alimentaires) – ERMG 5 ;
- directive 96/22/CE du 29 avril 1996 (hormones de croissance) – ERMG 6 ;
- règlement 1107/2009 du 21 octobre 2009 (produits phytopharmaceutiques) – ERMG 7 ;
- directive 2009/128/CE du 21 octobre 2009 (utilisation durable des pesticides) – ERMG 8 ;
- directive 2008/119 CE du 18 décembre 2008 (protection des veaux) – ERMG 9 ;
- directive 2008/120 CE du 18 décembre 2008 (protection des porcs) – ERMG 10 ;
- directive 98/58/CEE du 20 juillet 1998 (protection des animaux dans les élevages) – ERMG 11.

CONDITIONNALITÉ SOCIALE

Une conditionnalité sociale a été introduite au titre de la « PAC 2023 ». Elle vise à s'assurer que **90481**
dans chaque État membre les mesures concernant la protection des travailleurs s'appliquent. Sont notamment prises en compte la mise en œuvre de conditions de travail transparentes et prévisibles (Directive 2019/1152/UE) telles que le contrat de travail ou la formation obligatoire ; les mesures visant à encourager l'amélioration de la sécurité et de la santé des travailleurs (Directive 89/391/CEE – obligation de l'employeur d'assurer la sécurité et la santé des travailleurs, la formation à la sécurité des employés, etc.) ; les prescriptions minimales en matière de sécurité et de santé pour l'utilisation d'équipements de travail par les travailleurs (Directive 2009/104/CE). Elle est mise en œuvre au plus tard au 1er janvier 2025. Ce sont les PSN qui prévoient les sanctions administratives pour non-respect de ces dernières.

BONNES CONDITIONS AGRICOLES ET ENVIRONNEMENTALES

Les agriculteurs doivent maintenir les terres en bonnes conditions agricoles et environne- **90485**
mentales et maintenir les prairies permanentes, c'est-à-dire les terres consacrées à la production d'herbe et d'autres plantes fourragères herbacées (ensemencées ou naturelles) qui ne font pas partie du système de rotation des cultures depuis cinq ans ou davantage.

À l'occasion de l'élaboration de la « PAC 2023 », les modalités de la conditionnalité ont évolué pour intégrer les mesures jusqu'à présent prises en compte au titre du verdissement. Cela se traduit également par la perte de la compensation afférente à ces mesures.

Dans le PSN, l'État définit les équivalences retenues notamment en matière d'infrastructures agroécologiques non productives. La France reprend les équivalences communautaires utilisées lors du verdissement, sauf pour les haies qui voient leur taux doubler passant de 10 m^2 pour 1 mètre linéaire à 20 m^2 pour 1 mètre linéaire.

Thème	Normes
Changement climatique (atténuation et adaptation)	Maintien des prairies permanentes (BCAE 1) Réduction maximale de 5 % du ratio prairies permanentes par rapport à SAU par rapport à 2018 (année de référence)* Protection des zones humides et des tourbières à partir de 2024 ou 2025 en fonction de la disponibilité des cartes (BCAE 2) Interdiction de brulage des chaumes (BCAE 3)
Eau	Établissement de bandes tampons le long des cours d'eau d'au minimum 3 mètres et sans pesticides ni engrais dans le cas général (BCAE 4)
Sols (protection et qualité)	Gestion du travail du sol en vue d'éviter dégradation et érosion (BCAE 5) Couverture minimale des sols pour ne pas avoir de terres nues pendant les périodes les plus sensibles (BCAE 6) telles que déterminées par les États membres Rotation** des cultures sur les terres arables, à l'exception des cultures sous eau (BCAE 7). Depuis mai 2024, cette norme peut être respectée par la diversification des cultures sur décision de l'État membre

Thème	Normes
Biodiversité et paysages (protection et qualité)	Part minimale de surface agricole consacrée à des zones ou à des éléments non productifs Part minimale d'au moins 4 % des terres arables au niveau de l'exploitation agricole consacrée aux zones et éléments non productifs, y compris les terres mises en jachère ; ou 3 % d'éléments non productifs et 4 % de cultures dérobées ou de cultures fixatrices d'azote sans utilisation de produits phytopharmaceutiques (BCAE 8). La BCAE 8 a été modifiée en mai 2024 pour ne plus concerner que le maintien des particularités topographiques existantes sur l'exploitation ; l'interdiction de tailles ainsi que les mesures visant à éviter le développement des espèces envahissantes Interdiction de convertir ou de labourer des prairies permanentes désignées comme prairies permanentes écologiquement sensibles sur des sites Natura 2000 (BCAE 9)

* Lors des ajustements à la PAC de mai 2024, une possibilité de recalcul de la référence afin de prendre en compte l'évolution des systèmes de production et notamment la disparition d'un certain nombre d'élevages en Europe a été introduite.

** La rotation consiste en un changement de culture au moins une fois par an au niveau des parcelles agricoles, y compris les cultures secondaires gérées de manière appropriée.

Les États peuvent exempter de rotation :

– les exploitations dont plus de 75 % des terres arables sont consacrées à la production d'herbe, de plantes fourragères, à la jachère et aux légumineuses ;

– les exploitations dont + de 75 % de la SAU est couverte par des prairies permanentes, de l'herbe ou des cultures sous eau ;

– les exploitations de moins de 10 ha de terres arables ;

– les exploitations en agriculture biologique.

D'autres pratiques peuvent être mises en œuvre en lieu et place de la rotation dans des régions spécifiques.

L'assouplissement de la conditionnalité mis en œuvre en mai 2024 permet aux États membres de prévoir des exemptions à la mise en œuvre des BCAE 5, 6, 7 ou 9 sur la base de critères non discriminatoires permettant de prendre en compte par exemple les cultures, les types de sol, les dommages causés aux prairies permanentes par les animaux sauvages, ou les espèces envahissantes. C'est également une possibilité de prendre en compte l'adversité climatique comme en 2023/2024 qui a vu l'introduction de mesures simplifiées de cas de force majeure en France suite aux pluies excessives de l'automne ou du printemps.

90490 Les États membres sanctionnent la **non-application des mesures environnementales** et des bonnes pratiques par les agriculteurs en réduisant proportionnellement à la gravité des faits reprochés les aides versées, voire en supprimant intégralement les aides normalement dues (voir les barèmes communiqués annuellement et définis par le PSN). Depuis 2024 cette pénalisation ne concerne que les exploitations de plus de 10 ha de SAU.

H. Développement rural

90492 Les mesures financées par le Feader font dorénavant partie de la **programmation** mise en œuvre par les PSN. À cet effet, hors dotations nationale ou régionale, la France dispose de 10 milliards d'euros sur la période 2023-2027, hors transfert du 1er pilier, soit 2 milliards d'euros par an.

Le **taux maximal** de contribution du Feader au titre des mesures en faveur de développement rural est de 85 % dans les régions moins développées, 80 % dans les régions ultrapériphériques (départements et régions d'outre-mer pour la France) et 43 % dans les autres régions.

Cependant, le taux maximal peut être porté à 100 % lorsque les fonds proviennent d'un transfert financier du 1er pilier de la PAC. Par dérogation, ils peuvent être portés à 65 % pour les paiements concernant des contraintes naturelles ou d'autres contraintes spécifiques.

Le taux **minimal** de soutien au titre du développement rural est de 20 %.

À noter enfin qu'au titre du développement rural, 35 % au moins des contributions du Feader concernent la lutte contre le changement climatique, le développement durable et les ressources naturelles, la biodiversité et les services écosystémiques.

I. Le cadre de performance

Le passage d'une politique reposant sur des obligations de moyens à une politique orientée sur les résultats conduit à définir un ensemble d'**indicateurs de suivi et d'évaluation des résultats** : des indicateurs de réalisation, de résultats (au regard des valeurs cibles affichées), d'impact (liés aux objectifs de la PAC), et de contexte (permettant de caractériser le point de départ : nombre d'exploitations, SAU moyenne, etc.). 90495

Ce cadre de performance comprend les indicateurs de résultat, les valeurs cibles et les valeurs intermédiaires ainsi que les modalités de collecte, stockage et transmission des données, ainsi que les évaluations et rapports.

Les États membres doivent fournir des **rapports annuels** de performance.

Si les indicateurs s'éloignent de plus de 35 % pour 2024 et 25 % pour 2026 **des valeurs intermédiaires prévues**, l'État membre doit justifier ces écarts et la Commission lui demandera potentiellement de transmettre un plan d'action afin de remédier à ces écarts. De même lors de l'examen de 2026, un écart de plus de 35 % des valeurs atteintes par rapport aux valeurs intermédiaires envisagées peut conduire la Commission à demander une modification du PSN.

J. La politique agricole des régions ultrapériphériques

Les mesures de soutiens directs prévues par la PAC 2023 ne s'appliquent pas aux régions ultrapériphériques (aides à l'hectare et aides couplées notamment). 90500

La politique agricole des régions ultrapériphériques est mise en œuvre au travers des programmes **POSEI (programmes d'options spécifiques à l'éloignement et à l'insularité)** qui incluent notamment des mesures qui garantissent l'approvisionnement en produits agricoles et le développement de la production locale. Elle vise à prendre en compte les spécificités résultant de l'éloignement, de l'isolement, de la faible superficie, du relief, du climat difficile et de la dépendance économique vis-à-vis d'un petit nombre de produits.

RÉGIME D'APPROVISIONNEMENT

Les programmes POSEI (POSEIDOM pour la France) s'appuient sur un régime spécifique d'approvisionnement de produits essentiels à l'alimentation humaine ou d'intrants agricoles. Ce régime se traduit par l'exonération de droits à l'importation dans la limite des volumes définis par bilan (exemple : riz à la Réunion) et par l'octroi d'une aide à l'approvisionnement en produits provenant de l'Union européenne. Ces mesures spécifiques doivent être répercutées à l'utilisateur final. 90501

SOUTIENS À LA PRODUCTION LOCALE

Des mesures spécifiques au soutien à la production locale sont mises en place afin d'assurer la poursuite et le développement des productions agricoles locales. Cela passe notamment par la possibilité d'octroi de soutiens directs (aides couplées), une aide à la commercialisation hors de la zone de production qui peut représenter 10 à 13 % de la valeur de la marchandise à destination et la mise en place d'un symbole graphique spécifique à l'origine. Dans le cadre de la mise en œuvre française, cela passe notamment par l'octroi d'une aide à la production de banane, des primes animales aux éleveurs de ruminants, des aides au transport de la canne à sucre et une aide spécifique à la filière riz irrigué en Guyane. 90502

AIDES ATTRIBUÉES AUX DOM

Chaque année, les montants plafonds au titre de l'aide à l'importation sont de 26,9 M€ pour les DOM. La somme des dépenses au titre de l'aide à l'importation et de l'aide aux productions locales est plafonnée annuellement à 278,4 M€ pour l'ensemble des DOM. 90503

AIDES D'ÉTAT

Les mesures spécifiques aux régions ultrapériphériques peuvent être complétées par des aides d'État. Ainsi, la France est autorisée à une aide additionnelle complémentaire jusqu'à hauteur de 90 M€ pour le sucre produit dans les régions ultrapériphériques. 90504

CHAPITRE 3

ORGANISATION COMMUNE DE MARCHÉ UNIQUE

SOMMAIRE

EN BREF

90690 L'OCM unique régie par le règlement UE 1308/2013 du 17 décembre 2013 modifié par le règlement 2021/2117 du 2 décembre 2021 **concerne** les produits suivants : céréales, riz, sucre, fourrages séchés, semences, houblon, huile d'olive et olives de table, lin et chanvre, fruits et légumes frais et transformés, bananes, vin, plantes vivantes et produits de la floriculture, tabac, viande bovine, lait et produits laitiers, viande de porc, viandes ovine et caprine, œufs, viande de volaille, autres produits (partie XXIV de l'annexe 1), alcool éthylique d'origine agricole, produits de l'apiculture et vers à soie.
Issue de l'agrégation des différentes OCM datant des débuts de la PAC, l'OCM unique a été au cœur de la « mini » réforme issue du « règlement Omnibus » et notamment sa partie organisation des producteurs qui a été renforcée comme étant un élément de réponse à la crise traversée par le secteur agricole. Les négociations autour de la « PAC 2023 » ont été l'occasion d'approfondir encore la partie organisation des producteurs et interprofessions qui ont à nouveau vu leurs missions étendues. L'organisation économique des producteurs est la solution privilégiée pour rééquilibrer les pouvoirs au sein de la chaîne alimentaire entre producteurs, transformateurs et distributeurs. À noter que de fait l'OCM unique introduit des règles spécifiques pour le secteur agricole au regard de la politique de concurrence européenne.
À l'occasion de la réforme initiée en 2018 conduisant à la « PAC 2023 », l'ensemble des mesures de soutiens sectoriels (fruits et légumes, vin, etc.) ont été transférées de l'OCM unique aux plans stratégiques nationaux.

CAMPAGNES DE COMMERCIALISATION

90691 Des campagnes de commercialisation sont établies au regard des **productions présentant une saisonnalité**. Ces campagnes couvrent les périodes du :
– 1er janvier au 31 décembre pour les fruits et légumes frais et transformés, les bananes ;
– 1er avril au 31 mars de l'année suivante pour les fourrages séchés et les vers à soie ;
– 1er juillet au 30 juin de l'année suivante pour les céréales, les semences, le lin et le chanvre, le lait et les produits laitiers ;
– 1er août au 31 juillet de l'année suivante pour le vin ;
– 1er septembre au 31 août de l'année suivante pour le riz et les olives de table ;
– 1er octobre au 30 septembre de l'année suivante pour le sucre et l'huile d'olive.

90692 L'OCM unique comporte, outre la définition des campagnes de commercialisation des différents produits agricoles, un ensemble de mesures regroupées selon trois grandes parties principales : le marché intérieur, les échanges avec les pays tiers, les règles de concurrence, auxquelles s'ajoute un volet « mesures exceptionnelles ». Ces mesures définissent des notions de qualité minimale (normes de commercialisation pour les fruits et légumes entre autres) et visent notamment à limiter une trop forte dégradation du marché intérieur (des seuils de référence en matière de prix, etc.) et à renforcer sa transparence.
Nous présenterons les mesures que l'on peut retrouver dans les différents secteurs tout en mettant en avant certaines spécificités sectorielles qui subsistent.

SEUILS DE RÉFÉRENCE

Des seuils de référence souvent liés à des niveaux de qualité minimum sont établis pour certaines productions. Ils sont à la base du déclenchement des mesures visant à assurer une stabilité des marchés et un niveau de vie équitable à la population agricole : 90693

- 101,31 €/t pour les céréales ;
- 150 €/t pour le riz paddy ;
- 404,4 €/t pour le sucre blanc ;
- 335,2 €/t pour le sucre brut ;
- 2 463,9 €/t pour le beurre ;
- 1 698 €/t pour le lait écrémé en poudre ;
- 1 509,39 €/t pour la viande de porc ;
- 2 224 €/t pour la viande de bovin ;
- 1 779 €/t pour l'huile d'olive vierge extra ;
- 1 710 €/t pour l'huile d'olive vierge ;
- 1 524 €/t pour l'huile d'olive lampante.

RÉVISION DES SEUILS DE RÉFÉRENCE

La réforme de 2013 a introduit une surveillance des conditions de production (coûts de production et en particulier les prix des intrants, tendances de marché et évolution de la production) pouvant conduire à une mise à jour des seuils de référence selon la procédure de codécision entre le Parlement européen et le Conseil sur proposition de la Commission européenne (procédure législative ordinaire). À noter que la succession de crises dans le secteur agricole a amené la Commission européenne à mettre en œuvre des observatoires des marchés. 90694

A. Marché intérieur

INTERVENTION SUR LE MARCHÉ

Afin d'empêcher un effondrement complet des productions, la Commission européenne peut intervenir sur certains marchés agricoles pour les stabiliser. Les interventions sur le marché peuvent prendre la forme de stockage public et/ou de stockage privé. L'intervention sur les marchés a été régulièrement restreinte au fil des réformes. Les interventions sont déclenchées au regard d'un **prix de référence** propre à chaque secteur concerné par l'intervention et pour des produits correspondant à des spécifications définies. L'intervention ne concerne que des produits obtenus à partir d'une production agricole européenne. 90695

L'**intervention publique** ne concerne dorénavant plus qu'un nombre limité de produits : blé tendre, blé dur, orge, maïs, riz paddy, viandes fraîches ou réfrigérées du secteur de la viande bovine, beurre, lait écrémé en poudre. Elle se traduit par l'achat de stocks sur fonds publics à un prix d'intervention en fonction du prix de référence sectoriel. Elle est généralement limitée en volumes. Les périodes d'intervention qui ont été modifiées à l'occasion de la réforme « PAC 2023 » vont :

- du 1er octobre au 31 mai pour le blé tendre ;
- du 1er février au 30 septembre pour le beurre et le lait écrémé en poudre ;
- durant toute la campagne pour le blé dur, l'orge, le maïs, le riz paddy et la viande bovine.

L'intervention publique est automatiquement ouverte pour le blé tendre, le beurre et le lait écrémé en poudre pendant la période possible d'intervention au cours de la campagne de commercialisation. Son ouverture nécessite la prise d'actes d'exécution par la Commission européenne si la situation de marché le rend nécessaire pour le blé dur, l'orge, le maïs, le riz paddy. Pour la viande bovine, c'est la Commission qui ouvre ou ferme l'intervention publique au moyen d'actes d'exécution lorsque le prix constaté tombe au-dessous de 85 % du prix de référence pendant une période représentative. Lorsque l'intervention publique est ouverte, les achats sont effectués à prix fixe ou à prix maximal dans le cas d'une adjudication. Ces prix ainsi que les volumes sont adaptés par le Conseil.

Pour le secteur du blé tendre, le volume « interventionnable » à prix fixe est déterminé à 3 millions de tonnes. Au-delà, le stockage public est réalisé selon la procédure d'adjudication. Les volumes sont de 109 000 tonnes pour le lait écrémé en poudre et de 50 000 tonnes pour le beurre. En situation de crise de marché avérée et durable, des modifications temporaires de limites de volumes ou de période d'intervention peuvent être mises en place au moyen d'actes délégués de la Commission. Ainsi, de mars 2014 au 30 septembre 2017, la période d'intervention a été continue dans le secteur du lait et des produits laitiers. De même, les volumes d'intervention à prix fixe ont été doublés en 2016 pour le beurre (100 000 tonnes) et le lait écrémé en

poudre (218 000 tonnes) avant une seconde augmentation à 350 000 tonnes pour le lait écrémé en poudre ne concernant que l'année 2016.
À noter qu'en 2018, en raison d'un décalage important entre le prix du beurre et le prix du lait écrémé en poudre, le volume « interventionnable » à prix fixe de lait écrémé en poudre a été fixé à zéro et un régime d'adjudication a été ouvert pour la période du 1er mars 2018 au 30 septembre 2018. En effet la faiblesse du prix de la poudre, qui aurait permis le déclenchement de l'intervention à prix fixe, était largement compensée par le prix du beurre permettant par combinaison un prix satisfaisant pour le lait.
Le **soutien au stockage privé** est ouvert par la Commission européenne pour le sucre blanc, l'huile d'olive et les olives de table, le lin (fibre), le beurre, certains fromages à AOP (appellations d'origine protégées) ou soumis à IGP (identification géographique protégée) au-delà de la durée de maturation normale, le lait écrémé en poudre, les viandes fraîches ou réfrigérées de gros bovins, la viande de porc ainsi que les viandes ovine et caprine. Il se traduit par une aide au stockage sous forme de prise en charge des coûts d'entreposage. Il est déclenché par des conditions de prix de marché propres à chaque secteur de production selon les modalités précisées par les actes délégués. Le Conseil fixe les niveaux. Au-delà, la Commission réglemente le type d'opérateurs pouvant répondre à des appels d'offre concernant le stockage (par exemple, abatteurs mais pas traders purs en viande) ainsi que les quantités qui doivent être livrées. Par ailleurs, les opérations doivent être cautionnées financièrement. Des mesures de stockage privé ont été déclenchées pour l'huile d'olive en 2019 compte tenu des difficultés du commerce international (USA, etc.) et de l'abondance de la récolte prévue. Cette mesure a également été déclenchée en 2020 pour le lait et les produits laitiers, fromages sous AOP ou IGP mais aussi pour la viande ovine, caprine, bovine compte tenu des conséquences sur les marchés du Covid-19 (et notamment de la fermeture de la restauration collective). Cette procédure d'intervention publique a également été utilisée de façon approchante pour autoriser, dans le cadre des programmes opérationnels fruits et légumes ou des programmes nationaux viticoles, le financement des mesures de gestion de marché au-delà des seuils admissibles ou pour déclencher la distillation de crise dans le secteur viticole.

RÉGIMES DE MAÎTRISE DE LA PRODUCTION

90696 Différents régimes de maîtrise de la production ont existé sous forme de quotas ou de mesures portant sur le potentiel de production viticole mais ont été supprimés. Dans le secteur viticole, un régime d'autorisation de plantation est dorénavant mis en œuvre.
À noter que l'actuel régime de paiements couplés (maintenant géré dans le cadre des plans stratégiques nationaux) est réputé être un régime de maîtrise de la production, car il vise à maintenir un niveau de production qui sans cela déclinerait. Il est caractérisé par la mise en œuvre de plafonds de soutien. Un tel plafond n'est plus appliqué pour les aides couplées aux protéines végétales dans le cadre de la « PAC 2023 ».

SECTEUR DU LAIT

90697 En 2016, une **aide à la réduction de la production laitière** a cependant été mise en œuvre même s'il n'y avait plus de quotas, en raison de la situation de crise mondiale du secteur laitier et de l'embargo russe sur les produits agricoles européens. Cette aide de 14 €/kg était octroyée aux producteurs qui réduisaient leur production laitière d'une proportion au maximum égale à 50 % du volume produit au cours de la même période de trois mois de l'année précédente. Quatre périodes de trois mois ont été mises en place ; la dernière s'est achevée en mars 2017. Le programme a été doté d'une enveloppe de 150 M€. Dans le même temps une enveloppe de soutien exceptionnel des producteurs de lait à hauteur de 350 M€ a été mise à disposition des États membres.
L'interprofession laitière a eu à nouveau recours à ce régime de réduction de la production laitière en 2020 dans le cadre des conséquences de la pandémie Covid-19 ; sur financements privés (pas de part communautaire).
En effet, dans le secteur du lait et des produits laitiers, depuis le 3 octobre 2012, une régulation de l'offre est devenue possible pour les fromages bénéficiant d'une appellation d'origine protégée ou d'une identification géographique. En raison de la crise qui sévissait dans le secteur du lait, cette possibilité de limitation des volumes a été étendue en 2016 à toutes les organisations de producteurs, associations d'organisations de producteurs, interprofessions ou coopératives sur une base volontaire et temporaire. À la suite de la crise du Covid-19, certains fromages AOP en Italie et en France ont mis en œuvre cette possibilité de maîtrise des volumes. Ainsi, par exemple, le plan de réduction de la production de Comté court sur une période triennale s'achevant fin 2024.

SECTEUR VITICOLE

Lorsqu'un État membre met en œuvre un programme d'aide national ou le régime d'autorisation de plantation de vigne, il doit tenir un casier viticole contenant les informations mises à jour sur le potentiel de production et communiquer les informations annuellement à la Commission européenne. 90699

RÉGIMES D'AIDES

Des régimes spécifiques d'aides subsistent pour un certain nombre d'activités de production agricole ou dans le cas de l'accès à l'alimentation ou à la promotion des produits. 90700

Dans des circonstances exceptionnelles de marché comme à la suite de la crise de l'élevage en 2015 (embargo russe, crise économique mondiale, chute des prix des marchés mondiaux), un régime ponctuel d'aide à l'élevage a été mis en place.

De telles mesures spécifiques ont été mobilisées en 2020 suite à la pandémie Covid-19. Cette procédure a été utilisée pour permettre aux organisations de producteurs, interprofessions, etc., de mettre en place des outils de stabilisation de marché pour les secteurs des pommes de terre ou de l'horticulture (secteurs ne bénéficiant normalement pas de tels outils) par exemple. Il s'agit dans ce cas de dérogations à la politique de la concurrence encadrées sans intervention financière de l'Union européenne (fonds professionnels seulement).

ACCÈS À L'ALIMENTATION

Un soutien communautaire est apporté aux États membres afin de mettre en œuvre un programme d'aide à la fourniture de fruits et légumes (frais et transformés) et de bananes – pour une dotation maximale annuelle de 130,7 M€ – ainsi que de lait et de produits laitiers dans les **écoles** – pour une dotation maximale annuelle de 90,1 M€. Ce soutien est accordé après élaboration d'une stratégie nationale de mise en œuvre et doit être accompagné d'un plan national. L'aide est sollicitée chaque année. Elle ne remplace pas un programme national existant sauf en matière de distribution gratuite de repas aux enfants dans les établissements scolaires. Au titre des fruits et légumes à l'école, la France dispose d'une enveloppe financière de l'ordre de 22,7 M€ par an afin de mettre en œuvre cette mesure. Pour l'année scolaire 2024/2025, au titre du lait et des produits laitiers, l'enveloppe financière réservée à la France atteint 10 M€. Dorénavant, les États membres ont la possibilité de basculer 20 % d'aide d'une enveloppe à l'autre (25 % dans le cas des États comportant des régions ultrapériphériques, comme la France). 90701

AUTORISATIONS DE PLANTATION DE VIGNE

Les droits de plantation viticole sont arrivés à échéance le 31 décembre 2015. Un outil de gestion est mis en œuvre depuis le 1er janvier 2016. Les droits laissent la place à des autorisations de plantation. Ces autorisations sont attribuées aux producteurs qui en font la demande. Elles sont valables pour une durée de trois ans, sauf dans le cas d'une replantation sur les mêmes parcelles, faisant suite à un arrachage, pour lesquelles la « durée de vie » de l'autorisation est portée à 6 ans. Les droits de plantation non utilisés au 31 décembre 2015 pouvaient être convertis en autorisations avec une durée de vie limitée à trois ans. Les États pouvaient prévoir la possibilité de demander cette conversion droits-autorisations jusque fin 2022. Compte tenu de la crise sanitaire Covid-19 la validité des autorisations qui arrivaient à échéance en 2020 ou en 2021 a été portée pour les États membres qui le souhaitaient au 31 décembre 2022. À noter que, pour les régions concernées par les conditions climatiques exceptionnelles (sécheresse ou excès d'humidité), la Commission européenne a prolongé d'un an les autorisations arrivant à échéance à fin 2024. De plus, pour les régions actuellement les plus touchées par les perturbations des marchés viticoles, une prolongation de 3 ans de la durée des autorisations de plantation arrivant à échéance en 2024 et en 2025 est mise en œuvre. Les producteurs qui ne souhaitent pas en bénéficier ni utiliser ces autorisations doivent le déclarer avant le 31 décembre 2024. 90706

Le régime d'autorisation est mis en place pour une période allant jusqu'au 31 décembre 2045. Deux examens à mi-parcours du régime sont prévus en 2028 et en 2040.

L'État doit octroyer, dans le cas général, chaque année, l'équivalent de 1 % de sa superficie viticole nationale constatée au 31 juillet de l'année précédente sous forme d'autorisations de plantation. Ce chiffre annuel peut être réduit par les États membres. De même, ils peuvent limiter la délivrance d'autorisations de plantation sur certaines zones régionales dans le but d'éviter une surproduction ou d'empêcher une dépréciation importante d'une AOP ou d'une IGP. En cas de demandes allant au-delà du volume autorisé, des priorisations peuvent être mises en œuvre : nouveaux planteurs (JA), projets de développement sur base d'évaluation économique, etc.

Les producteurs qui arrachent des vignes se voient automatiquement attribuer des autorisations de plantation pour une superficie équivalente s'ils en font la demande. Ces surfaces ne sont pas

comptabilisées au titre des 1 %. Dans ce cas, l'autorisation n'est valable que sur l'exploitation où les vignes ont été arrachées. Dans certains cas, les autorisations peuvent être limitées au même cahier des charges que la vigne d'origine.
Afin de prendre leurs décisions en matière d'autorisations de plantation, les États membres peuvent prendre en compte les recommandations des organisations professionnelles reconnues dans le secteur vitivinicole.
Les superficies plantées sans autorisation doivent être arrachées.

RÈGLES RELATIVES À LA COMMERCIALISATION ET AUX ORGANISATIONS DE PRODUCTEURS

90707 Des **normes de commercialisation** peuvent être prévues pour les **secteurs** de l'huile d'olive et des olives de table, des bananes, des plantes vivantes, du houblon et des fruits et légumes frais ou transformés. Des règles de commercialisation sont également destinées à améliorer et stabiliser le fonctionnement du Marché commun du vin, au-delà des règles en matière d'appellations d'origine, d'indications géographiques et mentions traditionnelles. Il en est ainsi des pratiques œnologiques autorisées.
De même, les matières grasses tartinables, les produits du secteur des œufs et de la viande de volaille ne peuvent être commercialisés que s'ils respectent certaines normes et définitions.
Au-delà des normes de commercialisation, des **définitions, dénominations et dénominations de vente** sont mises en œuvre pour la viande bovine, le vin, le lait et les produits laitiers, la viande de volaille, les œufs, les matières grasses tartinables, l'huile d'olive et les olives de table.
À noter l'existence réaffirmée de mentions réservées facultatives pour différents types de produits tels : première pression à froid pour l'huile d'olive ou œufs extra-frais. À noter également que pour la commercialisation des fruits et légumes en frais aux consommateurs, le pays d'origine doit être indiqué.

APPELLATIONS D'ORIGINE, INDICATIONS GÉOGRAPHIQUES ET MENTIONS TRADITIONNELLES DANS LE SECTEUR VITIVINICOLE

90708 Les règles relatives aux appellations d'origine, indications géographiques et mentions traditionnelles dans le secteur vitivinicole visent à protéger les intérêts légitimes des producteurs et des consommateurs, à promouvoir la production de produits de qualité, ainsi qu'à assurer le bon fonctionnement du marché intérieur.
L'**appellation d'origine** désigne un produit comme étant originaire d'une région, d'un lieu déterminé ou, dans des cas exceptionnels et dûment justifiés, d'un pays qui sert à désigner un produit. Elle identifie un produit dont la qualité et les caractéristiques résultent des facteurs naturels et humains propres à un milieu géographique. Les raisins proviennent exclusivement de la région. Le vin est produit exclusivement dans la zone géographique.
L'**indication géographique** renvoie à une région, un lieu déterminé ou, dans des cas exceptionnels et dûment justifiés, à un pays. Le vin possède des caractéristiques attribuables à cette origine géographique et au moins 85 % des raisins proviennent exclusivement de la zone. Le vin est produit exclusivement dans la zone.
Précisons qu'un **registre électronique** des appellations protégées et des indications géographiques protégées est tenu par la Commission européenne.

ÉTIQUETAGE ET PRÉSENTATION DANS LE SECTEUR VITIVINICOLE

90709 On appelle étiquetage toutes mentions, indications, marques de fabrique ou de commerce, images ou signes figurant sur tout emballage, document, écriteau, étiquette, bague ou collerette accompagnant ou se référant à un produit donné.
Par **présentation** on entend les informations transmises au consommateur par le biais de l'emballage des produits concernés, y compris la forme et le type des bouteilles.
Certaines informations sont obligatoires, comme la mention AOP ou IGP pour les vins en bénéficiant, le titre volumique acquis et la provenance, l'identité de l'embouteilleur... D'autres indications sont facultatives : année de récolte, variétés de raisin, mentions relatives à certaines méthodes de production, etc.

PROMOTION

90710 Les règles sectorielles relatives aux actions de promotion et de communication ont été harmonisées et simplifiées lors de la réforme de 2008. Les dernières modifications introduites conduisent à une augmentation du soutien européen tant sur les marchés intérieurs que sur les pays tiers. L'Union européenne peut cofinancer des actions d'information et de promotion des produits agricoles et de leur mode de production, réalisées sur son territoire ou dans les pays tiers.

Ces actions ne doivent pas favoriser les produits d'un État en particulier ni des marques commerciales. Pour le secteur viticole, des actions de promotion sont possibles au titre des programmes nationaux.

ORGANISATIONS DE PRODUCTEURS

Un certain nombre de secteurs de production agricole voient des mesures de marché ou d'organisation confiées à des organisations de producteurs (OP). On en trouvait dans le secteur du houblon, de l'huile d'olive, des vers à soie ou des fruits et légumes. Dans ce dernier secteur, seules les OP permettent de recevoir un soutien communautaire au travers de programmes opérationnels cofinancés. La règle de commercialisation est le passage par l'organisation pour les producteurs engagés dans une organisation de producteurs. Par dérogation, le groupement autorise à ses producteurs la commercialisation par d'autres canaux. Dans le secteur des fruits et légumes, les producteurs peuvent commercialiser jusqu'à 25 % de la récolte en dehors de l'organisation de producteurs, voire 40 % dans certains cas particuliers autorisés par les États membres, dont la production biologique. Les OP existaient également dans le secteur viticole et, depuis 2012, dans le secteur laitier. 90711

Les États membres peuvent dorénavant reconnaître des OP dans l'ensemble des secteurs de production. Les OP sont composées de producteurs d'un secteur donné ou ont un objet déterminé (voir infra) et sont composées à l'initiative des producteurs et contrôlées par ces derniers. La réforme de 2021 a d'ailleurs renforcé ce volet transparence des OP afin de s'assurer que les producteurs ont bien accès aux comptes de l'organisation. Les producteurs qui se regroupent doivent exercer au moins une des **activités** suivantes : transformation conjointe, distribution conjointe, emballages étiquetage ou promotion conjoints, contrôle de qualité, utilisation des équipements et installations de stockage, gestion des déchets et des coproduits (depuis la réforme de 2021), fonds de mutualisation, acquisition conjointe des intrants.

La constitution des OP doit répondre au moins à l'un des **objectifs** suivants : programmation de la production et son adaptation à la demande, notamment en quantité et en qualité, concentration de l'offre et mise sur le marché de la production de ses membres, optimisation des coûts de production (normes environnementales et bien-être des animaux) et régularisation des prix à la production, développement d'initiatives de production durable et de pratiques innovantes en faveur de la compétitivité économique et de l'évolution du marché, promotion de pratiques respectueuses en matière d'environnement, de bien-être animal, assistance technique à l'application des normes, gestion des sous-produits, gestion des fonds de mutualisation, assistance à l'utilisation des marchés à terme et des systèmes assurantiels, établissement des clauses types de répartition de la valeur portant notamment sur les gains et les pertes enregistrés sur le marché, prévention et gestion des risques, fourniture de l'assistance technique à l'utilisation des marchés à terme, etc. Une telle organisation des producteurs peut négocier les contrats concernant l'offre de produits agricoles, au nom de ses membres.

Les États membres pouvaient décider que les OP reconnues avant le 1er janvier 2018 sont **reconnues au titre de l'OCM unique** si elles remplissaient les critères de l'OCM telle que réformée pour 2018. Si elles ne pouvaient être reconnues dans le cadre de la nouvelle réglementation, leur reconnaissance devait leur être retirée au plus tard le 31 décembre 2020.

Les OP dans le secteur laitier ont pour but précis d'assurer un ou plusieurs des objectifs suivants : programmer la production et l'adapter à la demande, concentrer l'offre et mettre sur le marché la production de leurs membres et optimiser les coûts de production et stabiliser les prix à la production. Dans le secteur laitier, les États membres peuvent reconnaître des associations d'OP.

Le **nombre minimal de membres et/ou le volume couvert ou la valeur minimale de production commercialisable** sont déterminés par les États au regard des éléments résultant des actes délégués.

Dans un secteur donné, les OP peuvent constituer des associations d'organisations de producteurs, qui doivent également être reconnues par les États membres.

Les OP qui en font la demande doivent être **reconnues par les États membres** dans les secteurs des fruits et légumes, de l'huile d'olive et des olives de table, des vers à soie et du houblon.

> **› Précisions** Dans le cadre de la « PAC 2023 », au travers des PSN, selon leurs choix, les États membres pourront soutenir les programmes opérationnels mis en place par des OP dans tous les secteurs de production agricole. La France a ainsi choisi de soutenir largement des programmes en faveur des protéines végétales dans ce contexte, et d'autres secteurs dans une moindre mesure.

ORGANISATIONS INTERPROFESSIONNELLES

90712 Les organisations interprofessionnelles rassemblent des représentants des activités économiques liées à la production et au moins à une des étapes suivantes de la chaîne d'approvisionnement : la transformation ou la commercialisation, y compris la distribution. Elles sont constituées à l'initiative de la totalité ou d'une partie des organisations ou associations qui les composent. Elles poursuivent au moins un **objectif** précis en prenant en compte les intérêts de leurs membres et ceux des consommateurs parmi notamment :

– l'amélioration de la connaissance et de la transparence de la production et du marché (y compris indicateurs de prix, volumes, perspectives d'évolution des marchés, etc.) ;
– la prévision du potentiel de production et consignation des prix publics sur le marché ;
– la contribution à une meilleure coordination de la mise sur le marché, notamment par des recherches ou des études de marché ;
– l'exploration des marchés d'exportation potentiels ;
– l'élaboration de contrats types compatibles avec la réglementation communautaire ;
– la promotion de la consommation saine et responsable des produits sur le marché intérieur et sur les marchés extérieurs ;
– la prévention et la gestion des risques pour la santé animale, le bien-être animal, des risques phytosanitaires et des risques environnementaux.

La constitution d'interprofessions est possible dans tous les **secteurs** de production. La reconnaissance des interprofessions est octroyée par les États membres. Des spécificités de reconnaissance et de champ d'activité existent pour les interprofessions dans le secteur laitier à la suite du « mini paquet » lait de 2012, telles que la coordination de la mise sur le marché des produits laitiers ou l'élaboration de contrats types au sein de la filière laitière, la préservation et le développement du potentiel de production laitier via la promotion. Les organisations interprofessionnelles du secteur laitier doivent représenter une part significative des activités économiques du secteur et ne doivent pas produire elles-mêmes.

Les organisations interprofessionnelles du secteur de l'huile d'olive et des olives de table ainsi que du tabac qui demandent leur reconnaissance à l'État membre doivent être reconnues.

Depuis la réforme de 2021, les interprofessions ont la possibilité de solliciter l'avis de la Commission européenne au regard d'outils qu'elles souhaiteraient mettre en place.

EXTENSIONS DES RÈGLES

90713 Pour que les règles proposées par une organisation de producteurs, une association ou une organisation interprofessionnelle puissent être étendues (rendues obligatoires à l'ensemble des producteurs), il convient que ces **organisations** soient **représentatives**.

Une organisation de producteurs est considérée représentative lorsqu'elle représente 60 % de la production de fruits et légumes en volume, deux tiers pour les autres secteurs de production et qu'elle représente plus de 50 % des producteurs de la zone géographique concernée.

Une organisation interprofessionnelle est considérée représentative lorsqu'elle représente en proportion du volume de production ou du commerce ou de la transformation 60 % pour les fruits et légumes, deux tiers pour les autres secteurs de production. Si cette détermination pose des problèmes pratiques, l'État peut fixer des règles nationales afin de déterminer le niveau précis de représentativité.

Les **règles qui peuvent être étendues** portent sur un ou plusieurs des objets suivants : la connaissance de la production et du marché, des règles de production plus strictes que ce qui est prévu par la réglementation communautaire ou nationale, l'élaboration de contrats types, la commercialisation, la protection de l'environnement, les mesures de protection de l'agriculture biologique et des appellations d'origine, labels de qualité et indications géographiques, les recherches visant à valoriser les produits, les études pour améliorer la qualité des produits, la santé animale, la santé végétale ou la sécurité sanitaire des aliments, la gestion des sous-produits, l'utilisation de semences certifiées, la prévention et la gestion des risques sanitaires et des risques environnementaux, la gestion et la valorisation des sous-produits, etc.

RELATIONS CONTRACTUELLES

90714 Dans le **secteur du sucre**, les conditions d'achat de la betterave et de la canne à sucre, y compris les contrats de livraison, sont régies par des accords interprofessionnels.

Dans le **secteur laitier**, l'État membre a la possibilité depuis le « mini paquet » lait de décider que, sur son territoire, toute livraison de lait cru d'un agriculteur à un transformateur doit faire l'objet d'un contrat écrit entre les parties et/ou que les premiers acheteurs doivent faire une offre écrite de contrat (le producteur peut refuser l'offre). Ces contrats élaborés avant la livraison comprennent le prix à payer (fixe ou calculé au moyen d'une combinaison de facteurs pouvant inclure des indicateurs de marché, qui peuvent être établis par les États membres, reflétant l'évolution des conditions de marché, des volumes livrés, la qualité ou la composition), le volume et le calendrier de livraison, la durée du contrat, les procédures et délais de paiement, les règles applicables en cas de force majeure. Dans le secteur laitier, une organisation de producteur reconnue, qu'il y ait ou non transfert de propriété à l'organisation, peut négocier au nom des agriculteurs qui en sont membres tout ou partie de leur production, même lorsque le prix négocié n'est pas le même pour tous. Une telle organisation de producteurs ne doit pas concentrer plus de 4 % de la production totale de l'Union européenne, ni représenter plus de 33 % de la production nationale. Une telle organisation de producteurs doit notifier à l'État membre les volumes négociés. De tels contrats ne concernent pas les membres d'une coopérative, pour autant que les statuts ou les règles de fonctionnement prévoient des dispositions équivalentes.

Les États membres peuvent décider que toute livraison de produit agricole sur leur territoire doit faire l'objet d'un contrat écrit ou d'une offre écrite de la part du 1er acheteur pour une durée minimale de six mois (le producteur peut refuser l'offre). En l'absence de régime mis en œuvre par les États membres, un producteur, une organisation de producteurs, une association d'organisations de producteurs peuvent exiger que toute livraison de lait cru à un transformateur fasse l'objet d'un contrat écrit entre les parties.

MESURES EXCEPTIONNELLES

Mesures de prévention des perturbations de marché En cas de risques de perturbation prolongée des marchés (**hausses ou baisses significatives de prix** sur les marchés intérieurs ou extérieurs), la Commission peut, au moyen d'actes délégués, prendre les dispositions nécessaires pour rééquilibrer le marché, au-delà des mesures prévues au titre de l'OCM unique. Ces mesures doivent cependant respecter les accords internationaux signés par l'Union européenne. Avec l'introduction en 2014 d'un embargo russe sur un grand nombre de productions agricoles et agroalimentaires européennes, embargo prolongé annuellement depuis lors, des mesures exceptionnelles ont été mises en œuvre, notamment dans le secteur des fruits et légumes, essentiellement sous forme d'aides au retrait (au-delà des règles et des financements prévus par l'OCM), à la distribution gratuite ou à la récolte en vert. C'est aussi ce régime de mesures exceptionnelles qui a permis l'octroi d'une aide au secteur de l'élevage ou qui s'applique dans le secteur des produits laitiers, notamment sous forme de l'extension de la période de stockage, de l'augmentation des volumes ou de l'extension de la liste des produits concernés (fromages pouvant être stockés). **90715**

À ce titre, les organisations de producteurs dans les secteurs des produits sous signe officiel de qualité (AOP et IGP) peuvent mettre en place des mesures de maîtrise des marchés (stockage privé notamment).

Mesures particulières d'intervention Des mesures exceptionnelles de soutien des marchés peuvent être mises en œuvre dans les **secteurs** de la viande bovine, du lait et des produits laitiers, de la viande porcine, de la viande ovine et caprine, des œufs, de la viande de volaille en cas de maladies animales conduisant à la limitation des échanges intracommunautaires ou avec les pays tiers ainsi qu'en cas de perte de confiance des consommateurs en raison de risques pour la santé publique, la santé animale ou végétale et le risque de maladies. Ces mesures particulières d'intervention ne sont prises que si l'État concerné a pris les mesures sanitaires et vétérinaires pour mettre fin à l'épizootie. Elles sont financées à hauteur de 50 % par la Communauté (60 % dans le cas de la lutte contre la fièvre aphteuse) et seulement pour la durée nécessaire. Cette mesure a notamment été mise en œuvre en France en 2016 et en 2017 en raison des mesures prises contre l'influenza aviaire. **90716**

Au-delà, la Commission européenne dispose des bases légales permettant de prendre des mesures destinées à résoudre des **problèmes spécifiques**, pour des raisons d'urgence impérieuse de sorte à éviter la détérioration rapide de la production et des conditions de marché. De telles mesures ne peuvent excéder 12 mois.

Cette possibilité a conduit à suspendre l'obligation de jachère au sein des SIE (surfaces à intérêt environnemental) en 2022 afin de produire pour atténuer les conséquences du risque de crise alimentaire mondiale résultant de l'invasion de l'Ukraine par la Russie. En raison de la prolongation du conflit, alors que la nouvelle PAC imposait 4 % de surfaces non productives sur les exploitations pour 2023, la possibilité de cultiver les jachères (sauf maïs, soja et taillis rotation courte) a à nouveau été introduite, de même que la possibilité de ne pas mettre en œuvre la rotation (dérogations aux BCAE 7 et 8) afin de favoriser l'alimentation du marché mondial. Cela se traduira d'ailleurs par une mesure permanente de simplification à compter de 2024 en raison

de la crise agricole de fin 2023 début 2024 qui n'oblige plus à avoir de la jachère mais seulement à conserver les éléments fixes du paysage.
L'OCM unique réformée prévoit la possibilité, dans les situations de déséquilibre grave, pour les organisations de producteurs, leurs associations et les associations interprofessionnelles de prendre des mesures visant à stabiliser le secteur. Ce type d'action est réservé aux secteurs dans lesquels des mesures d'intervention ont été mises en œuvre ou dans lesquels le stockage privé a été ouvert. Ces mesures sont dérogatoires au fonctionnement habituel des marchés et peuvent prendre la forme de retrait du marché ou de distribution gratuite de leurs produits, de conversion et transformation, d'entreposage par des opérateurs privés, d'actions de promotions conjointes, d'accords sur les exigences de qualité, d'achats communs d'intrants nécessaires à la lutte contre l'extension des maladies ou de la planification temporaire de la production.

> **Précisions** En 2020, compte tenu de l'ampleur des conséquences économiques, y compris pour le secteur agricole, de la crise sanitaire du Covid-19, les États membres ont été autorisés à mettre en place une mesure de soutien d'urgence aux exploitations agricoles et aux PME du secteur agroalimentaire les plus touchées dans les limites de 2 % de leur enveloppe Feader et de 7 000 € par agriculteur et de 50 000 € par PME. De telles mesures ont également été rendues possibles en 2022 en raison de la poursuite des perturbations liées au Covid-19 et de la crise Russie-Ukraine, notamment par mobilisation de fonds issus du plan de relance européen.

RÉSERVE DE CRISE

90717 Une réserve de crise est mise en place chaque année par mobilisation de la discipline financière. Cette réserve est utilisée pour financer les mesures de gestion de marché : intervention publique et stockage privé, restitutions aux exportations jusqu'en 2016, mesures exceptionnelles si nécessaire. En cas de non-utilisation totale ou partielle, les sommes restant disponibles étaient restituées l'année suivante aux producteurs qui les ont générées. Avec la mise en place du cadre financier pluriannuel 2021-2027, cette réserve de crise a laissé la place à une **réserve agricole** à compter de 2023. Cette réserve agricole est établie à un niveau de 450 M€ (2018) au début de chaque exercice budgétaire. Il n'y a plus de remboursement annuel mais report du solde sur l'exercice suivant et mobilisation si nécessaire de la discipline financière à un niveau permettant de reconstituer la réserve à son niveau initial au début de chaque période budgétaire annuelle après mobilisation des autres marges budgétaires disponibles au sein du plafond Feaga. La réserve de crise a été mobilisée en partie au titre de l'année budgétaire 2022 afin de financer les mesures d'urgence mises en œuvre en raison de la prolongation de la crise du Covid-19 et de la crise russe. La France a bénéficié de 89 M€ à ce titre. La réserve de crise a de nouveau été mobilisée en 2023 et en 2024.

B. Échanges avec les pays tiers

IMPORTATIONS

90718 La Commission peut subordonner les importations à la présentation d'un **certificat d'importation** pour les produits des secteurs suivants : céréales, riz, sucre, semences, huile d'olive, lin et chanvre, fruits et légumes frais et transformés, bananes, vin, plantes vivantes, viande bovine, lait et produits laitiers, viande porcine, viandes ovine et caprine, œufs, viande de volaille, alcool éthylique d'origine agricole.
De tels certificats sont notamment nécessaires à l'administration des différents régimes tarifaires spécifiques à l'importation (contingents tarifaires, droits préférentiels, etc.) et/ou aux modalités de gestion des contingents tarifaires (1er arrivé-1er servi/référence historique, etc.).
À noter par ailleurs que la délivrance de certificats fait l'objet de constitution de cautions financières.
Le Brexit a conduit à poser la question de la répartition des contingents tarifaires entre l'UE27 et le Royaume-Uni après le 31 décembre 2020. La répartition des contingents a été réalisée en fonction de la part d'utilisation de ces contingents par le Royaume-Uni et l'UE27. Cette part est calculée sur une période représentative récente de 3 ans.
Des **droits et prélèvements** à l'importation prévus au tarif douanier commun s'appliquent aux produits concernés par l'importation. Cependant, pour les céréales, le droit applicable est égal au prix d'intervention augmenté de 55 %, diminué du prix à l'importation CAF applicable à l'expédition en cause. Le secteur du riz bénéficie de modalités particulières de calcul du droit à l'importation. Les fruits et légumes frais et transformés ainsi que les jus de raisin et moûts de raisin quant à

eux bénéficient d'un système particulier (système de prix d'entrée) à l'entrée dans l'Union européenne, fonction de la connaissance ou non d'un prix lors du passage de la frontière, impliquant la mise en œuvre d'une valeur forfaitaire à l'importation. Des droits additionnels s'appliquent notamment lorsque les importations sont réalisées à un prix inférieur au prix d'entrée notifié par l'Union européenne, ou lorsque les volumes des importations d'une année donnée dépassent un volume de déclenchement. La réforme finalisée en 2021 a précisé les modalités de déclenchement au titre du volume en fonction de l'importance des importations par rapport à la consommation intérieure (105 % du volume de déclenchement lorsque les importations représentent plus de 30 % du marché, 125 % lorsqu'elles en représentent moins de 10 %).
La Commission peut au moyen d'actes d'exécution limiter les quantités pour lesquelles les certificats sont délivrés. Elle peut également suspendre totalement ou partiellement les droits à l'importation.
Des mesures de sauvegarde ainsi que des mesures concernant le perfectionnement actif (c'est-à-dire importation pour transformation avant réexportation) peuvent être prises si nécessaire. Ainsi, dans le contexte du soutien à l'Ukraine dans le conflit Russie/Ukraine, l'Union européenne a mis en place une exemption autonome de l'application des droits de douanes existants reconduite jusqu'au 5 juin 2025, assortie de mesures de sauvegarde du marché intérieur européen pour limiter les volumes entrants. Ces mesures – rétablissement des droits de douanes et des contingents – sont d'ores et déjà réactivées pour certains produits (sucre, œufs, etc.) à la date de rédaction de ce Mémento.

EXPORTATIONS

La Commission a la faculté de subordonner les exportations à la présentation d'un **certificat d'exportation** pour les produits des secteurs suivants : céréales, riz, sucre, semences, huile d'olive, lin et chanvre, fruits et légumes frais, fruits et légumes transformés, bananes, vin, plantes vivantes, viande bovine, lait et produits laitiers, viande porcine, viandes ovine et caprine, œufs, viande de volaille, alcool éthylique d'origine agricole. 90719

C. Règles de concurrence

L'OCM unique prévoit que les règles de concurrence prévues par les **articles 101 à 106 du traité sur le fonctionnement de l'Union** s'appliquent, à l'exception des accords et pratiques concertées dûment autorisées par la réglementation communautaire (par exemple, limitation volontaire temporaire de la production laitière en 2016). Il s'agit notamment des mesures mises en œuvre par les organisations interprofessionnelles du secteur du lait et des produits laitiers, de l'huile d'olive et des olives de table, du tabac pour autant qu'elles respectent les règles définies dans le cadre de l'OCM. Les mesures proposées doivent par ailleurs avoir été notifiées à la Commission et avoir reçu son accord. La Commission dispose de deux mois pour répondre et les mesures ne doivent pas être mises en œuvre dans l'attente de la réponse. 90720
Les mesures prises par ces interprofessions ne peuvent pas conduire au cloisonnement des marchés intérieurs de l'Union, ni nuire au bon fonctionnement de l'organisation des marchés, ni créer de distorsions de concurrence qui ne sont pas indispensables, ni fixer des prix, ni créer des discriminations ou éliminer la concurrence.
Les règles de concurrence ne s'appliquent pas non plus aux pratiques autorisées pour les organisations de producteurs, y compris pour celles du secteur laitier qui ont des prérogatives plus étendues.
Des dérogations aux règles de concurrence peuvent également être reconnues pour l'application de normes de durabilité qui ont pour objet des objectifs environnementaux ou climatiques, ou la production selon des méthodes permettant de réduire l'utilisation de pesticides ou de favoriser la santé et le bien-être des animaux.
Afin d'aider les États membres et les entreprises à mettre en œuvre les règles de concurrence, la Commission peut publier des lignes directrices. Dans cet esprit, elle a publié les définitions de marché en cause et de position dominante.

MARCHÉ EN CAUSE

Il permet de définir le périmètre à l'intérieur duquel s'exerce la concurrence entre entreprises. Il recouvre deux notions : une notion de **marché de produit** (marché comprenant tous les produits considérés comme interchangeables ou substituables par le consommateur en raison de leurs caractéristiques, de leur prix et de l'usage auxquels ils sont destinés) et une notion de **marché géographique** (le marché comprenant le territoire sur lequel les entreprises concernées sont 90722 engagées dans l'offre de biens en cause, sur lequel les conditions de concurrence sont suffisamment homogènes et qui peut être distingué de zones géographiques voisines, notamment parce que les conditions de concurrence y diffèrent de manière appréciable.

POSITION DOMINANTE

90723 Le fait pour une entreprise d'être dans une situation de puissance économique lui donnant le pouvoir de faire obstacle au maintien d'une concurrence effective sur le marché en cause en lui fournissant la possibilité de comportements indépendants dans une mesure appréciable vis-à-vis de ses concurrents, de ses clients et, finalement, des consommateurs.

D. Aides d'État autorisées au titre de l'OCM unique

90724 Si le régime des aides d'État s'applique au secteur agricole, le règlement OCM unique prévoit cependant la possibilité pour les États de verser des aides nationales limitées à certains secteurs de production. Il s'agit notamment de la possibilité de compléter les mesures du **secteur vitivinicole** afin de financer un régime de distillation facultative ou obligatoire de vin en cas de crise justifiée. Ces paiements sont proportionnés pour faire face à la crise et ne peuvent dépasser 15 % de l'enveloppe destinée aux programmes nationaux viticoles.

Les États sont également autorisés à mettre en œuvre des paiements aux **exploitations apicoles défavorisées** par des conditions structurelles ou naturelles ou relevant d'un programme de développement économique, à l'exception des soutiens à la production et au commerce. Les États peuvent compléter le régime communautaire de distribution de produits aux enfants.

E. Transparence des marchés

90725 La « PAC 2023 » pérennise les notions d'**observatoire de la production** tels ceux mis en place au cours des années précédentes : observatoire des marchés des grandes cultures et bilans, observatoire du marché du lait, etc.

L'objectif est d'accroître la transparence des marchés tant en termes de volumes que de prix ou de coûts de production mais également de mesurer l'impact du commerce extérieur. Ces observatoires permettent également de réaliser des prévisions à court et moyen termes.

Table alphabétique

Utilisation de la table

Les chiffres renvoient aux paragraphes. La mention « s. » signifie que l'étude de la question se prolonge sur le ou les numéros suivants.

Pour diriger les recherches, les références sont accompagnées, lorsque c'est utile, soit d'une mention explicite, soit d'une abréviation désignant le document, l'organisme, le régime ou l'impôt dont il est question. On trouvera ci-dessous le sens des abréviations propres à la table alphabétique et en début d'ouvrage celui des principales abréviations utilisées dans l'ouvrage.

Amexa	Assurance maladie-maternité des exploitants agricoles
ASA	Assurances sociales agricoles
Atexa	Assurance accident du travail des exploitants agricoles
BA	Bénéfices agricoles
CET	Contribution économique territoriale
CNCC	Conseil national des commissaires aux comptes
Cté	Comptabilité
CVAE	Cotisation sur la valeur ajoutée des entreprises
DEP	Déduction pour épargne de précaution
DPA	Déduction pour aléas
DPI	Déduction pour investissements
DPB	Droit à paiement de base
DPU	Droit à paiement unique
ENR	Enregistrement
FB	Taxe foncière sur les propriétés bâties
FNB	Taxe foncière sur les propriétés non bâties
FONC	Revenus fonciers
GFA	Groupement foncier agricole
HAB	Taxe d'habitation
MSA	Mutualité sociale agricole
NSA	Non-salarié agricole
OCM	Organisation commune des marchés
PCCA	Plan comptable des coopératives agricoles
PCG	Plan comptable général (entreprises industrielles et commerciales)
PV	Plus-values
RCM	Revenus des capitaux mobiliers
RSA	Régime simplifié de l'agriculture (TVA)
SMA	Superficie minimale d'assujettissement
SOC	Législation sociale agricole
TAE	Tribunal des activités économiques
TF	Taxe foncière

A

H

J

L

U

Photocomposé par LUMINESS SAS
561, rue Saint Léonard - 53100 MAYENNE
N° 5029712N. Dépôt légal : Octobre 2024

Certifié PEFC
Ce produit est issu de forêts gérées durablement et de sources contrôlées
PEFC/04-31-0658
www.pefc.de

36893-700 (I) - PRL 39 g - NC (LC)
Achevé d'imprimer en octobre 2024 sur les presses de C.H.BECK
Dépôt légal : octobre 2024
Imprimé en Allemagne